2013—2025 年国家辞书编纂出版规划项目

地矿英汉词典

An English-Chinese Geology and Mining Industry Dictionary

主　编　宦秉炼

副主编　宦惠庭　刘丽娴

扫一扫下载地矿冶
英汉双向查译宝典

北　京

冶 金 工 业 出 版 社

2020

图书在版编目(CIP)数据

地矿英汉词典／宦秉炼主编. —北京：冶金工业出版社，2020.6

2013—2025 年国家辞书编纂出版规划项目

ISBN 978-7-5024-8267-1

Ⅰ.①地 … Ⅱ.①宦… Ⅲ.① 地质学—词典—英、汉 ②矿业—词典—英、汉 Ⅳ.①P5-61 ②TD-61

中国版本图书馆 CIP 数据核字 (2020) 第 055391 号

出 版 人 陈玉千

地 址 北京市东城区嵩祝院北巷 39 号 邮编 100009 电话 (010)64027926

网 址 www.cnmip.com.cn 电子信箱 yjcbs@cnmip.com.cn

责任编辑 杜婷婷 美术编辑 郑小利 版式设计 孙跃红

责任校对 郑 娟 责任印制 李玉山

ISBN 978-7-5024-8267-1

冶金工业出版社出版发行；各地新华书店经销；北京捷迅佳彩印刷有限公司印刷

2020 年 6 月第 1 版，2020 年 6 月第 1 次印刷

210mm×297mm；45 印张；3113 千字；706 页

298.00 元

冶金工业出版社 投稿电话 **(010) 64027932** 投稿信箱 **tougao@cnmip.com.cn**

冶金工业出版社营销中心 电话 **(010) 64044283** 传真 **(010) 64027893**

冶金工业出版社天猫旗舰店 **yjgycbs.tmall.com**

(本书如有印装质量问题，本社营销中心负责退换)

《地矿英汉词典》
编辑委员会

主　　编　宦秉炼　　昆明理工大学

副 主 编　宦惠庭　　西安电子科技大学

　　　　　刘丽娴　　西安电子科技大学

编　　委　刘仁刚　　大红山铁矿

　　　　　李英龙　　昆明理工大学

　　　　　卜少平　　云南展宏爆破工程集团有限公司

参编人员（均为昆明理工大学人员）

赵奕虹	朱　云	陈俊智	李克钢	李祥龙	刘　磊
韩润生	侯克鹏	张智宇	王　超	陈日辉	谢贤平
郑志琴	黄德镛	周宗红	邓　涛	张成良	王航龙
孙　伟	王孝东	王　俊			

前　言

地矿业是其他工业的基础和源头，涉及面非常广。在生产实践活动中，很多地矿工作者都和国外同行有业务联系，需要经常进行学术和生产实践的交流和业务来往，有很多企业和人员到国外开展业务，他们都需要与地质、采矿工艺有关的交流工具，还有不少学者常会查询地质、矿产资源开发方面的信息。本词典正是为较好地解决上述诉求而开发的工具书。

本词典收词主要范围包括：地质(普通地质学、矿产普查勘探、地质信息、地质测量、矿物学、结晶学、岩石学、地球化学、古生物学、地层学、构造地质学、大地构造学、地貌学、冰川地质、海洋地质、火山学、矿床学、宝石学、煤田地质、石油地质、水文地质、工程地质、地震地质、环境地质、地热学、同位素地质)、采矿工程(煤矿、金属矿、非金属矿、石材、石油开采等的开采方法、开采工艺及设备、土建工程、岩石力学、矿井通风、非常规开采如溶浸、水溶、热溶等的开采)、选矿(选矿方法、工艺及设备、药剂)以及其他包括矿业经济、环境保护、企业管理在内的数十个学科专业，共收词约 12.4 万余词条。

本词典对大量地质和矿业典籍进行了合理的归纳、取舍及修正，使其既具有较宽的涵盖性，同时收录了近年来地质、采矿和选矿领域的新词汇，使其具有综合精炼、涵盖全面、可查性强等特点。

由于历史原因(文字改革的反复、习惯、误用等)，过去很多典籍出现了很多同词异字现象，使得大量专业词用字常常纠缠不清，如"黏粘、碳炭、渣碴、覆复、账帐、像象相、叠迭、呐纳、嘴咀、拗坳、算箅、幛障、斑班、形型、分份、砂沙、唯惟、起启、簿薄"等。本词典尽量采用新的规定，向规范化靠拢，力求使本词典成为地矿专业词汇规范用字的参考依据。

为了适应当代专业字典的便捷使用，本词典配备了由主编、副主编开发的，具有自主知识产权的电子双向查询软件(3.0 版)，该软件含有包括本词典所有内容在内的共计 69 万多汉英词条和 65 万多英汉词条，内容以地质、矿业、冶金等工业基础专业为主要内容，另外还收录了通用英语和词组。查询功能非常强大，是地采冶专业翻译工作的强大工具。本 3.0 版本软件安装时需借助本词典或作者前著作《地矿汉英大词典》《实用地质、矿业英汉双向查询、翻译与写作宝典》中的安装信息。

然而电子软件也有一定缺陷，比如一些矿物的化学式只能在纸质字典上才能正确完善地表示，一些地矿工程专业用字如"蟶、铲、磷、镏、碳、硒、噁、砷"等无法在普通电脑中显示，这些都是电脑查询的局限性。本词典的传统纸质印刷即可作为最终正确表示和核实的依据。

由于编者学识水平所限，并且编撰工作浩繁，词典中疏漏和不当之处，敬请广大读者批评指正。

编　者

2020 年 2 月

目　录

使 用 说 明

一、收词原则

本词典共收录地矿英汉词条 12.4 万余条，对于简单复合词和派生词一般不予收录，但可从本词典所配软件中查询。

二、条目安排

(1) 词条按英文字母顺序排序，英文词中一些外来字母也参与排序，如 é 按 e 参与排序。

(2) 各种标点符号、阿拉伯数字、拉丁字母、希腊字母及其他符号不参与排序，括号中的各种字词、符号也不参与排序。

(3) 英汉之间用双空格分隔。英语词条对应多个汉语释义词时，之间以全角分号"；"相隔。

(4) 为了节约空间，若一个词条的第一个词与上一个词条(可以也是词组)的第一个主干词(包括直接由"—"引导的部分，但不包括括号部分、空格后的部分以及由"-"后连接的部分)相同，则以"→"引导派生词组，并以"～"代替主干词。连续多个派生词条出现时，以"∥"分隔。例：

aiming{sight;collimation} axis　视准轴[遗石]

　　→～　circle　测角器∥ ～{collimation;observing;pointing;sight; visual} line　视线

完整排列如下：

　　　　aiming{sight;collimation} axis　视准轴[遗石]

　　　　aiming circle　测角器

　　　　aiming{collimation;observing;pointing;sight; visual} line　视线

(5) 配套软件查询中，汉英之间用"◆"分隔；英汉之间用"●"分隔，释义词之间以分号"；"隔开。

三、括号使用

(1) 圆括号( )表示其中的内容可以省略。( )中有多条并列内容可选时，以半角分号"；"隔开。例如，"钻(井岩;下的岩)屑"完整展开形式为："钻屑；钻井岩屑；钻下的岩屑"。

(2) 方括号[ ]表示其中内容为对前面对象的解释说明、注释补充、事物或动作属性等，有多个内容时，之间用半角分号"；"隔开。

(3) 花括号{ }有以下功能：

1)表示其中的内容可与其前内容互换。即互换内容为汉字，和前面互换相同字数汉字；若为"-"，表示替换前面的一个空格；若互换内容为英语词（一般带"-"者看成整体单词），互换相同数英语词，但{ }中始于"-"者，与其前始于"-"之后的部分替换。若互换数目不相同，{ }前的被换部分前加标注符号"`"。{ }中有多条时，以半角分号"；"隔开，第 1 条满足上述规定即可。此外，{ }前的被换部分数目可以少于{ }中的第 1 条数目，表示前面全部被换。例如：

　　　　①air{brattice;drop} sheet　风幕→(为以下词条合并)：

　　　　air sheet　风幕

　　　　brattice sheet　风幕

　　　　drop sheet　风幕

　　　　②lime {-}nitrogen　石灰氮 →(为以下词条合并)：

　　　　lime nitrogen　石灰氮

lime-nitrogen　石灰氮

③amalgamable　可｀混汞{汞齐化}的→展开为：amalgamable　可混汞的；可汞齐化的

④absarokite　正边{阿布沙}玄武岩→展开为：absarokite　正边玄武岩；阿布沙玄武岩

2) 表示同族晶体指数，例如：macropedion 长轴端面[三斜晶系中{$h00$}型的单面]。

3) 花括号{ }中的"|"代表多个类似及上下位置相近词条的合写形式符，以节约空间。例如：

a chain of islands{| mountains}　列岛{|山岭}

为以下两个词条的合写形式：

a chain of islands　列岛

a chain of mountains　山岭

四、有关简化说明

(1) 复数及单数的简化表示。词典中对不少具有不规则复数形式的词都作了表示，但只列出不同的词尾变化。若复数形式为直接在单数原形后加字母 Y(常为 a、e、i、s、ed、ta 等)时，以[pl. -Y]表示；否则以[pl. -XY]表示，其中"-"代表单数原形与复数形式前面字母相同的部分，X 为相同部分最后一个字母，以 XY 取代单数原形尾部（一般不超过 3 个字母）始于 X 的部分即构成复数形式。

有时所列英语词本身为复数形式，同时给出其简化单数形式，以[sgl.-xy]表示，完整单数形式的复原与上述类似。

有些英语词太短，或者复数形式不能按上述方式简化时，其复数形式则完整列出。

一些词的复数简化和完整形式示例如下：

palpus [pl.-pi]→palpus [pl.palpi]；prolegomenon [pl.-na]→prolegomenon [pl.prolegomena]；desmolysis[pl.-ses]→desmolysis[pl.desmolyses]；micella [pl.-e]→micella [pl. micellae]；buckshot [pl.-,-s]→buckshot [pl.buckshot,buckshots]；trema [pl.-ta]→trema [pl. tremata]；astomata [pl.-tida]→astomata [pl. astomatida]；menstruum [pl.-rua,-s]→menstruum [pl. menstrua, menstruums]。

(2) 成分构成比例的简化表示。在表示某些物质的各成分完整构成比例时，只列出数据而略去百分号"%"以节约空间。例如：

DBX　铵梯铝炸药[由 21%黑索金、21%硝酸铵、40%梯恩梯、18%铝粉组成的混合炸药] →

DBX　铵梯铝炸药[由 21 黑索金、21 硝酸铵、40 梯恩梯、18 铝粉组成的混合炸药]

软件中，大量合金成分构成，亦采用这种方式处理。如：

青铜合金◆bronze alloys [70～90Cu,1～18Sn,1～25Zn,余 Ni、P、Mn、Al、Pb 等]

(3) 缩略的英语词条在包含于释义中时，释义中用"×"代替。例如：

AC301　×黄药→AC301　AC301 黄药　[完整形式]

五、其他说明

(1) 个别命名、化学分子式、晶系名称等处后面偶尔会出现"?"，表示该处在学术上还存在疑问、争议等，有待进一步确认。

(2) 有些矿物同时列出了不同的化学分子式，有如下原因：

1) 形式不同的化学分子式，实质是相同的，只是不同学者的不同表述习惯，可以合并。例如：realgar　雄黄[As_4S_4;AsS;单斜]。

2) 形式不同，实质也不同。造成这种现象的原因是对某种矿物，由于不同学者在不同时间采用了不同矿样和不同精度的仪器进行的分析化验，很可能就有不同的结论，对于成分复杂的矿物尤其如此。

略　语　表

（包括常用单位符号、地矿常用代号、地质年代代号、生物名、学科、国名等）

["]	[英寸直径]	[S(S$_{1\sim3}$)]	[志留纪(早、中、晚)]	[芬]	[芬兰]
[Ab]	[钠长石]	[s]	[秒]	[浮]	[浮选]
[An]	[钙长石]	[T(T$_{1\sim3}$)]	[三叠纪(早、中、晚)]	[浮剂]	[浮选药剂]
[An$\in$]	[前寒武纪]	[Z]	[震旦纪]	[腹]	[腹足类]
[Ar(Ar$_{1\sim2}$)]	[太古代(古、新)]	[μ]	[微]	[钙超]	[钙质超微化石]
[C(C$_{1\sim3}$)]	[石炭纪(早、中、晚)]	[口]	[待定元素成分]	[钙藻]	[钙藻类]
[∈(∈$_{1\sim3}$)]	[寒武纪(早、中、晚)]	——————————————		[杆虾]	[杆虾类]
[C.I.P.W]	[克伊丕华四氏岩石分类]	[埃]	[埃及]	[工]	[工业、工程(学)]
[D(D$_{1\sim3}$)]	[泥盆纪(早、中、晚)]	[爱]	[爱尔兰]	[古]	[古生物]
[E]	[早第三纪]	[澳]	[澳大利亚]	[古杯]	[古杯动物]
[E$_1$]	[古新世]	[巴]	[巴西]	[古植]	[古植物]
[E$_2$]	[始新世]	[巴基]	[巴基斯坦]	[光]	[光学]
[E$_3$]	[渐新世]	[孢]	[孢子类、孢粉]	[硅藻]	[硅藻类]
[g]	[克]	[保]	[保加利亚]	[海]	[海洋]
[kg]	[千克]	[爆]	[爆破、爆炸]	[海百]	[海百合类]
[km]	[千米、公里]	[笔]	[笔石动物]	[海参]	[海参类]
[MPa]	[兆帕]	[冰]	[冰川]	[海胆]	[海胆类]
[in.]	[英寸]	[波]	[波兰]	[海蕾]	[海蕾类]
[J(J$_{1\sim3}$)]	[侏罗纪(早、中、晚)]	[玻]	[玻璃]	[航]	[航空、航海]
[K(K$_{1\sim2}$)]	[白垩纪(早、晚)]	[哺]	[哺乳动物、哺乳类]	[荷]	[荷兰]
[M]	[金属、兆、微]	[材]	[材料、建材]	[核]	[核物理、核工业]
[m]	[米、毫]	[采]	[采矿]	[红藻]	[红藻类]
[Ma]	[百万年]	[测]	[测量、测绘]	[化]	[化学、化工]
[Mz]	[中生代]	[虫剂]	[杀虫剂]	[环节]	[环节动物]
[N]	[晚第三纪]	[磁勘]	[电磁勘探]	[机]	[机械]
[N$_1$]	[中新世]	[担子]	[担子菌类]	[棘]	[棘皮动物]
[N$_2$]	[上新世]	[德]	[德国]	[几丁]	[几丁虫类]
[O(O$_{1\sim3}$)]	[奥陶纪(早、中、晚)]	[地]	[地质]	[脊]	[脊椎动物]
[P(P$_{1\sim2}$)]	[二叠纪(早、晚)]	[电]	[电子、电工、电学]	[脊索]	[脊索动物]
[Pa]	[帕]	[电勘]	[电法勘探]	[计]	[计算机]
[Pt(Pt$_{1\sim3}$)]	[元古代(早、中、晚)]	[丁]	[丁丁虫类]	[加]	[加拿大]
[Pz(Pz$_{1\sim2}$)]	[古生代(早、晚)]	[动]	[动物]	[甲]	[甲壳动物、甲壳纲、甲壳类]
[Q]	[第四纪]	[俄]	[俄国、俄罗斯]	[建]	[建筑]
[Qp]	[更新世]	[法]	[法国]	[节]	[节肢动物]
[R]	[第三纪、烃基或氢原子]	[非]	[非洲]	[解]	[解剖]
		[菲]	[菲律宾]	[介]	[介形类]
[RE(E)]	[稀土金属]	[废]	[废弃名]	[晶]	[晶体、结晶学]

[晶育]	[晶体培育]	[日]	[日本]	[希]	[希腊]
[晶长]	[晶体生长]	[蠕]	[蠕虫类、蠕虫动物]	[蜥]	[蜥蜴类]
[旧]	[旧名、旧称]	[软]	[软体动物]	[纤]	[纤维、化纤]
[局示植]	[局部指示植物]	[软甲]	[软甲类]	[新]	[新西兰]
[蕨]	[蕨类植物]	[瑞]	[瑞典]	[选]	[选矿]
[军]	[军事]	[三叶]	[三叶虫类]	[选剂]	[选矿药剂]
[勘]	[勘探]	[珊]	[珊瑚、珊瑚类]	[牙]	[牙买加]
[孔虫]	[有孔虫类]	[商]	[商品名、商标名]	[牙石]	[牙形石类]
[恐]	[恐龙类]	[射虫]	[放射虫类]	[亚]	[亚洲]
[口]	[口语]	[生]	[生物、生化、生理]	[岩]	[岩石、岩体]
[矿]	[矿石、矿物、矿床、矿业]	[生类]	[生物分类]	[药]	[药物]
		[声]	[声学]	[冶]	[冶金(学)]
[昆]	[昆虫、昆虫学、昆虫类]	[石]	[石材、宝石]	[叶肢]	[叶肢介类]
		[石场]	[采石场]	[伊]	[伊朗]
[拉]	[拉丁词]	[始先]	[始先类]	[医]	[医学、中医]
[蓝藻]	[蓝藻门]	[数]	[数学]	[遗]	[遗传学]
[力]	[力学]	[刷]	[印刷]	[遗石]	[遗迹化石]
[两栖]	[两栖动物]	[双壳]	[双壳类]	[疑]	[疑源类]
[林檎]	[海林檎类]	[水蝎]	[水蝎虫类]	[意]	[意大利]
[流]	[流体力学]	[苏]	[原苏联]	[印]	[印度]
[露]	[露天矿、露天开采]	[苏格]	[苏格兰]	[英]	[英国]
[裸蕨]	[裸蕨类]	[俗]	[俗语、俗称]	[英格]	[英格兰]
[马]	[马来西亚]	[苔]	[苔藓动物、苔藓类]	[油]	[石油(工业)]
[煤]	[煤矿]	[苔虫]	[苔藓虫类]	[有蹄]	[有蹄类]
[美]	[美国]	[陶]	[陶瓷；制陶业]	[语]	[语法、语言学]
[绵]	[海绵动物、海绵类]	[体]	[体育]	[原生]	[原生动物]
[缅]	[缅甸]	[天]	[天文(学)]	[陨]	[陨石]
[墨]	[墨西哥]	[统]	[统计(学)]	[藻]	[藻类]
[南斯]	[原南斯拉夫]	[头]	[头足类]	[真菌]	[真菌类]
[啮]	[啮齿类、啮齿动物]	[土]	[土壤、土力学]	[震勘]	[地震勘探]
[欧]	[欧洲]	[腕]	[腕足动物]	[植]	[植物]
[爬]	[爬行类]	[微]	[微生物(学)]	[中]	[中国]
[胚]	[胚胎学]	[乌兹]	[乌兹别克斯坦]	[蛛]	[蜘蛛类]
[葡]	[葡萄牙]	[无脊]	[无脊椎动物]	[铸]	[铸造]
[气]	[气象]	[物]	[物理]	[自]	[自动化]
[腔]	[腔肠动物]	[西]	[西班牙]		

元素序数及符号

1	氢	H	40	锆	Zr	79	金	Au
2	氦	He	41	铌{钶}	Nb{Cb}	80	汞	Hg
3	锂	Li	42	钼	Mo	81	铊	Tl
4	铍	Be	43	锝{鎷}	Tc{Ma}	82	铅	Pb
5	硼	B	44	钌	Ru	83	铋	Bi
6	碳	C	45	铑	Rh	84	钋	Po
7	氮	N	46	钯	Pd	85	砹	At
8	氧	O	47	银	Ag	86	氡	Rn
9	氟	F	48	镉	Cd	87	钫{鍅}	Fr{Vi}
10	氖	Ne	49	铟	In	88	镭	Ra
11	钠	Na	50	锡	Sn	89	锕	Ac
12	镁	Mg	51	锑	Sb	90	钍	Th
13	铝	Al	52	碲	Te	91	镤	Pa
14	硅{矽}	Si	53	碘	I	92	铀	U
15	磷	P	54	氙	Xe	93	镎	Np
16	硫	S	55	铯	Cs	94	钚	Pu
17	氯	Cl	56	钡	Ba	95	镅	Am
18	氩	Ar	57	镧	La	96	锔	Cm
19	钾	K	58	铈	Ce	97	锫	Bk
20	钙	Ca	59	镨	Pr	98	锎	Cf
21	钪	Sc	60	钕	Nd	99	锿	Es
22	钛	Ti	61	钷{鉕}	Pm{Il}	100	镄	Fm
23	钒	V	62	钐	Sm	101	钔	Md
24	铬	Cr	63	铕	Eu	102	锘	No
25	锰	Mn	64	钆	Gd	103	铹	Lr
26	铁	Fe	65	铽	Tb	104	𬬻	Rf
27	钴	Co	66	镝	Dy	105	𬭊	Db
28	镍	Ni	67	钬	Ho	106	𬭛	Sg
29	铜	Cu	68	铒	Er	107	𬭶	Bh
30	锌	Zn	69	铥	Tm	108	𬭳	Hs
31	镓	Ga	70	镱	Yb	109	鿏	Mt
32	锗	Ge	71	镥{镏}	Lu{Cp}	110	𫟼{鐽}	Ds
33	砷	As	72	铪	Hf{Ct}	111	𬬭{錀}	Rg
34	硒	Se	73	钽	Ta	112	鎶{鎶}	Cn
35	溴	Br	74	钨	W	113	鉨	Nh
36	氪	Kr	75	铼	Re	115	镆	Mc
37	铷	Rb	76	锇	Os	117	鿬	Ts
38	锶	Sr	77	铱	Ir	118	鿫	Og
39	钇	Y	78	铂	Pt			

A
a

aa (lava) 渣块熔岩；阿阿熔岩；渣状熔岩；块熔岩[夏威]
→-field 渣块熔岩地面//~-flow 熔岩流//~-lava 渣块熔岩；块状熔岩；块熔岩

AAA 幅度衰减分析；三A[钻探用金刚石优质品级符号]

Aalecophyllum 沟壁珊瑚(属)[S-D]

aanerodite 杂铌钇矿[(U,Y,…)Nb₂O₇]

aannerodite 铌钇矿与铌铁矿的紧密共生体

aardvark 土豚(属)[N₁-Q]；土猪(属)[N-Q]

aardwolf{Protetes} 土狼属[哺;Q]

Aasbi{Aasby}-diabase 阿斯比(柏)辉绿岩

Aasby-diabase 阿斯柏辉绿岩

ab 地脚螺栓；偶氮苯[C₆H₅N:NC₆H₅]；绝对的；河；绝对压力；水[波斯语]

Abacodendron 凹顶未属[植;C]

Abacopteris 新月蕨属[植;Q]

abacus 淘金盘；洗金槽；冲洗液槽；洗矿槽；(柱)顶板；算盘
→-bead stone 算珠石

Abadiella 小阿贝得虫属[三叶]

abamurus 挡土墙；支墩；扶壁

abandoned 报废的；放弃的；废弃的
→~ cliff 崩海崖//~ cyst 脱囊//~ mine 废矿//~ mine drainage 废弃矿山排水系统//~ mines' plan 废矿图//~ mine water 老空水//~ mining areas 禁止开矿地区//~ pillars method 遗留矿柱采矿法；残柱式开采法//~ workings 废矿硐；废采区

abandonment 废弃物；油气井因故废弃[例如油层枯竭，套管损坏，油井水淹，地层坍塌造成的]；自动放弃采矿权；留矿柱
→~ cap 弃井封盖//~ plan 报废煤层{矿}图

abatement 失消；降低；减轻；减税；减少；折扣；废料；抑制；刨花；减低；失效[律]
→~ of pollution 消除污染//~ of taxes 减税

A{|B|C}-battery A{|B|C}电池组

abattis 三角形木架透水坝

abattoir 挡风装置

abaxial 背轴{离开轴心}的[与 adaxial 反]；轴外的；远轴的[生]

Abbe figure 阿贝值
→~ jar 艾勃瓷瓶[实验室分批研磨用]//~ number 色散系数

Abbevillian 阿布维尔(期)[旧石器时代初期]

abbreviated 简写的；略语(的)
→~ (form) 缩写//~ heterocercal tail 短歪尾；半歪尾//~ homocercal tail 短

正尾[鱼类;半歪尾]

abchasite 透闪石棉[Ca₂(Mg,Fe)₅(Si₄O₁₁)₂(OH)₂]

ABC method 低速带 ABC 校正法；ABC法[计算低速带厚度的三点法]
→~ notation ABC 标志法[紧密堆积及多型的]

A-B-C-process 污水三级净化过程

Abderites 阿布德袋鼠属[哺;E₃-N₁]

abdomen 腹部；腹节；腹[三叶]

abdominal fin 腹鳍[鱼类]

abductor 展肌；诱拐者；开肌[双壳]

abeam 横向；船的正横梁；(在)正横

Abelia 六道木属[植;E₂-Q]

abelsonite 卟啉镍石[C₃₁H₃₂N₄Ni;三斜]；紫四环镍矿

abernathyite 钾砷铀云母[K(UO₂)(AsO₄)·4H₂O;四方]；砷钾铀矿；阿别纳薄矿

aberrant 偏差，不规则的；异常的
→~ development 畸形发育

aberration 离正；变体；错乱，偏差；越轨；炉况反常；畸变；色差；变形；光行差；像差
→~-corrected holographic concave grating 像差校正凹面全息光栅//~ of needle 磁针偏差

abestrine 石棉的

abfarad{|abvolt|abhenry|abcoulomb} CGS 电磁(单位)制法拉{|伏特|亨利|库仑}

abherent{abhesive} 防黏剂

abhesion 脱黏

abhurite 氯羟锡石[Sn₃O(OH)₂Cl₂]

abichite 光线石{矿}[Cu₃(AsO₄)(OH)₃;Cu₃(AsO₄)₂·3Cu(OH)₂;单斜]
→~ {clinoclase} 砷铜矿[Cu₃As，等轴；Cu₃(AsO₄)(OH)₃]

Abies 枞；冷杉(属)[植;N-Q]
→~ {pine} oil 松节

Abiesgraptus 枞笔石属[S₃]

Abiespollenites 冷杉粉属[孢;E-N₁]

abietane 松香烷

abietene 松香烯

Abietineaepollenites 单束松粉属[孢;E-N₁]

abietinean 松杉的

Abietipites 拟松粉属[孢;E₂]

abietylalcohol 松香醇

abietylxanthate 松脂黄(原酸盐)[C₁₉H₂₉OCSSM]

ability of flood control 防洪能力
→~ to bargain 议价能力//~ to deal with incidents{accidents} 应变能力//~ to deform 变形能力

abime 深渊；无底洞[岩溶区]

abiocoen 无机生境

abiogenic{abiogenetic} gas 无机成因气；非生物成因气

abiotic 非生物的；无机的；无生命的[海底]；无生物的
→~ component 无机界成分//~ substance 非生物性物质//~ surround 无生命环境//~ body of water 水域

abkhazite 透闪石棉[Ca₂(Mg,Fe)₅(Si₄O₁₁)₂(OH)₂]

ablation 消融；残积风化土层；消融作用；冲刷；风化；冰面消融；销蚀；磨蚀；剥落；除去；残积矿床；冲洗；水蚀；磨削；冲蚀；剥蚀；消耗
→~ coating 烧蚀涂层//~ moraine;till 消融冰碛//~ funnel 溶蚀洼地//~ gradient 溶蚀梯度

ablativity 烧蚀率

ablatograph 消融仪

ablikite{ablykite;Ablick clay} 阿布石[乌兹；一种黏土矿物;Al₄(Si₄O₁₀)(OH)₈·4H₂O]；似埃洛石

abmicropylar 远珠孔的[生]

abnormal 反常的；异常的；不规则的；不正常的；异常；变态
→~ fan-shaped fold 逆扇状褶曲{皱}//~ loss 特别损失；非常损失//~ soil 非正常土//~ loss 特别损失；非常损失//~ nuclear state 反常核态//~ occurrence 异常产状//~ risk 不平常的风险；特殊风险

abnormous 异常的

aboral (surface) 背口面
→~ side{pole} 反口侧

aborane 乔木烷

aboriginal 土著的[固有动植物；原地岩体]

aborigine 土著[原地生物等]

abort 半途终止；紧急停车；故障
→~ ed rifting 夭折裂谷活动//~ed zooeia 败育虫室

abortion 败育；堕胎；萎缩；发育不全[生物器官的]
→~ limit 破碎极限//~ storm 爆发流产

abortive egg 败育卵；发育不全的卵

abound in coal and iron 盛产煤铁

aboveboard 台面

above critical 超临界的
→~ curb 路边(侧石)标高以上的//~-ground 井上的；地面的//~ ground piping insulation 地面管道保温//~ permanent datum (在)永久基准面以上

abra 岩洞；岩穴

abradable sealing coating 可刮削封严涂层

abradant 磨蚀剂；钢砂；磨料；金刚砂[Al₂O₃]；研磨料

abrade 磨蚀；磨耗；磨损；刮擦；擦去；磨掉；清理；磨光；擦破；切除；研磨；擦伤；清除
→~ diamond 表面磨损的金刚石//~ perforation 磨蚀的射孔眼//~ platform 浪成台地//~{abrasion} platform 海浪蚀台

abrader 磨光(砂轮)机；砂轮机；研磨工具；磨蚀(试验)机；磨石

abradorite 曹灰长石

abrase 清除；擦伤；研磨；切除；擦去；刮擦；清理；磨损
→~ d{polished} glass 磨光玻璃

abraser 磨石

abrasion 牙咬面[哺]；研磨；擦伤；磨掉；海蚀；嚼面[哺牙]
→(marine) ~ 浪蚀

abrasite 刚铝石(人造金刚石)

abrasive 海蚀的；有研磨作用的；磨损的；研磨剂；钢砂；磨粒；浪蚀的
→~ diamond 磨料级金刚石//~ points 砂石针//~ points for chrome-cobalt alloy 钴铬合金用砂石针//~ stick 油石

abrasive-laden jet 含磨料喷嘴{流}

abrasivity 磨蚀度；冲蚀度

abrator 抛丸清理机；喷砂清理

A

abraum salt 钾镁盐类；层积盐；废盐；杂盐

abraxas 刻有神秘字样的玉石

abrazite 水钙沸石[$Ca(Al_2Si_2O_8)\cdot4H_2O$;单斜]；钙十字沸石[$[(K_2,Na_2,Ca)(AlSi_3O_8)_2 6H_2O;(K,Na,Ca)_{1-2}(Si,Al)_8O_{16}\cdot6H_2O$;单斜]

abrazo plate 阿勃拉佐(耐磨)钢板

abreuvoir 石块间隙缝

abri 岩穴；洞穴；岩洞

Abrograptus 娇笔石(属)[O_2]

abrolhos 蘑菇形堡礁[巴]

Abropteris 华脉蕨属[T_3]

Abrotocrinus 蓬蒿海百合属[棘;C_1]

abrupt 断开的；陡峭的；陡峭；险峻的；断裂的
　　→～ bend 急弯；突然弯曲//～{sharp} contact 截然接触；突变接触//～ curve 陡变曲线；陡度曲线//～ of vertical contact 垂直界面的鲜明度

abruptly-acuminate 急尖的[生]

abruptness 陡度；急缓度；陡峭度
　　→～ of vertical contact 垂直界面的鲜明度

Abruptophycus 裂片藻属[Z_2]

absarokite 橄辉安粗岩；正边{阿布沙}玄武岩；阿布萨罗卡岩

abscess 脓肿；泡孔；气孔；砂眼[冶;铸]；金属中砂眼

abscherung 浮褶；挤离构造

abscissa[pl.-e] 横坐标

abscission 切断
　　→～{separation} layer 离层

absent 缺少的；不存在的
　　→～ order 缺序//～{missing} phase 缺失相

Absidia 犁头霉属[真菌;Q]

absinthe-green 淡绿色

absite 钛铀矿[UTi_2O_6,U^{4+}部分被 U^{6+}代替;$(U,Ca,Ce)(Ti,Fe)_2O_6$;单斜]；钍钛铀矿[$2UO_2\cdot ThO_2\cdot7TiO_2\cdot5H_2O$]

absolescence 废弃

absolute 一定的；独立的；无条件的；绝对的；确实的
　　→～ altitude{elevation;height;highness} 绝对高度//～ ceiling 升高顶点;绝对升限//～ chronology{age;date} 绝对年代//～ mass abundance 绝对质量丰度//～ permeability 绝对渗透性{率}//～ pressure 绝对压力//～ roof 本煤层的全部上覆岩层//～ water absorbing capacity of rocks 岩石绝对吸水量

Absoluto{Absdute} Black 纯黑麻[石]

absonderung 原生节理；冷缩节理[德]

absorb 吸取；吸附；减振；吸收

absorbed-in-fracture{blow;hammering;impact} energy 冲击功

absorbed{retained;hygroscopic;hydroscopic; attracted;occluded} water 吸着水

absorbence 吸收率

absorbent 吸附剂；吸收体；有吸收能力的
　　→～ charcoal method 活性炭法//～ cotton 脱脂棉//～ formation 能吸收泥浆的地层//～ formation{ground} 渗漏地层；吸水地层

absorber 减振器；阻尼器；吸收剂；吸收体；减振体

absorbing 减震；吸收；减震的；吸收的
　　→～ agent 吸收剂//～ substance 吸附剂

absorbite 活性炭

absorbtivity 吸收量

absorption 吸附；专注；吸收性；吸附作用；专心；吸收；热衰(于)；吸收作用

absorptive power{capacity} 吸收能力

absorptivity-emissivity ratio 吸收发射比

ABS{acrylonitril-butadiene styrene} resin ABS 树脂

abstergent 去污粉；去垢的；洗净剂；洗涤剂

abstract(ion) 简介；摘要；提炼；抽出；抽象；提取
　　→～ ed river 被袭夺河

abstraction 退流；袭夺[河流]；萃取；分离；除去；心不在焉；空想；概括
　　→～ borehole 汲水孔//～ of pillar 回采矿柱；煤柱；回收煤柱//～{dropping} of pillars 二次回采；采矿柱//～ of water 脱水作用；抽水

absurdity 不合理；谬论

abtragung 剥蚀作用

abukumalite 阿武隈石；铋磷灰石；硅磷灰石[$Ca_5(Si,S,C,PO_4)_3(Cl,F,OH);Ca(SiO_4, PO_4,SO_4)_3(OH,Cl,F)$;六方]；钇硅磷灰石[$CaY_2((Si,P)O_4)_2O_8;(Y,Ca)_5(SiO_4,PO_4)_3(OH, F)$;六方]；金土磷灰石

Abukuma metamorphic belt 阿武隈变质带
　　→～ {-}type facies series 阿武隈型相系

abundance 分布量；丰富；丰度
　　→～ measurement 丰度测定{量}//～ of minerals 矿物丰度//～ ratio 丰度比

abundant 丰富的；充分的；充足(的)；充裕的；大量的
　　→～ -chert stromatolite 富燧石叠层石//～ element 丰富元素；丰度大的元素

abut 凿岩机支架；拱脚；邻接；端头；紧靠；假整合；止推销；拱座；接上；支架；支承
　　→～ face of bench 台阶端面//～ {end-face} winning 端面开采

abutment 磁柱；接合器；桥墩；扶壁；邻接；隔墙；支面；支撑；承压带；墩栓；肩[坝]

abutting beam 托梁

abysmal 深海的；深渊的；深成的
　　→～ area 深渊//～ area{region} 深海区//～ facies 沉海相//～{abyssal} sea 深海

abyssal 深成的；深渊的；深海的
　　→～ {deep-sea{-marine}} environment 深海环境//～ {deep-reaching;profound} fault 深断层//～ intrusion 深沉侵入//～ region{area;zone} 深海区//～ theory 深部成矿论

Abyssinian wall 管桩(法打)井；管井

abyssolith 岩基；深成岩体

abyssolithic 深成的；深成岩体的

abyssopelagic 深渊的

AC301{|303|317|322|325|343|350} ×黄药

ACA 醋酸；交流电弧

Acacia 刺槐；金合欢胶；金合欢属[阿;E_2-Q]；洋槐

academician 院士

Academy of Science 科学院

acadialite 红菱沸石[$[(Ca,Na_2)(Al_2Si_4O_{12})\cdot 6H_2O]$；红斜方沸石

acadialith 红斜方沸石；红菱沸石[$(Ca,Na_2)(Al_2Si_4O_{12})\cdot6H_2O$]

Acadian 中寒武统；阿卡迪亚(人)的；阿加底亚人(的方言)

→～ geosyncline 阿卡德{克殿}地槽//～ series 阿卡德统[加;$\boldsymbol{\epsilon}_2$]

acaleph 水母[腔]

acalycine 无花萼的；无萼的

acantha 刺；针刺

Acantharina 棘放射虫亚目；棘骨虫亚目

acanthconite 绿帘石[$Ca_2Fe^{3+}Al_2(SiO_4)(Si_2O_7) O(OH);Ca_2(Al,Fe^{3+})_3(SiO_4)_3(OH)$;单斜]

Acantherpestes 毒棘虫属[多足;C_2]

acanthin 锶骨质；棘质；针质
　　→～ e septa{septum} 刺隔壁

Acanthinites 多刺菊石属[T_3]

Acanthinocyathida 刺杯目[古杯]

acanthite 螺硫银矿[Ag_2S;单斜]；螺状硫银矿[Ag_2S]；螺旋硫银矿

Acanthocardia 刺鸟蛤属[双壳;K_2-Q]

Acanthocarpus 棘籽属[古植;P]

Acanthocephala 棘头动物(门)

acanthocephalan worm 棘头虫

Acanthoceras 刺菊石(属)[K_2]

Acanthochitina 刺几丁虫属[O_{2-3}]

Acanthocladia 刺板苔藓虫属[C_2-P]

acanthocladus 具刺枝的

Acanthoclema 菱刺苔藓虫属[D-C_1]

Acanthoclymenia 刺海神石属[头;D_3]

Acanthocyatha 刺古杯海绵亚纲

Acanthocyathus 刺古杯属；刺杯属[古杯]

Acanthodes 棘鱼属[D-P]

Acanthodiacrodium 刺面双极藻属[$\boldsymbol{\epsilon}$-O]

Acanthodiformes 棘鱼目

Acanthodina 似荆棘牙形石属[O_2]

Acanthodus 荆棘牙形石属[O_1]

Acanthograptus 刺笔石属[$\boldsymbol{\epsilon}$-S]；刺笔石

Acanthoica 刺球石[钙超;Q]

acanthoide 阿硼铁矿

Acanthomeridion 刺节虫属

Acanthomorphitae 棘形亚类[疑]

Acanthonematinae 刺线螺亚科[腹]

Acanthopanax 五加属[植]

Acanthopecten 刺海扇属[双壳;C-P]

Acanthopholis 巨头龙属
　　→～ (horrida) 棘甲龙

Acanthophora 鱼栖苔属[红藻;Q]

acanthophorous 具刺的

Acanthophracti 全格放射虫类

Acanthophyllum 阔杯珊瑚；针珊瑚属[S_{2-3}]

Acanthoplecta 刺褶贝属[腕;C_1]

acanthopodus 具刺柄的

acanthopore 刺孔

Acanthoporella 细刺管苔藓{辞}虫属[Q]

Acanthopteris 刺蕨属[古植;J_3-K_1]

Acanthopyge 棘尾虫属[三叶;S_2-D_2]

Acanthorytidodiacrodium 刺面具褶双极藻属[Z-$\boldsymbol{\epsilon}$]

Acanthosolenia 刺管石[钙超;Q]

acanthostyle 单放多刺针

Acanthothyris 刺孔贝属[J_2-Q]

Acanthotrilees 三角刺面孢属[C_2]

acant(h)icone{acant(h)iconite} 绿帘石[$Ca_2Fe^{3+}Al_2(SiO_4)(Si_2O_7)O(OH);Ca_2(Al,Fe^{3+})_3 (SiO_4)_3(OH)$;单斜]

acarbodaryne 无碳酸钾钙霞石

Acarina 壁虱目[蛛形纲;E_2-Q]；螨目[蛛形纲]；蜱螨目

acaroid 螨类的；状的；似壁虱的
　　→～ resin 禾木树脂

acaustophytolith{acaustophytogenic rock}

非可燃性植物成因岩

acauthos 刺

Acavatitriletes 无壁腔三缝孢亚类[K_2]

accelerant 促进剂；加速剂；促凝剂；催化剂

accelerating agent 促进剂；促凝剂；加速剂

acceleration 加速剂{器;度}；促化作用；加速发生；加速

accelerator 速凝剂；加速剂；加速器；催化剂；促凝剂
→～ jar 加速式震击器//～ pedal 加速踏板

accentor 岩鹨

acceptable 合格的；验收的；可接受的
→～ age 采用年龄

acceptance 承认；承兑；接收；采纳
→～ (check;inspection) 验收//～ certificate 合格证书//～ inspection 检验//～ of work 工程验收//～ operation 预除废石后的选矿；原矿石预选作业

accepted{observed} depth 观测深度
→～ load 承载；承受荷载//～{market} practice 习惯做法//～ tolerance 容许限差；规定限差

accepter{acceptor } 验收人；谐振电路；被诱物；接收器；承兑人；接纳体；受主[半导体]；接受器；受体

access 访问；存取；通道；发作；门径；进入；增加；接近
→～ between deck 筛板之间通道//～ control 入口检查处//～ apparatus 附属仪器//～ ingredient{constituent} 副成分//～ lobe 助线系[菊石]//～ mineral 附生矿物//～ socket 副铰窝[腕]//～ road 通达矿山的交通运输道路；入境道路//～ to the orebody 接近矿体

accessible 可(到)达的；进得去的；易接近的
→～ but residual{|and useful} resources base 可及`但不{|和}可用的资源底数//～ depth 可采深度；(探头)探及的深度；可钻及深度；可即深度；探头能够探及的深度//～ state 可达状态

accession 同意；财产自然增益
→～ differentiation 岩浆上升分异作用

accessory 零件；配件；配连；附加的；附属的；次要的；附属品；副的；同源的[火山碎屑]

accident 事故；遇难；遇险；(偶发)故障；地形不平；偶然事件
→～ discovery 意外发现；偶然发现//～ and safety 事故与安全//～ cause 事故原因//～ relief 起伏地形//～ free 无事故//～ liability 事故易发性

accidentally slide down 跑车

accident analysis 事故分析
→～ and safety 事故与安全//～ brake 紧急用的制动器//～ cause 事故原因//～ due to negligence 责任事故

Accinctisporites{Accinctisporkes} 阿克辛粉属[T_3]

Accipiter 猛禽；鹰类；大鹰属[Q]

acclimation 驯化；适应气候；服水土；风土化；气候适应
→～ disease 水土病

acclimatization 气候适应；环境适应；服水土；风土化；驯化

accommodation 居住舱；适应性；贷款；和解；用具

→～ deck 起居甲板//～ kink(ing) 顺应扭折//～ period 调整周期//～ rig 半潜式居住和供应海洋平台

accompany 伴生；陪伴
→～ figure{diagram} 附图

accordance 给予；协调；一致性；一致；调和；适应
→～ of summit levels 山顶面平齐；山峰高度一致//～-type morphostructure 协和型地形构造

accordant 协调的；匹配的；相合的；调和的；与岩层倾斜一致的；一致的
→～ connection 整合接触//～ drainage 调和水系；谐和水系//～{concordant} drainage 协调水系//～ meeting 平齐会合

accordion{concertina} fold 手风琴形{状}褶皱

accord unconformity 平齐不整合
→～ {tally;consistent} with 符合

accountancy{time} book 记工簿

accounting 清算账目
→～ program 记账程序//～ report 财务报告

account number{code} 账号

accreting 加积作用；增生作用
→～ line 增长带

accretion 外展作用；结核；加长；增大；冲积层；结块；积冰；增生；外加；增积；结瘤；加积；凝积作用；吸积(作用)[天]；炉瘤；堆积；结壳；积成物；加高；增殖；表土；增长；增加物
→～ lava ball 滚黏熔岩球//～ deposit 合成堆积//～ energy 合成能//～ surface 加积面；滩面//～ vein 累积充填矿脉；加填矿脉；填加脉

accumulate 聚积；补堆积岩；累积；聚集；积聚
→～{cumulate} complexes 堆积杂岩

accumulating crystallization 聚集结晶(作用)
→～ diagram of water demand 水累积图

accumulation 堆积物；积累；存储；聚集(作用)；积聚；蓄积；聚积；累加；累积；堆积[岩]

accumulative 堆积的；积聚的
→～ effect 集聚效应//～ process 积累过程

accumulator 蓄压器；电瓶；热储；储能器；存储器；风包；储罐；贮料塔；热水储；储集层；蓄电池[英]
→～ cell{jar;plant;tank} 蓄电池//～ plant (元素)积聚植物；充电站；聚集植物//～{storage} tank 储蓄槽

accuracy (degree;external) 准确度；精度
→～ contours 等精度线//～-degree 精确度//～ of measurement{determination} 测量精度//～ table 修正值表

accurate 确凿；准确的；精确
→～ {precision} adjustment 精调//～ measurement 精密量度//～ pointing 点测[湿度、孔身弯曲]//～ position finder 精确测位装置

Acdalopora 阿克达尔珊瑚属[O_3]

ace-amide 醋胺石[CH_3CONH_2;三方]

aceanthrene 醋蒽

acenaphthylene 苊烯；萘嵌戊烯

acendrada 白泥灰岩

acentric factor 偏心因子；(油气)重质系

数；离散系数

acentrous vertebra 无体锥

Acephala 无头类；无头纲

Acer 槭树；槭属[植;K_2-Q]

Aceraceae 槭树科

aceramic age 无陶器时代；先陶器时代

Aceratherium 无角犀属[哺;E_3-N_1]；原犀

acerbity 涩度；涩味

acerdese 羟锰矿[$Mn(OH)_2$;三方]；水锰矿[$Mn_2O_3 \cdot H_2O$;(γ-)$MnO(OH)$;单斜]

acerilla 方铅矿[PbS;等轴]

Acerocare 弓头虫属[三叶;$\in_3$]

acerose{acerous} 针状的

acerosus 针形(叶)[叶]

Acervoschwagerina 簇希瓦格蜓属[$\in_3$]

Acervularia 堆珊瑚(属)[S_2]

acervularia 丛珊瑚

Acervulina 堆房虫属[孔虫;N-Q]

acervulus 分生孢子盘；松果体石

acetabular 髋臼[脊]

Acetabularia 伞藻属[钙藻;E-N]

acetabulum 棘窝[海胆]；髋臼[脊]

acetacetate 乙酰乙酸(盐)

acetal 乙缩醛{乙醛缩二乙醇}[$CH_3CH(OC_2H_5)_2$]；醛缩醇；缩醛

acetaldehyde 乙醛

acetamide 醋氨石；乙酰胺石；醋胺石[CH_3CONH_2；三方]；乙酰胺[CH_3CONH_2;C_2H_5NO]

acetate 醋酸酯[CH_3COOR]；醋酸根
→～ moiety 乙酸基//～ of lime 醋石//～ peels 醋酸纤维素揭片；酮醋酸揭片//～ tracer 醋酸盐示踪剂

acetenyl 乙炔基

acetic{ethanoic} acid 醋酸；乙酸

Acetic Acid Salt Spray test 醋酸性盐雾试验

acetic anhydride 醋(酸)酐
→～-hydrochloric acid 乙酸-盐酸混合物

acetolysis 醋解；醋酸(水)解作用

acetone 丙酮[CH_3COCH_3]
→～ cyanohydrin 丙酮合氰化氢[$(CH_3)_2C(OH)CN$]//～ phenyl hydrazone 丙酮苯腙[$C_6H_5NH \cdot N{:}C(CH_3)_2$]

acetonitrile 氰甲烷；乙腈

acetophenone 苯基(甲)酮；甲基苯基酮[$CH_3COC_6H_5$]；乙酰苯[$CH_3COC_6H_5$]；苯乙酮[$CH_3COC_6H_5$]

acetyl 乙酰
→～ lime 电石[CaC_2]//～ torch valve 电石灯阀

acetylacrifoline 乙酰尖叶石松碱

acetyl-dihydrolycopodine 乙酰二氢石松碱

acetylene 亚次乙基[= CHCH =]；电石气；双亚乙基；乙炔[$HC{\equiv}CH$]
→～ lime 电石[CaC_2]//～ torch valve 电石灯阀

acetylenic alcohol 炔醇
→～ hydrocarbon 炔属烃

acetylenylbenzene 乙炔基苯[$CH{\equiv}C \cdot C_6H_5$]

ACF-diagram 铝钙铁三角相图

ACF plotting method ACF 作图法

Achaenodon 闭齿兽属[E_2]

a chain of islands{| mountains} 列岛{|山岭}

Achatella 小倍友虫属[三叶;O_{2-3}]

A

Achatinacea 玛瑙蜗牛超科

Achatinellacea 小玛瑙蜗牛超科

achavalite 硒铁矿[FeSe;六方]

achene 瘦果[植]

Acheson furnace 爱切逊炉
→~ graphite 艾奇逊人造石墨

Acheulian age 阿舍利时代[旧石器时代]

achiasmatic organism 鞭毛藻类；无互换生物[鞭毛藻]

achievements in scientific research 科研成果

achirite 绿铜矿[$Cu_6(Si_6O_{18})•6H_2O;H_2CuSiO_4$]；透视石[$Cu(SiO_3)•H_2O; H_2CuSiO_4; CuSiO_2(OH)_2;$三方]

achlamydate 无厚壁的；无被的[植]；(软体动物)无套的

achlusite 透视石[$Cu(SiO_3)•H_2O;H_2CuSiO_4;CuSiO_2(OH)_2;$三方]；钠滑石

Achlya 绵霉(属)[真菌]

achmatite 绿帘石[$Ca_2Fe^{3+}Al_2(SiO_4)(Si_2O_7)O(OH);Ca_2(Al,Fe^{3+})_3(SiO_4)_3(OH);$单斜]

achmite 锥辉石[霓石变种;$Na(Fe^{3+},Al,Ti,Fe^{2+})(Si_2O_6)$]

Ach'naine type hybrid 阿赫奈因型混染岩

achnakaite 无粒陨石；黑云倍长岩

Achnanthes 弯杆藻属[Q]

Achomosphaera 艾乔莫藻属[K-E]

achondrite 无球粒陨石
→~ of enstatite 顽火辉石无球粒陨石

achrematite 砷钼铅矿；杂铅砷钼矿；铅砷钼矿[$35PbO•3PbCl_2•9As_2O_5•4MoO_3$]

achroite 白碧玺{玺}

achromaite 浅闪石[$8CaO•2Na_2O•18MgO•4Al_2O_3•26SiO_2•H_2O•3F_2; NaCa_2(Mg,Fe^{2+})_5Si_7AlO_{22}(OH)_2;$单斜]

achromatic 无色的
→~ magnetic mass spectrometer 消色差磁(性)质谱仪//~ map{sheet} 单色图

achromatin 非染色质

achromatopsia{achromatopsy} 色盲

achtaragdite{achtarandit;achtaryndit} 杂碳硅铝石

achynite 氟硅铌钍矿；氟硅锭钍矿

acicula[pl.-e] 针

acicular 针形；针状的
→~ bismuth 针硫铋矿//~{cupreous} bismuth 针硫铋铅矿[$PbCuBiS_3$;斜方]//~{needle(-like)} crystal 针状晶体//~{needle} fracture 针状断口

Acicularia 伞藻属[钙藻;E-N]；针状藻属[K-N]

acicular{fibrous} ice 纤维冰
→~ iron ore 针铁矿[(α-)FeO(OH);$Fe_2O_3•H_2O$;斜方]

aciculate 尖的；具针状划痕的；针硫铋铅矿[$PbCuBiS_3$;斜方]

Aciculatis 针形

Aciculella 尖刺藻属[T_2]

aciculiform 针形

aciculifruticeta 针叶低木林

aciculisilvae 针叶林；针叶乔木群落

aciculite 针硫铋铅矿[$3(Pb,Cu_2)S•Bi_2S_3$,斜方;$PbCuBiS_3$]；针状矿石

acid 酸的；酸性的；酸；酸类
→~-affected 受酸危害{影响}的//~-alkaline barrier 酸碱障//~-altered hot ground 酸性蚀变热地面

acidamide 酰胺

Acidaspides 刺壳形虫属[三叶;$\mathcal{C}_{2-3}$]

Acidaspis 刺壳虫；刺壳虫属[三叶;O_2-D_2]

acidating 酸化；酰化

acidfrac process 酸乳浊液爆破法

acidic 酸性的；酸式；酸性；酸的
→~ filtration effect 酸性渗滤效应//~ produced water 酸性采出水//~ sulfate chloride water 酸性硫酸盐氯化物水//~ volcanics 酸性火山岩

acidiferous 含酸量；含酸的

acidifiable 可酸化的

acidific 酸化的；生酸的

acidified liquor spray 酸液喷淋

acidifier 酸化剂

acidite 酸性岩；硅质岩

acidity 酸性；酸度；酸味
→~-alkalinity 酸碱度//~ coefficient {quotient} 酸度(性)系数//~ soil 酸性土

acidization 酸化作用

acidize 酸化
→~ the hole 酸处理钻孔

acidizing fluid 酸(处理)液
→~ treatment 酸处理；酸化作业

acid leached zone 酸淋滤带
→~ mine water {drainage} 酸性矿水；酸性矿坑废水//~ of wine 酒石酸[HOOCHOHCHOHCOOH]

acidless 无酸的

acidofuge 嫌酸的；避酸的

acidogenic bacteria 产酸细菌

acidophilic bacteria 嗜酸细菌；喜酸细菌

acidophilous 喜酸的；适酸的

acidophil(e)s 嗜酸生物；喜酸生物

acidosis 酸中毒{毒症}

Acidotocarena 尖头贝属[腕;$\mathcal{C}_1$]

acidotrophic lake 酸营养湖

acidotrophy 酸性营养(型)

acid-proof{-resisting} cement 耐酸水泥
→~ coating 防酸保护层//~ flotation cell 防酸浮选机{槽}//~ sulphur mortar 硫碘耐酸砂浆

acidulae 碳酸矿(质)水

acidulated 不和气的；带酸味的；乖僻
→~{acidulous} water 酸化水

acidulous 带酸味的；微酸性的
→~ spring 酸(味;性矿)泉//~{acid} water 酸化水

acidum 石炭酸[C_6H_5OH]

aciduric bacteria 耐酸细菌

acidylate 有机酸盐(酯)

Acila 针蛤属(区)[双壳;K-Q]；阿塞尔蛤属[双壳]

aci-nitro 异硝基；酸硝基[(HO)ON=]

Acinonyx 猎豹(属)[N_2-Q]

acinose 细粒状
→~ ore 粒状矿石//~ texture 矿石细粒结构

acinous 细粒状

Acipenser 鲟鱼(属)[Q]

Acipenseriformes{Acipenseroidea;Acipenseroidei} 鲟(形)目[T-Q]

acisculis 石工小锤

Acitheca 尖囊蕨(属)[植;C-P]

ac-joint ac 节理[平行褶皱轴的横向节理]

acknowledg(e)ment{acknowledge} signal 证实信号

acline 水平地层；磁赤道；无倾线[地理]

Acline-Karlsbad{-Carlsbad} law 阿克林-卡尔斯巴(双晶)律

aclinic 水平的；无倾斜的；无倾角的
→~ line 水平地层；地磁赤道；磁赤道；无倾线[磁赤道]//~ structure 无倾斜构造

Acmaea 笠贝属[腹;T-Q]

acme 顶点；峰；极度；全盛期；盛期；极点
→~ zone{biozone} 顶峰带//~-zone 顶峰{点}带；极顶带

acmite 绿辉石[$(Ca,Na)(Mg,Fe^{2+},Fe^{3+},Al)(Si_2O_6)$; $Jd_{75-25}Aug_{25-75}Ac_{0-25}$;单斜]；锥辉石[霓石变种;$Na(Fe^{3+},Al,Ti,Fe^{2+})(Si_2O_6)$]；钠辉石
→~ (augite){acmite(-)augite} 霓辉石[$(Na,Ca)(Fe^{3+},Fe^{2+},Mg,Al)(Si_2O_6)$,根据迪尔等的划分,$NaFeSiO_6$介于15%~70%者为霓辉石,大于70%者为霓石]

Acmoheliophyllum 盛阳珊瑚属[C_1]

Acnidaria 无刺胞亚门[腔]

Acodina 小针锐牙形石属[O-D]

Acodus 针锐牙形石属[O-S_2]

Acoelea 无腔目；无肠目[腹;E_2-Q]

a collection of books 藏书
→~ copolymer of vinylacetate and maleic anhydride 乙酸乙烯酯-顺丁烯二酸酐共聚物

acolpate 无槽的；无沟型[孢]

acolpatus 无槽的；无沟的[孢]

acolyte 陪星[天]；侍僧；庙祝；沙弥；辅祭

Aconitum 乌头属[E_2-Q]

Acontiodus 矢牙形石属[O]

acorite 锆石[$ZrSiO_4$;四方]

acorn (tube) 橡实形管
→~ worm 柱头虫(属)[半索动物]

Acorus 菖蒲属[Q]

Acosarina 阿柯萨贝属[腕;P_1]

acotyledon 无子叶植物

acotyledonous 无子叶的[植]

acoustic 听觉的；吸声
→~ perforated gypsum board 吸声穿孔石膏板

acoustical 听觉的
→~ filter 消声器

acoustic{audible} alarm 声报警；音响报警
→~attenuation constant 声衰减常数

acoustically opaque layer 声不透射层；不透声层
→~ opaque ridge 声障脊//~ transparent layer 声透射层

acoustical stiffness 声阻抗
→~ well sounder 钻井液面声学测深仪

acoustic(al) attenuation constant 声衰减常数
→~ contrast 声阻抗比差

acoustician 声学家

acoustic{sound} image 声成像
→~ impedance{resistance} 声阻抗//~ perforated gypsum board 吸声穿孔石膏板//~ position-reference 声(学)定位参照系//~ reflecting surface 声(波)反射面//~ storage{memory} 声存储器

acoustilog 声速测井；声波测井

acoustooptic(al){A-O} effect 声光效应

acousto-optic glass 声光玻璃
→~ quality factor 声光晶质因数

acoustooptics 光声学

acoustostratigraphy 声波地层

acquisition 捕获；得到；并购；探测；获

得；获取；发现；采集
→~ capability 搜集能力 // ~ of signal 信号采集 // ~ range 接收范围 // ~ system 收录系统

Acraeon 捻螺属[腹;K₂-Q]

acrania 无颅；无头亚门[脊索]；无头类

Acratia 尖喙介属[D-P]

acratopega 冷泉

acratotherm(e) 温泉

acree 岩屑堆；岩屑锥

Acremonium 枝顶孢属[真菌;Q]

Acreodi 异古肉食类[哺]

acrepid 无轴管海绵骨结

acrifoline 尖叶石松碱

acrisol 强淋溶土

acritarch 疑源类[始先]；始先类

acro-batholithic 露顶岩基的；近(岩基)顶部的[矿床]

acroblast 原顶体[植]

acrobystiolith 包皮垢(结)石

Acrocephalina 小尖头虫属[三叶;Є₃]

Acrocephalops 尖头虫属[三叶;Є]

Acrochaetium 顶丝藻(属)[红藻;Q]

Acrochordiceras 疣菊石属[头;T₂]

acrochordite 球砷锰矿[Mg(MnOH)₄(AsO₄)₂•4H₂O]

Acrocosmia 最齐螺属[腹;T₃]

Acrocrinus 尖海百合属[棘;C]

acrodont 端生牙{齿}

acrodrome 脉向尖聚集[植]

acrofugal 离顶的

acrogenous 顶生的

acrolein 丙烯醛[CH₂=CHCHO]

acrolobe 顶叶[球结三叶]

acromion 肩峰

acron 顶点；峰；顶部；冠部[棘]；原头区；顶[生]

acronematic 茸毛鞭的[藻]

acronychius 爪状

Acrophorus 鱼鳞蕨属[Q]

Acrophyllum 锥顶珊瑚(属)[D₂]；极珊瑚

acrophyta{acrophyte} 高山植物

acropodium 肢尖

Acropora 鹿角珊瑚属[R-Q]

a-cropping 向露头

Acropyge 尖尾虫属[三叶;P₂]

Acrosaleniidae 顶萨列海胆科

acrosome 顶体

Acrospirifer 巅石燕(属)[腕;D₁₋₂]

acrospore 顶生孢子

acrosporous 顶生孢子式的

across 对径[颗粒]；并联；横断面；横过；横穿；横断；跨过；交叉；跨接；经过[一整段时间]

Acrostichum 卤蕨属[J-Q]

Acrothele 乳房贝(属)[腕;Є₁₋₂]；乳顶贝

Acrothoracica 端胸目[蔓足]

Acrothyris 巅孔贝属[腕;D₂]

acrotomous 端解理；具底面解理的[矿物]

Acrotreta 顶孔贝(属)[腕;O]；乳孔贝属[O]

Acrotretida 乳孔贝目

acrotropism 向氧性

acrox 高风化氧化土；强酸性氧化土

acrozone 极顶带

acrusite 白铅矿[PbCO₃;斜方]

acryl 丙烯

acrylamide 丙烯酰胺[CH₂=CHCONH₂]
→~ grout 丙烯酰胺浆

acrylate 丙烯酸盐

acrylic acid alkylester 丙烯酸烷(基)酯[CH₂=CHCOOR]
→~ amide 丙烯酰胺[CH₂=CHCONH₂] // ~ panel 丙烯(塑胶)板 // ~ resin 丙烯酸类树脂

acrylonitrile 氰乙烯；丙烯腈[CH₂=CHCN]

acryogenic 非冰川{冻}的

Actaeonella 小捻螺属[腹;T₃-K]

Acteocina 拟囊螺属[腹;K₂-Q]

actic 潮区

acticarbon 活性炭

Actinaraea 辐线珊瑚属[J₃]

Actinaria 肉珊瑚目

Actinastrum 星形藻属[绿藻;Q]

actine 星状骨针[绵]

actinenchyma 星状组织

acting{effective;available} head 有效水头

Actinia 红海葵(属)[腔;Q]

Actiniaria 海葵目

Actinic 红海葵(属)[腔;Q]

actinium 锕
→~ emanation 锕射气 // ~ series 锕系(元素) // ~ uranium 锕铀[AcU,铀的同位素 U²³⁵]

Actinocamax 星桩箭石属[K₃]

actinocarp 辐射果

Actinoceras 珠角石(属)[头;O₂-S₁]

Actinocerida 珠角石目

actinochemistry 光化学

Actinocrinites 辐射海百合属[棘;C₁-P]

Actinodesma 射带蛤属[双壳;D]

actinodictyon 射网格层孔虫属[D₃]

Actinodon 阳地龙属；阳起龙属[爬]；起龙[爬]

actinodont 射齿型；辐射栉牙
→~ hinge 射齿型铰合构造[双壳]

actinodrome 具掌状脉

actino-electricity 光电性

actinoerythrin 海葵赤素

actinoform 放射线状

actinolite 阳起石[Ca₂(Mg,Fe²⁺)₅(Si₄O₁₁)₂(OH)₂;单斜]；阳地台
→~-calcic plagioclase zone 阳起石钙质斜长石带 // ~ {-}schist 阳起片岩

actinolitite 阳起石

actinolitization 阳起石化

actinology 放射线学；辐射同源；光化学

Actinomorpha 星形角石属[头;O₂]

actinomycetales 放线菌目

actinomycete 放线菌类

actinomycosis 放线菌病

Actinopoda 射足目

Actinoporella 辐孔藻属[J₂]

Actinopteria 射翼蛤属[双壳;S-P]

Actinosiphon 辐管虫属[孔虫;E]

actinosiphonate deposits 星节珠沉积

actinost 鳍条基骨

actinostele 星状中柱

Actinostromaria 仿放射层孔虫属[J₃]

actinote 阳起石[Ca₂(Mg,Fe²⁺)₅(Si₄O₁₁)₂(OH)₂;单斜]

Actinothecaceae 翼脉藻(囊孢)科

actinotherapy 射线疗法

actinotrichium 角质鳍条

actinouran{actinouranium} 锕铀[AcU,铀的同位素 U²³⁵]

actinouranium series 锕铀族

actinozoa 辐射动物；棘皮动物

Actinozoa(n) 珊瑚虫纲

actinozoan 珊瑚类；珊瑚虫的

Actinozygus 阳光轭石[钙超;J₃-K]

actinozyme 放线菌酶

action centre{center} 作用中心
→~ line 啮合线 // ~ radius 影响半径

actium 海岩群落

activating agent 活性剂；激活剂；激化剂
→~ energy sensitivity 激活能量灵敏度

activation center 活化中心；激化中心
→~ {activating;activity} energy 活化能 // ~ entropy 活化熵 // ~ heat 活化热 // ~ {mobilization} of platform 地台活化

activator 激活剂；激励器；活化黏土装置[精炼设备]；活性剂；活化剂；触媒剂

active 现行的；有功的；有效的；有旋光性的；放射性的；活性的；活泼的；活性；实际的；活动的
→~ {recoverable;exploitable} oil 可采石油 // ~ ore calculation 可采矿产储量计算 // ~ ore-forming hydrothermal system 现代成矿水热系统

activity 多居里；能动性；活动(范围)；活动性；功率；放射性；领域；强放射性；活度；活性；作用；机构；活力
→~ coefficient 工作比；充填系数；占空系数 // ~ gradient 活动序；活动坡(度) // ~ oriented network 活动节点网络[单代号网络计划] // ~ ratio 激活比率

activizing{activated;mobilized} region 活化区

act of God 天灾；自然灾害
→~ of reception 验收条例

acton 锕射气

Actonian 阿克通阶[O₃]

actophilus 栖海岩{岸}的[生]

actual 实际的；真实的；现行的；有效的

actuating 开动；收张
→~ arm 杠杆力臂；操作杆 // ~ {working} medium 工质

actuopaleontology 实证古生物学

actynolin{actynolite} 阳起石[Ca₂(Mg,Fe²⁺)₅(Si₄O₁₁)₂(OH)₂;单斜]

A-C type R reduction gyratory 交流电 R 型旋回破碎机

aculeate 有微刺的；有皮刺的；多刺状[植]；多刺的；有刺的[生]

Aculeispores 刺囊孢子[C₂]

aculeus[pl.-ei] 刺状产卵器[动]；皮刺[植]

acumen 渐尖头

acuminite 氟羟锶铝石[SrAlF₄(OH)•H₂O]

Acuneopsis 非楔蚌属[双壳;J₁₋₂]

acupuncture point 穴

Acus 针刺藻(属)[Z₂]
→~ crenulatus 大笋螺

acutate 微尖的

Acutatheca 尖鞘贝属[腕;D₂₋₃]

acute 锐角的；剧烈的；尖；急剧的；尖的；尖锐的
→~ hammer 尖镐 // ~ peak abutment 矿柱的锐角应力峰值区

Acuticosta 尖脊蚌属[双壳;K-Q]；锐棱蚌属[双壳]

acutifoliside 尖叶丝石竹苷

Acutimitoceras 尖仿菊石属[D₃]

Acuturris 尖石

acutus 急尖形[叶顶]

acyclic 非轮列的[生]；非周期(性)的

A

→~ isoprenoids 无环异戊间二烯化合物//~ set 非循环序集//~ stem-nucleus 无环化合物的母链

ac(id)ylate 有机酸盐[酯];酰化

acyl halide 卤化酰基;酰基卤

acyloin 偶姻[两个分子的醛,合成醇酮]

A.D. 公元;纪元

adakite 埃达克岩

Adamanophyllum 阿达曼珊瑚属[C$_{1-2}$]

adamant 金刚石[C;等轴];刚玉[Al$_2$O$_3$;三方];硬石[金刚石或刚玉]

adamantane 金刚烷

adamantine 金刚石般的;坚硬的;冷铸钢粒;坚定不移的;不屈不挠;金刚石制的
→~ crown 金刚石钻头//~ shot 钢(钻)粒;钻井(用)钢砂//~ spar 贵刚玉;刚玉[Al$_2$O$_3$,三方;绢丝状褐色]//~ structure 类金刚石(型)结构

adamas 金刚石[C;等轴];钻石

adambulacral 侧步带板[海星];副步带板[海星]

adamellite 石英二长岩

adamine 羟{水}砷锌石[Zn$_2$(AsO$_4$)(OH);斜方或单斜]

Adamite 人造刚玉

adamite 水砒亚铅矿;合成刚玉;水{羟}锌石{矿}[Zn$_2$(AsO$_4$)(OH);斜方或单斜]

adamsite 暗绿云母[KAl$_2$(AlSi$_3$O$_{10}$)(OH)$_2$]
→~-(Y) 水碳钠钇石[NaY(CO$_3$)$_2$·6H$_2$O]

Adapedonta 贫齿亚目[双壳]

adapical 顶向[头];后端
→~ anterior 壳前缘[节]

Adapidae 兔猴科[E$_{1-2}$]

Adapidium 猴裂兽属[裂齿目;E$_2$]

adaptation 改编(本);适应性;拟合;改进;采用[某种新技术等]
→~ modification (生)态(适)应变态//~ theory 适应变化论[语]

adaptative irradiation 适应照射
→~ radiation 生态适应辐射//~ radiation{irradiation} 适应辐射//~ {adaptive} regression 适应退化

adapter 附件;接头;管接头;改编者;(插)座衬套;拾波器;连接器;接续器;拾音器;附加器;适配器;连接装置[钻探]
→~ {-}booster 传爆药管//~ booster 传爆药栓//~ coupling 转接//~ {reducing} coupling 异径接箍

adaptive 适合的
→~ divergence 适应辐射//~ migratory 适应迁移//~ norm 适应规范[生]//~ radiation{divergence} 趋异//~ threshold 适应(限度)

adaptor 接器;转接器;拾音器;管接头;附件;拾波器;改编者;接续器;适配器;接头;(插)座衬套;连结装置;接续器
→~ sleeve 接头套

adarce 泉渣;钙{石灰}华[CaCO$_3$]

adaxial 向轴的;近轴的[与abaxial反]

adcumulate 补堆积岩

adcumulus{accumulated} growth 层积生长

add 增益;附加;加法;加;增加
→~ gravel 砾石附加量

adder{serpent} stone 毒蛇石

---

addigital 附指羽

addition agent 加成剂
→~ halo 叠加晕//~ information 辅助资料//~ of sand 加砂;掺砂//~ polymerization 聚来反应;加聚反应

additive 外加物;加法;附加物;加的;辅助的;添加料;掺和剂;助剂;附加的;附加

adductor (muscle) 闭肌[双壳];闭壳肌[腕;双壳]
→~ ridge 肌突//~ (muscle) scar 闭肌痕[双壳]

adelfolite 铌钇矿[(Y,Er,Ce,U,Ca,Fe,Pb,Th)(Nb,Ta,Ti,Sn)$_2$O$_6$;单斜];铌铁锰矿[(Fe,Mn)(Nb$_2$O$_6$)·nH$_2$O]

adelforsit 浊沸石[CaO·Al$_2$O$_3$·4SiO$_2$·4H$_2$O;单斜]

adelite 砷钙镁石[CaMg(AsO$_4$)(OH);斜方];砷酸钙镁石

Adelochordata 半索动物(亚门);隐索动物[脊索]

Adelocyrtis 隐笼虫属[射虫;T]

Adelograptus 匿笔石(属)[O$_1$]

adelpholite 铌钇矿[(Y,Er,Ce,U,Ca,Fe,Pb,Th)(Nb,Ta,Ti,Sn)$_2$O$_6$;单斜];钶酸铁镁矿;铌铁锰矿[(Fe,Mn)(Nb$_2$O$_6$)·nH$_2$O]

adenine 腺嘌呤;6-氨基嘌呤[腺嘌呤旧称]

adenosine 腺苷
→~ monophosphate 一磷酸腺苷

adenticulate 无锯齿的

Adeonidae 满苔藓虫科

adeoniform 双层直立苔藓虫群体

adequate 适当的;相适的;胜任的;敷用的;相当的;足够的
→~ sample 充足样本//~ variation 适应变异//~ ventilation 充分通风

Adetognathus 自由颚牙形石属[C?]

Adetopora 自由孔珊瑚属

adherence 结合强度;吸附;锚固;附着;遵守;黏着;密着;黏着性;依附

adhesion 附着力;黏着力;支持;同意加入(条约等);追随;附黏着力;附着;黏附力;黏着;黏附

adhesive 胶黏剂;黏着剂;黏性的;黏着的;黏合剂;胶黏的;带黏性的;附着的
→~ slate 黏板岩;黏舌板岩;黏结板岩

adiabatic 绝热;绝热的
→~ bubble period 绝热气泡周期//~ chart 绝热变化图//~ curve{line} 绝热曲线//~ path 绝热线

adiagnostic 不可判明的;非特征(性)的;不能判明的;潜晶(质)的;隐晶质的
→~ texture 隐微晶质结构

Adiantites 拟铁线蕨属[C$_1$]

Adiantopteris 类铁线蕨属[J$_3$-K$_1$]

Adiantum 铁线蕨属[E$_2$-Q]
→~ monochlamys 石长生

adiathermal{adiathermic} 绝热的;不透热的

a different class{species}[of plants or animals] 异类
→~ dike or embankment of stone 石埂

adigeite 镁蛇纹石

adinol(it)e 钠长变板岩;钠长英板岩

adinoslate 钠长英板岩

adipate 己二酸盐{|酯}[(CH$_2$)$_4$(COO{|R})$_2$]

---

adipite 胶菱沸石

adipocere 尸蜡

adipocerite{(mineral) adipocire} 伟晶蜡石[C$_n$H$_{2n+2}$,如C$_{38}$H$_{78}$]

adipose 动物脂肪;似脂肪的;多脂肪的
→~ fin 脂鳍//~ growth 脂肪赘生

adip(o)yl 己二酰[HS-]

adit 辅助巷道;水平巷道;横坑;横巷;巷道;入口;井筒;石门;进口;平巷;水平坑道
→~ (entry;mine;level) 平硐

aditus 入口[生]
→~ laryn 喉口

adjacent 邻接的;附近的;邻靠的;相邻的;毗连的;邻近的
→~ {contiguous} angle 邻角//~ {shoulder} bed 邻层//~ formation {strata} 围岩//~ rock 邻岩//~ side 邻边

adjoining 相邻的;相随的;伴随的

adjustable 可调谐的
→~ anvil ring or rock box assembly 可调节的环砧板或岩矿箱组件

adjustage 排水筒

adjusted{adjustable} drainage 适应水系
→~ {consequent;original} stream 顺向河

adjuster 调整器;装配工;平差器;修理工;调节器;调整工
→~ for windows{adjuster of window} 撑窗杆

adjust gate 调节门
→~ gradient 调坡//~ by correlates 相关平差//~ {pedical} muscle 调整肌//~ {return} to zero 归零

adjustment 平差;校准;调节;校正;调整
→~ by correlates 相关平差

adjustor 调节器
→~ {pedical} muscle 调整肌//~ scars 调整筋痕[腕]

adjust{return} to zero 归零
→~ (ed) value 调整值

adjuvant 助剂;添加剂

adlerstein 鹰石;针铁矿[(α-)FeO(OH);Fe$_2$O$_3$·H$_2$O;斜方]

admicropylar 近珠孔的[植]

administration 执行;经管;行政机关;管理;管理局
→~ cost 管理费

administrator 行政人员;管理人员

admissible maximal thickness of interlayer 夹石剔除厚度

admission 进入;进气;接纳;容许;承认;许可范围

admittance{admission} 容纳[类质同象]

admitted charge 容许负载

admitting{inlet;induction} pipe 进入管

admix(ture) 掺和

admixture 混合物;掺和物;添加剂;混入物;加入物;掺和剂;附加剂;(混凝土)掺料;混合;杂质

admontite 水硼镁石[Mg$_2$(B$_{12}$O$_{20}$)·15H$_2$O;单斜];阿特芒硼镁石

adnascent 附生的;寄生的

adnata 结膜内层

adnation 侧生;合生

Adnatosphae ridiaceae 联管顶口藻(囊孢)科

adobe 砖坯;瘦黏土;冲积黏土;龟裂土;

土坯；坯
→～(blasting) 糊炮
Adocus 泥鱼属[K-E]；阿杜库斯龟属
Adolescence{adolescency} 少壮期(河)；青年期
adolescent river 少壮河
Adolfia 阿道夫属[腕;D_3]
Adoni Chocolee 安东尼巧克力[石]；伯朗细花[石]
adont 无齿型[动]
→～hinge structure 无齿型铰合构造
adopter 采用者；(蒸馏用)接受管
adoption 正式通过；接受；选用；选定
→～society 族聚；群聚
ADOR 安格拉-多斯-雷伊斯辉石无球粒陨石[Sr^{87}/Sr^{36}比为 0.69884 ± 0.00004]
adoral plate 口缘板；侧口缘板
Adorf stage 阿多夫阶[D]
adorn oneself with jewels 佩带宝石
adpressed fold 紧密褶皱；紧压褶皱
adradial 步带与间步带之间的；从辐的；侧辐的[海胆]
adret{adretto} 阳坡；山阳
Adrianitidae 亚得里亚菊石科[头;P]
adrift 漂流；漂浮
Adriosaurus 亚德龙属[爬]
adsorbability 吸附性
adsorbable 可吸附{收}的
adsorbance 吸附量
adsorbate 被吸附物；收物；吸附剂；吸附体
adsorbed{adsorption;adsorptive} layer 吸附层
adsorbent 有吸收能力的；吸附剂
adsorbing colloid flotation 吸附胶体浮选
adsorption 吸附作用；表面吸收；吸附；吸着
→～affinity{power} 吸附力 //～analysis 吸附分析 //～-desorption effect 吸附-解吸效应 //～isobar line 等压吸附线 //～water of clay mineral 黏土矿物吸附水
adsorptive 被吸附{收}物
→～bubble separation 吸附起泡分离 //～force 吸附力 //～power{capacity} 吸附量 //～value 吸附值
adsorptivity 吸附性；吸附度
adtidal 潮下(带)的
adular(ia) 低温钾卡石；钾长石[$K_2O \cdot Al_2O_3 \cdot 6SiO_2$;$K(AlSi_3O_8)$];冰长石[$K(AlSi_3O_8)$;正长石变种]
adularalbite 冰长钠长石
adularia 低温钾卡石
→～-albite series 冰(长-)钠长石系
adularization 冰长石化(作用)
adulterant 掺杂用的；掺杂剂；掺杂物；使不纯的
adulterated sample 混有异物的样品{水样}
adulthood{adult stage} 成年期
adustion 可燃性
→～of timbering 支架起火
adustiosis 燃烧病
advance 推进；进展；提前；超前；凿岩速度；进尺；送进；掘进；进度；进程；提高(价格等)；推距；提倡；钻进
→～in synchronism 同步推进；同时掘进 //～of debris 岩屑侵入 //～of sea 海进 //～workings{gallery} 超前巷道 //～{preliminary;advanced;initial} explo-

ration 初步勘探
advanced 高级的；先期的；(年)老的；前面的；领先的；先进的
→～argillic alteration 进行式泥质蚀变 //～copy{compilation} 样本 //～-cut meander 拓宽河曲
advancing complexity 进化综合
→～ice{glacier} 前进冰川 //～movement 移架程序 //～the room 矿房采掘;采矿房;煤房采掘[不包括煤柱回采] 一次回采 //～wavefront 移动波前
advect (用)平流输{运}送[水、气等]
advection 对流；移流；平流热效；平移[洋中脊]；平流[热气团]
→～-diffusion model 平流-扩散模型
advective inversion 平流反转
Advenimus 陌生鼠属[E_2]
adventitious 异位的；获得的[非遗传的]；外来的；不定的；偶然的；偶发的
→～deposit 外源沉积；附着沉积
adventive 非本地产的；外来的
→～{lateral;parasitic} cone 侧火山锥 //～{subordinate} cone 寄生(火山)锥 //～crater 侧裂(火山)口；附属口
adventure 企业；冒险
→～in a mine 矿业投资；矿山经营
adventurine 砂金石
adverse 不利，反向的；逆的；逆；相反的
→～chemical change 逆化学变化 //～circumstances 恶劣环境 //～{unfavorable} condition 不利条件 //～grade 后坡
adversely 相反地
adversity curve for fracture cluster 裂隙组可逆性曲线
→～number 事故次数
advertisement 广告；启事
advertiser 信号器；信号装置
advisory body 顾问团
advolute shell 半包旋壳[软]；开旋壳[软]
Adygella 亚迪吉贝属[腕;T_{2-3}]
adyr 零乱丘陵地形；劣地
adzing gauge 支架切口规；轨枕槽规
AE 十亿年[10^9年]；宙；航空工程(学)；绝对误差
Ae 顽火辉石无球粒陨石
Aechmina 莛茅介属[O-C]
aechynite 易解石 [$(Ce,Y,Th,Na,Ca,Fe^{2+})(Ti,Nb,Fe^{3+})_2O_6$;斜方]
aecidiospore 锈孢子
aecidium 锈孢子器
aedelforsite 杂硅灰石；浊沸石[$CaO \cdot Al_2O_3 \cdot 4SiO_2 \cdot 4H_2O$;单斜]；硅灰石[$CaSiO_3$;三斜]
aedelite{aedilite} 钠沸石 [$Na_2O \cdot Al_2O_3 \cdot 3SiO_2 \cdot 2H_2O$;斜方]；葡萄石[$2CaO \cdot Al_2O_3 \cdot 3SiO_2 \cdot H_2O$;$H_2Ca_2Al_2(SiO_4)_3$;斜方]
AEG 勘探地球化学家协会[美;Association of Exploration Geochemists]；工程地质学家协会[美;Association of Engineering Geologists]
aegerite 纤维锌矿[ZnS]；纯钠辉石；弹性沥青
aegiapite 钙磷霓辉岩；霓磷灰岩[石]
aegineite 霓霞岩
Aegiria 埃吉尔贝属[腕;S_2]
aegirine 钝钠辉石；纯钠辉石；霓石[$NaFe^{3+}(Si_2O_6)$;单斜]；锥辉石 [霓石变种;$Na(Fe^{3+},Al,Ti,Fe^{2+})(Si_2O_6)$];绿辉石[(Ca,

Na)(Mg,Fe^{2+},Fe^{3+},Al)(Si_2O_6);$Jd_{75-25}Aug_{25-75}Ac_{0-25}$;单斜]；霓白榴丁古岩
→～-augite 霓辉石 [$(Na,Ca)(Fe^{3+},Fe^{2+},Mg,Al)(Si_2O_6)$] //～carbonatite 霓碳酸(盐)岩 //～-diopside 霓透辉石 [$CaMg(Si_2O_6)$] //～{-}granite 霓花岗岩 //～hedrumite 霓淡正长岩 //～-jadeite 霓硬玉
aegirinhedenbergite 霓铁辉石
aegirinite 霓石岩
aegirinization 霓石化
aegirinjadeite 霓石硬玉
aegirinolite{aegirinolith} 霓辉石岩；霓磁斑岩
aegirite 弹性沥青[地蜡]；钝钠辉石；霓石[$NaFe^{3+}(Si_2O_6)$;单斜]
Aegiromena 埃月贝属[腕;O_3]
Aegironetes 似埃吉尔贝属[腕;O_2]
Aegista 大脐蜗牛属[Q]；滑口螺属[腹]
Aegyptopithecus 埃及猿(属)[E_3]
aegyrine 霓石[$NaFe^{3+}(Si_2O_6)$;单斜]
aegyrite 霓石[$NaFe^{3+}(Si_2O_6)$;单斜]；钝钠辉石
→～{-}augite{aegyrite-augite} 霓辉石 [$(Na,Ca)(Fe^{3+},Fe^{2+},Mg,Al)(Si_2O_6)$,根据迪尔等的划分,$NaFeSiO_6$介于 15%～70%者为霓辉石,大于 70%者为霓石]
aeluroid carnivore 猫形肉食类
Aeluroidea 猫形亚目
Aeneolithic 铜石并用时代的
→～{Eneolithic} age 次新石器时代
aenigmatite 钠铁石；钠铁非石[$Na_2Fe_5^{2+}TiSi_6O_{20}$;三斜]；三斜闪石 [$(Na,Ca)(Fe^{2+},Ti,Fe^{3+},Al)_5(Si_4O_{11})O_3$]
aeodynamically equivalent particle 风成同级颗粒
aeolian 风积的；风成；风成的；风蚀的；风的
→～{eolian} accumulation 风积 //～landform 风成地形{貌} //～rock 风积岩
aeolianite 风积岩；风成岩
aeolic 风成的；风积的
→～deposit 风积物 //～{wind-borne;wind-deposited;wind-laid} soil 风积土
aeolophilous 风布的
aeon 永世；时代；万古；亿万年；世；地质时代；十亿年[10^9年]；亿昂；京年；宙
aeonite 弹性沥青
aeonothem 宇
Aepyornis 隆鸟[马达加斯加巨鸟,不会飞,已绝种]；巨鸵鸟
aequator 两极间环带[孢]；赤道
→～lentis 晶体中纬线
Aequitriradites 弱缝膜环孢属[K_1]
aerage 通风
aerate 换气；通气；通风；吹砂；吹风；充气；分解
→～fluid 混气(压裂)液 //～geothermal media 混(入空)气(的)地热流体 //～layer 风化层 //～mud 加气泥浆 //～{cellular; foaming} plastics 泡沫塑料
aerating 充气；混气
→～mixture 充气混合物 //～the sand 松砂
aeration 松砂；充气；气泡作用；通风；通气性；进气；分散；通气；曝气；松散
→～cell 氧气电池
aerator 松砂机；通气器；通风机；通气设备；充气器；破砂机

aeremia 沉箱病

aerial 空气的；大气的；无形的；架空的；架空[用柱子等支撑而离开地面的]；航空的
→～ dust 悬浮矿尘 // ～ egg-shaped fuse cutout 露天蛋形保险丝 // ～ line map 航线图 // ～ {atmospheric} oxygen 大气氧 // ～ platform 高空工作升降台[矿内用] // ～ prospecting 航空探矿

aerinite 钙鳞绿泥石；青泥石

aerite 鹰石；金属矿石总称；结核

aerobacter 气杆菌
→～ aerogens 产气杆菌

aerobi(oti)c 需气的；有氧的；充氧的；喜[需]氧(生物)的

Aerobryopsis{Aerobryopsis} 灰气藓属[苔;Q]

aerocartograph 航空测量仪{图}

aerochart 航空图

aerochlorination （废水的）空气氯化(处理)

Aero Depressant 620 Aero 620 抑制剂[一种有机胶质]

aero elastic body 空气弹簧

aerodone 滑翔机

aerodynamically equivalent particle 等速风沉颗粒；空气动力(学)等效颗粒
→～ shaped 流线型的

aeroelectromagnetics 航空电磁测量法

aeroembdism 潜水病

aeroembolism 气压病

aerofall mill 气落(式)磨(机)；无球磨矿机

aerofloat 黑药[浮剂]；二硫代磷酸型捕收剂

Aerofloat promoter 黑药类浮选捕收剂；二硫代磷酸盐类

aerofloc 艾罗弗劳克[选剂]；絮凝剂；气凝剂

aerofluxus 排气

aerofoil 翼型；机翼

Aerofroth Aero 起泡剂

aerogam 显花植物

aerogel 气凝胶

aerogen 气成岩

aerogenic bacteria 产氧细菌；产气细菌

aerogens 产气菌；产生气体的微生物

aerogeologic(al) reconnaissance map 航空地质勘测图

aerogeology 航空地质(学)；航天地质(学)

aerography 大气(状况)图(表)；气象学[高空]

aerohydroplane 水上飞机

aeroides 海蓝宝石[$Be_3Al_2(Si_6O_{18})$;淡天蓝色]

aerolandscape 航空景观

aerolinoscope 天候信号器

aerolite 硝铵[NH_4NO_3]；陨石；石质陨石；石陨石；石陨星；硝酸钾[KNO_3]

aerolith (石)陨石；硝铵[NH_4NO_3]；硝酸钾[KNO_3]；石陨星

aerolithology 陨星学；陨石学

aerolitic chemistry 陨石化学

aerolitics 陨石学

aerological analysis 高空气象分析
→～ sounding 大气探测[金星]；气象探测 // ～{upper-air} sounding 高空探测

aerology 气象学；大气学

aeromagnetic 磁铁陨石状的
→～ detection 航空(地)磁(探)测// ～

(prospecting) map 航(空地)磁图；航空磁力勘探图 // ～ profile 航磁剖面

aeromagnetics{aeromagnetic survey} 航磁测量；航空磁测

aeromagnetism 高空磁学；航空磁学

aero-magnetometer 航空磁测仪

aeromap 航空图

aeromechanics 航空力学；气体力学

aerometer 量气管

Aero modifier 158{|162} Aero158{|162}(号)调整剂

aeromorphosis 气生变态

aeronautical 航空的
→～ chart 领航图；航行图 // ～ engineering 航空工程(学)

aeronavigation 导航

aeronomy 超离层大气物理学；上层圈气流研究

aeropause 大气航空边界；大气层外限

aeroperformance 气动性能

aerophile bacteria 喜氧细菌
aerophilic 亲气的
→～ quality 亲气性

aerophobic 疏气的

aerophor(e) 呼吸面具

aeroplane{aerial} mapping 航空填图；航空制图

aeroplankton 空中浮游微生物

Aero promoter 3302 3302(号)促进剂[一种黄原酸酯类]

aeroprospecting 航空勘探

aeropulverizer 喷磨机

aerosiderite 陨铁[Fe, 含 Ni7%左右]；铁陨石

aerosiderolite 铁石陨石{星}[天]；石质陨铁

aerosite 深红银矿[Ag_3SbS_3]；浓红银矿[Ag_3SbS_3;三方]

Aerosol 18 ×润湿剂[磺丁二酸,N-十八烷基磺化琥珀酰胺酸二钠盐,糊状物,含量35%～36%]

aerostat 浮空器；高空气球

aerosuspension separator 空气悬浮分选{选矿}机

aerotaxis 趋气{氧}性

aerotolerant 耐气的；耐氧的

aerotow 空中牵引飞机

aerotropic 向气性的

Aero-xanthate 317 Aero317 黄药[异丁(基)(黄原酸)钠]黄药

aeroxyst 风化砂岩的洞穴

aerugite 块砷镍矿[$Ni_6(AsO_4)_2O_3$;$Ni_9As_3O_{16}$;$Ni_5As_2O_{10}$;单斜]

aerugo 铜锈；铁锈；铜绿；腐蚀斑；氧化铜；金属锈

aesar 蛇丘

aeschinite-(Y) 钇易解石[$(Y,Er,Ca,Fe^{3+},Th)(Ti,Nb)_2O_6$;斜方]

aeschynite 易解石[$(Ce,Y,Th,Na,Ca,Fe^{2+})(Ti,Nb,Fe^{3+})_2O_6$;斜方]

aeschynite-(Nd) 钕易解石[$(Nd,Ce,Ca,Th)(Ti,Nb)_2(O,OH)_6$]

Aesculus 七叶树属[E-Q]

aeser 蛇丘

Aesiocrinus 铙钹海百合属[棘;C_{2-3}]

aesthetic(al) pollution 美学污染

aestisival 夏绿乔木群落；复绿乔木群落

aestival 夏生的；夏(季)的；互生的
→～ aspect 夏季相

aetheriastite 变柱石

Aethiopites 埃塞石[钙超;K_2]

aethiops mineral 黑硫砂[HgS;等轴]

aethoballism 陨击变质(作用)；撞击变质(作用)[与陨石接触的局部变质作用]

Aethophyllum 奇叶杉属[T_1]

aetiohemin 本氯血红素

aetiolation 黄化(现象)[植]

aetioporphyrin 本卟啉；初卟啉

aetite 矿石结核；禹余粮[褐铁矿]；瘤状矿石[$Fe_2O_3 \cdot nH_2O$]；褐铁矿[$FeO(OH) \cdot nH_2O$;$Fe_2O_3 \cdot nH_2O$,成分不纯]；鹰石

Aetosauridae 怒鳄科[爬]

Aetosaurus 恩吐龙属[T_3]

Aetostreon 鹰蛎属[双壳;K]

Afar depression 阿法尔(沉降)地

AFC 同化混染与分离结晶(作用)

affect 偏差；关系；作用；假装；侵袭[灾、病等]；波及；影响
→～ ed area 波及区；(已)腐蚀区；受影响区 // ～ ed head 影响水头 // ～ ed overburden 受采动影响的覆盖层[地采] // ～ ing population size and distribution 影响人口大小和分布

affection 特性；障碍；属性[事物]

affenhaare 毡状沥青

AFFF 水成膜泡沫；轻水泡沫

affine{homo-generous} deformation 均质变形

affinis 亲近种[生]

affinity 吸引力；仿射性；近似；类同；亲缘；亲和能(势)；亲和力(性)；亲力；同源[岩]；同源关系；爱好

affix 附加物；添加剂；附标；添加；固定；附加

affluent 汇流的；汇流
→～ (stream) 支流

afghanite 阿钙霞石[$(Na,Ca,K)_8(Si,Al)_{12}O_{24}(SO_4,Cl,CO_3)_3 \cdot H_2O$;六方]

aflagellatae 无鞭毛类[藻]

afloat 浮；海上；漂浮；顺流；船上
→～ gas 浮选气 // ～ repair 水上检修

AFM diagram AFM 图解 [A=Al_2O_3、F=FeO、M=MgO]

afocal 无焦点的；无限远的

afoliate 无叶的

aforesaid 前述的；上面

A-frame 三角支架；人字形架；A 形钻架
→～ {|X-frame} A{|X}形架 // ～ sill A 形棚架底

African 非洲人(的)

africandite 钛黄云橄岩；铈钙钛磁铁岩；铈钙酞磁铁岩

African Lilac 紫丁香[石]
→～ Red 南非红[石]

afrikandite 钛黄云橄岩；铈钙钛磁铁岩

afrodite 泡石；镁泡石{(富)镁皂石}[$(5MgSiO_3 \cdot 4H_2O)$]

Afrograptidae 非洲叶肢介科

aftalos(i)a 钾芒硝[$K_3Na(SO_4)_2$;$(K,Na)_3(SO_4)_2$;六方]

aft{quarter} deck 后甲板

afterblast 反向冲击

afterbreak 二次塌落

after-burner 再燃烧器；复燃烧器；补燃器
→～ effect 爆后效应

afterburner system 复燃处理法

after burning 迟燃

→~ burning period 后燃期

aftercare{after-care} 土地复田护理

afterclap 节外生枝的事件；意外变动

aftercombustion 补充燃烧；二次燃烧

after-combustion 复燃[消防]

→~{flaming} 燃尽

after-contraction{-shrink(age)} 后收缩；残余收缩

aftercooling 二次冷却；后冷却(作用)

afterdamp 爆后气体；窒息气(体)

after damp 灾后气体

after-expansion 后膨胀；残余膨胀

after-explosion 后爆炸

after-fire 二次燃烧

afterfiring effect 后燃效应

after-flame 续燃

afterflow 残余塑性变形；蠕变；续流[试井]

→~ rate 续流流量；余流流量

afterfume 炮烟；后发烟；后冒烟

aftergas 爆后气体

aftergases 爆炸后的有害气体

afterglow (荧光屏的)光惰性；余辉

aftergranite 半花岗岩{石}

after(-)hardening 后期硬化；后硬化

afterheat 余热；后热

afterinjection 续注[注水井停注后注入水继续流入地层]

afterleaving 尾矿泥

aftermath (事件等)余波；次生岩[沉积岩等]；沉积岩；后果

after-mold stress 成形后应力

after-pack settling 充填后砾石的沉降

after-pad 替{后}置液

after-product 后产物；副产物

after-production 二次采油；续流

after production period 续流期

→~{tail} skirt 后缘

afterpulse 剩余脉冲

after-purification (最)后净化

afterschorl 斧石[族名;Ca₂(Fe,Mn)Al₂(BO₃)(SiO₃)₄(OH)]

after-settling 后沉效应

aftershock 余震；后震

afterstrain 后变形

aftertossing 船尾波动

after-use 复原土地使用

aft-gate 下游闸门；尾水闸门

aftitalite 钾芒硝[K₃Na(SO₄)₂;(K,Na)₃(SO₄)₂;六方]

Aftonian 阿夫顿(阶)[北美;Q]

aftonite 银黝铜矿[(Ag,Cu,Fe,Zn)₁₂(Sb,As)₄S₁₃;(Ag,Cr,Fe)₁₂(Sb,As)₄S₁₃;等轴]

aft peak tank 艉尖舱

→~ support 后部支柱

afunction 功能缺失

afwillite 硅酸钙石；硅钙石[Ca₃(Si₂O₇);单斜]；柱硅钙石[3CaO·2SiO₂·3H₂O;单斜]

against all risks 全风险；全险

agalite 纤滑石[Mg₃(Si₄O₁₀)(OH)₂]

Agallospira 圆环螺属[腹;E₂]

agalma black 寿山黑石

Agalmatoaster 首饰星石[钙超;E₂₋₃]

Agalmatolite{agalmatolith} 叶蜡石[Al₂(Si₄O₁₀)(OH)₂;单斜]；滑石[Mg₃(Si₄O₁₀)(OH)₂;3MgO·4SiO₂·H₂O;H₂Mg₃(SiO₃)₄;单斜、三斜]；冻石[Al₂(Si₄O₁₀)(OH)₂;寿山石[叶蜡石的致密变种;Al₂(Si₄O₁₀)(OH)₂];块云母[硅酸盐蚀变产物,一族假象,主要

为堇青石、霞石和方柱石假象云母；KAl₂(Si₃AlO₁₀)(OH)₂]

Agama 飞蜥{龙}属[爬;E₁]；飞龙科蜥蜴

agamae 隐花植物

agamatite 角砾混合岩

agamete 非配子[植]

Agamidea 飞龙科

agamospecies 无性种

Aganaphite 暗星海百合属[棘;C₁]

agaphite (胶)绿松石(甸子)[CuAl₆(PO₄)₄(OH)₈·4H₂O;三斜]；波斯绿松石甸子

agapite 绿松石[CuAl₆(PO₄)₄(OH)₈·4H₂O;三斜]；粉红矿

agar 石菜花；石花菜；琼脂；石花胶

→~-agar 石花胶；角石花菜；琼脂//~-(Ce) 砷铈铜石[CeCu₆(AsO₄)₃(OH)₆·3H₂O]；砷镧铜矿{石}

agardite 硼钇铜石；砷钇铜石[(Y,Ca)Cu₆(AsO₄)₃(OH)·3H₂O;六方]

→~-(Ce) 砷铈铜石[CeCu₆(AsO₄)₃(OH)₆·3H₂O]；砷镧铜矿{石}

Agaricocrinus 菌形海百合属[棘;C₁]

Agarikophyllum 菌珊瑚属[C₃-P₁]

Agarum 孔叶藻属[Q]

agate 玛瑙[SiO₂]

agathacopalite 化石树脂；贝壳杉脂

Agathiceras 阿加斯菊石属[头;C₂-P]

agathidia 圆头石类[叠层石]

Agathis 贝壳杉属[K₂-Q]

agathocopalite 栲树脂

Agavaceae 龙舌兰科[植]

age 世纪；寿命；长时期；年代；龄期；时期；世；年龄；使用期限；成年；时代；陈化

→~{phase} 期[地层]//~ absolute 绝对年龄

aged 老年的；放久了的[指泥浆]

ageing 时效化；变老；陈酿；炉内老化
→(continuous) ~ 老成

Agelacrinus 群海百合属[棘;D-C₁]

agent 作用物；动因；(煤矿组)主管；因子；媒介物；介质；代表；媒介；代理人；试剂；因素；营力；作用力；力量；工具

ageostrophic motion 非地转运动
→~ wind 非地转风

Agerina 西郊虫属[三叶;O₁]

a(e)gerite 弹性沥青；地蜡[CₙH₂ₙ₊₂]；弹性地蜡

ages 世代

age-specific{shot} eruption rate 喷发比[火山]
→~ mortality rates 特定年龄死亡

Agetolitella 小阿盖特珊瑚属[O₃]

Agetolites 阿盖特珊瑚(属)[O₃-S₁]

agger 土堆；古罗马帝国的道路；双(重)潮

agglaciation 冰川加强(作用)

agglomerat(iv)e 团聚物；聚结；团矿；大堆；结块的；团块；结块；大块；聚集；烧结块；凝聚；凝聚的；成团的
→(ore) 烧结矿//~-foam concrete 烧结矿渣泡沫混凝土//~{agglomeratic} lava 集块熔岩

agglomerating 结块的；黏结；结焦

agglomeration 凝集剂；成团；集块(作用)；凝聚作用；造块；团聚(作用)；烧结；结块；絮凝；团粒集块；附聚作用；凝聚[气]
→~ of fine ore 粉矿造块//~ of iron

ore 人造富矿//~ process 加积(岩化)过程//~ rate{ratio} 人造富矿入炉比

agglutinate 烧结；凝集；黏合

agglutinating power 聚结能力
→~{bond;cementing} value 黏结值

aggradated{aggradation(al)} plain 加积平原；积夷平原

aggradation 叠积(作用)；外展作用；堆积；冲积层；加积；表土；填积；加积作用；浮土；积夷作用
→~ ice 增生冰//~ island 淤积岛//~(al){aggradated} plain 填积平原

aggrade 加积；填积；变厚；(使)河床升高
→~ valley floor 加积谷底

aggrading 加积作用；叠积(作用)
→~ continental sea 填积大陆海//~ neomorphism 加积新生形变作用

aggregate 聚合的；成套设备；聚集体；团块；总计；使聚集；粒料；聚集的；集料；总数；原子团；合计；集合体；聚集；团矿；集(合)；集合土粒；集晶；共计；团聚体；填料；骨料
→~ chips 石屑//~ rock 碎屑石；石料//~ graphite 退火石墨//~ paver 石料摊铺机//~ plant 沙石厂；砂石厂；集料(制备装置)//~ preparation plant 集料制备厂；沙石配备厂

aggregates 骨材

aggregation 聚集(作用)；粒团作用[土]；积聚；族聚；聚集作用；聚合；集结；群聚；组合体；集合体；凝集[矿]
→~ on furnace bottom 结底//~ process 团聚法

aggregative 聚粒的；聚态的[与 particulate 相对]

aggregativer 聚粒的

aggressive 腐蚀性的；强力侵入(的)；侵蚀性的；主动侵入的

ag(e)ing 时效化；陈酿；炉内老化；老成；老化；陈化；时效
→~ crack 自然裂纹//~ crust 老化的地壳

agitate 搅拌；搅动
→~ leaching 搅动浸出

agitation 激动；搅动作用；搅拌；摇动；搅动
→~-cascade 高落搅拌[浮选机]

agitator 搅拌机；鼓动家
→~ (stirrer) 搅拌器//~{air} cell 充气式浮选机//~ treating 搅动洗涤

Agkistrodon 蝮蛇属[Q]

Aglaiocypris 彩星介属[J₂]

aglaite 杂钠长白云母；变锂辉石；腐锂辉石[一般已变为白云母与钠长石的混合物]

aglaspida 光甲石[节腿口纲]

Aglestheria 华美叶肢介(属)[K₂]

aglet 金属箍；穿孔板[射虫]；柱螺栓

agloporite 轻骨料

Aglossa 无舌亚目[两栖]

aglypha 实牙组[蛇类]；无毒蛇类；无沟组[蛇类]

agmatolite 密叶蜡石

Agnatha 无颚动物(亚门)[脊]；无颌纲

agnesite 碳铋矿；块滑石[一种致密滑石,具辉石假象;Mg₃(Si₄O₁₀)(OH)₂;3MgO·4SiO₂·H₂O]；碳铋石

agnolite 硅锰矿

agnostid 球接{节}子类[三叶]

Agnostida 球节{接}子目[三叶]

Agnostus 球接{节}子(属)[三叶;$\in_3$]；豆石[$CaCO_3$]

Agnotozoa 亚界

Agnotozoic 疑生代[元古代]

agolite 叶蜡石[$Al_2(Si_4O_{10})(OH)_2$;单斜]；纤滑石[$Mg_3(Si_4O_{10})(OH)_2$]

Agoniatites 无角菊石属[头]；无棱菊石；无脐孔棱角石属

agouti 刺鼠属[Q]

agpaicity 碱质度

agpaite 钠质霞石正长岩类；阿(格帕)霞(石)正长岩类；钠质火成岩类

agraffe 柱石夹铁；基石

agramite 阿格拉姆陨铁

agraphitic 非定形的；非结晶的；非石墨的
　　→~ {agraphite} carbon 非石墨碳

Agraulos 野营虫属[三叶;$\in_2$]

Agraulus 野居虫

agrellite 阿格雷尔石；氟硅钙钠石[$NaCa_2Si_4O_{10}F$;三斜]

agricolite 硅铋石[$Bi_4(SiO_4)_3$;等轴]；硅铋矿；球硅铋矿；闪铋矿[$Bi_4Si_3O_{12}$]

agricultural chemicals 农药
　　→~ heating 农业供热；农用供热//~ pollutant 农业污染{沾污}物

agrinierite 钾钙锶铀矿[$(K_2,Ca,Sr)U_3O_{10}·H_2O$;斜方]；橙水铀矿

Agriochoerus 郊猪属[E_3]

Agriotherium 野熊属[N-Q]

agrogeology 农艺地质学

agron 土壤腐殖质残积层

agronomic 土壤学的；农业学的

agronomist 农学家

agrosterol 草本甾醇

agrostology 草本学

agstein 琥珀[$C_{20}H_{32}O$]

agstone 硬质岩石；石灰石粉

agt 代理人；剂；对；对比；反对；以防；逆

aguada 集水洼地；浅洼地[西]

aguaday 石墨滑水

aguamarite 海蓝宝石[$Be_3Al_2(Si_6O_{18})$]

aguilarite 灰硒银矿；辉硒银矿[Ag_4SeS;$Ag_2(S,Se)$;斜方]

aguo-base 水系碱

agustite 磷灰石[$Ca_5(PO_4)_3(F,Cl,OH)$]

ahead{spearhead;pad} fluid 前置液

A-headgear A形井架；A形钻架{塔}

ahermatypic 异性型；无礁的；非造礁型
　　→~ coral 非共生型珊瑚//~ reef 异性型礁；非造礁型生物礁

ahlfeldide{ahlfeldite} 复硒镍矿[$NiSeO_3·2H_2O$]；水硒镍石[$NiSeO_3·2H_2O$;单斜]

Ahmuellerella{Ahmuellerello} 阿缪石[钙超;K_2]

Ahnfeltia 丛枝藻；伊谷草属[红藻;Q]

A horizon 有机质层；淋溶层

Ahrensisporites 耳角孢属[C-P]；穗形孢属[C-P]

aid 援助；助手；设备；器具；工具；翼；帮助；辅助装置

aide branch 侧巷(道)//-ed design 辅助设计

aidyrlite 杂硅铝镍矿[$(Ni(OH)_2)$三水铝矿与蛋白石的混合物]

aigialosaurs 绳龙类

---

aigrette 鹭鸶；光束[日晕]；条纹[晶体]

aigue-marine 绿柱石[$Be_3Al_2(Si_6O_{18})$;六方]；海蓝宝石[$Be_3Al_2(Si_6O_{18})$]

aiguille 钻头；尖顶；尖峰；扩孔器；石钻头；针状(岩石)；钎子；火山塔；钻孔器

aikenite 针硫铋铅矿[$PbCuBiS_3$;斜方]；硫铜铅铋矿

aikinite 针铋矿；硫铜铅铋矿；硫铅铜铋矿；针硫铋铅矿[$PbCuBiS_3$;斜方]

Ailanthipites 樗粉属[孢;E_2]

Ailanthus 臭椿属

aillikite 方解黄(长)煌(斑)岩

ailsyte 钠闪微岗岩

Ailuropoda 熊猫；大熊猫

Ailurus 小熊猫属[Q]

aimafibrite 血纤维石[红纤维石;水羟砷锰石][$Mn_3(AsO_4)(OH)_3·H_2O$;斜方]；羟砷锰矿[$Mn_2(AsO_4)(OH)$;斜方]

aimant{aimantine} 磁铁矿[$Fe^{2+}Fe_2^{3+}O_4$;等轴]

aiming{sight;collimation} axis 视准轴[遥石]
　　→~ circle 测角器//~ {collimation;observing;pointing;sight; visual} line 视线//~ point 觇点

Aimitus 凶猛螺属[腹;$\in_1$]

ainalite 锡石与铌铁矿的混合物；(铁)钽锡石[$Sn(Ta,Nb)_2O_7$]

ainigmatite 硅钛铁钠石；三斜闪石[$(Na,Ca)(Fe^{2+},Ti,Fe^{3+},Al)_5(Si_4O_{11})O_3$]

Ainlay bowl 安雷盘式离心分选机

aiounite 辉石云斜岩；辉云斜岩；钛辉霞岩

aiphyllium 常绿林；阔叶常绿林群落

aiphyllus 常绿林

Aipichthys 艾皮鱼属[Q]；皮鱼属[Q]

Aipteris 艾{爱}河羊齿属[P_2-T_3]；常羊齿属

AIR 硬石膏指示比[anhydrite-indicator ratdio]

air 空中；大气；大气圈；播送；微风；空气；晾(衣等)；气辉；气态；天空；风干；砾滩[俄]
　　→~ mineral survey and exploration 航空矿产测量和勘探

airblast (cleaning) 压风吹洗

air-blast 爆炸气浪；空气冲击

airblasting 空气爆破[工]；压风吹洗

airbond 气障

air-borne contamination 空传污染

airborne debris 散落物；大气中散落物
　　→~ direction finder 航空测向器//~ dirt{dust} 浮尘；空气污尘

air-borne dust 大气尘埃{浮尘}；气浮尘末；气载尘埃

airborne geologic reconnaissance radar survey 空中雷达地质勘探
　　→~ {air} magnetic survey 航空磁测//~ mineral survey and exploration 航空矿产测量和勘探

airbreaker 压气爆破器

airbreaking 空气爆破[工]

Airco-Hoover Sweetening 艾尔科-胡佛脱硫法

air collector{bottle} 气瓶
　　→~ column{spacing;core} 空气柱//~ compartment{grating} 通风格//~ -compression plant 空压

aircon{air condition(ing)} 空调

air {-}conditioning 空气调节

　　→~ drum{cylinder} 储气筒//~ -entrained{air entraining} cement 加气水泥//~ flush 压气吹洗；(用)气清洗//~ -flush drilling 风吹(钻粉)凿岩//~ -gravel 气干砾石//~ {cross} hole 风眼//~-in 空气进(入量)；供给空气；进气//~-leg drilling 气腿凿岩

aircospot welding 氩电极惰性气体保护接地点焊

air-coupled Rayleigh wave 空气耦合瑞利波

aircraft 飞机；飞行器；航空器
　　→~ coverage 航天器感测范围//~ fuel{aircraft motor gasoline} 航空汽油//~ navigation 飞机导航

airdrop 空投

airfall 尘雨；火山灰雨；火山尘雨
　　→~ {air-fall} deposition 降尘沉积//~ deposition 尘雨沉积；灰雨沉积//~ tuff 气降凝灰岩；空降凝灰岩

airfast 不透风的；不透气的

airfield landing (锚杆)护顶网

air-filled hole 充(满空)气(的)井筒

airfloat clay 气浮细粒泥土

air-float clay 细黏土[经磨细及风选]

airflow 气流；空气流

airflows and air masses 气流和气团

airflow screening system 气流筛分系统

air-flue gas mixture 空气-烟道气混合物

airfoil-vane fan 翼形叶片扇风机

airframe 构架；结构[火箭等]

air-free zone 无气区

air-fuel ratio 空燃比；气燃比

airglow motion 气晕{辉}运动

air-gravel 气干砾石

airgun 气枪；喷雾器

airhammer 汽锤

airhead(ing) 风巷

air-heater 热风机

air-heating conduit 空气加热管道

airing 充气；气爆；晾；吹风；烘干；通风；吹气[炼铜;冶铜]；起沫；发表[意见等]

airlance 吹气管

airleg 气腿

airless{air less} 无风的
　　→~ blast cleaning 无空气喷砂清理//~ end 不通风工作面；不通风长壁工作面端//~ spraying 无气喷涂

airlift 空运；(空)气举开采；(空运)总载重
　　→~ cell 气升式浮选机

air-lift dredge 气举采掘{样}；空气提升式挖掘船
　　→~ head 空气提升压头//~ hydraulic dredge 气举水力采掘(法)~ (flotation) machine 气升式浮选

airlift pump 气泡泵

airlight 空气光[悬浮物散射光]

air{pole;overhead} line 架空线路
　　→~ motor drill 风机//~ nozzle 空气喷嘴；喷枪喷气嘴//~ -operated drop gate 风动落下式闸门//~ -operated {air-driven; pneumatic} pump 气动泵//~ porosity 空气细孔率；孔隙

airline extension 风管加长
　　→~ lubricator 空气管路润滑器//~ main 主压气进给管；主风管//~ respirator 供气式呼吸器

air-liquid tension 气液张力

A

airload 空运装载；气动(力)载荷

airlock (system) 锁风装置
　→~ door 风门闸 // ~ {isolating;mine;storm} door 风门 // ~ hatch 气闸盖

air(-)lock system 气闸系统；隔风道系统；锁风装置

air-locomotive train 风动机车

air-mineral adhesion 空气矿物黏附

Airograptus 持握笔石属[O_1]

air-oil ratio 空气原油比；风-油比
　→~ separator 油-空气分离

airometer 气流计；风速计

airosol 气液体；气溶胶

airport plug 通气孔塞；空气孔塞

air-powered 气动的
　→~ crawler-mounted over-shot loader 风动履带式扬斗装载机 // ~ locomotive 风动机

air-pressure 风压[船在进行中被吹向下风]；气压

airpunching machine 风镐

[of birds] air sac 气囊[生]
　→~ saddle 剥蚀褶皱；气鞍；侵蚀鞍[背斜顶部]；空鞍 // ~ (dust) sampler 空气含尘采样器 // ~ sand blower(气压)喷砂器

air-sand dry coal cleaner 气砂干法选煤机

air sander 风动撒砂器；风动砂轮磨光机；自动打磨机

airshaft 风井

air-shaft tipple 通风井井架{楼}

airshed 气域[一定地区的大气补给的量或地理区]；气流量

air{brattice;drop} sheet 风幕
　→~ sheet{canvas} 风帘 // ~ sifting{cleaning} 风力选矿 // ~-slack 干消(石灰)；潮解；空气熟化；消化石灰 // ~ {air-space} ratio 含气率 // ~-sphere 大气圈 // ~-spring{cushioning} effect 气垫效应 // ~ storage 储气；露天堆放；贮气 // ~ shooting {burst;blast} 空中爆炸{破} // ~ sifting{cleaning} 风力选矿

airspace division 空域划分
　→~ {air-space} ratio 含气率；气隙比；空间比

air-space{-void} ratio 气隙比

air speed 空速
　→~-sphere 大气圈 // ~ split 分风；分支风流 // ~ splitting{split} 风流分支 // ~ stack{duct;pipe} 风筒

airstone 气石

air stream 空气流
　→~ stripper 空气吹提器[污水处理] // ~-sweep(ing) 气吹 // ~ sweetening 空气氧化脱'臭'硫醇' // ~ tack cement 封气黏胶(水泥)

Airtonia 艾尔通贝属[腕;C_1]

air trammer{loco} 风动机车
　→~ trap 捕气器；分气器 // ~ uptake pipe 空气上行管道 // ~ valve 气门；风扇进风门 // ~ velocity 风流速度；风速 // ~ {gas} vent 放气口 // ~ way{level;gallery;heading;gate;channel;drift; entry;endway;opening;pass(age)} 风巷

Airy hypothesis 艾里假说[地壳均衡说]
　→~-type crust 艾里型地壳[海底地形]

Aistopoda 隐肢目；缺肢目{类}[两栖]

ait 江心洲；河中小岛；湖中岛；湖心岛；河洲；湖洲；湖中小岛；河中的小岛[英方]；河心岛

aithalite (锰)钴土(矿) [锰钴的水合氧化物,$CoMn_2O_5•4H_2O$; $(Mn,Co)O_2•nH_2O$]

aithalium 常绿植丛

aithullium 常绿群落[植]

Ajacicyathus 阿雅杯(属)[古杯;C_1]

ajatit{ajatite} 细粒刚玉

Ajax 铅青铜轴承合金；爵士白[石]；亚甲斯炸药
　→~ powder 阿加克斯火药

ajk(a)ite 块树脂石；硫树脂石

ajoite 斜硅铝铜矿[$Cu_6Al_2Si_2O_{29}•5H_2O$;单斜]；阿候{霍}石[$6CuO•Al_2O_3•10SiO_2•5.5H_2O$]

ajuin 蓝方石[$(Na,Ca)_{4-8}(AlSiO_4)_6(SO_4)_{1-2}$; $Na_6Ca_2(AlSiO_4)_6(SO_4)_2$; $(Na,Ca)_{4-8}Al_6Si_6(O,S)_{24}(SO_4,Cl)_{1-2}$;等轴]

akadialyte 红菱沸石[$(Ca,Na_2)(Al_2Si_4O_{12})•6H_2O$]

akaganeite 四方纤铁矿[$β-Fe^{3+}O(OH,Cl)$;四方]；β羟铁矿

akalche 岩溶沼泽

akalidavyne 钠钙霞石[Na 的铝硅酸盐及碳酸盐;$Na_3Ca(AlSiO_4)_3(SO_4•CO_3)•nH_2O$]

Akanthikon{akanticone} 绿帘石[$Ca_2Fe^{3+}Al_2(SiO_4)(Si_2O_7)O(OH)$; $Ca_2(Al,Fe^{3+})_3(SiO_4)_3(OH)$;单斜]

akanthite 螺状硫银矿

akaryote 无核细胞

Akashi 明石；亚加斯灰[石]

akashio 赤潮

akatoreite 羟硅铝锰石[$Mn_9(Si,Al)_{10}O_{23}(OH)_9$;三斜]

akaustobiolite 非可燃性有机岩

akdalaite 六方铝氧石[$4Al_2O_3•H_2O$]

ake{akeake} 坡柳

Akebia 木通属[植;E-Q]

akene 瘦果[植]

akenobeite 明延岩[日]

akerite 尖晶石[$MgAl_2O_4$;等轴]

akermanite 镁黄长石[$Ca_2Mg(Si_2O_7)$;四方]；镁方柱石

A'KF-diagram A'KF 图解 [$A'=Al_2O_3+Fe_2O_3-(Na_2O+K_2O+CaO)$; $K=K_2O$;$F=FeO+MgO+MnO$]

Akidogroptus{Akidograptus} 尖笔石属[S_1]；尖笔石

akimotoite 硅铁镁石[$(Mg,Fe)SiO_3$]

Akins classifier 阿金斯分级机
　→~ submerged-spiral classifier 艾金斯浸没式螺旋分级机

Akita-hokutolite 秋田北投石[含钡、铅的硫酸盐泉华]

Akiyoshiella 秋吉蜓属[C_2]

akle 白格[植]；沙漠中的干谷；菲律宾合欢木；黄合欢木

akmite 锥辉石 [霓石变种;$Na(Fe^{3+},Al,Ti,Fe^{2+})(Si_2O_6)$]；钠辉石；霓石[$NaFe^{3+}(Si_2O_6)$;单斜]；绿辉石[$((Ca,Na)(Mg,Fe^{2+},Fe^{3+},Al)(Si_2O_6)$;$Jd_{75-25}$ $Aug_{25-75}Ac_{0-25}$;单斜]

akmolith 岩刃；岩舌[刀状垂直岩枝]

akontae{akontean} 无鞭类[藻]

akontite 钴硫砷铁矿[$(Co,Fe)AsS$]；钴毒砂[含钴的毒砂,指毒砂中 5%~10%的 Fe 被 Co 所替换;$Fe:Co=2:1$;$(Fe,Co)AsS$]

akrochordite 球砷锰矿[$Mg(MnOH)_4(AsO_4)_2•4H_2O$]；球砷锰石[$Mg_4Mn(AsO_4)(OH)_4•4H_2O$;单斜]

aksaite 阿硼镁石[$Mg(B_6O_9(OH)_2)•4H_2O$;斜方]

aksynite 斧石[族名;$Ca_2(Fe,Mn)Al_2(BO_3)(SiO_3)_4(OH)$]

aktashite 硫砷汞铜矿[$Cu_6Hg_3As_4S_{12}$;三方]；阿克塔什矿

aktian{shelf} deposit 陆坡沉积

aktinolite{aktinolith} 阳起石 [$Ca_2(Mg,Fe^{2+})_5(Si_4O_{11})_2(OH)_2$;单斜]

aktiv-korper 活性体

akyrosome 杂岩体的附属部分[脉、结核、带、透镜体、岩块等]

ala[pl.alae] 翼板[腕]；翼[动]；叶状体[节]；翼瓣[植]

alabamine 砹

Alabaminidae 阿拉巴马虫科[孔虫]

alabandine 硫锰矿[MnS;等轴]；辉锰矿

alaban(d)ite 辉锰矿；硫锰矿[MnS;等轴]

alabaster{alabastron;alabastrum} (雪花)石膏[$CaSO_4•2H_2O$;单斜]；蜡石

alabradorite 无拉显晶岩类

alacranite 阿硫砷矿

alader 硅铝合金

aladra 含卤岩地蜡；阿拉扎地蜡

Alaiophyllum 阿莱珊瑚属[D_2]

alaite 红苔钒矿[$VO_2(OH)$]

alalite 绿透辉石

ala magna 大翼
　→~ nasi 鼻翼

alamandine 铁铝榴石[$Fe_3^{2+}Al_2(SiO_4)_3$;等轴]

alamashite 琥珀[$C_{20}H_{32}O$]

alamosite 铅辉石；硅铅石[$PbSiO_3$;单斜]

alang-alang 天然草地

Alangiaceae 八角枫科[E-Q]

Alangiopollis 八角枫粉属[孢;E_{2-3}]

Alangium 八角枫属[Q]

β-alanine β-氨基丙酸[$NH_2CH_2CH_2COOH$]

ala orbitalis 眶翼[蝶骨的]
　→~ ossia ilium 髂翼 // ~ parva 小翼 // ~ fossula 侧内沟[珊] // ~ furrow 翅皱[植]；叶状体沟[植]

alar 翅状；翼状；侧
　→~ fossula 侧内沟[珊] // ~ furrow 翅皱[植]；叶状体沟[植]

alarm 报警器；惊恐；报警；信号器；报警信号；警报
　→~ (signal) 告警信号 // ~ {warning} bell 警铃 // ~ light 警戒灯

alar projection 侧突[腹]
　→~ {lateral} septum 侧隔壁

alas 热融喀斯特洼地

alasanite 准白铁矿

alaskaite 银辉铅铋矿[$(Pb,Ag_2)S•Bi_2S_3$]；铅泡铋矿

Alaskides 阿拉斯加构造{褶皱}带

alaskite 白(花)岗岩；细晶岩
　→~ {-}porphyry 白岗斑岩

alass 热熔喀斯特洼地

Alatacythere 翅女神介属[E_{2-3}]

Alatisporites 三翼粉属[孢;C_2]

Alauda 云雀属[N_2-Q]

alaunstein[德] 明矾石[$KAl_3(SO_4)_2(OH)_6$;三方]；钠明矾[$Na_2SO_4•Al_2(SO_4)_3•24H_2O$;等轴]

alaunstem 钠明矾 [$Na_2SO_4•Al_2(SO_4)_3•24H_2O$;等轴]

alazanite 准白铁矿

alb 高山平地

A

albanite 地沥青；阿型白榴岩；白榴岩；暗白榴石

Albanites 阿尔巴尼亚菊石属[头;T_1]

albarium 大理石灰

albatre 雪花石膏[$CaSO_4 \cdot 2H_2O$]

alberene 高级皂石

Albers projection 阿尔勃斯投影；锥形等积地图投影
→~-Schonberg disease 骨质石化病

albert{stellar;asphaltic} coal 脉沥青
→~{stellar} coal 黑沥青

Albertella 小阿伯特虫属[三叶;ϵ_2]

Albertia 阿尔伯杉属[T_1]

albertite 沥青煤；黑沥青；脉沥青；阿贝他矿砂；黑沥青煤

Albertosaurus 阿尔伯脱龙属[K]

Albian 中白垩纪
→~ (stage) 阿尔必阶{期}[中白垩纪]；阿尔布(阶)[108~96Ma,欧;K_1]

albiclase 奥钠长石[$Ab_{100-90}An_{0-10}$]；钠长石[$Na(AlSi_3O_8);Na_2O \cdot Al_2O_3 \cdot 6SiO_2$;三斜;符号 Ab]

albid 瓷白质的

Albilebitis 洁面介属[N_2-Q]

albine 鱼眼石[$KCa_4(Si_8O_{20})(F,OH) \cdot 8H_2O$;风化的]

albit(it)e 钠长石[$Na(AlSi_3O_8);Na_2O \cdot Al_2O_3 \cdot 6SiO_2$;三斜;符号 Ab]
→~ Ala law 钠长石-阿拉(双晶)律//~-anorthite series 钠长石(-)钙长石系列//~-cressite rock 钠长石青铝闪石岩//~ epidote amphibolite facies 钠长石-绿帘石-角闪岩相//~-epidote hornfels 钠长绿帘角岩//~-epidote hornfels facies 钠长帘角页岩相//~-epidote-hornfels facies 钠长石-绿帘石(-)角(页)岩相//~-Karlsbad{-Carlsbad} (twin) law 钠(长石)-卡((尔)斯巴(双晶)律//~ law 钠长石(双晶)律//~ monzonite 钠长二长岩//~ nepheline syenite 钠(长石)霞(石)正长岩//~-oligoclase 钠奥长石

albitisation{albitization} 钠长石化

albitite 钠长玢岩；钠长斑岩

albitization 钠长石化

albitophyre 钠长斑岩

Albizzia 合欢属[植;N_2-Q]

albocarbon 萘[$C_{10}H_8$]

alboline 石蜡油；矿脂[材;油气]

albolite{albolith} 艾尔波里特[镁和氧化硅的人造石]

alboll 漂白软土

alboranite 拉苏安玄岩

albrittonite 水氯钴石[$CoCl_2 \cdot 6H_2O$,单斜;废]

albronze 铝青铜

Albugo 白锈属[真菌;Q]

album(in)ose 胨[蛋白质衍生物]

Alcae 海雀亚目

alcali 碱

alcaparossa amarilla 赤铁矾 [$MgFe^{3+}(SO_4)_2(OH) \cdot 7H_2O$;单斜]
→~ verde{vende} 水绿矾 [$Fe^{2+}SO_4 \cdot 7H_2O$;单斜]

Alcedo 翠鸟属

Al-celadonite 铝绿鳞石

Alces 犴属[Q]；驼鹿属

Al-chamosite 铝鲕绿泥石

Al-chlorite 铝绿泥石 [$Mg_2(Al,Fe^{3+})_3Si_3AlO_{10}(OH)_8$;单斜]

---

alcohol 酒精[C_2H_5OH]；辉锑矿[Sb_2S_3;斜方]；醇[ROH]
→~{alcoholic} acid 羟基酸//~ ethoxy glycerol sulfonate 脂肪醇乙氧基丙三醇磺酸盐//~ group 醇基//~ poisoning 醇中毒；酒精中毒

alcoholic 乙醇的

alcomalachite 碱性孔雀钙石

alcomax 无碳铝镍钴磁铁；镍、铁、铝合成的永久磁铁
→~ permanent magnet 铝镍钴永磁铁

alcometer 醉度计

alcosol 醇溶胶

alcove 凹室；凹处；泉蚀凹壁；流槽
→~ lands 砂页岩切割阶梯地形

alculator 解算器{装置}

alcyl 脂环基

Alcyonaria 类亚目；八射珊瑚

Aldan facies 阿尔丹相
→~ facies 紫苏花岗岩相

Aldania 阿尔丹羽叶属[K_1]

Aldanian (stage) 阿尔丹(阶)[俄;ϵ_1]

aldanite 钍铀铅矿；方钍石[$(Th,U)O_2;ThO_2$;等轴]；铅铀钍矿

Aldanotreta 阿尔丹贝属[腕;ϵ_1]

aldehyde 醛[RCHO]

alder 桤
→(red) ~ 赤杨

Alder carr 赤杨卡尔群落

Alderina 阿尔德(里)苔藓虫属[苔;K-Q]

aldermanite 阿磷镁铝石[$Mg_5Al_{12}(PO_4)_8(OH)_{22} \cdot nH_2O$]

aldohexose 己醛糖[$CH_2OH(CHOH)_4CHO$]

aldose (sugar) 醛(式)糖

aldoxime 醛肟{醛羟胺}(类)[$R \cdot CHNOH;RR' CNOH$];

aldzhanite 氯硼钙镁石；阿尔占石；氯硼矿

Alectoromorphae 石鸡形区

Alectroria 树发属[地衣;Q]

Alectrosaurus 阿莱龙属[K_{2-3}]

Alectryon 诗螺属[腹;N-Q]

alee basin 混浊流海盆；深海异重流盆地；深海浊流盆地

aleksite 硫碲铋铅矿[$PbBi_2Te_2S_2$;假三方]

alemite{pressure;lubricating} gun 黄油枪

Aleppo stone 阿勒颇石；眼状玛瑙

alert 机灵的；活跃的；信号；待命；精细的；警报；待机状态[飞机]；导航卫星过顶时段；警觉(的)；视域[卫星]

alertor 警报器

Aletes 无缝孢纲；无口器类；无痕的[孢]；无裂缝

Aletesacciti 无缝单囊系[孢]

Alethopteris 延羊齿；耳羊齿属[C_2-P]；真羊齿(属)

aletus 无裂缝；无痕{缝}的[孢]

aleurite 粉砂

Aleurites 油桐属[Q]

aleurites moluccana 石栗

aleuritic texture 粉砂结构

Aleuritopteris 银粉背蕨属(性)[Q]

aleurolit(h)e 粉砂岩

Aleurone grains 糊粉粒

aleutian low 阿留申低压

aleutite 闪辉长斑岩；易辉安山岩；阿留申岩

aleuvite 粉砂岩

Alexandrian 亚历山大(阶)[北美;S_1];阿力

山得统

alexandrine {-}sapphire 变蓝宝石[浅蓝至深蓝色的刚玉;Al_2O_3]

alexandrite 变(色)石[呈深翠绿色的金绿宝石,但透光视之则呈紫红色;$BeAl_2O_4$]；翠绿宝石；金绿宝石[$BeAl_2O_4;BeO \cdot Al_2O_3$;斜方]；紫翠玉[$BeAl_2O_4$]
→~-sapphire 变蓝宝石[浅蓝至深蓝色的刚玉;Al_2O_3]

alexandrolite 铬黏土

Alexania 阿历克山贝属[腕;C_2-P]

alexeyevite 阿列沥青

Alexinis 带环切壁孢属[C_2]

alexoite 磁黄橄榄岩{石}

Alfenide 假银；德银

alferric mineral 铝铁矿物

alfisol 铝铁土；淋溶土

alforsite 钡磷灰石[$Ba_5(PO_4)_3Cl$]；氯磷钡石

Alframin DCS 磺化高分子脂族醛缩合物

alfresco dining 露天餐饮

alga[pl.-e] 藻类
→~ e bloom 藻类水面增殖//~ e colony 藻类群体

algainite 藻类体

algal 藻类的；类似藻的；由藻组成的
→~ anchor stone 锚状藻类岩；藻锚状石；固着藻类岩//~ bank {|head|lump} 藻滩{|头|团}//~ dolomite 藻白云岩//~ limestone 石灰岩[以 $CaCO_3$ 为主的碳酸盐类岩石,其中碳酸钙常以方解石表现]；藻成石灰岩；藻灰岩//~ pisolite 藻豆石{粒}//~ sinter 硅藻泉华；藻硅华//~ stromatolite 藻叠层石

algam 铁皮；锡[威尔士]

algarite 藻沥青

algarvite 云霓霞辉长岩；(富)霞黑云辉岩；(富)黑云霞辉岩；云霞霓岩

algebraic difference between adjacent gradients 坡度差

algerite 柱块云母；柱状云母

alg(a)inite 藻质体；藻煤；煤岩藻质体

Algirosphaera 阿尔球石[钙超;Q]

algi(ni)te 微藻类煤(藻类体)；藻类体；藻质体[煤岩]

algo-clarite 藻质微亮煤

algo-detrinite 藻屑体

algodonite 微晶砷铜矿[Cu_6As;斜方；假六方]

algoflora 藻类区系

Algonkian{Proterozoic} period 阿(尔)冈纪[Pt]

algophagous 食藻的

al(l)govite 辉斜玢岩；辉斜岩(类)；阿尔戈岩；辉绿玢岩

Alhagi 骆驼刺(属)

A.L.I. 碱钙指数{岩系}

alias 别名；换接口；化名；假名；假信号；替换入口；同义名
→~ bands 混叠(频)段

alidade 游标盘；视准仪；测高仪；指方规
→(sight) ~ 照准仪

alien 异己的；外来的
→~ mineral 不同质矿物

aliettite 滑皂石；滑间皂石[滑石-皂石的规则混层矿物]；阿里石

aligned 均衡的；排列好的
→~ cones 排列成行的火山锥//~

current structure 定向{流线}构造 // ～ sample 均衡采样 // ～ {linear} structure 线性构造

aligning 矫正
→ ～ pin 定心销 // ～ pole 定线标杆 // ～ ram 调架千斤顶

alignment 联合；校直；定向；走向；排列；放样；准线；队列；合轴；线状排列；水平线路；对齐；定线；列线；序列；校正；支柱矫直；组合；结盟；排列成行；对光；调准
→ ～ bracket 对准架；定位托架 // ～ clamp 定心夹；瞄准器[定向下钻] // ～ error 定线误差；调准误差 // ～ thread 对中丝扣；同轴线丝扣

aligrab 阿利型抓岩机

Alilepus 翼鼠属；海兔属[N₂]

Al-illite-hydromica 铝伊利云母

alimachite 黑绿琥珀

Alimak climber raising 爬罐法掘进
→ ～ raise climber 阿利马克型天井爬罐

aliment 食物；滋养品；养料
→ ～ toxicosis 食物中毒 // ～ area 补给区[冰]

alimentation 补给
→ ～ area 补给区[冰]

alimentative 补给的

α {|β}-alinine α {|β}-丙氨酸[CH₃CH(NH₂)COOH]

alining{alin(e)ment} 定线

alios 暗褐砂岩

aliphatic 脂(肪)族的
→ ～ acid 脂肪酸[CₙH₂ₙ₊₁COOH]

alipite 镍皂石{绿镁镍矿}[(Ni,Mg)₃(Si₄O₁₀)(OH)₂•nH₂O]

aliquot 试验；除得尽数；矿样
→ ～ part charge 等分(段)装药

Alisma 泽泻属[植;Q]

alisonite 闪铜铅矿[2Cu₂S•PbS]；杂硫铜铅矿

Alisphaera 海石[钙超]；海球石[钙超;E-Q]

alisphenoid 翼蝶骨

Alisporites 阿里粉属[孢;T₃]

alit 硅酸三钙石[Ca₃(Si₂O₇)]；硅钙石[Ca₃(Si₂O₇);单斜]

alite 硅钙石[Ca₃(Si₂O₇);单斜]；铝铁岩；硅酸三钙石[Ca₃(Si₂O₇)]；阿利特

alith 硅酸三钙石[Ca₃(Si₂O₇)]

alive 敏感的；活的；有经济价值的；有开采价值的；活泼的；活动的；有潜力的[矿床]

alivincular 有轴的[无脊]

alizarin(e) 茜素[C₆H₄(CO)₂C₆H₂(OH)₂]
→ ～ red 茜红素

alizite 镍皂石[绿镁镍矿][(Ni,Mg)₃(Si₄O₁₀)(OH)₂•nH₂O]

Aljutovella 阿留陀夫{蜒属}[C₂]

alkalescence{alkalescency} 微碱性

alkali[pl. -s,-es] 强碱；碱金属；碱；碱性
→ ～ augite 碱辉石 // ～ basaltoid 碱性玄武岩类{质岩} // ～-beryl 碱绿柱石[为含有 Li,Na,K,Cs 等的绿柱石]

alkalic 碱质的
→ ～-calcic rock series 碱钙性岩系

alkali cellulose 碱纤维素
→ ～-chlorapatite 碱氯磷灰石 // chloride water 碱质氯化物水

alkalic{alkali} series 碱性岩系

→ ～ stage of volcanism 火山活动的碱性阶段

alkalidavyne 碱钙霞石[(Na,K₂,Ca)₄(Al,Si)₁₆O₃₂]

alkali degreasing 碱法除油
→ ～ (ne)-earth{earth(-alkali)} metal 碱土(金属) // ～-earth mineral 碱土矿物 // -feldspar 碱性长石[(K,Na)(AlSi₃O₈)] // -feldspar series 碱性长石系 // -felspar 碱性长岩 // ～-femaghastingsite 碱镁铁钙闪石 // ～-ferrohasting 碱亚铁镁闪石 // ～ mineral 碱土矿物 // -feldspar 碱性长石[(K,Na)(AlSi₃O₈)]

alkali-garnet 碱(性)石榴石；方钠石[Na₄(Al₃Si₃O₁₂)Cl;等轴]

alkali halide colo(u)r centre 卤化碱色心
→ ～ {alkaline} land 碱地 // ～ marsh 碱性草本沼泽 // ～ earth element 碱土元素 // ～ mine drainage 矿山碱性排水 // ～ rock type uranium deposit 碱性岩型铀矿 // ～ spring 碱(性矿)泉 // {-}tourmaline 碱电气石 // ～ olivine basalt 碱橄榄石玄武岩 // ～-oxyapatite 碱氧磷灰石 // ～ resistant mineral wool reinforced cement {|calcium silicate} 耐碱矿棉增强水泥{|硅酸钙} // ～ {-}spinel 碱尖晶石[一种含有少量碱(1.38%Na₂O 及 1.31%K₂O)的黑色或暗绿色尖晶石变种] // -tremolite 碱透闪石

alkali-montmorillonite 碱蒙脱石

alkaline 含强碱的；硷性的；碱性的；碱性；含碱的；碱的
→ ～ circulation 碱循环 // ～ metasomatism 碱交代(作用) // ～ mine drainage 矿山碱性排水 // ～ resisting 耐碱的 // ～ rock type uranium deposit 碱性岩型铀矿 // ～ spring 碱(性矿)泉 // ～ tannate 纯碱单宁酸盐 // ～-tourmaline 碱电气石

alkalinity-acidity 酸碱度

alkalinity{alkality} of gasoline 汽油碱度

alkalinization{alkalinization of (saline) soil} 盐碱化

alkalinized{alkaline} saline soil 盐碱土

alkali olivine basalt 碱橄榄石玄武岩
→ ～-oxyapatite 碱氧磷灰石 // poisoning 碱中毒 // ～-pyroxenite 碱性辉岩 // ～ resistance 抗碱性；耐碱性 // resistant mineral wool reinforced cement{|calcium silicate} 耐碱矿棉增强水泥{|硅酸钙} // -spinel 碱尖晶石[一种含有少量碱(1.38%Na₂O 及 1.31%K₂O)的黑色或暗绿色尖晶石变种] // ～-tremolite 碱透闪石

alkalitrophy 碱性[干燥地区湖泊]

alkalitropism 向碱性

alkali-type 碱型[岩]

alkanasul 钠明矾石[NaAl₃(SO₄)₂(OH)₆;三方]

alkane 烷(属)烃；链烷[CₙH₂ₙ₊₂]

Alkanol B 丁基萘磺酸钠

alkaryl 烷芳基

alkarylamine 烷芳基胺

Alkaterge-A ×阳离子表面活性剂[烷基噁唑啉类]

Alkathene 阿卡辛[聚乙烯商品名]

alkemade line 相结合线；阿克梅德线

alkene 链烯[CₙH₂ₙ]

alkenyl 烯基；链烯基

---

alki 乙醇；酒精[C₂H₅OH;掺水]

alkine (链)炔烃[CₙH₂ₙ₋₂]；链炔[CₙH₂ₙ₋₂]

Alkirk cycle miner 艾尔基尔型煤巷循环掘进机

alkoxide 酚盐；醇盐

alkoxy{alkoxy-} 烷氧基

alkoxyalkyl phthalate 邻苯二甲酸烷氧烷基酯[C₆H₃(COOROR)₂]

alkoxyamine 烷氧胺[RO(CH₂)ₙNH₂]

alkoxycrotonate 烷氧(基)巴豆酸盐[ROCH₂CH:CHCOOM]

alkremite 铝硅镁岩；阿耳克列姆岩

alkyd plastics 醇酸塑料
→ ～ varnish 醇酸树脂漆

alkyl 烷基[R−;CₙH₂ₙ₊₁−]
→ ～ (radical;group) 烃基 // ～ amido acetate 烷基酰氨基乙酸盐[RCONHCH₂COOM] // ～ amine chloride 烷基胺盐酸盐[RNH•HCl] // ～ amine fluoride 烷基胺氟氢酸盐[RNH•HF]

alkylamine 烷基胺 [R•NH₂]；脂肪胺[R•NH₂]

alkylammonium 烷基铵

alkyne 链炔烃；炔

alkynol 炔醇

alkynyl 炔基

Allactaga 五趾跳鼠属[Q]

allactite 砷水锰矿[Mn₇(AsO₄)₂(OH)₈]；羟砷锰矿[Mn₂(AsO₄)(OH);斜方]；斜羟砷锰石[Mn₇(AsO₄)₂(OH)₈;单斜]

Allagecrinus 变海百合属[C-P]

all-aged forest 多龄林

allagite 绿蔷薇辉石；炭化辉石；绿辉矿；碳化辉石

allagophyllous 叶互生的

allakit 砷水锰矿[Mn₇(AsO₄)₂(OH)₈]

allalinite 蚀变辉长岩{石}

all-alloy cage 全合金罐笼

allanit-(Y) 钇褐帘石[(Y,Ce,Ca)₂(Al,Fe³⁺)₃(SiO₄)₃(OH);单斜]

allanite 褐帘石[(Ce,Ca)₂(Fe,Al)₃(Si₂O₇)(SiO₄)O(OH),含 Ce₂O₃ 11%,有时含钇、钍等;(Ce,Ca,Y)₂(Al,Fe³⁺)₃(SiO₄)₃(OH);单斜]

allanite-(La) 阿兰石[Ca(REE,Ca)Al₂(Fe²⁺,Fe³⁺)(SiO₄)(Si₂O₇)O(OH)]；钇褐帘石[(Y,Ce,Ca)₂(Al,Fe³⁺)₃(SiO₄)₃(OH);单斜]

allantoid structure 似香肠构造

allantois 尿囊

allargentum 阿拉京矿[六方锑银矿]；六方锑银矿[Ag₁₋ₓSbₓ]

all asbestos insulated cable 全石棉绝缘电缆
→ ～ (drift) mine 全面采用胶带输送机的矿山 // ～-concrete frame 全混凝土框架 // ～-electric colliery 全盘电气化煤矿 // ～ flex tee 软管三通 // ～-graphite reflector 全石墨反射层 // ～-hydraulic (rock) drill 全液压凿岩机 // ～ hydromechanized mine 全水力化采煤矿井 // ～ impact force of jet 射流总打击

Allatheca 异管螺属[软舌螺类;软舌螺;Є-O]

allay gate 便门

allayment 抑制；消除

all-belt-drift mine 运输巷道全设胶带输送机的矿山

all-belt haulage (井下)全(用)胶带输送机运输

all-blast heating system 送风式暖气系统

A

all-burnt 全燃烧

allcharite 阿勒沙赖特矿；针铁矿[(α -) FeO(OH);Fe₂O₃•H₂O;斜方]；辉锑矿[Sb₂S₃;斜方]

all-concrete frame 全混凝土框架

allcyclic stem-nucleus 脂环母核

allee 小巷

alleghan(a)yite 羟 硅 锰 石 [Mn₉(SiO₄)₄ (OH)₂]；粒硅锰石[Mn₅(SiO₄)₂(OH)₂;单斜]

Alleghenian-Hercynian orogeny 阿勒格尼-海西造山作用

all-electric colliery 全盘电气化煤矿

allelic variation 等位(基因)变异

allelogenesion 世代交替

allelopathy 对等影响[代谢产物导致的植物间相互影响]

allemontit(e Ⅱ) 砷锑矿[AsSb;三斜]

allemontite 杂砷锑矿；砷锑 矿 [AsSb;三斜]

Allen cone 阿仑型圆锥分级机；艾伦型圆锥分级机

Allende meteorite 阿联{连}德陨石

allene 丙二烯

allenite 炭钨刚砂；碳钨钢砂；五水泻盐[MgSO₄•5H₂O;三斜]；镁胆矾[Mg(SO₄)•5H₂O]

Allen's rule 艾伦法则；仑法则；阿伦定律

Allepithema 奇罩螺属[腹;E-Q]

allergic reaction 变态反应

Allerod age{phase} 阿勒罗德期

allevardite 阿 水 硅 铝 石 ；钠板石 [NaAl₂(Si,Al)₄O₁₀(OH)₂(近似)]；板石；累托石[(K,Na)ₓ(Al₂(AlₓSi₄₋ₓO₁₀)(OH)₂)•4H₂O]

alleviate 缓和；减轻

alleviator 缓和物；减轻装置

alley 小巷；巷道；小径；巷；胡同；巷子；弄堂
→~ gate 通道门 // ~ stone 矾石 [Al₂(SO₄)(OH)₄•7H₂O;单斜、假斜方]

alleyway 弄堂

all-face-centered lattice 全面心格子

allgovite 辉斜玢岩；阿尔戈岩；阿耳戈岩

all-graphite reflector 全石墨反射层

all-gravity flowsheet 全重选流程

all-hydraulic (rock) drill 全液压凿岩机

alliaceous 蒜味的
→~ odour 蒜臭

Alliatina 阿利提虫属[孔虫;N₂₋₃]

Allictops 奇猬属[E₁]

allied 近似的；有关的；配套的；同类的；同源的
→~ form 相关型;同源型 // ~ rock 类似岩石 // ~ rocks 有成因联系的岩石；同源岩

alligation 漂运；混合法；混合物；合金；和均性；熔合[金属]

Alligator 钝吻鳄属[爬;K-Q]；短鼻鳄
→~ bonnet 碎石机罩

alligatoring 起橘皮；鳄纹[涂膜缺陷]；裂痕[轧制表面]

Alligator sinensis 中国鳄；扬子鳄；一种爬行动物

Alling grade scale 阿令氏尺度[粒级]

allingite 含硫树脂；硫树脂石

Allis-Chalmers autogenous mill 阿里斯-查尔默自磨机

allite 铝铁土；聚铝土；铝土岩；富铝土
→~ {iron} red 矾红

allitic soil 富铝性土
→~ weathering 富铝铁风化(作用)

allitization 铝土岩化(作用)；铝铁土化(作用)

Allium 葱属[E-Q]；百合科[沥青矿局示植]；百合

allivalite 橄(榄钙)长岩；橄钙辉长石

Al-lizardite 铝利蛇纹石

all-level sample 井筒各层位样品

all-liquid system 全液相体系

allo 紧密相联的

allobar 同素异重体；异组分体

allobaric 变压的；变压

allobiocenose 杂组(生物)群落

allocate 定位置；配置；配给；分配；定位；支配；规定

allocated cost 分摊的成本{费用}

allocating oil production 配产油量

allocation 拨款；配产；分派；部署；分配；调配；定位；核算
→~ of water 水的分配 // ~ sheet 配料表

allocator 分配器

allochalcoselite 氯 亚 硒 酸 铅 铜 石 [Cu¹⁺ Cu₅²⁺PbO₂(SeO₃)₂Cl₅]

allochem 异化粒；他化质

allochemical 他生化学作用

allochite 绿帘石 [Ca₂Fe³⁺Al₂(SiO₄)(Si₂O₇) O(OH); Ca₂(Al,Fe³⁺)₃(SiO₄)₃(OH);单斜]

allocholane 别胆烷

allochroite 钙铁榴石 [Ca₃Fe₂³⁺(SiO₄)₃;等轴]；粒榴石[一种钙铬石榴石；Ca₃Cr₂ (SiO₄)₃]

allochromatic 别色的；易变色的；非本色的
→~ colo(u)r 假色；他色 // ~ crystal 羼质光电导性晶体

allochromatism 他色性

allochromy 磷光效应；荧光再放射

allochronic speciation 异时成种

allochthone 外来岩块(体)；移置(岩)体；移植{外来}体；异地岩

allochthonic 火口再生堆积；外来的；异地的；移积的；移置的

allochthonous 粒榴石；火口再生堆积；移地的(岩)；移置的；外来的；异地的；移积的
→~ fossil 外来化石 // ~ metasomatic granite 外源交代花岗岩

allochthony 异地成因、异地成煤说；广域原地层

alloclasite 钴毒砂[含钴的毒砂,指毒砂中 5%～10% 的 Fe 被 Co 所替换;Fe:Co= 2:1;(Fe,Co)AsS]；镍钴矿[(Ni,Co,Fe)As₂;(Ni,Co)As₂₋₃]；斜硫砷钴矿[(Co,Fe)AsS;单斜]；硫砷钴矿[(Co,Fe)AsS;斜方]

alloclastic 异地砂屑
→~ breccia 异屑火山角砾岩

allocolloid 同质异相胶体

Allocosmia 异饰螺属[腹;T₂-J₁]

allocyclicity 外旋回性；异机(制)旋回性

allodapic 异地砂屑
→~ limestone 滑塌块集石灰岩 // ~ {turbidity} limestone 浊积灰岩

allodelphite 羟砷锰矿[Mn₂(AsO₄)(OH);斜方]；埃羟砷锰石；砷铝锰矿[5MnO• 2(Mn,Al)₂O₃As₂O₃•SiO₂•5H₂O;(Mn,Ca,Mg,Pb)₄ (AsO₄) (OH)₅]

allofacies 异源相

allogene(s) 外源物；外来物；他生物
→~ {allogenic} deposit 异源矿床

allogonite 磷铍钙石[CaBeFPO₄;Ca(BePO₄) (F,OH);单斜]；羟磷铍钙石[Ca(Be(OH)) PO₄]

allograptus 娇笔石(属)[O₂]；奇笔石属

Allogromia 网足虫属[孔虫]；似球虫属 [Q]

Allogromiina 网足虫亚目[孔虫]

allohypsic wind 变高风

Alloiopteris 别羊齿；蹼蕨属[C₁-P₁]

alloisomerism 立体异构(现象)

alloite 脆凝灰岩

allokite 埃洛石[优质埃洛石(多水高岭石), Al₂O₃•2SiO₂•4H₂O；二水埃洛石 Al₂(Si₂O₅) (OH)₄•1～2H₂O;Al₂Si₂O₅(OH)₄;单斜]

allolistostrome 外源滑积层

allolith 异地斑晶；他源包体

allomer 异质同象体

allomeric 异分同晶的

allometric development 异度发育
→~ equation 开度量方程 // ~ factor 异速生长因子

allomicrite 异地(正)泥晶

allomorph(ism) 同质异象变体；副象；同质假象(现象)

allomorphs 同源异构包体

allomorphite 硬石膏假象重晶石

allomorphosis 异速进化

allopalladium 硒钯矿[Pd₁₇Se₁₅;等轴]；锑钯矿[Pd₃Sb;Pd₅Sb₂;六方]；硒钯；六方钯矿；汞钯矿[PdHg;四方]

allo-parapatry 异-邻域

allopatric 散处的
→~ population 异地种群 // ~ speciation 异域成种

allophane 漂布土[一种带黄色富于镁质的黏土]；铝英石[Al₂SiO₅•nH₂O]
→~ {allophanite} 水铝英石 [Al₂O₃ 及 SiO₂ 的非晶质矿物;Al₂O₃•SiO₂•nH₂O; Al₂SiO₅•5H₂O] // ~-chrysocolla 胶硅孔雀石 // ~ {-}evansite 磷铝英石[水铝英石的变种,含 P₂O₅ 约 8%] // ~ evansite 水铝英石[Al₂O₃ 及 SiO₂ 的非晶质矿物;Al₂O₃•SiO₂•nH₂O; 含 P₂O₅ 大约 8%] // ~-evansite 铝核磷铝石；胶磷凡土；磷凡土 // ~ opal 杂铝英磷铝石

allophanite 水铝英石；铝英岩

allophite 异蛇纹石[Mg₆Al₃Si₅O₂₄•H₂O(近似)]

allophytin 锂土矿；锂硬锰矿[(Al,Li) MnO₂(OH)₂;单斜]

Allopiloceras 异枕角石属[头;O]

alloplasm 异质

allopolyploidy 异源多倍化

Alloptox 跳兔属[N₁]

allorgentum 阿拉京矿；六方锑银矿 [Ag₁₋ₓSbₓ]

Allosaurus 跃龙属[J₃]；异特龙；异龙(属)

alloskarn 他砂卡岩

allosome 异体

Allostrophia 奇转螺属[T₂₋₃]

Allostylops 异柱兽属[E₁]

Allotheria 多瘤齿兽亚纲；异兽亚纲；多底齿兽亚纲[哺]；多峰齿兽类

allothigenic 他生的；外来的；外源的

allothimorph 他形体；原形晶；他形晶；假象[一矿物具有另一矿物的外形]

allothimorphic 变生的

allotment 矿{地}段；矿建{扩建;采矿}用地；分配；矿田；井田

allotrioblast 他型{形}变晶

allotrioblastic 他形变晶的

allotriomorphic 他形的

allotrope 同素异性{晶}体

allotrophic 异养的

Allotropiophyllum 奇壁珊瑚(属)[P]

allotropism{allotropy} 同素异形(现象)

allovardite 钠板石[NaAl$_2$(Si,Al)$_4$O$_{10}$(OH)$_2$(近似)]

allowable 许可的
→～ capacity 允许产能//～{acceptable} daily intake 容许日摄入量//～{admissible} error 限差//～ total settlement 容许总沉降//～ unit stress for shearing 容许单位剪应力

allowance 允许；限差；耗竭；定额；折扣；裕量；修正量；补助；容差；容限；津贴；裕度；(配合)容(许)误差；配合公差
→～ for contraction{shrinkage} 收缩留量//～ for space 余隙//～ for uplift 容许隆起量//～ test 公差配合试验

alloy chisel steels 凿具用合金钢
→～ throw-away bit 不重磨(的)合金钻头

all purpose 多功能(的)；多种用途
→～ round pressure 围压//～-sliming 矿石细磨；全部泥化；全泥化；全淤泥法[提取黄金]；全细磨//～-sliming process 全泥浆(化)提金法；(矿石)泥化法//～-terrain vehicle 全地形车[一种轻便坚固,供崎岖地势行走的汽车]

alluaivite 阿卢艾夫石[Na$_{19}$(Ca,Mn)$_6$(Ti,Nb)$_3$SiO$_{26}$O$_{74}$Cl•2H$_2$O]

alluaudite 磷锰钠石[(Co,Ca)$_4$Fe$_2^{2+}$(Mn,Fe^{2+},Fe^{3+},Mg)$_8$(PO$_4$)$_{12}$;单斜]；绿磷铁矿[Fe^{2+}Fe$_4^{3+}$(PO$_4$)$_3$(OH)$_5$•2H$_2$O;单斜]；钠磷锰矿[Na$_4$(Mn,Fe)$_{15}$(PO$_4$)$_{10}$•(F,OH)$_4$]

alluvia[sgl.-ium] 冲积层组

alluvial 冲积层；冲积的
→～ (mine;ore;diggings) 砂矿；冲积土；淤积土//～ deposit 冲击层；淤积层；漂砂矿床；冲击矿床//～{gravel} deposit 冲积矿床//～ dredging 砂矿挖掘船开采//～ gold 砂金//～{placer} gold 沙金；砂金(矿)//～ ore 砂积矿//～ ore deposit 砂矿床//～ slope spring {alluvial-slope{boundary} spring} 冲积坡泉//～{placer;stream} tin 砂锡矿//～ values 沉积矿回收值；砂矿回收值；砂矿有用成分//～ working 砂矿开采

alluviated 冲积物覆盖的

alluvion 涨滩；拍岸浪；火山渣泥；海浪冲刷；击岸浪；沙洲；海蚀；淤积层；冲积物；砂矿带；冲刷作用

alluvium[pl.-ia] 淤积层；冲积土；泥沙；沙洲；冲积物；冲积层

allyl 丙烯-(2)-基-(1)[CH$_2$=CHCH$_2$-]；烯丙基[CH$_2$=CHCH$_2$-]
→～ chloride 烯丙基氯

allylene 丙炔[CH$_3$C≡CH]；甲基乙炔

ALM 臂连锁磁铁

almagra 深红赭石

almagrerite 锌矾[ZnSO$_4$;斜方]

almanac 历书；年鉴
→(astronomic) ～ 天文年历

almandine 贵榴石[Fe$_3$Al$_2$(SiO$_4$)$_3$]；铁铝榴石[Fe$_3^{2+}$Al$_2$(SiO$_4$)$_3$;等轴]；紫色印度石榴石；铁铝榴石

almandine-diopside-hornblende subfacies 铁铝榴石-透辉石-角闪岩亚相；榴透辉闪岩分相

almandine sillimanite-orthoclase subfacies 铁铝榴石-硅线石-正长石亚相
→～ spar 异性石[(Na,Ca)$_6$ZrSi$_6$O$_{17}$(OH,Cl)$_2$;Na$_4$(Ca,Ce,Fe)$_2$ZrSi$_6$O$_{17}$(OH,Cl)$_2$;三方]//～-spinel 贵榴尖晶石[一种紫色的尖晶石]//～ spinel 红尖晶石[Mg(Al$_2$O$_4$)]

almandite 紫色印度石榴石；铁铝榴石；铁铝榴石[Fe^{2+}Al$_2$(SiO$_4$)$_3$;等轴]；贵榴石[Fe$_3$Al$_2$(SiO$_4$)$_3$]

almarudite 阿尔玛鲁道夫石[K(□,Na)$_2$(Mn,Fe,Mg)$_2$(Be,Al)$_3$(Si$_{12}$O$_{30}$)]

almbosite 硅钒铁石[5FeO•2Fe$_2$O$_3$•2V$_2$O$_3$•3SiO$_2$]

almendrilla 石英脉石；圆砾岩；含金砾岩

almeraite{almerinite} 钠光卤石

almeriite 钠明矾石[NaAl$_3$(SO$_4$)$_2$(OH)$_6$;三方]

almerüte 水钠铝矾[Na$_2$SO$_4$•Al$_2$(SO$_4$)$_3$•24H$_2$O]

almond-shaped{amygdaloidal} structure 杏状构造

Alnipollenites 桤木粉(属)[孢;E$_2$-N]

alnoite 铝砂

Al-nontronite 铝绿脱石

Alnus 桤木属
→～ (japonica) 赤杨

Alocopocythere 沟眼花介属[E$_{1-2}$]

aloisile{aloisi(i)te} 结灰石

aloite 红苔钒矿[VO$_2$(OH)]；水钒石

Alokistocare 肿头虫属[三叶;C$_2$]

alomite 青方钠岩；蓝方钠岩{石}

alongshore 顺岸的；沿岸流；沿岸的
→～{along-shore} current 顺岸流//～ current 沿滨流；滨海流//～ drift 顺岸浮{漂}移

along-slope current 沿坡面等深线流
→～ sole mark 沿坡面等深线流底基标

Alopias 长尾蛟属[Q]

Alosa 鲱鱼属[E-Q]

alotrichine 铁明矾[Fe^{2+}Al$_2$(SO$_4$)$_4$•24H$_2$O;FeO•Al$_2$O$_3$•4SO$_3$•24H$_2$O]

alouchtite 蓝高岭土

Aloxite 铝碳阿洛克赛特[美国刚玉磨料]；人造刚玉；铝砂

alp 高峰；高山；高山草地[在树线以上]

alpaca 羊驼

Alpenachitina 阿尔佩几丁虫属[D$_2$]

alpenfloras 高山植物

alpenglow 高山辉

alpestrine 高山的；林木线以下冷温坡地[常绿林为其特征]

alpha angle 前脊角[叶肢]
→～-argentite α 辉银矿[Ag$_2$S]//～-arsenic sulfide α 雄黄；α 硫砷矿//～-ascharite α 硼镁石

alpha-calcite α 方解石；甲型方解石

alpha-cerolite α-蜡蛇纹石

alpha-chalcocite α 辉铜矿

alpha-copiapite α 叶绿矾

alpha{|beta}-cristobalite α{|β} 方石英[SiO$_2$]

alpha detection α 辐射探测
→～-fergusonite α 褐钇铌矿[Y(Nb,Ta)O$_4$]//～-hyblite α 变钍石[Th(SiO$_4$),(OH)$_4$]//～-kerolith α-蜡蛇纹石//～{|beta}-kurnakite α{|β} 纯氧锰矿//～{|beta}-palygorskite α{|β} 坡缕石//～(-)quartz α 石英；低温石英

alpha-quercyite α 杂磷石

alpha ray 阿伐射线
→～ recoil track α 反冲径迹//～ scattering α 射线散射//～-sepiolite α 海泡石//～-uranopilite α 硫酸铀矿[6UO$_3$•SO$_3$•16H$_2$O]//～-uranopilite α- 硫 铀 钙 矿[CaO•8UO$_3$•2SO$_3$•25H$_2$O]//～-uranotile α 硅铀钙矿[CaO•2UO$_3$•2SiO$_2$•6H$_2$O]//～-uzbekite α 水钒铜矿[Cu$_3$•(VO$_4$)$_2$• 3H$_2$O]//～-wiikite 羟钙铀铌矿；α 杂铌矿[铁与稀土的铌酸盐、钛酸盐和硅酸盐]

alphax 阿尔法克斯[在电场中会变色的特种试纸]

alphitite 岩粉土

alphitolite (冰成)硬岩粉土

Alpides 阿尔卑斯褶皱带{系}

Alpine amphibolite zone 阿尔卑斯闪岩带
→～ glacier 阿尔卑斯型冰川//～{mountain;valley} glacier 高山冰川//～ plant 高山植物//～ subnival plants 高山冰缘植物//～ talus vegetations 高山流石滩稀疏植被//～ magmatic episode 阿尔卑斯岩浆幕

alpinist 登山家

alpinone 缩砂仁素

alpland 阿尔卑斯式地形区

Alportian 阿尔波特阶[C$_1$]

Al-pyroxene 铝辉石；深绿辉石[Ca$_8$(Mg,Fe^{3+},Ti)$_7$Al((Si,Al)$_2$O$_6$)$_8$;Ca(Mg,Fe^{3+},Al)(Si,Al)$_2$O$_6$;单斜]

alramenting 表面磷化

alsakharovite-(Zn) 阿萨克哈洛夫石[NaSrKZn(Ti,Nb)$_4$(Si$_4$O$_{12}$)$_2$(O,OH)$_4$•7H$_2$O]

Al-saponite 铝皂石

alsbachite 榴云(花)岗闪(长)斑岩

alshedite 钇楣石[CaTiSiO$_5$;含有钇和铈]

alstonite 钡霰石[BaCa(CO$_3$)$_2$]；三斜钡解石[BaCa(CO$_3$)$_2$;三斜、假斜方]；氟钠镁铝石[Na$_x$Mg$_x$Al$_{2-x}$(F,OH)$_6$•H$_2$O;等轴]；钡霞石[Ba(Al$_2$Si$_2$O$_8$)]

alta 脉壁黏土

altacite 水滑石[具尖晶石假象;6MgO•Al$_2$O$_3$•CO$_2$•12H$_2$O;Mg$_6$Al$_2$(CO$_3$)(OH)$_{16}$•4H$_2$O]

altaite 碲铅矿[PbTe;等轴]

altalf 黑淋溶土

Altamud 阿尔泥[配制钻探泥浆用]

alta-mud 膨润土[(½Ca,Na)$_{0.7}$(Al,Mg,Fe)$_4$(Si,Al)$_8$O$_{20}$(OH)$_4$•nH$_2$O,其中 Ca^{2+}、Na$^+$、Mg^{2+}为可交换阳离子;制备泥浆用]

altar (反射炉)火桥；台阶[干船坞的]
→～ blue glaze 祭蓝//～{sacrificial} red 祭红

alteration 变动；换置；变化作用；变蚀作用；风化作用；变化；交换作用；交换风化；蚀变；改造；改变；互层；交替
→～ envelope 蚀变带//～-sheathed ore body 蚀变带包围{镶套}的矿体

alterative 引起改变的

altered grain 蚀变颗粒
→～ rock 变蚀岩石//～ stress 变异应力//～ zone 蚀变区

A

alterite 蚀变砂矿物

altern 对称交替晶体

Alternaria 链格孢属[Q]；交链孢属[真菌]

alternat(iv)e 迭；变换；交叉；互生的；交替的
→～ angle 相反位置角//～ array firing 交替组合激发//～ {sectional} charging 分段装药//～ current 交流

alternately 相间地；轮流地；另一方面
→～-pinnate 互生羽状[植]

alternate material 备用材料
→～ {substitute} material 代用材料//～ stopes and pillars 交错矿房矿柱开采法

alternating 交替的；成互层的；振荡的；交变
→～ frequency map 间互层变化(速度)图//～ of rocks 岩石变异//～ of stopes and pillars 矿房和矿柱交替排列

alternation 更迭；错列；交互作用；轮流；半周；半周期；区别；种类；半个周期；交互层

alternative 替换；迭更物；两者挑一的(的)；另一个的选择对象；可能的；代用品；(供选择的)比较方案；另外的；交替物；方案；替换物；备择(解释)；料流方向转换[选流程]
→～ {alternate} fuel 石油燃料代用品//～ hypothesis 备择假设；选择假设//～ route 辅助路线；分路；旁路；迂回路线//～ source of energy 替用能源//～ test 交错检验

alternatives{alternative project} 备选方案

althausite 羟磷镁石 [Mg₂(PO₄)(OH,F,O);斜方]

altherbosa 高草群落

althupite 铝钍铀矿 [AlTh(UO₂)((UO₂)₈O(OH)(PO₄)₂(OH)₃•15H₂O];铝钍铀矿

Alticamelus 高骆驼属[N]

Alticola 高山䶄属[Q]

altimeter{altigraph} 测高计；高程计；测高仪；高度计

Altingia 阿丁枫属[植;Q]

altiplanation 高山剥夷作用；高夷作用
→～ terrace 冰冻剥夷阶地

altiplano 上升高原[地壳]

Altiplecus 高褶贝属[腕;D-P]

altisite 氯铝硅钛碱石 [Na₃K₆Ti₂(Al₂Si₈O₂₆)Cl₃]

altithermal 高温(气候)的[冰后]
→～ period 冰后高温期

Altithermal (period) 高温期[冰期后]

altitude 高；高程；海拔；顶垂线；高地；高线；高度；地平纬度；高级[指等级、地位等]

altitudinal belt 高度带；垂直带

altmarkite 阿特马铅汞齐；四方铅汞矿

alto 高丘陵；高地；地平纬度
→～-clouds{alto(-)cumulus} 高积云

altogether coal 混合煤

altoherbiprata 高草群落

altoherbosa 高原(草本)群落

altoll 黑软土

altostratus 高层云

aludel 梨坛

alula 小翼羽

alum (明)矾[K•Al(SO₄)₂•12H₂O;碱和铝之含水硫酸盐矿物]；明石[化]
→～ (potash) 钾明矾[KAl(SO₄)₂•12H₂O;

等轴]

Alumatol 阿鲁马托混合炸药

alumbre 纤钾明矾[KAl(SO₄)₂•11~12H₂O;单斜?]；白矾；明矾[K•Al(SO₄)₂•12H₂O;碱和铝之含水硫酸盐矿物]

alum cake 明矾饼
→～ (o)chromite 铝铬铁矿 [(MgFe)(CrAl)₂O₄]//～ powder 刚玉石粉//～ earth 沥青黄铁矿泥岩

alumdum 刚铝石(人造金刚石)
→～ powder 刚玉石粉

alum earth 沥青黄铁矿泥岩
→～ earth{clay} 明矾土

Alumel 镍铝合金；阿留麦尔镍基合金

alumen 明矾[K•Al(SO₄)₂•12H₂O;碱和铝之含水硫酸盐矿物]；明石；纤钾明矾[KAl(SO₄)₂•11~12H₂O;单斜?]

alum feather 铁明矾 [Fe²⁺Al₂(SO₄)₄•24H₂O;FeO•Al₂O₃•4SO₃•24H₂O]

alumflower{alum flower} 明矾华 [KAl(SO₄)₂•12H₂O]

alumia 铝氧；氧化铝[Al₂O₃]

alumianite 钠明矾石[NaAl₃(SO₄)₂(OH)₆;三方]；无水矾石[Al₂O₃•2SO₃];水钠矾石；正方矾石；四方矾石

alumina 无水矾石[Al₂O₃•2SO₃]；铝矾土；铝氧；氧化铝[Al₂O₃];矾土[Al₂O₃]
→～-borosilicate glass 硼硅酸铝玻璃

aluminates 铝酸盐类

aluminaut 铝氧土；矾土；氧化铝[Al₂O₃];潜水艇[海底采矿]

alumine 矾土；铝矾土；铝氧；氧化铝[Al₂O₃]

aluminian aeschynite 铝易解石
→～ britholite 铝铈硅磷灰石//～ ferroanthophyllite 铝亚铁硅直闪石//～ nontronite 铝绿脱石

aluminic acid 铝酸[正铝酸 H₃AlO₃,偏铝酸 HAlO₂]

aluminiferous 含铝土的；铝铁岩；含钒的

aluminilite 明矾石 [KAl₃(SO₄)₂(OH)₆;三方]

aluminite 矾{铝氧}石 [Al₂(SO₄)(OH)₄•7H₂O;单斜、假斜方]；矾土石；正方矾石
→～-silicate refractory 硅酸铝质耐火材料

aluminium acetate 醋酸铝
→～ acetotartrate 乙酰酒石酸铝//～-ammonium sulfate 铵明矾 [NH₄Al(SO₄)₂•12H₂O;等轴]//～ bearing mineral 含铝矿物//～ deposit 铝矿床//～ detonator{cap} 铝(壳)雷管//～ enamel 铝搪瓷//～ epidote 斜黝帘石 [Ca₂Al₃(SiO₄)₃(OH);单斜]//～ glauconite 铝海绿石 [K<₁(Al,Fe³⁺,Mg,Fe²⁺)₂₋₃(Si₃(Si,Al)O₁₀)(OH)₂•nH₂O]//～ minerals 铝矿物类//～-montmorillonite 铝蒙脱石

aluminiumfication 铝粉浆炸药

aluminiumsepiolite 铝海泡石

aluminized slurry 铝粉浆炸药

alumino-barroisite 铝冻蓝闪石；铝(韭闪)角闪石

aluminobetafite{alumino-betafit} 铝铌钛铀矿；铝贝塔石

alumino-chrysotile 铝温石棉

aluminocopiapite 铝叶绿矾 [(Al,Mg)Fe₄³⁺(SO₄)₆(OH)₂•20H₂O;AlFe₄³⁺(SO₄)₆O(OH)•20

H₂O;三斜]

aluminohydrocalcite 铝水钙石 [CaAl₂(CO₃)₂•(OH)₄•3H₂O]

alumino-katophorite 铝红闪石 [Na₂Ca(Fe²⁺,Mg)₄AlSi₇AlO₂₂(OH)₂;单斜]

alumino-magnesiohulsite 硼锡铝镁石 [Mg₂(Al₁₋₂ₓMgₓSnₓ)Σ₁O₂(BO₃), x=0.15~0.20]

aluminosilicate 硅铝酸盐
→～ rock 铝硅酸盐岩

aluminosis 铝中毒；矾土肺；肺矾土沉着病

aluminoskorodite{alumino(u)s scorodite} 铝臭葱石[Al(AsO₄)•2H₂O]

aluminous 铝中毒；矾的；铝土的
→～ acetotartrate 乙酸酒石酸铝//～ cement 含铝水泥//～ {bauxite;alumina;aluminate;high-alumina} cement 矾土水泥//～ {aluminide} rock 铝质岩//～-serpentine 铝蛇纹石

alumino-winchite 铝蓝透闪石

aluminum alloys 铝合金
→～-ammonium sulfate 铵镁矾[(NH₄)₂Mg(SO₄)₂•6H₂O]

alumin(i)um-sepiolite 铝海泡石 [(Mg,Al)₄((Si,Al)₆O₁₅)(OH)₂•6H₂O]

alumite 明矾石{土}[KAl₃(SO₄)₂(OH)₆;三方]；铝氧化膜；防蚀铝

alumo-aeschynite 易解石[(Ce,Y,Th,Na,Ca,Fe²⁺)(Ti,Nb,Fe³⁺)₂O₆;斜方]

alumoberesowite 铝铬铅矿

alumoberyl 铝绿柱石；金绿宝石[BeAl₂O₄;BeO•Al₂O₃;斜方]

alumobritholite 铝铈硅磷灰石

alumo-chalcosiderite 铝钛绿松石；铝磷铜铁矿

alumo-chrompicotite 铝硬铬尖晶石[(Mg,Fe)(Al,Cr)₂O₄]

alumochrysotile 铝纤纹石

alumocobaltomelane 铝锰土；杂锂硬锰矿

alumodeweylite 铝树枝石

alumo(a)eschynite 铝易解石

alumoferro-ascharite 杂铁滑硼镁石

alumogel 胶铝矿[Al₂O₃•2H₂O]；硬铝胶[Al₂O₃•H₂O]

alumogoethit{alumogoethite} 铝针铁矿

alumohematite 铝赤铁矿

alumohydrocalcite 碳铝钙石；水碳铝钙石[CaAl₂(CO₃)₂(OH)₄•3H₂O;三斜]；铝水方解石；铝水钙石[CaAl₂(CO₃)₂•(OH)₄•3H₂O]

alumoklyuchevskite 氧铝钾铜矾[K₃Cu₃AlO₂(SO₄)₄]

alumolimonite 铝褐铁矿

alumolyndochite 铝钙钛黑稀金矿

alumomagh(a)emite 铝磁赤铁矿

alumomelanocerite 铝黑稀土矿

alumopharmacosiderite 铝毒石 [KAl₄(AsO₄)₃(OH)₄•8H₂O; KAl₄((OH)₄(AsO₄)₄)•6.5H₂O]

alumopharmakosiderit 铝毒石 [KAl₄(AsO₄)₄•8H₂O]

alum(in)osilicate 铝硅酸盐

alumospencite{alumospensite} 铝(褐)硅硼钇矿；铝钇锥稀土矿

alumotantalite 铝钽矿；钽铝石

alumotantite 铝钽矿[AlTaO₄]

alumotrichite 纤钾明矾 [KAl(SO₄)₂•11~12H₂O;单斜?]

alumotungstite 铝钨华[(W,Al)$_{16}$(O,OH)$_{48}$•H$_2$O;三方]

a lump of mud 泥坨子

alumshale 明矾页岩

alum shale 含明矾页岩

alum shale{schist;slate;earth} 含黄铁矿沥青质泥岩；明矾页岩

alumslate{alum(inous) slate} 明矾板岩

alumstone{alum stone{salt}} 明矾石[KAl$_3$(SO$_4$)$_2$(OH)$_6$;三方]

alumyte 铝土矿[由三水铝石(Al(OH)$_3$)、一水软铝石或一水硬铝石(Al(OH))为主要矿物所组成的矿石的统称]；变埃洛石[Al$_2$O$_3$•2SiO$_2$•2H$_2$O;单斜]；准埃洛石[高岭石之一;Al$_4$(Si$_4$O$_{10}$)(OH)$_8$•2H$_2$O]

alundum 刚玉[Al$_2$O$_3$;三方]；铝土粉；刚铝石；棕刚玉；铝氧粉；合成刚玉；氧化铝[Al$_2$O$_3$]；人造刚玉；刚铝玉

alun(o)gel 胶矾矿

alu(mia)nite 明矾石族；(钾)明矾石[KAl$_3$(SO$_4$)$_2$(OH)$_6$;三方]；水钾铝矾；钠明矾石[NaAl$_3$(SO$_4$)$_2$(OH)$_6$;三方]

→~ deposit 钠明矾石矿床 // ~ high strength cement 明矾石高强水泥 // ~ ore 明矾石[KAl$_3$(SO$_4$)$_2$(OH)$_6$;三方] // ~ {alum} rock 明矾岩

alunitization{alunitized} 明矾石化

alunogen(ite){alunogene} 毛矾石[Al$_2$(SO$_4$)$_3$•16~18H$_2$O;三斜]；毛盐矿

→~ efflorescence 毛矾石霜

alurgite 锰多硅白云母；锰云母；淡云母[K$_2$MnAl$_3$(Si$_7$AlO$_{20}$)(OH)$_4$]

alushtite 杂云母地开石

Alusil 铝硅活塞合金

alus(h)tite 蓝高岭石[地开石与伊利石的混合物]；蓝高岭土

alvanite 水{羟}铝矾石；水钒铝石[Al$_6$(VO$_4$)$_2$(OH)$_{12}$•5H$_2$O;单斜]

alvarolite 锰钽铁矿[(Mn,Fe)((Ta,Nb)$_2$O$_6$)(Mn:Fe>3:1)]；斜钽锰矿

alvelous[pl.alvoli] 腔区(箭石)

alveola[pl.-e] 蜂巢孔(蜓类)

alveolae 风化窗

alveolar 齿槽的；细胞状的；蜂窝状的；肺泡的；气泡状的

→~ texture 硐室结构 // ~ weathering 窝状风化

alveolinellidae 小蜂巢虫科[孔虫]

alveolinid 蜂巢虫状

Alveolinidae 蜂巢虫科[孔虫]

Alveolitella 小槽珊瑚属[S-D]

Alveolites 槽珊瑚(属)[S-D]

Alveolitidae 有孔虫类；蜂巢虫科[孔虫]

alveolization 岩石表面凹窝；凹穴[岩石表面]

alveolus[pl.-li] 松质骨；小泡；蜂窝构造；网格；褶；刺瘤状小孔[苔]；蜂窝；小蜂窝；腔区

→~ {alveole;alvede} 槽[箭石] // ~ (dentalis) 牙槽；齿槽

alveozone 小槽带[腹]

alvikite 英云方解暗煌岩

alvinolith 肠石

alvite 硅铪锆矿；铪铁锆石；硅铁锆石[锆石的变种,含铁]

alyssum{Alyssum bertolonii} 伯土隆庭荠[Cu 示植]

Alytes 产婆蟾属[Q]

Am.Ac. 1180-C 1180-C 胺类捕收剂

---

amagmatic 碎屑注入；非岩浆(活动)的；缺乏岩浆活动的

→~ formation 非岩浆岩层 // ~ hydrothermal system 无岩浆热源的水热系统 // ~ succession 非岩浆岩序{序列}

amain 矿车脱钩；斜井中矿车脱钩

→(running) ~ 跑车

amakinite 羟铁矿[(Fe^{2+},Mg)(OH)$_2$;三方]

amalgam(e) 汞齐；汞合金；混合物；汞金矿；汞膏[Hg$_2$Cl$_2$]

→(silver) ~ 银汞齐[Ag 和 Hg 的互化物；等轴]

amalgamable 可`混汞{汞齐化}的

amalgamata 合壁(类)

amalgamating barrel 提金桶

→~ mortar 汞齐槽[捣碎机] // ~ {apron;amalgam} plate 混汞板 // ~ table 混汞台

amalgamation 汞齐化(作用)；混汞；汞膏法；拼合[气]

→~ table 汞齐化提金盘

amalgam pan 汞齐化盘；混汞盘

→~ plugger 汞合金充填器 // ~ reduction 混汞还原 // ~ retort bullion 汞齐蒸馏金分离器

Amalocythere 嫩花介属[N$_2$]

Amaltheus 绳菊石(属)[头;J$_1$]

Amandophyllum 阿曼多珊瑚属[C$_{2-3}$]

amang 残砂矿物；钨铁砂[马来语,与锡石伴生的]；磁石的[马来]

Amanita 毒伞属[Q]；鹅膏属[真菌]

amaranth 苋(石竹色)

amarantite 红铁矾[Fe^{3+}(SO$_4$)(OH)•3H$_2$O;三斜]

amargosite 膨土岩；膨润土[(½Ca,Na)$_{0.7}$(Al,Mg,Fe)$_4$(Si,Al)$_8$O$_{20}$(OH)$_4$•nH$_2$O, 其中 Ca^{2+}、Na$^+$、Mg^{2+}为可交换阳离子]；斑{班}脱岩[(Ca,Mg)O•SiO$_2$•(Al,Fe)$_2$O$_3$]

amarillite 黄钠铁矾；黄铁钠矾[NaFe^{3+}(SO$_4$)$_2$•6H$_2$O;单斜]

Amaryllidaceae 石蒜科

A-mast 人字形桅架

amatista 紫(水)晶[SiO$_2$]；水碧[SiO$_2$]

amatol 阿马托(炸药)；硝铵[NH$_4$NO$_3$]

amatrice 绿磷铝石；似绿松石

amatrix 绿磷铝石

Amaurellina 亚莫螺属(天)[腹;K-E]；准暗螺属[腹]

Amauropsis 似暗螺亚属[腹;E$_2$-Q]

Amaurornis 白胸秧鸡属[Q]

amausite 燧石；更{奥}长石[Ab$_{90\sim70}$An$_{10\sim30}$;(NaSi,CaAl)AlSi$_2$O$_8$]；奥长石[介于钠长石和钙长石之间的一种长石；Ab$_{90\sim70}$An$_{10\sim30}$;Na$_{1-x}$Ca$_x$Al$_{1+x}$Si$_{3-x}$O$_8$;三斜]

Amazonia 亚马孙古陆

amazonite{amazonstone} 绿长石；天河石[K(AlSi$_3$O$_8$),其中 Rb$_2$O 含量 1.4%~3.3%、Cs$_2$O 0.2%~0.6%]；微斜长石[(K,Na)AlSi$_3$O$_8$;三斜]

amazonitization 天河石化

amb 琥珀[C$_{20}$H$_{32}$O]；环境的；周围的

Ambalodus 脊牙形石属[O$_2$-S]

ambatoarinite 阿碳锶铈矿；红菱锶铈矿

amber 淡黄色；琥珀[C$_{20}$H$_{32}$O]

amberine 灰黄琥珀[C$_{40}$H$_{66}$O$_5$(近似)]；琥珀玉髓；黄绿玉髓

amberite 阿比里特炸药；琥珀炸药；灰黄琥珀[C$_{40}$H$_{66}$O$_5$(近似)]；灰黄化石脂

Amberleya 琥珀螺属[腹;E-Q]

---

ambient 包围着的；大气的；环境的；周围的

→~ air quality 环境空气质量

ambit 范围；外形；赤道部[海胆]；轮廓；界限；周围；境界

Ambitisporites 厚缘三缝孢属[S-D]

ambitus 界限；轮廓；周围；范围；赤道部[海胆]

ambligonite 磷铝石[AlPO$_4$•2H$_2$O;斜方]

Amblycastor 笨河狸属[N]

Amblycranium 钝头虫属[三叶;O$_1$]

amblygonite (羟)磷锂铝石[(Li,Na)Al(PO$_4$)(F,OH);三斜]；锂磷石[Li$_3$(PO$_4$)]；锂磷铝石[LiAl(PO$_4$)F]

Amblypoda 钝脚目

amblyproct 钝肛道型

Amblysiphonella 中管海绵；钝管海绵(属)[C-P]

amblystegite 铁苏辉石[(Fe,Mg)$_2$(Si$_2$O$_6$)]；铁紫苏辉石[(Fe,Mg)$_2$(Si$_2$O$_6$)]

Amblystegium 柳叶藓属[苔;Q]

Ambocoelia 双腔贝属[腕;O$_3$-D$_1$]；露脐贝

Ambocythere 双花介属[J]

Ambonichia 脊刀蛤属[双壳;D]

ambonite 安汶岩[印尼]

Ambothyris 双窗贝属[腕;D$_2$]

ambrite 灰黄化石脂；灰黄琥珀[C$_{40}$H$_{66}$O$_5$(近似)]

Ambrolinevitus 神圣线带螺属[软舌螺]；偶线带螺属[软舌螺类;€-S]

ambrosine 丁二琥珀；化石树脂

ambulacral bifurcation plate 步带叉板[棘]

→~ {tube} foot 管足[棘] // ~ groove 布带沟 // ~ spines and tubereles 步带棘和步带疣[海胆]

ambulacrum[pl.-ra] 步带[棘]

ambulance 野战医院；急救车

ambulatory clinic 门诊部

→~ funnel 步带漏斗

amchlite 卤砂[NH$_4$Cl;等轴]

amco-type{double-crow} tank furnace 双拱顶池窑[玻]

Amdrupia 安杜鲁普蕨属[T$_3$-J$_1$]

Amdruppiopsis 似安杜鲁普蕨属[T$_3$]

ameba 变形虫[原生]

Amebelodon 变齿象属[N]

am(o)ebiasis 变形虫病

am(o)ebocyte 变形细胞

Amecephalus 美头虫属[三叶;€$_2$]

ameghinite 阿硼钠石[NaB$_3$O$_3$(OH)$_4$;单斜]；四水硼钠石

Amelanchier 棠{唐}棣属[N$_1$-Q]

Amelestheria 弱饰叶肢介属[节;J$_3$]

ameletite 杂钠沸石；杂霞方钠石；含氯沸石

amelioration 修正；改进；改良

→~ (of soils) 土壤改良 // ~ of climate 气候改良

amenable 易于；可加工利用的[矿石等]；改善的；有利于

Amendoa 金珠麻[石]

amends 赔偿

ament 荑荑花序[植]

America-Africa-Antarctica triple junctions 美洲-非洲-南极洲(板块)三合点

americana 美国文物[献]

American badger 美洲獾属[Q]

→~ jade 玉符山石 // ~ oil 药用油品

A

//～ plate 美洲片体{板块} //～ system of drilling 绳式顿钻

amerospore 单胞孢子；无隔孢子[植]

amesine{amesite} 镁绿泥石[(Mg,Fe)$_4$Al$_2$ (Al$_2$Si$_2$O$_{10}$)(OH)$_8$]

amethyst 紫(水)晶[SiO$_2$]；水碧[SiO$_2$]；紫石英
→(oriental) ～ 紫水晶[SiO$_2$] //～ quartz 紫(水)晶[SiO$_2$]

amethystine 紫水晶质；紫石英质
→～ quartz 紫(水)晶[SiO$_2$]

amethystoline 紫(水)晶中液包体

Amgaella 安氏藻属[∈]

Amgan stage 阿姆跟阶

amgarn 古水篐；石包头

amherstite 反纹中长岩；反(条)纹正长闪长岩；二长岩

Amia 弓鳍(鱼类)[J-Q]

amiant 角闪石棉

amianthin(it)e 石棉；不灰木；石麻；石绒

amianthoide 不灰木；石麻；石绒；石棉
→～ magnesite 纤水镁石

amiant(h)us 白丝状石棉；石棉；纯洁石棉；细丝长石棉；不灰木；细丝石棉；石麻；石绒；高级石棉；高级石油

amiatite 硅华[SiO$_2$•nH$_2$O]

amicite 斜碱沸石[K$_2$Na$_2$Al$_4$Si$_4$O$_{16}$•5H$_2$O；单斜]

amicrobic 非微生物(性)的；无菌的

amicron 次微(胶)粒；超微粒

amictic lake 永久封冻湖；永冻湖

amide 酰胺；酸胺
→～ group 酰胺基 //～ powder 氨化火药

amidine form(i)ate 甲酸脒[R−C(NH$_2$): NH•HCOOH]

amido (酰)胺基

amidpulver 炭末炸药；酰胺粉

Amijel 变性玉蜀黍淀粉

amine 胺
→～ derivative 胺衍生物 //～ hardener 胺固化剂 //～ -hydrochloride 盐酸胺 [RNH$_2$•HCl] //～ toluene 甲苯胺

aminoacetic acid 氨基乙酸{氨基醋酸;甘氨酸}[NH$_2$CH$_2$COOH]

amino acid 氨基酸
→～-acid decarboxylase 氨基酸脱羧酶 //～-acid racemization age method 胺酸消旋测年法；氨基酸消旋测年法 //～ acids 氨基酸类化合物 //～ benzene 苯胺[C$_6$H$_5$NH$_2$] //～ benzoic acid 氨基苯(甲)酸[NH$_2$•C$_6$H$_4$•COOH]

aminoalkoxy butyric acid 氨基烷氧基丁酸[H$_2$N-R-O-C$_3$H$_6$COOH]

aminobutyric acid 氨基丁酸

aminoffite 铍黄长石[Ca$_3$(Be$_2$Si$_3$O$_{10}$)(OH)$_2$; Ca$_2$(Be,Al)Si$_2$O$_7$(OH)•H$_2$O；四方]；方粒铍矿；铍硅黄石[Ca$_8$Be$_3$AlSi$_8$O$_{28}$(OH)•4H$_2$O]

aminoimidazole 氨基咪唑；氨基咪唑

aminolysis 排氨作用；氨基分解

Amirante Trench 阿米兰特海沟

Amirian 阿麦里雨期[摩洛哥]

Amiskwia 阿米斯克毛颚虫(属)[毛颚类;∈$_2$]

amislite 锑汞矿[Hg$_8$Sb$_2$O$_{13}$;三斜]

ammersoaite 钙伊利石

ammersooite 阿伊利石；铁贝得石

ammino 氨络
→～-complex 氨络合物

ammiolite 锑酸汞矿；铵锑汞矿；偏锑酸汞矿

ammislite 锑汞矿[Hg$_8$Sb$_2$O$_{13}$;三斜]

amm(on)ite 鲕状岩；鲕状岩

Ammobaculites 砂棒虫属[J-Q]；砂杆虫属[孔虫;J-Q]

ammochaetae 拭砂毫[昆]

ammochrysos 白云母[KAl$_2$AlSi$_3$O$_{10}$(OH, F)$_2$;单斜]

ammocolous 栖干砂的；栖砂的；沙生生物

Ammocypris 瘤星介属[E$_{2-3}$]

ammodendron 银砂槐属

Ammodiscidae 砂盘虫科

Ammodiscus 砂盘虫(属)[孔虫;S-Q]

ammogas 离解氨

Ammonal type explosive 硝铵类炸药

Ammonia 卷转虫(属)[孔虫;N-Q]
→～-nitre 铵硝石[NH$_4$NO$_3$;斜方]

Ammon(o)idea 菊石目

ammonifying bacteria 氨化细菌；生氨细菌；造氨细菌

ammonio 氨溶的；胺基

ammonioborite 铵硼石[NH$_4$(B$_5$O$_6$(OH)$_4$)• 2/3H$_2$O]；水铵硼石；水硼铵石[(NH$_4$)$_2$ B$_{10}$O$_{16}$•5H$_2$O;单斜]

ammoniojarosite 黄铵{铵黄}铁矾[(NH$_4$) Fe$_3^{3+}$(SO$_4$)$_2$(OH)$_6$;三方]

ammonioleucite 铵白榴石

ammonite 天河石[微斜长石的一个变种 ,K(AlSi$_3$O$_8$),其中 Rb$_2$O 含量 1.4%~ 3.3%、Cs$_2$O 0.2%~0.6%]；菊石壳；硝铵二硝基(苯)炸药

Ammonites 菊石[软;中生代达到全盛]

ammoniticone 密卷壳[头]；菊石壳

Ammonitida 菊石目

ammonitidae 菊石科

ammonium 铵基；铵
→～ bithiolicum{ichthosulfonate;sulfoi-chthyolate} 鱼石脂 //～-brom-carnallite 铵溴光卤石 //～ {-}carnallite 铵光卤石 [(K,NH$_4$)MgCl$_3$•6H$_2$O] //～ chabazite 铵菱沸石 //～ cryolite 铵冰晶石 [(NH$_4$)$_3$AlF$_6$] //～ desmine 铵辉沸石 //～ heulandite 铵片沸石 //～ ichthy-olsulfonate{bituminosulfonate} 鱼石脂 //～-ioda-carnallite 铵碘光卤石 //～ -laumontite 铵浊沸石 //～ syngenite {ammonium-syn(a)genite} 铵钾石膏 //～ tartrate 酒石酸铵 //～ urano-spinite 铵砷钙铀矿 [NH$_4$(UO$_2$)(AsO$_4$)• 4H$_2$O] //～ weeksite{gastunite} 铵硅钾铀矿

ammonobase 氨基金属

ammonoid 菊石[软;中生代达到全盛]

Ammonoidea 菊石亚纲[头]

ammonsaltpeter 铵硝石[NH$_4$NO$_3$;斜方]

ammophilous 喜砂

Ammosiphonia 砂管口虫属[孔虫;T$_3$]

Ammosphaeroidina 砂拟球虫属[孔虫; E-Q]

Ammotium 砂质虫属[孔虫;K-N$_1$]

amneite 同角闪霞石岩

Amnicola 河边螺属[腹;J$_2$-Q]

amnitrite 铵硝石[NH$_4$NO$_3$;斜方]

Amnuralithus 暗弯角石[钙超;R]

Amodyn 阿莫丁炸药

amoeba[pl.-e] 变形虫[原生]
→～ proteus 大变形

amoebiasis 阿米巴病[由变形虫引起的传染病]

Amoebina 变形虫目[动]

amoeboid 低倾斜不定形褶皱；变形虫样的[昆]；似变形虫的[昆]

amoibite 辉砷镍矿[NiAsS;等轴]

Amoil 戊基油[酞酸戊酯的商品名]

Amonotis 无耳鬐蛤属[双壳;T$_{2-3}$]

amorphic{young;juvenile} soil 幼年土；初型土

Amorphognathus 变形颚牙形石属 [O$_2$-S$_1$]

amorphous 无定形的；非晶的；无一定方向的；非晶质的
→～ graphite 细晶石墨；非晶形石墨 //～ silica dust 无定形硅石粉 //～ wax{|coal|solid|rock|carbon} 无定形蜡 {|煤|体|岩|碳}

amortization 折旧；分期偿还；减振；缓冲；熄灭；消音
→～ (factor) 折旧率 //～ of the capital 资本偿还 //～ period 清偿期

amosa{amosite} asbestos 铁石棉

amosite 铁石棉[(Fe,Mg)$_7$(Si$_8$O$_{22}$)(OH)$_2$]；纤铝直闪石；铁直闪石 [(Fe^{2+},Mg)$_7$ (Si$_4$O$_{11}$)$_2$(OH)$_2$;斜方]；高铁石棉[(Fe^{2+}, Mg,Al)$_7$(Si,Al)$_8$O$_{22}$(OH)$_2$]

Amosnuria 狐猴

amount 等于；总数；量；金额；相当于；数量；合计；数字
→～ of gangue 脉石含量

ampacity 载流量；安载流容量；载流容量[安培容量]

ampangabeite 铜钛铁铀矿；铀铈铌矿；水黑稀金矿；铌钛铁铀矿[(Y,Re,U,Ca,Th)$_2$ (Nb,Ta,Fe,Ti)$_7$O$_{18}$]；铌钇矿[(Y,Er,Ce,U,Ca, Fe,Pb,Th) (Nb,Ta,Ti,Sn)$_2$O$_6$;单斜]

ampasimenite 霓霞斑岩；辉霞斑岩；钛闪霞辉岩

ampelite 硫铁黑土

Ampelopsis 白蔹属；蛇葡萄属[E$_2$-Q]

Amphechinus 双猬属[E$_3$]

Ampheroa 两湾藻属[Q]

amphiarthrosis 微动关节[生]

amphiaster 两星骨针[绵]

Amphibamus 中蛙螈属[P]；双螈属[C-T]

amphibious plant 两栖植物
→～ seismic operation 两栖地震勘探作业

Amphibipedia 两栖足迹纲[遗石]

amphiblastula 两囊幼虫

amphibol(it)e 角 闪 石 [(Ca,Na)$_{2-3}$(Mg^{2+}, Fe^{2+},Fe^{3+},Al^{3+})$_5$((Al,Si)$_8$O$_{22}$) (OH)]；闪石[族名]；闪岩
→～ -anthophyllite 镁铁闪石 [(Mg, Fe^{2+})$_7$(Si$_4$O$_{11}$)$_2$(OH)$_2$;单斜] //～ malignite 闪暗霞正长岩 //～ mica schist 角闪石云母片岩 //～-mica schist 闪云片岩 //～ nepheline tephrite 闪霞灰玄岩 //～- ouachitite 闪黑云沸煌岩 //～-peridotite 闪橄榄岩 //～ pyroxenite 闪辉石岩

amphiboles 角闪石类

amphibole-schist 闪片岩；角闪片岩

amphibole sodalite syenite 闪方钠正长岩
→～ soda-syenite 闪钠正长岩 //～ teschenite 闪沸绿岩 //～ theralite gab-bro 闪企猎辉长岩 //～ tinguaite 闪丁古岩

amphibolic (角)闪石的

amphibolide 火成角闪石岩类[野外用]

amphibolitization 角闪岩化(作用)

amphibolization 闪石化；角闪石化(作用)；闪岩化

amphibolobase 闪辉绿岩

amphibololite{amphibolous} 火成闪岩
→～{amphibolide} 角闪石岩[火成岩]

Amphicentrum 双锥鱼属[C-P]

Amphiclinodonta 齿双螺贝属[T₃]

amphiclise 台双斜

Amphicoelia 双腔蛤属[双壳;S₁]

amphicoelous 两面凹式[脊]；双凹(型椎体)[脊]
→～ vertebra 两凹椎

amphicone 双尖[齿]

Amphicrinus 双面海百合属[C]

amphicyclic 双环的

Amphicyon 半熊属[E]；半犬属

Amphicythere 双花介属[J]

amphidetic 两韧式[双壳]
→～{alivincular} ligament 全韧式韧带
//～ ligament 全韧带；双置韧带[双壳]；双韧型韧带

Amphidinium 前沟藻属[甲藻;K-E]

amphidiploid 双二倍体

amphidisc 双盘骨针[绵]；两盘骨针

amphidiscophorida 双锚目[绵]

amphidont 异齿型[双壳]

Amphidontes 双齿蛎属[双壳;K]

amphidromic points{|region} 等潮线辐辏点{|区}
→～ system 无潮体系

amphigastrium 腹叶[头]

amphigene 白榴子石；白榴石[K(AlSi₂O₆);四方]；白铳石

Amphigenia 两倾贝属[腕;D₂]

amphigenite 白榴熔岩；粗白榴岩；白铳熔岩

Amphigraptus 偶笔石属[O₂]

Amphileberis 双面介属[N₂]

Amphilestes 环齿兽(属)

Amphilichas 双裂肋虫属[三叶;O₂₋₃]

amphilogite 白云母[KAl₂AlSi₃O₁₀(OH,F)₂;单斜]；杂云英(长)石

Amphineura 原软体纲[类]；双神经索类
→～ 双神经纲[软;€₃-Q]

Amphioxus 文昌鱼(属)

amphip(h)athic 两亲的[亲水又亲油]

Amphiperas 梭贝属[双壳;N-Q]

amphiphatic{amphiphloic} 双亲{溶}性的；兼亲水性和亲油性的
→～ molecule 两性分子

amphiphloic 双韧管状[植]

amphiphyte 两栖植物

amphipoda{Amphipode} 端足目[杆虾]

amphipolyploid 双多倍体

amphiprotic{amphoteric} 两性的[碱酸两性]

amphirhinal 双鼻孔

Amphiroa 蟹手藻属[E]

Amphissites 双缘介属[D-P]

Amphistegina 双盖虫属[孔虫]

amphithalite 艳冠石[Ca,Mg,Al 的含水磷酸盐]；杂磷镁铝石

amphitheater 冰成围场；建圆形露天剧场；冰斗；冰围地上；大冰斗；古罗马剧场；竞技场；剧场洼
→～ river terrace 剧场河阶

amphitheatre 剧场洼；露天剧场；冰围地上

Amphitherium 双兽属[哺;J₂₋₃]

Amphithrix 分须藻属[蓝藻;Q]

amphithyrid 两窗型[茎孔;腕]；两孔型

Amphizona 双带介属[D₂-P]

Amphizygus 双轭颗石[钙超;K₂]

amphodelite 钙长石[Ca(Al₂Si₂O₈);三斜;符号 An]

amphogneiss{ampholite} 橄闪岩

ampholytic 两性的

Amphora 月形藻属[硅藻;Q]

Amphorachitina 耳瓶几丁虫属[O₁]

Amphorida 单孔目

amphoteric 两电荷的
→～{zwitter} ion 两性离子 //～{intermediate} oxide 两性氧化物

amphoterite 粒状{球粒}古橄陨石；无粒古铜橄榄陨石；两性离子

Amphoton 双耳三叶虫属；双耳虫属[三叶;€₂]

Amphotonella 小双耳虫属[三叶;€₂]

ample 充分的；富裕；丰富的；充足(的)；宽大的；广大的

amplexicaul 抱茎的[植]

Amplexiphyllum 包合珊瑚属[D₂]

Amplexograptus 围笔石属[O]

amplexoid 包珊瑚型

Amplexoides 拟包珊瑚属；似包珊瑚(属)[S₂]

Amplexoid{Amplexid} type 包珊瑚式

Amplexopora 围苔藓虫属[O-D]

Amplexus 包珊瑚(属)[C-P]

amplexus 抱合[雄蛙、蟾求偶行动]；环抱的

amplitude (天体)出没方位角；断距；广阔；丰富；幅度

Amplogladius 宽剑螺属[腹;E₁₋₂]

Amplovalvata 大盘螺属[腹;J₂]

ampo(u)le 小玻(璃)管；安瓿
→～ of resin adhesive 树脂黏结剂胶囊

amp(o)ule 安瓿；小瓶

amp speed 斜坡限速

Ampulicidae 长背泥蜂科[动]

ampulla 储水胞[生]；内耳坛[脊]；壶腹

Ampullachitina 柄瓶几丁虫属[O₃-D₂]

Ampullina 坛螺属[腹;J-N₁]

Ampullospira 旋台螺属[腹;T₃-N₁]

Ampyx 线头形虫属[三叶;O₁₋₂]

Ampyxinella 小线头形虫属[三叶;O₃]

Amsassia 阿姆塞士珊瑚(属)[O₃]

amstallite 层硅铝钙石[CaAl(OH)₂(Al₀.₈Si₃.₂O₈(OH)₂)((H₂O)₀.₈Cl₀.₂)]

Amstelian stage 阿姆斯特尔阶

am-to-signal ratio 噪声信号比

Amussiopecten 盾海扇属[双壳;E-Q]

Amussium 日月贝属

Amyda 鳖属[K-Q]

amygdale 杏仁孔

amygdalinic acid 扁桃酸{苯乙醇酸}[C₆H₅·CHOH·COOH]

amygdaloid 杏仁体；杏仁岩
→～(al) rock 杏仁状岩；杏仁岩；扁桃岩

amygdalolith 扁桃体石

Amygdalophyllum 杏仁珊瑚(属)[C]

amygdalphyre 杏仁岩

amygdule 小杏仁体{子}；杏仁孔

amyl 戊基；戊烷基
→～ acetate 醋酸戊酯；香蕉油 //～{pentyl} alcohol 戊醇[C₅H₁₁OH] //～

stars 淀粉星体[轮藻] //～ xanthate 戊基黄药；戊基黄原酸盐

amylamine 戊胺[C₅H₁₁NH₂]

amylan 麦胶；淀粉胶

amylase 淀粉酶

amylum 淀物
→～ stars 淀粉星体[轮藻]

amyl xanthate 戊基黄药；戊基黄原酸盐

Amynodon 两栖犀(属)[E]

Amynodontopsis 拟两栖犀属[E₂]

amyrin 榄香精；香树精

anaal area 肛区；肛围

Anabaena 项圈藻属[蓝藻;Q]

Anabaria 阿纳巴尔叠层石属[Z]

anabaria type 枝状分叉[叠层石]

Anabarites 阿纳巴管[归属未定生物;€₁或 An€ 后期]

Anabasis salsa 盐生假木贼[藜科,沥青矿局示植]

anabatic wind 上升风
→～{upslope} wind 上坡风 //～ winds 上升气流风

anaberrational reflector 消像差反射望远镜

anabiotic state 半死状态

anabohitsite 铁橄苏辉岩；钛磁铁橄辉岩

anabolism 同化；组成代谢；同化作用；合成作用；合成代谢
→～ in community 群落组合现象

anaboly 后加演化

anacamptics 光线发射学；光声反射学

anacamptic sound test 敲帮问顶

Anacanthoica 无荆刺颗石[钙超;Q]

anacanthous 无刺的

anacardiaceae 漆树科[植]；无棘鱼目[鱼类]

Anachoropteris 退化蕨属[C₃-P₁]

anaclastics 光折射学；屈光学

anaclinal river 逆斜河
→～{obsequent} valley 逆向谷

anacline 正倾型[腕;基面]

Anacolosidites 铁青树粉属[孢;E₂]

anacolpata 具远极沟[孢]

Anaconda method 安那康达点火法

anacoustic 弱音的；隔音的；微音的
→～ zone 阻音区；空间静区

Anacrochordiceras 似疣菊石属[头;T₂]

Anadara 粗饰蚶(属)[双壳;K₂-Q]

anadiagenesis 变生{后生;深部}成岩(作用)；后生飞岩(作用)

anadiagenetic stage 变生成岩期；深埋成岩(阶段)

anadromic 上先出；上行

anadromous 上行的；向上的
→～ migration 溯河洄游

Anadyomene 网膜藻属[Q]

anaerobe 厌氧菌；厌氧生物

anaerobic 嫌气的

anaerobical 缺氧的

anaerobion[pl.-ia] 厌氧菌；嫌气的；厌气生物

anaerobiont 嫌气生物；厌氧生物

anaerobiosis 嫌氧生活

anaerobism 缺氧

anaerophytobiont 嫌气土壤微植物

anaesthetic 麻醉剂

Anaethalion 阿纳鱼(属)[J-K]

anafront 上滑锋

Anagale 安格勒兽属[E₃]；狾兽属

A

Anagalida 狝兽目

Anagalopsis 狝形兽属;近安格勒兽属[E₃]

anagenetic mode 前进演化方式

anagenite 杂砾岩[一种由花岗岩、片麻岩和云母片岩碎屑构成的砾岩];泥云胶结砾岩;铬华;石英砾岩

anaglyph 补色立体(相片);两色体视图

Anagymnites 似裸齿菊石属[T₂]

Anakaskmirites 似克什米尔菊石属[头;T₁]

anal area 肛围区[棘]
 →～ dolerite 方沸石粒玄岩//～-heulandite zone 方沸石-片沸石带//～-phonolite 淡方沸石;方沸响岩//～-teschenite 沸绿岩//～-tinguaite 方沸丁古岩//～ deltoid 肛三角板[棘]

analbite 歪长石[(K,Na)AlSi₃O₈;三斜];钠歪长石;斜长石[(100-n)Na(AlSi₃O₈)•nCa(Al₂Si₂O₈);通式为(Na,Ca)Al(Al,Si)Si₂O₈的三斜硅酸盐矿物的概称];歪长钠端员;歪长石系列的理论端员

analcidite{analcime} 方沸石[Na(AlSi₂O₆)•H₂O;等轴]analcime carnea 肉色柱石[(Ca,Na)₇₋₈Al₂Si₆O₂₄(OH)?;四方]
 →～ dolerite 方沸石粒玄岩//～-heulandite zone 方沸石-片沸石带

analcimite{analcimolith} 方沸岩
 →～ tinguaite 方沸丁古岩

analcimization 方沸石化

analcite 方沸石[Na(AlSi₂O₆)•H₂O;等轴]
 →～-phonolite 淡方沸石;方沸响岩//～-tephrite 方沸灰玄岩//～-teschenite 沸绿岩//～-tinguaite 方沸丁古岩

analcitite 方沸岩;方沸石[Na(AlSi₂O₆)•H₂O;等轴]

analcitization 方沸石化;方沸化(作用)

analogous 比拟;类似的
 →～ area key 模拟区域标志//～ end 同极端//～ organ 同功器官

analogue 类似物;模拟装置;同功器官;比似;类拟物;类比
 →～ for mine flow 矿山风流模拟

analogy 类似;相似;同功[生];类推;比拟;类比
 →～ (imitation) 模拟//～{analogue} method 模拟方法//～ method 类比法//～ model 相似模型

analyse 分析;剖;解析
 →～ penetratingly 透析//～ structure 结构分析

analysis 分析;解析;分解

analyst 分析(化验)员;分析者

analytical 分解的;分析的;解析的;可析的
 →～ chemist 化验员

analyzer 化验员;分析镜;检偏振器;试验资料处理仪;分析器;模拟装置;分析员;分析者

anamesite 细玄岩

anamigisodite 同方钠霞正长岩

anamigmatism{ana-migmatization} 重岩浆化作用;深溶混合岩化;再生混合岩化(作用)

Anamnia 无羊膜类;无羊膜动物[低等脊椎动物,如圆口类、鱼类、两栖类]

anamniote 无羊膜的

anamorphic 合成的

anamorphoser 成像变形器[摄]

anamorphote 变形透镜

Anancus 互棱齿象属[N₂-Q]

anandite 钡铁脆云母[(Ba,K)(Fe²⁺,Mg)₃(Si,Al,Fe)₄O₁₀(O,OH)₂;单斜]

ananthous 无花的

anapaite 三斜磷钙铁矿[Ca₂Fe²⁺(PO₄)₂•4H₂O;三斜]

anapeirean 太平洋套[岩];太平洋岩套的

anaphalanx 暖锋(面)

anaphryxis 接触变质

Anapiculatisporites 背锥疣孢属[C₂]

anapophsis 椎上突

anaporata 具远极孔[孢]

anaprotaspis[pl.-ides] 稚婴早期;幼年早期

Anapsida 缺弓亚纲[爬]

Anaptychia 雪花衣属[地衣;Q]

anaptychus[pl.-hi] 单角质板;单壳盖[头];单口盖[头足]

anarakite 三方锌氯铜矿;锌三方氯铜矿

Anarcestida 无函菊石目

Anas 鸭属[E₃-Q]

Anasca 无平衡囊亚目[苔];无囊亚目[苔]

anaseismic 离震源的;类地震的

Anasibirites 似西伯利亚菊石属[T₁]

anaspid 无孔式

Anaspida 无孔亚纲[爬];缺甲鱼`目{亚纲}[无颌龟];缺弓亚纲[爬]

anastable 上升稳定

anastigmat 去像散透镜

anastigmatism 消像散性

anastomose 网结

anastomosing 吻合的;接合的;(河道)交织作用;网状的

anastomosis 网状地;河道交织;接合;吻合;(河道)交织作用

anastomotic{network;maze} cave 网状洞穴
 →～ pattern 交织型

Anastrepta 卷叶苔属[Q]

Anastrophia 脊凸贝属[腕;S-D₁]

Anastrophyllum 挺叶苔属[Q]

anatase 八面石[TiO₂];铌钛矿;黄榍石;锐钛矿[TiO₂;四方]
 →～ type titanium dioxide 锐钛矿型(二氧化)钛

anatectic{deep-focus;palintectic;deep(-seated);plutonic;anaerobic} earthquake 深(源地)震;深远地震
 →～ magma 重熔岩浆//～ melting 深熔作用//～ origin 深

anathermal 升温期;冰后升温期[10,000～7,500年前]

Anathyris 异无窗贝属[D]

Anatibetites 似西藏菊石属[T₃]

Anatolomys 黎明鼠属[N₂]

Anatomites 切割菊石属[T₃]

anatomy 解剖

Anatosaurus 鸭嘴龙属[K₂]

anatriaene 锚形三叉骨针;后向三叉骨针[绵]

anatropal{anatropous} 倒生的

anaxial{reflection} dihedron 无轴双面

ancestor 最初效应;祖先;原始粒子
 →～-descendant lineage 祖-裔世系

ancestral 原始的;祖宗;祖先
 →～{parent} body 母体//～ character 祖征//～ hydrosphere 原始水圈//～ petroleum 类石油;原石油

ancestroecium 祖虫室[苔藓虫];第一螅

形体管;初胞[动]

ancestrula 祖虫室[苔藓虫]

Ancheilotheca 无唇螺属[€₁]

anchibasalt 近玄武岩;煌斑状玄武岩

Anchicodium 近松藻属[钙藻;C₃-P]

anchi-equidimensional 近等轴状

anchieutectic 近共结
 →～ monomineralic rock 近单矿物岩//～{anchi-eutectic} rock 近(低)共结岩//～ rocks 近融结岩

Anchignathodus 近颚齿牙形石属[C₁-T]

Anchilestes 安琪掠兽属[E₃]

anchor 锚定;锚固;电枢;锚;固定器;泥芯吊钩;衔铁;海参锚状骨[棘];炸药锚;拉桩;加固;铰链;牵锚系定;锚杆支撑;锚栓;制动器;支撑点;锚杆[边坡]

anchorage 泊地;抛锚;锚地;锚栓锁口停泊;定位;固定;碇系;地锚;锚住;锚杆支护
 →～ and tension station 张锚站//～ bar 紧固杆;定位杆//～{anchor} deformation 锚头变形//～-shotcrete support 锚喷支护

anchorate (用)锚镇住
 →～ type 锚式骨针[绵]

anchosine 硅铝石

anchylite 锥{菱}锶铈矿[4Ce(OH)(CO₃)•SrCO₃•3H₂O]

anchylosis 关节僵硬;长合关节[动]

ancient carbon 古碳;死碳
 →～ chinese pottery{ware} 古窑//～ contourite 古等深积岩//～ landform 旧地形;古地形//～ mud flow 古泥石流//～ rock slide 古岩石滑坡//～ shoreline 古海岸线

ancillary 助手;辅助的;附属的;辅助设备及工具
 →～ (work) 辅助工作//～ equipment{facilities;outfit}辅助设备

Ancistroceras 钩角石属[头;O₂]

Ancistrorhyncha 钩嘴贝属[腕;O₂]

ancium 峡谷森林群落

Ancodonta 弯齿亚目[哺]

ancon 河湾

ancona ruby 红水晶[SiO₂;因含Ti而呈红色]

anctlite-(La) 碳锶镧矿[SrLa(CO₃)₂(OH)₂•H₂O]

ancudite 高岭石[Al₄(Si₄O₁₀)(OH)₈;Al₂O₃•2SiO₂•2H₂O;Al₂Si₂O₅;单斜]

Ancylastrum 曲肿螺属[腹;E-Q]

Ancylidae 曲螺科

Ancylistes 虫生链壶属[真菌];新月霉属[Q]

ancylite 碳锶铈矿[SrCe(CO₃)₂(OH)•H₂O;斜方]

ancylocone 松卷锥

Ancylopoda 爪兽亚目[哺]

ancylostomiasis 钩虫病

Ancylus 曲螺属[腹;E-Q]

Ancyrochitina 锚几丁虫属[O₃-D₂]

Ancyrodelloides 拟小锚牙形石属

Ancyrognathus 锚颚牙形石属[D₃]

Ancyrogondolella 锚舟牙形石属

Ancyroides 拟锚牙形石属

Ancyrolepis 锚鳞牙形石属[D₂₋₃]

Ancyropenta 五角锚牙形石属[D₃]

andalusite 红柱石[Al₂O₃•SiO₂;Al₂SiO₅;

A

斜方]

→ ~ -hornstone{andalusite-horns tone} 红柱角岩//~-sillimanite type 红柱石-硅线石型

andaluzite 红柱石[$Al_2O_3 \cdot SiO_2$; Al_2SiO_5; 斜方]

Andean orogenesis 安第斯山型造山作用
→ ~ {andes} orogenic zone 安地斯造山带

andeclase 奥中长石

anderbergite 铈钙锆石[$ZrSiO4$, 含 Ca,Ce 等]

andersonite 安式铀矿;(水)碳钠钙铀矿[$Na_2Ca(UO_2)(CO_3)_3 \cdot 6H_2O$;三方];水碳酸钠铀矿[$Na_2CaUO_2(CO_3)_3 \cdot 6H_2O$]

Anderssonella 小安德生虫属[三叶;$\mathcal{E}_3$]

Anderssonoceras 安德生菊石(属)[头;P_2]

andesine(-andesite) 中长安山岩;中性长石;中长石[$Ab_{70}An_{30}$//~$Ab_{50}An_{50}$;三斜]
→ ~-dacite 中长英安岩//~-oligoclase 奥中长石//~-sakalavite 中长玻美玄武岩

andesinite 中长岩

andesite 瓜子玉;中长石[$Ab_{70}An_{30}$//~$Ab_{50}An_{50}$;三斜];安山岩
→ ~{Marshall} line 安山岩线//~-porphyrite 安山玢岩//~-porphyry 安山斑岩//~ tephrite 安山灰玄岩

andesitic 安山岩
→ ~ glass 安山玻璃//~ tuff 安山(岩质)凝灰岩

andesitoid 粗安岩;似安山岩

andonite 安多矿[$(Ru,Os)As_2$;斜方]

andorite 硫锑银铅矿[$AgPbSb_3S_6$;斜方];安锑银矿;硬硫铅银锑矿;硫锑银矿[Ag_3SbS_3]

andosoil{ando soils} 暗色土

andradite 钙铁榴石[$Ca_3Fe_2^{3+}(SiO_4)_3$;等轴];粒榴石
→ ~ syenite 褐榴正长岩

andre 主次解理面之间的煤面方向

andreasbergolite 十字沸石[$(K_2,Na_2,Ca)(Al_2Si_4O_{12}) \cdot 4\frac{1}{2}H_2O$;$Na_2Ca_5Al_{12}Si_{20}O_{64} \cdot 27H_2O$;斜方、假四方];交沸石[$Ba(Al_2Si_6O_{16}) \cdot 6H_2O$, 常含 K;$(Ba,K)_{1-2}(Si,Al)_8O_{16} \cdot 6H_2O$;单斜]

andreattite 铝镁云母;伊利石[$K_{0.75}(Al_{1.75}R)(Si_{3.5}Al_{0.5}O_{10})(OH)_2$(理想组成),式中 R 为二价金属阳离子 Mg^{2+}、Fe^{2+}等];伊蒙脱石

andremeyerite 硅钡铁石[$BaFe_2^{2+}Si_2O_7$;单斜]

andreolite{andreolith} 交沸石[$Ba(Al_2Si_6O_{16}) \cdot 6H_2O$,常含 K;$(Ba, K)_{1-2}(Si,Al)_8O_{16} \cdot 6H_2O$;单斜];十字沸石[$(K_2,Na_2,Ca)(Al_2Si_4O_{12}) \cdot 4\frac{1}{2}H_2O$; $Na_2Ca_5Al_{12}Si_{20}O_{64} \cdot 27H_2O$;斜方、假四方]

Andrewsarchus 安氏(中)兽属[E_2]

andrewsite 羟绿铜矿;羟磷铁铜矿[$(Cu,Fe^{2+})Fe_3^{3+}(PO_4)_3(OH)_2$;斜方]

Andrias 大鲵(属)[E_2-Q]
→ ~ scheuchzeri 薛氏鲵

andrite 斜辉陨石

androcyte 雄细胞

androsite-(La) 镧锰帘石[$(Mn,Ca)(La,Ce,Ca,Nd)AlMn^{3+}Mn^{2+}(SiO_4)(Si_2O_7)O(OH)$]

androsporangium 雄孢子囊

androspore 雄孢子

androsporophyll 雄孢子叶

and so forth 等等

anduoite 安多矿[斜方;$RuAs_2$;$(Ru,Os)As_2$]

andyrobertsite 安迪罗伯特石{水砷钾镉铜石}[$KCdCu_5(AsO_4)_4(As(OH)_2O_2)(H_2O)_2$]

anechoic 无反响的
→ ~ chamber 消声室;无回声室//~ tank 消声柜{池}

anegite 尖榴闪辉岩

anelastic 弹性后效
→ ~ property 滞弹性

anelasticity 内摩擦力;滞弹性

anelectric 不能摩擦起电的物体;非电化体{的}

anelectrode 负极,阴极[电极]

anellotubulates 环管[棘海胆]

Anemiidites 阿尼米蕨属[K]

Anemites 似阿尼米蕨属[C_1]

anemoarenyte 风成砂;风积砂土

anemochory 风布;风播

anemoclast 风成碎屑;风成砂屑

anemoclinometer 风斜表

anemogamae 风媒植物

anemogram 风力自记表

anemograph 风速图;风速计

anemolite 弯钟乳石;(含水火山)小球粒

anemometer 风力表;风压计;风速计;风表;气流计
→(cup) ~ 风速表

anemometrograph 记风仪

anemone 银莲花属植物

anemophic{anemophilous} plant{anemophilae} 风媒植物

anemophily 风媒(作用)

anemoplankton 风浮生物

anemosilicarenite 风成砂屑石英岩

anemotaxis 趋风性[生态]

Anemotoceras 松卷菊石属[头;D_1]

anemotropism 向风性

anemousite 拉长石[钙钠长石的变种;$Na(AlSi_3O_8) \cdot 3Ca(Al_2Si_2O_8)$;$Ab_{50}An_{50}$–$Ab_{30}An_{70}$;三斜];三斜霞石
→ ~-basalt 拉第玄武岩;霞长共结玄武岩;霞钠长石

an(a)erobic 厌氧的
→ ~ corrosion 厌气菌腐蚀;缺氧腐蚀

an(a)erobiosis 厌氧生活;嫌氧生活

aneroid 真空膜盒
→(capsule) ~ 膜合气压计//~ chamber 气压计盒

anesthetic effect{action} 麻醉作用

anethole 茴香脑[$CH_3CH:CHC_6H_4OCH_3$]

a network of waterways 河网

aneuchoanitic 无颈式

Aneura 片叶藻属[Q]

Aneuraphyton 无脉蕨属[D_2]

AN{fertilizer-type} explosive 硝铵(类)炸药

Anfomet 加金属粉的铵油炸药;铵油炸药

anfractous 波状的

AN fuel oil mixture 硝铵燃料油混合物(炸药)

angalarite 安哥拉石

Angara (land) 安加拉

angaralite 安绿泥石;安加拉石;似蠕绿泥石

Angaridiurn 安加拉叶属[C_2-P]

Angarodendron 安加拉木属[C]

Angaropteridium 似安加拉羊齿属[C]

angelardite 安哥拉石

angelellite{angeleuite} 脆砷铁矿[$2Fe_2O_3 \cdot As_2O_5$;$Ca_2Fe_4^{4+}(AsO_4)_2O_3$;三斜]

Angelina 安格林虫属[三叶;O_3]

angiocarpous 被子实体

angioneurosion 硝化甘油[$CH_2NO_3CHNO_3CH_2NO_3$;$C_3H_5(NO_3)_3$]

Angiopteridaspora 观音座莲孢属[T_3-J]

Angiosperm(ae) 被子植物门[J-Q]

angiospermophyta 被子植物门[J-Q]

ang(e)lardite 蓝磷铁矿[$Fe_3(PO_4)_2 \cdot 8H_2O$];辉铁锑矿[$FeS \cdot Sb_2S_3$;斜方]

anglarlite 蓝铁矿[$Fe_3^{2+}(PO_4)_2 \cdot 8H_2O$;单斜];安哥拉石;蓝磷铁石

Anglaspis 环甲鱼(属)[D_1];环甲鱼鱼(属)[D_1];角甲鱼属

angle(-shaped) 角钢;角度;方面;角形的;对角平巷;角;交叉巷;观点;角材;棱(角);角铁

angled 角的;角形的;角状的;成角形的;倾斜的;成角度的
→ ~ cut 巷道中斜炮眼掏槽//~ {pyramid} cut 角锥(法)掏槽

angle deflection 角偏转
→ ~ jaw tongs 弯嘴钳//~ of dig(岩石)切割角//~ of dip{inclination;pitch;lean;slope;gradient;tilt} 倾角//~ of draw 放矿角//~ opening(矿房)斜向开切//~ stake 斜接口//~{quoin} stone 角石[类似燧石的硅石]

angledozer 侧铲推土机;侧推式推土机

anglesine 铅矾[硫酸铅矿;$Pb(SO_4)$;斜方];硫酸铅矿[$PbSO_4$]

anglesite 硫酸铅矿[$PbSO_4$];铅矾[$Pb(SO_4)$;斜方]

angleso(-)barite 铅重晶石[$(Ba,Pb)SO_4$]

angleso-barite 北投石[$(Ba,Pb)SO_4$]

angles of super critical mining 充分采动角

angling 钢绳在卷筒上的偏角
→ ~ downwards (矿脉)向下倾斜

Angochitina 小瓮几丁虫(属)[S-D]

angolite 锰沸石

angonekton 短命生物

Anguilla 鳗属[Q];安圭拉岛[西印度群岛;英]

anguimorpha 蛇蜥类

Anguisporites 曲缝孢属[P-T]

angular 倾斜的;隅骨;带角的;斜的;角;有棱角的;角的
→(sharply) ~ 棱角状的//~ border 块石//~ cobble{gravels} 碎石

Angulisporites 菱环孢属[C_3]

Angulofenestrellithus 多角窗格颗石[钙超;K_2]

Angulolithina 角颗石[钙超;N]

angulus 角蛤属;角樱蛤属

Angulyagra 角螺属[E-Q]

Angustella 狭荚蛤(属)[双壳;T_3]

anh{anh.} 无水的

anhedritite 硬石膏[$CaSO_4$;斜方]

anhedron[pl.-s,-ra] 劣形晶;他形晶

anhistous 无结构的

anhydrite 硬石膏[$CaSO_4$;斜方]
→ ~-calcite cap rock 硬石膏-方解石盖岩//~ process 石膏制酸法//~ sheath 硬石膏鞘

anhydritization 硬石膏化

anhydritolite 同硬碎岩{石}

anhydrock 硬石膏岩

anhydroferrite 赤铁矿[Fe_2O_3;三方]；褐铁矿[$FeO(OH)•nH_2O$; $Fe_2O_3•nH_2O$,成分不纯]

anhydrosaponite 无水皂石

anhydrous 无水的
→ ~ gypsum 硬石膏[$CaSO_4$;斜方]；无水石膏 // ~ lime 干石灰 // ~ scolecite 钙柱石 [$Ca_4(Al_2Si_2O_8)_3(SO_4,CO_3,Cl_2)$;3Ca$Al_2$ $Si_2O_8•CaCO_3$;四方]；微斜长石 [(K,Na) $AlSi_3O_8$;三斜]

anhyetism 缺雨区{性}

Anictops 异猬属[E_1]

an(a)icut 溢流坝；滚水坝[印]

Anidanthus 阿尼(丹)特贝属[腕;C_3-P]

anidiomorphic 他形的

anidrite 硬石膏[$CaSO_4$;斜方]

animal 兽(的)；食悬浮物的动物；动物
→ ~ remains 动物化石

animalcule 微小动物

animé[法] 硬树脂；矿树脂

Animikean{Animikie} 安尼米克(群)[加;Pt]

animikite 杂铅银砷镍矿

an inferior brand 杂色
→ ~ introduction to mining 采矿概论

anion 负离子；阴离子；阳离子
→ ~ base 阴离子碱 // ~-cation selective flotation 阴离子-阳离子优先浮选 // ~-exchange membrane 阴离子交换膜

anionic 带负电荷的；离子的
→ ~ complex 络阴离子 // ~ fat alcohol sulfate 阴离子型脂肪醇硫酸盐 [R-OSO_3M] // ~ group 阴离子团

Anisian 维尔格罗阶
→ ~ {Anisic} (stage) 安尼西(阶) [241.7~234.3Ma;欧;T_2] // ~ age 三叠纪[250~208Ma,华北为陆地,华南为浅海,卵生哺乳动物出现,陆生恐龙出现,海生菊石繁盛;T_{1-3}]

anisobaric 不等压的

anisochela 异倒钩骨针[绵]

Anisocorbula 差兰蛤属[双壳;Q]

anisocotyledonous 子叶不等形的

anisocotyly 不等子叶性

anisodesmic bond 不等强度键；非均型键

Anisograptidae 反称笔石料

Anisograptus 反称笔石(属)[O_1]

anisometric 不等粒的；非等轴的
→ ~ crystal 非等轴晶体 // ~ deposit 非等粒沉积 // ~ {allometric} growth 异度生长 // ~ growth 不等轴生长；非同形生长；非等比生长；不等量生长[生态]

anisomyarian 异柱总目；不等柱类[双壳]；异柱类

anisophylly 不等叶性

anisopleural 两侧不对称的

Anisopoda 异足目[无脊]

anisopolar 异极的

Anisopsis 似茴芹螺属[腹;J-E]

Anisopteris 芹羊齿属[C_{1-2}]

anisopterous 不等翼的

anisospore 异形孢子

Anisostoma 反口螺属[腹;T_{2-3}]

anisotropic 有向(性)的；各向不匀的；非均质的
→ ~ body 异向性体

anisotropisation 各向异性化作用

anisotropy 非均质性；畸形；各向异性；非均质体；定轴卵
→ (textural) ~ 异向性 // ~ of suscepti-bility in rock 岩石磁化率不均一性 // ~ paradox 各向异性交错

Anisozonotriletes 不等环三缝孢属

anitaxis 肛板系列[海百]

ankangite 安康矿[$Ba(Ti,V,Cr)_8O_{16}$]

ankaramite 橄榄辉玄岩；富辉橄玄岩

ankaratrite 黄橄霞岩；橄榄霞岩
→ ~ picrite 橄霞玄武苦橄岩

ankerite 铁白云石[$Ca(Fe^{2+},Mg,Mn)(CO_3)_2$;三方]

ankinovichite 安奇诺维奇石[(Ni,Zn) $Al_4(VO_3)_2(OH)_{12}•2H_2O$]

Ankistrodesmus 针连藻属[绿藻门;Q]

ankoleite 钾钡铀云母；变磷钾钡铀矿

ankylite 碳锶铈矿[$SrCe(CO_3)_2(OH)•H_2O$;斜方]

Ankylosaurus 甲龙[爬;K]；背甲龙

ankylosis 长合关节[动]；关节僵硬

ankylostomiasis 钩虫病；矿工贫血病

anmoor 近沼泽泥；矿质湿土；假沼泽土；青灰色潜育层

annabergite 镍华{水砷镍矿}[$Ni_3(AsO_4)_2•$ $8H_2O$;单斜]；砷镍华

Annalepis 脊囊属[石松纲;T_2]

Annamitella 小安那虫属[三叶;O_1]

Annamitia 安那虫属[三叶;$\mathcal{E}_3$]

annealed 退火的

annealing 缓冷；韧化

Annelida 环节动物(门)；环虫动物(门)；环虫类

a(a)nnerodite 杂铌钇矿[$(U,Y,\cdots)Nb_2O_7$]；黑铀钶钇矿；钶钇铀矿；铌钇铀矿 [$(U,Fe,Y,Ca)(Nb,Ta)O_4$?;斜方]

annihilation 湮灭；歼灭；消除；消灭
→ ~ process 消灭过程 // ~ radiation 湮没辐射

annite 铁云母 [$KFe_3^{2+}AlSi_3O_{10}(OH,F)$;单斜]
→ (hydroxyl) ~ 羟铁云母[$KFe(AlSi_3O_{10})$ $(OH)_2$]

annivite 铋黝铜矿[$Cu_{12}(As,Sb,Bi)_4S_{13}$]

annotate 注解

annual 年鉴；一年生的；周的；年刊；年报
→ ~ accumulation of sediment 泥沙年淤积量 // ~ average solar insolation 年平均太阳日晒 // ~ froze zone 年冻(结)层 // ~ meteor showers 周年流星雨 // ~ moraine 年周冰碛 // ~ precipitation 年雨量 // ~ progress{advance} (巷道)年进尺

annuities 养老金
→ ~ value 年金化值

annular 环形的；环状；环形；环状的；轮状的
→ ~ auger 取芯钻；岩芯钻

Annularia 轮叶

Annulariopsis 拟轮叶属[T_3-J_3]

annular{circular;Hoffmann} kiln 轮窑
→ ~ lobe 环鞍[头]

Annulata 有环附current

annulata 环节动物

annulate 环状的；有环的；由环形成的；有环纹的
→ ~ column 环饰柱[有环纹的柱] // ~ tube 环纹管

annulation 环；环状构造；环形物；环节动物；环的(组)成(物)；环状构造矿石；横环[古]；环状结构

Annuliconcha 环海扇属[双壳;C-P]

Annulina 环叶属[植;P_1]

Annulispora 远极环孢属[T-K]

Annulithus 环颗石[钙超;J_1]

annulus[pl.-li] 体环[头]；环形裂隙；环状空间；环形(套筒)；环轮[双鞭毛]；环状(形)物；环带；圆环域；内齿轮；圈；环；圆

anode 正极；氧化极；板极；阳极；屏极

anodic 阳极的；正极的
→ ~ precipitate 阳极泥

anodont 无齿型[动;双壳]
→ ~ {desmodont} 贫齿型[双壳]

Anodonta 无齿蚌属[双壳;E-Q]

Anodontoides 似无齿蚌属[双壳;E-Q]

anogenic 火成的；火成岩的；上升的；下源的

Anolcites 安诺菊石属[头;T_2]

anoloader 装药器

anomaldont 杂齿

Anomalina 异常虫属[孔虫;N_3-Q]

anomalistic(al) 不规则的；异常的
→ ~ point 反常点 // ~ year 近点年

anomalite 锰钴镍矿

Anomalocardia 畸心蛤属[双壳;E-Q]

Anomalocaris 奇虾属

Anomalodesmata 异韧目[双壳]；异铰目[双壳]

Anomalodiscus 畸盘蛤属[双壳;E-Q]

Anomalorthis 奇正形贝属[腕;O_1]；畸正形贝属[腕;O_1]

Anomalotoechus 差壁苔藓虫属[D_{2-3}]

anomalous 变态；反常的；不规则的；异常的
→ ~ eutectoid 异常似共结状[结构]

anomaly 近点(距离)；反常；变态；不规则；破格；异常值[分化]；距平[气]；异常；变异；偏差[气]
→ ~ drilling 异常地面普查钻进；异常区钻孔；(在)异常区钻探井[放射性,地球化学,地磁重力等异常] // ~ intensity 异常强度 // ~ source 异常源 // ~ trend 异常走向{趋势}

Anomia 不等蛤属[双壳;J-Q]

anomite 反黑云母；褐云母[$K(Mg,Fe,Mn)_3(AlSi_3O_{10})(F,OH)_2$]

Anomobryum 银藓属[苔;Q]

Anomocare 无肩虫属[三叶;$\mathcal{E}_2$]

Anomocarella 小无肩虫属[三叶;$\mathcal{E}_2$]

anomoclad 乱枝骨针[绵]；球枝式桎梏骨针

anomodromy 异常脉序[植]

anomophyllous 无序叶的[植]

Anomozamites 异羽叶(属)[古植;T_3-K]

anomphalous 无脐型

Anomphalus 隐脐螺属[腹;O-C]；无脐的[软]；无脐型

anomura 歪尾类[昆]；异尾类

anophorite 钠钛闪石

Anoplosolenia 无管石[钙超;Q]

Anoplotheca 缺腕贝属[腕;D_2]

Anoplotheres 无防兽属[E]

anoplura 虱目

anoporate 具远极孔的[孢]

Anoptambonites 无脊贝属[腕;O_3]

anorak 防水布

anorganic 非有机的；无机的

anorganolite{anorganolith} 无机岩

anorogenic 非造山的
→ ~ form 非造山性地形 // ~ time

{period} 非造山期

anorthite 灰长石；钙（斜）长石 [Ca(Al$_2$Si$_2$O$_8$);三斜;符号 An]
→～-hauyne 钙蓝方石 // ～ type 斧石（晶）组

anorthitfels 钙长岩

anorthitissite 钙长岩脉

anorthitite 钙长石 [Ca(Al$_2$Si$_2$O$_8$);三斜;符号 An]；钙长岩

anorthoclase 钠斜微长石 [(Na,K)AlSi$_3$O$_8$]；歪长石 [(K,Na)AlSi$_3$O$_8$;三斜]
→～ minette 钠微斜长云煌岩

anorthoclasite 歪长岩

anorthominasragrite 三斜钒矾 [V^{4+}O(SO$_4$)(H$_2$O)$_5$]

anorthophyre 歪长斑岩

anorthose{anorthosite} 斜长石 [(100-n)Na(AlSi$_3$O$_8$)•nCa(Al$_2$Si$_2$O$_8$);通式为(Na,Ca)Al(Al,Si)Si$_2$O$_8$ 的三斜硅酸盐矿物的概称]；歪长石 [(K,Na)AlSi$_3$O$_8$;三斜]；斜长岩；斜长岩-苏长岩-橄长岩系[月球]

anorthositic gabbro 斜长辉石

anorthositization 斜长岩化(作用)

anorthosyenite 歪长正长岩

anosotonic 不等渗的；张力及强度不等的

anosovite 安诺石；黑钛石 [Ti$_2^{3+}$(TiO$_5$)]；黑铁石

Anosteira 无盾龟(属)[K$_2$-E$_3$]

anostraca 无背甲目；无甲目

Anotoceras 似耳菊石属[头;T$_1$]

anoxia 缺氧

anoxic 缺氧的
→～ {hypoxic;hypoxid} layer 缺氧层 // ～ marine pore-water 缺氧海相孔隙水

anoxicity 缺氧度{性}

anoxigenic 非氧的

anoxycausis 缺氧燃烧；无氧燃烧

anoxygenous 缺氧的
→～ {anoxic} environment 缺氧环境

anperthite 安条纹长石

Anseriformes 雁鸭目；雁形目

ansermetite 水钒锰石 [MnV$_2$O$_6$•4H$_2$O]

Anshan Group Complex 鞍山岩群
→～-type iron deposit 鞍山式铁矿床

ansilite 菱{锥}锶铈矿 [4Ce(OH)(CO$_3$)•SrCO$_3$•3H$_2$O]；碳锶铈矿 [SrCe(CO$_3$)$_2$(OH)•H$_2$O;斜方]

AN slurry 水胶炸药

answerable 应负责的

ANT 斜长岩-苏长岩-橄长岩系[月球]

anta 壁角柱[墙砌出的一部分]

antacid 防酸剂

Antagmus 对面虫属[三叶;∈$_1$]

antagonist 对抗物；反协同(试)剂；对手
→～ effect 反协同效应

antalkali 抗碱剂；解碱剂

Antamina 塔米纳铜矿；安塔米纳矿

antamokite 碲金银矿 [(Ag,Au)$_2$Te;Ag$_3$AuTe$_2$;等轴]

antapex{antapez} 背点

antapical angle 尾角
→～ horn 底角[藻] // ～ plate 底甲片；后顶板[裸甲藻]

antarctica 南极洲

antarctic circum-polar water mass 南极环极冰团
→～ convergence current 南极辐合流 // ～ intermediate water 南极中层

antarcticite 南极石 [CaCl$_2$•6H$_2$O;三方];南

极钙氯石

Antarctic Ocean 南冰洋
→～ plate 南极片块

antarctic springtime depletion 南极春季臭氧消耗
→～ stratospheric circumpolar vortex 南极平流层环极涡旋

antarkticite 南极石 [CaCl$_2$•6H$_2$O;三方]；南极钙氯石

Antartosaurus 北方龙属[K$_3$]

anteater 食蚁兽(属)[N$_2$-Q]；长头树懒属[Q]；大食蚁兽属

antecedent 居先的；先前的；以前的；前项；先成的
→～ magnetic concentration 储备处理磁选；预(先)磁选 // ～ platform 先成台地{地台} // ～ precipitation index 前期降水量指数 // ～ stream 先成河

antediluvial{antediluvian} 洪积世前的；前洪积世

Antedon 海羊齿

antelope 羚羊；印度羚属[Q]

antenna[pl.-s,-e] 第二触角[介]；触角；大触角[甲]；大触；触须；天线
→～ biramous 第二触角的双枝[介] // ～ region 前部；触角区[节] // ～ matching unit 天线匹配

antennary 触角的

antennular{antennary;pseudantennary} pit 前坑

antepenultimate glaciation 倒数第三次冰期
→～ order 亚级

antephyllome 原叶

anter 口前；口孔前部[苔]；前片[无脊]

anterior 前方；前
→～ blade 前骨(片)[牙石] // ～ deflection 前弧[牙石] // ～ dorso-lateral plate 前背侧片 // ～ lobe 前壳突[双壳] // ～ notch 前沟[腹] // ～ palatal foramen 颚窦[介] // ～ pleural spine 前肋刺[三叶] // ～ trough margin 前槽缘[腕、牙石]

anteroconid 前下尖[臼齿]；下前边尖；前小尖

antetheca{anterior{leading} wall} 前壁[孔虫]

anther 花药[植]
→～ dust 花粉

Antheria 花珊瑚属[C$_{2-3}$]

Antheriastraea 花星珊瑚属[C$_3$]

antherium 藏卵器[轮藻]

Antherolitinae 花巢珊瑚亚科

anthersac 花粉囊[孢]

anthesis 开花期

Anthoceras 花角石属[头;O$_1$]

Anthoceratae 角苔类

Anthoceros 角苔属[苔;Q]

anthochroite 青辉石 [CaMgSi$_2$O$_6$]；锰透辉石

anthocyan 花色素

anthocyanin 花色苷

Anthocyathea 花古杯纲

anthocyathus 单珊瑚底座幼芽口盘

anthodite 蚀霰石；蚀方解石；石膏花；滴水石 [CaCO$_3$]；放射状晶丛；文石丛

anthogrammite 直闪石 [(Mg,Fe)$_7$(Si$_4$O$_{11}$)$_2$(OH)$_2$;斜方]

Anthograptus 花笔石属[O$_1$]

anthoinite 羟{水}钨铝矿 [Al(WO$_4$)(OH);Al$_2$W$_2$O$_9$•3H$_2$O;三斜]

antholite 直闪石 [(Mg,Fe)$_7$(Si$_4$O$_{11}$)$_2$(OH)$_2$;斜方]；镁铁闪石 [(Mg, Fe^{2+})$_7$(Si$_4$O$_{11}$)$_2$(OH)$_2$;单斜]

Antholithes 化石"花"属[非生殖部分，亲缘关系也不明的似"花"的化石;C-Q]

antholithus 鳞孢羊齿花粉囊

Anthomorphida 花形目

anthonyite 水氯铜石 [Cu(OH,Cl)$_2$•3H$_2$O;单斜]

anthophyllite{anthophylline} 直闪石 [(Mg, Fe)$_7$(Si$_4$O$_{11}$)$_2$(OH)$_2$;斜方]；斜方闪石
→～-olivine-tremolite zone 直闪石-橄榄石-透闪石带 // ～ peridotite 直闪橄榄岩

anthophyta 被子植物

anthoratonite 碳污方解石

anthosiderite 铁华石 [Fe^{2+}(Fe^{2+},Al)$_3$(AlSi$_3$O$_{10}$)(OH)$_8$]；铁滑石 [(Fe^{2+},Mg)$_3$Si$_4$O$_{10}$(OH)$_2$;单斜]

Anthosphaera 花球石[钙超;Q]

anthracides 可燃矿产

anthracine{anthracinus} 石炭色

anthrac(ol)ite 硬煤；白煤；无烟煤
→～ culm 无烟煤粉 // ～ mine 无烟煤矿

anthracitic 无烟煤的

Anthracokeryx 先炭兽属[E$_2$]

anthracolite 沥青灰石；黑方解石

Anthracolithic period 石炭纪及二叠纪；大石炭纪
→～ system 石炭系及二叠系；大石炭系[石炭二叠系]

anthracology 煤岩学；相学；岩石学；煤炭学

anthraconaia 河炭蚌属[双壳;C$_{2-3}$]

Anthraconauta 斜炭蚌属[双壳;C$_3$-P]

anthraconite 臭石灰岩；碳污方解石；黑{臭}方解石；沥青灰岩

Anthracoporella 炭孔藻属[C]

Anthracosauria 石炭蜥(目)；石炭鲵目[两栖;C-P]

anthracosaurus 石炭鲵类[爬]

Anthracosenex 老炭兽属[E$_2$-N]

Anthracosiidae 炭蚌科[双壳]

anthraco-silicosis 煤矽{硅}肺(病)

Anthracothema 锥炭兽属[E$_2$]

anthracotheres 石炭兽

Anthracotheriidae 石炭兽科

anthranilic acid 邻氨基苯(甲)酸 [o-H$_2$NC$_6$H$_4$COOH]

anthraquinone 烟晶石 [C$_{14}$H$_8$O$_2$;斜方]；烟华石；黄针晶；蒽醌

anthrarufine 1,5-羟基蒽醌 [C$_{14}$H$_6$O$_2$(OH)$_2$]；蒽绛酚 [C$_{14}$H$_6$O$_2$(OH)$_2$]

anthratolith 碳污方解石

anthrax 贵榴石 [Fe$_3$Al$_2$(SiO$_4$)$_3$]；红尖晶石 [Mg(Al$_2$O$_4$)]；炭疽；古宝石 [Fe$_3$Al$_2$(SiO$_4$)$_3$]；红宝石 [Al$_2$O$_3$]

anthraxolite 炭沥青；硬黑沥青脉[与油页岩有关]；石墨煤

anthraxylon 镜煤；木煤；结焦素；纯木煤
→～-attrital coal 镜煤质细屑煤[煤屑]

anthraxylous-attrital coal 镜质`细屑{暗}煤

anthraxylous coal 凝胶化煤

anthrene 蒽烯

anthrinoid group 高镜组；炭质组

anthrocometer 碳酸计

anthrol 蒽酚

anthrone 蒽酮

anthrophyllite 云母$[KAl_2(AlSi_3O_{10})(OH)_2]$

Anthrophyopsis 大网羽叶属[植;T_3]

anthropic 人类的

Anthropogen 人类纪;人类起源

Anthropogene 灵生纪[第四纪;Q];人类纪

anthropogenetic 人为的;人类的

anthropogenetic form 人工地物

anthropogenic 人类的

anthropoid (ape) 类人猿(类)

Anthropoidea 人猿类

anthropology 人类学

anthropomorpha 人形类

Anthropopithecus 类人猿属

anthroposphere 灵生圈

anthrosol 人为土壤

anti abrasive 耐磨的;耐磨损的
→~ mud 耐酸泥浆 //~-sludge agent 防酸渣形成剂 //~ cement 抗菌水泥

antiacid 抗酸剂

anti-acid cement 抗酸水泥
→~ mud 耐酸泥浆 //~-sludge agent 防酸渣形成

antiager 老化防止剂;防老化(添加)剂;抗老化剂

anti-aging dope 防老化(添加)剂

anti-air-pollution system 防止空气污染系统

antialiasing 反混淆;去假频

antiarchi 胴甲鱼目

antiattrition 减摩;减小磨损

antiauxin 抗植物生长素

antiaxis 反(对称)轴

antibacklash spring 防止齿隙游动的弹簧

antibaric flow 反压流

antibaryon 反重子[重子的反粒子]

antibiotic 抗菌的;抗生的;抗生素
→~ cement 抗菌水泥

anti-blocking agent 防粘连剂;防结块剂

antibody 抗体

antibonding molecular orbital 反键分子轨道
→~ orbital 反成键轨道

antibouncer 抗弹跳装置;防跳装置

antibrachio-carpal joint 桡腕关节

antibrachium 前臂

anti-breakage chute 防碎溜槽

anticatalyst 反催化剂

anti-cavitation 去气泡
→~ valve 防汽蚀阀

antichlor 去氯剂;脱氯剂

anticipated 预期的;预先
→~ ratio 预置比 //~ recovery 顶期开采量

anticipating{advance} signal 超前信号
→~ {distant} signal 预告信号

anticipatory fetch 预取

anticlastic 互反曲(面)的
→~ (plane) 抗裂面 //~ bending 鞍形弯曲

anticlinal bulge 背斜{褶皱}脊的厚度和高程
→~ (tension) crack 背斜张力裂纹 //~ crest{ridge} 背斜脊 //~ flexure{bend} 背斜弯曲 //~ hinge region 背斜脊线区 //~ limb{leg;flank} 背斜翼

anticlinaloid 假背斜层

anticlinalstrata{anticlinal strata} 背斜层

anticline 背斜层;背斜
→(platform) ~ 台背斜 //~ theory 背斜构造理论

anticlinoria 复背斜层

anticlinorium[pl.-ria] 复背斜层;复背斜

anticlockwise P-T-t path 逆时针压力-温度-时间轨迹

anti-clogging 防堵塞的

anticlutter 抗近地物干扰系统;反干扰

anticoagulant 抗凝固剂;防凝固剂

anti-coal-breakage 煤炭防碎装置

anticodon 反密码子[遗]

anticogulant 抗凝剂

anticollision 防撞(击)

anti-colour centre 反色心

anti-condensation lining 防凝水内衬

anti-configuration 反式构型

anticorona varnish 反电晕罩漆

anti-corrosion insulation 防腐层;抗腐层

anti-corrosive agent 缓蚀剂
→~ {anticorrosive} agent 防腐剂 //~ {antiseptic} oil 防腐油 //~ {pickling;anti-rust} oil 防锈油 //~ paint 防蚀{锈}漆

anticorrosive varnish 防锈漆

anticountermining device 感应雷防爆器

anticous 远轴的;在前的

anticreaming agent 防冻剂

anti-creep 防蠕动的
→~ equipment 防滑装置;防止蠕动装置

anticreeper 反滑行装置;(钢轨)防爬器

anticreep solenoid valve 坡路防滑电磁阀

anti-creep strut 防爬支撑

anticusp 反主齿[牙石];前尖;齿尖的对端

anticyclonic wind sheer 逆旋风切

anticyclotron 反回旋加速器

antidamping 反衰减(作用);反阻尼(作用)

anti-dazzle{antiglare} glass 防眩玻璃

antidazzle lamp 防耀眼灯

antideteriorant 防变质剂

antidetonant 防爆剂;抗爆剂

antidetonating fluid 乙基液
→~ {antiknock} fluid 抗爆液

anti-detonating property 抗爆性

antidetonation 抗爆;防爆;防止爆炸

antidetonator 抗震剂;抗爆剂;抗爆器

anti-devitrification quartz glass 抗失透石英玻璃

antidip 反倾斜
→~ stream 逆倾斜河;反倾斜河

anti-dislocation 反位错

antidote 解毒(素)剂

antidrag 减阻;反阻力{的}

antidrip 防滴(水)的

antidromy 反旋;异旋性

antidune-phase traction 逆沙丘相推移

antidune wave 逆丘波

anti-dust gun 防尘喷枪

antiedrite 钡沸石 $[Ba(Al_2Si_3O_{10})\cdot3H_2O;BaAl_2Si_3O_{10}\cdot4H_2O;斜方]$

antielastic bending 反弹性变形弯曲

anti-epicenter 震央对点

anti-epicentrum 反震中
→~ {epicenter} 震中对点

anti-equi-inclination 反等倾斜

antievolution 反进化论

anti-explosion bulkhead stuffing box 舱壁防爆填料函
→~ packaging 防爆包装

antifenite pegmatite 反条纹长石伟晶岩

anti-fermentative 防(泥浆)发酵处理剂

anti-ferroelectrics 反铁电体

antifilter 反滤波

antiflammability agent 防燃剂

antiflash agent 消焰剂

antiflocculation 防絮凝作用

antifluorite 反萤石

anti-fluorite structure 反萤石(型)结构

anti-flushing measures 预防冒顶措施;防止崩落安全措施
→~ shield 挡矸帘

antiflux 抗焊剂

antifoam 消泡;阻泡的

anti-foam baffle 防泡沫隔板

antifoamer 防泡剂;消沫剂;消泡剂

antifoggant 防(阴)翳剂

antiform (层序不明的)背斜型{状}构造

anti-fouling 防垢
→~ agent 防污剂

anti-fouling paint 避虫漆
→~ poisonous agent 防污毒料

antifraying 抗磨损

anti-freeze{anti-icing;deicing} fluid{solution} 防冻液

antifriction 减摩;防摩(擦)的;润滑剂;抗摩擦

antifroth{antifoam(ing)} agent 防泡{沫}剂

antifuorite 反萤石

antigalaxy 反星系[反物质构成的星系]

antigas 防毒气;防瓦斯
→~ {air;protective} mask 防毒面具

antigen 抗原

antiglaucophane 准蓝闪石;反蓝闪石

Antigona 对角蛤属[双壳;Q]

Antigonambonites 反角脊贝属[腕;O_1]

antigorite 滑陶蛇纹石;片{叶蛇纹石}$[(Mg,Fe)_3Si_2O_5(OH)_4;单斜]$
→~-olivine-diopside{|tremolite} zone 叶蛇纹石-橄榄石-透辉{|闪}石带

antigradient 反梯度

antigravity 反重力;抗引力的;抗重(力)反地心吸力的

antihum 静噪器

anti-hunt 防震;阻尼[无线电];反搜索

Antijanira 复套海扇属[双壳;T_3]

antiknock 抗震剂;防{抗}震(的)
→~ agent{additive;substance;reagent} 防爆剂 //~ compound 抗爆化合物 //~ device 防爆设备 //~ {antidetonation;doped;anti-knock;anti-pinking} fuel 抗爆燃料[高辛烷值汽油]

antilithic 防结石的{药};抗结石的

Antilocapra 叉角羚属[Q]

Antilope 印度羚属[Q]
→~ cervicapra 印度羚羊[Q]

Antilospira 旋角羚属[N_2-Q]

antilysin{antilysis} 抗溶(菌)素

antilyssic 抗狂犬病的

anti-magmatist 反岩浆论者;转变论者;非岩浆论者

antimatter 反物质

antimer 对映体;反映体

antimonate 锑酸盐

antimonblende 红锑矿[Sb_2S_2O;单斜]；硫氧锑矿[Sb_2S_2O]

antimonial (含)锑的
→~ arsenic 砷锑矿[AsSb;三斜]；杂砷锑矿// ~ copper 硫铜锑矿[$Cu_2S\cdot Sb_2S_3$; $CuSbS_2$]；硫铊铜锑矿[$Cu_6Tl_2SbS_4$;斜方] // ~ copper glance 硫锑铜矿；车轮矿[$CuPbSbS_3$,常含微量的砷、铁、银、锌、锰等杂质;斜方] // ~ gray copper ore 含锑黝铜矿[$Cu_{12}Sb_4S_{13}$] // ~ lead ore 车轮矿[$CuPbSbS_3$,常含微量的砷、铁、银、锌、锰等杂质;斜方]；锑铅矿[$2PbS\cdot Cu_2\cdot Sb_2S_3$] // ~ nickel 锑镍矿[NiSbS]；锑镍矿；红锑镍矿[NiSb;六方] // ~ red silver 深红银矿[Ag_3SbS_3] // ~ silver 锑银矿[Ag_3Sb;斜方] // ~ silver blende 硫锑银矿[Ag_3SbS_3]；浓红银矿[Ag_3SbS_3;三方]；深红银矿[Ag_3SbS_3;$3Ag_2S\cdot Sb_2S_3$] // ~ sulphuret of silver 柱硫锑铅银矿[$Pb_3Ag_5Sb_5S_{12}$;$PbAgSbS_3$;单斜]；深红银矿[Ag_3SbS_3]

antimonian guanglinite 丰溧矿；锑广林矿
→~ insizwaite 锑等轴铋铂矿// ~ isomertieite 锑等轴砷钯矿// ~ kotulskite 锑黄碲钯矿// ~ michenerite 锑等轴碲铋钯矿// ~ palladian hexatenickelite 锑钯六方碲镍矿// ~ palladoarsenite 锑单斜砷钯矿// ~ sobolevskite 锑六方铋钯矿

antimonide 锑化物(类)

antimoniferous arsenic 砷锑矿[AsSb;三斜]

antimonious acid 锑华[Sb_2O_3;斜方]

antimonite 辉锑矿[Sb_2S_3;斜方]

antimonium femininum 自然铋[三方]；铋

antimonluzonite 块硫锑铜矿[Cu_3SbS_4;四方]

antimonnickel 红锑镍矿[NiSb;六方]

antimonophyllite 叶锑华；准锑华

antimonpearceite 锑硫砷铜银矿[$(Ag,Cu)_{16}(Sb,As)_2S_{11}$;单斜]

antimon {-}pyrochlore 锑烧绿石
→~-pyrochlore 氟锑钙石族矿物

antimonselite 硒锑矿[Sb_2Se_3]

antimonwesterveldite 锑砷镍铁钴矿

antimony 辉锑矿[Sb_2S_3;斜方]
→~ blende 硫氧锑矿[Sb_2S_2O;$Sb_2O_3\cdot 2Sb_2S_3$] // ~ concentrate 锑精矿// ~ fahlore 锑黝铜矿[$Cu_{12}Sb_4S_{13}$] // ~ flint glass 锑火石玻璃// ~ glance{sulphide} 辉锑矿[Sb_2S_3;斜方] // ~-mercury concentrate 硫锑汞精矿// ~-mercury sulphide ore 硫锑汞矿[$HgSb_4S_8$;单斜] // ~ minerals 锑类矿// ~ ocher 黄锑华[$Sb_2O_4\cdot H_2O$;$Sb^{3+}Sb^{3+}_2O_6(OH)$;等轴]；锑赭石[$Sb_2O_3\cdot Sb_2O_4\cdot H_2O$] // ~ ocher{ochre} 黄锑矿[$Sb^{3+}Sb^{5+}O_4$;斜方] // ~ ore 锑矿// ~ oxide ore 锑氧化矿• potassium tartrate 吐酒石；酒石酸氧锑钾[$K(SbO)C_4H_4O_5\cdot 1½H_2O$] // ~ sinter 锑焙烧矿// ~ sodium penieillamine tartrate 酒石酸锑钠青霉胺

antimorph 反形体

antimycin 抗霉素

anti-neucleon 反核子

anti-node 波腹；腹点[物]；波峰

antinoise 防噪声的

antinucleon 反核子

Antioch process 安蒂沃奇{安蒂奥奇}法

anti-overloading 防过载的

antioxidant 耐氧化；阻(氧)化剂；防氧剂；抗老化剂；抗氧(剂)

antioxygen 抗氧(剂)；防氧化

antiparallel 逆平行；反向平行

antiparticle 反质点；反粒子

antipatharia 角珊瑚目

antipathetic 不相容的；引起反感的

antipathy of minerals 不共生性；矿物的不相容性

antipenetration wash 防黏砂涂料

antiperthite 反(条)纹长石

antiperthitic texture 反(条)纹结构

antiperthitization 反(条)纹长石化

antiphase 反相；逆相(位)

antiphlogistic theory 反燃素学说

antipinking fuel 抗爆燃料[高辛烷值汽油]

antiplane shear crack 对平面剪裂隙

antiplastering agent 阻黏剂；反黏结剂

Antiplectoceras 反弯角石属[O_2]

antiplicate 下褶型[腕;前接合缘]

anti-pneumatolysis 异气成作用；非气成作用

antipoda 对映体

antipodal 对极的

anti-pollutant 抗污染剂

antipriming pipe 多孔管；筛孔管

antiputrefactive 防腐剂

antipyonin 硼砂[$Na_2B_4O_5(OH)_4\cdot 8H_2O$;单斜]；月石砂

antipyrogenous 防热的

Antiquatonia 古长身贝属[腕;C_3-P_1]

antique 老式的；古代的；旧式的
→~ colors 古彩// ~ glasses 古代玻璃// ~ violet 古紫色

antiquities 古迹

Antiquophytolithus 古石藻属[Z]

anti-rapakivi texture 反环斑结构

antireaction 回授消除；反馈消除

anti-reflection coating film 增透膜

anti-resonance 反共振；反谐振

antirock 异质陨石；反(物质)陨石
→~ ing guy 防滚索// ~ ing tank 消摇水舱；防摇水舱

antiroot 对根[地壳均衡]

antiroots 反山根

antirostrum 内耳石；前喙[无脊]；反嘴板[内耳石]

antirot 防腐的

antirotation dowel 抗扭(转)销

antirust 防锈的；防锈
→~ {antirusting} agent 防锈剂// ~ {anti-corrosive;preventing} paint 防锈漆

anti-rust solution 防锈溶液

anti-sag property 抗塌性(能)

anti(-)saturation 抗饱和

anti-scalant 阻垢药剂；防垢药剂

anti-Schottky disorder 反肖特基无序

anti(-)science 反科学

antiscour 防冲刷；防冲蚀{刷}

anti-seepage well 防渗井

antiseismic 抗地震(的)；防震的；抗震的

antiseismic engineering 抗震工程
→~ structure 抗震建筑

antiseize 防黏；防卡塞

anti-seizure property (润滑油断油时的)抗抱轴性能

antiselene 反月

antisensitizator 减感剂

antiseptic 抗菌剂；防腐的
→~ {preservative;antirot} (substance) 防腐剂

anti-sesquioxide structure 反倍半氧化物结构；反三氧化二物结构

anti-setting 防凝结的；抗黏结的

antisetting compound 抗凝结化合物

antisiphonal lobe 对体管叶

antiskeleton crystal 反骸晶
→~ {convex} crystal 凸晶

antiskid 抗滑的；防滑的；防滑
→~ device 防滑装置

anti-skinning agent 防结皮剂

anti(-)slew equipment 防转装置

anti-slide pile 抗滑桩

anti-sliding{shear} key 抗滑键
→~ {|-deformation} stability of dam foundation 坝基抗滑{|变形}稳定

antislip 防滑

anti-sloughing agent (井壁)防坍剂

antisludge agent 防垢剂

antisludging(antisludge) agent 抗淤(沉添加)剂

antisohite 黑斑云闪岩

anti(-i)somorphism 反同形性

antispin 反尾旋；反螺旋

antisplash guard 挡泥板

anti-squeak 减声器；消音器

anti(-)stall 防失速

antistatic coating 抗静电涂层

anti-static grounding 防静电接地

antisticking agent 抗黏剂

anti-stick pad 防卡极板

anti-stray current detonator 抗杂散电流雷管

antistress 反应力

antistripping 抗剥落

antistructure 反结构

anti-suction device 抗吸入装置

anti-sun cracking agent 防晒裂剂

anti-surge ring 防波动圈[机]

antiswell agent 防膨胀剂

antisymmetric 反对称的；不对称的

anti-tarnish{tarnish-resist} 防锈；防变色；防失光泽

anti-thermal stress coefficient 抗热应力系数

antithesis[pl.-ses] 对立；对照(法)；对立面

antithetic 反向的
→~ blocks 相反组断块// ~ conjugate Riedel shears 里德尔(反向组)共轭剪切// ~ fault 反向断层// ~ updip 相向上倾

anti-thixotropy 反触变性

antitone 反序
→~ mapping 反序映像{射}

anti-toppling 防倒的

anti-torque 反扭矩

antitoxic 解毒(素)剂；抗毒素的；抗毒的

antitoxin 抗毒素

antitrade{counter-trade} wind 反信风

antitranslation 反平移

antitriptic motion 减速移动
→~ wind 摩擦风；滞衡风

antitropal 直生的
→~ ventilation 逆流通风

antitropic 左旋的

anti tropic 背向的
→ ~ vortex plate 防涡流板 // ~-waterlogging 抗涝 // ~ additive 抗磨损剂

antitropy 背轴性

anti-vibration mounting 抗震台；抗振动装置；防震基座

antivibration vibration device 防震器

antivibrator 阻尼器；防振器

anti-vignetting effect 防晕映效应；防渐晕效应

anti-void valve 背吸阀

antiwear 耐磨的；抗磨(的)
→ ~ additive 抗磨损剂

anti-weeds cement 防藻水泥

antler 叉角[哺]；鹿角；茸角

antlerite 块铜矾｛羟铜矾；斜方铜矾｝[Cu₃(SO₄)(OH)₄;斜方]

Antler orogeny 安特勒造山运动[美；D₃-C₁]

AN-TNT{blast(ing)} slurry 浆状炸药

antofagastite 水氯铜矿[CuCl₂•2H₂O;斜方]

antonite 白云母[KAl₂AlSi₃O₁₀(OH,F)₂;单斜]

antorbital 眶前的
→ ~ vacuity 前窝

antozonite 紫萤石[CaF₂];呕吐石[指有放射性的黑紫色萤石]

antracen 树脂质沥青；树脂沥青

Antracomarti 石炭目[蛛]

antrakonite 碳污方解石

antrimolite 中沸石[Na₂Ca₂(Al₆Si₉O₃₀)•8H₂O;单斜]

antroposphere 智慧圈；智人圈

antsohite 煌斑脉岩

antun(es)ite 黄钾铁矾[KFe₃³⁺(SO₄)₂(OH)₆;三方]

Anulatisporites 轮环孢属[C₂]

Anulifera 多环螺属[腹;T₃]

anura{anurea} 无尾目[两栖]

anus 肛门

anvil 砧子；承撞件；碎矿板；板牙；触点；基准面；砧骨；压砧；平台；雷管砧铁；测量头；基石；铁砧
→ ~ block 撞锤；垫锤；煤矿回拉用撞锤 // ~ clearance 锤蓖间隙(锤碎机) // ~ scale 锻屑 // ~ type percussion drill 冲击钻；顿钻；凿岩机 // ~ vice{|block|chisel|block} 砧钳{|台|凿|座}

Anyuanestheria 安源叶肢介属[T₃]

Anyuan orogeny 安源运动

anyular 棱角状

An€ 前寒武纪[2500～570Ma]

Aojia 青地虫属[三叶;€₂]

A oluto Black 纯黑麻[石]

Aoria 剑鲉属[E-Q]

aorite 混合岩

aorta dorsalis 脊主动脉

aortolithia 主动脉结石

aotea 软玉[Ca₂Mg₅(Si₄O₁₁)₂(OH)₂－CaFe₅(Si₄O₁₁)₂(OH)₂]

apachite 闪辉响岩｛石｝；蓝水硅铜石[Cu₉Si₁₀O₂₉•11H₂O;单斜]

apaedomorph 非幼型形成种类(分子)

apalhraun 灰苔熔岩[冰岛]；渣块熔岩

apaneite 磷霞岩

Apar(i)chites 无饰介属[O-D]

apatelite 核铁矾[Fe₃³⁺(SO₄)₂(OH)₅•2H₂O];积铁矾

apatetic coloration (生态)拟(肖)色[生态]
→ ~{protective} coloration 保护色 // ~ coloration 拟肖色[生态]

apatite 板磷钙铝石[Ca₃Al(PO₄)₂(OH)₃•H₂O;六方]；磷灰石[Ca₅(PO₄)₃(F,Cl,OH)]
→ ~ iron ore 含磷灰石铁矿石 // ~-kietyoite 磷灰石[Ca₅(PO₄)₃ (F,Cl,OH)] // ~-(CaOH)-M 单斜羟磷灰石 [(Ca,Na)₅((P,S)O₄)₃(OH,Cl)] // ~-phlogopite geothermometer 磷灰石-金云母地质温度计 // ~-type 磷灰石(晶)组[6/m 晶组]

apatitolite 磷灰石岩[主要成分为氟磷灰石 Ca₅(PO₄)₃(OH,F)]；磷灰岩[Ca₅(PO₄)₃(Cl,F)]

Apatognathus 犁颚牙形石属[D₃-C₁]

Apatokephalus 幻影头虫属[三叶;O₁]

Apatorthis 束正形贝属[腕;O₁]

aperiodic(al) 非周期(性)的；非调谐的
→ ~ component 非周期分量

apertura 孔；口；孔的开口[生]
→ ~ atrialis 围鳃腔孔 // ~ auriculoventricularis 房室孔 // ~ cloacalis 泄殖腔孔 // ~ lareralis 外侧孔

aperture 泉眼；窗口；快门；孔；开口；壳口[腹;头足]；隙缝；室口[苔藓虫]；裂缝；孔隙；洞；(偏移归位)半径；孔径光圈；口；孔槽[胞]；小眼；开度；孔眼；光圈；小孔；口孔[孔虫]；萌发孔[孢]
→ ~ jacket 冲孔外套；网筛外套[洗矿筒筛] // ~ number 孔径挡数 // ~ of diaphragm 光圈；光闸孔径 // ~ of screen 筛孔 // ~ of sight 观测孔

aperturoid 拟萌发孔[孢]

aperwind 解冻风

apetalae 花群；无瓣花类｛花群;植物｝

apetaloid 无瓣状的

apex[pl.apices] 冲积扇顶；沉砂口；始端；顶尖；尖；斜井口；中点；壳顶[腕、双壳;腹]；底[钻石的]

Aphananthe 糙叶树属[榆科;E₂-Q]

aphanerite 隐晶岩类

aphanesite 砷铜矿[Cu₃As;等轴]；光线石｛矿｝[Cu₃(AsO₄)(OH)₃;Cu₃(AsO₄)₂•3Cu(OH)₂;单斜]

aphanide 隐晶岩；细粒岩[野外用]

aphanite 非显晶岩；隐晶岩

Aphanocapsa 隐球藻(属)[蓝藻门;Q]

Aphanocapsites 似隐球藻

Aphanochaetes 隐毛藻属[绿藻;Q]

Aphanomyces 丝囊霉属[真菌;Q]

aphanophyre 隐晶斑岩；霏细斑岩

Aphanothece 隐杆藻(属)[Q]

Aphanotylus 隐节螺属[腹;J₁-E]

Aphebian 阿菲布(群)[北美;Pt₁]
→ ~ group 阿菲布群

Aphelaspis 溜硬壳虫[三叶;€₃]；原头虫

aphelion[pl.-ia] 远核点；远日点

apheliotropism 离日性；背光性[生态]

Aphelognathus 光颚牙形石属[O₂-S]

Apheoorthis 原正形贝；原始正形贝属[腕;O₁]

apherese (羟)磷铜矿[Cu₂(PO₄)(OH);Cu₃(PO₄)₂Cu(OH)₂;斜方]

Aphetoceras 松卷角石属[头;O₁]

Aphetohyoidea 游舌鱼总科；节甲鱼类

Aphlebia 变态叶属[C-P]；无脉叶片｛羽叶｝；小叶片

Aphonophora 有轴亚目[笔]

aphotic 无光合作用的；无阳光影响的
→ ~ marine environment 无(阳)光海洋环境 // ~ zone 不透光带

aphototropism 背光性[生态]；反趋光性[动]

aphrite 石膏状霰石；珠光方解石[CaCO₃]；鳞方解石[CaCO₃]；红电气石

aphrizite 黑电气石[(Na,Ca)(Li,Mg,Fe²⁺,Al)₃(Al,Fe³⁺)₃(B₃Al₃Si₆O₂₇)(O,OH,F));NaFe₃²⁺Al₆(BO₃)₃Si₆O₁₈(OH)₄;三方]；无斑隐晶质矿

aphrochalcite 碳砷铜矿；丝砷铜矿[Cu₃(AsO₄)₂•5H₂O]
→ ~{leirochroite} 铜泡石[Cu₅Ca(AsO₄)₂(CO₃)(OH)₄•6H₂O,斜方;Ca₂Cu₉(AsO₄)₄(OH)₁₀•10H₂O]

aphrodite (镁)泡石｛(富)镁皂石｝[Mg₄(Si₆O₁₅)(OH)₂•6H₂O]

aphroid 互嵌状

aphrolite{aphrolith} 渣块熔岩；块熔岩；泡沫岩

aphronitrum 钙硝石[Ca(NO₃)₂•4H₂O]

Aphrophyllum 泡珊瑚(属)[C₁]；嵌珊瑚

Aphrosalpingidea 管壁石杯纲

aphrosiderite 鳞绿泥石；铁绿泥石；阿铁绿泥石；铁蠕绿泥石；蠕绿泥石[Mg₃(Mg,Fe²⁺,Al)((Si,Al)₄O₁₀)(OH)₈]；铁华石[Fe₃³⁺(Fe²⁺, Al)₃(AlSi₃O₁₀)(OH)₈]；铁滑石[(Fe²⁺,Mg)₃Si₄O₁₀(OH)₂;单斜]；斜蠕绿泥石

aphrowad 锰土[MnO₂•nH₂O]

aphryzite 黑电气石[(Na,Ca)(Li,Mg,Fe²⁺,Al)₃(Al,Fe³⁺)₃(B₃Al₃Si₆O₂₇(O,OH,F));NaFe₃²⁺Al₆(BO₃)₃Si₆O₁₈(OH)₄;三方]

apht(hit)alite{aphtalose} 钾芒硝[K₃Na(SO₄)₂;(K,Na)₃(SO₄)₂;六方]

aphthalosa 硫酸钾石[(K,Na)₃•Na(SO₄)₂];钾芒硝[K₃Na(SO₄)₂; (K,Na)₃(SO₄)₂;六方]

aphthalose{aphthitalite} 钾芒硝｛钾钠芒硝;硫酸钾石｝[(K,Na)₃(SO₄)₂;K₃Na(SO₄)₂;六方]；单钾芒硝[K₂SO₄;(K,Na)₃•Na(SO₄)₂]

Aphtit 阿弗提特锌白铜

aphtitalit 钾芒硝[K₃Na(SO₄)₂;(K,Na)₃ (SO₄)₂;六方]

apht(h)onite 银黝铜矿｛石｝[(Ag,Cu,Fe,Zn)₁₂(Sb,As)₄S₁₃;(Ag,Cr,Fe)₁₂(Sb,As)₄S₁₃;等轴]

aphyllous 无叶的

Aphyllum 微脊珊瑚属[S₁]

aphylly 无叶

aphytal 深水带；无植物的
→ ~ system 无植生系 // ~ zone (湖底)无植物带

Aphytic 无植代｛宙｝

apical 顶生的；(在)顶端的；顶点的
→ ~ angle 螺角 // ~ apparatus 壳顶器官[腕] // ~ line 卵壳尖顶线 // ~{crest} line 顶线 // ~ navel{umbilicus} 顶脐[牙石] // ~ pore{orifice} 顶孔[藻] // ~ region{area} 顶部；顶区

Apicilirella 顶脊贝属[腕;D₁]

apicillary 顶生的

Apiculatasporites 圆形细刺孢属[C₂]

apiculate(d) 顶端成尖形的[叶子]；具突出极部的；(具)细尖的

apiculati 凸面三缝孢群；凸饰系[孢]

Apiculatisporis 圆形锥瘤孢属[C₂]

Apiculiretusispora 弓形脊突刺孢属[S-D]

apiculus 顶端；细尖；开口突起[硅藻表面上]；小尖端

Apidium 无凸藻属[O_1]

apiezon 饱和烃润滑脂，阿皮松[真空油、脂、蜡的商品名]

apjohnite 锰明矾[$MnAl_2(SO_4)_4•24H_2O$]；锰铝矾[$MnAl_2(SO_4)_4•22H_2O$;单斜]

Aplacophora 沟腹纲[软]；无板(纲)类[软]

aplanat 消球差镜；消色差镜；齐明镜
→～ lens 齐明透镜 // ～ surface 等射程面

Aplexa 单饰螺属[腹;E_3]

aplite 半花岗岩；白(花)岗岩；细晶石[$(Na,Ca)_2Ta_2O_6(O,OH,F)$，常含 U、Bi、Sb、Pb、Ba、Y 等杂质;等轴]；霓岗细晶岩；细晶岩
→～ granitic 细晶花岗质

aplitic granite 细晶岩状花岗岩
→～ schlieren 细晶质异离{条状}体

Aplodontia 鼠獭；山狸；单齿鼠属[Q]

aplome 绿{橙黄色}石榴石；褐榴石；石榴石[$R_3^{2+}R_2^{3+}(SiO_4)_3$,$R^{2+}$= Mg,$Fe^{2+}$,$Mn^{2+}$,Ca; R^{3+}=Al,Fe^{3+},Cr,Mn^{3+}]；粒榴石[$Ca_3Fe_2(SiO_4)_3$]

aplowite 水钴锰矾；水钴锰矿[$Co(SO_4)•4H_2O$]；四水钴矾[$(Co,Mn,Ni)SO_4•4H_2O$;单斜]

Aplustridae 船尾螺科

apoanalcite 钠沸石[$Na_2O•Al_2O_3•3SiO_2•2H_2O$;斜方]；双方沸石；变方沸石[$NaSiAl_2O_5(OH)•H_2O$]

apoapsis 远拱点；最远点[天体轨道]；远重心点[天]

Apocalamites 后芦木属[C_2-T_1]

apochete 出水后院区；后道[绵]

apochory 离散分布

apocolpium 沟界极区；极面[孢]

Apoda 无足目[两栖,如裸蛇类,蚓螈类]

apodeme 内突[节]

Apodemus 姬鼠属[N_2-Q]

Apodes 无肢目[鱼类]；无鳍目；无足类

apodial 无柄的

Apodichnacea 无足迹亚纲{遗迹类}[遗石]

apodolerite 变玄岩

apo-epigenesis 远源后生(作用)；远后(期)成岩作用

apogee 最高地；远地点
→～ motor firing 远地点发动机点火

apogeotropic 无向地性的

apogranite 变花岗岩

apogrit(e) 硬玻岩；杂砂岩{石}

apojove 远木星点

apokatagenesis 晚后生作用

apolar 无极面

Apollinaris 矿泉饮料[德]
→～ water 碳酸泉水

Apollo 太阳神

apolune 远月点[绕月运行轨道最远点]

apomagmatic 中距岩浆源的；外岩浆的

apomecometer 测距仪

apomict 无融合生殖植物；无配生殖植物
→～ population 单性种群

apomorph(y) 衍生特征；派生特征[古]

apomorphic 衍征的；衍生特性的；派生特性的
→～ character 离征

apoobsidian 脱玻黑曜石

apo-orogenic intrusion 造山期后侵入

作用

apophyllite 鱼眼石[$KCa_4(Si_8O_{20})(F,OH)•8H_2O$]

apophysal injection 岩枝状贯入

apophyse 岩枝；支脉；突起骨[海胆]

apophysis[pl.-ses] 岩脉的分支；岩枝；支脉

apopore 出水孔；后孔

apoporium 槽外面[孢]；孔界极区

apoporphyry 变斑岩

apopyle (海绵的)后幽(门)孔；后口

aporate 无孔的

Aporina 无孔粉属[孢]

Aporita 无孔目[林檎]

aporium 孔间面

Aporosa 无孔粉纲[包粉]；银柴属

Aporrhais 鹅掌螺属[腹;K_1-Q]

aporrhysum 后皱

Aporthophyla 远正形贝属[腕;O_2]

Aporthophylina 准远正形贝属[O_{1-2}]

aposandstone 石英岩

aposelene{aposelenium} 远月点

apospory 无孢子状态{生殖}

apotaphral 向外下滑的；向外扩张构造的(造山带)

apotectonic 造山(运动)后的；构造后的
→～ phase 造山后幕；构造后幕 // ～ stage 后造山期

apothecary 药房

apothecium 子囊盘

apothem 边心距

apotheosis 极点；顶峰

apotome 腹板背部；天青石[$SrSO_4$;斜方]

apotroctolite 变橄长岩

apotype 补型；远模式[化石标本]

Appalachian orogeny 阿帕拉契亚造山运动

Appalachignathus 阿帕拉契牙形石属[O_2]；阿巴拉契牙形石属[O_2]

apparatus 注解；仪表；器械；装备；仪器；工具；设备；装置
→～ for prefloatation pulp conditioning 浮选矿浆准备器

Apparatus of the Sculptor 玉夫座

apparatus porcelain sleeve 电气瓷套

apparel flammability modeling apparatus 服装燃烧性模拟装置

apparent 表观的；表面上的；形似的；近似的；表观；明显的
→～ matrix profile 视(岩石)骨架剖面 // ～ salinity 视矿化度

appearance 出现；来到；露头；显露；看来(似乎)；外貌；出版；发表；形状；问世；外表；相；外形
→～ fracture test 断口外观试验 // ～ potential 表观电位

appendage 附属部分；附连物[节]；备用仪表；附加物；配件；附肢；附属品

appended document 附件

Appendicisporites 长突毛纹孢属[K]

Appendiculariae 尾海鞘纲[尾索]

appendifer 附着点
→～ pit 附着点坑

appendix[pl.-ices,-es] 突起；阑尾；附加物；附录；附属物
→～ ensiformis 剑突

appianite 暗拼岩；富闪深成岩类

appinite 富闪深成岩类；暗拼岩

applanation 加积夷平(作用)；加夷作用

applause 称赞；喝彩

apple butter 苹果泥；皮带油
→～ green 苹果绿[石]

applelite 方解石[$CaCO_3$;三方]

apples 井架小零件 [易脱落于钻台上,如螺母、螺栓、垫圈等]

Appleton layer 阿普顿层
→～ {F} layer F 电离层

application 申请；应用；专心；努力；施加；运用
→～ discovery claim 申请 // ～ of enamel 涂搪 // ～ of gypsum 撒施石膏 // ～ of stress 加应力

applied 外加的
→～ cold 冷(态应)用

applier-addition 添加物

apply 适用(于)；应用；运用；施加
→～ (for) 申请 // ～ the brake 制动

appoint{appoint a time; appointed day{date}} 约期

apportion 分配；分摊；摊派
→～ {|dispersion} of element 元素分离{|散}

apposed glacier 合并冰川；汇合冰川

apposite 并列的[语]；合适的；并生的；附着的
→～ fault 归并断层

apposition 同位；并置
→～ beach 归并海滩；并列沙滩 // ～ fabric 原生(沉积定向)组构 // ～ {primary} fabric 同生组构

appraisal 估价；评价；估计；鉴定
→～ area 评价区 // ～ drilling 评价钻井 // ～ {assessment} of anomalies 异常评价 // ～ of traffic safety 交通安全评估

appraise 鉴定；估价；评价；估计；估算

appreciable 感觉得到的；可观的；明显的；看得出的；可估价的
→～ error 显著误差

apprentice 见习生；实习生
→～ hewer 采煤徒工

appresorium 附着胞

appressed 紧靠的[牙形石小齿]
→～ denticle 融合锯齿；密集齿；附着锯齿[牙石] // ～ fold 两翼封闭的褶皱；紧密褶皱 // ～ suture 浅刻缝合[腹]

approach 近海地区；门径；进路；引水渠；近似法；靠近；态度；近路；方法；入口；解决；途径；接近；进港航道；处理；引槽；引航道；波浪射线；探讨
→～ (road) 引道；引桥

appropriateness 适合程度；适当性

appropriate technology 适用技术；适应技术

appropriation 同化；拨给；占用；经费
→～ (money) 拨款 // ～ account 纯利支配账

approved 批准的；公认的；有效的；许可的；被承认的；合格的；良好的；已验收的；已试过的
→～ material 许用材料 // ～ shot-firing apparatus 防爆放炮器 // ～ storage facility 合格的爆炸物贮存装置

approximant 近似值

approximate 约略；近似的；约计(的)；近似
→～ cost 粗计费用 // ～ {appraised} value 近似值

A

approximate{appraised} value 近似值

appulse (行星等)接近；表现接近；月食；半影月食；合[天]

apricosine{apricotine} 黄水晶[SiO₂]；黄晶[Al₂(SiO₄)(OH,F)₂]；蔡璞；茶晶

a priori 演绎的；先天的[拉]
→～ priori error bound 先验误差界线 //～ priori estimate 预先估计

apron 护垣；溜槽的带铰链延伸部分；保护盖；混汞板；齿帘[牙帘]；拖板箱；溜槽底；护墙；(围)裙；输送机的平板；护床；(平炉)端坡[钢]；运输机的平板；挡板；选矿槽析流板；石帘裙；护坦；防爆坡；运矿机；洗矿槽的隔板；冰川前的沙砾层
→(alluvial) ～ 冲积裙//～ (board) 裙板//(ice) ～ 冰裙；停机坪//～ (plain) 冰前(冲积)平原//～ feeder 板式送矿机 //～-picking conveyer 板式拣矿输送机 //～ stone 护脚石

apsacline 斜倾型[腕;基面]

Apseudocardinia 非假铰蚌属[双壳；T₃-J₁₋₂]

Apsheronian 阿普歇伦[阶]

apsides 远近点

Apsidospondyli 弓状脊椎亚纲[两栖]

Apternodus 渐新猬属[E₃]

apterous 无翼的

Aptertapetra 无翅罩形颗石[钙超;K]

Apterygiformes 无翼鸟目

Apterygota 无翅亚纲

apterygota 无翅类[节;D-Q]

Apteryx 无翼鸟属[Q]

apthonite 银黝铜矿[(Ag,Cu,Fe,Zn)₁₂(Sb,As)₄S₁₃;(Ag,Cr,Fe)₁₂(Sb, As)₄S₁₃;等轴]

aptite 长英岩

aptycha 双瓣腭[菊石]

aptychus[pl.-hi] 菊石口盖[头]；复口盖；双口盖

aptyxiella 口盖[腹]

apuanite 硫氧锑铁矿[Fe²⁺Fe₃³⁺Sb₄³⁺O₁₂S;四方]

(feldspath) apyre 红柱石[Al₂O₃•SiO₂;Al₂SiO₅;斜方]
→～-coating potential 石墨层电位

apyrite{daurite;daourite} 红碧玺[红电气石][(Na,Ca)(Mg,Al)₆(B₃ Al₃Si₆(O,OH)₃₀)]

apyrous 耐火黏土；耐火的；防火的

aqua[拉] 水(合的)；浅绿色；冰[H₂O;六方]；含水的；溶液
→～ {aqueous} ammonia 氨水[NH₄OH]

aquacipite 水爆石

aquacreptite 阿夸石；水爆石

aquaculture 唯水栽培；无土栽培{培养}

aquadag 石墨乳；石墨水涂料；胶态石墨；传导镀；胶体石墨[电]；炭末润滑剂；导电敷层
→～-coating potential 石墨层电位

aquafact 海蚀石；海滩巨砾

aquafacts 水浸石

aquafalfa 地下水位高的土地

aquafer 含水层

Aqua-gel 膨润土[(½Ca,Na)₀.₇(Al,Mg,Fe)₄(Si,Al)₈O₂₀(OH)₄•nH₂O,其中 Ca²⁺、Na⁺、Mg²⁺为可交换阳离子]；艾润杰尔土

aquagene 水成的
→～ tuff 水携凝灰岩；玻质碎屑岩

aquagraph 导电敷层

aqualf 潮淋溶土

aqualite 冰岩

aqua-lung 水肺[潜水用]

aquamarine 水蓝宝石[一种堇青石]；蓝晶；绿柱石[Be₃Al₂(Si₆O₁₈);六方]；海蓝宝石[Be₃Al₂(Si₆O₁₈)]
→～ (blue) 蓝绿色//(oriental) ～ 蓝宝石 [Al₂O₃]//～ chrysolite 金绿柱石[Be₃(Al,Fe)₂(Si₆O₁₈)]

aquamarsh 水沼地；沼泽

aquanaut 潜航员；海底考察者；海底人
→～ work 潜水作业

Aquapulse 水脉冲[一种皮套式气体爆炸能源]

Aquarius 宝瓶(宫石)

aquatic 水产的；水(生;上)的；水化的；含水的

aqueduct 导水管；沟渠；输水桥；高架渠；引水渠；输水管(道)

aquent 潮新成土

aqueoglacial 冰水(成)的
→～ deposit 冰水堆积//～ {glaciofluvial;fluvioglacial} deposit 冰水沉积

aqueo-igneous 含水岩浆成的；岩浆水成的；水火成的
→～ pegmatite dike 含水岩浆成伟晶岩

aqueous 水制的；水的；多水的；水状的
→～ dispersion 水分散液{体}//～ emulsion 水为连续相的乳状液[水包油乳状液]//～ gas 水气//～ humor 水样液//～ phase 水槽；液相//～{ore} pulp 矿浆

aquept 潮始成土

aquert 潮变性土

aquiclude 封闭层；不透水层；滞水层；含水但不透水的地层；隔水层；微透水层

aquifer 蓄水(地)层；含水地层；出水层
→～-contamination potential {hazard} map 含水层污染潜势{危害}图//～ encroachment{influx} 水侵//～ influx 进水量//～ system 导水系统[绵]//～ pressure 水层压力

Aquifoliaceae 冬青科[Q]

Aquila 鹰属[Q]；天鹰座

Aquilapollenites 鹰粉属[孢;K₂]

Aquilonian 阿启洛阶[J₃晚期]
→～ (stage) 阿基洛阶[J₃]

aquinite 氯化苦(炸药)

aquo-base 水系碱

aquod 潮灰土

aquogel 水凝胶

aquoll 潮软土

aquox 潮氧化土

aquult 潮老成土

AR 纵横(尺寸)比；太古宙(宇)[3800～2500Ma]；验收要求；年度报告；年报；展弦比

Ar 太古代[4570～2500Ma;地球形成、海洋形成、原核生物出现,岩石变质程度很深,目前已知最古老岩石 45 多亿年]；太古界；氩

Ara 天坛座

Arabellites 阿拉伯牙形石属[O₂]

Arabescato Grey 大花灰[石]
→～ Normal 阿拉伯白[石]

arabesquitic 花纹(结构)的

arable 耕地
→～ land 可耕地//～ layer 耕植层

Araceae 天南星科[植]

arachidic acid 花生酸{二十(烷)酸}[CH₃(CH₂)₁₈COOH]

Arachnastraea 蛛网星珊瑚(属)[C]

Arachnida 蜘蛛亚纲；蛛形纲[节;S-Q]

Arachniophyllum 丛嵌珊瑚

Arachnodiscus 蛛网藻属[硅藻;Q]

arachnoid 蛛网膜；蛛网状(的)

Arachnoidea 蜘蛛纲；蜘蛛亚纲；蛛网膜；蛛形纲[节;S-Q]

Arachnolasma 似棚珊瑚

Arachnophyllum 蛛形珊瑚属[S₁₋₂]

araeoaene 红钒铅矿[Pb(VO₃)₂]

Araeoscelis 纤肢龙属[爬;P]

araeoxene 红钒铅矿[Pb(VO₃)₂]；钒铅锌矿[Pb(Zn,Cu)(VO₄)(OH)]

aragonite 文石[CaCO₃;斜方]；霰石[蓝绿色;CaCO₃]
→～ lysocline 文石溶解跃面//～ mud {sinter} 霰石泥//～ needle-mud 文石针泥//～ sinter 霰石华[CaCO₃]；文石华

aragonitic limestone 文石质灰岩

aragonitigation 霰石化作用

Aragon spar 霰石[蓝绿色;CaCO₃]
→～{needle} spar 文石[CaCO₃;斜方]

aragotite 黄色结晶的天然沥青；黄沥青

arakawaite 磷锌铜矿[(Cu,Zn)₃(PO₄)(OH)₃•2H₂O;单斜]；荒川石

arakiite 阿拉基石[(Zn,Mn²⁺)(Mn²⁺,Mg)₁₂(Fe,Al)₂(As³⁺O₃)(As⁵⁺O₄)₂(OH)₂₃]

Aralia 楤木属[K-Q]

Araliaceae 五加科[植]；五茄科

Araliaceoipollenites 五加粉属[孢;E₂]

aralitophyre 纤闪黑玢岩

Aral Sea 咸海

Aramaic 干酪素塑胶纤维

aramayoite 硫铋锑银矿[Ag(Sb,Bi)S₂;三斜]；阿拉马约矿

Arandaspis 网甲鱼

arandisite 水硅锡矿；杂水硅锡矿

Araneida{araneae} 蜘蛛目[昆]；真蜘蛛目

A{B|D}-rank reserves A{B|D}级储量

arapahite 磁玄岩

Araphidincae 无脊缝亚目[硅藻]

arapovite 阿诺波夫石[(U,Th)(Ca,Na)₂(K₁₋ₓ □ ₓ)Si₈O₂₀•H₂O]

Aratrisporites 单脊周囊孢属[T₃]

Araucaria 南美杉(属)

Araucariaceae 南美杉科

Araucarioxylon 南洋杉型木；杉型木(属)；南美杉型木(属)[D-Q]

Araucarites 似南美杉属[P₁-K₁]；拟南洋杉；美杉

aravaipaite 水氟铅铝石[Pb₃AlF₉•H₂O]

Araxathyris 阿腊克贝属[腕;P-T]

Araxopora 阿拉克苔藓虫(属)[P₁]

arbitrary 随意的；任意的；适宜的

arbor[pl.-es] 芯骨；刀杆；刀轴；泥芯骨；杆；柄轴；树；芯轴；乔木

arborescent 乔木状的；树枝状的；树木状的
→～ drainage pattern 树枝状排水系；枝状水系//～{tree} pollen 乔[树]木花粉[孢]//～ structure 树枝状构造；枝晶结构

arboret 小树；灌木

arboretum 林园；植物园

arbor press 手扳压床；矫正机
→～{mandrel} press 手扳压床

arbour 凉亭；棚架[树枝等形成]

Arbuckle-Ellenburger group 阿巴克尔-艾伦伯格群[北美碳酸盐岩储油层]

Arbuckle group 阿巴{布}克尔群[北美;$\mathrm{C_3}$-$\mathrm{O_1}$]

arbuscle 灌木

arbustum 灌木；树木园林

arbutin 熊果苷{对苯二酚配葡糖}[$\mathrm{HO \cdot C_6H_4 \cdot O \cdot C_6H_{11}O_5}$]

arc 弧；弓形；弧形；击穿；岛弧
→(electric) ～ 电弧 // ～ (light) 弧光

Arca 魁蛤[双壳;J-Q]；蚶蛤(魁蛤)

Arcacea 蚶类

arcade 有拱顶的走道；连拱廊
→～-type arrangement 拱廊式排列

arcanite 单钾芒硝[$\mathrm{K_2SO_4}$]；钾矾[$\mathrm{K_2SO_4}$;斜方]；钾芒硝[$\mathrm{K_3Na(SO_4)_2}$;$\mathrm{(K,Na)_3(SO_4)_2}$;六方]

arc-(to-)arc transform fault (岛)弧-(岛)弧转换断层

arc-arrester 放电器

Arcavicula 弓翼蛤属[双壳;$\mathrm{T_{2-3}}$]

arc-back 逆弧；整流器的逆弧

Arcellites 叶颈大孢属[$\mathrm{K_1}$]

arcenite 钾矾[$\mathrm{K_2SO_4}$;斜方]；单钾芒硝[$\mathrm{K_2SO_4}$]

Arcestes 古菊石属[头;$\mathrm{T_3}$]

(natural) arch 天生桥

arch (set;lining) 拱形支架；发碹；起碹

Arch. 群岛

arch abutment 弧形矿柱的应力集中区；拱基
→～ abutment{feet} 拱脚 // ～(ing) action 成拱作用；拱(平衡) // ～block 拱碹块

archaea 原生域

Archaeagnostus 古球接子属[三叶;$\mathrm{C_1}$]

Archaean{Archaeozoic} era 始生代
→～{Archaeozoic} group 始生界

archaebacteria 太古细菌

archaeobacteria 原始细菌；原古细菌

Archaeocalamites 古芦木(属)

archaeoceti 古鲸亚目

Archaeocidaris 古头帕海胆属[O-P]

Archaeocopida 始足目[介]

Archaeocyatha 古杯动物(门)

Archaeocyathellus 小古杯属[$\mathrm{C_1}$]

archaeocyathid 古杯(海绵)类

Archaeocyathida 古杯纲；原古杯目

Archaeocyathus 古杯(海绵)类；(似)古杯属[O]

archaeocyte (一种)海绵变形细胞

Archaeodiscina 古盘形藻属[C]

Archaeodiscus 古盘虫属[孔虫;$\mathrm{C_{1-2}}$]

Archaeofavosina 古巢面藻属[Z]

Archaeofungia 原蕈古杯(属)[$\mathrm{C_1}$]

Archaeogastropoda 古腹足亚纲

archaeogastropoda 古腹足类[软]

Archaeogomphus 古箭蜓属[昆;$\mathrm{J_2}$]

archaeography 金石学

Archaeohippus 太古马属[$\mathrm{N_1}$]

Archaeohystrichosphaeridium 古管刺球藻属[Z-O]

Archaeoid 太古

Archaeolambda 古脊齿兽属[$\mathrm{E_1}$]

Archaeolithophyllum 古石叶藻属[C-P]

Archaeolithoporella 古石孔藻属[C-P]

archaeologist 考古学家

archaeology 考古学；考古

archaeomagnetic 古地磁的

archaeomagnetism 古地磁学；古地磁

Archaeomeryx 古鹿属；古鼷鹿(属)[$\mathrm{E_2}$]

Archaeoperisaccus 古周囊孢属[$\mathrm{D_3}$]

Archaeophytic 太古植宙

Archaeopithecus 古猴兽属[南美有蹄目;$\mathrm{E_2}$]

archaeopterides 古羊齿类

Archaeopteridium 准古羊齿属[植;$\mathrm{C_1}$]

Archaeopteris 古羊齿属[$\mathrm{D_3}$]；古蕨(属)

Archaeopterygiformes 古鸟目；古翼目

Archaeopteryx 始祖鸟(属)

Archaeornis 古鸟属[$\mathrm{J_3}$]；原鸟(属)

Archaeoryctes 古对锥齿兽属[$\mathrm{E_1}$]

Archaeoscyphia (似)古杯属[O]

Archaeosigillaria 古封印木(属)[$\mathrm{D_2}$-$\mathrm{C_1}$]

Archaeosphaera 古球虫属[孔虫;D-$\mathrm{C_1}$]

Archaeosphaeroides 古球藻属[蓝藻;Ar]

Archaeotherium 古巨猪属[$\mathrm{E_3}$]

Archaeothrix 古丝藻属[D]

Archaeotriletes 拟满江红孢属[$\mathrm{D_3}$]；菊环孢属

Archaeotrypa 古苔藓虫属[$\mathrm{C_3}$]

Archaeozoic 太古宙的

Archaeozonotriletes 偏环孢属[$\mathrm{D_2}$]

Archaeozoon 古隐藻叠层石属[Z?]

Archaias 原始虫属[孔虫]；古虫属[$\mathrm{E_2}$-Q]

archaic 已废(弃)的；古风；古代的；古代体；古的
→～ artiodactyls 早期偶蹄类[哺]

archameba 原变形虫

Archangiopteris 原始座莲蕨属[植]

arch apex{|centering} 碹顶{|架}
→～ block 拱(碹)块；拱面石[楔形] // ～ crown block 拱顶石

Arch(a)ean 太古界的；太古代的
→～ basement 弧形基底

archecyte 原始细胞

arched 拱形的[顶板]
→～ area 背斜组成的地区；背斜顶部；隆起地带；穹拱区 // ～ floor 拱底 // ～ roof 弧形洞顶 // ～ stone bridge 曲拱石桥 // ～-up fold 背斜褶皱

archegonium 藏卵器；颈卵器[植]

Archegosaurus 始鲵类[$\mathrm{C_3}$-P]

Archelon 白垩纪海龟属[爬]

archenite 褐钇铌矿[$\mathrm{YNbO_4}$;$\mathrm{Y(Nb、Ta)O_4}$;不同产状下,含稀土元素的种类和含量不同,常含铈、铀、钍、钛或钽;四方]；杂钇硅钽矿

archeo-magnetism 古地磁学；古地磁

archeopyle 原孔[古植]

Arch(a)eozoic 太古生代；太古代的；太古界的
→～ (era) 太古代[4570～2500Ma;地球形成、海洋形成、原核生物出现,岩石变质程度很深,目前已知最古老岩石 45 多亿年]

Archer 人马座

Archeria 阿尔其蛙属

archerite 磷钾石[$\mathrm{(K,NH_4)H_2PO_4}$;四方]

archesporium 孢原

archetelome 原始顶枝

archethallus 古原植体

archetypal 原始型的

Archiannelida 原始环节纲[环节]

Archichaetopoda 原始毛足目[环节]

Archidiskodon 原齿象属[N-Q]

archifoglio 方铅矿[PbS;等轴]

archil 海石蕊

archilbole 正相上升区

Archinacella 原蠣属[腹;O-S]

arching 石拱支架；拱起；穹拱作用；成拱(作用)；弯拱作用；拱曲作用
→～ effect 拱效应 // ～ of material 物料架拱 // ～ strength 砂拱强度 // ～ the roof 砌拱

archipelagic apron 群岛(周围深海扇形地)
→～ plain 列岛平原

Archipiliicae 原帽虫超科[放射虫类;射虫]

Archipolypoda 始多足亚纲

archipterygium 原鳍

Archiretiolites 古网笔石属[$\mathrm{O_3}$]

archistreptes 叶序(螺)旋(线)

archistriastum 原胸骨

Architarbus 大蛛属[$\mathrm{C_2}$]

architect 建筑师

Architectonica 车轮螺属；原盖螺(属)[腹;$\mathrm{K_3}$-Q]；拉丁属名

architectural and sanitary pottery 建筑卫生精陶
→～ glass 建筑玻璃

architecture 体系结构；建筑学；结构；构造；建筑物[总称]

archival 库存的；档案中的
→～ quality 存档质量[摄影复制品] // ～ storage 归档存储

arch keystone{key} 拱顶石
→～ lifter 拱形支架吊车；回收拱形钢支架的起重机 // ～ limb (roof) 穹翼；倒转褶皱(的)上翼；背翼；伏卧褶皱上翼 // ～ {archy} lining 拱形衬砌

Archosauria 初龙亚纲[爬]；祖龙亚纲[爬]；主龙类

archway 拱廊；拱通{道}

Arcifera 囊胸组[两栖]；担弓类

arciform 弓形

arcilla 粗酒石

arc imaging furnace 弧象炉
→～ {disruptive;sparking} distance 火花间隙 // ～ point (电焊)起弧点 // ～ time 燃弧时间 // ～ time factor 燃弧时间率

arcing 弧化；燃弧；弧烧；弧形截槽；发弧光；放电弧；弧击穿
→～ {disruptive;sparking} distance 火花间隙 // ～ point(电焊)起弧点 // ～ time 燃弧时间 // ～ time factor 燃弧时间率

Arckitectonica 轮螺属[腹;E-Q]

arc-measuring{arc} method 测弧法

arcogenesis 地拱作用；地穹运动；拱曲作用

arcograph 圆弧规

arcology 生态建筑(学)

Arconaia 曲蚌

Arcophyllum 箱珊瑚属[$\mathrm{D_2}$]

arcose 长石砂岩

arcosic 长石的

arcosolium 拱顶小室[古罗马地下墓穴中安放石棺的]

arcotomous 具平行顶底面解理的

arc-over 电弧放电

Arcrostichopteris 鄂蕨羊齿属[$\mathrm{K_1}$]

arcsine 反正弦

arc-splitter 熄弧栅
→～ starting 起弧 // ～ strike 引弧 // ～ suppression 灭弧

arctalpine{Arctic-Alpine} flora 北极高山

植物区系

Arctica 北极蛤属[双壳;T₃]

arctic environment 极地环境；北极区[生态]

→~ fox 北极狐[Q]

arctite 方柱石[为 $Na_4(AlSi_3O_8)_3(Cl,OH)$– $Ca_4(Al_2SiO_4)_3(CO_3,SO_4)$完全类质同象系列]；中柱石[$Ma_5Me_5$–$Ma_2Me_8$(Ma:钠柱石,Me:钙柱石)]

arcticization 低温准备；极地化

Arctic Mid-Oceanic Ridge 北极海中央海岭

→~ Ocean 北冰

arctic oil 靠近北极区开采的石油；北极地区石油

→~ pack 北极冰

Arctic realm 北极区[生态]

→~ {polar} region 极地//~ suite 北极式岩群

arctite 北极石[$Na_2Ca_4(PO_4)_3F$]

Arctoceratinae 北极菊石亚科[头]

Arctocyon 熊犬(属)[E₁]

Arctodus 巨型短面熊；熊齿兽属[Q]

Arctolepis 窄鳞鱼属[D]；北极鱼(属)

arctolite 硅铝钙镁石；阿克陀石

Arctomys 土拨鼠属[N₃-Q]

Arctonyx 猪獾属[Q]；沙獾属

Arctophyton 北极木属[D₂]

Arctopteris 北极蕨属[K₁]

Arctospirifer 熊石燕属[D₃]

Arctostylopus 北柱兽(属)[E₂]

Arctotherium 南美短面熊；熊齿兽属[Q]

Arctotitan 熊雷兽(属)[E₂]

arc-trench (岛)弧-(海)沟

→~ couple 岛弧-海沟对

arc trench gap 弧沟间狭口

arcual 似弧的；弧形的

→~ distance 弧距[震勘]//~ fold 圆弧褶皱

arcuate 拱式；弧形的；弓形的

→~ anomaly 弓状异常

arcuated 弓形的；弧形的

→~ construction 拱式建筑

arcuate islands 弧形列岛；岛弧

→~ {anchorate} type 等爪形骨针//~ type 曲式骨针[绵]

arcubisite 硫铋铜银矿[Ag_6CuBiS_4]

Arcugnathus 弯颚牙形石属[D₃]

arcus 弓形脊；带状加厚[孢]；弧状云

(electric(al)) arc welding 电弧焊[功率]

Arcyria 团网菌属[黏菌;Q]

ardaite 氯硫锑铅矿[$Pb_{20-18}Sn_{12-24}S_{34-36.5}Cl_{6-8}$]

ardealite{ardealith} 磷石膏[$CaH(PO_4)•Ca(SO_4)•4H_2O$;单斜]

ardennite 锰硅铝矿；砷硅铝锰石[$Mn_4(Al,Mg)_6(SiO_4)_2Si_3O_{10}(As,V)O_4)(OH)_6$;斜方]

→~-(V) 钒硅铝锰石[$Mn_4(Al_4(AlMg))(Si_5V)O_{22}(OH)_6$]

ardisiaquinone 朱砂根醌

ardmorite 膨润土[$(½Ca,Na)_{0.7}(Al,Mg,Fe)_4(Si,Al)_8O_{20}(OH)_4•nH_2O$,其中 Ca^{2+}、Na^+、Mg^{2+}为可交换阳离子]

ardoise 板岩色

ardometer 高温计[光测]

arduinite 丝{发}光沸石[$(Ca,Na_2)(Al_2Si_9O_{22})•6H_2O$;$(Ca,Na_2,K_2)Al_2Si_{10}O_{24}•7H_2O$; 斜方]；安沸石[$Na_2Ca(Al_4Si_3O_{14})•5H_2O$]

Ardynia{Ardynictis} 阿尔丁尼兽属[E₂]

Ardynomys 阿尔丁鼠属[E₃]

area 面积；地带；地面；区域；地下室前凹地；领域；范围；地区；区段

→~ draw 全面积放矿//~ {|volume|}-extraction ratio 矿床总面积{|体积|}和(已)采空总面积{|体积|}之比

areal 广大的；面积的；地区的；区域性的；来自一个地区的；平面的

→~ aperture 面口孔[孔虫]//~ extent 面积；展布范围//~ geochemical anomaly 区域地化异常//~ sampling 分区取样//~ value estimation 面值估计法；区(域)值估计

area maintenance 分区维修

→~ of artesian flow 自流水区//~ of coverage 观测区；覆盖区；影响区//~ of draw 放矿区(域)//~ of orebody 矿体面积//~ of weakness 软弱区

Areca 槟榔(属)[E₂-Q]

Arecales 棕榈目[植]；槟榔目

Arecipites{Areeipites} 槟榔粉属[E₂]

areg[sgl.erg] 沙质(沙)漠[撒哈拉]；沙土荒漠

areic 无河((地)区)的

ar(h)eism 无流区[无径流和水系]

arena 尿砂

→~ gorda 粗砂；石子

Arenacea 砂质有孔虫亚纲

arenaceous 砂状的；砂质的；砂的；沙的；多沙的；砂质

→~ limestone 砂质灰岩//~ quartz 石英砂//~ {sandy} shale 砂质页岩

arenal 拱形的[顶板]

arenarious 砂(质)的

arenated 沙化的；掺砂的

arenation 热砂浴

arenavirus 砂粒病毒

arend(al)ite 暗绿帘石[$Ca_2(Al,Fe)_3(Si_2O_7)(SiO_4)O(OH)$]

arene 粗砂；芳烃；(风化)砂屑；风化粗沙

Arenicola 沙蟹(属)[环节]；海蚯蚓属[环节]；虫管[沙蚕]

Arenicolite 沙蚕潜穴；沙蟹迹[Є-Q]；似海蚯蚓迹[遗迹]；曲管迹

arenicolite 砂栖石

Arenig 阿伦尼(克)阶[欧;O₁]；阿伦克格统[欧;O₁]

Arenigian 阿伦克格统[欧;O₁]

→~ stage 阿雷尼格阶

arenilitic 砂岩状的

arenite 砂岩；砂屑岩；砂粒屑碎岩；静砂岩；砂质岩；屑岩；净砂岩；砂碎屑岩

arenization 砂屑化

arenology 砂岩学

arenose 砂质的；粗砂质

arenoso{arenosol} 红砂土；红沙土

aren(ace)ous 砂(质)的；含砂的

arent 红砂岩新成土

arentilla 黑磁铁矿砂；尾砂；细(粒)砂

arenyte 砂碎屑岩；砂屑岩；净砂岩

areola[pl.-e] 网眼[植物叶脉间]；网隙

areole 乳头突围坑[苔]；侧壁孔

Areoligera 异突藻属[K-E]

areology 火星学

Areostrophia 干扭贝属[腕;S₃-D₁]

arequipite 杂锑铅石英；羟锑铅矿

arete 刃脊；尖薄山脊；刃岭

aretes pyramidal horns{peaks} 角峰；刃

岭金字塔形峰

aretic 无河((地)区)的；无流的

arfvedsonite{arfwedsonite} 钠铁闪石[$Na_2Ca_{0.5}Fe_4^{2+}Fe_{1.5}^{3+}((Si_{7.5}Al_{0.5})O_{22})(OH)_2$]；亚铁钠闪石[$Na_3(Fe^{2+},Mg)_4Fe^{3+}Si_8O_{22}(OH)_2$;单斜]；钠角闪石[$((Ca,Na)_{2-3}(Mg^{2+},Fe^{2+},Fe^{3+},Al^{3+})_5(Al,Si)_8O_{22})(OH)_2$]

argal 粗酒石；盘羊；干牲畜粪

argeinite 橄闪岩

argental 丙银汞膏[$CH_3CH_2CO_2H$]；含银的；兰斯堡矿；银色；γ 银汞矿

→(mercure)~ 银汞齐[Ag 和 Hg 的互化物;等轴]//~ mercury 银汞矿[Ag_2Hg_3;等轴]

argentiferous 产银的；含银的

→~ galena 含银方铅矿；银方铅矿//~ {silver} jamesonite 银金矿[(Au,Ag),含银25%～40%的自然金;等轴]//~ ore 银矿//~ pyrite 银黄铁矿

argentimetry 银液滴定法

argentine 层(方)解石[板状方解石][$CaCO_3$]；银；珠光石[$CaCO_3$]

Argentiproductus 银色长身贝属[C₁]

argentite 辉银矿[Ag_2S;等轴]；螺状硫银矿[Ag_2S]

argentoalgodonite 银微晶砷铜矿；银砷铜矿

argentobismuthite 硫铋银矿[$Ag_2S•3Bi_2S_3$;$AgBiS_2$;六方]；硫银铋矿[$AgBiS_2$]

argentobismutite 硫银铋矿[$AgBiS_2$]

argentocuproaurite 银铜金矿

argentodomeykite 银砷铜矿；银微晶铜矿

argentojarosite 银铁矾[$AgFe_3^{3+}(SO_4)_2(OH)_6$;三方]

argentomelane 银钡锰矿

argentopentlandite 银镍黄铁矿[$Ag(Fe,Ni)_8S_8$;等轴]

argento-percylite 银铜氯铅矿

argentopyrite 阿硫铁银矿[$AgFe_2S_3$;斜方]；(少)银黄铁矿

argentum 银(的)[拉]

argil 白黏土；陶土[$Al_4(Si_4O_{10})(OH)_8$;$Al_2Si_2O_5(OH)_4$]；矾石{土}[$Al_2(SO_4)(OH)_4•7H_2O$;单斜、假斜方]；白土[石膏、高岭土、镁土、重晶石等;$Al_4(Si_4O_{10})(OH)_8$]

argilla 陶土{高岭土}[$Al_4(Si_4O_{10})(OH)_8$;$Al_2Si_2O_5(OH)_4$]；泥土；铝氧土

argillaceous 黏土质的；黏土质；陶土的

→~ desert 黏土荒漠//~ earth 黏土//~ ore 泥质铁矿//~ reservoir 泥质岩类储集层//~ {clay;mud} shale 泥质页岩//~ siderite 泥质菱铁矿//~ silt-stone 泥质粉砂岩//~ slate 泥质板岩[地]；黏土石板

argillan 黏土膜；黏土胶膜；泥(质胶)膜

argill(iz)ation 泥质化(作用)；泥化作用；泥化；黏土化

argillic 泥质的

→~ alter(n)ation 泥质蚀变；黏土化；泥蚀变//~ horizon 黏土层；黏化层//~ intercalated layer 泥化夹层

argilliferous 含黏土的；含泥的；富黏土的

argillite 正长石[$K(AlSi_3O_8);(K,Na)AlSi_3O_8$;单斜]；厚层泥岩；泥(质)板岩；黏土岩；泥岩；泥状岩

→~ (pelite) 泥质岩

argillith 泥(质)板岩；黏土岩；黏板岩

argillitization 泥化作用

argillizaiton{argillization} 泥岩化

argillo-arenaceous ground 泥沙地

argillo-calcareous 泥钙质的；泥灰质(的)

argillo-ferruginous 泥铁质的

argilloid 页岩类；泥岩类

argillolite 硅质细粒凝灰岩

argillo-magnesian 泥镁质的

argillophyre 泥基斑岩

argill(ace)ous 含黏土的；泥质的；黏土状的

argillutite{argillutyte} 黏土岩；泥页岩

argillyte 正长石[K(AlSi$_3$O$_8$);(K,Na)AlSi$_3$O$_8$;单斜]；黏土岩；厚层泥岩；泥(质)板岩

argiloid 泥质岩类

arginine 精氨酸{2-氨基-5-胍基戊酸}[H$_2$NC(:NH)NH(CH$_2$)$_3$CH(NH$_2$)COOH]

argitan 泥(质胶)膜；黏土胶膜；黏土膜

Argo 船帆座；南船座

Argocheilus 光唇角石属[C$_1$]

argol 干牲畜粪；粗酒石

argon age 氩法年龄

Argonauta 船蛸属[头;Q]

argon core 氩核{实}
→~ extraction system 氩萃取系统；析氩系统

argon isotope ratio 氩同位素比
→~ lamp 氩气灯

Argonne National Laboratory 阿贡国立实验室[美]

argon retentivity 氩保存性
→~ (arc) welding 氩弧焊

Argovian (stage) 阿尔戈{高}夫(亚阶)[J$_3$]

argue in a circle 循环论证

Arguerite alloy 阿格莱特银矿物型合金

argulated 含有角形颗粒的

argulite 沥青砂岩

argutite 锗石[GeO$_2$;Cu$_3$FeGeS$_4$]

argyrite 辉银矿[Ag$_2$S;等轴]

argyrithrose 深红银矿[Ag$_3$SbS$_3$];浓红银矿[Ag$_3$SbS$_3$;三方]

argyroceratite 角银矿[Ag(Br,Cl)];AgCl;等轴]；氯银矿[AgCl;旧]

argyrodite 硫银锗矿[Ag$_8$GeS$_6$;4Ag$_2$S•GeS$_2$;斜方]；锗银硫化矿

argyropyrite 中银黄铁矿[Ag$_3$Fe$_7$S$_{11}$]

argyropyrrhotine 硫银铁矿[AgFe$_2$S$_3$;旧]

argyrose 辉银矿[Ag$_2$S;等轴]；螺状硫银矿[Ag$_2$S]

argyrotaenia 深红银矿[Ag$_3$SbS$_3$]

Argyrotheca 银壳贝

argyrythrose 浓红银矿[Ag$_3$SbS$_3$;三方]；深红银矿[Ag$_3$SbS$_3$]

arhbarite 阿砷铜石[Cu$_2$(OH)(AsO$_4$))•6H$_2$O]

arheic 无流的；无河((地)区)的
→~ region 无流区[无径流和水系]

arhizal 无主根[植]

Ariadnaesporites 刺毛大孢属[K$_1$]

Ariaspis 阿利雅盾壳虫属[三叶;Є$_2$]

ariboflavinosis 核黄素缺乏症

arich 石根

aricite 水钙沸石[Ca(Al$_2$Si$_2$O$_8$)•4H$_2$O; 单斜]

arid 干燥的；不毛的；干旱的；贫瘠的[土地]
→~ erosion 干旱侵蚀 // (physiological) ~ 干旱//~ lithogenesis 岩石旱成论//~ {dry} region 干旱地区

aridisol 旱成土

aridity 干燥(度)；干旱(性)；荒芜，贫乏

ariegite 尖榴辉岩

Arien 咏叹调；阿里安；雅瑞恩
→~ deposit 霜沉积

Aries 白羊(星)座

Arietites 白羊菊石属[头;J]；单脊菊石；白羊石(属)[头]

Ariidae 海鲶科[N$_2$-Q]；海鲇科

Arikareean 阿里卡利(统)[N$_1$]

aril[pl.arilli] 子壳，假种皮[植]

Ariophantidae 拟阿勇蛞蝓科[腹]

ariplain 旱原

aristarainite 硼钠镁石 [Na$_2$MgB$_{12}$O$_{20}$•8H$_2$O;单斜]

aristatus 芒尖状[叶顶]

Aristocystis 美海林檎(属)[O]

Ariston 雅士(图)白[石]；雪白银狐[石]

Aristoptychites 高贵褶菊石属[头;T$_2$]

(a)arite 砷锑镍矿[Ni(As,Sb)]

Arizona chute 孟特康型溜口；闸板杆式溜口
→~ ruby 红榴石[FeO•Al$_2$O$_3$•3SiO$_2$; Fe$_3$Al$_2$(SiO$_4$)$_3$]

arizonite 杂铁钛矿；长英脉岩；亚利桑那岩；红{重}钛铁矿；正长脉岩[金红石、铌钛矿、钛铁矿、赤铁矿混合物]；铁钛矿

arkanite 单钾芒硝[K$_2$SO$_4$]

arkansite (黑)板钛矿[TiO$_2$;斜方]；黑钛矿[TiO]

arkelite 立方锆石

arkesine 滑石绿泥角闪花岗岩

Arkhangelskiella 阿氏颗石[钙超;K$_2$]

arkite 霞白斑岩；黑白榴霞斑岩

arkopale 烷基酚聚乙二醇醚[RC$_6$H$_4$O(CH$_2$CH$_2$O)$_n$H]

arkos(it)e 长白砂岩；长石砂岩
→~ quartzite 长英岩//~-sand 长英砂；长石砂

arkosic 长石的
→~ bentomte 长石砂岩质斑脱岩 // ~ {granite-pebble} conglomerate 花岗岩卵石的砾岩//~ graywacke 长石砂质杂砂岩//~limestone 长石灰岩；长石砂岩质灰岩；长石石灰岩

arkosite 准脆沥青；长英岩；长石石英

arkositite 硬长石砂岩；嵌胶长石砂岩

arks 贮仓

arksudite{arksutite} 锥冰晶石[Na$_5$Al$_3$F$_{14}$;3NaF•AlF$_3$;四方]

arktolith 硅铝钙镁石

arm 凿岩机托臂；杠杆；指针；(臂状)海湾；支架；袖子；推靠臂；棚子制腿；曲臂；(轮)辐；压杆[测井探头的]；柄；手柄；臂；杆；电唱头臂；扶手(椅子)
→(bracket) ~ 线担 // ~ brace 补充支架

armadillo 犰狳[哺]

armadillos 犰狳类[哺]

armalcolite 阿姆阿尔科林月球石[美宇航员从月球带回的岩石中发现]；阿尔马科(月球石)；镁铁钛矿[(Mg,Fe^{2+})Ti$_2$O$_5$;斜方]；低铁假板钛矿

armangite 砷锰矿 [Mn$_3$(AsO$_3$)$_2$;Mn$_{20}$As$^{3+}_{18}$O$_{50}$(OH)$_2$(CO$_3$);三方]

armchair 冰蚀围椅；冰斗
→~ safety belt 座椅安全带[航]

arm coarsening 枝晶臂粗化

→~ fan 腕扇[海百]

armed 武装的；具刺的；有防护器官的[如甲壳、皮刺等]

armenite 钡钙沸石；硅铝钡钙石；石青[2CuCO$_3$•Cu(OH)$_2$; Cu$_3$(CO$_3$)$_2$(OH)$_2$]；钡钙大隅石[BaCa$_2$Al$_6$Si$_9$O$_{30}$•2H$_2$O;六方]；蓝铜矿[Cu$_3$(CO$_3$)$_2$(OH)$_2$];单斜]；含水钙钡铝硅酸盐 [NaCa$_2$(Al$_6$Si$_8$O$_{28}$)•2H$_2$O]；蓝铜矾[Cu$_4$(SO$_4$)(OH)$_6$•2H$_2$O;斜方]

Armenoceras 阿门角石(属)[头;O]；亚迷角石

Armeria 海石竹[Cu 局示植]；海石竹属(植物)
→~ maritima 海石竹[Cu 局示植;兰雪科,俗名滨簪花]

Armillaria 蜜环菌{蕈}属[真菌;Q]

arming 抹油[测深锤底]；附着物[测深锤的]
→~ firing device 解除保险引爆装置

arminite 羟铜矾

armmillary 浑天仪

armo(u)red apron{plate} 装甲板
→~ bubble 带矿粒气{汽}泡

armo(u)ring 装甲作用；壳；套；护板钢筋；装甲；铠装

armo(u)r layer 铠装层；护面层
→~ package 铠装

armoured (甲藻)甲鞘；装甲；装甲的；有甲的
→~ belt 铠装胶带输送带

armstrongite 阿钙锆石；水硅钙锆矿[CaZrSi$_6$O$_{15}$•2½H$_2$O;单斜]

arnimite 水块铜矾[Cu$_5$(SO$_4$)$_2$(OH)$_6$•3H$_2$O;斜方]；羟铜矾；块铜矾[Cu$_3$(SO$_4$)(OH)$_4$;斜方]；无钙铜矾

Arnsbergian 阿恩斯贝格阶[C$_1$]

aromatic 芳香族的；芳香的；芳香剂
→~-asphaltic oil 芳香沥青型石油 // ~-free white oil 不含芳烃石蜡油

aromaticity 芳香度

aromatic naphtha 芳族燃料油
→~-naphthenic oil 芳香环烷型石油 // ~ nucleus 芳基核 // ~ polyamide hollow fiber 芳(族)聚酰胺空心纤维 // ~ radical{group} 芳(族)基

aromatics 芳(香)族化合物

aromatic substance 香料
→~ substitution 芳(香)族取代

aromatite 没药石；芳香树脂

Arosurf MG 醚胺类阳离子捕收剂[美]
→~ MG-583 醚二胺-583[RO = (CH$_2$)$_3$NH(CH$_2$)$_3$NH$_2$,R=C$_{8-14}$ 直链或支链烷基] // ~ MG-70{|98} 醚胺-70{|98}[R = O = (CH$_2$)$_3$NH$_2$,R=C$_{8-14}$ 直链或支链烷基]

Arpadites 阿帕菊石属[头;T$_{2-3}$]

arpidelite 楣石[CaTiSiO$_5$;CaO•TiO$_2$•SiO$_2$;单斜]

Arquad 水溶性季铵氯化物

arquerite 轻银汞膏；银汞齐[Ag 和 Hg 的互化物;等轴]；轻汞膏

arrangement 商定；方案；布置；设备；协议；结构；整理
→~ {pointing} of holes 钻孔布置 // ~ of reinforcement 配筋；钢筋布置 // ~ of wires 布线 // ~ plan{diagraph;diagram} 布置图 // ~ step 台阶布置

arranger 传动装置

arrastra{arrastre} 阿赖斯塔式碾磨

array 衣服；阵；芯片；基阵；级数；排列[电极的]；系统；台阵[震]；天线阵；系；行；序列；列；数列；阵列；行列
→(antenna) ～ 天线阵 // ～ factor 装置系数[电勘]；排列系数{因子}

arrest 扣留；制动；延滞；刹车；阻止；停止；制动装置；延迟
→～ ed anticline 阶状背斜 // ～ ed crushing 有限性破碎 // ～ ed evolution 滞留演化 // ～ ed stoping 间歇回采(法)

arrester 制动装置；火焰制止器；捕捉器；制动器；除尘器；制止器；放电器
→(lightning;conductor) ～ 避雷器 // ～ catch 挡车器

Arretosaurus 阿累吐蜥属[爬;E₂]；神秘蜥属[爬;E₂]

arrhenicum 雌黄[As₂S₃;单斜]

arrhenite 杂钇硅钽矿；铁钽铌矿；铍钽铌矿；褐钇铌矿[YNbO₄;Y(Nb、Ta)O₄;不同产状下,含稀土元素的种类和含量不同,常含铈、铀、钍、钛或钽;四方]；硅钽铌石

Arrhoges 弱饰螺属[腹;E₂]

arris 边棱；刃脊；棱；尖脊；边缘；棱角
→～ edge 直角三角形斜边 // ～ hip tile 四坡顶垂脊脊瓦

arrival 到；到达[震波]
→～ curve 输入电流曲线；终端电流曲线 // ～ dealing 金属矿产运输途中处置[产地→市场] // ～{inlet} end 入口端

arrojadite 钠磷锰铁石[Na₂(Fe²⁺,Mn²⁺)₅(PO₄)₄]；磷碱铁石[(K,Ba)(Na,Ca)₅(Fe²⁺,Mn,Mg)₁₄Al(PO₄)₁₂(OH,F);单斜]

arrow(head) 尖沙嘴{咀}[海岸]；矢；箭状物；金属测橛；箭(号)
→～ diagram 网络图；矢线图 // ～-head{arrowhead} twin 箭头双晶 // ～ plot{diagram} 箭头图 // ～{tadpole} plot 蝌蚪图

arrow-head{arrowhead} twin 箭头双晶

arrowpoint 石箭头

arrow-stone 燧石

arroyo 干(乾)谷；干河；旱谷
→～-running 暂时山洪

arschinovite 胶锆石[锆石的偏胶体变种;Zr(SiO₄)]

arschinowite 变锆石[Zr(SiO₄)]

arsenargentite{arsenargentite} 砷辉银矿[Ag₃As]

arsenatapatite 砷灰石[Ca₅(AsO₄)₃F;六方]

arsenate 砷酸盐
→～ -belovite{-belowite} 砷镁钙石[Ca₂Mg(AsO₄)₂•2H₂O;三斜] // ～-belovite 砷酸镁钙石；水砷钙镁石 // ～-zeolite 毒铁矿[Kfe₄³⁺(AsO₄)₃(OH)₄•6~7H₂O]

arsenbleiinierite 砷水锑铅矿；砷铁锌铅石[PbZnFe²⁺(AsO₄)₂•H₂O;单斜]

arsenblende{auripigment} 雌黄[As₂S₃;单斜]

arsenbrackebuschite 砷铁铅石[Pb₂(Fe²⁺,Zn)(AsO₄)₂•H₂O;单斜]

arsendescloizite 羟砷锌铅石[PbZn(AsO₄)(OH)]

arsendestinezite 水砷铁矾；磷硫铁矿；砷铁矾[Fe₂³⁺(AsO₄)(SO₄)(OH)•5H₂O;单斜]

arseneisensinter 土砷铁矾[Fe₂³⁺O(AsO₄,PO₄,SO₄)₁₃(OH)₂₄•9H₂O]

arsenfahlery{arsenfahlerz} 砷黝铜矿 [Cu₁₂As₄S₁₂;(Cu,Fe)₁₂As₄S₁₃;等轴]

arsenian bournonite 砷车轮矿[PbCuAsS₃;斜方]
→～ destinezite 羟砷铁矾[Fe²⁺(AsO₄)(SO₄)(OH)•7H₂O;单斜] // ～ fengluanite 砷丰滦矿 // ～ haucheconite 砷硫镍铋锑矿 // ～{tellurian} hauchecornite 砷硫铋锑镍矿

arseniasis 砷中毒

arseniate 阿钙砷石；砷酸盐

arsenic 砷的；含砷的；砷
→～ (bloom) 砒霜 // (native) ～ 自然砷[三方]；三氧化二砷[As₂O₃] // ～ acid 胂酸[RAsO₃H₂]

arsenical 含砷的；五价砷的；砷的
→～ antimony 砷锑矿[AsSb;三斜] // ～ bismuth 自然砷铋；砷铋矿[Bi₄(AsO₄)₃(OH)₃•H₂O] // ～{gray;glance;white} cobalt 辉砷钴矿[CoAsS;斜方] // ～ fahlore 黝铜矿[Cu₁₂Sb₄S₁₃,与砷黝铜矿(Cu₁₂As₄S₁₃)有相同的结晶构造,为连续的固溶系列;(Cu,Fe)₁₂Sb₄S₁₃;等轴] // ～ iron ore 毒石[CaH(AsO₄•2H₂O);单斜] // ～ manganese 坎砷锰矿；砷锰矿[Mn₃(AsO₃)₂;Mn₁₄As₁₈³⁺O₅₀(OH)₄(CO₃);三方] // ～ nickel 红砷镍矿[NiAs;六方] // ～ ore 砷矿石 // ～ pyrite {mundic} 砷黄铁矿[FeAsS] // ～ red silver 淡红银矿[Ag₃AsS₃;三方] // ～ silver (ore) 砷银矿[Ag₃As] // ～ silver blende{arsenical silver ore} 淡红银矿[Ag₃AsS₃;三方]

arsenic blanc{flowers} 砷华[As₂O₃;等轴]
→～ bloom 镁毒石[(Ca,Mg)₃(AsO₄)₂•6H₂O;H₂Ca₄Mg(AsO₄)₄•11H₂O;三斜]；砷华[As₂O₃;等轴]；毒石[CaH(AsO₄•2H₂O);单斜] // ～ (al){white} copper 砷铜矿[Cu₃As;等轴] // ～ deposit 砷矿床 // ～ iron 毒砂[FeAsS;单斜、假斜方]；砷黄铁矿[FeAsS] // ～ minerals 砷类矿物[主要为毒砂] // ～-rich mud 富砷矿泥 // ～ silver ore 砷银矿[Ag₃As]

arsenicite 镁毒石[(Ca,Mg)₃(AsO₄)₂•6H₂O;H₂Ca₄Mg(AsO₄)₄•11H₂O;三斜]；毒石[CaH(AsO₄•2H₂O);单斜]

arsenikstein 砷黄铁矿[FeAsS]；毒砂[FeAsS;单斜、假斜方]

arsenillo 氯铜矿[Cu₂(OH)₃Cl;斜方]

arsenioardeinnite 砷锰硅铝矿

arseniopleite 红砷铁矿[(Ca,Mn)₃(Mn²⁺,Mn³⁺,Mg,Fe³⁺)₄(AsO₄)₃(AsO₃OH)•(OH)₄]；红砷钙锰石[(Ca,Mn)₄(Fe,Mn)₃(AsO₄)₄(OH)₅•2H₂O;单斜]

arseniosiderite 砷铁钙石[Ca₃Fe₄³⁺(AsO₄)₄(OH)₆•3H₂O;单斜]；菱{钙}砷铁矿[Ca₃Fe₄³⁺(AsO₄)₃(OH)₉]

arseniostibio 砷锑矿[AsSb;三斜]

arsen(e)isensinter 砷铁华

arsenite 砷华[As₂O₃;等轴]；亚砷酸盐

arseniuretted hydrogen 砷化氢[AsH₃]

arsenobis(rr)mite 羟砷铋石[Bi₂(AsO₄)(OH)₃;等轴]；羟砷铋矿[Bi₄(AsO₄)₃(OH)₃•H₂O]

arsenoclasite 阿羟砷锰石；羟砷锰矿[Mn₂(AsO₄)(OH);斜方]；羟{水}砷锰石[Mn₅(AsO₄)₂(OH)₄;斜方]；水砷锰矿[Mn₅(H₂O)₈AsO₃OH)₂(AsO₄)₂•2H₂O]

arsenocrandallite 纤砷钙铝石[(Ca,Sr)Al₃((As,P)O₄)₂(OH)₅H₂O]；钍砷钙铝石

arsenocrocite 菱砷铁矿[Ca₃Fe₄³⁺(AsO₄)₃(OH)₉]；砷铁钙石[Ca₃Fe₄³⁺(AsO₄)₄(OH)₆•3H₂O;单斜]；钙砷铁矿[Ca₃Fe₄³⁺(AsO₄)₃(OH)₉]

arsenoferrite 偶砷基铁酸盐[水泥加重剂]；砷铁石[FeAs₂;Fe₂³⁺(AsO₄)•8H₂O;三斜]

arsenoflorencite-(Ce) (阿)砷铈铝石[REEAl₃(AsO₄)₂(OH)₆]

arsenogoyazite 砷锶铝石[SrAl₃(AsO₄)₂(OH)₅•H₂O]

arsenohauchecornite 硫砷铋镍矿[Ni₉BiAsS₈;四方]

arsenoklasite 羟砷锰石[Mn₅(AsO₄)₂(OH)₄;斜方]；水砷锰石[Mn₅(AsO₄)₂(OH)₄]；水砷锰矿[Mn₅(H₂O)₈(AsO₃OH)(AsO₄)₂•2H₂O]

arsenolamprite 斜方砷[As;斜方]；自然砷铋

arsenolite 砒石[中药]；砷华[As₂O₃;等轴]

arsenomarcasite 毒砂{砷白铁矿；砷黄铁矿}[FeAsS;单斜、假斜方]

arsenomelan 硫砷铅矿[Pb₂As₂S₅;单斜]；脆硫砷铅矿[Pb₂As₂S₅;PbAs₂S₄;单斜]；双砷硫铅矿[Pb₁₁As₁₈S₄₀;部分地]

arsenopalladinite 砷(锑)钯矿[Pd₃As;Pd₅(As,Sb)₂;Pd₈(As,Sb)₃;三斜]

arsenopolybasite 砷硫银矿[8(Ag,Cu)₂S•As₂S₃]

arsenopoly fosite 砷硫银矿

arsenopyrite 砷黄铁矿[FeAsS]
→(mispickel) ～ 毒砂[FeAsS;单斜、假斜方]

arsenostibite 砷黄锑矿[AsSb₂O₆(OH)]

arsenosulvanite 等轴硫砷铜矿[Cu₃(As,V)S₄;等轴]

arsenotellurite 硫碲砷矿；砷硫碲矿[Te₂As₂S₇]

arsenothorite 砷钍石[(Th,Fe,CaCe)((Si,P,As)O₄(CO₃,OH))]

arsenotsumebite 砷铜铅矿[CuPb(AsO₄)(OH);斜方]；砷磷铅铜矿[Pb₂Cu(P,As)O₄(OH)₃•3H₂O]

arsenouranocircite 砷钡铀云母[Ba(UO₂)₂(AsO₄)₂•10~12H₂O]

arsenous{arsenious} acid 亚砷酸[H₃AsO₃]
→～ oxide 信石精

arsen(o)phyllite 白砷石[As₂O₃;单斜]；砷华[As₂O₃;等轴]

arsen(o)polybasite 砷硫锑银矿[(Ag,Cu)₁₆(As,Sb)₂S₁₁;单斜]

arsenrosslerite 重砷镁石

arsenschwefel 砷硫[含 As 约 56.9%,S 约 35.92%,H₂O 约 7%]

arsensilver blende 淡红银矿[Ag₃AsS₃;三方]

arsenstibiconite 砷黄锑矿[AsSb₂O₆(OH)]；砷黄锑华

arsenstibite 砷黄锑矿[AsSb₂O₆(OH)]

arsenstruvite 砷磷铵镁石；砷鸟粪石

arsen(o)sulfurite 砷硫[含 As 约 56.9%,S 约 35.92%,H₂O 约 7%]；杂砷硫矿；砷单斜硫

arsensulvanite 等轴硫砷铜矿[Cu₃(As,V)S₄;等轴]

arsentsumebite 羟砷铅铜矾

arsenuranocircite 绿砷钡铀矿

arsenuranospathite 铝砷铀云母[HAl(UO₂)₄(AsO₄)₄•40H₂O;四方]

arsenuranylite 砷钙铀矿[Ca(UO₂)₂(AsO₄)₂•nH₂O(n=8～12);Ca(UO₂)₄(AsO₄)₂(OH)₄•

$6H_2O$;斜方]；水砷铀矿

arsenvanadinite 砷钒铅矿

arse(n)tsumebite 硫砷铜铅石[$Pb_2Cu(AsO_4)$ $(SO_4)(OH)$;单斜]

arshinovite 胶锆石[锆石的偏胶体变种;$Zr(SiO_4)$]；阿申诺夫石

arsine 砷化三氢
→~ gas 砷化(三)氢气体；肿气//~ poisoning 肿中毒

arsino- 肿基

Arsinoitherium 埃及重脚兽(属)[E_3]

arso- 砷酰

arsoite 阿索熔岩

arsonium

artefact 人工制品；假象[一矿物具有另一矿物的外形]

Artemisia 蒿(属)[N-Q]

Artemisiocysta 蒿囊藻属[E_3]

arteriae thoracalis lateralis 胸外侧动脉

arteria ischiadica 臀下动脉

arterial 主干
→~ drainage 排水干渠(管)；排泄干道//~{primary} road 干路(线)

arteriolith 动脉石

arterite 脉混合岩

artesian 自流的；承压的

Arthenius equation 阿尔星纽斯方程

Arthricocephalites 似节头虫属[三叶;$\mathcal{E}_1$]

Arthricocephalus 节头虫属[三叶;$\mathcal{E}_1$]

arthrobacter paraffineus 石蜡节杆菌

Arthrocardia 节心藻属[K-Q]

arthrodia 滑动关节

Arthrodira 节颈鱼目；节甲鱼目

arthrolith 节石

arthrolithiasis 关节石病

arthrophycus 蠕虫遗迹；节茎迹[遗石]

Arthrophyta 节蕨植物门

Arthropitys 节(髓)木属[古植;C_2-P]

Arthropleurida 节肋类

arthropoda{Arthropods} 节肢动物(门)

Arthrostigma 镰刺蕨属；刺蕨属[古植;J_3-K_1]

arthrostigma 刺蕨

Arthrostylus 节枝苔藓虫属[O-D]

arthurite 水砷铁铜石[$CuFe_2^{3+}(AsO_4,PO_4,SO_4)_2(O,OH)$•$4H_2O$;单斜]；阿瑟矿

artic 汽车列车

articular 关节的；关节骨

articulatae 楔叶类；有节纲[蕨类植物]；木贼纲；节蕨纲

articulated 发音清晰(的)；挂钩；有关节的；铰接；铰链的；连接[用关节]；环接的；曲柄的；铰(链连)接的；有活(关)节的
→~ (joint) 活节接合//~ concrete mattress 活节混凝土块褥垫[护坡]//~ coupling 活动车钩//~ hydrostatic vehicle 活动连接式越野车//~ spool piece 铰接连接短管段

articulating half ring 关节半环
→~{knuckle} pin 关节销//~ socket 铰合槽[腕]

articulatio atlantoepistrophica 寰枢关节
→~ basicornualis 角基关节//~ intermetacarpeae 掌骨间关节//~ intersternalis 胸骨间关节//(sound) ~ 清晰度//~ radioulnaris 桡尺关节//~ radiocarpea 桡腕关节

Articulina 有节虫属[孔虫;E_2-Q]

articulite 可弯砂岩

articulum 关节面

artifact 假象[一矿物具有另一矿物的外形]；人为因素；人工制品；人造物

artificial 仿真的；人造的
→~{manufactured} graphite 人造石墨[化]//~ intelligence 智能模拟//~ jig bed 跳汰机(筛上)人工矿层//~ supported openings 需要支架的(采空区)//~{imitation} marble 假大理石//~ pillar 薄矿脉充填矸石柱//~ stone 人造石//~{imitation} stone 假石；斩假石[建]//~{man-made} stone 人造假山石//~ stone coating 斩假石墙面//~ stone roll 人造石辊//~ stone with textures cut with an axe 剁斧石//~ ventilation{draught} 人工通风//~ zeolite 软水砂；人造沸石

Artimyctella 小直喙贝属[腕;$\mathcal{E}_1$]

artinite 水纤菱镁矿{纤水碳镁石}[$Mg_2(CO_3)(OH)_2$•$3H_2O$;单斜]

Artinskian stage 阿(尔)丁斯克阶[P_1]；亚丁斯克阶

artiodactyl 偶蹄类的[哺]

artiodactyla 偶蹄目

artisan{artism;artizan} 熟练工人；工匠；技工

Artisia 髓膜属[科达纲;C_2-P]；阿氏木属[科达纲;Q]；膜髓属

artism 熟练工人

artist 艺术家；美术家；能手[某方面的]
→~ic enamel 艺术搪瓷//~ ics of the Dunhuang caves 敦煌石窟艺术学//~ ic ware 陈设瓷

artroeite 羟氟铝铅石[$PbAlF_3(OH)_2$]

arts 人文学科
→~ and crafts mixed glaze 粉彩

artsmithite 羟磷铝汞石[$Hg_4Al(PO_4)_{2-x}$ $(OH)_{1+3x},x=0.26$]

art work 原图
→~ work tape 原图信息带

Aruba 阿鲁巴岛

Arundian 阿伦德阶[C_1]

arvaite 阿维阴铁

Arvicola 水䶄属[哺;Q]

arvideserta 流沙荒漠

aryl 芳基
→~-alkyl ethoxylates 芳基-烷基乙氧盐类

arylide 芳基金属

arzeunite{arz(r)unite} 氯铜铅矾[Cu_4Pb_2 $(SO_4)Cl_6(OH)_4$•$2H_2O$; $Pb_2Cu_4Cl_6O_2(SO_4)$•$4H_2O$;斜方]

as[瑞,=esker,pl. asar] 合金钢；作为；反正；同；响葫芦；如；像；如同；既；既是；既然，毋宁；跟；随着；蛇形丘；蛇丘

As 砷；自然砷[三方]；高层云

A.S. 风干的

Asaphelina 微栉虫属[三叶;O_1]

Asaphellus 小栉虫属[三叶;O_1]

Asaphid 栉虫类[三叶]

Asaphina 节虫亚目

Asaphis 蒴蛤属[双壳;N_1-Q]

Asaphiscus 附栉虫属[三叶;$\mathcal{E}_2$]

Asaphopsis 栉壳虫属[三叶;O_1]

Asaphus 栉虫(属)[三叶;O_{1-2}]

asar 蛇丘

asbecasite 砷铍硅钙石[$Ca_3(Ti,Sn)As_6$ $Si_2Be_2O_{20}$;三方]

asbeferrite 石棉；铁锰闪石

asbest(us) 石棉

asbestic 滑石棉；纤石棉；石棉的；不燃性的

asbestiform 似石棉；石棉状

asbestine 纤滑石[$Mg_3(Si_4O_{10})(OH)_2$]；石棉的；石棉性的；不燃性的；滑石棉；纤石棉；微石棉

asbestinite 角闪石棉；石棉；微石棉

asbestoic{asbestos} body 石棉小体

asbestoid 类石棉；石棉状的；似石棉的

asbestoide 温石棉[$Mg_6(Si_4O_{10})(OH)_8$]；石麻；石棉；纤蛇纹石[温石棉；$Mg_6(Si_4O_{10})(OH)_8$]；石绒

asbeston 防火布

asbestos 石棉[$Mg_3Ca(SiO_3)_4$]；温石棉[$Mg_6(Si_4O_{10})(OH)_8$]；石绒；滑石棉

asbestosis 石棉肺；石棉尘肺[沉着病]

asbestos joint runner 石棉填缝浇口
→~ lumber 废石棉//~ magnesia mixture 石棉镁氧混合物//~ manufactory waste gas and water 石棉制品厂废气和废水//~ mill-board{card-board} 石棉纸板//~ paper gasket 石棉纸垫片//~ plaster 石棉灰泥(浆)//~ protection 石棉护层//~ protection ware 石棉防护用品//~ reinforcement 石棉加强物//~ ring gasket 石棉箍垫片//~ rope packing 石棉绳填密//~ standard testing machine 石棉标准检验筛//~ twisted rope 石棉扭绳//~ varnished cambric cable 石棉细漆布绝缘电缆//~ vein of slip fiber 纵纤维石棉脉//~ wire{thread} 石棉线//~ wire gauze 石棉衬网//~ yarn count 石棉纱支数

asbestumen 石棉沥青

asbestus 石绒；石麻

Asbian 阿斯比阶[C_1]

asbolane{asbolite} 钴土矿[锰钴的水合氧化物,$CoMn_2O_5$•$4H_2O$; (Mn,Co) O_2•nH_2O]；锰土[MnO_2•nH_2O]；(锰)钴土；土状钴矿

asbophite 异纤蛇纹石[$Mg_6(Si_4O_{10})$ $(OH)_8$]；次纤蛇纹石

asbovinyl 聚乙烯石棉塑料

ascanite 蒙脱石$(Na,Ca)_{0.33}(Al,Mg)_2Si_4O_{10}$ $(OH)_2$•nH_2O; $[(Al,Mg)_2(Si_4O_{10})(OH)_2$•$nH_2O$; 单斜]；阿斯坎纳土[一种膨润土]

ascend 攀登；上升；升高
→~ the steps 上台阶//~to 升至；追溯到(…时期)

Ascendancy{ascendency} 支配地位；优势

ascending 增长的；上升的；向上的
→~ (grade) 上坡//~ angle 爬坡角；爬高角；上升角[断层]//~ branch 升带[腕足类腕骨结构]；升支//~ pulp-current classifier 上升矿流分级机//~ working 漏口

ascensional 上升的；上行的
→~ differentiation 上升分异(作用)//~{upward} ventilation 上向通风

ascent 斜坡；人员出井；登高；出井到地面；回水；陡坡；上坡；上溯；上升；坡度
→~ curve 上升曲线//~ theory 上升派学说//~ or descent 坡道//~ time 上浮时间

ascensional 上升的；上行的

ascentionist 登山家
→~ theory 上升派学说

A

ascertain 定出；确定；调查；探获；探明；弄清(楚)
→~ by measuring{surveying} 测定

aschamalmite 阿硫铋铅矿[Pb$_6$Bi$_2$S$_9$]

ascharite 硼镁石[Mg$_2$(B$_2$O$_4$(OH))(OH)；2MgO•B$_2$O$_3$•H$_2$O；MgBO$_2$(OH)；单斜]；纤硼镁石

Aschelminthes (真后生动物)囊虫动物(门)

aschirite 透视石[Cu(SiO$_3$)•H$_2$O；H$_2$CuSiO$_4$；CuSiO$_2$(OH)$_2$；三方]

aschistic 未分异的；非片状的
→~ rock{aschistite} 未分(异)岩

Ascidia 海鞘(属)[尾索或被囊；Q]

Asclepiad 萝藦科植物

Asclepias 萝藦{藦}属[Q]；马利筋属

Ascoceras 袋角石属

Ascocerida 袋角石目

Ascochyta 壳二孢属[真菌；Q]

ascocone 袋锥壳[头]

Ascodictyidae 囊网苔藓虫科

Ascodinium 子囊藻属[K-E]；囊沟藻属

Ascoidea 浆霉属[真菌；Q]

Ascolichenes 囊子衣纲[地衣类；地衣]

ascon 单沟型(孢粉)

Ascones 樽海绵亚目

asconoid 似单沟型[孢]；似樽型

as-constructed{as-built;as-completed;record} drawing 竣工图

Ascopora 囊苔藓虫属[C-P]

ascopore 小孔

ascospore 子囊孢子[真菌]

ascostome[pl.-mata] 子囊孔{口}；子囊顶孔

ascothoracica 囊胸目[节]

asdic 探潜仪
→~ (gear) 声呐{纳}//~ control room 声呐舱//~ method 超声波水下{中}探测法

as-drawn 冷拔成的

aseism(at)ic 抗{耐}(地)震的；不受震的；无地震的；非(地)震的
→~ {earthquake-proof{resistant}；anti-seismic} construction 抗震建筑//~ deformation rate 无震形变率//~ {aseismatic;seismic} design 抗震设计//~ district 无震区

aseismicity 抗震性

aseismic lateral ridge 无震侧向洋脊
→~ movement 非震运动；蠕动//~ {seismically-quiet} period 地震平静期

asellate 无鞍(缝合线的)[头]

Aseptalium 无隔板槽贝属[腕；D$_1$]

aseptic 灭菌的；起净化作用的；防腐剂；无菌的
→~ medium 无菌介质[基质]

asequent 顺序失常
→~ landslide 均质土滑坡[同层]//~ slide 同类土滑坡

asexual 无性的
→~ propagation{reproduction} 无性生殖//~ spore 无性孢子

ASFE 土壤和基础工程师协会

asgruben 融冰洼地

ash 槐木；灰烬；桴(木)；灰

ashanite 阿山矿[(Nb,Ta,U,Fe,Mn)$_4$O$_8$；斜方]；铀铌钽矿

ash ball 火山灰球
→~ bed 火山灰层

ashburtonite 阿什伯敦石[HPb$_4$Cu$_4$Si$_4$O$_{12}$(HCO$_3$)$_4$(OH)$_4$Cl]

Ashby 阿什贝阶[北美；O$_2$]

ash cloud 灰云
→~ {tephra} cone 火山灰锥//~ contamination 落脏//~ content 灰分含量；含灰量//~ drawer 电气石[族名；碧硒；璧玺；(Na,Ca)(Li,Mg,Fe^{2+},Al)$_3$(Al,Fe^{3+})$_6$B$_3$Si$_6$O$_{27}$(O,OH,F)$_4$]//~ element 灰中元素//~-fall tuff 灰雨凝灰岩

ashcroftine 硅碱钙钇石[KNaCaY$_2$Si$_6$O$_{12}$(OH)$_{10}$•4H$_2$O；四方]；钾杆沸石[KNa(Ca,Mg,Mn)(Al$_4$Si$_5$O$_{18}$)•8H$_2$O]

ash{moisture} determination 水分测定

ashen 灰的；似灰的
→~-grey soil 灰色土

ashes of light preceding an earthquake 地(震)光
→~ of the dead 骨灰

ash{air} fall 灰雨
→~ fall{shower} 降灰//~-fall tuff 灰雨凝灰岩//~ {sand;pyroclastic;agglomerate} flow 火山灰流//~ free coal 无灰分煤//~-free coal 不含灰分煤

Ashgill 阿什及尔阶[O$_3$]

ashing 湿式粉抛光；灰化；砂磨

ashlar 方琢石；琢石；方石；料石；装饰屋内墙面的石板；薄方石；石墙
→(rough) ~ 毛石[建]//~ brick 假石砖//~-faced rubble wall 琢石面毛石墙//~ facing 琢石镶面//~ {cut stone} facing system 琢石贴面法

ashlaring 琢石镶面；砌琢石(墙(面))；贴琢石

ashler 方石；石墙；薄方石；方琢石；毛石[建]；细方石；琢石

ashless 无灰(分)的

ashoverite 阿羟锌石[Zn(OH)$_2$]

a shrine housing Buddhist relics 地宫[佛寺保藏舍利、器物等的地下建筑物]

ash separator 除尘器
→~ shower{fall} 火山灰雨//~-specific gravity curve 基元曲线//~ tuff 凝灰岩[火山灰]

Ash(-)stone 火山灰石；细质凝灰岩；火山凝灰石

ashtonite 丝{发}光沸石[(Ca,Na$_2$)(Al$_2$Si$_9$O$_{22}$)•6H$_2$O；(Ca,Na$_2$,K$_2$)Al$_2$Si$_{10}$O$_{24}$•7H$_2$O；斜方]；异光沸石[(Ca,Na$_2$,K$_2$)(Al$_2$Si$_9$O$_{22}$)•5H$_2$O]；锶光沸石；锶发光沸石

ashtree 水曲柳

ashy 含灰的；灰色的；灰的
→~ grit 凝灰砂岩

Asia plates 亚洲板块

Asiacanthus 亚洲棘鱼(属)[D]

Asian 亚洲人(的)
→~ plates 亚洲板块

Asiaspis 亚洲鱼属[D$_1$]

Asiatosaurus 亚洲龙(属)[爬；K]

Asiatosuchus 亚洲鳄属[爬；E$_{1-2}$]

aside[of sth.] 帮

asiderite 石陨石；无铁陨石；陨石；石陨星

asif 干河谷

Asioculicus 亚洲蚊属[昆；J$_3$-K$_1$]

Asioestheria 亚洲叶肢介属[J$_3$]

Asioproductus 亚洲长身贝属[腕；P]

asisculis 石工小锤；石匠锤

asisite 铅硅氯石[Pb$_7$SiO$_8$Cl$_2$]

Askania minimanometer 阿斯卡尼亚型空气负压仪
→~ tidal gravimeter 阿斯卡尼亚固体潮重力仪

askanite 蒙脱石[(Al,Mg)$_2$(Si$_4$O$_{10}$)(OH)$_2$•nH$_2$O；(Na,Ca)$_{0.33}$(Al,Mg)$_2$Si$_4$O$_{10}$(OH)$_2$•nH$_2$O；单斜]；阿斯坎纳土[一种膨润土]

askeletal 无骨的

aslope 有坡度；倾斜地；斜；倾斜

asmanite 陨石英[SiO$_2$]；陨鳞石英[SiO$_2$]

Asmussiidae 阿斯姆叶肢介科

Asoella 麻生海扇属[双壳；T]

asolava{aso lava} 细凝灰岩；阿苏熔岩

asovskite 褐磷铁矿[4Fe$_2$O$_3$•3P$_2$O$_5$•5⅓H$_2$O；Fe^{2+}Fe$_3^{2+}$(PO$_4$)$_2$(OH)$_2$•4H$_2$O；单斜]；羟磷铁矿；胶磷铁矿[Fe$_4$(PO$_4$)$_2$(OH)$_6$•nH$_2$O(近似)；CaFe$_3^{3+}$(PO$_4$,SO$_4$)$_2$(OH)$_8$•4~6H$_2$O?]

asowskite 胶磷铁矿[Fe$_4$(PO$_4$)$_2$(OH)$_6$•nH$_2$O(近似)；CaFe$_3^{3+}$(PO$_4$,SO$_4$)$_2$(OH)$_8$•4~6H$_2$O?]

Asp 沥青质

asparaginase 门冬酰胺酶；天冬酰胺酶

Asparagopsis 海门冬属[红藻；Q]

asparagus 芦笋[石刁柏的通称；植]；石刁柏[植]

Asparagus officinalis 石刁柏[植]；芦笋[石刁柏的通称；植]

aspartic{asparaginic} acid 天冬氨酸[COOH•CHNH$_2$•CH$_2$•COOH]

aspasiolite 变堇青石；绿堇青石；变茧青石；准块云母

aspatial 无空间的

aspect 上面；侧面；坡向；样子；面貌；方面；平面形状；信号显示；外观；形态；方向；方位；缩影；信号方位
→~ angle 视界角

aspen 白杨木

Aspenites 阿斯本菊石属[头；T$_1$]

Asperatopsophaera 糙面球形藻属[Z]

Aspergillus 曲霉属[真菌]

aspergillus 曲霉；曲霉(属)[真菌]
→~ flavus 黄曲

asperifoliate 具粗糙叶的

asperite 多孔斜长(石)熔岩；粗泡状熔岩

asperity 严酷；生硬；粗糙(度)；粗涩[暴]；表面鼓泡；凸起体
→~ size 凹凸度(大小)

aspermous 无种子的[植]

asperolite 杂绿帘硅孔雀石；水硅孔雀石[CuSiO$_3$•3H$_2$O]

asphal(t)ite 沥青矿；沥青岩

asphalt(um) 沥青；石油沥青
→~ cutback 溶于石油馏出物中的沥青//~ deposit 地沥青矿

asphaltene 沥青烯；沥青质[不溶于石油醚的]

asphalt felt 油毡；焦油毡
→~ grout 沥青砂胶//~-grouted surfacing 沥青灌碎石路面

asphaltic 含沥青的
→~ cardboard roof 沥青纸板屋顶//~ limestone 地沥青质石灰石//~ membranous materials 沥青的膜状材料；油毛毡//~ pyrobitumen 焦沥青岩//~ {tar;bituminous} sand 沥青砂

asphaltine 沥青质

asphaltite 石沥青；地沥青石

asphalt jointed pitching 沥青砌石护坡

→~ lac 沥青漆//~{pitch} lake 地沥青湖//~{bituminous} macadam 沥青碎石(施工法)//~(ic) mast 地沥青膏

asphaltmastic 沥青胶砂

asphalt(ic) mastic 地沥青砂胶；石油沥青玛琋脂

→~ mastic pointing 沥青胶泥勾缝

asphaltogenic 成沥青的

asphaltos 沥青；地沥青

asphaltous acid 地沥青酸

→~ acid anhydrides 沥青酸酐

asphalt paver 沥青摊铺机

→~ prime coat 铺路头道沥青//~ primer 路面液体沥青//~ rock{stone} 沥青质岩//~ sand 地沥青砂//~(ic) stone 沥青岩

asphaltum 溶剂沥青；地沥青；沥青

→~ oil 液态沥青

asphaltus 地沥青；沥青

Aspidagnostus 盾球接子属[三叶;Є₃]

aspidatus 具盾状加厚的[孢]

aspidelite 榍石[CaTiSiO₅;CaO·TiO₂·SiO₂;单斜]

Aspideretes 古鳖属[爬;K-Q]

Aspidograptus 盾笔石属[Є₃-O]

Aspidolithus 盾颗石(属)[钙超;K₂]

Aspid(i)ophyllum 盾珊瑚属[C₁]

Aspidopora 盾苔藓虫属[O-S]

Aspidorhabdus 盾棒石(属)[钙超;E₂-Q]

Aspidorhychoidea 尖喙鱼目

Aspidorhynchus 剑鼻鱼属；尖喙鱼属[J]

aspirant 候补者

aspirating{bleeding} valve 吸出阀

aspiration 吸气；吸入；吸引；吸出；愿望；吸收；志气

→~ method 石棉吸选法

aspis 盾状加厚[孢]；盾蜷属；角蜷属；突出口[古植]

Asplenium 铁角蕨属[K-Q]

aspondyle 非均匀节[伞藻侧枝无规律的排列]

as received basis 工作质[燃]

assault 击；冲击；袭击；突击

assay 化验；试样；矿样；分析；试料；品位；试金；含量

→~ of concentrate 精矿分析//~ plan 矿石试样采取地点图//~ plan factor 矿样分析修正系数//~ walls 矿体可采界限//~ wall stope 取样分析矿品位的工作面//~-wall stope 矿脉品位检定回采工作面

assay map 试样图

→~ of concentrate 精矿分析//~ office 分析室//~ plan 矿石试样采取地点图//~ plan factor 矿样分析修正系数//~ walls 矿体可采界限//~ wall stope 取样分析矿脉品位的工作面//~-wall stope 矿脉品位检定回采工作面

asselbornite 砷铋铅铀矿[(Pb,Ba)(UO₂)₆(BiO)₄((As,P)O₄)₂(OH)₁₂·3H₂O]

assemblage 群丛；集合体；集群；装置；集合物；组合；人群

→~ analysis 群集分析//~ of veins 矿脉的组合；矿脉组合

assemble 集合；安装；装配；会聚；组装；汇集；群集

→~ and disassemble 装卸//~ and test 装配与测试

assembling 装配；组装

→~ department{shop;plant} 装配车间//~ photograph 拼接相片//~ sphere bulk method 球罐散装法

assembly 汇编；机组；系统；仪表组；集会；拼接；装嵌；总成；装配；组件；组合；装置；集合；小群落

→~ (drawing) 总图//(final) ~ 总装//~{production;pipe} line 流水线//~{fitter's;adjusting;making-up} shop 装配车间

Asserculinia 阿苏喀林珊瑚属[P₂]

assessable 可评价的

→~ land 可征地

assessment 确定；估定；估计；评定；评价

→~ drilling 矿体评价钻进；年度估定钻探//~ of hazard 灾害估计；震害估计//~ of ore showings 矿点评价//~ work 每年必须在租地上进行的修建或钻井工作[美]；最低钻样工作量

asset 优点；好处；财产；财富；贵重物品

→~ depreciation range 资产折旧年限幅度

assign 分配；给定；划；指定；赋予[速度、动能等]

→~ a topic 命题//(value) ~ 赋值//~ of band 谱带归属

assigner{assignor} 转让人

Assilina 露环虫属[孔虫;E]

assimilability 同化性

assimilate 吸取；吸收；同化

→~ (ethnic groups,etc.) 同化

assimilation 吸收作用；同化作用；同化

→~ and fractional crystallization 同化混染与分离结晶(作用)

assimilative reaction 同化反应

Assiminea 拟沼螺属[腹;N-Q]

Assipetra 阿西石[钙超;K]

assise 亚阶[地层]；系；层系；层；地层系

assistant 助理(人员)；辅助的；助手；副的

→~ {-}driller 副司钻//~ manager 副经理//~{deputy} manager 副矿长//~ shooter 爆破助手

assist brake 辅助刹车

assize 层系

Assmann psychrometer 艾斯曼(干湿球)湿度计；阿斯曼湿度计

associate 伴生；共生的；同生矿床；共生；联合；缔合

→~ chief engineer{geologist} 副总工程师//~ contractor 副承包人

associated 毗连的；关联的；联合的；结合的；辅助的；连带的；连生的；伴生的

→~ Ag ore 伴生银矿石//~ Co ore 伴生钴矿石//~ dike 结合岩墙//~ mineral 伴生属矿物//~ rock 共生岩石；共生岩//~ stress 复合抗力

associate member 候补会员

→~ (d){accompanying;companion; ancillary} mineral 伴生矿物//~ professor{associate (senior) research fellow} 副研究员

association 结合；帮；共生组合；群丛；缔合；伴生；团体；协会；聚；学会；组；聚合；联想；共生体

→~ (plant) ~ 植物群丛；星协//~

{associative} analysis 关联分析//~(al) factor 伴随因子//~ of facies 相组合

→~ of Offshore Diving Contractors 海洋潜水承包商协会

association of ore deposits 矿床组合

→~ of professional geological scientists 专业地质科学家协会

Association of Soil and Foundation Engineers 土壤和基础工程师协会

associative key 联合标志

→~ law 结合律//~ unit 联系单元//~ variable 关联变量

assort 分类；配合

assortative mating 同型交配

assorted 分选差的；无分选的；分类的；未分选的；选配的

→~ random inclusion 混杂无规律包体//~ sand and gravel 筛选的砂和砾石[完井时在衬管中用的砂砾]

assorting effect 选移作用

assumed coordinate system 假定坐标系

→~ datum 假设起算值//~ load 计算荷载；设计荷重//~ rock-line 假定岩基线；估计岩基线//~ value 假定

assumption 假定；设想；采取；假设；假装；承担

→~ {assumed} load 计算荷重//~ of independent variation 独立变化假设//~ of small strain 微小应变假定

assurance 保险；确信；保证；自信

→~ coefficient 保险系数//~ coefficient{factor} 安全系数//~ factor 保证系数

assured 探明的；确定的；可靠的

→~ mineral 证实矿体[在量和质上]//~{positive;proven; proved} ore 可靠矿量//~ processability factor 安全操作系数

assure national security 保障国家安全

ass work 重体力活

Assyntic phase 阿森特幕

assyntite 辉榍流霞正长岩；霓辉方钠正长岩；钛辉方钠正长岩

assypite 钠橄辉长岩；钠榄辉长岩

Astacolus 龙虾虫属[孔虫;J]

Astacus 螯虾属；河虾属[K-Q]；蟹虾属

A-stage resin 甲阶树脂

Astarte 花蛤

Astartella 小花蛤属[双壳;C-P]

Astartianstage 花蛤亚阶[英;J₃]

Astartoides 类花蛤属[双壳;J₃]

Astasiaceae 易变藻科[Q]

astatic 无定向化；不稳定的；不安定的；不定向的；无定向的

→~ control 无静差控制//~ galvanometer 无定向电流仪//~ pendulum 助动式摆仪；无定向摆

astaticism 助动性；无定向性

astel 平巷顶支撑板；平巷拱顶

astely 无中柱式

astenosphere 岩流圈

Aster 紫菀属植物；星状体[动]；星射状[腔]；星射

asteria 星形宝石；星彩宝石；星光宝石

asteriacites{Asteriactes} 似海星迹[遗石]

asteriated 具星彩性的

→~ quartz 星石英；星彩石英[SiO₂]//~ ruby 星彩宝石//~ sapphire 星形宝石

Asterichnites 星迹；星形迹[遗石;K_1]

Asterigerina 星盘虫属[孔虫;K-Q]

Asterionella 星杆藻属[硅藻]

asteriscus 星耳石；星状耳石；星石；瓶状囊中的耳石

astern 后退；向船尾；船尾后的；向后的
→~ running 倒车

Asteroarchaediscus 星古盘虫属[孔虫;C_2]

Asterocalamites 星芦木(属)[C_1]

Asterocalamotriletes 星芦木孢属[C_1]

Asterocapsa 星厘藻属[蓝藻]

Asterococcus 星球藻属[绿藻;Q]

Asteroconites 星锥箭石属[头;T_3]

Asterocystis 星孢藻属[红藻;Q]

asteroid 星射状[腔]；海星；小行星[天]；流星；小游星
→~ belt{zone} 小行星带

Asteroidea 海星纲

asteroid mound 星状丘
→~ ring 小行星环

asteroite 苍辉石；钙铁{苍色}辉石[CaFe^{2+}(Si$_2$O$_6$);单斜]

Asterolepis 星鳞鱼(属)[D]

asterolith 星状颗石[钙超]

Asteromorphida 星形大类[疑]

Asteromyelon 星髓木属[古植;C_3-P_1]

Asterophycus 星瓣迹[遗石]

Asterophyllites 星叶(属)[古植;C_2-P_2]

Asteroporae 星孔苔科[苔;Q]

Asteropyge 星尾虫属[三叶;D_{2-3}]

Asterorotalia 星轮虫(属)[孔虫;N_2-Q]

asterospondylous vertebra 星状椎

Asterotheca 星囊蕨

Asterothecaceae 星囊蕨科

Asteroxylon 星木(属)[古植;D_{1-2}]

Asterozoa 海星亚门

asterozoan 星状动物；棘皮动物

Aster venustus 美丽紫菀[俗名木紫菀,菊科,硒通示植]

asthenodont 衰齿型[双壳]

asthenolith 岩浆体；熔岩浆
→~ hypothesis 放射热成因岩浆假说

asthenolithic 软流体的

a(e)sthenosphere 岩流圈；软流圈

Asthenotoma 弱螺属[腹;E-Q]

asthma 气喘病

Astian stage 阿斯蒂阶[欧;N_2]

Astiar age 第三纪[65～2.48Ma;地球表面初具现代轮廓,喜马拉雅山系和台湾形成,哺乳动物和被子植物繁殖,重要的成煤期]

astigmatic 散光的
→~ aberration 像散差

astigmation 散光；像差

astigmometer 散光计；像散测定仪

astillen 脉壁；矿脉与围岩的间层；平硐隔墙；隔墙[平硐]

astipulate 无托叶的[植]

astite 红柱云母角岩

A.S.T.M. Classification A.S.T.M.分类

astochite 钠锰闪石；粗闪石

astomata[pl.-tida] 无口亚目

astonishment 惊讶

Astra 太阳白[石]

astrachanite 白钠镁矾 [Na$_2$Mg(SO$_4$)$_2$•4H$_2$O;单斜]

Astraea 星神螺属[腹;E-Q]；星螺属[腹]

Astraeospongia 星海绵(属)[O-C]

astragal 距骨[动]；小圆凸线；半圆形挡水条[门窗的]

→~ plane 圆缘刨

Astragalus 黄芪属；黄蓍[植]

astragalus 紫云英属；距骨[动]

Astragalus bisculcatus 二槽纹紫云英[俗名毒野豌豆,硒通示植物]
→~ pectinatus 篦状紫云英[硒通示植物]；窄叶黄芪//~ racemosus 总状紫云英[俗名毒野豌豆,豆科,硒通示植物]//~ sp. 紫云英的一种[俗名 Carban-cillo 豆科,硒、铀局示植物]//~ thompsonae 汤普森氏黄芪[Sc、U 矿示植物]

astrak(h)anite{astrapialith} 白钠镁矾 [Na$_2$Mg(SO$_4$)$_2$•4H$_2$O;单斜]

Astral Eon 星元
→~ era 星云时代//~ oil 变质精制石

astraphyalite{astrapialith} 电焦石英

Astrapotherium 闪兽属[哺;E_3-N_1]

Astrapotheriurn 闪兽

Astraspis 星甲鱼

astreoid 星射状[腔]

astridite 铬软玉；铬硬玉

astringent 收敛
→~ (taste) 涩味

astrionics 航天电子(设备)

astr(o)ite 星彩石[Al$_2$O$_3$]

astrobiogeo-climatomagnetochronology 天文生物地质气候磁性年代学

astrobleme 天体碰撞坑；陨石痕；古陨石(冲击)坑；古陨击坑
→~ theory 陨石痕成矿说[与超基性岩有关的铜镍矿床]

astrobug 太空甲虫

astrochemistry 天体化学；太空化学

Astrocoenia 共星珊瑚属[E_2]

astrocompass 天文罗盘；星象罗盘

Astrocupulites 星托属[裸子;P]

astrodome 天体；天文航行(观察)舱

astrodynamics 宇宙飞行动力学

astrofix 天文定位

astrogeodetic deflection 天文大地测量偏差{斜}
→~ {astronomical} leveling 天文大地水准测定//~ measurement 大地天文学测量；天文大地学测量

astro-geodetic net adjustment 天文大地网平差

astrogeology 外空地质学

Astrognathus 星颚牙形石属[S_1]

astrograph 天体照相仪；天体摄影仪

astroite 星彩宝石

astrolabe 观象仪；星盘[天]
→(prismatic) ~ 等高仪

astrolite 球星云母

astrolithology 陨石学

astronomical body 天体

astronomic clock 天文钟
→~ {celestial;astronomical;ecliptic} longitude 黄经//~ meridian 子午线[天]//~ parallel 赤纬圈//~ radio interferometric earth survey 天文无线电干涉测量地球探测

Astrononio 星诺宁虫属[孔虫;K_2-Q]

astrophotographer 天体摄影学家

astrophotometry 天体光度(测定)

ast(e)rophyllite 星叶石 [(K,Cs,Na)$_3$(Fe^{2+},Mn)$_7$(Ti,Zr,Nb)$_2$Si$_8$O$_{24}$(O,OH,F)$_7$,有时含少量 BaO、MgO、Al$_2$O$_3$、Nb$_2$O$_5$ 等杂质;三斜]

astrorhiza 星根；星状沟[水螅]

Astrorhizida 星根虫目[孔虫]

astrosclera 星骨海绵属[Q]

astrotectonic 天体诱发地壳构造(的)

As-tsumebite 羟砷铅铜矾

Astutorhyncha 乌{巧}嘴贝属[腕;S-D]；巧嘴贝属[S-D]

astylar 无柱式的

astyllen 脉壁；防水墙；矿脉与围岩的间层

Astylospongia 钵海绵(属)；无柱海绵属[O-S]

asymmetric(al) 非对称的；不平衡的；不对称的；不均匀的
→~ class 无对称(晶)组[l 晶组]//~ climbing ripple 不对称上攀波纹//~ {anorthic;diclinic;clinorhomboidal} system 三斜晶系//~ wavefront chart 时不对称波前图版

Asymmetroceras 不对称角石属[O_2]

asymmetry 不对称性；非对称(性)；不对称；不齐
→~ distribution 非对称性分布

asymmorphous {nonsymmorphous;asymmorphical} group 非同形群

asymptotic(al) 渐近的

asynchroneity 不同时性

asynchronous 异步的；非同期；不同期的
→~ interference suppression 非同步干扰抑制//~ serial signal 异步串联信号

Asyrinx 无管孔贝属[腕;P_1]

Aszozerida 袋角石目

At 砹

atacamite 氯铜矿[Cu$_2$(OH)$_3$Cl;斜方]

atactic 不规则的；无规立构的

Atactopora 变苔藓虫属[O_{1-2}]

Atactoporella 细变苔藓虫属[O]

Atactotoechus 变壁苔藓虫属[D_{2-3}]

atamokite 异碲金矿[AuTe$_2$]

Ataphrus 无沟螺属[腹;T_3-K]

Ata-Su manganese deposit 阿塔苏锰矿床

atatschite 线玻正斑岩

atavistic developmental anomaly 返祖发育异常

atavo-tissue 承继组织

ataxic 不成层的
→~ deposit 不成层的矿床

ataxinomic 异常的[生]

ataxite 陨石英[SiO$_2$]；角砾斑杂石；镍菱铁矿；(中)镍铁陨石

Ataxophragmiida 变房虫目[孔虫]

Atdabanian stage 阿特达伯阶[俄;ϵ_1]

at depth 深部

atectite 残留基性物质

atectonic 非构造的
→~ pluton 非造山运动深成岩体

atelene crystal 次形晶[缺少重要单形的晶体]

Ateles 蛛猴属[Q]

atelestite 砷(酸)铋矿；板羟砷铋石 [Bi$_8$(AsO$_4$)$_3$O$_5$(OH)$_5$;单斜]

atelier 制作车间[法]；工作室[法]

ateline 水氯铜矿[CuCl$_2$•2H$_2$O;斜方]；副氯铜矿；氯铜矿[Cu$_2$(OH)$_3$Cl;斜方]

atelite 氯铜矿[Cu$_2$(OH)$_3$Cl;斜方]；水氯铜矿[CuCl$_2$•2H$_2$O;斜方]；副氯铜矿

Atelodictyon 不全网层孔虫属[D_{2-3}]

Atelophyllum 不等珊瑚属[D_2]

Atel transgression 阿蒂尔海进[咸海、里海]
at(h)eriastite 变柱石
atexite 残留基性物质
at grade (在)同一平面上[工程]
→～ grass (在矿井{山})地面上
athabascaite 四硒五铜矿；斜方硒铜矿[Cu_5Se_4;斜方]
Atheca 革龟亚目；无甲目
atheneite 砷汞钯矿[$(Pd,Hg)_3As$;六方]
athenium 锿[An;99 号元素旧名,今名锿]
Athens shale 阿森斯页岩[北美;O_2]
athermal 无热的
→～ solution 无热溶液
athermancy 不透热性；不传热性
a(dia)thermanous 不透热的；绝热的
athermic 不透辐射热的；不导热的
atherm(an)ous 不透辐射热的
Atherurus 帚尾豪猪属[Q]
athrypsiastis salva 桑堆砂蛀
athwart sea 侧面浪
athwartship table 横向溜槽
Athyris 无窗贝(属)[腕;D-P]
Athyrisina 准无窗贝属[腕;D]
Athyrisinoides 类准无窗贝属[腕;S_1]
athyrisoid{athypoid} type 无窗贝式[腕]
Athyrium 蹄盖蕨属[Q]
athyroid 盾鳃虫足(属的)
at kiln inlet 窑尾回浆
Atkinson formula 阿特金森公式
Atlanthropus 阿特伯猿人
→～ mauritanicus 毛里坦猿人[北非]；特拉猿人
Atlantic 大西洋；大西洋(冰后)期[欧;7500～4500 年前]
→～ coast 纵式构造海岸//～ croaker 细须石首鱼//～ Oceanographic Laboratories 大西洋海洋学实验室//～ suite 大西洋岩套{组}
Atlantis 大西洲[传说]
→～ Ⅱ Deep 阿特兰提斯Ⅱ海渊[红海内]
Atlantosauridae 阿特拉吐龙科
atlapulgite 活性白土
atlas 地图册；图谱；图集；图册；图表集
atlasite 杂石青氯铜矿；氯石青
Atlas jetloader 阿特拉斯型喷射装药器；艾特斯型气吹装药器
→～ ore 绿色孔雀石矿[为孔雀石与氢氧化铜的混合物; $Cu_2(OH)_2CO_3$]
atlasovite 阿特拉索石[$Cu_6Fe^{3+}BiO_4(SO_4)_5$•KCl]
atlasspath 纤维石膏[$CaSO_4$•$2H_2O$]；纤维石；纤霰石[$CaCO_3$]
atm 标准大气压；大气
atmochemical halo 气化学晕
atmoclast 气碎岩屑；风成碎屑；原地风化岩屑
→～ ic rock{atmoclastics} 气碎岩；大气碎屑岩
atmodialeima 大气成不整合；大气下形成的不整合
atmoelectrochemical 气电化学的
atmogenic 风积的；大气成的
→～ deposit 气成沉积；大气堆积//～ rock (大)气生岩//～{atmospheric} rock 气成岩
atmolith 风积岩；大气成岩；气成岩
atmology 水(蒸)气{汽}学
atmolysis 微孔分气法
atmophile 亲气的；亲气性
→～ element 气体元素；惰性气体//～{pneumatophile;aerophile} element 亲气元素
atmoseal 气密性；气封
atmosilicarenite 风化崩解硅质砂
atmosphere 空气；气象；气圈；气压；炉内气氛；大气圈；(大)气压的；大气层；大气的；气氛
→～ air 大气；大气压；大气压力；地面空气
atmospheric(al) (大)气压的；大气圈的；大气的
→～ conditions 通风条件
Atokan 阿托卡统[C_3]
atokite 银铂钯矿；锡铂钯矿[$(Pd,Pt)_3Sn$;等轴]
atoleine{atolin} 液体石蜡
atoll 镯礁；环礁
atollon 大环礁圈；复环礁圈
atoll reef 环(状珊瑚)礁
→～ structure 环礁状构造；环状构造[岩]//～ texture 环带结构[树脂体]//～{core} texture 环心结构//～{ring} texture 环状结构
atomic 原子武器的；原子能的；强大的；极微的
→～ absorption 原子吸收//～ absorption method 原子吸光法//～ binding 原子键耦合//～ blast 核爆炸
atomically pure graphite 原子能工业用纯石墨
atomic binding 原子键耦合
→～ blast 核爆炸//～ charge 原子装料{药}//～(al) demolition munition 原子爆破弹药//～ dusting 原子尘污染
atomic excitation cross section 原子激发截面
→～ fluorescence spectrometry 原子荧光光谱法//～ scattering factor 原子散射因子{素}//～ term 原子光谱项//～ lattice defect 晶格原子缺陷//～ length standard 原子长度标准//～ nucleus 原子核//～ number 原子数//～ number 原子序数
atomics 原子工艺学；核工艺学
atomic scattering factor 原子散射因子{素}
→～ term 原子光谱项//～ time 原子时//～ volume 原子体积//～ weight 原子量
atomistic 原子论的；原子学(家)的
atomisting spray 雾化喷水
atomization 雾化；吹制硅铁珠[重介选]；粉化；喷雾作用
→～ in graphite crucible 石墨坩埚原子化法
atomize 雾化；喷雾；粉化
→～ suspension technique 喷雾悬浊法；悬浮废液雾化法//～ water 雾化水//～ pulp burner 燃烧喷嘴//～ for aerating pulp 煤浆充气用乳化器
atomizer 喷嘴；喷雾器；雾化器
→～ burner 燃烧喷嘴//～ for aerating pulp 煤浆充气用乳化器
atomizing 雾化作用
→～ jet 雾化器//～ machine 喷雾机
atomometer 蒸发计；陶土水分蒸发计
atomous 不分枝的[棘海百]
atom population 原子集居数
→～ smasher 核粒子加速器//～-tic hydrogen 原子氢
atomy 尘埃；原子
atop 顶上
atopite 钠锑钙石；黄锑酸钙石[$Ca_2Sb_2O_7$]；氟锑钙石
Atopochara (奇)异轮藻(属)[K_1]
Atopocythere 奇花介属[N]
Atopograptus 反常笔石属[O_1]
Atopophyllum 奇异珊瑚属[P_2]
atoxic 无毒的
Atractopyge 箭尾虫属[三叶;O_3]
atramentum 水绿矾[$Fe^{2+}SO_4$•$7H_2O$;单斜]
a treadle-operated tilt hammer for hulling rice 石碓[石头做的凳子]
Atremata 无穴{孔}`贝类{目}[腕]；无孔目[林檎]；等壳目
atremate 无孔类[腕]
atreme 无萌发孔[孢]
atreol 磺化油
atrial aperture 围鳃腔孔
atrio lake 火口原湖
atriopore 围鳃腔孔
Atritor 黏土干式粉碎机[商]
atrium[pl.atria] 天井；口前腔[昆;丁]；心房；围鳃腔
atrophy 减缩；萎缩
→～ of eyeball 眼珠塌陷
atrous 深黑
A{|K|N}-truss A{|K|N}形桁架
Atrypa 无洞贝(属)[腕;S-C_1]；无孔贝；无穴蜿；无孔蜿；无洞蜿
Atrypella 小无洞贝属[腕;S-D_1]
Atrypina 准无洞贝属[腕;S-D_1]
atrypoid 无洞的；无洞贝型
Atrypopsis 似无洞贝属[腕;S-D_1]
attached 附加；附上的；附着的
attach{hitch} point 连接点
→～ bracket 附属托架
attachment 连接件；联结法；吸附；连接物；附着；黏结物；附着物；黏附；附件；连生；连接装置
→～ frame 连装附件框架//～ kinetics 吸附能；附着能//～ scar 固着痕//～ strap 搭接带
attack 锈蚀；袭击；钻孔布置；着手；溶蚀(作用)；起化学反应；击；作业循环；伐；冲击；侵蚀；动手工作；起作用；开始工作；攻击；工作循环；循环[掘进]
→～ line (消防)供水线//～ rate 开采强度；矿石计划开采率//～ time 增高时间[信号电平]；冲击时间
attacolite 红橙石[$(Ca,Mn,Sr)_3Al_6(PO_4,SiO_4)_7$•$3H_2O$;斜方]
attakolite{attakolith} 红橙石[$(Ca,Mn,Sr)_3Al_6(PO_4,SiO_4)_7$•$3H_2O$;斜方]
attal 废石；矿石废料；充填料；废渣
attapulgite 绿坡缕石；坡缕缟石；凹凸棒石；山软木；凹棒石；打白石；厄帖普石；活性蛋白；山柔皮[由纤维组合而成之薄片]；镁山软木
→～ (clay) 坡缕石[理想成分：$Mg_5Si_8O_{20}(OH)_2(H_2O)_4$•$nH_2O$；$(Mg,Al)_2Si_4O_{10}(OH)$•$4H_2O$；单斜、斜方]
attemperator 调温装置；恒温器
attendance 出席；看管；照顾；参加；注

A

意；出勤；照料；维护
→~ signaling system 值班讯号装置

attendant 出席者；伴随为；相；附属物；值班(人)员
→~ {associated} phenomenon 伴生现象

attended operation 连接操作

attention 注意；注意力；留心；关心
→~ (signal) 注意信号 // ~ line 引起注意信号线

attentions 殷勤

attenuant 冲淡的；稀释的；冲淡剂；稀释剂

attenuate 渐狭的

attenuation 拉丝速度；衰减(率)；纯化；减弱；稀释；减低；细小(的)；阻尼；变细；冲淡；衰耗；熄灭；变薄
→~ coefficient 衰减系数 // ~ {damping} constant 减幅常数 // ~ {decay} distance 衰减距离[射线穿透深度]

atteration 冲积层；表土；冲积土；泥沙

Atterberg consistency 阿太堡稠度
→~ limit 阿氏限度[黏土的特性湿度指标] // ~ plasticity index 阿脱伯格塑性指数 // ~ size classification 阿特堡粒级分类

attic 钻台地板及围板；二层平台
→~ floor{storey} 屋顶层 // ~ hand(井)架工 // ~ oil 顶存油[在构造上最高一排油井之上部残存的难于采出的一部分原油] // ~-oil recovery 阁楼油开采 // ~ storey 阁楼

attitude 产状；形态；态度；层态；位置；构造面位置；度；体态；状态；角定向[摄影]；姿态[航天器]；看法
→~ of ore body 矿体产状 // ~ of rock 岩石产状 // ~ of rock(s){bed} 岩层产状 // ~ of stratum 地层产状；岩层的产状

attle 充填料；废屑；矿屑；矸石；石屑；废渣；矸子；充填物料；矿石废料

atto 微微微[10⁻¹⁸]；毫尘；阿托

attorney 代理人

attract attention 吸引注意；耸；起眼；醒目
→~ ed continental sea 引缩大陆海 // ~ ing mechanism 吸引机理

attraction 引力
→~ (force) 吸力 // ~ {pull} of gravity 重力

attractive 有吸引力的
→~ energy 引力能 // ~ mineral 正性矿物；吸力矿物

attribute 象征；品质；特征；特性；属性；标志
→~-defined unit 属性确定的单位 // ~ listing 属性列表法 // ~ property 属性特征

attribution 属性

attrinite 暗煤；细屑体[褐煤显微组分]；细屑煤

attrital 磨碎的
→~-anthraxylon coal 暗质镜煤；细屑质镜煤 // ~ coal 细屑煤 // ~ {dull} coal 暗煤 // ~ fusain 暗丝煤；细屑丝炭

attrited 磨损的

attrition 擦蚀；消耗；磨耗；摩擦；损耗；磨；磨蚀；研磨

attritioning 磨矿

attritus 细屑煤；碎集煤

→(opaque) ~ 暗煤

ATV 全地形车[一种轻便坚固,供崎岖地势行走的汽车]

ATX 3-丙烯基异硫脲氯化物

A{|B}-type {-}fold A{|B}型褶皱
→~ granite A型花岗岩 // ~ headframe A形井架

atypical 非典型的；非模式的；不合型的；不定型的；不规则的；不正常的；异常的
→~ direction 异常方向 // ~ gravity sediment 非正常重力沉积物 // ~ sample 非典型样品

aubertite 水氯铝铜矾[CuAl(SO₄)₂Cl·14H₂O;三斜]

aubrite 无球粒辉陨石；顽辉无球粒陨石；顽火无球陨石；顽火辉石无球粒陨石

Auchenia 羊驼属[N₂-Q]

Audibert-Arnu dilatometer 奥第伯阿钮膨胀计
→~ dilatometer test 奥亚氏膨胀度试验

audio 声音的；听觉的；音频
→~- 声；听；音 // ~ signal 可听频信号 // ~ {aural} signal 声音信号 // ~ visual training 听觉视觉训练；直观训练法

audiogram 声波图；听力图

audio-visual alarm 视听警报器
→~ instruction 电化教学 // ~ material 音频视频资料

audiovisuals 视听教材

audiphone 助听器

audit 查账；审计；核算；检查；决算；审查
→~ by test 抽查

auditorium 礼堂；听众席；观众席；讲堂
→~ built below the ground 地下礼堂

Audouinella 奥氏藻属[红藻;Q]

auerbachite 锆石[ZrSiO₄;四方]；放射锆石；硅锆石

auerlite 磷钍石[Th(Si,P)O₄]；磷硅钍矿

aufeis 冰上结冰；积冰；冬季泛滥平原上的厚冰层[1~4m厚]；泛滥冰层[冬季泛滥平原上的厚冰层,1~4m]

auganite 辉安岩

augelite 光彩石[Al₂(PO₄)(OH)₃;2Al₂O₃·P₂O·3H₂O;单斜]

augen 眼斑[结构]；眼球体
→~-blast 眼球状变斑晶 // ~ schist 眼球片岩 // ~-schist 眼球片岩；眼状片岩

augen-gneiss 眼状片麻岩

augenkohle (具)眼球(节理的)煤

augensalz 石盐团块

auger 螺旋推运器；钻；螺旋式的；手摇钻；钻孔机
→~ (drill;boring) 螺钻 // ~ anchor 钻锚 // ~ board 钻(探)架 // ~ concave 螺旋输送器底壳 // ~-drill head 螺旋(麻花)钻头

augering 螺旋钻井；钻采法；螺旋钻采法[煤]；(打)地震炮井；(打)浅井

augers 螺旋运土器

auget{augette} 雷管

aught 零

augite 辉石[W₁₋ₓ(X,Y)₁₊ₓZ₂O₆, 其中, W=Ca²⁺, Na⁺; X=Mg²⁺, Fe²⁺, Mn²⁺, Ni²⁺, Li⁺; Y=Al³⁺, Fe³⁺, Cr³⁺, Ti³⁺; Z=Si⁴⁺, Al³⁺; x=0~1]
→(common) ~ 普通辉石[(Ca,Na)(Mg, Fe,Al,Ti)(Si,Al)₂O₆；单斜] // ~ albite

pegmatite 辉石钠长石伟晶岩 // ~-bronzite 紫苏辉石[(Mg,Fe²⁺)₂(Si₂O₆)] // ~ peridotite 辉橄岩

augitic 辉石的

augitite 玻辉岩；辉石岩

augitophyre 辉石斑岩

augmentation 增加量；增加；增加物；增长
→~ coefficient 放尺率

augmented 增广的；增加(的)；增大的
→~ injection 增注 // ~ solution 扩张解

augustite 磷灰石[Ca₅(PO₄)₃(F,Cl,OH)]

auina 蓝方石[(Na,Ca)₄₋₈(AlSiO₄)₆(SO₄)₁₋₂; Na₆Ca₂(AlSi O₄)₆(SO₄)₂; (Na,Ca)₄₋₈Al₆Si₆(O,S)₂₄(SO₄,Cl)₁₋₂;等轴]

Aulacella 小槽贝属[腕;C₁₋₂]

Aulacoceras 沟菊石属[头;T]

aulacogen 断陷槽[克拉通内]；陆缘地槽；拗拉堑；拗拉槽；台沟；堑槽[构造]
→~ structure 拗拉谷构造

aulacogeosyncline 堑壕地槽

Aulacophyllum 沟壁珊瑚(属)[S-D]

Aulacopleura 深沟肋虫属[三叶;S-D₂]

Aulacosphinctes 沟璇菊石属[头;J₃]

Aulacotheca 裂囊蕨

Aulacothyris 槽孔贝属[腕;T₃-J]

Aulacothyroides 拟槽孔贝属[腕;T₂₋₃]

Aulametacoceras 沟纹后角石属[头;P]

Aulina 轴星珊瑚；轴管(星)珊瑚(属)[C₁]

Aulisporites 具沟三缝孢属[T₃]

Auloclisia 管蛛网珊瑚属[C₁]

Aulocopium 管筒海绵属[O-S]

Aulocystella 小泡沫喇叭珊瑚属[D₂₋₃]

Aulodonta 管齿海胆目

Aulograptus 笛笔石属[O₁]

Aulophyllum 柱珊瑚(属)[C₁]

Aulophyster 脑油鲸属[哺;Q]

Aulopora 喇叭孔珊瑚(属)[O₁-P]；烟斗珊瑚

Auloroidea 管腕海星亚纲；管星亚纲[海星]

aulos 轴管[珊]

Aulosira 管链藻属[蓝藻;Q]

Aulosteges 管盖贝属[腕;P]

Aulotortus 管扭虫属[孔虫;T₃-K]

aura[pl.-e] 电风；气味；辉光

aural method 耳听法
→~ presentation 听觉显示法 // ~ {sound;audio} signal 伴音信号 // ~ type beacon 声响信标 // ~ warning 音响告警

aurate 金酸盐

aurelia 水母[腔]

aureola{aureole} 圈；晕；带；光环；日晕；环

auri-argentiferous 含金银的
→~ vein 含金银脉

auric 三价金的；金的；含金的
→~ chloride 氯化金[AuCl₃]

aurichalcite 碳铜锌矿；绿铜锌矿[Zn₃Cu₂(CO₃)₂(OH)₆;(Zn,Cu)₅ (CO₃)₂(OH)₆;斜方]

auricle 前耳；耳板[海胆]

auricula 耳状体

Auricularia 木耳属[真菌;Q]

auricularia 耳状幼虫[棘]；短腕幼虫；木耳属[真菌;Q]

auriculati 耳环系；辐射区环三缝孢群

auriculatus 耳垂形[叶基部]

auricupride 金铜矿[Au 和 Cu 的天然固溶体,组成近似 AuCu₃];斜方金铜矿[Cu₃Au;斜方];银铜金矿

auricuproite 铜钯金矿

auride 金化物

auriferous 含金的;金的;产金的
→～ drift 含金冰碛 //～{wash} gravel 含金砾石 // ～ hydrothermal breccia 含金水热角砾岩 // ～ palladium 金钯矿 //～ reef 金矿层

aurification 金充填

auriform 耳形的;耳状的

Auriga 御夫座

aurigerous 产金的;含金的

Aurignacian Age 旧石器时代上部
→～ age 欧里纳克期[旧石器时代晚期]

auriiodide 碘金酸盐;金碘化物

Aurila 耳形介属[E₂-Q]

auripigment 雌黄 [As₂S₃;单斜];雄黄[As₄S₄;AsS;单斜]

auripigmentum 雌黄[As₂S₃;单斜]

auris 耳
→～ externa 外耳 // ～ interna 内耳 //～ media 中耳

Auristomia 外耳口螺亚属[腹;E₂-Q]

aurite 亚金酸盐

auritotriletes 耳环三缝孢亚类

Auritulina 锥角孢属[J₁]

Auritulinasporites 厚唇孢属[J₁]

auri-uraniferous conglomerate 金 - 铀砾岩

aurivilliusite 碘氧汞石[Hg²⁺Hg¹⁺OI]

aurobismuthinite 金辉铋矿[(Bi,Au,Ag)₅S₆]

aurocuproite 钯金铜矿

aurocyanide 氰亚金酸盐[M(Au(CN)₂]

aurora[pl.-e] 电晕,曙光;变异期;极光,突变(间)期[生]
→～ australis 南极光 // ～ borealis 北极光 // ～ polaris 极

Aurora Bianco 黄昏霞光[石]

aurorae 变异带

auroral absorption 极光带吸收
→～ spectrum 极光光谱 //～ zone 极光(地带)

Auroraspora 卵囊孢属[C₁]

aurorite 极光矿;黑银锰矿[(Mn,Ag,Ca)Mn₃⁴⁺O₇·3H₂O;三斜]

Auroserisporites 金缕粉属[孢;P₂]

aurosirita 金铱锇矿

aurosmiridium 金锇矿;金铱锇矿;金锇铱矿

aurosmiridum 金银铁矿

aurostibite 方锑金矿[AuSb₂;等轴];方金锑矿[AuSb₂]

aurotellurite 针碲金矿[(Au,Ag)Te₂]

aurous 一价金的;亚金的
→～ chloride 氯化亚金[AuCl] // ～ ion 一价金离子

aurum[拉] 金
→～-argentum mine 金银矿[(Ag,Ar)]

aurumgraphicum 针碲金矿[(Au,Ag)Te₂]

aurumparadoxum 自然碲[Te;三方]

auscultation 敲帮问顶

ausforging 锻造余热淬火

ausform 奥氏体形变处理

austausch (大气紊流)交换;涡流系数
→～{exchange} coefficient 交换系数

austempering 等温淬火

---

austemper stressing 等温淬火前加应力;加工应力等温淬火

austenite 奥斯登体;砷锌钙矿[CaZn(AsO₄)(OH)];奥氏体;碳丙铁;γ 铁

austenitic{austenite} steel 奥氏体钢

austenitizing 奥氏体化

auster 奥斯特风[保加利亚沿海的干南风]

Austinella 奥斯汀贝属[腕;O₃]

Austinian stage 奥斯汀阶[北美;K₂]

austinite 砷锌钙矿[CaZn(AsO₄)(OH)];奥斯丁尼特炸药;砷钙锌石[CaZn(AsO₄)(OH);斜方]

Austin Red-D-Gel 奥斯丁{汀}牌胶质安全炸药

Austinville-type 奥斯汀维尔型

austral 南方的;向南的

Australia-Antarctic Rise 澳大利亚-南极海隆

Australian pearl 银白珍珠
→～ shield 澳洲地盾

Australina 南方贝属[腕;S₂₋₃]

australite 澳洲似曜石

Australocoelia 南方腔贝属[腕;D₁]

Australocypris 南星介属[E]

Australoid 澳洲人种

Australophyllum 澳大利亚珊瑚属;澳洲珊瑚属[D₂]

Australopithecus 南方古猿(属)[Q]
→～ group 南方猿人群

Austrian method of tunnel timbering 奥地利式隧道支撑法

Austro-Alpine nappe 奥地利-阿尔卑斯推覆体

autallotriomorphic 细晶错综状的

autan 奥唐风[法]

autapomorphic character 独有衍征

authentic 确凿;凿

authenticate 认证;鉴定

authentic sample 可信样品;真实样品

authiclast 自生碎屑;原地碎屑

authiclastic 自碎的

authigene 自生;自生组分

authigenesis 自生作用

authigenetic feldspar overgrowth 自生长石增长

authigen(et)ic 内生的;本源的;内源的;自生的
→～ constituents 自生成分 //～ deposits 自源矿床 // ～ overgrowth 自生增长 // ～ sand-size material 自生砂粒级物质

authigenous 自生的;本源的
→～ constituent 自生组分;自生成分 // ～ ejects 本源抛出物

authiklastisch 自碎的

authimorph 变形组分

author 作家;创始者;发起人;作者
→～ index 著者索引 // ～ organization 指挥部 // ～ for expenditure 批准预算 // ～ user 特许用户

authority 权威;官方;管理局;柄;职权;根据;权力
→～ organization 指挥部

authorization 核准;审定认可;认可;委任;授权

authorized 指定的;核准的;委托的
→～{rated} pressure 规定压力 //～ user 特许用户

---

authorizing 审定认可

auticreaming{non-emulsifying} agent 抗乳化剂

autimorphs 变形分子

autithetic fault 对比断层

auto 自动的;乘汽车;汽车

autoarenite 自(生)碎(屑)砂屑岩;自积砂屑岩

autobreccia 自(生)碎(屑)角砾岩

autobrecciation 角砾岩自成作用;自角砾(岩)化

autocannibalism 自吞食作用

autocannibalistic 原地盆屑再积的;自噬[自食其身]

autocarta 船上计算机和绘图系统[处理海上定位和水深数据]

autocatalysis 自(动)催化(作用)

autocatharsis 自净化

autocathartic 自净的

autocementation 自生石化(作用)

autocentering 自动定(中)心(的)

autochthon(e) 原地块;原地化石;乡土种;土生土长的动植物;原生岩体;土著种;原地岩;原地岩体

autochthonal{autochthonic} 原地的

autochthone 原地块

autochthonic 原地的

autochthonous 原地成煤说;原地的
→～ cover sequence 原地覆盖层序 //～ groundwater 本区地下水 // ～ rock{coal} 原地岩// ～ soil 原地土壤

autochthony 原地成煤说;原地成因

autoclast 自生碎屑;自碎岩

autoclastic 自碎的

autoclave 压热器;消毒蒸锅;热压(反应)器;压煮(器)

autocoel 原腔

autocollimatic 自(动)准直的

auto-collimating 自准直

autocombustion 自动点火;自动燃烧
→～ system 自动燃烧系统

autocompensation 自动补偿

autocompression 自行压缩

auto-conglomerate 自生砾岩

autoconsequent stream 自顺向河
→～ waterfall autoconsequent constructional waterfall 自生瀑布

autodecomposition{auto decomposition} 自动分解

autodestruction 自动破坏{裂}

autodumper 自卸(式)卡车

autodyne 自拍;自差

autoexcitation 自激(振荡)

autoexplosivity 自爆发(性)

autofeed 自动给料;自动推进

autofeeder 自动给矿器

auto-flowability 自流动性

auto-flushing method 自清洗法

autoformer 自耦变压器

autofrettage 炮筒(内膛挤压石化);硬化;自紧
→～ process 内表层预应力处理

autogenesis 自生;自动进化;自然发生[生]

autogenetic 自(供)热的;自成的;原生的
→～ land forms{autogenetic topography} 河流塑造地形 // ～ `topography{land forms} 自成地形

autogen(et)ic 自生的;自发的

→～ river 内源河

autogenous 自成的；自生的；自(供)热的；自发的

　　→～ grinding 无介质磨矿；自磨(法)；自生磨矿(法)// ～ healing of concrete 混凝土裂缝自行黏{弥}合// ～ roasting 自热焙烧// ～ sink-float density 自发浮沉密度// ～ soldering 自焊// ～ stream 自生河流

autogenus 单种属[生]

autogeny 自生

autogeosyncline 独立地槽；残余地槽；自地槽；自成；平原地槽；自拗地槽

autograph 亲笔(写)；手稿；真迹石印版

autographical printing 石板印刷

autographic oedometer 自录固结仪

　　→～ record 自动记录// ～ strain recorder 自记式应变记录器

autoheterodyne 自差；自拍

autohydrothermal alteration 自水热蚀变；自热液蚀变

auto(-)ignition 自动点火；自燃

autoinductive coupling 自感耦合

auto-injection 自贯入；原地贯入；自动注射；(岩浆)自动贯入

autointrusion 残浆晶隙充填；原地侵入；自(动)侵入

autoionization 自电离

autoisomorphism 自类质同象

auto launder drain 溜槽自动排水

　　→～-leveling stage 自动水平物台// ～ master 自卸(式)卡车// ～-mechanism 自动机构；自动装置// ～-miller 自动连续混砂

autolean mixture 自动贫化燃烧混合物

autolift with axle support 车轴支架式自动升降机

autolith 同源包体；同源捕获岩{房体}；自生包体；同源胞体

autolithification 自生石化(作用)

autoloading 自动加载

autoluminescence 自发光

autolysis 自变质；自溶作用

autolyte 道脉

automagmatic breccia 自岩浆角砾岩

Automan 奥托曼[一种和重锤一起使用的地震勘探自记录装置]

automanual 半自动的

　　→～ system 自动-手动系统；半自动式

automat(ion)[pl.-ta] 自动机构；自助食堂；自动装置；自动机

　　→～ car 自动闸式乘人

automated{automatic} analysis 自动分析

　　→～ cartographic 自动制图// ～ classification 自动分类// ～ metering site 自动计量点// ～ mine 自动化矿井{山}

automatic 自动装置；自动的；自动化；人员提升自控安全装置

　　→～ actuator lock 自动传动器锁

automatically compensate 自动补偿

　　→～ operated valve 自动阀(门)// ～ rotated stoper drill 自动旋转式小型柱架钻机

automation 自动化；自动学；自动

　　→(partial) ～ 半自动化(的)// ～ line 自动线// ～ mining technology 自动化开采技术

automatization 自动化

automaton 自动机

autometamorphism 自变质

autometasomatic process 自交代作用

　　→～ rock 自变质岩

autometasomation{autometasomatism} 自交代作用

autometer 汽车速度表{计}；速度计

automicrite 原地正微晶灰岩

automigration 自动偏移[震勘]

automobilism 开汽车；各种机动车辆的使用

automodulation 自(动)调制

automolite 铁锌尖晶石；锌尖晶石[$ZnAl_2O_4$;等轴]

automonitor 自动监测仪

automorphic 自守的；自形；自同构；自形的

　　→～ granular 自然粒状

automotive 汽车的；机动的；自动的；自动机的

　　→～ drilling rig 车装钻机// ～ engine 汽车或拖拉机发动机// ～ fuel 马达燃料// ～{motor} truck 卡车 autonastism 自曲性

autonomous 自治的；自备的；自主的；自激

　　→～ channel operation 独立通道操作// ～ element 自主元素// ～ tectono-magmatic activization 自治的构造岩浆活化(作用)// ～ working 独立工作

autonomy 自主

auto-oxidation 自动氧化；自氧化

autophagy 自食[互相食]；互相食[生态]；自噬[生态]

autophragm 原壁；自膜[藻]

Autophyllites 基连叶属[C_{2-3}]

autophytes 自养植物

autophytograph 植物自成印痕

autopilot 自动舵

autopiracy 本流袭夺；自袭夺

autoplane 自动(控制)飞机

auto-plant 自动装置；自动车间

autoplast 叶绿体

autoplugger 自动充填器

autopore 虫室[苔]

autopotamic 河流的；江河的

autoprobe 自动探针

autopsy 检验；实地观察

autopunch 钢球式砂型硬度计

autopurification 自净(作用)

autoput 高速公路

autoradiogram 自动射线照相术

autoradiograph 放射能照相

autoraise overload relief 浓密机过载自动升起装置

autoregression 自回归

autoregulation 自动调节

auto-retreat of delta front 三角洲前锋自(行后)退

autoroute 高速公路

autorun analysis{|function} 自往返分析{|函数}

autosegregation 自动分离

autoselector 自动选速器

autoset level 自平水准仪

　　→～ {pendulum;automatic;self-adjusting} level 自动安平水准仪

auto-siphon sand washer 自动虹吸式洗砂机

autosite 无长煌岩

autoskarn 自矽卡岩

autoskeleton 内成骨骼

autospore 似亲孢子

autostability 自稳定性

autostabilization{autostable} 自动稳定

auto-stop 自动停机

autostoper 自持式风动凿岩机；轻型气腿风动凿岩机

autostrada 高速公路

autostress rating 自动应力检定

autostylic (type) 自接型[软骨鱼]

　　→～ jaws 自接型颌

auto-suspension 自悬浮(作用)

auto-symmetry 自对称

auto-telemetering 自动遥测

autotest 自动检测

autotheca 正胞管[笔]

autothermal alteration 自热蚀变

auto-throttle 自动节流活门；自动油门

auto thrust control 自动推力控制

　　→～ truck 运货汽车[美]// ～-vortex bowl classifier 自动旋流浮槽式分级机// ～-wrench 自动扳手// ～(-)valve 自动阀(门)// ～-valve arrester 阀型避雷器// ～ variance 自方差

autotomy 自割[生态]；自伤；自体分裂

autotracking 自动跟踪

autotransformer 单线圈变压器；自耦变压器

aut(h)otroph 自养生物

autotrophic 自养(的)

　　→～ bacteria 自生细菌// ～ organism 自养生物

autotrophism{autotrophy} 自养；自养作用

autotune 自动调谐；自动统调

autotype 单色版；复印品；碳印法；用单色照相版复写；复写；影印；复制；自形；复制品

autovac 真空箱

autovalve 自动活门

autovortex bowl classifier 浮槽自动调节式旋涡分级机

autozooecium 虫胞；虫室[苔]

autozooid 独立摄食苔藓虫个体

autumn ice 初海冰；秋冰

autumnal equinox 秋分点；秋分

Autumn Brown 秋棕麻[石]

autunezite 黄钾铁矾 [$KFe_3^{3+}(SO_4)_2(OH)_6$;三方]

Autunian stage 奥顿阶[欧;P_1]

autunite 磷钙铀石；钙铀云母[$Ca(UO_2)_2(PO_4)_2 \cdot 10\sim12H_2O$;四方]

　　→(calcium) ～ 多钙铀云母

Auversian 奥伯斯阶；莱第(阶)[欧;E_2]；列德期

　　→～ Subage 欧伯斯亚期

auwai 灌溉渠[夏威夷]

auxiliaries 熔剂；添加剂；辅件；焊药；辅助设备；填充剂

auxiliary 备用的；附属的；次要的；补充的；助剂；辅助的

　　→～ denticles 辅牙// ～ {companion;branch} fault 副断层// ～ {accessory} mineral 副矿物// ～ operations 矿山其他设施// ～ plane of symmetry 副对称面// ～ prop-release device 拆卸支柱的辅助设备；支柱减压辅助装置；支架拆卸辅助设备// ～ working ramp 牵出线

auximones{auxin}　植物激素

auxiometer　廓度计

auxite　澎皂石；富镁皂石；膨皂石

auxoexplosophore　助爆团

auxograph　体积变化自动记录器

auxoplosive group　助爆团

auxospore　复大孢子

availability　可利用性；存在；可用性；可资应用性；有效利用率；利用率；有效性；现有；开发利用的可能性；适用性；具备；完好率；可得性；可获量
　　→~ factor 资用率因数；有效系数；利用效率//~ of oil 可采石油；原油可产量

available　可利用的；可达到的；得到的；通用的；适用(于)；可提供的；合用的；现有的；有效的；手头的；备有的

avaite　自然铱[Ir;等轴]；铂铱矿[(Ir,Pt);等轴]

avalanche　土崩；崩坍；山崩；崩料；崩塌；崩流；崩落；离子崩溃；塌料；岩崩
　　→~ bedding 陡斜层理[如沙丘滑动面]//~ debris cone 倒石堆

avalanches of dislocations　位错崩

avalanche talus　崩积层
　　→~ wind 雪崩气浪

avalanching　磨球崩落[磨机]

avalanchologist　雪崩学(专)家；崩落专家[研究雪崩、土崩等]

avalanchology　雪崩学

avalement　下坡时转弯加速

avalite　钾铬云母；铬伊利石；铬云母[K(Al,Cr)₂₋₃Si₃O₁₀(OH)₂]

Avalonian orogeny　阿瓦龙造山运动[AnЄ末]

avalvate stage　无板期[甲藻]

avanturin　砂金石

avarovite　钴铁镍矿

avasite　褐硅铁矿；硅褐铁石{矿}[5Fe₂O₃•2SiO₂•9H₂O]；硅铁矿[FeSi;等轴]

avelinoite　褐磷铁矿[4Fe₂O₃•3P₂O₅•5⅓H₂O;Fe²⁺Fe³⁺(PO₄)₂(OH)₂•4H₂O;单斜]；水磷铁钠石[NaFe₃³⁺(PO₄)₂(OH)₄•2H₂O;四方]

aven　落水洞；岩溶坑；穹顶深坑

Avenionia　阿维尼螺属[腹;E-Q]

aventurine　有金星的；耀水晶；金星石；沙金石
　　→~ feldspar 富包体石英；砂金石；金星玻璃；金绿石；猫眼[睛]石[BeAl₂O₄];日长石;耀长石;太阳石[琥珀]//~ glass 星彩玻璃；星彩石[Al₂O₃]//~ glaze 金砂釉//~{star} quartz 星彩石英[SiO₂]//~ stone 东陵石

aventurization　砂金石化

average　平均数；海损；平均
　　→~ carbonaceous chondrite 炭质球粒陨石平均值//~ ore 普通矿石

Averianowograptus　阿维笔石属[S₂]

averievite　氯氧钒铜矿[Cu₅(VO₄)₂O₂•CuCl]

Averrhoa　杨桃属[Q]；五敛(子)属[植]

avert　防止；排斥[植]

aviate　铂铱矿[(Ir,Pt);等轴]

avi(g)ation　军用飞机总称；航空学；航空
　　→~{aeronautical} map 航空图//~ mix 航空汽油抗爆液//~ spectacle glass 航空风镜玻璃//~ turbine 喷气燃料[材]

aviator　飞行员

avicennielum　红树群落

avicennite　铁铊矿；褐铊矿[7Tl₂O₃•Fe₂O₃;等轴]；阿维森纳矿

Avicula　燕蛤(属)[双壳;S-Q]

Avicularia　鸟嘴器[苔藓虫]

avicularium　鸟头器[苔虫]

Aviculomonotis　燕髻蛤属[双壳;P₁]

Aviculopecten　燕海扇属[双壳;C-P]

Avignathus　鸟牙形石属[D₃]

aviolite　堇云角(页)岩

avion　飞机[法;尤军用]

avionics　航空用电子设备

Avipedia　鸟足迹纲[遗石]

avlakogene　断陷槽[克拉通内]；拗拉槽

avogadr(o)ite　阿伏伽德罗石；氟硼钾石[(K,Cs)BF₄;斜方]

avogram　克/阿伏伽德罗数[质量单位]

avoidable　可以避免的
　　→~ accident 可避免事故//~ loss 可免损失

avoir(dupois)　资产；常衡(制)[以16盎司为1磅]；财产[法]

avoirdupois　常衡(制)[以16盎司为1磅]

avon　河流[塞尔特]

Avonia　亚翁贝；阿翁贝属[腕;C]

Avoninidae　小亚翁虫科[三叶]

Avonothyris　阿翁窗贝属[腕;J₂]

award　赔款；判决；决标；奖品；奖；判定；给予；授予
　　→~ for invention 发明奖//~ of contract 授予合同

awaruite　铁镍矿[(Ni,Fe);等轴]

awash　浪刷；与水面齐平；波浪冲刷；被水打湿；被波浪冲打
　　→~ rock 浪刷岩

awja　藻类遗骸泥

awl　锥；钻子；锥子

awn　芒

awning　遮篷；凉篷
　　→~ deck 天帝甲板

AWT　废水深度处理；自动测井

ax(e)[pl.axes]　削减；斧子

axality　轴对称性

axed artificial stone　剁假石
　　→~ work 琢石

axe hammer　斧锤
　　→~ handle 斧柄

axenic　拒受的
　　→~ cultivation 无菌培养

axes of convergence　收敛轴；汇聚轴
　　→~ of divergence 辐散轴//~ of principal stress 主应力轴

axe stone　硬玉[Na(Al,Fe³⁺)Si₂O₆;单斜]
　　→~ -stone 斧石[族名;Ca₂(Fe,Mn)Al₂(BO₃)(SiO₃)₄(OH)]

axial　轴(向)的；轴性的

axially extending bore　轴向通孔
　　→~ loaded column 轴载柱//~ loaded pile 轴向受拖桩//~ oriented ocean current 轴向洋流

axicon　轴棱镜；展像镜；展象镜；旋转三棱镜
　　→~ transducer 三棱镜传感器

axiferous　具轴的

axifugal　离心的

axil　腋直区[昆]；腋[植]
　　→~{stream-entrance} angle 腋角//~ foramen 腋孔

axillary　分腕板[海百]
　　→~ foramen 腋孔

axinellid　外射海绵骨针体

axinite　(紫)斧石[族名;Ca₂(Fe,Mn)Al₂(BO₃)(SiO₃)₄(OH)]

axinitization　斧石化(作用)

axinost　鳍轴骨

axiolite{axiolith}　十字晶条;(放射状)椭球粒；轴粒

axiom　规律；原理；格言；原则；公理
　　→~ of choice 选择公理//~ of superposition 叠加公理

axiomatic(al)　公理的

axiomatics　公理学

axiometer　测轴仪

axipetal　向心的

axis[pl.axes]　削减；地轴；中轴[无脊]

axisymmetric(al)　轴对称的
　　→~ extrusion 轴对称挤压

Axite　阿西炸药；石油炸药；无烟炸药

axle　芯轴；心棒；轴；轴杆

axletree　车轴

axman　测链工

axoblast　分泌硬骨质细胞[八射珊]；轴细胞

axogamy　轴生式

Axolithophyllum　石轴珊瑚属[C₂]

axon　轴突[古植]
　　→~{bottom line} 轴[凹槽或向斜的轴]

Axonocrypta　笔石类隐轴亚目；隐轴亚目[笔]

Axonolipa　无轴亚目[笔]

axonometrical{axonometric} drawing　轴测图
　　→~ drawing 立体图[不等角投影图]

axonometric projection　三向图
　　→~(al) projection{drawing} 不等角投影图

Axonophora　有轴亚目[笔]

axopodium　伪足；轴足[射虫;太阳虫;原生]

axothorax　胸轴[三叶]

axotomous　垂轴解理；立轴解理[矿]；解理垂直于一个结晶轴的
　　→~ antimony glance 毛矿；硫锑铁铅矿[Pb₄FeSb₆S₁₄]

ax(e-)stone　软玉[Ca₂Mg₅(Si₄O₁₁)₂(OH)₂-CaFe₅(Si₄O₁₁)₂(OH)₂]

ayacut　灌溉区[乌尔都语]

ayasite　铁壳陨石

ayatite　细粒刚玉

aye-aye　指(狐)猴属[Q]

azeotropic　恒沸点的
　　→~ mixture 共沸混合物

Azerbaijan　阿塞拜疆

azide　叠氮化物

aziethane{aziethylene}　重氮乙烷[C₂H₄N₂]

Azilian age　阿席林时代[石器时代]

azimethane{azimethylene}　重氮甲烷[CH₂N₂]

azimuth　地平经度；方位角；平经[天]
　　→~ (bearing) 方位//~ {orientation} distribution 方位分布//~ change pulse 方位角变化脉冲//~ compass{dial} 方位罗盘//~ finder{sight;mirror} 方位仪//~ mark 方位标

azimuthal　方位角的
　　→~ array 方位组合

azimuth(al){bearing;direction(al);orientation;position} angle　方位角
　　→~ blanking tube 方位角信号消隐管//~ change pulse 方位角变化脉冲//~

A

-elevation 方位高度// ～ guidance element 方位引导单元// ～ mirror 定向器

azmure 小卵石纹组织

azobenzene{azobenzol} 偶氮苯 [$C_6H_5N:NC_6H_5$]

azo-compound 偶氮化合物

azoic 无生命的[海底]；无生物的；偶氮的

Azoic (age){Azoic era} 无生代[An€ 早期或 An€]

azole 氮杂茂环；唑

azolitmin 石蕊精
→～ paper 石蕊素试纸

Azolla 满江红(蕨)属[K_2-E]

Azollopsis 类满江红蕨属[K_2-E]

azonal 不分带泥炭；盆地泥炭

Azonaletes 无环无口器(孢粉)亚类

azonality 非地带性

azonal{basin;local} peat 潜育泥炭
→～ soil 非分带土；非成带性土；非地带性土；泛域土// ～ water 不分带水

azonaphthalene 偶氮萘[$C_{10}H_7N:MC_{10}H_7$]

azonate 无带的[孢]

azonic 非地区性的；非本地的

azonomonoletes 无环单缝孢亚类

azonotriletes 无环三缝孢亚类

azophoska 氮磷钾肥

azoproite 硼镁铁钛矿 [$(Mg,Fe^{2+})_2(Fe^{3+},Ti,Mg)BO_5$;斜方]

Azore's High 亚速尔高压

azorite 风信子石；锆石[$ZrSiO_4$;四方]

azotase 固氮酶

azote 氮[旧]

azotic{nitrate} acid 硝酸[HNO_3]

azotification 固氮(作用)

Azotine 阿{艾}若丁炸药[含钠硝石、木炭、硫和石油]

azotize 氮化

azotobacteria 固氮菌

azotometer 氮量计；氮素计

azovskite 胶磷铁矿[$Fe_4(PO_4)_2(OH)_6·nH_2O$(近似);$CaFe_3^{3+}(PO_4,SO_4)_2(OH)_8·4~6H_2O?$]；胶棕铁矿[$Fe_3^+(PO_4)(OH)_6$(近似)]；棕铁矿

azufrado 钠硝石[$NaNO_3$;三方]；智利硝(石)[$NaNO_3$]

Azu Imperial Peual 蓝柚木[石]

Azul Bahia 巴希亚蓝[石]

azulite 蓝菱锌矿

azurchalcedony 蓝玉髓[SiO_2]

azure 天青色；天蓝
→～ copper ore 石青[$2CuCO_3·Cu(OH)_2$;$Cu_3(CO_3)_2(OH)_2$]；蓝孔雀石 [$Cu_3(CO_3)(OH)_2$] // ～ quartz 蓝石英[SiO_2] // ～ spar{stone} 蓝铜矿 [$Cu_3(CO_3)_2(OH)_2$;单斜] // ～ stone 青金石 [$(Na,Ca)_{4-8}$(Al-$SiO_4)_6(SO_4,S,Cl)_{1-2}$;$(Na,Ca)_{7-8}(Al,Si)_{12}(O,S)_{24}(SO_4,Cl_2,(OH)_2)$;等轴]；琉璃；石青 [$2CuCO_3·Cu(OH)_2$;$Cu_3(CO_3)_2(OH)_2$] // ～ stone {spar} 天蓝石 [$MgAl_2(PO_4)_2(OH)_2$;单斜]

azur(l)ite 石青 [$2CuCO_3·Cu(OH)_2$;$Cu_3(CO_3)_2(OH)_2$]；钡钙沸石；锆石[$ZrSiO_4$;四方]；蓝铜矾[$Cu_4(SO_4)(OH)_6·2H_2O$;斜方]；蓝铜矿 [$Cu_3(CO_3)_2(OH)_2$;单斜] ；石膏 [$CaSO_4·2H_2O$;单斜]；蓝玉髓[SiO_2]

azurmalachite 杂蓝铜孔雀石；蓝孔雀石 [$Cu_3(CO_3)_2(OH)_2$]

azury 青色；浅蓝

Azygograptus 断笔石(属)[O_1]

azygote 单性合子[生]

azygous 非对偶的；不成对的
→～ basal plate 单个底板[海百] // ～ node 独瘤；中瘤[牙石]

azzurrita 蓝铜矿[$Cu_3(CO_3)_2(OH)_2$;单斜]；石青[$2CuCO_3·Cu(OH)_2$; $Cu_3(CO_3)_2(OH)_2$]

B
b

B 波美[浓度单位];波美度;硼;磁通(量)密度;磁感(应)强度
→~-3 聚氧乙烯丁醚
Ba 钡;啡钻[石]
bababudanite 紫钠闪石
babbit(t) 轴承合金[铅基及锡基];巴比特合金;巴比合金
babbiting 镶巴比[氏]合金
babbit metal 巴比合金
→~ packing ring 巴氏合金填密圈//~ seat 巴比合金座
babble 串音;潺潺声;相互影响;交叉失真;多道干扰
→~ signal 迷惑信号
Babcock and Wileox mill 博布科克威尔科克斯型干磨机
→~ coefficient of friction 巴布科克摩擦系数
babeffite{babefphite} 氟磷铍钡石[BaBe(PO₄)(F,O);四方]
babel-quartz 塔状石英
babepfite 氟磷铍钡石[BaBe(PO₄)(F,O);四方]
BABI 玄武值无球粒陨石最佳初始值;BABI 值
Babinet compensator 巴比纳{涅}补色器
babingtonite 硅铁灰石[4CaO•2FeO•Fe₂O₃•10SiO₂•H₂O;Ca₂(Fe²⁺,Mn)Fe³⁺Si₅O₁₄(OH);三斜];铁灰石
Babirousa{babirusa} 东南亚疣猪属[Q]
babkinite 硫硒铋铅矿[Pb₄Bi₂(S,Se)₃]
baboons 狒狒[Q]
baby 微型的;婴儿;小型的;平衡重
Babylonia 东风螺属[腹;E-Q]
babylonian quartz 塔状石英
baby pink 浅粉红色
→~ V cut 小 V 形掏槽
bacalite 淡黄琥珀[碳氢化合物]
baccula[pl.-e] 尖长瘤[三叶]
bache 小河谷
bachelor 单身汉;学士
Bacillaria 杆状藻属[Q]
Bacillariophyta 硅藻门
bacillarite 晶蛭`石{云母};伊利石[K₀.₇₅(Al₁.₇₅R)(Si₃.₅Al₀.₅O₁₀)(OH)₂(理想组成),式中 R 为二价金属阳离子,主要为 Mg²⁺、Fe²⁺等]
bacilli-culture 细菌培养
bacilli-form 杆状
Bacillus 芽孢杆菌属[D-J]
bacillus[pl.-li] 杆状菌;杆菌
back 衬垫;孔底,反面;露头;拖欠的;峡湾底;背;顶板;顶盘;走向节理;背部;纵裂隙;上盘;山脊;后面的;冰斗;基座;冰湖底;支撑;巷道内端;过期的;后壁[冰];向后;后退;矿脉最接近地面

部分;岭;回复;巷道顶板;节理;反向的;底座;变风向[北半球反时针、南半球顺时针方向];脊梁
→~(fall) ~ 倒退//~ (up) 支持//~ abutment 后拱脚//~ a car 倒车
backacter{back-acting{hoe;rocker} shovel} 反(向)铲
backbarrier 堤坝后
backbeach 后滨[一般潮汐和波浪浸不到的海边陆地];后滩;后海岸地带
backbench 后座议员席{的}
backboard 底板
backbone{fundamental;trunk;principal} chain 主链
backbreak 超限爆破;后冲爆破;过破碎;超爆;后冲;后裂
→~ line 起爆线
back bridge 火桥
→~{collier's;concessionary} coal 矿工(福利)煤//~ end 底;煤柱未采部分;后部;未采矿柱
backcountry 边远地区
backcycling 反向循环
backdeep 后渊
backdrop 背景;干扰;交流声
backedge 裂缝
backed{silicified} zone 硅化带
backer 支持物;衬垫物;支持者;石板瓦
backface{back face} 背面
backfiller 填沟机;装料机;充填机;回填机;回注管
backfilling 壁后充填;回注;充填体
→~ and grouting 壁后注浆//~ gang 管沟回填队//~ shrinkage 采填留矿法//~ zone 充填带
backfill{cut-and-fill} mining 充填开采
backfire 逆火
back flash 反闪
→~ flush 逆流洗涤//~ focus 后焦点//~{backward} gear 倒挡齿轮//~ corrected 背景噪声已改正的;校正过本底的//~ extinction 绝灭背景质//~ spectrum 本底谱线图
backfolding 背向褶皱;倒向褶曲
back-fold{window} shutter 百叶窗
back{buck} furrow 蛇形{行}丘
→~ gear 背轮//~{backward} gear 倒挡齿轮//~ geared type motor 带减速器的马达//~ geosyncline 后地槽;离大陆最远的地槽[在复式活动带]
background 底色;伴音;配乐;基础;幕后;基质;经历;本底;底;背景;基本情况;底子
backhand 反手(向)
→~ drainage 倒转水系//~ drainage (pattern) 逆向水系
backhaul (cable) 尾绳
→~{back} cable 倒拉缆索
backhead 机尾;后部[钻机]
back heading{entry} 无轨道平巷
→~ ore bin 返矿(贮)槽//~ pulley 返回轮//~ sheet 支撑片//~ stone 衬里石//~ interpolation formula 后插公式//~ joint 背节理[平行于解{劈}理的裂隙];石阶踏步背椎//~ lash 空气重新进入扇风机;矿山(瓦斯)爆炸后空气回吸引起的再爆炸//~ looseness 松动//~ lead 沿岸砂矿[高出高水位]

backheating 反加热
backhoe 反(向)铲;挖土机
backing 里壁;回填;衬底;底板;垫圈;窝托横梁;背衬;后援;毛石垛;倒退;逆转;支持;衬垫物;后退;敷设;敷底物;倒转;支架;垫片;填料函;散射体轴瓦;倒车;乳剂[照相]
→~ block 衬垫;靠枕//~ deal 背板//~ of smoke 推回火灾烟雾//~ ore bin 返矿(贮)槽//~-out 列车退行//~ stone 衬里石//~-up{anchor} screw 固定螺丝
backjoint 平行于解理走向的节理面
back(-)land 腹地;后陆;腹陆;天然堤后低地;后置地;后地
backlands 背地
backlash 矿井爆炸后(的)反风;间断;井下爆破后的反风;发生后冲;后冲(座);侧向间隙;反向爆破(炸);空转;偏移
→~ eliminator 螺纹间隙消除装置//~ looseness 松动
back{spilling} lath 板桩
→~ lead 沿岸砂矿[高出高水位]//~-leg bracing 柱腿支撑//~ levee march {back-levee marsh} 堤后草本沼泽
backman{back man} 杂工
back{handy;odd} man 辅助工
→~{counter;retrograde;reverse} motion 反向运动//~ numbers 前面几期;过期期刊//~{stop} nut 防松螺帽//~-off 补偿;备值;倒扣;铲背;丢手;松开;释放;卸扣//~(ing) of drift direction 漂移方向的逆转//~-projection algorithm 向后投射算法//~-setting effect 逆流效应//~ shunt 矿车自动折返装置//~ saw (短把)手锯[锯柄固定在锯片背上];脊锯//~ shunt 矿车自动折返装置
backscatter 反(向)散射[光波、射线、微粒];背反射;向后散射;背散射
backset 逆流;障碍;挫折;涡流;后退;止动装置
backsetting 圆缘凿石
backshaft 后轴
backsheet 导水板
backshore 后海岸地带;后滨[一般潮汐和波浪浸不到的海边陆地];后滩;岸后
→~ (beach) 滨后//~ terrace 后滨阶地
backshot 排气管内爆音
backside 后侧;背面;后部
→~ idler 外侧托辊//~ pumping 一台马达带动两口抽油井
backsight 照尺;后视;反觇;表尺(缺口);回视;瞄准孔;反视
→~ slab{lath;brace;deal} 背板//~-slabbing 回挑//~-slabbing hole 回采工作面上部梯段片层爆破炮
backslide 滑入洼地的岩体
backsloper 推板
backspring 回动弹簧回程弹簧;后向弹簧
backstay 背撑;牵条;后撑条;后牵索
→~ cable 后拉缆
backsteinbau 砌砖状排列的小珍珠板[软;德]
back(ward) stroke 后退冲程
→~ swing 返程;逆行程//~-up 支持物;备份//~-up corner 后备位置[钻台上的新工人工作位置]//~ timbering 护顶支架;顶板支护//~ wash line 反洗

管线

backstromite 杂羟锰黑锰矿；水锰矿 $[Mn_2O_3 \cdot H_2O;(\gamma-)MnO(OH)$;单斜]；羟锰矿 $[Mn(OH)_2$;三方]

backsurge 回压冲洗；反冲洗；回冲；反冲
　　→～ clamber volume 反冲洗工具的低压室体积

backsurged debris （从炮眼）反冲出的碎屑

backswamp{back swamp} 漫滩沼泽
　　→～{levee-flank} depression 堤旁洼地

backswept 后掠(角(的))

backswipe reflection 来自后侧岩丘表面多次反射

backthrusting 背冲断层作用；背逆断层作用

backup 支持的；备用的；后备的人；支撑；支持性的；后援；垫片；辅助(的)；底板；积滞；上扣；填背；阻塞；代用品；支持；固定后备；替代的；壁后充填；挡块；复制品；备用零件
　　→～ device 备用装置

Backus-Gilbert approach 巴克斯-吉尔伯特法

Backus Naur Form 巴克斯-诺尔形式
　　→～ three-point operator 巴克斯三点算子

backwall 谷头陡壁；顶板；后膜；背墙；挡土墙；冰斗后崖；后壁[冰]；工作面[斜井]
　　→～ injection 井壁背后灌浆

backward 落后的；迟钝的；后边的；逆方向的；反向的
　　→～ difference method 后退差值法 //～{reverse(d); countercurrent} flow 逆流 //～ reading 反(向)读(出) //～ {negative} sequence 逆序 //～ station 逆位置

backwash 回卷；离子交换柱反流；回溅；余波；喷流；反响；反萃(取)；回流；反冲；尾流；洗提；反洗；回冲；反溅；回洗；反流[铀矿沥滤；离子交换柱]
　　→～(refluence) 倒流 //～ efficiency 反洗效率

backwashing 逆流洗涤

backwash mark 海滩回流痕

backwater curve 溯水曲线

backway 后退距离

backwearing 坡崖平行后退；逆磨蚀

backweathering 后退风化[山坡]；退蚀

backweld 封底焊缝；反面焊接

backwoods 野林地

back work 后援工作
　　→～{oncost} work(在)工作面和井筒之间的工作

bacon 带状滴石；薄层方解石；肉状夹石；火腿石；肉状脉石
　　→～ ore 火腿状矿石 //～-rind drapery 带状滴石

Bacor 巴科尔刚玉锆英石

bactard 白琥珀

bacteria(l) action 细菌作用
　　→～ content 细菌含量 //～ grinder 磨菌器 //～ leaching 湿法冶金；细菌浸出 {取} //～ purification of water 水的细菌净化 //～ slime buildup 细菌黏液堵塞

bacterial alteration 细菌演化作用
　　→～ decomposition(细)菌(分)解(作用)

//～ gas 微生物气；细菌成因气 //～ leaching 湿法冶金；细菌浸出{取}

bacterially degraded oil 细菌降解油

bacterial population density 细菌群密度
　　→～ purification of water 水的细菌净化 //～ slime buildup 细菌黏液堵塞

Bacteriastrum 辐杆藻属[硅藻]

bactericidal action 杀菌作用；灭菌(作用)；杀细菌(作用)
　　→～ agent 杀菌剂；灭菌剂

bactericide 杀菌剂

bacteriode 变形细菌

bacteriogenic pyrite formation 细菌成因黄铁矿建造

bacteriohopane tetrol 细菌藿四醇

bacterioid 变形细胞

bacteriological analysis 细菌分析
　　→～ cleaning 清除细菌 //～ process 细菌作用 //～ water quality 含细菌水质

bacteriologic examination 细菌检定{验}

bacteriology 细菌学

bacteriolysis 细菌分解

bacteriophage 噬菌体

bacteriophagia{bacteriophagy} 噬菌现象

bacteriostasis 抑菌(作用)

bacteriostat{bacteriostatic agent} 抑菌剂

bacterium[pl.-ia] 微生物；菌；细菌
　　→～ coli 大肠菌群 //～ radicicola 根瘤菌

bacterized peat 细菌化泥炭

bactricicone 杆石壳；杆菊石壳

Bactrites 杆石属[头]；杆棱石(属)

bactriticone 直壳[菊石]；杆菊石锥

bactritoid 杆菊石式[头]

Bactritoidea 杆石亚纲

Bactroceras 杆角石属[头;O_2]

Bactrognathus 棒颚牙形石属[C_1]

Bactrosaurus 巴克龙属[爬;K]

Bactrosporites 棒形孢属[P]

baculate 棒状的；具内棒的

Baculati 棒瘤亚系[孢]；棒瘤孢亚系

Baculatisporites 棒瘤孢属[N_2]

Baculexinis 异瘤切壁孢属[C_2]

baculicone 松旋杆状壳[头]

baculine 棒状

baculite 杆菊石；杆锥晶；棒锥晶

Baculites 杆菊石属[头;K]；杆菊石；旋杆菊石

baculum[pl.-la] 棒

Bacutriletes 棒瘤大孢属[T_3-J_1]

bad 不稳固的

baddeckite 赤铁黏土

baddeleyite 单斜锆石；丝{斜}锆石{矿} $[ZrO_2$;单斜]；锆矿石

bade 倾斜；伸角

badenite 铋砷镍钴矿 $[(Co,Ni,Fe)_3(As,Bi)_4]$；巴登山；砷钴镍矿$[(Co,Ni,Fe)_2(As,Bi)_3]$

badger 獾(属)[Q]

badigeon 嵌填腻泥；油灰

Badin metal 巴丁合金

Badiotella 小步蛤属[双壳;T_{2-3}]

badland 劣地；崎岖地

badlands 崎岖荒凉地；劣地形

badly[worst,worse] 恶劣地；大大；厉害；非常；拙劣地；坏
　　→～ faulted 被断裂严重破坏的 //～ fractured ground 严重破裂的地层 //～ graded sand 劣级砂；级配不良的砂

badob 纯黏土[阿]

baeckatroemite 杂羟锰黑锰矿；羟锰矿 $[Mn(OH)_2$;三方]

Baeomyces 羊角衣属[地衣;Q]

Baer's law 拜尔定律

baeumlerite 盐氯钙石$[KCaCl_3]$

BAF 生物聚集因素

bafertisite 钡铁钛石[单斜;$BaFe_2(Ti(Si_2O_7))O(OH)_2$;$Ba(Fe^{2+},Mn)_2TiSi_2O_7(O,OH)_2$]；硅钡铁钛石$[BaFe_2TiSi_2O_9]$

baff end 长木楔

baffle(r) 栅板；阻碍；加强通风；遮护物；阻遏体；挡墙；节流孔；导风板；障板；挫折；扰流器；缓冲板；反射板；栅(形电)板；换向板；导流板

baffled chamber 导板室
　　→～ gravel-placement device 装有隔板的砾石充填装置

baffle mark 闷头印
　　→～-plate thickener 挡板式沉淀{浓缩}池 //～ ring 防护圈 //～ spacing 隔板间的距离

bafflestone 障积灰岩；结灰岩；生物堆置灰岩；生物滞积灰岩；生物捕积(灰)岩；滞流岩；挡积石；障积岩

baffle stone 挡积石[岩]；障积岩
　　→～ structure 消力结构{设施}；隔挡结构 //～-type collector 挡板式收尘器 //～ wall 缓冲墙；砥墙；{shadow} wall 花格墙
　　→～ wind 无定向风

baffling mechanism 障板机制；沉积障积机制
　　→～ wind 无定向风

BaF glass 钡炻玻璃

bag 岩洞；鼓胀；囊；岩石(中充满水和气的)孔隙；水包[矿内]；炮泥袋；沼气包；(使)成袋状；软管；袋

bagasse 甜菜渣[堵漏材料]；甘蔗渣

bagged cement 成袋水泥
　　→～{sack(ed)} cement 袋装水泥 //～ slurry explosive 袋装塑胶炸药

bagger 挖沟机；斗；铲；封{装}袋机；泥斗；挖泥船{机}

Baggina 袋形虫属[孔虫;K-Q]

bagging 软管；装袋
　　→～ and weighing machine 装袋称重机 //～ machine{unit} 装袋机 //～ pot 皮囊壶 //～ unit 装袋装置

baggit 隆起；鼓起

baghdadite 巴格达石$[Ca_3Zr(O_2|Si_2O_7)]$

baghouse 沉渣室；袋室

bagnoire 冰冠面伸长盆地

Bagnold dispersive stress 巴格诺尔德弥散应力

bagon 沼泽林

bagotite 绿杆沸石；绿纤沸石

bagpipe 风笛

bagrationite (treanorite) 褐帘石$[(Ce,Ca)_2(Fe,Al)_3(Si_2O_7)(SiO_4)O(OH)$,含 Ce_2O_3 11%,有时含钇、钍等;$(Ce,Ca,Y)_2(Al,Fe^{3+})_3(SiO_4)_3(OH)$;单斜]；铈黑帘石；铈褐帘石；铈绿帘石

Bagridae 鳞科[Q]；鲩鱼科；黄颡鱼科

baguet 切成长方形的宝石

baguette cut (宝石的)细长形琢型[方石、棱石]

Bagui movement 八桂运动

baguio 碧瑶风

bahada 山扇面

bahamite 巴哈马岩{石;沉积};细粒浅海灰岩

Bahco air centrifuge 巴科型干式超微粒空气离心器

bahiaite 巴伊亚岩

bahianite 羟铝锑矿[Al$_5$Sb$_3^{5+}$O$_{14}$(OH)$_2$;单斜]

Bahnmetal 铅基轴承合金

Bahomys 坝河鼠属[Q]

bahr[pl.bahar] 水体[阿;湖河或海;pl. bahar];深泉水

bai 黄雾[沙霾];沙霾

Baicalia 贝加尔叠层石(属)[Z$_2$];贝加尔螺属[腹;E]

baicalia type 叉状分叉[叠层石]

baicalite 次透辉石[Ca(Mg,Fe)(Si$_2$O$_6$)];裂钙铁辉石

Baiera 古银杏(属);拜拉属[裸子];裂银杏(属)[T$_2$-K$_2$]

baierine{baierite} 铌铁矿[Fe^{2+}Nb$_2$O$_6$,斜方;(Fe,Mn,Mg)(Nb,Ta,Sn)$_2$O$_6$;(Fe,Mn)Nb$_2$O$_6$];钶铁矿

baikalite 次透辉石[Ca(Mg,Fe)(Si$_2$O$_6$)];裂钙铁辉石;贝钙铁辉石

baikarite 贝地蜡

baikerinite 褐地蜡[碳氢化合物]

baikorite{baikerite} 贝地蜡;钛镁尖晶石[Mg$_2$TiO$_4$]

bail 活动露天小棚;手杓;吊包架;U形提钩;吊桶;钩环;提梁;卡钉圈;钩;斗;戽斗;捞桶;提水筒;桶;舀出;提捞;汲出;吊砂斗;横木;保释;吊桶U形环;提环[水龙头]
　　→(lifting) ~ 吊环//~ down 提捞以降低井中液

bailer 排水吊桶;抽泥筒;提捞筒;提桶;钻孔提取管;捞砂工;带底阀的抽泥浆筒或提升箕斗;掏泥筒
　　→(clean-out;conductor;sand) ~ 捞砂筒;泥浆泵;提水工

bailing (用)泥浆泵清理钻孔;抽汲;排水;提捞;矿井吊桶排水
　　→~ bucket 砂浆箱;提水筒//~ drum 排水绞桶;提泥卷筒;捞钻泥绞筒//~ test 试抽;舀水试验//~ tube 抽筒;泥泵//~ velocity 排渣速度

bail out 清净井眼;卡车等;工棚;戽出;跳伞;捞出
　　→~ out{down} 提捞//~-out bottle 应急用呼吸气瓶

bainite 本尼体;贝茵{蒽}体[冶];贝氏体[冶]

bain-marie 水浴

baipaoshi 白泡石

Bairdestheria 柏氏叶肢介属[J-Q]

Bairdia 土棱子介

bairdiacypris 金星土菱介属[D-T]

Bairdianella 小土菱介属[C-P]

Bairdiidae 土菱介科[O-Q]

Bairdiocyprididae 菱金星介科[S-P]

Baisalina 贝塞虫属[孔虫;P]

bait 矿工自带食物
　　→~ box 午饭盒[管道工用]//~ {snapping} time 井下进食时间

baiyuneboite-(Ce) 白云鄂博矿[NaBaCe$_2$(F(CO$_3$)$_4$)]

bajada 山扇面;山麓联合干三角洲;复合冲积扇;积扇;梯子格;梯子间;冲积裙
　　→~ placer 荒漠泥流砂矿

bajaite 玻古安山岩

bajo 河床砂矿

bake 焙干;焙烧;烧硬;拱;焙;烤

baked 烘干的[炉中];烘过的
　　→~ anode 预焙阳极

bakelite 酚醛塑料;胶木[绝缘];电木;合成树脂

bakerite 瓷{纤}硼钙石[Ca$_4$(B$_4$(OH)$_2$(BO$_4$)(SiO$_4$)$_3$)·H$_2$O;单斜]

Bakevellia 贝荚蛤属[双壳;P-K]

Bakevelloides 类贝荚蛤(属)[双壳;T-J]

bakhchisaraitsevite 水磷钠镁石[Na$_2$Mg$_5$(PO$_4$)$_4$·7H$_2$O]

baking 烘;烘干氢脆清除法;焙;焙烧;烤;烧;燃烧

bakkeoer 冰碛丘

baksanite 巴硫碲铋矿[Bi$_6$(Te$_2$S$_3$)]

bal 矿山;矿群;平衡;矿区

Bala 巴拉(群)[欧;O$_{2-3}$]

Balaena 北极露脊鲸属[Q]

Balaeniceps 广嘴鹳属[Q]

Balaenoptera 鳁鲸属[Q]

balaghat 山口台地[印]

Balakhonia 巴拉霍贝属[腕;C$_{1-2}$]

Balance 天平座

balance 秤;比较;平衡;平差;差额;对比;权衡;配平;天平;结余;调整;差超;对称;余额;协调

balanced 均衡的;平衡的;有补偿的
　　→~ rock 平衡岩//~{elephant;pedestal} rock 摇摆石

balance element 均衡要素
　　→~ {equilibrium} equation 平衡方程//~ rider (天平)游码

(counter-)balance{counterpoise} spring 平衡弹簧
　　→~ stem{bar} 平衡杆//~ the books 结账

balancing 平差;平衡;补偿;均衡;中和

balangeroite 羟硅铁锰石[(Mg,Fe^{2+},Fe^{3+},Mn^{2+},□)$_{42}$Si$_{19}$(O,OH)$_{90}$]

Balangia 杷椰虫属[三叶;€$_1$]

Balanoglosus 柱头虫(属)[半索动物]

Balanus 藤壶(属)[E-Q;(节)甲];膝壶属[甲壳;E-Q];(一种)北极鹅

balanus 藤壶[附着在岩石块、船底的贝属动物;节]

balas 巴拉(思);红玉
　　→~ ruby 浅红晶石[MgAl$_2$O$_4$,含微量Cr^{3+}和Fe^{2+}];琅玕;巴喇思红宝石

balata 巴拉塔树胶
　　→~ belt 胶合皮{胶}带

Balatonites 巴拉顿菊石属[头;T$_2$]

balatte 石灰石板

balavinskite 巴水硼锶石[Sr$_2$B$_6$O$_{11}$·4H$_2$O;斜方]

bald 浑圆峰顶[美南部];高山草地[在树线以上];秃顶山;平头坑木;荒地
　　→~ raise 极坚固岩石天井

baldaufite 铁红磷锰矿;红磷锰矿[(Mn,Fe^{2+})$_5$H$_2$(PO$_4$)$_4$·4H$_2$O;单斜]

baldisserite 杂菱镁矿

baldite 辉沸煌岩

Baldurnisporites 巴尔多孢属[K$_1$]

bale 半圆形支承{撑}箍[帐篷的];大包;戽斗;捆;包;钩环;打包;卡钉;吊桶;大捆;包装

baleen 鲸须

balefire 信号烟火

Baleiichthys 贝莱鱼属[Q]

ba(i)ler 压密机;压捆机;打包机;提水工;提水箕斗;提水筒

baliki 风化残积黏土

Balios 斑点藻(属)[蓝藻;Z]

balipholite 纤钡锂石[斜方;BaMg$_2$LiAl$_3$Si$_4$O$_{12}$(OH)$_8$;BaMg$_2$LiAl$_3$(Si$_2$O$_6$)$_2$(OH,F)$_8$]

bal(l)ista 弩炮[发射石块的古代武器]

Balistes 鳞鲀属[鱼类;E$_3$-Q]

ba(u)lk 煤层中(的)岩石包体;阻挠;煤层薄;尖灭;挫折;(使)受挫折;横梁;狭缩;煤层尖灭;妨碍;变薄;阻碍;界脊;失败;梁木;煤层变薄;错误;夹矸;障碍;停止[突然]
　　→~ structure 梁状结构

balkanite 硫汞银铜矿[Cu$_9$Ag$_5$HgS$_8$;斜方];巴尔干矿

balkeneisen 铁纹石[(Fe,Ni),Ni=4%~7.5%;等轴];铁陨石

balkstone 顶板岩石;杂质层状灰岩

ball 球状物;球;球石;成球(作用);球团;海绵铁球;沿岸砂坝;砂球[沉积岩中];隔离球;沙堆;钢球;海岸沙洲;岩球
　　→~-and-socket base 球轴座~ and socket joint(ing) 球窝关节//~-and-socket structure 关节构造;球窝状构造//~ core bit 热稳聚晶金刚石取芯钻头//~ chain 配重链

ballability 成球力;造球性[矿料的]

balland 铅精矿;粉状铅矿

ballangeroite 羟硅镁铁石

ballas 碎石;放射纤红宝石;巴拉斯;硬球金刚石

ballaset 巴拉赛特[三角形聚晶复合片]
　　→~ core bit 热稳聚晶金刚石取芯钻头

ballast 路基;镇流器;平稳器;压块;道砟;使稳定;压载;铺道砟;平衡器;装重物;压舱物
　　→~ (aggregate) 石渣//~ chain 配重链//~ distributor 道砟分布机

ballasted 铺砟的
　　→~ condition 压载状态

ballast element 镇定元素;安定元素
　　→~ {stable} element 稳定元素//~ {gravel;knapping;granulating;stone;spall(ing);muckle} hammer 碎石锤//~ up 铺完石碴;施加压重//~ loader 清岩机;装石渣机//~ mattress 沉渣垫层//~ {gravel;open} pit 采石场//~ rake 碎石耙//~ spreader 砂石摊铺机;撒石渣车//~ water 压舱水// ~ {gravel;knapping; granulating; stone;spall(ing);muckle} hammer 碎石锤

ballasting 压载(油船)打压舱水;铺道砟;装压舱物
　　→~ up 铺完石碴;施加压重

ballast loader 清岩机;装石渣机
　　→~ mattress 沉渣垫层//~ {gravel;open} pit 采石场//~ rake 碎石耙//~ regulator 道砟规整机//~ rod 冲击钻杆//~ spreader 砂石摊铺机;撒石渣车//~ tank{box} 压载箱//~ throw 卸载器//~ water 压舱水

balled bit 泥包钻头
　　→~ concentrate 球团精矿//~ -up structure 球结构造

B

ballesterosite 锌锡黄铁矿

ballgrinder 球磨机

balling 形成泥包；熟铁成球；成球作用；作成球团；钻具为泥包(住)；细煤成球法
→~ formation 易糊钻地层；易泥包地

ballistic effect 过抛掷作用
→~ method 射击法[炸药爆炸力试验]；炸药爆炸力试验[射击法]//~ missile early warning system 反弹道导弹预报系统//~ pendulum (test) 冲击摆炸药爆力试验

ballistics 发射特性

ballistic{blow;dynamic;drop;impact;slug; impulse} test 冲击试验

ballonet 副囊；小气囊；升降气袋；副气囊
→~ ceiling 气球升限

balloon 气囊；激增；球饰；气球；气袋；球形玻璃瓶；气圈

ballooning 鼓胀

ball path 球迹
→~ pin 球枢//~ pulverizer mill 钢球(粉)碎(磨矿)机//~ return spring 阀球返回弹簧//~ sealer 封堵球；堵塞球//~ stone 褐铁矿[FeO(OH•nH$_2$O; Fe$_2$O$_3$•nH$_2$O, 成分不纯)；球石[指石灰岩中的结核状团块]//~ testing{test} 球压硬度试验//{blocking;stopping;stop; balling} up 堵塞//~-up 包住；制成球团；黏结成球；形成球状；糊钻；堵塞；(钻具为)泥包(住)；阻塞//~ vein 肾状铁矿脉；菱铁矿结核状矿脉；矿脉[球铁]

ballstone 铁矿石；球石；褐铁矿[FeO(OH)•nH$_2$O;Fe$_2$O$_3$•nH$_2$O, 成分不纯]；鲕状铁矿

ballute 减速气球

balm 凹形崖
→~{float;pumice} stone 悬石

balmaiden 女矿工

Balmeisporites 巴氏大孢属[K]

Balmoral Green (Dark) 小翠绿[石]
→~ Red 绿佑红[石]

balmstone 悬石；浮石

balneology 矿泉学；浴疗学；矿泉医疗

balnstone 顶板岩石

Balognathus 射颚牙形石属[O$_3$]

Baltic{Botic} Brown 啡钻[石]
→~ Green 绿毛宝[石]//~(a) ice lake 波罗的冰湖[全新世初期]//~ rush 石龙刍[石]//~ shield 波办的地盾

Baltil Brown 啡钻麻[石]
→~ Green 绿钻麻[石]；维多利亚彩虹[石]

baltimorite 硬蛇纹石[Mg$_6$(Si$_4$O$_{10}$)(OH)$_8$]；叶硬蛇纹石；叶蛇纹石[(Mg,Fe)$_3$Si$_2$O$_5$(OH)$_4$;单斜]

Baltoniodus 波罗的牙形石属[O$_{1-2}$]

baltorite 钾质云煌岩

Baluchitherium 巨犀；俾路支兽

balun 平衡-不平衡变压{换}器

balustrade stay 栏杆支撑

balvraidite 巴蛇纹石；渐蛇纹石

balyakinite 巴碲铜石{矿}[CuTeO$_3$; 单斜]；巴碲铜矿[CuTeO$_3$]

bam 平台车；小车

bambollaite 碲硒铜矿[Cu(Se,Te)$_2$;四方]

bamboo 竹
→~-cased well 竹套管的井//~ pulp 竹浆[堵漏材料]//~ spacer 分段炸药；竹制隔离炮塞//~ steel 竹节钢(筋)

bamfordite 一水羟钼铁矿[Fe^{3+}Mo$_2$O$_6$(OH)$_3$•H$_2$O]

bamke 吊桶

bamlite (绿)硅{矽;夕}线石[Al$_2$(SiO$_4$)O; Al$_2$O$_3$(SiO$_2$)]

Ba-mordenite 钡发光沸石；钡丝光沸石

banados 浅沼泽[美东南部]

banakite 粗面粒玄岩；班诺克岩[美]；粗绿岩

banalsite 钠钡长石[BaNa$_2$(Al$_2$Si$_2$O$_8$)$_2$;斜方]；贝副长石；钡钠长石

banana 香蕉
→~ oil 香蕉油；醋酸戊酯//~ pin{jack} 香蕉插头{座}

Banater intergrowth 巴纳特交生[贯穿或复杂的巴温诺律双晶]

banatite 正辉英闪长岩

banaysite 钠钡长石[BaNa$_2$(Al$_2$Si$_2$O$_8$)$_2$;斜方]

banco 弓形湖；牛轭湖

band 镶边；带；帮；带状物；团结；层；波带；夹面；范围；提升绳；嵌条；夹石层；条；联合；光(谱)带；地带；条带
→(dirt) ~ 冰川碎石带；频带；波段//(middle) ~ 夹石；夹层//~ (steel) 扁钢//(stone) ~ 夹矸

Banda Arc 班达弧

bandaite 盘梯岩；磐梯岩

band assignment 谱带归属
→~ brake 带式制动器带闸//~ {strap;link} brake 带闸//~ clutch 带离合器//~ cutting 夹层掏槽

bandeada 带状结构

banded 带状的；有夹层的[煤层]；带状
→~ant-eater 袋貓属//~ diamondiferous limestone 缟状含钻石石灰岩//~ hematite quartzite 带状赤铁矿石英岩；条带状赤铁(矿)石英岩//~ marble 石灰华[CaCO$_3$]//~ quartz hematite 带状石英赤铁矿；铁英岩//~ vein 带状矿体

bander 打捆工{机}

band-exclusion{-elimination} filter 带除滤波器

band gap 带隙
→~-gap transition 带隙跃迁//~ head 斜井口//~ hook 胶带扣//~{lacing} hook 皮带扣

bandicoot 袋狸；袋兔类[澳等新几内亚袋狸科;Q]；害鼠

band{strap} iron 钢带；条铁

bandisserite 菱镁矿[MgCO$_3$;三方]

bandjaspis 条纹碧玉[SiO$_2$的变种]

band jaw tongs 锻工钳

bandketten 边缘山脉

band mask 软韧橡胶面罩
→~{wave} meter 波长计//~ ore 条纹矿石//~(ed) sandstone 层状砂岩//~ stone 硬石夹层//~ sulphur 硫夹层//~ wander 摇床上矿物带偏移//~ wheel 绳式顿钻钻机的主传动轮；带式刹车轮毂//~ wheel shaft 主轴；顿钻的传动轴

bandpass{band;rho} filter 滤波器

(concentric) bands 同心带[腕]

band sampling 间层取样
→~(ed) sandstone 层状砂岩//~ stone 硬石夹层

bandswitch{band{range} switch} 波段开关

band{line;push-pull;surveyor's;measuring} tape 卷尺
→~ wander 摇床上矿物带偏移

bandwidth 谱带宽度；频带宽度；带宽
→~ expansion ratio 带宽扩展率

bandy{book;ribbon;banded;band} clay 带状黏土

bandylite 氯硼铜石[Cu(B(OH)$_4$Cl)]；氯硼铜矿[CuB(OH)$_4$Cl;四方]

banerite 片石英

bang 脉冲；突然；猛撞；砰地；爆裂声；环击；冲击

bangalore (torpedo) 爆破筒

bangar (高地)老冲积层[印]

bang-bang type 冲击式；继电器式

banger 爆仗[英]；爆竹[英]

Bangia 红毛菜属[红藻;Q]

banging piece 断绳保险器；罐笼上的车挡；罐挡；罐座；防坠器

Bangong-Co-Nujiang deep fracture 班公湖怒江深断裂带

Bangor ladder 消防摇梯

Banh cuon 越南粉卷

banister 栏杆；楼梯的扶手
→~ brush 刷砂笔//~ of suspended rescue-ladder 移动式救护梯扶手

banjo 钻车；机匣；放射管；油箱；班卓琴式的；球形接头；箱；凿岩机；齿轮箱；月琴样的[接头等]；外壳；轴箱；矿工锹；盒；凿岩台车[口]；短把铲；砂锡矿用的一种工作设备
→~ bolt union 环首螺栓//~ case 月琴样法兰三通;(地热井)井口喷汽减速装置//~ lubrication 放射式润滑//~ saddle 自动推动进器的滑座//~ signal 圆盒信号

bank 堤；存储；煤面；岸；堆；梯段；线弧；井颈；贮藏所；库；工作面；层；键排；滩；组；炉坡[钢]；向上斜坡；沙滩；沙洲；地面大矿堆；浅滩；骨粒灰岩沉积；数据库；边坡；倾斜；沙堆；井口区；陡坡；系列；一排；组合；筑堤
→(benching) ~ 阶段//~ chain 海岸山链//~ coal 从矸石堆中拣出的煤；小块原煤//~ erosion 岸边侵蚀//~ failure{caving} 坍岸

bankable bill 可兑现票据
→~ project(由)银行担保的项目

Banka drill 班克式人力勘探钻机；班加钻；砂矿钻机

Banka method 班克式钻机人工钻探法

banka{empire} method 冲积矿床人工钻(取试)样法

banke 陡崖；单斜崖

banked 联组工作的[如压风机、发动机]

banker 满岸流；平岸流；掘土工；井口工；把钩工；石灰池
→~-out 阶段工人[露]

banket(te) 金岩；弃土堆；含金砾岩；金库岩；护脚；反压护道；填土；含金砾层岩；护坡道

bankfull (stage) 齐岸水位
→~{bank} stage 平岸水位//~ stage 平槽水位；满岸水位；满槽水位；平岸水位；漫滩水位；粗滩水位

banking 井口拣矸装煤；(驱油介质前缘)油带的形成；压坡度[航]；填ола；驱油成带；富集；成带；井口平台停车罐笼装卸
→~ level 地面井口出秤(水平)

bank-inset reef 外岸滩礁；滩内礁
→～{bell;bottom;signal;hookup} man 把钩工//～ measure 堤岸土方测量；实体方；填方量//～-run value 工作面矿物价值//～soil 岸土//～statement 银行结单；结算报告

Banksia 澳忍冬属[E_2]；班克木属

Banksieaeidites 板克粉属[孢;E_3-N_1]

banksman 矿坑口的监工

banner 最先的；第一流的；标签；首位的；旗(帜)
→～-bank 旗状沙嘴//～ cloud 旗状云

bannermanite 碱钒石[(Na,K)$_x$V$_x^{4+}$V$_{6-x}^{5+}$O$_{15}$,0.90> x >0.54]；钒碱石

banning 导水板

bannisterite 班硅锰石[(Na,K)(Mn,Al)$_5$(Si,Al)$_6$O$_{15}$(OH)$_5$•2H$_2$O;单斜]

bannock 顶部截槽；封炉；闷炉；褐灰色耐火黏土

banos 老窿积水

Banqiaoites 板桥虫属[三叶;O_1]

banquette 护坡道；(堤防)后戗；堤；台阶；填土；阶段；崖道；护堤工程；长条形软座[沿墙放的]；护堤
→～ slope 踏跺坡

bansen 斑森[透气度单位]

bantam 砂矿中与金刚石伴生的重矿物；小型设备；短小精悍

Bantamia 班旦珊瑚属[E_1]

bantams 砂矿金刚石伴生重矿物

Baojingia 保靖虫属[三叶;ε_2]

baotite 包头矿[四方;产于白云鄂博；Ba$_4$(Ti,Nb)$_8$ClO$_{16}$(Si$_4$O$_{12}$)]

Baphetes 巴蠊属

Ba-phillipsite 钙钙十字沸石

Ba-priderite 钡柱红石

Baptornis 浸水鸟属[K]

(sand)bar 拦门沙；骨棒；拦河砂；排斥；栏；阻挡；气压计的；气压计；梁；栅；巴[压力单位]；沙洲；闩；齿棒；重晶石[BaSO$_4$;斜方]；横号；条；撬棍；妨碍；锁；带；棒；断层；硬岩条带；拉住；桶；杆；小节；门闩；线；岩脉；沙坝；截盘[截煤机]
→(bore;boring;shaft) ～ 钻(孔)杆；顶梁//～ (down) 撬落浮石；矿石；棒钢；铁条//～ (types) 连骨//～ beach 离岸沙坝海滩；侧滩；栅滩//～ bender 钢筋挠曲器；钢筋弯折机{曲器}

bar. 重晶石的

bara 村周灌溉地

baraboo 重现残丘

Baragwanathia 巴氏石松(属)[S-Q]

barahonite-(Al) 羟砷铝铜钙石[(Ca,Cu,Na,Al)$_{12}$Al$_2$(AsO$_4$)$_8$(OH)$_x$•nH$_2$O,n=16~18];羟砷铁铜钙石[(Ca,Cu,Na,Fe^{3+},Al)$_{12}$Fe$_2^{3+}$(AsO$_4$)$_8$(OH)$_x$•nH$_2$O,n=16~18]

baralite 硬铁绿泥石；硬鲕绿泥石

baramite 菱镁蛇纹岩[石]

barani 未灌溉农田

bararite 氟硅铵石[(NH$_4$)$_2$SiF$_6$;六方]

barasaite 柱辉铋铅矿[Pb$_5$Bi$_4$S$_{11}$;单斜]

barasingha 沼鹿

baratovite 硅钛锂钙石[KCa$_7$(Ti,Zr)$_2$Li$_3$Si$_2$O$_{36}$F$_2$;单斜、假六方]

Barbarodina 奇异牙形石属[O_2]

Barbatia 须蚶属[双壳;J-Q]

barbator 扩散器

barbed arrow 风矢

→～ drainage pattern 下游方注入水系；倒钩水系//～ tributary 倒钩支流；下游方汇入支流//～ wire 带(有)刺铁丝；刺线

Barbella 悬藓属[苔]

barbellate 具短羽毛的

barbertonite 水镁铬石[Cr$_3$Mg$_6$(OH)$_{16}$(CO$_3$)•4H$_2$O]；水碳铬镁石[Mg$_6$Cr$_2$(CO$_3$)(OH)$_{16}$•4H$_2$O;六方]

barbierite 钠正长石[Na(AlSi$_3$O$_8$),(K,Na)(AlSi$_3$O$_8$)]；微斜条纹长石

barb-like{barblike} structure 刺状构造

barbosalite 复{重}铁天蓝石[Fe^{2+}Fe$_2^{3+}$(PO$_4$)$_2$(OH)$_2$;单斜]

Barbula 扭口藓属[苔;Q]

Barbus 鳃{鲃}鱼(类)[N]；马鲅[鳃鱼类;N]

barcenite 杂汞锑矿

barchan(e) 新月丘
→～ arm{|horn} 新月沙丘臂{|角}//～ or crescent 新月形或新月状沙丘

bar chart 矩形图；横道图；横线工程(计划)图表；线条图
→～ chart{graph} 条线图//～ check 杆尺校正//～ code 条形码

Bardeen-Cooper-Schrieffer{BCS} theory BCS 理论；巴丁-库柏-施里弗理论

bardiglio 黑蛇纹石解石；巴底格里奥岩

bardiglione 硬石膏[CaSO$_4$,斜方;无水石膏]

bardolite 纤黑蛭石[(Mg,Fe^{2+},Fe^{3+})$_3$((Si,Al)$_4$O$_{10}$)(OH)$_2$•4H$_2$O]

bare 赤裸裸的；空的；裸孔；露出；裸露的；无外壳的；手工刨煤；手工掏槽；露的；剥离；裸的；勉强
→(lay) ～ 暴露//～-barrel drum 光滚筒//～ cable 裸缆；明线//～ conductor 裸导线

barefoot interval 裸井段
→～ well 裸眼井；未下花管的生产井

baregine 巴雷金[某些硫质矿泉水所含氮化有机质残渣]

bare ground 已采地区[露]；采空区；不毛之地
→～ hole 无套管的井//～ ice 裸露冰//～ ion 裸离子//～ land 原野；基岩地区；出露地区

bare moraine 裸冰碛
→～ rock 裸岩；明礁；裸礁石[航海]

barentsite 氟碳铝钠石[Na$_7$AlH$_2$(CO$_3$)$_4$F$_4$]

barequear 滥采砂矿

barequeo 采富矿；乱采富矿

bare(footed) well 裸(眼)井
→～ wire 裸露导线//～ wire{cable;conductor} 裸线//～ wire arc welding 光丝弧焊

barffing 过热蒸汽法氧化

bargain 交易；买卖合同；包工地段；议价；成交；契约
→～ basement 地下廉价商场

bargainee 买主

barge drilling 浮船钻井
→～ job{drilling} 船上钻进

barges 导水板

barge unit 钻井驳船；海洋测井船；船载装置
→～ unloader 驳船卸货机//～ unloading suction dredge 吹泥船//～ workover rig 驳船(式)修井设备

bargh 矿山企业；矿井；矿

barging 驳船运输；拖运
→～ of sludge 污泥驳运

barhal 岩羊

baria 重晶石[BaSO$_4$;斜方]；氧化钡[BaO]

bariandite 巴水钒矿[V$_2$O$_4$•4V$_2$O$_5$•12H$_2$O;单斜]；水钒矿

baric 气压(计)的；钡的
→～ flow 压流//～ type 压力(类)

bari(um-)calcite 重钡晶石解石；重解石；钡方解石[BaCa(CO$_3$)$_2$]

baricite 水磷铁镁石[(Mg$_{1.45}$Fe$_{1.39}^{3+}$Mn$_{0.14}$Al$_{0.01}$Fe$_{0.01}^{2+}$)$_3$(PO$_4$)$_{1.9}$(OH)$_{1.43}$•1.52H$_2$O]；镁蓝铁矿[(Mg,Fe^{2+})$_3$(PO$_4$)$_2$•8H$_2$O;单斜]

barie 巴列[气压单位;达因/cm^2]；微巴[压强单位=10^{-6}μbar=10^{-5}Pa]
→～ type 压力类型

barilla 钠灰；苏打灰[Na$_2$CO$_3$]；锡精矿

baring 煤粉；覆盖层；开拓[采掘前修建巷道等工序总称]；剥离；剥土；剥离盖层；剥露

barings 截煤粉

Barinophyton 巴锐诺蕨属[D_{2-3}]

bar in streams 溪流中的泉华堤

bario-anorthite 钡钙长石

bariohitchcockite 磷钡铝石[(Ba,Ca,Sr)Al$_4$(PO$_4$)$_2$(OH)$_8$•H$_2$O; (BaOH)(Al(OH)$_2$)$_3$P$_2$O$_7$;BaAl$_3$(PO$_4$)$_2$(OH)$_5$•H$_2$O;三方、单斜、假三方]

bari-olgite 磷钡锶钠石[Ba(Na,Sr,REE)$_2$Na(PO$_4$)$_2$]

bariomicrolite 钡细晶石[Ba(Ta,Nb)$_2$(O,OH)$_7$;等轴]

bario-orthojoaquinite 斜方硅钡钛石[(Ba,Sr)$_4$Fe$_2^{2+}$Ti$_2$Si$_8$O$_{26}$•H$_2$O]

bariophlogopite 钡金云母[含 BaO 达1.3%;KMg$_3$(AlSi$_3$O$_{10}$)(F,OH)$_2$]

bariopyrochlore 钡烧绿石[(Ba,Sr)$_2$(Nb,Ti)$_2$(O,OH)$_7$;等轴]

bariosincosite 磷钡钒石[Ba(VOPO$_4$)$_2$•4H$_2$O]

bariostrontianite 钡菱锶矿

barite{baritite} 硫酸钡；重晶石[BaSO$_4$;斜方]
→～ (powder) 重晶石粉//～ dollar 圆饼重晶石//～ rosette 重晶石玫瑰花(状)结核;玫瑰石//～ tank{|slurry|plug|rock} 重晶石罐{|浆|塞|岩}//～-weighted mud 重晶石加重(泥)浆

baritic 重晶石的

baritization 重晶石化(作用)

baritosis 钡中毒；重晶石粉尘沉着病；钡尘肺

barium 钡
→～ crystal glass 钡晶质玻璃//～(-)feldspar 钡长石[Ba(Al$_2$Si$_2$O$_8$);单斜]//～ feldspar 钡冰长石[(K,Ba)((Al,Si)$_2$Si$_2$O$_8$;(K$_2$Ba)(Al$_2$Si$_2$O$_8$));(K,Ba)Al(Si,Al)$_3$O$_8$;单斜]//～ ferrite magnet 铁酸钡磁石//～{baryta} flint 钡燧石//～-hamlinite 磷钡铝石[(Ba,Ca,Sr)Al$_4$(PO$_4$)$_2$(OH)$_8$•H$_2$O;(BaOH)(Al(OH)$_2$)$_3$P$_2$O$_7$; BaAl$_3$(PO$_4$)$_2$(OH)$_5$•H$_2$O;三方、单斜、假三方];羟磷钡铝石//～-heulandite 钡片沸石[Ba(Al$_2$Si$_7$O$_{18}$)•6H$_2$O]//～-hydroaylapatite 钡羟磷灰石//～-lamprophyllite 钡闪叶石[Na$_3$Ba$_2$Ti$_3$(SiO$_4$)$_4$(O,OH,F)$_2$; (Na,K)$_2$(Ba,Ca,Sr)$_2$(Ti,Fe)$_3$(SiO$_4$)$_4$(O,OH); BaNa$_3$Ti(Ti$_2$(Si$_2$O$_7$)$_2$) O$_2$ F;单斜]//～-natrolite

B

钡钠沸石 // ~ nepheline 钡霞石 [Ba(Al$_2$Si$_2$O$_8$)] // ~ ore 钡矿 [BaSO$_4$]; 重晶石 [BaSO$_4$;斜方] // ~-orthoclase 钡正长石 // ~-parisite 氟碳(酸)钡铈矿 [Ba(Ce,La)$_2$(CO$_3$)$_3$F$_2$; 六方] // ~-pharmacosiderite 毒铁钡石 [Ba(Fe^{3+},Al)$_4$(AsO$_4$)$_3$(OH)$_5$·5H$_2$O;四方?] // ~-pharmacosiderite 钡毒铁矿 // ~-phosphuranylite 钡磷铀矿 [Ba(UO$_2$)$_4$(PO$_4$)$_2$(OH)$_4$·8H$_2$O] // ~-plagioclase 钡斜长石 [(Ca,Ba)(Al$_2$Si$_2$O$_8$)] // ~-sanidine 钡透长石 // ~-strontium- pyrochlore 钡锶烧绿石 // ~ tartrate 酒石酸钡 // ~-uranophane 钡硅钙铀矿 [(Ca,Ba)(UO$_2$)$_2$(Si$_2$O$_7$)·6H$_2$O] // ~ (-)feldspar 钡长石 [Ba(Al$_2$Si$_2$O$_8$);单斜] // ~ feldspar 钡冰长石 [(K,Ba)(Al,Si)$_2$Si$_2$O$_8$; (K$_2$Ba)(Al$_2$Si$_2$O$_8$)); (K,Ba)Al(Si,Al)$_3$O$_8$;单斜] // ~-lamprophyllite 钡闪叶石 [Na$_3$Ba$_2$Ti$_3$(SiO$_4$)(O,OH,F)$_2$; (Na,K)$_2$(Ba,Ca,Sr)$_2$ (Ti,Fe)$_3$(SiO$_4$)(O,OH);BaNa$_3$Ti(Ti$_2$(Si$_2$O$_7$)$_2$)O$_2$F; 单斜] // ~ -sanidine 钡透长石 // ~-strontium-pyrochlore 钡锶烧绿石

barker 剥皮机；气鸣器；发动机排气管消音器；剥离机

barkevicite{barkevikite} 铁角闪石 [Ca$_2$(Fe^{2+},Mg)$_4$Al(Si$_7$Al)O$_{22}$(OH, F)$_2$;单斜]; 棕闪石 [Na$_2$Ca$_{0.5}$Fe$_{3.5}^{2+}$Fe$_{1.5}^{3+}$(Si$_5$Al$_{0.5}$)O$_{22}$)(OH)$_2$]

barkhan{bark han} 新月丘

Barkhausen effect 巴尔克霍森效应；磁力效应

→~-Kurz oscillator 巴克豪森-库尔兹振荡器 // ~ noise 巴克豪森噪声

barklyite 红宝石 [Al$_2$O$_3$]

bar{axial} magnet 磁棒

→~ magnet 棒形磁石 // ~-magnet 磁铁棒 // ~ magnetic compass 磁杆罗盘

barman 撬石工[露]；撬毛工；(用)撬杠撬管子的工人

barmaster 矿长；矿山经理；矿山收租人

barmat{mesh} reinforcement 网状钢筋

bar-mat reinforcement 网状筛

bar mining 河滩金砂矿开采法

barn 靶(恩)[核反应截面单位;=10^{-24}cm^2]；车库；谷仓

Barnaby instrument 巴奈伯仪；放射性钻孔检查仪

barnacle 石砌；(一种)北极鹅；膝壶属[甲壳;E-Q]

→(sessile) ~ 藤壶[附着在岩石、船底的贝属动物;节]

Barnard('s) Star 巴纳(德)星

barnesite 水钒钠石 [Na$_2$V$_6$O$_{16}$·3H$_2$O;单斜]

Barnes rocking bomb 巴恩斯摇摆(高压)弹

→~ volumetric hydrothermal system 巴恩斯容积热液体系

barnetsite 氟碳铝钠石

Barnett effect 巴尼特效应

Barneveldian Stage 巴纳菲尔德阶

barney 推进式船；平衡锤；推送(用)机车；矿车用推车；小矿车

→~ car 矿车上行助推车[斜井] // ~ pit 井底车场[斜井]

barnhardtite 块{蚀}黄铜矿 [CuFeS$_2$]

barn store 仓库

barnyard 古壤

baroboo 重现残丘

baroclinic atmosphere 斜压大气

baroclinity 压斜(状态)；斜压度

barodynamic fragmentation 重体自落破碎

barodynamics 重(量)力学

bar of ground 夹石层；交叉脉

→~ {shoal} platform 沙洲台地 // ~-point plow 伸出凿尖犁 // ~ port 候潮港 // ~ reinforcement 粗钢

barogram 气压自记曲线；气压曲线

barograph 气压表；气压仪；自记气压计；气压计[自动记录式]

Baroid logging systems 巴罗德公司录井系统

→~ type loggia 贝洛德泥浆测井 wall-building test instrument (巴罗德)泥浆造壁能力试验仪

barolite 硬铁绿泥石；碳酸钡矿；毒重石 [BaCO$_3$]；天青重晶岩

barology 重力论

barometer 晴雨表；气压表

→~ (gauge) 气压计 // ~ scale 气压计刻度

barometrical 气压(计)的

barometric(-type) condenser 气压计式凝汽器

barometrograph 气压计

barometry 气压测定(法)

baromil (气)压毫巴

barophoresis 压泳(现象)

baroque 异形的[孢]；原形的；随形的；自然形的[宝石]

→~ dolomite 白晶白云岩 // ~ pearl 异形珍珠

baroresister 气压电阻

baroseismic storm 重地震扰动；微(地)震[气压变化引起]

baroselenite{barote} 重晶石 [BaSO$_4$;斜方]

barosphere 气压层

barostat 恒压器

baroswitch 气压开关

barotaxis 向压性；趋压性

barote 重晶石 [BaSO$_4$;斜方]

barothermograph 气压温度仪

barothermohydrograph 气压温湿记录器

barothermohygrograph 自记气压温度湿度计

barotolerance 耐压性

barotrauma 耳气压伤；气压性创伤

barotropic 正压

barotropy 正压零压斜；正压[零压斜]

barovina 似黑色石灰土

Barquillite 巴奎拉石 [Cu$_2$(Cd,Fe)GeS$_4$]

barracanite 方黄铜矿 [CuFe$_2$S$_3$]；古巴矿 [CuFe$_2$S$_3$;斜方]

barrack 工房；(临时)木板房

barranca 火山濑；深沟；深峡谷；深切沟；羊尾沟[火山锥四周因侵蚀而成的沟]；峡谷；深峪；深谷

barranco 深沟；火山濑；羊尾沟[火山锥四周因侵蚀而成的沟]；峡谷；火口濑[火山坡上的扇形沟]；深谷

Barrandeina 巴兰德木属 [D$_1$]

Barrandeinopsis 拟巴兰德木属 [D$_{1-2}$?]

Barrandella 巴兰德贝属 [腕;S]

Barrandeoceras 巴兰德角石属 [头]

Barrandeocerida 巴兰底角石目

Barrandeograptus 巴氏笔石属 [S$_2$]

Barrandeophyllum 巴兰德珊瑚属 [D$_3$-C]

barrandite 铝红磷铁矿[红磷铁矿-磷铝石系列成员]；纤维磷酸铝铁矿

barranko 火山濑；火口濑[火山坡上的扇形沟]

barratron 非稳定波型磁控管

barred basin 沙坝盆地；沙槛盆地；隔绝盆地

→~ {ponded} basin 阻塞盆地 // ~ {silled} basin 孤立海盆 // ~ estuaries 沙洲河口 // ~ spiral (nebula) 棒旋星云

barrel 桶[=42 US gal=158.988L]；炮管；辊身；缸筒；圆筒；圆柱体；镜筒；桶状体；枪管；卷筒；回柱；滚筒；燃烧室

→~ blockage 岩芯管堵塞 // ~ jacket 壳套 // ~ length 弹筒长度 // ~ lifter 堆桶机 // ~ quartz 隐晶石英 // ~ reamer 筒形扩孔器[用于管线河流穿越] // ~ wear (泵的)缸套磨损

barrelling 转桶清砂法；桶形变形

barrels condensate per hour 凝析油产量桶/小时

Barremian 巴雷姆阶 [K$_1$]

→~ (stage) 巴列姆阶 [117～113Ma;欧;K$_1$]

barren 不生产的；无矿的；无用的；荒芜；不含矿的；废石；贫矿带；贫瘠的；多孔的[岩石等]

→~ (land) 不毛之地；贫矿；无矿物溶液；废液 // ~ contact 无矿接触带{脉} // ~ ground 未矿化地区；清地；intercalation 废石夹层 // ~ land{fields} 石田 // ~ measures 脉石；无矿地层 // ~ mine 无开采价值的贫矿 // ~ ore 贫化矿 // ~ rock {gangue;stone;material} 废石 // ~ rock alteration 无矿岩石蚀变 // ~ strawberry 林石草

barrena 手摇钻机

barrenar 手摇凿岩；放炮；手工凿岩；爆破

Barren theoria 巴伦理论

barrerite 钠红沸石 [(Na,K,Ca)$_2$Al$_2$Si$_7$O$_{18}$·7H$_2$O;斜方]；巴沸石

Barret float oil No. 4 Barrett 4(号)浮选油

barretter 镇流器；稳流灯

barrettes 连续墙基础

barrett file 扁三角锉

Barrett No.634 ×(号)油[煤焦杂酚油,黏度较4号大]

barricade 栅栏；路障；挡墙；屏蔽墙；防御墙[火药库周围]；(用)隔墙隔开；板隔开；隔板；阻塞

→~ partition wall{barricade separating wall} 隔墙

barricading 修筑隔墙；隔离区

barrier 障碍；障(壁)[地球化学]；壁垒；隔板；推车工；围栅；海岸沙坝；障碍物；遮挡；阻隔；堰；边界；离岸坝；隔水层；堤；势垒；坝；保安矿柱；阻障[古地理]；挡板；妨碍因素；栅栏；界线；隔离板；位垒

→~ (island) 堰洲；堡岛；间隔矿柱；隔离矿柱 // ~ bar-lagoon system 障壁沙坝-潟湖体系 // ~ container 岩粉栅 // ~ curb 栏式缘石 // ~ establishing 留边界矿柱 // ~ gate 石垛平巷 // ~ island 砂岛；屏岛；岸洲；滨外岛 // ~ system 房柱法；柱式体系；溜矿柱开采法

bar rig(ged) drifter 柱架式凿岩机

→~-rigged{hammer;cradle} drifter 架式冲击钻机

barring 木井壁；支顶坑木；井框构件；支柱；木井框；撬顶；盘车；支架；撬浮石；清炉渣块

barringdown{barring{bar} down} 挑顶

barringerite 磷铁镍矿[(Fe,Ni)$_2$P;六方]

barringtonite 水碳镁石[MgCO$_3$•2H$_2$O?;三斜]

Barroisia 巴罗海绵属[K]

barroisite 巴洛(闪)石；亚蓝闪石[(Ca,Na)$_2$½(Mg,Fe,Al)$_5$(Si,Al)$_8$O$_{11}$)$_2$(OH)$_2$]；冻蓝闪石[NaCa(Mg,Fe^{2+})$_3$Al$_2$(Si$_7$Al)O$_{22}$(OH)$_2$;单斜]

Barrovian zone 巴罗式带
→~ zones 巴罗带

barrow 熔岩钟；丘陵；含金泥的混合器；弃石堆；废石堆；排土场；手车；放线车；手推车；担架
→(single-wheel) ~ 独轮车 // ~ area 取土坑 // ~{open} excavation 露天开采 // ~ pit 采石坑；手车运输的露天矿

barrowing 推运[手推车]

Barry Black 芭拉黑[石]
→~ lining 巴里蜂窝状硅石衬板

barsanovite 异性石[(Na,Ca)$_6$ZrSi$_6$O$_{17}$(OH,Cl)$_2$; Na$_4$(Ca,Ce,Fe)$_2$ZrSi$_6$O$_{17}$(OH,Cl)$_2$;三方]

Barsassia 巴尔扎斯木属；巴尔萨木属[D$_2$]

barsovite{barsowite} 钙长石[Ca(Al$_2$Si$_2$O$_8$);三斜;符号 An]

barstowite 水碳氯铅矿[3PbCl$_2$•PbCO$_3$•H$_2$O]

bartelkeite 铅铁锗矿[PbFe^{2+}Ge$_3$O$_8$]

barter 换算法；换货；物物交换；交换；易货贸易

barthite 砷锌铜矿

bartholomite 变纤钠铁矾[Na$_4$Fe$_2^{3+}$(SO$_4$)$_4$(OH)$_2$•3H$_2$O;斜方]；细晶钠铁矾；针钠铁矾[Na$_3$Fe^{3+}(SO$_4$)$_3$•3H$_2$O;三方]

bartonite 巴通硫钾铁矿；硫钾铁矿[KFe$_5$S$_3$; 斜方]；巴硫铁矿{钾铁}矿[K$_3$Fe$_{10}$S$_{14}$]

Bartramella 巴特拉姆蟛属[孔虫;C$_2$]

Bartramiaceae 珠藓科[Q]

bary-biotite 钡黑云母[(K,Ba)$_2$(Mg,Al)$_{4-6}$((Al,Si)$_8$O$_{20}$)(OH)$_4$]

Barychilina 厚唇介属[D$_2$-P]；重缘介属

barye 巴列[气压单位;达因/厘米^2]；微巴[压强单位=10^{-6}μbar= 10^{-5}Pa]

Barylambda 笨脚兽属[哺]；厚棱兽属[E$_1$]

barylite 板铍矿；硅钡铍矿[BaBe$_2$(Si$_2$O$_7$);斜方、假六方]；硅酸铍钡矿

barymetry 比重测量

barynitrite 钡硝石[Na(NO$_3$)$_2$;等轴]

barysil 硅锰铅矿[Pb$_8$Mn(Si$_2$O$_7$)$_3$;三方]；硅铅矿[Pb$_3$(Si$_2$O$_7$)]

barysilite 硅酸铅矿[Pb$_3$(Si$_2$O$_7$)]；硅锰铅矿 [Pb$_8$Mn(Si$_2$O$_7$)$_3$;三方]；硅铅矿[Pb$_3$(Si$_2$O$_7$)]

barysphere (地球)重核层；重圈；地核；地心圈

barystrentianite 碳酸钡铋矿

barystrontianite 碳钡锶矿；碳酸钡锶矿[(Sr,Ba)CO$_3$]

baryta 钡氧(石)；钡长石[Ba(Al$_2$Si$_2$O$_8$);单斜]；钡土；氧化钡[BaO]
→~ felspar 钡冰长石[(K,Ba)((Al,Si)$_2$Si$_2$O$_8$;(K$_2$Ba)(Al$_2$Si$_2$)$_8$); (K,Ba)Al(Si,Al)$_3$O$_8$;单斜] // ~ {celsian}

---

felspar 钡长石[Ba(Al$_2$Si$_2$O$_8$);单斜] // ~ flint 钡火石玻璃；含钡火石玻璃 // ~ harmotome 重十字石 // ~ mineral 钡矿物 // ~ saltpeter 钡硝石[Na(NO$_3$)$_2$;等轴]

baryt(-)biotite 钡黑云母 [(K,Ba)$_2$(Mg,Al)$_{4-6}$(Al,Si)$_8$O$_{20}$)(OH)$_4$]

baryt(it)e 硫酸钡；重晶石[BaSO$_4$;斜方]
→~-polymetallic sulfide ore 黑矿[FeS$_2$]

baryt-harmotome 交沸石[Ba(Al$_2$Si$_6$O$_{16}$)•6H$_2$O,常含 K;(Ba,K)$_{1-2}$(Si, Al)$_8$ O$_{16}$•6H$_2$O;单斜]

baryt-hedyphane 钙钡砷铅矿[(Pb,Ca,Ba)$_5$(AsO$_4$)$_3$Cl]

Barytheres 钝兽类

Barytherium 钝兽属[长鼻目;E$_2$]

barytheulandite 钡片沸石[Ba(Al$_2$Si$_7$O$_{18}$)•6H$_2$O]

barytin{barytine} 重晶石[BaSO$_4$;斜方]

barytoanglesite 钡铅矾

barytocalcite 斜钡钙石[BaCa(CO$_3$)$_2$]；斜碳钡钙石；钡解石[BaCa(CO$_3$)$_2$;单斜]；钡方解石[BaCa(CO$_3$)$_2$]

barytocelestine{barytocelestite} 钡天青石[(Sr,Ba)(SO$_4$)]

barytolamprophyllite 钡闪叶石[Na$_3$Ba$_2$Ti$_3$(SiO$_4$)$_4$(O,OH,F)$_2$;(Na,K)$_2$(Ba,Ca,Sr)$_2$(Ti,Fe)$_3$(SiO$_4$)$_4$(O,OH);BaNa$_3$Ti(Ti$_2$(Si$_2$O$_7$))O$_2$F;单斜]

baryt(r)on 介子

barytophyllite 硬绿泥石 [(Fe^{2+},Mg,Mn)$_2$Al$_2$(Al$_2$Si$_2$O$_{10}$)(OH)$_4$;单斜、三斜]

barytouranite 钡铀云母[Ba(UO$_2$)$_2$(PO$_4$)$_2$•12H$_2$O;四方]；磷钡铀云母 [Ba(UO$_2$)$_2$(PO$_4$)$_2$•8H$_2$O]

barytpisolith 豆重晶石

barytron 重电子

barytsaltpeter 钡硝石[Na(NO$_3$)$_2$;等轴]

Bas 玄武岩

basal 基础的；基本的；基部；基底
→(plate) 基板[棘海百;绵] // ~ arkose 底长石砂岩 // ~ cyst 漂浮胞；浮囊[笔];气囊 // ~ diaphragm 底隔板[苔] // ~ disk{disc} 基盘[珊] // ~ groundwater 浮地下水；盐水上地下水 // ~ ice-flow 底冰流

basalcement{basal cement} 基底胶结

basal cementation 基底式胶结
→~-clastic phase 底碎屑相 // ~ complex 基岩 // ~ diaphragm 底隔板[苔] // ~ edge 底棱 // ~ groundwater 浮地下水；盐水上地下水

basalia 基底；底骨针[绵]；基板[棘海百;绵]

basal ice-flow 底冰流
→~ ice-shed 底部冰分水岭

basal moraine 底冰碛
→~ part 底壁；底板；下盘 // ~ plug 底塞[轮藻] // ~ reef 金矿脉 // ~ sheath 基(部)鞘[牙石] // ~{wash} slope 坡脚 // ~{weathered} surface 风化面 // ~ (glass) 玄武玻璃 // ~-agglomerate tuff 玄块凝灰岩 // ~ crystal tuff 玄晶凝灰岩 // ~ achondrite best initial 玄武值无球粒陨石最佳初始值 // ~ augite 玄武辉石 // ~ hornblende 氧角闪石[含钛角闪石]；玄闪石[(Ca,Na,K)$_{2-3}$(Mg,Fe^{3+},Al)$_5$((Si,Al)$_8$O$_{22}$)(O,OH)]

basalpart 底帮

basal part 底壁；底板；下盘

→~ reef 金矿脉 // ~ sheath 基(部)鞘[牙石]

basalt 玄武岩；柱石岩
→~ ash tuff 玄灰凝灰岩 // ~ ash tuff 玄灰凝灰岩 // ~ clay 玄武土 // ~ crystal tuff 玄晶凝灰岩 // ~-depletion mechanism 玄武岩亏损机制 // ~ dome 玄武岩穹地(隆)；盾形火山

basaltic 玄武岩的
→~ achondrite best initial 玄武值无球粒陨石最佳初始值 // ~ augite 玄武辉石 // ~ blister 玄武岩疱 // ~ hornblende 氧角闪石[含钛角闪石]；玄闪石[(Ca,Na,K)$_{2-3}$(Mg,Fe^{3+},Al)$_5$((Si,Al)$_8$O$_{22}$)(O,OH)$_2$] // ~ lava 玄武熔岩 // ~ tuff 玄武质凝灰岩

basaltiform 柱状；玄武岩状

basaltine 辉石 [W$_{1-x}$(X,Y)$_{1+x}$Z$_2$O$_6$,其中, W=Ca^{2+},Na$^+$;X=Mg^{2+}, Fe^{2+},Mn^{2+},Ni^{2+},Li$^+$;Y=Al^{3+},Fe^{3+},Cr^{3+},Ti^{3+};Z=Si^{4+},Al^{3+};x=0~1]；辉石的；杂氧角闪石辉石；玄武岩的；玄武角闪石辉石

basaltization 玄武岩化(作用)

basalt-jasper{basaltjaspis} 玄武碧玉

basalt-plain 玄武岩原

basalt-porphyry 玄武斑岩

basal transgressive lithofacies 基本海侵岩相；基底海侵岩相
→~{basalt} tunnel 基底输水隧道 // ~ twinning 底面双晶 // ~ water (油层下部的)底水 // ~ zone 底带[鹦鹉螺;头]

basalt-tetrahedron 镁橄榄石-霞石-氧化硅-透辉石

basal{basalt} tunnel 基底输水隧道
→~ twinning 底面双晶

basaluminite 羟铝矾 [Al$_4$(SO$_4$)(OH)$_{10}$•5H$_2$O;六方?]；基{羟}矾石

basanite 试金石；碧玄岩[玄武岩碱性种属]；燧石板岩；丝绒状石英试金石

basanitoid 玄武岩类；似碧玄岩

basanomelane 钛赤铁矿[(Fe,Ti)$_2$O$_3$,含钛6%~8%的赤铁矿]；碲赤铁矿；钛铁矿[Fe^{2+}TiO$_3$,含钛多的 Fe$_2$O$_3$;三方]

Bascanisporites 瓣囊孢属[P]

basculate 掀翘

basculating{wrench} fault 翘断层；走向移动断层
→~ movement 翘起运动

base 盐基；底边；碱金属；载体；库；壳底；柱顶石；根据；底；低音；山麓；碱；距；坯；基地；螺底[腹]；轮距；碱基；基；灯座；基部；基站；背部；跨距；础石；地基；轴距；基底；底脚；山脚；熔岩基块；座
→~ block 柱脚石 // ~(-lead) bullion 粗铅锭 // ~ camp 野外基地；驻营地 // ~ cation 碱阳离子 // ~ centre 基线端点中心标石 // ~ flow 基流；慢速流 // ~ flow{runoff} 基本径流 // ~-forming element 造盐基元素；成基元素

baseflow 基本径流；基流
→~ and interflow 基本径流和土内水流

baselap 底超

baseline 基线；时基线；底线；扫描行；原始资料

baseload 基极负载；(发电机)最低负载；基本负载

base measuring pressure 校准压力

→~-metal sulphide deposit 贱金属硫化物矿床//~ mineral 贱矿物；基矿物；低质矿物//~ of mineral products 矿产基地//~ of petroleum 石油的基类；石油基//~ {bed;bottom} plate 基板[棘海百;绵]//~-stone 基石

basement 基底岩；地下室；地窖；基石；基岩；基础；底座；底层[地下室]
→~{mother} metal 母材//~-metal sulphide deposit 贱金属硫化物矿床//~ mineral 贱矿物；基矿物；低质矿物//~ of levee 堤基//~ of mineral products 矿产基地//~ of petroleum 石油的基类；石油基//~ plate 柱垫石//~ of weathering 风化层底界//~ oil 基础油//~ pipe (筛管里的)中心管

baseplate 铁轨垫板；垫板
→~-ground decoupling 底板-地面解耦//~ signal 基座信号

baseplug 注水泥用下(木)塞
bashertron 信号仪
bashing 隔离区；用废矸石充填采空区
Bashkirian 巴什基尔统
→~ (stage) 巴斯基尔阶[C₁]//~ age 巴什基利亚期

basic{base} bore 基孔
→~ cinder 碱性矿渣//~ control survey of open-pit 露天矿基本控制测量//~ copper tartrate solution 碱性酒石酸铜溶液//~ explosive 基药//~ oxide (mineral) 碱性氧化物//~ {primary} level 基层[生态]

basicerine 氟碳铈矿[CeCO₃F,常含 Th、Ca、Y、H₂O 等杂质;六方]；氟铈矿[(Ce,La,Di)F₃;六方]
Basicladia 基枝藻属[绿藻;Q]
basicoronal 底冠[海胆]
basidiolichenes 担子菌地衣；担子衣纲
basidiomycetes 担子菌类[纲][真菌]；担子真菌
Basidiophora 圆梗霉属[真菌;Q]
basidiospore 担孢子
basification 碱性岩化；碱化；基性化
→~ of sialic crust 硅铝壳的基性岩化
Basil 罗勒[学名和氏罗勒,唇形科,铜通示植]
basilicon 松脂石蜡软膏
Basilicus 帝王虫属[三叶;O₂]
Basiliella 小帝王虫属[三叶;O₁₋₂]
basiliite 杂黑锰羟锰矿
basilisk 抛石机
basili(i)te 杂黑锰羟锰矿；水锑锰矿[由 Mn₂O₃,Sb₂O₅,H₂O 等组成]
Basilosaurus 龙王鲸(属)；械齿鲸[E₂]；背脊鲸
basimesostasis 基性含长填隙物；辉绿充填物；粗玄辉石基
basin 水槽；贮水池；盆；炉缸；盆地；港池；熔池；浇口杯；水池；浇盆；范围
→~ lake 无(出)口湖；内流湖//~-basin fractionation 海盆-海盆型分化作用；间分化作用；异分化作用//~ building 造盆运动//~ flooding 畦田漫灌//~-range landform 盆岭地貌//~ structure 盆状构造//~ valley 宽浅谷地
basinal carbonate 盆地槽碳酸盐

basinerved 基出脉的[植]
basining 盆地形成(作用)
basinward 向盆地的
basioccipital 基枕骨
basion 颅底骨
basis 基质；主要成分；基底；基部；基线；基本原理；依据；基本；根据；基准；座
basiskfluorcerium 氟碳铈矿[CeCO₃F,常含 Th、Ca、Y、H₂O 等杂质;六方]
basisphenoid 基蝶骨
basite 基性岩石；基性岩
basket 挖泥机；筐；篮形(线圈)；一篮的量；取样筒；筛篮；(气球的)吊篮；岩芯抓；提升容器；岩粉管；吊笼；铲斗//~ (barrel;tube) 岩芯管；打捞筒//~ (cement) 水泥伞；打捞管；钙华花篮//~ core 捞抓(取上的)土样；矿心//~ dam 篮形填石坝//~ head 打捞篮头//~ jig 动筐式跳汰机//~-of-eggs topography 鼓丘原；卵丘地形；雁列丘地形
basobismutite 泡铋矿{华}[(BiO)₂CO₃;四方]
Basommatophora 基眼目[腹]
bason 盆地
basophilous 嗜碱(性)的
→~ plant 喜碱植物
Basopollis 三突孔室粉属[孢;E₁₋₂]
basosexine 外基层[孢]
basque 炉缸内衬
bass 炭质黏土；巴斯页岩；炭质页岩；夹煤炭质页岩；秃椴木；(一种)菩提树皮[配制泥浆堵漏剂]；黑矸子；劣煤；级木；黏土岩[常含黄铁矿]
bassanite 烧石膏[CaSO₄·½H₂O;三方]
Basse Oil-Measures 无油砂岩组
basset 出露；矿层露头；露出地面{表}；地层露头；露出
→~ (edge) 地层露头部分；露头
basse-taille{relief} enamel 浮雕珐琅
basset edge 煤层露头
basseting 露头
bassetite 铁铀云母[Fe²⁺(UO₂)₂(PO₄)₂·8H₂O;单斜]；斜磷酸钙
Basset process 生铁水泥法；回转窑铁矿处理法
Basslerites 巴氏介属[N₁-Q]
Bassleroceratina 巴斯勒角石亚目
bast 劣煤；韧皮部[植]；劣质煤；炭质页岩；炭质黏土
bastard 顽石；硬石；(设备的)非标准件；硬岩块；粗纹的；伪的；粗牙的；坚硬巨砾；不标准的[设备、工具或罐]；粗的；不纯的；劣等的；畸形的；粗齿的；假的[分析数据]
→~ asbestos 变种石棉//~ ashlar 琢面毛石墙；粗饰琢石；毛石墙面琢石[房]//~ coal 高灰分不纯洁煤(层)；煤矸石[碳质页岩、泥质页岩,以 SiO₂ 和 Al₂O₃ 为主]；薄煤夹层[顶板中]//~ connection 有一扣不合格的接头//~ freestone 劣质建筑毛石//~ ganister 假致密硅岩//~ {random;rubble} masonry 乱石圬工//~ quartz 假石英；[buck;bull] quartz 块状白色石英[不含副矿物]
bastinite 红磷锰石；透磷锂锰矿；红磷锰矿[(Mn,Fe²⁺)₅H₂(PO₄)₄·4H₂O;单斜]
bastion 突出悬谷[悬支谷底凸出于主谷壁]

bastite 利蛇纹石[Mg₃Si₂O₅(OH)₄;单斜]；铀矿[含 U₃O₈ ≥ 0.10%]；绢石[(Mg,Fe)SiO₃·⁴/₅H₂O(近似)];顽光辉石或古铜辉石的变化物]
bastnaesite 氟碳铈矿[CeCO₃F,常含 Th、Ca、Y、H₂O 等杂质;六方]；氟碳铈镧矿
→~-(La) 氟碳镧矿[(La,Ce)(CO₃)F;六方]；氟碳钕矿；氟碳钇矿[(Y,Ce)(CO₃)F;六方]//~ (fluor) 氟碳铈矿
bastonite 绿褐云母[与金云母非常接近];棕黑蛭石
bastsphere type 指状分叉[叠层石]
basylous 碱式的；碱的
→~ action 降酸作用//~ {alkaline} element 碱性元素
bat guano 蝙粪土
→~ hiddan 封海季[冬季强西南季风]
Batac jig 巴塔克跳汰机
→~-{Tacub} jig 筛下气室跳汰机
batavite 透鳞绿泥石[4H₂O·4MgO·Al₂O₃·4SiO₂(近似)]
batch 一束；分批作业；分组；分类；一组；批；分批；一炉；零料；程序组；批料；一批；配料；加料；一群
→~ and point 石油产品分批点[管线中]//~ grinding 分批研磨{磨矿}//~ of ore 矿石批料//~-type mill 分批装料磨矿机
batchelorite 绿白云母；绿叶石
batch end point (输油管输油)两批油的交替点或前一批油的终点
→~ filter 间歇式过滤器{机}//~ filter press 间歇式压滤机//~ flotation 开路浮选//~ flotation cell 挂槽浮选机//~ grinding 分批研磨{磨矿}
batching 连续输油；计量；分批；定量(调节)；分配料
batch jobs 批量作业
→~ leaching 间歇漫出//~ melting 批式熔融；灶熔
batch-mixed gel 分批混合凝胶
batch mix preparation 成批混合配制
→~ of ore 矿石批料//~ processing 成组处理//~ sand mixer 混砂机//~ slurry packing unit 分批混合砂浆充填泵车//~-treatment 分批加工//~-type mill 分批装料磨矿机
batch-type tumbling mill 分批操作筒型磨机；间歇筒型磨矿机
batchwise 分批输送
bate 假节理；巷道卧底；卧底
→~ (leather) 软化
batea 智利硝石晶体；淘金盘；淘沙盘
bateau 淘金木盘
batement (light) 坡窗[建]
bateque 泉水沉积
Batesian mimicry 贝茨式拟态
bath 池；电解液；泡；镀液；池铁浆；浸；熔池；蒸浴
→(separating) ~ 分选槽；定影液//~ brick 砂砖//~ density 重介分选浴(槽)密度
bathe 洗(澡)；充分照射；充满；浸泡；游泳；冲刷[河湖]
bathhouse 澡堂
Bath(on)ian (stage) 巴通(阶)[160～164Ma;欧;J₂]
bathile 深湖底[25m 以下]

bathimetry 水深测量

bathing basin 澡盆；可以洗澡的泉盆
→～ facility 浴疗设施//～ pool{basin} 浴池//～ resort 热矿泉浴疗胜地

Bathmoceras 梯级角石(属)[O$_1$]

bathochrome 向红团[降低吸收频率的有机化合物原子团]

bath(r)oclase 水平节理

bath of oil 油浴器

bathograd 深变质级

batholite 岩基；岩盘{磐}

batholith 深成岩体；岩盘；基岩；岩基
→～ hypothesis of mineralization 岩基成矿说

batholithic mass 岩基体

batholithite 深成岩；岩基岩

batholithization 岩基化(作用)

batholyte 岩盘{磐}；岩基

Bathonella 田螺(属)[腹;J-Q]

Bathonian age 中侏罗纪

bathozone 深带

Bath sponge 浴海绵
→～ tub 盆地融坑[冰川表面上]

Bathstone 巴斯岩

bathtub 供送凉水矿车；浴缸；澡盆；摩托车的边车

bathvillite 木质树脂；黄褐块炭[C$_{40}$H$_{68}$O$_4$；C$_{30}$H$_{50}$O$_3$]

bathyalfacies{bathyal facies} 半深海相

bathyal region 亚深海区
→～ zone{district} 深海底区//～ (marine) zone 半深海带

bathybic 深海底的

Bathyceilus 广边虫属[三叶;O]

bathyconductograh 深度导电仪

bathyderm 深硅铝层；深部层；深地壳变动

bathy-derm 深地壳变动；深部层

bathydermal class 硅铝层下部运动级[重力造山运动]
→～ deformation 硅铝层深部地壳形变；深壳变形；硅铝层{壳}下部变形

bathyillite 黄褐块炭[C$_{40}$H$_{68}$O$_4$;C$_{30}$H$_{50}$O$_3$]

bathylite{bathylith} 岩盘{磐}；岩基

bathymetric(al) chart 水深图；等深图

bathypelagic fauna 远洋深层动物区系
→～ zone 深层带[海]

bathyscaf{bathyscaph(e)} 深潜水器

bathyseism 深(源地)震；深海地震

Bathyurellus 小深沟虫属[三叶;O$_1$]

Bathyurus 深沟虫属[三叶;O$_2$]

Batillaria 梯锥螺属[腹;K$_2$-Q]；滩栖螺属

batisite 钡钛矿；硅钡钛石[Na$_2$BaTi$_2$Si$_4$O$_{14}$;斜方]；硅钛钡石[Ba$_2$TiSi$_2$O$_8$;四方]；硅钛钡钠石

batissa 线蚬属[双壳;E-Q]

batite 蝙蝠石；蝙蝠粪石

batoidea 新鳐目[J$_3$-Q]；新鲛目；鳐目

Batostoma 攀苔藓虫属[O-S]

Batostomella 小攀苔藓虫属[O-T]

batrachite 片钙镁橄榄石

Batrachospermum 串珠藻(属)[红藻;Q]

batt 页岩夹层；碳质页岩与煤线互层；巴特页岩；黑矸子；煤层页岩顶板中薄煤夹层；泥质页岩

battel 淘洗盘；淘金盘

Battelle gravity-flow concentrator 巴特尔粗粒悬浮液选矿机
→～ type cracking test 巴特尔式抗焊道

batten 相同位置穿孔[一组卡片]；装条板；夹板；连续横木条；板条；压缝条；条板；挂瓦条；压条

battened wall 板条墙

batter 打坏；倾度；坡度；斜面；斜坡；混合；倾斜度；揉黏土；坡面；揉碎的黏土；内倾；边坡面；敲碎
→～ ram 冲击夯；打桩锤//～{sloping} leg 斜支腿//～ level 测斜器；倾斜仪；测坡仪//～ of face 阶段坡面//～ (ed){angled;spur;inclined} pile 斜桩

battered 磨损的；倾斜的
→～ prop 斜支柱//～{splaylegged} set 斜腿棚子

battering 磨损；捶薄；打碎；挤压；使有坡度
→～ ram 冲击夯；打桩锤//～ rule 坡规

batter leader pile driver 斜导架打桩机

Battersbyia 勺板丛珊瑚属[D]

batter{tooled;rock;stone} work 凿石工作

battery 挡板；煤溜口挡板；放炮器；组；隔板；木垛；一组；电池；一套；矿场集油贮罐组；工作台；木隔壁；捣矿(的)机锤组；炮兵连；一道防火墙内的油罐组；电池组；排；炮组
→～ backup system 蓄电瓶后援系统//～ breast method 房柱式贮煤开采法；矿房留柱开采(法)//～ charger 充电工//～{accumulator} jar 电瓶//～{gang} of wells 井群//～ ore (干)电池用软锰矿//～-powered mine tractor 矿用蓄电池拖拉机

battie 炭质页岩；岩质黏土；黑矸子

battledore 打键板；柱状活塞；撞杆[外滤式过滤机脱水设备]；辗(面)棍

battle{firing;front} line 火线

batu 巴土(树)脂

batukite 暗色白玄岩

baud 波德[信号速度单位]；波特[数据处理速度单位]

baudisserite 菱镁矿[MgCO$_3$;三方]

bauerite 片石英

Baume 波美度；波美(液体比重)计
→～ gravity 波美比重//～ scale {degrees} 波美度

Baumgarte ray-stretching method 鲍姆加特射线拉伸{长}法[震勘资料解释的一种图解方法]

baumhauerite(-Ⅰ) 硫砷铅矿[Pb$_2$As$_2$S$_5$;单斜]；褐硫砷铅矿[Pb$_3$As$_4$S$_9$;三斜]

baumite 锰镁铝蛇纹石[(Mg,Mn^{2+},Fe^{2+},Zn)$_3$(Si,Al)$_2$O$_5$(OH)$_4$;单斜]；波美石

Baum jig 包姆式跳汰机；鲍姆型气动跳汰机
→～ jig 筛侧空气室跳汰机//～ pot (煤层顶板中的)钙质结核；锅穴[煤层顶底板中]//～ jig washer 侧鼓式跳汰机

ba(e)umlerite 氯化钙钾石；氯钾钙石[KCaCl$_3$;三方]

Baum type washbox 筛侧空气室跳汰机

Baumé 波美(液体比重)计

Bauneia 波尼刺毛虫属[腔;J$_3$-E]

bauranoite 钡铀矿[BaU$_2$O$_7$·4~5H$_2$O]；水钡铀矿

Bauria 包氏兽属[P-T]

Baurusuchus 波罗鳄属[爬;K]

Bauschinger effect 包辛格效应

bausteinton 炼瓦黏土

bauxite 铁铝氧石[Al$_2$O$_3$·2H$_2$O]；矾土；铁矾土[主要成分:一水硬铝石、三水铝石、一水软铝石，还有蛋白石、赤铁矿、高岭石等]；铝土岩[岩]；铝土矿[由三水铝石(Al(OH)$_3$)、一水软铝石或一水硬铝石(Al(OH))为主要矿物所组成的矿石的统称;Al$_2$O$_3$·2H$_2$O]
→～ cement 铝土水泥//～ chamotte 高铝矾土熟料

bauxitic{alum} clay 铝土
→～ clay 矾土；铝铁黏土；铝土质黏土//～{bauxite} ore 铝土矿[由三水铝石(Al(OH)$_3$)、一水软铝石或一水硬铝石(Al(OH))为主要矿物所组成的矿石的统称]//～ rock 铝土岩

bauxitite 铝土矿[由三水铝石(Al(OH)$_3$)、一水软铝石或一水硬铝石(Al(OH))为主要矿物所组成的矿石的统称]；铝土岩

bauxitization 铝土化(作用)

bauxitogenetic movement 铝土矿成因的构造运动

bavalite 鲕绿泥石[(Fe,Mg)$_3$(Fe^{2+},Fe^{3+})$_3$(AlSi$_3$O$_{10}$)(OH)$_8$；单斜]；硬铁绿泥石[Fe$_3$(OH)$_6$;(Fe^{2+},Al)$_3$(Al$_{1-1.5}$Si$_{2.8-2.5}$O$_{10}$)(OH)$_2$]

Bavarian Alps 巴伐利亚阿尔卑斯山脉

bavenite 一水化硅酸钙铝石；硅铍钙石[Ca$_4$Be$_2$Al$_2$Si$_9$O$_{26}$(OH)$_2$;斜方]；硬铍钙石；硬羟钙铍石
→～{pilinite} 硬沸石[Ca$_4$AlBe$_3$H(Si$_9$O$_{27}$)·H$_2$O]

Baveno habit 巴温诺习性[长石的方柱状习性]
→～ law 巴温诺(双晶)律//～ twin 巴韦{维}诺双晶[曾用名:巴温诺双晶]；斜坡双晶

Baventian stage 巴文特阶

bavin 不纯灰岩；杂灰岩

Bavlinella 巴甫林球形藻属[An∈-D]

bawke 吊桶

bawn 灰泥炭；灰色泥炭

B{fold} axis 褶皱轴
→～-axis 组构轴；b 轴

bay 草原区的狭树林地；底板；森林区的狭草地；山区的穹形沼泽地；分段；长壁法充填带间的通道；支架间的间距；隔间；盘；跨度；座；外露单元；港湾；舱[飞船]；框；机架；跨；河湾；溶蚀洼地；台；架间；海湾；湾[海湾、湖湾、河湾]；隔板；间距；支柱；底；隔室
→～ barrier 海湾口障壁坎；湾口沙洲；拦湾坝；拦门沙坝

bayerite(-Ⅱ) 拜三水铝石[Al(OH)$_3$;单斜]；拜耳石{三羟铝石}[Al$_2$O$_3$·3H$_2$O;Al(OH)$_3$]；人工制备的氢氧化铝晶体

Bayes decision rule 贝叶斯决策规则

Bayesian statistics 贝叶斯统计学{法}

bay head 湾头；弯头

bayhead{pocket;cove;point} beach 湾头滩

bay ice 湾内冰；湾冰
→～-in-bay shoreline 湾中湾滨线//～ lake 湾状湖

baylanizing 钢丝连续电镀法

baylcable 海底地震[勘探电缆]

bayldonite 乳砷铅铜石[PbCu$_3$(AsO$_4$)$_2$(OH)$_2$;单斜]；钒酸铅矿

Baylea 贝氏螺属[腹;D-C]

bayleyite 碳{菱}镁铀矿[Mg$_2$UO$_2$(CO$_3$)$_3$·18H$_2$O;单斜]

B

baylissite 水碳镁钾石[$K_2Mg(CO_3)_2\cdot4H_2O$;单斜]

baymouth{bay mouth} 湾口；海湾口

bay(-)mouth bar 湾口沙洲；拦门沙坝

bay of cusp 滩角湾；岬湾；海滩尖头湾
→~ clutch 插销式离合器//~ lock 插闩//~-lock 插销节//~-tube exchanger 插管式换热器//~ type quick coupling 插栓式快速接头

bayonet 卡口[爆]；刺刀；接合销钉；插入；劈刺
→~ clutch 插销式离合器

bayou 河口湾；小河；浅滩海湾；河流入(海)口；侧流；旧河道；长沼；分流；小溪；废河道；滞水河；废弃河道；小港；联运水道；旁流；死水湖

bays 极值；磁场水平分量曲线的顶、底点

bay salt 粗粒盐
→~ -sound{estuarine} facies 港湾相//~-water solid 海湾水中的固体物

bayshon 挡风墙

bayside beach{bay side beach} 湾侧(海)滩

bayunite 白云矿[$(Ce,La)(CO_3)F$]；氟碳铈矿[$CeCO_3F$,常含 Th、Ca、Y、H_2O 等杂质；六方]

bazhenovite 巴泽{热}诺夫石[$CaS_5\cdot CaS_2O_8\cdot6Ca(OH)_2\cdot20H_2O$]

bazirite 钡锆石；硅锆钡石[$BaZrSi_3O_9$;六方]

Bazzania 鞭苔属[Q]

bazzite 硅铳矿；铳绿柱石[$Be_3(Sc,Al)Si_6O_{18}$;六方]；铍硅铳矿；铁硅铳矿

B-batiery 乙电池；阳(屏)极电池

B-bit 直径 $2^5/_{16}''$ 标准型不取芯细粒金刚石钻头[美、加]

bbl{bbl.} 桶

B blasting powder B 级黑火药；B 级炸药

b direction b 轴

B.B.P 基板底部

BCF 溴氯二氟甲烷

bc-joint bc 节理；纵节理

BCT 压力恢复中止时间；体心四方晶格

B delay 二级延发

bdellium 芳香树胶

BDP 下死点

Bé 波美[浓度单位]；波美(液体比重)计；波(美)度

beach 滩；搁浅；河滩；海滨；湖滩；海滩；湖滨
→~ at ebb tide 退潮砂地//~-barrier system 海滩-障壁(岛)系统//~ berm 浪积沙矿//~ {-}combing 海滨开采砂矿//~ combing 海滩开采砂矿//~ concentrate 滩沙重矿富集//~ crest 高潮滩面;高滩脊//~ drift 进浪流//~{sea} gravel 海砾石

beachcart 下水支架

beachcomber 滩浪

Beachia 比士贝属[腕;D_1]

beaching 砌石护坡；海滩堆积
→~ of bank 护岸工程

beach{bank} line 滩线
→~ ore{placer;concentrate} 海滩砂矿//~ pad 滨岸三角沙坝//~ placer 海滨砂矿//~ profiles and particle size 海滩剖面和粒径//~ reclamation 滨海复田

beachrock 滩积岩；海滩岩[石化的海滩砂]；滩岩

beachscape 海滨风景

beachy 近岸的；岸边浅滩的

beacon 信号台；指路灯；指向标；设信号；导航信标；用灯引导；灯塔；信号；测量标志；装指向标；烽火；信标；标向波
→~ (light) 标灯//~ delay 应答延迟//~ scaffold 舰标

beaconage 航标税；设置信标{灯塔}

beaconite 纤滑石[$Mg_3(Si_4O_{10})(OH)_2$]

bead 形成珠；凸圆线脚；波纹；熔珠；垫圈；(有孔)小珠；卷边；钎肩；胎边；车轮圆缘；撑轮圈；梗；水珠；小球[如硼砂球]
→(stringer) ~ 焊蚕//~ covering machine 包装机

beaded drainage 连珠小河[冻土区]
→~ vein 串珠状脉；珠串式(矿)脉//~ enamel 边釉//~ of tyre 轮胎缘//~ pack 玻璃珠子人造岩芯；玻璃珠堆积//~ reaction 珠球反应//~ after 图//~ a hermit 岩居穴处

beaded-apron conveyor 圆缘板式输送{运输}机

beaded chain 珠状链条
→~ glass 玻璃珠；粒状玻璃//~ linear ridge 线形连珠山脊//~ sinter 硅华豆//~ vein 串珠状脉；珠串式(矿)脉//~-wall 珠状壁

beader 折边机；帽木；横梁；卷边工具
→~ vein 球状脉

beading 焊上焊道；波纹片；滚泡；玻璃熔接；起泡[金属板面]
→~ enamel 边釉

beadlike 串珠状的；珠状的

bead machine 压锭机；压片机
→~ of tyre 轮胎缘//~ pack 玻璃珠子人造岩芯；玻璃珠堆积//~ reaction 珠球反应//~ size 珠滴大小；珠子大小

beads-shaped 串珠状的

bead weld 连续堆焊；狭的焊缝；堆焊；珠焊

beagle 密探；警察

beak 柱的尖头；壳喙[动]；岬角；鸟嘴；钩形鼻

(Bunsen) beaker 烧杯

beaker decantation 烧杯笔析法
→~ flask 锥形杯//~ in the laboratory 烧杯//~ sampler 取样器[油罐]//~ sampling 杯选试样

beak head 岬角；岬

beakiron 小的角砧

beakless 无喙的

beak ridge 喙脊

be alive 生产矿

beam 束；线束；船宽；游梁；射线；顶架；横杆；杠杆；梁；射束；波束；杆；柱；定向发出；秤；放射；沙堤；辐射线；角主枝[生]；发光；直梁；辐射；集束；导航[用波束]
→~ (of light) 光线//(weaver's) ~ 织轴//~ action 架梁作用

Beaman 比曼[测量单位]
→~ arc 毕门视距弧；比曼视距弧

beam-and-slab structure 梁板结构

Beaman's stadia arc 比门视距弧

beam approach beacon system 进场波束指向系统

→~ {slab} effect 支撑作用//~ half-angle (电子)束半张角//~{bean} ore 扁豆状褐铁矿集合体//~ post 梁柱//~ principle 板梁原理//~ tide 横潮(流)

beamed radiation 成束辐射

beam effect{action} 横梁作用
→~{slab} effect 支撑作用//~ knee 梁肘//~ of a steelyard 秤杆//~{bean} ore 扁豆状褐铁矿集合体//~ power tube 束射功率管//~ principle 板梁原理

beamtherapy 射线疗法

beam tide 横潮(流)

beamwidth 束宽；射束宽度

be analogous to 类似

bean back 减小油嘴{流}

bean family 豆科

bean her down (关阻流器以)减小井流

Beania 疏穗苏铁(属)[裸子]

bean ore 豆状铁矿[$2Fe_2O_3\cdot3H_2O$]
→~ performance 油嘴(处)液流动态；节流动态

bear 经得起；小型冲机；掘进；经受；转向；掏槽；熊；压(迫)；带(有)；含(有)；结(果实)；怀有；忍受；底部掏槽；承受；结块；挤压；耐；开动；产生；打孔器；扩帮；提供；指向；抱有；容忍；负荷；负担；挑顶；推动；炉缸积铁；承担；支承

bearable load 可承载(负荷)

bear against 正对着
→~ away 夺得//~ cat 生产条件复杂的井

beard 凹槽

beardfish 须鱼

beardgrass 胡须草[学名芒草,禾本科,铅局示植]

beared pink 美国石竹

bearer 运载工具；负荷者；载体；托架；基础井框；座框；承木；井筒框架支架；持票人；承梁；受力体；垫块；支架；壁座
→~{bearing;horn} set 主井框//~ supporting brocket 垫块

bear frame 凿岩机支架

bearing 受压；气态；支撑力；意义；方向；联系；煤层走向；支承；方面；象限角；矿脉走向；轴承；相；度；方位；关系；向位；矿物走向；支撑物
→~{bearer;horn} set 主井框；支承座//(line of) ~ 矿层走向//~ block 矿柱；支承节；支承块；煤柱//~ stake 方向桩//~ stone 门枕石//~ stratum 含矿层//~ strength 荷重强度；挤压强度//~ support{bridge} 轴承支架//~ (up)on 正对着

bear keeper 牧夫星座
→~ (up)on 正对着//~ out 证实；证明//~ the weight of 承载

bears 熊类

bearsit(e) 水砷铍石[$Be_2(AsO_4)(OH)\cdot4H_2O$;单斜]

beat 走出(道路)；摇动；冲击；脉冲；踏出；击；敲击；跳动声；超越；挤进；回采；脉动；巡视；打垮；节拍；拍；振动；差拍；打；露头；战胜；敲；波动；跳动
→~ count 锤击数//~ elbow 鹰嘴囊头；矿工肘//~ frequency 拍频

interference 交调干扰

beater 夯具；炮棍；炮泥棍；锤；打击者；捣棒；搅拌器；夯实机；木捣槌；打手；翼子板；打浆机；拍打器
  →~ mill 碎击机[使用锤板或盘]//~ pick 捣击镐//~ pulverizer 锤碎机

beating 打；搅拌；敲；溃败；失败；打浆

Beaufort number{scale} 蒲福风级
  →~ (wind) scale 毕福风级

Beaumé 波(美)度；波美[浓度单位]

beaumontite 硅孔雀石 $[(Cu,Al)H_2Si_2O_5(OH)_4 \cdot nH_2O; CuSiO_3 \cdot 2H_2O;$单斜]；黄束沸石$[Ca(Al_2Si_6O_{16}) \cdot 5H_2O]$；黄片沸石；贾克硅孔雀石

Beaupreaidites 基柱龙眼粉属[孢;K-N₁]

beauxite 铝土矿[由三水铝石$(Al(OH)_3)$、一水软铝石或一水硬铝石$(Al(OH))$为主要矿物所组成的矿石的统称]

beaver 河狸；干扰雷达的电台；轻、中型飞机加油装置
  →~ board 木纤维板//~ dam 海狸坝[海狸在小河上啃倒树草,拦河成坝]；水獭堤

beaverite 铜铅铁矾$[Pb(Cu,Fe^{3+},Al)_3(SO_4)_2(OH)_6;$三方]

beavertail 测高天线

bebedourite 云钛辉岩；雪钛辉霞岩；钙钛云辉岩；云霞钛辉岩

beccarite 绿锆石[为 zircon 的一种；$ZrSiO_4$]

beche 打捞母锥

bechererite 羟硫硅铜锌石 $[(Zn,Cu)_6Zn_2(OH)_{13}((S,Si)(O,OH)_4)_2]$

bechilite 硼酸方解石$[NaCaB_5O_7)(OH)_4 \cdot 6H_2O]$；硼钙石$[CaB_2O_4;$单斜?]
  →~ {hydroborocalcite} 水硼钙石$[Ca_2B_{14}O_{23} \cdot 8H_2O,$单斜$;Ca(B_4O_5(OH)_4) \cdot 2H_2O]$

beck 石底`小涧{急流溪}[挪]

beckelite 方钙铈镧矿$[Ca_3(Ce,La,Di)_4SiO_{15}; (Ca,Ce,La,Nd)_5(SiO_4)_3(O,OH,F)]$；钙硅铈镧矿；硅钙铈镧矿；铈磷灰石

beckelith 硅钙铈镧矿

becken 盆地[德]

beckerelite{becquerelite} 深黄铀矿$[CaO \cdot 6UO_3 \cdot 11H_2O; CaO \cdot 6UO_2 \cdot 11H_2O]$；黄钙铀矿$[CaU_6O_{19} \cdot 11H_2O;$斜方]

Becke test 贝克(折射率)试验；拜克折射率试验

beckite 玉髓$[SiO_2]$；玉髓燧石$[SiO_2]$

becquerel 贝可(勒尔{耳})[放射性活度]

bed(stead) 单层；加底焦；(河)床；机床；层；分层；安装；底；湖、海的底；地层；固定；机架；矿床；铺平；路基；种；地基；底座(盘)；试验台
  →~(ding) course 矿层走向//~(ding) course 矿层走向

bedded 层状的；层状；分层的；成层的
  →~ chert 层状燧石//~ {blanket; stratiform;stratabound; stratified;sheet(like)} deposit 层状矿床//~ deposition 包裹矿床//~-imbricated-block model 层状叠瓦状断块模型；成层叠瓦状断块模型//~{mixed} ore 混合矿石//~ rockfill 成层填石；分层堆石//~ rock slope 层状岩石斜坡

bedding down 废石成层

bedding(-plane) fault 层面断层
  →~ pile 平铺矿石堆//~ plane deposit

层状矿床//~-plane markings 层理面标志{痕迹}//~-plane movement 顺层位移//~-plane{flexural} slip 挠褶滑动；层面滑动//~ practice 矿石中和作业//~ rock 矿层底岩//~ sand 基层砂；热芯砂；垫箱砂；垫层砂//~ stone 扁平石//~ void 层间空隙[如熔岩流内]

bed dowel 石砌体暗销
  →~ down the livestock 垫圈

be deficient in 欠缺

bederite 磷钙铁锰石$[\square Ca_2Mn_2^{2+}Fe_2^{3+}Mn_2^{2+}(PO_4)_6(H_2O)_2]$

be destroyed by floods 冲塌
  →~ detained 滞留

bed filtration 多层过滤
  →~ form superimposition 床砂叠加作用//~ frame 架座基//~ interface 层界

bediasite 贝迪亚玻陨石；贝迪阿熔融石

bed jig 跳汰床层
  →~ load 底荷；路床负载；底砂；河床负荷//~ load calibre 输砂{沙}量//~ outcropping (矿)层露头//~ piece 垫板；床身；溜口底梁//~ plate 底座{giant} ripple 沙波

bedrock 基础；最低点；最少量；基本原则；磐石；基本事实；基岩；基石；砂矿基底；底岩

bed rock 岩床
  →~(ding){ledge;underlying;base;original; basement;foundation; solid;pedestal;bottom; seat} rock 基岩//~ {underlying;base} rock 底岩//~ rock horizon 母岩层

bedrock relief 苍岩起伏
  →~ slack zone 基岩松弛带//~ test 确定浮土厚度和基岩性质的钻探

bed separation 层状剥离(作用)；分层作用；煤层离距

bed series 层系
  →~ silt{form} 床沙//~{pad} stone 垫石//~ surface 床面{摇床}//~{zone} thickness 地层厚度//~ thinning 煤层变薄{尖灭}；矿层变薄//~{sole} timber 垫木//~-type pneumatic concentrator 床层式风力选煤{矿}机//~(ded) vein 顺层状(矿)脉；层状脉

bedset 层组

bed set{series} 层群
  →~ silt 底粉砂；底部淤泥//~ silt{form} 床沙//~ slope 底坡//~ stratum 岩层

bedstone 底石；下磨石

beech 山毛榉
  →~ coal 山毛榉煤

Beecheria 毕涉贝属[腕;C-P]

bee eater 蜂虎[鸟类]
  →~ welded chert 玉髓燧石$[SiO_2]$

beef 肉状夹石；火腿石

beegerite 辉铋铅钙矿；银辉铋铅矿；辉铋铅矿$[PbBi_2S_4;$斜方]

beehive 蜂窝状的；蜂房
  →~ coke 蜂房炉焦炭；焦炭[蜂房式炉]//~ furnace 蜂房式炉//~-shape {cumulative;hollow;shaped} charge 聚能装药//~-shape{shaped} charge 破甲装药

beekite 红色豆粒燧石；玉髓(燧石)$[SiO_2]$
  →~ welded chert 玉髓燧石$[SiO_2]$

beep 高频笛音；嘟嘟声；簧音；吉普车

[特大]

beer 啤酒

beerbachite 辉长细岩

beer stone 无鲕石灰石

beeswax 黄蜡；上蜡

bee's{bees} wax 蜂蜡

Beethoven exploder 贝多芬型放炮器

beetle stone 甲虫石

beetling{rock;overhanging;steep} cliff 悬崖

Beevers-Lipson strips 比沃斯-李普逊纸条

bee(s)wax 黄蜡；蜂蜡

Bee-zee screen 皮奇型棒条振动筛

befanamite 钪石$[ScSi_2O_7]$；硅钪石；钪钇石$[(Sc,Y)_2Si_2O_7;$单斜]

beffanite{beffonite} 钙长石$[Ca(Al_2Si_2O_8);$三斜;符号 An]

befikite 雷菲京石；准树脂；褐煤树脂；海松酸石$[C_{20}H_{32}O_2;$斜方]

befit 双极-场化(混合)晶体管

before 之前
  →~ bottom centre 下死点前//~-log-verification 测前校验

beforsite 细白云岩

be free from danger 安全无患

bega- 千兆[10^9]

Beggiatoa 贝日阿托氏菌；贝氏硫菌[需氧]

beginner 初学者；新手；创始人；道岔[铁路]；岔尖；辙尖

Beginners Algebraic-Symbol Interpreter Compiler{Beginner's All-purpose Symbolic Instruction Code} BASIC 语言

beginning 早期阶段；开始；起点；开头部分
  →~ height 出现点高度[流星]//~ of line (测线)起点(坐标)

begohm 千兆欧(姆)

be(r)gschrunde 冰川边沿裂隙

behavio(u)ral characteristic 动态特征
  →~ effect 行为效果

behavior index 流体流态指数
  →~ of oil recovery 采油动态

behavio(u)r of the vein 矿脉的产状
  →~ of well 井的动态//~(al) science 行为科学

behaviour around mine openings 围岩岩石应力显现
  →~ of off-shore structures 近海构筑物性能

beheaded river{stream} 夺流河；断头河

beheading 断头作用
  →~ of river 夺流

be held up 滞留

behenic acid 山萮酸；廿二(碳)烷酸

behierite 硼钽石$[(Ta,Nb)BO_4;$四方]

behind-arc 弧后

Behm lot 柏姆型回声测深仪

behoite 羟铍石$[Be(OH)_2;$斜方]

Behren's method 贝伦法

beidellite 铝蒙脱石；贝得石$[(Na,Ca_{1/2})_{0.33}Al_2(Si,Al)_4O_{10}(OH)_2 \cdot nH_2O;$单斜]

Beien face-loader 贝恩型长壁工作面链板输送机
  →~ kep gear 贝恩式罐座装置//~ Mega ramp plough 贝恩梅加型滑行板刨煤机//~ stowing machine 贝恩型充填机

beige 米色；未漂白的；本色的
→(sandy) ～ 浅褐色

Beige A1 & A2 富贵米黄[石]
→～ Castilla 卡丝帝拉米黄[石]//～ & Rose 土耳其玫瑰[石]

Beigius process 伯吉斯法

Beilby layer 伯尔比层；拜尔(贝)层

Beitaia 北塔贝属[腕;S₁]

beiyinite 百灵石

bekinkinite 方沸霞辉岩；闪岩；霞闪岩

bel (河中)沙洲；贝(尔)[音量、音强单位]；河床沙岛；斐耳

bela (河中)沙洲

Belarus 白俄罗斯

belaying pin 套索桩；系索栓

belch 喷出熔岩；放气；喷出；喷发；冒烟

belching 冒(气)；喷射
→～ well 间歇(出油)井

beldongrite 伪铅矿；杂赛铁锰矿[主要由 MnO,MnO₂,Fe₂O₃,SiO₂ 等组成]；硬锰矿 [mMnO•MnO₂•nH₂O]

belemnite (elf-bolt) 箭石

Belemnitella 拟箭石属[头;J]
→～ americana from the Cretaceous Peedee formation,South Carolina 南卡罗莱纳州白垩狄组中的美洲拟箭石[碳同位素世界通用标准]

Belemnites 箭石属[头;J]

belemnites 箭石类

Belemnoid 茎突；刺状的；箭石头；类箭石

belemnoid 箭石

Belemnoidea 箭石目[生]；箭石类

belemnoids 箭石类

Belemnopsis 似箭石(属)[头;J₂]

Belemnopteris 箭叶羊齿属[T]

Belenochitina 针几丁虫属[O₂-S₂]

Belfast 南非深黑[石]

belgite 硅锌矿[Zn₂SiO₄;三方]

Belgrandiella 小贝尔氏螺属[腹;E-Q]

belidiflorin 菊花石蕊素

Belinuracea 针尾鲎类[节]

belisand 石楠荒漠沙土

belisha beacon 路口信号灯

belite{belith} β硅钙石；斜硅灰石；斜硅钙石[β-Ca₂SiO₄;单斜]

Belize 伯利兹

beljankinite 锆钛钙石 [2CaO•12TiO•½Nb₂O₅•ZrO₂•SiO₂•28H₂O;非晶质]

beljankite{creedite} 铝氟{冰晶}石膏 [CaF₂•2Al(F,OH)₃•CaSO₄•2H₂O]

Belknap chloride process 贝尔克奈普氯化物重液选法

belkovite 硅钡铌石 [Ba₃(Nb,Ti)₆(Si₂O₇)₂O₁₂]

bell 料钟[炉盖]；讯号铃；(使)成铃状；扩散管；炉盖；钟；锥形口；锥体；(高炉)钟罩；(电)铃；套口；漏斗；叶轮盖板
→～ (end;mouth) 漏斗口；承口

Bellamya 环棱螺属[腹;J-Q]

belland 多末(的)铅矿石；铅中毒；粉状铅矿

bell and flange reducer 承口法兰大小头
→～ and spigot (joint) 承插接合//～ and spigot bend 承插式弯头//～ and spigot joint 套接头；(管端)套筒接合//～ -and-spigot{-socket} pipe 承插管

Bellatona 丽兔属[N]

bell buoy 装钟浮标

bell crank 直角杠杆；摇杆；曲柄；双臂曲柄；直角曲柄
→～ hole 矿核冒落空穴；鸡窝顶；顶板中钟形空洞；冒落穹顶；焊接坑[在管沟内焊接管路时用]//～ housing 屏蔽套//～-jar exhaust 钟罩排气//～-metal ore 黄锡矿[Cu₂FeSnS₄;四方]//～ mouth 锥形孔；矿山顶板中的钟形体//～{horn} mouth 喇叭口//～-pit 漏斗开采矿山；(用)钟形开采法的铁矿

belled 有钟口的；漏斗形的；喇叭口形的；翻边
→～ area 漏斗区//～ chute 钟形口溜槽//～ pier{shaft} 扩底墩

Bellerophon 神螺(属)[腹;O-T]

Bellerophontacea 神螺超科

Bellerophontids 神螺类

Belleville spring 贝氏弹簧

bellidoite 灰硒铜矿[Cu2Se;四方]；β硒铜矿

bellied 膨胀

Bellimurina 美墙贝属[腕;O₂]

Bellineima 光萼苔属[Q]

belling 扩漏斗
→～ bucket 扩底挖斗

bellingerite 水碘铜矿[Cu₃(IO₃)₆•2H₂O;三斜]

Bellispores 齿环孢属[C₂]

Bellite 贝里特混合炸药

bellite 砷铬铅矿[(Pb,Ag)₅((Cr,As,Si)O₄)₃Cl;六方]；铬砷铅矿；杂铬铅白铅矿；贝尔炸药

belloite 别洛依石[Cu(OH)Cl]

bellow 膜盒；波纹管
→(air) ～ 风箱

bellows 手风箱；手用吹风器；折叠式棚；皮老虎；真空管；折箱[摄]；导风筒；感压箱；真空膜盒；吹灰器；气囊；膜盒组
→～ chamber(井下压力计的)褶皱盒；风包//～ manometer 膜盒式压力计//～ sealed gate valve 波纹管密封的闸板阀//～-type regulator 波纹管式调节器

Bell ship gravity meter 贝尔型船上重力仪

bell {ringing} signal 振铃信号
→～ socket 打捞筒//～ socket{tap} 母锥

bellund 铅中毒

belly 钟状包体；机身腹部；煤层变厚；凸部；张满；鼓起；矿脉变厚；肚；炉腰；钻孔扩洼；膨胀部分；腹部(腔)；矿囊
→～ band 补漏用的箍//～ band {buster} 安全带//～ board 中间平台

bellybrace 曲柄钻

belly core 内芯型

belmontite 黄硅铅矿

Beloceras 箭菊石属[头;D₃]

Belodella 小针牙形石属[O-C₁]

Belodina 似针牙形石属；准弩箭牙形石属[O₂₋₃]

Belodiniaceae 背洛藻科

Belodus 弩箭牙形石属[O-D]；针牙形石属

beloeilite 钾长方钠岩；长石方钠辉岩

Beloitoceras 贝雷特角石属[头;O]

belomorite 月长石[K(AlSi₃O₈)]

belonesite 针镁钼矿[MgO•MoO₃]；氟镁石[MgF₂;四方]

belonite 塔状火山；针状长石；针硫铋铅矿[PbCuBiS₃;斜方]；柱状火山；棒雏晶；塔形火山；针雏晶

Belonorhynchidae 针吻鱼科[T-J]

belonospharite 雏晶族

Belovia 别洛乌虫属[三叶;Є₃]

belovite 砷镁钙石[Ca₂Mg(AsO₄)₂•2H₂O;三斜]；别洛夫石
→(phosphate) ～ 锶铈磷灰石[CeNaSr₃(PO₄)₃(OH);六方]//～-(La) 锶镧磷灰石[Sr₃Na(La,Ce)(PO₄)₃(F,OH)]

below curb 路缘石标高以下
→～ grade 不合格的//～-ground retorting processing 地下干馏处理//～-the-line {p.m.} entry 备忘录//～ the mark 标准以下

belt 用带缚住；狭长的条带；区域；腰带；传动带；扎线；狭窄的海峡；带；皮带；带状物；地带；层；海峡

belted{sheathed;armoured;iron-clad} cable 铠装电缆
→～ coastal plain 海岸分带平原//～ metamorphic rock area 带状变质岩区//～ outcrop plain 条带状露头平原；高低地相间侵蚀面{准平原}[差别风化造成]//～ plain 成带平原

Beltian 贝尔特(群)[北美;Z]
→～ series 贝尔特统[Z]//～ system 倍{贝}尔特系

belting (用)光面带拖光；带料；带类；传动带(装置)；包带[木杆防腐用]；(用)轮带运输

belyankinite 水钛锆钙石；别良金石；锆钛钙石 [2CaO•12TiO•½Nb₂O₅•ZrO₂•SiO₂•28H₂O;非晶质]；锆铌钙钛石

belyankite 冰晶石膏；铝氟石膏[冰晶石膏;CaF₂•2Al(F,OH)₃•CaSO₄•2H₂O]

Belzungia 贝氏藻属[E₂]

bemagalite 铍镁晶石[BeMgAl₄O₈]

Bemalambda 阶齿兽(属)[哺;E]

bementite 蜡硅锰矿[Mn₅(Si₄O₁₀)(OH)₆,含 MnO34% ～ 52.65%,单斜；Mn₈Si₆O₁₅(OH)₁₀]；杂赛黄晶；硅(酸)锰矿[MnSiO₃•H₂O]

bemmelenite 球菱铁矿[FeCO₃]；球菱钴矿[CoCO₃]

Bénard cell 本纳圈

benauite 水磷锶铁石 [SrFe₃(PO₄)₂(OH,H₂O)₆]

benavidesite 硫锰铅锑矿[Pb₄(Mn,Fe)Sb₆S₁₄]

Bence-Albee methods of data reduction 本阿二氏数据减缩法
→～ quantitative correction 本斯-阿尔比定量修正

bench 爆破阶面；煤的分层；装置；地台；拉丝机；河岸；夹层；高地砂矿；井筒出车场；座；试验台；实验台；棚地；阶段；拉床；台；山腹平地；煤层；出车场；长凳；台阶；梯段
→～-and-trail method 台阶工作面平行炮孔崩矿的矿房式采矿法//～-and-trail method 台阶崩矿分段空场法//～ clamp 台钳//～(ing) cut 阶段式凿岩//～(ing){stope} cut 台阶掘槽//～(ing){stope} cut 台阶掘槽//～ cutting{stoping} 梯段回采

bench edge 台阶边缘
→～ edge{crest} 坡顶线//～ elevation 台段标高//～ face 台阶//～ gravel 阶地砂矿

benching 定边坡；阶地化；梯田化
→~ bank 台阶；阶形边坡//~ cut 台段爆破；台阶爆破//~ cut{shot} 梯段爆破//~ shot 垂直炮眼

benchland 沿河阶台[河滩]；河滩；阶状地面

bench lathe 台上车床；台用旋床
→~ lava 阶状熔岩；底熔岩//~ method 阶梯工作面平行炮孔崩矿的回采法//~ ore 砂矿[海滩或河滩]//~ stoping 敞开式进路崩矿方案[中深孔崩矿]；台阶式回采

benchwork{bench worker} 钳工

bend 屈身；屈从；板弯；湖湾；肘管；倾向；弯(曲)处；页岩；弯波导；转向；筛；集中全力；硬黏土；河曲[尚未发展成曲流]
→(double) ~ 弯头//~ (over) 弯曲；弯管//~ angle 弯角

bendalloy 易熔合金；弯管合金[填塞管子用]

bender 折弯机；弯曲物；挠曲机；泵缸上提环；弯管机

Bendian 本德统[北美；C_3]
→~ series 班德统[北美；C_3]

bendigite 本迪陨铁

bending 卷刃；弯曲作用；偏移；扳曲作用；折曲；弯头；弯曲带；弯曲度；配曲调整(法)；海冰波动[结冰初期，因风、潮侧压作用使冰产生上下运动]；卷刀口；拱曲作用；偏差
→~ axis 弯轴//~ force 弯力//{bend} of vault 拱顶曲率//~ of vault 弯拱曲率；穹顶曲率

bendway{bend way} 深水槽

Beneckeia 本尼菊石属[头；T_{1-2}]

Benedictia 本氏螺属[腹；E-Q]

beneficial 有利的；有使用权的；有益的
→~ heat 有功热能//~ result 效益

beneficiate 为改善性能而进行的处理；对(矿)石)进行预处理[冶炼前]；增效；选矿

beneficiating facilities 选矿厂
→~ method 精选法；选煤法//~ ore 选矿//~ {finished;clean; enriched; upgraded} ore 精选矿(石)//~ process 选矿方法

beneficiation 处理；境界；加工；精选；富选；选矿
→~ combined method 联合选矿//~ {mineral processing} flowsheet 选矿流程//~{ore-dressing} machinery 选矿机械//~ method 选矿方法//~ technology 选矿技术//~ wastewater 选矿废水

benefit 利益；效益；受益；好处
→~ cost analysis 效益成本分析//~-cost ratio 利润率[利益与投资之比]//~ fund 福利金

Benioff plane 贝尼奥夫面；毕鸟夫(地震)面；卜鸟夫面

benitoide 蓝锥矿[$BaTiSi_3O_9$；六方]

benitoite 蓝锥石；蓝锥矿[$BaTiSi_3O_9$；六方]

benjaminite 铜银铅铋矿；银硫铋铅铜矿[$Pb_2(Ag,Cu)_2Bi_4S_9$]；本硫铋银矿[$(Ag,Cu)_3(Bi,Pb)_7S_{12}$；单斜]

benn 矿工上下井排队

Bennett 贝内特彗星
→~ catches 卞聂型过卷抓爪

Bennetticarpus 本内苏铁果属[裸植；T_3-J_1]

Bennettiteaepollenites 原本内苏铁粉属[孢；J]

Bennettites 本内苏铁(属)

Benneviaspis 班涅夫鱼属[D]

Benphosil 黏土硅酸盐浆
→~ grout 黏土和硅酸盐的混合浆[商]

benstonite 菱碱土矿[$Ca_7(Ba,Sr)_6(CO_3)_{13}$；$(Ba,Sr)_6(Ca,Mn)_6Mg (CO_3)_{13}$；三方]；菱钙钡石；本斯顿石

bent 膨土；V形凿；横向构架；爱好；支脉；排架；决心的；斑{班}脱岩[$(Ca,Mg)O•SiO_2•(Al,Fe)_2O_3$]
→~ debris flow 斑{班}脱岩冻融泥石流[高纬严寒地区]//~ shale 斑脱石质页岩；班脱石质页岩；膨土性页岩

benth(on)ic 海底生物；底栖的；海底的
→~ (organism) 底栖生物//~ algae 底生藻类//~ animal 底栖动物//~ division 海底区划

benthograph 深海球形摄形{影}仪

benthonic foraminiferal assemblages 底栖有孔虫组合
→~ life{organism} 底栖生物//~ organism 底栖动物//~ realm 基底域//~ shelly fauna 底栖有壳动物群

benthophyte 水底植物

bent housing 弯外壳
→~ housing mud motor 弯外壳泥浆电动机[用于定向井、水平井造斜]//~ multi-turbodrill 复式弯涡轮钻具

bentonite 膨土岩；斑{班}脱岩[(Ca,Mg)O•SiO_2•(Al,Fe)_2O_3]；蒙脱石[$(Al,Mg)_2(Si_4O_{10})(OH)_2•nH_2O;(Na,Ca)_{0.33}(Al,Mg)_2Si_4O_{10}(OH)_2•nH_2O$；单斜]
→~ bin 膨润土仓//~ building site 膨润土建设场地//~ clay 浆土//~ debris flow 斑{班}脱岩冻融泥石流[高纬严寒地区]

bentonitic{bentonite} clay 斑{班}脱土
→~ clay 皂土；膨土//~{volcanic;soap} clay 膨润土 [(½Ca,Na)_{0.7}(Al,Mg,Fe)_4(Si,Al)_8O_{20}(OH)_4•nH_2O,其中 Ca^{2+}、Na^+、Mg^{2+} 为可交换阳离子]//~ shale 斑{班}脱石质页岩；膨土性页岩

bentorite 钙铬矾[$Ca_6(Cr,Al)_2(SO_4)_3(OH)_{12}•28H_2O$；六方]

Bent pipe{tube} 曲管；弯管

Bentzisporites 本氏大孢属[C_2]

benyacarite 水磷锰铁钛石 [$(H_2O,K)_2Ti(Mn^{2+},Fe^{2+})_2(Fe^{3+},Ti)_2(PO_4)(O,F)_2•14H_2O$]

benzaldehyde 苯(甲)醛[$C_6H_5•CH:O$]
→~ acetal 苯甲醛缩二醇 [$C_6H_5CH(OR)_2$]

benzamide 苯酰胺

benzanthracene 苯并蒽

benzene 苯[C_6H_6]；苯、甲苯、二甲苯[总称]
→~-alcohol 苯酒精(混合物)//~ ring 苯环//~ series 苯系//~-thiol 巯基苯[C_6H_5SH]；苯硫酚[C_6H_5SH]

benzenoid 苯(环)型的
→~ hydrocarbons 苯型烃类

benzhydrol 二苯基甲醇[$(C_6H_5)_2CHOH$]

benzhydryl 二苯甲基[Ph_2CH-]

benzidine 联苯胺[$(H_2N•C_6H_4)_2$]

benzil 联苯酰[苯偶酰]；二苯(基)乙二酮[$(C_6H_5CO)_2$]

benzoate 苯(甲)酸盐{酯}[$C_6H_5•COOM$]；苯酸盐；苯甲酸盐

benzofluorene 苯并芴

benzo-α{|β}-fluorene 苯-α{|β}-芴

benzoic acid 苯(甲)酸[C_6H_5COOH]
→~ amide 苯酰胺//~ flake 苯甲酸片

benzoin 安息香{苯偶姻；二苯乙醇酮}[$C_6H_5•CH(OH)•CO•C_6H_5$]

benzol 粗苯；苯[C_6H_6]

benzopyridine 喹啉[C_9H_7N]

benzo-pyrrole 苯(并)吡咯[C_8H_7N]；苯(并)氮(杂)茂[C_8H_7N]

benzoquinone 苯醌

benzyl 苄基[$C_6H_5CH_2-$]；苯甲基
→~ alcohol 苄{苯甲}醇[$C_6H_5•CH_2OH$]//~ carbinol 苄甲{苯乙}醇[$C_6H_5CH_2CH_2OH$]//~ hydroperoxide 苄基过氧(化)氢[$C_6H_5CH_2OOH$]//~ mercaptan 苄硫醇[$C_6H_5CH_2SH$]//~-N,N-diethyl dithiocarbamate 硫氮苄酯[$(C_2H_5)_2NC$]

beorceixite 钾磷钡石

bepn 平均每个核子{|质子}结合能

beraunite 簇磷铁矿[$Fe^{2+}Fe_5^{3+}(PO_4)_4(OH)_5•4H_2O$；单斜]

Berberides 贝尔伯斯褶皱带

berberine 小檗碱

Berberis 小檗属[植；Q]

berborite 水硼铍石[$Be_2(BO_3)(OH,F)•H_2O$；三方]

berdesinskiite 铁钒矿[V_2TiO_5]；钛钒矿

Beresella 贝莱斯藻(属)[绿藻；C]

bereshite 浅沸绿岩

beresite 倍利岩；黄铁绢英岩

beresitization 黄铁细晶岩化(作用)

beresof(sk)ite{beresovite;beresowite;berezov(sk)ite;berezowskite} 红铬铅矿[$Pb_3(CrO_4)_2O;Pb_2(CrO_4)O$；单斜]；铬铅矿[$PbCrO_4$；单斜]；微镁铬铁矿

berezanskite 钛锂大隅石[$KLi_3Ti_2Si_{12}O_{30}$]

berg 山；山脉；丘
→(glacier) ~ 冰山

bergalite 蓝黄煌岩；黝黄煌岩；黝脂斑岩

bergalith 镁丝光沸石；黄沸石

bergamaskite 杂角闪绿泥解石；针铁闪石[$(Na,Ca)_{2¼}(Fe^{2+},Fe^{3+},Al)_5•((Si,Al)_8O_{22})(OH)_2$(近似)]；绿钙闪石[$NaCa_2(Fe^{2+},Mg)_4Fe^{3+}Si_6Al_2O_{22}(OH)_2$；单斜]；铁钙闪石[$Ca_2(Fe^{2+},Mg)_3Al_2(Si_6Al_2)O_{22}(OH)_2$；单斜]

bergamot 薄荷类植物

bergbalsam 石油

bergblau 碳酸铜矿

bergenite 磷钡铀矿{钡磷铀石；水钡铀云母}[$Ba(UO_2)_4(PO_4)_2(OH)_4•8H_2O$；斜方]

bergeria{bergerie} 贝格型[古]；周皮相

Bergeroniaspis 伯格朗盾壳虫属[三叶；C_1]

Bergeroniellus 伯格朗氏虫属[三叶；C_1]

Bergeronites 伯氏虫属[三叶；C]

bergmahl 硅藻土[$SiO_2•nH_2O$]；岩乳[一种硅藻土或风化方解石]

bergmahogany 黑曜岩

bergmannite 假钠沸石[$Na_2(Al_2Si_3O_{10})•2H_2O$]；毡钠沸石

bergmeal 风化方解石；硅藻土[$SiO_2•nH_2O$]；岩粉；岩乳[一种硅藻土或风化方解石]

bergmehl 岩乳[硅藻土或风化方解石]；硅藻土[$SiO_2•nH_2O$]；岩粉

B

bergschrund 冰后隙；冰石隙；大冰隙；冰隙[冰川中的裂缝]；古冰斗；背隙窿；冰峡
→~ action 冰斗扩大作用

bergseife 埃洛石[优质埃洛石(多水高岭石)，$Al_2O_3 \cdot 2SiO_2 \cdot 4H_2O$；二水埃洛石$Al_2(Si_2O_5)(OH)_4 \cdot 1 \sim 2H_2O$; $Al_2Si_2O_5(OH)_4$；单斜]；山碱[$Al_4(Si_4O_{10})(OH)_8 \cdot 4H_2O$]

bergslagite 羟砷钙铍石[$CaBeAsO_4(OH)$]

bergwind 山风

berillia 氧化铍[BeO]

berillite 水硅铍石[$Be_3(SiO_4)(OH) \cdot H_2O$;斜方?]

berillosodalite 铍方钠石[$Na_4(BeAlSi_4O_{12})Cl$]

berinel 铍镁晶石[$BeMgAl_4O_8$]；塔菲石[$MgAl_2BeO_8$;六方]

beringite 棕闪安山岩；白令岩[俄]

berkelium 锫；铱[锫之旧名]

berkeyite 天蓝石[$MgAl_2(PO_4)_2(OH)_2$;单斜]

berlauite 镁鲕绿泥石

berlinite 板磷铝矿；磷铝矿；柏林石；块磷铝矿[$AlPO_4$;三方]

berm(e) 台阶；到离后露出矿体；剥离后露出煤层；隔板；浪积滩台；栈道；段台；护道；戗台；剥露矿体；护坡道；隔层；崖径；滨阶；潮阶；后滨阶地；平台；围护带；平盘
→(beach) ~ 滩肩

Berman balance 伯尔门型秤
→~ density 伯尔曼密度 // ~ density torsion balance 伯尔曼(比重)扭(力天平)

bermanite 板磷锰矿[$Mn^{2+}Mn_2^{3+}(PO_4)_2(OH)_2 \cdot 4H_2O$;单斜]；板磷镁锰矿[$(Mn,Mg,Ca,Na)_5(Mn,Fe)_8(PO_4)_{10} \cdot 15H_2O$]

berme 剥露矿体
→~ of face 阶段平台

Bermudas 百慕大群岛[英]

bermudite 黑云碱煌岩；百慕大岩

bernalite 烯烃沥青

bernardinite 树脂菌

bernardite 贝硫砷铊矿[$TlAl_5S_3$]

Bernardosphaera 伯氏球[钙超;Q]

Bernaya 倍奈螺属[腹;E_1]

berndtite 六方硫锡矿[SnS_2]；二硫锡矿[SnS_2]；三方硫锡矿[SnS_2;三方]

Bernix 贝尔纳介属[D_1-C]

bernonite 核磷铝矿[$Al_3(PO_4)(OH)_6 \cdot 6H_2O$?;非晶质]；水钙铝矿[$Ca_2Al_3(OH)_{13} \cdot 5H_2O$(近似)]

Bernoullia 贝尔瑙蕨(属)[T_3]

Bernoulli's Theorem 伯努利定律{理}

bernstein 琥珀[$C_{20}H_{32}O$]

Berocypris 瓜星介属[E]

berondrite 钛辉闪斜霞岩

Berriasella 贝利亚斯菊石属[头;J_3-K_1]

berryite 板硫铋铜铅矿[$Pb_3(Ag,Cu)_5Bi_7S_{16}$;单斜]

Berry safety crosshead 贝瑞凿井安全吊桶导向架

berth (船与灯塔之间的)回旋余地；座位；安全距离；泊位；停泊(地)；架床；住舱
→(ship) ~ 船台 // ~ for a ship 泊位 // ~ space 停泊区

berthierine 铁铝蛇纹石[$(Fe^{2+},Fe^{3+},Mg)_{2-3}(Si,Al)_2O_5(OH)_4$;单斜]；磁绿泥石[$(Fe^{2+},Fe^{3+})_{<6}(Si_4O_{10})(OH)_8$]

berthierite 辉锑铁矿[$FeS \cdot Sb_2S_4$;FeSb$_2$S$_4$];

辉铁锑矿[$FeS \cdot Sb_2S_3$;斜方]；硫铁锑矿；蓝铁矿[$Fe_3^{2+}(PO_4)_2 \cdot 8H_2O$;单斜]

bertholite 硅质砂岩

berthonite 车轮矿[$CuPbSbS_3$,常含微量的砷、铁、银、锌、锰等杂质;斜方]

Bertin's surface 柏尔丁面

bertossaite 磷铝钙锂石[$(Li,Na)_2CaAl_4(PO_4)_4(OH,F)_4$;斜方]

bertrandite 硅铍石[$Be_2(SiO_4)$;三方]；羟硅铍石[$Be_4(Si_2O_7)(OH)_2$;斜方]；硅酸铍石[$H_2Be_4Si_2O_9$]；白晶石；硅铁石[$Fe_2Si_2O_5(OH)_4 \cdot 5H_2O$;$Fe_4^{2+}(Si_4O_{10})(OH)_8 \cdot 10H_2O$]

bertranditization 硅铍石化

Bertrand ocular 勃氏目镜
→~ process 伯特兰重介选法

bertunked stream 断尾河

beryl 绿玉；绿柱石[$Be_3Al_2(Si_6O_{18})$;六方]；浅绿色；绿柱石色
→(green) ~ 绿宝石 // -beryl 碱绿柱石[为含有 Li,Na,K,Cs 等的绿柱石] // -feldspar 铍微斜长石 // ~ -humite 铍羟硅镁石；铍硅镁石 // ~ {-}leucite 铍白榴石 // -microcline 铍微斜长石 // ~ ore 绿柱石[$Be_3Al_2(Si_6O_{18})$;六方]；铍矿 // ~-orthite 铍褐帘石；铍钇褐帘石 // -sodalite 硅铍铝钠石[$Ba_4AlBeSi_4O_{12}Cl$;四方] // ~ tengerite 铍水菱钇矿；铍水碳钙钇矿 // ~ pegmatite deposit 绿柱石纬晶岩矿床

berylite 绿柱石[$Be_3Al_2(Si_6O_{18})$;六方]

berylitization 绿柱石化

beryllate 铍酸盐

beryllia 氧化铍[BeO]

berylliferous tuff 含铍凝灰岩

berylliosis 铍肺病；铍中毒

beryllite 水硅铍石[$Be_3(SiO_4)(OH) \cdot H_2O$;斜方?]

beryllium 铍
→~ feldspar 铍微斜长石 // -feldspar 铍长石 // ~-humite 铍羟硅镁石；铍硅镁石 // ~-leucite 铍白榴石 // -microcline 铍微斜长石 // ~ ore 绿柱石[$Be_3Al_2(Si_6O_{18})$;六方]；铍矿 // ~-orthite 铍褐帘石；铍钇褐帘石 // ~-sodalite 硅铍铝钠石[$Ba_4AlBe Si_4O_{12}Cl$;四方] // ~ tengerite 铍水菱钇矿；铍水碳钙钇矿

berylloid 绿柱石晶状；六方柱

beryllometer 测铍仪；铍测定仪

beryllonite 磷钠铍石[$NaBePO_4$;单斜]；磷铁钠石 [$(Na,Ca)Fe^{2+}(Fe^{2+},Mn,Fe^{3+},Mg)_2(PO_4)_3$;单斜]

beryllosodalite 铍方钠石[$Na_4(BeAlSi_4O_{12})Cl$]；硅铍铝钠石[$Ba_4AlBeSi_4O_{12}Cl$;四方]

berzelianite 硒铜矿[Cu_2Se;等轴]

berzeliite 黄砷酸钙锰矿

berzeline 蓝方石[$(Na,Ca)_{4-8}(AlSiO_4)_6(SO_4)_{1-2}$; $Na_6Ca_2(AlSiO_4)_6(SO_4)_2$; $(Na,Ca)_{4-8}Al_6Si_6(O,S)_{24}(SO_4,Cl)_{1-2}$;等轴]；透锂长石[$LiAlSi_4O_{10}$;单斜]；硒铜矿[$Cu_2Se$;等轴]

Berzeling lamp 贝氏灯

berzeli(a)nite 均质硒铜矿；硒铜银矿[$CuAgSe$;斜方]

berzeli(i)te 白氯铅矿[$2PbO \cdot PbCl_2$;$Pb_3Cl_2O_2$;斜方]；黄砷酸钙锰矿；锰黄砷石榴石[$(Ca,Na)_3(Mn,Mg)_2(AsO_4)_3$;等轴]；透锂长石[$LiAlSi_4O_{10}$;单斜]；黄砷榴石 [$(Mg,Mn)_2(Ca,Na)_3(AsO_4)_3$;等轴]
→(magnesium) ~ 镁黄砷榴石

beschtauite 钠石英斑岩

besel 监视孔；荧光屏

bessemer 酸性转炉
→~ ore 低磷铁矿(石)

bessmertnovite 碲铜金矿[$Au_4Cu(Te,Pb)$;斜方]

best{optimal} approximation 最优逼近
→~ bound rule 最佳界法{规}则 // ~ constant weight and rotary speed 最佳恒(钻)压恒转速 // -fit fold-axis 最适合的褶皱轴 // ~ fit orientation 最吻合定向 // ~ white tale 优质白滑石

beszelyite 磷锌铜矿[$(Cu,Zn)_3(PO_4)_3(OH)_3 \cdot 2H_2O$;单斜]

BET 氮吸附测定粉体比表面法

bet 低泛滥平原；河漫滩

beta alumohydrocalcite β 铝水钙石

beta 第二位的东西
→~ alumohydrocalcite β 铝水钙石 // ~ angle 后脊角[叶肢] // ~-argentite β 辉银矿[在高于 179℃的条件下形成;Ag_2S] // ~ -aschar(t)ite β 硼镁石[$Mg_2(B_2O_4)(OH)(OH)$] // ~ -cerolite β-蜡蛇纹石[$Mg_3(Si_4O_{10})(OH)_8$] // ~ -chalcocite β 辉铜矿[在高于 103℃的条件下形成;Cu_2S] // ~ -chrysotile β 纤蛇纹石[$Mg_6(Si_4O_{10})(OH)_8$] // ~ -cristobalite β 方英石 // ~ -duftite β 砷铜铅矿 // ~ -fergusonite β 褐钇钽矿[$Y(Nb,Ta)O_4$]; β 褐钇铌矿[β -$YNbO_4$;单斜] // ~ -kerolith β -蜡蛇纹石[$Mg_6(Si_4O_{10})(OH)_8$] // ~-kliachite β胶铝矿[胶状的 $Al(OH)_3$] // ~-leonhardite β 黄浊沸石[$Ca_2(Al_4Si_8O_{24}) \cdot 7H_2O$] // ~ -mullite β 莫来石[$Al_{9.6}Si_{2.4}O_{19.2}$] // ~-pilolite β 羟镁坡缕石 // ~ -pseudowollastonite β 假硅灰石[$CaSiO_3$] // ~ -quartz β 石英 // ~-quercyite β 杂磷石[Ca 的磷酸盐] // ~ -ray counter β (粒子)计数管 // ~-roselite β 砷钴钙石 // ~ -sepiolite β 海泡石[$Mg_4(Si_6O_{15})(OH)_2 \cdot 6H_2O$] // ~ -sulfur manganeux β - 硫锰矿 // ~-uranopilite β 硫酸铀矿[$6UO_3 \cdot SO_3 \cdot 10H_2O$] // ~{β}-uranotile{-uranophane} β 硅钙铀矿[$Ca(UO_2)_2(Si_2O_3)_2(OH)_2 \cdot 5H_2O$] // ~-uzbekite β 水钒铜矿[$Cu_3(VO_4)_2 \cdot 4H_2O$] // ~ -wiikite 羟钇铌矿；黑稀金矿和钇烧绿石混合物；β 杂铌矿

betabehoit(e) β 羟铍石

betafite 铌{钙}钛铀矿[$(U,Ca)(Nb,Ta,Ti)_3O_9 \cdot nH_2O$]；铀烧绿石[$(U,Ca)(Ta,Nb)O_4$; $(U,Ca,Ce)_2(Nb,Ta)_2O_6(OH,F)$;等轴]；贝塔石[$(Ca,Na,U)_2(Ti,Nb,Ta)_2O_6(OH)$;等轴]；黑钶钙铀矿；钶钛铀矿；铜钛铀矿

betalayer 蛇形丘底碛

betalayers 蛇丘底碛

betechtinite{betekhtinite} 别捷赫琴矿；针硫铅铜矿[$Cu_{10}PbS_6$;$Cu_{16}Pb_2Cu_5S_{15}$; $Cu_{10}(Fe,Pb)S_6$;斜方]

bethanizing 镀锌

betoken 预示

beton{béton} 混凝土[法]
→~ armee 钢骨水泥

betony 石蚕

Betpakdalina 别特帕克达拉粉属[孢;K_2]

betpakdalite 砷钼铁钙石{矿}[$CaFe_2^{3+}H_8(AsO_4)_2(MoO_4)_5 \cdot 10H_2O$;单斜]；砷钼钙铁矿[$CaFe_2^{3+}H_4(As_2Mo_5O_{26}) \cdot 12H_2O$]；别特帕克达拉矿

Betula 桦(木)属[K-Q]

Betulaceae 桦科

Betulaceoipollenites 拟桦粉属[E-N]

Betulaepollenites 桦粉属[孢;E-N]

betwixt mountain 中界山脉；中间地块；轴山
→~ mountains 中间山地；轴地[地]

betwixtoland 中介地区；盾地[中介地区]

beudan(t)ite{beudanitine} 霞石[KNa₃(AlSiO₄)₄;(Na,K)AlSiO₄;六方]

beudantite 砷硫酸铅铁矿；砷铅铁矾[PbFe₃³⁺(AsO₄)(SO₄)(OH)₆;三方]；砷菱铅矾[PbFe₃(AsO₄,SO₄)₂(OH)₆;2PbO•3Fe₂O₃•As₂O₅•2SO₃•6H₂O]

beusite 磷铁锰矿[(Mn²⁺,Fe²⁺,Ca,Mg)₃(PO₄)₂;单斜]

beustite 苍帘石[Fe 和 Ca 的铝硅酸盐,可能与绿帘石相同]

bevel 二面对切；斜角；成斜角；斜截；坡口[焊]；斜的；削平；倾斜的；对切；削面；斜削(的)；(使)倾斜；斜切
→~ (cutting) 开坡口；斜面//~{included} angle 坡口角度//~ connection 斜口[有壳变形虫类]

beveled end 端部打坡口
→~ sickle wheel 磨刀锥形砂轮

bevel edge 斜棱；斜缘；倒角；斜边
→~ (ed)-edge chisel 斜刃凿//~(l)ed glass 坡边玻璃

beveled sickle wheel 磨刀锥形砂轮
→~ slice 斜条

beveler 切坡口机；(管子)切斜口器；磨石板机

beveling 开坡口
→~ machine 乙炔割管机；切坡口机；氧-乙炔管子切割机；切斜口机//~ of strata 地层斜削

bevel(le){diagonal;inclined} joint 斜接
→~ land grinder 坡口钝边研磨机

bevelled 斜(面)的；锥形的；倾斜地；开坡口的[焊]；斜切的
→~ ends 坡口[焊]

beveller 磨石板机

bevel pinion 歪角齿轮
→~ shell 内锥内套管//~-wall bit 锥形岩钻头//~ wall core shell 带内锥度的扩孔器//~{oblique} washer 斜垫圈//~ wheel 伞齿轮；斜摩擦轮

bevelways 斜着；倾斜地；斜向地

beverage 饮料

Be{beryllium}-vesuvianite 铍符山石[Ca₈(Al,Fe,Mg)₆(Si,Be)₉(O,F,OH)₃₄]

beyerite 碳钙铋矿[(Ca,Pb)Bi₂(CO₃)₂O₂;四方]；贝叶石；碳铋钙矿

be(i)yinite 氟碳铈矿[CeCO₃F,常含 Th、Ca、Y、H₂O 等杂质;六方]；白云矿[(Ce,La)(CO₃)F]

Beyrichia 瘤石介(属)[O-C]

Beyrichiidae 瘤石介科

Beyrichiopsis 拟瘤石介属[D-C]

beyrichite 辉镍矿[Ni₃S₄]；杂紫硫针镍矿

Beyrichites 伯利吉齿菊石属[头;T₁₋₂]

Beyrichoceras 伯利克菊石属[头;C₁]

bezel{besel} 玻璃框(仪器的)；仪表前盖；(荧光)屏；宝石的斜面；嵌玻璃的沟缘；凿子的刃角；聚光圈；遮光板；侧灯罩；顶部翻光面[宝石的；宝石]

bezoar 毛粪石；胃肠石；粪石[伊]

Bezoardica 椭螺属[腹;E-Q]

bez-tine 第二枝[鹿角]

bhabar{bhabbar} 砾石山麓

bhadoi 雨季[印 4～8 月]

bhangar (高地)老冲积层[印]

bharal 岩羊；石羊

bhd 舱壁

bhel 河床沙岛

B horizon 淋滤层
→~ horizon{layer} B 层//~-horizon 残积层；淀积层

BHP 井底压力；钻头破岩留下的痕迹；井底模式
→~ Billiton 必和必拓[澳]

bhreckite 苹绿钙石

BHTV{borehole televiewer} 井下电视[一种声波井下电视装置]

bhur 风沙丘陵；风沙区[印、巴基]

bhura 表流冲沟

Bi 自然铋[三方]；铋

Biachydaclylui 短指藻属[Q]

biacuminate 双渐尖的

bialite 镁磷铝钙石；(碳)镁磷灰石；银星石[Al₃((OH,F)₃•(PO₄)₂)•5H₂O;斜方]

bianchite 六水锌矾[(Zn,Fe²⁺)SO₄•6H₂O;单斜]；锌铁矾[(Zn,Fe)SO₄•6H₂O]

Bianco Argento 黄金灰麻[石]
→~ Carrara Venato 中花白[石]//~ E 白沙米黄(灰)//~ Neve 尼威白水晶[石]//~ Perlino 银线米黄[石]//~ Royal 皇家水晶[石]

Biancone A 树纹米黄 A[石]
→~ E 白沙米黄(灰)

Bianco Neve 尼威白水晶[石]
→~ Perlino 银线米黄[石]//~ Royal 皇家水晶[石]

biankite 六水锌矾[(Zn,Fe²⁺)SO₄•6H₂O;单斜]；锌铁矾[(Zn,Fe)SO₄•6H₂O]

Biantholithus 对称花瓣石[钙超;E₁]

Biarritzian 拜阿里茨(阶)[E]

bias 倾向性；偏差；侧流；斜线；偏倚；加偏压；歪圆形；斜的；偏向一边；偏动；栅负电压；偏心；偏[无机酸用]；偏离；偏置
→~ angle 偏度//~(s)ed 附加励磁的；位移的；偏移的//~ relay 带制动的继电器//~ value 畸斜值//~ ply tire 斜向芯布轮胎//~ resistor 二偏压电阻器

biased estimator 有偏估计量
→~ free 无偏差//~-rectifier amplifier 偏压整流放大器//~ relay 带制动的继电器//~ value 畸斜值

biat 竖井中的轨木[井筒横梁]；井筒横梁

biattershyia 勺板丛珊瑚属[D]

biax 双轴(磁心)

biaxial compression 双向压缩
→~{diaxial} crystal 二轴晶//~ deformation 双轴向变形//~ extensional flow 双轴拉伸流(动)//~ interference figure 双轴干扰图{涉像}

biaxiality 二轴性

biaxial negative mineral 二轴晶负光性矿物
→~ photoelastic gauge 双轴光弹仪//~ strain 二轴应变//~ stress 二向应力//~ stress-strain relation 双(轴)向应力应变关系

bibbley-rock 砾岩；砾石

bib cock 弯管旋塞
→~ valve 弯嘴旋塞

Biber-Donau 拜伯-多瑙(间冰期)

biberite 钴矾[CoSO₄•7H₂O]；赤矾[CoSO₄•7H₂O;单斜]

bibliolite 书叶岩；书页岩；纸状页岩

Bibos 蝎属；大额牛属[N-Q]

bicarb 碳酸氢钠[NaHCO₃]；小苏打[NaHCO₃]

bicarbonate 重碳酸盐；碳酸氢盐
→(sodium) ~ 小苏打[NaHCO₃]

bicarinate 具两`肋{龙骨(状突起)}的

bicaudate 双尾的

bicchulite 羟铝黄长石[Ca₂Al₂SiO₆(OH);等轴]

bicharacteristic 双特征式{性}

biche 打捞母锥

bichrom(at)e 重铬酸盐[M₂Cr₂O₇]

bicine N-二(羟乙基)甘氨酸

bicirculation 偶环流；双重循环

Bicknell sandstone 比克内尔砂岩

bicolor(ed) 双色的[Pb₁₃As₁₈S₄₀]

Bicolorexinis 块瘤切壁孢属[C₂]

bicoloria 两色切囊孢属[C₂]

bicomponent district concept 双组分区域概念

bicomposite glabellar lobe 双分组合的头鞍侧叶

bicone-bob torsion pendulum viscometer 双锥-垂球扭摆黏度计

biconic 双锥的

biconite 滑石[Mg₃(Si₄O₁₀)(OH)₂;3MgO•4SiO₂•H₂O;H₂Mg₃(SiO₃)₄;单斜、三斜]

bicontinuous function 同胚；双连续函数
→~ porous media 双(重)连续多孔介质

bicornute 双角的

Bicrenulla 双锯蛤属[双壳;D]

bicron 毫微米[10⁻⁹cm]

bicrystal 二晶；双晶体；双晶

bicuspid 双尖的
→~ tooth 二尖牙{齿}

Bicyathus 双古杯(属)

bicyclic alkane 二链烷烃

bidalotite 铝直闪石[(Mg,Fe²⁺)₅Al₂(Si₆,Al)₂O₂₂(OH)₂;斜方]；直闪石[(Mg,Fe)₇(Si₄O₁₁)₂(OH)₂;斜方]

bidding 出价
→(public) ~ 投标//~ block 招标区块//~ sheet 标价单

biddix 匙头丁字镐

Biddulphia 盒形硅藻属

bideauxite 银氯铅矿；氯银铅矿[Pb₂AgCl₃(F,OH)₂;等轴]

Bidens 鬼针草属[Q]

bidiagonalization 双对角化(法)

bidirectional 双向；双向的
→~ downlap 双向下超//~ flight lines 双向航线

bi-directional slip 双向卡瓦

bidirectional-telemetry 双向遥测

Bidiscus 双盘颗石[钙超;K]

Bieb(e)rite 赤{钴}矾[CoSO₄•7H₂O;单斜]

biehlit 钼砷锑矿[(Sb,As)₂MoO₆]

bieirosite 砷菱铅矿[PbFe₃(AsO₄,SO₄)(OH)₆;2PbO•3Fe₂O₃•As₂O₅•2SO₃•6H₂O]；菱铅矾[PbFe₃³⁺(AsO₄)(SO₄)(OH)₆]；砷铁铅矾

bielement 双分子[牙石]

bielenite 顽剥(火)橄榄岩

Bieler-Watson method 皮拉-华森电法勘探；比勒-沃森法[磁勘]

bielzite 脆块沥青[属琥珀类,为 C、H、O

B

的化合物]

biennial 二年生植物
→~ oscillation 两年振动

biennially 两年一次地；一连两年地

Bienotherium 卞氏兽(龙{属})[爬;T]

biercing fold 底辟盐丘

BIF 崖石质含铁层

bifacial 异面的
→~ leaf 腹背叶

bifacies 双重岩相

Bifarina 双合虫属[孔虫;K₂-N₂]

bifarious 二列的

bifilar 双线的；双股的

Biflagellate 双鞭毛(菌类)

bifluorenyl 联芴[C₂₆H₁₈]

bifocus 双焦点

bifoliate 具双叶[古植]；二叶型[苔]

biforate 双孔的

biformes 两形壳

Biformites 双形管迹[遗石]

biforous 双孔的

bifunctional molecule{|exchanger|extractant} 双官能`分子{|交换剂|团萃取剂}
→~ monomer 二官能单体

bifurcate(d) 两叉的；分叉[泛指]；二支的；枝的；分叉的
→~ cardinal process 二分叉主突起[腕]

bifurcated fan 双分支风道扇风机
→~ radial sculpture 分叉式`射饰{放射壳饰}//~ radiometric probe 双支放射测量仪//~ rivet 开口铆钉

bifurcating box 双叉分接盒
→~ link 分叉河槽网络//~ rill mark 分叉状流痕

bifurcation 支流；两歧状态；双态；分叉管；分枝；分流；分枝矿脉；分歧状态；分支；矿脉分支；分叉[泛指]
→~ of coal seam 煤层分叉//~ of vein 脉的分枝上//~ phenomenon 分岔现象

Bifurcation Ratio{bifurcation ratio} 分叉率

bifurculapes 双叉迹[遗石;T]

big bang 大爆炸；创世大爆炸；巨崩声；巨大爆发
→~ casing gun 大套管射孔器//~ diameter pile 大直径桩//~ end (伞齿轮的)大端，连杆的曲柄头//~ end bearing 大头轴承//~ gear wheel 大齿轮//~ toe 踇趾；踇

Big Banger 大爆炸宇宙论者
→~ Bertha 短柄大链钳；大钻孔器(管子钻头)//~ Calcutta 加尔各答大油管[二战所建中-印油管]

bigcreekite 水硅钡石[BaSi₂O₅•4H₂O]

bigeminate 成对的；重对的

Bigeminococcus 毕格米球藻(属)[蓝藻;Z]

Bigenerina 双串虫属[孔虫;J-Q]

bigging 矩形石垛{矿柱}

bighole drill 大孔钻机[直径24～42英寸]

Bighorn Formation 比格霍恩组

bight (用)绳子缚住；索卷；绳环；线束；冰湾；盘索；大弯；浦；湾[海湾、湖湾、河湾]；小海湾；曲线；开阔海湾；弯曲

biglacialism 双冰期说

Big Moses 大气井[美西弗吉尼亚 Tyler 郡著名气井]
→~ Red 大红页岩

biguanide 双胍；缩二胍

Big White Flower 大白花[石]

bigwoodite 正钠正长岩

Biharisporites 比哈尔大孢属[C₃]

biharite 黄叶蜡石[Al₂(Si₄O₁₀)(OH)₂]

bijarebyite 钡锰铝磷石

bijection{bijective} 双向单射

bijective mapping 双射映射

bijou 宝石

bijugate 二对小叶的

bijugous 二对的

bijvoetite 羟碳钇铀石[(Y,Dy)₂(UO₂)₄(CO₃)₄(OH)₆•₁₁H₂O]

bike 自行车

bikitaite (粒)硅{透}锂铝石[LiAlSi₂O₆•H₂O;单斜]；锂沸石；比基塔石

bilateral(is) 两面(侧)的；左右的；双通的；两边的；交会的；双向的；侧的；通的；边的；对向的；双向作用的；两侧的
→~ boundary 双边边界//~ extraction 矿田双面开采//~ fault 双向扩展断层//~ geosyncline 双侧地槽；陆际地槽

bilaterality 两侧对称

bilateral levelling 双向水准测定
→~ network 双向网络//~ spore 二面形孢子//~ symmetry 双边；两侧对称//~ transverse trough 双侧横向凹槽

bilayer 双层

Bilbao-type iron ores 毕尔巴鄂式铁矿床

bildar 挖掘机

bilevel 两层平房[第二层入口低于地面]；错落式住宅
→~ record(ing) 双能级记录

bilge 舱水；腹部；舱底
→~ (water) 船底污水

bilging 船底破裂

bilibinite 黑硅镧铀矿；硅铀矿[(UO₂)₅Si₂O₉•6H₂O;(UO₂)₂SiO₄•2H₂O;斜方]；铀石[U(SiO₄)₁₋ₓ(OH)₄ₓ;四方]

bilibinskite 碲铅铜金矿[Au₃Cu₂PbTe₂;假等轴]

bilichol 胆汁醇

biliminal chain 双侧限(地槽)链
→~ geosyncline 双侧对称地槽

bilinite 复铁矾[Fe²⁺Fe₂³⁺(SO₄)₄•22H₂O;单斜]；比林石

bill 锚尖；广告；窄岬；钩镰；清单；锚爪；列表；账单；凭单；岬嘴；传单；通告；招贴；嘴状岬；票据
→~ grain packing 颗粒排列//~(i)-十亿[10⁹;现改用 giga-或 kilomega-]；十亿分之一[10⁻⁹;现改用 nano-]

billabong 死河；死水洼地

billi 千兆分之一；毫微[10⁻⁹]；十亿分之一[10⁻⁹]

billietite 黄钡铀矿[BaO•6UO₃•11H₂O;6(UO₂(OH)₂)•Ba(OH)₂•4H₂O;斜方]

Billingsastraea 毕灵星珊瑚属[D]

Billingsella 毕灵贝属[腕;T]

billingsleyite 硫砷银矿[Ag₃AsS₃]；硫锑砷银矿[Ag₇(As,Sb)S₆;斜方]

billion 兆[太(拉)]；万亿[英、德,=10¹²]；千兆[10⁹]；十亿[10⁹,美、法]
→~ cubic feet per day 十亿立方英尺/日[美、法]；万亿立方英尺/日[英、德]//~ year 十亿年[10⁹年]

billisecond 毫微秒[10⁻⁹秒]

billitonite 勿里洞玻陨石

Billoculina 双玦虫(属)[孔虫;J-Q]

Billoculinella 小双玦虫属[孔虫;E-Q]

billon 金、银与其他金属的合金

billot 条料

billy 矿内运铁矿石箱；筛下细煤称量机；煤层上的石英层

bilobular 有二裂片的[植物叶]

bilobus 二裂[植物叶顶形]

biloculinoid 双玦虫式[孔虫]

bimagmatic 二歧岩浆的；两代岩浆的[结构]

bimineralic 双矿物的；复矿物的
→~ assemblage 二矿物组合

bimirror 双镜

bimodal 两形的；双值的；双向的
→~ -bipolar herringbone cross-bedding {cross-bed ding} 双峰反向人字形交错层理//~ sediment 双峰粒径沉积//~ size distribution 双峰型粒度分布//~ suite 双模式；双套//~ volcanic complex 双向火山杂岩

bimolecular 双分子的
→~ law 双分子反应定律

bimoment 双力矩

bimorph 双压电晶片

Bimuria 两筋贝属[腕;O₂]

bin 箱；吊斗；组件屋；料架；贮藏室；矿仓；仓；料箱；斜坡道；器材上的分门；接受器面元；料筐；集料台
→(stock) ~ 矿槽；料仓//~ granite 双云母花岗岩//~ molecule 二元分子//~ number 二进制数//~ ore 双矿物{石}//~ rock 二矿岩{polymineral(og)ic;compound} rock 复矿岩//~ coverage map 面元覆盖图

bina 硬黏土岩

binarite 白铁矿[FeS₂;斜方]

binary 二；二次的；双(体)；二元的；二进制的
→~ behavior 两重性；二元性//~ ore 双合矿物{石}//~ rock 二矿岩

binches 含金砾岩内的黄铁矿晶体

binching 煤层底板

bind 绑；胶泥；卡钻；捆绑(物)；硬黏土；煤系中的页岩；夹钻；黏合；泥岩；缠绕；捆；固结；撑条；煤层泥质；凝结；胶结；联结；装订；泥质夹层；系杆；页岩；黏结；结合
→(blue) ~ 煤中页岩或泥岩//~ (up) 包扎

binder 黏合料；箍；扎束机；砂箱夹；黏结料；滚边机；煤层(内)的杂质条纹；包扎工具；装订工；路标；胶结剂；绳索；紧绳器；运输道转变的路缘；夹；井下木工；结合剂；夹子

bindeton 结合黏土

bindheimite 水锑铅矿[Pb₂Sb₂O₆(O,OH)]；等轴]；羟锑铅矿；丝锑铅矿[(Pb,Ca)₂Sb₂O₈?;等轴]

binding 捆绑(的)；滚条；绷带；胶法接电线；键联；包带[木杆防腐用]；封皮；装订；构架[平炉]

bindle 临时油矿工的炊具和衣物

bindler 带炊具和衣物的临时油矿工

bindstone 生物镶固灰岩；生物包黏灰岩；黏结岩；黏结灰岩

bindweed 旋花[学名蜀葵叶旋花,旋花科,磷局示植]

binemelite 黑云黄长霞石岩[助记名称]

binervate 具两脉的[植物叶]

bing 存煤场；优质铅矿；材料堆；矸石堆；堆；废石堆；矿石堆；废(矿物)料堆；矿堆；排土场；煤炭装车；垛
→(dirt) ～ 废石场

binghamite 针铁形石英

Bingham model 宾汉模型{式}；宾氏模型
→～ plastic model 宾汉塑性流模型 //～ plastic oil 宾汉塑性油[半固态] //～ viscous system 宾哈姆塑性系数

bingstead 矿石堆场；铅选工

binnentief land 内陆地区

binning 共反射面元(显示)；装仓；面元(素)[显示]

binnite 淡黝铜矿[(Cu,Fe,Ag,Zn)$_{12}$As$_4$S$_{13}$]；脆硫砷铅矿[Pb$_2$As$_2$S$_5$;PbAs$_2$S$_4$;单斜]；砷黝铜矿[Cu$_{12}$As$_4$S$_{12}$;(Cu,Fe)$_{12}$As$_4$S$_{13}$;等轴]；硫砷铅矿[Pb$_2$As$_2$S$_5$;单斜]

Binodella (枷)双瘤介属[D$_2$-C]

binomen 双名；双名法[命名物种]

binruit 淡黝砷银铜矿

bioaccumulated limestone 生物(堆积)灰岩

bioaccumulation 生物累积

bio-accumulation 生物积累

bioacoustics 生物声学

bioactive source 生物活力源

bioactivity 生物活度{性}

bio-aeration (污水等)活性曝气法；(污水等)活性通气法

bioanalysis 生物分析(法)

bioassay 生物鉴定

bioattrition 生物磨耗

bio-availability 生物速效性

biobalance 生物平衡

biocalcirudite 生物钙质砾屑岩

biocalcisiltite 生物粉砂石灰岩

biocaningeochemistry 犬嗅地球化学(方法)；犬(嗅)地球化学

biocatalysator 生物促长质

bioc(o)enology 生物群落学

bioc(o)enose{bioc(o)enosis} 生物群落

biocenotic association 生物群落共生体

biochemical action 生化作用
→～ fence 生物地球化学藩篱

biochemicals 生(物)化(学)制品

biochronologic unit 生物年代单位

biochronometer 生物钟

biociation 亚生物群落

biocide 农药；杀生物剂；杀虫剂

bioclast 生物碎屑

bioclastic grainstone 生物碎屑粒状灰岩

bioclean 不带生物体的；无菌的

bioclimate 生物气候

bioclimatic zonation 生物气候分区

bioconstructed facies 生物营造相；生物建造相；生物建设相
→～ limestone 生物建设灰岩

bioconstructional lip 生物营造体前缘；生物建造体前缘

bio-contamination 生物污染

bioconversion 生物转化

bioctyl 十六(碳)烷；联辛基

biocycle 生物循环；生物带

biodegradable organic substance 可生物降解有机物

biodegradation oil 生物降解油

biodemography 生态统计(学)

biodeterioration 生物退化；生物变质

biodetritus 生物碎屑

biodiversity 多样性

bio-dol-micrite 生物白云泥晶灰岩
→～-fuel 生物燃料[动植物废料用作燃料]

biodyne 生物因素；拜欧代因[成药,烫伤膏剂]

bioecological potential 生态位能

bioecology 生态学

bioelectric current{|source} 生物电流{|源}

bioelectricity 生物电

bioelectrogenesis 生物发电

bioencrusted 生物包被的[如结核]

bioencrustment 生物包被

Bioendoglyphia 内生迹纲[遗石]

bioenergetics 生物能(疗法)

bioengineering 生物工程

bioerosion 生物侵蚀
→～ structure 生物侵蚀结构

Bioexoglyphia 外生迹纲[遗石]

bioexperiment 生物实验

biofacial zone 生物相带

biofacies 化石相
→～ (realm) 生物相 //～ pattern 生物相格局{模式}

biofilm 生物(堆积薄)膜

biofilter 生物滤池

bioflocculation 生物絮凝(作用)

biofraction 生物破碎(作用)

biogas 生物气；沼气
→～-diesel bifuel engine 沼气柴油双燃料发动机

biogen 生命素；生源体

biogenesis 生命发生学说；生(命起)源说；生物起源((成因)说)；生物发生
→～ theory 生命起源学说

biogenetic{biogenic} derivation 生物演化
→～ law 生物发生原则

biogenic 生物起源的
→～ accumulation{deposit} 生物堆积 //～ mineral 生物矿物 //～ sulfide ore genesis theory 硫化物矿石生物成因说

biogenous 活物寄生的

biogen(e)tic{biogenous;organic;bioclastic} rock 生物岩

biogeochemical ecology 生物地球化学生态学
→～ prospecting 生地化学探勘 //～ prospecting{exploration} 生物化探 //～ reconnaissance 生物地(球)化(学)踏勘

biogeocoenology 生物地理群落学

biogeographic 生物地理的

biogeography 生物分布学

biogeosphere 生物地理圈

bioglass 生物玻璃

biogliph{bioglyph} 生物遗迹；生物印痕

biohazard 生物公害；生物危险

biohermal complex 生物岩丘复合体
→～ complex{suite} 生物丘组合 //～ facies 生物岩丘相

biohermite 礁屑灰岩；生物礁岩；生物丘岩；生物礁

biohorizon 含生物层；生物面

bio(-)indicator 对环境有指示作用的生物指示品种

bioinert source 生物惰性源

biointermediate element 生物部分限制元素

biokinetic temperature limit 生物活动温

度临界

bioleaching 生物滤化

biolevel 生物准面；生物水平带

Biolgina 拜奥尔格虫属[三叶;O$_1$]

biolimiting element 生物限制元素

biolite 生物结核；生物岩；生物成因的矿物；生物矿物

biolith 生物岩

biolithite 礁灰岩；原地生物灰岩；生物岩类；生物建灰岩

biolog 细菌测井；生物测井

biologic(al) accumulation factor 生物积聚因子
→～(al) admixture 生物学上的混杂

biological 生物量；生物(学)的
→～ agent 生物制剂 //～ context 生物演化关系 //～ half-time 有机体中(放射性同位素的)半排出期 //～ hazard 生物的危害性 //～ luminescence 生物发光

biologicals 生物材料

biological treatment 生物处理法
→～ universe 生物界

biologic(al) availability 生物学上有效性
→～(al){living} clock 生物钟 //～ continuity law 生物连续性定律 //～(al) facies 生物相 //～ nitrogen fixation 生物固氮(作用) //～(al) strain 生理品系

biologist 生物学家

bio(-)mass 生物量；生命体；生物燃料[动植物废料用作燃料]
→～-based energy 生物质能 //～{biological} fuel 生物燃料[动植物废料用作燃料] //～ geochemistry 生物质地球化学 //～ pyramid 生物量塔

biomaterial 生物材料

biomathematics 生物数学

biome 生态域；大生态区；生物群落
→～-type 生统群落型

biomechanics 生物力学

biomere 生物层段[一种生物地层单位]

biometamorphism 生物变质

biometer 生物计；活组织二氧化碳测定仪

biometric(al) analysis 生物计量分析

biometry 寿命预计

biomicrite 富化石石灰石

biomicrudite 含砾生物泥晶石灰岩；生物微晶砾屑灰岩

biomineral 生物矿物

biomineralization 生物矿化；生物成矿

biomorphic texture 生物形结构

bionomy 生理学；生态学

biont 有机体；生物

bio-oxidation 生物氧化(作用)

biopelite 黑色页岩

biopelmicrite 生物球粒微晶灰岩；团粒微晶灰岩；泥粒微晶灰岩

biopelsparite 生物团粒亮晶灰岩

biophile 亲生物的
→～ element 好生元素；亲生(物)元素

biophilic 亲生物的

biophore 生源体

biophyte 寄生植物

bioplasm 活质；原生质

bioplast 原生质体

biopolarity 两极同源；极地分布

biopotential 生物电位

biopreparate 生物制剂

bioprovince 生物区

B

bioprovinciation 生物区系形成

biopterin 生物蝶{喋}呤

bioremediation 生物治理

biorhexistasis{biorhexistasy} 生物破坏搬运(作用)

biorhythm 生物循环
→～ upset 生物节奏颠倒；身体时钟颠倒

bios 生物界

biosample 生物样品

biosequence 生物顺序

bioseries 生物系列

bioslime 生物软泥；生物淤泥

biosmon 比奥斯蒙[天然矿质保鲜剂]

biosome 生物岩体；生物体

bio-sounder 示深生物；生物深度仪

biospace 真实环境多维空间(网)；实际生态多维空间(网)

biosparry micrite 生物亮晶泥晶灰岩

biospecies 生物种

biosphere 生物界；生物圈；生物层
→～ and contaminants 生物大气层和污染物质

biosterin{biosterol} 生物甾醇

biostrata 生物层

biostratigraphic age 生物层序学年代
→～ classification 生物地层学划分//～(al) rank classification 生物地层等级划分//～ subzone 生物地层学亚带//～{biostratic} unit 生物层序单位

biostratigraphically-dated 作生物地层断代的；生物地层测时的

biostratinomy 化石保存学；化石堆积论；生物遗体沉积学

biostratum 生物地层

biostrom 层生构造

biostromal limestone 亮灰岩
→～ reefs 生物叠礁

biostrome 生物层

biosynthesis{biosynthesizing} 生物合成

biot 黑云母[K(Mg,Fe)$_3$(AlSi$_3$O$_{10}$)(OH)$_2$;K(Mg,Fe^{2+})$_3$(Al,Fe^{3+})Si$_3$O$_{10}$(OH,F)$_2$;单斜]

biota 生物群；生物区
→～-biotope system 生物群-生境{物}小区系统

biotaxis{biotaxy} 生物分类(学)；活细胞趋性

biotechnology 生物工艺学

Biot-Fresnel construction 比奥特-弗雷斯涅尔作图法
→～ law 比-弗定律

biotherm 生物热

biotic 生物生活方式的；生命的
→～ balance 生物平衡

biotine 钙长石[Ca(Al$_2$Si$_2$O$_8$);三斜;符号An]

biotite 黑云母[K(Mg,Fe)$_3$(AlSi$_3$O$_{10}$)(OH)$_2$;K(Mg,Fe^{2+})$_3$(Al,Fe^{3+})Si$_3$O$_{10}$(OH,F)$_2$;单斜]
→～-chlorite subfacies 黑云母绿泥石亚相//～ epidote{perthite│plagioclase} gneiss 黑云母绿帘{纹长│斜长}石片麻岩//～ garnet schist 黑云母石榴石片岩//～ hypersthene trachyte 云苏粗面岩

biotitite 黑云岩

biotitization{biotitize} 黑云母化

biotope 同生地；生(物群)落生境；生物境；生活小区；同层的

biotoxin 生体毒素

bio(-)transformation 生物转化

bio-transport 生物转运

biotronics 生物环境调节技术

bioturbate 生物扰动岩

bioturbation 生物扰乱
→～ heaving 生物扰动隆起{超}

bioturbite 生物扰动岩

biozeolite 生物沸石

bipartite 二分的；二深裂的[植物叶]

bipartition 二等分裂[植物叶]；两部构成

bipectinate 双栉形的；两边篦齿状的[植物叶]

bipelatate 双盾形的

bipelite 生物泥(质)岩[黑页岩等]

bipentene 双戊烯

bipetalous 具双瓣的

biphenylamine 联苯胺[(H$_2$N•C$_6$H$_4$)$_2$]

biphosphammite 鸟粪化石；磷铵石[(NH$_4$,K)H$_2$PO$_4$;四方]

bipinnatifid 二回羽状分裂的[植物叶]

bipinnatisect 二回羽状全裂的[植物叶]

biplicate 两褶的[生]

bipocillus (一种)硅质海绵骨针[绵;pl.-li]

Bipodorhabdus 双盘棒石[钙超;K]

Bipolaribucira 极管藻属[E$_3$]

bipolar magnetic region 双极扇区
→～ molecule 双极性基分子//～ signal 双极性信号

Bipolarsporites 双孔球形孢属[E$_3$]

bipole 双极[布置]；两极法[电勘]；偶极子

bipppaste{bipp paste} 铋碘仿石蜡糊

bipropellant 双元燃料
→～ rocket 二元燃料液体火箭发动机

bipropenyl 联丙烯

bipyramidal 双锥体；双锥(的)
→～{dipyramidal} hemi-pinacoid 双锥式半板面[三斜晶系中{hkl}型的单面]

biquahororthandite 似石英二长岩[黑云石英角闪正长中长岩]

biquartz 双石英片

biradial 双辐对称的[如栉水母]

biradials 光线轴

Biradiolites 双射蛤属[双壳;K$_2$]

biraite-(Ce) 碳硅铁铈石[Ce$_2$Fe^{2+}(CO$_3$)(Si$_2$O$_7$)]

Biraphineae 双面沟亚目[藻]

birbirite 比尔比岩

birbiritization 蚀变橄榄岩化

birch 桦[铁局引植]；桦属[K-Q]；桦树
→～ (wood) 桦木

bird 吊篮[气球的]；探测器；禽；导弹；鸟
→(towed) ～ 吊舱[航空物探]//～ cage 提升吊笼；弄直伸开缆绳；钢丝绳的拉伸与弄直；井口护栏

birdcall 单带密长途通信设备

Bird centrifugal classifier 白式离心分离机；勃尔德型离心分级机
→～ centrifuge 伯德型卧式离心机//～{solid-bowl} centrifuge 勃尔特型沉降式离心脱水机//～ coal filter 勃尔特型末煤过滤机

birdeye 无烟煤的一种粒级[米级和大麦级混合物]
→～{bird's-eye;circular;eye} coal 眼球状煤

birdfoot delta 鸟趾状三角洲
→～-lobate delta 鸟足-舌形三角洲

birefringence 重屈折；重折射率；双折射率；双折射

→～ method 双折射法

birefringent 双折射的；重折射的；双折射
→～ plate 双折射片

Biretisporites 膜蕨孢属；脊缝孢属[K-E]

biriaguccite 四水硼钠石

biringuc(c)ite 比硼钠石[Na$_4$B$_{10}$O$_{16}$(OH)$_2$•2H$_2$O;单斜]；四水硼钠石；水硼钠石[Na$_2$(B$_5$O$_7$(OH)$_3$)•½H$_2$O;NaB$_5$O$_6$(OH)$_4$•3H$_2$O;单斜]

Birkelundia 比克颗石[钙超;E$_2$]

Birkenia 长鳞鱼(属)[S$_3$]

birkremite (紫)苏钾(质)白岗岩；伯克列姆岩

Birmanites 缅甸虫属[三叶;O]

birmite 缅甸(硬)琥珀

birne 梨形原石[人造刚玉或尖晶石]

birnessite 水钠锰矿[(Mn^{4+}(Mn,Ca,Mg,Na,K))(O,OH)$_2$;Na$_4$Mn$_{14}$O$_{27}$•9H$_2$O;斜方]；钠水锰矿[(Na,Ca)Mn$_7$O$_{14}$•2.8H$_2$O]

birotule 两盘骨针；双轮骨针[绵]

birth 铺板；增殖；起源；出生；创始

birthplace 出生地；发源地

birthstone 生月石；诞生石；月石

Birtley coal picker 伯特利型选矸机；勃德雷型选矸机
→～ contraflow separator 伯特利型逆流式风力选煤机//～ sampler 勃德雷型取样机

birunite 硅碳石膏{硫碳硅钙石}[8.5CaSiO$_3$•8.5CaCO$_3$•CaSO$_4$•15H$_2$O]

bisaccate 具两气囊的[孢]

Bisatoceras 比塞特菊石属[头;C$_2$]

bisazo 双偶氮

bisbeeite 软硅铜矿[CuSiO$_3$•½H$_2$O]

bischofite 水氯镁石[MgCl$_2$•6H$_2$O;单斜]；羟磷铝矿

biscuit 片；饼干；金属块；块；坯；泉华饼；淡褐色；外壳铸型
→(algal) ～ 藻饼//～-board topography 冰蚀锯缘地形[高地四周因冰蚀呈饼干锯齿状]//～ cutter 笨拙管工；短岩芯`管{取芯筒}[顿钻]//～ firing 素烧

Biscutum 饼干颗石[钙超]；双盾颗石[钙超;K]

bisdiazo 双偶氮

Bise 白斯风

bisectrix[pl.-ices] 平分线；等分角线；(二)等分线；角平分线；平分面

biseptum 双隔板[腕]

Biseriamminidae 双列虫科[孔虫]

biserrate 重锯齿的

bisexual 两性的

bishopite 水氯镁石[MgCl$_2$•6H$_2$O;单斜]

bishopvillite 顽火辉石[Mg$_2$(Si$_2$O$_6$)Fe$_2$(Si$_2$O$_6$)]；水镁石[Mg(OH)$_2$;MgO•H$_2$O;三方]；羟镁石；硫铬矿[Cr$_3$S$_4$;单斜]

bisignal{bi-signal} zone 双信号区

bisilicate 偏硅酸盐类

bismite 铋华[Bi$_2$O$_3$;单斜]

bismociite{bismoclite} 氯铋矿[BiOCl;四方]

bismostibnite 硫铋锑矿

bismuth 铋
→～ aurite 黑铋金矿[Au$_2$Bi;等轴]//～ aurite{gold} 铋金矿[Au$_2$Bi]//～ blende 硅铋矿[Bi$_4$Si$_3$O$_{12}$]//～ cobalt 铋砷钴矿//～ fahlore 铋黝铜矿[Cu$_{12}$(As,Sb,Bi)$_4$S$_{13}$]//～ glance 铋辉矿

// ～ glance{sulphide} 辉铋矿[Bi_2S_3;斜方]// ～{bismuthic} gold 金铋矿[Au_2Bi] // ～ (ic) gold 黑铋金矿[Au_2Bi;等轴] // ～-graphite reactor 铋石墨冷却反应堆 // ～ kotulskite 铋黄碲钯矿 // ～ merenskyite 铋碲钯矿 // ～ nickeloan merenskyite 铋镍碲钯矿 // ～ palladian moncheite 铋钯碲铂矿 // ～ sudburyite 铋六方锑钯矿 // ～ testibiopalladite 铋等轴碲锑钯矿 // ～ silver 针铅铋银矿 // ～ tellurium 碲铋矿[Bi_2Te_3;三斜];辉碲铋矿[Bi_2TeS_2;Bi_2Te_2S;三方] // ～ iodoform paraffin paste 铋碘仿石蜡糊 // ～-jamesonite 铋脆硫锑铅矿[脆硫锑铅矿的含铋变种;$PbS•(Bi,Sb)_2S_3$] // ～ nickel 辉铋镍矿[为 Ni_3S_4, Bi_2S_3,$CuFeS_2$ 的混合物] // ～ ochre 铋赭矿;泡铋矿{华}[$(BiO)_2CO_3$;四方]// ～ ore 铋矿

bismuthian antimony 铋锑矿
→～ kotulskite 铋黄碲钯矿 // ～ merenskyite 铋碲钯矿 // ～ nickeloan merenskyite 铋镍碲钯矿 // ～ palladian moncheite 铋钯碲铂矿 // ～ sudburyite 铋六方锑钯矿 // ～ testibiopalladite 铋等轴碲锑钯矿

bismuthic cobalt 砷铋钴矿[$Co(As,Bi)_2$]
→～ ochre 氧化铋类;碳酸铋;铋华[Bi_2O_3;单斜] // ～ silver 针铅铋银矿 // ～ tellurium 碲铋矿[Bi_2Te_3;三斜];辉碲铋矿[Bi_2TeS_2;Bi_2Te_2S;三方]

bismuthide 铋化物(矿物类)
bismuthine 辉苍铅矿;辉铋矿[Bi_2S_3;斜方];惠比寿铅矿
bismuthinite 惠比寿铅矿;辉苍铅矿;辉铋矿[Bi_2S_3;斜方]
bismuthite 泡铋矿{华}[$(BiO)_2CO_3$;四方];辉铋矿[Bi_2S_3;斜方]
bismuthmicrolite 铋细晶石[等轴;为含铋的细晶石变种; $(Na,Ca,Bi)_2Ta_2O_6(F,OH,O)$; $(Bi,Ca)(Ta,Nb)_2O_6(OH)$]
bismuthoferrite 硅铁铋矿
bismutholamprite 辉铋矿[Bi_2S_3;斜方]
bismuthotartrate 酒石酸铋
bismuthotellurite 辉碲铋矿[Bi_2TeS;Bi_2Te_2S;三方]
bismutinite 辉铋矿[Bi_2S_3;斜方]
bismutite 泡铋矿{华}[$(BiO)_2CO_3$;四方]
bismutodiaphorite 铋辉硫铅银矿
bismut(h)oferrite 羟硅铋铁矿[$BiFe^{2+}(SiO_4)_2(OH)$;单斜];铁铋矿
bismutohauchecornite 硫双铋镍矿[Ni_9BiBiS_8;四方]
bismutolamprite 辉铋矿[Bi_2S_3;斜方]
bismut(h)omicrolite{bismutomicrolith;bismutomikrolith} 铋细晶石 [$(Na,Ca,Bi)_2Ta_2O_6(F,OH,O)$;$(Bi,Ca)(Ta,Nb)_2O_6(OH)$;等轴]
bismutoniobite 铌铋矿
bismutoplagionite 辉铋铅矿[$PbBi_2S_4$;斜方];辉铅铋矿[$PbS•Bi_2S_3$]
bismutopyrite 铋黄铁矿
bismutopyrochlore 铋烧绿石 [$(Bi,U,Ca,Pb)_{1+x}(Nb,Ta)_2O_6(OH)•nH_2O$]
bismutosmaltine 铋砷钴矿
bismutosmaltite 钴砷铋矿石;铋砷钴矿[砷钴矿含铋变种]
bismutospharite 泡铋矿{华}[$(BiO)_2CO_3$;四方]
bismutosph(a)erite 球泡铋矿[$(BiO)_2CO_3$;]

泡铋矿{华}[$(BiO)_2CO_3$;四方]
bismutostibiconite 铋黄锑华[$Fe^{3}_{0.54}Bi^{3+}_{1.31}Sb_{1.69}O_7$]
bismutotantalite 钡铋矿;钽铋矿[$Bi(Ta,Nb)O_4$;斜方]
bismutum 自然铋[三方];铋[炼金术语]
Bison 欧洲野牛;北美野牛
Bispathodus 双片牙形石属[D_3-C_1]
bisphenoid 双楔;四方双楔
→(tetragonal) ～ 双楔[晶]
bisphenoidal class 双楔类
bisphenol 双酚
bispinose 具两刺的
bisporangiate 具大小孢子囊的
bispore 双孢子
bisporous 双孢的
bisque 橘黄色
bissolithe 绿石棉;纤闪石[角闪石变种]
bistagite 透辉岩;纯透辉石;比斯塔格岩[俄西伯利亚]
bisulfate{bisulphate} 硫酸氢盐[$MHSO_4$];酸式碱酸盐;具两槽的
bisulfide{bisulphide} 二硫化物
bisulfite{bisulphite} 亚硫酸氢盐 [$MHSO_3$];重亚硫酸盐
bisymmetric 两轴对称的
bit 烙铁头;一会儿;(工具上的)钻和切部分;钎座;钥匙齿;比特;锥;小片;一点;截齿;截煤机割齿;钳子嘴
→～{steel} blank 未嵌金刚石的钻头坯
bitangential 双切曲线
bitartrate 酒石酸氢盐{酯}
bitbrace 手摇钻;摇钻柄
bitch 抓钉
bite 齿;刀刃;抓取;腐蚀;铲取;钉牢;穿透力;咬;挖取;紧咬;夹住;伤口;刺穿;切入量
→～ fitting 卡套式管接头
bitelephone 头截双耳耳机
bitepalladite 铋碲钯矿
biteplapalladite 碲钯矿[$(Pd,Pt)(Te,Bi)_2$;六方]
biteplate 殆板
biteplatinite 碲铂矿[$PtTe_2$;$(Pt,Pd)(Te,Bi)_2$;三方]
biters 剪式抓杠[油罐修复队用以整直或弯曲钢板]
bite-type titting joint 咬紧连接
bite-wing 翼片
bitheca 副胞管[笔;古生]
Bithecocamara 复腔笔石(属)[O_1]
Bithynia 豆螺(属)[腹;J-Q]
biting traces 刺(咬)痕迹
bitsharpener 锻钎机;修钎机
bits of wood 木屑
bitstone 碎石;碎硅石
bitt 系船柱;系缆桩;系绳柱
→～ a cable 铺设电缆;架定钢绳
Bitter dragon 虺龙
bitter earth 氧化镁;镁氧;苦土
bitterish 带苦味的;微苦的
bitter lake 苦水湖
bittern 天然盐水;盐卤
bitter salt 泻利盐{七水合硫酸镁}[$Mg(SO_4)•7H_2O$;斜方]
→～ salts 七水镁矾 // ～ spar 纯晶白云石 // ～ spring 苦泉
Bittium 桩螺属[腹;E-Q]
Bittneria 比特蛤属[双壳;T_2]

bitulith 路面用沥青混凝土
bitum 沥青质的;沥青
bitumastic 沥青砂胶;沥青的
→～ compound 沥青覆面涂料 // ～ enamel 沥青漆
bitumen 沥青;沥青类;柏油
→(asphaltic) ～ 地沥青 // ～ aggregate ratio 油石比 // ～-asbestos mastic 沥青-石棉胶合铺料
bitumencarb 沥青碳
bitumen-coated 沥青敷面的
bitumen-concrete mixture 沥青混凝土混合物
bitumen emulsion 沥青乳液
→～ lepideum 沥青煤;烟煤
bitumenite 藻烛煤;托班煤;块煤;芽孢油页岩;藻浊煤
bitumenization 煤化作用;烃富集作用
bitumicarb 沥青碳
bituminic 沥青质
bituminiferous 沥青质的;含沥青的
bituminisation 沥青化;煤化作用
bituminite 藻烛煤;油页岩;沥青质体;图板藻煤
bituminization 烃富集作用;煤化作用
→～ process 沥青化;沥青化过程
bituminized 沥青(化)的
→～{pitch} paper 沥青纸
bituminosis 煤末沉着病
bituminous 沥青的;含沥青的;沥青质的
→～ fermentation 植物的沥青化发酵 // ～ ore 沥青矿 // ～{asphalt} pavement 沥青路面[公路的] // ～ sand 沥青质砂 // ～ soil 沥青土
bitumi(ni)te 烟煤
bitumogel 沥青凝胶[大致指光亮褐煤和低中变质烟煤阶段]
bitumogen 沥青成因
bitusol 固体分散胶溶沥青;天然沥青[南美洲特立尼达]
bit walk 钻头的侧移;钻头横向扭转变化方位;钻头方位扭转
→～ weight 钻头金刚石总重 // ～ weight per unit area 比钻压 // ～-wing angle 钎刃角 // ～-wing thickness 凿刃厚度 // ～ with internal threads 内丝钎头
bityite 锂铍脆云母 [$CaLiAl_2(AlBeSi_2)O_{10}(OH)_2$;单斜];锂白榍石[$CaLiAl_2(AlBeSi_2O_{10})(OH)_2$]
biumbilicate 双脐的[孔虫]
biumbonate 具两个喙部突起的[孔虫]
bivalent atom 二价原子
bivalvat 二瓣的
bivalve 瓣鳃类[软];双壳类[瓣鳃类]
Bivalvia 两瓣类
bivariant 双变;有两个自由度的[化学系统]
bivariate 双变数;二维的;二元的;二度的
→～ allometry 二元异形生长
bivesiculate 具两气囊的[孢];双气囊的;双囊[孢]
bivium 二道体区[海胆]
Biwaella 琵琶蜒属[孔虫;C_3-P]
bixbite 红绿柱石
bixbyite 方锰铁矿[$(Fe,Mn)_2O_3$];方铁锰矿[Mn_2O_3;$(Mn^{3+},Fe^{3+})_2O_3$;等轴]
bixin 胭脂树素

bizardite 霞黄(长)煌斑岩

bjarebyite 磷铝锰钡石[(Ba,Sr)(Mn^{2+},Fe^{2+}, Mg)$_2$Al$_2$(PO$_4$)$_3$(OH)$_3$;单斜]

bjelkite 铜辉铅铋矿[Cu$_2$Pb$_3$Bi$_{10}$S$_{19}$];斜方辉铅铂矿

bjerezite 浅沸绿岩

bjornsjoite 钠英正{长}斑岩

Bk 锫

BL 生石灰;空行;界线;基线

black 黑的;布莱克反向事件;黑;炭黑;皂;涂黑;黑色;变黑;泥岩;暗淡的

blackband 煤层附近的菱铁矿;炭质铁矿;黑泥铁矿;黑矿层[FeCO$_3$]
→~ (ironstone) 黑菱铁矿[FeCO$_3$];球菱铁矿[FeCO$_3$];泥铁矿[(Fe,Mn)(Nb,Ta)$_2$O$_6$];菱铁矿[FeCO$_3$,混有 FeAsS 与 FeAs$_2$,常含 Ag;三方]

blackbody{black body} 黑体
→~ (origin) 绝对黑体 // ~ radiance curve 黑体辐射亮度曲线

blackbuck 印度羚羊[Q]

Black country 黑色地区[英斯塔福德郡和约克郡的煤铁区]
→~ (jaw) crusher 勃雷克型颚式轧碎机

blackeite 钛铅钍铀矿;碲铁矿[Fe$_2$(TeO$_3$)$_3$];针绿矾[Fe$_2^{3+}$(SO$_4$)$_3$•9H$_2$O;三方]

blackheart{black core} 黑心

blacking 炭粉;石墨涂料;粉磨石墨;黑色涂料;砂型涂黑

Blackites 布氏颗石[钙超;E$_{2-3}$]

blackland 变性土;转化土

blackmorite 黑{黄}蛋白石[SiO$_2$•nH$_2$O]

blackout 截止;大气粒子离子化;中断;停电;关闭;熄灭;(因电力不足)灭灯;遮蔽;断电;匿形;信号消失;封闭;灯光转暗;灯火管制;扑灭火焰;湮灭{没}[雷达]
→~ building 无窗房屋

Blackriverian substage 布莱克`河{里威尔}亚阶[北美;O$_2$]
→~ substage{stage} 黑河亚阶[O$_2$]

blacks 不纯烛煤;暗色黏土;炭质泥岩;炭质页岩

blacksand 黑砂[冶];油砂

blackshop 石墨车间

black smoke(r) (chimney) 黑烟囱[位于海下洋隆之中,由硬石膏、磁黄铁矿、黄铁矿、闪锌矿和黄铜矿组成]
→~ soil 脆银矿[Ag$_5$SbS$_4$;斜方] // ~ spinel 黑尖晶石[Mg(Al,Fe)$_2$O$_4$(含有过量的(Al,Fe)$_2$O$_3$)] // ~ strip placer 黑色带状砂矿 // ~ sulfur water 黑硫(矿)水[含硫化铁的矿泉水] // ~ tellurium 叶碲金矿[Pb$_5$AuSbTe$_3$S$_6$;Pb$_5$Au(Te,Sb)$_4$S$_{5-8}$;斜方?] // ~ tin 黑锡矿[SnO;四方];锡精矿 // ~ uranite 黑钒铀矿 // ~ wash sprayer 石墨浆喷涂

blacktery 黑黏土

blackwall 黑墙;黑色超基性接触岩 [黑云母岩、绿泥石岩、闪石岩等]

blackwash 黑色涂料

Blackwelderia 蝴蝶虫(属)[三叶;Є$_3$];蝴蝶石

Blackwelderioides 拟蝴蝶虫属[三叶;Є$_3$]

bladder 气球;囊;气泡;软外壳;球胆;囊状物;翼
→~ calculi 膀胱结石 // ~ type accumulator 皮囊式蓄能器[几丁] // ~ type

hydro-pneumatic 囊式气液蓄能器

blade 齿片;刮刀;刀闸盒;刀口;桨轮叶;钻头刮刀;刀形开关;洞穴突出(岩片)[成为间壁或桥];刀;刀身;体隙;桨叶;铲刮;刀;刀片;剑;片[桨];骨片[牙石]
→~ {multiple-point} bit 多刃钻头 // ~ element 叶素 // ~ grader 推板式平路机 // ~ grip 信号臂板夹 // ~ mill 叶片式筒型洗矿机 // ~ saw 片锯

bladed 刃状;叶片状
→~ allowable speed 叶片的允许速度 // ~ {multiple-point} bit 多刃钻头 // ~ crystal 刃状晶体

blader 推土机;排土犁;平路机

blading (用推土机)平整土方;叶片装置;透平机轮叶组;叶栅
→~ back of earth 回推泥土 // ~ method of proportioning 叶片配料法 // ~ operation (用)推土机整平土方

blae 劣质黏土质页岩

blaen[pl.blaenau] 河源

blaes 炭质页岩;硬质砂岩;硬砂岩;煤系中页岩或泥岩;灰青炭质页岩

blairmontite 沸辉粗面凝灰岩

blairmorite 淡方钠岩;沸岩;沸斑岩;淡方沸石;方沸响岩

blaize 硬砂岩;灰青炭质页岩;青灰炭质页岩

Blake breaker 下动型颚式破碎机
→~ breaker{crusher} 布来克型颚式破碎机 // ~ (jaw) crusher 布雷克型颚式破碎机;下动型颚式破碎机

blakeite 钛锆烧绿石;钍锆贝塔石;红碲铁石[钛的无水碲酸盐];红铁碲矿;钛锆钍矿[(Ce,Fe,Ca)O•2(Zr,Ti,Th)O$_2$;(Ca,Th,Ce)Zr(Ti,Nb)$_2$O$_7$;单斜];针绿矾[Fe$_2^{3+}$(SO$_4$)$_3$•9H$_2$O;三方];碲铁矿[Fe$_2$(TeO$_3$)$_3$]

Blancan fauna 二布兰肯动物群[北美;N$_1$]
→~ Stage 布莱克阶

blanch 铅矿石;杂质铅矿

blanchardite 水{羟}胆矾 [Cu$_4$(SO$_4$)(OH)$_6$;单斜]

Blanfordiceras 布兰弗菊石属[头;J$_3$]

blanfordite 钠锰辉石 [Ca(Mg,Mn)Si$_2$O$_6$•NaFe^{3+}(Si$_2$O$_6$)]

blank 不通的;空地;单调的;无限的;封锁;间隔;间歇;毛坯;钻孔无矿段;干井;未见矿段;空白表格;遮盖;(阴极射线管的)底;断开;取消;作废;坯件;半成品;熄灭脉冲;坯;熄灭;无色;清零;坯料

blanket 层;覆盖层;镀;一揽子的;盖层;套;缓冲层;隐蔽;覆盖;妨碍;扑灭;表层;溜矿槽的衬底;阴影;外壳;表土;平覆层;烟幕;熄灭装置;总括的;平极层;敷层;再生区;垫层;掩盖
→(rock) ~ 平伏矿层 // ~ {flat-lying} deposit 平伏矿床

blanketing 盖覆;匿影;掩蔽;(用)毯覆盖;毛毯采金法
→~ gas 填充气

blanket insulation 保温毡保温
→~ lease 大面积(范围)的钻井合同 // ~ moss 毡状泥灰;藻席 // ~ of graded gravel 级配砾石铺盖 // ~ peat 泥炭田 // ~ roll 背包 // ~ sluice 织物底衬洗矿槽;铺布溜槽 // ~ sluice{strake} 毡衬洗矿槽

Blasia 壶苞苔属[Q]

blast(er) 爆炸事件;送风;清除;冲击波;一股(气流);一次用的炸药量;爆发脉冲;变晶;摧毁;一阵(风);破碎;喷砂机;鼓风;爆炸;喷砂
→(air) ~ 爆炸气浪 // ~ (furnace) cement 矿渣水泥 // ~ furnace slag cement 矿渣水泥

blastability{blast ability} 可爆性

blastasy 变晶生长

blastation 吹蚀

blasted ore 爆破的矿石
→~ rock 炸碎的岩石

blaster 喷砂装置;起爆器;导火索;爆炸机;爆裂药;爆破筒;点火器;放炮器

blastetrix 易生向面[与易生向垂直的面]

blasthole chambering 深孔扩壶
→~ method 矿房式深孔采矿法;深孔崩矿的分段空场法 // ~ pattern 炮孔布置形式 // ~{drilling;drill} rig 钻塔 // ~ space 炮眼间距 // ~ stoping 深孔崩矿的矿房式采矿法 // ~ stoping method 深孔爆破矿层式采矿法 // ~ work 深孔崩矿作业

blastibility 可爆性

blastic 再结晶的;变晶的
→~ deformation 爆炸变形 // ~ {shock-produced;shock} deformation 冲击变形 // ~ pipe 吹气管

blasting 放炮[爆破];炸裂声;吹蚀;风洞试验;射孔;喷砂法;展声;吹磨;吹风;除锈;震声
→(grit) ~ 喷砂清理 // ~ bulkhead 放炮时保护井壁支架的吊盘 // ~ cartridge{charge} 炸药包 // ~ index 岩石爆破性指数 // ~-induced fractures 爆破裂隙 // ~ unit{machine} 起爆器

blastoagglomeratic 变余集块(状)(结构)

blastoaleuritic 变余粉砂(质)(结构)

blastoaleuropelitic 变余粉砂泥质(结构)

blastoaplitic 变余细晶(结构)

Blastocerus (dichotomus) 南美沼{泽}鹿[Q]
→~ dichotomu 沼泽鹿

blastoclastic 变余碎屑(状)(结构)

blastocoel{blastocoele} 囊胚腔

blasto-colloform 变余胶状

blastoconglomeratic 变余砾岩(状)(结构)

blastocrystal 变晶

blastocrystalloclastic 变余晶屑(状)(结构)

blastodiabasic 变余辉绿(状结构)

blastogabbroic 变余辉长(结构)

blasto-holoclastite 变晶全碎裂岩

blastoid 似变晶

Blastoidea 海蕾类[棘]

blastolaminar 变晶叶状(结构)

blastolithic 变余岩屑(状)(结构)

blastolysis 胚质崩解

Blastomeryx 胚鹿属[N$_1$]

blastomylonitic 变余糜棱(状)(结构)

blastonite 杂石英氟石

blastopelitic 变余泥质(结构)

blastophitic 变余辉绿(状)(结构);变余含长结构
→~ texture 变余辉岩结构

blastopoikilophitic 变余嵌晶辉长(结构)

blastopore 胚孔

blastoporphyritic{blasto-porphyritic texture} 变余斑状(结构)

blastopsammite　变余砂岩

blastopyroclastic texture　变余火成碎屑结构

blast-oriented　定向爆破

blast orifice　鼓风(出)口
→～ pressure　矿内空气振动压力；爆炸波压力

blastospore　芽生孢子[真菌]

blastovitroclastic　变余玻屑(结构)

Blastower　布拉斯牌风力充填机

blastphone　空气波接收器

blastula　囊胚(生物)

blatonite　纤碳铀矿[$UO_2CO_3 \cdot H_2O$]

blatt(er)　横推断层；横堆断层；裂缝；裂隙；断层
→～ (flaws)　平推断层

blattaria　蟑螂目[昆]；蜚蠊目[昆]

blatterin　针碲金矿[$(Au,Ag)Te_2$]

blatterine　针碲矿[Sb,Au 和 Pb 的碲化物与硫化物]；叶碲矿[$Pb_5AuSbTe_3S_6$]；针碲金矿[$(Au,Ag)Te_2$;$AuTe_2 \cdot 6Pb(S,Te)$]

blatterite　(贝)硼锰石[$(Mn^{2+}_{1.12}Mg_{0.79})_2$($Mn^{3+}_{0.69}Sb^{3+}_{0.19}Fe^{3+}_{0.11}$)$_{0.99}(B_{1.01}O_3)O_2$]

blattfuss　板状中体附肢[节板足鲎]

Blatthaller　平坦活塞式薄膜扬声器

Blattodea　蟑螂目[昆]；蜚蠊目[昆]

Blattopteroidea　蜚蠊超目

blaubleibender covellite　留色铜蓝

blavierite　绢云英长混合片岩；英长混片岩；接触片岩

blaze　树身刻痕标志[刮去树皮后]；火焰；火；光辉；闪耀；测量标记；传播；发(强)光；宣布；激发；树身上留下的痕迹；直射的强光；闪光；迸发；燃烧；爆发
→～ a trail　开路

blazer　传播者；燃烧体

blazing　烧得旺的；冒火焰；强烈的；闪耀的；燃发；激发
→～ star　矮百合[石膏局示植]

bleach(er)　晒白；变白；漂白粉；脱色；漂白剂；漂白
→～-spot　白斑

bleached earth　漂洗土
→～ horizon{bed;zone}　漂白层 //～ zone　浸析区；褪色带；浸出区；褪色带

bleacherite　(露天)看台上的观众

bleachers　露天看台

bleaching　褪色作用；褪色

bleak and boundless desert　荒漠

bleasdaleite　勃力斯多雷石[$((Ca,Fe^{3+})_2Cu_5$($Bi,Cu)_4(PO_4)_4(H_2O,OH,Cl)_{13}$]

bleb　小包体；气孔；矿物内部另一种矿物包裹体；空洞；气泡

Blechnum　乌毛蕨属[植;Q]

bled{exhaust} steam　废蒸汽

bleed(-off)　流出；液卸压；喷放；冒油出血；慢放气；泄放孔；从……抽(气减压)；自喷；涌出；放出的液体；泛油；渗色；放(气)；自流；渗开；渗出；放出气体或液体；析出；沥青路面泛油暴崩；流失；逸出[沼气]

bleeder　泄放器；放出管；泄放电阻；房柱式采煤法的回风道；取样管；排气；房柱采煤法回风道；旁漏(装置)；泄水孔；分压器；泄气阀；泄油器；放喷管；回风巷道；回风道[房柱式采煤]

bleeding　泛油；(水泥混凝土表面)泛出水泥浮浆；冷却金属锭顶部液态金属渗出；放{出}血；析水；凝胶吸收；渗漏；渗色；放出气体或液体；析出；沥青路面泛油

bleibarysilite　硅铅矿[$Pb_3(Si_2O_7)$]

Bleiberg type　布莱伯格型(铅)；B 型[铅]

bleicherde　漂白土[一种由蒙脱石构成的黏土]

bleiglanz　锗方铅矿

bleiniere{bleinierite}　水锑铅矿[$Pb_2Sb_2O_6(O,OH)$;等轴]

bleiromeite　绿锑铅矿

bleiselenite　硒铅矿

blemish　损毁；缺陷；沾污；污点；损坏点；缺点[表面]

blend　闪锌矿[$ZnS;(Zn,Fe)S$;等轴]；混合料；混合；混合物；合金；掺和物；调和；交融；拌和；掺和
→～-storage bin　配料贮仓

blende　褐色闪光矿物；闪矿类[闪锌矿、红锑矿、闪铋矿、硫镉矿等]；闪锌矿[$ZnS;(Zn,Fe)S$;等轴]

blended asphalt joint filler　填缝石油沥青掺和料
→～ {mixed} coal　混煤 //～ {dual} fuel　混合燃料 //～ moulding sand　掺和(天然)型砂 //～ {bedded} ore　混匀矿石 //～ ore pellet　混合粉矿球团 //～ soil　混染土

blender　混料机；拌和机；混合器；掺和器；混砂机
→(truck-mounted) ～　混砂车 //～ gas　搅拌(析出)气

blending　配矿；配料；矿石中和；混料；松砂

bliabergsite　硬绿泥石；块云母[硅酸盐蚀变产物,一族假象,主要为堇青石、霞石和方柱石假象云母;$KAl_2(Si_3AlO_{10})(OH)_2$;$(Fe^{2+},Mg,Mn)_2Al_2(Al_2Si_2O_{10})(OH)_4$;单斜、三斜]

blick　金珠光辉

blight　枯萎病

blind　遮帘；单凭仪表操纵的(地)；无露头的[矿层]；遮光物；隐蔽(处)；阻挡瞎的(暗)井；无出口的；隐蔽的；盲态；巷道中建立挡墙；障眼物；盲板；未露出地面的；塞头；盲井；蒙蔽；封闭的；填塞；不通的[巷道]；堵塞[筛孔]
→～ apex　矿脉露头；次露头；盲顶[矿]；盲尖 //～ deposit　潜隐矿床 //～ ditch　填碎石或砾石的排水沟 //～ drain　暗管 //～ drift　采石平巷；盲巷；不通主水平平巷 //～ estuary　盲湾

blinding　(使)眼花缭乱的；基础垫层；填封；铺砂石；炫目的；眩目的；把人弄糊涂的；铺撒填缝石屑；不清晰；(铺路填缝用的)细石屑；堵塞[筛孔]
→～ concrete　混凝土护层[基础开挖] //～ hole　闭孔；黑眼；口袋眼 //～ {choke} material　填塞材料 //～ of ion-exchange resin　离子交换树脂堵塞

blind island　盲岛[湖中淹没有机物和灰泥]；水下岛
→～ lode{lead}　隐矿脉

blindness　盲区

blind{acorn} nut　螺帽

blinker　缩凹；瞬间；瞥见；发火花；表面浅洼型缩孔；云光[例如冰映云光、雪映云光等]；闪烁；发光花；不予考虑；闪光；闪光警戒标；闪光信号；信号灯；闪光灯；移带叉

blip　回波；清脆的短音；雷达屏幕上的图像；尖峰信号；光波；跳波；标志；反射脉冲

→～ {pip;tooth;out-burst}　尖头信号[电] //～-frame ratio　尖头信号帧数比 //～(-)scan ratio　尖头信号(-)扫描比

blister　天线罩[雷达的]；(军舰的)防雷隔堵；外覆爆破；附加外壳；砂眼[冶；铸]；泡孔；局部隆起；熔岩疱；固定舱[枪]座[军用机观察、射击用]；泡；水泡；煤层圆形结构；小膪包；小丘；结疤；起皮；气孔；疱疤；气泡；起泡
→～ buttercup　石龙芮 //～ cave　熔岩裂隙 //～-copper ore　泡铜矿

blistered　多气孔的

blistering　起砂眼；气泡作用；热得起泡

blixite　氯氧铅矿[$Pb_4Cl_2O_3;Pb_{16}Cl_8(O,OH)_{16-x}$(式内 $x \approx 2.6$); $PbCl(O,OH)_2$;斜方]；勃利克斯石

blizzard　暴风雪；雪暴
→～ wind　凛风

B(o)lling　波令暖期[欧;13,000 年前]

bloach　残印

bloated brick　面包砖

bloating　膨胀

blob　光泡；小斑点；一滴；气泡；岩浆囊；液滴[不规则]

blobby vein　矿囊；袋状脉

blob-flow mechanism　滴状流机理

blob{lump} of slag　火山渣块
→～ of superheated water　过热水团 //～-size distribution　油滴大小分布 //～ volume　油滴体积

bloc　集团

blocage　毛石砌体

block　区；枕座；叉；采区；街区；分区；块段[矿山地质]；断流；阻碍；分段；区组；断块；块体；块；铁砧；区块；一批阻止；火山(岩)块；字组；铁路区段；截煤机的齿座；大块；断路；单元；框；石块；区间；部分；调节楔；网格；一排(房屋)；块料；采掘区；集团；滑轮；障碍物；(用)巷道划出的矿块；砧板；部件；组合；(使)成块状；齿座；大楼；拦阻；截断
→(building) ～　砌块 //～ (land;mass)　地块 //～ {rock} (mass)　岩块 //～ (ore;lumps) ～　矿块 //～ (up)　封锁；阻塞

blockade　闭塞；封锁；挡住；阻断；封闭；堵塞
→～ (line)　封锁线

block{area} adjustment　区域网平差

blockage　封锁状态；封堵；堵塞；障碍；堵塞比[障碍物与管道截面比]
→～ of drain　排水堵塞

block a line　闸门断开管道；堵住管道
→～-caving　分块崩落式采矿法 //～ clay　混杂岩

blockdiagram　方框图

block diagram　直方图；原理图；框式图解；结构图
→～ diagram{mass;map}　立体图 //～ diagram{mass;scheme}　框图[地质构造] //～ diagram{scheme;map}　方块图

(joint-)block disintegration{separation}　块状崩解
→～ dome　块岩丘

blocked　阻塞
→～ funds　冻结款项 //～ hole　二次爆破的小炮眼 //～-off region　阻塞区 //～-out ore　采准矿石 //～-out ore　备采矿量；开拓储量；划分出的矿体；已划分

成块段的矿体；准备回采的矿体//～
period 停歇期//～ stone 分块石

block fault 地块断层
→～-faulting 块断作用//～ field 岩野
//～ field{sea;spread; waste} {felsenmeer}
砾海[冰缘]//～ flexure toppling 岩体弯
折倾倒//～ gap 记录中间空隙；(信息)
块间隔

blockgebirge 断块山[德]

blockglide 地块滑坍

block(ed) hole 大石块上钻的炮眼；减载
炮眼
→～(ed){relief} hole 释负炮眼[先于主
炮眼爆破]//～ holing (用)小炮眼爆破
大岩石；二次破碎；钻碎岩块；二次爆
破//～ holing method 分块钻孔法

blockhouse 碉堡；框架；地堡；盒；箱[料]

block in 设计；画草图
→ ～ -in-course 细琢方石砌体//～
-in-course 成层砌石块体；层次整齐的琢
石圬工[土]

blocking 雏形锻；封堵；油品管路成批泵
送法; (平炉)止炭；模块化；闭锁；阻塞；
(测井曲线)分层；顺序输送的油品；矩形
分层；冻结；封锁；单元化；字组化；中
断[振荡]

block kriging 块体{段}克里格(法)
→～ method of top-slicing 矿块分区作
业分层崩落法//～ movement 顶板移动
[矿井]//～ ore 人造块矿
{briquetted} ore 团矿//～(ing) out 画
(位置)略图；规划；勾齿轮廓；开切矿柱；
拟定大纲；划分井田//～(ing)-out 勾画
轮廓；划分区段[采区]；圈定{矿体}//～
protection 砌块石护岸//～ reef 厚度
(变化)不定的矿脉；珠串状矿脉//～
{combination} riffle 洗矿槽衬底木块格
条//～ riffle sluice 粗格条溜槽；块木
(格条洗矿)槽

blockite 硒铜镍矿[(Ni,Cu)Se₂;(Ni,Co,
Cu)Se₂,等轴; NiSe₂,含 Cu 达 6.8%和少量的
Co,Fe]

blockmeer 石海；砾海[德]

block sag 块状下陷
→～-schollen movement 均速运动[冰]
//～ sea{field;waste; spread} 石海//～
(-out) signal(ling){sign} 闭塞信号//～
signal 分段信号；区截信号

block slide 块体滑塌；地块滑坍
→～ stone 条石//～ stone pavement
块石路{铺}面//～ talc 块滑石[一种致
密滑石,具辉石假象;Mg₃(Si₄O₁₀)(OH)₂;
3MgO•4SiO₂•H₂O]//～ weakening 矿块
切割{削弱}[崩落开采法]

blocky 块状的；结实的
→～ formation 卡塞(在岩芯管内)岩块
//～ pattern{appearance} 块状图像//～
rock 能碎裂成大块的岩石//～-shaped
particle 块状颗粒

blodite{bloedite} 白钠镁矾[Na₂Mg(SO₄)₂•
4H₂O;单斜]；白钠镁矾

blomstrandine 钛易解石[(Y,Er,Ca,Fe²⁺,
Th)(Ti,Nb)₂O₆]；钛钽铌铀矿；钇易解石
[(Y,Er,Ca,Fe³⁺,Th)(Ti,Nb)₂O₆;斜方]；多钛
铌矿；斜方钛铌酸盐矿

blomstrandi(ni)te 钛铌酸铀铁矿；铀烧绿
石[(U,Ca)Nb₂O₄; (U,Ca,Ce)₂(Nb,Ta)₂O₆
(OH,F);等轴]；钛铌铀矿

Blondeau method 布朗多法[震勘计算垂

直时间的方法]
→～-Swartz weathering correction 布朗多
-施瓦尔茨低速带校正法

blood 血统
→～(-colored) agate 血点玛瑙[带有红色
碧石斑点]；血色玛瑙//～ making organ
造血器官//～ pink 深红石竹//～
{serum} preserving bottle 储血瓶//～
{red} rain 红雨//～(-)stone 鸡血石；血
玉髓；血石；血滴石；赤铁矿[Fe₂O₃;三
方]//～ {-}stone 血石髓[玛瑙变种;SiO₂]
//～ stone 赤铁矿[Fe₂O₃;三方]；鳕鳞
鱼；血石

blooey 出故障的；不能使用的；不灵的[美
俚]
→～ line 炮眼口吸岩粉管线；风力排
粉管

blooie 不灵的[美俚]；不能使用的；出故
障的
→～ line 空气钻井时井口排出岩屑的
管线；～{discharge} pipe 放喷管

bloom 盐霜；浮游生物的过量繁殖；大钢
(锻)坯；突然激增；煤层露头；晕；开花
期；煤华；模型表面沾污；矿脉露头的风
化；钢坯；花；兴旺(时期)；铁块；图像
模糊；钢块；发光；繁盛；风化煤层露头；
盐华；石油反射光所显示的颜色；华；荧
光[石油反射光所显示的颜色]

blooming 初轧；开坯；模糊现象；炼铁；
盛开的；敷霜

blossite 布朗矿[α-Cu₂²⁺V₂⁵⁺O₇]

blossom 开花；华；开花期；岩华；矿华；
铁帽[Fe₂O₃•nH₂O]；露头；繁盛；爆破雷
管；发展；兴旺(时期)；煤华；花[果树的]
→～ rock 岩化；落华石

blosson 露头

Blothrophyllum 高萼珊瑚属[D₂]

blotter 吸油(集料)；缓冲用(垫)纸；碎石
垫层；吸墨纸

blotting 吸取；吸收
→～{bibulous;thieving;absorbent} paper 吸
水纸//～ paper 吸滤纸

blout 块状石英[SiO₂]

blow(er) 打击；吹风；瓦斯泄出；流沙上
涌；岩石隆起；充气；矿脉露头；喘气；
冒顶；吹响；顶板崩落；气孔；冲击；烧
断；喷油气；瓦斯喷出；喷水；天然气驱
喷油；气穴；增压器；鼓风；吹炼；送风；
放炮

blowability 吹成性[型砂的]；鼓风能力

blowback 回吹(气)

blowdown 锅炉底部排污；泄放；排污；
泄放活门；放压；排气；放掉；排水；停
炉；放气；落矿；降压；送风；泄料；吹
除；吹泄；衰竭开采；吹掉；停风；凝
结水；吹净[发动机试验后]

blowdown fan 压风扇
→～ line 泄压管线；放空管线//～ of
gas cap 气顶放空

blow-down recovery 降压采油

blow down valve 放泄阀

blowed{pneumatic} fill 风力充填

blower 爆破工；岩粉撒布机；瓦斯突出
放炮工；吹制工；风箱；空压机；成棉喷
嘴；风扇；喷嘴；空气压缩机；压风机；
吹汽器[用以溶解井中石蜡成清净井]；压
缩机
→(air) ～ 吹风机；送风机//～ (for
drying hair) 吹风；吹风机//～ (gas;fan)

air;blast;fan} ～ 鼓风机；吹灰器//～
{blow-through} valve 吹除阀(风钻)

blow{impact} frequency 冲击频率

blowhole 吹(蚀)穴；铸件的气泡；岩石孔
隙；井喷孔；气孔；砂眼[冶;铸]；喷气{水}
孔；风蚀穴；气穴[熔岩]；通风孔[隧道]

blow hole 放气孔；喷泥孔[运]；砂眼[冶;
铸]；吹(蚀)穴
→～ in(油井)开始猛喷产油

blowing 漏气；喷吹；着火；爆破喷吹；
喷砂造型；自喷；爆破；发火；吹；喷炉；
爆裂孔眼；吹制；吹塑；风力作用；起泡
[陶]

blow-in method 吹入式通风法[独头工作
面]
→～ pipe 压风管

blow lamp{torch} 焊接灯；焊灯；喷灯
→～ land 风蚀地//～ line 扫(管)线用
高压(空)气管线；放喷管//～ mold 成型
模//～ molding 吹塑

blown asphaltic bitum{bitumen} 氧化
沥青
→～ asphaltic bitumen 吹制沥青

blownthrough 漏气

blowoff 排除；吹卸器；爆发；吹离[火箭]；
排放；排气；吹除；吹出；吹泄；排污；
排出；放出；放泄；放气；喷出；爆裂

blow-off{blowdown} pipe 排泄管
→～ pressure 吹洗压力//～ preventer
防喷器

blow off tank 排水槽
→～-off water 排污水

blowout 放空炮；停炉；放喷；熄弧；沙
爆；熄火；吹熄；喷出；漏气；排出；风
蚀凹地；井喷；喷放；小矿脉的大露头；
残沙丘；火花消灭；爆裂；空炮；砂涌(水)
风化矿苗；喷气；瓦斯喷出；喷出口；吹
出；贫矿脉；管路清除；膨胀露头[风化
矿苗]；爆发裂口；废炮[岩石不破裂]；熄
灭[火花]

blow out 熄弧；井喷；石油喷发；漏气；
爆发裂口；熄灭；吹熄；散开；管路清除；
停炉
→～{die} out 熄火//～[of a tyre,etc.] ～
out 放炮

blowout disk 防爆膜
→～ dune 吹断沙丘

blow out-fill trap 吹坑充填圈闭

blowout hookup 全套防喷装置
→～ induced by swabbing 抽吸作用诱
发的井喷

blowpipe 氧-乙炔焊焊炬；焊炬；通风管
(道)；喷焊器；空气喷嘴；焊枪；放喷管；
吹管；喷割器
→～ analysis{assay}{blow-pipe analysis}
吹管分析

blowpiping 吹管分析

blucite 镍黄铁矿[(Fe,Ni)₉S₈;等轴]

blue 青灰色的；变蓝色
→～ amphibole 蓝角闪石类//～ as-
bestos 青石棉[(Na,K,Ca)₃₋₄Mg₆Fe²⁺(Fe³⁺,
Al)₃₋₄(Si₁₆O₄₄)(OH)₄]//～ asbestos {iron-
stone} 蓝石棉//～ asbestus {ironstone}
青石棉[(Na,K,Ca)₃₋₄Mg₆Fe²⁺(Fe³⁺, Al)₃₋₄
(Si₁₆O₄₄)(OH)₄]//～ billy 硫铁矿渣//～
calamine 蓝水锌矿//～ calcite 蓝色方
解石//～ carbonate of copper 蓝铜矿
[Cu₃(CO₃)₂(OH)₂;单斜]；石青[2CuCO₃•
Cu(OH)₂;Cu₃(CO₃)₂(OH)₂]//～ chalced-

ony 假蓝宝石[$Mg_2Al_4(SiO_4)_6$; $(Mg,Al)_8$ $(Al,Si)_6O_{20}$, 单斜; $(Mg,Fe)_{15}Al_{34}Si_7O_{80}$] // ~ chalcocite 蓝辉铜矿[$Cu_{2-x}S$; Cu_9S_5; 等轴] // ~ {chessy} copper 石青 [$2CuCO_3•Cu(OH)_2$; $Cu_3(CO_3)_2(OH)_2$] // ~ {azure} copper ore copper 蓝铜矿 [$Cu_3(CO_3)_2(OH)_2$;单斜] // ~ feldspar 蓝长石 [$Na(AlSi_3O_8)•3Ca(Al_2Si_2O_8)$] // ~ feldspar{spar;opal;zeolite} 天蓝石[$MgAl_2$ $(PO_4)_2(OH)_2$;单斜] // ~ fluorite {john} 蓝萤石

blueground 青地

blueing 涂蓝；烧蓝
→~ salt 钢面(烧蓝用)盐溶液

blueish 带青色的

blueite 镍黄铁矿[$(Fe,Ni)_9S_8$;等轴]

Blue Monday sand 蓝色蒙特砂岩
→~ Pearl 蓝麻[石;蓝花岗石]；蓝珍珠 [石]

blueprint 图纸；晒蓝图；设计图；订计 划；计划[详细]

blueprinter{blueprint{blue-printing} machine} 晒图机

blueschist 蓝片岩

blue schist belt{blue-schist zone} 蓝片 岩带
→~ schorl 锐钛矿 [TiO_2;四方] // ~ -sensitive 感蓝的 // ~ sheep 岩羊；石羊 // ~ shift 蓝变；蓝位移 // ~ sky peddler 不倦的石油业发起人

bluestone 蓝砂岩；蓝石；长石砂岩；青 石；胆矾[$CuSO_4•5H_2O$;三斜]；蓝闪锌矿 [$(Zn,Pb)S$]；硬黏土；蓝灰砂岩

blue stone 蓝灰砂岩；蓝宝石[Al_2O_3]
→~ stone{vitrid}胆矾[$CuSO_4•5H_2O$;三 斜] // ~ stone{vitriol}蓝石

bluestoner 青石染匠

bluestoning 青石法

blue sulfur water 蓝硫(矿)水[含小量悬浮 或溶解状态硫化铁的矿泉水]

bluetailed skink (lizard) 五带石龙子

blue talc 蓝晶石[$Al_2(SiO_4)O;Al_2O_3(SiO_2)$]; 蓝滑石
→~ tourmaline 蓝电气石 [(Na,Ca) $(Mg,Al)_6(B_3Al_3Si_6(O,OH)_{30})$] // ~ vitriol 明矾[$K•Al(SO_4)_2•12H_2O$;碱和铝之含水 硫酸盐矿物]；蓝矾[$CuSO_4•5H_2O$] // ~ whistler 气井[油] // ~-white 蓝白钻石 // ~ zeolite 琉璃碧；金精；杂青金石

bluff 变质围岩；悬崖；陡峭；壁立的； 非流线体；陡岸；高岬；废石；陡的
→~ failure 陡壁坍毁 // ~ formation 粗黄土层[密西西比河谷区] // ~ sand 陡砂层 // ~ work 边坡整平工作

blu(e)ing 着色(检验)；涂蓝；回火色泽； 发蓝(处理)；上蓝剂

bluish 浅蓝色的；带蓝色的
→~ green 蓝绿色 // ~-green 蓝绿色 的 // ~-grey 蓝灰色的 // ~ slate 蓝色 板岩

blumenbachite 硫锰矿[MnS;等轴]

blumite 黑钨矿[$(Mn,Fe)WO_4$]；钨锰矿 [$MnWO_4$；单斜]；水锑铅矿 [$Pb_2Sb_2O_6$ (O,OH);等轴]

blunge 揉黏土；(用)水搅拌[黏土]

blunger 揉泥机；揉土机；搅拌机

blunging 揉软泥条

blunt 短粗的针；减弱；变钝；迟钝的； 钝的；钝器；率直的；不锋利的

→~ chisel insert (钻头的)钝型楔形齿 // ~ chisel tooth 宽凿形齿 // ~ drill 钝钻 // ~ drill{jumper} 钝钎 // ~ file 直边锉 // ~ stone 磨钝的金刚石

blunted spur 削钝山嘴{脚}

blunt file 直边锉
→~ jumper 钝钎子；钝冲击钻杆

bluntness 钝度

blunt pile 钝头桩
→~ stone 磨钝的金刚石

blurred picture 模糊相片

blushing 发白

blush preventive agent 防白剂

Blyth clutriator 布莱思型水力分级器

blythite 锰榴石[$Mn_3^{2+}Mn_2^{3+}(SiO_4)_3$]

board 舷；委员会；转换器；插件板；用 板堵；海岸；印刷线路板；船舷；屏；板； 会议桌；煤房；台；座；印刷板；边；挡 泥板；纸板；上车；仪表面板；盘；部门； 木板

boarded 安背板的
→~-up 钉上板子的

boarding 背板；隔板；安装木板；钉板； 板条；铺木板；加背板；上船；膳宿；供 膳(宿)的；定形[针织]
→~ house 招待所；宿舍

boards for pressing sth. or holding things together 夹板

boardway course 垂直于解理的方向

boar's back 黏土脉[煤层中]
→~ {hog} back 猪背脊 // ~ nest 暂装 机组[由管路与设备临时组成]；工棚；工 地上的小房

boartz 金刚砂[Al_2O_3]；金刚石片屑；下等 钻石；圆粒金刚石；金刚石砂；金刚石屑； 黑金刚石；钻头用的金刚石粒

boast 粗凿；粗琢(石料)；自夸(的话)；夸 口说

boasted ashlar 乱纹琢石饰
→~ {drove} work 宽凿工 [建] // ~ {droved} work 粗凿工作

boaster 平凿；宽凿[建]

boasting 粗堑石头；粗凿加工

boat 采金船；轮船；(小)船；艇；蒸发皿； 船形器皿；燃舟
→~ concentrate 采金船所得精矿

boatfall 短艇索

boathook bend 倒钩支流[以锐角向上游 与主河交会]

boatstone 舟形石器

boatswain's chair 工作吊座

boattail 船尾

bob 垂标坠；测锤；垂球；一束；布轮； 轻敲；漂浮物；擦光毡(布轮)；抛光；振 子坠(探测锤)；泵(油)；铅锥；摇锤；一 串；配重；急速拉动；上下跳动；摇摆
→(plumb;rule;line) ~ 铅锤 // ~ mark 摆动痕

bobbing 截短的；标记的干扰性移动[显 示器]；抛光；浮动；振动；摆动
→~ mark 摆动痕

bobbin hoist 绞轮式提升机[用扁钢丝绳]

bobbinite 硫铵炸药；筒管炸药

bobbin winding 绞轮提升

bobby prop 防爆木挡墙

Bobcock and Wilcox mill 巴勃考克威尔 考克斯型干磨机

bobfergusonite 磷钠锰高铁石 [Na_2Mn_5 $Fe^{3+}Al(PO_4)_6$]

bobierrite 白磷镁石[$Mg_3(PO_4)_2•8H_2O$;单 斜]；磷酸镁石

bobjonesite 单斜钒矾[$V^{4+}O(SO_4)(H_2O)_3$]

bobkingite 羟氯铜石[$Cu_5^{2+}Cl_2(OH)_8(H_2O)_2$]

bobkovite{bobkowite} 铝钾蛋白石[蛋白 石变种;$(K,Ca,Mg,Fe)_{0.5}Si_{29}AlO_{60}$]

bobrovkite 铁镍矿[(Ni,Fe);等轴]；高镍 铁矿

Bobrovska garnet 绿钙铁榴石

bobrowkite 铁镍矿[(Ni,Fe);等轴]

bobtail 短车身卡车；钻油层用顿钻钻柱 [旋转钻钻到油层顶部，而后用顿钻钻开 油层]

bobtraillite 水硼硅锶钠锆石 [$(Na,Ca)_{13}$ $Sr_{11}(Zr,Y,Nb)_{14}Si_{42}B_6O_{132}(OH)_{12}•12H_2O$]

bocage 林地；混交林区

bocanne 自燃页岩

bocca[pl.bocche] 熔岩口；喷口；喷火口

boccaro ware 紫砂

bochorno 博乔尔诺热风

bocksputite 杂铋铅矿

bod 砂塞；黏土泥塞；泥封；泥塞[堵出 铁口]；日产油桶数

bodden 古水盆海湾；宽浅不规则海湾[波 罗的海南岸]

boddtite 脆铜钴土

Bode law 波特定律

bodement 预兆；预报

bodenbenderite 杂锰榴萤石[锰榴石与萤 石的一种混合物]

bodeneis 底冰；地下冰[德]

bodenite 褐帘石 [$(Ce,Ca)_2(Fe,Al)_3(Si_2O_7)$ $(SiO_4)O(OH)$,含 Ce_2O_3 11%,有时含钇、钍 等;$(Ce,Ca,Y)_2(Al,Fe^{3+})_3(SiO_4)_3(OH)$;单斜]

bodenschwelle 海底台地

bodenzeolith 土沸石

boderite 黔方透长黑云辉岩

Bode's Law 波德定律

bodger 撬杆

bodhanowiczitc 硒锡银矿生

bodiless porcelain 脱胎瓷

bodily injury 人身伤害
→~ seismic wave 地震体波

body 机壳；实质；车身；质地；团体； 底盘；油的黏度；批；主要部分；正文； 强度；体；黏(滞)度；船体；机关；一捆； 片；躯干；壳；基础；矿体；机身；一堆； 车厢；主体；船身；物体；机体；本体[孢]； 稠度[液]

bodying 增稠；稠化

bodyite 钠钙硼石；基硼钠钙石 [$NaCaB_5O_9•5H_2O$]

body load 覆盖地层的本身重量[岩压]
→~ of water 贮水池；水体 // ~ refuse 泥渣 // ~-strain rotation components 体 应变旋转分量 // ~ tender bolster 煤水 车身承梁 // ~ {bulk;bodily} wave 体波 // ~ whorl 体螺旋；体环[软]

Boechlensipollis 异沟粉属[孢;E_2-Q]

boehmite 勃姆石；水铝矿；软水铝石 [$Al_2O_3•H_2O$;$AlO(OH)$;斜方]；水软铝石 一水软铝石[$AlO•OH$]
→~-diaspore ore 一水型铝土矿矿石

boehmitic bauxite 一水软铝石型铝土矿

Boehm{Bohm} lamellae 勃姆层纹

boenninghausenia sessilicarpa 石椒草

boerde[pl.-en] 亚海西期黄土带[德北部]

bog 泥炭沼(泽)；泥塘；沼泽；酸沼；陷 入泥塘；藓沼

B

→~ {mud} bath therapy 泥浴疗法 // ~ bursting 沼泽涌出 // ~ butter 沼油[爱]；泥煤脂；奶油沥青 // ~ down 停滞

bogan 滞水湾

bogaz[pl.-i] 深岩沟；溶蚀坑；熔岩沟

bog{mud} bath therapy 泥浴疗法

→~ blasting 土方爆破开挖 // ~ bursting 沼泽涌出 // ~ butter 沼油[爱]；泥煤脂；奶油沥青 // ~{earth} coal 土状褐煤

bogdanovite 碲铁铜金矿[Au₅(Cu,Fe)₃(Te, Pb)₂;斜方?、假等轴]；博格丹诺夫矿

bog down 停滞

Bogensieb sizer 弧形筛

bogen structure 弧状构造

→~ structure roof 玻璃碎片构造

bogey 转向架；矿车列车首端挂加重车

bogger 装载机

Boggild intergrowth 勃吉尔德交生

boggildite 氟磷钠锶石[Na₂Sr₂Al₂(PO₄)F₉;单斜]

bogginess 沼泽化；泥沼状态

bogging down 下陷

boggs 厚于1英寸的煤

boghead 沼煤；烟煤

→~ cannel shale 沼油页岩 // ~ shale 藻油页岩

bogheadite 泥沼

bogie 载重车；台车；罐笼；小矿车；平衡车；台床；平衡装置；凿岩台车；四轮转向架；行走机构；底架；平衡机构；移车台；小车；悬挂装置；吊车的行走机构；车；小手推车；桥[汽车]

→~ (truck) 矿车

Bogimbailites 包吉姆巴依珊瑚属[S]

bog iron 褐铁矿[FeO(OH)•nH₂O;Fe₂O₃•nH₂O,成分不纯]

→~ iron (ore) 沼(褐)铁矿[Fe₂O₃•nH₂O] // ~ manganese 沼锰矿[硬锰矿类;MnO₂•nH₂O]；锰土[MnO₂•nH₂O] // ~ mine ore 沼(褐)铁矿[Fe₂O₃•nH₂O]；褐铁矿[FeO(OH)•nH₂O;Fe₂O₃•nH₂O,成分不纯] // ~ ore 沼锰矿[硬锰矿类;MnO₂•nH₂O]；沼泽矿 // ~{marsh} ore 沼矿 // ~ ore deposit 沼铁矿床

boglet 小泥塘

boglime 沼泽石灰(质堆积土)

bog lime 湖白垩；沼灰土；泥灰岩；湖泥灰岩

→~ mine ore 沼(褐)铁矿[Fe₂O₃•nH₂O]；褐铁矿[FeO(OH)•nH₂O;Fe₂O₃•nH₂O,成分不纯] // ~ ore 沼锰矿[硬锰矿类;MnO₂•nH₂O]；沼泽矿 // ~{marsh} ore 沼矿 // ~ ore deposit 沼铁矿床 // ~{marsh} plant 沼泽植物

bogoslovskite{bogoslowskite} 蓝硅铜矿[含有CO₂作为一种杂质的硅孔雀石]

bogusite 暗沸绿岩；淡沸绿岩

bogus{anthropogenic;anthropic} soil 人为土壤

bogvadite 博格瓦德石[Na₂SrBa₂Al₄F₂₀]

bogwood 沼埋木

Bohaidina 渤海藻属[甲藻;E₂₋₃]

Bohaispira 渤海螺属[腹;E]

Bohdanowicz(y)ite{bohdanowicz(y)ite} 硒铋银矿[AgBiSe₂;六方]

Bohemian gemstone 波希米亚宝石

→~ massif 波布米亚地块 // ~ ruby 蔷薇石英[SiO₂,并含少许钛的氧化物]

// ~{occidental} topaz 茶晶；黄水晶[SiO₂];蔡璞

bohmite 软水铝石[Al₂O₃•H₂O;AlO(OH)斜方]

bohrium 𨨏[Bh,序107]

boil 烧开；煮沸；泡沫沸腾[油流出井,气体急速逸出所致]；(用)煮沸方法制造；沸点

→~ (reef) 珊瑚暗礁 // ~ brickwork 锅炉砖座[砌] // ~ feed (water) 锅炉给水 // ~ fuel oil system 锅炉燃油系统 // ~ plate 峭壁石面 // ~ hole 煮生石灰坑 // ~ hot aquifer 沸水储 // ~ range 沸腾范围；沸程

boiler 汽锅；热水贮槽；沸泉；蒸煮器；导弹

→~ plate 峭壁石面 // ~ pressure 锅炉压力 // ~ rockers 拖送设备的骡马队[美早期油田] // ~ scale 锅垢 // ~ suit 工作服

boiling 激昂的；砂沸；打泡；沸腾；喷出；煮沸；汹涌的

→~ constant 沸点升高常数 // ~ hole 煮生石灰坑

Bojodouvillina 波依窦维尔贝属[腕;D₁]

boke 分枝矿脉；矿脉分支；细矿脉；小矿[细]脉；中断[矿脉]

bokite 钒铝铁石[KAl₃Fe₆³⁺V₆⁴⁺V₂₀⁵⁺O₇₆•30H₂O?]；防铝铁石

boksputite 杂铋铅矿；黄菱铋铅矿

BOL (测线)起点(坐标)

Bolbaster 珠星海胆属[棘;K₃]

Bolbina 球茎介属[O]

bold figure 粗体字

→~ relief 粗糙地形 // ~ shore 峭岸

boldyrevita 钠钙镁铝石[NaCaMgAl₃F₁₄]

boldyrevite{boldyrewite} 钙镁冰晶石{钠钙镁铝石}[NaCaMgAl₃F₁₄]

bole 胶结黏土；胶块土；红玄武土

boleite 铜铅矿；氯铜银铅矿[Pb₂₆Ag₉Cu₂₄Cl₆₂(OH)₄₈;等轴]；银铜氯铅矿；方银铜氯铅矿[AgPb₃Cu₃(OH)₆Cl₇]

boleretine 准菲希德尔石

boleslavite 玻列斯拉夫矿；方铅矿[PbS;等轴]；硫铅矿[PbS]

Boletus 牛肝菌属[真菌;Q]

boli 雨季泛滥谷地

bolide 火流星；火球陨石

Boliden cage 波列登型笼

bo(w)lingite 包林皂石；绿皂石[Fe,Mg,Al,H₂O的硅酸盐]；皂石[(Ca½,Na)₀.₃₃(Mg,Fe²⁺)₃(Si,Al)₄O₁₀(OH)₂•4H₂O;单斜]

bolivarite 隐磷铝石[Al₂(PO₄)(OH)₃•4-5H₂O;非晶质]；玻利尔石

bolivian 玻硫锑银矿

bolivianite 黄锡矿[Cu₂FeSnS₄;四方]；杂黄锡矿；玻硫锑银矿；针辉锑银矿；镍银矿；锑银矿[Ag₃Sb;斜方]

Bolivina 箭头虫属[孔虫;K₂-Q]

Bolivinella 小箭头虫属[孔虫;E₂-Q]

Bolivinina 玻利维亚虫属[孔虫]

bolivite 杂氧硫铋矿；氧硫铋矿

Bollia 波尔介属[O-D];波尔介

boll-weevil corner (钻台上)新工人的工作位置

→~ stunt 严重失职[危及其他工人] // ~ tongs 重型短大钳 // ~ tubing head 易装的油管头

bologna{blognan} stone 块重晶石

→~ {bolognian} stone 重晶石[BaSO₄;斜方]

Bolognian{Bologna} stone{spar} 圆重晶石

bolopherite 钙铁辉石[CaFe²⁺(Si₂O₆);单斜]

boloretine 准菲希德尔石

bolson 袋形盆地；干湖地

→(desert) ~ 沙漠盆地[尤美、墨] // ~ [pl.-es] 封闭洼地 // ~{intermontane; intermountainous} plain 山间平原

bolster 承梁；钎肩；软垫；托木；套管；垫枕(状的支撑物)；肋木；支持；承枕；横撑；长枕；支撑；垫木；车架承梁；夹圈；垫；卡车运输支架

→~ stakes 卡车边立柱[固紧管材用] // ~-type{collar} shank 纤肩式钎尾 // ~ up 输血 // ~ up the morale 打气

bolt 逃跑；闪电；闩；一匹；联络小巷；插销；螺栓；门闩；锚杆；筛；上螺栓[on,up]；上插销；枪机；销子；雷击；枪栓；析架；一卷；(用)螺栓固定；发射；锚杆支护

bolter 筛选{石}机；筛；筛面粉的机器；纵切圆锯机；选木工

bolt grouting machine 锚杆注眼器

bolthole 石门；螺栓孔；联络小巷；锚孔；联络巷道

→~ vacuum cleaner 锚杆(钻)孔真空清渣{除尘}器

bolting 螺栓连接；锚栓支护；筛分；锚固

→~ and meshing support 锚网支护 // ~ and shotcrete lining 锚喷支护 // ~{sieve} cloth 筛布 // ~ pattern for very thick coal 原煤层锚杆布置方式 // ~ support 锚杆支架 // ~ with jet cementing 锚喷支护

boltonite 镁橄榄石[Mg₂SiO₄]；假镁榄石；黄镁橄榄石

boltwoodite 硅钾铀矿[(H₃O)K(UO₂)(SiO₄)•H₂O;单斜]

boluangerite 硫锑铅矿[Pb₅Sb₄S₁₁;单斜]

bolus 红玄武土；胶块土；胶结黏土

→~ albs 高岭土[Al₄(Si₄O₁₀)(OH)₈] // ~ of water 小水团

bomb 轰炸声；火山弹；氧气瓶；投弹；放置放射性质的容器；放射源；里层衬铝的放射性物质容器；高压油水取样筒；弹状储气瓶；炸弹；炸药包[海洋震勘]

bombard 射石炬；轰击；炮轰

bombardment 轰击；粒子辐射；辐照；照射；曝光；射击；碰撞

→~ damage 照射损伤

bombeite 铝硅铁钙石

bombiccite 晶蜡石[C₇HO₁₃]

bombing 爆炸事件；裸露药包

bombite 硅铁钙石；硅铝铁玻璃

bombollaite 碲硒铜矿[Cu(Se,Te)₂;四方]；硒碲铜矿

bomb sag 火山弹渣

→~ shower 火山弹雨 // ~ squad 防爆小组 // ~ test 密闭爆发器检漏试验 // ~-type seimometer 弹型地震计

bomby{bommy} 沉没的巨(珊瑚)礁丛[澳]

Bomolithus 簇石[E₁]

bonaccordite 硼镍铁矿[Ni₂Fe³⁺BO₅;斜方]

Bonalit 铝基活塞合金

bonamite 绿菱锌矿；菱锌矿[ZnCO₃,三方;宝石,苹果绿色]

bonanza 贵金属矿；丰产油井；富矿带；

大矿囊

→(rich) ~ 富矿体//~ pool 丰富油藏；窗油藏

bonattite 三水胆矾[$CuSO_4•3H_2O$;单斜]；蓝铜矾[$Cu_4(SO_4)(OH)_6•2H_2O$;斜方]

bonchevite 邦契夫矿；斜方硫铋铅矿 [$Pb_3Bi_2S_6$?;斜方]

bond(er) 纽；胶结；约束；铁矿层；黏熔合部分；接续线；联结；乘人罐笼；连接器；键；接头；团结；熔透度；结合力；化学键；(释热元件)扩散层；焊缝；结合剂；支撑；契约；结合物；黏结料；黏合剂；黏合；砌合；跨接[管线的]

→~ (value) 黏结{聚}力//~ age 骨龄//~ index 水泥胶结指数，胶结指数//~ length{distance} 键长//~ orbital model 键轨道模型//~ rupture{fission} 键断裂

bondage 束缚

bo(u)nd angle 键角

bonded fibre 压合纤维

bonder 结合物；焊接工；连接石；束石；接合器；砌墙石

bonding 键合；加固和接地；冰冻胶结；焊接；搭接；粘接；屏蔽接地；加固[岩]

Bond's law 邦德定律

bondstone 黏结岩；备用石；系石；砌合之石；束石；紧固石；连接石

bond stone 系石；束石

→~ strength 键强(度)；键能；黏着强度；键力//~ stress 黏结应力；握裹应力//~ (ing){adhesion} stress 黏着应力//~ system{|type|order|axis} 键系{|型|序|轴}

bone 水准测平；水准测量；施骨肥；测平；骨；劣质煤；难钻地层；骨架；剔骨；骨制品；坚韧细粒石英；煤质页岩；骨头；(一种)坚硬致密的烛煤

→~ (black;ash) 骨灰；黑矸子；骨煤；石煤//~ and stone inlaid lacquer article 骨木镶嵌漆器//~ bed 含古(骨)化石地层；骨屑层//~{osseous} breccia 骨角砾岩//~ chert 骨状燧石//~ coal{black} 骨炭//~ coal 矸石；页岩质煤//~ dry concentrate injection technology 深度干精矿喷射技术//~ {-}phosphate 土磷灰石[$Ca_5(PO_4)_3•(F,Cl,OH)$]//~ phosphate 骨磷矿//~ turquois 骨胶磷石//~ turquoise 骨绿松石；齿松石

boning 水准测量；施骨肥

→~ board 标杆；花杆；T形测平板//~ in{boning-in} 匀整坡度//~ rod 测平杆//~-rod 整坡杆

boninite 无人岩；玻安岩；小笠原岩；玻紫安山岩；玻(质)古(铜)安山岩

bonnet 阀罩；火焰安全灯的网罩；帽；柱帽；烟囱罩；机罩；打捞工具罩；盖；矿工帽；机器罩

→(cage) ~ 罐笼顶盖；阀帽//~ bolt 盖板螺栓//~ {cap} bolt 盖螺栓//~ valve 帽状阀

Bonnia 波恩虫属[三叶;ϵ_1]

bonn(e)y 漂亮的；矿巢；矿囊

Bononian 邦努阶[J_3]

→~ stage 博诺阶[英;J_3]

bonsdorffite 水蓝云母；水堇青石；块云母[硅酸盐蚀变产物，一族假象，主要为堇青石、霞石和方柱石假象云母;$KAl_2(Si_3AlO_{10})(OH)_2$]

bonshtedtite 本斯得石[$Na_3(Fe,Mg)(PO_4)(CO_3)$]；磷碳铁钠石

bonstay 暗井

bont 提升装置；矿脉变薄；狭缩[矿脉]

bonus 额外津贴；奖(励)金；租矿费；定金；红利

bony 页岩质的；干瘦；瘦削；骨感

→~{bone} coal 泥质夹矸//~ coal 页岩煤；骨炭//~ fishes 硬骨鱼类//~ scale 骨质鳞

booby hatch 小舱口

Boodlea 密枝藻属[绿藻]；布氏藻属[Q]

boodtite 水钴矿；羟钴矿；水铜钴矿

book 书(本)；篇；名册；卷；记载入册；账簿；预定；登记簿

→~ of directions 说明书//~ of original documents for payments 付款原始凭证簿//~ of tables{forms} 表册//~ stone 书叶岩//~ treatment 记账处理//~ value 账面价值；原值

bookhouse{book-house} structure 页状集束构造

→~ note 订舱单；托运单

bookkeeper 会计员；簿记员

→~ of directions 说明书

books 云母原矿

bookstone 书状页岩；书页岩

book stone 书叶岩

→~ treatment 记账处理//~ value 账面价值；原值

boolgoonyakh{boolyunyakh} 冰核丘；冰岩盘

boom 转臂；钻(探)架；栏栅；轰鸣；轰震器；隆隆声；畅销(的)；崩鸣；迅速发展；构架；叉架；栅栏；吊杆；悬臂；激增；桁

Boomer 布麦尔(震源)[一种高强度低频反射波]

boomer 强反射；紧绳器；从一种工作转到另一种工作的工人；油栏附件；放水闸门；轰鸣器[利用高压电激发的海上地震震源]；自喷期采油工；自动闸门；巡回工

boomerang 飞旋镖

→~ sediment corer 自返式沉积物取芯器//~-shaped dome structure 飞镖形穹隆构造

booming 缺水砂矿突然放水冲洗法；地沟冲洗砂矿

boon 下等钻石

Boopsis 牛(眼)羊属[Q]

boort 金刚砂[Al_2O_3]；金刚石屑；金刚石砂；黑{圆粒}金刚石

boose 易选铅矿；矿石内(的)脉石；脉石

boosework 块状铅矿

boost 提高；加速；升压；传爆；加速器；助爆；推动；助推；帮助；升；增加；加强；外升压

booster 助爆剂；扩爆药；引爆剂；助推器；附加装置；增强；放大器；增强器；传爆剂；快中子倍增装置；运载火箭；火箭的助推器；继爆剂；爆管；升压器；调压机

→~ (compressor) 增压器；局扇；传爆管；补充装药；抛掷装药；抛渣装药//~ {supercharge;pressure;compressing;intensifier; boosting} pump 增压泵//~ station 增加站

boot 接收器；保护罩；吸水管；尾箱；

屋面管套；引线帽；无底坩埚；橡皮套；水落管；胎垫；进料斗；行李箱

→(feed) ~ 进料斗//~ and latch jack 打捞卡砂筒的打捞工具；带闩捞钩打捞工具//~ basket 靴式打捞篮//~ cap 油罐车底卸油阀帽

bootes 牧夫星座

boothite 七水胆矾[$CuSO_4•7H_2O$;单斜]；复砷镍矿[$(Ni,Co)As_{2-3}$]；铜水绿矾[$CuSO_4•7H_2O$]

booting 岩粉喷出

bootjack 带闩打捞器

bootleg 瞎炮孔眼；私自开采；拒爆炮眼；炮根；未爆炮眼

→~ (hole) 残炮；炮窝

bootstrap 依靠自己力量的；自举；共益；引导；输入引导

→~ integrator 仿真线路积分器//~ loader 引导加载程序

booze 铅矿；铅矿石；脉石；易选铅矿

bora 布拉风[亚得里亚海东岸的一种干冷东北风]

boracic{boric} acid 硼酸[H_3BO_3]

→~ {boric} water 含硼水

boracite 方硼石[$Mg_3(B_3B_4O_{12})OCl$;斜方]

Boral 碳化硼铝

boralsilite 硅铝硼石[$Al_{16}B_6Si_2O_{37}$]

bor(r)asca 贫矿；矿山的贫瘠度；博拉斯科雷暴；采空矿区；废矿；基本上无矿石的矿段

borasco 贫矿；基本上无矿石的矿段；博拉斯科雷暴；矿山的贫瘠度；废矿；采空矿区

borascu 月石；硼砂[$Na_2B_4O_5(OH)_4•8H_2O$;单斜]

borasque 矿山的贫瘠度；采空矿区；贫矿；基本上无矿石的矿段；废矿；博拉斯科雷暴

borate (使)与硼砂混合；硼酸混合；硼酸盐；硼酸处理

→~ of magnesia 方硼矿

borax 月石；硼砂[$Na_2B_4O_5(OH)_4•8H_2O$;单斜]

→~ paraffin collimator 硼-石蜡准直仪

borazon 博拉任[人造氮化硼，硬度仅次于金刚石]；氮硼石；人造立硝酸硼

borcarite 碳硼镁钙石[$Ca_4MgB_4O_6(OH)_6(CO_3)_2$;三斜]

Borcherd sampler 包契尔特型取样机

Borchert's model 博彻特氏模式[铁矿石直接沉积]

bord 宽面巷道；解理；井筒和煤层交处的横巷；煤房

→~ {|cleat} 煤的主组内生节理{|隙}//~ {|face entry|on end|plane|end-on working} {|face entry|on end|plane|end-on working} 与解理成直角的巷道{|平巷|方向|矿房|采煤法}//~ and pillar working 房柱式采煤法

Borda outlet 波尔达出口

borde 亚海西期黄土带[德北部]；接近

Bordeaux mixture 波尔多液[硫酸铜与石灰乳混合液]

border 边；缘；边境；近似；国界；边界；泉华垣；边缘；边沿；镶边

→(decorative) ~ 花边；图廓//~ crack 缘冰隙//~ discipline 边缘学科//~ district 边缘地区

bordered edge 花边

→~ pit 具缘纹孔//~ pit-pair 具缘纹

B

孔对

border facies 接触相
→(anterior) ~ furrow 边缘沟[三叶]

bordering 炮泥；接界；炮眼封泥；设立界碑
→~ joints 同心节理[均质岩层中]// ~ mountain chains 边缘山脉 // ~ ornament 花边

border lake 边湖

borderland 边缘陆地{古陆;地区}；交界地区；边缘地；边疆

border land 交界地区；边缘地

borderland basin 陆缘盆地
→~ slope 大陆边缘坡

borderline 边线；边缘；轮廓线；界线(上的)；界线；两可的
→~ hole 边界孔 // ~ science 边缘学科 // ~ {frontier; boundary} science 边缘科学 // ~ well 边缘井[产量或压力处于高、中或中、低水平之间的生产井]；边井

border of chart 海图图廓
→~ pile 边桩；界桩 // ~ region{area} 边区 // ~ ring 变质作用的反应边；反应环 // ~ ring{rim} 反应边[交代作用]

borders 边缘地区

border stone 路缘石
→~ {trim} stone 镶边石 // ~ -strip flooding irrigation 分区漫灌 // ~ tax 国境税 // ~ transverse zone 边缘横向带

bord gate 横巷

bordite 水硅钙石[CaSi$_2$O$_4$(OH)$_2$•H$_2$O;三斜]

bordosite 博承银矿[智利,含 Hg30.8%]；氯汞银矿[大概是含甘汞 HgCl、角银矿 AgCl 及橙汞矿 HgO 的一种混合物]；汞银矿

bordroom 矿房
→~ man 房柱法采区维修工 // ~ -man 煤房杂工

bord system 仓房采煤法

bordways 与主解理成直角前进的采煤工作面；与主解理方向垂直的工作面

bo(a)rdway's roadway 垂直于主节{解}理的平巷

bore 凿；石门；镗(孔)；内径；暴涨潮；钻进；深井；打眼；隧道；膛；钻(孔)；涌浪；炮孔；孔；眼；腔；浅海沙脊；钻孔器；掘进平巷；炮眼；凿孔；口径；激浪；洞；间歇泉孔
→~ (diameter) 孔径；凿岩机；镗孔 // ~ a hole 凿 // ~ {punch} a hole 穿孔 // ~ climate 北方气候

boreal 北方(生物带)
→~ climate 北方气候 // ~ forest 北部林

Borealirhynchia 北方嘴贝属[腕;D$_1$]

Borealis 北方贝属[腕;S$_1$]

boreal region 极北区

boreas 北风

Boreaspis 似龟甲鱼；北甲鱼(属)[D]

bore{drill;boring;blasthole;percussion} bit 钎头
→~ (-)hole 孔；炮眼；钻孔；镗孔；矿井；钻井；井筒；井孔；裸眼井；钻眼 // ~ salinity 井内液体矿化度

bored{non-displacement} pile 钻孔桩
→~ spring 自流井；人工泉 // ~ well 浅钻打的井；井孔 // ~ {dug} well 普通水井

bore frame 钻(探)架；井身结构
→~ hammer 钻机 // ~ (-)hole 孔；炮眼；钻孔；镗孔；矿井；钻井；井筒；井孔；裸眼井；钻眼

borehole{well} 井眼[油]

borehole 炮眼；钻孔；井眼[石油]；钻孔；钻井；矿井
→~ bottom 钻孔底 // ~ casing 钻孔井套管 // ~ {drill} log 岩芯 // ~ rugosity 井眼不规则度 // ~ salinity 井内液体矿化度 // ~ strain cell 钻孔应变元件

bore journal 钻孔岩层特征厚度记录表
→~ meal 钻(井岩;下的岩)屑

Borelasma 博里珊瑚属[O$_3$]

borengite 钾长脉岩

Boreosomus 锥体鱼属[P-T]

borer 掘进机；钻床；钎子；钻机；钻工；钻蛀虫；钻进机；穿孔器；打眼工；凿岩工；钻头；镗孔刀具；司钻[早期用名]；钻进机；平巷掘进机；凿岩机
→(percussion) ~ 凿岩机 // ~ sample{bore sample{core}} 岩芯

borgniezite{borgnerzite} 博钠闪石；钠闪石[Na$_2$(Fe^{2+},Mg)$_3$Fe$_2^+$Si$_8$O$_{22}$(OH)$_2$;单斜]

borgstro(e)mite 黄褐{草黄;金黄}铁矾[(H$_2$O)Fe$_3$(SO$_4$)$_2$((OH)$_5$H$_2$O)]

Borhyaena 南美袋犬(属)[N$_1$]

boric acid emanation 硼酸气体
→~ acid substitution 代硼酸 // ~ anhydride 硼酐 // ~ cement mortar 加硼水泥砂浆 // ~ spar 方硼石[Mg$_3$(B$_3$B$_4$O$_{12}$)OCl;斜方]

borickite 褐磷酸钙铁矿；磷钙铁矿[CaFe$_5$(PO$_4$)$_2$(OH)$_{11}$•3H$_2$O]

borickyite 磷钙铁矿[CaFe$_5$(PO$_4$)$_2$(OH)$_{11}$•3H$_2$O]

boring 凿岩；钻(井岩;下的岩)屑；金属切屑(生物)穿孔；镗削；镗孔；穿孔；钻孔；钻进；岩粉；地质考查；凿孔；由古生物硬体的铭刻与其他穿蚀作用形成的痕迹化石；打钻；钻穴[生]；破冰；试钻；钻探
→~ bar{rig;frame;tower} 钻(探)架 // ~ {bore} casing 井孔套管 // ~ dust 钻粉 // ~ for oil 石油钻探 // ~ machine 管道穿越打洞机 // ~ master 司钻 // ~ {well} tube 钻(孔)杆 // ~ {burrowing} organism 钻孔生物 // ~ {drilling;hole} pattern 钻孔排列法

borings 钻粉；切屑
→(core) ~ 岩屑

boring sample 钻取岩样；岩芯取样；钻进取样

borishanskiite 铅砷钯矿[Pd$_{1+x}$(As,Pb)$_2$(x=0~0.2);斜方]

borislavite 硬(脆)地蜡[C$_n$H$_{2n-2}$(n≈25~30)]

borium 硼；硬焊条[主要为碳化钨]

borkarite 碳硼镁钙石[Ca$_4$MgB$_4$O$_6$(OH)(CO$_3$)$_2$;三斜]

bornane 茨烷

bornemanite 玻内曼石；磷硅铌钠钡石[BaNa$_4$Ti$_2$NbSi$_4$O$_{17}$(F,OH)•Na$_3$PO$_4$;斜方]

borneol 茨醇{(合成)龙脑}[C$_{10}$H$_{18}$O;C$_{10}$H$_{17}$OH]

Bornetella 鲍氏藻属[J-K]

bornhardt 残山
→~ {inselberg} 岛山[干旱带]

Bornhardtina 布哈丁贝属[腕;D$_2$]

bornhardtite 玻恩哈特矿；方硒钴矿[CoCo$_2$Se$_4$;等轴]

bornine 硫碲铋矿[Bi$_4$Te$_{2-x}$S$_{1+x}$]；辉碲铋矿[Bi$_2$TeS;Bi$_2$Te$_2$S;三方]

bornit 硫碲铋矿[Bi$_4$Te$_{2-x}$S$_{1+x}$]

bornite 斑铜矿[Cu$_5$FeS$_4$;等轴]

borobetsuite 辉铋锑矿

borocalcite 水硼钙石[Ca$_2$B$_{14}$O$_{23}$•8H$_2$O;单斜]；三斜钙钠硼石；硼(酸方)解石[NaCa(B$_5$O$_7$)(OH)$_4$•6H$_2$O]；硼钙石[CaB$_2$O$_4$;单斜?]；硼钠钙石[NaCa(B$_5$O$_7$)(OH)$_4$•6H$_2$O; NaCaB$_5$O$_9$•8H$_2$O]；钠硼解石[NaCaB$_3$B$_2$O$_7$(OH)$_4$•6H$_2$O;NaCaB$_5$O$_9$(OH)$_6$•5H$_2$O;三斜]

borohydride 氢硼化物[MBH$_4$]

borolanite 霞榴正长岩

boroll 温带软土；极地软土

boromagnesite 硼镁石[Mg$_2$(B$_2$O$_4$)(OH)(OH);2MgO•B$_2$O$_3$•H$_2$O; MgBO$_2$(OH);单斜]

boromullite 硼莫来石[Al$_9$BSi$_2$O$_{19}$]

boromuscovite 硼白云母[KAl$_2$(Si$_3$B)O$_{10}$(OH,F)$_2$]

boron 硼
→~ -aluminium anomaly 硼铝反常 // ~ {-}containing cement 含硼水泥 // ~ counter 硼计数器 // ~ deposit 硼矿床 // ~ -edenite 硼浅闪石 // ~ fluor-edenite 硼氟浅闪石 // ~ metasomatism 硼交代作用 // ~ -phlogopite 硼金云母[合成矿物] // ~ salt 硼盐

boronatrocalcite 硼钠钙石[NaCa(B$_5$O$_7$)(OH)$_4$•6H$_2$O;NaCaB$_5$O$_9$•8H$_2$O]；钠硼解石[NaCaB$_3$B$_2$O$_7$(OH)$_4$•6H$_2$O;NaCaB$_5$O$_6$•5H$_2$O;三斜]；钠硼钙石[NaCaB$_5$O$_9$•8H$_2$O]；三斜钙钠硼石

boron capture 硼俘获[中子]
→~ carbide 碳化硼 // ~ deposit 硼矿床 // ~ -edenite 硼浅闪石 // ~ fluor-edenite 硼氟浅闪石 // ~ -free enamel 无硼釉 // ~ geothermometer 硼地热温标

boronisation{boronization} 渗硼

boron metasomatism 硼交代作用
→~ nitride 氮化硼 // ~ -phenolic resin 硼酸醛树脂 // ~ -phlogopite 硼金云母[合成矿物] // ~ salt 硼盐

Borophagus 噬犬属[N$_2$-Q]

borosilicate 硼硅酸盐

borotartrate 硼酒石酸盐

borovskite 波罗夫斯基矿；亮碲锑钯矿[Pd$_3$SbTe$_4$;等轴]

boroxane 硼氧烷

boroxene 硼氧烯

boroxine 硼氧六环

borras 硼砂[Na$_2$B$_4$O$_5$(OH)$_4$•8H$_2$O;单斜]

borrasca 贫矿

borrow 抵押；采料；取土；借位(数)；借(用)
→~ areas 采矿场 // ~ material 挖方取得的泥石料

borrowing 借用的东西

borspar 硬硼钙石[Ca$_2$B$_6$O$_{11}$•5H$_2$O;2CaO•3B$_2$O$_3$•5H$_2$O;单斜]

borszonyite 叶碲铋矿[Bi$_2$Te$_3$; BiTe?,三方；Bi$_3$Te$_2$]

bort(z) 金刚石砂；下等钻石；钻探用劣等金刚石；圆粒金刚石；金刚石屑；黑金刚石

Borthaspidella 小波什虫属[三叶;O$_1$]

bortz 包尔兹金刚石；钻用不纯的金刚石粒

boryckite 磷钙铁矿[CaFe$_5$(PO$_4$)$_2$(OH)$_{11}$•

3H$_2$O]；褐磷酸钙铁矿

boryslawite{boryslawite;boryslowite} 硬(脆)地蜡[C$_n$H$_{2n-2}$($n\approx25\sim30$)]

borzsonyite 叶碲铋矿[Bi$_2$Te$_3$;BiTe?;三方]

bos(ch)jesmanite 锰镁明矾

Bos 牛属[Q]

bosche 重力谷坡

boschjesmanite 镁锰明矾[(Mg,Mn)Al$_2$(SO$_4$)$_4$·22H$_2$O]

boschung{steilwand;haldenhang} 重力坡[德]

boschveld 疏树草原

Boselaphus 蓝牛属；牛属[Q]；鹿牛羚属

bosh 锅，桶；附着石英[冶]；浸冷水管；槽[酸洗]；炉腹
→(saucer) ~ 炉腰

Bositra 海浪蛤属[双壳;C-J]

bosjemanite 镁锰明矾[(Mg,Mn)Al$_2$(SO$_4$)$_4$·22H$_2$O]

bosom (把……)藏在心中；胸状物；怀抱；胸(部)；矿藏；对缝连接角钢；内部；蕴藏；胸怀

bosphorite 羟蓝铁矿；黄蓝铁矿

boss 指挥；凸出部；工长；首领；轴衬；采空区；岩钟；机务员；瘤；轴孔座；轮壳；瘤疱[三叶]；主要的；节疤；凸瘤；头子；岩丘；灰泥桶；捣矿机车身；岩瘤；圆疱[孔虫]；掏槽；突出部；掌管；轮毂；铸锻件表面凸起部
→(farm) ~ 工头；班长// ~ bushing 凸雕凿面// ~ hammer 碎石锤// ~ head 凸头；锤杆头[捣碎机]

bosse 岩瘤

boss hammer 碎石锤
→ ~ head 凸头；锤杆头[捣碎机]

bossing 厚层切底；大掏槽[槽高能容人工作]

bostonite 纤蛇纹石[温石棉;Mg$_6$(Si$_4$O$_{10}$)(OH)$_8$]；波士顿岩[美]；歪正细晶岩

bostonitic 淡歪细晶[结构]

bostrichite 葡萄石[2CaO·Al$_2$O$_3$·3SiO$_2$·H$_2$O;H$_2$Ca$_2$Al$_2$(SiO$_4$)$_3$;斜方]

bostrychoid 螺旋状

bostwickite 硅钙锰石；多水硅钙锰石[CaMn$_6^{3+}$Si$_3$O$_{16}$·7H$_2$O]

bosun 高空作业工人

bot(t) 船底；黏土泥塞；底；泥塞

botallackite 羟氯铜矿[Cu$_4$(OH)$_6$Cl$_2$·3H$_2$O]；羟氧铜矿；斜氯铜矿[Cu$_2$Cl(OH)$_3$;单斜]

botanical 植物的；植物学的
→ ~ exploration 植物学勘探

botanist 植物学(工作者)

botany 植物

botesite{botesite.hessite} 碲银矿[Ag$_2$Te;单斜]

Bothriocidaris 僧帽海胆属[棘]；沟头帕海胆(属)[O]

Bothriodon 沟齿兽(属)[E$_3$]

Bothriolepis 沟鳞鱼(属)

Bothrodendron 窝木属[C$_{2-3}$]

Bothrophyllum 沟珊瑚属[C]

Botomella 波托马虫属[三叶;∈$_1$]

Botrychium 阴地蕨(属)[E$_3$-Q]

Botrydium 气球藻属[Q]

botryit{botryite} 赤铁矾[MgFe^{3+}(SO$_4$)$_2$(OH)·7H$_2$O;单斜]

botryococcane 丛粒藻烷

Botryococcus 葡萄藻

botryogenite 方赤铁矾[MgFe^{3+}(SO$_4$)$_2$(OH)·7H$_2$O]；葡萄串石；赤铁矾[MgFe^{3+}(SO$_4$)$_2$(OH)·7H$_2$O;单斜]

botryoid 葡萄状体；葡萄串石；钟乳石[CaCO$_3$]；肾状石；葡萄丛状石

botryoidal 葡萄串样的
→ ~ crust 肾状皮壳

botryolite 葡萄硼石；硅硼钙石[CaB(SiO$_4$)OH;Ca$_2$(B$_2$Si$_2$O$_8$(OH)$_2$);单斜]

Botryopteris 群囊蕨属[C$_{1-3}$]

botryt{botryte} 赤铁矾[MgFe^{3+}(SO$_4$)$_2$(OH)·7H$_2$O;单斜]

Botrytis 葡萄孢属[E]

bott 堵塞；黏土泥塞

Botticino Classico 旧米黄[石]
→ ~ Fiorito 豆腐花米黄[石]// ~ White 中东米黄[石]

botting{bot;bott} stick 泥塞杆

bottle 瓶；罐；一瓶(的量)；灌入瓶内；外壳；容器[流体]
→ ~ green 深绿色；深绿// ~ liquefied petroleum gas in steel bottles 灌装液化石油气钢瓶// ~ stone 贵橄榄石[(Mg,Fe)$_2$(SiO$_4$)]// ~ jack 液压{瓶式}千斤顶// ~ kiln 瓶子窑// ~ liquefied petroleum gas in steel bottles 灌装液化石油气钢瓶// ~ machine 制瓶机// ~ (-)neck 薄弱环节；阻塞；障碍；梗塞；狭隘拥挤的；难关；涌塞(现象)；污染；瓶颈；狭道；困难；妨碍

bottleneck area 堵塞区；形成卡口区域
→ ~ bay 窄颈海湾

bottlenecking (套管或油管)管端缩径

bottle sampling 瓶法取样
→ ~ spring 淡水泉[自咸水中溢出]// ~ stone 贵橄榄石[(Mg, Fe)$_2$(SiO$_4$)]

bottlestone 瓶石[一种熔融石]

bottom 低频声音；井底车场；低地；深处；海底；装实；舱底；尽头；根本的；(织物的)布地；清理孔底；船钻井钻完；山脚；深部采区；谷底；底色；底层；最底下的；底部；山麓；沿河冲积低地；低洼地；到达(停在)底部；下部；末端；彻底爆破到炮眼底；底盘；底；停止在底部；后部
→ ~ (board) 底板；井底；滩地；底部；残渣// ~ break facet 下腰棱三角(形翻光)面[宝石的]// ~ contact platform 海底采矿工作平台// ~ dump(ing) car 底卸式车// ~ gas 积聚在低洼处的爆炸性气体[煤矿井下]// ~ grab 蚌式采泥器// ~ house 炉底修补房[转炉]// (gravel) ~ 碎石底层

bottoming 矿体尖灭；到达(停在)底部；尖灭；输出下限；到底；铺底层石块；石渣；(石块)铺底；闭锁；变薄；装底工作
→ (gravel) ~ 碎石底层// ~ cycle 及底循环

bottomland 滩地；河谷；洼地；低地；谷地

bottomless bridge 敞口卸矿台
→ ~ depths 无底深泥潭

bottomman 井底工

bottommost 最底下的
→ ~ layer 最深层

bottomset (bed) 底积层

bottomsets 沉积层；底层

bouazzerite 铬鳞镁矿[Mg$_6$Cr$_2$(CO$_3$)(OH)$_{16}$·4H$_2$O]；碳铬镁{镁铬}矿

boucaroni 包加罗尼变形丝

boucharde 凿石锤[矿]

bouderization 磷酸盐处理法

boudin 猪血香肠；串肠构造体

boudinage 链状构造；布丁构造(作用)

Boueina 鲍氏藻属[J-K]

bouglisite 铅矾与石膏混合物；铅矾{硫酸铅矿}[Pb(SO$_4$);斜方]；杂铅石膏

Bouguer's law 布给{格}定律

bouking 卷筒衬垫

boul (破碎机的)锥壳

boulangerite 硫锑铅矿[Pb$_5$Sb$_4$S$_{11}$;单斜]

boulanite 重晶石[BaSO$_4$;斜方]

boulder 蛮石；砾石；巨砾；磐石；大圆石；孤石；拳石；石块；漂石；圆石；卵石
→ ~ and shingle foreshore 砾滩// ~ base 蛮石地基{基础}// ~ {shingle} beach 砾滩；砾石滩// ~ bed 砂砾// ~ {blockhole} blasting 二次放炮// ~ blasting{buster} 二次爆破

boulderclay 冰砾泥

boulder clay 砾泥；泥砾层；漂砾黏土
→ ~ {stone} clay 泥砾// ~ controlled slope 砾块控制坡// ~ dam 顽石坝；大砾石坝// ~ ditch 乱石盲沟[建]

boulderet 小漂砾[15~38cm]；中砾(石)

boulder facet 砾棱面
→ ~ fence 防石栏// ~ field 砾海// ~ {cherty} flint 燧石// ~ of disintegration 崩解巨砾// ~ of weathering 风化巨砾// ~ prospecting 砾石找矿法// ~ quarry 布满裂隙的采石场// ~ removal 清除砾石

boulderstone 巨砾岩

boulder stone 巨砾[异地的]
→ ~ stream 石河// ~ stream canyon 蛮石峡谷// ~ strip 条石

bouldery 漂砾的[含大于60cm的石块]；含巨砾的
→ ~ ore 砾状矿石

boule 梨形原石[人造刚玉或尖晶石]；晶块；培晶

boules 人造刚玉

boulet 小煤球

boulidou 间歇(喷(发))泉[喀斯特区]

boulonite 重晶石[BaSO$_4$;斜方]

Boulton process 博尔顿式坑木加压浸渍法

Bouma sequence 鲍玛层序{序列}

Boum jig washer 无活塞跳汰机

bounce 蹦；跨度；弹起；回弹；跳模；弹力；岩石突出；跳(动)痕；顶板冒落；猛击；跳动；跳跃
→ ~ {kick} (back) 反冲// ~ {-}back 弹回// ~ back 发射；反射// ~ -back{spring-back} effect 回弹效应

bouncing 跳钻；跳跃的；图像跳动；大的；跳动；重的；弹跳
→ ~ -pin indicator 跳针式爆震仪// ~ putty 弹性油泥[材]

bound 一定的；联结的；结合中的；限制；限止；采锡用地；有义务的；范围；邻接；界限；边界；决心的；键；弹起
→ ~ block weakening 矿块边界的削弱[阶段崩落开采]// ~ breaking 粒界面破碎[矿粒]// ~ caving drift 边界崩矿平巷// ~ cut 沿崩落矿块边界分割巷道；沿边界切割矿块// ~ of property 矿区边界；建矿边界；矿界// ~ shrink 留矿

B

边界切割槽//～ stone{tablet} 界石//～ stope 矿体边部采场

boundary 限度；崖；外形；晶(粒间)界；界限；地界；范围；分层面；分界；交汇面；(半导体)间界；分界线；边缘；限制；境界；界面；极限；边境；边界
→～ block weakening 矿块边界的削弱[阶段崩落开采]//～ breaking 粒界面破碎[矿粒]//～ caving drift 边界崩矿平巷//～ cut 沿崩落矿块边界分割巷道；沿边界切割矿块//～ of property 矿区边界；建矿边界；矿界//～ shrink 留矿边界切割槽//～ stone{tablet} 界石//～ stope 矿体边部采场

bounded 囿的
→～ flow 约束流动//～{limited} function 有界函数//～ naturally fractured reservoir 封闭式天然裂缝性储层

bounded system 封闭储层
→～ type strain ga(u)ge 固定型应变仪//～ variable 受限变量

bounder 矿山定界人

bounding 定界
→～{boundary} fault 界断层//～{discordogenic} fault 分界断层//～ force 黏合力//～ surface of fold 褶皱界面

bounds 界线；界限；限

boundstone 黏结灰岩；生物黏结灰岩

bounge 煤的挤出；煤的突出

bouquet 钙华[$CaCO_3$]

bourbolite{bourboulite} 重铁矾

Bourdon(-type) gauge 波登管(式{型})压力计
→～{Bourdon-type} gauge 布氏管压力计//～ pressure vacuum ga(u)ge 波登压力真空计//～ tube 布尔顿管式压力计；弹簧管//～ tube (pressure) ga(u)ge 波登管(式{型})压力计

bourgeoisie 中产阶级

bourgeoisite 假硅灰石[$CaSiO_3$；三斜]；轮硅灰石

bourne 目的地；小溪；小河；间歇河；干(乾)谷；水流

Bournonia 波褶蛤属[双壳；K_2]

bournonite 硅线石[$Al_2(SiO_4)O;Al_2O_3$ (SiO_2)]；车轮矿[$CuPbSbS_3$,常含微量的砷、铁、银、锌、锰等杂质;斜方]

bournonit-nickelglanz 砷锑镍矿[$Ni(As, Sb)$]

bourock 大块岩石；石堆

bourrelet 苞[植物花]

bouse (用)绞辘吊拉；酒；贫矿；(用)滑车吊起；绞起；混有矿石的废石

Boussinesq solution 布辛涅斯克解
→～ theory 布辛涅斯克理论

boussingaultite （六水）铵镁矾[$(NH_4)_2$ $Mg(SO_4)_2•6H_2O$;单斜]

boustay 盲井；暗井

bouteillenstein 玻陨石；卵石

boutgate 通地面(的)人行道；联络巷道；井底通道

bovite 铝钙石

Bovoid 牛类

bow 锯框；弧；弓形(部分)；虹；弓；眼镜框；鞠躬；屈服；舰首；弯成弓形；点头；船头；拉弓；拱梁
→～ area 褶皱带；褶皱区

bowed 琴弓形[牙石]

---

bowels of the earth 地球内部

bowenite 透蛇纹岩；透蛇纹石[Mg_6 $(Si_4O_{10})(OH)_8$]；鲍文玉；叶蛇纹石[$((Mg, Fe)_3Si_2O_5(OH)_4$;单斜]

Bowen ratio 鲍文比值；鲍恩比率

Bowen's reaction series 鲍文反应系列{统}

Bowie{indirect} effect 鲍威效应；间接效应[地球体挠曲对重力的]
→～ formula 波威公式//～ gravity formula 波威重力公式

bowieite 硫铱铑矿[$(Rh,Ir,Pt)_2S_3$]

bowking 石灰水煮炼

bowl 浮槽(分级机的)；圆锥壳；泉塘；轧辊；区域；异径管箍；腕腔[牙石]；滚动；反射窗；滚子；盆；盆地；碗状物；杯；挖斗；槽；打捞工具的导向圈；引罩；稳快地行驶；滚筒；泉盆；铲斗；深的盆地；滚球；凹穴；碗状洼地；球形物；定锥；洼地；一碗(的量)；坐卡瓦的圈口；滚木球；斗[挖土机]
→～ and slips 卡瓦座及卡瓦//～ brick 托碗砖//～ cover packing 杯盖密垫//～ crusher 碾碎机

bowlder 漂砾；巨砾；圆石；漂石；蛮石

bowleyite 白钙铍矿[$Ca(Al,Li)_2((Al,Be)_2$ $Si_2(O,OH)_{10})•(OH)_2$]；锂白云母

bowl-gudgeon 木质绞车轴头

bowlingite 变铁橄榄石；包林皂石

bowl installation 浮槽式分级机
→～ mill 盆式辊磨机//～ scraper 斗式刮板机//～-shaped depression 碗状坳陷//～-shape settlement 碟形沉降

bowman(n)ite 磷铝锶石[$SrAl_3(PO_4)_2$ $(OH)_5•H_2O$]；磷铈铝矿；羟磷铝锶石[$(Sr,Ca)_2Al(PO_4)_2(OH)$;单斜]

Bowmanites 楔叶穗(属)

bowralite 透长伟晶岩

bowsaw 弓锯

box 组件；岩芯箱；盒形小室；空心结核；盒状室；罩；矿车；盒状石；洗箱；岗亭；盒；一箱的量；(给……)装罩壳箱
→～{bottle} 砂箱[机;冶;铸]//～ car 箱车//～ coupling 接箍//～ footing {foundation} 箱型基础//～ girder 箱形梁//～-hoe{-type} scraper 箱形矿耙[耙斗}//～{bing} hole 溜矿井//～ hole 漏口；短天井

boxcar 闷罐车；棚车；矩形波串
→～ loader 棚车装载工{机}

boxhole 联络小巷；溜口
→～{raise} borer 天井钻机

boxites 铝土矿[由三水铝石$(Al(OH)_3)$、一水软铝石或一水硬铝石$(Al(OH))$为主要矿物所组成的矿石的统称]

boxlike 箱形的

Boxonia 博克桑叠层石属[Z-Є;博克桑叠层石

boydenite 碳丙{γ}铁

boydite 钠钙硼石；基硼钠钙石[$NaCa$ $B_5O_9•5H_2O$]

boyleite 四水锌矾[$(Zn,Mg)SO_4•4H_2O$;单斜]

Bozhenpollis 泊镇粉属[孢;K_2]

Bq 贝可(勒尔{耳}[放射性活度]

Br 溴；黄铜[60Cu,40Zn]

bra 水准点；勺[量子力学符号]

braardite 淡红银矿[Ag_3AsS_3;三方]；浓红银矿[Ag_3SbS_3;三方]

---

braarite 红银矿类

Braarudosphaera 布拉鲁德球石[钙超；E-Q]

brabanite 红钠闪石[$NaCaFe_4^{2+}Fe^{3+}((Si_7Al)$ $O_{22})(OH)_2$]

brabantite 磷钙钍石[单斜;$CaTh(PO_4)_3$; $CaTh(PO_4)_2$]

braccianite 白灰玄岩；布拉恰诺岩[意]；白霞玄岩

brace 加固；支柱；使坚固；(拉)系紧；拐钻；支撑杆；大括号；对；井架上永久工作台；连接；激动；联结；曲柄；系杆；操纵台；井口；拉杆；振奋；双；横撑[垂直采场
→(angle) ～ 斜撑；撑臂；手摇钻//(pole) ～ 撑柱//～ bit 手摇钻//～ comb 支架窝//～ drill{head;key} 钻杆组转动手把

braced 加撑的；拉牢的；撑牢的
→～ strut 连接支撑

brace drill 曲柄钻
→～ drill{head;key} 钻杆组转动手把

bracelet 箍套
→～ anode 手镯状阳极

braceman 井口工

braceweilite 羟铬矿[$CrO(OH)$;斜方]

bracewellite 布水铬矿；羟铬矿[$CrO(OH)$;斜方]

bracheid 短石细胞[植]

brachia[sgl.-ium] 触手环；纤毛环；腕[腕纤毛环]；抱(握)器；阳茎端(突)；臂

brachial apparatus 腕器官
→～ cavity 腕腔[牙石]；腕骨腔//～ muscles 腕肌//～ retractor muscles 腕后退肌//～ supports 腕支持构造

Brachiarticulata 腕铰纲

brachidium[pl.-ia] 腕骨[腕]；腕板

Brachidontes 短齿蛤属[双壳;J-Q]

Brachiograptus 腕笔石属[O_1]

brachiole 腕羽[棘海百]；触手；腕[海蕾]
→～{brachiolar} facet 腕板痕{窝}[海蕾]//～ socket 腕窝[海蕾]

Brachiolithus 臂石藻属；脬石[钙超;J_3-K_1]

brachiophore 腕基
→～ support{plates} 腕基支板

Brachiosaurus 腕龙(属)[J]

Brachiospongia 多腕海绵属[O]

brachistochrone 反射波垂直时距表；捷线；最小时程；最短时程[震勘]；最速落径

brachistochronic{least-time} path 最小时程
→～{least time} principle 最小时程{间}原理

brachitaxis[pl.-xes] 腕板系列[海百]

brachium[pl.-ia] 上臂；触手；臂状部分{隆起}；肱

brachy anticline 短轴背斜
→～ anticline trap 短轴背斜圈闭//～-anticlinorium 短(轴)复背斜

brachyaxis 短轴

brachyblast 短枝[植]

brachycladous 具短枝的

Brachycythere 短神介属[K-Q]

brachydodromous 具网结状脉的

brachydomal hemipinacoid 短轴坡式半板面[三斜晶系中{0kl}型的单面]
→～ prism 短轴坡式柱[正交晶系中{0kl}型的菱方柱]

Brachydontes 短齿蛤属[双壳;J-Q]

Brachyelasma 短板珊瑚属[O₃-S₁]

brachyfold 短轴褶皱

brachygenesis 缩短演化系列

brachygeoanticline 短地背斜；短大背斜

brachygeosyncline 短轴地槽；短地槽

Brachygrapta 短背叶肢介属[K₂]；短饰叶肢介属[K₂]

brachyhaline 高盐分的

Brachymimulus 矮猿贝属[腕;D-S]

brachyodroma 环结脉序[植]

Brachyodus 短齿兽(属)[E₃]

brachyome 骨针短枝[绵]

brachypedion 短轴端面[三斜晶系中{0k0}型的单面]

Brachyphyllum 短叶杉属[裸子;T₃-K]

brachypinacoid 短轴轴面[三斜和斜方晶系中的{010}轴面;三斜及正交晶系中的{010}板面]；短轴面

brachypodous 短柄的

Brachypotherium 矮脚犀(属)[N]

Brachyprion 翼齿贝属[腕;S₁-D₁]

brachyprism 短轴柱[正交晶系中 h>k 左的{hk0}型的菱方柱]

brachypyramid 短轴锥[正交晶系中 h>k 左的{hkl}型的菱方(双)锥]

Brachyrhizomys 低冠竹鼠属[N₂]

Brachyscirtetes 低冠蹶鼠属[N₂]

brachysclereid 短石细胞[植]

Brachyspirifer 腕石燕属[腕;D₁-₂]

Brachysporium 短蠕孢属[真菌;Q]

Brachystomia 短螺亚属[腹;E₂-Q]

Brachythecium 青藓属[Q]

Brachythoraci 短胸目{类}[盾皮纲]

Brachythyrina 小孔贝属[腕]；准腕孔贝属[C-P]

Brachythyris 腕洞石燕属；碗孔贝属[C-P]

Brachytoma 短凹螺属[腹;E-Q]

Brachytrichia 短团毛菌属[蓝藻;Q]；海雹菜

Brachytrilistrium 缩短三瓣粉属[孢]

brachytypous{brown} manganese ore 褐锰矿[Mn²⁺Mn₆²⁺SiO₁₂;Mn₂²⁺Mn⁴⁺O₃;3Mn₂O₃•Mn₂SiO₃;四方]

bracing 斜撑；连条[建筑]；支撑物；加固圈；拉筋；拉紧；加固；紧张的；爽快的；背带；支柱
　→～ (stilt) 支撑 //～ the bit 钻头加固；给钻头镶金刚石[硬合金]

brackebuschite 水钒锰铅矿[锰铁钒铅矿;Pb₂(Mn,Fe²⁺)(VO₄)₂•H₂O;单斜]；锰铁钒铅矿[Pb₂(Mn,Fe²⁺)(VO₄)₂•H₂O;单斜]

bracket 肘板；加强筋；卡钉；波段；夹子；井口车场；底座；音域；平台；平盘；分类；托座；支架；(给……)装托架；夹线板；括号；筋条；隔撑
　→～ (mount) 托架 // (pole) ～ 悬臂 //～ delta 桥台形{状}三角洲[平顶陡缘]；陡边三角洲 //～ mandrel spacing (气举)凡尔座配置的范围 //～ knee 梁肘[船] //～-type sandslinger 壁行式抛砂机；轨式抛砂机；单轨式抛砂机

bracketed board gate 托板式闸门

bracketing 划界

brackish 微咸的；稍咸的；半咸的

Bracklsberg process 布拉克斯贝尔格湿滚球团矿法

brack{brak} soil 微盐土

bract 苞片
　→～ (scale) 苞鳞 //～ leaf 苞叶

bracteal 似苞的；苞的
　→～ leaf 苞叶

bracteate 具苞片{鳞}的[植]

brad 砂钉[铸]；曲头钉；角钉

Bradaczekite 砷钠铜石[NaCu₄(AsO₄)₃]

braddisher 风障工；看风门工

braddish{ventilation} man 风障工

braden gas 油层上部天然气

bradenhead 套管头；井口；盘根式油管头
　→～ squeeze 关井口套管闸门挤压 //～ squeeze pressure 关闭井口套管闸门形成的挤压压力 //～ squeezing 关井挤水泥法

bradford breaker 勃莱福型破选机

Bradfordian age 勃`莱{拉特}福德(期)[英,J₂;北美,D₃]

Bradford preferential separation process 勃莱福硫化矿优先浮选法

Bradiodonti 缓齿鲨属[D₃-P]

Bradley Hercules mill 勃兰德雷赫克里斯型水平辊磨机；布雷德利赫尔克里士型水平磨机

bradleyite 磷碳镁钠{钠镁}石[Na₃Mg(PO₄)(CO₃);单斜]；磷钠镁石[Na₃Mg(PO₄)(CO₃)]

Bradoricopida 高肌介{虫}目[T]；高肌虫类

Bradybaena 缓行螺属[腹;N-Q]

bradygenesis 迟育现象[生]

Bradyina 布拉迪虫

Bradyleya 布拉特雷介属[K₂-Q]

Bradyodonti 缓齿鱼目[D-P]

Bradyodont shark 缓(齿)鲨类

Bradyphyllum 迟珊瑚属[C-P]

Bradysaurus 缓龙属[P]；树龙

bradyseism 地壳(的)缓慢升降运动；缓震；海陆升降

bradytelic evolution 慢速演化

bradytely 缓进化；迟育现象[生]

braehyprism 短轴柱[正交晶系中 h>k 左的{hk0}型的菱方柱]

bragationite 绿帘石[Ca₂Fe³⁺Al₂(SiO₄)(Si₂O₇)O(OH);Ca₂(Al,Fe³⁺)₃(SiO₄)₃(OH);单斜]；褐帘石[(Ce,Ca)₂(Fe,Al)₃(Si₂O₇)(SiO₄)O(OH),含 Ce₂O₃ 11%,有时含钇、钍等;(Ce,Ca,Y)₂(Al,Fe³⁺)₃(SiO₄)₃(OH);单斜]

Bragg angle 布拉格角
　→～ cone 布拉格衍射锥 //～ equation 布拉格定律{方程}

braggite 硫钯铂矿；布拉格矿[(Pt,Pd,Ni)S;四方]

Bragg-Kleeman rule 布拉格-克里曼定则

Bragg's law 布拉格定律{方程}

bragite 褐钇铌矿[YNbO₄;Y(Nb,Ta)O₄;不同产状下,含稀土元素的种类和含量不同,常含铈、铀、钍、钛或钽;四方]；褐钇钽矿[(TR,Ca,Fe,U)(Ta,Nb)O₄]

brahinite 巴亨陨铁

braid 分枝；编织；编捻；编织物；编带；条带；交织河道
　→～ bar 江心滩 //～ channel{course}网流 //～ hose 编织软管；编包软管 //～ channel 汇水渠；集水渠

braided 网状的；辫状的
　→～ drainage pattern 游荡水系

brail 抄网[捕鱼用的]；斜杆；斜撑；卷起；

斜梁；卷帆；卷

brain 脑子；工程师；脑(力)；计算机
　→～ drain 人才外流 //～ drainer 外流人才 //～ sand 脑砂 //～ trust 智囊团

brains department 行政管理组

brait 粗金刚石

braitschite 稀土水钙硼石；硼铈钙石[(Ca,Na)₇(Ce,La)₂B₂₂O₄₃•7H₂O;六方]

brake 制动；钻杆悬杆；闸；轮轫；闸瓦；制动器；关闸；刹车；(机械式)测功器

braker 把钩工；制动工

brakesman 制动工

brakestaff 制动器

brakpan jockey 连接抓叉

Brale (indenter) 布雷尔(金刚石圆锥)压头

Bramapithecus 布拉玛猿属[N]

bramidos 地吼；地鸣

Bramletteius 布兰利特石[钙超;E₂-₃]

brammal(l)ite 钠伊利石[(Na,H₂O)Al₂(AlSi₃O₁₀)(OH,H₂O)₂; (Na,H₃O)(Al,Mg,Fe)₂(Si,Al)₄O₁₀((OH)₂,H₂O);单斜]；钾{水}钠云母

brances 团块

branch 分行；齿枝[牙石]；学科分科；无分支通风线路；小河；分枝；出枝；分部；枝；分科；支部；小川；转移；支路；部门；分割；(褶皱)翼；分汊[水流等]；分岔[山脉、道路等]；支脉[主脉分支]；划分[地层]
　→～ (current;river) 支流；支线；分支；分公司；分店；支管 //～ {distributing;junction} box 分线盆 //～ circuit 分支电路 //～ {auxiliary} fault 次要断层 //～ flue 小火道

branched 树枝状；分支的；枝状；树枝状的
　→～-chain 支链 //～-chain explosion 分支连锁爆炸 //～ {by-pass} chute 支溜槽 //～ copolymer 支(型)共聚物 //～ lode (分)支矿脉

branchedness 分岔性；分支性

branched paraffin 支链脂肪烃
　→～ polymer 支(型)聚(合)物 //～ structure 支化结构 //～ tributary 分支支流

branchia 鳃叶[叶肢]；上肢鳃叶[叶肢]

branchial 鳃

branching 分叉[泛指]；树枝状；决口；分路；分支；树枝状的
　→(river) ～ bay 河口湾 //～ filter 分路用滤波器 //～ of river 河流分汊{岔}(作用)

branchiocardiac groove 鳃心沟[节]

Branchiopoda 叶脚目[节]；叶足目{类}[节]；鳃足类[节甲]

Branchiosaurs 鳃龙[可能是某些迷齿类的幼体,故具鳃;C-P]

branchiostegal rays 鳃条骨

Branchiostoma 文昌鱼(属)

branch irrigation canal 支渠
　→～ {channel;river} island 河间岛 //～ {channel} island 汊河岛

Branchiura 鳃尾(亚纲)；尾鳃蚓

branchless 无枝的

branchlet 小枝

branch line 分支导线；断叉线

branchman 水枪手

branch manifold 多歧管

B

→~-raise system 分支上山崩落采矿法

branchwork cave 分岔{叉}洞穴

branch works 分项工作

branchy 分支的；多枝的[晶]

Brancoceras 勃朗克菊石属[头;K_1]

brand 牌子；品种；光印；种类；烙印；标记；商标

brandaosite 锰榴石[$(Mn,Fe)_3Al_2(SiO_4)_3$]

brand bergite 正长英细晶岩

Brandenburg substage 勃兰登堡亚冰阶

brandholzite 水羟镁锑石[$Mg(H_2O)_6(Sb(OH)_6)_2$]

brandisite 绿脆云母[$Ca(Mg,Al)_{3-2}(Al_2Si_2O_{10})(OH)_2;Ca(Mg,Al)_3(Al_3SiO_{10})(OH)_2;$单斜]

brand new 全新的

→~ of ore 矿石种类

brandtite 砷锰钙石[$Ca_2(Mn,Mg)(AsO_4)_2•2H_2O;$单斜]；砷锰矿石

Branmehla 布兰梅牙形石属[D_3-C_1]

brannerite 黑钛铀钇矿；钛酸铀矿[$(U,Ca,Fe,Y,Th)_3Ti_5O_{16}$];钛铀矿[$UTi_2O_6,U^{4+}$部分被$U^{6+}$代替;$(U,Ca,Fe)(Ti,Fe)_2O_6;$单斜]

Branneroceras 布朗氏菊石属[头;C_2]

brannockite 钾锂硅锡矿；锡锂大隅石[$KSn_2Li_3Si_{12}O_{30};$六方]

Brarry Grey 芭拉灰[石]

brash(-ice) 碎冰；崩解石块；易碎的；基层[生态]；碎块；脆的；底层；一堆碎石；风化碎石；岩石碎块；脆性

→~ holler 炭(电)刷架

brashy 易碎的；脆的

brasil 黄铁矿[$FeS_2;$等轴]

brasilianita 银星石[$Al_3((OH,F)•(PO_4)_2)•5H_2O;$斜方]；磷铝钠石[巴西石;$NaAl_3(PO_4)_2(OH)_4;$单斜]

brasilianite 磷铝钠石[巴西石;$NaAl_3(PO_4)_2(OH)_4;$单斜]；银星石[$Al_3((OH,F)_3•(PO_4)_2)•5H_2O;$斜方]

brasq 浆质衬料{炉衬}

brass 黄铜轴衬；黄铜制的；铜器；黄铜矿[$CuFeS_2;$四方]；含黄铜的；黄铁矿块

→(yellow)~ 黄铜[60Cu,40Zn]//~ bush 铜衬

brasses 黄铁矿块；黄铜轴衬

brassil 富含黄铁矿的煤

brassing 黄铜铸件

brassite 水砷镁石[$MgHAsO_4•4H_2O;$斜方]

brass ore 杂闪锌黄铜矿；绿铜锌矿[$Zn_3Cu_2(CO_3)_2(OH)_6;(Zn,Cu)_5(CO_3)_2(OH)_6;$斜方]

brassy 含黄铁矿的；黄铜的

brassyn 黄铁矿质煤

brat 原煤；含黄铁矿的；不洁煤；含方解石的薄煤层；不净煤

→~ coal 含黄铁矿或碳酸盐的煤

Bratteby 巴西红棕[石]

brattice 架围板；隔板{墙}；围(护机械的围)板；隔壁；垛式支架；通风格；板壁；垛式支护；间壁[矿坑通气用]；隔开[造隔壁]

brattis 垛式支架

braunerde 森林棕壤

braunine 布劳陨铁

braunite 布劳陨铁；褐锰矿[$Mn^{2+}Mn_6^{3+}SiO_{12};Mn^{2+}Mn^{4+}O_3;3Mn_2O_3•Mn_2SiO_3;$四方]

braunkohle 褐煤

bravaisite 漂云母[美也将其作 illite(伊利石)的同义词];$(K,H_2O)Al_2(AlSi_3O_{10})(OH,H_2O)_2$];水白云母[$(K,H_3O)Al_2((Si,Al)_4O_{10})(OH)_2$];漂伊利云母；伊利石[$K_{0.75}(Al_{1.75}R)(Si_{3.5}Al_{0.5}O_{10})(OH)_2$(理想组成),式中R为二价金属阳离子,主要为$Mg^{2+}$、$Fe^{2+}$等]

bravoite 硫铁镍矿；镍黄铁矿[$(Fe,Ni)_9S_8;$等轴];方硫铁镍矿[$(Ni,Fe)S_2;$等轴]

brawn 体力；肌肉；膂力

bray 研碎

→~ stone 空隙砂岩；多孔砂岩；孔隙砂石

braze 焊接；硬钎焊

→~ (welding) 铜焊//~ welding 钎焊

brazil{brassil} 黄铁矿[$FeS_2;$等轴;煤中]

braz(z)il 富含黄铁矿的煤；含黄铁矿多的煤[FeS_2]

Brazilian chryaolite 电气石[族名;碧玺;璧玺;成分复杂的硼铝硅酸盐;$(Na,Ca)(Li,Mg,Fe^{2+},Al)_3(Al,Fe^{3+})_6B_3Si_6O_{27}(O,OH,F)_4$]

→~ emerald 淡黄绿色绿柱石

braziliani 银星石[$Al_3((OH,F)•(PO_4)_2)•5H_2O;$斜方]

brazilianite 磷铝钠石[巴西石;$NaAl_3(PO_4)_2(OH)_4;$单斜]；巴西石[$NaAl_3(PO_4)_2(OH)_4$];银星石[$Al_3((OH,F)•(PO_4)_2)•5H_2O;$斜方]

Brazilian Light 金光麻[石]

→~ pebble 石英[$SiO_2;$三方]//~ ruby 黄玉[$Al_2(SiO_4)(OH,F)_2;$斜方];尖晶石[$MgAl_2O_4;$等轴]//~ sapphire 青绿黄玉；蓝电气石[$(Na,Ca)(Mg,Al)_6(B_3Al_3Si_6(O,OH)_{30})$]//~ (tensile) test (巴西)劈裂法试验；圆盘对混凝土压缩试验//~ test of rock 岩石的巴西劈裂拉伸试验

brazilite 纤维状斜锆石；巴西石[$NaAl_3(PO_4)_2(OH)_4$];斜锆石{矿}[$ZrO_2;$单斜];油页岩

brazing 接钎；(硬)钎焊；铜焊

brazzil{brazzle} 黄铁矿[$FeS_2;$等轴]

brea 矿物焦油；沥青土；软沥青；沥青砂；油苗[西]

→~ stone 松软石材

breach 小海峡[侵蚀形成];破裂；破坏；违反；裂口；深沟；攻破；激浪；突破；缺口[地形]

breached anticline 破裂背斜

→~ {scalped;scalloped} anticline 削峰背斜//~ crater 裂火山口

breachway 连接河道

breadboard 控制台；功能试验；模拟板；试验(电路)板

→~ model 仪器雏形

bread crusted boulder 层剥岩块

→~-crusted boulder 裂纹岩块//~-crust{ice} structure 裂纹构造//~-crust surface 面包皮状地面[半干旱地区]//~ stone 松软石材

breadth 广阔；外延；宽广；广度；宽度；幅面[布的]

→~ extreme 最大宽度//~ length ratio 宽长比

break 碎；岩芯扭断时所施的力；波跳；违反；停止；减弱；曲线；打破；中断；裂口；缺层；断层；消减；制止；变化；冲断；(使原子)裂变；断路；间歇；间断面；滴定；折坡；波至；开始；裂缝；工间休；发作；损坏；初重波；休息；突变；安全白；跳闸；拆散；优选研磨粒度；断裂；破坏

→(first)~ 初至[波、信号]//~ (off) 破裂；劈//(power)~ 断电；坡折；间断//~ (through) 突破；破碎

break 分解[化合物]

breakage (材料)破断片；破碎；破坏；下放；落矿；崩落；损毁；破碎程度；断路(线)；击穿；破损；落煤；损耗(量)；断裂；冒落；截断[概率纸上粒度累积曲线的两线段之间]

break alarm 停止信号

→~ angle 冒落角//~ away 冒顶；层裂//~-away arm 可折断脱开的导引臂//~ away stress of dislocation 位错剥裂应力//~ circulation 恢复循环；(使)泥浆循环//~ down 分解；崩塌；停炉；初轧；落煤；崩矿；塌陷

breakaway 装置上易于除去的部件；流动分离；逸出；破裂；矿砂跑车；中断；冒落；拆毁；脱离；气流离体；消散[云雾]

break away 冒顶；层裂

→~ away{up;off} 崩落//~-away arm 可折断脱开的导引臂

breakaway connector 快速脱钩安全器

break away from 脱离

→~-away link 可脱环//~ bulk 卸货

breakdown 故障[机器等]；塌陷[洞顶]；失败；落煤；细分；成本分析；塌崩；击穿试验；压穿；压开；破损；压裂；击穿；分解；垮台；崩溃；破裂；断电；离解；分裂；衰竭；疏通；破坏；放电开始；分类；停工；落矿；断裂；崩塌；分析；分解作用；事故；倒塌

break down 分解；崩塌；停炉；初轧；落煤；崩塌；塌陷

→~{get} down 搞垮

breakdown `crane wagon{lorry} 救险起重车

→~ pass 粗轧孔型//~ potential 崩解电位

break down maintenance 事故检修

→~(ing)-down{size reduction} operation 破碎作业

breakdown pass 粗轧孔型

→~ paste 分解矿糊//~ point 击穿点；压裂压开点

break down point 崩溃点

→~-even point analysis 损益平衡分析；盈亏平衡(点)分析//~ facet 腰棱三角(形翻光)面[宝石的]//~ ground 动工；破土[in starting a building,project,etc.]//~{wear} in 磨合//~-in grade 纵坡变更点//~ in grain size 粒径中断//~ in lode 矿脉中断

breakdown potential 崩解电位

→~ signal 击穿信号//~ {breaking;rupture;fracture} strength 断裂强度//~ time 破坏时间//~ torque 临界转矩；停转扭矩

breake a joint 卸开一个接头；卸下一节(管子)

breaker 破波；遮断器；破浪；开拓者；碎石机；碎浪；劈石工；拍岸浪；碎矿机；破碎机；靠近采空区的顶板大裂缝；轧碎机；刨煤工；(汽车的)护胎带；电流断路器；开关；打破者；落煤工；碎波；解聚剂；激浪

→~ slot 装卸器上的槽[金刚石钻头的]

breakeven analysis 两平点分析法

→~ cut-off (ore) grade 最低品位；无亏损品位下限//~ footage 不赚不贴的进

尺 // ~ point economic grade of by-mineral 伴生矿经济临界品位

breakfast 早餐

breaking(-up) 破碎;中断;克服(声障);断线;切断;粉碎
→~ block 断裂保险块[防护辊碎机轧辊折断]

breaking cap 安全白
→~ down 损坏;把钻杆立根卸成单根;分解开;打碎 // ~ ground 地层爆破;岩石爆破 // ~ level 破碎水平 // ~ mud flow 溃决型泥石流 // ~ out of ore 崩矿 // ~ petroleum emulsion 石油破乳 // ~ {fastening;preventer;safety;guard;shear; securing} pin 安全销

breakings 贫矿

break of an earth bank 路堤滑坡
→~ off 落矿;中止;弄断;联络巷道;中断[岩层、矿脉]

breakout 劈开;卸螺纹;打开;提升钻杆;爆发;涌出;卸掉;烧穿炉衬;卸开;金属冲出;钻钢;接头[多芯电缆]
→~ block 转动卡块[扭卸钻头用] // ~ plate 钻头装卸器

breakover 圆浑峰[地形或构造];转折;转页刊登部分;圆脊

breakpin 安全销
→~ hitch 前销式联合装置

breakrow 切顶排柱

breaks 劣地形;地形突变;巷道顶;裂隙;碎浪;浪花

breakseal system 可开密封系统

breaks of mine openings 巷道破裂

breakstone 碎石;石渣

breakthrough capacity 漏过能量
→~ well 见水井

breakthrust{break thrust} 背斜破裂面冲断层

break{reverse} thrust 逆掩断层
→~ time 转效时间;破胶时间

breakup 破裂;中断;分离;馏分组成;完结;缺口;破碎;分解;分散;瓦解;解体;融化;停止;蜕变;裂开[洋中脊]

break up 向上掘进;分裂
→~ {carve} up 分割 // ~(ing) up 崩裂 // ~ up (a marriage, family, group,etc.) 拆散

breakup age 分解年龄;解体年龄

break-up of nucleus 核崩裂

break(ing) up of sand 型砂溃散

breakup phase 破裂期;断裂幕
→~ unconformity 裂开不整合

break water 挡水板

breakwater gap (港口)堤头口门
→~-glacis 防波堤铺石面[土] // ~ of submerged reef type 潜礁式防坡堤 // ~ tip{end} 防波堤堤头

break wave 拍岸浪;破浪

breakway 跑车

breakwind 防风林;挡风设备

breast 煤屑;对付;乳房;炉胸;前墙炉坡;工作面;底梁;煤房;胸(部);逆……而进;把胸部对着;侧面[器物的]
→~ anchor 船舷锚 // ~-and-bench method 梯段式工作面全面采矿法;阶梯式工作面全面开采法 // ~-and-bench stoping 水平推进垂直工作面回采法[全面法等] // ~-and-bench system 梯段式水平推进采矿法 // ~-and-pillar 房柱法//

房柱式采煤法 // ~ bore 放瓦斯钻孔;放水钻孔 // ~ feeding 哺乳喂养 // ~ method 矿房全高单一工作面开采法 // ~ line 腰缆 // ~ mining 扒矿开采

breastbone{breast bone} 胸骨

breast bore 放瓦斯钻孔;放水钻孔
→~ drill 手摇钻;手持式水平孔凿岩机;胸压手摇钻

breaster 开帮眼

breast feeding 哺乳喂养

breasting 超前短煤房;(水轮的)中部冲水法;从平巷工作面上采矿;宽巷道;宽平巷
→~ dolphin 腰缆桩;带中央缆索的系船柱 // ~ method 矿房全高单一工作面开采法

breast line 腰缆
→~(ing) method 全面回采 // ~ mining 扒矿开采 // ~ mining{stoping} 水平推进垂直工作面回采法[全面法等]

breastplate 胸铠;胸前受话器

breast-stoping operation 水平推进回采作业;矿房梯段回采工作

breast timber 斜撑支柱
→~ underhand stoping 水平炮孔下向回采法 // ~ {jamb} wall 胸墙 // ~(-)work 胸墙;壁

breathalble air 可呼吸的空气

breathe in 抽气

breather 通气孔;通气筒;(电缆用)给油箱;(变压)器(的吸)潮器;呼吸器;换气器;热风炮;油箱
→~ (unit) 通气装置 // ~ cap 通风帽 // ~ plug 通气塞 // ~ roof 套顶

breathholding 屏气

breathing 放气;飘动;液面间歇升降;(变压器)受潮;通气;间歇憋压出油
→(alternated) ~ 换气 // ~ apparatus{mask} 呼吸面具 // ~ hole 通气孔 // ~ of the earth 油井的间歇性沼气 // ~ one's last 断气

breccia 角砾岩;断层角砾岩;角砾石;角砾[火山]
→~ column 角砾岩柱 // ~ fragment 角砾岩碎片 // ~-gravel filling 角砾碎石充填 // ~ marble 角砾(质)大理岩

breccial 角砾(岩)的

breccia marble 角砾(质)大理岩

Breccia Novella 挪威拉砾石纹
→~ Oniciata 凯悦红[石]

breccia-sandstone 角砾砂岩

brecciated 角砾化的
→~ zone 角砾岩带

brecciation 角砾岩化

brecciform 角砾状

breccioid 似角砾岩;角砾状

brecciola 角砾灰岩

breck 坡;丘陵

bredigite 白硅钙石[$Ca_2(SiO_4);Ca_{14}Mg_2(SiO_4)_8$;斜方、假六方];布列底格石;变硅灰石

breechblock 炮门

breech block connector 炮栓式连接器[海中导管用]
→~ mechanism 炮门

breeches chute 叉开溜槽

breeching 烟囱的水平连接部;烟道

breed 教养;倍增;坯件;品种;再生;养育;种类;生产[动]

breeze 焦炭渣;矿粉;粉尘{焦};煤渣{屑};焦末;煤屑
→(coke) ~ 焦粉;煤尘 // ~ and sinter fines conveyer 煤屑及烧结返矿输送机 // ~ concrete 焦渣混凝土 // (gentle) ~ 微风[3级风]

Breiggs standard 布氏管子规范

breislachite 毛黑柱石[$CaFe_2^{2+}Fe^{3+}(Si_2O_7)O(OH)$]

breislakite 硼铁矿[$Fe_2^{2+}Fe^{3+}BO_5$;斜方];毛黑柱石[$CaFe_2^{2+}Fe^{3+}(Si_2O_7)O(OH)$];毛闪石

breithauptine 红锑镍矿[$NiSb$;六方]

breithauptite 锑镍矿;铜蓝[CuS;六方];红锑镍矿[$NiSb$;六方]

Breithaupt law 布赖陶普特(双晶)律

Bremia 盘梗霉属[真菌;Q]

bremsstrahlung 韧致辐射
→~ isochromat spectroscopy 韧致辐射单色谱

brendelite 磷铁铅铋矿[$(Bi,Pb)_2(Fe^{3+},Fe^{2+})O_2(OH)(PO_4)$]

brenkite 氟碳钙石[$Ca_2(CO_3)F_2$;斜方]

brennschluss 停燃

brenstone 硫黄[旧"硫磺"]

brent 丘陵

brephic 青年期的;幼年期

bressummer 过梁;托墙梁

Bretonic movement 布锐东运动;泥盆纪石炭纪间

Breton pan 布雷顿型混汞盘;勃雷登型混汞盘

Brettanomyces 酒香酵母属[真菌;Q]

breun(n)erite 铁菱镁矿[$(Fe,Mg)CO_3$]

breva 白里伐风;山谷风[意大利哥莫湖的一种日风]

Brevaxina 短轴蜓属[孔虫;P]

Brevibolbina 短球茎介属[O_{2-3}]

brevicharoid type 扁轮藻型

brevicite 假钠沸石;钠沸石[$Na_2O•Al_2O_3•3SiO_2•2H_2O$;斜方]

brevicolpate 具短槽的[孢]

brevicone 短角石式壳[头]

brevifoliate 短叶的[植]

brevigite 假钠沸石

Brevimonosulcites 短单沟粉属[孢;K]

Breviodon 短齿貘属[E_2]

Breviphrentis 短内沟珊瑚属[S-C_1]

Breviphyllum 短珊瑚属[S-D]

Breviredlichia 短莱得利基虫属[三叶;$\mathcal{E}_1$]

Breviseptophyllum 短隔壁珊瑚属[D_2]

breviseptum 短隔板[珊]

brevissimicolpate 具极短槽的[孢]

brew 泡制;酿造

breweterlinite 液态碳酸包体;液态 CO_2 包体

Brewster angle 布鲁斯特角

brewsterite 铝沸石;锶沸石[$(Sr,Ba,Ca)(Al_2Si_6O_{16})•5H_2O$;单斜]

brewsterline 液态碳酸包体;液态 CO_2 包体

Brewster's law 布儒斯特定律;布鲁斯特(尔)定律;布留斯特定律

brezinaite 硫铬矿[Cr_3S_4;单斜];陨硫铬矿

brianite 磷镁钙钠石[$Na_2CaMg(PO_4)_2$;单斜]

brianroulstonite 布水氯硼钙石[$Ca_3(B_5O_6(OH)_6)(OH)Cl_2•8H_2O$]

briar 欧石楠[植]

B

→～-wood 欧石楠木

briartite 灰锗矿[Cu₂(Fe,Zn)GeS₄;四方]

brib cofferdam 垒木围堰；木笼围堰

brick 方条料；块料；方油石；砖似的；方木材；砖状物
→～-and-stone{masonry} work 砖石工程//～ cement 烧黏土水泥//～{masonry} construction 砖(石)结构//～ curb 砖缘石//～-lined 砌砖壁的[井筒、巷道等]；砖衬的//～ mass foundation 砖石砌体基础//～ trowel 灰镘；砌砖砖镘

bricked-in 砖衬的

bricked{masonry} shaft 砖砌立井

brickerite 砷锌钙矿[CaZn(AsO₄)(OH)]

brickfield{brickyard} 砖厂

brickfielder 拔立克斐儿特风[澳南海岸的干热风]

bricking 砌砖；砖支护
→～ curb{ring} 砖壁座

bricklayer's hammer 瓦工锤

brickmaker 制砖工

brickmason 泥水匠

brickwalling 砌砖

brickwork 砖砌体；砌墙；砌碹；砖房；砖石支护；砖坊工
→～-like pattern 砌砖状形态//～ movement point 砖墙变形缝

bricolage 拼合

bricole 中世纪的一种石弩

bridal 捕车器
→～-veil fall 披纱式瀑布

bridestone 砂岩圆石

bridge 采区顶部与上面巷道底部间所留的水平矿柱；(反射炉)火桥；卸矿台；箍；过梁；天车；分底座的连接桥[液压支架]；巷道超前打桩时用的棚梁上盖板；井盖；驾驶台；风桥；陆桥；桥；跨接线；井中积砂；套；油井(砂)桥堵；旁通管；桥式(形)；桥架；冰桥；棚梁上盖板[巷道超前打桩用]；排矸桥
→～ arch 桥拱//～ connection 桥(形连)接//～ deckhouse 航行台甲板舱//～ diagram 跨接图//～ host 中间宿主；过渡寄主//～ opening 桥孔//～ stone 桥石//～ type conventional thickener 桥梁式(型)浓密机

bridged (用)风桥接通的；跨接的
→～ hole 堵塞孔；架桥孔//～ region(砂粒)成拱区//～-T network 桥接T形网络

bridging 桥键；砂桥；搁栅撑；棚料；桥拱作用；架桥；拥挤颗粒流的拱形成；砂堵；空中三角锁法；桥接；桥连；分路[电工]

Bridgman anvils 布里奇曼压砧
→～ unsupported area seal 布里奇曼无支撑面密封

bridle 鞍桥；限动器；限杆；约束(物)；系船索；跨接线；马勒；加长电缆；缰绳；束带；抑制；笼头；定向器[水中地震拖缆]
→～{tie} bar 系杆//～ chain 斜井车组保险链//～ path 骑行道//～{lifting} rope 吊索

brief 短暂；提要；要点；摘要；节略；节录；简洁；概要
→～{temporary} stoppage 临时停工

briefcase 便携式仪器箱

brier 欧石楠[植]

→～-wood 欧石楠木

brig(g) 岬角

brigadesman 矿山救护队队员

Brigantian 布里干特阶[C₁]

Briggs chinophone 布里格斯型钻孔测斜仪
→～ standard 勃瑞格斯(管子规范)标准

bright event 强波

brightness 亮度；光泽；辉度；白度
→～ line map 亮度线图//～ meter{tester} 亮度计//～{effective} temperature 有效温度

bright night 亮夜
→～ phase contrast 亮相差//～{fresh} red 鲜红//～ reflection 强反射(波)//～ rope 不镀锌锡的钢丝绳；光钢丝绳[不镀锌]

brights 亮煤；大粒度光亮型煤[英]；光亮煤

brill 鲜明；光泽；耀度；光辉；高音重发逼真度[物]

brilliance 高音重发逼真度[物]；耀度；光辉；多面形宝石光泽；鲜明；光泽；辉度；明度

brilliancy 辉度；多面型宝石光；光泽；光辉；鲜明；明度；高音重发逼真度[物]；多面形宝石光泽；耀度

brilliant 耀面钻石；宝石；光耀式；多面形光泽[宝石]；光亮的
→～ cresol blue 亮甲酚蓝//～ cut 棱石；耀切面

brillolette 橄榄形宝石

brim 边缘；泉华垣；(容器的)边；内边缘[三叶]；满溢；注满
→～ over 溢流//～ prolongation 内边缘引长物//～ stone 硫黄石//～ with 充满

brimstone 硫黄[旧"硫磺"]；硫黄石

brindleyite 镍磁绿泥石；布林德利石；镍铝蛇纹石[(Ni,Mg,Fe²⁺)₂Al(Si,Al)O₅(OH)₄;单斜、三方]

brine 盐水；咸水；加盐处理；海水；醃
→～(water) 卤水

brinelling 测布氏硬度；硬化；剥蚀；渗碳
→～ due to contact stress 接触应力所生压痕

bring about{on;over;round} 带来；产生
→～{breaking;break} down 落矿//～ down 减低；放矿；收缩

brinrobertsite 叶蜡石间蒙皂石[(Na,K,Ca)ₓ(Al,Mg,Fe)₄(Si,Al)₈O₂₀(OH)₄·3.54H₂O (x=0.35)]

briny 海水的；咸的

briolette 梨形琢型[宝石]；橄榄形宝石

briquet(te) 标准水泥试块；坯块；模制试块；块；团块砖形块；熟料坯；型煤；团块；标准试块；砖坯；煤球；团矿
→～(t)ing 团矿//～(te) machine 团矿机

briquette 标准水泥试块；坯块；模制试块；熟料坯；型煤
→(fuel) ～ 煤砖

brisance 爆裂性；炸药猛度；破坏效力；炸药爆力；爆炸威力；爆炸猛度；炸药强度；猛度[of explosives]
→～ meter 猛度计

brisant high explosive 高猛度炸药
→～ initiation 雷管起爆

Briscoia 布列斯哥虫属[三叶;Є₃]

brisket 含褐煤夹层的黏土

bristle 充满；刺毛；密布地覆盖；鬃毛；

直立[毛发等]

Bristol diamonds 美丽石英
→～ stone{diamond} 美晶石英

britholite 铈磷灰石[Ce₃Ca₂(SiO₄)₃·(OH)]；重磷灰石；铈硅磷灰石[((Ce,Ca)₅(SiO₄, PO₄)₃(OH,F);六方]
→～-(Y) 钇硅磷灰石[CaY₂((Si,P)O₄)₂ O₈;(Y,Ca)₅(SiO₄,PO₄)₃ (OH,F);六方]；阿武隈石

britmag 英国镁砂；烧结镁砂

Britonite 波利通那特；脆通炸药

brittle 易损坏的；脆的；易碎的
→～ crack propagation 脆性裂纹扩展//～-ductile domain 脆韧性区//～ failure 脆坏；脆裂；脆断//～ fracture 突然破裂//～ mica 脆性云母；脆云母类；脆云母//～ pan 脆盘//～ silver (ore{glance})脆银矿[Ag₅SbS₄;斜方]//～{dark-red} silver ore 硫锑银矿[Ag₃SbS₃]//～ state 脆性状态//～ substance 脆性材料

Brizalina 判草虫属{布列兹虫}[孔虫;T₃-Q]

bro 低地；谷地

broach 切割槽；拉削；扩孔器；铁叉；切槽；拉刀；扩孔刀具；扩孔；在……上打眼；凿子；凿石粗錾；拉剥；剥刀；锥形尖头工具；破碎两邻孔间孔壁；粗凿；打眼；凿石；用凿子开(洞)；拉槽；凿岩；钻开[矿脉等]
→～ file 什锦锉//～{needle} file 针锉

broaching 不波及邻近岩层的爆破方法；刷修或刮直巷道；拉削
→～{ream(er);expanding;expansion; wallscraper;paddy;redrill} bit 扩孔钻头//～ machine 扩孔器；铰孔机；拉床

broad 淡水湖
→～{obtuse;blunt} angle 钝角//～ anticline 开阔背斜；开展背斜

broadband constant beamwidth sonar 宽带恒定束宽声呐
→～ crab vibrator 宽带蟹式可控震源//～ multifrequency electromagnetic measurement 宽带多频电磁测量

broad band seismic acquisition{interpretative} method 宽频带地震采集{解释}方法
→～ base terrace 曼氏阶段//～{wide} beam 宽(射)束

broadcast 四散地；广播；播音；撒播

broad classification 粗分类法
→～ coloring (dip) pattern 粗色(倾角)模式//～-dip-band stacking 宽倾斜带叠加//～ gauge (rail) 宽轨//～ ocean 广海；外洋//～ array 侧向组合；侧向排列//～ dielectric antenna 边射介质天线；垂射介质天线

broaden 展宽[脉冲]；加宽

broad gauge (rail) 宽轨

broadside 宽边；非纵排列；侧向地；机身侧部；L形排列；宽面；(水面上的)船侧；侧对着

broadstone 铺路石板

broad{flake;quarry} stone 石板
→～-survey 普查//～ tool 阔凿//～ top basin 宽顶盆地//～ tuning 宽调谐

broadwall 长壁回采(法)

brocchite 粒硅镁石[(Mg,Fe²⁺)₅(SiO₄)₂

brocenite 褐钇铌矿[YNbO₄;Y(Nb、Ta)O₄; 不同产状下,含稀土元素的种类和含量不同,常含铈、铀、钍、钛或钽;四方]

brochantite 羟铜矾；水胆矾；羟胆矾[Cu₄(SO₄)(OH)₆;单斜]；水硫酸铜{水}

Brocholaminaria 穴面膜片属[孢;Z₂]

Brochotriletes 大穴孢属[D₃]

brochure 简介材料；小册子[法]

brochus[pl.-chi] 网胞；网

brock 小溪

brockite 布罗克石；水磷钙钍石[(Ca,Th,Ce)(PO₄)•H₂O;六方]；板钛矿[TiO₂;斜方]

brockram 坡积灰岩角砾岩；石膏灰岩角砾岩；砂泥石灰角砾岩

brocram 砂泥石灰角砾岩

brodelboden 冰卷泥；冻融包裹土[德]

Brodsworth 布劳德沃斯[英地名]

brodtkorbite 硒汞铜矿[Cu₂HgSe₂]

broeggerite 钍铀矿[(U,Th)O₂]

bro(e)ggerite 针晶质铀矿；钍铀矿[(U,Th)O₂]；钍钍铀矿；铀钍矿[(Th,U)SiO₄,含 UO₃ 8%～20%]

broggite 褐地沥青

broil 矿脉指示碎石；露头；炙；焙；铁帽[Fe₂O₃•nH₂O]；烤

Broinsonia 布罗因索石[钙超;K₂]

broken 破碎；破碎的
→～ (pieces) 碎；矿脉错断 // ～ ashlar masonry 不等形琢石圬工 // ～-in face 有爆破槽的工作面 // ～ material 废石堆，矸石场；破碎物料 // ～ ore{ground} 采下矿石 // ～-range{uncoursed} ashlar masonry 错列层琢石圬工 // ～{barren} rock 矸石 // ～ rock 留矸堆；碎岩 // ～ round 破圆石；磨圆砾石 // ～{breaking} sea 碎浪 // ～ sinter 碎烧结矿 // ～ stone 金刚石碎片；石渣 // ～{crushed; bray;cellar;churning;reduced;break} stone 碎石 // ～{pebble} stone 砾石 // ～ stone foundation 碎石基础 // ～ stone hardcore 碎石垫层 // ～ stone layer pitching 碎石块层铺底 // ～ working 采矿柱

broke out 被提升
→～{rugged} terrain 地伏地形

bromammonium 溴铵[合成矿物]
→～ carnallite 铵溴光卤石

bromargyrite 溴银矿[AgBr;等轴]；溴银

bromatacamite 溴铜矿[Cu₂Br(OH)₃]

brom-bischof(f)ite 水溴镁石[MgBr₂•6H₂O]

brombotallackite 羟溴铜矿

brom(-)carnallite 溴光卤石[KMgBr₃•6H₂O]

bromchlorargyrite 溴角银矿[Ag(Cl,Br)]；氯溴银矿[Ag(Cl,Br)]

bromcresol{bromocresol} green 溴甲酚绿

bromellite 铍石[BeO;六方]

bromic silver 溴银矿[AgBr;等轴]

bromide 溴化(物)
→～ brine 含溴化物的盐水

bromidsodalith 溴方钠石

brominated species 含溴产品

bromination 溴化(作用)

bromine 溴
→～ deposit 溴矿床

brom(yr)ite 溴银矿[AgBr;等轴]

bromium[拉] 溴

brom-kainite 溴钾镁矾[KMgSO₄Br•

3H₂O]

brom-laurionite 溴羟铅矿

bromlite 钡霰石[BaCa(CO₃)₂]；碳钙钡矿

bromo-benzyl cyanide 溴苯乙腈；溴苄基-氰

bromochlorodifluoromethane 溴氯二氟甲烷

bromochloromethane 一氯一溴甲烷[灭火剂]

bromocyanide process 溴化氰法(提金)

bromoethane 溴乙烷

bromofluorocarbon 溴氟碳化合物

bromoform 溴仿{三溴甲烷}[选重液,比重 2.8887;CHBr₃]；溴液
→～-alcohol mixture 三溴甲烷和醇混合液[选重液;比重 2.9] // ～-carbon tetrachloride mixture 三溴甲烷和四氯化碳混合物[可制备比重 1.6～2.8 的各种液体]

bromomethane 甲基溴；溴甲烷

bromonaphthalene 溴萘

α-bromonaphthalene α-溴代萘

bromophenyl hydrazine 溴苯(基)肼[BrC₆H₄NHNH₂]

bromoresol purple 溴甲酚紫

bromothymolblue 二溴百里酚磺酞；溴百里兰

bromotrifluoromethane 一溴三氟溴甲烷

brom-phosgenite 溴碳铅矿

brom-pyromorphite 磷溴铅矿

brom-tachyhydrite 溴钙镁石[CaMg₂Br₆•12H₂O]

bromyrite 溴银

bronc{bronc(h)o} 新钻工；英国人[尤英移民;加]；新手

bronchiectasis 支气管扩张[矽肺]

broncho 新钻工

bronchus 支架丝

broncite 古铜辉石[含 FeO5%～13%;(Mg,Fe)₂(Si₂O₆);(Mg,Fe) SiO₃]

Brondum-Nielson's equation 波郎达姆尼尔森公式

brongnartine 水胆矾[Cu₄(SO)₄(OH)₆]

brongniardite{brongniartite} 异辉锑铅银矿；硫银锗矿[Ag₈GeS₆；4Ag₂S•GeS₂;斜方]

Brongniartella 布朗尼亚虫属[三叶;O₃]

brongniartine 钙芒硝[Na₂Ca(SO₄)₂;单斜]；羟胆矾[Cu₄(SO₄)(OH)₆;单斜]；水胆矾[Cu₄(SO)₄(OH)₆]

Bronson resistance 布朗森电阻；离子管电阻

brontide 湖号；地声；湖鸣

Brontograph 雷雨仪；雷雨(记录器)

brontolite{brontolith} 石陨石

Brontops 渐雷兽属[E₃]

Brontosaurus 雷龙(属)[J]

Brontotheres 雷兽科{类}

Brontotherium 雷兽；王雷兽(属)[E₃]

bronze 赤褐色(的)；古铜；青铜色；青铜；镀青铜；红褐色
→～ mica 金云母 [KMg₃(AlSi₃O₁₀)(F,OH)₂,类质同象代替广泛;单斜] // ～ round-bellied wine vessel with a square mouth 钫 // ～ stamping pad 古色印泥

Bronze Age 青铜(器)时代

bronzed 青铜色

bronzite(-augite) 古铜辉石[含 FeO 5%～13%;(Mg,Fe)₂(Si₂O₆);(Mg, Fe)SiO₃]；橄榄古铜辉石球粒陨石；绿脆云母[Ca(Mg,

Al)₃₋₂(Al₂Si₂O₁₀)(OH)₂; Ca(Mg,Al)₃(Al₃SiO₁₀)(OH)₂;单斜]
→～-olivine stony-iron 古铜(-)橄榄石铁陨石 // ～ tholeiite 古铜硅质斑玄武岩

bronzitfels{bronzitite} 古铜岩

brooch 混合矿；扩孔；凿石

brood 脉石
→～ pouch{chamber} 孵育囊[节甲]

brooded larva 孵化幼虫

brook 溪；小河；小溪；河沟
→(creek) ～ 溪流

Brookhaven National Laboratory 布鲁(克)海文国家实验室[美]

brookite 黑钛矿[TiO]；板钛矿[TiO₂;斜方]

brooklet 小河；小溪

broom 桩顶篷裂；自动搜索干扰振荡器；用扫帚扫(除)
→～ crowberry 金雀花岩高兰

Broomea 勃氏藻属[J-K]

broomstick 扫带柄

bros(s)ite 柱白云石

brostenite 水铁锰土；杂锰土

Brotiopsis 布罗特螺属[腹;K₁]

brought forward 结转(次页)
→～ in 油井投产 // ～-in 进入矿层的[指钻孔]

Broussonetia 构属[植;Q]

brovoite 硫铁镍矿

brow 崖顶；悬崖；倾斜坑道；山顶；构造盖前锋；额；巷道口；眉毛；陡坡；坡顶线；崖缘；边线；跳板；边缘；进路
→(pit) ～ 井口 // ～ bin 延深井筒用的临时性贮仓；井底车场下部贮矿仓；临时贮石仓 // ～ box 临时贮仓[延深井筒用] // ～ caving 眉线崩落

browline 眉线

brown (coal) 褐色；棕色
→～ algae{alga} 褐藻 // ～ algae 褐藻类；暗藻类

Brown and Sharpe wire gauge 布朗夏普线规；美国线规；BS 线规

brown asbestos 直闪石[(Mg,Fe)₇(Si₄O₁₁)₂(OH)₂;斜方]
→～ calcium acetate 褐醋石 // ～ clay ironstone (iron stone) 褐泥铁石 // ～ clay-ironstone 泥褐铁矿

Browne correction 布朗改正

brown face 锡矿铁帽[被氧化铁污染的锡矿脉露头]
→～ glaze 棕油 // ～ halloysite 褐埃洛石 // ～ hematite 褐赤铁矿 // ～ hematite{ore} 褐铁矿 [FeO(OH)•H₂O;Fe₂O₃•nH₂O,成分不纯] // ～ hornblende 褐角闪石

Brownian motion process 布朗运动过程
→～ movement{motion;vibration} 布朗运动

browning 棕壤化(作用)

brown{bog} iron ore 褐铁矿[FeO(OH)•nH₂O; Fe₂O₃•nH₂O,成分不纯]
→～ ironstone 褐铁矿[FeO(OH)•nH₂O; Fe₂O₃•nH₂O,成分不纯]；针铁矿[(α -)FeO(OH);Fe₂O₃•H₂O;斜方] // ～ black 褐黑色 // ～ jacinth 符山石[Ca₁₀Mg₂Al₄(SiO₄)₅,Ca 常被铈、锰、钠、钾、铀类质同象代替,镁也可被铁、锌、铜、铬、铍等代替,形成多个变种；Ca₁₀Mg₂Al₄

B

$(SiO_4)_5(Si_2O_7)_2(OH)_4$;四方] // ~ Jura 褐侏罗统 $[J_2]$ // ~ lead ore 磷氯铅矿 $[Pb_5(PO_4)_3Cl$,六方;旧指呈褐色磷氯铅矿] // ~ lime 棕石灰 // ~ {amber} mica 金云母 $[KMg_3(AlSi_3O_{10})(F,OH)_2$,类质同象代替广泛;单斜] // ~ millerite 钙铁石 $[Ca_2Fe_2O_5$,因 Al_2O_3 少,可写为 $Ca_2Fe_2O_5$] // ~-millerite 褐针镍矿 // ~ ocher 褐铁华 $[Fe_2O_3•nH_2O]$ // ~ ocher{ochre; ironstone} 褐铁矿 $[FeO(OH)•nH_2O;$ $Fe_2O_3•nH_2O$,成分不纯] // ~ ore 褐铁矿类矿(石) // ~ paper 牛皮纸

brownish 淡褐色的;带褐色的
　　→~ black 褐黑色 // ~ gray 棕灰色 // ~ green 褐绿色

brown jacinth 符山石 $[Ca_{10}Mg_2Al_4(SiO_4)_5$, Ca 常被铈、锰、钠、钾、铀类质同象代替,镁也可被铁、锌、铜、铬、铍等代替,形成多个变种; $Ca_{10}Mg_2Al_4(SiO_4)_5(Si_2O_7)_2$ $(OH)_4$;四方]
　　→~ Jura 褐侏罗统 $[J_2]$ // ~ jura 褐侏罗纪 // ~ lead ore 磷氯铅矿 $[Pb_5(PO_4)_3Cl$;六方] // ~ lignite 棕褐煤;褐色褐煤[美分类]

brownlime 褐石灰;棕石灰

brownlite 钡霰石 $[BaCa(CO_3)_2]$

brown matter 褐色细胞壁分解物质[腐殖分解物质]
　　→~ {semi-translucent;semiopaque} matter 褐色物质 // ~ {semiopaque;semi-translucent} matter 半透明质 // ~{amber} mica 金云母 $[KMg_3(AlSi_3O_{10})(F,OH)_2$,类质同象代替广泛;单斜]

brownmillerite 钙铁铝石 $[Ca_2(Al,Fe^{3+})_2O_5$; 斜方];铁铝酸四钙;钙铁石 $[Ca_2AlFeO_5$, 因 Al_2O_3 少,可写为 $Ca_2Fe_2O_5$]

brown millerite 钙铁石 $[Ca_2AlFeO_5$,因 Al_2O_3 少,可写为 $Ca_2Fe_2O_5$]
　　→~-millerite 褐针镍矿 // ~ ocher 褐铁华 $[Fe_2O_3•nH_2O]$ // ~ ocher{ochre; ironstone} 褐铁矿 $[FeO(OH)•nH_2O;$ $Fe_2O_3•nH_2O$,成分不纯] // ~ ore 褐铁矿类矿(石)

brownout 节约用电;灯火暗淡

brown paper 牛皮纸

Brown Pearl 俄国啡珍珠[石]

brown petroleum 风化石油;褐石油
　　→~ powder 褐火药 // ~ red antimony sulfide 硫氧锑矿 $[Sb_2S_2O]$ // ~ rock 褐磷灰岩 // ~ rocs deposit 褐磷灰岩矿床

brownprint 棕色图

brown red antimony sulfide 硫氧锑矿 $[Sb_2S_2O]$
　　~ rock 褐磷灰岩 // ~ rocs deposit 褐磷灰岩矿床 // ~ (aridic) soil 棕钙土 // ~ spar 褐色含铁矿;褐白云石;菱铁矿等 // ~{cleat} spar 铁白云石 $[Ca(Fe^{2+}, Mg,Mn)(CO_3)_2$;三方] // ~{mesitine} spar 铁菱镁矿 $[(Fe,Mg)CO_3]$ // ~ stannite 棕黄锡矿 // ~ stone{sandstone} 褐砂岩

brownstone 褐石;磨石;褐砂岩;铁质砂岩;褐色砂石

brown stone{sandstone} 褐砂岩
　　→~ tourmaline 棕碧玺 // ~ ware 陶器[褐色]

browpiece 井口支架

browse 浏览(书刊);翻阅[随意]

browsingtrace{browsing trace} 觅食(痕)迹

brow-up 上山巷道

broyl 矿脉指示碎石;露头

broyle 铁帽 $[Fe_2O_3•nH_2O]$

Br{brom}-phosgenite 溴角铅矿 $[Pb_2(CO_3)$ $Br_2]$

brs 黄铜 $[60Cu,40Zn]$

brubankite 黄菱银钸矿

bruchfaltung 断褶构造

brucite 粒硅镁石 $[(Mg,Fe^{2+})_5(SiO_4)_2$ (F, OH)_2$;单斜];羟{氢氧}镁石;水镁石 $[Mg(OH)_2;MgO•H_2O$;三方];红锌矿 $[ZnO;$ $(Zn,Mn)O$;六方]
　　→~ layer 水镁石层 // ~-marble 水镁大理岩 // ~-type sheet 水镁石(型结构)层

brucitite 水镁石岩

brucknerellite 脂铅石

Brü(e)ggen 布吕根(寒冷)期[早更新世初]

Brü(e)ggenite 水碘钙石 $[Ca(IO_3)_2•H_2O$;单斜]

brugnatellite 红菱铁镁矿;红鳞铁镁矿 $[Mg_6Fe^{3+}(CO_3)(OH)_{13}•4H_2O$;六方];次碳酸镁铁矿

bruiachite 萤石 $[CaF_2$;等轴]

bruising 压碎
　　→~ mill 破碎机 // ~{stamp} mill 碎矿机

brule 被岩石或矮树覆盖的地

brumadoite 布水碲铜石 $[Cu_3Te^{6+}O_4(OH)_4•$ $5H_2O]$

brunckite 胶纤锌矿 $[ZnS]$
　　→~ ore 隐晶质土状闪锌矿

Brunhes normal epoch 布容正磁期
　　→~ polarity chron 布容极性时

brunizem 草原土;湿草原土

brunnerite 钛铀矿 $[UTi_2O_6,U^{4+}$部分被 U^{6+} 代替;$(U,Ca,Ce)(Ti,Fe)_2O_6$;单斜];玉髓样方解石;玉髓状方解石

brunnichite{brunnikite} 鱼眼石 $[KCa_4$ $(Si_8O_{20})(F,OH)•8H_2O]$

brunn(e)rite 脂绿泥石;艳色方解石[一种蓝色至紫色的方解石;$CaCO_3$]

brunogeierite 锗磁铁矿 $[(Ge^{2+},Fe^{2+})Fe_2^{3+}O_4$; 等轴]

brunsvigite 纹绿泥石 $[(Fe^{2+},Mg)_3(Fe^{2+},Al, Mg)_3(AlSiO_{10})•(OH)_8]$

Brunton 布鲁顿罗盘
　　→~ (pocket transit) 袖珍罗盘 // ~ compass 勃兰顿罗盘 // ~ sampler 布伦顿型摆动弧路式取样机 // ~ shovel {vibrating} sampler 布隆顿型`铲{|震动}式取样机

brunvkiyr 胶纤锌矿 $[ZnS]$

brush 富赤铁矿;挑顶、卧底、刷帮[刷大巷道];扩大巷道;擦;吹散沼气;毛笔;疹孔丝[腕];画笔;灌木林、灌木丛;采空区内巷道[煤];富赤铁矿;消光影;刷帮;细枝束[射虫];石垛平巷;扩帮;掠过;毛刷;矿车内(的)大小块煤混合载量

brush cast 刷铸型;刷(形印)模;扫痕
　　→~ contact drop 电刷接触压降 // ~ cutting{clearing}(露采前)清除灌木丛 // ~ gang(管线线路)清理班组

brush holder bracket 刷握支架
　　→~ hook 砍木镰[测量员用]

brushing 刷去;刷尖放电;手刷涂层;刷涂;刷光
　　→~ shot 刷帮爆破;挑顶刷帮炮眼

brushite 钙磷石;透磷钙{钙磷}石 $[CaHPO_4•2H_2O$;单斜];水钙磷石

brush joint 箒状节理;帚状节理
　　→~{scour} mark 刷痕 // ~ scraper 除锈器;钢刷清管器 // ~ shading 晕渝[测] // ~ stone separator 刷式石(块分离)机 // ~-tailed porcupine 帚尾豪猪属[Q] // ~ treatment 涂刷处理[坑木防腐] // ~ type stones and clods separator 刷式土粒石块分离机

brusterite 锶沸石 $[(Sr,Ba,Ca)(Al_2Si_6O_{16})•$ $5H_2O$;单斜]

brute 兽;非常强的;粗暴;粗型;畜生;粗磨[宝石]

bruting 两宝石互相粗磨
　　→~ diamond 粗磨钻石

bruyerite 杂色解英云石;方解石墨团块

Bryales 真藓目[苔]

Bryantodina 小布氏牙形石属[O_2]

Bryantodus 布氏牙形石属[S_2-C_2]

bryle 矿脉指示碎石;导脉;露头;矿漂石;铁帽 $[Fe_2O_3•nH_2O]$

Bryograptus 苔藓笔石属[O_1]

bryoide 磷氯铅矿 $[Pb_5(PO_4)_3Cl$;六方]

Bryophyllum 落地生根属[植;Q]

Bryophyta 苔藓植物门
　　→~{bryophyte} 苔藓植物

Bryopsis 羽藻属[绿藻;Q]

bryozoatum 海浮石

bryozoon 苔藓虫

Bryum 真藓属[苔;Q]

BS (度量衡)标准局[美];平衡表;退格;二进位制;两边;英国标准;后视;理学士;两面

bsh. 蒲式耳[=8 gal;=36L]

BS & W 油脚和水
　　→~ & W monitor 罐底垢水监测器

BT 海水深度温度自动记录(仪);海深温度自记仪;弯头;温深仪[深海温度测量器];深度温度仪;深温记录;弯曲的

B{L|R|S|L-S}-tectonite B{L|R|S|L-S} 构造岩

Btu 英国热(量)单位

B-type lead B 型铅;布利伯格型铅
　　→~ subduction B-型俯冲带

Bubalus 水牛属[Q]

bubalus 水牛

bubbing 沸腾

bubble 泡影;沸腾;泡沫;水泡;前缘吸力式分布;气泡;欺诈性的投机事业;液滴;(塑体的)隐匿气泡;往上冒;气孔
　　→~-cap tower{column} 泡罩塔 // ~ mineral attachment 气泡矿物黏附 // ~-particle encounter 矿粒-气泡相碰撞 // ~ tube 水准仪水泡管 // ~ well 注气井[烟道气、氮气或天然气] // ~ sand structure 气泡砂构造 // ~ sort 泡排序 // ~ tower 高圆柱形塔

bubbly 泡多的;发泡的
　　→~ ice 起泡冰

Bubo 猫头鹰属;雕鸮属;鸥鸮[E-Q]

bucamarangite 树脂状石

Bucanella 小丰ора螺属[腹;O-D]

Bucania 丰颐螺属[腹;O-P]

Bucanopsis 似丰颐螺属[腹;O-T]

bucaramangite 树脂状石

buccal 舌面;属于脸颊或口的
　　→~ cavity 口腔[甲壳] // ~ frame 口(腔)骨架[甲壳] // ~ mass 口块[软] // ~-plate 口板[海胆]

Buccella 面颊虫属[孔虫;E-N]

buccite 氟碳铈矿[$CeCO_3F$,常含 Th、Ca、Y、H_2O 等杂质;六方]
Bucculinus 巴卡库石[钙超;J_3-K_1]
Bucerotes 犀鸟属[Q]
Buchia 雏蛤属[双壳;J_2-K]
Buchiola 布氏蛤(属)[双壳;D]
buchite 假熔岩;玻(璃)化岩;波化岩;玻辉岩
Buchites 布基菊石属[头;T_3]
bucholzite 硅{矽}线石[$Al_2(SiO_4)O$;$Al_2O_3(SiO_2)$;斜方];细硅线石
buchonite 闪云霞玄岩;闪云灰玄岩
buchwaldite 磷钠钙石[$NaCaPO_4$;斜方]
buck 反极性;灰水;门边立木;雄鹿;突然开动[机器等];碱水;石英脉;提[水];反对;反向;轧碾;破碎;锯木架;试样研磨;顶撞;冲;大模型架;支架;(用)碱水浸;颠簸;锯架;屏蔽;传递;反面;推;消除;锯开;大装配架;跳跃;补偿;鹿弹;颤动[引擎];粉碎[矿石等]
→～ board 研样板;磨矿板;压碎板//～ hammer 研样锤;手用矿样研磨锤//～ hammer{iron} 碎矿锤//～ reef 非矿化
buckbean 睡菜
(knocking-)bucker 将伐倒的树木锯短的工人;碎矿机;碾压机;压碎机;溜槽推煤工;粉碎机;碎矿工;破碎机;碎矿锤
→～-up strip 筛布垫条
bucket (用)吊桶提水;铲斗;吊桶;水桶;水轮叶片;满桶;捞筒;勺斗;地址;输送器;活塞[往复泵的];叶片[水轮机等]
→～-chain dredger 斗链式挖掘船//～-chain excavator 铲斗链挖掘机//～ conveyor 斗式转载车//～-line and hydraulic dredge 链斗式水力挖掘{采金}船//～ outreach 铲斗伸出{展}长度
buckhead 防水舱壁
buckingite 亚铁铁矾;粒铁矾[$Fe^{2+}Fe_2^{3+}(SO_4)_4$•$14H_2O$;三斜]
bucking ore 手锤碎矿
→～-out{back-off} system 补偿系统//～ plate{iron} 碾磨矿石试样的平铁板//～ the tongs 铺设螺纹管线的铺管队//～ the tool joint 给钻杆装接头
bucklandite 黑帘石;褐帘石[$(Ce,Ca)_2(Fe,Al)_3(Si_2O_7)(SiO_4)O(OH)$,含 Ce_2O_3 11%,有时含钇、钍等;$(Ce,Ca,Y)_2(Al,Fe^{3+})_3(SiO_4)_3(OH)$;单斜]
buckle 箍;褶曲;由于压力或热力弯曲;压弯;屈曲;扣紧;弯折;扣子;屈服;弯曲;套;变形;扣住;带扣;胀砂[铸];使弯曲;挠曲;(使)翘棱;背斜顶部;变弯;夹
Buckley-Leverett immiscible displacement theory 巴克利-莱弗里特非混相驱理论
buckling 纵向弯曲;挠度;曲度参数;挤弯作用;曲折点;压曲[纵向];扣住;失稳;翘曲;屈曲;皱缩;弯曲作用
→～ hypothesis 挠曲说;弯曲说//～ load 压曲临界负{载}荷//～ of crust 地壳弯曲//～{crippling} stress 曲折应力//～{torsion(al)} stress 扭曲应力
buckplate 磨矿板
bucksaw 架锯
buckshot [pl.-,-s] 粒化熔岩{黏土}[冲积层];熔岩粒;土层中的铁瘤或锰瘤;核黏土;铁锰结核;大弹丸;大钻粒;大金属粒
buckstaves 夹炉板
buckstone 不含金(的)岩石
bud 萌芽;发芽;芽;(使)开始生长
→～ scar 芽痕
Buddhaites 菩萨菊石属[头;T_2]
budding 出芽分生{生殖}
→～ effect 弯曲效应//～ individual 芽生胞管;茎胞管[笔]
buddingtonite 水铵长石[$NH_4AlSi_3O_8$•½H_2O;单斜]
buddle 回转圆形淘汰盘淘洗;固定式圆形淘汰盘;淘汰盘;洗矿槽;淘洗;斜面洗矿(床);(用)洗矿槽淘洗
Buddleia 醉鱼草属[植;Q]
buddleman 洗矿人
buddler 洗矿人;洗矿工
buddlework 淘洗
buddling 淘选
buddstone 蓓蕾石
budget 编预算;经费;便宜;预算;合算的;支配;预定
→～{general;rough;budgetary} estimate 概算
Budocks stato 美国海军新型锚
Budorcas 扭角羚属;羚牛属[Q]
buergerite{buergerita} 纤锌矿[ZnS(Zn,Fe)S;六方];布格{氟钠铁}电气石[$NaFe_3^{3+}Al_6(BO_3)_3Si_6O_{21}F$;三方]
Buerger precession method 布尔格(旋进{徘循})法
Buerger's vector 柏氏矢量
buetschliite 三方碳钾钙石[$K_2Ca(CO_3)_2$;三方];水碳钾钙石
Buettneria 布特耐龙属[T_3]
buff(er(ing)) 擦光;软(牛)皮;减振;抛光轮;抛光;(用)软皮擦亮;米色;浅黄色;缓冲
→～-top cut 圆顶式琢型[宝石]
buffalo 威迫;水牛属[Q];野牛
→(water) ～ 水牛//～ wallow 小浅水池
buffer 保险杆;减振器;阻尼器;(微电子学中的)过渡(层);阻尼;(用)缓冲液处理;消声器;去耦元件
→～ blasting 减振爆破;压渣爆破//～ pad{solution} 缓冲液//～(ed) reaction 缓冲反应[变质岩矿物与流体间]//～ row 缓冲爆破的排钻孔;缓冲排孔//～ tank 稳压罐;组冲罐//～ unit 缓冲装置
buffered washpipe 带阻尼挡板的冲洗管
buffering 减振;中间转换
→～ agent 缓冲剂
buffer pad{solution} 缓冲液
→～ pool 缓冲器组//～(ed) reaction 缓冲反应[变质岩矿物与流体间]//～ row 缓冲爆破的排钻孔;缓冲排孔//～ storage 调节储存量
buffing 抛光;擦光
→～ composition 抛光剂//～{glazing} machine 抛光机//～ paper 磨皮砂纸
Buffon's needle problem 蒲芬投针问题
Bufo 蟾蜍属[E_3-Q]
bug 防盗报警器;程序错误;缺陷;硬件错误;管外自动焊接机;管子内壁刮除器;清管器;(在……)装窃听器;臭虫;机器等上的缺陷;电键;刮管器;故障;窃听器;干扰
→～{drilling} dust 钻(井岩;下的岩)屑//～ dusting 清除岩石;清除煤粉//～ hole 晶穴//～{vooge} hole 晶洞
Bugasphaera 皱面球藻属[E_3]
bugdust 截粉
bugduster{bug duster} 除粉器
bugdusting 清除煤粉
bugger 劈理[岩、煤]
buggy 手推土车;手推车;小车;岩粉;煤粉;梭(式矿)车;钻粉;短途用的小推车;煤车
→(tilting) ～ 翻斗车//～ breast method 矿车进入矿房的房柱式开采法;矿车进入工作面的全面采矿法//～ gangway (用)小矿车运输的中间平巷//～-mounted 装在沼泽越野车上的
bugite series 紫苏英闪岩系
bugor[俄;pl.-i] 丘陵;小丘
bugs 原因不明的故障
Bugula 草台虫
buhr 磨石;硅质磨石;石灰岩[以 $CaCO_3$ 为主的碳酸盐类岩石,其中碳酸钙常以方解石表现]
→～{buhrstone;burr;huhrstone} mill 石磨机//～ mill 硅石磨盘
buhrimill 石磨
buhrstone 臼石
build 铺设;建设{筑};造型;构成;修;组;造;插入
→～ arches with bricks or stones 碹{礦}//～{round}-down 降低//～ in 加入//～-in 嵌入的//～ labourer 建筑工人//～ up 聚积;积聚;岩隆;形成;压力增加//～(ing)-up 增长
builder 充填墙用的石料;施工人员;建设者;增效助剂;助洗剂;制造厂;建筑人员;建筑工人;组分;组化[化学]
→～ in stone 石匠
builder's diary 施工员日志
→～knot(绳索)死结;(酒)瓶结[一种结绳法]//～ yard 建筑场地
building 组装;房屋;建筑物;建造;组合;建筑;大楼
→～ buddle 累积式淘汰盘;斜面累积洗矿槽//～{structural} stone 建筑石料//～ stones 石料
buildout 外积
buildress 女施工员
build, sail and drop 造斜、稳斜、降斜(型)[井眼轨迹]
buildup 积累;建隆;岩隆;生长;生物凸起;恢复;集结;增长;组成;建造;增加;产生;装配
(pressure) build-up test 压力恢复测试{试井}
built(-up) 建立
bukovite 硒铜铊矿;硒铊铁铜矿[$Tl(Cu,Fe)_2Se_2$;四方]
bukovskyite 羟砷铁矾[$Fe_2^{3+}(AsO_4)(SO_4)(OH)$•$7H_2O$;单斜]
Bukryaster 巴氏星石[钙超;K_2]
bulachite 水羟砷铝石[$Al_2(AsO_4)(OH)_3$•$3H_2O$];羟砷铝石
bulb 球状物;外壳;小球;壳;气泡;球管;鳞茎[植];真空管;烧瓶;温度表的水银球;灯泡;水银球;球形物
→(electric) (light) ～ 电灯泡
bulbar ring 泡破圈;打击圈
Bulbaspis 球刺虫属[三叶;O]
bulb glacier 山麓冰川;球状冰河;球鼻冰川;扇形冰川尾

B

Bulbilimnadia 瘤渔乡叶肢介属[J₂]
Bulbistroma 鳞层藻属[Z]
Bulbochaete 球刺藻属；毛鞘藻属[Q]
bulb of pressure 膨胀压力；应力泡
bulbos 膨大形
bulbose 球茎形
Bulbostylis barbata 球柱草[Cu 示植]
bulbous 球形的；球根的；球茎形；鳞茎状
→~ algal stromatolite 球茎状藻叠层石
bulb pile 扩端桩；爆破桩；球根桩
→~ stopper 球塞//~-tubulating machine 接管机
Bulbus 球根螺属[腹;E₂-Q]
buldymite 新黑蛭石[Mg,Fe²⁺,Fe³⁺及 K 的铝硅酸盐,可能是一种水云母]
Bulgaria 保加利亚
bulgarite 球状碱安岩
bulge 泥核底辟；隆丘；使膨胀；地板隆起；优势；膨胀；矢高；鼓包；拱度；隆起；熔岩疱；熔岩钟；凸出部分；熔岩肿胀；鼓出部分；膨出部分；熔岩瘤；凸角；变厚；暴增[体积数字等]；鼓胀；凸度；鼓起
bulged blade 凸形叶片；凸起叶片
bulge derrick 钻杆盒在旁侧的井架
bulged finish 凸口
→~ in 打入(地中)的[如管子等]//~ {blow} out 爆裂//~ tube 膨胀管
bulge hypothesis 冰盖肿胀假说
→~ size 膨胀大小//~ stress 拱凸应力
bulging 鼓起；撑压内形法；凸出；膨胀
→~ cylindrical hole 膨胀圆柱形孔眼
bulgram 煤层中黑(黏)土夹层
bulgun(n)yakh 冰核丘；冰岩盘
Bulimina 小泡虫(属)[孔虫;J-Q]
Buliminella 微泡虫属[孔虫;K₂-Q]
Buliminoides 似小泡虫属[孔虫;E₂-Q]
Buliminopsis 拟饥螺属[腹;Q]
Buliminus 饥螺属[腹;Q]
Bulinus 小泡螺属[腹;E-Q]
Bulitian 布里特(阶)[北美;E₁]
bulk(y) 使成大量；胀重；整体；体积；松散材料；大量；大量的；大批；基本部分；大多数；大批的；堆；大块；货舱；显得(重要)；合计；形成大块；大部分；整批的；总的；主体；图书厚度[封面、封底不计在内]；松散的
bulk{major} element 主量元素
bulkhead 挡水墙；隔墙；堤岸；护岸；炉头(端墙)[平炉]；实心垛架；防火门；隔板；(隔)风墙；隔热板；防水闸门；用壁分隔；墙分隔；海塘；护岸壁；堵壁；有闸门的严密水坝；堵头；流水槽出水端；填实垛架；(钢管的)闷头；风门；挡土墙
→~ line 港口护岸坡脚线//~ material 砌隔墙用材料//~ method 分层浇注混凝土法//~ wall 岸壁
bulking 胀大(胀)；(砂的)湿胀性；松散；体胀；污泥；隆起；膨化(变形)
bulk memory device 大容量记忆设备
→~ {wholesale} mining 混合回采//~ molding compound 散状模塑料//~ ore 疏松矿石//~ plant 油库//~ reduction 小批装油//~ rockfill 抛石体//~ sulphide concentrate 混合硫化物精矿//~ volume of gravel 砾石的充填体积
bulky 大体积的；笨重；庞大的；阔厚的

→~ goods 散装货物//~ sludge 松散淤泥
Bull 金牛座
bull bit 凿形钎头；凿钻头
→~ block 拉丝机//~ clam 弯曲刮刀推土机//~ dog 打捞卡；钻管夹；grip 钢丝绳夹//~ engine 蒸汽水泵；直接连泵(的蒸汽)机
bullclam 刮斗机；弯曲刮刀推土机
→~ shovel 平土机
bulldog 补炉底材料；钻杆或钻套的安全夹子；打捞工具
→~ double-slip spear 双卡瓦的打捞矛//~ grip 钢丝绳夹//~ {stringing} grip 绳夹；绳卡
bulldoze 推压；二次爆破；糊炮爆破；挤压；(用)推土机平场地；轧平；推土；推集；推装
bulldozer 粗碎机；压弯机；冲压机；压路机；推土机；壮工
bulldust 粉砂；粗尘
bulled{coyote;gopher} hole 药室
→~ {squibbed} hole 药壶
buller 海岸(岩石中的)吹穴
→~ shoot 二次放炮//~ shooting 瞎炮后二次爆破//~ shot 二次爆破
bullet 射孔弹；喷口整流锥；弹丸；刮管器；细粒球状金刚石；子弹；撞针(尖)；取芯弹；针；核心；油井爆破小药包；插塞；锥形体；打捞管
→~ hole 射孔孔眼//~ impact test 枪击感度试验//~ {notice} board 布告牌//~ locator 子弹位置探测器[射孔]//~ perforator 子弹式射孔器//~ (-)proof glass 防弹玻璃//~ type tank 卧式圆筒形压力储罐
bulletin 会刊；会报；报告；公告；公报
→~ {notice} board 布告牌
bullet locator 子弹位置探测器[射孔]
→~ perforation 子弹射孔//~ perforator 子弹式射孔器//~ perforator{gun}(子弹)射孔器//~ removal tool 取芯弹排脱器
bullfrog 平衡锤；牛蛙；向上推矿车用的小车
bull gang 铺管(工地)壮工；采油队壮工
→~ gear{wheel} 大齿轮//~ grunter 多斑石鲈//~-hole blasting 葫芦爆破//~ rod 炮棍//(base) ~ 粗金属锭[有色]//~ content 矿物中金银含量
bullgrader 填沟机
bullheading 压回地层压井法；注入；替入；挤入
bullies 脉内岩块
bulling 岩缝装药爆破；装填
→~ bar 孔壁糊泥棍//~-hole blasting 葫芦爆破//~ rod 炮棍
bullion 团块；结核；纯金；纯银；石蛋；顶板中含大量海相化石的结核；锭形金属；金银块；煤层结核；化石结核
→(base) ~ 粗金属锭[有色]//~ content 矿物中金银含量
bull shaker 摇动溜槽；摇筛
→~ tongs 重型管钳//~ wheel 链轮；卷绳轮；牛轮；(捣矿机)凸轮轴轮//~ {drive} wheel 驱动轮//~ {rear} wheel 尾轮
bully 井场壮工；矿用锤；工锤；副司钻；油矿工人

Bulmanograptus 布氏笔石属[S₁]
Bulogites 布洛格菊石属[头;T₂]
bulten 土丘
bultfonteinite 氟硅钙石[Ca₂SiO₂(OH,F)₄；三斜]；水氟硅钙石
bulwark 保障；防御物；保护；防波堤；堡垒；舷墙；防御
→~ {accommodation} ladder 舷梯//~ strake 舷坡列板
Bumastus 大头虫属[三叶;O-S]
bump 中断一下；岩石受压移动；碰；突然地；凸起；煤岩突出；凸度；拐点；突出；连续起飞降落；冲击地压；冲撞；撞击；猛烈；突然冒顶；撞伤；簸动；颠簸；折曲[曲线上的]
→(sudden) ~ 岩石突出//~-cutter machine 整平机[混凝土路]//~ down 光杆下行撞击//~-prone pillar{|area} 易发生突出的煤柱{|区域}//~ seat 冲击地压源；岩石突出源地
bumped head 凸形底
bumper 丰盛的；脱模机；阻尼器；震器；推车工；同类中特大者；钻具松动器；减振器；消音器；防冲器；缓冲器
→~ jars 下击器；冲击锤//~ stone deflector 缓冲防石器
bumping 剧沸；凸出；爆腾；冲挂；造成凹凸；冲击；锤击；冲震；崩沸[物]；放气；冲撞；岩石突出
→~ mechanism 减振机构；缓冲装置//~ {percussion} table 碰撞式摇床
bumpy 颠簸的
buna 丁钠橡胶；布纳合成橡胶
bunch 小矿巢；一束；(使)成一束；矿团；富矿段；聚束；管状矿脉膨大部分；凸出；一簇；隆起；串；束；簇；一串；凝块；捆成一束；黏合；穿成一束；矿巢；矿囊；黏合剂；打褶
→~ of broken rock 采落岩石(的成)堆(排列)
bunchberry 石生悬钩子
bunching 成群；群聚；成组
→~ effect 集束效应//~ of broken rock 采落岩石(的成)堆(排列)//~-up 架空堵塞
bunchy 分散小矿巢组成的矿体；矿巢
bund 岸；挡土墙；码头
Bundela{Imperial} Red 印度红(中花)[石]
bundle 包；捆；丛；晶束；波束；光束；扎线；包裹；包袱；叠；一束；一捆；把；一堆[相当大]
→~ (up) 束//~ adjustment 光束(法平差)//~ of capillary tabes 毛细管束//~ of energy 能束//~ of fold 褶皱束
bundled conductor 导线束
→~ tubes 管束
bundle of capillary tabes 毛细管束
→~ of capillary tubes pack 毛细管束模型//~ of energy 能束//~ of fold 褶皱束//~ scar 维管束痕
bundling 捆扎
bunds 堤岸工程
bung 塞头；(桶等的)塞子；(可移动的)反射炉炉盖；桶塞；塞住
→~ (hole) 桶口//~ bord 企口板桩//~ down 钻一口井//~ hole 注入孔
bungalow 有凉台的平房
bungonite 丰后 { 铬绿泥 } 石 [Mg₃(Mg,

Cr)$_3$(Cr^{3+}Si$_3$O$_{10}$)(OH)$_8$]

bunk 床铺[轮船、火车等椅床两用]

bunker 地堡；料斗；装斗；煤箱；斗仓；煤舱；储藏库；仓；煤斗；装仓；把(油)注入燃料舱油槽；小砂洞；把(煤)堆进煤舱；地下掩地；料仓
→~ (boat) 油槽船 // ~ (storage) ~ 贮仓；矿仓；矸石仓

bunkerage 装入矿仓；贮煤设施

bunker boat 燃料油船
→~ car 槽式矿车；仓式矿车 // ~ clothing 消防服 // ~ conveyor (煤仓；储仓式)输送机 // ~ fuel oil 船用锅炉燃料油

bunkering 矿仓贮矿；给船装燃料油；装仓；装燃料

bunker line 供燃油管路
→~ {black} oil 船用油 // ~ position indicator 煤斗装置指示器 // ~ station 燃料油储油站，贮料站 // ~ train 槽式列车

bonn(e)y 矿巢；矿囊

bunodont 丘型齿

Bunodonta 丘齿类[偶蹄目]

bunolophodont 丘脊牙{齿}型

bunopithecus 原齿猿属[N$_3$]

bunoselenodont 丘月型齿

Bunoselenodonta 瘤月齿类[偶蹄目]

Bunsen beaker{flask} 平底烧瓶

bunsenite 绿镍矿[NiO；等轴]

bun-shaped 圆面包状

bunsite 绿镍矿[NiO；等轴]；氟菱钙铈矿[Ce$_2$Ca(CO$_3$)$_3$F$_2$，常含 Y、Th]；氟碳酸钙铈矿[(Ce,La)$_2$Ca(CO$_3$)$_3$F$_2$；Ce$_2$Ca(CO$_3$)$_3$F$_2$]

bunt 石镞；撞
→~ lime 焦斑

Bunter 本特(阶)[德；T$_1$]

bunton 横撑；罐道梁；矩形罐梁；横梁[井筒]
→~ pocket{box;hole} (井筒)梁窝 // ~ pocket 罐梁窝

buntsandstein 斑砂岩统[德；T$_1$]

buntsandstone 斑砂岩统

buoy(ance) 浮力；浮筒；浮起；救生具；救生圈；浮标；浮子
→~ mooring 浮桶泊 // -type seismic station 流动地震台

buoyage 浮标系统

buoyance 浮性；轻快；恢复力；弹性
→~ of water 水的浮力

buoyancy 浮性；扬压力；浮托压力；浮力；恢复力；弹性
→~ factor 浮力系数 // ~ raft 浮筏基础

Bupleurum 柴胡属[Q]

bur 调查；生物钻孔；钻研；潜穴[遗石]；打洞；磨石；虫孔；旋转钻头；块燧石；毛口

buran 布朗风；布冷风[中亚]

burangaite 磷铝铁钠矿[(Na,Ca)$_2$(Fe^{2+},Mg)$_2$Al$_{10}$(PO$_4$)$_8$(OH,O)$_{12}$·4H$_2$O；单斜]；布兰加石；磷铝铁钠石[(Na,Ca,Mn)(Fe^{2+},Fe^{3+},Mg) Al(PO$_4$)$_3$；单斜]

b(eta)-uranotile 乙型硅钙铀矿

buratite 钙绿铜锌矿；绿铜锌矿[Zn$_3$Cu$_2$(CO$_3$)$_2$(OH)$_6$;(Zn,Cu)$_5$ (CO$_3$)$_2$(OH)$_6$；斜方]

burbankite 黄碳锶钠石 [[Na,Ca,Sr,Ba,Ce)$_6$(CO$_3$)$_5$；六方]；黄菱锶钠矿[Na$_2$(Ca,Sr,Ba,Ce,La)$_4$(CO$_3$)$_5$]；布尔班克石；碳铈钙钠石[Na$_2$(Ca, Sr,Ba,Ce,La)$_4$(CO$_3$)$_5$]

burbling 扰流；层流变湍流；气流分离
→~ cavitation 局部空泡

burckhard(t)ite 硅碲铁铅石 [Pb$_2$(Fe^{3+},Mn^{3+})Te^{4+}(AlSi$_3$)O$_{12}$(OH)·H$_2$O；单斜、假六方]

burden fluxing sinter 熔剂性烧结矿炉料

burdening 承载；装料

burden line on the toe of the hole 炮眼底部{端}抵抗{负载}线
→~ of river 河流负荷 // ~ of river drift 河流夹砂 // ~ removing 表土剥离；剥离工作 // ~-to-spacing ratio 炮孔密集系数

Burdigalian 布尔迪加尔阶[N$_1$]
→~ stage 波尔多{布迪加尔}阶[N$_1$]

bure 煤矿

bureau of coal industry 煤炭局

Bureau of Community Environmental Management 公共环境管理局
→~ of Land and Resources 国土资源局 // ~ of Marine Geological Investigation 海洋地质调查局 // ~ of Mineral Development Supervision 矿产开发管理局 // ~ of Mineral Resource 矿物资源局[澳] // ~ of Mines 矿业局；矿务局

Bureau of Safety Supervision 安全监督管理局；安监局

buret{burette} 量管；滴定管

burg 城市

burgasite 布加斯岩

Burger's body 伯格体

Burgers dislocation 伯格斯位错[螺型位错]

burglar 窃贼

burgy 薄煤；碎煤；末煤[<2in.]

burhel 岩羊

burial 掩蔽；埋藏；埋葬
→~ hill 埋伏丘

buried 内部的；潜在的；地下的；沉没的
→~ {burial} depth 埋藏深度 // ~ {underground} heated line 地下加热管线 // ~ hill 埋藏丘 // ~ hill rule 潜山找矿准则 // ~ oil pipeline 地下输油管道 // ~ {deep} placer 深砂矿；埋没砂矿 // ~ suture{buried-suture} 潜伏裂缝

Burithes 薄里螺属[$\in_1$]

burk (脉中)硬矿块；矿脉内硬块

burkeite 碳(酸)钠矾 [Na$_6$(CO$_3$)(SO$_4$)；斜方]

Burkina Faso 布基纳法索

burlap 粗麻布；包缠管子的粗麻布

burley clay 斑点黏土

Burlington limestone 布林顿石灰岩[北美；C$_1$ 下部]

Burmesia 缅甸蛤属[双壳；T$_3$-J$_1$]

Burmirhynchia 缅甸贝属[腕；J$_2$]

burmite 缅甸(硬)琥珀

burn(ie) 雾消；烧焦；烧伤；烙印；灼伤；浪费；燃毁；利用(铀等)的核能；烧制；烧成；燃；点着；发热；放光；火伤；烧消耗；烧焦；小溪；烧毁；点[灯等]

burnability 易烧性；可(熔)烧性

burn a bit 转数过大；因摩擦过热钻头损坏

burnable 可燃的；可燃物；易燃物
→~ bone 可燃页岩 // ~ poison element 可燃毒物元件

burn-back 炉衬烧损(减薄)；(焊接)烧接；复燃[消防]

→~ resistance test 抗烧结试验

burn caused by fire 火伤
→~ (-)cut 平行孔掏槽 // ~-cut hole 直线掏槽 // ~-cut jumbo 直线掏槽孔凿岩台车 // ~ in 烧热(钻头)；岩芯因摩擦过热烧干；老化；干钻卡断(岩芯)；钻头过热烧坏 // ~ into{in} 烙上；腐蚀 // ~ marks 烫痕 // ~ out 烧尽

burned bit 烧损钻头
→~ high-silica magnesite 镁硅石 // ~-impregnated magnesiodolomite brick 烧成油浸镁白云石砖 // ~ {quick;free; caustic;unslacked;calcined;dehydrated} lime 生石灰

burner 燃硫炉(化)；燃烧炉；凿岩机；灯头；炉；气割工；烧矿工；火药柱；火焊工；灯；喷烧器；喷嘴[烧煤]

burnetizing 氯化锌溶液(浸)渍木(材)

Burnham seal 伯纳姆密封

burning 氧化；燃烧；热烈的；气割；紧要的；煅烧；焙烧；过烧[热处理]
→~ degree 燃烧程度 // ~-halo 焰晕 // ~-in 钢包砂；金属渗入砂型 // ~ into sand 夹砂

(gas-)burning line 燃料管线；燃气管线[油]
→~ nozzle 火钻喷嘴 // ~ of bit 烧钻，钻头烧毁 // ~ {fire;ignition;flare} point 燃烧点 // ~ sand 黏砂层；烧结砂块 // ~ section 火区 // ~ through 烧穿 // ~ waters 石油[旧]

burnish 摩擦抛光；因受擦而发亮；划出；磨光；光亮；(压力计记录笔尖在卡片上)画出；光泽；抛光；擦亮[金属等]

burnishing{buffing;rag} wheel 抛光轮

burnishment 抛光

burnout 烧坏；大火(灾)；烧尽；熔掉暗模；钻头金刚石过热烧坏；歇火(时间)[喷气发动机]

Burnside apparatus 伯恩赛式探水钻机
→~ boring machine 白恩塞特探水钻机

burnsite 伯恩矿[KCdCu$_7$O$_2$(SeO$_3$)$_2$Cl$_9$]

burnstone 硫黄矿；天然硫

burnt bit 烧损的金刚石钻头；烧毁的(金刚石)钻头
→(dead) ~ gypsum 烧石膏 [CaSO$_4$·½H$_2$O；三方]

burn through 焊穿
→~ {burn} lime 烧石灰 // ~ lime 煅烧石灰；煅烧石灰 // ~ magnesia 锻镁氧矿 // ~ ochre 烧赭石 // ~-out areas{zone} 烧尽区[煤炭地下气化] // ~ pellet 熟球团矿 // ~ sand 枯砂 // ~ {heated} stone 热变彩石

burnt in sand 机械黏砂[冶]
→~ {burn} lime 烧石灰 // ~ lime 煅烧石灰；煅烧石灰 // ~ magnesia 锻镁氧矿 // ~ ochre 烧赭石 // ~ pellet 熟球团矿 // ~ sand casting 焦砂型铸造 // ~ {heated} stone 热变彩石

burn-up 燃耗；烧毁[火箭、人造卫星]；燃尽；烧尽
→~ factor 燃烧系数 // ~ level 燃耗深度

burozem 棕壤[俄]

burp 排气

burr 角环[鹿角]；轴环；垫圈；磨石；脉结(线头)焊片；砺石；毛头；毛边；毛刺；角盘；衬片；月晕；毛口；小圆锯；

三角凿刀；凿痕；凿纹；去毛刺；圈；光轮；套环；硬石[难钻透的]

burrel gas detector　少量沼气检定仪

Burrell apparatus　伯罗尔型气体分析器
→ ~ indicator 布雷利型瓦斯检定器

burr-free　无毛刺

burrher　岩羊

burring　去毛刺
→ ~ chisel 清除毛刺用凿 // ~ of taper prop 地压支柱尖端压裂

burr{buhr;buhrstone;pan} mill　盘磨机
→ ~ {buhr;bunt} mill 双盘石磨 // ~ down 潜入 // ~ organism 穴居生物 // ~ structure 洞穴构造 // ~ removal 清除毛刺；除毛刺 // ~ rock 布尔岩；英云岩

burrow　潜穴[遗石]；穴；洞；虫孔；肌石；矸石堆；脉石；钻研；掘穴；打洞；废石堆；生物钻孔；(地下)躲避处；钻入；废石；调查；地洞；穿孔
→ ~ down 潜入

burrowed pelmicrite　挖穴球粒微晶灰岩
→ ~ structure 穿穴构造

burrowing　掘穴
→ ~ {boring} animal 穿孔动物 // ~ organism 穴居生物 // ~ type 潜穴类型

burrow-mottled sediment　穴斑沉积物
→ ~ {boring;bore} porosity 虫掘孔隙 // ~ structure 洞穴构造

burr removal　清除毛刺；除毛刺
→ ~ rock 布尔岩；英云岩

burrstone　臼石；硅质磨石；磨石

Bursa　蛙螺属[腹;E-Q]

bursa[pl.-e]　内鳃囊[蛇尾类]

Bursachitina　囊几丁虫属[S-D₂]

bursaite　灰硫铋铅矿；柱辉铋铅矿[Pb₅Bi₄S₁₁;单斜]

burst　冲决；突然发生；爆裂；冲塌；冲击地压；正弦波群；破裂；闪光；岩石喷出；充满；射电噪声爆发；脉冲；突然发作；阵；崩；脱落块[岩石等]；堆满；决口；爆破；爆；短脉冲群；炸裂；突出；爆喷[地热]
→ (knock;pressure) ~ 岩石突出

burster　引爆包；爆炸管；爆炸剂；起爆药；爆裂药；爆破者；无截槽爆破
→ (southerly) ~ 南寒风[澳] // ~ {bursting} disk 安全隔板

burst error　突发错误
→ ~ factor 破裂系数 // ~ height 爆炸高度

bursting　爆破；爆炸；突发；碎裂；爆发
→ ~ {explosion} disc 防爆盘 // ~ force 炸力；爆破力 // ~ fracture 爆破裂隙 // ~ strength 脆裂强度 // ~ tool 破碎工具

burst in the bore　膛内爆炸
→ ~ mode 成组方式 // ~ noise 冲击噪声 // ~ of air 空气胀出[浮选充气失宜]；气浪 // ~ of rail base{bottom} 轨底崩裂

bu(h)rstone　臼石；硅质磨石；磨石
→ ~ mill 石磨床

burstout　破坏带；过冲带[地震记录]

burst out　冒出

burtite　羟锡钙矿[CaSn(OH)₆]；钙锡石

burton　复滑车

Burton-Cabrera-Frank{BCF} model　BCF 模式[晶长]

→ ~ {BCF} model 布尔顿-卡布莱拉-弗兰克模式

Burt revolving filter　伯(尔)特型转筒过滤机
→ ~ solar compass 伯特测定真子午线罗盘

burutite　绿铜锌矿 [Zn₃Cu₂(CO₃)₂(OH)₆;(Zn,Cu)₅(CO₃)₂(OH)₆;斜方]

bury　黏土页岩；埋葬；遮盖；软黏土；软页岩；埋藏
→ ~ alive 坑 // ~ barge 埋管驳船

buryatite　羟硼钙矾石 [Ca₃(Si,Fe³⁺,Al)(SO₄)(B(OH)₄)(OH)₅O•12H₂O]

buryktalskite　布留石；布雷石；杂锂钾锰石

burystone　硅质磨石

bus　信息转移通路；公共接头；公共汽车；导电条
→ (wire;bar) 母线；干线 // ~ (wires;bar) 汇流条 // ~ -bar{busbar} (wire) 汇流条 // ~ adaptor type 母线接盒型

busbar adapter　接母线盒
→ ~ adaptor type 母线接盒型 // ~ blanking plate assembly 母线挡板装置

Buschophyllum　布什珊瑚属[D₂₋₃]

bush　灌木丛；加(金属)衬套于……；轴承于……；绝缘管；翼橱；矮树丛；灌树丛；灌木；衬套；轴衬；套筒
→ (axle) ~ 轴瓦 // ~ bady 婴猴属；狙属[Q]

bushhammer　凿毛锤；凿石锤[矿]；石工锤；琢毛锤；气动凿毛机；汽动凿毛机；(琢石用)齿纤锤；鳞齿锤

bushing　补心；衬；螺丝缩接；加金属衬里；变径接箍
→ ~ bracket 漏板托架 // ~ elevation 补心高度 // ~ extractor 衬套拔出器 // ~ insulator 绝缘套管

bushite　硅酸铈铒矿；硅铈铒矿

bushland　矮灌丛地

bushmakinite　羟钒磷铝铅石[Pb₂Al(PO₄)(VO₄)(OH)]

bushmanite　镁锰明矾[(Mg,Mn)Al₂(SO₄)₄•22H₂O]；锰镁明矾

bushveld　灌丛草原

bushwash　非加热无法破坏的乳化液；油罐底部的残渣；石油和水的乳化液

bush-wood　灌丛

business　商店；事(务)；交易；商业；职业；业务；工作；商行

busorite　钙霞正长岩

bussenite　羟氟碳硅钛铁钡钠石[Na₂Ba₂Fe²⁺TiSi₂O₇(CO₃)(OH)₃F]

bustamentite　碘铅[PbI₂]

bu(ch)stamite　锰硅灰石[(Ca,Fe,Mn,Mg)SiO₃;(Mn,Ca)₃(Si₃O₉);三斜]；钙蔷薇辉石[(Mn,Ca)SiO₃,含 Ca 的灰红色蔷薇辉石变种]

bustarnite　钙蔷薇辉石[(Mn,Ca)SiO₃,含 Ca 的灰红色蔷薇辉石变种]

buster　刨煤镐；爆破筒；庞然大物；落煤楔；风镐；落煤机；炸弹[巨型]
→ ~ {starting;opening} shot 开门炮孔

bustite　顽辉无球粒陨石；布斯特(顽辉)陨石

bustle　催促；奔忙；活跃
→ ~ (pipe){bustle gas duct} 环风管

bustnaesite　氟碳铈镧矿

busy　工作[运算正常进行]；繁华；繁忙
→ ~ -back signal 忙回信号；占线信号 // ~ passenger (or freight) route{busy route} 热线 // ~ {busy-back;engaged} signal 占线信号

buszite　氟碳铈矿[CeCO₃F,常含 Th、Ca、Y、H₂O 等杂质;六方]；硅酸铈铒矿；硅铈铒矿
→ ~ -hinge 铰链

butadiene　丁二烯

butane　丁烷[CH₃CH₂CH₂CH₃]
→ ~ flame methanometer 丁烷火焰连续记录沼气浓度仪 // ~ phosphonic acid 丁基膦酸[CH₃CH₂CH₂CH₂PO₃H₂]

butanol　丁醇[C₄H₉OH]
→ ~ amine 丁醇胺[HO(CH₂)₄•NH₂]

butanone　丁酮[(C₄H₉)₂CO]
→ ~ -2 丁酮-2[C₂H₅COCH₃]

Butchart machine　布查特改装转子型浮选机

butea　紫矿属

butene　丁烯[C₄H₈]

Buthidae　远东蝎类

butlerite　基铁矾[Fe³⁺(SO₄)(OH)•2H₂O;单斜]

butoxy alkyl polysulfide　丁氧基烷基多硫(化物)[(C₄H₉OR)₂Sₓ]
→ ~ benzene 丁氧基苯 [C₄H₉OC₆H₅] // ~ ethoxy proganol 丁氧乙氧基丙醇 // ~ triglycol 丁氧基三甘醇

bü(e)tschliite　胶方解石；菱碳钙钾石；三方碳钙钾石；碳钾钙石[K₂Ca(CO₃)₂;六方]；水碳酸钾钙石[K₆Ca₂(CO₃)₅•6H₂O]

butt　平巷；暴露煤面；铰链；炮根；与节理面垂直的煤壁；面采平巷；坯；(使)邻近；伸出；大桶；枪托；实心木埮；铸块；凸出；接头；与工作面成直角的煤面；与主解理成直角推进的采煤工作面；锭；靶；接合处；桶；底部；端面；顶撞；抵触；射击目标；紧靠；碰撞；柄[工具]
→ ~ and collar joint 加套对接 // ~ and strapped joint 管子对口再用套筒铆住的连接 // ~ block 对接缝衬垫 // ~ {end} cleat 次裂理[与 face cleat 对]；煤的次要内生裂隙组；端割理 // ~ cover plate 并合盖板

butt-entry　与主平巷垂直的煤巷
→ ~ -entry 与次解理成直角的平巷

butterfly　蝶形阀；角铁；角钢；节气门；节流门；蝴蝶
→ ~ bamper{gate;valve} 蝶阀 // ~ chute door 蝶形阀式溜槽闸门 // ~ filer 蝶式滤波器 // ~ twin 蝶形双晶

Butterworth bandpass　巴特沃思氏带通{通频带}；蝶值带通
→ ~ filter 平通带频率滤波器[震勘] // ~ head (油船上)机械洗舱管头 // ~ hole (油船主甲板上的)洗舱孔

buttgenbachite　毛青铜矿[Cu₁₉(NO₃)₂Cl₄(OH)₃₂•2~3H₂O;六方]

butt{abutment} joint　对抵接头
→ ~ joint 对焊；(煤层)次解理面；碰焊 // ~ plate 连接板 // ~ strap 拼接板；鱼尾板 // ~ -strap joint 搭板对接 // ~ -welded casing 对焊套管 // ~ welding{joint;joint} 对接焊

buttock　煤壁[面]拐角；缺口；巷道帮壁；煤帮；工作面端部
→ ~ face 与长壁工作面垂直的工作面；

B

切口端面 // ～ line 纵剖线 // ～{in-web} shearer 截深内滚筒采煤机

button 电钮；金属小块；微型电极[微电阻率测井]；珠球；电键；扣子；旋钮；小型电极；扣上；按键；开关

buttress 板状根；扶壁{垛}；小礁堤；支持(物)；前扶垛；支柱；扶壁支柱；支撑{墩；壁}；扶突[牙石]；山根；岩山嘴

→～ bracing 垛间支撑 // ～ casing thread 偏梯形套管螺纹 // ～ coupling 加强接箍 // ～ dam 垛坝

buttressed{counterforts} retaining wall 扶壁式挡土墙

buttress jackscrew 锯齿形起重螺杆

→～ of fixigena (fixed cheek) 乳头状的固定颊[三叶] // ～ sands 支倚{撑}砂岩 // ～ thread screw 斜方纹螺钉 // ～ unconformity 长壁状不整合[海底台地与盆地间陡壁处的不整合]

butts 废电极

→～ strap 平接板

butty 矿工伙伴；矿工领班

butyl 异丁橡胶

→～ alcohol 丁醇[C_4H_9OH] // ～ carbitol 丁基卡必醇二聚乙二醇丁醚[$C_4H_9(OCH_2CH_2)_2OH$] // ～ cresol 丁(基)甲酚[$CH_3C_6H_4(C_4H_9)OH$] // ～-oxyethylene ether alcohol 丁(基)氧化乙烯醚醇[$C_4H_9OCH_2CH_2OH$] // ～-polyoxyethylene ether-alcohol 丁苯基聚氧乙烯醚醇[$C_4H_9C_6H_4(OCH_2CH_2)_nOH$] // ～ thiophosphoryl-chloride 丁基硫亚磷酰氯[$(C_4H_9)_2PSCl$]

butylamine 丁基胺[$C_4H_9NH_2$]；丁胺[$C_4H_9NH_2$]

butylaryl-polyethylene-glycol-ether 聚乙二醇丁基芳基醚[$C_4H_9Ar(OCH_2CH_2)_nOH$]

butylene 丁烯[C_4H_8]

butyralcohol 丁醇[C_4H_9OH]

butyrate 丁酸盐{酯}

butyrelite 泥煤脂

butyrellite 化石奶油

butyric acid 丁酸[$CH_3(CH_2)_2COOH$]

butyrite 牛酪石；化石奶油

butyrolactone 丁内脂

butzen 矿囊

Buxapollis 黄杨粉属[孢;E_2-Q]

Buxbaumia 烟杆藓属[Q]

Buxtonia 波斯通贝属[腕;D_3-C]

Buxton test 安全炸药检定试验

Buxus 黄杨属[E_2-Q]

Buxy Bayada 布丝绿沙石

buy 买卖；购买；获得；交易；赢得

→～ price 回购价 // ～{|counter} offer 买方开价{|还} // ～{placing} order 订购单 // ～ off 用钱疏通

buyback 回收

buyer's quality terms 买方品质条款

buying cost 购入成本

→～{|counter} offer 买方开价{|还} // ～{placing} order 订购单

buyo 石灰烟叶组成的咀嚼物

Buys Ballot's law 达白贝罗定律；白贝罗定律

buzzard 薄层劣煤[顶板中]

buzzer 磨轮；蜂音器；汽笛；砂轮；轻型掘岩机

→～{audio;voice} modulation 声频调制 // ～ phone 蜂音信号 // ～ signal 蜂音信号

buzzy 砂轮

b.y. 十亿年[10^9年]

byat 井筒横梁；承木

by-channel 支梁；溢洪道；溢洪河道；分流河道；支渠

→～-effect 副作用

Byerly discontinuity (ban) 拜尔利不连续面

byerlyte 炼焦烟煤；石油沥青

byework 非直接生产工作；修理工作

byeworker 修理工

(run) by gravity 自流

by hand 手工；亲手；用手；手工做的

→～-hand level 辅助水平 // ～ heads 间歇地 // ～-heads 间歇自喷；间歇喷油

bykovaite 水硅钛钡钠石[$BaNa((Na,Ti)_4((Ti,Nb)_2(OH,O)_3Si_4O_{14})(OH,F)_2)\cdot 3H_2O$]

byland 半岛

by-lane 小巷

by(e)-law 规章；地方法；公司章程；细则；附则；法规

by law of corporation 公司章程

→～-lead 溢洪道 // ～(-)pass 支路；忽视；回油活门；绕……走；回绕管；侧流烟[香烟燃端飘出的烟]；分路迂回；(使……)通过旁道；支流；绕行；并联(电阻)；回避；越过；加分路；溢流渠；绕过 // ～-pass(ing) 溢洪渠；支管；跌积；泄水道；侧道；泄流；支流；旁流

bypass area 旁流面积

→～ channel 窜槽

by-pass channel 溢洪道；支渠；分渠

→～ coil 并接线圈 // ～ collar 有绕道的井口 // ～ combustion 外函燃烧 // ～ conductor 迂回导线

by-passed area (注入流体)未波及区

bypassed hydrocarbons 死油气

→～ mud channel 泥浆窜槽

by(-)passed oil 死油

by passed oil 残留石油

bypassed pocket of oil 未波及的含油带；因绕流而形成的死油带

by-passed resistor 旁路电阻；分路电阻

by-pass feeder 旁通加药器

→～ flue 支烟道

bypass gas to atmosphere 旁路风排放到大气

bypassing 越流；旁行；浸筛[泥浆漫流过筛布]

→～ effect 绕流效应；旁通效应

by-passing of electrode current 电熔电流旁路

→～ of river 河道支流

bypassing{unswept} region (流体)未波及区

by passing type flexible plug 旁通式柔性塞

→～-pass intermediate depots(输油管)旁接的中间油库 // ～-pass line 侧线

bypass louver 旁通散热孔

→～ margin 跌积边缘

by-pass of flood 分洪道

bypass pilot 旁通导阀

by-pass pipe 弓形管

→～ plug 旁泄塞 // ～ product 副产物 // ～ screen 旁通筛道 // ～{roundabout} seepage 绕渗

bypass shunt meter 旁路分流流量计

by-pass valve 平衡阀[地层测验器中]

bypass valve seal 旁通阀密封件

by(-)path 旁路

Byr 十亿年[10^9年]

by-road 小路；支路

by sight 凭目视；目测

bysmalith 岩栓；岩柱

by-spine 附刺[射虫]

byssal notch 足丝凹口[双壳]

byssiferous 具足丝的

byssolite 绿石棉；橄绿石棉；纤闪石[角闪石变种]；石棉

Byssopteria 丝翼蛤属[双壳;D_{2-3}]

byssus 足丝[双壳]；丝足

bystream 支流

→～{by-stream} deposit 近河沉积

bystromite 镁锑矿；锑镁矿[$MgSb_2O_6$;四方]

by-terrace 漫滩阶地；近河阶地；近阶地的

by the day 按日

→～ the hour 按时计算 // ～ the job 按工计算 // ～ the month 按月(的) // ～ the run 按进尺

Bythinella 小豆螺属[腹;E_3]

Bythoceratina 深海角介属[N_2]

Bythocytheridae 深海花介科

bytownite 倍长石[$Ab_{30}An_{70}-Ab_{10}An_{90}$]；信长石；培长石[三斜]

→～-tholeiite 倍拉玄武岩

bytownitfels 培长岩

bytownitite 培长岩；信长岩；倍长岩

bytownorthite 信钙长石；培钙长石；倍钙长石

Bz 青铜；苯甲酰[C_6H_5CO-]；苯[C_6H_6]；零转移；青铜色

C
c

C 金位;石炭系;碳;石炭纪[362~290Ma;华北海陆交替频繁,植物茂盛,重要成煤期,华南为浅海,珊瑚、腕足两栖类极盛,爬行动物出现、昆虫繁荣]

C. 率;百;阻塞门;阴极;阻气门;系数;公司;摄氏(温度);新烛光[=0.981 国际烛光];库(仑)[电量单位];因数;立方;电池

Ca 钙

ca 左右;电缆总成;链[海上测距=185.32m];烛光;约

Ca-aegirin(e) 钙霓石

caaguazu 赤道多雨低平原[亚马孙河沿岸]

caatinga 卡丁{廷}加群落[巴];浅色旱热落叶矮灌木林[巴]

cab 铁质硬脉壁泥;贫锡石英脉;轿车;脉壁;座舱;汽化器;操作室;矿脉壁;司机室[挖掘机等]

cabalzarite 砷铁镁铝钙石[Ca(Mg,Al,Fe)$_2$(AsO$_4$)$_2$(H$_2$O,OH)$_2$]

cabane 翼间支架[航];翼柱;机翼顶架

cabasite 菱沸石[Ca$_2$(Al$_4$Si$_8$O$_{24}$)•13H$_2$O;(Ca,Na)$_2$(Al$_2$Si$_4$O$_{12}$)•6H$_2$O;三方]

cabbage head 连杆轴承;游梁-主曲轴连杆轴承

cabezon 石纹鲸

cabin 机舱;小室;小屋;工作间;座舱;司机室;船舱
→~ de luxe 特等舱

cabinet 小巧的;盒;玲珑的;内阁;机壳;外壳;全体阁员;间;矿物标本组;橱柜;陈列室;座舱;室
→~ base 台座 // ~ drier 干燥柜 // ~{power} panel 配电盘

cable 链[海上测距=185.32m];通过海底电缆发报;海底电报;电报;绞线;发(海底)电报;顿钻;吊线;(用)锚链系住;钢索;多芯导线;被覆线;缆;螺纹绳式顿钻钻头;索

cablebreak 电缆波[速度测井中沿测井电缆传播的波至信号]

cable breakdown 电缆击穿或折断
→~ buoy 海底电缆作业浮标 // ~ (railway) car 缆车 // ~ coupler adapter 可拆卸式电缆盒接头 // ~ coupler adaptor 电缆套管接合器 // ~ coupling box 终端

cablegram 海底电报

cable-guide method 钢丝绳导向法

cable handler 电缆拖移装置

cable head 电缆终端盒;绳头;电缆头;绳卡
→~ input plug 电缆输入接头 // ~ interface module 电缆接口模块 // ~ layer{cable laying ship} 海底电缆敷设船 // ~{rope-operated} lift 绳索式起落机

构 // ~ method of in-situ rock stressing 现场对岩石施加应力的缆索方法

cable-operated mucker 索缆(操纵的)抓岩机;索绳抓斗装岩机

cable outlet box 电缆引出箱
→~-reel type 电缆卷筒式 // ~ safety ratio 缆索安全比 // ~ scraper-planer 绳牵引耙式刨煤机 // ~ sealing box 电缆密封接线盒 // ~ speed{velocity} 电缆速度 // ~ winch 缆绞车 // ~ (drag) scraper 绳索牵引式铲运机 // ~ scraper-planer 绳牵引耙式刨煤机

cable's length 链[海上测距=185.32m]

cable speed{velocity} 电缆速度
→~ speed panel 电缆速度面板 // ~ tension 绳张力 // ~ tool bit 凿井钻头;(绳式)顿钻钻头 // ~-tool dresser 磨钎机钢绳冲击钻 // ~ vault 地下电缆检修孔

cableway 缆道;电缆管汲道
→~ bucket 架空索道运料桶

cable way bucket 缆索运输斗

cableway excavator 扒矿机

cable winch 缆绞车
→~ wire 钢绳丝 // ~{rope} wire 钢丝绳丝

cabling (用)钢丝绳支护顶板;敷设电缆;卷缆柱;海底电报
→~ diagram 电缆敷设图

cabochon 半球形;圆顶宝石;弧面形[宝石];凸面宝石;腰圆石[宝石];金刚石磨琢法[磨琢片];圆形[馒头形]宝石;凸圆形宝石

cabocle 碧玉状圆砾

caboose 轮船厨房;守车[美]

cabreran{cabrerite} 镁镍华[(Ni,Mg)$_3$(AsO$_4$)$_2$•8H$_2$O]

cabriite 锡铜钯矿[Pd$_2$CuSn]

cab signal 车内信号装置
→~ signaling inductor location 机车信号作用点 // ~ signaling testing section 机车信号测试区段 // ~-tyre cable 橡胶绝缘软电缆 // ~ wiring 测井仪器车布线

cachalong 美蛋白石[内含铝氧少许;SiO$_2$•nH$_2$O]

cachalot 抹香鲸(属)[Q]

cache 贮藏处

cacheut(a)ite 杂硒铁铅矿;硒铜铅矿[(Pb,Cu$_2$)Se]

cachexia 恶病质

cachim 巴氏丝石竹[铜矿通示植]

cacholong 珠{铝}蛋白石;美蛋白石[内含铝氧少许;SiO$_2$•nH$_2$O]

cacimbo 加新坡雾[非洲西南沿岸的浓雾]

cacochlore 水锂钜土;杂锰土

cacoclase 杂钙铝榴解石

cacoclasite 钙铝黄长石[2CaO•Al$_2$O$_3$•SiO$_2$;Ca$_2$Al(SiAlO$_7$);四方];杂钙铝榴解石

Cacops 巨头螈属[两栖;P]

cacotrophia{cacotrophy} 营养不良

cacoxenite 黄磷铁矿[Fe$_4^{3+}$(PO$_4$)$_3$(OH)$_6$•9H$_2$O;Fe$_9^{3+}$(PO$_4$)$_4$(OH)$_{15}$•18H$_2$O;六方];羟磷铁矿

Cactograptus 荆棘笔石属[S]

cactolith (仙人)掌状岩体

cactus(-type){multi-jaw;multipointed} grab 多爪抓斗
→~ grab 多爪式抓岩机

c(h)adacryst 捕获晶

cadalene 卡达烯

cadastral map 地籍图
→~ survey 土地测量

cadastre 地籍

cadavericole{cadavericolous} 尸体上生的;死物上生的

cadbait 石蚕

Caddisfly{Trichoptera} larva 石蛾幼虫

Cadiospora 心环孢属;双缝带环孢属[C-P]

cadmia 异极矿[Zn$_4$(Si$_2$O$_7$)(OH)$_2$•H$_2$O;Zn$_2$(OH)$_2$SiO$_2$;2ZnO•SiO$_2$•H$_2$O;斜方];菱锌矿[ZnCO$_3$;三方];镉氧;水锌矿[Zn$_5$(CO$_3$)$_2$(OH)$_6$;3ZnCO$_3$•2H$_2$O;ZnCO$_3$•2Zn(OH)$_2$]

cadmium 镉
→~ blende 闪镉矿 // ~ concentrate 镉精矿 // ~ deposit 镉矿床 // ~-dolomite 镉白云石 // ~-hausmannite 镉黑锰矿 // ~ ocher{blende} 硫镉矿[CdS;六方] // ~ olivine 镉橄榄石 // ~ oxide 方镉石{矿}[CdO;等轴];氧化镉 // ~ spat 菱镉矿[CdCO$_3$;三方] // ~ sulphselenide glass 硒硫化镉玻璃 // ~-zinkspat 镉闪锌矿[(Zn,Cd)S]

cadmoindite 硫镉铟矿[CdIn$_2$S$_4$]

cadmoselite 硒镉矿[CdSe;六方];镉硒矿[CdSe]

cadmosellite 镉硒矿[CdSe; Cd(Se$_{0.85}$S$_{0.15}$)]

Cadurcodon 卡地犀属[E$_{2-3}$]

cadwaladerite 氯羟铝石[Al(OH)$_2$Cl•4H$_2$O;非晶质]

Cadyexinis 光面切壁孢属[C$_2$]

Caecilia 蛇蜥

Caenagnathus 新颌龙属[曾称新颌鸟属;K]

Caenodendron 新木属[C$_1$]

Caenodontus 新齿牙形石属[P$_1$]

Caenolestes 新袋鼠(属)[Q]

Caenolestoidea 新袋鼠上科

Caenoma 裸孢锈菌属[真菌;Q]

Caenopithecus 新猴属[E$_2$]

Caenopus 新脚犀(属)[E$_3$]

Caenstone 凯恩地区的亮褐色海生石灰岩

Caerfaian 克尔菲(群)[欧;∈$_1$]

caesalpinia 石莲子

caesium 铯
→~ astrophyllite 铯锰星叶石[(Cs,K,Na)$_3$(Mn,Fe^{2+})$_7$(Ti,Nb)$_2$Si$_8$O$_{24}$(O,OH,F)$_7$;三斜] // ~{Cs}{-} beryl 铯绿柱石[K(Mg,Fe)$_3$(AlSi$_3$O$_{10}$)(OH)$_2$;含 Cs$_2$O 可达 3.1%] // ~ silicate 铯沸石[CsAlSi$_2$O$_6$•nH$_2$O;(Cs,Na)$_2$Al$_2$Si$_4$O$_{12}$•H$_2$O;等轴];铯榴石[2Cs$_2$O•2Al$_2$O$_3$•9SiO$_2$•H$_2$O];铯黑云母 // ~ spodumene 铯锂辉石

caespiticolous 草栖的

cafarsite 钙铁砷石;砷钛铁钙石[Ca$_8$(Ti,Fe^{2+},Fe^{3+},Mn)$_{6-7}$(As^{3+}O$_3$)$_{12}$•4H$_2$O;等轴]

cafatite 钙铁钛矿[(Ca,Mg)(Fe^{3+},Al)$_2$Ti$_4$O$_{12}$•4H$_2$O;斜方]

Ca-Fe-Mg-Al-Si{CFMAS} system 钙铁镁铝硅系统

cafemic constituent 钙铁镁质组分
→~ front Ca-Fe-Mg 质前锋

cafetite 钙铁钛矿[(Ca,Mg)(Fe^{3+},Al)$_2$Ti$_4$O$_{12}$•4H$_2$O;斜方]

caffeine 咖啡因

Café Imperial 细啡珠[石]
→~ Rosita 啡红根[石]

cage 盒;隔离环;网;电梯厢;罩;笼;

钢笼[海洋地震用]；锁定(陀螺仪)；升降室；保持器；方格；栅；操作室；壳体；组架；转笼；升降车；制动；骨架[施工的]；罐笼[矿]
　　→～ (lift) 吊罐 // ～ anvil 锤碎机格筛碎矿板 // ～ guide{shoe} 罐耳 // ～ jump set 装罐用活动台

cageman 把钩工

14C{radiocarbon} age measurement 14C年龄测定

cage of reinforcement 钢筋笼

cager (tender) 把钩工
　　→～ cylinder 罐座缓冲(器空气)缸 // ～ horn 装罐机卡爪{抓手} // ～ rocker shaft 罐笼推车器摇臂轴

cage safety catch 断绳保险器

caging 制动；装罐；上锁；停止；锁定
　　→～ length 矿车装罐运行长度；装载机装运长度 // ～ machine 装罐机；装罐笼推车机 // ～ unit decking gear 装罐机

Ca-gumbelite 钙水白云母

CaH (水的)钙硬度

cahemolith 腐殖煤

Ca-heotorite 钙锂皂石

cahnite 砷硼钙石[4CaO•B$_2$O$_3$•As$_2$O$_5$•4H$_2$O；Ca$_2$B(AsO$_4$)(OH)$_4$；四方]

CAI 牙形石色度指数；色变指数

caikinite 针硫铋铅矿[PbCuBiS$_3$；斜方]

caillerite 钠板石[NaAl$_2$(Si,Al)$_4$O$_{10}$(OH)$_2$(近似)]；累托石[(K,Na)$_x$ (Al$_2$(Al$_x$Si$_{4-x}$O$_{10}$)(OH)$_2$)•4H$_2$O]

caillite 盖尔陨铁

Ca-illite 钙伊利石

cailloutis 砾石；卵石

cainosite 碳硅钇钙石[Ca$_2$(Ce,Y)$_2$Si$_4$O$_{12}$(CO$_3$)•H$_2$O；斜方]；钙钇铒矿[CaY$_2$(SiO$_3$)$_4$•Ca(CO$_3$)•2H$_2$O]

Cainotherium 新兽属[E$_{2-3}$]

Cainozoic{Neozoic} (group) 新生界

cairn 石堆；堆石标；敖包[蒙古族人做界标或路标的堆子，用石头、土或草堆成]；堆石觇标；石碑；界碑

cairngorm 烟石英
　　→～ (stone) 烟水晶；烟晶[含少量的碳、铁、锰等杂质；SiO$_2$]

caisson 闸门；船坞水闸；凹格；沉箱；充气浮筒；打捞沉船用浮筒；蒸汽装置；藻井；蓄气装置；防水支架；弹药箱

cajuelite 金红石[TiO$_2$；四方]

cake 团块；浮冰块；泥饼；烧结；结块煤；盖心；一块；铜锭；胶凝；铸锭；钢锭；心饼；原丝圈；滤饼；饼；熔结；固结；(使)成扁平的硬块
　　→(sinter) ～ 烧结块 // ～ conveyor 原丝筒输送机 // ～ core 饼状岩芯 // ～ discharge 卸滤饼

caked mass 结块
　　→～{coherent} mass 黏结块

cake mass 块状泥料

caking 块结；结泥饼；黏结性；黏结；结块；烧结；结饼
　　→～ capacity 黏结性 // ～ {binding} coal 黏结性煤 // ～ property 结块性

cal 小卡；卡路里；钨锰铁矿[(Fe,Mn)WO$_4$]；黑钨矿[(Mn,Fe)WO$_4$]；量规；口径

cal. 石灰质的

cala 小河汊；短窄里亚峡谷[灰岩岸上]

Calabrian 卡拉布里亚(阶)[欧；Qp]
　　→～ age 卡拉布期

calacata 灰纹理大理石

Calacea 钙质海绵目[D-Q]

Caladonia 加多利亚[石]

calafatite 水钾铝矾；明矾石[KAl$_3$(SO$_4$)$_2$(OH)$_6$；三方]

cal(l)ainite 绿松石[CuAl$_6$(PO$_4$)$_4$(OH)$_8$•4H$_2$O；三斜]

calamina 炉甘石[中医]

calamine 异极石；羟碳锌石[Zn$_5$(CO$_3$)$_2$(OH)$_6$；单斜]；菱锌矿[ZnCO$_3$；三方]

calamistrum[pl.-ra] 第四跗节刚毛栉[蛛]

calamite 绿透闪石[Ca$_2$Mg$_5$(Si$_4$O$_{11}$)$_2$(OH)$_2$]；透闪石[Ca$_2$(Mg,Fe^{2+})$_5$ Si$_8$O$_{22}$(OH)$_2$；单斜]

Calamites 芦木(属)

Calamitina 环芦木(属)[C$_{2-3}$]

Calamocystes 囊形芦木大孢属[C-P]

Calamoichthys 笔鱼属[Q]

Calamophyta 芦木植物门

Calamophyton 古芦木(属)；芦形木(属)[D$_2$]

Calamospora 芦苇面圆形孢属[C-J]；芦木孢属

Calamostachys 芦孢穗属[芦木类；C$_2$-P]

calandria 加热体{器；管群}；排管式(堆容器)

calanque 潮道；狭海湾[石灰岩地区]

Calapoecia 卡拉波西珊瑚属[床板珊；O$_2$-S$_2$]

calaulagraph 计时器

calaverite 碲金矿[AuTe$_2$；单斜]

calcaire 石灰岩[以 CaCO$_3$ 为主的碳酸盐类岩石，其中碳酸钙常以方解石表现]；石灰质的；石灰石

calc-alkali{calc-alkalic} 钙碱性

calcanalcime 方沸石[Na(AlSi$_2$O$_6$)•H$_2$O；等轴]

Calcancoridae 海参锚科[棘]

calcaneum 跟骨

c(h)alcanthite 胆矾[CuSO$_4$•5H$_2$O；三斜]

calcar 煅烧炉；熔(玻璃)炉；前拇指[两栖]

Calcarea 钙质海绵(纲)；石灰海绵纲

calcarea{crushed} lime 石灰[CaO]

calcarenaceous orthoquartzite 钙质砂屑沉积石英岩；钙质砂属沉积石英岩
　　→～ sandstone 灰屑砂岩

calcarenite 灰屑岩；钙质岩；钙屑灰岩；砂(屑)灰岩；钙砂岩

calcarenyte 砂屑灰岩；钙砂岩；灰屑岩；砂灰岩；钙屑岩

calcareobarite 钙重晶石[(Ba,Ca)SO$_4$]

calcareous 钙质[词冠；德]；石灰质的；亚白色的；钙质的

Calcarina 钙虫属[孔虫]；马刺虫属

calc bentonite ore 钙质膨润土矿石
　　→～-clinobronzite 钙斜古铜辉石

calcedonite 碳铅蓝矾

calcedony{calcedony white agate} 玉髓[SiO$_2$]

calcedonyx 条纹玉髓

Calceola 拖鞋珊瑚属[S-C$_1$]
　　→～ sandalina 拖鞋珊瑚

calceoloid 拖鞋状

calces 矿灰；石灰[CaO]；金属灰

calc-flinta 钙变燧石；变钙质泥岩

calchante 胆矾[CuSO$_4$•5H$_2$O；三斜]

calcholite 铜铀云母[Cu(UO$_2$)$_2$(PO$_4$)$_2$•8-12H$_2$O；四方]

calcia 氧化钙

calci(o)borite 硼钙石[NaCa(B$_5$O$_7$)(OH)•6H$_2$O；CaB$_2$O$_4$；单斜?]；钙硼石[Ca$_5$B$_8$O$_{17}$]

calcibreccia 钙质砾岩

calcic 钙(质)的[含]

Calcicalathina 钙兰石[钙超；K$_1$]

Calcichordata 钙索动物亚门[脊索]

calciclase 钙长石[Ca(Al$_2$Si$_2$O$_8$)；三斜；符号An]

calciclasite 钙长岩

calciclastic 碎屑碳酸盐岩的

calcicoater 石灰涂料

calcicolous 喜钙性的

calcicosis 石灰肺

calcicrete 灰质结砾岩

calcic rock 含钙岩石；钙性岩
　　→～ (rock) series 钙质岩系 // ～ travertine 钙华[CaCO$_3$] // ～ water 富钙水

calcielase 钙长岩

calciferous amphibole 钙角闪石
　　→～ magnetite 钙磁铁矿 // ～ series 含钙岩系；含灰岩岩系

calci(o)ferrite 钙磷铁矿[6CaO•3Fe$_2$O$_3$•4P$_2$O$_5$•19H$_2$O]

calcific 钙化的；石灰质的；成石灰的

calcification 僵化；钙化；骨化(作用)；石灰化；硬化

calcified fetus 石胎；胎儿石化

Calcifolium 钙叶藻属[C]

calcifuge 嫌钙植物

calcifugous 避钙的；嫌钙的

calcify 钙化

calcigenous 烧渣；矿灰

calcigravel 钙(质)砾石；钙质砾石层

calciharmotome 钙十字沸石[(K$_2$,Na$_2$,Ca)(AlSi$_3$O$_8$)$_2$•6H$_2$O；(K,Na, Ca)$_{1-2}$(Si,Al)$_8$O$_{16}$•6H$_2$O；单斜]

calcilith 钙质岩；石灰岩类

calcilutite 泥屑灰岩；钙泥岩；泥状(碎屑)灰岩；钙质泥岩；泥灰岩；灰泥岩；石灰泥岩

calcilutyte 灰泥岩；钙泥岩

calcilyte 石灰岩类

calcimangite 锰方解石[(Ca,Mn)(CO$_3$)]

calcimetry 碳酸盐含量测定法

calcimine 刷粉

calcimixtite 钙质混杂{积}岩

calcimonzonite 钙二长岩

calcimorphic soil 钙成土

calcinable 可煅烧的

calcinal budding 萼内分芽[珊]

calcination 氟化法；脱水物；烧矿法；煅烧；烧成石灰
　　→～ of lime 石灰烧成 // ～{calcining} zone 分解带

calcinator 煅烧炉

calcin(at)e 煅烧；焙烧矿；焙砂；焙解
　　→～ quench tank 焙淬砂冷槽；焙砂淬冷槽

calcined borax 烧硼砂
　　→～ cobalt-nickel concentrate 钴镍精矿焙砂 // ～ coke 煅烧焦炭 // ～ flint chip 煅烧燧石片 // ～ flint clay 熟焦宝石 // ～{burnt;dried} gypsum 熟石膏 // ～ gypsum{plaster} 烧石膏[CaSO$_4$•½H$_2$O；三方]；煅石膏 // ～ gypsum plaster {powder} 熟石膏粉 // ～ magnesite 煅烧的菱镁矿

calcines leaching circuit 焙砂浸出电路

calcining 焙砂
　　→～ furnace 煅烧炉 // ～ kettle 焙烧炉

C

// ~ of ore 矿石焙烧

calcinitre 钙硝石[Ca(NO₃)₂•4H₂O]

calcioaegirine 钙霓石

calcio(-)ancylite 碳钙铈矿[(Ca,Sr)Ce(CO₃)₂(OH)•H₂O;斜方]
→ ~ (-)uranoite 钙铀矿[(Ca,Ba,Pb)U₂O₇•5H₂O;非晶质]

calcioancylite-(Nd) 碳钙钕石-(Nd)[(Nd,Ca)₃Ca(CO₃)₄(OH)₃•H₂O]

calcioandyrobertsite 水砷钾钙铜石[KCaCu₅(AsO₄)₄(As(OH)₂O₂)(H₂O)₂]

calcioaravaipaite 氟铝钙铅矿[PbCa₂Al(F,OH)₉]

calciobarite{calciobaryte} 钙重晶石[(Ba,Ca)SO₄]

calciobetafite 钙贝塔石[(Ca,La,Th,U)₂(Nb,Ta,Ti)₂O₇]

calcioborite 斜硼钙石

calcioburbankite 碳锶钙钠石[Na₃(Ca,REE,Sr)₃(CO₃)₅]

calciocancrinite 碳钙柱石；钙柱石[Ca₄(Al₂Si₂O₆)₃(SO₄,CO₃,Cl₂);3CaAl₂Si₂O₈•CaCO₃;四方]；富钙霞石；艳钙霞石[Ca 的碳酸盐和硅酸铝]

calciocarnotite{calcio-carnotite} 钙钒铀(矿)[Ca(UO₂)₂(VO₄)₂•8H₂O,其中钙可被钾所代替]

calciocelestine{calciocelestite} 钙天青石[(Sr,Ca)SO₄]

calciocelsian 钙钡长石

Calcioconus 钙锥球石[钙超;Q]

calciodiadochite{calciodialogite} 钙菱锰矿[MnCO₃ 与 FeCO₃、CaCO₃、ZnCO₃ 可形成成完全类质同象系列]

calcioferrite 钙磷钙矿；水磷钙铁石[Ca₂Fe²⁺(PO₄)₃(OH)•7H₂O;单斜]；磷钙铁矿[CaFe₅(PO₄)₂(OH)₁₁•3H₂O]

calciogadolinite 钙硅铍钇矿[Be₂FeY₂Si₂O₁₀,常含少许的钙]

calciohilairite 三水钙锆石[CaZrSi₃O₉•3H₂O]

calciojarosite 钙钾铁矾[KFe₃(OH)₆(SO₄)₂,常含少许的钙]

calciolazulith 钙天蓝石

calciolyndochite 钙钍黑稀金矿

calciomalachite 钙孔雀石[CaCO₃•Cu(OH)₂]

calciopaligarskite 钙石棉[Ca 和 Mg 的铝硅酸盐]

calciopaligorskite 钙坡缕石；钙石棉[Ca 和 Mg 的铝硅酸盐]

calciopalygorskite 钙坡缕石；杂坡缕方解石；钙石棉[Ca 和 Mg 的铝硅酸盐]

Calciopappus 钙冠毛石[钙超;Q]

calciopetersite 羟水磷钙铜石[CaCu₆((PO₄)₂(PO₃OH))(OH)₆•3H₂O]

calciorhodochrosite 钙菱锰矿[MnCO₃ 与 FeCO₃、CaCO₃、ZnCO₃ 可形成成完全类质同象系列]

calciorolbortite 钙钒铜矿[CaCu(OH)(VO₄)]

calciosarmarskite 钙铌稀土矿；钙砷钇矿；钙铌钇矿[Ca₃Y₂(Nb,Ta)₂O₇)₃]；钙钶钇矿

calcioscheelite 白钨矿[CaWO₄;四方]

Calciosolenia 钙管石[钙超;Q]

Calciosoleniaceae 钙沟瓦颗石科[钙超;K-Q]

calciostrontianite 钙菱{碳}锶矿[(Sr,Ca)CO₃,含 CaCO₃ 13.14%]

calciostrontite 钙菱锶矿[(Sr,Ca)CO₃,含 CaCO₃ 13.14%]

---

calciotalk 镁珍珠云母[CaMg₂(Si₄O₁₀)(OH)₂]；钙滑石

calciotantalite 钙钽铁矿[(Fe,Mn)Ta₂O₆,常含少许的钙和铌]；钙钽石；杂细晶钽铁矿

calciotantite 钙钽石[CaTa₄O₁₁]

calciothomsonite 钙基多磨沸石；钙杆沸石[Ca 和 Mg 的碳酸盐和硅酸盐的变种]；无钠杆沸石

calciovolborite 钙钒铜矿[CaCu(OH)(VO₄)]

calciovolborthite 钙钒铜矿[CaCu(OH)(VO₄)]；钒钡铜矿[BaCu₃(VO₄)₂(OH)₂;单斜]；钒钙铜矿[CuCa(VO₄)(OH);斜方]

calciowavellite 钙银星石[CaAl₃H(PO₄)₂(OH)₆]

calciowustite 钙方铁矿

calcipelite 泥屑灰岩

calcipenia 钙质减少

calcipexis{calcipexy} 钙固定

calciphobous 避钙的；嫌钙的
→ ~ plant 嫌钙植物

calciphyre 斑花大理岩

calciphytes 钙土植物

calciprivic 缺乏钙盐的

calcipulverite 微晶灰岩[化学成因的]

calcirtite 钙锆钛矿[CaZr₃TiO₉;四方]

calcirudite{calcirudyte} 钙结砾岩；钙质砾岩；泥屑灰岩；钙砾岩

calcis 跟骨

calcisiltite 粉屑灰岩；粉砂状(碎屑)灰岩；钙质粉屑岩

calcisol 钙质土

calcisphere 钙球(石)；钙结球

Calcispongea 钙海绵纲

calcistrontite 钙菱锶矿[(Sr,Ca)CO₃,含 CaCO₃ 13.14%]

calcite 蛎石；碿砾；姜石；料姜石
→ ~ (limestone) 方解石[CaCO₃;三方]
// ~ cleavage 菱形解理；方解石式解理
// ~-dolomite solvus geothermometer 方解石-白云石溶线地质温度计// ~-dolomite thermometry 方解石-白云石测温法// ~-fluorite ore 方解石萤石矿石// ~ grains 方解石粒// ~ ice 洞穴方解石// ~ law 方解石(双晶)律// ~ pegmatite 方解伟晶岩// ~ powder 方解石粉// ~-rhodochrosite 锰方解石[(Ca,Mn)(CO₃)]

calcithite 钙屑岩

calcitite 石灰岩[以 CaCO₃ 为主的碳酸盐类岩石,其中碳酸钙常以方解石表现]；方解石岩

calcitization 方解石化

calcitostracum 钙质内层[软]

Calcitrema 管球石[钙超;E₂-Q]

calcitum 方解石[CaCO₃;三方]

calciturbidite 含钙浊积层

calcium 钙
→ ~ aluminium garnet 钙铝榴石[Ca₃Al₂(SiO₄)₃;等轴]// ~ amphiboles 钙闪石类// ~-analcime 钙方沸石；斜钙沸石[CaAl₂Si₄O₁₂•2H₂O;单斜]// ~ arsenate 毒石[CaH(AsO₄•2H₂O);单斜;钙砷酸盐]// ~-arsenuranite 砷钙铀矿[Ca(UO₂)₂(AsO₄)₂•nH₂O (n=8～12); Ca(UO₂)₄(AsO₄)₂(OH)₄•6H₂O;斜方]// ~ barium mimetite{calcium-barium-mimet(es)ite; calcium barium mimetite hedyphane} 钙

钡砷铅矿[(Pb,Ca,Ba)₅(AsO₄)₃Cl] // ~ bioxalate 草酸氢钙// ~-boratosilicate 硅硼钙石[CaB(SiO₄)OH; Ca₂(B₂Si₂O₈(OH)₂)；单斜] // ~ carbide 电石[CaC₂]；碳化钙// ~ carbide process 电石法// ~ carbolate 石炭酸钙// ~ carbonate 白垩[CaCO₃]；钙碳(酸盐)；石灰质// ~ carnotite 钙钒铀(矿)[Ca(UO₂)₂(VO₄)₂•8H₂O,其中钙可被钾所代替]// ~ catapleiite {catapleit} 钙锆石[CaZrSi₃O₉•2H₂O;六方]// ~ {calcian} chondrodite 粒硅镁石[Ca₅(Si₂O₇)(CO₃)₂;Ca₂SiO₄•CaCO₃;单斜]// ~ chromium garnet 钙铬榴石[Ca₃Cr₂(SiO₄)₃;等轴]// ~ chromoiodate 碘钙石[Ca(IO₃)₂;单斜]// ~ cloud 钙云// ~ cyanamide 氰氨化钙；石灰氮// ~ edingtonite 砷硼钙石[4CaO•B₂O₃•As₂O₅•4H₂O;Ca₂B(AsO₄)(OH)₄;四方]// ~ feldspar 钙长石类// ~ {lime} feldspar 钙长石[Ca(Al₂Si₂O₈);三斜;符号 An]// ~ ferrite 铁酸石灰盐// ~ fluoride 萤石[CaF₂;等轴]；氟化钙// ~ fluoride structure 萤石型结构；氟化钙型结构

calcjarlite 氟铝钠钙石[Na(Ca,Sr)₃Al₃(F,OH)₁₆;单斜]

calclacite{calclasite} 醋氯钙石[CaCl₂•Ca(C₂H₃O₂)₂•10H₂O;单斜、三斜]

calclithite 灰屑岩；碎屑灰岩；钙质屑岩

calcoferrite 钙磷铁矿[6CaO•3Fe₂O₃•4P₂O₅•19H₂O]

calc oligoclase 钙奥长石[Ab₅₀₋₃₀An₅₀₋₇₀]；拉长石[钙钠长石的变种;Na(AlSi₃O₈)•3Ca(Al₂Si₂O₈);Ab₅₀An₅₀-Ab₃₀An₇₀;三斜]
→ ~-oligoclase 钙更长石// ~ marble 钙质硅酸盐大理岩// ~ rock 钙碱系列// ~ {-}sinter 石灰华[CaCO₃]

calcolistolith 滑塌灰岩块体

calcomalachite 钙孔雀石

calcouranite{calcourenite} 钙铀云母[Ca(UO₂)₂(PO₄)₂•10～12H₂O;四方]

calcowulfenite 钙钼铅矿[PbMoO₄,常含少许的钙]；钼钙铀矿[Ca(UO₂)₃(MoO₄)₂(OH)₂•11H₂O]

calcozincite 钙红锌矿[ZnO,常含少许的钙]

calcsparite 亮晶；亮方解石；晶方解石

calctetrahynitrite 钙硝石[Ca(NO₃)₂•4H₂O]

calculable 可计算{数}的

calculated 有意；故意做出的；计算的
→ ~ assay{feed} 重组给料// ~ diameter of fiber 纤维计算直径// ~ gas saturation 计算气饱和度// ~ {rating} value 计算值

calculation 算盘；度；计算；打算；考虑；计算法
→ ~ {alignment} chart 计算图表// ~ error 计算误差// ~ page 记录表// ~ procedure 计算程序

calculiform 卵石形

calculosis 结石病

calculous 石质的；坚硬的
→ ~ {rubbly;fragmental;chisley} soil 砾质土

calculus 计算法；微积分(学)；结石
→ ~ index 牙石指数// ~ of differences 差分学；差分法// ~ of variation(s) 变

分法

calcurmolite 钼钙铀矿[Ca(UO₂)₃(MoO₄)₂(OH)₂•11H₂O]；钙铀钼矿；钼镁铀矿[MgU₂Mo₂O₁₃•6H₂O?]

calcurmolith 钼镁铀矿[MgU₂Mo₂O₁₃•6H₂O?]；钼钙铀矿[Ca(UO₂)₃(MoO₄)₂(OH)₂•11H₂O]

calcursilite 钙硅铀矿

calcybeborosillite 硅硼铍钇钙石[CaYBeBSi₂O₈(OH)₂]；钙钇铍硼硅矿

caldacite 醋酸绿钙石

caldasite 斜锆石{矿}[ZrO₂;单斜]；杂斜锆石

caldera 破火山口；塌陷火口；喷火山口；巨火(山)口
→~ berg 外轮山 // ~ island 火口岛 // ~ wall {|floor|lake} 巨火口壁{|床|湖}

calderite 锰铁榴石[Mn₃Fe₂(SiO₄)₃;(Mn, Fe)₃Al₂(SiO₄)₃;(Mn²⁺,Ca)₃(Fe³⁺,Al)₂(SiO₄)₃;等轴；铁锰榴石[3MnO•Fe₂O₃•3SiO₂]

caldo 硝卤水；硝石溶液

caldron 煮皂锅；海釜；瓯穴；汽锅；大锅；龙漱
→~ bottom 木根化石 // ~ glacier 火口冰川；锅状冰川

Caldwell 毕(宿)星团

Caledonia D-Brown 枫叶棕[石]
→~ L-Brown 卡利多利亚[石] // ~ affiliation 属加里东期；溯源于加里东期 // ~ event 加里东事件 // ~ mountain belt 加里东山脉带

Caledonian 加里东期
→~ cycle{|event} 加里东旋回{|事件}

cal(c)edonite 铅绿矾[Pb₅Cu₂(SO₄)₃(CO₃)(OH)₆;斜方]；(铜;碳)铅蓝矾[Pb₅Cu₂(SO₄)₃(CO₃)(OH)₆;(Pb,Cu)₂(OH)₂SO₄]

calendar 月历；日历；列入表内；加以分类索引；年次目录
→~ day{|stone} 历日{|石} // ~ plan 年进度计划；有日程表的计划 // ~ year 年历制

calescence 渐增温{热}

Calestherites 美丽瘤膜叶肢介(属)[K₂]；优美叶肢介属[K₂]

calf 小冰块；分裂冰；仔冰[崩离母冰后漂浮在水面的]
→~ reel 大绳滚筒[顿钻] // ~ wheel 套筒升降绳轮[钢丝绳钻进]；大绳滚筒[顿钻]；套筒绳卷筒[钢绳冲击钻]

Caliapora 巢孔珊瑚属[S-D]

caliber 量规；管(内)径；(线)规；圆柱径；尺寸；口径

caliborite 硼钾镁石[KMg₂B₁₁O₁₉•9H₂O;KMg₂(B₅O₆(OH)₄)(B₃O₃(OH)₅)₂•2H₂O;KHMg₂B₁₂O₁₆(OH)₁₀•4H₂O;单斜]

calibrant 校准物

calibrate (使)合标准；定标；校正；标定；定分度；定口径
→~ dial 分度度盘 // ~ disc 刻度盘 // ~ feeder 校准计量给料机 // ~ nozzle 校准的喷嘴

calibrating 校准

calibration 格值；率定；刻度；检定；分度；标准表；定标
→(demarcate) 标定 // ~ card 调试卡片 // ~ coefficient 校准系数 // ~ instrument 校准用仪表；校准仪

calibre 测径器；大小；尺寸；才干；能力；管(内)径；尺尺；(线)规；卡钳；样

板；口径；对板；圆柱径；规尺；轧辊型缝；质量
→~ circle 保径圆[钻头] // ~ stone 小型棱石；小型多面型宝石

caliche 钙质壳；钙积层；硝结层；石灰盘；泥灰石；钠硝石[NaNO₃;三方]；生硝；智利硝(石)[NaNO₃]；钙质层
→~ (crust) 钙结层 // ~ {lime} nodule 钙质结核

calicheres 干盐湖

calichification 硝石化；钙结层化(作用)

calicle 小杯状穴

calicular 有杯状窝的；像杯的
→~ boss 萼部坟状瘤状

caliculum 萼部[珊瑚、植物等]；杯部

caliduct 暖水管道；暖气管{道}

californite 玉符山石[Ca₆(Al(OH),F)]Al₂(SiO₄)₅]

californium 锎

calingastite 锌水绿矾[(Zn,Cu)SO₄•7H₂O;(Zn,Cu,Fe²⁺)SO₄•7H₂O;单斜]；绿锌铁矾；绿铜锌矾[(Fe,Zn,Cu)(SO₄)•7H₂O]

calinite 纤钾明矾[KAl(SO₄)₂•11~12H₂O;单斜?]

caliofilite 钾霞石[K(AlSiO₄);六方]

cal(l)iper 测径仪；卡规；卡钳

Calippus 丽马属[N₂]

caliptolith 蚀锆石；锆石[ZrSiO₄;四方]

Calipyrgula 加里螺属[腹;Q]

calite 铁镍铝铬耐热合金

calithe 生硝

caliza 方解石[CaCO₃;三方]

ca(u)lk 生石灰；嵌缝；菱叶[页]重晶石；白垩[CaCO₃]；紧缝；纤重晶石[BaSO₄]；未消石灰；石灰岩[以CaCO₃为主的碳酸盐类岩石,其中碳酸钙常以方解石表现]；填实；填隙；堵缝

calking 紧缝；捻缝；填隙；凿死
→~-butt 齐端堵缝

calkinsite 水碳镧铈石{矿}[(Ce,La)₂O₃•3CO₂•4H₂O;(Ce,La)₂•(CO₃)₃•4H₂O;斜方]；水镧铈石[(La,Ce,Nd,Pr)₂(CO₃)₃•4H₂O]；水菱铈矿

ca(u)lk{calking} metal 填隙合金

calkstone 软绿砂岩

call 号召；调用；取名；到来；鸣声；预期产额[选]；召集；请求；打电话；信息；呼声；叫；停泊；叫做；呼叫；引入

callaghanite 水碳铜镁矿[Cu₂Mg₂(CO₃)(OH)₆•2H₂O;单斜]；水铜镁钙石[Cu₄Mg₄Ca(OH)₁₄(CO₃)₂•2H₂O]

callaica{callaina} 绿磷铝石；绿松石[CuAl₆(PO₄)₄(OH)₈•4H₂O;三斜]

callaina{callais[pl.callaides]} 绿磷铝石

callainite 绿磷铝石[AlPO₄•3/2H₂O;Al₂O₃•P₂O₅]

callait(e) 绿松石[CuAl₆(PO₄)₄(OH)₈•4H₂O;三斜]

Callavia 卡拉维虫属[三叶;€₁]

caller 召集者；呼叫者；上部岩层中松散沉积岩层；来访者

Callialasporites 冠翼孢属[T₃]

Callianassa 美人虾属[甲壳类;K₂-Q]

Callianassidae 美人虾科

Calliarthron 美节藻属[E-Q]；粗珊藻属

Callicium 粉衣属[地衣;Q]

calling 振铃
→~ code 呼叫信号 // ~-on signal 叫通信号

Calliomarginatia 美边贝属[P]

Calliostoma 丽口螺属[腹;K-Q]

Calliphylloceras 丽叶菊石属[头;T₃]

Callipleridium 美形羊齿

Calliprotonia 美饰长身贝属[腕;P₁]

Callipteridium 准美羊齿属；丽羊齿(属)[C₃]

Callipteris 美羊齿(属)[P]

Calliptychoceras 美皱菊石属[头;K₁]

callipyga 女性形象[古希美学指具有美丽臀部的]

callis 板状煤；页岩状煤；片状煤

Callistocythere 花神介属[Q]

Callistopollenites 华丽孢属[孢;E₃]

Callithamnion 绢丝藻属[红藻;Q]

Callithamniopsis 拟绢丝藻属；拟美枝藻属[Q]

Callitris 澳洲柏属[K₂-Q]

Callixylon 美木(属)[D₃]

callochrome 铬铅矿[PbCrO₄;单斜]

Callocladia 丽枝苔藓虫属[C₁]

Callograptus 无羽笔石(属)[€₂-C₁]

Callopora 丽苔藓虫属[K-Q]

callose 孢原结瓶壁[植]；胼胝质

callosity 茧突

Callovian (stage) 卡洛维{夫}阶[154~160Ma;J₂]
→~ age 中侏罗纪

callow 盖层；低地；低沼地；表层

Callow (flotation) cell 卡洛{凯路}型浮选槽
→~ flat-bottom cell 卡洛型分孔底式浮选槽

callow flat-bottom cell 平底式浮选机{槽}

Callow screen 卡{凯}(型)路筛

call sign(al) 呼叫信号
→~ {identification} signal 识别信号 // ~ signal{sign} 呼号 // ~-signal 请求信号 // ~ together 集合

calluna{heath} peat 石南泥炭

callus 齿胝；滑层；结茧；硬积[腹]

call-wire 联络线

callys 板岩；片岩

calm 灰青炭质页岩；平静；平稳；静；无风的；镇静；平静的
→~ belt 平静带

CALM buoy 悬链式锚腿系泊浮筒

calmite 砷硼钙石[4CaO•B₂O₃•As₂O₅•4H₂O;Ca₂B(AsO₄)(OH)₄;四方]

calobiosis 同栖共生

Calocedrus 翠柏属[N-Q]

calogerasite 钽铝石[大致为Al₅Ta₃O₁₅,或可为Al₁₃/₃Ta₃O₁₄]

Caloglossa 美舌藻属[Q]；鹧鸪菜属

calomel(ene){calomelite} 甘汞矿[Hg₂Cl₂;四方]；甘汞；氯化亚汞[HgCl]；汞膏[Hg₂Cl₂]；汞膏矿

calomelano 甘汞[HgCl;Hg₂Cl₂]；汞膏矿

Caloneurodea 华脉目[昆]

Calophyllum 美珊瑚属[P]

calorescense{calorescence} 热光；灼热；炽热

caloric(ity) 卡的；热(量)的；热；热素的；热质；热量
→~ heat unit 卡热单位

caloric power 热值；发热量；发热力
→~ receptivity 吸热量 // ~ {calorific} receptivity 热容量 // ~ value 卡值

caloriduct 热路；热管

calorie 大卡；千卡

calorifacient 产热力的；生热力的

calorifere 热风炉；发热器

calorific 发热的；热量的；生热的

calorifier 热风机；热量计；热量卡计；热风炉；加热器
　→~ for gaseous and liquid fuels 气体液体燃料量热器

calorimetric{calorimeter} bomb 量热弹
　→~ determination 热量测定//~ method 测热法

calorize 铝化处理；渗铝

calorizing 渗铝

calor(i)stat 恒温箱；恒温器

Calostylis 孔壁珊瑚(属)[S_{1-2}]

Calothrix 眉藻属[蓝;Q]

calotte 头盖帽；帽状物

calp 灰蓝灰岩{石灰}

Calpichitina 瓮几丁虫(属)[O_3]

calpis 乳浊液；乳剂

Cal-Red 钙红

calstronbarite 钙锶重晶石[Ba,Sr,Ca 的硫酸碳酸盐混合物; Ba,Sr,Ca…]

calthrop 海绵骨针；棘

calthrops 等四射骨针；蒺藜骨针[绵]

caltorite 方沸橄玄岩

caltsuranoite 钙铀矿[$(Ca,Ba,Pb)U_2O_7 \cdot 5H_2O$;非晶质]；水钙铀矿

calumetite 蓝水氯铜矿[$Cu(OH,Cl)_2 \cdot 2H_2O$;斜方]；水羟氯铜矿[$Cu_4Cl(OH)_7 \cdot \frac{1}{2}H_2O$;六方]

Calumite 卡罗玛特

calutron 电磁型同位素分离器

cal. val. 卡值；发热量

calvaria 颅盖

calved ice 仔冰[崩离母冰后漂浮在水面的]；分裂冰；从冰山或冰川等分离的小浮冰块；小浮冰块

calvertite 卡硫锗铜矿[$Cu_5Ge_{0.5}S_4$]

calvescent 变裸露的；变秃的

Calvin cycle 卡氏轮回

Calvinella 卡尔文氏虫属[三叶;$Є_3$]

calving 冰裂；断离；崩落；冰崩；崩解[物理风化]；崩离(冰)

calvonigrite 软锰矿[MnO_2;隐晶、四方];硬锰矿[$mMnO \cdot MnO_2 \cdot nH_2O$];黑锰石

calvous 无毛的；裸露的

calx 生石灰；石灰[CaO]；矿灰；金属灰
　→~ chlorinate 氯化石灰//~ sodica 碱石灰[NaOH 和 CaO 的混合物]

calycal pit 萼坑[珊]

calyces[sgl.calyx] 盂；萼状钻；输卵管萼；萼体冠；盏；杯萼

calyciform 杯形

Calycotubus 萼管笔石属[O_1]

calycular 杯形的

calycule 副萼

Calymene 隐头虫(属) [三叶;$S-D_2$]；三叶虫

Calymenesun 隐头形虫属[三叶;O_2]

Calymmian 盖层纪[中元古代第一纪];盖层系

calypotolite 锆石[$ZrSiO_4$;四方]

calyptolin 蚀锆石

calyptolite 锆石[$ZrSiO_4$;四方];蚀锆石

Calyptraea 帆螺属[腹];鞘螺属[K_2-Q]

calyptrolith 篮状颗石

Calyptrolithus 纱冠石[钙超;Q]

Calyptrosphaera 纱冠球石[钙超;Q]

calyx[pl.-es;-es] 粗粒屑；钻粒钻机；取粉管;(取芯钻头)岩屑导筒；齿状钻头[取芯用]；萼状钻；萼部(珊瑚、植物等)；萼
　→~ bit 钢粒钻头//~{shot} boring 钻粒钻进//~ core drilling 冷钢粒钻头提取岩芯钻井(法)//~ rod 钻粒钻机钻杆

calzirtite 钙锆钛矿[$CaZr_3TiO_9$;四方]
　→~ (wheel) 凸轮//~-and-rocker type head motion 凸轮摇杆型摇动机//~ disk 偏心盘//~ drive{cam-driven} 凸轮传动

camaforite 铁磷橄榄岩

camaliculate 具管系的[孔虫]

camanchaca 浓雾[南美西海岸]

Camarocladia 穴芽海绵属[Є]

Camarocrinus 多房海林檎{百合}属[棘;O]

Camarocypris 拱星介属[E]

camarodont 穹齿型[海胆]

Camaroidea 腔笔石目

camaroidea 房型目

Camarophorella 小房孔贝属[腕;C_1]

camarophorium 匙形小房[腕]

camarostome 滤食口[蛛]

Camarotoechia 穹房贝(属)[腕;$S-C_1$]

Camarozonosporites 楔环孢属[K_2]

Camarozonotriletes 楔环三缝孢属

Camasia 卡马斯叠层石属[Z_2]

camber 曲度；(机翼的)弧高；曲面；(叶片)折转角；上挠度；拱度；弓形；中凸形；造成弧度；曲率；中拱；港内盆地；拱起；隆起；弯度；向上弯；拱高；凸度；翘起；(船舶)梁拱；弧(线)
　→~ beam 弓背梁

camberboard{camber-board} 曲面板

cambered 弯曲的；拱形
　→~ axle 弯轴

cambering 凸曲；弧形弯曲
　→~ machine 压型机

cambisol 始成土

cambium 形成层

Cambrian{Cambrian period} 寒武纪[542~488Ma,浅海广布,生命大爆发,三叶虫极盛;$Є_{1-3}$]

Cambridge 坎布置奇[美]；剑桥[英]
　→~ {saxe} blue 浅蓝//~ greensand 剑桥海绿石沙

Cambrocyathus 寒武古杯海绵(属)[$Є_1$]

Cambrotubulus 寒武管螺属[似软舌螺类;$Є_1$]

camel-back 煤层顶板易落锅形石块；翻转箕斗装置
　→~ curve 驼峰曲线

Camelia Pink 美利坚红[石]
　→~ White 皇室白麻[美利坚白][石]

cameo 浮雕；浮雕宝石//~ doublet 浮雕拼合宝石//~ glass 宝石玻璃；浮雕宝石玻璃//~ mountain 叠层山//~ relief 宝石浮雕

camera 壳室；打捞印模
　→(photographic) ~ 照相机//~ 小房室[腕;pl.-e]//~ constant 检定焦距；航摄仪常数//~ control interface 照相记录仪控制接口//~ record 摄影记录

cameral aperture 室孔
　→~ deposits 壳室沉积[头]

cameraman 摄影员

Camerata 海百合

camerate 孢子外壁间隙

Camerella 小房贝属[腕;O_2-S]

Camerina 货币虫(属)[孔虫;E_{1-2}]；货币石；有孔虫

camermanite 氟硅钾石

Cameroceras 壁角石；房角石(属)[头;O-S]

cameronite 喀碲银铜矿

Camerophorina 准房褶贝属[腕;D_2]

Camerophoriunm 匙形台[腕]

Ca-Mg-Al-Si-H₂O{CMASH} system 钙镁铝硅水系统

camgasite 水砷镁钙石[$CaMg(AsO_4)(OH) \cdot 5H_2O$]

cam gear case cover 凸轮箱盖
　→~ journal 凸轮轴颈

camgit 钙镁质岩石

camgrinder{cam grinder} 凸轮磨床

caminite 叠水镁矾

Ca-mordenite 钙丝光沸石

camouflage 隐蔽；伪装；加伪装；掩饰
　→~ paint 伪装用涂料

camouflet 掏壶；掏药壶；扩孔装药；扩穴装药；炮孔扩底
　→~{contained; underground;subsurface} explosion 地下爆炸

camp 集团；矿区；本部；设营地；帐篷；阵营；分会；野营

cam packer 凸轮式充填机

Campages 环带贝属[双壳;E-Q]

campagiform 环带型[腕]

campaign 从事……活动；寿命；炉役；战役；出征；使用期限
　→~ length{life} 炉期

campanaceoua 钟形的

Campania 褶皱藻属[E_3]

Campanian (stage) 坎帕{潘;佩尼}阶[83~72Ma;K_2]
　→~ age 坎佩尼期

Campanil 卡姆帕尼尔石灰质铁矿

Campanile 钟塔螺属[腹;K_2-Q]

campanite 白榴霞玄岩

campbellite 陨碳铁矿[$(Fe,Ni,Co)_3C$;斜方];陨碳铁[1.5%的碳化铁]

Campeloma 肩螺属[J-K]

campestral 原野的；野栖的[生]

campestris 野生的

camphane 莰烷；莰[$C_{10}H_{18}$]
　→~ hydroperoxide 莰过氧化氢[$C_{10}H_{17}$-OOH]//~ mercaptan 莰硫醇[$C_{10}H_{17}SH$]

camphene 莰烯[$C_{10}H_{16}$]

camphor 樟脑{莰酮}[$C_{10}H_{16}O$]
　→~ tree 樟

campigliaite (坎)锰铜矾[$Cu_3Mn(SO_4)_2(OH)_6 \cdot 4H_2O$];水锰铜矾

campine 坎潘因群落[非洲刚果疏树干草原]

campo 草原[南美]
　→~ cerrado 稀树草地//~ limpo 无树高草地

Campophyllum 扭珊瑚属[D_2-C_2]

camp sheathing 软泥基板桩排
　→~ sheeting 板桩//~ site 营地；施工现场//~{working;job;construction; building; } site 工地

camptodroma 弧曲脉序

Camptognathus 弯曲颚牙形石属[D_3]

Camptonectes 岔线海扇(属)[双壳;J-O]

Campt(yl)onema 弯线藻；弯线藻属[蓝

藻;E]

camptonite 闪煌岩；康煌岩；斜闪煌岩

Camptosaurus 弯龙属[J_3]

Camptosorus 过山蕨属[Q]

camptospessartite 钛辉斜煌岩

Camptostroma 海蒲团属[棘;$\in_1$];海蒲团

Camptotriletes 冠脊孢属[C_2]

camptovogesite 斜闪(辉)正煌岩

campulitropal{campulitropous} 弯曲的

campylite 磷砷铅矿[$Pb_5(AsO_4•PO_4)_3Cl$]

Campylodiscus 马鞍藻(属)[Q]

campylodromous 弧状脉的

Campylorthis 弯正形贝属[腕;O_2]

Campylosphaera 弯曲球石[钙超;E_{1-2}]

campylotropism 弯生性

cam release key 凸轮松扣键

  →~ stick (捣矿机)凸轮托棍

camsellite 硼镁石 [$Mg_2(B_2O_4(OH))(OH)$; $2MgO•B_2O_3•H_2O;MgBO_2(OH)$;单斜]

camstone 漂白泥；青白黏土；坚白石灰岩；蓝白管土；致密灰岩

can 封存；小油桶；燃料元件包壳；装岩芯入罐；装成罐头；密封外壳；注油器；箕斗；胶片盒；罩；容器；金属容器；火焰筒；能；保险箱；罐头[盒]；罐[金属制液体容器]

  →~ burner 燃管

can. 运河[泰]

canaanite 蓝{白}透辉石[$CaMg(Si_2O_6)$];透辉岩

Canada balsam 加拿大胶；(加拿大)枞树香脂

  →~ Centre for Inland Waters(加拿大)内地水中心//~ Red 加拿大红[石]

Canadian epoch 加拿大世；下奥陶世

  →~ series 加拿大统[O_1]

canadium 铁镍矿'[(Ni,Fe);等轴]

canadol 重石油醚

canal 通路；线道；槽；管道；水采地沟；管路；信道；通道；波道；水管沟；运河[泰]；讯道；水渠；渠道；沟道[腹]；沟[腹]

canalaria 沟道骨针[绵]

canali 溺灰岩狭谷岸；火星条纹

canaliculate 具沟的

canal in a cut 挖方渠道

  →~ irrigation 渠灌

canalization 开掘运河；渠化；渠道网；(水泥)窜槽；管道系统；管道化；运河化

  →~ punch through 穿通

canalized development 渠向发育

Canalizonospora 壕环孢属[T]

canal{fluviatile} mud 河泥

canannite 蓝透辉石[$CaMg(Si_2O_6)$]

canaphite 磷钙钠石

canary 淡黄

  →~ bird 金丝鸟//~ ore 土黄银铅矿石//~ stone 黄色(光)玉髓；黄石髓[SiO_2];黄玉髓

canasite 硅碱钙石 [$(Na,K,Ca)_5(Ca,Mn)_4 (Si_2O_5)_5(F,OH)_3$;单斜]

canavesite 硼碳镁石 [$Mg_2(CO_3)(HBO_3• 5H_2O)$;单斜]

canbyite 水硅铁石[$Fe_2^+Si_2O_5(OH)_4•2H_2O$;单斜]；铁高岭石[$(Al,Fe)_2O_3•2SiO_2•2H_2O$]；硅铁石[$Fe_2^+Si_2O_5(OH)_4•5H_2O$; $Fe_2O_3•2SiO_2• 4H_2O$]

cancalite 金云火山岩类；橄煌岩

cancarixite 英霞透长岩；霓英煌岩

canceling{rescind} a contract 解约

Cancellaria 衲螺属[腹;E-Q]

Cancellata 格状亚目[双壳]

cancellation 删去；抹去；对消；删除；网格构造；作废；(相)约；消除；省略；约去；消去；划掉

  →~ law 相消律

cancelled ratio 地物信号抑制系数

canceller 补偿设备

Cancellina 网格蜓属；格子蜓属[孔虫;P];网格纺锤虫

cancelling device 消除装置

cancel message 撤销信号

  →~ of reserves 储量报销

Cancer 巨蟹座

cancerogenous{carcinogenic} substance 致癌物质

cancerophobia 癌症恐怖

cancerous 癌肿的

canch 刷帮；扩帮；岩层的采掘部分[石场]

  →~(back;top;work) ~ 挑顶//~ (work)卧底//~ hole 挑顶炮孔{眼};卧底炮眼//~ work 凿石

Cancrinella 蟹形贝属[腕;C_2-P]

cancrinite 灰霞石；钙霞石[$Na_3Ca(AlSiO_4)_3 (CO_3,SO_4)•nH_2O$; $Na_6Ca_2Al_6Si_6O_{24}(CO_3)$;六方]

  →~ nepheline syenite 二霞正长岩；钙钠霞正长岩//~-syenite 钙霞正长岩

Cancris 脓泡虫属[孔虫;N_1]

cand 萤石[CaF_2;等轴]

  →~-house fabric 片架组构

  candela 新烛光[=0.981 国际烛光];烛光;坎(德拉);烛状岩柱

candelabrum[pl.-ra] 四轴多射单突骨针[绵]

candelite 烛煤；坎底来特烟煤

candescence 白热

Candia 肯迪亚岩[石]

candidate 选择物；应试者；投考者

  →~ reservoir 后备油(气)藏//~ well 指定井；候选井

candla 新烛光[=0.981 国际烛光]

candle 蜡烛；火花塞；内(岩芯)管；电嘴；烛形物；烛光[光强度]

  →~-hour 烛光-小时//~ ice 烛状冰//~ meter 测光仪//~ quartz 石英灯[电]//~ turf 烛泥炭

Candle(-)light 上灯时间；烛光[发的光]

candlenut (tree) 石栗

candle power 烛光

  →~ quartz 石英灯[电]//~ turf 烛泥炭//~-type test for flammability 烛形燃烧试验

candock 睡莲

Candona 玻璃介(属)[K-Q]

Candoniella 小玻璃介属[E_2-Q]

candy bottoms 捞砂阀件[让岩屑进入捞砂筒]

canehlstein[德] 钙铝榴石[$Ca_3Al_2(SiO_4)_3$;等轴]

caneolith 筐盘状颗石[J-Q]；环颗石[钙超;J_1]

canfieldite 黑硫银锡矿[$4Ag_2S•SnS_2$];黑硫铁锡矿；硫银锡矿[Ag_8SnS_6;斜方、假等轴]

can filler 装罐机；油罐装油器

canga 铁角砾岩

  →~ ice 大冰块

---

canine 犬齿

Caninia 犬齿珊瑚(属)[C]

Caninophyllum 似犬齿珊瑚属[C]

Canis 犬属[Q]

canis dirus 更新统狼

Canis Major 大犬座

  →~ Minor 小犬座

ca(i)nite 钾盐镁矾[$MgSO_4•KCl•3H_2O$;单斜]

cank 铁石；硬暗色岩；致密难凿硬岩；纽结[钢绳等]

  →~ ball 砂岩结核；铁矿结核

canker 铁质沉淀(物)[矿井水中]；煤矿(矿)水中的赭色沉淀；矿坑水中的赭色沉淀；锈；腐蚀

cankerous 腐蚀的

cankstone 硬暗色岩

cann 萤石[CaF_2;等轴]

cannabis 大麻

canned 罐贮的

cannel (coal) 烛煤

  →~ and hoghead oil shale 烛煤和藻煤质油母页岩//~ bass 含碳页岩//~-boghead 烛藻煤//~ coal 残植{殖}煤

cannelite 烛煤；微烛煤

canneloid 似烛煤的；类烛煤

  →~ (coal) 烛煤式{质}煤

cannel shale 粗油页岩；腐泥页岩

cannelure 纵向槽；纵槽；纵沟[藻]；滚槽；环形槽

cannibalism 自白云化；盆地内自源自生沉积；同类相残{食}[动]

cannibalization 同型装配[轨道上]；拼修；零件拆用

Canningia 坎氏藻属[J-K]

cannizzarite 辉铅铋矿[$PbS•Bi_2S_3$];卡辉铋铅{铅铋}矿[$Pb_4Bi_6S_{13}$;单斜];坎辉铋铅矿

cannon 加农高速钢；炮轰；粗短管；火炮；白炮[试验炸药用]；试验炸药用的炮；空心轴；大炮[旧式]

  →~ bone 炮骨//~ separator 圆形排列尖缩溜槽//~{gunned;windy} shot 冲天炮

Cannosphaeropsis 拟芦球藻属[J-K]

cannula[pl.-e] 插管；套管

cannular burner{cannular combustion chamber} 筒环形燃烧室

  →~ combustor 环形多筒式燃烧室

canny 碳酸钙萤石脉

canoe 小游船；独木舟

  →~ fold 舟形(状)褶皱；舟状向斜{褶皱}//~ valley mountains 向斜谷山

Canolophus 新脊犀属[蹄齿犀类;E_2]

canon 规范；典型；规则；准则；标准；深谷；峡谷[西]

canopy (降落伞)伞盖；护板；顶盖；篷盖[垛式支架]；防护罩；林冠；盖；植盖；座舱盖；板状顶梁；天盖；顶梁；伞衣；掩护支架；拱顶盖；(用)天棚(遮盖)

  →~ guard 护顶

canoxinite 钙霞石 [$Na_3Ca(AlSiO_4)_3(CO_3, SO_4)•nH_2O;Na_6Ca_2Al_6Si_6O_{24}(CO_3)_2$; 六方]

Cansa 坎沙含水赤铁矿

cant 四角木材；切掉棱角；铁道(或道路)的(弯)线外(侧)加高；弄斜；(使)倾斜；斜光；角隅；横轴附近的振动；斜面；结晶体的斜面；外径超高的坡度；倒转；角；倾斜位置；角落[房间的]；改变方向；外

C

角；行话；超高；回转装置；切去棱角；推；行业术语；发声；翻转；撞

cantalever 悬臂；突梁；电缆吊线夹板；悬臂梁；交叉支架[回路交叉]；角撑架；纸条盘

cantalite 斑碱粗面岩；钠玻流纹岩；疗松脂岩

cantaliver 电缆吊线夹板；悬臂；突梁；悬臂梁；纸条盘；角撑架；交叉支架[回路交叉]

canteen 工地食堂；临时食堂

Cantharellus 鸡油菌属[真菌;Q]

Cantharus 舢板螺属[腹;K₂-Q]

cantilever 悬臂；电缆吊线夹板；探梁；肱梁；纸条盘；伸臂；支撑木；交叉支架[回路交叉]；突梁；臂梁；悬梁；角撑架
→～ (beam;bar;girder) 悬臂梁//～ crib 带托梁的垛式支架//～ {jackknife; sectionalized} derrick 折叠式井架//～ discharge end 卸载探头[输送机]

cantilevered 悬臂式的
→～ column of rock 悬臂岩柱

cantilever gin pole 悬臂把杆；动臂把杆
→～ platform 挑台//～ {conventional} support 悬臂支架//～{advance} timbering 前探支架//～ wall 悬臂式墙

cantonite 方铜蓝[CuS]

canutillo 车轮矿[CuPbSbS₃,常含微量的砷、铁、银、锌、锰等杂质;斜方]

canutillos 祖母绿[绿柱石变种,含少许铬;Be₃Al₂(Si₆O₁₈)]

canvas 风障；帐篷；详细检查；游说
→～ (check) 风帘；帆布；防水布；风布//～ sheet 防水作业服//～ table 帆布衬垫洗矿槽//～ table 帆布衬垫洗矿槽//～ wood door 帆布木风门

canyon 峡谷；地下设备室；狭谷

Canyon Diablo meteorite 迪亚布洛峡谷陨石
→～ Diablo meteorite troilite standard CDT 标准[硫同位素标准,美国亚利桑那州铁陨石中的陨硫铁的硫同位素比值]//～ Diablo Troilite 迪亚布洛峡谷陨硫铁[硫同位素国际通用标准;美]

caoutchouc 弹性地蜡；生橡胶

caoxite 碳氧钙石[Ca(H₂O)₃(C₂O₄)]
→(blasting) ～ 火雷管；雷管；桩帽//～ (flame) 焰晕；柱帽//～ analyzer 顶偏光镜//～ and hall viscometer 杯球式黏度计//～-butting set 梁桦接合方框支架//～{cover} clamp 盖夹

cap(p)el 脉壁；电气闪英岩；钢索眼环头；嵌环；接头；承窝式连接装置；套环；鸡心环；提升容器和钢丝绳接头

capacitance 机械容量；容量；电容量；电容
→～ balancing 电容平衡//～ bridge 测量电容的电桥//～-resistance 电容电阻//～ tool 电容法下井仪

capacitive 电容的
→～ position indicator 电容式位置指示器

capacitor 电容器

capacity 生产(能)力；身份；电容量；容积；才能；计算效率[计]；出力；工作能力；生产率；本能；能力；能量；吸收力；本领；额；资格；流容；效率
→(delivery) ～ 生产额；电容量；电容//～ (production) 生产能力//～

{utilization;use;utility;usage} factor 利用率//～ of pump 泵的能力//～ of trap 圈闭容量

cape 海角；海岬；角；岬；吊台；岬角
→～ (diamond)黄金刚石//～ abutment 矩形矿柱的应力集中区

Cape (blue) asbestos 南非石棉
→～ blue 角蓝

cape blue asbestos 虎睛石[具有青石棉假象的石英;SiO₂]
→～ chisel 岬扁尖凿；削凿；削岬尖凿；狭口凿//～ {cross} chisel 扁尖凿//～ golden mole 金毛鼹属[食虫;Q]

capellenite 硼硅酸钡钇矿

Cape{rock} ruby 镁铝榴石[Mg₃Al₂(SiO₄)₃;等轴]
→～ Verde 佛得角

capgaronnite 卡普加陆石[HgS•Ag(Cl,Br,I)S]

Ca-phosphoruranite 钙铀云母[Ca(UO₂)₂(PO₄)₂•10~12H₂O;四方]

capilla 刺毛

capillarity 微管作用；毛细(管)作用；毛细(管)现象
→(boundary of) ～ 毛(细)管(作用)//～-correction chart 毛细误差校正表

capillary 毛发状的；丝状的；毛细(作用)(的)；表面张力的；毛细(管)现象(的)；线状的[自然金属]；微血管；毛细管水
→～ imbibition 毛细管渗吸{自吸;吸入}(作用)//～ lift of soil 土壤毛细水上升高度//～ pyrite 针镍矿[(β -)NiS;三方]//～ red oxide of copper 毛赤铜矿[毛发状;Cu₂O]

capillita 锌菱锰矿

capillitite 铁菱锰矿[(Mn,Zn,Fe)CO₃]

capillose 针镍矿[(β -)NiS;三方]；白铁矿[FeS₂;斜方]

capital 根本的；柱头；主要的；省会；优秀；首要的；资金；资方；资本；基本的
→(column) ～ 柱顶//～ charges {expenditure;outlay} 资本支出//～ expenditure{investment;outlay} 投资//～-intensive enterprise 资金密集型企业//～ pay-off 资本偿还；投资收回//～ rationing 资金合理分配//～ stone 柱顶石

capitalism 资本主义(制度)

capitalist 资本主义的{者}

Capitosaurus 大头螈属[两栖;T]

cap jewel 覆盖宝石
→～-lamp 矿灯//～ lamp battery 帽灯电池//～ leads 雷管脚线//～ model 盖帽模型//～(ping) pass 面(层)焊道；表面焊道//～ quartz 冠状石英；帽石英//～ piece 压帽石

caplastometer 黏度计

caple 嵌环；黑电气石[(Na,Ca)(Li,Mg,Fe²⁺,Al)₃(Al,Fe³⁺)₃(B₃Al₃Si₆O₂₇(O,OH,F));NaFe₃²⁺Al₆(BO₃)₃Si₆O₁₈(OH)₄;三方]；承窝式连接装置；鸡心环；接头；套环

capnite 铁锌矿；铁菱锌矿[(Zn,Fe²⁺)(CO₃)]

caporcianite 黄浊沸石[CaAl₂Si₄O₁₂•4H₂O]；红浊沸石

capote 盖；罩[发动机等]

capp(ul)a 帽[孢]

capped 扣装井口
→～ deflection 冠状偏斜//～ quartz 冠状石英；帽石英

cappel 桃形环；接头[提升容器和钢丝绳]

cappelenite 硼硅钡钇矿 [3BaSiO₃•2Y₂(SiO₃)₃•5YBO₃;(Ba,Ca,Na)(Y,La)₆B₆Si₃(O,OH)₂₇;六方]

capping 雷管上装导火线；盖层物；横梁；压盖；覆盖层；油(气)井井口控制装置；喷嘴；连接装置；槽盖；盖层；矿帽；顶梁；桩帽；加盖；糊炮(封)泥；油井引油装置；表土；盖顶石；封闭；接头；装桃形环；封泥[爆]；关井[防漏油、气]
→～ (cap;rock) 覆盖岩层；压顶//～ cap 炮泥；帽石；上部岩层；装雷管

Capra 羊；山羊(属)[Q]

capreite 臭方解石

Capreolus 狍(属)[N₂-Q]；鹿

Capricorn(us) 摩羯座(宫)；羊角形菊石壳[头菊石]

Capricornis 鬣羚属[Q]

Caprifoliaceae 忍冬科

Caprifoliipites 忍冬粉属[孢;E₃]；接骨木粉属[孢]

caprinate 癸酸盐{|酯}[C₉H₁₉COOM{|R}]

caprinid 羚角蛤类[双壳]

Caprinidae 羚角蛤科[双壳]

caproaldehyde 己醛

caprock 顶盖岩；冠岩盖层；覆盖岩石；盖层岩石；冠岩；帽岩；岩盖；表土；盖层
→～-type geothermal aquifer 具盖层的地热含水层

capron{caprone} 卡普纶；聚己内酰胺纤维

capronic acid 己酸[CH₃(CH₂)₄COOH]

capryl 辛酰[C₇H₁₅•CO−]
→～ alcohol 辛醇[CH₃(CH₂)₆CH₂OH]

caprylate 辛酸盐[C₇H₁₅COOM]

caprylic acid 辛酸[CH₃(CH₂)₆COOH]

capsal 绞盘；起锚机

capscrew 平头螺丝

cap screw 有盖螺钉；有帽螺钉
→～ shot 石面爆破；外覆爆破

capsize (船、车)翻掉；倾覆

Capsosira 荚链藻属[Q]；荫链藻属[蓝藻]

capstan 旋盘；刀盘；主动轮；主动轴；绞盘；六角刀架
→～ cage 绞盘升降机箱//～ engine 绞盘机//～-headed screw 绞头螺旋//～ plough 绞盘式挖沟机//～ roller 竖辊

capstone 拱顶；拱顶石；压顶石；拱冠(石)；拱心石

capsular 雷管的；胶囊的
→～-spring ga(u)ge 测量压力弹簧起爆仪

capsulation 封装

capsule 包套；节略；装样管；装药管；雷管；容器；传感器；小皿；膜片；真空膜盒；内体[疑]；压缩；封壳；(密封)舱；胶管；帽状器；胶囊；炭精盒；蒴果；(蒸发用)小碟子；简略
→(pressurized) ～ 密封舱//～ filler 胶囊充填器//～ gun 弹座式射孔器//～ umbilicals 潜水工作舱(气、电等)供送管

captain 上尉；船长；采矿工长；矿长；舰长；首领

captation 筑坝壅水；截水；引泉；收集；截水以供使用；(地下水)集水装置；集捕；捕集

captax 促进剂 M；间硫氮-2-茚硫醇；卡普踏克斯

caption 图片说明；标题；插图说明；说明

captious microanimal 奢求菌

captive 俘虏；捕获；捕获的
→~ bubble method 捕泡法 // ~-bubble procedure 气泡压附矿物表面实验法 // ~ bubble test 捕留气泡试验 // ~ drop technique 俘滴法 // ~ mine 自用产品矿山 // ~ stand 固定架

captor (stream) 抢水河

Captorhinus 大鼻龙属[P]

capture 袭夺[河流]；截夺；接收；捕获；拍摄；捕捉；捕集；占有；记录；夺取；俘获；捕捉；捕房；引起[注意]
→~ river{stream} 被抢河 // ~ source 夺流源；袭夺源 // ~-gamma counting 俘获辐射的 γ 量子计算 // ~ radiation 伴随俘获的辐射 // ~-radiation dose 俘获辐射剂

captured bolt 螺帽固定螺柱
→~ river{stream} 被抢河 // ~ source 夺流源；袭夺源

capture{oil-production{-recovery}} efficiency 采油效率
→~ event 俘获事件 // ~ -gamma counting 俘获辐射的 γ 量子计算 // ~ gamma-ray spectrometry 俘获伽马射线能谱测量 // ~ radiation 伴随俘获的辐射

Capture Theory 捕获说

capturing 捕获(型)
→~ device 捕车器 // ~ medium 俘获介质 // ~ river{stream} 袭夺河

capuchin monkey 卷尾猴属[Q]

Capulisporites 剑锥大孢属[K₂]

caput 头；基柱末部[孢]

(blasting-)cap wire 雷管导线

capybara 水豚(属)[Q]

Ca-pyromorphite 钙氯铅矿

car 矿车；汽车；沼泽；湿林地；车辆；卧车；小汽车；小车；轿车；矸石车；陡岸坡
→(dolly) ~ 小车；矸石车；电车 // ~ arrester 捕车器 // ~ arrester{retarder} 阻车器

car. 克拉[宝石、金刚石重量单位,=0.2g]

caracole 旋梯

caracolite 氯铅芒硝[Pb(OH)Cl•Na₂SO₄; Na₃Pb₂(SO₄)₃Cl;单斜、假六方]

Caradoc 卡拉道克统[O₃]
→~ age 喀拉多克期[上奥陶纪]

Caramelo Decorado 焦糖金麻[石]

carane 蒈甲醇[C₁₀H₁₇CH₂OH]；蒈(烷)[C₁₀H₁₈]

Carangeot goniometer 卡兰乔{桥}测角仪

carapace 上壳翼；冷凝壳；背甲；熔岩壳；甲壳纲动物中胸部硬壳；背壳；钙壳

Carassius 鲫属[N-O]

carat{car.;karat;k.} 开[黄金纯度,纯金为 24 开]；金位
→(metric) ~ 克拉[宝石、金刚石重量单位,=0.2g]

caratage 克拉值[按克拉计的钻头镶金刚石总重量]
→~{carat} weight 钻头金刚石总重

carat balance 克拉天平
→~ count 一克拉金刚石粒数；每克拉金刚石粒数 // ~-goods 一粒金刚石的克拉数

caratiite 氯钾碱矾[K₄Cu₄O₂(SO₄)₄MeCl (Me:Na &/or Cu)]

carat weight 金刚石克拉重量[钻头上镶用]

caravan 篷车；拖车
→~ site 车队驻地

carbamate 甲氨酸酯；氨基甲酸盐{|酯}[NH₂COOM{|R}]

carbamide 尿素；脲[NH₂CONH₂]；碳酰二胺

carbamidine 胍

carbam(o)yl 氨基甲酰[H₂N•CO−]；甲氨酰[H₂N•CO−]

carbanilide (均)二苯脲[CO(NHC₆H₅)₂]

carbanion 负碳离子；阴碳离子

carbanite 卡巴奈{耐}特炸药

carbankerite 微碳酸盐质层[显微煤岩类型]

carbapatite 碳磷灰石；碳(酸)磷灰石[Ca₁₀(PO₄)₆(CO₃)•H₂O; Ca₅(PO₄,CO₃OH)₃(F,OH)]

carbargilite 炭质泥岩

carbargillite 泥质煤；微泥质层[显微煤岩类型]

carbazide 二肼羰；卡巴肼{脲}

carbazole 9-氮杂芴；咔唑

carbazone 卡巴腙；缩(对称)二氨基脲

carbene 炭质沥青；碳烯

carbethoxyl 乙酯基[C₂H₅OOC−]

carbide 硬质合金片；碳化物；电石[CaC₂]
→(calcium) ~ 碳钙石；硬质合金 // ~ drum 电石储罐 // ~ feed generator 碳化钙{电石}乙炔发生器 // ~ of calcium 电石[CaC₂]；碳化钙 // ~ polyvinyl chloride suspension resin 电石聚氯乙烯悬浮树脂 // ~-tipped lathe tool 硬质合金矿车刀 // ~-to-water{water-to-carbide} (acetylene) generator 电石加{入}水式乙炔发生器 // ~-to-water process 电石加水乙炔制取法；电石投入式乙炔制取法

carbimide 氨基氰[H₂N•CN]；氨氰[RNHCN]

carbin 卡宾碳

carbinol 甲醇[CH₃OH;多用于复合词]

carbite 金刚石[C;等轴]；石墨[六方、三方]；电石[CaC₂]

carbitol 卡必醇[C₂H₅(OCH₂CH₂)OH]

carbo 骨炭
→~ (lapideus) 煤 // ~- 碳；羰 // ~ animalis 动物碳

carboanion 碳阴离子

carboatomic ring 碳原子环

Carboazotine 克布索丁炸药

carbobenzoxy 苯酯基[C₆H₅OOC−]

carbobitumen 煤系沥青

carboborite 水碳硼(钙镁)石[单斜；Ca₂Mg(CO₃)₂B₂(OH)₈•4H₂O]

carbocation 碳阳离子

carbocer 稀土沥青；炭质铈矿

carbocerine{carbocerite} 镧石[(La,Ce)₂(CO₃)₃•8H₂O]

carbocernaite 碳铈钠石[(Ca,Ce,Na,Sr)CO₃;斜方]；碳酸铈钠石[(Ca,Na,TR,Sr)CO₃]

carbochain 碳链

carbochromite 碳铬矿

carbocycle 碳环

carbodiimide 碳二亚胺；二亚胺碳

carbodi-imide 碳化二亚胺[C(:NH)₂]

car{wagon} body 车身；车厢{箱}
→~ stain 石炭酸品红染剂 // ~ acid 石炭酸[C₆H₅OH]；苯酚[C₆H₅OH] // ~ soap 石炭酸皂 // ~ urine 石炭酸尿

carbofossil 煤

carbofraa 碳化硅[耐火材料]

carbofrax 金刚硅耐火料

carbogel 煤胶体；碳胶体

carbohumin 棕腐质；碳胡敏素

carbohydrase 糖酶

carboid 焦沥青；煤状沥青

carboirite 锗铝铁石；羟锗铁铝石[Fe²⁺Al₂GeO₅(OH)₂]

carbokentbrooksite 碳铌异性石[(Na,□)₁₂(Na,Ce)₃Ca₆Mn₃Zr₃Nb (Si₂₅O₇₃)(OH)₃(CO₃)•H₂O]

carbol(-) 石炭酸[C₆H₅OH]

carbo lapideus 烟煤

carbolate 石炭酸盐

carbolated lime 石炭酸钙

carbol erythrosin 石炭酸藻红

carbolfuchsin 石炭酸品红液
→~ stain 石炭酸品红染剂

carbolic 碳酸(的)；碳的
→~ acid 石炭酸[C₆H₅OH]；苯酚[C₆H₅OH] // ~ soap 石炭酸皂 // ~ urine 石炭酸尿

carboline 二氮芴；咔啉

carbolineum 氯化蒽油木材防腐剂；焦油酸木材防腐剂；焦油木(材防腐)剂；防腐油

carboloy 钨钴硬质合金[用钴作黏结剂]；卡波合金[碳化钨合金]

carbol(-)thionine 石炭酸硫紫

carboluria 石炭酸尿

carbolux 中温焦炭

carbometer 定碳仪[测定钢的含碳量]

carbominerite 碳矿质[含较多矿物质的显微煤岩类型]

carbomorphism 炭化

carbon(ado) 黑金刚石；石墨[六方、三方]；炭精棒；碳；(石)炭
→(organic) ~ 有机碳 // ~ (rod) 碳棒 // ~-14 碳¹⁴

carbona 不规则锡矿床

carbonaceous backfill (地床用)炭质物回填
→~ chondrite fission 炭质球粒陨石分裂 // ~ chondritis xenolith 炭质球粒陨石捕房体 // ~{carbonic} rock 炭质岩 // ~ siliceous-pelitic rock type U-ore 碳硅泥岩型铀矿

carbon anode 碳阳极
→~ {-}arc cutting 碳弧切割

carbonate 天然焦炭；硝酸钾[KNO₃]；烧成炭；焦化；渗碳；碳质炸药；(使)与碳酸化合；黑金刚石；硝酸甘油；炭化
→~ algal stromatolite 藻类形成的钙质叠层石 // ~ -apatite 碳酸磷灰石[Ca₁₀(PO₄)₆(CO₃)•H₂O;Ca₅(PO₄,CO₃OH)₃(F,OH)]；碳磷灰石 // ~ cay 灰礁 // ~-cemented sand 碳酸盐胶结砂岩

carbonated lime foam concrete 碳化泡沫石灰混凝土
→~ rock rubbish brick 碳化石硝砖 // ~ water 含碳酸盐的水

carbonate-fluorapatite 碳氟磷灰石[Ca₅(PO₄,CO₃)₃F;六方]

carbonate-fluor-chlor-hydroxyapatite 氯细晶磷灰石

carbonate-free{neat;pure} lime 纯石灰

carbonate-hosted 碳酸盐中的[赋存于]

carbonate-hydrotalcite 水滑石[具尖晶石假象;6MgO•Al$_2$O$_3$•CO$_2$•12H$_2$O;Mg$_6$Al$_2$(CO$_3$)(OH)$_{16}$•4H$_2$O];羟碳铝镁石

carbonate-hydroxylapatite 碳羟磷灰石[Ca$_5$(PO$_4$,CO$_3$)$_3$(OH);六方]

carbonate ion 碳酸离子[浮抑剂]
→~ leach type concentrate 碳酸盐浸出类精矿 // ~ marialite{carbonate-marialith} 碳钠柱石 // ~ -mejonite 碳钙柱石 // ~ of iron 菱铁[Fe,含 Ni7%左右];菱铁矿[FeCO$_3$,混有 FeAsS 与 FeAs$_2$,常含 Ag;三方] // ~ of lime 石灰石;碳酸钙;石灰岩[以 CaCO$_3$ 为主的碳酸盐类岩石,其中碳酸钙常以方解石表现] // ~ ore hostrock 含矿碳酸盐主岩 // ~ -scapolite 碳柱石 // ~ -sodalite{carbonate-sodalith} 碳方钠石 // ~ -vishnevite 碳(酸)硫(酸)钙霞石 // ~ -whitlockite 碳(板)磷钙石

carbonating chamber 碳化窑
→~ period 碳化周期

carbonatite 碳酸岩
→~ -type rare earth deposit 碳酸岩型稀土矿床

carbonatization 碳酸饱和(作用);碳酸盐法;碳酸化[液中加 CO$_2$]

carbonatmarialite 碳钠柱石

carbonat(e-)meionite 碳钙柱石

carbon beads{|brick} 碳珠{|砖}
→~ bisulfide{disulfide} 二硫化碳[CS$_2$] // ~ clock 碳钟[碳^{14}] // ~ -compound 碳化合物 // ~ {-}containing mineral 含碳矿物 // ~ deposit{deposition} 碳沉积 // ~ -dioxide-snow fire extinguisher 二氧化碳-雪花灭火器 // ~ electrical contact 碳触角 // ~ element for electro-vacuum technique 电真空石墨元件

carbond 支脉

Carbonella 石炭虫属[孔虫;C$_1$]

carbonic acid 碳酸[H$_2$CO$_3$]
→~ {-}acid gas 碳酸气 // ~ anhydrase 碳酸酐酶 // ~ metamorphism 碳变质作用

Carbonicola 石炭蚌属[双壳;C$_{2-3}$]

carbonic{carbide} oxide 一氧化碳[CO]
→~ {carbonaceous} sandstone 炭质砂岩 // ~ snow 干冰

Carboniferous (period) 石炭系[362~290Ma;华北陆交替频繁,植物茂盛,重要成煤期,华南为浅海,珊瑚、腕足两栖类极盛,爬行动物出现、昆虫繁荣]
→~ {Carbonic} (system) 石炭系 // ~ coal 石炭纪煤

carboniferous limestone 石炭系石灰岩
→~ system 泥炭系;石炭系

carbonite 硝酸钾[KNO$_3$];不熔沥青;天然焦;碳质炸药;碳安全炸药;锯屑炸药

carbonitride 氮化碳

carbonium 碳鎓;阳碳
→~ ion 正碳离子

carbonized lime wall 碳化石灰板
→~ peat 木炭化泥炭 // ~ wood 炭化木

carbonolite{carbonolith} 炭质岩

carbonolyte 质岩;炭质岩

carbonometer 碳酸计

(fixed-)carbon ratio 碳比;定碳比[碳中固定碳与全碳量之比];碳同位素比

carbon safety screen 炭安全筛
→~ spot 金刚石中黑点;碳斑;黑斑(点)

carbonyl 一氧化碳[CO];碳酰{基}[:CO;=CO];金属羰基化合物

carbonylation 羰基化作用

carbonyl chloride 光气[COCl$_2$]
→~ compound 羰基化(合)物 // ~ diamide 脲[NH$_2$CONH$_2$] // ~ disulfide 二硫化羰[COS$_2$]

carbonyles 羰合物类

carbonyl group 羰基[:CO;=CO]
→~ powder 羰基法粉末 // ~ sulfide 硫化羰{氧硫化碳}[COS]

carbonyttrine 水菱钇矿;水碳钇矿

carbophile 亲碳性
→~ elements 好碳元素

carbophyre 突贯碳层的喷出岩;喷出岩

carbopolyminerite 碳多矿质[含多种矿物的显微煤岩类型];多矿物质煤;微复矿质煤

carbopyrite 微黄铁矿质层{煤}[显微煤岩类型];碳黄铁矿[FeS$_2$ 体积占 5%~20%的显微煤岩类型];碳铁矿[(Fe,Ni)$_{23}$C$_6$;等轴]

carborundum 人造金刚砂;碳硅石[(α-)SiC;六方];碳化硅
→~ hone 碳化硅珩磨油石 // ~ stone point 砂石针

carbosand 碳化砂

carbosphere 碳圈

carbothialdine 二硫代氨基甲酸二乙胺(酯)[NH$_2$CSSN(CH$_2$CH$_3$)$_2$]

Carbowax 卡波蜡;聚乙二醇[H(OCH$_2$CH$_2$)$_n$OH]

carboxide 羰基[:CO;=CO];羰基化(合)物

carboxy 羧基[-COOH]
→~ (group) 羧基[-COOH] // ~ methylation 羧甲基化(作用) // ~ hydroxypropyl guar gum 羧甲基-羟丙基瓜尔豆胶

carboxyhaemoglobin 羟络红血朊[血液病]

carboxyl 羧[-COOH]
→~ (group) 羧基[-COOH]

carboxymethyl 羧甲基

carboy 筒;坛;箱护玻璃瓶;塑料瓶;金属瓶;酸瓶[装硫酸等]

carbuncle 红宝石[Al$_2$O$_3$];红尖晶石[Mg(Al$_2$O$_4$)];石榴石[R$_3^{2+}$R$_2^{3+}$(SiO$_4$)$_3$,R^{2+}=Mg,Fe^{2+},Mn^{2+},Ca;R^{3+}=Al,Fe^{3+},Cr,Mn^{3+}];弧面形红色宝石;痈;红榴石[FeO•Al$_2$O$_3$•3SiO$_2$;Fe$_3$Al$_2$(SiO$_4$)$_3$];镁铝榴石[Mg$_3$Al$_2$(SiO$_4$)$_3$;等轴];尖晶石[MgAl$_2$O$_4$;等轴];红玉

carbunculus 痈;红榴石[FeO•Al$_2$O$_3$•3SiO$_2$;Fe$_3$Al$_2$(SiO$_4$)$_3$];红宝石[Al$_2$O$_3$]

carburan 碳铀矿[(UO$_2$)(CO$_3$)•nH$_2$O(n=2?);斜方];铀铅沥青[为含 5% UO$_3$ 的碳、氢、氧或沥青的混合物];碳质铀矿

carbur(iz)ation (燃料)汽化(作用)[内燃机];渗碳作用

carburet(ion) 碳化物;增碳;渗碳;(燃料)汽化;增碳化
→~ (t)ed{carburated} hydrogasification 矿井气 // ~ (t)er{carburet(t)or} 增碳器;化油器;汽化器;碳化器;渗碳器 // ~ engine 汽化器式发动机

carburettor 汽化器[内燃机]

carbyl 二价碳基[-C-]

carcase 绕线架;构架;支架;框架;外壳
→~ work 预埋工程[建房时管子或电线的]

car change 空重车交换
→~ change{changer} 调车装置 // ~ -change control 调车管理;调车装置 // ~ changing 倒车[空重矿车交换] // ~ -changing system 调车系统

Carcharhinus 真鲨属[N$_1$-Q]

Carcharodon 巨鲨;噬人鲨属[K-Q]

carchedonius{carchedony} 石榴石[R$_3^{2+}$R$_2^{3+}$(SiO$_4$),R^{2+}=Mg,Fe^{2+},Mn^{2+},Ca;R^{3+}=Al,Fe^{3+},Cr,Mn^{3+}]

carcinnotron 返波管

carcinocidin 消癌素

carcinogenicity 致`癌{肿瘤}性

Carcinophyllum 蟹珊瑚属[C$_1$];中解珊瑚

Carcinosoma 蟹体鲎

carclazyte 白土[石膏、高岭土、镁土、重晶石等;Al$_4$(Si$_4$O$_{10}$)(OH)$_8$];陶土[Al$_4$(Si$_4$O$_{10}$)(OH)$_8$;Al$_2$Si$_2$O$_5$(OH)$_4$]
→~ kaolin 高岭土[Al$_4$(Si$_4$O$_{10}$)(OH)$_8$]

(mine-)car cleaner 矿车清除机
→~ cleaning 清扫矿车 // ~ -cleaning device 清车器 // ~ coupler{rider} 跟车工 // ~ coupling 挂车

card 图表;主面[铰合面];腕];卡片;记录卡;插件;钢丝刷;表格;程序单;罗盘面[罗盘的方位盘];插件板;铰合区;印刷电路;基面;刷

cardan 平浮环
→~ (joint) 万向接头 // ~ axis 万向节轴 // ~ joint 卡登接头 // ~ spider 万向十字形接头

cardboard 卡(片)纸
→~ drainage 排水板法 // ~ shell 纸(板)壳 // ~ tube 硬纸套管 // ~ wax 纸板石蜡

cardella{condyle} 关节突[苔]

cardelles 口盖齿

cardenite 富铁皂石[近似(Mg,Fe^{2+},Al)$_3$((Si,Al)$_4$O$_{10}$)(OH)$_2$•nH$_2$O];富钙皂石

cardiac lobe 心状叶[节];心叶[节腿口纲]
→~ region 心区[节]

cardinal 基本的;主要的

cardinal{full-station;basic;starting;fiducial;datum} point 基点
→~ (number) 基数 // ~ angle 主角;基角 // ~ area 绞合面;主面[铰合面;腕];铰合区;基面 // ~ axis 铰轴

cardinalia 主基[腕]

cardinal{principal;main} line 主线

Cardinia 铰蛤属[双壳;T-J]

Cardioangulina 圆角孢属[K$_1$];心角形孢属

Cardiocarpus 心果;心籽属[古植;C-P]

Cardioceras 心菊石(属)[头;J]

Cardiodella 小心牙形石属[O$_2$]

Cardiodus 心牙形石属[O$_2$]

Cardiograptus 心笔石(属)

cardioid 心脏形(曲)线;心形的

Cardiomorpha 心形蛤属[双壳;C]

Cardioneura 心脉蕨属[C$_2$]

cardiophthalmic region 眼脊间隙[节腿口纲]

Cardiopteridium 铲羊齿属[蕨;C$_1$];铲羊齿

Cardiopteris 心羊齿(属)[蕨;C_1]

Cardium 鸟蛤(属)[双壳;T-Q]

cardon 扒吸式挖泥船

Cardoso 卡多灰沙石

cardosonite 纤绿磷铁矿[含 Fe_2O_3 54.07%, P_2O_5 24.76%,H_2O 9.21%,不含 FeO]

Cardox (shell;cylinder) 卡`多{尔}道克斯爆破筒
→~ blasting 液态 CO_2 爆破筒爆破落煤

Cardoxplant operator 卡多克斯爆破筒装药工

car-drainage method 车内排{脱}水法

car dropper 放车工
→~ dropper{man;nipper;runnet;pusher;runner} 推车工

card sorting 图表分类;卡片分类

Card table 卡(尔)德型摇床[有三角形刻沟斜面]

care 挂念;谨慎;喜欢;照顾;忧虑;维护;关心;注意

careen 倾倒

carefully chosen 精选

careless omission 漏失
→~ working 滥采

caresite 水碳铝铁石 [$Fe_4Al_2(OH)_{12}CO_3$•$3H_2O$]

carettochelyidae 两爪鳖科[K-Q]

carex 苔属植物
→~ {sedge} peat 莎草泥炭 // ~ swamp 莎草渍水沼泽;苔草沼泽

Carey-Foster bridge 测静电电容用交流电桥;卡瑞-福斯特电桥

Carey phase 凯里期[北美 15,000 年前冰期]

Cargille's heavy "liquid" 卡吉尔悬浮液

cargo 装货;货物;负荷;船货;荷量;重量
→~ of concentrate 载运精矿[指浮选泡沫]

Caribbeanella 加勒比虫属[孔虫;N_2-Q]

Cariboo orogeny 凯里布造山运动[北美;Pz_1];卡里布造山作用[英;∈-S]

caribou 驯鹿(属)[Q];北美驯鹿

caridoid 虾类[节甲]

(cusp-and-)caries textur 扇贝状结构
→~ {lace-like;cusp-and-caries} texture 花边结构

carina 脊棱;棱脊;后壳顶脊[双壳];中脊;隆脊;隆线;龙骨状突起;脊骨[牙石];脊板[珊]

carinal 脊线;隆线的
→~ canal 龙骨板;脊管

carina node 中棱结节

carinata 棱脊

Carinatae 突胸超目[鸟类]

carinate 脊状
→~ fold 软层褶皱;脊隆褶皱 // ~ syncline 肋状向斜

Carinatina 准龙骨贝属[腕;S_3-D_2]

car industry 汽车工业
→~ lock{stop;block;check} 挡车器 // ~ lug (矿车)停车器 // ~ measurement 按车(容积)称

caringbullite 羟水氯铜矿

Cariniferella 具脊贝属[腕;D]

Carinokoninckina 脊康尼克贝属[腕;T_3]

Carinolithus 卡里农颗石[钙超]

Carinthian furnace 卡林塞反射炉

carinthine 角 闪 石 [$(Ca,Na)_{2-3}(Mg^{2+},Fe^{2+},$

$Fe^{3+},Al^{3+})_5((Al,Si)_8O_{22})(OH)]$; 韭 闪 石 [$NaCaMg_4(Al,Fe)(Al_2Si_6O_{22})(OH);NaCa_2(Mg,$ $Fe^{2+})_4Al(Si_6Al_2)O_{22}(OH)_2$;单斜];钼铅矿 [$PbMoO_4$;四方];亚蓝闪石 [$(Ca,Na)_{\frac{1}{2}}$ $(Mg,Fe,Al)_5((Si,Al)_4O_{11})_2(OH)_2]$

carinthite 钼铅矿[$PbMoO_4$;四方]

carint(h)inite 亚蓝闪石 [$(Ca,Na)_{\frac{1}{2}}(Mg,$ $Fe,Al)_5((Si,Al)_4O_{11})_2(OH)_2$;角闪石 [$(Ca,$ $Na)_{2-3}(Mg^{2+},Fe^{2+},Fe^{3+},Al^{3+})_5((Al,Si)_8O_{22})(OH)]$

cariose{cariosus;carious} 啮痕的

caritinoid 胡萝卜素

carletonite 碳 硅 碱 钙 石 [$KNa_4Ca_4Si_8O_{18}$ $(CO_3)_4(OH,F)$;四方]

carlfriesite 碲钙石[$CaTe_2^{4+}Te^{6+}O_8$;单斜]

carlhintzeite 水 氟 铝 钙 石 [$Ca_3Al_2F_{10}(OH)_2$• $H_2O;Ca_2AlF_7$•H_2O;三斜、假单斜]

carline{carling} 纵梁

carlinite 辉铊矿[Tl_2S;三方];硫铊矿

Carlin-type gold deposit 微粒型金矿床 [$<30μm$]
→~ {invisible} gold deposit 卡林型{式}金矿床

carload 整车货物;车辆载重{荷载};重量单位[=10t]
→~ delivery 车载供应

carlosite{carlosite neptunite} 柱星叶石 [$KNaLi(Fe,Mn)_2TiO_2(Si_4O_{11})_2$;$KNa_2Li(Fe^{2+},$ $Mn)_2Ti_2Si_8O_{24}$;单斜]

carlosturanite 卡 硅 铁 镁 石 [$M_{21}(T_{21}O_{28}$ $(OH)_4)(OH)_{20}$•$H_2O(M:Mg>>Fe^{2+}+Ti,Mn;T:$ $Si>>Al)]$

carl osturanite 卡硅铁镁石

Carlsbad-albite compound twin 卡-钠复合双晶
→~ compound twin 卡尔斯巴(律)-钠长石(律)复合双晶

Carlsbad law 卡尔斯巴德定律
→~ salt 卡尔斯巴德矿泉盐 // ~ twin(ning) 卡斯巴双晶;卡式双晶 // ~ twin law 卡斯巴双晶定律

carlsbergite 陨氮铬矿;氮铬矿[CrN;等轴]

carlsfriesite 碲钙石[$CaTe_2^{4+}Te^{6+}O_8$;单斜]

Carlson stress meter 卡尔逊{森}应力计

Carlton chock 卡尔顿型自移垛式支架

carltonine{carltonite} 卡东陨铁

carman 驾驶员;火车的检修工;运输工;推车工;搬运工

carmeloite 伊丁安山岩;喀美尔岩

carmenite 杂硫铜矿

Carmen Red 红钻(麻)[石]

carmichaelite 羟钛矿 [$MO_{2-x}(OH)_x,M=Ti,$ Cr,Fe,Mg,Al]

carmine 卡红;胭脂红;洋红;硼砂洋红;深红
→~ spar 砷铅铁石 [$PbFe_2^{3+}(AsO_4)_2$ $(OH)_2$;斜方];砷铅铁矿[$Pb_3Fe_{10}(AsO_4)_{12}$]

carminite 砷铅铁矿[$Pb_3Fe_{10}(AsO_4)_{12}$];砷铅铁石[$PbFe_2^{3+}(AsO_4)_2(OH)_2$;斜方]

carminspath 砷 铅 铁 石 [$PbFe_2^{3+}(AsO_4)_2$ $(OH)_2$;斜方]

carnadine 麝香石竹

carnallitite 光 卤 石 [斜方;KCl•$MgCl_2$• $6H_2O$];杂盐;杂光卤石岩

carnallitolite 光卤石岩

carnassial tooth 裂齿食肉类切齿
→~ {sectorial} tooth 裂齿

carnasurtite 水硅铝钛镧矿

carnat 珍珠陶土[$Al_4(Si_4O_{10})(OH)_8$]

car(o)nation 石竹[铜局示植];香石竹;

麝香石竹
→~ latent disease virus 石竹潜伏病毒

carnatite 拉长石 [钙钠长石的变种; $Na(AlSi_3O_8)$•$3Ca(Al_2Si_2O_8)$; $Ab_{50}An_{50}$–Ab_{30} An_{70};三斜]

Carnauba max 加诺巴蜡

carnegieite 三斜霞石[Na_2O•Al_2O_3•$2SiO_2$]

carnelian (肉)红玉(髓) [SiO_2];光玉髓;红玉髓;光髓玉

carneol 红石髓;红玉髓;光玉髓[SiO_2];肉红玉髓[SiO_2]

carneolonyx 红白带纹玛瑙;缠丝玛瑙

carnet 珍珠陶土[$Al_4(Si_4O_{10})(OH)_8$]

carnevallite 硫铜镓矿

Carnian (stage) 卡尼(阶)[227.4~220.7Ma;欧;T_3]

Carnic Age 喀尼克期

carnilionyx 红白带纹玛瑙;缠丝玛瑙

Carniodus 卡尼牙形石属[S_1]

Carnites 卡尼菊石属[头;T_3]

carnivora 食肉目

carnivorous{zoophagous} animal 食肉动物
→~ dentition 肉食牙系

Carnosaurus 食肉龙类[爬];肉食龙

carobbi(i)te 方氟钾石[KF,含 NaCl;等轴]

Carodnia 大焦兽属[E_1]

carolathine 不纯黏土;水铝英石[Al_2O_3 及 SiO_2 的非晶质矿物;Al_2O_3•Si_2O•nH_2O]

Carolina bays 卡州洼地群
→~ Geological Society 卡罗来纳地质学会[美]

carolinite 霞 石 [$KNa_3(AlSiO_4)_4;(Na,K)$ $AlSiO_4$;六方];碱钙霞石[$(Na,K_2,Ca)_4(Al,$ $Si)_{16}O_{32}]$

caromel 汞膏[Hg_2Cl_2]

carousel 转盘;环体
→~ buoy-floating barge storage 转盘式浮标驳船贮舱 // ~ continuous high gradient magnetic separator 转盘型连续高梯度磁选机

car pass 错车道;轻重车交换
→~ passer 高架空矿车轨道[重矿车可在高架下通过]

carpathite 黄地蜡[$C_{33}H_{17}O;C_{24}H_{12}$;单斜]

carpentry 木工;木作(品);木器
→~ tongue 木工凿

carpet 铺毯;毯状粗糙织物;地毯式轰炸;地毯;磨耗层
→~ checker 频率输出检验器 // ~ coat 路面 // ~ {seal} coat 保护层 // ~ roll 火药卷

carpholite 纤锰柱石[MnO•Al_2O_3•$2SiO_2$• $2H_2O; MnAl_2(Si_2O_6)(OH)_4$;斜方]

carphosiderite 水合氢离子铁矾 [(H_3O) $Fe_3^{3+}(SO_4)_2(OH)_6$;三方];泻铁矾;金黄铁矾;草黄铁矾[$3Fe_2O_3$•$4SO_3$•$10H_2O$]

carphostilbite 针镁沸石;杆沸石[$NaCa_2$ $(Al_2(Al,Si)Si_2O_{10})_2$•$5H_2O;NaCa_2Al_5Si_5$ O_{20}•$6H_2O$;斜方]

Carpinipites 枥粉属[孢;E_{2-3}]

Carpinus 千金榆;鹅耳枥(属)[植;K_2-Q]

Carpodinium 果沟藻属[K]

carpohylile 干森林群落

Carpoidea 海果纲[棘]

carpolite 石籽{果}[化石果]

carpolit(h)es 化石果;石果

Carpolithus 化石果属[D-Q]

carpolithus 石果;化石果;石籽{果}

carpology 果实(分类)学

carpometacarpus 腕掌骨[鸟类]

carpophyll 大孢子叶[植]

carpophytes 种子植物；显花植物

carpus 手腕子；腕；腕骨[脊]

carr 木质泥炭；离岸孤立岩体；森林泥炭

carrack 电气闪英岩；脉壁

carrboydite 镍铝矾 [(Ni,Cu)$_{14}$Al$_9$(SO$_4$, CO$_3$)$_6$(OH)$_{43}$•7H$_2$O?;六方]

carrene 二氯甲烷

carriage 客车；马车；小车；相；矿车；拖架；车厢；底盘；架；斜井罐笼；托架；运输；支座；支撑架；罐笼；乘人车；车；字盘[仪表]；承载器；框架；台车；梯段[建]

carrier stop 吊桶导向架停止器；吊桶骨架停止器
→~-suppressed SSB 载波抑制单边带 // ~ terminal 载波终端 // ~ truck {lorry} 运管卡车[美] // ~ wheel 小车门走轮

carr-land 沼泽地

carrol(l)ite 硫铜钴矿[CuCo$_2$S$_4$;Cu(Co,Ni)S$_4$;等轴]

carrot 杆体；屑；胡萝卜

Carruthersella 卡鲁特珊瑚属[C$_1$]

carry (声音)能传到；传导[热、光等]；传播；传送；支持；泵的移动距离；输送；分段下管[随钻孔加深]；搬运；(使)延伸；赢得；克服；运载；载运；夺得；含有(意义)[矿石、石油等]；承受；被携带；发扬；(发射物)能射到；传递；边钻边下套管；带；射程；携(带)；贯彻；运输；登载[消息等]

carryall 通用式车；刮刀；平地机；刮泥机
→~ (scraper) 铲运机 // ~ pan 气轮胎铲运机 // ~ {motorized;tractor} scraper 拖拉机式铲运机

carry away 抢走
→~ capacity 承载能力 // ~ cargo {freight} 载货 // ~ clear signal 允许进位(清除)信号 // ~ {carrier;prop(pant-)laden; load;sand-laden;transport} fluid 携砂液

carrying capacity 容纳量；负荷量；载重

carry lookahead adder 超前进位加法器
→~ off to ground 旁通接地；接地线端 // ~ on one's shoulder with effort 夯

carryophyllane 石竹烷

carry out 执行
→~ out construction{large repairs} 施工 // ~ out selective examinations 抽查 // ~ over 归入；移位；转移；带出；移向；转入 // ~{throw} over 转换

car safety clog 捕车器
→~ spragger 矿车制动棒

carse 河滨冲击低地；(河边)的冲积平原；沿河低冲积地

car shaker 摇车机
→~{loader} slide 装车台

carso[意] 喀斯特[岩溶的习惯旧称]

car sorting switch 分车道岔
→~ spotter 调度绞车 // ~-spotting device 配{调}车装置 // ~ spotting hoist 调度绞车；集中绞车 // ~ spragger 矿车制动棒

carst 喀斯特[岩溶的习惯旧称]；岩溶

carstification 喀斯特化

carstone 硬铁质砂岩；铁砂石层

cart 平板车；用车装运；二轮马车；大车

cartage 运费；马车运输
→~ expenses 运输费用

cartel 卡特尔；企业联合；联盟

Carteria 四鞭藻属；卡特藻属[Q]

Carterinacea 强有孔虫总科；伞形虫超科[孔虫]

Cartesian Coordinates 三轴坐标
→~ diver 浮沉子

cartilage 内韧带[双壳]；软骨

Cartilaginous 软骨鱼类

cartload (小)车载量

cartographical sketching 手制草图

cartographic feature 地物图像
→~ file 制图(数据档) // ~ grid 制图格网；经纬网 // ~ photography 制图摄影图 // ~(al) surveying 制图测量

c(h)artography 测绘；制图学{法}；地图学；(大面积)制地图法

c(h)artology 地图学；制图法；制图学

cartometry 量图学；地图测量

cartonboard{carton board} 石膏板护面纸

cartouche 图廓花边；旋涡形图廓花边

car transfer{passer} 移车机

cartridge 卡盘；弹药；夹头；子弹；管壳；燃料管；套筒；药卷；仪器芯子；释热元件；筒；灯座；钻孔堵漏包；线路芯子；储砂筒；盒式磁带

cartridged product 药卷；药筒

cartridge filter 过滤筒
→~-case 弹壳 // ~ fuse 带管熔丝；保险丝管 // ~ {tube} fuse 熔丝管 // ~ housing 电子线路短节外壳 // ~ igniter 爆管 // ~ weigh loader 筒量装载机；炸药筒的量装机

cart scraper 铲运车

carvacrol 香芹酚

carve 錾；掏槽；刻槽
→~ and polish (jade) 琢磨

carved inkslab 雕刻石砚
→~ stone 石刻；石雕[舂米用] // ~ turquoise plaque 松石刻花片

carve printing blocks 刻板

carving 切割槽
→~ chisel 雕刻凿刀

carvoeila 电气岩；电气石[族名;碧硒,璧玺;成分复杂的硼铝硅酸盐,有显著的热电性和压电性;(Na,Ca)(Li,Mg,Fe^{2+},Al)$_3$(Al,Fe^{3+})$_6$ B$_3$ Si$_6$O$_{27}$(O,OH,F)$_4$]

carvo-menthene 香芹盖烯 [CH$_3$C$_6$H$_8$CH(CH$_3$)$_2$]

carvomenthene diol 香芹盖烯二醇[CH$_3$ C$_6$H$_8$CH(CH$_3$)$_2$]
→~ hydroperoxide 香芹盖烯过氧(化)氢[C$_{10}$H$_{17}$—OOH] // ~ mercaptan 香芹盖烯硫醇[C$_{10}$H$_{17}$SH]

Carya 山核桃属[K$_2$-Q]

Caryapollenites 山核桃粉属[孢;K$_2$-N]

Cary glacial substage 卡里亚冰期[约15,000 年前]

caryinite 砷锰钙石 [Ca$_2$(Mn,Mg)(AsO$_4$)•2H$_2$O;单斜]；砷锰钙矿 [(Ca,Na,Pb)$_3$(Mn,Mg,Fe^{3+})$_4$(AsO$_4$)$_4$?;单斜]；砷锰铅矿[Pb$_3$ MnAs$_3$O$_8$OH;Pb$_3$Mn(As^{3+}O$_3$)$_2$(As^{3+}O$_2$OH),单斜;(Pb,Mn,Ca,Mg)(AsO$_4$)$_2$]

caryocerite 榛褐稀金矿；褐稀土矿；钍黑稀土矿

caryoclasis 核崩解

caryophyl 石竹目

Caryophyllaceae 石竹科

Caryophyllales 石竹目

caryophyllane 石竹烷

caryophyllene 石竹烯

caryophyllenol 石竹烯醇

Caryophyllidae 石竹亚纲

caryophyllin 石竹素

Caryophyllinae 石竹目

caryopilite 肾硅锰矿 [(Mn,Mg)$_3$Si$_2$O$_5$(OH)$_4$;单斜]；蜡硅锰矿[Mn$_5$(Si$_4$O$_{10}$)(OH)$_6$,含 MnO34%~52.65%;单斜]

caryopsis 单种闭果[植]

Caryopteris 莸(草)属[Q]

Car(e)y phase 卡{凯}里期[北美 15,000 年前冰期]

carystine 石棉

Casagrande method for liquid limit 卡萨格兰德液限测定法

Casagrande's soil classification 卡萨格兰德土分类法

cascade 瀑落；串接；串联的；连接机构；挂滑坡；贮藏所；栅；级；阶流(布置)；成瀑流落下；急滩；水柱；险滩；小瀑布；格状物；梯流；拱滑；梯级；连接法；阶式排列；(重力)滑曲；格
→~ (connection) 级联；串联 // ~ (flow) ~ 跌水；叶栅 // ~ amplifier 阴地栅地级联放大器；共射共基放大器

Cascade autogenous mill 泻落式自磨机

cascade(d){step-by-step} carry 逐位进位

cascaded migration 分级偏移；串联偏移

cascade filtration 多级过滤
→~ impactor 阶式撞击取样器 // ~ mill 高落式磨矿机

Cascadia land 卡斯卡{喀斯喀}迪古陆；开迪{底}古陆

cascading 串级；磨球梯流[磨机]；连接；阶流(布置)；梯流
→~ flow 梯级跌水 // ~ glacier 瀑布冰川；湍急冰川；急降冰川 // ~ of coal 自动落煤；地压破煤 // ~ use 梯{逐}级利用

cascadite 橄辉云煌岩

cascajo 珊瑚屑混合沉积；含金砂；礁屑

cascalho 含金刚石冲积砂砾[巴]

cascandite 硅钙钪石；羟硅钙钪石 [CaScSi$_3$O$_8$(OH)]

cascholong 美蛋白石[内含铝氧少许;SiO$_2$•nH$_2$O]

cascode 栅地-阴地放大器；渥尔曼放大器

case (印刷)活字盘；装入箱内；袋内；鞘；金属表面的渗碳层；箱；表面；实情；容器；壳；病例；外侧；盒；外板；外壳；事例；情形；包；包围；插入鞘内；框子；一组；架子；袋；套；机身；格；情况；加框子；事实；下套管[加固井孔]

Casea 克色氏龙属[P]

case bay 梁间距

casebonded internal star grain 浇注成的星形内腔火药柱

cased 隔离开；加套
→~ hole 套管井 // ~ seal 带壳密封；骨架密封

case depth 硬化层深度

cased hole 套管井
→~ hole exploration service 套管井勘探服务 // ~ off 套管(封)隔住的 // ~

production well 有套管的生产井

case drawing 药筒压延(引伸)

cased seal 带壳密封；骨架密封
→～ through hole 全部下套管的孔//～ tin 碎锡矿//～ well{hole} 下套管井//～ well{|hole} 已下套管的井{井段}

case hardening 表面淬火；岩石灌浆；岩石灌浆硬化
→～-hardening 胶结作用；外壳硬化；表面硬化//～ history 史例；勘探史[某地区的]；动态史；实例；典型事例史；工程实录；案例；典型例子；矿例

casein 酪朊{素}

case in{off} 下套管

casein glue 酪蛋白胶

casement 窗扉；孔模{空}

case mold 老模

cases of spar 互相交切的石英脉

case study 个例研究；研究实例
→～ support 机壳支撑

cash 现款；付现；软页岩；钱；兑现
→～ against documents{shipping documents} 凭(海运)运货单付现//～ and carry 现购自运(的)//～ before delivery 交货前付款//～ call 作业者通知//～ discount 现付折扣

cashier 出纳员

cashier's counter 出纳柜(台)

cashinite 卡硫铑铱矿

cash on delivery 交货(后)付款；货到收款
→～ order 即期票//～ {money} transaction 现金交易//～ with order 订货付款

cashy bleas 耐火黏土

Ca-siderite 钙菱铁矿[(Fe,Ca)(CO₃)]

cas(t)ing 装箱；箱；装袋；机匣；包皮；机壳；井框支架；泵壳；围岩层；金属井壁；模板；汽车外胎；亮；毂；盖；套；壳体；壳；包装；井框；外胎；罩；套箱；匣；外管[双层岩芯管]
→～-head gas 油矿气//～ {rotary;tackle;foot} hook 大钩//～ joint 一节套管//～ line 起下套管用钢绳//～ operation {running;installation} 下套管//～ pulling machine 套管提取机//～ seat 套管中的尾管座圈；套管鞋所坐地层//～ (drive) shoe 套管底的金刚石钻头；套管鞋(靴)

casing/casing annulus 套管间的环隙

casinghead{bradenhead;wellhead} gas 套管头气
→～ {casing-head} gasoline 天然汽油//～ gasoline 管头凝缩汽油；井口气分离出的汽油

casingless completion 无套管完{成}井

casing/open hole annulus 套管-井壁间的环隙

casiumbiotite 铯黑云母[K(Mg,Fe)₃(AlSi₃O₁₀)(OH)₂; 含 Cs₂O 可达 3.1%]

cask 油桶；桶；吊斗；容器
→～ buoy 桶形浮标

casket 小箱；小匣子

Ca-spar 钙长石类

caspian 干旱内陆盐水体

ca(e)spitose 丛生的；簇生的

Cassadagan 凯萨达格(阶)[北美;D₃]

cassagnaite 羟硅钒铁钙石 [(Ca,Mn²⁺)₄(Fe³⁺,Mn³⁺,Al)₄(OH)₄(V³⁺,Mg,Al)₂(O,OH)₄(Si₃O₁₀)(SiO₄)₂]

cassedancite 水铅钒铬矿[Pb₅(VO₄)₂(CrO₄)₂•H₂O]

Cassegraio antenna 卡氏天线

Cassel brown 黑土

Casselian 卡塞尔(阶)[欧;E₃]

casserole 砂煲；勺皿；砂锅菜；瓷勺

cassette 箱子；炸弹箱；干板匣；托架；盒子；暗盒；胶卷
→～ (tape) 盒式磁带//～ gas cooker 卡式燃气炉

Cassianella 卡西安蛤属[双壳;T₂₋₃]

cassianite 卡申煤

Cassia's equivalent contact angle 卡西等值{效}接触角

Cassidula 小冠螺属[腹;N-Q]

Cassidulina 盔形虫(属)[孔虫;E₂-Q]；头盔虫[孔虫]

cassiduloida 冑形海胆目[棘]；盔海胆目

cassidyite 磷钙镍石 [Ca₂(Ni,Mg)(PO₄)₂•2H₂O;三斜]；磷镍镁钙矿

Cassini projection 卡西尼投影

Cassini's law 葛西尼定律

cassinite 钡正长石

cassioon-type tailing thickener 沉箱式尾矿浓缩机

Cassiopeia 仙女座

cassiopeium 镥；鉠[镥之旧名]

Cassis 冠螺属[腹;E-Q]

cassiterite (pebble) 锡石[SnO₂;四方]
→～-bearing 含锡石沙//～ placer 砂锡矿//～-quartz vein deposit 锡石石英脉矿床//～ sulfide deposit 锡石硫化物矿床

cassiterolamprite 黄锡矿 [Cu₂FeSnS₄;四方]

cassiterotantalite 锡钽锰矿；锰锡钽矿 [(Fe,Mn)(Nb,Ta)₂O₆]；锰钽矿 [(Ta,Nb,Sn,Mn,Fe)₄O₈;(Fe,Mn)(Nb,Ta)₂O₆]

Casson's viscosity 卡森黏度

Casson yield stress 卡森屈服应力

cast 化石内模；使弯曲；模型；抛出；浇注；抛掷；投掷；铸造；灌铸；铸型；铸件；掷；铸体；加起来；原地浇注；印模；预测；内型；分类整理；估计；计算；浇铸
→～-basalt-chute conveyor 铸石溜槽输送机//～ bit 铸镶金刚石钻头//～ diamond particle bit 孕镶式细粒金刚石钻头//～ hole 探矿浅孔[3m 以内]//～-insert bit 铸嵌式金刚石钻头//～ (metal) matrix 小粒金刚石钻头铸造基础

castable period 可注时间

castaingite 硫钼铜矿[CuMo₂S₅;CuS•2MoS₂;六方]

Castanea 板栗(属)；栗属[K₂-Q]

castanite 褐铁矾

Castanopsis 栲属[植;K-Q]

castanozem 栗钙土

castaway 脉石

castellated 堞形的；齿形的；多城堡的；有许多缺口的；堡状的；构造如城的；城堡型的；塔状的
→～ nut 蝶形螺帽；带眼螺母；槽顶螺帽//～ {splined;spline} shaft 花键轴

castellite 铝石；楣石 [CaTiSiO₅;CaO•TiO₂•SiO₂;单斜]

castelnaudite 磷钇矿[YPO₄;(Y,Th,U,Er,Ce)(PO₄);四方]

caster 翻砂工；投掷者；铸工；小脚轮

铸造机；脚轮

castillite 杂斑铜矿[闪锌矿、方铅矿、黝铜矿和硫铜银矿的混合物;Bi₂Se₃]；杂锌铅铜矿；硒铋矿[Bi₂Se₃;斜方]；硫硒铋矿 [Bi₄Se₅S;Bi₄(Se,S)₃;三方]

casting 岩石搬运；熔铸成形；屎粒化石；倒堆；排泄物；排土；爬迹；脱落物[如毛、皮等;动]；粪(化)石；翻砂；铸钢
→～ (mold;die;form;mould) 铸模；铸件//～ bed 沙床[铸]//～ bort 黑金刚石//～ mould 铸型；化石铸型//～ of rocks 岩石搬运；矸石倒堆[露]//～ resin 可铸树脂；铸膜树脂；铸塑树脂；流性树脂//～-rolling process 浇注辊压成形法

castle 城堡
→～ (metal) matrix 小粒金刚石钻头铸造基础//～-metal{cast} matrix 铸造钻头毛坯//～ off (船)解缆离岸//～ of oil 油的色泽

castor 透锂长石[LiAlSi₄O₁₀;单斜]；回转尾轮；车辗子；脚轮；小脚轮；蓖麻

Castordag 胶体石墨和蓖麻油组成的液体润滑剂

castorite 透锂长石[LiAlSi₄O₁₀;单斜]

Castoroides 大河狸(属)

castor{berry} sugar 细白砂糖

castrol 凯斯特罗[蓖麻油与矿物油的混合物]

Ca-strontianite 钙菱锶矿[(Sr,Ca)CO₃,含CaCO₃ 13.14%]

casts 铸模

cast set bit 铸嵌式金刚石钻头
→～ set diamond bit 铸造嵌入金刚石钻头//～ stone 人造石块//～ {synthetic} stone 铸石//～ stone powder 铸石粉//～ to shape 精密铸造//～ ware 注浆陶瓷

caststone 铸石

casual 临时的；非正式的；碰巧；零工；偶然的；随便的
→～ pillar 临时矿柱

casualties 伤亡

Casuarinidites 木麻黄粉属[孢;N₂]

casuzone 灾变带；偶现(生物地层)带；可逆(生物地层)带

caswellsilverite 陨硫钠铬矿[NaCrS₂]；硫钠铬矿

cat 猫；硬耐火(黏)土；驴蹄形绳结；管道工[旧]；起锚滑车

catabiosis 老化现象；异化作用；分解代谢；衰老[细胞]

catacladous 枝下弯的[植]

cataclase 破碎；碎裂[岩石晶粒]

cataclasis 裂化；岩石压裂变形；碎裂作用；压碎
→～ crack 碎裂

cataclas(t)ite 压碎岩；压裂岩；碎裂岩

cataclasitic 碎裂
→～ {crushed;crush;kataclastic} rock 压碎岩

cataclast 破裂碎屑[动力变质搓碎的]；残碎斑晶

cataclastic 碎裂的；破碎的
→～ flow 粒间(机械)流

cataclinal 顺向的
→～ {consequent} river 顺向{斜}河//～ valley 顺斜谷

catacline 顺向的；下倾型[腕;基面]

C

cataclysm 碎裂作用；大变革；灾变；猛烈洪水；洪水；剧变；特大洪水；地壳激变；激变[地壳]

cataclysmic origin of species 物种的激变起源
→~ separation theory 剧变分离学说

cataclysm{catastrophic} theory 灾变说

catacolpate 具近极沟的[孢]

catacomb 地下公墓

catadromic 下行；下先出[蕨]

catadromous 降河的

catagenesis 后成作用；成岩变化；碎裂作用；退化；后生(作用)[沉积岩]；后退演化；退化作用

catagenetic gas 退化阶段成因气

catagraph(ite) 变形石；花纹石

cata(c)lase 岩石破碎

catalin 铸垫酚醛塑料

catalinite 海滩宝石

catalogue 分类；量板集；理论曲线册[磁、电、电磁等方法解释的]；目录；一览表；编目；总目；种类；条目；样本[产品]

catalysant 被催化物

catalysate 催化产物

catalyst 触媒(剂)；刺激因素；接触剂；促进因素

catalytic action 催化；催化作用

catalyzer{catalyzes} 催化剂

catamaran 双体浮座；双体船；液压支架平底的整底座；筏
→~ hull 平底船体

catamorphism 浅层变质(作用)
→(katamorphism) ~ 碎裂变质

catanator 操纵机构[产生法向力的]

cat and clay 稻草泥
→~ (impact) grinding 磨球瀑落冲击研磨

catanorm 深(变质)带标准矿物

cataorogenic 深造山的

cataphalanx 冷锋面

cataphorite 红（钠）闪石 [$NaCaFe_4^{2+}Fe^{3+}((Si_7Al)O_{22})(OH)_2$]

cataphyll 芽苞叶；低出叶[植]；鳞片

catapleiite-syenite 钠锆正长岩

catapleite{catapliite} 钠锆石 [$(Na_2,Ca)O•ZrO_2•2SiO_2•2H_2O$；$Na_2ZrSi_3O_9•2H_2O$；六方]

cataporata 具近极孔[孢]

catapult 弹射；被发射；石弩

cataract 跌水；瀑布；低(临界)速度运转[球磨机]；缓冲器；急流；大水；急瀑布；大瀑布；奔流

cataracting 瀑泻；磨球瀑泻[磨机以中速运转，介于 cascading 和 avalanching 之间]；瀑落
→~ (impact) grinding 磨球瀑落冲击研磨

catarinite 镍铁矿；镍铁陨石

catarocks 深带岩

Catarrhini 狭鼻`猴亚`[下]目

cataspilite 斑块云母[K,Na,Mg,Ca 的铝硅酸盐，块云母类的一种假象物质，为不纯的白云母]

cataspire 侧叶尖[棘]

catastrophe 浩劫；灾祸；地壳激变；惨祸；毁灭；失败；灾变；剧变；灾难；大灾祸；大变动
→~ point 突变点

catastrophic 严重的；不幸的；灾难性的

catatept 近极薄壁区[孢]

catathermal 降温期(的)

Catazyga 降轭贝属[腕;O_3]

catch(er) 罐座；卡爪；燃粉；圈闭；锁住；引起；遭受；挂住；钩住；陷进；发现；罐笼座；了解；挡住；惹；抓住；捕获；拉手；抓；想领会；接住；领会；捉；看到；罐笼中的稳车器；接收；燃着；闩住；流行；制动装置；提取器；按钮；卡子；挡；感染；捕提器；掣子；捕捉器；接受器；收集器；拦截
→~ (fire) 发火 // ~ (safety) ~ 断绳保险器 // ~ (up with) 赶上 // ~ a chill 吹风

catch-basin 沉泥井
→~ {sunk} basin 集水井 // ~ (ment)-basin 盆盆；流[动]域[河流]；集水池；雨水井；截水池；沉砂井；汇水盆地 // ~ box 集液器 // ~ ditch 集水沟

catcher 抓爪；集电极；接收器；限制器；岩芯提断器；获能腔；俘获器；捕能机；制动装置；捕集器；起套管时防止套管坠井装置；稳定装置；过卷动轴；岩芯卡断器；速调管中集电极；捕腔[速调管]；抓器；雷管导火线固定器[防止爆炸时喷出井外的]；接钢工；(电子)捕获栅
→(core) ~ 岩芯抓 // ~ sub 制控短节；打捞接头(短节)

catch gutter 排水渠(道)
→~ {clasp} handle 键柄 // ~ hook 回转爪 // ~-hook 捕获爪

catching (能)传染的；捕捉；有感染力的；收集；捕收；捕集
→~ device 捕车装置；阻车装置；抓卡装置 // ~ device{piece} 捕提器 // ~ groove 挡槽；打捞(用的)槽；扣槽 // ~-piece{elevator} 提引器[钻机用]

catchment 储油范围；集油；捕收；集水；捕集；捕捉；汇油

catch pawl 挡爪

catchwater 引水道

cat coal 富含黄铁矿的煤
→~ dirt 含黄铁矿的煤 // ~ down 削减 // ~ of workers 工种

catechol 苯邻二酚[$C_6H_4(OH)_2$]；儿茶酚 [$C_6H_4(OH)_2$]

catechu 阿仙药[黑色染料]；儿茶

category 类型；分类单位；类别；阶元；类；等级；种类；范畴；科类；分类；类目；晶族
→~ of workers 工种

Catella 凹蚌[双壳;T_3-J]

catena(e)[pl.-e] 连锁(续)；联结；耦合；链条；彼此相联结的东西；专业丛书；系列
→(soil) ~ 土链

catenary 悬链线；链状(的)；双垂曲线；悬索线；(双)垂曲线的；(吊挂电缆用的)吊线；航天飞行器与发射者之间的联系；链的
→~ (sag) 垂曲线；悬链线垂度；垂度；悬链弛度

c(onc)atenate 链接

catenicelliform 链胞状[苔]

cateniferous{catenigerous} 具链的

cateniform 链状(的)[床板珊]

Catenipora 镣珊瑚(属)[O_2-S_2]

catenulate 串珠状的
→~ colony 链状群体

catenulated 链状的

cater 适合

→~-cornered 对角线的

caterpillar 毛虫；坦克车
→~ chain 链轨 // ~ gate 链轮闸门 // ~ track 链轨 [of a tractor] // ~(-type){chain;crawler} tread 履带着地面

cat fall 吊锚索
→~ ('s) gold 金色云母；蛭石[绝热材料;$(Mg,Ca)_{0.3-0.45}(H_2O)_n$ $((Mg,Fe_3,Al)_3((Si,Al)_4O_{12})(OH)_2)$;$(Mg,Fe,Al)_3((Si,Al)_4O_{10})•4H_2O$；单斜] // ~ gold{silver} 云母 [$KAl_2(AlSi_3O_{10})(OH)_2$]

catfooted 悄悄地

catforming 催化重整

Cathaica 中国蜗牛属[腹;N-Q]

catharite 笼包物[一种深海沉积中的甲烷水化物]

Cathaya 银杉属[裸子;E-Q]

Cathaysia 华夏贝属[腕;P]；华夏古(大)陆

Cathaysian 华夏的{系;式的}
→~ geosyncline 华夏地槽

Cathaysiodendrous 华夏木属[C_3-P]

Cathaysiopteris 华夏羊齿(属)[蕨;P_1]

Cathaysoid 华夏式

Catheylocytherella 直微花介属[N_2-Q]

cathkinite 皂石 [$(Ca_{1/2},Na)_{0.33}(Mg,Fe^{2+})_3(Si,Al)_4O_{10}(OH)_2•4H_2O$；单斜]；铁皂石[Fe,Mg 的铝硅酸盐]；绿皂石[Fe,Mg,Al,H_2O 的硅酸盐]

cathodchromic crystal 阴极射线可致色晶体

cathode 阴极；负极
→~-degenerated stage 阴极负反馈级 // ~ {cathodic;negative} ray 阴极射线 // ~-ray display 阴极射线管显示仪

cathodes 阴极淀渣

cathodic 阴极的
→~ area 惰性区；负极区 // ~ dis-bonding 阴极解黏(合作用) // ~ {cathode} protection 阴极保护 // ~ protection parasites 妨碍阴极保护的物质；减低阴极保护效果的物质

cathodoluminescence 电子激发光；电子致发光；阴极发光
→~ spectroscopy 阴极射线发光谱

cathole 猫穴[一种冰成浅坑]

catholyte 阴极液

cathophorite 磷钙钍石[单斜;$CaTh(PO_4)_3$；$CaTh(PO_4)_2$]

Cathysia 华夏古(大)陆；华复古陆

Cathysian 华夏式

Catillicephalidae 胀头虫科[三叶]

Catinaster 碗星石[钙超;N_1]

cation 正离子

cationic film forming inhibitors 形成阳离子膜阻蚀剂
→~ flotation 阳离子药剂浮选 // ~ hydrocarbon surfactant 阳离子烃类表面活性剂 // ~ soap 阳离子皂 // ~ surfactant activity 阳离子活性剂活性能

cationoid 类阳离子

cationotropy 阳离子移变(现象)

cation sieve 阳离子筛

catkin 荑荑花序[植]

cat ladder 爬梯；垂直梯[安在墙上]
→~ grip 猫头绳爪

catline 绞车绳；猫头绳
→~ grip 猫头绳爪

catlinite 烟斗泥

catoctin 岛山

catoctines 残丘列

catoforite{catophorite} 红钠闪石[NaCa Fe$_4^{2+}$Fe^{3+}((Si$_7$Al)O$_{22}$)(OH)$_2$]；红闪石[NaCa Fe$_4^{2+}$Fe^{3+}((Si$_4$Al)O$_{22}$)(OH)]

catogene 沉积岩[悬浮物(下降)沉积成因的]

catolyte 阴极液

catopleite 卡托矿石

Catopteridae 腹鳍鱼科[T]

catoptric imaging 反射成像

catoptrics 反射光学

catoptrite 黑硅(铝)锑锰矿[2(Al,Fe)$_2$O$_3$· 14(Mn,Fe,Ca)O·2SiO$_2$·Sb$_2$S$_3$；14(Mn,Fe)O· 2(Al,Fe)$_2$O$_3$·2SiO$_2$·Sb$_2$O$_5$]；硅铝锑锰矿 [(Mn,Mg)$_{13}$(Al,Fe^{3+})$_4$Sb$_2^{5+}$Si$_2$O$_{28}$;单斜]

catoptron 反射镜

Catopygus 垂尾海胆属[棘;K$_3$]

Catostomus 胭脂鱼属[E$_2$-Q]

cat's ass 绳结
→~ brain 猫脑石//~ eye 石英[SiO$_2$; 三方]；猫儿眼[猫睛(眼)石的通称]；金绿宝石[BeAl$_2$O$_4$;BeO·Al$_2$O$_3$;斜方]；猫眼 {睛}石[BeAl$_2$O$_4$]//~ eye gem 猫眼宝石//~ {cat} gold 猫金//~ gold 蛭石 [绝热材料;(Mg,Ca)$_{0.3-0.45}$(H$_2$O)$_n$((Mg,Fe$_3$, Al)$_3$((Si,Al)$_4$O$_{12}$)(OH)$_2$);(Mg,Fe,Al)$_3$((Si,Al)$_4$ O$_{10}$)·4H$_2$O;单斜]//~ head 泥铁结核；猫首石[页岩中的粗砂岩团块]

Catskill beds 卡茨基尔层[北美;D$_3$]

cat's-paw knot 钢丝绳拴钩结

cat's silver 猫银

catsup 红铅油

Cattermole process 凯特尔莫尔油浮选法；卡特莫尔油浮选法

cattierite 方硫钴矿[CoS$_2$;等轴]

cattite 卡水磷镁石[Mg$_3$(PO$_4$)$_2$·22H$_2$O]

cattle 牲畜；牛属[Q]
→~-guard 铁丝{织}网//~ ranching 牧牛//~ terrace 羊肠道

catty 斤[中国重量单位]

Caturus 金尾鱼属[T-K]

catworks 辅助(猫头)绞车；绞车的猫头轴部分

Caucasoid 高加索人种

cauce 河床

Cauchy distribution 柯希分布
→~-Schwarz inequality 柯西-许瓦兹不等式

Cauchy's deformation tensor 柯西变形张量；柯希变形张量

cauda 尾状物；尾；震尾；尾波[地震]

caudal{tail} fan 尾扇[甲壳]
→~ fin 尾鳍[脊]//~ furca 尾叉// {clawlike} furca 尾爪

caudalis 尾的

caudal plate 尾片
→~ process{ramus} 尾突[节]//~ ramus 尾毛//~ segment 尾节[叶肢]//~ shield 尾板；尾甲

Caudata 有尾目；尾索亚目[脊索]

caudex 茎；茎基；草本植物主轴[包括茎与根]；主轴；木本植物的茎基

Caudites 凸尾介属[E-Q]

cau(l)k (纤)重晶石[BaSO$_4$;斜方]；白垩 [CaCO$_3$]；菱叶重晶石；页重晶石；石灰岩[以 CaCO$_3$ 为主的碳酸盐类岩石,其中碳酸钙常以方解石表现]

Caulacanthus 类茎刺藻属[红藻;Q]

cauldron 锅形陷坑；大锅；火口凹陷；

煮皂锅；煤层间直封印木化石；海釜；火山凹地；木化石；鸡窝顶；敞口锅；火山口
→~ (subsidence) 锅状塌陷//~ bottom 顶底板中的树干化石[常为封印木化石]；煤层顶板中的光面结核体；顶底板中直立的硅化木//~ subsidence 环状沉陷；顶盖沉陷(岩浆房)

Caulerpa 蕨藻属[Q]

caulescent 具(球)茎的

caulicole 茎生的

caulidium 拟茎体

cauliferous 具(球)茎的；具柄的

cauliflorate 花头形；菜花状

cauliflower cloud 菜花云
→~-like 花椰菜状；菜花状

cauliform 茎状的

cauligenous 茎出的；茎生的

caulis trachelospermi 络石藤

caulk 填缝；堵塞；白垩[CaCO$_3$]；纤重晶石[BaSO$_4$]；页{菱叶}重晶石；生石灰；嵌缝；填密；铆接；蒸发；紧缝；填塞
→~ machine 凿密器

caulked joint 嵌缝
→~ seam 凿密缝

caulker 紧缝凿；密缝凿；敛缝锤；铆锤；精整锤；嵌缝锤；卷边工具[管子]

caulking 敛缝；凿密；凿缝；堵头[电]

caulody 顶枝[植]

cauloid 假茎

caulopteris 蹄痕茎(属)[C$_2$-P$_1$]；茎干蕨属

caulosome 顶枝[植]

caunch(e) (采石场)岩石采掘部分；卧底；岩层采掘场；刷帮；挑顶；挑顶、卧底、刷帮[刷大巷道]

caunter 交错{叉}矿脉
→~ lode 横脉

Ca-uranospinite 钙磷铀矿

Ca-ursilite 钙水钙镁铀矿；水钙铀石

causal 原因的
→~ explanation 起因解释//~ filter 物理可实现滤波器//~ principle 因果率原理//~ laws 因果律

causation 起因；因果关系

causative fault 发震断层

cause 原因；缘故；理由；引起；激起；起因；事业；产生
→~-consequence diagram 因果图//[of floodwater,etc.] ~ to collapse 冲塌//~ to separate 分开

causes of river problems 河流问题的起因

causeway 在……上筑堤道；长堤；埋藏地垒；公路

causse 灰岩高原

caustic 苛性的；腐蚀剂；尖；腐蚀性的；氢氧化物；焦散的
→~ ammonia 苛性氨//~ corrosion 碱腐蚀//~ dolomite 镁白云石[CaMg(CO$_3$)$_2$]//~ embrittlement 碱蚀致脆；碱性脆裂；碱脆//~ lime mud 钙质淤泥；灰质淤泥//~ soda 烧碱；氢氧化钠[NaOH]

causticization 苛化作用；可燃性生物有机岩

causticized lignite 苛性化褐煤
→~ starch 苛化淀粉

caustic lime mud 钙质淤泥；灰质淤泥
→~ magnesia 苛性氧化镁//~ soda

烧碱；氢氧化钠[NaOH]//~ washing 碱洗//~ waterflooding 碱水驱

caustobiolith(e) 可烧性生物岩；可燃性生物有机岩

caustolite{caustolith} 可燃(性)岩

caution 注意事项；警告；谨慎
→~ release signal 缓解信号

Cautleyan 考特利阶[O$_3$]

cavability 可崩(落)性；塌落性
→~ index (岩石)落顶性指数

cavaedium 壁隙；壁孔(绵;pl.-ia)

cavalorite 钠钙斜长岩

cavansite 水硅钒钙石[Ca(VO)Si$_4$O$_{10}$· 4H$_2$O;斜方]

cavate 孢壁间隙[沟鞭藻]；孢子外壁间隙
→~ cyst 具腔囊孢{胞囊}[生]

cavitation 空化(作用)[超声波]

cave 孔壁坍落；坍陷；放顶；崩落；凹槽；塌下；穴；孔壁掉块；洞；岩石坍塌；洞穴
→~{calcite} bubble 方解石泡//~ debris 崩落的矸石//~ material 塌落物；垮落矸石；崩落岩石//~{gypsum} flower 石膏花//~-in 冒顶；矿坑之塌陷矿物；倒塌；失败；陷穴；崩陷；塌陷；孔壁坍落；坍塌帮壁；井壁坍塌；塌落；冒落[顶板]//~-ins 井壁坍塌物；井中塌落的碎石

caved arch 坍落拱
→~ area 落顶区//~{fall;subsidence; collapse;caving;ground} area 陷落区//~ chamber 坍落的硐室//~ debris 崩落的矸石

cave{spelean} deposit 洞穴沉积[侵蚀揭露的]

caved goaf 岩石坍溶带；冒落区
→~ hole 坍塌井眼//~ material 塌落物；垮落矸石；崩落岩石//~ portions 崩塌井段

cave dwelling 窑
→~{gypsum} flower 石膏花//~-in 冒顶；矿坑之塌陷矿物；倒塌；失败；陷穴；崩陷；塌陷；孔壁坍落；坍塌帮壁；井壁坍塌；塌落；冒落[顶板]//~-ins 井壁坍塌物；井中塌落的碎石

Cavellina 卡维尔介属[D$_3$-P]

caveology 岩洞学；洞穴学

cave painting 石窟画
→~ passage 洞穴通道//~ pearl 穴珠//~ pisolite 豆石[CaCO$_3$]//~ popcorn 爆米花状洞穴沉积

cavern 穴；大山洞；洞；孔洞；洞穴；孔；大岩洞；岩洞；硐室；成洞穴；大洞穴；洞窟

cavernae 孔沟[孢]

cavern breakdown 岩洞崩塌堆积(物)
→~ breccia 洞穴沉积[侵蚀揭露的]

cavernicole 洞穴生物

cavernicolous 穴栖的

cavernous 洞{孔}穴状的；(多)洞穴的；多孔的；凹的；塌的
→~ aquifer 洞穴状含水层//~ formation 坍塌地层//~ structure 多洞构造//~ terrain 孔洞地带

cavernwater{cavern water} 岩洞水

cave roof 陷落顶
→~ sickness 矿穴病//~ site 洞窟遗迹//~ (rn) survey 岩溶测量//~ travertine 洞穴灰华

cavestone 岩洞石[钟乳石等]

caveteria 地下餐馆

cavey 易坍塌{坍塌}的(地层)

Cavia 豚鼠属[Q]

cavi-jet 气蚀射流

caving(-in) 崩落；岸崩；形成洞穴；冲刷；垮落；成洞穴；崩坠；塌落；井壁坍塌；冒落；坍塌；塌成洞；洞穴探查；坍陷
→～-and-slushing method 崩落耙运采矿法；崩塌扒运采矿法；// ～ by raising 漏斗天井放矿崩落法 // ～ distance{space;interval} 放顶步距 // ～{fall} in 塌陷 // ～-in 炉顶下塌 // ～ pressure 坍井压力 // ～ run 落顶距离

cavings (井中)坍塌的落石；坍塌的落石；钻孔壁掉块；钻(井岩;下的岩)屑；坍落块

cavitas 腔；盂；(空)洞
→～ glenoidalis 肩臼

cavitate 抽空

cavitation 汽蚀作用；穴塌；空腔；汽窝现象；成穴；气穴作用；气窝现象；空汲；空化(作用)[超声波]；空塌作用；涡空；涡凹[水流的]；洞穴化；空洞现象；挖洞

cavity 模槽；冒顶；凹槽；凹；模腔；气蚀区；腔；洞；空洞；孔穴；槽腔；溶穴；孔洞；坑；空隙；硐室；穴；型腔；中空
→(miarolitic) ～ 晶洞 // ～-filled ore deposit 洞穴填塞矿床

cavolinite 钾钙霞石[(Na,K)6Ca2(AlSiO4)6(SO4)2;(Na,Ca)8Al6Si6O24(Cl,SO4,CO3)2-3;六方]；碱钙霞石[(Na,K2,Ca)4(Al,Si)16O32]；霞石[KNa3(AlSiO4)4;(Na,K)AlSiO4;六方]

Cavoscala 凹梯螺属[腹;K2-E]

Cavusgnathus 穴颚牙形石属[C-P1]

cavy 易塌坍{坍塌}的(地层)

cawk 重晶石[BaSO4;斜方]；菱状重晶石；页重晶石；纤重晶石[BaSO4]；硫酸钡

caxas 矿脉壁

c-axis c轴[直立结晶轴、应变轴、组构轴]

(sand)cay 沙礁；珊瑚礁；小礁丘[美]；小珊瑚礁；低岛；沙洲；礁砂丘；礁滩；沙岛；砂岛
→～{beach} sandstone 海滩岩[石化的海滩砂] // ～ sandstone 礁砂岩

cayeuxite 球黄铁矿[FeS2,含微量的 As,Sb 等]

Cayley 凯利建造[月质]

Cayman Islands 开曼群岛[英]
→～-Kozeny equation 卡曼-科泽尼方程

caysichite 碳硅钙钇石 [(Y,Ca)4Si4O10(CO3)3·4H2O;斜方]

caytonanthus 开通花

Caytonia 开通果(属)[J]

Caytoniales 开通目[植]

Caytonipollenites 开通粉属[孢;T3-K2]

Cayugaea 开育干珊瑚属[D2]

Cayugan 上志留纪

Cazenovian 卡泽诺维阶；卡兹诺夫(阶)[北美;D2]

cazin 低温合金[17.4Zn,82.6Cu]；共晶合金

Cb 钶[铌旧称]

CBL 水泥胶结测井

CCS 铸碳钢；煤测井组合探管

Cd 镉；已取岩芯的

CDM-P{|T} 连续地层倾角-连续{|遥测}井斜仪

CDP 共深(度)点[震勘]
→～ multiplicity 共深度点覆盖次数

CDT 迪亚布洛峡谷陨硫铁[硫同位素国际通用标准;美]

CD-test 固结排水三轴压缩试验

cebaite 氟碳铈钡矿[Ba3Ce2(CO3)5F2;六方]

cebollite 杂黄长符山石；纤硅石[5(Ca, Na2)O•Al2O3•3SiO2•2H2O；Ca4Al2Si3O12(OH)2?;斜方]

Ce-britholite 铈磷灰石

Cebupithecia 古卷尾猴属[N1]

Cebus 卷尾猴属[Q]

cecerite 铈硅石[化学组成十分复杂,大致为 Ce4(SiO3)3]

cechite 塞[施]钒铅铁石[Pb(Fe2+,Mn2+)(VO4)(OH)]

cecidium 虫瘿[植物受昆虫分泌物刺激的畸形构造]

Ceclotol 赛克洛托尔炸药[60 黑索金,40 梯恩梯]

cedar (特指)红松；杉木[俗译]；柏
→(deodar) ～ 雪松 // ～ structure 杉树状岩盖

cedarane 雪松烷

cedarite 松脂石[C10H16O]；塞达琥珀脂；松脂岩[酸性火山玻璃质成分为主,偶见石英、透长岩斑晶]

cedar-tree laccolith 雪松树岩盖
→～ structure 杉树状岩盖

Cedrala 香椿属[Q]

Cedripites 雪松粉属[孢;E2]

cedrol 雪松脑(醇)；柏木脑

cedrosacciti 雪松囊系[孢]

cedroxylon 雪松型木属

Cedrus 雪松属[裸子;K2-Q]

cefluo(ro)sil 铈氟硅石

cegamite 水锌矾[(Zn,Mn)(SO4)•H2O; 单斜]；水锌矿[Zn5(CO3)2OH)6; 3ZnCO3•2H2O；ZnCO3•2Zn(OH)2]

cehla 板窝

ceiling 云幕；洞顶；(上)升限(度)[最大飞行高度]；顶板；盖板；航高上限；船的顶板；格子板；顶篷

ceilometer 云幂计；云层高度仪[测云的高度]

ceja 方山崖[美西南部]

celadon (ware) 青瓷
→～ glaze 青釉 // ～{mountain} green 海绿石[K1-x(Fe3+,Al,Fe2+,Mg)2(Al1-xSi3+xO10)(OH)2)•nH2O；(K,Na)(Fe3+,Al,Mg)2(Si,Al)4O10(OH)2;单斜] // ～ with flyspots 飞青

celadonite{celedonite; celadon green} 绿鳞石 [(K,Ca,Na)<1(Al,Fe3+,Fe2+,Mg)2((Si,Al)4O10)(OH)2;K(Mg,Fe2+)(Fe3+,Al)Si4O10(OH)2;单斜]

celanese 方铈铝钛矿

c(o)elanite 方铈(矿)铝钛矿；方铈镧钛矿

Celcius 摄氏(温度)

celeste 天蓝
→～ glaze 天青[陶]

celestial axis 天轴

celestialite 陨地蜡[C、H 化合物]

celestine{celestinian;celestite} 天青石 [SrSO4;斜方]

celestobarite 锶重晶石；钡天青石[(Sr,Ba)(SO4)]

celite C-水泥石
→～ 钙铁石[Ca2AlFeO5,因 Al2O3 少,可写为 Ca2Fe2O5]；C 盐；次乙酰塑料；C 水泥[水泥溶渣的一种成分]；才利特[水泥熟料中出现于阿利特和贝利特之间铁铝酸盐晶体]；硅藻土[SiO2•nH2O]；塞里塑料；C 石[钙铁石]

celith C 石[钙铁石]；钙铁石[Ca2AlFeO5,因 Al2O3 少,可写为 Ca2Fe2O5]；C 水泥[水泥溶渣的一种成分]

cell 舱室；盒；筛孔；地下井；单元；细胞；电解槽；地下室；电瓶；网格；筛眼；区间；气囊；干电池；槽；网眼；管；小室；隔板；方格；传感器；池；晶格；小池；容器；间隔
→(electrolytic) ～ 电池；浮选机；晶胞；光电元件；光电管；格子 // ～ connection 石渣；井口装置 // ～ block 单元块 // ～ body 胞体 // ～ box 电池箱；蓄电池箱 // ～ inclusion 细胞含物

cellar 藏在地下室内；油井井口；用品箱；井口区；地窖[地下贮藏室]；地下室；地坑；地窖；井口圆井或方井
→～ connection 石渣；钻井井口装置；井口装置 // ～ control gate 井口大闸门 // ～ flooding 单井注采"地窖"油 // ～ oil 油柱底部的油；地下油库

celleporiform 胞孔状[苔]

celling 护顶矿层

cellinite 陨地蜡[C、H 化合物]

cellobiose 纤维二糖[C12H22O11]

cellophane 玻璃纸；胶磷矿[Ca3(PO4)2•H2O]；赛璐{路;珞}玢；胶膜

celloseal 纤维封；赛璐酚纸圈[堵漏用的]

cellosolve 溶纤剂[C2H5O(CH2)2OH]
→～ xanthate 乙氧乙黄原酸盐[C2H5CH2CH2OCSSM]

celloyarn 玻璃纸条

celluflex 三甲酚基磷酸酯[(CH3C6H4O)3PO]

cellular 蜂窝状的；细胞状的；格子状的；网状结构
→～ elements 细胞分子 // ～ method 原胞法 // ～ picture 格状图像 // ～ plants 无维管束植物

cellulase 纤维素酶

cellulated 蜂窝状的

cellulose (有)细胞的；纤维素[(C6H10O5)x]
→～ ether 纤维素醚

cellulosic 有纤维质的

celsian(ite) 钡长石[单斜;Ba(Al2Si2O8)]
→～ ceramic 钡长石瓷

Celsit 赛尔西特硬质合金

celt 石凿[新石器时代石器]

Celtis 朴属[植;E-Q]

Celtispollenites 朴粉属[孢;E2-3]

celtium 铪；鉿[former name of hafnium]

celyphite 杂蚀镁铝榴石

celyphitic{kelyphitic;kelyphite;kelyphytic; celyphytic;secondary} rim 次变边[岩]

cement(er) 胶结料；溶结；(把……)凝结在一起；胶结材料；黏紧；胶泥；胶结(产)物；胶合剂；黏泥；粘牢；胶；水泥；注水泥；结合剂；巩固；连接；黏结剂；胶合；胶结；水锰矿[Mn2O3•H2O;(γ-)MnO(OH),单斜]
→～(carbon) 渗碳 // ～ aggregate ratio 水泥骨料比 // ～-aggregate ratio(混凝土)灰骨比；灰集比

cemental{sticking} material 黏结物料

cement and grout 水泥砂浆
→～ asbestos board 硬石棉板

cementation 烧结；硬化；渗碳；胶结作

用；增碳；黏结；渗碳作用；置换沉淀；胶结；水泥固化；胶合；水泥灌浆
→~ cover(用)灌浆法黏结的上部岩层

cement bacillus 水泥杆菌
→~-bound pellet 水泥套管结球团 //~-casing interface 水泥套管交界面 //~ clinker{|grit|burn} 水泥烧块{|粒|伤} //~ decorated floor file 水泥花砖 //~-density log 水泥密度(伽马-伽马)测井

cemented 黏结的；胶结的；已注水泥的；粘住的；胶结
→~ carbide 渗了碳的碳化物 //~ {sintered} carbide 烧结碳化物 //~ carbide 胶结[硬质合金] //~ carbide tool 硬质合金刀具

cement evaluation log 水泥(胶结)评价测井
→~ fillet 水泥压线条 //~ filleting 水泥砂浆滴水线脚 //~-formation interface 水泥地层交界面；固井水泥与地层的界面 //~ generation 胶结物的世代 //~ guide nose 水泥制引鞋圆头

cementing 烧结；置换沉淀；水泥灌浆；胶装
→~ (operations) 注浆 //~ mineral 制水泥用的矿物

cement injection 水泥灌注筒；水泥浆灌注
→~ injection{grouting} 灌浆 //~ injection for exclusion of water 矿山注浆堵水

cementite 陨碳铁矿[(Fe,Ni,Co)$_3$C;斜方]；胶铁；碳化铁体；镍碳铁矿；碳化铁；渗碳体；碳素体

cementitious 似水泥的；胶结的；黏结的；粘住的
→~ brick 水泥黏合砖

cementitiousness 黏结性

cement (-throwing) jet 水泥枪
→~ macadamix method 水泥碎石(混合路面施工)法 //~ of dead-burned dolomite 死烧白云石水泥 //~ plaster 石膏水泥灰泥 //~ stone-dust mixture 水泥石屑拌和{合}料 //~ vermiculite board 水泥蛭石板

cementstone 水泥岩[制水泥用的泥质灰岩]

cement stone-dust mixture 水泥石屑拌和{合}料
→~ throwing jet 喷浆机 //~-treated-soil grout 水泥土浆 //~ vermiculite board 水泥蛭石板 //~ wash 水泥浆刷浆{面} //~ weighing hopper 水泥重量投配器

cemetery hummock 坟状丘
→~ mound 坟丘

c(a)enite 钾盐镁矾 [MgSO$_4$•KCl•3H$_2$O;单斜]

Cenodiscicae 空盘虫超科[射虫]

Cenogenesis 新生变态

Cenomanian (stage) 森诺曼(阶) [96~92Ma;欧;K$_2$]
→~ age 上白垩纪

Cenophytic 新植代的
→~ era 新植代[K$_2$-Q]

c(o)enosis 生物群落

cenosite 碳硅铈钙石 [Ca$_2$(Ce,Y)$_2$Si$_2$O$_{12}$(CO$_3$)•H$_2$O;斜方]；钙钇铒矿[CaY$_2$(SiO$_3$)$_4$•Ca(CO$_3$)•2H$_2$O]

c(o)enospecies 新种群[生]；合种群[二新种群]

Cenosphaera 空球虫(属)[射虫;T]

cenote 天然井；洞状陷穴；岩洞陷落井；岩洞竖井

cenotypal{cenotype} 新相[岩]

Cenozoic 新生界的；新生代的
→~ {Neozoic} (era) 新生代[65.5Ma至今] //~ (group;Era; Erathem) 新生界

census 统计数字[调查得]；调查；人口调查
→~ of the sea 海洋普查

Cent 摄氏(温度)；厘米；中央的；世纪

Centaur(us) 半人马座

Centaurea 矢车菊属[Q]

centennial 百年的；一百周年的(纪念)

center 集中点；中枢；中点；中央；中心；拱架；定中心
→(nuclear) ~ 核心 //~(ing){centring} adjustment 中心调整 //~{saddle} bearing 游梁轴承

centerbody 中心体[藻]

center{centre} cleavage 中心裂缝
→~ core method 留中心岩柱掘进法[大断面巷道掘进] //~-discharge buddle 中心排矿圆形洗矿台{淘汰盘} //~-discharge mill 中心排料式磨(矿)机

centered interference figure 正心干涉图
→~ lattice 有心格子；带心格子

center electrode 中心电极
→~ feed inlet 中心进液口

centerfire{center fire} 中心点火

center frequency 中心频率

centering 定(中)心；集中；对中；钻中心孔；石磴胎；找中心；中心化(法)；打中心孔；校中
→~ adjustment 中心校正；调整中心 //~ apparatus 定圆心器 //~ guide{device} 扶正器 //~ of bubble 气泡置中

center iron 中心铁轴
→~ jar socket 震击打捞筒 //~ keelson{keel} 竖龙骨 //~ latch elevator 中开(弹簧)门吊卡 //~-latch elevator (and links) 中心插销吊卡{提器}

centerless 无中心的
→~ grinder 无心磨床

center lifter 中心(央)拉底炮孔{眼}

center{centre;mean;central} line 中心线；中线；轴线
→~ peripheral discharge rod mill 中央周边排料{矿}棒磨机

centerline bulkhead 中央隔板；(船)中线隔舱板
→~ {longitudinal} crack 纵向裂纹

center lubrication 集中润滑(法)
→~ of floatation{buoyancy} 浮心 //~ of immersion 浸心；浸水部分中心 //~ of subsidence 沉降中心 //~ peripheral discharge rod mill 中央周边排料{矿}棒磨机 //~ {intermediate} section 中间部分 //~ {central} tube 中心管[钙超] //~ {internal} water-feed machine 中心供水式钻(凿岩)机

Centetes 马岛猬属[Q]

centibar 厘巴[测压单位]

centigrade 百分度(的)；摄氏(温度)

centimeter 厘米

centimillimeter{centimillimetre} 忽米

centistoke 厘沱{沲;斯}[黏度单位]

centner 森那[某些欧洲国家的重量单位]；公担[=100kg]

centra 中心；椎体；中核；心；地震震源

Centracionts 椎体鲨鱼

centrad 厘弧度

central air blow at higher location 高中心风
→~ angle 圆心角 //~ bar 江心洲 //~ body 中心体[藻] //~ distribution ring (洗矿槽)中央分配环

centrale 中央骨

Centrales 中心硅藻目

central exchange jump 中央更换转移
→~ graphite rod 石墨芯棒 //~ proving station 集中检定站 //~ jack plant 联合抽油的中心驱动站 //~ muscle 中(央)肌[腕舌形贝] //~ plug 泥石流中央堵塞 //~ siphon 轴管[册] //~ surface point group 中心工业场地 //~ treatment station 集中处理站

centralized 集中；居中的；居于井眼中心的

centralizer 中心器；定心器；对{找}中器；扶正器；定心夹具
→~ blade 定中簧片 //~ lug 扶正器凸缘{叶片}

centralizing equipment 集中设备

centrallassite 白钙沸石 [4CaO•6SiO$_2$•5(H,Na,K)$_2$O]；白硅钙石 [Ca$_2$(SiO$_4$);Ca$_{14}$Mg$_2$(SiO$_4$)$_8$;斜方、假六方]；白沸钙石

centrally mixed concrete 集中搅拌混凝土
→~ ported radial piston pump 内配流径向柱塞泵

central{median} massif 中央地块

centre 对中；顶尖；中枢；中间；顶针；中央；中心点；核心；集中点；中心站；中心；拱架
→~ adjustment of transit 经纬仪定中调整 //~ {middle} cutting 中部掏槽 //~-driven mandrel type downcoiler 传动卷筒式地下卷取机 //~ gully 采区中央的扒矿斜巷 //~{center} of equilibrium 平衡中心 //~ of percussion{impact} 撞击中心 //~ pressure index 中心压力指数 //~ rotating grab 中心回转式抓岩机

centrechinoida 正形目

centric 围(绕)中心的[岩石结构,指放射状或同心状]；带心的

centrifugal 离心的
→~{centrifuging} dewatering 离心脱水法 //~ gravitational method of coal 重力离心选煤法 //~ moisture equivalent 离心机脱水湿度当量值 //~ paper chromatography 离心纸色谱(法) //~ ring-ball mill 滚球式离心式磨机 //~ scrubber 离心式气体除液器；离心洗涤机

centrifugalization 离心分离(作用)

centrifugate 离心
→~-centrifugation 离心分离(作用)

centrifuge 离心机；离心作用；离心
→~ extraction analysis 离心抽提分析 //~ method{process} 离心脱水法 //~ stock 离心处理燃料 //~ test 离心分离试验[测定石油产品中的固体残渣含量]

centrifuging 离心浓缩污泥法[土]；离心分离

cent(e)ring 定(中)心；打中心孔；中心调

C

整；合轴调整
→~ {centering} (adjustment) 对准中心
centripetal 向心的
→~ {drop;(down)thrown;ordinary;gravity; downthrow(ing);tension;true;downfall;down (slip);throw} fault 正断层 // ~ replacement 向心交代(作用)
Centrocerataceae 尖角石超科[头]
centroclinal 周斜的
→~ dip 向心倾斜 // ~ fold 同心向斜
centrocline 同心向斜；向心层[圆形构造盆地]
centroclined{centroclinal} fold 向心褶皱
centroclinical 向中心倾斜的
centrocrista 中央棱[哺牙]
centrode 瞬心轨迹
centrodorsal 中背部[棘]
centro-dorsal 中背板
Centrognath(od)us 刺颚(齿)牙形石属[C₃]
centroid 质(量中)心；矩心；心迹线；面心；形心；重心
→~ center of volume 体积中心 // ~ of storm rainfall 暴雨中心
centronella 中脊贝属[腕;D₂]
centronelliform 中脊贝式[腕中脊贝超科矛状腕环]
Centropleura 中肋虫属[三叶;∈₂]
centrosome 中心体[藻]
centrosphere 地核；重圈；核圈；地心圈
centrosymmetric class 中心对称(晶)组[1̄晶组]
→~ plants{centrosymmetric(al) point group} 中心对称式点群
centrotylote 中节骨针；中瘤骨针[绵]
centrum[pl.-ra] (中)心；椎体；(地震)震源；中核
centum[拉] 百
centurium 鿏[镄的旧称]
Cepekiella 赛氏颗石[钙超;E₃]
Cephalaspida 头甲目
cephalaspida 头甲(鱼)目[脊;无颌]
Cephalaspidomorphi 头甲亚纲[无颌]；头甲状亚纲
cephalic region 头部
→~ spine 头刺 // ~ suture 头部缝合
cephalis 顶室[射虫]；头室
cephalisation 头部形成
Cephalochordata 头索(动物)亚门[脊索]；无头亚门[脊索]
Cephalochordate 无头纲
Cephalodiscida 头盘虫目
Cephalodiscidae 头盘虫科
Cephalodiscidea 头盘虫亚目
Cephalodiscus 头盘虫属
Cephalogale 首犬熊属[E₂-N₂]
Cephalograptus 头笔石(属)[S₁]
cephalon[pl.-la] 头部
Cephalophora 有头类
Cephalopoda 头足(类)动物(纲)
cephalopoda 头足类
Cephalosporium 头孢属[真菌;Q]
Cephalotaxopsis 拟粗榧属[裸子;K]
Cephalotaxus 粗榧(属)[Q]
Cephalothecium 复端孢属[真菌;Q]
cephalothorax 头胸(部)[三叶]
Cephalozia 大萼苔属[Q]
Cephaloziella 拟大萼苔属[Q]
cephtosyl 铈氟硅石

cepstrum[pl.-ra] 倒频谱；逆谱
ceraceous 蜡状的
cerafolite 羟镁铝石[Mg₆Al₂(OH)₁₈•4H₂O;三方]
ceraleolactite 微晶磷铅石
ceraltite 方铈铝钛矿
ceramic 陶瓷；陶瓷的；制陶的；陶器的
→~ ball 瓷球 // ~ material 陶瓷材料；陶瓷原料矿产 // ~ pebble bed 陶瓷卵石床 // ~ raw material commodities 陶瓷原料矿产 // ~ seal by active metal process 活性金属法陶瓷-金属封接 // ~ seal by Mo-Mn process 钼锰法陶瓷金属封接
ceramicite 陶土岩；瓷土岩；陶磁石；陶粒；瓷状堇青岩
ceramics 陶土[Al₄(Si₄O₁₀)(OH)₈;Al₂Si₂O₅(OH)₄]；铌铋镁系陶系；陶器；陶瓷制(造法)；制陶术
Ceramin-alloy 策拉明合金[一种软质焊料]
ceramisite 陶粒
Ceramium 仙菜属[红藻;Q]
ceramohalite 毛矾石[Al₂(SO₄)₃•16~18H₂O;三斜]；镁锰明矾[(Mg,Mn)Al₂(SO₄)₄•22H₂O]
cerapatite 铈磷灰石
cerargyrite 氯银矿类；角银矿[Ag(Br,Cl);AgCl;等轴]；角银矿类；氯银矿[AgCl]
cerasine 角铅矿[Pb₂(CO₃)Cl₂;四方]；樱石[为堇青石的异种]；白氯铅矿[2PbO•PbCl₂;Pb₃Cl₂O₂;斜方]
cerasite 樱石[为堇青石的异种]；堇青石[Al₃(Mg,Fe²⁺)₂(Si₅AlO₁₈);Mg₂Al₄Si₅O₁₈;斜方]；角铅矿[Pb₂(CO₃)Cl₂;四方]；白氯铅矿[2PbO•PbCl₂;Pb₃Cl₂O₂;斜方]
cerates 角矿类
Ceratiomyxa 鹅绒菌属[真菌]
Ceratite 菊面石(属)[头;T₂]；齿菊石(属)[头;古]
ceratites 齿菊石属[头]
Ceratitida 齿菊石目[P-T₃]
Ceratitina 菊面石类
Ceratium 角藻属[Q]
ceratobranchial bone 角鳃骨
ceratobranchials 角鳃弓
Ceratobuliminidae 弓小泡虫科[孔虫]；角布里米尼虫科[孔虫]
ceratobyal 角舌骨
Ceratocephala 角头虫属[三叶;O₂-D₂]
Ceratocorys 角盔藻属；角甲藻属[K]
Ceratodon 角齿藓属[Q]
Ceratodus 角齿鱼(属)[T-K]
Ceratogaulus 圆角鼠属[N₁]
ceratohyal 角舌骨
ceratoid 牛角状；狭锥状[珊]
Ceratolith(us) 马蹄形方解石单晶；弯角(形)石[钙超;K₂-Q]
Ceratolithina 小弯角石[钙超;K₂]
Ceratolithoides 似弯角石[钙超;K₂]
Ceratomorpha 有角类[哺]；角形亚目[哺]
Ceratomya 弓海螂属[双壳;J]
Ceratoneis 蛾眉藻属[硅藻;Q]
ceratophycus 角状藻迹
Ceratophyllum 锥珊瑚属[D]；金鱼藻属[N₂-Q]
ceratophyre 角斑岩
Ceratopsia 角龙(亚目)
Ceratopyge 刺尾虫属[三叶;O₁]

Ceratosa 角质海绵属
Ceratosaurus 单角龙
ceratosphere 角球虫
Ceratosporites 角刺孢(属)[K]
Ceratostomella 长喙壳属[真菌;Q]
Ceratotherium 白犀属[Q]
ceratotrichia 角质鳍条
ceraunite 陨石；史前石器
ceraunograph 雷电仪[计]；雷击图
cerbolite 铵镁矾[(NH₄)₂Mg(SO₄)₂•6H₂O]
cerchiaraite 氯羟硅钡锰石[Ba₄Mn₄Si₆(O,OH,Cl)₂₆]
Cercidiphyllum 连香树属[K₂-Q]
Cercis 紫荆属[E-Q]
Cercocarpus 蜡果属；腊果属；山桃花心木
Cercomya 尾海螂属[双壳;T₃-K]
Cercopithecine monkey 猴类
Cercopithecoids 猴超科；猕猴类
Cercopithecus (非洲)长尾猴属[N₂-Q]
cercopod 尾突{肢;突}[节]；尾毛
Cercospora 尾孢属[真菌;Q]
cercus[pl.cerci] 尾突{肢;须}[节]；尾毛
cereal 谷类(的)；禾谷；谷
→~ leaf beetle 橙足负泥虫
cerebellum 小脑
cerebral ganglion 脑神经节
cerebriform 脑状
cereclor 氯化石蜡
cereolite 蜡蛇纹石[MgSiO₃•1½H₂O 到 Mg₆Si₇O₂₀•10H₂O]
cereous 蜡状的
cerepidote 褐帘石[(Ce,Ca)₂(Fe,Al)₃(Si₂O₇)(SiO₄)O(OH),含 Ce₂O₃ 11%,有时含钇、钍等;(Ce,Ca,Y)₂(Al,Fe³⁺)₃(SiO₄)₃(OH);单斜]
cererdenthoriumeuaenite 易解石[(Ce,Y,Th,Na,Ca,Fe²⁺)(Ti,Nb,Fe³⁺)₂O₆;斜方]
cererin 地蜡[CₙH₂ₙ₊₂]
cererine 褐帘石[(Ce,Ca)₂(Fe,Al)₃(Si₂O₇)(SiO₄)O(OH),含 Ce₂O₃ 11%,有时含钇、钍等;(Ce,Ca,Y)₂(Al,Fe³⁺)₃(SiO₄)₃(OH);单斜]
cererite 硅铈石[(Ce,Ca)₉(Mg,Fe²⁺)Si₇(O,OH,F)₂₈;三方]；铈硅石[化学组成十分复杂,大致为 Ce₄(SiO₃)₃]；褐帘石[(Ce,Ca)₂(Fe,Al)₃(Si₂O₇)(SiO₄)O(OH),含 Ce₂O₃ 11%,有时含钇、钍等;(Ce,Ca,Y)₂(Al,Fe³⁺)₃(SiO₄)₃(OH);单斜]
Ceres 谷神星[小行星 1 号]
ceresin(e) 白地蜡；纯地蜡
cerfluorite 铈萤石[CaF₂,常含铈]
cergadolinite 铈硅铍钇矿[3(Fe,Be)O•Y₂O₃•2SiO₂,常含少许铈]
cerhaltiger vesuvian 铈符山石
cerhomilite 铈硅硼钙铁矿；硼酸铈钍铍矿；硼硅酸钙铁铈矿
ceria 二氧化铈
→~ ceramics 氟化铈陶瓷
cerianite 方铈石[CeO₂;(Ce⁴⁺,Th)O₂;等轴]
cerianthid 角海葵
Ceriantipatharia 钝胶珊瑚亚纲
cerian uranian obruchevite 钇钛烧绿石
ceriferous 生蜡的；产蜡的
cerin 脂褐帘石；硅铈石[(Ce,Ca)₉(Mg,Fe²⁺)Si₇(O,OH,F)₂₈;三方]；地蜡[CₙH₂ₙ₊₂]；蜡酸
cer(es)ine 硅铈石[(Ce,Ca)₉(Mg,Fe²⁺)Si₇(O,OH,F)₂₈;三方]；蜡酸；脂褐帘石；褐帘石[(Ce,Ca)₂(Fe,Al)₃(Si₂O₇)(SiO₄)O(OH),含 Ce₂O₃ 11%,有时含钇、钍等;(Ce,Ca,Y)₂(Al,Fe³⁺)₃(SiO₄)₃(OH);单斜]；地蜡[CₙH₂ₙ₊₂]

ceriopyrochlore 铈烧绿石 [(Ce,Ca,Y)₂(Nb,Ta)₂O₆(OH,F);等轴]

cerise 鲜红色;(一种)盐基染料

cerite 铈硅石;硅铈石[((Ce,Ca)₉(Mg,Fe²⁺)Si₇(O,OH,F)₂₈;三方];铈硅石[化学组成十分复杂,大致为 Ce₄(SiO₄)₃];镧铈石
→~-(La) 镧硅铈石 [(La,Ce,Ca)₉(Fe,Ca,Mg)(SiO₄)₃(SiO₃(OH))₄(OH)₃]//~ earth 铈土

Cerithidea 拟蟹守螺属[腹;K₂-Q]

Cerithium 蟹守螺(属)[腹;K₂-Q]

cerium 铈
→~-ankerite 杂铈铁白云石//~ apatite 铈磷灰石 [Ca₅(PO₄)₃F, 常含铈]//~ -apatite 铈磷灰石//~ epidote 含铈绿帘石;褐帘石 [((Ce,Ca)₂(Fe,Al)₃(Si₂O₇)(SiO₄)O(OH),含 Ce₂O₃ 11%,有时含钇、钍等;(Ce,Ca,Y)₂(Al,Fe³⁺)₃(SiO₄)₃(OH);单斜]//~ fluoride 氟铈矿[(Ce,La,Di)F₃;六方]//~ ore 铈矿//~ phosphate 针磷钇铒矿[(Y,Er)(PO₄)•2H₂O]//~ silicate 硅铈石[(Ce,Ca)₉(Mg,Fe²⁺) Si₇(O,OH,F)₂₈;三方]//~ sulfide ceramics 硫化铈陶瓷

cer(a)met 金属陶瓷

cermetology 金属陶瓷工艺

cermikite 铁明矾 [Fe²⁺Al₂(SO₄)₄•24H₂O;FeO•Al₂O₃•4SO₃•24H₂O];铵明矾[NH₄Al(SO₄)₂•12H₂O;等轴];铵镁矾[(NH₄)₂Mg(SO₄)₂•6H₂O]

cernuine 垂石松碱

cernyite 硫锡镉铜矿;铜镉黄锡矿[Cu₂CdSnS₄;四方]

ceroid 蜡状

cerolite 蜡蛇纹石 [MgSiO₃•1½H₂O 到 Mg₆Si₇O₂₀•10H₂O]

β -cerolite 坡缕石 [理想成分:Mg₅Si₈O₂₀(OH)₂(H₂O)₄•nH₂O;(Mg,Al)₄Si₄O₁₀(OH)•4H₂O;单斜、斜方];红硅镁石[MgSiO₂(OH)•H₂O?];杂镁皂蛇纹石

cerorthite 铈褐帘石

cerotic{cerinic} acid 蜡酸

cerotungstite 铈钨华{矿}[Ce(WO₄)OH•H₂O;CeW₂O₆(OH)₃;单斜]

cerous tartrate 酒石酸铈[Ce₂(C₄H₄O₆)₃]

cerozem 灰钙土

cerphosphorhuttonite 磷硅钍铈石[CeThSiO₄(PO₄)]

cerriche 重晶石[BaSO₄;斜方]

cerrillo{cerrito} 小丘

Cerripedia 蔓足目[节]

cerro 岩石丘陵;小山[西]

Cerrutti equation 塞鲁蒂方程

certain event 必然事件

certainty 可靠性;必然性;确实性
→~ equivalent 确定型等价(事件)//~ monetary equivalent 确定货币等价值;货币等价效用值

certificated miner 鉴定合格的矿工

certification 检定;证明
→~ of proof 检验证书

certified flameproof apparatus 有检验许可证的防爆设备

certifying 证明
→~ agency 鉴定机构

Certinal 氨(基)苯酚[NH₂C₆H₄OH]

certitanite 钛铈硅石

ceruleite 天蓝砷铜铝矿;块砷铝铜石[Cu₂Al₇(AsO₄)₄(OH)₁₃•12H₂O;三斜]

cerulene 蓝绿色方解石

ceruleofibrite 氯铜矾;毛青铜矿[Cu₁₉(NO₃)₂Cl₄(OH)₃₂•2~3H₂O;六方]

c(o)eruleolactite 微晶鳞铝石;钙绿松石[(Ca,Cu)Al₆(PO₄)₄(OH)₈•4~5H₂O;三斜]

ceruranopyrochlore 铈铀烧绿石

ceruse 铅粉;白粉;铅白;白铅矿[PbCO₃;斜方];碳酸铅白

cerus(s)ite 白铅矿[PbCO₃;斜方]

cerussa 水白铅矿[Pb₃(CO₃)₂(OH)₂;三方]

cervandonite 斯砷稀硅石;铈砷硅石[(Ce,Nd,La)(Fe³⁺,Fe²⁺,Al)₃Si As(Si,As)O₁₃]

cervantite 黄锑矿[Sb³⁺Sb⁵⁺O₄;斜方];锑赭石[Sb₂O₃•Sb₂O₄•H₂O]

Cervavitus 祖鹿属[N]

cervelleite 硫碲银矿[Ag₄TeS]

cervical groove 颈沟(节)
→~ lobe 头鞍基底叶//~ sinus 颈弯[甲壳];颈缺口//~ vertebra(e) 颈椎

Cervicornoides 颈角牙形石属[D₂-C₁]

cervix 根状茎

Cervulus 羌鹿;麂属[N₂-Q]

cervus 鹿属[N₃-Q]

ceryl 蜡基
→~ sulfate 廿六烷基硫酸盐[C₂₆H₅₃OSO₃M]

cesanite 钙钠矾[Ca₂Na((OH)(SO₄)₃)]

cesarolite 泡铅锰矿;泡锰铅矿 [H₂PbMn₃O₈;四方、斜方]

cesbrolite 泡锰铅矿[H₂PbMn₃O₈;四方、斜方]

cesbronite 水{羟}碲铜矿 [Cu₅(TeO₃)₂(OH)₆•2H₂O;斜方];羟铜矿

cesium 铯
→~ beam controlled oscillator 铯束控制振荡器//~ deposit 铯矿床//~{Cs} kupletskite{astrophyllite}{c(a)esium-kupletskite} 铯锰星叶石[((Cs,K,Na)₃(Mn,Fe²⁺)₇(Ti,Nb)₂Si₈O₂₄(O,OH,F)₇;三斜]//~ ore of pegmatite type 伟晶岩型铯矿石

c(a)espitosus 丛生的;簇生的[植]

cesplumtantite 铯铅钽矿

cessation 休息;停止

ces(s)tibtantite 铯锑钽矿 [(CS,Na)SbTa₄O₁₂]

cetacea 鲸目

cetane 十六(碳)烷;鲸蜡烷
→~ number 十六烷值

cetineite 水氧硫锑钾石[(K,Na)₃₊ₓ(Sb₂O₃)₃(SbS₃)(OH)ₓ• (2.8~x) H₂O]

cetolith 鲸石

cetology 鲸(类)学

Cetotherium 兽鲸属[N]

cetotolite 鲸耳石{骨}

Cetrimid 十六(烷)基三甲(基)溴化铵[C₁₆H₃₃N(CH₃)₃Br]

Cetus 鲸鱼座

cetyl 鲸蜡{十六}基[C₁₆H₃₃⁻]

ceyargyrite 角银矿[Ag(Br,Cl);AgCl;等轴]

ceyssatite 硅藻土[SiO₂•nH₂O]

cf.[拉] 比较{近似;相似}种[生];参照

CFC 含氯氟烃

chabacit{chabasi(t)e;chabazi(t)e} 菱沸石 [Ca₂(Al₄Si₈O₂₄)•13H₂O; (Ca,Na)₂(Al₂Si₄O₁₂)•6H₂O;三方]

Chabazite-(Sr) 锶菱沸石 [(Sr,Ca)(Al₂Si₄O₁₂)•6H₂O]

chabourneite 沙硫锑铊铅矿[Tl₂₁₋ₓ,Pb₂ₓ(Sb,As)₉₁₋ₓS₁.₄₇];硫砷锑铅铊矿 [(Tl,Pb)₅(Sb,As)₂₁S₃₄;三斜]

chacaltaite 白云母[KAl₂AlSi₃O₁₀(OH,F)₂;单斜];氟钾云母[K 的硅酸铝和氟化物];绿块云母

Chacassopteris 赫卡苏羊齿属 [蕨类植物;C₁₋₂]

chaco 大冲积平原[南美]

chad 孔屑(穿孔纸带、卡片的);纸屑;中子通量单位;砾石;砾;金砂;石砾;小石;纸屑;金砂;孔屑

chadacryst 捕晶;客晶[岩]

chadacysts 客晶[岩]

Chadian 乍得阶[C₁]

chadwickite 亚砷铀矿石[(UO₂)H(AsO₃)]

chaemolith 腐殖煤

Chaenomya 开海蜊属[双壳;C-P]

Chaetangiaceae 黏皮藻科

Chaetetes 发珊瑚;刺毛虫(属)[腔;O-P]

Chaetetipora 孔刺毛虫属[腔;D₂-C]

Chaetoceras 角刺藻属[硅藻;Q]

Chaetocladium 丝枝霉属[Q]

chaetognath 毛颚动物

Chaetognatha 毛颚动物(门)

Chaetomium 毛壳(菌)属[真菌;Q]

Chaetomorpha 硬毛藻属[Q]

Chaetophora 具毛藻;胶毛藻属[Q]

chaetopod{Chaetopoda} 毛足类

Chaetosphaeridium 毛球藻属[E₃]

chaff 箔条;箔片;谷壳;膜片
→~ peat{neat} 植屑泥炭

chafing 磨损;擦伤;擦磨
→~ fatigue 磨损疲劳//~ plate 防擦板

chaidamuite 柴达木石[ZnFe³⁺(SO₄)₂(OH)•4H₂O]

Chailicyon 寨里犬属[E₂]

chain 回路;雷达网;束缚;岭;连锁;链条;波道;电路;链系;测量线;链[海上测距=185.32m];通路;山脉;一系列;锁链;一连串;(用)链子拴住;链状(的)[构造];测链[约 20m]
→(mountain) ~ 山链//~ bridging 链桥//~ course 钳砌石层[土]//~ grip jockey 矿车的无极绳板链;抓链//~ guard 链条传动安全罩;链罩[of a bicycle]//~-hauled shearer 有链牵引采煤机//~ hydrocarbon 链烃//~ joint 链接

chainbelt 链[海上测距=185.32m]

chain pin 链销;锁环销
→~ rule 链规则//~ runner 链板运输机司机//~ saw 链式锯石机//~ {C} slinger 下钳工//~ spanner{tensioner} 紧链器//~ stopper 掣链器//~ table 链式拣矿运输机//~ type stone saw 链式锯石机

chainwall 巷道两侧煤柱

chain wheel 滑轮;牙盘

chair 星座;议长;垫板;主持(会议);会长;坐铁;辙枕;罐座;(使)入座;总统;讲座[大学的]

chakassite 铝水方解石

chalazoidite 泥球

chalcanthil 胆矾[CuSO₄•5H₂O;三斜];五水铜矾

chalcanthite 蓝矾[CuSO₄•5H₂O];五水铜矾;蓝石

chalcarbine{chalcarbite} 碳化铜

chalcedon(y) 玉髓[SiO₂]

chalcedonilite 玉髓岩

chalcedonite 玉髓[SiO₂];石髓[SiO₂]

chalcedonization 玉髓化

C

chalcedony 石髓[SiO₂]

chalcedon(on)yx 缟玉髓；带纹玉髓[一种玛瑙;SiO₂]；缟玛瑙[SiO₂]

chalchewete 翡翠[NaAl(Si₂O₆)]；绿松石[CuAl₆(PO₄)₄(OH)₈•4H₂O；三斜]；硬玉[Na(Al,Fe³⁺)Si₂O₆;单斜]

chalchihuitl 绿色宝石；宝石[墨]

chalchite 绿松石[CuAl₆(PO₄)₄(OH)₈•4H₂O;三斜]；硬玉[Na(Al, Fe³⁺)Si₂O₆;单斜]

chalch(ig)uite 翡翠[NaAl(Si₂O₆)]；绿松石[CuAl₆(PO₄)₄(OH)₈•4H₂O；三斜]；硬玉[Na(Al,Fe³⁺)Si₂O₆;单斜]

chalcites 蓝绿矾类

chalcoalumite 铜明矾[CuSO₄•4Al(OH)₃•3H₂O]；铜矾石[CuAl₄(SO₄)(OH)₁₂•3H₂O;单斜]

chalcocite 辉铜矿[Cu₂S;单斜]

α-**chalcocite** 蓝辉铜矿[Cu₂₋ₓS;Cu₉S₅;等轴]

β-**chalcocite** 辉铜矿[Cu₂S;单斜]

chalcocitization 辉铜矿化(作用)

chalcocyanite 铜靛矾{石}[CuSO₄;斜方；冰{水}蓝晶石{铜矾} [CuSO₄]

chalcodite 铁绒硬泥石；铁黑硬绿泥石[2(Fe,Mg)O•(Fe,Al)₂O₃•5SiO₂•3H₂O]

chalcogenide 硫族化物

→~ glass 硫系化合物玻璃

chalcographical 铜类的[矿床]

chalcography 矿相学[矿石检镜学]

chalcokyanite 铜靛矾{铜靛石；铜矾}[CuSO₄;斜方]

chalcolamprite 硅烧绿石；硅钠钶矿；烧绿石[(Na,Ca)₂Nb₂O₆(O,OH, F),常含 U、Ce、Y、Th、Pb、Sb、Bi 等杂质;等轴]

chalcolite 铜铀云母 [Cu(UO₂)₂(PO₄)₂•8~12H₂O;四方]

Chalcolithic 铜石并用时代的

chalcomenite 蓝硒铜{铜硒}矿[CuSeO₃•2H₂O;斜方]

chalcomicline{chalcomiclite;chalcomiklite} 斑铜矿[Cu₅FeS₄;等轴]

chalcomorphite 硅铝钙石[Ca₂SiO₄•H₂O (近似)]

chalconatronite 蓝铜钠石[Na₂Cu(CO₃)•3H₂O;单斜]；碳铜钠石

chalcophacite 豆铜矿[Cu₂Al(AsO₄)(OH)₄•4H₂O]

chalcophane{chalcophanite} 黑锌锰矿[(Zn,Mn,Fe)Mn₂O₅•2H₂O；(Zn,Fe²⁺,Mn²⁺)Mn₃⁴⁺O₇•3H₂O;三斜]

chalcophile 亲铜的

→~ {sulfophile;chalcophylic;thiophile; sulphophile} element 亲硫元素 // ~ {sulfophile;chalcophylic} element 亲铜元素

chalcophylic 亲铜的

chalcophyllite 云母铜矿 [Cu₇(OH)₈(AsO₄)₂•10H₂O]；羟砷铜矿；叶硫砷铜石[Cu₁₈Al₂(AsO₄)₃(SO₄)₃(OH)₂₇•33H₂O;三方]

chalcopyrite 黄铜矿[CuFeS₂;四方]

→~ type 黄铜矿(晶)组[42m 晶组]

chalcopyrrhotine 铜磁黄铁矿[Fe₄CuS₆]

chalcopyrrhotite 古巴矿[CuFe₃S₃;斜方]；方黄铜矿[CuFe₂S₃]；铜磁黄铁矿[Fe₄CuS₆]

chalcosiderite 磷铜铁矿；铁绿松石[CuFe₆³⁺(PO₄)₄(OH)₈•4H₂O;三斜]

chalcosine{chalcosite} 辉铜矿[Cu₂S;单斜]

chalcostaktite 硅孔雀石[(Cu,Al)H₂Si₂O₅(OH)₄•nH₂O;CuSiO₃•2H₂O;单斜]

chalcostibite 辉铜锑矿[CuSbS₂]；硫辉铜

锑矿；硫铜锑矿[Cu₂S•Sb₂S₃;CuSbS₂]；硫锑铊铜矿[Cu₆Tl₂SbS₄;斜方]

chalcothallite 硫铊铜矿[Cu₂TlS₂]；硫锑铊铁铜矿[(Cu,Fe)₆Tl₂SbS₄;斜方、假四方]

chalcotrichite 毛(赤)铜矿[毛发状；Cu₂O]；赤针铜矿

chaldasite 丝锆矿；斜锆石{矿}[ZrO₂;单斜]

chalicosis 石末肺；灰尘沉着症；石工肺

Chalicotherium 砂犷兽；爪兽属

chalilite 坚镁沸石

chalite 燧石玉髓砾岩

Chalk 白垩统；上白垩统

→~ 用白粉擦；粉笔；石灰石；白垩[CaCO₃]

chalkanthite 胆矾[CuSO₄•5H₂O;三斜]

chalkland 白垩地区

chalkocyanite 铜矾[CuSO₄]；铜靛石[CuSO₄]

chalkodith 铁黑硬绿泥石[2(Fe,Mg)O•(Fe,Al)₂O₃•5SiO₂•3H₂O]

chalkolith 铜铀云母[Cu(UO₂)₂(PO₄)₂•8~12H₂O;四方]

chalkomelan 土黑铜矿[CuO]

chalkomorphite 硅铝钙石[Ca₂SiO₄•H₂O (近似)]

chalkonatr(on)ite 碳铜钠石

chalkopissite 沥青铜矿

chalkopyrite 黄铜矿[CuFeS₂;四方]

chalkostibite 硫铜锑矿[Cu₂S•Sb₂S₃;CuSbS₂]

chalkstone 石灰岩[以 CaCO₃ 为主的碳酸盐类岩石,其中碳酸钙常以方解石表现]；白垩[CaCO₃]；垩石；灰岩

challacolloite 氯钾铅矿[KPb₂Cl₅]

challantite 查兰铁矾；黄水铁矾[6Fe₂(SO₄)₃•Fe₂O₃•63H₂O]

challenge 复杂问题；任务；问题；要求提出事实；要求；困难；激励；询问；需要；挑战；提出异议；前景；批判

chalmersite 硫铁铜矿[Cu₃FeS₈;等轴]；针黄铜矿；方黄铜矿[CuFe₂S₃]；磁黄铜矿；方黄铁矿

chalybdite 球菱铁矿[FeCO₃]

chalybeate 含铁的；铁剂；铁泉

→~ {iron} water 铁质水

chalybinglanz 毛矿

chalybite 蓝石英 [SiO₂]；球菱铁矿[FeCO₃]；锰菱铁矿[(Fe, Mn)CO₃]；菱铁矿[FeCO₃,混有 FeAsS 与 FeAs₂,常含 Ag;三方]；陨铁[Fe,含 Ni7%左右]

chalypite 碳铁陨石；陨碳二铁；陨石墨碳铁

Chama 猿头蛤属[双壳;K-Q]；刺偏蛤

chamaephytes 地上芽植物

Chamaesiphon 管胞藻属[蓝藻;Q]

Chamaleon 鲕绿泥石 [(Fe,Mg)₃(Fe²⁺, Fe³⁺)₃(AlSi₃O₁₀)(OH)₈;单斜]

chamasite 锥纹石[陨镍镍][(Fe,Ni)]；铁纹石[(Fe,Ni),Ni=4%~7.5%;等轴]

(air-)chamber 气室；扩孔；箱；壳房[生]；腔；矿床；接待室；药壶；会议室；套；矿房；壳室；炉膛；小室；暗箱；卧室；铜室；盒；炭精箱；房间；容器

→~ (deposit) 矿囊 //(magma(tic);room; reservoir) ~ 岩浆房 //~-and-pillar system 留矿柱的分段采矿法 //~(ed) deposit 囊状矿层

chambered 成囊状的

→~ deposit 破碎不规则脉[如网脉]

// ~{column} load 圆柱装药 //~ vein 角砾状(矿)脉；囊状矿脉

chambering 超径形成大肚子孔段；掏壶；扩大炮眼孔底；掏药壶；扩底孔；炮眼扩孔；内腔加工

→~ machine 预拱机 //~ of blast hole 扩大炮眼孔底

chamberlet 小房；小室房[孔虫]

chamber mining 矿房式开采

→~ of ore 矿瘤；矿脉变厚处

chambersite 锰方解石[(Ca,Mn)(CO₃)]；锰方硼石[Mn₃B₇O₁₃Cl;斜方]

chamber throat 坡膛

→~ volume 取样室容积 //~ wall temperature 燃烧室壁温

chameanite 砷硒铜矿[(Cu,Fe)₄As(Se,S)₄]

Chameleon 堰蜓座；鲕绿泥石[(Fe,Mg)₃(Fe²⁺,Fe³⁺)₃(AlSi₃O₁₀) (OH)₈;单斜]

Chameleontidae 避役科[K-Q]；变色龙科

chameolith 腐殖煤

chamfar 侧角

Chamfer 刻槽

chamfer 凹线；刻沟；槽；倒棱[建]；雕槽；斜切；沟；槽沟；去角；修切边缘；削角[建]；圆角；渠；斜面

→~ {champfer;chanfer} 倒角[建] //~ cut 辙尖斜刀；楔形切面 //~ edge 削边 //~ machine 倒装机；切角机

chamfered 开坡口的[焊]

→~ edge 削边

chamfering 坡口加工[焊]；开坡口

Chamishaella 哈米莎介属[C-P]

chamite 猿头蛤石

chamois 油鞣革；小羚羊；麂皮；羚羊皮；岩羚

chamoisite 鲕绿泥石[(Fe,Mg)₃(Fe²⁺,Fe³⁺)₃(AlSi₃O₁₀)(OH)₈;单斜]

chamosite 绿泥石[Y₃(Z₄O₁₀)(OH)₂•Y₃(OH)₆,Y 主要为 Mg、Fe、Al,有些同族矿物种中还可是 Cr、Ni、Mn、V、Cu 或 Li；Z 主要是 Si 和 Al,偶尔是 Fe 或 B]；羚羊石[(Fe²⁺,Mg,Al,Fe³⁺)₆(AlSi₃)O₁₀(OH)₈]

→ (ferrous) ~ 鲕绿泥石 [(Fe,Mg)₃(Fe²⁺,Fe³⁺)₃(AlSi₃O₁₀)(OH)₈;单斜]

chamotte 火泥；耐火黏土；黏土熟料；熟料

→~ sand 熟料砂；耐火黏土砂

champagne 原野；平原；开阔地；平野；香槟石

champaign 开阔地；原野；平原；平坦的；平野；广阔的

champfer 倒棱[建]

champher 削角[建]

Champia 环节藻属[红藻;Q]

champion 冠军；第一流的；拥护；支持

→~ {mother} lode 主要矿脉 //~ lode{vein} 巨矿脉

Champlainian 尚普兰统[北美;O₂]

→~ age 中奥陶纪 //~ series 香`普兰{宾}统[北美;O₂]

champleve 凹凸珐琅

champ tectonique 力构造场

chamsin 喀新风

chanalyst 无线电接收机故障探寻仪{检查器}

chanarcillite 砷锑银矿

chance 机会；几率；概率；碰巧；偶然的；可能性；偶然(性)；意外的；运气；或然率；意外事件；希望

→~ dispersal 机遇散布

Chance cone 强斯{浅司}型圆锥洗煤机[砂浮法]

→~ cone agitator 浅司{强斯}型重介质锥形分选机搅动器 // ~ cone sand pump {|sump} 强斯型圆锥洗煤机砂泵 {|仓} // ~ cone silt skimmer 强斯型圆锥洗煤机泥末撇除器

Chancelloria 张腔海绵属[Є]；长管海绵属[Є]；开腔海绵属

Chandler motion 地极迁移

→~ period 陈德勒周期 // ~ wobble 张德勒摆降

chanfer 槽沟；削角[建]；倒棱[建]；侧角

Changaspis 张氏虫属[三叶;Є₁]

changbaiite 长白矿[PbNb₂O₆]；长白石{矿}[PbNb₂O₆;三方]

changchengite 长城矿[IrBiS]

change 变换；变动；调换；改变；转变；交换；变更；变化

→~ direction 转向 // ~-gear bracket 换向齿轮 // ~ house 矿山{厂矿}浴室 // [of a river] ~ its course 改道 // ~ management 变动管理 // ~ one's route 改道 // ~ qualitatively 蜕变

changeable bit drill 井下更换钻头式钻机

changeableness 易变性；可变性

changed speed operation 变速运转

change lever 换挡手柄

→~ management 变动管理 // ~ of color 闪光变彩 // ~ of position 换位 // ~ of tide 转潮 // ~ one's political stand 转向 // ~ on one method 不归零法{制}

change over 转换开关；倒转；换接；换机放映

→~ {throw} over 转接 // ~-over speed gear 传动{变速}箱；换挡 // ~-over switch 切换{变光;变极}开关 // ~-over valve 多向阀

change rate 变率

Changhsingoceras 长兴菊石属[头;P₂]

Changia 章氏虫属[三叶;Є₃]

changing course 改道

→~ gear 变速 // ~ land uses 改变土地用途 // ~ of drill steel 换钎 // ~ {locker;dressing} room 更衣室

Changisaurus 章氏龟属[J]

Changkiuoceras 章邱角石属[头;O₁]

changkol 长木柄大铁耙

Changlosaurus 昌乐蜥(属)[E₂]

changoite 锌钠矾[Na₂Zn(SO₄)₂·4H₂O]

Changshaispirifer 长沙石燕属[腕;D₃]

Changshania 长山虫(属)[三叶;Є₃]

Changshanocephalus 长山头虫属[三叶;Є₃]

Changsintien Age 长辛店期

→~ age 始新世[5.30~3.65Ma]

Changyanophyton 长阳鱼属[D₃]

channel(-way) 河槽；管道；槽；划槽；声道；开辟途径；通路；探柄；渠；媒介；系统；开辟；沟道；线道；海峡；路径；电路；熔岩覆盖砾石；线路；管路；开沟；手段；熔岩表面槽沟；波道；槽条；风洞；脉络；渠道；开水道；死区[炉内]；回线[示波器]

channeled plate 槽纹板；瓦垄铁

→~ upland 沟蚀高地

channel effect 径向间隙效应；沟道效应；

阻爆效应；沟槽效应

→~ end bunton 侧端槽钢罐道梁；端部槽钢罐道梁 // ~ end condition 通道结束条件{状态} // ~(l)er 截石机；凿沟机 // ~ free signal 信道空闲信号 // ~ gradient 河道坡降

channel(l)ing gas 窜槽气体

→~ machine 凿沟机 // ~{channelling} machine 滚槽机 // ~ method 刻槽法取样

channel iron 铸钢

→~-way 通道；矿液通道；河床 // ~ width 砾石带

channelized 成渠的

→~ debris flow 沿沟泥石流 // ~ delta plain 渠化三角洲平原 // ~ inner fan 河道化内部扇

channelling 铣槽；形成渠沟；沟道作用

→~{piping} characteristic of ore 矿石成沟性

channelway 补给通道[矿床]；上升通道

channery 岩石碎片；砂砾；碎石块

Chansitheca 晋囊蕨属[P₁]

chantalite 钱羟硅铝钙石[CaAl₂SiO₄(OH)₄;四方]

chantonnite 陨脉硅

Chaohusaurus 巢湖鱼龙(属)[T]

Chaoina 赵氏贝属[腕;P₁]

chaoite 亮石墨；赵击石{石墨}[C;六方]

chaos 混乱{杂}；紊乱；断乱岩；混沌；杂乱石；巨屑混杂(堆积)

→~ motion 布朗运动 // ~-phase 无序相[长石]

Chaotianoceras 朝天菊石属[头;P₂]

chaotic 不规则的；谷岭纵横的[地形]；混沌

→~ assemblage 混杂组合 // ~ deposit 紊乱堆积 // ~-fill 混杂填充 // ~ geological body 地质混杂体

chap 缝隙；敞帮冈顶；分裂；卡钉；龟裂处；裂缝；鞍(裂)；敞帮测距；发裂

→[of skin] ~ 龟裂 // ~ forest{shrub} 小檞树灌丛 // ~ shrub{forest} 浓密常绿阔叶灌丛 // ~(core) 泥芯撑

chapada 上升高原[地壳]；台地[南美]；高地[葡]

chapapote 软沥青

chaparral 浓密常绿阔叶灌丛；小檞树灌丛

→~ forest{shrub} 小檞树灌丛；浓密常绿阔叶灌丛

chaparro 砂皮树

chape 卡钉；小圈；夹子；线头焊片；铜包头[剑鞘的]；包梢

chapeau de fer[法] 铁帽[Fe₂O₃·nH₂O]

→~ de mangan 锰帽

chapeir(a)o 小斑状礁；礁堆[葡]；孤礁

chapelet 型心撑

chapitel{chapiter} 柱头

chaplet 串珠饰；型芯撑[铸造]；项圈

→(core) ~ 泥芯撑

chapmanite 羟硅锑铁矿[Sb³⁺Fe₂³⁺(SiO₄)₂(OH);单斜]；硅锑铁矿[Fe₂Sb₂Si₅O₂₀·2H₂O]

char 烧焦；散工；低温焦炭；心滩；削平；木炭；河心沙洲；做散工；江心滩；成炭；炭；碳化桩柱一端

→~{characterization} factor 特性因数

Chara 轮藻

Characium 小椿藻属[Q]

character 角；角色；特征；性质；地位；

性格；格；性状；质地；品质；字符；符号；资格；特性；人物；身份

→~ engraved on cliff 摩崖石刻 // ~{advanced} sheet 样图 // ~ of explosives 火药的特征 // ~ strain pattern 特征应变图样 // ~ value{number;root} 特征值 // ~ of ore 矿石特性 // ~ profile 示性剖面

characteristic 首数；特有的；特点；特色；特性；性能；特征的

characteristics of crucible non-volatile residue 焦渣特征

→~ of explosives 火药的特征 // ~ of the CBD 中心商业区特征

characteristic spectrum 标识光谱

→~ strain pattern 特征应变图样 // ~ time delay 特征时间滞延 // ~ value {number;root} 特征值 // ~ X-ray spectrum 标识 X 射线谱；特征 X 射线谱

character log 波形记录式声波测井

→~ of double refraction 重折射性 // ~ of ore 矿石特性 // ~ of surface 表面特征 // ~ state 特殊性状[生]

Charaxis 轴轮藻属[E₃-N]

charbon 炭疽

Charchaqia 却尔却克虫属[三叶;Є₃]

charcoal(-like thing) 炭；石炭；木煤；半焦

charge 填；管理；装熔料；负载；充满；保管；进气；输砂量；沙量；装；指示；炉料；起电；冲击；试料；淤积；费用；充填；经费；磨光砂；货价；充气；付(价)；进袭；义务；装料；炸药包；装药；课(税)；充压；负荷；货物；装填炸药；命令；加料；收费；责任；饱和；充电；突击；任务

→~ (a battery) 充电 // ~ (quantity;weight) 装药量 // ~ (sediment) 含沙量 // ~ (stock) 进料

chargeable 应负担的；可充电的；应负责的

→~ sinter 入炉烧结矿

charge anchor 炸药包锚[爆井内防止药包移动的固定装置]

→~ array 药包组合 // ~ bank 料坡 // ~ capacity 负载量 // ~ concentration{density} 装药密度；装药密实程度 // ~ confinement 药包的约束空间

charged 装药的；荷电的

→~ {electrified} body 带电体 // ~ chamber 药室 // ~ coke 层焦 // ~ height 装药高度

charge equalizing D/A converter 电荷均衡数/模转换器

→~ escaping 漏电 // ~ for a piece of handwork 手工 // ~ {cost} free 免费 // ~ guantity 炸药装填量

chargehand 组长；装岩工；(凿井)抓岩机工

charge hand 装卸工；装载工；装岩工；装(炸)药工(人)

→~-hand 抓岩机工 // ~-in 进料 // ~ limit 装药限度；临界药量 // ~ limit for non-ignition 不使沼气燃烧的极限装药量 // ~ man 充电工 // ~ of ore 加(装)矿石量 // ~ ore 加(装)矿石

charger 换能器；充电器；装料机；装药器；加载装置

→(shot) ~ 装(炸)药工(人)

charging(-up) 装料；装药；充电；带电；装炉；进料；注油

C

→~ by conduction 传导充电[静电选矿]
//~ practice 给矿操作//~ spout 料斗;给矿槽[选]//~ trough 给矿槽;装矿槽

Charites 似轮藻属[K₂-Q]

charlesite 水硼铝钙矾[Ca₆(Al,Si)₂(SO₄)₂(B(OH)₄)(OH,O)₁₂•26H₂O];硼钙铝矾

charmarite 水碳铝锰石[Mn₄Al₂(OH)₁₂CO₃•3H₂O]

Charmouthian (stage) 察尔毛茨阶;沙尔木齐阶[英;J₁]
→~ age 查莫斯期[英、法、中下侏罗纪]

charnockite 苏岗岩

charoite 查罗石;紫硅碱钙石[K(Ca,Na)₂Si₄O₁₀(OH,F)•H₂O;单斜]

Charonia 大法螺属;法螺;法螺属[腹]
→~ tritonis 大法螺

charophita{charophites} 轮藻类

Charophyceae 轮藻纲

Charpy test 夏皮{氏}冲击试验;单梁式冲击韧性试验
→~-V-notch 单梁V型切口//~ V test 夏比V型缺口冲击试验

charred coal 焦炭
→~ peat 石炭化泥炭

charring 烧成炭

Charronia 黄喉貂属;丽貂[Q];密狗;青鼬

chart 略图;地形图;地图;卡片;海图;曲线;测视图;航图;图示;草图;线路图;底图;示意图;图幅;计算图;图;绘图;图表
→~ book 图板集//~-drive mechanism 拖带机构//~ of symbols 符号图表;图例说明;符号说明//~ {legend} of symbols 图例//~ paper 图纸//~ speed 记录纸(走)速

charted depth 图载水深;海图水深;图示水深

charter 特权;执照;特许证;专利权;章程;租;合同;特许权;契约;包船;宪章

chartered mast 有契约的采煤承包人
→~ master 雇用采煤包工//~ right 特许权

chartering 跳动;颤动[钻杆]

chartlet 贴图[海图改正用]

chartometer 测距仪;测图器

chart with contour lines 等高线图

Chascothyris 裂窗贝属[腕;D₂]

chase 凹槽;雕镂(金属);槽沟;(壁内)暗线槽;清洗;(用)螺纹梳刀刻(螺纹);沟;试车;竖沟;追赶;罐笼;驱除
→~ current with the stream 滑泥扬波//~ mortise 槽榫

chaser 螺纹(梳)刀;追赶者;板牙;揉泥碾;梳刀盘;碾压机;歼击机;浮雕师;猎人;顶压机;猎潜舰;压挤液;追求者;石棉碾;雕刻者;驱逐舰;送桩器

chasing 刮刀;沿走向探查矿脉;车螺纹;切螺纹
→~ {threading;screw} tool 螺纹刀具

Chasmatopora 蔓苔藓虫属[O₂-S₂]

Chasmatosaurus 加斯马吐龙(属);阔口龙属[T];弯嘴龙属

Chasmatosporites 宽缝孢属;内网单缝孢属[J₁]

chasmic stage 裂陷阶段

chasmochomophytes 石隙植物

---

chasmophyte 岩缝植物;石隙植物

Chasmops 宽面虫属[三叶;O]

Chasmosaurus 隙龙属[K₂]

chasorrite 黏土

chassignite 橄无球粒陨石

chassis 机箱;机壳;车底座;底架;车身底盘;底板;车底架;框架;机架;起落架

chat 矸石;碎石;矸子;贫矿;矿山废石;矸质;矿物杂质;燧石砾岩;中矿[选]
→~ {-}roller 焙烧矿石辊碎机

chathamite 铁胆矾[((Cu,Fe)SO₄•5H₂O];铁方钴矿

chatkalite 硫锡铜矿[四方;Cu₅FeSn₂S₈;Cu₆¹⁺Fe₂³⁺Sn⁴⁺S₈];卡硫锡铁铜矿

chatoyant 金绿宝石[BeAl₂O₄;BeO•Al₂O₃;斜方];猫眼{睛}石[BeAl₂O₄];猫眼(状闪)光的;闪光石;变彩宝石

chatoyment 变彩;闪光

chats 精选铅锌矿时的尾矿[美密苏里州语];矿山碎石(屑);含矿的小块石头;矿物矸子

chattered stria 颤动(擦)痕

chatter-free finish 无颤痕光洁度

chattering 跳动[钻头];振动[钻杆]

chattermark 连击

chatter mark 颤痕;颤动(擦)痕;振纹;振痕

chattermark (trail) 颤动擦痕

chatter zone 同相轴串位带[CDP叠加时]

Chattian 恰特(阶)[欧;E₃]

chauffeur 汽车司机;司机

Chaulistomella 张口贝属[腕;O₂]

Chaumitien Series 炒米店统

Chaunograptus 柔弱笔石属[O]

chaur 雨季湖;长半圆形沼泽

Chautauquan 上泥盆纪;萧{肖}托夸(统)[上泥盆纪]
→~ series 肖{萧}托夸统[北美;D₃]

chavanoz yarn 夏瓦诺兹变形丝

chavesite 磷钙镁石[Ca,Mg的磷酸盐;Ca₂(Mg,Fe²⁺)(PO₄)₂•2H₂O;三斜];磷钙锰石[Ca₂(Mn,Fe)(PO₄)₂•2H₂O;三斜]

chavicol 对烯丙基苯酚[CH₂:CHCH₂C₆H₄(OH)];佳味酚

Chayes' closure test 查伊斯闭合检验

chayesite 卡大隅石[K(Mg,Fe²⁺)₄Fe³⁺(Si₁₂O₃₀)]

Chayes point counter 查伊斯计点器

chazellite 辉铁锑[锑铁]矿[FeS•Sb₂S₃;斜方]

Chazyan 恰祖(组;亚阶)[北美;O₂]
→~ (stage) 夏西统//~ Age 瑟西期

cheat about footage 谎报进尺

cheater 骗子;加长管钳把的管子

chebka 古干水道

chebulinic acid 诃(黎勒)酸[C₄₁H₂₄O₂₇]

Chebychev distance 车贝雪夫距离

Chebyshev pattern 契比雪夫组合

check 抑止;侧壁;突然停止;制动;车牌;妨碍;考查;校验;核对(记号);格;车墙;制;制止;支票;钩;裂纹;微裂间断;隙缝;收据;逐项相符;开支票;裂隙;缺失;管束;校核;格纹;裂缝;减速作用;格子;断层;细裂缝辐裂;抑制;阻止;障碍[石油运移时间的]
→~ flap 挡帘//~-off list 查讫单//~

---

point 检测点;抽点检查-(out) program 检验程序//~ puller(矿车)车号牌摘取员//~ {safety} rail 护轨//~ sample 检查样品;存查煤样//~ weigher 产量计数{算}人[矿工方]//~ weigher{weighman} 称量校对人//~ weighman 产量计数{算}人[矿工方]

checked 有细裂缝的
→~ and adjusted capacity 查定能力//~ mine capacity 矿井核定生产能力//~ operation 检验操作//~ surface 网状裂隙发育面;布满裂隙的面

checker 检验器;搪泥堵铁耙;铁堵耙;(把……)画成方格图案形;交替变换;方格;测试器;制止者;交错排列;统计员;测试装置;检验员;试验设备;校验员;砖格[蓄热室]
→~ (work) 格子体

checkerboard 棋盘式;方格盘;棋盘
→~ drilling 方格式钻进;横壁式钻进

checker board drilling 方格孔网钻进
→~ board system 巷柱式采矿法//~ coal 长方粒无烟煤

checkered 棋盘式的;方格的
→~ buoy 漆有方格的浮标//~ plate 花钢板;防滑板

checker pattern 强化应力斑
→~ system 棋盘式排列系统

checking 检核;龟裂;核对;检验
→~ and accepting 验收

checknut 止动螺母;锁紧螺母

checkout 结账;测试;(对操作的)熟悉过程;调整;尖灭;矿层式矿脉的尖灭;校正;检查;试验
→~ and automatic monitoring 检测自动监控

checkpoint 检查站

checkpost 卡子;检查站

checkshot survey 校验炮观测

checkweighman{ checkweighter } 监秤人(员)

cheddite 谢德炸药;高氯酸盐炸药

cheek 中(砂)箱;脉壁;颚板;颊;矿脉壁;壁

cheeking 扩帮

cheese 干酪;干酪状团块;乳饼;垫砖;炉底[坩埚]
→~ {box} antenna 饼形天线

cheesewring 菌状石;干酪饼状石;蘑菇石

cheetah 猎豹(属)[N₂-Q]

cheilectomy 凿骨术

Cheileidonites 唇沟孢属[C₃]

Cheilocerataceae 唇菊石超科[头]

Cheiloporella 小唇管苔藓虫属[O]

Cheiloporina 准唇苔藓虫属[E-Q]

Cheilosporum 唇孢藻属[Q]

Cheilostomata 唇口目[苔;J₂-Q]

Cheilotrypa 唇苔藓虫属[S-P]

cheiragraphic coast 多深湾海岸

Cheirolepidium 准掌鳞杉属[T₃-J₁]

Cheirolepis 鳕鳞鱼属[D]

cheiropterygium 趾型肢

Cheiruracea 掌尾科

Cheiruroides 似手尾虫属[三叶;Є₁]

Cheirurus 手尾虫(属)[三叶;O₃-D₁]

Chekiangaspis 浙江虫属[三叶;Є₃]

chelant 螯合剂;螯合掩蔽剂

chelatable 易螯合的

chelate 与(金属)结合成螯合物；螯合物
→～ complex{compound;chelating} 螯(形化)合物//～ group 螯合基//～ ring complex 螯合环状络合物

chelation 有机风化；螯合作用

chelatometric titration 螯合滴定(法)

chelator {chelating agent} 螯合剂

cheleusite 砷锡钴矿；杂砷铋钴矿

cheleutite{chelentite} 砷铋钴矿[Co(As,Bi)₂]；杂砷铋钴矿

chelicera[pl.-e] 螯肢；螯肢[节]；颚角[蛛]

Chelicerata 螯肢动物(亚门)；有螯肢亚门[Є-Q]

Chelidonocephalus 燕头虫属[三叶;Є₂₋₃]

cheliped 螯足

chelkarite 水氯硼钙镁石[CaMgB₂O₄Cl₂•7H₂O?;斜方]

Chellean age 契利期
→～ man 舍利人；利基猿人[东非]

chelmsfordite 中柱石[Ma₅Me₅−Ma₂Me₈(Ma:钠柱石,Me:钙柱石)]；方柱石[为Na₄(AlSi₃O₈)₃(Cl,OH)−Ca₄(Al₂SiO₈)₃(CO₃,SO₄)完全类质同象系列]

chelogenic{shield-forming} cycle 地盾形成旋回

Chelonia 蠵龟属；海龟目[T₃-Q]；龟鳖类

cheluviation 螯合去铁、铝化作用

chemavinite 切马温琥珀脂

chemawinite 松脂石[C₁₀H₁₆O]；塞达琥珀脂；切马温琥珀脂；豆粒脂石

chemecol 开麦可儿[水蒸气爆破装置]

chemical 化学的
→～ absorption 化学吸收

chemically active fluid 化学活性液体
→～ bonded refractory cement 化学结合耐火泥//～-fixed energy 化学固定能//～ formed rock 化学成因岩石//～-inert surface 化学惰性表面[防腐]//～ solidifying moulding sand 化学硬化型砂

chemico-mineralogical composition 化学-矿物学组成
→～ diagram 化学矿物图解

chemigum 丁腈橡胶

chemi-ionization 化学电离

chemiluminescence 化学发光

chemistry 化学
→～ of cement 水泥化学//～ of fuel 燃料化学//～ of minerals 矿物化学//～ of petroleum hydrocarbons 石油碳氢化合物化学

chemofining 石油加工化学

chemolysis 化学分析

Chemungian 舍蒙(阶)[北美;D₃]

chemurgy 农业化学

chencher 扒钉

Chenella 小陈氏蜒属[孔虫;P₁]

chenevixite 绿砷铁铜矿[Cu₂(FeO)₂(AsO₄)₂•3H₂O]；砷铁铜石[Cu₂Fe₂³⁺(AsO₄)₂(OH)₄•H₂O;单斜]

chengbolite (无铋)碲铂矿[PtTe₃;(Pt,Pd)(Te,Bi)₂;三方]；承铂矿

chengdeite 承德矿[Ir₃Fe]

chenguodaite 陈国达矿[Ag₉FeTe₂S₄]

Chengyuchelys 成渝龟属[J]

Chenia 陈氏蜒属[孔虫;P₂]

chenier 沼泽砂堆；海沼沙脊；沿海沙脊；栎树岭；海岸沙脊
→～ {delta-marginal} plain 沿海沙脊(屏蔽)平原；接岸平原

chenite 陈铜钙矾[Pb₄Cu(SO₄)(OH)₆]

chenocoprolite 银钴臭葱石；杂臭葱石[Fe的砷酸盐]

Chenopodiaceae 藜科

chenopodiaceous 藜科的

Chenopodipollis 藜粉属[孢;E₃]；梨粉

cheralite 磷钙钍矿；硅钍独居石[(Ca,Ce,Th)(P,Si)O₄;单斜]；富钍独居石[(Ce,La,Th,U,Ca)(P,Si)O₄,其中 ThO₂ 可达 31.5%]

cheremchite{cheremkhite} 乔仑油页岩

cheremnykhite 彻雷奈克石[Pb₃Zn₃TeO₆(VO₄)₂]

cherenikkhite 乔仑油页岩

cherepanovite 砷铑矿[RhAs]

cherlbutite 磷钙铍石[CaBe₂(PO₄)₂;单斜]

cherm 溺谷

Cherms 木虱属

chernikite 钽钨钛钙石

Chernobyl 切尔诺贝利

chernosem 黑钙土

chernovite 砷钇石{矿}[YAsO₄;四方]

chernozem 黑土
→～ (soil){chernozyom} 黑钙土

chernykhite 钡钒云母[(Ba,Na)(V³⁺,Al)₂(Si,Al)₄O₁₀(OH)₂;单斜]

chernyshevite 似钠透闪石；钠闪石[Na₂(Fe²⁺,Mg)₃Fe₂³⁺Si₈O₂₂(OH)₂;单斜]

cherokeen{cherokine} 乳白铅矿

cherokite 致密褐砂

cherries 油嘴

cherry 燧石质
→～ coal 樱煤；半肥煤//～ picker 改型喇叭口式卡瓦打捞筒；调车器；打捞母锥；井下矿车吊车[让路用]；矿车调配工

chersic 荒地群落[生]

cherskite (一种)锰矿物

chersophyte 干荒植物

chert 黑硅石；燧石[岩]
→～-argillite contact 燧石泥板岩接触//～ bit 硬石钻头；钻硅质石灰岩用的钻头//～ ground 含燧石的地层//～ {banded} iron formation{cherty ironstone} 崖石质含铁层//～ limestone 燧石石灰岩//～ {quartzitic} soil 石英质土

chertification 燧石化[作用]

cherty 燧石的；石英质

chervetite 斜钒铅矿[Pb₂V₂O₇;单斜]

cherykhite 钡钒云母[(Ba,Na)(V³⁺,Al)₂(Si,Al)₄O₁₀(OH)₂;单斜]

chessboard 棋盘
→～ manner 棋盘形排列法//～ {checkerboard;chequer-board} twinning 棋盘状双晶

chessexite 奇斯克石[(Na,K)₄Ca₂(Mg,Zn)₃Al₈(SiO₄)₂(SO₄)₁₀•(OH)₁₀•4H₂O]

chessom 疏松土壤

chessy 蓝铜矿[Cu₃(CO₃)₂(OH)₂;单斜]
→～ {azure} copper 蓝铜矾[Cu₄(SO₄)(OH)₆•2H₂O;斜方]

chessylite 蓝铜矾[Cu₄(SO₄)(OH)₆•2H₂O;斜方]；蓝铜矿[Cu₃(CO₃)₂(OH)₂;单斜]；石青[2CuCO₃•Cu(OH)₂;Cu₃(CO₃)₂(OH)₂]

Chester 切斯特[美港城,英城]；契斯特(统;群)[北美;C₁]

Chesterian 契斯特(统;群)[北美;C₁]

chesterite 闪川石[(Mg,Fe²⁺)₁₇Si₂₀O₅₄(OH)₆;斜方]

chesterlite 微斜纹长石；白微斜长石

chestermanite 齐硼铁镁矿[Mg₂(Fe³⁺,Mg,Al,Sb⁵⁺)BO₃O₂]

chestnut 板栗(属)；栗木；栗色土

Chesuncook 赤森科湖

chevee 扁平略凹宝石；空心宝石；凹雕宝石

chevkinite 硅钛铈矿[Ce₄(Fe²⁺,Mg)₂(Fe³⁺,Ti)₃(Si₂O₇)₂O₈]；硅钛铈铁矿[(Ca,Ce,Th)₄(Fe²⁺,Mg)₂(Ti,Fe³⁺)₃Si₄O₂₂;单斜]

chevron 尖顶褶皱
→～ (packing) V 形盘根；V 形密封环//～ halite 人字花纹石盐

chevrotain 鼷鹿[N-Q]

chew 磨削

chews 中粒煤

chiachite 胶铝石

chian 柏油；沥青；暗色大理岩

chiasma 交叉

chiasmatype 交叉型(的)

Chiasmolithus 叉心颗石[钙超;E₁₋₂]

chiaster 叉星骨针

chiastoclone 海绵骨丝

chiastoline{chiastolite;chiastolith} 空晶石[Al₂(SiO₄)O;Al₂O₃•SiO₂]

Chiastozygus 交叉轭石[钙超]；对角轭石[钙超;K]

chiavennite 水硅锰钙铍石[CaMnBe₂Si₁₃(OH)₂•2H₂O]

Chiawangella 小贾汪虫属[三叶;Є₃]

Chiayusaurus 嘉峪龙属[爬行类;J-K]

Chiayusuchus 嘉峪鳄属[K]

chibinite 胶硅铈矿{钛矿}；粒霞正长岩；希宾岩

Chickasawhay 契卡索怀(阶)[北美;E₃]

chicken{pigeon} breast deformity 鸡胸变形
→～ girt 石米；瓜子石//～ grits 大理石屑

chickenwire{nodular} anhydrite 鸡笼状硬石膏

Chicoreus 刺螺属[腹;E-Q]

chidite 锥冰晶石[Na₅Al₃F₁₄;3NaF•AlF₃;四方]

chief 首要的；首席的；主要的；领袖；主任；首长；首领
→～ designer 设计总负责人；总设计师//～ inspector of mines 矿山(技术)总监察员

chiflone 开拓海底矿层的下山

Chihlioceras 直隶角石

Chihsia Age 栖霞期
→～ age 下二叠纪[栖霞期、赤底世]

Chihsienella 蓟县叠层石(属)[Z]

chiklite 铈钠闪石[Na₂(Ca,Mg,Fe³⁺,Mn)₅(Si₄O₁₁)₂(OH)₂]

chiksan 活动弯头

Chilantaisaurus 吉兰泰龙属[爬;K]

childrenite{childro-eosphorite} 磷铝铁锰石[(Fe²⁺,Mn)Al((OH)₂PO₄)•H₂O]；磷铝铁石[Fe²⁺Al(PO₄•(OH)₂)•H₂O;单斜]

chile-loeweite 水氮碱镁矾；钾钠镁矾

chile saltpeter{niter} 硝酸钠[NaNO₃]

Chilean{roller} mill 智利磨

chilean{sodium} nitrate 智利硝(石)[NaNO₃]

chileguava 智利石榴

chileite 针铁矿[(α -)FeO(OH);$Fe_2O_3 \cdot H_2O$;斜方];智利石

chilenite 软铋银矿[Ag_6Bi];杂银铜矿

chili 奇利风[突尼斯干热风]

chilidium 背三角板[腕]

chilisaltpeter 钠硝石[$NaNO_3$;三方];智利硝(石)[$NaNO_3$]

chilkinite 水硅铝钾石[$H_2K_2Al_6(Si_8Al_2O_{30}) \cdot 3H_2O$];伊利石[$K_{0.75}(Al_{1.75}R)(Si_{3.5}Al_{0.5}O_{10})(OH)_2$(理想组成),式中 R 为二价金属离子,主要为 Mg^{2+}、Fe^{2+}等]

chill 寒冷的;冷淡;失光;敲帮问顶;扫兴;激冷;冷冻;冷模;(寒)冷;冷藏;急冷;冷淡的;冷淬
　　→~ (hardening) 冷硬 // ~ {dummy} casting 冷铸 // ~ point 凝固温度 // ~ {chilling} zone 冷却带;冷凝带

chillagite 钼钨[钨钼]铅矿[$Pb(Mo,W)O_4$]

chilled casting 冷硬铸造(法)
　　→~ contact 冷凝接触[岩];火成岩的接触受冷部分(呈细粒结晶);急冷凝接触;淬冷接触带 // ~ shot drilling 钢粒钻进 // ~-shot drilling 冷钢钻钻眼 // ~ steel shot 钢(钻)粒;钢砂

chilling 制冷;冷凝;变钝;淬火;冷却

Chilobolbinidae 缘球介科

Chilopoda 足类[节];唇足类[节]

Chilostomellidae 唇口虫科[孔虫]

Chilotherium 大唇犀(属)[N]

chiltern 砂质

chiltonite 葡萄石[$2CaO \cdot Al_2O_3 \cdot 3SiO_2 \cdot H_2O$;$H_2Ca_2Al_2(SiO_4)_3$;斜方]

Chilton pack 切尔登充填式木垛[用旧枕木制作]

chiluite 赤路矿[$Bi_6Te_2Mo_2O_{21}$]

Chimaerae{Chimaeriformes} 银鲛类{目;组}[鲨类]

chimborazite 文石[$CaCO_3$;斜方];霰石[蓝绿色;$CaCO_3$]

chime 调和;机械式地反复;谐音;配谐

chimney 火山喉管;直岩铜;冰川瓯穴;冰河竖坑;地面天然裂口;溜井;冰川井;盲井;岩洞顶直洞;狭窄岩缝;灯罩;小海柱;矿筒;溜矿井;喷火口;烟筒;烟囱;管状矿脉;火口
　　→~ (deposit) 筒状矿体;出风筒;烟道;石柱[烟囱状] // ~ forming (放矿时在放落矿堆中)形成管漏 // ~ rock 火山管道岩;海蚀柱;石塔 // ~{pulpit} rock 柱状石 // ~ stack 丛烟囱[有数个烟道]

chimneying 中心气流过大;(高炉)气沟;烟囱作用

chimonophilous 冬季发育的

chimopelagic plankton 冬季表层浮游生物

Chimpanzees 黑猩猩属[Q]

chin 颏;颊

china 瓷质黏土;瓷料;白瓷土;瓷土[$Al_2O_3 \cdot 2SiO_2 \cdot 2H_2O$]
　　→~ (ware) 瓷器 // ~ clay 瓷土 // ~-clay rock 瓷土岩

China{Chinese} cypress 水松

chinaman 无颈出矿口

China Mining University 中国矿业大学;矿大
　　→~ National Offshore Oil Corporation 中国海洋石油总公司 // ~-Pacific-Philippine triple junctions 中国-太平洋-菲律宾(板块)三合点 // ~ pink 石竹[铜局示植]

chinarump 硅化木

chinastone 瓷石[制瓷原料];瓷土石[$Al_4(Si_4O_{10})(OH)_8$];瓷土岩
　　→~ {pottery;porcelain} stone 瓷石[制瓷原料]

chinaure 石椒草

chine 隆起;缝隙;狭深(的)峡谷;豁口式小狭谷[英];脊梁;山脊;裂隙;岩石小脊;裂纹;舷

chinensis 中国石竹
　　→~ Makino var[拉] 乌塌菜

Chinese copper 白铜
　　→~ pink 石竹[铜局示植] // ~ sage 石见穿 // ~ starjasmine 络石藤

Chinglung limestone 青龙灰岩

chinglusuite 黑钛硅{硅钛}钠锰矿[$NaMn_5Ti_3Si_{14}O_{41} \cdot 9H_2O(?)$]

Chingshan Age 青山期

Chingsui Age 清水期

Ching-Te-Chen{Jingdezhen} ware{kiln} 景德镇窑

chinine 奎宁;金鸡纳碱

chinite 中国石

chink 裂口;缝;叮哨声;开裂;龟裂;隙;裂缝;裂隙;缝隙
　　→~-faceting 滩砾磨面

chinkolobwite 硅镁铀矿[$Mg(UO_2)_2Si_2O_6(OH)_2 \cdot 5H_2O$;单斜]

Chinlea 钦里蕨属[T_3]

chinley coal 高级烟煤

Chinocypris 华星介属[E_{1-3}]

Chinocythere 华花介属[E_{1-2}]

chinoite (羟)磷铜矿 [$Cu_2(PO_4)(OH)$;$Cu_3(PO_4)_2Cu(OH)_2$;斜方]

chinoline 氮萘;喹啉[C_9H_7N]

Chinook 钦诺克风[落基山东坡的一种干暖西南风];焚风;切努克人(语)[北美印第安之一族]

chinoscorodite 斜臭葱石[$FeAsO_4 \cdot 2H_2O$]

chinostrengite 磷菱铁矿;磷铁矿[$(Fe,Ni)_2P$;六方]

chinovariscite 斜磷铝石[$Al(PO_4) \cdot 2H_2O$]

chiolite 亚冰晶石;锥冰晶石[$Na_5Al_3F_{14}$;$3NaF \cdot AlF_3$;四方]

chiolith{chionite} 锥冰晶石[$Na_5Al_3F_{14}$;$3NaF \cdot AlF_3$;四方]

chionic 雪原

chionium 冰雪植物群落

chionophilous 喜冰雪的

chionophobous 嫌冰雪的
　　→~ plant 嫌雪植物

chip 石屑;粉屑;剥落;晶片;切屑;(集成)电路片(块);削成薄片;碎裂;刨削;缺口;屑片;筹码;弄缺(刀口);塞片;芯片;削;月壤;切片;錾平;纸夹;航程测验板;切;金刚石碎片;铲割;碎片
　　→(rock) ~ 岩屑;石片 // ~ ax(e) 凿石斧 // ~ morphology 岩属形貌 // ~ rejector 碎石选分设备;排除碎屑装置;排料装置 // ~-sample 碎样;岩屑样品 // ~ sampling 岩屑取样 // ~ spreader 碎石摊铺机

Chiphragmalithus 隐叠颗石[钙超;E_{1-2}]

chipless machining{working} 无屑加工

chipmunk 花鼠属[N_1-Q]

chipped 凿碎的;切削的
　　→~ marble 爆皮 // ~ marble finish 干黏石 // ~ stone implement 打制石器[古] // ~ tool 打制石器[古]

chipper 风动舂砂机;拣矿工;凿;切碎机;切片机;錾
　　→(scaling) ~ 风凿 // ~ knife 削片刀

chipping 劈碎;较粗的钻屑;削蚀;凿平;清除毛刺;拣出富矿;扫孔;割裂;凿;琢磨;清垢;碎屑;表层爆破;削蚀作用[地层];撒石屑;錾凿加工;破片;削;粗钻屑;修整
　　→~ action 切削作用 // ~-away 底部采空 // ~ carpet 石屑毯层 // ~ hammer 破石锤;錾平锤;琢磨锤

chippings 筛屑;石片;岩屑;屑;片
　　→~ {stone} spreader 碎石撒布机

chipping type bit 切削型钻头
　　→~ type wear 钻头正常磨损;自锐式磨损

chippy 小活塞;碎的;凿岩机

chips 细砾石;碎屑

chipway 钻屑排出沟;钻粉排出槽道

chiral 手征性;手性

Chiral law 奇拉尔(双晶)律[巴西双晶律]

Chirocentrum 宝刀鱼属[E_3]

Chirodella 小掌牙形石属[D_3]

Chirognathus 掌颚牙形石属[O_2]

chiroid 手状(的)

chirolite 掌石

Chironectes 蹼足负鼠属

Chironomaptera 薄翅摇蚊(属)[昆;J_3-K_1]

Chironomopsis 拟摇蚊属[昆;J_3]

chiroptera 翼手目[哺]

Chiropteris 掌蕨属[P_1-T_3]

chiropterite 蝙蝠粪石;蝙粪石

Chirotherium 蟾蜍兽

chirp 吱吱地叫(出);(鸟)虫声;(无线电报信号)啁啾声[连续震动的信号];连续变频信号
　　→~ (signal) 啾声{鸣}信号

chirvinskite 贫硫沥青;含硫沥青

chisel 粗砂;砂;沙;砾;凿子;凿碎;錾掉;凿[凿子]
　　→~ for (working in) stone 石錾;石工用凿 // ~ stone 麻石[建]

chiseled slate 凿面石板

chiseler 凿工

chiselled ashlar 粗凿石
　　→~ stone 麻石[建]

chiseller 凿工

chiselling 用凿切削;凿;凿边整修;深松土
　　→~ finish 錾凿饰面

chiselly 砾(石)的;石的;粗粒的

chisels 口凿

Chisiloceras 吉赛尔角石属[头;Q_2]

chisle 砾石滩

chisley 粗粒的;砾(石)的

chistyakovaite-(Y) 水砷铝铀石[$Al(UO_2)_2(AsO_4)_2(F,OH) \cdot 6.5H_2O$]

chital 轴鹿;斑鹿[Q]

chitin 甲壳质;壳质;几丁质
　　→~ coating of calcareous layer 钙质几丁膜[介]

Chitingtze Age 中泥盆纪
　　→~ age 棋亭子期

chitinophosphatic 几丁-磷灰质(壳)[腕]

chitinozoa 几丁虫类[O-D];壳质虫

chiton 多板纲软体动物;希顿古装[古希腊长袍];石鳖

chitter 泥质薄铁矿夹层;贴顶板的煤层;重叠煤层

chiviatite 杂硫铅铋矿；硫铅铋矿[2PbS•3Bi$_2$S$_3$]

chizeuilite 透红柱石[Al$_2$SiO$_5$]

chizeulite 红柱石[Al$_2$O$_3$•SiO$_2$;Al$_2$SiO$_5$;斜方]

chkalovite 硅铍钠石[Na$_2$BeSi$_2$O$_6$;斜方]；硅铁钠石[(Na,K)Fe^{2+}Fe^{3+} Si$_6$O$_{15}$;斜方]

chladnite 陨火石；顽辉石陨星物质

Chlamidotrix 衣细菌属[Pt]

Chlamydomonas 衣藻(属)[绿藻门]；单衣藻属[Q]

Chlamydophorella 具衣藻属[T-K]

Chlamydoselache 皱鳃鲨属[Q]

chlamydospermae 盖子植物

chlamydospore 厚壁孢子

Chlamys 套海扇(属)[双壳;T-Q]

chledium 荒地群落[生]

chledophilus 栖荒地的[生]

Chleuastochoerus 弓颌猪(属)[N$_2$]

chloant(h)ite 复砷方镍矿；方镍矿[NiAs$_{2-3}$;等轴]；砷镍矿[Ni$_{11}$As$_8$,四方; NiAs$_2$]；复砷镍矿[(Ni,Co)As$_{2-3}$]

chlophyre 绿色石英玢岩；绿英玢岩

chlopinite 钛铌铁钇矿[(Y,U,Th)$_3$(Nb,Ta,Ti,Fe)$_7$O$_{20}$]

chlor(o)aluminite 氯矾石；氯铝石[AlCl$_3$•6H$_2$O;三方]

chlor(-)aluminite 氯铝石[AlCl$_3$•6H$_2$O;三方]

→~-amphibole 氯闪石[(Na,K)Ca$_2$(Fe^{2+},Mg,Fe^{3+})$_5$((Si,Al)$_8$O$_{22}$)Cl$_2$]；氯绿钙闪石 // ~ (-)apatite 氯磷灰石[Ca$_5$(PO$_4$)$_3$Cl; 3Ca$_3$ (PO$_4$)$_2$•CaCl$_2$;六方] // ~ (o)arsenian 羟砷锰矿[Mn$_2$(AsO$_4$)(OH);斜方]；砷锰矿[Mn$_3$(AsO$_3$)$_2$; Mn$_{20}$As$_{18}^{3+}$O$_{50}$(OH)$_4$ (CO$_3$); 三方]；砷华[As$_2$O$_3$;等轴] // ~(in)ation 加氯作用；氯化作用 // ~ (o)benzene 氯苯[C$_6$H$_5$Cl] // ~-hastingsite 氯绿钙闪

chloramine 氯胺

chlorammonium-carnallite 铵光卤石[(K,NH$_4$)MgCl$_3$•6H$_2$O]

Chloramoeba 变形藻属[黄藻;Q]

chloraniline 氯苯胺

chlorargyrite 氯角银矿[Ag(Br,Cl)]；角银矿[Ag(Br,Cl);AgCl;等轴]

→~ (kerat) 氯银矿[AgCl]

chlorartinite 水氯碳镁石[Mg$_2$(CO$_3$)ClOH•3H$_2$O]

chlorastrolite 绿纤石[Ca$_4$MgAl$_5$(Si$_2$O$_7$)$_2$(SiO$_4$)$_2$(OH)$_5$•H$_2$O;Ca$_2$MgAl$_2$(SiO$_4$)(Si$_2$O$_7$)(OH)$_2$•H$_2$O;单斜]；绿星石

chlorate 氯酸盐

chlorazotic{nitromuriatic;nitrohydrochloric} acid 王水

chlorbartonite 氯硫铁钾矿[K$_6$Fe$_{24}$S$_{26}$(Cl,S)]

chlorbromsilber 氯溴银矿[Ag(Cl,Br)]

chlorcalcite 氯砷钙石

chlorcosane 氯化石蜡

Chlorella 小球藻(属)

chloric 由氯制得的；(含)五价氯的；(含)氯的

→~ acid 氯酸

chloride 漂白剂；漂白粉；氯化物；不规则回采薄富矿脉

→ ~ -marialite 钠柱石[Na$_8$(AlSi$_3$O$_8$)$_6$(Cl$_2$,SO$_4$,CO$_3$);3NaAlSi$_3$O$_8$•NaCl; 四方] // ~ -marialite 氯钠柱石[Na$_4$(AlSi$_3$O$_8$)$_3$Cl] // ~ {-}meionite 氯钙柱石 // ~ of lime 氯化石灰；漂白粉

chlorides 氯化银矿

chloride-sodium water 氯化钠型水

→~ stress cracking 氯化物应力碎裂 // ~ trends(泥浆中)氯化物含量趋势 // ~ washer 氯化物洗选机 // ~ water 氯化物型水

chloridmarialit 钠柱石[Na$_8$(AlSi$_3$O$_8$)$_6$(Cl$_2$,SO$_4$,CO$_3$);3NaAlSi$_3$O$_8$•NaCl;四方]

chloridsodalith 方钠石[Na$_4$(Al$_3$Si$_3$O$_{12}$)Cl;等轴]

chlorinated and fluorinated hydrocarbon 氟氯烷

→~ hydrocarbon 氯代烃类 // ~ lime 漂白粉；氯化石灰 // ~ paraffin (wax) 氯化石蜡

chlorination 氯化作用；氯化；(用)氯处理

→~ of complex ores 复杂矿石氯化 // ~ of water 水加氯消毒法 // ~ of wolframite 钨锰铁矿氯化

chlorine 氯；氯气

chlorinity 氯度；含氯量；氯含量；氯当量

→~ thermometer 氯浓度温标

chlorite 绿泥石[Y$_3$(Z$_4$O$_{10}$)(OH)$_2$•Y$_3$(OH)$_6$,Y 主要为 Mg、Fe、Al,有些同族矿物种中还可是 Cr、Ni、Mn、V、Cu 或 Li;Z 主要是 Si 和 Al,偶尔是 Fe 或 B]；亚氯酸盐[MClO$_2$]

→~ -amphibolite 绿泥闪岩 // ~ law 绿泥石(双晶)律 // ~ -saponite 绿泥皂石 // ~ schist 礐石；绿泥片岩[岩] // ~ slate 氯泥石板；绿泥片岩 // ~ spar 硬绿泥石[(Fe^{2+},Mg,Mn)$_2$Al$_2$(Al$_2$Si$_2$O$_{10}$)(OH)$_4$;单斜、三斜] // ~-vermiculite 绿泥蛭石

chloritite 绿泥岩；臆想的硅铝酸

α-chloritite 片硅铝石[Al$_2$(SiO$_4$)(OH)$_2$;NaAl$_4$(AlSi$_3$O$_{10}$)(OH)$_8$]；顿巴斯石[Al$_2$(SiO$_4$)(OH)$_2$]

chloritization 亚氯化；绿泥石化(作用)

chloritoid(ite){chloritspath} 硬绿泥石[(Fe^{2+},Mg,Mn)$_2$Al$_2$(Al$_2$Si$_2$O$_{10}$)(OH)$_4$;单斜、三斜]

→~-phyllite 硬绿千枚岩

chlorknallgas 氯爆鸣器

chlormagaluminite 氯镁铝石[Mg$_5$Al$_2$Cl$_4$(OH)$_{12}$•2H$_2$O;(Mg,Fe^{2+})$_4$Al$_2$(OH)$_{12}$(Cl$_2$,CO$_3$)•2H$_2$O]；氯碳铝镁石

chlor(o)magnesite 氯镁石[MgCl$_2$]

chlormanasseite 水氯镁铝石[(Mg,Fe^{2+})$_5$Al$_3$(OH)$_{16}$(Cl,OH,(CO$_3$)½)•3H$_2$O;六方]

chlor(o-)manganokalite 钾锰盐[K$_4$(MnCl$_6$);三方]

chloromelane 绿锥石[Fe$_2^{2+}$Fe^{3+}SiO$_5$(OH)$_4$]；克铁蛇纹石[Fe$_2^{2+}$Fe^{3+}(Si,Fe^{3+})O$_5$(OH)$_4$;单斜、三方]

chlormarialite 氯钠柱石[Na$_8$(AlSi$_3$O$_8$)$_6$(Cl$_2$,SO$_4$,CO$_3$);3NaAlSi$_3$O$_8$•NaCl;四方]

chlormelanite 暗绿玉

chlormimetesite 砷铅矿[Pb$_5$(AsO$_4$)$_3$Cl]

chlornatrokalite 杂钾食盐

chloro 氢氯酸；叶绿素；氯代；氯磺酸

→~ acetic acid 氯乙酸[ClCH$_2$COOH]

chloroalgal 绿藻的

chlorobromite 氯溴银矿[Ag(Cl,Br)]

chlorobromomethane 氯溴甲烷

chlorocarbonate 氯甲酸盐{|酯}[Cl•CO•OM{|R}]

chlorochalcite 氯铜矿[Cu$_2$(OH)$_3$Cl;斜方]

Chlorochromonas 异鞭藻属[黄藻;Q]

Chlorochytrium 绿点藻属[绿藻;Q]

Chlorococcum 绿球藻属[Q]

chlorocosane 氯代石蜡

chlorocresol 氯(代)甲苯酚[CH$_3$C$_6$H$_3$(Cl)OH]

chlorocruorin(e) 血绿(蛋白)

chloroethane 氯乙烷

chloro-ethoxy-ethyl-disulfide 氯乙氧(基)乙基二硫(化物)[(ClC$_2$H$_4$OC$_2$H$_4$)$_2$S$_2$]

chloroflo 石蜡[C$_n$H$_{2n+2}$]

chlorofluorocarbon 含氯氟烃

chloroform 上氯仿；哥罗仿；氯仿[CHCl$_3$]；三氯甲烷[CHCl$_3$]

chloroformate 氯甲酸盐{|酯}[Cl•CO•OM{|R}]

Chlorogonium 绿梭藻属[Q]

chlorogrisonite 斜(长)阳(起)绿片岩

chlorohastingsite 氯绿钙闪石

chloroheptane 氯庚烷

chlorohexane 氯己烷

chlorohydrin 氯乙{代}醇[Cl•CH$_2$CH$_2$OH]

chlorohydrogenation 氯氢化作用

chloroiodide 一氯化碘

chlorolithine 蚀长石

chloromaenesite 氯镁石[MgCl$_2$]

chloromagnesite 氯菱镁石

chloromelane 氯锥蛇纹石；绿锥石[Fe$_2^{2+}$Fe^{3+}SiO$_5$(OH)$_4$]

chloromelanite 硬玉[Na(Al,Fe^{3+})Si$_2$O$_6$;单斜]；翡翠[NaAl(Si$_2$O$_6$)]；暗绿玉

chloromelanitite 暗绿玉岩

chloromenite 氯氧亚硒铜石[Cu$_9$O$_2$(SeO$_3$)$_4$Cl$_6$]

chloromethane 氯代甲烷

4-chloromethyl-1 4-氯甲基-1

chloromonadina 绿鞭毛类

chloropal 绿脱石[Na$_{0.33}$Fe^{2+}(Al,Si)O$_{10}$)(OH)$_2$•nH$_2$O;单斜]；杂绿脱蛋白硅石；绿蛋白石[H$_6$Fe$_2$(SiO$_4$)$_3$•2H$_2$O]

chloroparaffin 氯化石蜡

chloropentane 氯戊烷

chlorophacite{chlorophaeite} 褐绿泥石

chlorophane 绿萤石；磷绿萤石；绿萤石色；绿磷萤石

chloropha(e)nerite{chlorophanesite} 海绿石[K$_{1-x}$(Fe^{3+},Al,Fe^{2+},Mg)$_2$ (Al$_{1-x}$Si$_{3+x}$O$_{10}$)(OH)$_2$)•nH$_2$O; (K,Na)(Fe^{3+},Al,Mg)$_2$(Si,Al)$_4$O$_{10}$(OH)$_2$;单斜]

chlorophoenicite (绿)砷锌锰石[(Zn,Mn)$_5$(AsO$_4$)(OH)$_7$;单斜]

chlorophyceae 绿藻类

chlorophyll 叶绿石；绿素石；叶绿素

chlorophyllase 叶绿素酶

chlorophyllide 脱植基叶绿素

chlorophyllin 叶绿酸

chlorophyllinite 叶绿素体[褐煤显微组分]

chlorophyllite 绿叶石

chlorophyllose{chlorophyllous} (含)叶绿素的

chlorophyre 绿英玢岩

chloropite 绿纤石[Ca$_4$MgAl$_5$(Si$_2$O$_7$)$_2$(SiO$_4$)$_2$(OH)$_5$•H$_2$O;Ca$_2$MgAl$_2$(SiO$_4$)(Si$_2$O$_7$)(OH)$_2$•H$_2$O;单斜]

chloroplast(id) 叶绿体

chloroplastin 叶绿蛋白

chloroprene 氯丁二烯；氯丁橡胶

C

→~ rubber 氯丁(二烯)橡胶
chloropyre 斑英闪长岩
chlororometer 氯量计
chlorosapphire 绿宝石；绿色宝石
chloro(-)silane 氯硅烷[SiCl₄]
chloro-silane 四氯化硅[SiCl₄]
chlorosis 缺绿病；黄化病；萎黄病[植]
chlorosity 氯量
Chlorospenium 绿盘菌属[真菌;Q]
chlorospinel 绿尖晶石
chlorostatolith 叶绿粒平衡石
chlorothionite 钾铜胆矾[CuCl₂•K₂SO₄]；氯钾胆矾[K₂Cu(SO₄)Cl₂;斜方]
chlorothorite 羟钍矿[Th(SiO₄)₁₋ₓ(OH)₄ₓ;四方]
chlorotile 砷钇铜矿；绿砷铜石[Cu₆(Cu,Fe,…)(AsO₄)₃(OH)₆•3H₂O;六方]；绿砷铋铜矿[Cu₃(AsO₄)₂•6H₂O]
chloroxiphite 绿铜铅矿[2PbO•Pb(OH)₂•CuCl₂;单斜]
chloro-xylenol 氯(代)二甲酚[(CH₃)₂C₆H₂(Cl)OH]
chlorozeolite 绿纤石[Ca₄MgAl₅(Si₂O₇)(SiO₄)₂(OH)₅•H₂O;Ca₂MgAl(SiO₄)(Si₂O₇)(OH)₂•H₂O;单斜]
chloro-ziphite 氯铜铅矿[PbCuCl₂(OH)₂;等轴]
chlorpyromorphite 磷氯铅矿[Pb₅(PO₄)₃Cl;六方]
chlorspath{chlor-spath} 白氯铅矿[2PbO•PbCl₂;Pb₃Cl₂O₂;斜方]
chlor(-)spodiosite 氯磷钙石
chlorum[拉] 氯
chlor-utahlite 磷铝石[AlPO₄•2H₂O;斜方]；绿磷铝石
chlorvanadinite 钒铅矿[Pb₅(VO₄)₃Cl;(PbCl)Pb₄V₃O₁₂;六方]
chlorvoelckerite 碱氯磷灰石
chlrality 手性
choanite 化石植虫
choanocyte 襟细胞[生]；领细胞
choanoderm 领细胞膜；襟细胞膜[绵]
choanoflagellata 襟鞭毛虫个体
choanosome 内层[绵;含襟细胞的层]
chock (用)垫块制动；楔；实心木垛；定盘；(用)楔子垫阻；制动垫块；轧辊轴承；楔块；木楔；塞块；垛；收放在定盘上
→~{chuck} block 捣矿机筛垫块
chocked opening 堵塞巷道
→~ screen 筛孔堵塞的筛子
chocking 支垛
chockstone 楔石；山中裂缝中的岩石
chocolate 赭石色；细云片岩；巧克力(色)；赭色
→~ block boudinage 巧克力块布丁构造 //-stone 杂硅碳锰矿
chocolite 铁硅镁镍石
Chodatella 顶棘藻属[绿藻;Q]
chodneffite{chodnewite} 锥冰晶石[Na₅Al₃F₁₄;3NaF•AlF₃;四方]
Choia 放射海绵属[绵;C-P]
choke(r) 阻止；卡塞；风阀门；节流；抑制；阻流器；轮挡；抗流；阻害门；窒息；调节阀；挡板；堵塞；遏止；填塞；阻塞；阻流(内浇口)；阻气门；节气门
choked flange 抗流接头；波导管阻波凸缘
→~ layer of sand 砂填层
choke feeding 堆挤装料；(辊碎机;破碎机)

滞塞给料；挤满给矿
→~-flow connection 节流连管 //~ flow line 装了油嘴的出油管 //~ holier 固定器 //~ plug 塞头
chokepoint 阻塞点
choke point 破碎机的滞塞点[流量最慢的截面]
→~-point 破碎机滞塞点
choker 阻气[风;塞]门；绷绳；填缝材料；扼流(线)圈；夹具
→~ block 塞垫 //~-chain 塞链 //~ check valve 阻气单向阀 //~ rope 吊索环
choke size 油嘴尺寸
→~ stem tip 阻流干线末梢 //~ stone 嵌缝石 //~{crown} stone 拱顶石 //~{key} stone 中心石
Chokierian 乔基尔阶[C₁]
choking 截槽支术；堵塞的；淤塞；淤塞的；堵塞
→~{throttling} effect 节流效应
choky 窒息性的
chola 胆汁
cholamine 胆胺；乙醇胺[NH₂CH₂CH₂OH]；2-羟乙胺
cholane 胆烷；胆甾烷
cholanic acid 胆(甾)烷酸
choledocholithotripsy 胆总管碎石术
choleic 胆汁的；胆的
choleithiasis 胆结石
cholelithotomy 胆囊切石术
cholelithotripsy{cholelithotrity} 碎胆石术
cholerythrin 胆红素
cholestadience 胆甾二烯
cholestane 胆甾烷
cholestanol 胆甾烷醇
cholestatriene 胆甾三烯
cholestene 胆甾烯
cholest-α-ene 胆甾-α-烯
cholestenol 胆甾烯醇
cholestenone 胆甾烯酮
cholesterin(e) 胆固醇；胆甾醇[C₂₇H₄₅OH]
→~ sulfoacetate 胆甾醇磺化醋酸酯[HO₃SCH₂CO₂C₂₇H₄₅]
cholesterol 胆甾醇[C₂₇H₄₅OH]；胆固醇
cholesterone 胆甾酮
cholesteryl compound 胆甾型化合物
cholic{chololic} acid 胆酸
choline xanthate 胆碱黄药[R₃N⁺CH₂CH₂OC(S)S⁻]
choloalite 碲铅铜石[斜方;PbCu₃Te⁶⁺O₄(OH)₆;CuPb(TeO₃)₂•H₂O]
chololith 胆石[医]；胆结石
choma 口环；旋脊
Chomata 口环
chomata 隔壁褶皱
chomophyte 石生植物；石隙植物；岩隙植物
Chomotriletes 环圈孢属；同心肋缝孢属[D₃-K]
chondr(o)arsenite 红砷锰[Mn₃(AsO₄)(OH)₃]；粒状砷酸锰矿[Mn₃(AsO₄)(OH)₃]；粒砷锰矿；红砷锰矿[Mn₂²⁺(AsO₄)(OH);单斜]
Chondria 软骨藻属[红藻;Q]
Chondrilla 软海绵属[E-N]
chondriosome 线粒体
chondrite 管枝迹[遗石]；均分潜(穴)迹；球粒陨石；软骨；居住-觅食分枝洞穴[生物沉积物中]

→~-normalized REE Pattern 球粒陨石标准化的稀土元素模式
Chondrites 均分潜(穴)迹；管枝{线粒}迹[遗石]；软骨藻痕[∈-N]
chondritic 球粒结构[放射状或同心状]
→~{chondrite} meteorite 球粒陨石 //~ uniformreservoir CHUR 值[球粒陨石型均一岩浆房的地幔库]//~ uniform reservoir 球粒陨石均一储库
chondro-arsenite 红砷锰矿[Mn₂²⁺(AsO₄)(OH);单斜]
chondrodite 块硅镁石[Mg₃(SiO₄)(OH,F)₂;斜方；粒级；粒硅镁石[(Mg,Fe²⁺)₅(SiO₄)₂(F,OH)₂;单斜]
chondroma 软骨瘤
chondrometaplasia 软骨组织变形
chondrophore 内韧托
Chondrostei 软骨鱼目；软骨硬鳞类
chondrostibian 粒锑锰矿
chondrule 陨石球粒；球粒[陨]
→~-like spherule 类似陨石球粒的球粒
Chondrus 角叉菜属[红藻;Q]
chondrus[pl.-ri] 球粒[陨石]
chone 进水道[绵]
Chonetella 小载贝属[腕;P]
Chonetes 载贝(属)[腕;D₁-C₁]；载腕[蜿]
chonetid 载贝式{类}的
Chonetinella 微载贝属[腕;C₂-P]
Chonetipustula 载瘤贝属[腕;D₃-C₁]
Chonetoidea 似载贝属[腕;O]
chonicrite 杂异剥蚀长石；分熔石[Ca和Mg的铝硅酸盐]
chonolite 畸形岩体；岩铸体
cho(a)nolith 岩铸体；畸形岩体
Chonopectus 筒支贝属[腕;D₃-C₁]
Chonophyllum 皿珊瑚；漏斗珊瑚属[S₂₋₃]
Chonostrophia 扭载贝属[腕;S-D₁]
Chonotrichida 管毛类[原生;R]；漏斗目
choose 选择；拣选；挑选
chop 河口；裂缝；劈；商标；裂口；削；斩(碎)；钳口；断层；官印；切；砍；裂隙；港口；切断；交换；砍劈；骤变[风浪]
→~ strand mat machine 短切原丝薄毡机组 //~ strands 短切原丝 //(light)~ 遮光器；断绳器 //~ switch 切刀开关；断流开关 //~{knife-blad{-edge}} switch 刀闸开关
chopinite 磷铁镁石[((Mg,Fe)₃)(PO₄)₂]
chopped{corned;granulated;grain} powder 粒状火药[发射药]
→~ spinach with ham & carrot 菠菜泥 //~ strand mat machine 短切原丝薄毡机组 //~ strands 短切原丝
chopper 斩波器；断路器；限止器；断续器；斧子；截波器；切碎机；断续装置；限制器；限幅；石钵；伐木者
→(light)~ 遮光器；断绳器 //~ switch 切刀开关；断流开关 //~{knife-blad{-edge}} switch 刀闸开关
chopping 二次破碎；劈取岩芯；(在)钻孔底座上打碎岩芯；(在)井底打碎岩芯；二次爆破；破碎
→~ bit 扁凿钻头 //~{spud} bit 扁铲钻头 //~ down 下向挖掘 //~ signal 斩波信号；断路信号
chord 横连板；桁弦；协调；(飞机)翼弦；波痕波长；上弦；弦材；调弦；弦
Chorda (褐藻类)绳藻属[Q]
Chordaria 索藻(属)[褐藻;Q]

Chordasporites 条带孢属[T₃]

chordata 脊索动物

Chordate 脊索类动物(门)

choripetalae 离瓣花`类{亚纲}

chorisis 叶分离；分离[叶花部]

chorismite 混合岩

chorismitization 混合岩化

chorisogram 等值线图

choristid 具四射骨针海绵的

Choristites 分喙石燕

choristophyllous 离叶的

chorography 地图(编制学)；产地地形描记；地志编纂(学)；地区图绘制

choroisotherm (地区)等温线

chorology 生物分布学

chorometry 土地测量

chor(is)opleth 等值线图

chorotionite 氯钾胆矾 [K₂Cu(SO₄)Cl₂;斜方]

choschiite 河西石

Chosonodina 朝鲜牙形石属[O₁₋₂]

chott 浅盐水湖；(北非)沙漠中浅盐水湖或洼地；浅盐湖；沙漠中盐斑地

choubnikovite 蓝钾钙铜矿

Choukoutien Age 周口店期

→～ fauna 周口店动物群

Chovanella 蕾形轮藻(属)[D₂₋₃]

chowachsite 黄钴土 [Fe₂O₃•2(Ca,Co)O•As₂O₅•3～6H₂O]

Chriacus 古中兽属[E₁]

chrichtonite 钛铁矿 [Fe²⁺TiO₃,含较多的Fe₂O₃;三方]

chriolite 冰晶石 [Na₃AlF₆;3NaF•AlF₃;单斜]

chrismatine{chris(t)matite} 黄蜡石

chrisstanleyite 硒钯银矿[Ag₂Pd₃Se₄]

christelite 硫铜锌矿 [Zn₃Cu₂(SO₄)₂(OH)₆•4H₂O]

christensenite 霞鳞石英 [含有 5% 的NaAlSiO₄鳞石英变种];鳞石英[SiO₂;单斜]

Christiania 圣主贝属[腕;O₂₋₃]

christianite 碱花岗岩；钙交沸石 [(K₂,Na₂,Ca)(Al₂Si₄O₁₂)•4½H₂O(近似)];钙十字沸石 [(K₂,Na₂,Ca)(AlSi₃O₈)₂•6H₂O; (K,Na,Ca)₁₋₂(Si,Al)₈O₁₆•6H₂O;单斜]；钙长石 [Ca(Al₂Si₂O₈);三斜;符号 An]

christite 斜硫砷汞铊矿[TlHgAsS₃;单斜]

Christmas 基督教圣诞节

christmasberry 柳叶石楠

christmas{X-mas} tree 采气树

→～ tree gage 采油井口压力表 // ～ tree laccolith 杉树状岩盖 // ～ tree receiver plate (水下)采油树接收板 // ～ -tree-type head 尖塔形扩孔钻头

christobalite 方硅石；方英石[SiO₂;四方]

christophite 铁闪锌矿[(Zn,Fe)S];黑闪锌矿[(Zn,Fe)S]

chroismite 混合岩

chroma 色品；浓度[色彩的]

→(color)～ 色度 // ～ {chrominance;chromaticity} signal 色(饱和)度信号；色纯度信号

chromatape 色带

chromate 铬酸盐[M₂CrO₄]

→～ waste water 含铬废水

chromatic 着色的

→～ diagram 色度图 // ～ image 彩色相片 // ～ parallax 色视差 // ～ resolution 色分辨率 // ～ resolving power 色

分辨本领

chromaticity 色品；色度

→～ (diagram) 色度图 // ～ modulator 色品信号调制器

chromatics 颜色学

chromatid 染色单体

chromatin 染色质

chromatite 钙铬石；铬钙石[CaCrO₄;四方]

chromatium 有色菌属[厌氧]

chromatlog 色谱图

chromatobar 色谱(固定相)棒

chromato-diffusion 色谱扩散

chromatofuge 离心色谱(法)

chromatograph (用)色层法分离(物质)；色谱仪；套色版

→～ chamber 色谱分离室{箱} // ～ chart 色谱图

chromatographia 色谱学

chromatographic(al){stratographic} analysis 色谱分析

→～ {capillary} analysis 色层分析 // ～ instrument 色谱仪 // ～ separation{fractionation;analysis} 色层分离

chromatophore 载色体；色素体[钙超]

→～ (cell) 色素细胞

chromatoplasm 色素质

chromator 单色仪

chromatoscope 彩光折射率计

chromatostrip 色谱条

chromatothermography 热色谱法

Chromax 克罗马克铁镍铬耐热合金

chrom-bargmatellite 鳞铬镁矿

chrom(e)-beidellite 铬贝得石

chrombiotite 铬黑云母

chrombismite 铬铋矿[Bi₁₆CrO₂₇]

chrom-brugnatellite 碳铬镁矿；磷铬镁矿

chromceladonite 铬绿磷石[KCrMg(Si₄O₁₀)(OH)₂]

chrom(e)-chert 铬质燧石；铬燧石

chrom(o)chlorite 铬绿泥石[Mg₃(Mg,Cr)₃(Cr³⁺Si₃O₁₀)(OH)₈]

chrom chromochre 铬土

→～ diopsite 铬透辉石 // ～(e)-disthene {chrom disthene}铬蓝晶石

chromdravite 铬镁电气石 [(Na₀.₉₇Ca₀.₀₃)(Mg₂.₅₇Mn₀.₀₃V₀.₂₂Al₀.₁₆ Ti₀.₀₂)₃.₀₀(Cr₄.₇₁Fe³⁺₁.₀₈Al₀.₂₁)₆.₀₀(B₂.₉₁Al₀.₀₉)₃.₀₀(Si₅.₈₁Al₀.₁₉)₆.₀₀O₂₇(O₀.₂₃OH₃.₇₇)₄.₀₀]

chrome 铬黄(颜料)；铬；色度；镀有铬合金的东西

→～ (ore) 铬矿；镀铬；铬铁矿[Fe²⁺Cr₂O₄,等轴;铁铬铁矿 FeCr₂O₄、镁铬铁矿 MgCr₂O₄ 及铁尖晶石 FeAl₂O₄ 间可形成类质同象系列] // ～ acmite 铬锥辉石；铬霓石 // ～ alum 铬(明)矾 // ～-alum 铬明矾

chromeaugite 铬普通辉石

chrome augite 铬辉石

→～ beidellite 铬贝得石 // ～-cerussite 铬白铅矿 // ～-ceylonite 富铬尖晶石 // ～-chert 硅化铬铁橄榄岩 // ～ chert 铬燧石 // ～-chert 铬质燧石 // ～-chlorite 丰后石 [Mg₃(Mg,Cr)₃(Cr³⁺Si₃O₁₀)(OH)₈] // ～-chlorite 铬绿泥石 [Mg₃(Mg,Cr)₃(Cr³⁺Si₃O₁₀)(OH)₈] // ～-clinochlore 铬斜绿泥石 // ～ cyanite{chrome-cyanite} 铬蓝晶石 // ～ diopside{diopsite} 铬透辉石 // ～-dolomite refractory 铬白云石耐火材料 // ～ {Cr}-epidote 铬绿帘石

[Ca₂(Al,Fe,Cr)₃(Si₂O₇)(SiO₄)O(OH)] // ～ -ferrimontmorillonite 铬绿脱石 // ～ -fordite 角铅矿[Pb₂(CO₃)Cl₂;四方] // ～ garnet 铬石榴石[Ca₃Cr₂(SiO₄)₃] // ～-garnet 钙铬榴石 Ca₃Cr₂(SiO₄)₃; 等轴]；绿榴石 [Ca₃Cr₂(SiO₄)₃] // ～ -halloysite 铬埃洛石 // ～ idocrase 铬符山石 [Ca₁₀(Mg,Fe)₂(Al,Cr)₄(Si₂O₇)₂(SiO₄)₅(OH)₄] // ～ iron ore{stone}{chrome ironstone} 铬铁矿[Fe²⁺Cr₂O₄,等轴;铁铬铁矿 FeCr₂O₄、镁铬矿 MgCr₂O₄ 及铁尖晶石 FeAl₂O₄ 间可形成类质同象系列] // ～-jadeite 铬硬玉 // ～-kaolinite 铬高岭石 // ～-kyanite 铬蓝晶石

chromel 镍铬合金；克罗梅尔镍铬耐热合金

chrome lignite 木质素铬

→ ～ -magnesite brick 铬镁砖 // ～ -magnetite 铬磁铁矿[Fe(Fe,Cr)₂O₄] // ～ mud 铬泥浆 // ～-nickel alloy 铬镍合金 // ～-nontronite 铬绿脱石 // ～-olivine brick 铬橄榄石砖

chromepidote{chrome-pistazite} 铬绿帘石[Ca₂(Al,Fe,Cr)₃(Si₂O₇)(SiO₄)O(OH)]

chrome-plated 镀铬的

→～-sillimanite refractory 铬硅线石耐火材料 // ～-spinel 镁铬尖晶石[(MgFe)(AlCr)₂O₄] // ～ spinel{ceylonite} 铬尖晶石 [(Mg,Fe)O•(Al,Cr)₂O₃] // ～ -spinel 镁铬矿石 [(Mg,Fe²⁺) (Al,Cr)₂O₄; 等轴] // ～ tourmaline 铬电气石 // ～ tremolite 铬透闪石 // ～-zoisite 铬黝帘石

chromferide 铬三铁矿

chromgarnet 铬榴石[Ca₃Cr₂(SiO₄)₃]

chromian{chrome} clinochlore 铬斜绿泥石

→～-diopsite 铬透辉石 // ～ muscovite 铬白云母 // ～ pyroaurite 铬鳞铁镁矿 // ～ ulvospinel 铬钛铁晶石；钛铬铁矿

chromic acid 铬酸

→～ hydroxide 氢氧化铬 // ～ iron 铬尖晶石 [(Mg,Fe)O•(Al,Cr)₂O₃]；铬铁矿 [Fe²⁺Cr₂O₄,等轴;铁铬铁矿 FeCr₂O₄、镁铬铁矿 MgCr₂O₄ 及铁尖晶石 FeAl₂O₄ 间可形成类质同象系列]

chrominance 色度；彩色信号

→～ carrier reference 色度载波基准信号 // ～ gain control 色度信号增益调整 // ～ subcarrier 色度信号副载波

chromi(zi)ng 镀铬

chrominium 红铬铅矿 [Pb₃Cr₂O₉;Pb₃(CrO₄)₂O;Pb₂(CrO₄)O;单斜];科铬铅矿

chromite 铬尖晶石[(Mg,Fe)O•(Al,Cr)₂O₃];铬铁矿 [Fe²⁺Cr₂O₄, 等轴；铁铬铁矿 FeCr₂O₄、镁铬铁矿 MgCr₂O₄ 及铁尖晶石 FeAl₂O₄ 间可形成类质同象系列]

→～ brick 铬矿 // ～-dolomite 含铬铁矿白云岩

chromitite 铬铁岩

chromium 自然铬[Cr]；铬

→～ carbide ceramics 碳化铬陶瓷 // ～ graphite chloride 氯石墨化铬 // ～-iron lignosulfonate 铁络盐 // ～ minerous 铬矿类[主要为铬铁矿] // ～ oxide ore 铬氧化矿；氧化铬矿 // ～ slag 铬渣 // ～ steel 铬钢 // ～-tourmaline 铬电气石

chromiumplating 镀铬

chromium pollution 铬污染

→～ slag 铬渣 // ～ stainless steel 铬不

锈钢 // ～ steel 铬钢 // ～-tourmaline 铬电气石

chromlo(e)weite 铬钠镁矾；铬铁矾 $[Na_2Mg((S,Cr)O_4)_2•2½H_2O]$

chrommuscovite{chrommuskovite} 铬{白}云母$[K(Al,Cr)_{2-3}Si_3O_{10}(OH)_2]$

chromochlorite 丰后石$[Mg_3(Mg,Cr)_3(Cr^{3+}Si_3O_{10})(OH)_8]$

chromocratic 暗色的

chromocyclite 彩鱼眼石

chromocyte 色素细胞

chromophyllite 铁{蠕}绿泥石$[Mg_3(Mg,Fe^{2+},Al)_3((Si,Al)_4O_{10})(OH)_8]$

chromoplast{chromoplastid} 有色体

chromoscan 彩色扫描

chromosorb 红硅藻土；色谱载体

chromotype 彩色照相，彩色石印图

chromowulfenite 铬钼铅矿

chromphyllite 铬云母$[KCr_2(AlSi_3O_{10})(OH,F_2)]$

chrom(o)picotite 铬尖晶岩；(硬)铬尖晶石$[(Mg,Fe)O•(Al,Cr)_2O_3]$

chrompyroaurite 铬鳞铁镁矿

chrom(e)-pyrophyllite 铬叶蜡石

chromrutile 硅镁铬钛矿$[Mg_4Cr_6Ti_{23}Si_2O_{61}(OH)_4?;四方]$；铬金红石

chromsphene 铬楣石

chromspinell 铬尖晶石$[(Mg,Fe)O•(Al,Cr)_2O_3]$；铬铁矿$[Fe^{2+}Cr_2O_4$,等轴;铬铬铁矿 $FeCr_2O_4$、镁铬铁矿 $MgCr_2O_4$ 及铁尖晶石 $FeAl_2O_4$ 间可形成类质同象系列]

chromspinellide 铬尖晶石类

chromsteigerite 铬水钒铝石{矿}

chromtalk 铬滑石

chrom(e-)tourmaline 铬电气石

chrom(e-)tremolite 铬透闪石

chrom(e-)vesuvian 铬符山石$[Ca_{10}(Mg,Fe)_2(Al,Cr)_4(Si_2O_7)_2(SiO_4)_5(OH)_4]$

chromyl 铬酰{氧铬基}$[CrO_2-]$

chron 时[地史]；期；年代；时间

chronic 长期的
　→～ disease 慢性病 // ～ lithogenouscholecystitis 慢性结石性胆囊炎 // ～ sander 经常出砂井 // ～ tilting 慢性掀动；缓慢偏斜；缓慢抬升 // ～ tonsillitis 石蛾

chronobiology 生物钟学

chronofauna 地质时期动物(区系)

chronogenesis 时序

chronolith 时间岩石；岩石年代单位

chronological 按年代先后的；按时间(年、月、日)顺序的
　→～ order 年代次序 // ～ subspecies 时序亚种 // ～ table 年表

chronologic(al) scale 编年表
　→～(al) subspecies 年代亚种[生] // ～ unit 时序单位

chronology 时序；编年学；地质年代；年表；谱

chronomere 时间单位

chronostratigraphic correlation chart 年代地层对比表
　→～ {chronolithologic;chronostratic;time-stratigraphic} unit 时间(年代)地层单位[宇/界/系/统/阶/时带(Eonothem/Erathem/System/Series/Stage/Chronozone)] // ～ zone 时间带

chronotaxy 可对比性[地层的]

chronozone 时带[地史]；时间带；时间[地层带]

chronthem 时间带；地层带

chroococcoid 蓝球藻型的

Chroptera 翼手目[哺]

chryolith 冰晶石$[Na_3AlF_6;3NaF•AlF_3;单斜]$

Chrysame 金螺属[腹;N-Q]

chrysamine 柯胺$[Na_2C_{18}H_{16}O_6N_4]$

Chrysamoeba 金变形藻属[金藻;Q]

Chrysanthemmina 菊花虫属[孔虫;P]

Chrysanthemum 菊属[植;Q]
　→～ stone 菊花石；杂磷钇锆石

chrysargyrite 银金矿$[(Au,Ag)$, 含银 25%～40%的自然金;等轴]

chrysberil{chryselectrum} 金绿宝石$[BeAl_2O_4;BeO•Al_2O_3;斜方]$

chrysene 䓛

chrysitin 密陀僧{一氧化铅}$[PbO;四方]$；铅黄$[(β-)PbO;斜方]$

chrysitis 黑燧石；试金石；致密硅页岩；红蜜陀僧，金色蜜陀僧

chrysoberyl 铍尖晶石；金绿宝石$[BeAl_2O_4;BeO•Al_2O_3;斜方]$；金绿柱石$[Be_3(Al,Fe)_2(Si_6O_{18})]$；黄绿柱石
　→～ cat's eye 金绿猫眼石

chrysocapsales 金囊类[金藻门]；金囊藻目

Chrysochloris 金毛鼹属[食虫;Q]

chrysocolla{chrysokolla} 焊接矿物；硅孔雀石硼砂$[Na_2B_4O_5(OH)_4•8H_2O;单斜]$

chrysocollite 硅孔雀石$[(Cu,Al)H_2Si_2O_5(OH)_4•nH_2O;CuO•SiO_2•2H_2O;CuSiO_3•2H_2O;单斜]$

chrysoidine 柯衣定{碱性菊橙}$[(H_2N)_2C_6H_3N_2C_6H_5]$

chrysolite 葡萄石$[2CaO•Al_2O_3•3SiO_2•H_2O;H_2Ca_2Al_2(SiO_4)_3;斜方]$；磷灰石$[Ca_5(PO_4)_3(F,Cl,OH)]$；黄橄榄石；贵橄榄石$[(Mg,Fe)_2(SiO_4)]$

chrysolithos 黄玉$[Al_2(SiO_4)(OH,F)_2;斜方]$

chrysolyte 贵橄榄石$[(Mg,Fe)_2(SiO_4)]$

chrysomelane 铁尖晶石$[Fe^{2+}Al_2O_4;等轴]$

Chrysomonadina{Chrysomonads} 金鞭毛类

chrysopal 金绿宝石$[BeAl_2O_4;BeO•Al_2O_3;斜方]$；镍蛋白石

chrysophan 大黄酚苷

chrysophane 褐{绿}脆云母$[Ca(Mg,Al)_3(Al_3SiO_{10})(OH)_2;单斜]$

Chrysophyceae 金黄藻纲；金藻{植}类[始先]

chrysophyric 橄斑玄武岩的

chrysoprase 英卡石；绿玉髓$[SiO_2]$；绿石髓
　→～ earth 复硅镍矿

chrysoquartz 绿色砂金石英；绿星彩石英

chrysoretin 大黄酚苷

Chrysosphaerales 金球类[始先类金藻门]

chrysotile 温石绒{绵}；温石棉$[Mg_6(Si_4O_{10})(OH)_8]$
　→～ {serpentine} asbestos 温石棉$[Mg_6(Si_4O_{10})(OH)_8]$ // ～-asbestos 蛇纹石(石)棉$[Mg_6(Si_4O_{10})(OH)_8]$ // ～ felt 温石棉毡

δ-chrysotile 绢蛇纹石$[Mg_{15}Si_{11}O_{27}(OH)_{20}]$；δ-纤蛇纹石

chrysotilite 温石棉$[Mg_6(Si_4O_{10})(OH)_8]$

chrysotilum 阳起石$[Ca_2(Mg,Fe^{2+})_5(Si_4O_{11})_2(OH)_2;单斜]$

Chrysotrichales 金丝类[始先类金藻门]

金枝藻目

chrystocrene 泉`流冰锥{冰体}

chrystophite 黑闪锌矿$[(Zn,Fe)S]$

chthonic 深海碎屑沉积的[与 halmeic 反]
　→～ sediment 岩性沉积

Chuangia 庄氏虫(属)[三叶;Є_3]

Chuangiella 小庄氏虫属[三叶;Є_3]

chubut(t)ite 黄氯铅矿$[Pb_7Cl_2O_6;6PbO•PbCl_2]$

chuchrovite 水氟钙钇矾$[Ca_6Al_3(Y,La)_2(SO_4)_2F_{23}•20H_2O($近似$);Ca_3(Y,Ce)Al_2(SO_4)F_{13}•10H_2O;$等轴]

chuck 卡头；潮峡；钻头夹卡；夹头；放弃；木楔；急流；卡住；卡紧；抛；短箱挡；持钎器；扔；停止；夹紧；急潮水道

chudobaite 朱多巴石；砷镁锌石$[(Na,Mg,Zn)_2H(AsO_4)_2•4H_2O;(Mg,Zn)_5H_2(AsO_4)_4•10H_2O;三斜]$

chuff 裂缝砖

chuffing 爆炸声

chuffs 黑头砖

chugging 嚓嘎地响，(反应堆的)功率振荡

Chuhsiungichthys 楚雄鱼属[K]

chukanovite 铁孔雀石$[Fe_2(CO_3)(OH)_2]$

chukar 石鸡

chukhrovite 水氟钙钇矾$[Ca_6Al_3(Y,La)_2(SO_4)_2F_{23}•20H_2O($近似$), Ca_3(Y,Ce)Al_2(SO_4)F_{13}•10H_2O;$等轴]
　→～-(Ce) 水氟钙铈矾$[Ca_3(Ce,Y)Al_2(SO_4)F_{13}•10H_2O;$等轴]

chuklovite 水氟钙叶矾

chump 木片；手钻炮眼用铁棒[在软物中]；手工凿岩铁棒；木块；手工打眼

chunam 灰泥；灰泥土批荡；胶泥；石灰$[CaO]$

Chungchienia 钟健兽属[贫齿类;E_2]

Chungkingaspis 重庆虫属[三叶;O_1]

Chun{Jun} glaze 钧釉
　→～ red glaze 钧红

chunk (厚)块；冰体；碎块；大部分；大量；大块；碎石
　→～-breaker zone 破碎辊区 // ～ reduction 二次爆破 // ～ rock 大块岩石

Chun-san{Jundhoan} ware 均山窑

CHUR CHUR 值[球粒限层型均一岩浆房的地幔库]

churchillite 白氯铅矿$[2PbO•PbCl_2;Pb_3Cl_2O_2;斜方]$

churchite 针磷钇铒矿$[(Y,Er)(PO_4)•2H_2O]$；水磷铈矿$[(Ce,Ca)(PO_4)•2H_2O;$六方]；针磷钇铒矿；水磷钇矿$[YPO_4•2H_2O;$单斜]

churn 猛冲海岸[波浪]；摇转搅拌筒；搅拌器；手钻炮眼用铁棒[在软物中]；搅拌
　→～ drill 钻石机；(绳式)顿钻钻机；石钻 // ～ {steel} drill 钢钎 // ～-drill {two-point;chopping;cable;percussive;chisel} bit 冲击钻头 // ～-drill blasting 冲击钻进爆破眼；钢绳冲击炮眼爆破；穿孔爆破；顿钻钻孔爆破

churner 手持式长钎(子)

churning 搅拌；涡流；旋涡
　→～ stone 搅拌用碎石

churn{chum} shot drill 顿砂钻

Chusenella 朱森䗴属[孔虫;P_1]

Chusenophyllum 朱森珊瑚(属)[P_1]

chus(s)ite 杂橄榄褐铁矿

(ore-)chute 冲沟；流槽；溜道；矿井；鱼道；瀑布；横巷；路线架；走线架；泥浆槽；斜管(坡)；装矿溜口；漏口；富薄矿脉；流料槽；斜槽；放矿溜道；滑槽；渡槽；滑运道；天井；滑道；富矿体；急滩；冲槽；排泄；沿滑槽流下；急流；溜道
→~-breast method{system} 矿房中溜槽贮矿式房柱采矿法[开采 15°～30°矿层]//~ caving 天井放矿采矿法；漏斗放矿崩落法//~ checker 放矿计数员；溜矿口放矿计数器//~ draw 溜槽放矿//~ drawer{loader;man} 装车工//~ gate 溜斗闸门//~ gate operator 溜放矿工；放矿闸门操作工//~ opening 溜眼或溜道的放矿工//~-pulling accident 溜口放矿事故

chute system 经溜井至平硐出矿的露天采矿法；平硐溜井开拓
→~ tapper 溜子口放矿工//~ template 溜口托底横梁//~ work 溜口装车工作

chuting arrangement 溜槽布置；溜道布置
→~ concrete 溜槽输送混凝土

chvaleticeite 六水锰矾[(Mn,Mg)SO$_4$•6H$_2$O]

chvilevaite 硫钠铜矿[Na$_2$(Cu,Fe,Zn)$_2$S$_2$]

chyastolite 空晶石[Al$_2$(SiO$_4$)O;Al$_2$O$_3$•SiO$_2$]

chylocaula 肉茎植物

chylophylla 肉叶植物

chymogen 淡变熔体

chysiogene 熔岩的；喷发岩的

chysiogenous 喷发岩的；熔岩的

chytophyhite{chytophyllite} 铁硅石

Chytroeisphaeridia 壶形藻属[J-E]

CI 结晶指数[结晶学指数]；接通；对比指数；相关指数；开始工作；牙石指数；库布勒氏伊利石结晶度指数

cianciulliite 慈安慈乌利石[Mn(Mg,Mn)$_2$Zn$_2$(OH)$_{10}$•2～4H$_2$O]

cianite 蓝晶石[Al$_2$(SiO$_4$)O;Al$_2$O$_3$(SiO$_2$)]

cianocroite{cianocroma} 钾蓝矾[K$_2$Cu(SO$_4$)$_2$•6H$_2$O;单斜]

cibdelophane 钛铁矿[Fe^{2+}TiO$_3$,含较多的Fe$_2$O$_3$;三方]

Cibicides 面包虫属[孔虫;K-Q]

Cibicidina 小面包虫属[孔虫;E-N]

Cibicidoides 拟面包虫属[孔虫;N$_2$-Q]

Cibotiidites 拟金毛狗孢属[K$_2$]

Cibotiumidites 类金毛狗孢属[K$_1$]

Cibotiumspora 金毛狗孢属[J$_1$-K$_1$]

Cibotolebenis 柜面介属[N$_2$]

cicatricose 具痂的；有疤痕的[孢]；花痕状；有脊的

Cicatricososporites 肋纹孢属[K-E]

cicatrix[pl.-ices] 闭肌痕[双壳]；(蜡)痂；疤[鹦鹉螺;头]；疤痕[棘]

Cidaris 头帕海胆

Cidaroida 头帕目

ciel 天蓝

ciempozuelite 杂钙芒硝[Na$_6$Ca(SO$_4$)$_4$(近似)]；钙芒硝与无水芒硝混合物

cienaga 沼泽湿地[干旱区]

cigarette burner 烟卷形状火药柱；雪茄式纵火器
→~ burning 端部燃烧[化]//~ burning rocket 端燃药柱火箭//~ wrapping 直缝缠绕

cigar-shaped mountain 雪茄(烟)形山[两端倾伏背斜脊]

Cilgel 西尔杰尔(胶质)炸药

ciliary bands 纤毛束

ciliata 纤虫纲；纤石虫纲；纤毛虫(纲)[原生]

ciliated chamber 纤毛室

ciliato-dentate 具细锯齿的

cilifer 腕钩

ciliform tooth 纤毛牙

Ciliophora 纤毛虫类；纤毛亚门[原生]

cilium[pl.-ia] 纤毛[原生]

cill 基石；海底山脊；岩床

cima 山峰；圆丘

Cimarron uranium fuel plant 萨马隆铀燃料厂

ciment de La Farge 电熔水泥
→~ {cement} fondu 铝土水泥

Cimmerian 基米{梅}里(阶)[黑海地区;N$_2$]

cimolite 泥砾土；水磨石；水磨土

cinamyl mythyl benzyl amine 肉桂酰甲基苄基胺[C$_6$H$_5$CH:CHCON(CH$_3$)CH$_2$C$_6$H$_5$]

cincel 石凿

cinchene 辛可烯[C$_{19}$H$_{20}$O$_2$]

cinchol 辛可醇[C$_{20}$H$_{34}$O]

cincinal{cincinate} 卷曲的

Cincinnatian 辛辛那{纳}提(统)[北美;O$_3$]

cinder 炉渣；溶渣；灰；渣；氧化皮；煤渣；铁渣；煅渣；火山渣；轧屑；灰烬；炉灰；矿渣
→~ coal 极劣焦炭//~ {cindering} coal 焦性煤

cindery 煤渣的

cinene 二戊烯[C$_{10}$H$_{16}$]；苧烯{柠檬萜}

cineole 桉树脑[C$_{10}$H$_{18}$O]

cinephotomicrographic 显微摄影

cinerite 火山渣(凝灰)岩；玻屑火山渣凝灰岩

cinetheodolite 高精度光学跟踪仪

cinglos 单斜崖面

cingular horn 环角
→~ series 带系[腰鞭毛藻]

Cingularia 环孢穗(属)[古植;C$_{2-3}$]

Cingulata 有甲亚目；有带下目

cingulati 带环系[孢子分类]

Cingulatisporites 带环孢属[E]

cingulum 瓣环[古植]；齿带；齿侧凸带；带环[孢]
→~ extremitatis inferioris 下肢带//~ extremitatis inferioris {pelvinae} 后肢带//~ extremitatis pelvinae 骨盆带//~ extremitatis superioris 上肢带；前肢带

cinkfauserit 锌锰泻盐；锌七水锰矾[(Mn,Mg,Zn)SO$_4$•7H$_2$O]

cinnabar 朱红的；辰砂[HgS;三方]；丹砂
→~ (ore) 一硫化汞[HgS]；朱{硃}砂；辰砂[HgS;三方]；硫化汞矿//~ and lead powder which were used in old times in punctuating old texts 丹铅[点勘书籍用的朱砂和铅粉]//~ {Zisha} pottery 紫砂陶器

cinnabarite 朱砂{硃砂；辰砂;一硫化汞}[HgS;三方]

cinnamene 苯乙烯[C$_6$H$_5$•CH:CH$_2$]

cinnamenyl 苯乙烯基[C$_6$H$_5$CH:CH-]

cinnamic 肉桂的
→~ alcohol 肉桂醇[C$_6$H$_5$CH:CHCH$_2$OH]

cinnamite 桂榴石[Ca$_3$Al$_2$(SiO$_4$)$_3$]

Cinnamomum 樟(属)[植;K-Q]；肉桂

cinnamon 樟属植物；黄棕色；肉桂
→~ soil 褐色土//~ {drab} soil 褐土//~ stone 钙铝榴石[Ca$_3$Al$_2$(SiO$_4$)$_3$;等轴]//~ stone{garnet} 桂榴石[Ca$_3$Al$_2$(SiO$_4$)$_3$]

Cionodendron 柱丛珊瑚属[C$_1$];坚柱珊瑚

Cipangopaludina 圆田螺属[腹;Q]

ciplyite{ciplyte} 磷硅钙石

cipolin 结晶灰岩[主要成分为方解石CaCO$_3$,含量>80%]

cipolino marble 绿云大理岩

C.I.P.W classification 克、伊、丕{皮}、华四氏岩石分类法

circadian rhythms 生理节奏；周日韵律

circalittoral 远岸线海底的；外沿岸带
→~ zone 棚缘带

circannian rhythms 周年节奏

circinate 漩涡状的；拳卷的[植]

Circinella 卷霉属[真菌;Q]

circlar breakback 圆形后冲破裂

circl(in)e 做圆周运动；盘旋；绕行；绕过；圆；范围；转盘；周期；小组；圆周；圆形物；匝；圈；圈子；环绕；集团；界；回转；环；环形；度盘[仪器]；轨道[天体]

circle{axis|center|coefficient} of curvature 曲率圆{|轴|中心|系数}

circle of equal altitude 等高圈；地平纬圈
→~ of latitude 纬(度)圈//~ {parallel} of latitude 纬度圈//~ of Mohr 莫尔圆//~ of stress 应力圆//~ test 回转试验//~ trowel 圆泥刀

circling 盘旋

Circotheca 圆管螺(属)[软舌螺;∈$_{1-2}$]

circuit(ry) 回车道；周围；环路；绕道；环行；范围；环流；一个钻进行次；循环；线路；流程；网络

circuitation 闭回线积分；周线积分；旋转(矢量)；环量

circuit-breaker 油开关

circuiter 巡回者

circuit feed 返砂量[吨]
→~ guard 闭路磨矿分级机

circuit manifold 油路板
→~-opening connection 开路接法//~ switching 电路交换//~ tester 电路检验器；测试器；爆破网络检查仪；复用表//~ module 指挥舱[宇宙飞船的]

circuitry 电路原理；接线图；循环路程；电路图；线路图

circuity 环绕；绕行；迂回前进；圆周；迂回
→~ module 指挥舱[宇宙飞船的]

circular 循环的；圆形的；通报；环形的；圆的；巡回；回的
→~ earthquake 圆圈地震//~ error probability 圆误差概率//~ level 圆水平仪//~ loaded area 圆形荷载面积//~ {radian} measure 弧度法//~ slide 弧形滑动//~ stone 磨盘

circularity 圆度；环状；圆(形)
→~ {basin-circularity} ratio 盆地圆度比

circular level 圆水平仪
→~ line electrode 环线电极[勘]//~ loaded area 圆形荷载面积

circularly polarized signal 圆极化信号
→~ polarized wave 圆偏振波

circular mare basins 圆形月海盆地

circulate 周流；转动[物体绕轴运动]；传播；散布；往返；流动

→[of air,money,commodities,etc.] ～ 流通 // ～-and-weight method 循环加重压井方法

circulated out 向外循环

circulating 循环；环流；流行
→～ jar 循环反击器 // ～ liquor crystallizer 母液循环结晶器 // ～ load 闭路磨矿循环负载 // ～-load ratio (磨矿)循环负荷比 // ～{bulged;blow;snap} out 排出 // ～ slip socket 反循环滑套打捞筒；可循环泥浆的卡瓦式打捞筒

circulation 循环；环流量运行；流传；传播；循环量；流转；旋转(矢量)；闭回线积分；旋度[线积分]
→～-type gravel emplacement technique 循环型砾石充填技术

circulationloss{circulation loss(es)} 循环损失

circulative load 循环载荷

Circulisporites 同心肋孢属；同心圆带孢属[C-E]

Circulodinium 环形藻属[K-E]

circulus 环颈沉积[头]

circum 周边；圆周
→～ geosyncline 环(大)陆地槽 // ～{-}continental ring 环大陆圈 // ～ weld 环向焊道 // ～ acoustic device 井周声波仪器

circumambient 周围的；环绕的

circumaxile 环轴的

circumbasin (material) 盆地周围物质；环盆地物质

circumcenter{circumcentre} 外(接圆)心

circumcinct 环圈

circumcircle 外(接)圆；外切圆

circumcrust 环状壳层；(藻类)环壳

circumference 周边；球面；境界；周界；匝；周围；周长
→～ weld 环向焊道

circumferenter 测角仪

circumferential 周界的；周围的；环绕的
→～ acoustic device 井周声波仪器 // ～ crack 环周裂隙 // ～-curved grate(锤碎机)弧形格栅 // ～ microsonic tool 环形微声波测井下井仪；井周微声波测井下井仪 // ～ spread of channels 孔道沿外围分布

circumferentor 地质罗盘；测角仪

circumflexion 弯成圆形；弯曲

circumfluence 环流；周流

circumglobal operation 环球运转

circumgranular 环颗粒的

circumgyrate 回转；旋转

circumhorizonal arc 环地平弧；日承

circummural budding 环壁芽生

circumnavigation 环球航行

circumoceanic andesite 环洋安山岩

circumoral budding 环口芽生

Circum-Pacific Energy and Mineral Resources Conference 环太平洋能源矿产资源会议

circumplanetary space 环行星空间

circumpolar 周极星；围绕天极的

circumradius 外接圆半径

circumscribed 立界限的；下定义；划定界限；画圈；约束；限定；外切
→～ circle 外接圆；外切圆

circumterrestrial space 环地球空间

circumvallation 河谷开凿作用

circumzenithal 近天顶的
→～ arc 日载；环天顶弧

circus 圆谷[月面]；外轮山；冰斗

cire fossile[法] 地蜡[C_nH_{2n+2}]

cir{circular} mils 圆密尔

cirque 环形物；圆形山谷；冰斗；冰坑；冰围椅；圆圈
→～ cutting 冰斗切刻 // ～ erosion 冰斗侵蚀 // ～ lake 冰斗湖 // ～ niveau 冰斗盆底

cirral 蔓枝板[海百]

Cirratriradites 触环三缝孢属

cirriped 蔓足类[节甲]

Cirripedia 蔓脚类

cirripedia 蔓足亚纲[节]

Cirriphycus 孢角藻属[Z]

cirrocumulus 卷积云

cirr(h)olite 黄磷铝钙石[$Ca_3Al_2(PO_4)_3(OH)_3$]

cirrostratus 卷层云

cirrum 卷须[植]；蔓枝

cirrus[pl.cirri] 蔓枝；卷须[植]；孢子角须[古植]；触毛；卷云

cis-addition 顺加作用

cis link 顺节间河段

cislunar 月球轨道的；月地空间的；地球和月亮之间的
→～ space 月地空间

Cissites 似白粉藤属[K_1-E]

cist 石砌墓

Cistecephalus 小头兽属[似哺爬;P_2]

cistern 油槽车；蓄水池；水塔；槽；贮水器；槽桶；容器；罐车；水池；天然水库；水槽
→～ (car) 槽车 // ～ barometer 水银槽气压计 // ～-car 油槽车 // ～ rock 岩盖

Cistus 岩茨属[植]；岩蔷薇属

Citellus 黄鼠属[N-Q]

citol 氨基(苯)酚[$NH_2C_6H_4OH$]

citral 柠檬醛[$C_9H_{15}CHO$]

citrate 柠檬酸；柠檬酸盐(酯;根)
→～ of lime 硝酸石灰

citreous 柠檬色

citrin 柠檬素[Vp]

citrine 黄(水)晶[SiO_2]；柠檬色；茶精；黄水精；黄石英[SiO_2]

citrite 黄晶[$Al_2(SiO_4)(OH,F)_2$]；黄水晶[SiO_2]；茶晶；蔡璞

citron 黄水晶[SiO_2]；蔡璞；茶晶；黄晶[$Al_2(SiO_4)(OH,F)_2$]

city 垣；城市；城池；埠；市；市内；邑
→～ gate 城市供气计量站[干线和配气管网之间] // ～-lot drilling 城区钻进 // ～ -lot{town-lot} drilling 市区钻井 // ～ proper 城区

civil engineering 城市工程
→～ engineering (work)土木工程 // ～ engineering cost 土建费用

Cixiella 慈溪叶肢介属[E_1]

Claciferu 棒里白孢属[Mz]

clack 瓣，阀瓣
→～ (valve) 瓣阀 // ～ seat 阀座 // ～ valve 折页活门

clacker 停滞空气

cladding 射枝[海百]；土块；(在金属)外包上另一种金属；包的；枝辐；镀过金属的；被覆盖的；包层；衬里；包壳；镀层
→～-fuel interaction 包壳燃料相互作用 // ～ glaze 盖地釉 // ～ material 包覆材料 // ～ steel 双金属钢

clade 进{分;演}化支；种系分枝；星状骨针分枝[绵]；演化线

clad fiber 套层纤维
→～ silica fiber 包层石英光纤

cladida 幼枝海百合目[棘]；及多歧肠目

Cladina 鹿石蕊属

Cladiscitidae 枝盘菊石科[头]

Cladiscothallus 枝盘藻属[C_{1-3}]

cladism 分枝理论[生类]

cladium 幼枝[笔]

c(h)ladnite 顽火辉石[$Mg_2(Si_2O_6)Fe_2(Si_2O_6)$]

Cladocera 枝角目[节鳃足;节肢类]

Cladochitina 棍几丁虫属[D_{1-2}]

Cladocopa 肢足亚目[介]；分肢亚目

cladode 叶状枝[植]

cladodification 枝化

Cladodus 裂齿鲨(属)[C]

cladogenesis 种族分枝[生]；分歧演化；分枝发生；特化演化

Cladognathodus 枝颚齿牙形石属[C_1]

Cladognathus 枝颚牙形石属[C_1]

Cladoidea 双圈游离海百合目{类}[目;棘]

cladome 射枝[海百]

Cladonia 石蕊属

Cladoniaceae 石蕊科

Cladophlebidium 准枝脉蕨属[T_3-J_1]

Cladophlebis 支脉蕨；枝脉蕨属[P-K]

cladophlebis 枝脉蕨

Cladophora 刚毛藻(属)[Q]

cladophore 梗状枝

Cladophoreae 枝植类{纲}[绿藻]

Cladophoropsis 拟刚毛藻属[绿藻;Q]

Cladopora 枝孔珊瑚(属)[床板珊;S-P]

Cladoselache 裂口鲨(属)[D_3]

Cladoselachii 裂口鲨类

cladosporic 侧枝内型

Cladoxyales 芽木目

Cladoxylon 芽木属[D_2-C_1]；枝叶蕨(属)；枝木

cladus[pl.cladi] 射枝[海百]；枝辐

Claendon 克林齿兽属[E]；净齿兽属

claim 论点；申请专利范围；矿区；要求；申诉；要求应得权利；请求权；采矿用地；主张；值得；认领；声称；自称
→(mining) ～ 矿权地；开采权 // ～ area 采矿权申请区；建矿用地面积 // ～ corner 矿区界标(线) // ～ holder 矿权地拥有者 // ～ map 采矿执照图；采矿权图 // ～ system 矿权申请制度

clairite 科拉里砜[$(NH_4)_2Fe_3(SO_4)_4(OH)_3\cdot 3H_2O$]

clairvoyance[法] 千里眼；透视力；洞察力

clam 底座；皮带扣；蛤蜊；蛤珍珠；夹；夹子；卡钳；连接装置；夹绳器；绳卡；托架；夹钳；蚌
→～ (bucket) 抓斗

clamber 爬；攀登
→～ a rock wall 攀岩

clamp 夹紧；夹持器；卡箍；解的固定；钩环；夹子；(船的)支梁架；箍位；弓形卡；皮带扣；夹；夹住；钳住；钳位；固定；线夹；压铁；定位；夹紧装置；夹持；制动器；夹板；固紧；管子止漏夹板；托架；干泥炭堆；压板；夹具；压紧
→(collar) ～ 卡箍 // ～ (frame) 夹钳 // ～{fixed} bias 固定偏压 // ～ coupling 纵向夹紧联轴节；壳形联轴节

clamped dielectric constant 受夹介电

常数

clamp{stack} furnace 围窑

clamping 钳位；夹紧；解的固定；侧压；截顶；电压固定；电平钳位；钳压

clamp{compression} nut 压紧螺钉

clamshell 抓铲；蛤斗(抓岩机)；蛤壳；蛤(壳式抓)斗；钳式挖泥器；蛤壳状挖泥器

clan 族；岩族；岩类；生态群落

clandestine 暗中的

clang 叮当地响；音色；音质；发铿锵声；铿锵声；音调

clank 叮铃(作响)

cl(e)anser 滤水器

clap 霹雳声；轻敲；拍手；拍打；拍；掌声；振翼
→~-me-down 亲口榫接合[用于斜井支护]//~ valve (捞砂筒)下面带顶开板的球阀

clapper 舌；拍板(座)；旋启式上回阀阀瓣；捞砂筒下面带顶开板的球阀；(刨床的)摆动刀架；抬刀装置

clappers 板

clapping{rattle} stone 鸣石

Claraia 克氏哈属[双壳；T_1]

clarain 亮煤

claraite 克水碳锌铜石[$(Cu,Zn)_3CO_3(OH)_4•4H_2O$]；水碳铜锌石

claret-colored 深紫红色的

clarification 说明；澄清；解释；沉降
→~ filter 澄清式过滤机//~ of pulp 矿浆澄清//~ of water 澄水//~ plant 净化车间

clarified liquid zone 澄清水区
→~ pregnant solution tank 已澄清的母液罐//~-water sump 澄清水仓

clarifier 澄清剂；清除器；净化器[剂]；干扰消除设备；澄清器
→~ baffle plate 澄清器折流挡板//~ tank 澄清池

clarifying basin{tank} 澄清池

claringbullite 水羟氯铜矿[$Cu_4Cl(OH)_7•½H_2O$；六方]

clarinite 亮煤体

cla(i)rite 亮煤型；微亮煤；显微亮煤；硫砷铜矿[Cu_3AsS_4；斜方]
→~{hydrite} E 微亮煤 E[富含壳质组微亮煤]

clark(e)ite 水钠铀矿[$(Na,K)_{2-2x}(CaPb)_xU_2O_7•yH_2O$;$(Na,Ca,Pb)_2U_2(O,OH)_7$；非晶质]

Clark degree 水硬度[英]
→~-Drew (resource) model 克拉-德鲁(资源供应)模型

clarke (value) 克拉克值

Clarkecarididae 克拉克虾科

clarkeite 水铅{标}铀矿[$Na_2O•CaO•PbO•8UO_3•6H_2O$]；钠铀矿

Clarkella 克拉克贝属[腕；O_1]

Clarkforkian stage 克拉克福克阶

Clark number 克拉克值
→~ riffler 克拉克型二分缩样器

Clark's sector model 克拉克成分模型

clarocollain{clarocollite} 亮煤质无结构镜煤

clarodurain 亮暗煤

clarodurite 微亮暗煤；亮暗煤

clarofusain 亮丝炭；亮质丝炭

clarofusite 亮质丝煤

claroline 矿物油

clarotelite 微亮煤质结构镜质体

clarovitrain{clarovitrite} 亮(质)镜煤

clart 泥土；泥土或尘土的污点

clash 不一致；抵触；劣质烛煤；碰撞作声；摩擦；猛撞；不调和；稀泥浆；冲突
→~ between two parties 摩擦//~{slide} gear 滑动齿轮

clasmoschist 硬砂岩

clasolite 岩屑岩；碎屑岩

clasper 抱拢；铆固；钩子；紧握；握住；揽；扣紧物；扣住；握手；扣子；执握肢[甲壳]；钩爪[甲壳]

clasp hook 弯脚钩；抱合钩
→~{split} nut 对开螺母

clasping organ 执握器官

class 种类；定等级；分等级；粒度；年级；晶组；晶族；纲；等级；优等[英大学]；阶级；列入……类；类；级；大类[矿物分类单位]；晶类；班；层；组[晶]
→~ interval 组间距；组区间；组距//~ mark 类代表值；组值//~ of crystals 晶组//~{type} of crystals 晶类//~ of fit 配合类别

Class Articulata 有关节纲
→~ Graptozoa 笔石纲

classical earth pressure theory 经典土压力理论
→~ Horner plot 经典霍勒图//~ location theory 古典区位理论//~ method 经典(分析)法；传统方法//~ mortar 典型白炮

classic molten-earth hypothesis 古典熔融地球(假)说
→~(al) regression 古典回归

classic(al) scattering 经典散射

classic(al) washout 同生冲刷；原生冲刷

classification 分类；类别；分粒(作用)；选分；分等级；定等级；分级；分选
→~ of coal mining roof 煤矿顶板分级//~ of gassy mines 瓦斯矿井等级分级//~ of methane 矿井沼气等级//~ of minerals 矿物分类//~ of ores 矿石分级//~ of rock 岩石的分类//~ of rock brittle-plasticity 岩石脆塑性分级//~ of rock particles 岩石的颗粒分类

classified 保密的；分类的；分级的
→~ feed 分级入选//~ information 分类信息//~ product bin 分级产品仓//~ report 保密级报告书[特种文献]

classifier 分离器；分级器；分选机；分粒器；分级机；分类器
→~ dredge 挖掘船(装有分级机)

classifying agriculture 划分农业
→~ pocket 分级室//~ pool 分级区//~{grading;sizing;classification;separating;separation;succeeding} screen 分级筛

Class Inarticulata 无关节纲

classis 纲

Classopollis 内环粉属[孢]；克拉梭粉(属)[T_3-E]

Class Porostromata 孔层纲

clast 岩石碎屑；碎屑；碎屑物

clastate 破碎岩石；破碎

clastic 碎片性的；碎屑的；碎罐的
→~ breccia 剥蚀角砾岩//~ dolomite 碎屑白云岩[主要成分为白云岩碎屑]//~ breccia 剥蚀角砾岩//~-calcareous cycle 碎屑-钙质旋回//~-particles 碎屑颗粒//~ pipe 碎屑岩筒//~ reservoir (rock) 碎屑岩(类)储集层

~{fragmental;detrital;kataclastic;petroclastic;aggregated} rock 碎屑岩

clastichnic (具石灰岩)原碎屑结构的[白云岩]

clasticity 碎屑度

clastic mass 碎块体；碎裂岩体

clastics 碎屑物

clastic{detrital;mechanical} sediment 碎屑沉积
→~ sedimentary rocks 碎屑沉积岩//~ texture of plastic deformation 塑性变形碎屑结构//~ wedge 碎屑岩楔；楔状碎屑层

clastizoichnic 含微量动物碎屑的；有生物碎屑构造痕迹的

clastoaplitic 碎裂细晶[结构]

clastogelita 硅结岩

clastogene 碎屑成因(的)

clastomorphic 碎屑侵蚀变形(的)；(侵蚀)变形碎屑(组分)

clastoporphyritic 碎裂斑状[结构]

clathrate 窗格形的；插合物的；笼形包合物；网格状(结构)[结构]；格子状；格子状的

clathrates 冰状甲烷笼形化合物

clathria 大网[笔]

Clathricoscinus 筛格古杯(属)

Clathrina 篓海绵属

Clathrochitina 格几丁虫属[O_3-D_1]

clathrodictyon 方格层孔石

Clathrolithus 格子颗石[钙超；E_2]

Clathromorphum 格形藻属[Q]

Clathropteris 格子蕨属[T_3-J_2]；格脉蕨(属)

Clathrospira 格子螺属[腹；O-S]

Clathrostraceus 细格壳叶肢介属[K]

Clathrostroma 格层孔虫属[S-C_1]

clathrus 格板；格网

clathtate 粗筛孔状

clatter 巨砾堆；咔嗒声

C-lattice 底心格子；C-格子

claudetite 白砷石[As_2O_3；单斜]；砷霜[As_2O_3]

clauncher 片状岩块

clause 条款；款项

Clausiliidae 密封蜗科；烟管(蜗牛)科[腹]

clausius 克劳[熵的单位]

Clausius-Clapeyron equation 克劳修{夕}斯-克拉佩龙方程

claussenite 三水铝石[$Al(OH)_3$；单斜]
→~ γ 三水{羟}铝石[$Al_2O_3•3H_2O$；$Al(OH)_3$；单斜]

clausthalite 硒铅矿[PbSe；等轴]

Clausthal jig 克劳斯塔尔型活塞式跳汰机

claustrum 闩骨[硬骨鱼]；带状骨

Clavachitina 棍棒几丁虫属[O_2-S_1]

clavae 棒瘤[孢]

Clavagnostus 棒球接子属[三叶；ϵ_{2-3}]

clavalite 哑铃晶

Clavaria 珊瑚菌属[真菌；Q]

clavate 棍棒状(的)；疣瘤状的[孢]

clavatine 棒石松碱

clavating 石松碱

Clavatipollenites 棒纹单沟粉属[孢；K_1]

Clavator 棒轮藻属[J_2-K]

Clavatorites 似棒轮藻属[T-J]

Clavatula 具钉螺属[腹；E-Q]

Claviceps 麦角(菌)属[真菌；Q]

C

clavicle 撑铰器;锁骨

Clavidictyon 棒层孔虫属[S_2-C_1]

clavidisc 棒盘骨针[绵;中空的椭圆形盘状骨针]

clavillose 棒形的

Clavisporis 裂环孢属[P]

Clavodiscoaster 柄盘星石[钙超;E_3-N_2]

Clavohamulus 瘤球牙形石属[O-D]

clavoid 拟棒形的

clavolonine 棒石松洛宁碱

clavula[pl.-e] 纤毛刺[棘]

clavule 钉形骨针[绵];棒状体

Clavulina 棒形虫属[孔虫;E-Q]

Clavulodus 棍牙形石属[D_3]

Clavus 爪螺属[腹;E-Q]

clavus[pl.clavi] 纵向疣[头菊石];纵疣[孢];结节

clavusate 粗短刺状

claw 销;爪;脚爪形器具;齿;抓;凸起;耳;把手;液压拔管器;接合器[皮带的]
→~ coupling 矿车连接锁

clay 炮泥;黄壤土;泥土;胶泥;黏粒;普通黏土[高岭石 50%~70%,其次为石英、云母、伊利石、蒙脱石等];石脂;崩积土
→~ band 薄层泥质铁石//~-bond;eagle-stone 泥铁矿[(Fe,Mn)$_2$(Nb,Ta)$_2$O$_6$]//~ bound macadam 泥结碎石路面//~ course{parting;band;interlayer} 黏土夹层//~-cutter dredge(r) 切土式挖泥船//~ disc 泥碟//~-filled 黏土填塞的//~-free{clean} rock 纯岩石//~ gouge 岩层间的薄黏土层;断层泥;矿层与岩层间薄黏土层;耳巴泥//~-graphite mixture 黏土石墨搪料//~ grounding{grouting} 黏土化//~{earthy} gypsum 土石膏[CaSO$_4$•2H$_2$O]//~ hole 岩角里的黏土窝//~ iron ore 氧化铁矿;泥铁矿[(Fe,Mn)$_2$(Nb,Ta)$_2$O$_6$];ironstone 泥铁岩;杂泥铁矿

clayed 包有黏土的;黏土的

clayey 含黏土的;黏土状的;黏土质的;泥质的;黏土似的
→~ (soil) 亚黏土

claying 糊泥;(用)黏土涂衬钻孔;钻孔黏土止水

clayish 黏土似的;含黏土的;枯土的;泥质的;黏土的

clayite 黏土石;硫砷锑铜铅矿;杂砷黝铜铅矿;高岭石[Al$_4$(Si$_4$O$_{10}$)(OH)$_8$;Al$_2$O$_3$•2SiO$_2$•2H$_2$O;Al$_2$Si$_2$O$_5$,单斜;胶状高岭石]

clayization 黏土化

claylike 黏土状的

clayly 黏土的
→~ sand 枯质砂土

claypan 黏磐;存雨水泥坑;黏土盘

claypit 取土坑;泥浆池
→~{flapper;clap;flap;hinged} valve 瓣阀

clayslate 泥(质)板岩

claystone 泥岩;黏土岩;黏土石;变朽黏土岩

clazur-apatite 青磷灰石

clean 纯净;清洁;除锈;精炼;纯的;干净的;清洗;归零;纯化的;不坍塌钻孔;精选;洗净;提纯;清理
→~ bullion 纯金银//~ coal by-pass gate 精煤分叉闸板//~ coal technology 洁净煤技术//~ concentrate 纯精矿

//~ cut 冷切削

cleaner flotation 精浮选
→~ {secondary;recleaner} flotation 再(次精)选//~ for cuttings 钻屑和剖屑清除器//~ {clean;clean-non-shale} formation 纯地层//~ formation streak 含泥很少的地层夹层

clean(er) formation 含泥很少的地层

clean(s)ing 扫除;清理浮石;碎矿清除;去油;洗涤;修整;洗选;脱脂;选矿;净化
→~ cell 固定圆形精选淘汰盘//~ of ore 洗矿//~ operation 洗煤作业//~ plant 选矿厂;清洗装置//~ room{plant} 清砂工段//~{concentrating;concentration;picking} table 选矿摇床

clean medium 清洁介质
→~ ore 纯矿石//~ ore pocket 精矿仓

cleanout{clean-out} 除净;清除
→~ auger 洗孔器//~ blow 洗井//~ blow(out) 洗井性放喷

clean-out box 油罐清积(残)孔;排污箱

clean sand 纯砂层
→~{net} sand 净砂层//~ sand model 纯砂岩模型//~ sandstone 净砂岩//~ sand streak 纯砂层;纯小砂层

cleanser 清洗器;刮刀;清洗剂;除垢器;净化剂;洗孔器
→~{cleaning} drum 清砂滚筒

cleansing 提纯;冲砂;喷砂清理;井底清理

clean-surface coal 表面清洁的煤
→~{pure;cleaned} coal 净煤

clean uniform perforation 干净等径射孔孔眼

cleanup acid treatment 酸洗处理

clean-up area 清理面积;清除面积
→~{cleanup;jig} man 洗矿工

clean up the filth and mire 荡涤污泥浊水
→~-up time 排液时间//~-up trip 为清除岩屑的起下钻;清(井)壁下钻;冲孔回次

cleanup width 装载面宽度

clear(ance) 清理;空间无车(区段);干净;纯金刚石;排除;清楚的;有效尺寸;净化;开通;无杂质的;归零[计数器]
→~ (cut) 清晰的//~{reset} 清零[计]//~ (space) 空隙;澄清;清除//~ display 清晰影像//~ fused-quartz 透明熔化石英//~ fused-quartz cell 透明熔融石英电解槽//~ interval (between arches) 净距[支架]//~ layer 明层[箭石]//~ span{|width} 净跨{|宽}//~-vision distance 可见距离

clearage 清除
→~ plane 劈理面

clearance 外形尺寸;许可证;净空;排除障碍;扫除;余隙;刀具后角;清除;许可;间隔;余除;公隙[公差中];放行单;间距;间隙;启航许可证;起航许可证
→~ point 卸货点//~ ring(采煤机滚筒的)外圈//~ sign(al) 撤退信号[爆破前]//~ system 井下煤炭储运系统//~ width 缝隙宽度

clearcreekite 单斜羟碳汞石[Hg$_3$(CO$_3$)(OH)$_2$•2H$_2$O]

clearer 采矿工;清洁器;挖煤工人;排除器;吸尘器;清除器

clearing 清洁;纯化;清整土地;冰前沼;消除;拔除树木
→~ {reimbursing} bank 偿付银行//~ locomotive 露天矿运矸机车;运矸石机车

clearness 清晰度

cleat 履带鞋;煤的内生裂隙;梁柱间楔子;(给……)装楔子;楔子;栓;线夹;夹板;加强角片;解理;层理;陶瓷夹板;内生裂隙[煤的];防漏夹板;系索耳;磁夹板;系绳铁角;系缆墩
→~ {reed;cleap;hugger} 割理[煤的内生裂隙]//~ face 劈裂面;劈理面;节理面//~ spar 裂隙晶石[煤]

cleating 割理;内生裂隙[煤的]

cleavage 岩石;劈裂性;劈理[岩、煤];裂缝;分裂;解离;裂纹;岩石的劈理;解理性;解理[矿物]
→~ plane 矿物;劈理面//~ sandstone 可劈砂岩

cleavelandite (叶(片状的))钠长石[Na(AlSi$_3$O$_8$);Na$_2$O•Al$_2$O$_3$•6SiO$_2$;三斜;符号 Ab]

cleaver 岩脊[冰河或雪原]

cleaving chisel 分叉凿
→~ stone 页岩;板岩//~ way 顺层面方向;解理方向

cledge 黏土

cledgy 黏土似的

cleek 铁钩

cleft 裂隙;裂口;裂缝;裂痕[月面]

cleftstone 片石;薄层砂岩;石板;板状砂岩

cleiophane 白闪锌矿

Cleiothyridina 锁窗贝(属)[腕;C-P]

Cleistosphaeridium 繁棒藻属[K-E]

cleite 高岭石[Al$_4$(Si$_4$O$_{10}$)(OH)$_8$;Al$_2$O$_3$•2SiO$_2$•2H$_2$O;Al$_2$Si$_2$O$_5$;单斜];杂砷黝铜铅矿

cleithrum 匙骨[鱼类]

Clematis 铁线莲

cleme 幼枝骨针[绵]

Clemmys 水龟属[E_2-Q]

clench 咬紧;钩紧;钳住;敲弯;钉牢;握紧;抓紧
→~ the teeth 啮合

cle(i)ophane 白闪锌矿;纯闪锌矿[ZnS]

clerical error 笔误
→~ staff 文书;事务员//~ work 抄写工作

Clerici('s) solution 克列里奇液[重液];克赖瑞西溶液

clerite 辉锰锑矿[MnSb$_2$S$_4$]

Clethrionomys 鼩属[Q]

Cletocythereis 壳艳花介属[N-Q]

cleusonite 羟铅铀钛铁矿[(Pb,Sr)(U^{4+}U^{6+})(Fe^{2+},Zn)$_2$(Ti,Fe^{2+},Fe^{3+})$_{18}$(O,OH)$_{38}$]

cleve 悬崖;悬岩;陡坡

cleveite 富钇复铀矿;钇铀矿;稀土铀矿

Cleveland (open-cup) flash tester 克利夫兰(开杯)闪点测定器

clevelandite 叶钠长石

clever and nimble 玲珑

clevis 叉头;夹具;夹板

cliachite 硬铝胶[Al$_2$O$_3$•H$_2$O];胶铝矿

cliademane 钻石烷

cliché[法] 陈词滥调;(用)纸型翻铸的铅板;电铸板

cliche frame 组合模板框

cliff 悬岩;山崖;断崖;石壁;悬崖;海蚀崖;峭壁;陡坡;煤层夹石;夹石层;山岩;崖;壁;岩壁;削壁;层状页岩

→(rock) ～ 岩崖 // ～ breeder 岩壁滋生{繁殖}的 // ～ debris 崖堆；坡积物；山麓碎石；坠积物 // ～ fall (海蚀)崖崩 // ～ landslide 崖坍；崖滑 // ～ of displacement 断层崖；变位崖；断崖 // ～ {rock} painting 岩画

cliffed coast 悬崖海岸
→～ headland 陡崖岬角

cliffing 成崖作用

cliffordite 克利佛德石；克碲铀矿[UTe₃O₉；等轴]

cliffy 陡峭

clift 硬泥岩；层状页岩

Cliftonia 克利夫顿贝属[腕；O₃-S₃]

cliftonite 晶炭；方晶炭；方晶(解)石墨[C；碳的其立方体变体]

clifton{fleeting} wheel 绕绳主槽摩擦轮

clima 倾斜；坡

Climacammina 梯形虫属[孔虫]；栅口虫(属)[C-P]

Climaciophyton 栅节木属[D]

Climacium 万年藓属[Q]

Climacograptus 栅笔石(属)[O-S₁]

Climactichnites 栅形迹[遗石]

climactic orogeny{progeny} 造山作用最强烈时期

climafrost 季节冻土；气候冻土

climagram{climagraph} 气候图

climate 一般趋势；地带；水土；风土；气候；化学能平衡(浮选)；风气[社会]
→～ chart 气候图 // ～-indicating fossil 示候化石

climatic accident 气候偶变
→～ amelioration 气候改良 // ～ geomorphology 气候地形{貌}学 // ～ optimum 气候最宜(期) // ～ paleozone 古气候带

Climatius 栅鱼属[S₃-D₁]；栅棘鱼

climatization 装备的换季工作；换季工作；风土驯化

climatize (使)顺应气候；服水土；适应气候

climatochron 气候时

climatogenic soil 气候性土壤

climatography 气候志

climato-isophyte 气候等植(物生长)线

climatolith 气候层

climatologic{climatological} 气候学的

climatological analysis 气候分析

climatologically dead ice 气候(学上的)死冰

climatology 风土学；气候学

climatotherapy 气候治疗

climax 顶点；顶峰；高潮；顶极(动物)群落；事件的高潮；最高峰；高峰；克莱马克斯高电阻铁镍合金；最高点；极点
→～ (community) 顶级群落 // ～ avalanche 强烈崩坍；高潮雪崩 // ～ leaves 成熟叶 // ～ of eruption 激性爆发

climb 上漂(钻孔)；爬升；攀移；上升；攀登；爬高(段长度)
→～ (uphill) 爬坡 // ～ a rock wall 攀岩 // (raise) ～ 爬罐 // ～ (a mountain slope) 爬坡

climbable gradient 可上爬的坡度

climb a rock wall 攀岩

climber 攀线植物；攀缘植物；提升机；爬山者；爬升器
→(raise) ～ 爬罐

climbers 脚扣

climb hobbing 同向滚铣；顺滚

climbing a mountain slope 上坡；爬坡

climb milling{cut} 顺铣
→～ of dislocation 位错攀移

climbout 爬升

climb-slope 爬坡

climofunction (成土作用中的)气候影响

climogram{climograph} 气候图

climosequence 气候序列

cline strata 倾斜层

clingage 黏附；(放油后)计量罐罐壁附着油量

clinging 黏着的；缠住；黏附的
→～ {adhesive} power 黏着力 // ～ power 卷绕力

clingmanite 珍珠云母[CaAl₂(Al₂Si₂O₁₀)(OH)₂；单斜]

clinical thermometer 体温表{计}

clink 铸件裂纹；钢凿；裂纹；叮当声；叮当地响
→～ bolts 弯头螺栓 // ～ (aggregate) 熟料 // ～ brick 铸石砖 // ～ {clinkering} coal 熔结煤 // ～ concrete 矿渣骨料混凝土 // ～ field 块熔岩地

clinker 烤变煤；硬砖；溶渣；天然焦；熔块；熔渣；煤渣；缸砖；(熔岩)渣块；接触变质煤；烧结渣
→～ brick 铸石砖 // ～ concrete 矿渣骨料混凝土 // ～ field 块熔岩地

clinkering 熔结[灰渣]
→～ property 结渣性 // ～ zone 熟料形成

clinker produced under reduced condition 还原熟料

clinkertill 接触变质冰碛

clinker with brown core 黄心料(水泥)

clinkery 渣状的

clinking 内裂缝

clinkstone 响石；响岩

clino 海底斜坡；水下岸坡
→～-amphibole 单斜闪石；斜角闪石 // ～-anthophyllite 镁闪石 [(Mg,Fe²⁺)₇Si₈O₂₂(OH)₂；单斜]；斜直闪石 // ～-antigorite 叶蛇纹石[(Mg,Fe)₃Si₂O₅(OH)₄；单斜]

clinoatacamite 斜氯铜矿[Cu₂(OH)₃Cl]

clinoaugite 单斜辉石

clinoaxis 斜轴

clinobarrandite 红磷铝铁矿

clinobarylite 单斜硅钡铍石[BaBe₂Si₂O₇]

clinoberthierine 磁绿泥石 [(Fe²⁺,Fe³⁺)<₆(Si₄O₁₀)(OH)₈]

clinobisvanite 斜钒铋矿[BiVO₄；单斜]

clinobronzite 斜古铜辉石

clinocervantite 斜黄锑矿[β-Sb₂O₄]

clinochalcomenite 斜蓝硒铜矿[单斜；CuSeO₃·2H₂O]

clinochevkinite 斜硅钛铈铁矿

clinochlore{clinochlorite} 斜绿泥石[(Mg,Fe²⁺)₄Al₂((Si,Al)₄O₁₀)(OH)₈(近似)；(Mg,Fe²⁺)₅Al(Si₃Al)O₁₀(OH)₈；单斜]

clinoclase 光线石{矿}[Cu₃(AsO₄)(OH)₃；Cu₃(AsO₄)₂·3Cu(OH)₂；单斜]；斜解理

clinoclasite 砷铜矿 [Cu₃As；Cu₃(As₃O₄)·3Cu(OH)₂；等轴]；光线石{矿}[Cu₃(AsO₄)(OH)₃；Cu₃(AsO₄)₂·3Cu(OH)₂；单斜]

clinocrocite 铁钾明矾

clinocryptomelane 斜锰钾矿

Clinocypris 斜星介属[T-K]

clinodomal prism 斜轴坡式柱[单斜晶系中{0kl}型的菱方柱]

clinodome 斜轴坡面[单斜晶系中{0kl}型的菱方柱]

clinoedrite 黝铜矿[Cu₁₂Sb₄S₁₃，与砷黝铜矿(Cu₁₂As₄S₁₃)有相同的结晶构造，为连续的固溶系列；(Cu,Fe)₁₂Sb₄S₁₃；等轴]

clinoenstatite 斜顽苏石[MgSiO₂·FeSiO₃]；单斜辉石

clinoepidote 斜黝帘石[Ca₂Al₃(SiO₄)₃(OH)；单斜]

clinoeulite 斜尤莱辉石

clinoferrosilite 斜铁辉石[(Fe²⁺,Mg)₂Si₂O₆；单斜]

clinoform 陆坡地形；斜坡地形
→～ zone 倾斜地形带

clinogonal zone 斜方带

clinograde 氧量递减的

clinographic 倾斜的
→～ curve 倾斜曲线 // ～ {slope} curve 坡度曲线 // ～ projection 斜射投影(法)

clinoguarinite 斜片榍石；斜硅锆钠钙石

clinohedral 斜面体；单斜晶
→～ group 斜面体属；坡面群

clinohedrite 叙晶石；黝铜矿[Cu₁₂Sb₄S₁₃，与砷黝铜矿(Cu₁₂As₄S₁₃)有相同的结晶构造，为连续的固溶系列；(Cu,Fe)₁₂Sb₄S₁₃；等轴]；斜晶石[H₂ZnCaSiO₅；CaZnSiO₃(OH)₂；单斜]

clinohollandite 斜钡锰矿；斜锰钡矿

clinoholmquistite 斜锂闪石[Li₂(Mg,Fe²⁺)₃Al₂Si₈O₂₂(OH)₂；单斜]；斜锂蓝闪石

clinohumite 斜硅镁石[(Mg,Fe)₉(SiO₄)₄(F,OH)₂；单斜]

clinohydroxyl-apatite 单斜羟磷灰石[(Ca,Na)₅((P,S)O₄)₃(OH,Cl)]

clinohypersthene 斜紫苏辉石

clinoid 偏坠线

clinojimthompsonite 斜镁川石[(Mg,Fe²⁺)₅Si₆O₁₆(OH)₂；单斜]；斜准直闪石；斜金汤普松石

clinoklase 光线石{矿}[Cu₃(AsO₄)(OH)₃；Cu₃(AsO₄)₂·3Cu(OH)₂；单斜]

clinokurchatovite 斜硼镁(锰)钙石[CaMgB₂O₅]

clinometer 磁倾计；倾斜计；倾角仪；测斜仪；量坡规；半圆仪

clinometric{clinographic} projection 斜投影

clinomimetite 斜砷铅石[Pb₅(AsO₄)₃Cl]

clino-olivine 钛斜硅镁石

clinopedion 斜轴端面[单斜晶系中{0k0}型的单面]

clinophaeite 绿钾铁矾[Fe²⁺,Fe³⁺,Al和碱金属的硫酸盐；K₂Fe₅²⁺Fe₄⁴⁺(SO₄)₁₂·18H₂O；等轴]；杂钾铁矾

clinophone 测斜仪；测深仪

clinophosinaite 斜磷硅钙钠石[Na₃CaPSiO₇]

clinopinacoid 斜轴轴面[单斜晶系中{010}型的板面]

clinopla 倾斜平面

clinoplain 倾斜平面；倾斜平原

clinoprism 斜轴柱[单斜晶系中 h>k 的{hk0}型菱方柱]

clinoptilolite 斜发沸石 [(Na,K,Ca)₂₋₃Al₃(Al,Si)₂Si₁₃O₃₆·12H₂O；单斜]

clinopyramid{clino pyramid} 斜轴锥[单

斜晶系中 $h>k$ 的{hkl}型菱方柱或双面]

clinopyroxenite 斜辉石；单斜辉石；斜辉石类

clinorhombic 单斜的
→~ system 斜菱晶系

clinorhomboidal 三斜
→~ system 斜偏菱晶系

clinosafflorite 斜砷钴矿[(Co,Fe,Ni)As₂；单斜]

clinoscorodite 斜臭葱石[FeAsO₄•2H₂O]

clinosequence 斜度序列

clinosol 坡积土

clinostrengite 磷铁矿[(Fe,Ni)₂P;六方]；斜红磷铁矿[Fe³⁺PO₄•2H₂O;单斜]

clinothem 斜积；斜坡岩层；倾斜岩层；水下岸坡沉积
→~ facies 水下斜坡沉积相

clinothen 斜坡岩层

clino(-)triphylite 斜磷铁锂矿[Li(Fe,Mn)PO₄]

clinotyrolite 斜铜泡石[Ca₂Cu₉((As,S)O₄)₄(O,OH)₁₀•10H₂O;单斜]

clino(-)ungemachite 斜碱铁矾[Na,K 和 Fe 的硫酸盐;单斜]

clinovariscite 变{斜}磷铝石[AlPO₄•2H₂O;单斜]

clinozippeite 斜水铀矾

clinozoisite 斜黝帘石[Ca₂Al₃(SiO₄)₃(OH);单斜]；斜脉帘石

clint 岩崖；岩沟；石芽；峭壁；石墙；石灰岩参差面；石灰岩岩脊；岩脊[石灰岩]

clintheriform 板状

Clinton age 克林顿期
→~ beds 克林顿层[晚志留世]

clintonite 绿脆云母[Ca(Mg,Al)₃₋₂(Al₂Si₂O₁₀)(OH)₂; Ca(Mg,Al)₃(Al₃SiO₁₀)(OH)₂; 单斜]；脆云母类

clinton{flaxseed;shot}ore 含有机矿物的红铁矿；克林顿层红色扁豆形晶体铁矿[美]；鲕铁矿[(Fe²⁺,Mg,Al,Fe³⁺)₆(AlSi₃)O₁₀(OH)₈]

Clintonian(stage) 克林顿阶[北美;S₂]

clints{grykesikarren;schratten} 岩沟

clinunconformity{clinounconformity} 斜交不整合；角度不整合

Cliona 穿贝海绵(属)[D-Q]

Clionites 女海神菊石属[头]

clip 钢轨扣件；回形针；省略；截去；切断；限制；卡绳装置；钢夹；修剪；剪断；夹紧；夹子；箱；限制线夹；剪短；夹片；削下；接线柱；线夹；压紧；卡子
→~ wave 削平波 // ~ service 快捷服务；直接供油 // ~{check} ring 弹簧挡圈 // ~{split} ring 开口环 // ~ screws 垂直分度盘夹紧螺钉[经纬仪] // ~ type monolithic ceramic capacitor 片状独石瓷介电容器

clipped 修剪的；省略的；限幅
→~ wave 削平波

clipper 吊桶挂钩；摘钩工；限制器；钳子；锁钩；斩波器；巨型班机；剪取器；限幅器；快船；大剪刀；井下矿车把钩

clique 帮；集团
→~ circuits 交叉回路

clisere 自然地理演化系列；地文演化系列

Clisiophyllum 蛛网珊瑚(属)[C]

Clitambonites 倾脊贝属[腕;O₁₋₂]

clitellum 环带

Clitocybe 杯伞属[真菌;Q]

clitonite 脆云母

clitter 石堆；巨砾堆

clives[sgl.cliff] 煤层夹石；煤层顶板

clivis 小坡；小脑山坡；山坡[解]

cloaca (cavity) 泄殖腔
→~ {central} cavity 中央腔[棘] // ~ {gastral} cavity 中腔

cloak 覆盖(物)；掩盖；托词；借口；外衣；外套；掩饰
→~-like superposition 套状叠覆

cloanthite 复砷镍矿[(Ni,Co)As₂₋₃]

clob 泥炭田

clock 时钟；时钟脉冲；时标；表；计时；钟

clockwise 右旋的；顺转；右旋
→~ inclination 顺时针偏斜 // ~ P-T-t path 顺时针压力-温度-时间轨迹 // ~ rule 顺时针旋转法则

clockwork 时钟机构

clod 煤层的软泥土顶板；软页岩；软弱{质}顶板；泥坨子；煤层顶底板页岩；土块；成块；大块；岩块；伪顶；泥块；假顶
→~ {chinley;cinley;range;great;round;coarse;block} coal 块煤

clog(-up) 堵塞；妨碍；平楔；阻塞；粘住；阻塞物；制动器；淤塞；障碍；垫木；淤积；障碍物

clogged 堵住的；塞住的
→~ {jammed} chute 堵塞的溜槽{眼}

clogging 堵塞管子或孔隙等
→~ drain 排水障碍

clon{clone} 无性系[生]

clone-packed structure 密集结构
→~ {close-packed} structure 紧密填集构造

Clonocythere 分枝花介属[E₃]

Clonograptus 枝笔石(属)[O₁]

clorafin 氯化石蜡

Clorinda 克罗林贝属[腕;S-D₂]

c(h)lorocalcite 氯钾钙石[KCaCl₃;三方]

cloromanganocalite 钾锰盐[K₄(MnCl₆);三方]

Clorox 次氯酸钠

close 靠拢；盖上；停闭；关闭；专心；不通风的；一心；关；秘密的；潮湿的；关闭的；同意；定；靠近；缔结；填塞；终结；会合；紧密的；有限制的；准确的；结束；停止；封闭；密集的；截止；接近；严密
→~ a well in 关井 // ~ cut gravel 精筛砾石 // ~-joint cleavage 闭节劈理 // ~-meshed 细孔的；细网目{眼}的 // ~{solid} packing 密实充填 // ~ supervision 严格管理 // ~ type crushing plant 闭式联合碎石机组 // ~ up 精细观察；闭路；特写 // ~-up{closeup} view 近视图

closed 封闭的
→~ chamber 密室 // ~ gaslift string 闭式气举管柱 // ~ magnetic circuit 闭磁路 // ~ mine 工会会员矿[只接纳工会会员做工] // ~ reduction and frog spica immobilization 闭合复位蛙式石膏固定法 // ~ rubber suit 密闭式橡胶潜水服 // ~ season 停工季节 // ~-spiral auger 闭式螺旋钻具 // ~-type fuel valve 密闭型燃油阀

(en)closed water feed 闭路供水

→~ well 封闭井口 // ~ work 地下山地工作

closely coincide 完全相等

closeness 气密集度；紧密度；狭窄；密闭；密切度；紧密
→~ of fissures 裂隙密度

closer 塞子；闭合器；镶墙边的砖；拱心石；覆土器
→(circuit) ~ 闭路器

closest packing 最密充填
→~ {densest} packing 最紧密堆积

closet 炉室[蒸馏炉]

closing 接通；闭合；结账；结束(的)；结尾
→~ apparatus{trap} 井盖门[容许罐笼上下而不影响风流] // ~ {cut-off} date 截止日期 // ~-in 停歇；关闭 // ~ net 闭锁网 // ~ of fracture 裂隙闭合

closterite 伊尔库茨克油页岩

Closterium 新月藻属[绿藻;Q]

closure 填塞砖；围墙；关闭；合拢；圈闭；封闭；穹隆褶皱；钻孔水平位移量；闭合；盲板；盖板；结束；终结；隔板；上盘下盘的闭合；挡板；截止；截流；闭合差

clot 斑块；坯；凝块；凝结；泥疙瘩；使凝结；火成岩内的镁铁矿物块；团块[沉积岩]

cloth 织品；呢绒；帆；揩布；衣料；擦布；布

clotted 凝块的
→~ limestone 凝块灰岩

clotting 块凝；烧结[焙烧矿的]

cloud(y) 暗影；云(斑)；污斑；混浊；不透明[钻石]
→~-free coverage 无云覆盖 // ~ genus 云属 // ~ mirror 测云镜 // ~ nuclei 云核 // ~ seeding 云种散播 // ~ species 云类

cloudage 云量

cloudburst 暴雨；喷铁砂；喷丸[硬化处理]

clouded 混浊的；不透明的；阴的；阴暗的；云雾状(的)
→~ paper 涂有涂层的纸

clouding 云雾化(长石)；云斑；无光泽；云状花纹；模糊的

cloup 灰岩坑；石灰阱；落水洞
→~ doline 炭阱

cloustonite 发气沥青

clove 峡谷；小鳞茎；(蒜)瓣
→~-hitch joint 卷结式导爆线连接

Clovelly 克洛夫利(统)[北美;N₁]

cloverleaf 回叶式(立体)交叉

CLP crushing chamber 恒定性能的破碎腔

Cl-tyretskite 三斜氯羟硼钙石[Ca₂B₅O₈Cl(OH)₂;三斜]

club 伙；夜总会；棍棒；棒；棒子
→~ man 管路工；管道公司职工

clubbed 棒状的

clubbing 拖锚

clubmoss{club moss} 石松

clue 思路；提示；线索；暗示
→~ for prospecting 找矿标志；勘探线索

clumb 严重冒顶

clumber 大冒顶

clump 弯道；风化成块的黏土；土块；块；冒顶

→～ anchor 丛锚//～ of piles 集桩

clumped 成群的

clumper 严重冒顶

clunch 硬黏土；浅蓝色硬黏土；煤底黏土；(耐火)黏土；硬白垩

Clupea 鲱鱼属[E-Q]

clupeiformes 鲱形目

Clupeomorpha 鲱形目；鲱形总目

cluse 横谷[延伸方向与地质构造走向近乎正交的谷地]；陡壁横谷

Clusia rosea 粉红克卢西亚木[藤黄科,铁局示植]

cluster 群集；簇；集聚；岩墙群；群；组；丛；枝形灯架；干电池组；分组；斑点；束；震群；分类；地震群；齿丛；弹束；聚集炸弹；串；成团；成群；团[原子]
→～ (crystal) 晶簇//～ engine 发动机组//～ floodlight 簇泛光灯//～ of buildings 群落//～ of cone 群火山//～-type diamond dressing tool 簇状金刚石整修工具

clustered 簇生的；群生的
→～ aggregate 集聚体；群集体//～ aggregates 设备聚集//～ high-density shaped charges 成组分布的高密度射孔弹

clustering 聚合集群(法)；簇集；丛聚[晶]；形成团块；群聚
→～ criteria 聚类准则//～ procedure 聚类(过程)//～ sand phenomenon 团砂现象；聚砂现象

clusterite 葡萄丛状石；葡萄串石

clutch 离合器联动器；紧握；凸轮；夹住；扳手；夹子；爪；夹紧装置；套管[电缆接头]
→～ (coupling) 离合器//～ box 离合器箱//～ cam 离合器凸轮[牙嵌]//～ case 离合器盖//～ facing 克拉子片

clutcher 司钻

clutches 离合器

cluthalite 红方沸石

clutter 杂波；地物干扰；混乱；相干干扰；杂乱

clyburn{adjustable;monkey;English} spanner 活扳手

Clydonautilus 克莱底鹦鹉螺属[头;T]

Clymenia 海神石(属)[头;D]

Clymeniida{Clymenoda} 海神石目

Clypagnathus 盾牌牙形石属[C1]

Clypeaster 盾海胆属[棘海胆;E-N]；蛸沙钱；(蛸)砂钱；楯海胆

clypeastroida 盾星类

Clypeator 盾轮藻属[K1]

clypeatus 盾形[叶]

clypeiform 圆盾状的

Clypeina 盾藻属；圆孔藻属[P-T]

Clypeoeeras 盾牌菊石属[头;T1]

clypeus 盾状体

Cm 补数器；镅

C.M. 晚碳世煤系[英]

C.M.B. 煤矿局

14C Method 碳14法

CMHEC 羧甲基羟基乙基纤维素[泥浆添加剂]

CMIIPG 羧甲基-羟丙基瓜尔豆胶

cmos 互补金属氧化半导体

Cn 镅{鐪}[序112]

C.N. 配位数

Cnidaria 刺胞亚门[腔]；刺(丝)胞动物门[腔]

CNNS 北方地区新第三纪地层委员会

cnoc and lochan 小丘和冰斗小湖

cntraborometer 立管空盆气压计

coabsorption 共吸收

coach 教；长途汽车；指导；汽车拖着的活动房子；训练；车辆；教练员；车身；卧车；客车[铁路]
→～ clip washer 方头夹垫圈

Coactilum 聚辐藻属[D]

co-acting roller process 对轮法

co(-)action 相互作用

co(-)activation 共活化作用；共激活作用

coactivator 共活化剂；共激活剂

co-adaptation 互相迁就

coagulability 凝结性；凝结力

coagulant 絮凝剂；凝结剂；凝聚剂
→～ aid 助凝剂//～ SX 丙烯酰胺衍生物的阳离子型共聚物

coagulate 凝结物；凝结；凝聚体
→～[of fluids] 凝结

coagulating 报结的；凝聚的

coagulation 凝结；胶凝；凝聚{絮凝;混凝;凝结}作用；凝聚；聚沉
→～ set(ting);curing} accelerator 促凝剂//～ capacity 凝聚{结}力

coagulative precipitation 凝结沉淀(作用)

coagulator 凝固剂；凝聚剂；促凝剂；凝结剂；凝结器

coagulum[pl.-la] 凝聚块；凝块；凝块；凝结物

Coahuilan 科阿韦拉(统)[北美;K1]

coak 白垩[CaCO3]；焦炭

coal 供煤；木炭；煤；上煤；炭；加煤
→(black) ～ 石炭//～-and-gas outburst mine 煤与瓦斯突出矿井//～-and-methane outburst mine 煤与沼气突出矿井//～ and oil mix 煤和石油混合燃料//～ apple 苹果煤；煤层中石球//～ ball 煤层石球[植]//～ basin 聚煤盆地//～ brass 黄铁矿[FeS2;等轴]//～ bunker level indicator 煤位信号//～ {-}cutting machine 截煤机

coalball 煤层石球[植]

coalbed{coal bed{seam;layer;rake;formation;vein}} 煤层

coalblack 漆黑的

(hydraulic) coalburster 水压爆煤筒

coal by-product 煤副产品
→～-cellar 地下煤库//～ classification 煤的分类//～ crusher {breaker} 碎煤机//～ crystallite 煤晶核//～ digger{getter; hagger;miner;hewer} 采煤工//～ distribution 煤炭资源分布//～ dust ring 前结圈

coalery 煤矿坑

coalescence 兼并；凝并；结合；合并；聚结；聚合；愈合
→～ force 聚结力//～ rate 聚集速率

coalescent 聚结剂
→～ debris cone 复合碎石锥

coalescer 聚结剂；液体聚结机；聚合剂

coalescing 凝结的
→～ pediment 联合麓原

coaleum 煤烃

coal exploration corporation 煤田地质勘探公司
→～ gangue{refuse;measures} 煤矸石

[碳质页岩、泥质页岩,以 SiO2 和 Al2O3 为主]

coalex-type dynamite 寇烈克斯炸药[硝铵炸药]

coal-face extraction losses 回采工作面采煤损失

coal(y) facies 煤相
→～-facies 煤型

coalfield 产煤区；煤田

coal field{deposit} 煤田

coalfield analysis 煤田分析
→～ prediction 煤电预测

coal-field prediction 煤田预测

coal fines pelletization 粉煤造粒
→～-fired power plant 燃煤发电厂//～-forming period 成煤期；聚煤期//～ gangue{refuse;measures} 煤矸石 [碳质页岩、泥质页岩,以 SiO2 和 Al2O3 为主]//～ hauler 运煤卡车//～ hole 地下煤仓//～ hopper 煤漏斗

coalification 碳化作用；煤化作用；煤化
→～ jump 煤化跃变//～ jump in exinites 旋塔赫煤化跃变

coalified 经受煤化作用的
→～ wood 煤化木

coal ignitability 煤的自燃倾向性

coaling 装煤
→～-base 煤站//～ gear 采煤和上煤装置//～ station 装煤港

coalingite 片碳镁石[Mg10Fe2^{3+}(CO3)(OH)24•2H2O;三方]；片状镁石

coaling station 装煤港

coal in solid 煤层完整部分；未采部分；整块煤
→～ land 含煤地区//～ layer 护顶矿层//～ lead 导向煤层；煤导脉

coalless 无煤的

coal lifting pump 煤水泵
→～-like 像煤的//～ liquefaction 煤液化；煤的液化//～ loading{filling} 装煤//～-loading plant 装煤设备

coalman 煤矿工人

Coal Measures 上石炭统

coal mine{pit} 煤矿
→～ mine construction 煤矿建设//～ mine drainage 煤矿排水//～-mine {coalmining;colliery} explosion 煤矿爆炸//～ mine (permitted) explosives 煤矿(安全)炸药//～-mine fire 煤矿火灾//～ mine health and safety 煤矿保健和安全//～ mine permitted detonator 煤矿许用电雷管//～ mine powder 煤矿(安全)炸药//～ miner 井下工人；煤矿工人//～-miner's lung 矿工煤肺//～ mine safety apparatus 矿山安全仪器//～ mining exploratory kind 煤矿勘探类型//～ mining explosive 煤矿(安全)炸药//～ {carbon;burning;stove} oil 煤油//～ oil mixture 煤炭石油混合燃料//～-ore blend 煤-矿石混合料//～ pebble 煤卵石//～ petrology{petrography} 煤岩学；相学；岩石学//～ pipe 植物化石的环形炭化皮；通风管(道)；炭化皮[植物化石]；薄煤层；煤线[顶板中煤化树干形成的]//～ seam outcrop 煤层露头//～ stone 煤石；油页岩；硬煤

coalmine director 煤矿矿长
→～ mishap 矿难

coalpit 煤矿

C

coals 煤块

coalshed 极薄煤层

coalsmits 泥质劣煤

co-altitude 天顶距

coal to liquid technology 煤制油技术
→~ transport 煤运输 // ~ type 煤型；煤岩类型 // ~-water {slurry} pump 煤水泵 // ~ wedge 落煤楔 // ~ yard{storage; depot;store; stockyard} 贮煤场 // ~ inclusion 煤包体 // ~ rashings 软页岩；软碳质(小块)页岩；炭质页岩

coaming 挡水围栏；井栏
→(hatchway) ~ 舱口围板

coaperite 硫铂矿[PtS;(Pt,Pd,Ni)S;四方]

coarse(-grain(ed)) 粗粒的；粗糙；原生的；大的；贫矿脉；不精确的；未加工的；块的；粗的；巨型的[地质构造]；粗糙的
→~ chip 粗石片 // ~-grained stone 粗磨石 // ~ gravel 粗砾石；粗砾[直径19～76mm] // ~ lode 贫矿 // ~ {lump} middling 块中矿 // ~ {lump} ore 块矿 // ~ ore bin{coarse-ore bin} 粗矿仓 // ~-ore furnace 块矿炉 // ~ rocks 顽石 // ~ soil 粗质土 // ~ {medical} stone 麦饭石 // ~ texture{grained} 粗粒结构 // ~ waste 粗废石；粗岩屑

coarsely crystalline 粗晶质
→~ disseminated 粗浸染的 // ~ graded 粗粒级的 // ~ granular 粗粒状的

coarseness 粗糙度；粒度；粒度
→~-coarsening 粗化；变粗 // ~ of grading 颗粒粒度；粒度组成 // ~ {coarsening}-upward sequence 向上变粗的沉积层序[颗粒]

coase 贫矿脉；劣矿脉

coast 矸石堆；沿岸；跟踪惯性；海岸；岸；沿岸航行；滑翔；海滨；惯性滑行
→~ belt 沿海带 // ~ classification 海岸分类 // ~ indentation 锯齿海岸 // ~ sand dune 沿岸沙丘 // ~ signal station 海岸信号站 // ~ of elevation 上升海岩

coastal 沿海岸；沿岸的；沿海的
→~ area 沿海区 // ~ areas 沿海地区 // ~ features 海岸特征 // ~ {marine} levee 海堤 // ~ sales terminal 海滨销售油库

coaster 沿海(岸)航船；惯性飞行导弹；矸石堆拣煤人

coasting 惯性运转；沿岸航行；滑翔；海岸线；滨线；滑行；(气垫船)顺坡下滑
→~ {littoral} area 沿海区 // ~ grade 溜坡 // ~ lead 测深锤[浅海]

coastland 沿海地区；沿海陆地

coastlining 岸线测量

coat 加面层；表层；镀；镀层；外模；覆盖层；涂；加……敷层；外衣；覆盖物；外膜；外面层；上涂料；涂层
→(top) ~ 外套 // ~ of cement 水泥外壳(抹面) // ~ of metal 金属镀覆；金属保护层；金属镀层

coated abrasive 砂布；涂附磨具；砂纸
→~ chippings 拌沥青石屑 // ~ chipping spreader 拌沥青石屑撒布机 // ~ diamond 刚果钻石；表面不光亮金刚石 // ~ macadam 沥青(覆)盖层碎石路；黑色碎石 // ~ resin gravel 树脂涂层砾石 // ~ stone 带壳宝石

coater 涂料器

coati 浣熊属[Q]；美洲浣熊[Q]

coating 涂刷；着色；外壳；表被；被膜；罩盖；包覆层；裹层；被覆；锰皮；上涂层；覆盖；贴胶；薄膜；包壳作用；被壳[岩矿等]；镀层；上油漆；涂料层；涂上；敷层[漆等的]

coatings 圈板；(船)舱口栏板；被覆层；包壳[矿]

coax cylinder viscometer 同轴圆筒式黏度计
→~ cylinder viscometry 同轴圆筒测黏法 // ~ electrical braid conductor 同轴电网导线

coaxial spiral 套管的螺旋形扶正器
→~ strain history 沿轴应变史 // ~ tube separator 管式同轴选矿机

cob 人工破碎(矿石)；手锤选矿；脚煤；黏土泥；糊墙泥；小煤柱；人工碎矿；草泥[混有稻草的糊墙泥]；碎块；钟形失真[显示器上由调频引起的]；柴泥；敲碎；小矿柱；圆块

coba 科巴[智利硝石底板未胶结的岩石、砾石]

cobalcite 菱钴矿[CoCO₃;三方]

coballomenite 硒钴矿[CoSeO₃·2H₂O(近似)]

Cobalt 科博尔特(统)[加;Z]

cobalt 钴；钴十字石
→~ adamit 钴羟砷锌矿 // ~-arsenic ore 钴砷矿 // ~ autunite 钴铀云母[Co(UO₂)₂(PO₄)₂·8H₂O]；钴钙铀云母

cobaltarthurite 水砷铁钴石[Co²⁺Fe³⁺ (AsO₄)₂(OH)₂·4H₂O]

cobalt autunite 钴铀云母[Co(UO₂)₂ (PO₄)₂·8H₂O]；钴钙铀云母
→~-bearing concentrate 含钴精矿 // ~ bloom{ocher} 钴华〔八水合砷酸钴〕[Co₃(AsO₄)₂·8H₂O;单斜] // ~ {kobalt} calcite 钴方解石[(Ca,Co)CO₃] // ~-calcite 球菱钴矿[CoCO₃] // ~ chrysotile 钴温石棉；羟硅钴矿 // ~ concentrate 钴精矿 // ~ crust{ochre;mica} 钴华[Co₃(AsO₄)₂·8H₂O;单斜] // ~ earth 钴土矿[锰钴的水合氧化物,CoMn₂O₅·4H₂O;(Mn,Co)O₂·nH₂O] // ~-frohbergite 钴斜方碲铁矿；钴铁矿 // ~ glance{gris} 辉(砷)钴矿[CoAsS;斜方] // ~ gris 砷钴矿[(Co,Fe)As;斜方]

cobaltide 锰钴土

cobaltine{cobaltite} 辉(砷)钴矿[CoAsS;斜方]；硫钴矿[CoCo₂S₄;等轴]；砷钴矿[(Co,Fe)As;斜方]

cobaltkieserite 水钴矾[CoSO₄·H₂O]

cobaltkoritnigite 水砷钴石[(Co,Zn)(H₂O, AsO₃Cl)]

cobalt-manganese-spar 钴菱锰矿[(Mn, Co)CO₃]

cobalt melanterite 赤矾[CoSO₄·7H₂O;单斜]
→~ minerals 钴矿物{类}[主要来源于处理复合矿石的副产品] // ~-nickel-pyrites 硫钴矿[CoCo₂S₄;等轴]

cobaltoadamite 钴羟砷锌矿；钴水砷锌矿[(Zn,Co)₂(AsO₄)(OH)]

cobaltocalcite 球菱钴矿[CoCO₃]；钴方解石[(Ca,Co)CO₃]；菱钴矿[CoCO₃;三方]

cobalt ochre{ocher} 锰钴土
→~-oligonite{cobalt{kobalt}-oligonspar} 钴球菱钴矿 // ~ olivine 钴橄榄石

cobaltolotharmeyerite 砷铁钴钙石[Ca (Co,Fe,Ni)₂(AsO₄)₂(OH, H₂O)₂]

cobaltomelane 杂钴锰土

cobaltomenite (水)硒钴矿[CoSeO₃·2H₂O(近似);单斜]

cobaltonickelemelane 杂钴镍锰土

cobaltorhodochrosite 钴菱锰矿[(Mn,Co) CO₃]

cobalto(-)sphaerosiderite 钴球菱铁矿

cobaltpentlandite 钴镍黄铁矿[Co₉S₈;等轴]

cobalt-pimelite 钴皂石；钴叶蛇纹石

cobalt-plating 镀钴

cobalt pyrite 硫钴矿[CoCo₂S₄;等轴]；钴黄铁矿
→~-rhodochrosite 钴菱锰矿[(Mn,Co) CO₃] // ~-scorodite 钴臭葱石 // ~ skutterudite 纯砷钴矿 // ~(-)smithsonite 钴菱锌矿 // ~ spar{calcite} 菱钴矿[CoCO₃;三方]

cobaltsphaer(o)siderite 钴菱铁矿

cobalttsumcorite 羟砷铅钴石[Pb(Co,Fe) (AsO₄)₂(H₂O,OH)₂]

cobaltum[拉] 钴

cobalt vitriol 赤矾[CoSO₄·7H₂O;单斜]
→~ vitriol{melanterite;chalcanthite} 钴矾[CoSO₄·7H₂O] // ~-voltaite 钴钾铁矾[HK₂Co₄(Fe,Al)₃(SO₄)₁₀·13H₂O]

cobaltyl 氧钴根

cobalt-zippeite 水钴铀矾[Co₂(UO₂)₆(SO₄)₃ (OH)₁₀·16H₂O;斜方]；钴水铀矾

cobber 拣选工；拣选矿石工；磁选机；(用)手锤敲去脉石的手选工；分选机

cobbing 粗选；粗碎脉石中的矿石；手选；粗粒分选；人工碎矿；人工敲碎；锤击选矿；磁选
→(rough) ~ 拣选大矿石 // ~ {sorting} hammer 拣矸锤

cobbings 清炉渣块

cobble 粗补；大鹅卵石；(用)卵石铺路；半轧废品；大角石；补；大砾；修；中卵石；河卵石；圆石
→~ 中砾(石)[旧](large) ~ 卵石级石 // ~ (stone) 卵石；大卵石；鹅卵石；铺路石 // ~ boulder 铺路卵石 // ~ conglomerate 粗砾岩 // ~ riffle 卵石铺底溜槽 // ~(-)stone 卵石；鹅卵石；粗岩 // ~ stone fascine 粗砾石沉排

cobbling 圆石铺砌

cobeite 河边矿；钛{变}稀金矿[(Y,U)(Ti, Nb)₂(O,OH)₆;非晶质]

cobra 眼镜蛇(属)[N₂-Q]

cobre blanco 砷铜矿[Cu₃As;等轴]
→~ rojo 赤铜矿[Cu₂O;等轴]

Cobus 水羚(羊)属[Q]

cobweb 蛛网状的东西；蜘蛛丝
→~ rubble masonry 蛛网缝毛石圬工

cobwebby 蛛网状(的)

cobwebs 混乱

cocarde ore 白铁矿[FeS₂;斜方]
→~ {cockade} ore 鸡冠矿 // ~ {ring; cockade;sphere} ore 环状矿(石) // ~ structure 环状构造[矿]

coccinite 碘汞矿[HgI₂]；钴碘汞矿；硒汞矿[HgSe;等轴]

Coccochrysis 华丽颗石[钙超;Q]

coccodes 粒状体

Coccogoneae 球子类

Coccolepis 粒鳞鱼属[J-K]

coccolite 粒辉石

coccolith(us)　球石；颗(形)石[钙超]
　　→~ type　球菌型
Coccolithaceae　钙板金藻科；颗石科[漂浮钙藻]
coccolithids　球菌类
coccolithophora　石灰质鞭毛虫目；(钙质超微化石)圆锥颗石
coccolithophores　球菌藻
Coccolithophorida　球石藻类[植]；颗石鞭毛类[金藻]
coccoliths　圆石藻
Cocconeis　卵形藻(属)[硅藻；E_3-Q]
coccosphere　颗石球[钙超]；球壳；颗壳
Coccosteus　粒骨鱼；尾骨鱼(属)[D]
coccus[pl.-ci]　分果 乚[植物果实]；球状细菌；球菌
coccygea　尾骨的
coccyx　尾骨
cochlearis　螺状；匙形[植物叶]
Cochlioceras　壳角石属[头；O_1]
Cochliodoatidae　螺齿鲨科
Cochliostraca　旋壳(螺类)
cochranite　碳氮钛矿
cochromatography　共同用色谱分析(法)
cochromite{Co-chromite}　钴铬铁矿[(Co, Ni,Fe^{2+})(Cr,Al)$_2$O$_4$；等轴]
cocinenite{cocinerite}　硫银铜矿[Cu_4AgS]
cock　节气门；开关；调整投弹机构；笼头；考克；翘起；栓；旋塞；活门；耸立；扳机；扳；尖角；管闩；(天平的)指针
　　→(bib) ~　龙头；小龙头//~ {ring;ring-like;atoll;circular} structure　环状构造矿石//~ head　护顶石垛//~ stage　锥丘期//~ ridge　风蚀山脊；鸡冠状山脊
cockade ore　白铁矿[FeS_2；斜方]
　　→~ structure　帽章状构造；同心环状构造；鸡冠构造//~{ring (-like);atoll; circular} structure　环状构造矿石
cocked position　准备击发位置
cockermeg　斜撑
cockerpole　两根顶板斜撑间横梁
cockhead　石垛
cockle　起皱；轻舟；弄皱；海扇壳；(薄板边缘的)皱裂；波纹；鼓起；皱纹；电气石[族名；碧砑；璧玺；成分复杂的硼铝硅酸盐；(Na,Ca)(Li,Mg,Fe^{2+},Al)$_3$(Al,Fe^{3+})$_6$B$_3$Si$_6$O$_{27}$(O,OH,F)$_4$]
cockloft　连通天井
cockpit　灰岩溶坑；灰岩盆地；司机室；座舱；石林；摄影员座；锥形陡丘；驾驶间；灰岩锥丘
　　→~ karst　灰岩盆地咯斯特
cockscomb　金属刮板[砖瓦石工用]
　　→~ ridge　风蚀山脊；鸡冠状山脊
cock's-tail eruption　鸡尾式喷发
cockur　石蕊茶渍
cocoa butter　可可脂
　　→~ oil　椰子油
cocolithophtres　球菌藻
coco(a) mat(ting)　(洗矿槽)椰席{毛}垫
cocondensation　共凝作用；共缩作用
coconinoite　硫磷铝铁铀矿[$Fe_2^{3+}Al_2(UO_2)_2$(PO$_4$)$_4$(SO$_4$)(OH)$_2$·20H$_2$O；单斜]
co-content　同容积(容量)
coconucite　钙菱锰矿[$MnCO_3$ 与 $FeCO_3$、$CaCO_3$、$ZnCO_3$ 可形成完全类质同象系列]
coconut-meat calcite　纤维方解石皮壳
cocooning　包裹住；保护措施
cocopan　小型矿车；翻斗矿车

cocrystallization　共结晶作用
co-cumulative spectra　共积谱
cocurrent　平行电流；顺流
　　→~ (flow)　并流
co-current　平行电流
cocurrent flow　合流；同向流动
cocycle　闭上链
　　→~ (projection)　吊砂
coda　终期微动
　　→(earthquake) ~　震尾//~ (wave)　尾波
Codakia　厚蛤(属)[双壳；J_3-Q]
coda spectrum　尾波(频)谱
codazzite　杂钙铈白云石
COD{chemical oxygen demand} determination　化学需氧量测定
code　电码；译成电码；规则；标记；密码；符号；规范；编码；代码；记号；法典；代；规定；规程；标准
　　→~ absence　缺码//~ distance　码距//~ number　编号[按挥发分产率和结焦性分类的煤炭]//~ element　码元
codeclination　余赤纬
coded-decimal-digit　二进制编码的十进制数字
code device　编码器
coded message　编码信号
　　→~ number　编号[按挥发分产率和结焦性分类的煤炭]
code element　码元
　　→~ flag　信号旗
Codelco　智利国家铜公司
code letter{character;block}　码字
co-developing deformation fabric　同(时)发育的变形组构
co-diffusion　共扩散
codification　编集成典
codistor　静噪稳{调}压管
Codium　海松藻[管藻]；松藻属[Q]
codominant　共支配种
codon　密码子
Codonofusiella　喇叭蜓
Codonophyllum　喇叭珊瑚(属)[S_{2-3}]
Codonophyton　喇叭蕨属[D_3]
Codonospermum　铃籽属[植物籽；C_3-P]
cod-piece　(井框)木连接板；井框节段木制连接板
cod placer　砂矿床；冲击矿床
Coecilian　蚓螈[无足目约150种两栖动物的统称]；无足类
coefficient　常数；率；比率；系数；因数；指数
　　→~ of correction{correlation}　修正系数//~{factor} of correction　校正系数//~ of creep　蠕变系数//~ of expansion {dilatation;swelling}　膨胀系数//~ of heat supply　供热系数//~ of mineralization　矿化系数//~ of rock resistance　岩石抗力系数
Coe formula　柯氏公式
coelacanth　空棘鱼
Coelacanthini　腔棘目
Coelastrum　空星藻属[绿藻；Q]
coelenterata　刺(丝)胞动物门[腔]；腔肠动物(门)
coelenterate　腔肠动物
coelenteron　腔肠
coelestin(e)　天青石[$SrSO_4$；斜方]
Coelocentrus　空棘螺属[腹；T]
Coelocerodontus　鞘角牙形石属[O_2]

Coelochaete　鞘毛藻属
coeloconoid　凹锥形[壳]；腔锥形[腹；壳]
Coelodiscus　腔盘藻属[绿藻；Q]
Coelodonta　披毛犀属[Q]；腔齿犀属
Coelolepida　腔鳞目[D]；腔鳞鱼亚纲；盾鳞目
Coelolepis　盾鳞鱼属[S_3-D_1]
coelom[pl.-ata]　体腔
coeloma cephalica　颅腔；头腔
Coelomata　体腔动物(门)
coelomic cavity　内脏腔
Coelophysis　腔骨龙(属)[T_3]
Coelopis　深钩顶蛤属[双壳；T-K]
Coeloptychium　空褶海绵属；褶腔海绵属[K_2]
Coelosphaerium　腔球藻属[D]
Coelospira　腔螺贝属[腔足；S-D_2]
Coelospirella　小腔螺贝属[腕；D_{1-2}]
Coelostylina　空轴螺属[腹；T-J]
coelurosaurs　虚骨龙；腔骨龙类
coenelasma　共层；共膜
coenenchymal increase　共骨生殖{芽}
　　→~ method of budding　共骨生芽法[珊]
Coenites　共槽珊瑚属[S-P]
coenobium　集结体；定形群体
coenocorrelation　生物环境(梯度)(地层)对比(法)；群落对比；生物环境；地层对比
coenocyte　多核体
coenocytic　多核(体)的；合胞体的
　　→~ form　共细胞型
coenogenetic metamorphosis　后生变态
Coenopteridalis　共蕨类
coenosarc　共肉(生物)；共体；公有肉[珊瑚虫等个体间相互联系的部分]
coenosis　群落[生]
coenosium　群落
coenosteum　共骨[珊]；间骨骼；硬体[层孔虫类]
Coenothecalina　共壁珊瑚属[八射珊]
coenotype　群落类型[生]
coenozone　群落带[生]
coenzyme　辅酶
coercibility　可压缩性
coercimeter　矫顽(磁)力计[测定比表面积]
coercive{coercitive} force　抗磁力
　　→~ {coercitive} force coercive force {coercivity}　矫顽(磁)力
coeruleite　块砷铝铜石[$Cu_2Al_7(AsO_4)_4$(OH)$_{13}$·12H$_2$O；三斜]
coeruleofibrite　铜氯矾[(Fe,Cu)SO$_4$·7H$_2$O]
coeruleolactine　钙绿松石[(Ca,Cu)Al$_6$(PO$_4$)$_4$(OH)$_8$·4~5H$_2$O；三斜]
coeruleolactite　绿松石[CuAl$_6$(PO$_4$)$_4$(OH)$_8$·4H$_2$O；三斜]
coesite　科氏石英；高压人造石英；柯石英[SiO_2；单斜]；克赛石；单斜石英
coeswrench{coes wrench}　活动扳子
coexistent liquid water　与蒸气共存的液态水
coffee　咖啡(色)
　　→~ grinder　转盘
coffer(dam)　保险箱；填岩框架；金库；资产；镶板；密封板；井壁板后充填；潜水箱；装入箱中；贮藏；国库；沉井；隔音板；浮船坞；沉箱
　　→~ (dam)　围堰

coffering 潜水工作；老式板桩凿井法；构筑围堰；沉箱法
→(sheeting) ～ 防水井壁

coffin 屏蔽容器；露天矿窄长工作区；棺材；露天矿倒堆场；捣堆场；放射性物料搬运箱；放射线物料搬运箱
→～ hoist 起管棘轮；出管沟用棘轮

coffinite 硅酸铀矿；水硅铀矿[U(SiO$_4$)$_{1-x}$ (OH)$_{4x}$]；硅铀矿[(UO$_2$)$_5$ Si$_2$O$_9$•6H$_2$O;(UO$_2$)$_2$ SiO$_4$•2H$_2$O;斜方]；铀石[U(SiO$_4$)$_{1-x}$(OH)$_{4x}$; 四方]；黑硅镧铀矿

coffin joint 蹄关节
→～ lid 大块剥落顶板；煤层顶板中的化石树干；大冒顶；化石树干[顶板中]//～-lid crystal 棺盖状晶本//～{calicular} pit 穴

cofinal 共尾

coflexip 伴热柔性管[不锈钢-塑料复合材料的保温柔性管]

cog 岩脉；岩墙；木垛；凸轮；凸榫；嵌齿；台肩；大齿；打榫；装齿轮；公榫；轮牙；密集支柱；齿轮轮牙
→～ of round timber 圆木垛//～ {crib;chock} timbering 垛式支架//～-wheel 嵌齿轮；钝齿轮//～(-)wheel ore 车轮矿[CuPbSbS$_3$,常含微量的砷、铁、银、锌、锰等杂质;斜方]

cogeneration 共同生产；热电联供；废热发电
→～{thermal-electric} plant 热电厂//～ project 共生能源工程[从一种燃料中同时产生两种形式的能]//～ technology 热电联合生产工艺

cogenetic 共成因的；同成因的；同源的
→～{idiogenous} gas 同生气

cognate 近亲的；同源的；亲族；同性质的
→～ fissure 同类裂隙//～ fissures 同生裂隙//～ inclusion 自生包体//～ xenolith 同源捕获岩[房体]

cognition 认识(力)

cogonal 白茅稀树干草原

cograft 共接枝

co-hade 补伸角

Cohen analytical extrapolation 柯亨分析外推

cohenite 陨碳铁[为1.5%的碳化铁]；钴碳铁陨石；陨碳铁矿[(Fe,Ni,Co)$_3$C;斜方]；镍碳铁矿

Cohercynian 同海西期的

coherence 内聚力；黏合性；黏结性；条理性；同调；连贯性；结合；凝聚；相关度；黏着；相关性；连接；一致；附着
→～ coefficient 一致系数；凝聚系数

coherency 内聚力；联结；一致；共格；凝聚；紧凑；同调；结合；连贯；条理性；相渗性
→～ enhancement 相干加强//～ strain 相参应变

cohesiometer 黏聚力仪{计}；黏度计

cohesion 黏(滞)性；凝聚；黏结性；内聚作用；黏结力；聚力；黏结；黏合力；黏合；内聚性；黏和(力)；黏着；黏着性；结合力；结合
→(force of) ～ 凝聚力；内聚力//～ {noncohesive;frictional} soil 无黏性土//～ of rock 岩石黏结//～ stress 抗滑应力

cohesive 黏着的；黏性的；有附着性的；有结合力的
→～ action 内聚作用；黏聚作用//～ {mudding} action 黏结作用//～ failure 内聚衰坏//～{binding} force 黏结{聚}力//～{binder;clay} soil 黏(结)性土

cohobation 回流蒸馏；连续蒸馏

cohort 分组追踪调查；群组；股；区[生]

co(-)hydrolysis 共水解作用

co-hydrothermal breccia 同期热液角砾岩

coign(e) 外角；隅石；隅；楔

coil(er) 环绕；卷起；盘绕；绕组；绕；包卷[孔虫]；螺旋形管；绕圈(盘绕雷管脚线)；盘；蟠；匝；蛇形管；螺旋管；线卷；弯流；圈；线绕组；线圈；蛇管
→～ drag 钻孔用螺旋捞矛[捞取卵石、铁块等]//～ 螺旋捞矛；井底碎屑打捞工具//～ in 进线；输入端//～ loading 加负载//～-mounted conveyor 弹簧支座输送{运输}机//～ out 出线；输出端

coiled 蛇形的；盘成螺旋形的；旋卷的；螺旋的
→～-biserial 与双列有关的；双列的；旋卷双列式[孔虫]//～ radiator 散热盘管//～ tubing 缠绕管//～-tubing logging system 挠性油管测井系统//～-tubing workover system 缠绕管修井系统；挠性管修井系统

coinage 造币；造出来的东西
→～ metals 铸币合金类

coincidence 符合；重合；一致；叠合；相合；偶合
→～ boundary 吻合边界//～ count spectrum 符合计数谱

coincident 重合的；一致的

coincidental 巧合[时间等]

coincident code 重码
→～ phase 叠合相

coinstone 货币岩

coion 共生离子

coir rope 棕绳

coivinite 磷铝铈矿[CeAl$_3$(PO$_4$)$_2$(OH)$_6$]

coke 煤焦；焦；炭
→～ stone ratio 焦石比

cokeability 成焦性

coke/graphite composite 焦炭石墨复合物

(mineral) cokeite 天然焦

coke-like coating 焦炭状涂层
→～ sludge 焦状污泥

coke oven 焦炉
→～ oven gas 焦炉煤气//～-oven plant 焦化厂//～ pitch 焦沥青

coker 焦化设备

coke ratio 焦比

cokery 炼焦厂

coke slurry 焦泥浆
→～ stone ratio 焦石比//～ yield 析焦量

coking 结渣性；黏结的；黏结；炼焦；焦化；结焦
→～ behavior of oil 油的焦化性能//～ {coke} breeze 焦末//～ cake 焦饼//～{coke-oven} plant 炼焦厂

cokriging 同{共}克里格法
→～ system 协同克里格系统//～ variance 共克里格方差

cokscrew (木)塞螺旋钻

col 拗口；山坳；气压谷；收集；鞍部；柱；鞍；分水岭谷；峡路；项；学院；颜色；岬；收集器；山口；垭口

colamine 2-羟乙胺；胆胺

colander 滤锅{器}；滤器

Colaniella 柯兰尼虫(属)[孔虫;P$_2$]

col.aq. 水溶液

colasmix 沥青与铺路材料混合物；沥青砂石混合物

colatannin 可拉丹宁[C$_{16}$H$_{20}$O$_8$]

colature 滤液；粗滤产物

colbeckite 水磷钪石[ScPO$_4$•2H$_2$O;单斜]

colbekite 铍水磷钪石

cold-air drop 冷气潭

cold air-mass 冷气团
→～-bound pellet 冷固结球团矿//～ descending water 下行冷水//～ dry area 干冷区//～ emission (电子)冷发射//～ finger{trap} 冷凝管//～ lime-soda process 冷石灰苏打法//～ penetration (bituminous) macadam 冷灌沥青碎石(路)

coldplate 冷却板

cold pole 寒极
→～ return 冷返矿//～ sinter 冷烧结矿//～-test oil 低凝点石油；耐冷油//～ time neutralization 冷石灰中和作用//～ vibro screen 冷矿振动筛//～ water flooding 冷水驱油

colemanite 硬硼酸钙矿；重硼钙石；硬硼钙石[Ca$_2$B$_6$O$_{11}$•5H$_2$O; 2CaO•3B$_2$O$_3$•5H$_2$O; 单斜]

Coleochaete 鞘毛藻属

Coleodontinae 鞘牙形石亚科

coleoid 内壳式的[头]；内壳亚纲的；二鳃式的[头]

Coleoidea 蛸亚纲；鞘形亚纲[头]

coleopter 环翼机

Coleoptera 鞘翅目[昆]；甲虫类

colerainite 透绿泥石[(Mg,Al)$_6$((Si,Al)$_4$O$_{10}$) (OH)$_8$]

Cole screen 柯尔筛

colestine 天青石[SrSO$_4$;斜方]

colgrout 预填骨料专用砂浆

coliform 像大肠菌的

colina 小丘

col(l)inear 直排的；(在)同一直线上的；共线的[若干个点]

co-linear 共线

colinear dipoles 共线偶极
→～ drainage pattern 共线状水系

col(l)inearity 同线性；共线

Colisporites 喙刺大孢属[C$_2$]

colk 瓯穴

collaborate 合流

collaboration 合作；协作

collabral 外唇线[腹]

collado 小丘；山口

collagen 生胶质；胶原(蛋白)

collagenous 骨胶原的

collain 无结构镜质煤

collapsable 可收缩的；可折叠的；可分解的
→～ house 折叠式轻便房屋

collapsar 太空黑洞；坍缩星

collapse 破裂；沉淀；垮；湿陷；冒顶；瓦解；崩塌；失稳；崩溃；失败；下垂；事故；倒塌；故障；挠度；搞垮；垮落；冒落；崩毁；坍圮[书]；垮台；崩；坍；塌台；(压力)减弱；坍缩；塌；塌架[倒塌]；塌落；崩解[物理风化]；塌缩；塌陷；毁坏；崩落；凹下；缩退；倒坍；崩坍；纵

C

弯曲；片帮；塌毁
→~{cavity} area 冒落区//~ area extent 坍陷区范围//~ crater 塌陷坑//~ diameter (滑板)收拢直径//~ depression 陷坑[熔岩流表面]//~ stress 崩溃应力

collapse{cave in;overbreak rock-fall} 塌方[修筑]

collapsed casing 挤扁的套管
→~ material 塌积物

collapses-revivals 坍缩恢复现象

(gravity) collapse structure 塌陷构造

collapse under pressure 压垮
→~ velocity of bank 坍岸速度

collapsible 可收缩的；可伸缩的；可拆卸的

collapsing 压扁；压平；压坏
→~ bucket 活底吊桶

collapsional{delapsional} deposit 塌陷沉积

collar 束套；给作凸缘；环围带；凸缘；垫圈；套环；缠住；柱环；撞；窃取；环；捕；箍；钻挺；轴环；杆环；轧辊环；卡圈；圈；扭住；棘领[海胆]；法兰盘；辆；(衣)领；颈环[钙超]；领围作用[包裹体]；抓；开钻
→(borehole) ~ 钻孔口

collarbone 锁骨

collar-bound (用)碎屑固定套管或管子
→~ pipe 接箍被卡钻杆

collar brace 撑木；纵撑木
→~ deposit 领状矿床；领围状矿床；围领状矿床

collared and heeled prop 带柱帽柱脚的立柱
→~ (joint) casing 接箍连接的套管//~ connection 接箍连接；凸缘连接//~ shaft 环轴//~ shank 有钎肩的钎尾

collarette 女用围巾；睫状区[解]；蜀黍红疹颈圈

collar finder 接箍测探器
→~ flange 环状凸缘//~ grab (一种)打捞卡套[卡住落物颈部的]；夹式打捞器//~ hardness 钎肩硬度

collarhouse 井口房

collar house 井口房；井口建筑
→~ ice 冰棚；冰脚

collarine 柱颈

collaring 开挖(井筒)；开眼；缠辊；开炮孔
→~ casing 孔口套管//~ {external;surface} casing 表层套管//~ hole 炮眼开孔操作(法)

collar leak clamp 接箍防漏箍
→~ mining 上坡(露天)采矿//~ pipe 接头(箍)前后错开方式排放管子；钻井锁口管//~ priming 正向起爆//~ section 钎肩部分//~ shank 颈盘式钎尾

collate 合并；校对；排序；核对；对比；排列[有序文件]

collateral 抵押品；旁边的；附属的；侧面的；间接的；并行的；平行的；旁系(亲属)；担保品；次要的；并联的
→~ branch 旁支//~ key 间接标志

coll(ig)ation 对照；校对；丹黄[点校文字的丹砂和雌黄;旧]；图书馆书籍的提要说明；整理；综合

collbranite 硼镁铁矿[$(Mg,Fe^{2+})_2Fe^{3+}(BO_3)$

O_2$;斜方]；含铁辉石

colleague 同行；同事

collectable size 可收集的粒度

collect and store up 收藏

collectanea 选集

collected papers 文选；论文集
→~ stack 集合式烟囱

collecting aperture 集光光圈
→~{catchment} area 储油面积//~ arm type loader 集爪式装载机//~ ditch{gutter;channel;passage} 集水沟//~{gathering} raise 集矿天井//~ rope 集矿运输无极绳//~ station 集气站//~ sump 集料仓；集合仓

collection 聚集(作用)；捕收；积累；选集；集成；捕集；集束；论文集；集中
→~ area 汇水区//~ efficiency 收率//~{collected} essays{collection of commentaries} 论丛//~ of papers 论文集

collector 集合器；收尘器；捕收剂；采样器；换向器；整流子；采样人员；储层[油]；接收器；捕集器；捕集剂；收集器
→~ belt 集矿胶带

college 学会；社团；学院；专科学校
→~ of geology 地质学院

Collembola 黏管目；弹尾目[昆]

collenchyma 厚角组织[植]

collencyte 变形细胞[绵]

Collen(i)ella 小聚环叠层石属

Collenia 聚环叠层石属
→~-type stromatolites 聚环藻式叠层石

collet 有缝夹套；底托；套筒；开槽夹头；夹头；套爪；筒夹；弹性夹头；宝石座
→~ cam 筒夹控制凸轮//~ chuck 弹簧夹头//~ lock 弹性夹头锁紧装置

Colletotrichum 刺盘孢属[真菌]；毛盘孢属[Q]

collets 绝缘块[继电器簧片的]

collide 互撞；抵触；碰撞；冲撞；互碰；撞

colliding 碰头
→~ surface 撞碰面

collieite 钙钒磷铅矿；钙磷氯铅矿[$(Pb,Ca)_5(PO_4)_3Cl$]

collier 矿工；装煤工；煤矿矿工；采煤工；运煤船；煤矿工人

colliery 煤业；矿山；燃坑；煤矿

colligation 共价均成；总括

collimated 瞄准的；照准的
→~ beam 准直射束；平行射束//~ light beam 平引光束

collimater 准直仪[光学仪器]

collimating aperture 准直光圈{孔径}
→~ slit 准立缝

collimation 瞄准；观测；准直[光]；校准；视准差；平行校正
→~ error 测试误差//~ line 视准线//~ plane 视准面

collimator 视准仪；照准仪；准直仪；光阑；平行光管

colline 隆脊[群体珊瑚内每个体珊瑚间]

collinear 直排的；同线的；(在)同一直线上的
→~ force 共线力

collinearity 直射变换

collinear pattern 断续型

collineation 共线；直射(变换)

collinite 无结构凝胶质；无结构腐殖地

collinsite 磷钙镁石[Ca,Mg 的磷酸盐；$Ca_2(Mg,Fe^{2+})(PO_4)_2•2H_2O$;三斜]；淡磷甲铁矿；科林斯石

Collins miner 柯林斯型采煤机[薄煤层用]

colliquation 熔化；冶炼

collision 碰撞；抵触；碰头；冲突；冲击；重码；撞击；撞碰
→~ avoidance radar 避碰雷达//~ avoidance system 防撞装置//~{tight;compression;tight-face} blasting 挤压爆破//~(al) frequency 碰撞频率//~ mat 防撞网兜；堵漏网垫//~-related amagmatic hydrothermal system 与碰撞有关的非岩浆型水热系统

collisional 有碰撞痕迹的；碰撞引起的

collite 无结构镜质煤

collobrierite 铁闪橄榄岩

colloclarain 无结构镜质亮煤；微无结构亮煤

colloclarite 微无结构亮煤体

colloclast 加积碎屑(集合体)

collocryst 胶晶；胶体变晶

collodion 哥罗酊；棉胶；硝棉胶；柯珞酊；火(棉)胶
→~ (cotton) 胶棉//~ sac 胶囊

colloform 胶体状的沉积，胶状的；胶体沉淀肾状矿块；胶体；胶状结构

colloid 胶质；胶体；胶态
→(micellar) ~ 胶粒//~ explosive 胶质炸药//~ fine 胶体细粒子(矿物)//~ fraction 胶粒部分//~ graphite 胶体石墨[电]//~{deflocculated} graphite 胶态石墨//~ graphite lubrication 胶态石墨润滑作用//~ graphite suspensions 石墨乳//~(al) mill 竖式转锥磨机；胶态磨[可磨软矿物的]//~ mixture 胶体混合物//~ or semicolloidal graphite 胶态或半胶态石墨//~ silica 胶质硅石；胶态硅石//~ sol{solution} 溶胶//~ suspension 胶悬浮；胶态悬浮(体)；胶(状)悬浮体

colloida 胶态燃料

colloidal clay 胶黏土
→~ copper chromatography 胶体铜色层(分离)法//~ fine 胶体细粒子(矿物)//~ graphite 胶体石墨[电]//~{deflocculated} graphite 胶态石墨//~ graphite lubrication 胶态石墨润滑作用//~ graphite suspensions 石墨乳

colloidality 胶体性

colloidal malacon 胶水锆石
→~ or semicolloidal graphite 胶态或半胶态石墨

colloidity 胶体率

colloidization 胶体化(作用)

colloidize 胶(态)化(作用)

colloidstone 胶体岩

collophanite{collophane} 胶磷矿{石}[$Ca_3(PO_4)_2•H_2O$]；碳磷灰石

collose 木质胶

collosol 溶胶

collum 颈；颈状组织
→~ costae 肋颈//~ humeri 肱骨颈//~ mandibulae 下颌颈

Collumnacollenia 颈状叠层石属[Z-Є]

Collumnaefacta 柱形叠层石属[Z-P]

collusite 锡黝铜矿；硫锡砷铜矿[$Cu_3(As,Sn,V,Fe)S_4$]；等轴]；硫铁锡铜矿

colluvial 塌积；崩积
→ ~ deposit 塌积物；塌积层 // ~ layer 坡积层 // ~ placer 坡地砂矿 // ~ soil{clay} 崩积土

colluvium 坠积物；崩流沉积；崩积层；塌积物；塌积层
→ ~ slides 崩积物滑坡 // ~ soil 崩积土

Collyritidae 饼海胆科

collyrium 高岭石[$Al_4(Si_4O_{10})(OH)_8;Al_2O_3\cdot2SiO_2\cdot2H_2O;Al_2Si_2O_5;$单斜]

colm 劣质煤

colmatage 堵塞；放淤；冲积层；拦水淤地[新]；淤灌；挂淤；淤塞[法]

colmatation 放淤；淤灌
→ ~ zone 堵塞层；(泥浆)淤塞层[地层流体被泥浆取代]

colog{cologarithm} 余对数

cololite 弯柱迹[遗石]；卷绳迹

colombianite 玻璃球体；金汞(齐)膏；金汞齐[Au₂Hg]

colomite 钒云母 [$KV_2(AlSi_3O_{10})(OH\cdot F)_2;K(V,Al,Mg)_2AlSi_3O_{10}(OH)_2;$单斜]

colong 菌落

colonial 集群的
→ ~ form 群体状

coloniality 群虫

colonization 集群现象；殖民者
→ ~ of Amazonia 亚马孙河流域的集群

colonnade 柱廊；柱列；柱状节理下段[较上段大而完善]
→ ~ foundation process 管柱基础施工法

colonphonic{colonphony} 松香(的)

colony 菌落；群体；集群；化石群；群落；殖民地
→ ~-forming bacteria 群集型细菌

colophene 松香

colophonic{colopholic} acid 松香酸

colophonite 褐石榴石；褐榴石[为含 Al 的钙铁榴石变种]

colophonium 松香

color 染料；变色；颜色；着色；上色；色彩；染色

colorability 着色性能

color absorber 滤光片
→ ~-additive image composition 加色影像合成

Colorado Gaucho 巴西帝红(细花)[石]
→ ~ impact screen 科罗拉多冲击筛

coloradoite 碲汞矿 [$Hg_2(TeO_4);HgTe;$等轴]

colo(u)r analysis{|brightness} 颜色分析{|亮度}
→ ~ anomaly 色异常 // ~ atlas{pattern; spectrum;chart} 色谱 // ~ background 反射色 // ~{reference} burst 色同步信号 // ~ combination 彩色组合 // ~ comparator 比色仪 // ~ development 显色 // ~ difference 色差

colored 着色的

colo(u)red{colo(u)r} cement 彩色水泥
→ ~ cement spraying 彩色水泥浆喷涂 // ~ glaze 颜色釉 // ~ ion 色素离子 // ~ mortar spraying 彩色砂浆喷涂 // ~ noise 有色噪音 // ~ sand 指示砂；色砂；有色石渣 // ~{dyed} spore 染色孢子

colo(u)r fastness to lime 耐石灰色牢度
→ ~(ing){chromatic} information 彩色信息 // ~ modeling 泥塑 // ~ of mineral 矿物颜色 // ~ phase(彩)色相(位) // ~ photo micrograph 彩色显微照片 // ~ ratio 色比 // ~ scale 比色计；干涉色表

colorful 鲜艳的

colorimetric analysis{assay} 比色分析
→ ~ analysis 色度分析(法) // ~ assay 比色浅金 // ~ comparison{method} 比色法 // ~ estimation of silica 游离二氧化硅比色测定

colo(u)ring material of cement 水泥色料
→ ~ pattern 色标

colo(u)r-minus brightness signal 色差信号[讯]
→ ~-brightness{-monochrome} signal 色亮差信号 // ~-monochrome{chrominance} signal 色差信号[讯]

colorplexer 视频信号变换零件

colo(u)r seismic display 彩色地震显示
→ ~ selective mirror 分色镜 // ~ sensation 色感 // ~ separation 分色 // ~ specification 色别标志{编码} // ~ spot 色斑 // ~ stripe signal 彩条信号 // ~ tone{scheme} 色调

Colossochelys 巨龟属[Q]

colour (a picture,map,etc.) 上色
→ ~ stonelets 小彩石

coloured 染色的
→ ~ glass beads 颜色玻璃细珠 // ~ glaze inclusion 异色粉 // ~ patches 色斑

colpa[pl.-e] 沟纹[孢;pl.-e]；沟；萌发沟

colpate 具胚槽的；具沟花粉；沟[孢]
→ ~ grain 沟粒

colpatus 具沟的

colpi 发芽沟

Colpocoryphe 凹头虫属[三叶;O₁₋₂]

Colpodexylon 鞘木属[C₂₋₃]

colpoid 拟沟[孢]

Colpomenia 囊藻属[褐藻;Q]

colporate 具孔沟[孢]

colpus[pl.colpi] 体[具气囊花粉粒之中央部分]；本体
→ ~ transversalis 横槽

colquiriite 氟铝钙锂石[$LiCaAlF_6$]

coltophanite 胶磷矿[$Ca_3(PO_4)_2\cdot H_2O$]

colubrine 滑石[$Mg_3(Si_4O_{10})(OH)_2; 3MgO\cdot4SiO_2\cdot H_2O; H_2Mg_3(SiO_3)_4;$单斜、三斜]

Co-ludwigite 复钴硼石

colugo 猫猴[皮翼目;Q]

columba 天鸽座

columbate 铌酸盐

columbates 铌酸盐类

Columbella 牙螺属[腹;N-Q]
→ ~ turturina 斑鸠牙螺 // ~ versicolor 杂色牙螺

Columbia-Gel 柯伦牌矿用胶质安全炸药

columbite{niobite} 铌铁矿 [$(Fe,Mn,Mg)(Nb,Ta,Sn)_2O_6;(Fe,Mn)Nb_2O_6;Fe^{2+}Nb_2O_6;$斜方]；钶铁矿；铌

Columbites 哥氏菊石；哥伦布菊石属[T₁]

columbium 铌；钶[铌旧称]
→ ~ oxide ore 氧化铌矿 // ~-rich ore 富铌矿

columbomicrolite 烧绿石[$(Na,Ca)_2Nb_2O_6(O,OH,F),$常含 U、Ce、Y、Th、Pb、Sb、Bi 等杂质;等轴]；铌细晶石[$(Ca,Mn,Fe,Mg)_2((Nb,Ta)_2O_7)$]；铌黄绿石

columbotantalite 铌铁矿-钽铁矿系矿物；钽铌矿
→ ~{columbite-tantalite} ore 钽铌矿

columbretite 白榴透长安山岩；白榴响岩

columella[pl.-e] 螺轴；中轴[珊]；轴柱[腹]；细柱
→ ~ auris 耳柱骨[两栖]

columellarchain 耳柱链

column 列；茎；柱；柱冰；行；地层柱；表格栏；岩芯；套管柱；列数字；石柱；凿岩机支架；项；支柱；长岩芯；圆柱；镜筒；柱状图；座；交换柱；塔；茎节；纵列；整体岩芯；栏
→ (control) ~ 驾驶杆；蒸馏塔；柱状剖面；排水立管；专栏 // ~ address 列地址 // ~{stand-mounted} drill 柱架式凿岩机

columna(r) 柱状的

columnal 基板[棘海百;绵]；冲柱；中柱；柄节[昆]；茎板[海百]
→ ~{stand-mounted} drill 柱架式凿岩机

columnar 柱状；圆柱状的；柱形的；纵栏的；针状的
→ ~ facet 柱底板[棘林檎] // ~ flotation container 浮选柱

Columnaria 柱珊瑚属[D₂]

Columnariidae 柱珊瑚科

columnar impingement texture 柱状紧触结构
→ ~ joint 针状节理 // ~ joint(ing){cleavage;structure} 柱状节理 // ~ plume 热旋柱[地幔] // ~ section boring log 钻探岩芯记录柱状图

columner 针状的

colusite 硫钒锡铜矿[$Cu_3(As,Sn,V,Fe,Te)S_4$]；硫锡砷铜矿[$Cu_3(As,Sn,V,Fe)S_4$；等轴]；锡黝铜矿

coma 昏迷；彗发
→ ~{comatic} aberration 彗差[光]

comagmatic 同(源)岩浆的
→ ~ region{area} 同源岩浆区 // ~ rock 同岩浆岩

Comanchean 科{卡}曼奇(纪;统)[北美;K]

comancheite 卤汞石[$Hg_{13}(Cl,Br)_8O_9$]

Comanchian 科曼齐(系)[早白垩世]

comarite 硅铝镍矿{矿}；康镍蛇纹石

Comasphaeridium 毛球藻属[E₃]

Comasteridae 栉羽星科

Comatricha 发菌属[黏菌;Q]

comatula 毛头星属

comb(e) 顶峰；梳轮；耙；山顶；到处搜索；鸡冠(状物)；复制函数；狭谷；排管；冲沟；梳机；涌起浪花；峡谷；探针；刷；蜂巢；深切曲流的陡岸；山脊；冰斗
→ ~-chiselled finish 密线凿石面 // ~ layer 卷浪层 // ~ layering 梳齿层 // ~ out 清洗 // ~-ridge 锯状山脊；梳状山 // ~ screen 阶梯式开缝筛

combating desertification 向荒漠化开战
→ ~ noise 反干扰

combed vein 层带状矿脉
→ ~{dragged} work 钢齿琢石

combeite 菱硅钙钠石[$Na_4Ca_3Si_6O_{16}(OH,F)_2;$三方]；孔贝石

comber 梳刷者；长浪[从大洋到达海岸]；精梳机；深水白浪头

co(o)mbe rock 泥流沉积

combinability feature 组合测井性能

combinableness 可化合性；可结合性

combined grinding wheel 组合砂轮

combinate{combination} form 聚形

combination 组合；化合；系统；合成；联合；综合；复合；配合；聚形；结合；混合；合并
→～ advance-and-retreat method 前进后退(式)联合开采法//～{double} calipers 内外卡钳//～ drilling 冲击回转混合钻进//～ feeder 联合给料机{矿器}//～{associated;oil} gas 油气//～ riffle 流注式分样器

combinatorics 组合数学；组合学

combinatory{composite;compound;combinatorial} analysis 组合分析

combine 混合；联合企业；化合；熔结；兼有；联合收割机；康拜因；结合；联合；兼备

combined 联合的；化合的；混合的；综合的
→～ bauxite ore 复合型铝土矿矿石//～-force anchorage 合力锚固装置//～ force-feed and splash lubrication 压力-飞溅复合润滑//～ mine 合并矿(山)//～ ore-liner and tanker 联合运矿运油船//～ overhand and underhand stoping 上向下向梯段联合回采(法)；上向和下向(梯段)联合采矿法//～ shrinkage-and-caving method 留矿(与)崩落联合开采法//～ top slicing and ore caving 下行分层崩落联合采矿法；下行水平分层和矿体崩落联合采矿法；向水平分层和矿体崩落联合采矿法//～ topslicing-and-shrinkage method{stoping;system} 顶部分层(下向)留矿联合开采法//～ under-hand-and-overhand method 下向台阶与上向台阶回采的联合采矿法//～ washer 联合洗煤(矿)机//～ W ore 复合型钨矿石

combiner 组合器
→～ unit 混合器

combing effect 梳理作用
→～ wave 深水白浪头//～{deep-water; short} wave 深水波

combining affinity 化合亲和势

comblainite 羟碳钴镍石 $[Ni_xCo_{1-x}^{3+}(Co_3)_{(1-x)/2}(OH)_2 \cdot nH_2O；三方]$

Combophyllum 纽扣珊瑚属[D_1]

combretum{Combretum zeyheri Sond} 风车子属之一种[Cu 示植]

comburant{comburent} 助燃物；燃烧物

combuster 燃烧器

combustible 易燃；燃烧体；易燃(烧)的；燃料；可燃的

combustibleness 可燃性

combustibles 易燃物

combustible{barren;oil-forming} shale 可燃页岩
→～ shale 塔斯曼油页岩//～ sulfur 可燃性硫

combusting delay period 滞燃期

combustion 燃烧；燃烧器；氧化；点火

combustor 燃烧室；燃烧器

come along 拉线器；紧线夹；绳索绷紧装置
→～-along 紧线夹；万能螺帽扳子；抓取器//～{set} apart 分开//～{blast;shoot(ing)} down 崩落//～ on water 开始出水；水淹[油井]//～ out to the day 从井下来到地面//～ tail 彗尾

comedown 崩落；易崩落的软顶板

---

comendite 白碱流岩

cometary head 彗头
→～ impact 彗星冲击//～ luminosity 彗发//～ nucleus 彗核//～ tail 彗尾

comet group 彗星群
→～ of Jupiter family 木族彗星

cometography 彗星志

comet-shaped{cometary} nebula 彗状星云

comfort cooling 舒适性供冷；生活供冷
→～ factor 舒适因素

Comia 异脉羊齿属[P_2]

comicellization 共胶束化

comingle 相互混合

coming up to grass 露出地面

comitalia 多尖刺骨针

Comleyan 科姆累阶；康莱(统)[欧;$\in_1$]

command 拥有；指令；信号
→～{control} area 控制区//～ capsule {module} 指挥舱//～ center 指挥中心

commander 手工捣固

commanding elevation{height} 制高点

Commelina communis 鸭跖草[铜矿示植]

commencing operation 投入生产；投产
→～ signal 发射起始信号

commensalism 共生；共栖

comment card 注释卡

commercial 商业；有经济{开采}价值的；工厂的；商业的
→～ bed 工业矿床；有开采价值的矿层//～ bed{|deposits|orebody|hot brine} 有工业价值的{油(气)层}{|油藏|矿体|热卤水}//～ cave 游览洞穴//～ mine 外销矿山//～{valuable} ore 有用矿石//～ ore deposit 有经济价值的矿床//～ reservoir{|hotbrine|bed|field|deposit} 有经济价值储集层{|热卤水|矿层|热田|矿床}//～{payable;mineable} seam 可采矿层//～ size{scale} 工业规模//～ tank 商业用储罐

commerciality 商业价值

commercially disposable coal 商品煤

commerical field 可采矿床

commingle 调和；混合

commingled crude 混合原油
→～ producing well 合采井//～ system 多层合采系统//～ water 混合水//～ water injection 合注；笼统注水

commingler 混合器

comminution 减耗；粉碎；磨碎(作用)；破碎；碎磨；研磨
→～ till 碾细冰碛

commission 佣金；投产；交付使用；委托；交工试运(转)；命令；代理；使用；投入运行；职权；委员会；启动；起动；权限；委任；手续费
→～ merchant 代理{办}商//～ ore 铀矿[含 $U_3O_8 \geq 0.10\%$;美]

Commission for Atmospheric Sciences 大气科学委员会
→～ for the Geological Map of the World 世界地质图委员会

commissioning 投产；投入生产
→～ test run 投料试(生)产

commissural{composition;combination; juncture} plane 接合面

commissure 石层缝；合缝处；焊接处；接合处；壳缝[腕双壳]；接合面[植]

commitment 承诺；许诺；保证；投入；

支持；委托；承担义务
→～ planning 承诺性规划

commodity 矿产；商品；货物；矿种
→～ charge 总用气量费用

common 普通的；公地；平常的；通约的
→～ base{common-base} 共基极//～-channel signalling 共信道信号传送//～ difference 公差//～ feldspar 正长石$[K(AlSi_3O_8);(K,Na)AlSi_3O_8;单斜]$；普通长石//～ goods 不合格金刚石料//～ net 共格面网//～ plane of symmetry 主对称面//～ pyrites 黄铁矿$[FeS_2;等轴]$//～-range gather 同偏移距选排；同距选排(道集)[震勘]//～ reflection point 共深(度)点[震勘]；共反射点//～{mineral} salt 石盐$[NaCl;等轴]$

commonplace 常见现象；平常的；普遍现象；平淡的；平凡的
→～-book 备忘录

communal 群居[生]

communicating by sight 可见信号通信{讯}
→～ states 互通状态

communication 联络；交换；窜流；交流；连通；传递；通知；交通；通信；传播；信息
→～ (path) 通道//～ adapter 通信选接器//～ panel 通话面板//～ pore 连孔

community 一致；社团；社会；公社；共同性；群落；社区；团体；共用性；群社

commutating{conversion} device 转换设备
→～{rectifying} device 整流装置//～ field 换向(磁)场；整极场

commutation 转换；换相；变换；整流；交换；换向；交换性
→～ relation 对易关系//～{diverter; change;reversing;reversal; cross} valve 换向阀

commutative 可交换的
→～ law 交换律

commutator 换向器；移动支架操纵台；互换机；整流器；转换器；整流；交换机；整流子；转换开关
→～ bar 整流片//～ tub 整流管

commuter 整流子；通勤者
→～ time 上下班时间//～ train 通勤列车

compact(ion) 合同；PDC 钻头复合片；结实；夯紧；密集；坯块；(使)结实；紧密；压密；紧凑的；矿石结块；紧密的；致密的；结块；挤紧的；坚实的；压紧；夯实；致密；压实；密实

compact core bit 聚晶复合片金刚石取芯钻头
→～ crystalline graphite 致密结晶状石墨//～ diamond tool 金刚石结修整器//～ expanded base concrete pile 夯实扩底混凝土桩//～ graphite iron 致密石墨铸铁//～ lift 夯实分层厚度//～ vermicular cast iron 致密蠕虫状石墨铁//～ gypsum 雪花石膏$[CaSO_4 \cdot 2H_2O]$//～ curve 密度-含水率{量}关系曲线//～ piling 打桩压实//～ rate 充填量；充填速率

compacted bed 紧密床层
→～ column 挤密桩//～ depth 压密深度//～ graphite iron 致密石墨铸铁//～ lift 夯实分层厚度//～{tight;dense;

C

compact} rock 致密岩石//～ vermicular cast iron 致密蠕虫状石墨铸铁

compact-grain 致密晶粒

compact ground 板地
→～ gypsum 雪花石膏[CaSO₄•2H₂O]//～ heat exchanger 板翅式换热器；紧凑型换热器

compacting factor 压{实}缩系数；致密系数；夯实系数
→～ of sand 型砂压实//～ plant 压实机械//～ punch 坯块冲压器

compaction 夯压；成型；凝结；紧实；坚实度；压塑；密实性；压缩力；压固作用；压缩；挤压；压密
→～ band 压缩带

compact land 嵌镶体
→～ {dense} limestone 致密灰岩//～ (ed)ness 充填密实度；致密性；压实性；密集度；密{压}实度；坚实；紧凑度；紧密度

compactor 捣固锤；压实机；压紧器
→～{compact-state} rock 致密状岩石

compact reclaimer 小型旧砂回收装置；简易旧砂再生装置
→～{compact-state} rock 致密状岩石//～ soil 紧实土//～ tension specimen 紧凑拉伸试件//～ wavelet 压缩子波

compactum 紧致统；紧统[数]

compander{compandor} 压伸器；展缩器

companion 伙伴；入孔口；必读；一对中的一方；指南；入孔盖；同事；船舱升降口围罩；船室出入口罩；同伴；成对物之一
→～ (star) 伴星//～ fault 伴生断层//～ flange 凸缘连接；联合凸缘//～{monkey} heading 小平巷//～ lode 副矿脉

company 队；陪伴；公司；商号；连；中队；协会；交往；全体船员；同伴；班
→～ camp 油公司在矿场的职工住地；油矿工人小社团//～ hand 按日计资工//～ man{hand;worker} 日工

comparative advantages 比较有利情况
→～ analysis 比较分析；对比分析//～ fuel 参比燃料//～ law{approach} 比较法//～ lithological method 比较岩石学方法//～ thick bed 中厚矿层//～ map of coal seam and strat 煤岩层对比图

comparatively 稍稍
→～ thick bed 中厚矿层

comparative map of coal seam and strat 煤岩层对比图
→～ value 比较值

comparing data 比较数据
→～ rule 比例尺

comparison 比较；对比；对照

compartment 室；箱；区划；隔间；分舱；舱室；隔舱；舱[飞船]；格；分隔；部分间；隔膜；隔室；间隔；隔板
→～ bin 分格矿仓；分室矿仓

compartmented batch car 间隔式混凝土配料输送车
→～ bin 分格矿仓；分室矿仓//～ car 间隔卡车//～ furnace 塞式炉//～ rotating ring 多室的转环

compartments 分选室

COMPASS 采油与储油联合系统；生产与储存组合系统

(box) compass 罗盘

→～ bearing 罗盘方位//～ course 罗经航向//～ deflection 罗盘磁针磁北与真北偏差//～ dial 带罗盘指针的日晷；矿山罗盘//～ of proportion 比例规

compassion 怜悯；同情

compatator 比较器

compatibility 兼容性；一致性；共生相容性；可互换性；协调性；适合性；配伍性；相容性[共生]
→～{tie} line 共存线//～ of cement-aggregate 水泥集料的相容性//～ triangle 兼容三角形；相容三角形

compatible 一致的；可配合的；相似的；协调的；适合的
→～ events 相容事件//～ mineral 可共存矿物//～ signal 兼容信号

compatilizer 相容剂

compelling{coercive} force 强制力

compensable 可补偿的
→～ accident 可给赔偿的事故

compensating{adjustment} computation 平差计算
→～ device 补偿器

compensation 抵消；赔偿；平衡；对消；消色；均衡；校正；补偿；调整；配赋；补助
→～(color) ～ 补色//～ depth 碳酸钙补偿深度//～ level 补偿面//～{penalty} method 补偿法

compensator 补正器；补助器；补偿器；自耦变压器；赔偿者；消色器；调节镜；补色器；调节器；升压器
→～ levelling instrument 自动安平水准仪//～ protector 储油；保护杯//～ receiver 补偿器式检波器//～{compensation; compensating} valve 补偿阀

compensatrix 平衡水囊

competency{competence} 权限；资格；(搬运)能力；坚实度；启动能力[河流的]

competent 强的；稳固的

competing species 竞争种

competition 竞争；竞赛

competitive{check} experiment 对照试验
→～ experiment 竞赛实验//～ price 投标价格；竞争价格//～ tendering 竞争性投标

compilation 汇编；编辑；编纂；编图；集束；编译
→～ sheet 底图//～ unit 编图单位{元}

complanatine 扁平石松碱

complanation 平面化；水平化

complaster 印模石膏

complement 补体；组；套；余数；补充；补数；补足；补色

complementary 补充的；余；补
→～ dyke 余矿脉//～ rock 余岩

complementation 互补性；余补性

complete 全部的；结束；完整的；完全的；竣工；完成[井]
→～ well 已试油井；完成的井//～ fill{packing;stowing;backfilling} 全部充填//～ heterogeneous equilibrium 完全不均匀平衡//～ linkage method 全联法//～ plant{sets} of equipment 成套设备//～ robbing 矿柱全部回收

completed hole 完工的孔
→～ well 已试油井；完成的井

completely hydrated cement 完全水化

水泥
→～ lose 灭绝//～ miscible liquid 完全可互溶液体//～{full} penetrating well 完整井//～{violently} weathered zone 剧{全}风化带

completing 整饰[图件]
→～ cycle 全工序循环//～ the chart 图的整饰

completion 填空；完成；结束；油井完成；完整；满期
→(well) ～ 完井

complex 复合；复合的；合成的；全套；综合的；复数的；合成物；综合企业；复杂；复体；多元的；累层群；集合体；联合体；线丛；复式的；复杂的
→～ (rock) 杂岩//～ deposit 复单元；难采矿体//～ eigenvalue 复本征值；复特征值//～-forming cation 络合生成阳离子//～ agent 复合剂；络合物形成剂//～{complete;full} mechanization 全盘机械化//～ mercury ion 络合汞离子//～ multifolded layer 复式褶皱的复杂层；多次褶皱的复杂层

complexant 配位剂

complexation 络合作用

complexed species 络合(离子)种

complexing 络合作用
→～ agent 复合剂；络合物形成剂

complexly folded rock 复杂褶皱的岩石

complexometric titration 络合滴定(法)

compliance 服从；柔量；柔曲性；可塑性；弯曲量；弹性形变；依从；配合性；应变性；答应；顺从；柔度
→～ constant 顺服常数//～{elastic} constant 柔顺常数//～ effect 柔顺性

compliant platform 随动平台
→～ riser 柔性立管//～ structure 顺从结构//～ type 顺应式

complicacy 错综复杂；复杂性

complicated ground 复杂地基
→～ structure 复式构造//～{compound} structure 复合构造

comply with 根据；遵照；遵守

compo(st) 混合涂料；混合物；水泥砂浆；人造象牙；熟料砂；混成砂；组成；工伤补偿费用；灰泥

component 构成的；元；组元；组分；组成的
→～ (force) 分力；构件；成分；组件；组成部分；分量；分潮//～ analysis 分量分析//～{proximate} analysis 组分分析//～ solvent 混合溶剂；(由)各种成分组成的溶剂//～ (of) velocity 分速度

componental movement 部分运动；分量运动

component analysis 分量分析
→～ charge 附加药包

components of population change 人口组成的变化

component solvent 混合溶剂；(由)各种成分组成的溶剂
→～ specification 元件规格；部件规格//～-stratotype 组分层型//～ (of) velocity 分速度//～ voltage 分电压

composed 镇静
→～ peak 合成峰

Composita 接合贝属[腕;C-P]

composita 接合贝

compositae 菊科[植]

composite 综合的；混合物；合成物；复合的；复合物；复合；合成的；组成的；组合的

　→～{compound} anticline 复背斜//～bench plan 综合台阶平面图//～car 钢木结构矿车//～decline curve (矿层)耗竭组合曲线；综合递减{降}曲线//～feed 不分级入选//～gang 混合工组//～plan 几个矿层的综合平面图；地层的物理特性平面图//～profile{section} 综合剖面

composited false color 假彩色合成相片

composite diagram 综合图

　→～dyke{dike} 混合式堤；复成岩墙//～focal mechanism solution 复合集中机制解//～{resulting;resultants} force 合力//～grain 复体颗粒；复粒//～metal 双金属//～photograph 联配相片；复合相片//～plan 几个矿层的综合平面图；地层的物理特性平面图

compositing 混合

composition 水泥砂浆；布置；作曲；结构；组成；编制；构图；组织；配合；性质；合剂；构造；作品；构成；混合物；合成；性格；成分；文章；作文；合成物

compositional banding 缟状构造

compositionally immature sediment 组分未成熟沉积物；成分上未成熟的沉积物

compositional material balance 组分物料{质}平衡

　→～maturity 成分成熟性；成分成熟性{熟度}//～petrology 岩石组成学//～simulator 考虑油藏流体组成的油层动态数值模拟机//～variable 合成变量

composition face{plane} 接面

　→～(al){composition} gradient 成分梯度//～-independent expression 不考虑成分的表达式//～plane{face} 双晶接合面//～profile 成分分布；组成分布{剖面}//～surface{plane of composition} 接合面[双晶]

Compositoipollenites 菊粉属[孢;E$_2$-N]

compositor 混波装置[震勘]；合成器

Composopogon-Thorea community 藻群落

compound 复式的；合成；组合；混合的；连接；复合的；化合的；混合物；调和；混合；剂料；复合物；配制；复绕；配合

　→(chemical) ～ 化合物//～alluvial fan 复合冲击{积}扇//～-balanced pumping unit 复合平衡式抽油机//～chlorinated lime solution 复方含氯石灰溶液//～coral 复体珊瑚

compounded drilling fluid 复合型钻液；加成型钻液

　→～pump 串联泵

compound eye 复眼[生]

　→～{multiple} fault 组合断层

compounding 联合；复激；复合汽缸工作[机]；配料

　→～in parallel 并联混合//～in series 串联混合//～of structural systems 构造体系的复合

compound metal 合金

　→～origin deposit 复合成因矿床//～pump 联用泵//～radical 复根//～{elbow} shaft 曲折立井//～stalactite 钟乳石簇//～system 复合体系//～trabecula 复羽榍[珊]//～vein 复脉；多

矿物脉

compr 压缩机

compregnated wood 木材层积塑料；胶压木(材)

comprehensive series 复合岩系

　→～{complex;byproduction;synthetic} utilization 综合利用//～well log analysis 综合测井分析

compreignacite 钾铀矿；黄钾铀矿[K$_2$U$_6$O$_{19}$·11H$_2$O;斜方]

compressed air 压缩空气；压气；压风

　→～-air{air} drilling 空气钻井//～-air{pneumatic;air} hammer 气锤//～air main 总风管//～-air method 气压法//～asbestos sheet gasketing 层压石棉板垫片

compress-expand operation 压缩扩展操作

compressibility 压缩率；可压缩性

　→～(coefficient;factor) 压缩系数

compressible 可压缩{紧}的

　→～fill 可压缩性充填料；压缩性充填料

compressing mechanism 压缩机构

　→～pump 压送泵

compression 压实{力;紧}；扁率；密集；压型化石；背震中

compressional 受压的；压缩的；有压缩作用的；与压缩有关的

　→～component 挤压分量；纵波分量

compressional-dilatational wave 疏密波；胀缩波

compressional faulting 逆断裂

　→～megasuture 挤压巨型接合带//～movement 挤压运动//～structure 压性构造//～vibration 纵振动

compression and recovery test 压缩和回弹试验

　→～-annealed pyrolytic graphite 压缩退火热解(能)石墨

compressive 压力的；有压缩力的；有压力的；压缩的

　→～air 矿山压气//～creep strain 压蠕变应变//～{compressional} force 压缩力//～fracture plane 破裂压性面//～principal stress 主压应力

compressometer 压缩计；压缩仪

Compressoproductus 扁平长身贝属[腕;C$_3$-P]

compressor 压缩机；二压缩机组；压缩器

compresso-shear structural plane 压扭性构造面

compress tightly 压紧

compressure 压缩力

　→～{compressed} layer 受压层

Compsopogon 弯枝藻属[红藻;Q]

Compsopteris 蕉羊齿(属)[P]

compt 舱室；隔舱

Comptio 顶饰蚌属[双壳;J$_3$-K$_1$]

Compton edge 康普顿边(界)

Comptonia 香蕨木属[K$_2$-Q]

Compton lump 康普顿块

　→～-Raman theory of scattering 康普顿-喇曼散射理论//～recoil electron 康普顿反冲电子//～scatter principle 康普顿散射原理//～-Woo effect 康普顿-吴有训效应

Comptopteris 扭枝蕨属[T$_3$]

compulsion 强迫；强制

compulsory 强制的；必修的；强迫的

　→～insurance 强制保险

compute 估算；算定；计算

computed{calculated} capacity 计算容量

　→～gamma ray 计算自然伽马值[无铀曲线]//～log 计算机处理的测井曲线//～tare 推定皮重

computer 电脑；计算员；计算机；计算者

　→～-aided test{|analysis} 计算机辅助测试{|分析}//～analysis 计算机分析//～-assisted mapping 计算机辅助绘图

computerized axial tomography 计算机轴向层析成像法

　→～navigation set 计算机式导航设备//～well model 计算机油井模型

computer network 计算机网(络)

　→～on slice 单板机//～picture 计算结果图像[荧屏上]//～{computerized} tomography 计算机层析成像(技)术

comsat 通信卫星

comstockite 锌镁胆矾[(Mg,Cu,Zn)SO$_4$·5H$_2$O]

comuccite 毛矿；硫锑铁铅矿[Pb$_4$FeSb$_6$S$_{14}$]

con(n)arite (水)硅镍矿[Ni$_2$Si$_3$O$_6$(OH)$_4$;H$_4$Ni$_2$Si$_3$O$_{10}$]；康镍蛇纹石

Conacea 鸡心螺类

Conaspis 锥壳虫属[三叶;∈$_3$]

conca 康卡构造

concatenation 连锁；并列；串联；联结；级联

concavation 凹度

concave 拱形；固定锥体；凹入的；凹面物；凹处；圆锥破碎机腔部；凹的；陷穴

　→～bit 凹心钻头；凹形凿；凹形钻头//～bit{crown} 不取芯凹面金刚石钻头//～-concave 双凹形；双面凹的；双凹的//～crown 凹顶；反拱；拱底；凹(工作)面金刚石钻头//～{convex} epirelief 层表凹{凸}痕[遗石]//～grate 凹板筛//～hyporelief 层底凹痕[遗石]//～{waning} slope 凹坡

Concavisporites 凹边孢属[E]

Concavissimisporites 凹边瘤面孢属[K$_1$]

concavity 熔洞；凹处；凹度；凹形；聚能穴；凹面

　→～factor 凹率

concavo-convex 一面凹一面凸的；凹凸的

　→～brachiopoda 凹凸型腕足动物//～phase 凹凸形壳

concealed 埋没；隐蔽的；沉没的

　→～{blind} deposit 掩蔽矿床

conceive 构思[意]；提出；想出

concent 一致；协调；和谐[古]

concentrate 蒸浓；选矿；浓缩；富集；精选；精选矿(石)；加浓；富集体；精矿；钟；提浓(物)；坍缩

　→～bin{silo;bunker} 精矿仓//～blend 混合精矿//～collecting pipe 精矿捕收管//～cyanidation tails 精矿氰化尾矿

concentrated 密集

　→～acid 浓酸//～water 高矿化度水

concentrate explosive charge 集中装药

concentrates 选矿机；选矿厂

concentrate slurry storage farm 精矿浆贮存场

　→～storage (bin) 精矿仓

concentrating 精选；浓缩；选矿
→~ circuit 选矿流程 // ~ {dressing} machine 精选机；选矿机械 // ~ {dressing} machine 选矿机 // ~ ore 待选矿石 // ~ section 选矿工段

concentration 浓集；浓缩；集聚；淘汰；密集；浓度；集中；专心；富集作用；密集度；富集
→(secondary) ~ 精选 // ~ area 选矿工段 // ~ by sluicing 溜槽选矿；流槽选矿 // ~ {upgrading} ratio 选矿比[给料质量与精矿质量之比]

concentrator 聚集器；集线器；浓缩剂；选煤机；选矿机；聚能器；精选机；选矿厂；选煤厂；集中器
→~ mineral 浓集矿物

concentric 同心的

concentrically 同轴地；集中地
→~ zoned structure 同心分带构造

concentric annulation 环纹
→~ {coaxial;coax} cable 同轴电缆 // ~ jointing 同心节理[均质岩层中] // ~ line 公共轴线 // ~ pattern 同心圈布(金刚石)法 // ~ string gravel pack 同心管柱砾石充填

concept(ion) 思想；假设；观念；概念；理论
→~ evaluation 设计概念鉴定

conceptacle 生殖窠[藻]

conception 怀孕

conceptual 概念上的；概念的
→~ design 方案设计

conceptualization 概念化

concerted 一致的
→~ action 协同动作 // ~ mechanism 协调机理

concertina concession 采矿权
→~ {accordion} fold 棱角褶皱

concession 租借地；让步；让与；特许；采矿用地；租界；租让(采矿区)；井田
→ (concertina) ~ 矿田；矿区 // ~ acreage 许可合同规定的面积 // ~ system 矿权让予制度

concessionary 特许的

conch 海螺壳[腹]；头足类壳[胎壳除外]；贝珍珠；贝壳[无脊]

conche[sgl.conca] 康卡构造；巧克力搅拌揉捏机

Conchidiella 小壳房贝属[腕；D₂]

Conchidium 壳房贝属[腕；S]

Conchifera 有壳类

Conchiferous 有壳的

conchiolin 壳质；壳基(质)

conchite 文石[CaCO₃；斜方]；方解石[CaCO₃；三方]；镶石；泡文石；泡霰石[CaCO₃]

conchitic 多贝壳(化石)的

conchoid 螺旋线；蚌线

conchoidal 贝壳状
→~ fracture 贝壳状断口；贝壳断口 // ~ structure 介壳状构造

conchology 贝类学

Conchopeltis 盾甲锥石

Conchophyllum 贝叶属[C₂]

conchoporphyrin 贝卟啉

conchorhynch 贝喙[鹦鹉螺；头]

Conchostraca 贝甲类；介甲目[节肢；叶肢]；贝甲目

conciliation 调解

concise 精炼

Conclavipollis 唇孔凹边粉属[K₂]

conclinal 顺倾斜的；顺向的

concluding stage 终期

conclusive 确凿
→~ {verified;irrefutable} evidence 证据确凿

concordance (地层的)整合；协和；协调；(词汇)索引；一致
→~ {indexed} list 索引表 // ~ of summit level 峰顶面等高；山顶面平齐 // ~ of summit levels 山顶平齐

concordancy 协调；一致；协和；地层的整合；(词汇)索引；和谐性；整合；和谐
→~ diagram 谐和图[同位素年龄] // ~ line 整合线

concordant 平行的；一致的
→~ {parallel} bedding 平行层理 // ~ {longitudinal} coast 纵式海岸 // ~ {conformable} intrusion 整合侵入(体) // ~ pluton 整合深入(成)岩体 // ~ strata 整合地层

concordat 契约

concordia-discordia treatment 一致-不一致曲线处理

concordia intercept 一致曲线交点
→~ plot 和谐图 // ~ plot{diagram} 谐和图[同位素年龄]

concrement 结石

concrescence 会合[原肠口]

concrete 固结；浇筑混凝土；凝结物；井底岩屑和泥饼结成硬块；(用)混凝土加固；凝固；有形的；混凝土；具体的；砼[即混凝土]
→~ arch 混凝土碹{碴} // ~ -bound macadam 水泥结碎石(路) // ~ face rock fill dam 混凝土面板堆石坝 // ~ mortar block 捣矿槽混凝土基台

concreter 混凝土工

concretion 结核体；凝结物；凝结；固结；结核；凝结作用；凝岩作用；结石
→~ horizon{layer} 结核层 // ~ texture 结核状 // ~ principle 聚结原理

concretionary body 结核体

concretio silicea bambusae 竹黄[含石灰石和硅石的竹的分泌物]

concretivorus 蚀阴沟硫杆菌

concur 同时发生

concurrent 平行；重合的；共点的；助成原因；并流的；汇合的；一致的；集中于一点的
→~ (event) 并发事件 // ~ deformation 伴生变形；共同变形；同时变形 // ~ {cocurrent} flow 同流 // ~ low-intensity magnetic separator 弱磁选机

concurrently 共存地；兼；同时

concurrent-range biozone 共存延限生物带
→~ zone 并存延续带；奥佩尔带 // ~ {overlap} zone 共存延续带

concurrent separator 管式同轴选矿机

concussion 脑震荡；震荡；冲击；激动；震动
→~ blasting 震动性放炮{爆破}；松动(性)放炮 // ~ fracture 矿物颗粒冲击裂缝

concyclothem 归央旋回(沉积)

condensable 可冷凝的
→~ gas 可凝缩气体

condensance 容抗；电容量

condensate 冷凝液；凝析；凝结物；凝析液
→~ (water) 凝结水

condensated water 冷凝水

(gas) condensate field 凝析气田

condensate{white} oil 凝析油
→~ polisher 冷凝液纯化槽 // ~ tank 冷凝水槽(池) // ~ trap 排液存气器；凝液器；冷却槽；疏水器

condensational wave 收缩波；缩波

condensation and lapse rates 凝结作用和递减率

condensed film 凝聚层
→~ flow sheet 简明流程

condensing 冷凝的
→~ agent 缩合剂；冷凝剂 // ~ cycle 凝汽式循环 // ~ {collecting;condenser;collective;converging} lens 聚光透镜 // ~ pressure 凝结压力

condensite 孔顿夕{康顿赛}电瓷

Condep controller 康得普深度控制器

conderite 硫铅铜铑矿

condie 矸石

condierite 堇青石[Al₃(Mg,Fe²⁺)₂(Si₅AlO₁₈)；Mg₂Al₄Si₅O₁₈；斜方]

condition 改善；状态；约束；条件；制约着；状况；调节
→(puddled) ~ 粉末状态 // ~ adjustment 条件平差

conditional closed-loop stability 条件闭环稳定性
→~ code 特征码

conditionality 制约性；受限制性

conditionalized variable 条件化变量

conditionally{relatively} compact set 条件紧集
→~ recovery function 条件回采函数

conditional offer 附条件价格
→~ profit table 条件利润表 // ~ reserves 有条件的蕴藏量 // ~ resources 暂定资源 // ~ sand 处理砂

conditioned effluent 调和后的溢流
→~ reflex 条件反射

condition(al) equation 条件方程

conditioner 低槽；调节剂；调节器；调和器；调浆槽
→~ box 排气调节箱

conditioning 搅拌；调理；调和；调整；调浆；调料[浮选前调和矿浆和药剂]；整修[钻具]
→~ effect 条件效应 // ~ pulp 浮选调和矿浆 // ~ time 矿粒表面调和时间 // ~ zone 均热带

condition of build mine surveying 建矿条件调查
→~ of compatibility 适应条件 // ~ of plasticity 塑性状态 // ~ precedent 先决条件 // ~ ratio 完善系数

conditions for condensation 凝结作用的条件
→~ {mode} of transport 搬运条件

condition the hole 修整钻孔；改善井眼状态
→~ {conditional} value 条件值

condobaite 钛铀矿[UTi₂O₆,U⁴⁺部分被 U⁶⁺代替;(U,Ca,Ce)(Ti, Fe)₂O₆;单斜]

condom 安全套

condrodite 粒硅镁石[(Mg,Fe²⁺)₅(SiO₄)₂(F,

OH)₂;单斜]

conduct (路)通至；实施；传(导)[热、光等]；引导；办理；指挥；指导；行为；管理；处理；进行；套管；表现；导管；经营
→～ ratio of well pattern 井网传导率比 //～ electricity 导电 // (electrical) ～ 电导；导热 //-sheet analog 导电板{栅}模拟 //～ (coefficient) 传导系数

conductance 传导力；导电性；传导性；电导；导纳
→(specific electrical) ～ 电导率 //～ ratio of well pattern 井网传导率比

conductibility 导电性；传导性

conductimetric analysis 电导(定量)分析

conducting 导引的；执行的
→～ bridge 分路 //～ {vascular} tissue 输导{维管}组织[植] //～ {draw;channel} water 引水 //～ {connecting;leading} wire 导线

conduction 传导性；导电性；传导率；引流
→(electrical) ～ 电导；导热 //～ band 导带 //～ by hole 空穴导电

conductive 导电的；导热的；有传导性的
→～ bed{zone;formation} 低(电)阻层

conductively closed 屏蔽的；电隔离的；电封闭的

conductive medium 导电介质；传导介质
→～ method 电法勘探 //～-sheet analog 导电板{栅}模拟

conductivity 导压性；传导性；传导率

conductometric 测量导热率的
→～ sulfur dioxide analyzer 电导式二氧化硫分析仪

conductor 售票员；导水通道；导脉；导向套管；导体；跟车工；缆芯；指导者；导管[套管之一种]
→(lighting) ～ 避雷针

conductron 光电导摄像{象}管

conduit 火山通道；排水渠(道)；渠道；管道电缆；管；水道；导线管；管道；水渠；管路
→(covered) ～ 暗渠 //～ {pipe} flow 管流 //～ jacking 顶管法 //～ spring 管泉 //～ support 立根盒

condurrite 杂砷铜矿[以 Cu₆As 为主与 Cu,Cu₆As,Cu₃As 等的混合物]；砷铜矿[Cu₃As;等轴]

Condylarthra 踝带类；古蹄兽(目)；踝带目；踝节目

Condylarths 踝带目

condyle 踝骨[脊]；臼节[棘]

condylus basioccipitalis 基枕髁
→～ mandibula 下颌髁 //～ occipitalis 枕骨髁 //～ supraoccipitalis 上枕髁 //～ temporalis 颞髁

cone 锥；锥体；圆锥体；(使)带斜角；(使)成锥形；冰碛锥；锥形[算板]

C-one 优质钻用刚果金刚石

cone-and-plate viscometer 锥板(式)黏度计

cone-and-sleeve attachment 锥体套筒连接

cone apex 锥顶
→～ bit 锥形金刚石不取芯钻头；锥形牙轮钻头 //～ crusher product{|feed} bin 圆锥破碎机产品{|给矿}仓 //～ crushing (用)圆锥破碎机破碎 //～{dry} delta 冲

积锥 //～ feed plate 给料盘 //～ friction drum 锥形摩擦鼓轮 //～ karst 灰岩锥丘；锥形石灰岩溶洞 //～ {crevice} karst 石林

coned disc spring 蝶锥形弹簧；蝶簧

conelet 小火山锥；小锥

Conelrad 电磁波辐射控制

Conemauch age 康尼茂期

Conemaughian stage 科纳莫阶

conette type viscometer 外筒旋转的黏度计；科内特型黏度计

Conewangoan (stage) 康尼旺高(阶)[北美；勃莱福德(阶);D₃]

conferva peat{coal} 丝状藻泥炭

confidence 相信；自信；把握；信任；信心；可靠程度
→～ (level;limit)置信度 //～ factor 可信系数 //～ level 信赖级

confidential inquiry 机密安全等级

configuration 设置；线路接法；轮廓；构型；排列；外形；形象；构造；表面装置[海洋钻]；格局；排列形式；位形；结构；图形；产状；配置；地形轮廓；外貌；形状；浮动装置；组态
→～ of rock 岩石构造

confine 限制

confined 受限的；封闭的；承压的；限制的；有侧限的
→～ channelway 密闭孔道

confinement 内压；密封；局制；炮眼堵塞；封闭；范围；界限；限制；隔离[火灾]
→～ (pressure) 侧压；围压

confining bed 含水层上下的不透水层
→～ load 围岩负荷

confirmation hole 验证孔[验证已发现矿层]
→～ well 新油田第二口采油井；(储量)探明井

confirmatory analysis 确证分析
→～ measurement 核实测量[确定原有数据的可靠性]

confirming bank 保兑银行

confix 连接牢固

conflagration 速燃；快速燃烧；燃烧；火灾；大火(灾)；爆燃；煅烧；爆发[战争]

conflicting 不一致的
→～ movement 抵触运动 //～ operation 冲突性作业 //～ signal 敌对信号 //～ traffic 交叉货流

Conflow stop valve 康弗路截流阀

confluence 群集；汇合；河流汇合；人群；集合；汇流；合流；汇合(流)处；合流河；合流点；汇流点[河]
→～ analysis 合流分析

confluent 流量；流入液体；支流；合流的；汇流的；交会[岩脉]；给水量；给气(量)
→～ (streams) 合流河 //～ ice 汇流冰(川)

confolensite 康蒙脱石；杂蒙脱石

conformable{conformity} contact 整合接触
→～ lead ration 一致铅(同位素)比值 //～ seat 塑性阀座 //～ stratification{bedding} 整合层理 //～ stratum 整合地层

conformal 保角；保形；共形
→～ chart 正形投影地图

conformance 顺应；波及；适应性；相似；

一致性
→～ factor{efficiency} 波及系数

conformational analysis 构象分析

conformity 适合性；适合；一致性；整合地层；依从；一致；遵照；相应；符合；整合性；整合[地层]
→～ certification 合格认证

confriction 摩擦力；相互摩擦

confused{cross} sea 暴涛

congate 联络小巷[工作面]

congealer 冷藏箱；冷却器

congealing{condensation} process 冷凝过程

congelation 凝结作用；凝结物；凝结；结冻；冻凝(作用)；冻结作用；冻结
→～ crystallization 凝固结晶(作用) //～ temperature 冷凝点

congelifluction 结冻缓滑

congelifluction 冰缘土溜；融冻泥流；冰冻泥流

congelifract 冻劈岩块

congelifractate 冻裂岩片
→～ deposit 冻劈砾块沉积

congener 同源物；衍生物；同属动植物；同种类(同性质)的(人)[或物]；同族元素；派生物

congeneric 同属的[生]；同种的；同源的；同性质的；同类的

congenetic{cogenetic} rock 同成因岩
→～ {cognate;cogenetic} rock 同源岩

congeries[pl.-] 聚集(体)；集合{聚}体；堆积

congestion 扎紧；堵塞；交通拥挤；堆积；聚积；阻塞；填充
→～ of bottom hole 井底堵塞 //～ of ore 矿石堵溜子

congl 砾岩

conglomerate 成团的；密集体；砾岩；聚成球形；混合物；密集的；砂礓；砾岩型铀矿；康采恩；碎屑岩
→～ fan 砾石扇 //～ mill 选砾厂 //～ quartz 石英砾岩 //～ silicosis 聚合性石末沉着病 //～ type U-ore 砾岩型铀矿

conglomeratic{conglomerate} mudstone 副砾石{岩}
→～ mudstone 类砾石{石}；砾(岩质)泥岩 //～ sand 含砾砂

conglomeration 堆集(作用)；聚积；共凝集(作用)；凝聚；黏结；黏附；堆积；聚集(作用)；砾岩

conglomerite 硬砾岩；变砾岩

congolite 刚果石[(Fe²⁺,Mg,Mn)₃B₇O₁₃Cl;三方]

congos (尖)刚果金刚石

congost 陡壁横谷

congregation 聚集(作用)[生]；集合作用

congregation-zone 集合带；聚集带

congressite 淡粗霞岩

congruent 相应的；相同的；相当的
→～ anti-equality 叠合反相等 //～ distribution 叠合分布 //～ form 左右相反形 //～ forms 同形异置形 //～ melting 合熔 //～-melting compound 一致熔化合物

congruous{congruent} 同形的[褶皱]
→～ drag fold 同斜拖褶曲 //～ {accordant} fold 协调褶皱；谐调褶皱 //～ fold 相符褶皱

Coniacian 科尼亚克(阶)[88～87Ma;欧;

C

K₂]

coniatolite 文石结壳；(坚硬)霰石结壳

conic 锥形的
→～ columnar stromatolite 圆锥顶柱状叠层石//～ contour 锥形//～ thickener 角锥池；浓缩漏斗//～ tower platform 锥形柱(浅海钻探)平台//～ chart 圆锥投影地图//～(al) curve 圆锥曲线//～ node 锥顶(点)

conical(-shaped) 圆锥形的
→～-bottom bin 锥底矿仓；锥形底仓//～ columnar stromatolite 圆锥顶柱状叠层石

conical node 锥状瘤

conichalcite 砷钙铜石{矿}[CaCu(AsO₄)(OH);斜方]

conichrite 分熔石[Ca 和 Mg 的铝硅酸盐]

conicity 锥度；锥削度；圆锥度
→～ of model 模型锥度

conico-cylindrical 锥柱状

Conicodontosaurus 锥齿蜥属[K]

conicoid 二次曲面

Conicoidium 锥藻属[E₃]

Coniconchia 锥壳纲[古]

conicycle 浮尘重量取样器

conidae 芋螺科，鸡心螺

conidiospore{conidiophore} 分生孢子[孢粉]；无性孢子

conidium 分生孢子[孢粉]

conies 蹄兔目{类}

Coniferales 松柏目{类}；松柏纲

coniferidae 松柏亚纲

coniferin 松柏苷

coniferous 松类的
→～{needle-leaved} forest 针叶林//～ vegetation 针叶植物

Conifers incretae sedis 分类位置不明的松柏类

coniferyl alcohol 松柏醇

coniform 锥形；锥状

conilignosa 针叶木本群落

conimeter 计尘器；测尘仪；空中悬浮矿尘测量器

coning 底水上涌；舌进；梢；锥角；锥进；锥度；卷于圆锥体上；圆锥度；圆锥形的；水舌形式；水锥侵进(油井)
→～ and quartering 环锥法(取样)//～ and quartering (sampling) method 堆锥四分(取样)法//～ control 控制锥进

coniology 微尘学；测尘学

Coniopteris 锥叶蕨(属)[J₁-K₁]

coniscope 测尘仪；计尘仪

conisilvae 针叶林；针叶乔木群落

conispiral 锥形壳
→～ form 锥旋形

conistonite 草酸钙石[Ca(C₂O₄)•2H₂O;四方]

conite 镁白云石[CaMg(CO₃)₂]；粉石英[SiO₂ > 98%]；易劈灰岩；白云石[CaMg(CO₃)₂;CaMg•CO₃•MgCO₃;单斜]

Conites 似球果属[D-Q]

conites 化石球果

Conitubus 锥管笔石属[O₁]

conjecture 推测

conjoining 交接

conjugacy 共轭性

conjugatae 接合藻类

conjugate 共轭，共轭的；配合的
→～ rock 共轭岩

conjugated diene{diolefine} 共轭二烯

conjugation 共轭作用；结合作用；配合；结合
→～ line 共轭线；连接线//～ tube 接合管

conjugative effect 共轭效应

conjunct 结合的；共同的；连接的；联合的；同他物结合的物体；混生的；连续孔菱[棘林檎]
→～ pore rhomb 连续孔菱[棘林檎]

conjunction 结合；契合；联结；合取；联合作用；连测；接头；连接；会合[天体]

conjunctival concretion 结膜结石

conjunctive symbiosis 合体共生
→～ use 联合使用；调剂使用

Conkling magnetic separator 康克林型交叉带式磁选机

Conklin process 康克林磁铁矿(悬浮液)分选

conn 指挥；驾驶(船)

connarite 水硅镍矿[H₄Ni₂Si₃O₁₀]；硅镍矿[Ni₂Si₃O₆(OH)₄]

connate 同源的；先天的；共生的；原生的；同生的
→～ fluid 残余流体//～ water 共存水；化石卤水//～{fossil;buried} water 埋藏水//～{fossil} water 古水体

connected 连接的；连通的
→～ drainage pattern 连通式水系；结缔式水系//～ graph 连通图//～ in series 串联的//～ journal box 结合轴

(inter)connectedness 连通性

connecting 连接；联系
→～ band 连接带[腕]//～{platform} bridge 天桥//～{union} link 连接环//～ roadway{holing;slot} 联络巷道//～{connector} tube 连管

connect in parallel 并联连接

connection 接合处；连接机构；关系；连接装置；离合器；连接法；联系；联络巷；连通测量；连接；电路；卡口[爆]；接合；拉杆；联轴节；接线
→～ (roadway) 联络巷道

connective suture 连接线[生]
→～ tabulae 联结板//～ tissue 结缔组织；早期矽肺结缔组织

connectivity 连通性；接合性；连接性
→～ factor 连通度；连通系数

connector 接线柱；连接管；夹子；连接线；插头；连接物；插塞和插孔；接合器
→～ (sub) 连接器；接头//～ bend 弯头管子//～ well 连接井

connellite 羟氯铜矾；氯铜矾；毛青铜矿[Cu₁₉(NO₃)₂Cl₄(OH)₃₂•2～3H₂O;六方]；细柱蓝铜盐；硫羟氯铜石[Cu₁₉Cl₄(SO₄)(OH)₃₂•3H₂O;六方]
→～{caeruleofibrite;ceruleofibrite;footeite} 铜氯矾 [(Fe,Cu)SO₄•7H₂O;Cu₁₉(SO₄)Cl₄(OH)₃₂•3H₂O]

connellsite 康奈尔斯煤[美;燃料比 1.85]

Connochaetes 角马属[Q]

connoting eye 连接眼

conny 碎煤；煤末

Conocardium 锥鸟蛤属[双壳;O-P]

Conochitina 锥几丁虫(属)[O₂-S]

Conoclypidae 锥盾海胆科[棘]；锥质海胆科

Conococcolithus 圆锥颗石

Conocollenia 球果倒锥藻属

Conocoryphe 钝锥虫属[三叶;Є₂]

Conocyeminae 锥胚亚科

Conodont 齿形虫类；牙形虫类
→～ alteration index 牙形石色度指数//～ paleoecology 牙形石古生态

conodontifer 含牙形石动物

Conodontiformes 齿形亚目

Conodontochordata 牙形索动物；牙索动物

Conodontophorida 牙形石目；牙形刺目

conodrymium 常绿群落[植]

Conolophus 锥脊兽属[E₁]

conophorophilus 栖针叶林的[生]

Conophyton 锥登层石属；锥叠层石属[Z]

conoplain 麓原；锥原[四周倾斜平原]

Conoryctes 尖纽兽属[E₁]

conoscope 锥光偏振仪

conoscopic angle 锥光角
→～{conoscope} figure 锥光图//～ image 集中像[显微镜]//～ method 锥光法//～ observation 聚光观察[显微镜]

conoscopy 锥光法

Conosphaeridium 锥突藻属[K-E]

conotheca 锥形胞管[笔]

conplain 调和平原

Conrad counterflush coring system 康拉德式反循环泥浆洗井取芯法
→～ discontinuity 康拉德(间断)面//～{Riel} discontinuity 康拉德不连续面//～ layer 康拉德层；下地壳层

Conradson carbon residue 康氏残碳值；康拉逊残碳值

conreging flow 渐缩流

conrotatory 顺旋

consanguineous 同源(岩浆)的；同族的
→～ association 同源堆积群

consanguinity 岩浆同源，同源[岩]；同源性；同族
→～{consanguineous} association 同源(共生)组合

consecutive 连续(的)；连贯的；连串的

Consenco classifier 康森科型分级机[干涉沉降自动排料]

consequence 后果；重要性；顺向；结果；结论；推论；后承
→～ of failure 崩塌后果；失稳后果

consequent 理所当然的；继起的；后项；跟着发生的；结果

consertal 有缝的；缝合的；多形等粒状岩；等粒的
→～ fabric 等粒岩组

conservadum nomen[拉] 保留名

conservancy 保护；管理局；管理[自然资源]

conservation 不灭；守恒；保存；油封
→～ of resources 护矿

conservative 保持的；谨慎；守旧的(人)；防腐剂；留有余地的
→～ estimate 保守估计//～ plate boundary 可稳定板块边界//～ pollutant 持恒污染物//～ property 守恒性

conserve 储藏；守恒；保养；保存；保藏；预防；养护；防腐剂

conserved name 保留学名

conserving agent 保藏剂；除腐剂；保存剂

conshelf 大陆架

considerable 相当大的；重要的；大量的

→～ atmosphere 相当厚的大气圈

consideration 见解；斟酌；矿工(困难)地区工作补贴金；要考虑的事项；考察；商量；重要(性)；报酬；考虑；设想；理由

consign 交付

consilience 符合；一致

consistency 符合；连贯性；黏(滞)度；浓度；稠度；密实度；坚韧；密度；一致性；相容性；坚实度；稠密度

→～ condition 相容条件 //～ constant 结持常数 //～ index 相对稠度；稠度指数 //～ of mortar 砂浆稠度

consistent 始终如一的；稠的；协调的；坚实的；一致的

→～ {consistency;compatibility} equation 相容方程 //～ {solid} lubricant 黄油 //～ moisture 不变水分 //～ rain 持续雨

consistometer 稠度仪

Consol 康索尔；×絮凝剂[骨胶衍生物]

→～ synthetic fuel process 强化合成燃料过程

console 托架；操纵台；终端；凿岩机支架；控制盘；螺形支柱；仪表板；架在支柱上的小房子；支架

→(automation) ～ 控制台 //～ section 操纵部分 //～ support{timbering} 悬臂支架 //～ switch 操作台开关

consolidate 固化；整合；压密；固结；加强；加固

→～ rock aquifer 固结岩石含水层

consolidated 异体愈合的[生]；胶结的

→～-drained shear test 慢剪实验 //～-drained{undrained} shear test 固结`排{不排}水剪切实验 //～ isotropically{anisotropically} undrained test 各向`等压{不等压}固结不排水试验 //～ pack squeeze 树脂砂浆充填挤压 //～ pile 加固桩 //～ rock aquifer 固结岩石含水层

consolidating chemical 胶结(化学)剂

→～ {binding;cementing;jointing;cementitious;bonding} material 胶结材料 //～ pile 强化桩 //～ subterrane drill 就地固结型地下钻机

consolidation 合并；捣实；胶结；硬化；固结；凝固；黏着；硬结；巩固；压实；强化；黏结

→～ by injection 注浆固结 //～ grouting (用)水泥加固 //～ of mud 泥浆结饼；泥浆固结 //～ of slime 矿泥凝固 //～ test under constant rate of strain 等应变速率固结试验

consolidator 团体

consolidometer 固结仪；渗压仪

Consol lattice chart 康索尔格网海图

consolute 共溶性的

Consortium for Continental Reflection Profiling 大陆反射剖面合作项目

conspecific 同种的

conspecifics 同种个体

constancy 持续性；恒定性；持久性；稳定性

→～ of geochemical potential 地球化学位守恒 //～ of ocean floor 洋底永存(说)

constant 恒量；常数；定值；不变的；恒定的；恒定

→～ (quantity) 常量 //～ {steady} acceleration 等加速度 //～-amplitude stress fatigue test 等幅应力疲劳试验

constant-area grain 恒燃面火药柱；恒面燃烧火药柱

constant background velocity 常背景速度

→～ feed 定量供给 //～ for gases 气体常数 //～-head{gravity} tank 恒压箱 //～ temperature line 等温线 //～ temperature type fire detector 等温式火灾探测器

Constellaria 星苔藓虫属[O]

constellation 星座；座

→～ effect 群集效应

constituent 选民；组成；组成的；组分；分潮；要素；成分

→～ (element) 组成部分 //～ corporation 子公司 //～ fiber of asbestos 石棉主体纤维 //～ layer 组元层

constituents of coal 煤的组成

constitutional ash 本体灰分

→～ {compositional;constitution} diagram 组合图 //～ {stable; state} diagram 平衡图 //～ diagram 相图[合金组成]

constitution(al){combined;combination} water 化合水

→～(al){structural} water 结构水

constrained 抑制的；限定的

→～ cross-correlation method 约束互相关法

constraining bed 强制层

constraint 强制力；强迫；控制条件；包含物；限制；制约

→～ {restriction} equation 约束方程 //～ matrix 约束条件矩阵

constrict(ion) 阻塞；收缩

constricted bottom 收缩底

→～ {squeezed;pinched} fold 压缩褶皱[一种同沉积褶皱] //～ section 狭河段

constrictedness factor 收缩度

constricted section 狭河段

constrictional linear fabric 收缩线状组构

constriction area 缩口断面

→～ of valley 河谷变狭 //～ plate 分布板[空气] //～-plate classifier 收缩板分级机 //～ radium 收缩半径

constrictive zone 压缩带

constrictor 燃烧室收缩段[航]；压缩物；压缩部分；尾部收缩燃烧室；压缩装置；收缩器；压缩器

constringence{constringency} 收缩性；倒色散系数

construct 创立；编制；建设；建筑；组成；构成；建造

→～ a dam 筑堤

constructer 施工人员

construction 设计；装配；工程；推定；建设；工地；制作；架设；建筑(物)；构造；解释

constructional 结构的；建设上的；堆积的

→～ gradient 原始倾斜 //～ iron 结构铁件 //～ plain 堆积平原 //～ surface 结构面

construction barge 建台驳船

→～ bend 现制弯头 //～ cycle 建井周期 //～(al) drawing 结构图；构造图 drawing{plan;working map} 施工图

Construction Management 建设管理

constructive delta 建设型三角洲；建设性三角洲；堆积型三角洲

constructiveness 建群性

consultant{consulting} firm 咨询公司

consumable 能耗尽的；消费品；可消耗的；去的

consumed man-hour of loading 装岩工时消耗

→～ oxygen 耗氧量 //～ plate boundary 消亡的板块边界 //～ power 消耗功率

consuming boundary zone 消亡带

consummation 完美；完成；极点

→～ of errors 平差法

consummator 实行者；完成者；能手；专家[某方面的]

consumption 消减；消耗量；消耗；流量；行销；消费；消亡(作用)；销路；消失作用；费用；肺结核

→～ (water) 耗水量 //～ of explosives 炸药消耗量 //～ of water 用水量

contact 啮合；触头；切触；联络；串联；通信；接头；连接；接触；有联系的；接点；联系；相切[数]

→～ bed 界面层；分界(岩)层

contactor 开关；触点

→～ (unit) 接触器 //～ panel 开关盘

contact panel 接触器盘

→～ pyrometasomatic deposit 接触火成交代矿床 //～ ratio 重合度；接触比 //～-sparking piece 接触火花件 //～ tension 接触电压；触面电压 //～ velocity 接触速度

contagious disease 传染病

contained explosion 遏制爆炸{破}[四周有控制]；四周有控制的地下爆炸；充填爆炸

→～ {underground} explosion 地下爆破 //～ fluid 受限流体 //～ power cycle 密闭式动力循环

container 包装物；包皮；集装箱(货运船)；(外)壳；(弹)筒

→～ rock 容岩；储油层；包容(异体)岩石；储气层

containing die 容槽式砧[捣碎机]

→～ mark 容量刻度 //～ {containment} vessel 安全壳[核]

containment 容积；容器；包容；牵制；密封度；控制火势

→(reactor) ～ 安全壳[核]

contaminant 黏染物；致污物；沾污物；杂质；污染物；混油

→～-holding{dirt-holding;dirt-storage} capacity 纳垢容量 //～ removal 清除杂质 //～ source 污染源

contaminate 混染岩；混杂；污染物；污染

contaminated area 沾污(地)带

→～ fluid 污染的乳酸液 //～ ground 被污染土地 //～ rocks 混杂岩 //～ well 污染井

contamination 玷污；污物；污秽；混合；杂质；混染；混杂作用；混合作用；污染{沾污}[水、空气]

→～ of ore 矿石污染

contaminative (被)污染的

contemporaneous 同时代的；同时期的；同时的

→～ delta-submarine fan couples 同期三角洲-海底扇对 //～ filling 立即充填；随采随充 //～ {simultaneous} filling 同时充填

contemporary{contemporary age} 现代
→~ carbon 现生碳//~ fill 同时充填
//~ relief 现代地形
contender 打孔装置
→(hole-making) ~ 钻机
contending color 斗彩陶
content 满意；含量；内容；满足；目录；
存数；体积；品位
→(cubic(al)) ~ 容积；容量//~ hold-
ing capacity 容积//~ of mineral value
矿物值含量//~ of relict water 残余水
含量
context 范围；角度；上下文[计]；前后关
系；来龙去脉
contexture 上下文[计]；构造；组织；结构
contiguous 接触的；邻接的
→~ area 邻接区//~ sample 相邻样
品//~ seam mining 近距煤层群开采
//~ zone 毗连区
continens 火星陆地
continent （大）洲陆地；崎岖高地[月球]；
洲；大陆
→~ abutment 大面积矿柱应力集中区；
大型支撑矿柱//~ crust 大陆型地壳
//~ delamination 岩石圈脱壳沉降(作
用)//~ drift{displacement;migration}
大陆漂移//~ gland-type capping 桃形
环//~ nuclei 大陆核//~ shield {nu-
cleus} 地盾
continental accretion 大陆增长
→~ apron{rise;emergence} 陆隆//~
delamination 岩石圈脱壳沉降(作用)
//~ line 陆上管线//~ mantle 陆幔；
大陆地幔//~ marginal zone(大)陆(边)
缘带//~ ocean 大陆式海洋//~ pro-
gressive overlap 陆成超覆//~ shelf
break 大陆棚裂
Continental United States 美国大陆
continental water body 大陆水体{域}
continentes 火星陆地
continentization 大陆化
contingency{contingence} 临时事件；意
外事故；列联；偶然性
→~ (allowance in an estimate) 预备费
//~ plan 应急预案//~ planning 应变
规划//~ theory 权变理论
contingent 偶然的；偶然事故；可能有的；
伴随的；分遣部队
→~{contingency} duty 应变关税
continuance 停留；持续；持续时间；连
续性；连续；逗留
→~ of lode 矿脉延展长度
continuation 继续；延伸部分；连续；承
袭；增加物；延续
→(analytic) ~ 延拓//~ line 续行
//~ of solutions 解的延拓
continuationism 连续论
continued 继续的
continuity 持续性；连锁；持续；连续；
层序；连通率；连合；延续性；连贯(性)；
结合；连续性；完整性
→~ analysis 延续性分析//~ check
通断检查//~ of discontinuity 不连续
面的延续性
continuous 不断(的)；渗滤池；连续的；
继续的；连续
→~ caving 采区连续崩落采矿法//~
-line bucket 连续戽斗链(系统)//~
magnetic chronology 连续磁编年学//~

magnetic north reference 跟踪磁北基准
//~ metric measurement 连续尺度度量
//~ retreat method 连续后退式采矿法
continuously-acting computer 连续动作
计算机
continuously loaded hole 连续装药孔
continuum[pl.-nua] 闭联集[数字]；连续；
连续介质；连续体
→~ (medium) mechanics 连续介质力学
contorted 扭曲的；歪的；拐曲的
→~ bed 褶皱层
contortuplicate 卷褶的
contour 周线；描绘轮廓；循等高线的；
等深线；电路；等场强线；恒值线；略图；
周道；等值线；划等值线；画等高线；外
形；线条；(叶片)型线；草图；轮廓；大
略；围线；概要；网络
→(equipressure) ~ 等压线//~ current
等高流//~ drift 圈定平巷；外围平巷
//~ {rim;cropper;line;peripheral;rib;peri-
phery; trimming} hole 周边炮眼；周边
(炮)孔
contoured flow 等深流
→~ orientation diagram 等值线方位
图解
contourgraph 轮廓仪
contourite 等深积岩；平积岩；平流沉积
(isodepth) contour line 等深线
contour line method 等高线法
→~ map{chart;diagram} 等高线图//~
map 等(场)强线圈//~ map{diagram}
等值线图//~ map of phreatic water 潜
水等位线图//~ mining 沿等高线开采
contourometer 钻孔仪；测(钻)孔仪
contour{swivel} pen 曲线笔
→~ surface 等值面//~ value 等高线值
contra[拉] 相反
contraclinal{anaclinal} valley 逆斜谷
contra credit 贷方对销；反信用
contract award date 合同签订日期
→~ bonus system 承包奖金制//~
day rate payment 按日支付工费；包工
每日支付额//~ depth 合同井深
contracted drawing 缩绘；缩图
→~-out production 外包协作//~ pipe
缩管//~ weir 收缩堰[堰宽小于水道宽]
contract footage rate payment 按进尺包
工计价
→~ for a job 包工//~ for a scientific
and technological research project 科技合
同//~ for goods 订货单
contractible 会(收)缩的；可缩的
contractibleness 收缩性
contracti(b)le 可收缩的
contracti(bi)lity 收缩性
contracting-expanding nozzle 缩放喷嘴
contraction 订约；压缩；缩小；冷凝；
减缩；省略；减少；收敛
contract item 合同项目
contractive soil 收缩性土
contract miner 计件制矿工
→~ of affreightment 租船契约//~ of
earth 地球收缩//~ of freightment 运
货合同
contractor's hole 草率完工的井；承包商
井[为了米数而打的无用井]
contract price 发包价格；包价；合约
价格
→~ report 合同报告//~ service 约定

劳务
contractual 契约的
→~ and leasing system 租赁制//~
investment 合同性投资
contract work 包工
contra-dip drainage pattern 逆倾向水系
contragradation 堰塞堆积；阻塞堆积
(作用)
contrail 凝结尾(流;迹)；凝迹[飞机飞过留
下的尾迹]；航迹云
contra-injection 反向喷注
contrainjector 反向喷嘴
contrapolarization 反极化(作用)
contraposed coast 叠置海岸
→~ shoreline 对置滨线
contrarotating 逆转；反转[风机]
contra rotating blades 旋转方向相反的
叶片
→~{opposite} sign 异号//~ bath 冷
热交替浴//~(ing) colo(u)r 对照色；反
衬色//~-color 反衬色//~-processed
image 经过反差处理的图像
contrarotation 反转；反向旋转
contrary 逆
contrast 衬比(度)；差异；相对立；反衬；
形成对比；对照；对比；反差；衬度
→~ bath 冷热交替浴//~(ing) colo(u)r
对照色；反衬色//~-color 反衬色//~
control 对比度调整{节}
contrasted differentiation 相对分异(作用)
contrastes 反向风；互逆风
contrast indicator 衬标
contrasting signal 反衬信号；对比度信号
contrast of direction 方位对比
→~-stretched image 反差加大图像//~
value 本底
contrate 端面齿的；横齿的
contratest 对比试验
contravalence 共价
contravalid 无效的；反有效的
contributing{contributory;influence} area
影响区
→~ factor 成因//~ interest 贡献利
益//~ region 供水区；补给区；供给区；
水源区//~{productive} zone 生产层
contribution 捐款；组成；贡献；著作；
稿件；分担额；作用；成分；补助品；影
响；摊派额
→~ margin analysis 边际贡献分析
contributor 组成物
contriver 发明人；设计人
control(ler) 操纵；调节；管束；开关；
支配；核对标准；抑制；束；控制；节；
指挥；检验；检查；防治；节制；调整；
对照物；制；对照；调度；调谐；管制；
核对；控制器
→~ function 控制函数//~ lever
housing 控制杆罩//~ of (the) miner-
alization 控矿作用//~ of production
geology 生产地质指导//~ of sinter
chemistry 烧结矿化学成分控制//~
sample 校核试样//~ stress for
prestressing 张拉控制应力//~ surface
配流面//~ wool 石棉堵漏丝
controlite 珍珠岩堵漏粉
controllable function 可控函数
→~ variable 可控值
controlled aggregation 适度絮凝；控制
絮凝

→~-angle drilling 控制角度钻井{进}// ~ atmosphere 惰性气保护[金刚石钻头烧结炉中]// ~ interval 拉制井段;定距 // ~ random search 可控随机搜索 // ~ source audio magnetotelluric 可控声频大地电磁测深法 // ~ variable 控制参数

controller 调整器;主管人;监察(人)员;操纵器;操纵杆;调节装置;主计长;管理员;调节器;检验员;检查员;会计长 → (traffic) ~ 调度员 // ~ case 控制器箱 // ~ pilot 调节器控制阀

controlling board 控制板 → ~ buckling 可控压屈 // ~ conductor 控制用导体(线) // ~ device 控制装置;操纵装置;调节装置 // ~ phenomena in sulfide smelting 硫化矿熔炼的控制现象 // ~ the advance of mining workings 巷道掘进导向

Conularia (方)锥石(属)[腔;Є-P]

Conularida 锥石类;锥石目

conulariid 锥石类

Conulata 锥石亚纲[腔]

conulite 洞锥石;洞穴锥石

Conulus 锥海胆属[棘;K₃]

conurbation 集合城市[拥有卫星城市的大城市]

Conus 芋螺属[腹;E-Q]

Conusphaera 圆锥球石[钙超;J₃-K₁]

convalescent 恢复期病人

convection 对流作用;传送 → ~ (current) 对流;运流 // ~ coefficient 对流系数 // ~ current 热对流 // ~-current hypothesis 对流(假)说[地幔]

convectional dryer 对流式干燥机

convection cell 对流圈地幔 → ~ coefficient 对流系数 // ~-free grow 无对流生长[晶] // ~ layer 对流层 // ~ section 对流部分

convective drift 运流漂移 → ~ equilibrium 二对流平衡(态)

convectively unstable air 对流不稳空气

convective overturn 对流性倒转 → ~ undercurrent 对流潜流{行} // ~ zone 对流层

convector 热空气循环对流加热器;对流器

convenience goods 方便货品 → ~{stab} receptacle 插座

convenient synthesis 简便合成法

conventional 普通的;一般的;约定的;传统的;通用的 → ~ circulating technique 常规循环(充填)技术 // ~ consolidation job 常规地层胶结作业 // ~ coring 一般取芯 // ~{gravity;slump} fault 正常断层 // ~-grade iron ore 一般品位铁矿 // ~ machine mining 长壁工作面带式运输机运输的采矿法;习用机械采煤法;一般机械化采煤法 // ~ price 协定价格 // ~ scanning diffraction 常规扫描绕射

converged fold 收敛褶皱;辐合褶皱

converge explosion 收缩爆炸

convergence 顶底板的会合;收敛性;幅合;净侧向入流量;交汇(地层);辐合度;地层交汇;趋同;矿层厚度减小;闭合;聚敛;聚焦;地层敛合;辐合;汇合;下降;沉降;洞壁收敛;顶底收拢;下沉 → ~ (angle) 收敛角 // ~ belt 聚敛带

// ~ map 等垂矩线图 // ~ map{sheet} 等容线图 // ~ of flow 汇流;液流的会聚

convergency 收敛(角);会聚;巷道顶底板相对位移;集中;辐合度;地层交互{汇交};敛合};洞壁收敛;顶底拢拔;聚焦

convergent 汇聚;会聚;渐缩的;缩径的

converging 会聚 → ~ dikes 辐合岩脉 // ~-diverging {convergent-divergent} nozzle 缩扩型喷嘴

Converrucosisporites 三角块瘤孢属[C₂]

conversational mode 对话(方)式 → ~ system 会话型系统

conversation{conservation} of resources 资源保护

conversely 会谈;相反地;转换;换算逆的;反;倒

converse magnetostrictive effect 反磁致伸缩效应 → ~{inverse} piezoelectric effect 反压电效应 // ~ piezoelectricity 反压电性;电致伸缩 // ~{inverse} theorem 逆{反}定理

conversion 基因转变;反演[数];转化;变换;情况改变;逆转;转差;转换;换算;改造;改装

convertal process 油凝离心机选煤机

converted 换算过的;改造的;改装的;转变了的 → ~ clay 变质黏土 // ~ image 转换图像 // ~ producer 转注(生产)井 // ~ production well 转采井

converter 转换器;换算器;变流器;变频器;换流器;交换器;转炉;变换器;换能器 → ~ drying burner 转炉烘干燃烧器 // ~ substation 换流分站

convertible 可转化的;可改变的 → ~ crane 可换机具的起重机;可更换装备的起重机 // ~ hydrocarbon 可转化烃类 // ~ open side planer 活动支架单柱刨床 // ~ shovel 正反铲挖土机;两用炉

converting waste into useful material 废物利用

convertor 变换器

convex 凸(面)的;凸形;凸状;中凸的;凸圆体;凸圆的 → ~ bit 凸面不取芯金刚石钻头;凸状钎头 // ~ hyporelief 层底凸痕[遗石]

convexo-concave 一面凸一面凹的 → ~ phase 凸凹型壳 // ~ slope 凸凹坡

convexo-convex 两面凸的;双凸形的

convexo-plane 凸平形的[一面凸一面平]

convey(or) 传达;输送;传送;搬运;凸(面)的;通知;运送 → ~ tubing perforation 油管带枪射孔

conveyance 运输工具;提升容器;传播;运输;表达;车船;输送;搬运;交通工具;传送;转让;传递;运送

conveyer 交付者;输送机;运送者;运输机 → ~ (belt) 传送带 // ~ belt carrier{|fastener} 输送机胶带`托滚架{|卡子} // ~ chute 运输机槽 // ~ system 流水

作业

conveyering unit 运输机

conveyerization 运输机化

conveyer system 流水作业

conveying device 输送装置 → ~ device for kiln 窑用输送设备

convolute 旋卷 → ~ {contorted;gnarly;distorted} bedding 扭曲层理 // ~ {gnarly} bedding 盘旋层理 // ~ current-ripple lamination 旋卷流痕纹理 // ~ fold 盘旋形褶皱;翻卷褶皱;细卷褶皱;旋卷形褶皱

convoluted organ 卷曲器[棘海百]

convolution 褶合(式);卷积;对合;褶积;圈;匝;盘旋;旋转;转数;折合式;卷旋;结合式;旋圈;回旋;旋绕;涡流 → ~ ball 旋卷构造 // ~ transform 褶积变换

convolutional 涡流的;褶积的;结合式的;回旋的;旋转的 → ~ ball 旋卷构造

Convolutispora 蠕瘤孢属[C₁]

Convolvulus 旋花粉属[E] → ~ althaeoides 蜀葵叶旋花[俗名旋花,旋花科,磷局示植]

convulsion 灾变;震动;激变[地壳];激动 → ~ of nature 地震;自然灾变;火山爆发

convulsionism 灾变论

cony 鼠兔(属);蹄兔(属)[N-Q];短耳兔

conzeranite 瘦棒面

cookeite 辉沸石[NaCa₂Al₅Si₁₃O₃₆•14H₂O;单斜];鲤绿泥石;锂绿泥石[(Li,Na)₂O•3Al₂O₃•4SiO₂•6H₂O;LiAl₄(Si₃Al)O₁₀(OH)₈;单斜]

cooking{cheap} oil 汽油 → ~ pool 沸泉塘[可用于烹调] // ~ {water} snow 含水雪 // ~ time 热蒸时间;热变时间 // ~ utensil 钫

Cook Islands 库克群岛[新] → ~-off 炸药自爆 // ~ out sample 烘干(岩粉)样品

Cooksonia 库克逊蕨属;顶囊蕨属[D₁]

coolant 切削(润滑)液;冷却介质;散热剂

cooldown 变冷{凉};平静下来

cooler 制冷装置;冷凝器;冷却剂;冰箱;冷却器 → ~ exhausted air 冷却机废气 // ~ inlet 冷却机装矿口

Cooley jig 库利(型筛下排矿活塞)式跳汰机 → ~-Tukey method 库利-吐克法;库利-图基法

coolgardite 杂碎金银汞矿

cooling air 冷却空气

coom 深切曲流的陡岸;山脊;拱形的[顶板];拱形(顶板);拱架;狭谷;煤烟;煤灰;煤粉;峡谷;冲沟;冰斗;山坡干谷;炭黑

coombe 山坡干谷;深切曲流的陡岸;峡谷;狭谷;冲沟;山脊;冰斗;凹地

coon 浣熊 → ~-tail ore (浣)熊尾状矿;条带状萤石-闪锌矿石

cooperate 配合;协作;硫铂矿[PtS;(Pt,Pd,Ni)S;四方]

co-operating 协同操作

cooperative 合作(化)的;协同 → ~ exploitation 合作开发{采} // ~

exploration of offshore oil 海上石油合作勘探

cooperite 硫(砷)铂矿[PtS;(Pt,Pd,Ni)S;四方]；硫砷铂矿[(Pt,Rh,Ru)AsS;等轴]；库珀利特硫合金；天然硫砷化铂

coordinate 同位；协调；并列的[语]；配位；配合；坐标；协作；对等的；同等的人；调整

→～ axis 坐标轴//～{metallic} crystal 金属(性)晶体//～ electrovalent link(age){bond} 电价配键//～ function 坐标函数//～ grid 坐标格网//～{scale;squared;graph;square} paper 坐标纸//～ transformation 坐标变形法

coordinated conjugated set 配位共轭组

coordinating ion 配位离子

coordination 综合；协调；同位；调整；同等；配合；配位

→～{coordinate} link(age) 配价键//～{ligand;coordinating; coordinate} number 配位数//～ polymerism 配位聚合异构(现象)//～ valence 配(位)价

coorongite 库荣腐泥[澳]

coose 劣矿脉；贫矿脉

co-oxidation 共氧化

copal 硬树脂[法]；柯巴树脂

→～-ether 岩树脂醚//～ gum 透明树胶

copaline{copalite} 黄脂石[树脂的化石,含氧比一般琥珀少; $C_{12}H_{18}O$]

coparsite 氯氧钒砷铜矿[$Cu_4O_2((As,V)O_4)Cl$]

cope 顶盖；覆盖；罩；安设架子；盖箱；上模箱；对抗；小(通话)室；上型箱；应付

→～ (box) 上砂箱；克服//～ down 吊砂

Copepoda 桡脚类；桡足类[节甲;Q]

coperite 辉铜矿[Cu_2S;单斜]

copernicium 鿔{鎶}[序 112]

cop flying-off 纱线崩脱

co(-)phasal 同相的

cophenetic correlation 同型相关；同表象相关

→～ value 同象值

copi 风化石膏

copiapite 铁矾石；叶绿矾[$R^{2+}Fe_4^{3+}(SO_4)_6(OH)_2 \cdot nH_2O$,其中的$R^{2+}$包括$Fe^{2+}$,Mg,Cl,Cu或$Na_2$;三斜]；黄铁矾

copier 复印机

copilot (飞机)副驾驶员；副航行员[宇航]

coping 分割石板；挡板；盖顶；用薄砂轮切割料石；墙帽

→～ behavior 应变行为//～ out{cut} 吊砂//～{cap} stone 压顶石//～ (of) stone 帽石；盖石

coplanar electrode array 共面电极列

→～ extinction curve 共平面消光曲线//～ stress 共面应力

coplane 共面

coplaner 共平面的；同平面的

→～ loop system 共面线圈系统

coplasticizer 辅(增)塑剂

copolyalkenamer 共聚烯烃

copolyamide 共聚多酰胺

copolycondensation 共缩聚(作用)

copolymer 共聚合物；共聚物

→～ of vinyl acetate and maleic anhydride 马来酸酐与醋酸乙烯酯共聚物

copolymerisation 共聚作用

coppaelite 辉斑煌长岩

copper 铜(器)；铜制的；包以铜皮；铜(色)的；铜币

→～ avanturine 铜砂金石//～-bearing iron ore 铜铁矿石//～ black 黑铜矿[CuO;单斜]//～ blende 锌黝铜矿[$(Cu,Fe,Zn,Ag)_{12}(As,Sb)_4S_{13}$]//～ bloom 毛赤铜矿[毛发状;$Cu_2O$]；铜华[$Cu_2O$]//～ chloride ore 氯化铜矿//～ emerald 透视石[$Cu(SiO_3) \cdot H_2O$; H_2CuSiO_4; $CuSiO_2(OH)_2$;三方]//～ froth 铜泡石[$Cu_5Ca(AsO_4)_2(CO_3)(OH)_4 \cdot 6H_2O$;斜方]//～ glance 辉铜矿[$Cu_2S$;单斜]//～-graphite composition 铜-石墨制品//～ halloysite 铜埃洛石//～ horn ore 角铜矿

copperas (水)绿矾[$Fe^{2+}SO_4 \cdot 7H_2O$;单斜]；皓矾[$ZnSO_4 \cdot 7H_2O$;斜方]

→(yellow) ～ 叶绿矾[$R^{2+}Fe_4^{3+}(SO_4)_6(OH)_2 \cdot nH_2O$,其中的$R^{2+}$包括$Fe^{2+}$,Mg,Cl,Cu或$Na_2$;三斜]

copperasine 铜绿矾[$(Fe,Cu)SO_4 \cdot 7H_2O$]；铜水绿矾[$CuSO_4 \cdot 7H_2O$]

copperbelt{copper belt} 铜矿带

copperclad 敷铜箔的；包铜的

copper/copper sulphate half electrode 铜/硫酸铜半电极

coppercyanide ion 铜氰络离子[浮抑剂]

coppercylinder compression test 猛度试验

Copperia 柯帕叠层石属[Z_2]

coppering 镀铜

copperish 含铜的；铜制的

copperization 镀铜；同铜处理

coppermica euchlore-mica 云母铜矿

copperweld (steel wire) 包铜(钢丝)

coppite 铁黝铜矿[$(Cu,Fe)_3SbS_3$]

copple 坩埚

copras 水绿矾[$Fe^{2+}SO_4 \cdot 7H_2O$;单斜]

coprecipitate 共沉淀；同时沉淀

coprecipitates accumulation 共沉淀物堆积

coprecipitational equilibrium 同沉淀平衡

coprecipitator 共沉淀剂

Coprinus 鬼伞属[真菌;Q]

coprocoenosis 粪便群落

coproduct 联产品；副产品

coprogenic 动物排泄物成因的；粪生的

→～ fossitexture 类(源)化石结构

coprolite 磷钙土[$Ca_5(PO_4)_3(Cl,F)$]；粪(化)石；粪粒体[褐煤组分]

coprolith(us) 粪石

coprology 粪便学；粪化石学

copropel 粪泥(质)

coprophaga 食粪动物

coprophilic 嗜粪的

coprophyte 粪生植物

coproporphyrin 粪卟啉

coproporphyrinogen 粪卟啉原

coprostane 粪(甾)烷

coprostene 粪(甾)烯

coprostenol 粪(甾)烯醇

coprosterol 粪甾醇

coprozoon 粪生动物

Coptoclava 裂尾甲属[昆;J_3-K_1]

copula[pl.-e] 交合；介体；系词；接合部；基鳃骨；联桁[几丁]

copulate 交媾；联合的；壳斗的[植]；交配；结合的；连接的

copy 仿形；副本；复制品；仿造；相似度；抄录；原稿；复写；誊；转录；样板；拷贝；仿(效)；范本；抄本；复制

copying 复写；靠模工作法

→～ (cutting) 仿形切削//(form) ～ 靠模加工//～ apparatus 晒印机//～ apparatus{press} 复印机

copyright 著作权；版权

copyrolysis 共裂解

coquimbite 针绿矾[$Fe_2^{3+}(SO_4)_3 \cdot 9H_2O$;三方]

coquina 介壳(石)灰岩；贝壳岩；壳灰岩

coquinite 硬(介)壳灰岩

coquinoid limestone 原地介壳灰岩；壳灰岩

COR 碳/氧比

coracite 晶(质)铀矿[$(U^{4+},U^{6+},Th,REE,Pb)O_{2x}$;$UO_2$;等轴]

coral 珊瑚；海花石

→～ (polyp;insect) 珊瑚虫//～-agate 珊瑚玛瑙[德]//～ cap 珊瑚岩帽//～ coppice{thicket} 珊瑚丛

coralgal 珊瑚藻；珊瑚和藻类沉积

→～ ridge 珊瑚藻类边缘脊//～ rock 珊瑚藻岩

Coralito 珊瑚红[石]

corallaceous 珊瑚质的

Corallian stage 科赖尔阶

coralliferous 含珊瑚的

coral limestone soil 珊瑚灰岩土

Corallina 珊瑚藻(属)[钙藻;C-Q]

corallineae{coralline algae} 珊瑚藻类

corallinerz 曲肝辰砂

Coralliopbila 珊瑚友螺属[E-Q]

corallite 珊瑚化石；珊瑚单体

Corallium 红珊瑚(属)

coralloidal aragonite 珊瑚文石

corallum[pl.-lla] 珊瑚体

coral{liver} ore 辰砂[HgS;三方]

corange line{co-range lines} 等潮差线

Corannulus 瞳仁环颗石[钙超;E_2]

corarfveite 独居石[$(Ce,La,Y,Th)(PO_4)$;$(Ce,La,Nd,Th)PO_4$;单斜]

Corbicellopsis 拟篮蛤属[瓣鳃;J-K]

Corbicula 篮蚬；蓝蚬属[双壳;K-Q]；蚬(属)[双壳]；篮蚬属[K_1-Q]

corbiculoid 篮蚬式的[双壳]；篮蚬式；女神蚬式

corbina 波纹无鳔石首鱼

Corbino effect 柯宾诺效应

Corbisema 小筐硅鞭毛藻(属)[K_2-Q]

corbond 支脉

Corbula 篮蛤属[双壳;J-Q]

corbula 笼套

corcagh{corcass} 泥坪

corcir 石蕊茶渍

corc(u)le 胚根[生]；胚芽；胚

corcovadite 花岗长玢岩

corcule 胚根[生]；胚芽

cord 捆；缚；塞绳；软电缆；腱带；绳；灯芯绒类(布)；索；用绳系住；电线；重量单位；软线；电绳；弦；考得[量木材体积单位]；弦线；成堆木材量度；帘布；绳索

cordage 绳；纤维绳；索；钢丝绳[钻井用]

→～ oil 钢丝绳(用)油

Cordaianthus 科达穗(属)[古植;C_3-P_2]

Cordaicarpus 科达果

Cordaioxylon 科达木

Cordaitales 科达类

Cordaites 科达木属[古植;C-P]；科达木；科达

Cordaitina 科达粉属[孢;P]

Cordaitopsida 高特纲;科达类

cordaitotelinite 科达木{树}结构凝胶{镜质}体[组分种类]

cordaito-vitrite 科达树微镜煤

cordate 心形

cord (conveyor) belt 衬钢丝绳的运输带
　　→~-belt conveyor 钢芯带运输机 // ~-charge forming 装药引爆成形 // ~{rope} control 绳索操纵

Cordeau-Bickford fuse 考图比克福起爆点着导火线

corded pahoehoe 绳状熔岩
　　→~ way 坡梯道[房]

corderoite 氯硫汞矿[$Hg_3S_2Cl_2$;等轴]

Cordex detonating fuse 考太克斯起爆导火线

cordierite-anthophyllite rock 堇青直闪岩
　　→~ subfacies 堇青闪岩分相

cordierite-based glass fibre 堇青石基玻璃纤维

cordierite heatproof ceramic 堇青石耐热陶瓷

α -cordierite 印度石[为成粒状结合的钙长石;$Ca(Al_2Si_2O_8)$]

cordiform 心形的

Cordilleran geosyncline 科迪勒拉地槽;柯地莱拉地槽
　　→~ mineral belt 科迪勒拉成矿带[北美]

Cordillera type 雁列式

Cordillerites 科迪勒菊石属[头;T_1]

cording 楞条织物

cordless 不用电线的;电池式的

cordobaite 钛铀矿[UTi_2O_6,U^{4+}部分被 U^{6+} 代替;$(U,Ca,Ce)(Ti,Fe)_2O_6$;单斜]

cordon 封锁线;警戒线

Cordosphaeridium 心球藻属[K-E]

cord packing 填密绳
　　→~ road 垫木便道[沼泽地]

Cordtex 泰安炸药导爆线[英];科德特斯导爆索
　　→~ fuse 季戊炸药导爆线

Cordtex relay 科德特斯式继爆管

corduroy 洗矿台{槽};铺木排路;木排路;绒衬垫;垛式支架
　　→~ blanket 条纹布衬垫 // ~ tables 灯芯绒床面摇床

cordylite 氟碳(酸)钡铈矿 [$Ba(Ce,La)_2(CO_3)_3F_2$;六方];棍棒石

Cordylodus 肿牙形石属[O_{1-2}]

core 衬心;心线;心带;中心;芯;柱状样品;核部[褶皱等];排放钻孔;精髓;褶皱等核部;芯型[冶];重心;型芯;核心;(原子反应堆的)堆部;剔去果心;果心
　　→~ assembly 组合泥芯 // ~-bit tap 打捞金刚石取芯钻头的公锥 // ~ breaker 劈岩器;型芯砂破碎机 // ~ breaking 割断岩芯;割取岩芯 // ~-description graph 岩芯描述图 // ~ drilled shaft 岩芯钻进法开凿的竖井 // ~-drilling 钻取岩芯{心} // ~ exploration drilling 岩芯钻探 // ~ flow bin 中心带流动(矿)仓 // ~ gripper with slip-spider 板簧式岩芯爪 // ~ intersection 岩芯断面;(据岩芯的)油层厚度;岩芯显示的矿层厚度

Coreaceras 高丽角石

Coreanocephalus 高丽头虫属[三叶;$Є_3$]

Coreanoceras 高丽角石;朝鲜角石属[头;O_1]

corebarrel{core barrel} 岩芯管

cored 已取岩芯的
　　→~ ammonium nitrate dynamite 硝甘芯硝铵炸药 // ~ bomb 有核火山弹 // ~ casting 有泥芯铸造 // ~ intervals 取芯井段

coreduction 同时还原;共还原

cored-up mould 岩芯造型

cored well 取(岩)心井;取过岩芯的井

coregamma 岩芯自然伽马

coregionalization simulation 同区域化模拟

coregraph 岩芯图

coreidae 缘蝽科[昆]

coreite 冻石{寿山石}[叶蜡石的致密变种;$Al_2(Si_4O_{10})(OH)_2$]

coreless armature 空芯衔铁;无铁芯电枢
　　→~ casting 无泥芯铸造

cor(n)elian 光玉髓[SiO_2]

Coremagraptus 帚笔石属[O-S]

coremaker 砂芯模

coremetamorphosis 瞳孔变形

corencite 绿脱石 [$Na_{0.33}Fe_2^{2+}((Al,Si)_4O_{10})(OH)_2•nH_2O$;单斜]

core of anticline 背斜中心;背斜核部
　　→~ of syncline 向斜中心 // ~ of the Earth 地心圈 // ~ picker 岩芯采取器;落井岩芯打捞工具 // ~ rock 核岩 // ~ sampler 取岩芯器 // ~ shack{house} 岩芯储存室 // ~{reamer} shell 扩孔器 // ~-stone 秃峰;孤石;核岩 // ~-to-sludge ratio 岩芯-岩粉比 // ~-type transformer 芯式变压器

corequake (地)核震

corer 取芯管

coreroom 砂芯间

coresidual 同余

corfe 吊桶{筐};提煤大筐;小型矿车{煤筐};小矿车;罐

corgel 胶质炮泥

corindite 刚玉[Al_2O_3;三方;合成]

corindon 刚玉[Al_2O_3;三方];刚铝石

corindonite 刚玉岩

corinendum{corinindum} 刚玉 [Al_2O_3;三方]

coring 黑心;取芯;岩芯钻探;轴核[绵]核化;晶内偏析;成核现象;钻取岩芯;铸锭的中心缩松;采取岩芯;中心不(可)锻化;提取岩芯;轴部骨针填充物
　　→(running) ~ 取岩芯 // ~ apparatus 海底钻探器 // ~ bit{crown} 岩芯钻头 // ~-drilling 取岩芯钻进

Coriolis force 科氏力;地球自转偏向力
　　→~{geostrophic} force 科里{利}奥利力

co-riparian 共用河流者

Corisphaera 科里球石[钙超;Q]

corivendum{corivindum} 刚玉[Al_2O_3;三方]

Corixidae 划蝽科[昆]

cork 塞子;栓;塞电线心;木栓[植];抑制;塞住;软木
　　→~-elm 岩榆 // ~ fossil 栓闪石

corkite 磷铅铁{菱铅}矾 [$PbFe_3^{3+}(PO_4)(SO_4)(OH)_6$;三方]

corkscrew 螺丝锥;螺旋;扭弯的钻杆;螺旋状的
　　→~ core (磨成)螺旋状的岩芯

corkscrewing (在)药包内掏雷管窝

corn (使)成粒状;庄稼;制成细粒;谷粒;谷物;颗粒

→~-popping machine 爆米花机-(eous)silver 角银矿[$Ag(Br,Cl)$;$AgCl$;等轴];角银矿

Cornaceae 山茱萸科

Cornaceoipollenites 山茱萸粉属[E]

Cornacuspongia 角针海绵目[Є-Q]

cornaline 光玉髓[SiO_2];肉红玉髓[SiO_2]

cornbrash 粗石灰质沙层

corneal 肉红玉髓[SiO_2];光玉髓[SiO_2]

cornean 隐晶岩

corned powder 粒状黑药;颗粒粉末
　　→~{grain;pellet} powder 粒状炸药

corneite 黑云角岩

cornelian 肉红玉髓[SiO_2];红玉髓

corneline 光玉髓[SiO_2]

corneous 角质的
　　→~ manganese 角锰矿 // ~ mercury 汞膏[Hg_2Cl_2]

corner 以角相接;形成角;垄断市场;壁角;隅石;角;困境;偏僻处;囤积居奇;相交成角;角落[房间的];边缘;紧逼;地区;绝境;区域;转弯;使用棱角;弯管角;使有棱(角);角隅;棱;墙角;隅
　　→~ accessory{accessary} 连测定向标 // ~ columns (井架底座的)腿柱 // ~ formed by two walls 墙角 ~{quoin} stone 墙角石 // ~ stress concentration 角缘应力集中

cornerstone 基石;奠基石;隅石;墙角石

corner{quoin} stone 墙角石
　　→~ stress concentration 角缘应力集中 // ~ wear 边角磨损 // ~ well (反九点井网中的)角井 // ~-wise 对角线的

cornetite 蓝磷铜矿[$Cu_3PO_4(OH)_3$;斜方]

corneum 角质层

Cornia 犄叶肢介属[P-T]

cornice 泉华檐
　　→~ glacier 崖檐冰川

corniche 盖层;悬崖;岸边道路;悬顶[法]

cornieule 去白云石化石灰岩

Cornish 康沃尔郡的;康沃尔(人)的[英]
　　→~{Cornwall} stone 瓷土石[$Al_4(Si_4O_{10})(OH)_8$];康沃尔石

Cornite 柯恩{路}那特(炸药)

cornite 氯酸钠

cornith 考尼斯锰钢

cornoid 牛角线

cornstone 玉米(状钙质砾)岩

cornu 角[解];角状突起;角突

cornubianite 砷酸铜矿;长英云母角岩;钠长石[$Na(AlSi_3O_8)$;$Na_2O•Al_2O_3•6SiO_2$;三斜;符号 Ab];正长石[$K(AlSi_3O_8)$;$(K,Na)AlSi_3O_8$;单斜];粒状角岩

cornubite 羟砷铜石 [$Cu_5(AsO_4)_2(OH)_4$;三斜];羟砷铜矿

Cornucardia 角心蛤属[双壳;T_3]

Cornucarpus 角籽属[植;C-P]

Cornudina 小角牙形石属[T]

cornuite 土硅铜矿[玻璃质,为硅孔雀石的胶体相;$CuSiO_3•2H_2O$];蛋白质[真菌]

Cornularida 锥管亚目[腔]

cornulitid 角环虫型{式}[环虫]

Cornuodus 角齿牙形石属[O_{1-2}]

Cornuramia 角枝牙形石属[T]

Cornus 山茱萸(属)[K-Q]

Cornuspira 盘角虫属[孔虫;C-Q]

cornuspirine 角状平旋[孔虫;壳]

cornutate 角状外壳的[硅藻]

cornute-leaves 具角状突起叶[植]

Cornutosphaera 角球体藻[Z]

cornwallite 墨绿砷铜石[$Cu_5(AsO_4)_2(OH)_4•H_2O$;单斜]；翠绿砷铜石；翠绿青砷铜矿

coro-coro 自然铜与其他铜矿物及砂土混合体

Corollithion 花冠颗石[钙超;K_2]

coromandel 乌木

Coromant cut 科`罗曼(特){罗门脱}平行空炮眼掏槽
→~ cut 克罗曼特掏槽

coromat 包在管外防止腐蚀的玻璃丝

corona[pl.-e] 日华[气]；电晕；晕边；熔蚀边；冠部[棘]；冠状体；纤毛冠；冠环[孢]；冠；副花冠[植]；反应边[交代作用]；头顶；轮盘[轮虫]；电晕放电
→(solar) ~ 日冕//~-type separator 电晕式选矿机{分级器}

coronadite 铅硬锰矿[$(Mn,Pb)Mn_3O_7$]；锰铅矿[$PbMn^{2+}Mn_7^{4+}O_{16}$；$Pb(Mn^{4+},Mn^{2+})_8O_{16}$；四方?]

coronary 冠状的；花冠的；冠的
→~ bone 冠状骨

coronguite 水锑银铅[铅银]矿[$(Pb,Ag)_{2-y}Sb_{2-x}(O,OH,H_2O)_7$]；银水锑铅矿

coronid fossa 喙突窝
→~ process 骨头的冠状突

Coronifera 冠藻属[K-E]

coronite 镁电气石[三方]；反应边(岩)

Coronocephalus 冠头虫；王冠虫(属)[三叶;S]

Coronochitina 王冠几丁虫属[O_3-S_1]

Coronocyclus 环冠颗石[钙超;E_3-N]

coronoid 冠状骨

Coronopsis 皇冠螺属[腹;P]

coronspuite 水锑铅银矿[$(Pb,Ag)_{2-y}Sb_{2-x}(O,OH,H_2O)_7$]

coronula 小冠[轮藻突]；冠
→~ cell 冠细胞[轮藻卵囊顶端]

Corophioides 蠃蟲迹[遗石;Є-K]；裸蟲迹；葫形穴

corpora amylacea 前列腺石
→~ arenacea 脑砂

corporation 协会；团体；组合；企业；公司；有限公司
→~ {company} law 公司法

corpse 尸体
→~ light 焰晕

corpus 本金；本体[具气囊花粉之中央部分]；体[孢]
→~ arenaceum 脑砂

corpuscular 粒子发射
→~ radiation 粒子辐射//~ theory 微粒学说

corrading stream 侵蚀河流
→~ {down-cutting;degrading;intrenched;entrenched} stream 下切河(流)

corral 深水桩支撑围栏

correct(ion) 正确的；修改；矫正；校正；改正

corrected 修正后的；校正的
→~ buildup pressure 校正后的恢复压力

correcting device 校准设备
→~ range 操纵范围//~ signal 矫正信号//~ {correction;phasing} signal 校正信号//~ wedge 钻孔防偏楔形工具{用导向器}；楔形垫块

correction 修正；修正值
→~ card 校准表//~ error 校正误差//~ for centring 归心改正//~ for index 指标差改正//~ for tides 潮汐校正[重力测量]

corrective 校正的；中和物；调节剂
→~ cast 矫形石膏管型//~ load matrix 校正载荷矩阵//~ maintenance 故障检修；设备保养//~ movement of point 点的校正位移

correlation 交互作用；相关；对比；异射；相互关系；对射(变换)；调和井下测站和国家测量格网

correlative 有相互关系的；关联词；相关的；对射的；相依的

corrensite 柯绿泥石

correspondence 信件；对应；相应；符合；相当；一致；通信
→~ analysis 对应分析

corresponding 对应的；相当的
→~ draft 相应吃水//~ {identical} image 同名影像

correspondingly 一致地；相[对]应地

corridor 廊；回廊；通道；通路；狭长地带；过道；走廊
→~ stack 走廊叠加

corrie 悬冰斗；山凹；冰斗；冰坑；冰围椅
→~ glacier 冰斗冰河

corrigendum[pl.-da] 错字；勘误表；错误；误差

corroboration 巩固；确证；坚定；证实[进一步]

corroborative 确证；旁证的

corroded 腐蚀的；(被)侵蚀的
→~ crystal 蚀缘晶体；熔蚀晶//~ funnel 溶斗//~ margin 熔蚀边//~ {solution} valley 溶谷

corrodent 有腐蚀力的；锈蚀；腐蚀剂

Corrodentia 蛀虫目；啮虫目

corroding electrode 腐蚀电极
→~ process 腐蚀作用

corrodokote test 镀层涂膏密室放置耐蚀试验；涂膏耐蚀试验

corrolite 硫铜钴矿[$CuCo_2S_4$;$Cu(Co,Ni)S_4$;等轴]

corro(so)meter 腐蚀计

Corronil 铜镍合金

corrosimeter 腐蚀计；腐蚀检定计{仪}

corrosion 侵蚀(作用)；溶蚀(作用)；刻蚀作用；锈蚀；流蚀；化学侵蚀(作用)；熔蚀

corrosional plain 溶蚀平原

corrosion barrier 腐蚀抑止剂{器}
→~ by petroleum 石油腐蚀

corrosive 侵蚀性的；腐蚀性的
→~ agent{constituent} 致腐组分//~ attack{action} 腐蚀作用//~ {corrosion} resistance 抗腐蚀性//~ {active; aggressive; attacked} water 侵蚀性水//~ water 腐蚀性水//~ well 出侵蚀物的井；有侵蚀性的井

corrosivity 腐蚀性；侵蚀性

corrugated 成波纹的；起皱的；波状的
→~ asbestos-cement sheet 瓦垄石棉瓦//~ asbestos plate 瓦垄石棉板//~ iron 瓦楞铁板//~ lagging 波面背板//~ steel 波纹钢板//~ steel bar 螺纹钢条

Corrugatisporites 栉瘤孢属[K_2]

corrupt 腐蚀

corruption 腐败；恶化

corrupt practice 弊端

corry 悬冰斗；冰斗

corselet 前胸[昆]

corset 保护钢盖

corsilite{corsilyte} 绿辉长岩

Corsinipollenites 柳叶菜粉属[E-N]

cortepinitannic acid 皮松丹宁酸[$C_{32}H_{34}O_{17}$]

cortex 外层；外皮
→(cerebral) ~ 皮层[担子]

cortical 外皮的；皮层的
→~ tissue 木栓质体

corticous 多皮的；树皮的

Cortinarius 丝膜菌属[真菌;Q]

Cortinellus 小丝膜菌属[真菌;Q]

corubin 人造刚玉

corundellite 珍珠云母[$CaAl_2(Al_2Si_2O_{10})(OH)_2$;单斜]

corundite 刚玉[Al_2O_3;三方]

corundolite 钢玉岩；刚玉岩

corundophil(l)ite 翠绿泥石；脆晶绿泥石；斜绿泥石[$(Mg,Fe^{2+})_4Al((Si,Al)_4O_{10})(OH)_8$（近似）；$(Mg,Fe^{2+})_5Al(Si_3Al)O_{10}(OH)_8$;单斜]；脆绿泥石[$11(Fe,Mg)O•4Al_2O_3•6SiO_2•10H_2O$]

corundum 刚玉{金刚砂}[Al_2O_3]；刚(玉)石；氧化铝；钢砂；刚砂

corundumite 刚玉(岩)[Al_2O_3;三方]；氧化铝；(金)刚砂；刚石；钢砂

corundum-mullite ceramic 刚玉-莫来石瓷

corundum plagioclasite 刚玉斜长石岩
→~ rock 刚玉岩//~ type structure 刚玉型结构

corunguite 水锑银铅矿

corvasymton 酒石酸对羟福林

corve 吊桶；吊筐；提煤大筐；矿场轨道斗车；罐

Corvinopugnax 鸦鼻贝属[腕;D_{1-2}]

Corvus 乌鸦座

corvusite 氧矾多钒酸盐矿；水复钒矿[$V_2^{4+}V_{12}^{5+}O_{34}•nH_2O$;斜方?]

Corwenia 簇棚珊瑚(属)[C]

Corylus 榛属[植;K_2-Q]

corynebacterium 棒状杆菌(属)

corynebacterium callunae 帚石南棒状杆菌
→~ petrophilum 嗜石油棒状杆菌

Corynella 棍海绵属[T-K]

Corynepteris 棒囊蕨

Corynexochus 耸棒头虫(属)[三叶;$Є_2$]

Corynites 棍笔石属[O]

corynograptidae 兜笔石科

Corynoides 棒笔石属[O_2]；兜笔石

Corynotrypa 棒苔藓虫属[O-K]

coryphile 高山草甸

Coryphodon 冠齿兽(属)[E_2]

Corythosaurus 盔龙(属)[T_3]

cosalite 斜方辉铅铋矿[$Pb_2Bi_2S_5$;斜方]

cosaprin 科沙普林

coscinium 南洋药藤属

Coscinocyathus 筛杯

Coscinodiscus 圆筛藻(属)[硅藻;Q]
→~ crenulatus 细圆齿圆筛藻

Coscinophora 筛孔贝属[腕;P_1]

Coscinopora 齿孔海绵属[K_2]

cosedimentation 同时沉积(作用)

COSEH 环境水文地质总站

coseismal 同震(曲)线;等烈度线;同时地震;同震;等烈度的
→~ {isochronal} line 同时感震线//~ lines 同震时线

coseismic{coseismal} area 同震区
→~ {coseismal} line 等烈度线//~ resistivity change 同震电阻率变化

coseparation 共分离;同时分离

coset 陪集[数];层系组;复层组;丛系组

co-sharing states 共有资源国

cosite 褐块云母

coskrenite-(Ce) 草酸硫铈钒[[(Ce,Nd,La)$_2$(SO$_4$)$_2$(C$_2$O$_4$)•8H$_2$O]

coslettizing 磷化处理

Coslett treatment 考斯莱特磷化钢面法

Cosmarium 鼓藻属[绿藻门;Q]

cosmecology 宇宙生态学

cosmetic procedure 外观形式修整过程[成果、图件]
→~ process 整容处理

cosmetics 外观修饰技术;(地震记录的)面貌;整容(技)术

cosmetology 整容(技)术;美容术

cosmical 有秩序的;宇宙的
→~ constant 宇宙常数

cosmic{zodiacal;meteoric} dust 宇宙尘
→~ hypothesis 冰期的//~ inventory 宇宙万物//~ iron 陨石//~ noise 射电噪声//~-ray burst 宇宙线爆丛

cosmine 齿鳞质[鱼的];整列质
→~ layer 齿质层

cosmobiochemistry 宇宙生化学

Cosmoceras 瘤菊石

cosmochlore 钠铬辉石[NaCrSi$_2$O$_6$];陨铬石

cosmochronometry 宇宙年代测量学

cosmodom 太空站

cosmodrome 航天器发射场[俄];太空站的降落部分

cosmogenesis 宇宙成因论

cosmogenic 源于宇宙射线的;(由)宇宙射线产生的
→~ hypothesis of mineralization 宇宙源成矿说//~ radioisotope 宇宙成因放射性同位素//~ theory 宇宙起源说

cosmoid scale 整列鳞;齿鳞
→~-scale 齿鳞

cosmolite 陨石

Cosmoraphe 丽线迹[遗石;K-N]

cosolvency 共溶度(性);潜溶性

cossaite 块钠云母[NaAl$_2$(AlSi$_3$O$_{10}$)(OH)$_2$]

cossyrite 钠铁石;(钠)三斜闪石[[(Na,Ca)(Fe^{2+},Ti,Fe^{3+},Al)$_5$(Si$_4$O$_{11}$) O$_3$];斜红闪石

cost 花费;费用;价格;值[多少钱]
→~ (price) 成本//~ account(ing){calculation} 成本计算//~ sternales 胸肋//~ transversales 横沟缘//~-nerved 中脉出脉的//~ shield{plate} 肋板[龟背甲]

costa[pl.-e] 栉板带[腔];外隔脊;缘{叶脉}[植];肋刺[苔虫];肋骨[解];隆脊;肋;前缘脉[动];隔壁脊[珊;外隔壁]

costae cervicales 颈肋
→~ dorsalis 背肋

costal acute 肋盾[龟背甲]
→~-nerved 中脉出脉的//~ shield{plate} 肋板[龟背甲]

Costatoria 脊褶蛤属[双壳;T]

cost controller 成本控制人员;成本会计

主管
→~-cutting 降低成本//~ department 成本核算部门

costeaning prospecting trench 槽探

costean pit 探矿坑井

cost-effective 有效益的
→~ design 费用合理的设计

cost effectiveness 经济效果
→~ efficiency{performance;-efficient;-effective} 成本效率//~-efficient 有效益的

costella(e) 壳纹;壳线[植]

Costellaria 纹饰贝属[腕;P$_1$]

Costellipitar 脊卵蛤属[双壳;E-Q]

Costellirostra 线嘴贝属[腕;D$_1$]

costen 木香烯[C$_{15}$H$_{24}$]

cost estimate 支出预算
→~ estimating 估价//~ estimation 成本估算//~ for decision making 决策成本//~ function 价值函数

cost,freight and insurance 包括运费、保险费在内的价格

cost function 价值函数

costibite 硫锑钴矿[CoSbS;斜方]

Costiferina 携肋贝属[腕;P]

cost inflation 成本膨胀

costing 支付预计;成本合计
→~ and war risk 战争险在内的到岸价//~ under ship's tackle 到岸轮船吊钩下交货价

Costispinifera 线刺贝属[腕;P]

Costispirifer 脊石燕属[腕;D$_1$]

Costistricklandia 纹饰斯特里克兰贝属[腕;S$_2$]

costly 浪费的;昂贵的
→~ problem 花很多钱才能解决的问题;代价昂贵的问题

cost management 成本管理

costocervicalis 颈髂肋肌

cost of borrow 取土费;采掘费
→~ of installation 设置费;安装成本;安装费用//~ of living 生活费用//~ of maintenance 维修成本//~ of production 生产成本//~ of supervision 行政开支

Costonian 科斯通阶[O$_3$]

cost per day 每日成本

costratotype 补层型;同层型

cost-record summary 总开支;开支总表

cost-reduction comparison 成本下降对比

cost reduction program 成本降低计划
→~-safety effectiveness 成本-安全效率//~ saving 节约成本;节省费用//~-sharing formula 成本分摊公式{办法}//~ volume diagram 成本-产销量平衡图

costs and benefits over time 超时成本和利润

cost saving 节约成本;节省费用
→~-sharing formula 成本分摊公式{办法}//~-sheet 成本表//~ slope 费用增加率//~ table{account;sheet} 成本表

costula[pl.-e] 分脊;小壳脊

costule 辐(射)肋

cost-utility analysis 成本效用分析

cost volume diagram 成本-产销量平衡图
→~-volume-profit analysis 本量利分析

cosurfactant 助表面活性剂

cot 余切;拗口

Cotalagnostus 瘤包球接子属[三叶;∈$_2$]

coteau[法;pl.-x] 丘陵;高原;山坡;高地;冰碛脊

cotectic 低共熔线
→~ crystallization 共结晶作用;同结晶//~ region 同结区;共结区(域)//~ surface{|region} 共熔面{|区}

Cote d'Ivoire 科特迪瓦

cotelomer 共调聚(合)物

co(n)temporaneous 同生的

cotextured yarn 双根变形纱

co-tidal chart 等潮图

cotidal hour 同潮时
→~ map{chart} 等潮图

cottage 田舍
→~ cheese 白水泥糊//~ cheese feature{"cottage cheese" texture} 小型干酪结构

cottaite 灰正长石;灰白长石

cotter 制销;栓;(用)销(栓)固定;楔形销;开口销
→~ (pin) 开尾销//~ bolt 带销螺栓//~ key 键销//~{keep} pin 扁销

cottered connecting link 开口销连接链节

cotterite 珠光石英

cotton 适合;棉纱(线);棉花;棉织品;一致
→~ ball 硼钠钙石[NaCa(B$_5$O$_7$)(OH)•6H$_2$O;NaCaB$_5$O$_9$•8H$_2$O];钠硼解石[NaCaB$_3$B$_2$O$_7$(OH)$_4$•6H$_2$O;NaCaB$_5$O$_6$(OH)$_6$•5H$_2$O;三斜]//~ candle wick 矿烛芯绒

Cotton-Mouton effect 科顿-穆顿效应

cottrell (dust-precipitator) 电收尘器
→~ plant 电收尘室

Cottrell precipitator 科特雷尔{耳}式静电集尘器

cotun(n)ite 氯铅矿[PbCl$_2$;斜方]

Cotyledon 石莲化属;子叶

Cotyliscus 杯状海绵属[C$_1$]

cotyloid bone 髋臼骨[哺]

Cotylorhynchus 杯鼻龙属[P]

Cotylosauria 杯龙目[爬行类;爬]

cotype 共型;共模式[标本];同型;全模标本

coubel 多贝尔安全炸药[高爆速防水性,多用于煤矿]

couch 匍匐冰草;层

Couette flow 库艾{爱}特流动

coulability 铸造性

coulee 熔岩流;干沟;干河谷;深沟谷;深峡谷;黏熔岩流;斜壁干谷;深冲沟;舌状泥石流流体
→~ lake 熔岩阻塞湖

coulie 熔岩流;干河谷;斜壁干谷;深冲沟

coulobrasine 杂硫锌硒汞矿

couloir 洞穴通道;细沟;峡谷[法]

coulomb friction 干摩擦
→~(ic) force{attraction} 库仑引力

Coulomb-Mohr criterion 库仑-莫尔岩石破坏准则

Coulomb-Navier Criterion 库仑-纳维尔强度准则

Coulomb's earth pressure theory 库仑土压力理论
→~ equation for shear strength 库仑抗剪强度方程//~ friction law 库仑摩擦定律//~ theory of active earth pressure 库仑主动土压力理论

coulometric titration 电量滴定

C

coulsonite 钒磁铁矿[含氧化钒达 5%; $Fe(Fe,V)_2O_4$;$Fe^{2+}V_2^{3+}O_4$;等轴]；钛磁铁矿 $[(Fe,Ti)_3O_4]$；钒尖晶石；矾磁铁矿

coulter 尖角沙嘴[两水汇流处]；犁头；犁刀

Coulter counter 库耳特颗粒计数器;科达型微粒计数器

coumar(in)ic acid 苦马酸{香豆酸};顺式邻羟苯丙烯酸]$[OH•C_6H_4•CH:CH•COOH]$

coumarin 氧杂萘邻酮；香豆素

coumarone 香豆酮

count 数；算入；期待；认为；按顺序数；依赖；读数；计算

countable particle 可计颗粒；可数颗粒

countdown 递减计数；脉冲分频；计数损失；倒数读秒；发射准备过程
　　→~ to detonation 爆前倒数计时

counter 逆；反抗；向后方；防御；反面；反对(物)；反击；计算员；抵消；铅字笔画间的凹进处；计时器；测量器；柜台；相反；煤矿辅助运输道；反对的；相反的；交错矿脉；叉矿脉；相反地；计数器；对立的；计算器；计算机；计时员

counteractive 妨碍；反对的；消除的；中和剂{的}；反作用剂

counteragent 反抗力；反作用剂；中和力

counterarch 倒拱

counterattack 反攻

counterattractive 反引力的；具对抗引力的

counterbalanced cage 带平衡锤的罐笼

counter-balanced hoist 平衡提升

counterbalance effect 平衡作用

counter(-)balance{balance(d);compensating;compensation;equalizing;holding} valve{counter balancing valve} 平衡阀

counterblast 逆风；逆流

counterbore 埋头孔；沉孔；(平底)锪孔；锥口孔(钻)；钻平孔底；镗孔；扩孔[平底扩孔钻]

counter-bore 扩孔钻

counterbore cutter head 扩孔钻头

counterbracing 交叉斜撑；副对角撑

counterbuff 缓冲；推斥；减振器；缓冲器；保险杆[汽车]

counter cation 阳抗衡离子
　　→~ chute 副溜煤眼；通用运输巷道的溜煤眼；中间的辅助溜煤眼 // ~ -circulation-wash boring method 反循环洗井钻井法 // ~ clear signal 计数器归零信号

Counter(-)clockwise 逆时针；逆转；左旋；反时针方向旋转

counterclockwise{left-hand(ed);negative} rotation 左旋
　　→~ rule 逆时针旋转定则

countercurrent 逆流；反电流

counter{convective} current 对流
　　→~ {reverse(d);opposed} current 反流 // ~ {opposed;reverse(d); adverse;backset} current 逆流 // ~ -current 半逆流(式的);对流法

countercurrent circulation 反循环[洗孔]
　　→~ decantation 逆流倾注洗涤法

counter-current decantation 对流滗析(法)
　　→~ extraction 逆流萃取(法)回流抽提(法)

countercurrent extraction technique 逆流萃取技术

　　→~ flow 逆向流动；相向流动 // ~ imbibition 对流吸入{渗} // ~ washing 逆流洗涤 // ~ wet drum low intensity magnetic separator 湿式逆流式筒形弱磁选机

counter{reverse} curve 反向曲线
　　→~ die 底模 // ~-down 分频器[脉冲] // ~ {toe} drain 背水面坡脚排水

counterdraw 描图

counter drive shaft 副传动轴

countereffect 反效果

counter electrode 反电极
　　→~(-)lode 交错矿脉；叉矿脉；交错脉

counterfeit 假冒品；模仿；虚伪的；假留(的)；伪造品；伪造
　　→~ money 假钱

counterflow in a single hole 单孔双管逆向流动
　　→~ sand classifier 逆流式旧砂分级机 // ~ screen 反流筛 // ~ stripping column 反萃取塔

counterflush 反循环；反向冲洗

counterfoil 票根；存根

counterfort 护墙；后扶垛[建]；扶墙{壁}；支墩；山的(突出部)
　　→~ retaining wall 扶垛式挡土墙 // ~ wall 扶壁式挡土墙；后垛墙

counterglow 对日照

counterhead 平巷；回风平巷

counterlevel 中间平巷

countermodulation 反调制；解调

countermoment 恢复力矩

counter radiation 逆辐射
　　→~-regional fault 反向区域断层 // ~-rotating magnet 逆转磁铁 // ~ septa{septum} 对隔壁 // ~-shots 反向放炮 // ~-sign 连署；会签 // ~ signature 副署

counterrolling moment 抗滚动力矩

counterrotation 反时针方向旋转；反向旋转

countershaft 对轴；逆转轴；中间轴；副轴；传动轴
　　→~ bearing 平衡轴承；水平传动轴承 // ~ box guard 副轴箱保护装置 // ~ mounting assy 中间轴支撑总成

countersinking 尖底扩孔；锥形扩孔

counterstressing rocks 反应力巷道支护法

countersunk 锥口孔(钻)；钻孔钻；埋头孔

countertorque 反力矩

countertrades 反信风

countervail 抵消；补偿

countervane 导向片

countervein 交错矿脉；叉矿脉；交错脉

counterveins 交错小脉

counterweight 抵消；平衡锤；配重；砝码；平衡重量；平衡重；抗衡；对重；使平衡
　　→~ deck 工作间平衡重盖板[压气凿井]

counterweighted skip 配重箕斗

counterweight fill 压重填土
　　→~ station 平衡锤间 // ~ system 平衡锤提升法

count fluctuation{variation} 支数不均率
　　→~ function 计数函数 // ~ in reverse 逆向计数 // ~ rate meter 计数率计 // ~ {countering;counting} rate 计数率

---

counting assay 计数分析(法)
　　→~ device{register} 计数器 // ~ eyepiece 计面积目镜

countless 无数(的)；数不清的

countraflexure 反向曲线变换点

country 地方的；区域；母岩；国家；土地；乡村；地方；地区
　　→~ (rock) 围岩 // ~ park 郊野公园 // ~ rock 岩帮；主岩 // ~ rock lateral drift 围岩平巷

coup 推翻；废石堆；翻转；交班地点；矿石堆

coupdepoing 石锥

couphochlor(it)e 豆铜矿 $[Cu_2Al(AsO_4)(OH)_4•4H_2O]$

coupholite 柔葡萄石

couplant 耦合剂

couple 挂钩；配偶；偶(合)；一对{双}；成对；连接；结合
　　→(force) ~ 力偶；电偶 // ~ axle 联动轴 // ~ back 反馈耦合

coupled{coupling} bar 连接{联结}杆
　　→~ cones 成偶火山锥 // ~ control 连接控制；联结控制 // ~ factorization 耦合分解

couple diffusion 交互扩散

coupled orocline 成对变曲造山带；对偶变向造山带
　　→~ pipe 结合管[吹洗深炮眼用]

couple draw bar 车钩拉杆

coupled standing mould 成对立模
　　→~ trip 挂好的列车 // ~ tubing 油管双根 // ~ {C} wave 耦(合)波 // ~ wheels 对轮

couple{switch} in 接入

coupler 连接(耦合)器；离合器；(斜井吊车)挂钩工；矿车摘钩工人；补充剂；接头；耦合器；自动车钩；联结器；填充剂；车钩[井口把钩用]；联轴节；接箍
　　→~ body 互钩体 // ~ compression grade 压钩坡 // ~ head (车)钩头；(联合掘进机)工作头刀盘

couple-stress 耦合应力

couplet 配对层；粗细层间夹沉积层[冰湖中]；双根[两根钻杆组成]；层偶

couple two railway coaches 挂钩
　　→~ up 联起来；联结起

coupling 结合；匹配；转环式车钩；接头；配合；接签；接合；联系；耦合
　　→(joint) ~ 连接器 // ~ bend 弯管接头 // ~ device{unit} 联结装置 // ~ pin 联结销 // ~ technique 联用技术 // ~ with plain ends 无螺纹接箍；无(丝)扣接箍

couplings 自动车钩

coupling shaft 联轴
　　→~ technique 联用技术 // ~ wrench 连接扳手 // ~ zone of metamorphism 双变质带

coupole 圆顶丘

coupon 联票[法]；试棒；赠卷[法]；采样管；利息单；股利票[法]；挂片；金属挂片[法]；试样[法]

courant{branch} water 溪水

Courier 6SL analyzer 品位仪
　　→~ 6 XRF analyzer system 库里厄 6 型 X 射线荧光分析仪系统

course 露头的走向；课程；地质体走向；薄层；层；路向；通风；流程；滑道；过

程；砌层；测线；构造线走向；路线；脉；控制风向；方法；级；束石层；巷道；走向；进程；矿脉；行程
→～ random rubble 成层乱砌毛石{毛石砌筑}；整层乱石砌体//～ rubble masonry 分层块石圬工//～ square rubble 分层方块堆石；整层毛面方石砌体；成层方毛石

coursed ashlar 成层琢石

coursing 流通
→～ bubble 上升气泡//～ joint 成层缝；成行缝//～ of air 上行风流//～ the air{waste} 调节风流；通风

court 陈列区；球场；招致危险；吸引；宫廷；引诱；议会；场地；院子；招致；委员会；企求
→～ cost 诉讼费用//～-decree 法庭判决

courtzilite 地沥青

courzite 钼钙十字石；枯沸石

couseranite{couzeranite} 针柱石{瘦棒石}[钠柱石-钙柱石类质同象系列的中间成员；Ma₈₀Me₂₀–Ma₅₀Me₅₀;(100-n)Na₄(AlS₃O₈)₃Cl•nCa₄(Al₂Si₂O₈)₃(SO₄,CO₃)]；中柱石[Ma₅Me₅–Ma₂Me₈(Ma: 钠柱石 ,Me: 钙柱石)]；杂钙钠红柱石

cousinite 镁钼铀矿[MgO•2MoO₃•2UO₂•4~6H₂O]；钼镁铀矿[MgU₂Mo₂O₁₃•6H₂O?]

coussinet 拱基石；基础垫层

cousterite 葡萄串石

coutinite 钕镧石；碳钕石[(Nd,La)₂(CO₃)₃•8H₂O;斜方]

couverture 保护矿渣

covalent bond 共价结合键
→～ complex 共价络{配}合物//～ link(age){bond;bonding} 共价键//～ molecule 共价分子//～ solid 共价键的固体

covariance 共离散；协变性；相关变量
→～ of composition 成分的协变

covdorite 橄榄黄长霞岩

cove 海岸湖；凹圆线；小溪谷；河湾；穹隆；澳；拱；小湾；陡坡；山口；小海湾；山凹；湾[海湾、湖湾、河湾]

covelline{covellite} 蓝铜矿[Cu₃(CO₃)₂(OH)₂;单斜]；铜蓝[CuS;六方]；靛铜矿

covellinite{covellonite} 铜蓝[CuS;六方]

cover 覆盖岩层；走过(若干里)；顶替；补偿；包罗；保护层；适用(于)；包括；包含；掩护；控制(住)；保护罩；盖子；涂上；螺母；涉及；盖；外胎；套子；壳；行过；表土；掩护物；包覆层；盖层；代替；镀上；报道；罩；掩蔽；套；覆盖

coverage 可达范围；涂层；报道范围；保护层；控制范围；覆盖；覆盖层；视界；概括；幅宽；敷层；有效区(填)；面积[测量扫过]
→～ of water flood 驱扫面积[注水]；波及面积//～ pattern 作用区域的图形

covered ablation 间接消融；掩蔽消融
→～ concrete silo 加盖式混凝土筒仓//～ gutter{conduit} 暗沟//～ karst 隐伏岩溶//～ or shielded fire 无焰燃烧//～ storage 有顶仓库//～ structure 掩盖构造；埋藏构造

cover folding 盖层褶皱[法]
→～ glass{slip} 盖玻片；玻璃盖片

coverhead 厚碎屑堆积[形成冲积锥或扇；上升海成阶地上]

covering 密；潮浸；淹没；盖片；覆土；

涂漆；遮蔽；加套；掩护(物)；加罩；覆盖物；覆盖度；涂料；浮土
→～ (strata) 盖层//～ formation{layer} 覆盖层//～ plate 盖板[棘]//～ works 坡面铺砌工程

cover line 覆盖层与煤层接触线；盖层与煤层接触线
→～ load 上覆荷载；覆盖岩层荷重{负载}[岩石压力]//～ plate (泵的)凡尔盖；护板

coverplate 盖板

cover rock 盖层岩
→～ {mantle} rock 覆岩//～-sand 风积砂层//～ stone 覆面石；砌面石；盖面石料//～ {decking} support 过滤介质支架

coverted{sawn} timber 锯材

cover the crevices in a wall with plaster 泥缝儿

covite 灰闪霞石正长岩

covolcanic 同火山(期)的

cow 挡车器；风帽

cowlesite 刃沸石[CaAl₂Si₃O₁₀•5~6H₂O;斜方]；考利斯石；考尔沸石

cowling 绕流器

cowpea{Jieng-Dou} red 豇豆红

Cowper with internal combustion 内燃式考贝热风炉
→～ sucker (顿钻)钢绳端悬重[无钻具时下钢绳用]

coxa[pl.-e] 底节[节]

coxae 髋骨
→(articulatio) ～ 髋关节//～[sgl.coxa] 基节

coxopod 基节肢[节甲]

coxopodite 脚基节

coyote blast 硐室爆破
→～ {blasting;powder} drift 爆破平巷//～ drift{hole;tunnel} 装药平巷//～ {powder} drift 药室//～ {gopher} hole 爆破药室

coyoteite 柯水硫钠铁矿[NaFe₃S₅•2H₂O]；水硫钠铁矿

cp 比较；横向极化；极地大陆的；对照；横向偏振

C.P.I. 碳优势{先}指数

c-pinacoid c-轴面[{001}板面]

C-plane 交叉面[节理]

CPLR 连接(耦合)器

Cr 铬矿；铬

crab 航差角；干涉；蟹；偏差；侧流角；退缩；偏斜；蟹式起重机；偏流角；蟹类；吊车；侧飞；斜度；起重小车；挑剔
→～ (winch) 卷扬机//～ {drift;yaw;leeway} angle 偏航角//～ {fang} bolt 板座栓//～ {fang;stone;strata} bolt 锚杆//～ {fang} bolt 板座栓

crack 崩裂；破裂声；砸开；裂隙；缺点；断裂；裂口；敲碎；破碎；裂子；崩；劈；爆裂；缝；粉碎；打开；隙；砸碎；裂缝；(压力阀的)开启；缝隙；裂纹；噪声；龟裂；破裂；热解；开裂；精练；弄裂；裂痕；第一流的；瑕疵；裂化
→(veed) ～ 开缝

crackability 可裂化(性)

crackajack 能手

crack and fall 崩坏
→～ coefficient of rock 岩石裂缝系数//～ depth 裂缝深度//～ detection 金

属探伤//～ due to settlement 沉陷裂缝

cracked brick 裂缝砖

cracker (沥青)碾碎机；爆竹；爆仗；粉碎机；砂岩中巨大的钙结核；(陨石)坑；破碎机；分解器；裂化设备；钻(孔)杆[增加弹性,造斜或减斜]
→～ assembly 柔杆钻具组合

crack extension force 裂缝进展力
→～ {joint} filler 填 缝 料//～ {fracturing;fissure} filling 裂缝充填；填塞裂缝//～ front shape 裂缝前缘形状

cracking 裂解；分裂的；分解的；热裂；裂缝；碎裂；裂炼；猛烈；裂纹；裂开；形成裂缝；极快的
→～ corrosion 致裂腐蚀；裂纹化腐蚀//～ load 破裂载荷；裂开负载{载荷}//～ of oil 分裂蒸油法//～ ratio 路面裂缝度

crackle 爆裂声；噼啪(地响)；岩石发出破裂声；爆破；岩石破裂；裂纹
→～ glaze 纹片釉

crack mapping 岩层裂缝分布绘图

crack-water 裂隙水

crack width test of structural member 构件裂缝宽度检验

cracky 易破裂的；裂开的

cradle 托架；吊盘；镰刀；淘金槽；支撑；吊篮[气球的]；支架；(造船)下水架；凹槽；吊笼；摇架；钻(探)架；支座；基墩
→～ bedding 管子支垫//～ drifter 架式凿石机；柱架式凿岩机//～ dump 弯轨返回翻车器；翻笼；端转式弯轨返回翻车机//～ rocker 摇动洗矿槽{箱}

cradling 吊管下沟；弧顶架；石砌井壁；支承；框架；托住[管子]
→～ piece 支架杆

craftsman[pl.-men] 工匠；技工

crag 悬崖；礁；岭崖；巉崖；岩石碎片；岩壁；崖

cragged 崎岖的

craggy 陡峭的；多岩的

craig and tail 鼻山尾

Craig-Epstein meteoric water line 克雷格-爱泼斯坦大气降水线

craightanite 杂铁锰铝氧矿

craigite 克雷格石

craiglockhart basalt 钠辉斑玄岩

craignurite 玻(质)流(纹)英安岩；斑安山岩

craigtonite 杂铁锰铝氧矿

Craig water-flood prediction method 克雷格注水预测法

craitonite 尖钛铁矿

cramerite 纯闪锌矿[ZnS]

Cramer rule 克拉麦法则

Cramer's rule 克莱姆法则

cramp 固定；护顶矿柱；两爪钉；(用)钳子夹紧；焊钳；弯轨器；扣钉；扒钉；变轨器；夹

Cramp chain gate 克兰普型链式闸门

crampon 起重吊钩；吊钩夹

crampoon 起重吊钩

Cranaena 颈形贝属[腕;D-C₁]

cranberry glass 茶色玻璃

cranch 护顶矿柱；留下未开采的部分矿脉；矿柱

crandall 琢石锤；石锤

crandallite 纤磷钙铝石[CaAl₃(PO₄)₂(OH)₅•H₂O;三方]；钙银星石[CaAl₃H(PO₄)₂(OH)₆;

$CaO•2Al_2O_3•P_2O_5•6H_2O]$

crane 虹吸器；起重机；升降设备；给水管
→~ car lift 井下矿车吊车[让路用] // ~ rope 吊索 // ~ ship{vessel;barge} 起重船 // ~ stalk 起重机柱 // ~-type loader 起重机式装载机

Crania 颅形贝属[腕;D-C₁]；髑髅贝(属)[O-Q]

cranial bones 颅骨

craniata 脊椎动物门；有头亚门[脊索]

cranidium 头盖

Cranidium[pl.-dia] 颅部

craniology 头盖{骨}学

Craniops 拟颅形贝属[腕;D]

Craniscus 胄盔贝属[腕;E-Q]

cranium 颅骨；头盖骨；头骨
→~ osseum 骨颅

crank 煤末；弯成曲柄状；弯曲；(用)曲柄连接；不匀称的；启动；起动；转动曲柄(开动)；接头；不稳(的)；手柄；弯轴；曲拐；屈曲；摇动
→~-balanced pumping unit 曲柄平衡式抽油机 // ~ bore 曲柄连杆大头的孔 // ~ chamber{box} 曲柄箱 // ~{swan-neck} jib 鹅颈臂 // ~ handle 摇手柄 // ~ bar 摇把

crankcase 曲柄箱；机轴箱；曲轴箱
→~ oil filter 曲轴箱机油过滤器

cranked drive wheel 曲柄齿轮；冲击齿轮
→~{swan-neck} jib 鹅颈臂

cranker 手摇曲柄

cranking 转动曲轴[手动、机动,俗称:盘车]
→~ bar 摇把

crankshaft 曲轴；曲柄轴；曲柄
→~ balancer 曲(柄)轴配重

crankthrow 曲柄弯程

cranny 裂缝；裂口

Cranston pack 克瑞恩斯顿支垛；克兰斯顿混凝土块垛式支护

Cranwellia 克氏粉属[孢;K₂-Q]

crape ring 土星暗环

crap strain 蠕变变形

crash 摔碎；粗麻布；坍倒；撞坏；应急的；失败；垮台；紧急的；撞；崩溃；坠毁；碰撞；粉碎；轰隆声
→~ flood 快速进水 // ~ program 紧急措施 // ~ safety 毁机安全性 // ~ stop astern test 全速后退紧急停船试验；紧急倒车试验

crasher 粉碎机

crashing ratio 破碎程度

crashworthiness 撞力承受度；防撞度

craspedodroma 边缘脉序；直行

Craspedophyllidae 缘边珊瑚科

Crassapontosphaera 厚海球石[钙超;N₂-Q]

Crassatella 厚壳蛤属[双壳;J-K]；厚壳蛤

crassexinous 具厚外壁的

Crassialveolites 厚槽珊瑚属[床板珊;D]

Crassilina 厚壁节石属[D₁-₂]

crassimarginate 具厚缘口

crassinexinous 厚内层的

Crassispora 厚环孢属[C₂]

crassitegillate 具厚被层的

crassitude 加厚壁[孢]

crassitudo 盾环[孢]

Crassostrea 巨蛎属[双壳;E-Q]

Crassulina 厚褶孢属[T]

Crataegus 山楂属[K₂-Q]

cratch 托架；支柱

crate 条板箱

Crater 巨爵座

crater(let) 火口；圆形洼地[月坑]；熔地；陷穴；钻头牙齿在井底造成的凹坑；爆炸穴；喷火口；破碎漏斗；井壁碗状坍陷；漏斗；盆状凹地；强夯；焊口；夯坑；陨石坑；火山口；杯[几丁]

crateral magma 火口岩浆

crater chain 火山口链
→~ cirque 火口式冰斗 // ~ crack 弧坑裂纹 // ~ density(月)坑密度 // ~ effect 喷口效应 // ~{notch} effect 切口效应 // ~-eruption 喷发火口 // ~ fill 火山口底部固结熔岩

craterform 坑状

crater formation 已形成的凹坑
→~ fumarole 火口里的喷气孔；爆炸穴里的喷气孔 // ~ geometry relation 陷口几何关系 // ~ group 爆炸穴群

crateric fumarole field 火口内喷气孔田

crateriform 火山口状

cratering 成穴；形成坑穴；火山口形成作用
→~ action 造坑作用[牙轮钻头或压模在岩石上] // ~ events 成坑事件 // ~ well(在)表层套管外面漏气的井

Crateriun 高杯菌属[黏菌;Q]

craterkin 小火口；小火山口

crater{caldera} lake 火口湖；火山口湖
→~ lip 火口陡缘；爆破

Craterophyllum 喷口珊瑚(属)

craterpit 浅坑[月]

crater pit 环形山坑；下陷火口
→~ radius 爆破漏斗半径 // ~ rim 火(山)口缘 // ~ ring 低平火山口沿 // ~ shape characteristic 爆破作用指数

craters-of-accumulation theory 火口堆积说

cratogene 地盾；大陆核；克拉通

cratogenic crust 坚稳地壳

Cratognathodus 壮颚齿牙形石属[T₂-₃]

craton 古陆核；坚稳地(块)；稳定地块；克拉通

cratonic crust 刚性地壳
→~ shelf 古陆棚

cratonization 克拉通化；坚稳化

Cratoselache 强鲛属[C]

Cratostracus 粗强壳叶肢介属[K₁]

crau 潮道

craunch 残留矿柱

craunology 矿泉疗养学

craunotherapy 矿泉疗法

Cravenia 克拉文珊瑚属[C₁]

Cravenoceras 克拉文菊石属[头;C]

craw{crow} coal 劣等煤
→~-coal 土质劣煤

crawler 管内自行式 X 光焊缝检验机；履带式车；爬行物；爬行曳引车；检测车；器车；推进装置
→~ (track;belt) 履带 // ~ asphalt paver 履带式铺沥青机 // ~ mounted 装履带的 // ~-scraper 履带拖拉机刮土机

Crawley-Wilcox miner 克劳雷威尔科克斯型薄煤层巷道掘进机

crawling 缩孔；烧缩；爬行；蠕动(现象)；龟裂[油漆]

→~ burrow 爬行潜穴 // ~ peg 小幅度调整汇率 // ~ trace 爬(行)迹[遗石] // ~{caterpillar} traction 履带牵引

crawlway 爬行道；躬身道

craws 土质劣煤

crayon 石墨[六方、三方]；笔铅[法]

craze 发裂；裂开；龟裂；裂纹；细裂纹；釉裂；使裂开；裂浪；中矿；(使)产生细微裂纹；(使)发狂；隙裂

crazed 布满裂纹

crazing 龟裂；裂纹
→~ of top bench 后冲

crazy pavement 乱石纹路面
→~-paving 衬层裂缝

CRCM 现代地壳运动委员会

cream 精华

Cream Bello 贝勒米黄[石]
→~ Cotton 玫瑰米黄[石]

creaming 涂敷脂膏；乳状液

Cream Laca 拉卡米黄[石]
→~ Nuova 努瓦米黄[石] // ~ Pinta 白沙米黄(灰) // ~ Royal 皇家奶油[石]

creams 钻探用特级{种}金刚石

Cream Valencia 瓦林恰红奶油[石]

crease 皱痕；起皱；折缝；皱；(使)有折缝；折痕；古河道；皱纹；变褶；淘汰(盘)的低质中矿；皱褶；(冰川)溢流道

creased slate 皱板岩

creaser 压折缝的器具

creaseyite 硅铁铜铅石[$Pb_2Cu_2Fe_2^{3+}Si_5O_{17}•6H_2O$];斜方]

creashy peat 高沥青泥炭

create 创造；产生；引起；制造；建立
→~ confusion 扰乱 // ~ fractures 诱发裂缝

created{man-made} fracture 人造裂缝

creation 形成；产生
→~{accretion} of plate 板块增长

credible debris flow path 可能的泥石流通道轨迹；可能的岩屑流通道
→~ earthquake 可信地震

credit 税收抵免；学分；赊购；放款；信贷；贷款；贷记；存款；贷；债权；信用贷款；信用

crednerite 锰铜矿[$3CuO•2Mn_2O_3;CuMnO_2$;单斜]

creedite 氟铝石膏[$Ca_3Al_2(SO_4)(F,OH)_{10}•2H_2O$;单斜]；铝氟石膏[冰晶石膏;$CaF_2•2Al(F,OH)_3•CaSO_4•2H_2O$]

creek 小溪；支流；小潮道；小河；小湾
→~ placer 溪砂矿

creekology 溪浜学[钻探]

creep 缓移；滑落；鼓底；底板沉落；爬行；塑性变形；位移；潜移；频率漂移；挤压；底板隆起沉落；土滑；塑(性)流(动)；底板隆起；潜动
→~ behaviour test 蠕变性状试验 // ~-free 非爬行；无蠕动 // ~ limit 蠕变极限；挤动极限[矿柱、煤柱] // ~ of rock mass 岩石块体蠕变 // ~ rupture{fracture} 蠕动破裂 // ~-rupture test 蠕变裂断试验 // ~ speed 爬坡速度；爬行速度 // ~ strain-time blot 蠕变应变时间图

creeper 推车机；爬行物；爬车器；蔓草；匍匐枝

creeping 缓移；蠕变；爬行；滞缓；蔓延；悄悄的；坍方；滑塌；滑落；迟缓的；坍陷；滑坍[土的]；漂移[频率]

→~ discharge 表面放电 // ~ flow 蠕(动)流 // ~ rubble 滚石 // ~ stem 匍匐茎

creepmeter 蠕变仪

creeshy 页岩光面结核

cremnion 生长于陡峭或赤裸岩石之上的植物群落；石生植物

Crenalithus 齿状颗石[钙超;N₂-Q]

Crenarchaea 窄原生目

crenata 锯齿状

crenella 齿状刻纹[海百]

creniadite 高岭石[Al₄(Si₄O₁₀)(OH)₈;Al₂O₃•2SiO₂•2H₂O;Al₂Si₂O₅;单斜]

Crenipecten 锯海扇属[双壳;D₃-P]

crenite 白腐石；黄植染方解石；白腐酸钙石

crenology 矿泉疗养学

crenotherapy 药浴疗法；矿泉疗法；浴疗(法)

crenul 小圆齿

crenulate 小画齿状的；(使)成雏堞状；锯齿状的；具小圆齿的
→~ (fold) 细褶皱

Creodonta 古食肉目[哺]；肉齿目

creoline 绿帘石化玄武岩

creolite 红白条带碧玉

creosol 木馏油醇；(2-甲氧基-4-)甲基苯酚[CH₃OC₆H₃(CH₃)OH]

creosote (用)杂酚油浸制；木馏油；焦馏油；炉焦油
→(hardwood) ~ 杂酚油

crepe 绉布[丝;线;(橡)胶]

Crepicephalina 小裂头虫属[三叶;Є₂]

Crepidolithus 鞋石藻属；靴形颗石[钙超;J]

Crepidula 履螺属[腹;K₂-Q]

crepis[pl.-ides] 骨针连接芽[绵]

Crepocypris 鞋星介属[E₁₋₃]

crepuscular 弱光的；拂晓的；黄昏(行性)的
→~ arch 曙暮弧 // ~ rays 日落辉

crescent(-shaped) 新月形的；新月；月牙
→~ cast 新月形水流浪 // ~ dune 新月丘 // ~ (seal) gear pump 新月形密封齿轮泵

crescentic lake 新月形湖
→~ reef 新月形(暗)礁

crescent(ic) mark 新月形痕
→~ moon 蛾眉月 // ~ scour mark 新月形冲蚀浪 // ~ wrench 钩扳手

crescumulate{harrisitic} texture 网纹斑杂状结构

cresol 甲(苯)酚[CH₃C₆H₄OH]

cresolphthalein 甲酚酞

Crespi {-}lining 克雷斯皮(白云石打结)炉衬

Cressotriletes 强唇大孢属[C₃-P₁]

crest 坝顶；达到顶点；凸出处；褶皱顶部；洪峰；顶；脊线；波峰；背斜脊；高峰；浪尖；峰；加顶饰；山顶；牙顶；顶上；顶峰；脊；屋顶饰物；脊突[生]；峰顶；鸡冠
→~ (value) 最大值；巅值；峰值 // ~ collapse fracture 背斜顶部的塌陷裂缝 // ~ {end;top} clearance 端部间隙 // ~ elevation 顶高 // ~ factor 波顶因数 // ~ line culmination 脊线顶点

crestal axis 脊轴
→~ collapse fracture 背斜顶部的塌陷裂缝 // ~ {ridge} line 脊线 // ~ moun-

tains 峰山 // ~ plane{surface} 脊面

crest clearance 外径间隙

crestmoreite 雪硅污石与硅硫磷灰石混合物；杂柯里斯摩石；柯里斯摩石；雪硅钙石[Ca₅Si₆O₁₆(OH)₂•4H₂O(近);斜方]；单硅钙石；杂硅钙磷灰石

Crestocypridea 冠女星介属[K₃-E]

crest of berm 尖峰值；边坡上部边缘；台阶眉线

cresylate 甲酚盐[CH₃•C₆H₄OM]

cresylic 甲酚异构体混合物
→~ acid 甲苯基酸；杂酚酸；甲酚[CH₃C₆H₄OH]

creta 白垩[CaCO₃]；漂白土[一种由蒙脱石构成的黏土]

Cretadiscus 白垩盘石[钙超;K₂]

Cretarhabdus 白垩棒石[钙超;K]

cretification 白垩化

creu 灰岩坑；落水洞

crevasse 裂隙破口；双峰谐振；冰隙[冰川中的裂缝]；河堤决口；破口；堤裂；冰裂缝；裂隙；裂缝
→~ hoar 裂缝霜；冰隙白霜[水文]

crevice 裂隙脉；含脉裂缝；缝；隙；裂缝宽度；缝隙；微裂缝；裂隙；裂缝；冰隙[冰川中的裂缝]；含金裂隙
→~ karst 石林岩溶 // ~ {saxifragous} plant 石隙植物

crevicing 从河床缝中拣取金粒；从底岩裂隙中采集砂金

crew 放炮队；一班工作人员；人员；工人；(工作)队；工作人员；一队工作人员；组；钻井队；乘务(人)员

crib(bing) 井框支架；山顶；石笼；矿工便餐；关进；剽窃；砂箱骨架；笼；木井框；砂型撑架；支垛；抄袭(之物)；框
→(shaft) ~ 井壁基环；木垛；壁座 // ~ dam 框笼填石坝；框栅坝 // ~ work filled with stone 石

cribbed bin 木垛支护贮仓
→~ chute 框架支护溜槽 // ~ conveyor 垛架输送{运输}机 // ~ gangway 设有木垛墙的运输平巷 // ~ raise 井框支护天井

cribbing 叠木

cribellate 多孔的；具筛孔的；筛状的[孢]

cribellatus 多孔的

cribellum[pl.cribelia] 多孔板；筛板

Cribraria 筛菌属[黏菌;Q]

cribrate 筛状壳口[孔虫]

cribriform 筛状的

cribrilith 筛孔状颗石；比[钙超]筛孔状颗石

cribrimorph 筛状的[苔虫;唇口]

cribriporal 筛孔

Cribrocentrum 筛孔颗石[钙超;K₂]

Cribroelphidium 筛希望虫属[孔虫;N₃-Q]

Cribrogeinitzina 筛口格涅茨虫属[孔虫;P₂]

Cribrogenerina 筛串虫属[孔虫;C₂-P]

Cribrolinoides 若筛虫属[孔虫;K₂-Q]

Cribrononion 筛诺宁虫属[孔虫;E₂-Q]

Cribroperidinium 筛沟藻属[K-N]

Cribrosphaera 筛孔球石[钙超;K-E₁]

Cribrospira 筛旋虫属[孔虫;C₁]

Cribrostomoides 似筛口虫属[孔虫;K₂-Q]

Cribrostomum 筛口虫(属)[孔虫;C-P]

cribrum 筛板

Cricetops 古仓鼠属[E₃]

Cricetulus 仓鼠属[N₂-Q]

crichtonite 锶铁钛矿[(Sr,La,Ce,Y)(Ti,Fe³⁺,Mn)₂₁O₃₈;三方]；尖钛铁矿

crick 高丘陵；黏土片

cricket 防热屋顶；蟋蟀

cricocalthrops 具脊四射骨针[绵]

cricolith 环形颗石[钙超]；环鳞

Cricolithus 环颗石[钙超;J₁]

cricondenbar 临界凝析压力；临界冷凝压力

cricondentherm 临界冷凝温度

Cricosphaera 环球石[钙超;Q]

criddleite 硫铊金银锑矿[TlAg₂Au₃Sb₁₀S₁₀]；硫铊银金锑矿

crifiolite 杂磷钙镁石

criggling 炭质页岩

crimp(le) 薄弱的；折缝；(使)成波形；打褶；挤压变形；狭缩；皱纹；锁缝；弯曲；脆化；折叠；卷曲
→~ gauge 卷曲度测定仪 // ~ rigidity 卷曲刚

crimped{texturized} yarn 卷曲变形纱

crimper 折缝机；卡口钳；卷边机；弯皱器；卷缩机；折波钳
→(cap) ~ 雷管钳 // ~ pointed handle 雷管钳的尖柄

crimping 连接；卡口[爆]；卷边；锁缝；皱纹[漆病]
→~ plier 雷管夹钳 // ~ texturizing with discs method 圆盘卷曲变形法 // ~ tod 夹压雷管钳子 // ~ tool 雷管钳

Crimp-Kote joint 克里普-科特连接[管道的一种机械连接法]

crinanite 橄沸粒{粗}玄岩

crinkle 皱；皱叶病；揉皱；皱纹；波状；起皱；卷曲

crinkled 成波状的；皱的

crinkling 微褶皱(作用)

crinkly lamina 波状纹层

crinoid 海百合

Crinoid bed 海百合层

crinoidea 海百合纲{类}[棘;P₂-Q]

crinozoa 海冠亚门[棘;Є-Q]

Crioceras 羊角菊石

Crioceridae 负泥虫科

criphiolite 杂磷钙镁石；磷钙镁石[Ca,Mg的磷酸盐;Ca₂(Mg,Fe²⁺)(PO₄)₂•2H₂O;三斜]

cripple 沼泽地带；沼泽土；残废；削弱；沼土；沼泥
→~ window 跛窗；屋顶倾斜窗

crippling 局部失稳(破坏)；往复折曲；断裂；折曲；曲折[往复]
→~ {critical} load(ing) 临界荷载{负荷;负载} // ~ loading 断裂载荷 // ~ strain (往复)曲折应变 // ~ stress 往复曲折应力

criptoalite 氟硅铵石[(NH₄)₂SiF₆;六方]；方氟硅铵石[(NH₄)₂SiF₆;等轴]

criptomorphite 水硼钙石[Ca₂B₁₄O₂₃•8H₂O;单斜]

criptosa 隐钠长石

criquina 海百合屑灰岩

criquinite 硬海百合碎屑灰岩

Crisia 克神苔藓虫属[N-Q]

Crisinella 小克神苔藓虫属[J-Q]

crisis[pl.crises] 危机；紧要关头

Crisium basin 变海盆地[月球]

crispen 卷曲；(使)图像轮廓鲜明

crispening 勾边使图像轮廓鲜明

crispifolious 具波缘叶的

crispite 网金红石；金红石[TiO_2;四方]

Crispophycus 盘曲藻属[Z]

crisscross 交错；交叉；十字形；十字形的(地)；混乱状态

criss-cross 叠放(的)；十字交叉(的)

crisscross bedding 交叉层理
　　→~ corrugated texture 交错皱纹结构

criss-cross method 计方格(法)

crisscross pattern 方格图像；格子图像

criss-cross sampling 方格取样
　　→~ shaft (万向节的)十字轴

crisscross slabbing 交叉爆破
　　→~ structure 方格构造 // ~ {decussate} structure 交叉构造

criss cross structure 方格构造；井字形构造

crissum 围肛羽(棘)；肛周

crista[pl.-e] 冠；羽冠[古脊椎]；帽缘[孢]；小刺
　　→~ preorbitalis 眶前嵴 // ~ sagittalis interna 内矢状脊 // ~ sphenooccipitalis 蝶枕脊 // ~ superciliaris 眉棱；眉脊

Cristalella 盔苔藓虫属[K-Q]

Cristaria 冠蚌属[双壳;E-Q]

cristate 具鸡冠状突起的；具脊的

Cristatisporites 梳冠孢属[C_2]

cristatus 具帽缘的[孢]

cristianite 钙长石[$Ca(Al_2Si_2O_8)$;三斜;符号An]；钙十字沸石[$(K_2,Na_2,Ca)(AlSi_3O_8)_2$• $6H_2O$;$(K,Na,Ca)_{1-2}(Si,Al)_8O_{16}$•$6H_2O$;单斜]

cristibalite 白硅石

cristid obliqua 斜棱；斜脊[哺牙]

c(h)ristobalite 方英石[石英][SiO_2;四方]；方{白}硅石；方硅石
　　→~ inlay investment 方石英嵌体包埋料

α-cristobalite 方英石[SiO_2;四方]

Cristocypridea 冠女星介属[K_3-E]

c(h)ristograhamite 脆沥青[C、H、O化合物的混合物]

criteria[sgl.-ion] 指标；标准；准则；尺度；规范
　　→~ for ore prospecting 找矿标志

Criteriognathus 标准牙形石属[S-D_1]

criterion[pl.-ia] 基准度；准则；标志；判据；依据；标准；规模
　　→~ of Griffith's initial fracturing 格里菲斯{非思}初始破裂准则 // ~ of prospecting ore 找矿前提 // ~ of rock strength 岩石破坏强度准则 // ~ of yielding 屈服强度；弹性极限

crith 克瑞[气体重量单位]；克瑞

critic 评论家；批评家

critical 要求高的；关键的；危险的；苛刻的；极缺的；处于转变状态的；临界(值)；极限的；批判(性)的；评(性)的；决定性的；紧急；中肯；临界的；危急的

criticality measurement finding 测定
　　→~ safety 临界安全

critical length 临界侵蚀长度

critically damped seismograph 临界阻尼地震仪

critical material 战略物资；重要原料
　　→~ mineral 供应受限制的矿物；稀缺的矿物 // ~ size of pebble 砾石临界粒径 // ~ water-lime ratio 生石灰临界水灰比

crizzle 裂纹；裂缝；裂子；表面微裂纹

　　→~ skin 裂纹层

croakers 石首鱼

crocalite 红沸石；假钠沸石[$Na_2(Al_2Si_3O_{10})$• $2H_2O$]

crocidolite 虎睛石[具有青石棉假象的石英;SiO_2]；钠闪石[$Na_2(Fe^{2+},Mg)_3Fe_2^{3+}Si_8O_{22}(OH)_2$;单斜]；蓝石棉；青石棉
　　→~ asbestos 青石棉[$((Na,K,Ca)_{3-4}Mg_6 Fe^{2+}(Fe^{3+},Al)_{3-4}(Si_{16}O_{44})(OH)_4$] // ~ -asbestos deposit 蓝石棉矿床

crocidolitization 青石棉化(作用)

Crocidura 香鼩鼱；麝鼱[N-Q]；麝鼩[N-Q]

crockery 陶器；土器；瓦器

Crockett magnetic separator 克罗克特型磁选机

crocodile 龟裂；湾鳄[K-Q]；鳄鱼；兆伏
　　→~-skin 鳄鱼皮

Crocodilia 鳄目{类}[爬]

Crocodylus{Crocodilus} 鳄属；湾鳄[K-Q]

crocoise{crocoisite} 铬铅矿[$PbCrO_4$;单斜]

crocoite 铬铅矿[$PbCrO_4$;单斜]；红铅矿[$PbCrO_4$]；赤铅矿

Crocus 克罗格斯磨料
　　→~ {polishing} cloth 细砂布

Crocuta 斑点鬣狗(属)；斑鬣狗[N-Q]

crocydite 毛发状混合岩；混合岩[具雪片状或绒毛状构造]

Croft gear coupling 克拉夫特型齿轮联轴节

croisette 十字石[$FeAl_4(SiO_4)_2O_2(OH)_2$;(Fe, Mg,Zn)$_2$Al$_9$(Si,Al)$_4$O$_{22}$(OH)$_2$;斜方]

Croixian 克罗依克斯(统)[北美;ϵ_3]；库拉辛统
　　→~ epoch 库罗依世

crolite 苛罗里脱陶质绝缘材料；克罗利特陶质绝缘材料；克罗利特[陶瓷绝缘材料]

Cro-Magnon{Cromagnon} man 克鲁马努{依}人

cromaltite 黑榴霓辉岩；弹性辉岩

Cromerian 克劳默(文化)的；克罗麦{默}间冰期[中欧]

cromfordite 角铅矿[$Pb_2(CO_3)Cl_2$;四方]

cromite 铬铁矿[$Fe^{2+}Cr_2O_4$,等轴;铁铬铁矿 $FeCr_2O_4$、镁铬铁矿 $MgCr_2O_4$ 及铁尖晶石 $FeAl_2O_4$ 间可形成类质同象系列]

cromlech 环列石柱

Cromwell current 赤道潜流

Cronartium 柱锈菌属[真菌;Q]

Crone electromagnetic method 柯劳恩电磁法

cronstedtite 绿锥石[$Fe_2^{2+}Fe^{3+}SiO_5(OH)_4$]；克铁蛇纹石[$Fe_2^{2+}Fe^{3+}(Si,Fe^{3+})O_5(OH)_4$;单斜、三方]；片状弹性石

cronusite 硫钙水铬矿[$Ca_{0.2}(H_2O)_2CrS_2$]

crook 急倾斜煤层自重滑行运煤装置；河曲；弯曲；钩
　　→~-veined 曲脉穿插的[岩]；含曲脉的

crooked 弯；歪曲；弯曲的；挠曲的
　　→~ borehole 弯曲钻孔 // ~ hole 钻弯(曲)的井眼 // ~ hole tendency 井眼弯曲趋势 // ~ nail 狗头钉

crookedness 偏斜；弯曲度

crooked pattern 弯流型
　　→~ pipe 绕曲管 // ~ well 弯曲井；拐弯井；钻弯的井 // ~ well{hole} 偏斜井

crookesite 钨铁；硒铊银铜矿[$(Cu,Tl,Ag)_2Se$;四方]

crop 一批；锡精矿；矿苗；露出地表；

修剪；矿层露头；大量；浮石；庄稼；收获；剪
　　→(agriculture) ~ 农作物 // ~ fall 矿层露头处地面下陷；露头塌陷；坍陷 // ~ load 球磨机混合负载[包括研磨介质、矿粒、水] // ~ opening 剥离露头；剥露露头 // ~ tin 锡石精矿

cropland 农作地

cropline 露头线

cropper 帮孔；剪切机；周边(炮)孔；井底高边炮眼[分台阶凿井]
　　→~ coal 底板薄煤皮 // ~ hole 井底最高处的炮眼 // ~ hole{easer} 辅助炮孔{眼}

cropping 修整；截槽过深；露头；露出；露出地表
　　→~(-out) coal 露出地表的煤 // ~ {crop} coal 露头煤 // ~-out 露出地表的 // ~ out coal 露出地表的煤

cross 石门；十字；画横线；(使)相交反对的；横穿的；绞线；直角器；穿过；叉架；画线；十字形；横向的；横放；越(岭)；交扰；交替的；妨碍；相互的；不幸的；苦难；穿脉；横穿；交叉的；四通管；不幸；叉；横过；越过；跨越；横断；翻(山)
　　→~ (arrangement;array) 十字排列；交叉；十字架 // ~ bar 分叉脊[波痕]；横把[钙超] // ~-bed vector rose diagram 交错层理向量玫瑰花图解 // ~ bond 轨道通电横连接 // ~-bridge 横桥；交联桥 // ~-buckle 横向弯曲 // ~ bunton 横罐道梁 // ~ caging 矿车装罐交叉调动

crossarm 横臂
　　→~ guy 横担拉线

crossband 轨距杆

crossbar 顶梁；横杆；棚梁；四通管；门闩；横木；四通
　　→~-and-prop timbering 横梁和支柱支护

crossbelt 交叉皮带
　　→~ type 交叉胶带型

cross-correlation 互相关
　　→~ course{vein} 横切(矿)脉 // ~-crosscut 钻孔与矿层直交

crosscut assay 横贯采样分析；石门或横贯采样分析

cross{double} cut file 交纹锉

crosscuting 掘进石门

crosscutting 掘进石门；横巷开凿；开凿横巷平石门；石门掘进；打穿脉

cross cutting 横切；交错
　　→~ cutting{drifting} 石门掘进 // ~ cut(ting){adit;drift;tunnel; measure} 石门

crossdrift 横巷；石门

cross (measure) drift 穿层平巷
　　→~-drift 石门 // ~ drifting{holing} 横巷掘进 // ~-drifting 小型迁移交错层理 // ~-(measure) drifting 平窿掘进

crossed 穿跨越的；交叉的

cross entry (crossheading) 横向巷道；石门
　　→~-equalization 互均化 // ~ equalization 相互均衡 // ~-equalization filter 横向均衡滤波器

crosser 垫木

crossette 突肩

cross exchange 第三国汇付
　　→~-eye{cross{wall}-eyed person} 斜眼 // ~ fade 交叉衰落 // ~ fall 横向坡；横坡；横斜度；路拱横坡 // ~ fan 交叉

扇形装置[震勘]//～-faulted anticline 横断背斜

crossfeed 串(联)馈(电)

cross feed 串音
→～-fiber 横纤维[如石棉脉]//～-field generator 交叉电场信号发生器//～-fire tank furnace 横火焰池窑//～ flight 横刮板

crossflooding 改变方向注水

cross flow froth launder 横向流动式泡沫溜槽
→～-flow separator 交叉流分离器//～{subsequent} fold 横褶皱//～{super(im)posed;overprinting} fold 叠加褶皱//～{superimposed} fold 横跨褶皱

cross-gang 横向平巷[垂直于走向];采空区中平巷

cross gangway 交叉巷;斜向平巷
→～ gate 与主巷道约成45°的巷道//～gate{gateway} 斜平巷//～ gate{gateway;cut(ting);drift;entry;gangway;tunnel;drive;level; measures;opening;road} 横巷

crossgirder 横梁

cross girder 横桁
→～ hole 石门;联络风巷;通风横巷//～-hole 联络巷道;石门

cross-hatched{crossed} twin(ning) 格子双晶

cross hatching 横面线

crosshead 滑架;十字头;串馈;导向架;串音;小标题

crossheading 联络巷道;工作区间通道;石门;通道;顺槽

crosshead oil plug 十字头润滑油塞
→～ {wrist} pin 十字头销//～ pin bushing 十字头销圈

crosshole section 井间剖面
→～ seismic detection 跨孔地震探测

crossing 线路交叉;交叉点;道岔;浅槽段;跨接;交叉的;交叉口;风桥;过河航道;消长带;石门

crossite 青铝{铝铁;铁铝}闪石[Na$_2$(Mg,Fe^{2+})$_3$(Al,Fe^{3+})$_2$Si$_8$O$_{22}$(OH)$_2$;单斜]

crossline 跨越管线;穿越管线
→～ section 横向测线剖面//～-line migration 横向线偏移;联络线偏移

crosslinkage 交键

crosslinked action 交联作用
→～ aliphatic chain 脂族交联链

crosslinking agent{chemical} 交联剂

crossopening{cross opening} 直交走向巷道

crossopodium[pl.-ia] 越足迹[遗石]

Crossopterygii 总鳍(鱼)目;总鳍鱼类[脊]

crossopterygium 总鳍

Crossotheca 稻{縫;穗}囊蕨属;[蕨;C$_2$]

crossotheca 穗囊羊齿

cross{strike} out 勾
→～-peen sledge 地质(工作)手锤;锤顶尖楞方向与手柄垂直的锤//～ pitch entry 石门;与走向成角度上下倾斜的平巷;横巷//～ range 侧向//～-reference 相互参照;引照法//～ sectional method 截面法[计算机算矿藏]//～ section cone bit 十字形车轮钻头;四牙轮钻头//～-section of exploration tunnel 探矿坑道断面

crossover 交叠(现象);浅滩;过零;切向

横贯;隘口;割切;大小头;交叉;切面;转线路;转换;立体交叉;截面;跨越;跨线桥;垭口;出口;穿过;跨接(装置);转向;最近越渡点
→～ (coupling) 转换接头//～-circulating type method 反循环法[砾石充填]//～ circulation 回洗//～{reverse;reversal} circulation 逆循环//～ circulation technique 反循环砾石充填技术//～ frequency 分隔频率

crosspiece 横挡

crosspin 横销

crossplot{cross{X} plot} 交会图

cross section paper 方格纸
→～-spur 横(切矿体的)石英脉//～stone 红柱石[Al$_2$O$_3$·SiO$_2$;Al$_2$SiO$_5$;斜方];交沸石[Ba(Al$_2$Si$_6$O$_{16}$)·6H$_2$O,常含 K;(Ba,K)$_{1-2}$(Si,Al)$_8$O$_{16}$·6H$_2$O; 单斜]//～-stone 交叉石;十字石[FeAl$_4$(SiO$_4$)$_2$O$_2$(OH)$_2$;(Fe,Mg,Zn)$_2$Al$_9$(Si,Al)$_4$O$_{22}$(OH)$_2$;斜方];红柱石[Al$_2$O$_3$·SiO$_2$;Al$_2$SiO$_5$;斜方]//～ strata heading 石门//～-strata heading 石门;穿脉巷道;穿脉;穿层巷道

cross tear fault 横切掩断层;横切断层
→～-tie 横向拉杆;横木;枕木;垫木;青铝闪石[Na$_2$(Mg,Fe^{2+})$_3$(Al,Fe^{3+})$_2$Si$_8$O$_{22}$(OH)$_2$;单斜];铝铁闪石;横撑;横拉筋;铁路枕木;轨距连杆//～ undulation 交叉隆陷[褶皱]//～{counter} vein 交叉脉;交错矿脉;叉矿脉//～-vein 交叉脉//～-verification 交互检验//～-wall 冰坎;石坎[石头砌的防洪坝]//～-wire bracing 交叉拉绳

crossvein 交错{叉}矿脉

cross{counter} vein 交叉脉;交错矿脉;叉矿脉
→～-wall 冰坎;石坎[石头砌的防洪坝]

crosswise 十字状;斜横;横向;成十字状;交叉地

cross-working 横向回采

Crotalocephalus 钟头虫属[三叶;D$_{1-2}$]

crotalus 响尾蛇[N$_2$-Q]

Crotaphylus 领蜥蜴属[Q]

crotonaldehyde 丁烯醛[CH$_3$CH═CH·CHO];巴豆醛

crotonate 巴豆酸盐[CH$_3$CH═CHCOOM]

crotonic acid ester 巴豆酸酯{丁烯酸酯}[CH$_3$CH═CHCO$_2$R]
→～ aldehyde 丁烯醛[CH$_3$CH═CH·CHO];巴豆醛

crotovina 土棒;填土动物穴;鼹鼠穴;田鼠穴;掘土动物穴[如田鼠穴、鼹鼠穴]

crotowine 填土孔穴

crouan 花岗岩

crounotherapy 矿泉疗法

croute calcaire 钙质结壳

crow (鸡)啼;吹嘘;起货钩;乌鸦座;撬杆;撬杠
→～ (bar) 铁挺{棒;杆;撬}//～ action 拥挤作用//～ effect 拥塞效应//～ motion 推压机构//～ piston 挤压活塞

crow-bar 撬杆;起货钩

crowberry 岩高兰果

crowd 挤满;塞满;催促;人群;群聚;充填;急速前进;群众;逼近;大量;聚集;许多;一堆;拥挤;挤压运动
→～ {thrusting} action 推压作用//～-and-dig 推压挖掘

crowded together 密集

crowder 沟渠扫污机

crowding 推压;挤压;加浓;加密;挤塞效应
→～ action 拥挤作用//～ baffle 泡沫导板;浮选槽的泡沫导板//～ effect 拥塞效应//～ motion 推压机构

crowdion 群离子

crowdless type bucket 不伸缩式斗轮挖掘机

crowd shovel 推压作用
→～-type boom 伸缩式臂架

Crowe process 克罗威氰化提金法

crowfoot 吊索;撬棍;鸟足[构造];打捞爪;柱状构造
→～ bar 带拔钉子叉头的大撬杠

crow-foot drainage pattern 鸦趾状水系

crowfoot guided valve 爪子扶正阀

crowings-in 覆盖层

crown 顶饰[宝石];矢高;井架顶部(天车);山顶;钻冠;路拱;冠部[棘];齿冠;拱顶;(锚冠);凸部;轧辊凸头;地滑后顶部未动部分;轮周;窑拱;冠顶;隆起;凸度;断崖顶[滑坡];树冠;额[逆掩盖覆]
→～ block 拱顶石//～-in 塌顶;鼓底压力//～{floor} pillar 阶段间煤{矿}柱//～ brass 轮轴铜衬//～ flint (glass) 冕(牌)火石玻璃//～-in 塌顶;鼓底压力//～{floor} pillar 阶段间煤{矿}柱//～ profile 冠廓;钻头冠的外形//～ (face) pulley 凸面滚筒;凸面皮带传动轮

crownblock 起重机顶部滑车组;天车
→～ beam 天车梁

crowned bit 中心凸出的特级钻头;塔形钻头;正阶梯式钻头

crow's foot 吊索

crowst 矿工便餐

crowstone 硬质硅质砂岩[煤层底板];致密硅岩

crowtoe 条裂石芥花

croylstone 细重晶石

croze 凿槽具

crozzle 烧结;灰分

CR-P 聚硫橡胶

crêpe 绉布{丝;线;(橡)胶}[法]

CRREL 寒冷地区研究和工程实验室

Cr-rutile 铬金红石

CRSVW 定(转)速变(钻)压法

crucial{Nelson;critical} illumination 临界照明

cruciate 十字形

crucible 熔锅;熔炉;坩埚
→～ assay 坩埚分析//～ grade flake graphite 坩埚质鳞片状石墨//～ method 坩埚试金法[冶]//～ tongs 坩埚钳

Cruciferae 十字花科

cruciform 十字形(的);交叉型(的)
→～ bit 十字铲//～ girder 十字形梁//～ grain 十字形截面火药柱//～{cross-shaped} twin 十字双晶

Crucigenia 十字藻属[绿藻;Q]
→～ tetrapedia 四足十字藻

crucilite 十字毒砂;假象毒砂

Cruciolithus 十字颗石[钙超;E$_2$]

Cruciplacolithus 十字心颗石[钙超;E]

Crucirhabdus 十字棒颗石[钙超;J$_1$]

crucite 十字毒砂;空晶石[Al$_2$(SiO$_4$)O;Al$_2$O$_3$·SiO$_2$];假象毒砂

crude 粗的;未加工的;粗糙的;生的;

粗糙；原生的；天然的
→ ~ asbestos 生石棉；原石棉// ~
assay 原油(一般)分析；石油化验// ~
carbolic acid 粗石炭酸// ~ dolomite 白
云石矿// ~{raw;green} dolomite 生白
云石// ~ feldspar 原长石// ~ mica
crystals 云母原矿// ~ mineral oil 原油
// ~{undressed; green;raw;undiluted;run-
of-mine} ore 原矿石// ~-ore{mine-run;
primary;run-of-mine} bin 原矿仓// ~
petroleum 浓稠石油

crudes 原矿

crude shale oil 页岩原油；粗页岩油
→ ~ solvent naphtha 粗溶剂石脑油
// ~ wax 原石蜡

crudiness 石棉粗制程度[美]

crudy 加工质量[石棉]

cruentum 血红石斛

cruising range{circle} 巡航范围

crumb 捏碎；弄碎；团块；少许；团粒；
屑粒；屑粒土；碎片
→ ~ down 坍// ~ structure 破坏结构
// ~ rock 崩解岩石// ~{brittle;friable}
rock 易碎岩石// ~ rock 松软岩石// ~
{-}structure 团粒构造// ~-structure 屑
粒状构造；团块结构

crumbing crew 清沟班

crumble 崩裂；破碎；弄碎；崩坏；崩坍；
崩塌；垮台；碎裂中的东西；瓦解；消失；
崩溃；碎；崩解[物理风化]；坍塌；塌落
→ ~ coal 散碎煤；碎散煤// ~ down
坍// ~{crumbling} peat 松散泥炭// ~
structure 破坏结构

crumbliness 可破碎性；脆性

crumbling 岩块剥落；碎裂；起鳞；粉碎；
崩解[物理风化]；表层粉化；剥落；掉皮
→ ~ rock 崩解岩石

crumbly 疏松的；易碎的；脆的
→ ~{brittle;friable} rock 易碎岩石// ~
rock 松软岩石

crumby{crumbling;crumbly} soil 团块状
土壤

crummies 下油管用链钳

crump 岩石突出；岩石受压移动；冲击
地压
→ ~ pressure burst 岩石突出

crumpled 弯扭；起皱的
→ ~ bedding 揉皱层理// ~ mud-crack
fillings 盘回泥裂充填物// ~ structure
盘曲构造

crumple(d) schist 波纹片岩

crumpling 盘回皱纹；折皱作用；揉皱
作用
→ ~-lamellae 揉皱页片

crumplings 挠曲

crura 腕钩；腕棒

crural base 腕钩基

cruralium 背匙板；腕棒腔

crural lobe 腕棒叶

Crurirhynchia 腕棒嘴贝属[腕;T₂₋₃]

Crurithyris 股窗贝属[腕;D-P]

crus 胫[动]；似腿的部分；小腿；腕棒

Crusate spectacle glass 克罗赛脱眼镜玻
璃

crush(er) 塌陷；煤层断层；垮砂；支架
毁裂；落砂；塌箱[铸;冶]；砸碎；破坏；
粉碎；轧碎；破碎
→ ~(burst) 岩石突出

crush block 让压块

→ ~ burst 岩爆；岩石爆发// ~(ed)
{tectonic;cataclastic} conglomerate 压碎
砾岩

crushed 破碎的；粉碎的
→ ~ aggregate 石渣// ~ conglomerate
假砾岩[分析数据]// ~ granite 麻石子
// ~{broken} gravel{crushed-gravel} 碎
砾石// ~-gravel aggregate 破碎砾石集
料// ~ ore 碎矿// ~ ore pocket{silo}
碎矿仓// ~ ore silo 破碎产品矿仓// ~
rock 压碎岩石// ~ rock{stone} 轧石
// ~ rock sample 粉碎的岩石样品// ~
-run rock 破碎而未过筛岩石// ~ sand
轧细砂；轧碎石// ~ stone base course
碎石底层// ~ stone bed 碎石层

crusher 碎矿机；猛烈一击；砂轮刀；撞
碎机；轧碎机；挤压机
→(reduction) ~ 破碎机；轧石机；碎石
机// ~ car 碎矿车// ~-run 统货碎石
// ~-run material 机碎碎石// ~ sand
轧石砂；破碎机制造砂

crushing 碎矿；压碎；决定性的；碎石；
压平；轧制；挤压
→ ~ and grinding 碎磨// ~-in the wall
rock 井壁岩石破碎落井// ~ ma-
chine{engine} 破碎机；轧石机// ~
mill{plant} 轧石厂；碎石厂// ~ plant
碎矿设备// ~ pocket 碎矿仓// ~ ratio
破碎比// ~ roller 破碎辊// ~ work-
shop 碎矿车间

crush resistance 抗压(强度)
→ ~-run 未筛分的// ~{kataclastic;
cataclastic} structure 碎裂构造// ~
{pressure;cataclastic} texture 压碎结构

crusiana 二叶石

crust 结成硬皮；痂壳；表层；垢物；膜；
结垢；浮渣；皮壳；皮；壳；结壳；外皮；
外壳；硬表面；地壳
→(overlying) ~ 硬壳

Crustaesporites 贝壳孢属[P₂]

crustal architecture 地壳隆起结构
→ ~ circulation 壳内循环// ~ gas 表
层气体// ~ horizontal deformation 地壳
的水平形变// ~ reservoir 地壳储库[成
矿元素的]// ~ shock 地壳及动

crust(iz)ation 结垢；被壳[岩矿等]；结壳

crust-block 地壳断块

crust-derived 壳源(的)

crust-dragging hypothesis 地壳牵引假说

crusted filling 壳状充填

crust-forming event 成壳(构造运动)

crustificated{banded;combed;ribbon} vein
带状脉
→ ~ vein 壳化脉

crustification 皮壳构造；结壳；壳化；层
带构造；被壳[岩矿等]
→ ~ banding 壳层条带

crustified 壳层状；壳层状的[矿脉]
→ ~ vein 皮壳状脉

crust-mantle boundary 壳幔界面
→ ~ differentiation 壳(-)幔分异[地壳]

crust of the Earth 地壳
→ ~ of weathering 风化壳

Crustoidea 甲壳笔石目

crust ore 壳矿

crustose 包壳状的；壳状的；皮壳状；皮
壳岩；结壳岩

crust reef 壳礁；暗礁[水下的礁石；淹没
海滩上形成的珊瑚礁]

crut 穿岩巷道

crux[pl.cruces] 关键；坩埚；难题；十字

Crux Sustralis 南十字座

Cruziana 爬(行)迹[遗石]；克鲁兹{斯}迹
[遗石]；二叶(石)迹

crycconite hole 冰雪坑

Cryderman loader 克赖德门型抓岩机
→ ~ mucking machine 克赖德门{利达
曼}型抓岩机[开凿斜井]

cryergic 冰缘

cryergy 冰冻学；冰岩学

cryfiolite 隐匿石；磷钙镁石[Ca,Mg 的磷
酸盐;Ca₂(Mg,Fe²⁺)(PO₄)₂·2H₂O;三斜]

cryic 低温的

crymic 冻原

cryobiology 低温生物学

cryocable 低温电缆

cryoconite 杂硅(酸)盐矿物；冰尘
→ ~ hole 冰穴

cryoelectronics 低温电子学

cryoforming 低温成型(加工)法

Cryogenian 成冰系；覆冰纪[新元古代第
二纪]

cryogenic 冷冻的；低温的；制冷的；低
温学的
→ ~(fuel) stage 低温燃料级// ~
transducer 超低温传感器

cryohydrate 低共熔冰盐结晶；冰盐
[NaCl·2H₂O]

cryolaccolith 水岩盖

cryolite 冰晶石[Na₃AlF₆;3NaF·AlF₃;单斜]
→ ~ corrosion test furnace 冰晶石腐蚀
试验炉// ~ glass 冰晶石玻璃// ~ re-
covery scheme 冰晶石回收流程(图)

cryolithionite 锂冰晶石[Li₃Na₃Al₂F₁₂;等
轴]；锂闪石[Li₃Mg₅Fe₁²⁺Fe₂³⁺Al₂(Si₄O₁₁)₄
(OH)₄;Li₂(Mg,Fe²⁺)₃Al₂Si₈O₂₂(OH)₂;斜方]

cryolithozone 冰冻岩带

cryology 冰岩学；冰冻学；冰川学；冻
岩学

cryopedology 冻土学

cryopedometer 冻结仪

cryophilic 喜冷的；冰凝的[盐类]；冷凝
的；喜低温的；喜寒带地方的；好寒
性的
→ ~ algae 雪生藻类

cryophil(l)ite{cryophyllite} 绿鳞云母
[K₂(Li,Fe²⁺,Fe³⁺,Al)₆(Si,Al)₈O₂₀]

cryophyte 冰雪植物

cryoplankton 冰雪浮游植{生}物

cryoprobe 冷冻探针

cryoprotective 防冷冻的

cryopump 低温(抽气)泵

cryoscope 测冰晶仪

cryoturbation 融冻泥流；融冻扰动；微
解冻泥流；冰融扰动；融冻扰动作用；冰
裂搅动；冰冻翻浆；冻裂搅动；冻搅
→ ~ structure 冻裂搅动构造

cryphiolite 磷钙镁石[Ca,Mg的磷酸盐；
Ca₂(Mg,Fe²⁺)(PO₄)₂·2H₂O;三斜]；杂磷钙镁
石；杂磷灰氟镁石；隐匿石

cryptalgalaminate 隐藻层[碳酸盐岩中]

cryptanalysis 密码分析

cryptand 穴状配体

Cryptatrypa 隐无洞贝属[腕;S-D₂]

cryphydrous 水下沉积的植物质

cryptic 隐造礁生物
→ ~ layering 隐层理[火成岩]// ~ rock
lead 岩石隐含铅// ~ species 同形种

[生]；隐种 // ～ suture zone 隐缝合带

cryptite 泥晶灰岩

cryptobatholithic 隐(伏)岩基的

cryptobiolith 隐生物岩

Cryptobiotic 隐生宇；隐生宙；隐生的

cryptoblastic texture 隐变晶结构

Cryptobranchus 鲵鱼；隐鳃鲵属

cryptochannel 密码通信渠道

cryptoclase 钠长石 [Na(AlSi$_3$O$_8$);Na$_2$O•Al$_2$O$_3$•6SiO$_2$;三斜;符号 Ab]

cryptoclastic rock 隐温矿床；隐屑岩

cryptoclimate 隐蔽气候

cryptocolpate 隐槽的[孢]

crypto(-)depression 潜洼地；隐洼地

crypto-flysch 隐复理

cryptodiablastic texture 隐穿插变晶结构

cryptodiapiric fold 隐底辟褶皱

cryptodome 隐穹丘；潜火山丘

cryptodont 隐齿型

Cryptodonta 隐牙目；隐齿亚类

cryptoexosporinite 隐孢子外壁体

cryptoexplosion 隐伏爆炸；隐爆发作用

cryptoexplosive{cryptoexplosion} structure 隐爆(发)构造

cryptofaunal 隐动物群的

cryptofluorescence 隐荧光

cryptogam(ia) 隐花植物

cryptogelocollinite 隐胶质(无结构)镜质体

cryptogene 成因不明的岩石

cryptogram 暗号；密码文件

Cryptograptus 隐笔石(属)[O]

cryptoguard 密码保护

cryptohalite 方氟硅铵石 [(NH$_4$)$_2$SiF$_6$;等轴]

cryptointosporinite 隐孢子内壁体

cryptolepidoblastic 隐鳞片变晶(结构)

cryptoleucite lava 隐晶白榴石熔岩

Cryptolichenariidae 隐里亨珊瑚科

cryptolinite 强压 CO$_2$ 液

cryptolite (针)独居石[(Ce,La,Y,Th)(PO$_4$);(Ce,La,Nd,Th)PO$_4$;单斜]

cryptolith 隐窝结石

Cryptolithus 隐三瘤虫属[三叶;O]

cryptology 密码术；隐语

cryptomaceral 隐组分；隐显微组分

cryptomagmatic 隐岩浆的

cryptomelane 锰钾矿 [K$_2$Mn^{2+}Mn$_7^{4+}$O$_{16}$;K(Mn^{4+},Mn^{2+})$_8$O$_{16}$;单斜、假四方];隐晶矿；隐钾锰矿

cryptomere 细晶；隐晶岩

Cryptomeria 柳杉属[K$_2$-Q]

Cryptomeriapollenites 柳杉粉属[孢;K$_2$-E]

cryptomeric 隐晶的

cryptomerous 隐晶岩的；细晶质；隐晶质的；细晶质的

Cryptomonadina 隐鞭`目{毛类}

Cryptomonas 隐藻属[甲藻;Q]

cryptomorphite 水{基}硼钙石[Ca$_2$B$_{14}$O$_{23}$•8H$_2$O;单斜];隐形石

cryptomphalus 隐脐的[腹]

cryptonalite 方氟硅铵石[(NH$_4$)$_2$SiF$_6$;等轴]

Cryptonella 隐弧贝属[腕;C$_1$]

cryptonelliform 隐弧(贝)型[腕]

Cryptonemella producta 思羽蛤

Cryptonemiales 隐丝藻目；隐线藻目

cryptonervus 隐脉的

cryptonickelemelane 杂镍锰土

cryptoolitic 隐鲕状(的)

cryptopart 密码段

Cryptopecten 隐海扇属[双壳;E-Q]

cryptoperthite 隐纹长石

Cryptophragmus 隐栅虫属[唇刺螅]；隐层孔虫属[O]

cryptophyte 地下芽植物[休眠芽深在土层中的多年生植物]；隐芽植物

Cryptophytic 隐植宇{宙}

cryptopoikilitic 隐嵌晶状[结构]

cryptopore 隐孔隙[<0.1μ]；下陷气孔

Cryptoprocta 隐灵猫属[Q]

cryptoreic 地下河水系的；隐伏水系的

cryptorheic 隐伏水系的；地下河水系的
　→～ drainage 隐河流域

cryptorheism 隐河流性

cryptorhomb 隐孔菱[棘林檎]

cryptosciascope 克鲁克管[观察 X 射线阴影]

crypto(cla)se 隐钠长石

cryptosiderite 隐铁石陨石

Cryptosoma granulosum 颗粒隐身蟹

Cryptospirifer 隐石燕(属)[P]

cryptosterol 隐甾醇

Cryptostomata 隐门目；隐口苔藓虫目；隐口目{类}[苔;O-T]

cryptostome 隐口目{类}[苔;O-T]

cryptostructure 隐构造

Cryptosula 隐槽苔虫属

cryptosymmetry 潜隐对称

Cryptotaxis 隐列牙形石属[D]

cryptotelinite 隐结构镜质体

cryptotext 密码电文

cryptothermal 隐热的
　→～ deposit 隐温矿床

Cryptothyrella 隐窗贝属[腕;S]

cryptothyrid (foramen) 隐窗型[腕]

cryptotile 绿纤云母

cryptoti(li)te 隐纤石[AlSiO$_3$OH(近似)]；绿纤云母

cryptovitrodetrinite 隐碎屑镜质体

cryptovolcanic 潜火山

cryptovolcano 隐火山

Cryptozoic 生于偏僻地区的；前寒武纪的；隐生宙的；宇的；前寒武纪[2500～570Ma]；隐生的；穴居的
　→～ (eonothem) 隐生宇

cryptozoon[pl.-zoa] 隐(生)藻

crysocolla 硅孔雀石[(Cu,Al)H$_2$Si$_2$O$_5$(OH)$_4$•nH$_2$O;CuSiO$_3$•2H$_2$O;单斜]

c(h)rysolite 橄榄石[浓绿色;(Mg,Fe)$_2$SiO$_4$]

crysophane 绿脆云母 [Ca(Mg,Al)$_{3-2}$(Al$_2$Si$_2$O$_{10}$)(OH)$_2$;Ca(Mg,Al)$_3$(Al$_3$SiO$_{10}$)(OH)$_2$;单斜]

crystal 结晶体；无色透明的金刚石；结晶
　→～ clot 矿物圪垯 // ～ electric clock 石英电钟

crystaline flake graphite 鳞片石墨

crystal interstice{interface} 晶体间隙
　→～ jam 挤塞晶群

crystallaria 簇状晶粒[土壤]

crystallate 结晶体；结晶产物

crystal lattice 晶体点阵
　→～ {translation;crystalline} lattice 晶格

crystalliferous 产水晶的

crystalline 晶体的；水晶般的；透明的；结晶(体)；水晶制的
　→～ (limestone) 结晶灰岩[主要成分为方解石 CaCO$_3$, 含量>80%] // ～ aggregate of phenylcalcium 酚钙矿巢 // ～

anisotropy 晶态各向异性 // ～ flake graphite 晶质鳞状石墨 // ～ graphite 显晶石墨；结晶形石墨 // ～ graphite ore 晶质石墨矿石 // ～ magnesite 晶质菱镁矿 [MgCO$_3$] // ～ metal 晶体金属 // ～ pattern 结晶式样[形式]

crystalling transformation 再结晶

crystallinity 结晶度

crystallinoclastic rock 晶(质碎)屑岩

crystallinohyaline 波基斑状；玻基斑状[结构]

crystal liquid fractionation 晶液分离(作用)

crystallization{crystallisation} 析晶；晶化；结晶(体)；结晶作用

crystallization's halo 晶晕

crystallization temperature 结晶温度
　→～ velocity 结晶速度

crystallizer 结晶器

crystallizing 晶化；结晶
　→～ power{force} 结晶力

crystalloblas 变晶

crystalloblastesis 变晶作用

crystalloblastic strength 比变晶力
　→～ strength{force} 变晶力

crystallochemistry 结晶化学；晶体化学

crystalloclastic 碎晶质的

crystallofluorescence 晶体荧光

crystallogenetic evolution 晶体成因演化
　→～ history 结晶发生史

crystallograph 检晶器

crystallographer 结晶学家

crystallography 结晶学

crystalloid 结晶状的；透明的；拟晶体(质)；似晶质；晶质体；晶体；准晶质
　→～ solution 晶状溶液

crystallolith 结晶颗石；晶质颗石

crystallology 晶体学

crystalloluminescence 晶体发光；结晶发光

crystallometer 检晶器

crystal luminescence 晶体发光
　→～ -melt equilibrium 晶体熔体平衡 // ～ mode 晶内矿物量 // ～ optics 结晶{晶体}光学 // ～ plasticity 晶质塑性 // ～ pool 晶池[含有方解石晶体的静水] // ～ pyroclast 晶屑；火山晶屑

crystallurgy 结晶过程

crystallus 石英[SiO$_2$;三方]

crystalon 刚晶

Crystal White 水晶白麻[石]

crystianite 钙十字沸石[(K$_2$,Na$_2$,Ca)(AlSi$_3$O$_8$)$_2$•6H$_2$O;(K,Na,Ca)$_{1-2}$(Si,Al)$_8$O$_{16}$•6H$_2$O;单斜];钙长石[Ca(Al$_2$Si$_2$O$_8$);三斜;符号 An]

crystn. 结晶

c(h)rystobalite 白石{硅}英；方英石{石英}[SiO$_2$;四方]

crystolon 合成刚玉；碳化硅

crystosphere 泉成埋藏冰层；地下冰

Crytodires 曲颈龟类[K-Q]

Cr-Zr-armalcolite 铬锆斜方镁钛矿；阿尔镁钛矿；马科镁钛矿

Cs 铯

csiklovaite 硒硫碲铋矿 [Bi$_2$Te(S,Se)$_2$?;三方]；碲硫铋矿[Bi$_2$Te$_2$S]；硫碲铋矿[Bi$_4$Te$_{2-x}$S$_{1+x}$]

cs{convex-sided} indentation 凸边压痕

Cs-spodumene 铯锂辉石

Ct 钇[镱的旧称]；铪；降温期(的)

CTAB{|CTAC} 十六烷基三甲基溴{|氯}化铵[$C_{16}H_{33}N(CH_3)_3Br${|Cl}]
Ctenacodon 梳尖齿兽属[多瘤齿目;J]
Ctenalosia 栉盖贝属[腕;P_1]
ctenidium 栉鳃[软];栉[昆]
Ctenis{Cteninis} 篦羽叶(属)[古植;T_3-K_1];栉羽叶
ctenobranchia 栉鳃类
ctenodactylomorph rodents 梳趾鼠形啮齿类
ctenodont 梳齿型[双壳]
Ctenodonta 梳齿蛤(属)[双壳;O-S]
Ctenognathus 栉颚牙形石(属)[O_2-T_2]
ctenoid 栉鳞(鱼类)
→~ cast 栉状铸型//~ scale 栉鳞//~ texture 栉壳状结构
Ctenokoninckina 栉康尼克贝属[腕;T_3]
ctenolium 丝梳[双壳];栉齿
Ctenopharyngodon 草鱼属[N-Q];鲩鱼属
ctenophora 栉水母类
Ctenopolygnathus 栉多颚牙形石属[D_2-C_1]
Ctenopyge 梳形尾虫属[三叶;C_3]
Ctenostomata 苔藓;栉口目{类}[苔、无脊;O-Q]
Ctenothrissiformes 栉鳞目
Ctenozamites 篦似查米亚木属[古植;T_3-J_1]
ctypeite 泡霰石[$CaCO_3$];泡文石
Cu 铜
cualstibite 水锑铝铜石[$Cu_6Al_3Sb_8O_{18}$•$16H_2O$]
cubage 求容积法;体积法;容积;体积
→~ of excavation 挖方
cubaite 菱面石英[SiO_2]
cuban 古巴矿{方黄铜矿}[$CuFe_2S_3$;斜方]
cubane 立方烷;五环辛烷
cubanite 针黄铜矿;古巴矿[$CuFe_2S_3$;斜方];方黄铜矿[$CuFe_2S_3$]
cube 铺方石;立方体;三次幂;正六面体;立方
Cu-bearing lead ore 铜铅矿石
Cu-Mo ore ～ Mo ore 铜钼矿石
cube coal 立方形煤
→~ ore 毒铁矿[$KFe_4^{3+}(AsO_4)_3(OH)_4$•$6~7H_2O$]//~ pavement 方石路面//~ spar 无水石膏;硬石膏[$CaSO_4$;斜方]
cubeite 方赤铁矾[$MgFe_2^{3+}(SO_4)_2(OH)$•$7H_2O$];镁赤铁矾
cubelet 小立方体
cube ore 毒铁矿[$KFe_4^{3+}(AsO_4)_3(OH)_4$•$6~7H_2O$]
→~ pavement 方石路面//~ powder 粗粒状黑火药//~ spar 无水石膏;硬石膏[$CaSO_4$;斜方]
cubic antihemihedral 等轴反半面体
→~-foot{-meter} ratio 每米炮孔崩落(矿;岩)体积
cubic axial system 立方轴系
→~ bornite 等轴斑铜矿//~ boron nitride 立方(晶)型氮化硼
cubichnia 停息痕{迹;痕迹}[遗石];停栖迹;歇迹;停顿痕迹;休息迹
cubicite 方沸石[$Na(AlSi_2O_6)$•H_2O;等轴]
cubic joint 方状节理
→~ meter of earth and stone 土石方//~ meter{metre} of stone 石方[方量]//~ metre of earth and stone 土石方//~ nitre 智利硝(石)[$NaNO_3$]//~

packing 立方形充填//~ parahemihedral 等轴五半面体//~ spinel-like magnetite 立方尖晶石型磁铁矿[γ-Fe_2O_3]//~ zeolite 菱沸石[$Ca_2(Al_4Si_8O_{24})$•$13H_2O$;$(Ca,Na)_2(Al_2Si_4O_{12})$•$6H_2O$;三方];方沸石[$Na(AlSi_2O_6)$•$H_2O$;等轴]
cubit 库比特[长度单位]
cubitus 肘脉[昆];肘
cubizite{cuboite} 方沸石[$Na(AlSi_2O_6)$•H_2O;等轴]
cuboargyrite 硫锑银矿[$AgSbS_2$]
cuboizite 菱沸石[$Ca_2(Al_4Si_8O_{24})$•$13H_2O$;$(Ca,Na)_2(Al_2Si_4O_{12})$•$6H_2O$;三方]
cuboleucite β 白榴石;方白榴石
cubosilicate{cubosilite} 方玉髓
Cubosphaeridae 立方球虫科[射虫]
cucalite 绿泥辉绿岩{石}
cuccheite 辉沸石[$NaCa_2Al_5Si_{13}O_{36}$•$14H_2O$;单斜]
cuchilla 刃状(山脊)[美西南]
cuckhold 切泥铲
Cu(-)coloradoite 铜碲汞矿
Cucullaea 帽蚶属[双壳;J-Q]
Cucullograptus 帽笔石属[S_3]
Cucullopsis 勺蚶属[双壳;C_3]
Cucumariida 瓜海参目[棘]
cucumberiform 黄瓜形
cucurbit 葫芦
cucurbitiform 长葫芦形
cuddy 小室;杠杆;起重杠杆;平衡车;对重[轮子坡]
cue 滴定度;插入物;插入;嵌入;提示信号;线索;暗示
→~ {auxiliary;subsidiary} signal 辅助信号
cuesta 单斜脊;内向崖;鼍丘;单面山
→~ backslope 单斜脊缓坡;单面山斜坡//~-maker 单面山造层//~ scarp{face} 鼍崖
cuestiform 层阶地形
cuirasse{cuirasse de fer} 红土剖面顶部的铁质风化壳
cul-de-sac 死端;盲道;死巷道;死胡同;死巷;死路
→~ porosity 非连通孔隙度
culebrite 杂硫锌硒汞矿
culet 多面体宝石的底面;底托;底面[钻石]
culicidae 蚊科[昆]
cull 选出之物;采;摘;选拔;拣出;除去之物
→~-de-sac 独头巷道//~ cut 磨屑伤
cullet 碎玻璃
→~ cut 磨屑伤
culling 精选
culm 灰煤;煤泥;废渣;炭质页岩;生成秆;茎;无烟煤砾;无烟煤;劣质煤
Culmann construction 库尔曼图解法[土压力]
→~ line 库尔曼线
culm bank 废渣堆
→~ {waster} bank 矸石堆//~ dump 矸石场
culmen[pl.calmina] 关节突[棘海蕾{百}];嘴峰
culmination 背斜最高部;褶隆区;背斜冲隆;高区;轴隆区;积顶点;褶升区;最高峰;构造高点;中天;极点;背斜轴叠;高点;顶点[构造]

culmophyre 聚斑岩
culsageeite 水金云母;水蛭石[$(Mg,Fe^{2+},Fe^{3+},Al)_{6-7}(Si,Al)_8O_{20}(OH)_4$•$8H_2O$]
Cultellidae 刀蛏科[双壳];雪蛤科
Culter 鲌属[N_2-Q]
cultivate 磨炼;修
→~ (land) 熟化//~ {cropped;anthropogenic} soil 耕作土壤
cultivated{agric;plough} horizon 耕作层
cultural noise 文化噪声
→~ {historical} relic 文物//~ remains 文化遗址{迹}
culture 繁殖;人文;培养
Culumbodina 库鲁姆牙形石属[O_2]
culvert 水道;电缆管道;线渠;排水管;涵洞;管路;排水渠(道);阴沟[地下排水沟];管道;暗渠;集
→~ box 箱式涵洞//~ on steep grade 陡坡涵洞//~ pipe 涵(洞)管//~ type head gene 涵管式进水洞
cum-all 附带各种权利
cumatolite 腐锂辉石[一般已变为白云母与钠长石的混合物]
cumbraite 钛铁长橄岩;钛铁岩;钛铁长橄岩
cumbraite 培斑安山岩;倍斑安山岩
cumengeite 铜氯铅矿;锥氯铜铅矿[$PbCl_2$•$Cu(OH)_2$;$Pb_4Cu_4Cl_8(OH)_8$•H_2O;四方];锥绿铅矿
cumengite 黄锑矿[$Sb^{3+}Sb^{5+}O_4$;斜方];锥{方}氯铜铅矿[$PbCl_2$•$Cu(OH)_2$;$Pb_4Cu_4Cl_8(OH)_8$•H_2O;四方];锥绿铜铅矿
Cummings' 卡明斯沉降法[粒度分析法]
cummingtonite 镁铁闪石[$(Mg,Fe^{2+})_7(Si_4O_{11})_2(OH)_2$;单斜];蔷薇辉石[$Ca(Mn,Fe)_4Si_5O_{15}$,Fe、Mg常置换Mn,Mn与Ca也可相互代替;$(Mn^{2+},Fe^{2+},Mg)SiO_3$;三斜]
→~-amphibolite 镁铁闪岩
cumulate 堆晶岩;堆积岩;晶堆岩
→~ banded structure 累带状构造//~ {cumulated} texture 堆积结构
cumulative 累计的;氯积的
→~ diagram 综合图解
cumuliform 积云状
cumulite 积球雏晶;雾状集球雏晶;玻质岩中包体
cumuloblast 聚(合)变晶
cumulo-dome 累积穹丘
→~{-volcano} 火山穹丘
cumulonimbus 积雨云
cumulophyre 联合斑岩;聚斑岩
cumulophyric 聚(合)斑状(结构);联合斑状
→~ texture 联合斑状结构
cumulose 腐泥的
→~ deposit 高腐泥沉积物;炭植堆积;炭质堆积层//~ soil 植根土;高腐殖质淤泥土//~ {organic} soil 腐殖土
cumulosol 泥炭质土
cumulosphaerite 聚球粒
cumulovolcano 火山(穹)丘
cumulo-volcano{-dome} 火山丘;火山穹丘;堆积火山;累积火山
cumulus[pl.-li] 一堆堆积[晶体];积云
→~ crystal 淀积晶体[初淀晶];堆晶;积云晶土//~ mineral 堆积矿物
cundy 小巷道
Cuneatochara 楔轮藻属[T]
Cuneiphycus 楔形藻属[C]

Cuneopsis 楔蚌(属)[双壳;J-Q]
cunico 铜镍钴(永)磁合金
cunife 铜镍铁(永)磁合金[60Cu,20Ni,20Fe]
Cunninghamella 小坎宁安霉属[真菌;Q]
Cuon 豺(属)[Q];豺狗属[Q]
　→~ alpinus 亚洲豺犬;豺;印度野犬 //~ dubius 疑豺[Q]
cup 杯;前室;盖筒;(使)成凹形;杯状物;注油器;外筒;喷注室;巨爵座;罩帽;管帽;盅;团矿模;盆地
cupalite 铝铜矿[(Cu,Zn)Al]
Cupanieidites 库盘尼粉属[孢;K-E]
cuparene 花侧柏烯
cupel (用)灰皿鉴定;灰皿;烤钵
cupferron 铜铁灵{N-亚硝基苯胺铵}[$C_6H_5N(NO)ONH_4$]
cupholder (线路用)杯式绝缘子螺脚
cuphole 杯状穴[海蚀]
cupid's dart 针铁水晶;网针石英;石英中发金红石
　→~ darts 发金红石[石英中;TiO_2]
cuping 钎尾起毛
cupola 穹顶;装甲炮塔;针状火山;圆顶
　→~ (furnace) 冲天(化铁)炉;化铁炉;岩钟;钟状火山 //~ hypothesis of mineralization 岩钟成矿说 //~ slag sulphated cement 石膏花铁炉渣水泥 //~ stock 圆土丘形岩株
cupolate 杯状的[珊]
cupols 岩钟
cupped pebble 溶坑卵石
　→~ washer 凹垫圈
cuprargyrite 硫铜银矿[AgCuS;斜方]
cupreine 辉铜矿[Cu_2S;单斜]
cupreous 铜的;铜色的
　→~ anglesite 羟铅矾;青铅矾{矿}[PbCu(SO_4)(OH)_2;单斜] //~ bismuth 脆硫铜铋矿[Cu_3BiS_3];硫铋铜矿[Cu_3BiS_3;斜方] //~ idocrase 铜{青}符山石 //~ sandstone deposit 含铜砂岩矿床
cupr(if)erous 含铜的
cupressaceae 柏科
Cupressinocladus 柏型枝(属)[J_1-Q]
Cupressinoxylon 柏型木(属)[J-Q]
Cupressocrinites 松球海百合属[棘;D_2]
cuprian argentite 铜辉银矿
　→~ austinite 砷锌铜矿
cupric 含铜的;二价铜的;铜的
　→~ ammonium sulfate 硫酸四铵(络)铜[$Cu(NH_3)_4SO_4·H_2O$] //~ chloride 氯化铜 //~{copper} oxide 氧化铜 //~ sulphate{sulfate} 蓝矾[$CuSO_4·5H_2O$]
cupriferous{copper} shale 含铜页岩
Cuprisocrinus 毯海百合(属)[棘;D_3]
cuprite 赤铜矿[Cu_2O;等轴];红铜矿[Cu_2O]
　→~ red{octahedral,ruby} copper ore 赤铜矿[Cu_2O;等轴] //~ type 赤铜矿(晶)组[432晶组]
cupritungstite 钨铜矿{铜钨华;铜钨矿}[$Cu_2(WO_4)(OH)_2$]
cupro 铜
　→~ adamite 水铜锌砷矿 //~ arquerite 铜银汞矿
cuproadamine{cuproadamite} 铜羟砷锌矿
cuproapatite{cupro apatite} 铜磷灰石[$((Ca,Cu)_5(PO_4)_3F$]
cuproarquerite 铜银汞膏[(Ag,Hg,Cu)]

cuproartinite{cupro artinite} 纤水碳铜石[$(Cu,Mg)_2(CO_3)(OH)_2·3H_2O$;单斜]
cuproasbolan(e) 铜钴土
cuproauride 铜金矿[CuAu;四方];银铜金矿;斜方金铜矿[Cu_3Au;斜方];金铜矿[Au和Cu的天然固溶体,组成近似$AuCu_3$]
cuproaurite 铜金矿[CuAu;四方]
cuprobinite 淡黝铜矿
cuprobinnite 淡黝铜矿[$(Cu,Ag)_{12}As_4S_{13}$]
cuprobismuthite 辉铅铜矿[$Cu_{10}Bi_{12}S_{23}$;单斜];铜辉铋矿;辉铜铋矿[CuBiS_2]
cuproboulangerite 铜块硫锑铅矿
cuprocalcite 铜方解石;赤铜方解石
cuprocannizzarite 铜辉铅铋矿[$Cu_2Pb_3Bi_{10}S_{19}$]
cuprocassiterite 铜锡石;杂锡假孔雀石;土铜锡矿
cuprocompound 亚铜化合物
cuprocopiapite 铜叶绿石{矾}[$CuFe_4^{3+}(SO_4)_6(OH)_2·20H_2O$;三斜]
cuprocosalite 铜斜方铅铋矿
cuprodescloizite{cuprodescloisite} 钒铜铅矿[$(Cu,Zn)Pb(VO_4)(OH)$; PbCu(VO_4)OH·3H_2O(近似)];羟钒铜铅石[PbCu(VO_4)(OH);斜方]
cuproferrite 铜绿矾[$(Fe,Cu)SO_4·7H_2O$];铜水绿矾[$CuSO_4·7H_2O$];铜氯矾[$(Fe,Cu)SO_4·7H_2O$]
cuprogoslarite 铜皓矾[$(Zn,Cu)SO_4·7H_2O$];铜锌矾
cuprohalloysite 铜埃洛石
cuprohydromagnesite 水碳铜石[$(Cu,Mg)_5(CO_3)_4(OH)_2·4H_2O$;单斜]
cuproiodargyrite{cupro iodargyrite} 铜碘银矿
cuproiridsite 硫铱铜矿[$CuIr_2S_4$]
cuprojarosite 铜镁铁矾[$(Fe,Mg,Cu)(SO_4)·7H_2O$]
cuprolillianite 铜硫铋铅矿
cuprolovchorrite{cuprolowtschorrite} 铜(胶)硅钛铈矿
cuprolumbite 铜硫铅矿
cupromagnesite 水铜镁矾;铜菱镁矿;羟碳铜石
cupromakovickyite 硫铋银铅铜矿[$Cu_8Pb_4Ag_2Bi_{18}S_{36}$]
cupromanganese 铜锰合金
cupromelanterite 七水胆矾{铜水绿矾}[$CuSO_4·7H_2O$;单斜]
cupropavonite 硫铋铜银矿[$PbAgCu_2Bi_5S_{10}$;单斜]
cuproplatinum 铜铂矿
cuproplumbite 铜硫铅矿;砷铜铅矿[$CuPb(AsO_4)(OH)$;斜方]
curopyrite (杂)黄铜矿[$CuFeS_2$;四方];方黄铜矿[$CuFe_2S_3$]
cuprorhodsite 硫铑铜矿[$CuRh_2S_4$]
cuprorivaite 硅钙铜矿;硅铜钙石[$CaCuSi_4O_{10}$;四方]
cuproscheelite 杂铜白钨矿;铜白钨矿[$CaCuWO_4$]
cuproselencannizzarite 铜硒辉铅铋矿
cuprosklo(do)vskite{cuprosklo(do)wskite} 硅铜铀矿[$Cu(H_3O)_2((UO_2)(SiO_4))_2·3H_2O$; $Cu(UO_2)_2Si_2O_7·6~7H_2O;Cu(UO_2)_2Si_2O_6(OH)_2·5H_2O$;三斜]
cuprospinal 铜尖晶石
cuprospinel 铜铁尖晶石[$(Cu,Mg)Fe_2^{3+}O_4$;等轴]

cuprostibite 锑铊铜矿[$Cu_2(Sb,Tl)$;四方]
cuprotungstite 钨铜矿{铜钨华;铜钨矿}[$Cu_2WO_4(OH)_2$]
cuprouranite 铜铀云母[$Cu(UO_2)_2(PO_4)_2·8~12H_2O$;四方]
cuprous 亚铜的;一价铜的
　→~ iron ore 含铜铁矿
cuprovanadinite 铜钒铅矿
cuprovanadite 钒铜铅矿[$(Cu,Zn)Pb(VO_4)(OH);PbCu(VO_4)OH·3H_2O(近似)$]
cuprovudyavrite{cuprowudyawrite} 铜(胶;水)硅钛铈矿
cuprozincite 铜红锌矿;锌孔雀石[$(Cu,Zn)_2CO_3(OH)_2$;单斜]
cuprozippeite 铜水铀矾
cuprum[拉] 铜
cup-shaped 杯状的
cup shell 碗形砂轮
　→~ {Belleville} spring 盘形弹簧 //~ test 杯突试验 //~-type grinding wheel 杯形砂轮;凹砂轮 //~ type retrievable packer 皮碗式可收回封隔器
cupula 壶腹帽[解];子器;顶;吸盘;壳斗[植;如橡树果]
Cupularostrum 桶嘴贝属[腕;D_2]
cupulate 有壳斗的;杯形的;壳斗的[植]
cupule 壳斗[植;如橡树果];杯状凹;吸盘;杯形器
Cupuliferoidaepollenites 壳斗粉属[孢;N_1]
Cupuliferoipollenites 栗粉属[孢;K_2-E]
cupulolithiasis 嵴帽沉石病;嵴顶结石症
curative importance 医疗意义;疗效
　→~ spring 浴疗泉 //~ treatment 治疗方法
curb 圈设井拦;抑制电流;车围;侧石[街道的路边镶边石];井框垛盘;主要井框;路缘;马衔索;约束;束缚;抑制;基础井框;镶边石[道路]
　→(foundation) ~ 壁座;锁口圈;路缘石;井栏
curber 铺侧石机
curb girder 侧梁
curbing 井框支架
curb marking 缘石标记
　→~ ring 座盘;主井框;基础井框 //~ side 车道的镶边石带
curbstone 侧石[街道的路边镶边石];路缘石
curd tubbing 密集井框
cured pack 已胶结充填体
curely cannel 烛煤[具贝壳状断口]
curetonite 磷钛铝钡石[$Ba_4Al_3Ti(PO_4)_4(O,OH)_6$;单斜]
curf 取芯钻头切削面;取芯钻井的环状井底;底槽;环状孔底;卧底层;金刚石取芯钻头切削环
curiage 放射强度[以居里计];居里强度
curicostate 具曲叶脉的[植]
Curie-cut crystal 居里截式晶体;X截晶体
Curie-depth 居里深度
Curie/kilogram 居里/千克[比放射性]
curienite 钒铅铀矿[$Pb(UO_2)_2(VO_4)_2·5H_2O$;斜方]
curie point 居里温度
Curie-point pyrolyzer 居里点热解器
Curie temperature 居里温度

→~ theory 居里原理//~-Wulff principle{theory} 居里-吴尔夫原理；伍尔夫原理；武尔夫原理；弗尔夫原理

curing 硫化；处置；水泥养护；熟化；固化；再处理；治疗；处理；保养；养护[保持混凝土湿润，使水泥硬化]

curio stone 魔石；古董石；古玩石；廉价饰石类
→~{noble} stone 宝石

curite 板铅铀矿[PbO•5UO₃•4H₂O;(PbO)₂(UO₃)₅•4H₂O;Pb₂((UO₂)₄O(OH)₆)•H₂O,450 ℃时全部脱水;斜方]

curling 扭曲；卷曲；卷边；卷缩
→~ stress 弯翘应力

curlstone 卷曲石

curly{curled;convolute;crinkled;slip;gnarly} bedding 卷曲层理
→~ cannel 波纹烛煤//~ schist 皱纹片岩

curragh 沼泽荒地；小型手推货车的一种；沼泽

current 通用；湖流；倾向；流量；进行；流行的；草写的；流动的；流；过程；现有的；趋势；通用的；流畅的
→~-bedding 交错层理；波状层理//~ carrier 载流子[电流]//~ carrying 通电流的//~-collector for mine locomotives 矿用机车集电器//(electric) ~ density 电流密度//~ deposit 活期存款//~ indicator 示流器//~ investment 流动投资;短期投资//~ liability 流动负债;短期负债//~ limiter 限流器

curstenite 羟磷铝钡石[BaAl₂(PO₄)₂(OH)₂;三斜]

curtailment 限定；缩减；缩短；简化；截短；省略；限制；节约
→~ of drilling 钻井工作减少

curtain 石幔；屏蔽；幕[构造]；用幕隔开；帘子；遮住；帷幕
→~ wall 隔离矿柱；幕墙

Curticia 库蒂贝属[腕;ê]

curtisite 杂烃；绿地蜡[C₂₄H₁₈C₂₂H₁₄;斜方]

curtisitoids 地蜡类

Curtognathus 拱曲颚牙形石属[O₂]

curvature 曲度；弯曲；弯度；弯折度；曲率；弯曲度；弧度

curve 曲线；抛物线；弯道；特性曲线；弯；图表；弧形；正常时差曲线
→~ (ruler) 曲线板

curved 弯；弯曲的；弓形
→~ bar 曲沙坝；弯曲沙坝；弯铁棒//~ crystal 曲晶//~ ray seismic tomography 曲射线地震层析成像//~ ripple mark 扭曲波痕//~ ripple mark 扭曲波痕//~ slip-surface 弯曲滑动面//~ spool 弯短管//~ tooth 弧齿

curve magnetization 磁化曲线
→~ of borehole 钻孔弯曲

Curvestheria 弯线叶肢介(属)[E]

curve tracer 曲线描绘仪{器}；波形记录器
→~ tracing scale 曲线绘制的标度{量程;范围}

curvilinear 曲线的；曲的线性
→~ air classifier 曲线式空气分级机//~{graphic} coordinates 曲线坐标//~ hinge 弯曲枢纽；曲线状枢纽

curvity 曲率
→~ coefficient 曲率系数

curytropic 广适性的

c(o)urzite 钡交沸石[(Ba,Ca,K₂)(Al₂Si₃O₁₀)•3H₂O;(Ba,Ca,K₂)Al₂Si₆O₁₆•6H₂O;单斜]

cus-cus 岩兰草

cuselite 云辉玢岩；云辉正煌岩；云辉煌岩

cushion 缓和冲击；缓冲器；缓冲层；垫子；垫块；减振器；(给……)安上垫子;(使)减少震动；直浇口下的储铁池；下垫层；软垫；弹性垫；缓冲；垫[压力机]
→~ course 下伏岩层

cushioned blasting 气垫爆破
→~ bumper 缓冲挡//~ horn 有垫支承{撑}；推车机缓冲支挡//~ shot firing 气垫爆破

Cushmanides 库什曼介属[E₂-Q]

cusp 弯曲点；交点；尖锥；小海角；峰；突进；会切点；尖头；尖点；尖突；齿尖[生;牙石]；歧点[数]；尖端；尖顶；岬；形成水舌；指进

cuspate 尖的

Cuspidaria 矛头蛤(属)[双壳;J-Q]

cuspidate 具锐尖头的

cuspidine 灰枪晶石；枪晶石[Ca₄(Si₂O₇)(F,OH)₂;单斜]

cuspidite 枪晶石[Ca₄(Si₂O₇)(F,OH)₂;单斜]

cuspis dentis 牙尖；齿尖[生;牙石]
→~ molaris 臼齿尖[生]~ septalis 隔尖瓣[解]

cusplet 小滩角

custerite 锌黄锡矿[(Cu,Sn,Zn)S(近似);Cu₂(Zn,Fe)SnS₄;四方]；(灰)枪晶石[Ca₄(Si₂O₇)(F,OH)₂;单斜]；克斯特矿[Cu₂(Fe,Zn)SnS₄]；硫铜锌锡矿

custody 拘留；保护；监禁；监视
→(safe) ~ 保管//~ transfer measurement 输油监测计量

custom 制定的；海关；顾客；惯例；主顾；习惯；定做的
→~ machine 按要求定做的机器；非大量生产的机器；特定规格的机器//~ concentrate 输入精矿；外来精矿//~ of third class 三级用户//~ ore 购来矿石；代用户加工矿石//~ formalities and requirements 海关手续和规定//~ mill 精选不同矿山所产矿的选矿厂//~ office{house} 海关//~ pass{barrier} 关卡//~ plant 处理外来矿石的选厂

customer 服务对象；消耗器；交易人；用户；耗电器；主顾
→~ furnished 由用户提供的

customer's account 应收客户款
→~ approval 用户认可//~ book 客户存款账

customize 定做

cut 磨过的；削减(费用等)；炮孔深度；相交；掏槽孔；中断；切削；切割槽；切断的；粒度级；分解；劈；开凿；掏槽；炮眼深度；刀口；截槽；采煤工作面下步回采部分；采掘带；插图；琢磨；割线；截割；缩减；琢型[宝石的;宝石]；溶解；削；穿过；减低；剖线；切割；打穿脉；冲淡；挖方；水泥侵染；泥浆侵染；暗井；掘沟；横切矿脉；拌砂[铸]
→~ (a canal,tunnel,etc.) 开凿；截深；删节；掏槽眼//~ a figure in stone 雕刻石像//~ a melon 分派红利//~-and-try method 试算(法)；渐近法//~ a stone 凿石头//~-back 回采；重采；

-back asphalt{bitum;bitumen} 稀释沥青//~ diamond 磨琢金刚石

cutability 可刨性[矿、煤]；切削性；可切削性；可切割性

cutan 胶膜

cutaway (view;illustration) 剖视图
→~ view 剖面图

cuticular 表皮的[昆]
→~ analysis 角质层分析//~ substance 角质层

cuticulate{cuticulized} 角质化的；具硬皮的

cutinite 角质体[烟煤和褐煤]
→~ coal 角质层煤

cutinize (使)角化

cutis 真皮；皮肤
→~ tissue 栓皮组织

cutite 微角质煤

Cutleria 马鞭藻属[褐藻]

cut{set} off 隔开
→~ entry 石门//~-off limit 极限部位；可采矿石含矿量最低极限//~ open 劈开[岩芯]//~(-)out 切割；切口；落差大于煤层厚度的断层；底板隆起；断流器[电]；断开；(从废金属石取芯钻头)回收(金刚石)；煤层的冲刷填充；阻断；关闭；截去；中止；切下的东西；删去的东西；煤层夹的砂泥条；硐室

cutoff basin 闭塞盆地
→~ ore ratio 边界含矿率

cut out an engine 灭火；熄火
→~ spreader hole 辅助(掏槽炮)孔；扩槽孔//~{chipped;broad; square;squared} stone 琢石//~ stone grand sill 琢石底槛

cuttage{inlaying} grafting 插接

cutter 刮刀；溶解裂隙[石灰岩中]；刀具；横裂隙；倾斜节理；切坯机；切割机；截取器；刮管器；采煤工；采矿工人；钻头牙轮；风镐；切削刀具；牙轮；溶洞；截断器；刮蜡片

cutterhead pipeline dredger 切盘式管道挖掘船
→~ shield 刀盘式盾构

cutter head-suction dredger 铰吸式挖泥船
→~ holder 刀夹具//~ colter 采煤康拜因破煤犁//~ loader shearer 采煤机//~ loader `shearer{shearing jib} 采矿康拜因立截盘

cutter-loader 截煤机；截装机
→~ bed 联合采煤机底座//~ colter 采煤康拜因破煤犁

cutter loader shearer 采煤机
→~ loader shearer{shearing jib} 采矿康拜因立截盘//~{cutting;drilling} medium 钻进介质//~-mounting ring 齿轮钻头圈[岩芯钻进]//~ plate plough 截板式刨煤机//~ suction dredge 切吸式挖泥机

cutting(-in) 掏槽；采掘；尖刻的；路堑；锐利的；侵蚀；泥浆；开掘；磨刻[玻]；挖掘；切削；切削加工；截割；矿泥；冲刷；横巷；钻(井岩;下的岩)屑；掘进
→~{digging} angle 切削角；(岩石)切割角

cuttings 切割物料；尾矿；割屑；岩粉
→(drill) ~ 钻粉；钻井岩屑；岩屑//~ carrying 携带岩粉//~ gas 岩屑中残余

气// ～ hold-down effect 岩屑压持效应

cutting size 岩屑大小

cuttings-laden mud fluid 含钻粉泥浆

cutting slope and reducing load 削坡减载

cuttings of boring 钻(井岩;下的岩)屑

cutting speed 切割速度

cuttings samples 钻(岩)屑试样

cutting-stock problem 切段问题

cutting stroke{length} 刨程

  →～ structure dullness 切削`结构{刃}磨钝度 // ～ thickness 切削厚度 // ～ torch 切割吹管{喷灯};割炬 // ～(s) transport ratio 钻屑携带比;岩屑输送比

cuttlefish 乌贼

cutty{ball;pipe} clay 烟斗泥

  →～{pipe} clay 管土

cut-type sealing element 密封皮碗

cut-up 大冒顶

cut value 割截值

  →～ width 采宽

cuvelage 丘宾筒;大口径铁管井壁[凿井时防漏]

cu(r)vette 浮雕;沉积盆地;试管;盆地;宝石浮雕;凸雕;小玻(璃)管;

Cuvier's principle 居维叶定律

cuyamite 浅沸绿岩

cuzticite 黄碲铁石[$Fe_2^{3+}Te^{6+}O_6 \cdot 3H_2O$]

cvercoring method 套孔法

cwm 狭谷;冰围椅;冰斗[威尔]

Cyamite 赛曼特炸药[一种用胶质炸药引爆的硝铵炸药]

cyamoidea 豆形棘皮类{纲}

Cyamon{Cyamon blasting agent} 赛门炸药

cyan 青色;蓝绿色

  →～- 氰(基);青色

Cyanamer P-250 P-250 絮凝剂[纯的聚丙烯酰胺,分子量 5.5×10^6]

cyanamid(e) 氨腈;氨基氰[$H_2N \cdot CN$]

Cyanamid 52,60 氰胺-52,60 号浮选剂[含柴油的浮选剂]

cyanamide 氨腈;氰化氨;氨氰[RNHCN];氰氨

  →～ dimer 双氰胺

Cyanamide frothing agent (美国)氰胺公司起泡剂

  →～ R-765 氰胺 765 号浮选剂[精制脂肪酸,主要成分油酸、亚油酸] // ～ R-825{|801} 氰胺 825{|801} 号浮选剂[油{|水}溶性石油磺酸盐] // ～ Reagent 712 氰胺 712 号浮选剂

cyanate 氰酸盐[MOCN]

cyaneous 深蓝色

cyaneus 青金石[$(Na,Ca)_{4-8}(AlSiO_4)_6(SO_4,S,Cl)_{1-2};(Na,Ca)_{7-8}(Al,Si)_{12}(O,S)_{24}(SO_4,Cl_2,(OH)_2)$;等轴]

cyanicide 消除氰化物质

cyanidation 氰化作用

  →～ assay 氰化试金(法)

cyanide 氰化物;氰化;(用)氰化物处理

  →～ hardening 氰(化物表面)硬化(法) // ～ lime solution 氰化物-石灰溶液

cyanideless electro-plating 无氰电镀

cyanide lime solution 氰化物-石灰溶液

  →～ mill 氰化提金厂 // ～ precipitation 氰化溶液沉淀 // ～ pulp 氰化矿浆[氰化提金] // ～(-containing) waste 含氰废水

cyanidin 氰定

cyanine 花青

cyanite 蓝晶石[$Al_2(SiO_4)O;Al_2O_3(SiO_2)$]

cyanoacetylene 丙块腈

cyanoacrylate 丙烯腈[$CH_2{=}CHCN$]

cyanobacteria 蓝藻细菌

cyanobenzene 苯甲腈

cyanochalcite 磷硅孔雀石

cyanochroite{cyanochrome} 钾蓝矾[$K_2Cu(SO_4)_2 \cdot 6H_2O$;单斜]

cyanoethyl alkylxanthate 烷基黄原酸氰乙酯[$RO \cdot C(S)S \cdot CH_2CH_2CN$]

  →～-butylxanthate 丁黄氰酯{丁基黄原酸氰乙酯}[$C_4H_9OC(S)SCH_2CH_2CN$]

cyano-ethylene 丙烯腈[$CH_2{=}CHCN$]

cyanoferrite 铜绿矾[$(Fe,Cu)SO_4 \cdot 7H_2O$];铜水绿矾[$CuSO_4 \cdot 7H_2O$]

cyanogen 氰

cyanogenation 氰化作用;生氰的

cyano(-)guanidine 氰基胍[$Al_{13}Si_5O_{20}(OH,F)_{18}Cl$]

cyanohydrin 偕醇腈;氰醇

cyanol 苯胺[$C_6H_5NH_2$]

cyanolite 杂钙沸石[$CaSi_4O_9 \cdot H_2O$(近似)]

cyanomclurin 木波罗丹宁[$C_{15}H_{12}O_6$]

cyanometer 蓝度(测定)计;天色计

cyanometry 天空蓝度测定术;天蓝计量

cyanophillite 蓝铜铝锑矿

cyanophyceae 蓝藻纲;蓝绿藻

cyanophycin 蓝藻颗粒体

cyanophyllite 紫铜铝锑矿[$10CuO \cdot 2Al_2O_3 \cdot 3Sb_2O_3 \cdot 25H_2O$]

Cyanophyta 蓝绿藻门{类};蓝藻门

cyanophyte 蓝藻(植物)

cyanos(it)e 胆矾[$CuSO_4 \cdot 5H_2O$;三斜];五水铜矾

cyanotrichite 绒铜矾[$Cu_4Al_2(SO)_4(OH)_{12} \cdot 2H_2O$;斜方]

cyanotype 设计图;晒蓝图;氰版照相(法)

cyano vinyl dithiocarbamate 二烷基二硫代氨基酸氰乙酯[$RR'N \cdot C(S)S \cdot CH_2CH_2CN$]

cyanuric acid 三聚氰酸;氰尿酸

Cyathaspis 杯甲鱼(属)[S_3-D_1]

Cyathaxonia 杯轴珊瑚属[C];杯柱珊瑚

Cyatheaceae 桫椤科[蕨]

Cyatheacidites 具环桫椤孢属[Q]

Cyathidites 桫椤孢属[J-K]

Cyathocarinia 脊板杯珊瑚(属)[P_1]

Cyathochitina 杯几丁虫(属)[$O-S_1$]

Cyathoclisia 杯蛛网珊瑚属[C_1];杯棚珊瑚

Cyathocrinina 杯海百合亚目[棘]

cyatholith 杯石[球石];板石

Cyatholithus 杯石藻类[钙超]

Cyathophylloides 似杯珊瑚属[O]

Cyathophyllum 杯珊瑚(属)[D_2-C_1]

Cyathopsidae 杯盾珊瑚科

Cyathospongia 杯海绵属[S]

cyathotheca 床板内墙[珊];杯壁[珊]

Cyathus 垂体漏斗;黑蛋巢菌属

Cybele 赛美虫属[三叶;O_1]

cybernetics 控制学

cyber service unit 电子计算机油井测验设备系统

  →～ community 网络社群 // ～ service unit 电子计算机油井测验设备系统

cybotactates 群聚体

cybotaxis 非晶体分子立方排列;群聚性

Cycadaceae 苏铁科

Cycadales 苏铁目[古植];苏铁类

Cycadeoidea 拟苏铁(类;属)[J];准苏铁属(属)[古植]

Cycadidae 苏铁亚纲

Cycadites 假苏铁(叶;属)[T_3-K]

cycadocarpidium 准苏铁果

cycadofilicales 苏铁状羊齿类

Cycadolepis 苏铁鳞片属[古植;T_3-K_2]

Cycadophyta 苏铁植物(门)

Cycadopites 苏铁粉(属)(孢;K_2-E)

Cycadopsida 苏铁纲

cycas 铁树属[Q];苏铁

cycasin 苏铁素

cycladiform 圆贝形

Cyclagelosphaera 圆球颗石[钙超;J_2-K_1]

Cyclammina 砂环虫属[孔虫;K-Q]

cyclane 环烷烃

cyclation 环化;环化作用

cycle 环;循环;旋回;周波;周;轮回;天体运转的轨道;自行车;轮转

cycles per second 赫(兹)[每秒周数]

cycles-to-failure 疲劳破坏循环

cyclic(al) 周期的;环状的;循环的;环族的;环状;环的

  →～ action 环化作用 // ～ detection 巡回检测 // ～ high gradient magnetic separators 周期式高梯度磁选机 // ～ ketone 环酮 // ～ process 循环法 // ～ strain softening curve 循环应变软化曲线

cyclical 环的;环族的

cyclically scanning 循环扫描

cyclical{cycle} operation 循环作业

Cyclicargolithus 圆船颗石[钙超;E_2-N_1]

cyclici 圆茎环组[棘海百]

Cyclina 青蛤属[双壳;E-Q]

cycling 循环法;循环的;振荡;交替;旋回性;交变应力

Cyclite 赛克莱(拉)特炸药

cycloalkane 环烷[C_nH_{2n}]

cycloalkanes 环烷属烃[C_nH_{2n}]

cycloalkanone 环酮

cycloalkene 环烯

cyclo-alkenes 环烯属烃

cycloaminium 环铵

cycloatane 角质体[烟煤和褐煤]

Cyclobaculisporites 拟圆形块瘤孢属[C_3]

cyclo-butane 环丁烷

Cyclocalyptra 圆盔冠石[钙超;Q]

Cycloceras 环角石(属)

Cyclococcolithus 圆颗石[钙超;J_3-Q]

cycloconverter 双向离子变频器

Cyclocrinites 环毛海绵属[O]

Cyclocyclicus 圆茎海百合属[O_2-T]

Cyclocypris 球星介属[E-Q]

Cyclocystoidea 海盘囊纲

Cyclocystoides 海环檎(属)[棘;O_2-D_2]

Cyclodiscaspis 团甲鱼属[D]

Cyclodiscolithus 圆盘颗石[钙超;E-Q]

cyclodont 环齿型

Cycloganoidei 圆硬鳞类

Cyclognathina 圆颚虫属[三叶;$\mathcal{C}_3$]

cyclogram 周期图象

Cyclogranisporites 圆形粒面孢属[C_2]

cyclograph 金属硬度测定仪;圆弧规;测定金属硬度的电子仪器;涡流式(电)磁感应试验仪;试片高频感应示波法;转轮全景照相机,特种电影照相机

Cyclograptus 环笔石属[S_2];圆笔石

Cyclogyra 圆环虫属[孔虫;C-Q]

cyclohexane 环己烷

C

→ ~ carboxylic acid 环己烷基羧酸 [C_6H_{11}•COOH]

cyclo(-)hexanol 环己醇[$CH_2(CH_2)_4CHOH$]

cyclohexanon 环己酮[$(CH_2(CH_2)_4CO)$]

cyclohexene 环己烯[C_6H_{10}]

cyclohexyl 环己基[$C_6H_{11}-$]

cycloid 圈状的；圆形的；旋轮线；摆线
→ ~ blower 摆旋扇风机// ~-focussing mass-spectrometer 摆线聚焦质谱仪// ~ shear 摆线切变// ~ scale 圆鳞

cycloidal 圆滚线的；旋轮线的
→ ~ blower 摆旋扇风机// ~-focussing mass-spectrometer 摆线聚焦质谱仪// ~ shear 摆线切变

cycloidea 环形棘皮类[纲][棘;C-T]

cycloinverter 双向离子变频器

cycloisomerization 环异构(化)

Cycloleaia 圆李氏叶肢介属[P]

cyclolith 圆环形颗石[钙超]；圆形杂岩体

Cyclolithella 小圆颗石[钙超;E_2-Q]

Cyclolobus 环叶菊石属[头;P]

Cyclolorenzella 圆洛伦斯{劳伦兹}虫属[三叶;C_{2-3}]

cyclomatic 网

cyclomedusa 水母[腔]

cyclomorphosis 周期变形[生态]

Cyclomya 环肌痕类[单板类的]

Cyclomylus 圆柱齿鼠属[E_3]

cyclone 旋流；气旋；旋风；旋流器；环酮
→ ~{vortex} burner 旋流式燃烧器// ~ feed pump 旋流器给矿泵

Cyclonema 环线螺属[腹;O-C]

Cyclonephelium 圆膜藻属[K-E]

cyclonette 小气旋

cyclonic 气旋
→ ~ disturbance 气旋的扰动// ~ smelting 旋熔炼

cycloning 吸尘器；暴风[11级风]；气旋

cyclonite 黑索金；六素精；高能炸药
→ ~ based powder 三次甲基三硝基胺基炸药

cyclononane 环壬烷

cyclooctane 环辛烷

cyclooctene 环辛烯

cycloolefines 环烯

cyclopac 旋流器组

cycloparaffin 环烷[C_nH_{2n}]
→ ~ series 环烷烃属；环石蜡属烃

cycloparaffinic{naphthene;naphthenic} hydrocarbon 环烷烃

cycloparaffins 环烷属烃[C_nH_{2n}]

cyclopean 蛮石；乱石堆；镶嵌状
→ ~ block 巨型毛石方块// ~ concrete 大块石混凝土// ~ riprap 蛮石堆层

cyclop(a)edia 百科全书

cyclopeite 毛黑柱石[$CaFe_2^{2+}Fe^{3+}(Si_2O_7)O(OH)$]

cyclopentane 环戊烷
→ ~ sulfide 五甲撑硫{五亚甲基硫}[$CH_2(CH_2)_4S$]

cyclopentene 环戊烯

cyclopentyl 环戊基

cyclophon 旋调管

Cyclophorus 圆螺属[Q]

Cyclophorusisporites 石苇孢属[E_3]

cyclopian 蛮石；乱石堆

cyclopite 钙长石[$Ca(Al_2Si_2O_8)$;三斜;符号An]

Cycloplacolithella 圆盘颗石[钙超;E-Q]

Cyclopteris 圆异叶(属)[古植;D-P]；圆叶蕨属

Cyclopyge 圆尾虫(属)[三叶;S]

cyclorectifier 单向离子变频器

cycloscope 转速计

cyclosilicate 环硅酸盐

Cyclospira 旋螺贝属[腕;O_2]

Cyclosporites 辐脊孢属[K_1]

Cyclosteroidea 海环石纲

Cyclostigma 圆印木(属)[古植;D_3-C_1]

Cyclostoma 圆口亚纲[无颌]

Cyclostomata 环口目[苔]；圆口类[脊]

Cyclostrema 圆孔螺属[腹;E-Q]

Cyclosunetta 圆蚬蛤属[双壳;Q]

cyclosystem 辐射螅系[腔水螅]

Cyclotella 小环藻属[硅藻;E-Q]

cyclowollastonite 假硅灰石[$CaSiO_3$;三斜]；环硅灰石

cyconite 赛克罗奈特

Cylichna 盒螺属[腹;K_2-Q]

cylinder 沉井；汽缸；滚筒；圆筒；开口沉箱；柱面；油缸；柱
→(graduated) ~ 量筒；液压缸；气缸；圆柱体；钢筒// ~{plaster} cast 管形石膏

Cylindralithus 花滚筒颗石[钙超;K_2]

cylindrical 圆筒形的；圆柱体的
→ ~ concrete specimen 圆柱形混凝土试样// ~ divergence 柱面发散// ~-drum hoist 圆柱(形)滚筒提升机// ~ grate ball mill 圆筒形格子排矿球磨机// ~ sonde 柱形探棒[测井]// ~{round;sectionalized} trommel 圆筒筛// ~ wood(-)stave chute 筒形木衬放矿溜眼

cylindricality 柱面性

cylindrical{basaltic} jointing 柱状节理
→ ~{tubular} level 管水准器// ~ shell 薄管// ~ turning 外圆车削// ~ vent 圆柱状喷溢道// ~ wood(-)stave chute 筒形木衬放矿溜眼

cylindrite 圆柱锡石{矿}[$Pb_3Sn_4Sb_2S_{14}$;$Pb_3FeSn_4Sb_2S_{14}$;三斜]

Cylindrocapsa 筒藻属[绿藻;Q]

Cylindrochitina 筒几丁虫属[O_2]

cylindroconical drum hoist 锥柱滚筒提升机
→ ~-drum hoist 圆柱圆锥形滚筒提升机// ~ mill (圆)筒(圆)锥型球磨机

cylindro-conical settler 柱锥形沉淀箱
→ ~ shell (磨机)圆筒锥型外壳

Cylindrophyllum 筒珊瑚属[D_{1-2}]

Cylindrophyma 柱管海绵属[J]

Cylindroporella 圆柱孔藻属[J-K]；环孔藻属

Cylindrospermum 筒孢藻(属)[Q]

Cylindrosporium 柱盘孢属[真菌;Q]

Cylisiphyllum 棚珊瑚属

Cyllene 先栗螺属[腹;N-Q]

cymatine 石绒；石麻；石棉

Cymatiosphaera 花盘藻属[Z-E]；膜网藻属

Cymatium 嵌线螺属[腹;K_2-Q]

Cymatoceratidae 波角石科[头]

cymatogenic 地壳上隆的

cymatogeny 地壳上隆(作用)；地壳垂直变形(作用)；拱陆运动

cymatolite 腐{变}锂辉石[一般已变为白云母与钠长石的混合物]

Cymatopleura 波缘藻属[硅藻]

Cymatosyrinx 凸管螺属[E-Q]

Cymbella 桥弯藻(属)[硅藻]

Cymbospondylus 杯椎龙属[T]

Cymbularia 船形螺属[腹;O-S]

cymene 伞花烃[$CH_3C_6H_4CH(CH_3)_2$]

cymoid 波状构造
→ ~ structure 反曲线形构造// ~ vein 弧形脉

cymolite 水磨土

cymophanite 金绿宝石[$BeO•Al_2O_3$,斜方;$BeAl_2O_4$]；猫眼{睛}石

cymomotive force 波形势

Cymopolia 伞轴藻属[K_2-E]

cymoscope 检波器

Cymostrophia 波纹扭月贝属[腕;D_2]；波纹扭形贝

cymrite 硅铝{铝硅}钡石[$BaAlSi_3O_8(OH)$;$BaAl_2Si_2(O,OH)_8•H_2O$;单斜]；钡铝沸石

Cynailurus 猎豹(属)[N_2-Q]

cynocephalus 狒狒[Q]

Cynodesmus 纽狼(属)[N_1]

Cynodictis 先犬属；拟犬属[E_{2-3}]

Cynodontia 犬齿龙附目；犬齿兽(次)亚目；犬齿龙类

Cynognathus 犬颌兽属[T]；犬头龙

Cynomys 草原犬鼠(属)[N-Q]

Cynostraca 犬牙壳目{类}

Cyparissidium 准柏属[K]

cyphoite 蛇纹石[$Mg_6(Si_4O_{10})(OH)_8$]

cyphonautea 远洋双瓣幼虫[苔虫]

Cyphoproetus 斜曲砑头虫亚属[三叶;D_2-C_1]

cyphosomatic 坡体形

Cypracea 金星虫超科[介]

Cypraea 宝贝属[双壳;N-Q]

cypraeacea 宝螺(贝)；宝贝总科

cyprargyrite 硫铜银矿[$AgCuS$;斜方]

Cypria 丽星介属[R-Q]

Cypricardinia 美铰蛤属[双壳;O-D]

Cypridae 金星介科

Cypridea 女星介(属)[P-K]

Cypridina 凹星虫属[介;O-Q]；海萤类；丽仙介；凹星介

Cypridinella 小凹星虫属[介;D-C]

Cypridodella 小美牙形石属[P-T]

Cypridopsis 斗星介属[K_2-Q]

cyprine 青符山石；铜符山石

Cyprinidae 沫丽蛤属[双壳;J-Q]；鲤科

Cyprinotus 美星介属[N-Q]

Cyprinus 鲤属[N-Q]

Cypris 金星介属[E-Q]

cyprite 辉铜矿[Cu_2S;单斜]

Cyprois 拟星介属；柔星介属[K-Q]

cyprusite 黄铝铁矾；亚状铁矾；钠铁矾[$NaFe_3^{3+}(SO_4)_2(OH)_6$;三方]；亚铁矾

Cyquest 3223 ×聚丙烯酸
→ ~ acid 乙二胺四乙酸[$(HOOC•CH_2)_2$:$N•CH_2•CH_2•N$:$(CH_2COOH)_2$]// ~ EDG 二羧基乙基甘氨酸钠// ~ 30HE 正羧基乙基乙二胺三醋酸三钠

Cyrena 篮蚬属[K_1-Q]；女神蚬属[双壳；蚬(属)[双壳]；仙女蚬(属)

cyrenoid 女神蚬式；篮蚬式
→ ~ dentition 蚬牙系

Cyrillaceaepollenites 西里拉粉属[孢;E_3-N_1]

cyrilovite 褐磷铁矿[$4Fe_2O_3•3P_2O_5•5⅓H_2O$;$Fe^{2+}Fe_2^{3+}(PO_4)_2(OH)_2•4H_2O$;单斜]；水磷铁

钠石[$NaFe_3^{3+}(PO_4)_2(OH)_4 \cdot 2H_2O$;四方]

cyrosite 杂砷白铁矿

cyrpine 青符山石

Cyrtactinoceras 弓珠角石属[头;O_2]

Cyrtellaria 笼虫亚目[射虫]

Cyrtendoceras 弓内角石属[头;O]

Cyrtia 罟石燕属[腕;S-C_1]

Cyrtina 弓形贝属[腕;S-P]；鱼筐贝

Cyrtinopsis 网石燕属[腕;D_{1-2}]

Cyrtiopsis 穹石燕属[腕;D_3-C_1]；筐形贝

cyrtocephalus 头颅变形者

cyrtoceracone 弓角石壳

Cyrtoceras 弓角石属[头;O-S]；弓角石

cyrtochoanitic 弓颈式；弯领{颈}式[头]

cyrtocone 弓角锥；弓形壳[头]

cyrtoconoid 弯锥状壳[腹]；弓角石式[头]

Cyrtocrinida 弓海百合目[棘]

Cyrtodonta 曲齿蛏属[双壳;O-D]

Cyrtograptus 弓笔石(属)[S_2]

cyrtolite 曲晶石[锆石含稀土和铀的变种；$Na_2Y_2(Zr,Hf)(SiO_4)_{12}$]

cyrtolith 弓颗石[钙超;J-Q]

Cyrtoniodus 弓牙形石(属)[O]

Cyrtonotella 小驼贝属[腕;O_2]

Cyrtonybyoceras 弓形尼比角石属[头;O_2]

cyrtosome 弓体类软体动物[双壳类除外]

Cyrtospirifer 弓石燕(属)[腕;D_3-C_1]；弯喙石燕

Cyrtosymbole 弓形同抛虫属[三叶;O_1]

Cyrtovaginoceratidae 弯鞘角石科[头]

Cystauletes 笛囊海绵属[C_{2-3}]

cysteine 半胱氨酸

cyst-family 囊孢科[藻]

Cysticamara 囊腔笔石属[O_1]

cystid 虫体壁[结缔或骨质;苔]

cystidea 海林檎类

cystiphragm 泡状板[苔虫]；泡沫板[苔虫]

cystiphyllacea{cystiphyllina} 泡沫珊瑚亚目

Cystiphylloides 似泡沫珊瑚属[C_1]

Cystiphyllum 泡沫珊瑚(属)[S]

Cystiramus 鳞枝苔藓虫属[D_2-C_1]

cystocarp 囊果[植]

Cystoidea 海林檎纲[棘;O-D]

cystoidea 海林檎类

Cystophora 泡沫复珊瑚(属)

Cystophorastraea 泡沫星珊瑚属[C_2]

Cystoporata 泡孔(苔藓虫)目

cystose 泡沫状

Cystoseirites 似囊叶藻(属)[褐藻;T-N]

cystosepiment{vesicle} 泡沫板[珊]

cystospore 休眠孢子

Cystosporites 囊形大孢属[C]

Cytherean 金星的

→～ magnetic field 亚特利安磁场

Cythereis 艳神介(属)[K_1-Q]

Cytherella 小女神介属；小花介属[J-Q]

Cytheridae 女神虫科[介]；女神贝类

Cytheridea 丽神介属[K-Q]；美花介属[E_3-Q]

Cytherideis 美神介属[K-Q]

Cytherissa 类花介属[E_2-Q]

Cytheropteron 翼花介属[J-Q]；翼神介(属)

Cytherura 尾花介属[K-Q]；尾神介属

cytidine 胞(嘧啶核)苷

cytoblast 细胞形成核

cytochondriome[pl.-ia] 线粒体

cytochrome 细胞色素

cytode 无核细胞

cytodiaeresis 胞体分裂

cytokinesis 胞质分裂

cytokinin 细胞分裂素[植]

cytology 细胞学

cytomorphosis 细胞变形{态}

cytoplasm 细胞质

cytoskeletal 细胞支架的

→～ filament 支架微丝

Cz 新生界；新生代[65.5Ma至今]

czakaltaite 氟钾云母[K的硅酸铝和氟化物]；绿块云母

Czar 地区监督[矿]；钻井技师；沙皇；矿主

Czekanowskia 茨康诺司基叶属[古植;T_3-K_2]；线银杏；契干类

cziklovaite 硫碲铋矿[$Bi_4Te_{2-x}S_{1+x}$]；碲硫铋矿[Bi_2Te_2S]

D
d

D 达西单位；泥盆系；泥盆纪[409～362Ma;石松和木贼、种子植物、昆虫、两栖动物、相继出现,鱼类极盛,腕足类、珊瑚发育]

d(')achiardite 环晶沸石[(Ca,Na_2,K_2)_5Al_{10}Si_{38}O_{96}•25H_2O;单斜]

dab 能手

dabaite 丹巴矿[CuZn_2]

dabber 砂春

dabbing 灰泥抛毛；石面凿毛

dabllite 磷酸钙石

dab sampling 分点取样
→～{spot} sampling 定点取样

Dacian 大夏的[古欧洲地区,约现在的罗马尼亚]；达斯(阶)[欧;N_2]

dacite 英安岩
→-porphyrite 英安玢岩//～(-)porphyry 英安斑岩

dacitoid 似英安岩；准石英安山岩

Dacrydium 泪杉属[K_2-E]

Dacrydiumites 泪杉粉属[孢;Q]

Dacrymyces 花耳属[真菌;Q]

Dacryoconarida 泪竹节石目

Dacryomya 泪海螂属[双壳;Q]

dactyle 末射枝[轮藻]

dactylethra 闭孔

dactylic 指状[结构]

dactyline 指形的

dactylite 指形晶；指形结构岩

dactylitic 指形[结构]

Dactylocephalus 指纹头虫属[三叶;O_1]

Dactylofusa 网梭形藻属[Z]

Dactylogonia 指角贝属[腕;O]

dactyloid 指形的

dactylopod(ite) 指足的[节甲]

Dactylopora 指孔藻属[E_2]

dactylopore 小孔；指管；指形孔；指状孔[水螅]；触孔

dactyloscopic 指状[结构]

dactylotype 指纹结构；指状[结构]

dactylous 指头状[海胆]

dactylozooid 指状个员{虫}；指孔螅[腔]

dadding 机械通风

Dadoxylon 台座木属[D-N]；台木属[古植]

dadsonite 达硫锑铅矿[Pb_{21}Sb_{23}S_{55}Cl;单斜]

Daedalea 迷孔菌属[真菌]

d.a.f. basis 干燥无灰基

dagala 古岛状陆块[熔岩流中央的]

Dagmarella 达格马蜓属[孔虫;C_2]

Dagnoceras 达格菊石属[头;T_1]

Daguinaspis 达圭纳虫属[三叶;∈_1]

dahamite 钠长(钠)闪碱流岩

dahllite 碳羟磷灰石[Ca_5(PO_4,CO_3)_3(OH);六方]；磷酸钙石；碳酸磷灰石[Ca_{10}(PO_4)_6(CO_3)•H_2O;Ca_5(PO_4,CO_3OH)_3(F,OH)]

Dahmenite 达门炸药

daily 每天；每日；日报
→～ advance 日进尺；日掘进(量)//～ output{yardage;capacity;ton;rate;flow;production} 日产量//～ rate of flow 日流量//～ requirement 日需要量//～ temperature fluctuation 日温变化

dais 小洼地[沙漠中]

dakeite 板菱铀矿[NaCa_3(UO_2)(CO_3)_3(SO_4)F•10H_2O]；硫铀钠钙石；板碳铀矿[NaCa_3(UO_2)(CO_3)_3(SO_4)F•10H_2O;三斜]

Dakotan 达科他(群)[K_2]

Daktylethra 绞结球石[钙超;E_2]

dalarnite 毒砂[FeAsS;单斜、假斜方]；砷黄铁矿[FeAsS]

Dalbergites 似黄檀属[K_2-Q]

dalbotn 梯级谷底[冰成]

dale 谷；峡；宽谷

D'Alembert's principle 达兰贝耳原理
→～ ratio test 达莱贝尔比例试验法

daleminzite 短柱硫银矿[Ag_2S]

Dalinuria 达里诺尔贝属[腕;P_1]

Dallas Geological Society 达拉斯地质学会
→～ Pink 德州红[石]

dalles 峡谷峭壁{急流}

Dallina 达里贝属[腕;N-Q]

dallinid 达里贝式[腕]

dalliniform 达里贝型腕带[腕;loop]

dallol 宽干谷

Dalmanella 德姆贝属[O_1-S_1]

Dalmanellacea 德姆贝类

Dalmanellopsis 拟德姆贝属[腕;D]

Dalmanites 达尔曼虫

Dalmanitina 小达尔曼虫属[三叶;O_2-S_1]

Dalmanophyllum 达尔曼珊瑚属[S_{1-2}]

Dalmatian coastline 达尔马蒂亚型海岸线
→～{speckled} wettability 斑状润湿(性)

dalmatianite 斑点绿岩

Dalradian 达拉德群[Pt]；达拉德(组)[An∈]
→～ metamorphic terrain 达拉德变质岩地区//～ series 达拉德统{系}

dalyite 硅钾锆石[K_2ZrSi_6O_{15};三斜]；锆硅钾石；钾锆石[K_2ZrS_6O_{15}]

Dama 黇鹿[N_2-Q]

damage 破坏；故障；损失；灾害；损伤事故；损害；伤害；亏损；污染；杀伤；毁坏；损毁；损坏
→～ beyond repair 无法修复的损坏//～ by fume 烟害//～ criteria 危害判断准则

damaged wellbore area 井底受污染区
→～ well productivity 受污染井的产能

damage factor 障害因素

damaging element 有害元素

daman 岩锥坡；蹄兔(属)[N-Q;产于非洲和中东]

dam-and-gate discharge 闸板排矿
→～ valve 侧边排矿阀门

damascened 波形花纹[火山玻璃中]；交织结构
→～ texture 波形花纹结构

dambo 坦泊[班图语;泛滥平原,雨季为沼泽]

dam-board 挡板

dam breaking 溃坝；坝溃决；坝决

Damesella 德氏虫(属)[三叶;∈_2]

Damesops 德氏盾甲虫属[三叶;∈_3]

dam-failure 溃坝

dam for holding back floodwater 拦洪坝
→～ foundation{base} 坝基//～ gradation 堰塞堆积//～ heel 坝踵//～ in 围坝堵水

damiaoite 大庙矿[PtIn_2]

damkjernite 辉云碱煌岩

dam location 坝位
→～ location{site} 坝址//～ lower reaches slope 坝下游坡度//～{barrier;imprisoned;check(ed)-up;chocked} lake 堰塞湖//～ lake 拦截湖//～ value of groundwater table 地下水位壅高值

dammar 达马树脂

dammed entry 隔离巷道
→～{barrier;imprisoned;check(ed)-up;chocked} lake 堰塞湖//～ lake 拦截湖//～ off(用)闸隔开的//～{back} water 壅水

damming 回水；壅水{高}；挡起；筑坝；密闭；修筑隔墙；拦阻；阻塞[河谷]
→～ value of groundwater table 地下水位壅高值

Damonella 达蒙介属[J_3-K]

damourite 变白云母；细鳞白云母[一种水云母;KAl_2(AlSi_3O_{10})(OH,F)_2]；水白云石[CaMg(CO_3)_2•nH_2O]

damouritization 变云化(作用)

damp(en) 潮湿的；潮湿；阻塞；缓冲；湿气；湿；停滞；减幅；含水量；弄湿；有害气体；津；减振；抑制；制动；微温；矿内毒气[矿井里有害的危险气体]；阻抑；雾；瓦斯；润湿；水蒸气；湿度；减弱；阻尼；衰减
→(fire;sweat;white)～ 矿井瓦斯；甲烷//～ atmosphere 湿大气；湿空气//～(proof) course 不透水层；防湿{潮}层；防水层

damped 防震的；减震的；消振的；被(瓦斯)窒息的
→～ harmonic motion 阻尼谐动//～ oscillation 制振//～ pendulum 节制摆//～ vibration 有阻尼振动

dampener 缓冲器；挡板；节气闸；风门；阻尼器[航、电子、机]

dampening chamber 阻尼室
→～{braking;damping} effect 制动效应//～ effect 减振效应

dampe(ne)r 气闸；阻尼器；制振器；减速器；节气闸；挡板；风门；制动器；调节板；消音器；减振器
→(impact)～ 缓冲器//～ brake 减振(制动)闸//～{balancing;balance} weight 平衡重

damp haze 湿霾
→～ marsh 湿沼泽；多水沼泽//～-proof(ing) 防潮的；防湿(的)；防潮湿的；防水的//～-proofing 防潮//～ prop 楔紧支柱//～ zone 含水

damping 减幅；调湿；弄湿；阻抑；回潮；加湿
→～ by friction 摩擦减震//～ down 炉内减少空气供应//～ factor 湿度因子；减幅因素；制振因子；阻尼因子//～ force 抑制力//～{acoustical} material 吸音材料

dampness 含水量；湿度；湿气；水分；潮湿

dam ring 挡料圈

damsite 坝址

dan 排水吊桶；担[中]；排水箱；矸石桶；小型滑车
→～ buoy 小浮标[白天挂旗,夜间悬灯]

Danaea 单蕨

Danaeites 线囊蕨属$[C_2-P_2]$

Danaeopsis 拟丹尼蕨(属)$[T_3]$；类单蕨

danaite 钴毒砂[含钴的毒砂,指毒砂中 $5\%\sim10\%$ 的 Fe 被 Co 所替换;Fe:Co= $2:1;(Fe,Co)AsS]$

danalite 铍榴石$[(Fe,Zn,Mn)_4(BeSiO_4)_3S;$ $(Be,Mn,Fe,Zn)_7Si_3O_{12}S;$等轴]

danbaite 丹巴矿$[CuZn_2]$

Danburian age 丹布纪丹布期

danburite 赛黄晶$[CaB_2(SiO_4)_2;$斜方]

danby 炭质页岩

dancing devil 尘卷风

Dandelion shield volcano 丹德利昂盾形火山[火星]

dander 头屑；皮屑；矿渣块

dandies 煤层底部

dandruff 头{皮}屑

dandy 劣质煤

dane 砂；沙

danger 危险性；危险；威胁
  →~ rock mass 危岩体

dangerous 危险；悬乎；险；险坡道；险恶；悬
  →~ atmosphere 含易燃气体的大气环境；危险大气环境

dangerously steep 险峻
  →~ steep grade 险坡

dangerous nature 危险性
  →~ oils 易燃油品 // ~ rock mass 危岩体 // ~ shoal 险滩 // ~ terrain 危险地势

danger{dangerous} rock 险礁
  →~ {warning} signal 危险信号 // ~ threshold 安全限值 // ~ warning 危险警报 // ~ zone{area} 危险区

dangling bond 不饱和键；悬空键

dangyangyu ware 当阳峪窑

Danian 丹麦(阶)[欧;E_1 或 K_2]
  →~ (stage) 丹尼亚阶 // ~ age 丹尼期[上白垩纪]；达宁期

Daniell's cell 丹聂耳电池

danielsite 丹硫汞铜矿$[(Cu,Ag)_{14}HgS_8,Cu:$ Hg=16]

Dani glacial age 丹尼冰期

Danish Hydraulic Institute 丹麦水力学会

danite 摩门教徒；但`人{族的(后代)}

dank 阴湿(的)；潮湿

danks 煤页岩

Danlengiconcha 丹棱蚌属$[J_3-K_1]$

dannemorite 锰铁{铁锰}闪石$[(Fe,Mn,Mg)_7$ $(Si_8O_{22})(OH)_2;Mn_2 (Fe^{2+},Mg)_5(Si_8O_{22})(OH)_2;$单斜]

Danner process 丹纳法

Danny-Harker rule 唐奈哈克原理

dans 宽浅谷

d'ansite 丹斯矿；氯镁芒硝$[Na_{21}Mg(SO_4)_{10}$ $Cl_3;$等轴]

d'Ansrte 盐镁芒硝$[Na_{21}Mg(SO_4)_{10}Cl_3]$

dant 次煤；煤母[煤节理中的炭质薄层]；丝炭；劣{低级}软煤

danty 风化煤；分解的煤

danubite 闪苏安山岩{石}

Danubites 多瑙菊石属[头;T_2]

daomanite 道马矿[斜方;$CuPtAsS_2;(Cu,Pt)_2$ $AsS_2]$

Daonella 鱼鳞蛤(属)[双壳;T_{2-3}]

dap 支柱上砍口[以承受另一支柱]；修砍碗口

dapeche 弹性地蜡

Dapedius 平齿鱼属；锯齿鱼属$[J_1]$

Dapex process 达派克斯提铀法

Daphnella 桂冠螺属[N-Q]

daphnite 镁鲕绿泥石；鲕绿泥石$[(Fe,Mg)_3$ $(Fe^{2+},Fe^{3+})_3(AlSi_3O_{10})(OH)_8;$单斜]；铁绿泥石$[(Fe^{2+},Al)_6((Si,Al)_4O_{10})(OH)_8]$

daphyllite 辉碲铋矿$[Bi_2TeS_2;Bi_2Te_2S;$三方]

dapiche 弹性地蜡

daplexite 硬沸石

dapped joint 互嵌接合
  →~ shoulder joint 互嵌肩接合

Dapsilodus 富牙形石属[O-D]

Daptocephalus 咽头兽属

daqingshanite 大青山矿$[(Sr,La,Ba)_3RE(PO_4)$ $(CO_3)_{3-x}(OH,F)_y,x=y\neq0.8]$
  →~-(Ce)大青山矿$[(Sr,Ca,Ba)_3(Ce,La,Pr,$ Nd) $(PO_4)(CO_3)_{3-x}(OH, F)_x]$

darapiosite 达拉比石；硅锆锰钾石；锆锰大隅石$[KNa_2Li(Mn,Zn)_2 ZrSi_{12}O_{30};$六方]

darapiozite 锆锰大隅石$[KNa_2Li(Mn,Zn)_2$ $ZrSi_{12}O_{30};$六方]

darapskite (硫)钠硝矾$[Na_3(NO_3)(SO_4)\cdot H_2O;$单斜]；钠矾硝石

Darboux equation 达布方程

darby 泥板

Darbyella 德比虫属[孔虫;T_3-N]

Darco (absorbent) charcoal 活性炭

Darcy-flow 达西水流

Darcy laminar-flow equation 达西层流方程

Darcy's formula 达西{绥}公式
  →~ radial flow equation 达西径向流动方程 // ~-radial flow formula 达绥{西}径向流公式

dar hook 后拉索

dark 黑色；深色的；暗色；暗段[图像]
  →~ adaptation 暗适应 // ~ brown 咖啡色；茶色；褐色；深褐色；茶褐色；棕褐色 // ~ brown soil 暗棕土 // ~ brown tea-set 紫砂茶具 // ~ colour-much organic matter 深黑色的有机物质

darkening 发暗
  →~ wavelength 变暗波长

dark field 暗域；暗(视)场；暗视域
  →~-field color immersion 暗视野彩色油浸 // ~ field image 暗视野像 // ~-field image 暗场像 // ~-field method 暗视场研究法

Dark Green 苹果绿[石]
  →~ {Medium} Green 大花绿[石]

dark green 深绿

darkish 浅黑的

dark lane{band} 暗带
  →~ lane 暗线 // ~ layer 深色层；(箭石类)暗层 // ~ (-colored) mineral 暗色矿物 // ~ petroleum oils 暗色石油油料 // ~ plaster 黑石膏 // ~ {antimonial} red silver 浓红银矿$[Ag_3SbS_3;$三方] // ~ red silver (silver ore) 深红银矿$[Ag_3SbS_3]$ // ~ red silver ore 硫锑银矿$[Ag_3SbS_3]$

darkroom{dark room;dark-room} 暗室

dark ruby ore{silver} 硫锑{深红;浓红}银矿 $[Ag_3SbS_3;$三方]
  →~ signal 黑信号 // ~ signature 暗标记 // ~ slide 遮光滑板；暗匣 // ~ star 暗星

darlingite 试金石

darmold 石墨浆涂料

darmstadtium 鐽[鐽;Ds,序 110]

dart 急驰；标枪；飞镖；发射；投射；捞砂筒阀球下突板；突进

darwinite 灰砷铜矿；淡砷铜矿

Darwinula 达尔文介(属)

darya 河流

daschkessanite 氯含钾绿钙闪石；氯闪石 $[(Na,K)Ca_2(Fe^{2+},Mg, Fe^{3+})_5((Si,Al)_8O_{22})Cl_2]$

Dasbergina 达斯堡牙形石属$[D_3]$

dascycladacean 绒枝藻[绿藻]

dash 赶快完成；溅泼；长划；溅；洒；掺和；破折号；巷道通风；撞；仪表板；突进；控制板；突击；遮水板；冲击声；猛冲；(使)破灭；冲(撞)；挫折；短跑

Dashaveyor 可调坡度自动化输送机；道氏运输机[美 Dashew S.A.发明的一种新式带车斗的连续运输设备]
  →~ modular conveyor 达西韦亚型可调整坡度自动化输送机

dashboard 遮水板；挡泥板；操纵盘；控制板；仪表板；仪表盘

dash-bond{dash} coat 砂浆涂层

dash control 缓冲控制

dasher 挡泥板；遮水板；搅拌器；冲击物
  →~ block 信号索滑车

dashkovaite 二水重碳镁石$[Mg(HCO_3)_2\cdot$ $2H_2O]$

dash light 仪表板灯
  →~ line 短划线 // ~ {-}out 删去 // ~ {snatch} plate 挡水板 // ~ pot (relay) 减振器；缓冲筒

dassie 蹄兔(属)[N-Q]

Dasya 绒线藻属[红藻;Q]

Dasycladus 绒枝藻属[Q]；粗枝藻(属)

Dasydiacrodium 刚毛`弧孢{双极藻}属 [∈-O]

Dasyporella 粗孔藻属[O]

Dasyprocta 刺鼠属[Q]

Dasypus 犰狳属

Dasyrytidodiacrodium 刚毛具褶双极藻属[∈-O]

Dasyurus 袋鼬(属)[Q]

data 材料；信息；资料{数据}[sgl.datum]
  →~ analysis{|classification} 数据分析{|类} // ~ analyzing and retrieval 资料分析检索 // ~ association message 数据相关信息 // ~ base 基础数据；基本资料 // ~ encryption 数据密码化 // ~ for settlement 购买矿物付款条件 // ~ input {entry;inserter} 数据输入 // ~ interpretation 数据解释；资料解释

dataller 石垛工；煤矿日工[司机、司泵工等]；日工；挑顶工

Datangia 大塘贝属[腕;C_1]

date 断代；(确定)年代；时代(测定)
  →~ {calendar;day;data} line 日界线；日期变更线 // ~ of acceptance 承兑日期 // ~ of contract 签订合同日期 // ~ of delivery 交货日期；交割日(期) // ~ of expiration 有效日期；限期 // ~ of geological report 地质报告日期 // ~ of location 定孔{井}位日期

(age-)dating 年龄测定；定年龄；测年；测定年代；年代测定；鉴定时代；断代；定(注)日期；时代测定

datolite {datolithe;datolithe} 硅硼钙石 $[CaB(SiO_4)OH;Ca_2(B_2Si_2O_8)(OH)_2;$单斜]；色球石[宝]；硅钙(灰)硼石

D

Datongites 大通虫属[三叶;ϵ_2]

datum[pl.data] 论据;给定数(值);材料;基准;基点

datuming 拉平

daub 胶泥;抹;涂(料;抹);粗灰泥
→~ on a wall 涂饰[粉刷;抹灰泥]

Daubentonia 指(狐)猴属[Q]

dauber 泥水工

dauberite 水羟铀矾;水铀矾[$(UO_2)_2(SO_4)(OH)_2 \cdot 4H_2O$]

daubery 粗抹灰泥

daubing 搪炉衬;粗抹灰泥;(机器上)涂色;石面凿毛;修补

daubrée 道勃雷[沉积颗粒磨损度单位,=100g 重石英球磨掉 1g]

daubreelite 铬铁硫陨石;陨硫铬铁(矿)[$FeCr_2S_4$;等轴]

daubre(e)ite 铋土[$BiO(OH,Cl)$];羟氯铋矿[$BiO(OH,Cl)$;四方]

daubry 粗抹灰泥

dauby 胶黏的;黏性的

daucine 胡萝卜碱

Daucus 胡萝卜属

dauermodification 持久变形

daughter 子系[理]
→~ mineral 子矿物[包裹体中]

Douglas fir 绿枞

dauk 砂质黏土;亚黏土;韧性的;黏质砂岩;硬的;紧{致}密的

daung 山;狂风;汤恩;塔翁[缅;山]

daunialite 硅质蒙脱岩;硅蒙脱石;蒙脱石[$(Al,Mg)_2(Si_4O_{10})(OH) \cdot nH_2O$;$(Na,Ca)_{0.33}(Al,Mg)_2Si_4O_{10}(OH) \cdot nH_2O$;单斜]

Dauphine-Brazil law 道芬-巴西(双晶)律

Dauphine twin 多菲内双晶[曾用名:道芬双晶];道芬双晶

dauphinite 锐钛矿[TiO_2;四方];铌钛矿;镁钛矿[$(Mg,Fe)TiO_3$;$MgO \cdot TiO_2$;三方]

da(o)urite 红碧玺;锂电气石[$Na(Li,Al)_3Al_6(BO_3)_3(Si_6O_{18})(OH)_4$;三方]

Dautriche method 杜托里叔爆炸速度试验法

davainite 褐闪(石)岩

Davallia 骨碎补属[蕨类;Q]

davanite 硅钾钛石[$K_2TiSi_6O_{15}$]

Davcre cell 达夫克拉喷气式浮选机

davidite 镧铀钛铁矿[$(La,Ce)(Y,U,Fe^{2+})(Ti,Fe^{3+})_{20}(O,OH)_{38}$;三方]

(Pere) David's deer 四不像(象);麋鹿(属)[Q]

davidsonite 黄绿柱石;绿柱石[$Be_3Al_2(Si_6O_{18})$;六方]

Daviesiellidae 小戴维斯贝科

Daviesina 戴维斯虫属[孔虫;E]

daviesite 异极矿[$Zn_4(Si_2O_7)(OH)_2 \cdot H_2O$;$Zn_2(OH)_2SiO_2 \cdot 2ZnO \cdot SiO_2 \cdot H_2O$;斜方];柱氯铅矿

davina 钾钙霞石[$(Na,K)_6Ca_2(AlSiO_4)_6(SO_4)_2$;$(Na,Ca,K)_8Al_6Si_6O_{24}(Cl,SO_4,CO_3)_{2-3}$;六方]

Davis (cutter) bit 齿状钻头
→~ calyx drill 戴维斯式岩芯钻粒钻机 // ~-calyx system 有齿钻头岩芯钻进法

Davis' cycle theory 戴维斯循环说

Davisian 戴维斯学派[地貌学]

davisonite 磷灰石[$Ca_5(PO_4)_3(F,Cl,OH)$];板磷钙铝石[$Ca_3Al(PO_4)_2(OH)_3 \cdot H_2O$;六方]

davit 吊艇柱;吊柱;吊救生艇柱;吊臂(船边上)

davite 毛矾石[$Al_2(SO_4)_3 \cdot 16{\sim}18H_2O$;三斜]

davit span 吊(艇)柱跨距

davreuxite 达硅铝锰石[$Mn_2Al_{12}(SiO_4)_7O_3(OH)_6$;单斜];羟硅铝锰石[$Mn_9(Si,Al)_{10}O_{23}(OH)_9$;三斜];锰蛭石;锰镁云母[一种 Mn 及 Mg 的铝硅酸盐]

Davy (lamp) 达维安全汽油灯

Davydov splitting 达维多夫分裂

Davy Jones's Locker 海底
→~ lamp 戴维灯 // ~{lamp} man 矿灯工

davyn{davyne;davynite} 钾钙霞石[$(Na,K)_6Ca_2(AlSiO_4)_6(SO_4)_2$;$(Na,Ca,K)_8Al_6Si_6O_{24}(Cl,SO_4,CO_3)_{2-3}$;六方]

davyno-cavolinite 塞沙钙霞石

davyte 毛矾石[$Al_2(SO_4)_3 \cdot 16{\sim}18H_2O$;三斜]

dawdle 泡

dawk 炭质页岩

dawn image 黎明相片
→~ meadow mouse 绒鼠属[Q] // ~ redwood 水杉 // ~ stone 原始石器

Dawson Geophysical Company 道森地球物理公司

dawsonite 片状铝石;碳{片}钠铝石[$NaAl(CO_3)(OH)_2$;斜方]

Daxia 达克斯虫属[孔虫;K]

day 时期;时代;工作日;矿山的地面;接近地表的矿脉;矿山地面;日子;日;昼夜;地面;天

daya 小落水洞;积水洼地

day arrangement 地面设备
→~ bins 日用量料槽 // ~ book 日记簿;流水簿 // ~ eye 倾斜探井 // ~ fall 露头塌{坍}陷

dayfile 日文件

day free of frost 无霜日
→~ hole 直通地面的坑硐

Dayia 达氏贝属[腕;S]

dayingite 大营矿;铂硫铜钴矿

day labo(u)r(er){work} 日工
→~ {-}stone 露头岩石 // ~ stone 外露岩石 // ~-stone 岩石露头;外露岩石

daylight 地表;公开;空间;空隙;日光;黎明
→~ filling 白天装片

daylighting 易产生顺层滑坡的高角度斜坡面

daylight lamp 日光灯;荧光灯
→~ magazine-loading device 照相并斜仪(白天装胶片的)暗盒 // ~ saving time 夏时制 // ~-saving time 日光节约时 // ~ signalling mirror 日光信号镜

dayman 日工
→~ off 工休日 // ~{daily} output 日输出量 // ~ output 日产量;口产量 // ~-rate cost(按)日(付息)成本

dayshift 日班;白班

day shift{pair} 日班

dayside 上面;光面[行星的];上部

day (time) signal 昼间信号;日间信号
→~ stone 外露岩石 // ~-stone 岩石露头;外露岩石

days of grace 宽限日期
→~ on location(钻机)在位天数

daytaler 日工;短工

daytime sea breeze 日间海风
→~ train 白昼(流星)余迹

daywork 日工

daze 云母[$KAl_2(AlSi_3O_{10})(OH)_2$]

dazed timber 腐朽坑木

dazzling 炫{眩}目的

→~ light 眩光

Db 辉绿岩;𨧀

D-bit 镶片钻头

db meter 分贝计
→~ valve 双开阀

DBNPA 二溴氰基丙酰胺

DBX 铵梯铝炸药[由 21 黑索金、21 硝酸铵、40 梯铝梯、18 铝粉组成的混合炸药]

dc arc welding 直流弧焊

DC electromagnetic tool 直流电磁测井仪

D-coal D 煤[暗煤为主的显微质点];煤尘[暗煤为主的显微质点,如在矿工肺中发现的]

DEA 二乙醇胺[$HN(CH_2CH_2OH)_2$]

deacetylfawcetliine 脱乙酰佛石松碱

De-Acidite E 弱碱性阴离子交换树脂

deacidize 去氧

deacidizing 还原;脱氧

deaclase 黄绢石[一种蚀变的古铜辉石;$(Mg,Fe)SiO_3 \cdot {}^{1}\!/_{4}H_2O$(近似)]

deactivation 钝化作用;失活;反活化;去活;钝化;惰性化

deactivator 减活化剂;减{去}活剂;减活化作用

dead 无感觉的;失效的;废的;直接;静寂的;无生命的[海底];平滑的;无信号的;封闭的;灰暗的;必然的;呆滞的;无经济价值的[矿产等];无弹性的;无光泽的;无放射性的;完全的;无矿的;死者;全然;废弃的;完全;丝毫不差的;蠕动;堵死的;沉重的;停滞的;停产矿井;不通风的[巷道]
→~ air 含大量二氧化碳的空气;闭塞空气 // ~ area 无矿区 // ~ bed 非工业矿石层 // ~ belt{ground} 盲区 // ~ burnt limestone 烧成石灰 // ~-burnt plaster {gypsum} 僵烧石膏 // ~-end stowing 从采石平巷取石充填法 // ~-end{dummy-gate} stowing 采石平巷取石充填 // ~-glacier 化石冰川;不动冰川 // ~ graphite 不含铀块石墨 // ~ ground{bed} 无矿地层 // ~ ground{earth} 直通地

deadbeat pendulum 无周期摆

dead bed 非工业矿石层
→~ burnt limestone 烧成石灰 // ~-burnt plaster{gypsum} 僵烧石膏 // ~ end{rope} 死绳 // ~-end siding 死岔子;尽头岔线 // ~-end stowing 从采石平巷取石充填法 // ~-end{dummy-gate} stowing 采石平巷取石充填 // ~-fall 翻斗机 // ~ furnace 死炉 // ~-glacier 化石冰川;不动冰川 // ~ graphite 不含铀块石墨 // ~ ground{bed} 无矿地层

deadened 隔音;污染不能起汞齐作用的

deadhead 后顶针座;收缩头;收缩口;空载行驶;尾架;头;空(矿)车;无功运输;浇口;虚头;铸件

dead hole 未空透孔;过深炮眼;未爆炸的炮眼;炮窝子;弹坑
→~ line 不毛线;行人止步线;无矿线;死线 // ~{unkindly} lode 无开采价值的矿脉

deading 保热套;岩石巷道;岩石掘进

deadline 油(气)-水分界线;绳套;死绳;限期;期限;安全界线;最后期限;安全界线;无矿线;不可逾越的界限;截止日期;极限;停工时间
→~ pulley 非传动绳滑轮

deadlock 停滞;锁死;关闭厂矿;僵局;(使)陷入僵局;停顿;死锁;僵持

deadly embrace 死锁
→~ poisonous compound 剧毒化合物
deadman 叉杆；轻便井架桩基；桩柱；锚定桩；绷绳锚；地锚；拉杆锚桩；桩橛
→~ control trig 刹车
deadplace 独头巷道
deads 围岩；矸子；矸石；井下废石；废石；尾矿；脉石
deadweight 自重；车辆的自重；净重；重负；静重；静负荷
→~ (tonnage) 总载重量
deadwood 油罐内占油罐有效容积的构件
deadwork 开拓[采掘前修建巷道等工序总称]
deaerated brine 脱气盐水
de-aeration zone 脱气区
deafen (使)不漏音；隔音
deaf ore 浸染贫矿；含小粒有用矿物的脉壁泥[指示主矿体]
deair 使真空
de-airing 脱气
deal 数量；部分；厚松木(板)；建井木板；待遇；协议；论述；板材；巷道木板；分给；经营；交易；松木材；安排；给予
deallocation 重新定位；重新分配[计]
dealloying 对合金中一种或多种组分的选择性腐蚀
→~ corrosion 去合金腐蚀；解熔腐蚀
dealumination 脱铝(作用)
deaminase 脱氨基酶
deaminate 去掉氨基
deaminizating{deaminization} 脱(掉)氨基(作用)
deaminize 去掉氨基；脱去氨基
deammoniation 去氨
deamplification 阻尼；减小；衰减[信号]
deanol hydrogen tartrate 二甲氨乙醇酸式酒石酸盐
deaquation 脱水作用
dearomatized white spirit 脱芳族石油溶剂
de-ashed fuel 脱灰燃料；去灰燃料
deasil 顺时针方向地
deasphalting 脱沥青
death 绝灭[生]；死亡
→~ assemblage 尸体组合[生态]；死亡组合 // ~ rate 死亡率 // ~-trap 致死陷阱[危险区]
deathnium 重新组合；(空穴和电子的)复合中心；掺杂[有害杂质]
Deb 岩屑；碎片
debacle 凌汛泛滥[春季]；解冻；融冰流
→(slide) ~ 山崩
debalance of preparation and winning work 采掘失调
deballast 卸压舱物；排压舱水
Debaryomyces 德巴利酵母属[真菌;Q]
De Bavay process 戴巴维泡沫浮选法
→~ Broglie wave 德布罗意波
debit 借方；会计借方；借贷；记入借方(的款项)
→~ (side) 收方 // ~ and credit sides 借贷 // ~ memo 借项(通知)单 // ~{promissory} note 借据
debiteuse 槽子砖
debit memo 借项(通知)单
→~ {promissory} note 借据 // ~ slip 付出传票
debouchure 硐口；洞内通道连接点
debrief 测井成果的验收；汇报；询问执

行任务情况
debris[pl.-] 弹片；采矿废渣；有机物的残渣；废石；筛余；弃渣；矸石；脉石；碎石堆；碎屑；废墟；碎片；尾矿；岩屑；碎石
→~ cone 倒石锥 // ~ flood 乱石洪流；泥石洪流 // ~{mud-rock;earth;slurry;mudstone;rubble} flow 泥石流 // ~ flow fan 泥石流堆积扇 // ~ flow formation region 泥石流形成区 // ~ flow gully 泥石流沟 // ~ flow movement region 泥石流运动区 // ~ from heading 巷道迎头矸石 // ~ hazard mitigation 减轻泥石流灾害 // ~ ice 杂冰[含碎石、泥、贝壳等] // ~ kibble 岩石吊桶 // ~ run-out 泥石流伸展距离 // ~ slide 岩屑滑动；砂砾滑动；泥石滑动 // ~ soils 岩屑土 // ~ tipping 翻倒废石 // ~ wagon 废石车
debt financing 债务周转信贷
debtor 债务人；借方
debt service coverage ratio 偿债备付率
debugging 移去错误；程序调整；调谐
Debye law 德拜定律
→~-Scherrer-Hull method 德拜-谢乐-赫耳法 // ~-Scherrer method 德拜-谢勒{乐}法 // ~-Scherrer pattern 德拜-谢乐图谱 // ~-Waller factor 德拜-瓦勒因数
decaborane 癸硼烷
deca-cable 十芯电缆
decacyclene 十环烯
decadent 腐朽
→~ volcano 衰落火山 // ~{moribund} volcano 渐熄火山 // ~{damped;decaying} wave 减幅波 // ~{decaying} wave 衰减波
decag 十克
decahedral 十面的
decahedron[pl.-ra] 十面体
decahydronaphthalene 萘烷[$C_{10}H_{18}$]；十氢化萘[$C_{10}H_{18}$]
decahydronaphthol 十氢萘醇[$C_{10}H_{18}O$]
decal 十升；贴花[陶]
decalcification 去钙；脱(碳酸)钙作用；除石灰质(作用)；脱钙
decalcified sample 脱(碳酸)钙样品
decalcomania 贴花[陶]
decalescence 因吸热过快而温度降低；(钢条)吸热
decalin(e) 十氢化萘[$C_{10}H_{18}$]；萘烷[$C_{10}H_{18}$]
decan 去除……的密封保护外壳
decane 癸烷[$C_{10}H_{22}$]
→~ phosphonic acid 癸膦酸[$C_{10}H_{21}PO(OH)_2$]
decanoic acid 壬{十一碳}烯双酸 [$C_9H_{17}\cdot(COOH)_2$]
decanol 癸醇[$C_{10}H_{21}OH$]
decantate 倾注洗液；洗液
decantation 倾析；滗析；缓倾(法)；倾注；沉淀池；沉淀分取(法)；脱水作用
→~ {dehydration} test 脱水试验
decanter 洗金尾矿分级器；属矿分级器；滗析器；分级器；倾析器；细颈盛水瓶；澄清池
decanting arm 泄水管
→~ chamber 滗析室 // ~ point 注入点
decant tower 滤水井；溢流井
Decapoda 十脚类；十足目[头]；乌贼目[头]
decarbon(iz)ation 脱碳(酸盐)作用
→~ reaction 脱二氧化碳反应；去碳反应

decarbonization 除碳；脱碳；去碳
→~ preventing coating 防脱碳涂层
decarbonized zone 脱碳层
decarbonizer 脱碳剂；除碳剂
decarbonylation 脱羰作用
decarboxylase 脱羧基酶
decarboxylation 脱羧产物{作用}；脱羧基(作用)
decarburizer 脱碳剂
decating 汽蒸
decationize 去阳离子
Decatrack 微磁道
decay 裂变；腐烂；分解；衰败；衰弱；消失；衰减；蜕变；损坏；衰退；下降；倒坍；电荷减少；分裂；衰化；余辉[荧屏]
→(beta) ~ 衰变 // ~ arm 衰减区 // ~ constant 衰耗常数 // ~ curve 减缩曲线 // ~ gravel bed 腐砾层
decayed 腐败(的)；被破坏的；分解的；熄灭的；腐朽；下降的
→~ crater 死火口；古泉口；古火口；死泉口 // ~ gravel bed 腐砾层 // ~{decomposed;mantle;weathered} rock 风化岩
decaying ice 凋谢冰
γ-decay 伽马衰变
Decca navigator 德卡航行定位仪
→~ tracking and ranging 德卡跟踪和测距导航系统；台卡`特拉{跟踪测距}[导航系统]；远程长波导航设备
Deccan trap 德干(玄暗色)岩
deceased geothermal system 死{已停止活动的}(古)地热系统
decelerated{retarded} flow 减速水流
deceleration 降速；减速度；减速作用
→~ creep stage 一次蠕变阶段 // ~{primary} creep stage 减速蠕变阶段
decelerator 减速剂；延时器；减速器；缓动装置
deceleron 减速副翼
decending diaphragm graphite absorber 降膜式石墨吸收器
decene 癸烯
1-decene 癸烯-1[$C_{10}H_{20}$]
decentralized air supply system 压缩空气分散供给
→~ casing 偏心套器 // ~{local} control 局部控制 // ~ decision making 分权决策 // ~ wellhead 偏心井口
decentralizer 偏心器
decentralizing device 偏心装置
deception equipment{device} 伪装装置
deceptive conformity 假整合
→~ fold 假褶皱 // ~ spectrum 虚假图谱
Decerosol{Aerosol} OT 双-2-乙基己基磺化琥珀酸钠[成分同 Aerosol OT]；×润湿剂
dech 凹板
Dechenella 德钦虫属[三叶;D_{1-2}]
dechenite 红钒铅矿[$Pb(VO_3)_2$]
dechloridizing 去氯；脱氯(作用)
dechlorination 脱氯(作用)
decibar 分巴[压力单位]
decibel 分贝[声]
→~ adjusted 校准分贝 // ~ calculator 分贝图算表 // ~ above one watt 瓦分贝
deciduous 落叶的；落叶[树种]
→~ angiosperm tree 落叶被子植物林 // ~ dentition 脱落齿列[动]
decimetric wave 分米波

D

D

dec(l)ination 偏差

decine 癸炔

decipherer 译(密)码`员{装置}

deciphering photograph 解译相片

decipherment 译码

decision 判定；决定；决心；主意；判断；决议

→～ (making) 决策

deck 平盘；甲板；给(船)装甲板；罐笼层；平台；棚板；舱面；盖层；盖；板；筛板；台面；层面；岩床；摇床床面；分层的；覆盖物；桥面；板台；(客车)车顶；层[罐笼]；翼面[飞机]

→～ (plate) 筛面//(tape) ～ 走带机构[录音机]//～ changing 多层式罐笼装卸调动；调罐//～ crane 甲板(上)吊车

decke 被盖；推覆体[德]

decked explosive{explosion} 分层爆炸

decken 推覆体；覆盖[德]

deckenbau 推覆构造；推反构造

deckenkarren 洞顶(溶蚀现象)[德]

deckenschotter 砾石盖层；冰水沉积[德]

decken structure 被盖构造

→～ theory 被覆说

decker 分层装置

Deckerella 德克虫属[孔虫；C₁-P₁]

deckgebirge 被盖层

deckhead 出车台；矿井出车台

→～ building 井楼

decking 分段装药法；模板；分段装药；铺面；铺假顶；盖板；装罐；铺垫板；桥面板；装卸矿车

→～ gear 罐笼用推车机//～ plant 罐笼装卸矿车装置

declaratory 矿用地申请书所附说明；矿业用地申请说明

declared efficiency 申明保证的效率

→～ value 设定价值；申报价值

declination 拒绝；磁偏角；赤纬；偏角；倾斜；谢绝；方位角

→～ chart 磁偏图//～ circle 赤纬圈

declinational tides 赤纬潮

decline 下降；衰退；使倾斜；推卸；斜坡；轮子道；斜坡道；衰弱；最后部分；谢绝；衰减；下倾；斜面；递减；(使)斜下；滑坡；倾斜；斜井；降低；衰落

declined 下斜式[笔]

declining coalfield 储量减少煤田；开采已届晚年的煤田

→～ development 减速发育[上升小于侵蚀]//～ phase 衰退相；退步相//～ pit 衰竭矿井

Declinognathus 转颚牙形石属[C₂]

declive 小坡；小脑山坡；山坡[解]

declivitous 下坡的

declivity 倾斜；坡度；下降{斜}；坡面；倾斜度；斜坡；斜面

→～ observation 倾斜观测

declog 清孔

declogging 清淤

declone 双给料管水力旋流器；双给矿口旋流器

declutch 分离

→～ the drill 停钻

decoagulant 反絮凝剂；解凝结剂

decode 译码；解译

decoding 译出；译码

decohere 脱散

décollement{sole} fault 推覆体底部断层

De Collongue deflec tor 德科隆格偏转计[测地球磁场强度]

decolor(ize) 漂白；脱色

decolorant 漂白剂{的}；脱色剂{的}

decolorizer 漂白剂；脱色剂

decolorizing carbon 脱色炭

decolourizing agent 脱色剂

decommissioning (使……)退役

decompaction 振松；消除压实

→～ number 脱压实数

decomposability 分解性

decomposable 可分解的

decomposed coal 分解的煤

→～ explosive 变质炸药；分解了的炸药//～ form 分解形式//～ marl 泥灰土//～ {decayed;rotten;weathered;crumbling} rock 风化岩石

decomposer 分解物；分解体；分解者[生态]；分解器

decomposite 再混合的；再混合物

decomposition 蜕变；离解；分析；分解；分解作用；衰变；腐烂；腐败；解体

→～ by fusion 熔融分解法

decompressional boiling 减压沸腾

→～ expansion 降压膨胀

decompression{unloading} modulus 卸荷模量

→～ sickness 潜水病//～ table 潜水员减压表//～ velocity(破裂后管中介质的)减压波速度

decompressor 减压器

deconcentrator 稀释器；反浓缩器

decontaminant 防污染剂；净化剂；纯化剂

decontamination 纯化；澄清；去污(染)；净化；去杂质；消毒

→～ factor 净化系数

decontrol 取消管制；解除管制

deconvolution 重合法；重叠(测定)法；解褶积；反旋卷；解卷积；反褶积

→～ of spectrum 谱的叠合法

decoppering 除铜

decorated cement floor file 水泥花砖

decorating fire lehr 采烧炉[玻]

decoration 装饰；彩饰；装潢

decorative{face;ornamental} stone 饰面石

Decoriconus 饰锥牙形石属[C₃-S]

decoring 打泥芯

decorrelation 解相关；去相关

decors 德可拉铬锰钼钒钢

decorticate 脱皮的；无皮的

decorticated 无皮的；脱皮的

decouple 去耦；分离；退耦；消除核爆余震

→～ charge 非密接{实}装药//～ {decoupled} charge 不耦合装药//～ explosion 解耦爆炸

decoupled 可区分的

decoupling 拆离；解脱；摘开；耦合；脱开；解开；脱扣；去耦；脱钩；解耦；退耦；爆破装药不耦合系数

→～ zone of metamorphism 非双变质带

decoy 引诱(物)；假目标[雷达的]

→～ return 假目标反射{回波}信号

decoyl 己基；辛酰[C₇H₁₅•CO-]

decrease 减退；变小；减幅；减小；减少；降低

→～ by degrees 递减//～ of output 产量下降；生产下降//～ progressively {successively} 递减

decreasing axial pressure fracture test 轴向减压断裂试验

→～ coefficient 降低系数//～ function 递减函数；下降函数//～ temperature gradient 减温梯度

decrement 衰减率；损失；减量；减少；消耗；减缩

→～ measurement 衰减量测量

decrementation 分级卸荷

decrepigraph 爆裂图[包裹体]

decrepitans 爆声

decrepitate{decrepitating} 烧爆

decrepitation 烧爆作用；烧裂；烧爆；爆裂；热裂

→～ curve 爆破曲线[包裹体]

decrepitoscope 烧裂器

decrespignyite-(Y) 碳氯钇铜矾[(Y,REE)₄Cu(CO₃)₄Cl(OH)₅•2H₂O]

decretion 蚀减作用

decripitate 烧爆作用

decryption 解码；译码

decrystallization 消除结晶

decumbent 外倾的；匍匐在地而枝端向上的[植物枝干]；趴在地上的；匍生的；横卧的；匍匐的[茎]

decuple 十倍(的)；乘以十

decurrent leaf 下延叶[植]

Decurtella 截短贝属[腕；T₂-₃]

decussate 交叉呈十字形；X字形；交互成十字形对生的[植]

→～ {chessboard;staggered;drift} structure 交错构造//～ texture 交叉结构

decussation 交互对生式[植物叶]

Decussatisporites 横纵单槽粉属[孢；T₃]

decyanation 脱氰(作用)

decyclization 脱环(作用)

decyl 癸基[CH₃(CH₂)₈CH₂-]

→～ alcohol 癸醇[C₁₀H₂₁OH]//～ ketone 二癸基酮[(C₁₀H₂₁)₂CO]；癸酮[(C₁₀H₂₁)₂CO]//～ -oxyethylene-ether-alcohol 乙二醇癸醚[C₁₀H₂₁OCH₂CH₂OH]//～ -polyoxyethylene-ether-alcohol 癸基聚氧乙烯醚醇[C₁₀H₂₁(OCH₂CH₂)ₙOH]//～ pyridinium bromide 溴化癸基吡啶盐[C₁₀H₂₁•C₅H₅N⁺Br⁻]

decylamine-hydrochloride 盐酸癸胺[C₁₀H₂₁NH₂HCl]

→～ 癸胺盐酸盐[C₁₀H₂₁NH₂HCl]

decylaryl-polyoxyethylene-ether-alcohol 癸基芳基聚氧乙烯醚醇[C₁₀H₂₁Ar(OCH₂CH₂)ₙOH]

decyne 癸炔

dedendum[pl.-da] 齿根(高)；齿根高度

→～ flank 下半齿面

de-development 解除开发

dedolomite 交代型石灰岩；白云方解石

dedolomitization 去白云岩化(作用)；脱白云作用；退白云岩化

deductive method{reasoning} 演绎法

dedust 脱尘[从气体中脱尘]；除尘

de-dusted 除尘

dedusted coal 脱尘煤；脱除粉末的煤

deduster 脱泥机；除尘器

dedusting curve 脱尘曲线

→～ efficiency 除尘效率

deeckeite 镁丝光沸石；黄沸石

Dee Jig 迪伊漏斗形活塞跳汰机

de-electronation 氧化作用；去电子(氧化)作用

deemed marker crude price 公认的基准

油价

de-emphasis 信号还原；调频接收机中去加重；减加重；去加重；去矫；频应复原；复原[频应]

deemulsification 浮浊澄清(作用)
→~ chemical{deemulsifier} 破乳剂

de-enamelling 除瓷

deenergized period 脉冲间隔

deenergizing circuit 解除激励

deep 深陷于；深切；深厚的；深奥；深；矿井；深渊；渊；重；深河槽；纵深的；海沟；(颜色)深浓的；矿层；锤测索[未标刻度]；(声音)深沉的；深的；深刻；海的深处；矿脉下部
→~ borehole compensated sonic 深探测井眼补偿声波//~ dredging 深挖掘船采矿(法)[采掘深度 200～600ft.]//~ burn-up operation 深燃耗运行//~ hole blasting 深眼爆破//~ investigation resistivity device 深探(测)电阻率测井仪//~ karst 深喀斯特；深岩溶//~ lead 深金砂矿床[澳；指上覆很深土壤或岩石的金砂矿]//~ lead{placer}{deep-lead} 深部砂矿//~ leads 埋藏矿床

deepening 向下侵蚀[河流]；下切；下蚀(作用)
→~ burn-up operation 深燃耗运行

deeper ocean 深海
→~ pool test 深油气藏探井

deep (energy) level 深度线；深能级
→~-lime-mixing method 深层石灰搅拌法//~ (level) mine 深矿；地下矿[与露天矿相对]；深采矿山//~ ocean mining 海洋采矿//~ ocean mining environmental studies 深海采矿环境研究

deeply buried 深埋的
→~ eroded river bed 深蚀河床//~ weathered 深层风化

deer 鹿属[N₃-Q]；鹿

deerite 迪尔石[(Fe²⁺,Mn)₆(Fe³⁺,Al)₃Si₆O₂₀(OH)₅；单斜、假斜方]；迪闪石

Deerparkian 迪尔帕克(阶)[北美；D₁]；鹿园(阶)

deethanization 脱乙烷(作用)

deethanizer 脱乙烷塔

default 缺席；拖欠；错误；缺陷；违约；不履行；不到场
→~ risk 不履行债务风险//~ value 缺省值

defeasance 作废；废除

defeated stream 弃置河

defect 缺陷；不足；毛病；映点；故障；缺乏；缺点；疵点
→~ centre 缺陷中心//~ detection 检疵//~{flaw} detector 探伤仪//~ in crystals 晶体缺陷

defective(ness) 有缺陷的；有毛病
→~ goods{products} 次品//~ insulation 绝缘不良

defectiveness 有故障；不良；有缺陷[质量]

defective portion 亏损；缺陷；毛病
→~ tightness 不紧密//~ value 亏值

defect lattice 缺位晶格
→~ of welding 焊接缺陷

defectoscope 探伤仪

defectoscopy 探伤(法)；故障检验法

defense 答辩；辩护；防御物；防御工事；保卫；防务；防护；海岸维护[防止浪潮侵蚀]；防御

defensive 防御的；保卫

deferment 延期；延迟；推迟
→~ factor 延迟因素

defernite 戴碳钙石[Ca₃(CO₃)(OH,Cl)₄•H₂O；斜方]

deferred 延缓的；迟发的；减速的；延迟的

deferrization 除铁；脱铁

deficiencies 不足之处

deficiency 缺失；缺气；欠缺；亏数；不足；缺陷；缺乏
→~ curve 亏格曲线//~ disease 缺某元素的病//~ factor 缺失因子//~ symptom 缺乏病征[营养]

deficient coal 难采煤
→~ element 缺失元素；不足元素//~ opacity 露黑

deficit 赤字；欠缺；亏缺；亏空；亏损
→(trade) ~ 逆差

definability 可定义性；可确定性

definable 有界限的；可限定的

defining of concrete mixes 混凝土配料规定
→~ slit 限定狭缝//~ variable 定义变量

definite 一定的；确凿；确定的；明确的；有界限的

definition 鲜明度{性}[光学仪]；界定；限定；圈定；清晰度；精确度；确定；明确；分辨力；定义；解说
→~ of failure 破坏定义//~ of the image 像清晰度//~ phase 技术-经济条件确定阶段//~ of key words 关键词的定义

definitions and characteristics 定义和特征

deflagrable 可爆燃的；会突燃的

deflagrating explosive 易燃炸药
→~ mixture{mix} 爆燃混合物//~{deflagrating} spoon 爆燃匙

deflagration 烧坏；缓燃；降压燃烧；爆燃；突燃；爆炸作用；发火；速燃；快速燃烧；突然燃烧
→~ spoon 燃烧匙

Deflandrea 德费兰藻(属)[K-N]

deflation 风蚀；放气；吹飏；吹蚀；抽气；收缩；通货紧缩
→(currency) ~ 紧缩通货//~ armor 护盖层；风成砾漠//~{wind-scoured} hollow 风蚀凹地//~ (ripple) mark 风蚀波痕

deflected burning 偏火
→~{misdirected;crook(ed)} hole 偏斜钻孔//~ pile 偏位桩//~ river 偏转河

deflecting bar 换皮带用的杆

deflection 偏移；偏转度；偏折；弯曲；致偏；垂度
→~ angle 折向角//~ gage{inclinometer} 测斜仪//~{bending} moment 弯曲力矩//~ of a plate 板的挠曲//~ of pipe line 管线偏斜；管线的挠度//~ of plumb line 铅垂线的偏斜//~{flexing;flexion;bend} test 挠曲试验

deflective 偏斜的；偏转的

deflectivity 可偏性

Deflectolepis 反曲鳞牙形石属[D₃]

deflector 导流板；偏转器；导斜器；挡帘；转向器；致偏板；折转板；造斜器；导偏器；导向装置
→(air) ~ 导风板//~ brattice 转向风幛{障}//~ cone scraper 锥形导流板刮板//~ plate 折向挡板；头部护板//~ of

-wedge ring 变向器固定环；楔形造斜器上部的定向环

deflect-to-connect 转向连接；挠弯连接
→~ connection 海底管线与平台立管侧向弯接法

deflegmate 分馏；分凝

deflegmation 分凝作用

Deflendrius 德弗兰颗石[钙超；K₂-R]

deflexed 反曲式的[笔]；下曲式[笔]

deflexion 变位；偏斜；挠度；偏转度；偏差；偏移；垂度；弯曲；偏向；挠曲；偏转[射线]

defloating 去浮点

deflocculant 胶体溶液稳定剂；悬浮剂；稀释剂；反凝絮剂；聚剂；分散剂；反絮凝剂；黏土悬浮剂

deflocculated graphite 悬浮石墨
→~ particle 反团聚作用

deflocculating agent 反絮凝剂

deflocculator 胶体溶液稳定剂；浮悬剂；反凝絮剂；聚剂

defluent 向下流的河段[如源于冰川或湖泊之河段]

defluidization 去流体作用

deflux 去焊剂

defoamer 消泡剂；去沫剂

defoaming 去泡；消泡；去沫
→~ agent 去沫剂；消沫剂//~ plate 除沫板

defocus 散焦；离焦

defocused beam 散焦光束

defocusing 发散

defog 清除水气

defogger 扫雾器

defoliant 脱叶剂；枯叶剂

deforestation 森林砍伐；砍伐；滥伐林木；砍掉树木

deform 变形

deformability 变形率；变形度；可变形度；变形性；可变形性；加工性；可形变度；变形能力
→~ of ion 离子变形法//~ of rock 岩石可变形性

deformable coordinate 可变形坐标
→~ cross arm 变形横担//~ film{|body} 可变形膜{|体}//~{deformation} form 面角值可变的单形//~ porous medium 变形(多)孔隙介质

deformation 失真；扭曲；畸变；形变；损形；畸形
→~{distortion} 变形[形变]//~ (local; localized) ~ 局部变形

deformational episode 变形幕；变动幕
→~ eustatism 地动性海面升降//~ event 构造变动事件

deformation allowance 预留变形量

deformational trap 变形圈闭

deformation analysis 变形分析

deformative 变形的
→~ bioturbation structure 形变生物搅动构造//~{deformation} phase 变形幕

deformed 丑陋的

deformer 形变器

deforming{strain;deformation} force 变形力
→~ region 变形范围

deformity 缺陷；变形；变形性；畸形；畸变
→~ of pyloric ring 幽门环变形//~ of

spinal column 脊柱变形

deformograph 形变图

defossilization 退化石化

Defrisobski mutation 德弗索伯斯基突变

defrostation 融化；解冻

defrother 消泡剂；消沫剂；消泡剂；除泡剂

defruiting 异步回波滤除

degasifier 除气器；脱气剂；脱气器；除气剂

degasifying agent 脱气剂；除气剂

degassed{deaerated;deaired} water 脱气水
→~ water 无气水

degasser 脱气装置；脱气器

degassing 去气；放气；脱气；排气；除气作用
→~ curve 排气曲线//~ efficiency 脱气效率//~{bubbling} hot spring 鼓泡热泉//~ hot spring 有气体逸出的热泉

degauss 去磁；退磁

degausser 去磁器

degenerate 腐朽
→~ distribution 退化分布

degenerated{degraded} soil 退化土壤

degenerate Markov chain 退化马尔柯夫链
→~ system 退化体系

degeneration 退化(作用)；负回授；变异；负反馈；衰级；简并
→~ factor 简并化因素；退化因素{数}//~ system 简并体系

degenerative feedback 负回授

degeroite 硅铁石[$Fe_2Si_2O_5(OH)_4 \cdot 5H_2O;Fe_4^{3+}$ $(Si_4O_{10})(OH)_8 \cdot 10H_2O$]；硅铁土[$Fe_4^{3+}(Si_4O_{10})$ $(OH)_8 \cdot 10H_2O$]

dege runner mill 双辊式碾碎机

degerveite 硅铁石[$Fe_2Si_2O_5(OH)_4 \cdot 5H_2O;Fe_4^{3+}$ $(Si_4O_{10})(OH)_8 \cdot 10H_2O$]

deghosting 反虚反射[消除虚反射的一种滤波方法]

deghost inverse filter 消除虚反射反滤波器

Deglacial 冰消期

deglacierization 冰川消退；冰消过程{作用}

degolding 除金

degradability 降解度{性}

degradable fluid 可降解的液体；降黏液体

degradation 衰化；退化作用；剥蚀；递减作用；陵夷(作用)；削(作用)；降级；过碎；破裂；递降(分解)；淡化；夷低；渐崩；切蚀；细化；削夷作用；冲刷；退化；老化；恶化；降解；减削；力度减小；碎裂；粒度减小[煤炭]
→~ in size 磨细；粉碎；块粒碎裂//~{size} in size 粒度减小//~ in water 泥化作用//~ of energy 能量退降{递减}//~ recrystallization 晶体变小的重结晶作用

degrade 减小坡度；降解

degraded neutron 慢化中子；损失部分能量的中子
→~ oil 降解石油//~ paddy soil 退化水田土//~ reach 减坡段落

degrading 冲深；夷低；降级；降低；退变[重结晶]

degradinite 显微硬质煤组分
→~-rich hydrite 微亮煤 D[富含基质镜质体微亮煤]

degranitization 去花岗岩(化)作用

degraphitization 脱除石墨

degration model 劣化模型

degreaser 除油器；去油污剂；脱脂剂

degreasing 除油；除脂
→~ by burning 烧油//~ pot 脱脂锅[选金刚石]

degree 度数；等级；级；度；幂；程度；方次
→~ of mineralization 矿化程度

degrees Kelvin 开氏度数[K]

de(-)gritting 脱砂；除砂；除砂石

degum 脱胶；去胶

degumming agent 脱胶剂

degypsification 去石膏化(作用)

dehalogenation 脱卤(作用)

dehardening 回归现象；软化(现象)

dehiscence 骨间裂隙；开裂

dehiscent 熟裂的
→~ fruit 裂果[植]

dehiszenskegel 开裂锥[德]

dehiszenzfurche 间断沟[轮藻;德]

Dehne filter 德恩型过滤机(板框压滤式)；达恩型过滤机

Dehottay freezing method (method of sinking) 第何蒂冻结凿井法
→~ process 迪霍太凿井冻结法

dehrnite 碱磷灰石[$[(Ca,Na,K)_5(PO_4)_3(OH)]$]

Dehua ware 德化窑

dehumidifier 干燥剂；减湿器

dehumidifying 减湿(作用)；失水

dehumidizer 除湿剂

dehydrant 脱水剂

dehydrase 脱氢(酵素)；脱水酶

dehydrated air 脱湿空气；仪表气

dehydrating 脱水
→~{dewatering;desludging} agent 脱水剂//~ slurry 脱水砂浆

dehydration 失水；脱水作用；去湿；除水；脱水；去水
→~-induced 脱水引起的；失水诱发的//~ pump 脱水泵

dehydrator 除潮器；干燥剂；脱水器；烘干机；除水器；脱水剂

dehydrite 高氯酸镁

dehydrobilirubin 胆绿素

dehydrocarbylation 脱烃基化(作用)

dehydrocyclization 脱氢环化(作用)

dehydrofreezing 脱水冷冻(法)

dehydrogenase 脱氢(酵素)

dehydrogenation 脱氢(作用)

dehydrolysis 脱水作用

dehydroxylation 脱羟基(作用)

deicer 防冻剂；碎冰器；防冰设备

deicing 防止结冰；防冻
→~ chemical 去冰化学物质；除冰化学物质//~ chemicals 防冻剂//~ device 破冰装置；防止结冰装置；碎冰器

deindustrialization and reindustrialization 后工业化和再工业化

deinonychosaura 恐爪龙类

Deinonychus 恐爪龙属[K]

Deinotherioidea 恐象亚目

deinotherium 恐象(属)[N-Q]

DE interry 左后内辐板[棘]

deionized water 去离子水；脱离子水；消电离水；无离子水

deionizer 脱离子剂

Deiphon 坚外壳虫属[三叶;S]

deironing 去铁；除铁

Deister table 戴斯特型摇床；戴氏摇床；戴特摇床

deity after vibration 振后密度

dejacketer 脱皮装置；去壳装置

dejection 排泄(物)
→~ cone 洪积锥

dekalbite 纯透辉石

Dekayella 小狄克氏苔藓虫(属)[O]；小迪凯氏苔藓虫属

Dekayia 狄克氏苔藓虫属[O]

delafossite 赤铜铁矿[$CuFeO_2$;三方]；铜铁矿[$CuFeO_2$]

delagic{pelagic} deposit 深海矿床

delamination 起鳞；层离；拆层；劈裂；离层；起层；囊胚分层发育；分层；脱层[涂层与管子表面脱离]；剥离

Delamine P ×捕收剂[妥尔油胺,不含松香胺]
→~ PD ×捕收剂[精制妥尔油胺,不含松香胺]//~ X ×捕收剂[妥尔油胺,含脂肪酸 40%,松香胺 60%]

Delanium 人造石墨[化]

delanium graphite 高纯度压缩石墨

Delano classifier 迪兰诺型分级机

delanouite{delanovite} 锰蒙脱石

delarnite 毒砂[$FeAsS$;单斜、假斜方]

delatinite 含碳琥珀；特拉琥珀

delatorreite 钙锰矿[$(Ca,Na,K)_{3\sim5}(Mn^{4+},Mn^{3+},$ $Mg^{2+})_6O_{12} \cdot 3\sim4.5H_2O$;单斜]；钡镁锰矿

delawarite 正长石[$K(AlSi_3O_8);(K,Na)AlSi_3$ O_8,单斜;特拉华产]

delay 延时；减速；滞后；减速作用；抑制；迟发；拖；延发；推迟；中断；耽误；延误

delayed action 延迟作用
→~ action 延发；延缓作用//~ blasting 推迟爆破//~ blasting cap 缓爆雷管//~ non-reversible deformation 延时的不可逆变形//~{slow} setting cement 缓凝水泥//~{secondary} subsidence 再次下沉；再次沉陷

delayer 缓燃剂；滞燃剂；延迟器
→~ explosion 缓爆

delay filling 采完后充填；采后充填
→~ fission neutron technique 缓发中子(测井)技术//~ (electric) fuse 延爆引信；延期电导火索//~(-action) fuze 延期引信//~(-action) impact fuse 延期着火引信

delaying (action) 迟滞
→~{decaying} ice 衰退冰//~ ice 萎退冰//~{delayed} sweep 延迟扫描

delay interval{period} 延迟时间

deldoradoite 钙霞正长岩；淡钙霞正长岩

delemin(o)zite 短柱硫银矿[Ag_2S]

Delepinea 戴列平贝属[腕;C_1]

Delesseria 红叶藻属[红藻;Q]

delessite 镁鲕绿泥石；黑硅铁石

deleted signal 删除信号
→~{epibiotic;relic} species 残遗种//~{relic} species 孑遗种//~ variable(被)剔除的变量

deleterious 有害的；有害杂质的；有毒的
→~ dust 有害尘末

deletion 消失；删除；抹杀

delf 薄矿层；层；管道；出水沟；矿层；采石场；煤层；开挖(井筒)；排流器；矿脉；矿井；釉烧瓷器；脉

delft 薄矿层；管道；排流器；釉烧瓷器

delhayelite 片状碱钙石；片硅碱钙石[$(Na,$ $K)_4Ca_5Al_6Si_{32}O_{80} \cdot 18H_2O \cdot 3(Na_2,K_2)(Cl_2,F_2,$

SO_4);$(Na,K)_{10}Ca_5Al_6Si_{32}O_{80}(Cl_2,F_2,SO_4)_3$•$18H_2O$;斜方]

deliberate 谨慎；衡量
→～ reconnaissance 周密的勘查

deliensite 硫铁铀矿[$Fe(UO_2)_2(SO_4)_2(OH)$•$3H_2O$]

delime 除去石灰[皮革上]

deliming 脱灰

delimitation 定界；分界；圈定；定义；区分；区划；划界
→～ of colo(u)rs 分色//～ of orebody 围定矿体边界//～ of the frontier 划定边界

delindeite 羟硅钠钡石[$(Na,K)_{2.7}(Ba,Ca)_4$ $(Ti,Fe,Al)_6Si_8O_{25}(OH)_{14}$]

delineate 概图；有花纹的；刻划；圈定；描写；描绘轮廓；描绘；勾；轮脚；描述；划定界限；叙述；画轮廓

delineation 杨图；略图；概图；描绘；轮廓；清绘；划界
→～ {step-out} drilling 探边钻井//～ well 定边[界]井

delislite 柱硫锑铅银矿[$Pb_3Ag_5Sb_5S_{12}$;Pb $AgSbS_3$;单斜]

delithification 脱岩化(作用)；脱石化(作用)

deliverability 地层供油能力；供应能力；产量；可采程度；生产能力；流量；运输能力；交付能力
→～ equation(井的)产能方程//～ of gas 天然气的供应量//～ test 无阻流量试井

delivered{shaft} horse power 输出功率
→～ sample 交货试样//～ sound 完整交货

delivery 引水；输出；补给；导出；供应；释放；排量；排水量；排出；交货；输送管；分送
→～ air chamber 压缩空气室//～ angle 输送带倾角//～ gate 运输巷道；出水口；放矿(闸)门//～{discharge} head 排水高度//～{suction} lift 扬程

dell 有林小谷地；河源谷洼地；小山谷[有树林]

dellaite 羟硅钙石[$Ca_6Si_3O_{11}(OH)_2$]

dellenite-porphyry 石英粗安斑岩

dellenitoid 似流纹英安岩

dells 峡谷峭壁[急流]

Delmontian 德尔蒙特(阶)[北美;N_1]

deloneite-(Ce) 氟钙锶铈磷灰石[$NaCa_2$ $SrCe(PO_4)_3F$]

delorenz(en)ite 钛钇铀矿[$(Y,U,Fe^{2+})(Ti,Sn)_3$ O_8;$(Fe,Y,U)(Ti,Sn)_3O_8$]；钽黑稀金矿[$(Y,Ce,Ca)(Ta,Nb,Ti)_2(O,OH)_6$;斜方]

Delotaxis 明列牙形石属[S-D]

delphinite 绿帘石[$Ca_2Fe^{3+}Al_2(SiO_4)(Si_2O_7)$ $O(OH)$;$Ca_2(Al,Fe^{3+})_3(SiO_4)_3(OH)$;单斜]；黄绿帘石

Delphinognathus 海豚颌兽属[T]

Delphinus 海豚(属)[N_2-Q]

Delprat frothing box 戴尔普拉特型起泡箱
→～ process 德尔普拉特泡沫浮选法

delrauxite 磷钙铁矿[$CaFe_5(PO_4)_2(OH)_{11}$•$3H_2O$]

delrioite 水钒锶钙石[$CaSrV_2O_6(OH)_2$•$3H_2O$;单斜]

delta 三角形物；△接法[三相电的]
→～ bar 三角洲坝

deltaenteron 三角腔

delta facies 三角洲相

→～ {deltaic} fan 三角洲扇//～ front 前积(斜)坡//～ front sheet sand 三角洲前缘席状砂//～-front valley 三角洲前缘谷

deltageosyncline 外地槽；外枝准地槽；外准地槽

deltaic cone 三角洲锥
→～-sheet trap 三角洲席状砂圈闭

deltaite 钙银星石[$CaAl_3H(PO_4)_2(OH)_6$]；杂钙银星磷灰石；混钙银星石；纤维钙铝石与羟磷灰石混合物

delta lake 三角洲湖
→～ modulation 定差调制；增量调制//～ sand trap 三角洲砂体圈闭

deltalogy 三角洲学

deltarium 三角双板[腕]；假三角板

Deltatheridium 三角齿兽(属)[K_2]

Deltatheridoides 似三角齿兽属[K]

Deltatheroides 似三角兽

delthyrial angle 腹窗孔角[腕]
→～ cavity 三角腔//～ foramen 腹窗型茎孔[腕]//～ ridges 孔缘脊[腕]//～ supporting plate 腹窗孔支板[腕;即牙板之一类]

delthyrid 显窗型[茎孔;腕]

Delthyris 窗孔贝(属)[腕;S_3-D_2]；显窗贝

delthyrium 腹三角孔[腕]；三角孔

deltidial{deletidial} plate 三角双板[腕]

deltidium 柄孔盖；三角板；背融合三角板[腕]；假窗板[腕]；肉茎盖；腹三角板[腕]

deltohedron 十二面体；偏十二面体

deltoid 三角形的；偏菱形；三角洲的；三棱板[棘海蕾]
→～ {branch} island 三角洲岛//～ plate 三棱板[棘海蕾]

deltoidicositetrahedron 偏方三八面体；四角三八面体

Deltoidinia 三边藻属[E_3]

Deltoidospora 三角孢属[K]

deltology 三角洲学

Deltostracus 三角壳叶肢介属[K_1]

delude 哄骗；惑

deluge 洪水；淹浸；大股水；洪荒纪；大雨；泛滥；暴雨；大洪水；涌进
→～ {collecting} system 集水系统//～ system 同时开放式水喷淋系统

deluster 去光剂

delusterant 清光剂；褪光剂

delustring 除去光泽
→～ film 去光泽膜

Deluvium 洪积统[欧;更新统]

deluvium 洪积层；冰碛物

deluxe[法] 上等的；高级的

delvauxene{delvauxine;delvauxite} 水磷铁石[$(Fe^{2+},Mg)_3(PO_4)_2$•$3H_2O$;斜方]；胶磷铁矿[$Fe_4(PO_4)_2(OH)_6$•nH_2O(近似);$CaFe_3^{3+}$ $(PO_4,SO_4)_2(OH)_8$•4~$6H_2O$?]；磷钙铁矿[$CaFe_5$ $(PO_4)_2(OH)_{11}$•$3H_2O$]

delve 坑；钻研；挖；沟槽；刨；凹(地)；探究；掘；井；穴；挖掘；加深；凹陷[路面]

demagnetic stack 消磁块

demagnetization 去磁；退磁
→～ coefficient 消磁系数//～ force 脱磁力

demagnetizing 消磁的
→～ coil 脱磁线圈//～ factor 消磁系数；退磁因数

demagnification 缩小

demagnify 缩微；缩小[照片影像、电子

射束等]

demand 追索；查问；要求；需要；需水量

demander 请求者；要求者

demand factor 需用系数；功率需求量系数；集中(负载)因素
→～-oriented 需求定价法//～ paging 要求式页面调度//～ price 需求价格//～-type mask 供气量自动调节式面具

demanganization 脱锰；除锰

demantoid 钙铁榴石 [$Ca_3Fe_2^{3+}(SiO_4)_3$;等轴]；翠钙铁榴石；翠榴石[一种绿色透明的钙铁榴石;$Ca_3Fe_2(SiO_4)_3$]

demantoite 翠钙铁榴石；翠榴石[一种绿色透明的钙铁榴石；$Ca_3Fe_2(SiO_4)_3$]

demarcated site 监测站所在地

demarcation 标界；定界；划界；划分；分界
→～ {dividing} line 界限

dematerialization 非物质化；湮没现象

dematron 戴玛管

demdritic{dendritid} crystal 多枝晶体

deme 小区居群；同类群

demersal 水底的
→～ population 底层种群[生]//～ species 底栖种[生]

demesmaekerite 硒铜铅铀矿[$Pb_2Cu_5(UO_2)_2$ $(SeO_3)_6(OH)_6$•$2H_2O$;三斜]

demetall(iz)ation 脱金属(作用)

demethan(iz)ation 脱甲烷(作用)

de(s)methoxykanugin 去甲氧基甘石黄素

demethylation 脱甲基(作用)

demethylhomolycorine 去甲高石蒜碱

demic 偶然杂交的矮形种群

demicellizstion 解胶束化

demicolporate 半孔槽的[孢]

demicolpus 半槽的[孢]

demidoffite{demidovite} 青蛙孔雀石；青硅孔雀石

demifacet 半关节面

demigration 反偏移

demineralization 软化；去矿化(作用)；阻矿化(作用)；脱矿质；软水作用；脱盐；脱阳离子(作用)[水的软化]
→～ of Saline water 含盐水脱盐//～ of water 水的软化

demineralized water 脱矿(物)质水；去矿质的水

demineralizer 去除矿物质器；脱矿槽；脱矿物器；(硬水)脱盐装置；软化器；脱矿质剂
→～ wash bottle 软化器冲洗瓶

demineralizing 脱矿质

Deming cycle 戴明循环

Deminrolit apparatus 离子脱除器；德明罗莱特型离子消除器

demion 肉红玉髓[SiO_2]；光玉髓[SiO_2]

demiplate 半板

demipyramid 半锥骨[棘海胆]

Demirastrites 半耙笔石(属)[S_1]

demister 除雾器

demobilization 退回；复员；遣散；搬回
→～ cost 遣散费；设备返空费

demobilize 遣散；分散

demodulator 检波器；反调幅器；解调器；反调制器

demographic explosion 人口激增
→～ transition model 人口统计变迁模型

demoiselle 菇状土柱；蘑菇石；蕈状石
→～ hill 蘑菇状丘陵

DeMoiver's theorem 棣美弗定理

demolish 拆毁；爆破；拆除

demolisher 爆破专家；投石车；爆破手；碎岩机

demolition 爆破；拆毁；破坏；推翻
　　→～ bombs 爆破航弹//～ equipment 爆破器材//～ hero 爆破英雄

demonstrated 探明(的)[储量]
　　→～ reserves 验证储量//{explored;proven;proved;discovered;measured;known;positive;verified} reserves 探明储量

demonstration 证明；论证；实验；示范；表征；说明
　　→～ electric power plant{demonstration plant} 示范性电站

DeMorgan's law 德摩尔根对偶定律

demorphism 岩石分解；同质二象；风化变质；风化；分解

De(s)mospongia 寻常海绵纲；普通海绵(动物)纲

demote 降级

demoulding agent 脱模剂
　　→～ strength 脱模强度

demountable 可拆卸的

demulsifier 反乳化剂；脱乳(化)剂；乳液清器

demulsifying agent{compound} 反乳化剂

demultiplication 倍减；缩减

demurrage 延期；滞期费；滞留期；停泊费；停留超限延期费[铁矿货车]；铁路车辆延迟费

Denaby powder 登纳比炸药；铵硝化钾炸药

denary 十进的

denaturant 变性剂；中毒剂

denaturated{industrial} alcohol 变性酒精

denaturation 变性
　　→～ of nuclear fuel 核燃料中毒

denature 变性

dendramine 石斛胺

dendrin(e) 石斛因碱

dendr(ol)ite 枝状冰晶；松林石；树枝状石；树枝晶；松树石；树模石；枝蔓(状)晶体；树枝石
　　→～ (crystal) 枝晶//～ arm 枝晶支丫//～-impregnated sediment 树枝状浸染沉积物//～ spacing 骸晶枝体空隙

dendritic 树枝状；树林状；树枝状的；多枝的[晶]
　　→～ crystal 树枝晶；枝蔓状晶体//～ segregation 枝晶间偏析[显微偏析]//～ valleys 树枝状谷

dendriticpattern 树枝状样式

dendritic segregation 枝晶间偏析[显微偏析]
　　→～ valleys 树枝状谷

Dendritina 枝口虫属[孔虫;E]

dendrobane 石斛烷

dendrobe 石斛

dendrobine 石斛碱

dendrobium 石斛兰；密花石斛

Dendrobium nobile 石斛[植]

Dendroceratida 树角海绵(动物)目[K-Q]

Dendrochirotida 树手海参目[棘]

Dendrocrinina 树海百合亚目[棘]

Dendrocystites 树海箭(属)[棘海箭纲]

dendrodate 树轮断代

Dendrograptus 树笔石(属)[Є-C₁]

dendroidea 树形笔石目

dendroid rhabdosome 树枝状笔石群体

分枝

dendrolite 树枝化石；树枝晶；木化石

dendrolith 木化石；硅化树干

dendrology 树木学

dendrometer 测树器

dendron 树枝石；树模石

Dendrostroma 树层孔虫属[D₂]

Dendrotubus 树管笔石(属)[O₁]

dendroxine 石斛星

dene 沙层；长满树木的溪谷；有林的小陡谷；沙丘[海边]

Denekamp interstadial 登内肯普间冰期

Dengfeng group 登封群

denhardtite 黄蜡煤

denied name 否定学名

denier 拒绝者；否认者；旦[纤维细度单位]；登{但}尼尔

Denison sampler 丹尼森式岩芯管取样器

denisovite 硅钾钙石

denitration 脱硝(作用)

denitrifier 脱氮剂；脱硝剂

denitrifying Agent 脱氮剂
　　→～ agent 反硝化剂；脱硝剂

denitrogenation 脱氮(作用)；去氮法

denivellation 湖面变化；水位变化

Denmark 丹麦[欧]

denningite 登宁石；碲锌锰石[(Mn,Zn)Te₂O₅;四方]

dennisonite 磷灰石[Ca₅(PO₄)₃(F,Cl,OH)]；板磷钙铝石[Ca₃Al(PO₄)₂(OH)₃·H₂O;六方]

Denoel formula 丹挪尔公式

denouncement 采矿权废除通知

dens[pl.dentes] 牙齿节[弹尾目弹器]；齿

dense 重的；稠密的；浓厚，密实的；致密；密的[网或线路等]；具高折射率的[矿物]；密实；稠密；深色的[底片]；致密的[结构]
　　→～ barium crown 含钡重冕牌玻璃//～ brine 重卤水//～ fine-grained ore 致密细粒浸染矿石//～ fissure zone 强裂隙带//～{heavy} flint glass 重燧石玻璃//～ fluid 高黏液//～ lanthanum flint glass 重镧火石玻璃；重镧焰玻璃

densely 密集
　　→～ faulted section 断层密集的区段//～-wooded area 密林区

dense media separation 重介(质)选((矿)法)
　　→～ medium cyclone separation 重介质旋流器分选//～-medium regeneration 重悬浮液净化回收；重介质的再生；重悬浮液再生//～ medium separation{method;washing} 重介(质)选((矿)法)//～-medium separation 重液选别//～ medium solids 加重质；加重制裁//～ packing 密实充填；致密堆积{填集}//～ (media) preparation 重介(质)选((矿)法)//～ soda 重碱

densification 增浓；加密；压实；封严；稠化；浓缩；高密度化；密封；密度增大；封；稠化作用；增稠；增密
　　→～ by explosion 爆破压实

densilog 密度测井
　　→～-induction combination 密度-感应组合(测井)

densinite 密屑体[褐煤显微组分]

densitometric analysis 黑度分析；光密度分析
　　→～ {density} analysis 密度分析

density 致密；稠密度；密集度；不透明

度；浓度；稠密；稠化；密度；厚度；致黑密度
　　→～ composition 浮沉组成//～ contract 矿体与围岩密度差//～-control device 重介质密度(自动)控制装置//～-controlled discharge 按矿浆密度控制排料//～ current 重力流；重流//～ logger 岩石密度测定仪；井下密度测定仪//～ of chain system 链条悬挂密度//～ probe 矿浆浓度探针

Densoisporites 拟套环孢属[K₂]

Densosporites 套环孢属[C₁]

dent 钝凹坑；敲凹；压刻痕；凹部；凹陷；消减；压痕；凹痕；压缩；坑穴；削弱；齿[齿轮的]
　　→～ apparatus 铰齿构造[腕]//～ boundary 齿状边界//～ calculus{deposit} 牙石//～ formula 齿式[动]

dental abrasive wheel 齿科砂轮
　　→～ apparatus 铰齿构造[腕]//～ boundary 齿状边界//～ calculus{deposit} 牙石

dentale 齿骨[牙石]

dental fluorosis 氟斑牙；牙氟中毒
　　→～ formula 齿式[动]

Dentalina 齿形虫属[孔虫;P-Q]

Dentalium 角贝(属)[软掘足类;E₂-Q]

dental lamella{plate} 齿板[腕]
　　→～ plaster 牙科用熟石膏//～ plate 牙板//～ spar 牙医用长石//～{artificial} stone 牙科人造石//～ tissue 齿牙组织//～ unit 齿体[牙石]

dentary 齿骨[牙石]；下颌骨[鱼类]

dentate 具齿的；配位基
　　→～ falcal arch 有齿镰形拱[虫牙]

dentato 齿

dentelle 丁德尔[宝石]

denteroconch 第二房室

dentes canini{caninae} 犬齿
　　→～ decidui 脱落齿；乳齿//～ dermis 真齿；真牙{齿}//～ incisivi 门牙；门齿//～ praemolares 前白齿

denticle 齿饰；齿状构造；小齿[牙石]；小齿状突起；副铰齿[腕]；髓石

Denticula 细齿藻属

denticulate 细齿

dentigerate{dentigerous} 具齿的

dentition 齿型；长牙；牙列；牙系；出牙；齿状(结构)；齿系
　　→～ formula 牙式

dentoid 齿状的

dentpit 涡旋岩窟

dents de cheval 斑状变晶[法]
　　→～ laterales 侧齿；侧牙//～ permanentes 恒齿

denty 煤堆的风化煤

denucleation 除核(作用)

denudate 光的；裸露的

denudation 溶蚀作用；剥蚀作用；剥蚀；剥落(作用)
　　→～ {resurrected} mountain 剥蚀山//～ rate 剥蚀速率

denude 剥露；剥蚀

denuded 变光的；剥蚀的

denumerable 可数的

denutrition 营养不足

Denver-Buckman tilting concentrator 丹弗-巴克曼型翻床

Denver cell 丹佛底吹式浮选机

→~ conditioner 丹弗型矿浆条件{调和箱〔槽〕}[带中心管和叶轮搅拌器]//~ mineral jig 丹佛型用{选矿}跳汰机//~ repulper 丹弗型矿浆再调机

Denver's amaze 丹佛烟霾[美]

Denver shaker 丹弗型套筛振动器[不平衡轮式]

→~ simplicity screen 丹弗型简易筛//~ sub-A flotation cell 丹弗型单底吹式浮槽[机械搅拌式]//~ sub-A machine 丹弗型液下充气式浮选机//~ washing tray thickener 丹弗型洗矿层式浓密机

deodalite{deodatite} 蓝方石 [(Na,Ca)$_{4-8}$(AlSiO$_4$)$_6$(SO$_4$)$_{1-2}$;Na$_6$Ca$_2$(AlSiO$_4$)$_6$(SO$_4$)$_2$;(Na,Ca)$_{4-8}$Al$_6$Si$_6$(O,S)$_{24}$(SO$_4$,Cl)$_{1-2}$;等轴]

deodorant 芳香剂；除臭剂

deodorization 脱臭(作用)

deodorizer 脱臭剂{器}

de-oil 脱油

de-oiled water 脱油水

deoiler 除油器

de(-)oiling 去油；脱脂

→~ plant 除油装置

deoppilant 疏通的；疏通药

deoppilative 疏通药

deorienting 去定向；消向

deoscillator 阻尼器；减振器

deoxidant 脱氧剂

de(s)oxidation 脱氧；还原；除氧；去氧；脱氧作用

→~ reagent 脱氧剂//~ sphere 还原圈；漂白斑；褪色圈

deoxidizer 脱氧剂

de(s)oxophyllerythra-etioporphyrin 脱氧叶{植}红素初卟啉

deoxycytidine 脱氧胞(嘧啶核)苷

deoxygenate 脱氧剂

deoxygenated water 脱氧水

deoxygenation 脱氧作用；还原作用

deoxygenize 还原；脱氧

deparaffinating 脱蜡[油]

deparaffination 脱石蜡；去石蜡

departmental project 部门工程规划

→~ system 分部制度

department of geology 地质学系

departure 东西距；漂移；经度距离；经距；分离；偏移；偏离；偏差；离开；飞出；横距；违背；出发；脱离；出发点

→~ angle 离船角[船敷水下油管时]//~ curve 离差曲线//~{deviation} curve 偏差曲线//~ curve method 离差曲线法[测井]

depauperization 衰退；萎缩

dependability 可靠性；坚固度

dependable 可靠的；踏实；可信任的

→~ flow 保证流量

dependence{dependance} 相关性；相依(性)；关系式；从变量；从属；依从关系；依赖；信赖；相关

→~-driven 因变驱动

dependency 从属(性)；相关(性)

→~ theory 从属性理论

dependent 从属的；依赖的；相关的

→~ event 相依事件//~{adjacent} sea 附属海//~ variable 函数；因变数；应变数

Deperetella 德氏貘属；戴氏貘属[E$_2$]

Deperetia 德氏鹿亚属[Q]

depergelation 解冻；冻土融化作用

deperm 去磁

depeter 碎石面饰；粉石齿面

dephlegmator 分馏器；分凝器

dephlogistication 脱燃素

dephosphorization 去磷

dephosphorizing 脱磷[钢]

depillaring 采矿柱；采掘煤柱{矿}

depinker 抗震剂；抗爆剂；加入汽油的抗爆剂

deplanate 扁平的；变平的

deplete 采空；耗尽；枯竭；衰竭；弱化；空虚；放空；损耗；减少；从矿石中提取金属；消耗[如储量或能量等]

depleted field air storage reservoir 废矿井蓄气库

→~ lower crust 亏损的下地壳//~ mantle 亏损地幔//~ material 废核燃料//~{barren} pulp 废弃矿浆//~ reservoir 衰竭产层//~ zone 贫矿带

depletion 贫乏；递减；耗尽；耗竭；亏空；亏损；从矿石回收金属；矿量递减；衰竭；放空；消耗；减损；疏干；枯竭

→~ allowance 矿藏储量衰竭减税率；衰竭允许率

depoisoning effect 解毒作用

depolariser 去极(化)剂；消偏振镜

depolarizer 去极(化)剂；去偏振镜；退极化剂；消偏振镜

depollution 污染清除

depolyalkylation 解聚烷基化作用

depolymerization 解聚(作用);(高分子化)合(物解)聚作用

depolymerizing agent 解聚剂

depopulation 人口减少

deportation 输送；移运

deposit 覆层；存放；存积；附着；存储；存款；押金；再沉积；蕴藏量；沉淀；附着物；矿；储藏量；储藏；提纯；储存；镀层；沉积；淀积；沉积物

→(autochthonous) ~ 原地沉积；矿床；淤积//~ attack 沉积侵蚀//~ evaluation 矿床评价//~ formed by superficial leaching 淋积矿床//~ inundation 矿床淹没//~ of compound origin 复合成因矿床//~ of igneous affiliation 火成亲缘矿床//~ of saline lake 盐湖矿床//~ of sedimentary origin 沉积(成因)矿床//~ of segregation 分凝矿床//~ of uranium-bearing minerals 含铀矿物矿床//~ produced by weathering 风化矿床//~ string 矿脉

deposited dust 沉积矿尘

→~{settled} dust 落尘//~ sand 淤砂

depositing-reworking current 沉积-改造水流

depositing{clarifying;clarifier;sedimentation;setting} tank 沉淀罐

deposition 沉淀物；水垢；电积；矿床；沉淀作用；沉积作用

depositional break 沉积间断

→~ fabric 沉淀组构[岩]

deposition behind dam 坝后淤积

→~ efficiency 沉积效率//~ point 最远沉积点[泥石流]//~ potential 析出电位//~ rate 熔敷率

depot 车站；修理厂；仓库；弹药库；兵站；站；储存；机车库；军需厂；航空站；堆栈；贮存场；燃区；基地

→(fuel) ~ 油库//~ fuel 库存燃料

//~ termination (of a line) (管线)终点油库(罐区)

depots for commercial oil 商业石油库

depreciable life 折旧寿命

depreciation 跌价；折旧；磨损；减值；贬值；损耗

→~ (factor;rate) 折旧率//~ in value of property 折旧//~ of ore 贫化；矿山贫化//~ period 矿石贫化

depredation 劫掠；毁坏

de-preservation 解除保护

depressant 镇静的；抑制的；抑制剂

depressed 抑制了的；凹下；压下的；愁闷；扁平的[头壳]

→~ center wheel 拔形砂轮//~ coast 沉陷海岸//~ cross bar 横(接合)棒条[固定格筛]//~ moraine 冰前凹下的冰碛

depressing (re)agent 抑制剂

→~ effect 压制效应//~ table 支撑辊道

depression 凹痕；沉陷；压低；池；萧条；真空；低压区；低压；低气压；低地；俯视角；凹地；下降；拗陷；沉淀；坑；衰减；洼地；抽空；地洼；沉降

→(topographic(al)) ~ 凹陷

depressive{depression;fallen;collapse} earthquake 陷落地震

depressor 阻化剂；缓冲剂；阻尼器；抑制剂；抑压者；缓冲器

→~ muscle crest 下牵肌痕[节蔓足]

depressure cycle 降压周期

depressurization 减压

depressurizing 减压；降压

depreter 粉石齿面；碎石面饰

depropagation model 反传播模型

depropanization 脱丙烷

depropanizer 轻烃装置

deproteinization 脱蛋白作用

deptford pink 矾松石竹

depth 深处；厚度；深(度)；深刻；层次；深奥；浓度[色泽]

→~-annotated 注上井深的；标上深度的//~ constant 深度常数//~ dependent 随深度而变的//~ derived borehole compensated sonic 深度导出井眼补偿声波测井

depth drill 深孔钻

→~-fertility diagram 深度-肥度图//~ finder{sounder;recorder} 测深仪//~ hoar 雪下冰晶//~ mark 井深标记//~-measuring device 测深设备；测井深设备；测孔深设备

depthmeter 深度表；深度计

depth mo(u)lded 型深

→~ of cut 切削厚度；(采煤机)每一循环截深//~ of pit 蚀孔深度；矿井深度

depthography 油面测深

depthometer 深度计；测深仪

depth out 已钻深度；起出深度；起钻深度

depulping and rinsing screen 两段脱浆筛

depurative 净化的；净化剂

depurator 净化剂；净化器

deputation 代表

→~ work 劳资谈判工作

deputy 代理人；支架工

→~ director 副队长//~ surveyor 区测量员；副测量员

Deqing{Te-ching} ware 德清窑

dequeue 队列中去项[出列]；散队

derailer 脱轨器；(使)离开原定进程；铁道脱轨器；指令转移；转辙器；脱轨；出轨[装置]

derailing drag 阻车叉挡；后拉索
→~ {throw-off} switch 脱轨装置

derailment 掉道；脱轨

derail unit 脱轨装置

deranged 错乱
→~ drainage pattern 紊乱水系；扰乱水系

derasional valley 冻裂谷

Derbesia 德氏藻属[绿藻;Q]

derby 帽状物体；金属块

Derby Brown 啡红麻[石]

Derbyella 小德比贝属[腕;P]

Derbyia 德比贝属[腕;C₃-P]

derbylite{derbylith} 锑铁钛矿[Fe₆²⁺Ti₅Sb₂O₂₁;Fe₄³⁺Ti₃Sb³⁺O₁₃(OH);单斜]；锑钛铁矿[6FeO•5TiO₂•Sb₂O₅]

derbystone{derby(shire) spar} 萤石[CaF₂,等轴;德贝郡萤石]

derelict 海退遗地；遗弃物；被抛弃的；漂流船

dereliction 加积作用；土地荒芜[采矿造成]；废弃物；水退；冲积作用

derelict mine 荒废的矿山

Derert Litac 黛丝香槟[石]

deresination 脱树脂作用

dereverberation 反混响；去混响

deriberite 累托石[(K,Na)ₓ(Al₂(Al₄Si₄₋ₓO₁₀)(OH)₂)•4H₂O]；钠板石[NaAl₂(Si,Al)₄O₁₀(OH)₂(近似)]；板石

deringing 去鸣振

Deriphat 151 N-椰油基-β-氨基丙酸钠[RNHCH₂CH₂COONa]
→~ 154 N-牛脂基-β-亚氨基二丙酸二钠[RN(CH₂CH₂COONa)₂]//~ 60C × 两性捕收剂[N-十二烷基-β-亚氨基二丙酸一钠;RN(CH₂CH₂COOH)CH₂CH₂COONa]

derivable 可引出的；可导的

derivant 衍生物；诱导剂

derivat(iv)e 次积岩；转生岩；衍生物；微商；导数

derivation 推导；衍生；引出；起源；偏转；导出；派生；由来；分支；引水道；求导(数)；推论；偏差
→~ wire 分路；支线

derivative 变形；派生物；被导出的；变型
→~ magma 派生岩//~ rock 再积沉积岩；导{转}生岩；次积岩

derivatograph 侧偏仪

derived 移积的；外来的；次生的；导生的
→~ {apomorphic} character 衍征//~ character 近裔共性；衍生特征；派生特征[古]//~ fossil 衍生化石；导入化石；次生化石//~ fossils 次生化石//~ resistance 并联电阻

derm(a) 真皮；皮肤

dermal 真皮的；皮肤的；浅带的[形变]；表层的
→~ class 上硅铝壳变动级//~ deformation 硅铝壳上层变形{形变}//~ plate 皮板；外皮板//~ pore 皮孔

dermalium[pl.dermalia] (一种)特化海绵骨针

Dermaptera 革翅目[N-Q]；皮翼目[昆]

Derma ptera 革翅类

dermateen 漆布

Dermatemydidae 河龟科；泥龟科；泥鳖科[动]

dermatine{dermatite} 皮壳石

dermis 真皮；皮肤

Dermitron 高频电流测镀层厚度计

Dermocarpa 皮果藻(属)[蓝藻;Q]

dermolite 皱皮熔岩

dermolith{dermolithic lava} 肤状熔岩

dermoskeleton 外骨骼

dermosphenotic 皮蝶骨

dernbachite 磷菱铅矾[PbFe₃PO₄SO₄(OH)₆]；砷菱铅矾[PbFe₃(AsO₄,SO₄)₂(OH)₆;2PbO•3Fe₂O₃•As₂O₅•2SO₃•6H₂O]；砷铁铅矾

derocker 清石机；除石块机；除石机

deroofing 蚀顶

deroppilation 疏通

derrick 钻(探)架；临时井架；用超重机吊起；挡车器；引入架；进线架；井塔；桅杆起重机；塔架；起重机[吊杆式]
→~ barge 装有全回转式起重机的起重船//~ cellar 井口圆井//~ crown 天车台//~ floor 井架平台；石油钻台；井场//~ lowering 放倒井架//~ man 架工//~ monkey{skinner} 井架工

derricking 改变挖掘机悬臂倾角
→~ gear(挖掘机)悬架升降机构；变幅机构[指吊车臂的变幅]//~ rope 改变悬臂倾角的钢丝绳[挖掘机等]

derriksite 多硒铜铀矿[Cu₄(UO₂)(SeO₃)₂(OH)₆•H₂O;斜方]

derumpent 破裂

derusting 除锈
→~ by sandblast 喷砂除锈

dervillite 斜锑铅矿[Pb的锑化物]；硫砷银矿[Ag₃AsS₃]

desalinate 淡化

desalin(iz)ation 减少盐分；淡化；脱盐
→~ by zeolite-silver method 沸石银化合物法淡水化

desalinator 海水淡化厂

desalting 脱盐作用

desander 去砂器；分砂器；除砂器
→~ trough 除砂器喇叭口

desanding 去砂；除砂；脱砂
→~ capacity 除砂能力//~ screen 脱砂筛

desaturation 除去岩芯中的油、气或水；干燥；稀释；脱饱和作用；烘干
→~ exponent 减饱和度指数

desaulesite 硅锌镍矿[(Ni,Zn)SiO₃•2H₂O(近似)]；脂镍皂石[(Ni,Mg)₃Si₄O₁₀(OH)₂•4H₂O;单斜]；铁镍皂石

de-scaling 酸洗脱氧[钢]；脱除锅垢

desautelsite 羟碳锰镁石[Mg₆Mn₂³⁺(CO₃)(OH)₁₆•4H₂O;三方]

descendant 衰变产物；后代；递降的；子系物质；遗传的；下行的；下降的；子体物质
→~ species 后裔种

descensional deposit 下降矿床
→~ ventilation 下向通风

descensionist 下降溶液论者

descent 侵入；下潜；降低；下坡；血统；坡道；继承；下降；斜坡；下井；降下；倾没
→~ {man} cage 乘人罐笼//~ method 下降法//~ of piston 活塞下行//~ propulsion system 降落推进系统

descloizite{descloisite;descloizeauaite} 羟钒锌铅石[PbZn(VO₄)(OH);斜方]；钒铅锌矿[Pb(Zn,Cu)(VO₄)(OH)]；锌钒铅矿

description 记载；说明(书)；描写；叙述；描述；描绘；绘制；形容；划界
→~ (of)说明书//~ of stations 测站图法//~ point 取向标记

descriptive 描述
→~ analysis 描述性分析//~ data 图注资料//~ geometry 画法几何(学)//~ name 说明注记

descriptor 解说符

deserpentinization 脱蛇纹石化(作用)

desert 舍弃；擅离；沙地；荒芜；无人的；沙漠的；沙漠；功过；漠境；漠地；失败；不毛之地；荒地；脱离；抛弃；不毛的

deserted{dead} vent 死泉口

desert encroachment 沙漠化；沙漠扩侵
→~ float 油田卡车拖挂的双轮平板拖车//~ glaze 沙漠磨光石//~ grey soil 灰漠土

desertification 荒漠化；沙漠化
→~ feedback cycles 荒漠化反馈周期

desertization 沙漠化

desert lagoon 沙漠潟湖
→~ lake 沙漠湖//~ pavement 沙漠砾石表层；沙漠砾石`滩{表层}//~ {sandrock} rose 石膏结壳//~ shrub 荒漠灌木//~ soil 漠境土；漠钙土//~ trumpet 紫葳花[蓼科植物,石膏局示植]//~ vegetation 荒漠植被

desiccant 干燥用的；去水分的；干燥的；干燥剂

desiccated wood 烘干的木材；晒干的木料

desiccating basin 疏干盆地

desiccation 变旱；干燥作用；干燥；干化；干涸；旱化(作用)
→~ crack{fissure;mark} 泥裂//~ cracking of clay liner 黏土衬砌的干缩裂隙//~ fissure 干缩裂缝//~ joint 干缩节理

desiccative 干燥的

desiccator 保干器；干燥器

desideratum 迫切的要求

design 指定；预定；设计；绘制；企图；构思[意]；草图；草案；装置；图纸；纲要；图样；结构；图案；类型；计划
→~ and construction 设计及施工//~ chart{drawing} 设计图

designability 结构性；(可)设计性

designation 定名；指定；标示；符号表示；图名；目标；目的地；名称；指明；牌号
→~ number 标准指数//~ of graphic documentation 矿图编号//~ strip{tag;plate} 铭{名}牌

designator 指定者；指示物

designed capacity 设备能力；设计容量
→~ waterline 设计水线

design effort 计划工作
→~ engineering 设计工程//~ factor of safety 安全设计系数//~ for earthquake resistance 抗震设计

designing 设计(工作)；有计划的；计谋
→~ of blast 爆破设计//~ of construction lines 定出断面特型设计//~ the portal 井筒设计

design lift 设计压实层厚

desili(fi)cation 去硅(作用)；硅氧淋失(作用)；脱硅(作用)
→~ plant 除硅(垢)装置

desilicification{desiliconization} 去硅作

用；脱硅(作用)

desilt 除泥

desilter 集尘器；沉淀池；脱泥机；澄清器；脱矿器；泥器；除泥器；除砂器；洗矿池；滤水池

desilting 放淤；挖除泥沙；淘洗；脱泥；清淤；洗矿
→~ {settling;sand} basin 沉沙{砂}池 //~ works 沉砂工程

desiltor 脱泥机

desilverization 除银；脱银(作用)

desilverized lead 脱银的铅

desilverizing 回收银；提取银

desintegration 衰变；机械分解；粉碎；风化；裂变；分裂
→(radioactive) ~ 蜕变；机械破坏

desintegrator 松砂机

desirable criteria 理想标准

desired location 预定位置
→~ signal 所需信号；有用信号 //~ signal{output} 期望信号 // ~ tolerance{|output} 期望容许度{|输出值}

desk 座；书桌；实验台；写字台；控电屏；盘；操纵台；板
→~ check 台式检验；部件检验 //~ evaluation 内部评价 //~ structure 桌状构造

deskew 去图像条带(处理)；抗扭斜

desk structure 桌状构造

deslime 除矿泥；脱泥

deslimed feed 脱泥后入料

deslimer 脱泥机

de-sliming 湿法脱泥；脱泥；去泥渣；去矿泥

desliming screen 脱矿泥筛

desludger 除油泥设备

de-sludging 脱泥；去矿渣；去矿泥；去油泥；除去淤渣

desludging agent 去泥剂
→~ mechanism 除淤渣机构 //~ of loose rock 松岩坠落 //~ pump 油泥泵

deslurrying 脱泥

de-slurrying 湿法脱除细粒

Desmarestia 酸藻(属)[褐藻]

desmas 镣带型

Desmatolagus 链兔属[E₃]

Desmatosuchus 有角鳄属[T₃]

desmid 鼓藻[绿藻]

Desmidiaceaesporites 鼓藻孢属[N₁]

desmine 辉沸石[NaCa₂Al₅Si₁₃O₃₆·14H₂O;单斜]；钙辉沸石[Ca(Al₂Si₇O₁₈)·7H₂O]；束沸石[(Na₂Ca)(Al₂Si₇O₁₈)·7H₂O]

Desmiophyllum 带叶；带状叶属[古植;T-K]

Desmochitina 链几丁虫(属)[O-S]

desmodont 弱齿型

Desmodonta 韧带牙目{类}；贫齿目[双壳]

Desmograptus 绞结笔石(属)[O-C₁]

desmoid 绞结状的[骨针;绵]

Desmoinesian stage 狄莫因阶[北美;C₂]；德斯莫尼斯阶[北美;C₂]

Des Moinian 狄莫阶[北美;C₂]

desmolysis[pl.-ses] 解链作用

desmon 多态骨针

Desmonema 带线藻属[蓝藻;Q]

Desmophyllum 束珊瑚属[E₃-Q]

Desmopteris 联合羊齿属[古植;C₂₋₃]

desmosite 条带绿板岩

Desmospongia 寻常海绵纲

Desmostylus 索齿兽(属)[N]

desmotubule 链管[藻]

desmotylia 束柱类

desmutting 去酸洗泥

desolate 荒芜；荒凉的
→~ and boundless 荒漠

desolvation 退溶；去溶剂化(作用)

desolventizer 脱溶剂器

desorb 还原

desorbent 解吸剂

desorption 解吸附{收}作用；解吸；退吸(作用)；装卸[工件]

desoxidate 还原；除去臭气

desoxydation 脱氧作用

despatching centre 调度中心
→~ {shipping} centre 发货中心 //~ note{sheet} 发货单 //~ pump station 发送泵站

despiker 削峰器

despiking 尖峰平滑；脉冲钝化

despin 消自旋；降低转速

despinning 停止旋转；降低转速

despite the fact that 尽管

Despujolsia 德斯卜朱斯虫属[三叶;€₁]

despujolsite 钙锰矾[Ca₃Mn⁴⁺(SO₄)₂(OH)₆·3H₂O;六方]

despumate 当作浮沫扔掉；除去浮沫{浮渣}

despun antenna 消旋天线

desquamate 脱鳞片的；脱屑；无鳞片的；脱皮[动]

Desquamatia 剥鳞贝属[腕;D]

dess 粉砂沉积

dessauite 锶钇铁钛矿[(Sr,Pb)(Y,U)(Ti,Fe³⁺)₂₀O₃₈]

dessicant 干燥剂

dessicator 干燥器

dessue (用)平巷揭露矿脉

destabilizing effect 失稳作用

destaticizer 脱静电剂；去静电器

destination 目的；目标；指定；预定；终点
→~ button 终端按钮 //~ index 目的变址器

destinezite 磷硫铁矿；磷铁矾[Fe₂³⁺(PO₄)(SO₄)(OH)·5H₂O;三斜]

destinker 脱味器

de-stoning 去石

destratification 去层理作用；混合[水层]

destrengthening annealing 应力释放

de-stressed 应力解除的

destressed zone 去应力带

destressing 卸压
→~ method 解除应力法[预防冲击地区]

destroy 毁坏；毁灭；损毁；破坏[the composition of a substance]

destruct(ion) 自毁[中途失灵的导弹、火箭]；故意有计划的破坏

destructibility 破坏力；破坏性

destructional bench(es) 侵蚀阶地[冰谷中]
→~ delta 侵蚀三角洲 //~ island 侵蚀岛

destruction cut 断口
→~ of explosive 销毁炸药 //~ of pool and oil-gas redistribution 油气藏破坏和油气再分布

destructive 有害的；破坏的
→~ insect{pest} 害虫 //~ {equitemperature} metamorphism 同温变质 //~ pitting 毁坏性点蚀 //~ plate margin 破坏型板块边缘 //~ topographic form 侵

蚀地形

destructiveness 破坏性

destructive pitting 毁坏性点蚀

destructured soil 结构破坏土

desuete 废弃的；过时的

desulfate 脱硫

desulfation 脱硫酸盐作用；脱硫

desulfovibrio 去磺弧菌；脱硫弧菌(属)
→~ rubetschikii 鲁氏去磺弧菌

desulfurization by fluidized bed combustion 流化床燃烧脱硫
→~ by limestone injection process 石灰石喷入法脱硫

desulfurizer 脱硫剂

desulphate 脱硫；除硫

desulphidizer 脱硫剂

desulphovibrio 脱硫弧菌(属)

desulphurization 脱硫；去硫
→~ of exhaust gas 废气脱硫 //~ of fuel 燃料脱硫 //~ plant 脱硫设备

desulphurize 脱硫

desulphurizer 脱硫剂

desulphurizing furnace 脱硫炉

desuperheater 减热器；过热(蒸汽)降温器

desuperheating 过热解除

desyl α-苯基苯乙酰；二苯乙酮基

DETA 二乙三胺[NH₂C₂H₄NHC₂H₄NH₂]

(slag) detachability 脱渣性

detachable 可拆卸的；活的；可分开的
→~ {collapsible;knockoff;slip-on} bit 活钻头

detachables 可拆(下)件

detachable steel bit 钢制活钎头
→~ threaded bit 螺纹连接的活钎头 //~ tungsten-carbide insert bit 镶嵌碳化钨活钻头 //~ tungsten-carbide insert bit 碳化钨硬质合金活钻头

detached column 单立柱
→~ head pulley 单体首轮 //~ part of mass 岩体挤离部分 //~ process 独立进程 //~ rock 分立石{礁}；脱落岩石 //~ {dislodged;loose;float;running} rock 悬石 //~ {dislodged} rock 顶板悬石

detacher 拆卸器；脱钩器

detach from ground 整体采落

detaching 拆卸
→~ {knock-off;safety} hook 过卷脱绳钩 //~ plate 分离板

detachment 分离；解开；拆卸；独立；浮褶作用；挤离作用；脱钩；浮褶；开分；滑脱；卸下；脱底；挤离
→~ gravity slide 滑动 //~ horizon 分离层位 //~ of car 矿车摘钩；矿车解绳 //~ surface 滑褶面

detackifier 防黏剂

deta(-)cord{deta fuse;detonator fuse} 导爆线

detail 画详图；详细叙述；地物；细目；清晰度；细节；零件；详细；列举；枝节；细部；琐碎
→~ drawing 详(细)图；大样图 //~ correlation 详细对比 //~ rules and regulations 细则 //~ survey{investigation;exploration} 详查 //~ network 加密网 //~ shooting 地震详查；局部爆破；详细爆破[震勘]；详测[地震] //~ survey 细部测量

detailed{close} analysis 详细分析
→~ correlation 详细对比

detail log 详细记录
→~ of a drawing 细部//~ of design 设计详图//~ paper 誉写纸；底图纸//~ shooting 地震详查；局部爆破；详细爆破[震勘]；详测[地震]//~ survey 细部测量

detain 扣留

detainer 制止器

detaining flood 滞洪

det-cord 导爆线

detectable 可检`波{测出}的
→~ activity 可探测的放射性(强度)//~ limit 检出极限//~ peak 可检测峰//~ signal 可检测信号

detect a flaw{crack} 探伤

detected signal 被检波信号

detecter 探测器

detecting device 检测器；探测器
→~ head 探针//~ sand level 探砂面//~ {detection} signal 检测信号//~ slide 滑动鉴定

detection 看出；发觉；检出；整流；检查
→~ device{equipment} 检测装置

detective 检波的；指重表；侦探；探测的
→~ pole 测试桩

detectivity 探测能力；可探测率；探测效率

detector 侦测器；指示器；雷管；传感元件；引爆器；检验器；检定管；检测器；探头；探测器

détente 缓和

detent mechanism 定位
→~ plate cover 盖板//~{shield;check; retaining;stop} ring 挡圈

deterge 去垢

detergent 净化的；清洁剂；干净的；洗涤剂；去污剂
→~ drilling 水雾凿岩法

deteriorating{collapsible} roof 易塌落的顶板
→~ roof 陷落的顶板

deterioration 老化；退化作用；变质；变坏；恶化；质量下降；磨损；损坏；劣化；品质降低；气候恶化；损耗

determinacy 确定性
→~ of meaning 偏离

determinand 待测物；欲{待}测物[元素、离子、原子团等]

determinant 行列式；决定因素；限定性的；决定性的

determinate error 预计误差
→~ variation 定向变异

determination 确定；测定；经度测定；决心；决定；鉴定
→~ of boundaries 定界//~ of coordinate 坐标确定//~ of epicentres 震中测定//~ of tilt 倾斜测定

determinative 有决定作用的；决定因素；有限定作用的(东西)
→~ chart 鉴定图//~ etching 浸蚀鉴定//~ mineralogy 矿物鉴定学//~ stability analysis 确定性的稳定分析

determinator 测定器

determine 鉴定
→~ the amounts of the components of a substance 定量

determinism 因果律
→(environmental) ~ 决定论[地理环境]

determinist 决定论者

deterrent 制止物；阻止的；制止的；威慑力量；阻碍物
→~ coatings 减燃层

detersile 脱毛的[动]

detonate 使爆炸；引爆；传爆；起爆；爆燃；发火；爆发；爆破
→~ (explosion) 爆炸

detonatics 爆震学

detonating 导爆器；爆轰作用
→~ composition{compound} 起爆药//~ fuse 爆炸引信；爆炸信管//~ powder{detonating powder priming} 起爆药//~ relay 毫秒延发继爆管；起爆迟发{继动}器；继爆管；继爆器；迟发导爆线装置//~ signal 起爆{爆裂;响墩}信号

detonation 引燃；爆破；爆鸣；引爆；爆炸；爆震[雾化汽油]；发爆；巨响；爆燃[内燃机]
→~ (velocity) 爆轰//~ cord 引爆线；爆炸索//~ spraying 爆震喷涂；爆燃喷涂{镀}//~ trap 防诱爆装置//~ velocity{rate} 起爆速度

detonator 引爆器；起爆装置；引爆装置；发爆器；引信；导爆管；起爆剂；起爆器；雷管；爆鸣器；炸药；信管；引爆物；引爆剂；放炮器；起爆管；发爆剂；爆轰剂；引燃剂

detour 迂回线；绕车线；迂回巷道
→~ around 绕行//~ matrix 转向矩阵

detoxication 解毒

detr 岩屑的；碎屑的

detrimental 不利；有害的
→~{adverse} effect 不利影响//~ settlement 有害沉降//~ soil 不稳定土//~ to national security 损害国家安全

detrinite 碎屑体

detrital 岩屑的；碎屑的；碎裂的
→~ calcite particles 方解石碎屑颗粒；碎屑方解石质点//~{dejection} cone 冲积锥//~{fragmental} deposit 碎屑沉积//~ inheritance 碎屑的继承性//~ matter 碎屑//~{rubble} slope 碎石坡//~ stone 碎屑岩

detritic 碎屑的
→~ coal 碎屑煤

detritivore{detritovore} 食碎屑动物；食碎屑者

detritus 岩屑{碎}；钻(井岩;下的岩)屑；碎石{岩}；屑粒；瓦砾
→~{mud} stream 泥石流

detrusion 剪切变形；外冲；剪错；滑动变形；位移

detuning 失调；解调；失谐
→~ tanks 船重心位置调节水罐

deustate{deustous} 焦烂的；枯萎的

deuterated 重氢化的
→~ hot water 氘化热水

deuteric action 后期作用[岩浆固结]
→~ activity{action} 岩浆后期活动//~ alteration 岩浆后期蚀变(作用)；初生变质[矿物]//~ perthite 后成纹长石

deuteride 氘化物

deuterism 岩浆晚期(作用)

deuterium 氘{重氢}[H^2,D]
→~ oxide 重水[D_2O]//-rich water 富氘水//~ target 氘靶//-tritium{D-T} fuel cycle 氘氚燃料循环

deutero-aetioporphyrin 次初卟啉

deuteroconch 第二壳室[孔虫]；第二房室

deuterocone 第二尖[前白齿]

deuterogaikum 小地旋回

deuterogene 后生岩；后期生成；次生
→~ (rock) 后成岩；次生岩[沉积岩等]

deuterogenous 后生的；次生的

deuterolophe 再旋腕环

deuteromorphic 后生变形(的)
→~ crystal 后生变形结晶；晶后改形晶体

deuteromycetes 半知菌类{纲}[Q]

deuteron 重氢核；氘核

deuteropore 次生孔；再孔[孔虫]

deuteroporphyrin 次卟啉

deuteroprism 第二柱[{h0l}型的菱方柱]

deuterosomatic 变质岩的
→~ (rock) 再生岩

deuterostomia 后口动物[生]

deuton 氘核；重氢核

deut(er)oxide 重水[D_2O]

deutric 后期

devalidated name 失效名称[生]

devaluation 减价；贬值[货币]

devaporation 止气化(作用)

devaporization reaction 脱汽反应

devaporizer 气汽混合物冷却器

devastated stream 荒溪

Devcre flotation machine 达夫克拉射流式浮选机

develop 产生；显现；创制；制出；展开；制造；发育；提出；导出；开拓[采掘前修建巷道等工序总称]；进展；开发；提高；发展；研制；推导[公式]

developable 可展开的；可发展的

develop decision rules 发展决策准则

developed coal 开拓准备回采的煤
→~ field 已开发油田//~ ore 采准矿量//~ ore{reserve} 开拓矿量//~ reserves 准备回采的矿体；已划分成块段的矿体；开发储量

developer 开拓工；显色剂；放样工；开发商；开发者
→(photographic) ~ 显像{影}剂//~ tank 显现罐[渗透试验]

developing 发展的；冲洗
→~ agent 显影剂；显像剂

development 动态；增长；设计；发育；采准；新产品；系统工作；输出(功率)；推理；叙述；新事物；改进；掘进；扩散；展开；开展；显像；井田开拓；事件；推导；开拓[采掘前修建巷道等工序总称]；发达；现象
→(advanced) ~ 试制//~ (work) 采准工作

developmental drilling program 开发钻井方案
→~ event 发育事件

development center 显形中心
→~ drilling 矿体圈定钻孔[探]；开发性钻井[进]//~ hole 矿体圈定孔//~ map 矿井开拓图//~ of mineral deposit 矿床开拓//~ of uranium mine 铀矿开发//~ per block 盘区开拓量；每盘开拓量//~ procedure of mine field 矿区开发程序//~ reserve 开拓矿量//~ rock 掘进副产矿石//~ sampling 沿开拓巷道取样//~ simulator flowchart 开发模拟方框图//~ waste 岩巷掘进产出的废石；开拓时产生的废

石;矸石//~ within deposit 矿床内开拓{采准}//~ with steep cut 陡沟开拓//~ work{operation;opening} 开拓工程//~ work in stone 采准;脉外开拓;岩巷掘进

developping agent 展开剂

Devereaux agitator 戴伐若克斯型搅拌器

deversion reaction 逆变作用{反应}

deviate 偏差;偏离

deviated{deflected;deviating} hole 偏斜井
→~ hole 斜井//~ model wellbore facility 倾斜模型井筒设施//~ well bore 斜井井筒//~ well completion design 斜井完井设计

deviate score 差量得分;偏差得分

deviating 偏离;(使)井偏斜[自然造斜或人工造斜];致偏
→~{building} force 造斜力//~ hole 偏斜孔

deviation 绕航;偏移;偏向;偏位;偏态;偏离;偏差;自差;失常;偏角;背离;倾向;偏斜;离差;漂移[仪表指针]
→(compass) ~ 罗盘偏差//~ absorption 频移吸收

deviational{directional} survey 偏斜测量

deviation angle 偏差角
→~ bit 斜井钻头

deviative absorption 偏离吸收;偏向吸收

deviatoric component 偏离分力{量}
→~ state of stress 应力偏向状态//~{deviator} stress 应力偏量//~ stress 偏应力;偏差应力//~ tensor (piao) 偏张量

deviator of strain 应变偏量
→~ of stress 应力偏量//~{deviating;deviation} stress 偏斜应力//~{differential} stress 差动应力

devil 打捞钩叉;魔鬼;难事;有利齿的机器;扯碎[用扯碎机]
→~{barren;waste} liquor 废液//~ dirt 难选矿石

devilline{devillite} 钙铜矾[$CaCu_4(SO_4)_2(OH)_6 \cdot 3H_2O$;单斜]

devil's corkscrew 魔鬼螺锥[遗石]

deviometer 航向偏差指示器;偏差计

devising stratagem 设计

devitrification 失透(明性);去玻(作用);脱玻化(作用);晶化
→~ resistance silica glass 抗析晶石英玻璃

devitrified glass 脱玻的火山玻璃

devitrite 失透石;钠硅灰石

devoid of 缺少
→~ of content 空洞

devolatilization 去挥发(分)(作用);脱挥发分(作用)
→~ of coal 低温炼焦

Devonalosia 泥盆贝属[腕;D_2]

Devonian 泥盆纪的
→~ (period) 泥盆纪[409～362Ma;石松和木贼、种子植物、昆虫、两栖动物相继出现,鱼类极盛,腕足类、珊瑚发育];泥盆系

devonite 银星石[$Al_3((OH,F)_3 \cdot (PO_4)_2 \cdot 5H_2O$;斜方]

Devonoblastus 泥盆海蕾(属)[D]

Devonoproductus 泥盆长身贝属[腕;D_{2-3}]

De Vooy's process 戴伏欧重介选法[利用黏土和重晶石做选浮液];德伏欧重介质选矿法

de(-)watered tailings 脱水尾矿

devouring methane by bacterium 瓦斯细菌处理

devulcanizing 脱硫的;反硫化的

dewalquite 锰硅铝矿;钒硅锰铝矿

Dewar (thermos) flask{vessel; bottle} 杜瓦瓶

dewatered ore 脱水矿石
→~{dehydration} product 脱水产品{物}

dewater(iz)er 脱水器;脱水机

dewatering 泄水
→~ bin{box;bunker} 脱水仓//~{water} bucket 排水吊桶//~ bucket elevator 脱水式提升机//~ drag 脱水用耙式分级机

dewater plant (煤浆管道末站)脱水厂

dewax 脱蜡[油]

dewaxed oil 脱蜡油

dewaxing 熔蜡;去蜡;排蜡;失蜡法
→~ method 清蜡方法

dew cycle corrosion tester 露点循环腐蚀试验机

dewetting 去湿;反湿润

Deweyite 杜威(哲学思想研究者)[美哲学家]

deweylite 水蛇纹石[斜纤蛇纹石与富镁蒙脱石混合物;$4MgO \cdot 3SiO_2 \cdot 6H_2O$];斜纤蛇纹石或鳞蛇纹石与镁皂石混合物

De Wijs-Matheron model 德威伊斯-马瑟龙模型
→~ Wij's model 德维琪模型//~ Wijs scheme 德威伊斯图式

dewind(t)ite 磷铅铀矿[$Pb_3(UO_2)_5(PO_4)_4(OH)_4 \cdot 10H_2O$];粒磷铅铀矿[$Pb(UO_2)_2(PO_4)_2 \cdot 3H_2O$;斜方]

dew point pressure 露点压力
→~-pond 露塘;湿沼泽//~ season 露季

dexamphetamine bitartrate 重酒石酸右旋丙胺

dextral 顺时针的;在右(边)的;右边;右旋的;向右;右旋螺
→~ en échelon folding 右雁行褶曲//~ fold 右旋褶曲//~ imbrication 右旋瓦状叠覆//~ offset 右旋位移//~ slip on faults 断层的右旋滑动

dextrin(e) 糊精[$(C_6H_{10}O_5)_n$]

dextrinization 糊精化(作用)

Dextrin(e) xanthate 糊精黄药[$(C_6H_9O_4)_m(CSSNa)_n$]

dextro-compound 右旋(化合)物

dextrogyrate 右旋的;右旋

dextropolarization 右旋偏振

dextrorota(to)ry 右旋物;右旋的
→~ crude 右旋原油

dextrorotation 右旋

dextrorotatory 右旋物
→~{right-handed} crystal 右旋晶体

dextrorse{dextrorsal} 右旋的;右向的

dextrose 右旋糖;葡萄糖[$C_5H_{11}O_5CHO$]

De Younge type cut 戴·扬吉型掏槽

DFP{Davidon-Fletcher-Powell} method 大卫顿-弗莱彻-鲍威尔法

D-3 Frother D-3 起泡剂[邻苯二酸二甲酯;$C_6H_4(COOCH_3)_2$]

D-fructose D型果糖

D-glucose 右旋葡萄糖

dhand 盐碱湖

dhanrasite 锡榴石

Dharwar metamorphism 达瓦变质作用
→~ system 前寒武纪[2500～570Ma]

D-horizon D层(土壤);心土层;母岩层;基岩层

dhoro 干水道

diabantite 辉绿泥石[$(Mg,Fe^{2+},Al)_6((Si,Al)_4O_{10})(OH)_8$]

diabase 辉绿岩
→~ line-engraving 青石影雕//~-porphyrite 辉绿玢岩//~-porphyry 辉绿斑岩//~{glass-ceramic} powder 铸石粉

diabetic process 透热过程

diablastic texture 筛状变晶;横交结构

diaboleite 羟(氯){氢氧}铜铅矿[$Pb_2CuCl_2(OH)_4$;四方];氢氧铅铜盐

diabolo 空心陀螺

diabrochite 气液浸变岩;浸透岩

diabrochometamorphism 浸变作用

diacaustic 折光(线)

diacetin 甘油二醋酸精;二醋精

diacetone 双丙酮;乙酰丙酮

diachroneity 穿时性

diachronic 地球纪年的;历时的;穿时的

diachronism 异时性[胚];跨代;穿时性

diachronous 跨时代的;时进的;年序堆积层;穿时的
→~ event 穿时事件;时进事件

diachyte 自混染岩

diacid 二元酸;二酸

diaclas(it)e 张开{构造;节理}裂隙;构造{压力}裂缝;黄绢石[一种蚀变的古铜辉石;$(Mg,Fe)SiO_3 \cdot ¼H_2O$(近似)]

diaclases 裂缝

diaclinal 垂直(构造)走向的
→~ stream 横切(褶皱)河//~{transverse;transversal} stream 横向河

Diacodexis 古偶蹄兽属[E_2]

Diacria 厚唇螺属

diacrystallic 成岩(期)结晶[结构]

diact 单轴对射骨针;对射(变换)

diactin(e) 双射针[绵]

diactinism 化学线透射性能;透光化线性能

diactor 直接自动调整器;直接作用自动稳压器

diacyl ethylene diamine 二酰基乙二胺

diacytic type 横列型[气孔]

diadactic structure 粒级构造;粒度递变构造;粒级层;序粒层;序粒构造;粒度递变层;级化构造;序粒构造二元结构

diadectes 阔齿龙属[P_1]

Diadectomorphs 阔齿龙类

diadelphite 红砷锰镁矿[$(Mn,Mg,Fe)_5(AsO_4)(OH)_7$];红砷镁锰矿;羟砷镁锰矿

Diadematoida 冠海胆目;冠冕类

Diadiaphorus 双滑距兽属[N]

diadochic 同(结构)位(置)的
→~ substitution{replacement} 同位置换

diadochite 磷铁华[$Fe_4(PO_4,SO_4)_3(OH)_4 \cdot 13H_2O$];磷硫铁矿;磷铁矾[$Fe_2^{3+}(PO_4)(SO_4)(OH) \cdot 5H_2O$;三斜]

Diadorhombus 卷绕菱形颗石[钙超;J_3]

Diadozygus 卷绕轭石[钙超;J_2]

diadromous 洄游于海水和淡水中的[鱼类];扇状脉

diadust 微粉级金刚石

diadysite 注入融合岩

diaene 两叉骨针[绵]

diagenesis[pl.-ses] 岩化成岩;成岩作用

diagenetic 成岩作用的;成岩
→~ change 成岩变化//~ deformation 成岩形变作用//~ gas window 成岩阶

D

段生气窗//～ reorganization 成岩改组作用//～ rock 成岩岩石

diagenism 沉积变质；成岩作用

diagenite 成岩岩石

diagenodont 齿系

diaginite 镜质树脂混合体

diaglomerate 单源砾岩；同源砾岩

diaglyph 成岩象形迹；成岩痕迹

diagnosis[pl.-ses] 鉴定；调查分析；判断；识别；诊断
→～ in species description 物种描述的鉴定要点[古]

diagnostic 症状；特征的；诊断；有鉴定意义的；特征；征候
→～ assemblage 特征组合；指相组合//～{recognition} capability 识别能力//～ check 故障检验；常规检验//～{characteristic} fossil 特征化石//～ fossil 特性化石//～ horizon 鉴定层//～ mineral 指相矿物//～{index;symptomatic} mineral 标志矿物//～ property 鉴定特征

diagonal 斜线符号；对角的；斜交的；斜顶的；斜列；斜行(物)；斜的；对角线的
→～ association 对角缔合双晶[长石的一种双晶]//～{oblique; cross} lamination 斜交纹理//～ dominant matrix 对角占优矩阵//～ member 斜构件//～{cross;false} stratification 假层理

diagonalization 对角化

diagonally 延对角线地；斜地

diagon(al){angle;slanting;oblique} face 斜工作面

diagonite 锶沸石[(Sr,Ba,Ca)(Al$_2$Si$_6$O$_{16}$)•5H$_2$O；单斜]

diagram 曲线图；图解；图示；线图；图形；制图；图表
→(schematic;drawing;view;layout) ～ 示意图；简图//～ map{sketch;drawing} 示意图//～ of connection 连接图//～ of output 生产图表

diaklas 黄绢石[一种蚀变的古铜辉石; (Mg,Fe)SiO$_3$•¼H$_2$O(近似)]

dial 示数盘；刻度盘；拨号；转动调节控制盘来控制(机器)；千分表；矿用罗盘；钟面；量表；表面；调谐度盘；调(收音机电台)；用标度盘测量；拨[电话号码]

dialect 方言

dialkyl 二烃(烷)基的
→～ acrylamide 二烷基丙烯酰胺[CH$_2$:CHCONR$_2$]

dialkylamine 二烃(烷)基胺

dialkyldithiocarbamate 二烷基二硫代氨基甲酸盐[(R)$_2$NC(S)SM]

dialkyldithiophosphate 烷基黑药[(RO)$_2$PSSM]

dialkylene 二烯基

diallage 异剥石[习惯上亦常指透辉石及普通辉石之发育良好的裂开者;Ca$_7$Fe^{2+}Mg$_{6.5}$Fe$^{3+}_{0.5}$Al(Al$_{1.5}$Si$_{14.5}$O$_{48}$)];剥辉石；异剥辉石
→～ bronzite peridotite 异剥古铜橄榄岩

diallagite 异剥岩

diallogon 绿闪石[Na$_2$Ca(Fe^{2+},Mg)$_3$Al$_2$(Si$_6$Al$_2$)O$_{22}$(OH)$_2$];角闪石[((Ca,Na)$_{2-3}$(Mg^{2+},Fe^{2+},Fe^{3+},Al^{3+})$_5$((Al,Si)$_8$O$_{22}$)(OH)]

diallyl 1,5-己二烯 [CH$_2$=CH(CH$_2$)$_2$CH=CH$_2$];二烯丙基[CH$_2$=CHCH$_2$-)$_2$]

dialysis[pl.-ses] 渗析作用；渗析；分离；分解；透析

dialytic 析出的[岩]

dialyzate 渗析液

dialyzator{dialyzer} 渗析器；透析器

diam 直径

diamagnet{diamagnetic body} 抗磁体；反磁体

diamante 镶人造钻石(的)

diamantine 人造刚玉；金砂；似金刚石；金刚钻

diamantoid 翠榴石[一种绿色透明的钙铁榴石;Ca$_3$Fe$_2$(SiO$_4$)$_3$]；钙铁榴石 [Ca$_3$Fe$^{2+}_2$(SiO$_4$)$_3$;等轴]

diameter 透镜放大的倍数；直径；变径；换径
→～ diminution 缩径//～-to-height ratio (矿柱)直径高度比

diametral 直径的
→～ compression 径向压缩

diametric(al) 直径的

diametrical compression 正反向压缩；对径压缩
→～ dimension (沿)直径方向的尺寸

diametrically 全然地；正相反地

diametric association 径向组合
→～ point 直径反向点

diamicrite 漂砾(灰)岩

diamict 混积岩[熔岩沉积物混合体,如冰碛岩]

diamictic 混积的

diamictite 混粒岩；火成混合角砾岩；混积岩[熔岩沉积物混合体,如冰碛岩]；杂岩；复成分岩；混杂陆源沉积岩

diamide{diamine} 肼{联氨}[H$_2$N•NH$_2$];二酰胺

diamino acid 二氨基酸
→～ diphenyl sulfide 硫苯胺[(NH$_2$C$_6$H$_4$)$_2$S];二氨基二苯基硫醚[(NH$_2$C$_6$H$_4$)$_2$S]

diamonair 钇榴石[Y$_3$Al$_5$O$_{12}$]

diamond 菱形；金刚钻；钻；金刚石[C;等轴]；钻石[金刚石]
→～ (array) 菱形组合；石英[SiO$_2$;三方]//～ anvil cell 金刚石压`腔`{砧室}//～ ball impressor 金刚石球状压头

diamondite 赛金刚石合金

diamond loss 金刚石耗损{量}
→～ matrix 镶金刚石基体[机]//～ milling tool 金刚石铣盘//～ needle 真空笔{捏金刚石颗粒用}

diamondoid 钻石形的

diamond (set) pad 金刚石镶嵌瓣[金刚石钻头]
→～ pan 金刚石淘选盘；淘选金刚石用淘盘//～ particle bit 潜铸型细粒金刚石钻头；孕镶式细粒金刚石钻头//～ pattern 金刚石排列{嵌布}样式[钻头上]//～ per carat 金刚石嵌布量//～{stones} per carat 每克拉金刚石粒数//～ pickup tube{needle} 真空笔[捏金刚石颗粒用]//～ pipe 金刚石吸笔[镶嵌金刚石钻头用]//～ plate 钻石粉研磨板//～ point chisel 金刚石尖头凿//～-pointed hammer 金刚石顶锤//～ pressure 一粒金刚石所承受的压力//～ pyramid hardness 金刚石锥体硬度；金刚石棱锥(体(压头))硬度；金刚石角锥石硬度//～ pyramid indentor{penetrator} 棱锥形金刚石压头//～ ring effect 金刚石环效应//～ saw 金刚石锯//～ scale 称金刚石用的秤

diamondscope 钻石镜

diamond set pad 镶金刚石条块
→～-set ring 金刚石硬质合金环//～-shaped paraffin crystal 金刚石状石蜡晶体//～ shear{|reaming} bit 金刚石剪切{|铰孔}钻头//～ shoe 金刚石套管头{靴}//～ slicing disk 金刚石切割片//～{adamantine} spar 刚石//～ spheroconical penetrator 金刚石圆锥体压头//～ structure 钻石形结构//～ surface set cutter 表面镶金刚石刀具//～ tip 金刚石尖//～ washer 金刚石洗选机

diamonesque 等轴锆石

diamorphism 二形现象

diamyl 二戊基；联戊基
→～ amine 二戊基胺[(C$_5$H$_{11}$)$_2$NH]//～ aryl methyl hydroperoxide 二戊基芳基甲基过氧化氢 [(C$_5$H$_{11}$)$_2$Ar•CH$_2$OOH]//～{amyl} ketone 二戊基甲酮[(C$_5$H$_{11}$)$_2$CO]//～ thiophosphoryl chloride 二戊基硫代磷酰氯[(C$_5$H$_{11}$)$_2$PSCl]

Diandongaspis 滇东鱼属[D$_1$]

Diandongpetalichthys 滇东瓣甲鱼属[D$_1$]

dianiline 双苯胺[(C$_6$H$_5$NH)$_2$]；二苯胺

dianite 铁钶矿[铌铁]；铌铁矿[(Fe,Mn,Mg)(Nb,Ta,Sn)$_2$O$_6$;(Fe,Mn)Nb$_2$O$_6$;Fe^{2+}Nb$_2$O$_6$;斜方]

Dianolepis 滇鱼属[D]

Dianotitan 滇雷兽属[E$_2$]

dianthranide 联(二)蒽[C$_{28}$H$_{18}$]

dianthraquinone 联(二)蒽醌

Dianulites 古神苔藓虫属[O-S]

diaocious 雌雄异株{体}

diaoyudaoite 钓鱼岛石[NaAl$_{11}$O$_{17}$]

Diapensiaceae 岩梅科

diaphaneity 透明性；透明度[矿物]

diaphanite 珍珠云母[CaAl$_2$(Al$_2$Si$_2$O$_{10}$)(OH)$_2$;单斜]

diaphanometer 透明度计

Diaphanopterodea 明翅目

diaphanoscope 透照镜

diaphanotheca{diaphenotheca} 透明层[孔虫;钙超]

diaphorite 异辉锑铅银矿[Ag$_3$Pb$_2$Sb$_3$S$_8$]；绿蔷薇辉石；辉锑铅银矿[Pb$_2$Ag$_3$Sb$_3$S$_8$;单斜]

diaphragm 遮光板；薄膜；横隔膜；光圈；隔膜；膜片；用光圈把(透镜的)孔径减小；膈[脊]；薄片；光阑；隔板；横板[苔]；腕
→(carbon) ～ 振动膜//～ feeder 隔膜给料{矿}器

Diaphragmus 横板贝属[腕;C$_1$]

diaphthorite 退变岩

diaphysis 骨干

diapir 盐丘；刺穿构造

diapirite 冲顶变质岩；底辟岩；重熔岩

diaplectic 受冲击(波作用)的；冲变质的
→～ glass 热击玻璃//～{thetomorphic} glass 击变玻璃//～ maskelynite 击变熔长岩

Diaplexa 皱脉叶肢介属[T]

diapositive 幻灯片；透明正片；反底片；正片[透明]

diapris 底辟体

diapsid 双弓(亚纲的)[爬]

Diapsida 双颞窝类；双窝型；双弓类；双弓亚纲[爬]；双孔亚纲

diara 沙洲；河心沙洲；河心沙坝；心滩[多见于三角洲河床沉积]

diaresis 外肢横沟[节甲]

diarhysis 辐射沟

Diarthrognathus 双节颌颁兽属[T]

diarthrosis 动关节

diary 钻井日志[口]；日记(本)

Dias 二叠纪[290～250Ma;华北从此一直为陆地,盘古大陆形成,发生大灭绝事件,95%生物灭绝;P$_{1-2}$];二叠系

diaschistic dike (rock){diaschistic dyke rock} 二分脉岩
→ ~ dyke rocks 分浆脉岩

diaschistite 分浆岩；二分岩

diaschist{diaschistic} rock 二分岩

diasonograph 超声诊断仪

diasphaltene 脱沥青

diaspodumene 锂铯辉石；双锂辉石

diaspore{diasporite} 传播体；硬水铝石[HAlO$_2$;AlO(OH);Al$_2$O$_3$·H$_2$O;斜方]；一水硬铝石；繁殖单元；散布孢子；硬羟铝石；水铝石[AlO·OH;HAlO$_2$]
→ ~ clay 硬水铝石黏土 // ~ -kaolinite ore 硬水铝石高岭石岩矿石

γ-diaspore 硬水铝石[HAlO$_2$;AlO(OH);Al$_2$O$_3$·H$_2$O;斜方]；硬羟铝石；α胶羟铝矿；α胶铝矿

diasporogelite 软铝石；硬水铝石[HAlO$_2$;AlO(OH);Al$_2$O$_3$·H$_2$O;斜方]；胶铝矿{硬铝胶}[Al$_2$O$_3$·H$_2$O]；α胶铝矿；勃姆石

diaspro 碧玉[SiO$_2$]

diastase 淀粉酶

diastatite 角闪石[(Ca,Na)$_{2-3}$(Mg^{2+},Fe^{2+},Fe^{3+},Al^{3+})$_5$(Al,Si)$_8$O$_{22}$)(OH)]

diastem 沉积间断；沉积停顿(小间断)；地层小间断；小间断[地层]；小不连续；沉积暂停期

diastema 齿隙；齿虚位

diastereomer 非对映体

diastrome 层面节理

diastrophe 地壳变形；地壳运动

diastrophic activity 地壳运动
→ ~ {crustal} block 地块 // ~ {tectonic} coast 构造海岸 // ~ force 地壳变动作用力 // ~ theory of oil accumulation 石油聚集的地壳运动理论；油藏形成的构造理论

diastrophism 地壳运动；地壳变动；构造变动

diatactic{diadactic} structure 粒级构造；粒度递变构造

diataphral tectonics (地槽中部的)底辟重褶构造{结构}

diatectic structure 部分重熔构造

diatexis 重熔作用

diatexite 全熔岩

diathermancy{diathermaneity} 透热性

diathermic{diathermal;diatherm(an)ous} 透热的
→ ~ body 透热体

diathermy (高频)电热疗法；透热(疗)法

diatherous body 透辐射热体

diatom 硅藻类；硅藻
→ ~ slime 硅藻黏泥物

Diatoma 等片藻属[硅藻]

Diatomacae 硅藻纲

Diatomaceae 硅藻科

diatomaceous 硅藻土的
→ ~ {diatom;desmid;siliceous} earth 硅藻土[SiO$_2$·nH$_2$O] // ~ gyttja 硅藻腐泥[褐煤阶段] // ~ silica 硅藻

diatomeae 硅藻类

diatomic 二价的；两价的；二元的；硅藻土的
→ ~ alcohol 二羟醇 // ~ molecule {diatomics} 双原子分子

diatomin 硅藻素

diatomite 硅藻岩；硅藻土[SiO$_2$·nH$_2$O]
→ ~ asbestos plaster 硅藻土石棉灰(浆)

diatomous 具明显斜劈理的

Diatomys 硅藻鼠属[N$_1$]

diatoxanthin 硅(藻)黄素

diatreme 火山爆发口

Diatrima 不飞鸟(属)[E$_2$]

Diatryma 营穴鸟属[Q]

diaxon 双轴针

1,3-diaza-2,4-cyclopentadiene 咪唑[C$_3$H$_4$N$_2$]

2,3-diazacyclopentadiene 2,3-二氮杂茂；咪唑[C$_3$H$_4$N$_2$]

diazane 二氮烷；肼[H$_2$N·NH$_2$]

diazanyl 二氮烷基；肼基

diazene 二氮烯[HN:NH]

diazenyl 二氮烯基[HN=N—]

diazin 磺胺嘧啶

diazine 二氮杂苯[C$_4$H$_4$N$_2$]；二嗪[C$_4$H$_4$N$_2$]

diazoamino compound 重氮氨基化合物

diazoanhydride 重氮酐醇

diazoate 重氮酸盐

diazodinitrophenol 二硝基重氮酚

Diazomatolithus 宽颗石[钙超;J$_2$-K$_2$]

diazomethane 重氮甲烷[CH$_2$N$_2$]

diazo-method 重氮复印法

diazonium 重氮

diazotizating{diazotization} 重氮化

diazotized sulfanilic acid 磺胺酸；对氨基苯磺酸

dib 筹码

dibarium{|dicalcium| distrontium} silicate 硅酸二钡{|钙|锶}

dibase 辉绿岩

dibasic 二代的[盐]；二元的；二碱价的[酸]
→ ~ acid 二元酸

dibble 挖孔(穴)工具；点播器

dibenzanthracene 二苯并蒽

dibenzofuran 二苯呋喃；氧芴

dibenzophenanthrene 二苯并菲

dibenzo-pyrrole 二苯并吡咯{联苯抱亚胺}[(C$_6$H$_4$)$_2$NH]

dibenzothiophene 二苯噻吩；硫芴

dibranchiate 内壳式的[头]；二鳃式的[头]

dibromide 二溴化物

dibromodifluoromethane 二氟二溴甲烷[灭火剂]

dibromo ethylene 二溴乙烯(烷)[CH$_2$Br:CH$_2$Br]

dibromomethane 二溴甲烷[CH$_2$Br$_2$]

dibromonitrilopropionamide{dibromo nitrilopropionamide} 二溴氮基丙酰胺

dibromophenolphthalein 溴酚红

dibromotetrafluoro-methane 四氟二溴乙烷[灭火剂]

dibromothymolsulfonphthalein 二溴百里酚磺酞

dibromothymol-sulfonphthalein 溴百里兰

dibunophylloid 棚珊瑚型

Dibunophyllum 棚珊瑚(属)[O];蛛网珊瑚属[C]

dibutanol amine 二丁醇胺[(HOC$_4$H$_8$)$_2$NH]

dibutyl 双丁基
→ ~ adipate 己二酸二丁酯[(CH$_2$CH$_2$COOC$_4$H$_9$)$_2$] // ~ carbamide 二丁基脲[(C$_4$H$_9$NH)$_2$CO]

dibutylamine 二丁基胺[(C$_4$H$_9$)$_2$NH]

dibutyl carbamide 二丁基脲[(C$_4$H$_9$NH)$_2$CO]

di-butyl carbinol 二丁甲醇

dibutyl disulfide 二丁(基)二硫醚[(C$_4$H$_9$S)$_2$]
→ ~ guanidine 二丁基胍[(C$_4$H$_9$NH)$_2$C:NH]

dicalcium 二钙化物
→ ~ aluminate hydrate 水化铝酸二钙 // ~ ferrite 铁酸二钙

dicalycal 双芽孢管的[笔]

dicarbonate 小苏打{碳酸氢钠}[NaHCO$_3$];重碳酸盐；碳酸氢盐

dicarbonyl 二羰基

di-carbox 氧和二氧化碳混合物[人工呼吸用]

dicarboxyethyl- 二羧乙基[(HOOC)$_2$CH·CH$_2$—]

dicarboxyl 草酸[HOOC·COOH];乙二酸；联羧基

dice 含油页岩；(切成)小方块；(用)骰子形花纹装饰；油(质)页岩
→ ~ game 博弈

Dicellaesporites 无孔双胞孢(属)[E$_2$]

Dicellograptus 叉笔石(属)[O$_{1-3}$]

Dicellomus 锄形贝属[腕;€$_{2-3}$]

dicentric 双中心[出芽]的；双萼芽的[腔珊虫、水螅等]

Diceras 双角藻属[Q]

Diceratherium 并角犀属；对角犀属；双鼻角犀属[E$_3$-N$_2$]

Diceratocephalus 双刺头虫属[三叶;€$_3$]

Diceratopyge 双刺尾虫属[三叶;€$_3$]

Dicerobairdia 双角土菱介属[T$_{2-3}$]

Diceromyonia 角筋贝属[O$_3$]

Dicerorhinus 额鼻角犀属[E$_3$-Q]
→ ~ mercki 梅氏犀

Dicerorhynus 额鼻角犀属[E$_3$-Q]

Diceros 黑犀属；双角犀属[N$_2$-Q]

dichloride 二氯化物

dichlorobenze 二氯[代]苯

dichlorobenzene 二氯苯[C$_6$H$_4$Cl$_2$]

dichloro-phenol 二氯苯酚[Cl$_2$C$_6$H$_3$OH]

Dichodella 小双牙形石属[D-T]

Dichognathus 双颚牙形石属[O$_{2-3}$]

Dichograptidae 均分笔石科

Dichograptus 均分笔石

Dichophyllites 似二叉叶属[C$_{1-2}$]

Dichothrix 双须藻属[蓝藻;Q]

dichotocarpism 二型(现象)[生]

Dichotomosiphon 双管藻属[绿藻;Q]

dichotomous 双分支；两叉的；二分枝式[古]
→ ~ branching 正分枝 // ~ splitting 两歧分化

dichotriaene 重出三叉骨针[绵]

dichotypic 二型的

dichroic 二色性的

dichroism{dichromatism} 二色性；二向色性

dichroite (堇)青石[Al$_3$(Mg,Fe^{2+})$_2$(Si$_5$AlO$_{18}$);Mg$_2$Al$_4$Si$_5$O$_{18}$;斜方]

dichromate 重铬酸盐[M$_2$Cr$_2$O$_7$]

dichromatic 双色的[Pb$_{13}$As$_{18}$S$_{40}$];二色性的

dichromic 铬当量的；重铬酸的；含两个

铬原子的

→~ beam splitter 二向分色镜

dickinsonite 磷碱锰石[(K,Ba)(Na,Ca)$_5$(Mn, Fe^{2+},Mg)$_{14}$Al(PO$_4$)$_{12}$(OH,F);单斜];绿磷锰矿{石}

dickite 狄克石;地{迪}开石[Al$_2$Si$_2$O$_5$(OH)$_4$; 单斜]

dickromate 重铬酸盐[M$_2$Cr$_2$O$_7$]

dicksbergite 金红石[TiO$_2$;四方]

Dicksoniaceae{Dicksoniaceae granular fabric} 蚌壳蕨科[古植]

dicksonite 陨石铁

dickthomssenite 水镁钒石[Mg(V$_2$O$_6$)•7H$_2$O]

dicoaster (一种)星状的球石粒

Dicoelosia 双腔贝属[腕;O$_3$-D$_1$]

Dicoelostrophia 双腹扭形贝(属)[腕;D$_2$]

dicoelous 具二室的[生]

dicolpate 双沟的[孢];对槽的

dicolporate 双孔沟的[孢]

Diconodinium 双锥沟藻属[K-E]

Dicotetradites 双四合粉属[孢;K$_2$-E]

dicotyledonae{Dicotyledoneae} 双子叶植物纲

Dicranella 双角虫属[介;O]

dicranoclone 双头枝骨针[绵]

Dicranograptus 双头笔石(属)[O$_{2-3}$]

Dicranophyllum 双头植物;叉叶(属)[古植;C$_2$-P$_1$]

Dicranopteris 芒萁骨属[植;Q]

Dicriconus 异环节石属[竹节石;D$_3$]

Dicrocerus 叉角鹿属[N]

Dicroidiopsis 拟二叉羊齿属[古植;T$_2$]

Dicroidium 二叉羊齿(属)[T$_3$]

dictation 口授[述];命令;指令;指挥;听写

Dictychosporites 双褶单缝孢属[P$_2$]

Dictydium 灯笼菌属[黏菌;Q]

Dictyestheria 网格叶肢介属[K$_2$]

Dictyites 网形虫属[三叶;ϵ_3]

Dictyocephalus 网头头属[射虫;T]

Dictyockales 硅鞭藻目

Dictyoclavator 网轮藻属[K]

Dictyoclostoidea 拟网格长身贝属[腕;P$_1$]

Dictyoclostus 网格长身贝属[腕;C$_1$]

Dictyococcites 类网粒藻属;栅网颗石[钙超;E$_2$-N$_1$]

dictyocyathus 珠网古杯

Dictyodora 卷叶迹[遗石;网囊迹]

dictyodroma 网结脉序[植]

dictyodromous 网状叶脉;网状脉[植]

dictyogenesis 网状形成作用

dictyoid 网状的

Dictyolimnadia 网渔乡叶肢介属[节;T$_2$]

Dictyolithus 网颗石[钙超;K$_2$]

Dictyomitra 网冠虫(属)[射虫;T]

dictyonal framework 网状骨架[六射绵]

→~ strand 网结绳串状[绵骨针]

Dictyonema 网格笔石(属)[ϵ_3-C$_1$];网笔石

→~ bed 网笔石层

Dictyonina 网针目;紧目[绵]

dictyonine 紧结的[绵骨针]

dictyonite 网状构造混合岩

Dictyonites 网洞贝属[腕;O$_2$]

Dictyophyllidites 网叶蕨孢属[J$_2$]

Dictyophyllum 网叶蕨

Dictyoptera 网羽类

Dictyopteris 网翼藻属[褐藻;Q]

Dictyosiphon 网管藻属[褐藻;Q]

Dictyosphaeria 网球藻属[Z$_2$-S]

Dictyosphaerium 胶网藻属[Q]

dictyospore 网格孢子

Dictyostele 网状中柱

Dictyothyris 网孔贝属[腕;J$_{1-2}$]

Dictyotidium 大网面藻属[D]

Dictyotosporites 膜网孢属[K$_1$]

Dictyotriletes 平网孢属[C$_2$]

Dictyozamites 网羽木属[古植;T$_3$];网羽叶苏铁

dicyandiamide 双氰胺;氰基胍[Al$_{13}$Si$_5$O$_{20}$(OH,F)$_{18}$Cl]

dicyclic 二轮列[古植];双环的

→~ compound 双环化合物

Dicyclina 双圆虫属[孔虫;K$_2$]

dicycyohexylamine 环己仲胺[(C$_6$H$_{11}$)$_2$NH]

Dicynodon 二齿兽龙;二齿兽(属)[T]

didactyl 两趾的

Didelphis 负鼠(属)[有袋;K-Q]

dideoxophyll(o)erythroetioporphyrin 双脱氧植红初卟啉[Pb$_{18}$As$_{18}$S$_{40}$]

diderichite 水菱铀矿[6UO$_3$•5CO$_2$•8H$_2$O; UO$_3$•CO$_2$•nH$_2$O];纤碳铀矿[UO$_2$(CO$_3$);斜方];丝黄铀矿

Diderma 双皮菌属[黏菌;Q]

Dideroceras 双房角石(属)[头;O$_{1-2}$]

didigonal alternating class 复二方映转(晶)组[$mm2$ 晶组]

→~ axis 复二次轴 // ~ equatorial class 复二方赤平(晶)组[mmm 晶组] // ~ polar class 复二方极性(晶)组[$mm2$ 晶组] // ~ scalenobedral class 复二方偏三角面体(晶)组[$42m$ 晶组]

didjumol(i)te{didymolite} 斜长石[(100-n)Na(AlSi$_3$O$_8$)•nCa(Al$_2$Si$_2$O$_8$);通式为(Na,Ca)Al(Al,Si)Si$_2$O$_8$ 的三斜硅酸盐矿物的概称];钙蓝宝石[(Ca,Mg,Fe)Al$_2$(Si$_3$O$_{10}$)]

di(akis)dodecahedral{diploidal;dyakisdodecahedral} class 偏方复十二面体(晶)组

didodecahedron 偏方复十二面体

Didolodonts 第斗兽属[E]

DI-DPEP 双脱氧植红初卟啉[Pb$_{13}$As$_{18}$S$_{40}$]

didrimite 绢云母;白细鳞云母[白云母变种]

diductor muscle 开筋;展肌;开肌

→~ scar 启筋痕[双壳]

didymite 白细鳞云母[白云母变种];绢云母

didymium 错钕(混合物);钕错[Di,钕和错的混合物]

→~ glass 错钛玻璃

didymoclone 对枝[海绵骨针]

Didymoconus 对锥兽属[E$_{2-3}$];倍齿兽属

Didymodella 小对牙形石属[T$_2$]

Didymograptus 对笔石(属)[O$_{1-2}$];双笔石(属)[O$_2$-S$_1$]

Didymoporisporonites 单孔双胞孢属[E]

Didymosporites 对合孢属[C$_1$]

die 死;衰耗;砧;螺丝模;硬模;底座的墩身;木;模子;熄灭;印模;消失;板牙;(管钳)咬管嵌入块;管芯;小片;夹钳;(锻焊)凹模模子

→(stamp) ~ 捣矿机砧 // ~ drilling 钻(金刚石)拉模孔

dieback 顶梢枯死

diecasting 压铸

dieder 双面[轴双面]

di-2-EHPA 双-2-乙基己基磷酸

Dielasma 两褶贝(属)[腕;C-P]

dielectric(al) 绝缘的;绝缘体;电介体

介质

dielectrically 不导电地

dielectricity 介电性

dienerite 白砷镍矿[Ni$_3$As;等轴];迪纳尔矿

Dieneroceros 第纳尔菊石属[头;T$_1$]

dienes 二烯类

die nipple 打捞矢锥;公锥;捞管器;打捞公锥

→~-out time 消失时间 // ~ slotting machine 冲模插床 // ~ stock 板牙扳手

Dientamoeba 双核内变形虫属

dierite 堇青石[Al$_3$(Mg,Fe^{2+})$_2$(Si$_5$AlO$_{18}$);Mg$_2$Al$_4$Si$_5$O$_{18}$;斜方]

diesel 狄赛尔内燃机;狄塞尔;内燃机推动的车辆

→~ electric locomotive 内燃电力传动机车;电力传动内燃机车 // ~-electric locomotive 电传动内燃机车 // ~ electric power plant 柴油发电机装置;柴油机发电厂{站} // ~ engine with antechamber 预燃室式柴油机

dieselisation 内燃机化

dieselize 柴油机化

diesel-oil cement 柴油水泥

Diestheria 叠饰叶肢介属[J$_2$]

Diestherites 似叠饰叶肢介属[K$_2$]

Diestian 第斯特(阶)[欧;N$_2$]

dietella 墙孔[苔];孔室

diethanolamine 二乙醇胺{二羟乙基胺}[HN(CH$_2$CH$_2$OH)$_2$]

diethanolaminosuccinic acid diethanolamide 二乙醇氨基丁二酸二乙醇酰胺

diethoxy butane 二乙氧基丁烷[(C$_2$H$_5$O)$_2$C$_4$H$_8$]

→~-ethyl phthalate 邻苯二酸二乙氧(基)乙基酯[C$_6$H$_4$(COOC$_2$H$_4$OC$_2$H$_5$)$_2$]

diethyladipate 己二酸二乙酯[C$_2$H$_5$O$_2$C(CH$_2$)•CO$_2$•C$_2$H$_5$]

diethylamine 二乙胺[(C$_2$H$_5$)$_2$NH]

diethylaminoethyloleoylamideacetate 二乙氨基乙基油酰胺醋酸盐[C$_{17}$H$_{33}$CONHCH$_2$CH$_2$N(C$_2$H$_5$)•CH$_3$COOM]

diethylaminomethylene xanthate 二乙氨基次甲基黄原酸盐[(C$_2$H$_5$)$_2$NCH$_2$OC(S)SNa]

diethyl aminomethylene xanthate 氨甲黄药[(C$_2$H$_5$)$_2$NCH$_2$OC(S)SNa]

di-ethyl dithio carbamate 二乙基二硫代氨基甲酸蓝[(CH$_3$•CH$_2$)$_2$N•CS$_2$M]

diethyl dithiophosphatogen 乙基双黑药[(C$_2$H$_5$O)$_2$PS$_2$•S$_2$P(OC$_2$H$_5$)$_2$]

diethylene 二乙撑{二次乙基}[-CH$_2$•CH$_2$-];二亚乙基

diethylenediamine 哌嗪[C$_4$H$_{10}$N$_2$]

diethylene-glycol 二甘醇

diethyleneglycol dinitrate 二硝化乙二醇[炸药防冻剂]

diethylene glycol monobutyl ether 二甘醇一丁醚

→~-glycol monomethyl ether 二聚乙二醇一甲醚[CH$_3$(OCH$_2$CH$_2$)$_2$OH] // ~ glycol monooleate sulfonate 单油酸二(聚乙二)醇磺酸酯[C$_{17}$H$_{33}$COO(CH$_2$CH$_2$O)$_2$-SO$_3$M] // ~-glycol monoricinoleate sulfonate 单蓖麻酸二甘醇磺酸酯 // ~-glycol sulfate 二聚乙二醇硫酸盐{|酯}[浮捕剂;ROCH$_2$CH$_2$OCH$_2$CH$_2$OSO$_3$M{|R}]

diethylenetriamide 二乙(撑)三胺[NH$_2$C$_2$

$H_4NHC_2H_4NH_2$]

diethylenetriamine 二乙烯三胺；二乙三胺[$NH_2C_2H_4NHC_2H_4NH_2$]

di-2-ethyl hexyl acid phosphate 二-2-乙基己基磷酸

di-2-ethylhexylphosphoric acid 双-2-乙基己基磷酸

diethyl ketone 二乙基酮[$C_2H_5\cdot CO\cdot C_2H_5$]
→~ phthalate 酞酸二乙酯{盐}[C_6H_4 $(COOC_2H_5)_2$]//~ thiophosphoryl-bromide 二乙基硫代磷酰溴[$(C_2H_5)_2PSBr$]

diethylsuberate 辛二酸二乙酯[$C_2H_5\cdot O\cdot CO(CH_2)_6\cdot CO\cdot OC_2H_5$]

die tongs 牙钳

dietrichite 锰铁锌矾；锌铝矾[$(Zn,Fe^{2+}, Mn)Al_2(SO_4)_4\cdot 22H_2O$]

dietzeite 碘铬钙石[$Ca_2(IO_3)_2(CrO_4);2CaO\cdot I_2O_5\cdot CrO_3$;单斜]

Dietz method 迪茨法

difference 不同；差示；区别；差额；差异；差别；差距；争论
→~{change-detection} image 变化检测图像//~ in height 高度差//~ of elevation 高程差；标高差//~ quotient 差商//~ species 异种//~ spectrometry 差谱

different basicity sinter 多碱度烧结矿
→~{double} basicity sinter 双碱度烧结矿//~ flowage 差异流动

differentia 差异；特异

(concentration by) differential flotation 优先浮选

differential flow-in and out 进出口(泥浆)流量差
→~ phase change 差示相更换；相变//~ pipe{pressure differential} sticking 压差卡钻//~ piston 差径活塞//~ pressure sticking 差压黏着作用//~ rock bolt extensometer 差动式岩石锚杆{栓}引伸仪

differentials of higher order 高阶微分

differential species 区别种[生]

differentiated dike 分异岩脉
→~ rock 分化脉岩

differentiating circuit 差动电路
→~ effect 辨别效应

differentiation 微分；变异；优先浮选；演变；成岩分异；分异；微分法；鉴别；求导(数)；分化
→(sedimentary) ~ 沉积分异//~ by liquation 熔离；熔融分异//~ index 分异指数//~ of terrigenous deposit 陆源沉积分异{析}

difficult coal 难选煤
→~ country 起伏很大的地区//~ grain 难粒；难选颗粒；难筛颗粒//~ particle of screening 难筛粒

difficulties 风浪

difficultly combustible fabric 难燃织物

difficult particle of screening 难筛粒
→~-to-break emulsion 难于破乳的乳状液//~-to-handle 难处理的//~ water exchange zone 水交替困难带

diffission 岩石(受暴雨)碎裂

diffracted beam 衍射光束
→~ reflection 绕射反射

diffraction 绕射；衍射
→~ cone 衍射圆锥//~ diagram{pattern} 衍射图//~ in-

dex 衍射指标

diffractionist 衍射学家

diffraction limited divergence 衍射极限散度
→~ overlays 绕射曲线透明图版//~ stack migration 绕射叠加偏移//~ traveltime curve 绕射旅行时曲线

diffractis 衍射用X射线发生器

diffractogram 衍射图

diffractometer trace 衍射仪图录

diffractometry 衍射学

diffusance 扩散度

diffusant 扩散剂

diffuse(ness) 渗出；散发；散逸；漫射
→~ diffraction 漫散衍射//~ discharge 弥散式排放[温热地面、冒汽地面和自由水面蒸发散热等]

diffused light 漫射光；慢射光

diffusedness 扩散性

diffuse double layer 漫散双层
→~ flat lamination 镟剖状平坦纹理//~ in all directions 弥散//~ monolayer adsorption 扩散单分子层吸附//~ nebula 弥漫星云//~ reflectance 漫反射率//~ spot 漫斑

diffusely reflecting surface 漫反射面

diffuse monolayer adsorption 扩散单分子层吸附
→~ nebula 弥漫星云

diffuse penetration texture 扩散渗透结构

diffusing glass 漫射玻璃
→~ well 渗井

diffusion 冗长；渗滤；普及；弥漫；传播；漫射；扩散作用；(气流的)滞止；散射；扩压；扩散；散布
→~ band 扩散带//~ barrier 扩散(阻挡层)//~ colouration 扩散着色//~-controlled deformation 扩散控制变形//~ index 扩散指数//~ path 扩散途径

diffusional effect 扩散作用
→~ stream 扩散流

diffusive flow 扩散流动
→~ heterogeneous system 非均匀扩散系统//~ metasomatism 扩散交代(作用)//~ migmatite 扩散成因{生成}混合岩

diffusivity 扩散系数；扩散性；扩散率；弥漫性
→~ equation 传导方程//~ temperature dependence 扩散率温度相依性

difluorene{difluorenyl} 联芴[$C_{26}H_{18}$]

Diformograpta 双饰叶肢介属[J_3]

dig 挖(洞、沟等)；探究；发掘；掘(土；取)；出土物；开凿；松动泥土

digalloyl-1-glucosan 二棓酰-1-葡萄糖[可水解丹宁的一种；$C_{20}H_{18}O_{13}$]

digamety 异配子型

Digenea 复殖(亚纲)；海人草属[红藻;Q]

digenesis 世代交替

digenite α辉铜矿；蓝辉铜矿[$Cu_{2-x}S;Cu_9S_5$;等轴]；方辉铜矿

digested pulp{slurry} 溶出矿浆

digestion 领悟；同化吸收作用；浸提；煮解；菌致分解；分解；溶出；加热浸提；同化作用
→~{aging} period 老化周期//~ tank 化污池；消化池//~{septic;sewage} tank 化粪池

digestive tract 消化道
→~ tube 消化管

digger 掘凿机；铲斗；挖斗；矿工；挖掘器；采掘工

digging 开凿；采掘；矿山；浅部开采(工作)；挖掘
→~ ladder hoist 挖掘斗架卷扬机//~ plate 铲板//~ power 挖掘力//~ rope 挖掘用拉绳

diggings 砂矿浅部采掘；矿区

digging{cutter;bit} teeth 钻头齿
→~{shovel} teeth 铲齿//~ well 民用井//~{scoop} wheel excavator 掘轮挖掘机

digimigration 数字偏移

digital 手指(的)；数码；指状的；数字化
→~-analog 数(字)模(拟)//~ template analysis 数字量板分析//~ waveform recognition 数字波形识别

digitate 趾状的；指的；有趾的；指状的
→~{bird-foot;lobate} delta 鸟足状三角洲//~ drainage pattern 分指状水系；掌状水系//~ frontal zone 指状前锋带

digitation 指状分叉[叠层石]

digitiform 指状的
→~ process 指状突超

digitigrade 趾行(动物)

digitinervius 掌状脉[植]

digitipartite 具指状裂片的[植]

digitipinnate 具指状羽叶的[植]

digit(al)ization{digitize} 数字化

Digitoran 数字道朗定位系统[商]

diglyceride 二甘油酯[$HOC_3H_5(OR)_2$的化合物]

diglycerin(e) 双甘油{一缩二丙三醇}[$((OH)_2C_3H_5)_2O$]
→~ dodecyl acid ester 二甘油十二酸酯[$C_{12}H_{25}COO\cdot CH_2\cdot CHOH\cdot CH_2\cdot O\cdot CH_2\cdot CH OHCH_2OH$]//~ monoamine 二甘油一胺[$CH_2OHCHOHCH_2OCH_2CHOHCH_2\cdot NH_2$]

diglycidyl 二环氧甘油；缩水甘油[$C_2H_3O\cdot CH_2OH$]
→~ ether 二环氧甘油醚

diglycol amine 二甘醇胺
→~ dinitrate 硝化二乙二醇

dignity 身份

digonal 对角的；二角的；二次(对称)轴；二方的
→~ alternating class 二方映转(晶)组[2晶组]//~ equatorial class 二方赤平(晶)组[2/m晶组]//~ holoaxial class 二方全轴(晶)组[222晶组]//~ polar class 二方极性(晶)组[2晶组]

Digonophyllum 壁锥珊瑚属[D_2]；叠珊瑚属

digraph 有向图

Digrypos 双钩虫属[三叶;O_2]

dig through 挖穿；挖通

dihedral 二面的；上反角；V形的；下反角；双面的；(由)两个平面构成的
→~{shear} angle 剪断角//~ group 正二面体群

dihedron 二面体
→(sphenoidal) ~ 双面[轴双面]//~{dihedral} group 二面群

diheptadecylamine 十七烷基仲胺[$(C_{17}H_{35})_2NH$]

diheptadecyl ketone 二-十七碳烷基酮[$(C_{17}H_{35})_2CO$]
→~{dipentadecyl} ketone 二酮

D

diheptyl pimelate 庚二酸二庚酯[(CH$_2$)$_5$ (COOC$_7$H$_{15}$)$_2$]
→~ thiophosphoryl chloride 二庚基硫代磷酰氯[(C$_7$H$_{15}$)$_2$PSCl]
dihexagonal 复六方的
→~ alternating class 复六方映转(晶)组[$\bar{3}m$ 晶组]
dihexanolamine 二己醇胺[(HOC$_6$H$_{12}$)$_2$NH]
dihexyl 己二基；十二(碳)烷[C$_{12}$H$_{26}$]
→~ amine 二己基胺[(C$_6$H$_{13}$)$_2$NH]//~ thiophosphoryl chloride 二己基硫代磷酰氯[(C$_6$H$_{13}$)$_2$PSCl]
dihydrate 二水(合)物
→~ gypsum 二水石膏
dihydric 二羟基的
→~ phenol 二元酚；二羟酚//~ phosphate 磷酸二氢盐[MH$_2$PO$_4$]
dihydride 二氢化物
dihydrite 斜翠绿磷铜矿；假孔雀石[Cu$_5$(PO$_4$)$_2$(OH)$_4$•H$_2$O;单斜]
dihydro- 二氢(化)的
dihydroanthracene 二氢(化)蒽
dihydrol 二聚水[(H$_2$O)$_2$]
dihydronaphthalene 二氢(化)萘
dihydro-N-methylisopelletierine 二氢-N-甲基异石榴皮碱
dihydroporphyrin 二氢基卟啉
dihydroxy 二羟(基)
→~ stearic acid 二羟硬醋酸
dihydroxyl 二羟基
dihydroxysuccinic{tartaric} acid 酒石酸[HOOCHOHCHOHCOOH]
diiodide 二碘化物
diiodo-methane 二碘甲烷[CH$_2$I$_2$]
diisobutyldithiocarbamate 二异丁基二硫代氨基甲酸盐[(C$_4$H$_9$)$_2$NC(S)SM]
diisobutylphenoxy 二异丁苯氧
dike 河堤；濠；岩脉；坝；尾矿坝；海岸堤防；堤防；堤；沟渠；筑堤；筑堤防护；防洪堤；防波墙；隔墙；挖沟；防火堤；堰；岩墙；挖沟排水；排水道
→~ (dam) 堤坝//~ compartment 岩墙隔水间//~ tank 围有土堤的油罐//~ furrow 堤沟
diked marsh 圩地
→~ tank 围有土堤的油罐
dikelet 小岩墙
Dikelocephalina 小铲头虫属[三叶;O$_1$]
Dikelocephalites 拟铲形头虫属[三叶;Є$_3$]
dikelocephalocea 锹头虫类
Dikelocephalus 铲头虫属[三叶;Є$_3$]
dikites 墙(脉)岩；半深成岩；脉岩
Diksonia 蚌壳蕨属[古植;K$_2$]
diktyonite 网状构造混合岩
dilatancy 扩张性；触稠性；膨胀性；膨胀；黏滞性；压力下胶液凝固性；扩容；膨胀变形；凝滞性；剪胀
→~-fluid diffusion 扩容流体扩散//~-fluid saturation hypothesis 扩容流体饱和假说
dilatant 触稠体；扩张的；膨胀体{的}；黏度增加和凝成固体的
→~ flow 胀流//~ fluid 胀流型流体//~ zone 扩容带[断层和裂隙]
dilatate 膨胀(的)
dilatation 扩散；扩胀；膨胀度；向震中；松胀
→~ component 膨胀分量//~ strain 膨胀变形//~ transformation 膨胀式(同

质多象)转变//~ fissure 扩胀裂缝
dilat(at)ion 膨胀作用；膨胀；膨胀系数；扩容；扩张；松弛；详述；扩胀
→~ dike 张填岩脉//~ vein 膨裂填充矿脉
dilational syncline 扩容向斜
dila(ta)tional wave{arc} 疏密波
dilative soil 剪胀性土
→~{expansive;swelling} soil 膨胀土
dilemma 困境；进退两难
dillenburgite 硅孔雀石[(Cu,Al)H$_2$Si$_2$O$_5$(OH)$_4$•nH$_2$O;CuSiO$_3$•2H$_2$O;单斜]；碳硅孔雀石
dillnite 富氟氯黄晶；{氟}氯黄晶[Al$_{13}$Si$_5$O$_{20}$(OH,F)$_{18}$Cl;等轴]
dilluing (用)细筛淘选细锡石
dilly 自重滑行；矿车
dillydally 泡
dillying 筛上冲洗
Dilobozonotriletes 两瓣环三缝孢属
dilsh 黑黏土
diluent 冲淡剂；冲淡的；稀释的
→~ (material) 稀释剂//~ injection rate 稀释液注入流量
diluenting factor 稀释因子
diluents 稀释气体
dilutability (可)稀释度
dilute 变稀；冲淡的；淡的；贫化；稀释(的)；稀的；稀薄的
→~ debris flow 稀性泥石流//~-phase-type reactor 稀释相型燃料反应堆//~(d) pour point 稀释后倾点//~ pulp 稀矿浆//~ turbidity current 泥沙量少的浊流//~ water 低矿化度水
diluted acid 稀酸液
→~ debris flow 稀性泥石流
diluter 稀释剂
diluting{dilution;thinning;fluxing} agent 稀释剂
dilution 冲淡；稀释；贫化；淡度；矿石贫化；稀度
→~{depreciation} of ore 矿石贫化
diluvial 洪积物；大洪水的；洪积的；洪积；波积[沉积物]
→~ hypothesis{theory} 洪积说//~ soil 洪积土壤//~ theory 洪水说
Diluvial epoch 洪积世
diluvialist 洪积说者
diluvianism 洪积说
diluvion 洪水冲蚀[与 alluvion 反]；洪积层；洪积物
Diluvium 洪积统[欧;更新统]；洪积世
diluvium[pl.-ia] 坡积层；大洪水；洪积层{物}
dilvar 镍铁合金
dim 昏暗；无光泽的
dimagnetite 黑柱石形磁铁矿
dimanthoid 钙铁榴石[Ca$_3$Fe$^{3+}_2$(SiO$_4$)$_3$;等轴]；翠榴石[一种绿色透明的钙铁榴石;Ca$_3$Fe$_2$(SiO$_4$)$_3$]
Dimastigamoeba 双鞭变形虫属
dimble 幽谷[有水流的]
dimecron 磷胺
dimension 维；度数；容积；量；范围；大小；方面；尺度；线度；元；量纲；度；尺寸；维数
→~ (stone) 石材
dimensional 有尺度的
dimension figure 标定规模大小的数字

[图上]；量度图；尺度数字
dimensionless 无尺寸的；无次的；无因次的；无单位的
→~ number 无量纲数//~ quantity 无因次值；无量纲量//~ surface reaction rate(酸的)无因次表面反应速率
dimension of anomalies 异常大小
→~ of a vector space 向量空间的维数//~ of plastic zone 塑性区尺寸//~ of support 支撑尺寸
dimensions 规模；面积
→(external) ~ 外形尺寸
dimension stone 规格石料[材]；标准尺寸石料
→~ theory 维数理论
dimer 二聚物；二分子聚合物
Dimerellidae 二褶贝科[腕]
dimeric silicic acid 二聚硅酸
dimerization 二聚(作用)
Dimeropyge 双股尾虫属[三叶;O$_{2-3}$]
dimertrimer acid 二聚三聚酸
dimethyl 乙烷；二甲基
dimethylamine 二甲胺
dimethylaminoacetonitrile 二甲胺基乙腈
β-dimethyl-aminoethylmethacrylate β-二甲胺乙酯
dimethyl-amino-mercapto benzothiazol 二甲(基)氨基巯基苯并噻唑[(CH$_3$)$_2$NC$_6$H$_2$(SH)CHNS]
dimethylation 二甲基化作用
dimethyl benzene 二甲苯
→~ carbinol 异丙醇[(CH$_3$)$_2$CHOH]//~ formamide 二甲基甲酰胺//~ naphthyl methyl hydroperoxide 二甲基萘(基)甲基过氧(化)氢[(CH$_3$)$_2$C$_{10}$H$_5$CH$_2$OOH]//~ phenanthrene/phenanthrene ratio 二甲基菲/菲比值
dimethyldiethoxysilane 二甲基二乙氧基硅烷
dimethylene 乙烯[CH$_2$═CH$_2$—]；二亚甲基
dimethylglyoxime 丁二酮肟[CH$_3$•C(═NOH)•C(═NOH)•CH$_3$]
dimethylnaphthalene 二甲基萘
dimethylphenanthrene 二甲基菲
dimethylpiperazine{lupetazine} tartrate 酒石酸二甲基哌嗪
dimethylsulfoxide 二甲亚砜
α,α-dimethyltolylcarbinol α,α-二甲基甲苯基甲醇[CH$_3$C$_6$H$_4$•C(OH)(CH$_3$)$_2$]
dimetric 正方的；四方的
→~ drawing 正二轴测图//~ face 二分称面//~ system 四方晶系
Dimetrodon 异齿龙属[P]；长棘龙
dim glowing lamp 指示灯
→~ lamp 磨砂灯泡
dimicaceous 二云母的
dimictic lake 双季回水湖；春秋回水湖；双(对流)混合湖；二次循环湖
diminished growth 发育减退
→~ image 缩小图像
diminisher 减光器；减声器
diminishing-mesh trommels 依次缩小网目滚筒筛
diminishing pressure 递减压力
diminish in strength 衰弱
diminutive 小(型)的；小型的
dimmer 遮光器；调光器；减光器；罩[灯]
dimolecular 双分子的
dimorphacanth septa 双形羽榍隔壁[珊]

dimorphic 双晶的；二形的
Dimorphichnus 双形迹[遗石]
dimorphic population 两型居群
dimorphine 雌黄[As_2S_3；单斜]；硫砷矿[As_4S_3]
dimorphism 同质二形；二态(形)性；同种异形；双晶现象；二形现象；二形(晶)
　→(sexual) ～ 两性异形{型}
dimorphite 硫砷矿[As_4S_3]；二形矿；雌黄[As_2S_3；单斜]
Dimorphocerataceae 双形菊石超科[头]
Dimorphococcus 双形藻属[绿藻]；联同藻属[Q]
Dimorphodon 双形飞龙
Dimorphograptus 双形笔石，两形笔石(属)[S_1]
Dimorphostracus 两形壳叶肢介属[K_2]；双形壳叶肢介属[K_2]
Dimorphostroma 双形`层藻{叠层石}属[Q]
dimorphous 二形的；双晶的
dimple 坑；(短销)凹座；起波纹；窝坑；韧窝；涟漪；(钢板)陷窝；圆洼坑；(使)窝陷；波纹；微凹；小陷窝；变异[一种浅层地震速度异常]
　→～ crater 月浅坑
dimpled current mark 干涉波痕；干扰波痕；交错波痕
　→～ pebble 带窝坑卵石
dimple spring 浅坑泉；洼坑泉
dimyaria 二肌纲
dimyarian 双柱类[双壳]
Dimyctylus 蝾螈
Dimylidae 双臼兽科
din 噪声
di-*n*-amyl dithio carbamate 二-正戊基二硫代氨基甲酸盐[$(C_5H_{11})_2\cdot N\cdot CS_2Me$]
Dinantian stage 狄南(阶)[欧；C_1]；迪南阶；阿翁阶[欧；C_1]
dinaphthocoronene 二萘并晕苯
Dinaric age 代那里期[中三叠纪]
　→～ Alps 迪那里克阿尔单斯山脉//～ series 迪纳`拉{里克}统[欧；T_2]
Dinarides 迪纳拉(造山)带
Dinarites 狄纳菊石属[头；T_1]
dinas 砂石
　→～ (rock) 硅石
di-*N*-butyl dithiocarbamate 二-正丁基二硫代氨基甲酸盐[$(C_4H_9)_2\cdot N\cdot CS_2Me$]
　→～-2-mercaptoethylamine hydrochloride 二正丁基-2-巯基乙胺盐酸盐[$(C_4H_9)_2NCH_2CH_2SH\cdot HCl$]
Dindymene 强新月虫属[三叶；O_{2-3}]
Dinemagraptus 双线笔石属[O_1]
dineric 临界面的[在同一容器中二液体间]
　→～ interface 不混合液体界面
Dinesus 双岛虫属[三叶；€_2]
Dinetromorphitae 双梭亚类[疑]
dineutron 双中子
dingdaohengite-(Ce) 丁道衡矿[$Ce_4Fe^{2+}(Ti,Fe^{2+})_2Ti_2Si_4O_{22}$]
dinge 表面的击陷；黑人[俚]；昏暗；表面凹陷；使凹；打出的小凹坑；肮脏；凹痕；情绪低沉
dingenodont 重齿
dingle 幽谷[有水流的]
Dingodinium 丁沟藻属[J_3-E]
Ding{Ting} Ware 定窑
dingy 暗黑色
Dinichthys 恐鱼(属)[D_3]

Dinictis 恐齿猫属[E_3]
dinite 冰地蜡
dinitrate 二硝酸盐
dinitrile 二腈[含有两个-CN基的化合物]
dinitronaphthalene 二硝基萘[$C_{10}H_5(NO_2)_2$]
dinitroso-resorcinol 二亚硝基间苯二酚[$(ON)_2C_6H_2(OH)_2$]
dinitrotoluene{dinitro toluene} 二硝基甲苯[炸药；$C_7H_6N_2O_4$]
dinkey 调车用小机车
　→～ engine{loco(motive)} 轻便机车//～ {narrow-gauge} loco(motive) 窄轨机车
dinky 调车用小机车
Dinobolus 恐圆货贝属[腕；O-S]
Dinobryon 钟罩藻属[Q]；锥囊藻属
Dinocapsae 膜囊类[甲藻]
Dinocephalia 巨头兽亚目{龙类}
Dinocerata 恐角兽类；恐角亚目[哺]
Dinoclonium 枝甲藻属[甲藻；Q]
Dinococceae 膜球类[甲藻]
Dinodontosaurus 南美巨齿兽属
Dinodus 旋牙形石(属)[O_1]
Dinoflagellata 沟鞭藻；涡鞭目；甲藻(类)
Dinogymnium 沟裸藻属[J-K]
Dinohyus 恐颌猪属[N_1]
Dinol 二硝基重氮酚
Dinomischidae 足杯虫科[€]
Dinomischus 足杯虫属[€]
Dinophyllum 卷心珊瑚(属)[S_{1-2}]
Dinopithecus 恐狒属[Q]
Dinornis 恐鸟(属)[Q]
Dinorthis 恐正形贝属[O_{2-3}]
dinosaur fossil 恐龙化石
　→～ leather 龙皮状印模[槽形印模、压印模等]
Dinosauria 恐龙类
dinosaurs 恐龙(类)
Dinosein{Dinoseis} 气爆震源
Dinotherium 恐象(属)[N-Q]；恐兽
Dinothrix 丝甲藻属[甲藻；Q]
Dinotricheae 膜毛类[甲藻]
diochrom{diocroma} 锆石[$ZrSiO_4$；四方]
dioctahedral 二八面体
　→～ layer 二八面体层
Diodora 眼孔蛾属[K_2-Q]
diogenite 奥长古铜无球粒陨石；古铜无球(粒)陨石
diomignite 硼锂石[$Li_2B_4O_7$]
Dionide 美女神母虫属[三叶；O_{2-3}]
diopside{diopsite} 透辉石[$CaMg(SiO_3)_2$ 为辉石族；$CaMg(SiO_3)_2$-$CaFe(SiO_3)_2$；$Ca(Mg_{100-75}Fe_{0-25}(Si_2O_6))$；单斜]
　→～-bronzite 钙斜古铜辉石//～-calcite isograd 透辉石-方解石等变级线//～-granite 透辉花岗岩//～-kersantite 透辉云斜煌岩//～-wollastonite garnet 透辉石-硅灰石质石榴石
diopsidite 透辉石岩
dioptase{dioptasite} 绿铜矿[$Cu_6(Si_6O_{18})\cdot 6H_2O$；$H_2CuSiO_4$]；透视石[$Cu(SiO_3)\cdot H_2O$；$H_2CuSiO_4$；$CuSiO_2(OH)_2$；三方]
dioptric 屈光的
　→～ imaging 折射成像
Dioptrie 焦度料体[德]
Diorite 美国多威灰麻[石]；玫瑰皇后[石]
diorite 闪长岩；闪绿岩
　→～-porphyrite 闪长玢岩//～-porphyry 闪长斑岩
dioritic 闪长岩的

dioritization 闪长岩化(作用)
dioritoid 闪长岩类[野外用]；似闪长岩
DIOS 铁矿石直接熔融还原(法)
diospyrobezoar 柿石
Diospyros 柿属[植；K_2-Q]
dioxalite 黄铅矿[$PbO\cdot PbSO_4$]；氧铅矾
dioxane 二氧杂环乙烷；二噁烷[$(CH_2)_4O_2$]；二氧六圜[$(CH_2)_4O_2$]
dioxide 二氧化物
dioxin 二噁英
3-dioxolane 三-二氧环戊烷
dioxy-benzene 苯二酚[$C_6H_4(OH)_2$]；二羟基苯[$C_6H_4(OH)_2$]
dioxylith 黄铅矿[$PbO\cdot PbSO_4$]；氧铅矾
dioxynite 黄铅矿[$PbO\cdot PbSO_4$]；天青石[$SrSO_4$；斜方]
dip 倾角；斜坡；倾斜；磁倾角；下山；倾向；下沉；浸渍；浸入；酸洗液；汲取；泡；下降；浸洗液；酸浸液；倾斜角；双臂屈伸；吃水深度；弛度；泚；浸；深部巷道；下山道；陡坡地
　→～ gully method 贮矿堑沟(沿倾斜布置的)的全面采矿法
Diparelasma 偶板贝属[腕；O_1]
diphanite 珠云母；珍珠云母[$CaAl_2(Al_2Si_2O_{10})(OH)_2$；单斜]
Dipharus 双膜虫属[三叶；€_1]
diphase 双相
　→～ interpretation 双相解释
diphenyl amine 二苯胺
　→～ carbodiazone 二硫代偕肼腙[$(C_6H_5\cdot N:N)_2CS$]
diphenylene 联苯撑(基)[$-C_6H_4\cdot C_6H_4-$]；二联二苯[$C_6H_4:C_6H_4$]；二苯撑(基)[$C_6H_4=C_6H_4$]
diphenylguanidine 二苯胍
diphenyl thiocarbazid 二苯基硫代二氨基脲；二苯硫(代)二氨基脲[$(C_6H_5NH\cdot NH)_2CS$]
　→～ thiocarbazone 二苯硫腙[$C_6H_5N:NCSNHNHC_6H_5$]//～ thiourea{thiocarbamide} 白药[$(C_6H_5NH)_2CS$；$C_6H_5NHCSNHC_6H_5$]
diphosphate 双磷酸盐
diphycercal fin 圆尾(鳍)
　→～ tail 两正尾//～{rounded} tail 圆尾//～ type 对生尾型
Diphyes 双异藻属[K-E]
diphyletic 二源的
diphyllous 具两叶的
diphyodont 二生齿型；再生齿
　→～ dentition 一换性牙系
Diphyphyllum 双形珊瑚属[C]
dipingite 迪平石
dip isogon 等倾线
　→～ isogon intersection separation 倾斜等方位线交点间距；等倾线交点离距//～ isogon techniques 倾斜等方位线方法//～ joint 倾斜节理
diplanetism 两游现象[动]
diplasiocoelous{amphicoelous} vertebra 双凹椎
Diplazium subsinuatum 单叶双盖蕨
dipleural 双肋
Dipleurozoa 侧水母类[腔]；侧水母纲
diplexing (同向)双工法
Diplichnites 双趾迹[遗石]
Diplichnius 爬行移迹[遗石]
diplobase 钡霰石[$BaCa(CO_3)_2$]

Diplobathra 双圈圆顶海百合类

Diplobathrida 双座海百合目[棘]；双杯圆顶海百合目

diploblastic 双胚层的[动]

Diplobune 双棱石炭兽属[E_3]

Diplocalamites 对枝芦木(属)[古植;C_{2-3}]

diplocaulescent 具二级茎轴的

Diplocaulus 笠头螈(属)[P]

Diplochone 双锥珊瑚属[$S-D_2$]；无刺珊瑚

diploclone 双枝骨针[绵]

diploconical 对双锥形的[射虫]

Diplocraterion 双杯迹[遗石]

diplodal 双孔室[孢]

diplodemicolpate 具二半槽的[孢]；具双半沟的

Diplodia 色二孢属[真菌;Q]

Diplodocus 梁龙(属)[J]

Diplododella 小双牙形石属[D-T]；小双刺属

diplogen 氘[H^2,D]；重氢

diplogene 两生[同生和后生]；叠生

diplogenesis 叠生成因；两生成因

diplogenetic 叠生的
　　→～ deposit 二重成因矿床

diploglossa 双舌蜥附目；裂舌类

Diploglossata 倍舌目[昆]；重舌(亚)目；双舌目

diploglossate 双舌态

Diplograptidae 双笔石科

Diplograptus 羽笔石；剑笔石；双笔石(属)[O_2-S_1]

diplohedron 偏方复十二面体

diploidal class 偏方二十四面体类

diploite 钙长石 [$Ca(Al_2Si_2O_8)$；三斜；符号 An]

diploma[pl.-ta] 公文；执照；奖状；毕业文凭；特许证

diplomat(ed) engineer 有执照的工程师

Diplommatina 双突螺属[腹;Q]

Diplomystus 双唇鱼(属)[E_2]

diplon 氘核；重氢核

Diplophyllum 双壁珊瑚属[S_2]

Diplopoda 倍足类[节]

Diplopora 双孔藻属[P-T]

diplopore 双孔[棘林檎]

Diploporida{Diploporita} 双孔目

Diploporus 双孔属

diplorhysis (一种)六射海绵结构

Diploria 重珊瑚属[K_2-Q]

Diplospirograptus 双旋笔石属[S]

diplospondyly 双体椎型

diplostichous 两列的；两行的

Diplothmema 二分羊齿属[古植;C_{1-2}]

Diplotremina 双孔虫属[孔虫;T_{2-3}]

Diplotrypa 双苔藓虫属[O-D]

diplotype 双全型[生]；种全型；属全型

Diplovertebron 倍椎螈；蜥螈
　　→～ 蜥螈属[C]；双椎螈属

diploxylonoid 双维管束式[孢]

Diplura 双尾目{纲}

Diplurus 双肋鱼属[C]

dipmeter 地层倾角测量仪；倾斜仪；测斜仪；栅(流)陷(落式测试)振荡器；钻孔地下记录仪；磁针测斜仪；倾角仪

dip meter 倾斜仪
　　→～ migration 倾角偏移//～ moveout 倾角时差// {-}needle 磁倾仪//～ (ping) needle 磁倾针；倾角针；磁针

Dipnoi 肺鱼亚纲；肺鱼类

Dipodidae 跳鼠科

Dipodomys 更格卢鼠(属)[Q]；跳囊鼠

Dipoides 假河狸(属)[N_2-Q]

dipolar 偶极的
　　→～ adsorbent 偶极性吸附剂//～ complexes 二极配合物//～ coordinates 双极坐标//～ group 偶极子基团

dipole 偶极(子)；对称振子
　　→～-dipole force 偶极-偶极间力//～ equatorial sounding 偶极赤道测深//～ moment 双极矩//～ reflection pairs 偶极反射对

dipolymer 二聚物

Diporicellaesporites 双孔多胞孢属[E_3]

Diporina{Diporites} 双孔(花)粉孢[孢;K_2]

Diporisporites 双孔孢属[K_2-E]

di-potassium hexamethylene dixanthate 己二醇二黄原酸钾 [$(-CH_2CH_2CH_2OC(S)SK)_2$]

dippa (矿脉中)聚水坑；水坑

dipper 捞砂筒；铲料杆[挖掘机]；汲器；长柄勺；捞筒；戽斗；挖掘铲斗推进齿条；下落地块；下落断层
　　→～ (scoop) 铲斗；机械铲勺斗//～ door trip rope 铲斗拉绳；斗底开启[挖掘机铲斗]//～ dredger 铲扬式挖泥船；杓斗挖泥机//～ {bucket} factor 满斗系数//～ {shovel} stick 铲杆

d(r)ipping 浸(渍)；倾斜的；磁倾；金属物件腐蚀；浸入(量油尺)量油；汲取；倾斜；下倾
　　→～ agent 浸渍剂//～{miner's;geological; sight;mining} compass 矿用罗盘//～ formation 倾斜很大地层//～ machine 淬冷机；浸渍机//～ system 倾伏系统；倾落系统

dip pipe (输气)管(的水)封管
　　→～ plain 倾斜平原//～ reversal 倒转倾斜；逆牵引；反(向)拖曳；反向倾斜；反(向)牵引//～ road 直达采区巷道//～ {|dibutyl| methyl|diamyl|diethyl} tartrate 酒石酸二丁{|丁|甲|戊|乙}酯

diprism 双柱

dipropanol amine 二丙醇胺 [$(HOC_3H_6)_2NH$]

dipropellant 双组元推进剂

dipropyl ketone 二丙(基)酮[$(C_3H_7)_2CO$]
　　→～ {|dibutyl| methyl|diamyl|diethyl} tartrate 酒石酸二丙{|丁|甲|戊|乙}酯

Diprotodon 巨(型)袋鼠属[Q]

diprotodont 双门牙型

Dipsacus 川续断属

dip(ping) stick 测液面杆；量油尺
　　→～ stick{rod} 液面测定杆

dipstick ga(u)ging 用测深杆测量；(用)油位尺测量

dip-strike symbol 倾斜-走向符号;倾角走向符号；产状符号

dip sweeping 倾斜扫描
　　→～ switch 斜风道；斜巷//～ tape 卷尺[油罐计量]

diptera 双翅目[昆]

Dipteridaceae 双扇蕨科[古植]

Dipterus 双鳍鱼属[D]；双翼鱼

dip test 钻孔偏斜测定
　　→～ toward 向倾斜//～ transfer technique 短路过渡焊接技术//～ waste pack 沿倾斜的废石充填{垛墙}//

working 沿倾斜

dipus 三趾跳鼠属[Q]

dip-vector plotter 倾角矢量标绘器

dip waste pack 沿倾斜的废石充填{垛墙}
　　→～ working 沿倾斜

dipyramidal 双锥(的)

dipyr(it)e 针柱石[钠柱石-钙柱石类质同象系列的中间成员；$Ma_{80}Me_{20}-Ma_{50}Me_{50}$；$(100-n)Na_4(AlS_3O_8)_3Cl \cdot nCa_4(Al_2Si_2O_8)_3(SO_4, CO_3)$]；钙钠柱石

dipyridine{dipyridyl} 联吡啶

dipyrite 磁黄铁矿[$Fe_{1-x}S(x=0\sim0.17)$；单斜、六方]

dipyrization 针柱化(作用)

diradical 双基；双自由基

dirbble chute 集矿溜槽

direct 对准；指向；指引；直接的；引导；指导；指令
　　→～ conversion reactor 直接换电反应堆//～ cost account 直接成本账//～-couple{direct{conductive} coupling} 直接耦合//～ -current-alternating-current converter 直流交流变换器//～ current method 直流法

directed{controlled} blasting 定向爆破
　　→～ line 有向直线//～{direct;directional; directive} pressure 定向压力//～ spray type combustion chamber 定向喷射式燃烧室

direct-energy-conversion device 直接换能装置

direct energy conversion operation 能量直接变换过程
　　→～ feed 直接供电//～ feedback 刚性反馈//-function control hose 直(接)作用(的)控制软管//～ hit 直接击中//～ hydrocarbon detector 直接烃类指示

directing one's strength 运气
　　→～ property 定向性//～ vane 导向叶

direct initiation 正向装药
　　→～ injection fuel system 直接注入燃料装置//～-injection pump 直接喷射式燃料泵[航]//～ injection type coal pulverizing systems 直吹式制煤制粉系统//～ input 直接输入

direction 路向；趋向；操纵；方面；指示；流向；方位；用法说明(书)；方针；方向；指挥；住址

directional 定向；方向的

directionality 指向性；方向性；定向性
　　→～ of bond 键的方向性

directional light 指航灯

direction and position 方位
　　→～ change 方位变化//～ control switch 换向开关//～ detector{finder}测向仪//～-finder 测向器//～(al) finder 探向器

directionless{non-directional} antenna 无方向性天线
　　→～ {confining;static} pressure 静压//～ pressure 非定向压力

direction of a curve 曲线方向
　　→～ of a first motion of a seismic wave 地震波初动方向//～ well 方向井

direct iron ore smelting reduction 铁矿石直接熔融还原(法)
　　→～ labo(u)r 直接雇用的矿工//～ ore smelting 原矿直接熔炼//～-path 直接路径//～ pellet feed 粉矿

directive 说明；指示
→~ couple 背腹对隔膜[珊]//~ {directional} effect 方向效应//~ erosion 定向侵蚀//~ force 指向力

directives for construction 施工指令

directivity 指向性；定向性；方向性
→~ curve 方向曲线

director 董事；首长；引向器；署长；指挥仪；局长；理事；司动部分；总监；导向装置；指示器；导向盘；指导者；主任；处长；队长；所长
→(factory) ~ 厂长//~ circle 准圆//~ sphere 准球面

directrix[pl.-ices] 准线

Direm 狄莱姆法；直流电磁综合测深

di-β-resorcylic acid 一缩二-β-雷琐酸一缩双 -2,4- 二羟基苯（甲）酸 [(C₆H₃(OH)• CO)₂•O]

Dirhabdicodus 双棱牙形石属[O₂]

Dirichlet principle 狄利克雷原理

Dirichlet's kernel 狄利克雷核

dirigible 飞船；可驾驶的
→~ balloon 飞艇

dirt 泥地；夹灰[缺陷]；灰土；矿物杂质；废渣；油泥；弃渣；泡沫；垢泥；污垢；泥污；矸子；石矸；毛矿；灰尘；岩渣；废石；夹杂；原矿石；污物；开石；充填料；浮渣；砾石；杂质
→~ (band;parting;pang) 夹矸；夹石//~ band 污积带；岩石夹层；冰河碎屑层；夹矸条带//~ {middle;stone} band 夹石层//~ clearance 清理石矸；清除污物//~ content 灰分；含矸量；矿物夹杂含量//~ {refuse;rock;waste} disposal 矸石处理//~-filled chock 充废石木垛；填石木垛；填实木垛//~ inclusion 石质结核//~ pack 废石充填//~ {refuse;waste;waste-rock} pile 矸石堆//~ room 岩石空间//~ scratcher 松石工//~ {refuse} tip 废石堆//~ floor 脏底板[有浮煤或碎石等]

dirtboard 挡泥板

dirt(i)ed rock 炸落岩石

dirtproof{dirt proof} 防尘的

disabled interrupt 禁止中断
→~ person{disablement} 残废

disabling accident 丧失劳动能力的事故；造成残废的事故；(使)设备失去效能的事故
→~ injury 致残伤害//~ injury frequency rate 造成缺勤的工伤发生率//~ pulse 阻塞脉冲；封闭脉冲

disaccate 双囊[孢]；双气囊的

disaccharide 二糖

Disacciatrileti 无缝双囊系[孢]

Disaccites 双囊类[孢]

disaccitrileti 三缝双囊系[孢]

disaccommodation 减落；失去调节

disaccord 不符；不同意

disadjustment 失谐；失调

disadvantage(ousness) 有害；不良；缺点；不利(条件)；损失
→~ (expense) 损耗//~ factor 损耗系数

disadvantageousness 不便

disadvantageous position 下风

disagglomeration 瓦解；解结(作用)

disagglutinating action 分开作用；集块岩分散成小块

disaggregate 解集

disaggregation 物理风化；分散作用；解聚集(作用)
→~ on standing 陈置过程中的解聚现象

disagreement 不整合

disallowed gas concentration 瓦斯超限

disappearance 消失；消散；失踪；消失作用；不见
→~ of outcrop 露头缺失

disappearing-phase method 相消失法

disappearing stream 消失河；伏流
→~ {sinking;swallet;subterranean;underground;sunken} stream 伏流河

disassembled schematic 分解简图

disassembly 分散；拆卸；拆开
→~ and assembly block 拆装专用木架

disaster 事故；灾难；灾变；故障；自然灾害；灾祸；灾害
→~ area 灾区//~ caused by earthquake 震灾//~ prevention 防灾//~ reduction 减灾

disasteridae 分星海胆科

disaster prevention 防灾
→~ reduction 减灾//~ unit 抢险车

disastrous settlement 灾害性下沉

disazo compound 二重氮化合物

disbark 剥树皮

disbond 脱层[涂层与管子表面脱离]

disbonding 剥离；涂层剥落

disbranch 修砍(木材)

disburden 卸载；卸货

disbursement 分配；拨款；支出；拨[款]

disc 盘状物；中央盘[棘]；唱片；(软)磁盘；圆盘{片}；叶轮；挺杆；圆板；平圆形物
→(residual) ~ 废石//~ as useless 报废//~ metal 废弃金属//~ screen 排矸筛

discard 矸石；撇；废物；抛弃；放弃；报废；逐出；废弃；废品；丢弃；剔出的废石；废料；废渣[选煤]
→(residual) ~ 废石//~ as useless 报废

discarded atom 燃耗原子
→~ metal 废弃金属

discard removal 排除废渣
→~ screen 排矸筛

dis(a)ccord 不协调；不一致

discernable 可识别的；可辨别的

discernibility 分辨率；鉴别率

discernible 可辨别的；可察觉的；可识别的
→~ foliation trend 可辨别叶理走向

Discernisporites 碟饰孢属[C]

discerptibility 可分解；可剖析

discharge 发射；水流量；履行；释放；泄荷；排放物；解雇；泄；消耗；排气；排流口；排料；排放；排出(量)；流出；免除；排出物；卸货；放出；解除；卸料；径流量；输送；卸载
→(bleeding) ~ 排泄；放电//~ (head) 排矿端//~ (hydraulic) 涌水量//~ (material) 排矿；流量

dischargeable capacity 有效容积[储气罐]
→~ {discharge} capacity 排送能力

discharge air shaft 回风井；上风立井；竖井

discharged ballast water 排放的压舱水
→~ fluid volume 排出液体积

discharge diagram{hydrograph} 流量图
→~ diaphragm 排料算板

discharged liquid 排出液体

discharge door{end} 出料口

discharged quality terms 卸货品质条款

discharge electrode 放电电板
→~ hopper 卸矿槽//~ lifter 蜗旋式螺旋排矿提升器//~ of heavy dirt at the discharge end 正排矸//~ of sewage 污水排放//~ opening 漏矿口；泄水孔；排泄口{孔}；泄水口//~ opening {lip} 放矿口//~ outlet 排矿口//~ paddle 排出浮沫刮板

discharger 火花间隙；放电器；排出装置；卸货人；排卸机；排料器衬板；避电器；发射者；发射装置；排泄装置

dischargerate 卸载速度；放电率；排泄速率；排量[泥浆泵]

discharge rate 排泄速率；排出率；卸载速度

discharging 卸货；放电
→~ area 排矿点//~ opening 卸料口；排矿口

disc hydrophone 压电圆片式水下检波器

disciform 椭圆形；圆盘状

Discinacea 平圆贝超科{群}[腕]；平口贝超科[腕]；盘贝类

discinacean 圆盘贝式的[腕]

discing (深孔岩芯)圆盘化现象[深孔岩芯的]

Discinisca 蝶形贝(属)[腕;K-Q]

Discinites 盘穗属[古植;C₂-P]

Discinopsis 盘形贝属[腕;∈₂-₃]

Discisporites 圆盘孢属[Mz]

discission 挑开术

disclasite 黄绢石[一种蚀变的古铜辉石;(Mg,Fe)SiO₃•¼H₂O(近似)]；水硅钙石 [CaSi₂O₄(OH)₂•H₂O;三斜]

disclination 旋错；旋转位移

disclose 泄

disc mill 盘磨

Discoactinoceras 盘珠角石属[头;O₂]

discoaster 盘星石[钙超;E-Q]；星形球石

Discoasterid{discoasterids} 盘星类[E-Q]

Discoasteroides 似盘星石[钙超;E]

discobolocyst 盘形刺孢[隐藻门]

Discoceras 盘角石；盘角石属[头;O]

Discocyclina 圆旋虫属[孔虫;E]

Discocythere 扁花介属[N₂]

disc of attachment 固着盘
→~ {sheet} of current 电流层

Discograptus 盘笔石属[S₁]

discohexaster 盘六星骨针[绵]

discoideus 盘状；圆盘状

Discoidiidae 盘海胆科

discolith 盘状菌粒；核粒；盘状(石)[钙超]

Discolithina 小盘星石[钙超;E₁-Q]

Discolithus 盘颗石

discolo(u)red water 变色水；变色海水

discolour 变色

discomposition effect 石墨潜能释放效应

disconcordant fold 不整合褶曲；不协合褶曲；不谐合褶曲

discone 盘锥形

disconformable 假整合的
→~ plane 假整合面

disconformity 非角度不整合；假整合

disconnected 切断的

disconnected contact 空间接点

→～ flame 脱火

disconnecter 切断开关；断路器

disconnecting device 断开装置

→～{disengagement;disengaging} gear 解脱机构//～{detaching;disengaging;self-detaching} hook 分离钩//～ hook 摘钩 //～ stirrup 摘开(绞乱的绳)

discontinue 中止；中断

discontinued workings 暂时停工或报废工作区

discontinuity 非连续(性)；不连续；跃变(性)；不均匀性；间断；骤变；突变；间断面；地震波速度突变面[地物]；间断性；中断；龟裂；连续性；断续函数；不连续点；突变点；不均匀度；地壳岩石突变

→～(surface) 不连续面//～ analysis 不连续(性)分析//～ identification method 不连续识别法；间断识别法//～ {thermal} layer 温跃层

discontinuous 不连续的；间断的；突变的

→～ deformation 间歇形变作用//～ distribution 间断分布//～{discrete} distribution 不连续分布

discontinuously varying attribute 变化不连续的特征

discontinuous permafrost zone 不连续永冻带

→～ signal 间断信号//～ spectrum 不连续谱//～ surface 不连续面//～ vectorial property 不连续矢性性质

discontinuum 间断集[数字]；密断统

Discophyllites 盘叶角石

Discophyllitidae 盘叶菊石科[头]

Disco process 迪斯柯低温渗碳法

Discorbinella 小圆盘虫属[孔虫;E-Q]

Discorbis 圆盘虫(属)[孔虫;J₃-Q]

discordance 不一致性；不协和；不调谐；不整合[接触]

discordant 不整合的；不协调；不和谐的；不匀整的

→～ age 非谐和年龄(序列)；不整合年龄序列

discordia 不一致线

discordogenic fault 深大断裂；(长期活动的)分界断层

discorhabd 盘杆骨针[绵]；棋子骨针[绵]

Discorhabdus 盘棒石[钙超;J]

discoria 瞳孔变形

Discosauriscus 圆盘蜥属[P]

Discosphaera 盘球石[钙超;Q]

Discotrypa 盘苔藓虫属[O-D]

Discotrypina 准盘苔藓虫属[S]

Discoturbella 锥盘颗石[钙超;E₃]

discounted cash flow 现金流量贴现

→～ cash flow rate of return 盈利率//～ cash flow yardstick 现金流动(量)贴(折)现标准//～ production revenue 产量贴现收益//～ rate 折扣率

discount rate 折现率；贴现率

discovered{discovery} reserves 发现储量

discoverer 发现者

discovery 被发现的事物；新发现；见矿

→～ claim 勘探申请//～ index (石油)发现指数//～ vein 原始发现矿体；最初发现矿体//～{prospecting} work 探矿工作

disc packs 圆盘形封堵器

→～ punching 冲片

discras(it)e 锑银矿[Ag₃Sb;斜方]

discrepancy 不精确度；不符值；矛盾；缺少；差异；偏差；不一致；亏损；不符合；互差；误差；不同

→～ factor 偏离因子//～ in closing 闭合差//～ in elevation 高差//～ tag 误差标签

discrepitate 龟裂；布满裂纹

discrete 组合元件；不连续的；个别的；松散的；不连接的；分散的；分离的[牙石]

discreteness 目标相对于背景的显明度；不连续性

discrete parameter stationary Markov chain 离散参数平稳马尔科夫链

→～ particles 分散状微粒//～ phase 不连续相//～ point set 离散点集//～ {separative;separation} signal 分离信号

discretization{discretize} 离散化

discriminability 分辨力；鉴别力

discriminant{discriminance} 判别式；鉴别式

→～{discriminatory} analysis 判别分析

discriminating breaker 逆流

discrimination 识辨率；辨别；识别力；区分；眼力；歧视；判别；不公平待遇；挑选

→(systematic) ～ 鉴别//～{resolution} error 分辨误差//～ threshold 甄别阈

discriminator 鉴别器；甄别器；比较装置

→(frequency) ～ 鉴频器

discriminatory 能鉴别的；能选择的；能识别的；识别载波

→～ power 判别能力

discus 帽；盘[动]；花盘[植]

(raindrop) disdrometer 冲力雨滴谱计

disease caused by weather 气象病

diseased line of railway 病害铁路线

disease resistance 抗病力{性}

→～-resistant 抗病的

disembark 登陆；下船

disembogue 流注[江河注入大海]

disengaging{disengagement;disconnecting} gear 分离装置

→～{drag} hook 拉沟//～{separation} mechanism 分离机构

Disentis law 迪桑蒂斯(双晶)律

disequilibrium 不平衡；平衡破坏；失去平衡

→～ assemblage 不平衡矿物群；不平衡组合

disfiguration 外形损伤；瑕疵

disfigurement 瑕疵；外形损伤

→～ of surface 地表起伏；路面损坏

disforest 毁林[垦田]；伐去森林

dis(a)ggregation 分散作用

disgregate 解体；分散

disgusting 恶心

dish 量矿箱；盘子；(雷达探测天线)反射器；凹处；谷地；盘形(物)；皿盘；下陷盘；井底车场空车场；(使)成凹形

→～ fold 不谐调褶曲//～ end plate boiler 碟形底板式锅炉//～ head 碟形底；碟形封头；凸或凹底//～ stone 火山饼//～{platy} structure 碟状构造

disharmonic 奇形怪状的；不和谐的

→～ fold 不谐调褶曲

dished 凹状扭曲；碟形的

dishing 凹状扭曲；大半径凹进成形；地

表盘形下陷；表面凹陷；凸弯；窝锻；表面缩穴；塌陷

dishstone 皿石

dish stone 火山饼

→～ structure 盘状构造//～{platy} structure 碟状构造//～{saucer} structure 蝶状构造//～ type grinding wheel 蝶形砂轮

dishwasher 洗碗机

disillusion (使)幻想破灭

disilverorthophosphate type 磷酸氢二银(晶)组[6晶组]

disincrustant 水垢溶化剂

disinfectant 消毒剂；灭菌剂

disinfection 消毒(作用)；杀菌(法)

→～ apparatus 消毒器

disinfector 消毒剂

disintegrability 崩解能力

disintegrate 分离；破碎；崩溃；崩解[物理风化]；裂变；垮台；分开；分化；使分裂；蜕变

disintegrated powder 粉碎粉末；磨碎粉末

disintegrating{breaking;crushing;shattering} force 破碎力

→～ machine 磨矿机//～{shattering;fragmentation} process 破碎过程//～ {weathering} process 风化过程//～ {disintegrated} slag 碎渣

disintegration 衰变；变质；分裂；分解作用；腐朽；碎粉；崩解作用；崩溃；崩解[物理风化]；分解；风化作用；蜕变(作用)；剥蚀；瓦解；破碎；松散；碎磨；碎裂；碎解；解体

→～ of core 岩芯崩散//～{decay;daughter} product 衰变产物//～ per minute 每分钟衰变数//～ voltage 崩离电压

disintegrations per hour 衰变/时间

disintegrative action 崩解作用

disintegrator 破碎机；分解者[生态]；碎散机[洗矿]；裂解槽；碎裂器；松砂机

disinterment 掘出(物)；发掘

disintoxication 解毒

disjoin(t) 分解作用；分离

disjoining film 分离膜

disjunct 不相连的；分离的

disjunctive dislocation 分裂变位

→～ fold 曳裂褶曲{皱}；碎裂褶皱//～ kriging 析取克里格(法)；分离克里格(法)//～ sea 错动海//～ zone 脱节带

disk 圆盘；圆板；磁盘；中央盘[棘]；挺杆

→～-and-cup feeder 杯式加料器//～-and-cup wet reagent feeder 杯盘式液体药剂给药机//～ bottom hole packer 扁盘井底封隔器//～ bracket 圆盘刀支架 //～ crash 磁盘划碰

(floppy) diskette 软磁盘

→～ hardness gauge 硬度测量盘

disk function 盘功能

→～ grinder 磨圆盘砂轮

disklike 盘状的

→～ molecule 盘状分子

disk-like rock core 饼状岩芯

disk pulverizer{grinder} 盘磨机

diskras(it)e 锑银矿[Ag₃Sb;斜方]

disk sander 圆盘式砂光机

→～-shaped pebble 圆盘形砾石//～ type 盘式//～(s) valve 圆盘阀//～ {disc} wheel 盘轮

dislocate 错动；(使)位移

dislocated deposit 断错油(气)藏
→~ down-warping region 拗断区∥~ {displaced} seam 错位煤层∥~ structure 错断构造∥~ upwarping 隆断

dislocation 打乱；混乱；转换位置；移位；色散；转位；错断；错位；失调；变位；脱节；位错；断层；原子错位；位移；晶体结构错位；钻孔弯曲；断错
→~ {travel(l)ing;fleeting} angle 移(动)角∥~ density 位错密度∥~ loop{ring} 位错环∥~ metamorphism 错断变质∥~ model 位错模型{式}[晶体生长的、双晶的、多型的]

dislodge (用清管器)清除脏污；撬松石；排除气泡；移去；移动

dislodged 移出；移动
→~ sludge 沉积泥渣∥~ strata 松动岩层

dislodger 沉积槽

dislodge the coal 松动煤层

dislodging 移动；(二次电子)撞出
→~ force 沉积力；坠力∥~ of loose rock 取出松岩∥~ of sediment 挖除泥沙；清除泥沙；泥沙移动

dismal 浅沼泽[美东南部]

dismantling 摧毁；拆卸；拆开；拆掉；粉碎；分解；除去
→~ removal 撤除

dismay 灰心；沮丧

dismember 割切；肢解

dismembered geosyncline 残块地槽；解体地槽
→~ stream 海侵河

dismembering 解体；解体作用

dismicrite 磐斑灰泥岩；鸟眼灰岩

dismiss and replace{dismissing and replacing} 撤换

disodium ethylenebisdithiocarbamate 次乙基-双-二硫代氨基甲酸钠[(CH₂NHC(S)SNa)₂]
→~ ethylene diamine tetra acetate 乙二胺四乙酸二钠盐[(-CH₂N(CH₂COOH)CH₂COONa)₂]∥~ salt 二钠盐

disomatic 被包裹晶；捕获晶

disomic 二体生物；二体的

disomose 辉砷镍矿[NiAsS;等轴]

disomy 二体性[生]

disorder 失调；混乱；异常；无序；骚动；不规则；紊乱；扰乱

disordered layer 混乱层；不正常层；无序层
→~ polytype 无序多型

disordering 无序化

disordus 无序线

disorganized form 无规状态

Disparida 分离海百合目[棘]；不等海百合目

dispatch 电讯；快信；迅速处理；送达；派遣；(新闻)专电；快递；急件
→~ (trains,buses,etc.) 调度∥~ (ing) center 运输中心；调度中心∥~ station 输送站∥~ winch 调度绞车

dispatching 调度；分发；装运；分配；装货[油品]

dispel 消除

dispellet 扰动球粒

dispensary 药房

dispense 分配；配制；实施；发放；免除

→~ (a prescription) 配药

dispenser 药剂师；配油泵；调配泵；配出器；分配器；加注器；调和器；加油车；集束弹箱

dispensing point 配油点

dispergation 胶液化(作用)；解胶

dispergator 解胶剂

dispersal 疏开；分散作用；散布；弥散；驱散；分散；越阻散布；漂移；扩散；消散

dispersancy 分散性；分散力

dispersant 分散剂；色散器
→~ type lignosulfonate retarder 分散型磺化木质素缓凝剂

dispersate 分散质

dispersator 搅松机

disperse 分散；散开；弥散
→~ magnetic powder tape 含粉磁带∥~ mineralization halo 分散矿化晕∥~ {emulsion} state 乳化态∥~ feed method 分散输入法[测相对渗透率]；分散馈给法∥~(d) phase 分数相

dispersed 分散作用
→~ flow 弥散流[气-液两相管流的一种流型]；分散流[化探]∥~ gas flotation 分散气浮选∥~ magnetic powder tape 含粉磁带∥~ mineralization halo 分散矿化晕

disperser 扩散器；扩散装置；色散器；泡罩；分散器；分散剂

dispersing agitator 打散机
→~ medium 分散体∥~ {dispersion;deflocculating;diverting;spreading} medium 分散剂∥~ unit 色散元件；分光元件

dispersion 悬浮；散射；散粒悬浮(液形成)；扩散；漂移；离基；密集度；弥散；离势；离差；离散度；分散作用；标准离差；乳浊液；频散；被分散物质；分散
→~ coefficient 色散系数；散逸系数；弥散系数∥~ ellipse 陨石雨散布(椭圆)区∥~ halo 贫矿圈∥~ {age}-hardened alloy 弥散硬化合金∥~ of seismic waves 地震波散∥~ of waves 波的弥散∥~ rate{ratio} 分散率

dispersive 分散的；色散；频散
→~ (flux) 弥散(通)量∥~ power 色散力∥~ pressure 分散压力∥~ soil 分散性土

dispersivity 分散率差；弥散性
→~ tensor 色散张量

dispersoid 弥散体；分散体

Disphaeromorphitae 套球亚类[疑]

disphenoid 四方双楔；双楔[晶]；双楔；正方双楔；复正方楔；双半面晶形[晶]

disphenoitlal class 双楔(晶)组

disphotic zone 贫光带；弱透光带
→~ {dyssophotic} zone 弱光带

Disphyllum 分珊瑚(属)[D]

displace(d) 置换；排水；排出；移动；转位；替换
→~ (displacement) 位移

displaceable oil 可驱替油

displaced atom 移位原子[晶格中]
→~ enclave 位移包体∥~ orebody 次生矿体

(positive) displacement compressor 容积式压缩机

displacement curve 移动曲线；位移曲线
→~ of rock masses 岩石移动；岩石位移

displacemeter 位移计

displace mud 驱替泥浆

displacer 过滤器；排出器；置换剂；置换器
→~ float 排液浮子

displacing 顶替
→~ device 置换器

displacive concretion 推移性结核
→~ precipitation 推移沉淀作用；推进沉淀作用∥~ transformation{inversion} 移位式(同质多象)转变

display 指示(器)；展览品；表现；呈现；显示器；发挥；显示

disposable 可随意使用的；可(任意)处理的
→~ buoyancy 可用有效浮力∥~ grout valve 活动灌浆阀

disposal 处置；安排；排列；清理；清除；使用权；排出；摘除；处理权；消除；配置；拣矸；处理
→~ of sewage 污水处理∥~ of spoil 矸石处理；出渣∥~ of wastes 废物处理∥~ {drain} pit 排水坑∥~ site 废物处理场；尾矿池；尾矿坝∥~ well 处理矿场水或污水的井

dispose 清除；布置；分配；处置

disposition 倾向；配置；排列；安排；布局；意向；处理权；(线路)交叉；质地

dispossession 划占(矿用地)

disproportionation 氢原子转型；不均；不成比例；不相称；歧化作用；不均匀

disproportion potential 歧化势

disputant 争论者；争执者

disqualification 使……不合格；取消资格

disrelation 不统一；分离

disrepair 失修；破损

disresonance 非谐振

disrotation 对旋作用

disrotatory 对旋

disrupted (使)混乱；中断；使分裂；毁坏；搞垮；停顿；爆喷；爆破；冲破；干扰；断裂；分裂；破坏；断裂的；分裂的；断线状(构造)[变质岩的]
→~ {detached} anomaly 脱节异常

disruption 碎裂；击穿；破裂；破坏作用；穿孔；瓦解
→~ (shot) 爆炸∥~ parameter 崩裂参数

disruptive 破裂的；破坏的；分裂性的；破裂性的
→~ action 爆喷作用

disrupture 分裂；破坏；破裂；击穿；爆炸
→~ force 毁坏力

dissakisite 镁铈褐帘石[Ca(Ce,La)MgAl₂Si₃O₁₂(OH)]

dissect 详细推究分析

dissected map 拼幅地图；明细地图；拼排式地图
→~ plain 切割平原

dissector 分析者；解剖器具

disseminated 分散的；浸染的

dissemination 散布；嵌布；弥散；分散作用；矿染；传播；浸染

disseminule 传播体

dissepiment 横枝[苔藓虫]；肢膜；隔膜；鳞板[册]

dissepimentarium 鳞板带[册]

dissertation 论文；演讲；研究报告；报告；专题论文

disservice 伤害；损害

D

dissimilar 不相似的；不同的；不一样的

dissimilation 分化(作用)；异化

dissimilatory 异化作用

dissimilitude 不一样；异点

dissipated power 耗散功率

dissipater 耗散器；喷雾器

dissipates energy 消能

dissipating area 潜失区[地表水]

dissipation 消耗；散失；消散；消除；消融作用；损耗；散逸

dissipative element 有耗散的元件；耗能元件
→～ structure theory 耗散结构论//～ wave motion 耗散波运动

dissipator 耗散器；消融部分[冰]；喷雾器

dissociability 分离性

dissociate 分解；离解

dissociation 水解作用；分解作用
→～ constant 解离常数//～ {ionization} constant 电离常数//～ degree 离解度//～ product 离解乘积{产物}

dissociative mechanism 分解机理

dissociator 离解子；分离器

Dissocladella 双枝藻属[E]

dissoconch 双壳类壳[软]

dissogenite 接触脉岩；异源岩

dissolution 溶洞；溶隙；溶蚀；溶解；融化；液化；溶解作用
→～ pore 溶蚀孔隙//～-precipitation mechanism 溶解沉淀机理//～-rate profile 溶速剖面//～ resistance 抗溶性

dissolvability 溶(解)度

dissolvant 溶媒；溶剂

dissolved 溶解的
→～{solution} gas 溶解气//～ gum 燃料树脂//～ load 溶解搬运(质)//～ oxygen 溶氧

dissolvent 溶剂；有溶解力的

dissolver 溶解装置；溶解器

dissolving 熔解
→～ capacity{power} 溶解能力//～ fuel 电解溶解(的核)燃料//～ power {capacity} 溶解力//～ tank 溶解槽

Dissopsalis 新鬣兽属[N₂]

dis(a)ssimilation 异化作用

dissue 掘出薄矿脉围岩[便于开采]

dissymmetric(al) 不匀称的；不对称；非对称的
→～ molecule 不对称分子

dissymmetry 不对称；非对称(性)

Distacodus 单锥牙形石属[Є₃-S₂]

distal (在)末端；远处的
→～-basin turbidite 远源盆地浊积岩//～ ore deposit 远火山活动(金属)矿床

distalis 远极[孢]

distal margin{edge} 远边
→～ membrane 顶膜//～ ore deposit 远火山活动(金属)矿床//～ pole 远极[孢]//～ pore 顶孔

distance 距离；位距；间距；间隔；远方；远景；远距离
→～ from focus 震源距//～-function map 相分布图//～ seismograph 远震观测地震仪//～ signal 间距信号//～ {remote} signal 远程信号//～-true fold 定厚褶曲

distancer 测距仪

distance ring 隔离垫圈；隔(离)环
→～ seismograph 远震观测地震仪//～

{remote} signal 远程信号//～-true fold 定厚褶曲//～ type 遥控式

distant 远隔的；远程；隐约的

distasteful 讨厌的

distaxy 非取向附生

distele 双中柱

distension {distention} 膨胀(作用)；扩张

Distephanus 异刺硅鞭毛藻属；双冠硅鞭毛藻(属)[Q]

disterite{disterrite} 绿脆云母[Ca(Mg,Al)₃₋₂ (Al₂Si₂O₁₀)(OH)₂;Ca(Mg,Al)₃(Al₃SiO₁₀)(OH)₂; 单斜]

disthene 蓝晶石[Al₂(SiO₄)O;Al₂O₃(SiO₂)]
→～-mica schist 蓝晶云片岩

disthenite 蓝晶岩

distichals 次腕板；联板[海百]

Distichoplex 双列藻属

distichous 二列的

Distic(h)oplex 双列藻属；双板藻属[E]

distill (使)滴下；蒸馏

distilland 被蒸馏物；蒸馏液

distillate 蒸馏液；精华；馏分
→～ field 凝析气田//～ fuel system 小型组装炼油装置//～ gas 馏出气

distillation 蒸馏液；蒸馏
→～ apparatus 蒸馏器//～ {distillate} cut 馏分//～ overhead 拔顶物//～ stabilizer column 蒸馏稳定塔

distillatory 蒸馏器

distinct 截然不同；不同的；清楚的；独特的；有差别的
→～{symptomatic;characteristic;diagnostic; varietal} mineral 特征矿物

distinctive 有特色的；与众不同(的)；特殊的
→～ appearance 特殊外形//～ formula 判别式//～{varietal; symptomatic;characteristic;diagnostic} mineral 特征矿物//～ trait 鉴别特征

dististele 末端；末区[棘海百]；远区[棘海百]

Distomodus 异牙形石属[S₁]

Distorsio 歪螺属[腹;E-Q]

distorted 扭曲的；失真的[录音等]；畸变的
→～ bedding 歪曲层理

distorting force 畸变力
→～{torsional;twisting} stress 扭转应力

distortion 变率；扭转；扭弯；扭曲；错移；乖僻；失真；扭变

distortional 失真的[录音等]；变形的；畸变的；歪曲的
→～ transition 畸变式转变//～ wave 歪曲波

distortion at plane interfaces 平界面畸变

distress 事故；危难；苦恼；痛苦；损坏
→～ signal 海难信号；呼救信号；海险信号；求救信号；遇难信号[航海]//～ {emergency;urgency;urgent} signal 紧急信号

distressing 悲惨的

distributary 岔流；配水管；支流；分流；配水沟
→～ (channel) 汉河

distributing bin 分配仓
→～ boom 卸载分配悬臂

distribution 配电系统；配置；销售；周延性；发行；范围[生态]
→(power) ～ 配电//～ and change 分布

和变化//～ coefficient {ratio} 分布系数//～ of arid and semi-arid environments 干旱和半干旱环境的分布//～ of mineral deposits 矿产分布//～ of pipe 管子的分布//～ of rain 降雨(量)分布//～ {|resolution| release|component} of stress 应力分布{|解|离|量}

distributive{distribution} law 分配律
→～ province 分布区//～ step fault 断裂带

distributivity 分配性

distributor 分箱器；批发商；分矿器；导向装置；配电盘；再分配器；(沥青)洒布机；布料槽；布料器；换流器；销售者

district 矿井分区；区域；区；管区；地方；地域；地区；地带
→～ cooling 区域供冷//～ cross-cut 区段石门//～ metal zone map 地区金属矿带图//～ superintendent 油区监督

disturbance 扰乱；干扰；扰动；失调；变动；故障；障碍
→～ analysis 扰动分析//～ {remolding} index 扰动指数//～ of a lode 矿脉扰动//～ of metabolism 代谢失调

disturbed{bottleneck} area 污染区
→～ area (地层)损害区//～ belt{zone} 扰动带//～ flow condition 紊流状态//～ ground 错动地层；错乱地层//～ strata 扰动地层

disturbing admixture 紊流剂

distyrene{distyryl} 联苯乙烯

disubstituted 双取代的；二基取代了的
→～ imidazole 咪唑二取代物

Disulcina 双槽介属[O₂₋₃]

disulfate 硫酸氢盐[MHSO₄]；焦硫酸盐

disulfide 二硫化物

disulfonic{dissulfonic} acid 二磺酸[R:(SO₃H)₂]

disulphate 焦硫酸盐；硫酸氢盐[MHSO₄]

dit 小(孔)砂眼；(电码的)点号

ditch 沟渠；沟；明沟；打捞器；水采地沟；修渠；渠；(使)强迫降落；截水沟；开沟
→(water) ～ 水沟；水渠//～ cleaner {dredger} 清沟机//～ diversion 导流沟//～ edge 沟缘

ditcher 石磨钻凿机；挖沟工；挖沟机；挖掘机
→～ stick 反向铲勺杆

ditch excavation{cutting;work} 挖沟
→～ excavation measurement 挖沟土方测量//～ excavator {digger} 挖沟机

ditching 抛开；掘沟；挖沟
→～ and trenching machine 挖沟机//～ dynamite 开沟用硝甘炸药//～ {channel(1)ing;trenching} machine 开沟机；挖沟机

ditch method 壕沟法
→～ of karst 岩溶槽谷//～ sample 泥浆槽(中取出的)砂{岩}屑样品//～ slope 水沟坡度

diterpene 双萜

diterpenoid 二萜化合物

diterpenoids 双萜(类)

ditesseral 复立方的
→～-central class 复立方中心(晶)组[m3m 晶组]//～-polar class 复立方极性(晶)组[43m 晶组]

ditetragon 双四边形

ditetragonal 复正方的；复四方的
→~-alternating class 复四方映转(晶)组 [42m 晶组]

ditetrahedron 双四面体

dither 发抖；抖动器；高频振动(颤动)

dithioacetic-acid 乙荒酸$[CH_3CSSH]$

dithio-acid 荒酸$[R•CSSH]$

dithiocarbamate 二硫代氨基甲酸酯{盐} $[H_2N•C(S)SR\{M\}]$

dithiocarboxylic{dithionic} acid 荒酸$[R•CSSH]$

dithiodiglycollic acid 二硫撑二醋酸 $[HOOCCH_2-S-S-CH_2COOH]$

dithiol 二硫酚

dithiolcarbonic acid 二硫代碳酸$[CO(SH)_2]$

dithiole 二硫茂；二噻茂

Dithion ×捕收剂[二乙基二硫代磷酸盐]

α-dithio-naphthoic acid tetramethyl ammonium salt α-二硫代萘酸四甲季铵盐 $[C_{10}H_7C(S)S^-,(CH_3)_4N^+]$

dithionate 荒酸盐[罕用,泛指]
→~ process 低品位锰矿浸滤提锰法

dithizone 双硫腙$[C_6H_5N:NCSNHNHC_6H_5]$

ditolyl 联甲苯；二甲苯基

Ditomopyge 双切尾虫属[三叶;C_2-P_1]

ditrigon 双三角形

ditrigonal 复三方的

ditroite 方钠二霞正长岩

ditroyte 方钠石$[Na_4(Al_3Si_3O_{12})Cl;等轴]$；霞石$[KNa_3(AlSiO_4)_4; (Na,K)AlSiO_4;六方]$

ditter 抖动

dittmarite 迪磷镁铵石$(NH)_4Mg(PO_4) •H_2O;斜方]$；磷酸镁铵石 $[Mg_5(NH_4)H_4 (PO_4)_5•8H_2O(近似)]$

ditto 重复；如前所述；同样；同上；复制品；同前

Dittonian stage 迪通阶[英;D]

Ditymograptidae 对笔石科

diurleite 久辉铜矿$[Cu_{31}S_{16};单斜]$

diurnal 每日；只在白天；昼夜；白天
→~ aberration 周日光行差 // ~ cycle 每日循环 // ~ magnetic correcting 日磁校正 // ~ magnetic correction 周日磁变校正 // ~{daily} range 日较差

diurnation 昼夜变动；昼间不活动的习性

divagating meander 侧移曲流

divagation 泛滥；侧溢

divalent 二价的
→~ element 二价元素

divariancy 双变性

divariant 有两个自由度的[化学系统]
→~ system 二变系；双变(体)系

divaricating channel 分汊{叉}河道

divarication 河流分支

divaricator 开筋；开肌[腕]

dive 潜入；下潜

diver 矿浆密度试锤；潜水员；俯冲机
→~-assist flow-line connection 潜水员协助的出油管连接 // ~-changing station 潜水员换衣站；潜水员(工作条件)变换站

diverge 分叉；离题；岔开；脱节；分出；逸出；发散；分歧

diverged terrace 扩散阶地；辐散阶地

divergence 离题；散开；扩散；趋异；差异；歧异；变形扩大；偏差；辐射；辐散；离散；分歧；分散；散度；幅散
→~ (rate) 分散(程)度 // ~ dissemination 分散作用 // ~ of mass-flow velocity 质量流速的散度 // ~ theorem 分散

定理

divergent 扩径的；分歧的；相异；发散的

diverge sequence 发散序列

diverginervius 辐射脉

diverging 相异；渐扩(散)的；发散的
→~-converging flow system 源-汇管(动体)系 // ~ fault 分叉断层 // ~{divergent} plate 辐散板块 // ~ wave 散波

diverless flow-line connection 无潜水员协助的出油管连接(部位)
→~ technique 无潜技术

diver lockout 潜水员自海底舱入水(装置)
→~ method 试垂(沉降测定粒度)法；矿浆密度试重法

diver's boat 潜水船

diverse 多变化的；形形色色的；多样的；不一样的；不同的
→~ ion effect 异离子效应

diversifying selection 歧异选择

diversing wave 八字波；船首波

diversion 换向；引出；变更；转向；分心；导流；改变方向；分出；转移；转换；引水；改道[河流]
→(fluid) ~ 分流

diversity 差异；多样化；多样性；合成法；变异度；变化；参差；分集；发散
→~ factor(用)气需求量差异度；不等率 // ~ principle 分异度原理 // ~ recording 花样叠加(地震)记录；混合记录[震勘] // ~ system 多道系统

Diversograptus 反向笔石属$[S_1]$

diver's wrist compass 潜水指南手表

diverted{angle(d);controlled-angle} hole 定向钻孔[用于管线穿越]
→~ river{stream} 改向河；转向河；被袭夺河

diverter 折流器；被袭夺河；改向河；偏滤器；避雷针；转向器；分馏器；截夺河；袭夺河；分流器[电阻]
→~ valve 转向阀；导流阀

diverticulation 地层转向；分歧作用

diverting{diversion} agent 转向剂
→~ agent 转换剂

divide 分裂；分隔；划分；劈；隔开；分割；分；分界；分度；分开；除；分配；分离；分派
→(water;parting;shed) ~ 分水岭 // ~ blast pipe 组成吹管 // ~{broken;deck(ed); extended;broked;part} charge 分段装药 // ~{shunt} circuit 分路 // ~{mean} difference 均差 // ~ migration 分水界移动

divided-bar 分棒法

dividing 起区分作用的；起分(割)作用(的)；分开；定尺剪切
→~ box 分割箱；分流箱

divine creation 神创{造}论

diviner (用)探矿杖探矿者；江湖找矿师[用非科学方法找水源或矿的人,带讥讽或诙谐意义]

diving 伸入(的)；插入；潜水；下潜
→~ depth limit 潜水深度极限 // ~ photograph 俯冲拍摄的相片 // ~ plane {rudder} 升降舵 // ~ rudder{plane} 水平舵 // ~ suit{dress} 潜水服

divining 占卜式找矿；探水术；探矿术[用探矿杖]
→~ rod 卜杖；魔杖；探水树杈 {dowsing;dipping;mineral} rod 探矿杖

divisible 可分的；可除(尽)的
→~ activity 可分活动

division 分区；除法；划分；部门；分类；区域；部分；段；割裂；采区；节；除；分隔；分割；刻度；分离；片；分划
→~ of terrazzo joint 水磨石分格缝

divisionalize 分权；分为多区{部}

divisional plane 分割面[包括节理面、劈理面、断层面、层面等]；节理面

Divisisporites 叉缝孢属；无缝孢属[K-E]

divisive-monothetic strategy 单型分割(分类)法

divot 麻点；缺陷[凹坑]

divulge 漏；泄；泄漏
→~ information 通风

divulsion 扯裂

diwa 地注；大地凹陷

dixanthate{dixanthogen} 复黄药(浮剂)；双黄药$[RO•CS•S_2•CS•OR;(ROCSS-)_2]$；二黄原酸盐

dixenite 三方硅砷锰矿；黑硅砷锰矿{石}$[Mn^{2+}_{11}Mn^{3+}_4(AsO_3)_6(SiO_4)_2(OH)_8;三方]$

dixeyite 水方硅铝石$[Al_2O_3•(4{\sim}5)SiO_2•(3{\sim}4)H_2O]$；方水硅铝石

Dix formula 迪克斯公式

Dixon conveyor 狄克逊directory(高架)输送机

Dizeugotheca 双联囊蕨属[古植;P]

dizonotreme 双环状萌发孔[孢]

dizziness 眩晕；粗眼

dizzue 剥离；剥离围岩；掘出薄矿脉围岩[便于开采]

dizzy 晕

djalindite 羟铟矿

djalmaite 黑钛铀矿{钽钛}$[(U,Ca,Pb,Bi,Fe)(Ta,Nb,Ti,Zr)_3O_9•nH_2O]$；铀细晶石$[(U,Ca,Ce)_2(Ta,Nb)_2O_6(OH,F);等轴]$

djerfisherite 硫铁铜钾矿[等轴;$K_6(Cu,Fe,Ni)_{25}S_{26}Cl;K_2Cu_3FeS_4]$；陨硫铜钾矿；硫铜钾矿

djeskasganite 辉铅铼矿；辉铜铼矿$[CuReS_4]$；锌铜矿

Djibouti 吉布提

Djouloukoulite 镍辉钴矿[富镍辉钴矿的变种;(Co,Ni)AsS]

Djulfian stage 佐尔夫阶

Djungarica 准噶尔介属$[J_3$-$K]$

djurleite 久辉铜矿$[Cu_{31}S_{16};单斜]$；低辉铜矿

D layer D 电离层；D 层[相当于下地幔]

DLT reagent DLT 浮选剂[二乙醇胺和高级脂肪酸的缩合产物]
→~ ground beacon antenna 测距装置地面信标天线

3-D{three-D} migration 三维偏移

dmisteimbergite 德米斯腾贝尔格石$[CaAl_2Si_2O_8]$

DMRT 记录到最高温度的深度

DMSO 二甲亚砜

DNA bases 脱氧核糖核酸碱基

dn(i)eprovskite 纤(木)锡石；木锡矿[具有放射状结构的纤锡矿;$SnO_2]$

DNT 二硝基甲苯[炸药;$C_7H_6N_2O_4]$

doab 砂质页岩；多砂黏土；黑砂质黏土；汇流；河间冲积(平原)

doak 脉壁黏土；黏土膜

dobachauite 辉砷镍矿$[NiAsS;等轴]$

dobby wagon 排土车
→~{rock;quarry} wagon 运石车

Dobell's solution 复方硼砂溶液

dobe{unconfined} shot 裸露药包

dobie 黏土砖；裸露药包

　　→～ (blasting) 糊炮//～ shot 糊炮爆破

dobler front-end on mining-shovel base 多伯拉型前端式挖掘

DOBM ×捕收剂[十二烷基辛基-苄基甲基氯化铵]

dobschauite 辉砷镍矿[NiAsS;等轴]

dobson instrument 多布森分光计

Dobson support system 多布森液压支柱系统

Docheung 多川粉白麻[石]

docility 易处理；易于精制

docimastic 检验的

dock (把……)引入码头；货物站台；(在……)设置船坞；护路石堆；飞机库；青石转运场；装料场；船厂；对接

　　→～ (board) 船坞；码头//～ and harbour 港湾//～{grounding} keel 坞龙骨//～ pier 装卸码头

dockage 船坞设备

docker 码头工(人)；船坞工人

docking 入(船)坞(的)；合龙；会合对接[太空船]；因(煤的)灰分增高而减价

　　→～{grounding} keel 坞龙骨

dockman 码头工(人)

dockyard 船舶修造厂

Docodon 柱齿兽(属)[E₂]

Docodonta 柱齿兽目

docoglossa 梁舌类

docosane 二十二烷

docosanoic acid 二十二烷酸

docosenoic acid 二十二烯酸[C₂₁H₄₁COOH]

docrystalline 多晶质

doctor 定厚器；应急工具；刮刀；剖刀；修复；医治；医生

　　→～ negative 低硫的

doctrine of zero growth 原点增长学说

document(ation) 文件；资料；授予证书；记录；证件

　　→～ paper 公文纸//～ search 文献查

documented well 有测井资料的井孔

documents against acceptance 承兑交单

docuterm 检索字

dodecane 十二(碳)烷[C₁₂H₂₆]

dodecant 十二分区

dodecastyle 十二柱式

dodecyl 十二(烷)基[C₁₂H₂₅−;CH₃(CH₂)₁₀CH₂−]

dodecylalcohol 十二烷醇[C₁₁H₂₃CH₂OH]

dodecyl ethylenediamine hydrochloride 十二烷基乙二胺盐酸盐[C₁₂H₂₅NHCH₂CH₂NH₂•HCl]

　　→～ glycol 十二(烷)基`甘{乙二}醇[C₁₂H₂₅OCH₂•CH₂OH]//～ phthalamate 邻苯二酸十二烷基酯酰胺[C₆H₄(CONH₂)(COOC₁₂H₂₅)]//～ phthalate 邻苯二酸十二烷酯[C₆H₄(COOC₁₂H₂₅)COOM]//～-trimethyl-ammonium chloride 十二烷基三甲基氯化铵[C₁₂H₂₅N⁺(CH₃)₃Cl]

dodecyne 十二(碳)炔

dodge 躲避

doelterite 胶钛矿[TiO₂]；胶态矿

dofelsic 多长英质；多长硅质[C.I.P.W.]

dofemane{dofemic} 多铁镁{镁铁}质[C.I.P.W.]

doff 络纱

dog 销；车头；止动器；止动爪；(用)钩弄紧；夹管器；搭钩；追踪；狗；轧头；搭扣；双钩钉；机场信标；尖头铁棍；制动爪[装在车后]；(水密门)夹扣；斜井捕井器；车卡；尾随；拔钉钳；爪；凸轮锁钩

　　→～ (iron) 铁钩；道钉；挡块//～ up 上行测井

dogfish 角鲨属[K-Q]

dogged down 下行测井

　　→～ up 上行测井

Dogger 道格统岩层[苏格兰北部中侏罗世形成]；道格(统)[欧;J₂]

dogger 瘤状铁石；钙质砂岩中的固结核；铁石结核；铁矿层中的劣质层

doggerel 拙劣的

doghole 联络小巷；风眼；联络巷道；小巷；横巷；小港

　　→～ (mine) 小矿窑

doghouse 移动式井场值班房；天然气锅炉炉前室；更衣室；钻机平台；高频高压电源屏蔽罩；吊桶平台；调谐箱；投料口

　　→～ dope 油井活动消息；测井资料

dogleg 斜(钻)孔；转折；管沟走向偏移；偏转；扭曲；孔身急弯处；井身有折弯；地震测线上的转折；狗腿；弯曲

　　→～ bend 转折弯曲；狗腿状弯曲//～ graben 折曲地堑//～ severity 井筒倾角；钻孔弯曲度；偏角//～ tunnel 折线隧道

dogs 铁钳；铁架[炉中的]

dog's-head 大卵石

Dohmophyllum 杜蒙珊瑚属[D₂]

dohyaline 多玻质[C.I.P.W.]

dol 小谷；平原；谷；白云岩；田野；白云石[CaMg(CO₃)₂;CaCO₃•MgCO₃;单斜]

dolarenaceous 砂屑白云岩状

dolarenite 砂屑白玉岩

DOLARS 多普勒定位与测距系统

dolenie{doleric} 多似长质

dolerine 长绿滑石片岩；多绿滑石片岩

dolerite 徨绿岩；粒雪；粗玄武岩；粒岩；辉绿岩；粗玄岩

　　→～ pegmatite 粗粒玄武岩质伟晶岩//～-wacke 粒玄质瓦克砂岩

Doleroides 欺骗贝属[腕;O₂]

dolerophan(it)e 褐铜矾[Cu₂(SO₄)O;单斜]

Dolerorthis 欺正形贝属[腕;O₂-S₂]

dolianite 疑沸石

Dolichagnostus 长球接子属[三叶;Є₂]

Dolichometopidae 长眉虫科[三叶]

Dolichorhinus 长鼻雷兽(属)[E₂]

Dolichorhynoides 拟长鼻雷兽属[E₂]

Dolichosaur 狭长蜥

Dolichosaurs 长龙类

Dolichosoma 虺龙

Dolichothoraci 长胸目[类][盾皮纲]

dolimorphic 多释放矿物的

dolina(e) 灰岩坑；石灰阱；石灰坑；斗淋；落水洞

　　→～ lake 灰岩坑湖

dolin(a)e 石灰坑；石灰阱；漏斗

　　→(cloup) ～ 渗穴//～[pl. -n] 斗淋；灰岩坑；落水洞

dolioform 腰鼓形的

Doliognathus 道力颚牙形石属[C₁]

Doliolina 软壳蟆；瓜形蟆属[孔虫;P]

dolipore 陷孔

Dolium 鼓螺属[腹;E-Q]

doll 钙质结核；信号矮柱；黄土结核

dolly 淘洗；垫桩；平衡锤；捣棒；矮橡皮轮车；磨钎机；带吊卡的管抓；铆顶；推动(摄影机)移动车；凿岩车；洗矿装置；淘金木盘；碎石用杵和臼；摇汰盘[搅拌矿石用的]；托管台架；杵臼式捣泥机；碎石机；套管车；推管车；钉头型；辘车；小机车；独轮小车；独轮台车；碎矿(杵臼)[选]

dollymae 多利牙形石属[C₁]

dolly-mounted 安在小车上的

dolly pot 研磨臼[粉碎小量金矿供淘洗]

　　→～ tub 简单跳汰桶//～ wagon 矸石车//～ way 高架桥；天桥；栈桥//～ wheel 科尼什泵连杆支轮

Dolmen 欧洲史前巨石墓遗迹

dolmen 石牌坊

dolocast 白云石模；白云石假晶燧石

dolocastic 白云质不溶残余的

　　→～ chert 白云石晶模内的燧石

doloclast 白云岩屑

dolomian 蓝方石[[(Na,Ca)₄₋₈(AlSiO₄)₆(SO₄)₁₋₂; Na₆Ca₂(AlSiO₄)₆(SO₄)₂;(Na,Ca)₄₋₈Al₆Si₆(O,S)₂₄(SO₄,Cl)₁₋₂;等轴]

dolomie 白云石[CaMg(CO₃)₂;CaCO₃•MgCO₃;单斜]

dolomite 大理石[CaCO₃]；白云石[CaCO₃•MgCO₃;单斜]

　　→～ (rock) 白云岩//～ calcining kiln 白云石`煅烧窑{烧炉}//～ cupola furnace 白云石炉衬化铁炉//～ for crespi-hearth 炉底打结用白云石//～ gun 白云石喷`枪{补器}//～ injection 喷加白云石//～ kiln 白云石窑//～-marl 白云石质泥灰岩//～ pellet 加白云石球团//～ picture 白云石画//～ plaster finish 白云石灰膏饰面//～{dolomitic} sand 白云石砂

dolomitic 白云岩的

　　→～ calcite 杂白云方解石//～ lime 含镁石灰；高镁石灰//～ limestone reservoir 白云质灰岩储集层//～ mudstone 白云石质泥岩//～-type zinc concentrate 白云石型锌精矿

dolomitite 白云岩

dolomitized limestone 白云石化灰岩

　　→～{dolomized} reef 白云岩化岩礁

dolomoldic{dolocastic} chert 白云石假晶燧石

dolon 假囊；假孵育囊[介]

doloresite 德洛勒斯矿；氧钒石[H₈V₆O₁₆]

dolosilt 白云粉砂屑

dolosiltite 粉砂屑白云岩

dolostone 白云石[CaMg(CO₃)₂;CaCO₃•MgCO₃;单斜]；白云岩

dolphin 护墩桩；系缆浮标；系缆桩；指挥发射鱼雷的雷达系统；系船柱；系船墩

　　→(beaked) ～ 海豚(属)[N₂-Q]//～ type wharf 系缆桩式码头

domafic 多镁铁质[C.I.P.W.]

domain 支配；领土；域；版图；面积；范畴；定义域；整环；领域；区域；领地；晶域[晶畴]

domal 上凸状；上穹状

　　→～ cavity 穹状洞

domatic 坡面(的)

　　→～ class 坡面体类//～ dihedron 坡式双面//～ hemihedral class 坡形半面象(晶)组[m 晶组]//～ hemihedrism 坡形半面象

Domatoceratidae 礼饼角石科[头]

dome (使)成圆顶；圆顶丘；丘地；丘；穹地(丘)；穹(丘)；封头；圆顶；圆盖；加圆屋顶于；圆丘；形成拱穴；结晶的坡面；(作)成半球形；岩穹；穹顶；弯面；隆起；罩[流线型]
　　→～{clinohedron} 坡面[反映双面]//～(fold) 穹隆{隆}//～(lava) ～ 岩丘；熔岩丘；穹隆//～(roof) 拱顶

Domechinus 穹隆海胆属[棘;K₃]

domed arrangement 穹隆排列

dome fold 背斜顶部
　　→～ kiln 馒头窑//～ mountain 穹状山；穹形山//～ of natural equilibrium 自然平衡拱//～ of the first order 第一坡面[单斜及正交晶系中{0kl}型的双面]//～ of the second order 第二坡面[正交晶系中{h0l}型的双面]//～ pressure 汽包压力

domepit{dome pit} 穹顶深坑

dome seal 圆(帽)盖密封
　　→～ stope 拱形矿房

domestic 国内的
　　→～ ore 本地矿石//～ vein 同族矿脉

dome stope 拱形矿房

domeykite 砷铜矿[Cu₃As;等轴]

Domichnia 居住构造[遗石]

domichnia 潜穴[遗石]；巢穴痕

domicilium 壳瓣主部[介]

dominance 优势
　　→～ relation 优先关系

dominant 占优势的；主要的人(物)；高耸；要素；统治；有支配力的；主因；显著；显性的；主要的；支配
　　→～ discharge 控制流量；造床流量//～ eigenvalue 主本征值//～{principal} ingredient 主要成分//～ mode of propagation 传播的主模//～ species 占优势的种；优势种

domination 占支配地位

doming 成穹(作用)；穹隆作用；拱起；隆起

domingite 毛矿；硫锑铁铅矿[Pb₄FeSb₆S₁₄]

domin(at)ion 支配；生物分界；领土；领地

domino 骨牌；多米诺(骨牌)

dominule 微生境的优势种

domitic 多铁矿质

Domnarfvet process 多姆纳费特(固体燃料回转窑直接炼铁)法

domoikic 多主晶[C.I.P.W.]

donacargyrite 柱硫锑铅银矿[Pb₃Ag₅Sb₅S₁₂;PbAgSbS₃;单斜]

Donacidae 斧蛤科[双壳]

Donald Duck effect 声失真；声畸变；唐老鸭效应[声畸变]

Donaldiella 冬纳氏螺属[O-S]

donarite 道纳瑞特炸药；道纳乃特硝铵炸药[70 硝铵,25 三硝基甲苯,5 硝甘]

donathite 四方铬铁矿[(Fe²⁺,Mg)(Cr,Fe³⁺)₂O₄;四方]；杜纳特矿

Donau 多瑙(冰期)
　　→～-Gunz 多瑙-贡兹(间冰期)

donbassite 顿绿泥石{片硅铝石}；顿巴斯石}[Al₂(SiO₄)(OH)₂;NaAl₄(AlSi₃O₁₀)(OH)₈]

donee 受体

Donetzian series 顿涅茨{兹}统[C₁]

Donetz stage 东尼兹期

Dongfangaspis 东方鱼属[D₁]

Donghae 金星绿麻[石]

donghouse 烘房

Dongnan epeirogeny 东南运动[中]

Dongou ware 东瓯窑

Dong ware 东窑

Dongwu revolution 东吴运动

Dongyingia 东营介属[E₃]

donharrisite 硫汞镍矿[Ni₈Hg₂S₉]

donk 脉壁黏土

donkey 辅机；平衡车；驴子；小绞车；对重车[自重滑引坡用]

Donnay-Harker principle 道奈-哈克原理[晶形发育的]

donnayite 碳钇锶石[Sr₃NaCaY(CO₃)₆•3H₂O;三斜、假三方]

Donophyllum 多角状珊瑚属[C₁]

donor 输血者；授体；施主；捐款人；给予体
　　→～ (cartridge;charge) 主发药//～-shaped 环形的；环饼状[矿体]

donpeacorite 斜方锰顽辉石 [(Mn,Mg)MgSi₂O₆]

donut 环形(物体)；坐在套管头内的油管挂圈；汽车轮胎；热堆块中子转换器；加速器环形室
　　→～-shaped 环形的；环饼状[矿体]

doodle 哄骗；清理(管沟)

doodlebug 地震炮眼钻工；地震检波仪；漂浮式砂矿洗选场；小型砂金精选厂；找油杆；物探设备；小型采砂船精选厂；船上金砂精选厂；找矿虫[迷信]

doodlebugger 地震炮眼钻工；(小型采砂船)精选厂操作工；江湖找矿师[用非科学方法找水源或矿的人,带讽刺或诙谐意义]；野外地球物理工作者

dook 斜井

Doolittle method 杜利特尔法

door 家；门；户；进路；装料口；通道
　　→(ventilation) ～ 风门

doorboy 风门工；看风门工

door chain 安全门链
　　→～ check 机械关门装置//～-equipped scraper 装门耙斗；带卸载闸门的铲运机//～ extractor 起门机//～ grip tubing elevator 门头式钻孔套//～ head 巷道顶板//～ hook 门钩//～ interlock switch 门锁开关//～ leaf 门扇

doorless car 无门车

doorman 风门工

door opener 破门器

doorpost 门柱

doorstone 门口铺石

door-stone{door stone} 门槛石

doorstopper method 门塞器方法[量测岩石应变]

Doorstopper rock stress measuring equipment 门塞式岩体应力测量设备

door tender 风门工
　　→～ tripper (倾卸车)开门扣//～-type car 开门式车//～-type sampler 侧门式取样器//～{window}-type sampler 闸门式取样管

doorway 门口；门道

dop 金刚石夹

dopalic 多辉橄质

dopant 添加剂；掺杂剂；掺和剂

dopatic 多石基质；多基质[C.I.P.W.]

dope 润滑脂；涂布油；红铅油；解出；用黏稠物处理(某物)；黏稠物；丝扣油；上涂料；防震油；上汽油(入发动机)；抗爆剂；向……内掺入添加{抗爆}剂；防爆剂；涂润滑脂；(给管子)加绝缘包缠保护层；吸收剂；添加剂；机翼涂料
　　→(slick) ～ 涂料

dopebook 测井记录；测井曲线；油井记录

dope chopper 剥煤焦油沥青涂层机

doped crude oil 加添加剂的原油
　　→～ crystal 掺杂晶体//～ fuel 加防爆剂的燃料；含添加剂柴油机燃料//～-silica clad fiber 掺杂石英包层光纤//～-silica graded fiber 掺杂石英渐变型光纤

dope gang 清理管表面和涂底漆的施工班组
　　→～ kettle(管道绝缘用)沥青锅//～ machine 绝缘机//～ room 喷漆间

dopes 浓液；麻醉药；加料；吸收剂；添料；毒品
　　→～ for gasoline 提高汽油辛烷值的添加剂

doping 上涂料；掺杂；(燃料中)加添加剂
　　→～{dopant} density 掺杂密度//～ of gasoline 汽油加铅//～ temperature 加药温度

Doppelduro process 乙炔火焰表面热处理法

Doppler analysis 多普勒分析
　　→～ effect 音差效应

Doppler-inertial-Loran integrated navigation system 多普勒-惯性-劳兰组合导航系统

dopplerite 灰色沥青；护膜胶体；纤维锌矿[ZnS]；胶质泥炭；胶体腐殖酸岩；纯钠辉石；灰色泥炭；弹性沥青；腐殖凝胶；橡皮泥炭；橡皮沥青

doppleritic-type humic gel 弹性沥青型腐殖凝胶

Doppler location and range system 多普勒定位与测距系统

doquaric 多石英质

Dorado 剑鱼座

doran 多兰系统[多普勒测距系统]

doranite 变菱沸石

Doratophyllum 带羽叶(属)[T-J]

dorbank 钙硅结核

Dorcadoryx 小羚羊属[N₂]

dore 节理缝
　　→～ bullion bar 金银合金锭//～ metal 金银块；金银合金[含金 55%~58%]

doreite 钠粗安岩

dorerine 多绿滑石片岩

dorfmanite 水磷氢钠石[Na₂H(PO₄)•2H₂O;斜方]

dorgalite 多橄玄武岩；橄榄玄武石；多斜橄玄岩

Dorlodotia 多洛多蒂珊瑚属[C₁]

dormant 枕木；隐藏的；横梁；潜伏的；没有利用的；静止的；固定的
　　→～ bolt 沉头螺栓//～ fault 休断层//～ fire 暂熄火灾；潜伏火灾//～ geothermal system 休眠地热系；休眠性地热系统

Dormant oils 矿油

dormitory 宿舍

Dorn effect 多恩效应[颗粒在液体中下沉产生的电泳势差]

dornick 铁矿漂砾

Dorogomilovsk 多罗戈米洛夫阶[C₂]

D

dorr 冰川刻槽

Dorr bowlrake classifier 多尔型浮槽耙式分级机

→~ bowl-rake classifier 道尔浮槽-耙式分级机

dorrco filters 多尔科型真空过滤机

→~ sand washer 多尔型洗砂机[带旋转提升铲]

Dorr duplex classifier 多尔型双联式分级机

→~ heavy-duty type rake classifier 多尔型重型耙式分级机

dorrite 杜尔石[$Ca_2(Mg_2,Fe_4^{3+})(Al_4,Si_2)O_{20}$];铝钙闪石

Dorr-Torq thickener 道尔托克型浓缩机

Dorr traction thickener 道尔拖式浓缩机;多尔拖式浓密机

dorsal 背部的;脊的;背面的;脊;远轴的[植]

Dorsetensia 道塞特菊石属[头;J_2]

dorsibiconvex 背双凸(形);背壳凸度比腹壳大[腕]

dorsiventrality 背腹性[叶]

dorsomyarian 背肌类[鹦鹉螺;头]

Dory{dorr} classifier 道尔型{式}分级机

Doryderma 船皮海绵属[C-K]

Dorypterus 刺翼鱼属;枪旗鱼属[P]

Dorypyge 叉尾虫属[三叶;$\mathcal{C}_2$];叉尾虫;刺尾虫

Dorypygella 小叉尾虫属[三叶;$\mathcal{C}_{2-3}$]

Dorysphaera 矛球虫属[射虫;T]

dosalane{dosalic} 多硅铝质[C.I.P.W.]

dose 部分;配药;配料;混杂;一剂;用量;药量;剂量

dosemic 多斑晶的;多斑晶[C.I.P.W.]

doser 给药机

Dosinella 弱镜蛤属[双壳;E-Q]

dosing 给剂;测剂量;配料;定量;定药量配剂;剂量;给药

→~ pump 比例泵//~{volume(-fixed);proportioning} pump 定量泵//~ tank 量斗;计量箱;投配器

Dosinia 镜蛤(属)[双壳;K-Q]

dosulite 水硅锰矿[$(Mn,Zn,Ca)_7(SiO_4)_3(OH)_2$];水硅锰石

dot 用点构成;点;点子;用点线表示;用虚线表示;附点;网点;小点;小数点;句号;打点号

dote 衰老;腐烂;风化;朽木;腐朽[木材]

→~ timbering 老朽支架

dotted 有斑点的;虚线的

→~{dot;imaginary;broken;hidden;break;dash(ed);vacant} line 虚线//~ picture 点状图像//~ sculpture 星点刻纹//~ tone 点状色调

dotting{dot} signal 点信号

double(r) 双的;双重的;折叠;二倍的;供两者用的;相似物;两倍;双根[两根钻杆组成];二重的;双;加倍的;双双地;加倍;成双的;倍压器

→~ bond index 双键指数//~-burned dolomite 重烧白云石//~-conical type hopper 双锥型矿槽//~ crossover-squeeze gravel pack method 双桥分流式挤入砾石充填法//~ dispersion method 双变法[岩矿鉴定]//~ extra dense flint 双超重火石玻璃//~-gallery 双巷(采矿)//~ headings 双巷(采矿)//~ parting 矿车错车道岔//~ perthite 双纹长石;复纹

长石//~-polarity mechanical-rectifying set 双极性机械整流设备[静电选矿机]//~ refracting spar 重曲折晶石//~-refracting spar{double{doubly} refracting sparoptical calcite} 冰洲石[无色透明的方解石;$CaCO_3$]//~-roll press 双辊压制机[团矿]//~-room system 双进路房柱式采矿法//~-stall system 双房(房柱式采矿)法//~ tube core barrel 有内外双管的岩芯管//~ variation method 双变法[岩矿鉴定]//~ volcanoes 二重式火山;复式火山

doubles 双粒级煤[圆筛孔直径1~2in.,英]

doublet 双合透镜;双峰;双叠宝石;双重线;双拼宝石;偶极子;双重透镜;双晶;复制品;成对物;光谱双重线

doubletree 双横木

doublet resolution 双(谱)线分辨

doubling 防护板;加倍;并捻;煤层变厚;重合;重复;双重;再蒸馏;并线

→~ calender 重合砑光机//~ effect 回波//~ method 双重法//~{stiffening} plate 加强板

doublure 腹边缘[三叶];重复板

doubly confined virgation fold 两端限制分歧褶皱

→~{two-fold} degenerate 二度简并

doubt 疑问;怀疑

doubtful species 可疑种[生]

douche 冲洗;冲洗器

→~ bath 喷射浴

dough 膏团

doughboy hat 矿工帽

dough deformation 捏塑性变形{形变}

→~{plastic;ductile} deformation 柔性变形//~ molding compound 团状模塑料

doughnut 环形(物体);热堆块中子转换器;汽车轮胎;坐在套管头内的油管挂圈;环形砂浆垫块;环形山脊;加速器环形室

→~{donut} coil 环形线圈//~ kiln 蒸笼窑//~-shaped orebody 环状矿体//~-shaped steel plate 环形钢板

doughtyite 水铝矾;土铝矾[$Al_4(SO_4)(OH)_{10}\cdot 7H_2O$]

doughy suspension 糊状悬浮液

Douglas-Blair-Wager method 道格拉斯-布莱尔-韦杰法

Douglas CZ Pearl Starch Douglas CZ玉米淀粉[絮凝剂]

→~ fir 洋松

douglasite 氯钾铁盐{矿}[$K_2Fe^{2+}Cl_4\cdot 2H_2O$;单斜]

Douglas-Jones predictor-corrector method 道格拉斯-琼斯预测-校正法

Douglas No.502 canary Dextrine Douglas 502(号)玉米糊精

→~ sea scale 道格拉斯浪级//~ sea state 道格拉斯海浪分级表

douk 砂质黏土;致密的

douke 黏土质

dousing{dowsing} 找矿[用探矿杖]

Doutkevickiella 杜基维奇蟛属[孔虫;C_2]

Douvillina 多维尔贝属[腕;O_1-D_2]

Douvillinella 小多维尔贝属[腕;D_1]

Dove prism 梯形棱镜;特夫棱镜

Doverena Beige 达威芮那米黄[石]

doverite 氟碳钙钇矿;直氟碳钙钇矿[$(Y,La)Ca(CO_3)_2F$;六方];菱氟钇钙石

dovetail framing 鸡尾榫式构{框}架

Dow Corning 200 DC200(号)矿泥分散剂[非离子型聚硅油]

→~ Corning Antifoam A DC 聚硅油消泡剂//~ Corning Silicone Flceid F-258 二甲基聚硅油//~ Corning silicone Fluid 550 苯基甲基硅油

dowel 定位桩;合缝钉;用暗销接合;(用)合板钉钉合;榫钉;轴销;桩;暗榫;键;架[如线圈架]

→(blind) ~ 合缝钢条

dower 天赋

Dowex 道威克斯;杜树脂

Dowfroth 杜弗洛起泡剂[浮]

Dow froth Dow 起泡剂[美道氏化学公司生产]

Dowfroth 250 Dow 起泡剂250[三聚丙二醇甲醚;$CH_3(OC_3H_6)_3OH$]

down 彻底地;丘陵;下行;在(液流)下游;岸边沙(丘);处于低落状态;坑内;认真地;完全地;往(液流)下游;停当;下行的

→~ of tip 向(矿仓)格筛下面送风

downbeat 不降;低沉

downbluge 下凸;下胀

down-boom dredge 下挖式多斗挖掘船

down-bowing 下弯

downbuckle 下曲;下弯

downbuckling 地壳下弯

down-buckling hypothesis 地壳下弯假说

downbuilding 下沉形成说[盐丘形成学说];盐丘形成说

downcast 沮丧;下风;下投断层;向下衰颓的;垂直断距;通风井;下陷的;陷落;下行;下风井;下落

→~ (air) 进风//~{downthrow} (fault) 下落断层//~ (shaft) 入风井;进风井//~ air 下向风流;下行风

downcasting of ore bin 向矿仓下面送风

→~ of tip 向(矿仓)格筛下面送风

downcast side 断落侧(盘)

→~{downthrow} side 断层下落翼

down-channel 顺水道的;顺河道的

down(-)coast 向南;向海岸;下行海岸;向南海岸

down-coiler top table 地下卷取机顶部辊道

downcoming wave 下射波

→~{downgoing} wave 下行波

down-converter 降频变换器

down cup 下皮碗

downcutting 向下侵蚀[河流];向下切削;下部掏槽;下蚀

down(-)dip 沿倾斜;顺倾向的;(向)下倾平行于倾向的;下向

→~ block 沿倾向的下落断块//~{footwall} block 下盘断块

down dip deviation 下倾方向的偏斜

downdip displacement 沿下倾方向驱替

→~ gas injection 构造下部注气(法)

down-dip lineation 下斜线理

downdip-moving bottom water 下倾移动的底水

downdip peripheral injection 沿下倾方向边缘注水

→~ side 朝向下端;倾向下端//~ stress type 下向应力型

down-dip waterflooding 沿下倾部位注水

downdip water flow 顺倾向水流

→~ water injection 沿下倾部位注水

//~ well (构造)下倾部位的井

downdraft 下部吹出；下降气流

down draft 下向通风；下向风流

downdraft grate method 下向通风炉算法[烧结铁矿]

downdrag 下拉荷载[桩工]

downdraught 下部吹出；下降气流

downdrift 向下(游)漂移；下向风；下降气流
→~ beach 下漂沙滩

downeyite 氧硒石[SeO$_2$;四方]

downfacing fold 面向下的褶皱；顶朝下的褶皱

downfaulted 下落的[断层]；下投的；断层下盘的

downflow filter 下流式过滤器
→~ {down-flow;sewage;sewer} pipe 下水管//~ well 下降流井

downgoing 俯冲；下行的；降送；下降的
→~ body wave 下行体波

downgradient{downgrading} 下坡

downhaul utility capsule 下拖式潜水工作舱

downhill creep 蠕动滑坡；移动滑坡

down hole 底部井眼

downhole availability 井下(流体)资用率
→~ camera 井下照相机//~ chemical scale-inhibitor 井下抑垢化学药剂//~ drilling motor 井下钻进马达//~{well} logging while drilling 随钻测井//~ partial reverse circulation 孔底局部反循环

downholing 向下打眼

downland 温带草地；丘陵地

downlap 向下搭接；下超

downriver 下游；下行

downrush 下冲气流

downs 沙丘；白垩山丘
→~-seat 装在下部支架上//~-seeping {penetrating;sinking;mobile;infiltration;descending} water 下渗水

downshift 换低挡；降速变换

downside 下侧

downslide 下滑；滑坡；塌箱[铸;冶]
→~ surface 下滑面

down(-)slope 下坡；下坡的；沿坡向下的；向下倾斜；下斜坡
→~ current 顺坡流

down-slope movement 顺坡运动

downslope mud accumulation 坡下泥丘
→~ ripple 下移波痕

down{draw-off} spout 卸载槽
→~ face of the dune (充填砾石)沙丘的下游斜坡面//~ line 卸出管线//~ product 精矿[洗选过]//~ tailings dam 顺流式尾矿池坝//~ stroke position 下冲程位置//~ structure 顺构造倾斜向下的；沿构造倾斜向下；下部构造//~-structure method 俯瞰构造法//~-the-hole{subsurface;bottom(-)hole} pump 井下泵

downspouting 溜槽

downsprue 直浇口

downstacking 下行叠加

downstairs 钻台；楼下(的)

downstream 顺流；下曳气流；下游；下流；向下游；背水坡
→~ side 下游侧

downstrike 沿走向

downstroke 活塞下降行程

downswing 下降趋势

downtake pipe 下套管；下导管

downthrow 断层下落翼；下降盘；下落地块；落差；下投；下落；降侧；断层下投
→~ (side) (断层)下落距//~(n) block 下投侧[断层的]

downthrowing{downslip;downthrown;through} fault 下落断层

downthrown{downfaulted} block 下降断块
→~ {-}graben 下落地堑；沉陷地堑//~ side 下投侧[断层的]//~ {downcast} side 断层下降盘

downthrow side{block} 下降盘
→~ wall 断层下降盘

downthrust 下冲断层

(rig) downtime 停钻时间

down-time 下落时间；停歇时间

down time ratio 停机时间比
→~ time report 停工报告//~-to-basin fault 向盆地(一侧)下落的断层；下降盘朝盆地一侧的断层；为盆地一侧的断层；下落盆地断层//~-to-coast fault 下降盘朝海岸一侧的断层；为海岸一侧的断层；向海岸一侧下落的断层

Downton Castle sandstone 当顿堡砂岩

Downtonian 当顿(统)[英;D$_1$]

down-to-the-sea fault 靠海侧下降的断层

Downtownian epoch 当唐世

down train{down-train} 下行列车

downtrend 下降趋势

down-valley migration 曲流下移

downward 下降的；往下；下坡的
→~ course(矿脉)向下倾斜

down-ward current 下行风流

downward drilling 下向凿岩
→~ {under} hole 下向孔//~ position 下坡焊位置//~ progression of gravel (料井中)砾石逐渐向下充填推进；砾石向下充填推进//~-projecting teeth 向下伸出齿 [搅拌式浮选槽叶轮]//~ {flat} welding 平焊

downwarped{downward} basin 下挠盆地；下弯盆地
→~ basin 下翘盆地

down-warped basin 拗陷盆地

down(-)warping region 拗陷区

downwasting 块体坡移；冰川消融变薄

down-wasting 低夷(作用)

down(-)wearing 削低(山的)；削平

downwelling 沉降流；下降流；下沉[水流]
→~ radiation 向下辐射

Dow SA Z-200 捕收剂的乳剂[硫化矿捕收剂]

dowse 倾注；放松(绳)；用机械探寻(水源、矿脉等)；灭火；用测杆探地下水；扑灭沼气起火；浸；浇水

dowser 摄影机挡光板；油水勘探法[非科学的]；江湖找矿师[用非科学方法找水源或矿的人,带讥讽或诙谐意]；(用)探矿杖探矿者

dowsing 水脉卜探；探水术；探矿术[用探矿杖]；探棒找水
→~ {divining;mineral} rod 找水杖

Dowsonites 道孙蕨属[古植;D$_1$]

dowtherm 导热姆[换热剂,二苯及二苯氧化物的混合物]

Dowty Isleworth chock 道梯-艾斯莱华尔斯型垛式液压支架
→~ prop 道梯液压支柱//~{powered} prop 液压支柱

Dow Z-200 ×捕收剂[O-异丙基-N-乙基硫代氨基甲酸酯]

doxenic 多客晶的{质}

doyleite 督三水铝石[Al(OH)$_3$]；水铝石 [AlO•OH;HAlO$_2$]

dozer (tractor) 推土机
→~ door 多泽型门式装煤机

dozing 推土

dozyite 绿泥间蛇纹石[(Mg$_7$Al$_2$)(Si$_7$Al$_2$)O$_{15}$(OH)$_{12}$]

DPC ×捕收剂[十六烷基甜菜碱]

DPLA ×捕收剂[十八烷基三甲基氯化铵]

DPN ×捕收剂[十八烷基甜菜碱]

DPQ ×捕收剂[十二烷基三甲基氯化铵]

D.P. reagent 杜邦浮选剂

drachenfels 透长正长粗面岩

Drachenfels trachyte 德拉肯岩

Draco 飞龙属[蜥]；飞蜥；天龙座；德拉古[古希腊政治家]
→~ {gliding lizard} 飞龙[Q]

draconitic revolution 太阴交周；交(点)周

dracontite 德拉肯岩；奥透粗面岩

dradelphit 红砷镁锰矿

dradge 等外矿石；贫矿

Draeger breathing apparatus 德雷格型氧气呼吸器

draflage 运输损失(容差)；矿石运量减额 [作为运输损失的容差]

draft 汇票；吃水深度；吃水；设计图；汲出；泵；牵伸；起草；牵引；汲取；重量损耗折扣；草稿；草案；选浓；压缩量；图样；制定；拖曳；工作草图；选派；支取(汇款)；船吃水；打样；提款；汲收；要求；脱模斜度；小溪；通风装置；提升量；一定时间的产煤量；拉；通风
→(air) ~ 气流；草图//~ engine 水泵//~ force 吃水变化引起的力//~ force mean 吃水力的平均值//~-responsible system 牵引力传感系统//~{drainage} tube 引流管

drafted stone 整洁琢石

drafting 绘制；绘图；制图；起草；设计
→~ instrument 制图仪器//~ machine 制图设备；绘图仪//~{draught;drawing} machine 绘图机//~ room manual 制图手册

draftsman[pl.-men] 起草者；绘图员；制图员

draftsmanship 制图术

drag 斜井矿车防坠杆；海锚；疏浚；车轮制动棒；刮；探(海底等)；后曳距离；烧瓶底部；刹车制动；拖网；曳；地层扭曲；撬；牵引；引曳；吸；后拖量；额定产量工作制；计工制；障碍物；拖长；撬棍；(用)拖网等探寻；大把；水流阻力；拖动；减速；通风阻力；拉；被拖物；拖曳；流阻[水流]
→~(-)bar 牵引杆；斜坡矿车防跑车杆//~-bar 斜井矿车防坠杆；连接杆；联结杆；索引杆//~ box {flask;tank} 下砂箱//~ length 扒运距离//~ ore 拖曳矿//~ roll 空转辊//~ scraper hoist 扒矿绞车；电耙绞车

dragboat 挖泥船

D

dragfolded tuff 扭碎凝灰岩

dragged form method 拉模法

dragger 小拖网船

dragging down 牵引；向下拖曳；下拖
→~-shoe{dragging-slip} 曳板

draghead{hoe} teeth 耙齿

dragline 拉铲；拖拉线；绳斗电铲
→~ (cableway) 吊铲

dragma[pl.-ta] 束单轴骨针[绵]

dragnet{drag} boat 挖泥船

dragon 吊桶；装甲曳引车；龙；天龙座
→~ bone 龙骨

Dragonian{Dragonian (stage)} 德拉岗(阶)[北美；E_1]

dragonite 快龙；魔石英；龙头石；启暴龙

dragscraper{drag dragline) scraper} 拖铲

drag structure 拖曳构造

dragveyer 耙斗运输联合机

drain(age) 放水，排除阀；外流；放出；流干；水沟；排水渠(道)；排水管；排空；排；沟；耗尽；漏，(场效应管的)漏极；渐渐枯竭；引流；(衣服)滴干；喝干；土地排水；消耗；引流管；排泄；排水；流掉[水等]
→~ area 汇水面积//~ collector 排水干管；出口干管//~{release} hole 泄水孔//~-hole drilling 泄油孔钻井//~{blow} off 排放//~ port 排液口//~ trunk{sluice} 排水槽

drainable{drain(age)} area 排水面积

drainage 疏干；导液法；排泄；排水沟；排流(器)；阴沟[地下排水沟]；引流；泄水；脱水作用
→~ a jud(d) 回采矿{煤}柱//~ (back) a pillar 回收煤柱；回采矿柱；煤柱//~ density 河网密度[河道数/盆地周缘长度]//~ of coal mines 煤矿排水//~ of foundation 地基排水//~ the stope 从回采区放矿//~ way 泄水道//~{absorbing;absorption; negative} well 泄水井//~ workings{drift;heading;roadway} 排水巷道//~ works 排水工程

drained{depleted} area 衰竭区；排放区

drakontite 德拉肯岩；奥透粗面岩

dramatic 戏剧(性)的；引人注目的
→~ increase 显著增长

2D{|3D} randomly orientated 二{|三}维乱向

Draparnaldia 竹枝藻属[绿藻；Q]

Draparnaldiopsis 拟竹枝藻属[绿藻；Q]

drape 垂下状；覆盖；盖层；装饰；帘子；披盖；悬挂
→~ flown 定距飞行[按平均海平面之上一恒定高度飞行的航空物探方法]//~-flown 迂回地形飞行；按地形迂回飞行//~ fold 盖层压缩褶皱//~-like fold 披盖式褶皱

draper point 可见红光温度[525℃]
→~ stop 输送带停转机构

drapery 滴水帷幕

draphragm 流量

draping 隔音材料；披盖；覆盖；隔声
→~ {overlying;superjacent;superincumbent} bed 覆盖层//~ structure 披覆构造

draspor(tit)e 硬水铝石[$HAlO_2$;$AlO(OH)$;$Al_2O_3 \cdot H_2O$;斜方]

drastic 烈性药物；急剧的；强有力的；激烈(的)
→~ decline of production 生产滑坡

drasy 晶洞
→~ {drusy} cavity 晶簇洞穴

draught 设计图；拉；一定时间的产煤量；牵引；气流；起草；抽力；草稿；打样；通风装置；汲收；拖曳；排气；船吃水；压缩量；吃水深度；提升量；通风

draughting{drafting;plotting} accuracy 绘图精度
→~ {drafting} board 制图板

draughtsman[pl.-men] 起草者；绘图员；制图员

Dravidian 德拉威人(的{语})

dravite 镁电气石[一种富 Mg 的电气石变种；$NaMg_3B_3Al_3(Al,Si_2O_9)_3(OH)_4$(近似);三方]

draw 获得；通风；拉丝；回采矿柱；煤柱；引出；拉制；谷；蠕变影响；划；浅谷；拔出；吸引；绘图；掌子面前岩石沉陷范围；(比赛)平局；盆地；从煤面至地表的岩层破裂；运搬；拉；描写；缩管；吸；岩层破裂面与垂直面间的角；吸入；领取；草拟；小水道；抽水；出矿；吸收；吸取；拉长；弯；拖曳；提取；退火；推断；汲取；回采；回火；牵引；提升；放矿
→~ {drawpoint} area 放矿区(域)//~ {fall} back 后退//~-back 欠缺；弊端；退税；退款//~ back cylinder 回程油缸//~ bar 引砖//~ bar yoke 拉杆轭//~ crack 拉延裂缝[隙]

drawback 活砂造型[铸]；缺陷；退款；缺点；瑕疵；回火；障碍

drawbar 牵引杆；起模针；联结装置；斜坡矿车防跑车杆
→~ (pull) 拉杆

drawdown 水位下降；水位差；水面下降[井的]；消耗；泄降；降落；收缩；抽水降深；(地下)水位下降垂直距离；下降减少；压降[油]；压(力)差[生产]
→~ cone 下降漏斗[地下水]；地下水下降漏斗//~ contour map 等深降线图//~{depression;phreatic} curve 浸润曲线//~ curve 压降曲线//~-distance test 降深-距离试验

draw-down exploration 探测液面法
→~ exploration 根据液面下降求储层基本参数的试井法

drawdown interference 降深干扰值
→~ ratio 缩小比//~ surface 降落漏斗

drawer 绘图员；制图者；制图员；抽屉；翻转机；开票人；拖曳者；推车工；提升工
→(chute) ~ 放矿工

drawgear 牵引装置；车钩[井口把钩用]

draw gear 牵引装置
→~ hole{point} 放矿口//~-hole mining 溜井放矿开采//~-in{tension;stretching} bolt 拉紧螺栓//~-in box 引入箱//~ from the flat 临摹石印版画//~-{|setting} of crystal 晶体制图{|置位}//~-off 流量；放矿；回收[坑木]；排量[水,空气等]//~ road{roadway} 回采巷道//~ tolerance 耐拉性

drawhole 拉模孔；放矿口；缩孔

draw hole{point} 放矿口
→~-hole mining 溜井放矿开采//~-hole pulling 溜井放煤

drawhook 牵引钩；车钩[井口把钩用]；挽钩

draw{drag;pull;draft;towing;tow} hook 牵引钩

→~-in attachment 卡套//~-in{tension;stretching} bolt 拉紧螺栓//~-in box 引入箱

drawing 拉制；拉拔；图画；牵伸；压延；图纸；拉；漏模；速描；提存；绘画；脱箱；制图；图样；冲压成形
→~ from the flat 临摹石印版画//~-off 流量；放矿；回收[坑木]；排量[水,空气等]

drawknife (木工用的)刮刀

drawn 绘制的；已采的；拖曳的；已放矿(的)；吸入的；拉伸的

draw-nail 起模钉[机]

drawn pipe 冷拔管
→~ {empty} stope 放矿矿房//~ tube 拉制器；冷拔管

draw off 撤出
→~-off 抽排；排出；排泄装置；排出物；抽取；抽水量；放矿装置；流出物；抽水；放出；消落；放水[水库]//~-off level 排出水(平)面//~-off pan 侧线出料塔盘；泄流板//~-off{suction} pump 抽汲泵

drawoff{extraction;ore-pass;draw} raise 放矿天井

draw-off{drain;bleed} valve 排水阀
→~ {drain} valve 泄水阀//~ {oil-release} valve 泄油阀

draw out 提起(井底工具)；拉伸；放出[矿石]
→~ point raise 放矿溜井//~-point spacing 放矿溜眼间距//~ {extraction;mill} raise 溜井//~ {muck} raise 溜矿井//~ rock 采矿时去掉的废石//~-slate 板岩伪顶//~-slate holding 假顶支护；易落板岩的支护//~ texture 牵伸变形

drawout control board 拉出式控制板岩
→~ truck 牵引小车

drawpoint 装载点；装车点；放矿口
→~ cross-cut 出矿横巷

drawshave (木工用的)刮刀

drawvice 紧线钳

drawworks 绞车

D ray D 辐板[棘]；左后辐板[棘]
→~-R cell 丹弗式浮选机

dredge(r) 悬浮矿物；疏浚；砂耙子；底质采集器；清淤；挖取；挖泥；打捞[钻具、失落物]；采砂船；挖掘；疏通[疏浚]
→(Ekman) ~ 挖泥船//~ (boat) 采金船；挖泥船；挖泥机；挖掘船//(placer) ~ 采砂矿船//~ boat{hog} 采砂船

dredged peat 淤泥泥炭
→~ rock 打捞的岩石//~ spoil matter 泥中挖得的残物

dredgeman 挖掘船工；采砂船工

dredge pipe 吹泥管
→~ pump 挖污泵；挖泥盘的泵//~ {dredging;excavating; mud;scum} pump 吸泥泵//~ {mud;sand;American} pump 泥泵

dredger 散粉器；挖泥工；采泥船；采捞船；采金船；捞网；浚泥船；挖掘船工；疏浚船；挖掘器；挖掘船
→(placer) ~ 采矿船//~ (shovel) 挖泥机//~ (suction) 挖泥船//~ {hydraulic} fill 吹填土

dredge sample 挖掘样；拖网样；海泥取样
→~ sump 矿井水沉淀池

dredging 疏浚；拖采；采砂船采掘法；拖测；拖网取样
→~ conveyor 捞挖运输机 // ~ depth 水面与底岩间深度 // ~ machine{engine} 挖泥机 // ~ tube(采砂船)吸砂管

dreelite 重晶石[BaSO₄;斜方]

dreen 林地沼泽[大陆与边缘岛之间]

D-region D 层；D 电离层
→~ D{|E|F}-region D{|E|F}域

dregs 渣滓；残渣；渣；绿泥
→~ (of society) 沉渣

dreikanter 风棱砾；三棱石；风棱石[德]

Drene{|Utinal|Duponol ME} × 捕收剂[十二烷基硫酸钠；C₁₂H₂₅OSO₃Na]

Drepanaspis 镰甲鱼(属)[D₁]

Drepanella 小镰刀介属[O-S]

drepaniform 镰形的

Drepanocheilus 镰唇螺属[腹;K₂-N]

Drepanodina 似镰`刺{牙形石}属[D₃]

Drepanodus 镰牙形石(属)[O-D₁]

Drepanoistodus 镰箭牙形石属[O]

Drepanolepis 镰鳞果属[古植;K₁₋₂]

Drepanophycales 镰蕨目

Drepanophycus 刺蕨；镰蕨(属)[古植;D₁₋₂]

Drepanozamites 镰刀羽叶属[T₃-J₁]

Drepanura 蝙蝠虫属[三叶;Є₃]；蝙蝠石

Dresinate7V6{|7X1|7X1K} × 捕收剂[松脂酸钠皂]

dress (使织物、石料等)表面光洁；梳理(头发)；整理；服装；适当处理；施肥；包扎；清洗；穿衣；耕种；装饰；整修；整(队)；修琢；外形；修饰；覆盖物；选矿；修剪[树木等]；选[矿石]
→~ a bit 打磨钎头；修理钻头 // ~ bit 修整套管柱用钻头

dresse 选矿机

dressed ore 已选矿石
→~{sheepback} rock 羊背石[冰] // ~ stone 方石 // ~{work} stone 料石 // ~ stone pavement 细琢石路面 // ~ water badger tail hair 石獾尾巴毛 // ~ with 铠装的；加固的

(ore-)dresser 整形器；整修器；劈煤器；修理工；修正器；锻钎工；锻钎机；打磨机；选矿工；选废石的选矿工
→(bit) ~ 磨钎机；修钎机；选矿机 // ~ coupling 带盘根套筒[连接平头管子用]

dresserite 水碳铝钡矿[Ba₂Al₄(CO₃)₄(OH)₈•3H₂O;斜方]

dress fossils 整理化石
→~-up crew 管道完工队[负责土地平整、清理、种树、植草等项工作]

dressing 锤琢选煤；修复(路面)琢石；涂料；清理；修磨钻头；砂轮修正；修整；精选；修理

Drew Boy separator{Drewboy (heavy medium) vessel} 德鲁勃依重介质分选机

drewite 霰石泥；文石泥；灰泥；方解石[CaCO₃;三方]

dreyerite 德钒铋矿[(Bi₀.₉₆,Ca₀.₀₅)VO₄]

drib 细粒；点；点点滴滴地落下；少量
→~ agglomerate 熔岩碎屑集块岩 // ~ cone 岩渣喷叠锥；滴丘 // ~ cone{spire} 次生熔岩喷气锥 // ~ spire{cone} 熔岩滴丘

dribble 滴水；少量；点滴；逐渐消散；碎石沟[出水]；滴下；渐次发出；细流
→~ chute 滴矿溜槽

dribblet 一滴

dribbling 滴落；掉渣；碎石冒落

DRI downcomer 直接还原铁下降管

dried alum 焦矾
→~ cement 干火泥

drier 烘干机；吹风机；催干剂；干燥器；干燥炉；干燥剂；燥液；干料
→~ filter 干滤器

Dri-Film ×分散剂；×润湿剂[非离子型聚硅油]

drift(er) 沉积岩屑；(重力仪)掉格；装火药雷管工具；掘进平硐；趋势；浅滩；漂积物；漂浮；偏移；偏差；钻孔弯曲；泥沙物；硬页岩；浮动；打桩器；小平道；平行于油层井眼；移动；航差；沿脉巷道；小横巷；穿脉；绞刀；堆积物；偏斜；表土；通径规；运积土；穿孔器；漂移；掘进；巷道[不通地表]；水平巷道[不通地表的水平沿脉]
→(prospecting) ~ 探矿巷道；石门；漂砂

driftage 巷道掘进；平巷掘进；平巷进尺；漂流物；漂流；漂程；偏航；矿山巷道

drift along 浮沉

driftance 漂移度

drift angle 偏流角；流偏角
→~ block 漂(流石)块[岩浆中]

driftbolt 系栓；穿钉

drift-border feature 边碛特征{部分}
→~ features 冰碛层边缘产物

drift boring 钻巷
→~{boulder} clay 冰砾泥 // ~ coalfield 冲积煤田；异地煤煤田；迁移煤煤田 // ~ copper 漂铜 // ~ correction 漂移修正 // ~ detritus 漂((移)岩)屑 // ~ diameter 管子接头的内径；通径

drifted{deflected} borehole 偏斜孔
→~ borehole 偏离预定方向的井眼 // ~ casing 管；通径规检验过的套 // ~{deluvial;drift} material 洪积物 // ~ material 漂积物

drift effect (示踪剂)双移效应；飘移影响；推移作用
→~ entrance 平硐口 // ~ epoch{period} 冰期

drifter 漂流物；漂流水雷；凿岩机；架式风钻；冲头
→(stone) ~ 凿岩工 // ~ hammer 柱架式凿岩机 // ~-type machine 架式钻机 // ~-type{drifting} machine 支架式凿岩机

drift{heading} fan 巷道头扇风机
→~{catchment} glacier 吹雪补给的冰川 // ~ gravel 冰砾砂矿层 // ~{floe} ice{drift-ice} 漂冰 // ~ ice foot 雪坡[体]；浮冰脚

drifting 平巷[硐]掘进；溜放；漂移运动；漂流；偏航；通井
→~-bubble method 逐包法[电动电位测定]；逐泡法 // ~{column} machine 柱架式凿岩机 // ~ machine 掘进设备 // ~ operation 平巷掘进作业 // ~ sand 流沙现象

drift lead 漂测锤；漂流指示锤

driftless area 冰围场；无碛区；冰期中无碛区

drift load 漂移载荷
→~ log 偏差钻孔

driftman 掘进工

drift mandrel 斜轴；偏移心轴；内径规

drift →~ map 松散盖层地质图；冰碛图；冲积层图[地质图上同时表示冲积层] // ~{adit;stulm;daylight} mine 平硐矿山 // ~ mine 开拓矿井；砂矿 // ~ mining 平巷掘进；浅煤床开采；水平煤层煤巷开采法 // ~{migration} of continents 大陆漂移

Drift period 冰碛纪[更新世]

driftpin 冲头圆凿

drift-pin 穿孔器

drift-repass development 平硐溜井开拓

drift sand 漂流砂
→~ section 巷道断面 // ~ sheet{deposit; bed} 冰碛层 // ~ slicing 进路式分层崩落采矿法 // ~ stoping 巷道中深孔崩矿采矿法；封闭式进路崩矿方案；进路回采 // ~ theory 海滨浮冰成因说[沉积物的]；漂积成煤说 // ~ tunnel 走向平巷

driftwood peat 漂木泥炭

Drig 打钻，钻井

drikold 干冰

drill 锥；钻井方法；钻探；练习；钻凿；钻井装置；钻孔器；钻具；凿岩；钻井；打眼；钻；钻进；打钻
→~ (crown) 钻头 // (jack) ~ 凿岩机 // ~ (pipe;stem;steel; column) 钻(孔)杆；钻床；钻机；钻孔

drillability 钻进难易程度；(岩石)可钻性
→~ classification number 可钻性分类指数 // ~ factor 可凿性系数 // ~ factors 岩石可钻性因素

drillable 可钻去的
→~ metal casing 可钻式套管[铝镁合金制] // ~ permanent packer 可钻式永久封隔器

drill act 成套钻具
→~ ahead 超前钻井；继续钻井 // ~ angle 钻尖角[钻头、钎头] // ~ around 绕过事故钻具钻进；钻过[绕过事故钻具钻进] // ~ boart 钻探用包尔兹(金刚石) // ~ building 锻钎场；修钎厂 // ~ for minerals 钻探矿物 // ~{drilling} out 钻穿 // ~ pipe 石油钻管 // ~-pipe stand 钻杆立根 // ~-sharpening machine 钻钎修尖机

drillcat{drill-cat} 装有压气机的钻机

drilled area 打钻区；已钻探地区
→~ cement 水泥碎屑 // ~{drilling} deeper 再钻深 // ~ in 已钻过{通}的 // ~-off{drilled} pillar 有钻孔的矿柱

driller 钻床；钻井机；打眼工；凿岩机；钻工；钻机
→(blasthole) ~ 凿岩工；司钻

driller's helper 辅助钻工
→~ log 钻工记录；钻井报告 // ~ mud 钻用泥浆

drillhole surveying 钻孔测量[测量钻孔的井斜,井径等]

drilling 掘进；钻蚀(作用)；训练；钻探取样；穿孔机；架式钻机
→(core) ~ 岩芯钻探 // ~ fluid 岩石钻进(冷却)软化液；泥浆[钻井] // ~ meal{dust;cuttings} 泥浆；矿泥

drilling/production{D/P} technology 钻井、采油工艺

drilling progress 钻井的进展
→~ rate 机械钻速 // ~ rate{speed} 钻速 // ~ rate of a trip 行程钻速 // ~ research laboratory 钻井研究实验室 // ~ rig 钻探装置

drillings 钻粉；炮眼；每克拉 4～23 粒的金刚石

drilling scaffold 打眼吊盘
→～ shaft 钻杆柱；钻柱[从方钻杆起到钻头止]//～ stand 钻(探)架//～ steel 钎钢//～ velocity 凿孔速度//～ with cutting tools 切削式钻进//～ without water flushing 干式凿岩

drillion 无限大数目的；天文数字(的)

drillman 钻探工；凿岩工；钻眼工

drillmaster 钻探工长；高架式(潜孔)钻机；凿岩工长；钻探技师

drillmobile 汽车钻；钻车

drillometer 钻压、钻速指示表

drillpipe pump down plug 钻杆内泵送塞

drillpress 钻床

drillrig 凿岩台车；钻(探)架

drillship 石油钻探平台；钻井船
→～ laying 钻井船铺管法

drill(ing) site 井场；凿岩地点
→～ {cutting} speed 钻速//～ spindle support 钻轴支架//～ stem 钻孔杆件//～ (rod) string 钻具组//～-through-the-leg platform 过腿柱钻井的平台//～ thrust{weigh} 钻压

drillsmith 锻钎工

drillstock 钻床；钻柄

drill{rock}tools 凿岩工具

drily throughput 日输送量

drimeter 湿度计

drimophilous 适盐的[植]；喜盐的

drink 饮料；干杯；酒；吸收[土壤等]
→～ down{off;up} 喝干//～ water 饮水//～ {sweet;potable;tap;table} water 饮用水

drinking-cure place 矿泉水饮疗站

drinking tolerance 饮水放射性容许量

drip 输气管上的分液器；滴水；引管；滴下；滴口；采酸管；滴；气管中凝结的天然汽油
→～ cock 滴油开关//～ gasoline (由)矿场回收的天然汽油//～ impression 滴痕//～ lubrication{oiling;feed} 点滴注油//～ pan 承屑盘；集油盘//～ fault 透水断层；渗水断层//～-points 滴水叶尖

driphole{drip hole} 滴水洞

drippage 滴落(的水)

dripper 出油少的井

dripping 湿淋淋的

drippings 滴下的水声[液体]

dripping temperature 成滴温度
→～ water 滴水

dripproof 防滴(水)的

dripstone 滴石；钟乳石{滴水石}[CaCO₃]

dri-tight 防滴(水)的

drivage 巷道掘进；凿开；掘进

drive (沿脉)平巷[采]；传动；传动装置；劲头；勘探巷道；压力；带动；平巷；开拓巷道；打桩；掘凿；掘进；推进；操纵；沿脉平巷；激励；矿道；紧张状态；赶；轰；运动；进路；迫；逼；锐气；驱动；驱遣；驾驶

driven 从动的；被驱动的；从动
→～-in pin 插入销

drive pedal 驾驶踏板
→～ sample 打入法取岩样

driver (主)动轮；驱动器；传动器；炮泥棒；末级前置放大器；落矿工；传动装置；

螺丝刀；掘进工；驾驶员；锤；激励器

drive{gear;transmission} ratio 传动比

driver boss 司机长；总司机

driver's{engineer's} brake valve 司机制动阀
→～ cab{cabin} 驾驶室//～ {driving；operator} cab 司机室

driver stage 推动级
→～ {control} tube 控制管//～ tube{rod} 采集底质标本的装置[测深锤上附设]//～ unit 主振部分；激励部分

drive safely 安全行车
→～ sample 打入法取岩样

driving 驱动的；石巷；猛冲的；激励；有干劲的；巷道；掘进
→～ (gear) box 传动箱//～ characteristic 桩的打入性//～ drum 传动滚筒//～ people 钻井人员//～ {penetration} speed 进尺速度[钻孔]//～ to stoping ratio 采掘比//～ stem 方钻杆//～ the whole cross section in a single stage 全断面一次掘进法

drogue 风向标；浮标；风向指示筒；风袋；浮锚；拖靶[飞机或降落伞的]；喇叭罩；锥形拖靶；稳定伞；定深测流器

Dromaeus{Dromaius novaehollandiae} 鸸鹋

Dromatherium 飞驰兽龙

drome 飞机场

Dromia 走蟹属

Dromiceidae 鸸鹋科

dromotropic 影响心肌传导性的
→～ effect 变导作用

drong 通道；弄堂[英方]

drongs 岩席

droogmansite 硅铅铀矿 [Pb(UO₂)(SiO₄)·H₂O；单斜]

droop 倾斜；衰减；减弱；斜面；下垂；减退；下降[曲线的]
→～ error (井身)倾斜(垂度)误差

drop 丢失；击倒；下垂物；落下；滴；下落；省略；射落；砂眼[冶；铸]；点滴；降压距离；上部煤体垮落；滴状物；水滴；(使)滴下；弹道降落距离；丢弃；高低平面间相差的距离；垂直断距；煤层上部回采；落距；落下物；下(客)；停止；(声音等)变弱；下放钻具；降落；降低速度、声音等；降低；脱落；停工；回采上部分层；一次落下煤量；滑坡；遗漏；掉砂[冶]；落差[水的]
→～ box 矿浆缓流箱；混凝土向下浇注箱//～-door wagon 吊门(矿)车//～-fill rock 抛石；堆石；填石//～ {falling} hammer 打桩锤//～ {decreasing} hole angle 降斜//～ off voltage 跌落电压//～ of pressure 压力降

dropoff 使曲线平滑；平缓；匀饰(曲线)；衰退；使(变)平；变平；塌箱[铸；冶]

dropout 漏失；脱落；脱扣；偶失[读写中出现少位误差]；下降

drop-out 塌箱[铸；冶]

drop out line 排空线
→～ out point 析蜡点；析出点//～ core (bottle) 滴瓶//～ of pillars 煤柱回采；回采矿柱；煤柱//～-point 滴点；落点；锤击点；下降点//～(-set) rail 下落式轨道

drop-pebble 坠石

dropped{downthrow} block 下投侧[断层

的]

dropper 分脉矿的；侧脉；挂钩；钟乳石[CaCO₃]；副脉；分脉；真空阀；支脉[下盘分出]

drop-set{drop} rail (罐笼装车用)铰接钢轨
→～ {drum} shaft 沉井//～ shaft with pebble-filling wall back 壁后河卵石(沉)井

drop staple 盲井
→～ stone 滴石；坠石；钟乳状方解石[CaCO₃]//～ {(controlled-)gravity;flow} stowing 自流{重}充填

dropstone 滴石；坠石；冰坠石
→～ laminite 坠石纹岩

Droseridifes 茅膏菜粉属[孢]

drosograph{drosometer} 露量计{仪}

dross 火山岩渣；渣滓；废物；矿渣；劣质煤；杂质；浮渣
→～(y) coal 劣质细煤；渣煤//～(y){metal} coal 含黄矿石的煤//～ slag 铁渣；冻渣//～ coal 含大量矸石的煤；劣质细煤

drossing{dross run} 撇渣

drought 旱；旱灾；干旱；缺乏[长期]

droughty{low} water discharge 枯水量 [Ca₄(Si₂O₇)(F,OH)₂]

drove 群；(用)平凿凿石；石凿；凿平的石面
→～ {boasting} chisel 阔凿//～ chisel 石工平凿

drowned 浸湿；沉溺；淹没；水淹的；沉没；沉没的；淹没的
→～ {burned;slack(ed);slaked;white} lime 熟石灰[Ca(OH)₂]//～ mine 淹没的矿

drowsiness{dead} orebody 呆滞矿体

dru 晶簇状的

drub coal 含煤页岩

Drucol CH × 磺酸盐 [C₁₁H₂₃·COOCH₂CH₂·SO₃Na]

drug 滞销货；含煤{炭质}页岩；麻醉剂；药品；夹矸；毒品
→～-fast 耐药的；抗药的//～-fastness 耐药性；抗药性//～ plant 药用植物//～ store 药房[美]

druggist 药商；药剂师

drugmanite 水{羟}磷铁铅石[Pb₂(Fe³⁺,Al)(PO₄)₂(OH)·H₂O；单斜]

druid stone 平纹石

drum 沉井；托辊；山脊；滚筒；汽包；鼓(状物)；圆筒；锥筒；绞筒；绞车；(55加仑)油桶；鼓丘；狭长山脊；绞轮；转筒
→～ capacity 卷{滚}筒容(绳)量//～ cobber 鼓式磁选机；圆筒选矿机//～ feeder 鼓型给矿器

drumcontainer feeding 燃料箱供料

drumfish 石首鱼

drumhead 鼓面；绞盘机

druming (问顶时)隆隆声

drumlinoid 石鼓丘

drumloid 类鼓丘

drumman 绞车司机

drumming 敲帮问顶

drummy 敲帮问顶发声
→～ sound 鼓声；(问顶时)隆隆声

drum printer 滚动式打印机
→～-shaped stone block 抱鼓石//～-shaped stone blocks 石鼓//～ spool 滚筒体；绞车滚筒//～ support bracket 鼓支架//～-type counter-flow scrubber 滚筒式逆流洗矿机[即叶片式洗矿筒]//～

-type deduster 滚筒型除尘器// ～{rotary} washer 洗矿筒

drums in line 同轴滚筒

drunken forest 醉林

drupe 核果

drusite 晶腺岩；斜长榴闪岩

drusitic 晶洞状的

drusy 晶簇；空洞；晶簇状的
→～ (vug;cavity) 晶洞// ～ frost-work 晶簇状纹花饰// ～ mosaic 簇状嵌晶// ～ quartz 石英晶簇；晶簇石英// ～ structure 晶簇构造；晶腺状构造

DRV 深海考察器；深海调查运载器

dry 烘；干燥的；干物；干枯；干旱的；干的；无预期结果的；不经滑润的；不用水的；干旱地区；(煤层顶板)隐形裂缝
→～ (house) 更衣室；矿工更衣室；干燥// ～ bed{wash} 砾石质河床// ～ bond macadam 干结碎石路// ～-bone (ore) 菱锌矿[ZnCO₃;三方]// ～ bone ore 土菱锌矿[ZnCO₃]；土质碳酸锌矿// ～ cargo hold (油船上的)干货舱// ～ concentrate 干精矿// ～ corrosion 干腐蚀// ～-creep of rock 岩石的干滑落// ～ developer 干性显像粉// ～ diggings 缺水矿山{砂矿}；不受水溢的砂矿

drydash 干黏石

"Dry Diggings" 原生金刚石矿床开采

dry diving 干式潜水
→～ feeder 干给矿机；干料给料{药}机[浮剂]// ～-feed film-flotation machine 干原料泡沫浮选机；干给砂式表层浮选机// ～ gravel volume 干砾石体积// ～ house 矿工更衣室// ～-laid{dry} rubble 干砌毛石// ～-laid stone 干砌石

dryductor 干式钻机

dryer 烘干机；干燥器；干燥剂；干燥炉

dryhouse 更衣室；矿山浴室

dryland(s) 干旱地区；旱地

dry laying{walling} 干砌
→～ limestone process 干石灰岩法// ～ masonry dam 干砌坝工坝；石谷坊// ～ metric ton 干公吨；干吨// ～ mineral-matter-free basis analysis 无水无矿物质基分析// ～ moist ball signal transmitter 干湿球信号发送器// ～ mud 干泥浆{渣}// ～ fraction 蒸气干度；干度；汽水比

dryness 干燥度；干燥
→～fraction 蒸气干度；干度；汽水比

Dryophyllum 櫟叶属[古植;K₂-N]；槲叶

Dryopidae 泥甲科[动]

Dryopithecus 林猿属；森林古猿

Dryopoidea 泥甲总科

Dryopteris 鳞毛蕨属[K₂-Q]

dry ore 干矿石；含铅很少的银矿石；贫铅银矿(石)
→～ ore bin 干矿仓

Dryphenotus 树叶牙形石属[C]

dry phosphate rock storage bins 干磷块岩产品储存仓
→～ photography 干法摄影术// ～ place (在)干旱地区的砂矿// ～ rocker 干式风力选矿槽// ～ rock paving 干石块铺砌// ～ rot (木材)干朽// ～ rubble 干砌块石；粗略干砌// ～ rubble masonry 干砌块石坝工// ～ run 试操作

Drysdale snorer pump 特拉斯达尔型自吸启动离心泵

---

drysdallite 硒钼矿 [MoSe₂;Mo(Se,S)₂；六方]

dry seal 干式封堵
→～ slag 重矿渣// ～ stone wall 干砌石墙

drystone 干石

dryth 干燥风

Dry Valley Drilling Project 干谷钻探计划

dry vanning 干式淘选机
→～ wall chute 干砌石壁放矿溜眼// ～-wall gangway 干砌石墙运输巷// ～ walling 毛石衬砌// ～-wall mill hole 干砌石壁溜眼{道}// ～ wash 石砾质河床

DS blasting 分秒爆破；秒延迟爆破

dschalindite 羟铟矿；羟铟石 [In(OH)₃;等轴]

dscheskasganite 辉铜铼矿[CuReS₄]

dschulukulite 钴镍矿

d-spacing 面网间距

DSS 深地震测深
→～{dual seal special} tubing joint 双密封专用油管接头

DST{drill stem test} chart 中途测试压力卡片

Dsteolite 磷骨

dstr 下游

DTB 井下遥测总线
→～{draft-tube baffled} crystallizer 引流管缓冲结晶器

DT line 日期变更线

DTLR 分散型磺化木质素缓凝剂

DTM × 捕收剂[羟基十二烷基三甲基溴化铵;HO(CH₂)₁₂ N⁺(CH₃)₃Br⁻]

dual 双数；孪生的；双；加倍的；二体的；二重的；双的；二元的；交叉的；二联的
→～ detector `NLL{neutron lifetime log} 双探测器中子寿命测井// ～-drive conveyor 双机传动运输机// ～ haulage (汽车火车)混合运输；同时采用两种运输系统[露天矿到选厂]// ～-hologram 双象全息相片// ～ induction focused log instrument 双感应聚焦测井下井仪// ～ mineral method 双矿物法// ～ mineral porosity method 双矿物孔隙度法

dual{two}-drum 双滚筒

dualin 杜阿林炸药[主要由硝化甘油、硝酸钾组成]

dualism 二重性；二元性

dualistic 二元论的；二元的

dually completed injector 两层分注井

dualoader 前后向装载机

dual odometer 双深度计数器
→～ pot unit (砾石充填)双罐装置// ～ signal 双信号；对偶信号// ～-spool valve 双滑阀分配器// ～ tracer ejector 双示踪剂喷射器// ～ unit processor 双单元处理机// ～-zone completion 两层完井

duant D 形盒

dub 把(木板、铁片等)刮光；涝池；(用)油脂涂(皮革等)；打击；死水池；转录；授予(称号)
→～ name{nom. dub.} 可疑学名[生]

dubiocrystalline 微隐晶质

dubiofossil 可疑化石

dubious 可疑的[拉]；未定的

d(o)ublet 偶极子；双重线；二连晶[双晶]

---

dubnium 𨧀[Db,序 105]

Duboisella 杜氏牙形石属[C]

Dubosq colorimeter 杜博斯克比色计

dubuissonite 红蒙脱土

Duchemin's formula 杜启明公式

Duchesnian stage 杜切斯尼阶

duchess 板岩尺寸

duck 帆布；闪避；鸭；迅速低下头；有吸引力的物；细帆布
→～ clamping mechanism 鸭嘴式装载机夹紧机构// ～ pick{|swivel} 鸭嘴式装载机截齿{|转座}// ～ telescoping trough 鸭嘴装载机伸缩式装载槽

duckbill 鸭嘴

duck-billed dinosaurs 鸭嘴龙类

duckbill grip block 鸭嘴铲离合装置

duck(-)board 木垫板

duckbucket 帆布头

duckfoot 支承弯管[主水管底部]

ducking (用)鸭嘴装载机装载

duck's foot 支承弯头；支承弯管[主水管底部]

duck-shot 小弹丸；小金属粒

ducktownite 黄铁矿与辉铜矿混合物；杂黄铁辉铜矿

duckweed 萍

ducky (在)倾斜巷道行驶的列车；使矿车保持平衡的底座

ducon 配合器

(air;stack;trunk) duct 风管；通风管(道)
→～ alloy 塑性合金// ～{large;plaster;long-term} deformation 塑性变形// ～ deformation episode 塑性形变幕// ～(air) 风管// ～ system 流道系统

duct{vessel} 导管[植]

ducted heat baffle 管道隔热片

ducter 测量微小电阻的欧姆表；小电阻测量表

ductilimeter 延性计；塑性计

ductilimetry 测延术

duct{box} keel 箱形龙骨

ductolith 滴状岩体；岩滴

duct{pipeline} route 管道线路

ducts 软风管

duct support 管道支架

dud 瞎炮；未爆弹；不能产油的油井；不中用的(东西)；假的

dudgeonite 钙镍华[(Ni,Ca)₃(AsO₄)₂•8H₂O]

dudleyite 珍珠蛭石[蚀变的珍珠云母；Na½(Mg,Al,Fe³⁺)₆((Si,Al)₈O₂₀)(OH)₄•⁹⁄₂H₂O(近似)]；黄珍珠云母

due 预期的；到；约定的；适当的；正当的；应有(权益)
→～ date 计划工期

dueite 水羟铬铋矿 [Bi₂³⁺4Cr₈⁶⁺O₅₇(OH)₆(H₂O)₃]

duff 煤屑；细劣煤；煤粉；脏煤；细煤；粗腐殖质；无烟煤粉
→～ dust 末煤[<2in.]

dufreniberaunite 绿簇磷铁矿 [Fe²⁺Fe₄³⁺(PO₄)₃(OH)₅•3H₂O]

dufrenite 绿磷铁矿[Fe²⁺Fe₄³⁺(PO₄)₃(OH)₅•2H₂O;单斜]

dufrenoysite 淡黝铜矿；砷黝铜矿[Cu₁₂As₄S₁₂;(Cu,Fe)₁₂As₄S₁₃；等轴]；硫砷铅矿[Pb₂As₂S₅;单斜]

duftite 砷铜铅矿[CuPb(AsO₄)(OH);斜方]

dugganite 砷碲锌铅石[Pb₃(Zn,Cu)₃(Te⁶⁺O₆)(AsO₄)(OH)₃;六方]；羟砷碲铅矿

dug hole 小井
→~ {post} hole 浅井 // (hand) ~ well 民(间)井

dugout 地下室；防空洞；独木舟

dug-out earth 挖出的土

duhamelite 杜钒铜铅石[$Cu_4Pb_2Bi(VO_4)_4$ $(OH)_3 \cdot 8H_2O$]；铅铋铜石

Duhamel's principle 杜哈美原理

Duhem's theorem 杜亨定理

Duisbergia 杜斯伯木属[古植;D_2]

Duke 平炉门挡渣坝

duke-rock 墙岩

dukeway 竖井斜井联合提升法

Dukouphyllum 渡口叶属[古植;T_3]

dulang mine (用)淘金盘洗选小型砂矿

Dulkevichiella 杜克维奇蜒属[孔虫;C_2]

dull 黑暗色；暗淡的；干燥；通风不良 无光泽的；暗色；无光彩；暗淡；钝的
→~ and stereotyped 平板 // ~{worn; dulled;bunt;blunt} bit 钝钻头 // ~{splint; splent;matt} coal 暗淡煤 // ~ bit 磨钝 (的)钻头 // ~ grain 钝砂粒 // ~ grayish brown 暗灰棕色 // ~ hard coal 暗硬 煤；无烟煤

dulled{dull} bit 钝截齿

dumalite 潜霞粗安岩；都马粗安岩

dumasite 假科泥石

dumb 砂眼[冶;铸]
→~ barge 拖船；牵引驳船；排泥驳船 // ~ island 地峡连岛

dumbbell 狭地峡；哑铃体

dumb sound 哑音

dummy 无效的；伪程序；空的；炮泥袋 假的；虚的；模造物；虚设物；卡环；伪 的；假程序；仿真的
→~ axle 假轴；矿车假轴 // ~ gate 长 壁工作面采区的临时门墙平巷 // ~-gate fast end 石垛平巷 // ~-gate stowing 石 垛平巷充填法 // ~ packing 石垛；垒石 垛墙 // ~ road{gate;roadway; drift} 石 垛平巷 // ~-road packing 石垛平巷充填 法；盲巷掘进废石充填 // ~ roadway 采 石平巷

dumontite 水磷铀铅矿[$Pb_2(UO_2)_3(PO_4)_2$ $(OH)_4 \cdot 3H_2O$;$(PbO)_2(UO_3)_2 \cdot P_2O_4 \cdot 5H_2O$]；羟磷 铅铀矿[$Pb_2(UO_2)_3(PO_4)_2(OH)_4 \cdot 3H_2O$;单斜]

dumortierite 蓝线石[$AlB_8Si_3O_{19}(OH)$;(Al, $Fe)_7O_3(BO_3)(SiO_4)_3$;$Al_7(BO_3)(SiO_4)_3O_3$;斜方]

dump(er) 仓库；翻斗器；倒空；清除； 倾卸；倾倒；弃土堆；卸料；煤堆；堆放； 漏汽；堆料场；倾翻器；漏水；倾销；翻 卸；堆；渣坑；倾翻；堆栈；堆场；抛土 场；漏；矸石堆
(car;dumper) dump 翻车机
→(power) ~ 切断电源；垃圾堆；废石 堆；排土场 // ~ bailer 灌浆(提)桶；卸 倾水泥浆筒 // ~ box 沉淀罐；壳形铸造 用砂箱；(流矿槽)搅动箱；倒泄池；沉淀 池 // ~(ing) car tipping to either side 两 侧翻卸式矿车 // ~ drift 采石巷道 // ~ deposit 速卸沉积；倾泻沉积 // ~ fill 废 石堆；倾卸填料 // ~ rock embankment 抛石坝；填石坝[土]；堆石坝[天然] // ~ stem 手钻钎子；钢丝绳冲击钻钻杆 // ~ car{wagon} 自卸汽车 // ~ equipment 卸煤装置;卸矿装置 // ~ of cheap oil 廉 价石油倾销 // ~ plant 翻车机 // ~ site 废石倾倒场 // ~ pit 矸石坑；废料场 // ~ point 卸矿点 // ~ pond method

溶池浸出法

dump{dumper} feeder 翻车机前推车机

dumpling 矿柱

dumreicherite 多水铝泻盐；杂铝泻盐 [$Mg_4Al_2(SO_4)_7 \cdot 36H_2O$]；镁矾石[$Mg_2Al_2$ $(SO_4)_5 \cdot 28H_2O$]

dun 小山

Dunaliella 杜氏藻属[Q]

Dunbarella 盾板海扇(属)[双壳;C]

Dunbarinella 顿巴蜓属[孔虫;C-P]

Dunbarula 小顿巴(包)蜓(属)[孔虫;P]

dundasite 水碳铝铅石[$PbAl_2(CO_3)_2(OH)_4 \cdot$ H_2O;斜方]；屯大石{白铝铅石} [$PbAl_2(CO_3)_2$ $(OH)_4 \cdot 2H_2O$]；铝白铅矿；碳酸铅铝矿

Dunderbergia 顿德伯格虫属[三叶;ϵ_3]

dundy 接触变质煤

dune 沙丘
→~ complex 沙丘(综合体) // ~ fixa- tion 固沙工程 // ~ heath 石楠沙原 // ~ massif 锥状大沙丘；金字塔形大沙丘 // ~-phase traction 沙丘相推移

dunhamite 碲铅华[$PbTeO_3$]；微碲铅矿

dunite 纯橄榄岩；纯橄榄石

Dunkardian 邓卡德(组)[北美;C_3-P_1]

dunnbass 夹石；泥质页岩；矸子

dunn bass 夹矸；夹石
→~ bass slate 泥质页岩

duns 泥质页岩；煤矸石[碳质页岩、泥 质页岩,以SiO_2和Al_2O_3为主；页岩或块状 黏土]

dunstone 底黏土；镁灰岩；杏仁状细碧 绿岩；杏仁细碧器

duodecimal 十二分之(几的)
→~ number system{duodecimal sys- tem{notation}} 十二进制

Duomac S 大豆油脂肪胺醋酸盐
→~ T 牛脂二胺醋酸盐

Duomeen CD 烷基丙二胺[含二胺84%; $RNHC_3H_6$ NH_2,R 来自椰油]
→~ S 大豆油脂二胺 // ~ T 牛脂二胺

duoplasmatron 双等离子体发射器

duo quick cement self hardening sand 双 快水泥自硬砂
→~-screen 对筛

Duosporites 两腔大孢属[C-P]

Duostomininacea 双口虫超科[孔虫]

duparcite 符山石[$Ca_{10}Mg_2Al_4(SiO_4)_5$,Ca 常被铈、锰、钠、钾、铀类质同象代替, 镁也可被铁、锌、铜、铬、铍等代替,形成 多个变种；$Ca_{10}Mg_2Al_4(SiO_4)_5(Si_2O_7)_2(OH)_4$; 四方]；麻粒石；铬符山石[$Ca_{10}(Mg,Fe)_2$ $(Al,Cr)_4(Si_2O_7)_2(SiO_4)_5(OH)_4$]

duplet 电子偶；对

duplex{double} acting 双作用的

duplexite 硬羟钙铍石；硬铍钙石；铝硅 钙铍石；硬沸石[$Ca_6(OH)_2(Si_{14}Al_2Be_4O_{40})$]

duplibaculate 双具棒的[孢]

duplicate 加倍；复式的；重；复制品； 重叠；副本；复制；副的；二倍的；二重 的；重复；完全相似的对应物；成对的
→~ check 双重校正{验} // ~ formula 倍角公式；倍量公式 // ~ of coal 煤层 重叠 // ~ of marking 双重标志

duplicating 复制
→~ {reproducing} unit 复制装置

duplication 复制；重复；重叠；复制品； 成倍；复印；加倍
→~ check 双重校正{验} // ~ formula 倍角公式；倍量公式 // ~ of coal 煤层 重叠 // ~ of marking 双重标志

duplicato 成两倍
→~-crenulatus 重圆齿状[植物叶缘]

duplicato-serratus 重锯齿形[植物叶缘]

duplicature 褶壁；钙化壁[介]；褶襞

Duplicidentata 双门齿亚目[兔形类旧 称]；倍{重}齿亚目；兔形目

Duplicisporites 双圈瘤面粉属[孢;T_3]

duplivincular 复韧式[双壳]

Duplophllum 双瓣珊瑚属[C-P]

Dupon Flocculant EXR-102A Dupon EXR-102A 絮凝剂[羧甲(基)纤维素钠]

duport(h)ite 丝纤石[一种 Mg 及 Fe^{2+}的铝 硅酸盐]

durability 经久；持久性；耐用年限；耐 用性；耐久(性)
→~ against pollution 耐污能力 // ~ index 耐磨指数；耐久率 // ~ of moulding sand 型砂寿命 // ~{life} test 寿命试验

durable 耐用；耐久；耐久的
→~ sand control system 长效防砂系统 // ~ years 可用年限

durain 暗煤
→~ peat 暗煤质泥炭

duralplat 镁锰合金被覆硬铝

duralumin{Dural;duralium;duraluminium} 硬铝；杜拉铝
→~ skip 硬铝箕斗

duramen 心材

duramin 铜铝石{矿}

durangite 橙砷钠石[$NaAl(AsO_4)F$;单斜]； 橙江砷钠石

Durangoan (stage) 杜兰戈(阶)[北美;K_1]； 杜契乃阶[E_2]

Duranickel 硬镍

duranusite 红硫砷矿[As_4S;斜方]

duration 时续；历时；期间；经久；耐用； 波期；持久度；生存期；持续时间；延限； 延续性；耐久；巡航时间；宽度

durative 持久的

durax pavement 弹花石路面
→~ stone block 嵌花式小方石块

durbachite 深色云母正长岩；暗云正长岩

Durbin-Watson test 德宾-瓦特逊检验

durchbruch(s)berg 汇口间岛

Durchbruchsberg 穿断丘{山}

Durchbruchtal 穿断谷

durchgriff 渗透率[德]

dur(i)crust 钙质壳

durdenite 碲铁石[$Fe_2^{3+}Te_3^{4+}O_9 \cdot 2H_2O$；三 斜]；碲铁矿[$Fe_2(TeO_3)_3$]；绿铁碲矿

durene 1,2,4,5-四甲基苯；杜烯

duress 强迫；监禁

durfeldtite 杂硫锑锰银矿[$3(Pb,Ag,Cu,Mn, Fe)S \cdot Sb_2S_3$]；针银铝锑矿

duricrust 铁质岩壳；古土层；土壤硬壳； 硬壳；硬壳层

durifruticeta 硬叶常绿灌木群落

duriherbosa 硬草草本群落

durinite 暗煤体

durinvar 镍钛铝合金

duripan 硬磐

duripratum 硬草草甸

Duriron 杜里龙高硅钢；硅铁[耐酸]
→~ anode 高硅铸铁阳极

durisilva 硬叶乔木群落

durisol 刨花水泥板

durite 微暗煤；显微暗煤；暗煤型
→~ E 微暗煤 E

duroclarain 暗亮煤

duroclarite 暗亮型煤；微暗亮煤

durofusain 暗丝煤

durometer 硬度计

Duronze 锰锡青铜

duroscope 杜罗回跳式硬度计

durothermic 耐温性的

durovitrain 暗镜煤

durovitreous (均匀)硬玻质的

durovitrite 微暗镜煤

dusk 微黑色的；黄昏；(使)变微黑；(使)微暗
　　→~{Crape} ring 暗环

dusky 昏暗

dusmatovite 锰锌大隅石[K(K,Na,□)(Mn^{2+},Mn^{3+})$_2$(Zn,Li)$_3$Si$_{12}$O$_{30}$]

dusodile 纸煤

dussertite 绿砷钡铁石[BaFe$_3^{3+}$(AsO$_4$)$_2$(OH)$_5$；三方]；碲铁石[Fe$_2^{4+}$Te$_3^{4+}$O$_9$•2H$_2$O；三斜]

dust 火山灰；灰砂；尘埃；尘[毫沙,毫微微,10^{-15}]；灰土；扫尘；撒(粉末)；粉尘；去灰尘；碎石；矿尘；漂尘；灰尘；土；扬起灰尘；粉末；粉化
　　→~(soil) 尘土；撒岩粉//~ abatement 减少矿尘；抑制矿尘//~ arrester{allayer; trap; catcher;collector} 收尘器//(bug) 除尘器//~ wire cloth 滤尘网//~ explosion accident 矿尘爆炸事故//~ -exposure length 接(触粉)尘时间

dustball 尘球；尘埃流星

dust ball 马宝[病马胃肠道所生结石；中药]

(shelf-rock-)dust barrier 岩粉棚

dust base 粗粉剂

dustcoat 外罩

dust coke 焦末

duster 尘拂；扫道工；撒粉瓶；撒岩粉工；不生产(油气)的井；打扫工；流动钻挖工；空井[充满空气或天然气的井]；集尘器；揩布；撒粉器

dust estimation 含尘量测定

dustfall 降尘

dust fall 落尘；尘降

dustfree drilling 无尘钻眼

dust-free space 脱尘空间

dust from cement factory 水泥厂粉尘
　　→~ gold 微粒金；屑粒金//~ grain 尘粒[宇宙]//~ haze 尘霾//~ {exhaust;suction} hood 吸尘罩

dustiness 尘污；生尘量；含尘性；起尘性；成尘性
　　→~ index 含尘指数

dusting 尘降作用；撒布岩粉；(浇注镁合金时用)防燃剂；撒粉；起砂；产生灰尘；打扫；生尘；涂粉
　　→(rock) ~ 撒岩粉//~ grader 选尘器[石棉选矿]//~ hose 喷粉软管//~-on 涂粉

dust-laden 含尘的；载尘的
　　→~ air 带尘空气//~ stream 含尘气流

dust-laying 降尘；抑尘

dustless 无尘的
　　→~{dust-free} drilling 无尘凿岩//~ stoper 带干式捕尘装置的上向式无尘凿岩机

dust-like 尘状的；粉状的

dust load 滤尘器(单位面积)尘埃滤过量
　　→~{comminuted;powder(ed);undersize; ground;milled;pulverized} ore 粉矿//~ ore 风化矿//~{powder;powdered} ore 粉状矿石//~ ring (矿物周围的)再生环

~ mine 多尘矿井{山}

dustor 干井

dustpan dredgers 吸盘式挖泥船

dust-pan type head 尘盘式吸尘头

dustproofing coal 表面处理防尘煤

dusty 尘的；多尘的

Dutch cone penetrometer 荷兰式(圆)锥(触探仪)
　　→~ cone test 荷兰探头试验//~ drop 浮动道岔；浮放道岔

dutchman 断头螺丝[螺孔中]；废管子头[留在接箍中]；夹在一对法兰中的垫片[使法兰对准]

Dutchman's log 抛木块计算航速法

dutch penetrometer 深度测定仪

Dutch sieve bend 弧形筛
　　→~ State Mines process 荷兰国营煤矿重介选法[利用黄土做悬浮液]//~ tri-axial cell 荷兰式三轴仪//~ white metal 白色饰用合金[81 锡,10 铜,9 锑]

dutoitsponite 氟硅钙石[Ca$_2$SiO$_2$(OH,F)$_4$；三斜]

dutrusion 外冲

duttonite 羟矾石；褐水钒矿[VO(OH)$_2$；V$_2$O$_4$•2H$_2$O]；羟钒石[V^{4+}O(OH)$_2$；单斜]

duty 功能；职务；关税；效率；能率；义务；制冷量；功用；功率；税；负荷；负载；责任；生产量；灌溉水量
　　→~ (ore) 属于矿山土地所有者的矿石份额//~ {working;work; operating;motive} cycle 工作循环//~ of the explosive 单位炸药崩落量//~ of water 灌溉率

duxite 亚硫碳树脂[一种不透明暗褐色树脂体]；杜克炸药{煞特}

Duyunaspis 都匀鱼属[D$_1$]

Duyunia 都匀虫属[三叶；∈$_1$]

D-valve 滑(动)阀

dwarf 矮小
　　→~ {heath} cypress 高山石松//~ fauna 小体动物群；矮体动物群//~ male 矮雄体[植]；矮雄[生]//~ star 矮星

dwarfing 矮化病{的}

dwarfism 矮态；矮小症

dwell 寓于；同心部分[凸轮曲线的]；闭锁时间；机器运转中有规则的小停顿；(加工中)无运动时间；住；留居
　　→~ burrow 生物潜穴；居住潜穴[遗石]//~ time 矿浆留槽时间

dwellers 居住者

dwelling structure 居住迹构造；窝穴构造

Dwight-Lloyd machine 德威-劳埃德型焙烧炉[移动炉箅式]

dwindling river 无口河

dwip 潮道马蹄形突起[尖端指向上游方]

dworinkite 水镍铁矾

dwornikite 杜铁镍矾[(Ni,Fe)SO$_4$•H$_2$O]；铁镍矾[Ni$_6$Fe$_2^{3+}$(SO$_4$)(OH)$_{16}$•7H$_2$O；三方]

D.W.Van Krevelen 范克瑞费伦分类

DX 882 ×絮凝剂[阴离子型高分子聚羧酸]

Dy 镝

dy 湖底植物沉积；含植物组织的腐泥；泥炭腐泥；腐殖泥；胶泥
　　→~ of strain 应变并向量{矢式}//~ operation 二数操作

dyad 二价元素；双；二；一双；二分体[生]；并向量；对；成对物；二合体

dyadic 二数的；二价的；二重的；二重对称的；双值的

→~ of strain 应变并向量//~ operation 二数操作

Dyadosporonites 双孔双胞孢属[E]

dyakisdodecahedron 偏方复十二面体

dyas 二叠系；二叠纪层；二合体

Dyassic 二叠系；二叠纪[290～250Ma;华北从此一直为陆地,盘古大陆形成,发生大灭绝事件,95%生物灭绝；P$_{1-2}$]；二叠纪的

Dybowskiella 迪宝斯基氏苔藓虫属[D-P]

dye 染色；着色剂；染料；配色
　　→~ check 着色检查；差色探伤//~ penetrant technique 染料渗入法//~-photo log 着色光电测井//~-staining{staining} analysis 加染色分析

dyeability 染色度；可染性

dyeing 染色

dyestone 化石铁矿；亚麻籽状铁矿

dyestuff 染料；着色剂

dygel 戴格尔矿用炸药

dyhexagonal 复六方的

dying 断气；下世；亡故；去世；咽气；垂死；归天；故世
　　→~ glacier 垂死冰川

dyjord 湖底植物沉积

dyke 防波墙；挖沟排水；隔墙；河堤；坝；海岸堤防；堤防；堤坝；堤；沟渠；筑堤防护；堰；干砌石墙；矿脉；岩墙；岩脉
　　→~ defect detecting 堤防隐患探查//~ deposit 沉积脉；脉状沉积//~ fortifying project 护堤工程//~ rocks 墙岩

dyker 挖渠机；筑堤机

dykes and dams 堤坝

dykite 脉岩

Dykstra-Parsons method 截克斯特拉-帕森斯法

Dykstra-Persons permeability variation factor 戴克斯特拉-帕森斯渗透率变异系数

dyktyonite 网纹岩

dynadrill 电动钻机；动力钻机

Dyna-drill 戴纳钻具[用英伊诺单螺杆泵驱动的井底动力钻具]

dynaflow 流体动力(传动)

Dynaforming 戴纳法(金属爆炸)成形

dynaforming (金属)爆炸成型

dynagraph 验轨器；内应力测定仪
　　→~ card 示功图

dynamic (force) 动力；动态

dynamical 高效能的

Dynamic anti-fouling paint 代纳米克防污涂料

dynamic balance 力平衡
　　→~ balancing machine with hard supports 硬支撑式动平衡机//~ integrated-data display 动态综合数据显示//~ resistance 动阻力//~ response approach 动力反应法//~ response computation 动力特性测定//~ rock triaxial apparatus 岩石动力三轴仪//~ torque 动转矩//~ trace gathering 动态道集

dynamics 力学；动力学

dynam(agn)ite (黄色；胶质)炸药[CH$_3$•C$_6$H$_2$(NO$_2$)$_3$]；炸药爆破

(gelatin) dynamite 甘油炸药；硝甘炸药

dynamite cartridge 硝甘炸药药包

dynamiter 爆破手

dynamite rendrock 狄那米特(炸药)

dynamiting 硝化炸药爆破；爆破[硝甘炸药]

dynamo 直流发电机；发电机[多指直流]

dynamofluidal{metafluidal} texture 动力流动结构

dynamometer 动力计；压力盒；压力计；土壤阻力计；记力器

dynamon 狄那孟{代那蒙；戴那蒙}炸药[一种硝铵安全炸药]

dynamoschist 动力片岩

dynamostatic 电动产生静电的
→～ metamorphism 动静力变质作用

dynamo theory 地球磁潮说
→～ regional metamorphism 动热区域变质作用

dynamothermal 动热变质(作用)的

dynaprop 动力支柱

Dyna whirlpool process 达纳旋涡法[重介选煤]
→～ whirlpool separator 迪纳型动态涡流分选器

dyngia[pl.dyngjur] 缓坡火山；溢流流体熔岩

dyoxalite{dyoxylith} 黄铅矿[$PbO \cdot PbSO_4$]

dypingite 杜平石；球碳镁石[$Mg_5(CO_3)_4(OH)_2 \cdot 5H_2O$]

dysanalite{dysanalyte} 铌钙钛矿[(Ca,Ce, Na)(Ti,Nb,Ta)O_3;(Ca,Na)(Nb,Ti,Fe)O_3;斜方];钙铌钛矿

dysarthrasis 关节变形

dysclasite 水硅钙石[$CaSi_2O_4(OH)_2 \cdot H_2O$;三斜]

dyscoria 瞳孔变形

dyscrasit(e){dyscrase;dyserasite} 锑银矿[Ag_3Sb;斜方]；安银矿

dyserasite 锑银矿[Ag_3Sb;斜方]

dys(s)intribite 斑块云母[K,Na,Mg,Ca 的铝硅酸盐,块云母类的一种假象物质,为不纯的白云母]

dyskolite 糟化石

dysmorphia 变形

dysmorphocaryocyte 变形核白细胞

dysmorphopsia 视物变形(症)

dysmorphosis 变形

dysodile 硅藻腐泥[褐煤阶段];挠性沥青;纸煤;碳氢石

dysodite 纸煤

dysodont 弱齿型

Dysodonta 弱齿(蚶属)[双壳;S]

Dysodontia 贫齿类

dyssnite 蚀蔷薇辉石；蚀暗锰辉石[(Mn, Fe)$_2$Si$_2$O$_7$(近似)]

dyssyntribite 斑块云母[K,Na,Mg,Ca 的铝硅酸盐,块云母类的一种假象物质,为不纯的白云母]

Dystactospongia 双膜海绵属[O]

dystome{distome} spar 硅硼钙石 [CaB(SiO$_4$)OH;Ca$_2$(B$_2$Si$_2$O$_8$(OH)$_2$);单斜]

dystommalachite 水{羟}胆矾[$Cu_4(SO_4)(OH)_6$;单斜]

dystrophication 河湖污染

dystrophic environment 营养不良的环境

dysyntribite 块云母[硅酸盐蚀变产物,一族假象,主要为堇青石、霞石和方柱石假象云母;KAl$_2$(Si$_3$AlO$_{10}$)(OH)$_2$]；斑块云母[K,Na, Mg,Ca 的铝硅酸盐,块云母类的一种假象物质,为不纯的白云母]

dytoitspanite 氟硅钙石[Ca$_2$SiO$_2$(OH,F)$_4$;三斜]

dytory 胶体泥浆

dytrigonal 复三方的

dzerfisherite 硫铁铜钾矿[等轴;K$_6$(Cu,Fe, Ni)$_{23}$S$_{26}$Cl;K$_2$Cu$_3$FeS$_4$];硫铜钾矿

dzhalindite 水{羟}铟石[矿][In(OH)$_3$;等轴]

dzharkenite 等轴硒铁矿[FeSe$_2$]

dzhezkazganite 辉铜铼矿[CuReS$_4$];辉铼铜矿[CuReS$_4$]

dzhulukulite 镍辉砷钴矿;镍辉钴矿[富镍辉钴矿的变种; (Co,Ni) AsS]

Dzieduszyckia 哲杜茨克贝属[腕;D$_3$]

Dzungaripterus 准噶尔翼龙属[K]

E

e

E₁ 古新世[65～53Ma]

E₂ 始新统；始新世[5.30～3.65Ma]

E₃ 渐新世[36.50～23.3Ma;大部分哺乳动物崛起]

Ea 地；地线

Eaglefordian 鹰滩(阶)[北美;K₂]

eaglestone 瘤状矿石[Fe₂O₃•nH₂O]；矿石结核；泥铁矿[(Fe,Mn)(Nb,Ta)₂O₆]；鹰石[泥铁矿或燧石的结核状团块]

eakerite 硅铝锡钙石[Ca₂SnAl₂Si₆O₁₈(OH)₂•2H₂O;单斜]

eakinsite 硫锑铅矿[Pb₅Sb₄S₁₁;单斜]

eakleite 硬硅钙石[Ca(SiO₃)•2H₂O;Ca₆Si₆O₁₇(OH)₂;单斜、三斜]

ear 吊环；扇风机的入风孔；耳柄；吊耳；小孔；耳状体；耳翼；吊钩；外轮胎；环[支撑]

→～{auricle;lug} 耳[古]//～ bit 多级钻头//～ clinch 接触线夹

eardieyite 水铝镍石[Ni₆Al₂(OH)₁₆(CO₃,OH)•4H₂O;Ni₅Al₄O₂(OH)₁₈•6H₂O;三方]

eardrum 耳膜

eardust 耳砂；耳石

earflap 耳翼

Earlachitina 厄尔几丁虫属[D₂]

Earlandia 厄尔兰德虫属[孔虫;C₁]

Earlandinita 似厄尔兰德虫(属)[孔虫;C]

earlandite 水碳氢钙石；水柠檬钙石[Ca₃(C₆H₅O₇)₂•4H₂O]

ear(d)leyite 水铝镍石[Ni₆Al₂(OH)₁₆(CO₃,OH)•4H₂O;Ni₅Al₄O₂(OH)₁₈•6H₂O;三方]

earlshannonite 褐磷锰高铁石[MnFe₂³⁺(PO₄)₂(OH)₂•4H₂O]

early 初期的；早先的；下

→～ acid breccia 早期酸性角砾岩//～ canyon basalt 早期峡谷玄武岩//～ Carboniferous epoch 早石炭世//～ magmatic segregation (-type) deposit 早期岩浆分凝型矿床//～ mining of pillars 矿柱；早采煤柱；随采煤柱//～ Proterozoic (era) 早元古代[2500～1000Ma;晚期造山作用强烈,所有岩石均遭变质,目前发现微生物化石约31亿年]

ear muff 耳机上的防噪橡皮`套{护圈}

→～ and rockfill dam 土石坝；土石混合坝

earn 堆石规标；博得；应得

earphone{earpiece} 耳机

earplug{ear plugs} 耳塞

earstone 耳石

earth 地线；地球的；土；地球；地；土壤；泥；埋入；土地

Earth('s){inner} core 地心

earth core 泥(土)芯子

earthdin 地震

earthed 接地；通地

earth embankment{bank;dike;fill;mound} 土堤

earthen 土制的；陶制的；土的

earthenware 软质精陶；陶器；土器

→～{ceramic} pipe 缸瓦管

earth fall 土塌

→～ flax 高级石棉；石棉//～ flow 土石流；土崩//～-foam 石膏状霰石；软鳞方解石

earthflow 泥流；土流；土滑

Earth{terrestrial} globe 地球

earth grabbing bucket 抓斗

→～ heat cement 地热水泥//～ holography 大地全息摄影术//～ hummock 冻土丘;土丘//～ hummock{mound} 土核丘

Earthian 地球人

earth impervious core 不透水层芯岩

→～ iron ore 泥状铁矿

earthing 通地；盖土；覆土；接地

Earth lab Program 地球科学实验室计划

→～ layering 地球分层

earth{ground} leakage 通地漏泄

Earth-looking sensor 地球景影传感器

earth-loss 地层损耗

earth lurch 垂于谷向的地震

→～ magnetic field 地磁场//～-magnetic navigation 地磁导航//～{terrestrial;earth's} magnetism 地磁

earthly 地球的；地上的

→～ heat 地热能

Earth mantle 地函

earth material 土料；土石

→～ material science 地球物质科学//～ medium 大地介质//～ metal 土金属//～-metal soap 碱土金属皂类

Earth-moon system 地月体系;地球-月球体系

Earth motion 地面振荡

earth{ground;rock;strata} movement 岩层移动

earthmover 土方机械{器}

earthmoving 运土(工作)；推土工作

earth-moving (job) 土方工作

earthmoving attachment 联挂推土装置；推土机工程装置

Earth observation 地球观察{测}

earth of electrical equipment 电气设备的接地

earthometer 高阻仪；兆欧计；接地检查仪

earth-orbiting satellite 地球轨道卫星

Earth pulsation 大地脉动

earth pyramid 土锥

→～ pyramid{turret} 土塔

earthquake 地震；地动；天然地震

→～-like aftershock sequences 似地震余震系列//～ mechanism 地震机制//～ nest 震巢//～ recurrence rate 地震复发率//～{shock;quake}-resistant 抗震的

earthquake resistant building 抗震建筑

earthquake's period 地震时期

earthquake-stricken area 地震灾区

earth resistance 土抗力；接地电阻

Earth('s) revolution 地球公转

earth ridge 土垄

→～ ring 土环[冻土花纹之一种]

earthrise 地出[航天器上看到地球从月球地平线升起的现象]

earthroad 沙土路

earth(en){top-soil} road 土面路

earth-rock(fill) dam 土石坝

Earth('s) rotation 地球自转

earths 稀土

Earth's accretion by extra-terrestrial matter 地外物质造成地球增大

earth satellite vehicle 人造地球卫星运载火箭

Earth's atmosphere 地球大气

→～ axis 地球轴//～ center 地心

earth science 地球科学

→～ scoop 铲运机//～(-moving) scraper 铲土机//～-scraper 刮土机//～ screw 取土样的麻花钻

earth's compliance factor 地球顺从系数

Earth's curvature 地球曲率

→～ dynamic coupling system 地球动力学对偶系统

earth's ellipticity 地球扁率

→～ flattening 地球扁率//～ formation 岩层

Earth's gravity 重力；地球引力

Earth shadow 地影

earth shaking 翻天覆地的；震撼世界的

Earth's heat content 地球热含{容}量

earth shell 地球圈层

→～-shift 地层移动//～ sieve 土筛//～ silicon 硅石；二氧化硅[SiO₂]

earthshine 地球反照；地球对月球的反照；地光反照

earthshock 地震

Earth's internal constitution 地球内部组成{结构}

earth's layers 地球圈层

earth slide 泥流状滑坡

Earth's mantle 地幔

earth's orbit 地球轨道；地球公转轨道

earth-sound telemetry 地声遥测

earth spreader 泥土导散板

→～(y){mud} spring 泥泉//～ sphere 地球

earth's shadow 地球阴影

Earth's spin axis 地球自转轴

→～ surface 地(球)表面

earth's surface sinking 地面塌陷

earth station 地站；地面通信站

Earth's temperature regime 地球温度状态

earth storage 土油坑{池}

→～{crustal} strain 地应变//～ surface collapse 地表塌陷[指岩盐矿]//～ table 底石；贴地石座

Earth{bodily} tide 地潮

earth tide table 固体潮值表

→～ transmission characteristics 地层透射特性//～ tripolite 硅藻土[SiO₂•nH₂O]//～{fossil;mountain;ader;marble} wax 地蜡[CₙH₂ₙ₊₂]//～ wire{connection} 接地线//～ section 土方截度{面}//～ cobalt 锰钴土；钻土矿[锰钴的水合氧化物,CoMn₂O₅•4H₂O;(Mn,Co)O₂•nH₂O]；土状钻矿//～ impurity 泥状杂质//～ lead ore 土白铅矿//～ manganese 硬锰矿粉

earthware 陶粒

earthwork 土方工程；土工；土方

earthworm creeping{earthworm in mud} 蚯蚓走泥

earthy 土质的

easamatic 简易自动式的

→~ power brake 真空闸

ease 安逸；容易；减轻

→~ {transition;transient;connecting} curve 过渡曲线 // ~ of 难易程度 // ~ off 渐减；修正；松弛 // ~ shot 扩槽 // ~ the gas 减低供气量[平炉]

easement 方便；平顺；缓和；土地使用费；介曲线

easer (hole) 辅助炮眼；辅助炮孔{眼}

easily adjustable throat bush 易调整的喉衬套

→~ deformable steel 易变形钢 // ~ fusible clay 易熔土 // ~ hydrated clay 易水化黏土

easing gear 卸货装置

→~ the bit in 钻头轻压慢转钻进地层

East African Graben 东非地堑

east by north 东偏北

→~ coordinate 东向坐标系 // ~ dip 向东倾斜

Easter Fracture Zone 复活节破裂带

easterlies 向东的；东风带

easterly trade wind 东贸易风

→~ winds 东风带

eastern elongation 东距角[行星]

→(greatest) ~ elongation 东大距

Eastern hemisphere 东半球

→~ highlands 东部高地[月球-20 着陆位置]

eastern limb 东翼；东侧

Eastern Samoa 东萨摩亚[美]

→~ Zhou copper mine 东周铜矿遗址

east ice 东岸南下浮冰

→~ longitude 东经

Eastman Removable Whipstock 伊斯门型可移式钻孔定向器

→~ whipstock turbine 伊斯门造斜涡轮

east-north-east 向北东东；北东东；东北东

Easto circulating sub 伊士托循环接头

eastonite 铁叶云母$[K_2Fe_4^{2+}(Al,Fe^{3+})_{1-2}((Si,Al)_8O_{20})(OH)_4;KFe_2^{2+}Al(Al_2Si_2)O_{10}(F,OH)_2$, 单斜; $KFe_3(AlSi_3O_{10})(OH)_2]$；镁叶云母；镁黑云母；蛭石[绝热材料;$(Mg,Ca)_{0.3-0.45}(H_2O)_n(Mg,Fe,Al)_3((Si,Al)_4O_{12})(OH));(Mg,Fe,Al)_3(Si,Al)_4O_{10}\cdot 4H_2O$;单斜]

East {-}Pacific plate 东太平洋板块

east-side-down bounding fault 东侧下落边界断层

east-southeast 向南东东；南东东(的)[东与东南中间]

East-South-East 东南东

East Timorese 东帝汶人

eastward 东方；向东

→~ deflection of falling body 落体向东偏转 // ~ spreading of island area 岛弧向东扩张

east-west effect 东西效应[宇宙线]

easy 平缓的；平顺；易；缓斜的

→~ break ampoule 易折安瓿 // ~ device 轻便仪表 // ~ drilling 顺利{轻快}钻进；(在)易破碎岩层中钻进 // ~ reservoir 经济热储；易探易采热储 // ~ -to-drill formation 易钻地层 // ~ {E-Z} tree 简易树[浮式钻井装置试井使用的一种海底安全闸锁]

eat away 腐蚀；侵蚀；锈坏；蚕食

→~ -through 蚀穿[炉衬]

Eatonia 伊顿贝属[腕;D_1]

eat{use} up 消灭；消耗

eau 水[法]

eaves 屋檐；檐

→~ {water} gutter 檐沟

ebauchoir 大凿

ebb 退潮流；衰落；退落

ebb-and-flow{ebbing-and-flowing} spring 涨落泉

→~ structure 水平倾斜纹层交变构造[沉积岩]；潮流消涨构造；互变潮流构造；涨落潮流构造

ebb channel 落潮(水道)

ebelmenite 钾硬锰矿$[K_{\leq 2}Mn_8O_{16}]$

EbN 东偏北

ebonite 硬质橡胶；胶木[绝缘]；硬橡皮；硬橡胶；硬硫橡皮

Eboracia 爱博拉契蕨属[古植;T_3-J_2]

Eboraciopsis 拟爱博拉契蕨属[古植;T_3]

eboulement 滑坡；山崩；崩坍；岩石崩塌；崩塌[法]

éboulis 岩屑堆[法]

ebp{e.b.p.} 终沸点

ebridian 硅质鞭毛类[始先类海生原生动物]

ebullient{bubbling} pool 鼓泡泉塘

ebullioscope 沸点计

Eburon 艾普龙(冰期)[北欧]

ecandrewsite (艾)锌钛矿$[Zn_{0.59}Fe_{0.24}Mn_{0.17}Ti_{0.99}O_3]$；钛锰铁矿

ecardinal 无铰的[腕]；无主基的

Ecardines 无铰纲{类}[腕]

eccentric 偏心装置；偏心器的；偏心器；乖僻；反常的；偏心的

→~ annulus 偏心环空{路} // ~ (ratio) 偏心率 // ~ coefficient 偏心系数 // ~ tester 径向跳动检查仪；偏心度检查仪 // ~ jaw crusher 颚式偏心碎石机 // ~ -mass vibrator 偏心质量式振动器 // ~ -type vibrator 偏心型振动器

eccentricity 偏心距{度}；偏心；炮点偏离{移}[震勘]；离心率

eccentricn 偏心轮

Ecculiomphalus 松旋螺属[腹;O-S]

Ecculiopterus 轮螺

ecdemite 氯砷铅矿$[Pb_4As_2O_7\cdot 2PbCl_2;Pb_6As_2O_7Cl_4;$四方]

ecdysis 蜕皮；蜕变；蜕壳；换羽；脱壳[昆]

ecesis 定居[植]

echelette 小阶梯光栅；红外光栅；光栅[红外]

echellite 梯子石；白沸石$[Ca(Al_2Si_5O_{14})\cdot 6H_2O]$；钠沸石$[Na_2O\cdot Al_2O_3\cdot 3SiO_2\cdot 2H_2O$;斜方]；瓷白沸石

echelon 排成梯形；梯阵；雁行；梯级；梯列；梯队

Echert{Eckert} projection 艾克尔特投影

Echidna 针鼹(属)[Q]

Echinaria 棘刺贝属[腕;C]

Echinatisporis 棘刺孢属[K_2-E]

echinatus 具刺

echinenone 海胆酮

Echinochara 刺轮藻属[J_3]

echinochrome 海胆色素

Echinoconchus 轮刺贝(属)[腕;C_{1-2}]

Echinocypris 棘星介属[E_3]

Echinocystites 棘海林檎属[S]

Echinocythereis 刺花介属[E-Q]

echinoderm 棘皮动物

Echinodermata 棘皮动物(门)

echinoid 海胆类[棘]

Echinoidea 海胆类[棘]

Echinolampas 灯笼海胆属[棘;E]

echinolophate 有刺脊的

Echinosphaerites 刺海林檎属[棘;O]；棘球海林檎属[棘;O]

Echinosporites 刺纹单缝孢属[N]

echinozoan 海胆(亚门)的[棘]

echinulate 刺毛状的；有刺毛的；具小刺的；有小刺[生]

echinus[pl.-ni] 钟形圆饰；海胆[棘]

Echitriletes 刺面大孢属[K_1]

echmidium 腕环刺板[腕环前端融合而成的矛状板;腕]

echo 回音；回答信号；回波；重复；共鸣；反应；仿效

echodolite 响岩

echo-image 回波图像；双像{象}

echoing 回声现象

echolocation 回声勘定

echometer 回波计

echometry 测回声术

echo-pulse 回波脉冲

eckermannite 镁铝钠闪石$[Na_3(Mg,Fe^{2+})_4AlSi_8O_{22}(OH)_2$;单斜]

Eckflur 角床

Ecklonia 昆布属[Q]；鹅掌菜属[Q]

eckmannite 锰叶泥石$[(Fe^{2+},Mg,Mn,Fe^{3+})_{<3}((Si,Al)Si_3O_{10})(OH)\cdot nH_2O;(Fe^{2+},Mg,Mn,Fe^{3+})_{10}((Si,Al)_{12}O_{30})(O,OH)_{12}]$

eckrite 蓝透闪石$[NaCa(Mg,Fe^{2+})_4AlSi_8O_{22}(OH)_2$;单斜]；似钠闪石$[(Na,Ca)(Mg,Fe^{3+},Ca)_5(Si_8O_{22})(OH)_2]$

Ecktreppe 角阶

eclarite 辉{艾}铋铜铅矿$[(Cu,Fe)Pb_9Bi_{12}S_{28}]$；硫铋铁铅矿；(埃)硫铋铜铅矿$[(Cu,Fe)Pb_9Bi_{12}S_{21}]$

eclipse 晦暗；蚀；失色；丧失；漆黑

→(lunar) ~ 月食；日食{蚀}

eclipsing binary 食双星

→~ variable 食变星

ecliptic (日、月)食的；黄道(的)

→~ limit 蚀限 // ~ plane 黄道面

eclogite 榴辉岩

eco-activity 生态活动[对抗污染保护环境等活动]

eco-atmosphere 生态大气

eco-catastrophe 生态灾难

ecocide 生态灭绝

ecoclimate 生态气候

ecological climate 生态气候

→~ polymorphism 生态的多型现象 // ~ stability and modification 生态稳定性和调整 // ~ unit 生态单位{元}

ecologic assemblage 生态组合

→~ (al) balance 生态平衡

ecologist 生态学(工作者)

ecology 生态学

→~ pit 混凝土池[贮存含固相重油的]；生物坑

eco-mark{|labelling} 生态标记{|志}

economic activity 经济活动分析

→~ recoverable oil 有经济开采价值的石油储量 // ~ recoverable oil reserves 经济开采石油储量 // ~ (ore;mineral) deposit 有经济价值的矿床；可采矿床 // ~ 'flow rate{|grade|thermoresource|mineral} 有经济价值的产量{|品位|热资源|矿物}

economizer 节煤器；节热器；降压器

→(fuel) ～ 节油器 // ～ bank (空气)预热管 // ～ valve 省油阀

ecophene 生态变种反应

ecophenotype 生态表型

ecospace 生态空间

ecospecies 生态种

ecostate 无肋；无中脉[生]

eco-technique 生态技术

ecotonal 交错群落的；群落过渡区的
　　→～ community 交错区群落

ecotone 溶泌岩；生态转变带；溶泌区；群落交错区；交错群落(区)

ecotopic 适应特殊生态的；具特殊生态适应性的

ecotourism 生态旅游

ecotype 生态型

ecoulement 重力坡滑

ecronic 河口湾；港湾

Ectasian 延展纪[中元古代第二纪]

ectasian 延展系

ectect 溶泌体；泌出变熔体

ectectite 溶泌岩

Ectenoceras 伸角石属[头;Є₃]

Ectenolites 伸展角石属[头;O₁]

ectepicondylar foramen 外上髁孔

ectethmoid (bone) 外筛骨

ect(o)exine 孢粉表外膜；表外膜[孢]；外壁；外表层

ectexis 泌出(混)合(岩化)作用；溶泌作用

ectexite 溶泌岩

Ectinechinus 伸海胆(属)[棘;O₃]

ectinite 非交代岩；非混合岩(类)

ectoblast 外胚层

ectocingulid 下外齿带[哺牙]

ectocingulum 外齿带

ectocochleato 外充亚纲的[头]

Ectocochliata 外壳亚纲[头]；四鳃亚纲[头]

ectoconidium 分外生孢子[植]

Ectoconus 外锥兽属[踝节目;E₁]

ectocrine 外分泌

ectocyst 外皮；外囊壁[生]

ectoderm 外层；外胚层

ectoderre 主外壁层[几丁]；外皮层[棘]

ectodynamic{ectodynamomorphic} 外动力的

ectodynamomorphic{ektodynamomorphic} soil 外成土

ectodynamorphic soils 外动力土

ectoexine 孢粉表外膜

ectoflexus 外中凹[褶][牙的]

ectogene{ectogenic} 外(来)因(素)的；外部因素的

ectohormone 信息素；外激素

ectoloph 外脊；外棱

Ectomaria 外切螺属[O-C]

ectonexine (孢粉)里层

ectooecium 外壁[苔虫室]

ectoparasite 外寄生物

ectoparasitism 外寄生

ectophloic 外韧的

ectophragm 突起间膜；外膜[沟鞭藻]

ectoplasm 外胚层质；外质[变形虫]

ectoplast 外质膜

ectoproct 外肛亚纲动物

Ectoprocta 外肛亚纲{类}[苔]

ectopterygoid 外翼骨

ectosexine 上层；外表层[孢]

ectosiphonate{ectosiphuncle} 外体管[头]

ectoskeleton 外骨骼

ectosome 外体(壁)[生]

ectotheca 外壁

ectotroph 外养寄生物[生态]

ectotrophic mycorrhiza 外生菌根

ectropite 肾硅锰矿[(Mn,Mg)₃Si₂O₅(OH)₄;单斜]

ectyonine 海绵针丝骨骼

ecumeme 世界上的宜居区[有人居住的部分]；永久栖居区[生]

eczema 湿气

Edale shales 埃达尔页岩

edaphic 土壤的；土壤圈的；土坡圈的
　　→～ climax 土壤演替顶极{级} // ～ control 底土控制 // ～ factor 土壤因素

edaphocyanophyceae 土壤蓝藻(类)

Edaphodon 泥齿银鲛属[K-N]

edaphogenic 成壤的

edaphoid 拟土壤

edaphology 农业土壤；土壤学

edaphon 土居生物

Edaphosaurus 基龙(属)[P]

edatope 土壤环境

Eday sandstone 艾台砂岩

Eddastraea 艾达星珊瑚属[D₁₋₂]

eddies 涡流

eddy (flow;flux;motion) 涡；漩涡；旋涡；涡动

eddying 紊流；湍流
　　→～ (motion) 涡流 // ～{rotational;eddy} flow 旋流

eddy mark 涡(流)痕(迹)

eddymill 旋涡磨机

eddy mill 河床壶穴
　　→～{turbulent;vortex} motion 涡旋运动

edelforsite 浊沸石[CaO•Al₂O₃•4SiO₂•4H₂O;单斜]；杂硅灰石

edelite 葡萄石[2CaO•Al₂O₃•3SiO₂•H₂O;H₂Ca₂Al₂(SiO₄)₃;斜方]；钠沸石[Na₂O•Al₂O₃•3SiO₂•2H₂O;斜方]

Edel Mahogany 老鹰桃木石

edema 浮肿；水肿

Edenian 艾登(阶)[北美;O₃]

e(n)denite 淡(浅)闪石[8CaO•2Na₂O•18MgO•4Al₂O₃•26SiO₂•H₂O•3F₂;NaCa₂(Mg,Fe²⁺)₅Si₇AlO₂₂(OH)₂;单斜]

Edentata 贫齿类；贫齿目[哺]

edentate 贫齿型；无齿型[动]；无齿的

Edentostomina 无齿虫属[有孔;N-Q]

Edentosuchus 贫齿鳄属[K]

edentulous 无齿的

Edestus 旋齿鲨(属)[P]

edetate 乙底酸盐；EDTA 盐

edetic acid 乙底酸；乙二胺四乙酸[(HOOC•CH₂)₂:N•CH₂•CH₂:N: (CH₂COOH)₂]

edeyen 沙丘沙漠

EDFSC 电磁转换通量探测线圈

edgarite 硫铁铌矿[FeNb₃S₆]；羟铅铝矾

edge 刃棱；棱脊；镶边；边；刀口；界限；棱；刃边；边缘
　　→～-crimped{-curled} yarn 刀口卷曲变形丝 // ～ cutter 边刀 // ～-defined film-fed growth 导模生长法 // ～{fringe;boundary} effect 边际效应 // ～ flare 卷边对接

edge mill 双辊式碾碎机；辊砂机

edges and corners 棱角

edge sander 侧边砂光机
　　→～ stone 边缘石；立碾轮

edgetone effect 尖劈效应

edgewise structure 立砾构造；竹叶状构造

Edgeworth expansion 埃奇沃斯展式

edge{boundary;border;peripheral} zone 边缘带
　　→～ zone 边缘区

edging 滚压边缘修饰；边缘；轧边；磨边
　　→～ stone 边磨石

edgy 尖锐的

Ediacaran (period) 埃迪卡拉(纪)[新元古纪;620～542Ma;多细胞生物出现]

edibility 食用价值

edible 适合食用的；可食的

edict 法令；布告

ed(d)ingtonite 钡沸石[Ba(Al₂Si₃O₁₀)•3H₂O;BaAl₂Si₃O₁₀•4H₂O;斜方]

Edison effect 热电放射效应

edisonite 金红石[TiO₂;四方]

Edison magnetic separator 爱迪生型磁选机

edit(or) 编纂；编排；校订；初步整理；编辑；剪接

Editas B ×选矿药剂[羧甲纤维素钠;英]

Editia 美脊介属[C₁]

editorial 社论(性)的；编者的；编辑上的
　　→～ committee 编委会

Edmondia 卵石蛤属[双壳;D-P]

edmon(d)sonite 镍纹石[(Fe,Ni),含 Ni 27%～65%;等轴]；铁镍陨石

Ednatol 爱得诺突耳炸药

edolite 长云角(页)岩

Edrioaster 海垫属[棘;S₁]；海座星(属)[棘;S₁]

Edrioasteroidea 海座星类

edrioasteroidea 海座星纲[棘;Є₁-C₁]

Edrioblastoidea 垫海蕾纲[棘;O₂]

Edriosteges 椅腔贝属[腕;P₁]

Edromorphida 多面体藻群

EDTA 乙二胺四乙酸[(HOOC•CH₂)₂:N•CH₂•CH₂•N:(CH₂COOH)₂];乙底酸
　　→～ method 乙二胺四醋酸法

eduction 离析物；提出物；推断；析离；排泄；排出；离析；引出；放出；析出；推论
　　→～ gear 放矿装置 // ～{force} pipe 压送管 // ～{scavenge; blast;tail;relief;vent} pipe 排气管 // ～ tube 泄气管

eductor 引射器；气举管；排泄器；升液装置；喷射器
　　→～ pump 排泄泥水泵 // ～ well point 喷射井点

edulcoration 洗净(作用)
　　→～ border 净边(结构)

edward(s)ite{edwar(d)site} 独居石(砂)[(Ce,La,Y,Th)(PO₄);(Ce,La,Nd,Th)PO₄;单斜];磷铈镧矿

effective 有效的
　　→～ air quantity 矿井有效风量

effectiveness 效用；效果；效率；效力；有效性
　　→～ cost ratio 效果费用比 // ～ for a given period of time 时效 // ～ of sluicing 冲刷效力

effective noise temperature 等效噪声温度
　　→～ pay (有效)产油层；生产矿层 // ～ porosity 岩石或岩层孔隙的含水量；给水度 // ～ shear strain energy criterion 有效剪应变能准则 // ～ shot depth 有效爆炸深度 // ～ specific fuel consumption 有效燃油消耗率 // ～ stress{pressure} 有效应力

effect of closure 定和效应；闭合效应
→～ of convection 对流作用//～ of stones thrown into orifice 间歇泉掷石效应

effects of acid rain 酸雨的影响
→～ of delayed gravity drainage 重力疏干延迟效应//～ of nomadic pastoralism 游牧畜牧业的作用//～ of seasonal factor 季节因素效应

effervescing 起泡的
→～{effervescence} clay 泡沸(碳酸盐)黏土//～ clay 膨胀性土

efficiency 性能；实力；供给能力；供给量；功效；功率；利用率；有效系数；效能；实效；效率
→～{boss;contract} miner 合同矿工

efficient 等效的；有效的；因子；效率高的
→～ distance of gas suction 有效抽放距离//～ drilling 高效钻进

efflorescence 粉化；风化；结晶失水；晶化；霜华；开花；升华

efflorescent 粉化的；风化的；粉状的；霜状的
→～ ice 花状冰//～{weathered} ore 风化矿石

effluent 输出；流出的；流出液；流出；支河；排放物；工业废水；注入河里等的污水；发出的；源[河、水、电、能、矿、震等]；污水；废液；渗漏的；溢出液；废水；侧流；溢分流；洗选机械排出的污水；流出物；湖源河；废水和废气

effluvium[pl.-ia] 散出；磁素；臭气；发出；无声放电

efflux coefficient 流速系数
→～ cup method 流杯法[测黏度]//～{hereditary} gallery 排水平硐//～time 排出时间//～{discharge;outlet} velocity 排出速度

effort 努力；工作(项目)；作用力；力量；成果；计划

effosion 采掘

effracture 裂开

effusion 逸散；喷溢；喷发；喷出；流出；溢流；溢出
→～{current;rate-flow} meter 流量计

effusive 射流的；流出的；溢流的；喷发的
→～ (rock) 喷出岩

effy 效率

efractory 难选矿石

efremovite{efremowite} 铁磷钙石[CaFe$_3^{3+}$(PO$_4$)(OH)$_8$•H$_2$O]

egeran 符山石[Ca$_{10}$Mg$_2$Al$_4$(SiO$_4$)$_5$,Ca 常被铈、锰、钠、钾、铀类质同象代替,镁也可被铁、锌、铜、铬、铍等代替,形成多个变种;Ca$_{10}$Mg$_2$Al$_4$(SiO$_4$)$_5$(Si$_2$O$_7$)$_2$(OH)$_4$;四方]

egg 蛋；卵形物
→～ albumin 蛋白胨；卵清蛋白//～ apparatus 卵器//～ box foundation 多格基础//～ coal 蛋级无烟煤[2^{7}/$_{16}$～3^{3}/$_{4}$in.]

eggette 煤球

eggfruit 洋石榴

egg hole 梁窝；弧形；柱窝
→～-hole 横梁窝

eggletonite 钠辉叶石；碱铁变云母；伊辉叶石[(Na$_{0.82}$K$_{0.4}$Ca$_{0.39}$□$_{0.39}$)$_2$(Mn$_{6.61}$Zn$_{0.08}$Mg$_{0.16}$Fe$_{0.61}$Al$_{0.56}$)$_8$(Si$_{10.33}$Al$_{1.67}$)$_{12}$O$_{28.92}$(OH)$_{3.08}$]$_{82}$(OH)$_4$•10.66H$_2$O];伊辉叶石

eggonite 水磷铝石[Al$_6$(PO$_4$)$_4$(OH)$_6$•5H$_2$O;

Al$_2$(PO$_4$)(OH)$_3$•H$_2$O;斜方]

eggplant{chun} purple 茄皮紫

egg shaped 卵形的；蛋形的
→～-shaped boulder 石蛋

eggstone 鲕石；鱼卵石

eglestonite 褐氯汞矿[Hg$_4$Cl$_2$O;Hg$_6$Cl$_3$O$_2$H;等轴];氯汞矿

egolith 衰(皮)土

egran 符山石[Ca$_{10}$Mg$_2$Al$_4$(SiO$_4$)$_5$,Ca 常被铈、锰、钠、钾、铀类质同象代替,镁也可被铁、锌、铜、铬、铍等代替,形成多个变种;Ca$_{10}$Mg$_2$Al$_4$(SiO$_4$)$_5$(Si$_2$O$_7$)$_2$(OH)$_4$;四方]

egress 泉口；流出；喷口；外运；运出；溢出；发源地；出路；出口；露头

egrestonite 褐氯汞矿[Hg$_4$Cl$_2$O;Hg$_6$Cl$_3$O$_2$H;等轴]

eguei(i)te 球磷钙铁矿[CaFe$_{14}$(PO$_4$)$_{10}$(OH)$_{14}$•21H$_2$O]

Egyptian blue 硅钙铜矿
→～ jasper{pebble} 埃及碧玉//～ Yellow 富贵米黄[石]

egyrinaugite 霓辉石[(Na,Ca)(Fe^{3+},Fe^{2+},Mg,Al)(Si$_2$O$_6$),根据迪尔等的划分,NaFeSiO$_6$ 介于 15%～70%者为霓辉石,大于70%者为霓石]

ehlite 假孔雀石[Cu$_5$(PO$_4$)$_2$(OH)$_4$•H$_2$O;单斜];斜磷铜矿[Cu$_5$(PO$_4$)$_2$(OH)$_4$•H$_2$O]

ehrenbergite 锰水磨石；水铝英石[Al$_2$O$_3$及 SiO$_2$ 的非晶质矿物;Al$_2$O$_3$•Si$_2$O•nH$_2$O]

ehrenwerthite 胶黏铁矿；胶针铁矿[HFeO$_2$]

ehrleite 水磷锌铍钙石[Ca$_4$Be$_3$Zn$_2$(PO$_4$)$_6$•9H$_2$O];水磷铍锌石

ehrwaldite 二辉石岩

eichbergite 艾硫铋铜矿[(Cu,Fe)(Bi,Sb)$_3$S$_5$]

eichwaldite 艾硼铝石；硼铝石[Al((B,H$_3$)O$_3$);Al$_6$B$_5$O$_{15}$(OH),六方；Al(BO$_3$)]

Eickhoff single-chain conveyor 艾科夫型单链输送机
→～ universal plough 艾科夫万能刨煤机

eicolin 石南素

eicosyl 廿(碳烷)基[C$_{20}$H$_{41}$—]
→～ alcohol 羟廿烷基石

eicotourmaline 似电气石；无硼电气石

eidogen 变形质

Eifelian (stage) 艾菲尔(阶)[欧;D$_2$]

eifelite 钠镁大隅石[K$_2$Na$_4$Mg$_9$Si$_{24}$O$_{60}$;六方]；艾钠大隅石[KNa$_2$Mg$_{4.5}$Si$_{12}$O$_{30}$;KNa$_3$Mg$_4$Si$_{12}$O$_{30}$]

Eiffelia 爱菲尔海绵属[∈$_2$]

Eiffellithus 埃菲尔颗石[钙超;K]

eigen 固有的；本征；特征的
→～{proper} function 本征函数

eigenmode 本征型；正则型

eigenshape analysis 特征形态分析法

eigenstate 本征态；特征态

eigenvibration 固有振动；本征振动

eigenwavefront 特征波前

eigenwert 本征值；特征值

eightfold coordination 八次配位

eight-fold twin{eightling} 八连晶

eight-node shear panel 八节点剪切面

eight-spigot classifier 八室水力分级机

eighty column card 八十列(穿孔)卡

eikonogen 影(像)源

eikoturmaline 无硼电气石；似电气石

Eimco loader 爱姆科型装载机

eimelite 水磨土

Eimer and Amend interlaboratory stron-

tium standard 埃默-阿门德实验室内部锶标准

einkanter 单棱石

Einstein bedload function 爱因斯坦底移质方程；推移质方程

einsteinium 锿

Einstein mass-energy relation 爱因斯坦质-能关系

einzoner[德] 单带型[四射珊瑚]

EIPTC ×捕收剂[丙乙硫氨酯;C$_2$H$_5$NH•C(S)OCH(CH$_3$)$_2$]

eis[德] 冰[H$_2$O;六方]

eisblink 冰闪光

eiscir 蛇丘[爱]

Eisenachitina 埃森纳几丁虫属[S-D$_2$]

Eisenackia 艾氏藻属[J-E]

eisenalaun 铁明矾[Fe$_2^{3+}$Al$_2$(SO$_4$)$_4$•24H$_2$O;FeO•Al$_2$O$_3$•4SO$_3$•24H$_2$O]

eisenandradit 铁榴石[Fe$_3^{2+}$Fe$_2^{3+}$(SiO$_4$)$_3$]

eisenantimonglanz 辉铁锑矿[FeS•Sb$_2$S$_3$;斜方]

eisenapatit 氟磷铁锰矿[(Mn,Fe,Mg,Ca)$_2$(PO$_4$)(F,OH)]

eisenblau 天蓝石[MgAl$_2$(PO$_4$)$_2$(OH)$_2$;单斜]；蓝铁矿[Fe$_3^{2+}$(PO$_4$)$_2$•8H$_2$O;单斜]

eisenbluthe 霰石华[CaCO$_3$]；铁华

eisenbranderz 土砷铁矾[Fe$_{20}^{3+}$(AsO$_4$,PO$_4$,SO$_4$)$_{13}$(OH)$_{24}$•9H$_2$O]

eisenbrucite 铁水镁石[5Mg(OH)$_2$•MgCO$_3$•2Fe(OH)$_2$•4H$_2$O]；片碳镁石[Mg$_{10}$Fe$_2^{3+}$(CO$_3$)(OH)$_{24}$•2H$_2$O;三方]

eisenchlorit(e) 铁绿泥石

eisenchlorur 陨氯铁[(Fe^{2+},Ni)Cl$_2$;三方]

eisenchrom 铬铁矿[Fe^{2+}Cr$_2$O$_4$,等轴;铁铬铁矿 FeCr$_2$O$_4$、镁铬铁矿 MgCr$_2$O$_4$ 及铁尖晶石 FeAl$_2$O$_4$ 间可形成类质同象系列]

eisencordierite 铁堇青石[Fe$_2$Al$_3$(Si$_5$AlO$_{18}$);(Fe^{2+},Mg)$_2$Al$_4$Si$_5$O$_{18}$;斜方]

eisenenstatit 紫苏辉石[(Mg,Fe^{2+})$_2$(Si$_2$O$_6$)]

eisenglanz 云母铁矿；赤铁矿[Fe$_2$O$_3$;三方]

eisenglas 铁橄榄石[Fe^{2+}SiO$_4$;斜方]

eisenglimmer 针铁矿[(α-)FeO(OH);Fe$_2$O$_3$•H$_2$O;斜方]；蓝铁矿[Fe$_3^{3+}$(PO$_4$)$_2$•8H$_2$O;单斜]；云母铁矿；纤铁矿[FeO(OH);斜方]；赤铁矿[Fe$_2$O$_3$;三方]

eisen hornblende 铁角闪石[Ca$_2$(Fe^{2+},Mg)$_4$Al(Si$_7$Al)O$_{22}$(OH,F)$_2$;单斜]
→～ hypersthene 铁紫苏辉石[(Fe,Mg)$_2$(Si$_2$O$_6$)]

eisenkalk 球菱铁矿[FeCO$_3$]

eisenkies 黄铁矿[FeS$_2$;等轴]；白铁矿[FeS$_2$;斜方]

eisenkiesel 铁石英[因含铁而呈黄色或褐色;SiO$_2$]

eisenkobalterz 铁斜方砷钴矿

eisenkobaltkies 铁砷钴矿

eisenkolumb 铌铁矿[(Fe,Mn,Mg)(Nb,Ta,Sn)$_2$O$_6$;(Fe,Mn)Nb$_2$O$_6$;Fe^{2+}Nb$_2$O$_6$;斜方]

eisenleucite 铁白榴石

eisen magnesium retgersite 铁镁镍矾[(Ni,Mg,Fe)SO$_4$•6H$_2$O]
→～ mangan calcite 铁锰方解石//～ melanterite 铁水绿矾

eisennickel 镍纹石[(Fe,Ni),含 Ni 27%～65%;等轴]

eisennickelkies 镍黄铁矿[(Fe,Ni)$_9$S$_8$;等轴]

eisenocher 铁华[为呈粉末状的氧化铁]

eisenopal 蛋白碧玉；铁蛋白石[因含有铁氧化物而呈黄色或褐色;SiO$_2$•nH$_2$O]

eisenpecherz 氟磷铁锰矿[(Mn,Fe,Mg,Ca)$_2$(PO$_4$)(F,OH)];胶褐铁矿[Al$_2$O$_3$·nH$_2$O];硅褐铁石{矿}[5Fe$_2$O$_3$·2SiO$_2$·9H$_2$O];土砷铁矾[Fe$_{20}^{3+}$(AsO$_4$,PO$_4$,SO$_4$)$_{13}$(OH)$_{24}$·9H$_2$O]

eisenphyllit 蓝铁矿[Fe$_3^{2+}$(PO$_4$)$_2$·8H$_2$O;单斜]

eisenplatin 铁铂矿[PtFe;四方]

eisenrahm 褐铁矿[FeO(OH)·nH$_2$O;Fe$_2$O$_3$·nH$_2$O,成分不纯];赤铁矿[Fe$_2$O$_3$;三方]

eisenresin 草酸铁矿[2FeC$_2$O$_4$·3H$_2$O;Fe^{2+}C$_2$O$_4$·2H$_2$O;单斜]

eisen rhodochrosite 铁菱锰矿
→～{iron} rhodonite 铁蔷薇辉石

eisenrichterite 铁锰闪石

eisenrosen 赤铁矿[Fe$_2$O$_3$;三方];钛铁矿[Fe^{2+}TiO$_3$,三方;含较多的 Fe$_2$O$_3$]

eisensammeterz 针铁矿[(α-)FeO(OH);Fe$_2$O$_3$·H$_2$O;斜方]

eisensinter 土砷铁矾[Fe$_{20}^{3+}$(AsO$_4$,PO$_4$,SO$_4$)$_{13}$(OH)$_{24}$·9H$_2$O];臭葱石[Fe^{3+}(AsO$_4$)·2H$_2$O;斜方]

eisenspath 球菱铁矿[FeCO$_3$];菱铁矿[FeCO$_3$,混有 FeAsS 与 FeAs$_2$,常含 Ag;三方]

eisenstassfurtite 铁方硼石[(Mg,Fe)$_3$(B$_7$O$_{13}$)Cl;斜方]

eisen strigovite 铁柱绿泥石[2FeO·Al$_2$O$_3$·2SiO$_2$·2H$_2$O]

eisentitan 钛铁矿[Fe^{2+}TiO$_3$,含较多的 Fe$_2$O$_3$;三方]

eisenvitriol 水绿矾[Fe^{2+}SO$_4$·7H$_2$O;单斜]

eisen-wolframit 钨铁矿[Fe^{2+}WO$_4$;单斜]

eisen{iron} wollastonite 铁硅灰石[CaFe(Si$_2$O$_6$);Ca(Fe^{2+},Ca,Mn) Si$_2$O$_6$;三斜]

eisspath 透长石[K(AlSi$_3$O$_8$);单斜]

eisstein 冰晶石[Na$_3$AlF$_6$;3NaF·AlF$_3$;单斜]

eisstromnetz 冰川雪原组合

eitelite 碳钠镁石[Na$_2$Mg(CO$_3$)$_2$;三方];碳酸钠镁矿[Na$_2$Mg(CO$_3$)$_2$]

ejecta 副喷出物;喷射;副抛出物;冲击变质岩屑;喷出物
→～(menta) 抛出物//～ blanket 抛出物层;溅射层//～ block 抛出块

ejectamenta 抛出物;喷出物

ejected block 喷出块体;抛出岩块

ejection 脱模;抛出物;抛出;发射;挤出;推出;喷出
→～ efficiency 退汞效率;退出效率

ejections 喷溅物[吹炼];喷射物[吹炉]

ejection stress 出坯应力
→～{spout} test 喷射试验

ejective fold 隔挡褶皱

ejector 顶钢机;顶出装置;推钢机;喷射器;射流泵;除气器;抽气器;引射器
→～ pin 推顶杆//～ type dredger 喷射泵式挖泥船//～-type through-tubing tool 喷射式过油管下井仪

eka-element 待寻元素[周期表中尚缺元素名];准元素

ekahafnium 类铪[104 号元素,人造]

ekalead 元素 114[类铅,一个假设超铜族元素]

ekanite 硅钙(铁)铀钍矿[(Th,U)(Ca,Fe,Pb)$_2$Si$_8$O$_{20}$;(Th,U)(Ca,Fe, Pb)$_2$(Si$_8$O$_{20}$);四方;埃卡石]

eka-silicon 锗;准硅[即锗]

ekaterinite 埃水氯硼钙石[Ca$_2$B$_4$O$_7$(Cl,OH)$_2$·2H$_2$O;六方]

ekatite 羟硅砷铁石[(Fe^{3+},Fe^{2+},Zn)$_{12}$(OH)$_6$(AsO$_3$)$_6$(AsO$_3$,HOSiO$_3$)$_2$]

ekdemite 氯砷铅矿[Pb$_4$As$_2$O$_7$·2PbCl$_2$;Pb$_6$

As$_2$O$_7$Cl$_4$,四方;Pb$_3$As^{3+}O$_{4-n}$Cl$_{2n+1}$]

e(c)kebergite 中柱石[Ma$_5$Me$_5$-Ma$_2$Me$_8$(Ma:钠柱石,Me:钙柱石)];韦柱石

ekistics 城市与区域计划学

eklogite 榴辉岩

Ekman bottom sampler 埃克曼采泥管
→～ dredge 挖泥机

ekman(n)ite 锰叶泥石[(Fe^{2+},Mg,Mn,Fe^{3+})$_3$((Si,Al)Si$_3$O$_{10}$)(OH)$_2$·nH$_2$O;(Fe^{2+},Mg,Mn,Fe^{3+})$_{10}$((Si,Al)$_{12}$O$_{30}$) (O,OH)$_{12}$]

Ekman layer 埃克曼层[海洋中一流层,其流向与风向成直角];艾克曼层
→～-Merz Current meter 艾-梅二氏测流计

eksedofacies 风化(环境)相

ektexic 溶泌作用

ektexine 表外膜[孢];外表层;外壁

ektexinium 外壁外层;外层[孢]

ektodynamomorphic 外动力的

ektogenic 外(来)因(素)的;外来成分

ektropite{ectropite} 蜡硅锰石[Mn$_5$(Si$_4$O$_{10}$)(OH)$_6$,含 MnO34%～52.65%,单斜;Mg$_8$(Si$_2$O$_7$)(Si$_2$O$_3$)$_5$·5H$_2$O]

EK value 能量系数值

Ekvasophyllum 爱克伐索珊瑚属[C$_1$]

ekzema 盐穹;盐垒

EL 电测井;设备表;弹性极限

el 正视图;海拔

eladonite 绿鳞石[(K,Ca,Na)$_{<1}$(Al,Fe^{3+},Fe^{2+},Mg)$_2$((Si,Al)$_4$O$_{10}$)(OH)$_2$;K(Mg,Fe^{2+})(Fe^{3+},Al)Si$_4$O$_{10}$(OH)$_2$;单斜]

Elaeangnaceae 胡颓子科

Elaegnacites 胡颓子粉属[孢;E$_2$-Q]

elaeite{elaile;elaite} 叶绿矾[R^{2+}Fe$_4^{3+}$(SO$_4$)$_6$(OH)$_2$·nH$_2$O,其中的 R^{2+} 包括 Fe^{2+},Mg, Cl, Cu 或 Na$_2$;三斜]

elaeocarpus serratus 锡兰橄榄石

elaeolite-syenite-pegmatite 脂光正长伟晶岩

elaeolith 脂光石[Na(AlSiO$_4$)]

elaeometer 验油比重计

elaidic acid 反式十八碳烯[C$_{17}$H$_{33}$COOH];异油酸[C$_{17}$H$_{33}$COOH];反十八烯[C$_{17}$H$_{33}$COOH]

elaminate 无叶片的

elandine green 浅灰绿色

elan vital 活力论

elaolite 脂光石[Na(AlSiO$_4$)]

Elaphodus 毛冠鹿[Q]

Elaphurus 麋鹿(属)[Q]

Elaphus 马鹿亚属[Q]

elapsed activity times 花费的作业时间

Elap(h)urus 四不像{象}

Elasipoda 游足目;板足(海参)目[棘]

Elasmobranchii 板鳃类;板鳃亚纲[软骨鱼纲]

elasmore 针碲矿[Sb,Au 和 Pb 的碲化物与硫化物]

Elasmosaurus 薄片龙属[K$_2$];薄板龙

elasmosine 叶碲矿[Pb$_5$AuSbTe$_3$S$_6$];碲铅矿[等轴;PbTe];叶碲金矿[Pb$_5$AuSbTe$_3$S$_6$;Pb$_5$Au(Te,Sb)$_4$S$_{5-8}$;斜方?];针碲矿[Sb,Au 和 Pb 的碲化物与硫化物];锑铅矿[2PbS·Cu$_2$Sb$_2$S$_3$]

Elasmotherium 板齿犀(属)[Q]

elastance 倒电容(值)[1/C]

elastes 弹器[昆]

elastic 灵活(善于随机应变);橡皮带;有弹力的;有弹性的

---

elasticite 化石橡胶

elasticity 顺应性;灵活性;伸缩性;弹性变形;弹性;弹力
→～{elastic} coefficient 弹性系数

elastic{flexible} joint 挠性接头

elasticoviscosity 弹黏性

elasticoviscous flow 弹性黏流
→～ property 弹黏性//～ substance {solid} 开尔文体

elastic plasticity 弹塑性
→～-plastic solid 弹塑性体//～ plate method 弹性板法//～ rebound theory 回弹理论;弹性回跳理论[弹回回跳(学)说]//～ recovery 弹性复原//～ ring 弹簧垫圈

elastin 弹性硬朊;弹性硬蛋白

elastomeric 弹性体的

elasto-plastic matrix displacement 弹塑性矩阵位移
→～ property 弹柔性//～ wedge 弹塑性楔体

elastoviscous solid 弹黏(性)固体
→～{firmoviscous} solid 稳黏固体

Elaterites 弹丝孢属[C$_{2-3}$]

Elatides 长叶杉[J$_2$-K$_1$];似杉

Elatocladus 披针杉属;枞型枝(属)[C-K];高枝杉

elatolite 假象方解石;α 方解石;甲型方解石

E-layer E 电离层;E 层[电离层];肯内利-希底赛德层;涅{海}利-希维赛德层

elb 横沙丘

elbaite 红电气石;红碧玺;锂电气石[Na(Li,Al)$_3$Al$_6$(BO$_3$)$_3$(Si$_6$O$_{18}$)(OH)$_4$;三方];黑柱石[CaFe$_2^{2+}$Fe^{3+}(SiO$_4$)$_2$(OH);斜方]

elbasin 上升盆地

Elbe 易北(冰期)[北欧更新世第一次冰期]

elbow 直角弯管;拱底石[建];肘管;肘;道路急弯;急弯
→～{corner} joint 弯管接头//～{toggle;knee} joint 肘接//～ of capture 河流袭夺急转弯段;抢水湾;袭夺肘弯;袭夺湾//～ of diversion 改道肘弯//～ twin 肘式双晶//～{knee} twin 钻石双晶;锆石双晶

elbrussite 易布石[Fe^{3+},Mg 及碱金属的铝硅酸盐];铁贝得石

elbrussite 易布石[Fe^{3+},Mg 及碱金属的铝硅酸盐];铁贝得石

eldoradoite 方铅矿[PbS;等轴];晕彩石英

Elea 爱丽亚苔藓虫属[K$_2$]

elector{electro}-optic crystal 电光晶体

electra 多区无线电导航系统

electraflex 电磁勘探直接找油技术

electret 永电体[永久极化的电介质];永久极化的电介质
→～ microphone 驻极体传声器

electrical anomaly ～ anomaly 电异常

electrically conductive coating 导电涂层

electrical method{exploration} 电法勘探
→～ plan 矿内电气设备布置图//～ property of rock 岩石电性//～ separation prose. 电除尘法//～ sheet 钢片;电工用铁片;电机用铁片//～{orientational} twinning 道芬双晶

electric analog(ue) 电比拟
→～(al) calamine 电异极矿[Zn$_4$(Si$_2$O$_7$)(OH)$_2$·H$_2$O]//～ cast mullite brick 电熔铸莫来石砖//～-eye method 电眼法[用光电管装置拣选粗粒金刚石]//～ graphitized brush 石墨电刷//～ gypsum cutter

电动石膏锯

electricity 电学；电
→~ cut(-)off standard of gassy mines 瓦斯煤矿断{停}电标准

electric{current} leakage 漏电
→~ oscillating plaster cutter 电动石膏锯 // ~ percussion rock drill 电冲岩石钻 // ~ portable lamp with a battery 矿灯 // ~ power plant 发电厂 // ~ prospecting 电探 // ~ resistivity thermometer 电阻测温仪 // ~ rock drill 岩石电钻；电动岩石钻 // ~ rock loader 电力装石机 // ~ shaft furnace 矿热电炉

electrit 电铝(石)

electro {-}affinity 电亲和势{力}
→~-analysis 电(解)分析

electroanalyzer 电分析器

electro-beam 电子束

electro-bed 用测井曲线划分的层

electrobrush 电刷

electrocaloric effect 电热效应

electrocapillary curve 电毛细曲线

electrocar 电瓶车

electrocarbon 电碳

electrocarbonization 电碳化法

electro-carbonization method of retorting oil shale underground 油母页岩地下电碳化蒸馏法

electrocardiogram 心电图

electrocathode 电控阴极

electrocathodoluminescence 场{电}控阴极射线发光

electrochemical analysis 电化学分析；电化分析
→~ approach 电化学处理法

electro(-)chemical equivalent 电化当量；电解当量

electrochemical hardening of clay 黏土的电化学硬化

electro-chemical machining 电解加工

electrochemical plating 电(化学)镀法
→~ potential 电化学(电)位{势}

electro(-)chemical{volta;electromotive} series 电化序

electrochemical series 电化元素序；(元素)电位序

electrochemistry 电化学

electrochromatography 电色谱(法)[限区带电泳]；电色层(分析)法

electrochromics 电致变色显示(技术)

electroconductibility 电导率；导电性

electroconductive cement 导电水泥

electro-conductive film 导电膜

electroconductivity 导电性；电导率

electrocoppering 电镀铜(法)

electrocorrosion 电腐蚀

electrocrystallization 电致晶体

electrode bias 电极偏压

electrodecantation 电倾析

electrode-carrying superstructure 电极支架[电冶]

electrode coalescing area 电极聚结面积
→~ configuration{array} 布极形式

electro-dedusting 电路脱尘

electrode equilibrium potential 电极均衡势
→~ geometry 电极间之几何形式 // ~ glass 电极玻璃 // ~ holder 焊把；焊条夹钳

electrodeionization 电去电离作用

electrodeless discharge 无电极放电

electrodeplating 电解溶解

electro-deposition 电解沉积；电解精炼
→~ enamelling 电沉积浮搪

electrode probe method 电极探头法
→~ prong 电极夹支架

electrodes 电极

electrode separation 电极间隔
→~ spacing 电极距

electrodiagenesis 电成岩作用

electrodialyser{electrodialyzer} 电渗析器

electrodialysis 电渗析

electro-diffraction 电(子)衍射

electrodiffusion 电扩散

electro(-)discharge machining 放电加工

electrodispersion 电分解作用；电离解作用

electro-drainage 电渗排水

electrodressing 电选矿

electrodrill 电钻；电动钻具

electrodynamic(al) 电动的；电动力(学)的

electrodynamic induction 动电感应

electrodynamics 动力学；电动力学

electro-endosmose{endosmosis} 电内渗(现象)

electroengraving 电刻

electroequivalent 电化当量

electro-erosion machining 电蚀加工

electroexplosive 引爆器

electro-explosive device 电爆装置

electro(-)extraction 电解提取；电解溶矿

electrofacies 测井相

electrofilter{electro filter} 电滤器

electrofiltration 电滤(作用)；电力滤尘；静电沉淀
→~ potential 过滤位{势} // ~ potential field 过滤位场

electro-float process 电浮法

electro-flotation 电场浮选；电浮选

electrofluorescence 电致发光

electroformed sieve 电成形筛

electro-fused magnesia grain 电熔砂

electrogasdynamics 电气体动力学

electrogen 光照发射电子分子；光电分子

electrogeneous 产生电的；发电的

electrogenesis 电发生机理；生生成

electrogeochemical 电地球化学的

electrogild 电镀术

electrogram 静电记录；电描记图

electrographite 电炉石墨；人工石墨[冶]
→~ {graphite} brush 石墨电刷

electro-heated glass 电热玻璃

electro-heating tensioning methods 电热张拉法

electrohydraulic 电(力)液(压)的

electro-hydraulic 电液艾可马蒂克

electrohydraulic crusher 电动水力冲击钻机
→~ drilling 电水锤钻进 // ~ element 电液元件 // ~ forming 水电成形

electro-hydraulic powered development rig 电液掘进装置
→~ pressure regulating device 电液调压装置 // ~ remote-control system 电力液压遥控系统

electrohydraulic remote manual or automatic control 电液远距离手动或自动控制
→~ rock splitter 电液劈石器

electro-hydraulic servo control 电液伺服控制

electrohygrometer 电湿度计

electro-induction 电感应

electro-ionization 电离作用

electroionization process 电离合成过程

electrojet 电喷射气流

electrokinetic 电动的
→~ injection 电动注浆 // ~ method 界面电位差{势}测定法 // ~ {zeta} potential 电动电位

electrolen 金刚砂[Al_2O_3]

electroless 无电的
→~ plating 化学喷镀

electro level-meter 电动测深式料位器

electrolier 花灯支架

electroline 电力线

electrolinkage 煤炭地下气化电连法

electrolinking 电联法；电接

electrolithotrity 电碎石术{法}

electrolog(ging) 电测井

electrolyser 电解槽；电解装置

electrolyte 电离质；电解液
→~ constituent 电解组分 // ~-tank model 电解质-槽罐模型；电解箱模型

electrolytic(al) 电解的

electrolytic action{effect} 电解作用
→~ conductor 电解质导(电)体 // ~ dissociation{ionization} 电离 // ~ grinding wheel 电解磨制砂轮 // ~ method {process} 电解法[晶育] // ~ {electrolyte} slime 阳极泥

electrolyzed solution 电解液

electrolyzer 电解装置；电解液；电解槽；电解剂

electrolyzing 电解

electromachining 电加工

electromagnet 电磁铁；电磁体；电磁石

electromagnetic(al) 电磁的

electromagnetic alternating current relay 电磁式交流继电器
→~ pulley separator 滑轮式电磁选矿机

electro-magnetic pulse 电磁波
→~ pump 电磁吸药泵

electromagnetic radiation{irradiation;energy} 电磁辐射
→~ registration 电磁记录{数} // ~ reluctance seismometer 电磁阻地震计 // ~ ring-type separator 环型电磁选机 // ~ separation (电)磁选(矿)

electromagnetometry 电磁测量

electromechanical 电机学的；电动机械
→~ analogy 电机械模拟{类比} // ~ cab signaling 接触式机车信号设备 // ~ drive 机电传动装置

electromelting type partly platinum bushing furnace 电熔式铂漏板拉丝炉

electromer 电子异构体{物}

electrometallurgy 电冶金(学)；电冶金法

electrometer 量电表；电位计

electrometric analysis 量电分析
→~ {potentiometric} titration 电势滴定；电位滴定

electromigration{electro-migration} 电(解)迁}移[同位素分离法]

electromobile 电动汽车；电瓶车

electromotance 电势；电动势

electromotive 电动的
→~ {electro-motive} force 电动势；电势

electromotor 电动机；马达

electron-accepter 电子受主

electron acceptor 电子接合体
　　→～ affinity 电子亲和力{性}

electronation 增(加)电子作用[还原作用]

electron avalanche amplification 电子雪崩倍增

electro negativity 电负性

electron energy band gap theory 电子能带隙理论[多型性的]

electronic absorption spectra 电子吸收能谱
　　→～ accounting machine 电子记账机

electronically dodged print 电子控光相片
　　→～ scanned optical tracker 电子扫描光学跟踪器

electronic analysis and simulation equipment 电子分析和模拟设备
　　→～ liquefied petroleum gas stove 电子液化石油气炉//～ oven 高频电炉//～ profilometer 电子显微光波干涉仪//～ quartz crystal watch 电子石英晶体手表//～ safety controller 电子安全控制器//～ scale 电子秤

electronics deep-ocean work-boat 深海电子潜水工作船

electronic signal input 电子信号输入
　　→～ sorter 电子拣选机//～ spectra 电子能谱//～-torch melting 电子注熔炼//～ torque meter 电应变式扭矩仪{计}//～ tramp iron detector 零星散铁电子检查器//～-weighing system 电子秤

electron image 电子图像
　　→～ impact 电子撞击

electronograph 电子显`像{微镜照片}

electron-optical aberration 电子光学像差
　　→～ image intensifier 电光图像增强器

electrooptical effect in dielectrics 电介质中的光电效应；克尔效应
　　→～ imaging and storage tape 电光成像和录像磁带

electro optic ceramics 电光陶瓷
　　→～-optic(al) effect 电光效应

electro-osmosis pressure 电渗透压力
　　→～ stabilization 电渗加固

electroosmotic core cutting{electro-osmotic core cutting} 电渗透岩芯切割(法)
　　→～ process 电渗(作用)

electrooxidation 电(解)氧化

electropathy 电疗法

electrophoresis 电泳
　　→～ tank 电泳槽

electrophoretic 电泳的
　　→～ analysis 电泳分析//～ force 电渗力

electrophoretogram 电泳图

electrophotography 电子摄影

electrophotoluminescence 场控光致发光

electroplate 电镀

electro-pneumatic control 电控风动

electropneumatic signal (motor) 电动气动信号机
　　→～ signaling 电(动)-气动信号装置

electro/pneumatic{E/P} transducer 电(动)/气(动)转换器

electropositive 电阳性的；阳电(性)的
　　→～ element 正电性元素//～ ion 阳(电性)离子//～ radical 阳(电性)根

electropositivity 正电度{性}；阳电性

electroquartz 电熔石英；电造石英

electrose 有填充物的天然树脂[一种绝缘化合物]

electroslag 电解矿渣
　　→～ surfacing 电渣堆焊//～ {slag} welding 电渣焊

electrosmelting 电炉冶炼

electrosol 电溶胶

electrosorption 电吸着

electrospark 电火花
　　→～ forming 电爆成形

electrostatic 静电型的
　　→～ beam positioner 静电吸摆{横臂调位}器

electrostatics 静电学

electrostatic separation 电选
　　→～ spraying 静电喷搪//～ storage deflection 静电存储偏转//～ valency 静电价

electrothermal 电热[采暖]
　　→～ analysis 电热分析//～ forcing 电热加压破碎(法)//～ paraffin vehicle 电热清蜡车

electrothermoluminescence 电热发光

electrotinning{electrotinplate} 电镀锡

electrovalency{electro(-)valence} 电价；电化价；离子价

electrovalent bond{link(age)} 电价键[离子键]
　　→～ link(age) 离子键

electrovalve 电子阀

electrowinning 电解冶金法；电解沉积；电积

electrum 琥珀[$C_{20}H_{32}O$]；金银矿[(Ag,Ar)]；镍银；银金矿[(Au,Ag),含银25%～40%的自然金；等轴]；银金；金银合金[含金55%～58%]
　　→～-metal 金银合金[含金55%～58%]

Elegantarca 雅箱蚶属[双壳;T_{2-3}]

Eleidae 爱丽亚苔藓虫科

elektron 镁基铝铜轻合金；埃莱克特龙；琥珀[$C_{20}H_{32}O$]

element 单质；电池；单位；元素；项；分子；电码；单元体；单元；单体；原理；要素；部件；分队；零件；晶粒[钙超]
　　→～(al){element's} abundance 元素丰度

elemental 元素的；要素的；自然力的
　　→～ crystal 单质晶体//～ floating body 浮体单元//～{element} yield 元素产额

elementary 元素的；单体的；基本的；初步的；本质的；基础的
　　→～ angle of rotation 基转角//～ ash 基元灰分//～ cell 基本单元[三维共反射点叠加单元]//～ function 初等函数

elements of attitude{occurrence} 产状要素
　　→～ of centring 归心元素//～ of mining 采矿学原理{基础}；采矿概论

element strain matrix 单元应变矩阵
　　→～ substitution 元素组合//～ transfer{substitution} 元素置换//～ vector 向量元

Elenis 爱列尼轮藻属[D_3]

eleocellarium 匙孔

el(a)eolite 脂光石[$Na(AlSiO_4)$]

eleonorite 簇磷铁矿[$Fe^{2+}Fe_5^{3+}(PO_4)_4(OH)_5 \cdot 4H_2O$;单斜]

elephant 起伏干扰；绘图纸；波纹铁；瓦垄铁

→(blue) ～ 无游梁抽油设备//～-head dune 象头形沙丘//～-hide pahoehoe 象皮熔岩

Elephantoidea 真象类

elephant-trunk spout 象鼻管

Elephas 亚洲象属[Q]

elephas{elephant} 象[动]

Eleutherokomma 游饰石燕属[腕;D_{2-3}]

eleutheromorph 变晶自形象；畸像；(变质岩)自由形晶

Eleutherophyllum 锉木属[古植;C_2]

Eleutherozoa 游移亚类

eleuthrodactylous foot 离趾足

elevated 升高；提高的
　　→～ {uplift} coast 上升海岸

elevating 提升

elevation 竖视图；视图；标高；升坡；上升；海拔；高度；高地；抬升；晋级；隆起；提升

elevator 起重机；电梯；升降舵；举足肌；升降机；提升机
　　→～ {lift sub} 吊卡[油]//～ (scoop) 提斗机勺斗

elevon 升降副翼[航]

elfin wood{forest} 高山矮曲林

Elflex 电法勘探的低频脉冲法

elf(e)storpite 灰砷锰矿[$Mn_3(AsO_4)(OH)_3 \cdot H_2O$]

Elganellus 叶尔根虫属[三叶;$\boldsymbol{\epsilon}_1$]

e-lgp method 孔隙比-压力对数值曲线法

elhnyarite{elhujarite;elhuyarite} 水铝英石[Al_2O_3 及 SiO_2 的非晶质矿物;$Al_2O_3 \cdot Si_2O \cdot nH_2O$]

ELI 极少杂质

eliasite{pittinite} 脂铅铀矿[$3UO_3 \cdot CaO \cdot 2Si_2O \cdot 6H_2O$]

Elictognathus 高颚牙形石属[C_1]

Eligulata 无叶舌

eligulate 无叶舌的

eliminable 可消除的；可排除的

eliminate 分离；清除；排除；挡水板；消除器；淘汰
　　→～ core erosion 避免岩芯(被)侵蚀//～ through selection 筛

elimination 除砂器；切断；消灭；除去；消除；消去；对消
　　→～ (method) 消元法；消去法

eliminator 清除器；限制器；抑制器；消除器；分离机器
　　→(antenna) ～ 等效天线

Elinella 毛苔藓虫属[N]

elinvar 埃林瓦(尔)合金；镍铬恒弹性钢；埃殷钢[铁、镍、铬、钨、碳合金]

Eliptex screen 椭圆运动振动筛

elision 沉积间断作用；削蚀作用[地层]

elite[法] 精锐部队；精华
　　→～ sectors 精华部分

Eliva 爱利夫贝属[腕;C]

Elivella 小爱利夫贝属[腕;P_1]

Elivina 准爱利夫贝属[腕;C_3]

elizavetinskite 锂羟锰钴矿；锂硬锰矿[$(Al,Li)MnO_2(OH)_2$;单斜]；钴锂硬锰矿

Elkaloy 埃尔卡洛伊铜合金焊条

Elkania 艾露根贝属[腕;O]

Elkay gland 埃里开型压盖

elkerite 埃尔克沥青

elkhornite 拉辉正长岩

Elkonit 艾尔麦特钨铜合金；艾尔柯尼特钨铜合金

elkonite 胶镁铝(硅)土

Ella 爱拉贝属[腕;C_2-P_1]

ellachick 云石龟

ellagic acid 鞣花酸[鞣花丹宁水解产物;$C_{14}H_6O_8$]

ellagitannin 鞣花丹宁[$C_{20}H_{16}O_3$]

ellagite 艾柱石

elland stone 爱兰石

ellenhergerite 羟硅钛镁铝石

Ellesmeroceras 爱丽斯木角石属[头;C_3-O_1]

Ellesmerocer(at)ida 爱丽斯木角石目

ellestadite 硫硅钙石[$Ca_{22}(SiO_4)_8O_4S_2$];硅磷灰石[$Ca_5(Si,S,C,PO_4)_3$ (Cl,F,OH);$Ca(SiO_4,PO_4,SO_4)_3$(OH,Cl,F);六方];钙硅矾

ellipochoanitic 短颈{领}式[头]

Ellipsagelosphaera 椭圆球石[钙超;J_3]

ellipse 椭圆(形);省略法;椭圆线;省略号
　　→-hyperbolic system 椭圆-双曲线(导航)系统 // ~ of polarization 极化椭圆 // ~ of stress 应力椭圆(图) // ~ of vibration 振动椭圆

Ellipsidiidae 椭圆虫科[射虫]

Ellipsocephalicea 椭圆头虫超科[三叶]

Ellipsoellipticus 卵茎海百合属[棘;O_2-T]

ellipsograph 椭圆(量)规;椭圆仪

Ellipsografta 椭圆(饰)叶肢介属[K_2]

ellipsoidal 椭球体的;椭圆体的
　　→~ chord distance 椭球弦距 // ~ Earth model 椭球状地球模型 // ~ geodesy 椭球面大地测量学 // ~ stone 扁平砾石

Ellipsoidinidae 椭球虫科[孔虫]

Ellipsoidomorphida 椭球形大虫类[疑]

ellipsoid (of) stress 应力椭球

Ellipsolithus 椭圆颗石[钙超;E]

ellipsometry 椭圆(偏振)计测量

Ellipsoplacolithus 椭圆盘石[钙超;E-Q]

Ellipsostylus 椭圆桩虫属[射虫;T]

Ellipsotremata 卵孔类海百合[棘]

Ellipsotylidae 卵茎组海百合[棘]

elliptical 省略的;椭圆的;椭圆形
　　→~ bar feeder 椭圆棒式给料机 // ~ conical fold 椭圆锥形褶曲

elliptically polarized wave 椭圆极化波

elliptic(al) anomaly 椭圆状异常
　　→~(al) distribution 椭圆形分布 // ~(al) function 椭圆函数

Elliptici 椭圆茎球类{组}[棘海百]

ellipticity 扁率;椭圆度;椭(圆)率
　　→~ of the earth 地球扁率

Ellipticolithites 似椭圆颗石[钙超]

ellipticone 缺环状;弯锥状[头壳]

elliptic(al) rotary mica compensator 椭圆旋转云母补色器
　　→~(al) soil-moisture equation 椭圆土壤水方程

Elliptocephala 椭圆形头虫属[三叶;C_1]

Elliptoglossa 卵舌贝属[腕;C-O]

ellisite 硫砷铊矿[Tl_3AsS_3;三方];硫砷铂矿[$(Pt,Rh,Ru)AsS$;等轴]

Ellison circlip 爱立逊型簧环

Ellisonia 埃利森牙形石属[O_2-T_2]

Ellis vanner 埃利斯型回转带式溜槽

ellitoral zone 浅海底;亚浅海底带

Ellobium 耳螺(属)[K_2-Q]

ellonite 粉硅镁石[$MgSi_2O_4(OH)_2$(近似)]

ellsworthite 铀钙铌水石[$(Ca,Fe,UO_2)O \cdot Nb_2O_5 \cdot 2H_2O$];钠烧绿石[$NaCaNb_2O_6F$,常含 U];钙铌水石;贝塔石[$(Ca,Na,U)_2(Ti,Nb,Ta)_2O_6(OH)$;等轴];铀烧绿石[$(U,Ca)(Ta,Nb)O_4;(U,Ca,Ce)_2(Nb,Ta)_2O_6(OH,F)$;等轴]

ellweilerite 钠砷钙铀矿[$(Na,Ca)(UO_2)_2((As,P)O_4)_2 \cdot H_2O$];砷钠铀矿

Elm 榆(属)[E-Q]

Elmer vacuum plant 艾尔麦尔型真空浮选机

Elmet 艾尔麦特钨铜合金

Elmidae 长角泥甲科[动]

Elmore (bulk-oil) process 艾尔摩尔{埃尔莫尔}全油浮选法

elm wood 榆木

Elnino{El Nino} 厄尔尼诺

el nino effect 爱尼诺效应

E-log 电测井;电测记录

elongate 伸长;长条形的;细长的;延长的;延伸
　　→~ channelized scar 纵长沟壑状(滑坡)断崖 // ~ cone 长锥体

elongated 延长的
　　→~ anticline 延伸背斜;狭长背斜 // ~ len 扁长矿体

elongate irregular marks 纵长不规则痕
　　→~ point-maxima 延长形点群

elongation 伸张度;伸展;伸长;延长性;延性[结晶光学]
　　→~ (percentage) 延伸率 // (tensile) ~ 拉长

elongational flow 伸展型流动

elongation at rupture 断裂伸长

Elongatoolithus 长形蛋属

Elopomorpha 海鲢(鱼超)目

El Oro lining 艾尔奥洛(槽沟)衬里[磨机用]

elpasolite 钾冰晶石[K_2NaAlF_6;等轴]

Elphidiella 小希望虫属[孔虫;E_1-Q]

elphidiid 希望虫类

Elphidium 希望虫(属)[孔虫;E_2-Q]

elpidite 钠锆石[$(Na_2,Ca)O \cdot ZrO_2 \cdot 2SiO_2 \cdot 2H_2O$; $Na_2ZrSi_3O_9 \cdot 2H_2O$;六方];斜钠钙石[$Na_2Ca(CO_3)_2 \cdot 5H_2O$];纤维锆钠石[$Na_2ZrSi_6O_{15} \cdot 3H_2O$;斜方]

elroquite 杂磷铝石英

ELSBM 露天式单浮筒系泊装置

Elsholtzia 大黄药;香薷(属)[海州{宽叶}香薷,唇形科,Cu 示植]
　　→~ cristata 宽叶香薷[铜矿示植] // ~ Haichowensis 海州香薷

Elsinoe 痂囊控菌属[真菌]

elsmoreite 水钨石[$WO_3 \cdot 0.5H_2O$]

Elsonella 埃尔森牙形石属[D_3]

Elster 厄尔斯特冰期;埃尔斯特(冰期)[更新世第二次冰期,北欧];德国埃尔斯特[生产计量仪表]
　　→~ Glacial Stage 埃尔斯特(冰期)[更新世第二次冰期,北欧]

Eltonian Stage 埃尔通阶

Eltran 爱尔特兰过渡场法[一种早期石油物探法];外延层转移(技术);电瞬变法
　　→~ configuration 艾尔特兰式电极装置

eluant 淋洗剂;洗脱液

eluate 淋洗液;洗提液;洗出液
　　→~ {bath;washing} tank 洗涤槽

elucidation 阐明;解释

elude 躲避

elusive reservoir 隐蔽油藏

elute 淋洗;洗出[离子交换柱洗出吸附的离子];洗提

elution 解吸;洗提;淘析;洗出[离子交换柱洗出吸附的离子]

→~ analysis 淘析分析 // ~ chromatography 层析法;洗脱色谱法 // ~ curve 冲洗曲线

elutriate 淘选;淘洗

elutriated product 淘析产品

elutriating 淘析;淘选

elutriation 水析;分级;淘选;净化;淘析;冲洗;淘净
　　→~ (method) 水簸法 // (wet) ~ 淘洗 // ~ method 沉淀法

elutriator 水析器;砂子洗净器;含泥量测定仪;洗砂机;淘洗器;淘析器

elutriometer (泥浆)含砂量测定瓶

eluvial 残积土;淋滤的;淋积的
　　→~ {sedentary} deposit 残积矿床

el(l)uvium 溶提层;风化细砂土;淋溶层;残积;洗出层;风积物;残积层

elvan 淡英斑岩;脉斑岩;白色英斑岩
　　→~-course 淡英斑岩岩脉

elvanite 白色英斑岩;淡英斑岩

Elvinia 爱汶虫属[三叶;C_3]

elyite 铜铅矾[$Pb_4Cu(SO_4)(OH)_8$;单斜]

Elytha 爱莉莎贝属[腕;D_{2-3}]

Elytraanthe 鞘花(粉)属[花粉;K_2]

elytridium 膜板

Em 射气

eman 埃曼[氡放射性单位,=10^{-10} 居里/升]

emanate 传出

emanation 发射;辐射;泄出;放射;放出;发散

Emanuella 爱曼扭贝属[腕;D_{2-3}]

emarginate{emarginatus} 微缺的[生]

Emarginulinae 高蝛亚科[昆]

embank 筑堤防护;筑堤;用(土)堤围起

embankment 堤;河岸堤防;坝;海岸堤防;堤坝;筑堤(工程);堤防;路堤;围堰;人工堤防;土石坝;填方
　　→(earth) ~ 填土;防护堤 // ~ of old sinter 老泉华堤 // ~ slope 堆筑体边坡

embayed coast 湾形海岸;多湾海岸
　　→~ contact 港湾形接触(面)

embayment 横越地槽;海湾状熔蚀;海湾形成(作用);海湾;造山带内凹;港湾状嵌插;支地槽;枝地槽"横越"地槽;涨湾;湾状;弯入[海岸];被嵌入[晶]
　　→~ and channel 港湾和水道

embedded 嵌布的;被嵌固的;层状的
　　→~ core 补砂芯

embedding 埋入法;嵌布
　　→~ material 包埋材料 // ~ medium 嵌入介质

embedded construction 隐蔽工程
　　→~ depth 埋置深度

embedment 安置;埋置深度;埋置;埋入;嵌合
　　→~ method 埋入法

ember 燃煤炭

embers 燃屑

Embiidina{Embiodea} 纺足目

embolite 氯溴银矿[$Ag(Cl,Br)$]

Embolomeri 楔锥目

Embolotherium 大角雷兽(属)[E_3]

embolus[pl.-li] 插入物;栓子;活塞;楔

embrasure 射击孔;炮眼;斜面墙
　　→~ cavity 斗坑[牙]

embrechite 残层混合岩

embreyite 磷铬铅矿[$Pb_5(CrO_4)_2(PO_4)_2 \cdot H_2O$;单斜]

embrit(h)ite 硫锑铅矿[$Pb_5Sb_4S_{11}$;单斜]

embrittlement 脆变;脆性;脆化;脆度;致脆;使(变)脆
→~ (cracking) 脆裂

embryo 胚胎;胚期的;萌芽;雏形的;初期的;胚
→~ buds 胚芽

embryogeosyncline 雏地槽;萌地槽

embryonic 雏形的
→~ ore formation 雏形成矿

embryophyte 有胚植物

embryoplatform 萌地台;雏地台

embryo sac 胚囊

embryosperm 胚乳[植]

Emcol 4150 ×锰矿捕收剂[脂肪胺硫酸盐]
→~ 5100 ×锰矿润湿剂[烷基醇胺与脂肪酸的缩合物]//~ 607-40 ×捕收剂[烷基氯化吡啶;$RCOOCH_2CH_2NHCOCH·C_5H_5 N^+,Cl^-$]//~ 888 ×捕收剂[聚烷基萘甲基氯化吡啶]

Emcol{|emulsol}660B ×捕收剂[十二烷基磺化吡啶]

Emcol X1 ×选矿药剂[硫酸氨基乙基月桂酸酯;$C_{11}H_{23}COOCH_2CH_2OSO_3NH_4$]
→~{|Emulsol} X25 ×乳化剂[烷基硫酸乙醇胺盐]

e.m.d.p. 电动势

Emeithyris 峨眉孔贝属[腕;T_2]

emeleusite 高铁锂大隅石[$Na_4Li_2Fe_2^{3+}Si_{12}O_{30}$;斜方]

emendation 校勘;校订

emerald 纯绿宝石;绿宝石;艳绿色;翠绿;翡翠[$NaAl(Si_2O_6)$];粗母绿[绿柱石变种];纯绿柱石祖母绿
→~ (oriental) 祖母绿[绿柱石变种,含少许铬;$Be_3Al_2(Si_6O_{18})$]//~ (oriental) ~ 纯绿柱石[$Be_3Al_2(Si_6O_{18})$]//~ copper 透视石[$Cu(SiO_3)·H_2O;H_2CuSiO_4;CuSiO_2(OH)_2$;三方];绿铜矿[$Cu_6(Si_6O_{18})·6H_2O;H_2CuSiO_4$];翠铜矿

Emerald Green 沙宝绿石

emerald green 鲜绿色

emeraldite 绿辉石[$(Ca,Na)(Mg,Fe^{2+},Fe^{3+},Al)(Si_2O_6);Ca_8Mg_{6.5}(Fe^{3+},Ti)_5Al(Al_{1.5-2}Si_{14.5-14}O_{48})$;单斜];绿闪石[$Na_2Ca(Fe^{2+},Mg)_3Al_2(Si_4Al_2)O_{22}(OH)_2$];角闪石[$((Ca,Na)_{2-3}(Mg^{2+},Fe^{2+},Fe^{3+},Al^{3+})_5((Al,Si)_8O_{22})(OH)$]

emerald malachite 绿铜矿[$Cu_6(Si_6O_{18})·6H_2O;H_2CuSiO_4$];透视石[$Cu(SiO_3)·H_2O;H_2CuSiO_4;CuSiO_2(OH)_2$;三方];翠孔雀石
→~ nickel 翠镍矿[$Ni_3(CO_3)(OH)_4·4H_2O$;等轴]

Emerald Pear 黑珍珠[石]

emerald spodumene 翠锂辉石[因含 Cr 而呈现翠绿色;$LiAl(Si_2O_6)$]

emerandine{emeraudine} 透视石[$Cu(SiO_3)·H_2O;H_2CuSiO_4;CuSiO_2(OH)_2$;三方]

emeraudite 绿铜矿[$Cu_6(Si_6O_{18})·6H_2O;H_2CuSiO_4$];透视石[$Cu(SiO_3)·H_2O;H_2CuSiO_4;CuSiO_2(OH)_2$;三方]

emerged bog 出水沼泽
→~ coast 出露海岸//~ continent 浮现大陆;上升大陆//~ shell bed 离水贝层

emergency 事变;急变;危急;安全停车;意外事故;备用的;紧急;紧急的;应急的;事故
→~ acoustic system 紧急声控系统[海上防喷]//~ allocation scheme 石油紧

急分配方案//~ gravel packing 处理事故的砾石充填//~ ladder 紧急用梯//~ medical services 急救医疗服务//~ service 应急通信业务

emergency shower 紧急喷淋

emergency{accidental} shutdown 事故停机
→~{accident} shutdown 事故停车

emergent 射出的;紧急的;露出水面的;应急的
→~ aquatics 濒于危境的水生生物

emerging bubble 露头气泡
→~{levitating} bubble 浮起气泡

e(s)meril 宝砂;刚玉砂[刚玉与磁铁矿、赤铁矿、尖晶石等紧密共生而成]

emerilite 珍珠云母[$CaAl_2(Al_2Si_2O_{10})(OH)_2$;单斜]

emerite 刚玉砂[刚玉与磁铁矿、赤铁矿、尖晶石等紧密共生而成];宝砂

emerizing 金刚砂起绒工艺

emersio 平缓起跳[与 impetus 反]

Emersol 1202 ×捕收剂[精制植物油酸]
→~ 300 ×捕收剂[精馏植物油脂肪酸]

emery 钢砂;刚玉[Al_2O_3;三方];刚石粉;刚砂;宝砂;刚玉砂[刚玉与磁铁矿、赤铁矿、尖晶石等紧密共生而成]
→~ block 金刚砂块;磨石//~ brick 油石

Emery cell 埃默里{艾麦芮}型浮选槽{机}[浅型充气式]

emery {-}cloth 刚{玉}砂布

Emery-Dietz gravity corer 埃默里-迪茨重力取样管

emery disc{wheel;cutter} 刚玉砂轮
→~ file 金刚砂锉//~ fillet 金刚砂布带

emerylite{emeryllite} 珍珠云母[$CaAl_2(Al_2Si_2O_{10})(OH)_2$;单斜]

emery{carborundum} paper 金刚砂纸
→~ paper 水砂纸//~ {-}rock 刚玉岩//~ sharpener 砂轮[金刚]//~ stone 垩石

Emfola law 恩福拉(双晶)律
→~ twin 恩福拉双晶

emf source 电动势源

Emico-Finlay shovel 艾米柯芬雷型反向装岩机

Emico rocker shovel 艾米柯型反向装岩机

emildine 钇锰榴石[$Mn_3Al_2(SiO_4)_3$,常含钇]

Emiliania 艾氏石

Emilian Stage 埃米尔阶

emilite 钇锰榴石[$Mn_3Al_2(SiO_4)_3$,常含钇]

eminence 优势;高点;高地;隆起

eminent cleavage 极完全解理

eminently 突出地

emissarium 地下水道

emission 发射;射出;散发;析出;放射;发射物;放射物;辐射;传播;放出
→~ angle 发射角//~ decay 辐射衰变//~ monochromator 发射光单色器//~-radiation 发射辐射

emission spectroscopy 发射光谱;光谱分析
→~ theory 微粒说

emissive power 发射率
→~ type electron microscope 发射式电子显微镜

emissivity 比发射;发射性;放射率
→~ (factor) 发射率//~ ratio 放射率比;发射率比

emitted{transmitting;transmitted} wave 发射波

emitter (发)射极[晶体管的];发射管;放射体;发射体
→~-base capacitance 发射极-基极电容//~ impulse 射体脉冲//~-receiver direction 发射-接收方向

emitting area 放射面积
→~{emission} device 发射装置

emmon(s)ite 钙菱锶矿[$(Sr,Ca)CO_3$,含 $CaCO_3$ 13.14%];碳酸钙锶矿;碳钙锶矿;钙碳锶矿

Emmons circulation cell 艾孟斯变温盒

emmonsite 绿铁碲矿;碲铁石[$Fe_2^{3+}Te_3^{4+}O_9·2H_2O$;三斜];钙菱锶矿[$(Sr,Ca)CO_3$,含 $CaCO_3$ 13.14%];绿铁碲矿

Emmrichella 依姆李希虫属;艾默里奇虫[三叶;$Є_1$]

E mode E 传播模[横磁波]

emollient 软化剂;柔软的

emotional outburst 情感爆发

empennage 尾翼

Emperador (Dark) 啡网纹[石]

Emperess Rose 雪里蕻[石]

Empetraceae 岩高兰科

emphasis[pl.-ses] 重点;加强;强调;突出

emphasize 强调

emphasized second marker 加重秒信号

empholite 硬水铝石[$HAlO_2;AlO(OH);Al_2O_3·H_2O$;斜方];硬羟铝石;水铝石[$AlO·OH;HAlO_2$]

Empicol CHC ×润湿剂[十八烯{烷}基硫酸盐]
→~ CST ×润湿剂[十六{八}烷基硫酸盐]

empire 帝国;绝缘
→~ cloth 绝缘油布//~{proofed} cloth 胶布//~ {varnished} cloth 漆布

Empire drill 恩派尔型旋转冲击机{钻}

empirical 实验的;经验主义者;单凭经验办事的人;以观察或实验为依据的
→~ calibration constant 经验标定常数

empiricism 经验主义

emplacement 侵位[侵入并定位];就位;定位;定场所;矿产地;富集;放置;置位
→~ mechanism 成矿机制

emplaster 灰膏

emplastic 石骨质

emplectite{emplektite} 硫铜铋矿[$CuBiS_2$];恩硫铋铜矿[$CuBiS_2$;斜方]

emplecton 空斗石墙

Emplectopteridium 编羊齿属[古植;P_1]

Emplectopteris 织羊齿(属)[古植;C_3-P_1];织芝朵

emplectum 含铜铋硫化矿物[$Cu_2Bi_2S_4$];空斗石墙

empoldering 围海造田;围湖造田;筑坝围垦低地;围垦低地

emposieu 灰岩洞;落水洞;溶蚀孔;塌陷漏斗

empower 授权

empressite 碲银矿[Ag_2Te;单斜];粒碲银矿[$AgTe$;斜方];粒锑银矿

emptied{drawn;finished;old} stope 采空区
→~ stope 矿石放空的采场;空区;空矿房//~ track 空车线

emptier 倒空装置;卸载器

empties 空车皮;空矿车

emptiness 空(虚)

empty (tub) 空(矿)车

emptying 腾空；排空；残留物；沉积；卸载；卸空
  →～{tripping} device 翻车器//～ geyser 腾空式间歇喷泉//～ position 倾卸位置//～ pump 排放泵

empty reel 空盘
  →～{vacant} state 空态//～ stope 留矿放空的采场//～ tape 空白磁带//～{empties} track 空车道

Empusa 单枝虫霉属[真菌;Q]

EMR 电磁共振；电磁辐射

Emrrald Pearl 绿星[石]

EMS 急救医疗服务

Emscherian 恩舍尔(阶)[欧;K₂]

Emsian (stage) 艾姆斯(阶)[欧;D₁]
  →～ Stage 埃姆斯阶

EM survey 电磁测量；电磁勘探

emu{e.m.u.} 电磁单位

emulator 仿真器；仿效器

Emulphor AG ×分散乳化剂[脂肪酸聚乙二醇酯;RCOO(CH₂CH₂O)ₙH]
  →～ EL-719 ×润湿乳化剂[植物油脂肪酸聚乙二醇酯;RCOO(CH₂CH₂O)ₙH]//～ O ×润湿乳化剂[水溶性脂肪醇]//～ P ×选矿药剂[脂肪醇聚乙二醇醚]

emulsibility 乳化度

emulsifiable 可乳化的

emulsification 乳化；乳化作用

emulsified asphalt 沥青乳胶
  →～ crude oil 乳化原油//～ petroleum asphalt 石油沥青乳化剂//～ water 乳状水

emulsifier 乳化剂

emulsifying 乳化的
  →～ agent 乳化剂

emulsion 胶状液；乳状液；乳剂；乳浊液；乳胶

emulsive 乳化的
  →～ magma 乳浊状岩浆

emulsoid 乳胶

Emulsol 660-B ×阳离子捕收剂[十二烷基碘化吡啶]
  →～ K-1243{|1339|1340} ×选矿药剂[脂肪酸类季铵衍生物]//～ 903-L ×阳离子捕收剂[烷基氯化吡啶]//～ X-1 ×捕收抑制剂[十二烷基二羧乙二醇硫酸盐;C₁₂H₂₅(OCH₂CH₂)₂OSO₃M]

Emydidae 泽龟科；河龟科；龟科

enable 启动；起动；允许[操作]

enabling signal 许可信号；恢复操作信号；开门信号
  →～{proceed} signal 允许信号//～{start(ing);actuating;initiating;activating} signal 启动信号

Enaliornis 海洋鸟属[K]

enalite 水硅钍铀矿；变铀钍石[(Th,R)O₂•nSiO₂•2H₂O]；铀钍石

enallogene enclave 捕房体；外源包体

enamel 珐琅质[脊]；搪瓷
  →～(varnish;paint) 瓷漆

enameled trough 搪瓷溜槽

enamel fluorosis 牙釉质氟中毒

enameling 上釉；上涂料
  →～ furnace 烘焙炉

enamel-insulated{enamel(ed)(-covered); glazed} wire 漆包线

enamel{patent} leather 漆皮

enamelled cable 漆包电线

  →～{varnished} wire 漆皮线

enamelling 搪瓷
  →～ by pouring 注浆搪瓷

enamel slip 釉浆
  →～ tank furnace 池炉//～ thickness test 瓷层厚度测定

enamine 对胺；烯胺

enanthal 庚醛[CH₃(CH₂)₅CHO]

enanthic acid 庚酸
  →～ aldehyde 庚醛[CH₃(CH₂)₅CHO]

Enantiognathus 内反牙形石属[P-T]

enantiomorph{enantiomer} 对映体；左右对映体；对形体

enantiomorphic pair (左右)对映偶
  →～ relationship 左右形关系//～ variety (左右)对映变形{变态、变种}

enantiomorphous 镜像性的
  →～ equivalent (左右)对映等同的//～ form 左右对映形//～ hemihedral class (左右)对映半面象(晶)组

enantiomorphy (左右)对映(现象)；(左右)对映像
  →(regular) ～ 对映现象

Enantiostreon 反向蚶属[双壳;T]

enantiotropic body 双变性体

enargite 硫砷铜矿[Cu₃AsS₄;斜方]

β-enargite 砷黝铜矿[Cu₁₂As₄S₁₂;(Cu,Fe)₁₂As₄S₁₃;等轴]

enation 附生构造；突起；耳状突起[植]
  →～ leaves{leaf} 延生叶

enaulium 固沙群落[植]

en bloc 岩块状；整个地；呈块状
  →～{-}block movement 大块运动//～ cabochon 磨成弧面形{凸圆形；馒头形}[宝石,不刻面]

encapsulant 封装物

encapsulated 包胶囊的；密封的
  →～ amplifier assembly 灌封放大器//～ pitting 囊状点蚀

encapsulating mud 包膜泥浆；囊护泥浆
  →～ tree 水下用隔水采油树

encapsulation 包胶；封闭；密封；封装

encasement 包装；膜；箱；外壳；外罩；套；装箱
  →～ medium 包封介质

enceladite 硼镁钛矿
  →～ warwickite 硼钛镁石[(Mg,Ti,Fe³⁺,Al)₂(BO₃)O;斜方]

encephalolith 脑石

ench(e)iridion[pl.-ia] 袖珍本便览；手册

encircling arcuate fracture 旋回弧形断裂
  →～ cell 环绕细胞

enclave 包体[岩]；飞地[插花地]

enclavement 成为包体[岩]

enclave microgranular 显微粒状岩包体

enclosed (信中)内附；附入的；封闭的；封闭式的
  →～ screw feeder 封闭式螺旋给料{矿}机

enclosing roof and floor 顶底围岩
  →～ stratum 围岩层//～ stratum{roof-and-floor} 围岩//～ structure 包裹构造

enclosure 附件；盒子；包围；护栏；密封；罩；包体[岩]；封闭；封入；包裹体；围起来的场地；外壳；套；围绕；围墙
  →～ for magnet head 磁头外壳

encode 编码

encolloid 真胶体

encrinal{encrinital} 石莲海百合的

encrinite 石莲；海百合

Encrinurella 小彗星虫属[三叶;O₂]

Encrinurus 彗星虫属[三叶;O₂-S]

Encrinus 石莲

encroachment 侵入；入侵；海水侵蚀；侵略；侵害；遇阻堆积；越界开采；矿区越界地段；障积作用；水侵[油气田中]

encrustation 泉华；包壳；皮壳；垢物；盐华；外皮层；硬壳化；形成成理；结痂；结壳
  →～ pseudomorph 皮壳假象

encrustat(i)on 水垢；外模化石；被壳[岩矿等]

encrusting matter 包硬壳物料；硬壳材料；包皮材料
  →～ spring 钙华环绕泉

encrustment 结壳作用

encryption 加密；编密码
  →～ description 编码术语

encystment 被囊[动]

end (cleat) 次生解理

Endamoeba 内变形虫
  →～ coli 结肠内变形虫

endannulus 内壁加厚环[孢]

Endarachne 鹅肠菜属[褐藻;Q]

endarch 内始式[植]

end {-}around carry 循环进位；舍入进位
  →～ bevel 坡口[焊]//～-bracket 端部支架//～ cap 管子堵头；端盖；盲板；塞头//～-coincidence method 端点符合法//～ discard 最终尾矿//～ discharge 端部排料{矿}//～-door car 后卸(式)车；端卸(式矿)车

Endeiolepis 缺鳞鱼属[D]；内鳞鱼

endeiolite 硅铌钠矿；烧绿石[(Na,Ca)₂Nb₂O₆(O,OH,F),常含 U、Ce、Y、Th、Pb、Sb、Bi 等杂质;等轴]

endellione{endellionite} 车轮矿[CuPbSbS₃,常含微量的砷、铁、银、锌、锰等杂质;斜方]

endellite 埃洛石[优质埃洛石(多水高岭石),Al₂O₃•2SiO₂•4H₂O;二水埃洛石 Al₂(Si₂O₅)(OH)₄•1～2H₂O;Al₂Si₂O₅(OH)₄;单斜];水埃洛石；安德石

endemic 地方性的；本地的；土著的[固有动植物;原地岩体]
  →～ dental fluorosis 地方性氟牙病；斑釉病//～ disease 水土性地方病//～ hypothyroidism 瘿瘤[大脖子病]//～ hypothyroidism{goiter} 大脖子病

endemism 地方性；土著性；特有分布

enderbitic 紫苏花岗闪长岩质的

endexine 孢粉外壁内层；内外膜；外壁内层[孢]

endexinium 外壁内层[孢]

endexoteric 内外因的

end face seal 端面密封
  →～ float 轴向游动

endgate 矿车前端卸载门；卸载门

end-gate{-door;-dump} car 端卸车

end{terminal} group 端基
  →～{edge} hole 边缘孔//～ hole 边炮眼；边井；边钻孔//～{trim} hole 边眼

Endichnia 内迹[遗石]；石内虫迹

endiopside 透顽辉石；顽透辉石

endiopsite 顽透辉石

endite 内叶[叶肢]

end lap 后航向重叠

endless 无尽的；环状的；无限的；无缝环圈

→~-rope car-haul{endless rope haulage} 无极钢绳矿车运输

endlichite 砷钒铅矿

end line 走向端边界线

→~-line 底线 // ~ {bottom}liner 底衬 // ~ liner 端里衬里[磨机]

endloader 前端式装载机

end mark 结束标志

→~(-)member 端员[矿物或组分]

endo 人搬管子时唱的号子；把管子头对头地排放；桥键；桥；内向的

endoadaptation 内部调整[生]

endobase 内基体[三叶]

endobatholithic 内岩基的

endobiont 内栖生物

endobiose 内生型

Endocarpon 石果衣属

endocarpon 内基体[三叶]

Endoceras 内角石(属)[头;O]

Endoceratide 内角石目

Endoceratidea 内角石上科

Endocer(at)ida 内角石目

endochondral{cartilage-replacement} bone 软骨置换骨

endocochlia 内壳亚纲[头]；二鳃亚纲

endocochlian 内壳亚纲的

endocoel 内腔[沟鞭藻]

endoconid 下内尖[哺]

endoconidium 内分生孢子

endocontact 内接触带

endoconulid 下内小尖

Endocostea 内脊蛤属[双壳;K₂]

endocrinology 内分泌学

endocyclic 内环式[棘]

endocyst 内囊壁

endoderm 内胚层；内层[动]

endodermis 内皮层

endoderre 前体壁[几丁]

endodike{endodyke} 内生岩脉；内成岩墙

end of a lane 巷尾

→~ of anticline 背斜尾

endofauna 潜底动物群

endogastric 内腹弯曲[头]

endogen 内长植物

endogene 内生

endogenetic action 内成(作用)

→~{hypogene;hypogenic} action 内力作用 // ~ force 内动力 // ~{endogenic} rock 内生岩

endogenic (force) 内营力

→~ dispersion halo 内生分散晕 // ~ {internal;endogene(tic); inner} force 内力 // ~ geochemical cell 内成地化胞池

endogen(et)ic process 内力{生}作用；内成(作用)；内成力作用

→~ rock 内成岩

endogenous 内营力；内力作用的；内生的

→~ enclosure{inclusion} 内生包体；内源包体

Endogeospheric element 内地圈元素

endoglyph 层内痕

endogranitic ore deposit 花岗岩体内矿床

endokinematic 内动力的[沉积作用中的位移现象]；内运动的

endokinetic{entokinetic} fissure 自裂缝

→~ joint 自节理；内成节理

endolithic 岩(石)内的；石内的[生]

→~-brecciation 内成角砾(岩)作用 // ~ lichens (岩)石内地衣

endolithophyte 石内植物

endolymphatic duct 内淋巴管

endomagmatic hydrothermal differentiation 内岩浆热液分异(作用)

endometamorphism 内(接触)变质

endomigmatization 内质混合岩化作用

endomorph 包裹晶；内容体；内包矿物；被包裹晶

endomorphic 内(接触)变质的；(被)包裹晶的

→~ metamorphism 内(接触)变质 // ~ zone 内变质带

endomorphism 内(接触)变质

endomorphosed 内(接触)变质的

endo(s)mose{endo(s)mosis} 内渗

Endomyces 内孢霉属[真菌;Q]

Endomycopsis 拟内孢霉属[Q]

end-on 端线排列；端对准的

→~ (spread) 端点放炮排列；工作面与主节理成直角的房柱式采煤法；解理成直角的房柱式采煤法；矿成直角的房柱式采煤法 // ~ room 煤面与主解理面平行的煤房

endophloic 内韧的[双壳]

endophragm 内壁[沟鞭藻类]

Endophyllum 内板珊瑚属[D₁₋₂]

endophyte 植内生物[生于植物内的动植物]

endopinacoderm 内扁平层[绵]

endopleura 内种皮

endoplicae 内壁褶纹；(孢粉)内褶

endopodite 内足；内节肢[节]

endopolygene 全同化包体

endopore 孢粉内孔；内孔

Endoprocta 内肛亚纲[苔]

endopsammon 沙内生物；沙栖动物

endopterygoid 内翼骨

endopuncta 内疹(孔)壳[腕]

endopunctum[pl.-ta;-ae] 内疹[腕]

endoradiosonde 体内无线电探头

endorheic drainage 无泄水区

→~{interior flow} region 内流区(域)

endorheism 内陆水系

endorsement 认可；赞同

endoscope 珍珠(鉴定仪)；内窥镜

endoscopic lithotomy 经内窥镜结石取除术

endosexine 下层

endosiphoblade 体隙

endosiphocone 内体房

endosiphon(ate) 内体管[头]

endosiphosheath 内体管壁[头]

endosiphotube 内锥管；内体管[头]

endosiphuncle 内体管[头]

endoskarn 内矽卡岩

endoskeleton 内骨骼

endosmose{endosmosis} 浸透；细胞内浸透

endosmotic 内渗的

endosome 内涵体；内体[疑]

→~ neucleolus 核内体[裸藻]

endosperm (豆科植物种籽的)内胚乳

endosphere 内圈[地球]

endospines 内刺[腕壳内]

endospore 内生孢子[藻]；内壁

Endosporites 环囊(三缝)孢(属)[C₂]

endosporium 内壁；孢子内壁

endosternite 内骨骼

endostratic 层内的

endosymbiosis 胞内共生作用[蓝藻在寄主细胞内所起共生作用]；内共生(现象)

endosyncolpate grain 内同沟型颗粒[孢]

endotesta 内种皮

endotheca 内墙

Endotheciinae 内墙珊瑚亚科

Endotherium 远藤兽(属)[J]

endothermal 吸热的；内热的

endothermic 内热的；吸热的

→~ decomposition 吸热分解

endothermite 高岭石[Al₄(Si₄O₁₀)(OH)₈;Al₂O₃•2SiO₂•2H₂O;Al₂Si₂O₅；单斜]；单热石[K₂Al₁₀Si₁₅O₄₆•10H₂O]；伊利石[K₀.₇₅(Al₁.₇₅R)(Si₃.₅Al₀.₅O₁₀)(OH)₂(理想组成),式中R为二价金属阳离子,主要为Mg²⁺、Fe²⁺等]

Endothiodon 内齿兽属[P]

Endothyra 内卷虫(属)[孔虫;D-P]

Endothyranopsis 类内卷虫属[孔虫;C-P]

endotoichal ovicell 内陷卵胞

endotomous 内分(枝)[植]

endovolcanic structure 内火山构造

endowed with 受有；赋有；有

endowment 基金；捐赠；赋存量[资源]；资金

endowments{ability} 才能

endoxylophyte 植物体内生物

endozone 内带

endozoophyte 动物体内生物

end peak 尾峰

→~ peneplain 终极平原 // ~ peripheral discharge rod mill 末端周边排料棒磨机 // ~-peripheral-discharge rod mill 端部周边排矿棒磨机 // ~ piece 尾部件 // ~ plane{face;surface} 端面 // ~(-)plate 端板 // ~ plate 底型 // ~ {terminal} plate 端板

endplay device 摇杆机构；摇轴装置

end play device 轴向摆动装置

→~(-)point 端点；边界点；终点；终端 // ~ (boiling) point 终端；终沸点[石油产物] // ~ point of screening 筛析终点 // ~ pressure 最后压力 // ~{terminal} pressure 端压力 // ~ pulp temperature 最终矿浆温度 // ~ resistance of pile 桩端阻力

endroit 阳坡；向阳山坡

endrumpf 剥蚀上升均衡平原；终极平原

end sac 端囊[叶肢介壳腺构造]

ends free 电缆端不固定

end-shake 纵向振动

→~ vanner 纵向摆动带式溜槽

end shield 端屏蔽

→~ slope 纵向坡度 // ~ slope of groin{groyne} 丁坝头部坡度 // ~ stand 端支柱

endstone 端部挡块

end stone 止推宝石

endurance 寿命；忍耐；强度；耐用性；耐用度；耐久(性)；持久性；持久度

→(cruising) ~ 续航力

endure 忍耐；耐久；持久

→~ with all one's will 硬挺[勉强支撑]

enduring surface 稳定面；抗风化面

endurite 亮煤

end-use competition 最终用途竞争

→~ facilities 尾水利用装置 // ~ form 加工后的形状

end value 结果值；最终值

endways 竖着；末端朝上；采煤工作面与次节理平行；连接着[两端]；直立着；末端朝前

end-window-type G.M.counter 端窗型盖格弥勒计数器[放射性矿选研究]

endwise 末端朝前
→~ tipping 端转翻卸

end wobble 端面震摆
→~ work 垂直于主解理的开采法[煤]

Endymionia 安得美虫属[三叶;O₂]

energetic 高能的；有力的
→~ reflection 绳反射

energized liquid 增能液(体)
→~ period 激励期间

energizing gas 增能气体；激发气体
→~ loop 激磁回路；发射线圈//~ (resource;source) 能源

energy decay function 能量衰减函数

energygram 能量图

energy index 能量指数
→~ of flow 流动能量//~ of rock fragmentation 岩石破碎能量//~ of vibration 振动能//~ rate 能率//~ release 能的放出

energy-saving{-efficient} 节能(的)；节省能源的

energy-sensitive 对能量(变化)灵敏的

energy slope 能力比降度
→~ state{|head|gap|efficiency} 能态{|头|隙|效}//~ storage volume 储能容积//~ straggling 能量歧离//~ value 能值；热值[石油]

engadinite 少美细晶岩；少英细(花岗)岩

engage 占用；约定；着手；参加；连接；接合；接触；从事

engaged angle (铣刀的)接触角
→~ {engaging} angle 啮合角//~ {driven;follower} wheel 从动轮

engagement 接合；契约；雇用；啮合；职业；约定；介入

engelburgite 榍斑花岗闪长岩；杂花岗闪长岩；云花岗闪长岩

engelhardite 锆石[ZrSiO₄;四方]

Engelhardtioidites 黄杞粉(属)[孢;E-N₁]

Engelhardtioipollenites 拟黄杞粉属[孢;N₁]

engine 泵；机车；引擎

engineered 设计的
→~ shooting 工程爆破

engineering 管理；工程学；操纵；工艺技术
→~ and construction 设计与施工//~ -biological methods of construction 工程生物学施工方法[植被护坡]//~ characteristics of rock 岩石工程地质特征//~ component parts list 工程部件清单//~ geological drilling rig 工程地质钻

engineman 火车司机；机(械)工(人)；轮机员
→(winding) ~ 司机

engine mud sill 钻机动力机下纵向底梁
→~ pit 排水专用井；修车(用)坑//~ plane 斜坡道；绞车斜井//~ {gravity} plane 轮子坡//~ priming{starting} fuel 发动机启动燃料//~ seat 机座//~ shed 发动机棚

englacial 冰内的；冰川内的
→~ melting 冰河内融//~ {internal} moraine 内冰碛//~ {subglacial} zone 冰内带

Engler curve 恩氏蒸馏曲线
→~ degree 恩氏(黏)度//~ visco-simeter 恩格勒黏度计

englishite 水磷(铝)钙钾石[K₄Na₂Ca₉Al₁₈(PO₄)₆(PO₃OH)₁₂(OH)₃₆•8H₂O;K₂Ca₄Al₈(PO₄)₈(OH)₁₀•9H₂O;斜方]

engraving 雕刻；雕刻术；图版
→~ {etcher's;scribing} needle 刻图针//~ tool 刻切工具；錾

engulfment 侵袭[灾害、病害等]；淹没；坍陷作用[火山锥]
→~ texture 吞没结构

enhance(ment) 增进；增加；放大；加强；增强[记录、数据质量]

enhancement 放大；加强
→~ of anomaly 异常增强

Enhydriodon 大水獭属[N₂-Q]

enhydrite 包水(矿物)；含水泡玉髓；包水岩石；含水矿物

enigmatite 三斜闪石[(Na,Ca)(Fe²⁺,Ti,Fe³⁺,Al)₅(Si₄O₁₁)O₃];钠铁石；钠铁非石[Na₂Fe₅²⁺TiSi₆O₂₀;三斜];硅钛铁钠石

enkindle 点燃

enlargement 扩大井筒；增大；扩张；放大
→~ factor 放大倍数//~ texture 加大边结构

enlarger 放大器
→(hole) ~ 扩孔器

enlarging bit 铰孔锥
→~ {redrill;reaming} bit 扩眼钻头//~ head 扩孔器//~ hole 扩孔

enlightened 开通

en masse chain 刮板链条
→~ masse conveyor 整体大(件)输送机//~ masse conveyor configuration 埋刮板式输送机构形//~ masse feeder 链板给料{矿}机

enmesh 网

ennation 延伸体

ennoyage 倒转地形

enol 烯醇

enophite 绿蛇纹石[Mg₆(Si₄O₁₀)(OH)₈]

Enoploura 盔海桩(属)[棘;O₃]

Enretisphaeridium 网络球孢属[Z]

enriched{preparation;ore} concentrate 精选矿(石)
→~ material 精矿//~ ore 富集矿//~ uranium-graphite moderated reactor 浓缩铀石墨慢化反应堆

enriching agent 富化剂
→~ device 多加燃油器

enrichment 富化；浓缩；富集；富集作用；提高热值
→~ {dressing} by flotation 浮选//~ of ore 矿物富集

enrockment 石堆；石垫；抛(巨)石体；抛石；(基底)填石；堆石

enrol 吸收

en route[法] (在)途中；(在)路上；取道
→~ -route{strip;route} chart 航线图；导航图

ensemble 系综；整体；(信号)群；大量；总体；综合
→~ average 总集平的

ensialic 硅铝层上的

Ensicupes 刀形长扁甲属[昆;J₃-K₁]

Ensidens 剑齿蚌属[双壳;Q]

ensiform 剑状的

ensimatic 硅镁层上的
→~ arc system 硅镁质岛弧系

ensonified area 水声仪器监听海区；(水下)有声传播区

enstatite{enstadite;enstatine} 顽火辉石[Mg₂(Si₂O₆)Fe₂(Si₂O₆)];顽辉石[Mg₂Si₂O₆;斜方];顽火石[(Mg,Fe)SiO₃]
→~ achondrite 顽火辉石无球粒陨石//~ augite 顽普通辉石；正斜间辉石类//~ -diopside 顽透辉石

enstatitite 顽火岩

enstatolite 顽火岩；顽光辉石岩

enstenite 斜方辉石[Mg₂(SiO₃)₂-Fe₂(SiO₃)₂]

ensuing earthquake 续发地震

ensure 保证；保障；使安全；保护；确保；获得
→~ safety 保安

entablature 发动机座；上柱列[柱状节理上部]；气缸体；柱上楣构；轴支架；支柱层；支柱；底板

entamoeba histolytica 痢疾内变形虫

entanglement 缠结；障碍物
→~ {wire} ~ 铁丝{织}网//~ network 缠结(分子)网络

Enteletes 全形贝属[腕;C₂-P]

Enteletina 准全形贝属[腕;P]

Entelodon 全齿猪属[E₃]；巨猪(属)；豨属

Entelophyllum 全珊瑚属[S₂₋₃]

entepicodylar foramen 内上髁孔

entepicondyle 内上髁

enteric 肠的

entering 进入；插入；记录
→~ end 进口；给料口//~ wind shaft 进风井

enter{go} into 涉及；参加
→~ into force 生效//~ marks 进口轧痕

Enterocoela 内体腔类；原肠体腔类

Enterolasma 肠壁珊瑚属[S-D]

enterolite 肠石

enterolith 肠结石[病理]；肠石

enterolithiasis 肠石病

enterolithic 肠状的；盘肠状褶皱的；内变形的

Enteromorpha 浒苔属[绿藻;Q]

Enteropneusta 肠鳃纲[半索亚门];Q]

enterprise 事业心；企业；计划
→~ executive 企业行政领导者//~ of collective ownership 集体所有制企业//~ of joint investment 合资经营企业

enters 落水洞

entertain 抱有

enter the mouth 入口

entexis 注入变熔作用

enthalpic decrease 焓降

enthalpy 焓；熵；热含量[单位质量]；热焓{函}[热力学单位]
→~ analysis 焓分析；热函分析//~ -chloride mixing diagram 焓-氯化物混合图解//~ of combustion 燃烧焓//~ potential method 焓差法

enthusiastic 热心

entire 全缘的[植]；全体；纯粹；完整的；完全的；整个的
→~ aperture 全壳口//~ injection interval 总注入层段

entirely closed mill housing 完全封闭的磨机外壳
→~ oil-wet 完全亲油

entire optimization 整体优化
→~ wavelet 完整子波

entisol 现生土；新成土

entity 实体；本质；实物；存在；机构
　　→~ types 显微组分反射率类型
ento 在内；内部
entocoele 内腔[珊]
entoconid 下内尖[牙]
entoconulid 下内小尖
entocristid 下内尖棱[牙]
entoderm 内胚层
Entodon obtusatus 钝叶绢藓
entogene (沉积)盆地内作用的
Entolium 光海扇属[双壳;T-K]
entombment 埋设；埋葬
Entomis 昆虫介属
Entomoconchacea 虫壳介超科
entomodont 细齿型
Entomonotis 内誓蛤属[双壳;T₃]
entomophagous 食昆虫的动物[生态]
entomophila 虫媒
Entomosporium 虫形孢属[真菌;Q]
Entomostraca 切甲亚纲[节]；昆甲纲；软
　　甲亚纲
Entomozoacea 足介超科；足虫超科[介]
Entomozoidae 足介科
entooecium 内膜壁[苔]
entoolithe 内生鲕石
entoolitic 内呈鲕粒状的
Entophysalis 石囊藻(属)[蓝藻;Q]
entoplastron 内腹甲[龟腹甲]；龟腹甲
Entoprocta 内肛亚门{纲}[苔]；内肛苔
　　藓类
entoseptum[pl.-ta] 内隔壁[珊]
entosolenian tube 内沟管[孔虫]
entostylid 下内附尖
entozooecial{entozooidal} 虫体内的[苔]
entrail pahoehoe 肠状熔岩，内脏形绳状
　　熔岩；肠结绳熔岩
entrails 机内；内装；内部
　　→~ of earth 地球内部
entrained 夹带的
　　→~ material 挟带物；携带物 // ~ oil
　　挟带的油；带走的油；夹带的油 // ~
　　sand 水流挟带的砂子
entrainer 夹带剂
entraining 吸入的
entrainment 输送；悬浮体的带动；夹带；
　　带走；流水攻沙[水文]；传输；携带；挟
　　带物；挟带(泥砂)；夹杂
　　→~ separator 雾沫分离器
entrance 水线下的船头；入水口；入口；
　　起始；引入线；门口；进入；入门；进口；
　　进路
　　→~{axil;stream-entrance} angle 汇流角
entrapment 截留；圈闭；俘获；收集；
　　诱陷；滞留；捕集；夹带
　　→~ of old sea floor 古海底下陷
entrapped air 偶成气泡；截留空气
　　→~ gas 圈闭气 // ~ pressure (阀)内部
　　压力 // ~ slag 渣状包体
entrefer (电机)铁间空隙[法]
entrenched 壕沟围绕的
　　→~ conveyor 沟内输送机 // ~{intren-
　　ched} meander 嵌入曲流 // ~ meander
　　valley 嵌入曲流谷
entrenchment 下切；挖壕；深切；嵌入(曲
　　流)；刻槽；堑壕
　　→~ grub 挖掘
entrepot 中转港
entrepreneurs 企业家
entropy 熵；异序同晶现象

　　→~ change 熵变
entruck 装车
entrust 寄；托
entry 表列值；坑口；输入；入口；引入
　　线；平巷；主平巷；进入工作面的通道；
　　进入；进口；通路；通道；记录；河口；
　　巷道[煤]；水平巷道[煤矿的 drift]
　　→(front) ~ 主平巷[通地表]；大巷 // ~
　　room 矿房平巷
Entylissa 银铁粉属[P₁]；单沟粉属[孢;E₂]
enucleate 去核的；无核的
enucleation 挖出
enumerable 可枚举的；可数的
enumerated type 枚举类型
enumerative technique 枚举法
enumerator 计数器
enunciation 口齿
envelope 包围；裹；包；封；罩；围绕；
　　包(络)面；包络线；包络(层)；包封；外
　　包(体)；封闭；机壳；外壳；壳层；包裹；
　　壳皮；包皮；泡[电子射线管]
　　→~ rock 封套岩石
enveloping cell 包围细胞
　　→~ curve 封闭曲线 // ~ solid 包络体
　　// ~ surface 包络面
envelop to circles 圆的包迹
envers 背阳山坡
Enville marls 恩维尔泥灰岩
environmental 环境；周围；环境的；周
　　围的
　　→~ activity 周围介质放射性 // ~ data
　　海况数据 // ~ effect 环境效应{果} // ~
　　health hazard 环境健康危害
environmentalism 决定论[地理环境]
environmentalist 环境学家
environmental lapse rate 环境推移率
　　→~ load 环境条件载荷；自然条件载荷
environmentally sensitive areas 环境敏
　　感区域
　　→~ sound 合乎环境要求的；对环境无
　　害的
environmental measurement 环测
　　→ ~ medical science{environmental
　　medicine} 环境医学 // ~ pattern 环境
　　格局{式} // ~ protection 低碳环保
Environmental Protection Agency 环保局
　　→~ quality criterion 环境质量准则
environment division 设备部分
　　→ ~ friendly geotechnical engineering
　　环境友好岩土工程
envisage 正视；处理
Enygmophyllum 爱尼格姆珊瑚属[C₁]
enysite 羟铝铜矾
Enzonalasporites 细环囊粉属[孢;T₃]
enzymatic 酶的；酶促的
　　→~ action 酶催化(作用) // ~ break-
　　down 酶变败；酶破坏 // ~ degradation
　　酶性{法}降解
enzyme 酶制剂；酶；酵素
enzymic synthesis 酶(催化)合成
enzymology 酶学；酵素化学
enzymolysis 酶解
Eoacidaspis 古刺壳虫属[三叶;Є₃]
Eoangiopteris 始`莲座{观音座莲}蕨属
　　[古植;C₂₋₃]
Eoanthropus 曙人属；辟尔当人
Eoantiarchilepis 古胴甲鱼属[D₁]
Eoanura 始蛙目
Eoarchean 始太古界

Eoarticulata{Eoarticulate} 始铰纲
Eoasianites 始亚洲菊石属
Eobeloceras 始箭菊石属[头;D₃]
Eocambrian 底寒武纪{系}
Eocamptonectes 始岔线海扇属[双壳;P]
eocene 始新统
Eocetus 始鲸属[E₂]
Eochara 始轮藻(属)[D₂]
Eochiromys 始猴
Eochonetes 古戟贝属[腕;O]
Eochoristites 始分喙石燕(属)[腕;C₁]
Eochuangia 古庄氏虫属[三叶;Є₃]
Eocoelia 古腔贝属[腕;O₁₋₂]
Eocretaceous 始白垩层
Eocrinoidea 始海百合纲[棘]
Eocristellaria 始冠毛虫属[孔虫;P₂]
eocrystal 早期斑晶
Eocystides 始海林檎(属)[棘]
Eocytheridea 始丽花介属[J₂]
Eodalntanella 始德姆贝属[腕;O₁₋₂]
Eodelphis 始负鼠(属)[K]
Eodevonaria 古泥盆贝属[腕;D₁₋₂]
Eodiplurina 始倍蛛(属)[节;E₃]
Eodiscus 古盘虫属[孔虫;C₁₋₂]
Eoentelodon 始巨猪(属)[E₂]；始稀属
Eofalodus 始法拉牙形石属[O₂]
Eofistulotrypa 始笛苔藓虫属[D₃]
Eofletcheriinae 始弗莱契珊瑚(亚)科
Eofusulina 始纺锤蜓属[孔虫;C₂]
Eogaspesiea 始加斯佩蕨属[D₁]
Eogene 下第三纪；下第三系；旧第三系
　　→~ (period) 早第三纪[65~23.3Ma]
eogenetic 始成岩期的
　　→ ~ carbonate cement 成岩初期碳酸盐
　　胶结物 // ~ syntaxial quartz overgrowth
　　成岩早期共生石英增生物 // ~ zone 早
　　期成岩带
Eognathodus 始颚牙形石属[D₁]
Eogoniolina 始角孔藻属[P₂]
Eoguttulina 始小滴虫属[孔虫;J-K₁]
Eogyrinus 始蜵(属)
eo(iso)hypse 原面曲线；古地面等高线
Eoisotelus 古等称虫属[三叶;O₁]；始等
　　称虫
Eolamprotula 始丽蚌属[双壳;J₂-Q]
Eolasiodiscus 始毛盘石属[孔虫;C-P₁]
Eolepidodendron 始鳞木属[古植;C₁]
eolian(ite) 风积的；风成；风成的；风成岩
eolide 雄黄[As₄S₄;AsS;单斜]；硒硫黄
　　[(S,Se)]；鸡冠石[As₂S₂]
Eoligonodina 始锄牙形石属[O₂₋₃]
eolite 风成岩；旧石器；始石器；雄黄
　　[As₄S₄;AsS;单斜]；硒硫黄[(S,Se)]；鸡冠
　　石[As₂S₂]
eolith 始石器；风成岩；原始石器；旧石器
Eomarginifera 古围脊贝属[腕;C-P]
Eomelivora 始密獾属[N₂]
Eomiodon 始中齿蛤属[双壳;J-K]
Eomoropus 始爪兽(属)[E₂]
eon 宙；世；时代；地质时代；十亿年[10⁹
　　年]；永世
Eoorthis 始正形贝(属)[腕;Є₃-O₁]
Eopaleozoic 早古生代[570~409Ma]；早
　　古生代的；始古生代
Eoparafusulina 始拟纺锤蜓属[孔虫;C₃]
Eoparaphorhynchus 始折嘴贝属[腕;D₃]
Eopecten 古海扇属[双壳;J₁-K₁]
Eophytic 始植代
eophyton 原化石；生痕化石

E

Eoplacognathus 始盾牙形石属[O₂]

eoplatform 始地台；太古代后地台

Eoplectodonta 始褶齿贝属[腕;S₁]

Eopleistocene 早更新世{统}[QP₁]

eoposition 遇阻沉积

Eopterum 始翅属[昆;D₃]

Eoptychia 始褶螺属[C]

Eopuntia 始仙人掌属[E]

eoracite{eorasite} 铅钙铀矿

Eoreticularia 始网格贝属[腕;D]

eorhyolite 变流纹岩

Eosaukia 古索克氏虫属[三叶;Є₃]

Eoschizodus 古裂齿蛤属[双壳;D-P]

Eoschubertella 始舒氏虫；始舒伯特蜓属[孔虫;C₂-P₁]

Eoschxberlella 始舒伯特蜓属[孔虫;C₂-P₁]

Eosciophila 始黏蚊属[昆;E₁]

Eoshumardia 古舒马德虫属[三叶;Є₃]

eosin 曙红(染料)[C₂₀H₈O₅Br₄]

eosite 钒钼铅矿[Pb(Mo,V)O₄]

Eosolimnadiopsis 东方似渔乡叶肢介属[节;J₁₋₂]

Eosotrematorthis 东方洞正形贝

eospar 始生方解石

Eospermatopteris 始籽羊齿属[古植;D₃]

eosphorite 磷铝锰石[MnAl(PO₄)(OH)₂(H₂O);单斜]；曙光石

Eospirifer 始石燕(属)[腕;S-D₂]

Eostaffella 始史塔夫蜓属[孔虫;C₂]

Eostyloceros 始柱角鹿属[N₂-Q]

Eosuchia 始鳄目

eosuchians 始鳄类

Eotaphrus 始沟牙形石属[C]

Eothenomys 绒鼠属[Q]

Eotheria 始兽亚纲

Eotheroides 始海牛属[E₂]

Eotitanops 始雷兽(属)[S₂]

Eotomaria 始切口螺属[O-S]

Eotomistoma 始马来鳄属[K]

Eotragus 始羚属[N₁]

Eotuberitina 始疣虫属[孔虫;D₂-C]

Eotvos 厄缶
→～ unit 厄特沃什单位

eouee{gauge} hole 半圆凿穴

Eoverbeekina 始费伯克蜓属[孔虫;P₁]

Eoverbeerina 始弗氏虫；始舒伯克蜓属[孔虫;P₁]

eozoan{eozoon} 始生物[55.8～33.9Ma]

Eozostrodon 始带齿兽(属)[T₃]

Epacridaceae 澳石南科；掌脉石楠科[植]

epanticlinal{epi-anticlinal} fault 背斜上部断层

Eparchean 后太古代的

EPB{earth pressure balanced} machines {shield} 土压平衡盾构

epeiric 陆缘的；陆表的
→～ {epicontinental;shallow;shelf} sea 浅海

epeiroclase 地台裂缝

epeirocratic 低海平面期的；陆地克拉通的
→～ condition 造陆优势期；大陆扩展期//～{steadfast} craton 稳定地块//～ period 海退期；造陆(时)期；陆增期

epeirocraton 古陆块；稳定地块

epeirodiatresis 穿台作用{碱性岩浆}

epeirogenesis[pl.-ses] 造陆运动；造陆作用

epeirogenetic horst 造陆地垒
→～ (earth) movement 造陆运动//～ regenerated deposit 造陆性再生矿床//～

unconformity 选陆不整合

epeirogen(et)ic 造陆(的)

epeirogenic basin environment 造陆盆地环境
→～ earth movements{epeirogenic{geocratic;continent-making; epirogenic;continent-forming} movement} 造陆运动

epeirogeny 造陆作用

Ephedripites 麻黄粉属[孢;K]

Ephedropsida 麻黄纲

ephemera[pl.-e] 蜉游类；短命昆虫

ephemeral 暂时的
→～ annual xerophyte 短命一年生旱生植物

ephemeretum 草本一年生植被

Ephemerida 蜉蝣目[昆]

Ephemerides 航海历

ephemeris[pl.-ides] (天体位置)推算表天文历；星历表
→～ error 星(历)表误差//～ time 历书时(间)

Ephemeropsis 拟蜉蝣(属)[昆;J₃-K₁]

Ephemeroptera 蜉蝣目[昆]

ephesite 钠珍珠云母[(Na,Ca)Al₂(Al(Si,Al)Si₂O₁₀)(OH)；NaLiAl₂(Al₂Si₂)O₁₀(OH)₂；单斜]；钠锂云母

Ephippelasma 鞍板贝属[腕;O₂]

Ephippioceratidae 鞍角石科[头]

ephippium[pl.ia] 背孵育囊[节]

epibatholithic 浅岩基的

epibelt 浅成带

epibenthic 浅水底的；浅海底的
→～ plant 浅海底生植物//～ population 浅水底栖生物种群

epibenthile 浅海底的

epibenthos 浅海海底栖生物

epiblast 外胚层

epibole 极盛带

epibolite 间层状混合岩

epiboulangerite 硫锑铅矿与方铅矿混合物

epibranchials 上鳃骨

epibugite 淡苏英闪长岩

epicarp 外果皮

epicarpanthous{epicarpius;epicarpous} 上位花的

epicatechol 表儿茶酚[C₁₅H₁₄O₆]

epicenter 岩石突出源地；震中；震央
→～ map 震中图//～ of earthquake 地震中心

epicentral 上中心的骨或脊柱；起自椎骨体的；震中的
→～ area{region} 震央区//～ {station(ary)-epicentre} distance 震中距

epicentre[pl.-ra] 震源；震中{央}

epicentrum 震中；岩石突出源地；震央；震心；震源

Epiceratodus 澳洲肺鱼属

Epichloe 香柱菌属[真菌;Q]

epichlor(it)e 次绿泥石[(Mg,Fe,Al)₁₂(Si₈O₂₀)(O,OH)₁₆(近似)]

Epichnia 石蚕虫迹

epichnia 表迹；上迹{上痕迹；表面虫迹}[遗石]

epichnial groove 表虫迹沟
→～ load impression 表虫迹状痕//～ ridge 表虫迹脊

epicholestanol 表胆甾烷醇

epicholesterol 表胆甾醇

epiclastic conglomerate 表生{表成;外力}

碎屑砾岩
→～ debris 表生碎屑//～ sand 表生砂屑//～ volcanic siltstone 表(碎屑)火山粉砂岩

Epicoccum 附球菌属[真菌;Q]

epicondylus 上髁

epicontinental 陆缘的；陆架的；陆表的
→～ {continental;marginal} geosyncline 陆缘地槽//～ sea 陆边海//～ sedimentation 浅海沉积

epicoprosterol 表粪甾醇

epicoracoid 上乌喙骨

epicotyl 上胚轴[植]

epicratonic 外克拉通的

epicrustal rock 表壳岩(石)；外壳岩石

epicycle 亚旋回；小循环；本轮[天]；周转圆；间升期；小旋回

epicyclic reduction gear unit 周转减速装置

epideltoid 上三梭板[棘海蕾纲]

epidendrum 美洲石斛[南美洲及西印度产的兰科植物]

epiderm(is) 浅硅铝层；浅地壳；外胚层；外皮

epidermal 硅铝壳表层变形的
→～ gliding 表层滑动//～ hair 表皮毛//～ type of tectogenesis 硅铝层表层型构造作用

epidermic fold 表层褶皱

epidermis 表层；表壳层；外壳；沉积层[地壳]；表皮[生]

epidesmine 束沸石[(Na₂Ca)(Al₂Si₇O₁₈)·7H₂O]；(红)辉沸石[NaCa₂Al₅Si₁₃O₃₆·14H₂O;单斜]

epidiabase 变辉绿岩

epidiagenetic{epidiagenetic phase} 后生成岩期(的)
→～ phase{stage} 表生成岩期

epididymite 板晶石[NaBeSi₃O₇(OH);斜方]

epidihydrocholestanol 表二氢胆甾烷醇

epidiorite 变闪长岩

epidolerite 变粗玄岩；粒玄岩；变粒玄岩

epidosite{epidosyte;epidote;epidotite} 绿帘石[Ca₂Fe³⁺Al₂(SiO₄)(Si₂O₇)O(OH);Ca₂(Al,Fe³⁺)₃(SiO₄)₃(OH);单斜]

epidote albite pegmatite 绿帘钠长伟晶岩
→～ group 绿帘石类//～-mica schist 绿帘云母片岩//～ oligoclase pegmatite 绿帘奥长伟晶岩//～-tremolite schist 绿帘石(-)透闪石片岩

epidotization 绿帘石[Ca₂Fe³⁺Al₂(SiO₄)(Si₂O₇)O(OH);Ca₂(Al,Fe³⁺)₃(SiO₄)₃(OH);单斜]

epidotorthite 绿褐帘石

Epiemys 上龟属[N₂]

epieugeosyncline 准优地槽；造山后期优地槽

epifaunal 表栖动物；外栖动物

epifocal 震中的

epifocus 震中；岩石突出源地；震央

epigene crystal 假象晶体；外生晶
→～ {epigenetic} process 外营力//～ relief 外成地形

epigenetic 表生的；后生的
→～ {metagenic} deposit 后生矿床//～-hydrologic deposit 后生水文矿床//～ mineral 后成矿物//～ rock 表生岩石；后生岩

epigenetism 后生论

epigenic sediment 外变沉积

epigenite 砷硫铁铜矿[(Cu,Fe)₅AsS₆?;斜方]

epigenization 表生化(作用)

epigenotype 后生型

epigeosyncline (陆)表地槽

epiglacial bench 冰上河侧蚀阶地
→~ epoch 冰缘期

epiglaubite 透磷钙石[CaHPO₄·2H₂O;单斜];透磷镁钙石[(Ca,Mg)HPO₄·2H₂O]

epiglyph 层顶痕

Epigondolella 高舟`刺{牙形石}属[T];上舟牙形石属

epigone 模仿者;追随者

epigranular 等粒的

epigraphist 金石家

epigraphy 金石学

epihaline zone 浅盐水带

epi-Hercynian 海西期后的

Epihippus 次马属[E₂]

Epi-Huronian orogenic period 休伦期后造山阶段;后休伦造山期

epihyal 上舌骨

epiianthinite 柱铀矿[4UO₃·9H₂O;UO₃·2H₂O;斜方];氢氧铀矿;羟铀矿[2UO₂·7H₂O,可能含 UO₃]

epi-impsonite 浅煤化沥青煤

epikote 环氧树脂

epilation 脱毛

epileucite 变白榴石;杂长石白云母

epileucitic rocks 变白榴岩类

epilimnetic{epilimnial} 湖面温水层的

epilimnian 表层

epilithic 石面的[生];石表的
→~ benthonic algae 石面底栖藻类

epilithophyte 石面植物

Epilog 最终测井解释成果图;计算机综合显示测井(图)

epimagma 火口岩浆;浅成岩浆;外岩浆;浅部岩浆

epimagmatic 浅岩浆的
→~ mineral 浅部岩浆矿物

epimarble 浅成大理岩{石}

Epimastopora 上乳孔藻属[C₃-P]

epimatium 肉质鳞被

epimatrix 后生基质;外基质{填料}

epimere 上段[中胚层];侧片;阳(茎)基背突[昆]

epimerite 中胚层节;先节[动]

epimerization 表异构化(作用)

epimigmatization 浅混(合岩化)作用

epimillerite 褐绿脱石

epinatrolite 变沸石;钠沸石[Na₂O·Al₂O₃·3SiO₂·2H₂O;斜方]

epinekton 附生游泳动物的生物

Epinephelus 石斑鱼属

epineritic 半浅海的
→~ zone 上浅海带

epinorm 浅(变质)带标准矿物

epiorogenic 造山期后的

epipalaeolithic 晚旧石器

epipedon 表层;表土层

epipelagic region 深海浅层区
→~ region{zone} 上远洋表层带 // ~ zone 海洋上层{表面}带

epiphanite 闪绿泥石;富铁泥石

epiphosphorite 磷灰石[Ca₅(PO₄)₃(F,Cl,OH)];肾磷灰石;肾磷铁钙石[((Ca,Fe)₅(PO₄)₃(F,Cl)]

epiphragm 盖膜

Epiphyton 丛枝藻属[Z];附植藻(属)

Epiphytor 表附藻属[C-D]

epiplasm 造孢剩质

epiplatform 地台浅部;边缘地台;外地台;台地浅部

epipodite 上肢鳃叶[叶肢];上肢[无脊]

Epiproterozoic 终元古代{界};上元古代{界}

epipsammon 沙表性生物;砂底动物;砂面动物

epipterous 具翅的

epiramsayite 水{艾}硅钛钠石[Na₂(Ti,Nb)₂Si₂O₉·nH₂O;三斜]

epirocks 浅成岩

epirogen(et)ic 造陆的

Epirusa 上黑鹿亚属[Q]

episcolecite 钙沸石[Ca(Al₂Si₃O₁₀)·3H₂O;单斜];变杆沸石[Na₂Ca(Al₄Si₆O₂₀)·7H₂O];浅钙沸石

episcope 反射映画器;反射幻灯

episcotister 斩光器;截光器

epi-sea 永久海

episeptal deposits 壁前沉积[珊]

epi-sericite 绢云母

episkeletal 外骨骼

episode 期;幕[构造];一个事件[系列事件中的];亚阶[地层]
→~ of deformation 变形幕 // ~ of faulting 断裂作用幕

episodical 幕的;阶段性的

episodic alteration age 插入改造年龄
→~ erosion 侵蚀幕

episperm 种皮[植]

episphaerite{epispharite} 球沸石

epispore 孢子外壁;孢壁花纹

episporium 周壁层

epistatic balance 上位平衡

epistereom 孔菱顶板[棘林檎]

episternum 上胸骨

epistibite{epistilbite} 柱沸石[Ca(Al₂Si₆O₁₆)·5H₂O;单斜]

epistolite 水硅铌钠石[Na₂(Nb,Ti)₂Si₂O₉·nH₂O;三斜];硅钛铌矿;硅铌钛矿[5Na₂O₂Nb₂O₅·9(Si,Ti)O₂·10H₂O]

epistoma 唇[苔]

epistomal plate 腹边缘板[三叶]

Epistomaria 边口虫属[孔虫;E-Q]

epistome 腹边缘板[三叶];口上板;唇[苔]

Epistominella 上口虫属[孔虫;K₂-Q]

epistratal 浅地层的

epistrophe 叠句;结句反复

epistropheus{epistrophyeus} 枢椎

episulcate 上槽型[前接合缘];对槽缘型

epitactic 外延的;面衍的
→~ coalescence 面衍接合;外延接合

epitaxial 外延的
→~ dislocation 取向附生位错;外延位错 // ~ garnet film 外延(石)榴石膜 // ~ growth by melting 熔融外延法 // ~ overgrowth 取向附生[晶];异轴增生

epitaxic 面衍的;外延的
→~ oxidation 外延氧化作用

epitaxy 晶体取向附生;覆生结晶;取向附生[晶];共面网取向连生;面衍生;浮生;定向附生;外延[电]

epithal(l)us 上表层[植];上皮[动];上叶状体

epitheca 上瓣[硅藻];上壳[甲藻];外鞘[腔];外皮;上层[原生];外壁[珊]
→~ (in coral) 壁壳[珊]

epithelial cancer 上皮癌

→~ tissue 皮膜组织

epithelium 上叶状体;上皮[动];上表层[植]

epithermal deposit 浅成熟沉积;浅温热流矿床
→~ {above-thermal} neutron 超热中子 // ~ zone 低温热液带;浅成热液带

epithet 种名[植]

epithomsonite 变镁沸石;变{准}杆沸石[Na₂Ca(Al₄Si₆O₂₀)·7H₂O]

epithyrid 上窗型[茎孔;腕];上孔型

Epithyroides 似上窗贝属[腕;T₃]

epitoky 生殖变形

epitomization 摘要;概括

epitract 上壳[甲藻]

epitractal archaeopyle 上壳原孔[藻]

epitral archaeopyles 上壳古口

epivalve 上瓣[硅藻]

epixenolith 浅源捕掳{房}体

epizoan 底表动物;附生动物

epizoic algae 附动物藻类[附生于动物上]

epizonal metamorphism 浅成变质(作用);浅层变质;浅带变质

epizygal 上不动关节;外接合腕板[棘海百];外轭板

epoch 世;时期;时代;历元;新纪元;(信号)出现时间
→~ -making 划时代的 // ~ of neo-genicum 新地时期

epon 环氧类树脂;环氧树脂

Eponides 上弯虫属[孔虫;K₁-Q]

epontic 固着生物

epoptic figure 吸收影像

epoxidation 环氧化(作用)

epoxide 环氧化(合)物
→~ resin 环氧树脂

epoxidize 环氧化(作用)

epoxy 环氧
→~ (resin;resis) 环氧树脂 // ~-bonded (用)环氧树脂黏合的 // ~-coal tar paint 环氧煤沥青漆

epoxyethane 环氧乙烷

epoxy isocyanate paint 环氧异氰酸漆
→~ peel 环氧树脂揭{撕}片 // ~ -phenol resin paint 环氧酚醛涂料 // ~ plasticizer 环氧型增塑剂

epoxypropane 环氧丙烷

EPPA 乙基苯基膦酸

Eprolithus 埃普罗颗石[钙超;K₂]

epsilon cross-bedding ε 形交错层理
→~ type 山字形{型}[构造;Є]

epsomite 泻利盐[Mg(SO₄)·7H₂O;斜方];七水镁矾;含水硫酸镁矿;泻盐
→~ type 泻利盐(晶)组[222 晶组]

epsomsalt 泻利盐[Mg(SO₄)·7H₂O;斜方]

Epsom salt 含水硫酸镁矿

epsom{bitter} salt 泻盐
→~ {hair} salt 泻利盐{七水镁矾}[Mg(SO₄)·7H₂O;斜方]

epural 尾上骨

epurate 精炼;提纯

equability 均等;平静

equadag{graphite} coating 石墨涂层

equal 相等的;胜任的;等于;平稳的;合适的;齐

equalisation 均衡法
→~ of winding load 提升负荷平衡

equality 等式;相等性;相等
→~ spacer 等间隔

equalization{backing off} 消除[应力]

equalized 平衡的
→~{equilibrium;counter} pressure 平衡压力// ~ reservoir 调压水库
equalizer 平衡器；均值器；补偿器；平衡杆；均衡器；均压线
→(pressure) ~ 均压器// ~ bag 均衡(器)袋[呼吸器用]
equalizing 平衡；均衡的；补偿的
equal jigging 等跳汰作用
→~ life 等强度；等寿命
equally spaced 等距的；等间隔的；等齿距的
→~ spaced reference 等间距基准点
equal magnitude 等量
equamodal distribution 等峰分布
equant 等量纲的；等轴(状)的；等维的；等径的；等分的
→~ anhedral 等径他形的// ~ micrite crust 等厚微晶外壳// ~-pore porosity 等径(孔隙)性孔隙率//~-shaped 等形的
equas 公平的
→~ vector 相等向量
equational division 均等分裂
equation group 方程(式)组
→~ in nonconservation form 非守恒型方程// ~ of compatibility 协调方程；相容性方程// ~ of higher degree 高次方程// ~ of nth order n 次方程// ~ {-}of {-}state 状态方程
equator 两极间环带[孢]
→(celestial) ~ 赤道
equatorial (telescope) 赤道仪
Equatorial Atlantic Mid-ocean canyon 赤道大西洋中央峡谷
equatorial axis 赤道轴[孢]
→~ distribution 赤道分布// ~ limb 赤道冠槽[孢]// ~ plane 赤道面// ~ sediment bulge 赤道沉积物增厚
equator line 零层线
→~-pole gradient 赤道极区梯度
equi-amplitude 等幅
equiangular (isogonic) 等角的
→~ spiral 等角航线// ~ spiral antenna 等角螺形天线
equiangulator 等高仪
equiareal mapping 等积映射
equiasymptotical stability 等度渐近稳定性
equiaxial 等轴的
equibalance 平衡
equicenter 等心(的)
equicesses 等止线[冰]；等停滞线
equicohesion 等内聚
equidensitometry 等光密度测量术
equidensity 等密度
→~ image 等密度形象{影像}
equideparture 等偏差
equidimensional 等轴(状)的；等维{大;径}的；等量纲的
→~ grains 等径状颗粒// ~ {square} grid 正方网格// ~ halo 等量度晕
equidistance 等距离
equidistant 等距离的；等距的
→~ lattice plane family 等距晶格平面族
equiflux heater 双面辐射加热炉
equigeopotential surface 等重力位面
equiglacial line 等冰态线
equigranular 等粒状(的)；等粒的
equi-inclination method 等倾斜(测定)法
→~ method for Weissenberg photograph 等倾斜魏森堡照相法

equilater 等面(的)；等边形(的)
equilateral 等侧的
→~ mine 等翼(的)矿山// ~ net 正方形网// ~ state of stress 等静压应力状态；多面等向应力状态
equilibrant 平衡力
equilibrate 平衡；相称；使平衡
→~ convection 平衡对流
equilibrator 平衡装置；平衡机
equilibrio-petal processes 花瓣形平衡过程
equilibrium 相称(性)
equilong 等长的；等距的
→~ transformation 等距变换
equimolal 重量摩尔浓度相等的；摩尔数相等的
equimolar 体积摩尔浓度相等的
→~ mixture 等摩尔混合物
equimolecular 等分子数的；摩尔数相等的
equimultiple 等倍数{量}
equinival lines 等积雪日数线
equinoctial 昼夜平分；二分点的
→~ circle 天球赤道；二分圈// ~ spring 分点大潮// ~ spring tide 春秋分大潮
equinox(es) 分点；昼夜平分；二分点[春分点和秋分点]
equiphase 等相位(的)；同相(的)
→~ surface 等相面
equiplanation 等平夷作用
→~ terrace 高纬度均夷阶地
equi-plastic strain line 等塑性应变线
equipluve 等雨量线
equipment 装备；设备；工具；仪器；附件；器械
equi(-)points 等效点系
equipollence{equipollency} 相等[力量等]
equipollent 均等物
equiponderance 等重；均衡
equipotent 等力的；等效
equipotential (在)潜力上均等的；等(电)位的
→~ line 等位线；等场线
equipressure 等压
equiprobability curve 等概率曲线
equiquantity dividing flow valve 平衡阀
equiralve 等壳瓣
equiripple response 等涟波响应
equisaturation 等饱和度
Equisetales 木贼目(类)
Equisetina 长叶木贼属[古植;P1-2]
Equisetin(e)ae 节蕨纲；木贼纲
Equisetites 似木贼；拟木贼(属)；似木贼属[古植;C2-Q]
Equisetosporites 似木贼孢属[T3]
equisetum 木贼
Equisetum arvense 木贼属之一[Au 示植]
equi-shaliness line 等泥质含量线
equisignal 等强信号[电]
→~ glide path 等信号滑翔道// ~ localizer 等信号式(无线电)定位(信标)// ~ {tone} localizer 等信号着陆信标[航]// ~ localizer equipment 甚高频等强信号式定位设备
equitability 均衡性
equitant 相重叠的
equities 产权；权益；证券；股票[无固定利息]
equitime 等时

equity 权益；公平；衡平法；正当；产权；对等
equivalence 相当；等值性；等值；等效；等价；等积(投影)；等大性；当量；等(面)积投影；相当性
→~ point 等当点
equivalent 等值；同位地层；等值的；等效；等量；当量的；相同的；相等的；等价的；相等物；相当的；相当
→~ in oil 石油当量
equivalve 等壳的[双壳]；等瓣的[双壳]；两壳形式和大小相同的
equivoluminal 等体积的；等容积的
equus 马属[包括马、驴、斑马等]
Equus hemionus 蒙古野驴；野驴；亚洲野驴
→~ przewalshyi 普氏野马// ~ san-meniensis 三门马
e.r. (在)路上[拉]；蒸发率
eradiation 大地辐射
erase 删去；抹去；清除；销迹；擦去；绿石英[SiO2]；消除
erasure 消去；删掉；清除；消除
→~ {clear} signal 清除信号// ~ {erase} signal 消除信号// ~ signal 改错信号
Erathem 古元古代[2500~1800Ma]；古生代[570~250Ma]
erathem 新生界
E{extraordinary} ray 非常光；异常光线
Erbia 叶尔伯虫属[三叶;∈1-2]
erbium 铒
→~ niobate 铌铒矿；褐钇铌矿[YNbO4]，Y(Nb、Ta)O4;不同产状,含稀土元素的种类和含量不同,常含铈、铀、钍、钛或钽;四方]
ercinite 交沸石[Ba(Al2Si6O16)•6H2O,常含K;(Ba,K)1-2(Si,Al)8O16•6H2O;单斜]
ercitite 水羟磷钠锰石[NaMn3+PO4(OH)(H2O)2]
ercurrite 意硼钠石[Na2(B5O6(OH)5)•H2O]；七水硼砂[2Na2O•5B2O3•7H2O]
erdite 水硫铁钠矿[NaFeS2•2H2O;单斜]
erdmannite 铈硅铍钇矿[3(Fe,Be)O•Y2O3•2SiO2,常含少许铈]；铈硅硼钙铁矿；蚀锆石；杂硼铁稀土矿；复硅锆钡矿；铍矿
erecting crane 装配吊车
erection 竖立；设备安装；装配；组装；建筑物；架设
→~ {assembling} bolt 装配螺栓
Erectocephalus 直头虫属[腕;D2]
erector 装配工；安装器；安装工；举重器；架设器
→~ set 装配用滑车
eremacausis 植物转化为腐殖土的过程；慢性氧化；木材露天慢腐
ereme(y)evite 硼铝石[Al((B,H3)O3);Al6B5O15(OH)3;六方]
eremite 磷铈镧矿；独居石(砂)[(Ce,La,Y,Th)(PO4)；(Ce,La,Nd,Th)PO4;单斜]
eremium 荒漠群落
Eremochitina 孤儿丁虫属[O]
eremology 沙漠学
eremoparasitism 独寄生
Eremosphaera 独球藻属[绿藻;Q]
eremyeevite 硼铝石[Al((B,H3)O3);Al6B5O15(OH)3;六方]
Erethmophyllum 桨叶属[植;J]
erg 沙质荒漠；沙丘沙漠；砂漠；纯沙沙漠；纯砂沙漠；尔格[能量单位]；耳格

→(kum) ～ 沙质(沙)漠

ergh 沙质(沙)漠；沙海；纯砂沙漠

ergodic 各态历经的
→～ (property) 遍历性[空间与时间中统计特征相同]

ergodicity 遍历性[空间与时间中统计特征相同]；各态历经性

ergon 尔冈[光子能量单位]

ergonometrics{ergonomics} 工效学

ergonomic{ergonomical} 人类工程学的

ergosphere 功能层[假设的环绕太空黑洞的外层]

ergostane 麦角甾烷

ergosterol 麦角固醇

Ericaceae 石南科；欧石楠科；石楠科；杜鹃科

Ericaceoipollenites 拟杜鹃粉属[孢;N$_1$]

ericaceous 欧石楠型的

ericad 石南植物

ericaite 锰方硼石[Mn$_3$B$_7$O$_{13}$Cl;斜方]；铁方硼石[(Mg,Fe)$_3$(B$_7$O$_{13}$) Cl;斜方]

Ericales 欧石楠目

ericamycin 欧石楠霉素

ericelal 沼泽植物

Ericiatia 刺猬贝属[腕;C$_1$]

Ericipites 杜鹃粉属[孢;E$_2$]

ericoid 石楠状；似欧石南属植物的

ericolin 石南素

ericophyte 荒野植物；沼泽植物；石楠植物

Ericsonia 埃氏颗石[钙超;E$_2$]

ericssonite 钡锰闪叶石[BaMn$_2$Fe^{3+}OSi$_2$O$_7$(OH);单斜]

Eridanus 波江座

Eridophyllum 轴管丛珊瑚属[D$_{1-2}$]；斜管珊瑚属

Eridotrypa 斜苔藓虫属[O$_2$-D$_2$]

erikite 水磷铈石；硅磷铈石[H$_4$CaMg(Ce, Y)$_{12}$(Si$_2$P$_{12}$O$_{56}$)•13H$_2$O]；硅磷铈镧矿；磷钇铈矿[(Ce,Y,La,Di)(PO$_4$)•H$_2$O]；独居石[(Ce,La,Y,Th)(PO$_4$);(Ce,La,Nd,Th)PO$_4$;单斜]

erilite 石英晶洞毛晶

Erinaceus 多水磷铅矿；猬(属)[N$_1$-Q]

erinaceus 刺猬(属)[N$_1$-Q]

erinadine 铬锰榴石[Mn$_3$Al$_2$(SiO$_4$)$_3$]；铬钇锰铝榴石；钇锰榴石[Mn$_3$Al$_2$(SiO$_4$)$_3$,常含钇]

erinite 铁蒙脱石[R$_{0.33}^{1+}$(Al,Mg)$_2$(Si$_4$O$_{10}$)(OH)•nH$_2$O(R^{1+}=Na^{1+},K^{1+},Mg^{2+},Ca^{2+},Fe^{2+}等)]；羟砷铜矾；墨绿砷铜石[Cu$_5$(AsO$_4$)$_2$(OH)•H$_2$O;单斜]；翠绿青砷铜矿；云母铜矿；翠砷铜矿；铬钇锰铝榴石；玄武岩蚀变红黏土

Eriobotrya 枇杷属[N-Q]

eriochalcite 水氯铜矿[CuCl$_2$•2H$_2$O;斜方]

Eriogonum (ovalifolium) 卵叶绒毛蓼[Pb示植]
→～ inflatum 蓼科植物[俗名紫葳花,石膏局示植]

eriometer 纤维细度测定器；衍射测微器{计}

erionite 毛沸石[(K$_2$,Na$_2$,Ca)(AlSi$_3$O$_8$)$_2$•6H$_2$O;(K$_2$,Ca,Na$_2$) Al$_2$Si$_{14}$O$_{36}$•15H$_2$O;六方]

eriophorum peat 寇蒂禾泥炭；羊胡子草泥炭
→～{sphagnum} peat 苔藓泥炭

erisma 临时支撑扶垛

Erismodus 支架牙形石属[O$_2$]

Eritrea 厄立特里亚

eritrosiderite 红钾铁盐[2KCl•FeCl$_3$•H$_2$O;

K$_2$Fe^{3+}Cl$_5$•H$_2$O;斜方]；红砷铁矿[(Ca,Mn)$_3$(Mn^{2+},Mn^{3+},Mg,Fe^{3+})$_4$(AsO$_4$)$_3$(AsO$_3$OH)•(OH)$_4$]

eritrosidero 红钾铁盐[2KCl•FeCl$_3$•H$_2$O; K$_2$Fe^{3+}Cl$_5$•H$_2$O;斜方]

erkensator 立式离心除砂机[纸]

erlamite 杂炉膛硅酸盐

erlan 辉片岩；杂炉膛硅酸盐

erlanfels 辉片岩

Erlansonisporites 艾氏大孢属[K$_2$]

erlianite 二连石[(Fe^{2+},Mg)$_4$(Fe^{3+},V^{3+})$_2$(Si$_6$O$_{15}$)(OH,O)$_8$]

erlichmanite 硫锇矿[OsS$_2$;等轴]

ermakite 褐蜡土

Ermeto-type fitting 爱尔麦脱型卡套式管接头

Ernestiodendron 安勒杉(属)[古植]

ernite 水异剥石；钙铝榴石[Ca$_3$Al$_2$(SiO$_4$);等轴]

ernstite 羟磷铝(铁)锰石[(Mn$_{1-x}^{2+}$Fe$_x^{3+}$)Al(PO$_4$)(OH)$_{2-x}$O$_x$;单斜]

erodability 可蚀性

eroded canyon 侵蚀峡谷
→～ limestone 太湖石//～ oil pool 被侵蚀油藏//～ volcano 侵蚀火山

erodible channel 侵蚀河槽；冲刷性河槽

eroding away 剥蚀掉
→～{erosional} force 侵蚀力//～-reworking current 侵蚀改造水流//～-/reworking current 侵蚀/再(加工水)流

Eros 爱神星[小行星 433 号]

erosion (activity;action) 侵蚀作用
→(chemical) ～ 溶蚀(作用)；片蚀；水土流失；冲蚀

erosional-accumulative relief 侵蚀堆积地形

erosional agent 侵蚀营力
→～ bedding contact 侵蚀层面接触//～ competency 侵蚀能力//～ cutting 侵蚀切割//～ vacuity 侵蚀欠层[期]

erosion by the action of running water 水蚀
→～ column 侵蚀柱//～ control 防止侵蚀//～ control mattress 防冲沉排//～ control planting on slope 护坡植覆//～ cycle 侵蚀循环

erosionist 侵蚀论者

erosion mountain 侵蚀山
→～ pavement 侵蚀砾石铺砌层//～ platform 浪蚀台(地)//～ resistance 抗侵蚀力//～ resistant 耐冲蚀的

erosive 侵蚀性的；腐蚀性的
→～ action of sand 砂蚀作用//～ force 侵蚀营力//～{etching} power 侵蚀能力

Erpetocypris 爬星介属[E-Q]

erpobdella octoculata 八目石蛭

erpoglyph 蠕虫铸型(作用)；蚯蚓迹模；蚯蚓粪化石；蚯蚓粪；虫迹模；虫模

Erranti(d)a 游走目[环节]

errantia 漫游生物

errare 入歧途；漂流

erratic 树干化石[常在煤层内]；乖僻；漂游的；漂移的；漂来的；飘忽不定的；不稳定的；飞来石；外来石块；不定的；错误的；移动的；无规律的；不规则的[运动或行为]
→～ (block;boulder;pebble) 漂砾；漂块[岩浆中]；漂石//～ drift 不规则掉格//～ fluctuations (in instrument readings) 仪器读数的不规则起伏//～ of ore 矿

石漂砾//～ orebody 变化不定矿体//～ ore body 漂砾矿体{床}

erratics 飘砾

erratic{fluviogenic} soil 冲积土
→～ soil structure 土的不规则结构//～ subsoil 不均一土(壤)

erratum[pl.-ta] 错字勘误表；错误；排错；写错

errite 褐硅锰矿[(K,H$_2$O)(Mn,Fe^{3+},Mg)Al$_{\sim3}$(Si$_4$O$_{10}$)(H$_2$O)$_2$]；羟硅锰矿

erro 入歧途；漂流

erroneous 错误的；不正确的；错误
→～{non-relevant} indication 假象[一矿物具有另一矿物的外形]//～ tendency 偏向

error 漏失；偏差；误差；错误
→(gross) ～ 粗差

errorchron 假等时线

error-circular radius 误差圈半径

error control 误差控制
→～ correcting parsing 误差校正剖析//～ -detecting{-checking} 错误检测//～ free 没有误差的//～ in measurement 量测误差

errors and omissions excepted 误差与免除项均已除去
→～ and omissions expected 错误遗漏不在此限

error sensitivity number 误差敏感度数

errors{error} excepted 允许误差
→～ excepted 差错待查；错误不在此限

error signal 出错信号
→～ state 异常状态//～ theory 误差理论

ersan 稻丰散[虫剂]

ersatz 代用的；合成的[德]；人造的[德]；代用品[德]

ersbyite 钙柱石[Ca$_4$(Al$_2$Si$_2$O$_8$)$_3$(SO$_4$,CO$_3$,Cl$_2$);3CaAl$_2$Si$_2$O$_8$•CaCO$_3$;四方]

ertiesite 钽钠矿

Ertix deep fracture 额尔齐斯深断裂带

ertixiite 硅钠石[Na$_2$Si$_2$O$_5$;单斜]；额尔齐斯石[Na$_2$Si$_4$O$_9$]

erubescent 变红的
→～ pyrite{erubescite} 斑铜矿[Cu$_5$FeS$_4$;等轴]

erucic acid 顺式廿二(碳)烯-(13)-酸[CH$_3$•(CH$_2$)$_7$•CH:CH•(CH$_2$)$_{11}$CO$_2$H]；芥酸

eructate 喷出；喷发

eructation 喷发；喷出物

erudition 博学

erupting volcano 正在喷发的火山
→～ wave 突发波

eruption 爆发物；喷出
→～{effusive} activity 喷发活动

eruptive 火成岩；火成的；喷发的
→～{pyrogenic;igneous} deposit 火成矿床

eruptivity 喷发活动

erupt simultaneously 并发

erusibite 辉红铁矾

Eryops 引螈[弓龙](属)[P]

Eryopsoidea 引龙亚目

Erysipke 白粉菌属[真菌;Q]

Erythracean{Erythr(a)ean 厄立特里亚古海 [今阿拉伯海、红海和波斯湾地区]

erythrine 钴华[Co$_3$(AsO$_4$)$_2$•8H$_2$O;单斜]；砷钴矿

erythrite 砷钴矿石；钴华[Co$_3$(AsO$_4$)$_2$•8H$_2$O;单斜]；赤藓醇；赤丁四醇

erythritol 赤丁四醇；赤藓醇

erythrochalcite 毛铜矿{水氯铜矿}[$CuCl_2$•$2H_2O$;斜方]

erythroconite 砷黝铜矿[$Cu_{12}As_4S_{12}$;(Cu, Fe)$_{12}As_4S_{13}$;等轴]；锌黝铜矿[((Cu,Fe,Zn, Ag)$_{12}$(As,Sb)$_4S_{13}$]

erythrocyte 红血球

erythrolein 石蕊红素

erythrolitmin 结晶性石蕊红素

erythrophyll 叶红素

erythrosiderite 红钾铁盐[$2KCl$•$FeCl_3$•H_2O; $K_2Fe^{3+}Cl_5$•H_2O;斜方]

Erythrosuchus 引鳄(属)[T_1]

Erythrotrichia 星星藻属[Q]

erythrozincite{erythrozinkite} 锰纤锌矿 [(Zn,Mn)S]；纤锰锌矿

erythryte 钴华[$Co_3(AsO_4)_2$•$8H_2O$;单斜]

erzbergite 文方(互层)石；戴钙华[$CaCO_3$]；杂戴钙互层石；文石-方解石互层；杂铁钙互层石；方解石与文石交互层

Erzgebirgian orogeny 埃尔茨造山运动[C_1]

ES 回声测深(法)；地面站；电测井；电测；电原理图；电法测量；发射光谱；电子开关

Es 镱

ESA 环境敏感区域；环境调研区

esaidrite 六水泻盐[$MgSO_4$•$6H_2O$;单斜]

esboite 奥球闪长岩

escabrodura 劣地；劣地形

escalating rate 上升率

escalation 应变浮升
→~ clause 合同滑动条款

escalator 升降梯；自动电梯
→~ clause 伸缩条款；调整条款

escape 泄漏；放出管；流出；漏出；气、液体等排出；避免；逸出；排出；漏泄；逸散；逃生
→(fire;exist) ~ 安全出口

escaped{runaway} electron 逸散电子
→~ product 漏失的油品

escape hatch 太平门
→~ {bleed;bleeder;drainage} hole 放泄孔//~ hole (mouth) 排出口//~ ladder 脱险梯

escapement 擒纵机构；棘轮装置

escape of gas 气体逃逸；瓦斯逸出；喷气孔
→~ pit{shaft} 安全井 // ~ probability 漏失几率；逃脱俘获几率//~ ramp 疏散坡道//~ shaft{pit} 太平井

escape way 第二条出口；安全通道
→~ way{outlet} 安全出口 // ~ {escapement} wheel 擒纵轮

escaping{emergent} gas 逸出气体
→~ gas 逸出的气体//~ tendency 逃逸倾向

escar 蛇丘

escharotic 苛性剂；溃剂；生焦痂性的；腐蚀剂；腐蚀性的

escherite 绿帘石[$Ca_2Fe^{3+}Al_2(SiO_4)(Si_2O_7)$ $O(OH);Ca_2(Al,Fe^{3+})_3(SiO_4)_3(OH)$;单斜]；褐黄帘石

eschinite 易解石[(Ce,Y,Th,Na,Ca,Fe^{2+})(Ti, Nb,Fe^{3+})$_2O_6$;斜方]

Eschka method 埃舍卡测硫法

Eschsholtzia mexicana 墨西哥花麦草[俗名加州罂粟,罂粟科,Cu 局示植]

eschweg(e)ite 钽黑稀金矿 [(Y,Ce,Ca)(Ta, Nb,Ti)$_2$(O,OH)$_6$;斜方]；钽复稀金矿；红稀金矿[(Y,Er,U,Th)(Nb,Ta,Ti,Fe)$_2O_6$]；铁华石

[Fe_3^{2+} (Fe^{2+},Al)$_3$(AlSi$_3O_{10}$)(OH)$_8$]

eschynite 易解石 [(Ce,Y,Th,Na,Ca,Fe^{2+})(Ti, Nb,Fe^{3+})$_2O_6$;斜方]

escorial 矸石墨；采尽的矿；渣堆；堆渣场

escort 护送(者)；护航飞机{部队;舰}
→~ (goods) in transportation 押运

escutcheon 饰框[刻度盘上]；框；小盾片[昆虫类鞘翅目]；孔罩；铭牌；名牌；盾面[牙石]；盾纹面[双壳]
→~ ridge 盾纹面脊[双壳]

ESD{emergency shutdown} line{circuit(ry)} 紧急关井{闭}线路

ESE 东南东

esgair 长脊

Esgia 埃斯嘉颗石[钙超;J_3]

Eshka method 埃斯卡测硫法

eskebornite 铁硒铜矿；硒铜铁矿；硒黄铜矿[$CuFeSe_2$;四方]；铜硒铁石

esker 蛇丘；蛇形丘；行丘；冰河砂砾丘
→~ delta 沙高原；冰河口砂质沉积 // ~ fan 扇形蛇丘

eskerine 蛇丘的

eskimoite 埃硫铋铅银矿[$Ag_7Pb_{10}Bi_{15}S_{36}$;单斜]

eskolaite 绿铬矿[Cr_2O_3;含有少量的 V_2O_3 和 Fe_2O_3 的类质同象混入物;三方]；埃斯科拉矿

esmarkite 褐块云母；硼硅钙石[$CaB(SiO_4)$ $OH;Ca_2(B_2Si_2O_8)(OH)_2$;单斜]；蚀堇青石

esmeraldaite 杂褐铁矿[Fe_2O_3•$4H_2O$ 含铝、钙、磷、硅等杂质]；水针铁矿

esmeraldite 多英白云母岩；英云岩

esperanzaite 埃斯佩兰萨石[$NaCa_2Al_2$ $(AsO_4)_2F_4(OH)$•$2H_2O$]

esperite 硅钙铅锌矿[((Ca,Pb)ZnSiO$_4$;单斜]

espichellite 沸橄闪煌岩；橄闪粗玄斑岩；橄闪斑岩

espickellite 橄闪粗玄斑岩

esplanade 广场；岩性阶地；峡谷邻近的宽阶地

Espunin 萘磺酸盐

esseneite 钙铁铝辉石[$CaFe^{3+}AlSiO_6$]

essential 必需品；基本的；本质的；本质
→~ (factor) 要素

essentialism 实质论

essential mineral element 必需矿物质元素
→~ or main aspect 主流

essexibasalt 霞橄玄武岩

essexite 厄塞岩；碱性辉长岩；霞辉二长岩
→ ~ melaphyre 碱辉黑玢岩 // ~ pyroxene porphyrite 碱辉辉石玢岩

Essolube 润滑油[日]

essonite 桂榴石[$Ca_3Al_2(SiO_4)_3$]；钙铝榴石 [$Ca_3Al_2(SiO_4)_3$;等轴]

establish 设置；确定；构架；设立；制定；(使风俗、先例等)被永久性地接受；建立

established 确认(的){储量}；确定的；规定的；既定的

establishment 基数；基础；编制；科学机构；潮讯；设立；企业；公司；定居[植]；确定；创办；机关

estate 水平；状况；财产；地位；房地产；阶段

estavelle 落水洞泉；吞吐泉；地下河；涌泉；水洞；岩溶；喀斯特

ester 酯[R'COOR]

esterallite 英微闪长岩

esterellite 斑状石英闪长岩；英闪玢岩；英微闪长岩

esterification{esterify} 酯化

estero 河口湾旁滩地

Estheria 叶肢介；贝虾石类；贝虾类

Estherites 瘤膜叶肢介(属)[K_2]；似叶肢介属

Estheritina 瘤膜叶肢介亚目[节;D-Q]

Esthonychidae 凿食科[裂齿目]

estimated 估计的；估价的；预算的；近似的
→~ cost 概算//~ original oil in place 估计的地层原始储油量//~ position 估计船位//~ time of departure 预计离岸时间

estimate of cost 成本估算；估价
→~ of seismic rink 震险估计//~ of variance 方差估计//~ survey 估测调查

estimation 测定；估算；估计；估计；估测；评定；评价；鉴定
→~ by eye 目测

e(x)stipulate 没有托叶的；无托叶的[植]

Estlandia 埃斯兰贝(属)[腕;O_2]

Estonia 爱沙尼亚

estramad(o)urite 磷灰石[$Ca_5(PO_4)_3(F,Cl, OH)$]；块磷灰石

estuary 与海相连的河口；三角港[苏格]；江口湾；三角湾；河口；入海河口；海湾；港湾；三角江；潮区
→~ {underwater} cable 水下电缆//~ coast 海湾型海岸；三角湾岸//~ sediment 河口泥沙

Etagraptus 工字笔石属[O_1]

etalon 标准；校准器
→~ {standard} time 标准时

etang 浅水塘[法]；浅湖

eta{|xi|iota} structure η{|ξ|Ⅰ}形构造

etched channel 酸蚀孔道

etch mark 刻底
→~ method 侵蚀法//~ primer 磷化底漆

eternal{perpetual} frost climate 永冻气候
→~ {perennially} frozen ground 永冻地 // ~ shearing stress 内切应力//~ snow 永存雪

eternit 石棉水泥

eternity 很长的时间；永恒；无穷[拉]

etesian 季节风的

Ethalia 仙螺属[R-Q]

eth(yl)amine 乙胺[$C_2H_5NH_2$]

ethanal 乙醛

ethane 乙烷

ethanedioic{oxalic} acid 乙二酸

ethane oxidizing bacteria 氧化乙烷细菌
→~ phosphonic acid 乙膦酸[$CH_3CH_2 PO(OH)_2$]//~-plus 乙烷及乙烷以上的烷烃气体

ethanethiol 乙硫醇[CH_3CH_2SH]

ethano- 桥亚乙基[指-CH_2•CH_2-基跨在环中的词头]

ethanol 酒精[C_2H_5OH]

ethanolamine 乙醇胺[$NH_2CH_2CH_2OH$]

ethanol butanol amine 乙醇丁醇仲胺 [$HO(CH_2)_2NH(CH_2)_4OH$]
→~ propanol amine 乙醇丙醇仲胺[$HO (CH_2)_2NH(CH_2)_3OH$]

ethanolysis 乙醇分解

Ethelia 埃塞藻(属)[E]

eth(yl)ene 乙撑{次乙基} [-CH_2 = CH_2-]；乙烯[CH_2 = CH_2]

ethenyl 乙烯基[CH_2 = CH-]

Etheridgellidae 海参脊科[棘]

etherification 醚化

Ethernet 以太网(络)

ether{electromagnetic} spectrum 电磁波谱
　　→ ~ starting aid 乙醚启动装置[冬季柴油机启动]

ethine 乙炔

ethinyl 乙炔基

ethion 乙硫磷

Ethiopia 埃塞俄比亚

Ethmodiscus 筛盘石[钙超]

ethmoid{deck;grid;screen;sieve} plate 筛板

ethmolith 漏斗状盆岩；岩漏斗；漏斗岩盘

ethmophract 围筛式[海胆顶系]

Ethmophyllum 筛壁

Ethmorhabdus 筛棒石[钙超;J_3-K]

Ethmosphaerinae 筛球虫亚科[射虫]

ethmosphenoid 筛蝶区{骨}

ethnic 民族的

ethnicity 种族划分
　　→ ~-Asians in Leicester 莱切斯特的少数种族城-亚洲人

ethnography 人种学

ethology 习性学[生态]

Ethomeen ×浮选剂[C_8-C_{12} 脂肪胺与环氧乙烷的反应产物]

ethosuximide 琥珀乙烷；乙琥胺[抗癫痫药]

ethoxy 乙氧(基)
　　→ ~- 乙氧基[C_2H_5O-] // ~ alcohol 乙氧基醇

ethoxybenzene 乙氧基苯[$C_2H_5OC_6H_5$]

ethoxy crotonate 乙氧基巴豆酸盐{|酯}[$C_2H_5OCH_2CH:CHCOOM\ \{|R\}$]
　　→ ~ ethanol 乙氧基乙醇[$(C_2H_5O)C_2H_4OH$]

β-ethoxyethyl xanthogenate 黄(原)酸 β-乙氧基乙酯

ethoxylated alcohol 羟乙基化醇
　　→ ~ alkylphenol 氧乙基化烷基酚

ethoxyline 环氧树脂

ethyl 乙基[CH_3CH_2-]；乙烷基
　　→ ~ acetate 醋{乙}酸乙酯 // ~ alcohol {ethanol} 乙醇[C_2H_5OH]

ethylamine 胺基乙烷

ethyl benzene 乙苯[$C_6H_5C_2H_5$]
　　→ ~-benzyl-dodecyl-demethyl-ammonium chloride 乙苄基十二基二甲基氯化铵[$(C_2H_5C_6H_4CH_2)(C_{12}H_{25})N(CH_3)_2Cl$] // ~ benzyl ketone 乙基苄基甲酮[$C_2H_5COCH_2C_6H_5$]

ethylbenzyl-polyoxyetheneether-alcohol 乙基苄基聚氧乙烯醚醇[$C_2H_5C_6H_4CH_2(OCH_2CH_2)_nOH$]

ethyl butyl ketone 乙基丁基酮[$C_2H_5COC_4H_9$]；庚酮-3[$C_2H_5COC_4H_9$]
　　→ ~ carbamate 氨基甲酸乙酯 // ~ chloroformate 氯甲酸乙酯[$ClCO_2C_2H_5$] // ~ dodecyl phosphonium-hydroxide 乙基-十二基氢氧化 [$(C_2H_5)(C_{12}H_{25})PH_2OH$]

ethylene 次乙基[$-CH_2=CH_2-$]；烯
　　→ ~ (trithiocarbonate) 乙撑[$-CH_2=CH_2-$] // ~ bromide 二溴乙烯{烷}[$CH_2Br:CH_2Br$]；溴化乙烯[$CH_2Br:CH_2Br$] // ~ chloride 氯化乙烯[$CH_2Cl·CH_2Cl$]；二氯乙烷

ethylenediamine{ethylene diamine} 乙二胺[$H_2N·CH_2CH_2·NH_2$]
　　→ ~ hydrobromide 乙二胺溴氢酸盐[$H_2N(CH_2)_2NH_2·2HBr$] // ~ -hydrochloride 乙

二胺盐酸盐[$H_2N(CH_2)_2NH_2·2HCl$] // ~ tetraacetic acid 乙底酸

ethylenedibromide 二溴化乙烯；二溴乙烯{烷}[$CH_2Br:CH_2Br$]

ethylene dinitrilo tetraacetic acid 乙底酸；乙二胺四乙酸[$(HOOC·CH_2)_2:N·CH_2·CH_2·N:(CH_2COOH)_2$]
　　→ ~ -ether-alcohol 乙二醇醚[$ROCH_2CH_2OH$] // ~ -petroleum oil copolymer 乙烯石油共聚物

ethyl ether 二乙醚

2-ethyl-hexylalcohol 2-乙基己醇

2-ethyl-hexylaminoacetate 2-乙基己氨基醋酸盐[$CH_3(CH_2)_3CH(CH_2CH_3)CH_2NHCH_2COOM$]

ethyl hydrate 乙醇

ethylidene 乙叉；亚乙基

ethylidine{ethylidyne} 次乙基[$-CH_2=CH_2-$]

ethyl imidazol(e) 乙基甘嗯啉；乙基-2,3-二氮杂茂
　　→ ~ iodide 碘化乙烷 // ~ isobutyl ketone 乙基异丁基酮[$C_2H_5OC_4H_9$] // ~ isothiuronium bromide 乙基异硫脲溴化物[$C_2H_5S·C(NH_2):NH·HBr$]

ethylization 乙基化

ethylize 使成乙基；乙基化

ethyl mercaptan 乙硫醇[CH_3CH_2SH]

2-ethylnaphthalene 2-乙基萘

ethylnaphthalene-polyoxyethylene-ether-alcohol 乙基萘聚氧化乙烯醚醇[$C_2H_5C_{10}H_6(OCH_2CH_2)_nOH$]

ethyl octyl ketone 乙基-辛基酮[$C_2H_5COC_8H_{17}$]

ethylogen 乙烯原

ethyloic 羧甲基

ethylol 羟乙基
　　→ ~ amine 羟基苯胺；乙醇胺[$NH_2CH_2CH_2OH$]

ethyl-oxyethylene-ether-alcohol 乙基氧化乙烯醚醇[$C_2H_5OCH_2CHOH$]

ethylpentane 乙基戊烷

ethylpentanol 乙基戊醇

ethyl-phenol 乙基苯酚[$C_2H_5C_6H_4OH$]

ethyl phenyl phosphonic acid 乙基苯基膦酸

ethylphenyl-polyoxyethylene-ether-alcohol 乙基苯聚氧化乙烯醚醇[$C_2H_5C_6H_4(OCH_2)_nOH$]

ethyl polyoxyethylene-ether-alcohol 乙基聚氧化乙烯醚醇[$C_2H_5(OCH_2CH_2)_nOH$]

ethylxylyl-polyoxyethylene ether-alcohol 乙基二甲苯聚氧乙烯醚醇[$C_2H_5(CH_3)_2C_6H_2-(O-CH_2-CH_2)_n-OH$]

ethyne 乙炔

ethynyl 乙炔基

ethynylation 炔化；乙炔化作用

ethynyl vinylalkyl ethers 乙炔基-乙烯烷基醚[硫化矿捕收剂;$HC≡C-O-(CH_2)_nCH=CH_2$]

ethyoxyl 乙氧(基)

ethypentene 乙基戊烯

etindite 白榴霞岩；白霞岩

etiocholane 本胆烷

etiolation 黄化(现象)[植]；褪色

etiology 病原学

etiophyllin 初卟啉合镁盐

etioporphyrin 初卟啉

etnaite 碱橄玄岩

Etna Volcano 埃特纳火山

ETR 早期段

Etrema 腹螺属[N-Q]

Etroeungtian stage 艾特隆(阶)[欧;D_3]；埃特隆阶

etropite 蜡硅锰矿[$Mn_5(Si_4O_{10})(OH)_6$, 含 MnO34%~52.65%;单斜]

ettle 清理；废矿石；安排

ettringite 水泥杆菌；钙铝矾[$Ca_6Al_2(SO_4)_3(OH)_{12}·26H_2O$;六方]；钙矾石

etymology 语源(学)

Etymothyris 辞窗贝属[腕;D_{1-2}]

E type graphite 晶间石墨

Eu 铕

euabssite 放射虫岩；优深海红泥

euarthopoda 真节足动物门

Euarthrodira 真节甲鱼超目

euascales 真囊子菌目；真囊菌目

euaster 星状骨针[绵]

Euastrum 凹顶鼓藻(属)[绿藻;Q]

euautochthony 正原地性；纯原地生成煤

eubacteria 真菌

euban 尤班石英

Eublastoidea 正海蕾目(纲)[棘]

eucairite 硒铜银矿[$CuAgSe$;斜方]

Eucalathis 美瓶贝属[腕;E-Q]

eucalyptene 桉树烯[$C_{10}H_{16}$]

eucalyptole 桉树脑{顺式萜二醇(1,8)-内醚}[$C_{10}H_{18}O$]

eucalyptus 桉树

eucamptite 水黑蛭石

Eucapsiphora 育卡普西叠层石属[Z]

Eucapsis 立方藻(属)[蓝藻;Ar]

eucarya 真核生物；真核域[生]

eucaryote 真核生物

eucaryotic 有核的；真核的

Eucastor 真河狸(属)[N_2]

eucentric goniometer head 常中心测角(计)头

Eucheuma 麒麟菜属[红藻]

Euchitonia 美壳虫属；优壳虫[射虫;Mz]

euchlore-mica 云母铜矿[$Cu_{18}Al_2(SO_4)_3(AsO_4)_3(OH)_{27}$]；羟砷铜矾

euchlorin{euchlorine} 碱铜矾[$(K,Na)_8Cu_9(SO_4)_{10}(OH)_6$?;斜方]

euchlorite 绿云母；优黑云母；碱铜矾[$(K,Na)_8Cu_9(SO_4)_{10}(OH)_6$?;斜方]

euchlor-malachite{euchlorose} 羟砷铜矾；云母铜矿

Euchondria 梳海扇属[双壳;C-P]

euchroite 翠砷铜矿；翠砷铜石[$Cu_2(AsO_4)(OH)·3H_2O$;斜方]

euchysiderite 钙铁辉石[$CaFe^{2+}(Si_2O_6)$;单斜]

Euciliata 真纤(毛亚纲)[原生]

Eucladoceros 真枝角鹿属[N_2-Q]

euclase{euclasite} 蓝柱石[$BeAlSiO_4(OH)$;单斜]

Euclidean geometry 欧几里得几何(学)
　　→ ~ space 欧氏空间

euclorina 碱铜矾[$(K,Na)_8Cu_9(SO_4)_{10}(OH)_6$?;斜方]

Eucoelomata 真体腔动物

eucoen 指示生物

eucolite 异性石[$(Na,Ca)_6ZrSi_6O_{17}(OH,Cl)$;$Na_4(Ca,Ce,Fe)_2ZrSi_6O_{17}(OH,Cl)$;三方]；负异性石
　　→ ~-titanite 负异性楣石；钇铈矿楣石

eucollinites 充分分解无结构镜质体

eucolloid　真胶体；优胶体
Eucommiidites　假杜仲粉属[孢;J$_1$]
Euconochitina　真锥几丁虫属[O-S$_1$]
euconodont　真牙形石
Euconospira　真锥螺属[S-C]
eucrasite　硅钍铈矿；钍铈矿；铈钍矿
eucrite　钙长辉长无球粒限石
eucrustacea　正甲壳类
eucryptite　锂霞石[Li(AlSiO$_4$);三方]
β-eucryptite　β-锂霞石
euctolite　橄金云斑岩，橄金黄白斑岩
euctratite　碱性栏杆煌斑岩
eucyclic　同基数轮列的
Eucypris　真金星(介)属[K-Q]
eucypris　真星介
eud(i)alitite{eudiali(ti)te;eudialyte;eudyalite}　异性石[(Na,Ca)$_6$Zr Si$_6$O$_{17}$(OH,Cl)$_2$; Na$_4$(Ca,Ce,Fe)$_2$ ZrSi$_6$O$_{17}$(OH,Cl)$_2$;三方]
Eudea　尤地海绵属[T-J]
eudesmane　桉叶烷
eudialyte-lujavrite　多异性异霞正长岩
eudialytite　异性石岩；异隆石岩
eudidymite　双晶石[HNaBeSi$_3$O$_8$;NaBeSi$_3$O$_7$(OH);单斜]
Eudinoceras　恐冠兽属[E$_2$]；假恐角兽属[曾译"真恐角兽"]
eudiwa　优地洼区
eudnophite　霞沸石，霞方沸石
Eudorina　空球藻属[绿藻;Q]
Euechinoidea　真海胆亚纲
Euelephantoids　真象类
Euestheria　真叶肢介(属)[节;T-K]
Euflemingites　美佛莱明菊石属[T$_1$]
eu-form　全孢型
Eugaleaspis　真盔甲鱼属[D$_1$]
eugeanticline　优地背斜
eugelite　水磷铁矿
Eugene　早第三纪
eugenesite　六方钯矿；硒钯矿[Pd$_{17}$Se$_{15}$;等轴]
Eugenia　番樱桃[Cu 示植]
eugenics　优生学
eugenol　丁子香酚[CH$_2$ = CH−CH$_2$−C$_6$H$_3$(OH)(OCH$_3$)]
eugen(e)site　汞钯矿[PdHg;四方]
eugeocline　优地斜
eugeogenous　易风化成碎屑的
　→~ rock 易风化岩
eugeophyte　真地下芽植物
eugeosynclinal realm　活动正地槽区；优大向斜区
　→~ zone{|realm|facies} 优地槽带{|区|相}
eugeosyncline　优等地槽；真地槽；优地槽
　→~ sequence 优地槽岩序
Euglena　裸藻(属)；眼虫藻属[Q]
Euglenaphyta　裸藻门
Euglenids{Euglenoidea}　眼虫类{目}
Eugnathus　真鳕鱼属[T-J]
Eugonophyllum　真果叶藻属[C-P]
eugranitic　花岗岩状
eugsterite　尤钠钙矾[Na$_4$Ca(SO$_4$)$_3$•2H$_2$O$_4$];龙钠钙矾
euhalobion　真适盐种[生]
euhedral　全形；优形的；自形的
　→~ {idiomorphic;automorphic} crystal 自形晶
euhedron　自形
　→(crystal) ~ 自形晶
Euhelopus　盘足龙(属)[J]

euhylacion　热带雨林
eukairite　硒铜银矿[CuAgSe;斜方]
eukamptite　水黑蛭石；水黑云母[(K,H$_2$O)(Mg,Fe^{3+},Mn)$_3$ (AlSi$_3$O$_{10}$) (OH,H$_2$O)$_2$]
eukaryote　真核生物
Eukloedenella　真克罗登介属[S]
eukolite　(负)异性石[(Na,Ca)$_6$ZrSi$_6$O$_{17}$(OH,Cl)$_2$;Na$_4$(Ca,Ce,Fe)$_2$ZrSi$_6$O$_{17}$(OH,Cl)$_2$;三方]
eukotourmaline　似电气石
eukrasite　铈钍矿
β-eukryptite　假锂霞石[人造;Li(AlSiO$_4$)];β-锂霞石
euktolite　橄金黄白斑岩；橄金云斑岩
Eulamellibranchia　真瓣鳃目
Eulamellibranchiate　真瓣鳃型
eulamellibranchiate　真鳃型
eulerhabd　U 形双尖骨针[绵]
eulite　尤莱辉石；斜方镁铁辉石；易熔石[(Fe,Mg)SiO$_3$]
eulittoral　真潮间带的
　→~ zone 真浅海带；正沿岸带{区}
　//~ {littoral;mesolittoral; tidal} zone 潮间带
Euloma　美丽饰边虫属[三叶;O$_1$]
Eulota　蜗牛(属)
eulysite　硅辉铁橄岩，榴辉铁橄岩
eulytine　闪铋矿[Bi$_2$Si$_3$O$_{12}$];硅铋矿；硅铋石[Bi$_4$(SiO$_4$)$_3$;等轴]
eulytite　硅铋石[Bi$_4$(SiO$_4$)$_3$;等轴]；闪铋矿[Bi$_4$Si$_3$O$_{12}$];硅铋矿
Eumalacostraca　真软甲类{组}
eumanite　板钛矿[TiO$_2$;斜方]
Eumeces　蜥蜴
　→~ anthracinus 炭色石龙子
Eumeryx　原鹿属[E$_3$]；小古鹿属
eumetazoa　真后生动物
Eumetria　尤梅贝属[腕;C$_1$]
Eumorphoceras　真形菊石属[头;C$_{1-2}$]
Eumorphotis　真形蛤属[T]；正海扇(属)[双壳]
eumycete{Eumycophyta}　真菌
Eunema　真线螺属[O-D]
eunicite　暗蒙脱石[(Fe,Al)$_2$O$_3$•SiO$_2$]
eunophite　霞沸石
Eunotia　短缝藻属[硅藻;Q]
Eunotosaurus　叶背蜥属；正南龟(属)[P]
Euomphalus　全脐螺属[腹;O-J]
euosmite　木脂石；水脂石
Eupaleozoic　真古生代{界}
Eupanthotheria　三结节类
Eupantotheria　真古兽目
Euparkeria　派克鳄属[T$_1$]
Eupatagus　外环海胆属[棘;N]
Eupera　环蚬属[双壳;E-Q]
eupha-7,24-diene　大戟甾-7,24-二烯
Euphemites　包旋螺属[D$_3$-P]
Euphorbiaceae　大戟科
Euphorbiacites　大戟粉属[K$_2$-Q]
Euphorbia cylindrifolia　柱叶大戟
　→~ latifolia 宽叶大戟
Euphorbiophyllum　大戟叶
euphotic　透光的[指海水]
euphotide　绿辉长岩
Euphrates　幼发拉底河
euphyllite　杂钠云绿泥石；钠钾云母[钠云母与绿泥石的混合物]
euplankton　真浮游生物
　→~ holoplankton 终生浮游
euplanktophyte　真性浮游植物

Euplectella　偕老同穴海绵(属)[Q]
Eupleres　马达加斯加鼬[Q]
euploid　整倍体
euploidy　整倍性
eupore　真孔
euporphyritic{euporphyric} texture　全斑结构
Euprimitia　真原始介属[O-S]
Euprionodina　优似锯牙形石属[D$_{2-3}$]
euprofundal　深湖底的
Euproopracea　优原穴鲎类
eupyrchroite　圆层磷灰石[Ca$_5$(PO$_4$)$_3$F]
Eurasia　欧亚(大陆)
　→~ belt 亚欧(地震)带
eureka　尤利卡[一种雷达信号]；尤雷卡[铜镍合金]
eureptilia　真爬行亚纲
euretoid　一种六射海绵骨骼
eurhabd　真棒骨针
Eurhabdus　美棒石[钙超;K$_3$]
Eurhodia　玫瑰海胆属[棘;E]
euripus[pl.-pi]　水流{潮水}湍急的海峡{水道}；(湍流)海峡
eurite　霏细岩
Euroclydon　地中海的东北暴风；干冽风
Euro-code　欧洲规范
Europa　欧罗巴[腓尼基王阿革诺耳之女;希神]
　→~ {Ganymede|Callisto|Io} 木卫二{三|四|一}
Europe　欧洲
European　欧洲人{的}；全欧的
　→~ Commission 欧盟委员会 //~ Federation for the Protection of Waters 欧洲水源保护联合会
Europeanization　欧洲化
europium　铕
　→~ {Eu} excess {|depletion| ores|anomaly} 铕过剩{|亏损|矿|异常}
EUROPROBE　欧洲岩石圈探测计划
Euryapsida　阔弓亚纲[爬]；调孔亚纲[爬]
eurybaric　广压性的
eurybathic　广深性的[水生生物];广适深的
eurybathyal{eurybathic} organism　广深性生物
Eurycare　阔头虫属[三叶;Є$_3$]
Eurychilina　宽缘介属[O-S]
Eurydesma　宽铰蛤属[双壳;P$_1$]
euryhaline　广盐分；广盐性的[海洋生物]
euryhalinity　广盐性
euryhalinous　广盐性的[海洋生物]
Eurymylidae　宽白兽科[兔兽目]
Eurymylus　原古兔(属)[E$_1$]
euryoecic　广栖性的
euryoic　广生态的；广布的[生态]
euryoxybiont　广酸性生物
euryoxybiotic　广酸性的
　→~ organism 广氧性生物
eurypalynous　多类型孢粉的
euryphagous{euryphagy}　广食性
euryphotic　广光性的
　→~ organism 广旋光性生物
euryplastic　广适应性的[生]
Eurypterid　板足鲎类{亚纲}
Eurypteroid{Eurypterus}　板足鲎(属)[节;O-P]
eurypylous　广口的[海绵动物纤毛室]
eurysalinity　广盐性
eurysiphonate　大体管的[鹦鹉螺;头]；宽

体管的

Euryspirifer 阔石燕(属)[腕;D₁₋₂]

eurytherm(ic){eurythermal} 广温动物

eurythermy 广温性

eurytope{euryt(r)opic} 广生境的;广适性的

Euryzone 宽带螺属[O-D]

Euryzonotriletes 宽环三缝孢属

euryzonous 广带性的

eu-sapropel 熟腐泥

Eusmilus 始剑虎属[E₂₋₃]

euspecies 真种

euspondyl (属于)伞藻型结构的

Eusporangiatae 厚囊蕨亚目{纲}
→~ filicales 真囊羊齿亚纲

eusporangiate 厚囊的[蕨]

eustacy 海面进退;海面升降[因地球转动影响的];增减性海水面变化;水动型海面升降

eustasy 水动型海面升降;海面升降[因地球转动影响的];海准变动;海面进退;增减性海水面变化

eustatic 海面进退;长存性的
→~ cycle 全球性海面升降旋回 // ~{sealevel} fluctuation 海面变动 // ~ hypothesis 海面变动假说 // ~ movement 海准变动

eustatism 水动型海面升降;世界性海面升降;海准变动;海面升降[因地球转动影响的];海面进退

eustele 真中柱[裸子植物、被子植物茎内]

Eusthenopteron 真掌鳍鱼(属)[D];新翼鱼

eustratite 透长辉煌岩

eusynchite (羟)钒铅锌石[Pb(Zn,Cu)(VO₄)(OH)];锌钒铅矿

eut(h)alith 方沸石[Na(AlSi₂O₆)•H₂O;等轴]

Eutamias 花鼠属[N₁-Q]

eutaxic{stratified} deposit 成层矿床

eutaxiclad 真列支骨针

eutaxitic 条纹斑(杂)状;条斑纹结构
→~ structure 条纹斑状构造

eutecrod 共晶焊焊条

eutectic 低共熔的;共晶;低共熔体
→~ (mixture) 低共熔混合物

eutectics 共结物

eutectite 共结岩

eutecto-oranite 共结正歪长石;钾钙长石

eutectoperthite 共结纹长石

eutecto-perthite 钾钠长石

eutectophyre 共结斑岩

euthallite 密方沸石;方沸石[Na(AlSi₂O₆)•H₂O;等轴]

euthenics 优境学

Eutheria 真兽次{亚}纲[K-Q]

euthermic 真温性的

Euthymiceras 尤司菊石属[头;K₁]

Euthyneura 直神经亚纲

eutomite 辉碲铋矿[Bi₂TeS₂;Bi₂Te₂S;三方]

Eutrephoceras 阔脐角石属[头;J-Q]

Eutrochiliscus 真右旋轮藻属[D-C₁]

eutroglobiotic 真洞居的[生]

eutrophication 超营养(化)作用;海藻污染[河流湖泊等的];富营养化;养分富集(作用);滋育(作用);滋养(作用)

eutrophic{rich;enriched} lake 富营养湖
→~ swamp 富养分木本沼泽 // ~ water 富养化水

euxamite 巴西产的镭矿石

euxenite 黑稀金矿[(Y,Ca,Ce,U,Th)(Nb,Ta,Ti)₂O₆;斜方]
→~ polycrase series 黑稀金矿-复稀金矿系[Y(Nb,Ta,Ti)₂O₆-Y(Ti, Nb,Ta)₂O₆,当Nb+Ta>Ti 为黑稀金矿,当Nb+Ta<Ti 为复稀金矿]

Euxinella 厄欣贝属[腕;T₃]

euxinic deposit{deposition} 滞海沉积;静海沉积
→~ deposit 闭流海沉积 // ~ deposition 富有机质沉积;半闭塞堆积 // ~ environment 通气不良的环境

euzeolite{euzeolith} 片沸石[Ca(Al₂Si₇O₁₈)•6H₂O;(Ca,Na₂)(Al₂Si₇O₁₈)•6H₂O;(Na,Ca)₂₋₃Al₃(Al,Si)₂Si₁₃O₃₆•12H₂O;单斜]

evacuable 便于排送的

evacuate (从矿内)撤退人员;疏散;抽出;撤离;排空;消除

evacuated pores 抽空孔隙
→~{empty} space 真空

evacuating 撤离

evacuation 疏散;抽空;排泄作用;排除;排出;撤离;排泄物
→~ drill (从矿井)撤退演习 // ~ gates 排气门

evaluate 算出;评定;估价;估定;评价;定值
→~ a deposit 鉴定矿床

evaluated error 估计误差

evaluating 评定的

evaluation 赋值;求值;评定;估算;估评;估价;估计;算出
→(expert) ~ 鉴定 // ~ of ore spot 矿点评价

E-value 离子迁移的活化能
→~ E{|K|N|S|EK|Rf|Te}-value E{|K|N|S|EK|Rf|Te}值

evanescent 易消灭的;易破的
→~ lake 雨后湖;短暂湖 // ~{temporary} lake 临时湖 // ~ wave 倏逝波;损耗波

Evans classifier 伊万斯式分级机;埃文斯式分级机

evansite 核磷铝石[Al₃(PO₄)(OH)₆•6H₂O?;非晶质];核磷酸铝石[2AlPO₄•4Al(OH)₃•12H₂O]

evapocryst 蒸发(原生)晶体

evaporate 蒸干;蒸发;蒸发岩;消失;脱水
→~ combustion 蒸发燃烧

evaporating 蒸发
→~ capacity 蒸发量

evapor(iz)ation 蒸汽;消散;浓缩;蒸发作用;脱水;汽化;蒸发;发射[电子]

evaporative 汽化的
→~ burner 蒸发式燃烧器 // ~{transpiration} cooling 蒸发冷却

evaporite (rock) 蒸发岩
→~ deposition{sediment} 蒸发盐沉积 // ~ flat 蒸发岩坪

evaporites 蒸发后剩余残垢

evaporitic{evaporate} rock 蒸发岩

evaporization 挥发

evapo-transpiration 蒸发-蒸腾;流逸[航]

evapotron 涡动通量仪

evase 通风出口扩散道
→~ (discharge) (扇风机)出风扩散道 // ~ duct 扩散器

evasion 机动飞行;逃避
→~ stack 出风筒

evection 隆起;月动差;出差[月球运动;太阳引力造成];突起[藻]

eveite 羟砷锰矿[Mn₂(AsO₄)(OH);斜方];艾砷锰石;艾弗砷锰矿;伊羟砷锰石

even 齐;整平;平整;平稳的;平坦的;平的;偶;使对称;均匀的;均匀;平滑的
→~ carbon number predominance 偶碳数优势

Evencodus 艾文牙形石属[O₂]

even-created skyline 平齐山顶(天际)线
→~ upland 平齐顶面高地;平顶高地

even drainage{draw} 均衡放矿
→~-duty bit 等负荷(刃的)钻头 // ~{smooth} flow 平稳流动 // ~ fracture 平断口;平坦状断口 // ~ {-}grained 等粒状(的)

evening emerald (贵)橄榄石[(Mg,Fe)₂(SiO₄)]
→~ star 昏星 // ~{night} tide 汐 // ~ up 轧平

evenkite 磷石蜡;鳞石蜡[C₂₁H₄₄;单斜];正廿四(碳)烷

even molecule 偶分子

even-numbered element 偶数元素

even-odd mass effect 偶奇效应

even-oddpredom index 正构烷烃偶奇优势指数

even-odds 成败机会均等

even-order{even} harmonic{even order harmonics} 偶次谐波

even-oscillatory zoning 平摆动环带

even parity 偶宇称性;正宇称性
→~-parity check 偶数同位校验

evenpermutation 偶排列

even predominance 偶碳优势
→~ pulse 偶脉冲 // ~ response 偶脉冲响应值 // ~-span greenhouse 两坡顶温室

event 事件;亚(磁极)期;结果;现象;核转变;波至;(地震波)同相轴;情况;亚(磁极)世

even tail 平尾

event-driven 从动事件

event-extinction 事件性绝灭

event flag cluster 事件标记组
→~ {cadence} magnet 步调磁铁[电极] // ~ marker 信号显示 // ~ of magnitude zero 零级地震 // ~ slack 节点迟缓

even up 平均;弄平
→~-Z isotope 原子序数 Z 为偶数的同位素 // ~ Z-odd Z effect 偶数 Z[原子序数]-奇数 Z 效应 // ~ zoning 均等环带

ever- 日益;不断(的);永远[拉]

Everdur alloy 埃弗德合金[赛钢硅青铜,铜硅锰合金]

ever{perennial} frost 多年冻土
→~-frost 永冻的[土温] // ~ frost 永久冻结(的) // ~primed pump 永备起动水泵

everfrozen 永冻的[土温];永久冻结(的)

ever-frozen layer{formation} 多年冻层;永冻层
→~ soil 长年冻土 // ~ {permafrosted} soil 永冻土

everglade 泽地;丘陵沼泽;轻度沼泽化低地;大沼泽地

evergreen 冬青
→~ community 常绿群落[植]

evergreenite 流英正长岩;硫英(碱)正长岩

evergreens 常绿植物

evergreen silvae 常绿木本群落;常绿林
→~ thicket 常绿灌木丛

everlasting 持久的；永久的

ever primed pump 永备启动水泵
→~-reduced 不断减小的

Everson process 艾威尔逊酸油浮选法

eveslogite 埃弗斯罗格石[((Ca,K,Na,Sr,Ba)$_{48}$ ((Ti,Nb,Fe,Mn)$_{12}$ (OH)$_{12}$Si$_{48}$O$_{144}$)(F,OH,Cl)$_{14}$]

evidence 数据；根据；明显，证明，证据；论据；显著；迹象
→~ of faulting 断裂标志

evidences 形迹
→~ {show(ing)} of oil and gas 油气显示

evident 明显的；明白的

evigtokite 水氟铝钙石 [Ca$_3$Al$_2$F$_{10}$(OH)$_2$•H$_2$O;Ca$_2$AlF$_7$•H$_2$O;三斜、假单斜]；钙铝氟石；白氟钙铝石

evil deed 坏事

Eviostachya 三叉穗属[D$_3$]

evisite 霓闪花岗正长岩

Evison wave 埃弗森波[低速波]

Evler pole 欧拉极

evoke 唤起；博得；勾；制定出；移交[任务]；激起

evoked response 诱发反应

evolute 嬗变；开旋式；渐屈的；法包线；展开线；外旋式[孔虫]

evolutional system branch 进化系统支
→~ unit 演化单位；进化单位

evolutionary geosyncline 渐进式地槽

evolutionism 进化论

evolutionist 演化学家；进化学家

evolution of geosyncline 地槽演化
→~ of life 生物演化//~ of shore 海岸的演化//~ of the earth 地球演化

evolutoid 广渐屈线

evolved gas analysis 脱气分析
→~ gas detection 挥发气体探测[差热]

evolvent 切展线；渐开线

evolving plate 演变的板块

evorsion 涡蚀；涡流侵蚀
→~ hollow 河床瓯穴；锅形穴

evreinovite 符山石[Ca$_{10}$Mg$_2$Al$_4$(SiO$_4$)$_5$,Ca常被铈、锰、钠、钾、铀类质同象代替,镁也可被铁、锌、铜、铬、铍等代替,形成多个变种;Ca$_{10}$Mg$_2$Al$_4$(SiO$_4$)$_5$(Si$_2$O$_7$)$_2$(OH)$_4$;四方]

evulsion 拔出

ewaldite 埃瓦碳钡石；碳铈（钙）钡石 [Ba(Ca,Y,Na,Ce)(CO$_3$)$_2$;六方]

Ewald's construction 埃瓦尔德图解

E{extraordinary} wave 非常光波；E 波

Ewing-Donn theory 尤文德恩学说

Ewing submarine camera 尤文海底照相机

exa 艾(克沙)；穰[10^{-18}]

exact 确切的；恰当的；追索；严密；精密的；精确
→~ {precision} instrument 精密仪器{表}

exactly divisible 整除

exact position 精确定位
→~ position {location} 精确位置

exaggerated profile plotter 夸大的断面测图仪
→~ scale 扩大规模//~ test 超常试验；过度条件下检验

exaltation 纯化；高举

exam 考试；检验

examinant 检查人

examination 试验；调查；审查；查问；测定；测试；考试；研究；调查；鉴定；检验；检定；检查
→~ composing 命题//~ of discovery 矿点检查//~ of water quality 水质分析

examiner 井下`工长{工务员}；检查员

examine sb.'s record 调档

examining image 调查影像；研究影像

example 标杆；模范；代表；例子；警诫；表；范例
→(living) ~ 实例//~ of explosives 炸药配方

exampler 标本；试样

examples of regional disparities 区域差别的例子

exanimation 昏迷；晕厥

exannulate 无环带的[孢]

exanthalite{exanthalose} 芒硝华[Na$_2$SO$_4$•10H$_2$O]

exanthema 郁汁现象[植物缺铜症状]

exaptation 全适应

exaration 冰拔(作用)；掘蚀；掘蚀；刨蚀[冰]

exarch 外始式[古植]

EX{|NX}-bit EX{|NX}型标准尺寸金刚石钻头

ex buyer's godown 买方仓库交货价格

excavated diameter 挖掘直径
→~ material 挖出土石//~ rock slope 挖方崖石边坡

excavating 挖取；开凿
→~ and fill 开挖回填//~ {tunneling} equipment 掘进设备//~ of shaft mouth with the open-pit method 明槽挖掘//~ {dredge} pump 挖泥泵

excavation 回采空间；井巷；采空区；采掘；出土；巷道；坑道；开凿；掘蚀；开挖；井下采掘；发掘；穴；掘进；挖掘；土方工程；掏蚀；洞；硐室；空间[挖掘]；挖方[of earth or stone]
→~ (workings;mining) 矿山巷道

excavator 挖土机；挖掘机；掘土机；开凿者
→(electric) ~ 电铲//~ bucket{grab} 挖斗//~ mat 挖土机垫物//~ swing angle 挖掘机的回转角

exceed 超过；超出限度；超出；优于；越过
→~ expectations 爆冷门

exceedingly 异常；极端

exceed label capacity 超过标号容量
→~ the bounds 越轨//~ the speed limit 超速//~ what is proper 出轨

excellence 卓越；优点

excellent 优秀；棒
→~ bond 强键//~ picture 优质图像//~ plan 妙计

excelsior pack 细刨花充填层

excenter 偏心；外心

excentralizer 偏心器

excentric 偏心装置；偏心器；偏心轮；偏心的；反常的
→~ {eccentric} eruption 偏心喷发//~ eruption 山麓喷发

excentricity 偏心率；偏心度
→(linear) ~ 偏心距

excepting and editing 编录

exceptional water level 非常水位
→~ well 特殊井

exception enable 异常允许

excess bubble pressure 气泡超压[浮]
→~ gravel 超量砾石

excessive 过甚的；过分的；过多的；过度的；极度的
→~ amount of dust 煤尘超限

excessively heated axle 燃轴

excessive mixing 过(度)混合

excess load 超负荷；超荷
→~ noise 超噪声//~-oil return line 回流管线 剩油回输管线//~ pore-air pressure 超孔隙气压力//~ viscous dissipation 超黏性消{滞扩}散

exchange 互换；调换；(货币)交换；交流；交易所；对换；兑换

exchangeability 交换能力

exchangeable 可交换的
→~ aluminium 交换性铝//~ bases 可交换碱//~ hydrogen 交换性氢

exchange acid 交换性酸

exchanger 交换器；交换剂

excherite 绿帘石[Ca$_2$Fe^{3+}Al$_2$(SiO$_4$)(Si$_2$O$_7$)O(OH);Ca$_2$(Al,Fe^{3+})$_3$(SiO$_4$)$_3$(OH);单斜]

excide 切开

excimer 激元；激发物

excise 切除

excitability 可激发性；灵敏性

excitant 兴奋剂；刺激性的；刺激物；(使)兴奋的；激发剂

excitation 励磁；磁动势；磁化电流；干扰；刺激；激发；激励
→~ center 激发中心

excite 励磁；激发

excited atom 受激原子

exciter 励磁机；辐射器；激励器；激发器
→~ {driver} tube 激励管

exciting 劲爆；激磁
→~ behavior 励磁性能

exciton 激(发(核))子

excitonics 激子学

exclude (把……)排除在外；排斥

excluded 除外
→~ assemblage 排除组合；禁入组合//~ phase 析出相

excluder 封隔器；排除器

exclusion 排斥；隔断；除去；拒绝；排除

exclusive 专属的；排他的；除外的；专有的
→(mutually) ~ event 互斥事件

exclusively 专门地；仅仅；专有地；唯一；独占地

exclusive-NOR gate 互斥型锁；排他型锁

exclusive privilege 专业权；专有特权
→~ prospecting license 定期指定区探矿许可证//~ right 专营权//~ right {privilege} 专利权

excrementum bombycis 蚕砂

excrescence 突出体；泉华疙瘩；赘生物；瘤；肿瘤
→(wart-like) ~ 钙华球

excreta 分泌物；排泄物

excrete 排泄

excretory product 排泄物[粪便]

excurrent 贯顶的；流出的；排泄的；植物延伸部；延伸的
→~ {exhalant} canal 出水沟

excursion 漂游；漂移；偏移；偏差；幅度；额定值；偏离
→~ boat 游艇

excystment 脱囊

→~ aperture 出口处
executable image 可执行映像
→~ program 执行程序 // ~{run} unit 执行单位
execute 操纵；执行
execution 执行；实现；完成；技巧；实行
→~ cycle 完成周期 // ~ time 执行时间
executive 执行者；执行的；行政机关
→~ (organ) 执行机关
exedra 半圆(式)露天椅
exeme 盐垒
exemplify 例证；举例说明
exempt allowables 允许免税限度
→~ coastal zone 沿海豁免区
exempted claim 禁采的矿地；禁止开采的矿池
exempt from taxation 免税
exemption period 免税期
ex(o)energic 发热的
exenic 外加的
exercise 典礼；锻炼；行使；操练；运用；练习；实行；训练
→~ caution 慎重考虑；注意
exergic 放热的；放能的
→~ reaction 放能反应
Exesipollenites 隐孔粉属[J₁]
exfoliate 片落
exfoliation 鳞剥；球形风化；层裂；剥离；成片剥落；页状剥离；叶理；剥蚀；剥落
→(scaly) ~ 鳞剥作用
exfractor 顶架
exhalant orifice 排水孔口
→~{excurrent} pipe 出水管[抽水机] // ~ pore 出水孔
exhalation 呼气；发散气体；喷气；蒸发
→~ deposit 喷流矿床 // ~ tube 呼出管
exhalite 气成岩；喷气岩
exhaust (duct;column;pipe) 排气管；废气；排气
exhausted 枯竭
→~{waste;gob;stoped-out;leaved-collapse} area 采空区 // ~ liquid{solution;lye} 废液 // ~ pulp 排弃废矿浆
exhaust emission 排放物
→~ emission limit 废气污染极限
exhauster 排气器；排气机；排气管；抽风机；排风机
→(gas) ~ 抽气机
exhaust fan 排风机
→~{suction} fan 抽出式扇风机
exhaustion 衰竭；彻底研究；疲劳；排气；排空；采尽；矿井采尽；枯竭；矿量采尽；用尽；消耗；抽气
exhaustive 详尽的
→~ yield 枯竭性抽水量
exhaust line 排出管
→~ method 排出式通气法
exhumation 发掘；剥露
→~ mechanism 折返机制
exhumed landscape 蚀露地形；剥露古侵(蚀)面
→~ monadnock 裸露残丘
exichnia 石外虫迹；外痕迹[遗石]；外遗迹；外迹
exilazooecium 外带(个体)[苔]
exindusiate 无(囊群)盖的
exinite 稳定组；壳质体；角质组；角质；壳质组[煤岩]
→~-durite 孢子暗煤 // ~-rich hydrate

微亮煤 E[富含壳质组微亮煤]
exinium 外壁
exinoid 壳质的
existence 实体；存在；生存
→~ doubtful 疑存 // ~ value 现存价值
existing 目前的；现存的；现有的
→~ glacier 现代冰川 // ~{productive} mine 生产矿井
exit 引出端；排矿口；排气管；安全门；支流；出口；太平门
→(safety) ~ 安全出口 // ~{pipe} branch 支管 // ~ channel 出水渠
exit emergency 紧急出口
→~{end;discharge;spent;combustion;exhaust;burned;waste;burnt; tail} gas 废气 // ~ gas 放出煤气 // ~ gradient 逸出坡降；出坡逸降；出逸坡降
exitèle {valentinite;exitel(e)ite} 锑华[Sb₂O₃；斜方]
exit of deformation zone 变形区出口
→~ ramp 下管滑道；出口坡道
exitron 励弧式水银整流器
exit{starting} signal 出站信号(机)
→~ skirt 出口端；出口的扩张部分 // ~ slit 出射狭缝 // ~ trench 出入沟
exitus 萌发口；萌发孔
exlexine 内外膜
ex mine 矿场交货；矿山交换价格；货价格；矿山交货所
→~-nova 爆(发)后新星
exoadaptation 体外适应
exoadaption 外适应
exoatmosphere 外大气圈；外逸层
exoatmospheric 外逸层的
Exobasidium 外生担子；外担子菌属[真菌;Q]
exobiology 外(层)空(间)生物学
exocaldera 外破火山口
exocarp 外果皮
exocast 外铸型；外模
exoccipital 侧枕骨；外后顶骨[两栖]
→~ bone 外枕骨
Exochognathus 突颚牙形石属[S]
exochomophyte 石面植物
Exochosphaeridium 突出球形藻属[K-E]
exocleavage 外劈理
exocoele 隔膜间腔[珊]；外腔
exocontact 外接触带；外部接触
exocyathoid expansion 内外墙间隔带的生长[古杯]
Exocyathus 外杯属[古杯;Є]
exocyclic 外环式[外胆]
Exocyclica{Exocycloidea} 不规则海胆亚纲
exodermis 外皮层[根的]
exodiagenesis 外生成岩作用
Exodorda 由鹃梅属[植]
exodyke 沉积岩墙
exoelectron 外激电子；外逸电子
exoexine 外壁外层；外表层
exogas 放热性气体
exogastric 腹外式[头]；外腹弯曲
exogene 外成；外生
→~ {-}effect 外生效应
exogeneous ore deposit 外生矿床
exogenetic 外力的；外动力地质作用的
→~{epigene} action 外生作用；外力作用 // ~ (ore) deposit 外生矿床 // ~ force 外动力 // ~{exogenic} force 外营力
exogen(et)ic 外成{源;生;力}的；外动力地

质作用的
exogenic-differentiation 外生分异(作用)
exogenic mineral deposit{exogenic ores} 外生矿床
exogen(et)ic process 外成作用；外生作用；外生力作用
exogenite 后生矿床；外生矿床；外成岩
exogenour variables 外变量
exogenous 外成的；外生的；外源的
→~ {exogen(et)ic;exogeneous;accidental} 外来包体 // ~ enclave {enclosure;inclusion} 外生包体；外源包体 // ~ {exogen(et)ic; accidental} inclusion 捕房体
exogeology 外空地质学
exogeospheric elements 外地圈元素
exogeosynclinal 外地槽的；外源准地槽的
exogeosyncline 横越准地槽；外(枝)准地槽；前渊地槽；外地槽
exoglyph 层面痕
exogranite 花岗岩体外的
Exogyra 歪嘴砺属[双壳;J-K]
exokinematic 外运动的；外动力的[沉积作用中的位移现象]
→~ fissure 外生裂隙
exomagmatic hydrothermal differentiation 外岩浆热液分异作用
exo-mantle 外地幔；上地幔
exometamorphism 外(接触)变质(作用)
exomorphic 外变(作用)；外(接触)变质的
→~-metamorphism 外(接触)变质(作用) // ~ zone 外变质带
exomorphism 外变；外(接触)变质(作用)
exomorphosed{exomorphozed} 外(接触)变质的
exonerate 解脱
exopalaeontology 地球外古生物学
exoperistome 外齿层
exopleura 外种皮
exopodite 外肢[节]
exopolygene 气液蚀变包裹体
exopore 花粉外孔
exopuncta[pl.-e] 外疹[腕]
exorbitant 过度的
exorheic 外流水系的
→~ drainage 外流区域
exorheism 外洋流域；外流水系
exornate 有饰物{纹}的
exoseptum 外隔壁[珊]
exoskarn 外矽卡岩
exothecal lamella 外壁层{板}
exotherm 放热曲线
exothermal 放热的
→~ gas 发热气体
exothermic 放热的；放热
→~ composition 发热剂 // ~ curve 放热曲线 // ~{exothermal; heat-producing; heatgenerating;thermopositive} reaction 放热反应
exotic 奇异的；非本地的；外来物；外来的；外来语
→~ {allochthonous} block 外来岩块 // ~ cone 坟起的泉华锥；地面上的锥状体 // ~ cosmogenic reaction 外来的宇成反应 // ~ magma 异地岩浆；异源岩浆
exotomous 外分枝[海百]
exovolcano 外火山
exozone (mature region) 外带(成熟区)[苔藓虫]
expandability 膨胀性；膨胀系数

E

expandable 可延伸的；可膨胀的；可扩展的
→～ blade plunger 膨胀叶片型柱塞//～ jet charge 膨胀射枪//～ part 可膨胀元件；主要元件

expand capacity 扩容

expanded 膨胀的
→～ chart division 放大的图格//～-foot{bulb} glacier 扩足冰川；冰扇//～ perlite material deposit 膨胀珍珠岩原料矿床//～ plastic 多孔塑料//～ slag beads 矿渣膨胀//～ vermiculite produce 膨胀蛭石制器

expander 电法测深(排列)；扩展器；展开排列；扩大器；膨胀机；长排列[震勘]；扩张器
→(tube) ～ 胀管器；扩管器//～-booster compressor 膨胀机-增压压缩机

expanding 膨胀式

expansible 可膨胀的；可扩张的

expansibleness{expansiveness} 能膨胀性；膨胀性

expansible shale 膨胀页岩

expansimeter 膨胀度计

expansion 展开式；扩口；扩展；膨胀；发展；胀管；展开；延伸率；扩充；扩张

expansive bar test 膨胀杆试验法
→～{swelling;bulging} force 膨胀力

expansive soil 膨胀性土

expansivity 膨胀性；膨胀系数

expectancies of geodynamic models 动力学模型的期望值[地球]

expectation 预料；期望值；概率；期望；可能性
→～ (value) 期待值//～ of life 预期寿命

expected approach time 预计时间
→～ clean grain density 预期的纯地层颗粒密度//～ life 预期寿命//～ marginal loss 期望边际损失//～ tonnage 估计储量

expedient 手段；合适的；权宜之计；便利的

expeditionary research 考察性调查

expeditiously 迅速地；敏捷地

expelled solution 挤出溶液

expelling{dissipate;radiate} heat 散热
→～ pressure 排挤压力

expendable buoy 不回收的浮标

expended weight 药柱重量

expenditure 花费；费用支出；开支；消费；支出；费用；经费
→～ of capital 投资费用

expense 花费；开支；费用；经费；消费
→～ budget 支出预算//～ of technical innovation of examination 技术革新与试验费

expenses 费用支出；支出
→～{cost} of production 生产费用

expensive 昂贵

experimental 实验的
→～ age 实测年龄//～ analysis 实验分析//～ blasting{firing} 试验爆破//～ design 试验(性)设计法

experimentally produced tectonics 实验产生的构造

experimental melting 熔融实验
→～ plot{field} 试验田//～ probe 试探器//～ technique 试验技巧{术}//～

{trial} value 试验值

experiment at atmospheric pressure 常压实验

experimentation 试验；实验

experiment at moderate pressure 中压实验

experiment site 试验场
→～ under high pressure 高压实验//～ with clay model 泥巴试验

expert 熟练的；专家；能手；内行
→～ consultancy services 专家咨询服务//～ examination (专家)鉴定

expert's report 专家报告

expert system module 专家系统模块

expiration 终了；呼出物；满期；截止；呼气
→～ leg 柱形顺风箱

expire 期满

explain 说明

explanate 平面延伸的

explanation 说明注记；说明；注解；解释；图例
→～ of settlement change 居住地变化解释

explanatory legend{pamphlet} 图例
→～ text 解说地图；图注

explement 填补；补足；辅角[360°与该角之差]

expletive 补足；附加的；附加物；填补物；多余的
→～ (stone) 填空石

explicit 清楚的；明显的；明确的；显的
→～ difference formula 显式差分公式//～ formulation 显式//～ program 明细计划；显程序

explodability 爆炸性

explodable light source 可爆光源

exploded-bomb texture 炸弹式结构

exploded view 部件分解图；零件分解图

explode gunpowder (使)火药爆炸

exploder 爆炸工；起爆药；爆炸剂；放炮器；爆炸药；爆炸物；信管；发爆器；超爆器；爆破器
→(shot) ～ 起爆器；雷管//～ mine-sweeping gears 截割爆破扫雷器

exploding atom 爆裂原子
→～ bridge-wire initiator 桥式爆炸发火器

exploitability 可开发性；可采出量

exploitable aquifer 可开采{发}含水层
→～{workable;working;mineable;minable} thickness 可采厚度

exploit a mine 开矿

exploitation 开采；研究；开采储量；采矿；利用；开发；开拓[采掘前修建巷道等工序总称]；剥削；运行；矿床开采；资料利用

exploitative exploration 开发勘探

exploited{producing;recovery} well 开采井

exploit exploration 开放勘探
→～ offshore oil deposits 开发沿海石油

exploration 勘察；勘查；调查；开发；探险；试采(油)；探勘；探查；探测；探矿；勘探
→(mineral) ～ 矿产勘查

explorationist 勘探家

exploration man 勘探人员
→～ of coal mines 煤矿勘探

exploratory 探测；探测的；探槽；考察的；探查的
→～ raise 探矿天井//～ test 找矿钻

孔；预探井

explored 探明(的)[储量]
→～ ore reserve 三级矿量//～ reserve 勘定储量//～{prospected} reserve 勘探储量

explore for oil 石油勘探

explorer 侦察机；查探机；测试线圈；勘探者；探测员；勘探人员；勘查人员；探险者；探矿机；探测器；探针

explorer's route 勘探路线

explorer-type satellite 勘探卫星

exploring 探查；探井；探测
→～ {flip} coil 探查线圈//～ heading{place} 勘探巷道//～ mining 勘探坑道掘进；勘探性开采；勘探中附带采矿//～ shaft 探井；浅井

explosion 爆裂；展开；放炮；爆炸事件；爆破；爆发[火山]
→～ breccia (火山)炸发角砾石//～ of coal mines 煤矿爆炸

explosive 爆发性(的)；猛烈；爆炸性；爆炸的；易爆炸的；爆炸
→～{explosives} casting 抛掷爆破//～ drill 爆炸成孔钻//～-forming{pedestal;exploded} pile 爆扩桩//～{primacord;detonator} fuse 导爆索

explosively anchored rockbolt 炸药爆破锚固锚杆法
→～ cast 抛掷爆破

explosive material 爆炸剂

explosiveness 可爆性；爆炸性
→～ of dust 埃尘爆炸性

explosive ordinance disposal 爆炸军械处理
→～ phreatic lagoon (水汽)爆炸形成咸水湖//～-proof box 水封防爆箱//～ pulse 爆破冲力{动}//～ pyrite 爆性黄铁矿//～ ratio 炸药消耗比；单位爆破岩石体积的炸药消耗量//～ rockbolt anchor 爆炸式(岩石)锚杆锚定器{固管}

explosives 爆破器材
→～ accident 爆炸事故//～ control law 火药类管理法

explosive seismic origin 震源
→～-set anchor 爆炸安装(固定)锚

explosives{loading} factor 装药因数

explosive shattering 高压蒸汽破碎法
→～ sizing 爆炸校形//～ smoke pollution{contamination} 炮烟污染//～ sound roaring 爆发声//～ sound source 爆炸声源//～ speciation 爆发性成种

explosives performance 炸药性能
→～ sensitiveness 炸药感度

explosive{powder} storage 炸药库

explosivility 爆炸性能

explosivity 爆炸性

exponential 幂；标本；典型；解说者；样本；样品；指数(的)
→～ decline equation 指数递减方程//～ law 指数定律

exponentially 倡导者；例子
→～ damped quantity 指数(律)递减量

exponential quantity 指数值
→～ sum 三角和//～ trend{horn;damping decay;operator} 指数`趋势法{|曲线形喇叭|减振|衰减{变}|算子{符}}//～ type curve 指数型曲线

exponent of expansion 膨胀指数
→～ part of number 数的阶部分//～

range 阶码范围

export 呼叫；振铃；排出；出口；运走
→~ petroleum grade 出口石油等级

exposed 裸露的；开敞；外露；暴露的
→~ aggregate concrete 露石混凝土
//~ aggregate finish 洗石饰面//~
-aggregate finish 水刷石//~ deposit 显
露矿床//~ gravel aggregate panel 露明
砾石板//~ rock surface 岩石出露面

exposure 朝向；坡向；曝光；照射量；
露头；出露；暴露面
→~ distance 有着火危险的距离//~
index 吸光指数//~ level 剥蚀水平；剥
蚀面//~ of values 有用矿物暴露//~
to the weather 暴露在大(空)气中

express ash inspection 快速灰分检查
→~ determination 快速检查//~
determination of float and sink 浮沉快速测
定试验//~ lift 快速吊机//~ pump
高速泵

expressway 快速公路；高速公路[美]

ex-producer 原生产井；生产井

exproduction bore 前生产孔；废孔

expulsion 驱逐；排气；排出；开除；逐
出；驱动
→~ from source rock 从母岩系统驱出
//~{spraying} of fuel 燃料喷射

expulsive efficiency 排烃效率
→~{elevating;repulsive;lifting} force 升
力//~{repelling;repulsive; repulsion}
force 斥力//~ mechanism 排油机理

exquisite 玲珑

EX{|BX|N|BW}-rod 外径 $1^5/_{16}$″{|$1^{29}/_{32}$″|
$2^3/_8$″|$2^1/_8$″} 钻杆

exsert 眼板[棘海胆]；移出式[海胆类顶
系]；伸出；(使)突出

exsiccata 干标本

exsiccate 使干涸；变干涸{燥}

ex situ 外部
→~(-)solution 出溶；分熔；凝析；离溶
(作用)；固溶体分解、出溶；矿物析离；
脱溶(作用)；出溶作用

exsolution mineral 离析矿物
→~ structure 分熔构造

exsolved 出溶
→~ pigeonite lamellae 出熔易变辉石
片晶

extend 伸展；扩展；延伸；扩张；延longed；
延长；伸长；达到
→~(a factory,mine,etc.) 扩建

extended application 扩大使用
→~ succession 连续层序；延续层序；
岩序；持续层序

extender 扩展器；补充剂；增量剂
→~ tool module 下井仪模块扩展器

extendible 可伸展的；可延伸的
→~ and retractable dog 伸缩爪//~
character 可伸长性

extending and compressing flow 扩展和
压缩流

extensible 可延伸的
→~ arm 伸缩式支臂//~ trough 可延
溜槽

extension 伸展；伸长；范围；拉长；扩
展；牵伸；广度；电话分机；拉张；延伸；
附加；引张；拉伸；开拓[采掘前修建巷
道等工序总称]；扩张；延长；加长；加
长部分；跨距；外延
→~ flow 伸长流动

extension arm 延伸臂
→~{extensional;tension} fault 张性断
层//~ fitting 伸缩接头//~ of field
矿区扩展//~ of ore into wall 深入围岩
的矿脉；展入围岩的矿脉//~ ore 外推
矿石(储量)；远景矿石(储量)//~
{inferred} ore 推断矿量//~{jointed}
rod 接杆钢钎

extensive 广泛的；大面积的；大范围的；
广大的；外延的
→~ belt conveyor 延伸式胶带输送机
//~ deposit 广阔矿产//~ goaf 很大
的采空区

extensiveness 外延

extensive parameter 广延参数
→~ sampling 扩大取样

extent 界限；长度；广度；一大片(土地)；
延伸；范围；程度
→~ of deformation 变形程度//~
{degree} of mineralization 矿化度

exterior 外观；外部的；表面；外部；外
表；外貌；外面的
→~{external;outer} boundary 外边界
//~ contact 外切//~ escape stairway
室外安全疏散楼梯//~ galaxies 外银河

exteriority 外表

exterior liabilities 对外负债
→~ link 河槽网络河源段//~{external}
margin 外图廓//~{outer} orientation
外方位；外部定向//~ type stone 外装
修用石材

exterminate 毁灭

extermination 部分绝灭
→~ by man 人为绝灭

extern 通勤者；不住院的医生；走读(学生)

external latent heat 外潜热
→~ line-up clamp 外对管器//~ loading
test for drain pipe 排水管外压试验//~
loads 外负荷//~ lobe{external lobe (in
Ammonoids)} 外叶[菊石]

externally activated system 外部催化体系
→~ adjustable feed tube 外部可调节的
给料管

external magnetic field 外磁场
→~ memory{storage} 外存储器//~
origin of sial 硅铝层的外来成因//~
{bulk} phase 外相//~ plier 轴用卡簧
钳；外用卡簧钳//~ power supply 外接
电源

externals 外形

external saddle 外鞍[菊石]
→~ screw 阳螺旋//~ sort 外分类；
外排序//~ suture 外缝合线[菊石;头]
//~ symbol dictionary 外部符号字典
//~ upset (end) 管材外加厚

externide 外构造带；外褶皱带；外地槽带

externides 外造山带

externwouls{externnos} charge boosting
糊炮爆破

extinct (lake) 干涸湖
→~ block 死亡裂谷

extinction 衰减；失光；消灭；灭绝；消
失；消失作用；绝灭[生]

extinct lack 干湖
→~ radioactivity 衰亡的放射性

extine 孢子外壁；外膜；孢粉外壁
→~{exine;exospore} 外壁[孢]

extinguished{dormant} volcano 熄火山

→~ volcano 熄灭火山//~ waterfall
已灭瀑布//~ water fall 干瀑布

extinguisher 熄灯器；消灭器；消除器

extinguishing 灭火
→~ by even air pressure 均压灭火//
(fire) ~ equipment 灭火设备

extra 外加物；附加的；超过的；额外的；
多余的；特别的
→~ clean coal 特净煤//~-code 附加码

extracolumella 外耳柱

extracontinental basin 外陆盆地
→~ geosyncline 陆外地槽

extracorporeal shock-wave lithotripsy 体
外碎石术
→~ shock wave lithotriptor 体外振波
破石机

extractability 提取度{性}；可萃取性

extractable 可提取的
→~ information 可提取信息

extract and purify 提炼

extractant 提取剂；萃取剂

extract a root 求根；开方
→~ coal from seams 从矿层中采煤

extracted core 抽洗过的岩芯
→~ ore tonnage 出矿量//~ organic
matter 提取的有机质//~ water 出水(量)

extracting 萃取；抽提；采掘；开凿；提炼
→~{stoping;production} level 回采水平
//~ plane map of open pit bench 露天
矿分采剥平面图

extraction 回采；去根；摘要；精选；抽
提；抽数；抽取；抽拉；析取；采出[油]
→(liquid) ~ 萃取法；回采率//~ block
矿块//~ chamber 排矸箱；回采矿房
//~ chute 穿入采区的放矿溜井；放矿
天井//~ of oil 原油产量；开采石油
//~ of ore 矿石回采//~ of superpure
concentrate of magnetite 超级铁精矿
//~ reserves 备采矿量

extractive 抽出的；可提炼的；耗取自然
资源的
→~ metallurgy 萃取冶金；提取冶金(学)

extract metal from ore 从矿石中提炼金属
→~ oil 采油

extractor 分离器；析取字；分离装置；
抽出者；捞取器；萃取器；提取器；脱模
工具；退弹簧[军]
→(pile) ~ 拔桩机//~ fan 吸屑抽风
机//~ jack 回柱机；回柱器//~ sub
抽取器接头

extract ventilation 抽气通风

extradense flint 特重火石玻璃

extra dense flint glass 超重焰玻璃
→~ disharmonic fold 外加不谐和褶曲

extra-fine fit 一级精度配合

extra fine grade 一级精度
→~ fine thread 超细螺纹//~ flexible
wire rope 特柔钢丝绳//~ flight 加班

extrafocal 焦外的

extraformational conglomerate 建造外砾
岩；外生砾岩

extragalactic 银河外的
→~ astronomy 星系天文(学)//~ nebula
超银河星云//~ space 河外层空间

extragenetic 非遗传的

extra-glacial{extraglacial} deposit 远冰
川沉积

extraglacial drainage 外冰川水系；冰川
外水系

extra hand 加长把
→~-hard steel 金刚石钢
extrahigh tension 超高压
extra-high tension{voltage} 极高(电)压
extra high voltage 超高压
→~-high voltage 特高压
extralateral plate 外侧板
→~ right 超越与走向平行的矿界的开采权
extra light loading 特轻加载
→~ lineation notation 外加线理标志{符号}
Extralite 爱克斯特拉来特{罗莱特}(硝铵)炸药
extra load(-carrying) capacity 超载能力
extralunar component 月外组分
extramagmatic 外岩浆的
extraman 机械手
extra-Mediterranean 外地中海的
extramensurate ore bodies 特殊情况下可以被测量的矿体
extra-meridian observation 非中天观测
extramicrudite 外碎屑微晶砾屑灰岩
extramontane basin 山外盆地
extramorainic 终碛外的
extra(-)morainic{proglacial} lake 冰堰湖
extra-mural absorption 界外吸收[玻]
extraneous 外部的;附加的;外来的;无关的
→~ rock 外来岩石//~ waste 外来废石
extra-network ion 网络外离子
extranormal soil 异常土
extranuclear electron 原子中外层电子;核外电子
extranutrition 补充营养
extra-oil production 增产油量
extraordinary 异常的;非常的;特别的
→~ {catastrophic;eventual} flood 特大洪水
extraplanetary 地(球)外的;行星外的
extrapolate 归纳;外推
extrapolated buildup pressure 外推压力恢复值
→~ intersection time 外推交点对应时间
extrapolation 归纳;推论;推断;外推
→~ (method) 外插(法)//~ design 外推法设计
extrapolationism 外推论
extra power 外部能源
→~ {excess} pressure 过剩压力//~ pressure 余压
extrapulmonary 肺外的
extra-pure 超纯的;极纯(的)
extrapure reagent{extra pure reagent} 超纯试剂
extra rapid hardening cement 特快硬水泥
extrareflection 额外反射
extraregional community 区外群落
extrareticulum 外网
extras 附加设备;杂费
extrascapular 外肩骨
extrasensitive 超敏感的
extra-sensitive 高敏感性的
extrasiphonate 外体管[头]
extra skid depth tyre 特级防滑深纹胎面轮胎

→~-small 特小的
extrasoft 超软的;极软的
extrasolar 太阳系外的
extrasparudite 外碎屑亮晶砾屑灰岩
extraspectral 谱外的
extrastratal silica cement 外源氧化硅胶结物
→~ source 层外来源
extra-stress 附加应力;额外应力
extra strong 加强的;特强的
→~ strong pipe 粗管//~ strong spring support system 超强的弹簧支撑装置//~ super duralumin 超硬铝
extratelluric 地(球)外的
→~ current 地外电流
extraterrestrial 地(球)外的;行星际的;宇宙的
→~ meteorite 地(球)外陨石
extra-terrestrial sediment 地外沉积
extraterrestrial space 地(球)外空间
extrathermodynamics 超热力学
extra tread design 特级胎面设计
Extratriporopollenites 三突孔粉属[K₂-E₁]
extratropical{moderate} belt 温带
→~ cyclone 温带气旋
extra tropical cyclone 热带外气旋
extraumbilical aperture 脐外开口[头]
→~-umbilical aperture 脐外脐间开口
extravasation 渗流;喷发岩浆;喷出;熔岩等的溢出;外渗;外喷;外溢液
→(lava) ~ 熔岩外喷
extravehicular activity 舱外活动
extra-weight drill pipe 加重钻杆
extrazooidal skeleton 终身外壳[苔]
extremalization 极端化
extreme (term) 外项;外埙;极值
→~-and-mean ratio 黄金分割
extremely 异常
→~ close association 特别紧{致}密共生//~ coarsely crystalline 伟晶的;极粗粒晶质的//~ small orebody 极小矿体//~ thin-bedded orebody 极薄层矿体
extreme non-rural 极端非乡村的
extremum[pl.-ma] 极值;极端值
→~ principle 极值原理
extrinsic conduction 结构敏感电导率
→~ element 杂{外}来元素//~ factor 外因;外界因素//~ instability 非本征不稳定性;外在的不稳定性
extrude 模压;喷出;熔岩喷出;压出;压挤;冲;挤压;挤出
extruded electrode 挤压成型焊条
→~ graphite 挤压成型石墨//~ pipe 挤压法制出的管子//~ section 挤压型材
extruder 顶样器;挤泥机;(塑料)挤出机
→(brick) ~ 挤压机
extruding 喷出(熔岩);压挤;压出;挤压
→~ machine 挤管机//~ subterrane drill 挤出型地下钻机[用于致密地质体的熔化型钻机]
extrusion 深拉;伸出;挤压;流出;压出;挤出;喷出作用;喷射;排出;冲塞;挤力(作用)
→~ by deroofing 蚀顶喷出;破盖喷出;顶蚀喷出//~ coating 挤压涂层//~

-flow hypothesis 挤出流假说[冰川运动]//~ {extruding} press 挤压机
extrusive 喷发的;喷出物
→~ body 喷出体//~ rock(s) 喷出岩
exudate 渗流液;渗出物;流出物;流出液;分凝岩
exudatinite 沥青浸入体
exudation basin 渗流盆地;匙形坑注[冰]
→~ deposit 分凝矿床//~ sweating 渗油
exumbrella 上伞[腔]
exuviate 蜕皮
Exuviella 卵甲藻(属)[Q]
exvolute 包旋式;接旋式[孔虫]
eye(d) agate 眼玛瑙;阿勒颇石;眼状玛瑙
→~ bar 眼铁;眼杆//~ base 眼基
eyebolt hole 有眼螺栓装置孔
→~ regular nut 环首螺母
eyebrow 眉毛;滴水
eye{circular} coal 眼球状结构煤;眼煤
→~ coal 眼球状(结构)煤//~ end 耳环端[拉杆或活塞杆];带孔端;非活塞端;有眼端//~ for map 地图观测
eyeframe 支护井筒和井底车场连接处的金属支架
eye guard 护镜罩;护目罩
→~ hitch 眼孔式联结器//~{sight;peep} hole 视孔//~ joint 活节//~-lens 目镜
eyelet (镶小孔用的)金属圈;打小孔;窥视孔;眼圈;孔眼;小孔;锁缝[孔眼]
eyelid (可调节喷口的)调节片;眼睑
→~ structure 眼睑状构造
eye line 眼线[三叶]
→~ list{line} 眼脊//~-of-the-world 蛋白石[石髓;SiO₂·nH₂O;非晶质]//~ pit 触坑;井底加深部分//~{ocular} platform 眼台
eyepoint (目视)出射点
eye{ophthalmic} ridge 眼脊[节]
→~{lantern;socket;grip} ring 套环
eye screw 环首螺栓;有眼螺栓
→~ shield 眼罩//~ sketch 目测(草)图;草测图//~{synoptic;rough} sketch 略图
eyespot{eyespot of a protozoan} 眼点
eyestone{eye stone} 眼石[玛瑙;SiO₂]
eye structure 眼状构造
→~ survey{observation} 目测//~ tubercle 眼突(起);眼结节;眼粒[节]//~-type knife head 眼孔型刀头
eykometer 泥浆凝胶强度和剪切力测定仪
eylettersite 磷钍铝石[(Th,Pb)₁₋ₓAl₃(PO₄,SiO₄)₂(OH)₆;三方];硅磷铅钍矿;钍铝星石
Eymekops 大眼虫属[三叶;∈₂]
eyot 河{湖}洲;湖中岛;湖{河}心岛;河中小岛[英方];江心洲
eyselite 埃塞尔石[Fe³⁺Ge³⁺₃O₇(OH)]
eytlandite{eytlaudite} 铌钇矿[(Y,Er,Ce,U,Ca,Fe,Pb,Th)(Nb,Ta,Ti,Sn)₂O₆;单斜]
ezcurrite 七水硼砂[2Na₂O·5B₂O₃·7H₂O];意水硼钠石[Na₄B₁₀O₁₇·7H₂O;三斜]
eztlite 红碲铅铁石[Pb₂Fe₆³⁺(Te⁴⁺O₃)₃(Te⁶⁺O₆)(OH)₁₀·8H₂O];水碲铁铅矿

F
f

F 氟石[CaF₂]；萤石[CaF₂;等轴]；进料；氟
F-1/415 ×选矿药剂[烷基磷酸盐]
F-126 ×选矿药剂[全氟 C4-C10 混合脂肪酸铵]
F-2/286 ×选矿药剂[脂肪族伯胺与丙二胺二乙酸二丙酸盐混合物]
F-258 ×选矿药剂[二甲基聚硅酮]
F-550 ×选矿药剂[苯基甲基聚硅酮]
FA 故障分析；急救
Fa 地层视电阻率系数
FAB 弧前盆地；急救箱
fabaceous 蚕虫状的；豆状的
Fabalycypris 豆星介属[C-P]
Faber viscosimeter 法伯尔黏度计
fabianite 法硼钙石[Ca(B₃O₅)(OH);单斜]
fa blue 法兰
fabric(ate) 装配；土工织物；织物；构造物；构造；工厂；生产；结构；织品；组织；(机器等)眼布；纤维；岩组；建筑物
(rock) fabric 组构
fabric analysing gauge 织物密度测试仪
　　→~ analysis 组构分析
fabricating cost 安装费用；建筑造价
　　→~ & drilling 加工和钻孔//~ yard 施工现场；建设工地
fabrication 建造；构造；捏造；预制；伪造；生产；加工；制造；装配；成品
　　→~ {fabricating} cost 制造费用//~ cost 造价//~ {erection;assembly;shop} drawing 装配图
fabric-axes{fabric axis} 组构轴
fabric cartridge filter 筒式纤维织网过滤器
　　→~ center supporting device 织物中央支撑装置
fabriform 焊制结构
　　→~ protection 尼龙织物护岸
fabroil 纤维胶木；夹布胶木
fabulit 锶钛矿
fac 传真；复制本；影印(本)
façade 表面；房屋的正面
fa(e)cal pellet 粪(球)粒
face (把……)表面弄平；表面；正视；正面；晶面；平面；切面；局部；层面；表盘；削平；面向；面；面貌；面对；界面；采矿场；加工平面；形势；支撑面；作面；荧光屏；掌子面；外观；外表；对抗；端面；作业面
faced{facing} points 对向道岔
face-drill 孔底钻具
face ejection 底面冲洗
　　→~-ejection bit 底唇喷射式钻头//~-face{surface-to-surface} contact 面-面接触//~ frequency number 面频数；晶面出现的频率数
facefront face 紧贴煤壁处
face-grinding machine 平面磨床；端面磨床

face guard 防护面罩
　　→~ hammer 平锤；琢面凿子
facellite 钾霞石[K(AlSiO₄);六方]
face machined flat 磨平面[岩芯的]
　　→~ of bed 地层头部；矿层头部
facepiece 面罩
　　→~ cushion (呼吸器)面垫
face pillar 工作用煤柱
　　→~ plate 卡盘；花盘[机]//~ plugging 层面堵塞//~-pole 面(的投影)极(点)
facer 铣刀盘
face recovery coefficient 工作面的回收率
　　→~ room 全矿工作面总长度[总生产能力]//~ scraping 工作面耙矿{运}
faceside 工作面一侧
face sprag 工作面斜支撑
　　→~ symbol 面符号//~ {plane} symbol 晶面符号
facet 侧面；切割面；磨蚀面；方向；劈磨面；磨光面；面；溶蚀痕；柱槽筋；方面；刻面[宝石等]；小面；断层崖；事情的某一侧面
faceted boulder 具擦痕漂砾
facet(t)ed crystal growth 小面化晶体生长
　　→~ cut 带翻光面琢型[宝石]//~ gems 翻光面型宝石；翻石；翻钻
faceted pebble 磨面砾
facet(t)ed pebble{stone;gems} 棱石
faceted spur 削切(山嘴)；截面山脚
facet(t)ed{blunted;trimmed} spur 切平山嘴
　　→~ spur 截切山嘴//~ {rubbing} stone 磨面石//~ surface of degradation 交切剥夷面
face {-}timbering plan 工作面支护计划
faceting 切面
face toe 坡面底部；阶段下盘
　　→~-to-face 阀门法兰面到面尺寸；面对面
facetted{faceted} boulder 磨面巨砾
　　→~{nominal} value 面值//~{par} value 票面价值
face velocity 沿(金刚石钻头底)面流速
　　→~ web 一次沿工作面的截深//~ width 齿宽；(表)面宽(度)；控顶距//~ work 抹面工作//~ worker 采矿工
facial 面的；相的
faciation 变群丛
faciei 增易式扩散
facieology 相研究；岩相学；相(位)分析
facies 地震相；面容；外观；相
　　→~{phase} analysis 相(位)分析//~-control of oil occurrence 石油聚集的相控制条件//~ mapping 相填图；相图的绘制//~ of ore body root 矿根相//~ of ore body top 矿顶相//~ suite 相群//~ unit 岩相单位{元}
facilitating payment 疏通费
facilitator 促进者
facility 机关；机构；熟练；容易；设施；工具；工厂；方便；灵巧；装置；研究室
　　→~ of payment clause 支付协定条款
facing 刮面(法)；砌面；(使……)面临；面层；面板；衬片；衬面；饰面；涂料；断层崖
　　→~ stone 面石
faciostratotype 相地层典型剖面；相层型
Facivermis 火把虫属[Є₁]
fa color 法花
facsimiles of authorized signatures 授权

签字的印鉴；有权签字的样本
facsimile transmission 真迹电报传输；传真发送；传真电报
factorability 可分因式{数}性
factor affecting slop stability analysis 影响边坡稳定性分析的因素
　　→~ analysis 因式分析；因子分析；因数分析；因式分解；因素分析//~{quotient} group 商群//~-group splitting 商群分裂
factorial 工厂的；代理厂商的；阶乘
　　→~ design experiment 因子设计试验；析因设计试验//~ experiment design 析因实验设计
factories 厂矿企业
　　→~ and mines 厂矿//~ and mining enterprises 工矿企业//~ and stores 厂商
factories,mines and enterprises (other enterprises) 工矿企业
factor of annoyance 烦扰因素
　　→~ of circuit 流程系数//~ of karst 岩溶率//~ of over capacity 过载系数//~ of proportionality 比例因子
factors affecting agriculture 影响农业的因素
　　→~ affecting damage 影响破坏的因素
factory 施工船；工厂；制造厂
　　→~ and mining enterprises 厂矿企业//~-set bit 厂镶金刚石钻头
factual analysis 根据事实分析
　　→~ data 确实数据；可靠事实资料
factuality 真实性
factual material 实际材料
　　→~ survey 实情调查
facula[pl.-e] 白斑；光斑；太阳光球上的光斑
facultative bacteria 二兼性细菌
　　→~ photoautotrophy 兼性光合自养//~ plant 不定型植物
faculty 系；天赋；学院{部}；教职员；官能；技能；分科
facutative aerobes 兼性好气菌
fadama 泛滥平原[西非]
fade-away 衰弱；衰落；凋谢；枯萎；褪色；消失；衰减；渐渐消失；脱色；减弱；削减[震勘]
fade{sneak} in 淡入；渐显
　　→~-in 渐显；淡入[图像渐显]
fading 衰退；衰弱；减小；衰减；消失；褪色作用；阻尼
　　→(colour) ~ 褪色//~ of anomaly 异常惨淡//~ signal 衰落信号//~ slate 褪色板岩
Faegri laws 法格里定律
Faeroe Islands 法罗群岛[丹]
fag 疲劳；磨损；辛苦地工作
Fagaceae 山毛榉科；壳斗科
fagend 废渣
fag end 绳头
fagergen oblong-type machine 法格伦长方形直流型回转子机械搅拌式浮选机
Fagergren flotation cell 直流槽型浮选机；法格古伦式浮选机
　　→~ laboratory flotation machine 法格伦实验回转子浮选机//~ (flotation) machine 法格(葛)仑浮选机
Fagersta cut 法格斯塔掏槽
fag(g)ot 捆；一束
fa green 法绿
Fagus 水青冈属；桦树；山毛榉属[植;K₂-Q]

Faguspollenites 山毛榉粉属[孢;K_2-N_1]

faheyite 磷铍锰(铁)石 $[(Mn,Mg)Fe_2^{3+}Be_2(PO_4)_4 \cdot 6H_2O;$六方]

faheylite 磷铁锰矿 $[(Mn^{2+},Fe^{2+},Ca,Mg)_3(PO_4)_2;$单斜]

fahlband 黝矿带[为细碎硫化物所浸染的矿带];稀疏硫化物浸染带

fahleite 水砷锌铁石 $[Zn_5CaFe^{3+}(AsO_4)_6 \cdot 14H_2O]$

fahlerz{fahlers;fahlore} 黝铜矿 $[Cu_{12}Sb_4S_{13}$,与砷黝铜矿$(Cu_{12}As_4S_{13})$有相同的结晶构造,为连续的固溶系列;$(Cu,Fe)_{12}Sb_4S_{13}$;等轴];黝矿;灰矿
→~ zinc 锌黝铜矿$[(Cu,Fe,Zn,Ag)_{12}(As,Sb)_4S_{13}]$;黝锌铜矿

fahlglanz{fahlite} (砷)黝铜矿$[Cu_{12}As_4S_{12};(Cu,Fe)_{12}As_4S_{13}$;等轴]

fahlunite 蚀堇青石;褐堇青玉;符山石 $[Ca_{10}Mg_2Al_4(SiO_4)_5$,Ca 常被铈、锰、钠、钾、铀类质同象代替,镁也可被铁、锌、铜、铬、铍等代替,形成多个变种;$Ca_{10}Mg_2Al_4(SiO_4)_5(Si_2O_7)_2(OH)_2$;四方];锌尖晶石$[ZnAl_2O_4$;等轴];法褐块云母
→(hard)~ 堇青石$[Al_3(Mg,Fe^{2+})_2(Si_5AlO_{18});Mg_2Al_4Si_5O_{18}$;斜方]

Fahrenheit 华氏(温标)[温度]
→~ scale{Fahrenheit's thermometric scale} 华氏温标

Fahrenwald classifier{sizer;machine} 法兰瓦尔特(式)分级机;德(式)分级机;型(式)分级机

faike 砂质页岩;云母砂岩

fail(ure) 衰退;衰弱;衰减;失效;失误;失败;破坏;错误;故障;缺乏;不足;报废[仪器]

fail-closed{|open} 出故障时自动关闭{打开}

failed arm 夭折支[断裂滑块];断裂滑块;衰减臂;断臂

fail in bending 弯曲破坏
→~ in compression 压力{缩}破坏//~ in doing sth. 翻车

failing 缺点;减弱中的
→~{dead;dumb;dry;exhausted} well 枯井//~ zone 破坏带

fail in shear 剪切破坏;剪力下破坏
→~{fall} in shear 剪力破坏//~ in tension 拉伸破坏;拉力破坏

faille 罗缎[法]

fail open 紧急放空;应急开放
→~ safe 故障自动保险的

failure 崩塌;衰退;衰竭;事故;失效;损伤;缺少;变钝;破绽;破损;破裂;故障;失败;断裂;停车;疏忽;破坏
→~ analysis 失效分析;破坏分析//~ by deformation 变形破坏//~ criterion{criteria} 破坏准则//~ of earth slope 滑坡;土坡坍毁//~ of the current 电流反常;停电;电流的故障

faint 稀薄的;变弱;模糊的;微弱的;消失;晕
→~ colored porcelain 缥瓷陶//~-hearted 熊//~ impression 花纹模糊

faintly acid 弱酸(性)的
→~ alcaline reaction 弱碱性反应

fair 顺利的;(使)表面平顺;市集;博览会;正面地;公正;玉;干净的;清楚的

fairbankite 碲铅石$[PbTe^{4+}O_3$;三斜]

fairbanksite 费尔班克石

fairchildite 碳(酸)钾钙石 $[K_2Ca(CO_3)_2;$ $K_2CO_3 \cdot CaCO_3$;六方]

fair current 顺流
→~ curve 光滑曲线;整形曲线;修正曲线//~ drawing 清绘原图//~{fine} drawing 清绘

faired strut 减阻支柱

fair ends 琢石露头

fairfieldite 磷钙锰石 $[Ca_2(Mn,Fe)(PO_4)_2 \cdot 2H_2O;$三斜]

fairing 光滑[除去数据或曲线中的测量误差或干扰因素,以显示其有意义之部分];整形;整形光滑;整流罩;整流片;流线型罩;减阻装置;减振装置

fair{faint;thin} negative 浅底片
→~ source rock 较好烃源岩//~ tide 顺潮(流)(航行)//~ weather current 晴天气流//~-weather runoff 晴天径流//~-weather{sustained} runoff 基本径流

fairy arrow 燧石镞
→~-castle structure 神仙堡垒构造[月面]//~ martin 仙岩燕//~ stone 黄土姜结人;十字石$[FeAl_4(SiO_4)_2O_2(OH)_2$; $(Fe,Mg,Zn)_2Al_9(Si,Al)_4O_{22}(OH)_2$;斜方];海胆化石;怪石;箭形石

faizievite 氟硅钛钙锂石$[K_2Li_6Na(Ca_6Na)Ti_4(Si_6O_{18})_2(Si_{12}O_{30})F_2]$

fake 假货;砂质页岩;软焊料;骗子;盘索;冒牌货;冒充的(人);云母质砂岩;云母砂岩;线圈;伪装;伪造品;伪造的;伪造;假的;卷{绳索}
→~ money 假钱

fakes 板状岩

falanouc 马达加斯加鼬[Q]

Falcodus 镰齿牙形石属[D_3-C_1]

falcondoite 镍海泡石$[(Ni,Mg)_4Si_6O_{15}(OH)_2 \cdot 6H_2O;$斜方]

fa(h)lerz (砷)黝铜矿$[Cu_{12}Sb_4S_{13}$,与砷黝铜矿$(Cu_{12}As_4S_{13})$有相同的结晶构造,为连续的固溶系列;$(Cu,Fe)_{12}Sb_4S_{13}$;等轴]

falkenhaynite 辉锑铜矿$[Cu_3SbS_3]$;黝铜矿

falkenstenite 四方沸石$[NaK(Ca,Mg,Mn)Si_5Al_4O_{18} \cdot 8H_2O]$

fall 滑落;射;秋季;变成;陷于;起重机绳;垮;坡降;倒下;冒落;冒顶;坠落;流下;(穿在滑车上的)通索;落下;传(导);降雨量;降落;下落;绞辘;灌注;降雪(量);坍落;坍;塌落;倒塌;崩塌;发生[事故];位降[电];落距[锤]

fall (down) 崩坍;落差
→(meteorite)~ 陨石降落//~ (off;away) 脱落;下降//(relative)~ 倾斜;跌水;瀑布//~ after a rise 回落//~ apart 崩溃;垮台

Fallaxispirifer 伪石燕属[腕;D_1]

fallback 回落冲击碎屑[陨坑];回落爆发碎屑[火山];回落;泄水;倾斜面;代用条件;落下;落后;降落原地

fall by gravity 自坠
→~-cone test 落锥试验//~{crumble} down 坍坎;塌

fallen-in 坍塌

fallen rock block 落岩块
→~ snow 地面陈雪

fallers 罐托

fall flood 秋汛洪水
→~ from power 垮台;塌架[倒塌];塌台//~ hammer test 落锤试验//~{elevation;hydraulic(pressure);squeeze;discharge;falling} head 压头//~{lost} head 压力降

falling 垮落;坠落;凹陷;倾斜;下降;减退;沉降;沉陷
→~-in of a mine 矿井冒顶//~ rock 落石

fall in 坍塌;塌陷;跌入
→~ into 可分为(几部分);陷落//~ into ruin 塌毁//~-maker 造瀑(布)层//~ meteor 陨落陨石

falloff{drawdown} curve 降压曲线

(pressure) fall-off curve 压降曲线
→(pressure)~test 压降试井[注水井]

fall of ground 顶板冒落;地层塌落;落盘
→~ of rock 岩石冒落;落石//~ of rocks 岩石坍落;岩石滑落

Fallotaspis 法罗特虫属[三叶;ϵ_1]

fallout 沉降物;散落物;(微粒)散落;落尘;(研究工作中的)附带成果;坠落碎屑
→~ nuclide 沉降核素//~ radioactive materials 发射性回降物;回降放射性微粒//~ shelter 防核尘地下室

fallow 休耕地
→~ deer 黇鹿[N_2-Q]

fall(ing) rate 下沉速率
→~{sedimentation} rate 沉降速度

falls 天落石;看见陨落的陨石;陨石

fall survey 落差测量
→~ unit 降落堆积单位//~ way 升降道//~{downslope} wind 下坡风//~ winds 瀑风;下降风

Falodus 法拉牙形石属[O_{1-2}]

false acceptance 误接受
→~ amethyst 紫萤石{假紫(水)晶;假石英}$[CaF_2]$//~{nonsignificant;non-ore} anomaly 非矿异常//~ diamond 假金刚石//~ emerald 假祖母绿$[CaF_2]$;绿色萤石$[CaF_2]$;绿萤石//~ galena{lead} 闪锌矿$[ZnS;(Zn,Fe)S$;等轴]

falsehood 谎话;假话;谎言;谎话;谬论;谬误

false{artificial} horizon 假地平
→~ image{form;appearance} 假象[一矿物具有另一矿物的外形]//~ lapis 人工染蓝的玛瑙或碧玉;天蓝石$[MgAl(PO_4)_2(OH)_2;$单斜]//~ oolith 伪鲕石//~-roof rack{false roof rock} 伪顶岩石//~ ruby 假红宝石$[CaF_2]$//~ sapphire 蓝萤石//~ topaz 黄水晶{假黄晶;黄石英}$[SiO_2]$;仿造黄晶;黄萤石

falsework 工作架;模板;临时支撑;脚手架
→(arched)~ 拱架

false work 脚手架;木排填基工作[在松软地上]
→~ zero 虚零(点)

falsie 假偏差[声速测井曲线上];假乳房

falsification 歪曲;失真;曲解;搞错;误用
→~ of tone values 色值失真{歪曲}

Falunian 法伦(阶)[欧;N_1]

fa(h)lunite 变堇青石;褐块云母

famatinite 块硫锑铜矿$[Cu_3SbS_4;$四方]

Famennian 法门(阶)[欧;D_3]
→~ age 发门那期

familial 科的

familiarity 亲缘性[元素的];熟悉;精通;通晓

familiarization 精通

family 族;家庭;子女;家族;科;种;类;星族;系列;系

→～ of asteroids 小行星族//～ of cracked finite elements 裂隙有限单元族//～ selection 科选择//～{genealogical} tree 系谱树

famp 风化灰岩；软韧薄页岩层

fan 鼓风；扇形炮孔；开展；风机；叶片；扇形；风箱；吹燃；螺旋桨；吹风；散开；风扇；送风
→～ apex 扇顶//～ atomizer 扇式喷雾器

fanaxis 扇形轴

fan bay{apex} 冲积扇顶
→～-beam scan 扇形射束扫描//～ burden 扇形孔矿岩爆破量

fancy 幻想；花式的；想象；以为；设想；爱好；喜爱；幻想的；想象力；总以为；特选的；特级的
→～ alloys 装饰合金//～{modern} cut 高价琢型[宝石]//～ diamond 各色的钻石

fandrift 扇风机引风道[联络风井顶部和扇风机用]；通风道
→～-drift door 扇风机风道的风门

fanglomerate 扇砾岩；扇积砾

fango 治疗矿泥；矿泥；温泉泥

fan-head trench 扇顶沟

fanholes 扇形布置的炮眼
→～ ring blasting 扇形炮孔

fan in 输入端数；扇入；输入
→～ jumbo 向上打扇形眼的钻车//～ layout 通风装置

fanlight 扇形气窗

fan-like array 扇状组合
→～ mound 扇状丘

Fann dial reading 范氏刻度盘读数

fanned bottom 校直弯井；减低钻压

fanning bottom 小钻压钻井[目的在于防斜]；降低孔底的钻压

Fanning equation 范宁公式

fanning of slip lines 扇形展布滑移线

Fanning's equation 方宁方程

fan of congealed lava 熔岩扇(形地)
→～ of filaments 纤维扇面//～-out factor 输出端数//～ power output 扇风机输出功率//～-segmentation 扇形分割

fans fringing cone 冲积扇围镶穹丘

fan-shaped 扇形(的)
→～ alluvium 冲积扇//～ anomaly 扇状异常

fan shaped distribution 扇形分布
→～-shaped plate feeder 扇形板给料器//～-shaped round 扇形掏槽炮眼组//～ shooting 扇状炸测{爆破}；扇形排列法[震勘]

fans (operating) in series 串联运转扇风机

fan slip 扇风机风量损失
→～ static efficiency 扇风机静压效率

fantail 艉端甲板；扇状尾；扇形尾；矿工帽
→～ burner 扇尾形火焰喷燃器

fan talus 扇形岩堆；扇状岩堆
→～-talus 扇状岩堆；扇形岩塌磊；扇形岩堆

Fantasy Snow 幻想雪花[石]
→～ Viyola 金幻彩[石]

fan terrace 扇阶

fantod 神经紧张；不适[身心]

fantods 焦躁不安

fantom 假想层[震勘]

fan {-}topped pediment 冲积扇覆盖的山前侵蚀平原

→～-topped pediment 扇覆山足面//～ total pressure head 全风压//～ turbidite 扇浊积岩//～-type{fan(-shaped)} fold 扇形褶皱

faolite pipe 法奥利特石棉管

Faraday cage{cup} 法拉第笼
→～ cup 法拉第杯//～ cylinder 法拉第圆筒//～ rotation glass 磁光玻璃

farallonite 硅钨镁矿{石}[2MgO•W$_2$O$_5$•SiO$_2$•nH$_2$O]

faratsihite 黄高岭石；(法)铁高岭石[(Al,Fe)$_2$O$_3$•2SiO$_2$•2H$_2$O]

Fardenia 法登贝属[腕;S]

far detector 远探测器

Far East 远东

far-end crosstalk 远端串音

fare tube 喇叭(声)管
→～-rock 煤系底部磨石粗砂岩

far-field 远源场；距震源远的
→～ bubble period 远场气泡周期//～ spectrum 远(源)场频谱//～ stress 远场应力

fargite 红钠沸石；钠沸石[Na$_2$O•Al$_2$O$_3$•3SiO$_2$•2H$_2$O;斜方]

farina 谷粉；粉状物

farinaceous 粉状

farina fossilis 岩粉

far infrared band{region} 远红外区
→～ infrared radiation enamel 远红外辐射搪瓷

farmacosiderita{farmacosiderite} 毒铁矿[KFe$_4^{3+}$(AsO$_4$)$_3$(OH)$_4$•6~7H$_2$O]

farm{big} boss 工长
→～ boss 产油矿区经理

Farmdale phase 法姆达尔期[北美威斯康星冰期早期]

farmer's oil 地产主应得的原油
→～ sand 再钻即可见油的油砂层；即将钻到的油砂层

farmer well 石油工业衰落时放弃的浅井

farmhand 雇工

farm in 购入权益；转让入

farming 耕作
→～ system 耕作系统

farm labourer 雇工

farmland 农田

farmout 尤指为石油开发而招人承包土地

farm out 售出权益；矿权的再转租；(在)一块油田上鉴定的井位已钻完
→～-out 分包；移交[任务]；出租//～ out agreement 出租协议；矿权转租协定//～ product 农产品

farmyard 农场

farnesane 金合欢烷；法呢烷

farneseite 法那西석[((Na,K)$_{46}$Ca$_{10}$)$_{\Sigma56}$(Si$_{42}$Al$_{42}$O$_{168}$)(SO$_4$)$_{12}$•6H$_2$O]

farnesene 法呢烯；金合欢烯

faroelite (钠;星)杆沸石[NaCa$_2$(Al$_2$(Al,Si)Si$_2$O$_{10}$)$_2$•5H$_2$O;NaCa$_2$Al$_2$Si$_5$O$_{20}$•6H$_2$O;斜方]

far offset trace 远炮检距道

fa(e)rolith 星杆沸石

far producer 远离注入井的生产井

farrago 混合物；混杂(物)

far{distant} range 远距离
→～ range 远射程；远测距//～-reaching design 长远计划//～-red 远红外的(的)

farreoid 平列网饰骨针形[绵]

farringtonite 磷镁石[Mg$_3$(PO$_4$)$_2$;单斜]；法林顿石

farrisite 闪辉黄煌岩
→～ CaFe 透辉棕闪岩

farrow 海渠

far-seeing{perspective} plan 远景规划

far side 远方的

farside{averted face} of the Moon 月球背面

far sight 远视
→～ (offset) trace 远道[距离炮点最远的记录道]//～-travelled 搬运远的

farvitron 分压力指示器{计}

fas 启运地船边交货(价)

FA sample 过滤并经酸化处理的水样

fasciated 带化的；具横带的[动]；簇生的；扁化的[植]；成束的

fascicled 簇生的；成束的

fascicosta[pl.-e] 簇型壳线[动]

fascicostella[pl.-e] 簇型壳纹[动]

fascicular 束状
→～ texture 束状结构

fasciculate 丛生的；束状的；丛状[珊]；簇生的

fasciculation 束化；束状

fascicule 韵律层

fasciculite (束)角闪石[((Ca,Na)$_{2-3}$(Mg^{2+},Fe^{2+},Fe^{3+},Al^{3+})$_5$((Al,Si)$_8$O$_{22}$)(OH)]

Fasciculithus 束状颗石[钙超]；簇石[E$_1$]

Fascifera 具簇贝属[腕;O$_2$]

fascinate 非常吸引人

fascination 迷恋

fascine 砂门子[水砂充填]；柎秸窗[水砂充填]；柴笼[护堤岸用]
→～ {mat} dike 柴捆堤

Fasciolariidae 旋螺科；细带螺科[腹]

fasciole 沟；带线[海胆]；小带

Fasciolites 宽带虫属[孔虫;E]

fasciostae 簇粗线

fasciostellae 簇线

Fasciphyllum 簇状珊瑚；簇珊瑚属[D$_{1-2}$]

Fascipteris 束羊齿(属)[古植;P]

faseranhydrite 纤硬石膏

faserbaryte 纤重晶石[BaSO$_4$]

faserblende 纤锌矿[ZnS(Zn,Fe)S;六方]

faserkoenenite 纤氯氧镁铝石

fasernephrite 温蛇纹石

faserserpentine 纤蛇纹石[温石棉;Mg$_6$(Si$_4$O$_{10}$)(OH)$_8$]

fashioned{section} iron 型钢

fashioning gemstone 加工宝石的原料

fasibitikite 钠闪锥辉花岗岩

fasinite 橄云霞辉岩；橄去霞辉岩

fasiostratotype 相层型

Fason powder 法逊炸药

FAS paste FAS 糊[直链饱和十碳-十六碳烷基硫酸盐]

fassa articularia pectoralis 胸关节窝

fassaite 丝{发}光沸石[(Ca,Na$_2$)(Al$_2$Si$_9$O$_{22}$)•6H$_2$O;(Ca,Na$_2$,K$_2$)Al$_2$Si$_{10}$O$_{24}$•7H$_2$O;斜方]；深绿辉石[Ca$_8$(Mg,Fe^{3+},Ti)$_7$Al((Si,Al)$_2$O$_6$)$_8$;Ca(Mg,Fe^{3+},Al)(Si,Al)$_2$O$_6$;单斜]；辉沸石[NaCa$_2$Al$_5$Si$_{13}$O$_{36}$•14H$_2$O;单斜]

fassoite 深绿辉石[Ca$_8$(Mg,Fe^{3+},Ti)$_7$Al((Si,Al)$_2$O$_6$)$_8$;Ca(Mg,Fe^{3+},Al)(Si,Al)$_2$O$_6$;单斜]

fast 独头巷道；快速的；坚定的；快速；稳固的；坚固
→～ (end) 石垛平巷//～ at an end 石垛平巷；煤柱与采空区间的平巷//～ cap 地震探矿用电雷管

F

fastening 固紧；固定的；连接物；连接；连接的；系结
→~ iron 保温钩//~{lock} piece 紧固件//~{binding} wire 绑扎用铁丝
fasten round 箍
→~ with a bolt{latch} 闩
faster drilling 异常快钻进
fast-feed-gear 快速钻进齿轮机构
fast fisser 快中子裂变物质
fastigate 屋脊状；尖顶状[菊石]
fastigiate 倾斜的；锥形的；平突的[动]；帚状的[植]；圆束状的
fast ion conductor 快离子导体
→~ junking 煤柱中不通煤房的径向窄道
Fast Lagrangian Analysis of Continua in Three Dimensions 三维快速拉格朗日连续介质分析
fastland 高地；干地；大陆
fast lens 快透镜；强光透镜
→~ line 快绳
fast-moving depression 快移动低(气)压
fast{high-speed} neutron 快中子
fat 肥沃的；含沥青的；含高挥发物的[煤]；脂肪[$C_{38}H_{78}$]；黏性好的；粗大的；肥胖的
→~(ty) acid 脂肪酸[$C_nH_{2n+1}COOH$]
fatal accident 死亡事故
→~ humidity 致死湿度
fatalities 死亡人数
fatality 死亡事故；死亡人数；致命；命运；恶性事故
→~ (rate) 死亡率
Fata Morgana 法达摩加纳；复杂蜃景
→~ morgana 复杂蜃景
fat asphalt 肥沥青
→~ clay 富黏土//~ gas 肥气//~{rich;combination; unstripped} gas 富气
fathom 推测；噚[旧,英寻=6ft=1.8288m]；测深
fatigue(d) 疲劳；软弱化[金属]；疲乏
fatigue break 疲劳断型
→~ failure of rock 岩石疲劳破坏//~ fracture{failure;break} 疲劳断裂//~ of rock 岩石疲劳//~ resistance 抗疲劳(强度)
fat lens 厚透镜体
→~ lime 纯质石灰//~{rich} lime 富石灰[建]
fatlute 油泥
fat{rich} mortar 富砂浆
fatness 脂肪稠度
fat oil 富吸收油；含有大量汽油馏分的吸收油
→~{saturated} oil 饱和油//~{adhering; burnt(-on)} sand 黏砂//~ soluble 脂溶性的
fauces 喉头；咽喉
→~ terrae 港湾[为岬角包围的]
faucet 龙头；插口；承口；水龙头；放液嘴；油嘴；旋塞；活门
→~{bell-and-spigot;female;spigot;sleeve; telescope;thimble; telescopic} joint 套筒接合//~ joint 龙头接嘴
fault amplitude 垂直断距；纵断距
→~-angle basin 断层角盆地
faulted 错动的；错断的；断裂的
→~ and buried ore body 断失矿体//~ body 断错矿体；断层错失的矿体//~

deposit 断层破坏的矿床；断裂层//~ ore (待选的)废铅矿石
fault embayment 断层海槽{湾}
→~{faulting} episode 断裂幕
faultfinding 查找事故(的)
fault line{strand;trace} 断层线
faultscarp{fault scarp{cliff;escarpment;face; ledge}} 断层崖
fault set{group} 断层组
faulty 不完全的；缺点多的
→~ component 有毛病的组{部}件
fault(ed){shear;crush} zone 断层带
faunizone 动物群岩层带
faunula 动物小区系
fauserite 锰泻(利)盐；七水锰镁矾；七水锰矾[$MnSO_4•7H_2O$]
fausteds 选矿中级产物
faustite 锌绿松石[$ZnAl_6(PO_4)_4(OH)_8•5H_2O$; $(Zn,Cu)Al_6(PO_4)_4(OH)_8•4H_2O$;三斜]
Fauvelle 法维勒钻井法[原始的水循环钻井方法]
fauyasite 八面沸石[$(Na_2,Ca)Al_2Si_4O_{12}•8H_2O$；等轴]
favas 蚕豆矿
Favistella 蜂房星珊瑚(属)[O_{2-3}]
favoid 似蜂窝的
Favolithora 豆石[$CaCO_3$;钙超;E_{1-2}]
favorable 合适的；便利的；赞成的；良好的；有利的；有促进作用的；顺利的
→~ bed 条件良好的地层//~ place for prospecting 成矿有利地段//~ rock 易矿化岩//~ structure 条件良好的构造；有利构造
Favosites 蜂巢珊瑚(属)[O-P]；蜂窝珊瑚
Favososphaeridium 蜂巢球形藻(属)[$Pt-Z_1$]
fawcettiine 法氏石松定碱
faxcasting 电视广播；传真广播
fayalite 铁橄榄石[$Fe_2^{2+}SiO_4$;斜方]；正硅酸铁
→~ peridotite 铁橄榄岩//~-type slag 铁橄榄石型炉渣
fayalitifels 细铁橄岩
Faye anomaly 法雅异常
fa{sacrifice-ware} yellow 法黄
Faye reduction 法雅归算{校正}
F-bubble 浮现气泡
F.C.C. 面心立方(晶格)
F-coal 丝炭为主的显微质点[煤尘,如在矿工肺中发现的]
Fe 铁
feasibility 现实性；可能性；可行性
→~ analysis 可行性分析//~ study (开发)前景评价；远景评价
feasible 可行的；合理的；可能的
→~ ground 可采区//~ pumping rate 可抽水速度//~ region 可行(区)域
feather 玻璃毛；滑键；(用楔形部件)使接；(旋翼)周期变距；冒口；羽毛；(使桨)与水面平行；周缘翅片；小风羽；冰羽；像羽毛飘动的，(螺旋桨)顺流交距
→~ (key) 落键楔；砍石楔//~(-)alum 铁明矾[$Fe^{2+}Al_2(SO_4)_4•24H_2O$; $FeO•Al_2O_3•4SO_3•24H_2O$]；毛盐矿//~ amphibolite 羽斑角闪岩
feathered 羽毛状的；飞速的；薄边的
→~ fracture 羽状断裂
feather edge 薄缘；楔形石块的薄边
→~ edge{out;edging} 尖灭//~-edged

coping 单坡压顶石
feathered{undercut} slot 梯形割缝[内宽外窄的]
→~ stroke 轻接触
feather ice 羽状冰
feathering 尾翼；侧移距[在海流作用下电缆与测线偏离距离]；镶嵌相片重叠边剔薄；羽饰；羽状漂移[海洋地震测量]；顺桨水平旋转；拖缆偏转
→~ {-}out 变细//~{petering;spoon} out 变薄//~{pinch(ing); plating;paper; spoon;wedging;dwindle;check;peter(ing);fray;finger;tail;tapering;taper;tailing;dying; buttress} out 尖灭
feather{knuckle} joint 铰链接合
→~ key 导向键//~ key{tongue} 滑键//~-like flow marking 羽状流痕//~ ore 硫锑铁铅矿[$Pb_4FeSb_6S_{14}$]；辉锑矿[Sb_2S_3;斜方]//(brittle)~ ore 羽毛矿[$Pb_4FeSb_6S_{14}$]
feather-ore 羽毛矿[$Pb_4FeSb_6S_{14}$]；硫锑铅矿[$Pb_5Sb_4S_{11}$;单斜]
feather pattern 羽状组合[地震检波器组合形式]
→~ stone dredge 细石挖掘机{船}//~ tongue 键//~ veined 具羽状脉的[植]
featherway 滑键槽
feather-zeolite 丝{发}光沸石[$(Ca,Na_2)(Al_2Si_9O_{22})•6H_2O$;$(Ca,Na_2,K_2)Al_2Si_{10}O_{24}•7H_2O$; 斜方]；钠沸石[$Na_2O•Al_2O_3•3SiO_2•2H_2O$;斜方]；杆沸石[$NaCa_2(Al_2(Al,Si)Si_2O_{10})_2•5H_2O$; $NaCa_4Al_5Si_5O_{20}•6H_2O$;斜方]；中沸石[$Na_2Ca_2(Al_2Si_3O_{10})_3•8H_2O$;单斜]
feature 细节；器件；面貌；构造；部件；要素；性能；形迹；零件；要点；特征；特性；特点；描写[特征]
→(land;form)~ 地形；地貌；地势；特色//~ article 专题文章；特写文章//~ extraction 特征抽取//~ extractor 要素检出器
featureless 平凡的；无特征的
feature recognition technique 图形识别法
→~ selection approach 特征选择方法
features of coastal erosion 海岸侵蚀的特点
→~ of deposition 沉积作用的特点
febetron β射线管；相对论性电子发生器
fecalith 粪石
fecal{faecal} pellet 粪球粒
→~ pellet 粪团粒//~ pellets 屎粒化石//~ sewage 粪(便污)水
feces 粪便；排泄物
feculent 混浊的；污秽
fecundity 生殖力
federalaun 铁明矾[$Fe^{2+}Al_2(SO_4)_4•24H_2O$; $FeO•Al_2O_3•4SO_3•24H_2O$]
Federal Radiation Council 联合放射委员会
→~ regulation 联邦政府法规//~ Reserve System 美联储；联邦储备系统
federerz{zundererz}[德] 辉锑矿[Sb_2S_3;斜方]；毛矿
feder{feather;pinnate} joint(ing) 羽状节理
federovskite 硼镁钙石[$Ca(Mg,Mn)B_2O_5$; $Ca_2(Mg,Mn)_2B_4O_7(OH)_6$;斜方]
federweiss 滑石[$Mg_3(Si_4O_{10})(OH)_2$;$3MgO•4SiO_2•H_2O$;$H_2Mg_3(SiO_3)_4$;单斜、三斜]
fedorite 硅钠钙石[$(Na,K)Ca(Si,Al)_4(O,OH)_{10}•1.5H_2O$;单斜、假六方]；硅碱钙石[$(Na,K,Ca)_5(Ca,Mn)_4(Si_2O_5)_5(F,OH)_3$;单斜]

Fedorov chart 倾角校正图
→~ **goniometer** 费多罗夫(双圈反射)测角仪 // ~ **group** 费多罗夫群[空间群]
fedorovite 霓透辉石[CaMg(Si_2O_6)]
fedorovskite 费硼钙石；硼镁钙石[Ca(Mg, Mn)B_2O_5;Ca_2(Mg,Mn)$_2B_4O_7$(OH)$_6$;斜方]；费羟镁钙硼石
Fedorov theory of parallelohedra 费多罗夫平行面体学说
→~ **universal stage** 费氏万能(旋转)台
fedorowite 霓透辉石[CaMg(Si_2O_6)]
fee 税；会费；手续费；雇用；公费；采矿用地；酬谢；报酬
→(registration) ~ 报名费
feeble 衰弱；软；软弱
→~ **current line** 微弱电流线路 // ~ **initiator** 弱起爆药 // ~ **signal** 微弱信号
feebly cohesive soil 弱黏性土
→~{weakly} **magnetic** 弱磁性的
feed(er) 推进器；电源；以……为食物；加料；馈电系统；补缩；供给；供电；装料；增补；馈电；加工原料；进料；输送
(ore) feed 给矿
feed (to;material) 给料；给水
→~ **a bonfire** 给篝火加燃料 // ~ **a machine** 装料 // ~ **and return hose** 给(油)回(油)软管
feedback 反应；反馈；回传；成果[某单位取得转他单位应用]
feed back 回授；反馈
feedback amplifier characteristic 反馈放大器特性
feed bin 喂料槽
→~ **discharge oversize ratio** 给料超粒-排料超粒比[磨矿] // ~-**discharge oversize ratio** 给料排料超粒比[磨矿] // ~ **end-liner** 给矿端衬板；加料端衬里
feeder 矿液通道；进料器；电源线；河源；进给器；泉源；喷气斯；支矿脉；给进器；给矿机；饲养员；支流；进刀装置；瓦斯逸出；进气管；铁路支线；道支线；喂煤机；加油器；加矿机；给矿器；加料器；送水管；通道[矿液]；引水槽[金刚石钻头]
→~ **channel** 供料槽；供矿通道 // ~ **pot** 装矿漏斗 // ~ **tip speed** 给矿机倾斜速度
feed extraction 排料
feedfack 回复；反应；资料
→~ (a response) 反馈
feed flow 供液
→~ **for retreatment** 再选给料
feedforward{feed forward} 前馈
feed from desliming screen 来自脱泥筛的给料
→~ **from iron ore blending plant** 来自铁矿石混合车间的原料 // ~ **grinding** 横向进磨法 // ~ **head** 冒口；浇口杯 // ~{load(ing)} **hopper** 加料斗
feeding 馈电；给食；加压；补给；进给；推进；投料；给料
→~ **center** 供矿中心 // ~{feed} **channel{feeding channel channelway}** 补给通道[矿床] // ~ **head** 补缩胃口；原矿给料 // ~ **hopper** 给矿槽；布料(矿)槽 // ~ **structure** 吃食构造；觅食构造[遗石]；进食构造 // ~ **trail** 摄食构造；吃食迹[遗石] // ~ **trail{trace}** 觅食(痕)迹；进食痕迹[遗石]
feed in raw material 加料

→~ **launder{box;chute}** 给矿槽 // **launder{chute}** 给料溜槽 // **launder angle** 给料槽倾角
feedleg 风动钻架；气腿[钻机]
feed leg 气顶[油;压气铆钉]
→~{pusher} **leg** 风动钻架 // ~ **of drill** 进尺；钻头给进 // ~ **off** 下放钻具；松刹把放钢丝绳[给进钻头]
feedometer 给矿记录器{机}；给矿秤
feed ore 入炉矿石；补加矿石；添加矿石
feedoweight 给料称重器
feed pipe{tube;launder;spout} 给料管
→~ **port** 给矿口；进料口 // ~{raw} **pulp** 原矿浆
feedstream 供水液流[湿冶]
feed surge bin 中间矿槽；缓冲矿仓
→~ **tank{bin}** 给矿槽 // ~(ing) **tray {pan}** 给料盘 // ~ **trough** 加{给}料槽
feedwater{water-supply} line 给水管线
feed well 给水井
feedwell floc sparger 给料筒絮凝剂喷洒器
feel 觉得；试探；敲帮问顶；摸；感性认识；感受；触；想
→~ **ahead** 超前孔；钻小井眼 // ~ **cold** 冰[H_2O;六方]
feeler 试探(者)；塞尺；灵敏元件；触头卡规；仿形器；测头；感觉仪；触角；探测器；测隙器；探针
→~ (gage;gauge) 厚薄规；测隙规
feel like vomiting{feel nauseated;feel{turn} sick} 恶心
fee simple 个人拥有的土地
→~ **tail** 指定继承人继承的不动产
feet boot 缓冲转载漏斗
→~ **pound-second units** 英尺-磅-秒单位
Fehling's solution 费林溶液
fehreaulith 红磷铁矿
feidj{feidsh} 沙径
feigh 废渣；铅矿尾矿；尾矿
Feigl's solution 费格尔液
feij 沙径；沙丘间通道
Feinc vacuum filter 法因型真空过滤机；折带式真空过滤机
Feine filter 菲恩斯型折带式真空过滤机
feinglosite 砷锌铅矿[Pb_2(Zn,Fe)((As,S)O_4)$_2$•H_2O]
feint 假象[一矿物具有另一矿物的外形]
→~ **play** 滑板
feiqing 飞青
feitknechtite β-水锰矿；β羟锰矿；六方水锰矿[β-MnO(OH)]
feitsui 翡翠[NaAl(Si_2O_6)]；硬玉[Na(Al, Fe^{3+})Si_2O_6;单斜]
Fejer kernel window 费杰核窗
fejj 沙径
Fe-laden acid 含铁酸
felbertalite 硫铋铜铅矿[$Cu_2Pb_6Bi_8S_{19}$]
feld 灰岩参差地
felder 镶嵌地块；张裂块
feldspar 长石层跳汰机
→~ (group) 长石类 // ~ **in lumps** 钾长石块 // ~porphory {porphyry} 长石斑岩
feldsparization 长石化(作用)
feldspar ovoids 卵状长石
feldsparphyre 长石斑岩
feldsparphyric 含长石斑晶的
→~ **rock** 长石斑岩
feldspar-porphyry 长石斑岩

feldspar-rich mica gneiss 富长石云母片麻岩
feldspar{feldspathic;arkosic} sandstone 长石砂岩
→~ **type washbox** 长石床层式跳汰机
feldspat 长石类[德]
feldspath 长石[地壳中比例高达 60%,成分 Or$_x$Ab$_y$An$_z$($x+y+z$=100), Or=KAlSi_3O_8、Ab=NaAlSi_3O_8、An=Ca$Al_2Si_2O_8$。划分为两个类质同象系列:碱性长石系列(Or–Ab系列)、斜长石系列(Ab-An 系列)。Or 与An 间只能有限地混溶,不形成系列]
feldspathic 含长石的
→~ **graywacke** 岩屑长石砂岩质瓦克岩 // ~ **lithic arenite** 长石质岩屑砂岩 // ~ **polylitharenite** 长石质复岩屑砂岩 // ~ **rock** 长石岩(石) // ~ **sublitharenite** 长石质亚岩屑砂岩
feldspathide 似长石类；副长石类
feldspathization 长石化的；长石化(作用)
feldspathized 长石化的
feldspath nacre 月{冰}长石[K(AlSi_3O_8);正长石变种]
feldspathoid(ite) 副长石类；似长石类；副长石岩；似长石
feldspathoidal rock 副长石岩；似长石岩
feldspathoidite 副长石；似长石岩
feldspathoidites 类长石岩
feldspath terrace 箱化石
feldspatite 长石岩；长石类岩
feldtspat 长石[地壳中比例高达60%,成分 Or$_x$Ab$_y$An$_z$($x+y+z$=100),Or=KAlSi_3O_8、Ab=NaAlSi_3O_8、An=Ca$Al_2Si_2O_8$,划分为两个类质同象系列:碱性长石系列(Or-Ab 系列)、斜长石系列(Ab-An 系列),Or 与 An 间只能有限地混溶,不形成系列]
Felidae 猫科
Feline 猫类
Felis 猫(属)[Q]
felit 矿物成分[水泥熟料中]
felite β硅钙石
fell 荒山；筛下产品；丘陵；铅矿；伐；一次放炮崩落的岩石
→~ (trees) 砍伐 // ~-**burst** 一次放炮崩落的岩石
Fellenius method of slices 费伦纽斯条分法
feller 伐木工；伐木机
fell-field 荒高地；寒漠；稀矮植物区
felling 采伐
felloe 圈轮；轮辋；外轮；轮缘
→~ **band** 载重带
felsenmeer 块砾场[德]；残积碎屑[德]；砾原；岩海；石海[德]
felsenrubin 贵榴石[$Fe_3Al_2(SiO_4)_3$]；镁铝榴石 [$Mg_3Al_2(SiO_4)_3$；等轴]；铁铝榴石 [$Fe_3^{2+}Al_2(SiO_4)_3$;等轴]
felsic differentiated intrusion 长英质分异侵入体
→~{quartofeldspathic} **hornfels** 长英角岩 // ~ **index** 长英指数 // ~ **mineral** 长英矿物[C.I.P.W]
felside 无斑浅色霏细岩
felsite 长英岩；霏细岩；砂长石；无斑浅色霏细岩；致密长石
→~ {-}porphyry 霏细斑岩
felsitic 致密的；霏细状；霏细岩的
felsitoid 霏细状岩；似霏细状
felsöbanyaite{felso(e)banyite;felsobanyte} 费羟铝矾[斜方矾石][$Al_4(SO_4)$ (OH)$_{10}$•5H_2O;

斜方]

felsophyre 霏细斑岩；隐晶斑岩

felsophyrite 霏细玢岩

fel(d)spar 长石[地壳中比例高达 60%,成分 $Or_xAb_yAn_z(x+y+z=100)$,Or=$KAlSi_3O_8$、Ab=$NaAlSi_3O_8$、An=$CaAl_2Si_2O_8$。划分为两个类质同象系列:碱性长石系列(Or–Ab系列)、斜长石系列(Ab-An 系列)。Or 与 An 间只能有限地混溶,不形成系列]；长石类

fel(d)spath 长石类

fel(d)spathoid 副长石；类长石；似长石

felstone{felsyte} 致密长石；霏细岩

felt 黏结；制成毡；毛毡；毡
→(asphalt) ～ 油毛毡 // ～ -and-gravel roofing 油毡豆石屋面

felted 具绒毛的

felt filter 毡滤器
→～ finger 毡刷 // ～ seal 毡密封 // ～ -spat 长石类 // ～ tissue 真菌组织

felty{felted} groundmass 毡状基质

fem 铁镁质

female 雌性的；内螺纹的
→～ coupling tap 母锥 // ～ fishing tap 打捞母锥 // -male reducer 两端分别带有内外螺纹的大小头 // ～ packing brass 内填料铜衬套 // ～ {inner;internal} screw 阴螺旋

Fe-Mg-Al-Si{FMAS} system 铁镁铝硅系统

Fe-Mg chlorites 铁镁系绿泥石
→ ～ retgersite 铁镁镍矾 [(Ni,Mg,Fe)SO_4•6H_2O]

femic 高铁镁钙的[矿]；铁镁质
→～ mineral 铁镁矿物 // ～ minerals 含铁和镁的矿物类

femicrite 铁质微晶

femolite 铁辉钼矿[$FeMo_5S_{11}$]

femoral artery 股动脉
→～ scute 股盾[龟腹甲]；股板

femto 毫沙[10^{-15}]；毫微微；飞母托[10^{-15}]
→～- 尘[毫沙,毫微微,10^{-15}]；飞

femtogram 毫微微克

fen 沼泽低地；沼泽群落；低位沼泽；沼；沼泽地；沼泽

fenaksite 铁钠钾硅石[(K,Na,Ca)$_4$(Fe^{2+},Fe^{3+},Mg,Mn)$_2$(SiO$_4$)$_2$(OH,F)]；(硅)铁钠钾石[(K,Na,Ca)$_4$(Fe^{2+},Fe^{3+},Mn)$_2$Si$_8$O$_{20}$(OH,F);三斜]

fence 围栏；电子篱笆；排柱；挡开；篱笆；安全罩；栅栏；雷达警戒网；栅；栅状[图]；防护；围以篱笆；砌挡墙
→～ -back 抽油拉杆的上紧设备 // ～ boom 栅帘撇油器 // ～ diagram 三维地震剖面栅状图；透视断块图；栅状图；格状图解

fenced-off{restricted;closed} area 禁区

fence effect 地网效应

fenchol 葑醇[工业纯]

fenchyl 葑基[$C_{10}H_{17}$]
→～ alcohol 葑醇[工业纯] // ～ xanthate 葑(基)黄(原)酸盐[$C_{10}H_{17}OCSSM$]

fencing 砌挡墙；围栏
→～ crew 栅栏小组[专门构筑管带通过庄园栅栏处临时大门的施工小组]

fencooperite 氯碳硅铁钡石[$Ba_6Fe_3^{3+}Si_8O_{23}$(CO$_3$)$_2$Cl$_2$•H_2O]

fender 护木；护板；排障器；挡(泥)板；煤柱；护舷材；矿柱；防护板；防冲墩；(在)开采间留下薄煤柱
→～ (apron;skirt;board;shield) 挡泥板

---

fenestra[pl.-e] 原生孔隙；沉积岩的缩孔；构造窗；膜孔；窗孔；网格状

fenestral 窗状的；(窗)格状

fenestrated 具窗孔的[动]；网孔{状}的[孢]；穿孔的；假孔粉[孢]

fenestrule 窗孔[苔]

fenetre 蚀窗[法]；构造窗

feng 粉碎机

fengchengite 风城石[$Na_{12}\square_3(Ca,Sr)_6Fe_3^{3+}$ $Zr_3Si(Si_{25}O_{73})(H_2O,OH)_3(OH,Cl)_2$]

fenghuangite{fenghuanglite; fenghuangshi; feng-huang-shih} 凤凰{城}石[(Ca,Ce,La,Th)$_5$((Si,P,C)O$_4$)$_3$(O,OH)]

fengluanite 锑等轴钯金矿；丰滦矿

Fenhosuchus 汾河鳄属[T]

fenite 长霓岩；霓长岩

fenitization{fenitize} 霓长岩化

fenland 排水沼泽；干沼泽；沼泽地

fen{bog} land 沼地

fenny 生于沼泽地带的；多沼泽的；沼泽的

fenol 石炭酸[C_6H_5OH]

Fenopon{|Igepon} A ×洗涤剂[油酸磺化乙酯钠盐;$C_{17}H_{33}$ COOCH$_2$CH$_2$ SO$_3$Na]

fen peat 低位泥炭；沼泥炭
→～ soil 深泽土

fenster{fenêtre;法} 蚀窗；网格状；格子状；蚀穿掩冲体

feralite 铁铝岩

feranthophyllite 铁直闪石[(Fe^{2+},Mg)$_7$(Si$_4$O$_{11}$)$_2$(OH)$_2$;斜方]

ferantigorite 铁蛇纹石[Fe$_2^{2+}$½Fe^{3+}(Si$_4$O$_{10}$)(OH)$_8$;(Fe^{2+},Fe^{3+})$_{2-3}$Si$_2$ O$_5$(OH)$_4$;单斜]

fer(ro)axinite 铁斧石[Ca$_2$Fe^{2+}Al$_2$(BO$_3$)(Si$_4$O$_{12}$)(OH);三斜]

ferberite 钨锰铁矿[(Fe,Mn)WO$_4$]；钨铁矿{石}[Fe^{2+}WO$_4$;单斜]

ferchevkinite 硅钛铈铁矿 [(Ca,Ce,Th)$_4$(Fe^{2+},Mg)$_2$(Ti,Fe^{3+})$_3$Si$_4$O$_{22}$;单斜]

ferchromide 铁三铬矿

ferdisilicite 二硅铁矿[FeSi$_2$;等轴]

Ferganella 费尔干贝属[腕;S-M$_2$]

Ferganiella 费尔干松属[植;T$_3$-N]

ferg(h)anite 钒酸铀矿；磷钒铀矿；水钒锂铀矿；水钒铀矿[(UO$_2$)$_3$(VO$_4$)$_2$•6H_2O]

Ferganoconcha 费尔干蚌属[双壳;J]

ferghanite 水钒锂铀矿；钒酸铀矿

fergusonite 褐钇钽矿 [(TR,Ca,Fe,U)(Ta,Nb)O$_4$]；褐钇铌矿[YNbO$_4$;Y(Nb、Ta)O$_4$;不同产状下,含稀土元素的种类和含量不同,常含铈、铀、钍、钛或钽;四方]
→～-(Nb) 褐钕铌矿；β-褐钕铌矿{褐钕铌矿-β}[(Nd,Ce)NbO$_4$] // -betaβ 褐钇铌矿[β-YNbO$_4$;单斜] // -beta-(Ce) 褐铈铌矿-β[(Ce,La,Nd) NbO$_4$]

β {-}fergusonite-(Ce) β 褐铈铌矿[(Ce,La,Nd)NbO$_4$;单斜]
→～-fergusonite-(Ce) 褐钇铌矿[YNbO$_4$;Y(Nb、Ta)O$_4$;不同产状下,含稀土元素的种类和含量不同,常含铈、铀、钍、钛或钽;四方]

fermi 费米[10^{-13}cm]

Fermi distribution function 费密分布函数
→～ energy 费尔米能

fermium 镄

fermorite 锶砷磷灰石[(Ca,Sr)$_4$(Ca(OH,F)((P,As)O$_4$)$_3$;(Ca,Sr)$_5$(As,P)O$_4$)$_3$F;(Ca,Sr)$_5$(AsO$_4$,PO$_4$)$_3$(OH);六方]；锶磷灰石[(Ca,Sr)$_5$((P,As)O$_4$)$_3$(F,OH);六方]

fern 蕨类；羊齿[植]

→～ allies 拟蕨植物

fernandinite 纤钒钙石[CaV$_2^{4+}$(H$_2$VO$_4$)$_{10}$•4H_2O;CaV$_2^{4+}$ V$_{10}^{5+}$O$_{30}$•14H_2O]

fernico 费镍钴合金
→～ seal 费镍钴焊接点(密封)

fern{sago} palm 苏铁

ferodo 弗罗多闸带料

ferotapiolite 重钽铁矿[Fe^{2+}(Ta,Nb)$_2$O$_6$]

feroxyhyte δ 羟铁矿；六方纤铁矿[Fe^{3+}O(OH)]

ferplazolite 水钙榴石[(Ca,Mg,Fe^{2+})$_3$(Fe^{3+},Al)$_2$(SiO$_4$)$_{3-x}$(OH)$_{4x}$;等轴]

ferral(l)ite 铁铝岩；铁铝土

ferral(l)itization 铁铝土{富}化作用

ferrallite 铁铝岩

Ferraris instrument 费拉里感应测试仪器

ferrarisite 费水砷钙石[Ca$_5$H$_2$(AsO$_4$)$_4$•9H_2O;三斜]

Ferraris table 弗拉瑞斯型摇床
→～ truss 费拉瑞斯型摇动托架

ferrazite 磷钡铅石[(Pb,Ba)$_3$(PO$_4$)$_2$•8H_2O?]

ferreed 铁簧继电器

Ferrel Cell 费瑞圈

Ferrel's Law 费瑞定律
→～ law 费利尔定律

ferreous 铁质的

Ferrero's formula 菲列罗公式

ferret 电子间谍；电磁探测`飞机{车;船}

ferretto{ferrito;feretto} zone 铁质斑点富集带

ferri- 含(正)铁的

ferriallanite-(Ce) 富铁铈褐帘石[CaCeFe^{3+}AlFe^{2+}(SiO$_4$)(Si$_2$O$_7$)O(OH)]

ferriallophanoid 红色黏土

ferrialluaudite 铁磷锰钠石

ferrialunogen 富铁毛矾石

ferriamphibole 高铁闪石

ferrian 含铁的；含高铁的
→～ braunite 铁褐锰矿[常 Fe^{3+}代替 Mn,Fe:Mn=1:5;Mn$_7$SiO$_{12}$] // -cassiterite (含)铁锡石[常 Fe^{3+}代替 Sn,Fe:Sn=1:6;SnO$_2$]

ferri-annite 羟高铁云母；高铁云母；高铁铁云母[K$_2$Fe$_6^{2+}$Fe$_2^{3+}$Si$_6$O$_{20}$(OH)$_4$]

ferri-barrosite 高铁冻蓝闪石

ferribeidellite 铁贝得{拜来}石[(Al,Fe^{3+})$_2$Si$_3$O$_9$•4H_2O]

ferribiotite 铁黑云母

ferribraunite 铁褐锰矿[常 Fe^{3+}代替 Mn,Fe:Mn=1:5;Mn$_7$SiO$_{12}$]

ferric 铁的；正铁的

ferricalcite 硅铈石[(Ce,Ca)$_9$(Mg,Fe^{2+})Si$_7$(O,OH,F)$_{28}$,三方;Ce$_4$Si$_3$ O$_{12}$•3H_2O;(Ce,Ca)$_2$Si(O,OH)$_5$];铈硅石[化学组成十分复杂,大致为 Ce$_4$(SiO$_3$)$_3$]；球菱镁矿[FeCO$_3$]

ferric-cement 高铁水泥

ferric chloride 三氯化铁
→～ citrate 柠檬酸铁 // ～ compound 正铁化合物

ferri-cerolite 铁蜡蛇纹石[nFe_2O_3•MgO•SiO$_2$•2H_2O,式中 $n \geq 0.05$]

ferric facies 铁质相
→～-ferrous equilibrium 高铁亚铁平衡；三价铁二价铁平衡

ferrichinglusuite 铁黑钛硅钠锰矿

ferrichlorite 铁绿泥石

ferrichromspinel 铁铬尖晶石[(Mg,Fe)(Al,Cr)$_2$O$_4$]

ferrichrysocolle 铁硅孔雀石

ferric hydroxide 氢氧化铁
→～ induction 铁磁感应 // ～ ion (三价)铁离子 // ～ iron 三价铁；高价铁

ferri-clinoferroholmquistite 单斜二铁锂闪石[A □ BLi$_2$C(Fe$_3^{2+}$Fe$_2^{3+}$Li) TSi$_8$O$_{22}$(OH)$_2$]

ferri-clinoholmoquistite 斜铁锂闪石[Li$_2$(Fe^{2+},Mg)$_3$Fe^{3+}Si$_8$O$_{22}$(OH)$_2$]

ferri-compound 正铁化合物

ferricopiapite 高铁叶绿矾[Fe^{3+}Fe$_4^{3+}$(SO$_4$)$_6$O(OH)•20H$_2$O；三斜]

ferric oxide 氧化铁[Fe$_2$O$_3$]

ferricrete 铁砾岩；铁质砾岩；铁质壳；铁结砾岩

ferricrust 铁质结壳

ferric salt 铁盐[Fe^{3+}Cl$_3$；六方]
→～ (iron) sarcolite 铁肉色柱石

ferricyanide 铁氰化物

ferride 铁化物

ferridravite 高铁镁电气石[(Na,K)(Mg,Fe^{2+})$_3$Fe$_6^{3+}$(BO$_3$)$_3$Si$_6$O$_{18}$(O, OH)$_4$；三方]

ferrielectrics 亚铁电体

ferriepidote 铁绿帘石

ferrierite 镁碱沸石[2RO•Al$_2$O$_3$•5SiO$_2$,R=Mg:Na$_2$:H$_2$=1:1:1;(Na,K)2MgAl3Si15O36(OH)•9H$_2$O；斜方]；镁钠针沸石

ferrifayalite 涞河矿，莱河石

ferriferous 正(铁)亚铁的；含铁的
→～ augite 斜铁辉石[(Fe^{2+},Mg)$_2$Si$_2$O$_6$；单斜]；铁辉石[Fe$_2^{2+}$(Si$_2$O$_6$)] // ～ fluxing hole 铁质熔洞 // ～ oxide 磁铁矿[Fe^{2+}Fe$_2^{3+}$O$_4$；等轴]

ferriferrous 正(铁)亚铁的
→～ gold sand 含铁砂金

ferrigarnierite 铁暗镍蛇纹石

ferrigedrite 铁铝直闪石[(Fe^{2+},Mg)$_5$Al$_2$(Si$_6$Al$_2$)O$_{22}$(OH)$_2$；斜方]

ferri-gehlenite 铁黄长石[Ca$_2$Fe^{3+}SiO$_7$]；铁方柱石

ferriglaucophane 铁蓝闪石[Na$_2$(Mg,Fe)$_3$Al$_2$(Si$_8$O$_{22}$)(OH,F)$_2$；单斜]

ferri-(-)halloysite 铁埃洛石

ferrihidalgoite 铁砷铝铅矾

ferrihydrate{ferrihydrite} 水铁矿[5Fe$_2^{3+}$O$_3$•9H$_2$O；六方]

ferri-hydroxy-keramohalite 铁羟毛矾石

ferrikalite 水钾铁矾[K$_3$Fe^{3+}(SO$_4$)$_3$•nH$_2$O]

ferrikaolinite 铁高岭石[(Al,Fe)$_2$O$_3$•2SiO$_2$•2H$_2$O]

ferri-(-)katophorite (高)铁红闪石[Na$_2$Ca(Fe^{2+},Mg)$_4$Fe^{3+}Si$_7$AlO$_{22}$(OH)$_2$；单斜]

ferrikerolite{ferrikerolith} 铁蜡蛇纹石[nFe$_2$O$_3$•MgO•SiO$_2$•2H$_2$O,式中 $n \geq 0.05$]

ferrilite{ferrilith;ferrilyte} 铁岩

ferrimag (亚)铁磁合金

ferrimagnetic 铁淦氧磁物(的)

ferrimagnetism 铁磁性；亚铁磁性

ferri-metahalloysite 铁变埃洛石；铁准埃洛石

ferrimolybdite 铁钼华[Fe$_2^{3+}$(MoO$_4$)$_3$•8H$_2$O?]；高铁钼华[Fe$_2$(MoO$_4$)$_3$•8H$_2$O]；水钼铁矿[Fe$_2$O$_3$•3MoO$_3$•8H$_2$O;Fe$_2$(MoO$_4$)$_3$•8H$_2$O]

ferrimontmorillonite 铁蒙脱石[R$_{0.33}$(Al,Mg)$_2$(Si$_4$O$_{10}$)(OH)•nH$_2$O(R^{1+}=Na^{1+},K^{1+},Mg^{2+},Ca^{2+}等)]

ferrimorphic soil 铁成土

ferri-muscovite 铁白云母

ferrinatrite 针钠高铁矾石；淡绿矾[HFe^{3+}(SO$_4$)$_2$•2H$_2$O]；针钠铁矾[Na$_3$Fe^{3+}(SO$_4$)$_3$•3H$_2$O；三方]

ferri(-)orangite 铁橙黄石

ferri-orthoclase 铁正长石

ferri-palygorskite 铁坡缕石

ferri(-)paraluminite 铁副矾石[2Al$_2$O$_3$•SO$_3$•15H$_2$O]；铁丝铝矾

ferri(-)phlogopite 铁金云母 [K(Fe,Mg)$_3$((Al,Si)$_4$O$_{10}$)(OH,F)$_2$]

ferriporphyrin 铁卟啉

ferri-prehnite 铁葡萄石

ferri-purpurite 异磷锰矿

ferripyrin 铁吡啉[比林]

ferripyroaurite 鳞镁铁{铁镁}矿[6MgO•Fe$_2$O$_3$•CO$_2$•12H$_2$O]；铁鳞镁矿

ferripyrophyllite 铁叶蜡石[Fe$_2^{3+}$Si$_4$O$_{10}$(OH)$_2$；单斜]

ferri-richterite 锰亚铁钠闪石

ferrisalites 高铁次透辉石类

ferrisaponite 铁皂石[Fe,Mg 的铝硅酸盐]

ferrisarkolith 铁肉色柱石

ferrisepiolite{ferrisepiolith} 铁海泡石

ferri(-)sericite 铁绢云母 [KAlFe((Si$_3$Al)O$_{10}$)(OH)$_2$]

ferriserpentine 铁蛇纹石[Fe$_2^{3+}$½Fe^{3+}(Si$_4$O$_{10}$)(OH)$_8$;(Fe^{2+},Fe^{3+})$_{2-3}$Si$_2$O$_5$(OH)$_4$；单斜]

ferri-sicklerite 铁磷锂矿[(Li,Fe^{3+},Mn^{2+})(PO$_4$)]；磷锂铁矿[Li(Fe^{3+},Mn^{2+})PO$_4$；斜方]；铁磷锂锰矿；磷铁锂锰矿[LiFe^{2+}PO$_4$；斜方]；磷锂锰矿[Li$_{<1}$(Mn^{2+},Fe^{3+})(PO$_4$)；斜方]

ferrispinel 铁尖晶石[Fe^{2+}Al$_2$O$_4$；等轴]

ferristrunzite 高铁施特伦茨石[Fe^{3+}Fe$_2^{3+}$(PO$_4$)$_2$(OH)$_2$(H$_2$O)$_5$(OH))]

ferris-wheel slurry feeder 轮斗式水泥浆输送机

ferri(-)symplesite 砷铁矿；非晶砷铁石[Fe$_3^{3+}$(AsO$_4$)$_2$(OH)$_3$•5H$_2$O；非晶质]；纤砷铁矿[Fe$_6$(AsO$_4$)$_4$(OH)$_6$•13H$_2$O]

ferrite 纯粒铁；红铝铁矿；褐铁矿[FeO(OH)•nH$_2$O;Fe$_2$O$_3$•nH$_2$O,成分不纯]；高铁酸盐；(亚)铁酸盐；钙铁石[Ca$_2$AlFeO$_5$,因Al$_2$O$_3$ 少,可写为 Ca$_2$Fe$_2$O$_5$]；铁氧体(素质)；铁质岩；铁淦氧(磁体)；富铁沉积；自然铁[Fe,等轴;含少量镍]
→～ garnet 钇钽铁矿[(Y,Fe^{3+},U,Ca)(Ta,Nb)O$_4$；斜方] // ～-graphite eutectoid 铁素体-石墨共析(体) // ～ microwave device 铁氧体微波器件

ferrithorite 铁钍石

ferritic 铁氧体的；铁素体的

ferritin 铁朊；铁蛋白

ferrititanbiotite{ferriwotanite} 铁钛云母 [K$_2$(Mg,Fe^{2+},Fe^{3+},Ti)$_{4-6}$(Al,Ti,Si)$_8$O$_{20}$)(OH)$_4$]

ferritization 褐铁矿化

ferritize 铁素体化

ferritizing annealing 铁素体化的退火

ferritremolite 高(铁)亚铁阳起石

ferritspinel{ferritspinelle} 尖晶石类[R^{2+}Fe$_2$O$_4$]

ferritungstite (高)铁钨华[Ca$_2$Fe$_2^{2+}$Fe$_2^{3+}$(WO$_4$)$_7$•9H$_2$O；等轴]

ferri(-)turquoise 铁绿松石[CuFe$_6^{3+}$(PO$_4$)$_4$(OH)$_8$•4H$_2$O；三斜]

ferriwinchite 高铁蓝透闪石[NaCaMnFe^{3+}(Si$_8$O$_{22}$)(OH,F)$_2$]

ferro(-)actinolite 铁阳起石{铁透闪石}[Ca$_2$Fe$_5^{2+}$(Si$_4$O$_{11}$)$_2$(OH)$_2$；单斜]；低铁阳起石

ferroakermanite 铁(镁)黄长石[Ca$_2$(Fe,Mg)(Si$_2$O$_7$)]

ferroalabandine 铁(-)硫锰矿

ferro(-)alloy 铁合金

ferro(-)alluaudite 磷铁钠石[((Na,Ca)Fe^{2+}(Fe^{2+},Mn,Fe^{3+},Mg)$_2$(PO$_4$)$_3$；单斜]

ferroaluminium 铝铁

ferro-alumino-barroisite 铁铝冻蓝闪石

ferroaluminoceladonite 铁铝绿鳞石[K$_2$Fe$_2^{2+}$Al$_2$Si$_8$O$_{20}$(OH)$_4$]

ferroalumin(i)um 铝铁；铁铝合金

ferroalunogen 铁毛矾石[Al$_2$(SO$_4$)$_3$•18H$_2$O]

ferroamphibole 低铁闪石

ferroan 含二价铁的；含低铁的；含铁的
→～ calcite 含铁方解石；铁方解石[(Ca,Fe)CO$_3$] // ～ dolomite 铁白云石[Ca(Fe^{2+},Mg,Mn)(CO$_3$)$_2$；三方] // ～ lizardite 铁鳞石

ferro-anthophyllite 阳起石[Ca$_2$(Mg,Fe^{2+})$_5$(Si$_4$O$_{11}$)$_2$(OH)$_2$；单斜]；紫苏辉石[(Mg,Fe^{2+})$_2$(Si$_2$O$_6$)]

ferroaugite 富铁辉石；铁普通辉石；铁辉石[Fe$_2^{2+}$(Si$_2$O$_6$)]

ferroaxinite 铁矾石

ferrobabingtonit 硅铁灰石[4CaO•2FeO•Fe$_2$O$_3$•10SiO$_2$•H$_2$O;Ca$_2$(Fe^{2+},Mn)Fe^{3+}Si$_5$O$_{14}$(OH)；三斜]

ferrobarroisite 铁冻蓝闪石[NaCa(Fe^{2+},Mg)$_3$Al$_2$(Si$_7$Al)O$_{22}$(OH)$_2$；单斜]

ferroboron 硼铁(合金)

ferrobrucite 铁羟{水}镁石[5Mg(OH)$_2$•MgCO$_3$•2Fe(OH)$_2$•4H$_2$O]

ferrobustamite 铁硅灰石[CaFe(Si$_2$O$_6$);Ca(Fe^{2+},Ca,Mn)Si$_2$O$_6$；三斜]；铁钙蔷薇辉石

ferrocalcite 铁方解石[(Ca,Fe)CO$_3$]

ferrocarbon 碳铁(合金)

ferrocarbonatite 铁碳酸岩

ferrocarpholite 纤铁柱石[(Fe^{2+},Mg)Al$_2$Si$_2$O$_6$(OH)$_4$；斜方]

ferrocart 纸卷铁粉心

ferroceladonite 亚铁绿鳞石[K$_2$Fe$_2^{2+}$Fe$_2^{3+}$Si$_8$O$_{20}$(OH)$_4$]

ferro-cement agricultural boat 钢丝网水泥农船
→～ corrugated sheet 钢丝网水泥波瓦 // ～ knock down pusher barge 钢丝网水泥分布顶推驳船

ferrochamosite 鲕绿泥石[(Fe,Mg)$_3$(Fe^{2+},Fe^{3+})$_3$(AlSi$_3$O$_{10}$)(OH)$_8$；单斜]

ferrochrome 铬铁合金
→～ slab 铬铁合金板坯

ferrochromite 铬铁矿[Fe^{2+}Cr$_2$O$_4$,等轴；铬铁矿 FeCr$_2$O$_4$、镁铬铁矿 MgCr$_2$O$_4$ 及铁尖晶石 FeAl$_2$O$_4$ 间可形成类质同象系列]

ferro(-)chromium 铬铁(合金)[紫铜]

ferro(-)clinoholmquistite 斜铁锂闪石[Li$_2$(Fe^{2+},Mg)$_3$Al$_2$Si$_8$O$_{22}$(OH)$_2$；单斜]

ferrocobalt 钴铁(合金)

ferrocobaltine{ferrocobaltite} 铁辉钴矿[(Co,Fe)AsS]

ferrocoke 冶金焦；炼铁焦炭
→～ agglomerate 铁焦团矿(块)

Ferro(-)columbite 铌铁{铁铌}矿[(Fe,Mn,Mg)(Nb,Ta,Sn)$_2$O$_6$;(Fe,Mn)Nb$_2$O$_6$;Fe^{2+}Nb$_2$O$_6$;斜方]；铁铌铁矿

ferrocolumbium 铌铁(合金)

ferro-concrete 钢筋混凝土

ferrocopiapite 叶绿矾[R^{2+}Fe$_4^{3+}$(SO$_4$)$_6$(OH)$_2$•nH$_2$O,其中的 R^{2+}包括 Fe^{2+},Mg,Cl,Cu 或 Na$_2$；三斜]；铁叶绿矾

ferrocordierite 铁堇青石[Fe$_2$Al$_3$(Si$_5$AlO$_{18}$);(Fe^{2+},Mg)$_2$Al$_4$Si$_5$O$_{18}$;斜方]

ferrod 铁灰土；铁氧体棒[作磁性天线]

ferrodacite 铁英安岩

F

ferrodiorite 铁闪长岩

ferrodiscus 铁血盘[牙石]

ferrodolomite 铁(质)白云石[Ca(Fe^{2+},Mg, Mn)(CO$_3$)$_2$;三方]

ferro-eckermannite (亚)铁铝钠闪石[Na$_3$ (Fe^{2+},Mg)$_4$AlSi$_8$O$_{22}$(OH)$_2$;单斜]

ferr(-)oedenite 铁浅闪石[NaCa$_2$(Fe^{2+},Mg)$_5$ Si$_7$AlO$_{22}$(OH)$_2$;单斜]

ferroelectric 强电介质
　　→~ domain 电畴 // ~ hysteresis loop 电滞回线 // ~ induced phase transition 铁电体感应相变

ferroelectricity 铁电

ferroelectrics 铁电体；铁电材体{料}
　　→~ with bismuth-containing oxide layer 含铋层状氧化物铁电体

ferrofallidite 水铁矾[Fe^{2+}SO$_4$•H$_2$O;单斜]

ferroferriandradite 铁榴石[Fe$_3^{2+}$Fe^{3+}(SiO$_4$)$_3$]

ferroferrichromite 铬磁铁矿[Fe(Fe,Cr)$_2$O$_4$]

ferroferrimargarite 铁珍珠云母

ferroferrisilicate 铁榴石[Fe$_3^{2+}$Fe^{3+}(SiO$_4$)$_3$]

ferroferrite 磁铁矿[Fe^{2+}Fe$_2^{3+}$O$_4$;等轴]

ferro(-)ferri(-)tschermarkite 复铁钙闪石[Ca$_2$(Fe^{2+},Mg)$_3$Fe$_2^{3+}$Si$_6$Al$_2$O$_{22}$(OH)$_2$;单斜]

ferrofillowite 铁粒磷钠锰矿；铁锰磷矿

ferrofilter 电磁滤器

ferrofluid 铁磁流体

ferrogabbro 铁辉长岩

ferrogarnet 石榴石结构铁氧体

ferrogedrite 铁铝直闪石 [(Fe^{2+},Mg)$_5$Al$_2$ (Si$_6$Al$_2$)O$_{22}$(OH)$_2$;斜方]

ferrogehlenite 铁黄长石[Ca$_2$Fe^{3+}SiO$_7$]

ferrogel 褐铁矿[FeO(OH)•nH$_2$O;Fe$_2$O$_3$•nH$_2$O, 成分不纯]；水赤铁矿[2Fe$_2$O$_3$•H$_2$O]

ferroglaucophane 铁蓝闪石[Na$_2$(Mg,Fe)$_3$ Al$_2$(Si$_8$O$_{22}$)(OH,F)$_2$;单斜]

ferrogoslarite 铁皓矾[(Zn,Fe)(SO$_4$)•7H$_2$O]

ferrogranite 铁花岗岩

ferrogranophyre 铁文象斑岩；铁花斑岩

ferrography 铁粉记录术

ferrogum 橡胶磁铁

ferrohalloysite 铁埃洛石

ferrohalotrichite 亚铁明矾；亚铁毛矾石

ferrohalotriquita 亚铁毛矾石

ferrohastingsite 绿钙闪石[NaCa$_2$(Fe^{2+},Mg)$_4$ Fe^{3+}Si$_6$Al$_2$O$_{22}$(OH)$_2$;单斜]

ferrohedenbergite 低铁镁铁橄榄石；辉石；富铁钙辉石[CaFe(Si$_2$O$_6$)]

ferrohexahydrite 六水绿矾 [Fe^{2+}SO$_4$•6H$_2$O; 单斜]；六水铁矾[Fe$_2^{3+}$(SO$_4$)$_3$•6H$_2$O;单斜]；铁六水泻盐[FeSO$_4$•6H$_2$O]

ferrohogbomite-(2N$_2$S) 富铁黑铝镁钛矿 [(Fe$_3^{2+}$ZnMgAl)$_{26}$(Al$_{14}$Fe^{3+}Ti)$_{216}$O$_{30}$(OH)$_2$]

ferroholmquistite 铁锂闪石[Li$_2$(Fe^{2+},Mg)$_3$ Al$_2$Si$_8$O$_{22}$(OH)$_2$;斜方]

ferro(-)hornblende 铁角闪石 [Ca$_2$(Fe^{2+}, Mg)$_4$Al(Si$_7$Al)O$_{22}$(OH,F)$_2$;单斜]

ferrohubnerite 铁钨锰矿

ferrohumite 铁硅镁石

ferrohydrite 褐铁矿[FeO(OH)•nH$_2$O;Fe$_2$O$_3$• nH$_2$O,成分不纯]

ferrohypersthene 铁紫苏辉石 [(Fe,Mg)$_2$ (Si$_2$O$_6$)]

ferroilmenite 钛铁矿[Fe^{2+}TiO$_3$,含较多的 Fe$_2$O$_3$;三方]

ferro-ilmenitte 铌铁矿 [(Fe,Mn,Mg)(Nb, Ta,Sn)$_2$O$_6$;(Fe,Mn)Nb$_2$O$_6$; Fe^{2+}Nb$_2$O$_6$;斜方]

ferro-johannsenite 铁锰钙辉石 [(NaFe^{3+}, CaMg)Si$_2$O$_6$(式中 NaFe$_3$:CaMg≈4)]

ferrokaersutite 铁钛闪石[NaCa$_2$(Fe^{2+},Mg)$_4$ TiSi$_6$Al$_2$O$_{22}$(OH)$_2$;单斜]

ferrokentbrooksite 铁铌异性石 [Na$_{15}$Ca$_6$ (Fe,Mn)$_3$Zr$_3$NbSi$_{25}$O$_{73}$ (O,OH,H$_2$O)$_3$(Cl,F,OH)$_2$]

ferroknebelite 鳞镁铁矿[6MgO•Fe$_2$O$_3$•CO$_2$• 12H$_2$O]

ferrolazulite 铁天蓝石[(Fe^{2+},Mg)Al$_2$(PO$_4$)$_2$ (OH)$_2$;单斜]

ferrolite 铁岩；铁矿岩

ferrolizardite 铁鳞石

ferroludwigite 硼铁矿[Fe$_2^{2+}$Fe^{3+}BO$_5$,斜方; (Fe,Mg)$_2$Fe^{3+}BO$_5$]

ferromagnesia-bearing 含铁镁的

ferromagnesian 铁镁质
　　→~ (mineral) 铁镁矿物[C.I.P.W] // ~ index 铁镁指数 // ~ mineral 硅酸盐铁镁矿

ferromagnesians 硅酸盐铁镁矿物类

ferromagnesiochromite 镁铁铬铁矿[(Fe, Mg)Cr$_2$O$_4$]

ferromagnesite 菱铁镁矿[(Fe,Mg)(CO$_3$)]；铁菱镁矿[(Fe,Mg)CO$_3$]

ferromagnet 铁磁体

ferromagnetic 强磁性的
　　→~ elementary unit 铁磁元单位 // ~ resonance 铁磁共振

ferromiyashiroite 宫代铁铝钠闪石

ferromolybdite 低铁钼华；铁钼华[Fe$_2^{2+}$ (MoO$_4$)$_3$•8H$_2$O?]

ferromontmorillonite 绿脱石 [Na$_{0.33}$Fe$_2^{3+}$ ((Al,Si)$_4$O$_{10}$)(OH)$_2$•nH$_2$O;单斜]；铁蒙脱石 [R$_{0.33}^{1+}$(Al,Mg)$_2$(Si$_4$O$_{10}$)(OH)$_2$•nH$_2$O(R^{1+}=Na^{1+}, K^{1+}, Mg^{2+}, Ca^{2+}, Fe^{2+}等)]

ferromuscovite 铁白云母

ferron 试铁灵

ferronatrite 针钠低铁矾；针钠铁矾[Na$_3$ Fe^{3+}(SO$_4$)$_3$•3H$_2$O;三方]

ferronemalite 铁纤水滑石[(Mg,Fe)(OH)$_2$]

ferronickel 镍铁(合金)

ferro-nickel 镍铁合金

ferronickelplatinum{ferronickel platinum} 铁镍铂矿[Pt$_2$FeNi]

ferro(-)niobite 铁铌铁矿

ferronordite-(Ce) 铁硅钠锶铈石[Na$_3$SrFeSi$_6$ O$_{17}$;Na$_3$SrCeFe^{2+}Si$_6$O$_{17}$]；硅铁锶镧钠石 [Na$_3$Sr(La,Ce)FeSi$_6$O$_{17}$]

ferro-orthotitanate 钛铁晶石[TiFe$_2^{2+}$O$_4$;等轴]

ferropallidite 一水铁矾；水铁矾[Fe^{2+}SO$_4$• H$_2$O;单斜]

ferroparaluminite 铁副矾石[2Al$_2$O$_3$•SO$_3$• 15H$_2$O]

ferropargasite 铁韭闪石[NaCa$_2$(Fe^{2+},Mg)$_4$ Al(Si$_6$Al$_2$)O$_{22}$(OH)$_2$;单斜]

ferropericlase 镁方铁矿[(Mg,Fe)O]；铁方镁石[(Mg,Fe)O]

ferrophengite 铁多硅白云母

ferrophlogopite 铁金云母[K(Fe,Mg)$_3$((Al, Si)$_4$O$_{10}$)(OH,F)$_2$]

ferrophosphorous{ferro-phosphorus} 磷铁(合金)

ferropickeringite 铁镁明矾 [(Fe,Mg)Al$_2$ (SO$_4$)$_4$•19.6H$_2$O]

ferropicotite 铁铬尖晶石[(Mg,Fe)(Al,Cr)$_2$O$_4$]

ferro-picotite 铁尖晶石[Fe^{2+}Al$_2$O$_4$;等轴]

ferropigeonite 铁易变辉石

ferroplatinum 铁铂矿[PtFe;四方]

ferroplumbite 铁铅矿；铅铁矿[PbFe$_4^{3+}$O$_7$; 三方]

ferroprehnite 铁葡萄石

ferropseudobrookite 月铁板钛矿

ferropumpellyite 铁绿纤石[Ca$_2$Fe^{2+}Al$_2$(SiO$_4$) (Si$_2$O$_7$)(OH)$_2$•H$_2$O; 单斜]

ferropyrin 铁吡啉{比林}

ferropyroaurite 铁水镁石 [5Mg(OH)$_2$• MgCO$_3$•2Fe(OH)$_2$•4H$_2$O]；低铁碳镁石；铁羟镁石

ferroresonance 铁磁共振

ferroresonant computing circuit 铁共振计算线路
　　→~ flip-flop 铁谐振触发器

ferrorhodochrosite 杂水铁锰矿；铁菱锰矿

ferrorhodsite 硫铑铜铁矿[(Fe,Cr)(Rh,Pt, Ir)$_2$S$_4$]

ferrorichterite 铁钠透闪石[NaCa$_2$(Fe^{2+}, Mg)$_5$AlSi$_8$O$_{22}$(OH)$_2$;单斜]

ferroro(e)merite 亚铁铁矾；粒铁矾[Fe^{2+} Fe$_2^{3+}$(SO$_4$)$_4$•14H$_2$O;三斜]

ferrorosemaryite 磷铝多铁钠石[(NaFe^{2+} Fe^{3+}Al(PO$_4$)$_3$]

ferrosalite 低铁次辉石[Ca(Mg,Fe)(Si$_2$O$_6$)]；亚铁次(透)辉石

ferrosaponite 铁皂石[Ca$_{0.3}$(Fe^{2+},Mg,Fe^{3+})$_3$ (Si,Al)$_4$O$_{10}$(OH)$_2$•4H$_2$O]

ferroschallerite 红硅铁锰矿

ferroselite 白硒铁矿[FeSe$_2$;斜方]

ferrosepiolite 铁海泡石 [(Fe^{3+},Fe^{2+},Mg)$_4$ ((Si,Fe^{3+})$_6$O$_{15}$)(O,OH)$_2$•6H$_2$O]

ferrosilicine 硅铁

ferrosilicite 铁辉石[Fe$_2^{2+}$(Si$_2$O$_6$)]；正斜铁辉石类

ferrosilicium 硅铁矿[FeSi;等轴]

ferrosilite 铁辉石[Fe$_2^{2+}$(Si$_2$O$_6$)]

ferroskutterudite 铁方钴矿[(Fe,Co)As$_3$]

ferrosmithsonite 铁菱锌矿[(Zn,Fe^{2+})(CO$_3$)]

ferrospinel 铁尖晶石[Fe^{2+}Al$_2$O$_4$;等轴]

ferrosteel 钢性铸铁

ferrostibianite 锑铁锰矿[由 MnO,FeO,Sb$_2$ O$_5$,(Mg,Ca)CO$_3$,SiO$_2$, H$_2$O 等组成]；硅锑锰矿 [(Mn^{2+},Sb^{3+})$_4$(Mn^{4+},Fe^{3+},Mg)$_3$SiO$_{12}$(近似);(Mn^{2+},Ca)$_4$(Mn^{3+},Fe^{3+})$_9$SbSi$_2$O$_{24}$;三方]；低铁棕锑矿

ferrostrunzite 铁施特伦茨石 [Fe^{2+}Fe$_2^{3+}$ (PO$_4$)$_2$(OH)$_2$•6H$_2$O]

ferrotaaffeite-2N$_2$S 铁塔菲石 [Be(Fe,Mg, Zn)$_3$Al$_8$O$_{16}$]

ferrotantalite 低铁钽矿 [Fe:Mn>3:1;(Fe, Mn)Ta$_2$O$_6$;(Fe,Mn)(Ta,Nb)$_2$O$_6$]；钽铁矿[(Fe, Mn)Ta$_2$O$_6$;Fe^{2+}Ta$_2$O$_6$;斜方]

ferrotapiolite 重钽铁矿 [FeTa$_2$O$_6$, 常含 Nb、Ti、Sn、Mn、Ca 等杂质；Fe^{2+}(Ta,Nb)$_2$O$_6$; 四方]

ferrotellurite 铁黄碲矿[TeO$_2$,含有铁质; FeTeO$_4$]

ferro(an)thophyllite 铁直闪石[(Fe^{2+},Mg)$_7$ (Si$_8$O$_{11}$)(OH)$_2$;斜方]

ferrothorite 铁钍石

ferrotitanite 钛榴石 [Ca$_3$(Fe^{3+},Ti)$_2$((Si,Ti) O$_4$)$_3$(含 TiO$_2$ 约 15%~25%);等轴]；铁榍石 [(Ca,Fe)TiSiO$_5$]

ferrotitanium 钛铁(合金)

ferrotitanowodginite 铁钛钽矿[Fe^{2+}TiTa$_2$O$_8$]

ferrotremolite 铁阳起石[Ca$_2$Fe$_5^{2+}$(Si$_4$O$_{11}$)$_2$ (OH)$_2$;单斜]；铁透闪石[Ca$_2$Fe$_5$(Si$_4$O$_{11}$)$_2$ (OH)$_2$]

ferrotschermakite 铁钙闪石[Ca$_2$(Fe^{2+},Mg)$_3$ Al$_2$(Si$_6$Al$_2$)O$_{22}$(OH)$_2$;单斜]

ferrotungspath 钨铁矿[Fe^{2+}WO$_4$;单斜]

F

ferrotychite 碳铁钠矾[$Na_6Fe_2(SO_4)(CO_3)_4$]；硫碳铁钠石

ferrotype 铁板照相

ferrotyping 上光

ferrous (metal) 黑色金属
→～ ferric lazulite 复{重}铁天蓝石[$Fe^{2+}Fe_2^{3+}(PO_4)_2(OH)_2$;单斜] // ～ ferric oxide 磁铁石[$Fe^{2+}Fe_2^{3+}O_4$;等轴] // ～ riebeckite 亚铁钠闪石[$Na_3(Fe^{2+},Mg)_4Fe^{3+}Si_8O_{22}(OH)_2$;单斜]

ferro(-)vanadium 钒铁(合金)

ferrovonsenite 铁硼铁矿

ferrowagnerite 铁氟磷镁石

ferrowinchite 铁蓝透闪石[$NaCa(Fe^{2+},Mg)_4AlSi_8O_{22}(OH)_2$;单斜]

ferrowolframite 钨铁矿[$Fe^{2+}WO_4$;单斜]

ferrowollastonite 铁硅灰石[$CaFe(Si_2O_6)$; $Ca(Fe^{2+},Ca,Mn)Si_2O_6$;三斜]

ferrowyllieite 磷铝铁钠石[[(Na,Ca,Mn)(Fe^{2+},Mn)(Fe^{2+},Fe^{3+},Mg) Al(PO_4)_3$;单斜]

Ferroxcube 铁氧体软磁性材料

ferrozincite 铁红锌矿[由 Fe_2O_3 和 ZnO 组成]；锌铁尖晶石[$(Zn,Mn^{2+},Fe^{2+})(Fe^{3+},Mn^{3+})O_4$;等轴]

ferrozinkite 锌铁尖晶石 [$(Zn,Mn^{2+},Fe^{2+})(Fe^{3+},Mn^{3+})_2O_4$;等轴]

ferrsilicon 杂等轴正方硅铁矿

ferrtungstite 高铁闪石

ferruccite 氟钠铍石；氟硼钠石[$NaBF_4$;斜方]

ferruginous 含铁的；铁质的
→～ bauxite 铁矾土[主要成分:一水硬铝石、三水铝石、一水软铝石,还有蛋白石、赤铁矿、高岭石等] // ～ chert 铁质燧石 // ～ flint 铁石英[因含铁而呈黄色或褐色;SiO_2] // ～ opal 铁蛋白石[因含有铁氧化物而呈黄色或褐色;$SiO_2 \cdot nH_2O$] // ～ outcrop of a lode 矿脉含铁露头 // ～ quartz 铁石英[因含铁而呈黄色或褐色;SiO_2]

ferrum 铁[拉]

ferrus 二价铁(的)

ferry 非端铜镍(合金)；空运；摆渡
→～ crossing 津 // ～ terminal 车船联运港

fersilicite 硅铁矿[FeSi;等轴]

Fersman 费尔斯曼

fersman(n)ite 硅钠钛石；硅钠钛钙石[$(Ca,Na)_4(Ti,Nb)_2Si_2O_{11}(F,OH)_2$;三斜]；硅钛钙石[$Ca_4Na_2Ti_4Si_3O_{18}F_2$]

fersmite 铌钙矿[$(Ca,Ce,Na)(Nb,Ta,Ti)_2(O,OH,F)_6$;斜方]

fertile 受孕的；多产的；富饶的；肥沃的；能生育的；可繁殖的；丰产的；有果实的

fertiliser 肥料

fertility 肥沃；滋养度[海]；土壤；肥力；出生率
→～ and mortality 出生率与死亡率 // ～ power of soil 地力

fertilization 施肥；受精(作用)；土壤改良

fertilizer 肥料
→～ mineral 矿物肥料 // ～ minerals 化肥原料矿产 // ～-type explosive 肥料型{粒级}炸药

Ferungulata 猛兽蹄兽组；具蹄类[包括食肉类及有蹄类]

ferungulata 有蹄兽类

ferutite 镧铀钛铁矿[(La,Ce)(Y,U,Fe^{2+})(Ti,Fe^{3+})_{20}(O,OH)_{38}$;三方]；钛铁铀矿[$(Ti,U)O_2 \cdot UO_3(Pb,Fe)O \cdot Fe_2O_3$]

feruvite 钙黑电气石[$CaFe_3(Al,Mg)_6(NO_3)_3Si_6O_{18}(OH)_4$]

fervanite 水钒铁矿[$Fe_4^{3+}(VO_4)_4 \cdot 5H_2O$;单斜]；水钒铀矿[$(UO_2)_3(VO_4)_2 \cdot 6H_2O$]

Fe-saponite 铁皂石[Fe,Mg 的铝硅酸盐]

fescue 羊茅

Fe-sicklerite 磷锂铁矿{铁磷锂矿}[$Li(Fe^{3+},Mn^{2+})PO_4$;斜方]

Fe-spodumene 铁锂辉石 [$LiAl(Si_2O_6)$,含有铁质]

festoon 曳裂弧
→～ hanging 垂吊 // ～ islands 花环列岛 // ～ of islands 列岛 // ～ pine 岩翠柏

fet 喷出口

f(o)etalization 胎儿化(作用)

fetch 受风距离；使得；往程；拿；绕道而行；取物；风区；推导出；风波区；给以(一击)；风浪区；风距；到达；吸引；读取
→～ length 吹程[波的]；风吹水面幅度 // ～ limited 有限风区

fetia 硫化氧气味的

fetid 有臭(蛋)味的；有硫化氢味的；恶臭的
→～ calcite 臭方解石 // ～ fluor 紫萤石[CaF_2]；呕吐石

fettbol 硅绿脱石

fettelite 弗硫砷汞银矿[$Ag_{24}HgAs_5S_{20}$]

fetter 喷洗装置

fettle 铲除(冲天炉内壁的)渣子；清理(铸件)；修炉；状态(良好)

fettling 清扫巷道；修整铸件；修补(炉子)
→～ magnesite grain 冶金镁砂 // ～ material 补炉材料 // ～ {dressing} room 清砂工段

feu 基岩层；永租地(权)；黏土层；下伏岩石；下伏岩层

feuerblende 火硫锑银矿[Ag_3SbS_3]

feuermineral 火红矿

feueropal 透橙蛋白石

feuerstein 火石；燧石

feugasite 八面沸石[$(Na_2,Ca)Al_2Si_4O_{12} \cdot 8H_2O$;等轴]

feurstein 燧石[德]

FFI{free(-)fluid index} log 核磁测井

FFP 终流压；浮洗(选矿)法

fiamme 火焰石

fianelite 费水钒锰矿[$Mn_2^{2+}V^{5+}(V^{5+},As^{5+})O_7 \cdot 2H_2O$]

fiard 低峡湾；低浅峡湾；伏崖谷
→～ coast 峡江(海)岸

fiasconite 钙白碧玄岩；钙长榴橄(榄)玄武岩

fibber 撒小谎者

fiber 羽针；纤维；力量；微丝；性格；纹理；结构
→～ (board) 纤维板

fiberation 纤维性

fiber content of ore 含棉率

fiberglass pipe 玻璃纤维管
→～ reinforced gypsum 纤维玻璃增强石膏

fiber in combination 连生纤维
→～-increasing coefficient 增棉系数

fiberization 纤维化

fiber optic cable 光纤电缆
→～-optic cable 光缆 // ～ plaster 纤维石膏[$CaSO_4 \cdot 2H_2O$]

fiberscope 纤维镜

fiber size for textile 纺织型浸润剂
→～ spacing mechanism 纤维间距理论 // ～ strain meter 纤维式应变仪 // ～ stress 顺纤维方向应力

fibre fascicle 羽疑[册]
→～ fascicles 羽簇[册] // ～ gear 树脂纤维齿轮；胶木齿轮

fibreglass 玻璃纤维

fibre optics 光纤；光导纤维
→～ reinforced cement 纤维增强水泥 // ～ setting 定形

fibril 原纤维

fibrist 低分解有机土

fibroblastic 纤维变晶状(的)
→～ texture 纤变晶结构

fibroferrite 纤铁矾[$Fe^{3+}(SO_4)(OH) \cdot 5H_2O$;单斜]

fibrolite 硅线石[$Al_2(SiO_4)O;Al_2O_3(SiO_2)$]；发矽线石；矽线石[$Al_2(SiO_4)O$;斜方]；细矽线石；细硅线石

fibroma 纤维瘤

fibro-palagonite 纤橙玄玻璃

fibrosarcoma 纤维肉瘤

Fibrostroma 纤层藻属[Z]

fibrosum 石膏[$CaSO_4 \cdot 2H_2O$;单斜]

fibrous 纤维状(的)
→～ asbestos 石棉纤维 // ～ barite 纤重晶石[$BaSO_4$] // ～ brucite 纤维状水镁石[$Mg(OH)_2$] // ～ calcite 纤维状方解石 // ～ gypsum 纤石膏[$CaSO_4 \cdot 2H_2O$] // ～ gypsum{plaster} 纤维石膏[$CaSO_4 \cdot 2H_2O$] // ～ limonite 纤褐铁矿 // ～ zeolite 杆沸石[$NaCa_2(Al_2(Al,Si)Si_2O_{10})_2 \cdot 5H_2O;NaCa_2Al_5Si_5O_{20} \cdot 6H_2O$;斜方]

fichtelite 费希德尔石[$C_{18}H_{32}$]；澳松石；朽松木烷；菲希特尔石；枞脂石；斐希德尔石[$C_{18}H_{32}$]；白脂晶石[$C_{19}H_{34}$;斜方]

ficinite 磷铁锰矿[$(Mn^{2+},Fe^{2+},Ca,Mg)_3(PO_4)_2$;单斜]；类磷铁锰矿；紫苏辉石[$(Mg,Fe^{2+})_2(Si_2O_6)$]

Fick's first law 斐克第一定律
→～ law of diffusion 斐克扩散(定律)

Ficophyllum 榕叶

fictile 顺从的；陶器的；黏土制的；可塑造的；陶制品；陶土制的；陶器；陶瓷的；塑造物

fictitious 虚构的；虚拟的；假想；想象的；假想的；非真实的
→～ date 假年龄

fictive density 假定密度
→～ molar volume 虚摩尔体积

Ficus 榕属[K_2-Q]；琵琶螺属[腹;E-Q]

fiddle 台座
→～ drill 弓形钻

fidelity 保真度；逼真度；精确度
→～ species 确限种

fido 消雾术

fiducial 时间标记；可靠的；确定的；参考点；有信用的
→～ distribution 置信分布

fiedlerite 水氯铅石[$Pb_3(OH)_2Cl_4$;单斜];水氯铅矿；羟氯铅石

field 油气田；视野；场地；场；野外；符号组；方面；字段；领域；活动范围；矿场；野外的；范围；信息组；现场；域；界；冰被山原；原野
→～ (mine;mineral) ～ 矿区；油田 // (ore;area) ～ 矿田；视界 // ～ application 矿场条件下使用 // ～ barrier 两矿间的分

界煤柱

fieldbotn 冰蚀高地{原}[挪]

field butanes 矿物气体处理厂产品[由天然气中回收的凝析油]

→~ classification 野外分类[化石、矿物、岩石等];野外初步鉴定//~ development well 生产井;(油田)开发井;探边井//~ effect-transistor 场效应(晶体)管//~ elbow 工地制造的弯头//~ gauger 矿区油罐检测员//~ going to water 开始水淹的油田;开始积水的矿床//~ guidebook 野外指南书

fieldite 杂黝铜矿[((Cu,Fe)$_{12}$Sb$_4$S$_{13}$,不纯];黝铜矿[Cu$_{12}$Sb$_4$S$_{13}$,与砷黝铜矿(Cu$_{12}$As$_4$S$_{13}$)有相同的结晶构造,为连续的固溶系列;(Cu,Fe)$_{12}$Sb$_4$S$_{13}$;等轴]

field joint 现场连接接头

→~ {cultivated;agricultural} land 耕地//~ life 煤田(开采)寿命;矿区开采年限;矿床(开采)寿命//~ of force 力场//~ reversal (地)磁场倒转//~ scale pumping equipment 现场使用的泵设备//~ shop 矿场附设工厂//~ spectral information 野外光谱资料//~ stone 散石//~{in-situ} stress 原岩应力//~ system 野外勘探系统//~ time break 现场起爆信号[震勘]//~ unitization 油田联合开采{经营}//~ washer 采矿工作面洗矿装置//~ which is not arable 石田

fieldwide calibration 油田范围(测井)刻度

→~ log evaluation 油田范围测井评价//~ simultaneous injection 全油田同时注入{水}//~ voidage 全油田亏空(体积)

field{exciting} winding 励磁线圈

→~ winding 磁场绕组

fieldwork 野外工作

→~ work{service;operation} 野外作业

fierceness 猛度

fiery 火爆

→~{closed-lamp;gassy} colliery 瓦斯煤矿//~ heap 自燃矸(碎)石堆//~{foul} mine 易发生爆炸事故的矿山;多粉尘矿//~{gaseous;safety-lamp} mine 瓦斯矿井

fifth industry 第五产业

→~ tier concaves 第五圈机架衬板//~ wheel 牵引盘//~ zinc cleaner cell 锌五次精选槽

figuline 瓷土[Al$_2$O$_3$•2SiO$_2$•2H$_2$O];(塑性)陶土[Al$_4$(Si$_4$O$_{10}$)(OH)$_8$; Al$_2$Si$_2$O$_5$(OH)$_4$]

figurative bioturbation structure 象形生物搅动构造

→~ constant 象征常量

figure 数值;花纹;(溜冰、飞行等)花式;扮演;图示;人物;形象;估计;位数;图;附图;姿态;图案;考虑;图解;形状;出现;想象;线条;图表;价格;计算;特技

→(accompanying) ~ 插图;图形;数字//~ caption 图名{题}

figured 图示的;图解的

→~ contour 标明数字的等值线

figure-eight blank 眼圈盲板

figure in stone 石像

→~ of merit 优值;品质因数;优质因数;性能系数;最优值;品质因素 声光优值//~ merit of acoustooptic material 声光优值//~ of mine work schedule 矿山工程进度计划//~ of speech 谎话{言}//~ shift

变换符号//~ stone 寿山石[叶蜡石的致密变种;Al$_2$(Si$_4$O$_{10}$)(OH)$_2$]//~{pagoda} stone 冻石[Al$_2$(Si$_4$O$_{10}$)(OH)$_2$]

Fijian soapstone 斐济{吉}皂石[Mg$_3$(Si$_4$O$_{10}$)(OH)$_2$]

filae 间线

filament 丝;花丝;长纤维;丝极;游丝;仪器中的弹簧;单丝;阴极;线;纤维;丝状体[藻]

→(cathode) ~ 灯丝

filamentary nebula 纤维(状)星云

filament attenuation tension 成形张力[纤]

→~ bombardment 冲击灯丝

filamented flow 丝状流;细流

→~ pahoehoe 细丝状熔岩

filament emission unit 灯丝发射部件

→~ of oil 石油束

filar guide 宝石导丝器

Filarisestheria 似线叶肢介属[K]

filar micrometer 动丝测微计

filatovite 费拉托夫石[K((Al,Zn)$_2$(As,Si)$_2$O$_8$)]

filbert 榛

filbore 基础轴承

filed can dump (装)油听堆栈;听装油堆

file dust 锉屑

filemot 褐色;枯叶色

file out 锉出;陆续退出

→~ protect 保险器//~ reel 一盘文件带;送带盘

Filetto Rosso 红线米黄[石]

filibranchiate (type) 丝鳃型

filicales 蕨目;蕨类植物

filicane 绵马烷

Filices 真蕨纲

filicic acid 绵马酸

filiform 毛细管状;发状;纤维状(的);丝状

→~ lapilli 火山毛

filing 削;(文件的)整理汇集;锉屑;存档;磨

→~ interval 充填步距//~ machine 锉床//~ valve 充液阀

filipstadite 菲利普锑锰矿[(Mn,Mg)$_2$(Sn$_{0.5}^{5+}$,Fe$_{0.5}^{3+}$)O$_4$]

fill 盛满;加注;塞满;普及;供应;弥漫;满足;筑堤;淤淀;填充物;灌;补缺;装车;填空;加负荷;注入;装料;充填料;淤积(河流);充填(洞穴);装[车]

fill (construction) 填方;装满;填塞;填充;装填;充满

fillability 满斗率

→~ (factor) 装满系数

fill a prescription 配方

→~ block 衬块//~ by gravity 自流灌装//~-cored esker 冰碛核蛇丘

(earth)fill{clay;earth(-fill(ed))} dam 土坝

fill dam 堆筑坝

filled 装满的

→~ stone 填衬石块;填石//~ stull stope 横撑支柱充填采矿法//~ timber crib 填石木垛

filler 装油管;钢丝绳股间填隙的细钢丝;填料;装煤工;填充物;进料器;充填物;充填器;充填工;充填材料;填泥[涂];(进位)填充数;淤积湖的河流

→~ (piece) 垫片

fillet 内圆角;镶;凹楞;痕迹;嵌条;圆角;倒角;整流带;用带缚住;轴肩;承托

→~ (weld) 角焊缝

filleted corner 内圆角

fillet gage 圆角规

→~ gutter 狭条水槽//~ lightning 带状闪电;带闪//~ saw 割石手锯//~ weld 条焊//~ welding 角焊[Hg$_2$Cl$_2$]//~ welding{weld} 填角焊

fill excavation 充填挖掘

→~ factor 装满系数;充满系数;填穴因数//~{stacking} factor 占空因数//~ in 插进

filling(-in) 充填;装填;填方;加负荷;开炉装料;灌;存储容量;填塞;中心增压;注;充气;装药;装炉;填土;填塞物

filling (compound;agent) 填料;充填剂;填充物;装满;填充

→~ agent{material} 填充剂

fill in gap 垫

filling area 充填区

→~ deposit 充填矿床

(petrol-)filling{fuel;refuelling;bunkering; marketing;service} station 加油站

filling suction 灌注吸入

fill in the blanks (in a test paper) 填充

fillister 凹槽;开槽;凹刨

→~ head 凸圆头//~ head set screw 有槽凸圆头定位螺钉

fill material 充填物料;填土

→~ (ing){loading;weighing;packing} material 填料//~(ing) {packing;compaction;stowing} material 充填材料//~(ing) {stowing} material 充填物

fillowite{fillouite} 粒磷(钠)锰矿[H$_2$Na$_6$(Mn,Fe,Ca)$_{14}$(PO$_4$)$_{12}$•H$_2$O;单斜];锰磷矿

fill pass 充填天井;充填溜眼

→~ pass{raise} 充填井//~(ing) percentage 装满系数

Fill Pit operation 填坑开采法

fill plug seal 填塞密封

→~(ing){backfilling} raise 充填天井

(rock-)fill raise 充填用天井

fill-raise 充填天井

fill river terrace 填积河阶

→~ rock 充填料

fillstrath terrace 淤积蚀低阶地

fill strath terrace 积蚀阶地

→~ toe 堆积底

filltop terrace 原沉积顶阶地

fill top terrace 填积面阶地

→~ type dam 填筑式坝

fillup 填补

fill up 注水;充填

→~-up 填砂量;水泥返高;灌注;填满;砂堵;充填量

film 树脂渗浸纸;影片;薄膜;摄制影片;薄层;膜;静电涂油;夹矿土[薄页]

→~ coefficient of heat transfer 膜传热系数//~ crust 薄冰层[雪上]//~ drive 胶片传动机械

film heat-transfercoefficient 膜(片)传热系数

filming 摄影;生膜;镀膜

→~ direction 照相方向[地震剖面显示术语]

film integrated circuit 膜集成电路

filmistor 薄膜电阻

film loader 胶片盒

film-sizing table 薄膜分级式淘汰盘

films perthite 薄膜状条纹长石

film strength 膜强度
→~ strength additive 增加膜强度的添加剂

filmy aggregate 被膜状集合体

filosus 毛状云

filt 滚筒采煤机调头割煤

filter 滤除；薄色镜；渗入；滤；滤子；滤清；滤器；滤片；滤掉；滤层；吹松区[过滤机]；渗滤；滤波；过滤

filter (bed) 滤池

filterableness 过滤性；可滤性

filter aid 过滤用硅藻土
→~-aids 助滤剂//~{permeable;pervious} bed 渗透层//~ disc{element} 滤片{盘}//~ discharge pit 滤液排出池//~ drive gear worm and housing 过滤机驱动齿轮、涡轮和外壳

filtered air helmet 过滤空气面具

filter{filtering} element 滤芯
→~ element longevity 过滤元件寿命//~ feeder 食悬浮生物的动物//~ fly 滤程//~ geophone selection 检波器滤波选择

filtering 渗透；滤除
→~ and gentrification 过滤和贵族化//~ fineness 过滤细度//~ membrane 过滤膜//~ radiation 滤过辐射

filter layer{material} 反滤层
→~ leaf 滤叶//~ stone 滤石

filthy 污秽；矿内气体；肮脏的；污浊；丑恶的

filtrate 渗流；滤出液；滤清；过滤；滤液；渗入；滤波
→(mud) ~ 泥浆滤液//~ density 速液密度

filtrated stock 过滤母液

filtrate factor 滤液因素
→~-invaded zone 泥浆滤液侵入带

filtrating area 过滤区

filtration 渗流；筛选；滤清；过滤；泥浆失水量；滤除；渗滤；渗透；失水量；滤波；失水[泥浆]

filtrational resistance 渗滤阻力；渗流阻力

filtration characteristics 渗失特性
→~ differentiation 滤过分异；压滤分布{异}[岩浆]

filtrator 过滤仪；过滤器

Filtrol 菲特罗牌膨润土

filtros 滤石

filtry{filty} 矿井瓦斯

filum aquae 主溜线[河流]

Fimbria 缨边蛤属[双壳;J-Q]

fimbriae 散毛；边缘细刺[腕]；有毛缘的

fimbrial vein 边脉

Fimbristylis 飘拂草(属)[Cu 示植]

fimetarius 粪生的

fimmenite 含孢子泥炭；泥炭样花粉团

fin 散热(冷却)片；鳍状物；鳍；五美元钞票；尾翼；翅(片)；裂缝；周缘翅片[铸件的]
→~{flap} 舵[火箭]

final 决赛；决定性的；最后的；最终的
→~{finished} concentrate 最后精煤{矿}//~{post} filter 终滤器//~ flow 终流动//~ flowing pressure 终流压//~ grinding product 最终磨矿产品//~ manuscript 清绘原图；出版原图//~ (open-)pit boundary 最终露天矿边界//~ pit slope 露天采矿场边坡//

rejects{tailings} 最终尾矿//~ setting time 水泥的终凝时间//~ sinter to blast furnace 最终烧结矿送高炉//~ survey stage 定测阶段；终测阶段

finance 金融；收入；接济；出钱给；财力；筹措资金
→(public) ~ 财政//~ bill 融通票据

financial affairs 财务
→~ analysis 财务分析

financing 筹资；供给资金；资金筹措；筹措资金
→~ and administrative cost 理财及管理成本

finandranite 钾微斜闪正长岩

finbotantalite 重钽铁矿 [FeTa$_2$O$_6$, 常含 Nb、Ti、Sn、Mn、Ca 等杂质；Fe^{2+}(Ta,Nb)$_2$O$_6$；四方]

finchenite 凤城矿；凤凰石[(Ca,Ce,La,Th)$_5$((Si,P,C)O$_4$)$_3$(O,OH)]；针铈磷灰石

find 形成；得到；找到；判定；供给；出现；筹集；觉得；新油田；发生；断定；达到[自然地]

F{fractured} indentation 破裂压痕

finding 定位；寻找；测定；裁决；选择；找到；探测；搜索
→~ cost 找油气成本

find meteor 寻获陨石
→~{bottom} out 探明//~ out 追究；弄清(楚)；计算出//~{search} out 找出

fine 精细的；尘[毫沙,毫微微,10^{-15}]；变纯；纯粹；细小(的)；美好的；罚款；澄清；月尘；优质的；优良；精密；细的；稀薄的；灵敏的
→~ (grained) 细粒的；粉矿；微粒；粉煤//~ axed stone finish 细剁石面//~ coloring (dip) pattern 细色(地层倾角)模式//~ crushed ore 细碎矿//~ feldspathic quartzarenite 细粒长石石英净砂岩//~ grade 二级精度//~-grained graphite 微粒隐晶质石墨//~ graphite 细石墨//~ grinding{comminution} 细磨//~-leaved heath 细叶欧石南

finely banded coal 薄条带状煤；细条带煤
→~-divided mineral admixture 细磨矿物掺和料//~ divided ore 粉矿//~ ground ore 细磨矿石

fine magnetite concentrate 细粒磁铁精矿
→~-material load 微细物质载荷[河流的]//~ mesh 小网眼筛机；细网目；细孔[腕]//~-mesh 细眼网目

fine{close}-meshed 细粒的；细筛孔的；细网目{眼}的；细孔的

fine mesh screen 高目数筛网
→~ middling 末中矿(煤)

fineness 含金量；成色；敏锐；粒度；公差；纯度；光洁度；优良；金的成色；细粒度
→(degree of) ~ 细度//~ of grinding 磨矿细度；磨碎细度

fine ore{material} 粉矿
→~{powdered;ground} ore 矿粉//~ ore bin{fine-ore{fine} bin} 粉矿仓//~-ore bin{fine ore storage} 细矿仓//~ pan conveyer 返矿用槽式输送机//~-picked{-pointed} stone finish 细凿石面

finer 精炼炉

fine recording 精确记录
→~-reduction gyratory 细碎(圆锥)破碎机//~ resolution 高分辨率//~-roughened

细微粗糙的

fines 小颗粒；筛屑；微细粉末；月尘；月壤；细颗粒土；细屑；细粒；碎屑

fine{silver} sand 细沙；细(粒)砂

fines centrifuge effluent head box for level control 粉煤离心机溢流液面控制给料箱
→~ circuit 矿泥回路

fine semi-coke 粉状半焦
→~ setting 精调//~ sieve{screening} 细筛//~ silt 细淤泥；细粉砂；粉砂//~ silver 纯银//~-slotted{slotted;wedge-bar {-wire}} screen 条缝筛

finesse 手段

finest grade 最细粒的
→~ grade of graphite 最纯石墨

finestill 精馏[高度纯水重蒸馏]

finestiller 蒸馏器

finger 手指；伸入；指出；指状(漏斗)；指梁[油]；(井径仪的)触臂；测厚规；模钟、表指针；指针；爪；销
→~ bar 罐笼(内)稳车杆；捣矿锤悬杆；指状沙坝

fingerboard 指梁[油]；横支架；键盘

finger board 指板
→~ feed 机械送料手//~ grip 钻杆上端的夹具//~ gully 指状冲沟

fingerite 芬钒铜矿[Cu$_{11}$O$_2$(VO$_4$)$_6$]

Fingerlakesian 芬格雷克(阶)[北美;D$_3$]

finger latch 钩爪[甲壳]
→~-like 指状[结构]//~-like pillar 指状硅华

fingernailing 焊接变形

finger nail test 指甲切试法
→~ pier 凸码头//~-point 峰[色层分析]//~-pressing 指针

fingerprint 手印
→~ pyrogram 指纹热解谱图//~ technique 指纹(技术)

finger raise 指状格条天井
→~ rotary detachable bit 指形多刮刀旋转活钻头

fingers 指粒
→~ manipulator 机械手

finger spacing 指状闸门间距
→~ test 手指试验

fining 精炼；澄清；细粒化

finish (machining) 精加工；精轧

finished 光洁的
→~ {clean;enriched;washed} ore 精矿//~ sinter conveyer 成品烧结矿皮带机

finisher 磨光器；最后最长的铝杆；完工钻杆；精作机；精整机；修整器；修整工；精整工；精轧机
→~ belt grinder 砂布带打光机

finish forge 精锻
→~ jumbo 砌碹台车//~ lamp 操作结束信号灯

finite 受限制的；有尽的；限定的

Finkelnburgia 芬根伯贝属[腕;∈$_3$-O$_1$]

finned 有稳定器的；带翅片的；有翼的；尾翼的
→~ cooler 翅片式冷凝器//~ pipe 翅管//~ tube exchanger 翅片管热交换器

finnemanite 砷氯铅矿[Pb$_3$(AsO$_4$)Cl$_3$]；菲氯砷铅矿[Pb$_5$(As^{3+}O$_3$)$_3$Cl;六方]；芬氯砷铅矿

finnemannite 韭氯砷铅矿

fin probe 侧翼探头
→~ ray 鳍条

fi(r)nspiegel 粒雪镜面

finwhale 鳁鲸属[Q]

fiordland 峡湾地带

fir 树；冷杉；枞；枞树
→(silver) ～ 冷杉

fire 火炉；射击；点燃；解雇；燃烧；燃；发光、(向……)开火；启动；起动；炮火；由于燃烧而发生变化；放(枪、炮等)；发光体；火；吸合；火彩[宝石的]；放炮
→～ a round 点一组炮眼 // ～ assay(ing) 火(法)试金 // ～ {volcanic} avalanche 火山崩流

fireball 火球[亮的流星]；火流星；流星
→～ {primeval-fireball} hypothesis 原始火球假说[宇宙成因]

fire bank 燃烧的干石堆；自燃形成的矸石堆
→～ bar{grate}{fire-bar} 炉条

firebed 燃烧层

fire bed 火床；火层；炉床
→～ blanket 燃烧层 // ～ {fuse} blasting cap 火雷管 // ～ blende 火(色)硫锑银矿[Ag₃SbS₃]

fireboat 消防艇

firebombing 烧炸

fire boss 瓦斯测验员；通风班长

firebrand 燃木

firebreak 防火墙

fire break{bulkhead;stop(ping)} 隔火墙
→～-break 挡火墙 // ～(-)breeding 有火灾征兆的；自燃

firebrick 耐火砖

fire-bridge 火桥

fire bulkhead 挡火墙
→～ chamber 火室；燃烧室[航] // ～ check 坏裂；热裂纹 // ～ (hazard) classification 火灾分类

fireclay 火泥；耐火黏土；耐火泥

fire{apyrous;coal;refractory;seat;segger; seggar} clay 耐火黏土
→～ clay 火黏土；耐火黏土 // ～ {segger; seat;sagger} clay 火泥

fireclay{clay} brick 黏土砖
→～ {refractory;fire} brick 耐火砖 // ～ bushing furnace 陶土坩埚拉丝炉

fire cloud (炽热)火山云

firecracker 爆竹；爆仗

firecrackers 鞭炮[大小爆竹的统称]
→～ and fireworks 烟花爆竹

fire cracker welding 躺焊
→～(-)damp (矿井)瓦斯；隔火墙；沼气{坑}；爆炸气体；甲烷

firedamp{methane} drainage 瓦斯排放

fire-damp drainage by depression 抽放瓦斯

firedamp drainage drill 排放瓦斯的重型风动钻机

fire-damp drainage from virgin coal seam 抽放未开采煤层的瓦斯

firedamp emission{evolution} 沼气泄出
→～ {gas;fire-gas;fire-damp} explosion 瓦斯爆炸 // ～ {methane;fire-damp} explosion 沼气爆炸 // ～ fringe 工作面风流与采空区污浊气体接触地带

fire(-)damp fringe 瓦斯边界区；工作面风流与采空区污浊气体接触地带

fire(-)damp layer 瓦斯积聚层

firedamp limit 瓦斯极限含量
→～ migration 瓦斯移动 // ～-proof 隔

爆的；防爆炸的 // ～ reforming process 瓦斯(催化)重整法

fire danger 火险[危险]

fired artillery shell that fails to explode 瞎炮
→～ charge 引爆炸药

fire-demand rate 消防需水率

fire-detection 火灾探测

fire detector 混合气(体)爆炸测定器；测火器

fired heater 燃火加热器

fire-division wall 隔火墙

fire{fire-check} door 防火门
→～ door 炉门；井底防火门硐室 // ～ {relief;bailout} door 安全门

fired pellet 焙烧球团
→～ refractory material 熟料 // ～ {fire} shot 已爆破的炮眼 // ～-to 有自由面的爆破

fire embankment{bank} 防火堤

firefighter 消防员

fire-fighting 灭火；防火的
→～ (truck) 消防车 // ～ crew 消防队 // ～ rack 消防梯

fire fighting with inert gas 炉烟灭火法

fireflood 火驱法[将压缩空气注入油层并燃烧部分石油]；火烧油层

firehouse 消防站

fire hydrant{plug} 消火栓；消防龙头
→～ ignition due to spontaneous combustion of coal 煤自然发火形成的火灾 // ～ information field investigation 消防情报实地调查 // ～ inspector 井下火灾检查员 // ～ lane 火巷 // ～ marble 火状大理岩；火大理石 // ～ {sun} opal 火蛋白石[红色如火;SiO₂·nH₂O] // ～-patrol 火灾巡查 // ～ pink 胭脂石竹

firepower 火力[利用燃料所获得的动力]

fire preventing 防火的；预防火灾
→～ prevention and control 消防 // ～ proof(ed){safe} 耐火的

fireproof by elimination of pressure difference 均压防火

fire-proof dope 耐火涂料

fireproofing 耐火(的)；耐火材料

fire proofing agent 防燃剂
→～-proof mat 耐火席子

fireproof mesh 防回火网

fire proof motor 防爆电机

fireproof(ing) reagent 防燃剂
→～ sand 耐火砂[材]

fire-proof textile 阻燃织物

fireproof wall 防火墙；封火墙

fire protection{prevention;control} 防火
→～ refining 火精炼 // ～ resistance 耐火度 // ～ resistance{proofness} 耐火性 // ～ resistance property 阻燃性

fire{flame}-resistant 耐火的
→～ clamp 耐火卡箍 // ～ fluid 抗火液；防燃液体 // ～{fire(-)proof} material 耐火材料 // ～ mine fluid 矿用耐火液

fire resistant oil 抗燃油；难燃油
→～-resisting bulkhead 阻火舱壁 // ～-resistive construction 耐火建筑 // ～ retardancy{resistance} 阻燃性 // ～-retardant 抑燃的；阻燃的；防火的

firesand 火成砂；耐火砂[材]

fire sand 氧碳化硅
→～ {refractory} sand 耐火砂[材] // ～

setting 火力破石[旧法]；火烤法采掘 // ～-setting 热力破石 // ～(-)stone 火石；耐火岩石；耐火用硅石；耐火黏土；燧石；打火石 // ～ stone 耐火岩石；耐火石；火石；燧石 // ～ the charge 引爆；引爆炸药

firetrap 易起火灾建筑物

fire truck 消防车[美]
→～ tube 油罐用火管

firewall 防火墙

fire (division) wall 火墙；隔火墙；防火墙

firewood 柴；燃料木柴

fire wood 薪
→～ work 火工品；烟火

firing 火力破石[旧法]；烤；射击；烧成；点火；烘；引爆；燃料；引燃；加热；焙烧；煅烧；引火；放炮；开启；起爆；发射；加燃料；添煤
→～ hood 燃烧器 // ～ of mine 矿井着火 // ～ {ignition;lighting} order 放炮次序 // ～ parameters 激发参数 // ～ shrinkage 热缩

firkin 小桶[英容量单位,=9 gal 或 40.9L]

firm(ness) 严格的；商号；厂商；稳固的；硬岩层[离地面最近的]；结实的；牢固；坚定的；稳固；坚强的；稳定；坚固的；坚固

(commercial) firm 商行

firmament 太空；天空

firm and tenacious 坚韧

firmatopore 固定孔[苔]

firm clay 硬黏土
→～ demand 固定负荷

firmer chisel 榫孔凿；有柄木凿
→～ cilisel 镑凿 // ～ gouge 木工用弧口凿；弯凿

firm gas 定量气[按合同确定交付和输送的气体]
→～ ground 基岩；底岩；坚硬基岩 // ～ {standing;solid} ground 稳固岩层

Firmiana 梧桐属[E-Q]

firm ice 稳定冰川

firmness 稳固；稳定性
→～ meter 坚固度测定计 // ～ of soil 土壤压密性

firm offer 确定价格；确盘

firmoviscosity 稳黏性；弹黏性

firmoviscous 刚黏性的；弹黏性的

firmo-viscous{voigt} material 零载时变物质

firmoviscous substance 开尔文体
→～ substance{solid} 弹黏(性)固体

firm power 安全功率
→～ rock 稳固围岩；砥柱 // ～ time 硬化时间 // ～ top 稳定顶板

firn[德] 陈雪；半冻的雪；积{粒}雪；雪冰；永久积雪；万年雪
→～{snow} bank 雪堤 // ～-basin 雪冰原

firnharsch 粒雪上厚冰壳

firn ice 永久雪冰；粒雪冰；冰粒岩

firnification 粒雪化(作用)；永久积雪形成作用

firn limit{line} 粒雪线
→～ mirror 粒雪镜面

firnschleier 粒雪上薄冰壳

firn{corn} snow 粒雪
→～ snow 粒岩；雪冰 // ～ {settling; settled;old} snow 陈雪[德] // ～ wind 冰川风

first 首先；开始的；初始；最重要的；最先的；最初；初步的；基本的；第一流的；头等的；第一
→～-aid repair 抢修//～-aid team 救护队//～-class{shipping} ore 一级矿石//～-class (shipping) ore 头等矿石；可直接出售的富矿石//～ contact miscibility pressure 一次接触混相压力//～ feed ore addition 第一次追加矿石//～-formed oil 初次成油期

first-look analysis method 初视分析法

first maxilla 第一小颚[介]
→～{primary} mining 采区准备；初采[不包括回采煤柱式矿柱]//～ mining {working} 采矿房；一次回采//～-order red plate 石膏试板；一级红试板

firsts 拣出的最好矿石；精矿

first-series transition elements 第一过渡系元素

first shaft 通矿脉第一个井筒
→～ signal amplifier 前置信号放大器//～ stage graphitization 第一阶段石墨化//～ water 最上等钻石

firth 三角港[苏格]；河口湾；狭海湾[石灰岩地区]；峡(海)湾

firtree 枞树；冷杉

fir-tree bit 多刃式扩孔旋转钻头[刃排列在塔形钻头后面]
→～{pilot-and-reamer} bit 塔形扩孔钻头

firtree{dendritic;arborescent} crystal 树枝晶

fiscal accounting year 营业年度
→～{financial} year 财政年度//～ (accounting) year 会计年度

Fischer('s) distribution 费歇尔分布
→～-Irwin test 费歇尔-欧文检验

fischerite 柱磷铝石[Al₂(OH)₃(PO₄)•2.5H₂O]；银星石[Al₃((OH,F)₃•(PO₄)₂•5H₂O;斜方]

fischesserite 硒金银矿[Ag₃AuSe₂;等轴]

fish 水中拖曳探头；吊锚器；测井地面电极；落鱼[落在钻井内的物件]；井中落物；打捞[钻具、失落物]；拖鱼[探测器]

Fisher clip 费夏型夹具[无极绳运输]
→～ information measure 费歇尔信息测度

fisherman 打捞工人

fishery 渔业；渔权；渔场
→～ resource 水产资源

Fishes 双鱼座

fishhook 打捞钩；钓钩；吊鱼钩；救生艇吊钩
→～ dune 鱼钩形沙丘

fishing 渔业；钓鱼；鱼尾接口；渔场
→～ baseplate 鱼尾板//～ basket 捞取管//～ collar{socket} 打捞筒//～ craft 滤船//～ ground 渔场//～ joint 打捞接头；夹板接合

fish lead 铅鱼[一种测深砣]；鱼形水砣
→～ tail burner 双焰燃烧器//～ tail cutter 鱼尾式铁刀//～ trap{|weir|net} 渔具{|梁|网}//～-trap buoy 捕鱼浮标//～{fishing} up 打捞出落鱼

Fissiculata 隙管海蕾目[棘]；外水管目

fissile 易(分)裂的；页(片)状的；裂变的；可裂变的；叶状的；裂开的；可劈的；可分裂的；剥裂的；易劈性
→～ bedding 易剥层理；薄纹理//～ shale 易剥裂页岩；泥片岩

fission 核分裂；剖裂

fissionable 易(分)裂的；可分裂的原子核
→～ material 可分裂物质//～{fuel} material 核燃料

fission algae 裂殖藻类
→～ fragment 裂变碎片//～ gammas 伴随裂变(的) γ 辐射//～ neutron absorption 裂变中子俘获{吸收}//～ theory 分体说；分裂说//～ track dating method 分裂痕迹定年法//～-track etching phenomena 裂变径迹蚀刻现象

Fissipedia 裂脚亚目[哺乳纲食肉目]；裂脚类

fissium 裂变产物合金；裂片合金
→～ alloy 辐照燃料模拟合金

fissle 岩层移动微裂声

Fissocephalus 缝头虫属[三叶;Є₃]

Fissoelephidium 缝希望虫属[孔虫;E₂]

fissure 缝；裂开；裂缝；裂痕
→～ (defect) 裂隙//～ bur 裂隙牙钻//～ closing 裂隙闭合

fissured 裂隙的；裂开的；裂缝性的；多裂缝的
→～ clay 裂缝化黏土；裂隙黏土

fissure direction 裂隙方向

fissured medium 裂隙介质
→～{furrowed;plicated} tongue 裂缝舌

fissure{linear} eruption 裂隙式喷发
→～{-} filling deposit 脉矿//～-filling deposit 裂隙填充矿床{脉矿}

Fissurellidae 钥孔蜓科

fissure of displacement 错缝
→～{rent(line)} of displacement 移位裂缝{线}//～{gash} vein 裂缝(矿)脉

fissuring 劈裂；裂缝；裂开；形成裂缝；形成裂隙；发生裂缝
→～ of rock 岩石裂隙性

fissus 分裂

fistle 岩层移动微裂声

fistular 管孔的[孔虫]

Fistulina 牛排菌属[Q]；离管菌属[真菌]

Fistulipora 笛苔藓虫(属)[O-P]

Fistuliramus 笛枝苔藓虫属[S-P]

fistulose 管孔的[孔虫]

Fistulotrypa 笛孔苔藓虫属[C-P]

FIT 地层完整性试验；非特[失效率单位,10⁻⁹/元件•小时]

fit 适合；合适的；吻合；配合；拟合；紧密接合；供给；装置

fitchering (of bit) 卡住[钻头]；卡钻

fitinhofite 铁铌钇矿[Fe,U,稀土(Y 和 Ce)及少量 Mn 和 Ti 的铌酸盐]

fit of Atlantic continents 大西洋沿岸大陆并合

fitros 滤石

fitter 钳工；修理工
→(machine) ～ 装配工

fitter's{bench;hand} chisel 钳工凿

fitting 适合；合适的；装配；管件；安装；配件；装备；拟合；组装；接头；接头配件；装配部件；装置；符合；油嘴；装修；部件；配合；相称的；适当的
→～ curve 接边[图幅]

fittings 附件；零件；连接件
→～ for screen 筛板附件

fitting shop{department} 装配车间
→～-up 装配//～-up gang 安装队

fitzroy(d)ite 白榴金云煌斑岩

five-axis stage 五轴台

five-compartment shaft 五隔间立井

fivefold coordination 五次配位
→～ twin 五连晶

fiveling 五晶；五连晶

five perforated grain 五孔药粒
→～-phase system 五相系统//～-point scheme 五点井网//～-spot network{pattern} {five spot pattern} 五点井网//～-toed jerboa 五趾跳鼠属[Q]

FIX 固定(岩石)骨架模型

fix (position) 固定；修理
→～{set} a date 定期

fixanal 分析用配定试剂

fixation 定位；定着；固定；注视；定像
→～ by organisms 固氮作用//～ of shifting sand 流沙固定//～ reaction 固定反应

fixative 定香剂；不变的；固定剂；固定的；定影液；凝固的

fix-bitumen 固态沥青

fix by position lines 坐标定位

fixed 不变的；装好的；不挥发的；化合的；固定的；凝固的
→～ form 固定晶形；单晶形//～-format system 固定格式系统//～ matrix model 固定(岩石)骨架模型//～ order-quantity system 固定订货量系统//～{-}phase relationship 固定相位关系//～ skewback 固定拱脚斜石块//～-spindle gyratory crusher 定轴式回旋碎矿机

fixer 定影剂；固定器；安装工；定像剂；定形液
→～ mason 定位石工

fixiform 定形

fixigena 固定颊

fixigenal spine 固定颊刺[三叶]

fixing 定位；安装；附件；接头；整理；定向；装修
→～{fixed} agent 固定剂

fixism 固定论

fixist 固定论的{者}
→～ concept 固定论

fix-it{repair;back;service} shop 修理厂

fix marker 固定标志

fixture 设备；安装用具；卡具；安装；固定状态；固定物；固定；工件夹具；型架；夹具；紧固；装置器；固定装置[房屋内]
→～ cutout 线盒熔丝

fix up 整顿；装设
→～-wing aircraft 固定翼飞机

fizelyite 菲辉锑银铅矿[Pb₅Ag₂Sb₈S₁₈;单斜]；菲锑铅矿；杂辉锑银铅矿；辉锑银铅矿[Ag₂S•3PbS•3Sb₂S₃;PbAgSb₃S₆;斜方];锑铅银矿

fizz 嘶嘶(地响;作声)；咝咝(地响;作声)；漏气；沸腾

fjall 高苔原山[瑞;树线以上未受切割的平坦苔原山区]

fjard 低浅峡湾；小峡湾

fjeld 岩质高荒原[挪]；冰蚀高地{原}

fjeldbotn 冰斗[挪]

fjell 岩质高荒原[挪]；冰蚀高地{原}

fjord 海礁；峡湾
→～ coast 峡湾型海岸

fjorded 为峡湾分割的
→～ strait 峡湾(式)海峡

Fjords zone 峡湾地带

F-K migration F-K 偏移
→～ spectra F-K 谱//～ transform 频率-

波数变换

FL 闪光灯；聚焦测井；信号灯；焦距；
满负载

flabby 软弱；松弛

flabeliformis 扇形

flabellate 扇形的；扇形

flabellatus 扇形

Flabellites 似扇形颗石[钙超;K]

Flabellochara 扇(形)轮藻属[K₁]

flabellum 扇叶(属)[P₂]

Flacourtia 大风子科[Ni 示植]；刺篱木属

Flacourtiaceae 大风子科[Ni 示植]

fladen 扁饼状岩体[德]；弗拉登[德]

flag 石板；标记；薄石层；薄层砂岩；薄
层；插上旗子作标志；扁石；片石；识别
标记；板层；石片；特征；标志
→~ (bit) 特征(位)

flagella 鞭毛

flagellar field 鞭毛区[球石]
→~ swelling 鞭毛膨大区[藻]

flagellate 具鞭毛的
→~(d) chamber 鞭毛室[绵]

flagellum[pl.-la] 鞭毛；单；鞭节[昆虫触角]

flag for caliper 井径标志

flagged drill hole cover 有标示旗的钻孔盖
→~ write back 标记回写

flagging 标记；铺砌石板；标志；定标[仪
器、炮点等的]

flaggy 石板状；薄层状；板层状；薄层的；
可劈成石板的
→~ granulite gneiss 板状颗粒片麻岩

flag of bad hole 坏井眼标志
→~ of convenience 方便旗标

flagpole 花杆；旗杆；测视距信号；测试
图黑色垂直线
→~ (signal) 条状信号

flag-rod 标志杆

flagship 旗舰

flag signal 旗语信号；旗语
→~ {hand;arm-and-hand} signal 手势信号

flagstaffite 柱晶松脂石[C₁₀H₂₂O₃;斜方]

flagstone 石板；薄层砂岩；铺路石板；
铺路石；薄层岩；片石；板状砂岩；板层
岩；板石

flag stone 板石
→~ stone path paved at random 随意组
合方石板路

flaikes 易劈砂岩

flaine retardancy 阻燃

flajolotite 黄铁锑矿；黄锑铁矿[4FeSbO₄•
3H₂O]；铁锑矿；锑铁矿[Fe²⁺Sb₂⁵⁺O₆;四方]

flake 石片；薄片；层；火花；絮状体；
鳞片；壳；雪片；卷层；小片；变化；碎
片；(使)成薄片
→~ {pulverized} asbestos 石棉粉

flakeboard 压缩板；碎料板

flaked asbestos 薄片石棉

flake(d){flaky;lamellar} flake 片状石墨[钢]

flake gold 薄片金；献金；片金
→~(d) graphite 石墨片[冶]//~ graph-
ite austenitic iron 片状石墨奥氏体铸铁
//~-like 片状的//~ product 板状产品

flakes 白点；絮状体；发丝裂缝
→~ of mica 云母片

flake stone 扁石

flakiness 成片性
→~ ratio 宽厚比

flaking 鳞片；剥成鳞片
→~ (off;away) 剥落

flambe 燃烧着的；面上浇白兰地点燃后
端出的食品

flambeau 燃烧废气的烟囱；火炬

flamboyant 火焰状
→~ {aventurine} quartz 耀石英//~
quartz 砂金石

flame 火焰石；火舌；火苗；火红色；烧
焦；闪烁火光；光辉；明火；火焰；(使)
发焰；发光；烧；爆发
→~ black 焰黑//~ blow-off 吹灭火
焰//~ checking 阻燃整理//~ color
{coloration}{flame coloration test} 焰色
//~ dolomite 褐色斑状白云石；焰白云
石//~(-throwing) drilling 火焰钻进//~
gneiss 焰片麻岩

flameless atomic absorption 无(火)焰原
子吸收法
→~ combustion 无焰燃烧//~ com-
bustion time 无焰延燃时间//~ explo-
sive 无烟火药

flame lighter 点火器

flameout (发动机)燃烧中断

flame out 发火
→~ perthites 焰条文长石//~ plating
爆震喷涂//~(-)proof 防爆的；耐火的；
防爆；隔火的；隔爆的//~ proof 隔爆

flameproof apparatus 防爆装置
→~ dry-type transformer for mine 矿用
隔爆型干式变压器

flame-proof enclosure 防火封闭
→~ fiber 防燃纤维

flameproof fluorescent lamp fitting 防爆
荧光灯具
→~ gate-end box 隔爆磁力启动器//~
leakage relay 矿用隔爆检漏继电器

flame-proof treatment 阻燃整理
→~ {enclosed} type 隔爆型

flame ratio 氧气燃气(体积)比
→~ resistance 抗燃性//~ resistance
test 耐燃烧试验

flame-resistant 防燃剂；隔火的；隔爆的；
防爆的

flame resistant composition 耐燃剂(组分)
→~-resistant resin 抗燃树脂//~-retardant
coat 耐火涂料//~ spectrophotometey 火
焰分光光度测量法//~ spinel 焰尖晶
石//~-spraying gun 火焰喷枪

flamestone 生物构架灰岩

flame{fiamme} structure 火焰构造
→~ temperature 火焰温度//~ test
apparatus 火焰测定仪

flamethrower 喷火器

flame{igniter} train 导火索{线}
→~ trap 火焰防止罩；阻燃装置；防焰
器//~ tube 点火管//~{gas;torch;auto-
genous;oxygen;oxy(-)acetylene} welding
气焊

flaming 火焰；引燃
→~ combustion 有焰燃烧

flammability 燃烧能力；可燃性；燃烧性；
易燃性
→~ limits 可燃度极限//~{firing;flame}
point 燃点//~ tester 易燃性试验仪

flammable 可燃烧的；可燃的；易燃(烧)的
→~ mixture 可燃性物质混合物//~
premixed gas 预混可燃气[体]//~ solid
易燃固体

flamper 泥铁岩

flam-retarded resin 滞燃树脂

flamy 火焰似的

flanch 凸缘

Flandrian stage 佛兰德阶
→~ transgression 全新世[1.2 万年至今；
人类繁荣]；佛兰德海侵[欧洲全新
世,9000 年]；佛兰德利安海进

flange 安装凸缘；边缘；轮壳；矿脉变向
处；作凸缘；镶边；棱缘；折边；矿脉变
厚；齿棚[牙石]；凸盘[钙超]；凸边；凸
板[珊]；轮缘；凸缘[介]
→(blind) ~ 法兰//~ (plate) 法兰盘
//~ bracing 纵向连杆

flanged beam 工字梁；工字钢；加翼梁
→~ chart 折边(测压)卡片

flange gasket residual stress 法兰垫残余
应力
→~ gland 填料函盖//~ of bush 衬套
凸缘//~ of valve 阀缘；阀门的法兰

flanges 侧翼；翼缘

flange{hat} seal 法兰密封
→~ up 竣工；完工//~ vacuum seal
真空密封凸缘//~(d) wheel 凸缘轮

flank 主壳区；倾斜坑道两侧；翼；侧翼；
侧面；侧；脉冲波前；腰；主区[双壳]；
齿腹面；帮[倾斜坑道两侧]
→~ bore(hole) 超前钻孔；探水(侧;钻)
孔；探瓦斯孔

flanking (矿柱)侧向开切
→~ hole 侧向炮眼{钻孔；刷帮炮孔}；
探`水{瓦斯}(侧)孔//~-hole method 水
封爆破采煤法//~ pillar 长柱；纵向矿
柱//~{ridge;side;lateral} moraine 侧碛

flanks limb of fold (褶皱的)翼

flank water drive 边水驱动
→~ waterflooding 边部注水//~ wear
侧面磨损

flannel 法兰绒(揩布)
→~ bag 法兰绒袋[集尘用]//~ filter
绒布带集尘器

flap(per) 活瓣；装垂片状物；片；拍打；
卷滑构造；拍动；风门片[整流罩等]；褶
翼；折翼；鱼鳞片；下垂翼；翻褶；(飞
机的)襟翼；握键[携带式磁石话机,送受话
器上的]；铰链板；摆动；瓣

flap bottom 下放底
→~ {folding} door 井盖门[容许罐笼上
下而不影响风流]

flapper 撞杆[外滤式过滤机脱水设备]；活
门；舌门；号牌；抛散器；抛撒器；拍击
物；鸭脚板[潜水员的]
→~ float shoe 舌(瓣)形浮鞋[套管附件]
//~-type control valve 活瓣控制阀//~
valve 舌阀

flap top 悬顶
→~ trap 止回瓣//~ wheel 翼片砂轮

flare 火焰；火苗；火炬；闪焰；闪光信
号；色球爆发；(气体)燃烧器；突然爆发；
漏斗；管料场；闪耀；锥形孔；喇叭形管；
喇叭(声)管；放空燃烧装置[化]；信号剂；
反射光斑[物镜的]；向外张开；锥度；照
明弹
→~ (spot) 耀斑//~ angle 扩散角

flareback{flare{drainage} back} 回火

flare back 逆火
→~ bridge 火炬栈桥//~ curve 眩光
曲线

flared 喇叭形
→~-head gyratory 头部为喇叭形的圆
锥破碎机//~ mould 表面烘干砂型//~

tube 扩口管

flare elimination 消灭火炬
→~-gas 火炬气 // ~ opening 喇叭口 // ~ pilot gas 火炬引燃气 // ~{blow} up 爆发

flaring 向外曲的；闪耀的；扩口；喇叭形；漏斗状的；张开；卷边；发光的；凸缘
→~ cup wheel (grinding wheel) 碗形砂轮

flark 泥炭湿地[瑞]

flaser 条带(状)；泥波体；透镜体周围薄层；薄层[透镜体周围]
→~-bedded 泥波层状；条带层状 // ~ bedding 脉状层理；压扁层理；条纹层理 // ~ gabbro 鳞状辉长岩

flash 使闪光；闪燃；闪亮；(模)缝脊；地表塌陷[指岩盐矿]；反射；光泽；暴涨[河水]；水库泄水；爆破采矿；毛边；溢出式塑模；火花；壅水；一瞬间；成形后的余料；闪光；扩容；地面下沉[地下采矿引起]；溢料[模型]

flash (evaporation;distillation;over;vaporization) 闪蒸
→(photo) ~ 闪光灯

flashback{flareback back fire} 回火[氧炔吹管等的火焰向反方向燃烧,常引起事故]

flash back tank 防爆罐
→~-band 闪爆弹 // ~ boiler 快热锅炉

flashbulb 闪光灯

flashed brine 残剩卤水；闪蒸后卤水
→~ steam 扩容蒸气 // ~-steam{steam-to-water} cycle 扩容蒸气循环 // ~-steam power generation 闪蒸蒸汽发电

flasher 闪烁器；闪光信号；角反射器；燃金属纸条[雷达干扰用]
→(steam) ~ 扩容器

flash evaporation 骤蒸
→~-evaporation 扩容蒸发

flashgun 摄影闪光器

flash injection 闪电式贯入体
→~ lamp{bulb} 闪光灯 // ~(ing)call(ing); pilot;tell-tale;alarm;indicating;indication; signaling;telltale} lamp 信号灯 // ~ liberation 一次分离

flashlight crossing-signal 闪光报警信号机
→~ firecracker 电光爆竹

flash magnetization 闪磁化力
→~ mold{treatment} 被膜处理

flashpoint 爆发点

flash(ing) point 闪燃点[物]；闪火点；引火点；闪点
→~ roasting 悬飘焙烧 // ~ rusting 薄锈 // ~ separation (油气)接触分离 // ~ {separation;separating} vessel 分离器 // ~ weld 闪光焊接(钻杆接头)

flask 水桶；烧瓶；长颈瓶；型箱；细颈瓶

flat(ter) 井底车场；泥滩；水平节理；平淡的；率直的；使(变)平；伸开的；低等粗钻石；扁平的；平隙；平坦的；平；坪；一套房间；采区；不透明的；搭板；无光泽的；水平矿脉；接缝；断坪；平滩；平的；一层[楼房的]；甲板[船的]

flat (bed) 水平层；平面；平地；平板；缓斜层；扁钢；平脉
→~ and pitch{pitch vein} 阶状矿脉 // ~-back square-set method{system} 水平分层方框支架采矿法 // ~-back system 上向双翼采矿法 // ~ band 素石

flat-bed crawler truck 履带式平板货车

→~ digitizer 平台式数字化器

flat bedding 水平层理；平坦层理
→~(-faced) bit 平端{式}钻头；磨钝了的金刚石钻头

flatcar 平板车

flat(-deck) car 平板车；台车
~ deposits 水平矿层 // ~-face bit 平底唇{端面}金刚石钻头

flatfoot{flat-foot} 平足

flat forming tool 棱形成形车刀
→~-form process 平模流水法 // ~{sheet} gauge 板规 // ~{-}grade mine 缓倾斜层矿山 // ~-grade mine 缓倾斜矿

flathead 扁平头(的)
→~ ax 消防斧

flat {-}head screw 平头螺钉
→~(-)iron 扁铁；平顶山脊；烙铁；熨斗形山嘴；熨斗 // ~ jack 量测岩石应力的液压装置；扁千斤顶；测量岩压水力囊；压力垫(枕) // ~ jack technique 液压枕法 // ~ jumper 扁凿

flatland 坝；平原；平地

flat lapping block 精研平台
→~-laying lake sand 平伏湖砂 // ~ level 平直线段

flatlock crimp 扁平筛网编织褶皱
→~ screen 扁平编织筛布

flatly inclined 缓倾斜；近水平的
→~ inclined seam 微倾斜煤层

flatlying 水平产状

flat-lying bed 缓倾层；平伏层
→~ ground moraine 平层底碛 // ~ seam 平伏矿层 // ~ strata{bed} 平伏层

flatman (斜井吊车)挂钩工

flat mass 平伏矿层；平伏矿床
→~ measures 平伏层 // ~ negative 平色调底片

flatness 扁平度；平整度；平直度；正度；平面度；平滑性
→~ ratio 扁平度比

flat of ore 矿盘
→~-oil stone 扁油石 // ~-pebble conglomerate 扁平砾石砾岩 // ~ replacement 缓倾交代岩{矿}体

flats 水平矿层；扁平状(金刚石)；公寓；缓斜矿层；(钻进时金刚石磨损)斜棱；平顶(齿)

flatschig 扁豆状[德]

flat screen 平面筛
→~ seat 平座

flatsheet 转车钢板；平面图；平伏矿床；平矿带

flat sheet 层状矿床
→~ {layout;plane} sheet 平面图 // ~ sledging grizzly 人工破碎石料平板格筛

flattened 扁平的；平缓的；磨扁的；压扁的

flattening 变平缓；矫平；压扁作用；压扁
→~ stone 展平石块

flatter 拉扁钢丝模；扁平槽；平面锤；扁条拉模；压平机
→~ face bit 平底钻头 // ~{conservative} slope 平缓边坡

flattish form 平缓地形
→~ relief 平缓地势 // ~ riffled desk 扁平格条台面 // ~ surface 平坦地面

flat topped crest 平顶峰
→~-topped hill 平顶山 // ~-topped{flat} peak 平顶峰 // ~ twist drill 扁麻花钻

---

vein 平矿脉；缓脉

flatwoods 浸水林地[雨季]；低平林地

flatwork 水平矿脉

flatworm 扁豆类

flaveite{elaite;janosite} 叶绿矾 $[R^{2+}Fe_4^{3+}(SO_4)_6(OH)_2 \cdot nH_2O$,其中的 R^{2+} 包括 Fe^{2+},Mg,Cl,Cu 或 Na_2,三斜;$(Fe^{2+},Mg)Fe_4^{3+}(SO_4)_6(OH)_2 \cdot 20H_2O]$

flaw 薄层草皮(和泥炭)；漏洞；疵点；平推断层；裂纹；裂缝；裂痕；裂隙
→~{plume} 瑕疵[石]

flaxseed coal 亚麻子级煤
→~ gum 亚麻油树胶 // ~ ore{flax seed ore} 亚麻子状矿

F layer{horizon} 森林残落物层

fleche 离岸沙坝
→~ d'amour 针铁水晶；网针石英

fleckschiefer[德] 瘢点板岩；斑点板岩；微斑板岩

fleecy cloud 白云

fleet 水流；小河；船队；疾飞；快速的；飞快的；掠过；潟湖；机群；小溪；小潟湖；舰队；飞逝；小湾
→(car) ~ 车队 // ~(ing) angle 快绳；导引角；偏动角；偏(斜)角；偏(斜)度 // ~{take-off} angle 偏离角

fleeting 侧向滑动

fleet method 弗利特法

fleetwheel 绕绳主槽摩擦轮

fleischerite 水锗铅矾[$Pb_3Ge(SO_4)_2(OH)_4 \cdot 4H_2O$]；锗铅矿；费水锗铅矾[$Pb_3Ge(SO_4)_2(OH)_6 \cdot 3H_2O$;六方]；纤锌矿[$ZnS(Zn,Fe)S$;六方]

Flemingella 弗氏螺属[腹;$D-T_3$]

Flemingites 弗莱明菊石属[头;T_1]

Flemingostrea 弗莱明蛎属[双壳;E]

Fleming's rule 三指定则；弗莱明定则

Flemish brick 铺面黄色硬砖；法莱密施砖

flenu coal 长焰烟煤

Flerningites 佛氏菊石

flerry (fracture) 劈裂

flesh-colored 肉色

fleshy 肥厚
→~ root 肉质根 // ~ sponge 无骨海绵

Fletcher batch centrifuge 弗莱彻分批卸料离心机

Fletcheriidae 弗莱契珊瑚科

fletcherite 硫铜镍矿[$Cu(Ni,Co)_2S_4$;等轴]；硫砷(镍、钴)矿

flet-top wire cloth 平面筛布

flexed 弯曲的
→~ beam 弯曲梁 // ~ foliation 弯曲叶理

flexibility 可曲性；易弯性；适应性；伸缩性；灵活性；软性；柔(软)性；柔顺性；柔韧性；柔(软)度；揉曲性；韧性；挠度；机动性；应变力；弹性
→~ factor 挠曲系数 // ~ of fracture 断裂韧性 // ~ test for paraffin wax 石蜡柔韧性试验

flexibilizer 增韧剂

flexible 软性的；柔性的；柔(软)性；柔软的；挠性的；灵活[善于随机应变]；灵活的；可塑造的；可伸缩的；可变通的
→~ silver ore 弯曲闪银矿[$AgFe_2S_3$]；硫银铁矿[$AgFe_2S_3$]；硫铁银矿[$AgFe_2S_3$;斜方]

flexibly jointed chain 柔性连接链

Flexicalymene 曲隐头虫属[三叶;O₂₋₃]

Flexichoc 真空聚爆式震源装置

Flexicollicamara 曲腔笔石属[O₁]

flexigraph 测弯计

fleximer 柔性水泥；弹性水泥

fleximeter 弯曲应力测定仪；挠度计

flexing endurance 抗弯(曲)强度

flexional symbols 变形符号

flexiplast 柔性塑料

flexitime system 弹性工作时间制度

flex(ible) joint 柔性接头
→～{woggle;flexible} joint{flex-joint} 挠性连接

flexodrilling 软管钻进{井}

flexodrill pipeline 柔性钻井管线

flextensional transducer 弯曲伸张换能器

flexual stress 挠应力

flexuosity 弯曲

flexural 弯曲的

flexure 颈曲；揉曲；屈曲；扭曲；单斜挠褶；折褶；挠曲；曲率；褶缝；弯度；歪度；弯曲

flexured block{|graben} 挠曲地块{堑}

flexure {-}flow fold 弯曲(滑)流褶皱
→～ line 挠曲线// ～ of a ship 中垂[船体]// ～ plane 弯曲面// ～-slip fold 曲滑褶皱

flexuring 挠曲(作用)；褶皱

flicker 摇动；浮动；闪烁；闪光；颤动；抛掷器；摇晃；脉动
→～ threshold 闪烁限度；模糊界限

flicking{snap-on-stone} pulse 弹石脉

flight 射程；螺纹；飞行；班机；刮板；逃走；链板
→～ of stone steps 石级

flightpath 航线；航迹

flight-path{track} recovery 航迹恢复

flight strip 起飞跑道；条幅式航空照片；着陆场
→～ track{path} 航迹

flimmer 鞭茸[藻]

flinder(s) diamond 黄玉[Al₂(SiO₄)(OH,F)₂;斜方]

fling 跃进；尝试；扔；撇；投掷；猛冲；突进；投；掷；抛

flinger 抛掷器；抛油环
→～ housing 抛油环罩

flinkite 褐砷锰石{矿}[Mn₃(AsO₄)(OH)₄;斜方]

flint 火石；硅藻土[SiO₂•nH₂O]；硅石；黑燧石；坚硬东西；火树石；(打火机用)电石；粉状石英
→～ (stone) 打火石；燧石// ～ clay 焦宝石；燧土；燧石状土

flintglass{flint glass} 火石玻璃；燧石玻璃

Flintina 弗林特介虫属[孔虫;N₂-Q]

flintiness 燧石质

flintkalk[德] 白云石[CaMg(CO₃)₂;CaCO₃•MgCO₃;单斜]

flint-mill 燧石磨盘发光器

flint{chert;chart} nodule 燧石结核
→～ (glass) paper 粗砂纸

flints tone 打火石

flint tube mill 燧石(辊管)磨石机

flintworker 燧石工

flinty 石状的
→～ crush rock 超糜棱岩；燧石状压碎岩// ～ ground 粗砂；沙砾土壤；含燧石地带// ～ slate 试金石；燧石板岩

flip 回挠[板块]；轻打；倒转；指弹；飞行；轻按；轻拍；翻动；翻转；浮标；改变[流型]
→～-flop 突然反转方向// ～-flop (register) 触发器

flipped subduction 翻转俯冲

flipper 挡泥板

flipping conveyor 反折回程段胶带输送机；空段胶带输送机；带式段胶带输送机；运输段胶带输送机

flirting post 临时支架；临时顶柱

flitch 桁条；桁板；条板；贴板
→～ girder 组合板大梁

flit-plug adaptor 可拆卸式电缆盒接头

flitting dimension 运搬尺寸
→～ speed 调动速度// ～ wagon 搬运车// ～ wheel (煤巷端装载机)移动轮

float(er) 浮子；沉降桶；实行；浮起；轻产品；滚石；漂起；浮码头；单纹锉刀；浮；救生圈；镘刀；转石；冲积层；浮游矿物；浮移石；创办；脱落岩石；浮体；碎矿块；浮动；漂浮；浮选

(buoyancy) float 浮筒

float (ga(u)ge) 浮标；浮物

floatability 浮游性；漂浮性；浮动性
→～ curve 浮选性曲线

float-actuated valve 浮子阀[液面控制]

floatage 火车轮费；浮泛物；浮出水面部分[船]；漂浮物；漂浮；浮力

float-and-sink 浮沉
→～ analysis{test} 浮沉试验

float and sink drain rack 浮沉物排{泄}水架[浮沉试验用]
→～-and-sink{sink-(and-)float} process 浮沉法// ～-and-sink {heavy-fluid{-medium};sink(-and)-float;dense-medium} separation {method} 重介(质)选((矿)法)

floatation 浮；浮选；矿石浮选法

floatative 可浮(选)的

float ball 球形浮标
→～-ball self-closing valve 自力式浮球阀；浮球式自动关闭阀// ～ barograph 浮称气压仪// ～ batch 料山

floatboard 平底船；筏

float bracing 浮水支撑
→～ coal 浮煤；煤砾[砂岩、页岩中]// ～ cocolith{coccolith} 浮囊状颗石// ～(ing) collar 浮箍[套管附件]// ～ coupling 浮箍[套管附件];带逆止阀的套管接头；套管接头[带逆止阀]

floater 浮标；浮阀；漂浮物；浮砖；转石；抹灰工；浮体；浮散矿石；浮球[用于选择性封堵上部射孔孔眼]；流动工；临时工；浮顶油罐；矿脉露头脱散块；浮式(钻井)装置

float feed 浮子调节进油
→～ fill 水砂充填；水力充填// ～ fraction 浮起部分// ～ glass 浮法玻璃// ～(ing) gold 浮金[薄片金、淘金时浮起]// ～ grinding 无给进磨削

floating 漂浮的；浮动的；不固定的；浮的；浮游的
→～ light 波光石// ～ mine dust tester 浮游矿尘测定仪// ～ mining plant 漂浮式采矿装置// ～ platform 漂浮平台；浮台[海底采矿和钻井用]// ～ separation 浮游选矿// ～ washer 洗矿船

float in refuse 矸石中精煤；尾煤中浮物
→～ in the mind 漂浮// ～ into position

浮运到井位

floatless liquid level controller 无浮子式液面控制器

float level signals 浮筒液位信号器
→～ meter 浮尺// ～ ore 浮散矿；漂移矿石；浮散矿石；漂流矿石// ～ process 浮法

floats 磷灰石粉

float{running;floating;loose} sand 浮砂
→～ seal graphite ring 浮动密封石墨环// ～ shoe 浮靴// ～-sink{sink-and-float} test 浮沉试验

floatsman 磨石工

float spindle 浮杆
→～(-)stone 浮石；轻石；漂浮砾岩；悬粒灰岩；浮蛋白石// ～ stone 圆巨石；铁磨砖石[建]// ～{pumice} stone 轻石// ～{swimming} stone 浮石// ～-stone 磨砖石；多孔石英；悬粒灰岩

flocculant 絮凝剂；絮凝剂

flocculated 絮凝的
→～ clay buttress bond 絮状支托乳结// ～ colloid 凝聚胶体

flocculating 絮凝作用

flocculation 絮凝作用；凝聚作用；凝聚；絮凝；聚沉
→～ control 控制絮凝// ～ for tailings 尾煤的凝聚；尾矿絮聚// ～ oil removing method 絮凝脱油法；石油絮凝脱水法

flocculator 絮凝器

flocculent 羊毛状的；絮凝剂；凝凝的；絮结的

flocculus[pl.-li] 谱斑；絮凝

floccus[pl.-ci] 绒毛丛；絮状云；丛卷毛[植]；絮状物

flocflotation 絮凝浮选

flock 绒屑；群；絮团；众多；棉屑；大量；短纤维；絮凝体；聚集；毛束
→(flack) ～ 絮状体

Flockal 152 × 絮凝剂[水解的甲基丙烯酸与甲基丙烯酸甲酯共聚物]

flockenerz 砷铅矿[Pb₅(AsO₄)₃Cl; Pb₅(AsO₄)₃Cl]

floe 大浮冰；浮冰块
→(ice) ～ 浮冰// ～ decoration 冰花// ～{drift} ice 流冰// ～{floating;drift; calved;pan;sea} ice 浮冰

floetz 水平平行岩层

flogging 鞭打
→～ chisel 大凿

flogopite 金云母[KMg₃(AlSi₃O₁₀)(F,OH)₂,类质同象代替广泛;单斜]

floitite 黝帘片状{麻}岩

flo(c)kite 丝[发]光沸石[(Ca,Na₂)(Al₂Si₈O₂₂)•6H₂O; (Ca,Na₂,K₂) Al₂Si₁₀O₂₄•7H₂O;斜方]针丝光沸石；发沸石

floocan 脉节理黏土[与砂矿相对]；脉壁黏土

flood 潮溢式[岩流]；喷出；浸没；满潮；大量；涨潮流；涌到；溢出；纯矿体；充满；涨满；溢流；注水；泛滥；淹没；富矿体[沉积岩中]

floodability{flood ability} 可注水性

floodability 注水能力

floodable net sand volume 可水驱的砂层有效体积
→～ pay 可注水(开发)的产层// ～ pore 可注入的孔隙// ～ reservoir 人工驱替油藏

flood absorption{storage} 蓄洪
→~ containment{control} area 蓄洪区
//~ control stone ridge 石坎[石头砌的防洪坝] //~ control works 防洪工程 //~ diversion 分洪

flooded{flood-stricken} area 洪泛区
→~ mine 淹没{的}矿井{山} //~ rock 浸溢岩石 //~{drowned} shaft 淹没矿井

flood gate 溢洪道;泄水平巷;泄洪闸;节水闸门
→~ {water;lock;bifurcation} gate 水闸 //~ geometry 注水井网 //~{river} icing 泛滥冰层

flooding 水灾;水驱;水淹;灌水;注水开发;水浸;灌溉
→(artificial) ~ 漫灌 //~ into pier foundation pit 桥墩基坑充水 //~ method 泛滥法 //~ pattern 洪水形式 //~{waterflood} pattern 注水井网 //~ recurrence probability 洪水重现概率

flood{broad} irrigation 漫灌

floodlight 泛光照明;泛光灯;探照灯
→~ apparatus 照明车

flood{high-water;high-tide} line 高潮线

flood-pot experiment 渗水试验;注水试验;注入实验
→~ sample 注水试验样品{岩样} //~-test 岩芯水驱试验;注水试验[试验室]

flood prevention project 防洪工程
→~ routing 洪流定线 //~ season{|period} 潦季{|期} //~ slack 平潮;高平潮;涨平潮 //~ stage 洪水位

floodwall 防洪堤

floodwater 洪水

floodway 分洪道

flookan 脉壁黏土

floor 护坦;摄影现场;河床;地板;海底;海床;底面;底部;底帮;氟石[CaF₂];平台;平地;谷底;地面;水平矿床;平盘;发言权;岩面;阶段高度;底;场地[室内];层[楼];底板[矿脉下岩层]

floorage 底面积;占地面积;建筑面积

floor excavation deepening 卧底
→~ flue 地坪风道 //~-heave 底板隆起;底鼓 //~-hopper truck 漏斗底式载重汽车

flooring 铺设假顶;铺假顶;铺垫板;铺地板;铺钻台板;钻台
→~ plate 底承板[棘];床板

floor jack (钻机用)托底千斤顶
→~ joist 钻台托梁 //~ margin 下极限 //~ propping 巷底支护;底板支护;支护巷底 //~-ridding 卧底 //~ rock 底板岩石 //~ sheet 踏板 //~ shrinkage stope 下盘留矿(回采)

floorstand 地轴(承)架;地板支架;立架;立地架

floor thrust 底冲断层
→~{paving} tile 铺地砖 //~-type 落地式的 //~ undulation 底板起伏

flop 跌扑;鼓翼;落下;垮掉;失败;扑通(声)砰落
→~ gate 砂矿自动节水闸门;自动闸门 //~-in method 增加法;成长法 //~-out method 缩减法

flopper 薄板上皱纹
→~ door 翻板闸门

floppy (disk) 软磁盘
→~ disc{disk} 软盘

floral 花的
→~ diagram 花图式 //~ envelope 花被 //~ kingdom 植物区 //~ stage 植物群阶

floran-tin 锡矿石;捣碎细锡矿

florencite 磷铈铝石[CeAl₃(PO₄)₂(OH)₆;三方];磷铝铈石;磷铝铈矿[CeAl₃(PO₄)₂(OH)₆]
→~-(La) 磷镧铝石[(La,Ce)Al₃(PO₄)₂(OH)₆;三方];磷钕铝石[(Nd,Ce)Al₃(PO₄)₂(OH)₆;三方]

florenskyite 磷钛铁矿[FeTiP]

florentium 钜[旧]

floricome 花簇骨针[绵]

Florida earth 佛罗里达土

floridean 红藻的

Florideophyceae 红藻科

floridine 漂白土[一种由蒙脱石构成的黏土];佛罗里达土

floriferous 具花的

florilegium 选集

florinite 云沸煌岩;暗黑云碱煌岩

Florinites 周囊粉属[孢];弗氏粉属[C-P]

Florisphaera 小花球石[钙超;Q]

floristic area 植物区系区;植物区
→~ composition 种类成分[植] //~ geobotany 植物种类地理学

florizone 植物群带

florula{florule} 植物小区系;小植物群

flos ferri 文石华;霰石华[CaCO₃];铁华
→~ succini 琥珀酸[HOOC(CH₂)₂COOH]

flot 层间矿体

flo(a)tability 可浮(选)性;浮游性

Flotagen ×浮选剂[巯基苯并噻唑]

flotagen 弗洛他根[浮剂]

Flotagen S ×浮选剂[巯基苯并噻唑钠盐]

Flotal ×起泡剂[醇和萜类人工混合物]

Flotanol ×起泡剂[乙基甲基吡啶衍生物];弗洛塔诺尔浮选起泡剂

flotant 沿岸沼泽

flo(a)tation 漂浮性;漂浮;浮力;浮游选;浮动性;悬浮;矿石浮选法;浮动;浮

flotation (concentration;separation) 浮选
→~ agent{chemical;reagent} 浮选剂

flotational process 浮力作用

flotation analysis 漂浮分析
→~ and autoclave titanium concentrate 浮选高压浸出钛精矿 //~ middling 浮选中煤{矿} //~{beneficiation} reagent 选矿(用)药剂

flo(a)tation tailings{rejects} 浮选尾矿

flotation tank 助浮箱
→~ third cleaners 浮选三次精选槽 //~ type tyre 高通过性轮胎 //~ velocity 单槽速度

flotative capacity 浮选能力

flotator 浮选工;浮选机

Flotbel AC 17 ×两性捕收剂[β-烷基氨基丙酸钠]
→~ AM 20 ×两性捕收剂[十八氨基烷基磺酸盐类;英 Float-Ore 公司产品;CH₃(CH₂)₁₇NHR₁SO₃Na,R₁ 在三个碳以内] //~ AM 21 ×两性捕收剂[油烯氨基烷基磺酸盐类;R–NH–R₁–SO₃M,R= C₁₈H₃₅

flotel 浮式住宿船

Flotigam OA ×捕收剂[油烯基伯胺醋酸盐,含量 95%～97%]
→~ PA{|SA} ×捕收剂[十六{|八}烷基伯胺醋酸盐]

Flotigan ×捕收剂[浮选硅酸盐;德]

Flotol 蒈醇[工业纯]

flotol 弗洛脱尔[起泡剂]

Flotol 171 ×起泡剂[混合萜醇及烃类]
→~ 52 ×起泡剂[混合高级醇类]

flots 矿磐

flotzgebirge 成层岩石

flounder point 泥糊点

flour 矿物粉;撒粉于;硅藻土[SiO₂·nH₂O];面粉;岩粉;粉末;(使)成粉末;碎成粉
→~ copper 铜末

flourescent glass 荧光玻璃

flour{fine} gold 粉金

flouring 乳化作用;成球作用

flourishing period 兴盛期

flour{silty;dust;mealy} sand 粉砂

flow(-off) 径流;塑变(流);泛滥;涨潮;变形;沼泽;低地;金属变形;流下;淹没;涌出;消耗量;塑性变形;充满;流动

flow (banding) 流纹;流过
→(fluid) ~ 水流 //~ (gas) 气流;流 //(lava) ~ 熔岩流

flowability 流动性;流动能力

flow-after-flow test 稳定试井;流量逐次更替试井;流量调整试井;系统试井

flowage 柔流;流动;流变;流出;泛滥;积水
→~ cast 流铸型

flow aid 助流剂
→~ analysis log 流量分析测井 //~-and-plunge structure 流状倾伏构造 //~ [of water,etc.] automatically 自流

flowback valve 单向活门

flow backwards 倒流
→~-banded 流状条带的

flowby port 旁流孔

flow calibrator 流量标定器

flowchart 流程图

flow chart 工作顺序;流量图;流程
→~ clarification 流动澄清法;流倾沉淀法 //~ constant 流动因子 //~{feed} control 进料控制 //~ convergence 合流 //~ curvature 气流扭曲 //~ discontinuity 渗流的不连续性

flowed sample 产出砂样

flow efficiency 阻力系数;完善系数
→~ element 流量元件 //~ equalizer 均流阀

flower 开花;花;青春;色斑;泡沫;成熟;繁荣;精华
→~ blue 花青

flowering plant 开花植物;有花植物
→~{seed} plant 显花植物

flower of iron 文石华;霰石华[CaCO₃];铁华
→~ of sulphur{sulfur} 硫黄花{华} //~ of zinc 水锌矿[Zn₅(CO₃)₂(OH)₆;3ZnCO₃·2H₂O;ZnCO₃·2Zn(OH)₂;Zn₃(CO₃)(OH)₄];水锌矾[(Zn,Mn)(SO₄)·H₂O;单斜];锌华

flowers 花纹[有色金属铸件]

flower structure 花状构造

flow expander 流道截面扩大器
→~ fabric 流动组构

flowing 自流;自井内排出;自喷
→~ area of mud flow 泥石流流通区 //~-film concentration 层流薄膜选矿法

flow in vortex 涡流

flowline 流线

F

flow line 输油管；(岩石压力)蠕变图；流线；流线型[流线岩石]
→~ path{streamline} 流线

flowline pulling head 出油管(线)牵引帽
→~ riser 集油立{竖}管

flow lines 变形流线

flowline specific weight 出口比重
→~ terminal 集油管终站

flowloop 流动环{回}路

flow magnitude 水流量

flowmeter 流速计；流量表
→(fluid) ~ 流量计

flow (rate) meter 流速计
→~ metering valve 节流阀

flowmeter survey 流量计井下测试

flow method 流水作业法
→~ of catchment 流域径流[河川]//~ of debris 碎石流；碎屑流//~ of ore stream 矿石流//~ of rocks 地层移动；岩石流动//~ of thickened medium 浓缩介质流

flowout diagram{flow out diagram} 出流量图

flow over 满溢
→~ over extravasate 溢出[熔岩等]//~-packed gravel liner 液流填充砾石衬管

flowrate optimization 最佳流量；流量优选{化}

flow rate profile 产量剖面

flowrate variation 流量变化

flow ratio 流比

flowrator (变截面)流量计

flow regime{pattern;form} 流态
→~ regime{phenomenon;state} 流动状态//~ rock 流沙；流石；流岩//~ sheet 作业图//~ sheet{scheme;chart;diagram;graph} 流程图

flowsheet for production check 生产检查流程图

flow sheet of grinding circuit 磨矿系统流程
→~-sheet of mineral dressing 选矿流程

flowslide 流滑

flow slide 泥流型滑坡；塑流型滑坡
→~ slide{sliding} 流滑//~ splitter 分矿板

flowstone 流石

flow{controlled-gravity} stowing 水力充填
→~ unit 岩流单位

fluca(a)n 脉壁黏土；脉节理黏土[与砂矿相对]

fluccan 脉壁黏土

flu(o)cerine 氟铈矿[(Ce,La,Di)F₃;六方]

fluckite 砷氢锰钙石[CaMnH₂(AsO₄)₂•2H₂O;三斜]

Fluctuaria 波形贝属[腕;C₁]

fluctuating 变动
→~ acceleration 变加速度

fluctuation 升降；变动；涨落；不稳定；涨塔；起伏；不均匀

fluctuations{variation} in discharge 流量变化
→~ of stress 应力起伏

fluctuation theory 波动漫射说

fludics 射流学

flue 烟道；风道；焰道；滤网；烟囱；通气道；通风道；硬砂质页岩；送气管

fluellite 氟磷铝石[AlF₃•H₂O;Al₂(PO₄)F₂(OH)•7H₂O;斜方]；氟铝石[AlF₃•H₂O]

fluence 注量；积分通量

fluent 液态的；水流；畅流的；变数；流利的；易变的；流畅的；源源不断的；变量；无阻滞的
→~ (material) 液态物质//~ lava 流动熔岩

fluerics 射流学；射流器件

flue sheet 焰管板

fluff 疏松；失误；起毛；搞错；绒毛[鸟类]；抖开

fluffer 松砂机

fluffiness 柔松性

fluffing action 疏松作用
→~ of moulding sand 松砂

fluffy 绒毛似的；松软；易碎的；松
→~ froth 蓬松泡沫//~{aerated;aerating} mud 充气泥浆//~ texture 松散结构

fluid 易变的；液包体；液体(的)；流质；流动的；不固定的；液
→~-absent metamorphism 无流体的变质作用//~-acceptance rate 流体回灌速率；流体接受速率//~-air cooler 液-气冷却器

fluidal 流态的；流体的
→~ disposition 流动状态

fluid analysis 流体分析
→~ bank 流体汇集带//~ bed uranium ore refining 流化床铀矿精炼//~ cut{wash} 冲刷作用//~ element 流素//~-energy mill 气力磨(矿)机//~ erosion of the matrix 钻头胎体的水力冲蚀；液体对(金刚石钻头)胎体的冲蚀//~-fluid interface{contact} 不同流体的界面

fluid/gravel concentration 液体-砾石比率
→~ mixture 液体-砾石混合物

fluidic 流控的；流体的；射流的
→~ device 射流装置//~ flowmeter 射流式流量计//~ pulse conditioning circuit 射流脉冲整修回路

fluid inclusion 液色体
→~ inclusion geothermometric microscopy 流体包裹体地质温度显微镜//~ interface log 流体界面测井//~ iron-ore direct reduction process 铁矿石流化直接还原法//~ iron ore reduction 铁矿石流态化还原

fluidity 流(动)性[黏度的倒数]；流动度；流度；液性
→~ factor 流动因子//~{viscosity} meter 黏度计//~ point 流化点

fluidization 流(体;态)化(作用)；流态化；扩流作用[火山灰流]；流体化作用；流化作用；流体化；液化
→~ method 沸腾层法//~ method {process} 流态化法//~ water 流态化水

fluidized bed 流状矿层；沸腾层；流沙地层
→~ bed dryer system 流化床干燥机系统//~-bed drying 流化床层干燥(法)//~ bed electrostatic separator 流化床静力分选机//~-bed flotation 流态层浮选//~ bed thermal dryer 沸腾床层干燥机

fluidizing agent 流化剂

fluid layer 流层
→~ pack the wellbore (用)液体灌满井筒//~ secretion epigenesis 流体分泌后生作用//~-solid 流(态)化固体//~ stream 液(体)流//~-supported suspension 流体支撑的悬浮物//~ suspension

悬浮液//~ water phase 水液相//~ wax 液体石蜡

fluke 倒钩；炮眼清除棒；比目鱼；锚钩；钻孔清理抽筒；蝶形目的鱼；清孔棒

flume 水渠；水道；测流槽；导水沟；水槽；沟；槽；斜槽；尾矿；峡谷；液槽；峡沟；放水沟；引水沟；峡流；水道里运输；波浪槽；溪流；引水槽；水植；流水槽；淘洗盘；渡槽；溜槽
→~ dredge 溜槽式采掘船//~ material 制水槽用料

flump 砰(声)；重落；猛然置放；猛然落下；砰地倒下；摔下

fluo-antigorite 氟叶蛇纹石

fluoborite 氟硼镁石[Mg₃(BO₃)(F,OH);六方]

fluocerine 氟铈镧矿；氟碳铈矿[CeCO₃F,常含 Th、Ca、Y、H₂O 等杂质;六方]

fluocerite 氟铈镧矿；氟铈矿[(Ce,La,Di)F₃;六方]；准氟铈矿
→~-(La) 氟镧矿

fluochlore 烧绿石[(Na,Ca)₂Nb₂O₆(O,OH,F),常含 U、Ce、Y、Th、Pb、Sb、Bi 等杂质;等轴]

fluocollophanite 氟胶磷石[Ca₅(PO₄)₃F]

fluodensitometry 荧光密度测定法

fluoflavin 荧黄素

fluoform 氟仿

fluoherderite 氟磷铍钙石

fluolite 松脂石[C₁₀H₁₆O]；松脂岩[酸性火山玻璃质成分为主,偶见石英、透长岩斑晶]

fluoplate 布风板

fluor 氟；氟石[CaF₂]；荧光；萤石[CaF₂;等轴]
→~ (-)adelite 氟砷钙镁石[Ca(MgF)(AsO₄);单斜]

fluor(-)amphibole 氟(角)闪石

fluorane 荧烷

fluorannite 氟铁云母[KFe₃²⁺AlSi₃O₁₀F₂;KFe₃²⁺(AlSi₃O₁₀)F₂]

fluoranthene 荧蒽

fluorantigorite 氟叶蛇纹石

fluor(-)apatite 氟磷灰石[Ca₅(PO₄)₃F;六方]；磷灰石[Ca₅(PO₄)₃ (F,Cl,OH)]
→~ crystal 氟磷酸钙晶体

fluorapophyllite (氟)鱼眼石[KCa₄Si₈O₂₀(F,OH)•8H₂O;四方]

fluor-arfvedsonite 氟亚铁钠闪石

fluorate 氟酸盐；氟化
→~ diopside 氟透辉石[CaMg(Si₂O₆);含多量 F]

fluorbaryt 萤石[CaF₂;等轴]

fluorbaryte 杂荧重晶石

fluorbastnasite 氟碳铈矿[CeCO₃F,常含 Th、Ca、Y、H₂O 等杂质;六方]

fluorbiotite{fluor-biotite} 氟黑云母[K(Mg,Fe)₃(AlSi₃O₁₀)F₂]

fluorcalciobritholite 氟硅磷灰石[(Ca,REE)₅((Si,P)O₄)₃F]

fluor-cannilloite 氟铝镁钙闪石[CaCa₂(Mg₄Al)(Si₅Al)O₂₂F₂]

fluorcaphite 氟钙锶磷灰石[Ca(Sr,Na,Ca)(Ca,Sr,Ce)₃(PO₄)₃F]

fluor-chondrodite 氟粒硅镁石[Mg₅(SiO₄)₂F₂]

fluorcollophane 氟胶磷石[Ca₅(PO₄)₃F]

fluor crown glass 氟冕玻璃
→~-diopside 氟透辉石[CaMg(Si₂O₆);含多量 F]//~-edenite 氟浅闪石

fluorellestadite 氟硅磷灰石[Ca₅(SiO₄,PO₄,SO₄)₃(F,OH,Cl)]

fluoremetry 荧光测定

fluorene 芴

fluoresce 发荧光

fluorescein(e) 荧光黄$[C_{20}H_{14}O_5]$；荧光素

fluorescence 荧光
→ ~ {fluorometric;fluorimetric} analysis 荧光分析 // ~ microwave double resonance 荧光微波双共振法

fluorescent 荧光的；发荧光；有荧光性的
→ ~ characteristic 辉光特性

fluor-ferre-leakeite 氟锂铁高铁钠闪石$[NaNa_2(Fe^{2+}Fe^{3+}Li)Si_8O_{22}F_2]$

fluorhectorite 氟锂皂石

fluo(r)-richterite 氟钠(钙镁)闪石

fluoride 氟化物；氟化
→ ~ breakdown of zircon 锆英石氟化物分解

fluorigenic labeling technique 致荧光标记技术；荧光生成标记技术
→ ~ reaction 荧光发生反应

fluorimetric analysis 荧光测定分析
→ ~ determination 荧光测定 // ~ method 荧光(探矿)法

fluorinated ethylene propylene 氟化乙丙烯
→ ~ water 含氟水

fluorine 氟；萤石$[CaF_2$；等轴]

fluorite 氟{萤}石$[CaF_2$；等轴]
→ ~-(Y) 钇萤石$[((Ca,Y)F_{2-3}]$ // ~ fluoritum 紫石英 // ~ (type) structure 萤石型结构

fluoritization 萤石化(作用)

fluoritum 氟石$[CaF_2]$；紫石英[中药]

fluorization 氟化作用

fluor-lepidomelane 氟富铁黑云母

fluor-manganapatite 锰磷灰石$[(Ca,Mn)_5(PO_4)_3(F,OH)]$

fluor(-)meionite 氟钙柱石

fluor {-}meroxene 氟黑云母$[K(Mg,Fe)_3(AlSi_3O_{10})F_2]$
→ ~-mica 氟云母 // ~-micas 氟云母类 // ~-muscovite 氟白云母 // ~-norbergite 氟块硅镁石

fluoro- 氟(化)

fluoro-alumino-magnesiotaramite 氟铝镁绿闪石$[Na(Ca,Na)(Mg_3, Al_2)(Si_6Al_2)O_{22}F_2]$

fluorocarbon 碳氟化合物

fluorographic logging 荧光图示录井；荧光测井
→ ~ study 荧光仪检查

fluorographite 氟化石墨

fluorography X射线影屏照相术；氢氟酸蚀刻玻璃术；荧光图

fluorokinoshitalite 氟钡镁脆云母$[BaMg_3(Al_2Si_2O_{10})F_2]$

fluorologging 荧光测井

fluoromagnesioarfvedsonite 氟镁钠铁闪石$[NaNa_2(Mg,Fe^{2+})_4Fe^{3+}(Si_8O_{22})(F,OH)_2]$

fluoromagnesiohastingsite 氟钠钙镁闪石$[(Na,K,Ca)Ca_2(Mg,Fe^{3+}Al,Ti)_5(Si,Al)_8O_{22}F_2]$

fluorometric analysis 荧光计分析
→ ~ assay 荧光测定

fluorometry 测氟法

fluoro(-)montmorillonite 氟蒙脱石

fluoronyboite 氟尼伯石{氟铝镁钠闪}$[NaNa_2(Al_2Mg_3)(Si_7Al)O_{22}F_2]$

fluoropargasite 氟韭闪石$[NaCa_2(Mg_4Al)Si_6Al_2O_{22}F_2]$

fluorophlogopite 氟金云母

fluorophore 荧光团

fluoroprotein 氟蛋白泡沫液

fluorotetraferriphlogopite 氟高铁金云母$[KMg_3(Fe^{3+}Si_3O_{10})F_2]$

fluoroxyapatite{fluor oxyapatite} 氟氧磷灰石

fluor-pectolite 氟针钠钙石

fluor-phlogopite 氟金云母

fluor-polylithionite 氟多硅锂云母

fluor-pyromorphite 氟磷氯铅矿

fluor-richterite 氟锰闪石
→ ~ 氟碱锰闪石$[(Na,K)_2(Mg,Mn,Ca)_6(Si_8O_{22})F_2]$

fluorsiderite 红硅钙镁石

fluorspar 氟石$[CaF_2]$；萤石$[CaF_2$；等轴]

fluor-spodiosite 氟磷钙石$[Ca_2(PO_4)F$；斜方]

fluortaeniolite{fluortainiolite} 氟带云母

fluorthalénite-(Y) 单斜氟硅钇矿$[Y_3Si_3O_{10}F]$

fluorum 氟[拉]

fluorvesuvianite 氟符山石$[Ca_{19}(Al,Mg,Fe^{2+})_{13}(SiO_4)_{10}(Si_2O_7)_4O(F, OH)_9]$

fluo-siderite 红硅钙镁石

fluosilicate 氟硅酸盐

fluosolid 流(态)化固体
→ ~ roasting 流化焙烧

fluosolids furnace 流化(熔烧)炉
→ ~ {fluidized;fluosolid} roasting 沸腾焙烧

fluotaramite 氟绿铁闪石$[(Na,K)_{2.5}(Mg,Fe^{2+},Fe^{3+},Ca)_5(Si_8O_{22})(OH,F)_2]$

fluo(r)-tremolite 氟透闪石$[Ca_2Mg_5(Si_8O_{11})_2(F,OH)]$

fluo(r)yttrocerite 稀土萤石；钇萤石$[(Ca,Y)F_{2-3}]$；铈钇矿$[(Ca,Ce,Y, La,…)F_3•nH_2O]$

fluro-gypsum 氟石膏

flurosion 河流侵蚀

flurried 水槽运输矿石

flush 潮湿地；清洗；嵌平；齐平；涌出；弄平；直接的；直接地；富裕；大量的；涌；隆起；冲砂；洗涤；奔流；淹没；泛滥的；(使)兴奋(的)；注满；紧接的；发红；冲刷；水洗；贴合无缝地；发亮；水砂充填；湿法充填

flush (practice) 出渣；冲水
→ ~ away 洗掉；冲去 // ~ bolt 埋头螺栓

flushbonding 平接

flush{wet} boring{drilling} 湿式钻孔
→ ~ {wet} boring 湿式凿岩 // ~ (coupled;joint(ed)) casing 无接箍套管；平接(式)套管 // ~ collar 平口接箍 // ~ -coupled-type drill string 平接钻具 // ~ curb 平缘石

flushed-out trap 受冲刷圈闭

flushed pool 受冲刷的油藏；被冲刷的油藏
→ ~ production period 水洗采油期 // ~ sand volume 砂岩冲洗带体积 // ~ {flush} zone 渗入带[电测井]

flush-filled joint 平嵌接合；平灰缝

flush flow{flush-flow} 泄流
→ ~ fluid 冲洗流体；替置液 // ~ {flushing;washing;drilling} fluid 洗井液 // ~ fluid{liquid} 冲注液

flushing 自重充填；湿式充填；排酸[油]；油井注水驱油；反风；水力充填；注水；洗孔；冲刷；冲去；出渣；淘金；洒水

flushing{well cleanout{cleanup}} 洗井[油]

flushing{injection} 冲洗[钻孔]
→ ~ {cleaning} agent 清洗剂

flush joint 齐口接头；平式接头；内平接头

flussyttrocalcite 钇萤石$[(Ca,Y)F_{2-3}]$；稀土萤石；铈钇矿$[(Ca,Ce, Y,La,…)F_3•nH_2O]$

flussyttrocerite 铈钇矿$[(Ca,Ce,Y,La,…)F_3•nH_2O]$；钇萤石$[(Ca,Y) F_{2-3}]$；稀土萤石

Flustrella 织虫属[射虫;T]

flustriform 藻苔藓虫状

flute 螺丝槽；笛形物；低功率可调等幅波磁控管；沟纹；沟槽；刀沟；沟；槽；开槽；开沟；(刀具的)出屑槽；刻槽；长笛；凹槽；冲槽
→ ~ cast 凹槽铸型；槽形印模；流槽铸型；流痕；水流痕；流水波痕 // ~ cast{mold} 槽模

fluted 有槽的；有沟槽的；槽形的；有槽纹的
→ ~ cutter 槽式铣刀 // ~ hill 冰槽丘 // ~ moraine surface 槽脊冰碛面 // ~ tube 槽纹管

flute instability 槽纹不稳定性
→ ~ lead error 切屑槽导程误差 // ~ length 槽长 // ~ mark 槽痕

flutherite 铀灰石；碳铀钙石$[Ca_2(UO_2)•(CO_3)_3•10H_2O]$；铀钙石$[Ca_2U(CO_3)_4•10H_2O]$

flutter echo 多源回声

fluttering 脉动

flutter valve 翼形阀

fluvial 河的；冲积物；河流的；冲积的；河成的
→ ~ abrasion 河流冲积磨蚀；水流冲蚀 // ~ bog 河边低地；滩地沼泽 // ~ {river}-dominated delta 河控三角洲

fluvia(ti)le cycle of erosion 河蚀旋回；河流侵蚀循环

fluvial {-}environment 河流环境
→ ~ {river} erosion 河蚀(作用) // ~ gravel deposit 河积砂砾矿床

fluvialist 河流作用论者

fluvial lake 河中湖[河流变宽处流速减慢部分]；流动湖；活水湖
→ ~ loam 河积平原 // ~ morphology 河貌(学) // ~ process 成河过程 // ~ soil 河成土

fluviatic{fluviatile} 河成的；河流的

fluviatile dam 河成堤坝
→ ~ deposit 河流堆积

fluviation 河成作用；河流作用

fluviodeltaic complex 河成三角洲复合体

fluvioeolian 河风成因的

fluviogenic soil 冲积土壤

fluvioglacial 河冰的
→ ~ erosion 冰水的侵蚀作用 // ~ landforms 冰水生成的地形 // ~ outwash delta 冰水外冲三角洲

fluviograph 水位计

fluviolacustrine 河湖成的

fluviology 河流学；河川学

fluviomarine 河海成的
→ ~ deposits 河海堆积

fluviometer 水位计

fluviomorphological 河床演变的

fluviomorphology 河流形态

fluviosol 冲积土

fluvioterrestrial 淡水的；陆水的
→ ~ deposit 陆淡水沉积

fluvio-terrestrial deposit 陆上河水沉积

fluviraption 冲蚀作用；流水扫荡作用

flux(ion) 流量；熔融；熔解；焊剂；弥散(通)量；流出；涨潮；熔化；(用)焊剂处

理；熔剂；磁通量；(沥青)稀释剂；流动焊剂；通量；流动

(smelter) flux 助熔剂

flux bearing agglomerate 加熔剂人造矿块
→～ bin 熔剂仓

fluxed{flux-coated} electrode 涂药焊条
→～ sinter{agglomerate} 熔剂性烧结矿

fluxes 熔剂

flux gate compass 磁通量闸门罗盘
→～(-)gate detector{magnetometer} 饱和式磁力仪//～(-)gate magnetometer 磁通脉冲磁力仪；饱和铁芯式磁强计

fluxgate-proton precession 质子旋进磁通脉冲磁力仪

flux-grown crystal 熔盐法生长晶体

flux growth (由)熔盐生长晶体
→～{silica} gun 石英枪

fluxibility 熔度；熔性

fluxing 渣化；软化；造渣；精炼
→～ agent 助熔剂//～ stone 石灰石；助熔岩石[冶金上用来降低矿石熔点的石灰岩、白云岩等]

fluxion structure 挠曲构造
→～{flow;rhyotaxitic} texture 流纹结构

flux-line 液面线

flux link{linkage} 磁通匝连数

fluxmeter 磁通计；通量计

flux method 熔盐法
→～ of energy 能量通量//～ of radiation 辐射通量//～ of vector 矢通量

fluxoid 全磁通

flux oil 软制沥青；半柏油
→～ peak 最大通量//～ perturbation 通量微扰{扰动}//～ raw material commodities 溶剂原料矿产//～ sinter{bearing agglomerate} 熔剂性烧结矿

fluxstone 助熔岩石[冶金上用来降低矿石熔点的石灰岩、白云岩等]

flux-traverse measurement 通量穿透测量

flux updating method 通量校正法

fly 衬页；褪色；风布；运输；均衡器；蝇；拨纸器；吹飞；导流闸门{储仓中}；飞程；避开；悬；横幅；消失；风障；航行；空白页；飞扬；飞行；飞梭；飞逝；空运；细小脱出物；驾驶；逃出；碎裂
→～(a flag) 悬挂

flyback 回授；倒转；逆行；反馈
→～(retrace) 回扫{描}

flyball integrator 离心球式积分器

flyby 飞近探测；并飞
→～ mission 低空飞行；接近(星体)的飞行探测

fly cutter 云梯的顶部
→～ door 推拉门//～ drill 手拉钻

flyer 飞跳；跃起；快艇；飞行员；飞轮；飞机；航空器；梯级

flygate 蝶阀；两开门

flying 飘扬的；飞散物；悬空的；飞行；浮动的；飞速的
→～ arch 矮石玄//～{coal} ash 煤灰//～ bar 环状沙坝；断移沙坝；围岛沙坝//～ boat 水上飞机//～ carpet{switch} 浮动道岔

flying{flight} height 飞行高度；航高
→～ reef 不连续(矿)脉；断续矿脉//～ rocks 飞石//～ veins 叠覆和交叉的分枝矿脉；分支矿脉

fly leveling 快速水准检测
→～{butterfly;thumb;wing;winged;castle}

nut 蝶形螺母//～ off at a tangent 越出常轨；沿切线方向飞出//～ out 试飞；飞溅；冲出；飞出

flyover 飞机编队低空飞行；立体交叉；高架公路；飞越[电子]；上跨交叉；跨线桥

flyrock 飞石；飞散石块

fly rock 岩石碎块
→～ rope 升降索

flysch 浊积岩；弗立希；复理层；厚砂页岩夹层
→～ bedding 复理式层理//～ deposits of the accretionary prism 加积柱复理石沉积//～ facies 复理石相

flyschoid 类复理层{石}；准复理石
→～ formation 类复理石建造

flysch raft 复理石漂移体
→～ trap 复理石圈闭

flysh 复理层

fly speck carbon 飞炭斑
→～ stone 毒蝇石//～ tool 飞刀

flywheel 飞轮

Fm 镄

fm 岩层；组；建造；群系[植]；英寻[噚;=6ft=1.8288m]

FMC 不可抗力条款[因天灾、战争等]

foam 海绵状的；泡沫材料；泡沫；浮石；起泡沫；起泡

foam-breaking{defoaming;antifoaming;antifoam;antifrothing} agent 消泡剂

foam carrier 泡沫携(砂)液
→～ clay 多泡性黏土

foamed crosslinked gel fluid 泡沫交联凝胶液
→～ plaster mo(u)lding 泡沫石膏造型//～ polyethylene dielectric 泡沫聚乙烯介质//～ slag 泡沫砂渣//～ slag concrete 湿碾矿渣混凝土

foam expansion 发泡倍数
→～-forming liquid 生泡液//～ fractionation 离子浮选//～ hydrant 灭火器泡沫的给水栓

foaming 起泡作用；泡沫灭火；发泡；成泡沫[浮]

foam inhibiting agent 阻泡剂；消泡剂
→～-in-plate 现场发泡//～{breaker;plunge} line 碎波线//～-making duct 泡沫生成管//～ mixing chamber 起泡组分混合室//～(ed){expandable} plastic 泡沫塑料

foamslag 泡沫水淬矿渣

foam solution 成泡溶液

foamy 泡沫状；多泡沫的
→～ crude 易起泡沫的原油//～{foam;pumiceous} structure 泡沫构造//～{vesicular} structure 多泡构造

focal (在)焦点上的；震源的
→～ area of geodynamic disturbance 地球动力扰动的震源区//～ depth 焦点深度；焦深；震源深度；聚焦深度；震深//～ distance{length} 焦距；震源距

focaliser 聚焦装置

focal{source} mechanism 震源机制
→～ plane 焦面//～-plane shutter 焦面快门//～ radius 焦半径//～ region 聚焦区

focoid 虚圆{源}点

focometer 焦距计

focometry 测焦距术

focus[pl.-es,foci] 中心(点)；重心；调节焦

距；焦点；震源；聚焦；焦距；对光；集中点；集中
→～{set} a camera 对光

focused current log 会聚电流测井
→～-current log 电流集中测井；聚流测井//～ resistivity curve 聚焦电阻率测井曲线//～ synthetic aperture system 聚焦型合成孔径(雷达)系统

focusing current 会聚电流
→～ factor 命中率//～{focal} plane 焦平面//～ X-ray-method 聚焦X射线方法

focus of an earthquake 震源

Fodinichnia 食迹类；摄食迹；进食迹；觅食构造[遗石]；吃食迹[遗石]

fodinichnia 进食迹[遗石]；觅食(痕)迹

Foerstephyllum 福斯特珊瑚属[O₂₋₃]

fog 浊斑；雾点；朦胧；走光；烟云；雾翳；尘烟；发霉；雾；图像模糊
→～(photographic) 灰雾//～ bell 雾钟

fogbow 雾虹

fog{position} buoy 标志浮标
→～ chamber (威尔逊)云雾室

foggara 坎儿井；地下水管[沙漠地区]；暗灌溉渠[撒哈拉地区]

foggite 羟磷铝钙石[CaAl(PO₄)(OH)₂·H₂O；斜方]

fog horn 雾笛{号}
→～ investigation dispersal operations 火焰消雾器//～ light{lamp} (汽车)雾灯

fogman 雾信号员

fogmeter 雾表

fog plume 雾羽
→～ precipitation{plume;drip;rain} 雾雨

fohrde[pl.-n] 类峡湾；浅溺谷

FOI 地层损害指数

foiba 穹顶深坑

foid 副长石；似长石

foidal 副长石的

foid-bearing 含副长石的
→～ alkali feldspar syenite 含副长石碱长正长岩

foidite 副长岩；副长石岩；似长岩

foig 顶板裂缝

foil 薄片；以箔为衬底；衬托物；打乱；贴箔；(使)成泡影；叶形饰；翼；挫败；箔；瓣
→～(thin) 薄箔//～-backed plasterboard 铝箔衬背石膏板//～-stone 模造宝石

foin 石貂

fojasite 八面沸石[(Na₂,Ca)Al₂Si₄O₁₂·8H₂O；等轴]

fold 彻底失败；叠加；叠；褶层；折；分；合并；包；一卷；起伏地面；起伏；叶子；关掉；劈水；劈；倍；门扇；皱纹；折合；重叠；抱；褶曲；折痕；地形起伏；压折；皱褶；结束；团；弯折；合拢；叠合；折叠；褶皱；折曲[折皱构造的基本单位]

fold amplification 褶皱幅度增加
→～ amplitude 褶皱幅度

foldcarpet 褶皱盖层

fold closure 褶皱闭合度{端}
→～ coast 褶曲海岸

foldcrack 褶皱裂纹

folded 折叠的；褶皱的
→～ belt conveyor 折叠式小型胶带输送机//～ filter 放在漏斗上的折叠滤纸//～ region 褶曲区//～ region{zone} 褶皱区

fold(ed) fault 褶皱断层[上盘受褶皱的逆掩断层]
→~ filling 软折叠管装油 // ~-forming mechanism 褶皱形成机制 // ~ generation 褶皱世代

folding 迭；褶曲作用

fold interference pattern 褶皱干扰型{涉模}式
→~ inwards 向内褶曲

foldkern 褶皱核

fold-modified 受褶皱作用的

fold(ing) nappe 褶皱推复{覆}体

Foley{Foleyan} 佛利(阶)[北美;N$_2$]

folgerite 镍黄铁矿[(Fe,Ni)$_9$S$_8$;等轴]

folia 叶状层

foliaceous 叶状物；叶片状

foliage 叶(子)；簇叶；叶饰
→~ leaf 营养叶[植]

folial 小叶

foliar 叶的；叶状的
→~ analysis 叶片分析

foliated 叶片状；打成薄片；叶理岩；裂成薄片；薄层状的
→~ coal 叶片状煤 // ~ granite 片麻岩 // ~ graphite 层状石墨 // ~ gypsum 叶片状石膏 // ~ hematite 片赤铁矿 [Fe$_2$O$_3$] // ~ rock 叶片状岩(石) // ~ talc 片滑石；叶片状滑石[Mg$_3$(Si$_4$O$_{10}$)(OH)$_2$] // ~ {black; glance} tellurium 叶碲矿 [Pb$_5$AuSbTe3S$_6$] // ~ {glance} tellurium 叶碲金矿[Pb$_5$AuSbTe$_3$S$_6$; Pb$_5$Au(Te,Sb)$_4$S$_{5-8}$;斜方?] // ~ zeolite 片沸石[Ca(Al$_2$Si$_7$O$_{18}$)•6H$_2$O;(Ca,Na$_2$)(Al$_2$Si$_7$O$_{18}$)•6H$_2$O;(Na,Ca)$_{2-3}$Al$_3$(Al,Si)$_2$Si$_{13}$O$_{36}$•12H$_2$O;单斜] // ~ {radiated} zeolite 束沸石[(Na$_2$Ca)(Al$_2$Si$_7$O$_{18}$)•7H$_2$O]；辉沸石[NaCa$_2$Al$_5$Si$_{13}$O$_{36}$•14H$_2$O;单斜]

foliation 页理；分成薄片；生叶；制成薄片；片理；面理；分层；剥理；叶理；板理；成片；成层
→~ {leaflike} structure 叶状构造

folicsdd 叶酸

folidoid 铝海绿石类

folidolite 硬金云母

foline 叶素

folium[pl.-ia] 薄层；叶状层；叶形线；薄叶理；薄片；纹层；叶理；叶片
→~ dorsiventrale 异面叶[植] // ~ photiniae 石楠叶

Folkestone Warren 福克斯顿沃伦

folk recipe 土方

follicle 菁荚果[植]

follicole 叶生的

follow 继续；归结；跟随；采用；接着；追随；追求；领会；从事；遵循；倾听；仿效；注视；经营；按照；探索
→~ (up) 跟踪 // ~ down{follow-down drilling} 跟管钻进

follower 输出器；随动件；跟随器；门徒；衬圈；(合同的)附页；轴瓦；从动轮；部下；续钻钻头；复制器；重发器；继承人；随员；随动体；随动机构；推杆[航]
→~ chart 钻头和套管配用表 // ~ head 跟踪头；后端头 // ~-ring 附环

following 其次的；随动；后面的；下面的；跟踪；接着的；追随者；下列的；在后；顺次的
→~ (dirt;stone) 假顶 // ~ dirt 松散矸石层；炭质页岩；松散页岩假顶[煤层]

follow{follower} rest 跟刀架
→~ the example of 仿效
"follow-the-pointer" dial 游标

follow the trail of{follow-through} 追踪

(ground) follow-up 地面检查

follow-up 随后的；继续的；贯彻到底；伺服；跟踪装置；跟踪；随动；追随；接着的
→~ action 跟进行动

followup slug 随后注入的段塞；跟踪段塞

follow-up survey 追踪测量

follow(ing)-up system 随动系统

follow-up value 接续值

Follsan process 福尔森(粉矿造块)法

fondinichnia 巢穴食痕

fondo 洋底

fondoform 基底型；深海域；洋底地形

fondothem 洋底岩层；滞流岩
→~ facies 深积相

fondu 高铝水泥

Fontainebleau limestone 石英砂方解石
→~ sandstone 枫丹白露砂岩；方解石胶结的石英砂岩；含砂方解石

fontein 河源；泉

fontology 温泉学

food 粮食
→~ additive agent pollution 食物添加剂污染 // ~-collection device 摄食结构 // ~ grade paraffin wax 食品用石蜡 // ~ groove 食沟

foolhardy 莽撞的；蛮干的

foolproof (apparatus) 安全自锁装置；(操作)失误防止设备

fool-proof{safety} device 保险装置

fool's gold 黄铜矿[CuFeS$_2$;四方]；愚人金

fools'{fool's} gold 黄铁矿[FeS$_2$;等轴]

foordite 傅锡锑矿[SnSb$_2$O$_6$]

foot(hold) 沉淀物；足；步；底部；合计；渣滓；支座；步行；支架；结算；英尺；支点；底座；行驶[船等]

(oil) foot 油脚

foot (stall) 基脚

footage 进尺(深度)；总长度；按码计资采煤；尺码
→~ block 按回次区分岩心的隔板 // ~ on reef 沿脉进尺 // ~ payable 有效进尺 // ~{feet} per bit 钻头进尺

foot-arching 底拱

foot block 顶尖座；尾架；柱鞋；尾座
→~ block{plate} 柱垫 // ~ board 驾驶台 // ~ board{pedal} 踏板 // ~ (-operated) brake 脚闸；脚踏闸；脚踏式制动器

footbridge 天桥

foot(-)candle 英尺-烛光

(cliff-)foot cave 喀斯特崖脚溶穴

foot drill 踏钻

footeite 硫羟氯铜石[Cu$_{19}$Cl$_4$(SO$_4$)(OH)$_{32}$•3H$_2$O;六方]；细柱蓝铜盐

foot end 植物地下部分
→~ glacier 前端扩大冰川；足状冰川

foothill 山麓；底坡
→~ belt 山前带

foothold 支柱；立足点；支架点；支柱点；据点；凿岩机支架
→~ of driller 钻工站(工作)台

foot hole 井帮踏脚窝[升降井筒用]；底眼；小圆穴；土中炮眼；踏脚孔
→~-hole 井壁脚踏孔 // ~ hook 大提

升绳钩[箕斗上]；箕斗钩

foothook chain 大钩提链

footing 基座；基脚；基础；身份；垫层；立脚点；合计；地位；底脚；编制；总额；立足处；关系；浅层基础；立场；资格
→(equivalent) ~ analogy 等效基础模拟 // ~ base pressure 基底压力 // ~{foundation} beam 基(础)梁 // ~ deck 沉垫顶板

foot lift 踏板式起落机构

footloose 自由自在的

footmark 足迹

foot mark 按回次区分岩心的隔板

footpad 支架脚垫；垫套式支脚

footpath 人行道；小路

foot path 人行道
→~-piece 支架底梁 // ~ plank 脚手板 // ~-plate 垫板；柱鞋；柱垫 // ~-poundal{|lambert|candle} 呎磅达{|朗伯|烛光}

footprint 轨迹；足印；脚印；宇宙飞船预定着陆点
→~ (track) 足迹

foot protection works 护坡工程

footrail 露头煤矿；斜坡道；平硐；轮子坡；露头矿

foot rail{rill} 直达采区巷道

footrest 踏板

foot-ridding 卧底

foot rill 直达井下工区的巷道
→~{anchor} screw 地脚螺丝

footslope 坡麓；麓坡

foots{bottom} oil 油脚

foot stall 柱脚；柱墩

footstep 垫轴台；脚步；足迹；脚音；脚蹬；轴承架
→~{spherical} pivot 球面枢轴

footstone 坟墓基石

foot{bottom;foundation;footing;bed;base} stone 基石

footstool 踏板

foot-switch 脚踏开关

foot valve 背阀；泵吸管端逆止阀

footwall 基础墙；底壁；底帮；底板；断层下盘；下盘
→~ alteration 底板蚀变

foot wall blasting 卧底

footwall crosscut and ore pass method 底盘石门溜井放矿采矿法；下盘石门溜眼放矿开采法
→~ cutoff 下盘截断(地层)

foot wall drive 沿矿脉下盘掘进(的平硐)

footwall haulage 底盘巷道运输；脉外运输；下盘巷道运输

footwalling 卧底；拉底

footwall remnant 底帮上未采的煤
→~ remnant ore 残矿 // ~ shaft 下盘井筒 // ~ zone 底板岩带

foot{man} way 梯子间

foracan 飓风

forage 草料；蜜源区；饲料
→~ grass 饲用牧草

Foraky freezing process 福罗吉式冻结凿井法

foralite 虫穴岩；虫管状构造

foram 有孔虫

foramen 基孔
→~ acelabulare 髋臼孔 // ~ atlantale 寰椎孔 // ~ magnum 枕骨大孔；后头孔

[昆]//∼ of internal carotid artery 内颈动脉孔//∼ supraorbitale 眶上孔

foramina[sgl.-men,-min] 列孔[孔虫]

foraminal tube 茎孔管[腕]

foraminate(d) 有孔的

foraminifera 有孔虫目；有孔虫类

foraminiferal 有孔虫的
　　→∼-nannofossil ooze 有孔虫-超微化石软泥

Foraminiferida 有孔虫目

foraminiferous 含有孔虫的

foraminite 有孔虫岩

foraminoid 类周面孔[孢]

forate 散孔；有周面孔的[孢]

forbesite 镍华与砷华混合物；隐砷钴镍矿

forbidden combination 禁用组合；非法组合
　　→∼ decay 禁衰变//∼ gap{line} 禁隙{线}//∼ reflection 禁戒反射

forble board 四节钻杆为一立根高度处的二层台
　　→∼ board working platform 二层台

force 说服力；势；压力；人工转移(程序)；权力；过载；强迫；强制力；强加；迫使；强制；用力；强度；理由；力量；力；要点；促成；武力；威力；加载；加压；挤压；兵力；瀑布[英]

forced 强迫的；强制的；增强的
　　→∼ block caving 强制分段崩落开采(法)；强制块段崩落//∼ caving system 药室大爆破采矿法//∼ convection 人工对流；外力对流//∼ convection sinter cooler 强制对流式烧结矿冷却机//∼ draught 强制通风；强力鼓风

forceful intrusion 主动侵入(的)
　　→∼{forcible} intrusion 强力侵入(的)

force function 力函数
　　→∼ (of) gravity 重力//∼{flux} line 力线//∼ majeure clause 不可抗力条款[因天灾、战争等]//∼ of compression 压缩力；压力//∼ of flocculation 絮凝力

forceps 焊钳；钳子；镊子；尾铗[昆]；二叉骨针[绵]；钳[蠕虫]

force pump 手摇(压)泵；压水唧筒
　　→∼{forcing;pressure} pump 压力泵//∼ tensor 力张量

forchhammerite 绿硅铁矿

forcible emplacement 强行侵位；主动侵位
　　→∼ intrusion 主动侵入(的)

forcing 强迫的；强制；着力；压入式的；促成；培育[促早熟]
　　→∼ cone 坡膛

ford 浅滩；津；津渡；徒涉场
　　→∼ (duan) 渡口

Ford viscosity cup 福特黏度杯

forearc 岛弧前；前弧[牙石]

fore-barrier 前礁堤

forebasin 前盆地；盆地前

forebay 缓冲渠；前湾

foreberm 后滨阶地前；滩肩前

fore{front} canopy 前顶梁

forecast center 气象中心
　　→∼ consumption 预期消耗

forecasting 预料
　　→∼ function 预报函数//∼ just before sliding 临滑预报//∼ of market potentials 市场潜力预测

forecastle 水手舱；船头；前甲板

→(sunk) ∼ 艏楼

forecast of earthquake 地震预报

fore celler 前地下室

forecooler 预冷器

forecooling 预冷(却)

fored-air{positive;plenum} ventilation 压力通风

foredeck 前甲板

foredeep 山前坳陷；前渊；外地槽；陆外渊；外枝准地槽

fore deep 前渊；陆外渊；外地槽
　　→∼ drift 超前平巷//∼ effect angle 超前影响角//∼ (field) end{fore face} 前端//∼ field 工作面

forefield end 最远端工作面；井下巷道最远端

fore frame 前(框)架

forefront 最前线(部)
　　→∼ pressure 前锋压力；前端压力

foreground 最显著的地位；前台；前景；突出
　　→∼ processing 最先处理

forehand 正手(的)；前方的；预先作的；预防的
　　→∼ welding 前进焊

forehead 前额；前部；额
　　→∼ bracket 用于装前探梁的托架

forehearth 前炉；前床；供料槽
　　→∼ colouration 料道着色

foreign 无关的；不合适的；对外的；不相干的；异样的；外来的；外国的；外部的
　　→∼ body 杂物；异物；异体；外来体//∼ coal 外矿送选的煤//∼ colors 洋彩//∼ currency bills payable 可付外币

foreigner 外来岩体；进口货；异地岩石；外来物；外国人

foreign exchange{currency} 外汇
　　→∼ incluaion 捕房体//∼ incluaion{inclusion} inclusion 外来包体//∼ metal{foreign-metal{metallic} impurity} 金属杂质//∼ ore practice 外来矿石操作法//∼ solids 外来的(固体)颗粒

foreknowledge 预知；先见

foreland 前陆；山前地带；前沿地；海角；前麓地；低岬；前缘地；岬；滩地

fore land 前地；堤外地

foreland facies 前沿地相
　　→∼ fades{facies} 陆架相//∼ sequence 前陆层序列；前地层序//∼-verging 前陆下沉{会聚}

forelimb 前肢；前翼

fore{backing} line 前级管道
　　→∼ line 预抽管道；鱼镖绳//∼-line 泵间线[预抽真空泵]

forellenstein 橄长岩

fore-locked bolt 带销栓

Forel scale 福雷水色计；福莱尔水色计

foreman 工长；工头；监工；领班；班长
　　→∼ driller 钻机长//∼ of a mine 采矿工长

foremast 前桅

foremine 斜井

foremost 第一流的；最前的；最初的；最主要的
　　→∼ deck 锚甲板；船头处甲板

fore neck 前颈

foreordained affinity 前缘

foreordination 预定性

fore-overman 总管；主任工务员

forepart (时间的)前段

forepeak 船首舱[常贮清水,也能带压舱水或燃料]

fore peak tank 艏尖舱
　　→∼ plate{pole} 板桩

forepoling 板桩支架；超前支架(法)
　　→∼(roof) ∼ 超前支护//∼ bar 前插梁；前探梁

fore(-)poling board 超前板桩(法)

forepoling girder 插板支架
　　→∼ shoe 板桩刃靴

forepressure 前级真空压强；预抽压力
　　→∼ tolerance 前级耐差

forepump 前级泵

forepumping 预抽；前级抽气

fore reef 前礁；礁前

forerunner 预报者；前{先}驱[古]；(地震)前兆；预{先}兆；前身
　　→∼ (earthquake) 前震//∼ of eruption 喷发前兆//∼ of strong earthquake 强震前兆

forerunning effect of earthquake 地震前兆

foreseeable 可预见(到)的；有远见的

foresee laminae 前积层纹
　　→∼ system of cross-beds 交错层的前积系统[含金]

foreset 临时超前支护{架}
　　→∼ (bed;bedding) 前积层

fore set 装顶柱
　　→∼-set beds (in a delta) 前积层

foreset cross-bedding 前积交错层理
　　→∼ mine 沿地层向上采掘；斜硐//∼ slope 前积(斜)坡//∼ slope valley 前积坡谷

foreshadow 预测

foreshaft 正式凿井设备安装期间所开凿的一段井[一般<150ft]；井颈

fore{preliminary} shaft 井颈

foreshaft sinking 上部井筒凿井

fore-shift 早班

fore(-)shock{fore shock{earthquake}} 前震

foreshock-mainshock type 前震-主震型

fore shore 前滨

foreshore and seabed 前滨及海床
　　→∼ berm 前滨滩肩[阶地]//∼ slope 前滨坡

foreshortening (用)透视法缩小绘制(图)；缩短视线

fore shoulder 前肩[船体型线]

foreshow 预示

foreside 滨海陆地

foresite 辉沸石 [$NaCa_2Al_5Si_{13}O_{36}\cdot14H_2O$；单斜]；杂缘泥辉沸石；假辉沸石

foreskin 包皮

foreslope 前缘斜坡；前坡
　　→∼ facies 前(缘斜)坡相

forest 森林；群障[位错用语]；林区；林立；树林
　　→∼ (culture) 造林

forestage 前级的

forestair 露天楼梯；露天外楼梯

forestall 防止；囤积居奇

forestation 植树；造林

forest bed 森林层
　　→∼ bog 林沼//∼ coal 林源煤//∼ decay 森林`退化{逐渐失去活力}

forested steppe 林侵草原
　　→∼ terrain{region} 森林(覆盖地)区

foresteerage 前转向架

forest-fire meteorology 森林火灾气象学
→~ prevention 森林防火

forest floor 森林覆被物；盖物；林地覆被物
→~ for protection against soil denudation 防沙林

Forest Green 紫绿晶[石]；积架红[阿根廷红;石]

forest inventory 森林资源清查
→~ line 树木线

forestop 板桩

forestope 前探梁；前伸梁

forest peat 森林泥炭
→~ {-}steppe 森林草原//~-steppe belt 森林草原带//~-to-coal process 森林成煤过程//~ vegetation 木本植被

fore{console} support 前探式支架
→~ support 超前支架(法)；自进式支架前部

fores wipe reflection 来自前侧的岩丘表面多次反射

foresyncline 前缘向斜；前向斜

fore-syncline 前缘向斜

forethrust 前逆冲断层；前冲断层

foreward{front} abutment pressure (工作面)前支壁压力

forewarmer 预热器

forewarning 前兆；预先警告

forewinning 采矿房；(煤)采房

forficated tail 铗尾

forge 熔铁炉；铁匠炉；推进；打铁；炼铁；假造；锻造；锻冶
→~ (furnace) 锻炉

forgeability 可锻性

forgeable iron 可锻铁；延性铁

forge{anvil} chisel 锻工凿
→~ crack{bursting} 锻裂

forged blank 锻造出的毛坯
→~ {wrought;forging;hammered} steel 锻钢//~ steel bell 锻造钢磨珠//~ weld 锻接

forge pigs 锻铁
→~ rate 顶锻变形速度//~{blacksmith} shop 锻工场//~{blacksmith} welding {forge-welding} 锻焊

forging 锻工；锻造的；锻造；锻法
→~ (part) 锻件

forgive 包容

forgotten name 遗忘学名

fork 矿井疏干；垫叉；分流；分叉[泛指]；河汊；叉；木板桩；分歧；分岔[山脉、道路等]；分歧点；齿
→(tuning) ~ 音叉//~ beam 半横梁[舱口]//~ chuck 叉形卡盘

forked 分叉的
→~ axle 叉轴

forking 河流分汊[岔](作用)
→~ bed 分叉岩层；分岔(岩)层//~ of vein 脉分叉[岔]；分枝脉

fork lift truck 铲车；叉式万能装卸车；升降叉车
→~ process 分支进程//~ the hole 钻分支孔；钻旁孔

form(a) (晶)型；构造；形成；式样；想出；组织；产生；锻炼成；形象；表；构成；排；格式纸；格式；模壳；(晶)面式；组；排列；建立；相；做出；养成；形状；形态；结构；体制；级；组成；成形；形式[变体]

form (board) 模板；表格
→~ a cluster 簇//~ a depression 下陷//~ a flute 凿槽

formal 正规的；正式的

formaldehyde 甲醛

formaldoxime 甲醛肟

formal examination 详细鉴定；详细研究
→~ fabric 形态组构

formalin 福尔马林[HCHO,甲醛]；蚁醛；特性周波带

formalities 手续；正式手续

formalized 定型的；正式的

formal taxonomy 形态分类
→~ theory of creep 蠕变形态理论//~ unit 正式单位

formamen 下窗型[茎孔;腕]

formamide 甲酰胺

formamidine 甲脒

formanite 黄钇钽矿[YTaO₄;四方]；钽钇铌矿

form a pile 成堆
→~ a sediment 沉淀

format 标组；(书籍)版式；排列程序；格式；大小尺寸；幅面；幅度；信息编排；安排形式；记录格式；形式[数据排列]
→~ conversion 格式变换

form(i)ate 形成法；甲酸[HCOOH]；加入编队；甲酸盐[HCOOM]

formation 设立；群系[植]；队列；层；编队；组地层；构成；系统；层系；生成；序列；组织；建造[地]；组[地层]
→ (rock;stratum;bed;layer;mass;stratification) ~ 岩层；地层//~-abrasiveness parameter 地层研磨性参数

formational{formation} control 岩性控制

formationalgeology 构造地质

formational sequence 地层层序
→~ temperature 成矿温度

formation anomaly simulation trace 地层层面与井壁相交的模拟迹线
→~{rock} hardness 岩石硬度//~ of solid-air interface 气泡对矿物形成黏附面//~-to-gravel size ratio 地层砂与砾石粒度比

form a vesicle 灌浆

formazane 甲䐶
→~ solution 甲䐶溶液

Formazin turbidity unit 福氏浊度单位

form cage 板框
→~ clamp 混凝土模壳夹子//~ coating 模板涂料{油}//~ contact 异貌接触[堆积层间]//~ control template 仿形控制样板

forme 印版

formed contact wheel 成型接触砂轮
→~ grinding wheel 成形磨削砂轮//~ rubber tank 任意成形的软油罐//~ wire gun 成型钢索射孔器

form energy 晶能[结晶力]；结晶面能；成晶面形成能

former island arc 古岛弧；前岛弧；先存岛弧
→~ name 旧称

form factor{coefficient} 形状系数
→~{crest;shape} factor 波形因数//~ factor 状态因子；形状因子//~ genus 形式属；形态属

formica 胶木[绝缘]

formic acid 蚁{甲}酸[HCOOH]

formicaite 甲酸钙石[Ca(HCO₂)₂]

forming 造型；仿形；翻砂；编成；模锻；冶成；装配模板；形成法；型工；冲压；加工
→~ of pillars 开切矿柱

formkreis 地貌成因区

formless 无定形的

form(-)line 地形线

form of ore body 矿体形状

formol 甲醛

formolite 硫酸甲醛
→~ reaction 甲醛反应

form(al) parameter 形式参数
→~ persistence{persistance} 晶形存留//~ ratio 深宽比[河流]；轴率[孔虫]

formset 交错层组；形态层组
→~ surface 形面//~ symbole 单形符号[结晶学]

forms for reporting statistics,etc. 报表
→~ of product movement 产品移动方式

form stress factor 形状应力因素{数}
→~{formset} surface mapping 形面填图//~ symbol 单形符号[结晶学]//~-tying 钉结模板

formula[pl.-e] 定则；(算)式；药方；方案
→(molecular) ~ 分子式

formulate 订出；阐述；配制；编制；公式化；作出定义；制定；制；列出(公式)；方程式；提出
→~ alternatives 可行方案汇集

formulation 列出(公式);列方程式;表达；表述；配方；公式化；阐述；组成；成分
→~ of the cement blend 水泥混合料的组成

formula unit 化学式单位
→~ vertebralis 椎列式//~ weight (化学)式量

formvar 聚醋酸甲基乙烯酯

formylate{formylation} 甲酰化

forna 落叶残层[瑞]

fornacite 砷铬铜铅石[(Pb,Cu)₃((Cr,As)O₄)₂(OH);单斜]；铬砷铜铅矿[(Pb,Cu)₃((Cr,As)O₄)₂]

Fornax 天炉座

fornix 穹隆{窿}

Forrester air-lift flotation cell 福里斯特气升式浮选机

fors[pl.-ar,瑞] 急流；急滩

Forstercooperia 弗氏犀属[E₂]

forsterite 镁橄榄石[Mg₂SiO₄]
→~-marble 镁橄大理石//~ sand 橄榄石(矿)砂[Mg₂SiO₄]//~ type compound 镁橄榄石型化合物

fortification{fort} agate 堡垒玛瑙

fortuitous 偶然的；不规则的；意外的
→~ distortion 意外失真

fortunite 橄榄钾镁{金云}煌斑岩

forty-spot 白斑钻石雀

forward exchange market 期货汇兑市场
→~{concurrent} flow 顺流//~ heading breaks 向前方倾斜的断裂//~{direct} measurement 往测//~ motion 前向运动//~ nodal point 前节点

fos 陈旧的；含化石的；古的；安全系数；化石；船上交货(价格)

foschallas(s)ite 鳞硅钙石[3CaO·2SiO₂·3H₂O]

fosfo-excorodita 磷臭葱石[Fe(As,P)O₄·8H₂O]

F

fosfosiderite 磷铁矿[(Fe,Ni)$_2$P;六方]

foshagite 傅斜硅钙石；傅硅钙石[Ca$_4$Si$_3$O$_9$(OH)$_2$;三斜]

foshallassite 鳞硅钙{水硅灰}石[3CaO•2SiO$_2$•3H$_2$O;单斜]

foso{foss} 河沟

fossa 地壕；内窝；内沟[珊]；隐灵猫属[Q]；陆缘地槽[日]；关节窝[海胆]

fossae 窝

fossamagna 大地沟

fossaperturate 沟中孔槽；凹陷口[孢]

fosse 濠；海渊；壕；外壕；海沟；横巷；沟；槽；堑沟；狭长水道；冰缘狭长槽；冰缘沟

→~ lake 冰缘湖

fossellids 具沟类

fossette 外壁缝状坑；洒{小}窝；铰齿槽{窝}[双壳]；窝穴[孔虫]

fossick 采矿；旧矿中拣矿；废矿中拣矿

fossicker 老矿中拣矿者

fossicking 滥采

Fossiglyphia 掘穴遗迹类[遗石]；掘迹亚纲

fossil 陈旧事物；陈旧的；化石的；含化石的；古的；陈腐的

→~ (remains) 化石//~ arc-trench gap succession 古岛弧-海沟断谷沉积系列//~ assemblage 化石组合

fossilation 化石化作用

fossil basin 古盆地

→~ botany 古植物学//~ boundary 古边界//~ boundary of plate 板块的古边界

fossil-carbon 化石碳

fossil carbonate line 化石碳酸盐线；古碳酸盐线

→~ cast 古印模；古铸型//~ charcoal 丝煤；焦炭//~ coenosis 化石群//~ community 化石群落//~ contourite 古平流沉积//~ copal 黄脂石[树脂的化石,含氧比一般琥珀少；C$_{12}$H$_{18}$O]

fossildiagenese 成化石作用[德]

fossil diversity 化石分异性

→~ energy 矿物燃料//~-energy fuel 化石能燃料；矿物能燃料//~ energy resources 地下能源；采掘能源//~ farina 硅藻土[SiO$_2$•nH$_2$O]；岩粉[方解石]//~ field model 化石场模型//~ {earth;mountain;stone} flax 石棉//~ {-}fuel 化石燃料//~-fuel 矿物燃料[煤、石油、天然气]//~-fuel-electric generating plant 矿物燃料发电厂//~ fuel electric power plants 矿石燃料发电站//~ fuel power plant 矿物燃料发电厂//~ fungi 真菌化石//~ geochronometry 化石地质年{时}代测定法//~ glacier 化石冰川//~ ice-wedge polygon 化石冰楔龟裂

fossiliferous 陈旧的；含化石的；产化石的；古的；化石

→~ stratum{strata} 含化石地层

fossilification 化石作用

fossil index 标准化石

→~ interstitial water 古隙间水；隙间化石水

fossilization 化石作用；石化作用；成化石作用[德]；化石化作用

fossilized brine 化石卤水；原生水

→~ {fossil;ancient} dune 古沙丘；石化沙丘//~ {old;relic} water 古水

fossil karst 古喀斯特；古岩溶

→~-lagerstatten 化石库//~ {extinct} lake 化石湖//~ leaves 叶化石//~ lebensspur 痕迹化石；遗迹化石//~ life forms 化石生命形态//~ log 粗木化石//~ man{hominid} 人类化石//~ meteorite crater 古陨石(冲击)坑//~ oil 石油[旧]

fossilology 化石学；古生物学

fossil organism 生物化石

→~ paper 薄见棉//~{mountain} paper 纸石棉//~ pingo 化石地冰丘//~ placer 掩埋砂矿//~ plant 化石植物；古植物；植物化石//~ pollen 花粉化石//~ population 化石个体群//~ products of hot spring 泉口围岩蚀变产物；泉华化石；古泉华//~ resin 树脂石；树脂化石；化石树脂[如琥珀]//~ ridge 古洋脊//~ river bed 古河床//~ {rock;mineral;solid} salt 岩盐[NaCl]//~ seepage 古油苗[轻馏分已挥发掉的固体石油显示]//~ sinter 泉华化石//~{ancient} stream channel 古河道//~-superheat system 矿物燃料过热系统//~ time 化石时代{间}//~ transport theory 化石迁移学//~ tube 栖管化石；虫管化石//~{ancient} volcano 古火山//~ wax 化石蜡

fossitexture 生物扰动遗迹结构；化石结构

fossorial 掘土的；适于掘地的

fossula[pl.-e] 狭沟；小窝

→(septal) ~ 内沟[珊]

Foucault{eddy;whirling;vortex} current 涡流

foucheite 土磷铁钙矿[Ca(Fe,Al)$_4$(PO$_4$)$_2$(OH)$_8$•7H$_2$O]

foucherite 磷钙铁矿[CaFe$_5$(PO$_4$)$_2$(OH)$_{11}$•3H$_2$O]

foudroyant 爆发[疾病]

foul air flue 回风巷道；回风道；出风道

→~ gas 污气//~ ground{bottom} 险恶地//~ ground 浅滩

fouling 变污；附着于水下物体上的生物；船底污物；结垢；污垢；堵塞

→~ position 警冲点；(矿山运输)危险位置

foulness 煤层杂质

fouls 煤层尖灭

foul sewer system 污水系统

→~ the core 染污岩芯//~-up 故障//~ water 危险水域

foum 河口

foundation 基金；基础；底座；底板；基岩；根据；根底；依据；矿山设施；础石；机座；路基

→~ (bed) 基底；基础沉陷；地基by pit 挖坡沉基//~ by timber casing with stone filling 木框石心基础//~ of masonry 基石//~ soil map 地基土图件//~ {corner;head;pillar} stone 奠基石//~ stone 屋基石

foundering 使沉没；奠基者；铸件；损害；铸造工；缔造者；创始人；创立者；通矿脉第一个井筒；铸工；破坏；翻砂工；探井；坍倒；沉陷；沉没；陷落；岩浆蚀顶(作用)；坍顶(作用)

foundershaft (通矿脉)第一个井筒

founder's shop 铸造车间

foundery flask (铸造用)砂箱

→~ hand 翻砂工//~ jolter (铸造用)型

砂振实机//~ machinery 翻砂车间设备

founding 翻砂；铸件

foundry (shop) 铸工车间

→~ clay 铸模土//~ pig 铸锭//~ pit 铸坑//~ worker 铸工；翻砂工

fount 泉水；喷泉

fountain 喷水器；中心注管；源泉；涌泉

→(eruptive) ~ 喷泉//~ failure 冲毁[土坝]；(土坝)涌毁//~ geyser 漫流式间歇泉

fountainhead 河源泉；源头

fountain-type activity 喷泉式水热活动

fountology 温泉学

fouquéite 黝绿帘石[((Ca,Fe^{2+})$_2$(Al,Fe^{3+})$_3$(Si$_2$O$_7$)(SiO$_4$)O(OH)]

fourble (由四根钻杆组成的)立柱；四联(钻)管

→~ board working platform 四(节钻杆立根的)架工工作台

Fourcault process 有槽垂直引上法

four-cell placer jig 四箱砂矿跳汰机

four centered arch 四心拱

→~-channel multispectral viewer 四道多光谱观察器

fourchite 无橄碱煌岩

four chock 四架一组[液压支架]

→~ clacks expansion shell steel bolt 四瓣胀壳式锚杆//~ {-}compartment mill 四室式磨机//~-cutter bit 四齿轮钻头//~-cylinder thrust unit 四燃烧室火箭发动机

Fourdrinier machine 长网成形机

four-drum stage hoist 四滚筒吊盘绞车

four electrode instrument 四电极下井仪

→~-electrode pattern 四极组合//~-end drawing texturizing 四头拉伸变形工艺

fourfold-axis 四次轴

fourfold{tetrahedral} coordination 四次配位

→~ division{classification} 四分法//~ rotatary inverter 四次旋转倒反{反伸}轴//~ rotor 四重轴

four-funnel guide frame 有四个漏斗形导向承口的导向架

four-groove drill 四槽钻头

four-hanger housing 可容四悬挂器的井口

four-hutch Franklin jig 富兰克林四箱跳汰机

Fourier analysis 傅氏分析

four-index notation 四指数标志法[晶面的]

four in one bucket 四合一铲斗

→~-jaw concentric chuck 四爪同心卡盘

Four la Brouque law 福拉布鲁克(双晶)律

four-leg sling 四钩吊绳{链}

fourling 四连晶；四晶

→~ twinning 四重双晶

fourmarierite 红铀矿[PbO•4UO$_3$•nH$_2$O(n=4~7);斜方]

four-mat pneumatic cell 多孔底型压气式四段浮选机

four-member indices 四元指数

fournetite 杂铜方铅矿

four-node flat rectangular shear panel 四节点平矩形剪切面

four-part coral 四射珊瑚

four-piece set 四构件支架

→~{full;frame} set 完全棚子

four-pin plug 四脚插头

four-point(ed) bit 四刃钎头

four-pointed pigsty(e) 四点木垛；单框式木垛

four point test 回压试井；稳定试井
→~-pole 四极的 // ~-post type head-frame 四柱型井架 // ~-probe method 四探针法

four-section cut 四段掏槽
→~ support 四构件支架；完全支架[带底梁的支架]；完全棚子

four-spigot classifier 四室分级机

four-spot pattern{four-spot well network} 四点法井网

four stage 四级的
→~-stage contra rotating fan turbine 四级逆转风扇透平 // ~ story fan 四重扇 // ~-stroke internal combustion 四冲程内燃机

fourth coalification jump 第四次煤化跃变
→~ contact 复圆[日月食] // ~-order dome 第四坡面[单斜晶系中《hkl》型的反映双面] // ~-order prism 第四柱[单斜晶系中《hkl》型的菱方柱] // ~-order tensor 四阶张量

four-tusked long-jawed mastodon 四牙长颌乳齿象

four-way 四翼(钻头)；十字形的；四用扳手；四向的
→~ bit 四翼[刮刀]钻头 // ~ connec-tion 四通接头

four way piece 四通管
→~-way union 十字接头 // ~-wheel-drive tractor shovel 四轮驱动拖拉铲运机

fourwing (rotary) bit 四翼[刮刀]钻头

four-wing pattern bit 四翼钻头
→~ rotary bit 十字钻头

fovea 穴；凹

foveola[pl.-e] 小窝；孔穴

Foveolatisporites 锐穴孢属[C_2]

Foveosporites 疏穴孢属[K_1]

Foveotriletes 密穴三缝孢属[K_2-E]；二[孢]密穴孢属[K_2]

fowlerine{fowlerite} 锌锰辉石 [(Mn,Zn)SiO_3]；锌蔷薇辉石

fox 绳索；(使书页等)生斑变色；狐(狸)；变色；欺诈；狡猾的人；褪色；猎狐；变酸[啤酒等]

Fox and Goose 狐狸座

fox bolt 端缝螺栓

foxed 变了色的

foxtail millet 谷子；粟

fox trip spear 打捞矛

foyafoidite 碱长似长石岩

foyaite 流霞正长岩；粗霞正长岩

foyanephelinite 碱长辉霞岩

foyer 天电源

f.p. 闪燃点；熔点；凝固点；耐火的；上水泵；冰点；送料泵

F.R. 絮凝比

frac 破碎激发；破碎；裂缝；压裂
→~-fluid 加压破碎诱导流体 // ~ in-strument van 压裂作业监控车 // ~ job 水力破裂含油油层作业；水力破裂矿层作业 // ~ pressure 压裂监视仪；压裂参数计

fractable 山墙端盖顶石

fractal 分数
→~ analysis 分形分析 // ~ geometry 分形几何

fractional 小于一的；分步的；分数的；分式的；部分降水；部分的；分馏的；分级的；小数的；(用)分数表示的；相对的；分成几份的；碎片的
→~ {fraction} analysis 馏分分析 // ~ composition{makeup} 馏分组成 // ~ condenser 分凝器 // ~ conversion 转换分数 // ~{differentiation by} crystalliza-tion 结晶分异(作用)

fractionate 分馏；分离；分解(混合物)[用分馏法等]；分级

fractionating 分馏；分离
→~ tower 精馏塔

fractionation 分馏；分离；分化；分数化；粒度级；精馏；分级
→~ effect 分集效应

fractionator 分馏器

fraction coefficient 摩阻系数
→~ of petroleum 石油馏分

fractoconformity 破碎整合，断裂整合

fractography 断口(组织的)显微(镜)观察；断口分析

frac-treatment 液压碎裂处理{破激发}

fracturation 石块内裂痕；岩层断裂

fracture 破碎；破裂；骨折；开缝；挫伤；裂痕(面)；裂缝；折断[钻杆]；裂浪；断裂；断口[矿物破裂面]
→~ criterion of rock 岩石断裂准则

fractured 破碎的；有裂缝的；断裂的
→~ and destressed strata zone 破碎与去应力带 // ~ deflection 破裂偏转

fracture density 裂隙密度

fractured face{surface} 断裂面
→~ formation 裂缝层；经压裂的地层 // ~{friable;broken} formation 破碎地层 // ~ hydrothermal reservoir 人工裂隙式热水储

fracture direction controlled method 裂隙定向控制(灌浆)法
→~ dome 松裂穹 // ~-dominated geo-thermal reservoir 碎裂为主的地热储 // ~ doming 爆裂成穹

fractured porous media 裂缝性孔隙介质
→~ porous medium 裂隙孔隙介质 // ~ {crushed;loosened;bad; shattered} rock 破碎岩石 // ~ rock 有裂隙的岩石

fracture extension pressure 裂缝延伸压力
→~ flow 流体在裂缝中的流动 // ~ flow area 裂缝导流面积 // ~ frequency 裂隙频率 // ~{fracturing} gradient 压裂梯度 // ~ half-length 单翼裂缝长度；裂缝的半长[井眼两侧裂缝长度之半]

fracture{breakage} line 断裂线
→~ pattern 破裂形式 // ~ porosity reservoir 裂缝孔隙性储层 // ~ spacing 裂隙分布；裂隙间距 // ~ strength 断裂应力 // ~ tectonic element 破裂构造单位(要素)

fracturing 破裂；龟裂；裂缝；压裂；断裂；碎裂

Fragilaria 脆杆藻属[硅藻]

fragile 软弱的；脆的；易损坏的；易碎的；易毁(坏)的；脆弱的
→~{brittle;friable} material 脆性材料

fragmental 零碎的；碎屑的；碎块(屑)的
→~ debris 钻(井下的)岩)屑；石渣

fragmentals 碎屑岩

fragmentary 碎块(屑)的；碎屑的；碎的
→~{clastic} ejecta 喷屑

fragmentation 毁坏；分裂；破碎作用；破碎度；(原子核)爆炸；晶粒的破碎作用；爆破；碎屑化(作用)；碎裂作用；碎裂
→~ of rock 岩石破碎

fragmentaulic 碎屑矿体

fragmented 破碎的
→~ bortz 碎包尔兹(金刚石)[孕镶钻头用]；不纯金刚石砂 // ~{float;loose;running} rock 浮石

fragmenticulat 断网脊[孢]

fragmentimurate 有断网壁的[孢]

Fragum 脆鸟蛤属[双壳;E-Q]

fraidronite 云煌岩

fraiponite{fraipontite} 锌(铝)蛇纹石[(Zn,Al)_3(Si,Al)_2O_5(OH)_4;单斜]

Fra Mauro basalt 弗拉摩洛《罗》玄武岩
→~ Mauro highlands 弗拉摩罗高地[阿波罗 14 着陆位置]

framboid 莓球粒(体)；微球丛[黄铁矿]

framboidal 球丛状的
→~ pyrite 煤层中细粒黄铁矿 // ~ spherule 莓状球粒；丛状球粒 // ~ texture 草莓状结构；细球组织

frame 分幅；组织；电视帧；设计；框架；帧[电视的]；圈梁；底座；破碎机的固定锥；配合；构造；排码；拟出；架子[框架,支架]；搁置物品的架子]；门框；架；发展；画面；制定；机构；镜头；系统；结构；建立；安排
→(press) ~ 机{车}架；洗矿台；框式支架；形支架；拉紧架

framed structure 框架结构
→~ timber 棚子 // ~ wall 构架墙

frame filter 布框式集尘器
→~ repeat{|alignment} signal 帧重复{|定位}信号 // ~ set (船)肋骨样板 // ~ set{timbering;support} 框式{形}支架

framesite 黑钻石

framestone 生物构架灰岩；骨架岩；骨构灰岩；骨骼灰岩

framework 机壳；网格；筋；机架；构架工程；构架；格局；格架；采样网；组织；框架；测网；控制网；结构；体制
→~-forming element (生物)构架元素

framing 框架；图像定位；编制；构想；构架；分帧；组织；机架；结构；成帧；成形；分幅；计划
→~ chisel 粗木工凿 // ~ table 矿泥分选盘

franc 法郎[币制]

francevillite 钒钡铀矿[(Ba,Pb)(UO_2)_2(VO_4)_2•5H_2O;斜方]

francinsoanite 弗硅钒锰石

franciosite-(Nd) 磷稀铀矿[(REE)(UO_2)_3O(OH)(PO_4)_2•6H_2O]

franckeite 辉锑锡铅矿[Pb_5Sn_3Sb_2S_{14};三斜]

francoanellite 磷铝钾石[H_6(K,Na)_3(Al,Fe^{3+})_5(PO_4)_8•13H_2O;三方]

Franconian (stage) 弗朗康阶
→~ age 弗兰哥尼期

franconite 水铌钠矿[(Na,Ca)_2(Nb,Ti)_4O_{11}•nH_2O;n≈9]

frangilla 纤方铅矿

frangite 崩解岩；碎变岩

frank 爽快的

frankamenite 氟硅碱钙石[K_3Na_3Ca_5(Si_{12}O_{30})F_3(OH)•H_2O]

frankdicksonite 氟钡石[BaF_2;等轴]

frankeite 辉锑锡铅矿[Pb_5Sn_3Sb_2S_{14};三斜]

F

frankhaothomeite 羟碲铜石 [$Cu_2Te^{6+}O_4(OH)_2$]

franklandite 硼钠钙石 [$NaCa(B_5O_7)(OH)_4•6H_2O;NaCaB_5O_9•8H_2O$];三斜钙钠硼石;硼钙钠石;钠硼钙石 [$NaCaB_5O_9•8H_2O$]

Franklin(ian) 富兰克林(阶)[美;E_2]

franklinfurnaceite 羟硅锌锰铁石 [$Ca_2Fe^{3+}Mn_3^{2+}Zn_2Mn^{3+}Si_2O_{10}(OH)_8$]

fran(c)klinite 锌铁尖晶石 [$(Zn,Mn^{2+},Fe^{2+})(Fe^{3+},Mn^{3+})_2O_4$;等轴];锌铁矿 [$(Zn,Mn)Fe_2O_4$]

franoanellite 磷氢钾铝石

franquanite 水镁铁矾

franquenite 菱镁铁矾 [$NaMg_2Fe_5^{3+}(SO_4)_7(OH)_6•33H_2O$;三方];铝羟镁铁矾

fransoletite 氢磷铍钙石;水磷铍隅石 [$H_2Ca_3Be_2(PO_4)_4•4H_2O$];水磷铍钙石 [$Ca(Be(OH))PO_4$]

Frantz Ferro-filter 弗朗茨-费罗电磁过滤机
→~ isodynamic separator 弗朗茨型等磁力线磁选机

franzinite 弗钙霞石 [$(Na,Ca)_7(Si,Al)_{12}O_{24}(SO_4,CO_3OH,Cl)_2•H_2O$;六方]

Frasch method for extracting sulfur 钻孔热溶法[采硫]
→~ mining method 弗拉施采矿法//~ plant 弗赖什法采硫`厂{装置}//~ process 弗拉什硫黄水力开采法;赖什硫黄水力开采法;弗赖什法采硫//~ -process well 弗赖什溶浸提硫法钻井

frash{cracked;debris} ice 碎冰

Frasnian (stage) 弗拉斯(阶)[欧;D_3]
→~ age 弗拉斯尼期

fraueneis 透明石膏 [$CaSO_4•2H_2O$]

Fraunhofer diffraction 夫琅和费绕射;弗朗霍非衍射

Fraxinoipollenites 梣粉属[孢;K-E]

Fraxinus 梣树属[植];白蜡树属[E-Q]

fray 擦破;磨损处[织物等];绽裂
→~ (out) 磨损//~{die} out 熄灭

frazil 冰晶

freak 变异;变形;奇想;奇特的;频率;反常的;反常;突然衰落[信号];畸形的;畸形
→~ stocks{oil} 非商品性石油产品

freboldite 六方硒钴矿[CoSe];软硒钴矿;软砷钴矿

freckle 黑斑(点);斑点;孔隙[镀锡薄钢板的缺陷]

Fredericksburgian 弗雷德里克斯堡(阶)[北美;K_1]

fred(e)ricite 银锡砷黝铜矿

fredrikssonite 锰镁钒矿 [$Mg_2Mn^{3+}(VO_3)O_2$]

free 自由;自由的;分离;畅通的;任意的;解脱;游离的;空闲的;放出;预碎(矿石)
→(set) ~ 释放//~ at pit 矿场交货;坑口交货

freeboard 超高;相对高度;干舷
→~ assignment 干舷勘划

free{|fixed} bottom 炮眼底部无{|有}紧装炸药
→~ burden 到无限自由面的抵抗线;无限自由面的抵抗线;从无限自由面崩落的岩层//~ burning 易燃(烧)的//~{-}burning ore 易燃烧矿石//~ caving 易塌陷的//~-caving 容易自然崩落的;易塌陷的

freedite 亚砷铜铅石 [$Pb_{15}(Cu,Fe)_3^{2+}As_4^{3+}O_{19}Cl_{10}$]

freedom 游离度;自由;直率;自由度;摇动;间隙;摆动
→~ {free;exposed} face 暴露面//~ of navigation 航行自由//~ of the high seas 公海自由//~ of transit 过境自由

freed ore 采落的矿石

free-drainage level 放水平巷

free-draining 天然排水;自由排水(的);自流排水
→~ -fall 自由落下//~ model 自由穿流模型

free edge 无支撑边
→~ -fall core cutter 钢绳冲击式岩芯钻头

freefall piston corer 自由降落活塞式岩芯取样器

free-fall rocket core sampler 自返式取样器;推进取样器;自动下沉采泥器;自落返冲取样管
→~ type gravimeter 自由落体型重力仪

free-feeding 自由给料

free field 自由声波场
→~ -float{tapered tube} flowmeter 浮游式流量计//~ flow{passage} coupling 自由流通接头//~ flowing dynamitef 粉状狄那米特硝甘炸药//~ flowing sand 高流动性型砂;自重流动型砂

freefluid 不致热液体

free-fluid{freefluid} index log 自由流体指数测井

free fluid porosity 自由流体孔隙度
→~ foehn 高焚风//~ from corrosion 无腐蚀的//~ from distortion 无畸形//~ {separate} gas cap{free-gas cap} 游离气顶//~ grain 单个矿物

freehand contouring 手绘等值{高}线
→~ drawing 徒手图

free hand drawing 草图;徒手图

freeing 排除
→~ by explosion 爆炸解卡法//~ port 排水孔;排水口[船舷钢板上的]

free into barge 驳船上交货
→~ into bunker 仓内交货(价格)//~ level 平硐;平巷//~ lift 浮举力

freely burning fire 自燃火灾;自由燃烧火灾
→~ drained soil 畅水土//~{well} drained soil 排水良好的土壤//~ supported beam 简支梁

free market price 议价价格
→~-milling (金银矿石的)粉碎和混汞;易汞齐[金银];易选的//~-milling ore 易选金矿砂;自由选砂金;易汞齐的金矿石//~-milling quartz 含天然(贵)金(属)的石英//~ miner 注册矿工

freeness 排水度

Freeport McMoran 自由港迈克墨伦[美矿业公司]

free position 空挡[汽车运输]
→~-pouring explosive 自由灌注矿用炸药//~-sand blasting 无遮喷矿法

freestone 易切砂岩;不含溶解物质的水;易切岩;易劈石

free stone 软石;软岩;易切砂岩
→~ stone masonry 毛石圬工//~ surface groundwater 自由地下水//~ water elevation 潜水面//~ water knockout 游离水脱除器//~-water level{surface}

自由水面

freeway 高速公路

free-working 回采空间;可开采的;易采的[矿石];可采的

freeze 卡住;卡钻;冰冻;冻冰;凝冻;冻;冷却;歇后增长[桩载力];夹钻;夹住;冻结
→~ over 冰封

freeze-point depressant 防冻剂;降凝剂;冰点降低剂

freeze proof agent 防冻剂
→~-proofing 防冻处理

freezeproofing coal 防冻煤

freeze protection 防冻

freezer 冷藏箱;冷却器;冷冻室;冷冻器;冷藏库;制冷器
→~ compartment (in a refrigerator) 冷冻室

freeze{cold;low temperature} resistance 耐寒性
→~ sinking{method} 冻结法凿井//~ -thaw boundary 冻融作用边界//~ -thaw processes 冻融作用//~ up 冰封;冻结

freezing 卡钻;卡住;凝固的;凝固;结冰;冷冻;极冷的;冻结;冰冻的
→~ of drill exhaust 凿岩机排气冻结

freibergite 银黝铜矿 [$(Ag,Cu,Fe,Zn)_{12}(Sb,As)_4S_{13};(Ag,Cr,Fe)_{12}(Sb,As)_4S_{13}$;等轴];黝锑银矿

freieslebenite 柱硫锑铅银矿 [$Pb_3Ag_5Sb_5S_{12};PbAgSbS_3$;单斜]

freight 货运;货物;装货;出租;租用;运输

freigleitung 自由滑动;盖层软流[德]

freirinite 砷钠铜矿;砷钙钠铜矿 [$Na_3(Cu,Ca)(AsO_4)_2(OH)_3•H_2O$];氯砷钠铜石 [$NaCaCu_5(AsO_4)_4Cl•5H_2O$;斜方]

freislebenite 柱硫锑铅银矿 [$Pb_3Ag_5Sb_5S_{12};PbAgSbS_3$;单斜]

fremde 奇种

fremdly 陌生地;外国地

fremodyne 调频接收器{机}

fremontia 钠锂磷铝石

Frémont (impact) test 弗雷蒙(冲击;回跳硬度)试验

fremontite 羟磷铝钠石{钠磷锂铝石;叶双晶石}[$(Na,Li)Al(PO_4)(OH,F)$;三斜]

french chalk 滑石 [$Mg_3(Si_4O_{10})(OH)_2;3MgO•4SiO_2•H_2O;H_2Mg_3(SiO_3)_4$;单斜、三斜];块滑石[致密滑石,具辉石假象];滑石粉

French clalk 滑石
→~ curve 云形板//~{drawing} curve 曲线板//~ drain 法国式排水沟[填有带孔砾石的隧道排水沟];碎石铺底沟

french{rubble;mole} drain 盲沟

French Guiana 法属圭亚那

frenching 焦灼病;最后精炼;秃化病[缺锰症状]

Frenelopsis 拟节柏(属)[K]

Frenier (sand) pump 弗赖尔型砂泵[螺旋轮式]

Frenkel defect 法兰凯{弗伦克}尔缺陷
→~ disorder 法兰凯尔{弗伦克尔{耳}}无序

frente 工作面

frenuliform 系带式[腕]

frenulum[pl.-la] 系带;连接柱[射虫];翅缰[昆];下系带[腔];小系带

frenzelite 硫硒铋矿 [$Bi_4Se_2S;Bi_4(Se,S)_3$;三

方]；硒铋矿[Bi_2Se_3;斜方]

freon 氟氯烷；氟三氯甲烷；氟利昂[冷冻剂;Cl_3CF]；氟冷剂；二氯二氟甲烷制冷剂

frequency{frequence} 频数；次数；屡次发生；周率；出现率
→~ characteristic{response} 频率特性 // ~ conversion 变频 // ~ -deviation envelope 频偏包迹 // ~ distribution 频率分布 // ~ multiplification 多倍频效应

frequent 经常的；频繁的
→~ -mixing 多次混合

fresh 清洁；淡的；新鲜的；最新式的；另外的；新调制的(泥浆)；新颖的；不同的；不熟练的；无咸味的；有生气的；外加的
→~ (water) 无经验的

fresh air school 露天学校

fresh and saltwater defoamer 淡水和盐水消泡剂
→~ bit 新打磨的钎头；新修(磨的)钻头

freshening 淡化

fresher water 微淡水

freshet 雨汛；河洪；融雪汛；(入海的)淡水河流；小河流的洪水；春汛[小河的]；泛滥；暴涨[河水]；山洪
→~ period 汛期[春]

fresh exposure 新鲜露头

freshly broken 新断裂的
→~ exposed roof 新暴露顶板

fresh material volume 新给料量
→~ medium 新介质；补给介质 // ~ metal 新金属面 // ~ mud{sludge} 生污泥

fresh-opened sample 剥露面样品；新鲜面样品

fresh pellet 未焙烧球团矿
→~ spirit 石脑油[石油馏分]

freshwater 淡水的；淡水

fresh{drinking;clear} water 清水
→~ {new} water 新水 // ~ {sweet;dilute;plain;light} water 淡水

freshwater barrier 淡水阻体
→~ deposit{fresh water deposit} 淡水沉积

fresh water environment 淡水环境
→~ waterflood 注淡水 // ~ water gel mud system 淡水凝胶泥浆体系 // ~ water injection 注淡水

freshwater marsh 淡水草本沼泽
→~ {fresh;water} mud 清水泥浆

fresh-water sediment 淡水沉积

freshwater skimming well 撇抽淡水井
→~ swamp{resource} 淡水沼泽

fresh water tank 淡水罐
→~ weight 鲜重

Fresnian 弗雷斯(阶)[北美;E_3]

fresno 天蓝色符山石

fresnoite 硅钛钡石[$Ba_2TiSi_2O_8$;四方]；弗雷斯诺石

fressreflex 吃食反射

fret 回纹(饰)；雕花；侵蚀皱纹；侵蚀；磨损；擦破；粗糙；损坏；网状饰物
→~ -saw 钢丝锯；细工锯

frettage 摩擦腐蚀

fretted ice 冰脊
→~ rim 回纹饰泉华垣 // ~ sinter 回纹饰面泉华体 // ~ terrain 回纹岩层

fretter 侵蚀者

fretting 表面侵蚀；剥{侵}蚀；磨耗；流水磨{侵}蚀；微振磨损
→~ corrosion 摩擦腐蚀；磨损腐蚀 // ~ wear 侵蚀磨损

fretum[pl.-ta] 峡；海峡；海湾

fretwork 粒岩粒风化

freudenbergite 黑钛铁钠矿[$Na_2Fe_2Ti_7O_{18}$; $Na_2(Ti,Fe)_8O_{16}$;单斜、假六方]

Freundlich adsorption isotherm 弗鲁德里希等温吸附式

freyalite 硬铈钍石[$(Th,Ce)SiO_4$]

Freyn tower 弗林螺旋状洗涤集尘塔[带格子]

Freyssinet jack 弗雷西奈式双动千斤顶
→~ {flat} jack 液压钢枕 // ~ system of prestressing 弗雷西内预应力法

FRI 官能团保留指数

friability 易碎性；脆性；易剥落性；脆弱
→~ of coal 煤的脆性

friable 易碎的；松散的；脆弱的；脆的
→~ {loose} coal 疏松煤 // ~ iron ore 风化铁矿；脆铁矿

friagem 凉期；干冷

fricative 摩擦的

friction 阻力；摩擦；冲突
→~ (force) 摩擦力 // ~ against itself 自摩擦

frictional binding 摩阻黏合
→~ drag 壁剪应力

friction(al){sliding} angle 摩擦角

friction-ball-friction 摩擦-滚珠-摩擦(轴承)

friction bevel gear 斜摩擦轮
→~ brake 摩擦(制动器) // ~ clay 断层黏土 // ~ (al) coefficient 摩擦系数 // ~ drag{resistance} 摩(擦)阻(力)

friedelite 红锰矿；红硅铁锰矿；热臭石-3R [$Mn_8Si_6O_{15}(OH,Cl)_{10}$;三方]

Friedel's rectangular law 弗里德尔直角(双晶)律
→~ reflection law (X 射线)弗里德尔反射定律

friedrichite 弗硫铋铅铜矿[$Pb_5Cu_5Bi_7S_{18}$;斜方]

frieseite 富硫银铁矿

frigid 很冷的；寒冷的；严寒；冷淡的
→~ {cold} climate 寒冷气候

frigidite 镍黝铜矿[$(Cu,Fe,Ni)_{12}Sb_4S_{13}$]

frigorie{frigory} 千卡/时[冷冻率单位]

frigostabile 耐低温{寒}的

friksjonsglass 假玄武玻璃[法]

frill 壳皱；起褶边；褶皱；镶皱边的[介]

fringe 饰边；冰川终碛线边散面；地层尖灭地带；边缘的；边缘带；边缘；边；干扰带；附和的；宽饰边；缘；光弹条纹级测定；尖灭带；条纹；端；零散漂砾
→~ beach 近岸海滩 // ~ field 弥散场 // ~ glacier 边缘冰川 // ~ joint 镶边节理

fringelite 羟蒽醌

fringe load 短时负荷
→~ of sea 海岸；海滨 // ~ pattern 干涉图样；应力光图 // ~ {fringing;shore} reef 边礁 // ~ {anastatic;edge} water 边缘水 // ~ {edge} water 边水

fringing 散射现象；边缘通量
→~ {epicontinental;marginal;border;epeiric;adjacent} sea 边缘海 // ~ sea 边沿海

fring(ing){fringe;shore;bank} reef 岸礁

friseite 富硫银铁矿

frith 峡(海)湾；三角港[苏格]；狭海湾[石灰岩地区]；河口湾

fritted{porous} glass 多孔玻璃

fritter{while;idle} away 消磨

fritz(s)cheite 磷锰铀矿[$Mn(UO_2)_2PO_4·8H_2O$; $Mn(UO_2)(PO_4)_2·8~12H_2O$]；锰钒铀云母[$Mn(UO_2)_2(VO_4)_2·10H_2O$?]

friz{frizz} 使卷曲；卷曲

frog 电车吊架分叉；岔心；蛙；辙叉；(砖的)凹槽
→~ angle 道岔辙角 // ~ clamp 拉钳 // ~ -eye clay 蛙目黏土

frogman[pl.-men] 潜水员；蛙人

frog pond 泥蛙塘；沸泥塘
→~ rammer 蛙式打夯机

frohbergite 碲铁矿[$Fe_2(TeO_3)_3$];斜方碲铁矿[$FeTe_2$;斜方]

frolovite 水硼钙石[$Ca_2B_{14}O_{23}·8H_2O$,单斜; $CaB_2O_4·3½H_2O$]；氟硼钙石[$CaB_2(OH)_8$;三斜]

frolowite 水硼钙石[$Ca_2B_{14}O_{23}·8H_2O$;单斜]；弗硼钙石[$CaB_2(OH)_8$;三斜]

from-depot[英]{from-tank farm[美]} 始站

Fromea 弗罗迈藻属[K-Q]

frondelite 锰绿铁矿[$(Mn^{2+},Fe^{2+})Fe_4^{3+}(PO_4)_3(OH)_5$;斜方]；锰磷铁矿

frondescent{deltoidal} cast 三角洲状铸型

Frondicularia 叶形虫属[孔虫;P-Q]

Frondispora 前苔藓属[E-Q]

Fronian 费隆阶[S]

front(al) 正面的；朝前；前缘；前沿；前锋；前部；工作线{面}；最前的；前面；锋面；波阵面；向前；在前面；波前

front (line) 前线；正面
→~ abutment 前支(撑点) // ~ abutment pressure 工作面上方支承压力

frontage 前面；正面；屋前空地；滩岸

frontal 前面的

front anomaly 前缘异常
→~ (al) arc 前弧[牙石] // ~ flank 齿面(锋)面[切削岩石的作用面]

fronthead 前端

front head 前头部

frontier 新领域；边缘；边境；边界；限界；(科学)尖端；未勘探地区；尖端领域
→~ area 前沿地区；边远地区；边缘地区 // ~ {boundary;cutoff} point 边界点

frontiers 尖端(科学)

frontland 山前地带；海角；前沿地；前陆；岬

front land 山前地带；前陆
→~ lens 前透镜

frontogenesis 锋生过程

frontogensis 锋生

front panel 前面板
→~ tipper 前翻式矿车

froodite 单斜铋钯矿；斜钯矿[$PdBi_2$;单斜]

frost 冻结；冰点以下温度；霜冻；失去光泽；冰冻；严寒

frostbow 磨砂膜

frost bursting{splitting} 冰劈作用
→~ churning 冻融扰动作用 // ~ circle 冰冻圆形裂隙[石灰岩上] // ~ crack 热缩裂隙 // ~ depth{penetration} 冻结深度

frost-free period 无霜期
→~ season 无霜季(节)

frost-gritting 砂砾防冻(法)；撒砂防滑

frost haze 冻霾
→~ heave{boiling;boil} 冻胀 // ~ -heaved mound 石环；冻胀丘

frosting 霜面(化)；毛玻璃化；无光泽面；消光表面；结霜；塑料表面可见结晶图
→ ～ grinding 磨砂[玻] // ～ {sticking; free} point 卡点

frost line 冻深线；地冻深度；冰冻最大深度线

frostrok 冻烟

frost shattering 冻碎；冻碎作用

frostweed 岩蔷薇

frostwork 冰花

frost-work 冻裂

frost{freezing;frozen} zone 冻结带
→ ～ zone 冰冻地带；季节冻土

frothed coal 浮选精煤

frother 泡沫剂
→ ～ (agent) 起泡剂

Frother 60{|52|58} 60{|52|58}(号)起泡剂[合成的高级醇起泡剂,淡黄色{|暗红|暗红},比重 0.83{|0.85|0.865},含 2 号柴油]
→ ～ B-23 B-23(号)起泡剂[混合高级醇起泡剂,含 2,4-甲基戊醇-1,2,4-二甲基己醇-3 及酮类]

froth flotation process 浮沫(选矿)法；泡沫浮选过程

frothiness 起泡性

frothing 产生泡沫；形成泡沫
→ ～ capacity 起泡性能

froth level detector 泡沫水平探测器

frothy 多泡沫的；起泡；有泡沫的
→ ～ gel 泡沫凝胶

Froude 弗鲁德
→ ～ number 弗氏标数[流速与水深的比例关系]；弗氏值；弗劳德数

Froude's curve 弗罗德曲线

frozen 卡钻；卡住的；卡塞的；凝固的；极冷的；冰冻的
→ ～ chukar breast and leg 冻石鸡胸腿

frozen-ground phenomena 地冻现象

frozen grouper 冻石斑鱼
→ ～-heave force 冻胀力 // ～ layer 冰冻地层 // ～ placer thawing 砂矿解冻 // ～ stress 凝结应力 // ～ to the wall 紧附脉壁 // ～ vein 附壁矿脉

fruchtschiefer 点纹板岩；粒斑板岩[德]

fruchtschieste 粒斑片岩

fructification 子实体；结实

fructose 果糖

fructus 果实[拉]

Fructus Nelumbinis 甜石连

Frue vanner 弗罗型侧摇带式流槽；侧摇式连续振动溜槽

frugardite 镁符山石[[(Ca,Mg)₆(Al(OH,F))Al₂(SiO₄)₅]]

fruit paste{pulp} 果泥

frustrating behavior 破坏特性；无效特性

frustule 硅质壳；硅藻细胞(壳)；硅酸壳[硅藻]

frustulent 硅藻壳的；碎屑的

frustum[pl.-ta] 立体角；柱身；截(头)体；截头锥体；平截(头)体

frutescent 近灌木状的

frutex 灌木

Frutexites 灌丛藻属[O-D]

frutice 灌木

fruticeta 灌木群落

fruticose 灌木状

Fryxellodontus 弗里克塞牙形石属[₃-O₁]

f/s 安全系数；第一阶段

Ft 钲

FTA 故障树分析

Fteley current meter 弗梯勒型流速测定器

F(-distribution) test F 检验；样品方差比检验法；F 分布检验法

Fubini's theorem 富比尼定理

f(o)ucherite 土磷铁钙矿[Ca(Fe,Al)₄(PO₄)₂(OH)₈•7H₂O]

Fuchouia 复州虫属[三叶;₂]

fuchsin 品红；洋红

fuchsite 铬白云母；铬云母[K(Al,Cr)₂₋₃Si₃O₁₀(OH)₂]

Fuchuan-type phosphate deposit 富川式磷矿床

Fuchungopora 富钟板珊瑚属[D₃-C₁]

fu(s)cite 中柱石[Ma₅Me₅-Ma₂Me₈(Ma:钠柱石,Me:钙柱石)]

fucochrome 岩藻色素

fucoid 管枝迹[遗石]；管迹[遗石]；可疑迹；藻形迹

fucoidan 岩藻依聚糖；岩藻多糖

fucoidin 岩藻多糖

Fucoporella 红孔藻属[E]

fucopyranoside 吡喃岩藻糖苷

fucopyranosyl 吡喃岩藻糖基

fucosamine 岩藻糖胺

fucosan 岩藻聚糖

fucose 岩藻糖

fucoserratene 岩藻齿烯

fucosido-fucosyl 岩藻糖基

fucosidosis 岩藻糖苷贮积症

fucosite 岩藻糖石

fucosterol 岩藻固醇

fucosyltransferase 岩藻糖转移酶

fucoxanthin 岩藻黄素

fucoxanthol 岩藻黄醇

Fucus 墨角藻

fuel (material) 燃料；燃(料)油；加燃料
→ ～ agent 可燃剂 // ～-bearing graphite kernel 含燃料石墨心核

fuelcell{fuel cell{battery}} 燃料电池

fuel cell 含核燃料的单位格子
→ ～-changing chamber 燃料置换室[物] // ～{power-station; power} coal 动力用煤 // ～ combustion forming 燃料燃烧(爆炸)成形 // ～ commodities 燃料矿产 // ～-cooled 燃料冷却[机] // ～(ash){ash} corrosion 燃灰腐蚀

fueled missile 已加注燃料的导弹

fuel element 燃料元件
→ ～ elements bundle 燃料元件棒束

fueling 加燃料
→ ～ area 燃料加注场 // ～ injection 燃料喷射

fuel-injection 注油

fuel injection tuyere 喷吹燃料风口
→ ～ manifold 燃料汇流腔 // ～ oil priming pump 燃油引燃泵 // ～-oil pump governor 燃油泵调节器 // ～ pellet 燃料球心{芯}块[核] // ～ tube 燃料包壳管

fuelwood 木柴；薪材

fuel wood 燃用木柴；薪(炭木)

fugacity 挥发度；有效压力；化学平衡变化；逸性(度)；逸度
→ ～ coefficient 有效压力系数；逸率

Fu Gang Blue 佛岗青[石]

fugitive 短效的；易消失的；易散的
→ ～ air 矿山漏风 // ～ species 流动种；避难种 // ～{opportunistic} species 机会种

Fujian soapstone 富山皂石

fukalite 福碳硅钙石[Ca₄Si₂O₆(CO₃)(OH,F)₂;斜方]

fukuchilite 硫铁铜矿[Cu₃FeS₈;等轴]；福地矿；黄铁铜矿

fula 涝池

Fulcher equation 富尔丘方程

fulchronograph 闪电电流特性记录器

fulcral{brachial} plate 腕基支板
→ ～ plate 铰窝底板[腕] // ～ ridge 关节面支脊[棘海百]

fulcrum[pl.-ra] 扭点；支轴；支点；肋弯[三叶]；支骨；棘状鳞[鱼类]
→ ～ arrangement 支承装置

fuler 敛缝

Fulguraria 光螺属[腹;N-Q]

fulguration 闪光；闪电熔岩法

fulgurite 电焦石英；硅管石；闪电熔石

full(ness) 正；漂洗；满的；匝；详尽的；充满；充分地；充分的；完全的；强烈的；全部

full activity 活动高潮
→ ～ advance 全截面掘进

fullbank stage 满岸期

full blast 全风

fullbore-spinner flowmeter 满孔旋子型流量计

full-bore tubing tester 贯眼油管测试器

full bottom round 全井底爆破
→ ～-cut brilliant 标准多面形[钻石的]

Fuller cement cooler 富勒格栅式水泥冷却器

fullerence 富勒烯[C₆₀晶体]

fullering 凿密

Fuller-kinyon pump 富勒-金尼昂干粉末输送泵

Fuller-kinyou pump 富勒尔-金尤型泵[输粉状干料]

Fuller pulverizer 富勒尔型粉磨机[球式]

fuller's{Florida;bleached;walker's} earth 漂白土[一种由蒙脱石构成的黏土]
→ ～ earth 埃洛石[优质埃洛石(多水高岭石),Al₂O₃•2SiO₂•4H₂O；二水埃洛石Al₂(Si₂O₅)(OH)₄•1~2H₂O;Al₂Si₂O₅(OH)₄;单斜；全工作面；蒙脱石[(Al,Mg)₂(Si₄O₁₀)(OH)₂•nH₂O;(Na,Ca)₀.₃₃(Al,Mg)₂Si₄O₁₀(OH)₂•nH₂O;单斜] // ～{porcelain} earth 高岭石[Al₄(Si₄O₁₀)(OH)₈;Al₂O₃•2SiO₂•2H₂O;Al₂Si₂O₅;单斜]

full exposure 全出刃[钻头切削齿]；全裸露
→ ～ face rock TBM with reaming type 扩孔式全断面岩石隧道掘进机 // ～ face rock tunnel boring machine 全断面岩石隧道掘进机 // ～ gravity block 全重力出矿矿块；重力(放矿)滑轮

fulli 低沙脊[位于潮间带]

fulling clay 缩绒黏土

full laden{full-laden} 满载的

fullness 强烈；丰富；丰满(度)；深度；充满；完全
→ ～ coefficient 充盈系数

full normal plot 全正态图

fullonite 针铁矿[(α-)FeO(OH);Fe₂O₃•H₂O;斜方]

full opening 敞开的
→ ～-radius{round-faced} bit 圆端面(金刚石)钻头 // ～-radius crown 圆断面唇部钻头；全径金刚石岩芯钻头 // ～ relief 全痕[遗石] // ～ saturation diving procedure 全饱和潜水法

fullscale 设备齐全的

full scale 实物大小；全面的；全刻度；全尺寸；全标度；满量程；满刻度；满度；满标度；足尺；粗测
→~-scale gravel packing model 实际尺寸的砾石充填模型//~-scale measurement 自然测量//~-seam mining 全煤厚开采；全矿层回采//~-structure 全结构//~{close(-set);box} timbering 密集支护//~ tub 重矿车//~ view 全景

fully-actuated signal control 全感应式信号控制

fully bounded reinforced bar 全聚酯树脂灌浆加固杆
→~ compacted gravel 完全密实的砾石//~ cooled sinter 完全冷却烧结矿//~-coupled charge 密实装药//~ dehydrated cryolite 完全脱水冰晶石//~ developed mine 开拓工程全部完成的矿山；全部已开拓煤矿//~ hydro mechanized mine 全部水力机械化的煤矿

full-yield 全部出产量

fully implicit method 全隐式方法
→~ loaded water 满载水//~ open position 全开位置{状态}//~ softened strength 充分软化的强度//~ softened strength of clay 黏土完全软化强度

full zone development pattern 合采开发井网
→~ zone injector (全层系)合注井//~-zone producing well (全层系)合采井

fulminate 起爆；使爆炸；雷粉(汞)；引爆；炸药；雷汞{雷酸盐}[HgC₂N₂O₂；(CNO)₂Hg]；爆发粉；爆炸

fulminating 起爆的
→~ cap 雷帽//~{percussion;blasting;blaster;percussive} cap 雷管//~ explosive 雷汞炸药//~ mercury 雷汞[HgC₂N₂O₂；(CNO)₂Hg]

fulmination 爆炸

fulminic 爆炸性
→~ acid 雷酸[C = N•OH]

fulminurate 雷尿酸盐[(C:NOM)₃]

fülöppite 柱辉锑铅矿[Pb₃Sb₈S₁₅；单斜]；福辉锑铅矿

Fultonian 富尔顿(阶)[美；E₂]

fulvate 富里酸盐

fulvic acid 灰黄霉酸；富里酸
→~ acids 黄腐殖酸

fulvite 褐钛石[TiO]

fumarole 气孔；喷汽孔；喷气孔；蒸气孔
→~ (gas) 喷气

fume 水(蒸)汽；蒸发；炮烟；冒烟；烟雾；烟；发火；烟化
→~ characteristic 瓦斯生成性//~ cupboard 排烟框；抽风柜

fumed{pyrogenic} silica 气相法二氧化硅

fumerole 喷气孔；喷气
→(steam) ~ 喷汽孔

fumes 烟气

fuming 冒烟；烟化；发烟

fun 有趣的事{人}；兴趣

function 运转；活动；作用；任务；起作用；功用；功能元件；功能；函数；操作；仪式；运行；有效；职责；集会；性能

functiona 实用

functional principle 实用原则
→~ relationship{relation} 函数关系//~ stress 机能性应力//~{logic} unit 逻辑部件

fund 基金；资本；钱；公债；存款；财源；资金；蕴藏；款项；提供资金；储金；经费；现款；积累
→(special) ~ 专款

fundamental 基础的；基本的；主要成分；原始的；固有的；根本的；基谐波的；一次谐波；主要的
→~ of pelletizing of iron ores 铁矿石球团法原理//~ strength 屈服点//~ substance{jelly} 棕腐质//~ unit 普通单位

funding 债务转期[以长期证券替换短期负债]；筹集资金

funds analysis 资金分析
→~ from government 来自政府的资金

funeral 搞垮
→~ pyre 火葬用柴堆

funerary clay figure 泥俑[考古]

fungal 真菌的
→~ spore 真菌孢子；菌孢

Fungia 蕈珊瑚属[K-Q]；蕈珊瑚；菌珊瑚属[C₃-P₁]

fungible 可交替的油品；可代替的；可互换的
→~ products (顺序输送时)可掺混油品；可代换油品

fungicide 杀真菌剂；杀菌剂

fungid 石芝

Fungiina 蕈石亚目；石芝

funginite 拟真菌体；真菌体

Fungochitina 长瓶几丁虫属[S₂-D₁]

fungotelinite 真菌质结构凝胶体；真菌类结构凝胶体

fungous 真菌的；菌(状)的

fungus[pl.-gi] 排菌；蘑菇；真菌；菌类；突然长出的东西；霉菌
→~ disease 真菌病//~ infection of hand or foot 湿气//~ resistance 耐霉性

funicle 横索[笔]；索肌[苔]

funicular 缆索铁道；缆车；绳索的；索带的
→~ entity 纤维状体；索状体//~ water 纤维水

funkite 粒透辉石；铁粒辉石

funnel 汇集；小漏斗管；浇铸；漏斗状的；采光孔；浇口；聚集于；漏斗；(使)成漏斗；烟囱[船、车]
→~(l)ed 漏斗形的

funneling 形成圆锥堆；(在)钻孔中形成上涌水锥

funnel intrusion 漏斗状浸入体

Fuping movement 阜平运动

furan(e) 呋喃{氧(杂)茂} [CH:CHCH:CHO]

furan consolidating resin 呋喃胶结树脂

furane 氧茂；氧杂茂

furan resin-acid catalyst system 呋喃树脂-酸催化剂体系
→~ sand consolidation 呋喃树脂固砂

furar 凿岩

furca 弹器[昆]；叉[节]

furcate 分叉的
→~ tail 叉尾

furcation 分叉[泛指]；分歧

Furcatolithus 叉簇石属[钙超；E₂-N₁]

Furcoporella 叉孔藻属[古植；T₃]

Furcula 叉网叶属[古植；T₃]

furcula 叉突；叉骨；丫腺；弹器[昆]

furculite 支叉雏晶

fured alumina-zirconia abrasive 锆刚玉

furfur 皮屑；头屑

furfural 糠醛{叉}[C₄H₃O•CHO]；呋喃甲叉
→~ alcohol 糠醇//~ alcohol resin 呋喃乙醇树脂//~ alcohol resin-diluent 糠醇树脂稀释剂

furfuraldehyde 糠醛{叉}[C₄H₃O•CHO]

furfuran 呋喃[CH:CHCH:CHO]；氧(杂)茂[CH:CHCH:CHO]

furfurol 呋喃甲叉；糠醛{叉}[C₄H₃O•CHO]

furfuryl xanthate 糠醇黄药{糠基黄原酸盐}[C₄H₃O•CH₂OCSSM]

furicane{furicano} 飓风

furnace 反应堆；炉子；磨炼；(在)炉中烧热；炉灶；炉火；炉；冶金炉；窑炉
→~ bell sinter 入炉烧结矿//~ chrome 补炉用铬铁矿//~ for mine ventilation 矿井(自然)通风用炉

furnacite 砷铬铜铅石[(Pb,Cu)₃((Cr,As)O₄)₂(OH)；单斜]；铬砷铜铅矿[(Pb,Cu)₃((Cr,As)O₄)₂]

Furnishina 小弗尼斯牙形石属[€₃]

Furnishius 弗尼斯牙形石属[T₁]

furol 糠醛{叉}[C₄H₃O•CHO]
→~ viscosity 重油黏度

Furol viscosity test 费氏重油黏度测定

furongite 芙蓉铀矿[Al₂(UO₂)(PO₄)₂(OH)₂•8H₂O；三斜]

furring 衬条；钉板条；生锈；垫高料；锅垢；刮去锅垢；船旁衬木；结成水垢[锅炉]；(蓄电池的)成苔作用；毛皮[衬里]

furrow 车辙；渠；海渠；海谷；海菜；沟槽；沟；槽；皱纹；褶；滩槽；凹痕；断层面与地面交线；断层迹；掏槽
→~ cast 沟状铸型；沟痕

furrowed stone 槽痕琢石
→~ volcano 沟蚀火山

furrow flute cast 沟槽铸型

furry sinter 毛皮状泉{硅}华

furtherance 额外工资

furtive 诡秘

furutobeite 硫铅铜矿[(Cu,Ag)₆PbS₄]

fusain mineral charcoal mother of coal 丝炭

Fusarium 镰孢属[Q]；镰刀菌属

fuscite 方柱石[为 Na₄(AlSi₃O₈)₃ (Cl,OH)−Ca₄(Al₂SiO₈)₃(CO₃,SO₄)完全类质同象系列]；韦柱石

fuscous{dark-colored} soil 暗色土

fuse 熔(化)；熔解；熔结；熔合；引线；引火线；爆管；线熔(化)

fused alumina ingot 刚玉熔块
→~ alumina plate 刚玉砂[刚玉与磁铁矿、赤铁矿、尖晶石等紧密共生而成]//~ denticles 隔联锯齿[牙石]

fuse delay 引线迟发；迟发引线

fused hearth bottom 烧结炉底
→~ mullite 熔融莫来石//~ quartz 熔融石英//~ quartz{silica} 熔凝石英//~ quartz deposit 熔炼石英矿床//~-quartz sight glass 熔化石英观察孔玻片//~ rock glass 熔石英玻璃；熔融玻璃//~ silica 石英玻璃；熔融玻璃//~ silica{quartz} 熔结石英//~ silica brick 熔结石英砖//~ silica brick{|cylinder} 熔结石英砖{|圆筒}//~ silica filament 熔凝硅石丝

fusee 耐风火柴；引信；信管；蜗形绳轮；信线

→~ (signal) 火管信号

fuse element 熔片
→~ gauge 切割导火线计量器

fusehead 引火头；引火药头
→(electric) ~ (电雷管)灼热电桥

fuse head 引火剂
→~ {match} head 引火头 // ~ -holder 保险丝盒 // ~ -issue house 导火索领取室

fuselage 机身；弹体；外壳；壳体[飞机]
→~ stress 机身应力

Fusella 纺锤贝属[腕;C₁]

fusellar half rings 纺锤半环[笔]

Fusellinus 纺锤颗石[钙超;J₃-Q]

fusellus 半环

fuse lock 引火线拉索闩
→~ mechanism 起爆机构

fuse-type zirconium powder 爆燃剂锆粉

fuse {-}wire 保险丝
→~ wire {element} 熔丝

Fushun formation 抚顺层；渐新世[36.50～23.3Ma;大部分哺乳动物崛起]

Fushungograpta 抚顺雕饰叶肢介属[E]

Fushunpollis 抚顺粉属[E]

fusibility 熔性；熔度；易熔性；熔点；可熔性
→~ scale 熔度表；熔度标{级}

fusible 可熔的；可熔化的
→~ glass 易熔玻璃 // ~ metal heat sink 易熔金属热阱

fusibleness 熔度；熔性

fusible plug 易溶塞栓；易熔塞
→~ {soft} plug 安全塞 // ~ quartz 黑耀岩[全由酸性火山玻璃组成,斑晶极少] // ~ safety plug 安全阀

Fusicladium 黑星孢属[真菌;Q]

Fusicoccum 壳梭孢属[真菌;Q]

fusiellid type 微纺锤䗴型

fusiform 棱形的；两端尖的；流线型的；纺锤形的；纺锤状；梭状
→~ fissure 梭形裂缝

fusing 熔融；熔合；熔断；启动；起动；发射；装信管
→~ {blowing} current 熔断电流 // ~ {ignition;flammability; flash(ing)} point 发火点 // ~ together method 组合熔融法

fusinite 高碳化惰性生物；丝质体[烟煤和褐煤的显微组分]
→~ -posttelinite coal 丝质亚结构 // ~ -precollinite coal 丝质似结构镜质煤 // ~ splitter 碎屑惰性体

fusinitic coal 丝质煤

fusinito-posttelinite 丝质亚结构镜质煤

fusinito-precollinite 丝质似结构镜质煤

fusinitsplitter 碎屑惰性体

fusini(ti)zation 丝炭化作用

fusinized fungal matter 丝炭化真菌物质

fusinoid 丝质类

fusionable material 热核燃料

fusion bond 热黏砂
→~ cast basalt 铸石

Fusispira 梭旋螺属[腹;O-S]

Fusispirifer 梭石燕属[腕;P₁]

fusodurain 丝质暗煤；丝暗煤

fusovitrite 半丝质体[烟煤和褐煤显微组分]

fusshang 麓坡

Fussurina 缝口虫属[孔虫;N-Q]

fusty 旧式的

fusular 纺锤状

Fusulina 䗴属；纺锤䗴属[孔虫;C₂]

fusulinacea 䗴超科

fusulinacean 䗴纺锤虫类；䗴类

Fusulinella 似䗴；小纺锤䗴(属)；似纺锤䗴(属)[孔虫;C₃]

fusulinid 纺锤䗴

Fusulinida 纺锤䗴目[孔虫]；䗴目

fusulinid limestone 纺锤䗴灰岩

Fusus 纺锤螺(属)[腹;K₂-Q]

future enlargement 远景扩建
→~ other products 将来的产品 // ~ potential recovery 未来潜在可采量

futures business 期货交易
→~ contract 期货交易合同 // ~ exchange 远期外汇；外汇期货

futurist 未来学家

Fuyuestheria 扶余叶肢介属[K₂]

fuze 保险丝；引信；引管；熔丝；信管
→~ action 起爆

fuzee 火管信号；信号焰管

fuze train 引信爆炸系列

Fuzhou clay 复州黏土

fuzing 引信爆破

fuzz 绒毛[鸟类]；(使)成绒毛状；毛丝；微毛

fuzzy 失真的[录音等]；有绒毛的；模糊的；不清楚的
→~ event 模糊事件

F-valued place F 值的位

fynchenite 凤城矿⁻；凤凰石[(Ca,Ce,La,Th)₅((Si,P,C)O₄)₃(O,OH)]

fyord 峡湾

fyzelyite 辉锑银铅矿⁻[Ag₂S·3PbS·3Sb₂S₃; PbAgSb₃S₆;斜方]；杂辉锑银铅矿；菲锑铅矿

G
g

Ga 十亿年[10^9年]；镓

GaAs light coupled device 砷化镓光耦合器件

gabarite(e)[法] 曲线板；模子；轮廓；外形尺寸；限界

gabbride 辉长岩类

gabbrite 淡辉长细晶岩

gabbro 辉长岩

gabbroic 辉长岩的

gabbroid 辉长岩状(的)；辉长岩类；似辉长岩的

gabbroite 辉长岩类

gabbroization 辉长岩化(作用)

gabbronite 灰方柱石；杂脂光柱石

gabbro(-)pegmatite 辉长伟晶岩

gabbrophyre 辉长斑岩

gabbro(-)porphyrite 辉长玢岩

gabbro-porphyry 辉长斑岩

gabby 碎

ga(e)bhardite 铬白云母；铬云母[$K(Al,Cr)_{2-3}Si_3O_{10}(OH)_2$]

gabianol 页岩油；加比安油[一种精制矿物油,用于治肺结核]

gabion 石笼；石筐；篾筐；笼；筐；金属筐

gabionade 石筐筑垒工事；石筐

gabion system 笼石系统
　　→～ works 石筐筑堤工程

gable 山(形)墙；三角墙；小墙；尖底侧卸车；凹底活帮矿车
　　→～-bottom car 尖底侧卸车//～ wall 前墙

Gabon 加篷

Gabonisporis 加蓬孢属[K-E]

Gabor hologram 伽柏全息图

gabrielite 硫砷银铜铊矿[$Tl_2AgCu_2As_3S_7$]

gabrielsonite 羟砷铁铅矿[$PbFe(AsO_4)(OH)$;斜方]

gabronite 灰方柱石；杂脂光柱石

gad 测(量)杆；尖头杆；錾；小钢凿[劈裂矿石或岩石用]
　　→～ (picker) 钢楔

gadder 钻机架；钢钎；凿孔机；移动式钻孔器；风镐；凿岩机；穿孔器

gadding 打眼；劈开岩石[用钢钎]；穿孔；凿岩；楔劈开岩石或矿石
　　→～ car 凿岩台车//～ machine 小型凿岩台架；平行钻孔钻架；开石机

gadolinite 硅铍钇矿[$Y_2Fe^{2+}Be_2Si_2O_{10}$;单斜]；硅铍铈矿[$(Ce,La,Nd,Y)_2Fe^{2+}Be_2Si_2O_{10}$;单斜]；钇矿石
　　→～-(Ce) 硅铍铈矿[$(Ce,La,Nd,Y)_2Fe^{2+}Be_2Si_2O_{10}$;单斜]

gadolinium 钆
　　→～ galium garnet{gado linium gallium garnet crystal} 钆镓石榴石//～ iron garnet

钆铁石榴矿//～ ore 钆矿//～ zeolite 钆沸石

gad picker 钎子；镐

gae 裂隙；断层

ga(e)bhardite 铬(白)云母[$K(Al,Cr)_{2-3}Si_3O_{10}(OH)_2$]

gaffer 装卸工；不熟练工

gagarinite 氟钙钠钇石[$NaCaY(F,Cl)_6$;六方]

gagat 软煤

gagatite 煤玉；煤精；碳化木[煤玉状植物质]

gagatization 煤玉化作用

gage (template) 样板
　　→～ angle 隙角//～ block 规矩块//～{measuring;gauge} block 量块//～ board 表板；规准尺

ga(u)ge{meter;panel} board 仪表盘

gage cock 示水旋塞；计水栓
　　→～{regulator;sham;trap;scale;weather;regulating} door 调节风门//～hole 定位孔；标准孔；传感器孔；装仪器的孔

gageite 羟硅锰镁石[$(Mn,Mg,Zn)_8Si_3O_{10}(OH)_8$;斜方]；羟硅锰矿；水硅锰镁石

gage length (抗拉试验的)计量长度

ga(u)ge{barometric;manometer} pressure 表压(力)；计示压力
　　→～ protection 保径[钻头]

ga(u)ger 计量器

gage reading 表计读数
　　→～ rod 量杆//～ stick 标杆；测地杆；量标//～ stone 边缘钻石//～ surface 规面；(钻头)牙轮背圈保(持井)径面//～ tape 量油卷尺

gagger 吊砂钩[冶]；砂型吊钩[铸]；砂钩；造型工具；校正轨距者；铁骨

ga(u)ging 规测；量测；量标；测量；测定；(在)井下废弃巷道入口处放置的碎石堆；计量

gaging{measuring} head 测头
　　→～ instrument 计量仪器

ga(u)ging{water;flowing} line 水位线

gaging nipple 测量短节
　　→～ station 水位点//～{mixing} water 调和水

gahnite 符山石[$Ca_{10}Mg_2Al_4(SiO_4)_5$,Ca 常被铈、锰、钠、钾、铀类质同象代替,镁也可被铁、锌、铜、铬、铍等代替,形成多个变种；$Ca_{10}Mg_2Al_4(SiO_4)_5(Si_2O_7)_2(OH)_4$；四方]；锌尖晶石[$ZnAl_2O_4$;等轴]

gaidonnayite 斜方钠锆石[$Na_2ZrSi_3O_9 \cdot 2H_2O$;斜方]

gain 收获；超越；石门；利益；巷道帮上的立槽[安插闸板等用]；得到；到达；煤矿石门；凌驾；腰槽；增加；(海水对陆地的)浸蚀；获得；逼近；增进；放大；榫眼；接近；渐增；增益

gainesite 铍磷锆钠石；磷铍锆钠石[$Na_2Zr_2(Be(PO_4))_4$]

gain factor 增益系数；再生系数；增益因子
　　→～ function 增益函数//～ ground 占优势

gaining 获益
　　→～ stream 叠水河；盈水河[地下水补给的河流]

gainite 铈片榍石

gain of heat 热增量

gairome-clay 蛙目黏土

gaist{ghaist;ghost} coal 燃烧时发白光的煤

gaitite 羟砷锌钙石[$H_2Ca_2Zn(AsO_4)_2(OH)_2$;三斜]

gaize 海绿云母细砂岩[生物蛋白岩]

gajite 羟菱钙镁矿[$Ca_3Mg_3(CO_3)_4(OH)_4$]；杂方解水镁石

gal 平巷；重力加速度单位；加仑[液量=4quarts,干量=1/8 bushel]

galactan 半乳聚糖[$(C_6H_{10}O_5)_x$]

galactic barycenter 银河中央{重心}

galactite 针钠沸石[$Na_2(Al_2Si_3O_{10}) \cdot 2H_2O$]

galactomannan 半乳甘露聚糖

galactose 半乳糖[$C_6H_{12}O_6$]
　　→～ alcohol oxyamine 半乳糖醇羟基胺

galactoside 半乳糖苷

Galago 狙属[Q]；婴猴属

galalith 乳石[SiO_2]

galanit 赝琥珀

galant 潇洒风格(的)[法]

Galapagos spreading centre 加拉帕戈斯扩张轴
　　→～ tortois 象龟[Q]

galapectite{galapektite} 蒙脱石[$(Al,Mg)_2(Si_4O_{10})(OH) \cdot nH_2O;(Na,Ca)_{0.33}(Al,Mg)_2Si_4O_{10}(OH)_2 \cdot nH_2O$；单斜]；埃洛石[优质埃洛石(多水高岭石),$Al_2O_3 \cdot 2SiO_2 \cdot 4H_2O$；二水埃洛石$Al_2(Si_2O_5)(OH)_4 \cdot 1\sim 2H_2O;Al_2Si_2O_5(OH)_4$；单斜]

Galaxaura 乳节藻属[红藻;Q]

galaxite 锰尖晶石[$(Mn,Fe^{2+},Mg)(Al,Fe^{3+})_2O_4;MnAl_2O_4$;等轴]

Galaxy Black 黑金沙[石]
　　→～ White 银沙白[石]

Galba 土蜗属[J-Q]

gale (采)矿(执)照；巨风；许用矿地；天风；一阵[突发的]
　　→～(fresh) ～ 大风；强风[6 级风]

galea 外颚叶[昆]

gale{explorer's} alidade 地质勘探用照准仪

Galeaspis 真盔甲鱼属[D_1]；盔甲鱼(属)[D_1]

Galeatisporites 盔环孢属[C_3]

galeiform 盔形

galeite 氟钠矾[$Na_{15}(SO_4)_5F_4Cl$;三方]；菱钠矾[$Na_2SO_4 \cdot Na(F,Cl)$]

galena 方铅矿[PbS;等轴]；硫化铅
　　→～ type 方铅矿型；方铅矿(晶)组[$m3m$ 晶组]

galenic 方铅矿的

galenite 方铅矿[PbS;等轴]

galenobismut(h)ite 辉铋铅矿[$PbBi_2S_4$;斜方]；辉铅铋矿[$PbS \cdot Bi_2S_3$]

galenobornite 辉铅斑铜矿；铅斑铜矿

galenoceratite 角铅矿[$Pb_2(CO_3)Cl_2$;四方]

galenoid 方铅矿类

galenoplumbic 辉铅矿

Galeocerdo 鼬鲨属[E-Q]

Galeodes 盔螺属[腹;E-Q]

Galeograptus 盔笔石属[S_1]

Galeopithecus 猫猴[皮翼目;Q]；飞狐猴

Galeritidae 盔海胆科[棘]

galet 石屑；碎石

galileiite 伽利略石[$(Na,K)_2(Fe,Mn,Cr)_8(PO_4)_6$]

Galitzin{Galizin} seismograph 伽利津地震仪
　　→～-type seismograph 加利津式地震仪

galizenstein{galizinite} 皓矾[$ZnSO_4 \cdot 7H_2O$;斜方]

galkhaite 硫砷铊汞矿[$(Hg,Cu,Zn)_{12}Tl,As_8S_{24}$;等轴]

gall 斑点；塑变；擦伤；瑕疵；磨损[金属]

gallate 棓酸盐[$C_6H_2(OH)_3COOM$]；镓酸盐[$MGaO_2$]

gallatin 重油

gallery 长廊；地下水室；巷道；地道；平台；平硐；排水廊道；采矿的坑道；沿油层延展面钻的斜井；集水廊道；隧道
→~-like cave 长洞；阶状岩洞

gallet 石屑；碎石

galleting 填塞石缝；碎石片嵌灰缝

galliard 砂岩[坚硬]

gallicianite{gallicinite} 皓矾[ZnSO₄•7H₂O;斜方]

Galliformes 鸡形目[鸟类]

gallinace 鹑鸡岩

gallite 灰镓矿[CuGaS₂];硫镓铜矿[CuGaS₂;四方];辉镓矿

gallitzinite 金红石[TiO₂;四方]

gallium 镓
→~ {-}albite 镓钠长石[Na(GaSi₃O₈)] // ~ {-}anorthite 镓钙长石[Ca(Ga₂Si₂O₈)] // ~-bearing mineral 含镓矿物 // ~ deposit 镓矿床 // ~-germanium-orthoclase 镓锗正长石 // ~ {-}orthoclase 镓正长石 // ~-phlogopite 镓金云母 // ~ porphyrin 镓卟啉

gallizinite 皓矾[ZnSO₄•7H₂O;斜方];钛铁矿[Fe²⁺TiO₃,含较多的 Fe₂O₃;三方]

gallobeudantite 砷铅镓矾[PbGa₃((AsO₄),(SO₄)₂(OH)₆]

gallon 加仑[液量=4quarts,干量=1/8 bushel]

gallonage 加仑数

gallons per barrel 加仑/桶
→~ per hour 加仑/小时

galloping 飞车[发动机不正常运转];飞奔

Gallowaiinella 格罗威(纺锤虫);加罗威蜓属[孔虫;P]

gallows 吊杆；挂架；架子[框架,支架,搁置物品的架子];凿岩机支架；吊架；井塔；脚手架；架状物
→~ {frame} 井架 // ~ [pl.gallows(es)] 两柱一梁式棚子 // ~ frame 门式吊架 // ~ timber 支撑顶板的木框架；撑木[矿井]

galloyl 没食子酰基

gall{bile} pigment 胆汁色素

gallstone 胆石[医];胆结石

galmei 杂硅锌矿；硅锌矿[Zn₂SiO₄;三方];菱锌矿[ZnCO₃;三方];异极矿[Zn₄(Si₂O₇)(OH)₂•H₂O;Zn₂(OH)₂SiO₂ZnO•SiO₂•H₂O;斜方];菱锌矿与异极矿混合物

galmey 异极矿[Zn₄(Si₂O₇)(OH)₂•H₂O;Zn₂(OH)₂SiO₂ZnO•SiO₂•H₂O;斜方];硅锌

galt 重硬黏土

galvanism 电流[原电池产生]

galvanized 电镀的；镀锌的
→~ sheet{iron (plain sheet)} 镀锌铁皮；白铁皮 // ~ (iron) sheet 白铁皮 // ~ sheet gage 白{镀锌}铁片厚度规 // ~ stranded wire 镀锌钢绞线

galvanizing 镀锌
→~ plant 镀锌设备

galvanograph 电制版

galvanometer 检流计；电流计；电流表；微电计
→~ deflection 微流计偏转

galvanoplastics{galvanoplasty} 电铸(术);电镀

galvanoscope 验电流器

gamagarite 水钒钡石[Ba₄(Fe,Mn)₂(VO₄)₄•H₂O;单斜]

Gambia 冈比亚

Gamblian phase 干布利雨期

---

gambrel roof 复斜层顶

game 对策
→~ (theory) 博弈论 // ~ reserves 狩猎保护区 // ~ safety lamp 防爆灯

gametangium 配子囊

gamete 配子

game theory 对策论

gametid 配子细胞

gametocyst 配子囊

gametogeny 配子发生

gametogony 配子生殖

gametophyte 配子体

game valve 对策值

gaming model 对策模型
→~ simulation 博弈模拟

gamius 伽米乌斯[未蚀变砂岩中的γ异常,探铀用]

Gamlan shales 加姆兰页岩

gamma 灰度(非线性)系数；伽马[磁场强度,10⁻⁵Oe];反衬度
→~ (-ray) activity γ 射线放射性 // ~ angle γ 角[{100}面与{010}间的夹角]

gammaband 伽马带

gammacerane 伽马蜡烷

gamma correction 图像灰度校正
→~ decay 伽马衰变 // ~ ray log 伽马射线测井剖面 // ~-ray-projector γ 射线源 // ~-ray source γ 射线源 // ~ ray upper limit for mineral 矿物的自然伽马值上限 // ~-sensitive detector γ 射线灵敏探测器

Gammexane 六氯化苯

gamone 交配素

gamont 产配子个体；有配体

gamopetalous 合瓣的[植]

Gamophyllites 联合叶属[古植;P₁]

Gampsonychidae 曲爪科

gamsigradite 锰镁闪石[((Ca,Na,K)₂½(Mn,Mg,Al,Fe³⁺)₅((Si,Al)₈O₂₂)(OH)₂;Mn²⁺(Mg,Fe²⁺)₅Si₈O₂₂(OH)₂;单斜];锰铝闪石

gananite 赣南矿[α-BiF₃;BiF₃]

Gandise geosynclinal region 冈底斯地槽区

Ganesella 雅座螺属[腹;N-Q]

gang 矿车组；列车；组；一小组矿工；队；工作队；脉石；矿车列车；连接；成套；一群；岩脉；班；接合；套
→(underworld) ~ 帮

Gangadharites 恒河菊石属[头;T₂]

Gangamophyllum 圆珊瑚；圆蛤珊瑚属[C₁]

Gangamopteris 恒河羊齿属[古植;C₃-T₂];圆舌羊齿

gang blanking die 多头冲割{组合落料}模

gangboard 道板[船首楼尾楼间窄的];梯板；跳板

gang(ue) content 废石含量
→~ cut slots 组合割缝 // ~ drill 排钻床；多钻头凿岩机 // ~ drilling machine 排钻床

ganger 工长；运矿工；班长；组长；领工

Gangetia 恒河螺属[腹;E-Q]

ganging 安在同根轴上；聚束；同调；机械连接
→~ circuit 统调电路 // ~ {measuring;metering} device 计量装置 // ~ go-devil 测管径清管器

gang(ue) level{content} 脉石含量

ganglian 酒馏酸五甲哌啶

gangliferous 具结节的

gangliform 结节状

---

ganglion[pl.-ia,-s] 残余油块{滴};神经中枢;(活动)中心

gang{battery} of wells 井组

gangplank 道板[船首楼尾楼间窄的];跳板；梯板

gang{foot} plank 跳板

gangplank{gangboard} 过道[上甲板两侧]

gang{multiple} pumping 多井抽油
→~ punch 群穿孔；复穿孔

gangquarz 脉石英；液包石英[德]

gang saw 排锯机；多锯条锯石机
→~ slotting 组合割缝

gangsman 运矿工

gang switch 联动开关；同轴开关

gangue 矿尾；煤矸石[碳质页岩、泥质岩,以 SiO₂ 和 Al₂O₃ 为主];矸子；矸石；矿石杂质；矿物杂质；废石；尾矿
→~ (mineral;rocky;material) 脉石 // ~ {reject} bin 废矿仓 // ~ mineral 矿矸子{石} // ~ mineral{material} 脉石矿物 // ~ quartz 石英脉石

gangway (矿山)进出通路；平巷；水平道；巷道；运输巷道；出河斜坡；集中平巷；通道

ganisand 硅砂

gan(n)ister 硬密硅质砂岩[煤层底板];细晶硅岩；炉衬料；硅线石[Al₂(SiO₄)O;Al₂O₃(SiO₂)];硅石；致密硅岩

ganister sand 硅粉

gannen 有轨的倾斜巷道

gannister 炉衬料
→~ measures 致密硅岩系

Ganoderma 灵芝属[真菌]

ganoid 甲鳞
→~ (scale) 硬鳞

Ganoids 硬鳞鱼类

ganoin 闪光染；硬鳞质

ganomalite 硅钙铅矿[Ca₂Pb₃Si₃O₁₁]

ganomatite 羟硅钙铅矿[Pb₆Ca₄Si₆O₂₁(OH)₂;六方];银钴臭葱石；杂臭葱石[含钴的砷、锑、铁氧化物混合物;Fe 的砷酸盐]

ganophyllite 辉锰石[(Na,K)(Mn,Fe²⁺,Al)₅(Si,Al)₆O₁₅(OH)₅•2H₂O;单斜]

ganterite 钡云母[(Ba₀.₅(Na+K)₀.₅)Al₂(Si₂.₅Al₁.₅O₁₀)(OH)₂]

gantry{frame;portal} crane 龙门吊
→~ jumbo 龙门式凿岩台车 // ~ post 枢轴承 // ~ slinger 行车式抛砂机

Gantt bar chart 甘特线圈；线条图
→~ chart 甘特图;大型工程`建筑计划{实际与计划进度对比}图

gaotaiite 高台矿[Ir₃Te₈]

gap 丝扣底；张口(断层);喙裂；缺陷；缺口；峡口；地层间断；海岭垭口[海洋地质];差距；漏带[航摄];壳隙[双壳];给矿口；嘴裂；水平滑距；裂隙；裂口；分歧；空隙；峡；开口；小裂缝；间隙；间隔；缝隙；山口[地貌];空缺[数据];空区[震]

gape 张口；开裂
→~-to-set ratio 给料口排料口宽度比

gap(ping) fault 张开断层
→~-filling adhesive 空隙充填性黏合剂 // ~ {-}filling cement 填缝胶泥 // ~-filling cement 填缝水泥

gaping 缝隙

gap in geologic(al) record 地层缺失；地质记录缺失

gaping fault 间隔断层

gap in succession 地层间断；层序间断

gapite 碧矾[$NiSO_4 \cdot 7H_2O$;斜方]

gap of flameproof 隔爆间隙
→~ of the outcrop of a bed 断层峡谷 //~ packing 留空充填(法)

gapped 龀裂的；有缺口的
→~-bead-on-plate 特殊点焊法

gapping 裂缝；缩颈[桩工]
→~ (place) 间隙

gappy 裂缝多的；不连续的

gap sensitiveness 殉爆感度
→~ test 炸药包最大间距试验 //~ weld 特殊点焊 //~ zone 间断带

gara[pl.gour] 蘑菇石

garage 车库；汽车(修理)间
→~ fuel trap 汽车库燃料油滤器 //~ rail 存车轨道

garavellite 硫锑铋铁矿[$FeSbBiS_4$;斜方]；镍纤蛇纹石[$(Mg,Ni)_6(Si_4O_{10})(OH)_8$;$Ni_3Si_2O_5(OH)_4$;单斜]

garbage 废料；无用数据；作废信息；垃圾；碎片[弹道上]
→~ burning generation 燃烧废物发电 //~-in,garbage-out 无用输入,无用输出 //~{unwanted} signal 无用信号

Garbancillo 紫云英之一种[豆科,硒和铀通示植]

garbenschiefer 束斑板岩；芥点板岩

garbenstilbite 辉沸石 [$NaCa_2Al_5Si_{13}O_{36} \cdot 14H_2O$;单斜]

garbyite 硫砷铜矿[Cu_3AsS_4;斜方]

garde 尾矿

gardening 翻腾作用[月球表土]

Gardinol CA × 润湿剂 [油烯基硫酸盐;$C_{18}H_{35}OSO_3M$]

garewaite 透橄斑岩

gar{power;positive} feed 机械给进

garganite 闪辉正煌岩；闪辉煌(斑)岩

Gargasian 加尔加斯(亚阶)[瑞士;K_1]

gargoyle 滴水嘴

garibaldite 单斜硫矿；β 单斜硫

garibolidite β 单斜硫

garide 刺丛地落叶灌木

garigue 常绿矮灌木丛

garividite 磁锰铁矿

garland 石环冠；(金属制)花环；截水圈；(高炉)流水环沟；索环
→(water) ~ 井筒壁上的集水圈 //~ chain system 花环斜挂[水泥] //~ idler 串挂托辊

garnet(ite) 石榴子石；深红色；石榴石[$R_3^{2+}R_2^{3+}(SiO_4)_3$,$R^{2+}=Mg,Fe^{2+},Mn^{2+},Ca;R^{3+}=Al,Fe^{3+},Cr,Mn^{3+}$]；子牙乌；金刚砂[$Al_2O_3$]；柘榴石；石榴红[色]

garnet (group) 石榴石类
→~-bearing 含石榴子石的 //~{zinc} blende 闪锌矿[ZnS; $(Zn, Fe)S$;等轴] //~ film 石榴石膜

garnetiferous 含石榴子石的

garnetization 石榴石化(作用)；柘榴石化

garnet{granat}-jade 钙铝榴石[$Ca_3Al_2(SiO_4)_3$;等轴]

garnetoid 似石榴(子)石(类)

garnet-red 石榴红

garnet-rock 石榴石岩；柘榴石岩

garnet rod 石榴石棒
→~ sand 石榴石；石榴石砂 //~{ruby} sand 柘榴石砂 //~ type structure 石榴石型结构

garnierite 暗镍蛇纹石 [$(Ni,Mg)_6(Si_4O_{10})(OH)_8$]；硅镁镍矿{镍纤蛇纹石}[$(Mg,Ni)_6(Si_4O_{10})(OH)_8$;单斜]
→~ ore 硅镁镍矿 [$(Mg,Ni)_6(Si_4O_{10})(OH)_8$]；镁质硅酸镍矿

garnsdorf(f)ite 钟乳铁矾[$(Fe^{3+},Al)_6(SO_4)((OH)_{16} \cdot 10H_2O)$]

garranite 十字沸石[$(K_2,Na_2,Ca)(Al_2Si_4O_{12})\cdot 4\frac{1}{2}H_2O$;$Na_2Ca_5\,Al_{12}Si_{20}O_{64}\cdot 27H_2O$;斜方、假四方]

garrelsite 硅硼钙钡石[$(Ba,Ca)_2(SiO_4)(B_3O_3(OH)_3)$]；硅硼(钠)钡石[$Ba_3NaSi_2B_7O_{16}(OH)_4$;单斜]

garret{garreting} 填塞石缝

garronite 十字沸石[$(K_2,Na_2,Ca)(Al_2Si_4O_{12})\cdot 4\frac{1}{2}H_2O$;$Na_2Ca_5\,Al_{12}Si_{20}\,O_{64}\cdot 27H_2O$;斜方、假四方]

garrulous 碎

garrupa 石斑鱼；红点石斑鱼

Gartnerago 加氏颗石[钙超;K_2]

garua 浓湿雾[南美西海岸]

Garwoodia 加伍德藻属[D-T]

garyanssellite 水磷铁镁石 [$(Mg_{1.45}Fe_{1.39}^{3+}Mn_{0.14}Al_{0.01}Fe_{0.01}^{2+})_3(PO_4)_{1.9}(OH)_{1.43}\cdot 1.52H_2O$]

gas 使用毒气；施以煤气；闲扯；乐事；产生气泡；气体；麻醉剂；油门；废话；以毒气攻击；充气；发散气体；瞎吹牛；可燃气[材]；瓦斯；气态；天然气；吹气；毒气；汽油[美]
→~ (blow-off) 放气

gasbag 气囊

gas balloon{cylinder} 气瓶
→~ bearing 含天然气的；含瓦斯的；空气轴承 //~ block cement 气锁水泥；防气窜水泥 //~-blocked cable 气封电缆 //~ booster compressor (气体输送)压缩设备；压缩机 //~-bound 气锁；气封；气堵 //~ cleaner 净气器 //~ collector 燃气稳压箱 //~ concentration{content} 含气量 //~ cooled graphite moderated reactor 气冷石墨慢化堆 //~-distillate producer 富气气井

gaseity 含瓦斯的矿井；气状；气态；气体

gas electric rig 天然气发电机(驱动的)钻机
→~-emergency trip valve 燃气紧急截止阀 //~ enclosure{inclusion} 气(体)包(裹)体 //~ envelope 气(态)膜

gaseogenic{atmogenic} anomaly 气成异常

gaseous 气体的；气态的
→~ burst 气爆搅动[摄] //~{gas} oxygen 气态氧

gaser 伽马射线激射器；γ 激光

gas escape 气体逃逸
→~ {-}evolution curve 气体挥发曲线 //~ explosion 气爆；煤气爆炸 //~ family 石油气族[甲烷、乙烷等] //~ flame coal 气焰煤 //~ heave 气鼓 //~ heave structure 气肿扭曲构造 //~ holder 装气罐 //~ home air conditioner 燃气房空气调节器

gashouse 煤气厂
→~ coal tar 煤气房煤焦油

gash-vein 裂伤脉

gasifiable 可气化的
→~ pattern 燃模

gasification 汽化作用；汽化；充气
→(coal) ~ 煤气化

gasifier 汽化器
→~ efficiency 燃气发生器效率

gas impermeability test 不透气性试验
→~ impermeable barrier 不透气的隔挡层 //~ input well 注气井 //~ inrush 喷气 //~ intake 进气

gasketing 填实

gasket material 垫衬材料
→~ packing 板式填料

gas kick 气涌
→~ leakage 气漏 //~ leakage manifestation 气体泄漏显示 //~ leak indicator 漏气指示器

gasless 无瓦斯的
→~ delay composition 无气体延期混合炸药；无烟延发炸药 //~ delay detonator 无毒气延发雷管

gas-lift 气举
→~ ditching method (管道穿越河流)气举开沟法 //~ flow 气升流动

gas lift flowing gradient 气举采油压力梯度
→~-lift intermitter 间歇气举控制器 //~ lift valve 气举阀

gaslight 煤气灯(光)

gasline 燃气管

gas linking valve 燃气连接阀
→~-liquid chromatograph-mass spectrometer 气液色谱-质谱仪

gas/liquid exchanger 气-液换热器

gas {-}liquid ratio 气液比
→~ location 找气

gasman 瓦斯工

gas man 通风员
→~ manometer 气压表

gasmeter 煤气计

gas meter 气力计；气表；气量计
→~ mileage 燃料消费效率

gasoclastic sediment 气(成碎)屑沉积物

gas odorizer 气体加味装置
→~ of deep-seated origin 深源气体；深成气体 //~-off take borehole 煤气泄出钻出的钻孔

gasofluid 气溶胶；气胶溶体

gas of mud volcano 泥火山气

gasohol 醇汽油燃料；乙醇的汽油溶液

gas oil 瓦斯油
→~-oil fluid viscosity 含溶解气石油的黏度

gas/oil separation plant 油气分离站

gas oil steam cracking 瓦斯油蒸汽裂解
→~-oil surface{level;table;interface} 油气界面

gasol 气体油；石油气体凝缩产物；凝析油；液化气

gasoline-base napalm gel fracturing fluid 铝皂型胶状汽油基压裂液

gasoline engine car 内燃机车
→~ filling station 加油站；加汽油站 //~ indicator paste 汽油(液面)指示膏 //~ knocking 汽油爆震性 //~ level gauge 油位表[美] //~ rock drill 汽油钻岩机；带汽油机的凿岩机；汽油岩石机

gasometric anomaly 气量异常
→~{gasmetric} method 气量法 //~ study 气体定量分析研究

gas opacifier 气体乳浊剂
→~-oriented 石油社会

gasous metabolism 气体代谢

gas outburst{rush;eruption;release;inrush} 气喷
→~ out(-)flow from next seam 邻近煤

G

层瓦斯涌出量

gasparite 砷钙铈石[(Ce,REE)AsO$_4$]
→～-(Ce) 砷铈镧石

gaspeite 菱镍矿[(Ni,Mg,Fe^{2+})CO$_3$;三方];
菱镁镍矿

gas penetration potential 透气性[煤的]
→～ percolation 气体渗泄作用[油气层的]//～{combustion} period 燃烧期//～ permeameter 气体渗透率仪//～{gaseous} phase 气相

gaspirator 防毒面具

gas pit 逸气坑;层面上因气泡形成的凹坑
→～ pocket{bag} 气袋//～-pocket hypothesis 气囊说//～ pore 气孔胞;气胞//～ potentiometric surface 气测势面

gasproof shelter 瓦斯躲避硐{硐}

gas proportional counter 流气正比计数管
→～ range 气带//～-release reaction 释气反应//～ rig 气体燃料钻机;液体燃料钻机;天然气发动机钻机//～ ring 气环//～ sand{zone;horizon} 气层

gassed-out well 气窜井

gassed out zone 脱气(层段)

gas seepage{show} 气苗
→～ sensitive effect 气敏效应//～-separation 脱气

gasser 喷气井;煤气井[油];气井[油];天然气井[商业]

gas-shielded (arc) welding 气体保护(弧)焊

gas show 气显示
→～ showings{show} 天然气显示

gassi 沙丘间风槽;沙丘沟[撒哈拉地区]

gassing 回收气;起气泡;瓦斯抛出;喷气;吸气;放毒气;瓦斯泄出
→～ factor 充气系数//～ zone 气侵带

gas slope 煤气上升坡道

Gassman equation 加斯曼方程

gas smelted quartz glass tube 气炼石英玻璃管

gassy 含瓦斯的矿井;气体的;气态的
→～ (mine) 瓦斯矿//～ coal mine 瓦斯煤矿//～ fluid 充气液//～ meter 瓦斯浓度检定器

gas take 滤气阀;雄气阀

gastaldite 铝蓝闪石[Na$_2$(Mg,Fe^{2+})$_3$Al$_2$(Si$_8$O$_{22}$)(OH)$_2$];蓝闪石[Na$_2$(Mg,Fe^{2+})$_3$Al$_2$Si$_8$O$_{22}$(OH)$_2$;单斜]

gas telemetry alarm device 瓦斯遥测警报仪

gasteromycetes 腹菌(类)

gasteropod 腹足类[软]

Gasterosteidae 刺鱼科

gas {-}testing lamp 检查瓦斯灯
→～ testing lamp 沼气检定灯

gastral cavity 胃腔;胃窝

gastralia[sgl.-ium] 腹膜肋;胃骨片

gas transfer differentiation 气体运移分异作用
→～ transmission 输气//～ trap{collector} 气体收集器//～ treating process 气体处理法

gastric calculus 胃石
→～ residues 胃残余物[遗石]

Gastrioceras 腹棱角石;腹菊石属[头;C$_{2-3}$]

Gastrocaulia 腹茎纲[腕;无铰纲];腹腔纲;无铰纲{类}[腕]

gastrocentrous vertebra 腹体椎

gastrolith 冒石;胃石

Gastromyzontidae 爬岩鳅科

gastro-orbital groove 腹框沟[节]

Gastropella 腹苔藓虫属[E]

gastropod 腹足类[软]

Gastropoda 腹足纲[软;Є-Q]

gastropod-fusulinid mudstone 软体动物-纺锤蜓泥状灰岩

gastropodous 腹足类的

gastropore 腹孔;胚孔

gastrostome 腹孔

gastrostyla 腹柱(纤)虫属

Gastrotricha 腹毛纲[显微蠕虫类]

gastrovascular cavity 腔肠
→～ system 消化系

gastrozooid 营养个员[腔]

gastrula 囊胚;原肠胚[腔]

gas(-filled) tube 充气管
→～ tube furnace 燃气辐射管加热炉//～-tungsten arc welding 气体保护钨极(电)弧焊

gastunite 水硅钠钾铀矿;钾铀矿

gas turbine 燃气轮机
→～ valve marking stake 气门标石

gasworks{gas works{plant}} 煤气厂

gate 顺槽;水道;联络巷道;平巷;陷口;工作面上下平巷;门;采区;硐口;缝;控制;井下巷道;开启;狭航道;闸门;浇注口;选通;孔[射虫]
→(flow)～ 浇口;逻辑门

gatehead 采煤工作面与平巷间通道

gate interlock 栅门连锁装置[在井筒栅门全部关闭后才能启动提升机设备或发出提升信号]
→～ leak(age) current 栅漏电流//～ loading point 顺槽装煤点//～ road 回采平巷;煤巷;采空区内运输巷

gateroad bunker 采区运输顺槽煤仓

gate road bunker 区段煤仓;采区运输顺槽煤仓;联络巷道贮矿装置;调节仓
→～-road loco(motive) 采区内运输平巷用电机车;采区调车用机车//～ roller 巷道导绳滚柱[无极绳]//～{guide} roller 导向轮

gateside 平巷侧(附近)

gate side pack 平巷侧帮石垛
→～ way 采区联络煤巷;采煤平巷;采空区中平巷;准备巷道;通采区联络道;充填带侧边的人行道

gathering 帮;聚集(作用);集束;集输
→～-arm 蟹爪式装岩机//～ {-}arm loader{gathering-arm loading machines} 集爪式装载机//～ belt 集料胶带给送机//(loader)～ chain 收集链[装载机]

gathering-chain finger 集送链爪;集爪链指

gathering coal basin 聚煤盆地
→～{mother} entry 集中平巷//～ facility 油气集输设施//～ ground 汇水面积;储油面积;集水区//～ mine loco(motive) 矿用调度车//～ motor 矿用轻型调车电动机//～ station 矿场储(油气)罐区;选油站

gather stones into a heap 堆石成山

gating 浇口;选通;控制;开启;浇注系统
→～ pulse 控制脉冲//～ signal 闸波讯号//～ time function 选通时间函数

gatton 井下水沟

gatumbaite 水羟磷铝钙石[CaAl$_2$(PO$_4$)$_2$(OH)$_2$•H$_2$O;单斜]

gaudefroyite 硼钙锰石;碳硼锰钙石[Ca$_4$Mn$_{3-x}^{3+}$(BO$_3$)$_3$(CO$_3$)(O,OH)$_3$;六方]

gaudeyite 羟砷铝铜石

Gaudian (distribution) function 高坦粒度分配方程式
→～-Schuhmann function 高坦-休曼函数

Gaudin plot 戈丁曲线[粒度分配]
→～-Schuman function 高登舒曼粒度分配函数

Gaudin's equation 高登粒度分布方程

Gaudryina 高椎虫属[孔虫;T$_3$-Q]

gauffer 压制波纹;皱褶

gaufrage 皱纹;微褶皱

gauge datum 测站基面
→～ difference 规差(位)

gauged instrument 标定仪表
→～ oil 经过沉淀去水和杂物再计量的原油//～ stuff 装饰性石膏

gauge edge 刮刀钻头(保径)外缘刃
→～ feeler 塞规;测隙规//～ glass 水位表//～ height 水位

gaugehight 量高[油罐量油口量油标志与罐底间的高度]

gauge hole 量油口;量孔
→～ length 标距长度//～ line{tape} 卷尺//～ outfit 表头//～ particle 尺寸合格的颗粒

gauger 检验员;计算员

gauge ring 内径仪;内径规
→～ stuff 装饰石膏

gault{unctuous;soapy;rich} clay 重黏土

gauslinite 碳酸钠矾[Na$_6$(SO$_4$)(CO$_3$)$_2$];碳矾[Na$_6$(CO$_3$)(SO$_4$)$_2$;斜方]

gaussbergite 橄闪白玻斑岩;橄辉白榴玻斑岩

Gaussian 相似比值判别
→～ anamorphosis model 高斯变体模型//～ function 高斯函数//～ interpolation 高斯内插(法)

gauze 薄纱;抑制栅极;罗[12 打];筛号;网纱;薄雾
→～ (fabric) 纱布

Gavelinella 小加费林虫属[孔虫;E]

Gavialis 恒河鳄;食鱼鳄属[E-Q]

gavite 水滑石[具尖晶石假象;6MgO•Al$_2$O$_3$•CO$_2$•12H$_2$O;Mg$_6$Al$_2$(CO$_3$)(OH)$_{16}$•4H$_2$O]

gaw 排水小沟;沟槽;窄火成岩脉;岩层中的狭窄岩浆岩脉;交错脉;狭缩[岩层]

gaylussacite 斜碳钠钙石

gaylussite 单斜钠钙石[Na$_2$CO$_3$•CaCO$_3$•5H$_2$O];针碳钠钙石;斜碳钠钙石;斜钠钙石[Na$_2$Ca(CO$_3$)$_2$•5H$_2$O]

gazella{gazelle} 羚羊

gazetteer 地名索引

Gazzlla 羚羊属[N$_2$-Q]

Gbo 强黏土;黏泥

GC 火棉;千兆周[10^9 周]

g-cal 克卡

gcm 气侵泥浆

Gd 钆

geanticlinal arch 地背斜穹拱
→～ belt 地背斜带//～ crest orogenic root 地背斜脊造山根

ge(o)anticline 地磅;地穹;地背斜[地质地槽内部的隆起];大背斜[顿钻起下套管用]

gear (wheel) 牙轮;齿轮
→～ and pinion 大齿圈和小齿轮//～ assembly 减速器//～ box{case;unit} 变速箱//～ box 传动箱//～ bracket sup-

support 齿轮托支架
gearcase 减速器
geared block 齿轮滑车
→~ diesel 齿轮传动式内燃机//~{rotary} drill 牙轮钻机//~-head drill 螺旋差动式钻机//~ pumping power installation 联合抽油动力装置
gear feed 钻头给进调节器
→~-feed swivel head 螺旋给进回转器
gearhead 传动机头
gear hobbing 滚削齿
→~ increaser 齿轮增速
gearing 传动；啮合；齿轮的
→(toothed) 齿轮装置
gearksutite 氟钙铝石 氟铝钙矿[单斜；CaAl(OH)F₄•H₂O]；白氟钙铝石；钙铝氟石；氟钙钙石[CaAl₂(F,OH)₈;单斜]
gearless crusher 无齿轮传动式破碎机
→~ reduction gyratory 无齿轮式圆锥破碎机
gear lever 齿轮变速杆
→~ lock 锁止器//~ mesh efficiency 齿轮啮合效率//~ motor 带齿轮的马达//~ output shaft 齿轮输出[力]轴//~ pinion 小齿轮//~ rack 牙条
gears 棚子[一梁二柱]
gear sector 扇形齿轮
→~ selector level{lever} 变速杆//~ shaper{planer} 刨齿机//~ shaping 插齿
gearshifter{(gear)shifting} fork 变速(拨)叉
gear shift reverse latch 倒车闩
→~ shift reverse plunger 变速回动柱塞
gebhardite 葛氯砷铅石[Pb₈(As₂³⁺O₅)₂OCl₅；Pb₈Cl₄As₄³⁺O₁₁]
gebhardtite 盖氯砷铅石
Geco flotation cell 吉柯式浮选机
Gedinnian 吉丁(阶)[欧；D₁]
→~ age 惹丁那[尼]期；`惹丁那[吉丁]阶[D₁]；下泥盆早期
gedrite 铝直闪石 [(Mg,Fe²⁺)₅Al₂(Si₆,Al₂)O₂₂(OH)₂;斜方]；铝直闪岩
gedritite 铝直闪岩
gedroitsite 钠蛭石[Na₂Al₂Si₃O₁₀•2H₂O]
gedroitzite 钾钠蛭石；钠蛭石[Na₂Al₂Si₃O₁₀•2H₂O]；盖祝石
gedroizite 钠蛭石[Na₂Al₂Si₃O₁₀•2H₂O]；盖祝石；钾钠蛭石
geelbek 锤形石首鱼
geepound 机磅；g磅值[计重单位,同 slug]
geerite 吉硫铜矿[Cu₈S₅;假等轴]
geest 干砾地；原地沉积
Gefanol I ×木焦馏油
geffroyite 盖硒铜矿[(Cu,Fe,Ag)₉(Se,S)₈；硫硒铜矿]
gefugekunde 岩组学
geg 鬼旋风；吉克旋风
Gegenella 小格根贝属[腕；P₁]
gehetinite 铝方柱石
GeHg detector 锗汞探测器
gehlenite 钙铝黄长石[2CaO•Al₂O₃•SiO₂；Ca₂Al(SiAlO₇);四方]；钙黄长石[2CaO•Al₂O₃•SiO₂;(Ca,Na₂)Al((Al,Si)O₇)]；铝黄长石
Gehlhoff spring 盖尔霍夫泉
geierite 锗钙矾；硫砷铁矿[Fe(As,S)₂]
Geiger counter 盖革型计数器
geigerite 水砷锰矿[Mn₅(H₂O)₈(AsO₃OH)₂(AsO₄)₂•2H₂O]
Geiger-Muller{G-M} counter 盖革 - 密

{弥}勒计数器
→~ probe 盖格-弥{密}勒探测器
Geiger plateau 盖革坪
geigerscope 闪烁镜
Geiger test(ing) 盖格探测法
→~ tube 盖革计数器{管}
geikielite 镁钛矿[(Mg,Fe)TiO₃;MgO•TiO₂；三方]
Geinitzina 格涅茨虫属[孔虫;D-P]
ge(o)isothermal 等地温线；等地温的
Gekkonidae 守宫科；壁虎科
gekroselava 肠状熔岩；绳状熔岩[德]
gel ampoule 胶管
→~-anatase 胶锐钛矿[TiO₂]
gelate 胶凝
gelatin(e) 胶；胶体；动物胶；胶质；明胶；食用或药用的胶；胶体炸药；凝胶体[褐煤显微组分]
gelatinate 明胶合物；胶凝
gelatin(iz)ation 凝胶化；胶凝作用
gelatin cored ammonia dynamite 带胶质药芯的硝甘铵炸药
→~ {gelatine} donarite 胶质多纳炸药//~ dynamite 胶质硝酸甘油炸药//~(e) dynamite{powder;gel} 胶质(状)炸药
gelatine 食用或药用的胶；白明胶；明胶
→~ extra (用)硝铵代替部分硝甘的胶质炸药
gelatin explosive 黄色炸药[CH₃•C₆H₂(NO₂)₃]
→~ extra 特制爆炸胶[材]
gelatiniform 胶状的
gelatin(iz)ing{peptizing;peptising} agent 胶化剂
gelatinize 胶凝；涂胶
gelatinizer 胶化剂；软胶化剂；稠化剂；胶凝剂；成冻剂
gelatinoid 胶状的；胶状物质
gelatinous mass 成胶剂
gelatin sponge 海绵胶
gelation 黄色炸药[CH₃•C₆H₂(NO₂)₃]；胶凝；凝结；凝胶化；冻结；冷凝
gelationous 胶黏的
→~ bed 胶质层
gelation{gelled} water 胶凝水
gel(-)bertrandite 胶硅铍石[Be₄(Si₂O₇)(OH)₂•nH₂O]
gel builder 胶化剂；成冻剂
→~ builder{sensitizer} 胶凝剂//~ {viscosity} builder 稠化剂//~-calcite 碳钾钙石[K₂Ca(CO₃)₂;六方]//~-cassiterite 水硅锡矿；杂水硅锡矿//~-cement 胶质{脂}水泥//~{latex} content 含胶量//~-cristobalite 蛋白石[石髓;SiO₂•nH₂O;非晶质]
geldiadochite 胶磷铁华[Fe₄(PO₄,SO₄)₃(OH)₄•13H₂O]
geldolomite 胶白云石[CaMg(CO₃)₂]；雪白云石[CaMg(CO₃)₂]
gelefusainization 凝胶丝炭化(作用)
gelemeter 凝胶时间测定计
gelenk 转枢[德]
→~ {scharnier} 枢纽[德]
Gelex 吉赖克斯炸药
→~ dynamite 格勒克斯半胶质硝甘炸药
gel(atin(e)){gelationous;rubbery} explosive 胶质{状}炸药
Gelfand-Levitan equation 盖尔芳德-莱维坦方程
gel filtration chromatography 凝胶过滤

色谱(法)
→~-forming chemical 胶质物//~-free 无凝胶的//~-goethite 褐铁矿[FeO(OH)•nH₂O;Fe₂O₃•nH₂O,成分不纯]
Gelidiaceae 石花菜科
Gelidiales 石花菜目
Gelidium 石花菜属[红藻;Q]
→~ (amansii) 石花菜
gelifiuxion 冰缘土溜
gelifluction{gelifluxion} 融{冰}冻泥流；冻融缓滑；冰缘土溜
gelifluxion 冰缘土溜；冰冻泥流
gelifraction 冻劈作用；冰冻崩解
gelifusinite 胶丝质体
gelifusinitic coal 胶丝质煤
Gelignite 葛里炸药；硝铵炸药；吉里那特{炸药}
geli(g)nite 炸胶；凝胶体[褐煤显微组分]
gel initial (泥浆)初切力
gelinito-posttelinite 胶质次结构镜质煤
→~ coal 胶质亚结构镜质煤
gelinito-precollinite 胶质似无结构镜质体
gelinito-telinite (coal) 胶质结构镜质煤
gelisol 冻土[冰]
gelisolifluction 冰缘土溜；冰冻泥流
gelite 玉髓[SiO₂]；蛋白石[石髓;SiO₂•nH₂O;非晶质]
Gelite I.L.F 杰米特矿用烈性炸药
geliturbation 融冻扰动作用；冻融扰动
gellant 稠化剂；胶凝剂；成冻剂
gelled{concentrated} acid 浓缩酸
→~ acid 浓稠酸；加胶的酸
gellibackite 硅灰石[CaSiO₃;三斜]
gel(-)like 胶状的；类凝胶
gelling 成胶；凝胶化；胶凝的；胶凝胶凝作用
→~ agent 成胶剂；成冻剂//~ {thickening;viscosifying} agent 稠化剂//~ on standing 静置凝胶
gellometer 胶度测量器
gelmagnesite 胶菱镁矿
gel method 凝胶法
→~ mineral 似矿物
gelose 棕腐质；半乳聚糖[(C₆H₁₀O₅)ₓ]
gelosic coal 胶质煤
gelosite 藻烛煤；托班藻煤的一种显微组分
gelout 破胶
gel{colloid(al)} particle 胶粒
→~ permeation chromatography 凝胶渗透色谱(法)//~-pyrite 胶黄铁矿[FeS₂；Fe₂S₃•H₂O]
gelpyrophyllite 胶叶蜡石[Al₂(Si₄O₁₀)(OH)₂]
gel-resin mixture 凝胶-树脂混合物
gel-rutile 胶金红石[TiO₂]
gel space ratio 凝胶空间比
Gelstefeldtia 杰氏螺属[E-Q]
gel stemming 胶质炮泥；胶泥堵塞
→~ {shear} strength 静切力
gelstructure 胶状结构
geltenorite 胶黑铜矿
geltexture 胶状结构
gel(-)thorite 胶钍石[ThSiO₄•nH₂O]
gel-type resin 凝胶树脂
gelvariscite 胶磷铝石[非晶质的磷铝石；Al₂(PO₄)₂•4H₂O]
gel water 胶酪水
gelzircon 阿申诺夫石；胶锆石[锆石的偏胶体变种;Zr(SiO₄)]
gem 钻石；珍品；精选作品；饰以宝石

→～ (stone) 宝石

Gem Brown 宝石啡

gemdinitroparaffin 液体二硝基石蜡

gem gravels 含重硬物砾石层

geminate 成对的

→～ fertilization 对生受精

Gemini 双子座

geminicolpate 具成对槽的[孢];具对沟的

Geminospira 双旋虫属[孔虫;N₂-Q]

gemlike material 宝胶物质

gemmary 珍藏宝石;宝石学

gemmation 发芽生殖;发芽;芽生[生]

gemmed ring 宝石镶嵌戒指

Gemmellaroia 葛美拉贝属[腕;P]

gemmiferous 含宝石的

gemmology 宝石学

gemmy 灿烂如宝石的;具宝石特性的

gemnology 宝石藻

gemologist 宝石学家;宝石鉴别家

gemology 宝石学

gem-quality crystal 优质晶体

→～ opal 宝石级蛋白石

gem stick 宝石加工棍

gemstone 宝石

Gemuendina 伪鲛(属)[D₁]

gem washing 砂金洗选

→～ washings 重砂;砂金精矿;冲积砂砾// ～ whisker 白宝石晶须{须晶}

gena[pl.-e] 颊

genal angle 颊角[三叶]

→～ caeca 颊部放射状脊线// ～ region 颊部// ～ ridge{caeca} 颊脊// {cheek} roll prolongation 颊边缘引长物[三叶]

Genapol-AS ×润湿剂[烷基聚乙二醇硫酸铵;R(OCH₂CH₂)ₙ•OSO₃NH₄]

genaruttite 方镉矿{矿}[CdO;等轴]

gendarme[法] 瑕疵;岩塔;岩柱

gender of names 名称的性别

gene[pl.-ra] 遗传因子;基因

genealogical classification 系统分类

→～ {phylogenetic} classification 系谱分类// ～ relationship 系谱关系// ～ tree 生物谱系树

genealogy 世系;系谱

general 综合的;一般的;全体的;全面的;普通{一般;普遍}的事物;普遍的;总的;笼统的;将军;概括;通用

→～ (purpose) 通用的// ～ {chief} accountant 总会计师// ～ accounting office 总会计室// ～ agency 总代理

General Agreements Trade and Tariffs 关贸总协定

general alarm circuit 总告警信号电路

→～ attack therapy 总攻排石疗法

general instrument rack 通用机柜

→～ investigation{survey} 普查

generalist 有多方面才能的人;多面手

→～ species 生物暂时种;广生生物种

generalization 普通化;综合;归纳;通则;一般化;概况

→～ on cost-volume-profit analysis 成本-数量-利润分析的法则化

generalized 归纳的;广义的

general land office 土地总署

→～ layout 总体设计;总配置图

general machine mining 一般机械化采煤法

general name for lights on a vehicle 车灯

→～ tailing sampler 总尾矿取样机

generating 产生的;(齿轮的)滚铣法;发电

→～ area 风波区;风浪区;发源区域;发生区// ～ chamber (乙炔发生器)电石筒

generation 世代;世;振荡;生育;产生;发生;代;一代;发展阶段;形成[线、面、体]

→～ after generation 世代// ～ of mineral 矿物世代

generator 母面;振荡器;原动线;发送器;母点;母线;传感器;生成元(素);沸腾器;发生器;发电机

→～ (-type) blasting machine 发电机式发爆器[多指直流]// ～ drive coupling 发电机传动联轴节// ～ gas ducts 发生炉煤气管路// ～ {power} set 发电机组

generatrix[pl.-ices] 母面;母线;(产生线、面、立体的)母点

→～ of tank 油罐外廓母线

generic 属的[生];类的;一般的

→～ biozone 属生带// ～ name 属名

generitype 属典型种;属型[生]

generous manure 优质肥料

→～ soil 沃土// ～ {rich} soil 肥沃土壤

genesis[pl.-ses] 起源;生因;来历;创始;发生;成因;生成

→～ of oil{petroleum} 石油成因// ～ of soils 土壤发生// ～ rocks 创世岩体

Genet(ta) 獴属[Q]

genetic affinity 遗传亲缘性

→～ {genetical} classification 成因分类// ～ condition 生成条件// ～ connection 血缘关系// ～ defect 原始缺陷// ～ event 遗传事件

geneticist 遗传学家

genetic model 成因模型{式}

→～ pan 自生盘层;异性土磐// ～ physiography 地貌成因学// ～ polymorphism 遗传多态性// ～ potential 生油潜力// ～ saltation 遗传跃变

geneveite 日内瓦石[(Cu,Zn)₉(AsO₄)₂(OH)₁₂•2H₂O]

genevite 铬符山石[Ca₁₀(Mg,Fe)₂(Al,Cr)₄(Si₂O₇)₂(SiO₄)₅(OH)₄];符山石[Ca₁₀Mg₂Al₄(SiO₄)₅,Ca 常被铈、锰、钠、钾、铀类质同象代替,镁也可被铁、锌、铜、铬、铍等代替,形成多个变种;Ca₁₀Mg₂Al₄(SiO₄)₅(Si₂O₇)₂(OH)₄;四方]

genicula 膝状弯曲[介]

geniculate 膝曲的[长身贝];膝曲的

Geniculatus 膝曲牙形石属[C₁]

geniculatus 膝弯的[长身贝];膝曲的

geniculum[pl.-la] 小膝;茎上的结或节;膝状弯曲[介];节片[古植]

geniculus 沟折[孢]

genital marking 卵巢痕

→～ markings 生殖腺痕// ～ opening 生殖孔// ～ pore 生殖孔[棘海胆]

genkinite 四方锑铂矿[(Pt,Pd)₄Sb₃;四方];锑钯铂矿

genlock 同步锁相

gen. nov. 新属

genobenthos 陆生生物

genocline 梯度种

genoholotype 属完模(型)

genolectotype 属选模(型)

genome 基因组

genotype 基因型;属型[生];属模标本;

遗传型

genthelvin 锌日光榴石 [Zn₄Be₃(SiO₄)₃S;等轴]

genthelvite 锌日光石;锌日光榴石[Zn₄Be₃(SiO₄)₃S;等轴];锌榴石[((Zn,Fe,Mn)₈Be₆Si₆O₂₄S₂]

genthite 暗镍蛇纹石[(Ni,Mg)₄•Si₃O₁₀•6H₂O];含水的镍镁硅酸盐混合物[成分近似镍纤蛇纹石];针铁矿[(α-)FeO(OH);Fe₂O₃•H₂O;斜方];硅镁石;镍水蛇纹石

gentianose 龙胆三糖

gentiobiose 龙胆二糖

gentle 舒缓[坡度小];温和的;软;平缓的

→～ slope 缓斜坡;缓倾斜;慢坡;漫坡// ～ slope{gradient; ascent; grade} 缓坡// ～ subsidence 缓慢下沉法

gently 和缓地;温柔地

→～ dipping{inclined;dip} 缓倾斜

gentnerite 根特纳矿;陨铜硫铬矿;硫铬铁铜矿

gentrification 贵族化

genuine 真正的;地道;真实的

→～ jewel 天然宝石// ～ shale 纯页岩// ～ signature 亲笔签名

genus[pl.genera] 亏格[数];类;属[生类]

→～ Lumbricaria 弯柱迹[遗石];卷绳迹// ～ novum 新属// ～-zone 属带

geo 长狭潮道;地质学的;海湾;狭长潮道;陡壁狭口

geo- 地球;大地

geoacoustics 地声学

geoalchemy 冶金术

geoarchaeological 地质考古(学)的

geobarometer 地(质)压(力)计

geobarometric 地质压力计的

geobarometry 地质压力测量学;地质测压学{术}

geo(-)basin 地盆[深厚水平沉积盆地];深厚水平沉积盆地

geobiochemistry 地球生化学

geobiology 地质生物学;地生物学

geobiont 地栖生物;陆地生物;土壤生物

geobios 地生物区;陆相生物

geobleme 地内潜爆发构造

geoblock 地断块;大地断块

geobomb 地质炸弹

geobotanical 地植物学的

→～ method 地植物法;地植法// ～ prospecting 地球植物探矿// ～ regionalization 地植物分区

geobotany 地植学;地植物学

geocarpic 地下结果[植]

geocarpy 地下结果性[植]

geocenter 地心;地球中心

geocentre 地球中心;地心

geocentricism 地球中心说

geocerellite 树脂酸[C₂₀H₃₀O₂;C₁₉H₂₉COOH]

geocer(a)in{geocerite} 硬蜡

geochemical affinity 地球化学亲合性{和力}

→～ prospecting method 地球化学找矿法// ～ rocksurvey {geochemical rock survey} 岩石测量

geochemistry 地球化学

→～ of individual element 各别元素地球化学

geochromatography 地质色层

geochron 地质年代;地时间隔

geochrone 地质时(标准单位)

geochronic 地质年代的;地史的

→~{historical;historic} geology 地史学
geochronologic 地史的;地质年代的
geochronologist 地质年代学家
geochronology 地质年代;地球纪年学
geochronometry 定年学;地质年代测定法{学}
geoclinal 地形差型的;地斜的
→~ valley 大向斜谷
geocline 地形差型;地斜;地理性演化系统[生]
geocol 高地隘口;宽低垭口
geocole 地栖的
geocorona 地华[地球大气最外层,主要含氢];地冠层
geocosmogony 地球演化学;大地成因学;地球起源学
geocosmology 地球起源与地史学
geocratic motion 造陆运动
→~ movement 地升运动//~ phase 大陆扩展期;造陆(时)期
geocronite 硫砷锑铅矿[$Pb_{14}(Sb,As)_6S_{23}$;单斜]
geocryptophytes 地下芽植物[休眠芽深在土层中的多年生植物]
geocushion 土工垫
geocycle 地质旋回
geodata 地质数据;(一种)地震记录转换装置
geode 晶簇;芋形晶洞;晶洞;芋石;空心石核;晶球;晶腺
geodepression 地洼;地洼;大地凹陷;大沉降带
geodepressional{diwa;geodepression} region 地洼区
→~ region 大沉降区
geodesical 大地线;测地学的;(最)短程线;测地线;测地的;大地的;大地测量学的
geodesic{geodetic(al)} coordinates 大地坐标
→~{geodetic} line 大地线//~{geodetic} satellite 测地卫星//~ survey{measurement} 大地测量
geodesy 测地学;大地测量
geodetical 测地的;大地测量学的;大地的;最短程线的
geodetic chain 大地测量控制锁
→~{geodesic} coordinate system 大地测量坐标系统//~ frameworks 测地控制系//~ position 大地位置//~ reference system 大地测量参考系统
geodetics 测地学
geodetic{mean} sea level 平均海面
→~ survey(ing){measurement;engineering} 大地测量//~ transgressions and regressions 大地海进海退//~ triangle 测地三角形
geodiferous 含晶洞的
geodome 地穹
geo-drain 排水板法
geodynamic event 地球动力事件
→~ (al) method 地球动力学法//~ pressure 地动压力
geoecology 地(质)生态学
geoeconomy 地质经济
geoelectrical basement 地电基底{盘}
→~ resistivity 地电阻率//~ work 地电勘探法
geoelectricity 地球电;地电

geoelectrics 地电学
geoevolution 地球演化
geoevolutionism 地质发展论
geoexploration 地质勘探
geofabric 土工布;土工织物
geofacies 地质相
geofact 地质制品[地质成因的似人工制品]
geofactor 地质因素
geofault 地质断层
geofissure 地裂缝
Geofix 捷奥菲克斯[炸药]
geoflex 爆炸索
geoflora 地植群
geofluid 岩石孔隙中的各种流体;地下{热}流体;地(球)流体
geofracture 地裂线;地裂缝;地缝合线;地断裂(带);断裂地貌
geog 地理
geogen 地质因子;地质因素
geogenesis 地球发生论;地球成因
geogeny 地原学;地球成因学;地因学
geoglyphic 地质印痕
geoglyphics 化石遗迹
geognost 地质学;岩石学
geognostical 地质学的
geognosy 地知学;记录[载]地质学;描述地质学;地球构造学
geogony 地原学;地球成因学;地因学
geogram 地克[$10^{20}g$];地层岩柱图
Geograph 地理学家;重锤法
geographer 地理学家
geographic(al) 地理学上的;地形环境
geographic(al) center 地理中心
→~(al) distribution 地理分布
geography 地志;地形;地势;地理
→~ of fuel industry 燃料工业地理学
geo-grid 土工格栅
geo-guide 岩土指南
geoheat 地热;地球热能
geohistory 地史学;地史
→~ analysis 地史分析
geohydrology 地下水学
geoid 地球形;地球体;像地体
geoidal horizon 大地水准面地平圈
→~ profile 大地水准剖面
geoid(al) height 大地水准面高
→~ surface 海平面
geoisochron 区域地幔等时线
geoisothermal{isogeothermal} surface 等地温面
geoline 石油;凡士林
geolipid 地质类脂(类)
geolock 推靠器
geologese 地质语言
geologian 地质学家
geologic(al) 地质的;地质学的
→~ abundance 双质丰度//~ age 地质年龄//~ age{time} 地质年代
geologic age 地质代
→~(al) agent 地质作用力;地质营力
geological agency 地质营力
→~ and mining instrument 地质矿山仪//~ and mining tool 矿山地质工具//~ diagnostics of rock grade 岩石完好度等级的地质鉴定//~ tenor of asbestos ore 石棉矿石地质品位
geologic analogical error 地质类比误差
→~ minerals products 地矿//~-minerologic factor 地质-矿物因素

geologist 地质学家;地震人员;工程师
geologize 调查地质;地质实践;地质化[进行地质研究,了解地质情况];研究地质
geolograph 机械录井仪
→~ chart 地质编录图
geology 地质学;地质的;地质[地壳的成分和结构]
→~ of ore deposits 矿床成因学
geolyte 光沸石;蒙脱石[$(Al,Mg)_2(Si_4O_{10})$ $(OH)_2 \cdot nH_2O;(Na,Ca)_{0.33}(Al,Mg)_2Si_4O_{10}(OH)_2 \cdot$ nH_2O;单斜]
geom 几何学
geomagmatic cycle 地岩浆轮回;岩浆轮回
→~ phenomena 大地岩浆现象
geomagnetic auroral zone 极光地磁带
geomagnetism 地球磁性;地磁学;地磁
geomagnetization 地磁化作用
geomalism 侧生性
geomat 土工垫
geomathematics 数学地质(学);地质数学;地磁学
geomatics 地球数学;测绘学
geomechanics 地质力学;地球力学;岩土力学
geomedicine 环境医学;地理医学;风土医学
geomembranes 土工膜
geometer 地形测量家;几何学家
geometric{ray} acoustics 射线声学
→~(al) arrangement of well 井位布置//~(al) association 空间联系
geometrician 地形测绘人员;地形测量家;几何学家
geometric identity 几何尺寸一致
geometrics 测地学;大地测量
geometric series 几何级数
→~(al) sounding 电磁几何测深//~ spreading 几何扩展{散}
geometry 几何学;几何
→~ number 几何数//~ of bushing position 拉丝工艺位置//~ of causative bodies 激发体的几何形态
Geo-monitor 大地震动监测仪
geomonocline 地单斜[边缘地槽单斜沉积,地槽边缘单斜沉积];地槽边缘单斜沉积;边缘(地槽)单斜
geomonomer 地质有机单体
geomorphic 地貌学的;地貌的;地形的;地球表面形态的
→~ (geology) 地貌学
geomorphogeny 地形成因学;地貌成因学
geomorphography 地貌描述学
geomorphologic(al) 地形(学)的;地貌学的
→~{relief} map 地貌图
geomorphologic principle 地貌原理
→~-seismic zonation 地貌地震分带性
geomorphologist 地貌学者
geomorphology 地形学;地貌学
geomorphy 地形学;地貌学;地貌
geomycin 泥霉素
geomyid 衣囊鼠
geomyricin{geomyricite} 针蜡
Geomys 东方囊鼠属[N_2-Q]
geomyvicite 针蜡
geon 地球物理场;吉纶[聚氯乙烯树脂]
geonavigation 地文航法
geo-navigation 地文航海
geonets 土工网
geonomist 地学家

G

geonomy 地(球)学
geooptimal 最佳地质{质}的
geop 等重力势面
geopetal 示顶底的[岩]；向地性
geophagous 食土的
Geophex 吉奥发克斯炸药[震勘]
geophex 杰`奥发{费}克斯炸药[震勘]
geophile 适土性；地栖的；喜土的
geophilosophy 地质哲学
geophilous 适土的；喜土的
geophone 地下听音器；受波器；地声仪；地音仪
→~ array{pattern;grouping} 检波器组合// ~ flyer 波检器小线// ~ line{cable} 大线// ~{source-receiver} offset 炮检距
geophoto 地质摄影
geophysical 地球物理学的
→~ activity statistics 物探活动统计数字// ~ analysis group 地球物理分析组// ~ field 地球物理场// ~ instrument 地球物理勘探仪// ~ jetting bit 钻地震井用的喷射钻头// ~ probing technique 地球物理探测技术// ~ prospecting method 地球物理找矿法// ~ prospection 地球物理勘探// ~ site investigation 现场物(理勘)探
geophysiography 地球学
geophyte 地下芽植物[休眠芽深在土层中的多年生植物]
geopiezometry 地压测定
geoplosics 地球爆发效应学
geopoetry 地质(史)诗
geopolar 地极的
geopolitics 地理政治论
geopotential 地势；地球重力位势；位势；重力位
→~ anomaly 重力位势异常// ~ height 地重力势高度// ~ surface 等重力势面；重力势面
geopressure 地压力；地压
geopressured basin 地(质)压(力)盆地
→~ energy well 地压能源井
geordie 采煤工
geo-reconnaissance 地质普查
georgbarsanovite 乔异性石[$Na_{12}(Mn,Sr,REE)_3Ca_6Fe_3^{2+}Zr_3NbSi_{25}O_{76}Cl_2\cdot H_2O$]
georgbokiite 乔格波基石[$Cu_5O_2(SeO_3)_2Cl_2$]
georgechaoite 乔ındchaoite赵石[$NaKZrSi_3O_9\cdot 2H_2O$]
georgeericksenite 水铬碘镁钙钠石[$Na_6CaMg(IO_3)_6(CrO_4)_2(H_2O)_{12}$]
georgeite 水羟碳铜石[$Cu_5(CO_3)_2(OH)_4\cdot 6H_2O$;非晶质]
georgiadesite 氯砷{砷氯}铅矿[$Pb_3(AsO_4)Cl_3$;斜方]；菱砷氯铅矿
Georgian epoch 乔治亚世[下寒武纪]
→~ series 佐治亚统[美洲;$\mathbb{C}_1$]
Georgi{Giorgi} units 乔吉制；MKS 制
georgzadesite 砷氯铅矿[$Pb_3(AsO_4)Cl_3$]
Geosaurs 地龙类
geosaurs 地蜥鳄类
Geosaurus 地龙属[J]
geoscience 地质学；地质科学；地(球)学；地球科学
geoselenic 地月系的
geosere 地质期演替系列；极顶群落系列
geosophy 地理知识学
geospace 地球轨道；地球空间
geospacer 土工垫
geosphere 地图圈；地球岩石圈；地圈；

陆界；地球圈；岩石圈
geostandard 地质标(准)样
geostatic 地静力(压)的；(耐)地压(的)
geostatics 刚体力学
geostationary{geosynchronous} orbit 对地同步轨道
geostatistics 统计地质(学)
geosteam 地热蒸气；天然蒸气
geostenogram 地理速录图；草测图
geostenography 草测；地理速测
geostrategy 地缘战略学；地理战略论
geostratigraphic scale 洲际地层表
→~ standards 全球地层标准
geostrome 洲际地层；全球地层；地层
geostrophic departure{deviation} 地转偏差
→~ force 地球偏转率// ~ wind law 地转风定律
geosurvey 大地测量
geosuture 地裂缝；地缝合线；地断裂(带)；地壳缝合；大地缝；断裂线
geosy(n)cline 地向斜
geosynchronous{geo-stationary} orbit 同步轨道
geosynclinal 地向斜；地槽的；地槽
→~ (prism) 地槽堆积柱；槽向斜
geosyncline 大向斜；地槽
→~ chain 地槽山脉{链}// ~-platform theory 地槽-地台说// ~-platform theory for metallogenesis 槽台成矿说
geosynclinic 地槽的
→~ sedimentation 地槽沉积(作用)
geotaxis 趋地性
geotechnical fabrics 土工布
→~ index property test 岩土特性指标试验// ~ investigation report 岩土工程勘察报告
geotechnically 地质工艺方面；岩土技术方面
geotechnical manual for slopes 斜坡岩土工程手册
→~ map 土工图// ~ specialist 岩土工程专家// ~ study report 岩土工程勘察报告
geotechnics 地质技术学；(岩)土力学；土壤力学；土工学
geotechnique 地质工学；岩土力学；土力学；土工学
geotechnology 地质工艺(学)；地下资源开发工程学
geotectocline 深拗带；厚地槽；地槽
geotectonics 大地构造
geotemperature 地下温度；地温；地热温度
Geoteuthis 地枪鲗属[J]
geotextile 土工织物
→~ filter 土工织物滤层
geotexture 地体结构；地表结构
geothermal 地热；地温；等地温线；等地温面；地热学的
→~ brine deposit 地热卤水矿床{盐沉积}；地热盐水矿床
geothermalpool 地热储
geothermal potential 地热潜力{能}
→~ power generation 地热发电
geothermals 地热活动；地热能
geothermal (power) station 地热电站
→~ surveying{observation;measurement} 地热测量// ~ turboset 地热汽轮机发电机组// ~ waste fluid 废地热流体

geothermic degree 地温增加率；地温梯度
→~ depth 增温深度// ~{geothermal} gradient 地热增温// ~ logging 地温测井
geothermics 地热学
geothermobar 地温压条件
geothermobarometer 地质温压计
geothermoelectric{geopower;geothermal} plant 地热电站
geothermograph 地热自记测温仪
geothermometer 地温计；地热测温仪；气象
geothermometry 地质温度测定法；地温学；地球温度的测量学
→~ temperature 地热温标温度
geothermy 地热；地热学
geotomography 地学层析成像技术
Geotrichum 地霉属[真菌;Q]
geotropic 向地心的
geotropism 向地性
geotumour 地瘤；地隆
geotype 地理型
geoundation 大地波动(运动)；造陆运动
geo-warfare 地质战争
geozoology 地动物学
gepherite 铁绿脱石[$(Fe,Al)_4(Si_4O_{10})(OH)_8$]
Gephuroceratidae 桥菊石科
Gephyrocapsa 桥颗石[钙超;N_2-Q]
geraesite (杂)磷钡铝石[$(Ba,Ca,Sr)Al_4(PO_4)_2(OH)_8\cdot H_2O$;$(BaOH)(Al(OH)_2)_3P_2O_7$;$BaAl_3(PO_4)_2(OH)_5\cdot H_2O$;三方、单斜、假三方]；钡磷铝石[$BaAl_3(PO_4)_2(OH)_5\cdot H_2O$;$(Ba,Ca,Sr)Al_4(PO_4)_2(OH)_8\cdot H_2O$]
Geragnostus 老球接子属[三叶;$\mathbb{C}_3$-O_3]
geraniol 牻牛儿醇[$(CH_3)_2C:CH(CH_2)_2C(CH_3):CHCH_2OH$]；香叶醇
geraniolene 牻牛儿烯
gerasimovskite 钛铌锰石[$(Mn,Ca)(Nb,Ti)_5O_{12}\cdot 9H_2O$;非晶质]；羟钛铌石；羟钛铌矿；水钛铌矿[$(Mn,Ca)_2(Nb,Ti)_5O_{12}\cdot 9H_2O$]
Gerbillus 小沙鼠属[N_2-Q]
gerdtremmelite 砷锌铝石[$(Zn,Fe)(Al,Fe)_2((AsO_4)|(OH)_5)$]
gerenite-(Y) 硅钙钇石[$(Ca,Na)_2(Y,REE)_3Si_6O_{18}\cdot 2H_2O$]
gerhard(t)ite 铜硝石[$Cu_2(NO_3)(OH)_3$;斜方]
germ 起源；胚原基；胚{萌}芽；微生物；幼芽[植]；细{病}菌
german 黑硝(火药)引线
germanate 锗酸盐
→~-analcime 锗方沸石// ~-celsian 锗钡长石// ~-leucite 锗白榴石// ~-natrolite 锗钠沸石// ~-nepheline 锗霞石// ~-pyromorphite 锗磷氯铅矿；磷锗铅矿
germander 石蚕
germanide 锗化物
germanite 锗石[Cu_3FeGeS_4;$Cu_3(Fe,Ge)S_4$]；硫锗铜矿[$Cu_3(Ge,Fe)(S,As)_4$;等轴]；亚锗酸杂盐[M_2GeO_2]
→~-(W) 钨锗石
germanium 锗
→~-albite 锗钠长石[$Na(GaGe_3O_8)$]// ~-anorthite 锗钙长石[$Ca(Ga_2Ge_2O_8)$]// ~ crystal{|concentrate} 锗结晶{|精矿}// ~ ores 锗矿// ~-orthoclase 锗正长石[$K(GaGe_3O_8)$]// ~-phenakite 锗铍石；锗硅铍石
German silver 德银；德国银；锌镍铜合金
→~ tubbing 德国式丘宾井壁// ~ type tub 德式丘宾筒// ~-type tubbing 德式

预制弧形块井壁

germarite 异剥辉石；紫苏辉石[(Mg,Fe^{2+})$_2$(Si$_2$O$_6$)]

germ crystal 芽晶
→~ denticles 胚齿 //~ exit 胚种出口 //~-free box 无菌箱

germicide{germifuge} 杀菌剂

germinal aperture 萌发口

germ nucleus 晶核中心
→~ of crystal(lizacton) 晶芽[晶核]

germplasm 种质

germpore 萌发孔；芽孔[孢]
→~ tube 芽管[孢]

gerollton 含砾泥岩[德]；似冰碛岩

gerontic 衰老期
→~ (stage) 老年期

gerontogeous 太古的

gerontology 老年医学

gerontomorphosis 成体进化

gerotor pump 常压油泵；摆线泵

Gerronostroma 柱层孔虫属[C$_1$]

Gerrothorax 异螈属[T$_3$]

gersbyite 磷镁铝石[MgAl$_2$(PO$_4$)$_2$(OH)•8H$_2$O；三斜]；天蓝石[MgAl$_2$(PO$_4$)$_2$(OH)$_2$；单斜]

gersdorffite 辉砷镍矿[NiAsS；等轴]；砷硫镍矿；镍白铁矿

gerstleyite 红硫锑砷钠矿[Na$_2$Al$_2$Sb$_8$S$_{17}$•6H$_2$O;Na$_2$(Sb,As)$_8$ S$_{13}$•2H$_2$O；单斜]

gerstmannite 硅锌镁锰石[(Mg,Mn)$_2$ZnSiO$_4$(OH)$_2$；斜方]

gerust 格架[德]

Gervillia 荚蛤属[双壳;T-K]；齿股蛤属[双壳;T$_3$]

geschenite 钠绿柱石

gesso 熟石膏粉；石膏粉[意]

get 回采；产量；一定时期内的矿山产量
→~ away shot 解脱点火 //~ caught 挂

getchellite 硫砷锑矿[AsSbS$_3$；单斜]

get cleared 弄干净

gettering{adsorptive} action 吸附作用
→~ action 吸气作用

getter-loader 采煤机

get the materials ready 备料
→~ things mixed up 串 //~ through 完工

getting coal pillar 回采矿{煤}柱
→~-in-the-top 平巷顶部 //~ out of order 发生故障 //~{winning} shift 采掘班

geversite 锑铂矿[PtSb$_2$；等轴]

gewlekhite 水硅铁钾矿[一种鳞片状的水云母]；鳞水云母

Geyerella 瑞克贝属[腕;P]

geyerite 硫砷铁矿[Fe(As,S)$_2$]

geyes 劣烛煤

geyser 热水器；喷泉；间歇喷井
→(erupting) ~{geyser (pipe)} 间歇(喷(发))泉 //~ basin 喷泉盆地区 //~ field 间歇泉田

geyserite 硅华[SiO$_2$•nH$_2$O]
→~ column 柱状硅华 //~{geyser} egg 间歇泉泉华蛋 //~-like sediment 类泉华沉积物；泉华状沉积物

geyserland 间歇泉区

geyser locality{flat;field;complex;basin} 间歇泉区
→~ plume 间歇喷泉汽水柱 //~ pool 间歇泉(热水)潭 //~ reservoir 间歇泉地

下水室

geysirite 硅华[SiO$_2$•nH$_2$O]

gezira 水体包围地区

gfn 砂粒细度值

gfw{G.F.W.} 克(化学)式量

Gg 地克[10^{20}g]

GGG 网格；钆镓石榴石

GGT 全球地学断面

Ghana 加纳

ghassoulite{ghaussoulith} 锂皂石 [Na$_{0.33}$(Mg,Li)$_3$Si$_4$O$_{10}$(F,OH)$_2$；单斜]；针蒙脱石[R$_{2x}^{1+}$Mg$_{3-x}$(Si$_4$O$_{10}$)(OH)$_2$,x=0.1,R^{1+}=½(Ca,Mg)]；富镁皂石

gher 甜水地

Ghibli 幻彩豆麻[石]

ghibli 吉勃利风

ghizite 蓝云沸玄岩；云沸橄玄岩；方沸云玄岩

ghol 印石首鱼

G{|H|O|P|R} horizon{layer} G{|H|O|P|R}层

ghost 幻影；反常同波；残影；蓝色焰晕；异物；影痕[岩石的]
→~ conodont 齿影牙形石

ghosting 虚反射

ghost member 缺失岩段；鬼岩段
→~-producing boundary 产生虚反射边界 //~ signal 超纹线干扰信号；重影信号；重像信号 //~{spurious} signal 虚假信号 //~ stratigraphy 残迹地层

GI 地质协会；注气[地层]

Giallo Anitco 古典金麻[石]
→~{Imperial} Califonia 加州金麻[石] //~ Damara 德玛拉金缎[石] //~ (Veneziano) Fiorito 金钻麻[石] //~ Napoleone 拿破仑金[石] //~ SF Peal 幻彩金麻[石] //~ S.F.Real 三藩市金[石] //~ Veneiiano 金麻[石] //~ Veneziano 黄金芭拉[石]；金彩麻[石]

gianellaite 氮汞矾[Hg$_4$(SO$_4$)N$_2$；等轴]

giannettite 氯硅锆钙石[Na$_3$Ca$_3$Mn(Zn,Fe)TiSi$_6$O$_{21}$Cl]

giant 巨型的[地质构造]；喷嘴；巨物；巨人；巨大的；冲矿机
→~ (star) 巨星 //~-bedded orebody 巨厚层矿体 //~ crystal 巨晶；粗晶；伟晶 //~ explosion 巨大爆炸 //~-grained 伟晶的；巨粒的

giantism 巨型演化趋势[生]

giant jet 气枪射流
→~ planet 巨行星 //~ polygon 巨多角块体 //~ powder 烈性炸药

giant's causeway 巨人路[具柱状节理的玄武岩表面]
→~ kettle{cauldron} 锅穴 //~ {giant;potash} kettle 瓯穴 //~ kettle 龙湫

giant stairway 巨梯道
→~ tender 水枪工

gib 扁栓；临时支护；起重杆；卡铁；采掘面临时支柱；支架；楔；截槽垫木；拉紧销；夹子；夹条
→~ arm 吊杆；斜撑 //~{spiral} arm 悬臂

gibber 三棱石；漠面砾石；风棱石；风刻石

Gibberella 赤霉属[真菌]

gibberish 无用数据{信息}；杂乱信号[无]

gibbon 长臂猿[Q]

gibbous 突起的；凸状的；凸圆的；凸出的
→~ phase 凸面 //~ phase{moon} 凸月

gibbs 熵单位；吉布斯[吸收单位]

Gibbs adsorption theorem 吉布斯吸附定理
→~ distribution 吉布斯分布 //~-Duhem relationship 吉布斯-杜亨关系 //~ function value 吉布斯函数值

gibbsite 水铝氧石；水铝矿；水榴石；氢氧铝石
→~ sheet 水铝石(型结构)层

gibbsitogelite{gib(b)site} γ 三羟铝石；三水铝石[Al(OH)$_3$；单斜]；三水菱铝矿

Gibbs liquid-drop model 吉布斯液滴模式[晶长]
→~-Markov model 吉布斯-马尔科夫模型 //~-Poynting equation 吉布斯-坡印亨方程式

gibschite 水榴石

gib{lock(ing)} screw 锁紧螺钉

gibsonite 纤杆沸石

giddy 晕；头晕；昏眩；晕乎；眩；轻佻；飘

gieseckite 绿霞石[镁和钾的铝硅酸盐,有时含 FeO]；绿假霞石
→~-porphyry 绿霞斑岩

giesenherrite 硅铁石[Fe$_2$Si$_2$O$_5$(OH)$_4$•5H$_2$O; Fe$_4^{3+}$(Si$_4$O$_{10}$)(OH)$_8$•10 H$_2$O]

giessenite 针辉铋铅矿[Pb$_{16}$Cu$_2$Bi$_{12}$Sb$_8$S$_{60}$?；斜方]

gigacycle{giga cycle} 千兆周[10^{9}周]
→~ per second 千兆赫

Gigantamynodon 巨两栖犀属[E$_{2-3}$]

gigantic breccia 巨角砾
→~ form 巨型 //~ veined structure 巨脉状构造

Gigantonoclea 单网羊齿(属)[古植;P]

Gigantopithecus 巨猿(属)[Q]
→~ blacki 步氏巨猿

Gigantopora 巨苔藓虫属[K-Q]

Gigantoproductus 大长身贝

Gigantopteris 大羽羊齿(属)

Gigantospermum 巨籽属[古植;C$_3$-P$_1$]

Gigantostrea 巨蛎属[双壳;E-Q]

gigascopic 特大型

gigayear 十亿年[10^{9}年]；千兆年

GIIP 天然气原始地质储量

gilalite 水硅铜石[Cu$_5$Si$_6$O$_{17}$•7H$_2$O；单斜]

gilbert 吉伯[磁通势单位]

Gilbert (reverse) epoch 吉尔伯特反向期[N$_2$]
→~ reversed polarity epoch 吉尔伯特反向磁极期 //~-type delta 吉尔伯特型三角洲

gilding 涂青铜粉；镀金；装金；金箔；镀金材料
→~ metal 镀金青铜

gilgai 黏土小洼地

giliabite 变蒙脱石

gill 上肢鳃叶[叶肢]；山涧；鳃；沟壑；峡流；峡谷；溪流；涧流；吉耳[液量,=1/4品脱]
→~ arch 鳃弧[鱼]

gillardite 氯羟镍铜石[(Cu$_{3.081}$Ni$_{0.903}$Co$_{0.012}$Fe$_{0.004}$)Cl$_2$(OH)$_6$]

gillebackite 硅灰石[CaSiO$_3$；三斜]

gillespite 硅铁钡矿[BaFe^{2+}Si$_4$O$_{10}$；四方]；硅钡铁矿

gillingite 水硅铁矿[三价铁的硅酸盐]；硅铁石 [Fe$_2$Si$_2$O$_5$(OH)$_4$•5H$_2$O;Fe$_4^{3+}$(Si$_4$O$_{10}$)(OH)$_8$•10H$_2$O]

gill pouch 鳃囊
→~ raker 耙 //~ slit 鳃裂[棘] //~

suspensory 悬鳃痕

gillyflower 麝香石竹

gilmarite 三斜光线石[$Cu_3(AsO_4)(OH)_3$]

gilpinite 铜铀矾 [$Cu(UO_2)_2(SO_4)_2(OH)_2•6H_2O$;三斜]

→~ (johannite) 铁铀铜矾[$(Cu,Fe)(UO_2)_2(SO_4)_2(OH)_2•6H_2O$]

gima 地壳内玄武岩层

gimbal 万向支架[钟];平衡环

→~ (suspension) 万向接头//~ bearing load 常平架轴承负载

gimballed base 平衡基座;常平基座

→~ sensor 万向传感器

gimbals 常平环;称平环[机]

gimbal-stand 常平台架

gimbal suspension 常平架悬挂

→~ table 常平台

gin 基尔[完成一次给定操作的时间];滑车;打桩机;绞盘[车]

ginger 淡赤黄色;姜黄色

→~ nut 砂姜;砂礓;姜石;礓石

ginging 砖石井壁;砌砖石井壁;砌井壁

gingko(-nut) 银杏

Ginglymostoma 护土鲨属[K-Q]

giniite 水磷铁石[$(Fe^{2+},Mg)_5(PO_4)_2•3H_2O$;斜方];水磷复铁石[$Fe^{2+}Fe_4^{3+}(PO_4)_4(OH)_2•2H_2O$;斜方]

ginilsite 硅铁镁钙石;硅铝铁钙石

Ginkgo 公孙树;银杏属[T_3-Q];银杏

Ginkgoaceae 银杏科

Ginkgoales 公孙树目[类];银杏目

Ginkgoidium 准银杏属[古植;T_3-K_1];类银杏

Ginkgoites 拟银杏;似银杏(属)[古植;T_2-N]

Ginkgophyllum 银杏叶属[古植;P]

Ginkgopsida 银杏目

ginorite 水硼钙石 [$Ca_2B_{14}O_{23}•8H_2O$;单斜];硼灰八水矿

gin pit 机械提升浅(矿)井;用辘轳或绞盘提升浅(矿)井

→~ pole (井架顶上)人字架;起重扒杆;拔杆;把杆;安装拔杆;储罐支柱//~-pole track 起重架卡车//~ race{ring} 斜坡辘轳提升机房

ginsburgite 高岭石族富铁黏土矿物;金司堡石[$(Al,Fe)_2O_3•2SiO_2•nH_2O$]

ginzbergite 高岭石族富铁黏土矿物;金兹堡石

g(h)inzburgite 金兹堡石

giobertite 菱镁矿[$MgCO_3$,三方;含碳酸铁]

giorgiosite 异水菱镁矿[$Mg_5(CO_3)_4(OH)_2•5H_2O$?];菱镁矿[$MgCO_3$;三方]

gipfelflur 山顶平齐面[德];丘顶面;接峰面

gips[德] 石膏[$CaSO_4•2H_2O$;单斜]

gipshut 石膏帽

gipsite 石膏[$CaSO_4•2H_2O$;单斜];三水铝石[$Al(OH)_3$;单斜];γ三羟铝石

gipsmantle 石膏盖层

gipsy 间歇河

Giraffa 长颈鹿属[Q]

giraffe 罐笼式矿车;长颈鹿;高空工作升降台[矿内用];多层斗;斜井用罐笼式矿车

girasol(e) 青蛋白石[$SiO_2•nH_2O$];蓝蛋白石

Girasole 举拉秀尔黄[石]

giraudite 砷-硒黝铜矿[$(Cu,Zn,Ag)_{12}(As,Sb)_4(Se,S)_{13}$];砷黝铜矿[$Cu_{12}As_4S_{12};(Cu,Fe)_{12}As_4S_{13}$;等轴]

gird 保安带;准备;护环[发电机转子的];缚;包围;缠上(绳子等);安全带;横梁;佩带;包带[木杆防腐用];围绕

girder 主梁;桁梁;桁架;梁体系;梁;析;梁脊

girding 束带

girdite 碲碲铅石[$PbTe^{4+}O_3$;三斜];复碲铅石[$Pb_3H_2(Te^{4+}O_3)Te^{6+}O_6$;单斜];斜碲铅石

girdle 环状物;环圈;薄砂岩层;薄煤层;薄砾石层;薄层砂岩;横沟;井筒或钻孔中的薄岩层;加工宝石周线[镶嵌用];腰棱[钻石的];赤道;肢带;壳环;围绕物;抱角//~ axis 岩组图的环带轴

girekenite 天青黑云岩

girmir 牙石

girnarite 绿钠闪石[$Ca_2Na(Mg,Fe)_4Al(Al_2Si_6O_{22})(OH,F)_2$];青钠闪石[$((Ca,Na,K)_3(Fe^{2+},Fe^{3+})_5((Si,Al)_8O_{22})(OH)_2$];青钙闪石

gironite 银金矿[(Au,Ag),含银25%~40%的自然金;等轴]

girth 横梁;圈梁;横撑;周围;围梁;纵横支撑;圈板[油罐]

→~ gear 大齿圈//~ of volcano 火山规模[大小]//~ welding 环周焊接;环形焊接;焊口焊缝

Girtycoelia 细控海绵属[C]

Girtyella 葛提贝属[腕;C]

Girtyoceratidae 格特菊石科

Girtyocoelia 粗海绵属[C-P]

Girvanagnostus 吉尔文球接子属[三叶;O_2]

Girvanella 葛万藻属[∈-K]

girvanella 藻饼

girvasite 吉尔瓦斯石[$NaCa_2Mg_3(PO_4)_2(PO_2(OH)_2)(CO_3)(OH)_2•4H_2O$]

GIS 地质成因(层)段

gisant 墓石卧像

giseckite 绿假霞石

Gismo 吉斯莫(万能)采掘机[钻眼、装载、运输]

gismondite{gismondine} 水钙沸石[$Ca(Al_2Si_2O_8)•4H_2O$;单斜];钙十字沸石[$((K_2,Na_2,Ca)(AlSi_3O_8)_2•6H_2O;(K,Na,Ca)_{1-2}(Si,Al)_8O_{16}•6H_2O$;单斜]

gite 矿床[法]

gitological 矿床学的

gitology 矿床学[法]

gittinsite 硅锆钙石[$CaZrSi_2O_7$;单斜]

giuf(f)ite 整柱石[$K_2Ca_4Be_4Al_2(Si_{24}O_{60})•H_2O$]

giulekhite 水硅质钾矿[一种鳞片状的水云母];鳞水云母;伊利石[$K_{0.75}(Al_{1.75}R)(Si_{3.5}Al_{0.5}O_{10})(OH)_2$(理想组成),式中R为二价金属阳离子,主要为$Mg^{2+}$、$Fe^{2+}$等]

giuseppettite 久硅铝钠石[$(Na_{5.0},K_{1.8},Ca_{1.0})(Al_{6.05},Si_{5.95})O_{24}(SO_4)_{1.8}Cl_{0.25}$]

give 产生;支架压缩;给出;引起;给予

→~ a farfetched{strained} interpretation 穿凿

given feature 已有特征

→~-off neutron 发射中子//~ particle 规定粒度//~ value 已知值//~{set} value 给定值

Givetian (stage) 吉维特(阶)[欧;D_2]

→~ age 吉维齐期

give unprincipled support (or protection) to 偏向

→~ up{away} 放弃//~ up 让与;中止;停止//~ way (under pressure) 塌陷

gizzard 内脏;胃;砂囊[鸟;动]

gja 长狭潮道;陡壁狭口

gjellebakite{gjellebekite} 硅灰石[$CaSiO_3$;三斜]

gjerdingenite-(Ca) 钙耶尔丁根石[$(K_{0.45}Na_{0.45}Sr_{0.41}Ca_{0.15}Ba_{0.08})_{\Sigma2.02}(Ca_{0.62}Mn_{0.14}Fe_{0.03}Zn_{0.01})_{\Sigma0.80}(Nb_{2.51}Ti_{1.52})_{\Sigma4.03}(Si_{7.97}Al_{0.03})_{\Sigma8}O_{24}(O_{2.86}(OH)_{1.14})_{\Sigma4}•5.67H_2O$];耶尔丁根石[$K_2((H_2O)(Fe,Mn))((Nb,Ti)_4(Si_4O_{12})(OH,O)_4)•4H_2O$];锰耶尔丁根石[$((K,Na)_2(Mn,Fe)((Nb,Ti)_4(Si_4O_{12})_2)(O,OH)_4)•6H_2O$];钠耶尔丁根石[$(K_{0.98}Na_{0.62}Ca_{0.37}Ba_{0.07})_{\Sigma2.04}(Na_{0.90}Ca_{0.04}Mn_{0.04}Zn_{0.02})_{\Sigma1.00}(Nb_{2.43}Ti_{1.49}Fe_{0.09}^{3+})_{\Sigma4.01}(Si_{7.95}Al_{0.05})_{\Sigma8}O_{24}((OH)_{2.09}O_{1.91})_{\Sigma4}•5.32H_2O$]

GL 地平面;坡度线;一览表

Gl{glucin(i)um} 铍[旧名]

G.L. 基准线;(抗拉试验的)计量长度

glabella 头鞍[三叶]

glabellar 眉间的

→~{basal} furrow 头鞍沟//~ lobe 头鞍侧叶//~ tubercle {node} 头鞍中疣[三叶]

glabrous 无毛的;光洁的

glacial 冰的;冰川的;极冷的

→~ ablation 冰川消融//~ acetic acid 冰醋酸//~ action 冰川作用//~ advance 冰川扩展

Glacial Anticyclone Theory 冰原反气旋学说

glacial anticyclone theory 冰川反气旋说

→~ boss 冰石坎//~ cirque 冰川冰斗//~-drift ore deposit 冰碛矿床//~ erosion{abrasion} 冰蚀//~ eustasy 冰川性海面升降

glacialism 冰川作用;冰川学说

glacialist 大陆冰川论者

glacialite 白蒙脱石[$R_{0.33}^{1+}(Al,Mg)_2(Si_4O_{10})(OH)_2•nH_2O$, $R^{1+}=Na^{1+}…$等]

glacialized 受冰川作用的

glacial lake-burst 冰川湖爆(崩)

→~-lake{glacio-lacustrine} deposit 冰湖沉积

glacially controlled subsidence theory of atoll 环礁(形成)冰川控制下沉说

→~ eroded trough 冰川刻蚀槽//~-induced 冰川诱发的//~ sculptured terrain 冰川刻蚀地区

glacial mammillation 冰盖削磨(作用)

→~{glacier} table 盖石冰桌//~ till 冰川漂石黏土

glaciated 受冰川作用的;冰蚀的;冰川覆盖的

→~ area 冰积地区;冰封地区

glaciation 结冰作用;冰蚀;冰介覆盖;冰河作用;冰川作用;冰川化;冰川覆盖

→~ limit 冰川推进高峰

glacic 冰川的

glacieluvial 冰崩积的

glaciere 冰川洞穴;冰窖[法]

glacier erosion 冰川刨蚀

glacieret 小冰川

glacier fall 冰瀑(布)

→~ (outburst) flood 冰融泛滥//~ grain 冰粒[冰]//~ iceberg (冰川)冰山

glacierist 冰川学家[者]

glacierized 冰川覆盖的;受冰川作用的

glacier line 巨域雪线

→~-margin stream 冰川边缘河//~ mice {mouse} 冰川苔石//~ recession 冰川消退;冰川后退//~ regime 冰川动态

glaciers-form-lines showing flow 表示冰川流向的等高线

glacier sheet 冰盖
→~-type mudstone 冰川型泥石流

glacification 冰川形成作用；冰川覆盖

glacifluvial 冰川洪积

glacigene 冰川成的；冰成的
→~ sediment 冰(川)成(因)沉积物

glacigenic 冰成的；冰川的

glacigenous 冰成的

glacioaqueous 冰水(成)的

glacio-eustatic change 冰川性海面升降变化
→~ theory 冰期海面升降说

glacio(-)eustatism 冰川海面升降

glacio-eustatism{-eustasy} 冰川性海面升降

glacio-fluvatile placer 冰河砂矿；冰川沉积砂矿

glaciofluvial activity 冰水作用

glacio(-)isostasy 冰川(引起的)地壳均衡状态

glacio(-)isostatic change 冰川(引起的)地壳均衡变化

glaciokarst 冰川岩溶

glacio-lacustrine feature{landform} 冰湖地形

glaciological society 冰川学会

glaciologist 冰川学家{者}

glaciology 冰河学；冰川学
→~ of the sea 海冰学

glaciomarine 冰海的

glacio-marine deposit 冰海堆积

glacionatant 冰川漂冰的

glacio-structure phenomena 冰川构造现象

glacis 斜岸；缓坡

glade 沼地；冰穴；林中草地；灰岩裸露面；湿地；冰湖

gladiate 剑状的

Gladigondolella 剑舟牙形石属[T]

gladiolus 胸骨体

Gladiostrophia 刀扭贝属[腕;S_3-D_1]

gladite 柱硫铋铅矿[$2PbS \cdot Cu_2S \cdot 5Bi_2S_3$;斜方]

gladiusite 箭石[$Fe_2^{3+}(Fe^{2+},Mg)_4(PO_4)(OH)_{11}(H_2O)$]

gladkaite 莫斜(闪)煌岩；英斜煌岩

glady 石灰岩露头薄土区；杂色黏土

glaebule 土状结核；团块[土壤中]

glagerite 埃洛石[优质埃洛石(多水高岭石),$Al_2O_3 \cdot 2SiO_2 \cdot 4H_2O$;二水埃洛石 $Al_2(Si_2O_5)(OH)_4 \cdot 1\sim 2H_2O$;$Al_2Si_2O_5(OH)_4$;单斜]；乳埃洛石[$Al_4(Si_4O_{10})(OH)_8 \cdot 4H_2O$]；叙永石

Glagolev-Chayes method 点法；格拉戈列夫-切伊斯法

glagolevite 富钠似绿泥石[$NaMg_6(Si_3AlO_{10})(OH,O)_8 \cdot H_2O$]

glair 肮；蛋白质黏液；蛋白；(蛋白制成的)黏合剂

glairine 格拉林[热泉盆中一种松软含油脂的沉淀物]

glamaigite 辉斑混染岩；淡基暗斑混成岩

glance (枪弹)打歪；辉矿类；硫化矿物；光泽；一闪；闪耀；硫化矿类；掠过
→~ {manganesian;mangan} blende 硫锰矿[MnS;等轴] // ~-blende 辉锰矿 // ~ {arsenical} cobalt 辉钴矿[CoAsS] // ~ copper 辉铜矿[Cu_2S;单斜]

glancespar{glance-spar} 硅线石[$Al_2(SiO_4)O$;$Al_2O_3(SiO_2)$]

glancing impact{blow} 偏斜冲击

gland 衬片；塞栓；密实；密封垫；填实；封套；压盖；腺
→~ (cover) 密封压盖

glands 腺毛

glandular cell 腺细胞
→~ spine 含腺小刺[植] // ~ tissue 腺组织

Glandulina 橡果虫属[孔虫;K_2-Q]

Glandulinoides 拟橡果虫属[孔虫;T_3]

gland water 水封

glannie 克兰涅型矿用火焰安全灯

Glan prism 格兰棱镜

glaposition 冰川沉积(作用)

glare 强(烈刺目的)光；闪光；光滑明亮的表面；怒目而视；耀光；眩光；闪耀；发强烈的光

glare constant 闪光常数

glarin 格拉林[热泉盆中一种松软含油脂的沉淀物]

glasbachite 黄硒铅石[$Pb(SeO_4)$;斜方?]

glascerite 铵钾矾[$(K,NH_4)_2SO_4$;斜方]

glaserite 钾芒硝[$K_3Na(SO_4)_2$;$(K,Na)_3(SO_4)_2$;六方]；钾钠芒硝

glass 镜片；观察窗；熔岩速凝体；镜子；显微镜；玻璃；玻璃制品；矿用罗盘[矿工语]
→~ art product 料器 // ~ blank for astronomic telescope 天文望远镜玻璃镜坯 // ~ block 镜片 // ~ ceramic tube 铸石管 // ~ encased charge 玻璃外壳射孔弹 // ~ envelope sealing machine 屏锥封接机

glass-eye 玻璃眼

glass fabric end connecting machine 玻璃布接头机

glasshouse 温室；玻璃工厂{场}

Glassia 葛拉斯贝属[腕;S-D]

glass-inclusion 玻璃包体

glass liner tubing 玻璃衬量油管
→~ lining 搪玻璃 // ~ mat 玻璃纤维薄毡 // ~(y) matrix 玻璃基质 // ~ paper 玻璃砂纸；(木)砂纸 // ~ {viscose} paper 玻璃纸 // ~ putty 宝石磨粉 // ~ raw material commodities 玻璃原料矿产 // ~(y) rock 玻璃岩 // ~ schorl(axinite) 斧石[族名;$Ca_2(Fe,Mn)Al_2(BO_3)(SiO_3)_4(OH)$] // ~-section mode 矿层玻璃剖面模型 // ~ temperature 玻璃化温度 // ~ tiff 方解石[$CaCO_3$] // ~ tissue 玻璃纤维纸 // ~ transition 玻变；玻璃化转变

glasstone 玻璃岩

glass transition 玻变
→~ wool 玻璃毛 // ~ wool insulation 玻璃棉保温 // ~ wool slab 玻璃棉板

glassy 玻璃状(的)；玻璃质的
→~ (material) 玻璃质 // ~ feldspar 透{玻璃}长石[$K(AlSi_3O_8)$;单斜]

glasurite 硅铝铁镁矿

glaubapatite 杂磷钙磷灰石

glauberite 钙芒硝[$Na_2Ca(SO_4)_2$;单斜]

glaucamphibole 蓝闪石类

glaucamphiboles 蓝角闪石类

glaucocerinite 锌铜矾[$(Cu,Zn)_{15}(SO_4)_4(OH)_{22} \cdot 6H_2O$;$(Cu,Zn,Ca)_5(SO_4)_2(OH)_6 \cdot 3H_2O$]；锌铜铝矾[$Zn_{13}Cu_7Al_8(SO_4)_2(OH)_{60} \cdot 4H_2O$;$(Zn,Cu)_{10}Al_4(SO_4)_3(OH)_{30} \cdot 2H_2O$]

glaucochroite 绿粒橄榄石[$(Mn,Ca)_2(SiO_4)$]

glaucodite 钴毒砂[含钴的毒砂,指毒砂中

5%～10%的 Fe 被 Co 所替换；Fe:Co=2:1；$(Fe,Co)AsS$]

glaucodote 钴硫砷铁矿[$(Co,Fe)AsS$]；硫砷钴矿[$(Co,Fe)AsS$;斜方]

glaucodotite 硫砷钴矿[$(Co,Fe)AsS$;斜方]

glaucokerinite 锌铜铝矾[$Zn_{13}Cu_7Al_8(SO_4)_2(OH)_{60} \cdot 4H_2O$;$(Zn,Cu)_{10}Al_4(SO_4)_3(OH)_{30} \cdot 2H_2O$]

Glaucolepis 绿鳞鱼属[T]

glaucolite 方 钠 石 [$Na_4(Al_3Si_3O_{12})Cl$; 等轴；海蓝柱石[Ma_5Me_5-Ma_2Me_8]；中柱石[Ma_5Me_5-Ma_2Me_8(Ma:钠柱石,Me:钙柱石)]

Glauconia 银锥螺属[腹;K]

glauconie{glauconite} 海绿石[$K_{1-x}((Fe^{3+},Al,Fe^{2+},Mg)_2(Al_{1-x}Si_{3+x}O_{10})(OH)_2) \cdot nH_2O$;$(K,Na)(Fe^{3+},Al,Mg)_2(Si,Al)_4O_{10}(OH)_2$;单斜]

glauconite chalk 海绿垩
→~ mud 海绿石泥

glauconitization 海绿石化；(沉积岩)富海绿石过程

Glauconomella 银羽苔藓虫属[O-D]

glaucopargasite 蓝韭闪石[$(Ca,Na)_{5/2}(Mg,Fe^{2+},Al)_5(Si,Al)_8O_{22})(OH)_2$]

glaucophan(it)e 蓝闪石[$Na_2(Mg,Fe^{2+})_3Al_2Si_8O_{22}(OH)_2$;单斜]

glaucophane mica schist 蓝闪云片岩
→~-schist facies 蓝闪石片岩相

glaucophanite 蓝闪岩

glaucopyrite 钴砷铁矿[$(Fe,Co)As_2$]

glaucosiderite 蓝 铁 矿 [$Fe_3^{2+}(PO_4)_2 \cdot 8H_2O$;单斜]

glaucosphaerite 镍孔雀石

glaucous 海绿色的

glaukamphihole 蓝闪石类

glaukodot 钴硫砷铁矿[$(Co,Fe)AsS$]；硫砷钴矿[$(Co,Fe)AsS$;斜方]

glaukokerinite 锌铜铝矾[$Zn_{13}Cu_7Al_8(SO_4)_2(OH)_{60} \cdot 4H_2O$;$(Zn,Cu)_{10}Al_4(SO_4)_3(OH)_{30} \cdot 2H_2O$]

glaukolith 海蓝柱石[Ma_5Me_5-Ma_2Me_8]；中柱石[Ma_5Me_5-Ma_2Me_8 (Ma:钠柱石,Me:钙柱石)]

Glaukolithus 格劳颗石[钙超;K]

glaukoni(t)e 海绿石[$K_{1-x}((Fe^{3+},Al,Fe^{2+},Mg)_2(Al_{1-x}Si_{3+x}O_{10})(OH)_2) \cdot nH_2O$;$(K,Na)(Fe^{3+},Al,Mg)_2(Si,Al)_4O_{10}(OH)_2$;单斜]

glaukopargasite 蓝韭闪石[$(Ca,Na)_{5/2}(Mg,Fe^{2+},Al)_5(Si,Al)_8O_{22})(OH)_2$]

glaukophan 蓝 闪 石 [$Na_2(Mg,Fe^{2+})_3Al_2Si_8O_{22}(OH)_2$;单斜]

glaukopyrite 钴砷铁矿[$(Fe,Co)As_2$]

glaukosiderite 蓝 铁 矿 [$Fe_3^{2+}(PO_4)_2 \cdot 8H_2O$;单斜]

glaukosphaerite 镍孔雀石

glaze 珐琅质[脊]；上釉；釉；釉料；雨凇

glazing 上釉；光泽；抛光；磨光；上光；施釉；釉料；釉化；烧结[酸性电炉护底]
→~ by spraying 喷油 // ~ of diamond 金刚石表面磨光 // ~ support system 上釉支撑装置 // ~-wheel 抛光轮

glazki 眼状石灰斑

glb 最大下界

glebe 含矿地带；成矿区

Gleditschia 皂荚属[植;E_3-Q]

Gleedon 格里顿阶[S]

glei 潜育；潜育土

Gleicheniaceae 里白科

Gleicheniidites 里白孢属[K_2]

Gleichenites 似里白属[古植;T_3-K]

Gleichenoides 拟里白属[古植;K_1]

gleisoil 潜育土

gleitbrett{slip;glide;shear} fold 滑褶皱

glen 深谷；平底河谷；幽谷[有水流的]；狭谷；峡谷

Glenarm 格伦纳姆(统)[美;AnЄ]；格莱纳姆

glendonite 钙芒硝(假象)方解石

Glen falls formation 格伦福尔斯组[北美;Є₁]

→~ flow law 格伦冰流律

glenmirite 正橄沸煌岩

glenmuirite 正沸绿岩；正橄沸煌岩

glenny 克兰涅型矿用火焰安全灯

Glenopteris 巨轴羊齿属[古植;P]

gleocarpous 被果的[植]

glessite 棕珀；圆树脂石；圆粒树脂石

gles(s)um 琥珀[$C_{20}H_{32}O$]

gletscherschlucht[德] 冰水峡谷

gley 潜育

→~ (soil) 潜育土

gleyed soil 潜育化土壤

gley formation process 潜育作用

→~ horizon 潜育层土壤//~{glie} horizon 潜水灰黏层

gleying 潜育作用

gley{ground-water} podzol 潜水灰壤

→~-podzol 潜育灰壤

gleysol 潜育土

gleyzation 潜育

glib 油嘴

glidder 山麓碎石；松动石头

glide 滑移作用；滑裂带；滑动；滑移；流动

→~ (reflection) plane 滑移面[矿物结晶]；像移面

gliding 滑移作用；滑移

glimmer 微光；发出微光

→~ {katzengold;katzensilber}[德] 云母[$KAl_2(AlSi_3O_{10})(OH)_2$]

glimmering luster 微光泽

glimmerite 云母岩

glimmerton 伊利石[$K_{0.75}(Al_{1.75}R)(Si_{3.5}Al_{0.5}O_{10})(OH)_2$(理想组成)，式中 R 为二价金属阳离子，主要为 Mg^{2+}、Fe^{2+}等]；云母土[德]

glimmer zeolite 白钙沸石[$4CaO\cdot6SiO_2\cdot5(H,Na,K)_2O$]；叶硅石；叶沸石；氟羟硅钙石

glinite 杂黏土矿物

glinkite 淡橄榄石；绿橄榄石[$(Mg,Fe)_2(SiO_4)$]

glint 回波起伏；闪耀；闪烁；闪光；高原陡缘；反射；发光；陡崖

→~ line 侵蚀崖线

Gliocladium 黏帚霉属[真菌]；胶霉属[Q]

Gliroid rodents 睡鼠类；啮齿类

Glis 睡鼠(属)[N-Q]

glissade 适滑斜坡；滑降[登山者沿冰雪覆盖的斜坡]；侧滑；下滑[沿斜坡]

glissette 推成曲线

glist(er) 闪光；闪烟；云母[$KAl_2(AlSi_3O_{10})(OH)_2$]

glistening luster 闪光泽；闪耀光泽

glitter 闪耀；闪光；光泽；岩屑堆；岩屑锥；闪斑

gloap 天然风洞；吹蚀穴

global 世界的；地球的；全球的；球形的；普通的；普遍的；总括的；综合的；总的

Global Atmospheric Research Program 全球大气研究计划

global average group velocity 全球平均瑞利波群速

→~ beam 全体波束//~ change 全世界性变化

Global Change Program 全球变化计划

global circulation model 全球环流模型

Global Geoscience Transect 全球地学断面

global horizontal sounding technique 全球水平(回声)测(深)技术

→~ hydrostatic state 全球流体静压状态

Global Ocean Floor Analysis and Research Project 全球洋底分析研究计划

global optimization 全局优化

→~ paracycle of relative change of sea level 海面相对变化的全球性亚周期//~ paracycle{|supercycle} of relative change of sea level 全球性海面相对变化准{|超}周期

Global Positioning System 地球定位系统

global relative change{|stillstand} of sea level 海面的全球性相对变化{|静止}

→~ relative rise of sea level 全球海面相对上升//~ semaphore 公用信号//~ tectonic network 全球构造网//~ variable 总变量；全程变量

Globar 碳化硅棒

globar 碳硅棒

globate 球形的

Globator 三束轮藻属[K₁]；球海胆属

globe 地球；罩；球；天体

→(celestial) ~ 天球仪；地球仪//~{spherical} bearing 球面轴承//~{ball} cock 球旋塞

Globe lining 格洛勃衬里[锥形槽沟衬里,有护板,磨机用]；格鲁勃衬里[磨机]

globe pliers 球钳

→~-roof 球形顶；球顶//~{ball} valve 球心阀

globiferous 球形的

Globigerina 抱球虫(属)[孔虫;J-Q]

globigerina 海底软泥

→~ facies 抱球虫相

Globigerina mud 球房虫泥

globigerina mud 抱球虫泥

→~ type 抱球虫型

Globigerinoides 拟抱球虫属[孔虫;K₂-Q]

globin 球蛋白；珠朊

Globivalvulina 球瓣虫属[孔虫;C-P]

globoid 球状体；球状的

→~ worm gear 曲面蜗轮；球面蜗轮

Globoquadrina 方球虫属[孔虫;E₂-N₂]

Globorilus 球管虫属[软舌螺;Є]

Globorotalia 圆幅虫属[孔虫]；球轮虫属[K₂-Q]

globose 球形的

globosite 红磷铁矿[$Fe_5(PO_4)_4(OH)_3\cdot10H_2O$]

globosity 球状；球形结构

globospha(e)rite 球锥晶团；团状集球锥晶

Globotruncana 球截虫属[孔虫;K]；截球虫属[有孔;K]

globular 球状的；球形的；球粒状(的)

→~ (shape) 球形//~ flow 珠状流动；球滴状流动

globularite 球状晶

globularity 球状；球形

globular mass 球团

→~ projection 全球投影；球状投影//~{orbicular;ball;spheroidal; balled-up; spheric(al)} structure 球状构造

globulation 成球作用

Globulina 小球虫属[孔虫;J-Q]

globulite 球雏晶

glochidiate 具钩毛的[植]；具倒刺毛的

glockerite 纤水绿矾[$Fe_4^{3+}(SO_4)(OH)_{10}\cdot H_2O$, 含有 $Fe_2O_3,SO_3,As_2O_5, H_2O$ 等]

Gloco 格罗古无烟燃料[焦炭砖]

glo-crack 紫外线探伤法

Gloeocapsa 黏球藻(属)[蓝藻;Z]；蓝绿藻

Gloeocapsomorpha 黏球形藻(属)[蓝藻;Z-J]

Gloeocapsomorphites 拟黏球藻属[Є]

Gloeocytis 黏囊藻属；黏胞藻属[Z]

Gloeorrh 黏液藻属[Z]

Gloeotrichia 顶孢藻属[蓝藻;Q]

Gloiosiphona 黏管藻属[红藻]

glomeroblast 聚(合)变晶

glomeroblastic 聚变晶(结构)

glomeroclastic 聚团粒状

glomerocryst 聚合晶体；聚晶

glomerocrystallinic 聚晶状(结构)

glomero(-)granular 聚粒状(结构)

glomerogranulitic 聚合微粒(结构)

glomerolepidoblastic 聚鳞片变晶(结构)

glomerop(orp)hyric 聚(合)斑状(结构)

glomeroplasmatic 聚束状(结构)

glomerule 絮团；毛球

Glomospira 球旋虫属[孔虫;S-Q]

Glomospirella 小球旋虫属[孔虫;C-Q]

glonoin 硝化甘油[$CH_2NO_2CHNO_2CH_2NO_3$; $C_3H_5(NO_3)_3$]；硝化甘油酒精溶液[1%]；三硝酸甘油酯

glonon 胶子

glorikite 绿橄榄石[$(Mg,Fe)_2(SiO_4)$]

glorious 光彩

gloryhole 火焰窥孔；充填材料入井漏斗

glory hole 露天矿下放溜井；火焰窥孔；充填材料入井漏斗

→~-hole 露天放矿漏斗//~-hole{millhole} mining (放矿)漏斗采矿(法)

gloss(y) 珐琅(质)；假象[一矿物具有另一矿物的外形]；加注释；加光泽；光泽

Glossacea 舌蛤超科[双壳]；同心蛤总科

glossary 术语汇编；词汇表

gloss coal 亮褐煤[高煤化程度的褐煤]

glossecol(l)ite{glossekollit} 黏埃洛石[$Al_4(S_4O_{10})(OH)_8\cdot4H_2O$]

Glossella 小舌贝属[腕;O₂]

Glosselytrodea 舌鞘目

Glossifungites 舌形菌迹[遗石]；舌菌迹

glossiness 光泽；研光度

→~ of glaze 釉的光泽度

glossmeter 光泽计

glossograptidae 舌笔石类

Glossograpturs{Glossograptus} 舌笔石(属)[O]

Glossomorphites 舌状虫属[介;O₂]

glossopetra 舌状石

glossopharyngei 舌咽神经

Glossophyllum 舌叶属[古植;T₃-K₁]

glossopterides 舌羊齿类[古植]

Glossopteris 舌羊齿(属) [C₃-T₁]

→~-Gangamopteris flora 舌羊齿-圆舌羊齿植物群

Glossotherium 舌懒兽属[N₂-Q]

Glossothyropsis 舌孔贝属[腕;P]

glossy 光滑的

→~{peacock} coal 光亮型煤；辉煤//~ print 有光纸相片

glottalite 菱沸石 [$Ca_2(Al_4Si_8O_{24})\cdot13H_2O$;

(Ca,Na)₂(Al₂Si₄O₁₂)•6H₂O;三方]

Glottimorpha 舌形藻属[Z]

glow 灼热；辉光；阴燃；发热；发光
→～ avalanche 火山灰流
→～ avalanche 白热灰流//～ cloud 发光云//～{hardening; quenching} furnace 淬火炉

glow switch 引燃开关
→～-switch starter 辉光点燃器

gloxinia 大岩桐

glucinite 羟磷钙铍石[CaBe(PO₄)(OH,F);CaBe₄(PO₄)₂(OH)₄•½H₂O];磷铁钙{钙铁}石[CaFe²⁺Fe³⁺(PO₄)₂(OH);斜方];磷铍钙石[CaBeFPO₄;Ca(BePO₄)(F,OH);单斜]

glucinium 铍

glucodote 钴硫砷铁矿[(Co,Fe)AsS]

glucolmin 葡萄糖酸钙

glucomannan 葡甘露聚糖

glucose 葡萄糖[C₅H₁₁O₅CHO]；右旋糖

glued 胶结
→～ joint 胶接

glug 格鲁格；格拉格[质量单位]

gluing 胶合
→～ rock 含铁黏土；铁胶黏土[在煤层上面]

gluon 胶子

glushinskite 草酸镁石[Mg(C₂O₄)•1~2H₂O]

glut 泛滥；支点；黏液；黏胶；供过于求；木楔；木垛支架后的填木；小石；销钉连接；井壁后(的)填木；填缝小砖

glutaconate 戊烯二酸；戊烯二酸盐{酯、根}

glutaconic acid 戊烯二酸
→～ anhydride 戊烯二(酸)酐

glutamic{glutaminic} acid 谷氨酸[COOHCHNH₂•(CH₂)₂COOH]

glutaraldehyde 戊二醛

glutaric acid 戊二酸[CH₂(CH₂COOH)₂]
→～ acid alky ester 戊二酸烷基酯

glutea 臀

glutenite{glutinite} 砂砾岩

glutinosity 黏(滞)性

glutton 狼獾属[Q]

glycerate 甘油酸盐

glyceride 甘油酯

glycerinate 甘油酸酯[CH₂OH•CHOH•COOR]；甘油盐；(用)甘油处理

glycerol{glycerin(e)} 甘油{丙三醇}[CH₂OH•CHOH•CH₂OH]
→～ trinitrate 硝化甘油[CH₂NO₃CHNO₃CH₂NO₃;C₃H₅(NO₃)₃]//～{glycerin} tristearate 甘油三硬脂酸酯

glyceryl 甘油基；丙三基
→～ ester 甘油酯

glycide{glycidol} 2,3-环氧丙醇-(1)；缩水甘油{甘油内醚}[C₂H₃O•CH₂OH]

glycine{glycocoll} 甘氨酸{乙氨酸;氨基醋酸}[NH₂CH₂COOH]

glycogen 糖原{元}

glycoside 配糖体；配醣；甙[糖苷的旧称]

Glycymeris 蚶蜊(属)[双壳;K-Q]；甘蜊蛤

glyd(e)rs 岩屑锥

glyoxal 乙二醛

glyoxaline 咪唑{1,3-二氮杂茂}[C₃H₄N₂];甘噁啉[CHNCH:CHNH]

glyoxime 乙二(醛二)肟[HON:CH•CH:NOH]

glyphic 雕刻的

Glyphocyphidae 雕曲海`胆{百合}科[棘]

glyph system 象形法
→～ system of illustrating variation 表示变异的象形法

Glyptagnostus 雕球接子属[三叶;Є₃]

glyptal 革利忒[甘酞树脂]；真空(黑)漆

Glyptoasmussia 雕饰阿斯姆叶肢介属[节;P₂]

Glyptocrinina 雕纹海百合亚目；雕海百合目[棘]

Glyptodon 雕齿兽属[Q]

glyptogenesis 地形雕塑作用；刻蚀发生；刻划生长

Glyptoglossa 雕舌贝属[腕;O₂]

Glyptograptus 雕笔石(属)[O-S₁]

Glyptoleda 雕绫蛤属[双壳;P]

glyptolith 风棱石；风刻石

Glyptopleura 雕肋虫属[介;C-P]

Glyptopleurina 小雕肋虫属[介;C₁]

Glyptops 镂龟属[J-K]

Glyptorthis 雕正形贝(属)[腕;O₂₋₃]

Glyptostracus 雕壳叶肢介属[节;K₂]

Glyptotrophia 雕凸贝属[腕;O₁]

GMAT 格林尼治天文平时

GMDSS 全球海上遇险安全系统

Gmelina 石梓属
→～ arborea 云南石梓

gmelinite 钠菱沸石[(Na₂,Ca)(Al₂Si₄O₁₂)•6H₂O(近似,含少量 K); 六方]
→～-(K) 钾菱沸石[(K,Na,Ca)₆(Al₇Si₁₇O₄₈)•22H₂O]

gmelinol 石梓醇

Gnamptognathus 曲颚牙形石属[D₃-T]

Gnathodella 小颚牙形石属[D-C₁]

Gnathodontidae 颚齿刺科

Gnathodus 颚齿牙形石属[C-P₁]

gnathostoma 颌口类[脊]；有颌类；颚口虫属

Gnathostomata 颌口类[脊]；有颌亚门；有颚类；颚口亚目

Gnathostomes 颌口类[脊]；有颌类；有颌下门

Gnathotitan 巨颌雷兽属[E₂]

gnd 接地；地线；地面

gneiss 片麻岩
→～-cored nappe 具片麻岩核部的推覆体

gneissification 片麻岩化

gneissose 片麻岩的

Gnetaceaepollenites 尼藤粉属[N₁]

Gnetales 葛尼木目{类}[古植]；买麻藤目；麻黄目

Gnetum 买麻藤(属)[E-Q]

gnocchi[sgl.gnoccho] 栗形(杏仁体)

gnomonic 表的；用表测时的
→～ chart 地心投影地图//～{central} projection 球心投影//～ projection 日晷投影；心射切面投影；极平投影

gnomonogram 心射极平投影图

goaf(ing) 矿内废石；废石子堆；无煤岩；采空区；老窿；老塘；矸石堆

goaf{gob} edge 冒顶区边界

goaf management 空区处理；空隙度
→～ road 采空区中的巷道//～{gob} side 采空区侧//～-side 靠老塘一边的；老塘侧//～{gob} stowing 废石充填

go against the current 逆流
→～-ahead signal 向前信号//～-ahead tone 先行音信号

goal 目的地；目的；目标；终点

goalpost 龙门架；复式悬臂液压支架[单位支架]；门柱

Goat 摩羯座{宫}

goat 山羊(属)[Q]；转辙机

goave 矸石堆；采空区；矿内废石；老塘

gob 矸石；采矿区；采空区；充填废石；杂石；矿内废石；充填料；废石；老塘；采区底板残留矿石

go backwards 倒退

gob{fall;subsidence;caved} area 塌落区
→～ area 老窿

gobbet 石块；岩块

gobbing(-up) 废石充填；充填；空隙度

gobbing of middleman 夹矸充填
→～ slate 厚夹石层；充填废石//～ underground 地下充填//～-up (rockfill) 废石充填

gobbinsite 戈硅钠铝石[Na₅(Ca,Mg,K)₂Al₆Si₁₀O₃₂•12H₂O]；戈四方钠沸石

gob entry 一边为石垛的平巷；采空区的维护巷道
→～ entry{heading} 石垛平巷

go-between 引线

gob feeder 滴料供料机
→～ fence 采空区充填料挡墙//～ floor 采空区落石支持垫板//～{plank} floor 木板假顶//～ heading 采空区石墙平巷

Gobi 沙漠；戈壁
→～ Altai 戈壁阿尔泰

Gobiatherium 戈壁恐角兽属[E₂]

Gobicyon 戈壁犬属[N₁]

Gobiesociformes 爬岩鲨目

Gobihyus 戈壁猪兽(属)[E₂]

Gobiolagus 戈壁兔属[E₂₋₃]

goblet of lava 熔岩泉；熔岩涌丘

gob loading chute 充填天井

go blooey 出毛病

gob pile{dump} 废石堆
→～-road system 巷道在采空区内的前进式长壁法；采空区巷道开采法//～ rock 采空区塌{冒}落岩石//～ room 空区

gob{waste;debris} shield 掩护梁
→～ stink (采空区)煤自燃(发生的)臭味；采空区火灾味//～ up 充填[采空区]//～ water 老塘水

go by a roundabout route 绕道

GOC 油气界面；油气接触(面)

Goddard Space Flight Center 哥达德航天中心

go dead 熄火；停止自喷[油气井]

Godel process 戈德尔水泥砂造型法

go-devil 拖木橇；撞棍；运石车；清管器[绰号]
→～ plane 重力运输斜道；自重滑行坡[美]

godlevskite 哥德列夫矿；斜方硫镍矿[(Ni,Fe)₇S₆;斜方]

godown 仓库；堆栈

go{come} down 下降
→～ down a hill{mountain} 下山//～ downhill 衰落

goe 海蚀龛；海蚀洞

goedkenite 羟磷铝锶石[(Sr,Ca)₂Al(PO₄)₂(OH);单斜]

Goeppertella 葛伯特蕨属[T₃]

goerg(e)yite 斜水钙钾矾[K₂Ca₅(SO₄)₆•H₂O;单斜]

goeschwitzite 伊利石[K₀.₇₅(Al₁.₇₅R)(Si₃.₅Al₀.₅O₁₀)(OH)₂(理想组成),式中 R 为二价金属阳离子,主要为 Mg²⁺、Fe²⁺等]

goethite 针铁矿[(α-)FeO(OH);Fe₂O₃•H₂O;

斜方]
→~ process 针铁矿法
γ-goethite 纤铁矿[FeO(OH);斜方]
GOFAR 全球洋底分析研究计划；海底地球物理分析与研究
gof(f)er 皱褶；压制波纹
goffan 露天矿的窄长工作区；露天矿倒堆场；捣堆场，长窄露天矿
goffen 长窄露天矿
goffer 压制波纹
goffin 露天矿的窄长工作区；露天矿倒堆场；捣堆场
→~-gauge 通过量规，过端量规
goggles 防尘眼镜；风镜
→(protective) ~ 护目眼；护目镜
Gogia 戈海百合(属)[棘;€$_2$]
going 进行中的；去；运转中；出发；现行的；流行的
→~ concern 继续经营 // ~ down{in} 下钻(入井) // ~ headway{road} 工作平巷，运输平巷 // ~ in a ring 环行 //[of boats] ~ upstream 上行
go in the hole 下入井内
→~ in the wrong direction 逆行 // ~ into hiding 藏匿 // ~ into operation 投产
goiter 甲状腺肿
goitre 大脖子病；甲状腺肿
gokaite 五筒{个}石[(Mg,Fe)$_2$(Si$_2$O$_6$)];斜紫苏辉石
gokumite 符山石[Ca$_{10}$Mg$_2$Al$_4$(SiO$_4$)$_5$,Ca 常被铈、锰、钠、钾、铀类质同象代替，镁也可被铁、锌、铜、铬、铍等代替,形成多个变种;Ca$_{10}$Mg$_2$Al$_4$(SiO$_4$)$_5$(Si$_2$O$_7$)$_2$(OH)$_4$;四方]
Golay cell 高莱室
→~ column 戈雷柱
gold 黄金；含金的；包金材料；金制的；金色的；自然金[Au;等轴]；金色；金的；金；镀金材料
goldamalgam{gold amalgam} 金汞齐[Au$_2$Hg]；金汞(齐)膏
→~ amalgamation 混汞提金
Goldanckii effect 哥尔丹斯基效应
goldargentid 金银矿[(Ag,Ar)]
gold-bearing conglomerate 含金砾石
→~ ore (含)金矿石 // ~ {gold} placer 砂金矿床
gold bearing sand 含金砂
→~ beater's-skin hygrometer 槌金皮湿度计 // ~ beryl 金绿宝石[BeAl$_2$O$_4$;BeO•Al$_2$O$_3$;斜方]
goldcuprid 金铜矿[Au 和 Cu 的天然固溶体,组成近似 AuCu$_3$]
gold cyanide compound 氰化金化合物
→~-deep-dredge 采金船深挖开采 // ~ digger 手工淘金者 // ~ dredging 砂金矿挖掘船开采
golddust 岩生庭荠
gold dust 砂金；金末；细粒金
golden 金制的；金黄色；金
→~ beryl 金绿柱石[Be$_3$(Al,Fe)$_2$(Si$_6$O$_{18}$)]
Golden Drogen 金龙麻[石]
golden filament yellow glaze 金丝黄
Golden Galaxy 酱色石
→~ Leaf 金叶麻[石]
golden locks 水龙骨
→~ paint 泥金
gold enriched{|loaded|sorbing} carbon 吸金炭

golden section 黄金分割
→~ star stone 金星石
goldentuft 岩生庭荠
golden yellow 金色
gold extraction 浸提金；金提取率；提取金
goldfield{gold field{diggings}} 金矿区
goldfieldite 碲黝铜矿[Cu$_{12}$Sb$_4$(S,Te)$_{13}$;Cu$_{12}$(Sb,As)$_4$(Te,S)$_{18}$;等轴]
gold finder 找金矿者；淘金工(人)
→~ fineness 黄金纯度 // ~ finger ring with opal stone 金月华石戒指 // ~ graphite chloride 金石墨氯化物
goldichite 绿钾铁矾[(Fe^{2+},Fe^{3+},Al 和碱金属的硫酸盐;K$_2$Fe$_5^{2+}$Fe$_4^{3+}$(SO$_4$)$_{12}$•18H$_2$O, 等轴;KFe(SO$_4$)$_2$•4H$_2$O]；柱钾铁矾[KFe^{3+}(SO$_4$)$_2$•4H$_2$O;单斜]
Goldich mineral phase rule 戈氏矿物相律
Goldich's stability series 哥尔迪奇稳定性系列
gold ingot 金砖
→~ leaching plant 金浸出车间{滤装置}
goldmanite 钙钒榴石[Ca$_3$(V,Al,Fe^{3+})$_2$(SiO$_4$)$_3$;等轴]
gold matrix{quartz} 含金乳石英
goldmining 砂金；采金
gold-mining district{area} 金矿区
→~ district 采金区
gold mud 金泥
→~ ore{mine} 金矿 // ~ pendant with opal stone 金月华石挂件 // ~ pendant with turquoise 金松石挂件 // ~ {bole} placer 砂金矿 // ~ placer 硅金矿床
goldquarryite 氟磷铜镉铝石[CuCd$_2$Al$_3$(PO$_4$)$_4$F$_2$(H$_2$O)$_{10}$(H$_2$O,F)$_2$]
gold quartz 金丝水晶
→~-quartz vein in greenstone belt 绿岩含金石英脉 // ~ ruby glass 金红(宝石)玻璃 // ~{|uranium} rush 蜂拥找金{铀}(矿)
"gold rush" approach 蜂拥而上法；"淘金热"法
gold sand 金砂
→~ {-}saving device 捕金装置 // ~ -saving table 选金摇床
Goldschmidt enrichment principle 戈尔德施密特富集原则
goldschmidtine 硫锑银矿[Ag$_3$SbS$_3$]；脆银矿[Ag$_5$SbS$_4$;斜方]
goldsch(i)midtite 针碲金矿[(Au,Ag)Te$_2$]；柱碲金银矿[Au$_2$AgTe$_6$]
Goldschmidt's classification of elements 戈尔德施密特元素分类
→~ mineralogical phase rule 戈(尔)德施密特矿物相律
goldschwefel 红锑矿[Sb$_2$S$_2$O;单斜]
gold scraps 金屑
goldstone 砂金石；星彩石[Al$_2$O$_3$]；星彩玻璃
gold stone 砂金石
→~ teller 针碲金矿[(Au,Ag)Te$_2$] // ~ {auriferous} vein 金矿脉 // ~ -workings 金矿采洗场
gole 水沟；流矿槽；溪谷
golyshevite 高理异性石[(Na,Ca)$_{10}$Ca$_9$(Fe^{3+},Fe^{2+})$_2$Zr$_3$NbSi$_{25}$O$_{72}$(CO$_3$)(OH)$_3$•H$_2$O]
Gomphoceras 楔角石
Gomphocythere 棒神介属[T-K]
gomphodonts 宽齿兽类
gompholite 钉头砾岩；泥砾岩
Gomphosphaeria 索球藻属[蓝藻]

Gomphotherium 嵌齿象(属)[N-Q]；楔兽
gon 哥恩[角度单位,等于直角的百分之一]
Gonambonites 膝脊贝属[腕;O$_{1-2}$]
gonane 甾烷
gonangium 生殖体
Gonatoparia 角颊类[三叶]
Gonatosorus 膝囊蕨属[古植;J$_1$-K$_1$]
gondite 石英锰榴岩；锰铝榴英岩
gondola 敞篷货车[铁路用]；平底船；圆球室；漏斗卡车[运输混凝土]；悬艇式小型零件搬运箱；吊舱[飞艇等]
Gondolella 舟牙形刺{石}属[C$_3$-T]
Gondolina 舟形贝属[腕;C$_1$]
Gondwana (land) 冈瓦那{纳}((古)大陆)
→~ coals 冈瓦纳型煤层
Gondwanaland 冈瓦那{纳}((古)大陆)
→~ craton 冈瓦纳克拉通
Gondwanidium 准冈瓦纳羊齿属[C$_3$]
gone off 偏向钻孔，钻眼偏斜
gong 锣；金；铃盅
→~ buoy 装锣浮标
Gongylina 圆凝块叠层石属[Z]
Gongylis 圆锥钙石[钙超;E$_{2-3}$]
Goniagnostus 棱球接子属[三叶;€$_2$]
goniale 棱骨
goniasmometer 量角器
goniaties 棱菊石属
Goniatites 棱菊石；棱角石类；棱菊石；棱角菊石属[C$_1$]
Goniatitida 棱菊石目
gonidium 生殖胞{鞘}；藻胞
Goniodontus 棱齿牙形石属[O$_2$]
goniograph 测角仪
Goniograptus 棱笔石属[O$_1$]
Goniolithon 角石藻属[C-Q]
Goniolithus 角形颗石[钙超;E$_{2-3}$]
goniometer 测向仪；测向器；测角仪；测角器；角度计
Goniomya 角海螂属[双壳;J-K]
Goniophora 角蛤属
Goniophoria 角房贝属[腕;€-P]
Goniophyllum 方锥珊瑚(属)[S$_{1-2}$]
Goniopora 角孔珊瑚属
Goniotelus 棱尾虫属[三叶;O$_2$]
Goniotrichum 角毛藻属[红藻;Q]
Gonium 盘藻属[绿藻;Q]
gonnardite 纤{变杆}沸石 [Na$_2$Ca(Al$_4$Si$_6$O$_{20}$)•7H$_2$O;斜方]
gonocyst 卵囊壁
gonoecium[pl.gonoecia] 卵囊
gonopore 生殖孔[棘林檎]
gonotheca 生殖胞{鞘}
gonozooecium 卵囊
gonozooid 生殖个体{虫}
gonsogolite 针钠钙石[Na(Ca$_{>0.5}$Mn$_{<0.5}$)$_2$(Si$_3$O$_8$(OH));Ca$_2$NaH(SiO$_3$)$_3$;NaCa$_2$Si$_3$O$_8$(OH);三斜]
Gonyaulax 旋沟藻属[J-Q]；膝沟藻(属)[J-Q]
gonyerite 富锰绿泥石[(Mn,Mg)$_6$(Si$_4$O$_{10}$)(OH)$_8$;(Mn,Mg)$_5$Fe^{3+}(Si$_3$Fe^{3+})O$_{10}$(OH)$_8$;斜方?]
Gonz{Gonzian} 贡兹阶
good 动产；适合的；商品；好的；好处；稳固的；充分的；有效的；可靠的；有益的
→~ area 好区[位错的未滑移区] // ~ bearing earth 坚土
gooderite 微霞钠长正长岩
good ground 稳定地层
→~ guide (找矿)准确标志

goodluck 卷柏状石松

good-luck 石松

goodness 品质因素；美德；优质
→~ of fit 拟合良度 // ~-of-fit test 拟合优度检验

good ordinary brand 四等纯锌
→~-quality sand 高质量砂 // ~ resolution 良好分辨率

goods 货物；金刚石[C;等轴]；制品
→~ in bad order 故障货物 // ~ line 货运路线 // ~ reexported 再出口货 // ~ shelf 货架 // ~ train{car;van;wagon} 货车

good till cancelled 未取消前仍有效

go off 爆炸；发火；停产[油井]
→~-off 起爆

googol(plex) 古戈尔(派勒斯)[=10^{100}]

goongarrite 杂硫铋铅矿；贡加矿；冈加矿；硫铋铅矿[$Pb_3Bi_2S_6$;斜方]；纤硫铋铅矿[$Pb_4Bi_2S_7$]

goose[pl.geese] 突然开大的油门；母鹅；雌鹅；鹅

gooseberry stone{garnet} 钙铝榴石[$Ca_3Al_2(SiO_4)_3$;等轴]
→~ stone 醋栗石

goosecreekite 古柱沸石[$CaAl_2Si_6O_{16}\cdot5H_2O$;单斜]

goose down ware 鹅绒石
→~-dung ore 鹅粪石[$Fe(AsO_4)\cdot2H_2O$,不纯];银钴臭葱石；杂臭葱石[$Fe(AsO_4)\cdot2H_2O$,但不纯] // ~{swan} neck 鹅颈管(构) // ~-neck jockey 鹅颈式抓叉[无极绳] // ~ silver ore 银钴臭葱石；鹅银矿

goosing 水枪冲采(法)；揭泥皮；冲刷砾石(水系)
→~ grass 清除(罐区周围的)杂草

[of a fire,light,etc.] go out 熄灭

gopher(ing) 开(拓)矿(山)；滥采；(北美)地鼠；浅孔钻进钻机；顺矿找矿；挖洞；掠夺式(性)开采

gopher (rig) 浅井小钻机
→~ ditcher 履带式挖沟机 // ~ drift 追(沿;不规则)脉探(矿)巷(道) // ~ hole 硐室；不规则(小)探井；(爆破)药室 // ~ hole blasting 药室{硐室}爆破

gopherman 露天手掘采矿工

gorceixite 钡磷{磷钡}铝石[$BaAl_3(PO_4)_2(OH)_5\cdot H_2O$;(Ba,Ca,Sr)$Al_4(PO_4)_3(OH)_8\cdot H_2O$;$(BaOH)(Al(OH)_2)_3P_2O_7$;单斜、假三方]

gordaite 针钠铁矾[$Na_3Fe^{3+}(SO_4)_2\cdot3H_2O$;三方];水氯硫钠锌石[$NaZn_4(SO_4)(OH)_6Cl\cdot6H_2O$];钠铁矾[$NaFe_3^{3+}(SO_4)_2(OH)_6$;三方]

Gordia 戈迪迹[遗石]；科迪亚

Gordius 铁线虫属[假体腔动物;E-Q]

gordonite 磷镁铝石[$MgAl_2(PO_4)_2(OH)_2\cdot8H_2O$;三斜]

gore 三角形地区{滞}；坐标带；经度带；球面三角区
→~-shaped belt 三角形带；三角地带

gorge 山峡；峡；谷；峡谷；狭谷；凹刻[建]

görgeyite 水钾钙矾[$K_2Ca_4(SO_4)_5\cdot H_2O$];斜水钙钾矾[$K_2Ca_5(SO_4)_6\cdot H_2O$;单斜]

gorgonacea 珊瑚目

Gorgonia 柳珊瑚(属)

Gorgonopsis 丽齿兽(次)亚目

Gorgosaurus 惧龙属[K]；蛇发女怪龙[K]

gorich 强劲干西北风[俾路支]

Gorillas 大猩猩属[Q]

gorlandite 砷铅矿[$Pb_5(AsO_4)_3Cl$]

gormanite 哥磷铁铝石[$Fe_3^{2+}Al_4(PO_4)_4(OH)_6\cdot$

$2H_2O$]

Gorstian 戈期特阶[S]

Gortanipora 哥太尼苔藓虫属[O]

gortdrumite 硫汞铜矿[$(Cu,Fe)_6Hg_2S_5$]

Gortler vortices 果特勒涡旋流

Gosau limestone 歌骚灰岩[K_2]

goschwitzit 伊利石[$K_{0.75}(Al_{1.75}R)(Si_{3.5}Al_{0.5}O_{10})(OH)_2$(理想组成),式中 R 为二价金属阳离子,主要为 Mg^{2+}、Fe^{2+}等]

go shares 平分；平等分担；均分

goshenite 透绿柱石[$Be_3Al_2(Si_6O_{18})$]；白柱石

goslarite 皓矾[$ZnSO_4\cdot7H_2O$;斜方]

go slick 运转灵活

gossan 铁帽[$Fe_2O_3\cdot nH_2O$]

gossan-type iron deposit 铁帽型铁矿床

gossany 铁帽的

Gosseletininae 戈斯列丁螺亚科[腹]

gosseletite 锰红柱石[$(Al,Fe,Mn)_2(SiO_4)O$;$(Mn^{3+},Al)AlSiO_5$;斜方]

Gossler process 移动炉法

go steadily downhill 滑坡

gote 河道；水道

Goteborg 哥德堡

goth(s) 冲击地压

Gothanipollis 高腾粉属[孢;K_2-E_3]

Gothantopteris 高腾羊齿属[C_3]

gothardite 硫砷铅矿[$Pb_2As_2S_5$;单斜]

Gothenburg 哥德堡

gothic pass 弧边菱形孔型

Gothic pitch 哥特{德}式屋面坡度[60°]

gothit{gothite} 针铁矿[$(\alpha\text{-})FeO(OH)$;$Fe_2O_3\cdot H_2O$;斜方]

Gothodus 戈索牙形石属[O_{1-2}]

Gothograptus 哥斯笔石属[S_3]

goths 煤的突出

Gotiglacial{Goti glacial age} 哥蒂{底}冰期[欧;15,000 年前]

Got(h)landian 哥特兰(系)[欧;S]

Gotlandian period 哥特兰纪；志留纪[439～409Ma,华北为陆地,华南为浅海,珊瑚、笔石发育,陆生裸蕨植物出现;S_{1-3}]

go to operation 实施；生效；开工
→~ to water 水淹

gottardiite 戈沸石[$Na_3Mg_3Ca_5Si_{117}Al_{19}O_{272}\cdot93H_2O$]

gotten 采完报废的巷道；采空的；采空报废的煤矿

gotthardtite 硫砷铅矿[单斜;$Pb_2As_2S_5$];罩斜硫砷铅矿

Gottini index 戈梯尼指数

gottlobite 羟砷钒钙镁石[$CaMg(VO_4,AsO_4)(OH)$]

götzenite 氟硅钙钛矿[$(Ca,Na)_3(Ti,Al)Si_2O_7(F,OH)_2$;三斜]

goudeyite 水砷羟钙铜矿；砷钇铝铜石；三水砷铝铜石[$(Al,Y)Cu_6(AsO_4)_3(OH)_6\cdot3H_2O$;六方]

goudron 沥青；焦油

gouffre 深潭(瀑布下的)；海湾；落水洞；陷坑；天然谷

gouge 凿缝；划痕；弧口凿；擦伤；圆槽沟槽；矿脉含金板岩；脉壁上的软物层；凿；凿出(的槽)；紧贴矿脉的含金板岩；圆凿；断层黏土；凿孔[用半圆凿]

gouger 采富留贫的采矿者

gouging 只采富矿；表面切割；不采边缘和贫矿；地沟冲洗砂矿；刮削；挖槽；滥采；冰掘作用；刨削；吃富矿

---

gougy ore 黏性矿
→~ {soft} ore 软矿

Gould plotter 戈得绘图仪

go under water 潜水

goup 最干旱区

go up a hill 上山
→~ up and down 升降

gouph 最干旱区

go uphill 上山

Goupillaudina 别针虫属[孔虫;K]

Goupillaud layer-earth model 古皮劳德层状地层模型
→~ medium 古皮劳德介质

gour 蘑菇石；喀斯特洞底池

goureite 短柱石[$Na_2TiSi_4O_{11}$;$Na_2(Ti,Fe^{3+})Si_4(O,F)_{11}$;四方]

Gourmya 谷氏螺属[腹;E-Q]

gout 痛风

gouverneurite 镁电气石[$(Na,Ca)(Mg,Al)_6(B_3Al_3Si_6(O,OH)_{30})$;三方]

Gouy-Chapman theory 古依-查普曼理论[解释磨蚀 pH]

Gouy double-layer model 古依双层模型
→~ layer 高伊扩散层；高欧漫散层

governing body 执行机关；执行机构
→~ mechanism 调节机构 // ~ parameter 控制参数 // ~ principle 指导原则；管理原则

government benchmark 国家水准点

governor 调节器；变阻器；统治者；控制装置；调速器；调流器
→~ motor 调速机(用)电动机 // ~{governing;regulating;damper;control;manoeuvring;variable} valve 调节阀 // ~{throttle;control;butterfly;choke;throttling;stop;restriction} valve 节流阀

Govett's idea 郭维特想法

govox apparatus 自动调节供氧量呼吸器

gow{sinking} caisson 凿井沉箱

gowerite 戈硼钙石[$CaB_6O_{10}\cdot5H_2O$;单斜];高硼钙石[$CaB_6O_{10}\cdot5H_2O$;$CaB_6O_9(OH)_2\cdot4H_2O$]

gowl 砸下；冒顶；落顶片帮
→~ (collapse) 片帮

gox 气态氧

goyazite 磷铝锶石{磷锶铝石}[$SrAl_3(PO_4)_2(OH)_5\cdot H_2O$;三方]；羟磷铝锶石[$(Sr,Ca)_2Al(PO_4)_2(OH)$;单斜]

goyle 狭谷；冲沟

goz[pl.-es] 长沙脊；沙丘状积砂[苏丹]
→~ soil 砂质土壤[苏丹]

gozzan 铁帽[$Fe_2O_3\cdot nH_2O$]

GP 等比级数；砾石充填；通用的；几何级数

gph 石墨[六方、三方]

GPS{global positioning system} 全[地]球定位系统

GP{Guinier-Preston} zone GP 区;纪尼叶-普雷斯顿区

gr. 等级；坡度；颗粒；罗[12 打]；克；粒；研磨；重力；品位

grab 抓住；抢占；抓泥器；抢先；咬合式底质采样器；采泥器；爪；抓取器；夹具；挖掘机；急速刹车；抓钩[打捞工具]
→~ (bucket) 抓斗 // (loading;bucket) ~ 抓岩机

grabability 爬坡能力

grabber 井架工

grabbing (用)抓斗装载；强制；硬刹

→~ excavator 抓岩机

grab bucket 抓岩机的抓斗
→~ bucket dredger 抓斗式挖泥船//~-camera 咬合取样器-照相机//~ dredger 蚌式采泥器

grabenward inclination 朝地堑倾斜;向地堑(侧)倾斜

graben wedge block 地堑楔状断块
→~-wide upward 地堑宽隆起

grabhook 抓钩;抓爪

grab jaw 抓铲
→~-(type) loader 抓岩机;抓斗

grabman 煤矿挖掘机司机

grab picking 粗拣(矸石);粗选
→~ pipe machine 抓管机

grabstein 琥珀[$C_{20}H_{32}O$];墓碑

grab tensile strength 抗抓拉强度
→~ tensile test 抓拉试验//~-type sampler 蚌式采泥器//~ unloader 抓斗式卸船机

grace 恩惠;乐意;装饰
→~ of payment 付款宽限//~ period 宽限期;优惠期

Gracilaria 江蓠属[红藻;Q]

gradated coating 过度涂层

grad(u)ation 定次序;分选;筛序;粒径{级};等级;均夷(作用);分级(作用);粒度;分粒(作用);渐变作用;渐变;级配

gradational boundary 分级界限
→~ multiple basin theory 多级盆地说[矿床]//~ stratification 渐变成层//~ {intermediate;transition} type 过渡型

gradation of image 图像色深淡程度{等级}
→~ period 均夷相;均夷期//~ unit 配料装置

grade 粒径;分类;变质级;倾斜率;倾斜度;等级;坡度;品质;品位;牌号;年级;哥恩[角度单位,等于直角的百分之一];煤的分等;分数;分等;均夷[高地被剥蚀掉的沙石等沉积于低洼地带,使起伏的地面变为平面];梯度;斜度;程度;度;级
→(balanced) ~ 均衡坡度//~ (scale;size) 粒级;粒度

gradeability 爬坡能力;拖曳力

graded 标有刻度的;带刻度的;选过的;分类的;分度的;有坡度的;有刻度的;阶梯式的;校准坡度的;分级的;分层的
→~ aggregate mixture 分级集料混合物

grade development 级进发展

graded filter 级配滤器{池}
→~ glacier 均衡冰川//~ gravel 筛选砾石;按尺寸分级的砾石;经筛选砾石//~ sediment 粒硅钙石[$Ca_5(Si_2O_7)(CO_3)_2$;$Ca_2SiO_4•CaCO_3$;单斜];分级沉淀;均粒沉积(物);级粒沉积

grade efficiency 分离率;选矿效率
→~ line (管道的)坡降线;(巷道)腰线//~ {slope} line 坡度线

graden 断层槽,断层地堑

grade name 矿种名称
→~ of mined ore 采矿品位;可采品位;原矿品位

grader 分类器;平土机;平路机;平道机;分级器;分级机
→(land) ~ 推土机;筛选机//~ and separator 分选机

grade reduction 坡度减小
→~ {gradient} resistance 坡道阻力//~

{field} rod 标尺//~ {level((l)ing)} rod 水准尺

grades 保密类别[文献];密级

grade scale 分级标准

gradient 递减率;倾斜度;倾斜的;坡道;道路的斜度;斜坡;步行的;斜度;斜率;梯度

gradienter{gradientor} 测斜仪;水准仪[测坡度]

gradient irrigation 沿坡沟灌
→~ meter 测斜仪

gradient ratio test 梯度比试验
→~ stop 测压力梯度停点//~ wind level 梯度风高度//~ within the switching area 道岔区坡

grading 定(管路的)坡降线;水准测量;刷帮;递变;筛选;粒度组成;粒径级配;整平;分选;均夷作用;均夷[高地被剥蚀掉的沙石等沉积于低洼地带,使起伏的地面变为平面];序粒性;分级;修坡;卧底;渐变;减小坡度;挑顶;级配
→~ abrasive wheels 砂轮分级//~ diamond 对金刚石分级

gradiometer 倾斜仪;倾斜计;测坡仪;坡度仪[地测];重力梯度仪;倾度计;梯度仪

gradual 舒缓[坡度小]
→~ extinction pattern 逐渐绝灭形式

gradualism 渐变论

gradualistic model 渐变模式
→~ speciation 直线渐进[生]

gradually generated hazard 渐发性灾害
→~ varied flow 渐变流

gradual modification{change} 渐变
→~ modification 逐渐改变//~ reduction{increment} period 逐渐递减{增}时期//~ rise and fall type burst 渐升渐降型爆发

graduated 分刻度的
→~ quartz compensaior 石英楔

graduating 刻度
→~ valve 递开阀

graduation 毕业;粒度组成;分等级;选分;加浓;分度
→~ (on a vessel or instrument) 刻度//~ of curve 曲线修匀//~ of data 数据修匀

graemite 水碲铜石[$CuTeO_3•H_2O$;斜方]

graeserite 砷铁钛矿[$Fe_4Ti_3AsO_{13}(OH)$]

grafite 石墨[六方、三方]

graftonite 磷钙铁锰矿[$(Fe,Mn,Ca)_7(PO_4)_4F_2$];钙磷铁锰矿[$(Fe^{2+},Mn^{2+},Ca)_3(PO_4)_2$];磷锰铁矿[$(Fe^{2+},Mn,Ca)_3(PO_4)_2$]

grahamite 硅{中}铁陨石;脆沥青[C、H、O化合物的混合物]

grail 砂石;砂;沙;卵石;石子;鹅卵石;砂砾;砾石

grain 石纹;纹理;谷物;颗粒;总方向;粒;易劈向(岩);筋络;装药;质地;粒状火药[发射药];谷[英美,=64.8mg]

grainded 粒形

grain diminution 微粒化
→~ (size) distribution 粒度分布

grained 粒状的;成粒的;有纹理的
→~ formation sand 粒状地层砂//~ stone facing 粗粒石面//~ {granulated} stone facing 米粒石面//~ stone lithography 摹描石印

grain flow bed 颗粒流岩层

graining plates 砂目平版[刷]
→~ sand 磨版砂

grain lineation 粒线(构造)
→~ of ore 矿石粒

grains 谷(粒)级煤[圆筛孔直径 1/4～1/8in.]

grainstone 颗粒灰岩;粒序层理;粒状灰岩;粒属灰岩;粒屑灰岩;粒子诱导

grain{particle}-support 颗粒支撑

grain surface ratio 粒面比
→~ tin 粗粒锡石[SnO_2]

graisse 脂肪[$C_{38}H_{78}$]

grait 砂;沙;卵石

graith 井下用工具

gram(me) 克[重量单位]

gramaccioliite-(Y) 铅钇铁钛矿[$(Pb,Sr)(Y,Mn)(Ti,Fe^{3+})_{18}Fe_2^{3+}O_{38}$]

gram atom{gram-atom} 克原子
→~ atomic weight 克原子(重)量

Grambastichara 格氏轮藻属[K_2-Q]

gram{small} calorie{gram(me)-calorie} 克卡
→~ centimeter{gram-centimetre} 克厘米//~-element specific activity 克元素比放射性

gramenite 绿脱石[$Na_{0.33}Fe_2^{3+}((Al,Si)_4O_{10})(OH)_2•nH_2O$;单斜]

graminicole{graminicolous} 禾本科上(寄)生的

Graminidites 禾本粉属[Q]

grammatite 透闪石[$Ca_2(Mg,Fe^{2+})_5Si_8O_{22}(OH)_2$;单斜]

Grammatodon 线齿蚶属[双壳;J-K]

Grammatophora 瓣条藻属[硅藻]

grammite 硅灰石[$CaSiO_3$;三斜]

grammitis 禾叶蕨属

gram(-)mol 克分子[现已规范用"摩尔"]

gram molecular volume{gram-molecular{molecular;molar;molal} volume} 摩尔体积
→~ molecular weight{gram-molecular{molar} weight} 摩尔量

Grammysia 绘纹蛤属[双壳;D]

gramnicolous 草栖的

Grampian 格兰扁区[苏格];格拉姆(组)[An€]

Gram-positive{|-negative} bacterium 革兰氏染色阳{|阴}性细菌

grampus 大铁钳

gram rad 克拉德
→~-roentgen 克伦琴

granada 石榴

granary 谷仓

granat 石榴石[$R_3^{2+}R_2^{3+}(SiO_4)_3$,$R^{2+}$=Mg,$Fe^{2+}$,$Mn^{2+}$,Ca; R^{3+}=Al,Fe^{3+},Cr,Mn^{3+}]

granatite 石榴石岩;十字石[$FeAl_4(SiO_4)O_2(OH)_2$;$(Fe,Mg,Zn)_2Al_9(Si,Al)O_{22}(OH)_2$;斜方;白榴石[$K(AlSi_2O_6)$;四方]

granatum 石榴皮

Grandaurispirna 大耳刺贝属[腕;P_1]

grand bank 大沙洲;大浅滩
→~ base level 大基准面

grandfather 早两代的数据装置;(外)祖父
→~ cycle 磁带原始周期//~ {primary} file 原始文件//~ tape 原始信息带;原始磁带

grandidierite 硅硼镁铝矿[$(Mg,Fe^{2+})Al_3(BO_4)(SiO_4)O$;斜方];复合矿

grandifoliate 大叶

Grandispirifer 巨石燕属[腕;C_1]

Grandispora 中体刺面孢属[C₁]

grandrufeite 氟铅矾[Pb₂SO₄F]

grand slam 大满贯测井(法)；全优综合测井法；王牌测井

Granexinis 粒面切壁属[孢子;C₂]

granide 花岗岩类岩石；花岗岩类

Granifer 颗粒藻属[Z]

graniform 粒状的

Granisporites 圆形疏粒孢属[C₂]

granite 花岗岩；花岗石
→~ building slab 花岗石建筑板//~ cloth{|paper} 花岗石纹呢{|纸}//~ coating 花岗石墙面//~ in block 花岗石荒料

granitello 细粒花岗岩

granite moss 岩黑醇
→~ set 花岗岩条石//~ slab flooring 花岗石板地面//~ type U-ore 花岗岩型铀矿

granitic finish 花岗石状人造石饰面
→~ finish{plaster} 假石抹面//~ microfeature 花岗岩状微地形(貌)//~ plaster 水刷石//~ pluton 花岗岩深成体//~ rock 花岗质岩石；花岗岩状岩石；花岗岩类

granitics 花岗质岩

granitic shell{crust} 花岗岩壳
→~ stucco coating 水刷石墙面

granitification 花岗岩化(作用)

granitiform 花岗状的

granitine 细晶岩；非花岗岩质结晶岩

granitization 花岗岩化(作用)
→~ theory of metallization 花岗岩化成矿说

granitizer 花岗岩化论者；变成论者

granitogene 花岗岩屑沉积物

granitoid 人造花岗岩面；花岗岩状；花岗岩类；似花岗(岩)状
→~ floor 仿花岗石地面

granitoidite 花岗状变质岩

graniton 辉长岩

granitophile 亲花岗岩的
→~{granitophite} element 亲花岗岩元素

granitophobe element 疏花岗岩元素

granitotrachytic 花岗粗面[结构]；含长[结构]

granny{growler;lazy} board 支撑管线的杠棒；小凳
→~ knot 死绳结//~ rag 拉拉布[抹管道下表面沥青涂层工具]

grano 花岗石

granoblastic 花岗变晶状；花岗变晶[结构]；粒状变晶[结构]
→~-polysutured texture 花岗变晶多缝合结构//~ texture 花岗变晶状结构

granoclastic 花岗碎裂(结构)

granodioritic basement 花岗闪长岩质基底
→~ rocks 花岗闪长质岩类

granodioritization 花岗闪长岩化作用

Granodiscus 粒面球藻属[E₃]

granodolerite 花岗粒玄(粗粒)岩

granofels 岗粒岩

granola 格兰诺拉燕麦卷[早餐营养食品]

granolite 花岗深变岩；麻粒岩；花岗状火成岩；粒状深变岩

granolith 人造铺地石；人造花岗岩；碎花岗岩混凝土铺面

granolithic concrete 仿石混凝土

→~ finish 假石抹面//~ layer 人造石铺面层

Granomarginata 粒面厚缘球藻属[ε]

granomerite 全晶粒岩；金晶质岩

gran(it)ophyre 文象斑岩；花斑岩

granophyric 花斑状
→~ intergrowth 文象斑状交生

granophyrite 微文象岩

Granoreticella 粒网球藻属[E₃]

grano(o)schistose 花岗片状；粒片状

Gran Perla 珍珠灰[石]

grans 谷物；浓缩白细胞悬液

grant 授予；承租；让与；假设；给予；准予(补助等)；开采权；同意；租让(采矿区)；许可；发给；容忍；假定；转让；承认

grantee 受让人；被授予者

granter{grantor} 授予者；让与人

Grantia 毛壶(属)

grantsite 水钒钠钙石[Ba₄Ca₄V₂ₓ⁴⁺V₁₂₋₂ₓ⁵⁺O₃₂·8H₂O;单斜]；格兰茨石

granula 颗粒；粒状结构

granular 颗粒状的；粒状的；粒状
→~{crystalline} chert 晶质燧石//~ concentrate 粒状精煤(矿)

granularity 粒度特性；粒性；颗粒性
→~ (size) 粒度

granular limestone 云石
→~ microcrystalline quartz 粒状微晶石英//~ phase transformation 粒子相位变化//~ quartz 石英岩；粒状石英//~ soil 颗粒土壤//~ structure 颗粒结构//~ type road 级配砂石道路

granulating 粒化过程；成粒过程；成粒(作用)
→~ hammer 麻面锤

Granulatisporites 三角粒面孢属[C₂]

granulator 制粒机；成粒器；碎石机

granul(at)e 颗粒；砂粒；砾石；粒砂；团粒；砂砾；细粒；粒状突起；细砾[2～4 mm]

granule conglomerate 细砾岩
→~ method 颗粒法//~ ripple 风蚀波痕//~ roundstone 细砾[2mm]

Granulichara 粒轮藻属[E₂-N₂]

granuliform 细粒状

granuline 粉蛋白石；鳞石英[SiO₂;单斜]

granulit(it)e 石{白}粒岩；砂粒岩[沉积]；变质岩；变质麻粒岩；粒变岩；沉积砂粒岩；颗粒岩[火成岩;沉积岩]；变粒岩[长石+石英＞98%,长石多于石英,黑云母、角闪石等极少]；麻粒岩[变质]

granulitic 麻粒岩的；碎粒[构造]；间粒[构造]；他形粒状[结构]
→~ structure 粒变构造

granulitization 麻粒岩化；粒化；粒变岩化

granulity 粒度

granuloma fissuratum 裂隙性肉芽肿

granulometer 粒度计

granulometric 粒度测定的；(测)粒度的；(沙粒等的)颗粒测定的
→~{size;grading;grainsize} analysis 粒径分析//~{granule} composition 粒度成分//~ principle 颗分原理

granulophyre 微花斑岩

granulo-reticulate 细网纹

granulose 淀粉糖；颗粒状的；粒面的
→~ structure 麻粒构造//~ wall 粒状壁

granulous 粒状的

granulum 颗粒

granulyte 变粒岩[长石+石英＞98%,长石多于石英,黑云母、角闪石等极少]；麻粒岩

granzerite 透长石[K(AlSi₃O₈);单斜]

grao 潮道

grape 葡萄；深紫色
→~ cluster 葡粒串//~-shot 大金属粒；大钻粒

grapestone 葡粒石[2CaO·Al₂O₃·3SiO₂·H₂O;H₂Ca₂Al₂(SiO₄)₃;斜方]；葡粒石

grape sugar 葡萄糖[C₅H₁₁O₅CHO]

grapevine{trellis} drainage 网式排泄
→~ drainage ((stream-)pattern)葡萄藤状水系//~ stream-pattern {drainage} 格状水系

graph 图解；曲线图；网络；图形；图像表示；图表；图
→~ follower 读图器

graphic 图示的；图解的
→~ documentation 矿图//~ ore{gold;tellurium} 针碲金矿[(Au,Ag)Te₂]

graphics 绘图；制图法；图形学；图解法；图样；图像；图案
→~ display 图解显示；图表显示

graphic{graphical;map} symbol 图例
→~ tablet 图像输入板//~ telluvium 针碲金矿[(Au,Ag)Te₂]

graphine 石墨烯

graphiocome 笔六星骨针

Graphiodactylus 全指介属

graphiohexaster 笔六星骨针

graphiphyre 文象斑岩

graphite 黑铅；石墨[六方、三方]；方晶石墨[C;碳的其立方体变体]
→~ aggregate 退火石墨//~-arc welding 石墨极电弧焊//~ bar electric furnace 石墨棒电炉//~-base composite material 石墨基合成材料//~-base wire rope grease 石墨钢丝绳润滑脂//~-bearing lubricant 石墨轴承润滑剂//~-boron carbide thermocouple 石墨-碳化硼热电偶//~ carbon for batteries 电池碳素石墨//~-ceramic fibre reinforced phenolic resin 石墨陶瓷纤维增强酚醛树脂//~ chloride iodide 石墨碘氯化物//~ chlorosulfate 石墨氯化硫酸盐//~ corrosion 石墨罩腐蚀//~-diamond equilibrium line 石墨金刚石相平衡线

graphited metal 加石墨金属
→~ oilless bearing 石墨润滑无油轴承

graphite electrode slab 石墨电极块
→~ emulsion 石墨乳//~ epoxy composites 石墨环氧复合材料//~ fibre coupling agent 石墨纤维耦合剂//~ fibre-epoxy composite 石墨纤维-环氧树脂凝合材料//~{crystalline} flake 片状石墨[钢]//~ flake{leaf;cake} 石墨片[冶]

graphite granule 粒状石墨
→~ {-}grog crucible 石墨熟料坩埚//~-halogen lamellar compound 石墨卤素层间化合物//~ iron chloride 石墨铁氯化物//~ ladle 石墨注勺//~ low energy experimental pile 低功率石墨实验性反应堆；低功率石墨实验性原子反应堆//~-metal adduct{graphite-metal lamellar compound} 石墨金属层间化合物//~ mixture 石墨混合物//~ {-}moderated reactor 石墨减速反应堆//~-moderated reactor 石墨慢化堆//~ molybdenum

G

{|nickel} chloride 石墨钼{|镍}氯化物//~(d) oil 石墨(润滑)油//~ oxide 石墨氧化物//~ paint{blacking} 石墨涂料//~ paste for caulking slits 高纯高强高密石墨//~ pattern in cast iron 铸铁中的石墨形状//~ pneumoconiosis 石墨尘肺//~ pot{cup;crucible}石墨坩埚//~ powder{dust; flour} [核]石墨粉//~ reactor 石墨反应堆[炉][核]//~ recovery plant 石墨回收设施//~-reinforced aluminium composite 石墨增强铝复合材料//~ resistance immersion heater 浸入式石墨电阻加热器//~ resistor radiation furnace 石墨电阻辐射加热炉//~ rod melting furnace 石墨棒电阻熔炼炉//~ rosette 菊花状石墨//~-schist 石墨片岩[主要成分为石英、斜长石、石墨,还有辉石、角闪石等]//~ scrap 废石//~ sediment induction furnace 石墨沉积感应炉//~ sleeve 石墨套管//~ spheroidizing test 石墨球化试验//~ structure 石墨型结构//~ susceptor 石墨承热器

Graphite system 石墨系

graphite to silicon-carbide couple 石墨-碳化硅温差电偶

→~ tungsten chloride 石墨钨氯化物//~-uranium pile 石墨铀堆//~-uranium pile{|mixture} 石墨铀`堆{混合物}//~-uranium reactor 铀石墨反应堆//~ water 石墨淘洗水；洗涤石墨

graphitic 石墨的

→~ canvas laminate 石墨帆布板//~ carbon 石墨型碳//~ marble 石墨大理岩[主要成分为方解石、白云岩、石墨和少量石英]//~ nitralloy 石墨体氮化钢//~{graphite;plumbaginous} schist 石墨片岩[主要成分为石英、斜长石、石墨,还有辉石、角闪石等]//~ steel 石墨体钢

graphitiferous 含石墨的；石墨的[含]

graphitise (把……)变为石墨；石墨化；(给……)充石墨

graphitite 石墨岩；隐晶石墨；不纯石墨

graphitizable{graphitic} steel 石墨化钢

graphitization 石墨化；形成石墨

graphitize 石墨化；(把……)变为石墨；(给……)充石墨；将石墨涂在物体的表面

graphitized{graphitizing} carbon 石墨化碳

→~ electrode 石墨敷面电极

graphitizing 石墨化[冶]

→~ element 促石墨化元素//~ furnace 石墨化炉

graphitoid 石墨[六方、三方]；次石墨；隐晶石墨；陨石墨；不纯石墨；似石墨的

graphoglypt 刻痕[遗石]

grapholite{graphocite} 石墨片岩[主要成分为石英、斜长石、石墨,还有辉石、角闪石等]

graphophyre 花斑岩；粗文象斑岩

graphosis 石墨尘病

graph paper 毫米纸

→~ {scale;square(d);section;Cartesian;coordinate;plotting;quadrille} paper 方格纸//~(ical) plotter 制图仪器；绘图仪

Graphram 格拉弗拉姆(石墨-铝)混合料

Graphularia 笔形海鳃属[珊；E₂]

grapnel 捞锚；脚扣；探锚

→~ (anchor) 四爪锚

grapplers 脚扣[攀电杆用]

---

grappling 锚定；(海底线的)探线

→~ hook 抓升钩//~ iron 打捞工具//~ tool 抓捞工具

Graptocamara 笔腔笔石属[O₁]

graptolite 笔石[古无脊]

→~ shale facies 笔石页岩相

Graptolith(o)idea{Graptolithina} 笔石纲

Graptolithoidea 飞笔石目

graptolitic 笔石的

Graptoloidea 正笔石目{类}

Graptozoa 笔石纲；笔石动物

grass 矿井地面；草；茅草干扰；噪音细条；矿山地面

→~ (crop) 露头；草地//~-bog peat 草沼泥炭//{-}colored garnet 草色榴石[Ca₃Al₂(SiO₄)₃]

grassed earthen embankment 植草土堤

→~ slope 草皮护坡

grasshopper 转送装置；辅送设备

→~ approach to exploration 蚱蜢式勘探找矿法

grassland 草地；牧地

→(temperate) ~ 草原

grass minimum temperature 最低草温

→~ moor 沼泽[酸沼]草原//~ opal 草蛋白石[一种草成的蛋白植物岩]//~ origin theory 水草成因说//~ quartz 草水晶[SiO₂]；草石英

grassroots 浅油砂层

grass roots{rooming} 地表

→~ roots 地面[矿语]

grastite 蠕绿泥石[Mg₃(Mg,Fe²⁺,Al)₃((Si,Al)₄O₁₀(OH)₈];斜绿泥石[(Mg,Fe²⁺)₄Al₂(Si,Al)₄O₁₀)(OH)₈(近似);(Mg,Fe²⁺)₅Al(Si₃Al)O₁₀(OH)₈;单斜;(Mg,Fe²⁺,Al)₆((Si,Al)₄O₁₀)(OH)₈]

grat 小刃岭

grate 炉条；环形固定装药机构；炉排；固定筛；挡药板；格栅；摩擦；擦碎；炉(格)；喷油栅架

→~-kiln pelletizing furnace 算条式球团矿焙烧炉

Grateloupia 蜈蚣藻属[红藻]

grate opening 格筛孔

→~ plate 格子板//~ preheater 炉算子加热机//~ rod mill 格子排矿式棒磨机//~-type wet mill 格子排矿湿式磨机

grathe 修整[煤]

graticule 标线；十字片线(测量)[测量仪望远镜中]；十字线；十字片；网格；网目；格子量板；制图格网；分度镜；方格图；经纬网；量板

→~ mesh 格网

grating 点阵；光栅；算条；格子；格栅；晶格；筛条；炉排

graton 块熔岩

gratonite 细硫砷铅矿[Pb₉As₄S₁₅;三方];格拉顿矿

grattarolaite 格磷铁石[Fe₃³⁺PO₇]

grattoir 刮板；刮刀[法]

grau 潮道

graulichite-(Ce) 羟砷铈铁石[CeFe₃(AsO₄)₂(OH)₆]

graulite 铁毛矾石[Al₂(SO₄)₃·18H₂O]

grauwacke{graywacke}[德] 灰瓦克(岩)；灰瓦克；杂砂岩{石}；硬砂岩

grav. 砾石

grave 砂砾；砾石；穴；坟墓

→~ accident 重大事故

graved{gravel} pump mining 砂泵开采

---

gravel 砾；沙石；砂礓；砂；沙；石子；膀胱结石；尿砂；沙砾；碎石子

→~ (fillet;cobble) 卵石//~ (stone; pebble) 砾石//~-aggregated concrete 砾石骨料混凝土//~ bank 砾滩；砾石堆坝//~ {shingle} bank 砾石岸//~ bar 砾石滩//~ batch 一次配制的砾石用量//~ bearing fluid 含砾石液体//~ bridging 砾石形成砂桥//~ buildup 砾石堆积//~ compaction volumetric efficiency 砾石充填体积(压实)效率//~ containment 砾石储器//~ core fascine 石心梢捆[护堤用]//~-core fascine roll 石心埽枕{|梢龙}//~-covered terrace 砾石覆盖的阶地//~ deposit 砾积矿床；砂矿床//~ fillet 砾石堆//~ filter 砾石过滤器{池}//~ fine 砾石中的细砂//~ flow packed liner completion 循环砾石充填衬管完井//~ fluid mixture 砾石与液体的混合物//~ foundation 砾石碾压基础//~ laden fluid 携带砾石的液体//~ level 砾石顶面位置//~ lube line 砾石润滑管线

gravelly{gravel} ground 砾石土壤

→~ mud 沙砾泥；砾质泥//~ soil 碎石土//~ soil{ground} 砾质土

gravelmine 砂金矿

gravel{placer} mine 砂金矿井

→~ mulch 砾石盖层//~ pack clutch joint 砾石充填离合短节[丢手接头]//~-packed liner 砾石衬管//~ packed perforation tunnel 填满砾石的射孔孔道//~ packed sand control liner (砾石)预充填的防砂衬管//~-packed well 砾石壁井//~-pack gravel 砾石充填用的砾石//~ packing completion 砂砾充填完井//~ packing device 充填工具//~ packing effectiveness 砾石充填(有)效(性)//~ pack screen sand control 砾石充填筛管防砂//~ placement{pack;insertion;fillup;fill;packing} 砾石充填//~ placement{packing} fluid 砾石充填液//~ plain place 砾石平原砂矿//~ pump 砂石泵//~ ramp 砾石导向斜板//~ retainer plug 砾石承托塞//~ seal 砾石充填层间的密封//~ separator 除卵石器//~ settling effect 砾石沉降效应//~ sizing 砾石尺寸分级{选择}//~-slot combination 砾石与割缝的尺寸组合//~-(ly) soil 砾石类土；砾(质)土//~ spotting 砾石层位置测定//~ spreader 砾石撒布机

gravelstone 砾石；砾岩

gravel stop 挡石片

→~ supply cylinder 砾石供给罐//~ to sand interface 砾石-地层砂界面//~-to-sand median diameter ratio 砾石-地层砂直径中值比//~ trap 砾石拦截坑//~ wall 砾石围填层//~ wash 冲积砾石

gravestone 神道碑[墓道前的石碑]

grave-wax 伟晶蜡石[CₙH₂ₙ₊₂,如 C₃₈H₇₈]

gravimeter{gravitational} method 重力勘探法

→~ {gravitational;gravity} survey 重力计勘探

gravimetric 重力法的

→~ concentration 重力选矿//~ dust sampling 矿尘重量法取样

Gravisporites 宽唇盾环孢属[C]

gravitation 万有引力；重力；引力
→(universal) ～ 万有引力

gravitational{earth} attraction 地球引力
→～ collapse 重力陷缩//～ concentration 重力浓集作用//～ {free;gravity;downgrade;natural} flow 自流//～ mass senor 引力质量探测设备//～ method 引力法；重力找矿法//～ segregation 重力选矿//～ treatment 重(力)选矿法

gravitation(al) field 引力场
→～(al){gravity} field 重力场//～ tank 高位油罐；自流油罐

gravitative 受重力作用
→～ arrangement 按重量分布；按比重分布//～ transfer 重力移动{置}

gravitite 重力碎屑沉积层

gravity 地心引力；万有引力
→～ Baumé 波(美)氏比重//～ -chute ore collection 重力溜槽收集矿石//～ -chute ore-collection method 溜井集矿(法)；格筛水平放矿法//～ concentration 重力选煤；比重选矿//～ discharge ball mill 重力排矿球磨机//～ dressing{separation; concentration} 重力选矿//～ feed 自流输送

gravity feed tank 自流进油的油罐
→～ flow{current} 重力流//～ flowsheet 重力选矿流程(图)//～ ore pass 重力放矿溜井{道}//～ road 自重下行巷道；溜道；溜矿井//～ separation 旋选矿机//～ separation (method) 重力选矿//～ staple 自重放矿暗井//～ stress 重应力//～ system 重力放矿法

gravure 照相凹版印刷品；(用)照相凹版(印刷)

gray 灰色的；灰色；灰；戈端(吸收剂量单位)；戈(瑞)[(放射性)吸收剂量国际单位]
→～ acetate of lime 灰醋石//～ antimony 灰锑矿//～{grey} antimony 羽毛矿$[Pb_4FeSb_6S_{14}]$//～ antimony ore 辉锑矿$[Sb_2S_3;$斜方]；偏亚锑酸盐$[MSnO_2]$//～ asbestos 灰石棉

grayback 表现微弱的劈理；次级劈理；交叉次割理
→～ beds 页岩砂岩互层//～ post 含硫砂岩

graybody{gray body} 灰体

gray brown earth 灰棕壤
→～ -brown podzolic soil 灰棕准灰壤；灰棕壤//～{grey} cobalt (ore) 砷钴矿$[(Co,Fe)As;$斜方]//～ cobalt ore 方钴矿$[CoAs_{2-3};$等轴]；辉钴矿$[CoAsS]$

Gray{Grey} code 葛莱{雷}码

gray-collar 灰领工人

gray copper (ore) 砷黝铜矿$[Cu_{12}As_4S_{12};(Cu,Fe)_{12}As_4S_{13};$等轴]；黝铜矿$[Cu_{12}Sb_4S_{13},$与砷黝铜矿$(Cu_{12}As_4S_{13})$有相同的结晶构造，为连续的固溶系列;$(Cu,Fe)_{12}Sb_4S_{13};$等轴]
→～ desert soil 灰色沙漠土；灰模境土；灰钙土；灰漠土//～{specular} hematite 镜铁矿$[Fe_2O_3,$赤铁矿的变种]

graying 石墨化

gray{grey} iron 灰口(生)铁

grayish 浅灰色
→～ brown 灰棕{褐}色//～ green 浅石绿//～ yellow 灰黄色

grayite 水磷铅钍石$[(Th,Pb,Ca)(PO_4)•H_2O;$假六方]；磷(硅)钍矿

Gray-King assay 葛金干馏试验
→～ coke type 葛金焦型

gray level{scale} 灰阶
→～ maggie 烤变煤//～ manganese (ore) 水锰矿$[Mn_2O_3•H_2O;(\gamma-)MnO(OH);$单斜]；软锰矿$[MnO_2;$隐晶、四方]

graysby 石额鱼

gray scale 灰标；灰度标
→～ silver 杂辉银白云石；银黝铜矿$[(Ag,Cu,Fe,Zn)_{12}(Sb,As)_4S_{13};(Ag,Cr,Fe)_{12}(Sb,As)_4S_{13};$等轴]

graystone 准玄武岩；灰色岩；玄武石

graywacke 杂砂岩；灰白岩；杂矿岩；混浊砂岩；灰瓦克[德]；硬砂岩；硬玻岩

gray wacke 灰瓦石
→～ weather{graywether} 羊额状漂砾//～ -white ice 灰白冰//～ wooded soil 灰色森林土

grazing angle 入射余角
→～ incidence 临界入射//～ {grass} land 牧场//～ land 放牧地//～ organisms 啃啮植物的生物

grazinite 响霞岩

grd 地面；磨削；研磨；接地

grease 润滑脂；油脂；甘油炸药；润滑；油泥；硝化甘油$[CH_2NO_3 CHNO_3CH_2NO_3;C_3H_5(NO_3)_3]$；加油；脂膏；黄油

greased-surface concentration 涂油面精选法
→～ concentrator 表面涂油式选矿机

grease fitting 润滑脂嘴
→～ spray lubrication system for ball mill 球磨机润滑脂喷射润滑系统//～ -surface separation 油膏选矿

greasing 注油
→～ apparatus 润滑器

greasy 脂肪的；油脂(污;性;滑)的；泥泞的；多脂的
→～ money 轻易来的钱；经营石油赚的钱//～ quartz 乳石英//～ quartz 油状石英$[SiO_2]$

great 全部；强烈的；大地震；大的；久的；重大；极大的

Great Barrier Reef 大堡礁
→～ Bear 大熊座

great calamity 浩劫
→～ {-}circle 大圆[半径等于投影球半径的圆]

Great{Big} Dipper 北斗(七)星

great earthquake{shock} 大震
→～ elliptic 大椭圆//～ {full} eruption 激喷

greatest elongation 大距[内行星离太阳最大角距]
→～ lower bound 最大下界//～ peak 最大峰值

great global grid 网格
→～ gneissose complex 大片麻岩杂岩//～ ice age (大)冰期//～ interglacial 大间冰期//～ interpluvial 大干燥期

greatly admire 倾倒

Great Magnetic Bight 大磁湾[地磁]
→～ North China Sink 大华北陷落地

great oolite series ～ oolite series 大鲕状岩统

Great Valley 大裂谷

greaves 金属渣

grechishehevite 格雷奇什切夫石$[Hg_3S_2(Br,Cl,I)_2]$

greda 白垩$[CaCO_3]$；含铁碳质片岩；页岩；含金砾岩；含金砾石；泥灰岩；漂白土[一种由蒙脱石构成的黏土]；冲积砂金

gredag 石墨油膏

Greek Dark Green 蒙地卡罗[石]
→～ letter 希腊字母

green 湿的；未成熟的；生的；软的；草地；新开采的(煤)；新鲜的；新的；无经验的；未加工的；未淬火的；绿色
→～ acid 磺化环酸；绿酸//～ algae{alga} 绿藻

greenalite 铁蛇纹石$[Fe_4^{2+}{\frac{1}{2}}Fe^{3+}(Si_4O_{10})(OH)_8;(Fe^{2+},Fe^{3+})_{2-3}Si_2O_5(OH)_4;$单斜]
→～ -rock 硅铁矿岩；铁蛇纹岩

green anode plant 生阳极车间
→～ ball and ore preparation plant 生球和矿石准备车间//～ band 绿波段

greenbelt 绿化地带

green belt 绿带；绿化地带
→～ bit 烧坏的钎头；新钻头//～ blue 竹绿色//～ body 坯

greenbottle 潜水艇归航雷达设备

green{unburnt;unfired} brick 砖坯

Greenburg-Smith impinger 格林堡-史密斯碰撞(采样)器

green butts 焦头
→～ {blue} calamine 绿铜锌矿$[Zn_3Cu_2(CO_3)_2(OH)_6;(Zn,Cu)_5 (CO_3)_2 (OH)_6;$斜方]//～ concentrate bin 生精矿仓//～ copper 孔雀石$[Cu_2(OH)_2CO_3;$单斜]//～ copper (ore) 硅孔雀石$[(Cu,Al) H_2Si_2O_5(OH)_4•nH_2O;CuSiO_3•2H_2O;$单斜]//～ copper carbonate 青琅玕$[Cu_2(CO_3)(OH)_2]$；石绿$[Cu_2(CO_3)(OH)_2]$//～ copper carbonate {ore} 孔雀石$[Cu_2(OH)_2CO_3;$单斜]//～ copper ore 绿铜矿$[Cu_6(Si_6O_{18})•6H_2O;H_2CuSiO_4]$//～ diallage 辉石相阳起石；绿异剥石；透辉石$[CaMg(SiO_3)_2$为辉石族;$CaMg(SiO_3)_2-CaFe(SiO_3)_2;Ca(Mg_{100-75}Fe_{0-25}(Si_2O_6));$单斜]//～ earth 海绿石$[K_{1-x}((Fe^{3+},Al, Fe^{2+},Mg)_2(Al_{1-x}Si_{3+x}O_{10})(OH)_2)•nH_2O;(K,Na)(Fe^{3+},Al,Mg)_2(Si,Al)_4O_{10}(OH)_2;$单斜]；绿泥石$[Y_3(Z_4O_{10})(OH)_2•Y_3(OH)_6,Y$主要为$Mg$、$Fe$、$Al,$有些同族矿物种中还可是$Cr$、$Ni$、$Mn$、$V$、$Cu$或$Li;Z$主要是$Si$和$Al,$偶尔是$Fe$或$B$]；绿土[颜料;海绿石、绿鳞石等]；绿鳞石$[(K,Ca,Na)_{<1}(Al,Fe^{3+},Fe^{2+},Mg)_2((Si,Al)_4O_{10})(OH)_2;K(Mg,Fe^{2+})(Fe^{3+},Al)Si_4O_{10}(OH)_2;$单斜]//～ -feed reverberatory furnace 生精矿装置料反射炉//～ feldspar 绿长石；微斜长石$[(K,Na)AlSi_3O_8;$三斜]//～ feldspar{microcline} 天河石[微斜长石的一个变种,$K(AlSi_3O_8)$,其中Rb_2O含量1.4%~3.3%、Cs_2O 0.2%~0.6%]//～ garnet 绿石榴石//～ hornblende 绿角闪石

greenhouse 暖房；周围有玻璃窗的座舱；温室
→～ effect 温室效应

green iron ore 绿磷铁矿$[Fe^{2+}Fe_4^{3+}(PO_4)_3(OH)_5•2H_2O;$单斜]

greenish 带绿色的
→～ blue 淡绿蓝色

greenite 绿泥石$[Y_3(Z_4O_{10})(OH)_2•Y_3(OH)_6,Y$主要为$Mg$、$Fe$、$Al,$有些同族矿物种中还可是$Cr$、$Ni$、$Mn$、$V$、$Cu$或$Li;Z$主要是$Si$和$Al,$偶尔是$Fe$或$B$]

green{common} jade 翡翠$[NaAl(Si_2O_6)]$
→～ john 绿萤石//～ Jun glaze 绿钧//～ labour 蓝领工人

G

greenlandite 铌铁矿[(Fe,Mn,Mg)(Nb,Ta, Sn)$_2$O$_6$;(Fe,Mn)Nb$_2$O$_6$; Fe^{2+}Nb$_2$O$_6$;斜方]；镁铝榴石[Mg$_3$Al$_2$(SiO$_4$)$_3$；等轴]；贵榴石[Fe$_3$Al$_2$(SiO$_4$)$_3$]；顽火闪石；铁铝榴石[Fe$_3^{2+}$Al$_2$(SiO$_4$)$_3$;等轴]
　→～ niobite 铌

greenland spar 冰晶石[Na$_3$AlF$_6$;3NaF• AlF$_3$;单斜]

Greenland-type glacier 格陵兰式冰川{型冰河}

green lead ore 磷氯铅矿[Pb$_5$(PO$_4$)$_3$Cl;六方]
　→～ malachite 青琅玕[Cu$_2$(CO$_3$)(OH)$_2$]；石绿[Cu$_2$(CO$_3$)(OH)$_2$] // ～ marble 蛇纹石[Mg$_6$(Si$_4$O$_{10}$)(OH)$_8$]

greenockite 闪镉矿；硫镉矿[CdS;六方]

green oil 高级石油；绿(石)油[油母岩提制的]；石蜡基原油

greenolith 铁蛇纹石 [Fe$_{4\frac{1}{2}}^{2+}$Fe^{3+}(Si$_4$O$_{10}$)(OH)$_8$;(Fe^{2+},Fe^{3+})$_{2-3}$Si$_2$O$_5$(OH)$_4$;单斜]

Green Onyx 绿玉石

green ore 未选过的矿
　→～{unroasted;crude} ore 生矿石 // ～ -ore 原矿石；原矿

greenoughite 红锰榈石；红榈石[(Ca,Mn)Ti(SiO$_4$)O]

greenovite 红榈石[(Ca,Mn)Ti(SiO$_4$)O]；红锰榈石

green pack 新充填带

"green" pack 新砌的矸石垛带

green pattern 绿模式[地层倾角测井解释]
　→～ pellet 生球

greenphyllite 绿枚岩

green powder 未烘干的火药
　→～ prop 新伐(的)坑木 // ～ quartz 绿石英[SiO$_2$]

Green River Formation 格林河组[北美；R]；绿河组

green roasting 初步焙烧
　→～ rock 刚露出的顶板；未承受压力的顶板 // ～ roll 铸铁轧辊 // ～ roof 未出现压力的顶板

Green Rose 绿点玫瑰[石]

green rot 绿蚀

green salt 绿盐

greensand 生砂；海绿石砂；黏性砂；绿砂；湿砂

green {-}sand 湿型砂
　→～{glauconitic} sand 海绿石砂 // ～ sand 湿砂；绿铜矿[Cu$_6$(Si$_6$O$_{18}$)•6H$_2$O;H$_2$CuSiO$_4$]；黏性模砂；绿砂

greenschist 绿(色)片岩；绿宁石
　→～ facies 绿色片岩相

Green's equivalent layer 格林等效层
　→～{source} function 格林函数

**Greenside-McAlpine continuous `miner{tunnel boring machine}** 格林赛-麦`阿尔潘{卡尔派恩}型连续平硐掘进机

green signal 警报解除信号
　→～ signal repeater 绿导{灯}信号复示器 // ～ silicon carbide 绿金刚砂；(绿)碳化硅 // ～ sinter 生烧结矿 // ～ sky 绿天

greenstone 徨绿岩；闪绿岩；绿岩；深青岩；粗玄岩
　→～ metasediment belt 绿岩-变质沉积物带 // ～{memphytic} slate 绿石板岩

green strength 生坯张度
　→～ sulphide ore 生硫化矿 // ～-sward 草原；草地

Green test 汽油胶质测定[铜皿法]

green timber 新木材
　→～ top 新暴露顶板 // ～ tuff region 绿色凝灰岩区域

Greenville{Grenville} orogeny 格林维尔造山运动

green vitriol 绿矾；绿铁矾
　→～ ware 半成品

gregarious 聚生的
　→～ batholiths 群集岩基；丛生岩基

gregorite 铋土[BiO(OH,Cl)]；铋华[Bi$_2$O$_3$;单斜]；杂膏碱；块滑石[一种致密滑石,具辉石假象;Mg$_3$(Si$_4$O$_{10}$)(OH)$_2$;3MgO•4SiO$_2$•H$_2$O]；碳铋矿；钛铁矿[Fe^{2+}TiO$_3$,含较多的Fe$_2$O$_3$;三方]

gregoryite 碳钠钾石

greifensteinite 水磷锰铍石[Ca$_2$Be$_4$(Fe^{2+}, Mn)$_5$(PO$_4$)$_6$(OH)$_4$•6H$_2$O]

greigite 胶黄铁矿[FeS$_2$;Fe$_2$S$_3$•H$_2$O]；硫复铁矿[Fe^{2+}Fe$_2^{3+}$S$_4$;等轴]

greinerite 锰白云石 [Ca(Mg,Mn)(CO$_3$)$_2$;Ca(Mn,Mg,Fe^{2+})(CO$_3$)$_2$;三方]；钙菱锰矿[MnCO$_3$ 与 FeCO$_3$、CaCO$_3$、ZnCO$_3$ 可形成完全类质同象系列]

greisen 云英岩；石英岩

greisening{greisenization} 云英岩化

grena 原矿石；脏煤；脏矿石

Grenada 格林纳达

grenadin 石榴红素

grenading 石榴浆

grenatite 十字石[FeAl$_4$(SiO$_4$)$_2$O$_2$(OH)$_2$;(Fe,Mg,Zn)$_2$Al$_9$(Si,Al)$_4$O$_{22}$(OH)$_2$;斜方]；白榴石[K(AlSi$_2$O$_6$);四方]

grenmarite 硅锰锆钠石 [(Zr,Mn)$_2$(Zr,Ti)(Mn,Na)(Na,Ca)$_4$(Si$_2$O$_7$)$_2$(O,F)$_4$]

grennaite 微霞正长岩

Gre(e)nville 格林维尔(群)[北美;An∈]

grenz 泥炭岩性剧变层位

grenzgipfelflur 剥蚀山顶平面[德]

grenzsalz 边缘盐[德]

Gresslya 行蛤属[双壳;J]

grey 灰色的；灰色；灰
　→～{plumose} antimony 硫锑铅矿[Pb$_5$Sb$_4$S$_{11}$;单斜] // ～ antimony (ore)辉锑矿[Sb$_2$S$_3$;斜方] // ～ cast{pig} iron 灰口(生)铁

Grey{Gray} code 反射码；葛莱码；葛雷码；格雷码
　→～ Duauesa 杜傲依莎灰[石] // ～ dune 格雷沙丘 // ～ Duquesa 路易士银[石]；玫瑰红[石] // ～ Forresta 佛里斯塔灰[石]

greyhounds 短立根

greying 石墨化

grey jun glaze 灰钧
　→～ lime acetate 灰醋石 // ～ manganese ore 灰锰矿 // ～ oxide of manganese 水锰矿[Mn$_2$O$_3$•H$_2$O;(γ-)MnO(OH);单斜] // ～ spot 石墨点

greywacke 混浊砂岩；灰瓦克[德]；杂矿岩；硬砂岩；杂砂岩

greywethers 灰羊背石

GR-I 异丁橡胶

griceite 葛氟锂石[LiF]

grid 地图的坐标方格；管网；算条；格子；格网；方格取样；干燥；网；取样网；栅条；栅；铜网[显微镜装样用]；网格；铅板

gridaw 井架

grid bed 制芯铁砂床
　→～ bias{priming} 栅偏压

gridblock{grid block} 网格块

grid chart 方格图

gridiron{tartan;crosshatch} twinning 格子双晶

gridistor 隐栅(场效应晶体)管

gridle 薄砾石层；薄煤层

grid leak 栅漏
　→～-leak rectification 栅漏整流 // ～ machine 网络机 // ～ magnetic azimuth 栅磁方位角

grids 方格网

grid screen 栅屏
　→～ spacing 网距 // ～ support 栅极支架 // ～ test 划格法附着力试验 // ～-type division head 格子头[磨机]

grief kelly 厚壁钻杆
　→～ stem 主动钻杆 // ～ stem{kelly;joint} 方钻杆

Griffith crack theory 格里菲斯破裂理论
　→～ criterion of brittle 格里菲斯脆性破坏准则 // ～-failure criterion 格里菲斯破坏准则 // ～-Hook theory of rupture of rock 岩石破坏的格里菲思-霍克理论

Griffithides 粗筛壳虫属[三叶;C$_1$]

griffithite 含铁皂石[4(Mg,Fe,Ca)O•(Al, Fe)$_2$O$_3$•5SiO$_2$•7H$_2$O]；水绿皂石；铁皂石[Fe,Mg 的铝硅酸盐]

Grigio Carnico 灰网纹[石]
　→～ Mondariz 曼德里丝灰[石]

grike 灰岩深沟；岩沟；岩溶沟

gril 挡矸帘

grillage 格子架；格栅底座；格条筛；格排垛；木垛

grimaldite 三方羟铬矿[CrO(OH);三方]；格水铬矿

grime 尘垢；浮土

grimselite 菱钾铀矿；碳钾铀矿[K$_3$Na(UO$_2$)(CO$_3$)$_3$•H$_2$O;六方]

grindability 可磨碎性；磨削性；易磨性；研磨性；可磨度
　→～ index 磨细度指标；(岩石)可磨细度指标 // ～ index{rate} 可磨性指数(标)

grinder 研磨机；砂轮；磨盘；磨钎工；磨机；磨工；粉碎机；研磨盘；研磨工；磨轮；磨床；天电干扰声；碎石机
　→(bench) ～ 砂轮机；磨钎机；磨矿机 // ～ (stone) 磨盘石

grinding 刃磨；粉磨；破碎；磨细；磨锐
　→～ (ore) 磨矿 // ～-concentration unit 磨矿精选装置 // ～ discs{table} 磨盘 // ～ fineness 磨矿细度 // ～ (wheel) head 磨头；砂轮头 // ～ length 磨矿段长度 // ～ of ore(s) 磨矿；矿石磨碎 // ～ operation 研磨{磨削;磨碎;磨矿}操作 // ～ plate 磨碎砥石；磨板 // ～ plant 磨矿设备{车间} // ～ property 磨矿{碎}能力 // ～ section(|stage) 研磨{磨削;磨碎;磨矿}工段{|工序} // ～ stone 天然磨石 // ～ {mill;edge} stone 磨石

grind{lapping} machine 研磨机
　→～ out 内磨 // ～ soya beans to make bean curd 磨豆腐[以石磨研豆使碎而制豆腐]

grindstone 石磨盘；砂轮机；砂轮；砥石；磨石；磨刀石；天然磨石

grind(ing){brush;abrasive;abrasion;mill} wheel 磨轮

griotte 红纹(大理)岩{石}；大理石[CaCO$_3$]

grip(per) 石块割口[备楔开用]；把手；卡

子；啮合；窄小孔穴；铆头间最大距离；咬住；小沟；紧握；紧扣；夹；抓爪；夹具

griphite 暗昧石 $[(Mn,Na,Ca)_3(Al,Mn)_2(PO_4)_3(OH,F)_3;Na_4Ca_6(Mn,Fe^{2+},Mg)_2Li_2Al_8(PO_4)_{24}(F,OH)_8$；等轴]；疑难榴石

grip holder{head} 夹头

gripman 挂车工[无极绳运输或利用夹钳连接装置]

grip{checking;locking;retainer;lock;jam;check} nut 防松螺母
→～ of hole 炮孔倾角//～ of rib 工作区侧向推进//～ pawl 夹爪

gripper 抓器；抓дер装置；夹子；夹具
→～ {pincer clamp;tongs} 夹钳[无极绳运输]//～ and thrust system 支撑及推进系统//～ type full face rock TBM 支撑式全断面岩石隧道掘进机

grip ring 卡圈
→～ {intercalating} ring 夹环[三叶]//～ stress 夹压应力//～ strip 夹紧条//～ wedge 安全楔

griquaite 辉石榴石连晶；透辉石榴岩

griqualandite 青石棉 $[(Na,K,Ca)_{3-4}Mg_6Fe^{2+}(Fe^{3+},Al)_{3-4}(Si1_6O_{44})(OH)_4]$

grischunite 砷钙锰石 $[CaMn_2(AsO_4)_2]$

Grison 爆鸣气

Grisounite 格锐烧那{太}特(炸药)

grist 黑色煤质岩层

grit 石屑；筛网；沙子；砂岩；砂粒；砂；沙；人造磨石；磨石；磨料；棱角砂；粗砂；石细胞团；粒度；砾砂；砂砾
→～ (gravel;sandstone) 粗砂岩；砂砾；细砾

gritrock{grit sands tone} 粗砂岩

gritstone 粗砂岩；天然磨石

grit sump 砂砾过滤仓

gritter 撒岩粉器
→(sand) ～ 铺砂机

grittiness 砂性

gritting 沉砂；铺砂
→～ machine 撒沙机；撒碎石机//～ material 砂砾；粗砂

gritty 沙砾的；粗砂质的；粗砂质
→～ scale 黏砂皮{铸}//～ soil 沙砾质土；粗砂土

grivation 磁斜坐标纵线偏角

grizzl(e)y 条筛；筛(条)；灰色{白}的；选矿用格筛；有灰斑的

grizzly (bar;screen) 棒条(格)筛；格筛[由固定或运动的棒条、圆盘或滚轴组成]
→～ {grate;screen} bar 筛条//～-branch raise transfer system 格筛水平-分支天井放矿采矿法

grizzlyman{grizzly man} 格筛工

grizzly manway 格筛水平人行道
→～ method 格筛水平放矿{采矿}法

grm 克[重量单位]

grünauite 辉铋镍矿[为 $Ni_3S_4,Bi_2S_3,CuFeS_2$ 的混合物]

grnd 接地

grobaite 淡辉二长岩

grochauite 镁蠕绿泥石 $[(Mg,Fe,Al)_6((Si,Al)_4O_{10})(OH)_8]$；透绿泥石 $[(Mg,Al)_6((Si,Al)_4O_{10})(OH)_8]$

groddeckite 钠菱沸石 $[(Na_2,Ca)(Al_2Si_4O_{12})•6H_2O$(近似,含少量 K);六方]；哥钠菱沸石

grodnolite 球胶磷灰石 $[Ca_{10}(PO_4)_6CO_3•H_2O]$；胶磷矿 $[Ca_3(PO_4)_2•H_2O]$

grog 陶渣

→～ (refractory) 熟料

groin 丁堤{坝}；防波{砂}堤；折流坝；海堤；交叉拱；拦沙坝
→～ pier 折流堤//～ rest 腹股沟支撑架

gromel 煤玉状煤

grommet 绳套；垫圈；金属孔眼；索环
→～ type seals 金属孔眼密封圈；索眼密封

Grondal process 格伦达尔(矿石直接还原)法
→～ separator 格隆达尔型磁选机

Groningen effect 格罗宁根效应

gronlandite 铌铁矿 $[(Fe,Mn,Mg)(Nb,Ta,Sn)_2O_6;(Fe,Mn)Nb_2O_6$; $Fe^{2+}Nb_2O_6$;斜方]；镁铝榴石 $[Mg_3Al_2(SiO_4)_3$；等轴]；铁铝榴石 $[Fe_3^{2+}Al_2(SiO_4)_3$;等轴]

Gronlund type cut 格朗隆德式(梅花形)掏槽

groom lamp 接地槽示灯

groove 企口；坡口[焊]；沟；槽沟；槽；开槽；细沟；矿山；矿井；巷道；擦痕沟；小沟；细槽；冰擦沟痕
→(extracting) ～ 底槽；冰刻沟

grooved 沟状的；槽形的；开坡口的[焊]；具沟的
→～ and tongued joint 企口接合；槽舌接合

groove depth 槽深

grooved joint 榫槽(式)连接

groove{bevel} face 坡口面
→～ joint 槽缝//～ lake 蚀沟湖//～ {trough} lake 冰槽湖//～ long-edge 坡口长边

groover 起槽刀；矿工；挖槽

groove sample 刻槽煤样
→～ spine 步带沟刺[棘海星]//～ weld{groove-welded joint} 坡口焊(接)缝//～ {slot} welding 槽焊

grooving 切槽；挖槽；凹凸榫接；开坡口
→～ corrosion 沟纹腐蚀[焊口处]//～ machine 刻槽机

grope 摸索；探索

groppite 变韭闪石

groroilite 沼锰土；锰土 $[MnO_2•nH_2O]$；黑锰土

grorudite 霓细岗岩；锥辉岗岩

gross 全体的；全体；总的；总计；毛的；罗[12 打]；严重的；庞大的；粗大的
→～ activity 总活度；总放射性

grossmutation 大突变

gross national expenditures 国民支出总额
→～ national product per capita 人均国民生产总值

grosso-crenatus 粗圆齿状[植物叶缘]

grosso-dentatus 粗齿状[植物叶缘]

grosso-serratus 粗锯齿状[植物叶缘]

gross output{production} 总产量

grossouvrite 肝蛋白石[为呈淡灰褐色的结核状蛋白石; $SiO_2•nH_2O$]

gross pay 工资总额
→～ primary production 总初级生产量；总原始有机物产量//～ recoverable value of ore 总回收矿石价值

grossular{grossularite} 钙铝榴石 $[Ca_3Al_2(SiO_4)_3$;等轴]

grossularoid 水榴石类；似绿{钙}榴石 $[Ca_3Al_2(SiO_4)_2(OH)_4]$

gross unit value of ore 矿石总单位值；矿石单位毛值

grothine 钙铍柱石；钙铝柱石；钙硅柱石 $[Ca,Al,Fe$ 的硅酸盐]；铁榍石 $[((Ca,Fe)TiSiO_5]$

grothite 榍石 $[CaTiSiO_5;CaO•TiO_2•SiO_2$；单斜]；铁榍石 $[(Ca,Fe)TiSiO_5]$；钇铈榍石 $[(Ca,Y,Ce)(Ti,Al,Fe^{3+})(SiO_4)O]$

grotto 石窟；小洞穴；小岩洞；岩洞；洞穴

grouan 卵石；粗砂；花岗岩碎砾；砾石；花岗岩；粗砂岩
→～ lode 砾砂锡石

ground(hog) 触底；基础；地貌；地方；地层；地；底子；海底；底板；底；原因；范围；光的；岩土；根据；搁浅；磨碎的；脉岩；岩层；研磨；背景；领域；土壤；土地；土；向上推矿车用的小车；单钩提升上山用平衡重

ground (base) 地基；接地
→～ a line 接地线//～-approach radio fuse 遥控近地爆炸信管//～ barium sulfate 重晶石粉//～ bearing pressure 地承压力//～ behaviour 岩层性质；矿压显现//～ boss 井下工长

groundbreaking 动工；破土

ground breaking 奠基；破土；落岩
→～ {ore} breaking 落矿

grounded hummock 底冰丘
→～ ice 搁浅冰//～ {earth;ground} shield 接地屏蔽

ground effect machine 地面效应车{船}；气垫车
→～ effect machine{vehicle} 气垫船//～ -electrode 接地电极//～ filling point 地面装油点//～ fir 高山石松//～ flow 岩石流动//～ {radiation} fog 低雾//～ graphite{powder-graphite} 石墨粉//～ gypsum 地石膏 $[CaSO_4•2H_2O]$//～ hematite 赤铁矿粉[泥浆加重剂]

groundhog 斜井

ground hold 泊船具

grounding 接地

ground injection test 废水地下压入试验
→～ installation{system} 地面设备//～ limestone silo 细磨石灰石筒仓//～ losses 矿柱中矿物损失

groundman 装岩工；掘土工

ground man 掘土工

groundmass 基质；石基；金属基体

ground mass 石基
→～ phosphate 磷酸矿石//～ phosphate rock 磷矿粉[农]//～ phosphorite 磷灰石粉//～ preparation (成矿)基础条件；(成矿)基本前提；(成矿)场地准备//～ product 矿粉产品//～ {powdered} pumice 浮石粉//～ (finely) quartz 石英粉//～ rock 石渣；碎磨岩石//～ rock powder 岩粉//～ sel 石滩

groundsill 底梁

ground sill 潜坝
→～ sluicing 砂矿开采冲矿沟；地沟冲洗砂矿；地面水流选矿//～ stone 石料基础石//～ -stone 基石//～ subsidence 地盘下陷；地层塌落//～ support 顶板支护//～ terminal 地接头

groundwater 潜水

groundwater{subsurface;(under)ground;buried;subterranean;phreatic;sub {-}soil;meteoric;plerotic;unconfined} water 地下水；潜水

groundwater abstraction 汲用地下水

→～ barrier 地下水阻体 // ～-circulation metallogenic model 地下水循环成矿模式

ground-water depletion curve 地下水耗减曲线

ground water discharge 涌水量

groundwater discharge area 地下水溢出区；地下水流出面积；地下水出流区
→～ drawdown 地下水水位泄降；地下水降深{落} // ～ feed 地下补给 // ～{potential;submerged;subsurface;under;drowned} flow 潜流

ground water flow 地下水流

groundwater{phreatic} fluctuation 地下水位升降变化
→～ {-}forming condition 地下水形成条件

ground water for use in building 建筑用地下水

groundwater freezing 地下水的冻结
→～ head level 地下水头高程 // ～ hill 地下水丘 // ～ horizon{storey} 含水层

ground water in alluvial plain 冲积平原地下水
→～ water in apron plain 冰积平原地下水 // ～ water in littoral{| loess} plain 滨海平原{|黄土台塬}地下水

groundwater laterite 潜水砖红性土壤
→～ level{elevation;stage;table;depletion;surface} 地下水位 // ～ level{table;surface}{ground-water level} 地下水面 // ～ map 地下水图

ground water mound 地下水丘

groundwater occurrence 地下水分布

ground-water ridge 地下水岭

groundwater right 地下水权

ground water runoff{flow} 地下径流

groundwater sampling 取地下水水样
→～ shortage 缺地下水 // ～ soil 潜育土壤

ground-water soil 潜水土

groundwater storage capacity 地下水储存量
→～ supply 地下给水；地下供水

ground(-)water (flow) system 地下水系

ground water table{surface;plane;elevation;line;level} 地下水面；潜水面；地下水位

groundwater trench 地下水位槽陷
→～ turbidity 地下水混浊度{性}

ground-water yield 地下水可采量

ground{launching} ways 下水滑道[船]
→～ wire{line;cable;lead;connection} 接地线

groundwork 基础(工作)；基本原理；土方工程

ground works 基本原理

Group 职业工会[英煤矿]

group 属；基；分类；群；帮；集团；团体；组集；组；类；系；团；队；分组；组合；族[矿物分类]

group{erathem} 界[地层]
→～ analysis 群析；集团分析 // ～ bottom 能群下限 // ～ diffusion 群扩散 // ～{multiple;cluster} drilling 丛式钻井

grouped arrays 组排列
→～ column 群柱 // ～ data 分类数据

grouper 双棘石斑鱼；石斑鱼

grouping 分租；归并；集合(法)；分类；成群；集聚
→～ batholith 群生岩基 // ～ of well

丛式钻井；丛式井 // ～ technique 分类法；分组法；分类技术

group interval 道间距
→～ of lodes 矿脉群 // ～ of seams 煤组；矿层组

groups 群体

group sampling 分层采样
→～ standing mould 成组立模 // ～ tracing annotation 镶嵌复层注记 // ～ transfer reaction 基团转移反应 // ～ trend 类群趋势 // ～ valve 阀组

grouse 水泥浆

grouser 临时桩[稳定钻机、船等用的]；锚定桩
→～ shoes 履带板

grout 水泥浆；灰浆；石灰浆；薄胶泥；砂浆[建]；浆液；灌浆；注浆

groutability 可灌性

grout acceptance{take} 吸浆量
→～-acceptance rate 灌浆速度

grouted aggregate concrete 灌浆混凝土
→～ area 灌浆区 // ～ rock bolt 灌浆岩石铆栓{锚栓}

groutellite 杂斜方锰矿

grouter 灌浆头；灌浆机；注浆工
→～ ring 灌浆管环

grout fabrication 浆液的配置
→～-filled fabric mat 灌浆土工布护排 // ～ flow cone 水泥浆渗散试验锥；测水泥浆流动度的圆锥

grouthead 灌浆头

grout hole 喷浆孔；注水泥浆孔
→～ {grouting;injected} hole 灌浆孔 // ～ hole drilling 钻开注有堵漏水泥的井 // ～-hole drilling 注水泥浆钻孔钻进

grouting 注水泥；涂薄胶泥
→(cement) ～ 灌水泥浆[加固井孔周围浅部松散层]

grout injection 压力注浆
→～ injector{machine} 灌浆机 // ～ injector method of cementing 注浆法

groutite α-水锰矿；α 羟锰矿；斜方水锰矿[MnO(OH);斜方]；锰榍石[MnO•OH]；针锰矿

grout machine{injector} 灌水泥浆机
→～ {slurry} mixer 拌浆机 // ～ mixer and placer 砂浆搅拌喷射器 // ～ off 水泥封堵 // ～ sealing 灌(水泥)浆封堵 // ～-stone 浆体结石

grove 树林

grovesite 锰绿泥石[Mn₉Al₃(Al₃Si₅O₂₀)(OH)₁₆;(Mg,Fe,Mn)₅Al(AlSi₃O₁₀)(OH)₈;Mn₅Al(Si₃Al)O₁₀(OH)₈;单斜]

grow 发育

growan 花岗岩碎砾；花岗岩；粗砂岩

grower 生长物；生长器[晶]；种植者

growing 生长(的)；增长中的
→～ anvil 增压砧 // ～ {forcing;warm} house 温室 // ～ structure 成长构造

growl 轰鸣

growler 电机转子测试装置；冰岩；短路线圈测试仪；(海上)碎啸冰；碎冰山

growth 生长；发育；增长；涌水量；发展
→～ band{zone} 生长带 // ～-confounded data 生长期混杂的数据 // ～-free canonical variate 终生典型变量；不受生长期约束的典型变量 // ～ hillock{prominence} 生长丘 // ～ in place theory 原地成煤说

groyne 丁堤；丁坝；三角形填石木笼丁坝；海堤；折流堤；折流坝；拦沙坝；防波堤；防沙堤

groynes 石膏[CaSO₄•2H₂O;单斜]

grozzle 砾岩；稀浆；角砾岩
→～{solution} injection 注浆

GRP 综合研究地质大队

GRS 大地测量参考系统

grub 掘土；挖土；挖地

grubber 挖掘机；掘土机；掘土工具；除根机[农用]

grubbin 泥铁矿[(Fe,Mn)(Nb,Ta)₂O₆]

grubbing 清除场地
→～ hoe 挖掘铲 // ～ winch 掘树根机绞车

grube 竖井；采矿场；矿井

grubscrew 鹤嘴螺

grub{set} screw 无头螺钉

grubstake 供给探矿者的物品{贷款}

gruenlingite 格碲硫铋矿[Bi₄TeS₃;三方]；硫铋锑矿

gruff 井筒；矿坑；矿井

Gruiformes 鹤(形目)

gruma 牙石

grumantite 古水硅钠石[NaHSi₂O₅•H₂O]

grumeaux 凝块；凝血；黏块；任何似血的液体；血块；结块[法]

grumiplucite 汞铋矿[HgBi₂S₄]

grummet 环管[棘海胆]；金属孔眼

grumose 凝块状

grump 岩爆

grunauite 辉铋镍矿[为 Ni₃S₄,Bi₂S₃,CuFeS₂ 的混合物]

grundite 伊利石[K₀.₇₅(Al₁.₇₅R)(Si₃.₅Al₀.₅O₁₀)(OH)₂(理想组成),式中 R 为二价金属阳离子,主要为 Mg²⁺、Fe²⁺等]

Gruneria 格鲁涅尔叠层石属[Z]

grü(e)nerite 铁闪石[Fe₇(Si₈O₂₂)(OH)₂;(Fe²⁺,Mg)₇Si₈O₂₂(OH)₂;单斜]

grüneritization 铁闪石化

grünlingite 硫碲铋矿[Bi₄Te₂₋ₓS₁₊ₓ]；格碲硫铋矿[Bi₄TeS₃;三方]

grunter 断斑石鲈

grunts 石鲈

grus (花岗岩崩解的)粗碎屑[花岗岩崩解的]；花岗岩碎砾；碎砂砾堆积

grush{gruss} 粒状岩石；花岗岩碎砾；(花岗岩崩解的)粗碎屑；碎砂砾堆积

gruzdervite 硫锑铋汞矿

gruzdevite 硫锑铜汞矿；顾硫锑汞铜矿[Cu₆Hg₃Sb₄O₁₂]

gruzinskite 格蒙脱石；格鲁津蒙脱石

gryke 灰岩深沟；岩沟

Grylloblattodea 蛩蠊目[昆]；蛩蠊目[昆]

Gryphaea 卷嘴蛎(属)[双壳;J-Q]

gryphon 热泉；地表热泉喷发处

Gryphus 师鹰贝属[腕;E-Q]

Grypoceras 曲角石属[头;J]

Grypophyllum 钩珊瑚(属)[D₂]

GS 地质学会；销售总额；冰川学会

Gshelia 雪尔珊瑚属[C₂₋₃]

GSS 地层成因层序

GT 总吨位；长吨[英,=2,240 磅=1.016 公吨]；燃气轮机；轨距尺；气密的；大于；成组工艺(学)；样板

GTE 地热能

guadalcazarite 锌黑辰砂[(Hg,Zn)S]

Guadalupian 瓜达卢普{德鲁普;达路}(阶)[北美;P]

guadarramite 铀钛铁矿[具放射性的钛铁矿异种;TeTiO₃,含 U₃O₈ 达 10%]

Guadeloupe 瓜德罗普岛[法]

guag 采空区

guaiac 愈创树脂

guaiacin 愈创木粉{素}

guaiacol 磷甲氧基苯酚;愈创木酚[CH₃OC₆H₄OH]

guaiene 愈创木油醛

guaijaverin 番石榴苷

Guan 官窑

guanabacoite 萤石假象玉髓;菱面石英[SiO₂]

guanabaquite 菱面石英[SiO₂];萤石假象玉髓

guanajuatite 硫硒铋矿[Bi₄Se₂S;Bi₄(Se,S)₃;三方];硒铋矿[Bi₂Se₃;斜方]

guanakite 铵钾矾[(K,NH₄)₂SO₄;斜方]

guanapite 铵钾矾[(K,NH₄)₂SO₄;斜方];草酸铵石[(NH₄)₂C₂O₄•H₂O;斜方];杂硫铁钾粪石

Guang colors 广彩
　　→~-Jun glaze 广钧釉[陶] // ~ kingfisher blue 广翠青[陶]

guanglinite 广林矿

Guangshunia 广顺石燕属[腕;D₂]

guanidine 胍
　　→~ amino valeric acid 胍基氨基戊酸[NHC(NH₂)NH(CH₂)₃ CH(NH₂)COOH]

guanido 胍基

guanine 鸟嘌呤石[C₅H₃(NH₂)N₄O;单斜]

guanite 鸟粪石[(NH₄)Mg(PO₄)•6H₂O;斜方]

guano 鸟粪(沉积);鸟粪石[(NH₄)Mg(PO₄)•6H₂O;斜方];粪化石
　　→~-phosphatic deposit 鸟粪磷矿 // ~-phosphorite 粪质磷灰岩;粪磷岩

guanosine 鸟(嘌呤核)苷

guanovulite 钾铵矾[(K,NH₄)₃H(SO₄)₂•2H₂O];填卵石[(K,NH₄)₃H(SO₄)₂•2H₂O]

guanoxalate 磷草酸钙石;磷钾铵石

guanoxalite 磷草酸钙石

guanylurea 胀基腺

guapena 高鳍石首鱼

guarantee 保证(书);保固;担保;保证人;保障
　　→~ (to keep sth. in good condition) 保修

guaranteed prices 担保价格
　　→~ setting pressure 保证初撑压力 // ~ statement 保证书

guard 护罩;鞘;限程器;挡板;防火;预防;保卫;防护装置;防护器;防护;舷台;卫板[轧钢];限制器;铁护板;遮挡

guarding figure 保险数位

guard net 安全网
　　→~-post 护柱 // ~ rail 扶手 // ~ rim 防爆环 // ~ ring 隔离环 // ~{warning} signal 告警信号 // ~ valve 事故阀

guarinite 片榍石[Ca₂NaZr(SiO₄)₂F;3CaSiO₃(Ca(F,OH))NaZrO₃];希硅锆钠钙石[(Ca,Na)₃ZrSi₂O₇(O,OH,F)₂;三斜]

guava 番石榴
　　→~ juice 番石榴汁

guayacanite 硫砷铜矿[Cu₃AsS₄;斜方]

guayanaite 羟铬矿[CrO(OH);斜方]

guayaquil(l)ite 琥珀[C₂₀H₃₂O];富氧块脂

gubbin 泥铁矿[(Fe,Mn)(Nb,Ta)₂O₆]

Gubleria 古勃困属[腕;P₂]

gudgeon 耳轴;轴头;舵的枢轴;轴柱
　　→~{piston;wrist} pin 活塞销

gudmundite 硫铁锑矿;硫锑铁矿[FeSbS;单斜]

guejarite{guegarite} (硫)柱辉铜锑矿[CuSbS₂];硫铜锑矿[Cu₂S•Sb₂S₃;CuSbS₂]

guenon (非洲)长尾猴属[N₂-Q]

Guerichina 宽环节石属[D]

guerinite 格林石{格水砷钙石}[Ca₅H₂(AsO₄)₄•9H₂O;单斜]

guern 塔状{形}沙丘

guesswork 猜测
　　→~ (conjecture) 推测

guest 客人;外来物;新成体;客晶[岩]充填物;交代物
　　→~ (mineral) 后成矿物;客矿物 // ~{trace;accessory} element 痕量元素 // ~-host mechanism 宾主机构

guettardite 格硫锑铅矿[Pb(Sb,As)₂S₄;单斜]

guggenite 镁铜矿

gugiaite 顾家石[四方;Ca₂Be(Si₂O₇)];蜜黄长石[(Ca,Na)(Be,Al)(Si₂O₆F);(Ca,Na)₂Be(Si,Al)₂(O,OH,F)₇;四方]

guhr 硅藻土[SiO₂•nH₂O];洞穴(沉积)黏土

guidance 手册;导航;导槽;导板;制导;指导;控制;操纵;向导;遥控
　　→~ continuous tool 连续导向下井仪 // ~ device 导引装置 // ~{tracking} system 导向系统

guide book 入门指导书

guided capsule system 导引筒系统
　　→~ chain excavator 导链式多斗挖掘机 // ~ dragline bucket excavator 导向式索斗挖掘机 // ~ propagation 导向传播

guide{typochemical} element 标型元素
　　→~ fossil 指示化石 // ~{index} fossil 标志化石;标志识别化石 // ~{leading;index;key;diagnostic;type;characteristic;standard} fossil 标准化石 // ~{leading} fossil 主导化石 // ~ pipe{tube} 导管 // ~ plate{bar} 导向板 // ~ pulley 导向绳轮;压带轮 // ~ pulley{roller} 导轮 // ~ rib 管口导接

guides 引鞋

guide{driving;lead} screw 导螺杆

guideway 导向轴套

guiding 定向;导向;导航
　　→~ bed 标志煤层;导向煤层;指示薄煤层 // ~{marker;datum; marked} bed 标准层 // ~ eyepiece 导目镜 // ~ kerb 缘石

guildite 四水铜铁矾[CuFe³⁺(SO₄)₂(OH)•4H₂O;单斜]

guilleminite 硒钡铀矿[Ba(UO₂)₃(SeO₃)₂(OH)₄•3H₂O;斜方]

guillies 采空区

guillotine 切断器;剪切机;轧刀;剪床
　　→~ door (溜槽)提拉闸门 // ~ sliding gate valve 滑动剪断闸阀

guimaraesite 钽铌钛铀矿

guiterman(n)ite 块硫砷铅矿[Pb₁₀As₆S₁₉]

Guizhoucephalina 小贵州头虫属[三叶;Є₁]

Guizhouella 贵州贝属[腕;C₁]

Guizhoupecten 贵州海扇属[双壳;P]

gujiaite 顾家石[Ca₂Be(Si₂O₇);四方]

gula 颈状体

gulch 深冲沟;干(乾)谷;小峡谷;细谷;冲沟;峡谷
　　→~ gold 砂金 // ~ place 溪沟砂矿

gulf 深峡谷;海湾;落水洞;大空体;地下水系 "天窗";湾[海湾、湖湾、河湾];封闭洼地[岩溶区]

Gulf airborne magnetometer 嘎夫航空地磁仪
　　→~ Coast 墨西哥湾岸区

gulf coast type fault 海湾沿岸式断层
　　→~ coast-type fault 生长断层 // ~-cut island 海湾割切岛

Gulf stream 墨西哥湾流;湾流
　　→~ Stream System 湾流系统 // ~ Universities Research Consortium 海湾大学研究集团

Gulisporites 匙唇孢属[P]

gull 张裂缝[地滑造成];狭谷;峡谷;扩大裂缝

gulley 海底沟渠;雏谷;狭冲沟;集水沟
　　→~-head tile 沟头瓦

gullying 沟状冲刷;沟蚀;冲刷沟

gully pot 排水井
　　→~-squall 谷来飑 // ~-stoping method(带)贮路(堑)沟的采矿法

GULM 矿物的自然伽马值上限

Gulo 狼獾属[Q]

gum 胶质;末煤[<2in.];煤粉
　　→(natural) ~ 树胶

Gum 3502 ×抑制剂[水溶性淀粉制剂]

gum arabic 涂胶

gumbed 地蜡[CₙH₂ₙ₊₂]

gumbel(l)ite{gümbelite} 镁水白云母[(K,H₂O)Al₂(Si,Al)₄O₁₀(OH)₂];镁白云母

gumbo 强黏土;贡博黏土;黏性地层;黏土;黏泥岩;黏泥;肥黏土
　　→~ (clay) 重黏土;碱性黏土 // ~ bank 泥滩 // ~ bit 钻黏土{泥}层用的钻头

gumbotil 硬黏土;胶冰土;淋溶还原黏土;坚韧灰泥;古土壤[冰碛层下]

gumbotill 黏韧冰碛

g(o)umbrine 贡布林石;胶盐土;漂白土[一种由蒙脱石构成的黏土]

gumchloral 封入剂

gum dynamite 菱炸药
　　→~{nitroglycerine;true;gelatin} dynamite 黄色炸药[CH₃•C₆H₂(NO₂)₃] // ~ former 胶质形成物 // ~-forming hydrocarbons 生成胶质的烃

gumhar 石样;云南石样

gummed in 糊钻

gummer 煤粉清除工;除粉器

gumming 清除截粉;涂油;胶结;浸油;浸胶;涂胶
　　→~ dirt 胶泥

gummistein 玉滴石[SiO₂•nH₂O]

gummite 埃洛石[优质埃洛石(多水高岭石),Al₂O₃•2SiO₂•4H₂O; 二水埃洛石Al₂(Si₂O₅)(OH)₄•1~2H₂O;Al₂Si₂O₅(OH)₄;单斜];杂脂铅铀矿;铀华[((UO₂)₂(SO₄)•nH₂O];脂铅铀矿[铀、钍、铅氢氧化物黄、棕、红色次生矿物,常含有铅、钍、钙等杂质;UO₃•nH₂O; (Pb,Th, Ca)UO₃•nH₂O]

gummosity 胶黏性;黏着性

gummy 黏而无润滑能力的;胶质内;胶状的
　　→~ appearance 树胶状;黏稠状

gum of a tree 树胶
　　→~ resin 脂松香

gumrubber 纯胶胶料

gum spirit 松节油

gumucionite{gumuiconite} 砷闪锌矿[ZnS,含有砷]

gun 射孔器；枪；喷镀枪；空气枪[海洋震勘源]；信号；井壁放炮取样器
→~ depth 气枪沉放深度 // ~ drilling 深钻孔 // ~-dropout 气枪漏泄

gunflint 燧石

Gunflintia 冈弗林特藻属[蓝藻;Ar]

gunis 采空区；矿脉

gunite 射浆；灌浆；喷(射)水泥(砂浆)；喷涂；喷(射水泥)浆；压力喷浆

guniting 喷射水泥砂浆；喷射砂浆

gunnbjarnite 黑片石[(Mg,Ca,Fe²⁺)₃(Fe³⁺,Al)₂Si₆O₁₈•3H₂O]；铁海泡石

gunned 泥浆枪冲刺过的

gunningite 水锌矾[(Zn,Mn)(SO₄)•H₂O;单斜]

gunnisonite 萤石[CaF₂;等轴]；紫萤石[CaF₂]；杂萤石；杂硅萤石

gunny 矿井水平；粗麻布

gun-perforated{perforated} completion 射孔完井

gun perforating 射孔枪射孔；放炮射孔；子弹射孔
→~ perforation 射击冲孔[钻井套管] // ~-perforation 射孔

gunpowder 黑(色)火药；枪药；发射药

gun release sub 射孔器松开接头
→~ {rear} sight 标尺 // ~ {telescopic} sight 瞄准器 // ~ steel 枪炮钢

Gunter's chain 功塔尔型测链
→~ {pole} chain 四杆测链

gunwale 舷缘；舷边
→~ {sheer} strake 舷顶列板

Gunz{günz} glaciation{Gunzian stage} 贡兹(冰期)[更新世第一冰期]；群智冰期
→~-Mindel (interglacial)贡兹-民德间冰期[欧;更新世第一间冰期]

gupeiite{gupaiite} 古北矿[Fe₃Si]

gurhofian{gurhofite;gurhosian} 雪白云石[CaMg(CO₃)₂]

gurmy 矿井水平；中段；巷道

gurofiane 雪白云石[CaMg(CO₃)₂]

gur(h)olite 白钙沸石[4CaO•6SiO₂•5(H,Na,K)₂O]

gush 喷放；喷{涌}出；猛喷；涌水；野喷；井喷；暴风[11级风]

gusher 喷泉；猛喷井；野喷井；间歇(喷(发))泉；间歇井

gushing{flowing} gold 石油
→~ {volcanic} spring 火山泉 // ~ {gusher;wild} well 猛喷井；野喷井

gusset 角撑板；连接板；节点板；角板[建]

gustavite 辉铋银铅矿[PbAgBi₃S₆?;斜方]；古斯塔夫矿

gustiness 阵风
→~ components 阵性成分

gustsounde 阵风探测[空]仪

gut 小采富矿；隔热管；深河槽；肠管；采富矿；乱采富矿；油管内加热用的蒸汽管；狭水道；收缩海峡；狭海峡

Gutenberg discontinuity 古登堡不连续面
→~-Richter travel times 古登堡-李希特走时 // ~-Weichert 古登堡-韦谢特(界面) // ~-Wiechert discontinuity 顾-维不连续面

Guthorlisporites 顾氏孢属[C₃]

gutkovaite-(Mn) 硅碱锰铌钛石[CaK₂Mn(Ti,Nb)₄(Si₄O₁₂)(O,OH)₄•5H₂O]

guts 直立而平行的条带状铁矿

gutsevichite 水磷钒铝矿[(Al,Fe³⁺)₃(PO₄,VO₄)₂(OH)•8H₂O]

gutta[pl.-e] 古塔胶；圆锥饰；滴

gutter 水槽；砂矿矿床最高的底部[澳]；堑沟；浅沟；导火索；沟；槽；肛沟[腹]；富矿层[砂矿底部]；流槽；裂缝；檐槽；出水沟；小沟；孔道
→(water) ~ 排水沟

guttering 井筒周边引水槽[导至水仓]
→~ corrosion 沟槽腐蚀

gutter or drain 泥沟
→~ receiving stone 雨水管下承石 // ~ trench 阻火壕沟 // ~-up 大冒顶；高冒顶

gutterway 排水沟

Guttilithion 斑石[钙超;E₂]

Guttulina 小滴虫属[孔虫;J-Q]

guy 缆绳；(用)支索撑住；支索

guyacanite 硫砷铜矿[Cu₃AsS₄;斜方]

guyanaite 圭水{羟}铬矿[CrO(OH);斜方]

guy{backstay} cable 拉索

guyed mast 用缆绳稳定的起重架；缆绳稳定的轻便井架
→~-tower platform 缆绳塔式平台

guying 牵索调位；缆绳加固

guy-line pendant section 缆绳悬垂部分

guy pattern 缆绳安装方式
→~ rope 稳索；系绳 // ~ rope{wire} line 缆绳 // ~-wire slide 缆绳滑降器

GV 闸门管；闸阀

gvarinite 泥片榍石

gwaun 山地牧场

G-wave 古顿伯格格波[一种长周期勒夫波]

gwihabaite 钾铵石[(NH₄,K)NO₃]

GWL 地下水面

gwythyen 矿脉；矿层

Gy 戈端[吸收剂量单位]；戈(瑞)[(放射性)吸收剂量国际单位]

Gyalophyllum 条棘泡沫珊瑚属[S]

Gycolate ×抑制剂[硫化铜矿抑制剂]

Gyffin shales 吉芬页岩

gyiteja 腐泥

gymbals 万向支架[钟]

Gymenma Sylvestre 匙羹藤

Gymnamoebida 裸变形虫类

Gymnema sylvestre 武靴叶{藤}；匙羹藤

gymnite 水蛇纹石[斜纤蛇纹石与富镁蒙脱石混合物;4MgO•3SiO₂•6H₂O]

Gymnites 裸齿菊石属

gymnocarpous 裸果的[植]

gymnoclemous 裸枝的[植]

Gymnocodium 裸松藻属；裸海松(藻属)[P-K]

gymnocyst 裸囊壁

gymnodinioid spore 裸甲藻式孢子

Gymnodinium 裸甲藻属[J-E]；裸沟藻属

Gymnogongrus 叉枝藻属[红藻;Q]

Gymnograptus 裸笔石(属)[O₂]

Gymnolaemata 裸喉类；裸唇目{类}

Gymnophiona 蛇蜥；蚓螈目

gymnophyllous 裸叶的[植]

gymnopodous 裸足的

Gymnosolen 裸枝叠层石(属)[Z]；锥管藻属

gymnosolen 化石海藻

gymnosperm{Gymnospermae} 裸子植物((亚)门)

Gymnosporangium 胶锈菌属[真菌;Q]

gymnosporangium 裸孢子囊[植]

gymnosporophyll 裸孢子叶[植]

gynaminic acid 种氨酸

gynandromorph 雌雄嵌体[植]

gynospore 大孢子；雌孢子

gyp 管子和容器内壁上的硬水结垢；石膏[CaSO₄•2H₂O;单斜]；锅炉结垢

gyparenite 石膏砂石{岩}

gypcrete 石膏胶泥；膏结物；石膏质壳

gypeolyte 石膏岩

Gypidula 鹰(头)贝(属)[腕;S-D]

Gypidulina 准鹰头贝属[腕;D₁₋₃]

Gyposaurus 兀龙(属)[T]

gyprock 石膏岩；难钻岩石

gypsarenite 石膏砂石{岩}

gypse 石膏[CaSO₄•2H₂O;单斜]

gypseous rampart 石膏脊垒

gypsic 富含石膏的；富含硫酸钙的
→~ {gypseous} horizon 石膏层

gypsiferous 含石膏的

gypsification 石膏化(作用)

gypsite 土石膏[CaSO₄•2H₂O]；土状石膏

gypsogenic acid 丝石竹酸

gypsogenin 丝石竹(皂苷元)

gypsoide 石膏式矿物

gypsolith{gypsolyte} 石膏岩；膏岩层

gypsophila 丝石竹

gypsophila patrini 铜花；巴氏丝石竹[铜矿通示植]
→~ sericea 绢毛王头花

gypsophilous 喜石膏的

gypsoside 丝石竹皂苷

gyps(e)ous 石膏状的；含石膏的
→~ sand 石膏质砂；含石膏砂

gypsum 灰质板；石膏[CaSO₄•2H₂O;单斜]
→~ aluminate expansive (expansive cement) 石膏矾土膨胀水泥 // ~ autoclave 石膏蒸压锅 // ~ block partition 石膏砌块隔断 // ~ cap 石膏帽 // ~ cement 石膏铸型法[冶] // ~ earth 土石膏[CaSO₄•2H₂O] // ~ fibrosum 石膏[CaSO₄•2H₂O;单斜;材,中药] // ~ fireproofing 石膏防火盖面 // ~ kettle 石膏炒锅 // ~ model of Venus 维纳斯像石膏原型 // ~ pearlite hollow plank 石膏珍珠岩空心条板 // ~ perlite plaster 石膏珍珠岩灰浆 // ~ {selenite} plate 石膏试板 // ~ plate{slate;board;lath} 石膏板 // ~ powder 石膏粉 // ~ ready-mixed plaster 混有石膏的灰泥 // ~ rock 石膏岩 // ~ rosettes 玫瑰花式石膏晶簇 // ~ rubrum 寒水石 // ~ {swallow(-tail)} twin 石膏双晶 // ~-vermiculite{vermiculite- gypsum} plaster 石膏蛭石灰浆 // ~ wood-fibered plaster 石膏木丝灰浆

gyps(e)y 间歇河

gypsy wheel 铺链轮
→~ yarder 绞盘机

Gyr[拉] 十亿年[10⁹年]

gyrasole 青蛋白石[SiO₂•nH₂O]

gyrasphere crusher 旋球型破碎机；旋回球面破碎机

gyrating crusher{breaker} 旋回式破碎机；回转式破碎机
→~ screen 平面旋回筛；回转筛；平面旋回筛 // ~ vanner 回转带式流{溜}槽；回转淘选带

gyration 回转；环动；旋转；旋动
→~ vector 回转矢(量)

gyrator 回转器；旋回式破碎机

gyratory 回转的
→~ breaker 旋回式破碎机 // ~ intersection{function} 环形交叉 // ~ pillar shaft crusher 定轴式回旋碎矿机

Gyraulus 小旋螺属[腹;J-Q]

Gyrex screen 杰瑞克斯型振动筛

Gyrineum 蝌蚪螺属[腹;N-Q]

gyrite 球菱钴矿[$CoCO_3$];球菱铁矿[$FeCO_3$]

gyro 回转仪;陀螺仪

→～- 回转;环;环动;圈//～ and fume stabilizer 回转水槽防摇装置;陀螺仪和防摇水槽稳定器[船舶防摇]

gyrobearing 陀螺方位{向}

gyrocar 单轨车

gyroceracone 环角石式壳;环角石状壳;罗角锥

Gyroceras 环角石(属)

gyroclinometer 回转式倾斜计

gyrocone 环角石式壳;罗角锥

gyrocopter 旋翼飞机

gyrodamping 回转阻尼

Gyrodiscoaster 圆盘星石[钙超;E_{1-2}]

gyrodozer 铲斗自由倾斜式推土机

gyrodyne aircraft 直升(飞)机

gyro flux-gate compass 陀螺感应同步罗盘

→～ frequency 旋转频率//～-frequency 回转频率

gyrogastric 螺圈状旋壳的[腹]

Gyrognathus 元颚牙形石属[O_2]

gyrogonite 轮藻藏卵器化石

gyrograph 记转器;旋转测度器

gyro(scopic) horizon 人工地平线仪

gyroid 倒转轴

gyroidal 回转的;螺旋形的

→～ {gyrohedral} class 五角三八面体(晶)组[*432* 晶组]//～ class 五角二十四面体类

Gyroidina 圆形虫属[孔虫;K-Q]

gyro integrating accelerometer 陀螺积分加速度计

Gyrolepis 圆鳞鱼属[T];吉罗鱼

gyrolite 吉水硅{沸}钙石[$Ca_2Si_3O_7(OH)_2 \cdot H_2O$;六方];白硅钙石[$Ca_2(SiO_4)$;$Ca_{14}Mg_2(SiO_4)_8$;斜方、假六方];白钙沸石[$4CaO \cdot 6SiO_2 \cdot 5(H,Na,K)_2O$]

Gyrolithes 螺圈迹[遗石;J-N]

gyromagnetic ratio 回转磁比;回磁比;旋磁化

gyromagnetics 回转磁学

gyromagnetic theory 回转地磁论

gyrometer 陀螺测试仪

Gyronema 圆线螺属[腹;O-S]

gyropendulum 陀螺摆

Gyrophiceras 环蛇菊石属[头;T_1]

gyrophoric acid 石茸酸

gyrophyllites 轮叶迹[遗石]

gyroplane 旋升飞机

Gyropora esculenta,an edible mushroom grown on rocks 石耳

Gyroporella 圆孔藻属[P-T]

gyro precession 陀螺进动性

gyrorotor 回转体;陀螺转子

gyroscopic 回转的

→～ action 回转作用;陀螺作用

gyroscopically stabilized camera 陀螺稳定摄影机

gyroscopic-clinograph method 陀螺测斜仪法

gyroscopic compass 电罗经;陀螺罗盘

→～ {gyrostatic} compass 回转(式)罗盘

//～ motion 回转运动//～ single shot 回转单照仪

gyrose 屈曲的[植];波状的

gyroshere 回转球;陀螺球

gyrosphere 陀螺球

gyro-stabilized camera 陀螺稳定摄影机

gyrostabilized gravity meter 陀螺稳定的重力仪

gyrostatic core orientator 回转轮式岩芯定位仪

gyrosyn 陀螺同步罗盘

gyrosystem 陀螺系统

gyrotor 回转器;方向性移向器

gyrotron 陀螺振子

gyrotropic 向陀螺栓的

gyrounit 陀螺环节

gysinite 碳铅钕石[$Pb(Nd,La)(CO_3)_2(OH) \cdot H_2O$]

gyttia 湖相沉积;腐殖黑泥

gyttija 湖底软泥

gyttja[pl.gyttjor] 黑色或褐色腐殖泥淤泥[0.002～0.06mm];腐{骸}泥;腐殖黑泥

→～ {cumulose;muck} soil 腐泥土

gyttjor[sgl.gyttja] 溯积有机软泥

gyulekhite 水硅铁钾矿[一种鳞片状的水云母];鳞水云母;伊利石[$K_{0.75}(Al_{1.75}R)(Si_{3.5}Al_{0.5}O_{10})(OH)_2$(理想组成),式中 R 为二价金属阳离子,主要为 Mg^{2+}、Fe^{2+}等];水云母

Gzhelian 格舍尔阶

→～ {Gshelian} (stage) 格热尔(阶)[俄;C_3]

Gzheloceratidae 哲罗角石科[头]

H
h

H 磁场强度；氢；热焓；焓；高铁群球粒陨石；硬度

H-120 ×(号)硅酮油

H. 压头；水头；小时；亨利[电感单位]；浓的；高度；高的

Haalck gas gravimeter 哈氏气体重力仪

Haanel depth rule 哈内耳深度法则

haapalaite 叠(羟)镁硫镍矿[4(Fe,Ni)S•3(Mg,Fe²⁺)(OH)₂;六方]；哈帕矿

haar 哈雾[苏格兰东部的一种海雾]

haarcialite 纤沸石[Na₂Ca(Al₄Si₆O₂₀)•7H₂O;斜方]

Haase system 海斯铁管桩法凿井；哈泽管桩凿井法

habazit 黑锌锰矿[(Zn,Mn,Fe)Mn₂O₅•2H₂O;(Zn,Fe²⁺,Mn²⁺)Mn₃⁴⁺O₇•3H₂O;三斜]；菱沸石[Ca₂(Al₄Si₈O₂₄)•13H₂O;(Ca,Na)₂(Al₂Si₄O₁₂)•6H₂O;三方]

Habegger circular-type hard-rock tunneling machine 哈别加圆形硬岩隧道开巷机

Haber firedamp whistle 哈巴型瓦斯警报器

habilitate 使用能力；合格；取得资格[尤指大学任教资格]；对矿山投资和提供设备；投资

Habiscuss 哈比丝卡丝红[石]

habitability 适于居住；可居住

habitat(ion) 生境；生活环境；海底探测船；栖息地；场所；产地；生聚[油]；(水下)居留舱；赋存条件；住所

habitat form 生境(形态)

habitation 居住

habitat model 环境模型
→～ of oil 石油产地

habit-modification 习性变化{态}

haboob{habub} 哈布尘{沙}暴

ha(t)chure 刻线；痕迹；蓑状线[绘地图用]；影线[地形、断面等]；晕瀹[测]；晕瀹线

hachure map (用)蓑状线或影线表示山岳的地图
→～ method 晕瀹法

hacking 流沙槽[宝]

hackly 锯齿状的；锯齿状
→～ fracture 锯齿断口

hackmanite 紫方钠石[Na₄(Al(NaS))Al₂(SiO₃)]

hacksaw blade 钢锯条
→～ striation 锯状条痕

hadal 海沟的
→～ depth 超深渊[>6,000m]；超深深度 //～ {abyssopelagic} zone 深渊带 //～ (marine) zone 超深渊带

haddamite 钽烧绿石[(Ca,Mn,Fe,Mg)₂((Ta,Nb)₂O₇)]；细晶石[(Na，Ca)₂Ta₂O₆(O,OH,F),常含U、Bi、Sb、Pb、Ba、Y等杂质;等轴]

Haddingodus 哈丁牙形石属[O₂]

Haddonia 蚕形虫属[孔虫;E₂-Q]

hade 伸向；伸角；倾斜余角；倾斜；垂直倾斜；断层余角
→～ against the dip 相反的断层倾向[断层倾向与地层倾向相反]

hadean 阴间的；地狱的

Hadentomoidea 哈盾目[昆]

Hadrodontina 小厚颚牙形石属[T]

Hadrognathus 厚颚牙形石属[S]

hadromestome 木质部[植]

hadron 强子[一种基本粒子]

Hadrophyllum 厚壁珊瑚属[D₁₋₂]

hadrosaurus 鸭嘴龙类；鸭嘴龙属[K₂]

haemal arch 脉弧
→～ spine 脉棘

haemantite 赤铁矿[Fe₂O₃;三方]

haematite 赤铁矿[Fe₂O₃;三方]

haematitum 代赭石[含有多量的砂及黏土;Fe₂O₃]；赤铁矿石

haematization 赤铁矿化

haematocinite 赤石灰岩

Haematococcus 红球藻属[Q]

haematogelite 胶赤铁矿[Fe₂O₃]

haematokonite 血红方解石

haemoglobin 血红朊

haemproteins 血蛋白

haff 潟湖[德]

hafnefjordite{maulite;mournite;samoite} 拉长石[钙钠长石的变种;Na(AlSi₃O₈)•3Ca(Al₂Si₂O₈);Ab₅₀An₅₀-Ab₃₀An₇₀;三斜]

hafnia 氧化铪

hafnium 铪
→～ concentrate 铪精矿 //～ containing mineral 含铪矿物 //～ deposit 铪矿床

hafnon 铪(英)石[Hf(SiO₄);四方]

haft (给……)装柄；把手
→～ {hilt} 柄[锄、斧、刀等]

hag(g) 沼泽中地块；缺口；刨煤；槽；缝；沼泽硬地；凹口

Hagan coagulant 11{|18|7} Hagan 11{|18|7}(号)凝结剂[聚电解质+膨润土]

hagatalite 稀土铌钽锆石；波方石；稀锆英石

hagemannite 杂氟钠霜晶石[氧化铁污染的方霜晶石与氟钠铝镁石混合物]

hagendorfite 黑磷铁钠石[(Na₂,Ca)(Fe²⁺,Mn²⁺)₂(PO₄)₂;(Na,Ca)Mn(Fe²⁺,Fe³⁺,Mg)₂(PO₄)₃;单斜]

haggertyite 哈格蒂矿[Ba(Ti₅Fe₄²⁺Fe₃³⁺Mg)O₁₉]

haggite 黑斜钒矿[V₂O₃•V₂O₄•3H₂O;V₂O₂(OH)₃]；三羟钒石[V₂O₂(OH)₃;单斜]

hagiolith 圣迹石碑

hahnium 𬭩[Ha;𬭩之旧名;第105号元素]

haidingerite 砷钙石[CaH(AsO₄)•H₂O;斜方]；辉铁锑矿[FeS•Sb₂S₃;斜方]

haigerachite 海格拉契石[KFe₃(H₂PO₄)₆(HPO₄)₂•4H₂O]

hail 下雹；雹；(使)像雹子般落下；冰雹；一阵[雹子般的]

hailstone 冰雹
→～ imprint 雹痕

haimatolith 羟砷镁锰矿

haineaultite 海涅奥特石[(Na,Ca)₅Ca(Ti,Nb)₅(Si,S)₁₂O₃₄(OH,F)₈•5H₂O]

hainite 铈片榍石

hair(spring) 丝；叉线[光学仪器上]；毛状物；毛发状物；毛发；毛；微动弹簧；极微的量；发；头发；游丝

hair (cross) 十字线

→～ copper 毛赤铜矿[毛发状;Cu₂O]

hairline 叉线[光学仪器上]；发线；瞄准线；非常细的线；细缝；发状裂缝；发丝裂缝；细线；极细的线；十字丝[光学仪器]；十字线[瞄准镜上]
→～ fracture 发丝状裂缝；细裂缝//～ pointer 有十字丝的指示器

hair mortar 麻刀灰泥

hairpin bend (河流)U形急(转)弯
→～ dune 发针形沙丘//～ heatexchanger U形换热器

hair-pyrite{hair{nickel} pyrites} 针镍矿[(β-)NiS;三方]

hair salt 毛矾石[Al₂(SO₄)₃•16~18H₂O;三斜]；发盐
→～-salt 七水镁矾；毛矾石[Al₂(SO₄)₃•16~18H₂O;三斜]//～ sieve 密眼筛；马尾筛；细筛

hairstone 毛发水晶[水晶中含金红石或阳起石等矿物]

hair-zeolite 发沸石

haiweeite 多硅钙铀矿[Ca(UO₂)₂Si₆O₁₅•5H₂O;单斜]

hake 格架

hakite 硒黝铜矿[(Cu,Hg,Ag)₁₂Sb₄(Se,S)₁₃;等轴]

hakutoite 白头岩；英钠粗面岩

Hal 岩盐[NaCl]

halberd-shaped 戟形的[植叶]

halbhohle 岩龛
→～ {halbbohle} 岩穴[德]

halbkugelkarst 半圆锥状喀斯特[德]

halcyon 翡翠[NaAl(Si₂O₆);动,a bird]

haleniusite-(La) 氟铈镧石[La₁₋ᵧ(Ce³⁺₃₋ₓCe⁴⁺ₓ)O₁₊ₓF₁₋ₓ]

Hales(')method 黑尔{哈莱}斯法[一种用于地震折射勘探的图解方法；图解折射解释方法]

Hale's model 海尔模型

half 与主割理成45°角的工作面；劈理成45°角的工作面；半；不完全的；与主解理成45°的工作面；一半地
→～-advance-and-half-retreat method 半进(半)退式房柱(采矿)法//～-angle set 半角形支架//～ basin 半盆地//～-crystal 半成晶//～ dollar 半美元(硬币)//～-dressed quarry stone 粗琢原石

half graben 半地堑；箕状[形]地堑
→～-granite 半花岗岩[石]//～ graphite 半石墨//～ horst 一侧上升地垒//～-normal bend 半正弯管//～ -path moveout 半程时差//～ plate 半板//～ range of tide 半潮差//～-round nose 细粒金刚石钻头半圆端//～-round nose bit 半圆唇金刚石钻头

halftone 半音度；中间色调；半色调；照相(网目)铜板
→～ image 半色调像//～ output signal 浓淡点输出信号

half-tone output signal 网点图像输出信号

half-track 轮和履带兼备的车；半轮半履带式车
→～ unit 半履带式行走机构

half trip 半行程[下钻或起钻]
→～-V method 长柱对角工作面开采法；长臂对角面采矿法

halfway line (in football) 中线
→～ up the mountain 山腰

half width 半值宽度；半宽度

→～-window 半窗

Halicalyptra 海鞭硅鞭毛藻(属)[E₃-Q]

Halicoryne 海棍藻属[Q]

halide 卤化物；卤素

→～ glass 卤化物玻璃

halilith{halilyte} 石盐岩

Halimeda 仙掌藻属[钙藻;Є-Q]

haline water 高盐水；高咸水

Haliotis roei 花轮鲍螺

halistas 海底深穴；洋底深穴

halite 食盐；石盐[NaCl;等轴]；矿盐；岩盐[NaCl]

→～ cast 盐模 //～ crystal cast 盐晶模

Halitheriinae 海兽亚科

Hal(l)itherium 牛海兽(属)[E₃-N₁]

halitic 石盐的；含石盐的；岩盐的

→～ sandstone 含石盐砂岩

halitosylvin 杂石钾盐

halitum 岩盐[NaCl]

halkafanite 黑锌锰矿[(Zn,Mn,Fe)Mn₂O₅•2H₂O;(Zn,Fe²⁺,Mn²⁺) Mn₃⁴O₇•3H₂O;三斜]

Halkyn jig 海耳金型动筛跳汰机

hall 会堂；石室；石厅；走廊；矿房；井底车场；洞厅

Hall bath 霍尔冰晶石电解质

→～-Dana-Stille concept 霍尔-德纳-施蒂勒观点 //～ deep cell 霍尔氏深型浮选机 //～ effect 哈尔效应；霍尔效应

halleflinta 长英角岩

halle-flinta 细粒长英粒岩

hallerite 锂钠云母

hallex[pl.-licis] 踇趾

Halley's Comet 哈雷彗星

Hallia 赫尔珊瑚属[D₁]

Hallian 哈利(阶)[北美;Q]

Halliburton line 哈里波顿管线[固井用耐高压管]

hallimondite 砷铀铅矿[Pb₂(UO₂)(AsO₄)₂•nH₂O]；三斜砷铅铀矿[Pb₂(UO₂)(AsO₄)₂;三斜]

Hallimond method 哈利蒙法

Hallina 郝露贝属[腕;O₂]

Hallinger shield 哈利格隧道掘进护盾

hallite 星云母[Mg₂(Mg,Fe)(AlSi₃O₁₀)(OH)•4H₂O]；镁鲕绿泥石；星蛭石[Mg₂(Mg,Fe)(AlSi₃O₁₀)(OH)₂•4H₂O]；矾石 [Al₂(SO₄)(OH)₄•7H₂O;单斜、假斜方]；铁菱镁矿[(Fe,Mg)CO₃]

Hallitherium 海兽属

Hallograptus 赫氏笔石属[O₁]

hallonite 二水钴矿

Halloporina 拟赫氏苔藓虫属[O]

halloysite{halloylite} 埃洛石[优质埃洛石(多水高岭石),Al₂O₃•2SiO₂•4H₂O;二水埃洛石 Al₂(Si₂O₅)(OH)₄•1~2H₂O; Al₂Si₂O₅(OH)₄;单斜]；(变)叙永石；变(准)埃洛石[Al₂O₃•2SiO₂•2H₂O;单斜]

halloysitum rubrum 赤石脂[中药]

Hall-Rowe wedge 霍耳{尔}-诺导向楔

→～ wedging method 霍尔-罗氏(偏斜)楔人工造斜法；霍尔若型偏斜楔子定向钻进法

Hall's technique 霍尔法[稳定注水试井法]

Hallusigenia 怪诞虫属[Є]

hallux[pl.-ucis] 后趾[鸟]；大趾；大踇趾[人]；拇；踇趾

Hally's law 海氏定律

halmeic deposit 深海溶液沉积物

→～ mineral 海生矿物

halmyrogenic 海(水生)成的

halmyrolitic 海解的

halmyrolysate 海解产物

halmyrolysis 海底风化

halmyrolytic 海解的

→～ sediment 海底风化沉积物

halmyro(ly)sis 海解作用[矿物的海底分解]

halo 多色环；光晕；光轮；焰晕；(月)晕圈；晕环；晕；矿物晕圈[地球化学勘探]；(使)成晕圈

haloalkane 卤(代)烷

halo-anhydrite 盐硬石膏

halo anomaly 晕状异常

Halobia 海燕蛤(属)[双壳;T₂₋₃]

halobic 好盐性

halobion 海洋生物

halobiotic 盐生的；海洋生的

halobolite 海底锰块；锰结核

halocarbon 卤代烃；卤(化)碳

halo {-}carnallite 杂盐

halochalcite{halochalzite} 氯铜矿[Cu₂(OH)₃Cl;斜方]

halochitina 海几丁虫属[S₃]

halochromic 卤色化(作用)的

halochromism 卤色化(作用)；加酸显色

halochromy 加酸显色现象

halocline 盐(度)跃层；盐度速变带

halodrymium 红树群落

halo effect 环晕效应；光圈效应

haloform 三卤甲烷；卤仿

halogen 卤(素)；卤族

→～ acetone 卤代丙酮 //～ acid 氢卤酸

halogenated aromatics 卤化芳香族物质

→～ bisphenol A epoxy resin 卤代双酚A环氧树脂 //～-petroleum fluid 卤化石油基液体

halogenation 卤化(作用)

halogenesis 成盐作用

halogenic deposit 海盐沉积

→～{salt} deposit 盐类沉积

halogenide 卤化物

halogeno-benzene 卤代苯

halogenoid 类卤基{类}

halogenous 含卤的

halogenpyromorphite 卤磷砷钒铅矿类

halogen rock 盐岩

→～{salt} rock 盐类岩石

halohydrin 卤代醇

halohydrocarbon 卤代烃

halokainite 卤钾盐镁矾；钾盐镁矾[MgSO₄•KCl•3H₂O;单斜]

halo-kieserite 卤水镁矾；石盐镁矾

halokinesis 盐构造学

halokinetic deformation 盐体动力形变

halokinetics{halo kinetics} 盐体力学

haloklasite 哈洛克拉炸药

halolite 盐鲕；盐屑岩

halometer 盐量计

halometry 盐量测量

halomorphic 盐生的

→～{halogenic} soil 盐成土 //～ {saline-alkaline{-alkali}；(alkaline-)saline} soil 盐碱土 //～ {saline;saliferous;salinized;salt-affected} szik;salty;salted} soil 盐渍土

halomorphism 盐生形态

halo of dispersion 分散晕

→～ ore 晕矿

Halopappus 海冠毛球石[钙超;Q]

halo pattern 晕样{模}式

halopelite 盐质泥岩

halophilic 适盐的[植]；嗜盐的；喜盐的

→～ bacteria 亲盐细菌

halophilism{halophility} 好盐性

halophilous 喜盐的；适盐的[植]

→～ plant 好盐生植物

halophobe 嫌盐的；避盐的

halophobes 嫌盐植物

halophobic 避盐的；嫌盐的

halophobous 嫌盐的；避盐的

halophyle 适盐的[植]；高盐的[植]

halophyllite 适盐矿物

halophyte 耐盐植物；盐土植物；盐生植物(群落)

halophytic vegetation{plant} 喜盐植物

→～ vegtation 盐生植(物(群落))

Halorella 海燕贝属[腕;T₃]

Halorellina 准海燕贝属[腕;T₃]

halos in biotite 黑云母的色晕

→～ of mercury 汞晕

Halosphaera 海球藻属[黄藻;Q]

halo-sylviorete 钾石盐[KCl;等轴]

halo-sylvite 钾盐[KCl]；钾石盐矾；钾石盐[KCl;等轴]；钾石岩

haloteresis 骨质软化

halotri-alunogen 杂毛铁明矾石

halotrichine 铁明矾[Fe²⁺Al₂(SO₄)₄•24H₂O;FeO•Al₂O₃•4SO₃•24H₂O]；铁铝矾[Fe²⁺Al₂(SO₄)₄•22H₂O;单斜]

halotrichite 毛矾石[Al₂(SO₄)₃•16~18H₂O;三斜]；铁明矾 [Fe²⁺Al₂(SO₄)₄•24H₂O;FeO•Al₂O₃•4SO₃•24H₂O]；铁铝矾[Fe²⁺Al₂(SO₄)₄•22H₂O;单斜]

halotrichum 七水镁矾；泻利盐[Mg(SO₄)•7H₂O;斜方]

halting 拦截[目标的]

→～ problem 停机问题

halurgite 哈硼镁石[Mg₂(B₄O₅(OH))₂•H₂O;单斜]；哈卤石[2MgO•4B₂O₃•5H₂O]；五水硼镁矿[2MgO•4B₂O₃•5H₂O]

halvanner 选废石的选矿工

halvans 杂质多的矿石；贫矿石；贫化矿石；极贫矿石

halving 等分；半搭接；半开接合；杂质多的矿石；开半接合

→～ halt 重接皮带

halvings 含大量废石的贫矿；贫矿石

Halymenia 海膜属[红藻;Q]

Halysestheria 链叶肢介属[K₂]

Halysites 链珊瑚属[O₂-S₃]；链珊瑚

ham 猪腿；腿；火腿；业余无线电爱好者

→～(m)ada 哈马达；岩质沙漠；石漠；岩漠

hamada{rock desert} 石质沙漠[阿]

→～ stone desert 石质沙漠

hamafibrite 红纤维石 [Mn₃(AsO₄)(OH)₃•H₂O]；羟砷锰矿[Mn₂(AsO₄)(OH);斜方]；血纤维石[Mn₃(AsO₄)₃•H₂O]；水羟砷锰石[Mn₃(AsO₄)(OH)₃•H₂O;斜方]

Hamamelidaceae 金缕梅科

hamamelitannin 金缕梅丹宁[C₂₀H₂₀O₁₄]

Hamamelites 似金缕梅属[植]

Hamarodus 哈马拉牙形石属[O₂₋₃]；二哈马拉牙形石属[O₂₋₃]

ha(r)martite 氟碳铈矿[CeCO₃F,常含 Th、Ca、Y、H₂O 等杂质;六方]

hamate 钩状的

ha(e)matophanite 氯铁铅矿；铁氯铅矿[Pb₅Fe₄(Cl,OH)₂O₁₀]

H

ha(e)matostibiite 红锑锰矿；锑铁锰矿[由 $MnO,FeO,Sb_2O_5,(Mg,Ca)CO_3,SiO_2,H_2O$ 等组成]

hambergite 硼铍石[$Be_2(BO_3)(OH)$;斜方]

hamelite 水硅铝镁石

Hamilton age 汉米敦期
→~ beds 汉密尔顿层[北美;D_2]

Hamite 含族；含米特人[居于东北非洲]；哈姆族人；诺亚次子 Ham 的后裔

Hamites 钩菊石(属)[K]

hamlet 任何石斑鱼幼鱼；纹石斑鱼

hamlinite 羟磷铝锶石[$(Sr,Ca)_2Al(PO_4)_2$ (OH);单斜]；磷铝锶石[$SrAl_3(PO_4)_2(OH)_5•$ H_2O]；磷锶铝石[$SrAl_3(PO_4)_2(OH)_5•H_2O$;三方]

hammada 石质沙漠；哈马达；岩质沙漠；岩沙漠

hammarite 哈硫铋铜铅矿[$Pb_2Cu_2Bi_4S_9$;斜方]；重硫铋铜铅矿

Hammel 哈默尔公司[德]；梅尔；杜远

hammer 击锤[产生地震波]；板锤；桩锤；铆枪；锤成；锤骨；锤；接连锤打；锤击；锤打[反复地]

hammer anvil 锤垫
→~-apparatus 打桩机//~ damper 重锤阀//~ disk 锤盘[锤碎机]//~-dressed ashlar{stone} 锤琢石//~-dressed quarry stone 锤琢块石

hammered granolithic finish 剁斧石面
→~ granolithic flooring 剁斧石楼地面

hammer{smith} forging 自由锻造
→~ gate 落锤式闸门//~ hack 劈石斧

hammerhead{hammer{beater} head} 锤头

hammering 锤碎；锻
→(water) ~ 水锤现象//~ block 砧//~ composer method 重锤夯实砂桩法

hammerite 橙钒镁石

hammer man{smith} 铁匠；锤工
→~ mill{crusher;breaker;rolls} 锤碎机//~-mill cage 锤碎机的篦子//~-milling 锤碎

hammerpick 风镐

hammer shaft{shank} 锤柄
→~ shank 锤杆[锤碎机]//~ sinker 凿井用凿岩机

hammerstone 石锤

hammer stop ring 锤击式制动圈
→~{forge} tongs 锻工钳//~ welded pipe 锻造管

Hamming 汉明(修匀)

hamming 拙劣做作地表演；过火地表演

hammochrysos 云母[$KAl_2(AlSi_3O_{10})(OH)_2$]

hammock 吊铺；沼泽小岛；残丘；硬木群落
→(turf) ~ 草丛丘//~ forest 内陆常绿阔叶林//~ structure 吊床状构造

hamose{hamous} 钩状的

hampdenite 硬蛇纹石[$Mg_3(Si_4O_{10})(OH)_8$]；叶蛇纹石[$(Mg,Fe)_3Si_2O_5(OH)_4$;单斜]

hampshirin 块蛇纹石

hampshirite 假象块滑石；英蛇纹石；滑蛇纹石

hamrongite-porphyrite 英云煌斑玢岩

hamster 仓鼠属[N_2-Q]

hamulate{hamulose} 具小钩的

hamulus 钩形突；小钩；翅钩列[昆]

hamun 雨季湖

hanawaltite 氯汞矿[$Hg_6^{1+}Hg_2^{2+}(Cl,(OH)_2)O_3$]

hanaways 杂质多的矿石

Hanchiangella 小汉江介属[$\mathbb{E}_1$]

Hanchungella 小汉中介属[O_1]

Hanchungolithus 汉中(三瘤)虫(属)[三叶;O_1]

hancockite 铅黝帘石[$(Pb,Ca,Sr)_2(Al,Fe)$ $(SiO_4)O(OH)$;$(Pb,Ca,Sr)_2(Al,Fe^{3+})_3(SiO_4)_3(OH)$;单斜]；铅绿帘石

hand 照管；手迹；手；支配；人手；交给；枪柄；工人；扶持；方面；传递；交出；指针[钟、(仪)表的]
→~ ax 无柄石斧[史前]//~ buddle 人工洗矿斜槽//~ cleaning of coal 煤中矸石手拣

handcockite 锶帘石

hand control 人工控制；人工操纵
→~-control valve 手控阀//~ counter 手计数器//~ dog 变形法兰式扳手；钻杆扳手；拧钻杆的扳手；扳手；手钳[美油矿习用语]//~ excavation 人工挖土石方//~ feed 手给进；蜗杆式机械手摇推进器//~ floating dry concrete 手工浇注干混凝土//~ grip 抓手//~ hole 手孔//~-hole 手工凿岩；筛孔；手工掏槽；孔；注入孔

handicraftsman[pl.-men] 手工业者{|艺人}

handing and loading 装运
→~-over of site 移交地盘

hand inside 下套管；下暗管

handite 含锰砂岩；锰砂岩

handiwork 手工(艺)

hand-jack 手动起重器

hand{hand-operated} jig 手工操作跳汰机

handlability 可搬运性

hand labo(u)r 手工
→~ lashing 手装岩石//~ lay-up 手糊工艺

handle(bar) 把手；输送；勺杆；铲斗杆[挖掘机]；铲；管理；办理；钮；操作；操纵；耳；运用；运输；处理；用手搬运；应付；控制；搬运；触；经营；柄；驾驶盘；堆放；讨论

(crank) handle 摇柄

handle (grip) 手柄

handleability 操作性能

hand lead 水砣；测深手锤

handlead sounding{survey} 手锤测深

hand lead sounding 锤测

handle a matter after tempers have cooled 冷处理
→~ gouge 带柄半圆凿

hand lever 手杆

handle with care 小心轻放

handling 输送；使用；掌握；管理；运转运；装卸；贮；搬运；运输；转换；修改；堆放；加工
→~ a well 钻孔钻进规程的调整//~ cost 手续费//~{managed} cost 管理成本//~ damage 装运损坏//~ of mine fire 矿井火灾处理//~ of ore fines 粉矿处理//~ of top material 顶部物质的清除;假顶岩石的清除//~ radius 活动半径

hand-loaded conveyor 人工装料输送机

hand loader 铲装工
→~ machine 手力机

Hand(-)made 手(工)制的；手工制品

hand magnet 手磁铁
→~-mallet 手木槌//(hour) ~ of a clock or watch 时针

hand-operate 手动；手操纵

hand operated{driven} 手动的

→~ -operated{-controlled;-manipulated} 手控的//~ operated valve 用手开关的阀//~ operating 人工操作；徒手操纵//~-operation 手工操纵；人工操作

hand-picked 手选的；拣选
→~ crude ore 手拣原矿

hand picking 手拣
→~ picking{preparation;cleaning;selection} 手选矸石

handpump 手摇泵；手压泵

hand-rail punch 扶手螺栓旋凿[木]

hand rammer 手动舂砂锤[铸]；人力夯
→~ ram straight draw-moulding machine 手舂砂顶箱造型机//~ rejector 护手安全装置//~-reset type 手动恢复式

handrometer 粒度计

hand rope 柔性钢绳
→~ rotation stoper 手转伸缩式凿岩机；手摇上向凿岩机//~ sample cutter 人工取样壶//~ sander reach rod 手拉撒砂器传动杆

handsaw 手锯

hand screen 手筛
→~ screw cramp 手螺旋夹//~ selection 拣选

handset 手持的小型装置；手机；听筒；送受话器[手持]

hand set{adjustment} 手调
→~-set bit 手镶(金刚石)钻头//~-set prop 手工架设的支柱//~ shield 焊接用的手持面罩

hands off 手动断路；请勿动手；不干涉
→~-off{automatic} tuning 自动调谐

handsome 漂亮的；玉

hand(-)sorting 手选；手选矸石

hand-sorting separation 人工分离
→~{picking} table 手选台

hand specimen 手(大小的矿石)标本
→~ spray gun 手喷枪

handstand 停机坪

hand starting 手启动[发动机]

handsteel 短钎钢

handstone 手磨石；鹅卵石

hand stowing 手工充填

hand template method 手绘模片法
→~-tight plane 用手拧紧(螺丝)到位平面//~-to-month buying 现买现卖//~ tool 手持工具//~-up 堵砂

hand winch{putter;windlass} 手摇绞车
→~ winch{windlass} 手绞车//~-winch take-up 手摇绞车拉紧装置//~ windlass 手绞盘

handwork 手工作业；手工

hand wrench 手扳手

handwriting 手写稿；笔迹

handy (可)手紧的；手边的；轻巧的；便利的；近便；能用手拧动的管接头或螺帽；可携带的；附近；方便的；不远
→~ billy 手摇(舱底)泵；轻便(消防)泵

handyman{handy{odd-job} man} 勤杂工

handy-size clean carrier 轻型轻质油油船
→~ dirty carrier 轻型重油油船

Hanford Brook formation 汉佛德溪组[北美;$\mathbb{E}_1$]

hang 倾斜；安装活动的东西；垂吊；安装用法；悬而不决；未决；悬；贴(糊墙纸等)；悬吊；斜坡；装饰[悬挂物]

hang a well off 使一口联动驱动抽油井停采[口,原意为把抽油杆挂起不动]

→～ down 下垂

hanger 顶板；吊轴承；吊螺栓[井筒护板]；吊卡；吊架；吊钩；吊耳；悬崖；上盘；上帮；挂钩；钩子；起锭器；架；支架；陡坡林地；绝壁；悬挂器；悬吊装置；轴承架；下柱
　　→～ (bolt) 吊挂螺栓；吊杆

hangfire{hang fire} 迟炮(炮眼)；迟爆[炮眼]；耽搁时间；犹豫不决；迟缓发射

hangfire avalanche 暂停雪崩

Hang Grey 杭灰[石]

hang her off the bump-post (使一口井)停止采油
　　→～ her on the beam 把抽油杆挂在游梁上[口]；抽油杆全下井后启动抽油//～ her on the hook；提高钻具停钻//～ her on the wrench 停钻；关井；下钻具入井并防杂物落井[口]

hanging 上盘；挂着的(东西)；陡的；悬料；悬挂的；悬壁；居上方的
　　→～ alluvial fan 悬冲积锥//～ cast 悬吊石膏管型//～ ice 悬冰//～ lamp room (挂)矿灯灯房//～ of lining 砌井壁//～ side 顶板悬壁[矿体]；矿体顶板；悬崖//～ talus 悬落石堆//～-up 捣矿机锤卡住；工作平台；工作架；放矿(溜)道堵塞；悬挂；悬料；溜眼堵塞//～-up of much 卡矿

hangingwall drift{hanging wall drift} 上盘平巷

hanging wall panel 挂板
　　→～-wall zone 顶盘带

hang inside 平稳地下套管

hangklip 悬崖

hang off 坐定；挂断电话；放下；放开；跨踌躇不前
　　→～-off receptacle 悬挂座//～-off shoulder 坐定台肩[水下井口试井装置的]//～ on (用)拖运夹夹住矿车[无极绳运输]

hang(ing)-up 挂起；意外停机；拖延；中止；堵塞；卡矿；挂料[鼓风炉故障]；挂；悬空

hang-up man 去除悬露岩石的工人；矿石的工人；撬浮石工

hang-ups 悬料

hang {-}wall raise 上盘天井
　　→～{suspending} weight 悬重

hangwind 坡风

Hanielites 汉尼尔菊石属[T_1]

Haniwa 填轮虫属[三叶;$\in_2$]

Haniwoides 似填轮虫属[三叶;$\in_2$]

hanjiangite 汉 江 石 [$Ba_2(Ca,Mg)(V^{3+},Al)_2(Si_4O_{10})(OH,F)_2O(CO_3)_2$]

hank 一绞；(使)成一卷卷；一束
　　→～ of cable 电缆盘；一盘电缆

hanksite 碳酸芒硝；碳钾钠矾[$KNa_{22}(SO_4)_9(CO_3)_2Cl$;六方]

hanléite 铬镁榴石[$Mg_3Cr_2(SiO_4)_3$]；(钙)铬榴石[$Ca_3Cr_2(SiO_4)_3$;等轴]

Hannaites 汉纳硅鞭毛藻(属)[E_2]

hannayite 水磷铵镁石[$(NH_4)_2Mg_3H_4(PO_4)_4•8H_2O$;三斜]；磷酸铵镁石；磷铵镁石[$Mg(NH_4)_2H_2(PO_4)_2•4H_2O$]

hannebachite 半水亚硫酸钙石[$CaSO_3•\frac{1}{2}H_2O$]

Hannell rule 汉纳尔规则

Hanning 汉宁(修匀)

Hanovia lamp 汉努维亚汞气灯[探测矿物荧光用]

Hansen's bearing capacity formula 汉森承载力公式

Hansenula 汉逊酵母属[真菌;Q]

hanuschite 镁皂石；杂钠钙镁皂石

hanusite 镁皂石；针镁石[斯皂石和针钠钙石混合物;$Mg_3Si_3O_7(OH)_2•H_2O$]；杂钠钙镁皂石

Hanyangaspis 汉阳鱼(属)[D_1]

Haoella 郝氏蜓属[孔虫;P_2]

Hapalodectes 软中兽属[T_2]

Hapalopteroidea 原翅目[昆]

Hapalosiphon 软管藻属[E_2]

haphazard 杂乱的；任意的；偶然的；偶然(的事件)；不规则(的)

hapkeite 哈普克矿[Fe_2Si]

haplite 白(花)岗岩；细晶岩；简单纯花岗岩

haplocheilic type 单唇式

Haplochitina 单几丁虫属[O_3-D]

Haplocythere 单花介属[N_2]

haplogranite 细晶岗岩；细岗岩

haploid 单元体；单倍体

haploidy 单元性

haplome 粒榴石[$[(Ca,Mn)_3Fe_2(SiO_4)_3]$；褐榴石

haplomict 单元杂种

Haplophragmella 小单栏虫属[孔虫;C_{1-2}]

Haplophragmoides 似单栏虫属[孔虫;J-Q]

haplophyll 初始叶

haplopore 单孔[棘林檎]

haplostele 单中柱

haplostephanous 单轮托叶的[植]

haplostichous 单列式的

Haplostracus 简单叶肢介属[K]

haplotypite 钛 赤 铁 矿 [$(Fe,Ti)_2O_3$, 含 钛 6%～8%的赤铁矿]；钛铁矿[$Fe^{2+}TiO_3$,含较多的 Fe_2O_3;三方]

haploxylonoid 单维管束型的[孢]

happening 偶发事件

Hapsiphyllum 表珊瑚(属)[D_2-C_2]

hapteron 附着器

haptonema 附着鞭毛[藻]；系线[钙超]

Haptophyceae 定鞭藻纲[钙超]；触丝藻纲

Haptopoda 束足蛛目[蛛;C]；联足目

haradaite 硅钒锶石[$SrVSi_2O_7$;斜方]；原田石

Harbinia 哈尔滨介属[K_1]

harbolite 硬辉沥青

harbortite 钠磷铝石；铁磷铝石

harbour dues 碇泊税；入港税
　　→～ light 港灯

hard 牢固；繁重的；反差强的；猛烈的；严格的；刺目的；硬的；刻苦；困难；勤劳；困难的；稳固的；坚固的；刺耳的
　　→～ (-boiled) 坚硬的

hard banding (钻杆接头表面)环形加硬层；敷焊的硬合金圈
　　→～-bed stream 石底河流//～ bottom {toes} 硬底[海]//～ brittle rock 硬脆岩石//～-burned brick 炼制砖//～-burned gypsum 炼石膏//～ burned lime 高温焙烧石灰//～ burning 硬烧//～-burnt 过火的//～-burnt plaster 无水石膏

hardcap 硬帽

hard casting 冷硬铸件
　　→～ cement 硬性水泥//～ chine form 折角船型；方额船型//～ cobalt ore 方钴矿[$CoAs_{2-3}$;等轴]//～ colors 硬彩//～ condition 刚性条件；淬硬条件

hardcore 矿渣碎块；核心硬件；碎砖；碎石块；碎石

hard core 基干；碎砖石垫层

→～ currency{cash} 硬币//～ currency 硬通货//～ digging 难钻的(岩石)//～ {high-energy} electron 高能电子

hardenability 可淬(硬)性；淬透性；可硬(化)性
　　→～ characteristics 可淬硬特性

hardened 渗碳的
　　→～ and tempered 硬化的和回火的//～ cement paste 水泥石//～ into a rock 硬化为石

hardening 凝固；淬透[金相]
　　→～ action 硬化作用//～ bin 固结矿槽

hardenite 细马氏体；碳甲铁(石)

hard facing 表面堆焊硬合金；渗碳；硬质焊敷层；喷硬合金；覆硬层；硬盖面(层)；加焊硬面(法)；镀以硬质合金
　　→～ finish plaster 缓硬石膏//～ grinding stone 硬磨石//～-ground man 石工

Hardgrove grindability index 哈氏可磨性指数
　　→～-Machine method 哈德格鲁夫机法[试验煤炭可磨性]

hard hat 硬壳帽
　　→～ hat gear 硬盔潜水装置

hardhat helmet 硬帽盔
　　→～{crash;miner's;protection} helmet 安全帽

hardhead 黑礁砾；草丛丘；泥炭丘；煤核；大卵石；岩石平硐指标；硬砂岩瘤；岩石平硐；硬头；硬结核

hard head 低质锡铁砷合金[冶锡残余物]
　　→～ heading 石巷；岩石平硐；岩巷//～-hitting 最先进的

hardie 方柄锤[凿]；锻凿

Hardinge disk feeder 哈丁奇型水平转盘给料机
　　→～ hydro classifier 哈丁型水力分级机

hardistonite 硅钙锌矿

hard lead 硬铅；锑铅(合金)
　　→～ magnetization 硬磁化//～ mass 人造宝石//～ metal bit tipping 硬质合金钻头包边//～-metal clay 硬质黏土[主要成分为高岭石,$Al_4(Si_4O_{10})(OH)_8$]//～-metal insert{tip} 硬质合金片//～ mineral 硬矿物

hardness 艰难；难度；刚度；坚固；硬；硬性；硬度
　　→～ of rock 岩石硬度//～ of stone 石材硬度

hardometer{hardometer hardness tester} 硬度计

Hardouinia 圆花海胆属[棘;K_2]

hardpan 铁盘；灰质壳；硬(岩)盘；硬{铁}磐；不透水硬黏土层
　　→～{iron} pan 灰质壳

hardparaffin 固体石蜡；硬石蜡

hard paraffin 硬石蜡
　　→～ plaster 硬石膏[$CaSO_4$;斜方]//～ rock{digging} 硬岩石//～ rock 硬质岩石//～ rock coring tool 坚硬岩石井壁取芯器

hards 大块硬暗煤[英]；无烟煤

hardsalt 硬盐

hard sand 硬砂岩
　　→～ science 硬科学//～ seat 基岩；底岩//～ shore 砾石岸//～-shot ground 难崩岩层；不易爆破地层//～ sinter 硬烧结矿(块)//～ spar 红柱石[$Al_2O_3•SiO_2;Al_2SiO_5$;斜方]

hardstand 停机坪

hard stone 硬石

→~ {mineralized} tissue 矿化组织// ~-to-cut rock 难截割岩石// ~-to-drill 难钻进的[硬岩石等]// ~-to-mine ore body 难采矿体// ~ {-}to {-}open concentrate 难分解精矿

hardwall 石膏抹底墙

hard{firm} wall 稳固围岩

hardware 实物;重兵器;构造装备;构件;硬设备;装备;附件;小五金;金属制品;铁器;五金;成品

→(computer) ~ 硬件

hard{earthy;calcareous;scale-producing; earth;hand} water 硬水

→~ wood tar 硬材焦油// ~ work 笨重工作// ~-wrought 冷锻// ~ X-rays 高透力 X 射线

hardystonite 锌黄长石[Ca₂Zn(Si₂O₇);四方]

Hare 天兔座

hare 兔;野兔;兔毫[陶]

haringtonite 哈乘硫矿;不纯辰砂

harkerite 硼硅钙镁石;碳硼硅镁钙石[Ca₂₄Mg₈Al₂(SiO₄)₈(BO₃)₆(CO₃)₁₀•2H₂O;等轴]

Harlechian 哈莱奇阶

→~{stage} 哈里希(阶)[欧;€₁]

harlequinopal 斑红蛋白石

harlequin opal 蜡蛋白石[蜡黄或赭黄色的蛋白石;SiO₂•nH₂O];斑红蛋白石

Harman process 哈曼(铁矿石直接还原)法

harmattan 哈麦丹风[撒哈拉沙漠]

harmful 有害的

→~ algal bloom 水华// ~ constituent 有害组分// ~ {deleterious;noxious} gas 有害气体

harmless 无害的;无毒的

harmomegathus[pl.-hi] 调节器[孢]

harmonic amplitude 谐波振幅

→~ coal mining method 中和地压采煤法// ~ elastic wave 谐弹性波// ~ folding 谐和褶皱(作用)// ~ model crystal 谐波模式石英晶体// ~ ringing 调谐信号

harmonious 协调;调谐

harmophane 金刚砂[Al₂O₃];刚玉[Al₂O₃;三方];氧化铝[Al₂O₃]

harmotom(it)e 交沸石[Ba(Al₂Si₆O₁₆)•6H₂O,常含 K;(Ba,K)₁₋₂(Si,Al)₈O₁₆•6H₂O;单斜]

Harnagian 哈尔纳格阶[O₃]

harness a well 压住井喷

harnessing 治理好;套好(车、马)

harnischstriemung 滑动镜面纹[德]

haroseth 坚果仁苹果泥[犹太教逾越节晚餐时食用;希伯来语]

harp 竖琴式管子结构加热炉;竖琴;装煤铲;转盘[刀架]

harpactophagous 食虫的;捕食的

Harpagolestes 强中兽属[E₂]

Harpagornis 劫鸟属[Q]

Harpes 镰虫(属)[三叶;D₂]

Harpides 似镰虫(属)[三叶;O₁]

Harpoceras 镰菊石

harpolith 岩镰

harpoon 标枪;(捕鲸)鱼叉

harp screen 竖琴式摆动筛;细绳筛;细弦筛

Harpyodidae 翼齿兽科

harradou 地磁场等年变线图

Harrel pulverizer 哈勒尔型粉碎机

harrie 剥离表土;回采矿柱;煤柱

harrier 装车工

harringtonite 杆沸石[NaCa₂(Al₂(Al,Si)Si₂O₁₀)₂•5H₂O;NaCa₂Al₅Si₅O₂₀•6H₂O;斜方;杂杆中沸石;白中(性针)沸石]

Harris' geologic occurrence model 哈里斯地质产状模型

harrisite 方勤铜矿;方辉铜矿;假方铅矿[辉铜矿具方铅矿假象;Cu₉S₅]

harrow 耙地;扒路机;耙子[从筛上去除劣矿的];扒平;路耙

→~ mark 耙痕

harshness 粗糙度;粗糙

harsh oilfield condition 恶劣的油田条件

→~ sand 棱角砂

harstigite 硅铍锰钙石[Ca₆(Mn,Mg)Be₄Si₆(O,OH)₂₄;斜方];铍柱石;铍钙柱石;镁柱石[(Ca,Mn,Mg)₈Al₂(Si₂O₇)₃(OH)₄]

hartal{hartell} 雌黄[As₂S₃;单斜]

Hartford No.28 press-blow machine 哈特福特 28 型成形机

hartine 晶蜡石;白针脂石[C₁₀H₁₇O(近似)]

hartite{branchite;hofmannite} 晶蜡石[C₁₂H₂₀];石黄

Hartley 哈特莱[信息量单位]

→~ bands 哈脱里频带// ~ oscillator 哈特莱(式)振荡器;电感耦合三点振荡器

hartleyite 烟煤;碳页岩

Hartley oscillator 电感耦合三点振荡器;哈特莱式振荡器

Hartmanella hyalina 透明哈氏变形虫

hartmannite 红锑镍矿[NiSb;六方]

Hartmann('s) lines 哈特曼线;滑移带群

Hartmann's law 哈特曼定则{律}

Hartree 哈特里[原子单位制的能量单位]

hartsalz 硬盐

hartschiefer[德] 硬片岩

hartshorn 氨水[NH₄OH];鹿茸;鹿角

→~ salt 碳酸铵

harttite 磷铝锶矾

hartungite 暗霓霞岩

Harvard miniature compaction test 哈佛小型击实试验

Harvey process 哈威低碳表面渗碳法

→~ steel 固体渗碳硬化钢

harzburgite 斜辉橄榄岩

Harz jig 哈茨(型活塞)跳汰机

→~ {plunger} jig 活塞型跳汰机

has fallen entirely to ruin 坍圮殆尽

hash 杂乱信号[无];无用数据;复述;(用)旧材料拼成的东西;反复推敲;谈论;碎屑堆积

hashed 散列的

hashemite 铬重晶石[Ba(Cr,S)O₄]

hashing 散列法[一种造表和查表技术];杂凑法

hash mixture 粗糙搅拌混合物

→~ total 无用数据总和

hasingtonite 杂杆中沸石

Haskell matrix 哈斯克尔矩阵

hasp 搭扣;用扣扣上;线管;铁扣

→~ iron 铁钩

Hassan Green 海珊瑚[石]

Hasselblad multiband camera 哈赛布莱德多波段摄影机

hassing 井筒集水圈垂直排水通道

hassium 镙[Hs,序 108]

Hassler type permeameter 哈斯勒式渗透率仪

hassock 软绿砂岩;软钙质砂岩

→~ structure 蒲团构造;丛状构造

Hassognathus 哈斯牙形石属[C₁]

hasson 井筒集水圈垂直排水通道

Hastarian 哈斯塔尔阶[C₁]

hastate 矛状的;戟形的[植叶]

Hastegerina 矛棘虫属[孔虫;N-Q]

hastiform{hastile} 戟形的[植叶];矛状的

Hastings Cove formation 哈斯丁斯湾组[北美;€₂]

hastingsite 绿钠闪石[Ca₂Na(Mg,Fe)₄Al(Al₂Si₆O₂₂)(OH,F)₂];绿钙闪石[NaCa₂(Fe²⁺,Mg)₄Fe³⁺Si₆Al₂O₂₂(OH)₂;单斜]

hastite 白硒钴矿[CoSe₂;斜方];哈斯特矿

hasty demolition 紧急爆破

hatch 绘晕滃线;画阴影线;量孔;闸门;升降口;油罐顶取油样人孔;策划;舱口;楼板口;选矿箱;半节门;口;孔;开口;图谋;井口门;天窗;短门

→~ carrier 舱口梁座// ~ coaming 舱口围板

hatched drawing 影线图

hatch end coaming 舱口横围板

hatchet 凿齿机;短柄斧

hatchetine 伟晶蜡石[CₙH₂ₙ₊₂,如 C₃₈H₇₈]

hatchet stone 手斧石[软玉;Ca₂(Mg,Fe)(Si₄O₁₁)₂(OH)₂]

hatchettine{hatchettite} 伟晶蜡石[CₙH₂ₙ₊₂,如 C₃₈H₇₈]

hatchettolite 铌钛铀矿[(U,Ca)(Nb,Ta,Ti)O₉•nH₂O];铀钽铌矿[(U,Ca)(Ta,Nb)O₄];铀烧绿石[(U,Ca)(Ta,Nb)O₄;(U,Ca,Ce)₂(Nb,Ta)O₆(OH,F);等轴];钶钛铀矿

hatch grating 溜口格条

hatching 示坡线图;画阴影线;上山;剖面线;配料;影线[地形、断面等];定量;晕滃[测]

hatchite 硫砷铊银铅矿[(Pb,Tl)₂AgAs₂S₅;三斜];银红铊铅矿;细硫砷铅矿[Pb₉As₄S₁₅;三方]

hatch service system 矿灯收发制度

→~ side girder 舱口边桁// ~ trunk 舱口围阱

hatchures 短线;阴影线

hatchway 升降口;舱口

→~ battening arrangement 钉条密闭舱口设备

hatch wedge 封舱楔

Hatfield process 海费尔特介电分选法;哈特菲尔德型介电分选法

hatherite 歪长正长岩

hatherlite 歪长云闪正长岩;歪(长棕)闪正长岩

Hating presentation 列表显示

hat rack 卡车司机室护顶

hatrurite 哈硅钙石[Ca₃SiO₅]

Hatschek process 抄取法

→~ sheet machine 抄取法制板机

hat seal 帽形密封

hatter 矿工;单独工作的矿工;淘金工(人);探矿员

hatterikite 钇钽矿[(Y,Ce,Ca…)(Ta,Zr…)₂O₇;(Y,Ca,Ce,U,Th)(Nb,Ta,Ti)₂O₆]

hat-type foundation 帽形基础[常作为小型发动机和泵的基础]

hauchecornite 硫锑铋镍矿[Ni₉(Bi,Sb,As,Te)₂S₈;四方]

hauckite 豪克矾;羟碳铁镁锌矾[(Mg,Mn²⁺)₂₄Zn₁₈Fe₃³⁺(SO₄)₄(CO₃)₂(OH)₈₁?;六方]

haud 豪德碉

hauerite 褐硫锰矿[MnS₂;等轴];方硫锰矿

haugh{haughland} 河旁草地；河岸平台；低丘陵；泛滥平原
→~ swamp 泛滥盆地

haugull 豪古风

haulage 运输；运搬；货运业；运费；运送；牵引；拖曳；提升

haulageman{haulage man{hand}} 运输工

haulage means 运输工具
→~ plant 牵引装置 // ~ plant {unit;facilities} 运输设备

haulageroad{(main) haulage roadway} 运输巷道

haulage{lifting;lift;whim;winding} rope 提升绳
→~ stope 钢绳运输回采工作面 // ~ tractor 牵引车 // ~ tunnel 运输平硐 // ~ underground 坑内运输，地下运输

haulageways 运输平巷

haulage{hauling} winch 电引绞车

haul(ing){pull-in} cable 牵引索

haul cycle 行车循环
→~ distance 走行距离

hauled weight 牵引重量；运输重量；拖拉重量

hauling {-}away 运出

haulingroad 运输平巷

hauling roadway 运输巷道
→~ {haulage;tow;towing} rope 拖缆

haul-in sheave 牵引滑轮

haul(age) road 运输巷道
→~ {haulage;hauling} road 运输道 // ~ road 拖运材料的道路 // ~ route 运输路线

Haultain superpanner 豪尔顿型淘(砂)矿机；摇动V形淘盘

hauptsalt{hauptsalz} 硅杂盐

hause 山口；小埂[连接两山的]；小峡谷

Hausmannia 荷叶蕨；豪斯曼蕨属[T₃-K₁]

hausmannite 黑锰矿[Mn²⁺Mn₂³⁺O₄，其中Mn²⁺和Mn³⁺呈有限类质同象代替，Zn²⁺代替Mn²⁺达8.6%，称为锌黑锰矿，Fe³⁺代替Mn³⁺达4.3%，称为铁黑锰矿；四方]

haustorium 吸器

haut 矿山现场售煤；坑口售煤

hautefeuillite 钙磷镁石

haüyne-latite 蓝方二长安山岩

haüyne-nephelinite 蓝方霞岩

haüyne-phonolite 蓝方响岩

haüyne-riedenite 蓝方-黝方黑云霓辉岩

haüynite 蓝方石[(Na,Ca)₄₋₈(AlSiO₄)₆(SO₄)₁₋₂;Na₆Ca₂(AlSiO₄)₆(SO₄)₂;(Na,Ca)₄₋₈Al₆Si₆(O,S)₂₄(SO₄,Cl)₁₋₂;等轴]；蓝方岩

haüynolite{hauynolith} 蓝方石岩

haüynophyre{hauynporphyr} 蓝方斑岩

haven 避风港；安全地方；小港湾

havnefiordite 拉长石[钙钠长石的变种;Na(AlSi₃O₈)•3Ca(Al₂Si₂O₈);Ab₅₀An₅₀-Ab₃₀An₇₀;三斜]

Hawaii 夏威夷(州)[美]

Hawaiian-type massive sulfide deposits 夏威夷式块状硫化物矿床
→~ volcano 夏威夷式{型}火山

hawaiite 淡绿橄榄石；夏威夷岩

Hawkes' biaxial gauge 霍克斯双轴仪

Hawkite 豪卡特炸药

hawleyite 黄硫镉矿；方硫镉矿[CdS;等轴]

haws 山口；小峡谷；小埂[连接两山的]

hawser 锚链；大索；系绳

→~-laid rope 逆捻绳 // ~{cross;ordinary;regular} lay 逆捻向

hawthorn 山楂

Hawthorne{roller-type;tooth-wheel;toothed} bit 牙轮钻头
→~ effect 霍桑效应

hawthorneite 钡钛铁铬矿[Ba(Ti₃Cr₄Fe₄Mg)₁₂O₁₉]

haxonite 哈镍碳铁矿；碳铁矿[(Fe,Ni)₂₃C₆;等轴]

hay 干草

Hayasakaia 早坂珊瑚属[C₃-P₁]；方管珊瑚；早坂氏虫

Hayaster 海氏星石[钙超;N₁-Q]

haycockite 斜方硫铁铜矿[Cu₄Fe₅S₈;斜方]

haydeeite 氯羟镁铜石[Cu₃Mg(OH)₆Cl₂]

Haydenella 海登贝属[腕;P]

haydenite 黄斜方沸石；黄菱沸石

Hayden process 海顿电解精炼法
→~ rod mill 海登棒磨机[细碎用]

haydite 海德石；陶粒

Hayella 海氏石[钙超;E₂]

hayesine{hayeserite} 水硼钙石[Ca₂B₁₄O₂₃•8H₂O;单斜]；硼钠钙石[NaCa(B₅O₇)(OH)•6H₂O; NaCaB₅O₉•8H₂O]；硼钙石[CaB₂O₄;单斜?]
→~ {hayesite;hayesenite} 水硼钙石[Ca₂B₁₄O₂₃•8H₂O,单斜;CaB₄O₇•6H₂O]

hayesinite 水硼钙石[Ca₂B₁₄O₂₃•8H₂O;单斜]

Hayesites 似海氏星石[钙超;K₁₋₂]

Hayford modification 海福特修正
→~ zone 海福德带

haymake{haymaker} 废石倒堆(设备)

haynesite 哈伊内斯石[(UO₂)₃(OH)₂(SeO₃)₂•5H₂O]

haysenite 水硼钙石[Ca₂B₁₄O₂₃•8H₂O;单斜]

hay{buck} stacker 堆垛机

haystack hill 溶蚀丘；锥丘
→~ {pepino} hill 灰岩残丘

hay{filtering} tank 过滤罐

haytorite 硅硼钙状玉髓；硼石髓

haywire 临时电线

hazard 事故；失事；(使)遭危险；偶然的事；公害[指工业废气、废水等的危害]；冒险做出；冒险；灾害；不测事件；危害；自然灾害；危险性；危险
→(explosion) ~ 易爆性 // ~ associated with fire 火灾隐患 // ~ detection 隐患探测

hazardous 有害的；危险的
→~ {explosive;caution;dangerous} area 危险区 // ~ elements 有害元素 // ~ rock 易崩落岩石 // ~{soft} rock 软岩石

haze 混浊；模糊；霾；薄雾；雾团；雾
→~ droplet 霾点 // ~ factor 霾系数 // ~ filter 霾滤光片

hazel 榛；砂页岩；淡褐色

haze level 霾面
→~ line 霾线

hazelnut 榛
→~ size 榛粒级

hazemeter 测霾计；能见度计{仪}

haze or halo round some colour or light 晕
→~ -penetrating capability 穿雾能力 // ~ removal 除霾

hazle 砂页岩

hazy 朦胧；雾浊
→~ {blurred} picture 模糊图像

HB 布氏硬度

H-beam 工字梁；H形梁
→~ steel 工字钢

HB{hydromorphous bleached} horizon 水漂层

HBP-bit HBP型钻头[美、加,直径3⅞″标准金刚石钻头]

HC 保持线圈；高碳(的)；高导电率；高传导性；大容量；烃[碳氢化合物]；碳氢化合物；氢化裂解；井眼校正；加氢裂解

H-casing H形套管[外径4½英寸的平接套管]

HCFC 氢氯氟碳化合物；氟氯烃化合物

H-clay 氢土

HCS 高碳钢

HD 水压；高能率的；高密度；冥古宙(宇)[4600～3800Ma]；大桶；落差；井径；硬盘；重负担；重型的

HDA 井斜方位

HDI 人类发展指数

hdn 硬化；淬火

HDP{high detonation pressure} primer 高爆压起爆药包

HDR 干热岩体；大井斜角范围[65°～90°]

H-drill rod H形钻杆[外径3.5″平接钻杆]

HDS 加氢脱硫

Hd.sd. 硬砂岩

H.D.T. 横向度

head 原矿；掌子面；水压；顶；率领；上端；精矿；晶体最难裂开的平面方向；坡顶；平巷；工作面接近顶板部分；残积；盖；副解理；动锥；项目；主任；重力选的精矿；源头；源[河、水、电、能、矿、震等]；沿脉平巷；钻杆顶端；岬；标题

(beak) head 海角

head (cover) 端盖；机头
→(falling) ~ 落差 // (mill) ~ 入选原矿；原矿石；压头 // ~-% 原矿品位

headache 头痛(的事情)；发出的警告喊声
→~ post 安全柱

head and shoulders above all others 超群
→~ and tail rope haulage 植绳运输 // ~ aperture ratio 刀盘开口率；掘削面开口率 // ~ assay 原矿分析

headband 头带[呼吸用具]；装饰顶带；耳机头环；素色{彩色}花饰[书页顶端]
→~ receiver 头戴听筒

head bearing 顶部轴承
→~ {upper} bearing 上轴承

headboard 顶板；木楔

head board 顶梁；(钻机)绞车顶部横梁
→~ board{tree;block;piece} 柱帽 // ~ box 定压箱；压头箱 // ~ bulk plant 首站[油库] // ~-center 破碎头中轴 // ~ {fancy;clean(ed);float;separation;washed;prepared} coal 精煤

headcut 向源切割
→~ in gully 沟头冲蚀

head cylinder 舱汽缸
→~ decline 水位下降 // ~ diameter 药筒底盘直径 // ~ driller 钻工领班

headed bolt 有膨胀头的锚杆；撑帽式杆柱
→~ dike 末端膨胀的岩墙；大头岩墙；泪滴状岩墙

head end 首端；头端
→~-end drive 机头传动

headentry 工作面运输巷(下顺槽)

header 表头；水箱；顶盖；标题；图头；管汇；喷口；高炮孔；高过人头的炮眼；掘进工；头部；联管箱；集管；分离器的

H

进口装置；掘进机；硬岩；报文头；报头
→～ (record) 记录头；露头石[建;土]
//～ box 压力水箱//～ label 首部标签；
首标//～ sintering 晶体学底盘烧结

head fall 压力降落；纵向坡度
→～ {run-of-mine} feed 原矿给料//～
flow 脉动式喷流//～ for 走向

(mine-shaft) headframe 井架

head frame 井架[浅井、竖井]

headframe{headgear} bin 井口矿仓
→～ {headgear} construction 井架结构

(cylinder) head gasket 汽缸垫

head gear 安全帽；井塔；井架

headgear (pulley) 天轮
→～ construction 机首传动装置//～
safety catches 过卷抓爪//～ sheave 井
架天轮

head{elevation} gradient 水头梯度
→～ harness 头系带

headhouse 井口房；井架

head{shaft} house{head-house} 井楼

heading 水平巷道；间歇出油；作业面；
砂矿粗粒表层；巷端；巷道；区段平巷；
平巷；导坑；工作面；密集节理；煤层巷
道；煤层；航向；运动方向；船首(的)方
向；(油井)液面上升；表格头；掘进头；
掘进；选矿所得重质部分；分层巷道；浇
口布置法；方向；图头；报文头；矿车装
料的高出部分
→～ (face) 掌子面//～-and-bench{-stope}
mining (system) 正台阶回采{采矿}法
//～-and-stall system 巷柱式采矿法//～
-and-stope system 单梯级上向采矿法
//～ chain pillar 巷道矿柱

headings 水平巷道上方矿脉；精矿；上端
沉淀精矿

heading section 图头部分
→～ stone 屋顶板岩//～ system 平巷
下向采矿法//～ wall 矿脉下盘

head knife 刀头
→～ knocker{roustabout} 地区监督[矿]
//～{cap} lamp 前灯；帽灯；头灯//～
lamp 前车灯

headland 地边保护带；河源；海角；单
程终点；陆岬；岬角；岬
→～ beach 岬(角)滩

headlight 前灯；前车灯；桅灯；头灯；
雷达天线[机翼]

head lighting 前向照明；正面照明
→～ loss 扬程损失//～ loss{lost} 压
头损失//～ (water) ～ loss{lost} 水头损
失//～ lost{loss} 压力降

headman[pl.-men] 工头；装罐卸罐工；
井口挂钩摘钩工；推车工；斜井上部的挖
钩人；队长；领班；工长；组长

head mast 首绳塔
→～ of lava 熔岩柱[火山口内]；宽熔岩
柱//～ of mill 入选原矿//～ piece 锁
口圈；锁口井圈；灯头[矿帽]

headpool 河源池

head pressure 压头
→～ pulley and drive 头轮和驱动装置
//～-pulley-drive conveyor 首轮驱动运
输机//～-pulley-snub-drive conveyor 带
拉紧轮的首轮驱动运输机

headquarters 司令部；总店；总局；总署；
本部
→～ offices 总部

headrace 引水道

head race 引入隧洞；引水沟；引水道；引
水槽
→～-race tunnel 进水隧洞//～ repair-
man 修理工长

headrest 头枕

head roller{sheave} 首轮

headroom 巷道高度[顶底板间的高度]；钻
机平台至钻机绳轮的高度；净空高度；净空；
甲板下净高

head rope 主绳；首绳；头绳
→～-rope 承重绳//～ roustabout 管理
几部钻机的人//～ roustabout{knocker}
地区指挥

heads 最轻的馏分；富集矿物；精选矿(石)；
头部馏分

head sample 原煤试样
→～ sampler 原(煤)矿取样机//～
sampling 进矿取样//～{cross} sea 逆浪

headset 耳机

head shaft live axle 驱动轴

headspace analysis 液(面)上(部)气体分析

head space gases (容器中)液上气体
→～ specification 规定水头//～{driving}
sprocket 主动链轮

headstead 井口房

headsticks 井架

headstock 车头；车床；主轴箱；矿井架；
床头箱；井塔；井架
→～ housing 床头箱盖

headstone 墙基石；墓(碑)石

head stone 墙基石

headstream 河源；源流

head sub 上短节；接头短节
→～(er){overhead} tank 高架罐//～ tin
上端沉淀精矿//～ turning 转头//～-up
display 平视显示//～ vortex 首涡流

headwall 后壁[冰]；谷头陡壁；冰斗后崖；
端墙

head wall 山(形)墙

headwall amphitheater 冰斗后壁
→～ recession 谷头后退

headward 溯源的
→～ erosion 头蚀

head water 水源
→～{upper} water 上层水

headwater amphitheater 河源围场
→～{supply} channel 引水渠//～{head;
backward;retrogressive;headward;back}
erosion 向源侵蚀//～{head(ward); retro-
gressive; headward-migrating} erosion 溯源
侵蚀

head waters 上游
→～{Mintrop} wave 首波//～ wave 前
波；顶板波//～-(a)way 前进；进尺；石
门；钻进；横巷；平行于主割理的平巷；
割理方向；进展；主节理面；时间间隔；
安全距离；与主解理平行的巷道；净空
高度；净高；房柱法的第二次回采；主
割理；通风平巷

headway per drill bit 钻头进尺

head{foul;cross;opposing} wind 逆风
→～ wind 顶风

headwork 渠头控水建筑物；拱顶石饰；脑
力劳动；井架

head work 渠首工程；平巷掘进作业

[of a wound] heal 愈合[裂隙]

heald frame support 综框支架

Healdia 赫鲁特介属[D₃-P]

healed fracture 弥合裂缝

healing 愈合
→～ effect 弥复效应//～ spring 疗养泉
//～ stone 瓦板岩

health 兴旺(时期)；健康；卫生
→～ and sanitation{health care} 卫生保健
//～ hazard 对健康的危害(性)//～
mineral spring 医用矿泉//～ of plants 植
物健康

healthpolis 疗养胜地；休养胜地

health precaution{protection} 保健工作
→～ resort 疗养地；疗养院//～ service
保健工作

healthy bath 保健浴；健身浴

heap 矸石堆；冒尖装载(矿车)；大量；堆装；
一堆；装满；积累
→ (rubbish;spoil;dirt;refuse;rock;waste)
废石堆//～ (up) 堆积//～ coking 土法
炼焦

heaped 冒尖装载(矿车)
→～ capacity 铲装容量；堆装容积[铲斗]
//～ concrete 未捣固混凝土；堆浇混凝土

heaping of broken material 爆堆

heap keeper 地面拣煤工长
→～{dump} leaching 堆浸//～ leach-
ing 堆摊沥滤//～ of gangue 矸石堆
//～ roasting 堆(积)焙烧

Hearing cell 希尔令型浮选槽{机}[V 形
槽气孔底]

hearing distance 收听距离

hearstone 碑石

hearth 锻炉；平炉的炉床；炉边；坩埚；
炉膛；炉床；炉；火炉；家庭；炉缸[高炉]
→～ area 炉床面积//～ bottom 炉底
//～-dome 源穹隆//～ material 铺底料

hearthstone 炉边；炉石；家庭

hearth-structure 源构造

heartland 世界岛中心地[亚非欧中心]

heart rot 心腐病[缺硼症状]
→～-shaped twin 心形双晶//～ wall 夹
心墙

heat 熔炼的炉次；变热；热学；热辐射；
暖气；加热；激动；热处理；激烈(的)
→～-absorptivity 热容性//～ capac-
ity{capacitance} 热容//～ capacity at
constant pressure 恒压热容；等压热容
//～ checked{stabilizing;stable} 热稳定
的//～{miner's} cramp 矿工痉挛病

heated die 热模
→～ glass greenhouse 玻璃温室//～
pink 须苞石竹

heat{calorific;thermal;caloric;heating} effect
热效应

heater 保暖设备；热源；加热线圈；灯丝；
暖房装置；发热丝；发热器；加热器
→～ mixer 加热式混合机//～ mixing
无烟爆破药包用加热混合物//～ mix-
ture 加热混合物[无焰爆破药包用]//～
power 灯丝电源//～ unit 加热体

heat evaporation 热蒸发
→～ evolution 热析出//～ exchange
{change;interchange}热交换//～ exchange
method 热交换法//～ exchanger {inter-
changer} 换热器；热交换器

heatexchanger{regenerative} cycle 回热
循环

heat exhaustion 中热衰竭
→～ flow{current;flux;stream} 热流

heath 荒野；石楠群丛；泥炭沼(泽)；石
南灌丛

heather 石南属植物；假欧石楠[植]
→~ ale 石楠花麦酒 // ~ cow 石楠枝丫；石楠丛

heathery 石南丛生的；像石南的

heathland 石南荒原

heath peat 灌木泥炭；灌林泥炭土
→~-wren 石南鹪

heat impedance 热阻抗
→~ treatment of clay mineral 黏土矿物的热处理

heatup 变热
→~{warm-up} time 加热时间

heat utilization 热利用(率)
→~{hot} wave 热浪

heave 水平断错距离；凸起；升沉[船体]；上下起伏；横向摆动；横断距；横差；起伏；平错[断层错动的水平分量]；隆胀；升降；举起；水平断距；断层错动矿脉；断层；开动[船只]
→~ (fault) 平移断层；鼓胀；隆起 // ~-and set 起伏[波浪] // ~ a ship about 使船急转

heaved block 脊状断块
→~ side 平错盘 // ~{upthrown;upthrow} side 上升盘

heave{tear} fault 捩断层
→~ height 升降距离 // ~-ho 起锚[钻探船]；开船 // ~ in 绞进

heavemeter 升沉仪

heavier carbon dioxide 重化二氧化碳[同位素]
→~ duty contact 重负载触点 // ~ material 重物料 // ~ REE 重稀土元素

heavily doped crystal 高掺杂晶体
→~ rolling coal 不易滚动煤 // ~ watered area 大量浸水区 // ~-watered area 大量充水区

heaving 升沉[船体]；起伏颠簸；鼓胀；冻胀；隆起[土壤]
→~ action 膨胀作用；鼓底作用 // ~ line 引缆绳 // ~ pressure 鼓底压力 // ~ sand 涌砂

heavy 困难的；不稳固的；浓的；低沉声响[问顶时]；大量的；繁重的；重的；重；异常的；重型；沉重的
→~ asphalt crude 沥青基重质原{石}油 // ~ barytes 重晶石[BaSO₄;斜方] // ~ constituent{suite;residue} 重组分 // ~ damping 强阻尼 // ~ detrital mineral 重碎屑矿物 // ~ dirt 重矸石 // ~ equipment for mining and metallurgy 重型矿冶设备 // ~{dense} flint glass 重火石玻璃 // ~ graphite block 大块石墨(砖) // ~-liquid{suspensoid;sink-and-float;float-and-sink;dense- media} process 重介(质)选((矿)法) // ~ mineral{crop} 重矿物 // ~ mineral method 重砂找矿法 // ~-mineral prospecting 跟踪找矿 // ~-mineral province 重矿物区{省} // ~ naphtha{naptha} 重石脑油 // ~ product 重浮质 // ~ residue 重矿物部分；重残渣 // ~ silicate 橄榄岩[主要成分为橄榄石、斜方辉石、单斜辉石、角闪石]；重硅酸盐 // ~{bologna;ponderous} spar 重晶石[BaSO₄;斜方]

heazlewoodite 黄镍铁矿；赫硫镍矿[Ni₃S₂;三方]

Hebediscus 青壮盘虫属[三叶;∈₁]

hebergite 碳铀钙石 [Ca₂(UO₂)•(CO₃)₃•

10H₂O]

Hebertella 赫伯贝属[腕;O₂₋₃]

hebetine 硅锌矿[Zn₂SiO₄;三方]

Hebridean 赫布里底人(群岛的土著或居民)[英;An∈]；刘易斯(群)[英;An∈]
→~ system 黑不里坦系

hebronite 水磷锂铝石；锂磷铝石[LiAl(PO₄)F]；磷铝石[AlPO₄•2H₂O;斜方]；磷铝锂石

hecatolite 冰{月}长石 [K(AlSi₃O₈);正长石变种]

hecatomb 大屠杀

hechiite 河池矿

hechtsbergite 羟钒铋石[B₂O(OH)(VO₄)]

hectorfloresite 碘钠矾[Na₉(IO₃)(SO₄)₄]

hectorite 水辉石[(Mg,Fe)₂Si₃O₈•3H₂O(近似)]；蚀变辉石；锂皂石[Na₀.₃₃(Mg,Li)₃Si₄O₁₀(F,OH)₂;单斜]；富镁皂石；锂蒙脱石[(Li,Ca, Na)(Al,Li,Mg)₄(Si,Al)₈O₂₀(OH,F)₄;单斜]

heddlite 草酸钾石

hedenbergite 钙铁辉石[CaFe²⁺(Si₂O₆);单斜]

Hedenstroemia 海氏菊石

Hedenstroemiidae 黑丁菊石科[头]

Hederella 绿藤苔藓虫(属)[S-P]

hedgehog 猬(属)[N₁-Q]；拖拉齿滚式挖泥船
→~ stone 针铁石英 // ~-stone 含针铁石类{英}

hedgehop 掠地飞行；极低空飞行

hedgerow 栅篱
→~ regeneration 树篱再生

Hedinaspis 赫定虫属[三叶;∈₃]

hediphane 钙砷铅矿*[(Pb,Ca)₅(AsO₄)₃Cl]

hedleyite 赫碲铋矿[Bi₇Te₃;三斜]；碲铋齐[Bi₇Te₃]

Hedrograptus 藤笔石属[S₁]

hedroicite 钠蛭石[Na₂Al₂Si₃O₁₀•2H₂O]

hedrumite 霞碱正长斑岩

Hedstroemia 基座藻(属)[O-C]

Hedstroemophyllum 海斯却姆珊瑚属[S₂]

hedyphan(it)e 铅砷磷灰石[(Ca,Pb)₅(AsO₄)₃Cl;六方]；钙砷铅矿*(Pb,Ca)₅(AsO₄)₃Cl]

Hedysarum 岩黄芪属
→~ fistulosum 空茎岩黄耆

heel 踵[牙石]；使倾斜；止推轴颈；垫块；尾部；柱脚；炮眼口；炮孔口；跟座；跟部；根部；柱窝；辙叉跟；岔跟；紧随；歪斜；(伞齿轮的)大端；齿踵；倾侧[船的]
→~ (of a shot) 钻孔口 // ~ 孔口[of a shot] // ~-and-toe 前后；前后摆动 // ~ indicator 微倾指示器

heeling aft 船尾倾
→~ angle 横倾角 // ~{roll} angle 侧倾角

heel of a shot 炮眼口；炮孔口
→~ of frog 辙叉{岔}跟 // ~ of switch 转辙器跟 // ~ stone 门柱石座 // ~ teeth (牙轮钻头)保径齿排[牙轮边排]

h(o)egauite 钠沸石[Na₂O•Al₂O₃•3SiO₂•2H₂O;斜方]

Hegetotheria 魁兽类

Hegetotherium 黑格兽(属)

heidarnite 枪硼钙钠矾 [Na₂Ca₃(Cl(SO₄)•B₅O₈(OH)₂]

heideite 硫钛铁矿*[(Fe,Cu²⁺)₁₊ₓ(Ti,Fe²⁺)₂S₄;单斜]；硫铊铁矿

heidornite 枪硼钙钠矾 [Na₂Ca₃(Cl(SO₄)•B₅O₈(OH)₂]；氯硫硼钠钙石[Na₂Ca₃B₅O₈(SO₄)₂Cl(OH)₂;单斜]

height 顶点；海拔；壳高；高度{峰;地;处;程}；厚度[矿层]
→(lifting) ~ 提升高度 // ~-angle relationships of slopes 边坡的高度-角度关系 // ~ balance polygon method 高度平衡多边形法

heightband 高度范围

height compensator 爬车器

heikolite 青钛闪石；青铝闪石[Na₂(Mg,Fe²⁺)₃(Al,Fe³⁺)₂Si₈O₂₂(OH)₂;单斜]；平康石[Na₂(Mg,Fe)₃(Al,Fe)₂(Si₈O₂₂)(OH)₂]

Heilungia 黑龙江羽叶属[J₃-K₁]

Heimiella 海米埃石[钙超;Q]

heinrichite 砷钡铀矿；钡砷铀云母[Ba(UO₂)₂(AsO₄)₂•10~12H₂O;四方]

heintzite 硼钾镁石[KMg₂B₁₁O₁₉•9H₂O;KMg₂(B₅O₆(OH)₄)(B₃O₃(OH)₅)•2H₂O;KHMg₂B₁₂O₁₆(OH)₁₀•4H₂O;单斜]

heirographen 象形石

hekatolith 富镁皂石；锂皂石[Na₀.₃₃(Mg,Li)₃Si₄O₁₀(F,OH)₂;单斜]

hekistotherm 喜低温植物

HEL 恶劣环境测井

helad 沼泽植物

helada 冰冻

Helaletidae 双棱齿獏科；沼獏科[獏类]

Helarctos 马来熊属[N₂-Q]

helatoform 钉状的

Helcionella 太阳女神螺属[腹;∈]

heldburgite 锆石[ZrSiO₄;四方]

Helderbergian 赫尔德堡(阶)[北美;D₁]
→~ age 海得贝格期[下泥盆纪]

heldwater 黏滞水；吸附水[水化]

H{hypermagmatophile} element 超亲岩浆元素

Helenia 海伦氏颗石[钙超;K₁]

helenite 弹性地蜡

heleroclin 褐锰矿 [Mn²⁺Mn₆³⁺SiO₁₂;Mn²⁺Mn⁴⁺O₃;3Mn₂O₃•Mn₂SiO₃;四方]

heliacal 太阳的
→~ rising and setting 偕日升降

Helicacea 大蜗牛超科[腹]

helical (surface) 螺旋面

helicene 螺烯

helices[sgl.helix] 螺旋面；螺纹管

helicism 螺旋式

helicitic 残缕[构造]
→~ structure{texture} 螺纹构造

helicity 螺旋体

helicogyre{helicogyro} 直升(飞)机

helicoidal 螺旋式的
→~ saw 石工锯

helicoid form 升旋形；螺旋形
→~ hydraulic motor 螺杆钻具 // ~ spiral 蜗牛式螺旋

Helicolithus 日颗石[钙超;E₁]；卷石藻属

Helicoplacoidea 海陀螺纲；卷板纲[棘]

Helicopontosphaera 日海球石[钙超]；舟卷球石[E₂-Q]

Helicoprion 卷齿鲨属；旋齿鲨(属)[P]

helicopter 直升(飞)机；乘直升机
→~ pad 直升机降落台

Helicosphaera 日球石[钙超;E-Q]

Helicotoma 旋棱螺属[腹;O]

Helictis 山獾属[Q]

helictite 石枝[石灰岩洞穴中的树枝状体;CaCO₃]；石藤；卷曲石

helideck 直升(飞)机停机坪{起落甲板}

heligmite 石茎；斜生石笋

Helikian 海利克(群)[北美;Pt]

Heli movement 合黎运动

heliocenter 日心

heliocentric 螺旋心的；以太阳为中心的
→~ coordinates 日心坐标

heliocentricism{heliocentric theory} 太阳中心说

Heliocoplacus 海陀螺属[棘;$\in_1$]

heliod 金光绿宝石

Heliodinium 芒沟藻属[K]

Heliodiscoaster 日盘星石[钙超;E_{1-2}]

heliodor 黄透绿柱石；黄绿柱石；金绿柱石[$Be_3(Al,Fe)_2(Si_6O_{18})$]

Heliogen blue 酞菁蓝

heliogram （日光反射信号器）发射的信号；回光信号

heliographic coordinates 日面坐标
→~{blueprint;printing} paper 晒图纸
//~{sun;sunlight} print 日光晒印

heliolite 日长石[由斜长石嵌有赤铁矿或云母鳞片构成]

Heliolites 太阳珊瑚

Heliolitoidea 日射珊瑚亚纲

heliometer 测日计；量日计

helion α质点；氦核；α粒子
→~ filament 太阳灯丝

heliophile{heliophilous plant} 适阳植物；喜阳植物

heliophobe 避阳植物；嫌阳植物

heliophyllite 绿砷锰矿；日叶石[$Pb_3As^{3+}O_{4-n}Cl_{2n+1}$]；斜方氯砷铅矿[$Pb_6As_2O_7Cl_4$?;斜方]

Heliophylloides 拟日射脊板珊瑚属[D_1]

Heliophyllum 日射脊板珊瑚属[D_{1-2}]；旭杯珊瑚

heliophyte 阳生植物

helioplastic 适光变态

Heliopora 苍珊瑚(属)[八射珊；K-Q]；旭珊瑚

Heliorthus 日直石[钙超;E]

Heliosestrinae 日筛虫亚科[射虫]

heliosphere 日圈；日光层；日球；太阳域[受太阳气体及磁场影响的领域]

heliostat 定日镜

heliotaxis 趋阳性；趋日性

heliotrope 回照器；淡紫色；红紫色(的)；血石髓[玛瑙变种;SiO_2]；血玉髓；血滴石；鸡血石[深绿玉髓含有红色碧石小点]

heliotropic 向日的；向光的

heliotropism 向阳性；向日性

heliox （供深水呼吸用的）氦氧混合剂

Heliozoa 太阳虫类[目][原生]

helipot 分压器

helitron 旋束管

helium 氦；沼泽群落，盐沼泽群落

helix[pl.-ices] 单环；螺旋线；螺旋弹簧；螺旋形；螺旋
→~ angle 螺旋线角//~{helical;screw; spiral} dislocation 螺（旋）位错//~ {screw;helical;spiral} dislocation 螺型{旋形}位错

helizitic 残缕[构造]

helk 溶蚀深槽

Helladosphaera 希腊球石[钙超;Q]

Helladotherium 希腊颈鹿属[N_2]

hellandite 硼硅钇钙石[$((Ca,Y)_6(Al,Fe^{3+})Si_4O_{20}(OH)_4$;单斜；钙铒钇石{矿}[Ca(Al,Mn,Er,Y)_3(SiO_4)_2•(OH)_3$]

helldiver 掘进机

→~ dumper 掘进机组翻车机

Hellenic 希腊期[新生代至第三纪的欧洲运动幕]

Hellenites 希腊菊石属[头;T_1]

hell raiser 磁铁打捞器

helluhraun{fluent} lava 波状熔岩

hellyerite 水碳镍矿[$Ni(CO_3)•6H_2O$;三斜]；水菱镍矿[$NiCO_3•6H_2O$]

helm 枢机；要路；指挥；转舵装置；舵柄；掌舵；舵
→~ angle 舵角//~ cloud 山头云

Helmert matrix 赫尔默特矩阵

Helmert's gravity formula 赫(尔)默特重力公式

helmet 蒸馏罐的上部；护面罩；工作帽；面罩；面具；烟罩；盔；罩；头罩；机罩
→(crash) ~ 防护帽；潜水盔

helm gear 舵机装置

Helmholtz instability 赫姆霍兹不稳定性
→~ separation method 亥姆霍兹分离法//~ theorem 赫尔姆霍兹定理

helminthe 蠕绿泥石[$Mg_3(Mg,Fe^{2+},Al)_3((Si,Al)_4O_{10})(OH)_8$]；蠕虫；绿绿泥石

Helminthoida 蠕虫迹[遗;K-N]

helmintholite 赫尔门方解石

helm port 舵柄进入转向轮舱的孔口

helmsman 舵手；操舵机构

helmutwinklerite 水砷锌铅石[$PbZn_2(AsO_4)_2•2H_2O$;三斜]

helm wind 舵轮风[北苏格兰伊登河谷的寒冷强风]

helobios 栖沿岸静水生物；池沼生物

helobious 沼泽地生的

heloclone 曲单针[绵]

helodium 沼泽疏林区

helodric 沼泽植丛群落

helohylium{helophylium} 沼泽森林群落

Helopora 庞苔藓虫属[O-C_1]

Helopus 盘足龙(属)[J]
→~ Zdanskii 师式盘足龙

helotism 菌藻共生

helper 辅助工人；副司钻；辅助炮眼；辅助炮孔；助手
→(machine) ~ 司机助手//~ {pusher} grade 补机坡度//~{relief} post 辅助支柱

Helvella 马鞍菌属[Q]

Helvetian 瑞士(阶)[N_1]；赫尔维西亚人的
→~ (stage) 海尔微{阶}[欧;N_1]

helvine{helvite} 日光榴石[$Mn_4(BeSiO_4)_3•S$,与铍榴石 $Fe_4(BeSiO_4)_3•S$、锌日光榴石 $Zn_4(BeSiO_4)_3•S$ 三矿物中的 Mn、Fe、Zn 可互相代替;等轴]

Hem 赤铁矿[Fe_2O_3;三方]

hem 包围；镶边；边缘；边；做折边；贴边；折边[衣服等]；卷边[钢板、塑料板等的]

h(a)emachate 血点玛瑙[带有红色碧石斑点]；血石髓[玛瑙变种;SiO_2]

h(a)emafibrite 红纤维石[$Mn_3(AsO_4)(OH)_3•H_2O$]；羟砷锰矿[$Mn_2(AsO_4)(OH)$;斜方]；血纤维石[$Mn_3(AsO_4)(OH)_3•H_2O$]；水羟砷锰石[$Mn_3(AsO_4)(OH)_3•H_2O$;斜方]

hemagate 血点玛瑙[带有红色碧石斑点]

hemamebiasis 血变形虫病

hematite 红铁矿[Fe_2O_3]；赤血石

hematitic 赤铁矿的

h(a)ematitogelite 胶赤铁矿[Fe_2O_3]

hemati(ti)zation 赤铁矿化

h(a)ematoconite 血红方解石

hematogelite 胶赤铁矿[Fe_2O_3]

h(a)ematolite 羟砷镁锰矿；红砷铝锰石[$(Mn,Mg,Al)_{15}(AsO_3)(AsO_4)_2(OH)_{23}$;三方]；红砷锰矿[$Mn_2^{2+}(AsO_4)(OH)$,单斜；$(Mn^{2+},Mg)_4(Mn^{3+},Al)(OH)_8$]

hematolith 血管石

hematology 血液学

h(a)ematophanite 绿铁铅矿[$Pb_3Fe_4(Cl,OH)_2O_{10}$]；水绿铁铅石；红铁铅矿[$Pb_4Fe_3^+O_8(OH,Cl)$;四方]；氯铁铅矿

hematoporphyrin 血卟啉

hematostibiite 锑铁锰矿[由 MnO,FeO,Sb_2O_5,$(Mg,Ca)CO_3$,SiO_2,H_2O 等组成]；硅铝锑锰矿

hematostiblite 硅铝锑锰矿[$(Mn,Mg)_{13}(Al,Fe^{3+})_4Sb_2^+Si_2O_{28}$;单斜]；红锑锰矿

hematoxylin 苏木精

hemeroecology 人为地面形态

hemiacetal 半缩醛

hemiaerophyte 半气生植物

hemi-arid{semiarid} fan 半干旱地区冲积扇

Hemiaster 半星海胆属[棘海胆;K_2]

hemibase 半底面[{001}或{0001}型的单面]

hemibilirubin 半胆红素

hemicellulose 半纤维素

hemichalcite 硫铜铋矿[$CuBiS_2$]

hemichoanitic 半颌式的[头]

Hemichordata 半索(动物)亚门[脊索]；半索动物

Hemicidaris 半头帕海胆(属)[棘;J-K]

hemiclasis 半碎裂

hemiclastite 半碎裂岩

hemi-clino-dome{|-prism} 半斜轴坡面{|柱}[单斜晶系中{0kl}型的双面]

hemicolloid 半胶体

hemicone 半锥体

hemicormophyta 半茎叶植物

Hemicosmites 半海林檎属[棘;O]

hemicryptophyta 地面芽植物

Hemiculterella 似鲦属[N_2-Q]

hemicycadales 半苏铁类

Hemicyclaspis 半环鱼(属)[D_1]

Hemicycloleaia 半圆李氏叶肢介属[节肢;D-P]

Hemicyon 半熊属[E]；半熊

Hemicyprinotus 半美星介属[N_2]

Hemicythere 半神介属[E-Q]

Hemidinium 半沟藻属[Q]

Hemidiscoaster 半盘星石[钙超;E_3-N_1]

hemidome 半坡面；半圆屋顶；半穹丘

hemiflysch 半复理石

Hemifusulina 半纺锤蜓属[孔虫;C_{2-3}]

Hemifusus 天狗螺属[腹;K_2-Q]

hemiglyph 半竖槽

Hemigordiopsis 类半金线虫属[孔虫;P]

Hemigordius 半金线虫属[孔虫]

hemihedra 半面体

hemihedral 半面的；半对称的
→~ asymmetry 半面象非对称性//~ class 半面象(晶)组//~ hemimorphic class 半面式异极象(晶)组[4晶组]；半面式异极类

hemihedrate 烧石膏[$CaSO_4•½H_2O$;三方]

hemihedrite 硅铬锌铅矿[$Pb_{10}Zn(CrO_4)_6(SiO_4)_2F_2$;三斜]

hemihedron[pl.-ra] 半面(体)；半面晶形

Hemihololithus 半球石[钙超;?-Q]

hemihydrate 半水合{化}物

hemihydrite 烧石膏[$CaSO_4•½H_2O$;三方]

Hemikrithe 半克里特介属[N_2-Q]

Hemilecanites 半碟菊石属[头;T_1]

hemilignin 半木质素

hemi-macro-dome 半长轴坡面[正交晶系中{$h0l$}型的双面]

hemimagmatic 半岩浆的

hemimorphic 半形态的;异极的[形态]

hemimorphite 羟碳锌石[$Zn_5(CO_3)_2(OH)_6$;单斜];菱锌矿[$ZnCO_3$;三方];异极矿[$Zn_4(Si_2O_7)(OH)_2·H_2O;Zn_2(OH)_2SiO;2ZnO·SiO_2·H_2O$;斜方];羟锌矿象

hemimorphy 异极象

hemimorphyte 异极矿[$Zn_4(Si_2O_7)(OH)_2·H_2O;Zn_2(OH)_2SiO·SiO_2·H_2O$;斜方]

hemi-mylogneiss 半糜棱片麻岩

Heminajas 类褶蛤属[双壳;T]

Hemingfordian 亥明佛德(阶)[N_1]

hemiomphalous 半脐型

hemionotiformes 半椎目

hemipelagic 近海的

hemipelagite 半远洋岩;近海岩

Hemipeustes 半孔海胆属[棘海胆;K_2]

Hemiphaedusa 拟管螺属[腹;N-Q]

hemiphragm 半横板

Hemiphyllum 半叶藻属[K-E]

Hemipiloceras 半枕角石属[头;O_1]

hemipinacoid 半轴面[单面]

hemiplankton 准浮游生物

hemiprism 半柱[{$hk0$}型的双面或板面];半棱晶

Hemipronites 半脊贝(属)[腕;O_{1-2}]

Hemipsila 半光节石属[D]

Hemiptera 半翅目[昆]

Hemiptychina 半褶贝属[腕;C_1];半凸贝

hemipyramid 半锥[单斜晶系中{hkl}型的菱方柱];半棱锥体

hemiseptum 半隔板[苔]

hemispherical flow 半球形流

→~ head 半球形加压头[核压裂]

hemist 半分解有机土

hemisteppe 半草原

hemisymetrical 半对称的

Hemisyrinx 半管孔贝属[腕;P]

Hemitenuostracus 半窄带壳叶肢介属[K]

hemiterpene 半萜

Hemithyris 半孔贝(属)[腕;N-Q]

Hemitrichia 半网菌属[黏菌;Q]

hemitroglobiotic 半洞居的

Hemitrypa 半苔藓虫属[S-P]

hemivitrophyre 半玻基斑岩

Hemizonida 半带(海星)目[Pz]

hemlock 铁杉

→~ bark extract 北美铁杉树皮`提取物{浸膏}[稀释泥浆用]

hemloite 砷钛矿[(As,Sb)$_2$(Ti,V,Fe,Al)$_{12}$O$_{23}$OH]

hemochrome 血色素

hemocyte 血球

hemoilmenite 赤钛铁矿

Hemphillian 亥姆菲尔(阶)[N_2]

hemp hose 麻织水龙带

→~ packed piston 麻填密活塞 // ~ rope{cable} 麻绳

hemusite 硫钼锡铜矿[Cu_6SnMoS_8;等轴]

hendecagon 十一角[边]形

hendecahedron 十一面体

hendecane 十一(碳)烷[$C_{11}H_{24}$]

hendecanol 十一烷醇

hendecanone 十一烷酮

hendecene 十一碳烯

hendecyl 十一基

Hendersona 浅湾蜒属[双壳;K_2]

hendersonite 水钙钒矿;复钒钙石[$Ca_2V^{4+}V_8^{5+}O_{24}·8H_2O$;斜方]

heneicosane 廿一烷;二十一(碳)烷[$C_{21}H_{44}$]

heneuite 碳磷钙镁石

henidium 单板[腕]

Henigopora 汉尼格苔藓虫属[S_1]

henkelite 辉银矿[Ag_2S;等轴]

henmilite 羟硼铜钙石

henna 红褐色;赤褐色(的)

Henodus 无齿龙属[T_3]

henpeck 管制

henpentacontane 五十一烷

Henrisporites 亨氏大孢属[K_1]

henritermierite 水钙锰榴石[$Ca_3(Mn,Al)_2(SiO_4)_2(OH)_4$;四方]

henry 亨利[电感单位];亨

henryite 碲银铜矿[$Cu_{3.77}Ag_{3.01}Te_{4.00}$];杂碲铅(黄铁)矿

Henry laminae 亨利片晶

Henrymeter 亨利计;电感计

henrymeyerite 亨利迈耶矿[$BaFe^{2+}Ti_7O_{16}$]

Henry's law constant 亨利定律常数

hentetracontane 四十一烷

hentriacontane 三十一烷

hentriacontanol 三十一烷醇

hentriacontyl 三十一(烷)基

hentschelite 羟磷铁铜石[$CuFe_2(PO_4)_2(OH)_2$]

henwoodite 绿松石[$CuAl_6(PO_4)_4(OH)_8·4H_2O$;三斜];磷铝铜矿;蓝磷酸铝铜矿

hepar sulphuris 肝硫黄{磺}

Hepaticae 苔纲

hepatic calculus 肝石;肝胆管结石

→~ cinnabar 肝辰砂[HgS]

Hepaticeae 苔类

hepatic gas 硫化氢气[矿井中]

→~ mercuric ore{hepatic mercury ore} 肝汞矿

hepaticolithotomy 肝管切开取石术

hepaticolithotripsy 肝管碎石术

hepatic pyrite 肝铁矿

→~ {liver} pyrites 肝黄铁矿 // ~ region 肝区[节] / ~{sulfur} water 含硫矿水

hepatin(erz) 肝赤铜矿[褐铁矿与砖孔雀石或赤铜矿的混合物];臭重晶石;糖原;动物淀粉

hepatite 肝臭重晶石[德];臭重晶石

hepatolith 肝石;肝胆管结石

hepatoma 肝癌

hepatopyrite 肝黄铁矿;白铁矿[FeS_2;斜方]

hepcat 测定脉冲间最大与最小时间间隔的仪器

hephaistosite 氯铊铅矿[$TlPb_2Cl_5$]

hepidocrocite 纤铁矿[FeO(OH);斜方]

Hepple White-Gray lamp 海柏尔怀特-格雷火焰安全灯

Heptacodon 七尖猪属[E_3]

heptacosane 二十七(碳)烷

heptacyclic compound 七环化合物

heptad 七价(原子);七个

heptadecane 十七(碳(级))烷

heptadecanoic acid 十七烷酸

heptagon 七角形;七边形

heptagonal 七角形的

heptahedron 七面体

heptane 庚烷

heptangular 七角形的

heptanoic{heptamoic} acid 庚酸

heptanol 庚醇

heptaparalleohedron 七平行面体

heptaphyllite 七叶云母(类)[浅云母类]

heptcable 七芯电缆

heptene 庚烯

heptine 庚炔

Heptodon 犀貘属[E_2]

heptorite 蓝方煌沸岩

heptyl 庚基

heptylene 庚烯

heptyne 庚炔

heraclean{heraclion} 磁铁矿[$Fe^{2+}Fe_2^{3+}O_4$;等轴]

herb 草本(植物);草;香草

→(medicinal) ~ 药草

herbaceous 草质的;草本(群落)

→~ {grass} vegetation 草本植物

herbage 牧草;草

herbal 植物志

→~ {herbaceous;herbage} plant 草本植物

herba pyrrosiae 石韦

herbarium 植物标本室

→~ specimen 植物标本

herbeckite 厚白碧玉

Herbert's duplex sand mixer 赫氏圆盘充气混砂机

herbertsmithite 氯羟锌铜石[$Cu_3Zn(OH)_6Cl_2$]

herbicide 灭草剂;除莠剂

herbicides 除草剂

Herbitox 矿油精

herbivora 树食生物

herbivore 食草动物

herbivoria 树食动物

herbivorous 食草的

→~ dentition 草食牙系 // ~ Rhinosaurus 树食恐龙

herboasa 草本植被

herbosa 草本植被;草本(植物)群落

hercine 侯申树脂

hercinite 铁尖晶石[$Fe^{2+}Al_2O_4$;等轴]

Hercoal F 赫尔科尔 F 炸药

Hercochitina 篱几丁虫(属)[O_{2-3}]

Hercogel 赫科吉尔胶质炸药

Hercomite 赫科麦特炸药[一种硝铵类硝甘炸药]

hercularc lining 使用预制混凝土楔形块的巷道砌壁

Hercules 力士;武仙(星)座

→~ anchor 大力神牌地锚[地脚螺丝] // ~ powder 矿山炸药;赫克里斯炸药[弱性,硝化甘油基] // ~ {leading} stone 磁铁矿[$Fe^{2+}Fe_2^{3+}O_4$;等轴]

Herculite 赫库莱特炸药;钢化玻璃

Hercynian 海西期的[C-P]

→~ foreland 海西前陆 // ~ heritage 海西继承性

hercynite 交沸石[$Ba(Al_2Si_6O_{16})·6H_2O$,常含 K;$(Ba,K)_{1-2}(Si,Al)_8O_{16}·6H_2O$;单斜];铁尖晶石[$Fe^{2+}Al_2O_4$;等轴]

→~ {aluminium} chromite 铝铬铁矿[$(MgFe)(CrAl)_2O_4$]

Hercynotype 海西型的

herderite 水磷铍钙石[Ca(Be(OH))PO$_4$];磷铍钙石[CaBeFPO$_4$; Ca(BePO$_4$)(F,OH);单斜]

→(hydroxyl) ~ 羟磷铍钙石[CaBe(PO$_4$)

(OH);单斜]

herds 畜群

Heritschiella 赫立奇珊瑚属[P₁]

Herkomorphitae 网面藻亚类;网面类[疑]

hermannite 蔷薇辉石[Ca(Mn,Fe)₄Si₅O₁₅,Fe、Mg 常置换 Mn,Mn 与 Ca 也可相互代替;(Mn²⁺,Fe²⁺,Mg,Ca)SiO₃;三斜]

hermannolite 铌铁矿 [(Fe,Mn,Mg)(Nb,Ta,Sn)₂O₆;(Fe,Mn)Nb₂O₆;Fe²⁺Nb₂O₆;斜方]

hermaphrodite 两性体;雌雄同体

hermarmolite 礁铁矿

hermato(bio)lith 生物礁岩;礁岩

hermatypic 造礁(作用)的;同性型的
→~ {reef-building;reef} coral 造礁珊瑚

Hermes 赫米斯[小行星]

hermesite 黑黝铜矿[(Cu,Hg)₁₂Sb₄S₁₃]

hermetically sealed 密封的
→~ sealed connector 密闭插件

hermetical{hermetic} seal 熔接密封

hermetic{hermetically-sealed} motor 密封型电动机
→~ {air-tight} seal 密封//~ seal 密封接头//~ sealing 气密封

heronite 淡沸绿岩;正长球粒霞霓岩;正球霓沸岩

herpolhode 空间极迹

Herposiphonia 爬管藻属[红藻;Q]

herrengrundite 钙铜矾[CaCu₄(SO₄)₂(OH)₆•3H₂O;单斜]

herrerite 铜菱锌矿[(Zn,Cu)CO₃]

herrie 回采矿柱;煤柱;剥离表土

herringbone 人字形的;鲱骨式的;交叉缝式
→~ (wheel) 人字齿轮//~ cross bedding (人字形)交错层理//~ cross lamination 鲱骨式交错层理//~ dissepiments 鱼骨型鳞板//~ method 人字形矿房采矿(开采)法//~ room arrangement 人字式{形}矿房布置

Herrmannograptus 海氏笔石属[O₁]

herschelite 碱菱沸石[(Na,Ca,K)AlSi₂O₆•3H₂O,Na+K 含量超过 Ca 的菱沸石;三方]

Hertzian field of stress 赫兹应力区
→~ long wave 赫兹长波//~ stress 赫兹应力

Hertzina 黑尔兹牙形石属[€₃-O₂]

Hertzsprung-Russell{H-R} diagram 赫罗图(解)
→~ diagram H-R 图

hervidero 泥火山

herzenbergite 硫锡矿[SnS;斜方]

heshvitcite 伊利石[K₀.₇₅(Al₁.₇₅R)(Si₃.₅Al₀.₅O₁₀)(OH)₂(理想组成),式中 R 为二价金属阳离子,主要为 Mg²⁺、Fe²⁺等]

hesitance{hesitancy} 犹豫;踌躇迟疑

Hesperhys 黄昏猪属[N₁]

Hesperocyon 黄昏犬属[E₃]

Hesperonomia 西寓贝属[腕;O₁]

Hesperornis 黄昏鸟(属)[K]

Hesperosuchus 黄昏鳄属[T₃]

Hesperus 长庚星[金星别名]

hessenbergite 羟硅铍石[Be₄(Si₂O₇)(OH)₂;斜方];硅铍石[Be₂(SiO₄);三方]

hessian 麻布;粗麻布
→~ cloth 麻衣//~ crucible 砂坩埚

hessite 碲银矿[Ag₂Te;单斜];天然碲化银[检波用晶体;Ag₂Te]

Hesslandella 希斯兰待介属[O₁]

hessonite 红榴石[FeO•Al₂O₃•3SiO₂;Fe₃Al₂

(SiO₄)₃];桂榴石[Ca₃Al₂(SiO₄)₃];钙铝榴石[Ca₃Al₂(SiO₄)₃;等轴]

hetaerolite 水锌锰矿[Zn,Mn 及 Pb 的含水氧化物;Zn₂Mn₄³⁺O₈•H₂O;四方];锌黑锰矿[ZnMn₂O₄]

Hetairacyathida 伴杯目

hetairite{heta(e)rolith} 锌锰矿[ZnMn₂³⁺O₄;四方];锌黑锰矿[ZnMn₂O₄]

Heteraclinellida 异射海绵目

heteractine 异射骨针[绵]

heteradcumulate 异补堆积岩

Heteralosia 异盖贝属[腕;C₁-P]

heterarylation 杂芳化作用

Heteraster 歪海胆

Heterelasma 异板贝属[腕;O₂]

heter(o)geneous 非均质的

heteroaromatics 杂芳族化合物

heteroatom 杂原子

heteroaxial 不同轴的;异轴的
→~ {-}fold 异轴褶皱

heterobathmy 祖衍镶嵌
→~ of characters 特征镶嵌现象

heterobrochantite 异水胆矾 [Cu₄(SO₄)(OH)₆];羟铜矾

heterobrochate 异形网状

Heterocaninia 异犬齿珊瑚(属)[C₁]

heterocellular 异型细胞

Heterocemas 异角鹿属

Heterocepholus 异头鼠属[Q]

Heteroceridae 长泥甲科[动]

heterocharge 混杂电荷

heterochelate 混合配位体螯合物

Heterochloridales 异鞭藻目

heterochore 异群落的种类

heterochronogenous 次生的
→~ {secondary} soil 次生土

heterochronous homeomorph 晚期异物同形
→~ homeomorphy 异时同形

heterochron(eit)y 异时性[胚];异时(发生)

heterochthonous 异地的

heterocline 蔷薇辉石 [Ca(Mn,Fe)₄Si₅O₁₅,Fe、Mg 常置换 Mn,Mn 与 Ca 也可相互代替;(Mn²⁺,Fe²⁺,Mg,Ca)SiO₃;三斜];杂褐锰矿[(Mn,Si)₂O₃]

heteroclite 畸形形成

heterococcolith 异颗石[钙超]

Heterocoela{Heterocoelida} 异腔海绵目

heterocoelous{anemocoelous} vertebra 异凹椎
→~ vertebra 鞍形椎

heterocolpate 具异沟的[孢];具伪沟的

heterocomplex 杂合物

heterocompound 杂化合物

heteroconjugate 复共轭对配合物

heterocont(ic) 长短鞭毛体[挥发物超过35%的煤];具长短鞭毛的

heterocontous 具长短鞭毛的

Heterocorallia 异(形)珊瑚目

heterocrystal 异质晶体

heterocycle 杂环

heterocyclic nucleus 杂环核
→~ ring 杂环

heterocyclics 杂环族化合物

heterocyclization 杂环化(反应)

heterocyst 异形细胞

heterodactylous 异节末射枝的
→~ foot 异趾足

heterodesmic 异键的

→~ bond 多型键//~ lattice 多键型晶格//~ structure 杂键型结构

Heterodiacromorphytae 不等极(藻)亚(群)[疑]

heterodisperse 非均相分散

heterodont 异型牙

Heterodonta 异牙目[双壳];异齿目[双壳]

Heterodontosaurus 畸齿龙属[T₃]

heterodontosaurus 畸齿龙

Heterodontus(killer) 虎鲨属[Q]

hetero-epitaxy 异质外延

heterofacial 混相的

hetero-facies 异相

heterofilite 异叶云母[K₂.₅Fe₃Al(Al₂.₅Si₅.₆O₂₀)(OH)₄]

heterogastropoda 异腹足类

heterogen 杂块

heterogeneous 异{多}相的;异质的;复杂的;非{不}均匀的
→~ assemblage 异源组合//~ coal 不均质煤;不均匀煤;非均质煤//~ gas-liquid mixture 不均匀气液混合物//~ intergrowth 不均匀互{交}生

heterogeneously substituted polysaccharide 杂原子取代的多糖类物质

heterogeneous medium 非均一介质

heterogenesis 异型有性世代交替;突变

heterogenite 羟氧钴矿[CoO(OH);三方];水钴矿[CoO•OH;2CoO₃ZCuO•nH₂O]
→~-2H 羟氧钴矿-2H[CoO(OH);六方]//~-3R 氧钴矿-3R

heteroglycan 杂聚糖;杂多糖

heterogone 花蕊异长植物

heterogonic growth 不等成长

Heterohelix 异卷虫(属)[孔虫;K]

hetero-ion 杂离子

heterojunction 异质结

heteroklas 褐锰矿 [Mn²⁺Mn₆³⁺SiO₁₂;Mn²⁺Mn₄⁴⁺O₃;3Mn₂O₃•Mn₂SiO₃;四方]

heteroklin 褐锰矿;蔷薇辉石[Ca(Mn,Fe)₄Si₅O₁₅,Fe、Mg 常置换 Mn,Mn 与 Ca 也可相互代替;(Mn²⁺,Fe²⁺,Mg,Ca)SiO₃;三斜]

heterokontae 不等鞭毛类

Heterolepa 异鳞虫属[孔虫;K₂-Q]

het(a)erolite 锌锰矿[ZnMn₂³⁺O₄;四方];锌黑锰矿[ZnMn₂O₄]

heterolithic facies 异粒岩相;异类岩相

heterolysis 异种溶解;外力溶解

heteromagmatic ore deposit 异岩浆矿床

Heteromarginatus 异缘颗石[钙超;K₂]

heteromayarian 异柱类;不等柱类[双壳]

heteromerite 符山石[Ca₁₀Mg₂Al₄(SiO₄)₅,Ca 常被铈、锰、钠、钾、铀类质同象代替,镁也可被铁、锌、铜、铬、铍等代替,形成多个变种;Ca₁₀Mg₂Al₄(SiO₄)₅(Si₂O₇)₂(OH)₄;四方]

heteromesical deposit 异媒堆{沉}积

heterometric titration 比浊滴定

heteromorph 异象岩;同种异态

heteromorphic 同成分异组合的;杂形的;同质异矿的[岩];异象的;异常形的;异态;异形的[孢]
→~ paragenesis 异象共生//~ rock 异象岩

heteromorphism 异形性;同质异矿现象;异象;异型;异态性;异常形(现象);多晶现象;同(成)分异组(合)现象

heteromorphite 异硫锑铅矿[Pb₇Sb₈O₁₉;单斜]

heteromorphosis 变异

heteromorphous 杂形的；异形的[孢]；异象的；异态；异常变形的；同质异矿的[岩]
→~ rocks 异形岩

Heteromyaria 异柱目

heteronuclear bond 多核键

heteronucleus 杂环核

heterophagous 杂食性的

heterophase{heterogeneous} polymerization 多相聚合

heterophragm 次生横板[苔]

Heterophrentis 异内沟珊瑚属[D]

heterophyllia 异珊瑚；异形珊瑚(属)[C_1]

heterophyllite 异叶云母[$K_{2.5}Fe_3Al(Al_{2.5}Si_{5.6}O_{20})(OH)_4$]

Heterophylloides 似异形珊瑚(属)[C_1]

heterophyllous 具异形叶的

heterophylly 异形叶性[古植]

heterophyte 异形植物

heteropic(al) 异相的；非均匀的

heteropical deposit 异相堆积

heteropic deposit 同时异相沉淀{积}
→~(al) facies 异相；异岩交互相 // ~(al){heterolithic} unconformity 异岩不整合

heteroploid 异数体

Heteropod 异足类

heteropolar 异极；异极的[性质]
→~ compound 异极性化合物

heteropolarity 复极性；异极性

heteropolar lattice 有极晶格
→~ link(age){bond} 离子键 // ~ molecule 异极(性)分子(浮选)；复极性分子 // ~ reagent 极性药剂

heteropole 异极

heteropoly acid 杂多酸

heteropolymer 杂聚合物；多聚合物

heteropoly tungsten 杂多钨离子

heteropolytype 杂多型

Heteropora 异管苔藓虫属[K-Q]

Heteroptera 异翅目[昆]

Heteropygous 异尾类

heteropygous 异尾的[三叶]

Heterorthina 别正形贝属[腕;O_3]

Heterorthis 异正形贝属[腕;O_{2-3}]

heteroscedasticity 异方差性

heterosis 异配适应；杂种优势

heterosite 异磷铁(锰)矿[$(Fe,Mn)_2(PO_4)_2•H_2O$]；磷铁矿[$Fe^{3+}PO_4$;斜方]
→~ {ferripurpurite} 异磷铁锰矿[$(Fe^{3+},Mn^{3+})(PO_4)$]

Heterosminthus 异蹶鼠属[N_2]

heterosphere 不均层

heterospore 异形孢子

Heterosporium 疣蠕孢属[真菌;Q]

heterosporophytes 异孢植物

heterospory 孢子异型

Heterostegina 异盖虫属

Heterostraci 异甲(亚纲)[无颌纲]

heterostrate biotype 异层的生物境

heterostrobe 零拍间门；零差频选通

heterostrophy 异旋式[腹]；异转式

heterostructure 异质结

heterotactic 异列的；异变的
→~ fabric 异向组构 // ~{heteropolar} structure 异序构造

heterotactous{heterotaxial} 异列的

heterotaxial deposit 异列堆[沉]积

heterothrausmatic 杂球状；异质球状

heterotic 杂合的

heterotomous 不等分枝[笔;海百]；异大分歧；异常解理的

heterotopical deposits 异区堆积物

heterotopic(al){heteromesical} deposit 异境沉积

Heterotrichales 异丝藻目

heterotroph 异自养生物；异养生物

heterotrophic{zootrophic} 异养的[生]
→~ component 异养成分 // ~ organism 异养生物

heterotrophism 从属营养；异养作用

heterotropic 斜交的

Heterotrypa 异苔藓虫属[O-S]

heterovalent 多价
→~ isomorphism 异价类质同象

heterozite 异磷铁(锰)矿[$(Fe,Mn)_2(PO_4)_2•H_2O$]

heterozone organism 多生境生物

heterozooecium 次生虫室[苔]

heterozygote 异型合子

Hettangian 赫特唐阶；赫唐(阶)[欧;J_1]；海塔其阶[200~203Ma;J_1]

heubachite 镍水钴矿；水钴镍矿[Ni 和 Co 的含水氧化物; $(Co,Ni)_2O_3•2H_2O$]

heugh 露天煤矿

heulandite 辉沸石[$NaCa_2Al_5Si_{13}O_{36}•14H_2O$;单斜]；片沸石[$Ca(Al_2Si_7O_{18})•6H_2O;(Ca,Na)_2(Al_2Si_7O_{18})•6H_2O;(Na,Ca)_{2-3}Al_3(Al,Si)_2Si_{13}O_{36}•12H_2O$;单斜]
→~-(Ba) 片沸石-Ba[$(Ba,Ca,Sr,K,Na)_5Al_9Si_{27}O_{72}•22H_2O$] // ~ B 变片沸石 // ~ barytica 钡片沸石[$Ba(Al_2Si_7O_{18})•6H_2O$]

heumite 钠霞正煌岩；棕闪碱长岩

heuristic 试错的；促进的；发展式的；启发式的
→~ method 探试法 // ~ procedure 试探法

heuvel 高度[较小]

hevelian halo 海维留晕；淡晕

Hevelius's parhelia 海维幻日

heversalt 铁明矾[$Fe^{2+}Al_2(SO_4)_4•24H_2O;FeO•Al_2O_3•4SO_3•24H_2O$]

hewer 采煤工
→~(coal) 刨煤工

hewettite 薄晶钒钙石；针钒钙石[$H_4Ca(VO_3)_6•7H_2O;CaV_6O_{16}•9H_2O$;斜方]

Hewlett parameter 休利特参数

hexabolite 玄闪石[$(Ca,Na,K)_{2-3}(Mg,Fe^{3+},Al)_5(Si,Al)_8O_{22}(O,OH)_2$]；氧角闪石[含钛角闪石]

hexacelsian 钡霞石[$Ba(Al_2Si_2O_8)$]

hexachalcocite 六方辉铜矿[Cu_2S]

hexachlorobenzene 六氯苯

hexachloro-cyclohexane 六氯化苯

hexacontane 六十(碳)烷[$CH_3(CH_2)_{58}CH_3$]

Hexacoralla 六射珊瑚(亚纲)

hexacoralla{Hexacorallia} 六射珊瑚

hexacordierite 印度石[为成粒状结合的钙长石;$Ca(Al_2Si_2O_8)$]

hexactin 六射骨针[绵]

Hexactinella 六射海绵(属)

hexad 六价物{的}；六价原子；六个一组；六面的；一列六个
→~ (axis) 六次轴

hexadecane 十六(碳)烷；联辛基；鲸蜡烷
→~ phosphonic acid 十六烷基膦酸[$C_{16}H_{33}PO(OH)_2$]

hexadecanol 十六(烷)醇[$C_{16}H_{33}OH$]

hexadecene 十六碳烯

hexadecyl acid 棕榈酸[$CH_3(CH_2)_{14}COOH$]
→~ amine 十六烷(基)胺[$CH_3(CH_2)_{15}NH_2$] // ~ amine-hydrochloride 十六胺盐酸盐[$C_{16}H_{33}NH_2•HCl$]；盐酸十六胺[$C_{16}H_{33}NH_2•HCl$] // ~ demethyl pyrrolidine 十六基二甲基(四氢)吡咯[$C_{16}H_{33}•(CH_3)_2•C_4H_5NH$]

hexadecylene 十六(碳)烯

hexadecyl sulfonamide 十六(烷)基亚磺酰胺[$C_{16}H_{31}SONH_2$]
→~ trimethyl ammonium bromide 十六烷基三甲基溴化铵[$C_{16}H_{33}N(CH_3)_3Br$] // ~-trimethyl-ammonium chloride 十六烷基三甲基氯化铵[$C_{16}H_{33}N(CH_3)_3Cl$] // ~ trimethyl glycocoll 十六(烷)基三甲基甘氨酸[$C_{16}H_{33}N(CH_3)_3•CH_2COOH$]；十六(烷)基三甲基氨基乙酸[$C_{16}H_{33}N(CH_3)_3•CH_2COOH$]

hexadecyne 十六(碳)炔

hexaedrite 方陨铁类

hexaferrum 六方铁矿[富钌变种:钌铁矿(Fe,Ru);富锇变种:锇铁矿(Fe,Os);富铱变种:铱铁矿(Fe,Ir)]

Hexagenitidae 六族蜉游科[昆]

hexagibbsite 拜三水铝石[$Al(OH)_3$;单斜]

hexagonal 六方[晶系]；六方的；角形的；六(角)边形的

Hexagonaria 六方珊瑚(属)[D]；六角珊瑚属[D]；多角珊瑚(属)

Hexagonifera 六角藻科[K]

hexagonite 少锰透闪石；锰透闪石[$Ca_2(Mg,Mn)_5(Si_8O_{22})(OH)_2$]

Hexagonocyclicus 棱圆茎属[海百合;O_2]

hexahedron[pl.-ra] 立方体；六面体
→(regular) ~ 正六面体

hexahydrate 六水合物

hexahydrite 六水泻盐[$MgSO_4•6H_2O$;单斜]

hexahydro-benzene 环己烷

hexahydroborite 六方水硼石；水羟硼钙石[$Ca(B(OH)_4)_2•2H_2O$;单斜]

hexahydro-phenol 环己酸[$C_6H_{11}OH$]

hexahydro-xylenol 二甲基环乙醇
→~ 六氢化二甲(苯)酚[$(CH_3)_2C_6H_9OH$]

hexalin 环己醇[$CH_2(CH_2)_4CHOH$]

Hexalithus 六骸石[钙超;K_2]

hexamer 六聚物；六脚块体[消波混凝土块体]

hexametaphosphate 六偏磷酸盐[$(MPO_3)_6$]

1,1,3,5,7,9-hexamethoxydecane 1,1,3,5,7,9-六甲氧基癸烷[$(CH_3)_6C_{10}H_{16}$]

hexamethyldisilazane 六甲基二硅氮烷

hexamethylene tetramine chloride 六亚甲基四胺盐酸盐[$C_6H_{12}N_4•HCl$]

hexamine 六胺[$(CH_2)_6N_4$]；乌洛托品[$(CH_2)_6N_4$]

hexanal 己醛

hexanamide 己酰胺[$CH_3(CH_2)_4CONH_2$]

Hexanchidae 多鳃鲨科

hexane 正己烷；己烷[C_6H_{14}]
→~ arsenic acid 己基胂酸[$C_6H_{13}AsO(OH)_2$]

hexanediol 己二醇

hexanedione 己二酮

hexanedioyl 己二酰[HS-]

hexane-thiol 巯基己烷[$C_6H_{13}SH$]；己(基)硫醇[$C_6H_{13}SH$]

hexangular 六边{角}形的

hexanoate 己酸根{盐}；己酸[$CH_3(CH_2)_4COOH$]

H

hexanol 己醇[$C_6H_{13}OH$]

hexanone-2 己酮-2,甲基丁基酮[$CH_3COC_4H_9$]

hexanoyl 己酰[$CH_3(CH_2)_4CO-$]

Hexaphyllia 六隔珊瑚属[C_{1-2}]

Hexapoda 六足(虫)类[昆];hexapoda

Hexaporites 六管苔藓虫属[O]

hexarch 六原型[植]

hexastannite 似黄锡矿[$Cu_8(Fe,Zn)_3Sn_2S_{12}$;斜方]

Hexasterophorida 六星海绵目

Hexastylus 六桩虫(属)[射虫;T]

hexatenickelite 锑钯六方碲镍矿

hexate(t)rahedron 六四面体

hexatestibiopanickelite 六方碲锑钯镍矿[六方;(Ni,Pd)$_2$SbTe; (Ni,Pd)(Te,Sb)]

hexavalent 六价的

hexaxon 六轴针

hexene 己烯

1-hexene 己烯-(1)[$CH_3(CH_2)_3CH:CH_2$]

hexenol 己烯醇[$C_6H_{12}OH$]

hexenone 己烯酮

hexitol 己糖醇[$CH_2OH(CHOH)_4CH_2OH$]

hexogen 环三亚甲基三硝胺[$C_3H_6N_6O_6$];黑索金;三次甲基的硝胺[$C_3H_6N_6O_6$]

Hexonit 海宋炸药

hexose 己糖[$C_6H_{12}O_6$]

hex(a)tetrahedral{hexakistetrahedral} class 六四面体(晶)组[$\overline{4}3m$ 晶组]

hex(akis)tetrahedron 六四面体

hex(agonal){monkey} wrench 六角扳手

hexylalcohol 己醇[$C_6H_{13}OH$]

hexylamine 己胺

hexylene 己烯

heyday 全盛期

heyite 赫钒铅矿;钒铁铅矿[$Pb_5Fe_2^{2+}(VO)O_5$;单斜]

Heyneckia 海尼颗石[钙超;Q]

heynite 赫碳甲铁

Heyn stress 织构应力

→~{textural} stress 海恩应力

heyrovskyite 赫罗夫斯基矿;富硫铋铅矿[$Pb_{10}AgBi_5S_{18}$;斜方]

hezuolinite 何作霖石[$(Sr,REE)_4Zr(Ti,Fe)_4Si_4O_{22}$]

Hf 铪

HFO 井中油满;重供油;充满石油的钻孔

HF-response 高频响应

hgor 高油气比

Hg-sphalerite 汞(-)闪锌矿

H-hinge 工字铰链

hialit 透蛋白石

hiarneite 希钙锆钛矿[$(Ca,Mn,Na)_2(Zr,Mn^{3+})_5(Sb,Ti,Fe)_2O_{16}$]

hiatal 越级不等粒状;非等粒的;间断的

→~ texture 多孔构造[岩]

Hiatella 裂蛤属[双壳;J-Q]

hiatus 漏句;缺失;缺层;地层间断;裂缝;裂隙;间断面;孔

→(break) ~ 间断

hibakusha 核爆幸存者[日]

Hibbardella 希巴德牙形石(属)[O_2-T_2]

Hibbardelloides 拟希巴德牙形石属[T_{2-3}]

hibbenite 板磷锌矿;杂磷锌矿[$Zn_7(PO_4)_2(OH)_2•6\frac{1}{2}H_2O$]

hibbertite 水菱钙镁矿[$(Mg,Ca)_5(CO_3)_4•3H_2O$];杂水菱钙镁矿

hibernation 冬眠

Hibernian{Erian} orogeny 希伯尼造山运动[S_3]

hibinite 胶镍硅铈钛矿[$(Ca,Na)_{12}Ce_2Ti_2Si_8O_{30}(F,OH)_6$];胶绿硅碲钛矿

Hibolithes 希波箭石

hibonite 黑铝钙石[$(Ca,Ce)(Al,Ti,Mg)_{12}O_{19}$;六方];黑复铝钛石[$(Ca,TR)(Al,Fe^{3+},Ti,Si,Mg,Fe^{2+})_{12}O_{19}$]

hibschite 八面硅钙铝石;水榴石;水绿榴石[$Ca_3Al_2Si_{3-x}O_{12-4x}(OH)_{4x}$,其中 x 近于½]

hibulking 高膨体变形

hick(e)y 新发明的玩意儿[尤指叫不出名字者];小脓疱;器械;疙瘩;弯管器;粉刺

Hidaella 飞弹蜓属[;孔虫;C_2]

hidalgoite 砷铅铝矾[$PbAl_3(AsO_4)(SO_4)(OH)_6$;三方];砷铝铅矾[$PbAl_3(AsO_4)(SO_4)(OH)_6$]

hidden anomaly 隐伏异常

→~ conductor 暗线//~ coral 暗礁[水下的礁石]//~ (ore;mineral) deposit 掩蔽矿床

hiddenite 翠铬锂辉石

hidden karst 隐伏岩溶

→~ layer 盲层//~ layer{later} 隐蔽层//~{blind} ore 盲矿//~ resources 地下富源//~ trouble{danger;peril} 潜在事故

hide 躲藏;兽皮;皮革;藏匿;藏;遮盖;隐藏;隐瞒;掩蔽

Hide's theory 海得学说

hiding-in {-}earthquake 潜伏地震

hidroplankton 分泌性浮游生物

hielmite 钇铌钽矿;钙铌钽矿[$(Y,Fe,U,Mn,Ca)(Nb,Ta,Sn)_2O_6$]

hiemal plant 雨绿植物

hiemefruticeta 雨绿灌木群落;雨绿灌丛

hiemisilvae 雨绿乔木群落

hierarchial space 物体的体系空间

hierarchical 分层的;分级的

→~ agglomerative clustering 谱系合并聚类

hierarchic structure 谱系结构;等级结构

hierarchy 层次;谱系;等级;分层;系统;体系;级别

→~ analysis 层次分析//~ of extension polygons 扩张多边形(导线)的等级//~ of needs theory 需要层次论

hieratite 氟硅钾石;方氟硅钾石[K_2SiF_6]

hieroglyph 底基痕;可疑化石;象形印模;虫迹[遗石];似文象构造

hieroglyphic texture 象形文字结构

hig 伊格风暴

higganite-(Yb) 镱兴安石[$(Yb,Ce)BeSiO_4(OH)$]

higginsite 砷钙铜{铜钙}矿[$CaCu(AsO_4)OH$];绿氢氧化砷酸钙铜矿

Higgins-Leighton geometric factor 赫金斯-莱顿几何(形状)因子

high 重大;曲线的峰;强烈的;峰;高压;高点;高的;高处;峰值;非常的;严重的;极大值

→~ alloy 高合金的//~-altitude satellite 远地卫星//~-alumina clay 高铝黏土[主要成分为硬水铝石 α-$Al_2O_3•H_2O$]//~{-}angle thrust 陡冲断层//~-ash content 高含灰量

highbaric 高压的

high barometer 高气压计

→~ beam 远光灯//~ bed 沙洲;浅滩//~ block 高断块

(knee-)high boots 长筒靴

high bottom 厚罐底沉淀层;根底

highboy 撬装式或拖车式手摇泵储罐加油装置

high B.T.U. gas 高发热值燃气

→~ calcium lime 富石灰[建]//~-calcium limestone 富钙灰石//~-clinoferrohypersthene 高温斜铁紫苏辉石//~ cristobalite 准方石英[SiO_2]//~-density and high-strength graphite 高密高强石墨//~ density graphite 高度致密石墨//~-discharge 高水平排料;高料面排矿//~-discharge mill 高排料水平(式)磨(矿)机

high{heavy}-duty 重型(的);载重的;大功率的;高生产率的;大型(的)

→~ {-test} cast iron 优质铸铁

high duty pipe racks 重型管排架

→~ {high-level} efficiency 高效率//~ energy {-}fuel{propellant} 高能燃料//~-energy geothermal field 高温热田;高能位地热田//~-enrichment leacher 高加浓燃料浸取器

higher alcohol sulfate 高级醇硫酸盐

→~-rank rock 变质程度较高的岩石;较高级变质岩

high exchange 高汇率

→~ expansive plaster 高膨胀性石膏//~-frequency separation of diamond 金刚石高频选矿//~(ly) gassy mine 高沼气矿井

highgate resin 黄脂石[树脂的化石,含氧比一般琥珀少;$C_{12}H_{18}O$];胶脂石

high (speed) gear{high-geared operation} 高速运转

→~-gel salt cement 高胶质含盐水泥//~ grade 高坡//~-grade assemblage 高级变质组合//~-grade{-quality;-mark;-strength} cemen{high grade{strength} cement} 高标号水泥

highgrade{high(er) grade} deposit 富矿床[砂矿底部]

high grade fuel 高能燃料

→~ grade iron ore 富铁矿//~-grade mill 优质矿石选厂//~(-)grade ore 富矿//~ grade ore 高品位矿//~-grade ore 上矿//~-grade{pay;rich;bucked;shipping} ore 富矿石//~-grade{valuable} ore 高品位矿//~ grade ore leaching 高品位矿石浸出//~-grading 高质精矿;采富矿;乱采富矿//~-grad iron ore deposit 富铁矿//~ ground pressure 强地压;高矿山压力//~ hafnium concentrate 高铪精矿

highhanded (persecution) 高压

high-hard rock 极硬岩石

high-hat kiln 高帽窑

high-hazard contents 高火灾隐患

high-head 高压头的;大压头

high head extension 高压头支管

→~ iron group 高铁群球粒陨石

highland 高原;高地

→~{plateau} glacier 高原冰川

high latitude 高纬

→~ latitudes 高纬度地区//~ lead crystal glass 高铅晶质玻璃//~-level groundwater 高出基准水面的地下水//~-level mill 高溢流水平磨;高液面排矿式磨机;磨碎机//~ level of production 高速开采;高产//~-level{sea-beach} placer 高地砂矿

highlight 辉亮部分;强光;亮区;最精

彩的地方；突出；重点；亮点；(图像中)最明亮部分；图像中最亮处；显著部分
→～ contrast 亮部反差

high-lighting an anomaly 强化异常；(使)异常突出

high lime mud 高钙泥浆
→～-line eliminator 高压线干扰清除器//～ link 凸头//～-liquid-ratio gas well 高含液气井//～{suprapubic} lithotomy 耻骨上切石术//～-low{Hi-Lo} 错口[对管的缺陷]

highly acidic 高酸性的
→～ felspathic 像长石的；长石为主的；长石的//～ gassy {gaseous} mine 高瓦斯矿

high-lying deposit 高地矿床

highly{strongly} magnetic 强磁性的
→～ mineralized water 高矿化水//～-oriented pyrolytic graphite 高定向热解石墨//～ reduced sinter 高还原度烧结矿//～ resistant mineral 强稳定矿物

high-magnesia cement 高镁水泥

high-magnesian aragonite 高镁霰{文}石
→～{-Mg} calcite 高镁方解石

high magnesium lime 高镁石灰；镁质石灰
→～ marsh{high-marsh} 高位盐沼//～ methane mine 高沼气矿井//～ nitrogen oil 高氮石油//～ phosphorus iron ore 高磷铁矿//～-purity,high-strength and high-density graphite 高纯、高强、高密石墨//～(-temperature) quartz 高温石英[>573℃]；β石英//～ quartz solid solution 高温石英固溶体//～ rate of lime injection 高度石灰喷射//～ reducibility sinter 高还原度烧结矿//～ reef 砂矿露边底岩；底岩突起//～-roof `operation{mining system} 高矿房回采//～ salinity 高盐性；高矿化度//～-sanidine 透长石[K(AlSi₃O₈);单斜]//～ seam 厚煤层；厚矿层

highsilica glass fabric 高硅氧布

high-silica magnesite brick 高镁硅砖
→～ rock 高硅质岩石；高硅岩；富氧化硅的岩石

high silica sand 石英砂
→～-silica sand 纯石英砂//～-solvency naphtha 高溶解度石脑油[材]//～ speed card punch 高速卡片凿孔机//～-speed driving,stoping and drawing 三强开采{采矿}//～-speed grinding wheel 高速磨削砂轮//～ speed steel 超切钢//～ stability quartz crystal oscillator 高稳定度石英晶体振荡器

highstand 高水位期

high(-carbon){hard;high} steel 高碳钢

high strain rate forming 高应变率成形
→～-strontium aragonite 高锶文石//～-temperature anhydrite 高温无水硬石膏//～-temperature induration process 高温固化法[团矿]//～-temperature lime cation exchange method 热式石灰阳离子交换法//～ temperature rapid firing stains 高温快烧颜料//～-temperature spot in tunnel kiln 隧道窑高温点//～-tridymite 高温鳞石英//～ vanadium carnotite type ore 高钒钾铀型矿

highwall 坡面；边坡；边帮；工作面；露天矿未开采工作面；阶段边坡
→～-drilling machine 边坡钻机//～

slope 边坡坡度

high wall slope 边坡
→～ wax oil 高蜡石油

highway 汇流通道；航路；公用通道；公路；母线；高速公路；总线；信号母线；快车道；途径
→～{road} crossing (管道)穿越公路

high-wearing feature 高耐磨性

high-weir type classifier 高(溢流)堰式分级机

high-withdrawal area 高产区

highwoodite 海伍德岩[美]；云辉二长岩

high yield 高屈服值的(黏土)；造浆能力高的
→～ yield area 高产区//～ yttrium rare earth mixture concentrates 富钇混合稀土精矿

hihg gas-oil ratio 高油气比

Hikorocodium 日顷海松属[C-P]；希克松属

hilairite 三水钠锆石[Na₂ZrSi₃O₉•3H₂O;三方]；钠霞长斑岩；方钠霞石正长斑岩

hilar depression 脐凹
→～ spot 脐点

Hild differential drive 赫氏钻头给进差动装置

Hildenbrandia 胭脂藻属[红藻;Q]

hilebranditle 针硅钙石[Ca₂(SiO₃)(OH)₂;单斜]

hileia 热带雨林

Hiley formula 希利公式[桩工]

hilfs rapid method 快速方法[压缩]

hilgardite(-2M) 羟氯硼钙石；氯羟硼钙石[Ca₂B₅ClO₈(OH)₂;单斜]

hilgardite-3Tc 副羟氯硼钙石

hilgardite-1Tc 锶羟氯硼钙石

hilgenstockite 板磷钙石[Ca₄P₂O₉]

hill(ock) 山丘；山；小山；轨道上山；冈；矿山地面；矿内高地；矿井地面；斜坡；小土堆；丘

hill (mound) 丘陵
→～-and-dale road 翻山(越谷)的道(路)

hillangsite 铁锰闪石

hill clerk 司秤员

hillculture 坡地栽培

hillebrandite 针硅钙石[Ca₂(SiO₃)(OH)₂;单斜]；水硅钙石[CaSi₂O₄(OH)₂•H₂O;三斜]

hill{surface;relief;ground} feature 地貌

hillite 磷水锌钙石[Ca₂(Zn,Mg)(PO₄)₂•2H₂O]

hillock 丘陵；矸石堆；小丘；土丘；土墩；废石堆
→～ moraine 冰碛丘陵//～-top elevation 丘顶高程

hill of circumdenudation 环蚀丘陵
→～ of planation 蓬原//～ of upheaval 隆起丘陵//～ shading 山(坡阴)影法//～ shading method 山影法

hillside 小山坡；山腰；山；丘陵坡；岗坡
→～ covering works 山坡覆盖工程//～ farm field 阪田[多石的田地]//～ field 山地//～ fields{land} 坡地//～ flanking 加固山坡//～ gravel 坡地砂矿

hillslope{hill slope} 山坡

hill{hillside} spring 山腰泉
→～ station 山地避暑地

hilltop 丘顶；小山顶
→～ surface 丘顶面

hill-torrent 山区急流

hillwash 坡滑；坡地坍滑；坡地侵蚀堆积

物；坡地片冲物

hilly area{country} 山地
→～ area 丘陵区//～ land{ground} 丘陵地

hi-lo-check 高低端检查

Hiltron 小型高通量中子发生器

hilum 生殖孔；脐；种子与茎接连疤痕；种脐；粒心[植]；极孔

Himalayechinus 喜马拉雅海胆属[K₃]

Himalayites 喜马拉雅菊石属[头;J₃-K₁]

himbeerspath 菱锰矿[MnCO₃;三方]

hindcast 追算[根据历史资料对过去水文、气象等要素进行估算]

hindcasting 后报；追算[根据历史资料对过去水文、气象等要素进行估算]；倒推法[借鉴往事预测未来]

Hindeodella 小欣德牙形石(属)[S-T]

Hindeodelloides 拟小欣德牙形石属[D-C]

Hindeodina 似欣德牙形石属[D₃-C₁]

Hindeodus 欣德牙形石属[C₁]

hindered 干扰
→～ {-}settling 干涉沉降

hinderland 腹陆；腹地

Hindia 微海绵属[O-P]；欣德海绵属

hindrance 干扰；阻碍；障碍物；妨碍
→～ to egress 排料拥挤

hindsight 事后的聪明（觉悟）；后见之明

Hinganotrypa 辛加苔藓虫属[P₁]

hinged 活动的；折叠的；铰式的
→～-body car 倾翻矿车

hinge line 贝壳缘；边界线[稳定区与经历上升或下降运动地区之间的界线]
→～-line fault 转枢线断层//～-line plunge isogons 枢纽线等倾伏线//～{cardinal} margin 铰边

hinge node 铰瘤[甲壳]
→～ of anticline 背斜枢纽//～ of syncline 向斜枢纽//～ spine 铰缘刺[腕戟贝]//～ trough V形凹槽；铰槽[腕]//～-type faulting 掫转断层作用

hingganite 兴安石
→～-(Ce) 铈兴安石[Ce₂□Be₂Si₂O₈(OH)₂;CeBeSiO₄(OH)]；羟硅铍铈石；德兴安石；兴安石[(Y,Ce)BeSiO₄(OH)]；羟硅铍钇石；钇兴安石[Y₂□Be₂Si₂O₈(OH)₂]

Hing-Mong{Hinggan-Mongolia} geosyncline 兴蒙地槽

Hinia 厚缘螺属[E-Q]

hinsdalite 磷铅铝{锶}矾[(Pb,Sr)Al₃(PO₄)(SO₄)(OH)₆;三方]；磷硫铅铝矿

hinter{hinterland} basin 后陆盆地
→～ deep 后海沟[岛弧凸侧海槽]；岛弧凸侧海槽

Hinterland 内{后}陆；腹地{陆}；内地[距海岸很远]；背{后置}地
→～ valley graben 腹地谷地堑

hintzeite 硼钾镁石[KMg₂B₁₁O₁₉•9H₂O;KMg₂(B₅O₆(OH)₄)(B₃O₃(OH)₅)₂•2H₂O;KHMg₂B₁₂O₁₆(OH)₁₀•4H₂O;单斜]；钾镁石

hiortdahlite 片榍石[Ca₂NaZr(SiO₄)₂F;3CaSiO₃(Ca(F,OH))NaZrO₃]；希硅锆钠钙石[(Ca,Na)₃ZrSi₂O₇(O,OH,F)₂;三斜]

Hiperthin 海波施音[一种磁性合金]

hipidiomorphic 半自形的

hipotype 亚型[生]

hipparion 三趾马

Hipparionyx 马蹄贝属[腕;S-D]

Hippeutis 圆扁螺属[腹;K-Q]

Hippidium 南美更新马属[Q]

hippo 河马

Hippocamelus 马形驼(属)[Q]

hippocrepiform 马蹄形的

Hipponix 兜螺属[腹;K₂-N]

Hippopotamus 河马(属)[Q]

Hipposideros 蹄蝠属[N₁-Q]

Hippotragus 弯角羚属[N₂-Q]

Hippurites 马尾蛤属[双壳;K];马尾蛤

hip{hipped} roof 四坡顶[建]

→~(ped) roof 四坡屋顶

hircine{hircite} 褐羊膻脂

hirer 租借人

Hirnantia 赫南特贝属[腕;O₃-S₁]

Hirnantian 赫南特阶[O₃]

hirnantite 绿钠角斑岩

hirny 劣质气煤

H-iron 有宽翼缘的工字梁{铁};H 字铁

Hiroshima and Nagasaki 广岛和长崎

hirsel 草地;牧场

hirst 沙坝;河岸砂堆;沿河沙堤

hirsute 硬毛状的;具长硬毛的

Hirsutodontus 多刺牙形石属[Є₃-O₁]

hirtellous 粗毛的;具微硬毛的

hirtose{hirtous} 具毛的;具长硬毛的

Hirudinea 蛭(虫)纲

hirzine{hirzite} 褐羊膻脂

hi-salt-stable polymer 高抗盐聚合物

hisingerite 水硅铁石[Fe₂³⁺Si₂O₅(OH)₄•2H₂O;单斜];硅铁石{土}[Fe₂³⁺Si₂O₅(OH)₄•5H₂O;Fe₄³⁺(Si₄O₁₀)(OH)₈•10H₂O]

hislopite 海绿方解石;杂海绿方解石

hiss 嘶嘶(地响;作声);咝咝(地响;作声);嘘声

histic epipedon 泥炭表层

histidine 组氨酸

Histiodella 高压控制器弹簧;小帆牙形石属[O₂]

histium 组连脊[介]

histochemistry 组织化学

histogram 频率曲线;柱式图解;柱状图;矩形图;组织图

→~(plot)直方图 // ~ frequency distribution diagram 柱状图解频率分布图;柱式图解频率分布图

histogrammic 直方图的;矩形图的

→~ paleostructural analysis 柱状古构造分析

histogram of groundwater development {mining} 地下水开采直方图

histology 组织学;岩石构造结构学

histometabasis 组织石变

histone 组蛋白;组朊

historical cost 过去成本;原始价值

historic(al) geomorphology 古地貌学

→~(al) sites 古迹

history 生产动态;来历;经历;时间的函数;函数关系;曲线;过程;历史;历程;图形

→~ of geology 地质学史 // ~ of landform 地形演化(史);地形发展史 // ~ of topographic evolution 地形发达史

histosol 有机土

hit a bridge 钻具中途遇阻

hitch 栓;拴;挂;故障;急推;(工作)偶然停止;钩;猛拉;连接装置;柱窝;系住;梁窝;被拉住;暂时障碍;急拉;障碍;小断层;套住;系扣;索结

→~ hitch a cut 掏凹槽 // ~cutter 刨窝工{机};截{钻}窝机;泄水沟挖沟工

// ~ jaw 联结环;自动联结器喇叭口

hitching 车钩[井口把钩用];挂钩

→~ shackle 挂结钩环;联结钩环

hitch jaw 自动联结器喇叭口

→~ line 系缆 // ~ over 全松[放松给进螺杆,便于换钢缆卡子] // ~ shoot 柱窝[of ore];柱脚[of ore] // ~ yoke 连接叉

hi-tech 高新技术;高技术

hi-temp 高温的;高温

hi-temp.resin-lignite 高温腐殖酸树脂

hit on 碰到;想出

→~-on-the-fly printer 飞击式打印机

hitter 铆钉枪

hit the pay 钻孔进入矿层

hive 蜂巢状物;蜂巢

hi-volt 高压的

hjelmite 钙铌钽矿[(Y,Fe,U,Mn,Ca)(Nb,Ta,Sn)₂O₆];钇铌钽矿;杂重钽烧绿石

hjortdahlite 片榍石[Ca₂NaZr(SiO₄)₂F;3CaSiO₃(Ca(F,OH))NaZrO₃]

Hjulstrom diagram 尤斯特罗姆图解

hkl indices 米勒符号[晶面的];hkl 符号

HL 半衰期

H lattice 双重有心的六方格子

→~{|P|R} lattice H{|P|R}格子 // ~-layer 腐殖质层

hlopinite 钛铌铁钇矿[(Y,U,Th)₃(Nb,Ta,Ti,Fe)₇O₂₀]

HLW{H.L.W.} 高低潮

hmc 泥饼厚度

HMS 重介(质)选((矿)法)

H.M.S. 重液分离

HMS-flotation method 重介浮选(联合法)

HMW 高分子量

H-network H 型四端网络;H 型网络

Ho 钬

hoarstone 灰色的古石;界石

hoary 久远的

HOB (process) 热团矿(法);热矿(石)压块(法)

Hoba iron 霍巴铁陨石

hobber 滚铣刀;滚齿机

hobbing (cutter) 滚刀

(gear-)hobbing machine 滚齿机

Hobb's theory 霍勃说

hobiquandorthite 闪云二长岩[角闪黑云石英中长正长岩,助记名]

hobnail 钉平头钉于;平头钉

→~ texture 鞋钉结构

hobo{poor-boy} rig 浅井钻机

hocartite 银黄锡矿[Ag₂FeSnS₄;四方]

hochelagaite 水铌钙石

hochkraton 高克拉通;大陆坚稳块

hochmoor 高位沼(泽)

hochquarz β 石英;高温石英[>573℃]

hochschildite 铅锡矿[PbSnO₃•5~6H₂O]

hock 跗关节[有蹄]

hod 灰砂斗;灰浆桶;砂浆桶;煤斗;运煤斗

hodgepodge 混合物;大杂烩

hodgkinsonite 褐锌锰矿;褐锰锌矿;硅锰锌矿[MnZn₂SiO₅•H₂O;单斜]

hodograph 潮流图;矢端曲线;时距曲线;地震波时距曲线;高空风分析图;速度图;风径图;速矢端迹

→~ plane 速端平面

hodrushite 贺硫铋铜矿[Cu₈Bi₁₂S₂₂;单斜]

hoe 耙斗;挖掘机;锄(地);挖;拖铲

→~ bail 矿耙柄

hoedown 击穿;故障;落矿

hoe excavator 反(向)铲

hoegbomite 镁铁钛铝石

Hoegisphaera 霍格几丁虫属[O₂-D₂]

hoeing 扒装;挖掘

→~ pan 扒汞盘

hoek 隐谷

hoelite 黄针晶;蒽醌

hoepfnerite 透闪石[Ca₂(Mg,Fe²⁺)₅Si₈O₂₂(OH)₂;单斜]

Hoeppler rolling ball viscosimeter 郝普勒落球黏度计

hoernbergite 砷酸铀矿

Hoernesia 横扭蛤属[双壳;T-J₂]

hoe scoop{scraper} 耙斗

→~ scraper 锄铲刮泥板 // ~ teeth 梳型矿耙齿

hoevelite 钾盐[KCl]

hoevellite 钾石盐[KCl;等轴]

hoevilite 钾盐[KCl]

hoevillite 钾石盐[KCl;等轴]

Hoferia 前突蚶属[双壳;T₂₋₃]

ho(e)ferite 四水硼钠石;硅锑铁矿[Fe₅Sb₂Si₅O₂₀•2H₂O];比硼钠石[Na₄B₁₀O₁₆(OH)₂•2H₂O;单斜];铁绿脱石[(Fe,Al)₄(Si₄O₁₀)(OH)₈]

hoffmannite 晶蜡石;毒砂[FeAsS;单斜、假斜方]

Hofmann degradation 霍夫曼降解

hog 变形;猪;拱曲;挠度;纸浆桶搅拌器;肥猪;弯拱;挖土机;(使)向上拱曲

hoganite{högauite;hoegauite} 钠沸石[Na₂O•Al₂O₃•3SiO₂•2H₂O;斜方];霍根石[C₄H₈O₅Cu]

hog back 脉脊

hogbacked 豚脊形的;猪背形的

→~ bottom{floor} 突起底板 // ~{yielding} floor 隆起底板

hog barge 挖泥船

hogbed 扁叶石松

hogbo(h)mite 黑铝镁钛矿{镁铁钛铝石}[(Mg,Fe²⁺)₂(Al,Ti)₅O₁₀;六方、三方]

hogbomitite 黑铝镁钛岩

hog box 沉淀池

hogger 多报进尺的司钻

→~ pipe 矿用水泵(软)管上端 // ~ pump 最高位的水泵[多级排水的矿井中]

hoggin 粗砂;过筛碎石;结合料;夹砂砾石(结合料)[修路和过滤床用]

hogging 拱曲;挠度;船身弯曲[油轮空载时,船体头尾重而下沉,中央轻而上浮];凸起;扫除[船底]

hogshead 豪格海;大桶

hog {-}tooth spar 猪牙石

ho(e)gtveitite 红硅钇石;铪硅锆石;硅铁锆石[锆石的变种,含铁]

Hohlformen 凹地形

hohlraum 辐射孔

hohmannite 褐铁矾;羟水铁矾[Fe₂³⁺(SO₄)₂(OH)₂•7H₂O;三斜]

Hohsienolepis 贺县鱼属[D₂]

hoinge tooth 铰齿

(engine;engine;elevator) hoist 提升机;卷扬机;绞车

→~ air motor 提升机的风动传动装置电动机

hoist{pit;pit-head;shaft;pithead;shaft-head} frame 井架

→~ girder 提升机天轮(托)梁

hoisting 吊装;提升;起钻;起重;起落;卷扬;提升钻具

→∼ engineer 矿井提升工程师

hoist linkage 起重装置；起吊装置

hoistman{hoist operator{driver}} 绞车司机

hoist overspeed device 绞车超速紧急制动装置

→∼ pulley 提升轮

hoistway{hoist way} (井筒内)提升间

hoje{hojo} 灰岩大洼地；坡立谷

hokutolite 铅重晶石[(Ba,Pb)SO₄];北投石[(Ba,Pb)SO₄];钡铅矾；镭重晶石

holacanth 全羽棚[珊]

holard 土壤总含水量

holaspis[pl.-ides] 晚幼虫期[三叶]

Holaster 金星海胆属[棘;K₂]

Holaxonia 全轴亚目

Holcorhynchia 槽囊贝属[腕;T₂-J₁]

Holcothyris 沟孔贝属[腕;J]

holdawayite 霍尔达维石[Mn₆(CO₃)₂(OH)₇(Cl,OH)];红碳锰矿

hold back 压抑

→∼-back rope 缓冲绳 // ∼ back vessel 牵制船 // ∼ batten 货舱护条 // ∼ {holding} circuit 自保电路

hold-down 固定；压制；油管锚；压住；悬挂装置；缩减

→∼ clip 夹具 // ∼ finger 防止(向)上顶的爪簧

hold down fitting 压牢装置

→∼-down mechanism 压紧机构 // ∼-down nut 固脚螺母 // ∼-down slip 防止上移的卡瓦

holdenite 红砷锌锰矿[(Mn,Zn,Mg)₉(AsO₄)₂(SiO₄)(OH)₈;斜方]

holder 容器；把手；把；占有者；贮藏器；储气罐；架；支持物；支架；托；座；持票人；持有人；柄；夹子；夹圈；夹

→(tool) ∼ 刀柄

holderbat 管子箍

holder for die 板牙架

holdfast 支持；保持；凿岩机支架；钳；固着器；藻类的附着器官；夹；握紧；稳固件；支架

holding 含矿地区；固定；支持；占有；矿区；矿地；自动封锁；承受；接受；享有；所有权；所有；存储

hold in store 蕴藏

→∼{carry} over 延期 // ∼ stanchion 舱内支柱

hold-up{holding} time 静置时间

→∼ time 陈置时间；滞暂时间 // ∼ vessel（废料）储存罐 // ∼{retention} volume 滞留体积

hold water 滴水不漏；无懈可击

→∼ well 污水井

hole 凿洞；漏洞；孔；频段死点；炮眼；炮孔；凿；孔穴；空穴；孔隙；井；无信号区；穴；洞；支线[美]

→∼ drift 支巷[矿井;核爆] // ∼ full oil 充满石油的钻孔

holer 钻工；凿岩工；打眼工；掏槽工

hole reaming{enlargement} 扩眼

→∼ reaming 扩大钻孔 // ∼ rugosity 井壁不平度 // ∼ set 炮眼组 // ∼ shaking{slash;reaming} 扩孔 // ∼{borehole} size 井眼尺寸 // ∼ size 孔径

holespacing 孔间距

(drill-)hole{well{head};interwell} spacing 井距

holes per face 掌子面上的炮眼数

→∼ per foot 每英尺孔数；孔/英尺[射孔密度]

hole spotting 定孔位

→∼ spring 掏药壶；扩底孔 // ∼{blasthole} springing 掏壶 // ∼ straightening 修直井身；校直井眼 // ∼ system 井下凿岩爆破计件包工制 // ∼ through on line 超前钻孔；钻孔在勘探线上截穿矿体；钻孔保持在勘探线上穿透；准确截穿[矿体]

holeuryhaline 泛广盐性(生物)

hole-wall collapsing 井壁坍塌

→∼-protecting mud 护孔壁泥浆

holfertite 羟水钙钛铀石[U⁶⁺₁.₇₅Ti⁴⁺Ca₀.₂₅O₇.₁₇(OH)₀.₆₇(H₂O)₃]

holiday 节日；工休日；漏涂；节；空洞；出外度假；假日；(管道)绝缘遗漏或损坏处；空隙

→∼ detector (管道)绝缘检疵器

holiday-free coatings 无漏缝涂层

→∼ gravel pack 无空穴的砾石充填

holidays 管道泄漏处

holidic 主要成分经化学方法分析过的

holing 井下两工作区间掘通；打眼；巷道贯通；底部掏槽；炮眼方向；柱窝；两条巷道交叉掘通的连接地点；掏槽

→∼ (through) 掘通

holism 全体说[生物界]；整体性

holistic 全体论的；统一论的

→∼ approach 整体分析

ho(e)lite 烟晶石[C₁₄H₈O₂;斜方]

Holkerian 荷克阶[C₁]

hollacite{hollaite} 方解霞辉脉岩

hollander 打浆机[荷兰式]

hollandite 锰钡矿[BaMn²⁺Mn₇⁴⁺O₁₆;Ba(Mn⁴⁺,Mn²⁺)₈O₁₆;单斜、假四方];钡硬锰矿[NaMn²⁺Mn₈⁴⁺O₁₆(OH)₄;斜方];碱硬锰矿[(Ba,Na,K)Mn₂²⁺Mn₆⁴⁺O₁₆•H₂O]

Hollandites 荷兰菊石属[T₂]

Hollerith card{|code} 河勒内斯卡片{|码}

→∼ code 霍氏穿孔卡编码[计] // ∼{H} field H 域

Hollina 荷尔属[D-C]

Hollinella 小荷尔(介属)[D-T]

hollingworthite 硫砷铑矿[RhAsS;(Rh,Pt,Pd)AsS;等轴]

hollow 坑；空心的；谷；空腔；空的；剜；空穴；空虚的；完全；穴洞；穴；挖空；波谷；凹地；洼地；中空；空洞

→∼{air;cell} brick 空心砖 // ∼ hole 聚能穴 // ∼ joint 凹缝；空缝 // ∼ lode 晶洞矿脉；洞穴矿脉 // ∼ niobium sphere (超导重力仪的)空心铌球 // ∼ quoin 空心墙角基石 // ∼ shaft{axle} 空心轴 // ∼ slab extruder 空心楼板挤出成形机 // ∼ spar 红柱石[Al₂O₃•SiO₂;Al₂SiO₅;斜方];空晶石[Al₂(SiO₄)O;Al₂O₃•SiO₂]

holly{hollytree} 冬青

holm(e) 湖心小岛；河心小岛；河边低地；沿河平地；湖中岛；河中岛

Holman airleg 霍尔曼型钻机气腿

→∼ counterbalanced drill rig 霍尔曼型带配重的凿岩台车 // ∼ dust extractor 霍尔曼型钻孔集尘器；霍尔曼(冲击式凿岩机集)尘器

holmesite 绿脆云母[Ca(Mg,Al)₃₋₂(Al₂Si₂O₁₀)(OH)₂;Ca(Mg,Al)₃(Al₃SiO₁₀)(OH)₂;单斜]

Holmia 霍尔姆虫[三叶;Є₁]

holmia 氧化钬

---

holmite 云辉黄煌岩；不纯灰岩

holmium 钬

→∼ glass 钬玻璃 // ∼ oxide 氧化钬

Holmograptus 侯氏笔石属[O₁]

Holmophyllum 侯氏(泡沫)珊瑚(属)[S₃]

holmquistite{holmquisite} 锂蓝闪石[Li₂(Mg,Fe²⁺)₃(Fe³⁺,Al)₂(Si₄O₁₁)₂(OH,F)₂];锂闪石[Li₃Mg₅Fe₂²⁺Fe₂³⁺Al₂(Si₄O₁₁)₄(OH)₄;Li₂(Mg,Fe²⁺)₃Al₂Si₈O₂₂(OH)₂;斜方]

holoaxial 全轴

holobiozone 全生物带

holoblast{holoblastic} 全变晶

Holocene 现代系

→∼ (epoch) 全新世[1.2 万年至今;人类繁荣]

holocentric 单芯的

Holocephali 全头亚纲

holoclastic 全碎屑的

→∼ (rock){holoclastite} 全碎屑岩

holococcolith 全颗石[钙超]

Holoconodont 全牙形石属

holocrystalline 全晶质；全结晶(的)

→∼-porphyritic 全晶斑状

holocyst{olocyst} 前壁[唇口苔藓虫]

holodactylous 单节末射枝的

Holodontus 全牙形石属

hologram 全息照相；全息图；立体图

holographic color map 彩色全息地图

→∼ dielectric grating 全息介电光栅 // ∼ interferometry 全息干涉测量(术) // ∼ photography 全息摄影

Holograptus 全笔石属[O₁]

Hologyra 全脐螺属[腹;O-J]

holohedra 全面体

holohedral 全对称形的；全对称的

holokarst 全喀斯特；高度发育喀斯特；完全发育岩溶

hololens 全息透镜

hololeucocrate 全白(色)岩；全淡色岩

hololeucocratic 全白色的

→∼ rock 全淡色岩

holomafic 全镁铁质的

holomagnetization 全磁化

holomarine 纯海洋的(沉积物)

holomelanocrate 全黑(色)岩；全暗色岩

holomelanocratic 全黑色的

→∼ rock 全暗色岩

holometabolism 全变形

holometer 测高计

holomictic 全混合的;完全环流的[当湖水翻转时发生延伸到最深部分的]

→∼ lake 全循环湖

holomixis 全混合作用；完全混合

holomorph 全形；同极像{象}

holomorphe 同极像{象}

holomorphic 全对称的；同极象的

→∼ fold 全形褶曲；完形褶曲 // ∼ function 全纯函数 // ∼{regular} function 正则函数

holomorphology 全态学

holomorphospecies 全形态种

holo-mylogneiss 全糜棱片麻岩

holonektonic 全游泳生物

holontozone 全生物带

holoorogenic phase 全造山幕

Holopea 全口螺属[腹;O-C]

holopelagic 真正海洋性的；全深海的

holoperipheral growth 全缘生长[腕]

H

holophone 声音全息记录器

holophote 全光反射装置

Holophragma 半拖鞋珊瑚属[O₃-S]

holophyly 全系[昆虫学]

holophyte 自养植物

holophytic 全植物性的
→ ~ nutrition 植物式营养

holoplankton 全浮游生物;全漂浮生物

Holoptychius 全褶鱼属[D₃];完褶鱼

Holoretiolites 全网笔石属[S₃]

holorheotypic 全流水型的

holosaprophyte 全腐殖{生}物

holoseismic 全息地震

holosiderite 全陨铁

holosome 全岩体;复全积层

Holostei 全骨类

holostomatous 全口式[腹]

holostratotype 正层型(地层);全层型

holostrome 全层系;单全积层

holostylic 全接型[颌]

holosymmetric 全面体;全对称的

holosymmetry 全对称

holosystematic 全对称的

holotheca 全壁

Holothuriidae 海参科

Holothur(i)oidea 海参纲[棘;P₂-Q]

holotomous 全羽的[棘海百]

Holotrichida 全毛类[原生]

holotype 全型;正模标本[古];正{全}型[生];种型

holozoic nutrition 动物式营养

holsteel 空心钻钢

Holstein stage 荷斯坦间冰期[德北部相当民德-里斯间冰期]

holtedahlite 六方羟磷镁石[Mg₂(PO₄)(OH)]

holtite 锑线石[Al₆(Ta,Sb,Li)((Si,As)O₄)₃(BO₃)(O,OH)₃;六方]

holtstamite 四方水钙榴石[Ca₃(Al,Mn³⁺)₂(SiO₄)₃₋ₓ(H₄O₄)ₓ]

Holynatrypo 霍利无洞贝属[腕;D₁₋₂]

holystone 软砂岩;浮石;泡沫岩;(用)磨石磨;磨石;磨甲板砂石;浮岩[一种多孔火成岩,常含 53%~75%SiO₂,9%~20% Al₂O₃]

holy water 圣水

Holzwarth gas turbine 等容燃烧式燃气{汽}轮机

hom 均质的;均匀的

Homacodon 全齿猪属[E₃]

Homal ocular 霍玛尔目镜

Homalodotherium 巨弓兽属[E₁]

homalographic 等面积的

Homalonotus 平背虫属[三叶;S₃]

Homalophyllum 平坦珊瑚属[D-C₁]

Homalopoma 光面螺属[腹;K₂-Q]

Homalozoa 海扁果亚门[棘];扁形动物亚门[棘]

(Ocimum) hombler 铜花

hoM-down ring (套管)压紧环

home 回复原位;朝井筒方向;产地;家乡;家庭;本国;归航;内部的;本地的;引导;住宅;自动引导;本国的;家

homeland 本国
→ ~ mock{rock} 原地岩石

homely 丑陋的

home made 自制的;土产的;本地制的
→ ~-made 手工制的;自制的;土 // ~ mining 向井筒推进的回采 // ~ mining{working} 后退式回采

homeoblast 等粒变晶

hom(o)eoblastic 花岗变晶状;等粒变晶状

homeochilidium 似背三角板[腕]

homeoclemous 同枝性的[植]

homeocrystalline 等粒的;等晶粒的

homeodeltidium 似腹窗板[腕];似三角板[腕]

homeokinesis 均等分裂

homeomorphic spaces 同胚空间

homeopolar 共价的;同极的

home-ore practice 本地矿石操作实践

homeostasis 动态平衡;自我平衡;体内平衡[生]
→ ~ system 稳态体系

homeostatic equilibrium 稳态平衡
→ ~ model 同态调节模型

homeotect structure type 等配位同分异构类型

homeotherm 恒温动物;温血动物

homeothermia 恒温性;温血性

homeothrausmatic 同世代球核的

Homeothrix 须藻属[蓝藻;Q]

homeotypic division 同型分裂

home position 零位

Homerian (stage) 霍麦{梅}尔(阶)[北美;N₁]

homestead 宅基;住宅

home{domestic} wastewater 生活污水;家庭污水

homework 家庭作业

Homiat Red 金萱红[石]

homichlin 斑黄铜矿

Homidae 人科

homilite 硅硼钙铁矿[Ca₂(Fe²⁺,Mg)B₂Si₂O₁₀;单斜]

homing 回复原位;归位;归来的;归航的;归航;导航;导归;瞄准;自动寻的(瞄准);有归还习性的;(导弹的)寻的
→ ~ behavior 回归习性

hominids 人科

hominization 人化(作用)

homiothermic animal 温血动物

homite 富辉黄斑岩

Hommel's classification 霍梅{麦}尔(火成岩)分类

Homo 真人
→(Genus) ~ 人属

Homoartonite 高马炸药

homoatomic chain 纯键[同种元素原子间的键]
→ ~ ring 同种原子环 // ~{homocyclic} ring 同素环

homoaxial 平行轴的;同轴向的

Homobasidiomycetidae 无隔担子菌亚纲

homobrochate 同形网状

homobront 等雷线;初雷等时线

homoclinal 单斜的;均斜的
→ ~ dip(ping) 同斜倾斜 // ~{monoclinal} mountain 单斜山 // ~ shifting 同料变位

homocline 单斜;同斜;均斜层;斜斜;斑黄铜矿
→ ~ dip 同斜倾斜

homocoelous 同腔海绵的

homocollinite 无结构腐殖地

homoconjugate 共轭对配合物

homocyclic nucleus 同素环核
→ ~{carboatomic;carbocyclic} ring 碳环

homodesmic 纯键型的
→ ~ bond 单型键 // ~ lattice 单键型晶格 // ~ structure 纯键型结构

homoechilidium 似背三角板[腕]

homoedeltidium 似腹三角板[腕]

homoentropic 均熵的

homoeomorphism 连续函数

Homoeosaurus 正原蜥属[J]

Homoeospira 同螺贝属[腕;S]

Homo erectus 直立人
→ ~ erectus (erectus) 爪哇人 // ~ erectus leakeyi 舍利人;利基猿人[东非] // ~ erectus officialis 药铺人 // ~ {sinanthropus} erectus pekinensis 北京(猿)人

Homogalax 始祖摸

homogamete 同形配子

homogen 均质[合金]

homogeneity 齐性;均质性;均匀性;均一性;均相性;简质
→ ~ in glass marble 玻璃球均匀性

homogeneous 齐性的;单相的;同族的;纯一的;均质混合物;均质的;相似的;同种的;同性质的;同类的
→ ~ (uniform) 均匀的

homogenizer 均质器;均化器
→ ~ valve 剪切均化阀

homogenizing 混均;均匀化
→ ~ control of raw material 生料均化控制 // ~ force 均一力 // ~ silo 混匀矿槽;均化仓

homogenous 纯系的;同源的;均质的[指因遗传而构造相似的]
→ ~ material 均质材料 // ~ rock stratum 质岩层

homogen(eit)y 同种{性};(地质层的)生成同一;同源性;同成因

homogranular 等粒的

Homo habilis 能人
→ ~ heidelbergensis 海德堡人

homohopane 升藿烷

Homoiostelea 海箭纲[棘;Є₃-D₁]

homolog(ue) 对等质;同系物;同源器官;相似物;同源性;同源包体;同名点[测];同类元素

homologous 类似的;对应;同结构型的;同源{调}的;相应的
→ ~ deformation 保形变形 // ~ radio burst 同系射电爆发 // ~ series 同系列 // ~ series of hydrocarbon 同类烃

homolographic{homolosine;authalic;homalographic;orthembadic}projection 等(面)积投影

homology 类似;相同;异体同形;同构;对应;同源性;同系;同调;相当;同源[岩;生]

homolycorine 高石蒜碱

homomorphic 同态的
→ ~ function 同态函数 // ~ processing 均夷化处理

homomorphism 同态

homomorphosis 同形性

homomorphous 同形的

Homomya 同海螂属[双壳;T-Q]

homomyarian 等柱类[双壳]

homonomy 同律性;相同

homonym 首同名[古];异物同名[生];异义名;同形异义词

homopause (地球的)匀气层顶层;均匀层顶

homophaneous{homogeneous} structure 均质构造

homophase 同相

homophyletic 同株[植]

homophyte 岩石缝隙中植物

homoplasmic 同质的

Homopoda 同足亚纲[甲壳纲等]

homopolar 电对称的；同极的
→～ bond 均极键// ～ bond{link(age)} 共价键// ～{covalent} crystal 共价晶体

homopolarity 同极性

homopolar valency 无极价

homopolymer 均聚物

Homoptera 同翅目[昆]

homopycnal flow 等密度流
→～ inflow 等密入流

Homo sapiens 智人；新人
→～ sapiens fossilis 化石新人// ～ sapiens sapiens 现代人

homoseismal 同地震曲线
→～{coseismal;coseismic} line 同震线 // ～ line 共{等}震线

homosequential speciation 同序成种

Homo soloensis 梭罗{索伦;索罗}人[印尼爪哇梭罗河岸尼安德特古人化石]

homotaxial 等列性；等列的；排列相似；同动物群的
→～ deposit 等列堆积// ～ deposits 同动物群沉积

homotaxic arrangement 一次调节

homotaxis 等列性；排列相似

homoterpenylic acid 高萜酸

Homotherium 似剑齿虎(属)[N₂-Q]

homo(iso)thermal 同温的；等温的

homothermous 全同温

homothetic basin 相似形盆地
→～ centre 相似中心// ～ fault 同位断层

homotope 同族元素

homotopic mapping 同伦映射

homotopy 同伦

Homotreta 等顶贝；同孔贝(属)[腕;€]

Homotrypa 同苔藓虫属[O-S]

Homotrypella 小同苔藓虫属[O]

homotype 同型；同范

homotypic 同型的

Homoyaria 同柱类

Homozygosphaera 共轭球石[钙超;Q]

homozygote 同型合子

homozygous condition 纯合条件

Homunculus 小人猴属[N₁]

Honania 河南虫属[三叶;€₂]

Honanodon 河南中兽属[E₂]

hondo 宽低谷地[美西南]

hondrometer 粒度计；微粒特性测定计

hondurasite 硒碲矿

hone 含油页岩；(用)磨石磨；磨石；磨刀石；磨；细磨石；油砥石；搪磨；极细砂岩；油石[砥石]
→～ of good grit 优质磨石

honessite 镍铁矾；铁镍矾[Ni₆Fe₂³⁺(SO₄) (OH)₁₆•4H₂O;三方]

honest jump 一天的活{工作}

honestone 磨石；均密砂岩；细磨石

honewort 石欧芹

honey 蜜；中调石色；蜂蜜

honeycomb (texture;structure) 蜂窝结构
→～ coral 蜂窝珊瑚// ～ crack 网状裂缝；蜂窝状裂缝{隙}

honeycombed 孔隙的；极细砂岩；多孔的

honey-combed 蜂窝结构

honeycombed casting 蜂窝状砂眼(废)铸件；气泡铸件

→～{honey-combed} cement 多孔水泥 // ～ rock{honey combed rock} 蜂房岩 // ～ slag 浮石状渣

honeycomb-filled 有蜂窝夹层的

honeycombing 水泥壁麻面；短柱式开采法

honeycomb-like thing 蜂窝

honeycomb memory 蜂房式存储器
→～ crack 蜂窝状裂隙{缝}；网状裂缝 // ～ method{system} 短柱式开采法 // ～(ed) rock 蜂窝(状)岩// ～ structure 分蜂窝构造；蜂窝构造

honeystone 蜜蜡石[Al₂C₆(COO)₆•16~18H₂O; 四方]

honeysuckle 山银花{金银花;华南忍冬} [忍冬属之一种, Ag,Au 指示植物]

Hongkongites 香港菊石(属)[J₁]

hongqiite{hongquiite} 红旗矿[TiO?;等轴]

hongshiite 红石矿[六方;PtCu;CuPt]

Honigman drop-shaft method 霍尼曼(制动轮)沉井法
→～ (shaft-boring) process 霍尼希曼分段钻进法；霍涅曼钻井法

Honigmann shaft-boring process 赫涅曼矿井钻进法

honing 搪磨
→～ machine 油石珩磨机；珩磨机；磨孔机// ～{lapping} machine 镗缸机// ～ stick 镗磨油石

hoo 山嘴
→～ cannel (coal) 土状烛煤；混有黏土的烛煤

hood (矿化)岩冠；顶；车盖；护盘；弧形腕环板；泵顶；次生壳弓形板；加盖；排气管；罩；帽；风帽；雨帽；通风柜；隐蔽；岩浆岩被；防护罩；烟罩；头盖；加罩；口盖[鹦鹉螺;头]
→～ discharge fan 排气风机罩

hooded 盔状的
→～ ary drilling 封闭式干钻凿岩// ～ dry drilling 加罩干式凿岩{钻眼}；加吸尘罩的干式钻进

hoodoo 石林；侵蚀柱；峰林
→～{rock pillar} 石柱[地貌]// ～ column 石柱// ～ rock 石柱地形；木偶岩

hoodwink 坑

hoof[pl.hooves] 踢踏；走；蹄足[马等]

hoofprints 足印

hooibergite 暗闪正长辉长岩

hook 河湾；河弯；针钩；大钩；挂在钩上；箍圈；箍；钩状沙嘴；(用)钩联结；镰刀；弯成钩形；线路中断；夹子
→(lift) ～ 吊钩；沙钩// ～ and eye hinge 钩扣铰链

Hookean body 虎克体
→～{Hookian} solid 虎克固体

hooked bac 钩形砂嘴
→～{fishhook} dune 钩状沙丘// ～ {hook} rule 钩尺

hooker(-on) (斜井吊车)挂钩工

Hooke's law 虎克定律；胡克定律
→～-solid 胡克固体// ～ strain 虎克应变

hook face 曲面

Hookian solid 弹性物质

hooking iron 清缝凿
→～-off 摘钩// ～-on 挂钩

hook joint 钩接
→～ ladder 钩梯

hooklet 小钩子

hook-like structure 钩状构造；似钩状构造

hook link chain 钩环节链

hookload{hook load} 大钩载荷

hook off 卸开
→～ on 吊上；钩上

Hook planer 胡克型刨煤机

hook rope 单钩吊索
→～ rope knife 切断井中钢丝绳的割刀

hookswitch flash 电话挂钩开关闪烁信号

hook tender 把钩工
→～ up 挂住// ～{make} up 组合// ～ {set} up 装置// ～-up 电路；耦合；中继；转播；连接；悬挂装置；接线；挂钩

hook-up nipple 连顶接头
→～ wire 架空电缆

hook valley 逆向支流

hookworm disease 钩虫病

Hoolamite indicator 胡累米特型-氧化碳检定器

hoop 圆形物；环；圆环；箍；带钢；信号环；加箍；围绕；压缩[静水压的]
→(iron) ～ 铁环

hooping (钢筋混凝土)环筋；(加)箍筋；螺旋钢箍；(加)环箍

hoop of spring 弹簧箍
→～ pin anchorage 环销锚

Hoosier pearl 灰色玉米[珍珠米]；淀粉(絮凝剂)
→～ pole 平衡杆[使除锈机或绝缘机保持水平]

hoot 汽笛响声；极少量

hooter 号笛；汽笛

hoot-owl (tour;shift) 大夜班[零点至8点]

Hoover's flotation 胡佛式浮选法

hoove-up 鼓底；隆起

hop 长距离飞行中的一段；飞行；飞过；跳跃；弹跳；起飞

hopanoid 藿烷类(化合物)
→～ catalyst 霍加拉特催化剂

hoped hainanensis 坡垒[植]

Hopeioceras 河北角石属[头;O₁]

hopeite 磷锌矿[Zn₃(PO₄)₂•4H₂O;斜方]

Hope Shale 霍普页岩

Hope's nose limestone 霍普岬灰岩

Hopfield bands 霍普非带

hopfnerite 透闪石[Ca₂(Mg,Fe²⁺)₅Si₈O₂₂ (OH)₂;单斜]

Hopkinson bar 霍普金森棒

Hopkins scale 霍氏区分；霍氏粒度区分

Hoplites 盔菊石(属)

hoplocarids 盾虾类

Hoplophoneus 合普虎；古剑虎属[E₃]

hopper 吊桶；戽斗；料斗；底卸式车；泥驳；仓；贮槽；贮水槽；料箱；活底泥驳；漏斗；加料斗；计量器；给料器；给料斗；斗仓；送卡箱；装料斗
→(weight) ～ 计量漏斗// ～ barge 活底驳船；开底泥驳(船)；舱船// ～ hopper gate 漏斗闸门// ～ scales 矿槽秤// ～ station 给矿漏斗硐室；给料漏斗室

Hopper vanning jig 胡珀选矿跳汰机

hopper vibration method 挂斗振浆法
→～ wagon 漏斗形车// ～-wagon 漏斗车

hoppet 量矿箱；提升(大)吊桶

hopping 库秤

hoppingite 方碘汞矿[HgI₂]

hoppit 吊桶

horadiam 水平钻孔的环状钻进；(在)一点打一束水平钻孔

horbachite 镍硫铁矿；硫镍铁矿

Horden sampler 霍登型自动顺向全宽截流取样机，郝登型取样机

horicycle 极限圆

horiz 水平的

horizon(tal) 水准线；水平仪；水平线；视野；视平线；视界；地平；地层；层位；层；水平线路；阶段；垂直于铅垂线的平面；水平；反射界面[震勘]

(geographic(al);local) horizon 地平线

horizon A A层；淋溶层
→~ B 淀积层；B层//~ C C层；母质层//~ mining 多水平开采//~ of soil 土壤层次；土层

horizontal 水平的；横向的；横向；横的；地平线；平伸式[笔]
→~ deposit 水平矿床//~ graphite-tube hot-pressing furnace 卧式{平放}石墨管热压炉

horizontality 水平状态；水平度；地平程度

horizontal lamination 水平纹层
→~ layer 水平层//~ lode 水平矿脉//~ longhole stope method 水平深孔阶段矿房法

horizontally fractured well 与水平裂缝相切割的井；水平裂缝井
→~-laminated beds 具水平纹理的岩层//~ loaded piles 承受水平面荷载的桩//~ polarized S waves SH波

horizontal magnetic anomaly 水平(分量)磁异常
→~ map of heights 等高线图//~ oil firing boiler 卧式燃油锅炉//~ pulp-current classifier 水平矿浆(流)分级机//~-radial diamond drilling 水平辐射状孔(金)刚石钻(进)//~ seam 水平矿层//~{level} seam 平煤层；平矿层//~-shaft disc crusher 平轴盘式碎矿机//~-spray washer 水平喷水{雾}洗矿机{涤器}//~ square-set system 水平分层方框支架采矿法//~ topslicing 下行水平分层崩落采矿法//~ wellbore logging 水平井测井

horizon velocity analysis 层速度分析

Horley Sedgley water-finder 霍来-舍特来测水仪

hormannsite 碳酸辉石二长岩

Hormidium 半环藻属；链丝藻属[Q]

hormites 海泡石-坡缕石组；纤维棒石族

Hormodendrum 单孢枝霉菌属[真菌;Q]

Hormogoneae 纽子类

hormogonium[pl.-ia] 藻殖段；连锁体[蓝绿藻]

hormonology 内分泌学；激素学

Hormosinia 单链虫属[孔虫;Q]

hormospore 连锁孢子

Hormotoma 链房螺(属)[腹;O-D]

hormozone organism 单生境生物

horn 喇叭；滚筒表面导幅；汽笛；操纵杆；角柄；主节理面；与采煤工作面成45°的线；角状突起；角突；岬角；提升机滚筒表面导筋；报警器；淘金盘；角[生]；突起[裂甲藻]

hornberg 角页岩；角山

hornbergite 砷酸铀矿

hornblende 角闪石[((Ca,Na)₂₋₃(Mg²⁺,Fe³⁺,Al³⁺)₅((Al,Si)₈O₂₂)(OH)]；普通角闪石[Ca₂(Mg,Fe)₄Al(Si₇Al)O₂₂(OH,F)₂]
→~ gneiss 角闪片麻岩//~-granulite subfacies 角闪石麻粒岩亚相//~ hornfels

普通角闪石角岩//~ rock 角闪石岩

hornblendite 角闪岩；角闪石岩

hornblend(e){hornblendic} schist 角闪片岩

hornblock 角块；轴箱架[机车的]

horn{Scotch;peel} coal 烛煤
→~ coal 角煤[一种南威尔士烛煤]//~ coral 孤立珊瑚//~ core 角心

horned{clam;clamp} nut 花螺母

Horneophyton 角蕨；鹿角蕨(属)[D₂]

Hornera 角苔藓虫属[N-Q]

Horner analysis 赫诺分析(法)
→~ straight line 赫诺(压力恢复)曲线的直线段//~ time function 赫诺时间函数//~ type-curve 赫诺型(压力恢复)曲线

ho(e)rnesite 砷镁石[Mg₃(AsO₄)₂•8H₂O;单斜]；镁华

hornfel(s) 角(页)岩

hornfelsed{hornfelsing} 角岩化

horn gap arrester 角隙避雷器
→~ gate 角状浇口//~ (ram) ~ hook coupling 角钩式连接器

hornito 溶岩滴丘；熔岩滴丘；次生熔岩喷气锥

hornlead{horn{corneous} lead} 角铅矿[Pb₂(CO₃)Cl₂;四方]

hornmangan 角锰石

horn manganese 蔷薇辉石[Ca(Mn,Fe)₄Si₅O₁₅,Fe、Mg常置换Mn, Mn与Ca也可相互代替;(Mn²⁺,Fe²⁺,Mg,Ca)SiO₃;三斜]
→~ mercury 汞膏矿；氯化亚汞[HgCl]

hornquicksilver 角汞矿[Hg₂Cl₂]

horn quicksilver{mercury} 汞膏[Hg₂Cl₂]
→~ quick silver 甘汞[HgCl;Hg₂Cl₂]//~ set 基础井框//~ {-}silver 角银矿[Ag(Br,Cl);AgCl;等轴]//~ silver 氯银矿[AgCl]//~-silver 角银矿类

hornstone 变蛋白石；角(状)岩；角石[类似燧石的硅石]；燧石

horntonite 块滑石[一种致密滑石,具辉石假象;Mg₃(Si₄O₁₀)(OH)₂;3MgO•4SiO₂•H₂O]

horny 劣质气煤；角质的；角质；角制的；角形的
→~ layer 角质层

horobetsuite 辉锑铋矿；辉铋锑矿；硫铋锑矿；幌别矿[(Bi,Sb)₂S₃]

horocycle 极限圆

Horologium 时钟座

horoscope 内孔表面检查仪

horosphere 极限球面

horotelic evolution 中速演化；常速进化
→~ rate of evolution 进化的常速

horrible 讨厌的
→~ disaster 惨祸

Horridonia 耸立贝属[腕;P]

horse 顶板下凸；壁座；煤层中冲刷充填；马；搭架；矿脉分叉；井筒中吊座；有脚架；断夹块；断层壁间巨石块；夹石；夹块；台架；炉底[高炉]
→(ride) ~ 夹层//(-)back 顶板下凸；煤层冲刷处充填的砂岩、页岩；填充的砂岩、页岩；脉石夹层；马脊岭；由于树干化石造成的底板隆起；顶板或底板凸出处；底板突出处；锅底形[顶板]；马背(岭)；凸起；夹石//~ back 煤层冲蚀层

horse-back 底板隆起；扁豆形板岩

horse cock 泥浆软管；钻头
→~ collar 无台肩钻铤用安全卡瓦//~-drawn{horse;pony} haulage 马拉运输//~ feed 不可解释的花费项目

horseflesh 肉状脉石

horse flesh ore 黄铜矿[CuFeS₂;四方]；斑铜矿[Cu₅FeS₄;等轴]
→~-flesh{horseflesh} ore 马肉矿

horsehead 马头门；码头门；临时支护

horse head 前探双纵梁
→~ of barren 废石夹层//~ of waste (barren rock) 脉石夹层

horsepower{power;efficiency} curve 功率曲线
→~-hour 马力小时[功单位]//~ nominal{horse power nominal} 标称马力//~{wattage;power} rating 额定功率

horses 长石[地壳中比例高达60%,成分OrₓAbᵧAnₐ(x+y+z=100),Or=KAlSi₃O₈、Ab=NaAlSi₃O₈、An=CaAl₂Si₂O₈,划分为两个类质同象系列:碱性长石系列(Or-Ab系列)、斜长石系列(Ab-An系列),Or与An间只能有限地混溶,不形成系列]

horse-shoe 蹄铁[N-Q]；马蹄形物；马掌；马蹄形；U形
→~ curve 马蹄形弯//~ flame tank furnace 马蹄形火焰池窑

horseshoe{crescentic;moat;oxbow} lake 弓形湖
→~ magnet 蹄形磁体//~ (shaped) reef 马蹄形礁//~ trip knife 带马蹄形切刀的棕绳切割器[靠近绳帽处切断]//~{snap} washer 开口垫圈

horse-stone 夹石；夹层

horsetail 木贼属之一[Au示植]
→~ fault 马尾状断层

horsetailing 马尾形裂楔效应

horse vaulting 支撑跳跃[体]
→~ whim 畜力绞盘

horsfordite 锑铜矿[Cu₅Sb;等轴?]

horst (洞顶)悬垂体；地垒
→~ and graben system 地垒地堑体系//~ block 垒断块

Horstisporites 穴网大孢属[K₁]

horticulture 园艺
→~ under glass 温室园艺

hortite 暗正长岩；方解辉长混杂{染}岩

hortobexoar 植物粪石

hortonite 辉石状滑石；辉石假象滑石

Horton multispheroid 多弧水滴形油罐；哈通葫芦形扁球体(油)罐
→~ nodded spheroidal tank 哈通多弧形扁球体(油)罐

hortonolite 镁铁橄石
→~-dunite 纯铁镁橄榄岩；纯镁铁橄榄岩{石}

horváthite-(Y) 氟碳钠钇矿[NaY(CO₃)F₂]

hose 绳环钩；油管
→(flexible) ~ 水龙带//~ (tube;pipe) 软管

hoseback 锅形岩块

hose cabinet 墙式消防箱
→~ cap 管堵//~ reel unit for subsea test tree 海底测试树管缆绞车//~ saddle 消防栓//~-type{hose} pump 软管式泵

hoshiite 河西石；镍菱镁矿

hosing 软管浇水；(用)软管冲洗；冲刷岩石
→~-down (用)软管水流冲洗

host 围岩；基质；赋存；主体；主；招待；主人；许多；节目主持人{者}[广播、电视]；晶核；东家

Hostapal B ×润湿剂[烷基酚聚乙二醇硫酸盐；R•C₆H₄(OCH₂CH₂)ₙOSO₃M]

host computer{machine} 主机
→～ crystal{host-crystal} 主(体)晶 //～ element 被交代元素 //～ grain 主颗粒；包裹其他颗粒的基体颗粒

hostile 不友善的
→～ geothermal fluid 具化学腐蚀性的地热流体 //～ ice 敌冰；密实冰盖；没有"天窗"的冰盖 //～ water 险恶水域

Hostimella 叉轴蕨属[D₂]

host layer 主(岩)层
→～ lithology 主岩岩性 //～ mineral 原生矿物[矿脉中] //～ reef limestone 主礁(石)灰岩 //～ rock 赋矿岩石

hot bending 热弯曲
→～ bitumen 热沥青浆 //～ brick 保温帽砖 //～{thermal} brine 热卤水 //～ calcine 热焙烧矿

hotching 跳汰选

hot{fire} cloud 热云
→～ compressed air 热压缩空气 //～ cross-section 热(中子)截面 //～ deep mine 深热矿井 //～ domain 热域 //～ dry rock 热干岩 //～ end dust 雾点[玻]

hotflue 热烟道

hot fluid region 水热区
→～ geothermal brine type deposit 地下热(卤)水型矿床

hothead 半柴油(发动)机

hot head ignition 预热缸盖点火
→～ hole 高温井

hot-house horticulture 温室园艺

hothousing complex 温室栽培综合企业

hot hydrogen fuel 热氢燃料
→～ melt coating 热熔涂层 //～ metalliferous brine 热矿水 //～{safety-lamp{-light};foul;fiery} mine 瓦斯矿 //～-ore briquetting 热团矿(法) //～-ore briquetting process 热矿(石)压块(法) //～ pressed cadmium telluride ceramics 热压碲化镉陶瓷 //～-pressing cast-stone bracket roller 热压铸石托辊 //～ return{recirculating} fines 热返矿 //～ returns plough 热返矿犁 //～ returns ratio 热返矿率

hot{red}-short 热脆

hot shortness{brittleness}{hot-shortness} 热脆性
→～ sinter 热烧结矿 //～ sinter screen deck 热烧结矿筛筛板

hotsonite 水羟{浩水}磷铝矾[Al₁₁(PO₄)₂(SO₄)₃(OH)₂₁•16H₂O]

hot{bright} spot 热点[地震反射振幅相对增强点,可能有油气]
→～ spot of kiln shell 红窑 //～-spring gold orebody 热泉型金矿体 //～-spring-type gold deposit 热泉成因的金矿床 //～-spring-type precious metal deposit 热泉型贵金属矿床 //～-tapping 热分接；高温分接；(油矿设施的)不停产修理 //～ tap water 热自来水 //～ vibro screen 热(矿)振动筛 //～-water-dominated system 热水为主的(地热)系统

hotworking 热加工

hot working face 热工作面
→～ zone{|point}强放射性层{|点} //～{torrid;tropic} zone 热带

houghite 水滑石[具尖晶石假象;6MgO•Al₂O₃•CO₂•12H₂O;Mg₆Al₂(CO₃)(OH)₁₆•4H₂O]

houillite 无烟煤

houppes 吸收像{影}

hour 时机；小时
→～ angle 时角 //～-by-hour history 按小时记录的情况 //～ circle 时圈

hourglass 沙漏；砂计时器；漏

hour glass 滴漏

hourglass type cradle 沙漏形吊管架
→～ valley 收束谷；瓶颈谷 //～ valley{|basin} 沙漏状`谷{|泉`盆} //～ zoning 沙漏式分带

hourly-paid man 按小时计资工人

hourly tonnage{capacity} 小时产量

hour of combustion 燃烧时间
→～ off bottom 离开井底的时间 //～ on stream 操作时间

hour-to-hour{continuous;consecutive} operation 连续操作

house 机构；收藏；场所；商号；放置；嵌入；覆盖；给(机器、齿轮等)装外罩；罩；库；房屋；住宅；建筑物；家庭
→～ (-)back{house back} 马脊岭 //～ brand 工厂标号 //～ coal 矿山当地分配销售煤

housed 藏壳内的；室内的；封装的
→～{chamber} pump 箱式泵 //～ pump 封闭式泵

housefoundation{house foundation} 房屋基础

house heating 住户供暖

household 家族；家庭；家
→～{consumer} waste 生活垃圾

housing 机架；衬；圈闭层；罩；汽缸；房屋；供给房屋；护罩；缸体；盖层；轴承座；支架；住宅；壳；箱；机座；卡箍
→(element) ～ 外壳 //～ cost 建厂费用；建筑费用 //～ for the ore 矿石聚集处；矿石堆积的有利构造 //～ gasket 壳密封垫

houster{bastard} coal 劣煤

Houwaan cloth 火烷布

hovaxite 砷钙铁钴土；黄钴土[Fe₂O₃•2(Ca,Co)O•As₂O₅•3~6H₂O]

hove 隆起

hovelite{ho(e)vellite} 钾盐[KCl]

hover before the eyes 漂浮

hoverbus (内河)气垫交通艇

hovercar 气垫车

hovercraft 气垫船；直升(飞)机[勘测]

hover ground 松散地；不坚硬土壤；松土；松软地

hovering helicopter 悬停直升(飞)机
→～ pressure 滑动压力

hovermarine 海上腾空运输船{艇}；气垫船

hoverplane 直升(飞)机

ho(e)villite 钾盐[KCl]

hovite 水铝英石吸附的钴钙石；碳铝钙石

hovlandite 橄云二长辉长岩

how 小丘

howardevansite 霍钒矿[NaCu²⁺Fe₂³⁺(VO₄)₃]

howardite 古铜钙(长)无(球)粒陨石；紫苏钙长无球粒陨石

howdenite 空晶石[Al₂(SiO₄)O;Al₂O₃•SiO₂];巨空晶石

howe 低地；洼地

Howell Bunger valve 锥形阀

Howellella 郝韦尔石燕属[腕;S-D₁]

Howellites 何氏叶肢介属[T₃]

howieite 硅铁锰钠石[Na(Fe²⁺,Mn)₁₀(Fe³⁺,Al)₂Si₁₂O₃₁(OH)₁₃;三斜]

howk 挖掘；掏洞(空)

howl 颤噪效应；啸声

howler 吼猴[南美]；噪鸣器；高声信号器

howlite 羟硅硼钙石[Ca₂B₅SiO₉(OH)₅;单斜]；软硼钙石[Ca₂(BOOH)₅(SiO₄)]；球硅硼钙石[Ca₂(BOOH)₅(SiO₄)]

howl overshot 圆锥壳式打捞筒

how snow becomes ice 雪怎样成冰
→～ things will change 事情将怎样变化

Hoxnian stage 霍克斯尼阶

hoya 河床；崎岖山区盆地；谷地；大坑；洞穴

Hoyle's theory 贺伊耳学说

Hoyt gravimeter 贺伊特重力计；哈脱重力仪；重力仪

hpyostratotype 次层型

hraftinna 黑曜岩

HRCT 坚硬岩石井壁取芯器

H-R diagram 赫茨普龙-罗素图

H.R.F. 热返矿

hrom-brugnatellite 磷铬镁矿

hrysolite 贵橄榄石[(Mg,Fe)₂(SiO₄)]

Hsiangchiphyllum 香溪叶属[J₁]

hsianghualite 香花石[等轴;Ca₃Li₂Be₃(SiO₄)₃F₂;Ca₃Li₂(BeSiO₄)₃F₂]

hsihutsunite 西湖村石[蔷薇辉石变种;(Mn,Mg)SiO₃]；镁蔷薇辉石

Hsikuanshan formation 锡矿山层

Hsinan movement 兴安运动

Hsing chow ware 邢州窑

Hsisosuchus 西蜀鳄(属)[K₂]

HSR cement 高抗硫水泥

H-steel 工字钢

Hsuan-lung type iron ore deposit 宣龙式铁矿床

Hsuisporites 徐氏孢属[K]

HT powder 高温炸药

H{|K}-type section H{|K}形剖{断}面

Huabei Oil Province 华北油区

Huabeinia 华北介属[E₂₋₃]

Huainan Coal Mine Area 淮南(煤)矿区

Huainan movement 淮南运动

Huaiyang platform 淮阳地台
→～ movement{revolution} 淮阳运动 //～ shield 淮阳地盾

Huaiyuan movement 怀远活{运}动

Huananaspis 华南鱼(属)[D₁]

Huanghoceras 黄河角石属[头;C-P]；黄河角石

huanghoite 黄河矿[六方;BaCe(CO₃)₂F]；黄河石

Huanghonius 黄河猴(属)[E₂]

Huangling anticline 黄陵背斜

Huanglung limestone 黄龙石灰岩

Huangophyllum 黄氏珊瑚[P₁]

Huangshui stage 湟水期

huangtu 黄土

huanite 水黄长石[Ca₁₀Mg₄Al₂Si₁₁O₃₉•4H₂O?;斜方?]

huantajayite 含银石盐；银钠盐

huascolite 硫锌铅矿'[(Zn,Pb)S]；锌方铅矿

Huashiban Formation 滑石板组

Huashibanian stage{|age} 滑石板阶{|期}

Huayunophyllum 华蓥山珊瑚属[P₂]

hub 车轴筒；车辙；衬套；插座；插孔；测桩；测站木桩；轮毂；中心骨板[海参]；中枢；沥青页岩；不纯烛煤；中心；套口；套

hubbing 压制阴模法

Hubble's law 胡伯尔定律；哈勃定律

hubcap 轮毂罩

hub cap{cover} 毂盖

hubeite 湖北石[Ca$_2$Mn^{2+}Fe^{3+}(Si$_4$O$_{12}$(OH))•2H$_2$O]

Hubers' alloy 休伯斯打火石合金

hub flange 毂缘

hü(e)bnerite 锰钨矿；钨锰矿[MnWO$_4$;单斜]

hub of industry 工业中心
→～ sleeve 毂套//～ spline 花键轴套//～-type gear 毂型齿轮

hudge 吊桶；运矿箱

Hudsonaster 赫德森海星(属)[棘;O-S]

hudsonite 黑铁辉石；绿钙闪石[NaCa$_2$(Fe^{2+},Mg)$_4$Fe^{3+}Si$_6$Al$_2$O$_{22}$(OH)$_2$;单斜]

hue 色彩；色影；形式

hüegelite 砷铅铀矿[Pb$_2$(UO$_2$)$_3$(AsO$_4$)$_2$(OH)$_4$•3H$_2$O;单斜]

huel 矿井

huelvite 杂锰矿[蔷薇辉石与菱锰矿混合物]

huemulit 水钒镁钠石[Ba$_4$MgV$_{10}$O$_{28}$•24H$_2$O;三斜]

huemulite 水钠镁钒石；水钒镁钠石[Ba$_4$MgV$_{10}$O$_{28}$•24H$_2$O;三斜]

Huenella 许艾贝属[腕;Є$_{1-2}$]

huerfano 老岩丘

huge 庞大的；非常的；巨大的
→～ circular stone 盘石//～ expanse of desert 沙海

hugelboden 土丘

hüg(e)lite 水钒锌铅矿[Pb,Zn 的含水钒酸盐]；砷铅铀矿[Pb$_2$(UO$_2$)$_3$(AsO$_4$)$_2$(OH)$_4$•3H$_2$O;单斜]

huge{massive} rock 磐石

hugger 解理；劈理[岩、煤]

Hughesisporites 侯氏大孢属[K$_1$]

hühnerkobelite 磷铁钠石[(Na,Ca)Fe^{2+}(Fe^{2+},Mn,Fe^{3+},Mg)$_2$(PO$_4$)$_3$;单斜]

huhner(-)kobelite 钙磷铁锰矿[(Fe^{2+},Mn^{2+},Ca)$_3$(PO$_4$)$_2$];磷钙钠铁锰矿

Hulgana 呼尔嘎那鼠属[E$_3$]

hulk 去除脉壁软泥；清除脉壁软泥；平底船；采掘矿脉的软部

hull 机身；胡桃壳；薄膜；船身；壳；荚；外皮；外壳；艇身
→～ appendages 船舶附体

hullite 褐绿泥石；玄玻杏仁体

hulsite 黑硼锡铁矿[(Fe^{2+},Mg)$_2$(Fe^{3+},Sn)BO$_5$;单斜]

hum 灰岩(残)丘；电干扰；溶蚀残丘；孤峰；杂音；交流声

human 人类的；人

humanthracite 无烟煤级腐殖煤[腐殖煤系列最高煤化阶段]；休曼无烟煤

humanthracon 烟煤级腐殖煤[腐殖煤第五煤化阶段]

human tolerance 人体放射性耐受度
→～ world 下界

humate 腐殖酸盐{酯}

humatipore 隐孔[棘林檎]

humatirhomb 隐孔菱[棘林檎]

humatite 有机矿物

humbelite 镁水白云母[(K,H$_2$O)Al$_2$(Si,Al)$_4$O$_{10}$(OH)]

humberstonite 水硝碱镁矾[K$_3$Na$_7$Mg$_2$(SO$_4$)$_6$(NO$_3$)$_2$•6H$_2$O;三方]

humboldine 草酸铁矿[2FeC$_2$O$_4$•3H$_2$O;Fe^{2+}C$_2$O$_4$•2H$_2$O;单斜]

Humboldtia 洪波特珊瑚属[C$_1$]

humboldtilite 黄长石[Ca$_2$(Al,Mg)((Si,Al)SiO$_7$)];硅黄长石；铁黄长石[Ca$_2$Fe^{2+}SiO$_7$];方柱石[为 Na$_4$(AlSi$_3$O$_8$)$_3$(Cl,OH)−Ca$_4$(Al$_2$SiO$_8$)$_3$(CO$_3$,SO$_4$)完全类质同象系列]

humboldtine 草酸铁矿[2FeC$_2$O$_4$•3H$_2$O;Fe^{2+}C$_2$O$_4$•2H$_2$O;单斜]

humboldtite 硅硼钙石[CaB(SiO$_4$)OH;Ca$_2$(B$_2$Si$_2$O$_8$(OH)$_2$);单斜]；草酸铁矿[2FeC$_2$O$_4$•3H$_2$O;Fe^{2+}C$_2$O$_4$•2H$_2$O;单斜]；硅钙硼石

humic 黑腐的
→～ acid 胡敏酸//～{humus} coal 腐殖煤//～ gel 腐殖凝胶//～ kerogen 腐殖型干酪根

humics 腐殖质

humid 潮湿的；潮的；湿润的；湿的；湿；津；有湿气的
→～{wet;wet-way} analysis 湿法分析//～ fan 湿地扇//～{combination;rich} gas 湿气

humidity 潮湿；湿气；湿度
→～ cabinet test 潮湿箱试验//～ control 湿度控制//～-controlled oven 湿度控制炉//～ meter 湿度测量计

humid lithogenesis 湿成岩石成因说
→～ rock 湿成岩

humified 腐殖化的

humify 成为土壤；腐殖化

Humilogriffithides 小粗筛壳虫属[三叶;C$_3$]

hum(ul)ite 硅镁石[(Mg,Fe)$_7$(SiO$_4$)$_3$(F,OH);斜方]；腐殖煤

humite group 硅镁石类

humiture 温湿(指数)

Hummel theory 贺梅尔多层介质理论

hummerite 水钒镁矿[KMgV$_5$O$_{14}$•8H$_2$O;三斜]

Hummer screen 电磁簸动；赫墨式筛；哈马型筛

hummock 圆岗；小圆丘；沼泽中的高地；沼泽高地；波状地；堆积冰；圆丘
→(ice)～ 冰丘//-and-hollow topography 丘陵(盆地)地形；鼓盆地形//～-and-hollow{knob-and-kettle} topography 丘洼地形

hummocked ice 堆积冰；冰丘冰；堆冰

hummocking 拥塞；堆积[冰]

hummocky 波状的；小圆丘的；波丘地
→～ boss country 波状岩流(地)区

humocoll 泥炭级腐殖煤[腐殖煤系列第二煤化阶段]；腐殖质泥炭

humodil 褐煤级腐殖煤[腐殖煤系列第三煤化阶段]

humodite 亚烟煤级腐殖煤[腐殖煤系列第四煤化阶段]

humoferrite 土赭石

humogelite 棕腐质

humolite{humolith} 陆植煤；腐殖煤

humopel 棕腐质；腐殖泥；腐殖质[腐殖煤系列第一煤化阶段]

humosite 藻烛煤；孢芽油页岩；包芽油页岩

humotelinite 褐显煤微组分亚组

humovitrinite 腐殖镜质体{组}

hump 颠峰值；山冈；曲线顶点；丘；峰值；圆丘；界限；凸处；隆起；峰[异常曲线的]

hump (of a camel) 驼峰[铁路调车用土坡]

humph(ed) coal 岩浆侵入变质煤

humphed{burnt} coal 天然焦炭
→～{deaf;smudge} coal 接触变质煤//～{deaf} coal 烤变煤

Humphery-pump engine 内燃泵

Humphrey gas pump 内燃水泵

Humphrey's reagent 汉弗莱浸蚀剂

Humphrey's spiral concentrator 汉弗雷{莱}型螺旋精选机；选矿型螺旋精选机

Humphrys' model of multi-plant firms 多厂企赫莫佛里斯模型

humping 鼓包；呈驼峰状[曲线]
→～ fast signal 加速推送信号//～ signal 驼峰信号//～ slow signal 减速推送信号

humpy 冈{岗}；圆丘

hum stage 残丘期

humulane 葎草烷

humulene 葎草烯

humulite 腐殖岩

humulith 腐殖岩；腐殖煤

humus 腐殖质；腐质土(壤)
→～ (soil) 腐殖土//～ layer 腐殖质层；腐殖层

humusless 无腐殖质的

humus ortstein 腐殖质硬盘{磐}

Hunan movement 湖南运动

Hunanocephalus 湖南头虫属[三叶;Є$_1$]

Hunanoceras 湖南角石属[头;P$_1$]

Hunanolepis 湖南鱼属[D$_2$]

Hunanoproductus 湖南长身贝属[腕;C$_1$]

Hunanospirifer 湖南石燕(属)[腕;D$_3$]

Hunanospora 湖南孢属[P$_2$]

hunch 厚片；圆形隆起物；弯成弓形；瘤
→～{slag} pit 渣坑

hunchunite 珲春矿[Au$_2$Pb]

hunch{hump} up 拱

hundred 一百；许多(的)
→～-fold crackles 百坂碎[陶釉]//～ percent section 一次覆盖剖面；单次覆盖剖面

Hund's first rule of electronic configuration 电子构型亨德第一定律
→～ rule 亨德定则

Hundwarella 小洪德(通)瓦虫属[三叶;Є$_2$]

Hungarella 匈牙利介属[T$_3$]

Hungarian riffle 匈牙利型流矿槽衬底方木格条
→～-riffle sluice 匈牙利式螺线型选矿流槽

Hungary blue 匈牙利蓝

Hungchaoite{hungtsaoite} 鸿钊石；章氏硼镁石[MgB$_4$O$_5$(OH)$_4$•7H$_2$O;三斜,假六方]

hunger 渴望；饥饿
→～ signs 营养缺乏病症

hung fire 起爆延缓
→～ fire{shot} 迟爆

Hungmiaoling sandstone 红庙岭砂岩[P]

hungry 含金属低的无价值矿脉；低质的；贫矿的；无矿的；无价值的；贫瘠的[土壤]
→～ board 加高板

hung shot 延发

hung-up 卡住的

hunk 一大片

hunky 勤杂工

hunt 打猎；振荡

Hunt-Dunn cell 汉特德恩型浮选机

hunter 搜寻器

hunterite 水磨土；高岭土[Al$_4$(Si$_4$O$_{10}$)(OH)$_8$]

hunter's moon 狩月

huntilite 砷锑银矿；杂砷银矿[硫化银与自然银混合物;Ag$_3$As]

hunting 不规则振动；寻找；摆动；寄生

振荡；探求
　→~ coal 支撑煤柱；二次回采的煤柱煤
Hunting Dog 猎犬座
hunting gear 追踪装置
　→~ leopard 猎豹(属)[N_2-Q]
Huntington mill 汉丁顿型磨机[盆式多悬辊磨机]
hunting tooth 追逐齿
huntite 碳酸钙镁矿；碳钙镁石{斜方云石}[$CaMg_3(CO_3)_4$;三方]
huosonite 黑铁辉石
Hupeia 湖北虫属[三叶;$\mathcal{C}_1$]
Hupeidiscus 湖北盘虫属[三叶;$\mathcal{C}_1$]
hurdled ore 筛下矿石；粗筛矿石
hurdle scrubber 栅格式气体洗涤器
hurdling method of ventilation 半截风障使风流向上吹走瓦斯法
hurdy-gurdy 河水推动的轮叶水轮；带辐射轮叶的水轮
hureaulite 红磷锰矿[$(Mn,Fe^{2+})_5H_2(PO_4)_4\cdot4H_2O$;单斜]；磷锰矿[$(Mn,Fe)_3(PO_4)_2\cdot3H_2O$]；透磷锂锰矿
hureaulith 红磷锰矿[$(Mn,Fe^{2+})_5H_2(PO_4)_4\cdot4H_2O$;单斜]
hurlbutite 纤锌矿[$ZnS(Zn,Fe)S$;六方]；磷钙铍石[$CaBe_2(PO_4)_2$;单斜]
hurleg 木矿车
hurley 木制矿车；木矿车；洗矿槽；跳汰(洗矿)机
　→~ log washer 洗矿槽
Huronian 休伦(统)[加;Pt]
huronite 钙长石[$Ca(Al_2Si_2O_8)$;三斜;符号An]；杂钙长石
hurricane 飓风[12级至17级风]；大旋风
　→~ air stemmer 压气炮孔填塞器；快速封堵炮泥机//~ beach 测飓信标
Hurricane rotor 飓风转子
hurrier 推车工
hurrock 一堆石子
hurry 急促；筛子；慌忙；赶紧；催促；匆忙；放矿口；溜子[槽形传送工具]
Hurst method 赫斯特法
hurter 护角桩石
hurumite 云英辉二长岩；钾英辉正长岩
husbandry 耕作
husebyite 斜霞正长岩
Husgafvel's process 赫斯加费尔(铁矿石竖炉低温直接还原)法
hushing 沉默；衰减；剥土；静寂；(用)水清洗；冲刷找矿法；水力勘探；冲刷表土找出矿脉
husk 支架
husky 壳的；嘶哑的；强健的；庞大的；工人[钻探]
hussakite 磷钇矿[YPO_4;(Y,Th,U,Er,Ce)(PO_4);四方]
hussle 扭曲碳{炭}质底板
Hustedia 胡斯台贝(属)[腕;C-P]
hutch 细小精矿；控制跳汰机水流分流板；选矿箱；选矿槽；跳汰箱；(在)洗矿槽里洗(矿)；洗矿；铁车；矿车；箱[盛物用]；洗矿槽[选]
　→~ (of a jig) 通过跳汰机筛板的细料
hutcher 推车工
hutching 人力推车
hutchinsonite 红铊铅矿[$(Tl,Pb)_2AgAs_5S_{10}$;$(Tl,Ag)_2Pb(AsS_2)_4$]；硫砷铊铅矿[$(Pb,Tl)As_5S_9$;斜方]
Hutchinson protractor 赫钦森分度器；两

用投影作图分度器
hutch mounting 低矿车车架
　→~ of jig 控制跳汰机水流分流板//~ product 选箱产物；筛下产品[跳汰机]//~ runner 推车工
hutchwork 筛下产品
hutment 临时小屋
Huto system 滹沱系
Huttenlocher intergrowth 胡腾洛赫互生[斜长石中]；休顿洛契连生[斜长石出溶形成]
Huttonian 郝屯学派的
　→~ theory 哈顿说
huttonite 硅钍石；单斜钍石[$Th(SiO_4)$]；斜钍石[$ThSiO_4$;单斜]
huttriall 硬部
Huwood loader 休乌特型装载机
Huygenian construction 惠更斯作图法
huyssenite 铁纤硼石；铁方硼石[$(Mg,Fe)_3(B_7O_{13})Cl$;斜方]
Hv 维氏硬度
HVAC{heating,ventilating and air-conditioning} system (平台的)供热、通风和空调系统
hversalt 铁明矾[$Fe^{2+}Al_2(SO_4)_4\cdot24H_2O$;$FeO\cdot Al_2O_3\cdot4SO_3\cdot24H_2O$]
Hvorslev soil model 沃斯列夫模型
hwanghoite 黄河矿[$BaCe(CO_3)_2F$;六方]
H {-}wave 水力波
HWDP 厚壁钻杆
h.w.l. 高水位
HWN 小潮高潮
HWS 大潮高潮
hy(p)abyssal 浅成的
hyacinte{hyacinth(ine)} (红)锆石[$Zr(SiO_4)$;四方]；钙柱石[$Ca_4(Al_2Si_2O_8)_3(SO_4,CO_3,Cl_2)$;$3CaAl_2Si_2O_8\cdot CaCO_3$;四方]；符山石[$Ca_{10}Mg_2Al_4(SiO_4)_5$,Ca 常被铈、锰、钠、钾、铀类质同象代替,镁也可被铁、锌、铜、铬、铍等代替,形成多个变种;$Ca_{10}Mg_2Al_4(SiO_4)_5(Si_2O_7)_2(OH)_4$;四方]；交沸石[$Ba(Al_2Si_6O_{16})\cdot6H_2O$,常含 K;$(Ba,K)_{1-2}(Si,Al)_8O_{16}\cdot6H_2O$;单斜]；桂榴石[$Ca_3Al_2(SiO_4)_3$]
hyacinthgranat 钙铝榴石[$Ca_3Al_2(SiO_4)_3$;等轴]
hyacinthos 刚玉[Al_2O_3;三方]
hyacinth-spinel 橙尖晶石
hyacinthtopas 锆石[$ZrSiO_4$;四方]
Hyades (cluster) 毕(宿)星团
Hyaena 鬣狗(属)[N_2-Q]；土狼
Hyaenarctos 鬣熊属[N_2-Q]
Hyaenodon 鬣齿兽(属)
hyaline 玻璃状(的)；玻璃质(的)；透明的；透明层[孔虫;钙超]
Hyalinea 透明虫属[孔虫;N-Q]
hyaline layer 透明层[孔虫;钙超]
　→~ magma 玻璃质岩浆//~ quartz 微蓝乳光石英[玻璃石英]//~-quartz 玻璃石英[石英,具有蓝色不透明的玉髓外壳]//~ test 玻璃质壳
hyalinocrystalline 玻晶(结构)；玻基斑状[结构]
hyalite 斧石[族名;$Ca_2(Fe,Mn)Al_2(BO_3)(SiO_3)_4(OH)$]；玉滴石[$SiO_2\cdot nH_2O$]
hyaloallophane 透铝英石
hyaloclastic 玻碎的；玻屑的
　→~ fragment 玻质碎屑
hyaloclastite 水携凝灰岩；玻(质碎)屑岩；碎玻质熔岩
hyalocrystalline 玻晶质

hyalodacite 玻质安基岩
hyalograph 玻璃雕刻器
hyaloid 透明的；玻璃状(的)
hyalomelane 玻璃玄武；玄武斑状玻璃
Hyalonema 玻丝海绵属[E]
hyaloophitic 玻璃质辉绿岩的
hyalophane 钡冰长石[$(K,Ba)((Al,Si)_2Si_2O_8$;$(K_2Ba)(Al_2Si_2O_8))$;$(K,Ba)Al(Si,Al)_3O_8$;单斜；钡冰晶]
hyalophitic 玻晶交织[结构]
hyalophyre 玻基斑岩
hyaloplasm(a) 透明质
hyalopsite 黑曜岩
hyalosiderite 透铁橄榄石[$(Fe,Mg)_2SiO_4$]
hyalotekite 硼硅钡铅矿[$(Pb,Ca,Ba)_4Bsi_6O_{17}(F,OH)$;斜方]
Hyalotheca 圆丝鼓藻属[绿藻;Q]
hyalotourmalite 电气石岩
hyalotuff 玻凝灰岩
hyamine 氯化苄乙氧胺；季铵盐[萃取剂]
　→~ titration technique 季铵盐滴定法
hyazinth 红锆石[$Zr(SiO_4)$]
hyblite 硫钍石；羟钍石[$Th(SiO_4)_{1-x}(OH)_{4x}$;四方]
Hybocrinida 驼背海百合目[棘]
Hyborhynchella 驼嘴贝属[腕;D_3]
hybrid 混合的；混成岩；混合物；混杂的；杂种[生]
　→~ fossil-geothermal cycle{|plant} 矿物燃料-地热混合循环{|混用电站}//~ geothermal-fossil plant 地热-矿物燃料混用电站
hybridization 混染作用；混合岩化；杂化；混染；杂化作用；杂拼；杂交
hybridized{contaminated} rock 混染岩
　→~ zone 混染带
hybrid metal 石墨化钢
　→~ pelletized sinter 小球团烧结矿
Hydaspien 海达斯普(阶)[欧;T_2]
Hydatina 泡螺属[腹;N-Q]
hydatogen(et)ic 液成的矿；水成的；岩浆水溶液沉积的；液成的
hydatogenic concentration 水成富集
　→~ sediment 液成沉积
hydatogenous 水成的；液成的
　→~ rock 液成岩
hydatopneumatic{hydatopneumatogenic} 气液成的；气水成的
hydatopyrogenic 水液岩浆的；火(-)水成的；水火成的
Hydnoceras 水角海绵属[D-C]；刺角海绵；块角海绵属[D-C]
Hydnum 齿菌属[Q]
hydomuscovite 水白云母[$(K,H_3O)Al_2((Si,Al)_4O_{10})(OH)_2$]
Hydra 长蛇座
hydra 水螅[动]；湿生型；难以根除之祸害；九头蛇[希]
hydrability 水化性
hydr(o-)acid 氢酸
Hydractinia 贝螅属[腔水螅;N_2]
hydra-leg 液压凿岩机腿
hydralsite 水硅铝石[$Al_2SiO_5\cdot(\frac{1}{2}\sim1)H_2O$近似)]
Hydrangea 绣球属[植;E-N]
hydrargillite 水铝矿；γ 三羟铝石；银星石[$Al_3((OH,F)_3\cdot(PO_4)_2)\cdot5H_2O$;斜方]；矾石[$Al_2(SO_4)(OH)_4\cdot7H_2O$;单斜、假斜方]；绿松石[$CuAl_6(PO_4)_4(OH)_8\cdot4H_2O$;三斜]；水银

矿；三水铝石[Al(OH)₃,单斜；α -Al₂O₃•3H₂O]

hydrargyrite 莫舍兰斯伯矿；γ 银汞矿；矾石[Al₂(SO₄)(OH)₄•7H₂O；单斜、假斜方]；橙汞矿[HgO；斜方]

hydrargyros 三水铝石[Al(OH)₃；单斜]；γ 三羟铝石

hydrargyrum 水银；汞[拉]

hydratable clay 水合性黏土；能水合的黏土
→~ shale 墨水化页岩

hydrate 水化；水合作用；水合；霜化物；霜冻物；含水物
→~ classification 水合物分级

hydrated 水化的；水合的；含水的
→~ baryta 氢氧化钡 //~ halloysite 水埃洛石；埃洛石[优质埃洛石(多水高岭石),Al₂O₃•2SiO₂•4H₂O；二水埃洛石 Al₂(Si₂O₅)(OH)₄•1~2H₂O;Al₂Si₂O₅(OH)₄；单斜] //~ lime 熟石灰[Ca(OH)₂]；消石灰[Ca(OH)₂] //~ lime storage 熟石灰库 //~ paravauxite 西格洛石

hydrate of aluminium 氢氧化铝
→~ of lime 水化石灰 //~ reflection 水化层反射

hydrating 水化；水合
→~ {saturating} phase 饱和相 //~ solution 水解溶液

hydration 水化；水合作用；水合
→~ heat 水合热；水化热 //~ rind dating 水化层测年法 //~ {chemical} water 化学(结合)水

hydrator 水化器

hydrature 水合度

hydraulic 水硬的[如水泥]；水压的；液压的

hydraulically damped seat 液力减振坐{座}位

hydraulic analysis 水力分析
→~ buddle 水力洗矿斜槽 //~ coal mining 煤矿水采 //~ debris 水力采矿流出的砂砾 //~ dredging suction 挖掘船水力采矿法

hydraulician 水力{利}学家

hydraulic impact 液压冲击
→~ impact{shock} 水力冲击 //~ impulse turbine 水力冲击式透平 //~ jack separating method 液压千斤顶分离法 //~ jar 液压振击器 //~ jet(ting) 水力喷射 //~{water} jet 射流

hydraulicking 水力冲挖；水采；液压阻塞；水力开采
→~ stripping 水力冲刷剥离

hydraulic leg 液压腿
→~{water} lime 水硬石灰 //~ limestone 水泥灰岩；水罐性灰岩；水硬性石灰岩 //~{hydromechanized} mine 水力采煤矿井 //~ motor drive head unit 油马达驱动头装置 //~ packing 水力充填[砾石] //~-pump place 液压泵浇注装置 //~ sanding 水力自动上砂法 //~ setting control of discharge opening 排矿口液压调整装置 //~ stabilizing cylinder 液压稳定缸 //~ support{chock} 液压支架

hydrazide (一种)肺结核特效药；酰肼
→~ acid 酰酸

hydrazine 联氨[H₂N•NH₂]；肼[H₂N•NH₂]
→~{-}air fuel cell 肼空气燃料电池 //~ hydrate 水合肼

hydrazino- 联氨基[H₂N•NH-]；肼基

hydrazinolysis 肼解作用

hydrazo- 肼撑{次联氨基；偶氢氮基}[-NH•NH-]

hydrazo-benzene 二苯肼

hydrazone 腙

hydrazotoluene 肼撑甲苯

hydric 含羟的；水生的
→~ endemic 水致地方病

hydride 氢化物
→~ generation 氢化法

Hydril hydraulic feed rotary rig 海氏液压给进转盘钻机
→~ IEU style 海德里耳内外加厚型[钻杆扣型] //~ IF style 海德里耳内平型[钻杆扣型]

hydrinphyllite 水镁石[Mg(OH)₂;MgO•H₂O；三方]

hydriodide 氢碘化物

hydrite 沸石[(Na,K)Si₅Al₂O₁₂•3H₂O]；微亮煤
→~ D 微亮煤D[富含基质镜质体微亮煤]

hydro 水的

hydroacoustic 水底传播声音的
→~{underwater} noise 水下噪声 //~ positioning 水声定位

hydroacoustics 水声学

hydroaeroplane 水上飞机

hydroallanite 水褐帘石[Ca,Fe³⁺和稀土的铝硅酸盐,由褐帘石变化而成,含多量水,但不含 Fe²⁺]

hydroamesite 铝利蛇纹石

hydroamphibole 水闪石[角闪石和泥石的混合物]；水角闪石；杂角闪绿泥石

hydroanthophyllite 水直闪石

hydroantigorite 羟叶蛇纹石

hydroapatite 水磷灰石[Ca₅(PO₄)₃(OH)]；磷钙土[Ca₅(PO₄)₃(Cl,F)]

hydroarch 水生演替的

hydroascharite 羟硼镁石

hydroastrophyllite 水星叶石[三斜；(H₃O,K,Ca)₃(Fe³⁺,Mn⁴⁺,)₇(Ti,Nb)₂(Si,□)₈(O,OH,F)₃₁；(H₃O,K,Ca)₃(Fe²⁺,Mn)₅₋₆Ti₂Si₆(O,OH)₃₁]

hydroauerlite 羟磷钍石

hydrobasaluminite 水羟铝矾[As₄(SO₄)(OH)₁₀•(12~36)H₂O;Al₁₂(SO₄)₅(OH)₂₆•20H₂O]；水羟锂矾石；水基性矾

Hydrobel 海水罗伯尔耐水炸药

hydrobiont 水生生物

hydrobiotite 水黑云母[(K,H₂O)(Mg,Fe³⁺,Mn)₃(AlSi₃O₁₀)(OH,H₂O)₂]；蛭间黑云母

hydrobismutite 水泡铋矿[(BiO)₂CO₃•2~3H₂O]；泡铋矿[华][(BiO)₂CO₃；四方]

hydroblast 水力清砂

hydro-blasting 水爆法

hydroboracite 水硼钙石[Ca₂B₁₄O₂₃•8H₂O；单斜]；水方硼石[CaMg(B₃O₄(OH)₃)₂•3H₂O；单斜]

hydroborate 硼氢化物

hydrobrake 水力刹车
→~ retarder 液压制动阻车器

hydrobraunite 水褐(硅)锰(土)

hydrobritholite 蚀铈磷灰石

hydrobucholzite 水硅线石；水矽线石；夕线石

hydrocal 含水煅石膏

hydrocalcite 水滑石[具尖晶石假象；6MgO•Al₂O₃•CO₂•12H₂O;Mg₆Al₂(CO₃)(OH)₁₆•4H₂O]；单水方解石；二水方解石；水方解石[CaCO₃•2H₂O]

hydrocalumite 水铝钙石[Ca₂Al(OH)₇•3H₂O；单斜]

hydrocancrinite 水钙霞石[Na(AlSiO₄)•½H₂O]

hydrocaoutchouc 氢化橡胶

hydrocarbon 烃[碳氢化合物]；碳氢化物

hydrocarbonate 重碳酸盐；碳酸氢盐；碳水化合物
→~ {-}calcium water 重碳酸钙水

hydrocarbon-bearing formation 含烃地层
→~ pool 油气藏

hydrocarbon chain 烃链；碳氢链
→~ concent of rock 岩石中烃的含量 //~ drying oil 石油系合成干性油 //~ geochemical prospecting 石油及天然气化探

hydrocassiterite{hydro-cassiterite} 水锡石[H₂SnO₃;(Sn,Fe)(O,OH)₂；四方]

hydrocastorite 杂片辉沸石；杂透锂长石

hydrocatapleite 钠锆石[(Na₂,Ca)O•ZrO₂•2SiO₂•2H₂O;Na₂ZrSi₃O₉•2H₂O;六方]

hydrocerite 镧石[(La,Ce)₂(CO₃)₃•8H₂O]；黄水铈钙石；硅磷钇铈矿；硅磷稀土矿；氟碳铈矿[CeCO₃F,常含 Th、Ca、Y、H₂O 等杂质；六方]

hydrocerusite{hydrocerussite} 水白铅矿[Pb₃(CO₃)₂(OH)₂；三方]

hydrocervantite 黄锑矿[Sb³⁺Sb⁵⁺O₄；斜方]；水黄锑矿

hydrochart 水文图

hydro-check 液力制动

hydrochlorbechilite 多水氯硼钙石[Ca₂B₄O₄(OH)₇Cl•7H₂O；单斜]

hydrochlor(o)borite 多水氯硼钙石[单斜；Ca₄B₈O₁₅Cl•22H₂O;Ca₂B₄O₄(OH)₇Cl•7H₂O]

hydrochlore 烧绿石 [(Na,Ca)₂Nb₂O₆(O,OH,F),常含 U、Ce、Y、Th、Pb、Sb、Bi 等杂质；等轴]

hydrochloric{chlorhydric;muriatic} acid 盐酸
→~{chlorhydric} acid 氢氯酸

hydrochloride 氢氯化物
→~-hydrofluoric 土酸的

Hydrochoerus 水豚(属)[Q]

hydrocincite 水锌矿[Zn₅(CO₃)₂(OH)₆;3ZnCO₃•2H₂O;ZnCO₃•2Zn(OH)₂]；水锌矾[(Zn,Mn)(SO₄)•H₂O；单斜]

hydroclamp 液压夹具

hydroclassification 水力分级

hydroclast 水成碎屑

Hydroclathrus 网胰藻属[褐藻]；海网藻属[Q]

hydroclinohumite 水斜硅镁石[Mg₉(SiO₄)₄(OH)₂]

hydroclintonite 水蛭石

Hydrocoleum 水鞘藻属[蓝藻;Q]

hydrocompaction 湿陷；水压实作用

hydrocone crusher 液力锥破碎机
→~-crusher 液压调节的圆锥破碎机[破碎砾石]

hydroconite 五水方解石[CaCO₃•5H₂O]
→~{hydrokonite} 水方解石[CaCO₃•nH₂O]

hydroconsolidation 水固结作用；湿陷

hydrocooler 水冷却器{塔}

hydrocooling (用)水冷却；水冷

hydrocoral 水螅珊瑚

Hydrocorallina 水珊瑚目[腔]；水螅珊瑚目{类}

hydrocordierite 水堇青石

hydrocracker 加氢裂解器；氢化裂解器

hydrocracking 氢化裂解；加氢裂解；加

氢裂化
→~ gas oil 加氢裂化粗柴油
hydrocratic motion 水面运动；海面上升
hydrocryptophytes 水下芽植物
hydrocuprite 水赤铜矿[$Cu_2O \cdot nH_2O$]；赤铜矿[Cu_2O;等轴]
hydrocyan(ite) 铜矾[$CuSO_4$]；铜靛石[$CuSO_4$]
hydrocyanation 氢氰化(作用)
hydrocyanic{prussic} acid 氢氰酸[HCN]
hydro-cyanic fume 氢氰烟[氰化过程]
hydrocyanide 氢氰化物
hydrocyanite 水蓝晶石[$CuSO_4$]；冰蓝晶石；硫酸铜矿
hydro-cylinder 油缸；液压缸
hydrodelhayelite 水片硅碱钙石[$KCa_2Si_7AlO_{17}(OH)_2 \cdot 6H_2O$;斜方]
hydrodephagous 水栖管虫的
hydrodesulfurization 加氢脱硫过程；加氢脱硫
Hydrodictyon 水网藻属[Q]；网藻属[绿藻]
hydrodifferential transmission 液压差动传动装置
hydrodist 海迪斯特[海道测量用无线电定位系统]
hydrodolomite 水白云石[$CaMg(CO_3)_2 \cdot nH_2O$]；杂水菱镁钙石
hydrodresserite 三{多}水碳铝钡石[$BaAl_2(CO_3)_2(OH)_4 \cdot 3H_2O$]
hydro(-)drill 水力钻具；液压钻机；水力钻进；液压钻进
→~ jib 液压钻机托架{支臂}
hydroduct 水下冲压式喷射发动机；水汽波导
hydrodynamic(al) 水动力(学)的；水压的
hydrodynamic force 水动力
hydrodynamics 水动力学
hydrodynamic seal 动压密封
hydrodynamics exploration 水动力学勘探；流体动力学勘探
hydrodynamic theory 流体动力理论
→~ tilted fluid contact 水动力倾斜液面//~{H} wave H 波//~ wave 水力波
hydroelectric crushing 液电破碎
hydro-electric mine-car conveyor 液(压)电(动)推矿车机
hydroelectric (power) plant 水电厂
→~ power 水电能；水电//~ power (generation) 水力发电
hydroenergy 水能；水力
hydroeruption 水汽喷发；蒸气喷发
hydroeuxenite 水黑稀金矿；铌钇矿[$(Y,Er,Ce,U,Ca,Fe,Pb,Th)(Nb,Ta,Ti,Sn)_2O_6$;单斜]
hydroexplosion 水汽爆炸；触水爆发
hydroextraction 水力开采；脱水作用
hydro(-)extractor 脱水器；脱水机；离心机
hydrofacies 水相
hydroferrite 褐铁矿[$FeO(OH) \cdot nH_2O$; $Fe_2O_3 \cdot nH_2O$,成分不纯]
hydrofini(shi)ng 氢化提净；加氢精制[临氢重整]
hydrofite 铁蛇纹石[$Fe_4^{2+}\frac{1}{2}Fe^{3+}(Si_4O_{10})(OH)_8$;$(Fe^{2+},Fe^{3+})_{2-3}Si_2O_5(OH)_4$;单斜]
hydroflap 水下翼；水翼
Hydroflo 海多弗洛三硝基甲苯炸药
hydrofluidic 液体射流
hydrofluoaluminic{fluoaluminic} acid 氟铝酸

hydrofluocerite 水(蚀)氟铈矿
hydro-fluorherderite 羟磷铍钙石[$Ca(Be(OH))PO_4$]
hydrofluoric 氟化氢的
→~ {fluorhydric;hydrocyanic} acid 氢氟酸[见于天然气中]
hydrofluoride 氢氟化物
hydrofluorite 氢氟酸[见于天然气中]
hydrofluosilicic{fluosilicic;silicofluoric} acid 氟硅酸
hydrofoil 水翼
→~ cascade 水力翼栅
hydroforming 液压成型；临氢重整
hydroformylation 醛化(作用)
hydroforsterite 蛇纹石(石)棉[$Mg_6(Si_4O_{10})(OH)_8$]
hydrofrac(ture) 水力压裂；水压破碎
hydrofract(ur)ing 水分离作用
hydrofracture 水力劈裂
hydro(-)fracturing 水力压裂；水力破碎；液力加压开裂测试[测岩层原地应力]
hydrofracturing pressure 水压张裂压力
hydrofranklinite 黑锌锰矿 [$(Zn,Mn,Fe)Mn_2O_5 \cdot 2H_2O$;$(Zn,Fe^{2+},Mn^{2+})Mn_3^{4+}O_7 \cdot 3H_2O$;三斜]
hydrogadolinite 水硅铍钇矿
hydrogarnet 水石榴石；水榴石类
hydrogarnets 水榴石
hydrogasification (煤的)液气化；氢化煤气法[煤炭]；加氢气化
hydrogasoline 加氢汽油
hydrogedroitzite 水钠羟石
hydrogen 氢
→~ acceptor 氢接收器//~ acid 氢酸//~ annealing 氢气(中)退火
hydrogen-autunite 氢铀云母[氢钙铀云母]
hydrogen bacteria 氢细菌
→~ blistering 氢{致疱}疤//~ bridge 氢桥//~-burning automobile 燃氢汽车//~(ation) desulfurization 加氢脱硫
hydrogene 水成的
hydrogen electrode 氢电极
hydrogenic 水成的
→ ~ {aqueous;hydatogenous;katogene;sedimentary} rock 水成岩//~ rocks 水生岩//~{hydromorphic} soil 水育土
hydrogen index 含氢指数；氢指数
→~ index log 中子测井；含氢指数测井
hydrogenium 金属氢；氢[拉]
hydrogen maser 氢微波激射器
→~ maser frequency standard 氢微波激射型频率标准
hydrogenous 水生的；水(生;上)的；水成的；氢的
→~ deposit 水生矿床
hydrogen permeation{infusion} 氢扩入
hydrogen(-)uranospinite 氢砷(钙)铀矿
hydrogeologic division 水文地质分区
→~(al) station 水文地质(观测)站//~(al) subdivision{zoning; division} 水文地质分区//~(al) team 水文地质队
hydrogeology 水文地质；水理地质学
→~ of great sedimentary basins 大型沉积盆地水文地质学//~ well drilling machine 水文地质水井钻机
hydrogiobertite 球水菱镁矿；杂水菱镁钙石
hydroglauberite 水钙芒硝[$Ba_4Ca(SO_4)_5 \cdot 2H_2O$;单斜]
hydro(-)glockerite 水 基 铁 矾 [$Fe_4^{3+}(SO_4)$

$(OH)_{10} \cdot 3H_2O$]；纤水绿矾[$Fe_4^{3+}(SO_4)(OH)_{10} \cdot H_2O$,含有 $Fe_2O_3,SO_3,As_2O_5,H_2O$ 等]
hydrogo(e)thite 水针铁矿；水纤铁矿；含水针铁矿[$HFeO_2$]；褐铁矿[$FeO(OH) \cdot nH_2O$; $Fe_2O_3 \cdot nH_2O$,成分不纯]
hydrogranat 水石榴
hydrograndite 羟钙铝铁榴石
hydrograph 水文图；水文曲线；水文过程线；水位图；流量图
→~ cutting method 流量过程线切割法
hydrographer 水文学家
hydrographic{hydrographical} 水形的
→~ basin 湖泊流域//~{river} basin 河流流域//~ cast 测深锤；重锤测深//~ feature 水文性质
hydrogrossular(r) 水（绿）榴石[$Ca_3Al_2Si_{3-x}O_{12-4x}(OH)_{4x}$,其中 x 近于½]；水钙铝榴石[$Ca_3Al_2(SiO_4)_{3-x}(OH)_{4x}$;等轴]；杂水榴石
hydrogrossularite 水铝矾榴石
hydrogyro 流体浮悬陀螺仪
hydrohaematite 水赤铁矿[$2Fe_2O_3 \cdot H_2O$]
hydrohalite 水石岩；水石盐[$NaCl \cdot 2H_2O$;单斜]；冰盐[$NaCl \cdot 2H_2O$]
hydrohalloysite 水埃洛石；埃洛石[优质埃洛石(多水高岭石),$Al_2O_3 \cdot 2SiO_2 \cdot 4H_2O$；二 水 埃 洛 石 $Al_2(Si_2O_5)(OH)_4 \cdot 1~2H_2O$; $Al_2Si_2O_5(OH)_4$;单斜]
hydrohaugn 水蓝方石[$(Na,Ca)_{8-4}(AlSiO_4)_6(SO_4)_{2-1} \cdot nH_2O$]
hydrohausmannite 水黑锰矿[$(Mn^{2+},Mn^{3+})_3(O,OH)_4$]；锰土[$MnO_2 \cdot nH_2O$]；水锰土
hydrohauyne 水蓝方石[$(Na,Ca)_{8-4}(AlSiO_4)_6(SO_4)_{2-1} \cdot nH_2O$]；水蓝晶石[$CuSO_4$]
hydrohematite 图尔石；水赤铁矿[$2Fe_2O_3 \cdot H_2O$; $Fe_2O_3 \cdot nH_2O$]
hydroherderite 水磷铍钙石[$Ca(Be(OH))PO_4$]；羟磷铍钙石[$Ca(Be(OH))PO_4$]
hydrohetaerolite{hydroheta(e)rolith;hydroheterolite} 水锌锰矿[Zn, Mn 及 Pb 的含水氧化物;$Zn_2Mn_3^{+}O_8 \cdot H_2O$;四方]
hydrohonessite 水铁镍矾[$(Ni_{8-x}Fe_x^{3+}(OH)_{16})(x/2SO_4 \cdot yH_2O \cdot zNiSO_4)$,$x$=2.6]
hydroid 水螅式的
Hydroida 螅形目
Hydroidea 水螅目[腔;Є-Q]
hydroilmenite 水钛铁矿[$FeTi_6O_{13} \cdot 4H_2O$?;六方]
hydroisopiestic{isopiestic} line 等水压线
hydroisopleth 等水值线
hydroites 含水矿物
hydrojacking 水力顶托
hydrojet 水力喷射
→~ dredge 水力喷射式采金船
hydrokaolin 埃洛石[优质埃洛石(多水高岭石),$Al_2O_3 \cdot 2SiO_2 \cdot 4H_2O$；二水埃洛石 $Al_2(Si_2O_5)(OH)_4 \cdot 1~2H_2O$;$Al_2Si_2O_5(OH)_4$;单斜]
hydrokaolinite 水高岭土；水高岭石[$Al_4(Si_4O_{10})(OH)_8 \cdot nH_2O$]
hydrokassite 水钙钛石
hydrokatapleite 水钠（钙）锆石 [$(Na,K)_2CaZr_2Si_{10}O_{26} \cdot (5~6)H_2O$;单斜]
hydrokinetics 水动力学
hydroklinohumite 水斜硅镁石[$Mg_9(SiO_4)_4(OH)_2$]
hydrokollag 石墨悬液
hydrokonite 五水方解石[$CaCO_3 \cdot 5H_2O$]
hydrolaccolith 水岩盖；冰隆丘；冰核丘；冻胀穹丘
hydrolantanite 镧石[$(La,Ce)_2(CO_3)_3 \cdot 8H_2O$]

hydrolanthanite 水镧石；镧石[(La,Ce)$_2$ (CO$_3$)$_3$•8H$_2$O]

hydrolase 水解酶

hydrolaudin 重酒石酸羟氢可待酮

hydro-leg 液压腿

hydrolepidocrocite 水针铁矿；水纤铁矿

hydrolepidokrokite 水纤铁矿

hydrolepidolite 水锂云母

Hydrolin 海德罗林炸药[海洋震勘用硝铵基炸药]

hydro-linking 高压水枪冲掘接通(法)[地下气化]

hydrolite{fiorite} 硅华[SiO$_2$•nH$_2$O]
→~ 含水玉髓；钠菱沸石[((Na$_2$,Ca)(Al$_2$Si$_4$O$_{12}$)•6H$_2$O(近似,含少量K);六方]

hydrolith 水生岩；水成碳酸盐碎屑岩；氢化钙

hydrolithe 钠菱沸石[((Na$_2$,Ca)(Al$_2$Si$_4$O$_{12}$)•6H$_2$O(近似,含少量K);六方]

hydrolocation 水声定位

hydrological chemistry 水文化学
→~ geology 水文地质//~ marks 水文标志

hydrologic barrier 水文阻体
→~(al) cycle 水循环；水文周期//~ engineering method 水文工程方法//~ evaluation 水文估算//~ {hydrographic; hydrological} map 水文图//~ regimen 总水量平衡

hydrologist 水文学家

hydroloparite 变铈铌钙钛矿

hydrolytic 水解质；水解性的；水解的

hydrolyzates 水解岩

hydrolyze 水解

hydrolyzed metallic cation 水解金属阳离子
→~ starch 水解淀粉

hydrolyzing 水解的

hydroma(n)ganocalcite 杂水菱镁钙石

hydromagma 水岩浆

hydromagnesite 水碳镁石[Mg$_5$(CO$_3$)$_4$(OH)$_2$•24H$_2$O;单斜]；水菱镁石；水菱镁矿[Mg$_5$(CO$_3$)$_4$(OH)$_2$•4H$_2$O;Mg$_4$(CO$_3$)$_3$(OH)$_2$•3H$_2$O]；杂水菱镁钙石；水碳镁矿

hydromagnetics 磁流体力学

hydromagnetite 水磁铁矿[Fe$_3$O$_4$•nH$_2$O]

hydromagnocalcite 水镁方解石；水白云石[CaMg(CO$_3$)$_2$•nH$_2$O]；杂水白云钙石

hydromanganosite 水锰土；锰土[MnO$_2$•nH$_2$O]；水方锰矿

hydromatic{liquid} brake 水力刹车

hydrombobomkulite 水硫硝镍铝石[(Ni,Cu)Al$_4$(NO$_3$)$_{1.5}$(SO$_4$)$_{0.25}$(OH)$_{12}$•13~14H$_2$O;单斜]

hydromechanical{hydraulic} mining 水力采煤

hydromelanothallite 水黑氯铜矿[Cu$_2$(OH)Cl$_2$•2H$_2$O]

hydrometallurgical concentration 水冶;湿法冶金
→~ extraction 湿法冶炼

hydrometavauxite 水变蓝磷铝铁矿

hydrometeor 水(文气;汽现)象；水文气象；空中水分凝结物[如雨、雪、霜等]；降水

hydrometer 流速表；液体比重计；浮秤；密度计[石油的]
→~ condition 空气湿度//~ {pycnometer} method 比重计法//~-type gravimeter 比重计式重差计

hydrometric 测水的
→~ propeller 流速计

hydromica 水云母类
→~ {hydrous mica} 水云母[由于风化淋滤云母失掉一部分碱离子并为H$^+$所替补]

hydromicazation 水云母化

hydromine 水力采矿；水力开采

hydromolysite 水氯铁石；水铁盐[FeCl$_3$•6H$_2$O]

hydromontmorillonite 水蒙脱石

hydromorphic anomaly 水型异常
→~ {hydrogenic;hydromorphous;aquatic;aqueous} soil 水成土//~ zone 水沼泽(土壤)带

hydromorphism 水生形态

hydromorphous process 水渍过程；水成过程

hydromotor 液压马达
→~ jig 流体传动跳汰机

hydromuscovite 水白云母[(K,H$_3$O)Al$_2$((Si,Al)$_4$O$_{10}$)(OH)$_2$]；伊利水云母；伊利石[K$_{0.75}$(Al$_{1.75}$R)(Si$_{3.5}$Al$_{0.5}$O$_{10}$)(OH)$_2$(理想组成),式中R为二价金属阳离子,主要为Mg^{2+}、Fe^{2+}等]

hydronasturan 水沥青铀矿

hydronatrojarosite (多水)钠铁矾

hydronatrolite 水钠沸石

hydronaujakasite 水瑙云母

hydronaut 深水潜航器驾驶员；深潜艇艇员

hydronautics 水航工程学

hydron blue 海昌蓝

hydrone (单体)水分子；钠铅合金

hydronephelite{hydronepheline} 水霞石[(Na,Ca)(AlSi$_2$O$_8$)•H$_2$O]；水色霞石[HNa$_2$(Al$_3$Si$_3$O$_{12}$)•3H$_2$O]；杂石铝石

hydroniccite 水镍矿；羟镍矿[Ni(OH)$_2$]

hydronickelmagnesite 杂水菱镁钙石

hydroniojarosite 济铁矾；草黄铁矾

hydronitride 叠氮化物

hydronium jarosite 水合氢离子铁矾[(H$_3$O)Fe^{3+}(SO$_4$)$_2$(OH)$_6$;三方]；草黄铁矾

hydronontronite 水绿脱石

hydronosean 水黝方石

hydro-osmosis 水渗滤

hydroparagonite 水钠云母；钠伊利石[(Na,H$_2$O)Al$_2$(AlSi$_3$O$_{10}$)(OH,H$_2$O)$_2$;(Na,H$_3$O)(Al,Mg,Fe)$_2$(Si,Al)$_4$O((OH)$_2$,H$_2$O);单斜]

hydroparavauxite 西格洛石

hydropathic clinics 水疗室

hydropathy 水疗法

hydro-peening 喷水清洗

hydroperiod 水文周期；土壤地区积水的时期

hydroperoxide 氢过氧化物[ROOH]；过氧化氢

hydrophane 水蛋白石[SiO$_2$•nH$_2$O]；昙白蛋白石

hydrophile 亲水物；亲水性
→~-lipophile balance 亲水亲油平衡

hydrophilia 亲水性

hydrophilic 亲水的
→~ group 亲水基

hydrophilicity 亲水性；亲水程度

hydrophilic lipophilic balance 亲水亲酯平衡

hydrophilite 氯钾钙石[KCaCl$_3$;三方]；氯钙石[CaCl$_2$]

hydrophillite 氯钙石[CaCl$_2$]

hydrophilous 水媒的；亲水的
→~ plant 适水植物；喜水植物

hydrophite 含水石；水蛇纹石[斜纤蛇纹石与富镁蒙脱石混合物;4MgO•3SiO$_2$•6H$_2$O]；铁蛇纹石[Fe$^{2+}_4$½Fe^{3+}(Si$_4$O$_{10}$)(OH)$_8$;(Fe^{2+},Fe^{3+})$_{2-3}$Si$_2$O$_5$(OH)$_4$;单斜]

hydrophlogopite 水金云母[(K,H$_2$O)Mg$_3$(AlSi$_3$O$_{10}$)(OH,H$_2$O)$_2$]

hydrophobe 憎水的；疏水性；憎水剂

hydrophober 憎水剂

hydrophobic 憎水的；疏水的；亲油的；不易被水沾湿的
→~ barrier film 亲油遮挡膜；憎水遮挡膜//~ glass beads 憎水玻璃细珠//~ group 疏水基

hydrophobicity 憎水性；疏水性

hydrophobic mineral 流水性矿物
→~ nature 憎水性//~ nuclei 亲水核//~ property 疏水性

hydrophore 水样采取器；水下水样采集器

hydrophorsterite 蛇纹石(石)棉[Mg$_6$(Si$_4$O$_{10}$)(OH)$_8$]

hydrophyllite 水镁石[Mg(OH)$_2$;MgO•H$_2$O;三方]；羟镁石；氯钙石[CaCl$_2$]

hydrophylous 潮湿区植被的

hydrophyte 水生植物；湿生植物

hydrophytic 水生(植物)的

hydropin 水压桩

hydropitchblende 水沥青铀矿

hydropite 蔷薇辉石[Ca(Mn,Fe)$_4$Si$_5$O$_{15}$,Fe、Mg常置换Mn,Mn与Ca也可相互代替;(Mn^{2+},Fe^{2+},Mg,Ca)SiO$_3$;三斜]

hydroplastic carbonate mud 含水塑性碳酸盐泥
→~ corer 氢化塑料取芯器

hydroplasticity (含)水塑性；流体塑性

hydroplastic sediment 含水塑性沉积物

hydroplumbite 水铅矿[铅和铀的含水氧化物]

hydroplutonic 水火成的
→~ rock 水深成岩

hydropneumatic 液(压)气(动)的；气水成的
→~ device 液气装置

hydropneumatics 液压气动学

hydropolylithionite 水多硅(锂)云母

hydroponics 无土栽培{培养}

hydropore 水孔[棘林檎]

hydropost 液压支柱

Hydropotes 獐属[Q]

hydropowered coal pit 水力采煤矿井

hydropress 水压机；液压机

hydropressured region 承受静水压力的区域

hydropsis 海洋预报学；海洋预报

Hydropterangium 水囊藏属[植;T$_3$-J$_1$]

hydropulse 水下脉动式喷射发动机

hydropyrite 白铁矿[FeS$_2$;斜方]

hydropyrochlore 水烧绿石

hydropyrolusite 水软锰矿；水锰土；锰土[MnO$_2$•nH$_2$O]

hydropyrophyllite 水叶蜡石

hydroquinone 对苯二酚[C$_6$H$_4$(OH)$_2$]；氢醌[C$_6$H$_4$(OH)$_2$]

hydroregime 水情；水动态

hydro{hydrodynamic} retarder 水刹车

hydrorhiza 水母根；螅根

hydrorhodonite 水蔷薇辉石；水硅锰矿[(Mn,Zn,Ca)$_7$(SiO$_4$)$_3$(OH)$_2$]

hydroromarchite 羟锡矿[3SnO•H$_2$O;四方]

hydroroméite 黄锑矿[Sb^{3+}Sb^{5+}O$_4$;斜方]

hydro rotor filter 水力旋转式集尘器

hydrorubber 氢化橡胶

hydrorutile 水金红石；金红石[TiO_2;四方]

hydros 低亚硫酸钠[$Na_2S_2O_4 \cdot 2H_2O$]

hydrosaline regime 水盐动态

hydrosamarskite 水铌钇矿

hydro-sand blasting 水-砂清理

hydroscarbroite 水羟{多水}碳铝石[Al_{14} $(CO_3)_3(OH)_{36} \cdot nH_2O$;三斜]

hydroscience 水文学；水科学

hydroscillator classifier 水力振荡式分级机

hydroscopic{hygroscopic} moisture 吸着水分
→～ nucleus 吸湿核心 //～ salt 收湿性盐 //～ state 湿态

hydroseal 水封；液压密封；液封
→～ (sand) pump 水封式泵

hydroseed 水力播种

Hydrosein 板锤震源

hydroseismic 海洋地震(的)

hydroseparation 水力分级

hydro-sequence 水文系列

hydrosere 水中演化系列

hydrosericite 水白云母 [$(K,H_3O)Al_2((Si, Al)_4O_{10})(OH)_2$]；水绢云母

hydroserpentine 水蛇纹石[斜纤蛇纹石与富镁蒙脱石混合物;$4MgO \cdot 3SiO_2 \cdot 6H_2O$; $Mg_6(Si_4O_{10})(OH)_8 \cdot nH_2O$]

hydro-set adapter kit 水力坐封接合组件
→～ permanent packer 永久式水力坐封封隔器

hydrosialite 水硅铝石 [$Al_2SiO_5 \cdot (\frac{1}{2} \sim 1) H_2O$(近似)]；黏土矿物

hydrosiderite 褐铁矿 [$FeO(OH) \cdot nH_2O$; $Fe_2O_3 \cdot nH_2O$,成分不纯]

hydrosilicirudyte 石英砾岩

hydrosilicite 水硅碱钙镁石；蜡蛇纹石 [$MgSiO_3 \cdot 1\frac{1}{2}H_2O$ 到 $Mg_6Si_7O_{20} \cdot 10H_2O$]；水硅石[$3SiO_2 \cdot H_2O$;斜方]

hydrosin 巴雷金[某些硫质矿泉水所含氮化有机质残渣]

hydro(xyl)sodalite 水方钠石[$Na_8(AlSiO_4)_6 Cl_2 \cdot nH_2O$]；羟方钠石[$Ba_4(Al_3Si_3O_{12})(OH)$]

hydrosol 水质土[以别于矿质土、有机质土]；水悬胶体；水溶胶；液悬体

hydrosolvent{hydro-solvent} 水溶剂

hydrospace 水下空间
→～ detection 海洋探测

hydrosphere 水圈；水界；地球水面

hydrospheric 水圈的

hydrospinning 水力旋压

hydrospire 水旋管棘皮动物；水旋板[棘]

hydrostatic 静水的；液压的
→～ bailer 水力捞砂器 //～ drive{transmission} 静液压传动 //～ instability 流体静力不稳定{度} //～ power steering 静液动力转向 //～ single-string packer 水力式单管封隔器 //～ sludge removal 流体静力污泥排除法

hydrosteatite (水)块滑石[一种致密滑石,具辉石假象;$Mg_3(Si_4O_{10})(OH)_2$;$3MgO \cdot 4SiO_2 \cdot H_2O$]

hydrostorage 抽水蓄能

hydro-sulfate 硫酸氢盐[$MHSO_4$];硫酸化物[$MHSO_4$];硫酸与有机碱(尤其是生物碱)所成的盐[$R \cdot H_2SO_4$]

hydrosulfite 亚硫酸氢盐[$MHSO_3$]

hydrosyalite 黏土矿物

hydrotalc(ite){hydrotalkite} 水滑石[具尖晶石假象;$6MgO \cdot Al_2O_3 \cdot CO_2 \cdot 12H_2O$;叶绿泥石；菱水碳铝镁石[$Mg_6Al_2(CO_3)(OH)_{16} \cdot$ $4H_2O$;三方]

hydrotator 水转分选机[上升水流式]
→～ classifier 水转式(上升水流)分(选)机

hydrotaxis 趋水性

hydrotenorite 水黑铜矿[$CuO \cdot nH_2O$]

hydrotension 流体张力

hydrotephroite 水锰辉石 [$Mn_2Fe_2Si_4O_{13} \cdot 6H_2O$(?);$(Mn,Fe^{2+})SiO_3 \cdot H_2O$?]

hydrotepid 温热水的

hydrothenardite 二水芒硝

hydrotherapy 水疗法

hydrothermal 热液的；热水作用的
→～ advanced argillic alteration 水热进行泥质蚀变 //～ alteration 热浪蚀变 //～ (ore) deposit 热液矿床 //～ geothermal field 水热型地热田 //～ gold mineralization 水热(活动)金矿化 //～ -metasomatic formation of ore deposits 热液交代形成矿床说 //～ opal 蛋白石华 //～ ore deposit 液热矿床 //～ {-}forming solution 成矿热液 //～ outbreak{explosion} 水热爆炸 //～ quartz 热液石英 //～ rocks 水热成因岩类；热液蚀变岩类

hydrothionite 硫化二氢[见于天然气中]

hydrothomsonite 水杆沸石，杆沸石[$NaCa_2(Al_2(Al,Si)Si_2O_{10}) \cdot 5H_2O$;$NaCa_2Al_5Si_5O_{20} \cdot 6H_2O$;斜方]

hydrothorite 水钍石[$ThSiO_4 \cdot 4H_2O$]；羟钍石[$Th(SiO_4)_{1-x}(OH)_{4x}$;四方]

hydrotimeter 水硬度计

hydrotitanite 钙钛矿[$CaTiO_3$;斜方]

hydrotite 钠菱沸石 [$(Na_2,Ca)(Al_2Si_4O_{12}) \cdot 6H_2O$(近似,含少量 K);六方]；硅华[$SiO_2 \cdot nH_2O$]

hydrotreating 氢化处理；加氢精制[临氢重整]；加氢处理

hydrotribium 崎岖地植物群落

hydrotroilite 水陨硫铁[$FeS \cdot nH_2O$]；水单硫铁矿[$FeS \cdot nH_2O$]

hydrotrope 水溶性

hydrotungstite 水钨华[$WO(OH)_4$;单斜]

hydrougrandite 水钙榴石 [$(Ca,Mg,Fe^{2+})_3 (Fe^{3+},Al)_2(SiO_4)_{3-x}(OH)_{4x}$;等轴]

hydrous 水状的；水化的；水合的；石膏[$CaSO_4 \cdot 2H_2O$;单斜]；含水的；含氢氧根的
→～ altered mineral filling 含水蚀变矿物填充 //～ anthophyllite 水直闪石；坡缕石[理想成分:$Mg_5Si_8O_{20}(OH)_2(H_2O) \cdot nH_2O$;(Mg, Al)$_2Si_4O_{10}(OH) \cdot 4H_2O$;单斜、斜方]；阳起石[$Ca_2(Mg,Fe^{2+})_5 (Si_4O_{11})_2 (OH)_2$;单斜] //～ bucholzite 水矽线石；夕线石；水硅线石 //～ calcium carbonate 三水方解石[$CaCO_3 \cdot 3H_2O$] //～ cordierite 水堇青石 //～ iron phosphate 水磷铁矿 //～ mineral 含羟矿物 //～ oxide 含水氧化物 //～{capillary; liver} pyrites 白铁矿[FeS_2;斜方] //～ sulphate of lime 石膏[$CaSO_4 \cdot 2H_2O$;单斜]；硫酸钙

hydrovalve 液压阀

hydrovermiculite 水蛭石

hydrovolcanic activity 水热活动；水火山活动
→～{contact} explosion 水热爆炸

hydrovolcanism 水火山活动

hydrowollastonite 水硅灰石[$3CaO \cdot 2SiO_2 \cdot 3H_2O$;单斜]；雪纤硅钙石类；纤硅钙石[$Ca_5Si_6O_{16}(OH)_2 \cdot 2H_2O$]；雪硅钙石 [$Ca_5Si_6 O_{16}(OH)_2 \cdot 4H_2O$(近),斜方；$CaSiO_3 \cdot nH_2O$]

hydrowoodwardite 多水水铜铝矾[$(Cu_{1-x}Al_x (OH)_2)((SO_4)_{x/2}(H_2O)_n)$, $x < 0.67, n \geqslant 3x/2$]

hydrox 哈埃卓克斯爆破筒

hydroxide 氢氧化物；羟化物
→～{hydrocarbon} radical 羟基[$HO-$]

hydroxidsodalith 羟方钠石[$Ba_4(Al_3Si_3O_{12}) (OH)$]

hydroxo complex 羟配合物
→～ group 配位羟离子

Hydrox{Hydra} powder 海卓克斯炸药

hydroxy(l) 氢氧基[$HO-$]；羟基[$HO-$]

hydroxy acid 含氧酸；羟(基烃)酸；醇酸
→～-aluminium 羟基铝

hydroxyamphibole{hydroxy amphibole} 羟闪石

hydroxy aniline 羟基苯胺
→～ anisole 邻甲氧基苯酚[$HOC_6H_4OCH_3$] //～(l)apatite{hydroxy apatite} 羟磷灰石[$Ca_5(PO_4)_3OH$;六方]

hydroxyapophyllite 羟鱼眼石[$KCa_4Si_8O_{20} (OH,F) \cdot 8H_2O$;四方]

hydroxybenzene 石炭酸[C_6H_5OH]

hydroxybenzoic 洛美沙星
→～ acid 羟基苯(甲)酸[$OH \cdot C_6H_4 \cdot COOH$]

hydroxybenzophenone 羟基二苯甲酮[$HO C_6H_4C(O)C_6H_5$]

hydroxy(l)brannite 羟褐锰矿

hydroxy(l)braunite 水锰土；锰土[$MnO_2 \cdot nH_2O$]；羟褐锰矿

hydroxycalciopyrochlore 羟钙烧绿石[$(Ca, Na,U,\square)_2(Nb,Ti)_2O_6(OH)$]

6-hydroxydendroxine 6-羟石斛星碱

hydroxydsodalith 羟方钠石[$Ba_4(Al_3Si_3O_{12}) (OH)$]

hydroxyethyl 羟乙基
→～ cellulose 羧乙基纤维素

hydroxygen 液态羟燃料[液态氧和氢组成的二元燃料]

hydroxy(l)-herderite 羟磷铍钙石 [$Ca(Be (OH))PO_4$]

hydroxykeramohalite 杂水镁毛矾石

hydroxylamblygonite 羟磷铝锂石[$LiAlPO_4 (OH)$;三斜]

hydroxyl(-)ascharite 羟硼镁石

hydroxyl-bastna(e)site 羟碳铈矿 [$(Ce,La) (CO_3)(OH,F)$;六方]；羟碳(钙)铈矿
→～-bastnaesite-(Nd) 羟碳钕石 [$(Nd,La)CO_3(OH,F)(Nd>La,OH>F)$] //～ bastnasite 羟碳铈矿[$(Ce,La)(CO_3)(OH,F)$; 六方] //～-bearing mineral 含羟根矿物

β-hydroxyl-beryllium β羟铍石

hydroxyl biotite 杂黑云母[黑云母与蛭石混层黏土矿物]
→～-biotite 黑云母[$K(Mg,Fe)_3(AlSi_3O_{10}) (OH)_2$;$K(Mg,Fe^{2+})_3(Al,Fe^{3+})Si_3O_{10}(OH,F)_2$; 单斜] //～ bond 羟键；羟基间键

hydroxylclinohumite 羟斜硅镁石 [$Mg_9 (SiO_4)_4(OH,F)_2$]

hydroxyl-ellestadite 羟硅磷灰石[$Ca_{10}(SiO_4)_3 (SO_4)_3(OH,Cl,F)_2$;六方]；羟硫硅钙石

hydroxyl group 羟{氢氧}基[$HO-$]
→～-herderite 水磷铍钙石 [$Ca(Be(OH)) PO_4$] //～{hydroxide} ion 羟离子{氢氧离子}[$OH-$] //～-lepidomelane 羟富铁黑云母 //～-pyromorphite 羟磷铅矿[$Pb_2Pb_3 (PO_4)_3(OH)$]；羟磷氯铅矿

hydroxyl(-)sodalite 羟(基)方钠石[$Ba_4(Al_3 Si_3O_{12})(OH)$]

hydroxyl-szaibelyite 羟硼镁石

hydroxyl-thorite 羟钍石[$Th(SiO_4)_{1-x}(OH)_{4x}$; 四方]

hydroxyl topaz 水黄玉
→~-topaz 黄玉[$Al_2(SiO_4)(OH,F)_2$;斜方]

hydroxymarialite 羟钠柱石

hydroxymeionite 羟钙柱石

hydroxymethylfurfural 羟甲基糠醛

4-hydroxymethyl-pyrimidine 4-羟甲醛嘧啶

hydroxy(l)mimetite 羟砷铅矿

hydroxy-petschekite 羟铌高铁铀矿

hydroxy(l)-phenyl-acetic acid 扁桃酸[$C_6H_5•CHOH•COOH$]
→~ acid{4-hydroxyphenyl-acetic acid} 苯乙醇酸[$C_6H_5CHOH COOH$]

hydroxypropyl guar 羟丙基瓜尔胶
→~ guar gum 羟基丙基瓜尔胶

6-hydroxypurine 6-羟基嘌呤

hydrozincite 羟碳锌石{矿}[$Zn_5(CO_3)_2(OH)_6$;单斜]; 锌矿; 水{羟}锌矿[$Zn_5(CO_3)_2(OH)_6$;$3ZnCO_3•2H_2O$;$ZnCO_3•2Zn(OH)_2$;$7ZnO•3CO_2•4H_2O$]

hydrozincitef 水锌矾[$(Zn,Mn)(SO_4)•H_2O$; 单斜]

hydrozinkite 水锌矿[$Zn_5(CO_3)_2(OH)_6$; $3ZnCO_3•2H_2O$;$ZnCO_3•2Zn(OH)_2$]; 水锌矾[$(Zn,Mn)(SO_4)•H_2O$;单斜]; 羟碳锌石[$Zn_5(CO_3)_2(OH)_6$;单斜]

hydrozircon 水锆石[$((Zr,U)_{1-x}Fe^{3+})((SiO_4)^{4-}_{1-x}AsO_4^{3-})•2H_2O$]

Hydrozoa 水螅水母类

hydrozoachaetetida 刺毛虫类[腔]

hydrozoan 水螅虫类

hydrozoid 水螅状构造类型

hydrozunyite 氯黄晶[$Al_{13}Si_5O_{20}(OH,F)_{18}Cl$;等轴]

Hydrurus 水树藻属[金藻;O]

Hydrus 水蛇座

Hyemoschus 水鼷鹿属[Q]

hyena 鬣狗(属)[N_2-Q]

Hyenasinensis 中国鬣狗

Hyenia 狼尾藻; 亨尼亚木(属)[D_2]; 海尼蕨属[古植]; 歧叶节蕨

Hyeniales 海尼蕨目[古植楔叶类]; 歧叶目[古植楔叶]

hyenoid 残忍的; 像土狼的
→~ dog 犬鬣类

hyetal equator 雨量赤道
→~ region 雨量区(域)

hyetology 雨量学; 降水学

hyetometer 雨量计

hygiene 卫生学; 卫生
→~ of mining 矿山卫生

hygristor 湿敏电阻

hygrocole 湿生动物

hygrocolous 湿生的; 湿洒的

hygrogram 湿度自记曲线; 湿度图

hygrograph 湿度计; 油湿度计

hygrology 湿度学

hygromagmatophile 湿亲岩浆的[元素]
→~ element 亲湿岩浆元素

hygrometer 湿度计; 湿度表

hygrometry 湿度测定; 测湿法

hygronom 空气湿度参数测定仪; 湿度仪

hygropetric 岩壁湿生生物

hygropetrical fauna 湿岩生动物区系[生态]

hygropetrobios 湿岩生物

hygrophile{hygrophilic} 适湿的; 喜水(生)的; 喜湿的

hygrophilite 蚀块云母; 湿块云母

hygrophilous 适湿的; 喜湿的
→~ plant{vegetation} 喜湿植物

hygrophorbium 低层湿原; 沼地群落

hygrophyte 水生植物; 湿生植物

hygropium 常绿草甸; 草甸群落

hygroscopic 吸水的
→~ agent 吸湿剂 // ~ coefficient 吸水率; 吸湿系数 // ~ moisture 潮解水 // ~ water 可用吸湿器计量的水

hygrosphagnium 高地沼泽

hygrothermograph 湿温仪; 温湿计{表}

hygrotropism 向湿性

hylaea 热带雨林

hylaeion 雨林
→~ tropicum 热带雨林

HYL directly reduced iron 希尔法直接还原铁

hylobates 长臂猿(属)[Q]

Hylochoerus 林猪属[Q]

hylogenesis 物质生成论

Hylonomus 林蜥(属)[C]

hylophagus 食木的

hylotropy 恒溶性; 恒沸性

hymatomalenic acids 棕腐殖酸

hymeniderm 膜皮

hymeniferous 具膜的

Hymenomonas 希梅诺颗石[钙超;Q]

Hymenophyllites 似膜蕨属[古植;K_1]

Hymenophyllum 膜叶蕨属

Hymenophyllumsporite 膜叶蕨孢属[K_2]

Hymenoptera 膜翅目[昆]

Hymenozonotriletes 膜环孢属[J-K]

hymicyclic 半轮生的

Hynobiidae 山椒鱼科; 小鲵科

Hynobius 小鲵属; 斑鲵

Hyodontidae 舌齿鱼科

hyoid 舌骨

Hyolitha 软舌螺纲

Hyolithellus 小软舌螺属[腹;$\in$]

Hyolithelmithes 似软舌螺

Hyolithes 软舌螺(属)

hyolithid 软舌螺类

hyomandibular 舌颌骨
→~ cartilage 古颚软骨

hyomelan 岩玻璃; 玄武玻璃

hy(p)oplastron 舌腹甲; 龟腹甲

Hyopsodus 豕齿兽(属)[E_2]

hyostylic 舌接型[鱼类;颌]

Hyotherium 猪兽属[N]

hypabyssal (rock) 浅成岩; 半深成岩
→~ intrusive{instructive} 半深成侵入体 // ~ intrusive facies 浅成侵入相 // ~ rock 潜成岩

hypaethral 露天的

Hypagnostus 隐球接子属[三叶;$\in_2$]

hypanthrum 下椎弓凹

hypapophysis 椎体下突

hypautomorphic 半自形的
→~ bang 半自形粒状组构

hyper 宣传人员; 亢奋的

hyperaccumulation 超量聚积(作用); 超堆积(作用)

hyperacidite 超酸性岩

hyperacoustic 超声波的

hyperalkaline 富碱性的
→~ {ultrabasic;ultra-alkaline} rock 超碱性岩

hyperaltitude photography 超高空摄影术

hyper-aluminous 超铝质(的)

Hyperammina 上孔虫属[孔虫;P_1-Q]

hyperbar 下降气流区

hyperbaric 高压的; 高比
→~ {pressurized} diving 高压潜水 // ~ vehicle 超气压深潜器

hyperbasite 超基性岩[$SiO_2 < 45\%$]

hyperbolic and eccentric arc structure 双曲偏心拱结构
→~ decline pattern 双曲线递减型 // ~ function 双曲函数 // ~ paraboloid 双曲抛物面 // ~ point on a surface 曲面上的双曲点

hyperboloid 双曲面

hyperborean 极北的; 北极的

hypercapnia 高碳酸血(症); 碳酸过多症; 碳酸过多[血内]

hyperchannel 多通道

hypercharge 对……增压; 超荷

hyperchlorous anhydride 氧化氯

hypercinnabar 六方辰砂[HgS]

hypercline 超倾型[腕]

hyperco 海波可[高导磁与高饱和磁通密度的磁性合金]

hyperdactylism 多指{趾}

hyperdarwinian 超达尔文主义

hyperfine coupling 超精细结构耦合
→~ splitting 超精细分裂 // ~ {super-hyperfine} structure 超(精)细结构

hyperflysch 超复理石

hyperforming 超重整法

hyperfunction 机能亢进

hyperfusible 超熔体{的}

hypergalaxy 超星系

hypergene 表生的; 浅成的; 浅生矿床; 下降

hypergenesis 沉积岩表面蚀变; 发育过度; 退化成岩(作用); 表生作用

hypergenic{supergene;hypergene} zone 表生带
→~ {surficial;supergene} zone 浅成带

hypergolic 自燃的

hypergyrite 辉锑银矿[$AgSbS_2$;单斜]

hyperhaline 超盐水; 超盐的[植]

hyper{super} high frequency{hyper-high-frequency} 超高频

hyperinflation 过度膨胀

Hyperion 亥伯龙神

hyperite 紫苏辉石[$(Mg,Fe^{2+})_2(Si_2O_6)$]
→~-diorite 辉苏闪长岩 // ~ teature 橄榄苏长岩结构 // ~ texture 辉长苏长结构; 橄长反应边结构

hyperitite 无橄紫苏辉绿岩

hyperloy 海波洛伊[高导磁率的铁镍合金]

Hyperm 海坡姆磁性材料

hypermal 海波摩尔[高导磁串的铁铝合金]

Hypernic 海波尼克[铁镍磁性合金]

hypernic 染料木

Hypernik 海波尼克[铁镍磁性合金]

hyperoranite 半钾纹长石; 钾钙长石

hyperosculation 超密切

Hyperotreti 穿腭(亚目)[无颌纲]

hyperoxide 过氧化物

hyperparaboloid 超抛物面

hyperperthite 半钠纹长石; 钾钠长石

H

hyperphalangeal　多指{趾}型

hyperphoric　换置{质}
　→～ change　换质{置}(作用)

hyperplane　超平面
　→～ {periplanatic} ocular　平像目镜；全平目镜

hyperpycnal flow　高密度流

hypersaline　超盐性的；强咸的；超盐度
　→～ brine　高盐度卤水

hypersalinity　超咸度；超盐度；高矿化度；高矿化

hypersensor　超敏装置[集成电路中对电流、电压的]

Hypersil　海波西尔[磁性合金]

hypersolidus　超固相线的

hypersolvus　超熔线的；全熔岩浆
　→～ rock　超固溶岩石

hypersonic　超声频的；超声的
　→～ combustion　高超音速燃烧 // ～ flow　超音速流

hypersthene　紫苏辉石[(Mg,Fe^{2+})$_2$(Si$_2$O$_6$)]
　→～ andesite　紫苏安山岩 // ～-gabbro　紫苏辉卡岩

hypersthenfels　苏长岩

hypersthenite　紫苏岩；苏长岩

hyperstrophic　上旋壳的[腹]
　→～ coiling　超环索螺旋

hypersubsidence　超沉降(期)[造陆]

Hyperthermal　过高热的；高温期[冰期后]；极高热的

hyperthermal bath　高温水浴
　→～ phenomena　高温地热现象 // ～ {ebullient;bubbling;boiling} pool　沸泉塘

hyperthermic　高温的

hyp(op)erthite　半纹长石；半钠纹长石

hyperthyroidism　甲状腺机能亢进症

Hypertragulus　异鼷鹿属[E$_3$]

hypertrophic environment　高滋养环境
　→～ glacier　凑合冰河

hypervelocity　超速；超高速
　→～ {high-speed} impact　高速冲击 // ～ pellet　超速弹丸冲击

hyperythrin　银金矿[(Au,Ag),含银 25%～40%的自然金;等轴]

hypha　菌丝

hyphodromous　隐脉的

hyphopodium　附着枝

hyphosphoric{hypophosphoric} acid　连二磷酸

Hypichnia　下迹[遗石]

hypichnia　石底虫迹[遗石]；底迹[遗石]

hypichnial cast　底虫迹模

hypidiomorphic　半自形的
　→～ {hypautomorphic;subhedral} crystal　半自形晶

hypidiotopic　半自形的

Hypnea　沙菜属[红藻;Q]

hypnospore　厚壁孢子

hypo-batholic stage　深(成)岩基阶{期}

hypobatholithic　深岩基的
　→～ zone　岩基深部带 // ～ {hypobatholitic} zone　深成岩基带

hypobranchial groove　鳃下沟

hypobromite　次溴酸盐{酯}

hypobromous acid　次溴酸

hypocaust　蜂房状室；网室

hypocenter of the explosion　爆破震源

hypocentral location　震源定位

hypocentre{hypocenter}　震源

　→～ of explosion　爆炸震中

hypocentrum　椎腹体；震源

hypocercal tail　反歪尾

hypochloride{hypochlorite}　次氯酸盐[MOCl]

hypochlorous acid　次氯酸

hypocone　次尖[哺]

hypoconid　下次尖

hypoconulid　下次小尖

hypocotyl　(下)胚轴

hypocrystalline　次晶质；半晶质(的)
　→～-porphyritic　玻基斑状[结构]

hypodeltoid　肛三角板[棘]

hypodeltroid　下三棱板[棘海蕾]

Hypoderma　皮下盘菌属[真菌;Q]

hypodermis　下胚层；下皮；真皮[昆]

hypodermolithiasis　皮下结石

hypodesmine　半辉沸石 [Ca(Al$_2$Si$_7$O$_{18}$)•7H$_2$O]

hypodigm　标准样品物质[化石的]；种型群

hypodispersion　平均分布

hypoelastic law　准弹性定律
　→～ state　亚弹性状态

hypoeutectic　亚共晶(的)

hypo-eutectoid　亚共析体{的}

hypofiltration　深成渗透作用

hypoflexid　下次中凹

hypogastralium　下腹骨针[绵]

hypogea　(古代)地下墓室

hypogee　地下建筑；岩洞建筑

hypogeic{hypogeal}　地下的

hypogene　深生的；深生；深成的；上升溶液生成的；上升的；地下(生成)的；内生的；内力(深成)；上升
　→～ {endogenetic} action　内生作用 // ～ ore mineral　深成(上升)矿物；原生矿物[矿脉中]

hypogenesis　深成作用；直接进化[生;无世代交替]

hypogene spring　深部泉

hypogenic　深生的；深成的；上升的
　→～ {hypogene} action　深成作用 // ～ {hypogene} fluid　深成流体

hypogeum　(古代)地下墓室；岩洞建筑

hypoglossal nerve　舌下神经

hypoglycemia　低血糖

hypoglyph　层底痕

hypogynous　有下位排列部分的；下位的[花瓣、萼片、雄蕊等;植]

hypohaline　低盐的

hypohexagonal type of crystals　六方型晶体[平行面体学说中]

Hypohippus　后古马属[N$_2$]

hypohyaline　半玻质

hypohydrous　半热液的

hypoid gear　偏轴齿齿轮；准双曲面齿轮

hypoleimme　假孔雀石 [Cu$_5$(PO$_4$)$_2$(OH)$_4$•H$_2$O;单斜]

hypolimnion　湖下层滞水带；湖泊；湖底静水层；均温层

hypolophid　下次脊[哺]

hypolymnion　(湖的)下层滞水带；湖底静水层；均温层

hypomagma　深岩浆；深部岩浆

hypomagmatic dyke{dike}　深成岩墙

hypomerals　椎下骨

hypometamorphic　深变质的
　→～ rock　深变质岩

hypometamorphism　深带变质

hypomigmatization　深混熔作用[硅镁壳变为硅铝镁岩浆的作用]

hypomonotectic　亚偏晶

hypomorphism{hypomorphy}　亚形性

Hyponate L　×捕收起泡剂[石油磺酸钠,分子量 415～430]

hyponome　水囊

hyponomic sinus　水囊弯；腹弯[头]；漏斗弯

hyponym　废弃名；不用名[生]

hypo-oranite　半正长钙长石；半钾纹长石

Hypoparia　隐颊目

hypoparian　隐颊类[三叶]

hypophosphite　次磷酸盐

hypophtanite　次致密硅质岩；次黑燧石；次试金石

Hypophthalmichthys　白鳞属[N$_2$-Q]

hypophyllous　叶下着生的；叶背着生的

hypophysial　垂体的

hypopiestic water　半自流水；次承压水；亚承压水

hypoplastron　下腹甲

hypoplax　腹板

hypopycnal flow　低密度流

hyporelief　底面的起伏[下凸]；下浮雕

hyposaline　低盐度；低含盐(的)

hyposclerite{hyposklerite}　钠长石[Na(AlSi$_3$O$_8$);Na$_2$O•Al$_2$O$_3$•6SiO$_2$;三斜;符号 Ab]

hyposcope　蟹眼式望远镜

hyposeismic　深震的

hyposeptal deposits　壁后沉积[头]

hyposiderite　辉褐铁矿；褐铁矿[FeO(OH)•nH$_2$O;Fe$_2$O$_3$•nH$_2$O;成分不纯]

hyposome　下后部[沟鞭藻]

hyposphene　下椎弓突

hypostasis[pl.-ses]　沉渣

hypostatic pseudomorph　模型假象

hypostega{hypostege}　下伏层[苔]

hypostilbite　浊沸石[CaO•Al$_2$O$_3$•4SiO$_2$•4H$_2$O;单斜]；半辉沸石[Ca(Al$_2$Si$_7$O$_{18}$)•7H$_2$O]

hypostoma[pl.-ta]　唇肉板；唇瓣[三叶]；板；唇板；垂唇；口板；下口板

hypostomatal{hypostomatic}　气孔下生的

hypostome　口下板；口板；唇瓣[三叶]

hypostracum　下壳层；内壳层[无脊]

hypostratotype　次层型；亚地层型

hypostratum　内壳层；下壳层

hyposulfurous acid　连二亚硫酸[H$_2$S$_2$O$_4$]

hyposulphuric{hyposulfuric;dithionic} acid　连二硫酸

hypotaxic{surficial} deposit　地面矿床

Hypotetragona　近长方介属[D-C]

hypothalamic diabetes insipidus　下丘脑尿崩症

hypothallium　基层[生态]；下叶状体[藻]

hypothallus[pl.-es,-li]　基层[生态]；下叶状体[藻]

hypotheca　下壳[硅藻]

hypothecal pore rhomb　板下孔菱[棘林檎]

hypothermal　低温期；不冷不热的；温热；低温的[热水]
　→～ deposit　高热液矿床 // ～ {katathermal} deposit　深温矿床 // ～ vein　高温热矿脉

hypothermophilous　适低温的；喜低温的

hypothermy　低温

hypothesis[pl.-ses]　假定；假说；假想；前提；假设
　→～ for concrete fracture　混凝土断裂假说

hypothetical　假说；假想；假定的；推测的[资源]

→~ anomaly 假设异常

hypothyrid 下孔型；下窗型[茎孔;腕]

Hypothyridina 隐孔贝属[腕;D$_{2-3}$]；亚盾贝

hypotract 后腰部[沟鞭藻]

hypotype 亚型[生]；补模标本

hypotyphite 自然砷铋；自然砷[三方]

hypovalve 下瓣；下壳[硅藻]

hypovitaminose 维生素缺乏症

hypoxanthine 6-羟基嘌呤；次黄质

hypoxanthite 泥黄赭石

hypoxenolith 远源捕房体

hypoxia 缺氧；低氧症；氧不足

→~-warning system 缺氧警告系统

hypozoic 深生(界)；深成(界)

hypozonal{katazonal} metamorphism 深带变质

hypozone 深变质带；深带

hypozygal 下结合板[海百]

HYPSES 水道测量精密扫描回声测深仪

Hypsilophodon 棱齿龙属[K$_1$]

Hypsithermal 气候最适宜期[约 9,000～2,500 年前]；高温期[冰期后]

hypsodont 高冠齿[牙]

hypsogram 水位线；高度图

hypsograph 测高仪

hypsographic 测高学的；测高的

hypsographical curve 高低面积曲线

hypsographic chart 陆高海深(面积)图

→~ curve 陆高海深面积曲线

hypsography 表示不同高度的地形图；地形起伏图；地形起伏；等高线法；测高学；比较地势学

hypsometrical 地形高度的；测高的；有标高的；表示标高的

hypsometric{area-altitude} analysis 面积高程{度}(关系)分析

→~ analysis 等高线分析；测高线分析；高度面积分析 // ~{hypsographic} curve 地壳起伏统计曲线；高度深度曲线 // ~ hypothesis 地形变化假说

hypsometry 测高学；测高术{法}

Hypsomyonia 隆裂筋贝属[腕;D$_3$]

hypural bone 脉弧；尾下骨

Hyrachyus 貘犀(属)[E$_2$]

Hyracodon 跑犀(属)[E$_3$]；蹄(齿)犀[走犀;蹄兔]

Hyracoidea 岩狸目；蹄兔目{类}

Hyracotherium 鼠狸；始马

Hyrax 蹄兔(属)[N-Q]

Hyrcanopteris 奇脉蕨属[T$_3$]

Hyriopsis 帆蚌属[双壳;E-Q]

hystalditite 榴云片岩

hystatique 希斯塔方解石

hy(po)statite 板钛铁矿；杂钛赤磁铁矿

hysteresigraph 磁滞曲线记录仪

hysteresis 磁带；滞后；迟滞性；磁滞

→~ (effect) 滞后效应

hysteresisograph 磁滞回线记录仪{测绘器}；磁滞测定仪

hysterestic 磁滞的；滞后的

→~ angle 磁后角 // ~{delay} gate 延迟门

Hysteriales 纵裂菌{壳}目

hysteriform{hysterine;hysterioid} 缝裂形；似缝裂菌状的

hystero 子宫

→~-brephic stage 幼年初期[册] // ~(-)corallite 珊瑚芽体

hysterocrystalline 次生晶质

→~ mineral 次生结晶矿物

hysterogen(et)ic 岩浆最后期的；后生的

hysterogenite 积屑矿床

Hysterolenus 后油栉虫属[三叶;O$_1$]

Hysterolites 歌伎贝属[腕;D$_{1-2}$]

hysteromorphous 表成次生沉积

hystero-ontogeny 芽体发育变化[册]

Hysterophyta 真菌

Hystrichokolpoma 鞘管藻属[K$_2$-N]

Hystrichosphaera 管球藻属[K-N]；沟状刺球藻(属)

Hystrichosphaeridium 刺球藻属[Є-Q]

hystrichospherida 刺球藻类

hystrichosph(a)erids 刺球类[AnЄ-Q]

Hystricida 豪猪亚目

Hystricidae 豪猪科

Hystricidea 豪猪亚目

Hystricurus 豪猪虫属[三叶;O$_3$]

Hystrix 豪猪

hythergraph 温湿{湿湿}图[解]；温度与湿度关系图；温度-降雨量图

hytron 海特龙(大型电子管)；哈管

hyttsjoite 硅钙钡铅矿 [Pb$_{18}$Ba$_2$Ca$_5$Mn$_2^{2+}$Fe$_2^{3+}$Si$_{30}$O$_{90}$Cl·6H$_2$O]

I
i

ialpite 方硫银矿
iamborite 水绿镍矿
i(i)anthinite 羟{水}铀矿[$2UO_2 \cdot 7H_2O$,可能含 UO_3;$Ca_3(UO_2)_6U^+(CO_3)_2(OH)_{18} \cdot H_2O$]；多水铀矿
ianthite 水斑铀矿[$UO_2 \cdot 5UO_3 \cdot 10H_2O$;斜方]
iant(h)inite 水斑铀矿[$UO_2 \cdot 5UO_3 \cdot 10H_2O$;斜方]；水铀矿[$2UO_2 \cdot 7H_2O$]
Iapetus 古大西洋；伊阿佩托斯[希神话]；亚皮特斯海
　→～{|Mimas|Enceladus|Phoebe|Titan[最大]|Hyperion|Tethys|Janus|Dione;Gione|Rhea} 土卫八{一二|九六|七三|十|四|五}
iaspis 碧玉[SiO_2]
IAT 岛弧拉斑岩
iatron 投影电位示波器
I-bar{-beam;-steel;-iron} 工字钢
IBE 阳离子交换{替}指数
I-beam 工字梁
iberite 青块{堇青}云母；沸石[$(Na,K)Si_5Al_2O_{12} \cdot 3H_2O$]；碱堇青石
IBP{i.b.p.} 初沸点
Ibrahimispores 钩刺孢属[C_2]
IC 电离室；情报中心[美]；内燃；中断控制；集成电路；初始条件；资料通报；校正系数；输入电路
Icarosaurus 依卡洛蜥属[T]
Icarus 伊卡洛{鲁}斯[小行星1566号]
ICC 易燃化学品[包装]
ice 使成冰；糖衣；凝壳[炉内或桶内的]；结冻；冰状物；冻冰；用冰覆盖；冰[H_2O;六方]
iceberg 海洋中的冰山；流冰；冰山
ice blink 海岸冰崖；冰映云光
　→～ block{box} 中子测井仪刻度器//～ bottle 大口保温瓶//～{-}boulder 冰砾；冰川巨砾//～ boulder 冰碛卵石//～-bound 冰封；被冰堵塞的//～ cap{carapace} 冰冠//～ cast 石上冰
icecrete 冰砂结块
ice crevasse{creek} 冰隙[冰川中的裂缝]
　→～{frazil} crystal 冰晶//～-crystal cast 冰晶铸型{形}//～-crystal mark 水晶痕//～-dammed lake 冰塞湖
iced firn 粒雪冰；冰粒雪
　→～ grouper 冰鲜石斑鱼
ice diamond-shaped flow 菱块状冰流
　→～-dressed{embossed;bressed;sheep} rock 羊背石//～-faceted pebble 冰刻砾石//～-formed rock 岩状冰
icehouse 冰窖
ice island 冰屿；冰岛
　→～-IV 冰-IV[H_2O;等轴]
iceland 冰岛
　→～{glass} agate 黑曜岩
Icelandic low 冰岛低压

　→～ trough 冰岛型槽
icelandite 低铝安山岩；铁安山岩；冰岛岩
icelandspar 冰洲石[无色透明的方解石；$CaCO_3$]
ice layer{cover} 冰层
iceport 冰崖港口
ice potential 潜冰量
icescape 冰景[特指极带风光]
ice scarp 冰蚀崖
　→～ scouring plain 冰蚀平原～slab{cake} 板冰//～ spar 玻璃长石[$K(AlSi_3O_8)$]；透长石[$K(AlSi_3O_8)$;单斜]//～-spar {～ stone}冰晶石[Na_3AlF_6;$3NaF \cdot AlF_3$;单斜]//～ stone 冰晶石[Na_3AlF_6;$3NaF \cdot AlF_3$;单斜]//～{silver} storm 冰暴//～-thrust ridge 湖冰脊；冰冲脊//～ tunnel 冰隧{通}道
Ichangia 宜昌虫属[三叶;C_1]
ichn(ol)ite 印痕；化石足迹；遗迹；足迹化石
ichnofacies 化石相；痕迹化石沉积相；遗迹化石沉积相；虫迹相
ichnofossil 痕迹化石；足迹化石；踪迹化石；遗迹化石
ichno-genera 生痕属
ichnogenus 遗迹属[遗石]
ichnograph 平面图
ichnolite 化石足迹；含化石足迹的岩石；脚印化石
ichnological 足迹学的
ichnology 足迹学；生痕学；遗迹(化石)学；虫迹学
ichnospecies 生痕种；遗迹化石
ichor 混合岩浆；残余岩浆；残液；泌液；岩汁；岩精；溢浆
ichthammol 鱼石脂；沥青片岩(黏)油
ichth(y)olform 鱼石脂肪
ichthymall{ichthynat} 鱼石脂
ichthyodont 鱼牙化石
ichthyoglypte{ichthyoglyptus} 鱼形石英
ichthyol 鱼石脂
ichthyolfromaldehyde 鱼石脂肪
ichthyolite 化石鱼；鱼的化石；鱼化石
ichthyology 鱼类学
ichthyophthalme{ichthyophthalmite} 鱼眼石[$KCa_4(Si_8O_{20})(F,OH) \cdot 8H_2O$]
Ichthyopterygia 鱼龙亚纲
ichthyopterygium 鳍
Ichthyornis 鱼鸟(属)
ichthyosaur 鱼龙(属)[J-K]
Ichthyosauria 鱼龙目
Ichthyosaurid 鱼龙
Ichthyosaurus 鱼龙(属)[J-K]
Ichthyostega 鱼石螈(属)(类)；鱼甲龙属[两栖;D_3-C_1]
Ichthyostegalia 鱼石螈目
Ichthyostegopsis 鱼甲螈属[D_3-C_1]
icicle 薄冰楔[悬垂]；悬冰箸；垂冰柱；冰锥；冰箸[悬垂]；冰柱；毛刺[焊接时管子接头内的上部金属突出物]
icosahedron[pl.-ra] 二十面体
icosane 二十碳烷
icosinene 地蜡烯[$C_{26}H_{38}$]；液态碳化氢
icotype 肖模式[标本]
Icriodella 小贝牙形石属[O_2-S_1]
Icriodina 似贝牙形石属[S]
Icriodus 贝牙形石属[D_3]
Ictidosauria 鼬龙(次亚)目[爬]
Ictitherium 古鬣狗属[N]

icy{ice-capped} mountain 冰山
　→～ region 冰覆盖区
idaite 伊达矿；铁铜蓝[Cu_3FeS_4?;六方]
Idamean 艾达姆(阶)[澳;C_3]
idd 浅井供水河段[间歇河床中]
Iddings 伊丁岩浆岩分类
iddingsite 杂铁硅矿物；伊丁石[$MgO \cdot Fe_2O_3 \cdot 3SiO_2 \cdot 4H_2O$]
　→～-andesite 伊丁安山岩
ideal 标准的；典型的；唯心论的；观念上的；理想；典型
　→～ aqueous ionic solution 理想离子水溶液//～ current distribution pattern 理想电流分布图//～{American} cut 理想琢型//～ energy grade line 理想能坡线
idealisation 理想化
idealism 唯心主义
ideal plastic solid 圣维南体
　→～ time domain filter 理想时域滤波器//～ vein 完整矿脉
idem[拉] 同著者(的)；同上
idempotence{idempotency} 幂等性
identical 齐；相同的；相等的；同样的
　→～ feed condition 相等入料条件//～{equal-angle} map 等角投影地图//～ strata 相同地层//～ substitution 值等代换
identifiability 可鉴别性
identifiable 可鉴{识;区}别的；可判读的；可看作是相同的
　→～ object 可辨认地物//～ point 明显地物点；易辨认点//～ species 可鉴别的物种
identification 识别；辨认；认证；确定身份的证明；查明；测定；判读；证明；鉴别；黏合[数]
identified 查明的
　→～ geothermal reservoir 已探明的地热储；探明储量的地热储//～-subeconomic resources 查明的次经济资源
identifying feature 辨别要素
　→～ information 识别信息//～ signature 识别特征信息
identities 里西方程
identity 身份；同一；本性；恒等；配伍；个性；一致；相同；本体；特性；统一；籍别
　→～ axis 本体轴//～ document{card} 身份证//～ function 是函数//～ period 恒同周期；自同周期；值等周期
ideographic 私章的；商标的；签名的；特别记号的
　→～ word processing mode 汉字处理方式
ideolectotype 自选模式[标本]
ideotype 续型；自定模式[标本]；外形
idioblastic 自形变晶
　→～ mineral 自形变晶矿物
idiochromatic color 自色(性)
　→～ crystal 本质光电晶体；自色晶体
idiochromatism 自色(性)
idioevolution 个别进化
idiogenite 同生矿床；同成矿床
idiogenous 同成的
　→～{primary} gas 原生气
idiogeosyncline 山间地槽；独地槽
Idiognathodus 奇颚牙形石属[C_{2-3}]
Idiognathoides 拟奇颚牙形石属[C_2]
idiomorph(ism) 自形晶；自形
idiomorph(ism) 自形的
　→～ fold 自行褶曲//～{euhedral;automorphic} granular 自形粒状//～{autogenic;

I

automorphous} soil 自型土

idiomorphism 整形

idiophanous 自现干涉图的

Idiopoma 奇壳田螺属[腹;E-Q]

Idioprioniodus 异锯齿牙形石属[O_2-T_2]

idiostatic 同势差的;同位差的

Idiostroma 独体层孔虫(属)[D_2]

idiosycracy 个性

idiosyncracy 特质;特性

idiosyncrasy 个性;特质[人的]

idiotopic 自形的

idiot stick 管沟锹

idiotubidae 同管笔石类

Idiotubus 奇管笔石属[O_1]

idle 停机的;无功的;怠速;怠;慢车(速)的;闲置的;备用的;不工作(的);空闲的;空转的;空转;空载的;无负荷的;储备的;无效的;未运转的;停顿的
 →~ mine 停产矿井

idler 闲频信号[电];中界轮;张紧胶带轮;空载;跨轮

idle running{motion} 空转
 →~ shift 非生产班

idling 低速运转;慢速;慢车;无效;空转;空载运行;无载
 →~ (speed) 急速// ~ cut off 空转切断//~ {idle(r)} gear 惰轮

idloadaptation 个别适应

idocrase{idokras[德]} 符山石[$Ca_{10}Mg_2Al_4$(SiO_4)$_5$,Ca 常被铈、锰、钠、钾、铀类质同象代替,镁也可被铁、锌、铜、铬、铍等代替,形成多个变种;$Ca_{10}Mg_2Al_4(SiO_4)_5(Si_2O_7)_2(OH)_4$;四方]

IDP 内死点;中等密度支撑剂

idrargillite γ三羟铝石;三水铝石[Al(OH)$_3$;单斜]

idrazite{idrizite} 镁铝铁矾[(Mg,Fe^{2+})(Al,Fe^{3+})$_2$(SO$_4$)$_3$(OH)$_2$·15H$_2$O];赤铁矾[MgFe^{3+}(SO$_4$)$_2$(OH)^2·7H$_2$O;单斜]

idrialine 辰砂地蜡;绿地蜡[$C_{24}H_{18}C_{22}H_{14}$;斜方]

idrialite 绿地蜡[$C_{24}H_{18}C_{22}H_{14}$;斜方];辰砂地蜡

idrocastorite 杂片辉沸石

idrodolomite 杂水菱镁钙石

idrofilite 氯钙石[CaCl$_2$]

idrofluore 氢氟酸[见于天然气中]

idrogiobertite 杂水菱镁钙石

idromagnesite 水菱镁石[Mg$_5$(CO$_3$)$_4$(OH)$_2$·4H$_2$O;Mg$_4$(CO$_3$)$_3$(OH)$_2$·3H$_2$O];杂水菱镁钙石

idromagnocalcite 杂水白云钙石;杂水菱镁钙石

idrormeite 水锑钙赭石

idroromeite 黄锑矿[Sb^{3+}Sb^{5+}O$_4$;斜方]

idrozinkite 水锌矿[Zn$_5$(CO$_3$)$_2$(OH)$_6$;3ZnCO$_3$·2H$_2$O;ZnCO$_3$·2Zn(OH)$_2$];羟锌矿

IDTIMS 同位素稀释热离子化质谱仪

I-D-type mass extinction 中-深水型集群绝灭
 →~ I-D{intermediate-and-deep-water}-type mass extinction I-D 型集群绝灭

Idwian 伊德维阶[S]

IEA 国际能源机构

ieknite 哈西陨铁

I.E.-W. 内东西轴

IF 初流动;中频;利息因素;内平扣型[钻杆接头扣型]

IFDF 理想频域滤波器

ifenprodil tartrate 酒石酸苄哌酚醇

IFOV 瞬时视场

IFT 界面张力
 →~ effect 界面张力效应

IG 地质协会

ig. 火成岩;火成的

igaeikite 复片石[NaKAl$_3$Si$_4$O$_{15}$·2H$_2$O]

igalikite 杂方沸白云母;伊加利科奇;复片石[NaKAl$_3$Si$_4$O$_{15}$·2H$_2$O]

I-gauge 工字形极限卡规

igdloite 白钠铌矿[NaNbO$_3$];斜方钠能矿;钠铌矿[NaNbO$_3$;单斜]

igelstromite 鳞镁铁矿[6MgO·Fe$_2$O$_3$·CO$_2$·12H$_2$O]

Igepal AC{|AP|A} ×润湿剂[油酸磺化乙酯钠盐;$C_{17}H_{33}COOCH_2CH_2SO_3Na$]

Igepon C ×选矿药剂[油酰氨基乙基磺酸钠;$C_{17}H_{33}CONHC_2H_4SO_4Na$]

IGIP 天然气原始地质储量

I-girder 工字梁

iglesiasite 锌白铅矿

igloite 霰石[蓝绿色;CaCO$_3$];文石[CaCO$_3$;斜方]

igloo 圆顶建筑

igmerald 人造绿宝{柱}石

ignatieffite{ignatievite;ignatiewite} 肾明矾

ign(ig)enous 火成的

igneo-aqueous 火(-)水成的
 →~ rock 水火成岩

igneous 火(成)的;熔融的;似火的
 →~ (rock) 火成岩// ~ alkaline trend 火成活动的碱性趋势 //~-derived thermal anomaly 火成活动导致的热异常 //~ drilling 火力凿岩// ~ geothermal well 火成岩区的地热井//~ quartz 英石岩 //~ rock froth 泡沫岩;浮岩[一种多孔火成岩,常含 53%~75%SiO$_2$,9%~20%Al$_2$O$_3$];浮石

ignimbrite 中酸凝灰岩;流纹岩状凝灰岩

ignitable 易点火的;可燃的
 →~ chemical 易燃药品

ignitacord 点火线

ignite 点燃;引爆;燃烧;发火;引燃;点火
 →~ and explode 燃爆// {of flammables} ~ and explode 爆燃

ignited dynamite that fails to explode 瞎炮
 →~ quartz 石英粉晶//~ soil 灼烧土壤

igniter 引爆器;引火剂;引燃器;打火机;发火器;点燃

ignitible{ignitable} dust 可燃粉尘

igniting 灼烧;点燃起爆
 →~{ignition} anode 发火阳极//~ circuit 点火线路;导火线路//~ fuse 传爆信管//~ primer 起爆雷管//~{capped;live;detonating} primer 起爆药包

ignition 灼烧;灼热;点火;燃烧;着火;起燃;起爆;内燃机等发火装置;发火;发火装置
 →~ (device) 点火装置//(pilot) ~ 引燃//~ (tube) 点火管

ignitionability 可引燃性

ignition advance 提前点火

ignitor 点火器;点火电极;引火剂;打火机;引燃器;引爆装置;发火器
 →~ electrode 引爆电极//~ fuse 点火线//~ oscillation 引燃极振荡//~ supply 引燃电压

ignitron 放电管
 →~ (tube) 引燃管

Iguanodon 禽龙(属)[K_1]

ihleite 黄铁矾[Fe$_2$(SO$_4$)$_3$·12H$_2$O];叶绿矾[R^{2+}Fe$_4^{3+}$(SO$_4$)$_6$(OH)·nH$_2$O,其中的 R^{2+}包括 Fe^{2+},Mg,Cl,Cu 或 Na$_2$;三斜]

iimoriite 羟硅钇石[Y$_5$(SiO$_4$)$_3$(OH)$_3$;三斜];饭盛石

iiwaarite 黑榴石[Ca$_3$Fe$_2$(SiO$_4$)$_3$];铁榴石[Fe$_3^{2+}$Fe$_2^{3+}$(SiO$_4$)$_3$];钛榴石[Ca$_3$(Fe^{3+},Ti)$_2$(Si,Ti)O$_4$)$_3$(含 TiO$_2$ 约 15%~25%);等轴]

ijolite 霓霞岩
 →~ porphyry 霓霞斑岩

ijolith 霓霞岩

ijussite 棕闪钛辉岩

ikaite 六水方解石;六水碳钙石[CaCO$_3$·6H$_2$O;单斜?]

IKGS 印第安纳-肯塔基地质学会[美]

ikranite 尹克然石[(Na,H$_3$O)$_{15}$(Ca,Mn,REE)$_6$Fe$_2^{3+}$Zr$_3$(□,Zr)(□,Si)Si$_{24}$O$_{66}$(O,OH)$_6$Cl·nH$_2$O]

ikunolite 硫硒铋矿[Bi$_4$Se$_2$S;Bi$_4$(Se,S)$_3$;三方];生野矿[Bi$_2$(S,Se)$_3$];脆硫铋矿[Bi$_4$S$_3$;Bi$_4$(S,Se)$_3$;三方]

IL 指示灯;感应测井

Il{illinium} 钌[钷的旧名]

ildefonsite 钽铁矿[(Fe,Mn)Ta$_2$O$_6$;Fe^{2+}Ta$_2$O$_6$;斜方];钽铌铁矿

ilesite 四水锰矾[(Mn,Zn,Fe^{2+})SO$_4$·4H$_2$O;单斜];集晶锰矾

Ilex 冬青属[植;Q]

ilex crenata 钝齿冬青
 →~ crenta 犬黄杨

Ilexpollenites 冬青粉属[K-N]

ilimaussite 硅铈铌钡矿[Ba$_2$Na$_4$CeFe^{3+}Nb$_2$Si$_8$O$_{28}$·5H$_2$O;六方]

ilinskite 氯氧硒钠铜矿[NaCu$_5$O$_2$(SeO$_3$)$_2$Cl$_3$]

Illaenina 斜视虫亚目[三叶]

Illaenurus 拟斜视虫属[三叶;ϵ_3]

Illaenus 斜视虫属[三叶;O-S]

ill condition 病态
 →~-conditioned 劣性的//~-condition equation 病态方程//~-defined 大约的;粗略的;不精确的;不定的//~{deleterious} effect 有害作用

illegal 无效
 →~{forbidden} code 禁用代码//~ contract 不合法契约//~ oil 超过(允许)定额的(井)采油量

illicit 非法的;禁止的;违法的
 →~{underground} production 地下生产

illidromica 水伊利云母

illimerization 黏粒移动(作用)

Illinites 伊利粉(属)[孢;C_3]

illinium 钌[钷的旧名]

Illinois State 伊利诺斯州[美]

illite 伊利石[K$_{0.75}$(Al$_{1.75}$R)(Si$_{3.5}$Al$_{0.5}$O$_{10}$)(OH)$_2$(理想组成),式中 R 为二价金属阳离子,主要为 Mg^{2+}、Fe^{2+}等]
 →~ clay 伊利石类黏土//~ hydromica 伊利水云母

illiteracy 文盲;文富;错误[语言]

illitic 伊利石的

illitization 伊利石化

illium 镍铬合金

ill management 管理不善

illogic 不合逻辑

illuderite 黝帘石[Ca$_2$Al$_3$(Si$_2$O$_7$)(SiO$_4$)O(OH);Ca$_2$Al$_3$(SiO$_4$)$_3$(OH);斜方]

illuminant 发光的;施光体;光源;照明剂;发光体

illuminate 照射;照耀

illuminated body　受照体
　→~ dial instrument 刻度盘带照明的仪表 // ~ display 灯光显示 // ~ manuscript 泥金写本

illuminating apparatus　照明器
　→~ effect 照明效果；照明作用 // ~ flare 发光信号剂 // ~ power 亮度

illumination　阐明；强度；光亮；启发；灯饰；灯彩；照明设备，照明度；照亮度；彩灯；电光饰；照明；照射度
　→~ intensity 照(明)度；照明强度 // ~ level 照明(程度)度 // ~ (photo)meter 照度计

illuminator　施照体；光源[底片观察用]；启发者；照明装置；照灯；发光器；照明器

illumine　照耀

illuminous intensity　发光强度

illus　说明；图解

illusion　幻象；幻想；错觉；假象[一矿物具有另一矿物的外形]

illusory drainage pattern　幻影水系

illustrate　图解；举例说明；阐明；举例；用图说明；说明[用图或例子等]

illustrator　说明者；图解器

illuvial　淀积层；B 层；淋积的
　→~ (soil) 淀积土 // ~ gravel 残积砾(岩) // ~ horizon 淋积层

illuviational ore deposit　淋积矿床

ILm　中等探测深度的感应测井

ilmaiokite{ilmajokite}　伊硅钠钛石 [(Na,Ce,Ba)$_2$TiSi$_3$O$_5$(OH)$_{10}$·nH$_2$O;单斜]；伊钠钛硅石

ilmengranite　伊尔明花岗岩

Ilmenispina　刺伊孟贝属[腕;D$_2$]

ilmenite　铌钛矿；钛铁矿[Fe^{2+}TiO$_3$,含较多的 Fe$_2$O$_3$;三方]
　→~ bronzitite 钛铁古铜灰岩 // ~ cement 钛铁矿矿粉加重水泥 // ~ type electrode 钛铁矿型焊条

ilmenit-glimmer　钛铁云母

ilmenitite　钛铁岩

ilmeno-coriodon {-corundum}　板铝石[Al$_2$O$_3$,含 Fe 和 Ti]

ilmenocorund　钛尖晶石

ilmenokorund[德]　板铝石[Al$_2$O$_3$,含 Fe 和 Ti]

ilmenorutil　锭铁金红石；黑金红石[TiO$_2$,含 Fe(Nb,Ta)$_2$O$_6$ 可达 60%]

ilmenorutile　黑金红石[TiO$_2$,含 Fe(Nb,Ta)$_2$O$_6$ 可达 60%];铌铁金红石[(Ti,Nb,Fe^{3+})$_3$O$_6$;四方]

iloluesheite　碱钛铌矿[(Na,Ca,La)(Nb,Ti)O$_3$]

Ilseithina　伊尔塞颗石[钙超;E$_3$]

ilsemannite　蓝钼矿[钼的含水氧化物;MoO$_2$·4MoO$_3$;Mo$_3$O$_8$·nH$_2$O]

iltisite　氯硫溴银汞矿[HgSAg(Cl,Br)]

ILV　感应测井检验筒

ilvaite　黑柱石[CaFe$_2^{2+}$Fe^{3+}(SiO$_4$)$_2$(OH);斜方]

Ilyocyprimorpha　土神介属[K$_1$]

Ilyocypris　土星介属[K-Q]

ilyogenous　泥质的

Ilyplax ningpoensis　宁波泥蟹

ilzemanite　蓝钼矿[钼的含水氧化物;MoO$_2$·4MoO$_3$;Mo$_3$O$_8$·nH$_2$O]

ilzite　正云微(晶)闪长岩；英云橄闪长岩

IM-50　俄制烷基羟肟酸盐

IMA　国际矿物学协会

IMA2011-096　富铜泡石 [Ca$_2$Cu$_9$(AsO$_4$)(SO$_4$)$_{0.5}$(OH)$_9$·9H$_2$O]

image　思想；想象；印象；映象；典型；描写；正图像的；反映；相像的人；反射；象

征；相；翻版；相似物；反射信号；映像

imaged feature　成像要素

image diffusion　图像模糊

imager　影像仪；成像仪

image ratioing technique　图像比值技术
　→~-ray modeling 成像射线模拟

imagery　形象；形象化；比喻；作像；造像术；图像；成像
　→~ enhancement 图像增强

image sensing reflection scanner　像感反射扫描装置
　→~ sharpening{clarification} 图像清晰化

imaginal{mirror} well　镜像井

imaginary　虚拟的；虚构的；虚的；假想的；假想
　→~ (number) 虚数

imandrite　硅铁钙钠石[Na$_{12}$Ca$_3$Fe$_2^+$Si$_{12}$O$_{36}$;斜方]

imanite　方硅钙钛石

Imatra process　伊玛特拉(石灰粉脱硫)法

imatrastein　黏土结核

Imbatodinium　依姆巴特藻属[E$_3$]

imbed　放入；埋置

imbedded　嵌镶的；嵌入的；埋藏在层间里的；夹杂的
　→~ wavelet 等价子波

imbibe　渗入；吸收

imbibitional moisture　吸入水
　→~ water 膨润水

imbibition capillary pressure curve　吸渗毛细管压力曲线；吸入毛细管压力曲线；自吸毛细管压力曲线
　→~ channel 自吸孔道 // ~ oil recovery 吸入采油 // ~ relative permeability curve 自动吸入相对渗透率曲线

imbibitionzone{imbibition zone}　渗化带

Imbrian　雨海系{纪}[月面]

imbricated anticline　叠瓦状背斜

imbricate fault　叠瓦断层；覆瓦断层
　→~(d) mountain 叠瓦山

Imbricatia　叠层贝属[腕;O$_1$]

imbrication　叠瓦(作用)；叠瓦构造；叠盖[钙超]

Imbrie Q-mode method　英布里 Q(-)型方法

Imbrium Basin　雨海[月]
　→~ Basin Mare 雨海盆地月海

imerina stone　散光闪石

imerinite　散光闪石；钠透闪石 [Na$_2$(Mg,Fe^{2+},Fe^{3+})$_6$(Si$_8$O$_{22}$)(O,OH)$_2$;Na$_2$Ca(Mg,Fe^{2+})$_5$Si$_8$O$_{22}$(OH)$_2$;单斜]；镁亚铁钠闪石 [Na$_3$(Mg,Fe^{2+})$_4$Fe^{3+}Si$_8$O$_{22}$(OH)$_2$;单斜]

imgreite　暗碲镍矿；伊碲镍矿[NiTe?;六方]

Imhoff tank　隐化池；英霍夫锥形管[沉淀污水用]；双层沉淀池{箱}

imhofite　硫砷铊铜矿[Tl$_6$CuAl$_{16}$S$_{40}$;单斜]；伊姆霍夫矿；英霍夫矿

imi　山区干河口

imidan　亚胺硫磷[虫剂]

imidazol(e)　咪唑[C$_3$H$_4$N$_2$]；1,3-二氮杂茂[C$_3$H$_4$N$_2$]

imidazolidine　咪唑烯

imidazoline　咪唑啉
　→~ hydrochloride 盐酸间二氮(杂)环戊烯[NHCH$_2$N:CHCH$_2$·HCl]

imide{imine}　亚胺

imitation　拟态；模拟；模仿；仿制品；仿照；仿制
　→~ diamond 人造石 // ~ jewel 人造宝石 // ~ stone 假宝石 // ~ stone block

假石砌块

imitative form　仿形
　→~ form{shape} 摹形 // ~ shape 拟形；仿形

imiterite　硫汞银矿

immaculate　无斑点的

immanent　固有的；内在的

immaterial　不重要的；非物质的
　→~ safety circuit 非本质安全电路

immature crystal　稚晶；发育未全的晶体
　→~ diapir 发育不完善的底辟构造 // ~ rock 岩化不足的岩石

immaturity{infancy;young stage}　幼年期
　→~-maturity theory 不成熟-成熟理论

immeasurability　不可计量性

immediate　最接近；即刻
　→~-bearing 及时承载支柱 // ~ bearing prop 常阻力立柱；立即承受载荷立柱 // ~ {simultaneous} fill 立刻{时}充填 // ~ forward support system 及时前移式支护系统

immense pile　巨大堆积
　→~ speed 快速

immersed (in)　浸没
　→~ belt 浸渍胶带 // ~ bog 淹没沼；浸水沼泽 // ~ method 浸入法

immerse oneself in　埋头

immersible　沉没的；淹没的；可淹没的；浸入的
　→~ pump 沉没式泵

immersion　沉入；沉没；入掩[星]；插入；油浸；浸渍；浸水；浸入；浸沉；二碘甲烷浸液

immigrant　移入者；移来的
　→~ vein 移填矿脉

immigration　移居
　→~ process 迁入过程

imminence　迫切；危急

imminent prediction　临震预报

immiscibility　不混合性；难混溶性；不可混合性；不溶混性
　→~ field 不混溶区 // ~{miscibility} gap 溶混度间隙

immiscible　不混合的；不混溶的；不混溶的
　→~ region 非混相区

immittance　导(纳阻)抗；阻纳

immixture　混合；卷入

immobile　固定的；不动的；不变的；静止的；稳定的
　→~ displacing-phase saturation 不可动驱替相饱和度 // ~ liquid 固定液；不混溶液 // ~{immiscible} phase 不混溶相

immobility　固定(性)；不活动性

immobilized{supported} liquid membrane　支撑液膜

immobilizing phase　不(流)动相

immovability　不动；不变

immovable　静止的
　→~ fitting 紧固配合 // ~ property {immovables} 不动产

I.M.M. screen scale　矿冶学会筛制

immune　免疫的；不受……的

immunology　免疫学

immutability　不变(性)

imogolite　水铝英石[Al$_2$O$_3$ 及 SiO$_2$ 的非晶质矿物;Al$_2$O$_3$·SiO$_2$·nH$_2$O]；锯末石；羽毛石；伊毛缟石

impact (blow)　冲击
　→~ buddle 冲击式洗矿溜槽

impacting neutron　撞击中子

impact injection material 冲击注入物质
→~ interpretation (陨石)撞击成因说;冲击成因说 // ~ ionization avalanche 碰撞电离雪崩

impactite 击变岩;冲击岩;碰撞岩;撞击石
→~ {impact;diaplectic;thetomorphic} glass 冲击玻璃

impact jet flow 冲击射流
→~ law 沉降速度律 // ~ loading condition 冲击加荷状态 // ~ load stress 冲击应力 // ~ melt 撞击熔融物;冲击熔融物

impactogen 撞击裂谷;内陆裂谷

impactometer 撞击计

impact{attack} rate 冲击速度
→~ resistance 耐冲击性 // ~ roll 防震托辊 // ~-rotary drilling 冲击回转式凿岩 // ~ strength 耐撞性 // ~ type flow-meter 冲量式流量

imparity 差异;不均等;不同位;非字称性;掺杂物质[半导体]

impax seal 填料密封

IMPC-X-56 ×锡石捕收剂[N-烷基磺化琥珀酰胺盐]

impedance 声阻抗;阻抗
→~ chart 阻抗圆图 // ~ {reactance} coil 电抗线圈 // ~ factors 阻抗因数

impedanceless generator 无阻抗发生器

impedance-matching transformer 阻抗匹配变压器

impedance of an explosive 炸药阻抗
→~ of a rock 岩石阻抗 // ~ of slot 槽阻抗;隙缝阻抗 // ~ per unit area 单位面积阻抗

impeded drainage 不良的排水
→~ {imperfect} drainage 排水不良 // ~ flow 阻抗水流

impedicellate 无花梗的;无柄的

impedor 产生阻抗的电路元件;阻抗器

impellent 推动物{的}

impeller 叶轮激动器;推进器;刀盘;工作轮;叶轮;转子的叶片;推动器;转子

impelling{propellant;propelling;propulsive} force 推进力

impending earthquake 临震

impenetrable substance 不能钻穿岩层

imperfection 不足;缺陷;不完整度;疵点;不完美性;全性;善性;机械误差
→~ of crystal 晶体缺陷;晶体(的)欠完美性

imperfectly drained 排水不良
→~ elastic media 非完全弹性介质

imperfect phase{stage} 无性期
→~ well 不完善井

imperforate 无孔的;无微孔的

imperforated shell 不穿孔壳;无穿孔壳[腕]
→~ {ventless} shell 无孔壳

Imperforate Foraminifera 无孔质有孔虫类

imperforate Foraminifera 无细孔有孔目

Imperial Brown 大啡珠[石];伯朗细花[石];啡珠麻[石]
→~ Dumby 帝皇白(纯)[石]

imperial gallon (英)标准加仑;(英国)法定加仑
→~ jade 帝皇玉[一种硬玉]

Imperial Red 帕达迪索[石]

imperial screen 英国(振动)筛
→~ smelting process 密闭鼓风熔炼法 // ~ unit 英制

Imperiaster 帝王星石[钙超;K-R]

impermanence 不稳固;非永久(性)

impermanency 非永久(性)

impermeability 气密性;隔水性;不渗透性;不透水性;抗渗性(压力);防水性
→~ test 密封性试验

impermeable 隔水;不渗透的
→~ bed{layer} 隔水层 // ~ cap(ping) formation{horizon} 隔水盖层 // ~ cover 不透水盖层{护面} // ~ graphite 不透性石墨 // ~ material 防渗材料

impermissible name 禁用学名

impervious 不渗透的;不透水的
→~ {watertight} core 防渗心墙 // ~ {impermeable} cover 隔水盖层 // ~ curtain 不透水帷幕

imperviousity 不透水性

impervious layer{stratum;seal;bed;formation;break;skin} 不透水层

imperviousness 不透水性;不渗透性

impervious stratum 不透气层
→~ to moisture 防潮的

impetus 动量;动力;势头;原动力;冲击;促进;刺激;推动力;陡直起跳[与emersio反];激励

impingement 动力附着;碰撞;碰接[晶体生长中];打击;撞击;震;水锤;冲击;空气采样法

impinger 冲撞式验尘器
→(dust-sampling) ~ 撞击式检尘器 // ~ dust counting 冲撞式检尘器尘粒计数;冲击式检尘器尘粒计数 // ~ dust sample 冲撞集尘器粉尘试样

impinging jet 冲击射流;冲采射流

implacement 放置;充入(充填料);浇灌(砂浆)

implantation technique 注入技术

implanted gauge 永置式压力计

implication texture 同期显微共生结构

implicit address 隐地址

implied criticism 含蓄的指责;暗指的批评
→~ hydrodynamic damping 隐水动水阻尼

imploding detonation 爆聚

implosion 内向压爆;内向爆炸;内破裂;内裂;内爆[物];突然倒塌;(使)压破;裂变;从外向内的压力作用;压碎;聚爆;向心挤压;(反应堆)向内爆炸;冲挤;爆聚;挤压
→~ diagnostic technique 爆聚诊断技术

implosive 聚爆;内爆裂

imporosity 不透气性;无孔(隙)性

imporous 无孔的;无孔隙的

importance 重大;价值;重要性
→~ and summary 重点和总结

importation 进口商品;进口

import commission house 进口代理{佣金}商行
→~ duty memo 海关进口税交纳证

imported dirt 外来碎石充填
→~ dirt{stowing} 外来填料 // ~ goods 进口商品 // ~ water 输入水;引进水

import licensing system 进口签证许可制
→~ prohibition 禁止进口

imposed fabric 强置性组构
→~ load 使用荷载

impotable water 不宜饮用水
→~ {non(-)potable;undrinkable} water 非饮用水

impotence{impotency} 无效;无力

impound (用拦河坝)汇集尾矿;堆置尾矿;拦水;拦蓄;在蓄水池中集水;筑坝堵水;没收;筑堤堵水;筑堤;拦阻;扣押;蓄水;修好;尾矿池;集水

impounded area 菌水面积
→~ body{basin} 蓄水池 // ~ body 水库;静止水体;储水池 // ~ shoot 圈闭的富矿体

impounding 尾矿堆置[选]
→~ basin 水库 // ~ dam 尾矿池 // ~ reservoir 拦河坝 // ~ structure 储矿构造

impoundment 人工湖;被坝所围住的水;蓄水池;扣留;蓄水;尾矿堆置[选]
→~ lake (赤泥)贮存池

impound water 圈闭水
→~ {standing;quiet;dead;still;noncirculating} water 静水

impoverished 贫乏
→~ soil 贫窄的土壤

impoverishment 贫瘠;变贫[矿];贫化[矿]

impractical 不实用的;不(切)实际的

imprecise 不精密的;不精确的
→~ interruption 非确切中断

impregnability 坚固性

impregnant 防腐剂;浸渍剂

impregnated 含矿物的(围岩中);嵌制的[细粒金刚石钻头];渗透的;孕镶的;浸染的
→~ asbestos web 浸石棉布 // ~ bit 潜铸式(金刚石)钻头

impregnating apparatus 浸渍机;浸染器

impregnation 饱和;打印模;胶黏;贯入变质;灌注;围岩中的浸染矿床;注胶;浸液;浸染;渗透;充满;浸渍

impregnator 浸胶机[塑]

impressed area 背凹区
→~ current 叠加电流

impression 印痕;印数;印图;模槽;模型型腔;感想;影响;印刷品;印次;刻痕;凹槽;压印;压痕;效果;团矿模
→~ plaster 印模石膏

impressions muscularis 肌(肉印)痕[腕]

imprest 定额备用;垫付;预借;预付款;预付公务费;借支的
→~ method 定额预付法 // ~ (fund) system 定额备用金制

imprisoned 咬合的[石块间边界]
→~ lake 闭湖;禁锢湖

improper 不合适的;不规则的

impropriety 不适当;不合宜

improved{telescopic} dial 装有望远镜的矿用罗盘
→~ generation 改进型

improved recovery method 改进了的采油方法
→~ well 改善井;措施见效井 // ~ zone 得到改善的地带

improvement 好转;矿用地证;矿用地上的工作证据[为申请延长许采权用];进步;改善

improver 实习生;改进剂;半技工

improve water quality 改水

improvidence 无远见;不节约

improving 铅内去锑和杂质;精炼

improvised installation 临时设施

imprudence 轻率;不小心

impsonite 脆沥青岩[C86.6%,H7.3%,O2%,N和S1.5%];英普逊焦沥青

impulse 刺激;推动力;脉冲;推力;冲

击；冲量；冲力；冲动；推动；激震
→～ contact 短时闭合 //～ correction
校正脉冲

impulsed spot welding 脉冲点焊

impulse firing installation 水力脉冲爆破
(巷煤)装置
→～{delta} function 脉冲函数

impulses per minute 脉冲/分

impulse turbine 冲力式涡轮机；冲击轮机
→～ voltage test 冲击电压试验

impulsive 冲击的
→～{surging;impulse;impact(ing)} force 冲
击力 //～{instantaneous} load 瞬时载荷
//～ moment 冲量矩 //～ onset 脉冲初动

impunctate 无刻点的；无细孔的；无孔的；
无点刻的
→～ shell 无疹壳[腕]；无细孔壳

impure 含杂质的；不纯的
→～ coal 杂质煤；矿化煤 //～ limestone
不纯灰岩

**impurities and water vapor to gas cleaning
system** 杂质与水蒸气去烟气净化系统
→～ in coal 煤中包体

impurity 混杂物；不洁物；杂质；不纯；
污染
→～(foreign) ～ 夹杂物

imputed interest 被转嫁的利息；推算利息

In 铟

inability 无能(为力)；无力

inaccessible 难接近的
→～ area 不能进入的地区；难进去的地
区；难到区 //～ deposit 不易开采的矿床
//～ element 难得到的元素；不易利用的
元素 //～ region 难以通行的地区

inaction 不旋光；不活动；钝化；停车
→～ period 不作用时间

inactivation 钝化作用；钝化

inactive 待用的；不活泼的；无效射性的
[不旋光的、非放射性的]；无放射性的；
钝性的
→～ basin 稳定海盆 //～ marginal basin
稳定边缘海盆{盆地} //～{stable} mo-
raine 停滞冰碛 //～ workings 废巷道；停
工区

inactivity 不活动性；不旋光性；不放射
性；无功率
→～ agent 钝化剂

inadaptation 不相称；不适应

inadapted river 不配河；不适应河
→～{unadapted} river 不相称河

inadaptive phase 非适应状态

inadequate 不协调；不完的；不适宜{当}
的；不够{足}的
→～ hole cleaning 井眼清洁不充分 //～
source rock 不充分生油气岩；缺乏生油气
的源岩

inadhesion 不黏附

inadmissible decision rule 不容许决策规则
→～{inconsistent} element 非协调单元

inadunata{Inadunate} 游离海百合亚纲[棘；
O-P]

inadvertence 疏忽；粗心

inadvisable 不可取的；不妥当的

inaglyite 硫铅铜铱矿

inalterability 不变性

in an attempt to 企图
→～-and-out channel 嵌入山坡水道[冰川
舌上]

inanimate{dead} matter 无机质

Inapertisporites 无孔单胞孢属[E₃]

inaperturate 无口的

Inaperturopollenites 无口器粉属[孢；K-N]

Inarticulata 无铰纲{类}[腕]；腕足类

inarticulate shell 无铰壳

inartificial 非人造的；天然的

inattentive 松散

inaudible sound 超声；不可闻声音

inaurate 黄金光泽；镀金的

inbandrybat 丁石边框[建]

in-band signalling system 频带内信号制

in batches 成批

inblock{unit} cast 整体铸造

inboard 船内的；船舱的
→～ boom 内侧摇臂 //～ installation 机
内装置；舱内装置 //～ standard boom 内
侧标准摇臂

in-built 内装；埋设

in bulk 散运的；整块；成堆

inburst 涌出

inbye 向矿井内部的；向内的；向工作区
的；向里；坑下；巷道内的；坑内
→～ end 矿井内端 //～ feeder 矿井内
向馈电线 //～ opening (由井筒)向(工作
面开掘的)内向巷道

inbyeside 向内的；巷道内的；向矿井内
部的；向工作区的

inbye system 顺槽系统
→～ transformer 矿井内部变压器 //～
transport 坑内运输；内向运输；采区运
输 //～{internal} transport 矿内运输

inby rib 安全煤柱

inc 增大；增加

incaite 硫锑锡铁铅矿[(Pb,Ag)₄FeSn₄Sb₂S₁₃；
单斜]；因卡矿

incalite 硼砂[Na₂B₄O₅(OH)₄•8H₂O；单斜]

incandescent bulb 白炽(丝)灯
→～ gas 炽热气体 //～ sand flow 热沙
流 //～ tuff flow 白热灰流

incapacitating disease 致残病症

incarbonization 煤化作用；碳化作用

incarnadine{incarnate} 肉色；粉红色

incase 装在箱内；镶在框子内

inca{copperas} stone 黄铁矿[FeS₂；等轴]

incendiary 纵火者；可引起燃烧的东西；
放火的；煽动性的
→～ bomb 燃烧航弹 //～ composition
发火剂 //～ metal 可燃金属

incendivity 燃烧性；引火性

incentive 刺激；鼓励；诱因；诱导方法；
诱导的
→～ fund 奖(励)金 //～ pricing 鼓励
性定价[高于市价,促进生产] //～ system
奖励制

inceptisol 始成土；幼年土

inceptive impulse 占线脉冲；初始脉冲

incertae familiae 科未定[拉]
→～ sedis[拉] 生；所属不明种类；未定
地位

incerti[拉,pl.-tae] 不确定的；可疑的
→～ classis et ordinis 纲目不能确定[(古)生]

inch 身材；河洲；小岛；英寸；渐进；(使)
缓慢地移动；少许[距离、数量、程度等]
→～ by inch 逐渐(地)；渐渐(地)

inching 点动；蠕动；低速转动发动机；微
动；模型紧闭前缓慢施压的方法；精密送
料；微调，微调整
→～(of a load) 渐减(载荷)；渐加(载荷)

//～ speed 缓转速度 //～ unit of the
cutter head 刀盘微动机构

inchroite 电气石[族名;碧玺;璧玺;成分复杂
的硼铝硅酸盐;(Na,Ca)(Li,Mg,Fe²⁺,Al)₃(Al,
Fe³⁺)₆B₃Si₆O₂₇(O,OH,F)₄]

inch-scale layering 寸层韵律构造[火成岩]

incidence 入射；倾角；安装角；攻角；落
下；影响；迎角；影响范围；发生次数；发
生；发病率；冲角；机翼倾角
→(correlation) ～ 关联；
征税范围 //～{incident} plane 入射面

incidental 伴随的；事件；事故；偶然事
件；易发生的；偶发事件；偶然的；附带
事件；杂项
→～(expenses) 杂费 //～ vein 附生脉；
伴生脉；次要矿脉

incident light 入射光

incinderjell 凝固汽油[混有凝固剂的汽油]

incinerate 焚化

incineration 焚化，煅烧
→～ of waste 废物焚烧 //～ plant 焚烧
工厂

incipient 开始的；初期的
→～{embryonic} cirque 雏形冰斗

incised 裂的；具缺刻的
→～ gorge 深切峡谷 //～ meander 穿
入曲流 //～ palmate foot 凹蹼足

incl 包体[岩]

inclement 寒冷的；险恶的
→～{difficult;severe;rough} weather 恶
劣天气

inclinatorium 倾角仪；磁倾计；倾斜仪；
矿山罗盘；测斜仪；测斜器；磁倾仪

incline (使)倾斜；倾斜度；有意；赞同；
出入沟；斜坡；斜面；斜度；下山；陡度
→(braking) ～ 斜坡道 //～ (shaft;opening)
斜井 //～ bogie 斜井罐笼

inclined 偏斜的；倾斜的[25°～45°]
→～ {-}bottom car 斜底车 //～-contact
drainage{draw} 倾斜接触放矿 //～
cross-cut 斜石门 //～ cut-and-fill stop-
ing{method} 倾斜分层充填采场法 //～
cut-and-fill system 倒V形上向梯段充填
采矿法 //～ fold 歪斜褶曲 //～ hemi-
hedron 斜(面式)半面体 //～ rill method
倒角锥形矿房开采法

incline driving 上山掘进
→～{slope} driving 斜进掘进

inclined roadway{subway;plane;track} 斜
坡道
→～{pitching;sloping} seam 倾斜矿层
//～ spinning drop tensiometer 倾斜旋
滴张力仪 //～ square-set stoping 倾斜
工作面方框支架采矿 //～ stone drift 倾
斜岩石巷道 //～ thick orebody mining
method 倾斜厚矿体采矿法 //～ (axial)
twin 斜角双晶；斜轴双晶

incline grade 倾度

inclining experiment 倾斜实验
→～ shaft 轮子坡；斜坡道

inclose 包装；封闭

inclosed{hidden} deposit 潜伏矿床
→～ meander 环形河湾；封闭曲河{流}

inclosing{enclosing} crystal (外)包晶；围晶
[包含被包裹晶的晶体]
→～{rock} wall 围岩

inclosure 包体[岩]；包裹体；附件

included{inside;interior;internal} angle 内角
→～{separation} angle 夹角 //～ gas 束

缚气体；溶解在石油中的气体；包封气体；岩石孔隙中的拘留气体 // ~ {enclosed; entrapped} slag 夹渣[焊接缺陷]

inclusion 包体[岩]；掺杂；包涵物；包括；内含物；微裂群区；夹杂物；夹杂；夹层
→~ (filling) 包裹体

inclusions of moulding sand 砂眼[冶；铸]；夹砂

inclusion thermometry 包裹体测温(法)
→~ water{filling} 包裹体水

inclusive graphic skewness 可兼偏态

incoalation 煤化作用；成煤作用

incoherence 不黏结性；不共格；不相干性；不连贯；不连续；无条理；无凝聚性；松散性；松散
→~ function 非相关函数 // ~{incoherent} slump 非粘连滑坡

incoherent 无黏性的；不相干的；不燃性的；不连贯的；不胶结的；未胶结；松散的
→~ rock 固结的岩石；不黏结岩石；不胶结岩石

incoming 输入；接着来的；引入的；即将取得的
→~ adapter 进线接头 // ~{input;import} data 输入数据 // ~ fluid 流入液 // ~ line 引入线；进站管线 // ~ ore fines 进厂粉矿

incompactible 难压实的

incompatible 难并立的；不相容的；不配伍的；不相像的
→~ (with) 不一致的 // ~ dispersed element 不共存的分散元素 // ~ elements 不共存元素

incompetent 不稳固的；弱的；软的；易坍塌的(岩层)；不适当的；不坚固的；非强干；松散的
→~ bed{formation} 软岩层 // ~ rock 不坚实{固}岩层{石}

incomplete 不完善的；不完全的；未完成的
→~ block factorization 不完全块分解 // ~ convergence 部分闭合 // ~ detonation 熄爆

incompletely{incomplete} filled groove 坡口未填满
→~ filled groove 未填满坡口

incomplete penetration 未焊透
→~ tabulae 不完整的床板[珊]

incompressible fluid 不能压缩流体
→~ fluid theory 液体不可压缩学说 // ~ medium 不可压缩介质

inconceivable 惊人的；不可思议的

incondensable 不冷凝的

inconductivity 无电导性；无传导性

inconel 因科镍合金

inconformity 不一致

incongruent 不一致的

incongruous drag fold 斜拖褶皱；异向拖(曳)褶(皱)

inconsequence 不连贯；不重要

inconsequent{insequent} drainage 非顺向水系

inconsequential 无意义的；不连贯的

inconsequent stream 非顺向河

inconsistent 不统一；不一致的；不相容的
→~ equation 矛盾方程

inconsonance 不协调

inconstancy 不规则；易变性

inconstant value 变数

in contrast 可是；相反

incontrollable 失控

inconvertibility 不可逆性；不能转换性

inconvertible 不能兑现的；不可逆的

incoordinate 不同等的；不协调的

incorporated 合并的
→~ business enterprise 联合企业

incorporate into 归并

incorporeal rights 非实体性权利[专利、票证等]；无形权利

incorporeity 非物质性；无形体

incorrelate 不相关的

increased drawdown 增加压差；放大压差
→~ safety electrical apparatus 增安型电气设备 // ~ value 增长值 // ~ volume 体积增大

increase{|decrease} in dip 倾角加大{减小}
→~ of coraplite 珊瑚体的繁殖 // ~ of output 产量增长 // ~ of speed 增速

increaser 异径接头；联轴齿套

increase the weight of 加重

increasingly 日益；增加

incredulous 怀疑；不相信的

incremental 增加(的)
→~ analysis 增值分析；增量分析 // ~ capital-output ratio 递增资本产量比 // ~ discrepancy correction 增量闭合差改正数 // ~ loading 递增加载 // ~ method 渐增法 // ~ oil 增产油量

incrementary{incremental} ratio 增量比

increment depth 增量深度
→~ sampling 小样取样{矿}

incrustant salt 致垢盐类；结垢盐类

incrustate 具硬壳的

incrustated iron ore 含废石的铁矿
→~ well 结壳的井孔

incrustation 水锈；表面装饰；水碱[Na_2CO_3•H_2O;斜方]；水垢；硬壳状物；硬壳；外壳；矿渣；被壳[岩矿等]；镶嵌；渣壳；外模化石；结硬壳；(用)外壳包；皮包；镶嵌物；结壳作用；建筑物的表面装饰；(用)外皮包裹；外皮；痂；积垢
→~ pseudomorph(osis) 皮壳假象 // ~ sinter 硅华壳；结壳状硅华

incrusted 具硬壳的；结锈的；结水垢的；结泥饼的
→~{crust} soil 结壳土壤

incubating 培育；孵化

incubation 保温；企图；培育；培养；孵化；酝酿；潜伏期[病的]
→~ period 培育期 // ~ period of orogenesis 造山作用的潜伏期 // ~ time of strain after load 加载后应变潜伏{孕育}时间

incubative 孵蛋的；潜伏的
→~ stage 潜伏期[病的]

incubator 恒温箱；培育箱；培养箱；细菌培养器
→~ oil 孵化箱燃料油

incumbent 叠置的；上覆的；上层的；平铺的；叠覆的
→~ load 覆盖负荷 // ~{live;net} load 有效负荷

incur 招致；遭受；惹；承担(费用)
→~ loss through delay 延误

incurrent{inhalant} canal 流入沟[绵]

incurve 使向内弯曲；使弯曲；向内弯曲；内弯[海岸]；弯曲

incus 砧骨；云砧

indanthrene blue 阴丹士林蓝

Indarch 因达奇[陨]

Indarctos 印度熊(属)[N_2]

indecipherable 不能测定的；不可辨认的

indecision 犹豫不定{决}；无决断力

indecomposable 不可分的

indeep 弧间海槽；外弧海槽

indefinite 不定的；不明确的；模糊的
→~ ceiling 不定云幕

indehiscent fruit 闭果[植]

indelible 去不掉的；持久的

indelta 内三角洲；内陆分流区[河流的]；内河三角洲

indemnity 保证；保险；赔款；赔偿
→~ for risk 风险赔偿

indene 茚

indenofluorene 茚并芴

indenoindene 茚并茚

indenol 茚酚

indenometer 绳索井斜记录仪；井身直度自动记录仪

indentation 压痕；凹槽；合同；犬牙交错；一式两份(或两份以上)地起草(文件、合同等)；凹进；订货[用双联单]；刻成锯齿形；凹痕；刻痕；刻凹槽；压印(图案等)；缩进排；(用)榫眼接牢；锯齿形；契约；刻压作用；痕刻；缺口；缩格；陷球作用；弯入[海岸]；凹入(岸)；压入；压坑；湾澳；呈锯齿形；成穴；凹口
→~{notch} 缺刻[生] // ~ creep 楔入蠕动；挤入蠕变 // ~ hardness 压刻硬度 // ~ time 加压时间

indented{twist;deformed} bar 螺纹钢筋
→~ bolt 齿纹锚栓

indenting method 压陷法[硬度测定;硬度测定]

indention hardness 刻痕硬度；成穴硬度

indent(ing) roller 凹纹压路机

indenture 双联合同；发行公司债的合约

independence 独立；自主
→~ test 独立性检验

Independent 矿用非胶质安全炸药

independent 自主的；单独的；自治的；有主见的；有独立思想的人；无关的；主要的；独立的
→~ chuck 分动卡盘 // ~ control 担架控制 // ~ criterion 非相关性指标 // ~{recumbent} ovicell 独立卵胞[苔]

in-depth 彻底的；深入的
→~ analysis 纵深分析 // ~ exploration 深入探讨；深部勘探 // ~ formation damage (地层)深部损害

inderborite 水硼镁钙石[$CaMg(B_3O_3(OH)_5)_2$•$6H_2O$;单斜]

inderite 多水硼镁石[$MgB_3O_3(OH)_5$•$5H_2O$;单斜]

indestructibility 不灭性
→~ of matter 物质不灭

indeterminacy 测不准；不确定

indeterminate 不确定；未定元
→~{undetermined} coefficient 待定系数 // ~ constant 不定常数 // ~ form 未定形的

indeterministic network 非肯定型网络

index[pl.-xes,indices] 刻度；指明；迹象；标志；指标；(铣床)分度(头)；指向；指针；指示器；指数；下标；食指；索引；系数；接合图
→~ (plate) 标盘 // ~ bed{correction} 键层 // ~ correction 仪表读数校正；校正系数 // ~{indicator} error 指数误差 // ~{divided;dividing} head 分度器 // ~

of overall concentration 总集中指数[指主运轨巷道总长度与全矿产煤吨数之比]//～ of precision 精度指数//～ reference line 十字丝[目镜]//～ species 标志物种化石

indialite 六方堇青石[$Mg_2Al_4Si_5O_{18}$];印度石[为成粒状结合的钙长石;$Ca(Al_2Si_2O_8)$];粒状结合的钙长石

indialith 印度石[为成粒状结合的钙长石;$Ca(Al_2Si_2O_8)$]

indianaite 埃洛石[优质埃洛石(多水高岭石),$Al_2O_3•2SiO_2•4H_2O$;二水埃洛石 $Al_2(Si_2O_5)(OH)_4•1~2H_2O$;$Al_2Si_2O_5(OH)_4$;单斜]

Indiana limestone 印第安纳石灰岩[实验常用岩石];微壳灰岩

indianite 粒钙长石[$Ca(Al_2Si_2O_8)$]

Indian Juparana 龙凤红[石]
→～ Jup.Ivory 印度象牙红[石]//～ pipestone 烟斗泥//～ road{ridge} 蛇砾阜//～ stone 油石[$Ca(Al_2Si_2O_8)$;由铝氧粉制成];印度石[为成粒状结合的钙长石;$Ca(Al_2Si_2O_8)$];金刚石[C;等轴];粒状结合的钙长石

India{natural;native} rubber 天然橡胶
→～-rubber 天然橡皮

india-rubber packing 橡皮垫圈

indicated air speed 指示空速

indicating 绘示功图
→～ accuracy 示值精度//～ instrument 指示仪表//～ lamp{light} 指示灯

indication 表示;标记;象征;指示;指出;指标;矿苗;讯号;信号;先兆;征兆;迹象;读数
→～{show} 显示[油气]//～ of fracture 裂隙迹象//～{showing} of oil 油苗//～{indicator} of quality 质量指标

indications of an impending earthquake 地震的先兆

indicative 陈述(语气);象征的
→～ price 指示性价格//～ structural plane 标志性结构面

indicator 示功器;标记;测量仪表;指示物;显示器;指示剂;指针;迹象
→(dial) ～ 指示器//～ card 指示器标示卡//～ clip 夹盘扳手//～ function 指示函数

indicators for appraisal performance 考核指标

indicator test 绘示功图
→～ tube 指示管//～{lead} vein 导脉

indicatrix[pl.-ices] 指标图;特性曲线;特征曲线;标形;指标;光性指示体;指示线;光率体
→～ stereogram 光串体球面投影图

indices[sgl.index] 指示
→～ of acousto-optic properties 声光性纯指数//～ of crystal face 晶面指数//～ of lattice row 晶轴[点阵行列]指数{uvw}

indicia[sgl.-ium] 邮戳;象征;标记

indicial 指数的
→～ admittance 指示导纳

indicolite 蓝电气石[$(Na,Ca)(Mg,Al)_6(B_3Al_3Si_6(O,OH)_{30})$]

indiferous amphibole 含铟角闪石

indifference 无关紧要;中性;不关心;中立
→～ relationship 无差异关系

indifferent 中性的;平庸(凡)的;冷淡的;惰性的;不关心
→～ component 无关成分//～ oxide 惰

性氧化物//～ phase 不起反应的相

indiffusible 未扩散的;不扩散的

indiffusion 向内扩散

indigene 土生的动植物

indigenous 本土的;固有的;本地的;土著的[固有动植物;原地岩体];土生(土长)的;土
→～ fossils 土著化石//～ graphite 析出石墨

indigestion 难理解;消化不良

indigirite 水碳镁铝石[$Mg_2Al_2(CO_3)_4(OH)_2•15H_2O$;单斜?]

indigo 靛青
→～ (blue) 靛蓝

indigocopper 蓝铜矿[$Cu_3(CO_3)_2(OH)_2$;单斜]

indigo{blue} copper 铜蓝[CuS;六方]
→～ copper 靛铜矿

indigolite 蓝电气石[$(Na,Ca)(Mg,Al)_6(B_3Al_3Si_6(O,OH)_{30})$]

indigosapphir 蓝刚玉

indirect 间接

indirectional 不可逆的

indirect leveling 间接水准{平}测量
→～ method for determining heat of hydration 水化热间接测定法//～ orientation method 间接(井下)定向法//～ piezoelectric effect 电致伸缩//～ rate 间接汇兑率

indiscipline 缺乏训练;无纪律

in disorder{contusion} 错乱

indispensable 主要的;必不可少的

indissoluble-resin content 不溶性树脂含量

indissolvable 不溶解的

indite 铟石{矿};硫铁铟矿[$Fe^{2+}In_2S_4$;等轴];硫铟铁矿[$FeIn_2S_4$]

indium 铟
→(native) ～ 自然铟[In;四方]//～ antimonide detector 锑化铟探测器//～ lanthanum graphite 石墨化镧铟//～ ore 铟矿

individualism{individuality} 个性

individual jacket 独立式套筒{管}
→～ jacks 单体支柱//～-layer data 单层资料;分层参数//～ lubrication 分别润滑

individually screened trailing cable 单独屏蔽拖曳法

individual mineral 单矿物;单个矿物

indivisibility 不可分性

indivisible 除不尽的;不可分的;极微分子;极微的
→～ quartz 蛋白石[石髓;$SiO_2•nH_2O$;非晶质]

Indo-Chinese (epoch) 印支期

indochinite 中印玻陨石

Indocrunoecia koreana 高丽小须石蛾

indoctrinate 宣传

indoine blue 吲哚因蓝

indole 氮茚;吲哚

Indo-Malayan fauna 印度马来动物群

indoor 户内的
→～ agriculture 温室种植业//～ catch (康威尔泵)摇梁档//～ skiing slope 室内滑雪雪坡

Indophyton 印度叠层石属[Z]

Indopolia 印度轴藻属[E]

Indosasa 大节竹属

Indosinia 中南地块

Indosinian 印支期
→～{Indo-Sinian} cycle 印支旋回//～ disturbance 中南变动//～{Indo-China} movement 印支运动[P_2-J_1]

Indospirifer 印度石燕

in-draw{simultaneous draw} texturing machine 内拉伸变形机

Indricotherium 巨犀属[E_3-N_1]

induced air 引入空气;抽入空气
→～ blockcaving 阶段人工崩落开采法//～ cleavage 诱生劈理;采动劈理;压力裂隙//～ crystallization 芽晶作用//～ draft 内径//～ draught circular sinter cooler 抽风环式烧结矿冷却机

inducement mechanism 诱发机制
→～ to action 人工引喷[间歇泉]

inducer 电感器;诱导物;叶轮;进口段[空压机]
→～ shotfiring{shot-firing} 松动爆破

inductance 电感;启应现象;感应系数;(发动机)进气
→～-capacitance tuning (电)感(电)容调谐

induction{inductance} balance 电感平衡
→～{influence} coefficient 感应系数//～ coupled plasma emission spectrometer 感偶等离子源发射光谱仪//～ logging 感应测井;感应法电测井//～{enter} port 进口

inductive 归纳的;感应的;诱导的;引入的
→～ AEM system 感应式航空电磁系统

inductively coupled plasma-mass spectroscopy 电感耦合等离子质谱仪
→～ loaded antenna 加感天线

inductive method{approach} 归纳法
→～ reactance{impedance} 感抗//～ reactance 电感电抗;(有)感(电)抗//～ winding 电感线圈

inductivity 感应率[物];介电常数

inductolog 感应测井

inductor 手摇磁石发电机;电感线圈;电感;电感器;感应体;感应器;诱导物;引导者

inductura 加厚壳质[腹]

indulge in (vices,etc.) 沉溺
→～ in idle boasting 放空炮

indurated 硬化的
→～ mass between the waist and hip 中石疽//～{consolidated} rock 固结岩石//～ rock 硬化岩石//～ soil 硬结土层;坚硬土层//～ talc 滑石板岩;硬滑石

indusium 苞被;囊群盖[植]

industrial absorbent 工业用吸收剂
→～ and commercial income tax 工商税//～ and mineral products 工矿产品//～ and mining enterprise{establishment} 厂矿企业//～ and mining establishments{enterprises} 工矿企业//～ area{park;district} 工业区//～ bladder cancer 职业性膀胱癌//～ center 工业中心//～ enterprises 厂矿企业//～ evaluation of ore deposits 矿床工业评价//～ minerals and rocks 工业矿物和岩石//～ rock 工业原料岩石

industrials 工业股票

industrial {-}scale 工业规模;大规模(的)
→～{closed-circuit} television 工业电视//～{commercial} tenor 工业品位//～ triangle 工业三角

industry 产业;勤勉;勤劳;工业
→～ and mining{industry,mining industry} 工矿

indwelling 内在的

ineasy flight 坡度不大

ineffectiveness 无效(性)

inefficient 效率不高的;无效的

inelastic 非弹性的；无弹性的
→~ neutron scattering 非弹性中子散射 // ~ price 无弹性价格 // ~ rebound 非弹性回弹{跳}

inequalito-crenulatus 不等圆齿形[植;叶缘]

inequality 变动；起伏；不相同；不相等；不均衡；不等；不定；不平坦[平面等]
→~ constrain 不等式约束 // ~ of pore size 孔隙大小不均匀性

inequant fold 不等翼褶曲{皱}

inequidimensional 非等轴的

inequigranular 不等粒的

inequilateral form 不等边形

inequilibrium 不平衡

inequitable exchange 不等价交换

inequivalent site 不等效晶位

inequivalve 不等壳(瓣的)

inequivalved shell 不等瓣壳

inerm{inermous} 无刺的

inert (constituent;component) 惰性组分；惰性气体；惰性物质
→~ dust 惰性盐粉；惰性尘末{岩粉}

inertia 惯性；惯量；迟钝；惰性；不活动
→~-anchored vibrating device 惯性定向振动装置[运输筛]

inertial coordinate system 惯性抬系
→~ discharge centrifuge 惯性卸料离心脱水机

inertialess detection 无惯性检波

inertial guidance 惯性制导
→~ {inertia;stationary} mass 惯性质量 // ~ navigation survey tool 惯性导航测量仪器

inertia moment{couple} 惯性矩
→~ moment 转动惯量

inertinite 惰质体；惰性组[煤炭]；惰性物质

inertite 微惰性煤

inertness 惯性；惰性

inertodetrinite 惰性碎屑；碎屑惰性体

inertodetrite 微碎屑惰性煤

inert reference material 中性体

inerts 惰性组[煤炭]；惰性成分[降低煤炭使用价值]

inert segment 惰性区
→~ solid component 惰性固体燃料组分 // ~ to oil 与油不发生反应的 // ~ zone 不灵敏区

inesite 红硅钙锰矿[Ca_2Mn_7Si_{10}O_{28}(OH)_2•5H_2O;三斜]

in essence 大体上；本质上

inessential 无关紧要的东西

inevitable 不可避免的；必然的

inexhaustible 用不完的

inexploitable 不值得开采的;无开采价值的

inexplosive 不爆炸的
→~ dust 不爆炸性尘粉{末}；不爆炸性尘末

inextensible 伸不开的

inextensional deformation 非延伸性变形；非伸缩变形[力]

infall 崩陷；下倾；下降；降落；塌陷；进水口[运河等的]

infallible 必然的
→~ powder 触发炸药

infall rate 陨落速度

infantile landform{feature} 幼年地形
→~ landform 婴幼期地形

infantry{field} pack 背包

infant stream 婴年河

infaulting 内破裂；内断裂

infaunal activity 内栖动物活动

in favour of 倾斜；对……有利

infeasible solution 不可行解

infectious diseases 传染病

infective matter 传染源
→~ silicosis 感染矽肺

in-feed{feed(ing);inlet;loading} hopper 给料斗

inferential flowmeter 间接推算式流量计

inferior 次品；(行星在)地球轨道内侧的；柴；低下的人[地位、能力等]；劣等的；质量低的；下级的；下附数字；文字；下方的[位置]；下等的
→~ limit{boundary} 下限 // ~ oolite 底鲕状岩 // ~ petrosal sinus 岩下窦[解] // ~ shale 劣等油页岩；贫油页岩

inferognathal 下颌片

inferradinnal 下辐肛板[海百]

inferred contact 推断的接触带
→~ ore{reserves} 推定储量 // ~ reserves 推断(性)储量 // ~{indicated} temperature 估算温度 // ~ temperature 推算温度

infertile 不肥沃的

infestation 丛生

infidelity 失真；无保真(性)

in-field 野外的[与 in-house 对]

in-fighting 内耗

infiller 插补井；加密井

infill hole 填补孔

infilling 充填料；充满；填隙作用；填塞(作用)；填入；充填物
→~ mineralization 充填矿化 // ~ of joints 节理充填

infill location 定加密井位
→~ material 填充材料

infiltrability 可渗透性；可渗入性

infiltrated water 渗入的水
→~ zone 排油带；泄油带

infiltrating water 入渗水

infiltration 渗滤；渗漏；干渗入；渗透；渗填(作用)；浸润
→~ (filter) 渗入 // ~ {imbibition} water 渗入水[岩石中]

infinitely great 无限大(的)；无穷大
→~ variable speed control 无级变速

infinite non-leaky unconfined aquifer 无限非越流性无压含水层；无限无越流性非承压含水层
→~ plane source 无限平面源 // ~ reflux 全回流

infinitesimal 细微末节的；微元；无穷小；极小量
→~ deformation theory 微小变形理论 // ~ neutral point 无限小中性点 // ~ strain theory 无限小应变原理；无穷小应变理论

infinite(ly) small 无穷小
→~ space 无限空间 // ~ speed variation 无级调速 // ~ strip aquifer 无限条带状含水层

infinitive 不定的

infinitude 无穷(数)

infinity 无限；无穷大；大量[数目、数额]
→~ focus 无穷远焦点

infirm 不稳固的

infirmary 医务室[尤学校等附设的病房或配药处]

infirmity 弱点；虚弱

infix 插入；(把……)镶进
→~ notation 插入(表示法)；中缀表示法

inflame 引燃

inflamer 燃烧物；燃烧器

inflammability 易燃性；可燃性

inflammable 易燃(烧)的；易着火的；易燃；可燃的
→~ cinnabar 杂沥青辰砂土；杂汞蜡土 // ~ constituent of petroleum 石油可燃性组分

inflammables 易燃物

inflammation 点燃；发炎；燃烧；起爆；着火；点火；发火
→~ of lungs 肺炎

Inflata 凸隆贝属[腕;C_1]

inflatable 可充气的；可增压的；可膨胀的
→~ combination tool 封隔式组合测井仪 // ~ device 充气安全装备 // ~ element 可膨胀元件

inflatables 喷制件

inflatable straddle testing 膨胀跨隔测试

inflated 膨胀的；膨大的
→~ lava 膨胀熔岩 // ~ stock 过多的库存器材

inflateing port 膨胀式封隔器液体注入口

inflating{pumping} up a tyre 轮胎充气

inflation 充气；打气；膨胀；壳厚[双壳]；壳宽；物价上涨；夸张；通货膨胀；暴涨[河水]
→~ fluid 膨胀式封隔器工作液 // ~ of price 物价上涨

inflection 回曲；曲折；变化；拐折；偏转；偏移；挠曲；弯曲
→~ {hinge} line 转折线[构造] // ~ point 回折点 // ~-point method 拐点法；反弯点法 // ~ surface 回拐面

inflector assembly 偏转装置

inflexion 反挠；屈曲；曲折；拐折；拐点；挠曲；向内弯曲；弯曲；转调；变音[音调]

inflight fire 空中火灾

inflorescence 花序[植]

inflow (current) 入流
→(subsurface) ~ 地下入流；涌水量 // ~ face 岩芯筒入口截面 // ~ hydrograph 进水线；进水过程线

inflowing fluid 流入井筒的流体

inflow{make} of water 涌水量
→~ performance curve 井底流入动态曲线；井底流量-产量关系曲线

influencing characteristic 影响特性

influent 流体；渗流；诱导油流；流入液体；流入；流入的；(流入的)液体；进水的
→~ (stream) 支流

influential factor 影响因素

influent river 地下水补给河
→~ seepage 渗入地层内；入渗；自外渗入 // ~ {losing} stream 补给潜水河 // ~ water 渗入水[岩石中]

influx 汇集；注入；河口；灌注；流注[江河注入大海]；注入口；涌进；流入
→~ of water 补给水流

infolded 褶皱的
→~ syncline 被包裹的向斜

in fork 已疏干

informal 非正规的
→~ discussion 座谈会 // ~ unit 暂定(地层)单位

informant 提供消息{情报}的人

information 数据；情报；知识；资料；

消息；信息；通知
→～ (science) 信息学//～ acquisition 信息采集

informational probability 信息概率

information-bearing wave 载信息的波；信息载波

information center 信息中心
→～ content 信息内容；信息量//～ desk 问讯处//～ science 资料学//～ source coding 信源编码

informative 适于提供信息的；善于提供信息的
→～ abstract 内容摘要//～ weight 信息权

informatory signs 路标

infossate 埋着的；下陷的

infosystem 信息系统

Infoterm 国际名词信息中心

infow pipe 流入管

infra-audible sound 次声

infrabar 低气压

infrabasal 内底板[海百]；下底板[海百]
→～ plate 下底板[海百]

infra-black synchronizing signal 黑外同步信号

infracambrian 始寒武系；底寒武{系}

Infracambrian period 始寒武纪；底寒武纪{系}

infrachromatic film 色外胶片

infraclavicula 锁下骨

infracraton 深克拉通；低克拉通[德]

infracritical 亚临界的

infracrustal 地壳下的；内地壳的
→～ rock 深火成岩

infradyne 超外差机；低外差(法)

infraglacial accumulation 冰底堆积(物)
→～ deposit 底(冰)碛

infragranitic 花岗岩层下的

infragranulate 内颗粒状

infralateral 下侧板
→～ tangent arcs 下珥

Infralias 下里阿斯(层)[T3]

infralias 瑞替层[下里阿斯层]

infra-littoral 远离岸的

infralittoral{infra-littoral} deposit 远岸沉积

infra-littoral deposit 远潮间堆积；远滨堆积

infralittoral zone 远潮间带；远滨海带

inframarginal 下边缘板[棘海星]
→～ sulcus 外缘槽[孔虫]；下边缘槽

inframundane (在)地表下

infraneritic 浅海的
→～ environment 浅海外环境//～ zone 外浅海带

infranodal 下节扳[海百]
→～ canal 节下沟

infraorbital (bone) 下眶{眼}骨
→～ sensory groove 眶下感觉沟

infraorder 亚目下的[生类]

infraplutonic rocks 亚火成岩
→～ zone 内深成带；榴辉岩带

infrapunctate 内点状

infrared (ray;light) 红外线
→～ signature identification 红外信息特征识别//～ sky background 红外天空背景//～ solar spectrum 太阳辐射红外线光谱//～ temperature measuring meter 红外测温仪

infrastructural belt 深构造带

→～ upwelling 下部构造层物质上涌

infrastructure 基础设施；基础；深构造；深部构造；地下建设；底层(基础)结构；地壳下部变形；构造基底；内壳构造；下层构造；深层构造；下部结构；下构造层；基础建设；下地壳层

infraturma 群[孢粉分类]

infrequent{brief} rain period 少雨期

infriata 无囊组[孢]

infundibular{infundibuliform} 漏斗形

infundibulum 漏斗腔[腔]；漏斗

infuser 注入器；浸渍器；灌注器[煤层灌水用]

infusoria 滴虫类原生动物；纤毛虫类；纤毛虫(纲)[原生]

infusorial 滴虫的；藻类的；纤毛虫(纲)的
→～ (silica) 硅藻土[SiO2·nH2O]//～ earth 硅藻质土//～{tripoli} earth{infusoriolite} 硅藻土[SiO2·nH2O]

ingelstromite 鳞镁铁矿[6MgO·Fe2O3·CO2·12H2O]

ingenite 内成岩

ingersonite 殷格生矿[Ca3MnSb2O14]

ingodite 因硫碲铋矿[Bi2TeS]；茵硫锑铋矿

ingoing 深入的；坑内；进入的；进入；渗透；洞察的

ingot 锭料；锭；铸模
→～ adapter 移锭装置联结器//～ butt 锭底//～ charger 装锭机//～ crane 吊锭吊车

ingotism 巨晶[钢锭结构缺陷]

ingot mo(u)ld 锭模

ingot{cast} steel 铸钢
→～ tumbler 翻锭机

ingredient 混合物的组成部分；拌料；拼份；配料；煤岩类型；煤岩成分；组分；组成部分；要素；集料；成分
→～ ore of blasting 爆破配矿//～ ore of load car 装车配矿

ingression 海侵；海进；海泛

ingress of oil 出油
→～ of water 水的进入

ingrown meander 成育曲流
→～ meander valley 内生曲流谷//～ stream 凹岸掏宽河流

inhalant 吸入剂；吸入的
→～ (pore;orifice) 入水孔//～ canal 进水沟//～ pore 流入孔

inhalation 吸入剂；吸入
→～{inspiratory;shifting} valve 吸气阀

inhaler 输氧器；呼吸器；滤气器；吸入者；吸气器
→(flow) ～ 吸入器

inhaul 铲斗拉绳
→～ (cable) 卸载拉绳

inhaust 饮；进气；吸气；吸；吸入[空气]

inherent 生来的；天生的；固有的；内在的；原有的；先天的
→～ bursts 内在应力变化所形成岩石突出//～ error 周有误差//～ explosion 本质性爆炸

inherently flame retardant polyester 内在阻燃性聚酯
→～ smooth spectrum 固有平滑谱

inherent moisture 结构水；吸附水分

inheritable{successor} basin 继承盆地

inheritance 遗传；承受；继承
→～ of relief form 地形的继承性

inherited argon 残留氩

inhesion 固有(性)；内在(性)

inhibit(ion) 压抑；抑制

inhibited 抑制的
→～{restricted} grain 限制燃烧火药柱//～ growth 生长受阻；发育受阻//～ product 加缓蚀剂的油品

inhibiter 缓蚀剂；禁止器；阻化剂；抑制器；抑制剂；防腐剂
→～ extender 抑制剂的增效剂

inhibiting{hold-back} agent 抑制剂
→～{retarding} effect 抑制作用//～{locking;inhibit;disable} signal 禁止信号

inhibition 阻化；禁止；阻止；抑制物
→～ of corrosion 缓蚀作用；防腐蚀

inhibitive 抑制的；禁止的
→～ factor 抑制因素//～{inhibited} mud 抑制性泥浆

inhibit(ive) noise 禁止干扰

inhibitor 阻止{化;聚}剂；禁止器；制动器；抑制器{剂}；防腐剂
→(corrosion) ～ 缓蚀剂

inhibitory 抑制的；阻止的；迟滞的
→～ coating 保护层；防护层

in-hole{hole} configuration 井孔内廓

inhomogeneous 不均匀的；不同类的；非均质的；多相的
→～ bulk flattening 非均匀总体压扁//～ sizing 浸润不良

in-house 固有的；机构内部的；内部的；本国的；自身的
→～{shop} experiment 室内实验

in/in (在)内壁中间的

Iniopteris 掌羊齿属[古植;P]

ini-situ HF generating system 氢氟酸就地(在油层内)生成系统

initial 首字母；开头的；最初的；草签；字首的；原始的；初始

initialize 定初始值；起始；顶定；清除；预置[初始状态]
→～ signal 初始信号

initializing data 起算数据

initial laboratory phase 实验室初期试验阶段
→～-mobility period 初动期//～ model 原始模型//～{first} motion 初动//～ pack 新井砾石充填防砂；先期砾石充填防砂//～ point{station} 起始点

initials 姓名{组织}的开头字母

initial{pre-completion} sand control 先期防砂
→～ setting 始凝点；初变形；初凝；石膏初凝；初调

initiate 倡议；(使)入门；引进；起爆；传授；被传授了初步知识的(人)；促使；开始；创始；发动
→～{start} button 启动按钮//～ fusion reaction 起爆聚变反应

initiating agent 起爆药；引发剂
→～ charge 起爆药

initiation 传授；点火；启动；起动；启爆；起始；起燃；起爆；开始；引发；初始；发生；激发
→～{firing} interval 起爆间隔//～{priming} sensitivity 起爆感度//～-timing system 起爆定时方法

initiative 首创精神；积极性；起始的；自发的；主动；开拓性的[研究]；初步的

initiator 创始者；励磁机；起爆药(包)；起爆器{剂}；引燃器；引(爆)药；引发剂；

激发器

injectability index 注入系数
→~ of soil 地基土可灌性

injectable soil 可灌的地基土

injectant 注入剂；喷入燃料{物质}[铁]；喷吹物；注入物

injectate 注入流；回灌水

injected and produced fluid balance 注采平衡

injecting additive 注添加剂

injection 充满；射入轨道；侵入；进样；注射；注满；铸入；注频[把信号加到电路或电子管]；加压；针
→~ boring 灌浆孔//~-fluid front 注入液前缘//~ moulding 注塑法//~ port 进(试)样口//~ profile height 注入剖面厚度

injection/withdrawal{injection-production} ratio 注采比

injectivity 受量；容量；内射性[数]；灵敏性；吸收能力；接受性；注水度；加速性

injector 注入器；灌浆机；喷嘴；喷射器；喷射泵；喷枪；喷浆机；注射器；注入井
→(water) ~ 注水井

injectron 高压转换管

injektivfalten 挤入褶皱[德]

injekto method of rock bolting 岩石锚杆{柱}灌浆法
→~ nozzle 注浆喷嘴

injure 伤害

injuries and deaths 伤亡

injurious from mining 矿害
→~ substance 有害物质

injury 伤害；危害；损害
→~-free 无工伤的；无伤亡事故的//~ in service 工伤//~ suffered on the job 工伤

injustice 不公正(行为)

ink 油墨；用墨水写
→~ application 上色；加密//~ {-}bottle effect 瓶颈效应//~ bottle effect 颈缩效应

inkbottle type pore 岛水瓶式孔隙

ink drafting{application} 着墨
→~ {fair} drafting 清绘//~ film 色层胶片；染色胶片

inkfish 乌贼

ink gland 墨腺[头]

inking hoist 凿井绞车

ink jet plotter 喷墨绘图仪
→~ jet printer 墨水喷射式印刷机

inkling 略知；暗示

Inkouia 阴沟虫属[三叶;O₁]

ink printed handkerchief 石印手帕

inkstone 砚；水绿矾[Fe²⁺SO₄•7H₂O;单斜]
→~ {inkslab} 砚石[可作砚台的石头]

ink stone 水绿矾[Fe²⁺SO₄•7H₂O;单斜]
→~-vapor recording 喷墨记录

inlaid model 镶嵌模型

inland 国内的；内地的；内地[距海岸很远处]；内陆

inlandeis 大陆冰川；大冰盖[德]

inland ice 大陆冰盖

inlandity 内陆率

inland{epicontinental;epeiric} sea 陆表海
→~ waterway 内河航路

inlay 镶入；镶嵌；镶嵌所用的材料；插入[电视]

in layers 分层；层状；呈层状；成层

inleached soil 非淋滤土壤

inlead 引入线

inlet 水湾；注入；输入；潮流口；镶嵌物；湖湾；河湾；入水口；人口；海湾；汉道；插入物；嵌入；进潮口；引水线；引进；引入；流口；小湾；小巷；吸进速度
→~ {suction} capacity 自吸能力//~ close 进气停止//~ orifice{hole} 进入孔//~ pipe 进管

inlets and estuaries 入海口和河口湾

inlet{intake;tender;downcast} shaft 通风立井
→~ side 进口侧//~ water line 进水管//~{wet} well 导水井

inlier 内围层；内露层[为新岩层所包围的岩层露头]；内窗层
→~(fault) 构造窗

in-line 纵测线；串联的；一列的；并列；同轴；(在)同一条线上的；同线的；进油管路；成行的
→~ analysis 在线分析

inline arrangement 顺列
→~{rectilinear} arrangement 直线排列

in-line array 沿测线排列{组合}
→~ blending 管线中混合{调和}

in line crown block 单轴天车
→~-line data processing 成簇数据处理

Inman sorting coefficient 英曼分选系数

in-migration 迁进

in-mill time 在磨时间

inmost{fully;full;maximum} depth 最大深度
→~ depth 到底深度；最深处

inn 栈房

innage 实高；剩余油量；剩油量；油高
→~ bob 测量油罐液面高度的重锤

innate 埋生的；底着的；先天的；固有的；内生的；天赋；原地熔成的[火成岩]
→~ character 本质

innately 先天地；固有地

innelite 硅钛钠钡石[Na₂(Ba,K)₄(Ca,Mg,Fe²⁺)Ti₃Si₄O₁₈(OH,F)₁.₅(SO₄);三斜]；英奈利石

inner 内部的；内在的；内心的；内部；里面
→~{internal} absorption 内吸收

innercomplex 螯合物

inner complex 内络合物
→~-gage stone 内侧刃保径金刚石

Inner Mongolia-Great Hinggan fold system 内蒙古-大兴安岭褶皱系
→~ Mongolian axis 内蒙地轴

innermost 最深处
→~ layer 最内层

inner multiplication 内乘法
→~ oil seal ring 内油封环//~ ore-waste stripping 夹层岩石剥离//~ pillar 紧贴井筒的矿柱；保安矿柱[井筒]

innerstratal 内地层的

inner{locked-in;interior} stress 内应力
→~ structure 内部结构

innertief[德] 内渊；山间盆地

inner toe 内趾
→~ tower 内架//~ tube{barrel} 内岩芯管//~-tube head for wire line 绳索取芯内管接头//~ vale 单面山前低地；封闭盆地

inning 涨出地；冲积土；围垦的土地；围垦

innings 排干的沼泽[开垦地、围垦]

inninmorite 钙辉安山岩；钙长辉斑安山岩；斑玄武岩

innis 河口岛

innocence 无知；天真

innocent tumo(u)r 良性(肿)瘤

innocucus effluent from plant 工厂无害废水

innocuity 无毒的

innocuous 无害的；无毒的

innominatum 髋骨；无名骨

innovation 新发明；新设施；革新；改革；改进；创新；新技术
→~-event 革新事件

innovative 有改革精神的；革新的

innovatory 革新的；有改革精神的

innoxious 无害的；无毒的
→~ substance 无害物质

innumerable 数不清的；无数(的)

innutrition 营养不良

Inocaulis 毛茎笔石属[S]

Inoceramus 叠瓦蛤属[双壳;J-K]；蛄儿蛤

Inoceramya 瓦螂蛤属[双壳;T-K]

inoculant 孕育剂；接种剂

inoculate 结晶；嫁接

inoculated solution 已接种(细菌)的溶液

inoculating crystal 晶种
→~{seed} crystal 籽晶

inoculation 变质处理；灌输(思想等)；针；孕育处理；移殖；加孕育剂法；接种；接枝

inoculator 注射者；孕育剂；接种者

inoculum[pl.-la] 接种物；种菌

inodorous 无气味的

in-o'er 向工作区的；向内的；向矿井内部的

in office analysis 室内分析
→~-oil payment 以石油支付

inolite{inolith} 钙{石灰}华[CaCO₃]

in one go 行走一次
→~ one trip 一次下井

inoperative 不生效的；不起作用的；不工作(的)
→~ period 非运行期

inoperculate 无囊盖的[植]

Inoperna 细股蛤属[双壳;J-K]

inophyllous 线状脉叶

inoreak 崩落

inorganic 无生物的；无机的

inorganics 无机物

inorganic sphere 无生物界
→~ substance 无机质//~ theory 无机生油理论//~ zinc rich paint 无机富锌漆

inosculating cirque 接合冰斗
→~ river 合并河

inoshitalite 钡铁脆云母[NaFe₃²⁺Al₂Si₂O₁₀(OH)₂]

inosilicate 链硅酸盐

inositol 肌醇

Inouyella 小井上虫属[三叶;Є₂]

Inouyellaspis 小井上壳虫属[三叶;Є₂]

Inouyia 井上虫属[三叶;Є₂]

Inouyops 井上形虫属[三叶;Є₂]

in-over 巷道内的；向内的；向矿井内部的；向工作区的

in pace with 同步
→~-phase signal 同相信号//~{-}place assemblage 化石群落//~-place measurement 现场测定//~-place non-wetting phase 地下非湿相//~-plane bend 面力弯曲//~-plant returns bin 厂内返矿仓//~ plaster 上了石膏

inpolar 内极点

in position (在)适当位置；到位
→~ position{place} 就位

in-process (在)生产中

→～ fuel 吹炼燃料 //～ material 加工物料

in proper order 顺序
→～ public 台面 //～ -pulp electrolysis 矿浆电解

input 入量；注入；投入的物资；放入物；进料；注入量；给料

in regime 均夷的；均衡的[河道]

inrush 水浸；侵入；开动功率；气水浸；流入；涌入；岩石突然坍塌；出油或出气；突然崩坍

inscriptions on ancient bronzes and stone tablets 金石[铜器、石碑上的铭刻]
→～ on a tombstone{gravestone} 神道碑[墓道前的石碑] //～ on drum-shaped stone blocks of the Warring States Period 石鼓文[475～221B.C.] //～ on precipices 摩崖石刻

inscroll 记录

in-seam methods 层内(勘探)法
→～ {in-the-seam} mining 层内开采(法)

insecta 昆虫类[节;六足虫类]

Insectivora {Insectivores} 食虫类{目}

insectivore 食虫动物

insectivorous 食虫性
→～ plant 食虫植物

insensibility 不灵敏性

insensitive 不敏感的;不灵敏

inseparable 分不开的;不可分的

in sequence 逐一
→～ sequence{turn} 依次 //～ -sequence thrusting 内序列逆冲作用

insequent landslide 切层滑坡
→～ river{stream} 任向河 //～ stream {river} 非顺向河;斜向河 //～ valley 非顺向谷

in series 连续的;顺序的
→～ series{tandem} 串联的

insert(er) 插入物;衬管;衬垫;电极头[电冶];垫圈;垫片;垫;投入;写进;插入式[海胆];嵌进;代入;硬合金齿;刊登(广告等);嵌插的[节;眼板];引入;插页;放入;写入;芯棒;镶装;镶嵌物;镶嵌;插入;嵌入;介入

insert bearing 双金属对开式滑动轴承
→～ bit{blank} 镶刃刀头 //～ (rock) bit 镶硬合金齿的牙轮钻头 //～ bushing 嵌入式补心{衬套}

inserted barrel pump 插入式泵;杆式泵
→～ -blade cutter 活动刀片切削器 //～ die 镶齿板牙 //～ -joint casing 嵌接套管;螺纹插入连接套管 //～ piece 砂型骨

insert extension 镶齿齿高
→～ flapper valve 嵌入式舌形凡尔 //～ hinge 嵌入式铰链 //～ hole 嵌入孔

inserting sheet pile 插板桩

insertion 嵌饰;登载;安置;引入
→～ head 嵌入头;装配头 //～ laminae 嵌插片 //～ signal 插入信号

insert joint casing 嵌接套管
→～ polycrystalline 聚晶金刚石镶齿钻头 //～ rack bit 装配式钎{钻}头 //～ reaming shell 镶嵌金刚石条带的扩孔器;镶有金刚石条扩眼器

inserts 金属型芯

insert-type reaming shell 金刚石条带嵌入型扩孔器

in service 在使用中
→～ -service inspection 运行中检查 //

-service use 实际使用

inset 水道;插页;插入晶;插入;嵌入;嵌晶;镶边;斑晶

insetting 镶嵌法

in shifts{relays;rotation} 轮班

inshore 内滨;近岸的;靠近海岸;沿海;靠岸;沿海的;沿岸;向岸;向海岸;近海岸的;近滨;近岸
→～ bottom contour 滨内地形;近海地形 //～ water 滨岸水域

insiccation 干燥

inside 期中;内心;内圈[地球];内幕;内部的;内部;(在)屋里的;内侧[道路]
→～ kicker 内缘钻石 //～ (-gauge) stone 内缘钻石

insignificant 渺小的;藐小

in single pass 一次采全高

insistence insistency 坚持

in-site processing 现场处理

in situ 现场;原位
→～ -situ 原地;在原地;原点 //～ -situ{in-place} boiling 热储内部沸腾 //～ -situ deformation test 原地形变试验 //～ -situ deformation{|density|soil|thrust|shear|CBR} test 原位变形{|密度|土工|推裂|剪切|加州承载比}试验 //～ -situ {in-place} density 原地密度 //～ -situ explosive rubblization 原地块石化爆破;原地成块爆破 //～ -situ fossil 原地化石 //～ situ{autochthonous} rock 原地岩石 //～ -situ rock stress 原地岩石应力 //～ -situ rock triaxial compression test 现场岩石三轴压缩试验 //～ -situ terrazzo border 现制水磨石镶边

insizwaite 等轴铋铂矿[Pt(Bi,Sb)₂;等轴];铋铂矿;因西兹瓦矿

in small broken bits 细碎

insoak 吸入

in solid (在)岩体中[爆];(在)煤柱中

insolilith 日晒风化砾石;日晒(成因的)卵石

insolubility 不溶性;不可解

insoluble 不溶的
→～ anode "非溶性"阳极 //～ anodes extraction 不溶阳极提取法 //～ precipitate 不溶性沉淀物

insolubles 不溶物(质)

insoluble salt 不溶性盐
→～ substance 不溶物(质)

in solution (在)溶解状态中

insolvent 破产的{者};无偿付能力的
→～ laws 破产法

insonate 受声波的作用[尤指高频声波]

insonified zone 声穿透区;有声区

inspecting 检查
→～ officer 检验员 //～ of ore spot 矿点检查 //～ stand 检查台

inspectional analysis 目测分析;检查分析

inspection belt 拣选带
→～ sieves for asbestos 石棉检验筛

inspector 检查员;审查员;视察员;巡官;检验员;监察员
→～ and resident engineer 驻矿视察工程师

inspiratory valve 吸入器

inspissate 浓缩

inspissated oil 风化石油;自然变稠的石油
→～ pool{deposit} 浓缩油藏 //～ pool 稠油藏

instabilities of slope 边坡的不稳定性

instability 不稳定度;不稳定;不稳定性;不安定(性)
→～ chart 不稳定图 //～ criterion 不稳定性判据 //～ stress 失稳应力

instable{unstable} equilibrium 不稳平衡

installation 设置;设施;设备;组装;装置;装配

installed capacity 安装容量;装机容量;铭牌容量
→～ geothermal power capacity 地热发电的装机容量 //～ plant cost 电站装机成本 //～ power 装机功率

installing wellhead 抢装井口[油]

instant 紧急的;带时;马上;瞬时;立刻;即刻;立即的
→～ adjustment 炉前调整

instantaneity 瞬时性

instantaneous 瞬时;立即的;同时的;即时的
→～ ash content 快灰 //～ outburst mine 煤与瓦斯突出矿

instant blast 瞬发爆破
→～ blasting 瞬时爆破

instar 蜕甲;龄虫[节];龄期

in-state 本州的

in step 同相;同级
→～ step (with) 同步 //～ -step condition 同步条件

instillation{instilment} 滴注(物);注入;浸润物

Institella 裙饰贝属[腕;P₁]

Institina 裙褶贝属[腕;C₁]

institute 会址;实行;设立;设置;开始;研究所;学院;学会;协会;讲座;制定
→～ cargo clause 制订装船货物条款

Institute of Geological and Mining Research 地质采矿研究院

institute of geology 地质协会
→～ of mining and metallurgy 矿冶学院

Institute of Mining,Metallurgical and Petroleum Engineers 采矿、冶金和石油工程师学会[美]

institute of mining technology 矿业学院

Institute of Multipurpose Utilization of Mineral Resources 矿产综合利用研究所
→～ of Rock and Mineral Analysis 岩矿测试技术研究所

institution 机构;会址;学校;设置;设施;惯例;协会;公共机构[慈善、宗教等性质的];制度;制定;学会;设立

Institution of Mining and Metallurgy 矿冶学会

in-stream X-ray fluorescence slurry analysis and sampling station 载流 X 射线荧光矿浆分析和取样站

instroke 排气行程;内向[压缩或排气冲程];压缩行程;通过邻区矿井的采煤权

instruction 指令;指示;说明;规程;指导;训练;细则;教育
→～ (book;manual;sheet) 说明书 //～ manual 使用手册;指示书 //～ sheet 任务书

instrument air 干燥空气

instrumental 用为手段;器具的;有助于
→～ analysis 器械{仪器分析} //～ error 量具误差 //～ fast {|thermal} neutron activation analysis 仪器快{热}中子活化分析

instrumentality 手段；工具；媒介
　→~ of mining 开拓工程
instrumental seismology 地震仪器学
instrumentation 手段；器械操作；测试设备；仪表化；检测仪表
　→~ console 仪表盘 // ~ imbalance 仪器不平衡{稳定}
instrument background 仪器本底
　→~ board 分配板 // ~ board{panel; duster} 仪表板 // ~ cab 仪器车 // ~ (al){apparatus} constant 仪器常数 // ~ man 测量员 // ~ package 成组仪表
insubmersibility 不沉性
insufficiency 不适当；不充分
insufficient fill 充填不足
　→~ reinforcement （焊缝）增强量不足 // ~ width (焊接)熔宽不足
insufflation 吹入(剂)；吹入法
insulance 绝缘电阻
insulant 绝缘材料；绝热材料
insular 岛形的；隔离的
insulate 隔离；隔绝
　→~ against sound 隔声
insulated 隔离的；绝缘的
　→~ chamber 绝缘室；隔离室 // ~ column 独立柱 // ~-neutral system 中性不接地系统 // ~ paint 绝缘漆
insulating 绝缘的
　→~ barrier{layer} 保温层
insulation 保温层；保温；孤立；隔离；隔层；绝缘
　→(heat) ~ 绝热
insulativity 绝缘性；比绝缘电阻
insulator 绝缘子；隔振子；隔离者；隔离物；隔电子；绝缘器；绝缘体；绝缘材料
　→(thermal) ~ 绝热体 // ~ bracket 绝缘子用支架 // ~ pin 绝缘体销
insulcrete 绝缘板
insulin 胰岛素
insullac 绝缘漆
insulosity 岛屿度
insult 侮辱；损害
insurable risks 可保风险
insurance 保险费；保险单；安全保障
　→~ against earthquake damage 地震损失保险
insusceptibility 不敏感(性)；钝感性
intact 完整的；无损伤的；未扰动的；未(受)触动的；完整
　→~ coal 未采过的煤层 // ~ displaced mass 无扰动位移块体 // ~ gravel framework 原封不动的砾石骨架；完整的砾石格架
intactness index of rock mass 岩体完整性指数
intact rock 单一原样整体岩石；岩块
　→~ {sound} rock 完整岩石 // ~ rock mass 完好岩体；原样岩体 // ~ roof 未受扰动的顶板
intaglio carving 凹雕；阴雕
intake 输入端；井下临时杂工；入水口；纳入；垂直补给；被收纳的东西；引入；进口；吸(水)管；进水口；吸入量；吸入；通风口；通风巷(道)；入口[水、气体流入管道的]
in-tank pump 罐内立式潜没泵[当罐内油泥高于出油管线时使用]
intectate 无间的
　→~ reticulate grain 无覆盖层网面花粉

粒[孢]// ~ scabrate grain 无覆盖层糙面花粉粒[孢]
integer 整型[计]；整体；(叶)全缘[植]；整数；总体
integillate 非栅状[孢子]
integrability 可积分性
integrality 完整性
integral{unitized} joint 整体接头
　→~ joint tubing 整体接头油管 // ~ key 花键 // ~ pilot 钻头整体的突出部分 // ~{Schuhmann} plot 休曼曲线
integrant 要素；成分
integraph 积分仪
Integrated Global Ocean Station System 全球海洋站系统
integrated{integral} intensity 累积强度
　→~ management function 综合管理任务 // ~ manufacturing system 综合生产系统 // ~ marketing system 综合销售系统 // ~ mechanized coal getting 综合机械化采煤
integrate wall 分壁[苔]
　→~ with 牵连
integration 综合；求积；整体化；并集；增生晶；综合法；集结作用；集合；集成；积分法；积分；积累[信号]
　→~ method 双分法 // ~ method of velocity measurement 流速积(分)测(量)法 // ~ of chargeability 积分荷电力 // ~ of drainage 水系并集
Integricorpus 等体粉属[K₂]
integrifolious 全缘叶；单叶
integripalliate 无外套湾的[双壳]
integrity 完整；正直；完全；完整性[计]；连续性[计]
　→~ attribute 整体属{特}性 // ~ testing 完好性检验{测试}
integument 珠被[植]；皮[几丁]；膜[动]
intellectual 知识分子；理智的
　→~ function 智能
intelligence 理解力；信息；情报；智力；理智力；消息
　→~ {observation;reconnaissance} aircraft 侦察飞机 // ~ band 信息频带 // ~ {message} data 信息数据 // ~ quotient 智商
intelligentsia 知识分子
intelligent use 合理使用
intelligibility 可懂度
intelligible 明了；概念的；可理解的
　→~ signal 可懂信号
intendance 监督
intended investment 计划投资
　→~ size 给定尺寸 // ~ target 预定目标 // ~{selective} zone 目的层
intense agitation 强力搅拌
　→~ anomaly 强异常 // ~{strong} burst 强爆 // ~ earthquake motion 强烈地震运动
intensely 热切地；强烈地
　→~ weathered zone 强风化带
intensification 增强；强化；加深；加强明暗度；加强；加厚
　→~ ratio 增强比
intensified pumping 强力泵送
　→~ sintering 强化烧结
intensifier 强化剂；增压器；增强器；增强剂；增加剂；增辉电路；增厚剂；倍加器；照明装置；扩大器

　→~ electrode 加速电极
intensifying screen 增光屏；增感屏
intensity 集度；地震烈度；强烈性；强烈；强度；密度；亮度；集约度
　→~ of mineralization 矿化强度
intensive 彻底的；深入仔细的；强烈的；密集的；加强剂；加强的；集约(经营)
　→~ agriculture and its effect on soil profile 集约农业及其对土壤剖面的影响 // ~ characteristics of rock 岩石的强化特性 // ~ infield drilling 油田内部密集钻井 // ~{strength} parameter 强度参数 // ~{close-standing} support 排柱
intentional 有意
　→~ venting 有意放喷
inter 中间的
interact 相互作用
interactant 反应物
interacting element 相关要素
　→~ jet element 射流互作用元件
interaction coefficient 交互作用系数
　→~ effect 交错效应 // ~ factor 相互作用因素
interactive 相互作用的
interarc 弧内的；岛弧间的
　→~ oceanic basin (岛)弧间洋盆
interarea 基面；主面[铰合面;腕]；绞合面；交互面[腕]
interatomic{inter-atomic} bond 原子间键
　→~ force 原子间力
inter-attraction 相互吸引
interaxial{axial;optic} angle 轴角
　→~ angle 轴间角
inter-axillary 腋间生的
interbar 沙坝间的沉积层{物}
interbasin area 流域间地区
　→~ length 河道间区长度
interbed 互层；间层；夹石；夹层
interbedded 互层的；间层的；夹层的；成互层的
　→~{stratiform} mineral deposit 层状矿床 // ~ ore and waste 矿岩互层 // ~ stratum{pebble} 夹石
interbrachial (plate){inter brachial (plate)} 间腕板[棘海百]
　→~ field 间腕区[棘海星]
interbranchial 间腕板[棘海百]
　→~ ridge 鳃间脊
interburden 层间夹矸；内剥离；煤层间剥离物
　→~ layer 夹泥层
interburner 中间补燃加力燃烧室
intercalarium 间插骨[硬骨鱼]
intercalary 间生的；夹层的
intercalated 插入式[海胆]；有夹层的[煤层]；间层的；间生式
　→~ bed 间层 // ~ bed{layer} 夹石
intercalation 插入；嵌入；隔行扫描；间层；插入式放射纹饰[腕]；夹石；夹入；夹层现象；夹层
intercalibration 定标；相互标定{校准}
intercameral 房室间
intercellular ridge{furrow} 细胞间脊{沟}
　→~ space 胞间隙
intercentrum 椎间体；间椎体[生]；脊柱部分
intercept(ion) 窃听；交切；阻止；截线；截距；截击；截断的；截断(光、热、水等)；截段[计]；交叉截断；监听；堵截；

拦截；相交；截取[两点或两线间]；中止

intercept and hold on to 截留

intercepted arc 交切弧[以共轭线为切线的弧]

→~ water 蓄积水；截留水

intercepter 截捕器

intercept form 截距式

intercepting 截水沟

→~ basin 集液池

interception 雷达侦察；折射；窃听；切断；截留；阻留；截击

→~ and diversion-type terrace 截泄阶地{段}

interceptometer 截留计

interceptor 截捕器；扰流板；阻止器；截击机；遮断器；拦截

intercept sphericity 截面球度

→~ time 时间段线段[时距曲线的]；交叉时//~ well 查样井

interchamber pillar 房间矿柱

interchangeable 可互换的；通用

→~ bit 活动钻头

interchangeably 可替换地；可交换地

interchange of material 物质交换

→~ process 交换作用

interchanging drainage pattern 交替状水系

interchannel 河间

intercheek suture 间颊线[三叶]

inter-chock hose 架内管路{软管}

intercingular area 横沟两端间区域[藻]；腰带间区

intercision 侧移袭夺

interclass variance 组内方差；组间方差

interclast sand 屑间砂

interclavicle 间锁骨；间匙骨

interclavicula 锁间(甲)骨[龟]

intercloud discharge 云际放电

intercoagulation 互相凝结；相互凝聚

intercolline 位于小山与小山之间的

intercolparis 沟间[孢]

intercolpate 沟间的；槽间的

intercolumnar sediment 柱间沉积物

intercom(munication) 对讲电话装置[飞机等]

intercombination 相互组合

interconnect bus 中间连接总线

interconnected 互通的；连通的

→~ control 互联控制

interconnectedness 连通度

interconnected pores 连通孔隙

→~ tanks 共用一个集气系统的油罐；相互连通的油罐

interconnecting 连锁；连通；成组

→~ band 贯联带[腕(环)]//~ cable 内连电缆

inter connecting chamber 中继室

interconnection 相互连接；开切眼

intercontinental 大陆间的

→~ sea 地中海//~ subduction 陆间俯冲

intercooled compressor 有中间冷却的压缩机

intercooler 中间冷却剂{器}

intercooling 中间冷却

intercoronid 鸟嘴间骨

intercorrelation 组间关联；内部相关

intercrateral lava outflow 火口内熔岩外流

intercratonic 克拉通间的

→~ {intercontinental} basin 陆间盆地

intercretion 中间结核；填隙结核[如龟甲石]

intercross 相割；相交

intercrustal 地壳内的

intercrystalline 晶(粒)间的

→~ brittleness 晶(粒)间脆性

intercrystallization 内结晶(作用)

intercrystallizing 内结晶；形成类质同象混合物

intercrystal{intercrystalline} pore 晶间孔隙

intercutaneous thrust 表层间冲断层

interdeltaic 三角洲间的

→~ shoreline 三角洲间滨线

interdendritic 枝晶间的

interdendritic graphite 晶间石墨

interdented structure 锯齿构造

interdependence 根互依赖；相互关联；相互依存

→~ coefficient 依存系数

interdiffusion 互扩散；相互扩散

interdigital 叉指式的；指状组合型的

interdimers 共二聚体；内二聚体

interdisciplinary 学科间的；跨学科的

interdiscipline 边缘学科

inter-discipline 边缘科学

interdistributary area 分流河道间区

→~ shell bank 分流河道间介壳滩

interdistributory bay 汉道间海湾

interdiurnal 日际

interdune 沙丘间

→~ depression{swale} 丘间洼地//~ passage 沙丘间的风蚀通道

interelectrode leakage 极间漏泄

interelement continuity 互交单元连续性

→~ effect 共存元素效应；元素间的影响{效应}

inter-enterprise credit 企业间信贷

interest 利益；利息；行业；股份；重要性；关心；感兴趣的事；(使)感兴趣；利润；影响；兴趣

interestuarine 港湾间的

interface 边界；相互关系；面线；联系装置；接合；接触面；分界面；不连续面；对接；接口[外部设备用]

→(user)~ 界面//~ condition 交界条件//~ diffusion 晶界扩散//~ dip 界面倾向{角}

interfacer 界面装置；接口装置

interface resistance 层间电阻

→~ sequence timeout 接口序列超时

interfacial adsorption{absorption} 界面间吸附

interfacing 接口技术

interfelted 交织的

interfelting 交织[地层]

interfere(nce) 干涉

interference 妨碍；扰乱；过盈；抵触；公盈；相互影响；干预；阻碍物；冲突

→~ analysis 干扰分析

interferential 干扰的

interfering 干扰

→~ signal 噪声//~ wavelet 干涉子波

interferogram 干涉图

interferometer 光波干扰波长测定仪[用以测沼气含量]；干涉仪

interferometry 干涉量度学；干涉测量(术)

interferon 干扰素

interfertility 互交可育性

interfibrillar friction 纤维间摩擦

interfinger 岩指；指状穿插；楔形夹层；相互楔接

interflow 混流；表层流；中间流；地下水流；合流；壤中流；过渡流量[换向时阀口间的流量]；层间流(动)；内流；暴雨渗漏；间层流；土内水流；交流

→~ subsurface drainage 地下径流

interfluent 合流的

→~ (lava){interfluent lava flow} 内流熔岩

interfluminal 河间的

interfluve 河间地；河间的；泉间(分水区)；两河之间地带；分野；江河分水区

→~ hill 河间平顶丘陵

interfluvial 河间的

interfoliar 两叶间的；叶间的

interfoliated vein 层间脉；叶理间侵入脉

interformational 层(组)间的；建造间的

→~ {intraformational} conglomerate 层组间砾岩//~ unconformity{aneonformity} 建造间不整合

intergalactic{extraterrestrial} material 星际物质

intergelisol 陈年冻层；层间冻土

intergenal spine 间颊刺[三叶]

intergeniculum 节片间[珊]

interglacier 主冰川间小冰川；冰川间地区

intergrade 中间阶段；过渡性(土壤)；中间级配

intergrading species 过渡种

intergrain loss 粒间损耗

intergranular 颗粒间的；晶(粒)间的

→~ cement 粒间胶结物//~ corrosion 晶粒间的腐蚀

intergrind 互磨；相互研磨

intergroove{ inter groove } 间沟[孢]

interground addition 研磨添料

intergroup heterogeneity 组内非均一性

intergrown 连生的；叉生的；共生的；共生；愈合；同生矿床

intergrowth 互结生长；互生；叉生[矿物]；连晶；交生

→~ along the facies 相变//~ pattern 嵌生模式；嵌布形式//~ rock 夹层

intergular{jugalar} plate 颈板[龟背甲]

→~ scute 间喉盾[龟腹甲]

interhalant{branchial} siphon 鳃水管

→~ {inhalant} siphon 进水管

inter-horizon 水平间的

interim 中间的；暂时的；过渡；临时(的)；中间；间歇的；暂时

→~ (or incidental) expenses 临时费用//~ mineral leasing regulations 临时矿物租赁条例//~ report 阶段报告；中间报告

interinhibitive 相互制约的

interio-marginal aperture 缘内口孔

interionic 离子间的

→~ attraction 离子互吸

interior 室内；国内的；内政；内心的；内陆；内景；内地的；内地[距海岸很远处]；内侧；内部；秘密的；本质的

→~ basin 内港泊地//~ breakwater 副防波堤//~ {inner} conical refraction 内锥折射//~ (salt) dome 内部盐丘//~ {inland;closed;endorheic} drainage 内陆水系

inter-island gap 岛间峡谷

interjacent 层间的；夹层的

interjector 插入物；插话者

interjob 交互作业[人机交互处理]

interkinematic 运动间的

interlaboratory discrepancy 实验室间偏差

interlaced 交织的；交错的
→~ channel 游荡河槽//~ serpentine 交错结构蛇纹石//~ structure 交织构造

interlacing 交织；隔行；相间；交错操作；交错；夹层
→~ drainage (pattern) 游荡水系//~ {braided} drainage pattern 辫状水系；交织水系//~{network;reticulated} vein 网状矿脉

interlacustrine overflow stream 湖间泛滥{溢流}河

interlaid 互层的；夹层的

interlamellar space 齿层间隙[牙石]

inter-laminae markings 纹层间印痕

interlaminar 层间的
→~ stress 层间应力

interlaminate 薄层交替

interlaminated 层间的

interlamination 层间

interlattice exchange 晶格内(的)交换

interlayer 互层；层间；层间的；间层；夹石；夹层
→~ cation 层间隙离子//~ crossflow 层间交错流动

interlayered 间层的；夹层的
→~ bedding 互层层理

interlayer-gliding fault 层间滑动断裂

interlayering 互层理；间层理

interlayer mixture 混层；间层混合物
→~ {middle;interstratum;intermediary;intermediate} water 层间水

interleaf 插入空白纸；中间层

interleaved 夹于中间的
→~ luminance signal 亮色交错信号

interleaving access{memory} 交叉存取
→~ memory 交叉存取存储器//~ {gasket} paper 衬纸//~ signal 交叉信号

interleptonic 细微裂隙间的

interlight (使)间歇地点燃

interlimb angle 翼间(夹)角

interline 各(铁路)线之间的联系；(两条线中间的)虚线

interlinked architecture 内部连接的体系结构

interlobate 叶片间的；朵间；冰舌间
→~ moraine 中分碛//~ {interlobular;intermediate} moraine 间碛//~{intermediate} moraine 舌间碛

interlobular{interlobate;middle;medial;intermediate;median} moraine 中(分)碛
→~ stream 冰舌间边缘河

interlobule fan 舌间冰水扇

interlocked 联结的；结合的；咬合的

interlocking 互换；过渡层；嵌合；连锁停止和信号装置；咬合作用；穿织；岩层交替；锁定
→~ asperity 互锁不平整；联结不平整//~ concrete-block revetment 联结式混凝土护板//~ fabric 连续组构//~ perthite 交错状条纹长石//~{communicating;open} pore 连通孔隙//~ seismic recording 连锁的地震记录；联结的地震记录

interlocus 座位间[基因]

intermed{protection} casing 中间套管

→~ {protective} casing 技术套管

intermediacy 中间性

intermediary 中间的；手段；中间产物；中间阶段；媒介物；媒介的；媒介；调解人
→~ index 中性指数[斜长石结构]//~ massif 中间山块//~ {intermediate;medium} massif 中间地块

intermediate 中间的；中间物；中性；过渡的；起媒介作用；半丝质体[烟煤和褐煤显微组分]；媒介的；辅助的；分段；居中的；居间的；中等的；调停；中性的
→~ acidity rock 中等酸性的岩石//~ diameter 中径[砾石的]//~ or discharge box 中间箱或排矿箱//~ pier 斗板石//~ piston 中间活塞；凿岩机中的冲锤//~ rock 岩石夹层

intermediates 半成品

intermediate sight 插视
→~ soil 过渡土壤//~ support 插座//~-temperature deposit 中温矿床//~-vein zone 中深脉带//~ zone{belt} 中间带

intermedium[pl.-ia] 中间体；媒介物；中型骨针[绵]；间中骨[动]

interment 埋藏

intermeshed 多网格的；多分支的
→~ structure 相互套合结构

intermetallic 金属间的

intermicellar equilibrium 胶束(结构)间平衡
→~ swelling (黏土)粒间泡胀

intermine 矿际的

intermineral 成矿间的[两个成矿期之间的]
→~ porphyry 成矿间斑岩

intermingling 混合作用

intermittent compacting surge 间歇性冲击泵压脉动
→~ horizontal cut and fill stoping 间断式水平分层充填采矿法

intermittently 间歇地；周期性地；周期地；断续地

intermittent operation 间断作业
→~ semilongwall 留间隔矿柱半长壁法

intermitting spring 间断泉
→~ system 间歇法

intermixing 掺和；搅拌；混合
→~ gas burner 预混式气体喷燃器

intermodulation 相互调制；交调
→~ testing 互调测试

intermolecular bonding force 分子键力
→~ force 分子间(作用)力

intermont 山谷；山间凹地

intermontane deep{depression} 山间坳陷
→~ depression 山间凹地//~ {valley} glacier 谷冰川//~ {intermountain} plateau 山间高原

intermont{intermontane} glacier 山间盆地冰川

intermountain{intermontane} area 山间地区
→~ (ous){intermont(ane);intramontane;orographic} basin 山间盆地//~ deep 山间坳陷

intermountainous 山间(的)

internal 国内的；内政；内在的；内面的；内部的；本质
→~ cast 石核

internally activated system 内部活化体系；内部催化体系

→~ catalyzed epoxy 内部催化的环氧树脂

internal madreporite 内筛板[棘海参]
→~ magnetic field 内磁场//~ partition 内隔[棘海胆]//~ phase 内相//~ recycle 内循环//~ rock mechanics instrumentation 岩石机械性质井下测试仪器//~ rope thread 内口牙螺纹//~ rotation 内旋//~ (visceral) sac 内脏囊//~ spur gear 内正齿轮//~ waste 夹石层；夹石；夹层

internasal 内鼻骨；鼻间鳞[爬]

internat{international} 世界的；国际的

international correlation 洲际对比

International Energy Agency 国际能源机构
→~ Geomagnetic Reference Field 国际参考地磁场//~ Information Center for Terminology 国际名词信息中心

internationalization and globalization 国际化和全球化

International Map of the World 世界国际地图
→~ Mineralogical Association 国际矿物学协会//~ Monetary Fund 国际货币基金组织

international multilateral security convention 安全公约[as among many nations]

International Peat Society 国际泥炭协会
→~ Polar Year 国际极年//~ Program of Ocean Drilling 国际海洋钻探计划

international prototmeter 国际米原尺
→~ standard 国际标样{准}

International Standardization Organization 国际标准化组织
→~ Subcommission on Stratigraphic Classification 国际地层划分小组委员会//~ Training Centre for Aerial Survey 国际航空测量中心//~ Union of Geological Sciences 国际地质科学联合会[国际地科联]//~ Union of Theoretical and Applied Mechanics 理论和应用力学国际联合会

internema 间线

Internet 网

internides 内褶皱带；内构造带

internodal 间节板[棘海百]
→~ cell 节间细胞

internode 振荡波腹；动物节间；结间；节间[植]

internuclear repulsive force 核间斥力

internucleotide bond 核苷酸间链

interocular distance 眼基

intero-lateral plate 内侧片

interopercle 鳃盖间骨

interophthalmic region 眼间区

interorbital width 眼窝间阔度

interorogenic timing 造山期间同步沉积

interparticle 粒屑灰岩；颗粒间的；粒子间的
→~ attraction 颗粒间引力

inter-particle bond 粒间键

interparticle dispersion 粒间离散作用
→~ double Stern layer 粒间双电斯特恩层//~ force 粒间作用力//~ porosity 粒间孔隙度

interpass cold lap 焊道内冷搭接[焊道缺陷]

interpenetrant 叉生的

interpenetration 互相渗透；互相贯穿；

互结生长；叉生[矿物]；穿插；隙间渗透
　　→～{interpenetrant;penetrate} twin 贯穿
双晶

interpersonal{human} relation 人际关系

interphase 相界面；中间相；分界面
　　→～ boundary 异相边界//～ mass transfer 相间传质//～ self-diffusion 相间的自身扩散

interpile sheet 桩间隔墙

inter-pillow 枕状构造间的

interpinnular 间羽(枝)板[棘海百]

inter-pixel 像元间

interplain channel (深海)平原间峡谷

interplanar spacing 面网间距
　　→～ water (晶)面间水

interplanetary 星际；行星际的；宇宙的
　　→～ dust 行星际尘(埃)//～ medium 行星际介质//～ navigation 宇宙导航

interplate 板块间的
　　→～ earthquake 板块间地震；板间地震；板际地震

interplay 相互影响；相互作用

interpleural groove{furrow} 间肋沟

interpluvial 间洪积期
　　→～ (period) 间雨期

interpoint distance 点间距离

interpolar distance 极间距离

interpolated contour 内插等值(深)线

interpolation 插值法；插入；内推法；内插；补入
　　→～ (method) 内插法//～ design 内插式设计

interpolator 分类机；插值器；插入者；内插器；校对机

interpole 附加磁极；间极；整流极；极间极
　　→～ machine 有辅助极的电机

interpolymerization 互聚作用；共聚作用

interpore 孔隙间的

interporiferous zone 间多孔带[棘海胆]

Interporopollenites 内三孔粉属[E]

interporosity flow 从一种介质流到另一种介质的流动；隙间窜流
　　→～ flow coefficient 窜流系数；介质间流动因子[双重介质油藏中]

interposed zone 间在带

interpositum 中间帆；间五角板[绵托盘]

interpret(er) 翻译；阐明

interpretability 解译能力

interpretable 可解释的
　　→～ limit 解译范围

interpretational criteria 评价准则；解释推断准则

interpretation ambiguity 解释的不定{多解}性
　　→～ key 相片判读用样片；解译标志//～ of data 数据解释；资料解释//～ of geological maps 地质图的注解{解释}

interpretative criteria 解释准则
　　→～ factor 解译因素//～ log 判图测录；可供解释((的)回转钻)岩屑)录井//～ {interpretive} log 钻探解释剖面

interpreting{deciphering} image 解译图像
　　→～ image 解译图像

interpretive aspect 解译情况
　　→～ code 解释代码//～ geologic map 解释性地质图

interpretoscope 解译观测器

interprismatic substance 柱间质

interpterygoid vacuity{cavity} 翼间窝

interpulsation 间脉动

interpupillary 瞳孔间的

interradial (plate) 间辐板

interray 间辐条
　　→～ antero-left 前左间射辐[棘]//～ antero-right 前右间射辐[棘]//～ postero-right 后右间射辐[棘]

interreaction 相互反应
　　→～ force (相)互作用力

inter-record{interrecord;file;record} gap 记录间隙{隔}
　　→～{interrecord} gap 字区间隙

interreef 岩礁间的；礁间的

interrefraction 内折射

interregional unconformity 跨区(域)不整合；区际不整合

interrelate 相互有关；(使)相互联系

interrhombohedral porosity 菱(面)体间孔隙度

inter-road 中间平巷；中巷

interrogated density 需要测定的密度

interrogating{request} signal 询问信号

interrogator 询问器；问答机
　　→～-responder{-responser} 问答器

inter-roll vee 辊间 V 形空隙[大型辊碎机]

interrupt(ion) 忽变(地层界面)；缺口；断电；间隔；短口；裂口；阻碍；中止；打断；中断；阻止；间断

interrupt control 中断控制

interrupted 不通的
　　→～ cleavage 阶状解理//～ cycle of erosion 中断的侵蚀旋回//～ fold 不连续褶皱//～ oil supply 间歇供油

interruptible gas (事故或气量短缺时)可中断供给的气体

interrupting capacity 中断容量

interruption 崩料；插话；打岔；遮断；停止；断路；断裂
　　→～ in deposition 沉积间断//～ of erosion cycle 侵蚀旋回中断//～ of sedimentation{deposition} 沉积间断//～ status 中断开放状态

interrupt signal 中断信号

intersample similarity 样品间的相似性

intersect 横切；巷道与矿脉交叉处；交点{切;叉}；横断；相交

intersected country 交错地带
　　→～ lode 交切矿脉

intersecting 横断；交错；相切；相交
　　→～ cognate vein 同源交切脉//～{counter} lode{vein} 交错{叉}矿脉

intersect intact rock 完整交切岩

intersection 交叉线；合成；逻辑乘法；结点；交会[岩脉]；交集；交叉点；见矿段(样品)
　　→(core) ～ 见矿点；前(方)交会[测]//～ of veins (ore veins) 矿脉交切

interseminal scale 种间鳞片

intersept 隔壁间的外壁[古杯]

interseptal 隔间
　　→～ loculi 隔壁间区[册]//～ ridge 隔壁山脊；隔壁间脊[册]//～ structure 间隐构造

intersequent stream 扇间河

intersertal 填隙的

inter settling tank 中间沉降罐

intersex 中间性

inter-sheet bonding 片间黏结

intersignal interval 信号间距

intersilite 内硅锰钠石 $[Na_6MnTi(Si_{10}O_{24}(OH))(OH)_3 \cdot 4H_2O]$

intersite 点间；间隙位置；位际
　　→～ system 站间系统//～ user communication 各地用户间通信

inter-slice force function 条间力函数

intersolubility 互溶性；互溶度

intersoluble 互溶的

interspacing 井距；间距

interspar bracing structure 内梁拉条结构

interspecies{interspecific} competition 种间斗争

interspecific relationship 种间关系

intersperse 散布；夹
　　→～ (with) 点缀

interspersed carbide 敷焊用的碳化钨粉

interstade 次冰期期；间冰期

interstadial (epoch) 间冰段

inter(-)stage 中间阶段；级间(的)

interstage cooling 中间冷却

inter-stage stator blade 中间级定子叶片

interstall pillar 盘区间矿柱
　　→～{intervening;interchamber} pillar 矿房间((的)矿)柱//～{intervening} pillar 煤房间煤柱

interstate 州际的

interstellar 星际

interstitial 空隙的；隙间的；结点间；填隙的；填隙(子)
　　→～ alloy 填隙合金//～ chiasma 中间交叉//～ compound 间充化合物

interstitialcy mechanism 推填机理[陶]

interstitial filling 间隙填充作用；填隙作用
　　→～ material 中间体//～ material {matter} 填隙物质//～ ratio 隙溜比[选]//～-vacancy defect 填隙-空位缺陷

interstratal brine 层间卤水

interstratified 互层的；间层的
　　→～ bed 互层//～ rock 夹层岩石

interstratify 互层；间层

interstream 河间的
　　→～ area 河间区；分水岭区//～ groundwater ridge 河间潜水脊；河间地下水(分)水(岭)

intertangle 缠结

intertangling 卷曲

inter tank 内壳；内罐

intertarsal joint 跗(骨)间关节

intertemporal 间颞骨

intertentacular 触角间

intertexture 交织(物)

inter-textured yarn 双组分并合变形丝

interthecal septum 间壁

interthem 中序

interthrusting 间逆冲作用

intertidal 潮间的

intertie 交接横木

intertongue 舌形交错(沉积)；岩舌

intertrappean 熔岩流间的；暗色岩间的

intertropical convergence 间热带辐合
　　→～ front 间热带锋

intertrough 交互沟；间沟[腕]

interturbidite 浊积岩间的

intertwine 交织

interval 河谷低地；隙；区间；差异；层间；层段；期间；孔段；周期；范围；空隙；井身两点间距离；间隔；间隙；间距

interval analysis{function} 区间分析{函数}
　　→～ between fissures 裂隙间距；裂缝间

距；岩石裂隙间距

intervale 丘陵间低地

interval-entropy{vertical-variability} map 岩性垂直变异图

intervallum[pl.-la] 墙间室；墙间隔带；壁间带[古杯]

interval{class} midpoint 组中点
→～`velocity 区间速度；层速度 //～-zone 间隔带

interveined 横断的；被矿脉穿割的；被脉切穿的

intervening air 中介空气
→～ anticline 干涉背斜 //～ block 中间矿块

interventilation 联合通风

intervention 各项采油修理工作；干涉；介入；调停
→～ buying and storage 干预购买和储藏

interwell correlation 井际对比
→～ sweep efficiency 井间波及效率{系数}

interwinding 中间绕组

interzonal 地带之间的；带间的
→～ cross-flow 层间窜流 //～ isolation 窜间隔离 //～ time 带间时

interzone 无化石的带间岩石；间带；间断带

intestinal cancer 肠癌
→～ obstruction due to gallstone 胆石性肠梗阻

intex(t)ine 内外膜；外壁内层[孢]

intexinium 外壁内层[孢]

intimacy 紧密度

intimate crumpling 细皱纹；细褶曲
→～ crystalline mixture 混晶 //～ intergrowth 密切交生

intimately dovetailed 呈燕尾状相互贯穿{紧密镶嵌}的
→～ veined 被密集脉切割的

intine 内膜
→～{entine;intinium} 内壁[孢]

Intorta 两瓣组[孢]

intortus 内缠的；杂乱
→～ cloud 乱云

intrabasement anomaly 基底内异常
→～ body 基内岩体

intrabasinal 盆地内的
→～ rock 盆内岩

intrabiopelmicrite 内碎屑生物球粒泥(微)晶灰岩

intrabiopelsparite 内屑生物球粒亮晶灰岩

intracapsular 中央囊内的[射虫]

intraclass mixture 同属混合物
→～ variance 组合方差

intraclast 内屑；内碎屑[邻近海底固结弱的碳酸盐沉积物遭受剥蚀后又再次沉积的准同生碎屑]

intraclastic 内碎屑内的

intracloud 云内层的；云间的
→～ discharge 云中放电

intracoastal 岸内的；近岸的

intracolony mean 群体内均值

intraconnection 内引线；内连

intracontinental chain 内陆山脉
→～{epicontinental} geosyncline 陆间地槽 //～ subduction 陆内俯冲作用

intracontour waterflooding 内部注水(开发)

intracrateral downfall 火山口内熔岩崩塌

intracratonic 稳定陆块内的
→～ eruptions mountain 克拉通内喷发

山脉 //～ furrow 坚稳地内地沟 //～ rift-style basin 克拉通内裂谷型盆地

intracrustal rock (地)壳内岩

intracrust low-velocity layer (地)壳内低波速层

intracrystal 晶体内的

intracrystalline 晶体内的；晶粒内的
→～ equilibrium 晶体内平衡 //～ penetration 晶内侵入

intracrystal{intracrystalline} pore 晶内孔隙

intracyclothem 内旋回层

intraday 一天内的

intradeep 内渊[德]

intradelta 三角洲靠陆侧；三角洲顶

intradolmicrite 内碎屑白云质微晶灰岩

intradosal rock 穹内岩石

intrafasciculate texture 内束状结构

intrafemicrite 内铁质微(泥)晶

intra-field 油田内的；矿场内的

intrafolial centimetric scale fold 厘米大小的叶理内褶皱
→～ fold 片内褶皱；叶理内褶皱 //～{intraformational} fold 层内褶皱

intraformational 建造内的

intragalactic 星系内的

intrage(o)anticline 内地背斜

intrageosyncline 内地向斜；内地槽；副地槽；陆间地槽

intraglacial 冰内的；冰川内的

intragrain 晶粒内的

intragranular 颗粒内的；晶粒内的
→～ deformation 粒内变形 //～ porosity 粒内孔隙度

intragroup variation 群内变异

intraharzburgitic 方辉橄榄岩内的

intralaminal accessory aperture 层内副孔

intramaar 低平火口内(的)

intramagmatic 岩浆内的

intramarginal suture 边缘间面线[三叶]

intramassif 地块内的；断块内的

intramentane trough 山间海槽

Intra-Mercurial planet 内水行星；水内行星

intramicarenite 内碎屑微晶砂屑灰岩；内碎屑泥晶砂屑灰岩

intramicellar swelling (黏土)晶层间泡胀；晶子内膨胀

intramicrudite 内碎屑微晶砾{粒}屑灰岩

intra-mine 矿内的

intramolecular crosslinking 分子内交联
→～ rearrangement 分子内重排作用

intramontane trou 山间海槽；沙山间槽地

intramural budding 墙内出芽

in-transit (在)运输途中的

intra(-)oceanic arc 洋内弧

intra-office reperforator 局内收报凿孔机

intraorogenic magmatism 间造山期岩浆活动
→～ phase 间造山期相

intra-Pacific province 太平洋内岩区

intrapenetration texture 内穿插结构

intrapermafrost water 永冻带内水；永冻层水

intraplate 内陆板块
→～ dynamics 板内动力学 //～ earthquake {|tectonics|deposit} 板(块)内地震{|构造|矿床}

intraplicate 内褶(缘)型[前接合缘]

intrapopulational individual variation 群

内个体变异

intrapore 孔隙内的

intrapositional deposit 新老易位沉积；地层渗漏沉积

intrasiphonata 内体管类[头]；背气管

intrasiphonate 内体管的[头]

intraspararenite 内碎屑亮晶砂屑灰岩

intraspecific relationship 种内关系

intrastratal 层内的

intrastratigraphy 内地层；亚地层

intrastructure 内壳构造

intratabular 板中部的

intratarsal joint 跗内关节

intratectonic phase 内构造期

intratelluric 深成的；地(球)内的
→～ liquidus assemblage 地内液相组合 //～ stage 地下生成期；地内生成期 //～ water 地内水

intratentacular budding 触手间出芽

intraterrane 内地体；次地体

intrathecal 墙间的
→～ extension 壁间延伸板[棘海座星]

intratomic 原子内的

Intratriporopollenites 内三孔粉属[E]

intraumbilical aperture 脐内孔

intravalley 谷内的

intravenous drip 点滴

intrazo(o)idal 虫体内小隔板

intrazonal 地带内的
→～ soil 隐域土；间域土 //～ time 生物地层带时代;带内时代[生物地层带时代]

intrazone 内带

intricacy 错综

intrigue 引起……兴趣；阴谋

intriguing 有迷惑力的；引起兴趣的

intrinsically-safe circuit 防火花型电路

intrinsically safe electrical apparatus 本质安全型电气设备
→～-safe equipment 真正安全设备 //～{-}safe machine{circuit} 防爆机器

intrinsic(al) brightness 固有亮度

intrite 斑状结构岩

introduced fossils 混入的化石
→～{allogenic} mineral 外来矿物 //～ water 新来水

introduce foreign capital 输入外资
→～ from elsewhere 引入；引进

introducer 导引器；创始人；介绍人；添加剂

introduction 入门；前言；简介；引言；介绍；引进
→～ of foreign technology 引进外国技术

introgression 基因渗入{透}；渐渗杂交[生]

introgressive hybridization 渐渗杂交[生]

Intropunctosporis 内孔状单缝孢属[K-Q]

intro-sand shale 沙层内泥{页}岩

introspective 反省的
→～ forecasting 内省性预测

introvert (使某物)内弯；内翻的(东西)

intruclast 碎屑岩墙

intrude 入侵；侵入

intrusion 侵入岩体；侵入；矿层中的夹石；煤层中的夹石；干涉；侵入岩；闯入；夹石层
→～ displacement 浸入位移 //～-over-intrusion zone 迭侵带 //～-related structure 与侵入作用相关的构造

intrusive 侵入岩；侵入的
→～ body{mass;rock} 侵入岩体 //～

contact 侵入 // ～-limestone contact 侵入岩-石灰岩接触带 // ～ mountain 岩基

intuition 直觉；直观

intuitive 直觉的；直观的
→～ reasoning 直观推理

intumdator 涨溢仪；浸泡器

intumescence 发泡；膨胀；泡沸；隆起
→～ of lava 熔岩沸泡

intumescentia lumbalis 腰膨大{起}

intumescent paint 发泡性耐燃漆
→～ {expansion;dila(ta)tional;rarefaction} wave 膨胀波

in turn 顺序；本身的

Inuits 因纽特人

inula 土木香干燥的根和地下茎

inulase 土木香酶

inulin 菊粉；土木香粉

inundate 泛滥；淹没

inundated 被淹没的
→～ area 受淹面积 // ～ {flooded;drowned} mine 淹没矿井

inundation 水灾；洪水；横溢；海侵；大水；淹没；掩没；泛滥
→～ {flooding} method 漫灌法[用于人工补给地下水] // ～ of deposit 矿床淹没 // ～ phase 海淹相；陆静相

inutility 没用；无益

in(-)vacuo 真空状态；(在)真空中

invade 入侵；侵入

invaded formation 受侵地层；被侵建造

invader 入侵者；侵袭物

invading 入侵
→～ {displacing;displacement} front 驱替前缘 // ～ front 侵入前缘 // ～-imbibing wetting phase 驱替-自吸润湿相；驱替-吸入润湿相；渗润湿相 // ～ sea 进侵的海

invagination 内陷

invar 不胀钢；英瓦合金；因瓦(铁镍合金)[47Ni,53Fe]；微胀合金
→～ (metal) 殷钢

invariability 变性；不变性

invariable 常数；固定的；不变的
→～ element 不变元素 // ～{major} element 常量元素

invariably 恒定的；不变的

invariance 不变性；不变式

invar spacer 不胀钢间距测量(分隔器)
→～ tape 殷钢基线尺；因瓦基线尺

invasion 侵位[侵入并定位]；侵入；到达
→～ (of the sea) 海侵

invasive 侵入的；强力侵入(的)；主动侵入(的)
→～ metamorphism 侵入变质(作用)

invent(ion) 创造；发明

invented gravel filter 反滤层

invention 创造力

inventory 矿藏量；备品目录；清点；清单；开清单；编目；编录；资源；库存量；库存；存货；物资清单
→(take) ～ 盘存

inverarite 镍硫铁矿

invernite 正斑花岗质岩

inverse 倒转的；倒置的；倒数；逆的；反量；反的；相反的
→～ back coupling 负反馈 // ～ compaction factor 逆压实系数

inversed ventilation without air-way 无反风道反风

inverse dynamic correction 反动校(正)

→～ filtering 反滤波 // ～ gas-liquid chromatography 逆气液色谱法 // ～ linear capillary number 逆线性毛细管数

inversely 反之；相反地
→～ graded 逆递变的 // ～ proportional 反比的

inverse magnetostriction effect 反磁致伸缩效应
→～ mapping 逆映射 // ～ {converse} metamorphism 逆变质作用 // ～ photoelectric effect 反光电效应 // ～ spinal type structure{inverse spinel structure} 反尖晶石型结构

inversion 回返；换流；倒置；倒位；逆转；逆变；转换；反转；反演[数]；反向；反相；反伸；翻转作用[藻]；转化
→(rotary) ～ 倒转；倒反；转变 // ～ diad 二次倒反{转}轴 // ～ hexad 六次倒反轴 //(thermal) ～ layer 逆温层 // ～ monad 一次倒反{转}轴

invertafrac-divertafrac 防止水力裂缝向上、下地层伸展的压裂方法

invert{jack;inverted} arch 反拱

invertase 转化酵素；蔗糖酶

invertebrate 无骨气的(人)
→～ growth cycle 无脊椎动物的生长旋回 // ～ paleontology 古无脊椎动物学

Invertebratichnia 无脊椎动物遗迹类[遗石]

inverted 倒转的；倒(置)的；反的
→～ Bridgman seal 倒转式布里奇曼密封 // ～ five spot 反五点(井网) // ～ heading and bench 倒梯段；倒台阶 // ～ pigeonite 倒易变辉石 // ～ {back(-pressure);reverse check} valve 逆止阀

invert(ed) emulsion 逆乳状{化}液
→～ emulsion mud 逆乳化泥浆 // ～ {water-in-oil} emulsion mud 油包水乳化泥浆

inverter 变换器；逆变器；交换器

invert glass 逆玻璃
→～ grade 管道内底坡度 // ～ hull-building 反模造船法

invertibility 可逆性

investigate 调查；审查；追究
→～ and ascertain 查究

investigation 调查；试验；勘察；勘测；研究；侦查；探测
→～ of productive mine 生产矿井调查

investigative{detection} range 探测范围

investment 授予；包围；燃料消耗；覆盖；投入资本

investor 投资人

invisible exports 无形出口
→～ {Carlin-type}gold eposit 微粒型金矿床[<30μm] // ～ heat 不可见热

invisid 无黏性(物体)的

invitation 请柬；邀请
→～ for tender{invitation to bid;invite to tender} 招标

in vitro (在)玻璃器内；(在生物的)体外
→～ vivo (在)自然条件下

invoice 发票；装货单；发货单；发单

involucre 壳斗[植;如橡树果]

involuntary breakage 非人为破碎
→～ interrupt 强迫中断

involute 恢复原状；包旋式；包旋；包卷[孔虫]；内旋式；内卷；密卷；卷起；消失；渐伸的
→～ serration 细齿花键 // ～ tooth sys-

tem 渐开线轮齿系统

Involutina 包旋虫属[孔虫;T3-J1]

involution 回旋；包卷[孔虫]；内旋；内卷；错综复杂；卷入；退化；对合；卷褶(作用)；冰卷泥；乘方；冻融包裹土
→～ layer 融冻变形层

Involutisporonite 单孔卷曲孢属[E3]

involved 有关的；含混不清的；所涉及的；所包含的；研究的；复杂的[形式]

inward 输入的；实质；内在的；内心；内向的；内部的；里面
→～ charges 入港费 // ～ curve 内弯[海岸] // ～ extension 内移距；内径 // ～-facing scarp 向内陡崖

inwash 水砂充填；边川边缘沉积；巨原冲积层；巨厚冲积层；充灌水砂充填料；冲积
→～ of alluvi(ati)on 冲积层

in-web coal-getting machine 机身进入煤体的采煤机
→～ {buttock} shearer 爬底板滚筒采煤机

inwelling 海水倒灌

inyoite 单斜硼酸钙石；板硼石[Ca(B2O3(OH)5)•4H2O]；板硼钙石[Ca(B2O3(OH)5)•4H2O;Ca2B6O11•13H2O;单斜]

Inyoites 茵约菊蛤属[头;T1]

Inzeria 印卓尔叠层石(属)[Z]

Io 镤[90号元素钍的放射性同位素]

iochroite 电气石[族名];碧珊;璧玺;成分复杂的硼铝硅酸盐,有显著的热电性和压电性;(Na,Ca)(Li,Mg,Fe2+,Al)3(Al,Fe3+)6B3Si6O27(O,OH,F)4]

iocite 方铁矿[FeO;等轴]

iodargyre{iodargyrite} 碘银矿[AgI;六方]

iod-atacamite 羟碘铜矿[Cu(IO3)(OH),斜方;Cu2I(OH)3]

iod(o)botallackite 羟碘铜矿[Cu(IO3)(OH);斜方]

iodcarnallite 碘光卤石

iodchromate 碘铬钙石[Ca2(IO3)2(CrO4);2CaO•I2O5•CrO3;单斜]

iodembolite 氯碘银矿；卤银矿[Ag(Cl,Br,I)]

iodic 碘的
→～ quicksilver 碘汞矿[HgI2] // ～ silver 碘银矿[AgI;六方]

iodide 碘化物；碘[根]
→～ crystal bar 碘化物法晶棒 // ～ metal 碘化物热离解法金属

iodination 碘化作用

iodine 碘
→～ deposit 碘矿床

iodite 碘银矿[AgI;六方]；亚碘酸盐[MIO2]

iodobromite 碘溴银矿；卤银矿[Ag(Cl,Br,I)]

iododecane 癸基碘

iodoform 碘仿

iodohexadecane 碘代十六烷

iodolaurionite 碘羟铅矿[PbIOH]

iodolite 硫碱陨石

iodomimetite 碘砷铅矿

iodopyromorphite 碘磷铅矿

iodovanadinite 碘钒铅矿

iodquecksilber 碘汞矿[HgI2]

iodum[拉] 碘

iodyrite 碘银矿[AgI;六方]

ioguneite 臭葱石[Fe3+(AsO4)•2H2O;斜方]

iojimaite 奥斜安山岩；硫磺岛岩

iolanthite 碧玉[SiO2]

ion 离子
→～ association 离子缔合作用

ionene 紫罗烯

ion exchange{inter-exchange} 离子交换
→ ~ -exchange chromatography 离子交换色层法 // ~ exchange in pulp 矿浆(中)树脂(离子)交换(法)[浮选、浸出] // ~ exchange paper 离子交换纸 // ~ (ic) flotation 离子浮选 // ~ geothermometer 离子比地热温标

ionic 离子的

ionite 褐水碳泥；绿松石[$CuAl_6(PO_4)_4(OH)_8 \cdot 4H_2O$;三斜]

ionium 鐳[90号元素钍的放射性同位素]；钍^{230}
→ ~ dating 鐳年龄测定 // ~ -excess method 鐳法 // ~ -method 鐳法 // ~ -protactinium ratio dating method 鐳镤定年法

ionization 电离；离子化；电离作用；游离
→ ~ by collision 碰撞游离 // ~ {ion} chamber 电离室 // ~ density 电容密度 // ~ layer 电离层

ionized 电离的
→ ~ -gas detector 电离气体探测器 // ~ {ionospheric} layer 游离层 // ~ layer{stratum} 电离层

ionizer 电离剂

ionizing agent 离子化剂
→ ~ event 电离作用

ion mass microanalyser 离子质量分析仪；离子探针仪
→ ~ microprobe mass analyzer 离子探针质量分析仪 // ~ motion analog 离子运动模拟 // ~ neutralization spectroscopy 离子中和化谱学

ionodialysis 离子渗析

ionophoresis 电离电泳(作用)；离子电泳(作用)

ionosphere 电离层；游离层

ionospheric direct sounding 电离层直接测深
→ ~ irregularities 电离层的不均匀性

ionotropy 离子移变(作用)

ion pair 离子偶
→ ~ population 离子组合 // ~ -scattering spectrometry 离子散射谱仪 // ~ -stuffing 挤塞效应

iosene 晶蜡石[$C_{20}H_{34}$;$C_{19}H_{32}$;$C_{18}H_{30}$]

iosiderite 方铁矿[FeO;等轴]

IOSR 增产油-蒸汽比

iota structure I形结构

Iotrigonia 箭三角蛤属[双壳;J_3-K_1]

iowaite 水氯铁镁{镁铁}石[$Mg_4Fe^{3+}(OH)_8OCl \cdot 2 \sim 4H_2O$;六方]

Iowan 爱荷华
→ ~ glacial stage 爱阿华冰期；衣阿{爱荷}华冰期[美;Q] // ~ phase 衣阿{爱荷}华冰期[美;Q] // ~ stage 衣阿华阶

iozite 方铁矿[FeO;等轴]

IP 输入功率；虚数部分；(在)某种程度上；部分地；中压；着火点；原始压力；初始点；激发极化

i.p. 起始点；初相

IPA 异丙醇[$(CH_3)_2CHOH$]

Ipanema 巴西点啡[石]

Ipciphyllum 伊普雪珊瑚属[P]

Iphidella 强势贝属[腕;Є]

IPOD 国际海洋钻探计划

Iporit ×乳化剂[烷基萘磺酸钠]

IPP 初期抽油产量

IPR 井底流压-产量关系

iprap 防冲抛石

---

iquiqueite 硼铬镁碱石

Ir 铱

IR-70 ×白药[3-氯丁烯基-2-异硫脲氯化物;俄]

IR-active 红外活性

Iranaspis 伊朗壳虫属[三叶;Є₃]

iranite 水铬铅矿[$Pb_{10}Cu(CrO_4)_6(SiO_4)_2(F,OH)_2$;三斜]；伊朗石

Iranoleesia 伊朗虫属[三叶;Є₃]

Iranophyllum 伊朗珊瑚(属)[P₁]

iraqite 伊拉克石[$(K,La,Ce,Th)(Ca,Na,La)_2Si_8O_{20}$;六方]

irarsite 硫砷铱矿[IrAsS;(Ir,Ru,Rh,Pt)AsS;等轴]

iraser 红外激射器

iraurita 铱金[(Au,Ir)]；铱金矿

irdome 红外穹门；可通过红外线的整流罩

Ireland 爱尔兰

irestone 角石[类似燧石的硅石]；硬泥质页岩；角页岩；角岩；角闪岩

irhtemite 钙镁砷矿；斜砷镁钙石[$Ca_4MgH_2(AsO_4)_4 \cdot 4H_2O$;单斜]

irhzer 直岩沟

iridarsenite 砷铱矿[(Ir,Ru)As₂;单斜]

iridescent 虹彩；晕彩；晕色的
→ ~ cloud 彩云 // ~ film (水面)晕彩油膜；虹彩膜 // ~ luster 晕色 // ~ quartz 虹色石英

iridic {-}gold 铱金矿；铱金[(Au,Ir)]
→ ~ platinum 铱铂矿

iridioplatin(it)a 铱铂矿；铱铂[(Pt,Ir)]

iridium 铱；铂铱矿[(Ir,Pt);等轴]
→ (native) ~ 自然铱[Ir;等轴] // ~ anomaly 铱异常 // ~ ores 铱矿 // ~ -osmine{iridoiridosmine} 铱锇矿[(Ir,Os),Os > Ir;六方]

irido-platinita 铱铂矿；铱铂[(Pt,Ir)]

iridoplatinite 铂铱矿[(Ir,Pt);等轴]

irido-platinite 铱铂矿

irid(i)o-platinum 铱铂合金

iridosmine{iridosmium} 铱锇矿[(Ir,Os),Os > Ir;六方]

iridplatine 铱铂矿

iriginite 黄(水)钼铀矿[单斜;$UO_3 \cdot 2MoO_3 \cdot 4H_2O$;$(UO_2)Mo_2O_7 \cdot 3H_2O$]；水钼铀矿[$UO_3 \cdot 2MoO_3 \cdot 4H_2O$]

irinite 铈钍钠钛矿[$(Na,Ca,Th,Ce)(Ti,Nb)_2O_6$]

iris 光圈；隔膜；隔板；膜片；晕色；晕彩石英；晕彩；窗孔

irisation 虹彩；云彩

iris diaphragm 虹膜式光圈；可变光圈；锁光圈

irised 虹彩的；晕色的

Irish buggy 独轮车
→ ~ elk Megaloceros 大角鹿；爱尔兰麋[Q] // ~ touchstone 玄武岩

iris photometer 虹彩式光度计

irite 铱铬矿；杂铱铬矿

IRMA 综合研究监测区；岩矿测试技术研究所

iron 轧平；烙铁；熨斗；铁灰色的；铁的；铁；火星[炼丹术语]
→ ~ (implement) 铁器；铁陨石；自然铁[Fe;等轴]

Iron Age 铁器时代

iron{ferro}-akermanite 铁黄长石[$Ca_2Fe_2^{2+}SiO_7$]

iron(-)alabandite 铁(-)硫锰矿

iron-albite 铁钠长石

iron alum 铁明矾[$Fe^{2+}Al_2(SO_4)_4 \cdot 24H_2O$;

$FeO \cdot Al_2O_3 \cdot 4SO_3 \cdot 24H_2O$]；铁矾[$Fe^{2+}Al_2(SO_4)_4 \cdot 24H_2O$]
→ ~ -aluminium{precious;oriental} garnet 铁铝榴石[$Fe_3^{2+}Al_2(SiO_4)_3$;等轴] // ~ andradite 铁榴石[$Fe_3^{2+}Fe_2^{3+}(SiO_4)_3$] // ~ -anorthite 铁钙长石 // ~ -anthophyllite 阳起石[$Ca_2(Mg,Fe^{2+})_5(Si_4O_{11})_2(OH)_2$;单斜]；紫苏辉石[$(Mg,Fe^{2+})_2(Si_2O_6)$]；铁直闪石[$(Fe^{2+},Mg)_7(Si_4O_{11})_2(OH)_2$;斜方] // ~ ball 铁结核；铁球石 // ~ basalt{iron- basalt} 铁玄武岩 // ~ -bearing ore 含铁矿石 // ~ bed 铁矿层 // ~ beidellite 铁贝得石[$(Al,Fe^{3+})_8(Si_4O_{10})_3(OH)_{12} \cdot 12H_2O$] // ~ berlinite 块磷铁矿[$FePO_4$]；铁方硼石[$(Mg,Fe)_3(B_7O_{13})Cl$;斜方]；铁方硼石 // ~ -bound coast 陡岩岸 // ~ -brucite 铁水镁石[$5Mg(OH)_2 \cdot MgCO_3 \cdot 2Fe(OH)_2 \cdot 4H_2O$] // ~ -brucite 铁羟镁石 // ~ -chevkinite 铁硅(钛)铈铈矿 // ~ -chlorite 铁绿泥石类 // ~ chromate 铬铁矿[$Fe^{2+}Cr_2O_4$;等轴；铬铁矿 $FeCr_2O_4$、镁铬铁矿 $MgCr_2O_4$ 与铁尖晶石 $FeAl_2O_4$ 间可形成类质同象系列] // ~ chrysolite 铁橄榄石[$Fe_2^{2+}SiO_4$;斜方]

ironclad 确凿

iron-clad 铠装的

ironclad mining battery 铠装矿用蓄电池

iron-clad motor 铁壳电动机
→ ~ telephone 防爆电话 // ~ {mine} telephone 矿用电话

iron clay 赭土[俗称铁红,成分除赤铁矿外,大多为黏土矿物]；泥质铁矿；铁泥矿；铁铌矿[$Fe(Nb_2O_6)$]
→ ~ coating 铁质胶膜 // ~ concentrate 钒铁精矿 // ~ concentrate powder 铁精矿粉 // ~ cordierite 铁堇青石[$Fe_2Al_3(Si_5AlO_{18})$;$(Fe^{2+},Mg)_2Al_4Si_5O_{18}$;斜方]

ironcored gehlenite 铁黄长石[$Ca_2Fe_2^{2+}SiO_7$]

iron-corundum 铁刚玉

iron cross law 铁十字(双晶)律
→ ~ disulphide 黄铁矿[FeS_2;等轴]；二硫化铁 // ~ -dolomite 铁白云石[$Ca(Fe^{2+},Mg,Mn)(CO_3)_2$;三方] // ~ earth 菱铁矿[$FeCO_3$,混有 FeAsS 与 FeAs₂,常含 Ag;三方] // ~ -epidote 铁绿帘石

ironer 轧液机[轧干衣服专用的]

iron-filing mortar 铁屑砂浆

iron flint 铁燧石
→ ~ froth 铁泡石；海绵赤铁矿 // ~ gehlenite 铁黄长石[$Ca_2Fe_2^{2+}SiO_7$] // ~ glance 辉铁矿；赤铁矿[Fe_2O_3;三方] // ~ glance{mica} 镜铁矿[Fe_2O_3,赤铁矿的变种] // ~ -graphite diagram 铁(-)石墨平衡图 // ~ hardpan 铁质硬盘 // ~ {-}hausmannite 铁黑锰矿[$MnFeMnO_4$] // ~ -hornblende 铁角闪石[$Ca_2(Fe^{2+},Mg)_4Al(Si_7Al)O_{22}(OH,F)_2$;单斜] // ~ hypersthene 铁辉石[$Fe^{2+}(Si_2O_6)$]

ironing 变薄拉伸；挤压法；熨平
→ ~ out 压平；烫平；(用)铁辊轧平[如校直钻杆]

iron kaolinite 法铁高岭石
→ ~ {eisen} kaolinite 铁高岭石[$(Al,Fe)_2O_3 \cdot 2SiO_2 \cdot 2H_2O$] // ~ lazulite 铁天蓝石[$(Fe^{2+},Mg)Al_2(PO_4)_2(OH)_2$;单斜] // ~ {-}leucite 铁白榴石 // ~ -microcline 铁微斜长石 // ~ mill 炼铁厂 // ~ mule 小型机车；自动矿车 // ~ -mullite 铁模来石 // ~ natrolite 铁钠沸石 // ~ ocher 铁赭石 // ~ olivine 铁橄榄石[$Fe_2^{2+}SiO_4$;

斜方] // ~ ootite{oolite} 铁鲕石 // ~ opal 铁蛋白石[因含有铁氧化物而呈黄色或褐色;$SiO_2 \cdot nH_2O$] // ~ ore 褐铁矿[$FeO(OH) \cdot nH_2O; Fe_2O_3 \cdot nH_2O$,成分不纯]; 赤铁矿[$Fe_2O_3$;三方];铁砂;铁矿石 // ~ ore{mine} 铁矿 // ~ -ore agglomeration facilities 铁矿石造块设施{能力} // ~ ore bed 铁矿层 // ~ ore briquetting 铁矿石制团{压块} // ~ -ore{metallic(s); portland-slag; cold-process; metallurgical} cement 矿渣水泥 // ~ ore mine 铁矿山 // ~ ore pellet 铁矿石末熔烧团矿 // ~ -ore pelletizing 铁矿石造球{制粒} // ~ ore pellet product load-out bin 铁矿球团产品装运仓 // ~ ore pellet shipment 铁矿石球团装运{出厂}量 // ~ -ore pre-treatment facilities 铁矿石预处理设备 // ~ orthoclase 铁正长石 // ~ oxide (ore) 氧化铁矿 // ~ platinum 铁铂矿[PtFe;四方] // ~ -platinum 铂铁矿 [(Pt,Fe)] // ~ {sulphur} pyrite 黄铁矿[FeS_2;等轴] // ~ -pyrochroite 羟铁锰石;铁羟锰石[(Mn,Fe)$(OH)_2$] // ~ -pyroxene 铁辉石[$Fe_2^+(Si_2O_6)$]

Iron Range Resources and Rehabilitation Commission 铁矿区资源和开发委员会

iron-reddingite 铁磷锰矿[(Fe,Mn,Mg,Ca)$_3$$(PO_4)_2 \cdot 3H_2O$]

iron red glaze 铁红釉
→ ~ reinforcement 铁筋 // ~ -rhodonite 锰三斜辉石[(Mn,Fe)SiO_3] // ~ -rich ataxite 中镍陨铁;富铁的镍铁陨石 // ~ -rich samarskite 铁铌钇矿[Fe,U,稀土(Y和Ce)及少量Mn和Ti的铌酸盐] // ~ -richterite 铁钠透闪石[$NaCa_2(Fe^{2+},Mg)_5$ $AlSi_8O_{22}(OH)_2$;单斜];铁镁钠钙闪石 // ~ rutile 铁金红石

irons 铁粉

iron safe clause 保险柜安全条款
→ ~ sand 磁铁矿[$Fe^{2+}Fe_2^+O_4$;等轴];钛铁矿[$Fe^{2+}TiO_3$,含较多的Fe_2O_3;三方];铁砂[矿] // ~ sanidine 铁透长石 // ~ -sarcolite 铁肉色柱石 // ~ schefferite 铁锰钙辉石[(NaFe^{3+},CaMg)Si_2O_6(式中NaFe$_3$:CaMg ≈ 4)] // ~ serpentine 铁蛇纹石 [$Fe_4^{2+}\frac{1}{2}Fe^{3+}(Si_4O_{10})(OH)_8$;$(Fe^{2+},Fe^{3+})_{2-3}$ $Si_2O_5(OH)_4$;单斜] // ~ -shod riffle 包铁方格条;流矿槽衬底包铁方木格条

ironshot 含铁核的;含褐铁矿的;具铁斑的;铁砂{核};铁质斑彩

iron-silica pan 铁硅盘

iron-silicon modulus 硅铁模数

iron sinter 铁华
→ ~ {arsenic} sinter 臭葱石[$Fe^{3+}(AsO_4) \cdot 2H_2O$;斜方] // ~ {-}skutterudite 方砷铁矿 // ~ -skutterudite 铁方钴矿 // ~ spar 球菱铁矿 [$FeCO_3$] // ~ spinel{sand}{iron-spinel} 铁尖晶石[$Fe^{2+}Al_2O_4$;等轴]

ironstone 铁岩;褐铁矿[$FeO(OH) \cdot nH_2O$; $Fe_2O_3 \cdot nH_2O$,成分不纯];含铁矿石;铌铁矿 [(Fe,Mn,Mg)(Nb,Ta,Sn)$_2O_6$;(Fe,Mn)Nb_2O_6; $Fe^+Nb_2O_6$;斜方];富铁岩;氧化铁[Fe_2O_3];铁矿石;铁矿
→ (clay;bail) ~ 泥铁矿[(Fe,Mn)(Nb,Ta)$_2O_6$]

iron stone 铁石
→ ~ stone cap{blow} 铁帽[$Fe_2O_3 \cdot nH_2O$]

ironstone clay 赤铁矿[Fe_2O_3;三方]

iron strigovite 铁柱绿泥石[$2FeO \cdot Al_2O_3 \cdot 2SiO_2 \cdot 2H_2O$]

→ ~ talc{brucite} 铁滑石[$(Fe^{2+},Mg)_3$ $Si_4O_{10}(OH)_2$;单斜] // ~ talc 明尼{铁滑}石 // ~ tartrate 酒石酸铁 // ~ -titanium-oxide geothermometer 铁钛氧化物地质温度计 // ~ tourmaline 铁电气石[$NaFe_3$ $Al_3(B_3Al_3Si_6(O,OH)_{30})$] // ~ wagnerite 铁氟磷镁石 // ~ -wollastonite 铁硅灰石[$CaFe(Si_2O_6)$;$Ca(Fe^{2+},Ca,Mn)Si_2O_6$;三斜]

ironwork(er) 铁工

iron wrestler 操作重型设备钻台工
→ ~ zinc spar 菱锌铁矿[(Fe,Zn)CO_3]

irosita 铱锇矿[(Ir,Os),Os > Ir;六方];锇铱矿[(Ir,Os),Ir>Os;等轴]

irosite 灰铱锇矿;铱锇矿[(Ir,Os),Os > Ir;六方]

irradiance 照射度;发光;辐照度;辐射波
→ ~ level 辐照度级

irradiated fuel inspection 辐射燃料检验
→ ~ fuel reprocessing 辐照燃料后处理

Irradiated Materials Laboratory 发光材料实验室[美]

irradiated nuclear fuel storage 辐照核燃料储存
→ ~ uranium dioxide fuel element 辐照二氧化铀燃料元

irradiation 阐明;扩散;光渗;启发;辐照;照射;照光;辐射
→ ~ {radiation} age 辐射年龄

irradiator 辐射器;辐射体

irrational 不合理

irrecoverable creep 不可复原蠕变

irreducible 剩余的;残余的;不可约的
→ ~ ore 难还原矿石

irrefutable 确凿;凿
→ ~ evidence 证据确凿 // ~ facts 确凿(的)事实

irreg 不规则的

irregular and complex drainage 不规则复合水系
→ ~ beading 边釉不齐 // ~ -coursed{random} rubble 乱砌毛石

Irregularia 歪形海胆

irregularia 偏形类;不规则叠层石属[Z]

irregular lime concretions 砂姜
→ ~ line network 不规则测线网

irregular near-surface 不规则近地表
→ ~ oscillatory zoning 不规则摆动环带 // ~ porosity 不规则孔隙度{率} // ~ room and pillar method 留不规则矿柱法 // ~ -shaped ore zone 不规则形状矿(床区)

irrelevant information 干扰;不需要的信息
→ ~ variable 无关变量

irrespirable 不适于呼吸的
→ ~ atmospheres 井下有害空气

irreversibility 不可逆性
→ ~ in evolution 演化中的不可逆性 // ~ of phylogenetic development 进化不可逆定律

irreversible 单向的;不可逆的
→ ~ change of flow stress 流变应力的不可逆变化

Irrimales 无缝组[孢];无痕纲

irrotational 不旋转的;无旋的
→ ~ flow 无涡流;无旋转流 // ~ {potential} flow 无旋流 // ~ {lamellar} vector field 无旋向量场

irtyshite 铌钽钠石;额钽钠矿

Irvingella 小伊尔文虫属[三叶;$\in_3$]

Irvingelloides 小伊尔文形虫属[三叶;O_1]

irvingite 钠锂云母

Irvingtonian 埃尔文登阶[Q_1];伊尔文登(阶)[Q_1]

isabellite 碱锰闪石[(Na,K)$_2$(Mg,Mn,Ca)$_6$ $(Si_8O_{22})(OH)_2$];纳透闪石;钠透闪石[$Na_2(Mg,Fe^{2+},Fe^{3+})_6(Si_8O_{22})(O,OH)$;$Na_2Ca$ (Mg,Fe^{2+})$_5$$Si_8O_{22}(OH)_2$;单斜]

isametral{isametrics} 等偏差线

Isamill 艾萨磨机

isamplitude 等幅线

isanabase 等基线

isanakatabar 等气压变{较}差线

isanomal 等异常线;等距异常线;等距平线;等地平

is(o)anomalic{anomaly} contour 等异常线

is(o)anomalous{isanomalic;is(o)anomaly} line {curve} 等异常线

Isaria 棒束孢属[真菌;Q]

Isariopsis 拟棒束孢属[真菌;Q]

Isastrea 等星珊瑚属[J_2-K]

isaurore 极光等频(率)线

isblink 海岸冰崖

Ischadites 坐海绵属[O-D]

ischelite 杂卤石[$K_2Ca_2Mg(SO_4)_4 \cdot 2H_2O$;三斜]

ischkulite 铬磁铁矿[$Fe(Fe,Cr)_2O_4$]

ischkyldite 绢蛇纹石[$Mg_{15}Si_{11}O_{27}(OH)_{20}$]

Ischyosporites 坑穴孢属[K_1-E]

Ischyromys 壮鼠属[E_3]

iscorite 合成硅铁

Isculitoides 拟伊斯克菊石属[头;T_1]

I-section 工字形剖面

isectolophids 外楞貘类

isenite 霞闪粗{耀}安岩

is(o)entrope{is(o)entropic} 等熵线

isentropic analysis 等熵分析

iseoric line 等年温(较)差线

isepire 等降水大陆度

iserin(e) 钛铁矿[$Fe^{2+}TiO_3$,含较多的Fe_2O_3;三方]

iserite 钛铁矿[$Fe^{2+}TiO_3$,含较多的Fe_2O_3;三方];铁尖晶石[$Fe^{2+}Al_2O_4$;等轴];钛磁铁矿[(Fe,Ti)$_3O_4$]

I-set 工字铁棚子支护

I-shaped valley 非常年青的河谷

ishiganeite 钠水锰矿[(Na,Ca)$Mn_7O_{14} \cdot 2.8H_2O$];α锰铝石;隐钾锰矿

Ishige 铁钉菜(属)[褐藻;Q]

ishikawaite 铌钇铀矿[(U,Fe,Y,Ca)(Nb,Ta)O_4?;斜方];铌钽铁铀矿

Ishikawajima-Nakamura process 石川岛-中村(炉外钢液处理)法

ishik(a)waite 石川石[(U,Fe,Y,Ce)(Nb,Ta)O_4]

ishinna 冰膜[海面]

ishkulite 铬钙铁矿;铬磁铁矿[$Fe(Fe,Cr)_2O_4$]

is(c)hkyldite 绢{硅纤;间绿}蛇纹石[Mg_{15} $Si_{11}O_{27}(OH)_{20}$]

isiganeite 硬锰矿[$mMnO \cdot MnO_2 \cdot nH_2O$];石锰矿

isinglass 白明胶;云母[$KAl_2(AlSi_3O_{10})(OH)_2$];鱼胶
→ ~ stone 白云母薄片岩

is(h)kildite 绢蛇纹石[$Mg_{15}Si_{11}O_{27}(OH)_{20}$];硅纤蛇纹石

island 导管固定部[喷气飞机];岛;安全地区;支柱;甲板室
→ ~ abutment 孤立矿柱的应力集中区;岛形支撑矿柱;采空区支撑矿柱

"island" mining 小规模井开采(煤)

island mole{breakwater} 岛堤

islands 群岛

→(chain) ～ 列岛

island{insular} slope 岛坡
→～-tying 陆连岛(的)形成作用；连岛作用// ～-type 岛弧型

Island Universe 岛宇宙

island volcano 岛火山

isle 小岛；岛

isles 群岛

islet 屿；小岛

ISO[International Standardization Organization] 国际标准化组织

isoabietic acid 异松香酸

iso(-)abnormal 等异常线

Isoachlya 水绵霉属[真菌;Q]

isoactivity melting curve 同活度熔融曲线

isoalkane 异构烷烃；异链烷烃

isoalkene 异烯烃

isoalkyl 异烷基

isoallyl 丙烯基

isoalumina method 等氧化铝法；等铝氧法

isoamplitude 等振幅线；等变幅线
→～ map 等振幅图

isoamyl 异戊基[(CH₃)₂CHCH₂CH₂−]
→～alcohol 异戊醇[(CH₃)₂CHCH₂CH₂OH]

isoamylene 异戊烯

isoamyl isovalerate 异戊酸异戊酯
→～ ketone 二异戊基甲酮[((CH₃)₂CH•CH₂•CH₂)₂CO]

isoamylol 异戊醇[(CH₃)₂CHCH₂CH₂OH]

isoamyl phenyl ketone 异戊基苯基(甲)酮[(CH₃)₂CH(CH₂)₂CO C₆H₅]
→～ xanthate 异戊黄药

isoanomal 等偏差线

isoanomaly{isanomaly} curve 等异常曲线
→～ curve 等值线

isoanthracene 异蒽

isoanthracite line 等无烟煤线

isoanthracitelines 煤层等挥发分{碳氢比}线

iso-apparent resistivity map 等视电阻率图

isoaxial 等轴的
→～ mineral 等光轴矿物

isoazimuth 等方位线

isobar 等压线；(同量)异序(元)素
→～ decay 同质异位素衰变

isobaric 同(原子)量异序的；等压的；等权的；单变线[等压]

isobase 等升降线(地壳)；等界线；等基线

isobath 等高线；等高程线
→～ (curve) 等深线

isobathic 等深的
→～ {isobathye;depth;fathom;bathymetric;water-depth} line 等深线

isobath{bathymetric} map 等深图

isobathytherm(os) 等温深度线{面}；海内等温线

isobenth 等繁殖力线

isobi(o)lith 等生层；等化石年代岩石单位

isoblast 等变晶线

isoborneol 异冰片
→～ formate 甲酸异冰片酯

isobront 等雷(暴日数)线；初雷等时线

isobutane 异丁烷
→～ curve 异丁烷工况曲线

isobutanol 异丁醇

isobutene 异丁烯

isobutenyl xanthate 异丁基`黄药{基黄原酸盐}[(CH₃)₂C₂HOCSSM]

isobutyl 异丁基[(CH₃)₂CHCH₂−]
→～ alcohol 异丁醇

isobutylene 异丁烯

isobutyl glycine 异丁基氨基乙{醋}酸[(CH₃)₂CHCH₂NHCH₂COOH]
→～ xanthate 异丁(基)黄药

isobutyryl 异丁酰

iso-capacity map 等地层系数图

isocaproic acid 异己酸

isocarbon map 等含碳图

Isocardioides 类心蛤属[双壳;T₃]

isocaryophyllene 异丁竹烯

isoceraunic line 等雷频线

isocercal{equal} tail 等尾
→～ tail 同尾

isochasm 等峡；等裂口

isocheim 等冬温线

isochela 等爪形骨针；等倒钩骨针；等螯[甲壳]

isochemical 等化学的
→～ exsolution 等化学出溶

isochimenal line 等冬温线

isochion 等雪线

isochloride contour 氯离子浓度等值线

isochlor map 等氯图

isocholestane 异胆甾烷

isochore 等层厚{体积;间距}线；等时(差)线；等容线
→～ {convergence} map 两层等距线图// ～ map 有用矿层等厚度线图；等垂矩线图

isochoric 等体积的；等容的；等层厚的
→～ flow 等容流动// ～ process 等容过程

isochromate 等色线

isochromatic 正色的；单色的
→～ curve 等色图；等色曲线// ～ line {curve} 等色线

isochromium method 等铬法

isochron 等年线；同时线
→～ (curve) 等时线

isochronal approach 等时线趋近
→～ flow test 等时间歇生产测试

isochronatic curve 同震(曲)线

isochron chart 等时图
→～ diagram 等时线图

isochroneity 等时性；同步

isochronic first occurrence 同时首次出现

isochron layer 同期层

isochronon 等时钟；精密时计

isochronous 同步的
→～-body model 等时体模式// ～ convergence 同时趋同// ～ signal distortion tester 等时信号畸变测试器

isochron{isochronous;isochronic} surface 等时面[地震反射]

isocinnamic acid 异肉桂酸
→～ anhydride 异肉桂(酸)酐

isoclarke map 等克拉克值图

isoclas(it)e 水磷钙石[Ca₂(PO₄)(OH)•2H₂O;单斜]

isoclimatic line 等气候线

isoclinic 等应力倾线；等斜的；等倾的
→～ (line) 等(磁)倾线// ～ chart 等(磁)倾图// ～ {isogonal; isodip;isoclinal} line 等倾线

isocoene diagram 等殖线图；等群落线图

isocolloid 异胶质；同质异性胶(体)

isocommunity 相似群落

isoconcentration 等浓度
→～ line 等浓度线// ～ map 等浓度图

isocontour 等量线

isocorrection 等均衡校正线

iso-corrosion diagram 等腐蚀速率图

iso-cost curve 等费用曲线

iso(-)cost line 等费用线；等成本线

isocrinida 等节海百合目；等称海百合目[棘]

Isocrinus 等海百合属[棘;T-J]；等称百合

isocron map 等速层位图

isocryme 等低温线；最冷期等水温线

isocryptoxanthin 异隐藻黄素

isocubanite 等轴古巴矿[CuFe₂S₃]

isocyanate 异氰酸盐[M-N:C:O]

isocyanide 异氰化物；胩

isocyclic compound 等环化合物

isodecane 异癸烷

isodecyl amine 异癸胺[(CH₃)₂CH(CH₂)₇•NH₂]

isodef 等少量百分率线；等亏率线

isodeme 等膨胀(性)线[煤]；等隆起线

isodensitrace 等密度线；等密度扫描迹

isodensity 等密度线；等密度
→～ map 等密度图

isodesmic 等键的
→～ bond 均型键// ～ structure 等(键型)结构；均键结构

isodiametric 等直径的

isodiff 等改正线；等差线

isodigeranyl 异双牻牛儿基

isodimorphic system 同质二形体系

isodimorphism 类质二象；同二形(现象)

isodomon 整块石端砌；整块石面砌

isodomum 整块石端砌

Isodont 对齿类

isodont 等齿型

Isodonta 等齿类[双壳]

isodont type 对齿型

isodose 等剂量(线)
→～ recorder 等量药剂记录器

isodrin 异艾氏剂[虫剂]

isodrome 等温差商数线

isodrosotherm 等露点线

isodynam 等力线

isodynamic 等能的；等(强)磁力(线)
→～ {isodynamtic} line 等磁力线// ～ {isodynamtic} separator 等磁力(线)磁选机；等磁力分离器(仪)；选器

isodynamtic{isodynamic} line 等力线
→～ magnetic separator 等磁力分离仪

iso-echo 等回波线

iso-efficiency curve 等效曲线；等效率曲线

iso(-)electric 等电(位)的

isoelectric precipitate 等电沉淀

isoelectronic group 同电子群
→～ series 等电子结构系列

isoenthalpic (line) 等焓线
→～ flow 等焓流动

isoenthalpy 等焓

isoentropic 等熵

isoenzyme 同功{工}酶

Isoetales 水韭类{目}[古植]

Isoetopsis 拟水韭属[古植;K₂]

iso-extension 等拉伸线

isofacial 同相的；等变质级的

isofemic 等铁镁值{质}的

isoferroplatinum 等轴铁铂矿[Pt₃Fe]

isofluors 等荧光强度线

isoflux 等(中子)通量

isofrigid 常年冻温的(土壤)

28-isofucosterol 28-异岩藻甾醇

isofucoxanthinol 异岩藻黄素{质}醇

isogal 等重力线[重勘]；等伽线

isog(r)am 等重力线[重勘]；等磁力线

isogamete 同形配子

isogenesis 同成因；同源[岩]

isogeny 同源[岩]；同成因

isogeolith 等岩层；同时代岩石

isogeothermal 等地温线；等地温面；等地温的
　　→～ contour{line} 等地温线//～ map 等地温图

isogeraniol 异牻牛儿醇

Isognomon 等盘蛤属[T-Q]

isogonal 等角的
　　→～ cross course 等角交错[矿脉]；等方位交错//～ {isogonic;rhumb; loxodromic} line 等方位线//～ {isogonic} line 等偏(角)线；等磁偏线；同向线；同风向线

isogor 等气油比
　　→～ map 等气油比图

isograd band 等变度带
　　→～ bundle 等变度束

isograde 等量线；等变质级的；变质级；等变度的；等变度
　　→～ rock 等(变质)级岩；变质岩

isogradient (contours;curve;line) 等梯度线
　　→～ line of geothermal map 地温图的等梯度线//～ map 等梯度图

isograd pattern 等变线模式
　　→～ surface 等变度面

Isogramma 等线(贝属)[C₁₋₃]；等纹贝属[腕]

Isograptus 等称笔石(属)[O₁]

isogriv 等磁针坐标偏角线

isohydric 等水分的
　　→～ concentration 等氢离子浓度

isohydrics 等酸碱线

isohydrocarbon 异构烃

isohydron 等含水量线

isoikete 等习性线；等适居性

isojet burner 等喷燃烧器

isokatabase 等下沉线；等降线

isokeraunic 等雷(雨)频(率)的

isokinetic 等速线；等风速线
　　→～ condition 等动力条件

(F) isokite 氟磷钙镁石[CaMg(PO₄)F;单斜]

isoklas 水磷钙石[Ca₂(PO₄)(OH)·2H₂O;单斜]

Isokontae 等鞭毛类[藻]

isokontean 等鞭毛的[藻]

isokrymene 等最低温线

isokurtic curve 等峰态曲线

Isolantite 爱索兰太特[陶瓷高频绝缘材料]

Isolapotamidee 石蟹科

Isolapotamon 石蟹属

isolat 等纬度改正线

isolated{critical} area 警戒区
　　→～ danger buoy 孤立导航物浮标//～ foreland arch 孤立的前陆拱形{起}构造//～ inclusion 孤零包裹体//～ interstices 岩石中不相通的孔隙//～ peak 孤峰

isolateral{isobilateral} leaf 等面叶[植]

isolates 隔离种群

isolate type of theca 分离型胞管[笔]

isolating cock 切断开关；闭锁开关
　　→～ explosion lamp 隔爆灯//～ {insulating;insulation} joint 绝缘接头//～ matter 分离质//～ switch (assembly) 隔离开关

isolation 孤立；隔振；隔开；隔绝；离析；绝缘
　　→～ of outcrops 露头圈定法；露头追索法//～ packer 隔离堵塞//～ {closing;cut-off;

stop;pinch} valve 截止阀

isolator 去耦器；隔离物；隔离器；绝热体；绝缘体
　　→～ (switch) 隔离开关//～ shaft assembly 隔离开关轴装配

isoleucine 异亮氨酸；异白氨酸

isolierschicht 离层；绝缘层

isoline 等值线；等位线；等量线；等高线
　　→～ display 同测线显示；共线显示

isolines of equal thickness 等厚线

isolith 等岩性线；等岩；隔离式单片集成电路
　　→～(ic) line 等岩性线//～(ic) map 等岩性图

isolog(ue) 同构(异素)体

isologous 同构(异素)的

isology 同构(异素)现象

isolong 等经度改正线

isolux 等照度曲线；等照度面

isolycopodine 异石松碱

isomagnetic 等磁(力)的
　　→～ chart{map} 等磁图

iso-maturity line 等成熟度线

isomegathy 等粒径线

isomentabole 气压日际等变线

isomeric (同质)异能的
　　→～ distribution 同核异能分布；同质异能分布//～ state 同分异构态//～ structure 同质异构结构

isomeride 类体物；异构体

isomerism (同分)异构(现象)；同分异构性
　　→(energy) ～ 同质异能性

isomerite 全晶岩

isomerization 异构化(作用)

isomerized 异构化的

isomer of nucleus 原子核的同质异能素

isomers 等比值线

isomertieite 广林矿；等轴砷锑钯矿[Pd₁₁Sb₂As₂;等轴]

isomery 异构(现象)

isomesic 等相线

isomesical deposit 同媒堆{沉}积

isomesic facies 同媒相

isometamorphic coal 等变质煤

Isometremys 等长龟属[E₂]

isometric (line){isometrical} 等容线
　　→～ chalcocite 蓝辉铜矿[Cu₂₋ₓS;Cu₉S₅;等轴]//～ drawing stope 等量放矿采场；均衡放矿采场

isometrics 等体积线

isometric{cubic;tesseral} system 立方晶系
　　→～ {regular} tetartohedral class 等轴四分面象(晶)组[23晶组]//～ tetrahedral hemihedral class 等轴四面体形半面象(晶)组[4̄3m 晶组]；等轴四面半面类

isometrography 等角线规

isomicrocline 正(性)微斜长石

isomikroklin 正微斜长石

isomodal layering 等比层；均变层

isomorphous 同形的；同态的；同晶型的；形的
　　→～ layer 类质同象层//～ {isomorphic} mixture 类质同象混合物[混晶]//～ replacement 同象置换；同构代换作用//～ series 同晶型系

isomudstone map 等泥岩图

isomyarian 等柱型；等柱类[双壳]

isoneph 等云量线

isoneutronic group 等中子族；同中子族

isonif 等雪量线

isonitroso 肟基{异亚硝基}[HON =]

isonival line 等雪量线

isooctane{iso-octane} 异辛烷

iso-octyl acid phosphate 异辛基性磷酸盐

isoolefine 异烯烃

isoombre 等蒸发线

iso(-)orthoclase 正钾长石

iso-orthotherm 等正温线

isopach (map) 等厚线

isopachic stress pat tern 等厚应力条纹图

isopach(ous){thickness} map 等厚图

isopachous 等厚的
　　→～ line{map} 等厚线

isopachyte 等厚线；等厚图

isopag{isopague} 等冻期线；等冰冻历时线

isopalmitic acid 异十六(烷)酸；异棕榈酸；异软脂酸

isopanchromatic 等全色(的)

isoparaclase 岩层平面移动

isoparaffin 异石蜡烃；异链烷烃

isoparametric element 等参数单元；等参单元
　　→～ plate theory 平板等参理论//～ quadrilateral element 等参数四边形单元//～ strain membrane element 等参应变薄膜单元

isoparllage 等年温(较)差线

isopectic 同时结冰线

isopectics 同源线

isopedin 等列层；鳞下骨

isopelletierine 异石榴皮碱

isopen 同相线；等相线

isopentane 异戊烷

isopentene 异戊烯

isopentyl 异戊基[(CH₃)₂CHCH₂CH₂−]

isoperimeter polygon 等周多边形

isoperimetric curve 等周曲线
　　→～ {rhumb} line 无变形线

isoperm 恒磁导率铁镍钴合金；等渗透率线

isoperthite 同纹长石

isophane 等物候线；锌铁尖晶石[(Zn,Mn²⁺,Fe²⁺)(Fe³⁺,Mn³⁺)₂O₄;等轴]

isophenomenal line 等现象线

isophote 等照度线

isophotic 等照度的
　　→～ line 等光线

isophthalic polyester resin 间苯二甲酸型聚酯树脂

isophyllia 等叶石珊瑚

isophyllocladene 13β-贝壳杉-15-烯；异扁枝烯

isophysical metamorphic rock 等物理变质岩
　　→～ series 等构岩系

isophyte 等植高线

isophytochrone 等生长季{期}线

isopic 同相的

isopical{isofacial} deposit 同相沉积
　　→～ deposit 同相堆积；同类沉积

isopic facies 同相
　　→～ rock 同相岩

isopiestic 等压的；等测压水位的
　　→～ (line) 等压线//～ contour line of groundwater 地下水等水压线图//～ level 等压面

isopiestics 等势线

13-isopimaradiene 13-异海松二烯

isopipteses 同时出现线；同见线

isoplatinocopper 等轴铂铜矿
isoplethal section 等浓(度)切面
isopluvial 等雨量指数线
→~ {isohyetal} line 等雨量线
Isopoda 等足类；等足目[节杆虾]；等脚目
isopodichnus 等趾迹[遗石]
isopolar 等极的
isopoll{isopollen} 等孢粉百分数线
isopoly acid 同多酸
isopolymorph 类质多象体
isopolymorphism 类质多象；同多形现象
Isopoma 等凸贝属[腕;D_2]
isopore 地磁等年变线；等磁变线
isoporic{isovariational} chart 等磁变线图
→~ line 等磁变线
isoporoidine 异坡罗定
isoporosity 等孔隙度
isopors 等年变率线
isopotal 等渗透力的
→~ line 等渗入线
isopotential 等位的；等位；等势；等电位(的)；目当量电位
→~ level 等测压面//~ map 等位能图；等(计算)产量图；等电位图//~{potentiometric} map 等势图
isoprene 异戊(间)二烯
isoprenoid 类异戊二烯；异戊间二烯化合物
→~ alkane 异戊间二烯型(链)烷烃；异戊二烯类链烷烃
isopressure contours 等压线
→~ flow stream line 等压流线
iso-product curve 等生产曲线
isoproductivity 等生产率；等产油率
→~ maximum 等生产率最大值
isoprofit line 等利润线
isopropanol 异丙醇$[(CH_3)_2CHOH]$
isopropenyl 异丙烯基
isopropoxy- 异丙氧基$[(CH_3)_2CH•O-]$
isopropoxy benzene 异丙氧基苯$[(CH_3)_2 CHOC_6H_5]$
isopropyl 异丙基
→~ acetate 乙酸异丙酯
isoprotonic element 等质子元素
Isoptera 等翅类
isoptera 等翅目[昆]；白蚁目
isopulse 恒定脉冲
isopycnal 等密度面；等密度的
isopycnic 等体积的；等容的；等密度的
→~{isopycnal} (line) 等密度线//~ (surface) 等密度面//~ level 等密度(高度)
Isopygous 等尾类；等尾型[三叶]
isopyre 杂蛋白石；硅铝钙铁隐晶
isoquant 等量曲线
isoquanta (curve) 等生产曲线
isoquartz method 等石英法
isoquinoline 异喹啉
isorad 放射性的等量线；等拉德线；等放射线
iso-radioactivity map 等放射性图
isorange 等距
→~ map 等间区图
isorank line 等煤级线；等变质线
isorat 等同位素比值线
iso(-)reaction grade 等(变质)反应级
isoreflectance line 等反射率线
Isorthis 等正形贝属[腕;S_1-D_2]
isorthoklas{isortho(cla)se} 正钾长石
isoryme 等霜日线；最冷月份平均温度等值线

iso salines 等盐度线
isosalinity line 等盐量线；等盐度线
→~ {isohaline} map 等含盐量图
isosaturation 等饱和度
isosceles triangle 等腰三角形
isoseism 等震线；等震
isoseismal 等震的
→~ (line;curve) 等震线//~ line 等震度线
isoseismic 等震的
→~ line{isoseist} 等震线
isoshear 等风切线
isosmotic 等渗压的
isospace 同空间
isospin 同位旋
Isospondyli 等椎类
isostannin 锌黄锡矿$[(Cu,Sn,Zn)S(近似);Cu_2(Zn,Fe)SnS_4;四方]$
isostannite 方黄锡矿；硫铜钢锌矿；锌黄锡矿$[(Cu,Sn,Zn)S(近似);Cu_2(Zn,Fe)SnS_4;四方]$
isostasy 地壳均衡；均衡性质{状态;现象}；均衡；星壳均衡
→~ (theory) 均衡(学)说//~ hypothesis 地壳均衡假说//~{isostatic} theory 地壳均衡说
isostath 等密度线
isostatic 等应力线；等静力线；均衡的
→~ adjustment 均衡调整//~ depression {|anomaly} 地壳均衡下降{|异常}//~ equilibrium 均衡//~ mass compensation 均衡质量补偿
isostatics 地壳均衡学；等压线；均衡线
isostatic(al) settling 均衡下沉
→~(al) settling{subsidence} 均衡沉降{陷}
isosteric 等比容线；大气等密度线的
→~ molecule 等排分子//~ surface 等比容面
isosterism 同电子排列性
iso-strain{isostrain} diagram 等应变图
isostrata{isostrate} 同层的[生物境]
isostratification{isochore} map 等层厚图
→~ map 等地层图；等层理(指数)图
isostructural 等结构的；等构造的；同构的
→~ group 等结构族
isotangent{isosinal} map 等坡角正切{|弦}图
Isoteloides 似等称虫属[三叶;O_1]
Isotelus 等称虫(属)[三叶;O_{2-3}]
isoter 等轴碲锑钯矿$[Pd(Sb,Bi)Te;等轴]$
isoterp 等舒适线[对人类而言]
isothermal 等温的；等温
→~ (line) 等温线//~ quenching 等温淬火//~ stress and strain cycling test 等温应力应变循环试验
isothermic 等温的；同温的
→~ circulation method 恒温流动循环法//~ gradient 等温梯度
isothiourea 异硫脲$[RS•C(NH_2):NH]$
isothrausmatic 同质碎屑球状的
→~ rock 同质球状角砾岩
isotime (line) 等时线
isotimic 等值的；等张的；等渗的
→~ surface 等时值面
isotinic 等值线
isotomous 等大分歧
→~ arms 等分枝腕[海百]
isotomy 等二歧分枝
isotonic 等渗压的
→~ solution{isobase} 等渗压溶液

isotopic 同沉积区的
isotopics 同位素学
isotopic temperature 同位素温标温度
isotrimorph 类质三象(体)
isotrimorphism 类质三象；同三晶形现象
isotrit 等氚值线
isotron 同位素分离器
isotrope 各向同性；均质体；均质；均向
→~ instrument 均质仪
isotropic 等向性的；均质的
→~ (homogeneity) 各向同性
isotropy 各向同性现象；各向同性；迷向；均质性；均向性
→~ map of mine product 矿产品等品位线图
isotubule 相似细管；土壤细管
isourea 异脲$[NH_2•C(OH):NH]$
isovaleric acid 异戊酸
isovalthine 异缬硫氨酸
iso-variable velocity 等变速
isovel 等速线
isovelocity cross section 等速剖面
→~ surface 等速度面
isovite 碳硅铬矿$[(Cr,Fe)_{23}C_6]$
isovol 等挥发分线
→~ (line) 等挥发物线//~ map 等体积图；等容积图
isovolume method 等容法
isovolumic heat capacity 恒容热容
isowarping 等挠曲的
isowater saturation map 等含水饱和度图
isozoic 等动物群的；具有相同古生物的
isozyme 同功{工}酶
ispatinow 鼓丘
ISSC 国际地层划分小组委员会
issite 伊萨岩[苏]
issuance 颁布；发行
issue 发给；散发；争论；河口；论点；流出；涌水点；出口；出版；发行；发出；发布；结局；结果；发表；期[期刊]
→~ (point) 泉口//~{exit} point 出水点//~{shipment} voucher 发货单
issuing date 开证日期；发行日期
→~ end 放矿端
isth 地峡
isthmian link 地峡带
Isthmolithus 格颈石[钙超;E_2]
isthmus 地峡；藻腰
istisnite 斜硅钠钙石$[(Ca,Mg,Na)_7(Si,Al,Fe^{3+})O_{22}(OH)_2]$
Istisporites 短唇大孢属[P-K]
istisuite 钙闪石；伊硅钙石$[(Ca,Na)_7(Si,Al)_8(O,OH)_{24}?]$；斜硅钠钙石$[(Ca,Mg,Na)_7(Si,Al,Fe^{3+})O_{22}(OH)_2]$
I-strut 双丁字形铁横撑{梁}；工字铁支撑
Isuan 伊苏瓦代
Isurus 鲭鲨属[Q]；隐者
→~ oxyrinchus 灰鲭鲛{鲨}；尖吻鲭鲨//~ xiphidon 宽齿鲭鲨
ita 洗金板
itabirite 带状石英赤铁矿；铁英岩
itabiryte 铁英岩
itacolumite 可弯砂岩；可挠砂岩
Ita Creen 龙纹石(依塔绿)
itai-itai disease 骨痛病
→~{ouch-ouch} disease 痛痛病[镉污染所致]
itakolumite 可弯砂岩
Italian asbestos 透闪石棉$[Ca_2(Mg,Fe)_5(Si_4$

$O_{11})_2(OH)_2]$

→～ blue 意大利蓝∥～ chrysolite{italian chrysotile} 符山石[$Ca_{10}Mg_2Al_4(SiO_4)_5$,Ca 常被铈、锰、钠、钾、铀类质同象代替,镁也可被铁、锌、铜、铬、铍等代替,形成多个变种；$Ca_{10}Mg_2Al_4(SiO_4)_5(Si_2O_7)_2(OH)_4$;四方]∥～ cut 意大利式掏槽

italics 斜体字

italite 粗白榴岩

itamycin 基石霉素

itatartaric acid 衣酒石酸

ITC 国际航空测量中心；间热带辐合

item 操作；作业；节；项目；项；细目；条款

→～ analysis 项目分析∥～ design 课题设计∥～ key 主要标志∥～ on display 展览品

iterated interpolation 迭代插值

→～ simulation 反复模拟

iteration 迭代；重复

→～ (method;technique;process) 迭代法

iterative 迭接的；反复的；重复的

→～ determination 重复测定

IT{inertial-turbulent} flow 惯性-紊状流

itinerant 巡回

itinerary 路线；旅程

Itoigawaite 羟硅铝锶石[$SrAl_2Si_2O_7(OH)_2$•

$H_2O]$

itoite 羟锗铅矾[$Pb_3(GeO_2(OH)_2)(SO_4)_2$;斜方]；伊藤石

Ito's method 伊藤法

itsindrite 霞石微斜长岩

ittiolo 鱼石脂

ittnerite 变蓝方石

I.U. 国际单位

IUGS 国际地质科学联合会[国际地科联]

Iundra Brown 皇室啡[石]

iuxporite 针碱钙石[$5(Na_2,K_2,Ca)O•6SiO_2•H_2O]$

ivaarite 钛榴石[$Ca_3(Fe^{3+},Ti)_2((Si,Ti)O_4)_3$(含 TiO_2 约 15%～25%);等轴]；软钛榴石

I{|V|W|Y}(-shaped) valley I{|V|W|Y}形谷

Ivanovia 伊凡诺夫珊瑚(属)[C]；伊氏藻属[C]

ivanovite 水硼氯钙钾石

Ivdelinia 伊夫德尔贝属[腕;D_{1-2}]

IVEL 区间速度；层速度

ivernite 二长斑岩

ivigtite 丝锂云母[铁和钠的铝硅酸盐]；丝光云母；丝钠云母

Ivorian 伊沃尔阶[C_1]

ivorite 象牙海岸玻陨石

ivory 乳白色；象牙(白色;制成的)

Ivory Coast tektite 象牙海岸玻陨石

ivory white ware{ivory yellow} 象牙白(瓷)[石]

ivy 常春藤

IW 注入井

iwaarite 钛榴石[$Ca_3(Fe^{3+},Ti)_2((Si,Ti)O_4)_3$(含 TiO_2 约 15%～25%);等轴]

iwakiite 四方锰铁矿[$Mn^{2+}(Fe^{3+},Mn^{3+})_2O_4$;四方]

iwanowite 水硼氯钙钾石

iwashiroite-(Y) 斜方钽钇矿[$YTaO_4$]

ixio(no)lite 锰锡钽矿[$(Fe,Mn)(Nb,Ta)_2O_6$]；锰钽矿[$(Ta,Nb,Sn,Mn, Fe)_4O_8$]；锡铁钽矿[$(Ta,Nb,Sn,Fe,Mn)_4O_8$;斜方]

ixiolith 重钽铁矿[$FeTa_2O_6$,常含 Nb、Ti、Sn、Mn、Ca 等杂质；$Fe^{2+}(Ta,Nb)_2O_6$;四方]

ixionite 锰锡钽矿[$(Fe,Mn)(Nb,Ta)_2O_6$]；锰钽矿[$(Ta,Nb,Sn,Mn,Fe)_4O_8$]；锡铁钽矿[$(Ta,Nb,Sn,Fe,Mn)_4O_8$;斜方]

ixolite{ixolith} 红蜡石[成分未确定,与晶蜡石相似]

ixolyte 红蜡石[成分未确定,与晶蜡石相似]；晶蜡石

ixometer 流度计；油汁流度计

izalpinin 伊砂黄素

Izod test 埃左德冲击试验

izoklakeite 杂铅矿[$Pb_{46.94}Sb_{22.30}Bi_{20.04}Ag_{3.76}Cu_{3.21}Fe_{0.73}S_{108.31}$]；绿铋铅矿

I

J
j

J 侏罗系；侏罗纪[208～135Ma;被子植物、裸子植物、鸟类、有袋类哺乳动物相继出现,恐龙极盛。除西藏、台湾等地,其他地区已上升为陆,松柏、苏铁等植物繁盛,为重要的成煤期,我国东部形成含油层]

JaA[junked and abandoned] 打捞失败而报废

jabes 致密黏土；炭质页岩

Jacaranda 积架红[阿根廷红;石]

jachymovite 硅铜铀矿[$Cu(H_3O)_2((UO_2)(SiO_4))_2\cdot3H_2O;Cu(UO_2)_2Si_2O_7\cdot6\sim7H_2O;Cu(UO_2)_2Si_2O_6(OH)\cdot5H_2O;$三斜]；亚希铀矾[$(UO_2)_8(SO_4)(OH)_{14}\cdot13H_2O$]

jacinth 红锆石[$Zr(SiO_4)$]；红宝石[Al_2O_3]；桂榴石[$Ca_3Al_2(SiO_4)_3$]；锆石[$ZrSiO_4$;四方]；橘红色；棕锆石

jack 动力油缸；(起落架的)收放动作筒；闪锌矿[$ZnS;(Zn,Fe)S$;等轴]；插口；窄火成岩脉；千斤顶；起重器；起重机；破石木楔；打眼机；带嘴火药筒；烛煤和页岩的互层；增加；转运重物用撑柱；传动装置；支撑物；井下杂工；插座；弹簧开关

jackal 豺属；豺

jackanapes 绞盘导轮

jack and circle 冲击钻具紧扣装置；钻柱紧扣装置；钻头装卸器；顿钻装卸钻头工具
→∼ arch 等厚拱；单砖拱//∼{straight} arch 平拱

jackbar 钻机支柱

jack base{board} 插孔板

jackbird 需上油的接头

jackbit{jack bit} 活钻头；钻头；岩芯钻头；手持风钻可卸型钻头
→∼ hammer 风镐[手持式]

jack board 管子紧扣器
→∼{adjusting;adjustable} bolt 调整螺栓//∼-boot o 任剪断(钢缆)//∼-boots 过膝长筒靴//∼ catch 自动挡车防坠器

jackdrill 凿岩机

jack drill{hammer} 风镐

jacked pile 压入桩

jack{donkey} engine 小蒸汽发动机

jacket 上装；盒；包壳；(海洋平台)导管架；罩；水套；外套；外套管；外壳；加包壳；短上衣；套筒；套
→(steam)∼ collar 衬套接头//∼-cooled reactor 外套冷却反应器

jacketed 有外套的；套起来
→∼ cable 包皮电缆//∼{non-jacketed} end plate 有{|无}夹套的端盖//∼ specimen 封装土样；加套样品

jacketing 套式冷却(加热)；加外套

jacket inlet 夹套入口
→∼ leg 导管架腿柱；支撑桁架//∼ outlet 夹套出口//∼ set 护框

jackfurnace 修钎炉；锻钎炉

jackhammer 风镐

jack hammer 锤击式凿岩机
→∼-hammer 风镐；凿岩机//∼-hammer man 凿岩工//∼-hammer man{jack hammer operator} 手持凿岩机操作工

jack(-)head 排水(平)峒

jackhead pit 小通风井；小风；小暗井；下山
→∼ pump (由)主泵杆带动的井下附属水泵

jack{bolt} hole 石门；横巷
→∼{connecting;cross;monkey;box} hole 联络小巷//∼ horse 脚手架//∼ house 升降室//∼ iron 含浸染状闪锌矿的硬燧石

jackknife 折起；折叠式井架；折叠式的；折刀；放倒；坍塌
→∼ mast 可折叠井架//∼ rig 带折叠井架的钻机

jackknifing 铰接顶梁铰接处的弯折[液压支架]；坍塌

jack-knifing operation 折刀式作业

jack(-)lamp{jack{cap} lamp} 安全灯[网罩外有玻璃筒]
→∼ latch 打捞工具；带门打捞钩

jackleg{jack leg} 气腿；钻机腿；轻型钻机
→∼ drill{machine} 气腿式凿岩机

jack lift 起重吊{小}车

jacklight 篝灯；安全灯[网罩外有玻璃筒]；诱鱼灯

jackman 管道接管工

jackmanizing 深渗碳处理；深度渗碳

jackmill 修钎机；锻钎机

jack nut 支杆螺母[钻机]
→∼ pump{jack-pump} 油矿泵

jackrod 钎杆；钻(孔)杆[手持式风钻]

jack saddle 联合抽油装置支座

jackscrew 起重螺旋；支顶螺杆

Jacksonian 杰克逊(阶)[北美;E_2]

jacksonite 铯杆沸石；绿杆沸石；葡萄石[$2CaO\cdot Al_2O_3\cdot3SiO_2\cdot H_2O;H_2Ca_2Al_2(SiO_4)_3$；斜方]；正艳镁沸石；艳杆沸石

Jackson theory 贾克逊理论

jack-squib 井下爆炸器

jackstay 撑杆；支索

jackstraw texture 麦秆结构；断草结构

jackstud 凿岩机支架

jack switch 插接开关
→∼ type bar shear 手动液压钢筋剪切机

jackymovite 硅铜铀矿[$Cu(H_3O)_2((UO_2)(SiO_4))_2\cdot3H_2O;Cu(UO_2)_2Si_2O_7\cdot6\sim7H_2O;Cu(UO_2)_2Si_2O_6(OH)\cdot5H_2O;$三斜]；铜硅锰铀矿

Jacobian variety 雅可比簇

jacobsite 锰铁矿[$(Mn^{2+},Fe^{2+},Mg)(Fe^{3+},Mn^{3+})_2O_4$;等轴]；锰尖晶石[$(Mn,Fe^{2+},Mg)(Al,Fe^{3+})_2O_4;MnAl_2O_4;(Mn^{2+},Mg)(Fe^{3+},Mn^{3+})_2O_4$;等轴]

Jacob's ladder 有横挡的绳梯
→∼ linear analysis 雅科布直线解析法//∼ staff 连杆

jacquesdietrichite 羟硼铜石[$Cu_2(BO(OH))(OH)_3$]

jacupirangite 微铁限辉岩；钛铁霞辉岩{石}

jacut 刚玉[Al_2O_3;三方]；蓝宝石[Al_2O_3]

Jacutiana 雅库特粉属[孢;K_2]

Jacutiella 雅库特羽叶属[K_1]

jacutinga 富赤铁岩；富赤铁矿

jacynth 红锆石[$Zr(SiO_4)$]；锆石[$ZrSiO_4$;四方]

jad 石面截槽；深长的切槽；玉；硬玉[$Na(Al,Fe^{3+})Si_2O_6$;单斜]

jadarite 羟硼硅钠锂石[$LiNaSiB_3O_7(OH)$]

jadder 割石机；截石机

jade 绿玉色；玉石；玉；翡翠[$NaAl(Si_2O_6)$]；宝石
→(common)∼ 硬玉[$Na(Al,Fe^{3+})Si_2O_6$;单斜]

jadealbit{jade-albite} 钠长硬玉

jade article{object} 玉器

jadeite 石玉；硬玉[$Na(Al,Fe^{3+})Si_2O_6$;单斜]；翡翠[$NaAl(Si_2O_6)$]
→∼-aegirite 霓硬玉//∼-diopside 透硬玉//∼-glaucophane type facies series 硬玉(-)蓝闪石型相系

jadeitite 硬玉岩

jade-stone 翡翠[$NaAl(Si_2O_6)$]；硬玉[$Na(Al,Fe^{3+})Si_2O_6$;单斜]；玉

jadi(a)te 硬玉[$Na(Al,Fe^{3+})Si_2O_6$;单斜]；翡翠[$NaAl(Si_2O_6)$]

jaeneckeite 杂硅钙石

jaff 复式干扰

jaffaite 树脂

jaffeite 佳羟硅钙石[$Ca_6Si_2O_7(OH)_6$]

jag 石面截槽；颠簸地移动；底部掏槽；参差处；刺；锯齿状的突出部

jager 优质钻石；蓝白色金刚石[高级]

jagg 锯齿

jagged 不平滑的；锯齿状的；锯齿形的
→∼ hole 有毛刺(射孔)孔眼

jagiite 亚基石

jagoite 氯硅铁铅(钙)矿[$Pb_3Fe^{3+}Si_3O_{10}(Cl,OH);(Pb,Ca)_3Fe^{3+}Si_3O_{10}(Cl,OH)$;三方]

jagowerite 羟磷铝钡石[$BaAl_2(PO_4)_2(OH)_2$;三斜]

jahnsite 磷铁镁锰钙石[$CaMn(Mg,Fe^{2+})Fe_2^{3+}(PO_4)_4(OH)_2\cdot8H_2O$;单斜]

jahrearinge[德] 年纹层；年轮

jaipurite 块硫钴矿[CoS]；块磷钴矿

jakobsite 锰尖晶石[$(Mn,Fe^{2+},Mg)(Al,Fe^{3+})_2O_4;MnAl_2O_4$;等轴]；绿高岭石[$H_4Fe_2Si_2O_9;(Fe,Al)_2(Si_4O_{10})(OH)_2\cdot nH_2O$]

Jakutoproductus 雅库特长身贝属[腕;C-P]

jalindite 羟铟矿

jalite 玉滴石[$SiO_2\cdot nH_2O$]

jaloallofane 透铝英石

jalousie 百叶窗

jalpaite 辉铜银矿[$(AgCu)_2S$,含 Cu 约14%的辉银矿;四方]

jam 叉；卡住；故障；障碍；矿柱；压紧；夹紧；阻塞；挤塞

jama 灰岩井；喀斯特井

jamb 炉门侧壁；侧柱；隔断矿脉；门窗侧壁(矿柱)；矸石；矿柱；巨砾；斜坡；矿脉中的土石层；陡岸

jambo 钻车

jamborite 水绿镍矿；羟针镍矿；水羟镍石{矿}[$(Ni^{2+},Ni^{3+},Fe)(OH)_2(OH,S,H_2O)$?;六方]

jamb stone 门窗边框石[建]；门边框石
→∼ wall 炉帮墙

jame 灰岩井

jamesite 砷铁铅锌石[$Pb_2Zn_2Fe_5^{3+}O_4(AsO_4)_5$]

jamesonite 硫锑铅矿[$Pb_5Sb_4S_{11}$;单斜]；羽毛矿[$Pb_4FeSb_6S_{14}$]；脆硫锑铅矿[$Pb_4FeSb_6S_{14}$;单斜]

Jamin action 贾敏作用

jammed 堵塞
→∼{dogged} chute 溜眼堵塞//∼ equipment 卡塞钻具

jammer 支柱；凿岩机支架；V 形钢丝芯撑

jamming 收缩；卡住；卡钎；干扰；抑制；阻塞；夹紧；挤塞

jam{check;block;set;retaining} nut 锁紧螺帽
→~{retainer} nut 止动螺母//~{safety} nut 保险螺帽//~-on packer 卡压式封隔器

Jamoytius 莫氏鱼(属)[S]

jam-packed 挤得紧紧的

Janbu generalized method 通用简布法
→~ method of slope stability analysis 简布斜坡稳定分析法

ja(e)neckeite 硅酸三钙石[$Ca_3(Si_2O_7)$]；杂硅钙石

Janeia 古蛏蜊属[双壳;D-P]

jane(c)keite 硅铝钙石[$Ca_2SiO_4•H_2O$(近似)]

Janessa 朱那鲨(属)[P]

janggunite 羟黑{铁}锰矿[$Mn_{5-x}^{4+}(Mn^{2+}, Fe^{3+})_{1+x}O_8(OH)_6(x=0.2)$]

janhaugite 硅钛锰钠石[$Na_3Mn_3Ti_2Si_4O_{15}(OH,F,O)_3$]；红硅钠锰矿

Jania 让氏藻属[K-Q]；叉珊藻属

Janius 雅尼贝属[腕;S_2-D_2]

jankvicite 硫砷锑铊矿[$Tl_5Sb_2(As,Sb)_4S_{22}$]

Janney mechanical-air machine 詹尼型压气-机械搅拌浮选机
→~-mechanical machine 杰尼型机械浮选机[联合式]

Janograptus 对向笔石属[O_1]

janolite 紫斧石[$Ca_2(Mn,Fe)Al_2BSi_4O_{15}(OH)$]

janthinite 水{羟}铀矿[$2UO_3•7H_2O$,可能含 UO_3]；水斑铀矿[$UO_2•5UO_3•10H_2O$;斜方]；多水铀矿

Janus 两面神[古罗马]
→~ configurations 詹纳斯配置

Jaoa 饶氏藻属[Q]；空盘藻属

Japanese 日语(的)
→~ twin 日式双晶//~ yew 紫杉

Japan hard-fluid cement-sand process 日本流态自硬水泥砂制模法
→~(ese) law 日本(双晶)律//~ Meteorological Agency 日本气象厅

japanner 油漆工

jar 电瓶；振动；容器；罐子；罐；瓶；钢绳冲击钻滑动装置；不一致；震动；刺激；噪音；噪声；不调和；冲击钻进；加耳[电容量单位]；震击器[打捞钻杆用]

jarales 森林和草甸间的灌木过渡带

jarandolite 羟硼钙石[$Ca(B_3O_4(OH)_3)$]

jar block 吊锤；打桩锤

jardang 白龙堆[地貌]；风蚀土脊

jargo(o)n 术语；烟色红锆石；行话；锆石[$ZrSiO_4$;四方]；本专业行话；黄锆石[$ZrSiO_4$]

jargonelle 早熟梨

jargonia 氧化锆

jargoon 锆石[$ZrSiO_4$;四方]

jarhead 顿钻司钻

jar intensifier{booster} 震击强化器
→~ knocker{bumper} 震击器//~ knocker 打捞工具//~ latch 碰钩{闩}

jarlite 锶冰晶石；氟铝钠锶石[$NaSr_3Al_3F_{16}$;单斜]

jarnhypersten 铁紫苏辉石[$(Fe,Mg)_2(Si_2O_6)$]

jarnrhodonit 铁蔷薇辉石

jaroschite 镁水绿矾[$(Fe,Mg)(SO_4)•7H_2O$]

jarosewichite 加羟砷锰石[$Mn^{3+}Mn_3^{2+}(AsO_4)(OH)_6$]；雅羟砷锰石

jaros(ch)ite 镁水绿矾{镁七水铁矾}[$(Fe,Mg)(SO_4)•7H_2O$]；黄钾铁石；黄钾铁矾[$KFe_3^{3+}(SO_4)_2(OH)_6$;三方]

jaroslavite{jaroslawite} 水氟铝钙石{水铝钙石氟石}[$Ca_3Al_2F_{10}(OH)_2•H_2O;Ca_2AlF_7•H_2O$;三斜、假单斜]；钙冰晶石

jar-proof 防震的

jar ramming 震动舂砂
→~ ram moulding machine 震动制模机//~ rein socket 套接振动钻杆叉角打捞器

jarring 不和谐的；震击；刺耳的；摇动；冲突；抖动
→(bounce) ~ 振动//~ down 向下震击//~ motion 颤动//~ up 向上震击

jarrowite 岸钙华；假锥垂方解石

jar socket 打捞震击环用的打捞筒
→~ tongue socket 舌簧式震击打捞筒

jaskolskiite 硫锑铋铜矿[$Pb_{2+x}Cu_x(Sb,Bi)_{2-x}S_5(Sb>Bi,x=0.15)$]

jasmine 淡黄

jasmundite 硫硅钙石[$Ca_{22}(SiO_4)_8O_4S_2$]

jaspachate{jaspagate} 玛瑙碧玉[SiO_2]

jasper(ite) 碧玉[SiO_2]；墨绿色

jasperization 碧玉化(作用)

jasperoid 碧玉[SiO_2]
→~ (rock) 似碧玉岩

jaspery 碧玉的
→~ iron ore 碧玉铌铁石//~ sinter 碧玉类硅华

jaspilite iron ore 碧玉型铁矿
→~-taconite 碧玉铁(燧)岩

jaspis 碧玉[SiO_2]；碧石

jaspopal 黄碧玉蛋白石

jat 间歇气举的一种

jato 助飞(器)

jaulingite{ α -jaulingite} 淡树脂

β -jaulingite 高氧树脂

jaundice 乖僻

javaite 爪哇岩；玻陨石；爪哇熔融石

javanite 爪哇岩

javelin 标枪

jaw 滑块；狭口；颌；叉头；卡盘；游标；颚；销；夹爪；夹片；齿板[碎矿机]
→~ (latching) 爪；颚板；钳子//~ breaker{crusher} 颚形碎石机//~ crushing 虎口碎矿

jawing (用)水灌注

jaw of drilling bit 牙爪
→~ of pile 桩靴//~ of spanner 扳手钳口//~{receiving} opening 给矿口

jaws 上下颚

jay 贴顶煤

jay-pin setting 丁形槽销钉式坐封

jays 劣质烛煤

Jazireh 金斯敦米黄[石]

jazz rail 弯轨

jean 斜纹布工作服

jeanbandyite 津羟锡铁矿[$(Fe^{3+},Mn^{2+})Sb^{4+}(OH)_6$]；羟锡铁石

jeat 煤玉；煤精

Jectochara (有)盖轮藻属[K-Q]

jeculhlaupe 火山融冰洪流[冰岛语]；冰下火山浊流

jedburgh basalt 辉绿(基)斜橄玄岩

jedding ax 深空石斧
→~ axe 鹤嘴斧；解丁斧[采石用鹤嘴斧]

jedwabite 铌钽铁矿[$Fe_7(Ta,Nb)_3$]

jeeping 涂层检漏

jefferisite 水蛭石{水金云母}[$5(Mg,Fe)O•2(Al,Fe)_2O_3•5SiO_2•14H_2O$]

jeffersonite 锰锌辉石

Jeffrey air operated jig 杰弗雷型气动跳汰机

jeffreyite 羟硅铍钙石[$(Ca,Na)_2(Be,Al)SiO(O,OH)_7$]

Jeffrey 101MC Helimatic continuous miner Jeffrey 101MC Helimatic 型连续采煤机

Jeffreys-Bullen curve 杰弗里斯-布伦曲线
→~ P travel time table 杰弗里斯-布伦 P 波走时表

Jeffrey-Traylor feeder 杰弗雷-特芮勒尔型磁力振动槽式给料机
→~ screen 杰弗雷-特芮勒尔型筛

jefreinoffite 符山石[$Ca_{10}Mg_2Al_4(SiO_4)_5$,Ca 常被铈、锰、钠、钾、铋等质同象代替,镁也可被铁、锌、铜、铬、铍等代替,形成多个变种;$Ca_{10}Mg_2Al_4(SiO_4)_5(Si_2O_7)_2(OH)_4$;四方]

Jeholosauripus 热河龙(属)；脚印

Jeholosaurus 热河龙(属)
→~ shangyuanensis 上园热河龙

Jekmar Cream 黄金米黄[石]

jel 凝胶；冻胶

jelin(ek)ite 堪萨斯化石脂

jelletite 钙铁榴石绿色变种；绿铁榴石

Jelley's microrefractometer 杰利微折射计

jellied 凝结的；胶(冻)的
→~ gasoline 凝汽油剂；胶凝汽油

jellifica 冻结

jelling 始凝(水泥浆)；凝结
→~ {gelling;gelatin(iz)ing;agglomeration;agglomerating} agent 胶凝剂//~ time 凝结时间

jelly 胶状物；凝胶状；胶质；胶凝；透明冻胶；成胶状；(使)成冻胶；冻结；冻胶
→(vegetable) ~ 棕腐质

jellyfish 水母[腔]；软骨；海蜇；海面浮标(应答器)

Jellyfish Lake 雪莲

jelly fish soup with parsley 海底松
→~ grade 胶凝程度{等级}

jellygraph 胶版

jellying point 胶凝

jelly-like 凝胶状(的)；胶状的
→~ appearance 胶冻状外观//~ {colloform;gel} structure 胶状构造//~ structure 冻胶状结构

jelly sinter 硅华冻；胶状泉华

jeltozem 黄壤

jemchuznikovite 草酸镁钠石[$NaMg(Fe,Al)(C_2O_4)_3•8～9H_2O$]；草酸铝钠石[$NaMg(Al,Fe^{3+})(C_2O_4)_3•8H_2O$;三方]

Jena glass16{|59|2954} Ⅲ 耶拿 16{|59|2954} Ⅲ玻璃

Jenisseiphyton 叶尼塞木属[植;D_1]

jenite 黑柱石[$CaFe_2^{2+}Fe^{3+}(SiO_4)_2(OH)$;斜方]

jenkin 煤柱边的采落部分[房柱法]

Jennite 杰尼特沥青覆面保护剂

jennite 羟硅钠钙石[$Na_2Ca_8(SiO_3)Si_2O_7(OH)_6•8H_2O;Ca_9H_2Si_6O_{18}(OH)_8•6H_2O$;三斜]

jenny 移动吊机；卷扬机

jensenite 巾水碲铜石[$Cu_3Te^{6+}O_6•2H_2O$]

jentschite 辉砷银铅矿[$Pb_6(Ag,Cu)_2As_5S_{13}$;单斜]；詹硫砷锑铅铊矿[$TlPbAs_2SbS_6$]；林根巴矿

jenzschite 白美蛋白石

jeppeite 钾钛铝石[$(K,Ba)_2(Ti,Fe)_8O_{13}$]；钛钡钾石

jerboa 跳鼠科

Jerea 海莲蓬属[K]；奇里海绵属

J

Jereica 似奇里海绵属[绵;K-Q]

jeremeiewit[德] 硼铝石[Al((B,H₃)O₃);Al₆B₅O₁₅(OH)₃;六方]

jeremeiewite{jeremeievite;jeremejeffite; jeremejeit} 硼铝石[Al((B,H₃)O₃);Al₆B₅O₁₅(OH)₃;六方]

jeremejevite 硼石；硼铝石[Al((B,H₃)O₃); Al₆B₅O₁₅(OH)₃;六方]

Jereminella 小耶雷虫[虫管化石]

jerk 颠簸；急拉；猛拉；冲击；急推
→～ chain 旋扣急拉链

jerker pump 小排量柱塞泵
→～ rod 摇杆；拉杆[联合抽油装置]

jerking motion 颠簸运动；跃动；跳动；急冲运动
→～ plant 深井泵联合驱动装置//～ table 淘汰盘

jerkinhead 截顶两坡式屋顶[建]

jerk line 拉紧线
→～ {tie} line 拉线//～-line swing 变向肘节

jerkmeter 加速度计

jerk rope{line} 松扣急拉绳

jernglans 赤铁矿[Fe₂O₃;三方]

jernnatrolith 铁钠沸石

jernrhodonit 铁蔷薇辉石

jerntalk 富铁滑石；铁滑石[(Fe²⁺,Mg)₃Si₄O₁₀(OH)₂;单斜]

jeromite 硒硫砷矿[As(S,Se)₂?;非晶质]；硒砷硫黄[As,Se和S的一种非晶质混合物;As(Se,S)₂(近似)]

jerribag 软袋[如用浸胶尼龙丝等制成的袋]；可折(叠)桶

jerry 炭质页岩[煤层中]

jerrygibbsite 羟硅锰石[Mn₉(SiO₄)₄(OH)₂]；紫硅锰石

jerryman{jerry{waste} man} 清扫工

jerseyite 英云煌岩

jervisite 钪霓辉石[((Na,Ca,Fe²⁺)(Sc,Mg,Fe²⁺)Si₂O₆]

Jesuit Seismological Association 危险地震协会

jet (coal) 煤玉；煤精；喷射器；喷口；射流

jetavator 射流偏转舵；燃气舵

jet basket 喷射式打捞篮
→～ bit drilling 喷射式钻头钻进{井}；细射流钻头凿岩//～ black 深黑//～{smoke} black 烟黑//～ cementing 喷浆//～ chamber 喷雾室//～ channelling 喷焰截面法

jetcrete 喷浆

jet cutter 聚能切割器{弹}

jetfoil 喷气水翼船

jet fuel 喷气燃料[材]；高能燃料

jetison 箕斗卸矿

jetlet 小喷射流

jetlike coal 似烛煤
→～ {spray(ing); injection; atomizing; injecting; ejection; jet(ting)} nozzle 喷嘴

jet loading equipment 喷射式装药设备
→～ looping 空气喷射变形加工//～ orifice 射口//～ perforating 聚能射孔

jetport 喷气式飞机机场

jet pump{elevator} 喷射泵
→～ {jetting;ejector} pump 射流泵//～ pump pellet impact drill bit 霰弹钻钻头//～-ring flotation cell 环射浮选机{槽}

jetstone{jet stone} 黑电气石[(Na,Ca)(Li,Mg,Fe²⁺,Al)₃(Al,Fe³⁺)₃(B₃Al₃Si₆O₂₇(O,OH,

---

F)); NaFe₂²⁺Al₆(BO₃)₃Si₆O₁₈(OH)₄;三方]

jet stower 风力喷射充填机
→～-sub 喷射接头[重返海底井口钻杆定位用]//～ tapping 爆破开孔法

jetted particle drilling{driving} 喷砂钻井

jetting 水力钻井；水力法井探；水力冲采；水力冲[用于定向井造斜]；水采；下部淘刷[放落管桩等]；喷注；喷射；冲孔[钻孔]

jettison 放出；投弃；箕斗卸矿

jet to place 底部淘刷下放[指沉井]
→～ torch 火焰喷枪

jettron 气动开关

jetty 防波{导流;突}堤；栈桥；(堤)坝；(油)码头；突(堤(式))码头
→～ (type wharf) 突(堤(式))码头//～ mounted sonar 码头声呐

jet-type{spray-type;jet} condenser 射水式凝汽器

jet type pump 喷射器
→～ vacuum mixer 水力抽空搅拌器//～-washed formation annulus 受射流冲洗的地层环形带//～ water course 喷射水流

jevreinovite 符山石[Ca₁₀Mg₂Al₄(SiO₄)₅,Ca常被铈、锰、钠、钾、铀类质同象代替,镁也可被铁、锌、铜、铬、铍等代替,形成多个变种;Ca₁₀Mg₂Al₄(SiO₄)₅(Si₂O₇)₂(OH)₄;四方]

jewel 手表钻石；饰以宝石；钻；宝石；钻石[宝石]
→～ bearing hole 宝石轴承孔//～ block 信号吊绳滑车

jeweler 宝石商

jeweler's enamel 珍宝珐琅
→～ shop 特富矿块；特富金矿块

jewelery{jewelry;jewellery} 珠宝[总称]

jeweller 宝石匠

jewelweed 宝石草

jewreinowit(e) 符山石[Ca₁₀Mg₂Al₄(SiO₄)₅,Ca常被铈、锰、钠、钾、铀类质同象代替,镁也可被铁、锌、铜、铬、铍等代替,形成多个变种;Ca₁₀Mg₂Al₄(SiO₄)₅(Si₂O₇)₂(OH)₄;四方]

jewstone 硬岩石
→～ cochade ore 白铁矿[FeS₂;斜方]

jexekite 柱晶磷矿[Na₂CaAl₄(PO₄)₄(F,OH)₁₀•3H₂O]

jeypoorite{jeypurite} 块硫钴矿[CoS]

jezekite 红磷盐矿；柱晶磷矿[Na₂CaAl₄(PO₄)₄(F,OH)₁₀•3H₂O]

jheel{jhil} 滞水区

Jiangxiella 江西蛤属[双壳;T₃]

jianshuiite 建水矿[(Mg,Mn,Ca)Mn₃⁴⁺O₇•3H₂O]

jib 吊杆；起重机臂；起重杆；臂；改变方向；支架；截盘；悬枪；悬臂；踌躇不前；挺杆
→～ crane 摇臂吊车//～ door 隐门

jibe 换向

jib end 输送机卸料悬端
→～-end 输送机卸料端安装的卸料悬臂//～-head pulley (挖掘机)悬臂首端滑轮//～ motor (起重机)悬臂传动装置电动机

jig 参差；导向架；轮子坡；钻模；矿筛；车钩[井口把钩用]；样板；装架
→(drilling) ～ 夹具

jigged{jigging;jig;mobile} bed 跳汰床层
→～ mobile bed 脉动床层

jigger 车钩[井口把钩用]；筛；运输绳上夹车器；盘车；振动器；振动筛；轮子坡运转工；辘轳；辘轳车；跳汰机运转工；跳汰(洗矿)机；提升绳上的夹车器；淘簸筛

---

jiggering 旋坯成型

jiggerman 砂轮磨工；刻石工

jigger throw-type screen 振动筛
→～ work 跳汰法

jigging 上下簸动；筛；振动；跳汰法；跳汰；跳动的
→～ machine{appliance;box} 跳汰(洗矿{选})机

jig (washer;machine) 跳汰(洗矿{选})机

jig-saw puzzle 拼合；拼板玩具
→～ puzzle of continents 大陆拼合

jig slide valve 滑动风阀
→～ suction 跳汰机(下降水)吸啜(作用)

jigtank 跳汰箱

jig transit 坐标经纬
→～ washing 跳汰法//～ wave 选矿跳汰机脉冲波

jijakite 三宅岩

Jilinestheria 吉林叶肢介属[节;K₂]

Jilin geosyncline 吉林地槽
→～-Heilongjiang fold system 吉黑褶皱系

jimbals 万向接头

jimboite 神保石；硼锰石；锰硼石[Mn₃B₂O₆;斜方]

jimmy 撬；煤车；运煤小车；运矿小车；短撬棍

jimthompsonite 镁川石[(Mg,Fe²⁺)₅Si₆O₁₆(OH)₂;斜方]；准直闪石；金汤普松石

jinfrabasal 下底板[海百]

Jingguella 景谷介属[J₃]

jiningite 阴山石；褐铀钍矿；羟钍石[(SiO₄)₁₋ₓ(OH)₄ₓ;四方]；集宁石

jink 车钩[井口把钩用]
→～ carrier (斜井吊车)挂钩工

Jinning{Tsinning} movement 晋宁运动

jinny (轮子坡)固定绞车[不用自重运行时用]；矿车升降的斜坡路
→～ (road;roadway) 斜坡道；自重滑行坡//～ road{roadway} 斜坡车道//～ road(way) 轨道上山

Jinshaella 小金沙虫属[O₁]

jinshajiangite 金沙江石[(Na,K)₅(Ba,Ca)(Fe²⁺Mn)₁₅(Ti,Fe³⁺,Nb,Zr)₈Si₁₅O₆₄(F,OH)₆;(Na,K)₅(Ba,Ca)₄(Fe²⁺,Mn)₁₅(Ti,Fe³⁺,Nb,Zr)₇Si₁₅O₆₄(F,OH)₆]

jitterbug 图像跳动；失同步；不稳定；颤动；起伏；振动；晃动；跳动；抖动器；不稳定性[信号]；图像不稳定故障

jitter-free 无颤(抖)动的

jiulonggeocronite 九龙矿

jivaarite 钛榴石[Ca₃(Fe³⁺,Ti)₂(Si,Ti)O₄)₃(含TiO₂约15%~25%);等轴]

jixianite 蓟县矿[等轴;Pb(W,Fe³⁺)₂(O,OH)₇]

joaquinite 硅钠钡钛石[3Na₂O•6BaO•5TiO₂•16SiO₂;Ba₂NaCe₂Fe²⁺(Ti,Nb)₂Si₈O₂₆(OH,F)•H₂O;单斜]

job 任务；工作；工件；工地；零件；作业；零工；加工件
→～ accounting routine 作业算账程序//～ analysis 职务分析

jobbing 小修；计件工作
→～ {running;return} pulley 导轮

job location{site} 施工现场
→～-mixed concrete 现场搅拌混凝土//～ number 工号//～ practice 施工方程//～ specification{description} 任务书//～ work 散工；单件生产;计件工作//～{piece} work 计件工作

joch 平顶山山口

jochroite 电气石[族名;碧玺;璧玺;成分复杂的硼铝硅酸盐;$(Na,Ca)(Li,Mg,Fe^{2+},Al)_3(Al,Fe^{3+})_6B_3Si_6O_{27}(O,OH,F)_4]$

jock{|dog} 斜井矿车防跑车叉{|杆}

jocketan 水碳铁矿

jockey 连接装置;薄膜;操作者;自动释车器[钢丝绳运输];矿车的无极绳抓叉;移动;驾驶
→~ (pulley) 导轮 // ~ chute 辅助放矿溜井{子} // ~{control} stick 驾驶杆

jockknife 望远镜

jodargyrite 碘银矿$[AgI;六方]$

jodblei[德] 氯碘铅矿

jodbotallackite[德] 水碘铜矿$[Cu_3(IO_3)_6•2H_2O;三斜]$
→~{jod-atacamit} 羟碘铜矿$[Cu(IO_3)(OH);斜方]$

jodbromchlorsilber[德] 碘氯溴银矿
→~{jodobromit} 卤银矿$[Ag(Cl,Br,I)]$

jodcarnallit 碘光卤石

jodchromat[德] 碘铬钙石$[Ca_2(IO_3)_2(CrO_4);2CaO•I_2O_5•CrO_3;单斜]$

jodembolit 碘氯溴银矿;卤银矿$[Ag(Cl,Br,I)]$

jodkaliumcarnallit[德] 碘光卤石

jodlaurionit[德] 羟碘铅矿

jodmimetite{jodmimetsit} 碘砷铅矿

jodobromit 碘氯溴银矿

jodquecksilber[德] 碘汞矿$[HgI_2]$

jodvanadinit 碘钒铅矿

jodyrit{jodsilber;jodargyrit;jodit}[德] 碘银矿$[AgI;六方]$

joesmithite 铅闪石;铅辉石;铅铍闪石$[(Ca,Pb)_3(Mg,Fe^{2+},Fe^{3+})_5Si_6Be_2O_{22}(OH)_2;单斜]$

joggle 定缝销钉;偏斜;啮合扣;啮合;支架的榫槽;折曲;摇动;摇摆;榫槽
→~ (joint) 榫接 // ~{keyed} beam 拼梁

joggled joint 啮合接
→ ~ {mortised;tenon} joint 榫接 // ~ stones 企口石块

joggling die 镦粗模

jogs in dislocations 位错的割阶

jogynaite 臭葱石$[Fe^{3+}(AsO_4)•2H_2O;斜方]$;土状臭葱石

johachidolite 水氟硼钙石$[Ca_3Na_2Al_4H_4(BO_3)_6(F,OH)_6]$;羟氟硼钙石;硼铝钙石$[CaAlB_3O_7;斜方]$

Johannes Kepler 约翰尼斯·开普勒[德]

Johann focusing spectrometer 约翰聚焦谱仪

johannite 铜铀{铀铜}矾$[Cu(UO_2)_2(SO_4)_2(OH)_2•6H_2O;三斜]$

Johannsen focusing spectrometer 约翰森聚焦谱仪

johannsenite 锰钙辉石;钙锰辉石$[CaMnSi_2O_6;单斜]$

Johannsen's classification 约翰森火成岩分类

Johansen's process 约翰森(贫铁矿还原)法

Johanson's strain gauge 约翰逊机械应变仪

johillerite 砷铜镁钠矿$[Na(Mg,Zn)_3Cu(AsO_4)_3]$

johm 萤石$[CaF_2;等轴]$

johnbaumite 羟砷钙石$[Ca_5(AsO_4)_3(OH);六方]$

johninnesite 砷硅钠镁锰石

johnite 绿松石$[CuAl_6(PO_4)_4(OH)_8•4H_2O;三斜]$;约翰石;硫酸铀矿

Johnius hypostoma 下口叫姑鱼

john odges 空炮

Johns conveyor 约翰型筒式运输机

johnsenite-(Ce) 约翰森异性石$[Na_{12}(Ce,La,Sr,Ca)_3Ca_6Mn_3Zr_3W(Si_{25}O_{73})(CO_3)(OH,Cl)_2]$

johnsomervilleite 磷铁镁钙钠石$[Na_{10}Ca_6Mg_{18}(Fe,Mn)_{25}(PO_4)_{36};六方]$

Johnson bar 刹车
→~ (rotary) concentrator 约翰逊型转动洗金筒 // ~ electrostatic separator 约翰逊式静电选矿机 // ~ grass 石茅(高粱);约翰逊草

johnsonite 钴明矾$[(Mg,Fe,Mn,Co)Al_2(SO_4)_4•22H_2O]$;纤明矾

Johnson noise 热(激)噪声;约翰逊噪声
→~ separation 约翰逊型分选机

John's prop intercalation press 约翰型支柱压入机

Johnstone vanner 约翰斯顿带式溜槽

johnstonite 混硫方铅矿;杂硫方铅矿;硫钒铅矿;氯钒铅矿;钒铅矿$[Pb_5(VO_4)_3Cl;(PbCl)Pb_4V_3O_{12};六方]$

johnstonotite 章石榴石;石榴石$[R_3^{2+}R_2^{3+}(SiO_4)_3,R^{2+}=Mg,Fe^{2+},Mn^{2+},Ca;R^{3+}=Al,Fe^{3+},Cr,Mn^{3+}]$

johnstrupite 硅铈矿;层硅钛铈矿;层硅铈钛矿;氟硅铈矿

johntomaite 约翰托玛石$[BaFe_2^{2+}Fe^{3+}(PO_4)_3(OH)_3]$

johnwalkite 磷铌锰钾石

JOIDES 联合海洋机构地球深层取样;深海钻探计划;乔迪斯

join(der) 连接;结合;入;共轭线;接头;联结;接缝;连;接合点;接合处;接合;交接;加入;连线(的);连接线[成分点的]

join (line) 连线

joinder 汇合;接合[原告和被告]联合诉讼;共同诉讼;联合

joined rod 合成钻杆

joiner 木工;联系者;细木工人;装配工;接合物
→~ curtain 油罐浮顶的环形密封圈

joiner's bench 木工机床

joinery 细木工技{行业};细木工所制的东西

join forces 合力
→~(t)ing 连接 // ~ operation 联合运算

joint(ed) 联合的;节理;焊缝;关节;连接的;单根;组合;跗关节[有蹄];一节(钻杆或管子);结合;结合面;结合处;结点;节;接口;接合点;接合的;接合处;接缝;铰链;联合[经营]

joint (action) 接合;接合面;接头

jointed 有关节的;铰链的;连接的
→~ brake 连接木闸瓦带;木块连接带 // ~ rock 有节理(的)岩石;节理岩 // ~ rock medium 节理岩石介质

joint enterprise 合办企业
→~ epicenter method 联合震中法

jointer 连接器;磨石工;锯木工;接合物;接合器;接缝刨

joint-evil 关节病

joint filler 嵌缝料;节理充填
→~-filling material 岩缝填充物

jointing 垫片;勾缝;截成形石块;内生裂隙[煤的];割理;封泥;节理作用;接合;填缝
→~ (material) 填料 // ~ by cooling 冷却节理;冷缩裂隙 // ~ compound 密封剂[电缆];胶结剂 // ~ paste 填封油灰{腻子}

joint intensity{density} 节理密度
→~ intersection 节理交切;接点 // ~ investment 联合投资 // ~ length 单根长度

jointless 无接缝的

joint liner 连接用垫片
→~-monotonicity 同(单)调性 // ~ nut 两头螺帽;铰接螺母

Joint Oceanographic Institutions Deep Earth Sampling 深海钻探计划;乔迪斯;联合海洋机构地球深层取样

joint of bedding 层面节理

join with a hinge 铰接

joist 龙骨;横梁;安装搁栅;搁栅;小梁;托梁
→~ (steel) 工字梁;工字钢 // ~ ceiling 格栅平顶;梁式楼板 // ~{boom} support 梁支架

joke 空话;易如反掌的事情

joker chute 临时溜井{口}

jokla mys 冰川苔石

jokokulite 五水锰矾$[MnSO_4•5H_2O;三斜]$

jokul[德] 小冰帽;永久雪山;积雪山;冰川

jokula 冰河

jokulhlaup 火山融冰洪流[冰岛语];冰下火山浊流;冰川溃决

jokull 冰雪山原;小冰帽;冰川;永久雪山[德];积雪山

jolanthite 准碧玉

joliotite 碳铀矿$[(UO_2)(CO_3)•nH_2O(n=2?);斜方]$

jolite{jolith} 堇青石$[Al_3(Mg,Fe^{2+})_2(Si_5AlO_{18});Mg_2Al_4Si_5O_{18};斜方]$

jolleying 旋坯成型

jolliffcite 硒砷镍矿$[NiAsSe]$

jollite 铝硅铁石

Jolly balance 焦利{力}天平

jolly balance 比重天平;育式弹簧比重天平;约利弹簧比重天平;焦利弹簧比重天平

Jolly (spring) balance 乔利弹簧比重称

jollylite{jollyte} 铝硅铁石

Joly's theory of thermal cycles 岳立热轮回说

jonesite 硅钛钡钾石$[Ba_4(K,Na)_2Ti_4Al_2Si_{10}O_{36}•6H_2O;斜方]$

Jones riffle 琼斯型斜槽式分样器
→~ splitter 琼斯分样器 // ~ wet-intensity magnetic separator 琼斯湿式强磁选机

jonite 有机质混合物;褐水炭泥;绿松石$[CuAl_6(PO_4)_4(OH)_8•4H_2O;三斜]$

Jonkeria 姜氏兽属[似哺爬;P]

jonnies 不纯烛煤

jonquil 淡黄色

Joosten process 乔斯登加固法;朱斯顿式掘进法

Joplin hand jig 乔普林型手动跳汰机
→~-type gear-driven spring rolls 乔普林型齿轮传动弹簧对辊碎机 // ~-type{J-type} lead J 型铅 // ~{J}-type lead 焦普林型铅

Jora lift 觉拉型升降机[凿井用];乔拉式吊罐

joran 侏罗风

jordanite 灰硫砷铅矿$[Pb_{27}As_{14}S_{48}]$;碲硫砷铅矿$[Pb_{14}(As,Sb)_6S_{23}]$;硫砷铅矿$[Pb_2As_2S_5;单斜]$;约旦矿;约硫砷铅矿$[Pb_{14}(As,Sb)_6S_{23};单斜]$;锑硫砷铅矿$[Pb_{14}(As,Sb)_7S_{24}]$

Jordan's law 乔丹定律

jordisite 胶硫钼矿{华}$[MoS_2;非晶质]$;焦

迪斯矿

jorgensenite 乔根森石[Na_2(Sr,Ba)_{14}Na_2Al_{12}F_{64}(OH,F)_4]

josefite 蚀变辉橄岩；变辉橄岩

joseite 碲铋矿[Bi_2Te_3;三斜]；硫碲铋矿[Bi_4Te_{2-x}S_{1+x}]

→~-A 硫碲铋矿-A[Bi_4TeS_2;三方]// ~-B 硫碲铋矿-B[BiTe_2S;三方]

josen(ite) 晶蜡石[C_{18}H_{34}(近似)]

josephinite 镍铁矿；铁镍矿[(Ni,Fe);等轴]

Josephson effect 约瑟夫森效应

→~ junction device 约瑟夫联结器件

jossaite 铬铅锌矿

jot 少许；草草地记下；一点

Joule cycle 焦耳循环

→~ heat 焦耳热

jouravskite 硫碳钙锰石 [Ca_3Mn^{4+}(SO_4,CO_3)_2(OH)_6•12H_2O;六方]；碳锰钙矾

journal 定期刊物；枢轴；沿在轴承上；日志；日记账；日记；期刊；钻井记录；(用)轴颈连接；流水账；日报；杂志；轴枢[机]

→~ (neck) 轴颈

journaling 报表

journal-oil 轴颈油

journal packing 轴颈密封(圈)

→~ sheet 报表

journey 游历；矿车列车；历程；旅行；路程

→~ attendant 井下列车管理员 // ~ {travel;nun;running; working; operation} time 运行时间

journeywork 短工

Jovian{major} planet 类木行星

→~ planets 木星星群 // ~ satellites 木卫[天]

jowling 敲帮信号[两个巷道掘进工作面将接通时]；敲帮问顶；敲顶；叫顶；问顶

Joy doubled-ended miner 乔伊双滚筒采煤机

→~ double-ended miner 乔埃型双端滚筒采煤机

joyganite 臭葱石[Fe^{3+}(AsO_4)•2H_2O;斜方]

Joy loader 乔伊型装载机

→~ pushbutton miner 乔埃型按钮自动式采煤机

joystick 操纵(控制)手柄；操纵杆；驾驶盘；驾驶杆

→~ signal 遥控台发出的信号

jozite 方铁矿[FeO;等轴]；钛铁晶石[TiFe_2^+O_4;等轴]；钛尖晶石

J-pin J 形槽销钉

JRC 裂隙糙度系数

JSA 危险地震协会

J-tool 倒钩器[打捞工具]；有钩形槽的工具；长孔的工具

juabite 水羟砷碲铜铁石[(Cu_5Te^{6+}O_4)_2(As^5+O_4)_2•3H_2O]

juangodoyite 无水碳铜钠石[Na_2Cu(CO_3)_2]

juanitaite 水羟砷铋铜石 [(Cu,Ca,Fe)_{10}Bi(AsO_4)_4(OH)_{11}•2H_2O]

juanite 水黄长石[Ca_{10}Mg_4Al_2Si_{11}O_{39}•4H_2O?;斜方?]；水硅铝镁钙石

jubilee 矿车；喜庆；佳节；纪念

→~ truck 轻轨料车；小型侧卸式货车；矿车

jubileewagon 侧倾式小矿车

judd 准备好的回采煤柱；煤柱中的回采巷道；石面截槽；偏差鉴定量；大煤块

juddite 锰亚铁钠闪石；富锰闪石[(Na,Ca,Mn)_3(Mn,Fe^{2+},Fe^{3+},Al)_5((Si,Al)_8O_{22})(OH)_2]

judenpech[德] 沥青

judge 审判(员)；衡量；衡；认为；裁判员；判断；井下量尺[丈量采煤进度]

judging by 依据

→~ distance 目测距离

judicious 有见识的；贤明的

→~ use 恰到好处地使用；精心使用

jug 水罐；检波器；储存天然气或其他石油产品的垂直溶洞

jugalia 颈板[龟背甲]；颊板

jug heater 罐式加热炉；水壶式加热炉

→~ hustler 放线工 // ~ hustler{planter} 放线员

Juglandaceae 胡桃科{类}

Juglandiphyllum 胡桃叶{属}

Juglandites 似胡桃粉属[孢;J-N]

Juglans 胡桃属[N_1-Q]；果实

Juglanspollenites 胡桃粉属[E_3-N_1]

jugulum 颈；系喜；外咽片[昆]

jugum[pl.juga,-s] 腕锁[腕]

juju(y)ite 锑铁矿[Fe^{2+}Sb_2^{5+}O_6,四方;Fe_2Sb_2O_7]；铁锑矿

jukaporite{juksporite} 针碱钙石[5(Na_2,K_2,Ca)O•6SiO_2•H_2O]

julgoldite 复铁绿纤石 [Ca_2Fe^{2+}(Fe^{3+},Al)_2(SiO_4)(Si_2O_7)(OH)_2•H_2O;单斜]；铁绿纤石[Ca_2Fe^{2+}Al_2(SiO_4)(Si_2O_7)(OH)_2•H_2O;单斜]

Julian calendar 儒略历

→~ day series 儒略日序

julianite 砷黝铜矿[Cu_{12}As_4S_{12};(Cu,Fe)_{12}As_4S_{13};等轴]

julienite 硫氰钠钴石[Na_2Co(SCN)_4•8H_2O;四方]；砷黝铜矿[Cu_{12}As_4S_{12};(Cu,Fe)_{12}As_4S_{13};等轴]；毛氰钴矿；毛{天}青钴矿[Na_2Co(SCN)_2•8H_2O]

Jullienia 诸氏螺属[N-Q]

julukulite 镍砷钴矿；镍辉钴矿[富镍辉钴矿的变种;(Co,Ni)AsS]

Julus 马陆(属)[昆;Q]

jumbo 石棉纤维剖分器；轻便钻机；庞然大物；凿岩机；巨大的；特大的；台车

→(drill;drilling;truck) ~ 钻车

Jumboisation{jumboization;jumbo(r)izing} 切断接长[船舶]；接长加大；加隔壁扩大油轮容量的方法

jumboising 加大尺度

jumbo loader 钻装机；凿岩装车联合机；凿石装车联合两用机

→(combination) ~ loader 钻架装载联合机

jumillite 透长金云碱斑岩

jump 跳动；突变；小断层；跃迁；矿脉错断；手动方式给进；出轨；冲击(钻井)；脱轨；跳跃；跳变；断层；起伏[温度、压力]

jump (cloth) 半截风障；转移

→~ a claim 侵占他人采矿用地 // ~ condition 陡变条件 // ~ correlation 反射爆破 // ~ coupling 跳合联轴节

jumper 长凿；撬棍；钎子；非法占用矿地者；冲击钻具；占用别人矿区者；跨接片；穿孔凿

→(percussion) ~ 冲击钻杆

jump{Heaviside;step} function 阶跃函数

jumping 跳跃的

→~ bar 探眼工具 // ~ cushion 救生垫 // ~ gouges 跳动刻痕

jump{end-to-end} joint 对接焊

junckerite 球菱铁矿[FeCO_3]

junction 汇合点；汇合处[河流]；会合点；枢纽；河流汇合；接续线；联合；结点；接续；接合处；接触；接边[图幅]；连接点；交叉道口；合流点；连接；接合[地层]；交叉点[巷道或线路]；交叉[道路]；复合[of lodes{veins}]

→~ block 接头管 // ~ box 接线匣；联轴器；连线盒 // ~ {trunk} line 中继线 // ~ of veins 脉接合；矿脉交会；矿脉分叉 // ~ surface 接合面

juncture 时机；接合点；接合带；接合

→~ plane 接触面

Juncus 灯芯草属

Jungermanniales 叶苔目

jungite 磷铁锌钙石[Ca_2Zn_4Fe_8^{3+}(PO_4)_9•16H_2O;斜方]

junior 下级；年少的；新颖的；初级(的)；下级的

→~ homonym 次同名

juniper 黄绿色；桧木

→(Chinese) ~ 桧

Juniperus 桧属[植;Q]

junitoite 水硅锌钙石[CaZn_2Si_2O_7•H_2O;斜方]

junk 厚片；低品级的钻相金刚石；木船；块；废料；废金属渣[掉入钻孔内的]；废物；金属屑；无用信号；无用数据；碎片；积在井底的金属碎屑

junked 报废的

→~ and abandoned 打捞失败而报废 // ~ hole 废井 // ~ {scrap} iron 碎铁

junkerite 球菱铁矿[FeCO_3]

junket 提升(大)吊桶

junking 煤柱边的采落部分[房柱法]

junkite 细锆石

junk mill 平头铣鞋；柱状铣；平底铣鞋；铣刀钻头；研磨钻头

→~ pile 等外管子 // ~ slot 排屑槽[金刚石钻头的]

Juno 婚神星[小行星 3 号]

junoite 硒硫铋铜铅矿[Pb_3Cu_2Bi_8(S,Se)_{16};单斜]

Jun ware 钧窑

→~ Zhou ware 钧州窑

juonniite 水磷钪钙镁石[CaMgSc(PO_4)_2(OH)•4H_2O]

juparana 哥伦布红[石]

→~ califaria 加州金麻[石]

Jupiter 木星；朱庇特[罗马神话中的宙斯神]

jupiter 自然锡[Sn;四方]

Jura 侏罗系；侏罗纪

juran 侏罗风

Jurassic (period) 侏罗纪[208~135Ma;被子植物、裸子植物、鸟类、有袋类哺乳动物相继出现,恐龙极盛。除西藏、台湾等地,其他地区已上升为陆,松柏、苏铁等植物繁盛,为重要的成煤期,我国东部形成含油层]；侏罗系

→~-Cretaceous downwarping 侏罗白垩纪下挠区

Jura-Trias 三叠侏罗系[J-T]；三叠纪[250~208Ma,华北为陆地,华南为浅海,卵生哺乳动物出现,陆生恐龙出现,海生菊石繁盛;T_{1-3}]；侏罗(三叠纪)

Jura-type fold 侏罗式褶曲

jurbanite 单斜铝矾石；斜铝矾[Al(SO_4)(OH)•5H_2O;单斜]

Juresania 朱里桑贝属[腕;P]

juridical authorities 司法机关

→~ entity 法律实体 // ~{legal} person

法人
jurinite 板钛矿[TiO_2;斜方]
jurupaite 硬镁硅钙石；硅钙镁石
Jurusania 朱鲁山叠层石属[Z]
jury 临时的；应急的
　→～ {stand-by;reserve(d);appendage;relay;
　emergency;auxiliary; service} pump 备用
　泵 // ～ repairs 临时应急修理
jusite 碱硅铝钙石
justiceman 公证人
justification 证实；证明；对齐；调整[码速]
just-in-time and flexible production 准时
　和灵活生产

　→～ system 锥时生产制
justite 氯镁铝石[$Mg_5Al_2Cl_4(OH)_{12} \cdot 2H_2O$]；氯
　羟镁铝石；氯氧镁铝石[$Mg_6Al_2Cl_4(OH)_{12} \cdot$
　$2H_2O$]
jute 黄麻(纤维)
　→～ bagging 麻袋布 // ～ filler 苎麻填
　料 // ～ rope 麻绳[黄麻]
jutter 摇动；振动；震动；抖纹[螺纹缺陷]
Juvavites 侏瓦菊石属[头;T_3]
juvenarium 幼壳[双壳]
juvenescent 变年轻的
　→～ phase 青年期
juvenile 少年读物；青少年；原生的；幼

态的；童期的
　→～ mineral deposit 新生矿床
juvenility 幼年期
Juvenites 幼菊石属[头;T_1]
juvite 正霞正长岩
Juxia 小巨犀属；始巨犀属[E_2]
juxporite 针碱钙石[$5(Na_2,K_2,Ca)O \cdot 6SiO_2 \cdot$
　H_2O]
juxta-epigenesis 原境后生作用；近后(期)
　成岩作用
juxtaposed 邻近
　→(be) ～ 并列 // ～ arcuate structure 斜叠
　弧构造 // ～ reservoir 并置储层

J

K
k

K 白垩系；白垩纪[135～65Ma;有胎盘哺乳动物出现,恐龙繁荣和灭绝,我国东部地壳运动,岩浆活动剧烈,形成多种金属矿产,气候较干燥,内陆盆地出现红层,产岩盐的石膏;K_{1-2}]；波数；金位；钾

kaatialai te{kaalialaite} 水砷氢铁石[$Fe(H_2AsO_4)_8 \cdot 5H_2O$]

kabaite 陨地蜡[C、H 化合物]

kacholong 美蛋白石[内含铝氧少许;$SiO_2 \cdot nH_2O$]

kadmoselite 镉硒矿[CdSe]

kadyrelite 氧溴汞矿[$Hg_4(Br,Cl)_2O$]

kaemmererite 铬叶绿泥石

Kaena event 凯纳亚(磁极)期；凯纳反向事件

kaersutite (羟)钛角闪石[$Ca_4Na(Mg,Fe^{2+})_7(Al,Fe^{3+})_5Ti_2Si_2O_{46}(OH)_2$]

kafehydrocyanite 水氰钾铁石；黄血盐[$K_4Fe^{2+}(CN)_6 \cdot 3H_2O$]

kafehydrozyanite 黄血盐[$K_4Fe^{2+}(CN)_6 \cdot 3H_2O$]

Kagerian phase 卡格腊期[东非,相当于贡兹冰期前雨期]

Kahlerina 卡勒蜓属[P]

kahlerite 水砷铀矿；黄砷钾铁矿[$Fe(UO_2)(AsO_4) \cdot 8H_2O$]；铁砷铀云母[$Fe^{2+}(UO_2)_2(AsO_4)_2 \cdot nH_2O$;四方]

kahruba 琥珀[$C_{20}H_{32}O$]

Kaibab formation 凯巴布石灰岩层组

Kailuanoceras 开滦角石属[头;O_1]

kaimoo 水泥互层；浪成层状冰堤[北极区]

Kainella 小克因虫属[三叶;O_1]

kainitite 钾盐镁盐(岩)[$MgSO_4 \cdot KCl \cdot 3H_2O$;单斜]；盐镁矾

kainolite{kainolith} 新喷出岩；新喷发岩

kainosite 钙钇硅石；钙钇铒矿[$CaY_2(SiO_3)_4 \cdot Ca(CO_3) \cdot 2H_2O$]；碳硅铈钙石[$Ca_2(Ce,Y)_2Si_2O_{12}(CO_3) \cdot H_2O$;斜方]

kainotype 新相[岩]

kainovolcanic 新火山的

kainozoic 新生代[65.5Ma 至今]；新生界

Kaipingoceras 开平角石属[头;O_1]

Kaiser effect 凯塞(尔)效应

Kaitunia 开通介形[K_1]

kaiwekite 闪辉碱粗岩；橄歪粗面岩

kajanite 云微白榴岩

kakirite 错裂角砾岩

kakochlor 水锂锰土；水钴锰土；杂水锂锰土

kakoklas{kakoklasite} 杂磷锰钙柱石

kakortokite 条纹霞(石)正长岩

kakoxen 羟磷铁矿

kakoxene 磷铁矿[$(Fe,Ni)_2P$;六方]

Kaksa's placer hypothesis 卡克萨砂矿成因假说

kal 粗铁

kalahari 盐盘；盐田

---

kal(l)ait 绿松石[$CuAl_6(PO_4)_4(OH)_8 \cdot 4H_2O$;三斜]

kalamit 透闪石[$Ca_2(Mg,Fe^{2+})_5Si_8O_{22}(OH)_2$;单斜]

kalar 石灰核

kalbaite 电气石[族名;硒;壁玺;成分复杂的硼铝硅酸盐;$(Na,Ca)(Li,Mg,Fe^{2+},Al)_3(Al,Fe^{3+})_6B_3Si_6O_{27}(O,OH,F)_4$]

Kalb light line 卡尔伯亮线

kalborsite 羟硅钾铝硼石[$K_8BAl_4Si_5O_{20}(OH)_4Cl$]；硅硼铝石；氯硼硅铝钾石[$K_6BAl_4Si_6O_{20}(OH)_4$;四方]

kalcedon[德] 玉髓[SiO_2]

kalchstein[德] 方解石[$CaCO_3$;三方]

kalcio-talk 钙滑石；镁珍珠云母[$CaMg_2(Si_4O_{10})(OH)_2$]

Kaldo-process 斜吹氧气转炉炼钢法；卡尔多炼钢法

kaleidoscope 千变万化的情景；万花筒

Kalevian age{|series} 喀列夫期{|统} → ~ series 卡列瓦统[欧;Pt]

Kalgan series 张家口统

kalgoorlie distributor splitter 卡尔古莱矿浆分配缩分(取样)器

kalgoorlite 碲汞矿与碲金银矿混合物；杂碲金汞矿[HgTe]

kali 苛性钾[KOH]；氧化钾；钾质的

kaliagirin[德] 钾霓石[$KFe^{3+}(Si_2O_6)$]

kaliakerite 钾英辉正长岩

kalialaskite 钾(质)白岗石[岩]

kalialaun[德] 纤钾明矾[$KAl(SO_4)_2 \cdot 11\sim12H_2O$; 单斜?]；(钾)明矾[$K \cdot Al(SO_4) \cdot 12H_2O$;碱和铝之含水硫酸盐矿物]

kalialbite 钾钠长石

kalialuminite 明矾石[$KAl_3(SO_4)_2(OH)_6$;三方]

kali(-)analcime 钾方沸石

kaliandesine 钾中长石

kaliankaratrite 钾霞橄玄武岩；钾橄霞玄武岩

kalianorthite 钾钙长石

kalianorthoklas 钾歪长石

kaliastrakanite 钾镁矾[$K_2Mg(SO_4)_2 \cdot 4H_2O$;单斜]

kali-barium feldspar 钾钡长石[$(Ba,K_2)Al_2Si_2O_8$]

kalibenstonite 钾菱碱土矿

kaliblodite 钾镁矾[$K_2Mg(SO_4)_2 \cdot 4H_2O$;单斜]

kaliborite 硼钾{水硼}镁石[$KMg_2B_{11}O_{19} \cdot 9H_2O$;$KMg_2(B_5O_6(OH)_4)(B_3O_3(OH)_5)_2 \cdot 2H_2O$;$KHMg_2B_{12}O_{16}(OH)_{10} \cdot 4H_2O$;单斜]；钾镁石

kalibytownite 钾倍长石

kalicamptonite 钾(斜)闪煌岩

kalichabasite 钾菱沸石[$KCaAl_3Si_3O_{12} \cdot 5H_2O$]

kalici(ni)te{kalicin(it)e} 重碳(酸)钾石[$KHCO_3$;单斜]

kalidesmine 钾辉沸石

kalifeldspath[德] 钾长石[$K_2O \cdot Al_2O_3 \cdot 6SiO_2$;$K(AlSi_3O_8)$]；正长石[$K(AlSi_3O_8)$;$(K,Na)AlSi_3O_8$;单斜]；微斜长石[$(K,Na)AlSi_3O_8$;三斜]；透长石[$K(AlSi_3O_8)$;单斜]；冰长石[$K(AlSi_3O_8)$;正长石变种]

kalifersite 硅钾铁石[$(K,Na)_5Fe^{3+}_7Si_{20}O_{50}(OH)_6 \cdot 12H_2O$]

kalifluor carpholite 钾氟纤锰柱石

kaligranite 钾花岗岩

kalijarosite 黄钾铁矾[$KFe^{3+}(SO_4)_2(OH)_6$;三方]

kali(-)keratophyre 钾角斑岩

---

kalilabrador 钾拉长石

kali(o)magnesiokatophorite (含钛)钾镁钠钙闪石

kalimargarite 钾珍珠云母

kalimonchiquite 钾碱{沸}煌岩

kalimontmorillonite 钾蒙脱石

kalinatrolith 钾钠沸石

kalinatronfeldspath{kalinatromikroklas}[德] 歪长石[$(K,Na)AlSi_3O_8$;三斜]

kalinepheline 钾霞石[$K(AlSiO_4)$;六方]

kalinephelinite 钾霞岩

kalininite 硫铬锌矿[$ZnCr_2S_4$]

kalinite 十二水钾铝矾矿；纤(维)钾明矾[$KAl(SO_4)_2 \cdot 11\sim12H_2O$;单斜]

kalinitrat[德] 硝石[钾硝;KNO_3]

kalinordmarkite 钾(质)英碱正长岩

kalioalunite (钾)明矾石[$KAl_3(SO_4)_2(OH)_6$;三方]

kaliocarnotite 钒钾铀矿[$K_2(UO_2)_2(VO_4)_2 \cdot 3H_2O$;单斜]

kaliohitchcockite 铝砷菱铅矾

kalioligoklas 钾奥长石

kaliophilite{kaliophyl(l)ite} 钾霞石[$K(AlSiO_4)$;六方]

kaliorthoklas 正长石[$K(AlSi_3O_8)$;$(K,Na)AlSi_3O_8$;单斜]

kaliproxenite 钾辉岩

kalipsilomelane 隐钾锰矿

kaliptolite 锆石[$ZrSiO_4$;四方]

kalipulaskite 钾斑霞正长岩

kalipyrochlore 钾烧绿石[$(K,Sr)_{2-x}Nb_2O_6(O,OH) \cdot nH_2O$;等轴]

kalipyroxenite 钾辉岩

kalirhyolite 钾流纹岩

kalisaltpeter 硝石[钾硝;KNO_3]；钾硝石[KNO_3;斜方]

kalisaponite 钾皂石

kalispilite 钾细碧岩

kalistronite{kalistrontite} 钾锶矾[$K_2Sr(SO_4)_2$;三方]

kalisulphat 钾芒硝[$K_3Na(SO_4)_2$;$(K,Na)_3(SO_4)_2$;六方]

kalisyenite 钾正长岩

kalite 品质

kalithomsonite{kalithomsonlite} 碱硅钙钇石；钾镁沸石；钾杆沸石[$KNa(Ca,Mg,Mn)(Al_4Si_5O_{18}) \cdot 8H_2O$]

kalitinguaite 钾霓霞脉岩

kalitordrillite 钾淡流纹岩

kalitrachyte 钾粗面岩

kalium[拉] 钾

kaliumnephelinhydrat 钾水霞石

kaliumpektolith[德] 针钾钙石；钾针钠钙石

kalk[德] 钙质[词冠]；石灰[CaO]

kalkcancrinit 钙柱石[$Ca_4(Al_2Si_2O_8)_3(SO_4,CO_3,Cl)$;$3CaAl_2Si_2O_8 \cdot CaCO_3$;四方]；碳钙柱石

kalkchabasit 菱沸石[$Ca_2(Al_4Si_8O_{24}) \cdot 13H_2O$;$(Ca,Na)_2(Al_2Si_4O_{12}) \cdot 6H_2O$;三方]

kalkchromgranat 钙铬榴石[$Ca_3Cr_2(SiO_4)_3$;等轴]

kalkeisencordierite 钙铁堇青石

kalkglimmer 串珠雏晶[$CaAl_2(Al_2Si_2O_{10})(OH)_2$]；珍珠云母[$CaAl_2(Al_2Si_2O_{10})(OH)_2$;单斜]

kalkgranat 钙铁榴石[$Ca_3Fe^{2+}(SiO_4)_3$;等轴]

kalkkalisulfat 钾石膏[$K_2Ca(SO_4)_2 \cdot H_2O$;单斜]

kalkkreuzstein 钙十字沸石[$(K_2,Na_2,Ca)(AlSi_3O_8)_2 \cdot 6H_2O$;$(K,Na,Ca)_{1-2}(Si,Al)_8O_{16} \cdot 6H_2O$;单斜]

kalkkruste[德] 钙结壳

kalkmanganspat 锰方解石[((Ca,Mn)(CO₃)]

kalkmesotyp 钙沸石[Ca(Al₂Si₃O₁₀)•3H₂O;单斜]

kalknatronkatapleit 钠锆石 [(Na₂,Ca)O•ZrO₂•2SiO₂•2H₂O;Na₂ZrSi₃O₉•2H₂O;六方]

kalknatronplagioklas 中长石 [Ab₇₀An₃₀–Ab₅₀An₅₀;三斜]

kalkoligoklas 拉长石[钙钠长石的变种;Na(AlSi₃O₈)•3Ca(Al₂Si₂O₈);Ab₅₀An₅₀–Ab₃₀An₇₀;三斜]

kalkorthosilicat[德] 铈钛铁矿;钙橄榄石[(Mg,Ca,Mn)₂SiO₄]

kalkowskite{kalkowskyn}[德] 铈钛铁矿;铈钇钛铁矿

kalkpyralmandit 钙铁榴石[Ca₃Fe²⁺(SiO₄);等轴]

kalkrhodochrosit 锰方解石[((Ca,Mn)(CO₃)];钙菱锰矿[MnCO₃与FeCO₃、CaCO₃、ZnCO₃可形成完全类质同象系列]

kalksaltpeter 钙硝石[Ca(NO₃)₂•4H₂O]

kalkschwerspat 钙重晶石[(Ba,Ca)SO₄]

kalkspath 方解石[CaCO₃;三方]

kalktalkspath 白云石[CaMg(CO₃)₂;CaCO₃•MgCO₃;单斜];白云岩

kalktongranat 钙铝榴石[Ca₃Al₂(SiO₄)₃;等轴]

kalkurancarbonat 铀钙石 [Ca₂U(CO₃)₄•10H₂O];碳铀钙石[Ca₂(UO₂)•(CO₃)•10H₂O]

kalk-uran-carbonat 铀碳钙石

kalkuranglimmer{kalkuranit} 钙铀云母 [Ca(UO₂)₂(PO₄)₂•10~12H₂O;四方]

kallais{kallaite} 绿松石[CuAl₆(PO₄)₄(OH)₈•4H₂O;三斜]

kallar 盐土;盐箱

kallilite 杂蓝辉镍矿[Ni(Sb,Bi)S];蓝辉镍矿

kallirotron 负阻抗管

kallochrom 铬铅矿[PbCrO₄;单斜]

Kalochitina 美几丁虫属[O₂-S₁]

kalomel 汞膏[Hg₂Cl₂];甘汞[HgCl;Hg₂Cl₂]

kalsilite 原钾霞石[KAlSiO₄;六方];钾霞石 [K(AlSiO₄);六方]

kalsomine 刷墙粉

kaltleiter 正温度系数半导体元件

kalungaite 硒砷钯矿[PdAsSe]

kalunite 钾明矾石[KAl₃(SO₄)₂(OH)₆]

kaluszite 钾石膏[K₂Ca(SO₄)₂•H₂O;单斜]

Kalyptea 囊果藻属[E₃]

kalyptolith 锆石[ZrSiO₄;四方]

kalzedon 玉髓[SiO₂]

kalziotalk 钙滑石

kalzit 方解石[CaCO₃;三方]

kalzuranoite 卡钙铀矿

kam 短冰脊

kamacite{kamazite} 陨铁镍{锥纹石;铁陨石;铁纹石}[(Fe,Ni), Ni=4%～7.5%;等轴};铁陨石

kamafugite 橄黄白榴岩类

kamagflite 氟镁钾石

kamaishilite 卡羟铝黄长石

kamarezite 羟铜矾;羟矾石;草绿基铜矾 [Cu₃(SO₄)(OH)₄•6H₂O];板水胆矾

kambaldaite 碳镍钠石[Na₂Ni₃(CO₃)₆•6H₂O]

kam(a)baraite 蒲原石 [MgAl₂Si₆O₁₄(OH)₄•nH₂O,去水后为MgAl₂Si₆ O₁₄(OH)₄]

kame 冰砾阜

kamenskit 细散水铝矿

kamenskite 细晶水铝石

Kamia 卡米亚藻属[C]

kamiokalite 神岗矿

---

kamiok(a)ite 钼铁矿[六方;Fe₂Mo₃O₈]

kamitugaite 卡米图加石[PbAl(UO₂)₅((P,As)O₄)₂(OH)₉•9.5H₂O]

ka(e)mmererite 丰后石{铬斜绿泥石;铬叶绿泥石;铬绿泥石}[Mg₃(Mg,Cr)₃(Cr³⁺Si₃O₁₀)(OH)₈]

kammgranite 斑闪花岗岩;暗钾花岗岩

kammkies 白铁矿[FeS₂;斜方]

kamperite 细粒(黑)云正(长石)岩;细云正煌岩;多云正煌岩

kampferharz 水脂石

kampfite 氯碳硅钡石[Ba₆((Si,Al)O₂)₈(CO₃)₂Cl₂(Cl,H₂O)₂]

kampometer 热辐射计

kamptnerius 坎氏颗石[钙超;K₂]

kamptomorph 曲型{形}

kamptozoa 内肛苔藓类

kamptulicon 橡皮地毯

Kampuchea 柬埔寨

kampylite 磷砷铅矿[Pb₅(AsO₄•PO₄)₃Cl]

kanaekanite 碱硅钙铀钍矿[KNaCa(Th,U)Si₈O₂₀]

kanasite 硅碳钙石[(Na,K,Ca)₅(Ca,Mn)₄(Si₂O₅)₅(F,OH)₃;单斜]

kanat 地下通道;地下水道;暗渠
　→～{qanat} 坎儿井[伊]

kanbaraite 蒲原石[MgAl₂Si₆O₁₄(OH)₄•nH₂O,去水后为MgAl₂Si₆ O₁₄(OH)₄]

kandite 高岭土类;高岭石族

K and K flotation cell KK式浮选机
　→～-and-K machine (旧式)长缝滚筒式浮选机

kaneite (坎)砷锰矿[Mn₃(AsO₃)₂;Mn₂₀As₁₈³⁺O₅₀(OH)₄(CO₃);三方]

kane(e)lstein 钙铝榴石[Ca₃Al₂(SiO₄)₃;等轴]

kanemite 水硅钠石[NaHSi₂O₄(OH)•2H₂O;斜方]

kaniokaite 神岗矿

kank 纽结[钢绳等];铁石;致密难凿硬岩

kankar 灰质核;钙质层;钙结核;结核灰岩;钙结壳

kankite 水砷铁矿 [Fe³⁺AsO₄•3.5H₂O;单斜];水毒砂;砷铁石[FeAs₂;Fe₃²⁺(AsO₄)•8H₂O;三斜]

kankrinite 钙霞石 [Na₃Ca(AlSiO₄)₃(CO₃,SO₄)•nH₂O;Na₆Ca₂Al₆Si₆ O₂₄(CO₃)₂;六方]

kann 萤石[CaF₂;等轴]

Kannemeyeria 肯氏兽(属)[爬;P-T]

kan-no-jigoku[日] 冷泉疗养区

kanoite 锰辉石[(Mn²⁺,Mg)₂Si₂O₆;单斜]

kanonaite 锰红柱石[(Al,Fe,Mn)₂(SiO₄)O;(Mn³⁺,Al)AlSiO₅;斜方]

kanonenspath 方解石[CaCO₃;三方]

kanonerovite 水磷锰钠石[MnNa₃P₃O₁₀•12H₂O]

kansasite 堪萨斯化石脂

kansite 铁硫矿

Kansuella 甘肃长身腕;甘肃贝属[腕;C₁]

kantography 坡折线绘制术[地势图]

kanugin 甘石黄素

kanzibite 黑长流纹岩{石}

kaolin(e){kaolinite;kaopaque} 高岭土{高岭石;陶土}[Al₄(Si₄O₁₀)(OH)₈;Al₂O₃•2SiO₂•2H₂O;Al₂Si₂O₅;单斜]

kaolin-chamosite 磁绿泥石[(Fe²⁺,Fe³⁺)<₆(Si₄O₁₀)(OH)₈]

kaoline 陶土[Al₄(Si₄O₁₀)(OH)₈;Al₂Si₂O₅(OH)₄]

kaolinic 高岭土的

kaolinization 高岭土化;陶土化作用

---

kaolinize 高岭土化

kaolinton 高岭黏土

Kaolishania 蒿里山虫

Kaolishaniella 小蒿里山虫属[三叶;Є₃]

kaolisol 高岭化土

kaon K介子

Kaotaia 高台虫属[三叶;Є₂]

kapchrysolith 葡萄石[2CaO•Al₂O₃•3SiO₂•H₂O;H₂Ca₂Al₂(SiO₄)₃;斜方]

kapel 承窝式连接装置

kapillar-analyse 毛细分析(法)

kapillary 毛细管

kapitsaite-(Y) 卡硼硅钡钇石[(Ba,K)₄(Y,Ca)₂Si₈(B,Si)₄O₂₈]

kapnicite 银星石[Al₃((OH,F)₃•(PO₄)₂•5H₂O;斜方]

kapnikite 蔷薇辉石 [Ca(Mn,Fe)₄Si₅O₁₅,Fe、Mg常置换Mn,Mn与Ca也可相互代替;(Mn²⁺,Fe²⁺,Mg,Ca)SiO₃;三斜]；银星石[Al₃((OH,F)₃•(PO₄)₂•5H₂O;斜方]

kapnite 铁菱锌矿[(Zn,Fe²⁺)(CO₃)]

kapoc{kapok} 木丝棉;木棉

kapok-tree 木棉树

kappa-diaspore 胶铝矿[AlO(OH)]

kappa-limonite 胶褐铁矿[Al₂O₃•nH₂O]

kappameter 卡帕仪

kappa-pyrite 胶黄铁矿[FeS₂;Fe₂S₃•H₂O]

kappenquarz 冠状石英;帽石英

kaprubin 镁铝榴石[Mg₃Al₂(SiO₄)₃;等轴]

kar 凹地;冰围椅;冰坑;冰斗

kara 黑碱土

karabe 琥珀[C₂₀H₃₂O]

karaburan 黑风暴;风沙尘[塔里木盆地]

karachait(e) 丝蛇纹石[MgSiO₃•H₂O]

karajol 卡拉乔尔风;开拉基风

Karakoromys 喀拉鼠属[Q]

karamsinite 透闪石[Ca₂(Mg,Fe²⁺)₅Si₈O₂₂(OH)₂;单斜];复硅铜镁矿

karanakhite 铅锰碲石

karang 上升裙礁阶地;锡砂[SnO₂];锡富矿;礁灰岩

kararfveite 独居石[(Ce,La,Y,Th)(PO₄);(Ce,La,Nd,Th)PO₄;单斜]

karat 金位;克拉[宝石、金刚石重量单位,=0.2g]

karelianite 三方氧钒矿[V₂O₃;三方]

kareli(a)nite 杂硫铋矿[Bi₂S₃,Bi,Bi₂O₃的混合物]

karewa 被切阶地的平坦面[克什米尔]

karez{care} 坎儿井[新疆]

karfunkel[德] 红宝石[Al₂O₃];镁铝榴石[Mg₃Al₂(SiO₄)₃;等轴]

karibibite 砷铁石[FeAs₂;Fe₃²⁺(AsO₄)₂•8H₂O;三斜];铁砷矿[Fe₂³⁺As₄³⁺(O,OH)₉;斜方]

karinthin 加里仁石

karinthine 角闪石[(Ca,Na)₂₋₃(Mg²⁺,Fe²⁺,Fe³⁺,Al³⁺)₅((Al,Si)₈O₂₂)(OH)]

kariopilite 蜡硅锰石[Mn₅(Si₄O₁₀)(OH)₆,含MnO34%～52.65%;单斜]

karite 石英霓细岗岩

kariz 坎儿井

karlite 卡硼镁石[Mg₇(BO₃)₃(OH,Cl)₅]

karlsteinite 高钾(碱性)花岗岩

Kármán constant 卡门常数
　→～ vortex street 卡门涡列

karminite{karminspath} 砷铅铁矿[Pb₃Fe₁₀(AsO₄)₁₂]

karnaite 卡纳岩;玻基英安凝灰熔岩

karnasurite 水硅铝钛铈矿;水硅铝钛镧矿

karnasurtite 水硅钛铈矿 [(Ce,La,Th)(Ti, Nb)(Al,Fe^{3+})(Si,P)$_2$O$_7$(OH)$_4$·3H$_2$O?;六方?];磷钇铈矿 [(Ce,Y,La,Di)(PO$_4$)·H$_2$O];氟碳铈矿 [CeCO$_3$F,常含 Th、Ca、Y、H$_2$O 等杂质;六方];锎碳石[(La,Ce)$_2$(CO$_3$)$_3$·8H$_2$O]

karnat 珍珠陶土 [Al$_4$(Si$_4$O$_{10}$)(OH)$_8$]

karneol 肉红玉髓[SiO$_2$];光玉髓[SiO$_2$]

Karnian 卡尼(阶)[227.4~220.7Ma;欧;T$_3$]

karolathin 不纯黏土

karoo 雨季草原;阶地形荒原[南非];无水亚黏土草原
　　→～ (table) 湿季草原

Karoo{Karroo} system 卡路系[P-T]

karpat(h)ite 黄地蜡[C$_{33}$H$_{17}$O;C$_{24}$H$_{12}$;单斜]

karpholith 纤锰柱石 [MnO·Al$_2$O$_3$·2SiO$_2$·2H$_2$O;MnAl$_2$(Si$_2$O$_6$)(OH)$_4$;斜方]

karphosiderite 草黄铁矾

karphostilbite 杆沸石 [NaCa$_2$(Al$_2$(Al,Si)Si$_2$O$_{10}$)$_2$·5H$_2$O;NaCa$_2$Al$_5$Si$_5$ O$_{20}$·6H$_2$O;斜方]

karpinskiit 杂针柱蒙脱石[白针柱石和锌黏土混合物]

karpinskite 硅镍镁石[(Mg,Ni)$_2$Si$_2$O$_5$(OH)$_2$?;单斜;蓝绿镍镁石 [(Ni,Mg)$_4$(Si$_4$O$_{10}$)(OH)$_4$]

Karpinskya 卡宾斯基氏右旋轮藻属[D-C$_1$]

karpinskyite 针硅铍钠石;杂针柱蒙脱石[白针柱石和锌黏土混合物]

Karpinstkya 卡尔宾斯基右旋轮藻

karren 灰岩参差地;石牙;石灰岩沟;溶沟;岩沟

karrenbergite 绿皂脱石[绿高岭石和皂石间黏土矿物];镁绿脱石;绿脱皂石

karrenfeld[德] 灰岩沟区;石牙{芽}区[岩沟原];岩沟原;灰岩参差地

karren field 石芽区
　　→～ karst 溶沟(喀斯特)

Karreria 卡尔虫属[孔虫;E]

Karreriella 小卡尔虫属[孔虫;N$_3$-Q]

karroo 湿季草原;雨季草原;阶地形荒原[南非]

karrooide{karrooite} 板钛镁矿

karst 石林;岩溶;喀斯特[岩溶旧称]
　　→～ (cave) 水蚀石灰洞 // ～ {natural} bridge 喀斯特桥;天生桥 //-cave connecting test 岩溶{喀斯特}洞(穴)连通试验

karsten 溶岩沟

karstenite 硬石膏岩;硬石膏[CaSO$_4$;斜方]

karst factor counted on plane 面岩溶率
　　→～ fen 岩溶沼泽

karstic channel 岩溶通道;喀斯特式通道
　　→～ earth cave 土洞 // ～ reservoir 岩溶性{式}(热)水储 // ～ water-level 岩溶水水位;喀斯特水水位

karstifiable 可`岩溶{喀斯特}化的

karstification 岩溶化;喀斯特化
　　→～ zone 喀斯特作用带

karstify 岩溶化;喀斯特化

karst{sink;karstic} lake 喀斯特湖

karstology 岩溶学;喀斯特学

karst passage way 岩溶通道
　　→～ peak 溶峰 // ～ pit{well} 喀斯特井 // ～ river 喀斯特河 // ～ street{channel;corridor} 岩溶通道

karupmllerite-(Ca) 硅碱钙钛铌石[(Na,Ca,K)$_2$Ca(Nb,Ti)$_4$(Si$_4$O$_{12}$)$_2$(O,OH)$_4$·7H$_2$O]

karyinite 砷锰铅矿[Pb$_3$MnAs$_3$O$_8$OH;Pb$_3$Mn(As^{3+}O$_3$)$_2$(As^{3+}O$_4$);单斜]

karyocerite 褐稀土矿;硅硼钽钍稀土矿

karyoclasis 核崩解

karyokinesis 核分裂

karyopilite 蜡硅锰矿[Mn$_5$(Si$_4$O$_{10}$)(OH)$_6$,含 MnO34%~52.65%;单斜]

karyota 有核细胞

karystiolite 温石棉{纤蛇纹石}[Mg$_6$(Si$_4$O$_{10}$)(OH)$_8$]

kashinite 卡硫铑铱矿;硫铑铱铜矿[(Ir,Rh)$_2$S$_3$]

Kashirskian 卡希尔斯克阶[C$_2$]

Kashmirites 克什米尔菊石属[头;T$_1$]

kas(c)holong 美蛋白石[内含铝氧少许;SiO$_2$·nH$_2$O]

Kasimovian 卡西莫夫统[C$_2$]

kasoite 钾钡长石[(Ba,K)$_2$Al$_2$Si$_2$O$_8$];加苏石

kasolite 硅铅铀矿[Pb(UO$_2$)(SiO$_4$)·H$_2$O;单斜]

kasparite 钴镁明矾[(Mg,Co)Al$_3$(SO$_4$)$_5$(OH)·28H$_2$O]

kassaite 蓝方闪(辉长)斑岩

Kassinina 卡新介属[E-N]

kassite 羟钙钛矿[CaTi$_2$O$_4$(OH)$_2$]

kassiterite 锡石[SnO$_2$;四方]

kassiterolamprite 黄锡矿[Cu$_2$FeSnS$_4$;四方];黝锡矿[Cu$_2$S·FeS·SnS$_2$;Cu$_2$FeSnS$_4$]

kassiterotantalite 锰钽矿[(Ta,Nb,Sn,Mn,Fe)$_4$O$_8$]

kastningite 副蓝磷铝锰石[(Mn,Fe,Mg)Al$_2$(PO$_4$)$_2$(OH)$_2$·8H$_2$O]

kastor 透锂长石[LiAlSi$_4$O$_{10}$;单斜]

kasyanite 卡申煤

kataarcheozoic 远太古代

katabaric 减压

katabatic drainage of cold air 冷空气的下降流
　　→～ winds 下降气流风

katabugite 紫苏闪光岩

kataclasite 破碎岩;破裂岩;碎裂岩;碎屑岩

kataclastic 破碎的;碎裂的
　　→～ {fragmented} rock 碎裂岩

kataclastics 压碎岩;碎屑岩;碎裂岩

kataforite 红(钠)闪石[NaCaFe$_4^{2+}$Fe^{3+}((Si$_7$Al)O$_{22}$)(OH)]

katagenesis 沉变作用;后生(作用)[沉积岩];后退演化;退化作用;退化;成岩变化;碎裂作用

katagenic 分解的

katagraphia 花纹石;变形石

katagraphyra 花纹石

kata(-)impsonite 深煤化沥青煤

katallobaric area 负变压区
　　→～ center 降压中心

kata-metamorphism 深变质(作用)

kata-metamorphite 深变质岩

katangite 胶硅铜矿[CuSiO$_3$·2H$_2$O];硅孔雀石[(Cu,Al)H$_2$Si$_2$O$_5$ (OH)$_4$·nH$_2$O;CuSiO$_3$·2H$_2$O;单斜]

kata-orogenic 鼎盛造山期的

kataphorite 红闪石[NaCaFe$_4^{2+}$Fe^{3+}((Si$_4$Al)O$_{22}$)(OH)];红钠闪石[NaCaFe$_4^{2+}$Fe^{3+}((Si$_7$Al)O$_{22}$)(OH)$_2$]
　　→～-quartz orthophyre 红闪石英正长斑岩

kataplei(i)te 钠锆石 [(Na$_2$,Ca)O·ZrO$_2$·2SiO$_2$·2H$_2$O;Na$_2$ZrSi$_3$O$_9$·2H$_2$O;六方]

Katarchean 远始生代

kata-rock 破碎岩

kataseism 向震源地壳运动

Katastrophomena 劣扭(月)贝属[腕;O$_3$-S$_1$]

katatectic layer 深积层;溶蚀残余层
　　→～ strata (石膏-硬石膏帽岩内的)溶积层

katathermal 减温期

→～ solution 深温热液;深成热流{液}

Katavia 卡塔夫叠层石属[Z]

katavothra{sink} lake 落水洞湖

katayamalite 锂钙大隅石{加特雅马石}[(K,Na)Li$_3$Ca$_7$(Ti,Fe^{3+},Mn^{2+})$_2$(Si$_8$O18)$_2$(OH,F)$_2$];片山石

Katernia 卡特尼叠层石属[Z]

katharite 毛矾石[Al$_2$(SO$_4$)$_3$·16~18H$_2$O;三斜]

katharobiont 清水生物

katherite 毛矾石[Al$_2$(SO$_4$)$_3$·16~18H$_2$O;三斜]

katoforit{katophorite} 红闪石[NaCaFe$_4^{2+}$Fe^{3+}((Si$_4$Al)O$_{22}$)(OH)];红钠闪石[NaCaFe$_4^{2+}$Fe^{3+}((Si$_7$Al)O$_{22}$)(OH)$_2$]

katoite 加藤石[Ca$_3$Al$_2$(OH)$_{12}$]

katoptrite 黑硅(铝)锑锰矿[(Mn,Mg)$_{13}$(Al,Fe^{3+})$_4$Sb$_2^{5+}$Si$_2$O$_{28}$;单斜]

katungite 白橄黄云{长}岩

katzenauge 石英[SiO$_2$;三方];猫眼{睛}石[BeAl$_2$O$_4$];金绿宝石[BeAl$_2$O$_4$;BeO·Al$_2$O$_3$;斜方]

katzenbuckelite 黝方响斑岩

katzengold[德] 黑云母 [K(Mg,Fe)$_3$(AlSi$_3$O$_{10}$)(OH)$_2$;K(Mg,Fe^{2+})$_3$(Al,Fe^{3+})Si$_3$O$_{10}$(OH,F)$_2$;单斜]

katzensilber{kaliglimmer}[德] 白云母[KAl$_2$AlSi$_3$O$_{10}$(OH,F)$_2$;单斜]

kauaiite 碱明矾 [(K,Na)Al$_4$(SO$_4$)$_2$(OH)$_{11}$·4H$_2$O]

kaukasite 高加索岩

kaurane 贝壳杉烷

kaur-16-ene 贝壳杉-16-烯

13 β -kaur-16ene 扁枝烯

kaus 高{考}斯风[波斯湾冬季带雨的东南风];考斯风;卡乌斯[波斯湾冬季带雨的东南风]

kausimkies 砷白铁矿[FeAsS]

kaustobiolite 可燃性生物有机岩

kautchin 萜烯

kavir 盐土沙漠;盐沼
　　→～ {kewire;kevir} 盐漠[伊]

kawazulite 硒碲铋矿[三方;Bi$_2$Te$_2$Se]

kawk 氟{萤}石[CaF$_2$;等轴]

kaxtorpite 卡克斯霞石正长岩

kay 珊瑚礁;沙洲;沙礁;砂岛;礁砂丘;低岛;小珊瑚礁;小礁丘[美];礁滩

Kaydol 矿脂机岩

kaydol 凡士林

Kayina 卡菌介属[O]

kayser 凯塞[波数单位]

Kayserella 小凯瑟贝属[腕;D$_2$]

Kayseria 凯瑟贝属[腕;D]

kayserite 片铝石[AlO(OH)];硬水铝石[HAlO$_2$;AlO(OH);Al$_2$O$_3$·H$_2$O;斜方];硬羟铝石

Kazakhoceras 哈萨克菊石属[头;C$_{1-3}$]

Kazakhstan 哈萨克斯坦

kazak(h)ovite 硅钛钠石[Na$_2$Ti$_2$Si$_2$O$_9$·H$_2$O;Na$_6$H$_2$TiSi$_6$O$_{18}$;三方]

Kazanian 卡赞(阶)[欧;P$_2$];喀山阶欧[欧;P$_2$]

kazanskite 纯橄岩

kb 千巴[压力单位]

K{|Q|V}-band K{|Q|V}频带

kbar 千巴[压力单位]

kc 千居里[放射强度];千赫(兹)

K{|L}-capture K{|L}层捕获

K`D{|DT} ×絮凝剂[二氯乙烷与乌洛托品的缩合产物]

keatingine 锌蔷薇辉石;锌锰辉石[(Mn,Zn)SiO$_3$]

keatingite 锌蔷薇辉石

keatite 热液石英；凯石英

keckite 硅铁锰钙石；克克矿；磷铁锰钙石[Ca(Mn,Zn)$_2$Fe$_3^{3+}$(PO$_4$)$_4$(OH)$_3$•2H$_2$O;单斜]

keckle-meckle 贫铅矿石

kedabekite 榴钙辉长岩

kedge 抛锚移船；船跟着抛出的小锚移动
→~ (anchor) 小锚[系于船尾,备紧急用]

keel 周缘突起[硅藻]；倾覆；把(船)翻转；骨瓣[钙超]；隆脊；龙骨状突起；中棱；中肋；一平底船的煤；一驳船的煤；脊棱；脊；平底船[运煤的]
→~ {framing} 龙骨[船、飞艇等]

keeleyite 辉锑铅矿[Pb$_4$Sb$_{14}$S$_{27}$;Pb$_6$Sb$_{14}$S$_{27}$;六方]

keel{center} girder 龙骨立板

keelhauling 起重船[平底]

keel line 首尾线
→~ of the fold 褶皱脊棱//~ plate 龙骨板//~ shoe 假龙骨

keelson 内龙筋

Keen(e)'s{keenes} cement 干固水泥；金氏水泥

keep 保持；生计；储藏；饲料
→~ a close watch on 警戒//~ apart 隔离//~ down 抑制

keeper 定位件；保位物；卡箍；管理员；看守人；跟车工；永磁衔铁；产油气井[与duster相对]；衔铁；绞车司机；柄；夹子

keeps 罐座

keep the minutes 记录
→~ up appearance 支撑门面//~-up pressure 保持压力//~ watch on 监视

keeve 洗矿桶；吊筐；大桶；提煤吊筐

Keewatin (series) 基威廷{丁}(统)[北美;早Ar]
→~ age 启瓦丁期

keffekilite 漂布土[一种带黄色富于镁质的黏土]

keffekill 海泡石[Mg$_4$(Si$_6$O$_{15}$)(OH)$_2$•6H$_2$O;斜方]

keg 一小桶的东西；小桶[容量一般在30 gal以下]

kegelite 硫硅铝锌铅石[Pb$_{12}$(Zn,Fe^{2+})$_2$Al$_4$(SO$_4$)$_4$Si$_{11}$O$_{38}$;假六方]

Kegelites 克格里特介属[C-P]

kegelkarst 大溶蚀残丘

Kehoeite 垩磷锌铝石

kehoeite 水磷锌铝矿[(Zn,Ca)Al$_2$(PO$_4$)$_2$(OH)$_2$•5H$_2$O;等轴、假等轴]；锌磷沸石；垩状磷酸锌钙铝石[3(Zn,Ca)O$_2$•2Al$_2$O$_3$•P$_2$O$_5$•27H$_2$O]；土磷锌铝矿[(Zn,Ca)$_3$Al$_4$(PO$_4$)$_2$(OH)$_{12}$•21H$_2$O]

kehrsalpeter{kalinitrat} 钾硝石[KNO$_3$;斜方;德]

keilhauite 含钇榍石；钇榍石[CaTiSiO$_5$,含有钇和铈]；钇铈榍石[15CaO•(Al,Fe,Y)$_2$O$_3$•15Ti O$_2$•16H$_2$O]

keilite 硫镁铁矿[(Fe,Mg)S]

keilkranz 预制弧形块状井壁楔圈[德;在含水层凿井时密封用]；丘宾楔圈[在含水层凿井时密封丘宾柱顶底]

keimapparate 萌发器

keimstreifen 萌发带[德]

Keislognathus 凯斯利牙形石属[O$_{1-3}$]

keithconnite 凯碲钯矿[Pd$_{3-x}$Te(x=0.14~0.43);三方]

keiviite 硅镱石[Yb$_2$Si$_2$O$_7$]
→~-(Y) 硅钇石[钇的硅酸盐]

keivyite 硅镱石[Yb$_2$Si$_2$O$_7$]

kekuioilplant 石栗

kekuneoilplant 石栗

keldyshite 硅钠锆石[(Na,H)$_2$Zr(Si$_2$O$_7$);Na$_{2-x}$H$_x$ZrSi$_2$O$_7$•nH$_2$O;三斜]；钠硅锆石

K{|L|M}(-shell) electron K{|L|M}层电子

kelleg 石锚

keller 脉壁硬板岩

kellerite 镁胆矾[Mg(SO$_4$)•5H$_2$O]；铜五水镁矾；铜镁矾[(Mg,Cr) (SO$_4$)•5H$_2$O]

Kellettella 开莱特介属[C$_3$]

Kellettina 准开莱特介属[P]

kellock 石锚

kelly 传动钻杆
→~ above rotary 方余//~ bushing 补心高度//~ bushing stabbing skirt 方钻杆补心下入盘//~-down 下入

Kelly filter 凯莱型叶片式压滤机

kelly hole 方钻杆用鼠洞；放方钻杆洞
→~-in 转盘补心面以下的方钻杆长度；方入

kellyite 锰绿泥石[Mn$_9$Al$_3$(Al$_3$Si$_5$O$_{20}$)(OH)$_{16}$;(Mg,Fe,Mn)$_5$Al(AlSi$_3$O$_{10}$)(OH)$_8$;Mn$_5$Al(Si$_3$Al)O$_{10}$(OH)$_8$;单斜]；锰铝蛇纹石[(Mn^{2+},Mg,Al)$_3$(Si,Al)$_2$O$_5$(OH)$_4$;六方]；凯利石

kelly's rat hole 方钻杆用鼠洞

kelp 海带；海草；大型海藻；昆布；巨藻
→~ bed 海藻层//~ salt 海草灰盐

Kelsh plotter 开西{凯尔胥}立体测图仪

kelson 内龙筋

kelve 含碳页岩；萤石[CaF$_2$;等轴]；氟石[CaF$_2$];炭质页岩

Kelvin 开(尔文)[热力学温度单位]
→~ bode 弹黏{性}固体//~{skin} effect 集肤效应//~ (temperature) scale 开{凯}氏温标

Kelvin's formula 克耳文公式

Kelvin solid model 开尔文固体模型

Kelvin's thermometric scale 开{凯}氏温标

Kelvin-Voigt model 开尔文-沃伊特模型

kelyanite 红锑汞矿；凯莱安矿

kelyphite 绿镁铝榴石；杂蚀镁铝榴石

kelyphitic{augen;ocellar} structure 眼球构造{结构}

Kema plough 基马型刮斗刨煤机

kemet 钡镁合金[吸气剂]

kemetine 石绒；石棉；石麻

Kemidol 凯米多尔石灰；细石灰粉

kemmlitzite 砷锶铝矾[SrAl$_3$(AsO$_4$)(SO$_4$)(OH)$_6$;三方]

Kempirsay chromium deposit 肯皮尔赛铬矿床

kempite 氯羟锰矿[MnCl$_2$•3MnO$_2$•3H$_2$O;Mn$_2$Cl(OH)$_3$;斜方]

kem{kern} stone 粗粒砂岩

Kendall coefficient of rank correlation 秩相关的肯德尔系数

kendallite 陨铁[Fe,含Ni7%左右]

Kennecott-type copper ores 肯尼科特式铜矿床

kennedyite 黑镁铁钛矿[MgFe$_2^{3+}$Ti$_3$O$_{10}$;斜方]；钛镁铁矿[Fe$_2$MgTi$_3$O$_{10}$]

Kennedy Space Center 肯尼迪空间中心[美]

kennel 沟；槽；烛煤；坚硬砂岩

Kennelly-Heaviside layer 海氏层；肯内利-希维赛德层；涅利-希维赛德层；海利-希维赛德层
→~{-Heaviside} layer E层[电离层]

kenner 停工时间；停工

kenney cocktail 特种爆破燃烧弹

kenngottite 辉锑银矿[AgSbS$_2$;单斜]

kenning 海上视距

kenoran orogeny 基诺拉造山运动[加;Ar]

kenotime 磷钇矿[YPO$_4$;(Y,Th,U,Er,Ce)(PO$_4$);四方]

kenozooecium 新虫室[苔]

kenozooid 特化虫体

kentbrooksite 肯异性石[(Na,REE)$_{15}$(Ca,REE)$_6$Mn$_3$Zr$_3$NbSi$_{25}$O$_{74}$F$_2$•2H$_2$O]

Kentite 肯太炸药

kentite 铵硝；钾硝[KNO$_3$]

Kent Maxecon mill 凯恩特-马克松型磨机[垂直环辊式磨机]

Kentriodon 肯氏海豚(属)

kentrolite{kentrolith} 硅铅锰矿[Pb$_3$(Mn$_4$O$_3$)(SiO$_4$)$_3$;Pb$_2$Mn$_2^{3+}$Si$_2$O$_9$;斜方]

Kentrosaurus 钉状龙；肯氏龙(属)

kentsmithite 暗钒砂岩；黑色含钒砂岩；黑钒砂岩

Kentucky Center for Energy Research Laboratory 肯塔基能源研究实验中心

kenyaite 水羟硅钠石[Na$_2$Si$_{22}$O$_{41}$(OH)$_8$•6H$_2$O;单斜]

Kenyapithecus 肯亚古猿

kenyite{kenyte} 霓橄响斑岩；肯尼亚岩；玻橄响岩

kep 罐座；夹子

kepel 脉壁硬岩；脉壁黏土

Kepes model 开派斯模型；凯普斯模型；科普斯模型

Kepinospira 柯坪螺属[腹;O]

Kepler coordinates 开普勒坐标(值)

Kepler's law of planetary motion 开普勒行星运动定{规}律
→~ laws 克卜勒定律

(landing) keps 罐托

kepstrum[pl.-ra] 柯氏谱

kep switch 罐座联动装置开关

kerabitumen 干酪根；油母岩质；油母页岩；油母沥青

keralite 英云角(页)岩

keramchalite 毛矾石[Al$_2$(SO$_4$)$_3$•16~18H$_2$O;三斜]

keramic 陶瓷的；陶瓷

keramikite 瓷状堇青岩

keramite 埃洛石[优质埃洛石(多水高岭石),Al$_2$O$_3$•2SiO$_2$•4H$_2$O;二水埃洛石 Al$_2$(Si$_2$O$_5$)(OH)$_4$•1~2H$_2$O;Al$_2$Si$_2$O$_5$(OH)$_4$;单斜]；莫{模}来石[Al(Al$_x$Si$_{2-x}$O$_{5.5-0.5x}$);Al$_6$Si$_2$O$_{13}$;斜方]

keramohalite 镁锰明矾[(Mg,Mn)Al$_2$(SO$_4$)$_4$•22H$_2$O]；毛矾石[Al$_2$(SO$_4$)$_3$•16~18H$_2$O;三斜]

Keramosphaera 瓷球虫属[孔虫;N-Q]

keramostypterite 毛矾石[Al$_2$(SO$_4$)$_3$•16~18H$_2$O;三斜]

keramsite 轻膨土

keraphyllite 亚蓝闪石[(Ca,Na)$_{2½}$(Mg,Fe,Al)$_5$(Si,Al)$_4$O$_{11}$)$_2$(OH)$_2$]；角闪石[(Ca,Na)$_{2-3}$(Mg^{2+},Fe^{2+},Fe^{3+},Al^{3+})$_5$(Al,Si)$_8$O$_{22}$)(OH)]

kerargyre 角银矿[Ag(Br,Cl);AgCl;等轴]

kerargyrite 氯银矿[AgCl]；氯银矿类；角银矿[等轴;AgCl; Ag(Br,Cl)]；角银矿类

kerasin 角铅矿[Pb$_2$(CO$_3$)Cl$_2$;四方]

kerasine 白氯铅矿[2PbO•PbCl$_2$;Pb$_3$Cl$_2$O$_2$;斜方]；角铅矿[Pb$_2$(CO$_3$)Cl$_2$;四方]

kerasite 角铅矿[Pb$_2$(CO$_3$)Cl$_2$;四方]；白氯铅矿[2PbO•PbCl$_2$; Pb$_3$Cl$_2$O$_2$;斜方]；樱石[为堇青石的异种]

kerat 氯银矿[AgCl]；角银矿[Ag(Br,Cl);

AgCl;等轴]

keraterpeton 鲵龙

keratine 角朊

keratite 变蛋白石；准玉髓；角银矿[Ag(Br, Cl);AgCl;等轴]；角岩；角石[类似燧石的硅石]

keratode 角质的

keratophyre 角斑岩

keratophyric 角斑岩的

keratophyrite 角斑玢岩

Keratosa 角海绵类

keraunophone 远地雷暴测听器

kerb 边石；路缘石[土]

kerbstone 路缘石；镶边石

kercgenite{kerchenite} 纤磷铁矿$[Fe^{2+}Fe_2^{3+}(PO_4)_2(OH)_2 \cdot 6H_2O]$

kerf 拉槽；底刃；底槽；切口；切开；切缝；切槽；切；气割的切缝；劈痕；槽；采；掘；锯口；截口；截槽；掏槽；锯痕
　→～ cutter 切割滚刀

Kerioleberis 蜂巢面介属[N]

Keriophyllum 角珊瑚属[D₂]

keriotheca 蜂窝层；蜂巢层[孔虫]

kerite 硫沥青；沥青岩类；沥青类

kerma 科玛；比释动能[J/kg]；柯玛

kermesite{kermes (mineral);kermesome} 红{硫氧}锑矿$[Sb_2S_2O]$;单斜]；红锑

kern(el) 古地块；核心；核；颗粒；岩芯；结(果实)

kernal 内核[计]
　→～ hardware 核心硬件

kernel 中心；核心；核；谷粒；泥芯；模心；(带电导体中)零磁场强度线；零空间；要点；岩芯；原子核
　→～{Stefanesco} function 核函数//～ ice 壳粒水//～ of a linear transformation 线性变换的核//～ roasting 铜矿石核焙烧

kernite 四水硼砂；斜方硼砂；三水硼砂；贫水硼砂$[Na_2B_4O_6(OH)_2 \cdot 3H_2O]$;单斜]；单斜硼砂

kernstone 粗粒砂岩

kerobitumen 油母沥青

kerogen 油母质；油母；干酪根；油母页岩内的有机质；油母页岩；油母岩质；油母沥青
　→～ (rock) 油母岩

kerogenetic coal 油母煤
　→～ sapropelite 油母腐泥岩

kerogenic 干酪根的

kerogenite 油母岩；干酪根岩

kerogenous 含干酪根的

kerogen remains 干酪根残余物
　→～ rock 干酪根岩//～ thermal degradation theory on origin of petroleum 干酪根热降解成油说

kerolite{kerolith} 蜡蛇纹石$[MgSiO_3 \cdot 1\frac{1}{2}H_2O$ 到 $Mg_6Si_7O_{20} \cdot 10H_2O]$

keronigritite 干酪根页岩沥青

ker(at)ophyllite 角闪石$[(Ca,Na)_{2-3}(Mg^{2+}, Fe^{2+},Fe^{3+},Al^{3+})_5((Al,Si)_8O_{22})(OH)]$

kerosene 煤油
　→～{petroleum} emulsion 石油乳剂//～{kerosine;kerogenous;kerogenetic;dunnet;(pyro)bituminous;combustible;cannel;resinoid;wax;resinous;petroliferous;paraffin} shale 油页岩//～{kerosine} shale 托班藻煤//～{torbanite} shale 页岩

kerosine 煤油
　→～ coal 托班藻煤；油页岩

kerotenes 炭青质

kerrite 黄绿蛭石$[(Mg,Fe^{2+},Fe^{3+},Al)_{6-7}((Si, Al)_8O_{20})(OH)_4 \cdot 8H_2O]$；黄绿云母

kersantite 云斜煌岩
　→～ pegmatite 云斜伟晶岩

kersanton 云斜煌岩

kersinite 镍褐煤；泥镍矿

kerstenine 黄硒铅石$[Pb(SeO_4)$;斜方?]；褐砷铁矿$[Fe_2(AsO_4)(OH)_3 \cdot 4\frac{1}{2}H_2O]$

kerstenite 黄硒铅石$[Pb(SeO_4)$;斜方?]；砷铋钴矿$[Co(As,Bi)_2]$；杂镍铋钴矿

kersterite 硫铜锡锌矿

k(a)ersutite 钛闪石$[Na_4(Fe^{2+},Fe^{3+},Ti)_{13}Si_2O_{42};NaCa_2(Mg,Fe^{2+})_4Ti(Si_6Al_2)O_{22}(OH)_2$;单斜]

kertchenite 纤磷铁矿$[Fe^{2+}Fe_2^{3+}(PO_4)_2(OH)_2 \cdot 6H_2O]$

kertisitoid 绿黄地蜡

kertisitoide 绿地蜡类

kertschenite 纤磷铁矿$[Fe^{2+}Fe_2^{3+}(PO_4)_2(OH)_2 \cdot 6H_2O]$

k(o)esterite 克斯特矿$[Cu_2(Fe,Zn)SnS_4]$；锌黄锡矿$[((Cu,Sn,Zn)S(近似);Cu_2(Zn,Fe)SnS_4$;四方]；硫铜锡锌矿$[((Cu,Sn,Zn)S]$

ketche 斜井矿车防坠杆

Keteleeria 油杉属[E₂-Q]

keten{ketene} 乙烯酮；烯酮(类)

ketonic 酮的
　→～ oxygen 羰基氧

ketopentose 戊酮糖

Ketophyllum 泡沫板珊瑚属[S₂₋₃]

kettle 水壶；水冲成的凹地；吊桶；壶穴[河床;地貌]；壶；锅状凹地；煤层顶板易落锅形石块；小汽锅；冰壶；鸡窝顶
　→～ (hole) 锅穴

kettleback 顶板下凸；猪背脊；煤层冲刷处充填的砂岩、页岩；填充的砂岩、页岩；马脊岭；底板隆起[树干化石造成]

kettle basin 融冰洼地；锚洼地
　→～ beak 穹状崩塌的顶板岩石

kettlebottom 顶板中的易落锅形石块；壶底形岩块

kettle bottom 锅形页岩块；锅形石块
　→～ chain{|complex} 锅状洼地`带|{组合}

kettnerite 氟碳(酸盐)铋钙石$[CaBi(CO_3)OF;(CaF)(BiO)(CO_3)$;四方]

kettung 连锁[德;山脉]

Keuper 考依波(阶)[欧;T₃]
　→～{Keuperian} epoch 考依波世[上三叠纪]//～ marl 科依波泥灰岩

kevel 石工锤；盘绳栓；脉石；系索耳

kevil 脉石

kevir 盐沼

kewal 冲积土

Kewatinian 基威廷{丁}(统)[北美;早 Ar]

Keweenawan (series) 基韦诺(统)[北美;Pt]
　→～ system 克维诺系

keweenawite 砷铜镍矿；杂砷铜镍矿[砷钴矿、红镍矿与砷铜镍矿混合物;(Cu,Ni,Co)₂As]

kewire 盐沼；盐土沙漠

(sand)key 基础的；珊瑚礁；沙洲；砂岛；低岛；关键的；拧管用扳手；开关；门径；主要的；锁上；用键固定；钥匙；按钮；楔；小珊瑚礁；小礁丘[美]；销子；钻杆扳手；礁滩；礁砂丘；检索表；图例；扳手；堵塞岩芯管的岩芯块；沙礁

key bolt 键螺栓
　→～ connection 键连接//～{advance} cut 超前沟//～ day 征兆日//～ diagram 原理草图；键图解

keyed 楔住的；键住
　→～ access method 键取数法//～ bush 键轴衬//～ drum 死滚筒[提升机]；固定卷筒；固定滚筒；键合滚筒

key{material} element 要素
　→～ feature 主征//～ for all diagrams 所有图解的重点//～ for photo-interpretation 判读样片//～ frame 键架

keyhole 拴孔；钥匙孔；键孔；通道[洞中]

key hole 标准井
　→～{kibble} hole 键孔//～{original} hole 主孔[多孔底钻进的]

keyhole caliper 建筑碎石
　→～{fret;wire} saw 钢丝锯

key horizon 基准层
　→～ horizon{rock} 标准层//～-in (通过键盘)打入；插上；嵌上；键盘输入；通频带；通过区

keying 按键；插上；楔住的；楔连接；楔固；发报；键控
　→～ action member 楔紧构件；锁住构件//～ signal 开关信号//～ signal form{keying waveform} 键控信号波形

keyite 砷锌镉铜石$[(Cu,Zn,Cd)_3(AsO_4)_2$;单斜]

key map{diagram;plan;drawing} 索引图
　→～ map{diagram;plan} 总图//～ map{plan;diagram} 一览图//～-mesh efficiency 通过特定筛孔的细磨效率；特定网目(计算)磨矿效率//～ of interpretation 解译标志//～ operated switch 键控开关//～ pile 枢桩

keypunching 打孔

key rock 标志岩层；指示层
　→～-room system 中间矿房切割开采法；开切中间矿房开采法

Keyserlingophyllum 凯瑟林珊瑚属[C₁]

keyslot 键槽[轴的]

key{socket;box;air;carriage;impact} spanner 套筒扳手
　→～ station 控制台//～{master} station 中心站；主控台；主台

keystone 塞缝石[材]；嵌缝楔；嵌缝石；冠石；关键；拱心石；拱心石；拱顶石；根本原理；主旨；要旨；填缝石

key stone{block} 拱顶石
　→～ stone 拱心石

keystone correction 梯形畸变{失真}校正
　→～ cut{slot} 梯形割缝[内宽外窄的]//～ innovation 基石革新//～ shape wire 梯形断面钢丝

key well{hole;borehole} 基准井

khad(d)ar 新冲积平原[印]

khademite 斜方铝矾$[Al(SO_4)(OH) \cdot 5H_2O$;斜方]

khagatalite 波方石；稀土锆石

khagiarite 暗碱流纹岩

khaidarkanite 哈依达坎石$[Cu_4Al_3(OH)_{14}F_3 \cdot 2H_2O]$

khakasskyite 铝水钙石$[CaAl_2(CO_3)_2 \cdot (OH)_4 \cdot 3H_2O]$；碳铝钙石

khaki 黄褐色的；黄褐色；卡其(布;色)；土黄色

khal 狭河道

khamrabaevite 碳钛矿

khamseen{khamsin} 喀新风

khanneshite 黄碳钡钠石；黄菱钡铈矿；碳钡钠石

kharaelakhite 硫铂铜矿

kharafish 风蚀灰岩方山{高原}

kharif 雨季[印北部]

khatyrkite 二铝铜矿[(Cu,Zn)Al$_2$]

kheneg 峡谷[阿、北非]

khewraite 钾长顽辉岩

khibinite 褐硅铈石;褐硅铈矿[NaCa$_6$Ce$_2$(Ti,Zr)$_2$Si$_7$O$_{24}$(OH,F)$_7$;Na$_3$Ca$_8$Ce$_2$(F,OH)$_7$(SiO$_3$)$_9$];层硅铈钛矿;胶镍硅铈钛矿[(Ca,Na)$_{12}$Ce$_2$Ti$_2$Si$_8$O$_{30}$(F,OH)$_6$];粒霞正长岩

khibinskite 希宾(钾锆)石[K$_2$ZrSi$_2$O$_7$;单斜、假三方]

khinganite 硫铜锡锌矿;克斯特矿[Cu$_2$(Fe,Zn)SnS$_4$];锌黄锡矿[(Cu,Sn,Zn)S(近似);Cu$_2$(Zn,Fe)SnS$_4$;四方]

Khinganospirifer 兴安石燕(属)[腕;D$_2$]

khinite 碲铅铜石[斜方;PbCu$_3$Te^{6+}O$_4$(OH)$_6$;CuPb(TeO$_3$)$_2$•H$_2$O]

khlopinite 铌钇矿[(Y,Er,Ce,U,Ca,Fe,Pb,Th)(Nb,Ta,Ti,Sn)$_2$O$_6$;单斜];钽铌钇矿;钛铌铁钇矿[(Y,U,Th)$_3$(Nb,Ta,Ti,Fe)$_7$O$_{20}$]

khmaralite 硅铝铍镁石[Mg$_{5.46}$Fe$_{2.00}$Al$_{14.28}$Be$_{1.46}$Si$_{4.80}$O$_{40}$]

khoai 红壤区

khodnevite 锥冰晶石[Na$_5$Al$_3$F$_{14}$;3NaF•AlF$_3$;四方]

khoharite 柯哈石

khomyakovite 锶异性石[Na$_{12}$Sr$_3$Ca$_6$Fe$_3$Zr$_3$W(Si$_{25}$O$_{73}$)(O,OH,H$_2$O)$_3$(OH)$_2$]

khondalite 榴英硅线变岩;矽线石英岩
→~ series 榴英硅线变岩系;孔兹岩系

khor 水道;冲沟[北非];间歇河[苏丹]

khud 峡谷;悬崖[印]

khuddar 新冲积平原[印]

khuniite 水铬铅矿[Pb$_{10}$Cu(CrO$_4$)$_6$(SiO$_2$)$_2$(F,OH)$_2$;三斜];伊朗石

khurd 塔状{形}沙丘[阿尔及利亚]

kh(o)vakhsite 黄钴土[Fe$_2$O$_3$•2(Ca,Co)O•As$_2$O$_5$•3~6H$_2$O];(杂)砷钙铁钴土

Kiaeraspis 电甲鱼(属)[D$_1$]

Kiamitia shales 基奥瓦页岩

Kiangnan{Jiangnan} movement 江南运动

Kiangsiella 江西贝(属)[腕;C-P]

Kibara system 基巴拉(山)系;开巴拉系

kibbal 吊桶

kibbing{reducing} machine 粉碎机
→~ {triturating;reducing} machine 磨碎机

kibble 木桶;碎矿;矿石筛;提升(大)吊桶;吊桶[凿井、提升]
→~ opening 吊桶通过口[吊盘的]

kibbler 吊桶工;破碎机;粗磨机;粉碎机
→~ roll-crusher 齿槽辊破碎机

kibdelopane{kibdelophan;kibdelophane} 钛铁矿[Fe^{2+}TiO$_3$,含较多的Fe$_2$O$_3$;三方]

kick 微小偏斜(钻孔);井开始流出泥浆(油、气);气体侵入井内;抛出;(钻井)泥浆损失;折断(钻杆);折叠;溢流;波至;井涌;突跳;急冲;弹踢;急冲运动;抖动;跳动[仪表针];到达[震]
→(gas)~ 轻微井喷 //~ a hole 钢绳冲击法钻孔 //~ buildup 井涌{溢流}形成 //~ control 井涌控制 //~ detector 井涌指示{检测}器 //~hole 钻(一口)井

kickback 回扣;佣金;车辆重力反行装置[路轨尽头];返程

kick back 折返调车

kicker 船用小型内燃机;回动装置;边缘钻石;喷射器;侧刃[金刚石];抛料器;空投员;投射器
→~ cylinder ram 辅助柱塞 //~-type

knock-out 冲出式落砂装置

kick{drill;making;make} hole 钻井
→~ hole 钻一口井

kicking 微井喷;微气侵
→~ down 开钻[口] //~{kick} off 开始造斜 //~ piece 撑杆

kick off 始造斜位置;起钻;分离;开泵产油;井喷;初始造斜
→~{pay} off 开始出油

kick-off pressure (气举井)启动压力
→~ section 造斜井段 //~-spring 跳闸弹簧

kick off temperature (鼓泡剂)分解开始温度

kickout 定向钻井侧向距离

kick(-)out{arresting;stop;gag} lever 止动杆

kickout{kick-out} lever 分离杆

kickover lug 弹性伸缩块
→~{deflection;steering} tool 转向工具

kick's law 基克(塑性变形)定律[破碎]

kickstand 车支架[自行车、摩托车]

kick tolerance 井涌允许极限

kiddcreekite 硫钨锡铜矿[Cu$_6$SnWS$_8$]

kiddle 鱼梁

kidlaw basalt 云橄玄武岩;方沸正云橄玄岩

kidnap 劫持;拐带;架;绑架;绑票;诱拐

kidney 肾状石;肾状矿脉{块};腰形阀;矿肾;结块[吹炉]
→~-form 肾形的 //~ opal 肾蛋白石 //~ ore{iron} 肾铁矿[Fe$_2$O$_3$] //~{nodular;reniform} ore 肾(状)矿石 //~(iron) ore 肾矿石[Fe$_2$O$_3$] //~-shaped slot 腰形切槽 //~ stone 肾状卵石;肾形石;肾铁矿[Fe$_2$O$_3$];肾(结)石

Kidstoniella 基次通藻属[蓝藻;D$_2$]

kidwellite 羟磷钠铁石[NaFe$_9^{2+}$(PO$_4$)$_6$(OH)$_{10}$•5H$_2$O;单斜]

kidyite 脂壳石[Fe^{2+},Mg及Ca的铝硅酸盐]

kies 硫化矿物;黄铁矿[FeS$_2$;等轴]

kiesel 硅质;小石子;石英[SiO$_2$;三方;德]

kieselalumin(ite) 杂水铝矾石

kieselcerite 铈硅石[化学组成十分复杂,大致为Ce$_4$(SiO$_3$)$_3$]

kieselgalmei{kieselzinkerz;kieselzinkspath} 异极矿[Zn$_4$(Si$_2$O$_7$)(OH)$_2$•H$_2$O;Zn$_2$(OH)$_2$SiO;2ZnO•SiO$_2$•H$_2$O;斜方;德]

kieselglas 焦石英[SiO$_2$;非晶质;德]

kieselgu(h)r[德] 硅藻土{石}[SiO$_2$•nH$_2$O]

kieselgyps[德] 磷硬石膏

kieselkalk[德] 方解石[CaCO$_3$,三方;不纯]

kieselmagnesite 杂菱镁石英

kieselmalachit{kieselkupfer;malachitkiesel} 硅孔雀石[(Cu,Al)H$_2$Si$_2$O$_5$(OH)$_4$•nH$_2$O;CuSiO$_3$•2H$_2$O;单斜]

kieselmangan 蔷薇辉石[Ca(Mn,Fe)$_4$Si$_5$O$_{15}$,Fe、Mg常置换Mn,Mn与Ca也可相互代替;(Mn^{2+},Fe^{2+},Mg,Ca)SiO$_3$;三斜;德]

kieselmehl 硅藻土[SiO$_2$•nH$_2$O;德]

kieselscheelite 硅水白钨矿;硅白钨矿

kieselsinter 硅华[SiO$_2$•nH$_2$O;德]

kieselspath{weiss-stein} 钠长石[Na(AlSi$_3$O$_8$);Na$_2$O•Al$_2$O$_3$•6SiO$_2$;三斜;符号Ab]

kiesel ton 硅质黏土

kieselwismuth[德] 闪铋矿[Bi$_4$Si$_3$O$_{12}$];硅铋矿

kieserite 水镁矾[MgSO$_4$•H$_2$O;单斜];硫镁矾[MgSO$_4$•H$_2$O]

kieserite 石盐镁矾

kieserohalocarnallite 硅杂盐

kieserohalosylvite 硬盐

kieslager 含硫黄铁矿的层状矿床

kietyoite 磷灰石[Ca$_5$(PO$_4$)$_3$(F,Cl,OH)]

kieve 选矿桶;洗矿桶;锡石泥精矿精选桶;锡矿的最后精选桶

kievite 镁铁闪石[(Mg,Fe^{2+})$_7$(Si$_4$O$_{11}$)$_2$(OH)$_2$;单斜];透淡角闪石

Kikuchi line 菊池线

kikukwaseki 杂磷钇锆石

kil 黑海白黏土

kilaueite 玄闪斑岩{石}

kilchoanite 基尔卓安石;斜方硅钙石[Ca$_3$Si$_2$O$_7$;斜方]

kilderkin 小{木}桶[英,16~18gal]

kilfoam 抗泡剂

Kilianella 吉连菊石属[头;K$_1$]

kilkenny{glance;malting;anthracitic;black;smokeless;stone;anthracite} coal 无烟煤

kill 衰减;杀伤;河;取消;作废;归零;破坏;漂白土[一种由蒙脱石构成的黏土];压住;抑制;消除;小溪;通风稀释沼气;停止;压制井喷;中和

killagh 石锚

killalaite 斜水硅钙石[2Ca$_3$Si$_2$O$_7$•H$_2$O;单斜]

kill and choke lines 压井和阻流管线

Killarney Revolution 基拉(尔)尼造山运动[北美;AnЄ末期]
→~ revolution 原生代古生代间

killas 基拉斯[花岗接触变质岩];片岩;片板岩;板石;泥(质)板岩;板片岩[锡矿脉围岩];板岩

killer 瞄准器;消光杂质;限制器;扼杀剂;断路器

killick 石锚;小锚[系于船尾,备紧急用]

killing 致死的;切断电流;疲乏;沉积{淀}[浮];脱氧[炼钢]

killinite 杂锂辉云母;块云母[硅酸盐蚀变产物,一族假象,主要为堇青石、霞石和方柱石假象云母;KAl$_2$(Si$_3$AlO$_{10}$)(OH)$_2$]

killock 石锚

kill order 停止供应订货
→~ rate 压井(循环速度) //~ the well 压住井喷 //~(ing) well 压井[油]

kilmacooite 蓝闪锌矿[(Zn,Pb)S]

kiln 烘干炉;窑炉;干燥炉;在窑内烧;窑
→~ bottom{|drying|dust} 窑底{|烘|灰} //~ car 窑车 //~ coating{|wall|chamber} 窑皮{|墙|室} //~-drying 烘窑

kilneye 石灰窑出石灰的口

kiln feed 窑给料
→~ furniture 棚砖;窑用支架砖 //~ mill 综合干燥磨碎机 //~ roof 拱 //~ shell 窑筒体 //~-stack gas sampler 窑炉烟囱瓦斯采样器

kilocurie 千居里[放射强度]

kilocycle 千赫(兹)

kilogram{large;great;grand} calorie 千卡

kilogram-meter 千克-米

kilopascal 千帕(斯卡)

kilovolt 千伏

kilowatt {-}hour 千瓦小时;度
→~ -hour{electric;watt(-)hour;energy;kilowatthour} meter 电度表

kilsyth 启赛斯
→~ basalt 次辉绿结构玄武岩

kilve 含碳页岩;氟石[CaF$_2$];萤石[CaF$_2$;等轴];炭质页岩

kimberlite 角砾云(母)橄岩;金伯利岩
→~ formation 角砾云母橄榄岩层[含金刚石] //~ pipe 角砾云母橄榄岩管状

K

(矿-)脉[金刚石管状脉]

Kim(m)eridgian 启莫里支(阶)[欧;J_3]

kimito-tantalite 锰钽矿[$(Ta,Nb,Sn,Mn,Fe)_4O_8$]

kimolit 水磨土

kimrobinsonite 羟钽矿[$(Ta,Nb)(OH)_{5-2x}(O, CO_3)_x, x\approx 1.2$]

kimuraite 水碳钙钇石[$CaY_3(CO_3)_4(OH)_3$•$3H_2O$;四方?]

kimzeyite 钙(锆)榴石[$Ca_3(Zr,Ti)_2(Si,Al)_3 O_{12}$;等轴]

Kinawa 红紫彩[石]
→~ Light 山水绿[石]

kind 易采的[矿石];柔软的(毛等);仁慈的;类;种类;种;友爱的;本质;形式;性质

kindchen[德] 黄土小人;钙质结核

kinder 黄土结核

Kinderhookian 金德胡克(统)[北美;C_1]

Kinderscoutian 肯德斯柯特阶[C_2]

kindle 燃烧;卷曲;小纽结;点燃
→~ {set fire to;light;ignite} 燃点[点着]
//~ the flames 点火

kindling 火捻[引火易燃物];点燃,点火;引火物

kindly 易采的[矿石]
→~ ground 含工业矿脉的岩石;脉矿床 //~ looking country 矿床无矿部分的变好现象 //~ remit 请即付款

kind of reserves 储量分类
→~ of stressing 应力类型 //~ {type} of support 支架种类

kin(g)dom 领域

kindred 亲属的;宗族;岩类;近似;同族;同种的;同源岩石;同源关系

kinegeosyncline 狭缩地槽

kinematical{kinematic} viscosity 运动黏(滞)度

kinematic{dynamic(al);kinetic} analysis 动力分析
→~(al) ductility 动韧度 //~(al) equilibrium 构造平衡 //~ extrapolation 运动外延法 //~(al) motion 动力运动

kinematics 运动学

kinetic{kinematic(al)} analysis 运动学分析
→~ energy 动能 //~ heat effect 动热效应 //~ potential 运动势 //~ {dynamic;velocity;live} pressure 动压

kinetics 动力学

kinetic simulator 动态特性模拟器

kingdom 王国;界[如植物界]
→~ botany 植物界

Kingena 金氏贝属[腕;J-K]

kingfisher 翡翠[$NaAl(Si_2O_6)$]
→~ feather glaze 翠毛[陶]

kingite 白水磷铝石[$Al_3(PO_4)_2(OH,F)_3$•$9H_2O$;三斜]

kingle 硬岩石;硬砂岩;坚硬砂岩

king{master} pin 主销
→~ post 中柱;主梁

kingsmountite 磷铝锰钙石[$(Ca,Mn^{2+})_4(Fe^{2+}, Mn^{2+})_4(PO_4)_6(OH)_4$•$12H_2O$;单斜]

Kingstonia 金斯顿虫属[三叶;$\in_{2-3}$]

kingstonite 单斜硫铑矿[$(Rh,Ir,Pt)_3S_4$]

king tower 主塔;承重柱
→~ {master} valve 总阀 //~ wire (电缆的)主钢丝

kinichilite 褐碲铁矿;巾碲铁矿[矿][$(Fe^{2+}_{1.13}, Mg_{0.47},Zn_{0.43},Mn^{2+}_{0.17})_{2.2}(Te_{2.977}Se_{0.03})_3O_9(H_{1.38}, Na_{0.22})_{1.6}$•$3.2H_2O$]

kink 回线;纽结[钢绳等];扭折;扭结;打结;矿脉(的)连续偏斜;膝折;钻孔急偏;弯折;急曲;曲线[结构或设计等]

kink(ed){knick} band{zone} 扭折带

kink band 挫折带;膝折带;扭折{带}带;折理;扭结变形带
→~{knick} band 扭结带

kinked double 弯钻杆
→~ {K} face 扭折(晶)面[不包含周期键链的晶面] //~ zone 膝折带

kink{accordion;chevron(-style);cuspate;tip-line;concertina} fold 尖顶褶皱
→~ fold 膝褶皱

Kinnella 肯氏贝属[腕;O_3]

Kinneyia 肯尼叠层石属[Z]

kino 桉树胶;开诺[一种充有稀薄氖气的二极管]

kinoite 水硅铜钙石[$Ca_2Cu_2Si_3O_8(OH)_4$;单斜]

kinorhyncha 动吻动物(门)

kinoshitalite 羟硅钡镁石;钡镁脆云母[$(Ba,K)(Mg,Mn,Al)_3Si_2Al_2O_{10}(OH)_2$;单斜]

Kinosternidae 泥龟[动];泥鳖科[动]

kinradite 碧玉[SiO_2]

kinsite 海泡石[$Mg_4(Si_6O_{15})(OH)_2$•$6H_2O$;斜方]

kintal 公担[=100kg]

kintoreite 金托尔石[$PbFe_3(PO_4)_2(OH,H_2O)_6$]

kinzigite 榴云岩

Kionophyllum 舌珊瑚属[C_{2-3}]

kip 千磅;斜坡道重车停车道
→~ car 翻卸式矿车

kipp-pulse 选通脉冲

kipuka 基岩岛丘[熔岩流内]

kipushite 羟磷锌铜石[$(Cu,Zn)_5Zn(OH)_6 (H_2O)(PO_4)_2$];磷锌铜矿[$(Cu,Zn)_3(PO_4) (OH)_3$•$2H_2O$;单斜]

kir 含沥青岩;油砂;沥青;岩沥青[含7%~10%沥青的砂石或石灰岩];硬化石油

kirchhoff{kirchoff} migration 基尔霍夫偏移

Kirchneriella 蹄形藻属[绿藻;Q]

kirg(h)isite 透视石[$H_2CuSiO_4;CuSiO_2(OH)_2; Cu(SiO_3)$•$H_2O$;三方];绿铜矿[$Cu_6(Si_6O_{18})$•$6H_2O;H_2CuSiO_4$]

Kirgizstan 吉尔吉斯斯坦

Kirkbya 克尔贝贝介属[S-P]

Kirkidium 克尔克五房贝属[腕;S]

kirkiite 硫砷铋铅矿[$Pb_{10}Bi_3As_3S_{19}$]

kirosite 砷白铁矿[$FeAsS$]

kirovite{kirowite} 镁水绿矾{镁七水铁矾}[$(Fe,Mg)(SO_4)$•$7H_2O$]

kirrolith 羟磷铝钙石[$CaAl(PO_4)(OH)_2$•H_2O;斜方]

kirschheimerite 砷钴铀矿[$Co(UO_2)_2(As O_4)_2$•nH_2O]

kirschsteinite 钙铁橄榄石[$CaFe^{2+}SiO_4$;斜方]

kirshite 方铀矿;碱霞正长岩

Kiruna method 基努纳式钻孔偏斜测量法;基律纳测斜法;鲁纳测斜法;电解沉积痕迹测斜法
→~-type iron ore deposit 基律纳式{型}铁矿床

ki(i)runavaarite 磁铁岩

kirwanite 腐闪石;不纯的蚀变闪石;纤绿闪石[Ca和Fe^{2+}的铝硅酸盐];无烟煤

kiscellite 四硫脂

kischtimite 褐氟碳酸铈矿[$(La,Ce)(CO_3) F$];羟-氟碳铈矿;氟碳铈矿[$CeCO_3F$,常含Th、Ca、Y、H_2O等杂质;六方]

kischtymite{kischtym parisite} 氟碳铈矿[$CeCO_3F$,常含Th、Ca、Y、H_2O等杂质;六方]

ki(e)seritite 水镁矾[$MgSO_4$•H_2O;单斜]

kish 石墨分离;片状石墨[钢];结晶石墨;初生石墨;(生铁内)结集石墨;铁水上的浮碳
→~ (graphite) 漂浮石墨;集结石墨 //~ collector 石墨捕捉{集}器 //~ slag 含石墨渣

kiss 吻;轻拂[风、波浪等]

kisser 氧化铁皮斑点

kist 工人集会地点;支架工的工具箱

Kistecephalus 小头兽属[似哺爬;P_2]

kit 配套元件;工具箱;木桶;装具袋;整套工具;用具包;成套器具;成套工具
→~ (bag) 工具袋

kitchen 全套炊具[便于拥带的];炊事人员[集合词];厨房
→~(oil) 油灶 //~ {cooking} range 炉灶

kite 轻型飞机;抵用票据;从动;上升[风筝般]
→~ balloon 纸鸢式气球;系留气球 //~ {accommodation} bill 空头支票 //~ observation 风筝观测

kitkaite 硒碲镍矿[$NiTeSe$;三方]

kittatinnyite 水硅钙锰石[$Ca_4Mn^{3+}_4Mn^{2+}_2Si_4 O_{16}(OH)_8$•$18H_2O$]

kittlite 基特利矿;克特利矿

kivite 暗榴碧玄岩;基伍岩[东非];少橄白榴碧玄岩

kivuite 水磷钍铀矿[$(Th,Ca,Pb)H_2(UO_2)_4 (PO_4)_2(OH)_8$•$7H_2O$?;斜方?];杂磷铀钍铌矿

kjelsasite 英辉闪正长岩;歪钙正长岩;英辉二长岩
→~ porphyry 钙歪碱正长斑岩

kjerulfine 氟磷镁石[$(Mg,Fe^{2+})_2PO_4F$;单斜]

kladnoite 铵基苯石{酞酰亚胺石}[$C_6H_4 (CO)_2NH$;单斜]

kladodium 叶状茎

Kladognathus 枝颚牙形石属[C_1]

klapperstein 鸣石;铃石[德];鹰石[德]

klaproth(ol)ite 天蓝石[$MgAl_2(PO_4)_2(OH)_2$;单斜];硫铜铋矿[$CuBiS_2$];脆硫铜铋矿[Cu_3BiS_3]

klastogelite 硅结岩

klausenite 苏斜岩;苏闪玢岩

Klazminskian 克拉兹明斯克阶[C_2]

klebelsbergite 基锑矾[锑的盐基性含水硫酸盐;$Sb_4O_4(OH)_2(SO_4)$;斜方]

kleberite 水钛铁矿[$FeTi_6O_{13}$•$4H_2O$?;六方];克勒勃矿

kleemanite 水羟磷铝锌石[$ZnAl_2(PO_4)_2 (OH)_2$•$3H_2O$;单斜]

kleinite 氯氮汞矿[$(Hg_2N)Cl$•$nH_2O;Hg_2N(Cl, SO_4)$•nH_2O;六方];氯铵汞矾[矿]

Klein's solution 克氏重液

kleit 高岭土[$Al_4(Si_4O_{10})(OH)_8$];高岭石[$Al_4(Si_4O_{10})(OH)_8;Al_2O_3$•$2SiO_2$•$2H_2O;Al_2Si O_5$;单斜]

klementite 镁鳞绿泥石[$(Mg,Fe^{2+},Fe^{3+},Al)_6 ((Si,Al)_4O_{10})(O,OH)_8$]

kliachite 硬铝胶[Al_2O_3•H_2O];胶铝矿

α-kliachite α胶羟铝矿;硬水铝石[$HAlO_2; AlO(OH);Al_2O_3$•H_2O;斜方];硬羟铝石;α胶铝矿

β-kliachite 三水铝石[$Al(OH)_3$;单斜];γ三羟铝石

Klieglight 强弧光灯[摄电影用];溢光灯

kliff 悬崖

K-LIG 钾褐煤

klimak(o)topedion 阶状平原；梯状平原

klinaugite 单斜辉石

klinghardite 霞斑响岩

klinghardtite 霞斑响岩；粗斑响岩

klingmanite 珍珠云母[CaAl$_2$(Al$_2$Si$_2$O$_{10}$)(OH)$_2$;单斜]

klingstein 响岩

Klinkenberg effect 克林肯`堡{伯格}效应
→～ permeability 岩石真实渗透率[与流体的压力和性质无关]

klinkstone 响岩

klinoanmphibol 单斜闪石

klinoaugit 单斜辉石

klinochlor 斜绿泥石[(Mg,Fe^{2+})$_4$Al$_2$((Si,Al)$_4$O$_{10}$)(OH)$_8$(近似);(Mg,Fe^{2+})$_5$Al(Si$_3$Al)O$_{10}$(OH)$_8$;单斜]

klinopyroxen 单斜辉石

klinotscheffkinit 斜硅钛铈钇矿

klint[pl.-tar] 高原陡缘；硬岩礁；陡崖

klintite 硬礁岩

klip 浪蚀阶地；岩石；断崖；陡岩岸
→(hang) ～ 悬崖

klipbok 岩羚

klipdas{klipdassie} 岩狸

klippe[pl.-n] 叠盖块；孤残推覆体；飞来层；孤残层；飞来峰；峭壁

klippen belt 孤残层带

klipspringer 岩羚

klipsteinite 块蔷薇辉石

klirr 波形失真
→～{distortion} factor 畸变系数

klizoglyph 干缩裂隙；干裂纹

kljakite 胶铝矿

klockmannite 六方硒铜矿；硒铜蓝[CuSe;六方]；蓝硒铜{铜硒}矿[CuSeO$_3$•2H$_2$O;斜方]

Klockner Werke 克劳克耐尔•沃克公司

Kloeckera 克勒克酵母属[真菌;Q]

Kloeckner-Ferromatik powered roof support 克罗克奈弗罗马蒂克型液压支架

Kloedenella 小克罗登介属[S-D]

kloedenellitina 准克罗登介属[D$_3$-C]

Kloedonellocopina 小克勒登介亚目[O-P]

klong 运河[泰]；水道

klopinite 钽铌钇矿；钛铌铁钇矿[(Y,U,Th)$_3$(Nb,Ta,Ti,Fe)$_7$O$_{20}$]

kluf 沟；狭谷

Klukisporites 网穴孢属[T-Q]

klump 褐铁矿[FeO(OH)•nH$_2$O;Fe$_2$O$_3$•nH$_2$O,成分不纯]

kmaite 绿云母；绿鳞石[(K,Ca,Na)$_{<1}$(Al,Fe^{3+},Fe^{2+},Mg)$_2$((Si,Al)$_4$O$_{10}$)(OH)$_2$;K(Mg,Fe^{2+})(Fe^{3+},Al)Si$_4$O$_{10}$(OH)$_2$;单斜]；绿磷石[(K,Ca,Na)$_{<1}$(Al,Fe^{3+},Fe^{2+},Mg)(AlSi$_3$O$_{10}$)(OH)$_2$]

K-montmorillonite 钾蒙脱石；钾贝得石

knack 技巧；诀窍

knaggy wood 有木瘤的木材；多节木材

knapper 敲碎石头的人；破碎器；碎石器；碎石机；碎石锤

knapper's rot 凿石工人的硅{砂}肺病

knapping 石块破碎[特指燧石]
→～ machine 碎石机

knapsack 背包[帆布或皮制的]
→～ tank 囊式泡沫液罐

knar clay 木节黏土

knasibfite 氟硼硅钾钠石[K$_3$Na$_4$(SiF$_6$)$_3$(BF$_4$)]

knauffite 水钒铜矿[Cu$_3$V$_2$O$_7$(OH)$_2$•2H$_2$O;Cu$_3$(VO$_4$)$_2$•3H$_2$O;单斜]；钡钒铜矿[铜的钒酸盐,含钙和钡;Cu$_3$(VO$_4$)$_2$•H$_2$O]

kneaded gravel 泥沙(搬运)砾；泥流搬运砾
→～ sandstone 掺和的砂岩//～{pellmell;pell-mell} structure 杂糅构造

kneader 捏和机
→～ type mixer 搓(揉)式混砂机

kneading 混捏；搓揉；捏混；捏和；特制泥丸风力充填
→～ action 揉搓作用//～{blending;stirring} machine 搅拌机//～ machine 揉捏机；捏和机；搓揉式混砂机

knee cap 膝盖骨；髌骨；护膝；膑骨
→～ conveyor section 运输机弯曲部分

kneeler 挡步石

knee of a fold 褶皱弯折
→～ of a vein 脉的膝折//～ of curve 曲线弯曲值

kneepad{kneecap} 护膝

knee pad{boss} 护膝垫
→～ pad{protector;cap} 护膝

kneepiece 三角肘板

kneeroom 座前档[汽车等容膝的空间]；膝空位

knee-shaped{geniculated;geniculate;knee elbow(-shaped)} twin 膝状{形}双晶

kneestone 山墙角石

knee timbering 弯支柱
→～-type structure 膝型构造

knickpoint 河床侵蚀交叉点；坡折角；裂点[斜坡]；急折点

knick point 变坡点；急折点
→～ point{punkt} 坡折角

knickpunke 急折点[德]

knickpunkt[pl.-e;德] 急折点；坡折角

knife[pl.knives] 切；切断器的刃部；刀(片)
→～ stone{grinder;sharpener} 磨刀石//～ edge of bucket 铲斗切割边

Knightina 奈特介属[C$_3$-P$_1$]

knipovichite 水铝铬方解石

knistersalz 克石盐[德]

knit 编织；接合

knitted{interlocking;plaiting;interlocked} texture 编织结构

knitting 编结(法)；针织(法)
→～ boarding 定形//～ needle 拧捞砂绳的装置//～ stress 编织应力

knob 手柄；按钮；把手；把节[钙超]；构造窗；钮；圆丘；圆节；岩瘤；小丘；旋钮[钙超]
→～-and-basin{kame-and-kettle} topography 凸凹地形//～-and-basin topography 丘盆地形//～-and-basin topography 羊背石//～ and trail 丘尾(地形)

knobbing 粗琢石；粗琢块石

knobbling 锤石
→～ fire 搅铁炉//～ rolls 压轧辊

knobby 瘤状的

knobs 圆丘群(地区)

knobstone 瘤石

knochen{knochenformig} 骨状的[德]

knock 敲帮问顶；爆震[雾化汽油]；击；敲打；碰撞；奔忙；震动；打；小丘；爆燃；问顶；爆击；发爆声[汽油机等]

knockability 出砂性[型砂]

knock down 撞

knocker 爆震剂；门环；振动器；信号锤；岩块；巨石；冲击器
→～{knock} line 信号拉绳//～-out 落砂工//～ sub 震击器用冲击接头

knock-free 非爆击的；非爆震的
→～ fuel 非爆震燃料

knocking 水锤；石屑；用锤破碎大块；撬渣；敲击；铅矿石；震性；锤破的大矿块；爆击
→～ (signal) 敲击信号//～-bucker 采石器

knockings 矿石碎块

knocking-up 敲击矿车召唤矿工

knock intensity indicator 爆震强度指示器
→～-limited density index 爆震限制密度指数//～{detonation} meter 爆震计//～ meter 爆燃仪

knock-out 落砂；拆卸器；拆卸工具；敲落；喷射器；抛掷器；抖出；出砂；出坯；脱模；推出；打击；震动打箱落砂法

knockout bleeder collar 泄阀接头
→～ drum 分液器；分离罐；液滴分离鼓//～ grid 落砂格子

knock out machine 落砂机
→～ out property 出砂性[型砂]//～{flame} resistance 防爆性[指矿机炸药等]

knoll 丘顶；海底丘；圆丘
→～ (reef) 圆丘礁

knollenkalk[德] 瘤状灰岩

knollite 氟羟硅钙石；叶硅石；叶沸石[3CaO•CaF$_2$•3SiO$_2$•2H$_2$O]

knopite 铈钙钛矿[CaTiO$_3$含Ce$_2$O$_3$及FeO]

Knorria 内模相[鳞木；表面仅见叶迹,平截突起]；克隆型鳞木

knorringite 镁铬榴石[Mg$_3$Cr$_2$(SiO$_4$)$_3$;等轴]

knot 绳结；包裹体；包扎；管线节点；扭结；打结；瘤；扣子；矿结；海里；浬[=1.853km(英);=1.852km(国际海程制)]；结节；节疤；节瘤；节[海里/小时]；山结[如帕米尔]
→～{admiralty} ～ 海里{浬}[=1.852km]；山结[如帕米尔]

knotenschiefer[德] 瘤斑板岩

knotted 瘤状；斑结状(的)；斑点状(的)；棘手的
→～ bar iron 竹节钢//～ schist 瘤斑片岩

knotty 瘤状的
→～{nodular} ore 瘤状矿石[Fe$_2$O$_3$•nH$_2$O]//～ rock 瘤状岩(石)//～{nodular} structure 瘤状构造

know{knowe;law}[俄] 圆丘

knowledge {-}acquisition system 知识获得系统
→～ bench 三层的司钻凳//～ explosion 知识爆炸

known geothermal resources area 已知地热资源区
→～ number 已知数//～{visible} reserve 已知储量

Knoxiella 诺克斯介属[D$_2$-C]

Knoxisporites 陆氏孢属[D-T]；轮形孢属

knoxvillite 铬叶绿矾[(Mg,Fe^{2+})$_3$(Fe^{3+},Cr,Al)$_8$(SO$_4$)$_9$(OH)$_{12}$•24H$_2$O]；叶绿矾[R^{2+}Fe$^{3+}_4$(SO$_4$)$_6$(OH)$_2$•nH$_2$O,其中的R^{2+}包括Fe^{2+},Mg,Cl,Cu或Na$_2$;三斜]

knuckle 车钩关节；折角线；石块；轨道突起处；关节；钩爪[甲壳]；炉喉[平炉]；抓钩；铰链
→～ drive 铰接传动//～ guide 铰式导向装置//～{hinge;eye} joint 铰链连接//～-joint press 关节压机

knuckleman (斜井吊车)挂钩工

knuckle man 挂车摘车工
→～ sheave 斜井坡度突变处导轮//～ spindle 万向节销//～ under 屈服

Knudsen diffusion 努森扩散

→～ formula 克努森公式 // ～ gauge 克努森(压力)计

knurl 滚花；(小的)隆起物；压纹；节

knurled dies 压花模

knurling 铰合突起

knurls 拉边器

koala 袋熊[Q]

koalmobile 自行式井下无轨矿车

koashvite 硅钛钙钠石[$Na_6(Ca,Mn)(Ti,Fe)Si_6O_{18}·H_2O$;斜方]

kobalt adamin 钴砷锌矿

→～ aluminium spinel 钴铝尖晶石

kobaltbeschlag 钴华[$Co_3(AsO_4)_2·8H_2O$;单斜]

kobaltbleierz{kobaltbleiglanz} 硒铅矿等[混合物]

kobaltblende 块硫钴矿[CoS]

kobalt(o)calcit 球菱钴矿[$CoCO_3$]

kobaltchalcanrhit 水钴矾[$Co(SO_4)·4H_2O$]

kobaltchrysotile 羟硅钴矿

kobaltfahlerz 钴黝铜矿[$(Cu,Co)_{12}Sb_4S_{13}$]

kobaltglanz 辉砷钴矿[$CoAsS$;斜方];辉钴矿[$CoAsS$];硫钴矿[$CoCo_2S_4$;等轴]

kobaltgraphit 钴土；锰钴土

kobaltin{kobaltit} 辉砷钴矿[$CoAsS$;斜方];辉钴矿[$CoAsS$]

kobaltkies 块硫钴矿[CoS];硫钴矿[$CoCo_2S_4$;等轴]

kobaltkoritnigite 水砷钴石[$(Co,Zn)(H_2O,AsO_3Cl)$]

kobaltmanganspat 钴菱锰矿[$(Mn,Co)CO_3$]

kobaltmulm 钴土；锰钴土

kobaltnickelkies (块)硫镍钴矿[$(Ni,Co)_3S_4$;等轴];硫钴矿[$CoCo_2S_4$;等轴]

kobaltnickeloxydhydrat 水钴镍矿[Ni 和 Co 的含水氧化物;$(Co,Ni)_2O_3·2H_2O$]

kobaltocker 钴土

kobaltokalzit 球菱钴矿[$CoCO_3$]

kobaltomenit 硒钴矿[$CoSeO_3·2H_2O$(近似)]

kobaltpyrit 钴黄铁矿；硫钴矿[$CoCo_2S_4$;等轴]

kobaltschwarze 钴土；锰钴土

kobaltspath 菱钴矿[$CoCO_3$;三方]

kobaltspiegel 复砷镍矿[$(Ni,Co)As_{2-3}$]

kobaltsulfuret 块硫钴矿[CoS]

kobalttalkum 钴滑石

kobaltvitriol 钴矾[$CoSO_4·7H_2O$]；赤矾[$CoSO_4·7H_2O$;单斜]

kobaltwismutherz 砷铋钴矿[$Co(As,Bi)_2$];杂砷铋钴矿

kobaltwismuthfahlerz 钴铋砷黝铜矿

Kobayashiina 小林介属[N]

kobeite 河边矿；钇铀钛铌矿；钛稀金矿[$(Y,U)(Ti,Nb)_2(O,OH)_6$;非晶质]

kobellite 硫锑铋铅矿[$Pb_5(Bi,Sb)_8S_{17}$;单斜]

Koblenz(ian) 科布伦茨{仑兹}(阶)[欧;D_1]

kobokobite 绿铁矿[$(Fe^{2+},Mn)Fe_4^{3+}(PO_4)_5(OH)_5$;斜方]

koboldine 硫钴矿[$CoCo_2S_4$;等轴]

Kobus 水羚(羊)属[Q]

Kochaspis 柯赫氏虫属[三叶;ϵ_2]

kochelite (不纯)褐钇铌矿；钇铌矿

kochenite 琥珀状化石脂；琥珀树脂

kochiproductus 珂支长身贝属[腕;C-P]

kochite 好地石{粒硅铝石}[$Al_4(SiO_4)_3·5H_2O$];硅铝石；杂铝硅酸盐；柯赫石[$Na_2(Na,Ca)_4Ca_4(Mn,Ca)_2Zr_2Ti_2(Si_2O_7)_4(O,F)_4F_4$]

kochkarite 科契卡尔石[$PbBi_2Te_7$]

ko(e)chlinite 钼铋矿[$Bi_2O_3·MoO_3$;$(BiO)_2(MoO_4)$;斜方]

kochsándorite 水羟碳钙铝石[$Ca_{0.9}Al_2(CO_3)_{1.9}(OH)_4·1·3H_2O$]

ko(ts)chubeite 铬斜绿泥石

Kockelella 小科克牙形石属[S_{2-3}]

Koczyia 高斯颗石[钙超;N_2-Q]

Kodonophyllum 喇叭珊瑚(属)[S_{2-3}]

kodurite 锰榴正长岩；钾长锰榴岩；钾长榴岩

koeflachite 牢可伟次树脂

koehlerite 硒汞矿[$HgSe$;等轴]

koelbingite 三斜闪石[$(Na,Ca)(Fe^{2+},Ti,Fe^{3+},Al)_5(Si_4O_{11})O_3$]

koellite 橄云闪碱脉岩；云歪碧玄岩

koembang 东南焚风[爪哇]

koenenite 氯镁铝石[$Mg_5Al_2Cl_4(OH)_{12}·2H_2O$];羟氯镁铝石[$Na_4Mg_9Al_4Cl_{12}(OH)_{22}$;三方];氯氧镁铝石[$Mg_6Al_2Cl_4(OH)_{12}·2H_2O$]

koenigine{koenigite} 水胆矾[$Cu_4(SO)_4(OH)_6$]

koenl(e)inite 重碳地蜡

Koepe system of hoisting 单绳摩擦轮提升系统

→～ winder brake 戈培型提升机制动器

koestebite 锌黄锡矿[$(Cu,Sn,Zn)S$(近似);$Cu_2(Zn,Fe)SnS_4$;四方]

koettige 红砷锌矿[$Zn_3(AsO_4)_3·8H_2O$]

kofelsite 黑曜脉岩；黑榴浮岩；冲击岩

kofesite 冲击浮岩

koflachite 牢可伟次树脂

kogarkoite 氟钠矾[$Na_{15}(SO_4)_5F_4Cl$;三方];科氟钠矾[$Na_3(SO_4)F$;单斜]

Kogenium 粗犷虫属[三叶;ϵ_2]

kohalaite 橄奥安粗岩

k(h)oharite 镁铁榴石[$(Mg,Fe^{2+})_3Al_2(SiO_4)_3$;$Mg_3(Fe,Si,Al)_2(SiO_4)_3$;等轴]

kohlenblende[德] 无烟煤

kohleneisenstein[德] 菱铁煤土

kohlengalmei 菱锌矿[$ZnCO_3$;三方;德]

kohlenspath[德] 水草酸钙石[$CaC_2O_4·H_2O$;单斜];草酸钙石[$Ca(C_2O_4)·2H_2O$;四方]

kohlenvitriolbleispath[德] 黄铅矿{矾}[$Pb_2(SO_4)O$;$PbO·PbSO_4$;单斜]

kohlerit 硒汞矿；杂硒汞解石英

ko(e)hlerite 杂硒汞解石英；硒汞矿[$HgSe$;等轴]

koirei(i)te 寿山石[叶蜡石的致密变种;$Al_2(Si_4O_{10})(OH)_2$]

koivinite{koiwinit} 水磷铝钇石；磷铝铈矿[$CeAl_3(PO_4)_2(OH)_6$]

kokchetavite 库克塔切夫石[$KAlSi_3O_8$]

kokimbite 针绿矾[$Fe_2^{3+}(SO_4)_3·9H_2O$;三方]

kokkite 晶粒岩；粒状岩

kokkolith 粒辉石

kokkowai 红赭土

kokscharoffite{kokscharowite;koksharovite} 浅闪质闪石；铝闪石[$Na_{0-1}Ca_2(Mg,Al)_5((Al,Si)_4O_{11})_2(OH)_2$]

koktaite 水铵钙矾；铵石膏[$(NH_4)_2Ca(SO_4)_2·H_2O$;单斜]

Kokuria 国领虫属[三叶;ϵ_3]

kolarite 氯碲铅矿[$PbTe_3(Cl,S)_2$];氯碲铅矿[$PbTeCl_2$]

kolbeckine 硫锡矿[SnS;斜方]

kolbeckite 水磷钪石[$ScPO_4·2H_2O$;单斜];硅磷钪石

ko(e)lbingite 钠铁非石[$Na_2Fe_5^{2+}TiSi_6O_{20}$;三斜];三斜闪石[$(Na,Ca)(Fe^{2+},Ti,Fe^{3+},Al)_5(Si_4O_{11})O_3$];钠铁石

Koldinioidia 拟柯尔定虫属[三叶;ϵ_3]

kolfanite 柯砷钙铁石[$Ca_2Fe_3^{3+}O_2(AsO_4)_3·2H_2O$];铁钙石

kolicite 柯砷硅锌锰石{矿}[$Mn_7Zn_4(AsO_4)_2(SiO_4)_2(OH)_8$;斜方]

kolk 深塘[松软岩石河床上];深坑[侧移河床中]

kollanite 圆砾岩；硅质砾岩；硅结砾岩

kollergang 石磨[磨纸浆用]

kollochrom 铬铅矿[$PbCrO_4$;单斜]

kolloid{colloid;gel}-calcite 胶方解石

kolloid-magnesite 胶菱镁矿

kolloid-siderite 胶菱铁矿

kollolith 柯罗胶

kollophan(e) 胶磷矿[$Ca_3(PO_4)_2·H_2O$]

Kolmogorov model of bed formation 地层形成的柯尔戈莫罗夫模型

kolophonit 褐榴石；符山石[$Ca_{10}Mg_2Al_2(SiO_4)_5$,Ca 常被铈、锰、钠、钾、铀类质同象代替,镁也可被铁、锌、铜、铬、铍等代替,形成多个变种;$Ca_{10}Mg_2Al_2(SiO_4)_5(Si_2O_7)_2(OH)_4$;四方]

kolosorukite 黄钾铁矾[$KFe_3^{3+}(SO_4)_2(OH)_6$;三方]

kolotkovite 水硅镍矿

kolovratite 钒镍矿[铝和镍的硅酸盐和钒酸盐]

kolskite 鳞蛇纹石与海泡石混合物；杂海泡蛇纹石；鳞蛇纹石[$Mg_5Si_4O_{13}·4H_2O$]

kolumbit[德] 铌铁矿[$(Fe,Mn,Mg)(Nb,Ta,Sn)_2O_6$;$(Fe,Mn)Nb_2O_6$;$Fe^{2+}Nb_2O_6$;斜方];钶铁矿{石}

kolwezite 钴孔雀石[$(Cu,Co)_2(CO_3)(OH)_2$;三斜]

Kolyma shield 柯里马地盾

kolymite 科汞铜矿[Cu_7Hg_6;等轴]

kom 盆地

komaishilite 科羟铝黄长石[$Ca_2Al_2SiO_6(OH)_2$]

komarit 水硅镍矿；康镍蛇纹石

komarovite 硅铌钙石[$(H,Ca)_2Nb_2Si_2O_{10}(OH,F)_2·H_2O$;斜方];硅锰钙铌石

Komaspis 发冠虫属[三叶;ϵ_2]

Komata lining 柯马塔衬里

komatiite 科马提岩；镁绿岩

komatiitic flow pile 科马提岩岩流堆

kombatite 氯钒铅石

kominuter 磨矿机

komkovite 库姆科夫石[$BaZrSi_3O_9·3H_2O$]

Komplexon (Ⅲ) 乙二胺四乙酸二钠盐[$(-CH_2N(CH_2COOH)CH_2COONa)_2$]

konarit 康镍蛇纹石

kon(n)arite 水硅镍矿

konderite 硫铅铜铑矿

kondroarsenite 红砷锰矿[$Mn_2^{2+}(AsO_4)(OH)$;单斜]

kone 双纸盆扬声器

kong 含锡砾石下的无矿基岩[马来]

konga diabase 冈纹辉绿岩；岗基辉绿岩

kongsbergite 汞银矿

konide 富士山式火山；锥状火山

konigine{konigite} 水胆矾[$Cu_4(SO)_4(OH)_6$]

Konigsberger plate 柯克尼希伯格试板

konilite 英灰石

konimeter 尘量计；计尘器

konimetric{conimetric} method 计尘法

konimetry 空气浮尘计量学

Koninckina 准康宁克贝属[腕;T-J_1]

koninekite 针磷铁矿[$Fe^{3+}PO_4·3H_2O$;四方];磷铁矿[$(Fe,Ni)_2P$;六方]

Koninckites 康宁克菊石属[头;T_1]

koninckocarinia 脊板康宁克珊瑚

Koninckophyllum 康氏珊瑚；康宁克珊瑚属[C]

Koninckopora 康宁克孔藻(属)[C]

koniology 测尘学；微尘学

koniophage 尘埃细胞

koniosis 尘肺病；尘埃沉着病

koniscope 检尘器[检查空气浮尘用]

koni(li)te 镁白云石[$CaMg(CO_3)_2$]；易劈灰岩；粉石英[$SiO_2 > 98\%$]

konleinite{ko(e)nlinite} 重碳地蜡

konnarite 硅镍矿[$Ni_2Si_3O_6(OH)_4$]；康镍蛇纹石

konometer 定规测高器

konstantan 镍铜合金；康铜

konyaite 孔钠镁矾[$Na_2Mg(SO_4)_2 \cdot 5H_2O$]；五水镁钠矾

koodilite 杆沸石[$NaCa_2(Al_2(Al,Si)Si_2O_{10})_2 \cdot 5H_2O; NaCa_2Al_5Si_5O_{20} \cdot 6H_2O$;斜方]

Kookaburra 库卡伯拉[石]

koombar 云南石梓

Kootenia 库廷虫属[三叶;$Є_{1-3}$]

kop 孤丘；岛山[荷]

kopal 硬树脂[法]

kopalite 黄脂石[树脂的化石，含氧比一般琥珀少;$C_{12}H_{18}O$]

kopeck{kopek} 戈比[俄辅币,=1/100卢布]

kopi 土状石膏

kopol 化石树脂

kopparglas 辉铜矿[Cu_2S;单斜]

koppargrun 石绿[青琅玕;孔雀石][$Cu_2(CO_3)(OH)_2$;单斜]

kopparmalm 辉铜矿[Cu_2S;单斜]

koppie 孤丘；残丘；独山；小山[南非]

koppite 烧绿石[$(Na,Ca)_2Nb_2O_6(O,OH,F)$,常含 U、Ce、Y、Th、Pb、Sb、Bi 等杂质;等轴];等轴钽钙石；重烧绿石[$(Ca,Ce,Na,K)(Nb,Fe)_2(O,OH,F)_7$]

koprogenin 动物排泄沉积

Koptura 双尾虫属[三叶;$Є_{2-3}$]

koragoite 氧钨锰铌矿[$Mn_3Nb_3(Nb,Mn)_2W_2O_{20}$]

korallenachat[德] 珊瑚玛瑙；硅珊瑚

korallenerz 曲肝辰砂

korarfveite 独居石[$(Ce,La,Y,Th)(PO_4)$;$(Ce,La,Nd,Th)PO_4$;单斜]

kordylite 氟碳钡铈矿[$Ba(Ce,La)_2(CO_3)_3F_2$;六方]

korea-augite 朝鲜辉石；钠辉石

ko(i)rei(i)te 冻石{寿山石}[叶蜡石的致密变种;$Al_2(Si_4O_{10})(OH)_2$]

Koretrophyllites 似帚叶属[C_1-T_1]

koris 干(乾)谷[北非]

korite 橙玄玻璃[意西西里岛]

koritnigite 科水砷锌石[$Zn(As_5{+},O_3)(OH) \cdot H_2O$;三斜]

korkir 石蕊茶渍

korkite 磷菱铅矾[$PbFe_3PO_4SO_4(OH)_6$]

kornelite 斜红铁矾[$Fe_2{+}(SO_4)_3 \cdot 7H_2O$;单斜]

kornerupine{kornerupite} 柱晶石[$MgAl_2SiO_6$;$(Mg,Fe^{2+},Fe^{3+},Al)_{40}(Si,B)_{18}O_{86}$;$Mg_3Al_6(Si,Al,B)_5O_{21}(Mg,Fe^{2+},Fe^{3+},Al)_{40}(Si,B)_{18}O_{86}$;斜方];钠柱晶石

kornite 变蛋白石；准玉髓；角岩；角石[类似燧石的硅石]；燧石

korobitsynite 硅铌钛钠矿[$Na_{3-x}(Ti,Nb)(Si_4O_{12})(OH,O)_2 \cdot 3 \sim 4H_2O$]

korschinskite 柯硼钙石[$CaB_2O_4 \cdot H_2O$]

korshinovskite 柯羟氯镁石

korshunovskit 羟氯镁石

korteite 氯镁铝石[$Mg_5Al_2Cl_4(OH)_{12} \cdot 2H_2O$];镁水铝石；氯氧镁铝石[$Mg_6Al_2Cl_4(OH)_{12} \cdot 2H_2O$]

Kort nozzle 柯特式导流管[推进器的]

korullite 董绿矾

korund[德] 刚玉[Al_2O_3;三方]

korundellite 珍珠云母[$CaAl_2(Al_2Si_2O_{10})(OH)_2$;单斜]

korundophilite 脆绿泥石[$11(Fe,Mg)O \cdot 4Al_2O_3 \cdot 6SiO_2 \cdot 10H_2O$]

korunduvite 刚玉[Al_2O_3;三方]

koryinite 砷锰铅矿[$Pb_3MnAs_3O_8OH$;$Pb_3Mn(As^{3+}O_3)_2(As^{3+}O_2OH)$;单斜]

korynite 锑辉砷镍矿

korzhinskite 柯硼钙石[$CaB_2O_4 \cdot H_2O$]

kosava{koschawa} 可沙瓦风

kosinochlor 钠铬辉石[$NaCrSi_2O_6$];阴铬石

kos(s)matite 软脆云母[$(Mg,Fe^{2+},Fe^{3+},Al)_{6-7}((Si,Al)_4O_{10})_2(OH)_4 \cdot 8H_2O$]

Kosmoceras 齐饰菊石

kosmochlor 钠铬辉石[$NaCrSi_2O_6$]

kosmochromite 硬绿泥石[$((Fe^{2+},Mg,Mn)_2Al_2(Al_2Si_2O_{10})(OH)_4$;单斜、三斜];钠铬辉石[$NaCrSi_2O_6$];阴铬石

kosmolite 陨石

kosmo-phase 有序相[长石]

kossava 可沙瓦风

Kossel model 考赛耳模型
→~-Stranski model 柯塞尔-斯特兰斯基模式[晶长] ∥ ~-Stranski model 理想完美晶体中的简单立方堆积模式

Kossmatia 考斯马菊石属[头;J_3]

kossmatite 软珍珠云母

k(y)osterite 克斯特矿{硫铜锡锌矿}[$Cu_2(Fe,Zn)SnS_4$];锌黄锡矿[$(Cu,Sn,Zn)S$(近似);$Cu_2(Zn,Fe)SnS_4$;四方]

kostovite 碲铜金矿[$Au_4Cu(Te,Pb)$;斜方];针碲金铜矿[$CuAuTe_4$;单斜]

kostylcvite 水硅锆钾石[$K_4Zr_2Si_6O18 \cdot 2H_2O$]

kostylevite 柯水硅锆钾石

koswite 辉铁橄榄石；磁铁橄榄岩

kotoite 粒镁硼石；镁硼石[$Mg_3(B_2O_6)$];小藤石[$Mg_3(B_2O_6)$;斜方]

ko(e)ttigite 水砷锌石[$Zn_3(AsO_4)_2 \cdot 8H_2O$];水红砷锌矿[$Zn_3(AsO_4)_2 \cdot 8H_2O$;单斜];红砷锌矿[$Zn_3(AsO_4)_3 \cdot 8H_2O$];锌钴华

Kotuikania 科堆坎叠层石属[Z]

kotuite 云霞辉煌岩

kot(o)ulskite 黄(铋)碲钯矿[$Pd(Te,Bi)$;六方]

koulibinite 苦里松脂岩

koum 纯砂沙漠[中亚];沙质(沙)漠[撒哈拉]

koup 最干旱区

koupholite 柔葡萄石

koupletskite 黄铋碲钯矿；黄碲钯矿[$Pd(Te,Bi)$;六方]

koutekite 六方砷铜矿[Cu_5As_2];柯特克矿

kovalevskite 铝钙硅铁镁矿

Kovar 柯(可)伐合金

kovdorskite 科碳磷镁石[$Mg_2(PO_4)(OH) \cdot 3H_2O$;单斜];柯碳磷镁石

kowalewskite 铝钙硅铁镁矿

kozhanovite 水硅磷钛镧矿；磷铈钇矿[$(Ce,Y,La,Di)(PO_4) \cdot H_2O$]

Kozlowskia 柯兹洛夫斯基贝属[腕;C_3-P_1]

Kozlowskiellina 准柯兹洛夫斯基贝属[腕;S_2-D_1]

kozoite-(La) 羟碳镧石[$La(CO_3)(OH)$];羟碳钕石[$Nd(CO_3)(OH)$]

kozulite 铁锰钠闪石[$Na_3Mn_4(Fe^{3+},Al)Si_8O_{22}(OH,F)_2$;单斜]

KPa{kPa} 千帕(斯卡)

K-plate 柯克尼希伯格试板

k-point 弹性极限

krablite 包斜正斑流纹岩；克腊夫拉岩

krad 克拉[宝石、金刚石重量单位,=0.2g;千拉德,γ射线辐射单位]

Kraeuselisporites 稀饰环孢属[T_3]

Krafftoceras 克拉夫菊石属[头;P_2]

kraflite 包斜正斑流纹岩；克腊夫拉岩

kraft (paper) 牛皮纸；包皮纸

kragerite{krageroite} 金红钠长细晶岩

kraisslite 砷硅锌锰石[$Mn_6Zn(AsO_4)(SiO_4)_2(OH)_3$;六方]

kramerite 钠硼钙石[$NaCaB_5O_9 \cdot 8H_2O$];钠钙硼石；硼钠钙石[$NaCa(B_5O_7)(OH)_4 \cdot 6H_2O$; $NaCaB_5O_9 \cdot 8H_2O$; $NaCaB_5O_9 \cdot 5H_2O$]

krans{krantz} 险峻岩面[南非]

krantzite 黄色琥珀；琥珀酸化石脂

krasnovite 碳磷铝钡石[$Ba(Al,Mg)(PO_4,CO_3)(OH)_2 \cdot H_2O$]

krasnozem{crasnozem}[俄] 红壤
→~{crasnozem} 红土[Fe_2O_3,含多量的泥和砂]

krassyk 风化含铁片岩；风化铁质片岩

kratochvil(l)ite 重碳地蜡；芴石[$C_{13}H_{10}$;斜方];甲基联苯片晶[MIBC;$(CH_3)_2CHCH_2CH(OH)CH_3$]

kratochwilite 芴石[$C_{13}H_{10}$;斜方];甲基联苯片晶[MIBC;$(CH_3)_2CHCH_2CH(OH)CH_3$];重碳地蜡

kratogen 克拉通；坚稳地(块)

kratogenic 克拉通(成因)的
→~ area 克拉通区；稳定地块区

kraton 稳定地块；克拉通[旧]

kratonization 克拉通化

krau(e)rite 绿磷铁矿[$Fe^{2+}Fe_4^{3+}(PO_4)_3(OH)_5 \cdot 2H_2O$;单斜]

Krausella 克劳氏介属[O-D]

krausite 钾铁矾[$KFe^{3+}(SO_4)_2 \cdot H_2O$;单斜]

krauskopfite 水硅钡石[$BaSi_2O_4(OH)_2 \cdot 2H_2O$;单斜]

krautite 淡红砷锰石[$MnAs^{5+}O_3(OH) \cdot H_2O$;单斜]

KREEP 磷钾稀土玄武岩[一种富钾(K)、稀土(REE)和磷(P)的月岩];钾磷稀土玄武岩

Kreep 克里普岩

kremastic{wandering;influent;suspended;vadose;seeping;seep(age);percolating} water 渗流水
→~{wandering;suspended} water 包气带水[存在于包气带的地下水]

kremersite 红铵铁盐[$(NH_4,K)_2Fe^{3+}Cl_5 \cdot H_2O$;斜方];氯钾铵矿；钾铵铁盐

Krempexinis 克氏切壁属[孢子;C_2]

krennerite 白碲金银矿；针碲金矿[$(Au,Ag)Te_2$];斜方碲金矿[$(Au,Ag)Te_2$;$AuTe_2$;斜方]

kreuzbergite 十字山石[$AlF_3 \cdot H_2O$];氟铝石[$AlF_3 \cdot H_2O$]

kreuzkristalle{kreuzstein}[德] 交沸石[$Ba(Al_2Si_6O_{16}) \cdot 6H_2O$,常含 K;$(Ba,K)_{1-2}(Si,Al)_8O_{16} \cdot 6H_2O$;单斜]

Krevyakinskian 克列维亚金斯克阶[C_2]

KREZP 克里兹普岩[一种富含钾、稀土、锆、磷的月岩]

kribergite （羟）磷铝矾{硫磷铝石}[$Al_{16}(PO_4)_8(SO_4)_3(OH)_{18} \cdot 10H_2O$]

K

krinovite 硅铬镁石[NaMg₂CrSi₃O₁₀;三斜]；铬镁硅石

krisoberil 金绿宝石[BeAl₂O₄;BeO•Al₂O₃;斜方]

krisolith 葡萄石[2CaO•Al₂O₃•3SiO₂•H₂O;H₂Ca₂Al₂(SiO₄)₃;斜方]

kristianite 巧云花岗岩；碱花岗岩

Kristianovich-Geertsma-deklerk 裂缝几何形状模型

Kristianovich-Zeltov KZ 裂缝几何形状模型

kristiansenite 硅锡钪钙石[Ca₂ScSn(Si₂O₇)(Si₂O₆OH)]

krisuvigite 水胆矾[Cu₄(SO)₄(OH)₆]；羟胆矾[Cu₄(SO)₄(OH)₄;单斜]

Krithe 克里特介属[K₂-Q]

krivovichevite 羟铝铅矾[Pb₃(Al(OH)₆)(SO₄)(OH)]

kroberite 磁黄铁矿[Fe₁₋ₓS(x=0～0.17);单斜、六方]

kroehnkite 柱钠铜矾[Na₂Cu(SO₄)•2H₂O;单斜]

krokidolite{krokydite} 青石棉[((Na,K,Ca)₃₋₄Mg₆Fe²⁺(Fe³⁺,Al)₃₋₄(Si₆O₄₄)(OH)₄]

krokoisit{krokoite} 铬铅矿[PbCrO₄;单斜]

krokydite 毛发状混合岩

kromspinel 铬铁矿[Fe²⁺Cr₂O₄,等轴;铁铬铁矿 FeCr₂O₄、镁铬铁矿 MgCr₂O₄ 及铁尖晶石 FeAl₂O₄ 间可形成类质同象系列;铬尖晶石[(Mg,Fe)O•(Al,Cr)₂O₃]

Kronecker delta function 克朗内克 δ 函数

kro(h)nkite 柱晶钠铜矾;柱钠铜矾[Na₂Cu(SO₄)•2H₂O;单斜]

kronnkite 柱钠铜矾[Na₂Cu(SO₄)•2H₂O;单斜]；柱晶钠铜矾

Kronosaurus 长头龙属[K]

Krotovia 克罗托夫贝属[腕;D-P]

krotovina 鼹{田}鼠穴；掘土动物穴[如田鼠穴、鼹鼠穴]；土棒

kroykonite 天体尘

krugite 镁钾钙矾[K₂Ca₄Mg(SO₄)₆•2H₂O]；杂石膏杂卤石

Krumbeckia 克伦贝克蛤属[双壳;T₃]

Krumbein (砂粒)棱角变化的 K 氏圆度

krummholz 高山矮曲林

krupkaite 克辉铋铜铅矿；库辉铋铜铅矿[PbCuBi₃S₆;斜方]

Krupp (ball) mill 克鲁伯型筛筒球磨机
→〜-Renn process 克鲁普-伦法∥〜 sol separator 克鲁伯无磁轭磁选机∥〜 universal screen 克鲁伯型万能筛

krutaite 方硒铜矿[CuSe₂;等轴]

krutovite 等轴砷镍矿[NiAs₂;等轴]

kryoconite 冰尘

kryohalite 冰盐[NaCl•2H₂O]

kryokonite 杂硅(酸)盐矿物；冰尘

kryolite{kryolith} 冰晶石[Na₃AlF₆;3NaF•AlF₃;单斜]

kryolithionite 锂冰晶石[Li₃Na₃Al₂F₁₂;等轴]

kryomer 更新世寒冷期[如冰期]

kryometer 低温计

kryophyllite 绿鳞云母[K₂(Li,Fe²⁺,Fe³⁺,Al)₆(Si,Al)₈O₂₀]

kryoscope 凝固点测定计

Kryphiolite 隐匿石

kryphiolite{kryphiolith} 磷钙镁石[Ca,Mg 的磷酸盐;Ca₂(Mg,Fe²⁺)(PO₄)₂•2H₂O;三斜]

kryptocotyledons 隐子叶植物

kryptogene 隐生的

kryptohalite 方氟硅铵石[(NH₄)₂SiF₆;等轴]

kryptoklas 隐钠长石

kryptol 电极粒状物；硅碳棒；粒状碳[电极粒状物]；碳棒
→〜 furnace 炭粒电炉

kryptolith 磷铈镧矿；独居石(砂)[(Ce,La,Y,Th)(PO₄); (Ce,La,Nd, Th)PO₄;单斜]

kryptomelan 隐钾锰矿

kryptomere 隐晶岩；细晶

kryptomerite 硼酸盐

kryptomerous 隐晶岩的；细晶质的

kryptomorphite 水硼钙石[Ca₂B₁₄O₂₃•8H₂O;单斜]

krypton 氪

kryptonickelmelan 镍隐钾锰矿

kryptonization 氪化

kryptoperthite 隐纹长石

kryptosiderite 贫镍石陨石

kryptothermal 隐温矿床；隐温

kryptotil(it)e 纤柱晶石[AlSiO₃(OH)]；绿柱晶石；绿纤云母

krys(c)hanovskite 羟磷铁锰石[MnFe³⁺(PO₄)₂(OH)₂•H₂O;斜方]

krysolith 贵橄榄石[(Mg,Fe)₂(SiO₄)]

krysopras 绿玉髓[SiO₂]

kryzhanovskite 羟磷铁锰石[MnFe³⁺(PO₄)₂(OH)₂•H₂O;斜方]

K{|L}-series K{|L}(线)系

ksimoglyph 拖(曳)痕

K-(feld)spar 钾长石[K₂O•Al₂O₃•6SiO₂;K(Al Si₃O₈)]

K-support 带斜撑棚子
→〜K{|T}-support K{|T}形支架

ktenasite 基铜矾[(Cu,Zn)₅(SO₄)₂(OH)₆•6H₂O;单斜]；羟铜锌矾

Kts 海里{浬}[=1.852km]

ktypeite 泡霰石[CaCO₃];泡文石;霰石[蓝绿色;CaCO₃];文石[CaCO₃;斜方]

ktyppeite 响石

kuanglinite 广林矿

kuannersuite-(Ce) 磷钠铈钡石[Ba₆Na₂REE₂(PO₄)₆FCl]

Kuan{Official} ware 官窑

kubeite 镁赤铁矾;方赤铁矾[MgFe³⁺(SO₄)(OH)•7H₂O]

kubizit{kuboit} 方沸石[Na(AlSi₂O₆)•H₂O;等轴]

kuboizit 菱沸石[Ca₂(Al₄Si₈O₂₄)•13H₂O;(Ca,Na)₂(Al₂Si₄O₁₂)•6H₂O;三方]

kuchersite{kuckersite} 油页岩

kudriavite 硫铋镉矿[(Cd,Pb)BiS₂]

kudu 捻角羚属[Q]

Kuehneosaurus 孔耐蜥属[T₃]

Kueichowlepis 贵州鱼属[D₁]

Kueichowphyllum 贵州珊瑚(属)

kugdite 橄黄岩

kugel 球状构造

kugeljaspis 碧玉[SiO₂]；碧石

kuhnite 黄砷榴石[(Mg,Mn)₂(Ca,Na)₃(As O₄)₃;等轴]；镁黄砷榴石

Kujangaspis 库坚达虫属[三叶;∈₃]

kukersite 油页岩；含藻岩

kukharenkoite-(Ce) 氟碳铈钡石[Ba₂Ce(CO₃)₃F];氟碳镧钡石[Ba₂(La,Ce)(CO₃)₃F]

kukkersite 油页岩

kuksite 库克斯石[Pb₃Zn₃TeO₆(PO₄)₂]

kulaite 闪霞碱{粒}玄岩

kulanite 磷铝铁钡石[Ba(Fe²⁺,Mn,Mg)₂Al₂(PO₄)₃(OH)₃;三斜]；库兰石

kularite 铈独居石

kuliokite-(Y) 氟羟硅铝钇石[Y₄Al(SiO₄)₂(OH)₂F₅]

kulkeite 滑绿石；绿泥间滑石[Mg₈Al(Al Si₇)O₂₀(OH)₁₀;单斜]

kullaite 细二长玢岩

kullerudite 库勒鲁德矿；斜方硒镍矿[NiSe₂;斜方]

Kulm{Culm} (series) 库尔木(统)[英格;C₁]

kum 沙质(沙)漠[中亚]

kumatologist 波浪学家

kumatology 波浪学

kumbang 东南焚风[爪哇]

kundaite 脆沥青[C、H、O 化合物的混合物]；脆沥青煤

Kungurian 孔古尔(阶)[欧;P₁₋₂]
→〜(stage) 空谷尔阶[欧;P₁₋₂]∥〜 series 空古尔斯基统

kunhsuite 斜方氯硫汞矿[γ-Hg₃S₂Cl₂]

kunkar{kunkur} 钙结壳；钙质层；钙结核；灰质核；瘤质石灰岩；结核灰岩

Kunyangella 小昆阳介属[∈]

kunzite 锂铝辉石[LiAl(SiO₃)₂]；紫铝辉石；紫锂辉石[LiAl(Si₂O₆)]

kupaphrite 铜泡石[Cu₅Ca(AsO₄)₂(CO₃)(OH)₄•6H₂O;斜方]

kupfer[德] 铜；自然铜[Cu,等轴]

kupferantimonglanz 硫铜锑矿[Cu₂S•Sb₂S₃;CuSbS₂]

kupferasbolan 铜钴土

kupferblau 蓝硅铜矿[含有 CO₂ 作为一种杂质的硅孔雀石]

kupferbleiglanz 铜硫铅矿

kupferbleispath{kupferbleivitriol} 青铅矾[矿][PbCu(SO₄)(OH)₂;单斜]

kupferbluthe 赤铜矿[Cu₂O;等轴]

kupferchalcanthit(e) 胆矾[CuSO₄•5H₂O;三斜]；五水铜矾

kupferdiaspor 假孔雀石[Cu₅(PO₄)₂(OH)₄•H₂O;单斜]

kupfereisenvitriol 铜绿矾[(Fe,Cu)SO₄•7H₂O]

kupferfahlerz 砷黝铜矿[Cu₁₂As₄S₁₂;(Cu,Fe)₁₂As₄S₁₃;等轴];黝铜矿[Cu₁₂Sb₄S₁₃,与砷黝铜矿(Cu₁₂As₄S₁₃)有相同的结晶构造,为连续的固溶系列;(Cu,Fe)₁₂Sb₄S₁₃;等轴]

kupferfedererz 毛赤铜矿[毛发状;Cu₂O]

kupferglanz{kupferglaserz} 辉铜矿[Cu₂S;单斜]

kupferglas 赤铜矿[Cu₂O;等轴]

kupferglimmer 羟砷铜矾；云母铜矿

kupfergrun 硅孔雀石[(Cu,Al)H₂Si₂O₅(OH)₄•nH₂O;CuSiO₃•2H₂O;单斜]

kupferhornerz 氯铜矿[Cu₂(OH)₃Cl;斜方]

kupferindig 铜蓝[CuS;六方]

kupferkies 黄铜矿[CuFeS₂;四方]

kupferlasur 蓝铜矿[Cu₃(CO₃)₂(OH)₂;单斜]

kupfer-lazul{kupferlazurerz} 斑铜矿[Cu₅FeS₄;等轴]

kupferlebererz 肝铜矿；土状不纯赤铜矿

kupferlowtschorrit 铜硅钛铈矿

kupfermanganerz 铜锰土[MnO₂,含 4%～18%的 CuO]

kupfermelanterit 铜绿矾[(Fe,Cu)SO₄•7H₂O]

kupfermelanterite 铜水绿矾[CuSO₄•7H₂O]

kupfernickel{kupfernickel niccolite} 红砷镍矿[NiAs;六方]

kupferphosphoruranit{kupfer phosphoruranite} 铜铀云母[Cu(UO₂)₂(PO₄)₂•8-12H₂O;四方]

kupferphyllit 羟砷铜矾；云母铜矿

kupferrot 赤铜矿[Cu_2O;等轴]

kupfersamm(e)terz 绒铜矾[$Cu_4Al_2(SO)_4$ $(OH)_{12}$•$2H_2O$;斜方]

kupfersand 氯铜矿[$Cu_2(OH)_3Cl$;斜方]

kupferschaum 铜泡石[$Cu_5Ca(AsO_4)_2(CO_3)$ $(OH)_4$•$6H_2O$;斜方]

kupferschiefer 含铜页岩；铜页岩
→~ type deposit 含铜页岩型矿床

kupferschwarze 黑铜矿[CuO;单斜]；铜锰土[MnO_2,含 4%~18%的 CuO]

kupfersehiefer 铜页岩

kupfersilberglanz 硫铜银矿[$AgCuS$;斜方]

kupfersmaragd 绿铜矿[$Cu_6(Si_6O_{18})$•$6H_2O$; H_2CuSiO_4]；透视石[$Cu(SiO_3)$•H_2O;H_2Cu SiO_4;$CuSiO_2(OH)_2$;三方]

kupferuranit 铜铀云母[$Cu(UO_2)_2(PO_4)_2$• 8~$12H_2O$;四方]

kupfervitriol 胆矾[$CuSO_4$•$5H_2O$;三斜]
→~-heptahydrat 铜矾绿矾{七水胆矾} [$CuSO_4$•$7H_2O$;单斜;德]

kupferwasser 水绿矾[$Fe^{2+}SO_4$•$7H_2O$;单斜]

kupferwismut(h)glanz 硫铜铋矿[$CuBiS_2$]

kupferwismutherz 硫铋铜矿[Cu_3BiS_3;斜方]

kupferziegelerz{kupferbraun} 赤铜矿 [Cu_2O;等轴;不纯]

kupferzincblute{kupferzinkblute} 绿铜锌矿[$Zn_3Cu_2(CO_3)_2(OH)_6$;$(Zn,Cu)_5(CO_3)_2$ $(OH)_6$;斜方]

kupfferite 含铬直闪石质闪石；(镁)直闪石[$(Mg,Fe^{2+})_7Si_8O_{22}(OH)_2$;斜方]；镁闪石[$(Mg,Fe^{2+})_7Si_8O_{22}(OH)_2$;单斜]；镁角闪石[$Ca_2(Mg, Fe^{2+})_4Al(Si_7Al)O_{22}(OH,F)_2$;单斜]；紫苏辉石[$(Mg,Fe^{2+})_2(Si_2O_6)$]；阳起石[$Ca_2(Mg,Fe^{2+})_5(Si_4O_{11})_2(OH)_2$;单斜]

kuphit 沸石[$(Na,K)_5Si_5Al_2O_{12}$•$3H_2O$]

kuphoite{kupolite} 蛇纹石[$Mg_6(Si_4O_{10})$ $(OH)_8$]

kupletskite 锰星叶石[$(K,Na)_2(Mn,Fe)_4Ti$ $(Si_4O_{14})(OH)_2$;$(K,Na)_3(Mn,Fe^{2+})_7(Ti,Nb)_2Si_8$ $O_{24}(O,OH)_7$;三斜]

kupoíkite 库铋硫铁铜矿[$Cu_{3.4}Fe_{0.6}Bi_5S_{10}$]

kupola 穹顶；岩钟

kuprein 辉铜矿[Cu_2S;单斜]

kuprojarosit 铜钾铁矾[$(Fe,Mg,Cu)(SO_4)$• $7H_2O$]

kuramite 硫锡铜矿[Cu_3SnS_4;四方]

kuramsakite 硅钒锌铝石[$(Zn,Ni,Cu)_8Al_8$ $V_2Si_5O_{35}$•$27H_2O$?]

kuranakhite 碲锰铅石{矿}[$PbMn^{4+}Te^{6+}O_6$; 斜方]

kurchatovite 硼镁锰钙石[$Ca(Mg,Mn,Fe^{2+})$ B_2O_5;斜方、单斜]；硼镁钙石[$Ca(Mg,Mn)B_2$ O_5;$Ca_2(Mg,Mn)_2B_4O_7(OH)_6$;斜方]；硼钙镁石

kurchatovium 鐪[Ku; 鈩之旧名;序 104]

kurcit{kurcycie} 钡交沸石[$(Ba,Ca,K_2)(Al_2$ $Si_3O_{10})$•$3H_2O$;$(Ba,Ca,K_2)Al_2Si_6O_{16}$•$6H_2O$;单斜]

kurgantaite 水硼钙锶石[$(Sr,Ca)_2B_4O_8$• H_2O?]；氯硼锶钙石[$CaSr(B_5O_9)Cl$•H_2O]

kurnakite 双锰矿；纯氧锰矿

kurnakovite 库水硼镁石[$MgB_3O_3(OH)_5$• $5H_2O$;三斜]

kurnuite 玻基英安凝灰熔岩

kuroko 黑矿[FeS_2;日本产黑色复合硫化矿石]
→~{kuroko-type} deposit 黑矿型矿床
//~ ore 黑矿[FeS_2]

kuromono 黑色复合硫化矿石

Kuroshio[日] 日本洋流；黑潮

kurskite 钠碳氟磷灰石；碳(酸)磷灰石[Ca_{10} $(PO_4)_6(CO_3)$•H_2O;$Ca_5(PO_4,CO_3OH)_3(F,OH)$]

kurtschatowit 硼镁钙石[$Ca(Mg,Mn)B_2O_5$; $Ca_2(Mg,Mn)_2B_4O_7(OH)_6$;斜方]

kurtzite 钼钙十字石；枯沸石；钡交沸石 [$(Ba,Ca,K2)(Al2Si3O10)$•$3H_2O$;(Ba,Ca,K_2) $Al_2Si_6O_{16}$•$6H_2O$,单斜;钡、钙和钾的铝硅酸盐]

kurumsakite 水硅钒锌镍矿[$8(Zn,Ni,Cr)$ O•$4Al_2O_3$•V_2O_5•$5SiO_2$•$27H_2O$]；硅钒锌铝石[$(Zn,Ni,Cu)_8Al_8V_2Si_5O_{35}$•$27H_2O$?]

kurzyt 钡交沸石[$(Ba,Ca,K_2)(Al_2Si_3O_{10})$• $3H_2O$;$(Ba,Ca,K_2)Al_2Si_6O_{16}$•$6H_2O$;单斜]

kusachiite 铋铜矿[$CuBi_2O_4$]

Kusbassophyllum 库兹巴斯珊瑚属[C_1]

kuselite 云辉玢岩；英辉玢岩

kushmurunite 细勃姆矿

kuskite 柱石英二长斑岩

Kussiella 库什叠层石(属)[Z]

Kustarachnida 古蛛目[节;C]

küstelite 金银矿[(Ag,Ar)]

kusterite 库斯特矿；锌黄锡矿[(Cu,Sn,Zn) S(近似);$Cu_2(Zn,Fe)SnS_4$;四方]

kusuite 钒铅铈矿[$(Ce^{3+},Pb^{2+},Pb^{4+})VO_4$;四方]

kutinaite 库廷纳矿；方砷铜银矿[Cu_2Ag As;等轴]

kutnahorite 锰白云石[$Ca(Mg,Mn)(CO_3)_2$; $Ca(Mn,Mg,Fe^{2+})(CO_3)_2$;三方]；镁锰方解石；镁菱锰矿[$(Ca,Mn,Mg)CO_3$]

kutnohor(r)ite 镁锰方解石；镁菱锰矿[$(Ca, Mn,Mg)CO_3$]；铁锰云石；锰白云石[$Ca(Mg, Mn)(CO_3)_2$;$Ca(Mn,Mg,Fe^{2+})(CO_3)_2$;三方]

Kutorgina 库托贝属[腕;$Є_1$]

Kutorginella 小库托贝属[腕;C_2-P_1]

kuttenbergite 镁菱锰矿[$(Ca,Mn,Mg)CO_3$]

Kuylisporites 库里属[E]

Kuyuen-hsuan 古月轩

kuzelite 水硫铝钙石[$Ca_4Al_2(OH)_{12}(SO_4)$• $6H_2O$]

kuzmenkoite 碱硅锰钛石[$K_2(Mn,Fe)(Ti, Nb)_4(Si_4O_{12})_2(OH)_4$•$5H_2O$]
→~-(Zn) 硅钾锌铌钛石[$K_2Zn(Ti,Nb)_4$ $(Si_4O_{12})_2(OH,O)_4$•6~$8H_2O$]

kuzminite 溴汞石

kuznetsovite 氯砷汞石{矿}[$Hg_6As_2Cl_2O_9$]

kV{kv.} 千伏

kvanefjeldite 硅钙钠石

kvanefjieldite 羟硅钙钠石[$Na_4(Ca,Mn)Si_3$ $O_7(OH)_2$]

kvass 克瓦斯

K-V-Ba-titanite 钾钒钡榍石[$A_{1.49}B_{0.97}C_{6.9}$ O_{16},A=K,Ba;B=V,Cr,Ce,Fe^{3+},Mn,Mg;C=Ti, Zr,Si]

kvellite 橄闪正(长)煌(斑)岩；橄闪歪煌岩

Kwangnanaspis 广南鱼属[D_1]

Kwangsia 广西贝属[腕;D_2]

Kwangsiphyllum 广西珊瑚(属)[C_1]

Kwangsispira 广西螺(属)

Kwanmonia 关门蚌属[双壳;K_1]

kwarc 石英[SiO_2;三方]

kyanite{kyanite disthene} 蓝晶石[$Al_2(SiO_4)$ O;$Al_2O_3(SiO_2)$]
→~-muscovite-quartz subfacies 蓝晶石白云母石英亚相//~ schist facies 蓝芯片岩相//~-schist facies 蓝晶石片岩相//~-sillimanite type facies series 蓝晶石-硅线石型相系

kyanitite 蓝晶岩

kyanization 氯化汞浸渍木材防腐法

kyanizing 升汞防腐

kyanophilite 蓝铝石[$(K,Na)Al_2(Si_2O_7)(OH)$]

kyanotrichite 绒铜矾[$Cu_4Al_2(SO)_4(OH)_{12}$• $2H_2O$;斜方]

kyaukstein 硬玉[$Na(Al,Fe^{3+})Si_2O_6$;单斜]

kybernetics 控制论

kyle 海峡

Kylikipteris 库利克蕨属[J]

kylindrit(e) 圆柱锡矿[$Pb_3Sn_4Sb_2S_{14}$;Pb_3Fe $Sn_4Sb_2S_{14}$;三斜]

kylite 橄榄碱辉岩；斜辉橄榄岩

kymatine 石棉；石绒[石麻]

kymatolith 腐锂辉石[一般已变为白云母与钠长石的混合物]

kyosterite 库斯特矿

kypholite 蛇纹石[$Mg_6(Si_4O_{10})(OH)_8$]

Kyphophyllum 曲壁珊瑚属[S_2]

kyphorhabd 凸棒骨针(绵)

kyr 山顶；平地；高地；小山

kyriosome 混合岩的主要部分

kyrock 沥青岩；沥青砂岩；沥青质岩

kyrosite 砷白铁矿[$FeAsS$]；杂砷白铁矿

kyrtom 弓形褶皱

Kyrtomisporites 脊孢属[T_3-J]

kyschtymite 刚玉钙长黑云岩

kyshtymite 氟碳铈矿[$CeCO_3F$,常含 Th、Ca、Y、H_2O 等杂质;六方]

kyshtymoparisite 褐氟碳酸铈矿[(La,Ce) $(CO_3)F$]；氟碳铈矿[$CeCO_3F$,常含 Th、Ca、Y、H_2O 等杂质;六方]

kysylkumite 库钒钛矿[$V_2Ti_3O_9$]

kyzykumite 斜钒钛矿

kyzylkumite 克钒钛矿

L
1

La 镧

laagte 宽平谷地；空虚

laangbanite 硅锑锰矿[(Mn²⁺,Sb³⁺)₄(Mn⁴⁺, Fe³⁺,Mg)₃SiO₁₂(近似); (Mn²⁺,Ca)₄(Mn³⁺,Fe³⁺)₉ SbSi₂O₂₄;三方]

laanilite 榴铁伟晶岩

laavenite 钠钙锆石[(Na,Ca)₃ZrSi₂O₇(O,OH, F)₂;单斜]；锆钽矿[(Mn₂,Zr,Ca₂,Na₄)O₂•(Si, Zr)O₂]

lab 努力；劳动；劳动者；分析室；分析箱

Labachia 勒巴杉(属)

lab{office} analysis 室内分析
→～{laboratory} coal crusher 实验室型碎煤机//～ core test 实验室岩芯试验

labdane 岩蔷薇烷

labdanum 岩茨脂；劳丹脂；岩蔷薇；香脂岩蔷薇；赖百当
→～ gum 岩蔷薇胶

Labechia 唇刺螅属[O-C₁]；拉贝希层孔虫

Labechiella 拟拉贝(希)层孔虫(属)[O₃-D₂]

label 标志；标示；标签；标牌；标明；标记；厂牌号；商标；注记；披水面；楣；附加标签；副檐；记录单

labeled compound 含示踪原子的化合物
→～ molecule 标记分子

Labella 唇形贝属[腕;T₂₋₃]

labelled 有标记的；标志的
→～{tagged} molecule 示踪分子

Labiadensites 强唇孢属[C₁]

labial 唇的
→～ aperture 唇孔

Labiisporites 隐缝二囊粉属[孢;P₂]

labile 易变化的；不稳定；不稳{安}定的；易分解的；易变的
→～ kerogen 易分解干酪根

labilizing fiber 助动丝；易变丝
→～ force 不稳定力

labite 拉蛇纹石；镁坡缕石[Mg₄Al₂Si₁₀O₂₇•15H₂O]

Labitricolpites 唇形三沟粉属[孢;E₃-Q]

Labium[pl.-ia] 下唇[节]；腹足类壳口小柱；口后缘板

laboite 符山石[Ca₁₀Mg₂Al₄(SiO₄)₅,Ca常被铈、锰、钠、钾、铀类质同象代替,镁也可被铁、锌、铜、铬、铍等代替,形成多个变种; Ca₁₀Mg₂Al₄(SiO₄)₅(Si₂O₇)₂(OH)₄;四方]

labor(er) 工人；劳动者；过于详细论述；(使)辛勤地工作；努力；井下采场；麻烦(事情)；费力；劳方；工作；劳动

laboratory 实验室；化验室；化学厂；熔炼室；炉房[平炉]；分析室
→～ mill 实验室型磨矿机//～ pack 实验室砂层模型//～ sample treatment 试验室煤样预先处理

labor capacity 劳动量
→～-consuming 费力//～ costs 工资

费；劳动成本//～{work} efficiency 工效

labo(u)r{work} force 劳动力

labour 熟练工人；努力；职工；劳动力；劳力；劳动者

labradite 拉长岩

labradophyre 拉长斑岩

labradophyric 拉长斑状

labrador(-feldspar) 拉长石[钙钠长石的变种;Na(AlSi₃O₈)•3Ca(Al₂Si₂O₈);Ab₅₀An₅₀-Ab₃₀An₇₀;三斜]

Labrador (一种)纽芬兰猎犬；拉布拉多[加拿大东部一地区]

labrador-bytownite 拉长石[钙钠长石的变种;Na(AlSi₃O₈)•3Ca(Al₂Si₂O₈);Ab₅₀An₅₀-Ab₃₀An₇₀;三斜]

labradorfels 拉长岩

labradorit(it)e 拉长岩；灰曹长石；淡辉长岩；曹灰长石；钙钠斜长石；富柱玄武岩

labradorite-anorthosite 拉长岩

labradorite-porphyry 拉长斑岩

labradorization 拉长石化

labradorstein{labrador stone{(feld)spar; feldspar-stone}} 拉长石[钙钠长石的变种; Na(AlSi₃O₈)•3Ca(Al₂Si₂O₈);Ab₅₀An₅₀-Ab₃₀An₇₀; 三斜]

labradosite 斜长岩

labratownite 拉倍长石[含30%~40%钠长石分子(Ab)的斜长石]；拉培长石

labrobite{labrodite} 钙长石[Ca(Al₂Si₂O₈);三斜;符号An]

labrum[pl.-ra] 后唇瓣[三叶]；上唇[节]；口板；下唇

lab(o)untsovite 硅钛钾钡矿；硅碱锶钛矿[(K,Ba,Na)(Ti,Nb)(Si, Al)₂(O,OH)₇•H₂O;单斜]；碱硅钡钛石；碱硅钡铵石；拉崩佐夫石

labunzovite{labun(t)zowite} 拉崩佐夫石；碱硅钡铵石

labyrinth 迷路[内耳]；迷宫；半规管
→～(packing) 曲径式密封//～ gland 迷宫密封装置

labyrinthic 迷离的[孔虫]

Labyrinthina 复室虫属[孔虫;J]

labyrinthite 拉比异性石[(Na,K,Sr)₃₅Ca₁₂Fe₃Zr₆TiSi₅₁O₁₄₄(O,OH, H₂O)₉Cl₃]

Labyrinthodontia 迷齿(亚纲;总目)[两栖]

labyrinth outlet 密封出口；曲折密封出口；迷宫式密封出口
→～ packing 迷宫式填料{空}//～ re-tention tank 迷宫式蓄水池//～ seal 曲折环式密封；曲径密封；迂回封口

labyrinthus 交叉谷[火星的]

lac 湖；虫脂；虫漆；紫(胶)胶)；虫胶；土壤乳浆

lacal{basin} peat 盆地泥炭

Lacasitan 拉卡赛特(阶)[北美;J₃]

lacca 紫虫胶；虫脂；虫漆
→～ coerula 石蕊

laccol 漆酚

laccolite{laccolith} 岩盘；岩盖；菌形穹隆

laccolithic dome 菌状穹隆；菌形穹隆
→～ sill 盖盖岩床；岩盖式岩床

Laccophyllidae 管珊瑚科

lace 束紧；束带；缝合；花边；缀合；拉筋；编织；背板；穿带子；用带子扎紧；接皮带；接合物
→～ bar 炉栅//～{lattice} bar 格条[溜槽、摇床等]//～ ore 花饰矿石

lacerate 划破

laceration index 破伤指数

Lacerta 蝎虎座

Lacertilia 蜥蜴亚目；蜥蜴类

lacework 网状脉

lacine 舌状曲流内侧坝{扇}

lacing 束紧；束带；支柱背板；全穿孔；编丝；皮带缀合；导线；单缀[建]；盖板；联级；(局内电缆)分编；接合物
→～(wire) 拉筋[汽轮机动叶]//～ hook 缝合钩[胶带]//～ messenger 电缆吊绳

lacinia 刺网[笔]

laciniate 条裂的[植]

lack 缺少；缺乏；不足；不够；需要
→～ fidelity 失真//～ of fusion 未熔融//～ of penetration 未熔穿；未焊透//～ of side wall fusion 侧壁熔融不足[焊]

lacmosol 石蕊萃

lacmus 石蕊

La Coste pendulum 拉科斯特摆
→～ Coste-Romberg gravimeter 拉科斯特(-)隆贝格重力仪//～-Coste-Romberg gravimeter 拉考斯特-隆贝格重力仪

lacquerware{lacquerwork} 漆器

lacrimal 泪骨

Lacrimasporites 中孔梨形孢属[E₃]

lacrimatory{tear} gas 催泪瓦斯{气体}

lacroisite 杂锰辉菱锰矿；杂菱锰矿[蔷薇辉石与菱锰矿混合物;MnSiO₃ 与 MnCO₃ 的混合物]

lacroixite 磷羟铝钠石；锥晶石[Na₄(Ca, Mn)₄Al₃(PO₄)₃(OH)₁₂; NaAl(PO₄)(F,OH);单斜；晶锥石

lacrymal{lachrymal;lacrimal} bone 泪骨

Lacrymasphaera 拉克球石[钙超;Q]

Lactarius 乳菇属[真菌;Q]

lactase 乳糖酶

lactate 乳酸盐

lactational 哺乳的

lacto- 乳酸[CH₃CHOHCO₂H]；乳

lactobacillus 乳杆菌

lactochrome 核黄素

lacuna[pl.-e,-s] 沉积间断；小堆积间断；缺失(地层)；网[孢]；穴；洼地；网眼

lacunae 洼地

Lacus Aestatis 夏湖[月]
→～ Autumni 秋湖[月]//～ Mortis 死湖[月]//～ Somniorum 梦湖[月]

lacuster 湖泊中部

lacustrine 湖栖的；静水鱼类
→～(formation) 湖积层//～ bog 湖沼

ladanum 劳丹脂；赖百当；岩茨脂

ladder 软梯；附加栏板；悬梯；阶梯；梯；斗架[挖泥船等]；走梯
→～{safety;shoulder;seat} belt 安全带//～ bucket dredge 梯桶{斗}采掘法//～-chain{～ bucket} excavator 链斗式{梯式多斗}挖掘机//～-cradle 托盘；梯座//～ drainge pattern 梯状水系类型//～ dredger 链斗(式)挖泥{掘}船{机}//～ drilling 梯(架)式钻眼{孔}法[大规模掘进用]//～ fault 阶梯断层//～ lodes 梯状(矿)脉//～ drilling method 架式钻眼法//～ landing platform (井架)小(平)梯台；接梯台//～ network 梯形网络//～ of management 管理手段//～ way 梯路//～way compartment 梯子格//～ well (挖泥船)挖斗架间

laddic 拉蒂克多孔磁心

laden 装载的；装载；有负载的；充满了的

Ladinian 拉迪尼亚(阶)[欧;T_2]
→ ～ (stage) 拉丁尼阶 [234.3 ～ 237.4Ma;T_2]
ladleful 满(包量)[从炉中每次取出金属液量]
ladogalite 富磷辉闪正长岩
Ladogioides 拉多吉型贝属[腕;D_3]
Ladogisk{Ladogisian} series 拉多格统
lady 屋面小石板
lady's-smock 全缘石荠花
laesura 四合体痕[孢]
laetic 全缘石荠花
Laevexinis 光面厚切壁孢(属)[孢子;C_2]
Laevicaudata 光尾叶肢亚目[K-Q]
laevicyclus 光环迹[遗迹;$\xsi_1$-T]
laevigate 光滑的；无壳饰的；平滑的[孢粉壁]
Laevigatisporites 光面大孢属[C_2]
laevigatomonoleti 光面单缝孢群
Laevigatosporites 光面单缝孢属[C_2-K]
laevorotatory 左旋
laffittite 硫砷汞银矿[$AgHgAsS_3$;单斜]
Laffittius 拉菲特颗石[钙超;K_2]
laflammeite 硫铅钯矿[$Pd_3Pb_2S_2$]
Laforetite 硫铟银矿[$AgInS_2$]
lafossaite 铊盐[TlCl]
lag(ging) 板条；落后；滞后；衬；时间落差；变弱；惯性；槽面焊板；隔；木材裂缝；耽搁；最后的；滞停；以隔热或隔冷材料保护(水管或贮水器等)；延迟；背板；相移；相差；外套；蚀余沉积；桶板；迟滞；(给……)加上外套；套
→ ～ angle 移后角
lag bolt 木螺钉
→ ～ concentrate 滞后粗化部分[沉积物的]// ～ concentrates of fossils 化石滞后堆积// ～ effect{lag-effect} 滞后{迟滞}效应
Lagena 瓶虫属[孔虫;J-Q]
lagenate 瓶形
Lagenida 瓶虫目[孔虫]
Lagenidium 链壶菌属[真菌;Q]
Lagenochitina 瓶几丁虫属[O-S_1]
Lagenoisporites 瓶形大孢属[C_2]
Lagenonodosaria 瓶节虫属[孔虫;N-Q]
Lagenostoma 瓶籽属[植;C_1]
lagerklüft[pl.-e] 平卧节理；层节理
laggan 摇石
laggards 落后者
lagged 有背板的(支柱)
lagging 保温层；保护层；支拱；垫板；衬；挡板；隔热层；隔板；落后的；粗糙的；延迟；矿道顶木；卷筒层面；外套；迟缓的；填料；套筒；套
lag gravel 砂砾盖面；铺砾；残留卵石；残积砾石；滞砾；风成砾层
→ ～ {late} ignition 迟点火
Lagomeryx 柄杯鹿属[N_1]
Lagomorpha 兔{兎}形目
lago(o)n 凝结水坑；热泉塘
lag on 插背板
lagone{lagoni} 热水塘；热泉塘；喷汽孔旁的凝结水坑；凝结水坑；沸水塘
lagonite 水硼铁矿；杂硼褐铁矿；硼铁矿[$Fe_2^+Fe^{3+}BO_5$;斜方]；水硼铁石
lagoon 咸水湖；氧化塘；防火水池；泻湖；潟湖；尾矿池；碱湖边缘的卤水塘；池沿
→ ～ (island) 环礁

lagoonal 潟湖的
→ ～ deposit 能潟湖沉积
lagoon cycle 潟湖沉积轮回
→ ～ (al) deposit 潟湖沉积// ～ for holding sludge 淤泥池
lagoonlet 小潟湖
lagoon reef margin 潟湖礁岛边缘
→ ～ sediment 潟湖沉积
lagoonside 潟湖陆侧地
lagoon-type coast 潟湖型海岸
Lagopus mutus 岩雷鸟
lagoriolite 钠榴石[$(Na_2,Ca)_3Al_2(SiO_4)_3$]
Lagorio's rule 拉式里奥结晶律；拉戈里奥结晶律
lag(ged) pile 套桩
Lagrangian 格拉朗日算子；拉(格朗日)氏函数
→ ～ flow 拉氏流// ～ moving coordinate 拉格朗日动坐标// ～ wave 拉格朗波
lag sand 炉渣砂
→ ～ screw 木垫方头螺丝；方头尖螺丝
lagstone 含化石的粗砂质灰岩；粗硬岩石
lag{delay;intercept;dead;retardation} time 延迟时间
→ ～ time 迟到时间；迟发时间
laguna(to) 海滩；浅潟湖；礁湖；潟湖；温泉盆地；短暂浅湖；小湖
lagunar 潟湖的
lagunite 杂硼褐铁矿
lag wood screw 木螺钉
lahar[印尼] 火山泥流物；泥流；火山泥流
laheimar 辣海玛台
Lahn-Dill type iron ores 兰迪尔式铁矿床
lahnporphyry 霓角斑岩；拉安斑岩；喇安角斑岩
laid 铺好的；铺放的
laigh level 井下最低水平层
→ ～ lift 泵组最下面水泵
laihunite 莱河矿[$Fe^{2+}Fe_2^{3+}(SiO_4)_2$]；涞河矿；莱河石
lair 穴
laitakarite 硫硒铋矿[$Bi_4Se_2S;Bi_4(Se,S)_3$;三方]；菱硫硒铋矿
Laiyang formation 莱阳层
lak 山口
lake 沉淀染料；湖泊；湖；池[贮油等的]
→ (colour) ～ 色淀[涂料]
lake-bed placer 湖底砂矿
lake breeze{|valley} 湖风{|谷}
→ ～ clay 糊泥
Lake-dwelling 湖居人[新石器时代]
lake{limnetic;lacustrine} facies 湖相
→ ～ floor{bottom} 湖底// ～-floor{central} plain 湖底平原// ～ gage 湖水面测高计// ～ george diamond 水晶[SiO_2]
lakeland 多湖泊地区
lakelet 小湖
lake magma 湖熔岩；贫汽岩浆[湖熔岩]
→ ～ marl 湖泥灰岩；沼灰土{泥}// ～ ocher 湖赭石// ～ (iron) ore 湖{褐}铁矿[$FeO(OH)·nH_2O;Fe_2O_3·nH_2O$, 成分不纯]；沼矿
Lake Placid Blue 湖水蓝[石]
lake{lacustrine} plain 湖平原
lakescape 湖景观
lake sediment 湖沉积物
→ ～ sediment anomaly 湖积物异常
lakeside{lakeshore} 湖滨；湖边；湖岸
lake strandline 湖岸线

Lake Superior-type iron deposit{|ore} 苏必利尔湖型铁矿床{|石}
→ ～ Superior type iron ore 铁燧岩
lake-swamp plain 沿湖沼泽平原
lake terrace 湖阶地
→ ～ turnover 湖水倒转//～ without outflow{outlet} 内陆湖//～ without outlet 无(出)口湖
lakh 紫(胶虫)胶；十万(卢比)[印]；巨额；无数
lakmaite 暗玻斑岩
lallan(d) 低地
lalongate 横长[孢]
lam 砂质黏土；黏土；成层的；亚黏土
Lama 羊驼属[N_2-Q]
lama 砂金矿[床]底部的粗砾(石)；含银泥土；泥浆；泥；钻井泥浆；矿尾泥；矿脉泥
→ ～ and slack 含泥末煤
Lamarckism 拉马克主义；拉马克说
lamb 蝶形螺母；(操舵)盘；元宝螺母；亚黏土
→ ～ and slack 废煤
lambda 兰姆达定位系统
Lambdagnathus 兰布达牙形石属[C_1]
lambda-type λ 字形[构造]
→ ～ {λ}-type structure 人字形构造
lambdoidal crest 横棱；人字形脊；Λ形脊
Lambdopsalis 斜剪齿兽属[E_1]
Lambeophyllum 郎泊珊瑚属[O_2];朗伯珊瑚(属)[O_2]
Lambeosaurus 赖氏龙属[K]
lamber 琥珀[$C_{20}H_{32}O$]
lambergite 硅钙铀矿[$Ca(UO_2)_2(Si_2O_7)·5～6H_2O$;单斜]
lambert 朗伯[亮度单位]
Lambert azimuthal equal-area projection 兰勃特方位等积投影
Lambert conic projection 兰勃特{蓝伯特}圆锥投影
lambertite 硅钙铀矿[$Ca(UO_2)_2(Si_2O_7)·5～6H_2O$;单斜]；斜硅钙铀矿
Lambert North 朗伯地图投影北
Lambert's cosine law 朗伯特氏余弦定律
→ ～ law 朗伯定律；兰勃特(辐射)律
Lambis 翼角螺属[腹]；蜘蛛螺属[Q]
lambre 琥珀[$C_{20}H_{32}O$]
lamb's airflow type 羔羊气流类型
Lamb's problem 兰姆问题[震]
Lambton flight loader 兰布顿型刮板装载机
lambur {lambyr} 琥珀[$C_{20}H_{32}O$]
Lamb wave 拉姆波
lamella[-e,-as] 薄片层[双壳];纹层理;瓣;条纹;层流;层状体;鳞片;叶片;细层;薄片;薄层;薄板;壳层;片晶;纹层;纹理;齿片;聚片
lamellae-axes relation 纹层-晶轴间关系
lamellae{lamellar} intergrowth 片晶连生
lamella plate packs 多层板组
lamellar 薄片状的；负片状的；薄层状的；薄层的；壳层；层状的；纹层状；叶片状；纹层状的；鳞状的；鳞片状的；页状的；晶片；多片的；齿片[生]
→ ～ coal 片状煤//～ columella 层状中柱[腔]//～ compound of graphite 石墨层间化合物//～ growth 压片状生长
Lamellariacea 片螺族；鳌甲玉贝类
Lamellariidae 片螺科；板螺科

lamellar layer 层纹状岩层；叶片层；页状层；纹层

→~ {laminated} layer 薄片层 [双壳] // ~ {cock(s)comb;iron; hepatic;cellular; radiated;white;cellular} pyrite 白铁矿 [FeS$_2$;斜方] // ~ serpentine 叶蛇纹石[(Mg, Fe)$_3$Si$_2$O$_5$(OH)$_4$;单斜]

lamellated 薄片状；纹层状的；成薄层的

→~ material 片状材料

lamellate{lamellar} wall 片状壁

lamellibranch 瓣鳃[双壳]

lamellibranchia(ta) 瓣鳃纲

Lamellibranchiata 双壳纲；瓣鳃动物；斧足纲；瓣鳃类[软]

lamellibranchiata dentition 瓣鳃牙系

lamelliferous 叶片状；纹层状

lamelliform 薄片状；纹层状的

Lamellisabella 瓣形须腕虫(属)

lamellite 片晶

lamellose 薄片状；薄板状

lamellosity 叶理；纹理

lamentable 可悲的

Lame's constant 拉梅{姆}常数

lame-skirting 扩帮；扩大巷道

→~ (re-rip) 刷帮

Lame's theory of thick-walled cylinders 拉梅厚壁圆筒理论

lamina[pl.-e] 薄层纹；壳层；层状体；窄隙；细层；纹层理；叶片[植]；薄板[钙超]；薄片；薄层；纹理；纹层

laminable 可展的；易展性{的}

laminae 薄片；薄层

→~ of water 浅水层

lamina explosion {-}proof machine{motor} 窄隙防爆式电机

→~ `not parallel{|parallel} to the roof 与巷道顶板`成斜角{|平行}的直接顶[平巷]

laminar(y) 薄层的；层理的；片岩的；分层的；纹层状的；成层的；薄片状的；层状的；叶片状

laminar bedding 层状矿床；纹{片}状层理；纹层

→~ corrugation 薄层皱痕 // ~ crack 层状裂纹 // ~ displacement 层状{流}驱替

laminared spring 叠层弹簧

laminar flow{motion} 层流

→~(y){lamellar;plane;sheet} flow 片流 // ~ flow burner 层流式燃烧器 // ~ fusain 薄片丝煤

Laminaria 海带属[褐藻]；昆布属[Q]

laminaria 昆布

laminarian 昆布藻类

laminar-inertial-turbulent{LIT} flow analysis 层流-惯性流-紊流流动分析

Laminarites 片藻(属)[Q]

laminarity 层流性

laminar{thin;shallow} layer 薄层

→~ motion 滞流

laminary{static;linear} flow 层流

laminaset 纹层组

laminated 层状的；叠片；叠层；包以薄片；层状；层制品；层板；制成薄片；用薄片叠成的；覆盖的；卷成薄片；分成薄片；层的；片状的；页状的；叶片状；纹层状的；多层的；成层的

→~ batch charging 薄层投料 // ~ calculus 分层结石 // ~ hematite ore 纹层状赤铁矿石

lamination 叠片；叠层涂膜；薄片；薄片

层理；薄层；层状；层片；层理；层合(法)；分层；成层；制造地形模型图；叶层；纹理；纹层理；纹层；铁芯片

laminiform 层形

→~ network 复合脉带

laminite 细复理岩；纹理岩；纹层岩

laminogram X 射线分层照片

laminoid 纹层状；类纹层

→~-fenestral fabric 纹层(-)窗状组构

laminwood 叠层木

lammerite 拉砷铜石[Cu$_3$(AsO$_4$)$_2$]

Lamna 鼠鲨属[K-Q]

lamp 电子管；光源；灯；照亮

→~ (bulb) 灯泡

lampadite 黑铜矿[CuO;单斜]；铜锰土 [MnO$_2$,含 4%~18%的 CuO]

lampan 地沟冲洗砂矿

lamp{jet;flame;carbon} black 炭黑

→~ cabin{house;room;station} (挂)矿灯灯房 // ~ {-}charging rack{(miner) lamp-charging rack} 矿灯充电架 // ~ {-}dish pebble 灯盏石

lamping (用)紫外线灯勘探荧光矿物

lamp key 安全矿灯保险门

→~ key lock 矿灯锁闩

lampman 管灯员；矿灯管理(员)

lamp radiation 灯辐射

→~-receiving room 收灯房[矿灯]

lamprey 七鳃鳗[脊;Q]；八目鳗

lamprite 辉闪矿物；陨磷铁矿[(Fe,Ni)$_3$P;四方]；陨碳铁矿[(Fe, Ni, Co)$_3$C;斜方]

lamprobolite 氧角闪石{含钛角闪石}；玄闪石 [(Ca,Na,K)$_{2-3}$(Mg,Fe^{3+},Al)$_5$((Si,Al)$_8$O$_{22}$)(O,OH)$_2$]

lamprofan 闪光矿{铅钙矾}[Pb,Mn,Mg, Ca 及 Na 的硫酸盐]

lamprophanite 闪光矿[Pb,Mn,Mg,Ca 及 Na 的硫酸盐]；铅钙矾[Pb,Mn,Mg,Ca 及 Na 的硫酸盐]；闪光石；珠光页石

lamprophyllite 闪叶矿[Na$_3$Sr$_2$Ti$_3$(SiO$_4$)$_4$(O, OH,F)$_2$;Na$_2$(Sr,Ba)$_2$Ti$_3$(SiO$_4$)$_4$(OH,F)$_2$;单斜]

→~-lujavrite 闪叶异霞正长岩

lamprophyre 煌斑岩

lamprophyric 煌斑岩的

→~ dike 煌斑岩墙 // ~ dike rock 煌斑脉岩

lamproschist 片状变质煌斑岩；煌斑片岩

lamprostibian 闪锑铁锰矿[Mn 及 Fe 的锑酸盐]；黑锑铁锰矿[(Mn,Fe)$_6$(SbO$_3$)$_2$O$_3$]

Lamprothamnium 丽枝藻属

Lamprotula 丽蚌(属)

lamp shell 腕足动物；穿孔贝类

→~ {light;wigwag} signal 灯光信号 // ~ tender 矿灯工

lampwick 灯芯

Lanarkia 椎鳞鱼(属)[S$_3$-D$_1$]

Lanarkian 拉纳克(阶)[欧;煤系分类;C$_3$]

lanarkite 黄铅矿[PbO•PbSO$_4$]；黄铅矾[Pb$_2$(SO$_4$)O;单斜]；氧铅矾

lancasterite 水碳镁矿；水菱镁矿[Mg$_5$(CO$_3$)$_4$(OH)$_2$•4H$_2$O;Mg$_4$(CO$_3$)$_3$(OH)$_2$•3H$_2$O]；羟碳镁石；霰石[蓝绿色;CaCO$_3$]；文石[CaCO$_3$;斜方]

Lancastrian 兰开`夏人{斯特王朝}(的)

lance (用)风枪吹除；固定泥心的铁杆[铸]；喷水器；喷枪；喷；喷杆；矛状器具；矛；吹氧管；下悬管；(用)金属杆清扫

→~ bar method 熔棒钻孔法 // ~-head (bar) screen 矛头式棒条筛

lancelet 文昌鱼(属)

Lanceolaria 矛蚌属[双壳;E-Q]

Lanceolites 针叶菊石属[头;T$_1$]

lance pipe 钻(杆)管

→~ point 钎子尖 // ~ port 吹风孔 // ~ system 矛式系统[一种新型射孔装置]

lancet 砂钩

→~ plate 板尖；剑板[棘海蕾]；尖板[棘]

lanciform 枪状的

→~ septa 矛状隔壁[珊]

lancing 切缝

land 登陆；着陆；降落；(刀刃的)厚度；国土；磨石沟槽间的平面；(刃棱)面；落座[罐笼]；齿承；卸下；向上掘进；接合区；土壤；土地；土；下放[入井内]；陷入[困境]

land (area) 陆地

→~(ing) 平台 // ~ (modification) 地形变化 // ~ accretion 上地围垦；围垦；填筑土地；填海造陆

landasphalt 地沥青

landauite 兰{蓝}道矿[NaMnZn$_2$(Ti,Fe^{3+})$_6$Ti$_{12}$O$_{38}$;单斜、假三方]

land-barometer 陆用气压计

land barrier 陆障；地障(说)

→~-based 设在陆上的；地面基地的；陆基的；以陆地为基地的 // ~-based drilling site 陆地井场

landblink{land blink} 陆映云光

land block 陆块

→~ boundary plan 土地界线图

landcreep 山崩；坍坡[工]

land creep 地潜移；地表蠕动

→~ degradation and desertification 土地退化和荒漠化

landed price 抵岸价格

Landenian 兰登(阶)[欧;E$_1$]

→~ Age 兰甸期

lander 司罐工；把钩工；罐座；罐托；着陆器；箕斗工；斜槽

→(top) ~ 吊桶工

landerite 蔷薇榴石[Ca$_3$Al$_2$(SiO$_4$)$_3$]

landes 荒地；低沙质平原[法;沿海]；荆棘地

landesite 基性磷锰铁石；褐磷锰铁矿 [(Mn,Mg)$_9$Fe$_3^{3+}$(PO$_4$)$_8$(OH)$_3$•9H$_2$O;斜方]

land{terrestrial;continental} facies 陆相

landfall 山崩；地滑；到达陆地；着陆；崩塌；初见陆地[水运]；土崩；塌坡；塌方

landfill 复田；填地；填土

→~ dumping 倾弃垃圾填地 // ~ for reclamation 围填利用[土地] // ~ waste disposal site 地下掩埋废物处理场

land fog 陆雾

→~ for crosshead 十字头填料压盖

landform 地形

→~ (topography) 地貌 // ~ element 地形要素 // ~ mapping 地文制图

land grading 平地

→~{continental} hemisphere 陆半球 // ~ holder 土地租用人 // ~ ice{floe} 陆冰

landing(-plate) 转车台；着地；罐笼层平盘；码头；联顶；运上地面的煤炭产量；矿井出车台；停车平台；井底；出车台；下降；下放；装卸台；梯台；井口[油]

landing (bottom) 井底车场；罐座

→(ladder) ~ 梯子平台 // ~ gear 起落架[of a plane] // ~ seat 承座 // ~ spool 两端带突缘连顶短管[也有一端为突缘一端为螺纹者] // ~ stage{place} 浮码头

land jobber 土皮捐客
→～ level(l)ing{grading} 土地平整//～-leveling 地面平整//～ liable to flood 淹没地区；漫滩

landline 地平线；陆上运输线；通讯线；运输线

landlocked 封闭的；陆地包围的
→～ embayment 闭塞潟湖//～{inland; closed;enclosed;interior; continental} sea 内海//～ sea 陆围海

landlord 房东

landman 测量员；石油公司和地主间关系协调人

landmark 界桩；地物；陆标；地面目标；风景点；名胜古迹；界标；里程碑
→～ (feature) 地标

landmarker 界石

landmark{prominent;terrain} feature 方位物

landmass 地块；陆块
→～ volume 流域体积

land on the slopes 坡地
→～ pebble 陆地磷灰岩砾//～-pebble phosphate 残余磷块岩砾；露砾磷矿//～ phosphate 磷块土；纤核磷灰石//～ plaster 石膏粉//～ reclamation 垦荒；采(矿)区复田{用}//～ rock 残余磷灰岩砾石

landsat 大陆卫星；陆地卫星

landsbergite 莫契兰斯伯矿；银汞矿[Ag₂Hg₃;等轴]；γ 银汞矿；丙银汞膏[CH₃CH₂CO₂H]

landscape 风景；地形；地景；自然景色；景色；景观
→～{forest} marble 树景大理岩

landscaping 环境美化

land scraper{grader;leveller} 平地机
→～-sea interface 陆海交界

landship 大型货运车

landside{back} slope 内坡

landslide 崩塌；滑坡；山崩；地滑；地崩；土崩；坍坡[工]
→～ fault 滑坡型断层//～ lake 山崩湖；地滑阻塞湖//～ of compound structural plane 复合结构面滑坡//～ temporal prediction 滑坡时间预测

land(-)slip 滑坡；山崩；地滑；地崩；崩塌；土崩；坍崩

land{mountain;solid} slip 地滑
→～{mountain} slip 滑坡

landslip preventive measures 防治滑坡措施
→～ preventive works 滑坡防治工程//～{landslide} terrace 滑坡阶地

land-smoothing machine 铲运机
→～ machine 平地机

land storage tank 地上油罐
→～ use for mining 采矿用地

landward 朝陆(的)；向陆(的)
→～ deposit 陆地矿床//～ side{landward-side} 向陆(地一)侧

landwash 高潮线；漫滩地

landwaste{land waste} 砂砾；风化石；岩屑

lane 巷；巷道；航线；航路；航道；弄堂；空中走廊；兰[导航、定位测量单位]；莱因；巷子；进路；(流的)狭窄地带；小巷；冰穴；通道；冰间水道；冰巷
→～ (traffic) 车道

laneite 黑钠闪石；亚铁韭闪质角闪石

lane letter{|set|identification} 巷号{|设定|识别}
→～ loss 丢失巷//～-route 海洋航线

langbanite 硅锑锰矿 [(Mn²⁺,Sb³⁺)₄(Mn⁴⁺, Fe³⁺,Mg)₃SiO₁₂(近似); (Mn²⁺,Ca)₄(Mn³⁺,Fe³⁺)₉ SbSi₂O₂₄;三方]；硅酸锰锑铁矿[Sb₂O₃•Fe₂O₃•SiO₂]

Langban-type 郎班型

langbeinite 无水钾(盐)镁矾[等轴;K₂SO₄•2MgSO₄;K₂Mg₂(SO₄)₃]

langeland 冰原；朗厄[兰哲]兰(岛)

langenkluft 纵节理[德]

Langhian-Early 早朗格阶[N₁]

Langhian-Late 晚朗格阶[N₁]

Langiella 朗吉藻(属)[蓝藻;D₂]

langisite 砷镍钴矿[(Co,Ni)As;六方]

langite 蓝铜矾[Cu₄(SO₄)(OH)₆•2H₂O;斜方]

langley 兰利{勒}[太阳辐射单位,Cal/cm²];郎勒

lang's{straight} lay 同向捻

langstaffite 粒硅镁石[(Mg,Fe²⁺)₅(SiO₄)₂(F,OH)₂;单斜]

langur 瘦猴[Q]；叶猴[Q]

Lang ware 郎窑
→～-ware-red{Langyao red} 郎窑红

Lanistes 恶煞螺属[腹;E-Q]

lanital 人造羊毛

lanmuchangite 铊明矾[TlAl(SO₄)₂•12H₂O]

lannonite 氟水铝镁钙矾[HCa₄Mg₂Al₄(SO₄)₈F₉•32H₂O]

lanolin 羊毛脂

lanostane 羊毛甾烷

lanostene 羊毛甾烯

lanosterine{lanosterol} 羊毛甾醇

lan-porphyry 铁碱粗面斑岩

lansfordite 五水碳镁石[MgCO₃•5H₂O;单斜]；多水菱镁石

lantadene 岩茨烯

L-antenna L 形天线

lantern 信号灯；挂灯；灯；泥芯架；油环；信号台；提灯
→(Aristotle's) ～ 亚里士多德提灯[棘海胆]//～ gland (泵轴填料密封)液封环

Lanternithus 小提灯石[钙超;E₂₋₃]

lantern-node 六射海绵骨针中央结[灯结]

lantern pinion 灯笼式小齿轮
→～ ring 泵密封环；离心泵保轴环；密封环[泵]

lanthana 氧化镧[La₂O₃]

lanthanide 镧(族元素)；镧石元素；稀土元素
→～ series 镧系

lanthanite 镧石[(La,Ce)₂(CO₃)•8H₂O]；碳镧石[(La,Ce)₂(CO₃)₃•8H₂O;斜方]
→～-(Ce) 碳铈石 [(Ce,La,Nd)₂(CO₃)₃•8H₂O]；碳钕石[(Nd,La)₂(CO₃)₃•8H₂O;斜方]//～-Nd 钕石

lanthanocerit 铈硅石[化学组成十分复杂,大致为 Ce₄(SiO₃)₃]

lanthanocerite 镧硅石；镧铈石

lanthanon 镧系

lanthan(i)um 镧
→～ flint glass 镧火石玻璃//～ ore 镧矿//～ tartrate 酒石酸镧[La₂(C₄H₄O₆)₃]//～ thallium graphite 石墨化铊镧

lanthinite 水斑铀矿[UO₂•5UO₃•10H₂O;斜方]；七水铀矿[2UO₂•7H₂O]

Lantschichites 兰栖溪蜒属[孔虫;P₁]

Lant Wells Rnuckle joint 兰伟型肘形接头[钻孔转向器]

lap 遮盖；互搭；山间凹地；山坳；折痕；包住；区间；抛光；磨光器；部分重叠；搭头；皱纹；用磨盘磨；研磨；余面；膝；重皮；覆盖；重叠部分；重叠；滚筒绳圈；磨盘[磨片{抛光}机]

laparite 钙拉帕兰石

lapa sêca 干岩[巴]

lapbelt 安全带

lapel microphone 小型话筒；佩带式话筒

laphamite 硒雌黄

lapiaz 灰岩溶沟；灰岩沟；溶槽；岩溶沟；岩沟；喀斯特沟

lapidarist 宝石专家

lapidary 宝石鉴识家；玉器匠；刻石工艺；宝石工(人)
→～ technology 宝石工艺学

lapidescent 像石头的[尤其像石碑的]

lapides idiomorphi{figurati} 形象石

lapidicolous animal 石栖动物

lapidification 石化作用；石化；岩化

lapidify 石化作用；(使)化为石；硬化

lapidis[sgl.lapis]{lapides} 青金石[(Na,Ca)₄₋₈(AlSiO₄)₆(SO₄,S,Cl)₁₋₂;(Na,Ca)₇₋₈(Al,Si)₁₂(O,S)₂₄(SO₄,Cl₂,(OH)₂);等轴]

lapidite 块熔凝灰岩

lapidofacies 成岩相

lapiè (石灰)岩沟

lapieite 硫锑镍铜矿[CuNiSbS₈]

lapies 灰岩溶沟；溶槽；岩沟；岩溶沟；喀斯特沟

lapiesation 灰岩溶沟化；灰岩沟化(作用)；溶沟化作用

lapiez 灰岩沟；岩溶沟

lapilli cone 火山砾锥
→～ mound 火山砾丘

lapillistone 火山砾岩

lapillo 火山砾状熔岩；砾状熔岩

lapillus[pl.-li] 火山砾；耳石；耳砂；位(觉)砂；位石；生于椭圆囊中的耳石；火山石；小耳石

lapis 灰岩溶沟；岩溶沟；喀斯特沟

(oriental) lapis{lapis{-}lazuli} 青金石

lapis lazuli 杂金青石；天青石[SrSO₄;斜方]；琉璃
→～-lazuli 琉璃璧；杂青金石；金精；玻璃璧//～ lazuli blue 天青石蓝//～-lazuri 天青石[SrSO₄;斜方]//～ micae aureus 云母片岩；金礞石//～ {-}ollaris 皂石 [(Ca½,Na)₀.₃₃(Mg,Fe²⁺)₃(Si,Al)₄O₁₀(OH)₂•4H₂O;单斜]//～ ollaris 壶石；块滑石[一种致密滑石,具辉石假象;Mg₃(Si₄O₁₀)(OH)₂;3MgO•4SiO₂•H₂O];不纯皂石//～-ollaris 壶石//～ pumicis 浮石//～ specularis{speculairs} 石膏[CaSO₄•2H₂O;单斜]

lap joint{seam} 搭接缝
→～-joint flange 搭接凸缘//～ joint stub end 翻边管弯头

Laplace azimuth 山拉普拉斯方位角
→～ operator 调和算子//～ tension stress Laplace 拉应力//～ transform 调和变换

Laplacian 调和算子

laplandite 硅钛铈钠石 [Na₄CeTiPSi₇O₂₂•5H₂O;斜方]

lap of splice 捻接长度

La Pointe picker 拉波安特型拣矿小型胶带输送机[用盖革缪勒管拣选放射性颗粒]；拉普安特放射性矿物拣选机

→～ Pointe process 拉普安特放射性矿物分选法[电子拣选]
laponite 锂皂石[$Na_{0.33}(Mg,Li)_3Si_4O_{10}(F,OH)_2$;单斜]；硅酸镁锂
lapout 超覆；侧向尖灭
lap-out map 不整合面之上盖层分布图
→～{worm's-eye;worms-eye} map 虫视图
lap over 过重叠
lappaceous 钩刺状的；芒刺状的
lapparentite 基性铝矾[$Al(SO_4)(OH)\cdot4\frac{1}{2}H_2O$]；羟铝矾[$Al_4(SO_4)(OH)_{10}\cdot5H_2O$;六方?]；斜方铝矾[$Al(SO_4)(OH)\cdot5H_2O$;斜方]；斜钠明矾[$NaAl(SO_4)_2\cdot6H_2O$;单斜]
lapped face 研磨(过的)表面
→～ finishing 研磨//～ shoulder 台肩端面挤入[钻杆接头上扣过紧,一个端面挤入另一端面]
lapper 舐食流体食物的人或动物;研磨机
lappet 侧突[腹]；侧垂部；小瓣
lapping 磨片；磨光；余面；擦准；研磨；精研
→～ (joint) 搭接；抛光//～ compound 研磨剂
lapplandite 拉普蓝德石
lapse 失效；失检；递减；偏离；垂直梯度；压降；(小)误差；温度下降；温度梯度；推移(作用)[时间]；下降[温度]
lap(-over){superimposed} seam 重叠煤层
lapse{declining;decline} rate 递减率
→～ rate 直减率
lap {-}weld 搭焊
Lapworthella 拉普沃思螺属[似软舌螺类;E_{1-2}]
laqueiform 拉库型腕环
Laqueus 拉库贝(属)[N-Q]
Laramide 拉密迈期
→～ deformation 拉腊来(运动引起的)变形//～ disturbance 拉密迈变动
larane 廿烷
laranskite 钇锆钽矿
lardalite 歪霞正长岩
larderellite 硼铵石[$(NH_4)_2B_{10}O_{16}\cdot5H_2O$;$(NH_4)B_5O_6(OH)_4$;单斜]
lard(er)ite 猪脂石；冻石[$Al_2(Si_4O_{10})(OH)_2$]；田黄；块滑石[一种致密滑石,具辉石假象;$Mg_3(Si_4O_{10})(OH)_2$;$3MgO\cdot4SiO_2\cdot H_2O$]；寿山石[叶蜡石的致密变种;$Al_2(Si_4O_{10})(OH)_2$]；冻蛋白石
lard stone 致密块状滑石
→～{pencil;bacon} stone 块滑石[一种致密滑石,具辉石假象;$Mg_3(Si_4O_{10})(OH)_2$;$3MgO\cdot4SiO_2\cdot H_2O$]
large 广博的[见解]
→～ capacity bin 大容积矿槽//～ (mining) operation 大型矿山//～ ore body 大矿体//～ riprap 大块乱石护面//～ size mine 大型矿山//～ slab 大石板//～ -tonnage mine 大型矿山
Laricoidites 拟落叶松粉(属)[孢;E_2-N_1]
laricophilous 落叶松上生的
larisaite 水硒铀钠石[$Na(H_3O)(UO_2)_3(SeO_3)_2O_2\cdot4H_2O$]
Larix 落叶松
lark 泥灰色
larkspur 石膏双晶；燕尾双晶
Larmor precession 拉莫尔旋进{进动}
→～ radii 拉摩{莫}半径
larnite β硅钙石；斜硅钙石[β-Ca_2SiO_4;单斜]；钙橄榄石[$(Mg,Ca,Mn)_2SiO_4$]
→～-merwinite facies 钙橄榄石镁蔷薇辉石相；斜硅钙石-镁蔷薇辉石相
larosite 拉罗矿；硫铋铅(银)铜矿[$(Cu,Ag)_{21}(Pb,Bi)_2S_{13}$]
larry 手推车；手车；电葫芦；拉车；灌薄浆；平板车；拌浆锄；摇车；薄浆；小车；矿车用推车；斗底车[装炼焦炉用]；称量车
→～ Car 活底车//～ car 底开式车
larsenite 硅铅锌矿[$PbZn(SiO_4)$;斜方]
Larsen's pile 拉森`型柱{简状抗弯}桩
larval dispersal 幼虫扩散{散布}
→～ stage 幼虫期
larvikite 歪碱正长岩
LASA 大孔径地震`台阵{检波组合}
las(s)allite 坡缕石
laser 激光；雷射；莱塞；激光器
→～ (beam) 激光//～ diffraction particle size instrument 激光衍射粒度分析仪//～ Doppler 激光多普勒测量系统//～ -fluorination isotope analysis 激光氟化同位素分析//～ induced inclusion damage 激光杂质损伤
lasering 产生激光的
laser line control 激光定向控制
Laserscan 莱塞扫描[激光滤波]
laser scanning 唱激光扫描；莱塞扫描[激光滤波]
→～ scattering 激光散射分析//～ spectral micro-zone analyzer 激光光谱微区分析仪//～ strain seismometer{seismo meter} 激光应变地震计
lasertripsy 激光碎石术
lash 连接；(在)运输上挂绕车链；绑紧；鞭梢；游隙[炮管内径和外径的差率]；责骂；空隙；齿隙；冲击
lasher 蓄水池；清石工；出渣{石}工；装矿工；拦河坝；放石工
→～-on (车辆)挂链工
lashing 清除岩石；挂结；出渣；井圈钉接板；向放矿道放石
→～ muck 出矿//～ period 扒装期//～ wire 绑缚线
lash method 震动法
Lasiodiscus 毛盘虫属[孔虫;C_2-P]
Lasiograptus 毛笔石属[O]
lasionite 银星石[$Al_3((OH,F)_3\cdot(PO_4)_2)\cdot5H_2O$;斜方]
lassallite 坡缕石[理想成分:$Mg_5Si_8O_{20}(OH)_2(H_2O)_4\cdot nH_2O$;$(Mg,Al)_2Si_4O_{10}(OH)\cdot4H_2O$;单斜、斜方]；甲坡缕石；拉石棉
lassenite 粗玻岩；英安玻璃
lasso 套索
lassolatite 硅华[$SiO_2\cdot nH_2O$]；绢蛋白石
last 最后的；最后；最近的；结局；维持；持久力；持久
→～ (time) 上次
lasting 耐久的；延长；稳定；持久的
→～ (long) 耐久//～ property 耐久(性)
last invoice cost method 最后进价法
→～ killing frost 终杀霜//～ lift 矿柱的最后采掘层；煤柱的最后采掘层//～ term 前期；末项//～ whorl 体环[腹]
lasur 石青{蓝铜矿}蓝铜矿[$Cu_3(CO_3)_2(OH)_2$;$2CuCO_3\cdot Cu(OH)_2$;单斜]
lasurapatite 青磷灰石
lasurfeldspath 蓝奥长石
lasurite 青金石；蓝铜矿[$Cu_3(CO_3)_2(OH)_2$;单斜]；石青[$2CuCO_3\cdot Cu(OH)_2$;$Cu_3(CO_3)_2(OH)_2$]
lasur-oligoclase 蓝奥长石
lasurquarz 蓝石英[SiO_2]
lasurstein 青金石[$(Na,Ca)_{4-8}(AlSiO_4)_6(SO_4,S,Cl)_{1-2}$;$(Na,Ca)_{7-8}(Al,Si)_{12}(O,S)_{24}(SO_4,Cl_2,(OH)_2)$;等轴]
latax 侧加速度
Lataxiena 獭螺属[腹;N-Q]
latch 闩；矿山测量；闩住；闩锁；栓锁器；掣子；掣爪；地下罗盘测链测量；插销；卡锁；碰锁；矿山罗盘；门闩；安全锁销；板条；止动销；闸闩；矿坑测量；凸轮；弹键；锁扣
latch (finger) 锁键；锁销
→～ catch 弹簧扣//～ circuit 自锁电路//～ dog 簧闩
latchdown 锁定
latch fitting 闩合件；闭合件；锁件
→～ handle pin 弹键柄销
latching 碰锁；闭锁；阻塞；封锁；系住；锁扣；锁住；锁定
→～ cam 自锁式凸轮//～ system 锁扣装置
latch on 闩上；扣好吊卡；扣上
→～ segment 锁紧块//～ type elevator 簧闩式吊卡//～-up protection 闭锁保护
Latdorfian 拉托尔夫(期)[欧;E_3]
late 前任的；近来；最近；新近的；迟的
→～ activity 晚发活动//～ arrival 后至[震波]//～ bearing prop 缓增阻支柱//～ Carboniferous epoch 晚石炭世//～ hanging 外挂石板瓦//～ magmatic differentiation-type mineral deposit 岩浆晚期分异型矿床
latent 潜在的；潜伏的
late Optimum 晚气候适宜期
→～ orogenic 晚造山期的//～-orogenic basin 造山晚期盆地//～ palaeozoic era 晚古生代[409～250Ma]
lateral 横向的；横的；巷道；歧管；测井梯度曲线；侧面的；侧部；脉外平巷；走向平巷；抗风支撑；侧片[生]
→～ drift 石巷；侧平巷//～{side} drift 横贯全矿的平巷//～ lobe{lamina} 侧叶[菊石]
laterally 横向地；横向；倾向地
→～ composite basin 横向复(合)盆地//～ heterogeneous Earth{laterally inhomogeneous Earth} 侧向非均质地球//～ loaded pile 侧向受荷桩
lateral margin 侧缘[腕]
→～ saddle 侧鞍[菊石]//～ search 侧向剖面法找矿
Latericriodus 侧贝牙形石属[S_3-D]
laterisation 砖红壤化
laterite 铝红土矿；砖红土；铁矾土[主要成分:一水硬铝石、三水铝石、一水软铝石,还有蛋白石、赤铁矿、高岭石等]；砖红壤
→～ (soil;clay) 红土[Fe_2O_3,含多量的泥和砂]//～ type iron ore 红土型铁矿石；红矿
lateritic 红土化
→～ ore 红矿//～ soils 红壤//～ type terrestrial facies ore 红壤型陆相矿石
lateritite 次生红土
lateritization 红土化
lateritoid 准红土；砖红壤状土壤；拟红壤；类红土；似红土
lateri(ti)zation 红土化；砖红壤化；红壤化
later(o)log 侧向测井

laterolog(-)8 八侧向测井

laterologging 横向测井[录]；侧向测井

late Stone Age 晚石器时代

latex [pl.latices;-es] 橡浆；乳状液；胶乳；乳胶液

lath 护井板桩；长而薄的结晶矿物；窄岩矿集合体；板(状)晶(体)；柱晶；板条[钙超]
→~ crib{frame} 护框；套框

lathe 车床
→~ bed 床身 // ~ carriage 车床拖板 // ~ operator{hand; work} 车工

lather 起泡沫；泡沫；肥皂泡
→~ work 车工工作

lathlike 板条状的[矿]；板晶状的

lath of tank furnace 窑池
→~ shaped 长板状 // ~-shaped 柱晶状的；板条状的[矿]；板晶的 // ~-shaped habit 板条状习性

latialite 蓝方石[[(Na,Ca)₄₋₈(AlSiO₄)₆(SO₄)₁₋₂; Na₂Ca₂(AlSiO₄)₆(SO₄)₂;(Na,Ca)₄₋₈Al₆Si₆(O,S)₂₄(SO₄,Cl)₁₋₂;等轴]

latiandesite 安粗安山岩

Latiaxis 侧轴螺属[腹;N-Q]

laticiferous 含胶乳的

latifoliate{latifolious} 阔叶的[植]

latilamina[pl.-e] 粗层[腔]；厚层

Latimeria 矛尾鱼属[Q]；拉蒂曼鱼属

latimurate 宽网脊[孢]

Latin 拉丁人{文}(的)
→~ hypercube sampling 拉丁超立方体抽样

lationite 银星石[Al₃((OH,F)₃•(PO₄)₂)•5H₂O;斜方]

latipinnati 宽鳍足型[鱼龙]

Latiplexus 宽褶贝属[腕;P₁]

Latirus 山黧豆螺属[E-Q]

Latisageceras 宽青菊石属[T₁]

latispinous 宽刺状

latite 安粗岩
→~ phonolite 二长安山响岩

latitude 纬度

latitudinal control hypothesis 纬度控制说
→~ direction 纬向 // ~ distribution 纬度分布 // ~ zone 纬度地带 // ~{transversal} zoning 横向分带

latiumite 硫硅碱钙石[(Ca,K)₈(Al,Mg,Fe)(Si,Al)₁₀O₂₅(SO₄);单斜]；硫硅石[K₂Ca₆(Si,Al)₁₁O₂₅(SO₄,CO₃)]

Latonotoechia 神房贝属[腕;D₁]

latosol 红化土类；砖红土；砖红壤
→(ferrallitic) ~ 砖红壤性土

Latosporites 横圆单缝孢属[C₂₋₃]

Latouchella 拉氏螺属[古腹足目?;∈]

latrappite 钙铬矿；铌钙钛矿[(Ca,Ce,Na)(Ti,Nb,Ta)O₃;(Ca,Na)(Nb,Ti,Fe)O₃;斜方]；钙钛铌矿

latrine cleaner 运出井下垃圾的工人

lattice node{point} 结点
→~ pore 网眼 // ~ resolution 格分辨率 // ~ truss 格构桁架 // ~ vibrational spectrum 晶格振动谱

latticework 网格；格子

Lattorfian 拉托尔夫(期)[欧;E₃]
→~ age 拉得菲期

latus[pl.latera] 侧；肋腹；弦[拉]

Latvia 拉脱维亚

laubanite 白沸石[Ca(Al₂Si₅O₁₄)•6H₂O];钠沸石[Na₂O•Al₂O₃•3SiO₂•2H₂O;斜方]

laubmannite 羟绿铁矿{劳磷铁矿}[Fe₃²⁺

Fe₆³⁺(PO₄)(OH)₁₂;斜方]；羟氯铁矿

lauchute 洗矿地沟；洗矿槽

Laue diagram{photograph} 劳厄图
→~ effect 劳氏效应 // ~ group 中心对称式点群

laueite 劳厄石；劳埃石[Mn²⁺Fe₂³⁺(PO₄)₂(OH)₂•8H₂O;三斜]

Laue method 劳埃法

laug 富氮泉

laughing gas 一氧化二氮

laumentite 硅灰铝矿

laumintite{laumonite} (红)浊沸石[CaO•Al₂O₃•4SiO₂•4H₂O;单斜]
→~-prehnite-quartz facies 浊沸石-葡萄石-石英相

launayite 劳硫锑铅矿

launch (a war) 掀动

launching (使飞机)升空；起飞；船用的；下水，激励
→~ barge 滑曳驳船

launch vehicle 运载火箭

launchway 下水(溜放)台

launder 溜槽选矿，盆；槽；流槽选矿；流槽，溜槽；冲洗槽；流水槽；洗；选煤槽；出钢槽；洗濯；洗熨；洗矿槽；桶
→~ (washer) 槽洗机 // ~-type table 溜槽型洗矿槽

laundry 洗衣(店)
→~ box 流洗槽 // ~ room 洗涤室

lauoho o pele 火山毛

Lauraceae 樟科；樟类

laurane 月桂烷

Laurasia 劳亚古大陆

laurate 月桂酸盐{酯}；月桂酸[C₁₁H₂₃COOH]

laurdalite 歪霞正长岩

laurel-green 浅绿色；浅橄榄绿色的

laurelite 氟铅石[Pb(F,Cl,OH)₂]

laurence 闪烁景；地烁

Laurencia 萝伦希亚；利心菜属[红藻]；凹顶藻(属)

laurene 月桂烯

Laurentia 劳伦古(大)陆

Laurentian 劳伦(群)[北美;An∈]

laurentian-Angara block 劳伦-安加拉地块

lauric acid 十二(烷)酸[C₁₁H₂₃COOH]；月桂酸[C₁₁H₂₃COOH]

laurionite 水氯铅矿；羟氯铅矿[PbCl(OH);斜方]

laurisilvae 阔叶林；阔叶(常绿)乔木群落

laurite 硫钌矿[RuS₂;等轴]；硫钌锇矿

lauroleic acid 月桂烯酸

Laurus 月桂属[植;K₂-Q]

laurus 月桂树

laurvikite 歪碱正长岩

lauryl- 月桂基；十二(烷)基[CH₃(CH₂)₁₀CH₂-]

lauryl amine 月桂胺

laurylamine hydrochloride 十二(烷)胺盐酸盐[CH₃(CH₂)₁₁NH₂•HCl;C₁₂H₂₅NH₂•HCl]；月桂胺盐酸盐

laurylene 十二烯；月桂萜烯

lauryl sodium sulfate 十二烷基硫酸钠

laurylsulfoacetate 十二烷基磺化乙酸酯[C₁₂H₂₅OOC•CH₂SO₃M]

lausenite 六水铁矾[Fe₂³⁺(SO₄)₃•6H₂O;单斜]

lautal 铜硅硬铝合金

lautarite 碘钙石[Ca(IO₃)₂;单斜]

lautite 辉砷铜矿[CuAsS;斜方]

lava 火山岩；火山石；熔岩流
→(flower-like) ~ 翻花熔岩球 // ~ ball 熔岩球 // ~ {blowing} cone 熔岩锥 // ~ drain channel 熔岩枯竭孔道 // ~ flow 岩流

laval 熔岩的；似熔岩般灼热的

lava{block} levee 熔岩堤
→~-like mud scream 熔岩状泥流河 // ~ {fire} pit 熔岩坑 // ~ plateau 熔岩台地；熔岩高原 // ~ scratch 熔岩擦沟 // ~ spring{fountain} 熔岩泉

lavatory 盥洗室；厕所；金矿洗选厂；清选厂

lava-tube cavern 熔岩隧洞

lava tumulus 熔岩鼓包
→~ wedge 楔状熔岩 // ~ with corded-folded surface 绳状熔岩 // ~ with fragmentary scoriae 块状熔岩

lavender 淡紫色；薰衣草
→~ blue 淡紫蓝色 // ~ grey glaze 粉青[陶]

lavendulan{lavendul(an)ite} 氯砷钠铜石[NaCaCu₅(AsO₄)₄Cl•5H₂O;斜方]；铜砷华；铜钴华[(Cu,Co,Ni)₃(AsO4)₂•2½-3H₂O(?)]

la(a)venite 钙钠锰锆石；钠锆矿；钠钙锆石[(Na,Ca)₃ZrSi₂O₇(O,OH,F)₂;单斜]；锆钽矿[(Mn₂,Zr,Ca₂,Na₄)O₂•(Si,Zr)O₂]；锆钠石

lavezstein 块滑石[一种致密滑石,具辉石假象;Mg₃(Si₄O₁₀)(OH)₂;3MgO•4SiO₂•H₂O];不纯皂石

lavialite 残拉闪玄岩；残拉角闪(质)岩；砾变岩

lav(at)ic 熔岩的

lavrentievite 氯溴硫汞矿-溴氯硫汞矿

lavroffite 钒透辉石；钒辉石[MgCa(Si₂O₆),含少量 V 和 Cr 的透辉石]

lavrovite 钒辉石[MgCa(Si₂O₆),含少量 V 和 Cr 的透辉石]；钒透辉石

law 定律；规则；规律性；规律；规程；法规；法则；法
→~ hatchet 拔钉斧

lawn 草坪；草地；细筛；细麻布

law of acceleration 加速定律
→~ of accordant junctions 河流协调交会定律 // ~ of Haüy 豪氏定律 // ~ of mining ground pressure distribution 矿山压力分布规律 // ~ of mining industry 矿业法 // ~ of partial pressure 分压定律 // ~ of refraction 斯涅耳定律[折射率]；折射率；折射定律 // ~ of strata identified by fossils 化石确定地层定律

lawrencite 陨氯铁[(Fe²⁺,Ni)Cl₂;三方]

lawrencium 铹

lawrovite{lawrowite} 钒透辉石；钒辉石[MgCa(Si₂O₆),含少量 V 和 Cr 的透辉石]

lawsonbauerite 羟锌锰矾 [(Mn,Mg)₅Zn₂(SO₄)(OH)₁₂•4H₂O;单斜]

lawsonite 硬柱石[CaAl₂(OH)₂(Si₂O₇)•H₂O;斜方]
→~-albite-chlorite facies 硬柱石-钠长石-绿泥石相 // ~-glaucophane-jadeite facies 硬柱石-蓝闪石-硬玉相

lawsuit 诉讼

Laxaspis 宽甲鱼属[D₁]

laxmannite (磷)铬铜铅矿[(Pb,Cu)₃((Cr,P)O₄)₂; Pb₂Cu(CrO₄)₂(PO₄)(OH);单斜]

Laxolithus 宽轭石[钙超;J₃-K]

lay 衬垫；混合草地[英]；地形；层；砌筑；编捻；铺设；铺；捻向；捻；拟定；

埋；轮作草地；岸边形态；摆；搓；提出；暂作牧场的可耕地

layback (定位)距离改正

lay barge 装管驳船
→~ {pipelaying} barge 铺管船

layer 列；吊管机；垫片；焊层；层；铺管机；排；敷设机；岩层；矿层；涂层；重

layered 层状的；层状；分层的；多层的
→~ basic intrusion 层状基性侵入岩体

layering 层理；似层理；分层；成层{分层}作用；多层；成层
→~ {stratification} effect 分层效应//~ firedamp 沼气层//~ of firedamp 瓦斯分层

layer stripping 地球揭层法；去除浅层(干扰)影响；剥层法
→~ {surface} stripping 剥离

lay in 贮藏
→~ in{up} 储存

laying 衬垫层；衬垫；砌筑；铺设；拟定；瞄准；布置
→~ caterpillar 铺管履带拖拉机；吊管机//~ of markstone 埋石

lay{maiden} land 处女地
→~ off 划分(坐标)；下料；停止[生产或运转]//~-off 解雇期//~ of land (the) land 地形//~ of rope 钢绳捻距

layout (map;plan) 布置图；设计图；总布置图；排列

layover 压倒；雷达图像位移{折叠}
→~ {overlay} tracing 煤层工作区摹图

lay{place;put} stress on 强调；着重；把重点放在；重视；注重
→~ time 装卸时间//~{pipe;slide} tongs 管钳//~-up 扭绞(电缆)；绞合；成层

lazarenkoite 砷钙复铁石

lazarenkonite 拉砷钙复铁石

lazarevicite 等轴砷硫铜矿

lazialite 蓝方石[(Na,Ca)$_{4-8}$(AlSiO)$_6$(SO$_4$)$_{1-2}$; Na$_6$Ca$_2$(AlSiO)$_6$(SO$_4$)$_2$;(Na,Ca)$_{4-8}$Al$_6$Si$_6$(O,S)$_{24}$(SO$_4$,Cl)$_{1-2}$;等轴]

lazionite 银星石[Al$_3$((OH,F)$_3$•(PO$_4$)$_2$)•5H$_2$O;斜方]

lazulite 大蓝石；天蓝石[MgAl$_2$(PO$_4$)$_2$(OH)$_2$;单斜]

lazulith 堇青石[Al$_3$(Mg,Fe^{2+})$_2$(Si$_5$AlO$_{18}$);Mg$_2$Al$_4$Si$_5$O$_{18}$;斜方]；天蓝石[MgAl$_2$(PO$_4$)$_2$(OH)$_2$;单斜]

lazur-apatite 青磷灰石

lazurfeldspar 蓝正长石；蓝奥长石；天蓝长石[奥长石变种]

lazurite 石青[2CuCO$_3$•Cu(OH)$_2$;Cu$_3$(CO$_3$)$_2$(OH)$_2$]；青金石[(Na,Ca)$_{4-8}$(AlSiO$_4$)$_6$(SO$_4$,S,Cl)$_{1-2}$;(Na,Ca)$_{7-8}$(Al,Si)$_{12}$(O,S)$_{24}$SO$_4$,Cl$_2$,(OH)$_2$];等轴]；蓝铜矿[Cu$_3$(CO$_3$)$_2$(OH)$_2$;单斜]；天青石[SrSO$_4$;斜方]

lazur-oligoclase 蓝奥长石；天蓝长石[奥长石变种]

lazy balk{girder} 悬梁
→~ balk 吊梁；斗仓挡车梁[防车坠入]

L-bar{-beam} 角钢

LCDC 土地保护和开发委员会

L-configuration L构形

ld.lmt 负荷极限

LDR 低井斜角范围[0°～45°]

lea 混合草地[英]；草地；牧场；轮作草地；暂作牧场的可耕地

leach(ing) 淋滤；浸出；(用)水漂；溶浸；滤；浸滤作用；沥滤器；冲洗土壤中的盐碱
→~ (out) 淋溶

leach analyses{analysis} 滤液分析
→~ and CIL tank 浸出槽和碳浸槽

leachate 滤液；淋溶液；淋出液；沥滤液

leached capping (gossan) 铁帽[Fe$_2$O$_3$•nH$_2$O]
→~ horizon{layer} 淋滤层；淋溶层//~ mud 浸出泥渣//~ soil 淋余土；淋滤土//~ zone 溶滤带

leach{solution} hole 溶洞
→~ {swallet;swallow} hole 落水洞

leaching 溶析；溶浸；浸滤作用；滤取；滤浸(法)；沥取(法)；沥滤(法)；浸沥；溶滤
→~ deposit 淋滤矿床；淋积矿床//~ in dumps 矿堆浸出//~ in place (在)矿体内沥滤；原地溶浸；就地沥滤//~ of pyritic cinder 黄铁矿烧渣浸出//~ type uranium deposit 淋积型铀矿

leach-IX-flotation process 溶浸-离子交换-浮选联合法；沥滤离子交换浮选联合法

leach mineral 溶滤矿物
→~ out 溶去//~ pile 沥滤法回收矿物堆//~-precipitate-float 沥滤-沉淀-浮选联合法[选铜]//~-precipitation-flotation process 浸出-沉淀-浮选法

leachwater 溶滤水；淋滤水

lead 超前；导脉；领先的；引水渠；电线；电缆；诱导；(铁路)岔心至岔尖的距离；被铅覆盖住；前置(量)；铅制品；铅锤；铅；砂矿；标志；导前；导管；导程；螺距；富金砂矿(短程运输道)；矿脉；用铅包；引线；引导；传爆元件[军]；通道；重要的；通向；通路；短程运输道；引出线；水道[冰间]

(black) lead 石墨[六方、三方]；自然铅[Pb;等轴]；时间超前

lead accumulator{lead-acid cell} 铅蓄电池
→~-activated zinc dust 铅活化锌屑

leadamalgam 汞铅矿[Pb$_{0.7}$Hg$_{0.3}$]；二铅汞矿

lead angle 前置角；导前角
→~ annealing 铅浴退火//~ antimonate 水锑铅矿[Pb$_2$Sb$_2$O$_6$ (O,OH);等轴]//~-antimony concentrate 铅锑精矿//~ antimony manganese zircon-titanate ceramics 锑锰锆钛酸铅陶瓷//~ arsenate 砷酸铅；砷铅矿[Pb$_5$(AsO$_4$)$_3$Cl]//~ autunite 铅铀云母[Pb(UO$_2$)$_2$(PO$_4$)$_2$•4H$_2$O; 斜方]//~ barylite 硅铍铅矿//~ barysilite 硅铅矿[Pb$_3$(Si$_2$O$_7$)]//~ (-)becquerelite{lead becquerelite} 铅深黄铀矿[PbU$_6$O$_{13}$•11H$_2$O]

Lead-Belt screen 理特拜尔特型筛

lead blade (of bit) (钻头的)导向刀具
→~ block 导块//~ carbolate 石炭酸铅//~ chlorocarbonate 角铅矿[Pb$_2$(CO$_3$)Cl$_2$;四方]//~ concentrate 铅精矿//~-copper ore beneficiation plant 铅铜矿(精)选厂

leaded 含铅的
→~ gasoline 加铅汽油

leaden 铅色；铅灰色

lead equivalent 铅当量

leader 沉箱导靴；沉筒鞋{靴}[在流砂或砂砾中凿井用]；首项；引导；主机；领导人；导向；导(向)杆；排水管；钻工长；支矿脉；小矿脉；污水槽

leaderstone{leader stone} 脉壁泥；断层泥

leader stroke 导流闪击

lead ethyl xanthate 乙(基)黄(原)酸铅[(C$_2$H$_5$OCSS)$_2$Pb]
→~ feldspar 铅长石//~ formate 甲

酸铅[Pb(CHO$_2$)$_2$]//~ gasket 铅垫片//~ glance 方铅矿[PbS;等轴]

leadhillite 硫碳铅石[Pb$_4$(SO$_4$)(CO$_3$)$_2$(OH)$_2$;单斜]；羟碳铅矾；硫碳铅矿；碳铅矾

leadhole 导孔

leadhydroxyapatite 羟磷铅矿[Pb$_2$Pb$_3$(PO$_4$)$_3$(OH)]

lead hydroxyapatite 羟磷氯铅矿

leading 轴承间隙检验法；首位的；第一流的；铅皮；导向的；导前；龙头；主要的；主导的；引导的
→~ miner 矿山领班长；矿工工长//~{Hercules} stone 磁石//~{lode;Hercules} stone 极磁铁矿[Fe$_3$O$_4$]

lead{draw} into 引入
→~-isotope{lead-lead} age 铅铅年龄

leadless piezoelectric ceramics 无铅压电陶瓷

lead line 铅线[铅中毒的一种症状]；出油管；井下器具起下钢绳；从井口至计量罐的管线；集油罐的管线
→~ litharge 正方铅矿//~ marcasite 闪锌矿[ZnS;(Zn,Fe)S;等轴]//~ ore 铅矿石//~ ore{mine} 铅矿//~ oxychloroiodide 氯碘铅矿//~ parkerite 派克铅矿；β硫铅镍矿//~-parkerite 乙硫铅镍矿[Ni$_3$Pb$_2$S$_2$]

(cap) leads 脚线

lead safety plug 铅安全塞

leads assembly 引线组件

lead scavenger cells 铅扫选槽

leadsman 测声者；掷锤人

lead spar 白铅矿[PbCO$_3$;斜方]
→~ sulphatocarbonate 黄铅矿[PbO•PbSO$_4$]；黄铅矾[Pb$_2$(SO$_4$)O;单斜]//~ sulphide 硫化铅；方铅矿[PbS;等轴]//~ survey plug 铅水准标石；(测)铅熔塞//~ telluride 碲铅矿[PbTe;等轴]

Leadville-type ore deposit 利德维尔式矿床

lead vitriol{spar} 铅矾{硫酸铅矿}[Pb(SO$_4$);斜方]
→~ water 前导水[注水泥浆之前的清水]//~ water structure 导水结构//~ white 铅白色

leadworks 铅矿熔炼工厂

lead-zinc{zinc-lead} (ore) deposit 铅锌矿床
→~-manganese mine 铅锌锰矿//~ ore{mine} 铅锌矿

leaf 簧片；薄片；瞄准尺；叶；页；箔；小轮齿；叶片
→~ by leaf injection 层层注入//~{lamellar;shaly} coal 页状煤//~ coal 纸煤//~ gold 叶金

leaflet 小叶片

leaflike structure 叶状结构

leaf margin 叶缘[植]
→~ of grab 抓斗爪//~ peat 叶泥炭//~{paper} peat 页状泥炭//~ prints 叶印痕

leafs of grab 抓斗爪片

leaf spot 叶斑；叶斑病
→~ spring 弹簧片//~-spring 簧片；汽车钢板//~ thickener 叶式浓缩机//~ thorn 叶刺[植]

leafy 叶状的；叶状；多叶的
→~ shoot 叶状枝

league 社团；里格[≈3km]；范畴；结盟；同盟

Leahy screen 里欧型筛；理海型筛

Leaiidae 李氏叶肢介科

Leaiina 李氏叶肢介亚[D-T]

leak 渗漏；渗过；散逸；漏洞；漏水；裂孔；漏出物；泄

leak (electricity) 漏电
→[of a secret,fluid or gas] ～ 泄漏//～(off) 漏气

leakage 漏出；渗漏；泄漏；漏失量；漏气；漏电；流失；越流；漏出物；泄水；漏[水、电、气]
→～ alarm system for pipeline 管线泄漏报警系统//～ manifestation 漏泄(性)显示//～ noise 漏泄噪声；直达干扰//～rate 漏风率//～ stopping 充填堵漏

leakance 电漏；渗泄电导；渗漏系数；越流系数；漏泄；渗漏性
→～ {infiltration;filtration;permeability;osmosis;osmotic;seepage;transmission} coefficient 渗透系数

leak and lose 漏失
→～ clamp 堵漏卡箍[管道用]//～ detector 燃料元件破裂检测器；测漏仪//～ detector{tester} 检漏器

leaked fossil 渗漏化石
→～ silt 流失泥沙

leak finding{detection} 查漏
→～-free 无泄漏的//～ in cycle 循环中的泄漏

leaking 耗散；漏泄；漏失
→～ mode 波能漏失//～{leakage} recharge 越流补给//～ tuyere 漏气风口

leak in the casing 套管渗漏
→～ location 漏泄位置//～ off 泄气//～ off connection 放泄接头//～-off pipe 泄流管//～ out 漏风[消息、秘密等]

leakproof seal 防漏密封

leak resistance 漏电阻；泄放电阻
→～ resistance{protection} 防漏

leaky 透水；渗漏的；漏的；能透过的
→～ antenna 裂缝天线//～ artesian aquifer 越流性自流含水层//～ feeder cable 泄漏馈线电缆//～ layer 渗漏层；越流层

leam 光泽；沼泽地排水

lean (使)倾斜；瘦的；倾向；低品位的；低品位；贫砂浆；贫矿石；贫矿；贫乏的；贫；偏斜；偏向；偏曲；依赖；靠；斜坡
→～ concentrate 贫精矿

leaning stope-sets system 横撑支架采矿法；倾斜框架采矿法
→～-stope(-sets) system 急倾斜薄矿脉横撑支架采矿{开采}法//～ wheel grader 斜轮式平路机

lean{coarse} lode 贫矿脉
→～ lode 贫脉//～ material 矸石；沥滤物料；选矿后的废石；瘠料//～{nonore} material 废石

leanness 贫乏

lean oil 脱去轻馏分的油
→～ ore{material} 贫矿//～ protore 贫原生矿

leap 变位；变动；矿脉错断；飞跃；移动；位移；突变；跳跃；跳动；断层；错断[岩层]
→～ (forward) 跃进

leapfrogging 勘探；间断勘探
→～ sediment distribution 蛙跃式沉积分布

leap-frog{stepping} method 跳点法

leap {-}frog support system 跳蛙式支架系统

leaping divide 分水界移动；速移的分水岭
→～ motion 跳跃运动

leap ore 贫锡矿
→～ year 闰年

lease 生产活动地点；采油租地；租约；租借地；租借；租地；油矿矿场租地；租；石油设备与设施；出租
→～ automatic-custody transfer 矿场自动接受、取样、计量、转输系统//～ automatic custody transfer system 矿场自动交接系统//～ boss 矿区采油领班//～ condensate 伴生气凝析油；矿场气凝析油//～ crude{oil} 矿产原油；当地原油

leasehold 租赁契约；租地；租借地；借地权

lease holder 租地人；租借人
→～ hound 租赁契约；租得油矿者；油矿商人//～-storage system 油矿储油系统

least compact arrangement 最疏排列

leastone{lea stone} 层状砂岩

least permeable medium 低渗透介质
//～ quantity of rock power 最低岩粉用量//～ significant character 能低有效位组//～ significant difference 最低有效位差//～ significant end 最有效末端

leath 矿脉的松软部分

leatherette 人造皮革；人造革

leather hose 皮软管
→～ hydraulic packing 皮质液压盘根

leathering 皮制密封填料

leather-like mat 皮革状垫层

leatheroid 绝缘纸皮；薄钢纸；人造革；勒塞洛伊德[一种绝缘纸皮的商标名]；纸皮

leather packing collar 皮垫圈

leatherstone 石棉；紧密石棉

leather valve ring 皮制阀圈{环}
→～ washer 皮垫圈

Leathesia 黏膜藻属[褐藻]

leavage domain 劈理域

leave 动身；撤离；放置；离开；准假；离去；遗忘；撤走；经过；许可；留下；委托；脱离；假期
→～ leaven 发酵剂；发酵

leave out 漏掉
→[of a ship] ～ port 出口

leaving 保留；剩余物；残渣；离开；渣屑；留下；尾矿
→～ momentum 输出动量//～ point 离路辙尖

leavings 屑

Lebanon 黎巴嫩

Lebensbild 生活复现

Lebensraum 活动空间

lebensraum[pl.-e] 分布区域；生存{活}空间[德;指国土以外可控制的领土和属地]

lebensspur[德;pl.-en] 生痕；遗迹化石；生物遗迹

leberblende 肝锌矿[Zn(S,As)]；杂肝锌矿；块闪锌矿[闪锌矿与纤铁矿共生呈条带状;ZnS]

lebereisenerz 肝黄铁矿

leberkies 白铁矿[FeS$_2$;斜方;德]
→～ {magnetkies} 磁黄铁矿[Fe$_{1-x}$S(x=0~0.17);单斜、六方;德]

leberopal 肝蛋白石[为呈淡灰褐色的结核状蛋白石;SiO$_2$·nH$_2$O]

leberstein 肝臭重晶石[德]

Lebetoceras 基底角石属[头;O$_1$]

Lecalia 莱氏棒石[钙超;Q]

lech 拱顶石

lechatelierite 焦石英[SiO$_2$;非晶质]

Le Chatelier-Morin process 勒夏特列-莫林(碱石灰烧结)法
→～ Chatelier's rule 勒沙特列定律

lechedor 含银石盐；银钠盐

lechosos opal 好色蛋白石[乳蛋白石墨西哥名]

lecithin(e) 卵磷脂[C$_{42}$H$_{84}$O$_9$PN]

lecithotrophic larva 卵养幼虫

leck 石状黏土；硬黏土；致密黏土

lecontite 钠铵矾[Na(NH$_4$,K)SO$_4$·2H$_2$O;斜方]

Lecq decking system 莱丘式装罐系统

lectoparatype 副模标本[古]；副选型{模}

lectostratotype 选定标准地层剖面；选层型(地层)

ledaloyl 铅石墨含油合金

ledeburite 莱氏体；杂砷锌钙铁矿

ledererite 钠菱沸石[(Na$_2$,Ca)(Al$_2$Si$_4$O$_{12}$)·6H$_2$O(近似,含少量 K);六方]；异极沸石

lederite 褐榍石；钠菱沸石[(Na$_2$,Ca)(Al$_2$Si$_4$O$_{12}$)·6H$_2$O(近似,含少量 K);六方]；榍石[CaTiSiO$_5$;CaO·TiO$_2$·SiO$_2$;单斜]

ledex 步进器

ledge 基岩；水下岩脊；石滩；石梁；生长阶(梯)；浅滩；棚；壁架；岸礁；根底；矿脉露头；矿脉；岩崖；岩架；岩脊潮间礁；岩礁群；近岸岩礁；凸耳；齿脊；架；岩(石)礁；台阶；台肩[井筒内的]；突出部[牙石]
→～ excavation 岩面开挖//～ finder 表土层；钻探装置//～{overlap;related;single-lap} joint 搭接

ledgeman 采石场劈槽{缝}工

ledger 垫衬物；横木；分类账；注册；卧木；围栏顶上板条；矿脉底部
→(general) ～ 总账//～ (wall) 底板

ledge{drowned} reef 暗礁[水下的礁石]
→～ rock 真底岩；突出岩架；矿层露头

Ledian 列德期；莱第(阶)[欧;E$_2$]

ledikite 伊利石[K$_{0.75}$(Al$_{1.75}$R)(Si$_{3.5}$Al$_{0.5}$O$_{10}$)(OH)$_2$(理想组成),式中 R 为二价金属阳离子,主要为 Mg^{2+}、Fe^{2+}等]

ledmorite 榴霞正长岩

Ledoides 类绫衣蛤属[双壳;T$_3$]

ledouxite 杂砷铜矿[以 Cu$_6$As 为主与 Cu,Cu$_6$As,Cu$_3$As 等的混合物]

Leduc{Righi-leduc} effect 里伊勒杜克效应

Leecyaena 李鬣狗属[N-Q]

leedsite 杂重晶石[含石膏的混杂物;BaSO$_4$]

lee{wind-shadow} dune 风影沙丘
→～ {downstream} face 下游面//～ face{side} 背风面；背流面

leegte 空虚
→～ (laagte) 宽平谷地

leek 石状黏土

leelite 肉红正长岩；正长石[K(AlSi$_3$O$_8$);(K,Na)AlSi$_3$O$_8$;单斜]；正长岩[肉红]

Leella 李氏蜓属[孔虫;P$_1$]

Lee Norse miner 利诺斯型巷道掘进机
→～-Norse miner 李-诺斯采煤机//～ partitioning method 李氏分割法

leesbergite 杂碳钙菱镁矿

lee-side 蔽面；背风面；背冰川面；下风舷
→～ flow 背风流

leeuwfonteinite 歪长闪正长岩；歪(长棕)闪正长岩

leeward 背流{浪}(面)的；背冰川(面)的；(在)下风处的
→～ (side) 背风面//～ reef 背坡礁//～{lee} slope 背风坡

leeway 时间损失；(船等)横漂；落后；风压[船在进行中被吹向下风]；安全界限
→～ angle 漂角

lefkasbestos 纤蛇纹石石棉；纤蛇纹石[温石棉;$Mg_6(Si_4O_{10})(OH)_8$]

left 左边；左
→～ averted photography 左偏离摄影术 //～-handed crystal 左(旋)晶 //～-handed form 左形 //～-hand edge 西图廓；左图廓//～ {-}handed quartz 左旋石英[水晶]

lefthand{left-hand} string 反扣钻柱

left {-}hand thread 左旋螺纹
→～-hand threaded nut 左旋螺母 //～-lateral ridge-ridge{|arc} transform fault 左旋脊-脊[弧]转换断层 //～-mantle lobe 左外套叶[双壳] //～-normal-slip fault 左滑正断层 //～ ore slab 护顶矿层 //～ parenthesis 左括号 //～ regular lay 左拧逆绞(的)[绳股左绞,股丝右绞]

lefts-and-rights 巷道细部测量左右垂距(法)

left shift 左移
→～-skewed distribution 左偏斜分布

leg 巷道立柱；巴掌；从大石块中楔出的石头；棚子支柱；侧边[三角形]；侧；杆；大腿[井架]；轮掌；支线；支路；圆材；相位[地震记录]；床脚；引线；腿；脚；铁芯[变压器]
→～ {branch} 翼[褶皱] //～ (member) 支柱；柱

legal 合法的；法定的
→～ entity 企业法人 //～ geology 法权地质学

legalize 认证

legal management of mining 矿管
→～ personality 法人资格 //～ value 法定值

legend 说明书；插图说明；符号表；图例
→～ of symbols 图标符号

leggy 长尾巴；多相位(的)；拖尾巴的[震波]

legitimate (被)允许的；合法的；正规的
→～ float 主流浮层 //～ income 正当收益 //～ name 合法学名[生物命名法]

leg of derrick 钻塔腿

legrandite 水羟砷锌石 $[Zn_2(AsO_4)(OH)•H_2O;$单斜$]$

Leguatia 勒氏鸟属[Q]

Leguminocythereis 豆艳花介属$[E_2-Q]$

Leguminosae 豆科植物类

Leguminosites 似豆属[Q]

legumocopalite 黄透脂石；琥珀$[C_{20}H_{32}O]$

leg well cluster 腿柱井组[海上钻井]

lehiite{lehiuite;lehiüite} 磷钙碱铝石$[(Na, K)_2Ca_5Al_8(PO_4)_8(OH)_{12}•6H_2O]$；白磷碱铝石

lehm 黄土；壤土

lehmanite 糟化石

lehmannite 铬铅矿$[PbCrO_4;$单斜$]$

Lehmann's through theory 莱曼盆地理论
→～ trough theory 雷曼盆地理论

lehnerite 板磷铁矿$[(Fe^{2+},Mg,Mn)_3(PO_4)_2•4H_2O,$单斜$;Fe_3(PO_4)_2•4H_2O]$

lehrbachite 硒铅汞矿；杂硒铅汞矿

lehrzolite 异剥古铜橄榄岩

lehuntite 钠沸石$[Na_2O•Al_2O_3•3SiO_2•2H_2O;$斜方$]$

leidleite 安山质松脂岩

leidyite 脂壳石$[Fe^{2+},Mg$ 及 Ca 的铝硅酸盐$]$

leifite 白针柱石$[Na_2(AlSi_4O_{10})F;Na_2(Si,Al,$
$Be)_7(O,OH,F)_{14};$三方$]$

leightonite 钾钙铜矾$[K_2Ca_2Cu(SO_4)_4•2H_2O;$三斜$]$

Leioarachnitum 光面橄榄藻属$[O_1-D]$

Leioclema 光枝苔藓虫属$[O-P]$

Leiofusa 梭形孢属[疑;O-S]

Leiophyllites 光叶菊属[头;T_{1-2}]

Leioproductus 光秃长身贝属$[腕;D_3]$

Leiopsophosphaera 光球藻属$[Pt-Є]$

Leiorhynchus 滑嘴贝(属)[腕;D]

Leiosphaeridia{Leiosphaeridium} 光面球藻属$[E_3]$

Leiostegiacea 光盖虫超科[三叶]

Leiovalia 光卵藻属$[E_3]$

leisingite 水碲镁铜石$[Cu(Mg,Cu,Fe,Zn)_2Te^{6+}O_6•6H_2O]$

leisure 闲暇；悠闲地；空闲的；休闲

leiteite 勒特砷锌矿；亚砷锌石$[ZnAs_2O_4;$单斜$]$

Lejeunia 莱氏藻属$[K_2-E]$

L'ekanite 莱钍钠硅石

lekolith 熔岩碟

Lemanea 鱼子菜属[红藻;R]

lemanite 铬铅矿$[PbCrO_4;$单斜$]$

lemanskiite 四方氯砷钠铜石$[NaCaCu_5(AsO_4)_4Cl•5H_2O]$

lembergite 水绿皂石；含水霞石[合成]；绿蒙脱石$[Na_{0.33}(Mg,Fe)_3(Al_{0.33}Si_{3.67}O_{10})(OH)_2•4H_2O]$；绿胶岭石；铁绿皂石

Lemberg's reaction 林贝格反应
→～ solution 林贝格液

lemery 硫酸钾

lemma[pl.-ta] 鞘皮(草壳的)；引理；助定理；预备定理

lemmaphylladiene 伏石蕨二烯

lemmleinite 硅钛铌钾矿$[NaK_2(Ti,Nb)_2Si_4O_{12}(O,OH)_2•H_2O]$

Lemna 浮萍属$[E_3-Q]$

Lemnaceae 浮萍科

lemnasite 钠磷锰矿$[(Na,Mn^{2+},Fe^{3+})PO_4]$

lemon 柠檬色；柠檬
→～-yellow 柠檬色

lemoynite 水钠(钙)锆石$[(Na,K)_2CaZr_2Si_{10}O_{26}•(5～6)H_2O;$单斜$]$

Lemur 狐猴

Lemuria 狐猴；利莫里亚[传说中沉入印度洋海底的一块大陆]；莱默里亚大陆；幽灵洲
→～ continent 列牟利亚大陆

Lemurid 狐猴类

Lemuridea 狐猴科

Lemuroidea 狐猴亚目

lenad 似长石类

lenaite 莱硫铁银矿$[AgFeS_2]$

Lenatheca 勒拿螺属[软舌螺纲;Є-O]

lencheon 薄岩石突出层；岩中突出层

Lencones 四海绵亚目

lend money 借贷
→～ money on interest 附息贷款 //～ money on usury 高利贷款

lendofelic 似长多长石类

lenetic 静水群落的

lenfelic 似长石类

lengaite 杂碱方解岩

lengenbachite 辉砷银铅矿$[Pb_6(Ag,Cu)_2As_4S_{13};$单斜$]$；林根巴矿

length 长度；长；节段；节；持续时间
→～ between perpendiculars 垂直线间的距离 //～ breadth ratio 长宽比 //～ capacity and weight 度量衡

lengthen 变长；拉长；延长；放长

lengthening 伸长；接长；加长
→～ days 渐长日 //～ piece 延接段[钢轨、管子、钎子等]

length extension vibration mode 长度伸缩振动模式
→～ height ratio 长高比 //～ of back 两中段水平间矿脉斜高 //～ of feed 给进长度 //～ of run 进尺 //～ of slope 斜坡长度 //～ of travel 推进距离

lengthwise 沿走向；纵向
→～ {longitudinal;profile} section 纵截面 //～ {profile;vertical} section 纵剖面

Lenian 勒拿(阶)[俄;$Є_1$]

leningradite 彼得格勒石$[PbCu_3(VO_4)_2Cl_2]$

Lennard-Jones potential 伦纳德-琼斯势

lenneporphyry 角斑岩

lennilenapeite 淡硬绿泥石$[K_{6～7}(Mg,Mn,Fe^{2+},Fe^{3+},Zn)_{48}(Si,Al)_{72}(O,OH)_{10}•16H_2O]$

lennilite 绿正长石；绿色长石[正长岩的一种变种;$K(AlSi_3O_8)]$；蛭石[绝热材料;$(Mg,Ca)_{0.3-0.45}(H_2O)_n((Mg,Fe_3,Al)_3((Si,Al)_4O_{12})(OH)_2);(Mg,Fe,Al)_3((Si,Al)_4O_{10})•4H_2O;$单斜$]$

Lennoxian system 连诺克系

lenoblite 蓝水钒石；二水钒石$[V_2O_4•2H_2O]$

Lenodus 利诺牙形石属$[O_{1-2}]$

lenrohydrodialeima 光面水下(作用形成的)不整合

lens 扁豆状体；扁豆体；镜头；镜片；凸镜体；透镜体；透镜
→(hand) ～ 放大镜 //～-ground joint 透镜型接地接头

lensing 地层逐渐变薄；变薄；扁平矿体；扁豆状的；扁豆状；扁豆体化；透镜状；尖灭；透镜体化

lens-like 透镜状

lens(o)meter 焦度计

lensoid 似透镜状
→～ body 扁豆状体；透镜状体

lens out 散焦；地层变薄
→～ {wedge;play} out 尖灭 //～-shaped 扁豆状的；透镜状的 //～ stereoscope 透镜式立体镜 //～ tube 物镜镜管；透镜镜管

lentalite 豆铜矿$[Cu_2Al(AsO_4)(OH)_4•4H_2O]$

lentic 静水的

lenticel 皮孔

lentic environment 静止水环境

lenticular 扁豆状的；扁豆状；透镜状(的)；饼状的；凸镜状
→～ body 透镜体 //～ ore 扁豆状矿

lenticulated 扁豆状的；透镜状的

lenticulation 双凸透镜形成；透镜光栅(膜制造方法)

lenticule 小岩饼；小透镜状层；小扁豆体

Lenticulina 扁豆虫属；突镜虫属；凸镜虫属$[T-Q]$

lenticulite 豆状岩

lentil 地层单位；股；岩饼；小扁头层(体)；小扁豆层；透镜体
→～-headed screw 扁头螺钉 //～-ore 豆铜矿$[Cu_2Al(AsO_4)(OH)_4•4H_2O]$

lentine 间苯二胺

Lentinus 香菇属[真菌]

lento-capillary point 微管力迟滞点；毛管(水迟)滞点

lentoid 扁豆状的；透镜状的

lentulite 豆铜矿$[Cu_2Al(AsO_4)(OH)_4•4H_2O]$

Lentzites 革裥菌属[真菌;Q]

lenzin{lenzinite} 埃洛石[优质埃洛石(多水高岭石),$Al_2O_3•2SiO_2•4H_2O$;二水埃洛石 $Al_2(Si_2O_5)(OH)_4•1~2H_2O$;$Al_2Si_2O_5(OH)_4$;单斜]

Leo 狮子座

leobenite 绿钙铁矿[Fe 和 Ca 的磷酸盐]

leogangite 水羟硫砷铜石 $[Cu_{10}(AsO_4)_4(SO_4)(OH)_6•8H_2O]$

Leo Minor 小狮座

Leonardian 累纳德统;伦纳德(统)[北美;P_1]

　　→～ age 列欧那期// ～ Series 伦纳德统

leonardite 风化褐煤

Leonardophyllum 伦纳德珊瑚属[P_1]

Leonard stage 伦纳德阶[美;P_2]

Leonaspis 狮头虫(属)[三叶;$S-D_1$]

leonhardite 四水泻盐 [$MgSO_4•4H_2O$;单斜];黄浊沸石[$CaAl_2Si_4O_{12}•4H_2O$;黄粒浊沸石]

leonhardtite 四水泻盐[$MgSO_4•4H_2O$;单斜]

Leonil C ×润湿剂[月桂醇聚乙二醇醚;$C_{12}H_{25}(OCH_2CH_2)_nOH$]

　　→～ FFO ×润湿剂[己基/庚基-β-萘酚聚乙二醇醚; R-$C_{10}H_6$ $(OCH_2CH_2)_nOH$, (R=C_6H_{13}-及 C_7H_{15}-)]//～ O ×润湿剂 [油醇、十六烷醇聚乙二醇醚;R($OCH_2CH_2)_n$ OH,(R=$C_{18}H_{33}$-及 $C_{16}H_{33}$-)]

(magnesium) leonite 钾镁矾[$K_2Mg(SO_4)_2•4H_2O$;单斜]

leopardite 斑带石英斑岩

leopard limestone 豹皮灰岩

　　→～ rocks 豹斑岩类

Leopard Skin 金钱豹石

leopoldite 钾盐[KCl];钾石盐[KCl;等轴]

Leoville chondrite 利奥维尔球粒陨石

lep 地蜡[C_nH_{2n+2}]

Lepas 茗荷儿(属)[节;N_2-Q]

Lepeophyllum 鳞片叶属[P_2]

Leperditella 小豆豆介属[O-D]

Leperditia 豆石介(属)[$O-D_1$]

Leperditicopida 豆足类{目}[介];豆石介目[生]

leperditiid 豆石类的[介]

lepersonn(e)ite 莱普生石[$CaO•(Gd,Dy)_2O_3•24UO_3•8CO_2•4SiO_2•60H_2O$];莱普生(铀矿)

lepidine 对甲基吡啶[$C_{10}H_9N$]

Lepidium 独行菜属

　　→～ apetalum 独行菜// ～ mentanum 胡椒草/～ virginicum 琴叶独行菜

lepidoblastic 鳞片变晶(状的)[结构]

Lepidobothrodendron 鳞窝木属[C_{1-2}]

Lepidocarpaceae 鳞籽类;鳞果科

lepidocrocite{lepidocrokite} 纤铁矿[FeO(OH);斜方]

Lepidocystis 鳞海林檎

Lepidodendrales 鳞目类;鳞木目

Lepidodendron 鳞木

Lepidodendropsis 拟鳞木属[D_2-C_1];类鳞木

Lepidodesma 美带蚌属[双壳;E-Q]

lepidokrocite 纤铁矿[FeO(OH);斜方]

lepidolamprite 辉锑锡铅矿[$Pb_5Sn_3Sb_2S_{14}$;三斜]

Lepidolina 鳞蜓属[孔虫;P]

lepidolite 红云母;锂云母[$K(Li,Al)_3(Si,Al)_4O_{10}(F,OH)_2$;单斜];锂铍石[$Li_2BeSiO_4$;单斜];鳞云母;钾云母[$KAl_2(AlSi_3O_{10})(OH)_2$]

lepidomelane 铁鳞云母 [$K_2(Fe^{3+},Fe^{2+},Mg)_{4~6}(Si,Al,Fe^{3+})_8O_{20}(OH)_4$];铁锂云母 [$KLiFe^{2+}Al(AlSi_3)O_{10}(F,OH)_2$;单斜];铁黑

云母

lepidomorium 鳞粒

lepidomorphite 多硅白云母[$K(Al,Mg)_2((Al,Si)_4O_{10})(OH)_2$]

lepidophacite 水铜锰土

lepidopha(e)ite 水铜锰土;铜锰土[MnO_2,含 4%～18%的 CuO]

Lepidophloios 鳞皮木(属)[C]

Lepidophylium 鳞叶

Lepidophyta 石松植物门;鳞木植物门

lepidophyte 鳞片植物;鳞痕

lepidophytotelinite 鳞木结构凝胶{镜质}体

lepidoptera 鳞翅目[昆;J-Q]

Lepidopteris 鳞羊齿(属);瘤皮羊齿属[T_3-J_1];鳞蕨

Lepidorthis 鳞正形贝(属)[腕;O_1]

Lepidosauria 鳞龙类;鳞龙亚纲[爬];有鳞类

Lepidosigillaria 鳞封印木属[D_3]

Lepidosiren 南美肺鱼(属)[Q]

lepidosome 鳞片状

Lepidosteus 雀鳝属[Q]

Lepidostrobophyllum 鳞孢叶(属)[C_1-P_2]

Lepidostrobus 鳞穗果属;鳞木穗;鳞孢穗(属)[类][D_3-P_2]

Lepidotes 鳞齿鱼属[J-K]

Lepidotus 皮齿鱼;鳞齿鱼属[J-K]

Lepidozonotriletes 棒球环孢属[C]

Lepiota 环柄菇属[Q];小伞菌属

Lepismatina 叠鳞贝属[腕;P];鱼鳞贝(属)[腕;C-P]

Lepisocyclina 鳞环虫属[孔虫;E_2-N_1]

Lepisosteus 雀鳝属[Q]

lepisphere 鳞球[岩];(硅质)微晶球体

lepkhenelmite-(Zn) 水硅铌钛锌钡石[$Ba_2Zn(Ti,Nb)_4(Si_4O_{12})_2(O, OH)_4•7H_2O$]

Lepocinclis 鳞孔藻属;眼孔藻属[Q]

lepolite 钙长石[$Ca(Al_2Si_2O_8)$;三斜;符号 An]

Lepospondyli 环椎目[两栖];空椎目[两栖;Pz]

leptaden 勒坡它登[化]

Leptaena 薄皱贝(属)[腕;O_2-S]

Leptaenopyxis 皱箱贝(属)[腕;D_1]

Leptagonia 薄角贝属[腕;C_1]

Leptauchenia 小岳兽属[E_3]

Leptella 小薄贝[腕;O_1]

Leptellina 准小薄贝属[腕;O_1]

Leptelloidea 似小薄贝属[腕;O_2-S]

Leptesthes 沙泥蚬属[双壳;K_2]

Lepticids 小古猬属[K_2-E]

lept(yn)ite 变粒岩[长石+石英＞98%,长石多于石英,黑云母、角闪石等极少]

Leptobos 羚羊

leptocercal{leaf} tail 叶尾

　　→～{pointed} tail 尖尾

Leptochirognathus 纤掌颚牙形石属[O_2]

leptochlorite 鳞绿泥石

Leptochondria 弱海扇属[双壳;T]

leptoclase 微小裂隙

Leptocoelia 薄腔贝属[腕;D_{1-2}]

Leptoconcha 丽壳介属[E_1]

Leptocycas 纤苏铁属[古植;T_3]

Leptocythere 细花介属[E_3-Q]

Leptodinium 细沟藻属[J_3-N]

Leptodus 蕉叶贝;蕉叶贝属[P]

leptogeosynclinal deposit 地槽薄堆积物

　　→～ facies 瘦地槽相、薄地槽相

leptogeosyncline 瘦地槽;薄地槽

Leptograptidae 薄笔石类;纤笔石目

Leptograptus 薄笔石;纤笔石(属)[O_{2-3}]

leptokurtic 尖峰度的

　　→～ distribution 尖峰态分布

Leptolegnia 细囊霉属[真菌]

Leptolepites 薄囊蕨孢属[J-E];莱蕨孢属

Leptolepis 薄鳞鱼属[J_3];美鳞鱼属

Leptolimnadia 细渔乡叶肢介属[K]

leptoma 外壁薄区[孢]

Leptomeryx 美鼷鹿属[E_3]

leptometer 比黏计

Leptomitella 小细丝海绵属[∈]

Leptomitus 水节霉属[真菌;Q];细丝海绵属[∈]

leptomorphic 他形的

lepton 轻子

leptonematite 褐锰矿 [$Mn^{2+}Mn_2^{3+}SiO_{12}$;$Mn^{2+}Mn^{4+}O_3;3Mn_2O_3•Mn_2SiO_3$;四方];布劳陨铁;硬锰矿[$mMnO•MnO_2•nH_2O$]

leptonemerz[德] β 恩苏铁矿;硬锰矿[$mMnO•MnO_2•nH_2O$]

　　→～{graues manganerz} 软锰矿[MnO_2;隐晶、四方;德]

Leptophloeum 薄皮木(属)[D_3]

Leptoplastus 小塑造虫属[三叶;$∈_3-O_1$]

Leptosporangiatae 薄囊蕨亚纲[古植]

Leptostraca 薄甲目[软甲]

Leptostrophia 薄扭形贝(属)[腕];薄扭贝属[$S-D_1$]

leptothermal 中热带与浅热带之间的矿床

　　→～ deposit 薄热液矿床;亚中温热液矿床

Leptotrichomaria 细毛藻属[Z]

Leptotrypella 小薄层苔藓虫(属)[D]

leptynolite 片状角岩

Lepus 野兔;兔{兎}(属)[Q];兔;天兔座

Lepyrisporites 壳环孢属[P_1]

lerbachite 杂硒铅汞矿;硒铅汞矿

Lermontovaephycus 莱蒙托娃藻属[Z]

Lermontovia 莱蒙托娃虫属[三叶;$∈_1$]

lermontovite 水铈铀磷钙石[$(U,Ca,TR)_3(PO_4)_4•6H_2O$];稀土磷铀矿[$(U,Ca,Ce)_3(PO_4)•6H_2O?$]

lernatite 勒尔拿托型陨石

lernilith 蛭石[绝热材料;$(Mg,Ca)_{0.3~0.45}(H_2O)_n(Mg,Fe_3,Al)_3((Si,Al)_4O_{12})(OH)_2$;(Mg,Fe,Al)$_3((Si,Al)_4O_{10})•4H_2O$;单斜]

Leschiksporis 卜缝孢属[T_3]

lessbergite 杂碳钙菱镁矿

lessee 受让人;租户;租矿采油商;租借人;被授予者;承租人

lesser denticle 小锯齿[牙石]

　　→～ panda 小熊猫属[Q]//～ petrosal nerve 岩小神经[解]

less-grand 次大的

lessingite 铯钇硅灰石;钙硅铈石[$Ca_2Ce_4Si_3O_{13}(OH)_2$];钙硅铈镧矿;钙硅镧铟矿

lessive 白浆土;淋洗土(壤)

lessor 出租人

less oxidizing condition 低氧化条件

　　→～ than 小于 // ～-than-consolidated mud 不很固结的泥//～ than or equal to 小于或等于

leste 累斯太风[北非一种干热风];乐斯特风

Lestodon 掠齿懒兽属[Q]

Lesueurilla 列索螺属[O]

lesukite 羟氯铝矾[$Al_2(OH)_5Cl•2H_2O$]

leszaterjeryte 焦石英[SiO_2;非晶质]

letalis[pl.-e] 致死

letdown 排出；减低；碎块自然下降[地层中]；松弛

lethargy 衰减系数；勒[对数能量损失]

let-into 柱窝

let{leave} out 漏
→~ out 排放；泄//~ out screw 下钻[顿钻]

letovicite 基性铵矾[(NH₄)₃H(SO₄)₂]；氢铵矾[(NH₄)₃H(SO₄)₂;单斜]

lettering guide 字模
→~ model 字体模片

letter of advice 通知书
//~ of assurance{guarantee} 保证书//~ of authority 授权书//~ of credit 信用证

let the secret out 露底
→~ the tools swing 钻具放入孔内后关闭钻孔

lettsomite 绒铜矾[Cu₄Al₂(SO)₄(OH)₁₂•2H₂O;斜方]

lettuces 莴苣；石莼

leucanterite 淡铁矾

leucargyrite 银黝铜矿[(Ag,Cu,Fe,Zn)₁₂(Sb,As)₄S₁₃;(Ag,Cr,Fe)₁₂(Sb,As)₄S₁₃;等轴]

leuc(o)augite 白辉石[Ca(Mg,Al)(Si,Al)SiO₆]

leuchtenbergite 淡绿泥石；叶绿泥石
→~{mauleonite} 淡斜绿泥石[(Mg,Al)₆((Si,Al)₄O₁₀)(OH)₈]

leucine 白氨酸；亮氨酸；异己氨酸[(CH₃)₂CHCH₂CH(NH₂)CO₂H]

Leuciscus 雅罗鱼属[E-Q]

leucite 十字石[FeAl₄(SiO₄)₂O₂(OH)₂;(Fe,Mg,Zn)₂Al₉(Si,Al)₄O₂₂(OH)₂;斜方]；白铳石；白榴石[K(AlSi₂O₆);四方]
→~ basanite 白榴碧玄武岩//~ kentallenite 白榴橄榄二长岩

leucitite 白榴岩；白榴石岩

leucitoeder 白榴石晶面体

leucitohedron 四角三八面体；白榴石体；偏方三八面体

leucitoid 四角三八面体；似白榴岩

leucitolith 白榴石岩；纯白榴岩

leucitonephelinite 白榴霞石

leucitophyre 白榴斑岩

leuco-alteration 淡色蚀变

leucoaugite 淡辉石

leucochal(c)ite 丝砷铜矿[Cu₃(AsO₄)₂•5H₂O]；针砷铜矿；毛铜矿{橄榄铜矿}[Cu₂(AsO₄)(OH);斜方]

leucocidin 杀白细胞素

leucocrate 浅色岩
→~ (rock) 淡色岩

leucocratic 淡色的岩；淡色的；淡色
→~ rock 浅色岩

leucocyclite 白鱼眼石

leucocyte 白细胞；白血球

leucodiorite 淡闪长岩

leucofanite 白铍石[(Ca,Na)₂BeSi₂(O,F,OH)₇;三斜、假斜方]

leucogabbroid 淡色似辉长岩

leucogarnet 白榴石[K(AlSi₂O₆);四方]；淡钙铝榴石[K(AlSi₂O₆)]；淡钙铝榴石

leucoglaucite 淡绿矾[HFe³⁺(SO₄)₂•2H₂O]；针钠铁矾[Na₃Fe³⁺(SO₄)₄•3H₂O;三方]

leucogranat 淡钙铝榴石

leucogranite 淡花岗岩

leucogranodiorite-pegmatite 淡色花岗闪长伟晶岩

leucogranulite{leucolept(yn)ite} 浅粒岩

[长石+石英>98%,石英多于长石]

leucoleucitite 淡色白榴岩{石}

leucolite 黄玉[Al₂(SiO₄)(OH,F);斜方]；白榴石[K(AlSi₂O₆);四方]；淡色岩；钙钠柱石；针柱石[钠柱石-钙柱石类质同象系列的中间成员；Ma₈₀Me₂₀-Ma₅₀Me₅₀;(100-n)Na₄(AlS₃O₈)₃Cl•nCa₄(Al₂Si₂O₈)₃(SO₄,CO₃)]

leucolith 淡色岩

leucoma 白斑

leucomanganite 磷钙锰石[Ca₂(Mn,Fe)(PO₄)₂•2H₂O;三斜]

leucomiharaitic 淡英苏玄质

leucon(oid) 复沟型[绵]

leuconephelinite 淡霞岩

Leuconia 白海绵(属)[J-Q]

leuconoid 白型

leucopetrite 蜡褐煤

leucophane 淡色闪石；白铍石[(Ca,Na)₂BeSi₂(O,F,OH)₇;三斜、假斜方]

leucophanite 白铍石[(Ca,Na)₂BeSi₂(O,F,OH)₇;三斜、假斜方]；淡色闪石

leuco(s)phenite 硼钡钠钛石

leucophite 白环蛇纹岩

leucopho(e)nicite 水硅锰矿[(Mn,Zn,Ca)₇(SiO₄)₃(OH)₂]；羟硅石；淡硅锰石[Mn₇(SiO₄)₃(OH)₂;单斜]；水硅锰石；淡硅锰矿

leucophonolite 淡色响岩

leucophosphite 羟{淡}磷钾铁矿[KFe³⁺(PO₄)₂(OH)•2H₂O]；淡磷铵铁矿[(K,NH₄)Fe³⁺(PO₄)₂(OH)•2H₂O]

leucophyllite 淡云母[K₂(Mg,Al)₄₋₅((Al,Si)₈O₂₀)(OH)₄(近似)]

leucophyre 淡色斑岩；槽化辉绿岩

leucophyride 浅色斑状火成岩[野外用语]

leucophyrite 浅色斑岩

leucop(e)trin 蜡褐煤

leucopyrite 低砷铁矿

leucosapphire 蓝宝石[Al₂O₃]

leuco-sodaclase-tonalite 淡色钠长英闪岩

Leucosolenia 白枝海绵(属)

leucosome 浅色体；淡色体[混合岩中]；淡色部分

leucosphenite 白钛石[CaTi(SiO₄)O]；淡钡钛石[BaSi₄O₉•2Na₂(Ti,Zr)Si₃O₉;BaNa₄Ti₂B₂Si₁₀O₃₀;单斜]

leucostine 响岩及苦橄粗面岩、安山岩的旧称

leucostite 安山岩、粗面岩等的旧称

leucotile 白发石；纤蛇纹石[温石棉;Mg₆(Si₄O₁₀)(OH)₈]；温石棉[Mg₆(Si₄O₁₀)(OH)₈]

leucoxene 白榍石；白钛石[CaTi(SiO₄)O]；锐钛矿[TiO₂;四方]；榍石[CaTiSiO₅;CaO•TiO₂•SiO₂;单斜]；金红石[TiO₂;四方]

leucoxides 白氧化物类

leucyl 白{亮}氨酰(基)[(CH₃)₂CHCH₂CH(NH₂)CO−]

leucylglycine 白氨酰乙氨酸

leukanterite 淡铁矾

leukargyrite 银黝铜矿[(Ag,Cu,Fe,Zn)₁₂(Sb,As)₄S₁₃;(Ag,Cr,Fe)₁₂(Sb,As)₄S₁₃;等轴]

leukasbest{lefkasbest} [德] 温石棉{纤蛇纹石}[Mg₆(Si₄O₁₀)(OH)₈]

leukaugit 白辉石[Ca(Mg,Al)(Si,Al)SiO₆]

leukemia 白血病

leukochalcit 橄榄铜矿[Cu₂(AsO₄)(OH);斜方]

leukocyklit 白鱼眼石

leukoglaucit 针钠铁矾[Na₃Fe³⁺(SO₄)₃•3H₂O;三方]

leukogranat 淡钙铝榴石

leukolith 黄玉[Al₂(SiO₄)(OH,F)₂;斜方]；白榴石[K(AlSi₂O₆);四方]；钙钠柱石；针柱石[钠柱石-钙柱石类质同象系列的中间成员;Ma₈₀Me₂₀-Ma₅₀Me₅₀;(100-n)Na₄(AlS₃O₈)₃Cl•nCa₄(Al₂Si₂O₈)₃(SO₄,CO₃)]

leukomanganit 磷钙锰石[Ca₂(Mn,Fe)(PO₄)₂•2H₂O;三斜]

leukopetrin{leukopetrit} 蜡褐煤

leukophan 白铍石[(Ca,Na)₂BeSi₂(O,F,OH)₇;三斜、假斜方]

leukophlogit 硫方英石

leukopho(e)nicit{leukophonizit} 水硅锰矿[(Mn,Zn,Ca)₇(SiO₄)₃(OH)₂]；淡硅锰石[Mn₇(SiO₄)₃(OH)₂;单斜]

leukophosphit 羟磷钾铁矿；淡磷钾铁矿[KFe³⁺(PO₄)₂(OH)•2H₂O]

leukophyllit 淡云母

leukosaphir 无色刚玉

leukosphenit 硼钡钠钛石；淡钡钛石[BaSi₄O₉•2Na₂(Ti,Zr)Si₃O₉;BaNa₄Ti₂B₂Si₁₀O₃₀;单斜]

leukotil 白发石；纤蛇纹石[温石棉;Mg₆(Si₄O₁₀)(OH)₈]；温石棉[Mg₆(Si₄O₁₀)(OH)₈]

leukoxen 白钛石[CaTi(SiO₄)O]；锐钛矿[TiO₂;四方]；金红石[TiO₂;四方]；榍石[CaTiSiO₅;CaO•TiO₂•SiO₂;单斜]

leukoxyklit 白鱼眼石

leuna gas 液化丙烷
→~ saltpetre 混酸铵[肥料]；路那硝

leurodiscontinuity 具有规则面的不整合

Leuroestheria 平饰叶肢介属[节;K₁]

leuttrite 泥质灰岩

leuzit 白榴石[K(AlSi₂O₆);四方]

levant(er) 累基特风[地中海上的强烈东风]

l(l)evante 利凡底风；累基特风[地中海上的强烈东风]

Levantinian 莱万丁(期)[黑海里海区;晚 N₂]

levator 伸足肌；提肌
→~ fossa 举穴//~ muscle of mandible 大颚提肌

leveche 累韦{拉维}切风[欧南部焚风]

levee 河岸堤防；熔岩堤；人工堤坝；堤防；堤；码头；防水堤坝；防火堤；防波堤；天然冲击堤
→~ (bank) 天然堤(岸)//~ (natural) 自然堤

leveed bank 淤填沙滩
→~ channel 堤成谷

levee lake 天然堤湖
→~ ridge 地上河

level 调平；阶段；中段；水准器；水准测量；水平线；水平的；水平；使均衡；生产层位；(钢)轨；层位；层面；层；测斜仪；等位的；测平；平坦的；能级；操纵杆；笔直的；高度；主平巷；电平[功率]；整平；磁路；均匀的；相等的；程度；级

leveling base 水准基点
→~ board 水平板

level(l)ing-off{equilibration;equilibrium} temperature 平衡温度
→~{immobile} temperature 稳定温度//~ temperature 趋于平衡{稳定}的温度

level(l)ing{station} pole 测量标杆
→~{hand} press 压平器//~ rod 水平尺//~ screw 安平螺旋

level life 阶段开采年限；水平开采年限

levelling 抄平；场地平整；取平；均化；测平；平衡；调平
→~ current 水平流//~{leveling} screw

脚螺旋// ～ staff 水准标杆// ～ -up 整平

level{bench;datum} mark 水准点
→ ～ mark 高程点// ～ marks on column 柱上的水准点标志

levelness 水平度

level off 扒平；夷平
→ ～ seam 水平矿脉

Levenea 兰婉贝属[腕;S-D₂]；李婉贝

lever 手把；杠杆；(用)杆(操纵)；杆；柄
→ ～ (on a machine) 扳手// ～ arm{area} 杠杆臂// ～ arm 杆臂// ～ {hand}-feed core drill 手把给进岩芯钻机

leverman 制动工

lever of crane 起重机臂
→ ～ -operated slidegate 杠杆操纵滑动闸门

leverrierite 伊利石[K₀.₇₅(Al₁.₇₅R)(Si₃.₅Al₀.₅ O₁₀)(OH)₂(理想组成),式中 R 为二价金属阳离子,主要为 Mg²⁺、Fe²⁺等];晶蛭石{云母}

lever scales 杆秤
→ ～ shaft 曲柄轴

Levibiseptum 光滑双板贝属[腕;D₂]

Leviconcha 光褶蛤属[双壳;T]

levicor 重酒石酸间羟胺

levigate 洗矿

levigation 水中细磨；水磨；悬浮分级；粉碎；研磨；细矿末沉积淘选[空气或水中];澄清

leviglianite 锌黑辰砂[(Hg,Zn)S]

levine 插晶菱沸石 [NaCa₃(Al₇Si₁₁O₃₆)• 15H₂O;(Ca,Na₂,K₂)₃Al₆ Si₁₂O₃₆•18H₂O;三方]

levitated body 悬浮体
→ ～ sphere 悬浮(空心)球

levo 左旋

l(a)evogyrate{l(a)evogyration;levorotatary} 左旋

levogyric 左旋的

l(a)evorotatory 左旋物；左旋的
→ ～ {left-handed} crystal 左旋晶体// ～ quartz 左旋石英[水晶]

levyclaudite 列维矿[Pb₈Sn₇Cu₃(Bi,Sb)₃S₂₈]

levyite{levy(i)ne;levynite} 插晶菱沸石 [NaCa₃(Al₇Si₁₁O₃₆)•15H₂O;(Ca,Na₂,K₂)₃Al₆ Si₁₂O₃₆•18H₂O;三方]

Lewatit (C) 羧酸阳离子交换树脂
→ ～ KSN 磺化聚苯乙烯阳离子交换树脂// ～ M1 弱碱性阴离子交换树脂// ～ PN{KS;DN} 磺酚阴离子交换树脂

lewis 吊楔；地脚螺栓；起重爪

Lewisian 刘易斯组[苏格;AnЄ]；刘易斯(群)[英;AnЄ]
→ ～ group 刘易斯群// ～ system 雷威西系

lewisite 钛锑钙(石) [(Ca,Fe²⁺,Na)₂(Sb,Ti)₂O₇; 等轴];锑钛烧绿石[(Ca,Fe,Na)₂(Sb,Ti)₂O₇]

Lewistonian 刘易斯顿(阶)[美;S₂]

Lewistownella 刘易斯牙形石属[C]

lexicon 地层典；词典；语汇；专门词汇

ley 混合草地[英]；轮作草地；暂作牧场的可耕地

leydyit 脂壳石[Fe²⁺,Mg 及 Ca 的铝硅酸盐]

Leyner 雷诺型架式风钻

leyner{pyramid;angled;conical;cone;diamond; german} cut 锥形掏槽

Lg-wave 长地面波[包括瑞利波和乐甫波];短周期地面导波

LHD{load-haul-dump} unit 铲运机；装运卸机

lherzolite 铬尖晶石[(Mg,Fe)O•(Al,Cr)₂O₃]

LHS 拉丁超立方体抽样

LHW 低高潮

Li 锂

liability 负债；倾向性；债务；不利条件；责任；义务
→ ～ for acceptance 承兑责任

Liagora 粉枝藻属[红藻;Q]

liaison 联络

Li-amphibole 锂闪石 [Li₃Mg₅Fe²⁺₋₂ Fe₂³⁺ Al₂(Si₄O₁₁)₄(OH)₄;Li₂(Mg,Fe²⁺)₃Al₂Si₈O₂₂ (OH)₂;斜方]

liana 藤本植物

liandratite 铌钽铀矿[U⁶⁺(Nb,Ta)₂O₈;六方]

Liangshanophyllum 梁山珊瑚属[P]

Lianhuashanolepis 莲花山鱼属[D₁]

Liaoningaspis 辽宁虫属[三叶;Є₃]

Liao porcelain 辽瓷
→ ～ trichrometic decoration{Liao tricolor} 辽三彩

Liaoyangaspis 辽阳虫属[三叶;Є₂]

liardite 冻蛋白石

lias 泥质灰岩

liber 韧皮部[植]

liberal 开通

liberated gangue 解离脉
→ ～ gas 释放气[气测]// ～ mineral 单体矿物；已解离矿物

liberation 释放；释(放)出；游离；单体分离；矿物释出；逸出；放出；解离；解放；析出
→ ～ coefficient of diamond 金刚石解离系数// ～ grind 磨矿粒度

liberator 解放者

liberite 锂铁石；锂铍石[单斜;Li₂BeSiO₄; Li(BeSiO₄)];锂矿床

liberty 自由；扁叶石松；特许

libethenite (羟)磷铜矿[Cu₂(PO₄)(OH);Cu₃ (PO₄)₂Cu(OH)₂;斜方]

libido 冲动

lib(yan)ite 焦石英[SiO₂;非晶质]

library 数据库；藏书；丛书；库[计]
→ (program;bank) ～ 程序库// ～ of routine 程序库// ～ routine 库存(例行)程序

libration 摆动；平衡
→ ～ in latitude 纬天平动// ～ in longitude 经天平动

[of the moon] librations 天平动

librations in latitude 纬平动
→ ～ in longitude 经平动

libriform 韧形的[木纤维]

librigena[pl.-e] 自由颊；活动颊[三叶]

lice 薄层砂

licence 执照；特许；许可证；许可；准许
→ (special) ～ 特许证// ～ block 许可证区块

licensed engineer 有开业执照的工程师
→ ～ {permissible} speed 许可速度

licenser{licensor} 发许可证者

licentious 风流

Licharewia 李恰列夫贝属[腕;P]

Licharewiella 小李恰列夫贝属[腕;P₁]

Lichas 裂肋虫(属)[三叶;O₃-S₂]

lichen 石发；石耳；地衣；苔藓

Lichenaria 利亨珊瑚属[O₁₋₂]；里亨珊瑚；利亨珊瑚

Lichenes 地衣(门)[真菌类,与藻类共生;Q]

Lichengia 黎城虫属[三叶;Є₃]

lichenology 地衣学；青苔类植物学

lichenometry 地衣测年(法)

lichenophagous 食地衣的

lichen{native} vegetation 地方植被

lichida 裂肋虫目[三叶]

Licmophora 扇杆藻属；楔形藻属[C]

Licnograptus 风扇笔石属[O₁]

licorinine 石蒜晶碱

lid 顶梁；顶垫；顶点；顶；囊(孔)盖[钙超];木顶梁；木垫；木衬板；帽；盖子；盖；制止；罩；温度逆增的顶点；凸缘；铁矿开采区的顶板；铁矿开采区的顶板；口盖[几丁]
→ (cap) ～ 短顶支

liddicoatite 钙锂电气石 [Ca(Li,Al)₃Al₆ (BO₃)₃Si₆O₁₈(O,OH,F)₄;三方]；莱迪科矿

lido 离岸坝；海滨浴场；浴滩；潟湖前沙滩[意]

lie 谎话；撒谎；地势倾向；地面坡度；岔道[铁道]；旁道；状态；存在；展现；矿脉走向；矿脉方向线路；位置；躺

Lie algebra 李氏代数；李代数

liear ramp 线性斜坡

Liebea 李氏蛤属[双壳;C-P]

liebenbergite 镍镁橄榄石；镍橄榄石[(Ni, Mg)₂SiO₄;斜方]

liebenerite 白霞石；蚀霞石块云母

liebethenite 磷铜矿[Cu₂(PO₄)(OH);Cu₃(PO₄)₂ Cu(OH)₂;斜方]

liebigite 核菱铀钙石[Ca₂(CO₃)₄•10H₂O];菱铀钙石[Ca₂U(CO₃)₄•10H₂O];绿碳铀钙矿 [Ca₂(UO₂)(CO₃)₃•10H₂O;斜方];铀碳钙石；铀钙石 [Ca₂U(CO₃)₄•10H₂O]；碳铀钙石 [Ca₂(UO₂)•(CO₃)₃•10H₂O]

Liebigs law of minimum 李{利}比希最少(营养)量定律

lieb(e)nerite 白假霞石[碱、Fe 及 Ca 的铝硅酸盐]；白霞石；蚀霞石块云母

lie hidden in the earth 埋藏

Lienardia 脑端螺属[N-Q]；细切嘴螺属

Liesegang banding{rings} 李泽冈环带；韵律层状环带
→ ～ structure 李泽冈{岗}构造；利泽冈构造

lievrite 黑柱石[CaFe₂²⁺Fe³⁺(SiO₄)₂(OH);斜方]

life{safety} belt 保险带

lifeboat{life boat} 救生船

life buoy flare 救生圈发光信号
→ ～ curve 使用期限的特性曲线

lifeguard 排障器；救生员
→ ～ design 乘员安全保护设计

life-in 活化
→ ～ of coal 煤的挤出

life insurance (policy) 人寿保险

Li-feldspar 锂长石

life length{cycle} 使用寿命
→ ～ length 使用期限

lifeless era 无生代[AnЄ 早期或 AnЄ]
→ ～ thing 木石

lifeline 生命线；安全带

life line 安全绳
→ ～ -line reel 救生绳卷筒[矿山救护用] // ～ of property 矿区开采年限

lifesaving equipment 救生设备

life saving signal 救生信号

lifetime 寿命；世；使用寿命；使用期限；生存期；平均寿命；持续时间
→ ～ dose 终身剂量

life time killer 寿命抑制因数
→ ～ time lubrication 一次加油润滑// ～ time of set and reset cycles 反转寿命

lifework 毕生的工作

life{biotic} zone 生物带

LIFO 后装货-先卸货；后入先出(法)

lift 升降机；提升；回采梯段；升液器；升力；升举；升程；上升；底鼓；底板隆起；起(钻)；每次采掘的煤层厚度；主水平巷道间距离；悬；阶段高度；主水平；浮力；中段高度；分层；备采矿块；备开采矿块；主平巷；分层开采；掀动；段高；提升机；提升高度；提起；提高

lift (height) 扬程；水泵扬程

liftability 型砂起模性

liftable 可以举起的
→~ grinding rollers statically determined system 可提升的磨辊静定系统

lift and force pump 抽压两用泵
→~ -and-swing system 提升和摆动系统 // ~ -arena 生活场所 // ~ assemblage 生体群集 // ~ coefficient 举{升}力系数

lifted{heaved} block 地垒
→~ {upstanding} block 隆起断块 // ~ component 上向分力

lifter 砂钩；(磨矿机)举扬器；起重设备；起重机；捣矿锤杆；模箱内的铸砂支棍；岩芯提断器；堆垛机；提升器
→~ case 岩芯撮取套筒 // ~ cut 底板掏槽；拉底掏槽

liftering 同态滤波[由 filtering 倒排构成]

lift height 分段厚度；扬高；举升高度；吸入高度(泵)
→~ {slice} height 分层厚度

lifting 吊起；上升；卷扬；流水冲起河床岩屑；举起；冲起[流水冲起河床岩屑]；提取

lift{release} joint 释重节理
→~ nipple 提升短节 // ~ of pump 扬程

liftover-drag (ratio) 升阻比

lift over surface 表面升力分布

ligament 灯丝；线[丝]
→(hinge) ~ 韧带

ligamental{ligament} groove 韧带沟

ligamentary{muscular} articulation 韧带关节

ligamented charge holder 带箍的炸药盛器[光面爆破试验]
→~ splittube charge 刻槽环箍着的炸药

ligament fulcrum 外韧带附着面
→~ stress 带状应力；孔桥带应力

ligancy 配位性能；配位数

ligand 配位体；配位基；配合基
→~ exchange chromatography 配位体交换色谱[层]法 // ~ field theory 配位场理论

ligar(o)ine 石油醚

ligation 络合物形成(作用)

lighoclastic packstone 岩屑质泥粒灰岩

light(-colored) 淡色；说明；火花；点燃；轻微的；轻的；轻便的；轻(松愉快地)；启发；光；眼光；偶然得到；淡色的；智能；明亮的；照亮；发光体；见解；突然降临

light (colour) 浅色
→~ absorbancy 吸光性 // ~ activated switch 光敏开关 // ~ alkylate 轻质烷基化物 // ~ -alloy mine cage 轻合金制矿用罐笼 // ~ ash 轻苏打；纯碱粉

Light Brown 浅棕花[石]

light brown glaze 铁锈花釉
→~ burnt lime 轻烧石灰 // ~ -colored{leucocratic;light} mineral 浅色矿物 // ~ -colored{light} mineral 轻质的造岩矿物 // ~ {paraffin-base;paraffinic}

crude 石蜡基原油 // ~ dirt 轻矸石；小块

lighted sound buoy 有灯的发声(信号)浮标

light element 轻元素
→~ emission 光辐射；发光

lighten 照明；减轻

lightener core 简化泥芯

lightening admixture 减轻剂

(spitter) lighter 点火器；点火棒

lighter carbon dioxide 轻化二氧化碳[同位素]
→~ fraction 轻部分 // ~ {light} fraction 轻馏分 // ~ hydrocarbon 轻烃

lighter's wharf 驳船码头

light etching 光(线)侵蚀
→~ extinction 消光 // ~ flint{(extra) light flint} glass 轻火{燧}石玻璃 // ~ fuse 灯用保险丝 // ~ gas 轻气(体) // ~ ground 流岩；冲刷下的岩土 // ~ house 灯塔 // ~ hydrocarbon 轻(质)烃 // ~ hydrocarbon gas 轻烃气 // ~ intensity 光(的)强(度) // ~ liquid paraffin 轻`质液态{液体}石蜡

lightly deformed crystal 微变形晶体

light material 小截面材料
→~ metal ore 轻金属矿(石) // ~ (-intensity) meter 照度计；光度计；曝光表 // ~ mineral{light-mineral} 轻矿物 // ~ modulation 光调制

lightness 色的亮度；轻；(颜色的)浅淡；光亮(度)；精巧
→~ correction 亮度改正

lightning 电闪光；电弧光；电光；闪；雷电；雷
→~ (discharge) 闪电 // ~ discharge 闪放电 // ~ echo 闪回波 // ~ surge 雷击电涌

light{light-body;white;gas} oil 轻油
→~ (viscosity) oil 低黏度油 // ~ petroleum 石油醚 // ~ -pitch mining 车运倾斜煤层开采[5°～15°] // ~ press fit 轻压配合 // ~ -ray{photoelectric} control 光电控制 // ~ {-}red silver ore 淡红银矿 [Ag_3AsS_3；三方] // ~ ruby silver{ore}{light-ruby {ruby; red} silver} 淡红银矿[Ag_3AsS_3；三方]

lightship 灯船

light shot 小型爆破
→~ solids 轻岩粉；轻固相[泥浆中] // ~ step 光阶 // ~ stone 浅石色 // ~ -toned vegetation 浅色调植数 // ~ water 轻水；普通水

light-weight 轻型；轻型的；轻便的
→~ additive 减轻剂

light(-)weight aggregate 轻石{集}料；轻量集合体；轻(质)骨料

lightweight concrete{light weight concrete} 轻混凝土

light weight container 轻瓶
→~ weight concrete 轻混凝土 // ~ weight corundum brick 轻质刚玉砖 // ~ weight drill pipe 轻型钻杆{管}

lightweight electric trolley chain hoist 轻型移动式电动倒链

light-weight flexible rubber cover 轻质弹性橡胶外罩

lightweight lime concrete 轻(石灰)三合土

light {-}weight mud 轻泥浆

lightweight sand 轻砂

light-weight type anchor 轻型锚

lightwood 引燃用的木材

light wood 易燃木
→~ year{light-year} 光年

ligneous 木(质)的；木制的

ligniferous 褐煤质的
→~ shale 褐煤质页岩

lignilite 石笔杆[石灰岩和灰页岩中的小柱状构造]；柱形体；缝合线

lignin 木质素；木质
→~ grout 木(质)素浆[岩层防水用]

lignite 褐炭；褐煤
→~ A 黑色褐煤 // ~ B 褐色褐煤[美国分类]；棕色褐煤 // ~ -surfactant mud 褐煤类表面活化剂泥浆

lignitic 含褐煤的
→~ and bituminous oil shale 褐煤和沥青质油页岩 // ~ coal 亚沥青煤 // ~ coal{material} 褐煤

lignitiferous 褐煤质的；褐煤化的

lignitize 褐煤化

lignitoid 褐煤状；木质状

lignocerane 二十四(碳)烷

ligno-concrete 木筋混凝土

lignohumic 腐殖质的

lignone 木纤维质

ligno-proteinate 木质蛋白体

lignosulfonate chromium salt 木质素磺酸铬盐
→~ gel 木质素磺酸`凝{盐冻}胶 // ~ mud 磺化木质素泥浆

lignum 木材
→~ fossil 木化石 // ~ shotcrete 木支撑

Ligonodinoides 拟铡牙形石属[D_3-C_1]

ligroin(e) 石油英；石油醚；里格罗因；轻石油；粗汽油

ligula[pl.-e] 舌状突

li(n)gulate 有叶舌的；舌状的[植]

ligule 舌状；舌叶；叶舌[古植]；小舌

ligurite 绿榍石[$CaTi(SiO_4)O$;$CaTiSiO_5$]；榍石[$CaTiSiO_5$;$CaO•TiO_2•SiO_2$;单斜]

likasite (羟)磷硝铜矿[$Cu_{12}(NO_3)_4(PO_4)_2(OH)_{14}$;斜方]

likelihood 可能性；相似性；相似；似真
→~ estimation 似然估算[计] // ~ ratio 或然比；概然比

likely 有希望的；或许；有含矿显示的；可能的；大概；多半
→~ temperature 似然温度

like number 同名数；同类数
→~ -orientation 类似定向 // ~ -polarized 同极化的

lilalite 锂云母[$K(Li,Al)_3(Si,Al)_4O_{10}(F,OH)_2$;单斜]

Lilangina 里朗蛤属[双壳;T_3]

Liliacidites 百合粉属[孢;K_2-E]

liliales 百合目

lil(l)ianite 硫铋铅矿[$Pb_3Bi_2S_6$;斜方]

liliathite 锂云母[$K(Li,Al)_3(Si,Al)_4O_{10}(F,OH)_2$;单斜]

Lilium 百合属[植;E_2-Q]

lillchammerite{lillhammerite} 镍黄铁矿[$(Fe,Ni)_9S_8$;等轴]

lillite 绿锥石[$Fe_2^{2+}Fe_2^{3+}SiO_5(OH)_4$]；利硅铁石；克铁蛇纹石[$Fe_2^{2+}Fe^{3+}(Si,Fe^{3+})O_5(OH)_4$;单斜、三方]

LIL{large-ion-lithophile} trace element 大离子亲石痕量元素

lily (bulb) 百合
→~ pad 睡莲叶；蘑菇(状)石笋 // ~

-pad ice 小圆饼状浮冰

LIM 石灰岩[以 CaCO₃ 为主的碳酸盐类岩石,其中碳酸钙常以方解石表现]

Lim 褐铁矿[FeO(OH)•nH₂O;Fe₂O₃•nH₂O,成分不纯];限制器

lim 极限

limaite 锡锌尖晶石

limb 树枝;芯柱;部件;电磁铁芯;插脚;管柱;管脚;测角器;边缘;边;侧;背斜的翼;辐板的翼枝[海百];肢;缘;翼部;翼;分度盘;零件;齿枝[牙石];度盘;分度圈

　→(anterior) ～ 内边缘[三叶]

limbachite 皂石 [(Ca½,Na)₀.₃₃(Mg,Fe²⁺)₃(Si,Al)₄O₁₀(OH)₂•4H₂O;单斜];似蜡石[Mg₆Al₄Si₇O₂₆•7H₂O(近似)]

limbate 有异色边的;缝合平边;具缘脊的[动];具冠檐的[植];镶边的

Limbella 小边贝属[腕;P₁]

limber 柔软的;可塑的;轻快的;易弯曲的

limb fault 翼部断层

　→～{extremity} girdle 肢带

limb-length ratio 翼长比

　→～{|thickness} ratio 褶皱翼部-长{厚}度比

lime 活石灰;灰岩;石灰岩[以 CaCO₃ 为主的碳酸盐类岩石,其中碳酸钙常以方解石表现];石灰[CaO];撒石灰;钙质[词冠,德];石灰质;方钙石[CaO;等轴];浸在石灰水中;用石灰中和

limeclast 灰岩屑;灰屑

lime coal 烧石灰用煤

　→～ coating 涂石灰 //～ coating tank 石灰浸槽

limed 石灰处理(过)的

lime dam 石灰界限浓度

　→～ dinas 石灰结合硅砖 //～ dip{finish} 沾石灰 //～ distributor{sower;spreader} 石灰撒布机 //～ dry process 干石灰法 //～-epidote 黝帘石 [Ca₂Al₃(Si₂O₇)(SiO₄)O(OH);Ca₂Al₃(SiO₄)₃(OH);斜方] //～ feed 加石灰 //～ feed system 石灰添加系统 //～-feldspar 钙长石 [Ca(Al₂Si₂O₈);三斜;符号 An] //～-ferrous oxide-ferric oxide melt 石灰-氧化亚铁-氧化铁熔体 //～-fertilizer distributor 石灰化肥并撒机 //～-fluorspar slag 石灰-萤石渣 //～ flyash-soil base 石灰粉煤灰土基层 //～ gas purification 石灰气纯化 //～ glass 石灰玻璃 //～ hardpan 石灰硬磐 //～ {-}harmotome 钙交沸石 [(K₂,Na₂,Ca)(Al₂Si₄O₁₂)•4½H₂O(近似)] //～ harmotome 钙十字沸石 [(K₂,Na₂,Ca)(AlSi₃O₈)•6H₂O; (K,Na,Ca)₁₋₂(Si,Al)₈O₁₆•6H₂O;单斜] //～ injection 喷吹石灰;吹入石灰 //～ in lumps 生石灰 //～-iron concretion 石灰铁质结核 //～(-)kiln 石灰窑 //～ kilning 煅烧石灰

limelight 石灰灯

lime liner 石灰衬料{里}

　→～ magnesia ratio 石灰镁氧比例 //～ malachite 钙孔雀石 [CuCa(CO₃)₂] //～ milk{cream} 石灰乳 //～ mortar{white;slurry} 石灰浆 //～ mortar plaster 石灰砂浆粉刷 //～ mud disposal 石灰泥处理 //～ mudrock{mudstone} 灰泥岩

limen[pl.limina] 识阈;最低光眼;阈

lime {-}nitrogen 石灰氮

　→～ nodule 石灰核 //～ olivine{lime-olivine} 钙橄榄石 [(Mg,Ca,Mn)₂SiO₄] //～ padding 石灰底层填料 //～ phosphide 磷化石灰 //～ pile{column} 石灰桩 //～ pit 石灰坑;石灰池;采石灰场 //～ powder{dust} 石灰粉 //～-powder injection tuyere 石灰粉末喷口 //～ producer 石灰岩油层生产井

limerickite 黑紫鲕陨石

limerock 灰质岩;石灰岩[以 CaCO₃ 为主的碳酸盐类岩石,其中碳酸钙常以方解石表现]

limesand 石灰砂

　→～{malm;sand-lime} brick 灰砂砖

lime-sand{limesand} mortar 砂灰

　→～ rock{lime {-}sandstone} 石灰砂岩

lime-secreting{lime-selecting} 纯钙质的

lime set 凝硬[高炉]

　→～-shale sequence 石灰岩-泥岩层系 //～ silica cement 石灰硅酸水泥 //～-silicate-hornfels 灰硅角页岩 //～ slaker 石灰熟化器 //～ slaking 消石灰[Ca(OH)₂] //～-soda {-}feldspar 钙钠长石[(100-n)Na(AlSi₃O₈)•nCa(Al₂Si₂O₈)] //～-soda-feldspar series 钙钠长石系 //～-soda process 石灰(-)苏打法[化];石灰纯碱法 //～-soda softening process 石灰钠碱软化法 //～-sodium carbonate softening 石灰纯碱软化(法) //～ softening 石灰软化法 //～ soil compression tester 石灰土压力试验仪

limespar 方解石[CaCO₃;三方]

lime spraying 刷白;白灰喷刷

　→～ spreader 施石灰机 //～ spreading 施石灰 //～-stabilized soil 石灰加固土 //～ stabilized zirconia 石灰稳定氧化锆 //～ steeping 石灰浸渍退毛 //～ still 石灰蒸氧器;石灰乳槽

limestone 灰岩;灰石;石灰岩[以 CaCO₃ 为主的碳酸盐类岩石,其中碳酸钙常以方解石表现];石灰石

　→～ coarse aggregate concrete 石灰石粗集料混凝土 //～ glass tube 石灰料玻璃管 //～ layer 石灰石层 //～ neutralization 石灰灰石中和 //～ neutralization treatment 石灰石中和处理 //～ pavement 灰岩喀斯特面 //～ pebble conglomerate 石灰质卵石砾岩 //～ powder{fines} 石灰石粉 //～ ripper 石灰石土松土机 //～ sand 石灰岩砂;石灰石砂 //～ scrubbing process 石灰石清洗法 //～ treatment for acid waste water 酸废水石灰处理法

lime sulfur (mixture;concentrates) 石硫合剂

limewash 刷石灰水;石灰水;石灰浆;涂墙石灰乳

lime wash 刷石灰水

　→～-wash nozzle 石灰溶液喷嘴 //～ {calcareous} water 石灰水;钙质水 //～ water tank 石灰乳槽 //～ {-}wavellite 钙银星石 [CaAl₃H(PO₄)₂(OH)₆] //～ white-wash 刷白用石灰水 //～ whitewash{wash} 石灰刷白[巷道] //～ yard 石灰[CaO]

liminal 侧限的;共轭的;阈限的

　→～ contrast 低阈光对地

liming 施用石灰;上[涂;施;加;浸]石灰;钙化

　→～ vat{tub} 石灰乳槽

Limipecten 裙海扇属[双壳;C-P]

limitation 缺点;限制;局限性;限幅;

限定;界限;极限

　→～ (extent) 限度 //～ of delivery 流量限制

limitator 限制器

limit (of) compression 压缩限度

limited block 限制区间

　→～ gravel reserve 有限砾石储留量 //～ pelite member 有限泥质岩段

limit{ruling;maximum} grade 最大坡度

　→～ inflammability of the gaseous mixture 混合气体可燃范围

limiting 限制的;极限的

　→～ thickness of rock intercalation 夹石剔除厚度

limit-in-mean 平均极限

Limitisporites 黑米粉属[P₂-K];折缝二囊粉属[孢]

limit line 地表沉陷限{界}线[地表沉陷盆地边缘点和地下采空区相应边缘点连线];边界线;矿尾边界;临界线;矿区边界

　→～ of detectability 探测极限 //～ of draw 地表塌陷极限 //～ of explosion 爆炸极限 //～ of flocculation 絮凝极限 //～{|increment|theory| domain} of function 函数极限{增量|论|域}

limitotype 界线层型

limit plane 分界面;界面

　→～ {restriction} plug 定位塞 //～ (ultimate) ～(ing) state 极限状态 //～ stop 止动器 //～ system 公差制

limmer 沥青灰岩

limn 淡水

limnadiform 渔乡蚌虫形[叶肢];鱼乡蚌虫形

Limnadiopsidae 似渔乡叶肢介科

Limnaea 椎实螺属

　→～ Peregra 椎实螺 //～ stage 椎实螺期

limnaeidae 椎实螺科

limnephilid 沼石蛾

limnetic 湖的

　→～ coal 湖水煤 //～ coal basin 陆相生成煤田 //～ zone 湖沼带

limnic coal basin 湖成煤盆

　→～ coal-bearing series 内陆型含煤岩系 //～ coal deposits 湖沼煤系 //～ landform 湖沼地形

limnicolous 栖湖沼的

limnite 褐铁矿 [FeO(OH)•nH₂O;Fe₂O₃•nH₂O,成分不纯];沼(褐)铁矿[Fe₂O₃•nH₂O]

limnium 湖沼群落;盐沼群落

limnobios 湖沼生物;淡水生物

Limnocypridea 绘星介属[K₁]

Limnocythere 绘神介属[E-Q];湖花介属[K-Q]

limnodic 淡水群落的;沼泽群落的

limnodium 沼泽群落

limnodophilous 适沼泽的

limno-geotic 淡水环境

limnogram{limnograph} 水位记录

limnokrene 泉湖

limnological events 湖沼现象

limnologist 湖沼学家{工作者}

limnology 湖沼学

limnophage 食泥动物

limnophilus 沼泽种类

Limnopithecus 湖猿(属)[N₁]

limnoquartz 透明石英

Limnoscelis 湖龙(属)[两栖;P₁]

limocrocine 泥红菌素

L

limoge 绘画珐琅

limoid 熟石灰[Ca(OH)₂]

limon 黄土；洪积黏泥；粉砂

limonene 苧烯；萜二烯

limonite 褐铁矿[FeO(OH)•nH₂O;Fe₂O₃•nH₂O,成分不纯]
  →～ boxworks 褐铁矿蜂房状构造//～ rock 褐铁岩

limonitic 褐铁矿的
  →～ jasper 褐铁矿质碧玉

limonitization 褐铁矿化

Limonium suffruticosum 补血草[兰雪科,硼局示植]

limon(it)ogelite 胶褐铁矿[Al₂O₃•nH₂O]

lim(n)ophagous 食泥的

Limopsis 笠蚶；斜蚶属[双壳;J₂-Q]

limoriite 羟硅钇石[Y₅(SiO₄)₃(OH)₃;三斜]

limous 混浊的；含淤泥的

limp 从筛上去除劣矿的耙子；清扫筛面耙子；耙子[从筛上去除劣矿的]；松弛

limpen 变软，弯曲

limpet mine 水下爆破
  →～ pile 水下爆破式桩柱

limpid 半透明(的)；微透光的

limpidity 清澈；平静

limpo 稀树草原

Limpopo age 林波波期

Limulodidae 泥沼甲科[动]

Limulus 鲎属{类}[节;P-Q]

limurite 斧辉岩

limy 石灰质的；含石灰的；钙质的
  →～ ore 石灰质矿//～ soil 灰质土壤//～ streak 含灰质夹层

linarite 青铅矾{矿}[PbCu(SO₄)(OH)₂;单斜]；羟铜铅矿

Linchengceras 临城角石属[头;O₁]

linchet 田埂坎；梯田崖

lincolnine{lincolnite} 片沸石[Ca(Al₂Si₇O₁₈)•6H₂O;(Ca,Na₂)(Al₂Si₇O₁₈)•6H₂O;(Na,Ca)₂₋₃Al₃(Al,Si)₂Si₁₃O₃₆•12H₂O;单斜]

Lincolnshire limestone 林肯郡灰岩

lincoln weld 焊剂层下自动焊

lincrusta 油毡纸

linda(c)kerite 水砷氢铜石[H₂Cu₅(AsO₄)₄•8~9H₂O;单斜]；砷酸铜矿；砷镍铜矿；砷镍铜矾[Ni₃Cu₆(AsO₄)₄(SO₄)(OH)₄•5H₂O]

lindane 六氯化苯；高丙体六六六；林丹[虫剂]

Lind drill 林德型火力钻机

(Chinese) linden 椴

lindesite 透霓辉石；铁锰钙辉石[(NaFe³⁺,CaMg)Si₂O₆(式中 NaFe₃:CaMg≈4)]

lindgrenite 钼铜矿[Cu₃(MoO₄)₂(OH)₂;单斜]

Lindgren's volume law 林格仑{伦}体积定律

lindinosite 富钠闪花岗岩

lindo 林多裸鼻雀

lindoite 林地岩；碱岗质浅成岩

lindotromite 辉铋铜铅矿[PbCuBi₃S₆;Pb₃Cu₃Bi₇S₁₅;斜方]

lindsavite{lindsayite;lindseit(e)} 水钙长石[一种已变化的、含水的钙长石]

lindsleyite 钡铬钛矿
  →～-(Ba) 钛钡铬石[AM₂₁O₃₈:A=Ba₀.₆₂Sr₀.₄₁Ca₀.₀₉Pb₀.₀₁K₀.₀₇Na₀.₀₆REE₀.₀₃,M=Ti₁₁.₆₃Zr₀.₈₇Al₀.₁₁Cr₃.₈₉Fe₂.₈₇Mg₁.₄₉Nb₀.₀₈]

lindströmite 辉铋铜铅矿[PbCuBi₃S₆;Pb₃Cu₃Bi₇S₁₅;斜方]；硬硫铋铜矿

line(r) 衬砌；列；电线；绳索；线状标志；行列；行；排齐；排列；排；脉；做衬砌；掘进方向；被覆；缆绳；线条；线；充填；方面；轮廓；衬里；衬；种类[商品]

(communication) line 线路

line (pipe) 管线

linea 线状标志；线

line abscissa 横坐标；横线

lineage 世系；亲属；谱系；血统
  →～ boundary 晶畴缺陷界面//～ branching 种系分枝

lineagenic movement 平裂运动

lineage-segment {-}zone 谱系枝带

lineage-structure 线状凹斑构造

lineage-zone 世系带；血统带

line a hole (用)套管护孔

lineal 线性的；线状的
  →～ contact 线接触；接触线//～ series 线系[无脊]//～ travel 钢缆缠绕速度；钻头旋转圆周速度；卷扬绳进度；线行程

lineament 地貌；区域构造线；棋盘格式；构造线；线型；线状形迹；线性要素；线性构造；(区域)断裂线
  →～ map 区域断裂构造图//～ {chess-board;staggered} structure 棋盘格式构造//～ system 区域线性构造体系

line anchor 绳锚；绳卡
  →～-and-grade stake 定线定坡标桩//～ and staff organization 生产和参谋并列型体制

linean tetrad 直列四分孢子

linearise 线性化；直线化

linearity 直线性；直线形性；直线度；线性
  →～ error 线性度误差//～ of IP 激发极化的{角}直线性//～ test generator 线性测试信号发生器

linearization{linearisation} 线化；直线化；线性化

linear lattice 线晶格
  →～ law of the nucleation rate 线性成核速率定律//～ load 单位长度负荷；线载荷

linearly independent 线性无关
  →～ polarized light 直线偏光//～ polarized wave (直)线偏振波//～ tapered cantilever beams 线性楔形悬臂梁

linear magnetostriction 线性磁致伸缩系数
  →～-measuring image analyzer 线测量图像分杆器//～ multiple correlation 线性多(元)相关//～ non-Markovian processes 线性非马尔科夫过程//～ programming 线性规划//～{line} strain 线应变[力]

line assistant 生产助理
  →～-(at)-a-time printing 行式印刷；宽行打印

lineation 定向排列；画线；轮廓；线条；线状构造；线性构造；线理；线性
  →～ plunging 线理倾伏//～ squeeze-ups 线状凸形挤出

line/background ratio 峰值背景比

line bank 接线排

lined 有壁的；有护板的；有衬里的；夹
  →～ canal 衬砌的渠道//～ crucible 衬里坩埚

line defect 线缺陷
  →～ definition 行清晰度//～ drilling 排钻采石法

lined shaft 砌壁立井

line(ar){polar} expansion 线膨胀

line-fed motor 直接馈电电动机

line feed{advance} 换行[打印机]

  →～ feed 印刷带进给//～-hole drilling 钻进按巷道周线布置的孔；靠{沿}矿权区边界钻井；沿巷道周边钻进；空眼法

Linella 林涅叠层石属[Z]

linellae 线系[无脊]；线条

line load 线荷载
  →～ locator 管线位置探测仪

lineman 放线工；地震法勘探员；线务员

line map 地物图
  →～-mile 测线英里[物探]//～ noise 线中噪音//～ number 行数{号}；线数

Lineocypris 线星介属[N-Q]

line of action 作用线；口径
  →～ of apsides 长短径；拱线；远近线；极距线//～{axis} of collimation 视准轴[遗石]//～ of equal dip 等倾(斜)线//～ of induction 感应线//～ of singularity 奇异线

lineograph 描线规

lineoid 超平面

line oiler{lubricator} 注油器

linerless behind-casing pack 无衬管套管外充填
  →～ well 无衬管井孔

liner of drop shaft 沉井井壁
  →～ squeeze 下衬管进行(砾石)挤压

lines 皱纹

line shift 谱线位移
  →～(ar) shrinkage 线(性)收缩(率)//～ sink 汇线

lines of communication 通信线

line source 线污染源；线光源；线源

line(-)ups 同相排齐；(地震波)同相轴[震录]

Linevitus 线带螺属[软舌螺;Ԑ-O]

line voltage 线电压
  →～ walker 护管道工//～ {-}well drilling 沿地段边缘钻进//～ well drilling 沿油藏边界钻井//～ width (谱)线宽度//～ with bricks 砌砖墙；砖石支护

linework 划线

ling 石楠植物

lingaitukuang 磷钙钍矿

lingua[pl.-e] 舌[动]；似舌的器官

Linguagnostus 舌球接子属[三叶;Ԑ₂]

lingual{linguoid} bar 舌形沙坝；状沙坝；洲沙坝

linguiform 舌形的；舌形
  →～ projection 舌状突起[牙石]

linguistics 语言学

Lingula 舌形贝(属)[腕;Ԑ-Q]；舌贝

Lingulacea 舌贝类

Lingulasma 舌脊贝属[腕;O]

lingulate 舌形的

Lingulella 小舌形贝(属)[腕;Ԑ]

Lingulepis 鳞舌形贝属[腕;Ԑ-O₁]

lingulid 舌形贝类[腕]

linguloid 舌形的；舌形贝类[腕]；海豆芽
  →～ ripples 舌状波痕

linguoid bar 似舌形沙坝
  →～ current ripple{linguoid{linguloid} ripple mark} 舌状波痕//～ small ripples 舌状小波痕//～ sole mark 舌状波痕

Lingyunites 凌云菊石属[头;T₁]

linhay 运瓷土的水泥站台

liniensalz 线状盐[矿床;德]

lining 衬纸；衬筒；衬套；衬砌；衬片；衬料；衬里；衬垫；衬层；定线；饰面；取直；气套；内衬；隔板；面砖；(汽)缸套；盖层；井巷镶砌；整道；矫直；涂衬；对直；套筒

→~ brick 砌壁砖 // ~ cycle 井壁混凝土浇灌工作循环制 // ~ of shaft mouth in the open-pit area 明槽砌(碴) // ~ set 凿岩机支架 // ~ tube 衬管 // ~ with bricks 砖石衬砌

linishing 砂带磨光

link 连锁；连接；环节；环；熔丝；测链环长；固定接线；耦合线；钮；接线；中继线；结合；连；联结；链节；连接线；线路；节间河段[河槽]；接合；链环；网络节；键合；令[长度=7.92in.]

link (belt) 链条

linkage 拉杆；山脉锐接；推杆；关联；耦合；杆系；杆机构；联动；链系；连接；连合；联络巷道；键合；联系；连杆；键
→(flux) ~ 磁链

link bar 铰接梁

Link-Belt drum-type concentrator 林克拜尔特型滚筒式精选机
→~ PD screen 林克拜尔特 PD 型筛

link box 连线箱
→~ bumper 防吊环碰撞器[装在水龙头上]

linked columns deposit 矿柱连锁的矿床；结合的柱状矿床
→~ group 结团 // ~ roof bar 组合顶梁[金属支架]；铰接顶梁 // ~ veins 链状矿脉

linking 耦合；联系
→~ {communication} facilities 通信设备 // ~ top 上下平巷联络巷

link mandrel 滑动心轴

links 河曲；近岸平坦沙地

linksland 海边沙丘地带；海岸沉积沙带

link up 贯通；对接
→~-up 联络 // ~ up with 挂钩

linn 深潭[瀑布下的]；瀑布潭；瀑布；峡谷；急流

Linnaean{Linnean} species 形态种名

linnaeite 辉砷钴矿[CoAsS;斜方]；辉钴矿[CoAsS]

Linnania 岭南狸属[E₁]

linn(a)eite 硫钴矿[CoCo₂S₄;等轴]

linnet 氧化铅矿(石)

Linochitina 线几丁虫(属)[S]

Linocite{linosite} 富钛闪石[成分近于钛角闪石,但含 Fe²⁺低及含有较多的 Fe³⁺]

Linocollenia 柱箱状叠层石属[Z]

Linograptus 线痕笔石(属)[S₃]

linole(n)ic acid 罂酸；亚麻酸

Linolenic acid 不纯油酸

linolenic acid 十八(碳)三烯-(9,12,15)-酸

linoleyl sulfoacetate 亚油烯基磺化乙酸酯[C₁₈H₃₃OOCH₂SO₃H]

linolic{linoleic} acid 亚油酸
→~ acid 十八(碳)二烯-(9,12)-酸

linophyre 线(状)斑岩

linophyric 线斑状(结构)

Linoporella 线孔贝(属)[腕;S₂]

Linoproductus 纹线长身贝；纹长身贝属[腕;C-P]

Linopteris 网羊齿(属)[古植;C₂]；网蕨

linosaite 含霞碱玄岩

Linostrophomena 线纹扭月贝属[腕;D]

linotape 黄蜡带；浸漆绝缘布带

linseed earth 亚麻仁土
→~ oil 亚麻仁{子}油

linseite 水钙长石[一种已变化的、含水的钙长石]；冰钙长石

---

linsenerz{linsenkupfer} 豆铜矿[Cu₂Al(AsO₄)(OH)₄·4H₂O]

linsey 砂页交织岩

lintel 水平横楣；过梁；炉壁横梁；楣
→~ girder 楣梁[高炉的] // ~ stone 石过梁；楣石

lint-free 不起毛的

lintisite 硅钛锂钠石[Na₃LiTi₂Si₄O₁₄·2H₂O]

lintonite 杆沸石[NaCa₂(Al₂(Al,Si)Si₂O₁₀)·5H₂O;NaCa₂Al₅Si₅O₂₀·6H₂O;斜方]；绿杆沸石；艳镁沸石

Linyiechara 临邑轮藻属[E₁₋₃]

linzhiite 林芝矿[FeSi₂]

Liocoelia 光腔贝属[腕;S]

Lioestheria 光滑叶肢介属[D-P]

Liograpta 平滑雕饰叶肢介属[K₁]

Lion 狮子座

lionite 钼钨铅矿[Pb(Mo,W)O₄]；钨钼铅矿[Pb(Mo,W)O₄]；自然碲[Te;三方;不纯]

Lion's Haunch basalt 玻基云沸石玄武岩

Lioparella 小光颊虫属[三叶;Є₂]

Lioparia 光颊虫属[三叶;Є₃]

Lioplacodes 肩螺属[J-K]

Liosotella 光滑长身贝属[腕;C₃-P]

Liosphaeridae 光球虫科[射虫]；光滑球虫科

Liospira 滑螺属[腹;O-S]

Liostracina 光壳虫属[三叶;Є₃]

Liostrea 光蛎属[双壳;T-Q]

Liotia 光滑螺属[N-Q]；陀螺属

Liotrigonia 光三角蛤属[双壳;J₁]

liottite 利钙霞石 [(Ca,Na,K)₈(Si,Al)₁₂O₂₄(SO₄,CO₃,Cl,OH)₄·H₂O;六方]

lioxiviation 淋蚀；浸出

lip 电缆吊线夹板；舌瓣；唇[苔]；切削刃；切刃；前缘；边缘；倒悬崖；边端；边；刀刃；嘴唇；唇部；鱼鳞板；翼缘；法兰盘；百叶窗片；突出部分；凸缘；凸出部；端；陡坡

Lipal 40 二聚乙二醇单油酸酯[C₁₇H₃₃CO(OCH₂CH₂)₉OH]

Lipalian 利帕(系)[An∈-∈]；利帕尔纪
→~ age 前寒武纪与寒武纪之间；里帕利期

liparite 硅孔雀石 [(Cu,Al)H₂Si₂O₅(OH)₄·nH₂O;CuSiO₃·2H₂O;单斜]；丽岛斑岩；流纹岩；萤石[CaF₂;等轴]；铁滑石[(Fe²⁺,Mg)₃Si₄O₁₀(OH)₂;单斜]

lipase 脂酶；脂肪酶

lip cell 唇细胞[真蕨]
→~ curb 缓坡缘石

lipidal matter 类脂物

lipid-related compound 类脂化合物相关的化合物

lip kerb 唇状侧石

Lipkin bicapillary pycnometer 利普金双毛细管比重计

Lipodonta 失齿类

lip of a crater 火山口边缘；火(山)口缘

lipogenesis 脂肪形成；飞跃性发生

lipolytic 溶脂的；(分)解脂(肪)的

lipoma 脂(肪)瘤

lipomatosis 脂肪过多症

lipometabolic 脂肪代谢的

lipometabolism 脂肪代谢

lipophile liquid 亲油液体

lipophilic group 亲油基

lipophilicity 亲油程度

lipoprotein 脂肪蛋白

liposoluble 油溶的；脂溶的

---

liposome 脂质体

lipostomous 无口的

Lipostraca 失甲类；弃甲目[甲壳纲]

lipostrat 不连续层

lipotyphlans 双褶齿猬类

lip packing 带唇[边]密封；法兰密封；台肩式密封；形密封
→~ packing{seal} 唇(口)形密封

lipped guide 唇(口)式导向器[磁力打捞器下部的]

lippite 紫铁铝矾[(Al,Fe³⁺)₂(SO₄)₃·nH₂O]

lip-pour ladle 唇注桶

lip-pressure 排放管口沿压力；端压
→~ gauge 口沿压力计

lip pressure tapping 口沿测压支管

lipscombite 铁天蓝石[(Fe²⁺,Mg)Al₂(PO₄)₂(OH)₂,单斜; (Fe²⁺,Fe³⁺)₇(PO₄)₄(OH)₄;四方复铁天蓝石[(Fe²⁺,Mn)Fe₂⁺(PO₄)₂(OH)₂;四方]

lip screen 唇筛；阶段式筛

liptinite kerogen 类脂质型干酪根

liptobiolite (coal) 残植{殖}煤

liptobiolith 残植煤；殖煤；残植岩

liptocoenos 残体群

lip-type opening 唇形孔

liqro 粗妥尔油

liquate 熔融；熔解

liquation deposit 熔离矿床
→~ {melting} furnace 熔化炉

liquefacient 熔解物；液化的；解凝剂；冲淡的

liquefaction 流化(作用)；液化；稀释；冲淡
→~ index 液化指数 // ~ of coal 煤的液化 // ~ of sand 沙土流化 // ~ of sand bed 砂基液化

liquefiable 可液化的
→~ hydrocarbons 易液化烃类

liquefied cohesion less-particle flow 液化松散颗粒流
→~ cohesionless-particle flow 液化松散颗粒流；液化非黏滞颗粒流 // ~ petroleum gas 石油气 // ~ petroleum gas carrier 液化石油气船

liquefier 稀释剂；冲淡液；液化剂

liquescent 易液化的；可液化的

liquevitreous 柔弱玻璃状[固体]

liquid 液体{态}的；清澈的；液体；流体；液；流动的；易变的
→~ (phase) 液相 // ~ absorption vapour recovery 液体吸收法(油)蒸汽回收 // ~ additive system 液体添加剂系统

Liquidambar 枫香属[植;E-Q]；枫；胶皮糖香树{液}

Liquidambarpollenites 枫香粉(属)[孢;E-N₁]

liquid ammonia 液氨

liquidation 清算；清除；液化作用
→~ grade 结晶品位

liquid bitumen{asphalt} 液态沥青

liquidifiable 可液化的

liquid immersion 浸油
→~ immiscibility 液态不混溶作用 // ~ {fluid} inclusion 液包体 // ~ investments 临时投资；短期投资

liquidity 变现能力；流动性；液态；清偿能力
→~ index{factor} 液性指数 // ~ index {factor} 流性指数

liquid-junction potential 液体接触(电位)[测井]

liquid knockout drum 液滴分离鼓

→～-level gage 液体水平压力计//～level gauge 液面计//～ limit apparatus {device} 液限仪//～-liquid pulp 液液相矿浆//～ loading (井筒内)积液//～ molybdenum concentrate 液体钼精矿//～-nitrogen cooled detector 液氮制冷探测器

liquidoid 液相

liquidometer 液位计

liquid {-}oxygen 液氧
→～ oxygen 液态氧//～ paraffin{petrolatum} 液状石蜡；液体石蜡//～ penetrant inspection 液体渗透检查//～ petrolatum 液体矿脂//～ petroleum oil 煤油//～ phase oxidation of normal paraffin 正构石蜡液相氧化//～ producing capacity 产液量

liquids flow sheet 液体流程

liquid sludge 液状污泥
→～ sludge pump 泥浆肥料泵//～-solid adsorption chromato-graphy 液固吸附色谱//～ state{form} 液态//～-state diffusion 液态扩散

liquids withdrawal point 产液层(段)

liquid-tight 液封的

liquid trailer 液罐拖车；液槽拖车
→～ unmixing deposit 熔离矿床

liquid-vapo(u)r interface 液-汽相界面

liquid viscous-gas turbulent 液相层流-气相紊流

liquifaction{liquification} 液化

liquified cohesionless particle flow 流化非黏滞颗粒流

liquifier 冲淡液；液化剂；稀释剂

liquogel 液状凝胶；液凝胶

liquor 液；溶液；醇[ROH]；母液；流体；液体；涂以油
→～ level 料浆液面//～ storage 储液槽

liquo(r)striction 液浸变形

lira[pl.-e] 皱纹；条纹；脊；旋纹；条脊

Liriodendron 郁金香；鹅掌楸属[植;K₂-Q]

liriodendron 鹅掌楸

Liroceras 纹鹦鹉螺

lirocone (malachite) 豆铜矿[Cu₂Al(AsO₄)(OH)₄•4H₂O]

liroconite 水砷铝铜矿[Cu₂Al(AsO₄)(OH)₄•4H₂O;单斜]；豆铜矿

liroko(n)malachit{lirokonit} 豆铜矿[Cu₂Al(AsO₄)(OH)₄•4H₂O]

L-iron 角铁

lis 圆封闭地

Lisania 李三虫属[三叶;∈₂]

lisetite 里赛特石

Lishi loess 离石黄土

lishizhenite 李时珍石[ZnFe₂³⁺(SO₄)₄.₁₄H₂O; ZnFe₂(SO₄)₄•14H₂O]

Lishui ware 丽水窑

lisidonil 酒石酸肼双二乙胺三嗪

lisiguangite 李四光矿[CuPtBiS₃]

liskeardite 砷铁铝石[(Al,Fe³⁺)₃(AsO₄)(OH)₆•5H₂O;斜方?]

lisoloid 内液外固胶体；液固胶体

Li-spinel 锂尖晶石[LiAl₅O₈(人造)]

liss 圆封闭地

Lissajous figure 利萨如图(形)

Lissamphibia 滑体(两栖)亚纲；无甲亚纲

Lissapol A and C 十二烷基硫酸钠
→～ N ×烷基苯酚聚乙二醇醚[R•C₆H₄(OCH₂CH₂)ₙOH]//～ N.D.B Lissapol N.D.B 辛基甲酚聚乙二醇醚[C₈H₁₇•C₆H₄(OCH₂CH₂)ₙOH]

Lissatrypidae 柔无洞贝科

lissen 岩石裂隙；岩石裂缝

Lissochilina 滑唇螺[C-T]

Lissorhynchia 裸嘴贝属[D₂-C₁]

Lissostrophia 光扭贝属[腕;S-D₁]

list 编目；表格；表册；表；薄层岩；列举；软页岩；全暗煤；清单；倾斜；倾向性；倾侧角；边饰；边翅[昆]；目录；列入；附边[介]；列表；一览表；向一侧倾斜；镶边；狭条；夹矸

listening depth 测声深度
→～ system 收听系统

list mill 研磨机[琢磨宝石用]
→～ of coordinates 坐标表//～ of execution 施工材料目录//～ of materials 材料单

listric fault 上凹断层；犁状断层；正滑断层
→～ {lystric} fault 铲形断层

Listriodon 丽齿猪属[N₁]；镰齿猪属

listriodon 镰齿猪

listrium 孔缘板[腕]；缘板

listvenite 滑石菱镁岩；含铬云母

listvenitization 滑石菱镁片岩化

listwanite 滑石菱镁岩

listwanitization 滑石菱镁片岩化

litaflex 泡沫石棉

Litanaia 里坦藻属[D]

litarg(it)e 密陀僧[PbO;四方]；一氧化铅

litchfieldite 钠云霞正长岩；霞云钠长岩

literal 正确的；实际的；印刷错误
→～ {written} contract 成文合同//～ symbol system 文字符号法

literary or artistic image 形象

lith 岩性学

lithagoga{lithagogue} 驱石剂

lithanode 过氧化铅

Lithapium 石梨虫属[射虫;T]

lithargite 一氧化铅[PbO]；铅土；正方铅矿；铅黄[(β-)PbO;斜方]；密陀僧[PbO] 四方

Lithastrinus 石星石[钙超;K₂]

lithecbole 结石排出(法)

litheosphorus 重晶石[BaSO₄;斜方]

lither 枯枝落叶

lithesome 岩体

lithia 锂氧；云母[KAl₂(AlSi₃O₁₀)(OH)₂]；锂；氧化锂
→～ emerald (翠)绿锂辉石[LiAl(SiO₆)]//～{lithium} mica 钾云母[KAl₂(AlSi₃O₁₀)(OH)₂; K(Li,Al)₃(Si,Al)₄O₁₀(F,OH);单斜]//～ ore 锂辉石//～spring 锂盐{含锂}矿泉//～ tourmaline 锂电气石

lithian 含锂的
→～{lithium} muscovite 锂白云母

lithiaphorite 锂硬锰矿[(Al,Li)MnO₂(OH)₂;单斜]

lithiasis 结石病；结石

Lithic 石器时代

lithical 石质；岩屑的；石质的；结石；岩屑

lithic arkose wacke 岩屑长石砂岩质瓦克岩
→～-community 石生群落//～ era 原始岩代//～ fragment{shards;pyroclast} 岩屑//～ industry 石料工业

lithiclast 岩屑

lithic percentage map 岩性百分比图
→～ pyroclast 火山岩屑//～ {rock-fragment} sandstone 岩屑砂岩//～ subarkosic wacke 岩屑亚长石砂岩质杂砂{瓦克}岩//～ sublabile arenite 岩屑亚稳定砂屑岩

lithidionite 硅碱铜矿[KNaCuSi₄O₁₀;三斜]；碱硅铜矿[(Cu,Na₂, K₂)Si₃O₇]；碱硅铁矿

lithifaction 石化作用；岩化

lithification 石化作用；石化；岩化；岩石作用

lithified 岩化的
→～ sea-floor 石化海底

lithify 石化；岩化

lithinit 里季尼特硬质合金

lithio-ferrotriphylite 铁磷锂矿[(Li,Fe³⁺,Mn²⁺)(PO₄)]

lithio(phy)lite 锰磷锂矿[(Li,Mn²⁺,Fe³⁺)(PO₄)]

lithio-manganotriphylite 锂磷锂矿

lithionamethyst 紫锂辉石[LiAl(Si₂O₆)]

lithioneisenglimmer 铁锂云母[KLiFe²⁺Al(AlSi₃)O₁₀(F,OH);单斜]

lithio-nepheline 锂霞石[Li(AlSiO₄);三方]

lithionglaukophan[德] 锂闪石[Li₃Mg₅Fe²⁺₁₋₂Fe³⁺₂Al₂(Si₄O₁₁)₄(OH)₄;Li₂(Mg,Fe²⁺)₃Al₂Si₈O₂₂(OH)₂;斜方]；锂蓝闪石[Li₂(Mg,Fe²⁺)₃(Fe³⁺,Al)₂(Si₄O₁₁)₂(OH,F)₂]

lithionglimmer{lithionite} 锂云母[K(Li,Al)₃(Si,Al)₄O₁₀(F,OH)₂;单斜]

lithionnephelin 锂霞石[Li(AlSiO₄);三方]

lithionsmaragd 翠铬锂辉石

Lithiophilite 磷锂矿

lithiophilite 红鳞锂铝岩；锰磷锂矿[(Li,Mn²⁺,Fe³⁺)(PO₄)]；磷锰锂矿[LiMnPO₄;斜方]

lithiophorite 锂土矿；锂硬锰矿[(Al,Li)MnO₂(OH)₂;单斜]

lithiophosphat(it)e 块磷锂矿[Li₃PO₄;斜方]；锂磷酸石[Li₃(PO₄)]；锂磷石[Li₃(PO₄)]

lithiophyllite 磷锂石；锂磷石[Li₃(PO₄)]；锰磷锂矿[(Li,Mn²⁺, Fe³⁺)(PO₄)]

lithiopsilomelane 锂硬锰矿[(Al,Li)MnO₂(OH)₂;单斜]

lithiotantite 锂钽矿[Li(Ta,Nb)₃O₈]

Lithistida 石海绵(亚目)；硬海绵目

lithistida{lithistid sponge} 石海绵

lithite 透锂长石[LiAlSi₄O₁₀;单斜]；平衡石[石囊中]

lithium 锂
→～ amphibole 锂闪石[Li₃Mg₅Fe²⁺₁₋₂Fe³⁺₂Al₂(Si₄O₁₁)₄(OH)₄; Li₂(Mg,Fe²⁺)₃Al₂Si₈O₂₂(OH)₂;斜方]；含锂闪石；锂冰晶石[Li₃Na₃ Al₂F₁₂;等轴]；斜锂闪石[Li₂(Mg,Fe²⁺)₃Al₂Si₈O₂₂(OH)₂;单斜]//～ concentrate 锂精矿//～-cordierite 锂堇青石//～ cryolite 锂冰晶石[Li₃Na₃Al₂F₁₂;等轴]//～ deposit 锂辉石[LiAl(Si₂O₆);单斜]//～ deposite{deposit} 锂矿床//～ ferrite crystal 锂铁氧体晶体//～-fluorhectorite 锂氟锂蒙脱石//～ formate monohydrate crystal 一水钾酸锂晶体//～{|cesium} graphite 石墨化锂{|铯}//～ natrolite 锂钠沸石//～ ore 锂矿//～-potassium tartrate crystal 酒石酸锂钾晶体

lithiumpsilomelan 锂硬锰矿[(Al,Li)MnO₂(OH)₂;单斜]

lithium spinel 锂尖晶石[LiAl₅O₈(人造)]
→～ sulfate monohydrate crystal 单水硫酸锂晶体//～{lithia} tourmaline 锂电气石[Na(Li,Al)₃Al₆(BO₃)₃(Si₆O₁₈)(OH)₄;三方]

litho- 石；锂

Lithobiomorpha 石蜈蚣目[动]

lithocarpdiol 石柯二醇

lithocarpolone 石柯酮

lithochem(s) 石化(异化)颗粒

lithochemical control 岩化控制

→~ particle 石化(异化)颗粒
lithochemistry 岩石化学
lithochromy 彩色石印
lithoclase 破裂面；岩裂；岩屑；岩石裂隙
lithoclast 岩屑；碎石器
lithocolla 高岭石[$Al_4(Si_4O_{10})(OH)_8$;$Al_2O_3•2SiO_2•2H_2O$;$Al_2Si_2O_5$;单斜]
lithocolous 栖岩石的[生]
lithoconion 碎石器
lithocyst 石囊[动]
lithocyte 石细胞[植]
lithodeme 岩组
Lithoderma 石皮藻属[褐藻]
Lithodes 石蟹
lithodesma 石网骨片；石带片[双壳]
lithodialysis 溶石术
lithodid 海石蟹
Lithodinia 石藻
lithodololutite 白云岩屑泥岩
lithofacies 岩相
lithofraction 岩石破碎；岩裂
litho-function 岩性函数
lithogene 岩生的[矿]
lithogeneous 成岩的
lithogenesis 造岩；岩石成因(论;学)；岩石的形成作用；结石形成；成岩作用
lithogenesy 造岩
lithogenetic 自岩成因的
→~ evidence of climate 气候的成岩证据// ~ unit 岩石单位[制图]；成岩单位// ~ {rock(-stratigraphic);lithostratigraphic; lithostratic} unit 岩(石地)层单位[群/组/段/层(Group/Formation/ Member/Bed)]
lithogen(et)ic 岩生的；造岩的；成岩的
lithogenous 石质的；石成的；造岩的；岩生的
→~ material 造岩物质；成岩物质// ~ phase 成岩相
lithogen(e)ous{lithogenesis} process 造岩作用
lithogen(es)y 岩石成因(论;学)；成岩作用
lithoglyph 石刻
Lithoglyphinae 雕石螺亚科[腹]
lithogram 岩谱图
lithograph(y) 石印品；石版画；(用)平版印刷；平版画；石印
lithographic felt 石印用毡
→~ limestone 印版石灰岩// ~ paper 石印纸// ~ printing 石印；石版印刷；石印印花// ~ texture 石印石结构
lithography 平版印刷；贴花[陶]
lithoherm 岩丘；岩(石)礁
lithohorizon 岩石层位
lithoid 岩状的
lithoidal 石质的
→~ cap 石质壳// ~ texture 细密晶质结构
lithokelyphos 胎膜石化
lithokonion 碎石器
litholabe 持石器
litholapaxy 碎石术
litholine 石油；原油
lithological 岩石的
→~ character of roof rock 盖层岩性// ~ characters 岩石特性
lithologic(al) association{combination} 岩性组合
→~ (al) character 岩性// ~ (al){petro-graphic;rock} classification 岩石分类

//~(al) composition 岩石成分
lithology 岩性学；岩性；岩相学；岩石学；结石学
→~ analysis package 岩性分析程序包
//~ and mineral feature 岩矿特征// ~ complex reservoir analysis 复杂岩性储集层测井分析(程序)// ~ of parting 夹矸岩性
lithomarge 埃洛石[优质埃洛石(多水高岭石),$Al_2O_3•2SiO_2•4H_2O$;二水埃洛石 $Al_2(Si_2O_5)(OH)_4•1~2H_2O$;$Al_2Si_2O_5(OH)_4$;单斜]；密高岭土[$Al_4(Si_4O_{10})(OH)_8•nH_2O(n=0~4)$,含有石英、云母、褐铁矿等的不纯高岭土]；密高岭石[$Al_4(Si_4O_{10})(OH)_8$]
lithomechanics 岩石力学；岩矿力学
lithometeor 石流星；大气尘粒
lithometeors 尘象
lithomorphic 石状的
→~ soil 继承性土
lithomyl 膀胱碎石器
litho(-)paper 石印纸
lithopedion 石胎
Lithophaga 石蛏属[双壳;E-Q]
lithophagia 食石癖
lithophagous 食石的
lithophase 岩石物相；岩韵节
lithophile 亲氧的；亲石的
→~ element 亲岩元素；亲石元素
lithophilous 适石的；石生的；栖岩石的[生]；喜石的
lithophosphor 磷光石
lithophotography 影印石版术
lithophyll 化石叶；叶化石；叶印痕
Lithophyllum 石叶藻属[$J-K_2$]；泡沫坚珊瑚(属)
lithophysa[pl.-e] 岩泡；石泡；石核桃
lithophyte 石生植物
litho(-)plate 岩石板块
lithopone 硫化亚铅；立德粉；锌钡白[做颜料]
→~ grade 玻璃级；锌钡白级[重晶石精矿]
Lithoporella 小石孔藻属[K-Q]
lithoprint (用)石印术印刷；石印品
lithoprisy 切石术[医]；锯石术
Lithoprobe 岩石探针；岩石圈探测计划[加]
lithosequence 岩性序列
lithosiderite 石铁陨星；石铁陨石屑；石铁(质)陨石
lithosis 石屑肺；肺石屑病
lithosite 水硅铝钾石 [$K_6Al_8Si_8O_{25}•2H_2O$;$H_2K_2Al_6(Si_8Al_2O_{30})•3H_2O$]；丰素石
lithosol 石质土；粗骨土
lithos(tr)ome 沉积岩体；石质小体；异相岩体；岩体；岩石体；岩性体[均质的]
Lithosphaeridinium 石环沟藻属[K-E]
lithosphere 地球岩石圈；地壳；固态地球；岩界；岩圈；岩石圈；岩石层；陆界
lithospheric 岩石圈的；陆界的
→~ water 岩圈水
lithosporic 石斑
→~ zone 石斑圈{壳}
lithostatic 岩石静压力的
→~ gradient 岩层静压力梯度// ~ {load} pressure 负荷压力// ~ loads 岩石载荷// ~ pressure gradient 静岩(石)压(力)梯度
lithostratigraphic capitalization 岩性{石}地层名称的大写
→~ horizon 岩石层位// ~ lateral inter-gradation 岩性地层侧向互为消长// ~ stratotype 岩性地层的层型

lithostratigraphy 岩石层位学；岩石{性}地层(学)；岩相层序
Lithostromation 角垫石[钙超;E_2]
lithostrome 均质岩层；同相岩体；岩境
Lithostrotion 石柱珊瑚(属)[C_1]
lithostyle 石针[动]
Lithothamnion{Lithothamnium} 石枝藻(属)
lithothamnion 石珊瑚藻；石枝藻(属)
→~ ridge 石灰藻脊
liththamnium 石藻；石灰藻
lithothermal 干热的；岩热的
lithothrypty 碎石术
lithotint 彩色石印
lithotome 取石刀；切石刀；天然石材
lithotope 岩石域；稳定沉积状况；岩境
lithotripsia{(intracorporeal) lithotripsy} 碎石术
lithotriptor 碎石器
lithotrite 碎石器[泌尿]
lithotrity 碎石术
lithotroph 无机营养生物
lithotype 岩相组分；煤岩{眼视}成分；煤的拼分；岩(性)型
→(coal) ~ 煤岩类型
lithoxyl(e){lithoxylite} 石化木；木蛋白石[由木质纤维石化而成; $SiO_2•nH_2O$]
lithoxylon 石化木
lithplaxy 碎石术
lithraphidites 似针石[钙超;K]
lithrodes 脂光石[$Na(AlSiO_4)$]
Lithuania 立陶宛
lithuresis 石尿症
litidionite 硅碱铜矿[$KNaCuSi_4O_{10}$;三斜]；碱硅铜矿[$((Cu,Na_2,K_2) Si_3O_7)$]；碱硅铁矿
litigation 打官司；诉讼
→~ expense 诉讼费用
Litiopidae 弱饰螺科[腹]；糟糠螺科；螺科
litmocidin 石蕊杀菌素
litmomycin 石蕊霉素
litmus 石蕊
→~ paper 试纸[试酸碱性]
Litolophus 简脊爪兽属[E_2]
Litopterna 滑距骨目[哺]
litorideserta 海滨草原
Li-tourmaline 锂电气石[$Na(Li,Al)_3Al_6((BO_3)_3(Si_6O_{18})(OH)_4$;三方]
lit-par-lit 层层的；间层的
→~ injection 顺层注入
lit par lit intrusion 层层侵入
litter 林中死地被物；垃圾；废物；积叶层
litteral 名字
little 不多(的)；少；一点；小的；短时间；小
→~ giant 小喷枪；小型采矿水枪
littoral 滨海的；潮滩的；潮间的；沿(海)岸地区；沿岸的
→~ climate 海滨气候// ~ current{flow} 沿岸流// ~ energetics 滨海能量学// ~ region{area} 沿岸区
Littorina 滨螺属
littorina 滨螺[腹]
littorine 潮滩的；潮间的；滨海的；沿(海)岸地区；沿岸的
Littorinids 玉黍螺[中新生代]；滨螺属；滨螺[腹]
littorinids 滨螺类
lituicone 喇叭角石式壳
Lituites 喇叭角石(属)[头]；薇石(属)[O_2];

L

薇角石

lituiticone 喇叭角石式壳

Lituola 曲杖虫属[孔虫;T₃-Q]

Lituotuba 管杖虫属[孔虫;S-Q]

litus 砂海滨;海滨群落

lituus 连锁螺线

litvinskite 利特文思克石[Na₂(□,Na,Mn)Zr(Si₆O₁₂(OH,O)₆)]

liujinyinite 硫金银矿[Ag₃AuS₂;四方]

Liukiang Man 柳江人[12000~18000 年前]
→~{Liujiang} movement 柳江运动[D-C]

Liuli 琉璃

live 活泼的;活动的;生活;含矿的;有电压的;配线中正极接地;能起作用的;有效的;有作用的;有生命的;有经济价值的;放射性的;居住;留存;充电的;运转中;新鲜的[气体、蒸气]
→~ graphite 含铀块石墨// ~ grouper 活石斑鱼

liveingite 利硫砷铅矿[Pb₉As₁₃S₂₈;单斜]

liveliness 活泼;灵活[善于随机应变]

live load 动力负荷;活荷载;活负荷;交变负荷
→~{working} load 工作负载// ~ lode 可采矿脉

lively coal 易碎成中等粒度的煤

live oil 混气石油;流动石油;汽化石油
→~ pressure 变(动)压(力)// ~ primer 活性起爆药包

liverite 利福来[弹性沥青];弹性沥青

live-roll grizzly 滚轴型棒条筛
→~{revolving;roller-type;rotating;spool} grizzly 滚轴筛// ~{rotating;rotary} grizzly 辊轴筛

liver opal 硅乳石;肝蛋白石[为呈淡灰褐色的结核状蛋白石;SiO₂•nH₂O]
→~ ore 肝色矿;肝辰砂[HgS];赤铜矿[Cu₂O;等轴]// ~ pyrites 硫铁矿类

liverstone[德] 肝臭重晶石;重晶石[BaSO₄;斜方];沥青灰岩;易裂砂岩;臭重晶石;恶臭灰岩

Liverwort 苔类;藓类

live storage pile 消耗矿堆
→~{yearlong} stream 常年河流

living 生计;生动的;强烈的;当代(的);逼真的;天然的
→~ fossil 活化石[生]// ~ rock 自然状态的岩石// ~-rock cactus 石头掌[植]

livingslonite 硫汞锑矿[HgSb₄S₈]

living soil 表土;地表土壤
→~ space 生存{活}空间// ~ species 现生种;现存种

livingstonite 硫锑汞矿[HgSb₄S₈;单斜];硫汞锑矿[HgSb₄S₈]

living substance{matter} 活质
→~ vegetation 活植物

livit 焦石英[SiO₂;非晶质]

lixator 浸出桶

lixiviation plant 沥滤车间
→~ process 浸出法

lixivium 灰汁;淋余土;聚铝铁土;浸滤液

Lizard 蝎虎座

lizard 移动遮护罩
→~ ballon 蜥蜴式气球

lizardite 利蛇纹石[Mg₃Si₂O₅(OH)₄;单斜];鳞蛇纹石;板蛇纹石

lizards 蜥蜴类

ljardite 猪脂石;叶蜡石[Al₂(Si₄O₁₀)(OH)₂;单斜];冻蛋白石

L joint L 形节理
→~-joint 原生平伏节理

L{|Q|f}-joint L{|Q|f}节理

LKT 低钾拉斑岩

llallagualite 菱独居石

llamas 羊驼类

llanca 硅孔雀石[(Cu,Al)H₂Si₂O₅(OH)₄•nH₂O;CuSiO₃•2H₂O;单斜]

Llandeilian 兰代洛(统)[欧;O₂]
→~ (stage) 兰代洛阶;兰代洛统[O₂;欧]

Llandeiio (series) 兰代洛统[O₂;美]
→~ flags and limestone 兰代洛板层和灰岩

Llandoverian 蓝达夫里阶[S₁]

Llandoverygnathus 兰多维牙形石属[S₁]

llanite 淡碱岗斑岩;花岗岩;兰尼岩

Llano 兰诺(群)[美;An€];热带无树(大草)原;大草原[南美]

Llanvirn 兰维恩统[O₂]

Llanvirnian 兰维尔(阶)[欧;O₂]

llevantades 累范特风[地中海上的强烈东风]

llicteria 辉锑锡铅矿[Pb₅Sn₃Sb₂S₁₄;三斜]

Lloydia 罗依得虫属[三叶;O₁]

llys 圆封闭地

LNG storage tank 液化天然气储罐
→~ tanker 液化天然气船

load 输入;浓度;负荷;装填;装入;装料;载荷;输砂量;沙量;搬运物;荷载;含沙量;含量;负载;负担;充填;加载;加荷;寄存;送入;注入液体[向井内]

load{loading} (cargo) 装货

loadamatic 随负载变化自动作用的
→~ control 负载变化自动控制

load and transport 装运
→~-cell 负载管[测量岩石应变用]

load-extension{lengthening} curve 拉伸曲线
→~ diagram 载荷拉伸变形图

load {-}factor 负载因数
→~ factor method 荷载因数法// ~-following power generation 随荷发电// ~ gauge 测力计// ~-haul-dump equipment 铲运机

loading 负荷;含量;装上;存放;加载;加压;加荷;填料;填充物
→(coil) ~ 加感// ~ and haulage 装运// ~ by hand 人工装载// ~ cartridge 限量装置;计量装载矿仓// ~ chute 溜矿口;加矿槽// ~ flight 装煤刮板[装在截链座上]// ~ platform 装货台{场}// ~ rate 加载速度;加荷速率// ~ ratio 荷载比// ~ tray 给矿槽

load limit 负荷极限
→~ limit changer 载荷限制转换器// ~ metamorphism 重压变质(作用)// ~ module 装配组件// ~ of river{stream} 河流泥沙

loadometer 车辆过磅器;测压仪;测荷仪;载荷计;自动秤

load on bit 钻压;钻头负荷
→~-out bin 装车仓;装运矿槽

loadstone 磁铁矿[Fe²⁺Fe³⁺₂O₄;等轴];磁石;吸引人的东西;极磁铁矿[Fe₃O₄]

load storing 重车停放
→~-strain deviation graph 载荷应变偏差图

loaisite 泡臭葱石;臭葱石[Fe³⁺(AsO₄)•2H₂O;斜方]

loam 砂质黏土;黏土;黏泥和砂等混合

物;垆姆{土}[壤土];烂砂[冶];肥泥;亚黏土

loamification 壤质化(作用);亚黏土化(作用)

loaming 根据砂矿追索原生矿床[地表物质取样试验];追踪(风化矿物)淘洗找矿法[澳];次生晕法

loamy 壤土质的
→~ clay 壤质土;垆姆土[壤质黏土]// ~ {binding} gravel 含泥砾石// ~ gravel 带土砾石;垆姆质砾石

loan 货款;借贷;贷款;借出;外来语
→~ floatation 筹集借款// ~ on security 抵押贷款

loans payable 应付借款
→~ {|interest|account} receivable 应收{放款}|(未收)利息|账}

Lobaria 兜衣属[地衣;Q]

Lobatannularia 瓣轮叶(属)

lobate 舌状的[植];分裂的;浅裂的[叶缘];圆裂的;叶状的;叶状;有叶的

lobatus 浅裂的[叶缘];种名

Lobbe plough 鲁勃型高速刨煤机

lobbying group 游说团体

lobe 舌形体;舌;河曲凸角;曲流瓣;叶;正弦的半周;瓣;叶片;叶部;波瓣[天线方向特性图中];朵体;冰碛舌;凸起;凸出部分;冰川缘

lobed foot 瓣足

lobefin 肉鳍鱼(亚纲)

lobe of orogenic belt 造山带分支部分
→~ of the ear 耳垂// ~ pattern 方向图// ~ poisoned 中毒

Lobifolia 裂瓣蕨属[J-K₁]

Lobobactrites 叶杆石属[D₂₋₃];扁杆石(属)[头]

lobobactrites 叶杆石

lobodont 叶齿型

lob of gold 小型富砂金矿{金矿床}

loboit 符山石[Ca₁₀Mg₂Al₄(SiO₄)₅,Ca 常被铈、锰、钠、钾、铀类质同象代替,镁也可被铁、锌、铜、铬、铍等代替,形成多个变种;Ca₁₀Mg₂Al₄(SiO₄)₅(Si₂O₇)₂(OH)₄;四方]

Lobosa 变形虫目[动]

lobose pseudopodia 叶状伪足

Lobothyris 叶孔贝属[腕;J]

lobus 裂片;叶[生]

loc 定位;地方的;地方;位置

local 地方的;轨迹的;当地;局部的;土
→~ (train) 慢车

locale 地点

local emission source 本地排放来源
→~ equilibrium distribution 局部均衡分布// ~ feedback 局部反馈// ~ geology 矿区地质(学)// ~ gravity 局部重力值

locality 方向;场所;产地;地方;地点;地区;现场;所在地
→~ {index} map 位置交通运输图

localization 定域;测定;部位;局部化;限制;位置;探测
→~ {ordination} method 定位法

localize 定位;地方化;局限;局部化

localized attack 局部侵蚀
→~ bond 定域键// ~ discharge feature 局部性放热显示// ~ eruption 集中喷发

localizer 探测器;定位器;航向信标;抑制剂
→~ cast 定位石膏管型// ~ of ore 矿石聚积地;成矿部位

local locked-up stress 局部锁紧应力
locally-based initiative 基于地区的积极性
locally minima-property 局部极小极大性
local meteoric line 当地雨线
　→～ minimization problem 局部极小化问题
located 定位的；设置的；布置好的
　→～ assay 定位取样分析
locating 定线；划定矿区
　→～{position} correction 位置校正//～ plunger 定位销//～ point of entry of water 确定钻孔涌水部位
location 定位；标定矿地；场所；地址；地点；区位；找矿；测位；单元；放样；勘定；寻找；选点；位置
　→(route) ～ 定线
locational 定位的
　→～ or economic rent 出租租金
location and design of vertical shafts 竖井的设计
　→～ of oil reserves 石油储量的分布；石油储层的圈定//～ on ore 靠矿厂址；近矿位置//～ plan 矿山开拓位置图
loch 海湾；滨海湖
lochan 小湖[冰斗]
lochmium 植丛群落
lochmodium 干植丛群落
Lochongia 罗城贝属[腕;C₁]
Lochriea 洛奇里牙形石(属)[C]
lochy 多湖的
loci[sgl.locus] 位置
lock 锁定；闸；制轮楔；上锁；刹车；海湾；卡住；测时；固定；闭锁；闸门；封闭；锁；牵引[频率]
(breech) lock 闩锁
lock (chamber) 水闸；同步；自动跟踪
　→～ bottom 闸底//～ chamber 闸箱//～-crimped wire cloth 冲眼双皱(金属丝)筛布//～ dog 锁紧块
lockdown 锁合
locked 关闭的；连生的；堵塞的
　→～-coil cable 封闭圈钢丝绳//～-in stress 闭锁应力//～ middling 连生中矿；夹矸中煤//～ middlings 未分离中矿//～ mineral 复体矿物，未解离矿物//～ test 连续过程试验；关闭法试验
Lockeia 洛克迹[遗石]
locker 机架；刹车杆[插入轮辐中]；冷藏间；橱柜；锁扣装置
lock face 锁扣able[自动挂钩]
lockfast pick 快速插入式截齿
lock for bottom 确定孔底情况；探底
　→～ gate 防水门；闸门[水闸]//～{locking} gear 制动装置
Lockhartia 多柱虫属[孔虫;E]
lock hopper 闸斗仓
　→～ in 稳斜//～ in{on} 锁住
locking 连锁；同步；堵塞
　→～ arm 固定臂
lock input 同步输入
　→～ lifter 提门器[自动车钩等]//～(ing){holding} magnet 吸持磁铁//～-on 自动追踪//～-on stabilizer 带锁紧圈的稳定器
lockout cap 阀盖
lock{bracing} piece 横梁
　→～ piece 坑木//～ pin 止动销
Lockportian (stage) 洛克波特(阶)[美;S₂]
lock post 防松杆

　→～ recess 爪锁凹槽//～ ring 止动圈//～ rod 锁杆//～{binding;clamp;pinching} screw 夹紧螺钉
locksmith's department 钳工工段
lock(ing) spring 锁簧
　→～-step operation 锁步操作
lockup 闭；锁住
　→～ clutch 锁闭离合器
lock washer 固定垫圈
(safety) lockwire 安全锁线
Lockwood separator 劳克吴特型分选机
loco{loco.} 机车
　→～ citato (在)上述引文中[拉]；引证//～(motive) driver 机车司机//～(motive){motor} haulage 机车运输
locomorphic stage 硬结期；胶结作用阶段
　→～ stage{phase} 胶结阶段
locomotive 机动的；机车；火车头；车头；推进器；运动的；移动的；有运转力的
　→～ barn{shed} 机车房//～ crane 机车起重吊
locomotiveness 变换位置方法；位置变换性能
locomotive operator 机车司机
　→～-transport 机车运输
loco price 当地交货价格
Loctite hydraulic seal 罗克太特液封
locular 室的；有小腔的
　→～ dimorphism 房室的双形现象[介]//～ wall 室壁
Loculipora 规迹苔藓虫属[S-D]
loculum 胞；室[动植物组织的]
loculus{locule}[pl.-li] 子囊腔；小腔；室[子房、花药等]；小室
locus[pl.loci] 轨迹(线)；场所；地点；(空间)位置；所在地
　→～ of buoyancy 浮心轨迹//～ of concentration 富集中心//～ of foundering 沉降中心；塌陷中心
locusts 蝗虫
lodalite 钙铁辉石[CaFe²⁺(Si₂O₆);单斜]；绿幽灵水晶
lodar 罗达远程精确测位器；夜效应补偿测向器
lode 水沟；水道；产油带；脉；复成脉；天然磁石[Fe₃O₄]；斜矿脉；脉矿[与砂矿相对]；排水沟[沼泽]
　→～(ore;country;mineralized) chamber 矿脉膨胀处；矿脉变厚处；矿瘤//～ channel{country} 成矿通路//～ country 矿体//～{vein} deposit 脉矿床//～ filling{mineral} 脉矿//～ gold 金矿脉//～ mineral 成脉矿物//～ ore 天然磁石矿//～ plot 水平矿脉
lodes{veins} of minerals 石脉
Lode's parameter 罗德参数
lodestone{loadstone} 天然磁石[Fe₃O₄]
　→～ 磁化岩石；脉石；磁石；磁铁矿[Fe²⁺Fe₂³⁺O₄;等轴]；吸引人的东西；吸铁石；极磁铁矿[Fe₃O₄]
lode stone{filling} 脉石
Lode strain{|stress} parameter 洛德应变{|力}参数
lodestuff 脉内矿物；脉矿物质
lode stuff 矿脉物质；矿脉狭薄部分
　→～{mine;vein} tin 脉锡矿(矿)；锡矿脉//～ tinstone 锡矿石
lodge 水窝；水仓；住宿；筛孔堵塞；传达室；地下水仓；容纳；格架；贮矿场；井

口卸车房；岩芯卡塞；蓄水池；卸载场；井口；小屋；进入；堆积；堵塞；积聚
　→～ room 矿井旁的工房；井口房；井下泵房//～{pumping} room 水泵房
lodging 糊住；住址；井口；出租的房间；寄宿宿舍
　→～ dust particle 沉积尘粒//～ of dust particles 尘粒沉淀//～ point 埋藏地点；赋存处所
lodg(e)ment till 底(冰)碛
lodochnikite 铁富铀矿[UTi₂O₆,U⁴⁺部分被U⁶⁺代替;(U,Ca, Ce)(Ti,Fe)₂O₆;单斜；钛钍铀矿[2(U,Th)O₂•3UO₃•14TiO₂]
lodo(t)chnikovite 斜绿镁铝石[Fe,Al,Mg及Ca的氧化物]；铁镁铝钙石
lodochnikowite{lodotchnikovite;lodotschnikowit} 斜绿镁铝石[Fe,Al,Mg及Ca的氧化物]；铁镁铝钙石
lodox 粉末磁铁
lodranite 古铜辉石橄榄石铁陨石；橄榄古铜陨铁
Lodran meteorite 洛德兰陨石
lodulite 易剥辉石
loess 黄土；风成黄土
loessal 黄土类(的)
loess-child{loess concretion{doll;nodule;kindchen}} 黄土结核
loess concretion{doll} 礓石
　→～ doll 僵石//～-child{-doll} 僵结人//～-doll 黄土结核//～ flow 带黄土气流；空中黄土尘
loessial 黄土类(的)
　→～{loess;loessal} soil 黄土类土
loessification 黄土化(作用)
loessite 黄土岩；古黄土
loessland 黄土地区
loess like soil 拟黄土
　→～-like soil 黄土状土//～ loam 黄土垆姆
loessoide 改造黄土
loevigite 黄矾[KAl₃(SO₄)₂(OH)₆]；明矾石[KAl₃(SO₄)₂(OH)₆;三方]
loewigite{loeweite} 黄钾明矾[KAl₃(SO₄)₂(OH)₆(有时含有较多的Na)]；黄矾[KAl₃(SO₄)₂(OH)₆]
loew(e)ite 钠镁矾[Na₂Mg(SO₄)₂•5/2H₂O;Na₁₂Mg₇(SO₄)₁₃•15H₂O;三方]
LOF 侧壁熔融不足[焊]；弹道；力线
lofar 低频搜索与测距
loferite 鸟眼灰岩
lo-fi 低度传真的
loftsman 放样员[造船或造飞机]；放样工
lofty mountains 山岳
　→～ tin 大块粗锡矿石
log 划眼[下套管前]；航行；测录；测程仪[船]；工作记录；木头；柱状图；对数；采伐；录井；圆材
　→～{|trade|deal|dream} 做记录{|交易|买卖|梦}//～(book) 钻井日志[口]
logan 摇摆石；沼泽地；滞水湾
　→～(stone) 摇石
loganite 闪石形绿泥石
Loganograptus 劳氏笔石属[O₁]
log concentration factor 对数浓度因子
　→～ data{book} 钻井记录//～ data 录井资料//～-derived clay volume 测井导出的黏土体积//～-electronics 电子晒像机
logged 半淹没的；静水的；充满水的；浸透水的；沼泽的

L

→～ liner 槽底焊板

logger 测井仪；录井人员；伐木者；记录员；记录器

logic 工作程序

logicality 逻辑性

log information standard format 测井信息标准记录格式
→～-inject-log 测(井)-注(入)-测(井)

logistic curve 增加曲线
→～ regression analysis 逻辑回归分析

logistics 后勤

logit 分对数；洛吉值；罗吉特几率
→～ analysis 洛吉分析

log line 测程仪绳
→～-log diagnosis plot 双对数诊断{鉴别}曲线 //～-log plot 双对数坐标图 //～out 注销 //～ presentation 测井曲线

logronite 洛各陨石

log sheet 日报表
→～ slate 暂记石板 //～ slide 木材滑道 //～ washer 倾斜洗选槽；洗矿机{槽}；斜槽式洗矿机 //～ washing 斜横式洗选

logy 卡住的；阻卡的；遇阻的
→～ casing 难下的套管[受井壁摩阻] //～ drill column (钻具为)泥包(住)；不易起下的钻柱[泥包的]

lohestite 胚红柱石

Lohmannosphaera 洛氏球石[钙超;Q]

Lohreng-Bray-Clark{L-B-C} equation 劳伦兹-伯拉伊-克拉克方程[预测地下油、气黏度]

LOI 未点燃的[放炮]；烧失量

loi 杂质限度

loipon 强化学风化残积{覆盖}层

Loipophyllum 遗böⅡ瑚属[D2]

loiter 泡

lok-batanite 洛克巴坦石

lokkaite 水碳钇石[(Y,Ca)2(CO3)3•2H2O;斜方]；水碳钙钇石[CaY3(CO3)4(OH)•3H2O;四方?]

lollingite 斜方砷铁矿[FeAs2;斜方]

lolly 雪水

loma 平缓丘陵；沿海向风苔藓草地

Lomatopteris 厚边羊齿属[J]

lombaardite 纤帘石[Ca10Fe5^{2+}Al27Si18O89(OH)5]

Lomentaria 节荚藻属[红藻;S-Q]

lomonite 浊沸石[CaO•Al2O3•4SiO2•4H2O;单斜]

lomonosovite 磷硅铁钠石；磷硅钛钠石[Na2Ti2Si2O9•(Na,H)3PO4;三斜]

lomonosowite{lomonossowit} 磷硅钛钠石[Na2Ti2Si2O9•(Na,H)3 PO4;三斜]

lomontite 浊沸石[CaO•Al2O3•4SiO2•4H2O;单斜]

lona 地方带

lonchidite 砷白铁矿[FeAsS]

Lonchodina 小尖枪牙形石属[S2-T]

Lonchodomas 矛头虫属[三叶;O]

Lonchodus 尖枪牙形石(属)[O-T]

Lonchograptus 鱼叉笔石属[O1]

Lonchopteridium 准矛羊齿属[C2]

Lonchopteris 矛(羊齿属)[C2]

Londinian 浪丁(阶)；伊普雷斯{以卜累斯;伊普尔}(阶)[欧;E2]

londonite 硼铯铝铍石[CsAl4Be4(B,Be)12O28]

London Metal Exchange 伦敦金属交易所
→～ (type) smog 伦敦型烟雾 //～ smog incidents 伦敦烟雾事件

lonecreekite 劳铵铁矾[NH4Fe(SO4)2•12H2O]；铁铵矾[(NH4)2Fe(SO4)2•6H2O]

lone electron 孤电子
→～ kame 冰砾孤丘{阜}

lonestone 孤石

long array 长组合；长排列[震勘]
→～-awn 与主解理成小于 45°的采煤工作面 //～{major;apical} axis 长轴

longaxones 长轴类[花粉]

longbanite 硅锑锰矿[(Mn^{2+},Sb^{3+})4(Mn^{4+},Fe^{3+},Mg)3SiO12(近似);(Mn^{2+},Ca)4(Mn^{3+},Fe^{3+})9SbSi2O24;三方]

long delay 长时延迟
→～-delay blasting cap 长期延时引爆雷管

long-duration measurement 长期计量
→～ static test 蠕变试验

long duration stress-rupture test 长时期应力断裂试验
→～ duration test 耐久试验

longer inner run 较长回次进尺
→～ leg of a right triangle 股 //～-lived 寿命较长的

longeron 大梁；纵梁[飞机的]

longevity 寿命；耐久(性)；资历；有效期
→～ of resource 资源开发寿命

long face mining 长工作面开采；长壁(开采)
→～ form 详细格式 //～-form report 详细查账报告 //～ glass 长玻璃 //～-half-life material 长半衰期物质

longhole{long (blast-)hole} 深(炮)眼；深孔
→～ blasting 深眼爆破

long{deep} hole blasting 深孔爆破
→～-holed pillar 钻有深孔的矿(煤)柱 //～-hole grouting 深眼灌浆；深孔(注水泥) //～-hole infusion 水力松煤

longhole raising 深孔爆破天井掘进
→～ work 深炮眼崩落开采

longholing 深钻进

longicone 长锥壳[头]

longifolene 长叶(松萜)烯

long infrared 长红外区

longipinnati 狭鳍足型[鱼龙]

Longiscula 长介属[O2-S3]

Longispina 长刺贝(属)[腕;D1-2]

longitude 黄经；地平经度；经度测定；经度

longitudinal 纵向的；纵向；纵的；轴向的；经线的
→～ backstoping and filling 沿走向上向梯段充填开采；沿走向后退式回采充填法 //～ beam{bar} 纵梁 //～ channel wave 纵导波 //～ dislocation 纵变位 //～ flame tank furnace 纵火焰池窑

longitudinally polarized geophone 轴向偏振拾波器
→～ welded 纵焊的 //～-welded pipe 直缝焊接管

longitudinal magnetostriction constant 纵向磁致伸缩系数
→～ metacenter height 纵稳心高 //～{parietal} septum 纵隔壁 //～ shrinkage stoping 纵向留矿回采(法)；沿走向布置矿房的留矿法 //～ strain 线应变[力] //～{compressional;irrotational;push-pull;primary} wave 纵(向)波

Long{dragon} kiln 龙窑

long lateral 长梯度(测井)曲线；长梯度电极系测井
→～ leg cast 长腿石膏管型[医] //～ life 长寿命；长使用期限；长工作期限

//～-life tube 优质{长寿命}管 //～ line pillaring 房柱式采煤法大后退回采煤柱的长放顶枚 //～ link chain 长环链

Longmaid-Henderson process 朗梅德汉德森提铜法；郎梅德-亨德森(黄铁矿烧渣低温氯化浸出)法

Longmenshanoceras 龙门山菊石属[头;P2]

Longmyndian 朗明德系
→～ (series) 龙民德(统)[英;An∈]

longnanite 龙内矿

long normal 长电位电极系测井；长电位(曲线)
→～-nose plier 长嘴钳 //～-piston rock drill 长活塞式岩(石钻)机

Long quan ware 龙泉窑

long radius 长半径；大半径
→～-radius superelevated curve 大半径超高取线 //～-range fluctuation 长期波动 //～-range fossil 长时限化石 //～-range pit planning 露天矿远景设计 //～-range production scheduling 编制长期生产计划 //～-range sand 宽级别矿砂

Longshan black pottery 龙山黑陶

long-shank chopping bit 长柄表层冲凿钻头

long-shanked drifter drill 架式长钎柄凿岩机

Longshan ware 陇山窑

longshore 顺岸的；沿岸的；滨岸的
→～ bar 滨岸沙坝{堤} //～ drift 沿海岸漂流

long-shore drift 沿滨漂流

longshoreman{long-shore-man} 码头装卸工人；码头工(人)

longshore trough 沿岸凹槽；沿岸洼槽

long shot 远景
→～-slot wire cloth 长缝筛布 //～ spaced 长源距的 //～ spacing curve 大电极距测井曲线 //～ span 长跨度

longspan underground structure 大跨度地下建筑物

long spark 长火花
→～ spread of detector 长检波器排列 //～ substrate blank 加长复合片[一薄层聚晶金刚石连在一个长碳化钨圆柱体上] //～-term deformation of rock 岩石长期变形

longulite 长联雏晶

long union adapter 长管接头

Longvillian 朗格维尔阶[O3]

longwall 长壁法

long wall 长壁(开采)

longwall advancing to the dip{|rise} 前进式俯{仰}斜长壁开采法
→～ alternating retreat 交替后退式长壁开采(采煤)法

long wall caving 长壁落顶采煤法

longwall caving method 长壁垮落法
→～ working with caving 顶板垮落长壁开采法；崩落顶板长壁(式)采(矿)法

longwork 长壁法

Lonicera confusa 华南忍冬[Ag,Au 指示植物]；山{金}银花[忍冬属之一种,Ag,Au 指示植物]

Lonicerapollis 忍冬粉属[孢;E3]

Lonsdaleia 郎氏花珊瑚；郎士德珊瑚属[C]

Lonsdaleiastraea 郎士德星珊瑚属[C3-P1]

Lonsdaleite 朗斯代尔石

lonsdaleite 六方金刚石[C]；六方碳；郎

斯代尔矿

lonsdaleoid dissepimentarium 边缘泡沫带；郎{朗}士德珊瑚型鳞板带
→～ dissepiments 郎{朗}士德珊瑚型鳞板 //～ septum 朗士德珊瑚型隔壁

Lonsdaleoides 似郎士德珊瑚属[P_1]

lonsdaleoid septum 朗士德珊瑚型隔壁

loob 锡矿泥；锡矿的泥质尾矿；碎锡矿渣

look 式样；样子；看；调查；外观

looked out 外倾

look for 寻找；期待
→～ for bottom 下放钻柱测井底 //～ in 搜索

looking-down structure 俯瞰构造法

looking glass 窥镜；看窗

look into 追究
→～ into a problem 调查研究问题

look-out post 安全哨

look over 探查
→～ over the vouchers 审阅单据 //～ sideways 侧视 //～ up 检索 //～-up table 查找表

looming 屋景；上现(远景)

loon 潜鸟

loop 环形线路；环形沙坝；环；腕环；圈；闭合线[野外观测]；框；循环；匝；波腹；网络；提升绳端的链钩；腕骨[腕]
→～ analysis 回路分析 //～ back test 回送检查 //～ bedding 链环形层理 //～ boot type 扣环型 //～{endless} chain 无极链

looped bar{barrier} 环形沙坝
→～ bar 套状沙洲 //～ link 吊环；互套环 //～ pipeline 副管 [为提高输送量而铺设的平行于或回行于干管的管段]

looper thread tension post 弯针夹线支架

loop expansion pipe 三张力弯管；膨胀管圈
→～ feeder cable 环状天线馈电电缆 //～-haulage 环形运输

loophole 隙；漏洞

looping 铺复线；发动机不均匀行程
→～ coefficient 回路系数；环绕系数

loop jump 循环转移
→～ line 环线；矿车周转线 //～ of dislocation 位错环 //～ system 回管系统；环行系统 //～ with loop 副回路

loose 疏松的；疏松；释放；自由的；工作区两侧煤的顶采空；松的；风流；游离的；空转的；解开；无负荷的；松散的；松散；松软；松开；松动；松
→～ ground 破裂岩石；不胶结的岩石；松散易崩坍落地层；松动地基

loosely aggregated structure 松聚集结构
→～ bonded filaments in strand 散丝 //～ bound water 弱结合水 //～-filled vermiculite 松填蛭石

loose measure 松量
→～ measure{measurement} 粗测 //～-measured 粗测；松量 //～ measurement (在)松散状态下测量

loosen control 解冻

loosened 疏松的；破碎的；不胶结的；未胶结的；松散的
→～ {incoherent;friable;crumbling;unconsolidated;loose} rock 松散岩石

loose{swinging} needle traverse 动针罗盘导线

loosener 撕松机；松土机
→(bar) ～ 松石工

looseness 弛度；松度
→～ of soil 土壤松散度 //～ of structure 构造孔隙(度)

loosening 松散
→～ {increase} coefficient 松散系数 //～ ground pressure 散体地压 //～ of soil 岩土松动

loosen(ing) the soil 松土

loose packing unit weight 松堆容重
→～ part of rock 浮石 //～ porosity 粗孔隙度 //～{loosened; running} rock 松石 //～ rock dam 碎石坝 //～{running} sand 松砂 //～ stone 脱落的金刚石；未镶好的金刚石[钻头胎体上] //～-stone 干砌石 //～ stone dam 干砌石坝

loosest packing 最疏松堆积

loose structure 散体结构
→～ stuff 松散岩石

lopadolith 盆子状颗石[钙超]

loparite 铈铌钙钛矿{钛铌酸钠铈矿；铈铌钙钛矿；钛铌钙铈矿} [(Ce,La,Na,Ca,Sr)$_2$(Ti,Nb)$_2$O$_6$;斜方]、假等轴]

Lopatinella 平盘藻属[Z]

Lopatin method 洛帕廷方法

lope deflection 坡度挠度

lopezite 偏钾矿；铬钾矿[$K_2Cr_2O_7$;三斜]

loph{crista} 脊[生]

Lopha 棱蛎(属)[双壳;T-Q]

Lophamplexus 顶包珊瑚

lophate 脊状隆起

Lophialetids 脊齿貘类

Lophiodonts 棱齿貘类

loph(o)ite 蠕绿泥石[$Mg_3(Mg,Fe^{2+},Al)_3((Si,Al)_4O_{10})(OH)_8$]

Lophocarinophyllum 脊板顶珊瑚(属)[C_3]

Lophodermium 散斑壳属[真菌;Q]

Lophodiacrodium 瘤面双极藻属[Є-O]

Lophodolithus 鸟冠颗石[钙超;E_2]

lophodont 脊齿{牙}型(的;动物)
→～ tooth 脊型齿

Lophophaenidae 冠孔虫科[射虫]

Lophophorata 触手冠动物

Lophophyllidium 顶柱珊瑚(属)[C-P]

Lophophyllum 顶饰珊瑚属[C]

Lophorytidodiacrodium 瘤面具褶双极藻属[Є]

Lophosphaeridium 瘤面球形藻属[Z-S]

Lophospira 脊旋螺属[腹;O-D]

lophosteron 龙骨脊

lophotrichous 鞭毛菌丝体的

Lophotrilites 三角锥瘤孢属[C_2]

Lophozonotriletes 瘤环孢属[Pz]

Lopingian{Loping series} 乐平统

lopingite{Loping coal;lopite} 乐平煤

Lopingoceras 乐平角石属[头;P]

Lopinopteris 乐平羊齿属[C_3]

lopodolith 篮状颗石

lopolith 岩盆[火成岩]

loprotron 整流射线管

loran 远程无线电导航系统；劳兰[双曲线远程导航系统]

lorandite 红铊矿[$TlAsS_2$;单斜]

loranskite 铋锆钇矿；钇钽矿[(Y,Ce,Ca···)(Ta,Zr···)$_2$O$_7$;(Y,Ca,Ce,U,Th)(Nb,Ta,Ti)$_2$O$_6$];钽锆钇矿[(Y,Ce,Ca)ZrTaO$_6$?]

Loranthaceae 桑寄生科

Loranthacites 桑寄生粉属[孢;K_2]

loreal 法国欧莱雅
→～ scale 颊鳞

Lorentz coil 笼形线圈
→～ field{|group|transformation} 洛{罗}伦兹场{群|变换}

lorenz(en)ite 钛硅钠矿[$Na_2Ti_2Si_2O_9$];硅钠钛矿 [$Na_2(Ti,Zr)_4O_9$·$Na_2Si_4O_9$;$Na_2Ti_2Si_2O_9$;斜方]

lorettoite 黄氯铅矿[$Pb_7Cl_2O_6$;6PbO•PbCl$_2$]

lorica 丁甲；囊壳；藻鞘；套；兜甲[古]

Loricula 顶鞭毛束；小甲虫属[蔓足]

Lorieroceras 洛利尔角石属[头;D]

Loriolaster 大腹海星属[棘;D]

Loripes 带蛤属[双壳;E-Q]

Loris 懒猴属[Q]

Lorolamine 辛胺、癸胺与月桂胺的混合物

loroxanthin 绿藻黄素

lorry 矿车；货车；运输卡车；手车；运料车；卡车；井口可移动式搭板[备吊桶停留用]；斗底车[装炼焦炉用]

loryite 钠镁矾[$Na_2Mg(SO_4)_2$•5/2H$_2$O;Na$_{12}$Mg$_7$(SO$_4$)$_{13}$•15H$_2$O;三方]

loseyite 蓝锌锰矿[(Zn,Mn)$_7$(CO$_3$)$_2$(OH)$_{10}$];碳锌锰矿[(Mn,Zn)$_7$(CO$_3$)$_2$(OH)$_{10}$;单斜]

losing{influent} stream 渗失河

losite 硫碱钙霞石[(Na,K,Ca)$_{6-8}$(Al$_6$Si$_6$O$_{24}$)(SO$_4$,CO$_3$)•1~5H$_2$O];硫钙霞石[(Na,K,Ca)$_{6-8}$Al$_6$Si$_6$O$_{24}$(SO$_4$,CO$_3$)•1~5H$_2$O]

loss 衰减；黄土；浪费；失利；失败；带出；错过；风成黄土；运出；亏损；遗失；降低；损失；损耗；缺失[地层]
→～ and gain 损益

lossenite 砷铅铁矾 [PbFe$_3^{3+}$(AsO$_4$)(SO$_4$)(OH)$_6$;三方]；硫铁铅矾；菱铅铁矾 [4PbO•9Fe$_2$O$_3$•6As$_2$O$_5$•4SO$_3$•33H$_2$O]；杂葱臭菱铅矾

losses of petroleum products 油品损耗
→～ suffered in internal strife 内耗

lossy 大损耗；大衰减；有损耗的
→～ medium 损耗介质 //～ travel time 有损耗传播时间

lost 磨损的；徒劳的
→～ wax casting 失蜡铸造；石蜡铸造；蜡模铸造

lot 分组；划分；场地；地区；地皮；地块；地段；批；一份；许多；堆

Lotagnostus 花球接子属[三叶;$Є_3$]

lotalalite{lotalatite} 钙铁辉石[CaFe^{2+}(Si$_2$O$_6$);单斜]

lotal(a)ite 易剥辉石；钙铁辉石[CaFe^{2+}(Si$_2$O$_6$);单斜]

Lotharingian 洛塔林王朝；洛林(阶)[欧;J_1]
→～ stage 洛撒林阶

lotharmeyerite 砷钙锌锰矿；砷钙锰锌石；钙锰锌矾[CaMn^{3+}Zn (SO$_4$)$_2$OH•2H$_2$O(?)]

lotic 栖激流群落
→～ environment 流水环境

lot lost system 分批成本核算制
→～ number 批数

lotrite 绿纤石 [Ca$_4$MgAl$_5$(Si$_2$O$_7$)$_2$(SiO$_4$)$_2$(OH)$_5$•H$_2$O;Ca$_2$MgAl$_2$(SiO$_4$)(Si$_2$O$_7$)(OH)$_2$•H$_2$O;单斜]

lot size 批量
→～-size problem 批量问题 //～ tolerance percent defective 批内允许次品率

lotus 睡莲
→～-form structure 莲花状构造 //～ fruit 甜石莲

loucerback 熔岩冠岭

loudaunite 水硅锆钠钙石 [NaCa$_5$Zr$_4$Si$_{16}$O$_{40}$(OH)$_{11}$•8H$_2$O] louderback 熔岩流错位残体

louderbackite 水粒铁矾；粒铁矾[$Fe^{2+}Fe_2^{3+}(SO_4)_4 \cdot 14H_2O$；三斜]；多水铁矾

loudness 响度；音量
→～ contour 等响线

loudounite 水硅锆钠钙石[$NaCa_5Zr_4Si_{16}O_{40}(OH)_{11} \cdot 8H_2O$]

loud sound explosion 爆响

loughlinite 丝硅镁石[$MgSi_2O_5 \cdot nH_2O$]；纤钠硅海泡石[$Na_2Mg_3Si_6O_{16} \cdot 8H_2O$；斜方]

louisite 杂鱼眼石[鱼眼石和石英的一种混合物]

loum 垆姆{土}[壤土]；亚黏土

loupe 放大镜[小型]

lourenswalsite 羟硅钾钛石[$(K,Ba)_2(Ti,Mg,Ba,Fe)_4(Si,Al,Fe)_6O_{14}(OH)_{12}$]

louver 壁板[古杯]；发动机盖；窗板；放气孔；百叶窗
→～ for controlled air flow in the separating zone 控制分离区空气流量的百叶窗//～ slot 百叶窗式割缝

louvre 窗板；放气孔；发动机盖；百叶窗

lovchorrite 胶硅钛铈石；褐硅铈石；层硅铈钛矿；胶镍硅铈钛矿[$(Ca,Na)_{12}Ce_2Ti_2Si_8O_{30}(F,OH)_6$]

lovdarite 水硅铍钠石；铍硅钠石[$(Na,K,Ca)_2(Be,Al)Si_3O_8 \cdot 2H_2O$；斜方]

loveite 钠镁矾[$Na_2Mg(SO_4)_2 \cdot 5/2H_2O$；$Na_{12}Mg_7(SO_4)_{13} \cdot 15H_2O$；三方]

Lovenechinus 洛温海胆属[棘;C]

lovenite 褐锰锆矿；锆钽矿[$(Mn_2,Zr,Ca,Na)_4O_2 \cdot (Si,Zr)O_2$]；钙钠锰锆石

loveringite 镧钙铁钛矿；钛铈钙矿[$(Ca,Ce)(Ti,Fe^{3+},Cr,Mg)_{21}O_{38}$；三方]

Love surface wave 乐甫(面)波
→～ wave 洛夫波//～{Q} wave 乐甫(勒夫)波；勒夫波

Lovibond comparator 洛维邦德 pH 比色计
→～ tintometer 劳维罗维特色调计

lovozerite 基性异性石[$Na_2Ca(Zr,Ti)Si_6(O,OH)_{18}$]；羟异性石；铂锰锆石

low 低压区；浅的；低声地；低的；低
→～ alkali silica glass 底碱石英玻璃//～-angle negative rake 小负角倾斜定向[金刚石]

Low(-)boy 低柜；多轮轴矮平板拖车[短距离运输重物]；平板车

low bulk density 低松密度
→～ calcium pyroxene 低钙辉石//～-chalcocite 辉铜矿[Cu_2S; 单斜]//～-clinoferrohypersthene 低温斜铁(紫)苏辉石//～-coal bolting pattern 薄煤层锚杆布置方式//～-coal mine 薄煤层矿//～ copper silica glass 低铜石英玻璃//～ cost explosive 低价炸药//～ deflagrating explosive 低爆燃炸药

Lowden driver 洛登膛式干燥机
→～ dryer 楼登型底火干燥机

low {-}density 低密度
→～-density oil 轻质石油//～ deviation range 低井斜角范围[0°～45°]//～ dielectric loss glass fiber 低介电损耗玻璃纤维//～-dimensional representation 低维表示；低度表示//～ discharge mill 低水平排料磨矿机//～ down pump 卧式泵

loweite 钠镁矾[$Na_2Mg(SO_4)_2 \cdot 5/2H_2O$；$Na_{12}Mg_7(SO_4)_{13} \cdot 15H_2O$；三方]

low end{grade;level} 低级的
→～-energy coast 弱浪海岸//～-energy

component 软组分//～ energy environment 少浪流区//～-energy seismic-source system 低能地震源系统

lower adaptor{sub} 下接头
→～-advance-set operation 降柱移架升柱动作[液压支架]//～ atmosphere 低层大气//～ carat consumption 较低的[金刚石]克拉耗量//～ Carboniferous 下石炭纪{统}[C_1]//～ carboniferous 早石炭世//～ coal measures 煤系下部砂质黏土相；下石炭系//～ confidence limit 下置信限

lowercut 底部掏槽

lower{toe} cut 下部掏槽
→～ gassy mine 低沼气矿井//～ greensand{lower green sand} 下海绿石砂

lowering 下降
→～ in (管道)下入钩内//～ of sea level 海面下降//～ of water level 水位下降//～ spring 降柱弹簧

lower intertidal facies 下潮间带相
→～ mill stone 碾磨下面磨石

Lower{Early} Ordovician 下奥陶统

lower Ordovician 早奥陶世
→～ palatal plicae 下颚襞[腹]//～ Pennsylvanian 早宾夕法尼亚世//～ pickup point 游车的低吊取位置//～ proterozoic 早元古代[$2500 \sim 1000Ma$;晚期造山作用强烈,所有岩石均遭变质,目前发现微生物化石约 31 亿年]//～ reach 下游段//～ sampling chamber 下取样室//～ working seam to provide relief 下解放层

lowest anticipated service temperature 最低预期服役温度
→～ atmospheric layer 最低层大气；贴地大气

low expansion glass-ceramics 低膨胀微晶玻璃
→～ fine gravel 细砂含量低的砾石//～ gaseous mine 低沼气矿井//～-grade area 低级变质区；贫矿区//～ grade dump ore 低品位堆置矿石//～-grade information scales 低级的数据尺度//～-grade oil 重质石油//～ grade ore 贫矿石；贫矿//～-grade {lean;dredge;poor;halvan;base} ore 贫矿石//～-grade ore 贫矿//～-grade{poor} ore 低品位矿//～-heat slag expansive cement 低热微膨胀矿渣水泥//～-high albite transition 低高温钠长石转变//～-(e)igite 黄矾[$KAl_3(SO_4)_2(OH)_6$]；钠镁矾[$Na_2Mg(SO_4)_2 \cdot 5/2H_2O$;$Na_{12}Mg_7(SO_4)_{13} \cdot 15H_2O$；三方]；明矾石[$KAl_3(SO_4)(OH)_6$; 三方]；黄钾明矾 [$KAl_3(SO_4)(OH)_6$(有时含有较多的 Na)]//～-iron magnesite 贫铁菱镁矿

lowland 低洼地；低地
→～ area{low land area} 低洼地区

low-land{low-lying} area 低地区

low land moor 低沼
→～-level mill 低溢流水平磨机；低液面排矿磨碎机；低水平排矿磨机//～-limed cement 低氧化钙水泥；低石灰水泥//～-lime process 低石灰法

low-loss 低耗

low low moor 低泥炭沼
→～-lying deposit 低地矿床//～-lying{valley-fill} deposit 谷地矿床//～-magnesian calcite 低镁方解石//～-metal content ore 低品位矿；贫矿//～ min-

eralization 低矿化//～-moisture concentrate 低水分精矿

lowmoor{low-moor;fen;located} peat 低沼泥炭；低位泥炭
→～ wood peat 低沼木本泥炭

low mountain 低山(区)
→～-nickel pyrrhotite concentrate 低镍磁黄铁矿精矿//～ nitrate barren 低硝酸盐无矿物溶液[浸铀]

lowozerite 羟异性石

low {-}permeability 低渗透率{性}
→～-porosity rock 低孔隙岩石//～ (-temperature) quartz α 石英//～{low-temperature} quartz 低温石英//～ quartz 低石英//～-quartz 低温石英//～ salinity water 低矿化度水//～ sanidine 低透长石//～{thin} seam 薄矿层//～-slag cement 低矿渣水泥//～-strontium aragonite 低锶文石//～ swampy land 低湿地//～ temperature{pass} 低温//～-temperature travertine-depositing spring 低温钙华泉//～ tide slack water 低潮时憩流；憩流

lowtschorrite 层硅铈钛矿

low-type machine 薄煤层用机器
→～ ranging shearer 低型可调高采煤机

low vacuum 低真空度
→～ vein 贫矿脉//～{narrow} vein 薄矿脉[$0.7-0.8 \sim 2$ m]//～-voltage explosion-proof `manual switch{|automat} 矿用低压隔爆手动{|自动馈电}开关

lox 开矿炸药；液氧

loxoclase 钠正长石 [$Na(AlSi_3O_8),(K,Na)(AlSi_3O_8)$]

Loxoconcha 弯贝介属[K-Q]

Loxodonta 非洲象(属)[Q]

loxodromic(al) 斜航的
→～ line 恒向线

loxodromics{loxodromy} 斜航法

Loxodus 斜牙形石属[O_1]

Loxognathus 斜颚牙形石属[O_2]

Loxolithus 斜形颗石[钙超]

Loxomegaglypta 宽网叶肢介属[节;P-J]

Loxonema 曲线螺属[腹]；斜线螺属[O-T]

Loxopolygrapta 斜壳线叶肢介属[节;P_2]；弯曲多饰叶肢介属[K]

Loxotoma 莲面螺属[腹;K_1]

Loyolophyllum 洛约拉珊瑚属[D_1]

lozenge 菱形；斜方形
→～ (shaped) 菱形的//～-shaped block 菱形岩块

L.P. 石油醚

L.P.F. 沥滤-沉淀-浮选联合法[选铜]

LPG 石油气
→～-air mixtures 液化石油气与空气混合物//～ flood 液化气驱//～{liquid petroleum gas} plant 液化石油气厂

LPR{liquid pressure response} tester valve 液压控制型测试阀[地层测试]

Lr 铹

luanheite 滦河矿[Ag_3Hg]

luanshiweiite-2M₁ 栾氏锂云母[$KLiAl_{1.5}(Si_{3.5}Al_{0.5})O_{10}(OH)_2$]

Lubber's line 留伯斯线；校正线
→～ process 拉贝尔斯法

lubeckite 铜钴锰土[Mn,Cu 及 Co 的含水氧化物]；铜锰钴土

lube-fitting 加油嘴

lube man 浇油工
→～ unit 润滑(供油)装置

lublinite 棉水方解石；纤方解石[CaCO₃; CaCO₃•nH₂O]

luboil 润滑油

lubricate 润滑
→~ cap 油杯// ~ relationships 疏通关系

lubricating 润滑的
→~ agent 润滑剂// ~ diagram 润滑部位图；润滑油路图// ~ nipple 加油嘴// ~{lube;grease;lubrication} oil 润滑油

lubrication 润滑(作用)；注油；加油
→~ by splash 喷溅润滑

lubricator 润滑器；润滑剂；油壶；防喷管；加(润滑)油器
→~ fitting 加油嘴// ~ valve 加油器阀

lubri-seal bearing 阻油环轴承

Lubrol MOA ×絮凝剂[烷基聚乙二醇醚；R(OCH₂CH₂)ₙOH]

lubropump{lubro-pump} 注油泵

lubumbashite 胶羟钴矿；水钴矿[CoO•OH(有时含多达 4%的 CuO)]

Lucalox 芦卡洛克斯烧结(白)刚玉

lucasite 铈钛石[CeTi₂(O,OH)₆]；硅铁铝镁石；铬黑蛭石[Mg,K,Fe 及 Cr 的铝硅酸盐，大概是一种水黑云母]

luchssapphir[德] 堇青石 [Al₃(Mg,Fe²⁺)₂ (Si₅AlO₁₈);Mg₂Al₄Si₅O₁₈；斜方]

lucianite 澎皂石；富镁皂石

Lucianorhabdus 棱棒石[钙超;K₂]

lucid 明了；透明的；透亮的
→~ attrite 透明残植屑

lucidioline 亮石松灵

Lucidisporites 亮环孢属

Luciella 小尖顶螺属[腹;D₂-T₃]

luciferase 荧光红素

luciferin 荧光素

lucifuge 避光的

luciite 细闪长岩

lucilia 绿蝇属

Lucilina 秀丽石鳖属

Lucina 满月蛤(属)[双壳;T-Q]

lucinite 磷铝石[AlPO₄•2H₂O;斜方]

lucinoid 满月蛤(属)[双壳;T-Q]
→~ dentition 满月蛤式牙系

lucite 人造荧光树脂；有机玻璃

luck 运气；幸运
→~(y)ite 锰水绿矾；绿锰铁矾[(Mn,Fe)SO₄•7H₂O]

lucrative target 有利目标

lucullan 碳大理岩{石}

lucullite 卢卡尔石；碳大理岩{石}

luddenite (庐{卢})硅铜铅石[Cu₂Pb₂Si₅O₁₄•nH₂O]

Luders line 吕德斯{氏}(伸张应变(痕迹))线
→~ lines 滑动迹线

Ludfordian 卢德福德期[S]

Ludian 路德(阶)[欧;E₂]
→~{Wemmelian} Subage 古第三纪；鲁里亚期

Ludictyon 鲁网状层孔虫属[O]

ludjibaite 卢羟磷铜石；陆羟磷铜石[Cu₅(PO₄)₂(OH)₄]

ludlamite 板磷铁矿[(Fe²⁺,Mg,Mn)₃(PO₄)₂•4H₂O;单斜]

ludlockite (卢)砷铁铅石 [Pb₂(Fe²⁺,Zn)(AsO₄)₂•H₂O;单斜]；铁砷铅石

Ludlovian 兰德洛统 [欧;S₃]；卢德洛(统)[欧;S₃]

Ludlow 卢德洛(统)[欧;S₃]

→~ series 拉德洛统；罗德洛统

Ludwigiatrilobapollenites 三瓣丁香蓼粉属[孢]

ludwigite 硼镁铁矿[(Mg,Fe²⁺)₂Fe³⁺(BO₃)O₂;斜方]

lueckisporites 鲁克粉属[孢]；二肋粉属[C-P]

lueshite 钠铌{铌钠}矿[NaNbO₃;单斜]；斜方钠铌矿[NaNbO₃;斜方、假等轴]

luetheite 砷铝铜石 [Cu₂Al₂(AsO₄)₂(OH)₂•H₂O;单斜]

Lufengnecta 禄丰划蝽(属)[昆;T₃]

Lufengosaurus 禄丰龙(属)[T₃]

luff 倾斜；倾角；抢风行驶；起落摆动；改变悬臂的跨距[挖机]

luffing 俯仰运动

lug 手柄；焊片；牵引；突出部分；拉；牙爪；接线片；耳柄；柄；拖；突缘；凸缘；凸起物；凸块；巴掌[牙轮钻头]

lugarite 闪辉沸霞斜岩；沸基(钛)辉(棕)闪斑岩

lug{notched} brick 舌槽砖

lugging 用力拖；使劲拉；过载[引擎]
→~ ability 拖拉能力

lug spacing 胎纹间距
→~ support 托架// ~-to-void ratio 凸凹比

luhite 蓝方黄长碱煌岩；霞煌岩；蓝黄霞煌岩

luhullan 沥青灰岩

Luia 卢氏虫属[三叶;∈₂]

Luidiidae 砂海星科[动]

luigite 结灰石

Luisian 路易斯阶[北美;N₁]
→~ (stage) 卢伊斯(阶)[北美;N₁]

lujaurite{lujavrite} 异霞正长岩

lukechangite-(Ce) 氟碳钠铈石 [Na₃Ce₂(CO₃)₄F]

lukewarm 不起劲的；温吞的
→~ bath 微温水浴[34~36℃]// ~{tepid} spring 低温温泉

Lukousaurus 卢沟龙

lukrahnite 羟砷铁铜钙石[CaCuFe³⁺(AsO₄)₂((H₂O)(OH))]

lulzacite 鲁磷锶铁铝石[Sr₂Fe²⁺(Fe²⁺,Mg)₂Al₄(PO₄)₄(OH)₁₀]

lum(b) 水窝；回风井上的出风筒[增加风量用]；崩落拱；出风筒；井底水窝；松软煤层

lumachelle 火状大理岩；介壳层

lumber 木料；木材；制材；锯材；伐木

Lumbriconereites 蚯蚓角石属[头;O]

lumbumbashite 水钴矿；羟钴矿

lumen[pl.lumina] 流(明)[光通量]；漏斗腔[软]；网眼；轴腔[海百]；网穴[孢]
→~(s) per watt 流明/瓦// ~-pore 腔孔[苔]

lumerg 流曼{末}格[光能单位]

lumhead 出风筒

luminescence 冷光；发荧光；发光性；发光
→~ centre 发光中心

luminescent 发光的
→~ analysis 发光分析// ~ center 发光中心// ~ mineral survey 矿物荧光测量// ~ petrography 发光岩相{石}学

luminosity 光度；亮度；发光性；发光度
→~ function 视见函数

luminous 发光的
→~ effect 光效应// ~{optical;light} energy 光能// ~ meteors 光像// ~ spot 光点// ~ star 蓝宝石[Al₂O₃]

---

lumisterol 光甾醇

Lumnite cement 鲁姆奈{涅}特水泥
→ ~ {quick-setting;high-speed;quick;accelerated;quick-hardening} cement 速凝水泥

lum(in)ophor 发光体

lump 矿石块；块矿；浓缩；团块；大量；块；结块；块的；团粒；团；成块
→~ (coal) 块煤[>80～120mm]// ~ coal production{lump-coal yield} 块煤产量// ~ coke 块焦// ~ concentrate 块精矿// ~(-sum) contract 总包合同；全部包做合同

lumped characteristic 点特性曲线；等效特性
→~-coefficient system 集总参数体系// ~ mass 总质量// ~ model 模型// ~ parameter system 集中参数系统

lumpenerz 羽毛矿[Pb₄FeSb₆S₁₄;德]

lumper 合并派[生类]；码头工(人)；粗分派；分大类派[与 splitter 反]；小承包商；装卸工

lump formation 块形成
→~-graded lime 分级石灰块// ~ graphite 块石墨

lumpiness 团块

lumping 归总；(参数)综合分析；粗分类[古]；堆分类[与 splitting 反]；成团；成块

lump material 块料
→~ of slag 火山滓块// ~ (of) ore 矿块// ~ ore,pellets and sinter 块矿、球团矿和烧结矿// ~ pumice flow 浮石块流

lumpy 块状的；团块状的
→~ cement 块状水泥// ~ groundmass 团粒结构基质// ~ soil 土块；碎块土

luna 月亮；月神；银[炼金术语]

lunabase 月岩；基性月岩；月海的；月基性岩

lunar 月状骨[腕骨]；月球的

Lunarca 月蚶[双壳;E-Q]

lunar calendar 农历；阴历
→~ ilmenite 月钛铁矿

lunarite 淡色月岩；月陆的；月酸性岩；酸性月岩

lunarium 月牙构造[苔]

lunar laser ranging 月球激光测距法
→~ mantle 月幔// ~ meteorite 月球粒陨石// ~ microcrater 月球微火山口{阳白坑}；微月坑// ~ month 太阴月// ~ new minerals 月岩新矿物// ~ soil{regolith} 月壤；月城

Lunaspis 月甲鱼(属)[D]

lunate 新月形的
→~ bar 新月沙坝{埂}// ~ mark 新月形痕// ~ sandkey 新月形沙屿{岛}

Lunatia 新月螺属[腹;K-Q]

lunava 月熔岩

lunch 吃午餐
→~ time 班中餐时间

lundyite 红闪正长岩；红钠闪正长岩；碱性正长花斑岩

lune 弓形；坐标网投影带；(球面的)二角形；纬线弧

lu(e)neburgite 硼磷镁石[Mg₃(PO₄)₂B₂O₃•8H₂O;Mg₃B₂(PO₄)₂(OH)₆•H₂O;单斜]

lunette 护目镜；月牙形低丘；风成新月形脊；沼(褐)铁矿[Fe₂O₃•nH₂O]

Lungmenshanaspis 龙门山鱼属[D₁]

Lungshan movement 陇山运动

→~ series 龙山统

lung tissue 肺组织

→~ trouble 肺病

lunijialaite 绿泥间蜡石[Li$_{0.732}$Al$_{6.159}$(Si$_7$AlO$_{20}$)(OH,O)$_{10}$]

lunijianlaite 绿泥间蜡石[Li$_{0.5}$Al$_{3.5}$(Si$_{3.5}$O$_{10}$)(OH)$_5$]

lunik 月球卫星

lunilogical 与月球(地质)研究有关的；月质学的

luni-solar maximum{|minimum} 日月(对喷发作用{活动}的)最{大|低}影响

→~ period 日月周期

luni(-)solar tide 日月潮；日月合成潮

→~ year 阴阳年

lunjokite (水磷)铝镁锰{锰镁}石[Mn(Mg,Fe,Mn)Al(PO$_4$)$_2$(OH)•4H$_2$O]

lunker 同类中特`大者`[别大的东西]

lunnite 斜磷铜矿{假孔雀石}[Cu$_5$(PO$_4$)$_2$(OH)$_4$•H$_2$O;单斜]

lunula 新月纹{线}[腹]

lunule 前月面；月牙痕[滑动面上的]；新月面；小月面[双壳]

Lunulicardium 月鸟蛤属[双壳;D-C]

lunulitiform 半月形(的)

Lunzisporites 隆兹孢属[T$_3$]

luobusaite 罗布莎矿[Fe$_{0.83}$Si$_2$]

luobushaite 罗布莎矿[Fe$_{0.84}$Si$_2$]

luo-calcite 溶方解石[Ca(HCO$_3$)$_2$]

luo-chalybite 溶菱铁矿[Fe(HCO$_3$)$_2$]

luo-diallogite 溶菱锰矿[Mn(HCO$_3$)$_2$]

luo-magnesite 溶菱镁矿[Mg(HCO$_3$)$_2$]

luotolite 奥长石[介于钠长石和钙长石之间的一种长石; Ab$_{90-70}$An$_{10-30}$; Na$_{1-x}$Ca$_x$Al$_{1+x}$Si$_{3-x}$O$_8$;三斜]

lup 羽扇[腔]

lupalite 霞长斑岩

lupane 羽扇多环烷

→~ variety 羽扇烷变种

lupanine 羽扇烷宁

lupanoids 羽扇烷类化合物

lupanol 羽扇烷醇

lupatite 霞长斑岩

lupeose 羽扇糖；羽扇豆糖

lupikkite 杂铜铁硫锌矿

Lupus 豺狼座

lupus metallorum 辉锑矿[Sb$_2$S$_3$;斜方]

→~ verrucosus 疣状狼疮

lurain 月陆

lurch 急倾[船]

lurching 倾侧；摇摆

→~ coal seam 杂乱煤层

lure 诱惑；吸引力

Lurgi gasifier 鲁奇气化炉

lurk 潜在；潜伏

lusakite 钴十字石

luscite 方柱石[为 Na$_4$(AlSi$_3$O$_8$)$_3$(Cl,OH)−Ca$_4$(Al$_2$SiO$_8$)$_3$(CO$_3$,SO$_4$) 完全类质同象系列]；中柱石 [Ma$_5$Me$_5$−Ma$_2$Me$_8$(Ma:钠柱石,Me:钙柱石)]

luscladite 橄榄斜霞岩

lusec 流西克[漏损单位]；孔毫升•托/秒[真空泵抽气速度单位]

lush 茂盛的

Lushan` glaciation {glacial stage{age}} 庐山冰期[中;Q]

Lusitanian 卢西塔尼亚人；卢西`塔尼亚{坦}(阶;统)[欧;J$_3$]

lusitanite 钠辉闪碱性正长岩；斜磷锌矿

[Zn$_4$(PO$_4$)$_2$(OH)$_2$•3H$_2$O;单斜]

lussatine 负绿方石英[具负延长的纤维状方英石]；负四方石英

lussatite 负四方石英；正绿方石英[具正延长的纤维状方英石]；方英玉髓

luster{lustre} 光泽；光彩；分枝灯架；釉；有光泽

→~ mottling 斑驳光泽 // ~-mottling 斑光泽 // ~ decoration 彩虹装饰

lustrous band 光亮条带

→~ coal 闪光煤；公光亮煤

lustrum 五年

lusungite 水磷铁锶矿[(Sr,Pb)Fe$_3^{3+}$(PO$_4$)$_2$(OH)$_5$•H$_2$O;三方]

lut 细屑岩

lutaceous 黏土质的；黏土质

lutalite 橄榄榴霞岩；暗碱玄白霞岩；暗灰玄白霞岩

lute 紧密黏土；浓缩；耐火泥；密封胶泥；封堵；封闭器；油灰；停闭

→(loam) 封泥

lutecin{lutecite} 水玉髓

lutecit 水石髓

lutecium 镥；镏

lutein 黄体素；叶黄素

luteol 黄示醇

luteous 泥质的

Lutetian 鲁特西亚的[巴黎古名]；卢台特(阶)[欧;E$_2$]

→~ Age 鲁德期

lutetium 镥

→~-hafnium dating 镥铪年龄测定(法)

lutidine 卢剔啶

lutite 泥质岩；泥屑岩；细屑岩

lutocline 混浊梯度

Lutra 水獭属[N$_2$-Q]

lutra 水獭

lutum 黏土粒；微粒

lutyte 泥屑岩；细屑岩

luvisol 淋溶土

luv-side 沙丘向风坡

lux[pl.luces] 明亮[孢粉明暗分析]；勒(克司)；米烛光[照度]

luxe cabin 特等舱

Luxembourg 卢森堡

luxury 奢侈(品)；丰富

→~ consumption 过分消耗

luzonite 硫砷铜矿[Cu$_3$AsS$_4$;斜方]；四方硫砷铜矿[Cu$_3$AsS$_4$;四方]；硫锑铜矿[Cu$_3$(Sb,As)S$_4$]

L wave 乐甫(面)波

Lwdp 轻型钻杆

lyas 泥质灰岩

lybianite 焦石英[SiO$_2$;非晶质]

Lycaenops 雷赛兽属[龙][似哺爬;P]

lycetol 酒石酸二甲基哌嗪

lychnis 红尖晶石[Mg(Al$_2$O$_4$)]；红宝石[Al$_2$O$_3$]

lychnisc 灯海绵

lychnite 洁白大理岩

Lychnothamnus 灯枝藻属；松藻属[Q]

lycocernuine 羟基垂石松碱；垂石松碱

lycodine 石松定(碱)

lycodoline 石松灵碱

lycofawcine 石松佛辛

Lycogala 粉瘤菌属[黏菌]

lycopene 番{蕃}茄红素

Lycopidiaceae 石松科

Lycopidinae 石松纲

lycopod 石松

lycopodane 石松烷

Lycopodiaceae 石松科

Lycopodiacidites 拟石松孢属[Mz]

Lycopodiales 石松类

lycopodiales 石松目

Lycopodiatae 石松纲

lycopodin 石松(子)碱

lycopodine 石松碱；石松子碱

lycopoding 石松碱

Lycopodiophyta 石松门

Lycopodiopsis{Lycopodites} 拟石松(属)

lycopodium (clavatum) 石松

→~ alkaloid 12 乙酰尖叶石松碱 // ~ alkaloid 2 乙酰二氢石松碱 // ~ oleic acid 石松子油酸 // ~ powder 石松子粉

Lycopodiumsporites 石松孢属[K-E]

Lycopods{Lycopsida} 石松纲

Lycoptera 狼鳍{翅}鱼(属)[J$_3$]

Lycopterocypris 狼星介属[K$_1$]

lycoramine 石蒜胺

lycorenine 石蒜裂碱

lycorine 石蒜碱

lycorisin 石蒜素

Lycoris radiata 石蒜

Lycospora 鳞木孢属[C$_2$]

Lycostrobus 似石松穗属[T$_3$]

Lycosuchus 狼龙；狼形兽属[似哺爬;P]

lycothunine 锯齿石松宁

Lyda(e)idae 长蜂科[昆]

Lyddite 赖戴{代}特炸药；莱戴特[含苦味酸的高威力炸药]

lyddite 试金石；立德炸药[一种强力炸药]；燧石板岩

lydianite 砺砥

lydian stone 燧石板岩；碧玄岩[玄武岩碱性种属]

→~ {test;touch} stone 试金石

lydi(ani)te 试金石；燧石板岩；碧玄岩[玄武岩碱性种属]

lyell 冰山石块

Lyellia 莱伊尔珊瑚属[S]

lyellite 石膏铜矾；钙铜矾[CaCu$_4$(SO$_4$)$_2$(OH)$_6$•3H$_2$O;单斜]

Lyginopteris 皱羊齿(属)[D$_3$-P$_1$]

Lygodium 海金沙(属) [植;K$_2$-Q]

Lygodiumsporites 海金沙孢属[K-E]

lyncurion 锆石[ZrSiO$_4$;四方]

lyncurite 变锆石[Zr(SiO$_4$)]

lyncurium 琥珀[C$_{20}$H$_{32}$O]

Lyngbya 旋藻；鞘丝藻属[蓝藻]；藻属

lyngbya 林氏藻属[Q]

lynn 深潭[瀑布下的]；瀑布；悬崖；峡谷；急流

Lynx 猞猁属[Q]；天猫座

lynx sapphire 蓝宝石[Al$_2$O$_3$;斯里兰卡]；堇青石 [Al$_3$(Mg,Fe^{2+})$_2$(Si$_5$AlO$_{18}$);Mg$_2$Al$_4$Si$_5$O$_{18}$,斜方;暗蓝色]

→~ stone 琥珀[C$_{20}$H$_{32}$O;树脂化石] // ~-stone 琥珀[C$_{20}$H$_{32}$O]

lyonite 钼钨铅矿[Pb(Mo,W)O$_4$]；钨钼铅矿[Pb(Mo,W)O$_4$]

lyonsite 钒铁铜矿[Cu$_3^{2+}$Fe$_4^{3+}$(VO$_4$)$_6^{3-}$]

lyophil(e) 亲液物

lyophilic radical 亲水基

→~ sol 亲液溶胶

lyophobe 疏液体；疏液溶胶；憎液物

→~ mineral 不易湿水矿物

lyophobic 疏液的

→～ radical 憎水基//～ sol 憎液溶胶

lype 顶板易脱落岩石；留有擦痕光面的断层；有破裂易落的危险顶板；悬顶

lyrate 竖琴似的；大头羽裂的[叶]；希腊琴状的

Lyria 竖琴螺属[腹;K₂-Q]

Lyrielasma 弦壁珊瑚属[S₃-D₂]

lyriform 竖琴似的；大头羽裂的[叶]；希腊琴状的

Lyriocrinus 琴状海百合属(S)[棘]

Lyriopecten 琴海扇属[双壳]

Lyrocerus 琴角羚牛属[N₂]

Lyrodesmacea 琴带蛤超科[双壳]

lysigen(et)ic{lysigenous} 溶生的

lysimeter 渗透仪；渗水计；渗漏测定仪；溶度计[路工]；测渗仪；淋集计；浓度计[测渗]

lysionotius{lysionotus pauciflorus} 石吊兰

lysis[pl.-ses] 溶解

lysocline 溶跃面[碳酸盐速溶深度]；碳酸盐跃溶线

lysogeny 溶原性

lysol 煤酚皂溶液

Lyssacina 疏结目[六射绵纲]

lyssacine 疏结的[骨针;绵]

Lystrosaurus 水兽龙；水龙兽(属)[T]；水龙

Lythraceae 千屈菜科

Lythraites 千屈菜粉属[孢;K₂]

lythrodes 白斑霞石；霞石[KNa₃(AlSiO₄)₄;(Na,K)AlSiO₄;六方]；脂光石[Na(AlSiO₄)]

Lytoceras 弛菊石属[头;J₁-K]；弛菊石

Lytoceratida 弛菊石目

Lytophiceras 弛蛇菊石属[头;T₁]

Lytospira 弛旋螺属[腹;O-S]

Lyttonia 蕉叶贝属[P]

lyway 侧线

lyzonite 吕宋矿块状硫砷铜矿

M
m

ma 岩石骨架

maacle 双晶；三角薄片状金刚石(双晶)；具双晶晶体

maakite 冰盐[NaCl·2H$_2$O]

Maar lake 平火口湖

Maas (bore-hole) compass 马氏(测孔)罗盘
→～ survey (用)马氏测斜仪测孔 // ～ survey instrument 玛斯测斜仪

Maastrichtian 马{麦}斯(特)里希{奇}特阶[距今 72~65 百万年；欧；K$_2$]

Macaca{Macacus} 猕猴(属)[N-Q]

macadam 碎石子；碎石
→～ aggregate 粗粒掺和料 // ～ effect (钙质碎屑)自胶结作用

macadamization 碎石筑路(法)

macadamized road 碎石铺路[土]

macadam method 碎石路面施工法
→～-spreader 碎石撒布机

macallisterite 三方水硼镁石[Mg$_2$B$_{12}$O$_{20}$·15H$_2$O;三方]

mac(c)aluba 泥丘；沸泥塘

macaluba{maccaluba} 泥火山[西西里岛]

macaque 猕猴属[N-Q]；猕猴[N-Q]

macaroni 空心面；小直径管；通心粉
→～ pipe (小直径)细管 // ～ rig 小直径油管修井机

macasphalt 碎石沥青混合料

macaulayite 羟硅铁石[Fe^{3+}4Si$_4$O$_{43}$(OH)$_2$ (约 7%的 Fe^{3+}被 Al 取代)]

macbirneyite 麦克比尔矿；马克比艾矿 [Cu$_3$(VO$_4$)$_2$]

maccaluber 泥火山；沸泥塘

macchia 地中海夏旱灌木群落；马基群落

macconnellite 铜铬矿[CrOOCu;三方]

macdonaldite 莫水硅钙钡石[BaCa$_4$Si$_{16}$O$_{36}$(OH)$_2$·10H$_2$O;斜方]

Mace de Lepinay half-shadow plate 马塞德莱皮内半影试板
→～ de Lepinay rotary quartz wedge 马塞德莱皮内旋光石英楔

macedonite 四方钛铅矿；铅钛矿[PbTiO$_3$;四方]；云榄粗安岩；云橄粗安岩；面岩

maceral 煤岩组分；煤岩显微组分；的显微组分；煤显微成分；煤素质；煤的素质；显微(均匀煤)组分
→～ classification 显微煤岩组分分类 // ～ component 岩相组分 // ～ group 煤素质群

macfallite 褐红帘石；钙锰帘石[Ca$_2$(Mn^{3+}, Al)$_3$(SiO$_4$)(Si$_2$O$_7$)(OH)$_3$;单斜]

macfarlanite 杂银镍铅锌矿

Macgeea 马基珊瑚属[D$_{2-3}$]

MacGeorge borehole tube 麦克乔治钻孔测斜罗盘

MacGeorge's method 麦克乔治(凝胶测量钻孔偏斜)法

macgovernite 粒砷锰锌矿[(Mn,Mg,Zn)$_7$(AsO$_3$,AsO$_4$)(SiO$_4$)(OH)$_7$]；粒砷硅锰矿[(Mn,Mg,Zn)$_{22}$(AsO$_3$)(AsO$_4$)$_3$(SiO$_4$)$_3$(OH)$_{21}$;三方]

Mach 马赫[以声速为计量单位的速度单位]

Machaeraria 佩刀贝属[腕;D$_1$]

Machaeridia 马卡利德类[歪形棘皮类]；小刀类；短剑类

Machairodus 剑(齿)虎(属)[N]；短剑牙形石属[牙石; D-S$_2$]；短剑虎属[哺]

machatschkiite 九水砷钙石[Ca$_3$(AsO$_4$)$_2$·9H$_2$O;三方]

mache 马谢[量镭的单位;空气或溶液中含氡的浓度单位]

Machiakow limestone 马家沟灰岩

Machilidae 石蚋科[动]

machinable 可切削的
→～ glassceramics 可切削微晶玻璃

machine (tool) 机床

machined surface 加工表面

machine element 机械零件
→～ finish{finishing} 机械光制 // ～(ry) hall 机器间；机器房 // ～{spindle} head 主轴箱 // -hour 台-(小)时[机床工作]

machineman 司机；司秤记车员；凿岩工

machine manufacturing{building} 机械制造
→～-minder 看管机器的人 // ～ mine 机械开采矿山

machinery 机器；手段；设备；工具；机械装置
→～ accident 机械伤事故 // ～ bronze 机用青铜 // ～ deck 机台；机械底座

machine safety regulation 机器安全操作条例

machines and tools 机具
→～ and tools used for bolting and shotcrete lining 锚喷机具

machine(-)set bit 机镶(细粒金刚石) (取芯)钻头

machine-sharpened bit 机磨钎头(截齿)

machine shift 机班；台班
→～ shop 金工车间

machineshop car{truck} 工程车

machine steel 机器制造用钢；机修钎头
→～ trapping 采煤机导向轨 // ～ washer 平垫圈 // ～ with internal (or submerged) air-pump 内部空气泵式浮选机 // ～ work 切削加工 // ～-worked mine 机械化(开采)矿(山)

machining 机(械)加工；加工
→～ (operation) 切削加工

machinist 机(械)工(人)；机械师

Mach's principle 马赫原理

Mach-Zehnder interferometer 马赫-陈德尔干涉仪

macie 三角薄片状金刚石

macigno 复理石相

mackayite 水碲铁矿 [Fe$_2$(TeO$_3$)$_3$·nH$_2$O; Fe^{3+}Te$_2$O$_5$(OH);四方]

mackelveyite 碳钇钡石 [Ba$_3$Na(Ca,U)Y (CO$_3$)$_6$·3H$_2$O;三斜]

Mackenzie delta pingo 麦肯齐三角洲式冰核丘

macker 片状煤；泥质煤；板状煤；炭质页岩

mackeral sky 鱼鳞天

macket 板状煤；片状煤；炭质页岩

mackinawite 四方硫铁矿[(Fe,Ni)$_9$S$_8$]；马基诺矿；铁硫矿

mackintosh 防水胶布；胶布雨衣

mackintoshite 黑铀钍矿 [UO$_2$·3ThO$_2$·3SiO$_2$·3H$_2$O]；羟钍石[Th (SiO$_4$)$_{1-x}$(OH)$_{4x}$;四方]

mackite 碳酸芒硝

mackle 双晶；三角薄片状金刚石(双晶)；具双晶晶体

Mackower gas-adsorption apparatus 麦柯瓦型气体吸附仪

Macky effect 马开效应

Maclaren's method 麦克拉仑法[计算选煤效率]

Maclaurin series 麦克劳林级数；马克劳林级数

macle 双晶；金刚石(的)双晶晶体；变色斑点；矿石(物中)暗斑；空晶石[Al$_2$(SiO$_4$)O;Al$_2$O$_3$·SiO$_2$]；具双晶晶体；斑点；(矿物中的)暗色斑点；短空晶石[金刚石的双晶晶体;Al$_2$SiO$_5$]

macled 双晶的；斑点状(的)

maclureite 黑绿辉石 [(Ca,Mg,Fe^{2+},Fe^{3+}, Al)$_2$((Si,Al)$_2$O$_6$)]；粒硅镁石 [(Mg,Fe^{2+})$_5$(SiO$_4$)$_2$(F,OH)$_2$;单斜]

maclurin 桑橙素[Cl$_3$H$_{10}$O$_6$]

maclur(e)ite 深绿辉石 [Ca$_8$(Mg,Fe^{3+},Ti)$_7$Al((Si,Al)$_2$O$_6$)$_8$;Ca(Mg, Fe^{3+},Al)(Si,Al)$_2$O$_6$;单斜]；粒硅镁石[(Mg,Fe^{2+})$_5$(SiO$_4$)$_2$(F,OH)$_2$;单斜]

Maclurites 马氏螺属[腹;O]；马氏螺

Macoma 木棉蛤属[双壳类;N$_1$-Q]；白樱蛤属[双壳]
→～ baltica 白鸟蛤

maconite 黑蛭石 [K(Mg,Fe^{3+},Al)$_6$((Si, Al)$_8$O$_{20}$)(OH)$_4$·4H$_2$O]

macphersonite 亚硫碳铅石 [Pb$_4$(SO$_4$) (CO$_3$)$_2$(OH)$_2$]

Macquarie ridge 马阔里海岭

macquartite 铬硅铜铅石 [Pb$_3$Cu(CrO$_4$) SiO$_3$(OH)$_4$·2H$_2$O;单斜]

Macquistem film-flotation machine 麦基斯登型薄膜浮选机

Macrauchenia 后弓兽属[Q]

macrinite 粗粒体[烟煤和褐煤显微组分]

macrinoid 粗粒体组

macro 宏观的；广义的；大量的；巨大的
→～(-)analysis 宏观分析；常量分析

macroassembler 宏汇编程序

macroaxis 长轴

macro-axis{-diagonal} 长轴[三斜及正交晶系中的 b 轴]

macroband 大条带；巨条带

macro block 宏模块

macroburrowed strata 巨潜穴地层；巨掘穴地层

Macrocephalites 大头菊石(属)[头;J$_{2-3}$]

macro-chemistry 常量化学

Macrochlamys 大头篷螺属[腹;Q]

macrochoanitic 后向梯板颈的[头]

macroclastic 粗岩屑的
→～ rock 显晶碎屑岩；粗屑岩

macrocleavage 粗劈理

macroclimate 宏观气候；大气候

macroclimatology 大气候学

macrococcolith 大形颗石[钙超]

macroconcentration 常量浓度

macroconch 菊石雌性壳；显形壳[头]

macroconstituent 常量成分

macro crack 大裂隙

→～-crack 大裂隙；大裂缝//～-cracks 宏观裂缝；宽裂缝{隙}
macrocyclic 长循环的
→～ compound 大环化合物
Macrocypris 巨星介属[O-Q]
Macrocystella 大海林檎属[棘]；巨海百合
Macrocystis 巨藻属[褐藻]
macro-decision 宏观决策
macro definition 宏定义
→～-diagonal 长对角线{轴} //～-domal hemi-pinacoid 长轴坡式半板面[三斜晶系中{h0l}型的单面] // ～-domal prism 长轴坡式柱[正交晶系中{h0l}型的菱方柱]
macro(-)dome 长轴坡面[正交晶系中{h0l}型的菱方柱]；大坡面[晶]
macroeconomic model 宏观经济模型
macroeffect 宏观效应
macroevolution 宏观演化；大进化
macroevolutionary pattern 宏演化形式
macroexamination 宏观研究；宏观检验
macrofacies 大岩相；相域
macrofauna 普适动物群
macrofeature 宏观特征
macrofissure 宏观裂缝
macroflora 大植物化石群；巨植物群
macro-flotation 粗粒浮选
macrofluid 宏观流体
macrofold 宏观褶皱；巨型褶皱
macro-forecast 宏观预测
macrofossil 宏观化石；大型化石；巨体化石；大化石[古]
macrofragment 粗碎屑[花岗岩崩解的]；可见碎屑；巨块
macrofragmental coal 粗显组分煤；显组分煤
macrogeological cycle 质大旋回
macrogeomorphology 大地形学
macrograin 粗晶(粒)；粗粒
macrograined 粗粒的
macrograph 宏观图；肉眼图
macrohabitat 大生境；巨栖地[生]；巨产地
macrohistorical cycle 宏观历史循环
macro-horizontal jamb 水平矿柱
macroion 高(分子)离子；大离子[分子]
macroisthmus 大地峡
macroite (煤的)粗粒惰性体
macrokaolinite 巨高岭岩
macrolaminae 厚纹层；宏观纹层
macrolepidolite 大锂云母[K(Li,Al)3((Si, Al)4O10)(F,OH)2]
macrolife 大生物
macrolith 粗大石器
macromeritic (texture) 粗晶粒状
macrometeorite 大陨石
macrometeorology 大气象学
macromethod 宏观法；常量法
macro-model 宏观模式；总体模式
macromodule 大模块
macromolecular 高分子
→～ network structure 大分子网状结构
macromolecule 高分子；大分子
macromutation 大突变
Macronubecularites 大云状藻属[叠层石]
macronucleus 大型核心；大细胞核；滋养核；大核[无脊]；粗核
macronutrient 巨量养分
Macroolithus 巨型蛋属
macroorganism 巨有机体；巨生物体
macroparameter 宏观参数

macroparticle 大粒子
macropedion 长轴端面[三斜晶系中{h00}型的单面]
Macropetalichthyida 大瓣鱼类
Macropetalichthys 大瓣鱼(属)[D]
macropetrographical section of a coal seam 宏观煤层柱状剖面图
macrophagous 粗食生物
macrophanerophytes 乔木
Macrophoma 大茎点菌属[真菌;Q]
macrophotograph 宏观摄影像{相}片
macrophyll 大形叶
macrophyte 大型植物[指水生植物和水生大型藻类]
macro(-)pinacoid 前{长轴}轴面[三斜及正交晶系中的{100}板面]
macropipelining 宏流水线处理
macroplate 大板块
macropleura{macropleural segment} 大肋节[三叶]
Macropolygnathus 巨多颚牙形石属[D-C1]
Macropoma 大盖鱼属[K]
Macroporella 大孔藻(属)[C-J]；巨孔藻属
macroporous 大孔隙的
→～ soil 大孔隙土
macroprism 长轴柱[正交晶系中 h<k 的{hk0}型的菱方柱]
Macropteryx 大翅石蛾属[昆;K1]
Macroptycha 大褶藻属[Z]
Macropyge 大尾虫属[三叶;O1]
macropygous 大尾型[三叶]
macropyramid 长轴锥[正交晶系中 h<k 的{hkl}型的菱方(双)锥]
macroquake 大震
macroreaction 宏观反应
macrorelief 广域地形；宏观地形；大区地形；大起伏；大地形
macroscopic(al) 宏观应力；宏观的；粗视的；粗大的；巨型的[地质构造]
macroseismic effect 强震效应
→～ observation 不用仪器的地震观测 //～ survey 宏观地震考察
macroshrinkage 宏观缩孔
macrospecies 多形种类
macrospheric 显球型[孔虫]
macro-spicule 大针状物[日冕中]；巨针状物
macrospine 大刺
macrosporangium 大孢子囊
macrospore 大孢子
macro(-)sporinite 大孢子体
macrosporophyll 大孢子叶
Macrostachya 大芦穗属[古植;C1-P2]
macrostate 宏观态
macro(-)stress 宏观应力；宏应力[物]；宏观力
Macrostylocrinus 大柱海百合属[棘;S-D]
macrosymbiont 大共生体
Macrotaeniopteris 大带羊齿属{羽叶蕨}
macrotaxonomy 大分类学
Macrotherium 巨爪兽属[N1]
macro-tool 探测范围大的测井下井仪
Macrotorispora 大一头沉孢属[P]
macroturbulence 宏观紊流
macrotype 大型
→～ viruses 宏型病毒
macula[pl.-e] 岩浆房；(太阳)黑子；突起[苔]；暗斑；唇瓣斑[三叶]；局部次生岩浆囊[页岩熔化产生]；斑疵点；矿石的疵点

macular 具斑点的
→～ photo-stress test 黄斑光应力试验
maculate 具斑点的
maculation 玷污
Maculatisporites 斑纹孢属[K1]
maculiform 斑点形
maculose 瘤状；具斑点的；斑结状(的)；斑点状(的)
→～ rock 斑结状岩//～ schist 斑结片岩
maculous 斑结状(的)
macusanite 酸性火山玻质岩
made end 插入端
→～ ground 填筑地
madeiratopas 褐红紫晶
madeirite 马德拉岩[大西洋马德拉群岛]；碱性辉橄斑岩
madel 针状突起
made land{ground} 人造土地
→～ land 填土//～ of wear 磨损样式 //～-to-measure{-order} 特制//～ to order 定做的
Madigania 马地干水母属[腔;An∈]
madisonite 炉渣石
madistor 磁控等离子体开关
madocite 麦硫锑铅矿[Pb17(Sb,As)16S41;斜方]
Madrepora 石珊瑚；鹿角珊瑚
Madreporaria 石珊瑚类[目]
madrepore 石珊瑚；石蚕
madreporite 筛板[棘海胆]
madstone 狂犬病石
madupite 透辉金云(白榴石)
Madygenia 马特根羊齿属[古植;T1]
Maeandrograptus 曲笔石属[O]
Maeandrostia 脑海绵属[C]
Maedleriella 瘤球轮藻(属)
Maedlerisphaera 梅球轮藻属[K1-N1]
maelstrom 大漩涡；大(旋)涡流[挪威西海岸]；旋涡潮流
maenaite 富闪二长霏细岩；富钙二长霏细岩
→～ porphyry 角闪二长霏细斑岩；钙质歪正细晶斑岩
Maentwrogian 门特罗格(阶)[欧;∈3]
maerl 藻砾
maeroite 微粗粒煤
maestrale 西北风[意大利夏季]；麦斯楚风
Maestrichtian{Maastrichtian} (stage) 马{麦}斯(特)里希{奇}特阶[距今72~65百万年；欧；K2]
Maexisporites 细粒面大孢属[K1]
mafelsic 镁铁硅质
mafic 镁铁质；铁镁质
→～-felsic volcanic rock 镁铁长英质火山岩//～ index 镁铁指数//～ margin 基性边缘；镁铁质边缘
mafite 镁铁岩类
mafitic 暗色的
mafraite 钠闪辉长岩；马夫拉岩
mafuaite 马浮石
mafurite 橄辉钾(霞斑)岩；马浮石
Mag 磁性的；磁铁矿[Fe2+Fe2+3O4;等轴]；磁的
mag(n)acycle 巨旋回
magadiite 羟硅钠石；麦羟硅钠石[NaSi7O13(OH)3•4H2O;单斜]
magadiniform 马加丁型腕环
magagroup 超群
magallanite 沥青砾石
magalum 镁明矾[MgAl2(SO4)4•22H2O]

maganthophyllite 镁直闪石 [(Mg,Fe^{2+})$_7$Si$_8$O$_{22}$(OH)$_2$;斜方]

magarfvedsonite 镁亚铁钠闪石 [Na$_3$(Mg,Fe^{2+})$_4$Fe^{3+}Si$_8$O$_{22}$(OH)$_2$;单斜]

magaseism 剧(烈地)震

magator 麦盖脱泵[可抽吸含砂水]

magaugite 镁辉石 [(Mg,Ca)$_2$(Si$_2$O$_6$)]

magazine 暗盒[照相软片];(相)纸仓;盒;期刊;弹药库;仓库;料斗;杂志;吹芯机的储砂筒;储砂筒;储砂斗[铸];箱软片盒;箱盒;箱;纸筒;送料装置

magbasite{magbassite} 硅镁钡石 [Kba(Al,Sc)(Mg,Fe^{2+})$_6$Si$_6$O$_{20}$F$_2$];镁钡闪石

magcogel 膨润土粉;泥浆碱土

magdolite 二次煅烧的白云石

Magellania 麦哲伦贝(属)[腕;N]

Magellanic Clouds 囊状云;麦哲伦云;墨氏腾尼云
　　→~ fox 智利狐 // ~ Region 麦哲伦区

magellaniform 麦哲伦型腕环

magelliform 麦哲拉型腕环

maggie 砂质劣铁石;劣质煤

maggy 劣质煤;砂质劣铁石

maghagendorfite 磷镁锰钠石 [NaMn(Mg,Fe^{2+},Fe^{3+})$_3$(PO$_4$)$_3$;单斜]

magh(a)emite{maghematite} 磁赤铁矿 [(γ-)Fe$_2$O$_3$;等轴、四方];氧磁铁矿 [Fe$_{8/3}$O$_4$]

maghemo-magnetite 磁赤磁铁矿

magic 魔力{术};有魔力的
　　→~-angle spinning 魔角旋转技术 // ~ angle spinning nuclear magnetic resonance spectroscopy 魔角自旋核磁共振谱 // ~ chuck 快换夹具{头} // ~ eye 电子射线管;核射线指示器;光调谐指示管 // ~ line 调谐线

magicore 高频铁粉芯{心}

magistery 治病及变形的物质或媒介[炼金术等]

magma[pl.-ta] 糊;稀糊;岩浆;稠液
　　→(igneous) ~ 火成岩浆

magmacyclothem 岩浆旋回

magma-derived{magmatic} sulfur 岩浆(源)硫

magma formation 形成岩浆
　　→~(to)gene 火成的 // ~ generation 岩浆形成作用 // ~ generation zone 岩浆发生带 // ~-glass-ashes 岩浆玻璃灰

magmaphile 亲岩浆的

magma pluton 混(合岩)浆深成岩
　　→~ pocket{batch;trap} 岩浆囊 // ~ reservoir{chamber;pocket} 岩浆库

magmas{magmata} 乳浆剂

magmatic{igneous} activity 岩浆活动
　　→~ affinity 岩浆亲缘性 // ~ connate (water) 岩浆源水 // ~ {-}hydrothermal replacement 岩浆热液交代 // ~ injection {-}type deposit 岩浆贯入型矿床 // ~-meteoric hydrothermal system 岩浆-大气水热系统 // ~ {igneous;pyrogenetic} rock 岩浆岩 // ~ segregation deposit 岩浆分结矿床

magmation 岩浆活动

magmatism 岩浆论者;岩浆作用;岩浆生成论[花岗岩]

magmatist 岩浆论者

magmatite 岩浆岩

magmatology 岩浆学

magmosphere 岩浆圈

magnacyclothem 大型复杂旋回(层);巨旋回层

magnadur 铁钡永磁合金

magnafacies 大相[地层、岩石];主相;同性相

magnaflux 磁通量;磁铁粉检查法;磁力探伤
　　→~ examination 磁粉探伤(法) // ~ (inspection) method 磁粒检查法;磁通量检测法

magnalite 皂石 [(Ca½,Na)$_{0.33}$(Mg,Fe^{2+})$_3$(Si,Al)$_4$O$_{10}$(OH)$_2$•4H$_2$O;单斜];蒙脱石 [(Al,Mg)$_2$(Si$_4$O$_{10}$)(OH)$_2$•nH$_2$O;(Na,Ca)$_{0.33}$(Al,Mg)$_2$Si$_4$O$_{10}$(OH)$_2$•nH$_2$O;单斜];绿玄武土;磁性粉末;铝基铜镍镁合金

magnalium 铝镁(铜)合金;镁铝合金

magnalumoid 黑尖晶石 [Mg(Al,Fe)$_2$O$_4$(含有过量的(Al,Fe)$_2$O$_3$)]

magnalumoxide 黑晶石;黑尖晶石 [Mg(Al,Fe)$_2$O$_4$(含有过量的(Al,Fe)$_2$O$_3$)]

magnatector 测卡点仪

magnefer 熟白云石

magne(s)iocrocidolite 镁青石棉

magnelithe 槽化石

magnelog 磁测井

magner 无效功率;无功功率

magnescope 放像镜

magnesia 镁氧;镁土;镁砂 [MgCO$_3$];菱镁矿 [MgCO$_3$;三方];氧化镁;煅烧镁石
　　→~ alba 水碳镁矿 // ~(n) alum 镁铝矾 [MgAl$_2$(SO$_4$)$_4$•22H$_2$O;单斜];镁明矾 [MgAl$_2$(SO$_4$)$_2$•22H$_2$O] // ~-asbestos 镁石棉 // ~ {magnesio}-blythite 镁锰榴石 [(Mg,Mg)$_3$(Mn,Al)$_2$(SiO$_4$)$_3$] // 镁铁榴石 [(Mg,Fe^{2+})$_3$Al$_2$(SiO$_4$)$_3$;Mg$_3$(Fe,Si,Al)$_2$(SiO$_4$)$_3$;等轴]

magnesia brick rich in CaO 镁钙砖
　　→~ carbon brick 镁炭砖 // ~{magnesite;sorel} cement 镁石水泥

magnesiaglimmer 金云母 [KMg$_3$(AlSi$_3$O$_{10}$)(F,OH)$_2$,类质同象代替广泛;单斜]

magnesia goslarite 镁皓矾;镁矾
　　→~-illite-hydromica 镁伊利水云母

magnesial 含镁的;镁质(的)

magnesia mica 黑云母 [K(Mg,Fe)$_3$(AlSi$_3$O$_{10}$)(OH)$_2$;K(Mg,Fe^{2+})$_3$(Al,Fe^{3+})Si$_3$O$_{10}$(OH,F)$_2$;单斜];镁云母
　　→~ {rhombic} mica 金云母 [KMg$_3$(AlSi$_3$O$_{10}$)(F,OH)$_2$,类质同象代替广泛;单斜]

magnesian 含镁的;镁质(的)
　　→~ chamosite 镁鲕绿泥石 // ~ chromite 镁铬铁矿 [(Mg,Fe^{2+})(Al,Cr)$_2$O$_4$;等轴] // ~ cuprian (melanterite) 镁铜水绿矾

magnesianite 菱镁矿 [MgCO$_3$;三方]

magnesian lime 纯晶白云石
　　→~ marble 含镁大理岩;镁大理岩;菱镁矿 [MgCO$_3$;三方] // ~ nigra 软锰矿 [MnO$_2$;隐晶、四方] // ~ nontronite 镁绿脱石 // ~ pharmacolite 黄砷榴石 [(Mg,Mn)$_2$(Ca,Na)$_3$(AsO$_4$)$_3$;等轴];镁黄砷榴石 // ~ {magnesium} riebeckite 镁钠闪石 [(Na,Ca)$_2$(Mg,Fe^{2+},Fe^{3+})$_5$(Si$_4$O$_{11}$)$_2$(OH)$_2$;Na$_2$(Mg,Fe^{2+})$_3$Fe$_2^{3+}$Si$_8$O$_{22}$(OH)$_2$;单斜] // ~ siderite 镁菱铁矿 [(Fe,Mg)(CO$_3$)] // ~ slate 滑石板岩 // ~ spar{lime} 白云石 [CaMg(CO$_3$)$_2$;CaCO$_3$•MgCO$_3$;单斜]

magnesia pharmakolith 黄砷榴石 [(Mg,Mn)$_2$(Ca,Na)$_3$(AsO$_4$)$_3$;等轴];镁黄砷榴石
　　→~ saltpetre 镁硝石 [Mg(NO$_3$)$_2$•6H$_2$O] // ~(n){magnesio} spinel 镁尖晶石 [Mg(Al$_2$O$_4$)]

magnésie hydratée[法] 水{羟}镁石 [Mg(OH)$_2$;MgO•H$_2$O;三方]

magnesine 水镁石 [Mg(OH)$_2$;MgO•H$_2$O;三方];羟镁石

magnesinitre 镁硝石 [Mg(NO$_3$)$_2$•6H$_2$O]

magnesio-alumino-katophorite 镁铝红闪石 [Na$_2$Ca(Mg,Fe^{2+})$_4$Al(Si$_7$Al)O$_{22}$(OH)$_2$;单斜]

magnesio(-)anthophyllite 镁直闪石 [(Mg,Fe^{2+})$_7$Si$_8$O$_{22}$(OH)$_2$;斜方]
　　→~ (-)arfvedsonite 镁亚铁钠闪石 [Na$_3$(Mg,Fe^{2+})$_4$Fe^{3+}Si$_8$O$_{22}$(OH)$_2$;单斜]

magnesioastrophyllite 镁星叶石 [(Na,K)$_4$(Fe^{2+},Mg,Mn)$_7$Ti$_2$Si$_8$O$_{24}$(O,OH,F)$_7$;单斜]

magnesioautunite 镁铀云母 [Mg(UO$_2$)$_2$(PO$_4$)$_2$•10H$_2$O;单斜、假四方]

magnesioaxinite 镁斧石 [Ca$_2$MgAl$_2$BSi$_4$O$_{15}$(OH);三斜]

magnesio-beidellite 镁贝德{得}石

magnesioberzeliite (镁)黄砷榴石 [(Mg,Mn)$_2$(Ca,Na)$_3$(AsO$_4$)$_3$;等轴]

magnesioblythite 镁锰榴石 [(Mg,Mg)(Mn,Al)$_2$(SiO$_4$)$_3$]

magnesio(-)carpholite 纤镁柱石 [MgAl$_2$Si$_2$O$_6$(OH)$_4$;斜方]

magnesiochromite ore 镁铬铁矿矿石

magnesioclinoholmquistite 斜镁锂闪石 [Li$_2$(Mg,Fe^{2+})$_3$Al$_2$Si$_8$O$_{22}$(OH)$_2$;单斜]

magnesio-clinoholmquistite 镁斜锂蓝闪石

magnesio-columbite 铌镁矿 [(Mg,Fe^{2+},Mn)(Nb,Ta)$_2$O$_6$;斜方]

magnesiocopiapite 镁叶绿矾 [MgFe$_4^{3+}$(SO$_4$)$_6$(OH)$_2$•20H$_2$O;三斜]

magnesiocordierite 镁堇青石 [Mg$_2$Al$_3$(Si$_5$AlO$_{18}$)]

magnesiocoulsonite 镁铬钒矿 [Mg(V,Cr)$_2$O$_4$]

magnesiocronstedtite 镁绿锥蛇纹石;镁弹性绿泥石 [Mg$_2$Fe$_3$(FeSi$_3$O$_{10}$)(OH)$_8$]

magnesiocummingtonite 镁铁闪石 [(Mg,Fe^{2+})$_7$(Si$_4$O$_{11}$)$_2$(OH)$_2$;单斜]

magnesio(-)cummingtonite 镁闪石 [(Mg,Fe^{2+})$_7$Si$_8$O$_{22}$(OH)$_2$;单斜]
　　→~ (-)dolomite 镁白云石 [CaMg(CO$_3$)$_2$];白云石 [CaMg(CO$_3$)$_2$;CaCO$_3$•MgCO$_3$;单斜]

magnesiodumortier 镁蓝线石 [(Mg,Ti,□)(Al,Mg)$_3$Al$_4$Si$_3$O$_{18-x}$(OH)$_x$ B,2≤x<3]

magnesio-ferri-katophorite 镁铁红闪石 [Na$_2$Ca(Mg,Fe^{2+})$_4$Fe^{3+}Si$_7$Al O$_{22}$(OH)$_2$;单斜]

magnesioferrite 镁铁矿 [MgFe$_2^{3+}$O$_4$;等轴]

magnesioferrochromite 铁镁铬铁矿 [(Mg,Fe)Cr$_2$O$_4$]

magnesiofoitite 镁福伊特石 [□(Mg$_2$Al)Al$_6$(Si$_6$O$_{18}$)(BO$_3$)$_3$(OH)$_4$]

magnesiogedrite 镁铝直闪石 [(Mg,Fe^{2+})$_5$Al$_2$Si$_6$Al$_2$O$_{22}$(OH)$_2$;斜方]

magnesiohastigsite 镁绿钙闪石 [NaCa$_2$(Mg,Fe^{2+})$_4$Fe^{3+}Si$_6$Al$_2$O$_{22}$(OH)$_2$;单斜]

magnesio-holmquistite 镁锂闪石 [Li$_2$(Mg,Fe^{2+})$_3$Al$_2$Si$_8$O$_{22}$(OH)$_2$;斜方];镁锂蓝闪石

magnesiohornblende 镁角闪石 [Ca$_2$(Mg,Fe^{2+})$_4$Al(Si$_7$Al)O$_{22}$(OH,F)$_2$;单斜]

magnesiohulsite 黑硼锡镁石{矿};黑硼锡镁矿 [(Mg,Fe^{2+})$_2$(Fe^{3+},Sn,Mg)(BO$_3$)O$_2$]

magnesiokataphorite 镁细碱辉正长岩

magnesiokatophorite 镁红钠石

magnesiolaumontite 镁浊沸石 [(Ca,Mg)$_6$(AlSi$_2$O$_6$)$_{12}$•19H$_2$O];浊沸石 [CaO•Al$_2$O$_3$•4SiO$_2$• 4H$_2$O;单斜]

magnesio(-)magnetite 镁磁铁矿 [(Fe,Mg)

Fe₂O₄]

magnesiomargarite 镁珍珠云母[CaMg₂(Si₄O₁₀)(OH)₂];钙滑石

magnesionigerite-₂N₁S 镁尼日利亚石-2N1S (彭志忠石-6T)[(Mg,Ti²⁺)Σ₄(Al₁₀Sn₂)Σ₁₂O₂₂(OH)₂]

magnesionigerite-₆N₆S 镁尼日利亚石-₆N₆S (彭志忠石-24T)[(Mg,Ti²⁺)Σ₁₈(Al₁₀Sn₂)Σ₄₈O₉₀(OH)₆]

magnesioniobite 镁铌铁矿

magnesio(-)orthite 镁褐帘石

magnesiopascoite 镁橙钒钙石 [Ca₁.₇₇(Mg₀.₈₅Zn₀.₀₄Co₀.₀₁)(H₂O)₁₅.₃₄(H₃O)₀.₆₆(V₁₀O₂₈)]

magnesiopicotite 镁铬尖晶石[(MgFe)(AlCr)₂O₄]

magnesio(-)riebeckite 镁钠闪石[(Na,Ca)₂(Mg,Fe²⁺,Fe³⁺)₅(Si₄O₁₁)₂(OH)₂;Na₂(Mg,Fe²⁺)₃Fe³⁺₂Si₈O₂₂(OH)₂;单斜]

magnesiosadanagaite 镁砂川闪石[(K,Na)Ca₂(Mg,Fe²⁺,Al,Fe³⁺,Ti)₅ ((Si,Al)₈O₂₂(OH)₂,Mg>Fe²⁺];钠钙镁闪石[NaCa₂(Mg₃(Al,Fe³⁺)₂)Si₅Al₃O₂₂(OH)₂]

magnesio(-)scheelite 镁白钨矿

magnesiospinel 尖晶石[MgAl₂O₄;等轴]

magnesio(-)sussexite 白硼镁锰石;锰硼镁石;镁硼锰石;镁石

magnesiotantalite 镁铌钽矿[(Mg,Fe)(Ta,Nb)₂O₆]

magnesiotaramite 镁绿闪石 [Na₂Ca(Mg,Fe²⁺)₃Al₂Si₆Al₂O₂₂(OH)₂;单斜]

magnesiotriplite 铁氟磷镁石

magnesio-ursilite 镁铀硅石;镁水钙镁铀矿

magnesio-wustite{-wtistite} 镁方铁矿{铁方镁石}[(Mg,Fe)O]

magnesite 海泡石 [Mg₄(Si₆O₁₅)(OH)•6H₂O;斜方];菱镁矿[MgCO₃;三方]
→～-alumina brick 镁铝砖//～-chrome brick 镁铬砖//～ deposit 菱镁铁矿矿石//～-dolomite refractory 镁质白云石耐火材料//～ mortar 镁质火泥

magnesitspath{德} 菱镁矿[MgCO₃;三方]

magnesium 镁
→ ～ acetate 醋酸镁//～ al-lanite{orthite} 镁褐帘石//～ alloy diving suit 镁合金潜水服//～-aluminate 尖晶石[MgAl₂O₄;等轴]//～ aluminium garnet 镁铝榴石 [Mg₃Al₂(SiO₄)₃;等轴]//～-aluminium spinel crystal 镁铝尖晶石晶体

magnesium{Mg}-annabergite 镁镍华[(Ni,Mg)₃(AsO₄)₂•8H₂O]

magnesium(-)apjohnite 镁锰明矾 [(Mg,Mn)Al₂(SO₄)₄•22H₂O]
→～ arsenate 砷镁石[Mg₃(AsO₄)₂•8H₂O;单斜]//～ astrophyllite 镁星叶石[(Na,K)₄(Fe²⁺,Mg,Mn)₇Ti₂Si₈O₂₄(O,OH,F)₇;单斜];叶镁星石//～ axinite 镁斧石[Ca₂MgAl₂BSi₄O₁₅(OH);三斜]//～ bei-dellite 镁贝德{得}石//～ ben-tonite{beidellite} 富镁皂石;锂皂石[Na₀.₃₃(Mg,Li)₃Si₄O₁₀(F,OH)₂;单斜]//～ bentonite 镁斑脱石//～ bisulfate 硫酸氢镁//～{magnesian} calcite 镁方解石//～ carbonate asbestos powder 碳酸镁石棉灰

magnesium{magnesia}-chalcanthite 镁胆矾[Mg(SO₄)•5H₂O]

magnesium-chamosite 镁鲕绿泥石

magnesium chloride 氯化镁[MgCl₂]

→～ chlorophoenicite 砷锰镁石[(Mg,Mn)₅(AsO₄)(OH)₇;单斜];砷锰镁石[(Mn,Mg)₃(AsO₄)₂•8H₂O;单斜]//～ chrysotile 纤蛇纹石[温石棉;Mg₆(Si₄O₁₀)(OH)₈];温石棉[Mg₆(Si₄O₁₀)(OH)₈]//～ collinsite 镁淡磷钙铁矿//～{magnesia} cordierite 镁堇青石[Mg₂Al₃(Si₅AlO₁₈)]//～ croci-dolite{krokydolith} 镁青石棉//～ cro-cidolite 镁钠闪质石棉//～ deposit 镁矿床//～ diopside 镁透辉石//～ dolo-mite 镁化白云石//～ glauconite 镁海绿石;绿鳞石[(K,Ca,Na)<₁(Al,Fe³⁺,Fe³⁺,Mg)₂(Si,Al)₄O₁₀(OH)₂;K(Mg,Fe²⁺)(Fe³⁺,Al)Si₄O₁₀(OH)₂;单斜]//～{magnesian} glaucophane 镁蓝闪石;蓝闪石[Na₂(Mg,Fe²⁺)₃Al₂Si₈O₂₂(OH)₂;单斜]//～ hardness 镁硬度;硬度[水的]//～ hausmannite 镁黑锰矿//～ kaolinite 镁高岭石//～ γ-kerchenite 镁 γ 纤磷铁矿//～ koettigite 镁红砷锌矿//～ lime 镁质石灰;镁石灰//～{magnesian} limestone 白云石[CaMg(CO₃)₂;CaCO₃• MgCO₃;单斜]//～{-}monothermite 镁单热石[MgAl₁₀Si₁₅O₄₆•10H₂O]//～{magny} montmorillonite 镁蒙脱石[(Mg₂Al)(Si₃Al)O₁₀(OH)₂•5H₂O;单斜]//～ pectolite{magnesiopectolite} 镁针(钠)钙石[NaCa₂Si₃O₈(OH)(含 MgO 达5%)]//～ pectolite 杂蒙脱钠钙石//～ phosphoruranite 水磷铀镁石;镁铀云母[Mg (UO₂)₂(PO₄)₂•10H₂O;单斜、假四方]//～ spar 白云石[CaMg(CO₃)₂;CaCO₃•MgCO₃;单斜]//～ sussexite 锰硼镁石//～{|manganous|sodium |lead|lithium} tartrate 酒石酸镁 {|锰|钠|铅|锂}//～ tourmaline 镁电气石[三方]//～-urcilite 镁硅铀矿//～-ursilite 水硅镁铀石[2MgO•2UO₃•5SiO₂•9H₂O]//～ vermiculite 镁蛭石//～ wentzelite 红磷锰矿[(Mn,Fe²⁺)₅H₂(PO₄)₄•4H₂O;单斜]//～ wollastonite 镁硅灰石

magnes(i)ocalcite 白云石[CaMg(CO₃)₂;CaCO₃•MgCO₃;单斜]

magnet(is) 磁铁矿[Fe²⁺Fe³⁺₂O₄;等轴];磁铁;磁体;有吸引力的物;吸铁石;磁石[电]

magnet band 磁带
→～ charger 充磁机//～ core 磁芯//～ crane 电磁吊车

magneteisenstein{magneteisenerz} 磁铁矿[Fe²⁺Fe³⁺₂O₄,等轴;德]

magnet feed 磁性传动
→～ flux line 磁通线//～(ic) head 磁头[of a recorder]

magnetic (property) 磁性;磁性物质
→ ～ aftereffect{magnetic after effect} 磁后效//～ aging 磁老化//～ airborne surveys 航磁测量

magnetically active 磁致旋光(的)
→～ disturbed zone 磁性干扰地带//～ separated ore 磁选精矿;磁选富矿

magneticalness 磁性状态

magnetic amplifier 磁放大器
→ ～ amplitude 斑化曲线振幅 characteristics 岩石磁性;磁性[岩]//～ concentrate 磁选精矿//～ crop 磁选产物;磁性分离获得的矿物//～ dressing 磁选矿法//～ flow 磁铁矿流//～ flux line 磁场线;磁通量线//～ ignition 磁石电机点火法//～{blast} iron ore 磁铁矿 [Fe²⁺Fe³⁺₂O₄;等轴]//～ lattice 磁晶

格;磁点阵//～ polarity test 岩石磁性测定//～ prospecting computer 磁力探矿计算人员//～ {magnet} pulley 磁轮//～ pyrite 磁性黄铁矿//～ (iron) py-rite {pyrrhotite;pyrrhotine;kroeberite} 磁黄铁矿 [Fe₁₋ₓS(x=0~0.17);单斜、六方]//～ pyrrhotite tails 磁性的磁黄铁矿尾矿//～ rocks 磁铁岩//～ sand 砂铁矿//～ separator 磁分离器

magnetism 磁力;磁学;磁现象;磁性;磁
→～ associated with rectangular-loop 矩磁性

magnetist 磁学家

magnetite 四氧化三铁锈层;磁铁矿[Fe²⁺Fe³⁺₂O₄;等轴];磁石
→ ～ ball 磁铁矿球团{生球}//～ bin 磁铁矿介质仓//～-ilmenite placer 磁铁矿-钛铁矿砂矿//～ slurry from concen-trator 来自选厂的磁铁矿矿浆

magnetitite 磁铁岩

magnetitum 磁石

magnetization 磁化;磁化作用;磁性化
→～ (intensity;strength) 磁化强度

magnetizing 磁化;充磁

magneto 磁电机;磁石;磁的

magnetobiology 磁生物学

magnetogram 地磁自记图;磁力图

magnetograph 地磁仪;磁力仪

magnetogravimetric separation 磁重分离

magnetogyric ratio 磁旋比

magneto gyrocompass 磁陀螺
→～-hydrodynamics 磁流体力学

magnetohydrodynamic separation 磁流体动力分选

magnetohydrostatic separation 磁流体静力分选

magnetoilmenite 磁钛铁矿[FeTiO₃,含较高 Fe₂O₃]

magneto-ionic wave 磁离子波

magnetometer 磁通表;磁强计;磁秤["施密特磁秤"略称]
→(ground) ～ 地磁仪;磁力仪//～ method 地磁仪勘探法//～ survey 磁法勘探;磁力仪测量

magnetometric 磁性的;磁力的
→～{magnetic} resistivity method 磁(测)电阻率法//～ resistivity method 磁阻率法//～ surveying 地磁测量

magnetometry 地磁测量;磁法测量[对某一地区的];测磁(强术);磁力测定

magnetomotive (force){magneto motive} 磁(动)势

magneto-optic material 磁光材料

magnetooptics{magneto-optics} 磁光学

magnetoplumbite 磁(铁)铅矿[PbO•6Fe₂O₃;Pb(Fe³⁺,Mn³⁺)₁₂O₁₉;六方];磁铅石;氧化铅铁淦氧磁体
→～ ferrite crystal 磁铅石型缺氧晶体

magneto-plumbite type 磁铅石型
→～ type ferrite 磁铅石型缺氧体

magnetoplumbite type microwave ferrite 磁铅石型微波缺氧体

magnetopolarity unit 磁性(地层)极性单位

magnetopyrite 磁黄铁矿 [Fe₁₋ₓS(x=0~0.17);单斜、六方]

magnetor 磁电机

magnetoresistance 磁致电阻;磁阻

magnetosheath 磁层鞘;磁鞘

magnetospheric 磁性层的
→～ substorm 磁层亚暴
magnetostatic field 静磁场
→～ resonance 静磁共振
magnetostatics 静磁学
magnetostibian 磁铁锑矿
magnetostratigraphic polarity subzone 磁性地层极性亚带
→～ polarity unit 磁性地层极性单位
magnetostratigraphy 古地磁地层学
magnetostriction 磁致伸缩
magnetostrictor 伸缩振子
magnetoswitchboard exchange 磁石式交换台
magnetotaconite 磁铁燧岩
magnetotail 磁尾
magnetotelluric 地球磁场的
→～ impedance censor 磁大地电流阻抗张量法//～ impedance tensor 大地电磁阻抗张量//～ noise 大地电磁噪声
magnetothermal effect 磁热效应
magneto-turbulence 磁性湍流
magnetozone 磁性带
magnet ring 环形磁铁
magnetrol 磁放大器
magnetron 磁控管
magnet stand 磁性支架
→～ steel 磁钢//～ support{cradle} 磁铁支座
magnettor 谐波型磁放大器；二次谐波型磁性调制器
Magniderbyia 大德比亚属[腕;P]
magniferous 含镁的
magnified diagonal 交叉扩大法；对角线扩延法
magnifier 放大镜；放大器
Magnifloc 聚丙烯酰胺型絮凝剂
magnify 放大；扩大化
→～ chart reader 卡片放大阅读器；台镜
Magnilaterella 大侧牙形石属[C₁]
magnioborite 遂(硼镁)石
magniophilite 磷镁锰矿[(Mn,Fe,Mg)₃(PO₄)₂]；磷铁锰矿[(Mn²⁺,Fe²⁺,Ca,Mg)₃(PO₄)₂;单斜]
magniosiderite 镁菱铁矿[(Fe,Mg)(CO₃)]
magniotriplite 镁磷锰矿[(Mn,Fe,Mg,Ca)₂(PO₄)(F,OH)]；氟磷铁镁矿[(Mg,Mn,Fe,Ca)₂(PO₄)(F,OH);单斜]；铁磷锰矿[(Fe,Mn,Mg,Ca)₃(PO₄)₂•3H₂O]
magniphyric 微粗斑状[最大斑晶 0.2～0.4mm]
→～ texture 微粗斑结构
Magnistor 电磁开关；磁变管
magnitude 数量；地震级；大小；重要；量级；量数值；星等[天]
magnocalcite 杂白云方解石
magnochalcanthite 镁胆矾[Mg(SO₄)•5H₂O]
magn(esi)ochromite 镁铬铁矿[(Mg,Fe²⁺)(Al,Cr)₂O₄;等轴]；镁铬尖晶石[(MgFe)(AlCr)₂O₄]
magn(esi)ocolumbite 铌镁矿[(Mg,Fe²⁺,Mn)(Nb,Ta)₂O₆;斜方]；镁铌铁矿；镁铌铁
magnocuprochalcanthite 镁胆矾[Mg(SO₄)•5H₂O]
magno cuprochalcanthite 镁铜矾
→～-cuprochalcanthite 铜镁矾[(Mg,Cr)(SO₄)•5H₂O]
magnodravite 镁电气石[三方]
magnoferrichromite 镁铁铬矿[(Mg,Fe)

CrO₄]
magnoferrocalcite 杂铁白云解石
Magnolia 木兰属[K-Q]
Magnoliaceae 木兰科
Magnolipollis 木兰粉属[孢;K₂-Q]
magnolite 碲汞石[Hg₂TeO₄]；碲汞矿[Hg₂(TeO₄);HgTe;等轴]
magn(esi)oludwigite 硼镁铁矿[(Mg,Fe²⁺)₂Fe³⁺(BO₃)O₂;斜方]
magn(es)omagnetite 镁磁铁矿[(Fe,Mg)Fe₂O₄]
magno-monothermite 镁伊利石；镁高岭石
magnon 磁(量)子；磁振子
magnoniobite 铌镁矿[(Mg,Fe²⁺,Mn)(Nb,Ta)₂O₆;斜方]
magnophorite 含钛钾闪透闪石
magnophyric 粗斑状[最大斑晶>5 mm]
magnotriphilite 镁磷铁铝矿
Magnox (alloy) 马格诺克斯(核燃料包覆用镁)合金
magnuminium 镁基合金
magnussonite 氯砷锰石[Mn₅(AsO₃)₃(Cl,OH);等轴、四方]；方砷锰矿[(Mn,Mg,Cu)₅(AsO₃)₃(OH,Cl)]
magny{magno}-monothermite 镁单热石[MgAl₁₀Si₁₅O₄₆•10H₂O]
magnymontmorillonite 镁蒙脱石[(Mg₂Al)(Si₃Al)O₁₀(OH)₂•5H₂O;单斜]
magriebekite 镁钠闪石[(Na,Ca)₂(Mg,Fe²⁺,Fe³⁺)₅(Si₄O₁₁)₂(OH)₂; Na₂(Mg,Fe²⁺)₃Fe₂³⁺Si₈O₂₂(OH)₂;单斜]
magslep{magslip} 遥控{遥测}自动同步机
magurasphyllite 镁铀(砷叶石)
magursilite 镁硅铀石
mag-zirc 镁锆钻杆
mahadevite 羟钍石[Th(SiO₄)₁₋ₓ(OH)₄ₓ;四方]；金白云母[(K,Na)₀.₉₇(Al,Fe,Mg)₂.₆₆((Si,Al)₄O₁₀)(OH)₂]
Mahalanobis' distance 马哈拉诺比斯距离[广义距离]
mahnertite 水氯砷钠铜石[(Na,Ca)Cu₃(AsO₄)₂Cl•5H₂O]
mahogany 红木；红褐色；赤褐色(的)；桃花心木
→～ acid (石油)磺酸；油溶性石油磺酸//～ ore 密铜铁矿//～ soap F-445 F-445 红酸钠皂
MAI 活动北极岛
maichite 微闪长岩
maiden 未经考验的；初次的；少女(的)；新的
→～ field 未开发油；未采的矿区
maidenhair tree{maiden hair tree} 银杏
maiger{maigre} 鹰石首鱼
maigruen 马硫铜镓矿
Maijishan Grottoes 麦积山石窟
maikainite 锗硫钼铁铜矿[Cu₂₀(Fe,Cu)₆Mo₂Ge₆S₃₂]
Maillechort 麦雷乔铜镍合金
main 管道干线；干线；总的；主要的；主线；主沟；馈(电)线
→～ access of ramp 露天矿主要沟道//～ access ramp 总沟；露天矿基本沟//～ anchor 主固定支架；主支撑点//～ bottom 基座；基岩；基底；砂矿基岩//～ conveyor 主运输机//～ crop ore grain 主茬矿石颗粒；头茬矿石颗粒//～ cross(-)cut 主要石门//～ distribution cable 总配电电缆//～ earthing electrode 主接

地极//～ effect 主效果
mainframe 主机架；主配线架
main frame 底盘；主机架；主机[包括处理器及存储器]
→～ geomagnetic field 地球基本磁场//～ gravity incline 主轮子坡//～ group element 主元素//～ hanging wall 矿脉上盘//～ {pit} haulage 矿山拖运//～{rock;reef} hoisting 矿石提升
mainland 本岛；主岛；大陆；本土
Mainland Green 大陆绿[石]
main lateral line-groove 主侧线沟
→～ lead 母线//～{power;supply} lead 电源线//～-line (track) 干线//～ line belt conveyor 主要运输平巷胶带运输机
mainline haulage 干线拖运
main-line motorman 干线运输(电机车)司机
main line system 主运输
→～ orebody 主矿体//～ pack 生产筛管段周围的砾石充填//～ packet 主矿仓//～ rake{reef} 主矿脉//～ returns bin 主返矿槽//～ roadway in rock 岩层大巷//～-roof rock 老顶岩石
mains firing 干线供电爆破
main shaft{axle;spindle} 主轴
→～ (winding) shaft 主立井；主井
mainshaft and sleeve 主轴和主轴衬套
main shaft combined structure 主井同体建筑
mainstay 砥柱；骨干；柱石；主要依靠；支柱
main stem 主河道
maintainability 可维修(护)性
maintain contact of liaison 联络
maintained load pile test 桩的维持荷载试验
→～ load test 维持荷载法[试桩]
maintainer 维护人员；维修工
maintain the front (show) 支撑门面
main tank 主罐；(油轮的)主油舱
maintenance 保养；保管；保持；养护；维修；维持
→～ and repair 保养与修理//～ {upkeep} cost 保养费；维修费//～ {servicing} depot 修理厂//～ manual 维修保养手册{规程}//～ support diving 维修辅助潜水
main timber 大梁；主木；纵梁
maistrau{maistre} 密史脱风[地中海北岸的干冷西北风或北风]
maitlandite 羟钍石[Th(SiO₄)₁₋ₓ(OH)₄ₓ;四方]
Majac mill 马杰磨
majakite 砷镍钯矿[PdNiAs;六方]；马扎克矿
Majatheca 马加螺属[软舌螺;Є-O]
→～ majersyt 黄碘银矿[(Al,Cu)I;等轴]
Majiaobaphyllum 马角坝珊瑚属[C₁]
majolica enamel 乌釉搪瓷
major axis 主桩；椭圆长轴
→～ deposit 主矿体
majorite 镁铁(铝石)榴石[(Mg,Fe²⁺)₃Al₂(SiO₄)₃;Mg₃(Fe,Si,Al)₂(Si O₄)₃;等轴]
majority 过半数；大多数
→～ vote method 多数判决法[确定测量值的一种方法]
majorization 优化
major joint 主接口；主节点；重要接头
Majran Brown 香槟钻[石]

makarochkinite 钙铁非石[((Ca$_{1.75}$Na$_{0.25}$)$_{\Sigma 2.00}$ (Fe$^{2+}_{380}$Fe$^{3+}_{1.35}$Te$^{4+}_{0.60}$Mg$^{2+}_{0.25}$)$_{\Sigma 6.00}$(Si$_{4.4}$Be$_{1.0}$Al$_{0.6}$)$_{\Sigma 6.0}$O$_{20}$]]

makaseite 中濑矿

makatea 离水珊瑚；抬升礁

makatite 马水硅钠{钠硅}石[Na$_2$Si$_4$O$_9$•5H$_2$O;斜方]

make 制订；使得；鞍舌状体；开采量；闭合；引起；富矿部分[矿体的]；制造；制；种类；做；建造；样式；接通[电路]

makedonite 四方钛铅矿；铅铁矿[PbFe$_4^{4+}$O$_7$;三方]；铅钛矿[PbTiO$_3$;四方]

make firm by ramming or tamping 捣固
→~ good a loss 赔偿//~ havoc of (使) 陷入大混乱；对造成严重破坏//~ known to the public 悬//~ odds even 拉平//~ of ore 工业矿体；采出矿石；矿石开采//~ of refuse 尾矿产量//~ of water 矿井涌水率

make out an account 开(立)账(户)
→~ -position 闭合位置//~ progress 取得；进展//~ pulse 闭合脉冲

makes 矿脉宽厚部分
→~ -and-breaks 拧卸钻具操作

make-shift equipment 代用设备

makeshift road 临时道路

make spot checks 抽查

makeup bunker{shed} (地面)炸药加工房

make-up chuck 钻杆旋接夹盘
→~ medium 补充介质//~ {supply} pump 供水泵//~ ring 模板接合圈//~ shed 日用炸药贮存室

makeup time 纠错时间；接杆时间

make-up tongs 接管子用大钳

makhtesh{makht é sh} 冰斗状长穴

mäkinenite 三方硒镍矿[γ-NiSe;三方]；γ(-) 硒镍矿

making a connection 接单根
→~ capacity 闭合容量//~ current 接通电流//~ hole 实际钻孔时间及其钻进深度[美]；一天钻进的深度；建井

makinthosite 羟钍石 [Th(SiO$_4$)$_{1-x}$(OH)$_{4x}$;四方]

makite 无水碱芒硝[为 Na$_2$SO$_4$ 和 Na$_2$CO$_3$ 的混合物]；碳钠矾[Na$_6$(CO$_3$)(SO$_4$)$_2$;斜方]

Maklaya 马克莱氏蟹扁[孔虫;P$_1$]

makle 三角薄片状金刚石

makrolepidolith 大锂云母[K(Li,Al)$_3$((Si,Al)$_4$O$_{10}$)(F,OH)$_2$]

makroperthit 粗条纹长石

maktea 抬升礁

malachite 白透辉石[MgCa(Si$_2$O$_6$)]；石绿[Cu$_2$(CO$_3$)(OH)$_2$]；青琅玕[Cu$_2$(CO$_3$)(OH)$_2$]
→(green) ~ 孔雀石[Cu$_2$(OH)$_2$CO$_3$;单斜] //~ de plomb 铅孔雀石[PbCu$_3$(CO$_3$)(OH)$_2$;单斜]//~{peacock} green 孔雀石绿

malacolite 白透辉石[MgCa(Si$_2$O$_6$)]；透辉石[CaMg(SiO$_3$)$_2$ 为辉石族;CaMg(SiO$_3$)$_2$–CaFe(SiO$_3$)$_2$;Ca(Mg$_{100-75}$Fe$_{0-25}$(Si$_2$O$_6$));单斜]

malacon 变水锆石；变锆石[Zr(SiO$_4$)]；水锆石

Malacostraca 软甲亚纲；软甲类[节]

Maladioidella 小马拉得形虫属[三叶;Є$_3$]

Maladioides 拟马拉得虫属[三叶;Є$_3$]

maladjustment 适应不良；失调；失配；不适应
→~ of supply and demand 供需失调

malakolith 白透辉石[MgCa(Si$_2$O$_6$)]；透辉石[CaMg(SiO$_3$)$_2$ 为辉石族;CaMg(SiO$_3$)$_2$–

CaFe(SiO$_3$)$_2$;Ca(Mg$_{100-75}$Fe$_{0-25}$(Si$_2$O$_6$));单斜]

malakon(e) 水锆石；变水锆石；变锆石[Zr(SiO$_4$)]

malanite 马兰矿 [等轴 ;CuPt$_2$S$_4$;Cu(Pt, Ir)$_2$S$_4$]

malapropos 不适当的

malaquita 孔雀石[Cu$_2$(OH)$_2$CO$_3$;单斜]

malaria 疟疾

malaspina{ice-foot} glacier 山麓冰川

Malawi 马拉维

malaxator 揉和机；捏土机；碾泥机

Malaygnathus 马来亚牙形石属[T$_{1-2}$]

malay(a)ite 马来亚石[CaSnSiO$_5$;单斜]

Malaysia 马来西亚

malchite 微闪长岩

malconformation 不均衡性

maldonite 黑铋金矿[Au$_2$Bi;等轴]；金铋矿[Au$_2$Bi]

maleevite 硅钡硼石[BaB$_2$Si$_2$O$_8$]

male fishing tap 打捞公锥
→~ gamete 雄配子//~ {insert;plug} gauge 塞规

maleic 顺丁烯
→~ acid 顺(式)丁烯二酸[HOOC•CH:CH•COOH]//~ anhydride 马来酐[(= CHCO)$_2$O]

maleinoid 顺异构(化合)物

malenclave 污染水体

male packing brass 外填料铜衬套
→~ pin 栓钉

malformation-crystal 残缺晶；畸形晶体；歪晶

malformed{misshapen} crystal 畸形晶体

malgachite 花岗辉长岩相

malic 苹果的

malignant 恶性

malinofskite{malinowskite} 铅黝铜矿[(Cu,Fe,Pb)$_{12}$SbS$_{13}$]

mall 黑泥土；槌
→~ (hammer) 锤

malladrite 氟硅钠石[Na$_2$SiF$_6$;三方]

mallardite 水锰矾{白锰矾;七水锰矾}[MnSO$_4$•7H$_2$O]

malleable 可展的；有(延)展性的；韧性的；可锻的；可延展的
→~ casting 韧性铸件//~ failure 韧性损坏；(岩石的)延展性损坏//~ iron 可展铁//~ mineral 展性矿物

malleablization 锻化
→~ in ore 矿石中可锻化(处理)

mallee 浓密常绿桉树灌丛
→~ scrub 桉树灌木草原//~ soil 桉树林土

malleolus 踝

mallestigite 羟砷锑铅矾石[Pb$_3$Sb(SO$_4$)(AsO$_4$)(OH)$_6$•3H$_2$O]

mallet 木槌；锤；槌
→~ plugger 锤充填器

malleus 锤骨

Mallexinis 棒瘤切壁属[孢;C$_2$]

Mallomonas 鱼鳞藻属[Q]

mallophaga 食毛目[昆]；禽虱

malloseismic{macroseismic} region 破坏性频震区

Malm 玛姆(统)[欧;J$_3$]

malm 含白垩黏土；黏土和白垩的混合土；泥灰(岩)；钙质砂土

malmelon 小圆丘

malmrock{malm rock} 灰色软脆石灰岩；

黏土砂岩；钙质砂岩；玛姆{麻姆;麻埗}砂岩[灰砂岩]；麻埗岩

malmstone (灰)砂岩；白垩质岩；玛姆{麻姆;麻埗}砂岩

Malocystites 小海林檎属[棘林檎;O$_2$]

Malongella 小马龙介属[Є$_1$]

malononitrile 丙二腈[CH$_2$(CN)$_2$]

maloperation 误操作

malpais 熔岩劣地；玄武熔岩

Maltese Amoeba 阿米巴变形虫[a computer virus]
→~ -cross inclusions 马耳他十字形包裹体//~ -cross structure 马耳他十字架构造

maltesite 空晶石[Al$_2$(SiO$_4$)O;Al$_2$O$_3$•SiO$_2$]

maltha 软沥青

malthacite 水铝英石[Al$_2$O$_3$ 及 SiO$_2$的非晶质矿物;Al$_2$O$_3$•SiO$_2$• nH$_2$O]；漂土；漂布土[一种带黄色富于镁质的黏土]；漂白土[一种由蒙脱石构成的黏土]

malthaite 软沥青[德]

malthazit 水铝英石[Al$_2$O$_3$ 及 SiO$_2$的非晶质矿物;Al$_2$O$_3$•SiO$_2$• nH$_2$O;德]；漂布土[一种带黄色富于镁质的黏土;德]

malthene 石油脂；软沥青质；石油质；马青烯

malthite 软沥青；土沥青

malthoid 油毛毡

Malvacearumpollis 锦葵粉属[孢;E-Q]

malysite 铁盐[Fe^{3+}Cl$_3$;六方]

mamanite 杂卤石[K$_2$Ca$_2$Mg(SO$_4$)$_4$•2H$_2$O;三斜]；钾镁钙矾

mamelon 乳房山；钟状火山；圆丘；圆顶丘；突瘤[海胆]

Mamenchisaurus 马门溪龙(属)

mamilite 镁铁白榴金云火山岩；钾镁火山岩；煌斑火山岩

mam(m)illate 乳头状的

Mamillopora 乳管苔藓虫属[E$_2$-Q]

mamlahah 盐渍原野[阿半岛]

mamma 乳房状(云)

mammal{mammalia} 哺乳动物

Mammalipedia 哺乳足迹类[遗石]

mammatus 乳房状(云)

mammillary{mammillate(d)} 乳房状的

mammock 岩块

mammose 具乳突状突起的

mammoth 猛犸(象)[Q]；毛象

mammothite 玛莫石 [AlCu$_4$Pb$_6$Sb(SO$_4$)$_2$Cl$_4$(OH)$_{18}$]

mammoth pool 大油藏
→~ pump 大型泵

Mammut 乳齿象(属)[N]

Mammuthus 猛犸(象)[Q]
→~ (Elephas) primigenius 真猛犸象

manaccanite 磁铁钴矿；钛铁矿[Fe^{2+}TiO$_3$,含较多的 Fe$_2$O$_3$;三方]

manachanite 钛铁矿[Fe^{2+}TiO$_3$,含较多的 Fe$_2$O$_3$;三方]

management 管理处；管理；操纵；控制；经营；经理部
→~ and administration 经营管理

manager 管理人；管理程序；矿长；经营者；经理
→~ board 挡水板

managerialist 管理学家

manakan 钛铁矿 [Fe^{2+}TiO$_3$,含较多的 Fe$_2$O$_3$;三方;德]

man and material cage 升降人员和材料的罐笼

→~-and-material hoist 人员材料提升机

manandonite 硅硼锂铝石｛锂硼绿泥石｝[LiAl₄Si₃BO₁₀(OH)₈;单斜]

man appearance 图示特征

→~-area 图区；图幅；成图地区

manasseite 水碳铝镁石 [Mg₆Al₂(CO₃)(OH)₁₆•4H₂O;六方]；水镁铝石 [Mg₆Al₂(CO₃)(OH)₁₆•4H₂O]；碳铝镁石

manatee｛Manatus｝ 海牛[Q]

mancar 乘人矿车

man(-riding) car 乘人车

→~｛manriding｝car 乘人矿车

manchineel 毒番石榴[植]

Manchurichthys 满洲鱼

Manchuriella 小东北虫属[三叶]；满洲虫；小满洲虫属[三叶;∈₂]

Manchuroceras 东北角石属[头]；满洲角石(属)[O₁]

Manchurochelys 满洲龟

Mancicorpus 异极粉属[K₂]；一面粉属[孢]

mancinite 硅锌矿[Zn₂SiO₄;三方]

Mancos shale 曼柯斯页岩[美实验常用的典型岩石]

mandarinoite 水硒铁石[Fe₂³⁺Se₃O₉•4H₂O;单斜]

mandatory 强制性的；强制的；命令的；代理人；义务的

→~ layer 基准层//~ plan 指令性计划

mandchurite 玻霞碧玄岩

mandelato 白斑红大理岩

mandelic acid 苯乙醇酸｛α-羟基苯乙酸｝[C₆H₅CH(OH)COOH]

Mandelstamia 曼氏介属[J₃-K]

mandible 喙；上颚[昆]；上鳃[节足]；下颚骨(兽)；颚片[苔]；下颌骨

mandibula 上颚[昆]；大颚；下颌骨

mandibular cheek tooth 下颌颊牙(齿)

→~ fossa 颌穴//~ muscle scar 大颚肌痕[介]//~ palpus 上颚须[昆]

Mandibulata 有颚亚门

man door 人行小门

mandrel｛mandril｝ 双尖镐；丁字镐；圆棒；管芯；工作筒；芯轴；紧轴；铁芯

Mandschurosaurus 满洲龙

mands(c)hurite 玻霞碧玄岩

man-earth relationship 人地关系

Manebach-Ala｛|Acline｝law 曼尼巴-阿`拉｛|克林｝(双晶)律

Manebach law 福拉布鲁克(双晶)律

→~-pericline law 曼尼巴-肖钠长石(双晶)律//~ twin(ning)底面｛曼尼巴｝双晶

man engine 老式竖井人员升降机

maneton 轴颈；可卸曲柄夹板

→~ (clamp) bolt 互钩螺栓

maneuver factor 控制灵敏因素

mangan 锰膜[土壤中]；锰

→~-actinolite｛manganaktinolith｝锰阳起石 [Ca₂(Mg,Fe,Mn)₅ (Si₄O₁₁)₂(OH)₂(含MnO 5%～8%)]

manganalaun[德] 锰明矾

manganamphibole 蔷薇辉石[Ca(Mn,Fe)₄Si₅O₁₅,Fe、Mg 常置换 Mn,Mn 与 Ca 也可相互代替;(Mn²⁺,Fe²⁺,Mg,Ca)SiO₃;三斜]

manganancylite 碳锶铈矿 [SrCe(CO₃)₂(OH)•H₂O;斜方]

manganandalusite 锰红柱石 [(Al,Fe,Mn)₂SiO₄)O;(Mn³⁺,Al)AlSiO₅;斜方]

mangananorthite 锰钙长石[Mn(Al₂Si₂O₈)]

mangan-ansilite 钙碳锶铈矿

manganantigorite 锰蛇纹石

mangan(-)apatite 锰磷灰石[(Ca,Mn)₅(PO₄)₃(F,OH)]

manganarfvedsonite 锰亚铁钠闪石

manganarsite 层亚砷锰石

manganate 锰酸盐

manganates 锰酸盐类

manganautunite 锰铀云母 [Mn(UO₂)₂(PO₄)₂• 8H₂O]

mangan(o)axinite 锰斧石 [Ca₂Mn²⁺Al₂(BO₃)(SiO₃)₄OH;三斜]

manganbabingtonite 硅锰灰石 [Ca₂(Mn,Fe²⁺)Fe³⁺Si₅O₁₄(OH);三斜]

mangan(o)barium muscovite 锰钡白云母[白云母变种,含钡、锰、镁、铁等成分]

mangan(o)belyankinite 锰锆钽钙石[2(Ca,Mn)O•12TiO₂•½Nb₂O₅•ZrO₂•SiO₂•28H₂O]；铌钛锰石[(Mn,Ca)(Ti,Nb)₅O₁₂•9H₂O];非晶质]；锰锆铌钙钛石

mangan(o)berzeliite 锰砷钙镁矿 [(Mn,Mg)₂(Ca,Na)₂(AsO₄)₃]；锰黄砷榴石 [(Ca,Na)₃(Mn,Mg)₂(AsO₄)₃;等轴]

manganblende 辉锰矿；硫锰矿[MnS;等轴]

mangan boracite｛mangan boracite｝ 锰方硼石[Mn₃B₇O₁₃Cl;斜方]

mangan(o)brucite 锰水镁石 [(Mg,Mn)(OH)₂]；锰羟镁石

mangan(o)calcite 钙菱锰矿 [MnCO₃ 与FeCO₃、CaCO₃、ZnCO₃ 可形成完全类质同象系列]

mangan(oan) calcite 锰方解石[(Ca,Mn)(CO₃)]

mangan(o)chalcanthite 锰胆矾 [MnSO₄•7H₂O]；五水锰矾[MnSO₄•5H₂O;三斜]

manganchingluite 锰黑硅钛钠锰矿

manganchlorite 锰锌尖晶石；锰(叶)绿泥石[Mn₉Al₃(Al₃Si₅O₂₀)(OH)₁₆;(Mg,Fe,Mn)₅Al(AlSi₃O₁₀)(OH)₈;Mn₅Al(Si₃Al)O₁₀(OH)₈;单斜]

mangan(iferous) chlorite 锰绿泥石[Mn₉Al₃(Al₃Si₅O₂₀)(OH)₁₆;(Mg,Fe,Mn)₅Al(AlSi₃O₁₀)(OH)₈;Mn₅Al(Si₃Al)O₁₀(OH)₈;单斜]

manganchrysotile 锰纤蛇纹石；锰温石棉

mangan chrysotile 锰纤蛇纹石

→~(o)columbite 铌锰矿 [(Mn,Fe)((Nb,Ta)₂O₆),(Mn:Fe>3:1);斜方]//~ columbite 锰铌铁矿 [(Mn,Fe)(Nb₂O₆)(Mn:Fe>3:1)]

mangancordierite 锰堇青石 [Mn₂Al₃(Si₅AlO₁₈)]

mangancrocidolite 锰青石棉

mangancummingtonite 锰镁闪石 [(Ca,Na,K)₂½(Mn,Mg,Al,Fe³⁺)₅((Si,Al)O₂₂)(OH)₂;Mn₂²⁺(Mg,Fe²⁺)₅Si₈O₂₂(OH)₂;单斜]

mangandiaspore 锰水铝石[H(Al,Mn³⁺)O₂]；锰羟铝石

mangan diaspore 锰水铝石[H(Al,Mn³⁺)O₂]

γ-mangandioxyd γ 恩苏塔矿

mangandisthene 砷硅铝锰石[Mn₄(Al,Mg)₆(SiO₄)₅Si₃O₁₀((As,V)O₄)(OH)₆;斜方]；锰硅铝石[Mn₅Al₅((As,V)O₄)(SiO₄)₅(OH)₂•2H₂O]

mangandolomite 锰白云石 [Ca(Mg,Mn)(CO₃)₂;Ca(Mn,Mg,Fe²⁺)(CO₃)₂;三方]；钙菱锰矿[MnCO₃ 与 FeCO₃、CaCO₃、ZnCO₃可形成完全类质同象系列]

mangan-dolomite 高锰白云石

manganepidote｛manganese epidote｝ 红帘石[Ca₂(Al,Fe,Mn)₃Al(Si₂O₇)(SiO₄)O(OH);Ca₂(Al,Mn³⁺,Fe³⁺)₃(SiO₄)₃(OH);单斜]；锰绿

帘石 [(Ca,Mn)₂(Al,Fe,Mn)₃(Si₂O₇)(SiO₄)O(OH)]

manganese 锰

→~ amphibole 锰闪石；锰角闪石//~{-}anorthite 锰钙长石 [Mn(Al₂Si₂O₈)]//~{Mn} berzeliite 锰黄砷榴石 [(Ca,Na)₃(Mn,Mg)₂(AsO₄)₃;等轴]//~ bronze 锰青铜//~{-}carbon 菱锰矿[MnCO₃;三方]//~{-}cordierite 锰堇青石[Mn₂Al₃(Si₅AlO₁₈)]

β-manganese dioxide 二氧化锰[MnO₂;隐晶、四方]；软锰矿；β 恩苏塔矿

γ-manganese dioxide γ 恩苏塔矿

manganese epidote 锰绿帘石 [(Ca,Mn)₂(Al,Fe,Mn)₃(Si₂O₇)(SiO₄)O (OH)]

→~ (aluminium) garnet 锰铝榴(石) [Mn₃Al₂(SiO₄)₃,Mn 常被 Ca、Fe、Mg 置换;等轴]//~ glance 硫锰矿[MnS;等轴]//~ hat-type manganese deposit 锰帽型锰矿床//~ ho(e)rnesite 砷镁锰石 [(Mn,Mg)₃(AsO₄)₂•8H₂O;单斜]；锰砷镁石//~ hydrate 硬锰矿 [mMnO•MnO₂•nH₂O]//~ -iron-copper deposit on the modern ocean floor 现代海洋底部铁锰铜矿床//~ merwinite 锰硅钙石//~ nodule 锰团块(矿)；锰核//~ nsutite 锰恩苏塔矿//~ ocher 锰赭石//~ ore 冶金锰矿石//~ ore{mine} 锰矿//~ pyroxene 锰辉石[(Mn²⁺,Mg)₂Si₂O₆;单斜]

Manganese Shale Group 曼加内斯页岩群

manganese{Mn} sicklerite 锰磷锂矿[(Li,Mn²⁺,Fe³⁺)(PO₄)]

→~ sicklerite 磷锂锰矿[Li₍₁(Mn²⁺,Fe³⁺)(PO₄);斜方]//~ tungstate 钨酸锰矿 [Mn(WO₄)]//~ wad 锰土[MnO₂•nH₂O]//~ zeolite 锰沸石//~ zinc pyroxene 锰锌辉石//~ zinc spar 锰菱锌矿[(Zn,Mn)CO₃]//~ zoisite 锰黝帘石 [(Ca,Mn)₂Al₃(SiO₄)₃(OH)]

manganesian dolomite 锰白云石[Ca(Mg,Mn)(CO₃)₂; Ca(Mn,Mg,Fe²⁺)(CO₃)₂;三方]

→~ magnetite 锰磁铁矿[(Fe,Mn)Fe₂²⁺O₄]

manganesite 锰矿岩

manganesium magnetite 镁磁铁矿[(Fe,Mg)Fe₂O₄]

mangan-fauserite 七水锰矾[MnSO₄•7H₂O]

mangan-fluorapatite 锰氟磷灰石 [(Ca,Mn)₅(PO₄)₃F]

manganglanz 硫锰矿[MnS,等轴;德]

manganglauconite 锰海绿石[Mn,Fe,K 的铝硅酸盐]

mangangordonite 磷锰铝石 [(Mn,Fe,Mg)Al₂(PO₄)₂(OH)₂(H₂O)₆•2H₂O]

mangangoslarite 锰皓矾

mangan-granat[德] 锰铝榴(石)[Mn₃Al₂(SiO₄)₃,Mn 常被 Ca、Fe、Mg 置换,等轴]

mangan(-)grandite 锰钙铝铁榴石

mangangraphite 石墨[六方、三方]；锰土[MnO₂•nH₂O]；沼锰矿 [硬锰矿类；MnO₂•nH₂O]

manganhornesite 锰砷镁石；锰镁华

manganhumite 硅锰石 [(Mn,Mg)₇(SiO₄)₃(OH)₂;斜方]；锰硅镁石

manganhydroxylapatite｛manganhydroxylapatite｝ 锰羟磷灰石

manganian clinochlore 锰斜绿泥石

→~{mangan} diaspore 锰硬水铝石

manganiand rosite-(Ce) 铈多锰绿泥石[Mn²⁺CeMn³⁺AlMn²⁺Si₂O₇ SiO₄O(OH)]

manganian{Mn} palygorskite 锰坡缕石 $[(Mn,Mg)_5Si_8O_{20}(OH)_2•(8～9)H_2O;$单斜]

manganic 三价锰的；锰的；六价锰的
　　→～{manganesian} garnet 锰榴石

manganidocrase{manganidokras} 锰符山石 $[(Ca,Mn)_{10}(Mg,Fe)_2Al_4(SiO_4)_5(Si_2O_7)_2(OH)_4]$

manganiferous hornesite 含锰砷镁石
　　→～{Mn-bearing} limestone 含锰灰岩//～ lode 锰矿脉

manganikentrolite 硅铅锰矿$[Pb_3(Mn_4O_3)(SiO_4)_3;Pb_2Mn_3^{3+}Si_2O_9;$斜方]

manganilmenite 锰钛铁矿$[(Fe,Mn)TiO_3]$

manganilvaite 锰黑柱石$[CaFe^{2+}Fe^{3+}(Mn,Fe^{2+})(Si_2O_7)O(OH)]$

manganin 锰(镍)铜(合金)[84铜,12锰,4镍]

manganipurpurite 紫磷铁锰矿$[(Mn^{3+},Fe^{3+})(PO_4)]$

mangani-sicklerite 磷锂锰矿$[Li_{<1}(Mn^{2+},Fe^{3+})(PO_4);$斜方]

manganite 水锰矿$[Mn_2O_3•H_2O;(\gamma-)MnO(OH);$单斜]；羟锰矿$[Mn(OH)_2;$三方]；亚锰酸盐

manganjacobsite 锰黑镁铁锰矿

manganjasper 角锰矿

manganjustite{mangan justite} 锰黄长石$[Mn_3(Si_2O_7)]$

mangan kalk ancylite 锰碳锶铈矿

mangankalkspat 钙菱锰矿$[MnCO_3$与$FeCO_3$、$CaCO_3$、$ZnCO_3$可形成完全类质同象系列]

mangankies 褐硫锰矿$[MnS_2;$等轴]；方硫锰矿

mangankiesel 蔷薇辉石$[Ca(Mn,Fe)_4Si_5O_{15},Fe$、Mg常置换Mn,Mn与Ca也可相互代替;$(Mn^{2+},Fe^{2+},Mg,Ca)SiO_3;$三斜]

mangankoninckite 锰针磷铁矿$[(Fe,Mn)(PO_4)•3H_2O]$

mankrokidolite 锰青石棉

mangankupfererz{mangankupferoxyd} 锰铜矿$[3CuO•2Mn_2O_3;CuMnO_2;$单斜]

manganlangbeinite 锰钾矾

manganleonite 锰钾镁矾$[K_2Mn(SO_4)_2•4H_2O]$

manganlotharmeyerite 砷镁钙锰石$[Ca(Mn^{3+},□,Mg)_2(AsO_4(AsO_2(OH))_2)_2(OH,H_2O)_2]$

manganludwigite 锰硼镁锰矿$[(Mn,Mg)_2Fe^{3+}(BO_3)O_2]$

mangan(-)ludwigite 硼镁锰矿$[(Mg,Mn^{2+})2Mn^{3+}(BO_3)O_2;(Mg,Mn^{2+})_2Mn^{3+}BO_5;$单斜]
　　→～(-)magnetite 锰磁铁矿$[(Fe,Mn)Fe_2^{3+}O_4]$

manganmelanterit 锰水绿矾；绿锰铁矾$[(Mn,Fe)SO_4•7H_2O]$

mangan-melanterite 锰绿矾$[(Fe,Mn)(SO_4)•7H_2O]$

manganmerwinite 锰牟文橄榄石

mangan(-)monticellite 锰钙橄榄石$[CaMn(SiO_4)]$

manganmuscovite{mangan(ese) muscovite} 锰白云母$[KAl_2(AlSi_3O_{10})(OH)(含锰约2\%)]$

mangan {-}neptunite 锰柱星叶石$[(Na,K)_2(Mn,Fe^{2+})(Si,Ti)_5O_{12};KNa_2Li(Mn,Fe^{2+})_2Ti_2Si_8O_{24};$单斜]
　　→～ (o)niobite 锰铌铁矿$[(Mn,Fe)(Nb_2O_6)(Mn:Fe>3:1)]$

manganoan allanite 锰褐帘石$[(Ce,Ca,Mn)_2(Al,Fe)_3(Si_2O_7)(SiO_4)O(OH)]$

　　→～ calcite 含锰方解石//～ ferrosalite 锰(低)铁次辉石//～ halotrichite 锰铁明矾//～ muscovite 锰白云石$[Ca(Mg,Mn)(CO_3)_2;Ca(Mn,Mg,Fe^{2+})(CO_3)_2;$三方]//～ pectolite 锰针钠钙石$[Na(Ca,Mn)_2Si_3O_8(OH)]$

mangano-anthophyllite 锰镁闪石$[(Ca,Na,K)_2\frac{1}{2}(Mn,Mg,Al,Fe^{3+})_5((Si,Al)_8O_{22})(OH)_2;Mn_2^{2+}(Mg,Fe^{2+})_5Si_8O_{22}(OH)_2;$单斜]
　　→～ 锰直闪石$[(Mg,Mn)_7(Si_8O_{22})(OH)_2]$

mangano(-)astrophyllite 锰星叶石$[(K,Na)_2(Mn,Fe)_4Ti(Si_4O_{14})(OH)_2;(K,Na)_3(Mn,Fe^{2+})_7(Ti,Nb)_2Si_8O_{24}(O,OH)_7;$三斜]

mangano-axinite 锰斧石$[Ca_2Mn^{2+}Al_2(BO_3)(SiO_3)_4OH;$三斜]

manganocalcite 锰方解石$[((Ca,Mn)(CO_3)]$

manganochromite 锰铬铁矿$[(Mn,Fe^{2+})(Cr,V)_2O_4;$等轴]

manganocker 石墨[六方、三方]；锰土$[MnO_2•nH_2O]$

manganocolumbite 锰铌铁矿$[(Mn,Fe)(Nb_2O_6)(Mn:Fe>3:1)]$

manganodickinsonite 钠磷锰矿；绿磷锰矿

manganoferrite 黑锰铁矿$[MnFe_2O_4]$

manganoferrocalcite 锰铁方解石

manganoferrojacobsite 锰铁矿$[(Mn^{2+},Fe^{2+},Mg)(Fe^{3+},Mn^{3+})_2O_4;$等轴]

manganofyll 锰金云母；锰黑云母$[K(Mn,Mg,Al)_{2-3}(Al,Si)_4O_{10}(OH)_2]$

manganogel 锰胶

manganokhomyakovite 锰锶异性石$[Na_{12}Sr_3Ca_6Mn_3Zr_3W(Si_{25}O_{73})(O,OH,H_2O)_3(OH)_2]$

manganokukisvumite 羟硅锰钛钠石$[Na_6MnTi_4Si_8O_{28}•4H_2O]$

manganolangbeinite 锰钾镁矾{无水钾锰矾}$[K_2Mn_2(SO_4)_3;$等轴]

manganolite 蔷薇辉石$[Ca(Mn,Fe)_4Si_5O_{15},Fe$、Mg常置换Mn,Mn与Ca也可互替;$(Mn^{2+},Fe^{2+},Mg,Ca)SiO_3;$三斜]；锰质石；锰矿岩

manganomagnetite 锰尖晶石$[(Mn,Fe^{2+},Mg)(Al,Fe^{3+})_2O_4;MnAl_2O_4;$等轴]

manganomelane 锰土$[MnO_2•nH_2O]$；硬锰矿$[mMnO•MnO_2•nH_2O]$；石墨[六方、三方]

manganomossite 锰铌铁矿$[(Mn,Fe)(Nb_2O_6)(Mn:Fe>3:1)]$；重铌锰矿

manganonatrolite 锰钠沸石$[(Na,Mn)(Al_2Si_3O_{10})•2H_2O]$

manganonaurjakasite 硅铝锰钠石$[Na_6(Mn,Fe)Al_4Si_8O_{26}]$

manganoniobite 铌锰矿$[(Mn,Fe)((Nb,Ta)_2O_6),(Mn:Fe>3:1);$斜方]；钒锰矿

manganonordite-(Ce) 锰硅钠锶铈石$[Na_3SrMnSi_6O_{17};Na_3SrCeMn^{2+}Si_6O_{17}]$

mangano{manganese} nsutite 六方锰矿$[Mn_x^2Mn_{4-x}^{4+}O_{2-2x}(OH)_{2x}]$
　　→～ -nsutite 锰恩苏塔矿//～ -organic complex 有机锰络合物

manganopal 锰蛋白石

manganopektolith 锰针钠钙石$[Na(Ca,Mn)_2Si_3O_8(OH)]$

manganophyllite 锰黑云母 $[K(Mn,Mg,Al)_{2-3}((Al,Si)_4O_{10})(OH)_2]$；锰金云母

manganoplesite 锰菱铁矿$[(Fe,Mn)CO_3]$

mangan(-)orthite 锰褐帘石$[(Ce,Ca,Mn)_2(Al,Fe)_3(Si_2O_7)(SiO_4)O(OH)]$

manganosicklerite 锰褐磷锂矿

manganosiderite 锰菱铁矿$[(Fe,Mn)CO_3]$

manganosite 方锰矿$[MnO;$等轴]

---

manganospharite 菱锰铁矿$[(Fe,Mn)(CO_3)]$

manganosph(a)erite 锰菱{菱锰}铁矿$[(Fe,Mn)CO_3]$

manganosteenstrupine 锰菱硅稀土石

manganostibian 磁铁锑矿

manganostibi(i)te 砷锑锰矿；锑砷锰矿$[(Mn,Fe,Mg,Ca)_{10}((Sb,As)O_4)_2O_7;(Mn,Fe^{2+})_7Sb^{5+}As^{5+}O_{12};$斜方]

manganostibnite 锰辉锑矿

mangano(-)tantalite 锰钽铁矿$[(Mn,Fe)((Ta,Nb)_2O_6)(Mn:Fe>3:1)]$；斜钽锰矿；钽锰矿$[MnTa_2O_6;$斜方]

manganotapiolite 镁重钽锰矿$[(Mn,Fe)_2(Ta,Nb)_4O_{12}]$；重钽锰矿

manganotyclute 锰硫碳镁钠石$[Na_6(Mn,Fe,Mg)_2(SO_4)(CO_3)_4]$

manganous 锰的；二价锰的
　　→～ chloride 二氯化锰$[MnCl_2]$//～ manganite 钠水锰矿$[(Na,Ca)Mn_7O_{14}•2.8H_2O]$；钠羟锰矿

manganoxyapatite 锰磷灰石$[(Ca,Mn)_5(PO_4)_3(F,O)]$

manganpalygorskite 锰坡缕石$[(Mn,Mg)_5Si_8O_{20}(OH)_2•(8～9)H_2O;$单斜]

mangan(o)pectolite 锰针钠钙石$[Na(Ca,Mn)_2Si_3O_8(OH)]$

manganphlogopite 锰金云母

manganpickeringite 镁锰明矾$[(Mg,Mn)Al_2(SO_4)_4•22H_2O]$

manganpyrite{mangan pyrite} 锰黄铁矿$[(Fe,Mn)S_2,含Mn4\%]$

manganpyrosmalite 锰热臭石$[(Mn,Fe^{2+})_8Si_6O_{15}(OH,Cl)_{10};$六方]

mangansahlite 锰次透辉石

mangansepiolite 锰海泡石

manganseverginite 锰斧石$[Ca_2Mn^{2+}Al_2(BO_3)(SiO_3)_4OH;$三斜]

mangan(ese) shadlunite 硫铜锰矿$[(Mn,Pb,Cd)(Cu,Fe)_8S_8;$等轴]

mangan(i-)sicklerite 锰磷锂锰矿$[(Li,Mn^{2+},Fe^{3+})(PO_4)]$

mangansiderite 锰菱铁矿$[(Fe,Mn)CO_3]$

mangansmithsonite 锰菱锌矿$[(Zn,Mn)CO_3]$

manganspath 菱锰矿$[MnCO_3;$三方]

manganspinel 锰尖晶石$[(Mn,Fe^{2+},Mg)(Al,Fe^{3+})_2O_4;MnAl_2O_4;$等轴]

manganstaurolith 锰十字石

mangan(o)stilpnomelane 红硅锰矿$[(Mn,Mg)(SiO_3)•H_2O;(K,H_2O)(Mn,Fe^{3+},Mg,Al)_{<3}(Si_4O_{10})(OH)_2•nH_2O;(K,Na,Ca)(Mn,Al)_7Si_8O_{20}(OH)_8•2H_2O?;$单斜、假六方]

mangantantalite 锰钽铁矿$[(Mn,Fe)((Ta,Nb)_2O_6)(Mn:Fe>3:1)]$

mangan(o)tapiolite 锰重钽铁矿

mangantellurite 锰锌碲矿

mangantongranat 锰铝榴(石)$[Mn_3Al_2(SiO_4)_3,Mn$常被Ca、Fe、Mg置换;等轴]

mangan(o)tremolite 锰透闪石$[Ca_2(Mg,Mn)_5(Si_8O_{22})(OH)_2]$

mangantschinglusuite 黑钛硅钠锰矿$[NaMn_5Ti_3Si_{14}O_{41}•9H_2O(?)]$

mangan-uralite 锰纤闪石$[(Ca,Mn)_4Mg_6Fe_{3-4}^{3+}((Al,Fe)_2Si_{14}O_{44})•(OH,O)_4]$

manganvesuvianite 锰符山石$[Ca_{19}Mn^{3+}(Al,Mn^{3+},Fe^{3+})_{10}(Mg,Mn^{2+})_2Si_{18}O_{69}(OH)_9;(Ca,Mn)_{10}(Mg,Fe)_2Al_4(SiO_4)_5(Si_2O_7)_2(OH)_4]$

manganvitriol 白锰矾$[MnSO_4•7H_2O]$；七水锰矾$[MnSO_4•7H_2O]$；锰矾$[MnSO_4•H_2O;$单斜]；集晶锰矾

manganvoelckerite 锰磷灰石 [(Ca,Mn)$_5$(PO$_4$)$_3$(F,OH)]

manganvoltaite 锰钾镁矾

mangan-voltaite 锰钾铁矾 [KMn^{2+}Fe^{3+}(SO$_4$)$_3$•4H$_2$O]

manganwentzelite 红磷锰矿 [(Mn,Fe^{2+})$_5$H$_2$(PO$_4$)$_4$•4H$_2$O;单斜]

manganwiesenerz{manganschwarze;manganschaum} 锰土[MnO$_2$•nH$_2$O;德]
→ ~ {manganschwarze;manganschaum} 石墨[六方、三方;德]

mangan(o)wolframite 锰钨矿；钨锰矿 [MnWO$_4$;单斜]

mangan(-)wollastonite 锰硅灰石 [(Ca,Fe,Mn,Mg)SiO$_3$;(Mn,Ca)$_3$(Si$_3$O$_9$);三斜]

manganzeolith 辉叶石 [(Na,K)(Mn,Fe^{2+},Al)$_5$(Si,Al)$_6$O$_{15}$(OH)$_5$•2H$_2$O;单斜]

manganzinkspath 锰菱锌矿 [(Zn,Mn)CO$_3$]

manganzoisite 锰黝帘石 [(Ca,Mn)$_2$Al$_3$(SiO$_4$)$_3$(OH)]

mangaosiderite 菱锰铁矿[(Fe,Mn)(CO$_3$)]

Mangelia 芒果螺属[腹;E-Q]

manger 槽

mangerite 纹长二长岩
→ ~ facies 微纹长辉二长岩相 // ~ porphyrite 微纹长辉二长玢岩

mangle 辊式板材矫直机；碾压切割；轧板机；研光机；压榨机

mangrove 红树群落；红树(林)
→ ~ bark 栲树皮[稀释泥浆用] // ~ flat 红树林浦 // ~ peat 红树泥炭

mangualdite 锰磷灰石 [(Ca,Mn)$_5$(PO$_4$)$_3$(F,OH)]

man{refuge} hole 避车洞

manhole cover 人孔盖板；人孔盖；探井盖
→ ~ door 升降口的入孔门[井筒梯子间和凿井井盖等] // ~ hook 人孔盖钩

man(-)hour 工时

Manica 马尼卡省[莫桑比克]；袖套杉属[古植;K]

maniculifer 指状突起腕棒

manifest 货单；声明；显示；明白的；显然的
→ ~ (itself) 显露

manifold 许多的；歧管装置；歧管；总管；复印；复写；复式接头；流形[数]；簇；复制；集管；许多倍；多种的；多支管；多样的；拓扑空间；多方面的
→ ~ platform 多层吊盘

manila paper 马尼拉纸
→ ~ paper{|rope} 蕉麻纸{|绳}

man-in-the-sea 水下居住人员；海居计划
→ ~ diving technique 海中入水潜水技术[人从海底舱中入水]

manipulator 电键；操作者；操作人员；操纵器；键控器
→ ~ (device) 机械手

Manis 鳞鲤属[Q]；穿山甲(属)[Q]

Manitoba 马尼托巴省[加]

Manivitella 马氏颗石[钙超;K$_{1-2}$]

manjiroite 水钠锰矿 [(Mn^{4+}(Mn,Ca,Mg,Na,K))(O,OH)$_2$;Na$_4$Mn$_{14}$O$_{27}$•9H$_2$O;斜方]；锰钠矿[(Na,K)Mn$_8$O$_{16}$•nH$_2$O;四方]；隐钠锰矿；万次郎矿

manless coal mining 遥控采煤(法)
→ ~ mining 无人回采

manlift 载人电梯

manlock 通人气闸[压气沉箱]

man-machine dialog{interaction;conversa-tion;communication} 人机对话

man-made 人造的
→ ~ erosion 人为侵蚀 // ~ {cultural} feature 人文要素 // ~ feature{object} 人工地物

manmade{hydraulic} fracture 人工裂缝
→ ~ fracture 压开裂缝

man-made geothermal well 干热岩体地热井
→ ~ planet 人造卫星

mannardite 钡钒钛石 [(Ba•H$_2$O)(Ti$_6$V$_2^{3+}$)O$_{16}$]

manner 气态；格；风格；方式；方法；态度

mano 上磨石
→ ~ - 蒸气[各种液体汽化、固体升华而成的气态物质,包括水蒸气。亦可写作"蒸汽"]

manocryorneter 加压溶点计

man of enterprise 企业家
→ ~ -of-war (在)紧要地点留下的小煤柱 // ~ -of-war pillar 厚煤层采区的主要支架

manometer 气体密度测定仪；流压计；压力计；压力表
→ ~ -thermometer sonde 压力计-温度计探`头{测器} // ~ tube 压力计管；压力表的连接管

manometric 压力的；压差的

manoscope 气体密度测定仪；流压计

manostat 恒压器；稳压器

manoxylic 疏木的；少木的

man-pack 便携(的)的

manpack Loran 背包罗兰[C/D 接收机]

manpower{personnel} deployment 人员调配
→ ~ deployment chart 人力调度表

man processing 人工处理
→ ~ rack 车装活动房；管道工用平板篷车 // ~ -rated 适于人用的 // ~ -rated ocean-floor habitat 人工设置的海底居室

manrider 矿内乘人车；乘人矿车；乘人车

man riding 人员运输；人员输送

manriding set 乘人列车

man-riding winch 载人绞车[用于海洋载人设备]

man's{human} activity 人类活动

mansfieldite 砷铝石 [Al(AsO$_4$)•2H$_2$O;斜方]；曼斯菲尔德石

manshift{man shift;man-shift} 人班；工班
→ ~ per thousand tons 每产千吨原煤的工班数

mansjoeite{mansjoite} 氟透辉石 [CaMg(Si$_2$O$_6$);含多量 F]

Mansuyia 满苏氏虫属[三叶;Є$_3$]

Mantelliana 满德尔介属[J$_3$-K]

Mantelliceras 满德尔菊石属[头;K$_2$]

mantel piece 罩套构件

Manteoceros 叉额雷兽属[E$_2$]；大雷兽属

Manticoceras 尖叶棱角石属[D$_3$]；尖棱菊石属[头;D$_3$]；尖棱菊石

manticoceras intumescems 尖棱菊石

Manticolepis 尖棱鳞牙形石属[D$_3$]

mantienneite 曼廷尼石 [(K$_{0.5}$,□$_{0.5}$)(Mg$_{1.5}$,Fe$_{0.6}^{3+}$)$_2$Al$_2$Ti(PO$_4$)$_4$(OH)$_3$•15H$_2$O]

man-time 人次

Mantle 地函

mantle(d) 覆盖物；机套；机壳；环带状晶体外带；地套；地幔；过分生长；覆盖层；盖层；盖；溢长；被筒；风化层；罩上；罩；圆锥锰钢壳[圆锥破碎机]；覆盖；亚地壳；外壳；套筒；套膜[软]；套；动锥衬板；外套膜[双壳;软]

mantle array 地幔排列{族系}
→ ~ blob 地幔滴块

mantled 有外壳包围的；套着的
→ ~ dome 盖层穹隆

mantle-derived 幔源；自地幔获得的

mantled gneiss dome 沉积岩覆盖的片麻岩穹丘；带盖片麻岩穹隆；被覆盖的片麻岩穹丘
→ ~ granite dome 被幔花岗岩穹丘

mantle diapir 粉地幔底辟
→ ~ diapirism 地幔底辟{挤入}作用

mantled phenocryst 被幔斑晶
→ ~ soil 覆盖土

mantle fold{folding} 盖层褶皱[法]
→ ~ -melt system 地幔-熔体体系 // ~ -model 构造模型图 // ~ of rock 表层岩；风化(表皮)岩；岩石表层 // ~ of rock{soil} 风化层 // ~ of waste 风化壳 // ~ rock 表土；表皮土[选]；表皮上；表层腐岩；腐岩；土被；表岩屑

mantling 被幔作用

manto 管状岩体；平卧状矿床；平伏矿层；席层状矿床；矿层

Mantodea 螳螂目[昆]

manto series 馒头统

man tramming 手工推车

manual 手控的；手动的；手册；谱；指南
→ ~ (labor) 手工

manually 手控地；体力地
→ ~ feeding fillered{filler rod} 手工充填焊丝 // ~ operated {controlled} 手控的 // ~ operated 人工操纵的

manual manipulation 手操作
→ ~ of cost control 成本管理手册 // ~ -return unidirectional prover 手动返回单向标准体积管 // ~ setting 手工装配{调整} // ~ shift 手动换挡；人工位移 // ~ starting crank 启动摇把 // ~ tramming 人推矿车；人工推车

manu-down 手动下降

manufactory 制造厂

manufacture 配制；制造；制；出产
→ ~ catalogues 制造商产品目录

manufactured gas 人造气
→ ~ {synthetic} gas 合成气 // ~ mud 特制泥浆 // ~ {artificial} sand 人工砂

manufacture of iron and steel by melting 钢铁熔炼

manufacturer 厂商；生产者；制造厂
→ ~ software (制造)厂家(提供)的软件

manul 海底沙滩

manure 肥料

manus tester 石油闪点测定器

manu-up 手动上升

manway 人孔；检修孔
→ (access) ~ 人行道 // ~ landing 人行格梯子平台

Man Xia Red 晚霞红[石]

many-body problem 多体问题

many dimension 多维

man-year{|-day|-hour} 人(-)年{|日|时}

manyfold 许多倍；几倍

many-group model 多组模型；多群模型

many-staged 多级的

Maokou limestone 茅口石灰岩

Maoma Red 猫玛红[石]

M

maoniupingite-(Ce) 牦牛坪矿[(REE,Ca)$_4$(Fe^{3+},Ti,Fe^{2+},□)(Ti,Fe^{3+}, Fe^{2+},Nb)$_4$(Si$_4$O$_{22}$)]

map 绘图；标记；图；变换；测绘；拟订；映像；勘测；映射
→(geographical) ～ 地图//～ (out) 绘制

Mapa (man) 马坝人[古人化石,1958 年广东韶关马坝乡发现]

map analysis 映射分析

Mapania 磨盘虫属[三叶;Є$_2$]

map area 图区；成图地区

mapimite 水砷铁锌石

Maping series 马平统；晚石炭纪

map interpretation 判图；(地)图判读

mapionite 水砷铁锌石 [Zn$_2$Fe$_2^{3+}$(AsO$_4$)$_3$(OH)$_4$•10H$_2$O]

map manuscript 草图

mappable 可在图上标示的

mappamonte 似凝灰岩

mapped area{region} 已填图地区
→～ element 有图要素//～ region 映射域

mapping 变换；测图；测绘；制图；映射；填图；素描

map projection 地图投影学{法}
→～ reading 识图；读图//～ region 已填图地区//～ scale 图比例尺//～ series 图系；图辑；成套地图//～ showing regional mineralization regularity 区域成矿规律图

maquette 胶泥模型

maquis 常绿高灌木丛林；玛{马}基群落[地中海夏旱灌木群落]

mar[pl.marer;瑞] 划痕；擦伤；损伤；损坏；砂底小河{海湾}

marahu(n)ite 藻烛煤；马拉哈藻煤[巴西的第三纪藻煤]

marais 沼泽[法]

maranite 空晶石[Al$_2$(SiO$_4$)O;Al$_2$O$_3$•SiO$_2$]

Marasmius 小皮伞属[真菌;Q]

marasmolite 杂硫锌矿

Marasperse (C) 木(质)素磺酸钙
→～ CB{Marasperse N} 木(质)素磺酸钠

marathonstein 黑曜岩

Marattiopsis 拟莲座蕨属[古植]；拟合囊蕨属[T$_3$-J$_2$]；类观音座莲

Marattisporites 合囊蕨孢属[J$_2$]；莲座蕨孢属

marbella 西班牙石英质磁铁矿

marble 大理石[CaCO$_3$]
→(griotte) ～ 大理岩//～ bone disease 骨骼石化症；大理石(状骨)病//～ building panel 大理石建筑板//～ chips 大理石屑//～ coating 大理石墙面

marbled 有斑纹的
→～ {marble} glass 大理石纹玻璃//～ limestone 大理岩状灰岩；斑花状灰岩//～ murrelet 云石海雀

marble figure coating 石纹涂装法；仿大理石纹涂装法
→～ gall 云石瘿//～ glaze 大理石釉//～ grain 大理石纹{粒}

marbleizing 仿大理石纹；大理石纹

marble making machine 制球机
→～ powder colour brick 大理石粉彩色砖//～ silk{|cloth} 云石纹绸{|呢}//～ terrazzo tile 水磨大理石砖//～ veneer (panel) 大理石贴面板//～ `veneering{veneer facing} 大理石板贴面

marbleworker 大理石开采工

marbling 大理石纹；大理石饰纹[刷]；仿大理石纹
→～ print 大理石纹印涂

marburgite 钙十字石；钙十字沸石[(K$_2$,Na$_2$,Ca)(AlSi$_3$O$_8$)$_2$•6H$_2$O;(K,Na,Ca)$_{1-2}$(Si,Al)$_8$O$_{16}$•6H$_2$O;单斜]

marc(h)asite{marcasitolite} 白铁矿[FeS$_2$;斜方]；黄铁矿[FeS$_2$;等轴]

marcel(l)ine 杂褐锰矿[(Mn,Si)$_2$O$_3$]；褐锰矿[Mn^{2+}Mn$_6^{2+}$SiO$_{12}$;Mn^{2+}Mn^{4+}O$_3$;3Mn$_2$O$_3$•Mn$_2$SiO$_3$；四方]；蔷薇辉石 [Ca(Mn,Fe)$_4$Si$_5$O$_{15}$,Fe、Mg 常置换 Mn,Mn 与 Ca 也可相互代替;(Mn^{2+},Fe^{2+},Mg,Ca)SiO$_3$;三斜]

marcellin 杂褐锰矿[(Mn,Si)$_2$O$_3$]

Marcellus 马西拉期

march 煤矿边界；采空区；行程；矿区边界；开动；行进；进展

Marchantiales 地钱目

Marchantites 似地线

marches 煤矿边界

marching 沿煤矿边界采掘；沿矿区边界采掘

march place 沿矿界的巷道；开掘到矿界的巷道
→～ stone 标界石

marco 滑车架；井框；重量单位[=1/6lb]

marcomizing 不锈钢表面氮化处理

marconigram (马可尼式)无线电报

marcylite 黑铜矿[CuO;单斜]；黑气铜矿；黑氯铜矿[CuCl(OH)]；氯铜矿[Cu$_2$(OH)$_3$Cl;斜方]；杂铜蓝黑铜矿

mare[pl.mania] 月(面)海；阴暗区；海[月球、火星表面]

Mare Anguis 蛇海[月]
→～ Australe 南海[月]

marebase 月岩

Mare Cognitum 知海[月]
→～ Crisium 危海[月]

marekanite 珍珠状流纹玻璃；珍珠岩[酸性火山玻璃为主,偶含长石、石英斑晶;SiO$_2$ 68%～70%,SiO$_2$ Al$_2$O$_3$ 12%]；似曜岩斑状体

Marellomorpha 怪形类[节]

Mare Moscoviense 莫斯科海[月]
→～ Nectaris 酒海[月]//～ Nubium 云海

mareogram 潮汐涨落曲线

mareographic 海洋的

Mare Orientale 东海[月]
→～ Serenitatis 澄海[阿波罗 17 着陆位]//～ Sirenum 西里鲁姆海[火星]//～ Tranquillitatis 静海//～ Tyrrhenum 蒂里努姆海[火星]

mareugite 闪辉蓝方斜霞岩

Mare Undarum 浪海[月]
→～ Vaporum 汽海[月]

Marexinis 锯齿切壁属[孢;C$_2$]

marforming 橡皮垫深拉法

marg 高山草地[在树线以上]

Margachitina 珍珠几丁虫(属)[S-D$_1$]

margaric{daturic} acid 十七(烷)酸

margaritasite 铯钒铀石；钒铯铀石[(Cs,H$_3$O,K)$_2$(UO$_2$)$_2$(VO$_4$)$_2$•H$_2$O]；钒铯铀矿

margarite 珍珠云母{串珠雏晶} [CaAl$_2$(Al$_2$Si$_2$O$_{10}$)(OH)$_2$;单斜]；串联集球雏晶
→～ emerylite 珍珠云母[CaAl$_2$(Al$_2$Si$_2$O$_{10}$)(OH)$_2$;单斜]

Margaritifera 珍珠蚌属[双壳;J-Q]

margarodite 珠光滑云母；珠水云母[为一种白云母]；细鳞白云母[一种水云母;KAl$_2$(AlSi$_3$O$_{10}$)(OH,F)$_2$]

margarosanite 针硅钙铅石 [Pb(Ca,Mn)$_2$Si$_3$O$_9$;三斜]

Margarya 螺蛳属[腹;E-Q]

margin 页边；车辆运行间距；差距；汽车行车间隔；边缘；边界；边缘；安全系数；煤矿边界；余地[时间、空间]；缘边；裕度；余裕；余量；空白；沿岸地区；崖；储备；贮备；幅度；限界；限度；界限；间距；加边于；边缘区[钙超]

marginal 陆缘的；收益仅敷支出的；(边缘)的；达到限度的；贫瘠的；边界的；少量的；勉强够格的；快采完的(油层)；不重要的；非主体的；沿岸的；经济上刚合算的；界限的；冰缘的；记于栏外的[如注解]
→～ accretion 边缘增生{长}//～ analysis 边际分析//～ denticulation 齿状边缘//～ deposit 边缘沉积；开采赢利最低(的)矿床//～ flexure idea 边缘挠褶说

marginalia 标注；边缘骨针[绵]；旁注；图廓；图边；缘板[棘]

marginal indifference curve 边际无差别曲线
→～ lagoon 边缘潟湖；沿海潟湖；滨海潟湖//～-marine formation 海岸层//～ mine (经营上)刚够维持成本的矿山//～-ocean basin 陆缘洋盆；边缘洋盆//～ plastic strain 边缘塑性拉伸变形//～ type wharf 顺岸码头；横式码头

Marginatia 边缘贝属[腕;C$_1$]

margin design 边限设计
→～ draft 石缘琢边

Marginella 小缘螺属[腹;E$_1$-Q]

Marginifera 围脊贝属[腕;C-P]

marginifera 内板贝

Marginulina 缘口虫属[孔虫;T-Q]

margo 沟边缘[孢]；变薄或加厚的]
→～ colpae 小孢子沟的加厚边缘

Margodoporites 环圈沟粉属[E$_3$]；边沟孔粉属[孢]

Margules 马古斯
→～ parameter 马格参数

marialite 白蓝方石；钠柱石[Na$_8$(AlSi$_3$O$_8$)$_6$(Cl$_2$,SO$_4$,CO$_3$); 3NaAl Si$_3$O$_8$•NaCl;四方]；蓝方石 [(Na,Ca)$_{4-8}$(AlSiO$_4$)$_6$(SO$_4$)$_{1-2}$;Na$_6$Ca$_2$(AlSiO$_4$)$_6$ (SO$_4$)$_2$;(Na,Ca)$_{4-8}$Al$_6$Si$_6$(O,S)$_{24}$(SO$_4$,Cl)$_{1-2}$;等轴]；铜柱石

marialith 钠柱石 [Na$_8$(AlSi$_3$O$_8$)$_6$(Cl$_2$,SO$_4$,CO$_3$);3NaAlSi$_3$O$_8$•NaCl;四方]

marialitization 钠柱石化

marianite 玻顽安山岩

marianna 软灰岩

marianoite 硅锆铌钙钠石 [Na$_2$Ca$_4$(Nb,Zr)$_2$(Si$_2$O$_7$)$_2$(O,F)$_4$]

maricite 磷铁钠石[(Na,Ca)Fe^{2+}(Fe^{2+},Mn,Fe^{3+},Mg)$_2$(PO$_4$)$_2$;单斜]；磷铁钠矿[NaFe^{2+}PO$_4$;斜方]

maricopaite 马里铅沸石；莫里铅沸石[(Pb$_7$,Ca$_2$)(Si,Al)$_{48}$O$_{100}$•32H$_2$O]

marienbergite 钠沸响岩

marienglas 云母[KAl$_2$(AlSi$_3$O$_{10}$)(OH)$_2$]；透石膏[CaSO$_4$•2H$_2$O]；白云母[KAl$_2$AlSi$_3$O$_{10}$(OH,F)$_2$;单斜]

marignacite 铈烧绿石[(Ce,Ca,Y)$_2$(Nb,Ta)$_2$O$_6$(OH,F);等轴]；铈黄绿石；钇烧绿石[(Na,Ca,Ce,Y)$_2$(Nb,Ta)$_2$O$_6$(OH)]

marine 海洋的；海事；海蚀；海生的；海上的；海上；海成的；海产的；船舶的；船用的；冲蚀
→~{underwater} acoustics 水声学//~ bed 含海生化石层；海底//~ {oceanographic;oceanic} chemistry 海洋化学//~ 3-D survey 海上三维(地震)勘探//~ facies clastic bed 海相碎屑层//~ incineration 海上焚化{烧}//~ iron-manganese deposit 海相铁锰矿床

marinellite 玛令南利石 [(Na$_{31}$K$_{11}$Ca$_6$)$_{\Sigma48}$(Si$_{36}$Al$_{36}$)$_{\Sigma72}$O$_{144}$(SO$_4$)$_8$Cl$_2$•6H$_2$O]

marine marsh 海沼泽；海水草本沼泽
→~ origin 滨外砂矿//~ planation 海夷(作用)//~ platform 海底采矿{钻井}工作平台//~ quartz overdamped gravimeter 石英过阻尼海洋重力仪；海洋石英过阻尼重力仪//~ salina{saliva} 海边盐沼{滩}//~ sedimentary phosphorite deposit 海相沉积磷块岩矿床

Marinesian 马里奈斯(阶)[欧;巴尔顿(阶);E$_2$]

marine slipway{railway} 船排
→~{sea} snow 海雪//~ technology 海底矿技术工艺

marining 海淹；海侵[边缘海短暂泛滥,海啸等]

marionite 水锌矿[Zn$_5$(CO$_3$)$_2$(OH)$_6$;3ZnCO$_3$•2H$_2$O;ZnCO$_3$•2Zn(OH)$_2$]；羟碳锌矿

Mariopterides 畸羊齿类

Mariopteris 美瑞蕨[畸羊齿属;C$_{2-3}$]；马利羊齿属；畸羊齿属[C$_{2-3}$]

mariposite 苹绿云母；铬硅云母；铬多硅白云母

Marisat 海上卫星导航{通信}系统

maritima 玛理提马

maritime 海洋的；海洋；海上的；海的；沿海的；近海的
→~ affair 海运事务

mark(er) 标志；标记；定位置；标明；刻度；痕迹；痕；牌号；钩；分数；符号；型号；干涉波痕；马克[德币]；印记；印痕；做记号；限度；界线；界限；记号；特征

Markalius 马卡里氏颗石[钙超;K$_2$-E$_2$]

markasite 白铁矿[FeS$_2$;斜方]

mark buoy (位置)标识浮标
→~ card 标记卡片//~ down 记录下

marked check 保付支票
→~ end 磁针的指北端//~{|unmarked} end 磁针指北{|南}端//~ flask 带刻度烧瓶

markedness 显著

marked point 觇标点
→~ relief 明显地形；成标示地势

marken 不纯烛煤

marker 标示物；标记器；标记；信号标志；路标；露头
→~ block 岩芯箱(回次隔板)

market 市场

marketable 有销路的；可销售的
→~ coal 销路好的煤//~ ore 市场需要的矿石//~ ore ingredient 商品矿石配矿//~ securities 可售证券

market abroad 海外市场
→~ analysis 市场分析//~ growth rate 市场需求增长速度//~ house 矿场出口煤车检查室

marketing 市场学
→~ information 销售信息//~ myopia 经营短视者//~-oriented management 生产经营型{性}管理//~ strategy simulation 市场策略模拟

market lead 商品铅
→~-oriented production 面向市场的生产

marketplace 市场

market place built below the ground 地下商场
→~ quotation 盘//~ regulation 市场调节//~-sharing arrangement 市场分配协定

marking 标志；分界线；矿区界标(线)；用示踪剂标记的[放射性同位素]；印记；印痕；刻度；条纹
→~ ink 划线蓝铅油//~-off diamond 钻石刀//~ of points 测点的标定//~ out of foundation trench 基坑划线；基槽定线

mark of conformity 合格标志

markovnikite 富萘石油

mark post 标柱
→~ pulse 标志脉冲//~ reading 标记读出

markstone 标石

marl 灰泥；施用泥灰岩[肥料]；泥灰岩；泥灰
→~(y) (soil;earth;clay) 泥灰土

marlaceous 泥灰岩的

marl{water;lake} biscuit 藻饼
→~ brick 泥灰岩砖

marline 油麻(钢丝)绳；绳索

marlite 泥灰岩；硬泥灰岩；板泥灰岩

marloesite 钠长橄斑岩；橄榄钠长斑岩

marl(-)pit 泥灰岩坑{矿}

marlstone 硬泥灰岩；泥灰岩；泥灰石；泥灰

marl stone 硬泥灰岩

marly 泥灰岩的
→~ soil 泥灰质土

marlyte 硬泥灰岩

marmairolite 针闪石

marmarosis 大理岩化

marmatite 黑(铁)闪锌矿[(Zn,Fe)S]；针闪锌矿；铁闪锌岩

marmite 砂锅

Marmolatella 马尔莫拉特螺属[腹;C-T]

marmolite 白蛇纹石；淡蛇纹石；脆叶蛇纹石

Marmor (stage) 马莫(阶)[北美;O$_3$]

marmoraceous 似大理岩的

marmorate 带大理石纹的；鲈鳗；斑杂状的

marmoration 用大理石贴面

marmorization{marmorize} 大理岩化

marmorized{marble} fracture 大理石状断口

Marmorostoma 光口螺属[腹;N-Q]

marmor serpentinatum 花蕊石

Marmosa 鼠鼷{负鼠}属[Q]

marne 钙质黏土；泥灰岩[法]

marngano(-)columbite 锰铌铁矿[(Mn,Fe)(Nb$_2$O$_6$)(Mn:Fe>3:1)]

Marnivitella 马尼威石[钙超;K$_{1-2}$]

Maroesia 马洛斯木属[古植;C$_3$-P$_1$]

marokite 黑钙锰矿{石}[CaMn$_2^{3+}$O$_4$;斜方]；钙黑锰矿

maroon 褐红色；鞭炮；硝烟信号弹；爆竹；栗色；爆仗

marosion 海洋侵蚀

Marpolia 马葆藻属[ϵ_2]

mar-proof 抗划痕的

marque 商品型号

marquench 分级淬火

marquise 卵形的[宝石]
→~ cut 马眼石；卵形琢型[宝石]；尖石

marram grass 砂地芦苇；滨草

Marrella 小锄虫(属)[三叶;ϵ_2]

mar-resistance 抗划痕性

marrite 硫砷银铅矿[PbAgAsS$_3$;单斜]

Marrolithus 马尔三瘤生属[三叶;O$_2$]

Marron Guaiba 高蛟红[石]

marroon 硝烟信号弹

marrucciite 硫锑汞铅矿[Hg$_3$Pb$_{16}$Sb$_{18}$S$_{46}$]

marrum 铁结核层

marry the rope 接钢绳

Marsaut lamp 马索安全汽油灯

marscoite 花岗辉长混杂岩；染岩；马斯科岩[花岗辉长混杂岩]

Mars-crossing asteroids 跨越火星的小行星

Marsden chart 马斯登[顿]图[气象分布图]

Marsdenian 马斯登阶[C$_2$]

Marsden square 马斯登方

marsh 湿地；草泽；沼泽湿地[干旱区]；沼泽；沼地

marshalling 编组列车；编车站
→~ yard (铁路)货车排列场//~{shunting} yard 调车场

Marshall{andesite} line 马歇尔线

marsh basin 沼泽盆(地)

Marsh brookian 马斯布鲁克阶[O$_3$]

marsh-buggy 水陆两用拖拉机

marsh creek 沼溪
→~ daisy 海石竹[Cu 局示植]//~ funnel 钻泥黏度测定{量}漏斗

Marsh funnel viscosimeter 马氏漏斗式泥浆黏度计

marsh gas 甲烷
→~{bog;swampy;marshy} ground 沼泽地//~ iron ore 沼(褐)铁矿[Fe$_2$O$_3$• nH$_2$O]

marshite 碘铜矿[CuI;等轴]

marsh{swamp} lake 沼泽湖

marshland 沼泽地
→~ coast 沼泽海岸

marsh{swamp} ore 褐铁矿[FeO(OH)• nH$_2$O;Fe$_2$O$_3$•nH$_2$O,成分不纯]
→~ pan 沼泽盐田{盘}

marshy 沼泽的
→~ soil 沼泽土壤//~ terrain 泽地带

Marsilaceae 苹科

Marsilea 苹属[K]

Marsipella 小袋虫属[三叶;O]

Marsipograptus 囊笔石属[O-S]

marsjatskite 锰海绿石[Mn,Fe,K 的铝硅酸盐]

Mars(s)onina 盘二孢属[真菌]

marsquake 火星地震

Marssonella 小马逊虫属[三叶]

Marssonia 盘二孢属[真菌]

marsturite 硅锰钠钙石[Na$_2$Ca$_2$Mn$_6$Si$_{10}$O$_{28}$(OH)$_2$]；钠蔷薇辉石

Marsupialia 有袋目；有袋类[哺]；袋鼠超目

marsupials 有袋类[哺]

Marsupiocrinus 袋海百合属[棘;S-D]

Marsupipollenites 袋粉属[孢;P]

Marsupites 囊袋石属[棘海百;K]

marsupium 育儿袋[哺]

marsyatskite 锰海绿石[Mn,Fe,K 的铝硅酸盐]

marszyt 碘铜矿[CuI;等轴]

Martellia 马特(氏)贝属[腕;O₁]

martensite 马`丁[登斯]体;碳甲铁(石)

martensitic 马`丁[登斯]体的
→~ transformation 马氏体式转变

Marthasterites 三叉星石[钙超;K₂-E]

Marthor 玛索尔震源

marthozite{marthosite} 硒铜{铜硒}铀矿[Cu(UO₂)₃(SeO₃)₃(OH)₂•7H₂O];斜方]

Martiaca 幻彩绿[石]

martianologist 火星学家

Martin{open-hearth;Siemens-Martin} furnace 平炉

martingale 弓形拉线;弓式接线;马颌缰

Martini 马提尼红[石]

Martinia 马丁氏贝

Martiniaster 马廷尼星石[钙超;E₂]

Martiniella 小马丁贝属[腕;C₁]

Martiniopsis 似马丁贝属[腕;C₃-P]

Martinique 马提尼克岛[法]

martinite 白磷钙石;板晶钙磷酸石[H₂Ca₅(PO₄)₄•½H₂O];板钙磷石;碳白磷钙石;板磷钙石[5CaO•2P₂O₅•1½H₂O]

martinsite 水镁矾[MgSO₄•H₂O;单斜];杂盐镁矾;杂镁钠盐

Martinsonella 顶饰蚌属[双壳;J₃-K₁]

martitization 假象赤铁赤矿化

martourite 辉铁锑矿[FeS•Sb₂S₃;斜方];辉锑铁矿[FeS•Sb₂S₃;FeSb₂S₄]

martyite 水钒锌石[Zn₃(V₂O₇)(OH)₂•2H₂O]

marundite 刚玉珠云伟晶岩;珠云刚玉岩

Maryland 马里兰州[美]

mas(s)afuerite 多橄玄武岩

masanite 马山岩

masanophyre 马山斑岩

mascagnin(e){mascagnite} 铵矾[(NH₄)₂(SO₄);斜方];硫铵石

Masci 藓纲

masculine 阳性(词)
→~ ruby 雄红宝石[深红色;Al₂O₃]

Masculostrobus 雄花穗属[J]

mash 捣碎;混合物;大锤;糊状物;捣烂;煤的燃烧部分[地下火灾];麦芽浆;麦筛;矿浆;压碎;浆;碎石锤;饲料

mashed date cakes 枣泥方糕
→~ garlic 蒜泥//~ potato 土豆{马铃薯}泥

mash{top} gas 瓦斯

mashing 捣烂

mas(s)icottite 铅黄[(β-)PbO;斜方]

mask 时标;屏;面罩;面具;蒙蔽罩;遮蔽;罩;掩模;伪装
→(gas;helmet) ~ 防毒面具

maskagnin 铵矾[(NH₄)₂(SO₄);斜方]

maskant 保护层

masked color negative film 蒙罩彩色负片
→~ element 掩蔽元素

maskelynite 熔料长石;熔长石;熔长玻璃;震变玻璃;陨玻长石
→(diaplectic) ~ 冲击玻璃

masking 遮蔽;屏蔽;掩蔽
→~ process 蒙片{版}法//~ signal 伪装信号

Maslovichara 马斯洛夫{维}轮藻属

maslovite 碲铋铂矿;等轴铋碲铂矿[PtBiTe;等轴]

mason(ry) 石匠;泥瓦工;泥水工;砖瓦石匠;用石砌;圬工;建筑砂浆;砖石工

mason{stonemason;stonecutter} 石工

masonite 硬绿泥石[(Fe²⁺,Mg,Mn)₂Al₂(Al₂Si₂O₁₀)(OH)₄;单斜、三斜]

masonry 砌筑;砌体;砌石;炉墙;砖石工程
→~ {rockwork} 石工[工作]//~ bulkhead 石隔墙//~ cement 圬工用水泥//~ dam 圬堤(坝)//~ levee 砖石堤//~ lining 砖石衬砌//~ shaft 石砌立井;砖石支护井筒//~ support 砖石支护

mason's lung 肺石末沉着病;石末肺
→~ mo(u)ld 石工样板//~ work 砌石工程

masrite 钴明矾[(Mg,Fe,Mn,Co)Al₂(SO₄)₄•22H₂O];纤明矾

mass 群众;质量;块;大量;块体;许多;物质;垛;团;堆
→(block) ~ 地块;团块;矿体//~ absorption correction method 质量吸收校正法

massacre (大)屠杀

mass action 浓度作用
→~ action law 质量作用定律//~ breaking 大崩矿

massenfilter 滤质器

mass{gravity;gravitational} erosion 重力侵蚀
→~ flow bin 整体流动(矿)仓

massicotite 铅黄[(β-)PbO;斜方];氧化铅;铅氧;密陀僧[PbO;四方];一氧化铅[PbO]

massif 深成岩体;山岳;山丘;山;地块;整块;块体;整体;林区;断块山;断层块;岩体[深成岩体]
→~ central 中央地块

Massilina 小块虫属[孔虫;K-Q]

massive 块状的;厚重的;厚层的;粗大的;笨重;大量的;大规模;大的;重的;整块的;块;非晶质的;巨厚的;巨大的
→~ dolomitization 厚层{块状}白云岩化//~ of ore 块度//~ ore 致密矿石//~ sulfide deposits 块状硫化物矿床

mass loading{load} 惯性负荷
→~ of ore 矿体

massula 花粉小块;花粉块

mass unit{|distribution} 质量单位{|分布}

mast 轻便井架;钻(探)架;柱;支架;桅杆式井架;桅杆[可立起或放倒的];铁塔
→~ adjacent control valve 主邻架控制阀

mastax 砂囊

mast crane 桅杆起重机

master adjacent control valve current 主溜线[河流]
→~ {mother;main;champion} lode 主矿脉//~ pattern 元模;范模//~ pattern{mould} 母型;原始模型

masterpiece 杰作

master{overall;broad} plan 总体规划
→~ {site} plan 总布置图

mastership 控制;精通

master{main} signal 主信号

masterwork 杰作

mastery 掌握;优势
→~ of a skill{technique} 技能

masthead 报头;桅顶

mastic 膏;封泥封胶;封泥;胶;胶黏水泥;胶结泥
→~ asphalt 石油沥青玛瑞脂

Mastigamoebidae 变形鞭毛科

Mastigograptus 鞭笔石属[Є₃-O₁]

Mastigomycetes 鞭毛菌纲

mastigoneme 鞭丝[藻];鞭茸[藻]

Mastigophora 鞭毛纲;鞭毛虫纲

mastix 胶结剂;胶泥

mastocarcinoma 乳癌

Mastodon 乳齿象(属)[N]

Mastodonsaurus 虾蟆螈属[龙螈][T₂]

Mastogonia 乳头藻属

mastoid 乳头状的
→~ antrotomy 乳突鼓窦凿开术//~ chisel 乳突凿

mastoidotomy 乳突凿开术

mast raising sheave 井架起升滑轮
→~ {derrick} support 井架支座//~-top block assembly equipment 塔式挖掘机上部滑轮组设备//~-up 吊装架

Masurian phase 马祖里暖期[欧;16000 年前]

masurium 钨{鎄}[锝之旧名]

masut 重油

masutomil(l)ite 锰锂云母[K(Li,Al,Mn²⁺)₃(Si,Al)₄O₁₀(F,OH)₂;单斜];增富石;益富石

masuyite 水铀铅矿;水铅矿[铅和铀的含水氧化物];铅铀矿;马水铀矿;橙红铀矿[UO₂•2H₂O?;斜方]

MAT 甲醇-丙酮-甲苯

Mataxa 枪螺属[腹;K]

matched assembly 互配零件组合
→~ element 配对元件//~ print {image} 立体像对;匹配相片

matcher 匹配机;制榫机
→~-selector-connecter 匹配-选择-连接器

match exponents 对阶
→~ head 起爆雷管;起爆电桥

matching 愈合;接榫装置;微调;调整;拼合[大陆]

match line 吻合线;对口线
→~ of joint 节理配套//~ plate{board} 模板//~ sand 假型砂

mat crystal 席状晶体
→~ deck plan 沉垫甲板图

material 环盆地物质;物质的;光电导;盆地周围物质;材料;资料;重要的;原料;具体的;物质;物料

materialism 唯物(主义)

material lock discharging tube 料封管卸料器

materialman 材料员

material management 油料管理;物资管理
→~ mechanics 材料力学

materials and equipment enterprise 物资企业
→~ flowsheet 物料流程

material shaft 运料井
→~ {supply} shaft 材料井//~ sliding accident 滑落物伤害事故//~(s) specification manual 材料规格手册

materials requisition 材料具领单
→~ supply 供料计划//~ testing reactor 材料试验反应堆

material transfer by plastic flow 塑性流动传质机理
→~ transfer by viscous flow 黏性流动传质机理

M

maternal zooid 母虫体[苔]
mat fender 绳结护舷软垫
mathematical analysis 数学分析
mathematic simulation 数学模拟;模拟计算
Matherellina 准马特氏螺属[腹;O]
Matheson and Dresser joint 防漏接头
→～ joint 钟形接头；套接头
mathewrogersite 硅锗铅石[$Pb_7(Fe,Cu)GeAl_3Si_{12}O_{36}(OH,H_2O,□)_6$]
mathiasite 钾铬钛矿
→～-(K) 钛钾铬石[$AM_{21}O_{38}$:A=$K_{0.66}Ca_{0.22}Sr_{0.15}Ba_{0.10}Na_{0.05}$ $REE_{0.05}$,M=$Ti_{13.18}Zr_{0.62}Cr_{2.87}Fe_{2.28}Mg_{1.63}Ca_{0.22}Nb_{0.09}$]
Mathilda 马天尔特螺属[腹;K-N]
matildite 硫银钒矿；硫银铋矿[$AgBiS_2$]；硫铋银矿[$Ag_2S•3Bi_2S_3$;$AgBiS_2$;六方]
mating end cap 装配堵头
mat lignite 暗褐煤
matlockite 氟氯铅矿[PbFCl;四方]；角铅矿[$Pb_2(CO_3)Cl_2$;四方]
Matonia 马通蕨属[植;K_2-Q]
Matoniaceae 马通蕨科
Matonidium 准马通蕨属[K_1]
Matonisporites 马通孢属[J_2]
matorolite 铬玉髓
Matoushan glacial stage 马头山冰期
mat pack 铁丝捆绑方木排
→(duplex) ～ pack 不紧贴木垛
matraite 锥锌矿[ZnS]；三方闪锌矿[ZnS;三方]；丙硫锌矿[ZnS]
matrices 钻头基体；母式
matric suction 基质吸力
→～ suction profile 基质吸力分布[剖面]
matrix[pl.-ices] 基体；痕印[指化石晶体等遗留在岩石中]；杂基；排列；铸模；残余磷块岩砾；母质[生]；母岩；母式；模子；模具；粒石料[建]；磁体；字模；聚磁介质；结合料；子宫；充填物；间质[生]；填隙物质；填料；胎体[金刚石钻头]；脉石[与宝石一起琢磨的]；骨架[孔隙性岩石的固体部分]；基质；基岩；母体；模型；矩阵；真值表；填质
→(square) ～ 方阵//～ acoustic velocity 基岩中声速//～ analysis 基质分析；矩阵分析//～ gain control 放大系数调整电位器//～ inversion 矩阵求逆//～ permeability 非裂(缝)性(碳酸盐地)层的(天然)渗透率//～ solid material 造岩物质//～ spectrum 矩谱
matrosite 孢芽油页岩；苞芽油页岩；藻烛煤；暗煤基
matsubaraite 硅锶钛石[$Sr_4Ti_5(Si_2O_7)_2O_8$]
mat-supported drilling platform 刚性腿座架支承的钻井平台
mat{frosted} surface 无光泽面
Matsuyama reversed epoch 松山逆转期
→～ Reversed Polarity Epoch 松山反(磁)期
Matsuyms reversed epoch 松山反向期[古地磁]
Matsya 摩野；马特斯亚；刺魜属[N_2-Q]；鱼扑式
mattagamite 马塔干姆矿；斜方碲钴矿[$CoTe_2$;斜方]
mattamore 地下室；地下仓库
matte 砂泥海藻混合滩；硫滓；锍；无光泽的
→(copper) ～ 冰铜//～ fall 提锍率//～-fall 锍的富集体
matter 事件；材料；物质；物体；问题
→～ arousing general interest 热点//～ element theory 物元理论
Matterhorn 马特(洪)峰[阿尔卑斯山峰之一]；冰蚀角峰；陡角山峰
(brush) matterss 柴排(运)
matter surface 无光面
matte smelting 锍化熔炼
matteuccite 重钠矾[$NaH(SO_4)•H_2O$;单斜]
matting 清洗工序；编席；磨砂；褪光；席子；无光表面；榻榻米[日]；衬垫[洗矿槽]
mattress 垫层；垫；褥垫；钢筋网
→～ antenna 多列天线
matt surface of grain 颗粒麻面
mat-type (-pneumatic) cell 带多孔的垫底的充气式浮选槽
matulaite 磷铝钙石[$CaAl_{18}(PO_4)_{12}(OH)_{20}•28H_2O$;单斜]；斜绿松石
Matura diamonds 锡兰锆石
maturation 熟化；煤化作用；成熟
→～ products 成熟产物
maturative 化脓剂；(使)化脓的
mature 壮年的；到期；满期；完成；成熟的；成熟；成热
→(full) ～ 壮年//～ conglomerate 良分选砾岩
matured concrete 养护后硬化的混凝土
mature dissected upland 壮年切割高地
matured note 到期票据
→～ slag 熟渣
mature marginal sea-arc system 壮年边缘海-岛弧系
→～ profile 成熟剖面//～ soil 带状土壤//～ stage{period} 壮年期；成熟期//～ topography{form} 壮年地形
maturing 老化
→～ colonies 成熟的群体{菌落}//～ field 老油田；已全部投入开发的油田；处于开采中后期的油田//～ period 养护期
maturity 壮年(期)[地形、河流]；到期；成熟期；成熟
→～{mature stage} of a stream 河流的壮年期
maucherite 砷镍矿[$Ni_{11}As_8$;四方]
mauersalz 钙硝石[$Ca(NO_3)_2•4H_2O$;德]
maufite 镍束纹石[$(Mg,Ni)Al_4Si_3O_{13}•4H_2O$]
mauilite 拉长石[钙钠长石的变种;$Na(AlSi_3O_8)•3Ca(Al_2Si_2O_8)$; $Ab_{50}An_{50}$– $Ab_{30}An_{70}$;三斜]
maulconite 淡斜绿泥石
Maul's gyro-stablized camera 莫尔陀螺稳定摄影机
→～ photographic apparatus 莫尔摄影仪器
maulstick 支腕杖[作画时用来支撑手的工具]
mauritzite 蓝黑镁铝石[$(Fe^{3+},Al)_2O_3•2(Mg,Fe^{2+})O•5H_2O$]
mausite 黄磷铁矾[$K_5Fe_3^{3+}(SO_4)_6(OH)_2•8H_2O$]
mauzeli(i)te 铅钙锑石；锑钙石[$(Ca,Fe^{2+},Mn,Na)_2(Sb,Ti)_2O_6(O,OH,F)$;等轴]；铅锑钙石
mavinite 绿脆云母[$Ca(Mg,Al)_{3-2}(Al_2Si_2O_{10})(OH)_2$; $Ca(Mg,Al)_3(Al_3SiO_{10})(OH)_2$;单斜]；硬脆云母[$(Mg,Fe^{2+})_3(Al,Fe^{3+})_{12}Si_7O_{35}•9H_2O$]；铁硬绿泥石
mawbyite 羟砷铅铁矿[$Pb(Fe_{2-x},Zn_x)(AsO_4)(OH)_{2-x}(H_2O)_x$,0< x<1]
mawkre 片状煤；炭质页岩
maw-sit-sit 钠长硬玉；莫女石
mawsonite 硫锡铁铜矿[四方;$Cu_5FeSn_2S_8$;$Cu_6^{1+}Fe_2^{3+}Sn^{4+}S_8$]；硫铁硒铜矿；硫铁锡铜矿
max 最大值；极大(值)
→～ cap. 最大容量[矿车、铲斗]；最大能力//～-flow-min-cut theorem 极大流转极小割截定理//～-function 极大值函数
maxilla 上牙床骨；颚；小颚[叶胶介]；下鳃[节足动物]；下颚[昆]；颚板；上颌骨[兽类]
→～ inferior 下颌骨
maxilliped 腮足[软]；颚肢[昆]；颚足[节甲]
Maxillirhynchia 颚嘴贝属[腕;T-J]
maxillule 第一小颚[介]；第四头部附肢[甲;第一小颚]
maxim[pl.-a] 谚语；原理；最大值
maximal 最大；极大的
→～ phase 最大相//～ ventilatory volume 最大通风容积
maxima of regular waves in the principal phase 主震中最大波
→～ of wave of the end portion 尾震之最大波
maximization 极大化
→～ of posterior probability algorithm 后验概率极大化算法
maximum[pl.-ma] 最大极限；极大(值)；最密(区)[岩组图]
→～ capacity 最大容量[矿车、铲斗]；最大能力//～ lime content 石灰极限含量
maxipulse 水中射筒震源
maxite 羟碳铅矾；硫碳铅石[$Pb_4(SO_4)(CO_3)_2(OH)_2$;单斜]；硫碳酸铅矿[$Pb_4(SO_4)(CO_3)_2(OH)_2$]；硫铊铁铜矿[$Tl(Cu,Fe)_2S_2$;四方]
maxixe-aquamarine 锂铯海蓝宝石
maxwell 麦(克斯韦)[磁通量单位;磁通单位]
maxwellite 马克斯威石[$NaFe^{3+}(AsO_4)F$]
Maxwell liquid 开尔文体；弹黏固体；性固体
→～ liquid model 马克斯韦尔液体模型
maxy 白铁矿[FeS_2;斜方]
mayaite 钠透硬玉；钠透硬岩
mayakite 砷镍钯矿[PdNiAs;六方]；马亚克矿
mayberyite 富硫石油
Maycoustic 隔声用人造石
maycoustic 隔音用人造石
mayday 呼救信号
mayenite 钙铝石[$Ca_{12}Al_{14}O_{33}$;等轴]
mayingite 马营矿[IrBiTe]
Maysvillian 迈斯维尔(阶)[北美;O_3]
→～ stage 麦斯维尔阶
mazapilite 黑砷铁矿[$Ca_3Fe_4(AsO_4)_4(OH)_6•3H_2O$]；菱砷铁矿[$Ca_3Fe_4^{3+}(AsO_4)_3(OH)_9$]；斜砷铁矿
mazut 重油[燃油或润滑油]
Mazzalina 马扎尔螺属[腹;K-E_2]
mazzettiite 碲锑铅汞银矿[$Ag_3HgPbSbTe_5$]
mazzite 针沸石[$K_2CaMg_2(Al,Si)_{36}O_{72}•28H_2O$;六方]；镁钾沸石
mbobomkulite 硫硝镍铝石[$(Ni,Cu)Al_4((NO_3)_2,(SO_4))(OH)_{12}•3H_2O$;单斜]
mbundu 姆崩毒[得自马钱科植物]
McAbees 麦克阿比斯矿用高威力炸药
mcallisterite 三方水硼镁石[$Mg_2B_{12}O_{20}•15H_2O$;三方]

mcauslanite 马柯斯兰石[HFe₃Al₂(PO₄)F•18H₂O]

mcconnellite 铜铬矿[CrOOCu;三方]

mcgillite 热臭石 -12R[(Mn,Fe²⁺)₈Si₆O₁₅(OH)₈Cl₂;三方];氯羟硅锰石

mcgovernite 粒砷硅锰矿[(Mn,Mg,Zn)₂₂(AsO₃)(AsO₄)₃(SiO₃)(OH)₂₁;三方]

mcguinessite 麦碳铜镁石[(Mg,Cu)₂CO₃(OH)₂]

mcgulunessite 麦碳铜镁石

m(a)ckelveyite 碳钡铀稀土矿；碳钇钡石[Ba₃Na(Ca,U)Y(CO₃)₆•3H₂O;三斜]

m(a)ckinstryite 麦金斯特里矿；马{麦}硫铜银矿[(Ag,Cu)₂S;斜方]

mckittinite 地沥青

MCLT 套管磁测井仪

McNally Baum type coal jig 麦克纳{奈}利-鲍姆型煤用跳汰机
→ ~ -Carpenter centrifuge 麦克奈利-卡本{彭}特型离心机 // ~ -Pulso {|Vissac} dryer 麦克奈利-帕尔索{|维赛克}型筛式干燥机 // ~ -Tromp process 麦克奈利-特劳伯重介质选法[浅箱层流型]

mcnearite 麦砷钠钙石[NaCa₅H₄(AsO₄)₅•4H₂O]

mdarcy 毫达西[渗透率单位]

MDET 矿物鉴别

MDH analysis 米勒-戴斯-赫钦森试井分析法
→ ~ graphs 米勒型处理压力恢复资料的图解法 // ~ -type curve MDH 型曲线[压力和时间的半对数曲线]

meadow 低湿草地；草甸；草地；牧场；温草原
→ ~ {bean} ore 褐铁矿[FeO(OH)•nH₂O; Fe₂O₃•nH₂O,成分不纯] // ~ {marsh} ore 沼(褐)铁矿[Fe₂O₃•nH₂O]

meadows 草原

meager 贫瘠的；不足的；不毛的
→ ~ feeling 软感 // ~ profit 微利

meagre 不毛的；贫瘠的；鹰石首鱼；不足的
→ ~ {lean;meager} lime 贫石灰

meal 粉；膳食；碾碎；餐；进餐；细磨石料
→ ~ bore 岩粉；钻(井岩;下的岩)屑；钻粉

mealiness 粉状

meall 山峰

mealy 粉状的
→ ~ structure 粉状构造 // ~ zeolite 钠沸石[Na₂O•Al₂O₃•3SiO₂•2H₂O;斜方];中沸石[Na₂Ca₂(Al₂Si₃O₁₀)₃•8H₂O;单斜]

mean 均值；中数；平均；中项；中间的；意味着；下流

meand 老露天矿

mean daily temperature 日平均温；日均温
→ ~ deformation axis 中等变形轴

meander 蛇曲；蜿曲

meandering 曲折的；弯曲；弯曲化(河流)；弯曲的
→ ~ course 曲流 // ~ river 蛇曲河 // ~ stream 弯曲河 // ~ {snaking} stream 曲折河

meander line 折测线
→ ~ scar 曲流故道；曲流废道 // ~ -scar terrace 曲流痕迹阶地

mean deviation 均差
→ ~ deviation{variation} 平均偏差 // ~

diameter 平均井径

Meandrospira 回旋虫属[孔虫;P-Q]

mean equatorial day 平赤道日

meaningless 失效；无意义的

mean latitude 平纬
→ ~ length of turn 匝的平均长度 // ~ sea depth 平均深度

means-end analysis 手段和目的分析

mean service rate 平均服务率
→ ~ sidereal time 平恒星时 // ~ skin temperature 平均肤温

means of livelihood 生活资料
→ ~ {off} of production 生产资料 // ~ of support 支撑装置 // ~ of transport(ation) 运输工具

mean solar day{|time} 平太阳日{|时}
→ ~ square dip 均方地层倾角程序 // ~ square error 均方误差 // ~ {-}time {-}between {-}failures 平均故障间隔时间 // ~ time between maintenance 维修平均间隔时间 // ~ time to first failure 首次故障前平均时间 // ~ -trace 平均道

mear 小火山口；小火山

measurable 可量(度)的；可计量的

measurand 被测对象

measuration 量度；量测

measure(ment) 手段；量尺；衡量；衡；措施；地层；层系；测量值；大小；步骤；量器；量度；量；岩层；方法；尺度；小节；尺寸；计量方法；计量；度量；测量

(unit) measure 度量单位

measure analysis 容积分析
→ ~ by paces 步测

measured depth 量测井深[按钻具长度量得]
→ ~ {measurement} depth 测量深度

measure gauges 测量标尺
→ ~ in 下钻(量钻杆长度)测算井深 // ~ kelly overstand 量方余

measurement 量测；深度；长度；容积；测量法；大小；宽度

measurements transmission 最测结果的传送

measure of central tendency 中心趋势的度量

measures 层组
→ ~ and weights 权度；度量衡

measuring{surveying} accuracy 测量精度
→ ~ bellows 测量伸缩感压箱 // ~ {load} cell 测力计 // (volumetric) ~ cylinder 量筒 // ~ mark{symbol} 测标 // ~ pocket 量矿器 // ~ {measure} point 测量点

meat earth 表土[露]

meatus 管；道

mecelle 胶粒

mechanical 机动的；刻板；机械的
→ ~ characteristic of deposit 矿床物理力学特性 // ~ character of structural plane control of ore deposits 结构面力学性质控矿 // ~ cleaning of broken ore 机械清理崩落矿石 // ~ destruction of rock 岩石的机械性破坏 // ~ {ore;rock} feeder 给矿机 // ~ hole saw 机工用孔锯[雕琢宝石用]

mechanically fired boiler 机械化燃烧锅炉
→ ~ locked seal ring 机械锁紧密封圈 // ~ set bit 机镶(细粒金刚石)(取芯)钻头 // ~ shifted face belt conveyor 机械移动工作面皮带输送机

mechanical measurement (井眼)技术状况测定
→ ~ ohm 力学欧姆 // ~ optical seismograph 机械光学地震仪 // ~ property log 岩石力学性质测井曲线 // ~ sortability 机械选矿能力 // ~ stress 机工应力

mechanics 机械部分；机械；机构；结构；力学；技术细节或方法；机械学
→ ~ of rock cutting 岩石切割{削}力学

mechanism 机理；机构；历程；作用原理；机制；机械装置；机械机构
→ ~ of drilling 凿岩机理；岩石机理 // ~ of rock failure 岩石破裂机理

mechanisms of buffer blasting 挤压爆破作用原理

mechanistic explanation 历程解释

mechanization 机动化；变更；改进；机械化
→ ~ variables 机械化的变因素

mechanized cut-and-fill method 机械化采掘充填开采法
→ ~ mucking 机械化岩石清理

mechano-acoustical efficiency 机声效率

mechanochemistry 机械化学

mechano-electronic 机(械)电(子)的

mechanogenesis 碎屑沉积形成过程

mechanoglyph 机械印痕

mechernichit 硫铁镍矿

meck 管状矿脉

Meckelian bone 梅盖尔氏骨；二下颚骨

Meckel's cartilage 麦(克)氏软骨

Meco-Moore getter-loader 麦柯尔-莫尔型采煤装煤机

Mecoptera 长翅目{类}[昆]

medaite 硅钒锰石[Mn₆(VSi₅O₁₈(OH)), (Mn,Ca)₆((V,As)Si₅O₁₈ (OH))]

medal 徽章；纪念章

medamaite 水铝石[AlO•OH;HAlO₂]；目玉石[AlO•OH]；眼球石

medano 海岸沙丘

meddle 干涉

medenbachite 羟氧砷铜铁铋矿[Bi₂Fe³⁺(Cu,Fe²⁺)(O,OH)₂(OH)₂(AsO₄)₂]

media-cleaning 介质净化

media flow inside screw 螺旋内部介质流动
→ ~ hype 爆炒[短时间内发起强大的宣传攻势]

medial 中间的；居中的

medialan A ×捕收剂[十八烯酰-N-甲氨基乙酸钠;C₁₇H₃₃CON (CH₃)CH₂COONa]
→ ~ KA ×药剂[椰子油酰-N-甲氨基乙酸钠] // ~ LL-99 ×药剂[月桂酰-N-甲氨基乙酸钠;C₁₁H₂₃CON(CH₃)CH₂COONa] // ~ LP-41 ×药剂[油酰-N-甲氨基乙酸钠;C₁₇H₃₃CON(CH₃) CH₂COONa] // ~ LT-52 ×药剂[硬脂酰-N-甲氨基乙酸钠;C₁₇H₃₅CON(CH₃) CH₂COONa]

medial crack 中裂隙
→ ~ marginal plate 中缘片 // ~ pseudomoraine 假中碛 // ~ saddle 中鞍 // ~ temperature 平均温度

median 中值；中央的；中数；中间的；中倍数
→ ~ fold of xenidium 异板脊 // ~ mass 中央地块；中间地块 // ~ pack-to-formation grain-size ratio 充填砾石与地层砂粒度中值比 // ~ quartz 中温石英 // ~ sinus{sulcus} 中槽[腕]

mediant 中音[音阶的第三音]；中间数；音阶第三度

median tectonic line 构造中线
→～ tolerance limit 半数生存界限浓度 //～ tubula 中管 //～ valley 中谷 //～ ventral (plate) 中腹片[无颌类]

media percentage of mill volume 研磨介质充填率

Media-Pleistocene 中更新世{统}

media retainer 介质护座

mediation 调解

mediator 媒剂；居间人；介质；介体；调解人

Medicago sativa 苜蓿；紫苜蓿；紫花苜蓿

medical{physical} examination 健康检查
→～ geology 医药地质学；医疗地质(学) //～ kit 药包

medicament 药剂；药物

medicated{chemical} bath 加药水浴

medication 药物(处理)；药疗法

medicinal 粟砂；药物；医药的
→～ drinking water 饮疗水 //～ paraffin 药用石蜡 //～ spring 医疗泉；药泉；医用矿泉

medicine 内科；内服药；药品；医学；医术；药物
→～(s) and chemical reagents 药品 //～ package 药包

medieval cool period 中古凉温期
→～ times 中世纪

medifossette 间窝

mediglacial 间冰期的

mediidite 铀钙矾[CaO•8UO₃•2SO₃•25H₂O]

mediiphysic texture 显微斑晶结构

Medina 梅迪纳炸药

Medinan 麦迪纳(统)[北美;亚历山大统;S₁]
→～ series 美地那统[S₁] //～ stage 梅丁阶

mediobasal 中基片

mediocre 第二流的；中等的

Mediocris 中间虫属[孔虫;C₁₋₂]

mediolittoral zone 中滨海带

Medionapus 梭形螺属[腹;K]

mediophyric 中斑晶的[1～5mm]

mediopotassic 中钾的

mediosilicic 中性的
→～ rock 中硅质岩

mediterranean 地中海型；地中地槽；陆间地槽；中间地槽

Mediterranean (sea) 地中海
→～ delta 地中海式三角洲

mediterranean trans-Asiatic seismic belt 南亚地中海地震带

Mediterranean type 地中海型

Medithermal 中温期；小冰期

medithermal{miotherm} period 中温期

medium[pl.-ia] 中间的；平均数；工具；中粒；媒质；中间(物)；载体；方法；中间物；介质；手段；培养基；媒介物；媒介；介体；机构；中型{等}的；(传动)装置

medium abrasive rocks 中等研磨性岩石
→～-burned lime 中温烧成石灰 //～(-size) colliery 中型煤矿 //～ deposit 中厚矿层 //～ dip seam 倾斜矿层 //～-grade ore 中等品位的矿石 //～-grained grinding stone 中粗磨石 //～-granular rock 中粒岩石 //～ gravel 中卵石 //～{-}hard rock 中硬岩石 //～ middlings 中等中矿 //～ (thickness) seam 中厚矿

层 //～ size coal mine 中型煤矿 //～ steep seam 倾斜矿层 //～ thick orebody mining 中厚矿体采矿(法)

medjidite 菱铀钙石[Ca₂U(CO₃)₄•10H₂O]；铀钙矾[CaO•8UO₃•2SO₃•25H₂O]

Medlicottia 麦得利菊石属[头;P]

medmontite 杂硅孔雀云母；铜皂石；铜蒙脱石[R₀.₃(Cu,Al)₃((Si,Al)₄O₁₀)(OH)₂•7H₂O]

medulla 髓部
→～ oblongata 延髓

medullaossium 骨髓

medullary shell 中央同心壳[泡沫放射虫亚目]

medulla spinalis 脊髓

Medullosa 髓木属[古植;C-P]

Medullosaceae 髓木科

medusa 水母型；水母[腔]

Medusaegraptus 毛发笔石属[S]

Medusina 水母属[腔;J]

Medusinites 拟水母属[腔;An∈]

medusoid 水母型

medziankite 锌黝铜矿[(Cu,Fe,Zn,Ag)₁₂(As,Sb)₄S₁₃]

meehanite 变性铸铁；孕育铸铁[Cu₂(CO₃)(OH)₂]；高强度铸铁；密烘铸铁[一种高强度孕育铸铁]

Meekella 米克贝(属)[腕;C-P]

Meekoceras 米克菊石(属)[头;T₁]；米氏菊石

Meekopora 米克氏苔藓虫(属)[S-P]

Meekospira 米氏螺属[腹;O-P]

meend 老露天矿

meerschaluminite 埃洛石[优质埃洛石(多水高岭石),Al₂O₃•2SiO₂•4H₂O;二水埃洛石Al₂(Si₂O₅)(OH)₄•1～2H₂O;Al₂Si₂O₅(OH)₄;单斜];铝海泡石

meerschaum 蜡蟆石；海泡石[Mg₄(Si₆O₁₅)(OH)₂•6H₂O;斜方]；砾海泡石

meeting 汇合点；会议；会见；交叉道口；井下岔道
→～ position of cage 罐笼交会位置 //～ station 会让站

megaanticline 大背斜[顿钻起下套管用]

megaanticlinorium 大复背斜

mega-basin 巨型盆地

megabasite 黑钨矿[(Mn,Fe)WO₄]；锰钨矿；钨锰矿[MnWO₄;单斜]

megabios 显体生物

megablast 巨变晶

megablock 巨断块

megabreccia 巨角砾岩

megabromite 氯溴银矿[Ag(Cl,Br)]

megacanthopore 大棘[无脊]；大刺孔[苔虫]

megacell 大对流孔{槽}；巨细胞[藻]

megacells 显形细胞

Megachiroptera 大蝙蝠{翼手}`类{亚目}

Megachonetes 大戟贝属[腕;D₃-C₁]

megacity 大城市

megaclad{megaclone} 大枝骨针[绵]

megaconcentric 巨同心的

megacrystalline 大晶(体)的；粗{显}晶质的；显晶质的
→～ fabric 巨晶组构

megaculmination 巨型隆起

megacycle 巨旋回；兆周；光周/秒
→～ per second 百万赫

Megacypris 宏星介属[E₂₋₃]

megafacies 大相[地层、岩石]；主相；交错岩相

megaflora 大植物化石群；大型植物[指水生植物和水生大型藻类]；巨植物群

megafossil 宏观化石；大型化石；显体化石；大化石[古]

megagea 巨陆[克拉通块体]

megageomorphical 大地形的；巨地形的

Megaglossoceras 大舌鹦鹉螺属[头;C-P]

megagon 多角形

megakalsilite 梅钾霞石[KAlSiO₄]

Megaladapis 巨狐猴属[Q]

Megalaspidella 小边大壳虫属[三叶;O₁]

megaline 兆力线

megalith 巨石碑

megalithic 巨石器阶
→～ age 巨石器时代[新石器晚期和铜器时代] //～ architecture 天然巨石建筑 //～ culture 巨石文化[考古] //～ masonry 巨石圬工 //～ stage 巨石器阶

Megalobatrachus 大鲵(属)[E₂-Q]

Megaloceros 大角鹿
→～ pachyosteus 肿骨鹿

Megalocypraea 大宝贝属[腹;K₂-E]

Megalodon 伟齿蛤；伟齿蛤属[双壳;D-T]

Megalograptus 巨鲎

Megalohyrax 大蹄兔属[E₃]

Megalonychoidea 地懒类

Megaloptera 广翅目{类}[昆]；泥蛉亚目[动]

Megalosaur 巨齿龙

megalospheric 显球型[孔虫]；显球(形外壳)；大球(形外壳)
→～ test 显球型壳[孔虫]

megalospore 大孔[苔]

megalump 大团块

Megamonoporites 大口粉属[孢;T₃-J]

Megamyonia 巨筋贝属[腕;O₃]

Meganeura 大尾蜻蜓属[昆];大蜻蜓

Megantereon 巨剑齿虎属[N₂-Q]

Meganteris 巨楔贝属[腕;C₁]

meganthophyllite 镁直闪石[(Mg,Fe²⁺)₇Si₈O₂₂(OH)₂;斜方]

Meganthropus 硕人(属)；魁(梧猿)人(属)
→～ palaeajavanicus 古爪哇人

Megaphyton 大痕木属[C₂₋₃]；大叶蕨属

megaplate 巨板块

Megapleuronia 大褶贝属[腕;P]

megaplume 巨型地幔喷流柱；巨喷流柱

megapolice 大环境治理

megaporphyritic 大斑晶；粗斑状[最大斑晶>5 mm]；巨斑状

megaraft 巨漂块

megarelief 大地形

megarhizoclone 大根状单针

megarhythm 巨韵律

megasclere 明显骨质；大骨针[绵]；主骨针[六射绵]

megascleres 大针骨

Megasecoptera 魁翅目[昆;C-P]

Megasecopteroidea 广翅超目

megasedimentology 宏广{观}沉积学

megaseism 大震；剧(烈)地震；伟震；大地震

megaspheric{megalospheric} form 显球形

megasporangium 大孢子囊

megaspore 大孢子
→～ membrane 大孢子壁

megasporophyll 大孢子叶[孢]

megastage 大阶段

Megastrophia 巨扭贝属[腕;S₂-D₂]

megastructure 巨型构造

megasurface 广阔范围
megasyncline 大向斜
megasynclinore{megasynclinoria;megasynclinorium} 大复向斜
megata 小火口群
Megatapirus 巨貘(属)[Q]
megaterrane 巨地体
Megateuthis 巨鲗箭石属[头;J]
Megatherium 大懒兽；大地懒属[Q]
megathermal 高温型的
→～ climate 高温气候
megathrust 巨逆冲断层
megathyrid 巨孔型；巨窗型[腕;主缘]
megaton 兆吨；百万吨级
→～ energy 百万吨梯恩当量
megatonnage 百万吨级
megatrend 大趋势
megaturbidite 巨浊积岩
mega-undation 巨型波动
megayear{mega year} 一百万年[1×10^6年]
megerliiform 梅格里式[腕环;腕]
megillite 氯羟硅锰石
Megistocrinus 伟海百合属[棘;D-C_1]
megistotherm 高温植物
megohm 兆欧(姆)
Mehlina 梅尔牙形石属[O_2-T_2]
mehlzelioth 中型沸石[包括钠沸石、中沸石、钙沸石]
Meifodia 美佛贝属[腕;S_1]
meimechite 麦美奇岩
meiogyrous 略向内卷的
meionite 钝钙霞石[Ca 的碳酸盐和硅酸铝]；钙柱石[$Ca_4(Al_2Si_2O_8)_3(SO_4,CO_3,Cl_2)$; $3CaAl_2Si_2O_8$•$CaCO_3$; 四方]；中柱石[Ma_5Me_5–Ma_2Me_8(Ma:钠柱石,Me:钙柱石)]
meiophyllous 具较小叶的[植]
→～{microphyllous} plant 带小叶植物
meiosis 减数分裂；成熟分裂
meiotherm 低温植物
Meiourogonyaulax 小膝沟藻属[J-K]
Meisner technique 海斯纳技术[确定波前的方法]
→～ wave 梅斯纳波[首波]
meixnerite 羟镁铝石[$Mg_6Al_2(OH)_{18}$•$4H_2O$; 三方]；无碳水滑石
meizonite 钠钙柱石；针柱石[钠柱石–钙柱石类质同象系列的中间成员；$Ma_{80}Me_{20}$–$Ma_{50}Me_{50}$;(100-n)$Na_4(AlS_3O_8)_3Cl$•$n Ca_4(Al_2Si_2O_8)_3(SO_4,CO_3)$]
meizoseismal area 强震区；极震区
→～ curve 最高震度线
mejonit 钙柱石[$Ca_4(Al_2Si_2O_8)_3(SO_4,CO_3,Cl_2)$;$3CaAl_2Si_2O_8$•$Ca CO_3$;四方]
mekkastein 蓝玉髓[SiO_2]
mekometer 晶体调制光束精密测距仪；测距仪[枪炮上]
mel 唛(耳)[音调单位]
melacarbonatite 暗碳酸岩
melaconisa{melaconise;melaconite} （土）黑铜矿[CuO;单斜]
meladrazine tartrate 酒石酸肼双二乙胺三嗪
melagabbroid 暗色似辉长岩
melakonit(e) 黑铜矿[CuO;单斜]
melamine 蜜胺
→～ cyanuric triamide 三聚氰胺
melamineral 暗色矿物
melamine resin 三聚氰胺树脂；蜜胺树脂
melampsora 栅锈菌属；无柄锈属[真菌]
melanargyrit 脆银矿[Ag_5SbS_4;斜方]；硫锑银矿[Ag_3SbS_3]
melan-asphalt 黑沥青
melan(o)chlor 异磷铁锰矿
melanchym 复腐殖体
melanchyme 硅化树脂；暗树脂
Melandryum apricum 女娄菜[铜矿示植]
melane 镁质矿物；暗色矿物
→～-glance 脆银矿[Ag_5SbS_4;斜方]
Melanella 小黑螺属[腹;K_2-Q]
melanellite 腐殖体醇溶渣
melanerz 铌钸钇矿[$(Ca,Fe_2,Y,Zr,Th,Ce)(Nb,Ti,Ta)O_4$;斜方;德]；黝铜矿[$Cu_{12}Sb_4S_{13}$,与砷黝铜矿($Cu_{12}As_4S_{13}$)有相同的结晶构造,为连续的固溶系列;$(Cu,Fe)_{12}Sb_4S_{13}$,等轴;德]
melange 混杂岩；混合物；混成杂岩；糜滥石；文学作品的杂集
→～ accumulation 混杂堆积；混；杂岩堆积
melangeophytia 圹埆或冲积土上群落
melan(e-)glance 硫锑银矿[Ag_3SbS_3]；脆银矿[Ag_5SbS_4;斜方]
melanglimmer 绿锥石[$Fe_2^{2+}Fe_2^{3+}SiO_5(OH)_4$]；克铁蛇纹石[$Fe_2^{2+}Fe^{3+}(Si,Fe^{3+})O_5(OH)_4$;单斜、三方]
melangraphit 石墨[六方、三方]
melanhydrite 橙玄玻璃[意西西里岛]
Melania 黑螺属[腹;K_2-Q]
melanide 隐镁铁矿物火成岩
melaniline 蜜苯胺[$(C_6H_5NH)_2C$:NH]；均二苯胍[$(C_6H_5NH)_2C$:NH]
melanin{melanine} 黑素
melanite 黑榴石[$Ca_3Fe_2(SiO_4)_3$]
→～-phonolite 黑榴响岩
melanites 热带黑土
melanized 黑化的[土壤]
melano-alteration 暗色蚀变
melanocerite 黑稀土矿[由 Ce,Y,Ca,B,Fe,Si 等组成;$(Ce,Ca)_5(Si,B)_3O_{12}(OH,F)$•$nH_2O$?]；板晶石[$NaBeSi_3O_7(OH)$;斜方]
melanochalcite 杂黑铜孔雀石[黑铜矿、硅孔雀石与孔雀石混合物]；碳硅铜矿
melanochlormalachit 磷铬铜铅矿[$(Pb,Cu)_3((Cr,P)O_4)_2$;$Pb_2Cu(CrO_4)(PO_4)(OH)$;单斜]
melanochroite 红铬铅矿[$Pb_3Cr_2O_9$;$Pb_3(CrO_4)_2O$;$Pb_2(CrO_4)O$;单斜]
melanocrate 暗色岩
melanocratic 暗色的；暗色
→～ rock 深色岩//～{trap;trappean} rock 暗色岩
Melanoides 拟黑螺属[腹;E-Q]
melanokonit 黑铜矿[CuO;单斜]
melanolite 黑硅铁石
melanoma 黑色素瘤；黑瘤
melanophlogite (黑)方石英[SiO_2;等轴、四方]；硫方英石
Melanophyllum 米拉珊瑚属[C_1]
melanophyre{melanophyride} 暗斑岩；暗色斑岩
Melanophyta 黑藻门
melanoresinite 黑色素树脂体
Melanosclerites 黑骨杆石属[O-D]；黑杆属
melanosiderite 黑硅铁矿[由 Fe_2O_3,Al_2O_3,SiO_2,H_2O 等组成的铝硅酸盐]
melanosome 暗色体
melanostibian 黑锑铁锰矿[$(Mn,Fe)_6(SbO_3)_2O_3$]
melanostibite 黑锑铁锰矿[$(Mn,Fe)_6(SbO_3)_2O_3$]；黑锑锰矿[$Mn(Sn^{5+},Fe^{3+})O_3$;三方]；锑铁锰矿[由 MnO,FeO,Sb_2O_5,$(Mg,Ca)CO_3$,SiO_2,H_2O 等组成]
melanotallo 黑氯铜矿[$CuCl(OH)$]
melanotecite{melanotekite} 硅铅铁矿[$3PbO$•$2Fe_2O_3$•$3SiO_2$; $Pb_2Fe_2^{3+}Si_2O_9$;斜方]
melanothallite 黑氯铜矿[$CuCl(OH)$]
melanovanadite 黑钙钒矿[$2CaO$•$2V_2O_4$•$3V_2O_5$•nH_2O]；黑钒钙矿[$Ca_2V_4^{4+}V_6^{5+}O_{25}$•$nH_2O$;三斜]
melanteria 水绿矾[$Fe^{2+}SO_4$•$7H_2O$;单斜]；绿铁矾
melanterite 镁铜水绿矾
→(iron) ～ 水绿矾[$Fe^{2+}SO_4$•$7H_2O$;单斜]
melantherite 水绿矾[$Fe^{2+}SO_4$•$7H_2O$;单斜]；黑色片岩；黑色板岩
melaph(y)re 暗玢岩[德]
melasyenite 暗正长岩
melatonalite 暗英闪岩
melatope 光轴影；透出点；出露点[光轴]
Melavin B ×捕收剂[仲烷基硫酸盐;波]
melavoltine{melavoltite} 黄铁矾
meldometer 熔点(测定)计
melee 小型宝石[<1/4 karat]；混合法；小型钻石；小圆粒带番钻石[宝石]
Melekesskian 麦里凯斯克阶[C_2]
Meles 獾(属) [Q]
melfite 蓝方斑岩
Meliaceae 楝科
Meliaceaeoidites 楝粉属[孢;E-Q]
melibiose 蜜二糖
melichromharz{melichrome resin} 蜜蜡石[$Al_2C_6(COO)_6$•16~18 H_2O;四方]
melichrysos 锆石[$ZrSiO_4$;四方]
melikaria 蜂窝状体
mel(l)ilite 密蜡石[$Ca_4Si_3O_{10}$]；方柱石[为 $Na_4(AlSi_3O_8)_3(Cl,OH)$–$Ca_4(Al_2SiO_8)_3(CO_3,SO_4)$完全类质同象系列]；黄长石[$Ca_2(Al,Mg)((Si,Al)SiO_7)$]
→～-basalt 黄长玄武岩
melilite fasinite 黄长辉霞岩
melilitholith 纯黄长岩
melilitite 黄长岩；黄长石[$Ca_2(Al,Mg)((Si,Al)SiO_7)$]
melilitolite 黄长石岩
melilitophyre 黄长斑岩
melines 獾类
melinine 黄胶块土
melinite 黄胶块土；红玄武土；软滑黏土；黏泥；肝蛋白石[为呈淡灰褐色的结核状蛋白石;SiO_2•nH_2O]；麦林奈特(高威力)炸药；爆炸药
melinophanite{melinoplane} 蜜{密}黄长石[$(Ca,Na)_2(Be,Al)(Si_2O_6F)$;$(Ca,Na)_2Be(Si,Al)_2(O,OH,F)_7$;四方]
melinose 钼铅矿[$PbMoO_4$;四方]
Meliola 小煤炱属[真菌]
melioration 气候改良；改善；土壤改良
meliphanite 铍黄长石[$Ca_3(Be_2Si_3O_{10})(OH)_2$;$Ca_2(Be,Al)Si_2O_7(OH)$•$H_2O$;四方]；蜜{密}黄长石
melissyl 三十烷基[$C_{30}H_{61}$–]
→～ ester 三十烷酸酯[$C_{30}H_{61}COOR$]；蜂花酯[$C_{30}H_{61}COOR$]//～ ester of betain hydrochloride 盐酸甜菜碱蜂花酯[HCl•$(CH_3)_3NCH_2COOC_{30}H_{61}$]
melite 水硅铝镁石
melkovite 磷钼钙铁矿[$CaFe^{3+}H_6(MoO_4)_4(PO_4)$•$6H_2O$]

M

mellahite 杂海盐

mellilite 黄长石[Ca₂(Al,Mg)((Si,Al)SiO₇)] $[Ca_2(Al,Mg)((Si,Al)SiO_7)]$

melli(li)te 蜜蜡石 [Al₂C₆(COO)₆•16~18H₂O;四方] $[Al_2C_6(COO)_6 \cdot 16\sim18H_2O;$四方$]$

Mellivora 蜜獾属[Q]

mellivorines 蜜獾类

mellonite 杂氯硫碱铅铜矿；假氯铅矿[不纯]

mellorite 耐火土矿；正辉石[?]

mellow 醇[ROH]

melnicovite 胶黄铁矿[FeS₂;Fe₂S₃•H₂O]；硫复铁矿 [Fe²⁺Fe₂³⁺S₄;等轴]；胶白铁矿[FeS₂] $[FeS_2;Fe_2S_3\cdot H_2O]$；$[Fe^{2+}Fe_2^{3+}S_4;$等轴$]$；$[FeS_2]$
→~-pyrite 胶黄铁矿[FeS₂;Fe₂S₃•H₂O] $[FeS_2;Fe_2S_3\cdot H_2O]$

melnikovite 硫复铁矿[Fe²⁺Fe₂³⁺S₄;等轴]；胶黄铁矿[FeS₂;Fe₂S₃•H₂O]；胶白铁矿[FeS₂] $[Fe^{2+}Fe_2^{3+}S_4;$等轴$]$；$[FeS_2;Fe_2S_3\cdot H_2O]$；$[FeS_2]$
→~-marcasite 胶白铁矿[FeS₂]；胶铁矿 $[FeS_2]$ // ~-pyrite 胶黄铁矿[FeS₂;Fe₂S₃•H₂O]；杂黄白铁矿 $[FeS_2;Fe_2S_3\cdot H_2O]$

Melobesia 直链藻(属)[硅藻;K-Q]；畚箕藻属[Q]

Melonechinus 瓜海胆属[棘;C₁₋₂]

meloniform 瓜形

Melonis 苹果虫属[孔虫;K₂-Q]

melonite 碲镍矿[NiTe₂;三方] $[NiTe_2;$三方$]$

melonjosephite 磷铁钙{钙铁}石[CaFe²⁺Fe³⁺(PO₄)₂(OH);斜方] $[CaFe^{2+}Fe^{3+}(PO_4)_2(OH);$斜方$]$

melopsite 水蛇纹石[斜纤蛇纹石与富镁蒙脱石混合物;4MgO•3SiO₂•6H₂O;镁和钙的铝硅酸盐] $[4MgO\cdot3SiO_2\cdot6H_2O;$

Melosira 直链藻(属)[硅藻;K-Q]

melt(ing) band 融化带
→~-crystal equilibrium 熔体-晶体平衡 // ~ down 熔解；溶化；销毁 // ~ down analysis 熔毕分析

melted 熔融的
→~ {molten} rock 熔岩

melteigite 钠辉霞霓岩；霞霓钠辉岩；暗霓霞岩

meltemia 梅特米亚风

melter 熔炉；熔炼工；熔化器；炉工
→~ temperature control 熔化部温度控制

melt{alpine} firn 融雪冰
→~ firn 冻融粒雪 // ~ form 融冰地形 // ~-freeze metamorphism 冻融变质(作用)

melthacite 漂布土[一种带黄色富于镁质的黏土]

melting 溶化；熔化的；熔；温柔的
→~ consolidated penetrator 岩石熔化兼固井两用钻机

meltnerium 镁[序 109]

member 会员；地层段；构件；单元；组成部分；部层；分子；元；分层；小层；项；节；件；段地层；成员；端；段[地层]；腰部[褶皱的]

membrana colpae 沟膜
→~ pori 孔膜

membrane 生物膜；薄膜；光圈；光阑；隔膜；隔板；膜片；膜板；膜；流量孔板；振动片；铣孔板
→~-concentrated brine 隔膜液集卤水 // ~ correction 橡皮膜校正[三轴试验] // ~ filter 过滤膜；膜滤器 // ~ potential coefficient 薄膜电位系数 // ~ (type) pressure gauge 薄膜式压力计 // ~ process 膜法[离子交换]

Membranicellaria 膜胞苔藓虫属[Q]

Membranilarnacia 膜突藻属[K-E]

membranimorph 膜状构造

Membranipora 膜苔藓虫属[K-Q]

Membraniporidra 似膜苔藓虫属[K-Q]

Membranisporites 耳环大孢属[K₁]

membranous 膜状体[藻类体型]
→~ material 薄膜材料

Meminella 曼米藻属[E₂]

memorandum[pl.-da] 便笺；便函；备忘录
→~ clause 附注条款 // ~ goods 试销品

memory 存储；记忆
→~ (storage) 存储器 // ~ {storage} capacity 存储容量

menac 榍石[CaTiSiO₅;CaO•TiO₂•SiO₂;单斜] $[CaTiSiO_5;CaO\cdot TiO_2\cdot SiO_2;$单斜$]$

menacan 钛铁矿 [Fe²⁺TiO₃, 含较多的 Fe₂O₃;三方] $[Fe^{2+}TiO_3,$含较多的 $Fe_2O_3;$三方$]$

menaccanite 黑火山砂[含钛]；含钛火山灰砂岩；钛铁矿[Fe²⁺TiO₃,含较多的 Fe₂O₃;三方] $[Fe^{2+}TiO_3,$含较多的 $Fe_2O_3;$三方$]$

menacconit{menachanite} 钛铁矿 [Fe²⁺TiO₃,含较多的 Fe₂O₃;三方] $[Fe^{2+}TiO_3,$含较多的 $Fe_2O_3;$三方$]$

menadione 甲萘醌

menakanite 钛铁矿 [Fe²⁺TiO₃, 含较多的 Fe₂O₃;三方]；铵铁矿砂 $[Fe^{2+}TiO_3,$含较多的 $Fe_2O_3;$三方$]$

menakeisenstein 钛铁矿[Fe²⁺TiO₃, 含较多的 Fe₂O₃;三方] $[Fe^{2+}TiO_3,$含较多的 $Fe_2O_3;$三方$]$

me-nam 大河

menandonite 硼硅铝锂石

Menard meter 旁压仪
→~ pressuremeter 梅纳压力表

Mendacella 小谎贝属[腕;O₃-S₁]

mendacity 谎话{言}

mendeleeffite 钛铌酸钙铀矿[Ca₂(Nb,Ta)₂(Ti,U)₂O₁₁] $[Ca_2(Nb,Ta)_2(Ti,U)_2O_{11}]$

mendelejevite 钙铌铁铀矿

mendelevium 钔

mendeleyevite{mendelyeevite} 钛铌酸钙铀矿[Ca₂(Nb,Ta)₂(Ti,U)₂O₁₁] $[Ca_2(Nb,Ta)_2(Ti,U)_2O_{11}]$

Mendelism 门德尔说

m-enderbite 中纹长紫苏花岗闪长岩

mendiffite{mendipite} 白氯铅矿[2PbO•PbCl₂;Pb₃Cl₂O₂;斜方] $[2PbO\cdot PbCl_2;Pb_3Cl_2O_2;$斜方$]$

mendocita 水钠铝矾[Na₂SO₄•Al₂(SO₄)₃•24H₂O]；纤钠明矾[NaAl(SO₄)₂•11H₂O] $[Na_2SO_4\cdot Al_2(SO_4)_3\cdot24H_2O]$；$[NaAl(SO_4)_2\cdot11H_2O]$

mendozavilite 磷钼铁钙钙石

mendozite 钠明矾{水钠铝矾}[Na₂SO₄•Al₂(SO₄)₃•24H₂O;等轴]；纤钠明矾[NaAl(SO₄)₂•11H₂O] $[Na_2SO_4\cdot Al_2(SO_4)_3\cdot24H_2O;$等轴$]$；$[NaAl(SO_4)_2\cdot11H_2O]$

meneghinite 辉锑铅矿[Pb₄Sb₁₄S₂₇;Pb₆Sb₁₄S₂₇;六方]；斜方辉锑铅矿[Pb₁₃CuSb₇S₂₄;斜方] $[Pb_4Sb_{14}S_{27};Pb_6Sb_{14}S_{27};$六方$]$；$[Pb_{13}CuSb_7S_{24};$斜方$]$

Menevian 梅内夫(阶)[欧;∈₂]

mengite 铌铁矿 [(Fe,Mn,Mg)(Nb,Ta,Sn)₂O₆;(Fe,Mn)Nb₂O₆; Fe²⁺Nb₂O₆;斜方]；独居石(砂)[(Ce,La,Y,Th)(PO₄);(Ce,La,Nd,Th)PO₄;单斜] $[(Fe,Mn,Mg)(Nb,Ta,Sn)_2O_6;(Fe,Mn)Nb_2O_6;Fe^{2+}Nb_2O_6;$斜方$]$；$[(Ce,La,Y,Th)(PO_4);(Ce,La,Nd,Th)PO_4;$单斜$]$

Menglapollis 勐腊粉属[孢;T-E]

mengwacke 蒙瓦克岩

mengxianminite 孟宪民石[((Ca,Na)₄(Mg,Fe,Zn)₅Sn₄Al₁₆O₄₁] $[(Ca,Na)_4(Mg,Fe,Zn)_5Sn_4Al_{16}O_{41}]$

menhir 竖石纪念碑；石柱；粗糙石巨柱；屹立之史前时期纪念巨柱

menilite 硅乳石；棕蛋白石
→(chert) ~ 肝蛋白石[为呈淡灰褐色的结核状蛋白石;SiO₂•nH₂O] $[SiO_2\cdot nH_2O]$

Meniscophyllum 新月珊瑚属[C₁₋₂]

Meniscotherium 古踝节兽属[E]

meniscus[pl.ici] 丝根；新月(形)；半月板；凹凸透镜；弯月片；弯液面；新月形物
→~ cement 凹凸状胶结物 // ~ fill 弯月形充填物 // ~ shape 弯月面形状

Menneraspis 曼纳虫属[三叶;∈₁]

Mennerella 小曼纳介属[D-C]

Mennerites 曼纳介属[D]

Mennerius 曼纳颗石[钙超;K₂]

mennige 铅丹[Pb₂²⁺Pb⁴⁺O₄;四方] $[Pb_2^{2+}Pb^{4+}O_4;$四方$]$

Menomoniidae 定形虫科[三叶]

Menophyllum 留珊瑚

Menotyphlans 原真兽类[食虫目]

menshikovite 门砷镍钯矿[Pd₃Ni₂As₃] $[Pd_3Ni_2As_3]$

menstruum[pl.-rua,-s] 溶媒；溶剂

menthadiene 蓋二烯[C₁₀H₁₆] $[C_{10}H_{16}]$

menthane 蓋烷 [CH₃C₆H₁₀C₃H₇; 即薄荷烷]；薄荷烷 $[CH_3C_6H_{10}C_3H_7;$即薄荷烷$]$

menthanol 蓋烷醇[C₁₀H₂₀O] $[C_{10}H_{20}O]$

menthene 蓋烯[C₁₀H₁₈] $[C_{10}H_{18}]$

menthol 蓋醇[C₁₀H₁₉OH]；薄荷醇[C₁₀H₁₉OH] $[C_{10}H_{19}OH]$

Mentoukou{Mentougou} series 门头沟统

mentum 颏

Mentzelia 门策贝属[腕;T]
→~ spp. 刺莲花科植物[石膏局示植]

Mentzeliopsis 似门策贝属[腕;T]

menu 目录；项目单；选择单

Menyanthin 睡菜质

Menyanthol 睡菜醇

Menzies Hydroseparator 满席斯型水力分选机[上升水流式]

meogeosyncline 次活动正地槽

Meotian (stage) 迈欧特(阶)[欧;N₂]

mepasin 加氢合成煤油

mephitic(al) 有毒的；毒气的

mephitic air 恶臭空气

mephitical 毒气的

Mephitines 臭鼬类

Mephitis 臭鼬属[Q]

mer (聚合体的)基体；子午线

Meramecian 米拉米(统)[北美;C]；梅拉梅克群[北美密西西比系的重要地层单元]

merasmolite 闪锌矿[ZnS;(Zn,Fe)S;等轴]；杂锌硫矿 $[ZnS;(Zn,Fe)S;$等轴$]$

meraspid period 少年期；幼年期

meraspis[pl.-ides] 幼年期[三叶]；少年期

Mercalli scale (of intensity) 默{墨;麦}加{卡}利地震烈度表

mercallite 重钾矾[KHSO₄;斜方] $[KHSO_4;$斜方$]$

Mercaly-Cancany-Zeiberg scale 梅尔卡利-坎坎尼-蔡伯格烈度表

mercaptal 缩硫醛

mercaptan 硫醇[浮剂;R-SH]

mercaptide 硫醇盐[RSM]

mercapto 巯基[HS-]
→~ (group) 氢硫基[HS-]

mercaptoanthraquinone 巯基蒽醌[C₁₄H₈O₂•SH] $[C_{14}H_8O_2\cdot SH]$

mercaptobenzothiazole 快热粉[浮剂]

mercaptodiazine 巯基二(氮杂苯)[C₄H₃N₂SH] $[C_4H_3N_2SH]$

mercaptol 缩硫醇

mercapto-oxazole 巯基噁唑[C₃H₂NOSH] $[C_3H_2NOSH]$
→~ 巯基-1,3 氧氮杂茂[C₃H₂NOSH] $[C_3H_2NOSH]$

mercapto-thiazol(e) 巯基噻唑

mercast 水银模铸造；冰冻水银法

Mercator bearing 恒向方位；等角方位
→~ map projection 墨卡托地图投影 // ~ sailing 墨卡托航法

Mercators modified conical projection 麦卡脱投影

mercerization 丝光处理；碱化

Merceya latifolia 铜藓[苔藓植物,铜通示植]

merchandising enterprising 商业企业

merchantable coal bed 可售煤层；可供应市场的煤层

→~ oil 销售原油// ~ {separator} oil 商品原油[经过分离器后]

merchant pipe 标准锻制管

mercurammonite 氯氮汞矾；氯铵汞矾{矿}

mercurate 汞化(产物)

mercure argental 汞膏[Hg$_2$Cl$_2$]

mercurial 含汞的；汞制剂；汞的；灵活的；易变的

→~ horn ore 汞膏[Hg$_2$Cl$_2$]；(角)汞矿[Hg$_2$Cl$_2$]

mercurialism 汞中毒

mercuriality 活泼；易变

mercurial silver 银汞齐[Ag 和 Hg 的互化物;等轴]；汞膏[Hg$_2$Cl$_2$]

→~ soot 汞臾// ~ tetrahedrite {mercury fahlore} 汞黝铜矿[(Cu,Fe,Zn,Hg)$_{12}$(Sb,As)$_4$S$_{13}$]

mercuric 汞的；二价汞的

→~ {mercurial} fahlore 汞黝铜矿// ~ iodide 碘汞矿[HgI$_2$]；碘化汞// ~ ore 肝汞矿

mercuride 汞化物

mercurimetry 汞液滴定法；汞量测量

mercurius 水银；自然汞[Hg;液态]；汞的；汞

mercurometric survey{mercurometry} 汞量测量

mercurous 亚汞的；一价汞的

→~ bitartrate 酒石酸氢亚汞// ~ chloride 甘汞[氯化亚汞] [HgCl;Hg$_2$Cl$_2$]// ~ {mercuric} horn ore 角汞矿[Hg$_2$Cl$_2$]

Mercury 水星

mercury 水银；山靛[有毒植物]；汞

→~ arc 汞弧// ~ {mercuric} blende 闪汞矿// ~ chloride 氯汞矿；汞膏[氯化汞 HgCl$_2$]// ~ column{slug} 水银柱[温度计]// ~-contaminated 汞污染的// ~ iodide 碘汞矿[HgI$_2$]；碘铜矿[CuI;等轴]

Mercury method 麦库立法[定向井计算法]

mercury mineral 汞矿物{类}[主要为辰砂]

→~ {mercuric} ore 汞矿// ~ ore 水银矿// ~ poisoning {intoxication} 汞中毒// ~ salt 汞盐

merda di diavolo 纸煤

mer de glace 大冰川；大冰原；冰海[法]

merdivorous 食粪的[生态]

mereheadite 米尔氯氧铅矿[Pb$_2$O(OH)Cl]

mereiterite 水钾铁矾[K$_2$Fe(SO$_4$)$_2$•4H$_2$O]

merenskyite 碲钯矿[(Pd,Pt)(Te,Bi)$_2$;六方]；铋锑(铂)钯矿；铋碲铂钯矿[(PtPd)(TeBi)$_2$,其中 Pt、Pd 为类质同象系列，可相互替换]；锑钯矿[Pd$_5$Sb;Pd$_5$Sb$_2$;六方]

merestone 界石[矿区]

mere stone 界石

Meretrix 文蛤属[双壳;E-Q]

merge (into) 归并

merged file 合并文件

mergence 合并；熔合；组合；吞没

→~ of species 种的合并

merger diagram 状态合并图

merge zone (参数)公用区

mergifer 齿舌型腕棒

merging 复合

Mergozzo Green 梵格祖绿[石]

meridian 顶点；全盛期；高潮

meridianal 子午线的；全盛的

→~ strain 经线应变

meridian angle 子午线角

→~ circle 经圈// ~ distance 纬度

// ~ hole 冰面半圆形融坑// ~ passage{transit} 中天

Meridion 扇形藻属[硅藻;Q]

meridional 子午线的；偏南的；南方的；南北向的；向南的

→~ difference 子午线长差// ~ flow 经流

Meriones unguiculatus 长爪砂鼠

Merismopedia 平裂藻属[蓝藻]；片藻(属)[Q]

Merismopediaceae 平裂藻科

Merismopedia glauca 银灰平裂藻

→~ tenuissima 细小平裂藻

Merista 双弓贝属[S-D]；双分贝属[腕]

Meristella 小双弓{分}贝(属)[腕;S-D]

meristele 分体中柱[植]

meristem{meristematic tissue} 分生组织[植]

Meristina 准双弓贝属[腕;S-D]

Meristopedia 平裂藻属[蓝藻]；裂面藻属[Q]

Meristotheca 鸡冠菜属[红藻]

merit 标准；优值；灵敏；指标；优点；价值；特征

→~ and demerit 优缺点

merkurammonit 氯氮汞矾；氯铵汞矾{矿}

merkurblende 辰砂[HgS;三方]

merkurfahlerz 汞黝铜矿

merkurglanz 辉汞矿

merkurhornerz{merkurkerat;merkurspat} 汞膏{甘汞}[HgCl; Hg$_2$Cl$_2$]

merl 泥灰湖

merlinoite 麦钾沸石 [(K,Ca,Na,Na)$_7$Si$_{23}$Al$_9$O$_{64}$•23H$_2$O;斜方]；钡十字沸石

Mermoptera 皮翼亚目[哺]

merochrome 异色异构混晶

merocoenose (古)生物某类群

merodont 栉齿型[双壳]

merofossil 半古的

merohedral 缺面象

→~ crystal class 非全面象晶组// ~ form 非全面(象单)形// ~ twin 缺面双晶

merohedric{merohedral} twin 非全面象双晶

merohedry 缺面象；非全面象

merokarst 半岩溶；半喀斯特

meroleims 煤化残植屑

merolite 假碎屑岩

meromixis 恒定分层现象[湖水]；部分混合

meront 子黏变形体

meropelagic 半海洋性的

meropod(ite) 长节[节甲]

merostaxis 滞留发育

merostomata 肢口纲[Є-Q]；腿口(亚纲)

merostome 肢口类[节]

Merostomoidea 分体类[节]

merosymmetric 缺面对称

merosyncline 局部地槽

merotropy 稳变异构

meroxene 黑云母 [K(Mg,Fe)$_3$(AlSi$_3$O$_{10}$)(OH)$_2$;K(Mg,Fe^{2+})$_3$(Al,Fe^{3+})Si$_3$O$_{10}$(OH,F)$_2$;单斜]；铁黑云母

Merrick feedoweight ore feeder 梅利克型计重给矿机

→~ weightograph 麦瑞克型连续自动秤

merrihueite 陨硅钾铁石；陨铁大隅石 [((K,Na)$_2$(Fe^{2+},Mg)$_5$Si$_{12}$O$_{30}$;六方]

merrillite 白磷钙石；白磷钙矿[Ca$_3$(PO$_4$)$_2$;Ca$_9$(Mg,Fe^{2+})H(PO$_4$)$_7$;三方]；磷钙钠石；陨磷钙钠石[Na$_2$Ca$_3$(PO$_4$)$_2$]

Mersolate × 药剂[鲸蜡基磺酸钠;C$_{16}$H$_{33}$

SO$_3$Na]

mertieite 砷锑钯矿；密尔提矿

→~-I 砷锑钯矿-I[Pd$_{11}$(Sb,As)$_4$;三方]// ~-II 异砷锑钯矿-II [Pd$_8$(Sb,As)$_3$;三方]

Mertz{Mertz Iron and Machine Works Inc.} 梅尔兹机器公司[美]

Merulius 干朽菌属[真菌;Q]

merumite 水绿铬矿[铬的含水氧化物]；水铬矿

merus 长节[节甲]

merwinite{mervinite} 默硅镁钙石{默硅钙镁石；牟文橄榄石；镁硅钙石}[Ca$_3$Mg(SiO$_4$)$_2$;单斜]；镁蔷薇辉石

→(manganese) ~ 牟文橄榄石

Merychippus 草原古马古马(属)[北美;N$_1$]；原马属

Merycochoerus 中新猪属[N$_1$]

Merycodus 叉角羊(属)[N$_1$]

Merycoidodon 真岳齿兽属[E$_3$]

→~ gracilis 买内岳齿兽

Merycopotamus 后石炭兽属[Q]

Meryhippus 买内马

merzlota[俄] 冻土[冰]

mesa 桌子山；平顶山；方山；台面式晶体管；台面；台地

mesabite 赭针铁矿[HFeO$_2$]

mesa-butte 平顶孤丘{山}

mesa-terrace 台面阶地

mesa-tidal 中潮

mesencephalic 中脑的

mesenchyme 充质；中胶质；间质[生]；间叶[苔]

mesentery 内膜[棘海参]；隔膜[珊]

meseta 桌地；高原；陆台；小方山

mesexinium 外壁中层[孢]

mesh (aperture) 筛孔

→~ after straining 应变后的网格// ~ assay 粒度分析// ~ before straining 应变前的网格// ~ coordinate 网络坐标

meshed 啮合的；有孔的

→~-screen surface 编织网筛面

meshing 啮合

→~ interference 啮合干涉

mesh line 网线

→~ method 阻抗法；网目电流法// ~ of a screen (筛网)孔径// ~ {-}of {-} grind 磨矿细度// ~ of grind 磨矿粒度// ~ sieve{screen} 网状筛// ~ {particle} size 粒度

meshy 筛孔的；筛的

→~ surface 网状表面

mesic 适中土温；栖于湿地的；介子的[高能]

Mesichthys 介间鱼目

mesilla 小方山

mesistele 海百合柄中部

mesite 中性岩

mesitine {mesitinspath;mesitinspath;mesitite; mesitine spar} 菱铁{铁菱}镁矿[(Fe,Mg)(CO$_3$)]

mesitis 同化

mesityl 莱基

Meso-Amerika 中期美洲[海西期]

Mesoarchean 中太古界

mesoautochthon 中原地岩体；中推覆基底

Mesoblastus 中海蕾(属)[棘海蕾;C$_1$]

mesobreccia 中角砾岩

mesobrochate (孢粉)具中网胞

Mesocalamites 中芦木属[C$_{1-2}$]

Meso-Cathaysian 中华夏系{式}

Mesocena 中新硅鞭毛藻(属)[K₂-Q]

Mesocetus 中鲸属[N₁]

Mesoclupea 中脐鱼(属)[J₃]

mesocole 湿生动物

mesocolloid 介胶体

mesocolpium 沟间区[孢]；槽间区

mesocone 中尖[白齿]

mesoconid 下中尖[白齿]

Mesocorallia 中珊瑚目[腔]

Mesocorbicula 中蓝蚬属[双壳;J₂₋₃]

mesocrate 中色岩

mesocratic 中色的

　　→～ rock 中色岩

mesocrystalline 半晶质(的)；中晶质的 [0.20～0.75mm]

mesocumulate 中堆积岩

mesocuneiform 中楔骨[生]

mesocycle 中旋回

mesodentine 中齿质层[生]

mesoderm 中胚层[无体腔动物]；中表层[生]

mesodesmic bond 中型键

mesodialyte 中(异)性石；异性石[(Na,Ca)₆ZrSi₆O₁₇(OH,Cl)₂;Na₄(Ca,Ce,Fe)₂ZrSi₆O₁₇(OH,Cl)₂;三方]

mesodouvillina 中窦维尔贝属[腕;S₃-D₁]

mesofacies 中带相

mesofold 中型褶皱

mesofossete 中坑

mesogalia 间胶质

Mesogastropoda 中腹足(亚纲)

mesogenetic 中深成(岩)的

　　→～ porosity 中期(形成的)孔隙性[碳酸盐岩成岩于地下水面以下形成的孔隙] //～ stage 中期形成期

mesogeosyncline 陆间地槽；中间地槽；中型地槽

mesogl(o)ea 中胶层[绵]

mesogyrate 中转喙的[双壳]

mesohaline 中盐度的

mesohalobion 中盐性种[生]

Mesohedenstroemia 中黑丁氏菊石属[头;T₁]

Mesohippus 渐新马(属)；间马(属)[E₃]

mesohyle 中胶层中松散物质

mesohylile 潮湿森林

Mesoid 中古

meso-impsonite 中煤化沥青煤

mesokaite 褐煤

mesokeratophyre 中角斑岩

mesokurtic 中峰度；中等峰度

　　→～ distribution 常峰态分布

mesokurtosis 常峰态

mesole 杆沸石[NaCa₂(Al₂(Al,Si)Si₂O₁₀)₂•5H₂O;NaCa₂Al₅Si₅O₂₀•6H₂O;斜方]；星杆沸石

Mesolimnadia 中渔乡叶肢介(属)[节甲;J₂]

Mesolimnadiopsis 似中渔乡叶肢介(属)[节甲;T-K]

mesolimnion 中层湖水

mesoline 插晶菱沸石[NaCa₃(Al₇Si₁₁O₃₆)•15H₂O;(Ca,Na₂,K₂)₃Al₆Si₁₂O₃₆•18H₂O;三方]；中菱沸石[(Na₂,Ca)Al₂Si₄O₁₂•5H₂O]；中沸石[Na₂Ca₂(Al₂Si₃O₁₀)₃•8H₂O;单斜]

mesoliparite 中流纹岩

mesolite 棉花石[中沸石的变种;Na₂Ca₂(Al₂Si₃O₁₀)₃•8H₂O]；中沸石[Na₂Ca₂(Al₂Si₃O₁₀)₃•8H₂O;单斜]

mesolithion 石缝生物；岩穴动物

mesolitic 中色的

mesolitine{mesolithin} 镁沸石；杆沸石[NaCa₂(Al₂(Al,Si)Si₂O₁₀)₂•5H₂O;NaCa₂Al₅Si₅O₂₀•6H₂O;斜方]

Mesolobus 中叶贝属[腕;C₃]；间叶贝

Mesolygaeus 中长蝽(属)[J₃]

mesomediterranean 中地中海的

mesomer 内消旋体

mesomiaskite 中云霞正长岩

mesomorphic phase 介晶相

　　→～ soil 自成土 //～ state 介晶态

Mesoneritina 中蜒螺属[腹]；中游螺属[J-K₁]

Mesonomia 中寓贝属[腕;∈₃-O₁]

mesonorm 中(变质)带标准矿物

mesonormative 中带标准矿物的

mesonychid 中兽类

mesopegmatophyre 中色伟晶斑岩

mesopelagic organism 中远洋生物

mesopeltidium 背甲硬骨[蛛形类]

mesoperthite 共结长石；中条纹长石

mesophase 介晶相

mesophilic 亲中介态的；喜中温(生物)

　　→～ bacteria 中温性细菌

mesophilus 栖湿地的[生]

Mesopholidostrophia 中鳞扭形贝属[腕;S]

mesophorbium 高山草甸

mesophotic 中光度的

mesophragm 中膜

mesophyll 叶肉[植]

Mesophyllum 中珊瑚(属)[D₂];中叶藻属[C₂]

mesophytia 湿地植物

Mesophytic 中植代的

　　→～ (era){Mesophyticum} 中植代

Mesopithecus 中猿(属)[N₂]

mesoplastron 中腹甲[龟腹甲]

mesoplax 中板[苔]

Mesoplica 中褶贝属[腕;D₃-C₁?]

mesopodium 肢板

mesopore 中孔隙；中型孔隙；间隙孔[苔]

mesoporphyrin 中卟啉；介卟啉

mesoporphyrinogen 中卟啉原

Mesoproterozoic era 中元古代[1800～1000Ma]；中元古界；中基生代

Mesoprotozoic 中生代[250～65Ma]；中原生界

mesopsammon 沙间生物；沙间{隙}生物[砂(穴)居动物]

mesorelief 过渡地形；中起伏；中间地形

meso-rock 中带岩

mesosaprobia 半污水生物

Mesosauria 中龙目

Mesosaurus 中龙(属)

mesoscale 中等规模的

mesoscaph{mesoscaphe} 中层海域探测船

mesoscopic 可以直接看到的

　　→～ fold 中型褶皱

mesosiderite 中陨铁；中铁陨石

mesosilexite 中英石岩

mesosilicate 焦硅酸盐

mesoslope 中坡

mesosome{mesosoma} 中体[几丁]；中色体

mesospecies 中种；兴盛种

mesosphere 中间层；散逸层；中圈；中气层；下地幔

mesostasis 基质；间隙物质

mesostereom 孔菱中层板[林檎]

mesosternum 中胸骨

mesostructure 中构造

mesostyle 中附尖

Mesosuchia 中鳄(亚目)

mesotartaric acid 中酒石酸

mesotectonic age 中等构造年龄

mesotectonics 中型构造[规模为 100～1000km]

meso-Tethys 中特提斯

mesotheca 中壁；中板[苔]；中层[棘]

mesotherm 中温植物；中温

mesothermal 中温矿床

　　→～ temperature 中温

mesothermophilous 适温带的；喜温带的

mesothorium 新钍

Mesothyra 中门虾属[叶虾;D₃]

mesothyrid 中孔型；中窗型[茎孔;腕]

mesothyridid 中孔型

mesotidal range 中潮差

mesotil 中碛土；中等风化冰碛

mesotourmalite 中电气岩

mesotron 介子

mesotrophic 中营养的

　　→～ lake 中营养湖 //～ peat 中滋育泥炭

Mesotrypella 小间隙苔藓虫属[O]

mesotype 中型沸石类[钠沸石、中沸石、钙沸石类]；中色的；中型[火成岩含黑色矿物 30%～60%]

　　→(lime-soda) ～ 中沸石[Na₂Ca₂(Al₂Si₃O₁₀)₃•8H₂O;单斜] //～ epointee 鱼眼石[KCa₄(Si₈O₂₀)(F,OH)•8H₂O]

mesozoa 中生动物

Mesozoic era 中生代[250～65Ma]；第二纪

mesozonal metamorphism 中带变质(作用)

mesozone 中深(变质)带；中带[岩]

mesquitelite 密蒙脱石[(Mg,Ca)Al₄Si₉O₂₅•5H₂O]

message 信息；消息；文电；通信

　　→～ block 信息组；信息块 //～ exchange 信息交换 //～ security code 信息安全代码

messelite 水磷铁钙石[Ca₂(Fe²⁺,Mn)(PO₄)₂•2H₂O;三斜]

messenger 引缆

　　→～ (strand) 电缆吊绳；悬缆线 //～ line{cable} 悬索 //～ strand 吊绳

Messingbluthe{messingite} 绿{碳}铜锌矿[Zn₃Cu₂(CO₃)₂(OH)₆;(Zn,Cu)₅(CO₃)₂(OH)₆;斜方]

messingerz 杂铜锌矿

Messinian 墨西拿阶[N₁]

messmateism 共栖

mestigmerite 辉榴霞长岩；角闪辉霞岩

Mestognathus 满颚牙形石属[C₁]

mestrian 杆中三叉骨针[绵]

meta-allanite 变褐帘石；准褐帘石[(Ca,Ce)₂(Fe,Al)₃Si₃(O,OH)₁₃]

meta-aluminite 变矾石[Al₂(SO₄)(OH)₄•5H₂O;单斜]

meta-aluminous 亚铝质的

meta{-}alunogen 变{准}毛矾石[Al₄(SO₄)₆•27H₂O;单斜]

metaamphibolite 变角闪岩

meta-andesite 变安山岩

meta-andesitization 青磐{盘}岩化

meta-ankoleite 变钾铀云母[K₂(UO₂)₂(PO₄)₂•6H₂O]

meta-anthracite 准石墨；超无烟煤；偏无烟煤[含碳 98%以上]；亚石墨[固定碳 >98%的煤]；炭化程度最高的无烟煤[含碳 98%以上]

meta-arkose 变长石砂岩

meta-arsenuranocircite 砷钡铀云母[Ba

(UO$_2$)$_2$(AsO$_4$)$_2$•10~12H$_2$O]

Metaastyliolina 亚光壳节石属[头足类竹节石纲;D$_{1-2}$]

meta-autunite 变钙铀云母[Ca(UO$_2$)$_2$(PO$_4$)$_2$•2~6H$_2$O;四方]

metabasalt 准玄武岩；变玄武岩

meta-basalt 变玄武岩

metabasaluminite 变基矾石；准基矾石[Al$_4$(SO$_4$)(OH)$_{10}$]

metabasite 基性片岩；变基性岩；准基性岩

meta-bassetite 准磷铁铀矿[Fe^{2+}(UO$_2$)$_2$(PO$_4$)$_2$•2½~6½H$_2$O]

metabe(n)tonite 变膨润土；班脱岩；变斑脱岩；准斑脱岩；变蒙脱石

metabiotite 变黑云母；片石英

metabituminous coal 中烟煤
→~{superbituminous} coal 超烟煤

metablast 均匀变晶

Metablastus 后海蕾属[棘;C$_1$]

metabolic 变形的；变化的；代谢作用的；同化作用的
→~ biproduct 代谢二元产物//~ index 代谢指数//~ product 代谢产物

metabolimeter 基础代谢计

metabolism 代谢作用；新陈代谢；同化作用
→~ of rocks 岩石再生；岩石的推陈(作用)

metabolite 代谢产物

metaboracite 毛硼石；方硼石[Mg$_3$(B$_3$B$_4$O$_{12}$)OCl;斜方]

metaborite 偏硼石[HBO$_2$;等轴]

metabreccia 变(质)角砾岩

metabrucite 水镁型方镁石、变水镁石

metabrushite 脂磷灰石；透钙磷石[CaHPO$_4$•2H$_2$O]

metacalciouranoite{metacaltsuranoite} 水钙钠钡铀矿；变钙铀矿[(Ca,Na,Ba)U$_2$O$_7$•2H$_2$O]

metacarbonatite 变碳酸岩

metacarpal 后腕骨
→~ bone 掌骨[两栖]；掌

metacarpodigitals 掌指羽

metaceinerite 变铜砷铀云母[Cu(UO$_2$)$_2$(AsO$_4$)$_2$•8H$_2$O;四方]；变翠砷铜铀矿

metacentric 外心点的
→~ diagram 稳心图

Metacervulus 后麂属[N$_2$-Q]

metachabazite 变菱沸石；准菱沸石

metachalcolite 准铜铀云母[Cu(UO$_2$)$_2$(PO$_4$)$_2$•8H$_2$O]

metachalcophyllite 准云母铜矿[Cu$_{18}$Al$_2$(AsO$_4$)$_3$(SO$_4$)$_3$(OH)$_{27}$•33H$_2$O]

metachamosite 准{变}鲕绿泥石[(Fe^{2+},Fe^{3+},Mg,Al)$_6$((Si,Al)$_4$O$_{10}$)(O,OH)$_8$]

Metacheiromys 始祖齿兽属[哺]

metachem(s){metachemical particle(s)} 蚀变颗粒

metachert 硅化灰岩

metachlorite 葱绿泥石；鲕绿泥石[(Fe,Mg)$_3$(Fe^{2+},Fe^{3+})$_3$(AlSi$_3$O$_{10}$)(OH)$_8$;单斜]；硬铁绿泥石[(Fe^{2+},Mg,Al)$_6$((Si,Al)$_4$O$_{10}$)(OH)$_8$]

metachromasia 因光异色现象

metachronogenesis 伪时序；伪地层时序

metacingulum 后中齿带

metacinnabarite 黑辰砂[等轴;HgS]；变黑辰砂

metaclase 劈理[岩、煤]；次生劈理岩
→~ cleavage 变形劈理

metaclastics 变碎屑岩

metaclastic{secondary} schistosity 次生片理

metacolloidal 偏胶体的
→~ structure 变胶状构造

metacone 后尖[古]

metaconglomerate 变砾岩

meta-conglomerate 准砾岩

metaconid 下后尖[哺]

Metaconularia 后锥石属[腔;O]

metaconule 后小尖

Metacopa{Metacopina} 后足亚目

meta-cresol 间甲酚[CH$_3$•C$_6$H$_4$•OH]

metacript 小变晶

metacrista 后尖棱

metacristobalite 准方石英[SiO$_2$]；变{高温}方英石；β方英石

metacrystalline 变晶的
→~ rock 变晶岩；不稳晶岩；亚晶岩

meta-crystobalite 半安定方英{白硅}石

Metacyathida 后古杯目

metacyclic 亚循环的

Metacypris 后金星介属；圆星介属[J-Q]

metadacite 变英安岩

metadata 元数据

metadelrioite 变水钒锶钙石{矿}[CaSrV$_2$O$_8$(OH)$_2$;三斜]

metadesmine 变辉沸石

metadiabase 变辉绿岩；伪辉绿岩

metadiagenesis 后生作用；准成岩(作用)的

metadickite 变迪开石

metadike 次生岩墙

metadiorite 变闪长岩；准闪长岩；伪闪长岩

metadolerite 变粒玄岩；变粗玄岩；粒玄岩

metadomain 变域

metaepistilbite 变柱沸石

meta-evaporite 准蒸发岩

meta-exsud(id)atinite 变渗出沥青体

metafiltration 层滤

metafluidal 准流状

metaflysch 变复理石

metafossete 后坑

meta(-)gabbro 变辉长岩；准辉长岩

metagadolinite 变硅铍钇矿

metagalactic 总星系

metagenetic gas 变生阶段成因气
→~{metagenic} twin 嗣生双晶

metagenic 交替的

metageosyncline 偏地槽

metaglyph 变质印痕

metagneiss 变片麻岩；准片麻岩

metagranite 变花岗岩

Metagraulos 后野营虫属[三叶;C$_2$]

meta-graywacke 准杂砂岩

metagreenalite 铁蛇纹石[Fe$^{2+}_{4½}$Fe^{3+}(Si$_4$O$_{10}$)(OH)$_8$;(Fe^{2+},Fe^{3+})$_{2-3}$Si$_2$O$_5$(OH)$_4$;单斜]

metagreywacke 变杂砂岩

metahalloysite 变叙永石；变{准}埃洛石[Al$_2$O$_3$•2SiO$_2$•2H$_2$O; Al$_2$Si$_2$O$_5$(OH)$_4$;单斜]

metaheinrichite 变钡铀云母[Ba(UO$_2$)$_2$(AsO$_4$)$_2$•8H$_2$O;斜方]

metaheulandite 准{变}片沸石[部分脱水;(Na,Ca)$_{4-6}$Al$_6$(Al,Si)Si$_{26}$O$_{72}$•24H$_2$O]

metahewettite 变针钒钙石[CaV$_6$O$_{16}$•9H$_2$O;单斜]；钒钙石

metahohmannite 变水铁矾；变褐铁矾[Fe$^{3+}_2$(SO$_4$)$_2$(OH)$_2$•3H$_2$O]；准褐铁矿[Fe$_2$(SO$_4$)$_2$(OH)$_2$•3H$_2$O]

meta-igneous{metaigneous} rock 变火成岩

metajarlite 锶冰晶石；准锶冰晶石[Na(Sr,Mg,Ca,Ba)$_3$Al$_3$F$_{16}$]；氟铝钠锶石[NaSr$_3$Al$_3$F$_{16}$;单斜]

meta(-)jennite 变羟硅钙石；变三斜钠硅钙石

metakahlerite 准砷铀绿矿{变铁砷铀云母}[Fe^{2+}(UO$_2$)$_2$(AsO$_4$)$_2$•8H$_2$O;四方]

metakamacite 陨石

metakaolin(ite){meta-kaolin} 准{变}高岭石[高岭石受热脱水的中间产物;Al$_2$O$_3$•2SiO$_2$•0.82H$_2$O]

metakaolinite 二水高岭土{石}

metakeratophyre 变角斑岩

metakernite 变贫水硼砂；二水{准斜方}硼砂[Na$_2$B$_4$O$_7$•2H$_2$O]

meta(-)kirchheimerite 偏砷钴铀矿{变钴砷铀云母}[Co(UO$_2$)$_2$(AsO$_4$)$_2$•8H$_2$O;四方?]；准砷钴铀矿

metakoenenite 变氯(氧)镁铝石

meta-kottigite 变水红砷锌石[(Zn,Fe^{2+})(Zn,Fe^{2+},Fe^{3+})$_2$(AsO$_4$)$_2$•8(H$_2$O•OH)]

metal 铺路碎石；硬岩页；黏土页岩；凿穿的岩石；金属；碎石料

metalaumontite 黄浊沸石[CaAl$_2$Si$_4$O$_{12}$•4H$_2$O]

metal-bearing 含金属的

metal bed 碎石底层
→~ body{shape} 坯胎//~-bonded diamond article 金属黏结金刚石制品//~ clad 铠装//~ clad diamond 金属衣金刚石//~ containing condensate 含矿凝结水//~ content of ore 矿石(的)品位[铁]//~ defect detection 金属探伤//~ deposits distribution map 金属矿床分布图//~ dietary deficiency 金属缺乏症//~ drift 硬岩巷道;(在)无矿区硬岩中掘进的平巷//~ escrito 针碲金矿[(Au,Ag)Te$_2$]

metaleucite 蚀变白榴石[KAlSi$_2$O$_6$]；白榴石[K(AlSi$_2$O$_6$);四方]；变白榴石

metal factor 金属传导因数
→~-graphite compositor{composite} 金属石墨复合物

metaliebigite 变铀钙石

metal(l)iferous 含金属的

metal inert gas 金属极惰性气体保护
→~ inertia gas welding 金属焊条惰性气体保护焊//~(l)ing 金属包镀;碎石料//~ jacket gasket 钢包石棉垫片；金属包覆石棉垫片；铁包石棉垫片

metallation 金属取代

metallaxis 变形[器官]

metalled 有金属包层的

metallic arc 金属棒间电弧
→~ substance 矿石

metallide 金属与金属的化合物

metallifero 金属矿化

metalliferous 产金属的
→~ mineralization 金属矿化//~ mud 含金属泥；含金属的泥浆//~ supply 金属供给

metallikon 金属喷镀[液态]

metalling 铺碎石路面；盖以金属；碎石层

metallised 镀{敷}金属的

metallization 包镀金属；喷镀金属；敷金属；敷镀金属(法)；矿物化；矿化；金属喷镀；金属(矿)化；镀金属；成矿作用
→~ by metamorphic secretion 变质分

泌成矿作用//～ phase 矿化期

metallized agent 含金属粉末的爆炸剂
→～ hood 矿化篷盖

metallizing 喷镀；敷金属
→～ phase 矿化阶段；成矿期//～ process 导体化；金属化//～ solution 矿化溶液

metallogenesis 矿床成因；金属成矿作用；成矿作用

metallogenetic 成金属矿的
→～ factors 成矿因素//～ map 成矿规律图//～{metallogical} province 矿床区

metallogenic 成矿的

metallogen(et)ic belt 金属成矿带
→～{mineralised} element 成矿元素

metallogenic epoch{period} 成矿期
→～ formation 成矿建造//～ formation of diwa type 地洼型成矿建造//～ formation of platform type 地台型成矿建造//～ formation of pregeosyncline 前地槽成矿建造//～ hypothesis 成矿假说//～ map 矿床成因图//～ prognosis{prediction} 成矿预测

metallogen(et)ic {minerogenetic;metallographic} province{epoch} 成矿省{时代}

metallogeny 矿床学；矿床成因学{论}；金属成矿论；成矿学
→～ of deep lineaments 深部构造线成矿说

metallograph 显微照片

metallographer(ist) 金相学家

metallometry 矿床探查；金属鉴定术

metallosphere 金属矿圈

metallotect 控矿因素；成矿控制
→～ (feature){metallotectonics} 成矿构造

metallurgical 冶金学的；冶金
→～ balance sheet 选矿金属平衡表//～ ore 冶金级矿石//～ test 选矿试验

metal mesh{mat} 金属网
→～ mixer 混铁炉

metalodevite 变锌砷铀云母 [Zn(UO$_2$)$_2$(AsO$_4$)$_2$•10H$_2$O;四方]

meta(l)-lomonosovite 准磷硅钠钛石；变磷硅钛钠石

metalonchidite 变砷白铁矿

metaloparite 变铈铌钙钛矿；变铯银钙钛矿；准铈铌钙钛矿

metaloph 后脊

metalophid 下后脊[哺]；下原脊

metal-organic porphyrin compound 金属有机卟啉化合物

metal-oxide-silicon 金属-氧化物-硅

metal-oxygen bond 金属-氧键

metal{(sand)} penetration 机械黏砂
→～ processing{working;work;finishing} 金属加工//～ reclamation{recovery} 金属回收//～ ridge 隆起地层；矿柱//～ roof bar 金属顶梁//～ scraper 刮刀

Metals Engineering Institute 金属工程学会

metal-sheathed insulation 金属护套保温{绝缘}

metal-shod 金属包端的

metal {-}spraying 金属喷镀{涂}的
→～stock 金属储备；金属料；金属架//～stone 砂质页岩；铁矿石

metalluminous 偏铝质的
→～ rocks 准铝质岩//～ type 变铝质型

metal-wished pool 富金属卤水储层

metal work(er){processing} 金工

---

metalworker 金属工人

metalworking 制造金属物件

Metalyn 妥尔油酸甲酯
→～ sulfonate 妥尔油酸甲酯磺酸盐

metamagmatic process 变岩浆作用

metamagnetism 变磁性

metamarble 似大理岩

metamathematics 元数学

metamelaphyre 变暗玢岩

metamer 条件等色

metamere 体节

metamerisation 内分节作用

metamesolite 变中沸石

metameter 位变仪

metamict mineral 变{乱}晶矿物；结晶变异矿物；蜕变矿物
→～ state 蜕晶态；似晶化态

meta-montmorillonite 准蒙脱石[R$_{0.33}^{1+}$(Al,Mg)$_2$(Si$_4$O$_{10}$)(OH)$_2$]

metamorphic 变质的；变形的
→～ differentiation theory 变质分异说//～ event 变质事件//～ front 变质前缘{锋}//～ grade 岩石变质程度//～ mineral isograds 变质矿物等变线

metamorphics 变质岩

metamorphic schist 变质片岩

metamorphide 变质褶皱{纹}带

metamorphism 变质(作用)；变形(现象)；变态；变化；变成
→～ zone 变质带

metamorphite 变质岩

metamorphization 变质化(作用)

metamorphogenic deposit 变质生成矿床；变成矿床

metamorphogenous accumulation 变质成因堆积体

metamorphopsia{metamorphopsy} 视物变形(症)

metamorphosed 受变质的；变质的
→～ rock 受变质岩石

metamorphosis[pl.-ses] 变质(作用)；变形；变态；变化；蜕变

metamorphous 变质的

metamurmanite 变硅钛钠石

Metamynodon 雨栖犀；后两栖犀属[E$_3$]

metanacrite{metanaecrite} 准珍珠陶土

meta-natrium-autunite{metanatroautunite} 变钠磷铀云母

meta-natrium-uranospinite 变钠砷铀云母

metanatrolite 钠沸石[Na$_2$O•Al$_2$O$_3$•3SiO$_2$•2H$_2$O;斜方]；准钠沸石[Na$_2$Al$_2$Si$_3$O$_{10}$]

metanauplius 后无节幼虫

metanephelinite 变霞石岩

metanhydrite 准硬石膏[人造]

metanil yellow 间胺黄 [C$_6$H$_5$NHC$_6$H$_4$N:NC$_6$H$_4$SO$_3$Na]

metanocerite {metanocerine} 准{变}针六方石[钙、镁和钠的氧化物]

metanomocare 后无肩虫属[三叶;∈$_2$]

metanovacekite 四水砷镁铀矿；变镁砷铀云母[Mg(UO$_2$)$_2$(AsO$_4$)$_2$•4~8H$_2$O;四方]

metaophiolite 变蛇绿岩

Metaorthis 变正形贝

metaparian 中颊类[三叶]

metaparisite 变氟碳酸钙铈矿

metapegmatite 变伟晶岩

metapelite 变泥质岩

metapeltidium 背甲后硬骨[蛛形类]

metaperidotite 变橄榄岩

---

metaperovskite{metaperowskit} 钙钛矿[CaTiO$_3$;斜方]

metaphosphate 偏磷酸盐[MPO$_3$]

metaphrase 直译；修改措辞；翻译；逐字翻译

metaphyllite 变千枚岩

metapicrite 变苦橄岩

metaplasia 组织变形

metaplasis 演化全盛阶段

metaplatform 准地台

metaplax 后板

metapodosoma 蛛形类 3-4 节体部

Metapolygnathus 后多颚牙形石属[T]

Metaprioniodus 后锯齿牙形石属[D$_3$-C$_1$]

metaprogram 元程序

metaprotaspis[pl.-ides] 稚婴后期；幼年后期

metaprotein 变性蛋白

metapseudoconglomerate 变假砾岩

metapterygoid 上翼骨

metaptosis 转移

metaquartz 变石英；胶玉髓

meta-quartzite 变石英岩

metaranquilite 变多水硅铀钙石；准水硅钙铀石

metargillite 变黏土岩

metargillitic 黏土质的

metarhyolite 变流纹岩；准流纹岩

metaril 重酒石酸间羟胺

metarossite 变水钒钙石[CaV$_2$O$_6$•2H$_2$O;三斜]

meta(-)saleeite 准{变}镁铀云母[Mg(UO$_2$)$_2$P$_2$O$_8$•8H$_2$O]

metasalt 偏盐

metasandbergite 砷钡铀云母[Ba(UO$_2$)(AsO$_4$)$_2$•10~12H$_2$O]

metasandstone 变质砂岩

metasanidine 变透长石；准透长石

metasapropel 压实腐泥

metascarbroite 变羟碳铝矿；准碳(酸)铝矿

metaschist 变质片岩

metaschoderite 变水磷钒铝石[Al$_2$(PO$_4$)(VO$_4$)•6H$_2$O;单斜]；准水磷钒铝石[Al$_2$(PO$_4$)(VO$_4$)•3H$_2$O]

meta(-)schoepite 准柱铀矿[UO$_3$•2H$_2$O]；变柱铀矿[UO$_3$•nH$_2$O (n<2);斜方]；偏柱铀矿

metascolecite{metascolesite} 准{交;变}钙沸石[CaAl$_2$Si$_3$O$_{10}$•3H$_2$O]

metasediment 变沉积岩

metasedimentogenic 准沉积成因的

metasepta 后生隔壁[珊]

Metasequoia 木杉属[植;K-Q]

metasequoia 水杉

metasericite 变绢云母

metashale 变质页岩

Metashantungia 后山东虫属[三叶;∈$_3$]

metashlorite 硬铁绿泥石

metasicula 变胎胞管；亚胎管[笔]

meta(-)sideronatrite 变{准}纤钠铁矾[Na$_4$Fe$_2^{3+}$(SO$_4$)$_4$(OH)$_2$•3H$_2$O;斜方]

metasilicate 硅酸盐；偏硅酸盐类；偏硅酸盐[M$_2$SiO$_3$]

metasimpsonite 红晶石；细晶石[(Na,Ca)Ta$_2$O$_6$(O,OH,F),常含 U、Bi、Sb、Pb、Ba、Y 等杂质;等轴]；钽烧绿石[(Ca,Mn,Fe,Mg)$_2$(Ta,Nb)$_2$O$_7$)]

metasom(e) 代替矿物；交代矿物；新成体

metasoma 后体[无脊]
→～(to)sis 交代作用

metasomatic granite 半原地交代花岗岩
→～ lead {-}zinc deposit in carbonate

rock 碳酸盐岩铅锌交代矿床//～{guest} mineral 交代矿物

metasomatism 交代作用

metasomatite 换质岩

metasomatose{metasomatosis} 换质作用；交代作用

metasome 换质{出溶}矿物；后体；新成体[混合岩的新形成部分]

metaspilite 变细碧岩

metaspondyl 变化节[古植]

metastabilite 半晶矿物

metastability 准稳态；亚稳定度{性}

metastable 过稳定的；次稳、亚稳((定)的)；介稳(度)的
→～ helium magnetometer 准稳态氦气磁力仪；亚稳态氦磁力仪//～ immiscibility surface 亚稳不混溶面//～{quasi-steady} state 准稳态

metastasis[pl.-ses] 变态作用；转移；新陈代谢；同质蜕变

metasternum 后胸(腹板)[昆]

metastibnite 准辉锑矿[Sb₂S₃]；胶辉锑矿[Sb₂S₃;非晶质]

metastoma[pl.-ta,-me] 口后缘板；后唇瓣[三叶]

metastrengite 磷菱铁矿；磷铁矿[(Fe,Ni)₂P;六方]；斜红磷铁矿[Fe³⁺PO₄•2H₂O;单斜]

metastrobilus 变形球果

metastudtite 变水丝铀矿[UO₄•2H₂O]

metastyle 后附尖

metastylid 下后附尖

metataenite 准镍纹石

metatalc{metatalk} 原顽火辉石[MgSiO₃(人造)]

metatarsus[pl.-rsi] 跗基节；跖骨

metataxis 分异深溶作用[带状混合作用]

Metatelmatherium 后沼雷兽属[E₂]

metatexite 半熔岩

metatheca 亚胞管[笔]

metathenardite 准无水芒硝[Na₂SO₄]；六方无水芒硝[Na₂SO₄]

metathesis[pl.-ses] 复分解；置换作用

metatholeiite 变拉斑玄武岩

metathomsonite 变杆{变镁;交镁;准杆;纤}沸石[Na₂Ca(Al₄Si₆O₂₀)•7H₂O;斜方]

metathuringite 变鳞绿泥石

meta-tolylenediamine 间甲苯二胺

meta(-)torbernite 变{准}铜铀云母[Cu(UO₂)₂(PO₄)₂•8H₂O;四方]

metatrophic 异养的
→～ bacteria 腐生细菌

metatropy 变性

metatuberculosis 变形结核

metatuff 变凝灰岩

meta(-)tyuyamunite{metatujamunite} 变{偏;准}钒钙铀矿[Ca(UO₂)V₂O₅•5~7H₂O;Ca(UO₂)₂(VO₄)₂•3~5H₂O]
→-uramphite 变铀铵{铵铀}磷石//～-uranite 变云母铀矿类//～-uranocircite 变{偏}钡铀云母[Ba(UO₂)₂PO₄•8H₂O;斜方]//～-uranopilite 变硫铀钙矿{变五水铀矾;变铀矾}[(UO₂)₆(SO₄)(OH)₁₀•5H₂O]//～-uranospinite 变钙砷铀云母[Ca(UO₂)₂(AsO₄)₂•8H₂O;四方]；偏(水)砷钙铀矿；准砷铀钙矿{变水砷钙铀矿}[Ca(UO₂)₂As₂O₈•nH₂O (n<8)]

metavandendriessch(e)ite 变水铀铅矿；准水铀铅矿；变橙黄铀矿[PbU₇O₂₂•nH₂O (n<12)]

meta-vanmeersscheite 变万磷铀石[U(UO₂)₃(PO₄)₂(OH)₆•2H₂O]；变磷铀矿

metavanuralite 变钒铝铀矿[Al(UO₂)₂(VO₄)(OH)•8H₂O;三斜]

meta(-)variscite 变{准;斜}磷铝石[AlPO₄•2H₂O;单斜]；柱磷铝石[Al₂(OH)₃(PO₄)•2.5H₂O]

metavauxite 变(蓝)磷铝铁矿[Fe²⁺Al₂(PO₄)₂(OH)₂•8H₂O;单斜]；准蓝磷铝铁矿[FeAl₂(PO₄)₂(OH)₂•8H₂O]

metavermiculite 变蛭石；准蛭石

metavivianite 三斜蓝铁矿[Fe²⁺₃ₓ Fe³⁺ₓ(PO₄)₂(OH)ₓ•(8-x)H₂O;三斜]

metavoltine{metavolt(a)ite} 变绿钾铁矾[K₂Na₆Fe²⁺Fe₆³⁺(SO₄)₁₂O₂•18H₂O;六方]；黄{变钾;铁矾}铁矾[(K,Na,Fe²⁺)₅Fe³⁺(SO₄)₆(OH)₂•9H₂O]

metaxite 云母砂岩；硬纤蛇纹石[Mg₃Si₂O₅(OH)₄]；纤蛇纹石石棉

metaxoite 硅铝钙镁石

metazellerite 变碳钙铀矿[Ca(UO₂)(CO₃)₂•3H₂O;斜方]

metazeolite 准沸石；变沸石

meta(-)zeunerite 变铜砷铀云母{变水砷铜铀矿}；偏水砷铜铀矿；准翠砷铜铀矿[Cu(UO₂)₂As₂O₈•8H₂O;四方]

metazinnabarit 黑辰砂[HgS;等轴]

metazinnober 黑辰砂[HgS;等轴]；变黑辰砂

metazircon{metazirkon} 准{变}锆石[Zr(SiO₄)]；假锆石

metazoa{metazoan} 后生动物

mete-gabbro 变辉长岩

meteor 气象学的；气象学{的}；大气现象；流星；陨石；陨星

meteoric 大气的
→～ groundwater 大气环流{成因}地下水//～ hydrothermal origin for uranium deposits 铀矿床大气水热液成因说

meteori(ti)c{cosmic} iron 陨铁[Fe,含 Ni 7%左右]

meteoric origin 天降起源
→～{air} stone 石陨石//～{falling} stone 陨石

Meteorin(e) 镍纹石[(Fe,Ni),含 Ni27%~65%;等轴]

meteor(ol)ite 陨星；陨石

meteorite impact 陨击作用
→～-impact feature 陨击构造

meteoritic{meteorite} abundance 陨石丰度
→～ crater lake 陨石坑湖//～{meteorite} impact theory 陨石冲击说//～ optical activity 陨石极面性

meteoritics 流星学；陨石学

meteorkies 陨硫铁[FeS;六方;德]

meteorlithe 陨石

meteorogram 气象图

meteoroid 流星体；宇宙尘；星际石；陨星群

meteoroidal 流星体的

meteorolite 石陨石

meteorological 气象的；气象学的
→～ map 气象图//～ observing network 气象观测网系//～ phenomena 气象

meteorologic(al){weather} satellite 气象卫星

meteorotropic 受气候影响的

meter 计量；配量；测量；表；测流；公尺；米；仪；计；度盘

metering pump 测量岩石泵；精确岩石压

力测定泵

meter key 滑线电键
→～-kilogram-second ampere MKSA 单位制//～{instrument; potential} transformer 仪表用变压器//～-under delivery 仪表欠交付量

metes and bounds 地界；边界；境界
→～-language 元语言

mete-wand{mete-yard} 评价的标准；测量杆；计量基准

methanal 甲醛

methane 沼气；瓦斯；甲烷
→～ bacteria 甲烷菌//～ interferometer 沼气测定仪//～ monitoring system 井下监视瓦斯含量系统；瓦斯监控系统//～ oil 甲烷族石油//～ pocket 沼气包//～ series 石蜡族；烷系

methanethiol 硫代甲醇；甲硫醇[CH₃SH]

methane-thiol 巯基甲烷[CH₃SH]；甲(基)硫醇[CH₃SH]

methanite 米桑特炸药

methanol 木精；木醇；甲醇[CH₃OH]
→～-acetone-toluene 甲醇-丙酮-甲苯//～ power generation 甲醇燃料发电

methene 亚甲(基)[CH₂=]；甲叉{撑}[CH₂=]

methenyl chloride 氯仿{三氯甲烷}[CHCl₃]
→～ tribromide 溴仿{三溴甲烷}[选重液,比重 2.8887;CHBr₃]

methide (金属的)甲基化物

methine 甲次[CH≡]；甲川[CH≡]；次甲(基)[CH≡]
→～ halide 卤代甲烷

method 手段；长导线法；路径；分段凿岩阶段采矿法；方法
→～ by trial 试合法

methodic(al) 有系统的

method of adjustment 平差法
→～ of extraction (mining deposits) 采矿方法//～ of heavy minerals 重砂找矿法//～ of unifying the rock materials 石料统一法

methodology 方法

methods of extraction 采矿方法

methoxy-octyl-benzyl trimethyl-ammonium chloride 甲氧基辛基苄基三甲基氯化铵[(CH₃OC₈H₁₆•)(C₆H₅CH₂•)(CH₃)₃N⁺,Cl⁻]

methoxy propenyl benzene 对甲氧基丙烯基苯[CH₃CH:CHC₆H₄OCH₃]

methyl 甲基[CH₃−]
→～ acetate 乙酸甲酯//～ acetyl 丙酮[CH₃COCH₃]//～ alcohol 甲醇[CH₃OH]//～ alkane 甲链烷

methylamine{methyl amine} 甲胺
→～-hydrochloride 盐酸甲胺[CH₃NH₂•HCl]//～-hydrochloride 甲胺盐酸盐[CH₃NH₂•HCl]

methyl-amino-mercaptobenzothiazol 甲氨基巯基苯并噻唑[CH₃NHC₆H₂(SH)CHNS]

methylamino phenyl butane 甲氨基苯丁烯[CH₃NHC₆H₄C₄H₇]

methylamylacetate 甲基戊基乙酸酯[CH₃COO•CH•(CH₃)•CH₂•CH(CH₃)₂]

methylamyl alcohol 甲基异丁基甲醇[(CH₃)₂CHCH₂CH(OH)CH₃]

methylaniline 甲基苯胺

2-methyl anteiso-paraffin 二甲基反异链烷

methylase 甲基酶

methylated benzene 甲基化苯

methylation 甲基化(作用)

methylbenzene 甲苯[$C_6H_5CH_3$]

methylbenzothiophene 甲(基)苯并噻吩

methyl bromide 甲基溴

methylbutane 甲基丁烷

methylcarbitol 聚乙二醇单甲醚[CH_3O $CH_2CH_2OCH_2CH_2OH$]

methyl chloride 氯代甲烷

methylcholanthrene 甲基胆蒽

methyl cresol 二甲酚

methyldibenzothiophene/dibenzothiophene ratios 甲基二苯噻吩/二苯噻吩比值

methyldithiocarbamate 甲基二硫代氨基甲酸脂

methylene 二碘甲烷[CH_2I_2];甲叉{甲撑;亚甲(基)}[$CH_2=$]

methyl ester 甲脂

α-methyl-α-ethyltolylcarbinol α-甲基-α-乙基甲苯基甲醇[$CH_3C_6H_4-C(OH)(CH_3)\cdot C_2H_5$]

methyl formate 甲酸甲酯

methylheptane 甲基庚烷

methyl heptene mercaptan 甲基庚烯硫醇[$CH_3C_7H_{13}SH$]

methylhexane 异庚烷;甲基己烷

methyl hexane 甲基己烷

methylic 含甲基的

methylidyne 次甲(基)[$CH\equiv$];甲川[$CH\equiv$]

methylindone 甲(基)茚(满)酮

methyl iodide 甲基碘
→~ isobutyl carbinol 甲基异丁基甲醇[$(CH_3)_2CHCH_2CH(OH)CH_3$]

methylisopelletierine 甲基异石榴皮碱

methyl mercaptan 甲硫醇[CH_3SH]

(poly)methyl methacrylate 异丁烯酸甲脂{酯};有机玻璃

methyl methoxy-ethyl disulfide 甲基甲氧基乙基二硫[$CH_3OC_2H_4$ $SSCH_3$]

methylnaphthalene 甲基萘;甲基苯

methyl octyl aniline 甲基辛基苯胺[C_6H_5 $N(CH_3)C_8H_{17}$]

methylosis 化学变化

methylpentane 甲基戊烷

methylpentose 甲基戊糖

methylphenanthrene/phenanthrene ratio 甲基菲/菲比值

methylphenyl phosphonic acid 甲苯膦酸[$CH_3\cdot C_6H_4-PO(OH)_2$]
→~-polyoxyethylene-ether-alcohol 甲苯基聚氧化乙烯醚醇[$CH_3C_6H_4(OCH_2 CH_2)_nOH$]

methyl phosphonic acid 甲膦酸[$CH_3PO (OH)_2$]

13-methylpodocarpa-8,11,13-triene 13-甲基罗汉松-8,11,13-三烯

methyl polymetharcylate 甲基聚丙烯甲酯
→~ polyoxynitrosophenol 甲基聚氧硝基苯[$CH_3(OC_6H_3(NO))_nOH$]

methylpropane 甲基丙烷

methyl propanol 叔丁醇
→~ propyl ketone 甲基丙基酮[$CH_3CO C_3H_7$]//~ red 甲基红//~ sulfonamide 甲基亚磺酰胺[CH_3-SONH_2]

methylthiophene 甲基噻吩

methyl thiosulfate 硫代硫酸甲盐{|酯}[$CH_3S_2O_3M${|R}];甲基硫代硫酸盐{|酯}[$CH_3S_2O_3M${|R}]

α-methyltolylcarbinol α-甲基甲苯基甲醇[$CH_3C_6H_4\cdot CH(OH)\cdot CH_3$]

methylundecane 异十二烷

methyl violet 甲紫[$C_{24}H_{29}ON_3$]

Metodontia 间齿螺属[腹;N-Q]

Metopolichas 眉形裂肋虫属[三叶;O_{1-2}]

Metoposaurus 宽额蜥(属)[T_3]

Metorthis 次正形贝属[腕;O_1]

metosteon 胸骨后突

metraster 曝光表

metravariscite 斜磷铝石[$Al(PO_4)\cdot 2H_2O$]

metre 表;测流;公尺;计量;计
→~ {clearance} ga(u)ge 量规//~ percentage 米百分率

metrics 度量标准

metric standard casing 公制标准套管
→~ {meter-kilogram-second;c.g.s.} system 公制//~ ton standard fuel 吨标准燃料//~ value 度量值//~ variation 计测变异

metrification 公制化

Metriophyllum 限珊瑚(属)[D_{2-3}]

Metriorhynchidae 地蜥鳄类

metrization 度量化

metro 地下铁道

metrohm 带同轴电压电流线圈的欧姆表

metron 电压控制调谐磁控管;密特隆[信息单位]

metronome 节拍器{声}

metrophotography 测量摄影

metropolis 中心地;主要都市

metropolitan 大都(市居民);大城市
→~ railway 市内地下铁道

metroscope 测长机

Metula 锥柱螺属[腹;N-Q]

Metussuria 伴乌苏里菊石属[头;T_1]

meulerization 磨石化(作用)

meulière[法] 硅化灰岩;磨石

meullerite 绿脱石[$Na_{0.33}Fe_2^{3+}((Al,Si)_4O_{10})$ $(OH)_2\cdot nH_2O$;单斜]

meurigite 羟磷钾铁石[$KFe_7^{3+}(PO_4)_5(OH)_7\cdot 8H_2O$]

Mexican dragline (挖)管沟铲
→~ setup 墨西哥型凿岩机支架

mexphalt 沥青

meyerhofferite 三斜硼钙石[$Ca_2B_6O_6 (OH)_{10}\cdot 2H_2O$]

meyersite 胶磷铝石[非晶质的磷铝石;$Al_2(PO_4)_2\cdot 4H_2O$];斜磷铝石[$Al(PO_4)\cdot 2H_2O$; $(Al,Fe^{3+})(PO_4)\cdot 2H_2O$]

meymacite 水氧钨矿[$WO_3\cdot 2H_2O$;非晶质];水钨华[$WO(OH)_4$;单斜]

meymechite 麦美奇岩

mezogeosyncline 陆中地槽

mezokatagenesis 中后生作用

mezoline 星杆沸石

mezzograph 砂目网版[刷]

M/F. 阳-阴面[法兰]

Mg 镁

Mg-Al-Si-H₂O{MASH} system 镁铝硅水系统

Mg-blodite 白钠镁矾[$Na_2Mg(SO_4)_2\cdot 4H_2O$;单斜]

Mg-corrected Na-K-Ca geothermometer 镁改正钠钾钙地热温标
→~ temperature 镁改正温度

mg-ferrite 镁磁铁矿[$(Fe,Mg)Fe_2O_4$]

Mg-illidromica{Mg-illite hydromica} 镁伊利水云母

mgriite 莫砷硒铜矿[$(Cu,Fe)_3AsSe_3$];姆砷硒铜矿

Mg-Ursilite 镁水硅铀石

Miacis 麦牙西兽属[E_2];小古猫属;细齿兽(属)

Miaohuangrhynchus 妙皇小嘴贝属[腕;D_1]

miargyrite 辉锑银矿[$AgSbS_2$;单斜]

miarolithite 晶洞岩

miarolitic 洞隙
→~ {drusitic} texture 晶腺结构

miascite 杂菱锶矿[$SrCO_3$ 与 $CaCO_3$ 的混合物];白云石[$CaMg(CO_3)_2$; $CaCO_3\cdot MgCO_3$;单斜]

mias(h)ite 白云石[$CaMg(CO_3)_2$;$CaCO_3\cdot MgCO_3$;单斜]

miaskite 杂菱锶矿[$SrCO_3$ 与 $CaCO_3$ 的混合物]

miasma 瘴气;毒气[腐败有机物的]

miassite 密硫铑矿[$Rh_{17}S_{15}$]

miaszit 杂菱银方解石;白云石[$CaMg (CO_3)_2$;$CaCO_3\cdot MgCO_3$;单斜]

Miazol 咪唑[$C_3H_4N_2$];2,3-二氮杂茂

MIBC 甲基异丁基甲醇[$(CH_3)_2CHCH_2 CH(OH)CH_3$]

mica 云母石;台面式晶体管
→(ground)~ 云母[$KAl_2(AlSi_3O_{10})(OH)_2$]

micabond 米卡邦德[绝缘材料]

micaceous 含云母的;云母状
→~ clay 似云母黏土//~ hematite 云母形赤铁矿//~ iron ore{oxide} {micaceous iron-ore} 云母铁矿//~ {mica} rock 云母岩//~ sandstone 云母砂岩

micacization 云母化

mica deposit 云母矿床
→~ des peintres 石墨[六方、三方]//~ -eaten quartz 有孔石英

micafilit{micafilite} 红柱石[$Al_2O_3\cdot SiO_2$; Al_2SiO_5;斜方]

micalcite 云母石灰岩

micalex 云母石;云母玻璃;压粘云母石

micalike 云母状

micanite 人造云母(绝缘石);层合云母板;云母塑胶板;绝缘石

micaphilit{micaphilite;micaphyllite} 红柱石[$Al_2O_3\cdot SiO_2$;Al_2SiO_5;斜方]

micaphyre 云母斑岩

mica pictoria 石墨[六方、三方]

micarelle 柱石假象云母;块云母[硅酸盐蚀变产物,一族假象,主要为堇青石、霞石和方柱石假象云母;$KAl_2(Si_3AlO_{10})(OH)_2$]

micarex 云母石;云母板岩

micarta 胶纸板;胶木[绝缘];层状酚塑板

mica ruby 针铁矿[$(\alpha-)FeO(OH)$;$Fe_2O_3\cdot H_2O$;斜方]
→~ schist{slot} 云母片岩//~-schist 云母片岩;金礞石

micasization 云母化

mica {-}slate 云母板岩
→~ structure 云母类结构//~ talc 块滑石[一种致密滑石,具辉石假象;$Mg_3 (Si_4O_{10})(OH)_2$;$3MgO\cdot 4SiO_2\cdot H_2O$;$3H_2Mg_3 Si_4O_{12}$]

micaultite 铝金红石

micaultlite 蚀金红石;铝金红石

mice 老鼠

micella[pl.-e] 微胞;胶粒;分子团;胶态离子;细胞束;胶团;胶体微粒;胶束;微团

micellar 微胞的
→~ colloid 胶束 // ~ solution 胶束溶液 // ~ structure map 胶束结构形态分布图

micelle 微胶粒
→~-containing solution 含胶束的溶液 // ~ structure 胶粒结构

michaeisonite 变硅锆铍矿

michaelite{michaellite} 雪硅泉华

michaelsonite 铈硅铍钇矿[3(Fe,Be)O•Y₂O₃•2SiO₂,常含少许铈];铈硅硼钙铁矿;复硅锆钡矿;铍矿;杂硼铁稀土矿

micheelsenite 羟碳磷铝钙石[((Ca,Y)₃Al(PO₃OH,CO₃)(CO₃)(OH)₆•12H₂O]

micheewite{michejewit(e)} 水钾钙矾[K₂Ca₄(SO₄)₅•H₂O]

Michelinia 米氏珊瑚

Michelinoceras 米氏角石;米契林角石属[头;O-T]

Michelinoceratida 米契林角石目

michelinoceroids 米契林角石类[头]

Michelinopora 米契林孔珊瑚(属)[P₁]

michel-levit 重晶石[BaSO₄;斜方]

michel-levyite 重晶石[BaSO₄;斜方]

michel-levyte 重晶石[BaSO₄;斜方]

michelottin 银金矿[(Au,Ag),含银 25%~40%的自然金;等轴]

Michelsarsia 米什尔颗石[钙超;Q]

michenerite 等轴铂铬锑钯矿;等轴铋碲钯矿[(Pd,Pt)BiTe;等轴];密铋碲铂钯矿;方铋钯矿[PdBi₂]

Michigan 密歇根州[美]
→~ tripod 密执安式{钻孔设备}三脚架 // ~ {drill} tripod 三脚钻塔

mickey 雷达手
→~-mouse 尝试成功法

mickle 顶板黏土;软黏土;夹石

Micmacca 密马卡虫属[三叶;Є₁]

micracanthopore 小刺孔[苔]

Micractinium 微星藻属[Q];微芒藻属

Micrantholithus 小圆顶星石[钙超;K-E₂]

Micraster 小蛸枕(属)[棘海胆;K-Q]

Micrasterias 小星藻属[Q]

micr back Laue camera 微背反射劳厄照相机
→~ Debye camera 微德拜照相机{极}

Micrhystridium 微刺藻属[Z-E]

micrinite 微晶粒;碎片体[煤岩];微粒体[煤岩]
→~ groundmass 不透明碎片体基质

micrite 泥{微}晶灰岩;泥晶白云岩;泥晶;微细粒煤;微晶[沉积岩]

micritic aragonite 微晶文石
→~ dolomite 泥晶白云岩 // ~ limestone 泥晶灰岩 // ~ rind 泥晶质壳层

micro 百万分之一;微[μ;10⁻⁶]

microabsorption 微观吸收

microaggregate 微集合体;微团聚体
→~ composition 微集粒组成 // ~ grain 微集合粒

microanaerobic 微厌氧的

microanalysis[pl.-ses] 微量分析;显微分析

microangstrom 微埃[10⁻¹⁶m]

micro-annulus 微型环路;微环隙[套管与水泥间微间隙]

microantigorite 微蛇纹石

microantiperthite 反微纹长石;微反纹长石

microarea 微区

microballoons 微孔毡[防止油蒸气挥发]

microbar 微巴[压强单位=10⁻⁶μbar=10⁻⁵Pa]

microbarometer{microbarograph} 微压表;微气压计

microbe growth 细菌培养

microbending 局部严重挠曲[光纤的]

microbenthos 微底栖生物

microberondite 微辉闪霞斜岩

microbial 细菌引起的;微生物的
→~ conversion 微生物(引起的)转化作用 // ~ decomposition 细菌分解 // ~(ly) enhanced oil recovery 微生物提高采收率法采油 // ~ {microbiological} method 微生物法 // ~ mineral transformation 微生物引起的矿物转化

microbian{microbic} 细菌引起的;微生物的

microbiocide 杀微生物剂;杀菌剂

microbioclastic 细微生物碎屑的

microbiofacies 微生物相

microbiological 微生物学的;微生物的
→~ analysis 微生物分析 // ~ oxidation 微生物(引起的)氧化作用 // ~ petroleum engineering 微观生物石油工程

microbiologist 细菌学家;微生物学家

microbiology 微生物学

microbion 微生物

microbios 微体生物

microbiota 微生物群

microbiotic 抗生素

microbit 小直径试验钻头;(实验用)微型钻头;微比特
→~ drilling-rate test 模型小钻头钻进速度试验 // ~ drilling test 微钻头钻进试验;微型钻头凿岩试验

microbivorous 食微生物者

microblasting drilling 微爆凿岩

microbody 微体

microbonding 微焊

microboudin 微石香肠

microboulder 微粒

Microbrachis 小臂螈属[C₂₋₃];小腕龙

microbreccia 细角砾岩;微角砾岩

microbrecciation 细角砾化;微角砾化

microbromite 微溴银矿;氯溴银矿[Ag(Cl,Br)]

micro-burner 微灯;微焰灯

microburrowed strata 细潜穴地层;细掘穴地层

microbusiness 个体企业

Microcachryidites 小球松粉属[孢;E-Q]

microcal(l)ipers 千分尺;测微计

microcartridge 微调夹头

micro cathode 微阴极
→~ cell 微型比色槽

Microchaete 微毛藻属[蓝藻;Q]

microchannel 微渠道;微孔道

Microchara 小轮藻(属)[E₂]

microcharacter 显微划痕硬度计

Microcheilinella 微缘介属[C-T]

microchemical {-}analysis 微化分析
→~ test 微量化学试验

microchemistry 微量化学;微化学

microchip 微晶片[微型集成电路片]

Microchiroptera 小蝙蝠类

microchiroptera 小蝙蝠亚目

microchorismatite 微复合岩

microchromatography 微量层析

microchromatoplate 微型色谱板

microchronometer 瞬时计;分秒表

microclarain 显微亮煤;微亮煤

microclastic 细屑的;微细屑状;微碎屑状;微碎屑的
→~ rock 微碎屑岩;细碎屑岩

microclearance 微间隙[断]

microclimate 微气候;小气候

microclimatology 小气候学

microcline 微斜长石(绿色天河石;钾微斜长石)[(K,Na)AlSi₃O₈;三斜]

microcline-albite series 微斜长石(-)钠长石系

microcline perthite 微斜纹长石
→~ twinning 微斜长石双晶[格子状双晶]

micrococcolith 小型颗石[钙超]

Micrococcus 小球藻(属)

micrococcus 球菌
→~ petrol 石油菌

microcode 微指令;微代码

Microcodium 微松藻属[J-N]

Microcoelodus 微腔牙形石属[O₂]

Microcoelonella 微囊介属[C-P]

Microcoleus 微鞘藻属[蓝藻;Q]

micro combustion tube analysis 燃管碳氢分析

microcomponent 微组分;微量组分

micro-computer control 微机控制

Microconcentrica 同心藻属[AnЄ]

microconch 菊石雄性壳;微型壳

microconcretion 小结核;微结核

micro conductivity 微电导率

microconglomerate 细砾岩;微砾岩

microconstituent 微量组分

microcontinental block 微陆块

microcopy 缩微照片;缩微[复制文件]

microcoquina 细介壳灰岩;微壳灰岩;微介壳灰岩;微贝壳灰岩

microcoquinoid limestone 细原地介壳灰岩;微介壳灰岩

microcorrosion 显微腐蚀

microcorrugation 微皱纹;微褶皱

Microcoryphia 石蛃目[生];石蛃(亚目)[生]

microcosm(os) 小宇宙;小天地;微观世界

microcosmic salt 磷钠铵石[(NH₄)NaH(PO₄)•4H₂O;三斜];磷钠铵盐
→~ salt bead reaction 磷钠铵岩球反应

microcoulomb 微库(仑)

microcrater 小震活动;小陨石坑;微陨石坑

micro(-)cross-bedding 微交错层理

microcryptocrystalline 隐晶质的;隐晶的;微潜晶质的
→~ {microfelsitic} texture 微隐晶结构

microcrystal 微晶[结晶学]

microcrystalline 微晶质的;微晶的
→~ biogenic calcirudite 微晶生物砾{碎}屑灰岩 // ~ calcite ooze 微晶方解石软泥

microcrystallite 微晶子

microcrystalloblastic 显微变晶[结构]

microcrystallographic 微观结晶学的

microcrystallography 微晶学

microcrystals 微晶核

microcurie 微居(里)

Microcyclus 小盘珊瑚属[D₂];微环菌属;假单胞菌

microcyst 微囊肿

Microcystis 微胞藻属[Q];微孢藻(属)[绿藻;Q]

microcyte 小红细胞

M

microdactylous 短末射枝的
microdarcy 微达西
microdetection{microdetermination} 微量测定
microdiabase 微辉绿岩
micro-diagnosis 微诊断
microdiaphragm 小型隔膜
Microdictyon 小网藻属[绿藻;Q];微网虫(属)[∈]
microdiecast 精密压铸
microdiffusion 微量扩散
Microdinium 微甲藻(属柱)[K-N];微沟藻属
microdiodange 花粉囊[孢]
microdiode 花粉粒[孢]
microdiorite 微闪长岩
microdiscontinuity 微非连续性
microdolomite 微白云岩
Microdoma 小粒螺属[腹;D-P]
microdomain 微畴
Microdon 小齿鱼属[J]
microdunhamite 碲铅华[PbTeO$_3$]
micro-dunhamite 碲铅矿[PbTe;等轴];碲铅华[PbTeO$_3$];微碲铅矿
microearthquake 微小地震;微地震
　　→~ analysis 微震分析
micro(-)element 微量元素
　　→~-emission spectroscopy 激发射光谱学
microemulsion 微乳状液;胶束溶液
　　→~ flooding 微乳化液驱油
microenclave 显微包体
microessxite 微厄塞岩
microetch 微蚀刻
microeutaxitic 微条纹斑(杂)状
　　→~ texture 微条斑状结构
microfacies 显微岩相;微相
　　→~ analysis 微相分析
microfarad 微法
microfaradmeter 微法拉计
microfaulting 微断层{裂}活动
microfauna 微动物群
microfelsite 微霏细岩
microfelsitic 微隐晶质;微晶霏细长石质结构;微霏细状
microfiber 微纤维
microfiche 缩微卡片
microfilm 缩微照片;缩微相片
　　→~ processor 缩微胶片现{显}像器
　　//~ reader 缩微阅图器
microlaser 微扁平状
　　→~ structure 微压扁构造
microflash 高强度瞬时光源
microflaw 微裂缝{隙}
microflexing 微挠曲作用
micro(-)flora 微植物群
microflotation 微粒浮选
microfossil 微体化石;微化石
Microfoveolatosporites 细穴纹孢属[T$_3$-K]
microfoyaite 微流霞正长岩
microfracture 微裂缝{隙};微观破裂
　　→~ pole 微观破裂极
microfragmental 微碎屑的
microgabbro 微辉长岩
microgal 微伽[10^{-6}gal];微加(仑)
microgap 微隙;微间隙{断}
microgasification 微气化
micro-gas pocket 微气囊
microgauss 微高斯[10^{-6}Gs]
microgel 微粒凝胶
microgeographic variation 微观地理变化

micro(-)geomorphology 微地貌学;小地形学
microgneiss 微片麻岩
microgour 小边石塘
micrograded layer 微递变层
micrograin 粗粒
micrograined 微粒的
microgram 显微图;微克
　　→~ metal 微量金属
microgranite 微花岗岩;细花岗岩
microgranitic 微花岗状;微晶粒状
　　→~ texture 微花岗状结构
microgranitoid 微准花岗结构;微花岗状
microgranoblastic 微花岗变晶(结构)
microgranophyric 微花斑状
micro-granophyric texture 微花斑结构
micro-granular calcareous algae 显微粒状钙质藻
microgranular enclave 显微粒状包体;微粒包体
micro-granular test 微粒质壳
microgranular texture 微粒结构
microgranulite 微麻粒岩
microgranulitic 微粒状的
micrograph 显微照片;显微图
micrographic 显微照相的;显微文象结构的
　　→~ intergrowth 微文象交生
micrography 显微照相术;显微检查;缩微摄影
microgravity exploration 微重力勘探
microgrenu 显微粒状包体
microgrenues 微晶粒状火成岩
microgroove 密纹唱片
　　→~ case 微沟铸型 //~ cast 细沟模
microgrowth 显微生长
microhabitat 小栖息地;小生境;微生境
micro(-)hardness 显微硬度;微硬度
microhardness of a rock 岩石微观硬度
microheterogeneity 微观不均一性
microhill 小型砂柱;微丘
microhydrology 微水文学
microijolite 微霓霞岩
microindentation hardness testing 显微压痕硬度测试
micro insertion 微镶嵌
microinstability 微不稳定性
micro-interference refractometer 显微干涉折光仪
microinterrupt 微中断
microinverse 微梯度[电极系测井]
microite 微惰性煤
microjoint 微节理
microkarst 微岩溶;微喀斯特
microklin 微斜长石[(K,Na)AlSi$_3$O$_8$;三斜]
microlagoon 小潟湖
microlaminae 显微纹层;微纹层
microlaminated bed 微层状岩层
microlamination (显)微纹理;微纹层
micro-landblock 小地块;微陆块;微地块
microlapies 小岩沟
microlaternal log{microlaterolog} 微侧向测井
microlayer 微表层[海];细层;(冰川)细擦痕;微层
microlayered 微层理
microlayering 显微层理
microlepidoblastic 微鳞片变晶[结构]
microlepidolite 微锂云母
Microlepiidites 鳞盖蕨孢属[K]

microlinear 微线性的
microlite{microlith} 细晶石[(Na,Ca)$_2$Ta$_2$O$_6$(O,OH,F),常含 U、Bi、Sb、Pb、Ba、Y 等杂质;等轴];微晶(石);钽烧绿石[((Ca,Mn,Fe,Mg)$_2$((Ta,Nb)$_2$O$_7$)];细石器[考古];微晶[火成岩];小石器
microlithiasis 小结石病;微石症
microlithic 微晶的
Microlithic culture 细石器时代文化
microlithite 微晶玢岩
microlithofabric 显微岩组;显微组构
microlithofacies 微岩相
microlithology 微岩性学
microlithon 岩片;细片;微劈石
microlithotype-group 显微煤岩类型组
microlitic 毛毡状[结构];微晶状
microlock 微波锁定
microlog continuous dipmeter 连续式微电极(地层倾角)测(量)仪
micrologging 微测井
micrologic 微逻辑(的)
microlux 杠杆式光学比较仪;微勒(克司)
micromagnetometer 精测地磁仪;微磁力仪
micromanipulation 精密控制;显微操纵
micromanometer 测微压(力)计;微压计
micromap 微型地图;缩微地图
micromation 微型器件制造法;微型化
micromatrix 微矩阵
micro-measuring instrument 测微仪
micromechanics 细观力学
　　→~ base continuum model 微观力学连续介质模型
micromechanism 微观结构;微观机理
micromeritic 微晶粒状
micrometeorite 陨石微粒;陨尘;微陨石
　　→~ crater 微月坑
micrometeoroid 陨尘;微陨星(体);微星际石
micro-meteorological system 微气象系
micrometeorology 小气象学;微气象学
micrometer 千分尺;测微计;测距器;微米[μ, μm]
　　→~ caliper gauge 微径规 // ~ calipers{gauge} 千分卡尺 // ~ eyepiece 微尺目镜 // ~ type strain ga(u)ge 测微计式应变仪
micromethod 微量法
micrometric analysis 测斜分析(法)
micrometrics 微粒学
micromho 微姆(欧)
micro-milieu 微环境
micromineral 显微矿物;微矿物
microminiature 超小型;微型
microminiaturization 超小型化;微型化
microminiaturize 微型化
Micromitra 小帽贝属[腕;∈];小笔螺
micromodel 微模型
micromodule 微型组件
micromonzonite 微二长岩
micromoon 微月[10^{-6}月球质量]
micro(geo)morphology 微地形学;微形态(分析)
micromotion 分解动作;微动
micromotor 微电机
micro-mud 微泥
micromutation 小突变
micron 微米[μ,μm]
micro-needle 显微针;显微操作针
micronic dust particle 微尘粒

micronite 微粒体

micronization 微粉化

micronized salt system 微粉化盐完井液；修井液；钻井液

micronorite 微苏长岩

micronormal 微电位电极系测井；微电位

micron-sized 微米级

micronucleus 小核[无脊]；微细胞核；微晶核；微核[细胞]

micro(-)nutrient 微量养分

micro-ocean 微大洋

micro-oceanography 微海洋学

micro-oil 微量初生油

micro-ophitic 显微辉绿[结构]；显微含长(结构)

microorgan 微机体

micro(-)organism 微生物

micro-organism corrosion 生物发霉

microosmometer 微渗透压强计

micro-packed column 微填充柱

micropaleontological method 微体古生物法

micropaleontology 微古生物学

micro-palskite β半水石膏

micropanner 小量重力选矿盘[体视显微镜用]

microparticle 微粒子

micropedology 微土壤学

micropeening 微喷(处理)

micropegmatite 微文象岩

micropellet 微团粒；微球粒

micropelletoid 微团粒的；微球粒的

microperthi(ti)te 微纹长岩

micropetrological unit 显微(煤岩)组分

microphagous 食微生物的

microphenocryst (显)微斑晶

microphenomenon[pl.-na] 微观现象

micro(-o)phitic 微辉绿[结构]；微含长[结构]

microphone 话筒；微音器；扩音器；麦克风；传声器；送话器
　　→～ adapter 微音器连接插座 // ～ effect 颤噪效应

microphonics{microphonism;microphony} 颤噪效应；颤噪声

microphoto 显微照片

microphotograph 编微胶卷；显微照相；缩微照片

microphotography 显微照相术；缩微照相术；缩微摄影

microphyll 小型叶

microphyllite{microplakite} 拉长石中的包裹体；微叶体[拉长石中包裹体]；蓝拉长石

microphyllous 小叶植物

microphyric 微斑状[最大斑晶≤8μm]

microphysiography 小地文学

microphytolite 微植石

micropipe 微裂缝[隙]

micropiracy 微夺流

microplacite 拉长石中的包裹体；微叶体[拉长石中包裹体]

microplasma 微等离子体{区}

microporphyre 微斑岩

microporphyritic 微斑状[最大斑晶≤8μm]

microporphyroblastic 微斑变晶[结构]

micropowder 微粉

micropressure 微压

microprill 微粒

microprobe 微探针；探针

micropsammite 细粒砂岩

micropulsation 微脉动

micropulser 微脉冲发生器

micropygous 小尾型

micropyle 卵膜孔；珠孔(卵门)[植]；卵孔[动]

micropyrometer 微小发光{热}体测温计

micro(earth)quake 微(地)震

microquartz 微石英

microradian 微弧度

microradiograph X 光照相检验

microradiometer 微辐射计

microray 微射线；微波

microrealm 微型区

microrecording 显微记录

microrelief 小区地形；微起伏；微地形

Microreticulatisporites 细网孢属[C₂]

microrhabd 微棒[海绵骨针]

Microrhabdulinus 微线棒石[钙超;K-E]

Microrhabduloides 似微棒石[钙超;K₂]

Microrhabdulus 微棒石[钙超;K₂]

microrig 微型钻机

microsaltation 小跃变

microsanidinite 微透长岩

Microsauria 鳞鲵目；小鲵目[两栖]；小龙蜥(类)

microsclere 微骨针；小骨针[绵]

microscleres 小针骨

microscopical chemical method 显微化学法

microseism(icity) 微(地)震；脉动

microseismic 脉动的
　　→～ instrument 顶板岩层微震听测仪

microseismicity 小震活动

microseismic monitor 微地震监测仪
　　→～ movement 微震动 // ～ noise detection 微震噪音探索

microseismics 微地震学

microseismograph 地脉动仪；微震仪；微震计；微度计

microseismology 地脉动学；微震学；微地震学

microseismometer 地脉动计；微震计；微度计

microsequence 微层序

microsere 微演替系列

microshonkinite 微等色岩

microshrinkage 显微缩孔

microsize 微小尺寸
　　→～ scale 微米级

microsommite 硫碱钙霞石[(Na,K,Ca)₆₋₈(Al₆Si₆O₂₄)(SO₄,CO₃)•1~5H₂O]；微碱钙霞石[(Na,Ca,K)₇₋₈(Si,Al)₁₂O₂₄(Cl,SO₄,CO₃)₂₋₃；六方]；氯碱钙霞石；碱钾钙霞石[(Na,Ca)₆₋₈(Al,Si)₁₂O₂₄)(SO₄,CO₃,Cl₂)₁₋₂•nH₂O]

microspecies 微种[生]

microspectrofluorometry 微量荧光光度法

Microsphaera 叉丝壳属[真菌;Q]

microsphere 微球体

microspheric 微球型[孔虫]

micro(-)spherically focused log 微球形聚焦测井

microspherolite 微球粒

microspherulitic 微球粒的

Microspongia 欣德海绵属；小海绵属[C-P]；微海绵属[O-P]

micro-spontaneous potential caliper 微自然电位井径仪

Microspora 微孢藻(属)[绿藻;Q]

microsporangium 小孢子囊

microspore 小孢子；微孢子

micro(-)sporinite 小孢子体

Microsporites 小环囊孢属[C₂]

microsporophyll 小孢子叶

microsporophyte 小孢子体

Microsporum gypseum 石膏样小孢子菌

microspread 小排列[震勘]；微扩展排列

microstalactic cement 微钟乳石质胶结物

microstrainer 微孔滤器{纸}

micro-strainer 微滤器

microstrain region 微应变区

microstrata 微薄岩层；微层

micro(-)stress 微(观)应力；显微应力

microstriation 微小擦痕；微细条痕

microstrip 微波传输带

microstructural damage 显微结构损害；微观结构损害

microstylolite 微茎状突起石；微缝合线

Microstylus 微型叠层石属[Z]

microsucrosic 微糖粒状的{结构}[碳酸盐岩的一种结构]

microswitch 微动开关

microsyenite 小正长岩；微正长岩

microsymbiont 小共生体

Microtaenia 小带蕨属[K₂]

microtaxitic structure 微斑杂结构

microtaxonomy 小分类学

microtechnic{microtechnique} 精密技术

microtectonics 显微构造；微构造学；微构造；微地质构造

microtektite 微玻(璃)陨石

microteschenite 微沸绿岩

microtest 精密试验

microtexture 微细壳饰；微观结构

micro-texture 微观组织

Microthamnion 小丛藻属[Q]；微枝藻属[绿藻]

micro(scopic) theory 微观理论

microthermal 低温的；微温性的
　　→～ climate 低温气候

microthermophytia 北方森林群落

Microthyriacites 小盾壳孢属[E₃]

micro-tidal 小潮

microtidal{neap} range 小潮差

microtinite 淡粒二长岩；透斜长石

microtitration 微量滴定

microtome 切片机；切片刀

microtomy 超薄切片`法{机使用术}

microtopography 小地形；微地形学；微地形

Microtoscoptes 仿田鼠属[N₂-Q]

microtrap 微圈闭

micro(-)tremor 微(地)震；脉动；微震动

microtronics 微电子学

microtwin{micro twin;microtwinning} 显微双晶

microuncompahgrite 微辉石黄长岩

micro-value 微量值

microvarve 极细纹泥

microvenitic texture 显微脉混合岩结构

microvermicular 微蠕虫状

microvermiculite 微蛭石[(Mg,Fe²⁺,Fe³⁺)₃((Si,Al)₄O₁₀)(OH)₂•4H₂O]

microvibrograph 微震仪；微震计

Micro-Videomat 显微图像自动分析仪

microviscosimeter 微黏度计

microvisual{microscopic} model 微观模型

microvoid 微空隙

M

microvoltmeter 微伏计

micro-vuggy 微孔隙的

microvugular carbonate 微孔洞碳酸盐岩

microwatt 微瓦

microwave 微波
→ ～ amplification by the stimulated emission of radiation 脉塞；微波激射器 // ～ detection and ranging 近程移动目标显示雷达 // ～ phase shifer 微波相移器 // ～ rock breaking technique 微波碎岩技术

micro wire welding 细丝焊接

microworld 微观世界

microxea 小骨片；微两尖骨针[绵]

microxenolith 微捕房体

Microzarkodina 微奥扎克牙形石属[O₁]

microzonation 小区划

microzoning 小区划；细分带

micr silica 显微条带状硅华

micrystalline 半晶的

micstone 泥晶岩[微晶岩]；碳酸泥岩

mictite 混杂岩；混染岩；混成岩

mictosite 混合岩类

Micula 屑块石[钙超;K]

miculite 超微鳞片

Micum test 米格姆试验
→ ～ tumbler 米库姆转鼓

MID 骨架识别；多离子检测器

mid 中矿

mid-air{aerial} explosion 空中爆炸{破}

midalkalite 霞石正长岩族

midar 近程移动目标显示雷达

mid-Atlantic accreting ridge 中大西洋增长洋脊

Mid-Atlantic channel 大西洋中央水道{沟谷}
→ ～ Ridge 大西洋中央脊

mid-axial valley 中轴谷

midbay bar 湾腰(沙)洲

mid-bay bar 湾中沙洲

mid(-)channel 河流中部；河道中流；中央航道
→ ～ bar 中流沙洲

midchannel buoy 航道中央浮标

Mid Climatic Optimum 中气候适宜期[欧,5000～3000 年前]

mid(-)continent 陆中区；中大陆

mid-continental hot spot 陆中热`点{扩张区}

Mid-continent geophysical anomaly 北美中陆地球物理异常

midday 正午

midden 贝冢{丘}[考古]；粪堆；垃圾堆

mid-depth 中深；中部深度

mid digitals 中指羽

midding 中煤；中矿

middings to be retreated 再选中矿

middle 中间的；中间；中点；中等的；中央
→ ～ (term) 中项

Middle Cambrian 中寒武统

middle Carboniferous series{|epoch} 中石炭统{|世}
→ ～ cloud 中云

Middle Devonian (epoch{|series}) 中泥盆世{|统}

middle distillate 中间馏分油
→ ～ {inner} ear 中耳

Middle East 中东

middle fan 中扇；中海底扇
→ ～-fan valley 中(海底)扇谷 // ～-fan zone 中扇带 // ～ flask 中砂箱[冶]

Middle Flower 中花[石]

middle furrow 中沟[三叶]
→ ～ man (两个煤层间)夹石层；岩层间的夹层；掮客；经纪人

middleman broker 经纪人；中间商人

middle mountain 中山；中级山

Middle Ordovician 中奥陶世{统}

middle Paleolithic 中旧石器时代
→ ～ pit-line groove of the skull-roof 头盖中凹线沟 // ～ powder 药芯 // ～ pressure 中间压力 // ～ rank coal 中等碳化程度煤

middles 中矿

middle{swing} shift 中班

Middle Stone Age 中石器时代

middle-strength explosive 中等威力炸药

middle-temperature peak 中温峰

middle term 内项

middletonite 低氧树脂

middle{cardinal} tooth 中齿(主齿)
→ ～ {cardinal} tooth 主齿 // ～ Triassic 中三叠统{世} // ～ wing{limb} 中翼

middling 中选；中号的；中等的；炭质夹矸；中矿[冶]；中煤

middling material 中间物

middlings 中间矿石产品；中级品
→ ～ yield 中煤产出量

middling zone 中矿区

mid-door 马头门；码头门

midedge node 边界中节点

midfan mesa 冲积扇侵蚀残丘

midfeather 中间支护

midge 明火灯[非安全灯]

midget 小型(的)
→ ～ impinger 微型冲击式检车器

Mid-Indian Ridge 印度洋中央海岭

mid-infrared 中红外

midland 内陆的；内地的；陆中的

mid-latitude 中纬度；等比例航线[里卡托投影]
→ ～ cyclonic belt 中纬度气旋带 // ～ season 中纬季节 // ～ weather system 中纬度天气系统

midline 中线

midlittoral 潮间的；中沿岸带的

mid-mounted frame 中间挂架

mid night blue 深蓝色

Midnight Roses 午夜玫瑰[石]

midnight sun 子夜太阳

midocean 裂谷；海洋中央

mid(-)ocean canyon 大洋中央峡谷；中洋峡谷

midoceanic rise crest 洋中隆起顶部

mid-oceanic seismic zone 中洋脊地震带

mid-ocean(ic){median;midoceanic} ridge 洋中脊

mid-ocean ridge 大洋中脊
→ ～ ridge basalt 大洋中脊玄武岩 // ～ {midoceanic} rift 洋中裂谷 // ～ rise systems 大洋中隆系；洋中隆系

mid part 中间砂箱

mid-point rate 平均价格；平均汇率
→ ～ scattergram 中点数据分散图

midrange 中列数
→ ～ {medium-range} forecast 中期预报

Midrex direct reduced iron 米德雷克斯法直接还原铁
→ ～ hot briquetted iron 米德雷克斯法热压团铁

midrib 中脉；小羽片[植]

mid(d)s 中矿

midseam 中间矿

midseason 旺季

midsection 中间截面

midship 舯；船中央
→ ～ coefficient 舯剖面系数 // ～ shaft 船的中轴

midtrough 内地堑中部

midwall 井筒隔间木墙；间壁
→ ～ building 砌筑中间岩石带

miedziankite{miedzianite;erythroconite} 锌黝铜矿[(Cu,Fe,Zn, Ag)₁₂(As,Sb)₄S₁₃]

miemite （纤维状）白云石[CaMg(CO₃)₂;Ca CO₃•MgCO₃;单斜]

mienite 富玻流纹岩

mierocline-perthite 微斜纹长石

mierolog 钻孔孔隙度记录

miersite 黄碘银矿[(Al,Cu)I;等轴]

miesite 钙磷氯铅矿[(Pb,Ca)₅(PO₄)₃Cl]

miffil 煤层下部被污染的高灰煤

migmatic{migmatite} complex 混合杂岩

migmatism 混合岩化

migmatist 混合岩论者

migmatite 混合岩；混成岩；复片麻岩
→ ～ front 混合岩前缘{锋}

migmatitic front 混合岩化前峰
→ ～ upwelling 混合岩涌出体

migmatization 混合岩化；混成作用；混合作用[岩]

migmutization 混合岩化

mignumite 磁铁矿[Fe²⁺Fe³⁺₂O₄;等轴]

migrate 迁移；偏移校正[震勘]；移动；徙动；位移

migrating dip 迁移倾斜
→ ～ fish 回游性鱼 // ～ wave seismic facies 迁移波状地震相

migration 回游；移动；迁移；石油运移；偏移；移栖迁移；搬移；运移[石油等]
→ ～ agent 迁移动因 // ～ before stack 叠前偏移[震勘] // ～ of dunes 沙丘移动 // ～ of electrons 电子徙动 // ～ of oil{petroleum} 石油运移 // ～ of outcrop 露头位移

migratory 移动的
→ ～ oil 运移的石油

Migros 移栖虫属[孔虫;J₂-N]

miharaite 三原岩；英苏三原岩；玄武岩；硫铋铅铁铜矿[Cu₄FePbBiS₆;斜方]；苏英玄武岩

mijakite 三宅岩；锰辉玄武岩

mikaphyllit 红柱石 [Al₂O₃•SiO₂;Al₂SiO₅;斜方]

mikenite 橄白玄武岩

mikheyevite 水钾钙矾 [K₂Ca₄(SO₄)₅•H₂O]；斜水钙钾矾[K₂Ca₅ (SO₄)₆•H₂O;单斜]

mikrobromite 氯溴银矿[Ag(Cl,Br)]

mikrodunhamite 碲铅华[PbTeO₃]

mikrokator 扭簧式应变仪

mikroklas 歪长石[(K,Na)AlSi₃O₈;三斜]

mikroklin 微斜长石[(K,Na)AlSi₃O₈;三斜]

mikrolith 细晶石[(Na,Ca)₂Ta₂O₆(O,OH)F,常含 U、Bi、Sb、Pb、Ba、Y 等杂质;等轴]；钽烧绿石[((Ca,Mn,Fe,Mg)₂((Ta,Nb)₂O₇)]

mikrophyllit 微叶体[拉长石中包裹体]

mikroplakite 片状包体；微叶体[拉长石

中包裹体]

mikroschorlit 微黑晶

mikrovermiculit 微蛭石 $[(Mg,Fe^{2+},Fe^{3+})_3$ $((Si,Al)_4O_{10})(OH)_2 \cdot 4H_2O]$

milanite 浅绿埃洛石

milarite 整柱石{铍钙大隅石} $[K_2Ca_4Al_2Be_4Si_{24}O_{60} \cdot H_2O;$ 六方]

milchopal 乳酪白石$[SiO_2 \cdot nH_2O]$

mild cataclastic deformation 微弱碎裂变形
→~ clay 含游离硅石的黏土//~{sand} clay 亚黏土//~ compression 柔和压缩

mildewcide{mildewproof agent} 防霉剂

mildly 缓和地
→~ alkaline 微碱性的//~ arid region 轻度干旱区//~ brackish water 弱矿化水；微咸水

mild sand 亚砂土

mileage 里程；英里数
→~ recorder 里程表//~ tester 燃料消费量试验机

Miliammina 砂粟虫属[孔虫;K-Q]

miliary spine 粒棘[海胆]

milieu[法] 环境；背景

Miliola 小粟虫(属)[孔虫;E_{1-2}]

Miliolacea 粟孔总科

miliolid 粟孔虫类

Miliolida 小粟虫目[孔虫]

Miliolidae 粟孔虫科

milioline 小粟虫类[孔虫]

Miliolinella 微粟虫属[孔虫;E_2-Q]

miliolite 糜棱岩

Milipore 超纯水器

military academy 军事学院
→~ combat diving 军事攻击性潜水//~ purpose 军用//~ reconnaissance 军事侦察

milk 子同位素；乳状物；乳(液)；榨；榨取
→~ lye 石灰水//~-of-lime 稀石灰乳{浆}；石灰乳//~(y) opal 乳蛋白石$[SiO_2 \cdot nH_2O]$//~(y) quartz 乳石英//~{-}stone 白燧石$[SiO_2]$；乳石$[SiO_2]$//~-stone 乳石英

milkvetch 汤普森氏黄芪[Sc、U 矿示植]

milky 混浊的；乳状
→~ opalescence 乳蛋白晕彩

Milky way 银河
→~ Way System{Galaxy} 银河系

mill 切削；滚轧厂；工厂；格子式球磨机；磨盘；磨粉机；磨铣；磨碎机；磨碎；磨；采石天井；采矿石洞；溜矿道；选厂；粉碎
→(concentrating) ~ 选矿厂；磨矿机；磨机//~ coal 以非炼焦煤//~-coated pipe 制管厂涂好涂层的管子

milled 磨碎了的；磨碎的；精选过的
→~ asbestos 机选石棉

millenary cubic feet per day 千英尺 3/日

mill end (套管的由)加工厂装好接箍的一端

millennium 千年

Milleorina 多孔虫目[腔]

Millepora 千孔虫属[腔]；多孔螅(属)

Milleporina 千孔螅纲[腔]；多孔螅目

miller 铣床；铁工
→~(hand) 铣工

Millercrinida 米氏海百合目[棘]

Miller-Dyes-Hutchinson build-up graphs 米勒型处理压力恢复资料的图解法

Millerella 米勒蜒(属)[孔虫;C-P]

Millerian 密勒(结晶标志)指数
→~ symbol (晶面的)米勒符号

Miller('s) indices 密勒(结晶标志)指数

millerite 针硫镍矿；磷铵镁石$[Mg(NH_4)_2H_2(PO_4)_2 \cdot 4H_2O]$；针镍矿$[(\beta-)NiS;$ 三方]

Miller law 米勒定律

Miller's indices 米氏符号
→~ notation 晶面指数

Miller('s) symbol 米勒符号[晶面的]
→~-Urey reaction 米勒-尤里反应

millesimal 千分之一

mille stock tank barrels 千储罐桶数

millet 小米；粟；粟子；谷；谷子
→~ rains 小米雨季[东非 10～12 月]//~-seed sand 小米粒砂；粟砂//~-seed sandstone 粟粒状砂岩

mill feed 磨料
→~ fibers 机磨石棉//~ head 选矿厂入厂原矿//~-head 入选原矿；入选矿石每吨试验值//~-head elevator 磨矿机卸料端提升机//~-head ore 入选原矿石//~(-)hole 放矿口//~-hole mining 露天开采漏斗放矿法

milliammeter 毫安表{计}

milliamp{milliampere} 毫安

millibar 毫巴[压力单位;10^{-3} 巴]

millicron 毫微米$[10^{-9}cm]$；纳米

millicurie 毫居(里)

millidarcy 毫达西[渗透率单位]

millienia 千年

milli(gram)(-)equivalent 毫克当量

milli-gal 毫伽(重力勘探的重力加速度)

milligram 毫克

millimeters of mercury (column) 毫米汞柱；毫米汞高

millimetre{millimeter} 毫米

milling 磨矿；轧制；选矿；研磨；制粉
→~{-}grade 可精选的[矿石]//~ grade 值得精选的矿石//~-grade{mill(ing)} ore 可选级矿石//~-grade ore 入选品位矿石；工业品位矿石//~-grinder 磨矿机//~ hole 矿溜子//~ medium 磨矿介质//~ of ores 处理矿石；选矿//~{mill} ore 粗选矿石//~{second-class} ore 可选矿石//~ pit 磨矿机//~{mill} pit 采石井//~ slime 选厂矿泥//~ tool{cutter} 铣刀//~ width 入选矿石矿脉厚度；规定入选的矿脉厚度

millinile 毫反应性单位

millinormal 毫规(度)的
→~ iodine titration procedure 毫克当量碘滴定法

million 百万
→~(million) 兆//~ barrels oil 百万桶油

millions 无数
→~ of floating-point operation per second 百万次浮点运算/秒//~ of tons of coal equivalent 煤(热能值)当量以百万吨计

million stock tank barrels of oil 百万储罐桶油
→~ year{million {-}years} 百万年

milliphot 毫辐透[照度单位]

millipore 微孔
→~ filter 微孔滤器{纸}//~ plastic membrane filter 微孔塑料膜过滤器

millirad 毫拉德[放射剂量单位]

millisecond 毫秒
→~ delay blasting 微差爆破；微秒爆破

millisite 水磷铝碱石$[(Na,K)CaAl_6(PO_4)_4(OH)_9 \cdot 3H_2O;$ 四方]；磷铝钙钠石

millivolt/pneumatic transducer 毫伏(电压)-气压变送器

mill lava 磨石熔岩
→~ length 轧制长度//~ liner 磨矿机衬板{里}

millman[pl.-men] 选废石的选矿工；轧钢工(人)；选矿工人

mill(ing) method 露天开采漏斗放矿法
→~(ing)(-grade) ore 需选矿石；入选矿石；有精选价值的矿石；进厂矿石

millos(e)vichite 紫铁铝矾 $[(Al,Fe^{3+})_2(SO_4)_3 \cdot nH_2O]$

mill-primed 工人上底漆的

mill radiator 选矿厂暖气灶
→~{boxhole} raise 漏斗天井//~-rock 米耳岩//~ roll etching 轧辊喷砂强化

millrun 未分等级的[选]

mill run 间歇处理矿石的每段时间
→~ scale{cinder} 轧屑//~ scale 氧化皮

Millsense charge analyzer Millsense 磨机充填率分析仪

mills error 千分误差

mill spring 轧机机座的弹跳{弹性变形}
→~ stand 轧机机座

millstone 磨盘石；磨石
→~ for hurking rice 碾米砂轮

mill-stone piercer 石辊凿

millstones 石磨；磨盘

millstone upon which a stone roller is used 碾盘

mill sub 放矿漏斗分段平巷
→~ tail 尾矿排出沟//~ tailings (选矿场)尾矿；尾矿//~ train 机列//~-type classifier 现场用分级机

millwork 工厂机器(的设计或安装)

millwright 磨轮机工；装配工

Milne-Shaw seismograph 米尔恩-肖式地震仪

miloschite 铬铝石英[非晶质的硅铝胶体,含 4%的 Cr_2O_3]；蓝高岭石[地开石与伊利石的混合物]

milotaite 硒锑钯矿[PdSbSe]

milowite 均质硅泉华

milscale 千分尺

miltonite 熟石膏；烧石膏$[CaSO_4 \cdot \frac{1}{2}H_2O;$ 三方]

Mimagoniatites 类棱角(菊)石属[头;D_{1-2}]

mima mound 冈陵地区；冰缘

Mimella 拟态贝(属)[腕;O_{1-2}]

mimesite 粒玄岩；粗玄岩

mimetene{mimetase} 砷(酸)铅矿{石} $[Pb_5(AsO_4)_3Cl;$ 单斜、假六方]；氯砷铅矿 $[Pb_4As_2O_7 \cdot 2PbCl_2;Pb_6As_2O_7Cl_4;$ 四方]

mimetese 氯砷铅矿 $[Pb_4As_2O_7 \cdot 2PbCl_2;Pb_6As_2O_7Cl_4;$ 四方]

mimetic 拟组构的；拟态的；拟生的；模拟的；类似的
→~{facsimile} crystallization 后构造结晶

mimetism 拟态；模仿

mimet(es)ite 砷酸铅矿$[Pb_5(AsO_4)_3Cl]$；砷铅石$[Pb_5(AsO_4)_3Cl;$ 单斜、假六方]；砷铅矿$[Pb_5(AsO_4)_3Cl]$；黄铅矿$[PbO \cdot PbSO_4]$；氯砷铅矿 $[Pb_4As_2O_7 \cdot 2PbCl_2;Pb_6As_2O_7Cl_4;$ 四方]

mimic 仿制品；拟态的；模拟的
→~ buses{channel} 模拟电路

M

mimoceracone 米木石壳{角锥}；米木角锥壳
Mimograptus 拟态笔石属[O_1]
mimophyre 变质页斑岩；似斑岩
mimosa extract 荆树皮萃(浸膏)
mimosite 钛铁粒{粗}玄岩
Mimotonidae 拟兔科[狉兽目]
min(e)able 可开采的
minable{commercial;significant;valuable; economic} deposit 工业矿床
→～ width 可采宽度
minal 纯矿物；线矿物；端员[矿物或组分]
Minamata disease 水俣病[汞污染所致]
minamiite 钙钠明矾石[$(Na,Ca,K)Al_3(SO_4)_2(OH)_6$]
minasgeraisite-(Y) 硅钙铍钇石
Minas Gerais {-}type iron deposit 米纳-斯吉拉斯型铁矿床
minasragrite 钒矾[$V_2^{4+}(SO_4)_3(OH)_2•15H_2O$; $VO(SO_4)•5H_2O$;单斜]
minced meat sausage 肉泥肠
→～ prawn 大虾泥子
mincer 切碎机
Mincheh movement 闽浙运动
Minchenella 锥脊兽属[E_1]
→～ Conolophus 明镇兽属[E_1]
Mindel 民德(冰期)[欧洲更新世的第二个冰期]
→～-Riss Inter-glacial stage 民德-里{利}斯间冰期
mindigite 铜水钴矿[由Co_2O_3,CuO,H_2O组成]
mindingite 水钴矿；羟钴矿；铜水钴矿[由Co_2O_3,CuO,H_2O组成]
mine 矿用(的)；矿；地雷；资源；矿山火箭炮弹；矿山；矿床
→～ (for minerals) 采矿//(gravel) ～砂矿//～ (sites) 矿场
mineability 可开采性
mineable 可采的
→～ oil sand development 油砂矿坑开发法//～ ore limit 可采矿石含矿量极限//～ width 可采矿脉宽度
mine accident prevention and control 矿井事故防治
→～{mining} accounting 矿业会计//～ age{life} 矿山寿命//～ age 矿山可采期//～ air 矿内大气//～ air sample 矿井空气试样//～ approved power transformer 矿用一般型动力变压器//～ bank 采矿台阶//～ blast 煤矿爆炸//～ camp 矿工营//～ captain 采矿主任//～ {-}car 运矿车//～-car cleaning plant 矿车清扫{洗}车间//～-car compressor 矿车式压缩机//～ car handling equipment 矿车运行处理设备//～-car locking device 矿车锁住装置//～ car truck 矿车//～ (ventilation) characteristic 矿井(通风)阻力特性//～ characteristic curve 矿井通风阻力特性曲线//～ claim 矿区[行使矿权的区域]//～{pit} committee 矿工工会代表大会//～ communications and lighting 矿井通信和照明//～ compound 采矿工业场地//～ -concession (特许)采矿地区//～ construction time 矿井建设工期//～ cooling load 矿井制冷载荷[BTU/小时]//～ crater 矿坑
mined area 老塘
→～ bed 已采层；开采层//～ bulk 采落的矿石
mine dead rent 矿山固定租金
→～ depletion 矿(井)储量递减//～ design{layout} 矿山设计//～ design and scheduling 矿山设计及进度计划//～ developing 矿床开拓//～ development{exploitation} 矿井开拓//～ director{manager;superintendent} 矿长
mined ore 采下矿石
→～-out area{space;gob} 采空区//～ -out pit 采矿废坑
mine drainage pollution 矿山排水污染
→～-dry 更衣室；矿山浴室//～ dustiness 矿井含尘性{量}//～-dust sampling 矿尘取样//～ earth 铁矿层；铁矿//～ engaged in working ore deposit 生产矿//～ enterprise 矿山企业//～ entrant 新矿土//～ explosives 矿山炸药//～ fan signal system 矿井扇风机信号系统；矿山扇风机信号系统//～ feeder circuit 矿井馈电线路//～{mining} field 矿田//～ field structure 矿田构造//～-fill 矿山充填(料)；充填材料//～ {-}fills chamber 充填砂仓//～-fire deputy 矿山防火员//～ foremen 采矿工务员{管理者}//～ fracture forecast with satellite 卫星矿山断裂预测//～ gallery 廊道//～ gas 矿井瓦斯//～{pit} gas 矿(山)气(体)//～ gas drainage plant 矿井瓦斯排泄装置//～ gauge 矿山窄轨距轨道//～ ground pressure 矿山压力//～ haul 矿山拖运//～ haulage and hoisting 矿井运输和提升//～ haulage locomotive 矿山运输机车//～ hazard {disaster;accident} 矿山事故
minehead 坑口；井口；井口附近设施[包括建筑、机械和铁路等]
minehillite 水硅锌钙钾石[$(K,Na)_{2\sim8}(Ca,Mn,Fe,Mg,Zn)_{28}(Zn_{0\sim4}Al_4Si_{40}O_{112}(OH)_4)(OH)_{12}$]
mine hoisting 矿山提升
→～ industrial capital investment 矿业投资//～ inspection office 矿山监察局//～ lamp 矿灯
minelaying 布雷
minelife 矿山寿命
minelite 采矿炸药
mine location plan 矿山开拓位置图
→～ locator 探矿仪//～-managed commerce 矿管商业//～ manager 矿山经理//～ map{plan} 矿图//～ medical centre 矿山医务站//～-milled (在)矿山精选的//～ mouth 平硐口；矿井口//～ normal inflow 矿井正常涌水量//～ opening 矿井巷道；井巷工程//～ -opening 矿井巷道//～ opening workings 矿山巷道//～-openning 矿内开掘空间//～ operation management 矿山运营管理//～ optimization 矿山境界优化//～ ore yard 矿场//～ owner 矿主//～ permissible type 矿用安全型
mine{pitch} pillar 矿柱
→～{pit} planning and design 矿山设计//～ police 矿警//～ pollution{damage} 矿害//～ portal{mouth} 矿口//～ property{area} 矿区//～ property 矿山用地
miner 采矿工；矿工
minera(lo)graphy 矿相学；金属矿相学
mineral 矿质；矿物；矿石；矿；无机的
→～ (product;resource;production) 矿产//～ aggregate 矿料//～-air-water contact 固气液接触；矿物空气水接触//～ apron (摇床)精矿排料边//～ assemblage{association} 矿物组合//～ -bearing 含矿的//～{ore} bearing structure 含矿构造//～ belt{zoning} 矿化带//～ black 石墨[六方、三方]；低级石墨//～ bloom{blossom} 晶簇石英//～ bloom 簇石英；矿华//～ blue 石青[$2CuCO_3•Cu(OH)_2$;$Cu_3(CO_3)_2(OH)_2$]；矿蓝//～ butter 矿脂[材;油气]//～ charcoal 天然木炭[石]；乌煤；天然炭//～ -charged fluid 含矿流体；运载矿物的流体//～ charge pressurization 矿物装料加压//～ (ogical) chemistry {mineral-chemistry} 矿物化学//～ chemistry of metal sulfides 金属硫化物矿物化学//～-coated electrode 矿物型焊条//～ (ogical) composition{component;constituent; constitution} 矿物成分//～ concentrate 富集矿//～ concentration 矿物富集//～ cotton 石棉//～ cutting oil 切削用矿物油//～ data base standards 矿产资料库标准//～-dating method 矿物记年{时}法//～ de coromandel 钛硅钇铈矿//～ deficiency 矿物质缺乏症//～ deposit 泉华；矿床学//～ deposit by cavity filling 充填矿床//～ deposit by weathering 风化矿床//～ deposits by bacteria 细菌形成的矿床//～ district 矿区//～ dressing {processing} 选矿//～ dressing method 选矿方法//～ -dressing product 选矿产物；精矿//～ -durite 矿物暗煤//～{ore;mine} dust 矿尘//～ dust pollution{contamination} 矿尘污染//～ dyeing 矿物染料染色//～ earth {-}oil 石油//～ estate{land} 矿地//～ estate 产矿地区{段}//～ ether 石油醚//～ exploration aviation 航空探矿//～ exploration engineering 探矿工程//～ extender 矿物补添剂//～ extraction 矿物提出{取}//～ fertilizer 矿物肥料//～ fiber brick{tile} 矿质纤维砖//～ fiber tile 矿棉纤维砖//～-fibre cloth 矿物纤维布//～-filled asphalt 掺矿料沥青//～-filled plastics 矿物填充塑料//～ fine{powder} 矿粉//～ fines stabilizer 矿物微粒稳定剂//～ formation 成矿作用//～-formation condition 矿物形成条件//～ forming 成矿(作用)//～{ore}-forming element 造矿元素//～-forming elements 形成矿物的元素//～{fossil} fuel 矿物燃料//～ fuel 燃料矿产//～ generation 矿物世代//～ {malachite} green 石绿[$Cu_2(CO_3)(OH)_2$]//～ identification {detection} 矿物鉴别//～ ielly 矿脂[材;油气]//～ impurity 矿物杂质//～ inclusions in coal 煤层内含有的矿物//～ industry 矿业//～ intensity 成矿强度//～ intergrowth 共生矿
mineralization{mineralisation} (使)含矿物；供给矿质(法)；矿体；成矿{矿化}(作用)；矿化
→～ (belt) 矿化带；矿化作用；矿化度//～ coefficient 矿化系数//～ epoch 矿化期//～ intensity 矿化强度//～ intensity gradient 矿化强度梯度//～ of air bubble 气泡的矿化//～ of soil or-

M

ganic matter 土壤有机质矿质化作用 //～ of U-Fe type 铀-铁型矿化 //～ of U-Hg type 铀-汞型矿化 //～ of U-P type 铀-磷型矿化 //～ of U-Ti type 铀-钛型矿化 //～ period 成矿时期 //～ rate 矿化率 //～ reaction 成矿反应 //～ tectonism relation 成矿{矿化}构造运动关系

mineralize 成矿(作用); 矿化[金属]

mineralized bubble 矿化气泡
→～ cell treatment 矿化细胞法 //～ distribution 矿化分布 //～ feed 加矿物质的饲料 //～ froth{bubble} 矿化泡沫 //～ limestone 矿化灰岩 //～ matter 矿化物质 //～{ore-bearing} vein 矿脉 //～ wall 矿质化壁 //～ zone{belt} 矿化带

mineralizing agency 成矿营力
mineral-laden 浮载矿物的
mineral laden bubble 矿化气泡
→～-laden bubbles 矿化泡沫 //～-laden{mineral;mineralic} water 矿水 //～-laden water 含矿水 //～ lake 铬酸锡玻璃[矿物染料] //～ land 含矿土地; 含矿地区 //～ land occurrence 矿产地 //～ lineation 矿物生长线理 //～-liquid partitioning 矿物-液相分配 //～{ground} loss 矿量损失 //～ Lu 卢锡矿 //～ material for artware 工艺美术原料矿产 //～ material for chemical industry 化工原料矿产 //～ material for insulation 绝缘材料矿产 //～-matter-free basis 无矿物质基 //～-melt system 矿物-熔体体系 //～ membrane electrode 矿物膜电极 //～ metabolism 矿物质代谢 //～{ore} mining 采矿 //～ monument 矿用地永久界石; 矿区标界

mineralocorticoid 矿质皮质素
mineralogeneticprovince 成矿区
mineralogic(al) 矿物学的
mineralogical{mineral} analysis 矿物分析
→～ analysis 矿物学分析 //～ characterization 矿物组成鉴定 //～ count 矿物成分计算 //～ guide 找矿导引 //～ hardness number 矿物学标度硬度值 //～ satellite 矿物探测卫星 //～ structure 矿相结构 //～ trend 矿物变化趋向

mineralogic maturity 矿物成熟性
→～ province 矿物区 //～ siting 矿物选位 //～ temperature 矿物温标温度

mineralogist 矿物学家
mineralographic{mineragraphic} analysis 矿相分析
mineralogy 矿物学; 矿物成分
→～ of tropical soils 热带土壤矿物学
mineraloid 胶质矿物; 类矿物; 准矿物; 似矿物
mineral{Volck;white} oil 矿油
→～ oil 矿物油 //～{earth;stone;rock;crude} oil 石油 //～ paint 矿石性涂料 //～ paragenesis{association} 矿物共生 //～ paragenesis diagram 矿物共生图解 //～ poison 矿毒 //～(water) pot 矿泉壶 //～ potential 矿产潜在远景 //～ process engineering 矿物加工工程 //～ processing 矿物加工[矿加] //～ product 矿产品 //～ prospecting 矿产普查 //～{ore} prospecting 找矿 //～ province{region} 成矿地区 //～ ratio 矿物

含量比 //～ raw material 矿物原料 //～ reserves 矿储藏量 //～ resin 树脂类矿物 //～ resources 地下矿产资源 //～ resources{wealth;endowment} 矿产资源 //～ resources{reserves} 矿藏 //～ right 矿权 //～ rouge 红铁矿[Fe$_2$O$_3$]

minerals 矿产品
mineral{rock} salt 矿盐
→～ sands 砂矿 //～ seal oil 重质灯油[用于吸收天然汽油的]; 重煤油; 矿质海豹油 //～ separate 单个矿物 //～(s) separation 矿物分离 //～ separation{processing} plant 选矿厂 //～ separation process 选矿工艺; 选矿方法 //～ separation technology 选矿工艺学 //～ sequence 矿化顺序; 成矿顺序 //～ soap 膨润土 [(½Ca,Na)$_{0.7}$(Al,Mg,Fe)$_4$(Si,Al)$_8$O$_{20}$(OH)$_4$•nH$_2$O,其中 Ca^{2+}、Na$^+$、Mg^{2+}为可交换阳离子]; 斑{班}脱岩[(Ca,Mg)O•SiO$_2$•(Al,Fe)$_2$O$_3$] //～ spirit{Mineral spirits} 矿油精 //～ spot{occurrence} 矿点 //～ spring 矿泉

minerals research laboratories 矿物研究实验室
→～ separation 选矿
mineral stability series 矿物风化稳定系列; 矿物稳定度系列
mine refuse impoundment 尾矿坝
→～ rescue{mine-rescue} 矿山救护 //～-rescue man 矿山救护队队员 //～{ore} rib 矿壁

Minerisporites 米氏大孢属[E]
miner{bug;mine} light 矿灯
→～('s) nystagums 矿工(性)眼球震颤(症)
mine roadway pillar 巷道矿柱
→～ rock 采出岩石; 废石; 矿岩
minerocoenology 矿物共生学
minerogenesis 成矿(作用)
minerogenetic epoch 成矿时期
→～ region 成矿区 //～{metallogenic} series 成矿系{序}列
minerogen(et)ic 成矿的
minerogenous 矿物成的[古词]
minerotect 成矿建造
miner's{dip;mining} compass 矿山罗盘
→～ compass survey 矿山罗盘勘探 //～ electric lamp 矿(工)用电灯 //～ electric lamp charger 矿灯充电架 //～ hammer 矿用{工}锤 //～ hand lamp 手提自给矿工灯 //～ helmet 矿工帽 //～ lamp{light} 矿灯 //～ right 采矿权 //～ self-rescuer 矿工自救器 //～ sunshine{wax} 矿工(灯用软)蜡 //～ tool 矿工用工具 //～ truck 矿车

mine run 未经挑选的矿石
→～ run (coal) 原煤; 原矿 //～-run 原矿; 原煤; 原矿石 //～ run coal 入厂原煤
minervite 磷钾铝石 [K$_2$Al$_6$(PO$_4$)$_6$(OH)$_2$•18H$_2$O,三方; KAl$_3$(PO$_4$)$_2$(OH)•8½~9H$_2$O]
minery 采石场; 采区; 采矿区; 矿山群; 矿区
mine safety on surface 井上安全
→～ sampling 矿样
mine(-)shaft{mine{pit} shaft} 井筒
mine shaft bottom 井底车场
→～ shaft lining 井壁 //～ shaft or pit 矿井 //～ skip 箕斗 //～ structure plan 矿山构造平面图 //～{shaft} support 矿井支护 //～{underground;ment} sur-

veying 矿山测量 //～ system selection criteria 矿井系统选择准则 //～ tailings 尾矿 //～ technical inspection 矿山技术检查 //～ timber 矿用木材 //～ total head 矿井通风总压头 //～ track device 矿山轨道运输安全装置 //～ transformer 矿用动力变压器

minette 云正煌斑岩; 云煌岩
→～ (ore) 鲕(状)褐铁矿[Fe$_2$O$_3$•nH$_2$O] //～ deposits 鲕状褐铁矿床
minettefels 云长石; 隐云煌岩{石}
mine tunnel 平巷
→～ tunnelling method 矿山法 //～ valuation 矿床评价 //～ valuation studies 矿床资源评估 //～ ventilation 矿山通风, 矿井通风 //～{ore} wagon 矿车 //～ waste 矿山废石 //～ water 矿山水 //～-water 矿坑水 //～ water pollution{contamination} 矿山排水污染 //～ water pollution 矿水污染 //～ weather 矿山内空气情况; 坑内气候

minework 铁矿山
mine{pit} worker 矿工
→～ workings{excavation;drift;road(way);orifice;opening;tunnel} 矿山巷道 //～{pit} yard 矿山工业场地

minguzzite 草酸铁钾石 [K$_3$Fe^{3+}(C$_2$O$_4$)$_3$•3H$_2$O;单斜]; 草酸钾铁石
mini 模型; 缩型; 缩图
→～- 小型; 小; 微[μ;10^{-6}]
miniature 模型; 小规模的; 微型的; 小型的; 缩影; 缩小的
minilog 微测井
→～ pad 微电极测井极板
minim 最后一笔[书法]; 量滴; 半音符; 液量最小单位[约为一滴]; 最小的; 微小物; 微小的
minima[sgl.-mum] 点分散; 极疏区
Minimag 米尼麦格微型磁力仪
minimal detectable activity 最小{低}检出放射性强度
→～ heading 节时航向
minimality 最小性
minimax 鞍点[谐振曲线]; 极大中的极小
→～ approximation 极值逼近 //～ regret criterion 极小极大后悔准则 //～ regret principle 最小最大后悔值原则
minimicrite 微泥晶
minimin risk function value criterion 最小最小风险函数值准则
minimite 低熔组分
minimization 极小化
→～ of cost 成本最低化
minimize 求……的最小值; 减到最少; 缩到最低(程度); 将……减至最低程度; 限最低程度; 减至最小(量)
→～ environmental damage 最小环境损害{破坏}
minimizing chart 缩图
→～ surface structure damages (使)地表建筑物破坏最小
minimodel 小型模型; 小模型
minimum[pl.-ma] 最小(的; 量; 限度); 极{最}小值; 起码; 最低(点); 最少
→～ downtime 最短停钻时间 //～ field damage 最小野外破坏 //～-fuel limiter 低限燃料限制器 //～ initiating{priming} charge 最小起爆药量 //～ oreing temperature 加矿石的最低温度

//~ ranging distance 盲区

mining 矿用(的)；采掘工作；开采
→ ~ (act;art) 采矿；矿业 // ~ administration{bureau} 矿务局 // ~ area{district} 采矿区；矿区 // ~ area{field} 采矿场 // ~ {tram;ore;muck;haulage} car 矿车 // ~ casualty 矿山事故 // ~ claim (采)矿(执)照 // ~ concession 矿山许可开采区域；矿山开采权地区；特许区；权区 // ~ deposits 矿源 // ~ engineering{activity; project;art} 采矿工程 // ~ equipment 采矿设备 // ~ {mineral} exploration 矿产勘探；探矿 // ~ explosive 采矿炸药 // ~ (engineering),general 采矿概论 // ~ geologist 采矿地质人员 // ~ -induced fault 采矿引起的断层；采矿生成的断层 // ~ institute 矿业学院 // ~ law{legislation} 矿业法 // ~ lease{claims} 采矿用地 // ~ lease 租矿权 // ~ location 矿点 // ~ machinery 采矿机械；矿机 // ~ map 矿图 // ~ method 矿山法 // ~ method{procedure;practice; system} 采矿方法 // ~ method for dipping medium thick orebody 倾斜中厚矿体采矿法 // ~ method for narrow dipping vein 倾斜薄矿脉采矿法 // ~ model 采矿方法模型 // ~ operation 矿山经营 // ~ operator 矿主 // ~ plan 矿山工作平面图 // ~ plant 矿厂 // ~ plant design 矿场设计 // ~ plough 刨矿机

Mining Qualifications Board 采矿资格审查委员会

mining{recovery;production;off-take} rate 开采速度
→ ~ research and development establishment 矿业研究和开发机构 // ~ resource 矿藏 // ~ right{claim;concession} 采矿权 // ~ sequence 开采顺序 // ~ sluice 出矿溜槽 // ~ subsidence 煤矿沉陷；采空沉陷；矿穴沉陷 // ~ survey 矿山测量 // ~ technology{art} 采矿工艺学 // ~ track 坑内采矿线路 // ~ venture 矿山企业 // ~ with steeper working slope 陡帮开采

miniocean 微型海洋

minipad 小垫片

mini-permeameter 小型渗透率仪

miniphyric 微斑状[最大斑晶≤8μm]；微斑晶的

miniplanomural 少平壁的

mini-plant 实验工厂；中间工厂

minisat system 最低饱和系统

mini-seismics 小地震法[专测浅层或低速带变化情况的方法]

mini-semi 浅海半潜式钻井平台；降低高度的半潜式钻井平台[浅水区用]

minispread 小排列[震勘]

minister 部长；相

ministerial standard 部颁标准

ministreamer 小型拖缆

ministromatolite 小叠层石；微叠层石

ministry 内阁；部
→ ~-controlled materials and equipment 部管物资 // ~ of foreign economic relations and trade 对外经济贸易部 // ~ of geology and mineral 地质矿产部{局}

Ministry of Petroleum Industry 石油工业部

minisub 小型潜水器{艇}

miniterrane 小地体；微地体

minitest 小型试验

minitrack 追踪系统

minitype 小型；微型

minium 辰砂[HgS;三方]；朱红{色}；红铅；铅丹[Pb$_2^{2+}$Pb^{4+}O$_4$;四方]

miniumite 铅丹[Pb$_2^{2+}$Pb^{4+}O$_4$;四方]

minivalence 最低化合价

mini-workshop 袖珍车间

Minjaria 敏加尔叠层石(属)[Z]

minjaria type 树杈状分叉式[叠层石]

Minnesota 明尼苏达州[美]

minnesotaite 铁滑石 [(Fe^{2+},Mg)$_3$Si$_4$O$_{10}$(OH)$_2$;单斜]；明尼石

Minodiexodina 通道蜓属[孔虫;P$_2$]

Minojapanella 日本美浓蜓属[孔虫；C$_3$-P$_1$]

Minol 迈纳尔炸药[海底爆破]

minophyric 细斑晶的

minor 小；轻微的；子式；次要的；较小的[二者中]；较少
→ ~ {plus-three-day;slight} accident 小事故 // ~ {plus-three-day} accident 轻伤事故 // ~ aspects 支流 // ~ component 副成分；副组分 // ~ details 细节 // ~ diameter 小直径

minority 少数

minor landslip 小型滑坡
→ ~ overhaul 小修 // ~ partial fold 次级褶皱；小型局部褶皱 // ~ ridge 小脊 // ~ {accessory} shock 副震 // ~ stone-carving of Shoushan 寿山石雕

minovar 低膨胀镍金铸铁

minrecordite 碳锌钙石[CaZn(CO$_3$)$_2$]

minres 极小参差法
→ ~ communality 最小剩余公因子方差

minseed oil 矿质亚麻油

mint 崭新的；新造

Mintrop wave 明特罗普波[首波或折射波]；敏车普波

minuesotaite 铁滑石 [(Fe^{2+},Mg)$_3$Si$_4$O$_{10}$(OH)$_2$;单斜]

minus 负数；负号；零下；负的；小于；减
→ ~ {negative} mineral 负矿物 // ~ -mineral 负矿石

minute 分[1/60`小时{度}]；瞬间；弧分；片刻；笔记；分钟；详细的；细小(的)；微小的；微细的；记录
→ ~ associate 伴生矿物 // ~ folding 细褶皱 // ~ friction 毛细摩擦；微摩擦 // ~ of are 角分 // ~ quantify 极少量 // ~ time-mark 分时记 // ~ tubula {tube} 小管

minutia[pl.-e] 细目；细节

Minylitha 小石[钙超;E$_2$]

minyulite 水磷铝钾石[KAl$_2$(PO$_4$)$_2$(OH,F)•4H$_2$O;斜方]

Minzhe{Fujian-Zhejiang} orogeny 闽浙运动

Miobatrachus 中蛙螈属[P]；中蛙

Miocene 山旺统
→ ~ (epoch;period) 中新世 [23.30~5.3Ma] // ~ series 中断统

miocrystalline 半晶质(的)

mio-diwa 渺地洼区

miogeanticlinal ridge 次地穹岭

miogeanticline 冒地背斜；次地背斜

miogeoclinal association 冒地斜组合
→ ~ basin 冒地斜棱柱体盆地

miogeocline 冒地斜

miogeodepression region 渺地洼区

miogeosynclinal 地槽的
→ ~ realm 次地槽区 // ~ realm{|facies} 冒地槽区{|相} // ~ zone 次地槽带

miogeosyncline 次活动正地槽；冒地向斜；冒地槽；迈地槽；副地槽；中地槽；次地槽

miohaline 中等咸度的

Miohippus 中新马(属)[E$_3$]

miomagmatic activity 冒地槽期岩浆活动
→ ~ zone 冒岩浆带；冒地槽

miomirite 铅铈矿铀铁钛矿；铅镧铀钛铁矿

mionite 钙柱石 [Ca$_4$(Al$_2$Si$_2$O$_8$)$_3$(SO$_4$,CO$_3$,Cl$_2$);3CaAl$_2$Si$_2$O$_8$•CaCO$_3$;四方]

Mio-Oligocene age 中新-渐新世时期

miospore 冒孢子[小孢子和花粉的总称]；中孢子；多中型孢子

Miotapirus 中新(膜属)[N$_1$]

mirabilite 芒硝[Na$_2$SO$_4$•10H$_2$O;单斜]；硫酸钠矿[Na$_2$SO$_4$•10H$_2$O]
→ ~ deposit 碰硝矿床

miracin 奇异变形杆菌素

miracle 奇迹

Miran 测定导弹弹道的脉冲系统；米兰(导弹测距)系统

Mirapon F30 ×起泡剂
→ ~ RK ×润湿剂[磺化脂肪酰胺衍生物]

mire 泥沼地；泥沼；泥塘；泥潭；泥坑；钻井泥浆；矿泥；淤泥[0.002~0.06mm]；沼泽；污泥

miriness 泥泞

Mirisporites 钉环孢属[C$_2$]

miroitante 紫苏辉石[(Mg,Fe^{2+})$_2$(Si$_2$O$_6$)]

miromirite 铅铈铀钛铁矿

mirror 反映；镜；反射镜；反射
→ ~ (image)镜像{面} // ~ glance 叶碲铋矿[Bi$_2$Te$_3$;BiTe?;三方]

mirsaanite 密弹沥青

mirupolskite 烧石膏[CaSO$_4$•½H$_2$O;三方]

miry 泥泞
→ ~ sand 泥质砂 // ~ {puddly;silty} soil 淤泥土

mirzaanite 密弹沥青

misaligned contact 错开接点

misapplication 滥用；误用

misapprehension 误解；误会

MISC{misc.} 各种各样；杂项的

miscalibration 刻度错误；误刻度

Miscanthus 芒

miscarriage 失败；误投
→ ~ preventing powder 泰山磐石散[药]

Miscellanea 崎壳虫属[孔虫;E]

miscellanea 杂集{记}；杂录

miscellaneous 混杂的；各种各样；不同种类的；杂项的
→ ~ accident 其他原因事故 // ~ material fines bin 粉矿槽

miscellany 混合物；杂物；杂录；杂集
→ ~ rate 混杂率

Mischerlich's equation 密氏方程
→ ~ law of plant growth 密氏植物生长律

Mischococcus 柄球藻属[黄藻;Q]

miscibility (可)混溶性；互溶性；溶混性；可混合性；溶性
→ ~ gap 混溶间隔{隙} // ~ pressure 混相压力；互溶压力；互混压力

miscible 混相的；能溶混的；易混(合)的；可混合的；溶的
→～ bank 溶混带 // ～ mixture 可溶性混合物 // ～ phase recovery 混相驱动采油 // ～-slug flooding 混相段塞驱油

misclosure 闭合差；非圈闭(储集层)；非封闭性(油捕)
→～ of round 归零差

miscode 错编

misdirected completion practice 错误指导的完井作业
→～ hole 方向不对的定向井

mise-à-la-masse{excitation-at-the-mass;charge} method 充电法

Misellina 米斯{氏}蟠(属)[孔虫；P₁]；瓜形虫

misenite 纤重钾矾 [HKSO₄;K₂SO₄·6KHSO₄?;单斜]

miser 锥钻头；管状提泥钻头；管形提泥钻头；钻湿土用大型钻头；钻探机；凿井机

miserable 辛酸

misering 钻探

miserite 硅铈钙钾石 [K(Ca,Ce)₄Si₅O₁₃(OH)₃；三斜]；钠硬硅钙石 [KCa₄Si₅O₁₃(OH)₃]；钾硬硅钙石

misfit 配错；错排；错合；不相称；不吻合
→～ meander 不配曲流 // ～ river 不(相)称河 // ～ stream 不配河

misfocusing 散焦

misguided 误入歧途的

misgurnus bipartitus 北方泥鳅

misinformation 错误消息；误传

misinterpret{misinterpretation} 误(解释)

misit 黄钾铁矾[Kfe₃³⁺(SO₄)₂(OH)₆;三方]；绿钾铁矾[Fe²⁺,Fe³⁺,Al 和碱金属的硫酸盐；K₂Fe₅²⁺Fe₄³⁺(SO₄)₁₂·18H₂O；等轴]；叶绿矾[R²⁺Fe₄³⁺(SO₄)₆(OH)₂·nH₂O,其中的 R²⁺包括 Fe²⁺,Mg,Cl,Cu 或 Na₂；三斜]；铁矾

miskeyite 密绿泥石 [(Mg,Fe²⁺,Al)₆((Si,Al)₄O₁₀)(OH)₈]；蜡绿泥石；蛇{叶}绿泥石；微似蛇纹石；似蛇纹石 [(Mg,Ca)₂(SiO₄)·H₂O]

Miskoiia 直捕虫(属)[后生动物;Є₂]

misleading 引入歧途的；误解

mislocated start 倒生头

mismanagement 办错；错误管理

mismatch 失谐；失调；失配；不合缝；错配；不嵌合[油层内裂缝岩石错位]；不匹配；不对合；不重合；解谐；错口[焊接缺陷]

mismatched line 不拟合曲线

mismeasurement 测量不准

misnomer 误称

misoperation 操作不当；误操作

mis(s)pickel 毒砂[单斜、假斜方;FeAsS]；砷黄铁矿[FeAsS]

misplaced 混杂的；误选的

misprint 印错；印刷错误

misquotation 引用错误

missdistance 距离误差；脱靶距离

missed{misfire;miss-shot} hole 瞎炮孔
→～ round 拒爆孔组；瞎炮孔组

miss(-)fire 拒爆

miss fire 瞎炮

misshapen crystal 异形晶体

missile 火箭；发射物；飞弹；碎片[飞出的]
→(guided) ～ 导弹

missileer 导弹专家

missile ranging 测定导弹弹道的脉冲系统；米兰(导弹测距)系统
→～-site 导弹发射井{场}

missing element 消失元素
→～ error 疏忽错误；遗漏错误 // ～ link 失环 // ～ planet 失踪的行星

mission 使团；使命；变速箱；任务；代表团
→～ life 工作年限 // ～ success rate 成功率

Mississippian 密西西比(亚系)

Mississippi valley {-}type ore deposits 密西西比河(山)谷式矿床

missive 公文；信件

Missouri (stage) 密苏里(阶)[美;C₃]

Missourian 密苏里(统)[美;C₃]

missourite 密苏里岩[美]

misspickel 砷黄铁矿[FeAsS]

missshape 畸形

miss-shot{fire} 哑炮；拒爆；瞎炮
→～ hole 拒爆炮孔{眼}；瞎炮孔

mist{water} atomizer 喷雾器
→～ blasting 喷水爆破

mistbow 霭虹

mist drilling 泡沫抑尘钻孔
→～ droplet 霭滴 // ～ effect 雾效应 // ～ eliminator 捕雾器；除雾器

mistermination 失谐；终接失配

mist-extractor 除雾器；脱湿器

mist flow 雾状流
→～ forest 霭林

mis(t)-tie 闭合差

mistiming 时间差

mistiness 模糊

mist light-signal 雾灯光信号

mistpuckel 砷黄铁矿 [FeAsS]；毒砂 [FeAsS;单斜、假斜方]

mistral 密史脱拉风[地中海北岸的干冷西北风或北风]

mistrust 怀疑；不信任

mist{fog} spray 喷雾

misty gray 雾灰色

misunderstanding 误解

misuse 滥用；误用

misy 黄钾铁矾[KFe₃³⁺(SO₄)₂(OH)₆;三方]；绿钾铁矾[Fe²⁺,Fe³⁺,Al 和碱金属的硫酸盐;K₂Fe₅²⁺Fe₄³⁺(SO₄)₁₂·18H₂O;等轴]；叶绿矾[R²⁺Fe₄³⁺(SO₄)₆(OH)₂·nH₂O,其中的 R²⁺包括 Fe²⁺,Mg,Cl,Cu 或 Na₂；三斜]；铁矾

misylite 叶绿矾[R²⁺Fe₄³⁺(SO₄)₆(OH)₂·nH₂O,其中的 R²⁺包括 Fe²⁺,Mg,Cl,Cu 或 Na₂；三斜]

Mitcheldiana 米契尔毛藻属[Q]

mitchellite 镁铬铁矿[(Mg,Fe²⁺)(Al,Cr)₂O₄;等轴]；镁铬尖晶石[(MgFe)(AlCr)₂O₄]

Mitchell screen 米切尔型筛
→～ set 米切尔式方框支架 // ～ slining method{Mitchell stoping method} 米切尔方框支架分层采矿法

mitella 石蜡

miter 僧帽；斜接(口)；斜角缝；45°角接口；成45°角斜接
→～ fold 斜接褶皱 // ～ gauge 斜节规 // ～{bevel} gear 八字轮

mitgjorn 米琼风

mitigate 缓和；减轻
→～ corrosion 防腐的

mitigation 缓蚀

mitigative 缓和剂；止痛剂；止痛的；镇静的；缓和性的

mitigator 缓和剂

mitochondrion[pl.-ia] 线粒体

Mitosia 米托颗石[钙超;K₁]

Mitra 笔螺属[腹;E-Q]

mitre 僧帽；斜接口；斜接；45°角接口；成45°角斜接
→～ elbow 虾米腰弯头

Mitrella 小笔螺属[腹;E-Q]

mitre wheel 45°伞形齿轮

mitridatite 斜磷钙铁矿 [Ca₃Fe₄³⁺(PO₄)₄(OH)₆·3H₂O]

mitring machine 锯机

Mitrolithus 帽颗石[钙超;J₁?]

mitryaevaite 水氟磷铝石 [Al₁₀(PO₄)₈.₇(SO₃OH)₁.₃]∑₁₀AlF₃·30H₂O]

mitscherlichite 氯钾铜矿[K₂CuCl₄·2H₂O;四方]

mix and stir plaster 和泥

mixed 混频器；混合的；拌和器
→～ alkali effect 混合碱效应 // ～ base crude oil 混基石油；混合基原油 // ～ bituminous macadam 混拌沥青碎石路 // ～ cholesterol calculus 混合性胆固醇结石 // ～ gneiss 复片底岩 // ～-highs signal 高频混合信号 // ～-lattice clay mineral 混合晶格黏土矿物 // ～ {-}layer mineral 混层矿物 // ～ material hopper 小矿槽

"mixed on the job" blasting agent 工地配制炸药

mixed ore 混合矿；氧化矿和硫化矿混合矿石
→～ rock 混合岩 // ～ stone conglomerate 复屑砾岩

Mixican Marigdd 万寿菊类提取法

mixilateral notch 复合侧凹；复侧缺
→～ plate 混合侧片

mixing 混频；混波；掺和；搅动
→～ bin 混匀矿仓

mixipterygium 鳍脚

mixite 砷铋铜石 [BiCu₆(AsO₄)₃(OH)₆·3H₂O;六方]；砷铋铜矿 [Cu₁₁Bi(AsO₄)₅(OH)₁₀·6H₂O]

mix mud 混合泥浆
→～ muller 混砂机[摆轮式]

mixochoanitic 合颈式[头]

Mixoconus 混锥牙形石属[O₂]

mixodectids 混齿类[哺]

Mixodectoidea 祖鼠类

mixolimnion 环particle层；混合层[湖泊]

mixometer 搅拌计时器{计}

Mixopteris 间羽蕨属[植;T₃]

Mixotermitoidea 混白蚁目[昆;C]

mixotrophic 混养的[生]

mixpah 古安山岩；粗面岩

mix selector 混合配料选择器

mixt 混合物

mixtinite 混合体[胶质镜质体与微粒体的混合体]；类脂体

mixtite 混杂岩；杂岩

mixton 冰碛

mixture 混合物；混合；搅拌
→～ heat 混合热

mix{jumble} up 掺杂

miyakite 三宅岩；锰辉玄武岩

miyashiroit 假设的碱闪石

Miyashiro-type orogeny 都城秋穗型造山作用

mizer 锥钻头；管形提泥钻头

miz(z)onite 钠钙柱石；中柱石[Ma₅Me₅-Ma₂Me₈(Ma:钠柱石,Me:钙柱石)]

Mizzia 米齐藻(属)[P]

mizzle 迷雾雨

mizzonite 针柱石[钠柱石-钙柱石类质同象系列的中间成员；Ma₈₀Me₂₀-Ma₅₀Me₅₀;(100-n)Na₄(AlSi₃O₈)₃Cl•nCa₄(Al₂Si₂O₈)₃(SO₄,CO₃)]

ML 地方震震级；补偿储备排水量的固体压载；界线

M.M. 中等中矿

mmHg 毫米汞柱；毫米汞高

MMR method 磁(测)电阻率法

MM scale 修订麦[默]加利地震烈度表
→～{modified Mercalli} scale 修正麦加利烈度表

Mn 平均潮差；锰

Mn-ferripalygorskite 锰坡缕石 [(Mn,Mg)₅Si₈O₂₀(OH)₂•(8~9)H₂O;单斜]

Mn-goslarite 锰皓矾

Mn-hydroxyapatite 锰羟磷灰石

Mn-oxidizing bacteria 锰氧化菌

M-N plot 岩性-孔隙度交会图；M-N 交会图

Mn-pyroxene 锰普通辉石

Mn-pyroxmangite 锰-锰三斜辉石

Mn-reduction bacteria 锰还原菌

Mn-rhodonite 锰蔷薇辉石

Mn-sepiolite 锰海泡石

Mn-siderite 锰菱铁矿[(Fe,Mn)CO₃]

MO 矿物油

Mo 钼

mo 模制的；每月；月；矩；分子轨道；岩粉[瑞]

moat 环形海沟；护城河；深沟；濠；谷形洼地；型洼地；弓形湖；槽；封闭井口；废弃河道；池；冰川槽谷
→(sea) ～ 海壕

Moat Blanc ruby 红水晶[SiO₂];含赤铁矿水晶

moating 流沙中井壁黏土背帮

moat(-)like fault 渠状断层

moazagotl cloud 摩柴哥脱云
→～ wind 过山强风

moberg mountain 桌山

Mobil Arctic Island 活动北极岛

mobile bed 活动层；移支床层
→～ belt 构造活动带 //～ crushing plant 移动式联合碎石机组 //～ drilling rig 活动钻机 //～ element 活动元素 //～ mine drill 移动式矿用钻机；自行式矿用钻机 //～ phase 活动相 //～ repair shop 修理车

mobilideserta 流沙荒漠

mobilisate 流动体[德];活动体[德];活动相

mobilism 活动论

mobilist 活动论者

mobilistic theory 活动论

mobility 流动性；机动性；活动性；运移性；变动性；迁移(率)；迁移性；能动性；流(动)度；移动性；灵活性；可动性；淌度
→～ coefficient 活动系数 //～ scale of elements 元素活动性等级 //～-thickness product 淌度系数

mobilizate[德] 活动相；流动体

mobilized 转移
→～ ore deposits 活化矿床 //～ shear force 发挥出来的剪力

mobilizer 活化剂；活动剂

mobiljumbo 自行台车；自动钻车

mobilometer 流变计；淌度计

mobrite 铁铵矾[(NH₄)₂Fe(SO₄)₂•6H₂O]

mobula hypostoma 下口蝠鲼

Moby-Dick ballon 摩培-狄克气球

Moca Cream 银沙石

Mocca Green 摩卡绿[石]

mocha stone 褐点苔纹玛瑙；藓纹玛瑙[SiO₂;含软锰矿]

mochazhinas 苔地

Mochlophyllum 杆珊瑚属[D₃]

mockingbird singing 机件缺油摩擦的尖叫声

mock lead 闪锌矿[ZnS;(Zn,Fe)S,等轴;英]
→～ moon 幻月；假月

Mock orange 山梅花[虎耳草科,锌局示植]

mock ore 闪锌矿[ZnS;(Zn,Fe)S;等轴]
→～ sun 假日

mock-up 机组组装(试轧)[在运走前]

mock valley 淹浴
→～ vermilion 基性铬酸铅{铅矿}

moco 岩豚鼠

moctezum(a)ite 碲铅铀矿[Pb(UO₂)(TeO₃)₂;三斜];铅铀碲矿

modal 实际矿物成分的；模型的
→～ analysis 模态分析；模式分析；矿物(百分)含量分析 //～ calculation 矿物成分计算

modderite 砷钴矿[(Co,Fe)As;斜方];莫砷钴矿；莫德矿

mode 实际矿物[C.I.P.W.];方式；模式；众值[岩]；众数；方法；矿物百分含量；出现频率最大{高}的值；样式；波型
→～ chart 模式图 //～ control 状态控制

model 表；式样；标杆；典型的；典型的；模型的；模式；模仿；模范的；样品；仿造；型；塑造
→～ change 产品变化 //～ crystal 模拟晶体

modeled bow 依照模型造的船头

model experiment 模拟试验
→～ experiment{test} 模型试验 //～ for exploration 找矿模型；勘探模型

modeling bar 比例杆[缩放仪]
→～ clay 黏土类；橡皮泥；塑型泥 //～ theory 模拟理论

modelling 模型化
→～ (modeling) 模式化 //～ light 立体感光灯

model of chemical sedimentary ores 化学沉积矿床的模式
→～ of porphyrite iron deposit 玢岩铁矿床模式 //～ of preservation 保存范例 //～ pipeline test rig 模拟管线试验装置 //～ theory 模型论；模式原则

modem 解调器

modena 深紫色

mode of anti-plane-slide 撕裂式扩展
→～{system} of mining 采矿方法 //～ of occurrence of ore body 矿体产状

moderate 适中；适度的；缓和的；中等的；温和的；调节
→～ dip 缓倾斜[25°～30°] //～-energy 中能 //～-energy coast 中等能量海岸 //～ fines 中等细粒 //～ heat portland cement 中热水泥

moderately hard water 半硬水；中等硬水
→～ pitching 缓斜 //～ sorted 中度淘选 //～ strong 中强[地震强度] //～ strong earthquake 中强地震

moderate pitch seam 倾斜矿层

→～ rain 中雨

moderation 缓和；慢化；延时；稳定；减速作用；减速

moderator 缓凝剂；缓和剂；减速器；减速剂；调节器；级和剂

modern 新型的；现代的
→～{fancy} cut 高档琢型 //～ design method 现代设计法

moderne 摩登呢[法]

modern{made} ground 现代沉积

modernism 现代式

modernization{modernize} 现代化

modern man 现代人
→～ sectors 扇形区 //～ times 近代 //～ valley alluvium 现代河谷冲积物

mode rose 时尚玫瑰式[钻石]
→～ skipping 振荡模跳变

modification 改变；饰变[聚形中次要单形]；饰变；后天变化；变性；变形；地形变化；变体；变态；变更；修改；更改；改装；改型；改进；处理；修正；限制；缓和

modifying{conditioning;regulating} agent 调整剂

moding 模变；振荡范围变动；跳模；模的(波、振荡、传输)

Modiolopsis 瓢形贝；拟瓢蛤属[双壳;O₂₋₃]

Modiolus 偏顶蛤属[双壳;D-Q]

Modiomorpha 瓢形蛤属[双壳;S₂-P₂]

Modiomorphacea 瓢形蛤超科[双壳]

modlibovite 云橄黄煌[脆]岩

mod{mode} transducer 模变换器

modular 模块；模的；组装式的
→～ supercomputer 模块化巨型机

modulating{modulation;modulated} signal 调制信号

modulation 调整；调节；调变
→～(width) ～ 调制

modulator 调制器；调变器
→～(amplitude) ～ 调幅器 //～ element 调制元件

module 系数；崎岖山岳长途运输机；舱[飞船]；模件；模数；模量；模块；模比；率；圆柱的半径量度；阶；组件；微型组件；程序片；加法群
→～ of rigidity 刚性模数

modulus[pl.-li] 模比率；模数；模量；模块；组件；系数
→～ of compression{compressibility} 压缩模量{数}

modumite 钠铁矾[NaFe³⁺(SO₄)₂(OH)₆;三方]；钙铝碱辉长岩；方钴矿[CoAs₂₋₃;等轴]；碱辉斜长岩

modus[pl.-di] 方法；方式

moel 有植被覆盖的圆丘[威尔士]

moela 上升向斜高原[西]

moellon 乱石圬工；砾石；碎石

moeloite 穆硫锑铅矿[Pb₆Sb₆S₁₇]

Moeritherium 始祖象(属)[E₂₋₃];蒙内象[始祖象属]

moffrasite 水锑铅矿[Pb₂Sb₂O₆(O,OH);等轴]

mog 磨细筛目；最好的研磨粒度[按通过一定筛孔物料百分数计]

moganite 莫石英[SiO₂]

mogensenite 含钛尖晶石磁铁矿；莫更生矿

mogo 短柄小石斧

mogote 灰岩残丘；溶蚀丘；单笔孤峰

mogovidite 富钙异性石 [Na₉(Ca,Na)₆Ca₆(Fe³⁺,Fe²⁺)₂Zr₃☐Si₂₅O₇₂(CO₃)(OH,H₂O)₄]

mohavite 三方硼砂[Na$_3$B$_4$O$_7$•5H$_2$O;Na$_2$B$_4$O$_5$(OH)$_4$•3H$_2$O;三方]；八面硼砂[Na$_2$B$_4$O$_7$•5H$_2$O]

mohaw-algodonite 杂微晶砷铜矿；杂砷铜矿[以 Cu$_6$As 为主与 Cu,Cu$_6$As,Cu$_3$As 等的混合物]

mohawk(-)algodonite 杂砷铜矿[以 Cu$_6$As 为主与 Cu,Cu$_6$As,Cu$_3$As 等的混合物]

mohawkite 杂砷铜矿[以 Cu$_6$As 为主与 Cu,Cu$_6$As,Cu$_3$As 等的混合物]；杂镍砷铜矿[Cu,Cu$_6$As,Cu$_3$As 等的混合物]

mohawk-whitneyite 淡杂砷镍铜[以 Cu 为主的 Cu,Cu$_6$As,Cu$_3$As 混合物]；杂淡砷铜矿

mohelnite 斜绿泥石 [(Mg,Fe^{2+})$_4$Al$_2$((Si,Al)$_4$O$_{10}$)(OH)$_8$ 近似)；(Mg,Fe^{2+})$_5$Al(Si$_3$Al)O$_{10}$(OH)$_8$;单斜]

mohite 穆硫锡铜矿；莫硫锡铜矿；穆锡铜矿[Cu$_2$SnS$_3$]

mohm 莫姆

Mohnian 莫恩(阶)[北美;N$_1$]

moho 超深钻；莫霍钻(孔)[打穿地壳进行地幔岩石取样的超深钻]

Mohr-Coulomb failure cone 摩尔-库仑破坏锥
→~ failure envelope 摩尔-库仑滑落包络线 // ~ yield criteria 莫尔-库仑屈服准则

mohrite 六水铵铁矾 [(NH$_4$)$_2$Fe^{2+}(SO$_4$)$_2$•6H$_2$O;单斜]

Mohr's{stress} circle 莫尔圆
→~ construction 莫尔作图 // ~ salt 摩尔盐 // ~ {mohr's} salt 铁铵矾 [(NH$_4$)Fe(SO$_4$)$_2$•6H$_2$O]

Mohr{More} strength criterion 莫尔强度准则

Mohs(') hardness scale 莫氏硬度指标[标准矿物刻划硬度]

mohsite 铅锶铁钛矿；慕斯矿；莫斯矿；钛铁矿[Fe^{2+}TiO$_3$,含较多的 Fe$_2$O$_3$;三方]

Mohs-Wooddell hardness 莫氏伍德尔硬度

moiety 一半；一部分

moil 石錾；尖凿；尖钎子；短钢钎
→~ a hitch 挖掘梁窝

moiling 凿窝

Moinian series 莫因(变质岩)系[苏格;An€]
→~ system 莫因尼安系

moire 波纹(的)[石]
→~ effect 云纹效应 // ~ texture 绢纹结构

moissanite 碳化硅；碳硅石[(α-)SiC;六方]

moissite 铁泥矿；铁铌矿[Fe(Nb$_2$O$_6$)]

moist 保湿的；潮湿的；潮湿；湿；润湿；多雨的
→~ adiabat 湿绝热线

moistening apparatus 润湿器；喷水装置
→~ capacity 可(润)湿性

moist{marshy} ground 湿地

moisture 潮湿；潮气；湿气
→~ (capacity;content;condition) 湿度；含水量；水分 // ~ in the air-dried sample 风干试样(的)水分；风干煤的水分；空气干燥煤样水分 // ~ inversion 水分逆增层 // ~ of blend 配料水分

moistureproof 防潮层

moisture {-}proof 防潮的

moja 火山泥；泥熔岩

Mojave 莫哈韦沙漠[美加州西南]
→~ super seal 防漏碱土、珠光岩和木屑的混合物

Mojsvarites 莫西瓦菊石属[头;T$_3$]

mokkastein 藓纹玛瑙[SiO$_2$]

mol 摩尔量；摩(尔)

molal 摩尔浓度的；(体积)摩尔的；重量摩尔浓度的
→~ concentration 重模浓度；摩尔浓度[重量] // ~ depression constant 重量摩尔(凝固)点下降常数 // ~ elevation constant 重量摩尔沸点上升常数

molality 重模

molar 摩尔浓度的；(体积)摩尔的；白齿；板牙

Molaspora 磨盘孢属[K]

molasse 摩拉石；磨砾层；磨拉石[法]
→~ clastic basin 磨拉石碎屑盆地 // ~ foredeep trough 磨拉石前渊拗槽 // ~ phase 磨拉石期

molasses 糖蜜；糖浆

molasse type 磨砾型
→~-type sediment 磨粒石型沉积；磨拉石型沉积

mo(u)ld 化石造型；模子；模型；模；铸模；腐殖土；印模；阴模；沃土；松软土地；霉菌；铸型；油性黏土；外模；塑模

moldability 可模制性

moldable 可铸型的

moldavite 石蜡[C$_n$H$_{2n+2}$]；黑地蜡；莫尔道熔融石；摩尔达维亚玻陨石；伏尔塔瓦玻陨石；绿玻陨石；暗绿玻璃

mo(u)ldboard 模板；型板

mo(u)ld creep tester 砂型蠕变试验仪

molded breadth 型宽
→~ plastic tank 塑料模制罐 // ~ resin 模制树脂

mo(u)lder's hopper 造型砂斗

mold formed bottle 模制瓶

mo(u)ld fracture tester 砂型抗裂试验仪

moldic pore 铸模孔隙；印模孔隙
→~ porosity 印膜孔隙性[沉积物或岩石中的个别组分溶解而形成的孔隙] // ~ porosity{pore} 溶模孔隙

molding and shaping 造型和成形
→~ box 翻砂箱

mo(u)lding flask 砂箱[机;冶]
→~ plaster 模型成型用烧石膏

molding pressure 成形压力
→~ {foundry;casting} sand 型砂 // ~ temperature 模压成型温度

moldless forming 无模成形

Moldova 摩尔多瓦

moldovite 石蜡[C$_n$H$_{2n+2}$]；暗绿玻璃

mo(u)ld plaster 模型石膏

mold rains 霉雨；梅雨[汉]
→~ seam 合缝线印

mole 摩尔量；摩(尔)；克分子[现已规范用"摩尔"]；防波堤；方铅矿[PbS;等轴]；挖掘
→~-basis response 摩尔响应值

molectron 组合体；集成电路

molecular attraction theory 分子牵引说

molecularity 分子作用

molecular norm 分子性标准矿物
→~ orbit 分子轨道 // ~ sieve cracking catalyst 沸石裂化催化剂

molecule 分子；克分子[现规范用"摩尔"]
→~ elongation 分子链伸展

mole drains 鼠道式排水沟
→~ {molecular;molar} fraction (体积)摩

尔份数 // ~ head 防波堤头；防波堤头；突堤堤头 // ~-hole operation 小量开采 // ~-hole operations 零星采矿

molengraaf(f)ite 闪叶石[Na$_3$Sr$_2$Ti$_3$(SiO$_4$)$_4$(O,OH,F)$_2$;Na$_2$(Sr,Ba)$_2$Ti$_3$(SiO$_4$)$_4$(O,OH,F)$_2$;单斜]；钛硅钙钠石

moler 矿石碎磨；硅藻土[SiO$_2$•nH$_2$O]

molera 硅藻土[SiO$_2$•nH$_2$O]

moles 掘进机

molestation 骚扰

mole track 拱起带；隆起带

molibdomenite 白硒铅矿[Pb(SeO$_3$)]

molion 分子离子

molisite 铁盐[Fe^{3+}Cl$_3$;六方]

Moll arch 莫尔型可缩式铰接拱形支架

mollasse 磨砾层；磨拉石[法]

mollerizing (钢的)液体渗铝

mollient 缓和剂；软化剂

mollifier 缓和药；软化器；软化剂

mollisol 活动层；流动土层；软土

mollisols 松软(性)土

mollite 天蓝石[MgAl$_2$(PO$_4$)$_2$(OH)$_2$;单斜]

mollusc 软体动物

Molluscoida[pl.-e] 拟软体动物门

mollusk 软体动物

molluskite 贝软体碳化石

Mollweide homolographic projection 摩尔魏德等积投影
→~ projection 穆尔威投影；摩尔维特投影

molochite 孔雀石[Cu$_2$(OH)$_2$CO$_3$;单斜]

Molongia 莫龙贝属[腕;S$_3$]

moloxide 分子氧化物

Molpadonia 芋海参目[棘]；芋参目

molt 换羽；脱皮

molten 熔融的；熔化的
→~ {liquid} magma 液态岩浆 // ~ rock casting 熔石铸造；铸石 // ~-rock casting 铸石件 // ~ type sintered ore 熔融型烧结矿

molting 换羽；蜕壳；蜕皮；蜕变[生]

molt stage 蜕化期

moluranite 黑钼铀矿[UO$_2$•3UO$_3$•7MoO$_3$•20H$_2$O]；多水钼铀矿 [H$_4$U^{4+}(UO$_2$)$_3$(MoO$_4$)$_7$•18H$_2$O;非晶质]

molyb(den)ate 钼酸盐

molybdaena 辉钼矿[MoS$_2$;六方]；石墨[六方、三方]；方铅矿[PbS;等轴]

molybdanuran 钼铀矿[(UO$_2$)MoO$_4$•4H$_2$O;单斜]

molybdate 钼酸盐
→~ of iron 水钼铁矿[Fe$_2$O$_3$•3MoO$_3$•8H$_2$O;Fe$_2$(MoO$_4$)$_3$•8H$_2$O]；钼华[MoO$_3$;斜方] // ~ of lead 钼铅矿[PbMoO$_4$;四方]

molybdena 氧化钼

molybdenite 辉钼矿[MoS$_2$;六方]

molybdenizing 辉钼矿化

molybdenum 钼
→~ bearing mineral 含钼矿物 // ~ carbide ceramics 碳化钼陶瓷 // ~ concentrate 钼精矿 // ~ deposit 钼矿床 // ~ glance 辉钼矿 [MoS$_2$;六方] // ~-group glass 钼组玻璃 // ~ {moly} ore 钼矿

molybdic 含钼的
→~ ocher 水钼铁华矿；钼赭石 // ~ ochre 水钼铁矿 [Fe$_2$O$_3$•3MoO$_3$•8H$_2$O;Fe$_2$(MoO$_4$)$_3$•8H$_2$O] // ~ silver 叶碲铋矿[Bi$_2$Te$_3$; BiTe?;三方]

molybdine{molybdite} 钼华[MoO$_3$;斜方]

molybdofornacite 钼砷铜铅石$[Pb_2Cu(OH)((As,P)O_4)(Mo,Cr)O_4]$

molybdomenite 白硒铅石$[PbSeO_3$;单斜]；白硒铅矿$[Pb(SeO_3)]$

molybdop(h)yllite 硅镁铅矿$[(Pb,Mg)_2(SiO_4)\cdot H_2O;Pb_4Mg_3Si_2O_7(OH)_2$;六方]

molybdoscheelite 硅白钨矿；钼白钨矿$[Ca((W,Mo)O_4)]$

molybdosodalite (含)钼方钠石$[Na_4(Al_3Si_3O_{12})Cl$(含3%的$MoO_3)]$

moly paint 钼漆

molysite 铁盐$[Fe^{3+}Cl_3$;六方]

moly sulphide 硫化钼矿

moment 动量；动差；瞬息；瞬时；瞬间；时矩；扭力；转矩；力矩；因素；要素；矩；片刻[与 zone 相对应的时间单位]

momentary contact 瞬时接触
　→~ hydrostatic friction coefficient 瞬时液体静力摩擦系数

moment equilibrium factor of safety 力矩平衡安全系数

momentum[pl.-ta] 势头势；动量；力量；冲量；冲力；动向
　→~ density stress 动量密度应力

Momipites 拟榛粉属[孢;E]

Monabel 莫那贝尔(炸药)

monacanth 单羽榍[珊]

monachite 蒙纳奇特炸药[三硝基二甲苯、木炭胶棉等]

monacite 磷铈镧矿；独居石(砂)$[(Ce,La,Y,Th)(PO_4); (Ce,La,Nd,Th)PO_4$;单斜]

monacitoid 独居石$[(Ce,La,Y,Th)(PO_4); (Ce,La,Nd,Th)PO_4$;单斜]

Mona complex 莫纳杂岩

Monactin(e) 单射骨针

monactinal 单射的

Mon(o)actinellida 单射海绵目

monadic operation 单值操作；单一运算；一元运算

monadnock 残山；残丘
　→~-barge 残山；孤丘[海蚀台上的]

monalbite 蒙钠长石$[Na(AlSi_3O_8)]$

monangium 单群囊[植]

monarkite 蒙纳凯特炸药[含硝铵、硝酸甘油、硝酸钠、食盐等]

Monascus 红曲(霉)属[真菌;Q]

monatomic molecule 单原子分子

monaural 非立体音的

Monawet MO ×药剂[双-2-乙基己基磺化琥珀酸钠]

monaxial 一轴的

monaxon 单轴针[绵]；单轴骨针；单针骨；单骨针

Monaxonida 单轴目{类}；单轴海绵目

monazite 磷铈镧矿；镧独居石$[(La,Ce,Nd)PO_4$;单斜]；独居石$[(Ce,La,Y,Th)(PO_4);(Ce,La,Nd,Th)PO_4$;单斜]；毒居石
　→~ (rock{ore}) 独居石$[(Ce,La,Y,Th)(PO_4);(Ce,La,Nd,Th)PO_4$;单斜]；独居石砂$[(Ce,La,Y,Th)(PO_4)]$ // ~ -(Ce) 铈独居石；硼独居石；镧独居石$[(La,Ce,Nd)PO_4$;单斜]；钕独居石；铷独居石$[(Nd_{0.44}Ce_{0.29},La,Pr,Sm,Gd)PO_4]$；钐独居石$[SmPO_4]$ // ~ breakdown 独居石分解

monazitoid 独居石$[(Ce,La,Y,Th)(PO_4);(Ce,La,Nd,Th)PO_4$;单斜]

Moncervetto 梵舍威图灰[石]

moncheite 碲铂矿$[PtTe_3;(Pt,Pd)(Te,Bi)_2$;三方]

monchikite 沸煌岩

monchiquite 蒙启克岩；方沸碱煌岩

monclinal{homoclinal} valley 单斜谷

mondhaldeite 白榴闪辉斑岩；闪辉二长煌斑岩

mondial 全世界范围的

mondmilch 岩乳[一种硅藻土或风化方解石]；月乳

mondstein 月长石$[K(AlSi_3O_8)]$

Monelasmina 单板贝属[腕;D_3]

Monel metal 孟乃尔合金；铜镍合金
　→~ {white} metal 白铜

monetite 三斜磷钙石$[CaH(PO_4)$;三斜]

money 货币；钱；金钱；金
　→~ appropriated 拨款 // ~ clause 预算条款

Mongolianella 蒙古介属[J_3-K]

Mongolirhynchia 蒙古嘴贝属[腕;S_3]

mongolite 羟硅铌钙石$[Ca_4Nb_6(Si_5O_{20})O_4(OH)_{10}\cdot nH_2O]$

Mongoloid 蒙古人种

Mongolonyx 蒙古爪中兽属[E_2]

Mongolosauras 蒙古龙

monheimite 铁菱锌矿$[(Zn,Fe^{2+})(CO_3)]$

monhydrallite 羟铝土矿类

Monica 莫尼卡[女名]

Monilea 颈环螺属[腹;N-Q]

Monilia 丛梗孢属[真菌;Q]

moniliform 念珠状的；念珠形；串珠状的；串珠状[沉积岩]
　→~ wall 串珠状壁[苔]

Monilospora 链环孢属[C_1]

monimolite 丝锑铅矿$[(Pb,Ca)_3Sb_2O_8?$;等轴]；水锑铅矿$[Pb_2Sb_2O_6(O,OH)$;等轴]；绿锑铅矿

monimostyly 固接型

monite 黄胶磷矿$[Ca_5(PO_4,CO_3OH)_3OH]$；三斜磷钙石胶磷矿；碳磷灰石

monitor 监视；监测；水枪；监视器；喷枪；安全装置；监听；检测(器)；巨蜥属[Q]；监听器；监督程序；监测器

monitor (unit) 监控器
　→~ and control 监控 // ~ fuel disk 燃料检验盘

monitoring 水枪冲采(法)；检测；监听；监控
　→~ and prediction network 监测预报网络 // ~ of coal mine safety 煤矿安全生产监测

monitor operator 自重滑行坡管车工
　→~ program{routine} 监督程序 // ~ sample 管理样 // ~ TV under water 水下监视电视

Monjurosuchus 满洲鳄；文珠鳄属[J]

Monkaspis 孟克虫属[三叶;ϵ_{2-3}]

monkey 活动扳手；绳索运输用车夹；绳夹；猴子；放散管；渣口[冶]；井架工；小坩埚；打桩锤；通风道
　→~ drift 石门；小通风眼；小探巷；通风小眼 // ~{ram;pile-driving} engine 打桩机 // ~ {-}face concave pebble 猴面石 // ~ heading 窄小巷道 // ~ hook 桩头钩 // ~ ladder 树杆制矿用梯子；小梯子

monkeyway 通风巷(道)

monkey{crab;carb} winch 小绞车
　→~-wrench 活扳手

monmouthite 闪霞岩；富铁钠霞石岩；绿钠闪粗霞石

monnoirite 蒙诺尔岩[碱性辉长岩与斑霞正长岩间过渡]

monoaryldithiocarbamate 单芳基二硫代氨基甲酸盐[R-NHCSSM]

monoaxial 单轴的；一轴的
　→~ {monaxial} crystal 一轴晶体

monobasal 单底型[海胆]

Monobathra 单圈圆顶海百合目

Monoblepharis 单毛`水霉`属[真菌;Q]

monobloc 整块；单元机组；单体
　→~ bit 整体钎头

monoblock 单块；整体(式的)；整块
　→~ pump 与动力装置成整体的泵

Monobothrida 单穴海百合目；单杯圆顶海百合目[棘]

monobrid 单片组装法

α-monobromnaphthalene α 溴萘

monobuoy 单浮筒

monocable 单芯电缆
　→~ (ropeway) 单线索道

monocentric 单芯的；单口的
　→~ evolution 单中心演化

Monoceratina 单角介属[T_3]

Monoceros 麒麟座

monocevotite 莫诺陨石

Monochaetia 盘单毛孢属[真菌;Q]

monochloride 一氯化物

monochromate 全色盲者；单色(光)器{镜}

monochromatic 单色光的
　→~ beam 单色光束

monochromaticity 单色性

monochromator 单色仪；单色(光)器{镜}

monochrome 黑白图像；单色画；单色的；单色
　→~ {brightness} signal 黑白信号

Monoclimacis 单栅笔石属[S]

monoclinal 单斜的；单斜

monoclinic 单斜的；单晶的；单结晶的
　→~ ancestry 单斜世系 // ~ pyroxene 斜辉石类 // ~ roscherite 斜锰钙磷铍石

Monoclonius 独角龙属[K_2]

monoclonius 独角龙

monocoating 单分子膜

monocolpate 单沟型的；单槽型的[孢]；单槽的

monocolpatus 单萌发沟的[孢]

Monocolpopollenites 单沟粉属[孢;E_2]

monocoque 硬壳式构造{结构}[航]；无大梁结构；应力表层(结构)

Monocotyledonae 单子叶(植物)纲

Monocotyledones 单子叶植物`类{亚纲}

monocrepid 骨结单叉式[绵]；单轴中横棒；单基片[无脊]

monocrystalline 单(晶)体(的)；单晶的；单晶
　→~ fused alumina 单晶刚玉

monocular analysis 单筒望远镜分析；单目分析
　→~ hand level 单筒手(持)水准(仪)

Monocyatha 单古杯类

Monocyathea 单古杯纲[ϵ_{1-2}]；单壁古杯纲

Monocyathus 单古杯(属)[ϵ_1]；单壁古杯纲

monocyclic 单周期(的)；一环的
　→~ landforms 单轮回地形 // ~ ring 单环

monocycly 单轮式

Monodelphia 单子宫类

Monodiexodina 单通道蜓(属)[孔虫;P_2]

monodirectional 单向的

monodisperse 单分散性
→～ layer 单分散层
monodrome 单值
→～ {monotropic;single-valued;univalued} function 单值函数
monodromy 单值(性)
monoecious 雌雄同株的[植];雄雌同体的
monoecism 雌雄同体
monoeder 单面
monoenergetic 单能的
→～ {monoergic;single-end} neutron 单能中子
monoester 单酯
monoethanolamine 一乙醇胺[H$_2$NCH$_2$CH$_2$OH]
monoethanol(-)amine 单乙醇胺[用于天然气处理]
monofier 摩诺管
monofilament 单丝
monofilm 单分子膜;单分子层
monofuel 单元燃料
→～ propulsion system 单一燃料推进系统[航]
monofunctional 单官能的;单功能的
→～ compound 单官能团化合物
monogamy 一一对应;一对一
monogen 单价元素
monogene(tic) 单基的;单成因的;单成分的;单矿的
Monogenerina 单串虫属[孔虫;C-P]
monogene(tic) rock 单成岩
monogenesis 一元发生说;无性生殖
monogenetic 单色的;单基的
→～ conglomerate 单砾岩 //～ soil 单育土;单成因土壤[常态土]
monogen(et)ic 单成因的;单成分的
monogeosyncline 单地槽;陆边地槽
monoglacial 单一冰期
monographic study 专题研究
monographist 专题论文作者
monograptid 单笔石类
monograptidae 单笔石科
monograptid type 单笔石式
Monograptus 单笔石(属)[S]
monohapto 单配位点
monohedron 单面
monohydrallite 单水铝石[Al$_2$O$_3$•H$_2$O];铝红土
→～ {monhydrallite} 铝土矿[由三水铝石(Al(OH)$_3$)、一水软铝石或一水硬铝石(Al(OH))为主要矿物所组成的矿石的统称;Al$_2$O$_3$•H$_2$O]
monohydrate 单水型的;一水化(合)物
→～ bauxite digestion 一水铝石型铝土矿溶出
monohydric 一羟基的
→～ phosphate 磷酸一氢盐
monohydrocalcite 单水碳钙石[CaCO$_3$•H$_2$O;六方];一水方解石
monohydroxy 一羟基的
→～ {-}alcohol 一元醇
monoid 带有中性元的半群;独异点
monokaryon 单核
monolamellar 单层式[古];单层的
monolayer 单分子层;单层
→～ proppant placement 支撑剂单层分布
mono-layer propping 单层支撑
monolete mark 单裂缝痕[孢];单痕
monoletes 单痕孢

monolete suture 单裂缝[孢];单缝[孢]
monoletus 单裂痕;单裂缝[孢]
monoliminal chain 单限山链
→～ geosyncline 单入口地槽;单侧限地槽
Monolites 厚壁单缝孢属[J-Q]
monolith 整块石料;磐石;盘石;单一岩;单岩山;单块;单独巨石;整体样;整料;原状石样;完整巨石;巨块独体岩;巨大柱体岩;整段土壤剖面;独石
→～ (rock) 单成岩 //(soil) ～ 原状土样
monolithic 单一岩的;单块(的);单成岩的;独块巨石的
→～ concrete lining 整体式井壁;整体混凝土支护 //～ Lining 整体发碹{碳}//～ ore of magnesium dolomite 合成镁质白云石砂
monolith lysimeter 原状土中测渗计
monolithologic 单岩屑的[自碎屑岩]
Monolith rock 单一岩
monoliths stone blocks 块石
monolith standing stone 孤赏石
monomark 注册代号;注标记{符号;代号;略名}[由字母、数字组成]
monomeric 单体的
→～ silicic acid 单硅酸
monomer reactivity 单体聚合活性;单体活性
monometallic 单金属的
→～ ore 单金属矿
monomethyl 一甲基
monomethylamine nitrate 甲基胺硝酸盐
monomethyl terephthalate 对苯二甲酸单甲酯
monometrical 等轴状的;等轴的
monomict 单矿沉积岩的
→～ breccia 单质角砾隙石
monomictic lake 冬回水湖;单循环湖;单季回水湖;单对流湖
monomict structure 单体构造
monomineral(lic) 单矿的;单矿物
monomineralic assemblage 单矿物组合
→～ segregation 单矿分凝(作用)
monomineral monomodal 单形的
→～(ic){monogentic} rock 单矿岩
monomolecular film 单分子层薄膜
→～ layer{sheath} 单分子层
monomorphic 单形的;单型的
monomorphism 单一同形{态};单形
monomorphous 单型的;单象的[相对polymorphous]
Monomyaria 单柱目;单柱类[双壳]
monomyarian 单柱类[双壳]
Monongahelan (series) 莫农加希拉统[美;C$_3$]
mononomen 单名
mononuclear complex 单核配合物
mono-olefin 单烯(属)烃
monoparagentsis 单共生
monoparasitism 单寄生(现象)
monophagous 单食性(的)
monophane 柱沸石[Ca(Al$_2$Si$_6$O$_{16}$)•5H$_2$O;单斜]
monophase 单相的;单相
monophasic 单相的
→～ fluid 单相流体;均相流体 //～ orogenic cycle 单相造山循环{旋回} //～ soil 同相土壤
monophone 送受话器

monophonic signal 单声信号
monophyletic(al) 单源的;单系列的
monophyletic evolution 单元演化
→～ group 单系群
Monophyllites 单叶菊石(属)[头;T$_2$]
monophyly 单系
monophyodont 单套牙的;一出齿;不换性齿
→～ dentition 不换性牙系
monopinch 单收缩
Monoplacophora 单壳类;单板纲[软;Q]
monoplane 单翼机;单平面
monople{Monopole} soap 硫酸化蓖麻油酸钠皂
monopleural 单肋(式)[笔]
monoploid 单倍体
monopod 单腿(平台)
monopodial 单轴的;单生长轴的
→～ branching 单轴分支{枝}[古]
monopodium 单轴
monopod platform 单腿近海钻探平台
monopolar{monopole} 单极
Monoporina 无褶壁单孔粉[孢]
Monoporisporites 单孔环球孢属[E$_2$];单孔孢属[K$_2$]
Monoporopollenites 单孔粉属[孢;N]
monopropellant 单元燃料
monoptycha 单褶无边粉类[Mz]
monopulse 单脉冲
monopyroxene 单斜辉石;斜辉石
monorail 单频道;单轨道;单轨(式)
→～ crane 单轨吊车
monoreactant 单元燃料
monosaccate 单囊的[孢]
monosaccharide{monosaccharose} 单糖
Monosacutes 单囊粉属[孢]
Monosaulax 单沟河狸(属)[N]
monoschematic 单岩组的;单结构的
monose 单糖
monosiallitization 单黏土矿物化(作用);单硅铝质化
monostable 单稳态的
→～ multivibrator 单稳多谐振荡器
monostele 单体中柱
monostichate{monostichous} 单列的
monostomodaeal 单口道的[六射珊]
Monostroma 石莼属;礁膜属[绿藻;Q];苔菜属
monostroma 礁膜
monostromatic 单层的
monosubstitution 单基取代
monosulcate 单沟型的;单槽型的[孢]
Monosulcites 单沟粉属[孢;E$_2$];单槽粉属[孢]
monosulfide 一硫化物
monosulfonate 单磺酸盐
monosymmetric dispersion 单对称分散
→～ dispersion of interference colors 干涉色单斜对称色散 //～ face 单对称面 //～ system 单斜对称晶系
monosymmetry 单轴对称
monotactic{monotaxic} 线衍生的
Monotaxinoides 似单排虫属[孔虫;C]
monotaxis 单趋性
monotectic 偏晶(体)
→～ system 共偏系
monotelome 单顶枝[植]
monot(h)ermite 单热石[K$_2$Al$_{10}$Si$_5$O$_{46}$•10H$_2$O];高岭石[Al$_4$(Si$_4$O$_{10}$)(OH)$_8$;Al$_2$O$_3$•2SiO$_2$•2H$_2$O;Al$_2$Si$_2$O$_5$;单斜];伊利石[K$_{0.75}$

$(Al_{1.75}R)(Si_{3.5}Al_{0.5}O_{10})(OH)_2$(理想组成),式中 R 为二价金属阳离子,主要为 Mg^{2+}、Fe^{2+}等]

monoterpene 单萜

monoterpenoid 类单萜类

monothalamous 单壳室的

monothem 单相阶;单阶岩层

monothermite 伊利石[$K_{0.75}(Al_{1.75}R)(Si_{3.5}Al_{0.5}O_{10})(OH)_2$(理想组成),式中 R 为二价金属阳离子,主要为 Mg^{2+}、Fe^{2+}等]

monothetic 单型的

monothiocarbamate 一硫代氨基甲酸酯{盐}[RR'N-C(S)OR{M}]

Monotis 髻蛤属[双壳;T_3]

monotone 单调

→~ function 单调函数

monotonicity 单调性

monotopism 单源论{说}

Monotrematosphaeridium 单穴球形藻属[Z]

monotrichous 单鞭毛的[细菌细胞]

monotron 直越式速调管

monotropic 单向性的

→~ polymorphism 单变性同质异{多形现}象 // ~ {univariant} reaction 单变反应 // ~ transition 单变性转换

Monotrypa 单苔藓虫属[O-D]

monotypic 单种的;单代表的;单型的[古]

→~ genus 单种属[生]

monotypism 单种性[生]

monounsaturated 单不饱和的

monovariant 单变量

→~ system 单变体系

monowheel 单轮

→~ {one-wheel} handcart 单轮泥斗车

monox 氧化硅

monoxide 一氧化物

monradite 变透辉石[$(Mg,Fe)SiO_3•\frac{1}{4}H_2O$];蛇纹化辉石

Monroe effect 门罗[孟禄]效应[射孔];爆炸波相聚效应;聚能效应

monrolite 硅{矽}线石[$Al_2(SiO_4)O;Al_2O_3(SiO_2)$;斜方]

mons 大孤山[火星];隆起

monsmedite 水钾铊矾 [$H_8K_2Tl_2^{3+}(SO_4)_8•11H_2O$;等轴]

monsoon (winds){monsoonal} 季(节)风

→~ current 季风洋{海}流 // ~ -type circulation 季风型环流

montane 山地的

montanic 山的;居山区的;多山的

montanite 碲铋华[$(BiO)_2(TeO_4)•2H_2O$]

montasite 纤铁闪石;铁石棉

mont Blanc ruby 红水晶[SiO_2]

montbrayite 亮碲金矿 [$(Au,Sb)_2Te_3$;三斜];锑金矿

montdorite 芒云母[$(K,Na)_2(Fe^{2+},Mn,Mg)_5Si_8O_{20}(F,OH)_4$;单斜]

monte 疏树常绿阔叶灌木丛;小树林

montebrasite 羟磷铝锂石[$LiAlPO_4(OH)$;三斜];羟磷锂铝石;磷锂铝石[$(Li,Na)Al(PO_4)(F,OH)$;三斜]

montebrazit 羟磷锂铝石

Monte Carlo simulation method 蒙特卡洛模拟法

→~ Carlo statics algorithm 蒙特卡罗静校正算法

monteponite 方镉石{矿}[CdO;等轴]

monteregianite 硅碱钇石[$(Na,K)_6(Y,Ca)_2Si_{16}O_{38}•10H_2O$;斜方]

Monterey Canyon 蒙特雷海底峡谷

→~ shale 蒙特里页岩

montes 山脉;山[月面]

montesite 硫钨铅矿;硫锡铅矿[$PbSnS_2;PbSn_4S_5$?;斜方];硫黄锡铅矿[$PbSn_4S_5$]

Montes Pyrenaee 庇里尼山脉[月面]

→~ Taurus 金牛山脉[月面]

montgomeryite 磷铝镁钙石 [$Ca_4MgAl_4(PO_4)_6(OH)_4•12H_2O$;单斜];斜磷铝钙石 [$Ca_4Al_5(PO_4)_6(OH)_5•11H_2O$]

Montgomery stream function 蒙高梅流函数

monthly 按月(的);每月;月刊

→~ nutation 周月章动 // ~ oil production 月产油量 // ~ report 月报 // ~ water production figure 月度采水值

Montian 蒙特阶;蒙丁(阶)[欧;E_1]

monticellite 钙镁橄(榄)石[$CaO•MgO•SiO_2$;斜方]

monticle 小山岗;小丘陵

monticule 小丘;小火山;小阜;尖峰[苔]

Monticulifera 群山贝属[腕;P_1]

monticulus 虫室阜[苔];虫丘

Montiella 山形藻属[E_2]

montiform 山状;山形

Montiparus 大旋脊螳属[孔虫;C_3]

Montlivaltia 高壁珊瑚

montmart(r)ite (灰性)石膏 [$CaSO_4•2H_2O$;单斜]

montmorillonite 高岭石[$Al_4(Si_4O_{10})(OH)_8;Al_2O_3•2SiO_2•2H_2O;Al_2Si_2O_5$;单斜];蒙脱土;蒙脱石[$(Al,Mg)_2(Si_4O_{10})(OH)•nH_2O;(Na,Ca)_{0.33}(Al,Mg)_2Si_4O_{10}(OH)_2•nH_2O$;单斜];胶岭石

→~ group{|powder} 蒙脱石族{|散} // ~ of cheto-type 切托型蒙脱石

montmorillonitization 蒙脱石化(作用)

montmorillonniste 蒙脱石[$(Al,Mg)_2(Si_4O_{10})(OH)•nH_2O;(Na,Ca)_{0.33}(Al,Mg)_2Si_4O_{10}(OH)_2•nH_2O$;单斜]

montmorillonoid 蒙脱石类

montrealite 富橄霞长岩

montroseite 黑(铁)钒矿[$(V^{3+},Fe^{3+})O(OH)$;斜方]

montroyalite 水羟碳锶铝石

montroydite 橙红石[HgO];橙汞石;橙汞矿[HgO;斜方]

Montserrat 蒙特塞拉特岛[英]

monture 钻石托座

Montyoceras 蒙特角石属[头;O_2]

monument 标石;石碑;测量固定标志桩;剥蚀残柱;界碑

→~ (stone) 界石

monumental mass 蚀余灰岩块体

→~ peak 冰斗分界峰

monumentation 埋石

monumented{marking;marked} point 标志点

→~ point{station} 埋石点 // ~ upland 冰斗蚀残高地

monuments 纪念物

monzonite 二长岩;碱铁钙硅铝酸盐

→~ -porphyry 二长斑岩

mooching knife 楔形刀片[检查储罐板间焊缝质量用]

mooihoekite 褐硫铁铜矿[$Cu_9Fe_9S_{16}$;四方];莫依霍克矿

moolooite 草酸铜石

moonbuggy (car){moon crawler} 月球车

Moon Light 月光石

Moonmilk{moon milk} 岩乳[一种硅藻土或风化方解石];月乳;软钟乳石

moonpool 月形开口;船井

moon pool 月型库;月形开口

→~ pool{central;center well} 船井[海洋钻探船]

moonport 月球火箭发射站;月球飞船发射场

moon-position camera 月位照相设备

moonquake 月震

moonrock 月岩;月亮石[用海洛因和可卡因制的毒品]

moonscape 月球表面;月面景观

→~ scar theory 月球遗迹说

moonscooper 月球标本收集飞船

moonshine 月光

moon's motion 月离

→~ parallactic inequality 月角差 // ~ phase 月相

moon splash 月溅

moonstone 胀石;月(光)石;冰{月}长石[$K(AlSi_3O_8)$;正长石变种]

moon's transit 月中天;太阴中天

→~ variation 二均差

moonwalk 月球漫步

moonwell 船井

moon white glaze 月白

moor 泥炭沼(泽);沼泽;高沼;沼泽地;矿脉富集部分;下锚;停泊;系留[机];系泊;酸沼

→(lowland) ~ 低地沼泽

mooraboolite 钠沸石[$Na_2O•Al_2O_3•3SiO_2•2H_2O$;斜方]

moorage 系泊

moor besom 石楠

moorcoal{moor{bog;limnic;limnetic} coal} 沼煤

moor{crumble} coal 松散褐煤

→~ coal 易碎沼煤

Moore and Neill sampler 穆尔-尼尔取样器

moored sonobuoy 锚系声呐浮标

Moore filter 摩尔型多叶真空过滤机

Mooreisporites 叉角孢属[C_2]

mooreite 羟锰镁锌矾;锰铁锌矾;镁锰锌矾[$(Mg,Zn,Mn)_8(SO_4)(OH)_{14}•4H_2O$;锌镁矾[$(Mg,Zn,Mn)_8(SO_4)(OH)_{14}•3H_2O$;单斜]

→~ -delta 羟锌镁矾[$(Mg,Mn)_5Zn_2(SO_4)(OH)_{12}•4H_2O$;单斜]

δ -mooreite 羟锰镁锌矾

Moorellina 准穆尔贝属[腕;T_3-J]

Moore timbering 摩尔斜撑方框支护法

→~ timbering system 斜框式支架法

moor-gallop 沼泽飚

moor grass 酸沼草原

moorhouse 草泥筑矿工更衣室;泥炭筑成的矿工更衣室

moorhouseite 水镍钴矾[$(Co,Ni,Mn)SO_4•6H_2O$;单斜];六水钴镍矾

mooring 锚系装置;停泊;系留[机];系缆;系泊

→~ basin 操船水面

moorings 系泊用具

mooring swivel 双锚锁环;系锚旋转环

→~ system 锚泊系统 // ~ winch 锚索{系泊用}绞车

moorland 荒野;高沼草原;高地;沼地

→~ pan 硬磐;铁磐 // ~ {marsh} peat 沼地泥炭

moorpan 硬磐；铁磐

moorpeat 高沼泥炭；沼煤

moor-rock 粗砂岩[英;C₂]

moor(land) soil 沼地土壤

moorstone 锚石[英方;一种花岗岩]

moor type 沼型

moosachat 苔玛瑙

moose 犴属[Q]；驼鹿属

moosopal 苔玛瑙

MOP 可动油图[一种测井曲线图]

mop 地板擦；抛光轮；钻孔防溅麻布；拖布；擦光辊

mopane 可乐豆木

mope pole 支撑管道用杆；下管(入沟)撬杠

mopungite 羟锑钠石[$NaSb(OH)_6$]

mop-up 擦干；扫除；做完；结束；全程[线路]

mor 粗腐殖质

moraesite {纤}水磷铍石[$Be_2(PO_4)(OH)•4H_2O$;单斜]

morainal 冰碛的
　→～ channel 冰碛融水道//～-dam lake 碛堤湖//～{moraine} stuff 冰面岩屑

moraine 碛；冰碛(层;石)；冰堆石；火山碎屑[熔岩流表面的]
　→～ apron 前缘碛石带

morainic 冰碛的
　→～ apron 碛裙//～ dam 碛坝//debris 碛屑；冰碛物

morale 道德；纪律

morallon 祖母绿[绿柱石变种,含少许铬;$Be_3Al_2(Si_6O_{18})$]

morass 泥沼；泥塘；泥潭；泥坑；沼泽；困境；艰难
　→～ iron 沼(褐)铁矿[$Fe_2O_3•nH_2O$]//～ ore 褐铁矿[$FeO(OH)•nH_2O;Fe_2O_3•nH_2O$,成分不纯]

Moravophyllum 摩拉维亚珊瑚属[D₃]

MORB 大洋中脊玄武岩

morbidity 发病率；病态

morbifereus{morbific} 致病的；发病的；病原的

morbihanite 硅线浸渗混合岩

Morchella 羊肚菌属[真菌]

Morcol 莫科尔高威力抗水半胶质安全炸药

Morcowet 469 ×润湿剂[烷基萘磺酸盐]

mordant 媒染剂；煤染剂；腐蚀剂；金属腐蚀剂；酸洗剂

mordenite 丝光沸石[$(Ca,Na)(Al_2Si_9O_{22})•6H_2O;(Ca,Na_2,K_2)Al_2Si_{10}O_{24}•7H_2O$;斜方]；异光沸石[$(Ca,Na_2,K_2)(Al_2Si_9O_{22})•5H_2O$]；发光沸石[$(Ca,Na)(Al_2Si_9O_{22})•6H_2O$]

more 更(多(的))

moreauite 水磷铝铀云母[$Al_3UO_2(PO_4)_3(OH)_2•13H_2O$]

more-difficult-to-ball ore 难造球矿石；难成球矿石

morelandite 氯砷钡石；钡砷磷灰石[$(Ba,Ca,Pb)_5(AsO_4,PO_4)_3Cl$;六方]

morel basin 溶蚀坑

Morelletpora 莫氏孔藻属[E]

morencite (褐)绿脱石[$Na_{0.33}Fe_2^{3+}((Al,Si)_4O_{10})(OH)_2•nH_2O$;单斜]

morenosite 碧矾[$NiSO_4•7H_2O$;斜方]

morepite 黑云奥长环斑花岗岩

Morera's stress functions 莫雷拉应力函数

more restrictive{|favorable} signal 较大限制{|允许}信号

mores 生态种群

moretane 莫烷

moretanoids 莫烷`类{化合物}

more volatile component 轻质组分

Morey pressure vessel 莫里(型)压力(容器)
　→～-Schreinemaker's rule 莫里-施赖因马克法则//～-type vessel 莫里型容器

morfa 沼泽

morganite 红绿(宝石)；艳绿柱石[$Be_3Al_2(Si_6O_{18})$,含5%的CsO]；锰绿柱石

morganocin 摩氏变形杆菌素

Morgan's theorem 摩根定理

Morganucodon 摩根锥齿兽属[T₃]；摩尔根锥齿兽

Morgenstern distribution 摩根斯顿分布

morimotoite 钙钛铁榴石[$Ca_3TiFe^{2+}Si_3O_{12}$]

morinite 水氟磷铝钙石[$NaCa_2Al_2(PO_4)_2(F,OH)_5•2H_2O$;单斜]；红磷盐矿

mor(mor)ion 无面甲的头盔；黑水晶；黑晶[SiO_2]；墨水晶；烟晶[含少量的碳、铁、锰等杂质;SiO_2]

Morisette expansion reamer 刀翼可撑出的扩眼器

Morkill's formula 毛基尔公式

morlop 杂色碧玉；英洛石

mo(u)rmanite 硅钛钠石[$Na_2Ti_2Si_2O_9•H_2O;Na_6H_2TiSi_6O_{18}$;三方]

morning and evening tides 潮汐
　→～ clearing 午前结算

mornite 拉长石[钙钠长石的变种；$Na(AlSi_3O_8)•3Ca(Al_2Si_2O_8);Ab_{50}An_{50}–Ab_{30}An_{70}$;三斜]

morocochite 硫银铋矿[$AgBiS_2$]；针铅铋银矿

moronite 杂洋底虫壳泥

moronolite 黄钾铁矾[$KFe^{3+}(SO_4)_2(OH)_6$;三方]

Moropus 石爪兽(属)[N₁]；石犷

morose 乖僻

moroxite 蓝磷灰石；磷灰石[$Ca_5(PO_4)_3(F,Cl,OH)$]；浅绿蓝色

morozevicite 硫锗铅矿[$(Pb,Fe)_3(Ge,Fe)S_4$;等轴]

morpheme 词头；词素；语素；形素

morphine 吗啡

morphing 变形

morphogenesis 地形{貌}发生；地形{貌}成因(学)；形态成因

morphogeny 地貌形成(作用)；地貌成因学；形态发生

morpholite 菱镁矿[$MgCO_3$;三方]；磁铁矿[$Fe^{2+}Fe_2^{3+}O_4$;等轴]

morphologic(al) 地貌的；形态学的

morphological analysis 形态分析
　→～ classification 地形分类

morphologic basin 地形盆地
　→～ characteristics 地貌特征//～ information 形态信息//～ province{region} 地形区//～{geotectonic} region 地貌区

morphology 地貌学；形态；形貌；结构；外形形态
　→～ of minerals 矿物形态//～ of ore body 矿体形态

morphometrics 形态度量

morphometry 地形测量；地貌量测

morphosculptore{morphosculpture} 雕塑地貌；刻蚀地貌

morphosequent 地表地貌[不反映下伏构造]

morphospecies 形态种

(geo)morphostructure 地貌构造；构造组织地形；构造地貌

morphotectonics 地貌构造

morphotroph 转变

morphotropism 准同形性；变形晶{性;化}；变晶现象；晶变

morriner 蛇形{行}丘

Morrisonia 莫里森介属[J]

Morrowan 莫罗(统)[北美;C₂]

mortality (rate;ratio) 死亡率
　→～ multiple regression 死亡率多次回归分析

mortar 研钵；灰浆；石工；(用)砂浆涂抹；砂浆[建]；乳体；岩钵；臼炮[试验炸药用]；灰泥；胶泥；碎斑；火泥[耐]
　→～ box 捣矿槽

mortaring 涂砂浆

mortar injecting machine 滚射法喷浆机
　→～ mill 砂浆料粉碎机；砂浆拌和厂；臼研机//～ mixture 灰浆混合物//～ sat stratification tester 砂浆分层度测定仪//～ squeezing conveyer 砂浆泵送机

Mortensnes 莫腾斯尼斯阶[Z]

mortice 沟；牢固结合；孔道；孔；接榫；榫眼
　→～{mortise} gauge 榫规

Mortierella 孢霉菌；被孢霉(属)[绿藻]

mortise 沟；榫槽；孔；凿榫；牢固结合；孔道；接榫；榫眼；凿[枘穴]

mortising machine 凿孔机；凿榫机
　→～ slot machine 凿槽机

morum 桑葚螺属；桑螺属[腹;E-Q]

morvan 准平原面交切

morvenite 交沸石[$Ba(Al_2Si_6O_{16})•6H_2O$,常含K;$(Ba,K)_{1-2}(Si,Al)_8O_{16}•6H_2O$;单斜]

MOS 金属-氧化物-硅

mosaic 水磨石；石画；地砖；拼图；拼成的；马赛克；镶嵌；镶嵌状；镶嵌图；镶嵌结构；镶嵌合图

mosaicism 镶嵌化

mosaic map 镶图
　→～ structure (晶体)嵌镶结构//～ tile 锦砖//～ work 嵌拼细工

mosandrite 褐硅铈矿{石}[$NaCa_6Ce_2(Ti,Zr)_2Si_7O_{24}(OH,F)_7;Na_3Ca_8Ce_2(F,OH)_7(SiO_3)_9$]；层硅钛铈矿；层硅钛钛矿；氟硅铈矿

Mosasaur(us) 沧龙(类)

moschelite 碘汞矿[$Hg_2I_2;HgI_2$]

moschellandsbergite 银汞矿[Ag_2Hg_3;等轴]；γ-汞银矿；莫契兰斯伯矿；γ银汞矿；丙银汞膏[$CH_3CH_2CO_2H$]

Moschops 麝足兽(属)[似哺爬;P]

Moschus 麝属[Q]

Moscovian (stage) 莫斯科(阶)[俄;C₂]
　→～ epoch{|series} 莫斯科世{|统}[C₂]

moscovite 丝经棉纬凸纹绸；白云母[$KAl_2AlSi_3O_{10}(OH,F)_2$;单斜]

moscovium 镆[Mc,第115号元素]

mosenite 霰石[蓝绿色;$CaCO_3$]；文石[$CaCO_3$;斜方]

mosesite 黄软铵汞矿；黄氮汞矿[$Hg_2N(SO_4,MoO_4,Cl)•H_2O$;等轴]；黄铵汞矿

Mosherella 莫希尔牙形石属[T]

moskvinite-(Y) 莫斯克文石[$Na_2K(Y,REE)Si_6O_{15}$]

mosla 石荠苧属

moslene 石荠苧烯

mosor[pl.-e] 溶蚀残丘；河遗残丘

mosquito 小型；蚊子{式}

moss 泥炭沼(泽)；泥沼；沼泽；发状金；藓类；苔藓植物；苔藓；(宝石中)苔纹
→~ agate 苔{藓}纹玛瑙[SiO_2;含苔纹状褐色氧化锰]//~{tree} agate 苔玛瑙

Mossbauer copper 苔纹铜
→~ coral 苔藓虫类

moss box 青苔封水箱[凿井用]；套入式青苔封水箱
→~ green 苔绿色//~ incrustation 藓衣

mossite 重铌铁矿{重铌钽铁矿;方铌钽矿}[$Fe(Nb,Ta)_2O_6$]

moss {-}land 泥炭沼(泽)
→~ land 泥炭沼地；芦苇沼泽；苔藓湿地//~ layer 泥炭层

mosslike 苔藓状的

mossotite{mossottite} 锶霰石[$(Ca,Sr)(CO_3)$]

moss sinter 苔纹硅华
→~-soil block press 泥炭土营养钵压制机

mossy 长满苔藓的；苔藓状的
→~ lead 海绵状铅//~ structure 苔状构造

most 大部分的

mota 黏硬磐；黏土

moth 蛀虫；锌褐铁矿；蛾

mother 基的；原生的；母同位素；母模(型)；主要的；源泉
→~ call{cell} 母细胞//~-cloud 母云//~ (of) coal 煤母[煤节理中的炭质薄层]；天然木炭[石]//~ conveyor trunk 主输送机//~ earth 地面；大地

motherham 丝炭

mother Hubbard packer (一种)手工制封隔器
→~ {-}lode 主矿体//~ of emerald 绿石英[SiO_2]//~-of-emerald 绿色萤石[CaF_2]//~ oil 原生石油//~-ol-pearl{nacreous} cloud 珠母石

motif 动机；基本花样；主题；岩素；结构基元

motile 活动的；能动的；显示活力的
→~ dinoflagellate 游动横裂甲藻//~ thecate stage 游动壳阶段

motility 游动(现象)
→~ of resources 资源的变动性

motion 行程；导程；运行；运动；摆动；运转；提案；议案；行程；冲程；位移

motional feedback amplifier 动反馈放大器
→~ impedance 动生阻抗//~ waveguide joint 活动波导管连接

motion of Earth poles 地极移动
→~ of the ground 地动//~ of water mass 水团运动//~ parts (机械的)运动部分//~-sensitive geophone 动敏式检波器//~ weighing 行进中过秤(矿车)

motive 动机；活动的；作用；促动；运动的
→~ column 矿井风压空气柱

motor 电动机；摩托；发动机
→(electric) ~ 马达//~ and speed reducer 电机和减速机//~ boss 电工工长//~ brakeman 跟车工//~-bug 机动小车

motorcade 车队

motor dory{boat} 汽船
→~ drill 自备电动机式钻机

motor{power}-driven 电动
→~ pump 抽水机

motor driven timer 电动机驱动计时器
→~ feed 带马达的推进器

motoring 电动回转；汽车运输；汽车的；倒拖
→~ {running-in} test 空转试验

motorist 汽车司机

motorized 机动化；装电动机的

motorlorry 运货汽车

motorman[pl.-men] 动力机工

motor meter 电动机型积算仪表；电磁作用式仪表；汽车仪表
→~ octane number 马达法辛烷值[在严峻的速度和荷载下测定的汽油抗爆性能]

Motorola range 摩托罗拉测距定位系统

motor-operated 电动机拖动的

motor pool 停车场
→~ rule 三指定则[磁场中电流偏转方向]

motorship 内燃机船

motor starter 电机启动器
→~ {mechanical} transport 汽车运输//~ truck 运货汽车[英]//~ vessel{ship;boat} 内燃机船//~ with overhang armature 悬式电枢电动机

mottle 混色斑纹；斑点

mottled 杂色的；斑点状(的)；斑驳状；斑驳的
→~ ore 斑杂状矿石

mottle patch 斑纹
→~ structure 斑团构造

mottramite 水钒铜矿[$Cu_3V_2O_7(OH)_2\cdot 2H_2O;Cu_3(VO_4)_2\cdot 3H_2O$;单斜]；羟钒铜铅石[$PbCu(VO_4)(OH)$;斜方]；钒铜铅矿[$(Cu,Zn)Pb(VO_4)(OH);PbCu(VO_4)OH\cdot 3H_2O$(近似)]；钒铅铜矿

motty 煤车车牌

motu 小珊瑚岛[波利尼西亚]

motukoreaite 硫碳铝镁石[$Na_2Mg_{38}Al_{24}(CO_3)_{18}(SO_4)_8(OH)_{108}\cdot 56H_2O$;六方]

Motuoshala-type manganese deposit 莫托沙拉式锰矿床

mou(s)chketovite 穆磁铁矿；变磁铁矿

Mouchline lavas 莫克林熔岩

Mougeotia 转板藻属[绿藻]

mouilles 深坑[侧移河床中]

mould 铸模；模子；模具；印模；阴模；沃土；塑造；松软土地
→(vegetable) ~ 腐殖土

mouldability controller 型砂水分控制器

mouldable 可塑的

mouldboard 推土犁板

mould{follow} board 模板

mouldboard type scraper 犁壁刮土机

mould carriage 运模车
→~ clamp 砂箱卡子//~ clamps 卡具//~-drying 烘模

moulded 模制的；成型的

moulder 毛轧机；造型工

mouldering 灰烬化作用

moulder's brad 型砂钉
→~ rule 制模尺

mould joint 分型面
→~ press 压模机//~ pressing 模压//~ split 开模

mouldy 风化的；松散的
→~ peat 霉烂泥炭；风化泥炭//~{organic} substance 腐殖质

moulin 冰河壶穴；冰川瓯穴
→~ (pothole) 冰川锅穴

moulinet 扇闸；风扇刹车

moulin kame 冰穴砾阜；冰壶碛阜；冰川锅穴阜

mounanaite 羟钒铁铅石{矿}[$PbFe_2^{3+}(VO_4)_2(OH)_2$;三斜]

mound 泉华冢；丘；冈陵；护堤；小丘；土壤；土丘；堆起

mounded tank 半埋设罐

mound of growth 生长丘
→~ seismic reflection configuration 丘形地震反射结构

moundy 丘状

mountain 山岳
→(high) ~ 高山//~ and valley winds 山地和山谷风//~ blue 石青[$2CuCO_3\cdot Cu(OH)_2;Cu_3(CO_3)_2(OH)_2$；蓝铜矿[$Cu_3(CO_3)_2(OH)_2$;单斜]；蓝铜矾[$Cu_4(SO_4)(OH)_6\cdot 2H_2O$;斜方]//~ blue {green} 硅孔雀石[$(Cu,Al)H_2Si_2O_5(OH)_4\cdot nH_2O;CuSiO_3\cdot 2H_2O$;单斜]//~ brown ore 山褐铁矿//~ building{forming} 造山(运动)//~ building magma 造山岩浆//~ coast 陡海岸//~ cork 白石棉；厚鞣石//~ cork{leather;cloth;wood} 石棉//~ cork{paper} 坡缕石[理想成分:$Mg_5Si_8O_{20}(OH)_2(H_2O)_4\cdot nH_2O;(Mg,Al)_5Si_4O_{10}(OH)\cdot 4H_2O$;单斜、斜方]

mountaineer 登山家

mountain flax 石麻；石绒[细丝状石棉]
→~ flour{meal} 硅藻石[$SiO_2\cdot nH_2O$]//~{slate} flour 石粉//~ goat 石山羊//~ green 孔雀石[$Cu_2(OH)_2CO_3$;单斜]；缘鳞石；矿山绿

mountainite 水针铁矿；水针硅钙石[$(Ca,Na_2,K_2)_4Si_4O_{10}\cdot 3H_2O$;单斜]；无铝沸石[$(Ca,Na_2,K_2)_{16}Si_{32}O_{80}\cdot 24H_2O$]

mountain{natural terrain} landslide 山体滑坡
→~ leather 灰石棉；石鞣皮；山柔皮；皮石棉//~ milk 棉水方解石；粉末状碳酸钙镁石；纤方解石[$CaCO_3$]

mountainous 多山的

mountain paper 山纸；纸状石棉

mountainside 山腰；山坡

mountain-slide 山崩

mountain slope 山腰；岗坡

mountain{rock}soap 山碱[$Al_4(Si_4O_{10})(OH)_8\cdot 4H_2O$]

mountain soap 埃洛石[优质埃洛石(多水高岭石),$Al_2O_3\cdot 2SiO_2\cdot 4H_2O$；二水埃洛石$Al_2(Si_2O_5)(OH)_4\cdot 1\sim 2H_2O;Al_2Si_2O_5(OH)_4$;单斜]；皂石[$(Ca_{1/2},Na)_{0.33}(Mg,Fe^{2+})_3(Si,Al)_4O_{10}(OH)_2\cdot 4H_2O$;单斜]
→~ {mineral} tallow 伟晶蜡石[C_nH_{2n+2},如 $C_{38}H_{78}$]//~ tar 黏沥青；胶结沥青//~ tunnel 穿山隧洞{硐}//~ wood 山石棉；镁坡缕石[$Mg_4Al_2Si_{10}O_{27}\cdot 15H_2O$]；铁石棉//~{rock} wood 石棉木//~ wood 不灰木[石棉]

Mount Con chute 闸板杆式溜口
→~ con chute 孟特康型溜口

mounted 装配好的；镶嵌好的

mount gems in a gold ring (在)金戒指上镶嵌宝石

mounting 支架；安装的；固定件；安置；粘片；凿岩机支架；框架；架座；架设
→~ base 托架

mountings 配件；部件

mounting the copies 原图拼贴

Mount Isa polymetallic deposit 芒特艾萨多金属矿床

mountkeithite 莫特克石[$((Mg,Ni)_9(Fe^{3+},Cr,$

Column 1

Al)$_3$(OH)$_{24}$]$^{3+}$(CO$_3$,SO$_4$)$_{1.5}$(Mg,Ni)$_2$(SO$_4$)$_2$(H$_2$O)$^{3-}$]；芒特克[凯]石

mount map 裱图
→~ of a map 原图拼贴

Mount Pinatubo 皮纳图博火山

mount spring 冈陵泉

Mount White 澳洲沙石

mourite 紫钼铀矿 [(UO$_2$,UO$_3$)•5.5MoO$_3$•5.3H$_2$O;U^{4+}Mo$_5^{6+}$O$_{12}$(OH)$_{10}$;单斜]

Mourlonia 墨尔伦螺属[腹;S-P]

mourmanite 硅钠钛石

mournite labrador feldspar 拉长石[钙钠长石的变种;Na(AlSi$_3$O$_8$)•3Ca(Al$_2$Si$_2$O$_8$);Ab$_{50}$An$_{50}$-Ab$_{30}$An$_{70}$;三斜]

mourolite 碳草酸钙石

mouse 鼠(式光)标器；灰褐色；耗子；仔细搜寻；窥探；老鼠
→~ ahead 钻鼠眼；从原井底钻小眼；钻小直径超前孔；缩小井径钻进 //~-eaten quartz 孔洞石英 //~-hole drilling 钻小鼠洞

mousetrap 带孔的木制排水管[水力充填用]

mouse trap{mousetrap drain} 排水阱[水砂充填]
→~-trap drain 带孔木管[水砂充填用]

mousie skin 乳鼠皮

Mousterian culture 莫斯特文化

mouth 输出端；山口；河口；巷道口；巷道出口；排出口；口；炉口；给矿口[破碎机]
→(mine;pit;shaft) ~ 井口

mouthed 有喇叭口的

mouth frame 口框[棘海座星]
→~ of hook 钩口 //~ of pipe 管口 //~ piece 接口图

mouthpiece 嘴子[of a wind instrument]

mouth plate 孔口盖板

moutonnee 羊背石[法]

movable 活动的

move 移动；手段；转动；迁移；盘；步骤；措施；开动；搬移

moveable 活动辊
→~{moving} head 活动头板

move about 动来动去；游动
→~ length 走行距离

moveout 时差；递时时差；隔距时间差
→~-equivalent canonical profile 时差等效标准剖面 //~ function 时差函数

move round 绕行
→~ the earth 挖掘 //~ to places of safety 安全转移 //~ towards 走向

moveup 延伸前移

move-up 移进[机器设备等]

move up and down 跃动；跳动
→~ up-dip 向上倾移动 //~ with a shovel 铲

moviola 声像同步装置

mowburn 干草自燃

mowenite 交沸石[Ba(Al$_2$Si$_6$O$_{16}$)•6H$_2$O,常含 K;(Ba,K)$_{1-2}$(Si,Al)$_8$O$_{16}$•6H$_2$O;单斜]

moya 火山泥；泥熔岩

moydite 碳硼钇石[(Y,REE)(B(OH)$_4$)CO$_3$]

moyen 可能偏差

moyite 钾长花岗岩

mozambikite 水方钍石；羟方钍石；方水钍石[钍和稀土的含水硅酸盐]

Mozambique 莫桑比克

mozarkite 杂色燧石

mozgovaite 莫硒硫铋铅矿[PbBi$_4$(S,Se)$_7$]

Column 2

m.p. 矿物加工[矿加]；选矿

mpororoite 水钨铁铝矿[(W,Al,Fe^{3+})(O,OH)•H$_2$O?;三斜?]；水铁钨矿

M.R. 原煤；原矿

Mrasiella 木拉斯蚌属[双壳;C$_2$-P$_2$]

MREE 中稀土元素

mroseite 碳钙碲石；碳碲钙石[CaTe^{4+}(CO$_3$)O$_2$;斜方]

M-S 矿物分离；选矿

M.S. 磁谱仪；软钢；科学硕士；主控开关；理科硕士；选矿

MSA 最小声幅
→~ all-service gas mask MSA 型防毒呼吸器 //~ methanometer MSA 型沼气检定器

MS connector 毫秒延发继爆管；继爆管
→~{millisecond} connector 毫秒延期连接装置

MSD 均方偏差；均方地层倾角程序

M.S.{minerals separation} subaeration machine 液下充气{空气吹入}式浮选机

Mt 锰[序 109]；山脉

M(-type) twin M 双晶[钠长石律与肖钠长石律组合的单斜型双晶,即格子双晶]
→~{|T}-type twin(ing) M{|T}型双晶[钠长石律与肖钠长石律组合的单{|三}斜型格子双晶]

mu 亩；微[μ;10^{-6}]；百万分之一[μ]

much 更(多的)；大量；非常；许多

muchinite 穆钒钙帝石；钒帝石[Ca$_2$Al$_2$V(SiO$_4$)$_3$(OH);单斜]

muchite 树脂石类

muchuanite 穆辉钼矿

muck(le) 软泥；抓岩；清理；破坏；排矿；弄脏；泥肥；矸子；矸石；崩落岩石；腐泥土；劣质泥炭；垃圾；淤泥[0.002~0.06mm]；有机淤泥；废渣；废土石；废石；废料；岩渣；肥土；剥离物；污泥；挖泥；土煤

muck (loading) 装岩；弃渣；矿堆；爆堆；腐殖土
→~{mucking;rock} bucket 铲岩斗 //~ car 泥车；矸石车；土斗车 //~-car 运矸石车 //~ drainage{drawing} 放矿

mucker 抓岩机；挖土机；挖岩工；挖沟机
→(hand) ~ 装岩工；装岩机

muck flat 潮泥滩
→~ foundation 泥炭底 //~ from overhand stope 上向梯段工作面采落矿岩 //~ handling 排渣

mu(llo)cking 装岩{矿;土}；抓岩；清渣；清理岩石；出渣；装矸

mucking bucket 岩石吊桶
→~ gismo 吉斯摩型装矿机 //~{|drill|bottomdumping} gismo 吉斯莫装载{|钻眼|底卸式}万能采掘机 //~ machine{device} 抓岩机 //~ machine drawpoint 装矿机放矿点

muckite 穆氏树脂石；小粒黄色(树脂体)；小拉黄色树脂体

muckland 腐泥土

muckle 煤层上下的软黏土

muck loader 砂石搬运机
→~{rock;stone} loader 装岩机 //~ out 装出岩{矿}石

muckpile 矿堆；待装的岩石堆
→(blasting) ~ 爆堆

muck pile 石堆；矿石堆
→~ raise 岩石溜井 //~ rolls 熟铁扁

Column 3

条轧辊 //~ rush 废石突然放落 //~ slash 出矿巷道 //~ stack 废石堆 //~ stick 铲子

muckway 溜矿格；放石间[掘天井]

mucky{muck} soil 淤泥质土

muco- 黏液

Mucophyllum 蕈珊瑚属[K-Q]

mucop-rotein 黏朊

Mucor 毛霉属[真菌;Q]

mucosal 动植物分泌黏液

muco-sand 枯质砂土

mucous 黏液的
→~ membrane 黏膜

mucro 锐尖；短尖头[生]

mucron 固着端[几丁]；端突[苔]

Mucronella 刺斑苔藓虫属[Q]

Mucrospirifer 尖翼石燕(属)[腕;D$_2$-C$_1$]

mud 软泥；泥土；泥；烂泥
→~ (accumulation;filling) 淤泥[0.002~0.06mm] //~ (filter) 滤泥 //~ accumulation 淤泥堆积[堵塞] //~ analysis logging 泥浆分析测井

mudball 抛沙堆

mud ball{boulder} 泥球
→~ ball 铠甲泥球 //~{pudding} ball 贴沙砾泥球 //~{tuff;ash} ball 凝灰球

mudbank{mud bank{flat;foreshore}} 泥滩

mudcap (shot) 覆土爆破
→~ method 裸露药包二次爆破法

mudcapping method 封泥爆破
→~ without capping 不用炮泥的糊炮二次破碎

mudded bit 卡钎
→~ off 泥封的

mud degassing still 泥浆脱气蒸馏
→~{muddy} deposit 淤泥沉积 //~ diapir 泥刺穿 //~ diapire{diapir} 泥底辟

mudding 黏土灌注(法)；泥浆造壁；泥浆堵漏；泥封；造壁
→~ action 挂泥作用 //~ in (在)充满(黏)泥浆井中下入(带回压阀的套管) //~ intercalation 泥化夹层

mud discharge line 泥浆排卸管道
→~ discharging area 卸泥区 //~ displacement technique 泥浆顶替技术 //~ drag 采金船 //~ drape 泥盖

muddredge 挖泥船

mud dredge 挖泥器
→~ drum 泥鼓(丘)；泥包[钻进时岩粉形成的]；聚泥鼓 //~-dumping foreshore 泥滩 //~-dumping snapper 采泥器 //~ end of the pump 泥液泵的液端 //~ engineering 钻机冲洗液工程

Muderrongia 长角藻属[J$_3$-K]

muddy pond 烂泥塘

mud feeding 给泥
→~{peaty} fertilizer 泥肥

mudflat 潮泥滩；海滨泥地；泥质潮滩；泥坪；滨海泥坪

mudflow 泥石流；泥流构造痕；泥崩
→~ (solifluction) 泥流 //(volcanic) ~ 火山泥流

mud flowage{avalanche;flow;stream} 泥流
→~ flow monitor 泥浆流量监测仪

mudflow of semiarid type 半干燥型泥流
→~ of volcanic type 火山型泥流

mud flow on trips 起下钻时泥浆外溢
→~ flow soil {mud-flow soil} 泥流土

mud(-)guard 遮泥板

M

mud gun 炮泥枪
→~ hog 泥浆泵//~ hole 出泥孔//~ hose 泥浆软管//~ injecting pump 注浆泵//~ jack 注浆泵//~ laden fluid 泥浆//~ {-}laden water 含泥水//~ {aqueous} lava 泥熔岩

mudlegs 存污管段

mudline 泥线；澄清水与沉淀体的界线[浓缩机等]

mud {-}making formation 造浆岩层[钻进时自动造浆]
→~ making formation 造浆地层

mudman 泥浆工

mud masher 榨泥机
→~ meter 含泥率计

mudminnow 泥鳉鱼

mud mixer 混泥机；碾泥机；拌泥机
→~ pebble 泥卵石

mudrock 泥状岩；泥岩

mud(-)run 涌泥砂浆；泥沙(浆)突然涌入

mud run 锅炉灰坑的衬泥边缘

mudrush 泥涌

mud rush{run} 泥矿(浆)突然涌入
→~ saw 泥砂锯[雕琢宝石用]

mudsnail{mud snail} 泥螺

mud specific gravity 泥浆比重

mudstone 泥状灰岩；泥页岩；泥岩；泥石
→(calcite) ~ 泥屑灰岩；泥(质)板岩

mud stone 黏土页岩
→~ stone{rock} 泥岩//~ suction hose 泥浆(泵)进口软管//~-supported biomicrite 灰泥支撑的生物微晶灰岩//~ {gully; dirt-pocket} trap 沉泥井//~ type 泥浆类型//~ up 泥浆封住油层；泥浆堵漏

mueckite 硫铋镍铜矿[CuNiBiS₃]

Muellerina 米勒牙形石属[€₃]

muellerite 磷镁铵石{磷铵镁石}[(NH₄)₂ MgH₂(PO₄)₂•4H₂O;斜方]

Muensteroceras 敏斯特菊石属[头;C₁]

mu-factor 放大率

muff 衬套；保温套；轴套；套筒
→~ coupling 轴套连接轧

muffin-tin potential "松饼罐"势

muff-joint 套管连接；套管接头

muffle 包；蒙住；消声器；套筒
→~ (furnace) 隔焰炉；马弗炉//~ {regenerative} furnace 回热炉//~ lehr 马弗式退火窑

muffler (熔断器的)消弧片；马弗炉；消音器；减声器；消声器[美]

muffle roaster 马弗炉{焙烧炉}

muffler tail pipe 回气管尾管

Muffle-type furnace 马弗炉；隔焰炉

muffling 深孔爆破

mugearite 橄榄粗(安)岩

mugelkohle 卵石状煤[德]

muggy weather 闷热天气

Mugui-type manganese deposit 木圭式锰矿床

muhistonite 羟锡铜石

muirite 羟硅钡石[Ba₁₀Ca₂MnTiSi₁₀O₃₀ (OH,Cl,F)₁₀;四方]；硅钛钡石[Ba₂TiSi₂O₈; 四方]；羟硅钡石

Muirwoodia 穆赋贝(属)[腕;P]

muitipass 多级；多道
→~ sort 多级分选；多次扫描分类

mukhilite 钒帘石[Ca₂Al₂V(SiO₄)₃(OH);单斜]

mukhinite 穆钒钙帘石；钒帘石[Ca₂Al₂V (SiO₄)₃(OH);单斜]

mulberry calculus 桑葚状结石

mulch 覆盖层；覆盖物
→~ structure 锯屑状构造

muldakaite 木尔达卡岩

mulde 舟状槽；凹地；向斜层

mule 骡(子)；斜井用推车器；推坡土；牵引车[小型]
→~ foot a bit 钻头偏磨//~ -head hanger 驴头上挂抽油杆的装置；悬绳器

mule's foot 驴蹄形绳结

mule shoe guide 斜口引鞋

muleshoe orientation method 斜口管鞋定向法
→~ slinger lock 斜口管鞋投掷锁定器//~ sub 斜口接头

mule skinner's delight 小钻杆

mullanite 硫锑铅矿[Pb₅Sb₄S₁₁;单斜]

mull-buro 轮碾式移动{轻便}混砂机

Mullen burst strength 马伦爆破强度

muller 混砂机；碾砂机；碾轮式混砂机；研磨机

mullerine 针确金银矿；针碲金矿[(Au,Ag) Te₂]

mu(e)llerite{müllerite} 软绿脱石[(Fe³⁺, Al)₂Si₃O₉•2½H₂O]；磷铵镁石[Mg(NH₄)₂H₂ (PO₄)₂•4H₂O]

muller pan 磨矿盘

Muller's glass 玉滴石[SiO₂•nH₂O]

mullicite 蓝铁矿[Fe₃²⁺(PO₄)₂•8H₂O;单斜]

mulling 辗轮式混砂法[铸]；摆轮式混砂法
→(sand) ~ 混砂//~ machine 碾砂机

mullinit 蓝铁矿[Fe₃²⁺(PO₄)₂•8H₂O;单斜]

mullion{rodding} structure 窗棂构造

mullite 莫{模}来石[Al(Al₍Si₂₋ₓ₎O₅.₅₋₀.₅ₓ); Al₆Si₂O₁₃;斜方]；多铝红柱石[3Al₂O₃• 2SiO₂]
→~ brick 高{富}铝红柱石砖//~ ceramics 莫来石烧器

mullitization 模{莫}来石化(作用)

mullock 矸石堆；矸石；崩落矿岩；废料
→~ (tip) 废石堆//~ chute 充填天井

mullocker 废石装运工；出渣工

mullocking 装运废石

mullockx 脉石

mulser 乳化机

multcan 分管型燃烧室；多分管的

multiaction problem 多行动方案问题

multianchor borehole extensometer 多点锚定钻孔伸长仪

multi-anchored{|ladder} wall 梯式多{|加}筋锚定墙

multiangular tunnel curing chamber 折线式养护窑

multi-anvil 复式压砧

multi anvil device 多砧设备；多面顶
→~-aperture 多孔的

multiaquifer well 多含水层井

multiar 多向振幅比较电路

multi(ple)-arch(-type) dam 多拱坝；连拱坝

multi-area cladogram 多区分枝图

multiattribute data 多重属性数据

multi-attribute-utility 多属性效用

multiaxial 有数轴的；多轴
→~ stress 多轴向应力

multi-axial stress 多向应力

multi-azimuth 多方位的(的)

multibaculate 具多棒的[孢粉等]

multibag filter 多袋式集尘器

multi-band 多频带；多谱段

multiband photograph 多波段扫描{摄影}相片
→~ sensor 多波段传感器//~ spectral reconnaissance 多光带光谱侦察

multi-bank 多组的；多排(的)

multibeacon 多重调制指点标

multi-beam holography 多光束全息术
→~ scan imaging method 多波束扫描成像{图}法

Multicameroceras 多房角石属[头;€₂]

multican 多分管的
→~ type combustion chamber 多筒式燃烧室

Multicellaesporites 无孔多胞孢属[E₃]

multicellular filament 多细胞丝状体
→~ heterotroph 户多细胞的异养生物

multichannel coherency filter 多道相干滤波器
→~ colour sensor 多波道彩色传感器//~ gamma ray spectrometer 多道伽马射线谱仪//~ oscillograph 多回路示波器

multicoil 有数道线圈的
→~ induction (logging) system 多线圈感应测井装置

Multicolor Red 幻彩红[石]

multicomponent 多组分；多元的
→~ circuits 多元件电路//~ rock system 多组分岩石体系

multicontact miscibility 多次接触混相
→~ {miscible} switch 多触点开关

multicore cable{conductor} 多芯电缆

multi-core pilothose 多孔软管
→~ pilot hose 多孔导液软管

Multicornus 多锥牙形石属[O₃]

multicostate 多主脉的[植]

Multicostella 密纹贝属[腕;O₂]

Multi-Crystal 五彩水晶石

multi-crystal pseudomorph 多晶假象

multicurie 强放射性；多居里

multi-curve resistivity recording 多曲线电阻率测井记录

multicyclone collector 组式旋风收尘器

multicylinder pump 多缸泵

multidate photograph 多日期摄影相片

multideck 多层的
→~ {multiple-deck} cage{multi decker cage} 多层罐(笼)

multideformed terrain 多次变形(地体;区)

multi-delivery system 多流系统

multidemodulation 多解调电路

multidetector 多探测器；万能检查器

multidetector array 多检波器组合

multidigit 多位；多数字的

multi-dimensional organization 多维组织

multidimensional space 多维空间

multi-direction 多方向

multidirectional{multihole} drilling 多井眼钻井
→~ firing gun 多方向点火枪

multi-directional stress pattern 多向应力模型

multidisciplinary analysis 综合分析；多学科分析

Multidiscus 多盘虫属[孔虫;C₃-P]

multidisplay 多路信号显示器

multidivisional problem 多部门问题

multi-domain technique 多域技术

multidomain well 多眼泄油井；多底排油井

multidraw 多点取样

multi-drift method 多导坑法

multidrop 单线多站通信

→～ line 多分支线

Multi(-)echo 多次回声；多重回声

multi(ple)-effect distillation 多效蒸馏

multi-element analysis 多元素分析

→～ prestressing 多构件预应力//～ specialization map 多元素专属性图//～ species 多成分种

multienhancement 多倍增强；多次增强

multi-expansion 多次膨胀

multifaceted 多层面的

→～ pit 多(小)面凹斑//～ prismatic scanner 多面柱扫描器

multi-fiber rod 硬质光学纤维棒

multifidous 多裂的；多瓣的

multifilament source 多带(离子)

multi-file volume 多文件磁带卷

multi-finger caliper 多臂井径仪

multiflame blowpipe 多焰燃烧器

multi-flash 多级闪蒸

→～ unit 复式闪蒸元件

multiflow evaluator 多级流量地层测试器；多次开关地层测试器

multi-foil heat insulating coating 多层箔隔热涂层

multifold 多重的；多样的；多数的；多方面的；多倍的

→～ profiling 多次覆盖剖面法

multiform 多形(的)；多样的

multiformational halo 多建造晕

multifossil range(-)zone 多化石延限带

multifrequency vibration 复频振动

multifuel engine 多燃料发动机

→～ {omnivorous} engine 多种燃料发动机

multifunction(al) 多功能的(的)

multifunctionality 多功能性

multifunctional molecule 多官能团分子

multifuse igniter 多根导火线点火；多股{复接}引线点火器

multigang switch 多联开关

multigelation 复冻融(作用)；反复溶结作用

multigrade 多级的

→～ lubricating oil 多品位润滑油[冬天不失流动性,夏天能保持一定黏度]

multigrain charge 药柱装药

multigranular particle 多晶(沉积)颗粒

multigrate 复炉箅

multi-groove sheave 多槽轮

multigroup theory 多组理论；多群理论

multiheaded oil blob 多头(状)油滴

multihearth roaster 多层结烧炉

multihole block 蜂窝煤状燃料块；多孔型燃料块

→～ {multidirectional} drilling 多筒钻井//～ drilling 多眼钻探

multihop 多次反射

multi(bore) hose 多芯管；多孔软管

multihypothesis test 多假设检验

multi-inlet{-admission} turbine 多级进汽汽轮机

multi-ion source 多离子源

multijaw 多颚式

→～ grab 多瓣式抓斗机

multi-jet spray nozzle 多孔喷嘴

multijob operation 多工序作业；多道作业

multikeyway 多键槽

multilacunar 多叶隙的

multilateral 复侧列的[矿体]；多侧的

→～ sand 横向重叠砂体//～ treaties 多边契约

multilayer 多分子层；多层的；多层

→～ barrier 多层阻体

multi-layer coiling 多层绕绳

multilayer construction 多层结构

multilayered medium 多层介质

→～ system 多层系

multilayer interface theory of crystal growth 多层界面生长理论

→～ performance 多(油)层动态//～ soap film lead stearate crystal 多层皂膜硬脂酸铅晶体//～ soap film spectroscopic crystal 多层皂膜分光晶体//～ system 复(式)岩系；复层(岩)系

multileaf mechanical mucker 多爪式抓岩机

multi-leaf type 多片式

→～ type cantilever 多层式探梁

multilength working 多倍长度工作单元

multilens composite photo 多镜头联配相片

multi-lenses signal 透镜式色灯信号机

multilevel 多级的；多层的

multi-level hoisting operations 多水平提升操作

multilevel interconnection generator 多级互连式信号发生器

→～ security 多级安全

multiliminal geosyncline 多入口地槽；多侧限地槽

multi-line 多线；多排(的)

→～ acquisition 多线采集

multilinear failure 多线性破坏

multilithic 多岩屑的

multilobate delta 多叶三角洲

multi-lobe 多叶片的；多瓣的

multilocular 多房室的[孔虫]

multiloop feed-back 多路反馈

multilouvre dryer 多百叶式干燥机

multimal mixer 双辗盘混砂机

multimedia 多介质

multimetallic reforming catalyst 多金属重整触媒

→～ zinc ore 多金属锌矿石

multimetering 多点测量；多次计算(测量)

multimillion-ton ore 数百万吨储量的矿床

→～ ore (deposit) 高储量矿床

multimineral ore 复矿(矿)石

multimodal distribution 多峰分布；多重模态分布

→～ transport 联运

multimode 多状态；多模；多方式；多波型

→～ wave 多波型波

multimolding 多型性；多波性

multimolecular reaction 多分子反应

multimovement 复式运动；多次运动

multi-muller 双碾盘混砂机

multinodal 多节的

Multinodisporites 繁瘤孢属[T-K]

multinomial 多项式

multi-nozzle 多喷嘴

multinuclea imaging 多核成像(技术)

multinuclear 多核的；多核的

multinucleate 具多核的

→～ cell 多核细胞

multinucleation 多核(生长形式)

multiocular 多壳室的

multioistodus 多箭牙形石属[O₁₋₂]

multiorifice 多局制

multi-orifice valve 多孔阀

multioutlet 多引线

multiparasitism 多寄生(现象)

multipartite map 多部图[一种岩性图]

multi-pass compiler 多遍(扫描)编译程序

→～ filter testing method 多通滤油器试验法

multi pass kiln 多孔窑

→～-pass operations 多次操作

multipath delay 重复信号延迟

→～ interference 多道干涉

multipeaked mountain 山峦

multiperiodic activity 多期活动

multip(l)ex 多路编排

multiphase 多相的；多期的；多幕的；多方面的

→～ Darcy model 多相(流动)达西模型//～ mixture 多相混合物//～ structure 多幕构造；多期构造

multiphonon absorption 多声子吸收

multiphyodont dentition 多换性牙{齿}系

multipileate 多菌盖的

multipipeline crossing 多条管线穿越

multiplanomural 多平壁的

multiple (connection) 复接；多次反射

→～ bench open-pit mine 多梯段凹采露天矿//～ continuous sapphire filament process 蓝宝石连续复丝工艺

multiple-deck{-stage;-bedded} 多层的

multiple-decker 多层罐(笼)

multiple decks 多筛面(筛分机)

→～ demineralization 复式除盐作用；多次去矿化作用//～ diamond dressing tool 镶多粒金刚石整修工具；多金刚石整修工具//～ dike 复岩墙//～ gaping and filling 多次张开和充填[成矿裂隙]//～ intersection 多井筒穿过岩层或矿脉//～ intersections 多孔底钻穿矿层；多井筒钻穿岩层//～ migration(s) concept 多次迁移(成矿)观点//～-seam mining 多层采矿//～ seams 多矿层//～ shot processing 多炮点处理//～ slicing 多分层采矿法//～ tubed{jet;flame} burner 多焰燃烧器//～ vent 多喷发口//～ wedge 钢棒劈石手工工具；多楔劈石工具//～ well manifold production station 集油站

multiplex 复式的；多路传输；复合的；多倍仪(测图)

→～ (plotter) 多倍投影测图仪

multiplexed control 复合控制

→～ electro-hydraulic control system 电动-液压复合控制系统

multiplexer 信号连乘器；倍增器；多工器

→～ channel 多路转换通道

multiplex format 多工传输格式

multiplexing 多路编排；多道传输

multiplexor 信号连乘器；倍增器

multiplex transmitter 多路通信发射机

→～ type instrument 多倍仪型仪器//～ wave winding 复波绕组

multiple zone 多油层[油]

→～ zone completion cementing 多管注水泥//～ zone open hole gravel pack 多层裸眼井砾石充填//～-zone production 多层开采

Multiplicisphaeridium 多刺球孢属[疑；O₁-C₁]

M

multiplicity 叠加总次数；覆盖次数；大量；复杂；复合；相重数；重复度；多样性；多重度
→～ factor 多重性因子

multiplunger pump 多柱塞泵

multiply 倍增；复合地；多路地；乘
→～ and add 乘积加

multiplying arrangement 放大装置{设备}

multiply primitive unit cell 多基晶胞
→～-zoned 复带状的

multipoint 多点
→～ consistency curve 多点稠度曲线

multi-point open-flow potential test 多点无阻流量测试

multipolarity 多极性

multipolarization 多向偏振；多极化
→～ image 多向偏振图像

multipolar magnetic region 多极扇区

multipole 多极(的)

multipolygonal 复多边形的

multipolymer 共聚物

multipomeron 多坡密子[物]

multi-pore media 多重孔隙介质

Multiporopollenites 繁孔粉属[E_2-N_1]；多孔粉属[孢;E_2]

multiporous 多孔的
→～ septulum 复孔壁

multiport 多谐振荡器；多通道的；多(端)口的；多港埠的
→～ burner 多喷头喷燃器 //～ memory 多端口存储器 //～ valve 多口阀

multiposition 多状态
→～ cylinder 多位气缸

multiprecision 多倍精度

multiprobe measurement 多探头测量

multiprocessor 多处理器{机}

multipurpose{conjunctive} use 综合利用

multirange 多标度的；多域的[仪表]；多限的；多量程(的)；多范围(的)；多段的

multirate filtering 多率滤波[滤波中一种减少运算率的技术]
→～ test 多流量测试 //～ type-curve 多级流量测试样板曲线

multireflex 多次反射

multirelation 多重关系

multireservoir 多油气层{藏}

multirole 多重任务{作用}的

multiroll{multiple-roll} crusher 多辊破碎机

multi rope koepe hoisting 多绳戈培式提升
→～-rope ropeway 多线索道

multirow and multiinterval MS blasting 多排多段毫秒迟发爆破
→～ firing 多排孔爆破

multi-run{-pass} welding 多道焊

multisaccate 多囊(的)[孢]

multi-seam stripping 多层剥离
→～ working 多层开采

multiseater 多座机

multisensor acoustic system 多道传感系统
→～ MWD system 多传感器随钻测量系统

multiseptate 多隔膜的

multiserial{multiseriate} 多列的

multishot camera 多点测斜照相机
→～ exploder 成组起爆放炮器

multi-shot firing 多炮眼爆破；成组爆破；多发爆破
→～ gyroscopic instrument 多种数据孔测量回转仪

multishot perforation penetration performance 多孔射孔穿透特性
→～ round{blasting} 多炮眼爆破 //～ round 多发爆破炮孔组

multisite case 多砧座机
→～ substitution 多位置换

multisource 多性能光源

multispectral 多谱段的；多光谱段的
→～ analysis 多(频)谱分析

multisphere gas holder 多球形储气罐

multi-spigot 多排矿口的

multispigot classifier 多塞栓式分级机
→～-classifier 多排矿管分级机 //～ surface current classifier 多排矿管表流分级机

multispike 多峰曲线

multistabilizer BHA 多稳定器底部钻具组合
→～ holding assembly 多稳定器稳斜组合 //～ hook up 多稳定器组合

multistable 多稳态(的)

multistage 多级的；多段(的)；多级
→～ activated sludge treatment 多级活性污泥处理

multi-stage cleaning 多段精选
→～ fan 多级式扇风机

multistage flash 多级闪蒸
→～ flash distiller 多级扩容蒸馏器 //～ optimization 多阶段优化 //～ processes 多步工艺过程

multistation 多站(的)
→～ chain 多站位测链 //～ photograph 多站摄影相片

multistory 有多层楼的；多层的
→～ building 多层楼 //～ sands 纵叠砂；重叠的砂体

multistrand cable 多股(绞合)缆线
→～ chain 多排链

multistrata 多层结构

multi-stylus 多笔尖

multitasking 并行工作；多道工作

multitemporal sensing 多瞬时传感

multi-terminal network 多端网络

multitester 万用表

Multithecopora 多层壁管珊瑚

multithematic 多专题的
→～ presentation 多主题图像

multitone 多频音

multi-tool{multicut} lathe 多刀车床

multi-torque type vane motor 多级扭矩型叶片马达

multitrace 多道(记录)

multitracer 多示踪剂

multi-trace seismograph 多扫描地震仪

multitracing 多示踪

multitrack 多道
→～ record(ing) 多轨记录

multi-trayed vessel 多盘式容器

multitube 多真空管(的)

multi-tube cooler 多管冷却器

Multituberculata 多瘤目{类;齿类}[哺]；多尖齿兽目[哺]

multitube revolving drier 多管回旋干燥机

multi-tubing method 套管法

multitudinousness 大量；形式多样

multiturn potentiometer 多圈电位器

multi-usage{multiuse} 多用途

multivalence{multivalency} 多种价值性；多义性；多价

multivalent 多价的

multivariable 多变量的

multivariant 多自由度的；多元；多方案的；多变的
→～{multivariate} analysis 多元分析；多因子分析

multivariate 多元的；多元；多变量的
→～ allometry 多元异形生长 //～ analysis 复{多}变量分析 //～ equilibrium 多变平衡 //～ resources model 多元资源模型

multivector 交错张量；多重向量

multi-vessel configuration 多级液罐组合配置

multivibrator 多谐振荡器

multivincular 多韧式[双壳]

multivolume file 多卷文件

multiwall 多层
→～ development 多井开发

multiwash collector 多层洗涤收尘器
→～ spray tower 多层喷淋洗涤塔

multi-wash spray tower 多喷口水塔

multiwave 多波

multiway{multiport;multi-orifice} valve 多通阀

multi-well bounded reservoir 多井环绕油藏

multiwell cluster 井丛

multi-well experiment 多井试验

multiwell interference test 多井干扰试验
→～ pattern 多井井网 //～ platform 多井平台 //～ subsea completion 水下多井完成

multi(ple)-well transient test 多井不稳定试井

multiwheel 多砂轮

multiwire 多线(的)

multiyear ice 多年(积)冰

multizone 分层的；多层的
→～-flooding 多层注水驱油 //～ injection well 多层注液井 //～ reservoir 多层性油气藏

multleaf mechanical muckerl 多瓣式抓斗机

multopost 岩浆末期作用；岩浆固结后的火成岩作用

mummify (使)成木乃伊状

mundic 黄铁矿[FeS_2;等轴]

mundite 穆磷铝铀矿[$Al(UO_2)_3(PO_4)_2(OH)_3 \cdot 5.5H_2O$]；蒙磷铝铀矿

mundrabillaite 磷钙铵石

mundrabillsite 蒙磷钙铵石 [$(NH_4)_2Ca(HPO_4)_2 \cdot H_2O$]

municipal drainage 城镇排水
→～ service 市政业务 //～ solid waste 城市固态废物 //～{urban} water supply 城市供水

Munieria 缪氏藻属[K_1]

muniongite 多霞响岩；碱长霓霞(响)岩

munirite 穆水钒钠石[$NaVO_3 \cdot 2H_2O$]；钠钒石

munite 被甲的；具锐突的

munition 军需品；必需的物质准备

munjack 硬化沥青

mun(ti)jak 黄麂；黑麂[$(Zn,Fe)S$]

munkfors(s)ite 磷铝钙矾[$CaAl_3(PO_4)(SO_4)(OH)_6$]

munkrudite 磷铁钙矾[$MaFe_3(PO_4)(SO_4)$

(OH)₆]；蓝晶石[Al₂(SiO₄)O; Al₂O₃(SiO₂)]

munro 蒙罗(丘)[苏格]；芒罗；马罗

munsell 芒塞尔云母

Munsell color system 孟氏色系；芒塞尔彩色分类法

muntenite 树脂石；黄树脂；琥珀[C₂₀H₃₂O]

Muntiacus 麂属[N₂-Q]；麂

muntjac{muntijak} 黄麂；黑麂[(Zn,Fe)S]

muntjac 麂

muntpersporphyr 英闪斑岩[德]

muntz (metal) 熟铜[60Cu,40Zn]

Muntz metal 蒙氏铜锌合金

muntz metalplate 黄铜板[孟兹合金板]

muonium μ子素；μ介子素

Muraenosaurus 鳗龙属[J]

mural 墙灼；壁的
→~ deposit 壁侧沉积[头] // ~ escarpment 壁崖

muralite 煤植体

mural joint 堵节理
→~ joint structure 枕状节理；垂直{方块}节理构造 // ~{compartmental} plate 壁板[古杯] // ~ pore (壳)壁孔[孔虫]

murasakite 紫片岩

murataite 锌钇矿；钛锌钠矿[(Na,Y)₄(Zn,Fe²⁺)₃(Ti,Nb)₆O₁₈(F,OH)₄;等轴]

murbruk (structure) 碎斑结构

Murchison carbonaceous chondrite 默奇森钙质球粒陨石
→~ direction 默奇森{面的}方向

Murchisonia 默氏螺属[腹;O-T]；莫氏螺(属)[腹足;O-T]

murchisonite 红纹长石[K(AlSi₃O₈)]

Murchison plane 默奇森面[隐纹长石中非整指数的晕色平面]

Murderian 穆德尔(阶)[美;S₃]

Murdie's idealized model of urban ecological structure 马迪城市生态结构的理想化模型

murdochite 黑铅铜{铜铅}矿[PbCu₆(O,Cl,Br)₈;等轴]；方铜铅矿[Cu₆PbO₈]

mure de caverne 外形似桑葚

muren 山崩沟

Murex 骨螺属[腹;E-Q]
→~ process 莫瑞克斯涂油磁选法

murgang 土石流

murgocite 穆镁硅石；间皂石绿泥石

murgue 苗

muri 网脊[孢]

muriacite 硬石膏[CaSO₄;斜方]

muriate 氯化钾[KCl]；氯化物

muriated saline spring 氯化盐水泉

muriate of lead 白氯铅矿[2PbO•PbCl₂;Pb₃Cl₂O₂;斜方;PbCl₂•2H₂O]

muriatic 氯化的
→~ acid (粗)盐酸[旧名]

Muricacea 骨螺族；骨贝类

muricalcite 白云石[CaMg(CO₃)₂;CaCO₃•MgCO₃;单斜]

muricate 粗糙的；刺面的

murid 鼠科(动物)

Muriferella 小穆里弗贝属[腕;D₂]

murindo 蜡煤

murite 暗霞响岩；富钠煌响岩

murmanite 水硅钛钠石[Na₂(Ti,Nb)₂Si₂O₉•nH₂O;三斜]；硅钛钠石[Na₂Ti₂Si₂O₉•H₂O;Na₆H₂TiSi₆O₁₈;三方]

muromontite 铍(钇)褐帘石；钇褐帘石[(Y,Ce,Ca)₂(Al,Fe³⁺)₃(SiO₄)₃(OH);单斜]

muronati 凹穴面系[孢]

murram 沼铁矿床

Murray Fracture Zone 默里断裂带

murrhina 萤石[CaF₂;等轴]

murrhine 默勒石的；与萤石有关的；萤石瓶；萤石花瓶

murrine 萤石花瓶

mursinskite 穆尔辛斯克矿；莫榴石

murunskite 硫铁铜钾矿[等轴;K₆(Cu,Fe,Ni)₂₃S₂₆Cl;K₂Cu₃FeS₄]

musa 多元可转天线

Musca 苍蝇座

muschelachat 贝壳玛瑙[德]

muschelkalk 壳石灰岩

Muschelkalk 壳灰岩阶[中三叠纪;德]

muschel sandstone 介壳砂岩

m(o)uschketovite 穆磁铁矿

muschketowite 变磁铁矿；穆磁铁矿

Musci 藓纲；藓类

Muscites 似藓

muscle 体力；肌肉；肌
→~ impressions 筋印 // ~ scar {impressions} 筋痕 // ~ scar 肌(肉印)痕[腕]

muscle's impression 筋痕；肌(肉印)痕[腕]

muscle track 筋迹；肌迹

muscoide 磷氯铅矿[Pb₅(PO₄)₃Cl;六方]

muscology 苔藓学

muscose 苔状的

muscovadite 董青苏长角页岩

muscovado 粗糖；红糖状岩；黑砂糖；锈色岩

Muscovite 俄国人(的)

muscovite 白云母[KAl₂AlSi₃O₁₀(OH,F)₂;单斜]
→~-biotite gneiss 二云母片麻岩 // ~ chlorite subfacies 白云母绿泥石亚相；白云绿泥分相 // ~ common mica {muscovite glass} 白云母[KAl₂AlSi₃O₁₀(OH,F)₂;单斜]

muscovitization 白云母化(作用)；白云化(作用)

muscovitum 云母石

muscovy glass (白)云母玻璃；白云母[KAl₂AlSi₃O₁₀(OH,F)₂;单斜]

muscular articulation 筋关节
→~ tissue 筋肉组织

musculature 肌序；肌肉系统{组织}

Musculus 边纲蛤属；小鼠；二区肋蛤属[双壳;K-Q]；肌肉

musculus mitellae 石蚴

musenite 硫镍钴矿[(Ni,Co)₃S₄;等轴]；硫钴矿[CoCo₂S₄;等轴]；硒硫钴矿[(Co,Ni)₃(S,Se)₄]

Musen's theory of artificial satellites 人造卫星穆森说

museum 展览馆；博物馆
→~ of paleontology 古生物博物馆

musgravite 铍镁晶石[BeMgAl₄O₈]

mush 糊状物；软泥质冰煤；软块；泥煤；干扰；噪声；烂泥；烟煤上的油质泥；土状煤
→~ (ice) 碎冰 // ~ frost 粉糊状冰晶[一种针状冰]

mushroom 蘑菇(状物)；爆炸；菌；迅速成长；磨坏[钻头]
→~ (rock) 蘑菇石 // ~ anchor 盘状锚

mushroomed 蕈状的；辐射状式的

mushroom ice 蘑菇冰

mushrooming 岩基的迅速生长

mushroom rock 蕈状石
→~ {pedestal} rock 菇岩；蕈岩

mushy 软的；多孔隙的；多孔的
→~ coal 多孔煤

musical instrument 陶埙
→~ sand 音乐沙

music atmosphere cast 环境谐音

musite 氟碳酸钙铈矿[(Ce,La)₂Ca(CO₃)₃F₂]

Muskat method 麦斯盖特试井解释法
→~ plot 麦斯盖特(压力恢复)曲线

musk deer 麝属[Q]；麝

muske(e)g 水藓沼泽；厚苔沼；沼泽湖；泥泽土；泥炭沼(泽)；高纬沼；沼；稀淤泥

muskoxite 水铁镁石[Mg₇Fe₄³⁺O₁₃•10H₂O;三方?]

musk shrew 麝鼩[N-Q]

mussel 河蚌类；壳菜蛤属[双壳]；壳菜；贻贝；贝类
→~ {shell} bed 贝壳层

mussite 氟碳酸钙铈矿[(Ce,La)₂Ca(CO₃)₃F₂]；透辉石

mussolinite 滑石[Mg₃(Si₄O₁₀)(OH)₂;3MgO•4SiO₂•H₂O; H₂Mg₃(SiO₃)₄;单斜、三斜]

mussonite 透辉石[CaMg(SiO₃)₂为辉石族；CaMg(SiO₃)₂-CaFe(SiO₃)₂;Ca(Mg₁₀₀₋₇₅Fe₀₋₂₅(Si₂O₆));单斜]

mustard 芥子气
→~ gold 细粒金 // ~-seed coal 芥子级无烟煤

Mustela 鼬(属)[N₁-Q]

muster 合计；清单；集合；搜集
→~ list 应变部署表

mutation 时代变异[古]；生物学；变种；变异；变化；突变

Mutationella 变异贝属[腕;S-D₁]

mute 切初至；噪声抑制；哑巴；削减；无声的
→~ {phantom;artificial} antenna 仿真天线

muthmannite 板碲金银矿[(Ag,Au)Te]

muticate{muticous} 缺失某种自卫器官的[如齿、爪等]；无芒的；钝的

mutinaite 穆沸石[Na₃Ca₄Al₁₁Si₈₅O₁₉₂•60H₂O]

muting 切除；消音
→~ control 静噪控制 // ~ sensitivity 低灵敏度 // ~{slurry} tank 混砂罐

mutual 偶合；相互的

muzzle 枪口；喷口
→(gun) ~炮口 // ~ velocity 输口速度；离喷口时的速度；初速

m-xylene 间二甲苯

Mya 海螂(属)[双壳;Q]
→~ age 米雅期

Myachkovskian 米亚奇科夫斯克阶[C₂]

Myalina 肌束蛤属[双壳;C-P]

Myalinella 小肌束蛤属[双壳;C₂-P₁]

myargyrite 辉锑银矿[AgSbS₂;单斜]

mycelium[pl.-ia] 菌丝；菌丝体

mycetes 真菌

Mycetozoa 黏菌类[始生界]；黏菌虫类；菌虫目[始生界]

mycetozoan 黏菌类的;菌虫类的[始生界]

Mycetozoans 菌虫类

myckle 顶板黏土；夹石；软黏土[夹石]

mycobiont 地衣共生菌；菌体

Mycogone 疣孢霉属[真菌;Q]

mycolith 真菌砂团

mycology 真菌学

mycorhiza{mycorrhiza} 菌根

Mycosphaerella 球控菌属[真菌]；小球壳属

myelin 软高岭石$[Al_4(Si_4O_{10})(OH)_8]$；珍珠陶土$[Al_4(Si_4O_{10})(OH)_8]$；密高岭石$[Al_4(Si_4O_{10})(OH)_8]$；黝岭石$[Al_4(Si_4O_{10})(OH)_8]$；髓磷脂

myeloma 骨髓瘤

mylar{Mylar (sheet)} 聚酯薄膜

myloblastite 糜棱变余{晶}岩

Mylodon 磨齿懒兽属[Q]

Mylohyus 古西猫属[Q]

mylonite 磨变岩；糜棱岩

mylonitic structure 糜棱状构造；糜棱块构造
→～ texture 糜变结构

mylonitization 糜棱岩化；糜棱化(作用)；变化(作用)

mylonitize{mylonizition} 糜棱岩化

Mylopharyngodon 青鱼属[N₂-Q]

myocoele 筋腔[虫牙石]；肌节腔

Myoconcha 蝇蛤属[双壳;P-K]

myocyte 肌原细胞[绵]

myodocopa 壮肢目；丽足亚目[介]

myodocope 丽足类[介]

Myodocopida 丽足目[介;O-Q]

Myoida 海螂目[双壳]

myoma 肌瘤

Myomorpha 鼠形类

Myomorph{Muroid} rodents 鼠形啮齿类

Myonia 米翁蛤属[双壳;C₃-P]

myophore 内韧带槽；内唇带[瓣鳃类]；附肌骨；主突起冠[腕]

Myophorella 褶翅蛤(属)[双壳;T]；松肌蛤属[双壳;J₁-K₁]

Myophoria 褶翅蛤(属)[双壳;T]

Myophoricardium 褶鸟蛤属[双壳;T₃]

Myophoriopis 褶顶蛤属[双壳;T]

myophragm 肌隔[石燕]

myosin 肌球蛋白

Myospalax 鼢鼠(属)[N₂-Q]

Myoxus 睡鼠(属)[N-Q]

myriapoda 多足纲

myriawatt 万瓦(特)

myrica 蜡果杨梅；杨梅属[K₂-Q]

Myricaceae 山桃类；杨梅科

Myricaceoipollenites 拟杨梅粉属[孢;E₂]

Myricipites 杨梅粉属[孢;E₂-Q]

myrickite 灰红玉髓

myricyl 三十烷基$[C_{30}H_{61}-]$；蜂花基$[C_{30}H_{61}-]$

Myriogyne minuta 石胡荽

myristic acid 十四(烷)酸$[CH_3(CH_2)_{12}CO_2H]$
→～{tetradecanoic} acid 肉豆蔻酸

myristicene 肉豆蔻萜

myristicin 肉豆蔻醚

myristoleic acid 肉豆蔻脑酸；九-十四烯酸

myristone{myristic ketone} 肉豆蔻酮$[(C_{13}H_{27})_2CO]$；均二十七(碳)(烷)(基)酮-14$[(C_{13}H_{27})_2CO]$

myristyl 十四烷基$[C_{14}H_{29}-]$；肉豆蔻基$[C_{14}H_{29}-]$
→～ alcohol 肉豆蔻醇$[C_{14}H_{29}OH]$

myrmalm 褐铁矿$[FeO(OH)\cdot nH_2O;Fe_2O_3\cdot nH_2O$,成分不纯]

Myrmecobius 袋食蚁兽；袋貓属

Myrmecophaga 食蚁兽(属)[N₂-Q]；长头树懒属[Q]；大食蚁兽属

myrmecophobic 抗蚁植物的

Myrmekioporella 蚁孔藻属[J₃]

myrmeki perthitoid 蠕状石

myrmekite 蠕石英；杂英长石；蠕状{英;虫}石[石英和长石的混合物]
→～ antiperthite 蠕状反纹长石

myrmekitic texture 蠕虫结构
→～ texture{structure} 蠕(虫)状结构

myrmekitiod 似蠕(虫)状

myrmekitization 蠕状石化(作用);蠕虫石化(作用)

myrobalan extract 柯子萃(浸膏)

myrrhine 萤石花瓶

Myrtaceae 桃金娘科

Myrtaceidites 桃金娘粉属[E]

Myrtaceoipollenites 拟桃金娘粉属[孢;E₁]

Myrtus 桃金娘属[植;K-Q]

Mysidacea 糠虾目{类}

Mysidiella 小闭镜蛤属[双壳;T₃]

Mysidioptera 闭镜蛤属[双壳;T]

mysite 黄钾铁矾$[KFe_3^{3+}(SO_4)_2(OH)_6$;三方]；绿钾铁矾$[Fe^{2+},Fe^{3+},Al$和碱金属的硫酸盐;$K_2Fe_5^{2+}Fe_4^{3+}(SO_4)_{12}\cdot18H_2O$;等轴]；叶绿矾$[R^{2+}Fe_4^{3+}(SO_4)_6(OH)_2\cdot nH_2O$,其中$R^{2+}$包括$Fe^{2+},Mg,Cl,Cu$或$Na_2$;三斜]；铁矾

mysorin 杂孔雀石$[Cu_2(CO_3)(OH)_2]$

Mystacocarida 须甲亚纲

Mystacoceti 须鲸亚目[缺齿鲸亚目]

mysterious 神秘；不可思议的

mystery 神秘；秘密；奥妙；诀窍；铂锡铜合金
→～ gene 谜基因

Mysticeti 缺齿鲸亚目；须鲸亚目[缺齿鲸亚目]

Mystrophora 携匙贝属[腕;D₂]

mytilid 壳菜蛤科；贻贝型[双壳]

Mytilus 壳菜蛤属[双壳]；壳菜；淡菜；贻贝

Myuroclada 鼠尾藓属

myxameba 变形黏菌[生]

myxamoeba 变形菌胞[植]；变形菌孢；黏变形体；胶丝变形体

Myxine 盲鳗(属)

Myxoarchimycetes 黏古生菌属[Q]

myxoflagellate 游动黏变形体

myxoma fibrosum 纤维黏液瘤

Myxomycetes 黏液菌纲{门}；黏菌纲

myxomycophyta 变形真菌植物

Myxophyceae 黏藻；黏液藻类[An∈-Q]；蓝藻纲；蓝藻

Myxospongida 胶质海绵目

myxoxanthin 蓝(溪)藻黄素

Myzostomida 吸口虫(亚纲)

Mz 中生代[250～65Ma]

N

---

n

N 新第三纪；上第三系；氮；北；晚第三纪[约23.30~2.48Ma]

N₁ 中新世[23.30~5.3Ma]

N_1 中新世[23.30~5.3Ma]

N_2 上新世[5.30~2.48Ma;人猿祖先出现]

Na 钠

nabalamprophyllite 钠钡闪叶石[Ba(Na,Ba)(Na₃Ti(Ti₂O₂Si₄O₁₄)(OH,F)₂)]

Nabam ×黄药[次乙基-双(二硫代氨基甲酸钠);(-CH₂NH C(S)SNa)₂]

nabaphite 水磷钠钡石；磷钠钡石

Nabarro-Frank notation 纳巴罗-弗兰克标志法

Nabarro-Herring creep 纳巴罗-赫林蠕变[基体扩散]

nabatitasilite 硅钛钡石[Ba₂TiSi₂O₈;四方]；硅钛钡钠石；硅钡钛钠石[Na₂BaTi₂Si₄O₁₄;斜方]

nabesite 钠铍沸石[Na₂BeSi₄O₁₀·4H₂O]

Nabiaoia 纳标贝属[腕;D₁₋₂]

nabiasite 纳比亚斯石[BaMn₉((V,As)O₄)₆(OH)₂]

Nabit 纳比特炸药；硝甘炸药

nablock 圆结核(体(岩))；铁质结核[煤中]

nabokoite 纳博柯石[Cu₇TeO₄(SO₄)₅·KCl]

naborite 氯锑铅矿[PbSbO₂Cl]

nacalniotitasilite 硅钛铌钙钠石；硅铌钛钠钙石

nacaphite 氯磷钙钠石；磷钙钠石；氟磷钙钠石[Na₂Ca(PO₄)F;斜方]

nacareniobsite 钠钙{钙钠}稀铌石[NbNa₃CaREE(Si₂O₇)₂OF₃]

Nacconol HG ×捕收剂[烷基芳基磺酸钠;R·ArSO₃M]
→~ LAL ×捕收剂[十二烷基磺基醋酸盐;MO₃SCH₂COO C₁₂H₂₅]//~ NR ×药剂[煤油烷基苯磺酸钠,相当于C₁₄烷基;C₁₄H₂₉-C₆H₄-SO₃Na]

nacelle 吊篮[气球的]；吊舱；气球吊篮；发动机舱；短舱

Nacken method 纳肯法[晶育]

nackswamp 漫滩沼泽；泛滥盆地

nacre 珍珠母；珍珠层

nacreous 珍珠状的

nacrine 珍珠石[Al₂Si₂O₅(OH)₄;单斜]；珍珠陶土[Al₄(Si₄O₁₀)(OH)₈]

nacrite 珠白云母；珍珠陶土[Al₄(Si₄O₁₀)(OH)₈]；珍珠石[Al₂Si₂O₅(OH)₄;单斜]；珍珠石气

NACSN (北美)地层学分类委员会

nad 常年潮湿沼泽地

Nadanhada eugeosynclinal fold belt 那丹哈达优地槽褶皱带

nadel 针状突起

nadeleisenerz 针铁矿[(α-)FeO(OH);Fe₂O₃·H₂O;斜方]

nadelzeolith 中型沸石[包括钠沸石、中沸石、钙沸石]

nadir 最低温度；最低点；天底(点)
→~ point 像底点//~ {plumb} point (天)底点

nadorite 氯氧锑铅矿[PbSbO₂Cl;斜方]；氯锑铅矿[PbSbO₂Cl]；鲜黄石[PbSbO₂Cl]

naegite 锆铀矿；苗木石[(Zr,Si,ThU)O₂]；稀土铌铀锆石[ZrSiO₄+UO₃]；稀土锆石[(Zr,Si,ThU)O₂]

Naemospora 盘肾孢属[真菌]

naeras{pit} gas 矿井瓦斯

naesumite 含水硅铝钙矿物

naevus 斑点

NAF 北安那托利亚断层

nafalwhitlockite 钠铝氟白磷钙石

Nafe-Drake relation 奈夫-迪端卡关系[密度与P波的关系曲线]

nafertisite 钠铁钛石[Na₃(Fe²⁺,Fe³⁺)₆(Ti₂Si₁₂O₃₄)(O,OH)₇·2H₂O]

naftha 石脑油[石油馏分]；黑碎矿

nag 纠缠

Nagasaki atom bomb explosion 长崎原子弹爆炸

nagashimalite 长岛石；硼硅钒钡石[Ba₄(V³⁺,Ti)₄Si₈B₂O₂₇Cl(O,OH)₂;斜方]；纤硅钒钡石

nagatelite{nagetelite} 长手石[磷褐帘石][Ca₂(Ce,La)₂Al₄Fe₂(Si,P)₆O₁₅OH;(Ca,Fe)₄(Al,Ce,La)₆(Si,P)₆O₂₆·2H₂O]

Nagatoella 长门蟶属[孔虫;P₁]

Nagatophyllum 长门珊瑚属[C₁₋₂]

nagelfluh 钉头砾岩；泥砾岩

nagelkalk 叠锥灰岩

nagelschmidtite 叠磷硅钙石[Ca₃(PO₄)₂·2(α-Ca₂SiO₄)]

nagolnite 铝端绿泥石；端铝绿泥石[Al₂SO₃(OH)₄]

nagyagite 叶碲(金)矿[Pb₅AuSbTe₃S₆;Pb₅Au(Te,Sb)₄S₅₋₈;斜方?]

nahcalite 苏打石[NaHCO₃;单斜]

nahcolite 碳酸氢钠盐[苏打石,NaHCO₃]；苏打石[NaHCO₃;单斜]

nahlock 圆块

nahpoite 磷氢钠石

Naiadidae 蚌科[双壳]

Naiadites 水神蚌属；河神蚌(属)[C₂]

naibourne 间歇河

naif 具自然光泽的

nailable{nailing} concrete 可钉混凝土

nail{quill;needle} bearing 针形轴承

nailbourne 小溪；小河

nail drift 冲孔器

nailery 制钉厂

nailhead 钉头；钉(头饰)[头饰]
→~ scratch{striation;striae} 钉头状擦痕//~ {nail-head} spar 钉头石//~ spar 钉状方解石

nail-head striae{nailhead striation} 钉状(冰)擦痕

nailing 坩埚红热处理

nail puller 起钉机{钳}
→~ smith(s) chisel 钉头模凿

Naja 眼镜蛇(属)[N₂-Q]

Najran Red 琥珀红[石]；香槟钻[石]

nakalifite 氟钙钠钇石[NaCaY(F,Cl)₆;六方]

Nakamuranaia 中村蚌属[双壳;J₃-K₁]

Nakamura plate 中村试板

nakaseite 辉锑铜银铅矿[双硫锑银铅矿；辉银铅锑矿][Pb₄Ag₃CuSb₁₂S₂₄;单斜、假斜方]；中濑矿

nakauriite 水碳铜矾[Cu₈(SO₄)₄(CO₃)(OH)₆·48H₂O;斜方]；纳考石

naked 如实的；明白的；裸露的；无隐蔽的；无保护的
→~-flame loco 无瓦斯矿山用机车//~-flame{non-gaseous;nongassy;non-safety-lamp;open-lamp{-light}} mine 无瓦斯矿//~ light mine 无瓦斯矿

Na-komarovite 硅铌钠石[(Na,Ca,H)₂Nb₂Si₂O₁₀(OH,F)₂·H₂O;斜方]

nakrite 珍珠石[Al₂Si₂O₅(OH)₄;单斜]；珍珠陶土[Al₄(Si₄O₁₀)(OH)₈]

Naktongia 洛东蕨属[K₁]

nala 间歇沙质河床

Na-laurylsarcoside 钠月桂酰肌氨[浮剂]

Nalcite HGR{HDR;HCR} 磺化聚苯乙烯阳离子交换树脂
→~ WBR 弱碱性阴离子交换树脂

Nalco 650 ×絮凝剂[加工的蒙脱石]

Nalcolyte 110{|960} ×絮凝剂[非离子型`高{|极高}分子聚合物]

naldrettite 锑钯矿[Pd₂Sb]

naled[pl.-i;俄] 厚冰层；积冰；冰堆

nalipoite 磷锂钠石[NaLi₂PO₄]

Nalivkinella 纳利夫金珊瑚属[D₃]

Nalivkinia 纳利夫金贝属[腕;S]

n-alkane 正烷烃

n-alkylphosphonic acid 正-烷基膦酸

N-alkyl sulphosuccinate N-烷基磺化琥珀酸盐

namaqualite 基性铜铝矾[4CuO·Al₂O₃·SO₃·8H₂O]；绒铜矾[Cu₄Al₂(SO)₄(OH)₁₂·2H₂O;斜方]

nambulite 蚀蔷薇辉石；硅锰钠锂石[NaLiMn₈Si₁₀O₂₈;三斜]；南部石

name 定名；任命；取名；名字；名誉；名称；列举；提出
→~ (sb.or sth.){named after} 命名//~ of account 会计科目；账户名称//~ of a country in Anhwei Province 石埭

nameplate 厂名牌；商标；铭牌；名牌
→~ of the factory 厂名牌

Na-metaautunite 钠变钙铀云母；变钠磷铀云母

namibite 纳米铜铋钒矿[CuBi₂VO₆]

namuwite (纳)铜锌矾[(Zn,Cu)₄(SO₄)(OH)₆·4H₂O]

n-amyl 正戊基[C₅H₁₁]

Naninfula 纳宁冠石[钙超;E₂]

Nankinella 南京蟶属[孔虫;P₁]

Nankinolithus 南京三瘤虫

nanlingite 南岭石[三方;Na(Ca₅Li)₆Mg₁₂(AsO₃)₂(Fe₂²⁺(AsO₃)₆);CaMg₄(AsO₃)₂F₄]

nannander 矮雄体[植]

Nannippus 矮三趾马属[N₂]

Nannoceratopsis 箭片藻属[J-K]

nannoconids 微锥类

Nannoconus 超微锥石[钙超;J₃-K]

nannofossil 超微化石
→~ group 超微化石类{群}

nannostone 超微岩石

Nannotetraster 超微星石[钙超;K₂-E]

Nannoturba 超微旋转锥石[钙超;E₂]

nano- 纳米{纳诺;毫微;纤}[10⁻⁹]

nano amorphous 纳米非晶态

nanocyte 微胞

nanoearthquake 纤地震

nan(n)ofossil 超微化石

Nanograptus 矮笔石属[O₂]

nanophyll 超微形叶

Nanorthis 矮正形贝属[腕;O₁]

nanosecond 毫微秒[10⁻⁹秒];纳秒[10⁻⁹s]

nanoseismicity 纤微地震活动

nanospore 微孢子

nanotechnology 纳米技术

Nanothyris 矮孔贝属[腕;S₃-D₁]

nanozooecium 副虫室

nanozooid 微虫体[苔]

Nanpanaspis 南盘鱼(属)[D₁]

nanpingite 南平石[CsAl₂(Si,Al)₄O₁₀(OH,F)₂; CsAl₂(AlSi₃O₁₀)(OH,F)₂]

Nansen bottle 南森(颠倒)采水器

Nanshanaspis 南山虫属[三叶;O₂]

Nanshanophyllum 南山珊瑚属[S₂]

Nanshihmenia 南石门虫属[三叶;O₂]

nant 小溪谷

Nantanella 南丹贝(属)[腕;C₃]

nantauquite{nantokite;nantoquita} 铜盐 [Cu₂Cl₂;CuCl;等轴]

Naos 喷口珊瑚(属);庙珊瑚属[S-D]

naotic 喷口珊瑚型

napalite 黄鞋蜡石;蜡状烃(类)

nape 后颈;项[颈]

nap(i)er 奈培[衰减单位;=0.686 dB]

naphoite 磷氢钠石[Na₂HPO₄]

naphtagil 精蜡;地蜡[CₙH₂ₙ₊₂];纯地蜡

napheine 伟晶蜡石[CₙH₂ₙ₊₂,如 C₃₈H₇₈]

naphtha 石脑油[石油馏分];黑碎矿;溶剂油;粗挥发油
→(raw) ~ 粗汽油

naphthabitumen 石油沥青

naphthadil 石蜡脂;地蜡[CₙH₂ₙ₊₂]

naphthalating 石脑油洗毛法

naphthalene 石脑油精;萘[C₁₀H₈]
→~ flake 萘片 // ~ sulfonate 萘磺酸盐 // ~ wash oil 萘洗油

naphthaline 萘[C₁₀H₈]

naphthane 十氢化萘[C₁₀H₁₈];萘烷[C₁₀H₁₈]

naphtha polyforming 石脑油聚合重整
→~ reforming 石脑油重整法 // ~ residue 黑油 // ~ soap 石脑油皂[化] // ~ steam cracking 石脑油蒸气裂解

naphthenate 环烷酸盐

naphthene 环烷烃;环烷[CₙH₂ₙ]
→~ (hydrocarbon) 环烷属烃[CₙH₂ₙ] // ~ base crude{crude oil} 环烷基原油 // ~{oleffine;paraffine} hydrocarbons 烃组成分析[烷烃、烯烃、环烷烃、芳烃的组成分析]

naphthenic 环烃
→~ acid 环酸 // ~ oil 环烷油 // ~ residual oil 环烷质残油

naphthenoaromatic 环烷-芳香环的

naphtho- 石脑油[石油馏分]

naphthobenzothiophene 萘并苯并噻吩

naphthode 沥青质灰岩结核

naphthol 萘酚[C₁₀H₇OH]

naphtholit(h)e 沥青页岩

naphthology 石油学;油科学

naphthyl 萘基[C₁₀H₇—]

naphthylacetic{naphthalene-acetic} acid 萘醋酸

naphthylamine{naphthyl amine} 萘胺
→~-hydrochloride 盐酸萘胺{萘胺盐酸盐}[C₁₀H₇NH₂·HCl]

naphthyl hydrazine 萘肼[C₁₀H₇NH·NH₂]
→~ mercaptan 萘硫酚[C₁₀H₇SH]

napht(h)ine 伟晶蜡石[CₙH₂ₙ₊₂,如 C₃₈H₇₈]

napht(h)olith 沥青页岩

napiform 上部粗圆下部细长的;芜菁状的[根茎]
→~ root 球根[植]

napoleonite 闪石[族名,旧名角闪石];正长石[K(AlSi₃O₈);(K,Na) AlSi₃O₈;单斜]

Napoleonville 拿破仑维尔(阶)[北美;N₁]

napolite 蓝方石[(Na,Ca)₄₋₈(AlSiO₄)₆(SO₄)₁₋₂; Na₆Ca₂(AlSiO₄)₆(SO₄)₂;(Na,Ca)₄₋₈Al₆Si₆(O,S)₂₄ (SO₄,Cl)₁₋₂;等轴]

nappe 熔岩流;推覆断层褶皱;覆盖层;推覆体;纳布;覆盖体;漫流水层;溢流水舌;岩幂
→~ (structure;tectonic) 推覆构造

napping 推覆作用

naquite 那曲矿[FeSi]

narbones 挪朋尼风

narbone's 纳尔榜风

narcissin{narcissine} 石蒜碱

narcosis 麻醉

narcotic 麻醉药;麻醉性的;麻药
→~ effect 麻醉作用

Nardophyllum 厚斜壁锥珊瑚

nares{naris} 鼻孔

narrow(ness) (使)变狭;海峡;有限制的;精确;狭窄巷道[地段];狭隘的;缩小;严密;峡[海;谷]

narrow (defile) 峡谷
→~ angular beamwidth 窄角光束宽度 // ~ {-}band 窄(频)带(的) // ~ beam 窄光束 // ~ channel 狭水道 // ~ defile 狭长山口 // ~ flame 舌焰 // ~ meshed 密的(网或线路等);小眼的;小孔的 // ~ opening{working} 窄巷道 // ~ stall 窄矿房 // ~ straight-backed mortar (捣碎机)狭直捣矿槽 // ~ vein 窄(矿)脉

narsa(r)sukite 短柱石[Na₂TiSi₄O₁₁;Na₂(Ti, Fe³⁺)Si₄(O,F)₁₁;四方]

nasal notch 鼻缺
→~ pit 鼻窝 // ~ septum 鼻中隔[哺] // ~ tube 鼻管

nascence{nascency} 起源;初生;发生

nascent 初期的;未成熟的

nasinite 七水硼钠石[Ba₄B₁₀O₁₇·7H₂O];奈硼钠石[Na₂B₅O₈(OH)·2H₂O;斜方]

nasledovite 硫碳铅锰铝石[PbMn₆Al₄ (CO₃)₄(SO₄)O₅·5H₂O];菱锰铅矾[Pb,Mn,Al, Mg 的碱式含水碳酸盐-硫酸盐];碳锰铅矾

nasonite 硅氯钙铅矿;氯硅钙铅矿[Pb₄(Pb Cl)₂Ca₄(Si₂O₇)₃;六方]

Na-spar 钠质长石;钠长石[Na(AlSi₃O₈); Na₂O·Al₂O₃·6SiO₂;三斜;符号 Ab]

Nassaria 类织纹螺属[N-Q];鱼篮螺属[腹]

Nasselinae 织纹(放射)亚科

Nassella 纳塞拉草属

nassellarian{nasselline} 罩笼虫目的

nastrophite 磷钠锶石[Na(Sr,Na)PO₄;Na (Sr,Ba)(PO₄)·9H₂O;六方];水磷钠铈石

nasturan 沥青铀矿;方铀矿

Nasua 浣熊属[Q];美洲浣熊[Q]

nasumite 含水硅铝钙矿物

nasus 后唇基[昆];鼻

natality 出生率

Natalophyllum 芽槽珊瑚属[D₂]

natalyite 铬钒辉石[(Na)(V,Cr)Si₂O₆]

natanite 羟锡铁石;羟铁锡石

natant 浮游的

Natantia 游泳亚目;游行亚目[真米虾]

natatorial{natatory} 游泳的

Nathorstiana 那托斯特水韭科[K₁]

Nathorstisporites 那氏大孢属[J₁]

Natica 玉螺(属)[腹足;K₂-Q]

Naticacea 玉螺(总科)

Naticopsis 拟玉螺属;似玉螺(属)[腹;S-T]

National Bureau of Metrology 国家计量局
→~ Coal Association 全国煤炭协会

national meridian 国定子午线
→~ petroleum reserve 国家石油储备[为防务需要,不允许开采的油藏] // ~ prorationing schedule 国家配产表

National Resources Board 全国资源局;国家资源局
→~ Science Foundation 国家科学基金会[美] // ~ table 奈辛纳耳型摇床 // ~ Union of Miners 全国矿工联合会

Natiria 游玉螺属[腹;C-T]

natisite 氧硅钛钠石[Na₂(TiO)SiO₄;四方]

native 自然的;本国的;本地的;原来的;土生(土长)的;土;天然的
→~ borax 钠硼石;天然硼砂

nativebrass 自然黄铜[Cu₁.₈₁Fe₀.₀₇Zn₁.₁₂]

native core 原始状态岩芯;天然状态岩芯
→~ prussianblue{native prussian blue} 蓝铁矿[Fe₃²⁺(PO₄)₂·8H₂O;单斜] // ~ Pt-Pd ore 自然铂钯矿矿石 // ~ sulfate of barium 重晶石[BaSO₄;斜方]

NATM 新奥法

natochikite 纳妥黏土

natr(o)amblygonite 羟磷铝钠石[(Na,Li) Al(PO₄)(OH,F);三斜];钠磷锂铝石{叶双晶石}[(Na,Li)Al(PO₄)(OH,F)];钠磷铝石

natratite 铵硝石[NH₄NO₃;斜方]

natrikalite 杂钠钾盐[(Na,K)Cl]

natr(on)ite 泡碱[Na₂CO₃·10H₂O;单斜];钠碳石[Na₂CO₃];碱石;碳钠石;碱

natrium[拉] 钠
→~-alunite 钠明矾石[NaAl₃(SO₄)₂(OH)₆; 三方] // ~-benstonite 钠菱碱土 // ~ glauconite 钠海绿石 // ~ hewettite 钠针钒钙石 // ~-hewettite 针钒钠石 // ~-illite 钠伊利石[(Na,H₂O) Al₂(AlSi₃O₁₀) (OH,H₂O)₂;(Na,H₃O)(Al,Mg,Fe)₂(Si,Al)₄O₁₀ ((OH)₂,H₂O);单斜] // ~ killinite 钠块云母 // ~{sodium} montmorillonite 钠蒙脱石

natriuresis 缺钠病

natroalumite 钠明矾石[NaAl₃(SO₄)₂(OH)₆; 三方]

natroalunite 水钠矾石;钠明矾石[NaAl₃ (SO₄)₂(OH)₆;三方];钠矾石;无水矾石 [Al₂O₃·2SO₃]

natroanthophyllite 钠透闪石[Na₂(Mg, Fe²⁺,Fe³⁺)₆(Si₈O₂₂)(O,OH)₂; Na₂Ca(Mg,Fe²⁺)₅Si₈O₂₂(OH)₂;单斜]

natroapophyllite (斜)钠鱼眼石[NaCa₄Si₈ O₂₀·F·8H₂O]

natroautunite 钠铀云母[Na₂(UO₂)₂(PO₄)₂· 8H₂O;四方]

natrobistantite 铋细晶石[等轴;(Na,Cs)Bi (Ta,Nb,Sb)₄O₁₂;(Na,Ca,Bi)₂Ta₂O₆(F,OH,O); (Bi,Ca)(Ta,Nb)₂O₆(OH)];钠铋烧绿石

natro(n)borocalcite 硼钠钙石[NaCa(B₅O₇) (OH)₄·6H₂O;NaCaB₅O₉·8H₂O];钠硼解石 [NaCaB₃B₂O₇(OH)₄·6H₂O;NaCaB₅O₆(OH)₆· 5H₂O;三斜];钠硼钙石[NaCaB₅O₉·8H₂O]; 三斜钙钠硼石

natrobromite 溴钠石[NaBr]

natrocalcite 硅硼钙石[CaB(SiO₄)OH;Ca₂

(B₂Si₂O₈(OH)₂);单斜；钠方解石；斜钠钙石[Na₂Ca(CO₃)₂•5H₂O]

natrocarbonatite 钠碳酸岩

natrocataplelite 钠锆石[(Na₂,Ca)O•ZrO₂•2SiO₂•2H₂O;Na₂ZrSi₃O₉•2H₂O;六方]

natro(n)(-)cataplei(i)te 多钠锆石[Na₂ZrSi₃O₉•2H₂O]

natrochalcite 钠铜矾[NaCu₂(SO₄)₂(OH)•H₂O;单斜]

natrodavynite 钠钾霞石[(Na,K)(AlSiO₄)];钠钙霞石[Na 的铝硅酸盐及碳酸盐;Na₃Ca(AlSiO₄)₃(SO₄•CO₃)•nH₂O]

natrodine 碘钠石[NaI]

natrodufrenite 钠-绿磷高铁石[(Na,□)(Fe³⁺,Fe²⁺)(Fe³⁺,Ag)₅(PO₄)(OH)₆•2H₂O]

natrofairchildite 尼碳钠钙石[Na₂Ca(CO₃)₂;斜方、假六方];奈碳钠钙石[Na₂Ca(CO₃)₂;斜方]

natrohitchcockite 钠磷铝(铅)矿[NaAl₃(PO₄)(OH)₄•2H₂O]

natrojarosite 钠铁矾[NaFe₃⁺(SO₄)₂(OH)₆;三方];亚铁矾

natrokalisimonyite 水白钠钾矾

natrolemoynite 水硅锆钠石[Na₄Zr₂Si₁₀O₂₆•9H₂O]

natrolite 钠沸石[Na₂O•Al₂O₃•3SiO₂•2H₂O;斜方];中柱石[Ma₅Me₅–Ma₂Me₈(Ma:钠柱石,Me:钙柱石)]

natrolith 钠沸石[Na₂O•Al₂O₃•3SiO₂•2H₂O;斜方]

natro(n)melilite{natro(n)melilith} 钠黄长石

natromicrocline 歪长石[(K,Na)AlSi₃O₈;三斜]

natromimetite 钠砷铅矿

natromontebrasite 羟磷钠铝石{钠磷锂铝石；叶双晶石;钠磷铝石}[(Na,Li)Al(PO₄)(OH,F);三斜]

natron 含水苏打[Na₂CO₃•10H₂O];泡碱[Na₂CO₃•10H₂O;单斜];氧化钠；碱；天然碱[Na₃(CO₃)(HCO₃)•2H₂O;单斜]
→ ~ {natronite} 碳酸钠[Na₂CO₃;Na₂CO₃•10H₂O]

natronabulite 多钠硅锂锰石[(Na,Li)(Mn,Ca)₄Si₅O₁₄(OH)]

natronamblygonite 钠磷铝石；钠磷锂铝石[(Na,Li)AlPO₄(OH,F)];叶双晶石[(Na,Li)Al(PO₄)(OH,F)]

natronambulite 多钠硅锂锰石[(Na,Li)(Mn,Ca)₄Si₅O₁₄(OH)]

natronanorthite 三斜霞石

natronberzeliite 钠黄砷榴石

natronbiotite 钠黑云母

natronborocalcite 硼钠钙石[NaCa(B₅O₇)(OH)₄•6H₂O; NaCaB₅O₉•8H₂O]

natroncalk 碱石灰[NaOH 和 CaO 的混合物]

natroncancrinite 钠钙霞石[Na 的铝硅酸盐及碳酸盐;Na₃Ca(AlSiO₄)₃(SO₄•CO₃)•nH₂O]

natroncarnotite 钒钠铀矿[Na(UO₂)(VO₄)•3H₂O;斜方]

natron-catapliite 钠锆石[(Na₂,Ca)O•ZrO₂•2SiO₂•2H₂O;Na₂ZrSi₃O₉•2H₂O;六方]

natronchabasite 钠菱沸石[(Na₂,Ca)(Al₂Si₄O₁₂)•6H₂O(近似,含少量 K);六方]

natron{soda} garnet 钠榴石[(Na₂,Ca)₃Al₂(SiO₄)₃]

natronhauyne 黝方石[Na₈(AlSiO₄)₆(SO₄);等轴]

natron(-)heulandite 钠片沸石；斜发沸石

[(Na,K,Ca)₂₋₃Al₃(Al,Si) Si₁₃O₃₆•12H₂O;单斜]

natroniobite 钠铌矿[NaNbO₃;单斜]

natronite 泡碱[Na₂CO₃•10H₂O;单斜];钠沸石[Na₂O•Al₂O₃•3SiO₂•2H₂O;斜方]

natron(n)itrite 钠硝石[NaNO₃;三方];智利硝[NaNO₃]

natronjadeite 硬玉[Na(Al,Fe³⁺)Si₂O₆;单斜];翡翠[NaAl(Si₂O₆)]

natronkatapleite 多钠锆石[Na₂ZrSi₃O₉•2H₂O]

natronmanganwollastonite 锰针钠钙石[Na(Ca,Mn)₂Si₃O₈(OH)];针钠锰石[Na(Ca,Mn)₂Si₃O₈(OH);三斜]

natronmargarite 钠珍珠云母[(Na,Ca)Al₂(Al(Si,Al)Si₂O₁₀)(OH);NaLiAl₂(Al₂Si₂)O₁₀(OH)₂;单斜]

natronmesomicrocline 钠中微斜长石；歪长石[(K,Na)AlSi₃O₈;三斜]

natronmesotype 钠沸石[Na₂O•Al₂O₃•3SiO₂•2H₂O;斜方]

natronmikroklin{natronorthoklas} 歪长石[(K,Na)AlSi₃O₈;三斜]

natron-onkosin 钠云母[NaAl₂(AlSi₃O₁₀)(OH)₂;单斜]

natronphlogopite 钠金云母

natronpurpurite 钠紫磷铁锰矿；紫磷铁锰矿[(Mn³⁺,Fe³⁺)(PO₄)]

natron purpurite 钠紫磷铁锰矿
→ ~ {Chil;chilian;chilean} saltpeter 钠硝石[NaNO₃;三方] // ~ {Chil;chilian} saltpeter 智利硝(石)[NaNO₃]

natronsanidine{natron sanidine} 钠透长石

natronsarkolith 钠肉色柱石

natronshonkinite 钠等色岩

natronspodumen 奥长石[介于钠长石和钙长石之间的一种长石;Ab₉₀₋₇₀An₁₀₋₃₀;Na₁₋ₓCaₓAl₁₊ₓSi₃₋ₓO₈;三斜]

natronthomsonite 钠杆沸石

natronwollastonite 针钠钙石[Na(Ca>₀.₅Mn<₀.₅)₂(Si₃O₈(OH));Ca₂NaH(SiO₃)₃;NaCa₂Si₃O₈(OH);三斜]

natropal 钠蛋白石

natrophilite 磷钠锰矿[NaMnPO₄;斜方]

natrophite 奈磷钠石；磷钠石[Na₃PO₄;斜方]

natrophosphate 水磷钠石[Na₇(PO₄)₂F•19H₂O;等轴];钠磷石；磷钠石[Na₃PO₄;斜方]

natrophyllite 磷钠锰矿[NaMnPO₄;斜方]

natrosiderite 霓石[NaFe³⁺(Si₂O₆);单斜];锥辉石[霓石变种; Na(Fe³⁺,Al,Ti,Fe²⁺)(Si₂O₆)]

natrosilite 硅钠石[Na₂Si₂O₅;单斜]

natrotantalite 钠钽矿[NaTa₃O₈];钽钠矿

natrotantite 钠钽矿[NaTa₃O₈]

natro(n)tremolite 钠透闪石[Na₂(Mg,Fe²⁺,Fe³⁺)₆(Si₈O₂₂)(O,OH)₂;Na₂Ca(Mg,Fe²⁺)₅Si₈O₂₂(OH)₂;单斜]

natroxalate 草酸钠石[Na₂C₂O₄]

natroxonotlite 钠硬硅钙石[KCa₄Si₅O₁₃(OH)₃]

natruresis 缺钠病

nattierblue 淡青色

natural 常态的；普通的；固有的；本来的；物质的；无需酸化或射孔的产油井；自然的；天然的；天赋的
→ ~ completion 普通完井；正常完井 // ~ diamond core bit 天然金刚石取芯钻头 // ~ drainage 自然排泄(液);天然排水 // ~ flexibility matrix 固有柔变矩阵 // ~ ground 原生岩；本生地层；本

生岩 // ~ gypsum 天然石膏 // ~ leakage manifestation 天然漏泄显示 // ~ levee{dike;barrier;dyke} 天然堤(岸)

naturally aspirated engine 自然吸入式发动机
→ ~ occurring deposit 原生矿床

natural{native} magnet 磁铁矿[Fe²⁺Fe₂³⁺O₄;等轴]
→ ~ magnet 天然磁石[Fe₃O₄] // ~ mud 井眼内自造泥浆

natural{natured} oscillation 固有振动
→ ~ paper 泥炭层 // ~ scale{size} 原大 // ~ science 博物[旧时总称动物、植物、矿物、生理等学科] // ~ stone{gemstone} 天然宝石 // ~ terrain 坡地 // ~ type of ore 矿石自然类型 // ~ uranium-graphite reactor 天然铀-石墨反应堆

nature 树脂；原始状态；品种；大小；本质；种类；本性；宇宙万物；性质；类别；天性；特征；特性；级
→ ~ of ground 岩层性质 // ~ of rock 岩石种类；岩石性质

nauckite 罗马树脂

naujakasite 硅铝铁钠石[Na₆(Fe²⁺,Mn)Al₄Si₈O₂₆;单斜];瑙云母[3(Na₂,Fe)O•2Al₂O₃•8SiO₂•H₂O]

naumannite 硒银矿[Ag₂Se;斜方];硒铜铀矿[Cu(UO₂)₃(SeO₃)₃(OH)₂•7H₂O;斜方]

β-naumannite β 硒银矿

naur(u)ite 圆层磷灰石[Ca₅(PO₄)₃F]

naurodite 碱性闪石；似蓝闪石

nauruite 胶磷矿[Ca₃(PO₄)₂•H₂O]

nausea 恶心[潜水员病状]

naut{nautical} 航海的；海员的；船舶的

nautical chart 航道图表
→ ~ equipment 航海装备；设备；航海仪器 // ~ fathom 海寻[噚][测水深单位,=1‰ 海里] // ~ {sea} mile 海里{浬}[=1.852km] // ~ scale 海图的经纬度网格

nautilicone 鹦鹉螺式壳[头];鹦鹉螺壳

nautiloid 鹦鹉螺`壳形的{目软体动物}
→ ~ (type) 鹦鹉螺式

Nautiloidea 鹦鹉螺目{类；亚纲}；全直领类；鹦鹉贝类

Nautilus 鹦鹉螺(属)[头]

nautilus 鹦鹉螺

nautite 思氏水锰矿

navajoite 三水钒矿[V₂O₅•3H₂O;单斜]

Navarho{Navarjo} 那伐鹤人{语}[美西南印第安种族]

navarho{navarjo} 橙红色

Navarroan 纳瓦罗(阶)[北美;K₂]

navazite 磷酸钙石

Navicula 舟形藻属[硅藻;Q]

navicular 舟骨

Naviculopsis 似舟硅鞭毛藻(属)[E-Q]

Navi-Drill 纳维钻具[一种螺杆钻具]

navigable 适航的；可航行的
→ ~ channel 通航河槽 // ~ semicircle 可航半圆

navigating instrument 导航仪
→ ~ signals 航空信号

navigation 航行；航空；航海术；航海；导向装置；导航；领航
→ ~(al) aid{system} 导航系统

navigational aid 导航设备；助航系统

Navisolenia 舟骨石[钙超;Q]

navite 蛇纹粒玄斑岩；斑岩；伊丁粒玄玢

岩；斑状蛇纹粗玄岩

navvy 两平巷间的工作面；矿工；挖凿机；挖土[掘]工；挖地
→~ (excavator) 挖土机；挖泥机；挖掘机

navy 海军；舰队
→~{dark} blue 深蓝色//~ blue 藏青

naxite 斜长金云刚玉岩

naxium 刚玉[Al$_2$O$_3$;三方]

Nb 铌

NBR 丁腈橡胶；腈基丁二烯橡胶

nb-rutile 铌金红石

Nb-Ta ores 铌钽矿

N-bubble 浸没气泡[表面张力等于或接近于水的表面张力]

n-butane 正丁烷

n-butyl 正丁基[C$_4$H$_9$−]

n-butyrophenone 丁酰苯{正丙基苯基甲酮}[n-C$_3$H$_7$COC$_6$H$_5$]

nb-wolframite 铌黑钨矿

N by E 北偏东

Nchanga Consolidated Copper Mines Ltd. 恩昌加统一铜矿有限公司[赞]

nchwaningite 水羟硅锰石[Mn$_2^{2+}$SiO$_3$(OH)$_2$•H$_2$O]

NCN 硝基碳硝酸盐炸药

Nd 钕

n-dimensional normal distribution n维正态分布

n-dodecane 正十二烷

NEA 不乳化酸；非乳化酸

nealite 氯砷铁铅石{矿}[Pb$_4$Fe^{2+}(AsO$_4$)$_2$Cl$_4$;三斜]

Neanderthal 穴居人的
→~ man 尼安德特人

Neanderthaloid 类尼安德特人

neanic 青年期的；幼年期；蛹期的
→~ age 少年期//~ stage 青年期

neap (tide) 小潮

neapite 霞磷(灰)岩

neap{dead} tide 最低潮
→~{ebb} tide 低潮

nearby field 卫星油(气)田

near color infrared photography 近彩色红外线摄影
→~-continental abyssal plain 近大陆深海平原//~-critical 近临界的

nearctic 新北极

Nearctic (realm) 新北区(生态)[大陆动物地理区,包括格陵兰和北美]

near desert 半沙漠区；似沙漠区
→~ detector 近(道)检波器//~-end crosstalk 近端串音

nearest neighbor analysis 最近邻分析

near field 近(源)场
→~ field geophone 近源场检波器

nearly consumed island 蚀余岛；残岛
→~ viscometric flow 近黏滞流动

near-mammals 近哺乳类动物

near-mesh 接近筛孔尺寸的
→~ bed 近筛孔物粒床层；接近筛孔的物料床层//~ grain 分界粒径颗粒

near mesh material 分界粒度物质；近筛孔物料
→~-mesh material difficult 难筛粒//~-parallelism 近平行性//~-perfect pack 接近理想的充填//~-plain of subaerial erosion 准平原

nearshore 近滨；近岸的
→~ current system 近滨流系//~ de-

posit 近岸沉积

near-shore environment 近滨环境

nearshore marine zone 近滨海相带
→~ zone 近滨带

near side 正面[月球]

nearside{earthside} of the moon 正月面[月球靠地球的那个面]
→~ of the moon 月球正面

near size particle 尺寸相近的颗粒
→~-slot-size grain 尺寸与割缝宽度相近的颗粒

nearsolidus 弱固相

near space 近空间
→~ surface deposit 距(离)地表近的矿床；近地表的矿床//~-surface foci earthquake 浅源地震//~ {-}surface waves 表面波//~ ultraviolet 近紫外

neat 纯的；均匀的；无杂质的
→~ lime 净石灰

Nebaliacea 叶虾目[节]

Nebraskan 内布拉斯加(冰期)[约1Ma;北美]

nebula[pl.-e] 星云状的星系；喷雾剂；雾气；星云

nebular 星云状
→~{nebula} hypothesis 星云假说

nebule 波纹饰；纳[大气不透光度]

nebulite 云染岩；云雾岩；星云岩；雾迷状混合岩

nebulitic gneiss 雾迷片麻岩
→~ structure 云染状构造

nebulium 氢[一种假设的化学元素]；星云素

nebulization 喷雾作用

nebulize 喷药水(在伤处)；(使)成雾状

nebulizer 喷雾器

nebulosus 薄幕状云；雾状(云)

nebulous 云雾状(的)；星云状
→~ oven Jun{Chun} glaze 浑炉钧[陶]//~ star 云星

NEC 日本电气公司；羧乙基纤维素

necessary 强制的；必要的；必须做的(事)；必需品；必然的；不可避免的
→~ and sufficient 必要和充分条件//~ condition 必要条件

neck 卡脖；岩颈；矿筒；矿房狭窄处；颈；进路；狭道；鹅颈管(构)；蜿曲颈；(使……)成颈状；缩小
→~ (of land) 地峡//(volcanic) ~ 火山颈

neckbreaking speed 危险速率

neck bush 内衬套；填料衬套

necked 拉细的；颈状的；缩小的
→~-in (边缘)向内弯曲//~-out (边缘)向外弯曲

neck-free deformation 无缩颈变形

neck furrow 颈沟
→~ grease 轴颈用润滑脂

necking 薄片化；形成细颈现象；颈部；截面收缩现象；开切煤房；缩颈；颈缩(包裹体)
→~ {-}down 颈缩//~ down 收颈;断面收缩//~ down of inclusion 包裹体的"卡脖子"

neck leather 皮垫圈
→~ node 颈疣//~ of meander lobe 蛇曲颈//~ of shaft 轴颈

neckrest 辊颈支架

neck{occipital;nuchal} ring 颈环[钙超]
→~ ring mold 口模//~ scale 颈鳞

necrocoenosis 死骸群；尸体群

necronite (蓝色珍珠状)正长石[K(AlSi$_3$O$_8$);(K,Na)AlSi$_3$O$_8$;单斜]

necrophaga 食尸动物

necrophagous 食尸(生物)的；吃腐尸的

necroplankton 死后浮游生物；死浮游(生物)

nectilite 浮石

necton 自游生物；游泳生物

Nectria 丛赤壳属[真菌;Q]

Nectridia 奈克(蠑)目；游蠑目[两栖]

Necturus 泥蠑属

nedymium 铵

need 要求；缺乏；贫困；必需；不足；需要
→~ hierarchy theory 需求层次理论

needle 横撑木；炮孔针；针状物{体}；(用)针穿刺，栅条；针晶；井口支撑罐笼的横梁；加强效果；(使)成针状结晶；探针
→~ coke 针状结晶石油焦//~ iron ore 针铁矿[(α-)FeO(OH);Fe$_2$O$_3$•H$_2$O;斜方]//~ ironstone 毛针铁矿；针铁石；针铁矿[(α-)FeO(OH);Fe$_2$O$_3$•H$_2$O;斜方]

needleleaf 针叶

needle-like 针状的；类似针形

needle {-}like habit 针状习性
→~ ore 硫铅铜铋矿；针铋铅矿[PbCuBiS$_3$;斜方]//~ spar 霞石[KNa$_3$(AlSiO$_4$)$_4$;(Na,K)AlSiO$_4$;六方]

needless 无用的；多余的

needle stone 金红针水晶；钙沸石[Ca(Al$_2$Si$_3$O$_{10}$)•3H$_2$O;单斜]
→~ timber 柱脚撑木//~ tin 针锡石//~ tin ore 针状晶体锡石[SnO$_2$]//~ traverse 动针罗盘导线//~ type injector 针阀式喷油器//~ zeolite 中型；中色的；中型沸石类[钠沸石、中沸石、钙沸石类]；针沸石[K$_2$CaMg$_2$(Al,Si)$_{36}$O$_{72}$•28H$_2$O;六方]//~ zeolite{stone} 钠沸石[Na$_2$O•Al$_2$O$_3$•3SiO$_2$•2H$_2$O;斜方]

needling 凿柱窝；挖掘梁窝

needs 必需品

needy 贫乏

Neel point 奈尔{耳}点[反铁磁性物质的居里点]

neel temperature 奈尔温度[反铁磁性转变温度]

nefed(j)evite 涅蒙脱石

nefedieffite 红坚岭石；涅蒙脱石；坚蒙脱石

nefedievite{nefediewite} 涅蒙脱石

nefedovite 尼氟磷钙钠石；氟磷钙钠石[Na$_2$Ca(PO$_4$)F;斜方]；氟碳钙钠石[Na$_5$Ca$_4$(PO$_4$)$_4$F]

nefedyevite 涅蒙脱石

nefelina 霞石[KNa$_3$(AlSiO$_4$)$_4$;(Na,K)AlSiO$_4$;六方]

neft(de)gil 石蜡脂；地蜡[C$_n$H$_{2n+2}$]

negative 阴片；阴性的；阴极的；拒绝的；反对的；负的；底片
→~ acknowledg(e)ment 否定应答信号//~ adsorption 反附着作用//~ belt 负异常带；下陷带//~ breccia 负角砾岩//~ feature 弱点；缺点

negatively skewed distribution 负偏斜分布

negative map 阴像地图；图像底片

negator 倒换器；否认者
→~ spring 反旋弹簧

neglect 疏忽；忽视；忽略；遗漏
→~ of diatomic differential overlap

method NDDO 法

negligible 很少；渺小的；可以忽略的；可忽略的；微不足道的
→～ deposition 微量沉积

negotiation 协商；谈判
→～ of contract terms 合约条款的协商

Negro 黑人[俚]
→～ Espana 枫叶黑[石]

negrohead{negro head} 煤结核；黑礁砾

Negroid 黑人种；非洲人种

nehrung[pl.-gen] 湾口沙洲；沙嘴滩[德]

Neichia (formation) 艾家层

neighbo(u)rhood 邻居；邻近值；邻域；接近；邻接；邻国；地区；周围；邻近

neighboring 周边
→～ anchor 相邻锚杆 // ～ pile 邻桩
// ～ trace 邻道

neighborite 氟镁钠石[$NaMgF_3$;斜方]

neighbour 邻居；邻近值

neighbouring node 邻近结点

Neithea 牡蛎；简棱海扇属[双壳;J-K]

Nekal A × 药剂 [二异丙基萘磺酸盐;$((CH_3)_2CH)_2C_8H_5SO_3$ M]
→～ B × 药剂[异丁基萘磺酸盐;$(CH_3)CHCH_2C_8H_5SO_3$M] // ～ BX × 药剂[双异丁基萘磺酸盐] // ～ NF × 药剂[二烷基萘磺酸盐]

nekoite 涅（水）硅钙石[$Ca_3Si_6O_{12}(OH)_6•5H_2O$;三斜]；新硅钙石[$CaSi_2O_5•2H_2O$]

nekrasovite 硫钒锡铜矿[$Cu_{36}V_2Sn_6S_{32}$]

nekrocoenose 死亡群

nekronit (蓝色珍珠状)正长石[$K(AlSi_3O_8)$;$(K,Na)AlSi_3O_8$;单斜]

nektonic organism 自游生物；游泳生物

nelenite 砷热臭石[$(Mn,Fe)_{16}Si_{12}O_{30}(OH)_{14}As_3^{3+}O_6(OH)_3$]

Nelson Davis heavy media process 奈尔逊台维斯重介选矿法
→～-Davis separator 纳尔逊-大卫斯型重介质分选机

nelsonite 纳尔逊岩

Neltneria 尼特纳虫属[三叶;$Є_1$]

neltnerite 尼硅钙锰石[$CaMn_6SiO_{12}$]；硅钙锰石

Nelumbo 连；莲属[K_2-Q]

NE lunar highlands 月球东北高地

nema 丝状体；细管；线管[笔]

Nemacystus 海蕴属[褐藻;Q]

Nema(to)graptus 线笔石；丝笔石(属)[O_2]

nemaline 纤维状（的）；纤水滑石[$Mg(OH)_2$]；纤羟镁石

Nemalion 海索面(属)[红藻]

nemalite 钠沸石[$Na_2O•Al_2O_3•3SiO_2•2H_2O$;斜方]；纤羟{水}镁石；纤水滑石[$Mg(OH)_2$]；铁水镁石 [$5Mg(OH)_2•MgCO_3•2Fe(OH)_2•4H_2O$]

nemaphyllite 钠蛇纹石；绿蛇纹石[$Mg_6(Si_4O_{10})(OH)_8$]

Nemastoma 滑线藻属[红藻]

nematath 横向洋脊；断块海岭

Nemataxis 抽线轴苔藓虫属[D]

nemate 珍珠岩[酸性火山玻璃为主,偶含长石、石英斑晶;SiO_2 68%～70%,SiO_2 Al_2O_3 12%]

Nematichara 纳莫特轮藻属[E_{2-3}]

nematic liquid crystal 丝状液晶；向列液晶

nematoblastic (texture) 纤状变晶(结构)

nematocyst 刺丝胞；刺囊[腔]

nematode 线虫类

nematolith 纤羟镁石

nematology 线虫学

Nematophyton 线藻属[S-D]

Nematopora 线苔藓虫属[$Q-P_1$]

Nematospora 针孢酵母属[真菌;Q]

Nematothallus 线叶属[S-D]

němecite 水硅铁石[$Fe_2^{3+}Si_2O_5(OH)_4•2H_2O$;单斜]；硅铁石{土}[$Fe_2Si_2O_5(OH)_4•5H_2O$;$Fe_4^{3+}(Si_4O_{10})(OH)_8•10H_2O$]

Nemegtichara 讷莫格特轮藻属[K_2-N]

Nemegtosaurus mongoliensis 纳摩盖吐龙

Nemejcisporites 凹边大孢属[C_2]

nemere 尼米利风

Nemestheria 线叶肢介属[节;K_2]

Nemistium 奈密斯脱珊瑚属[C_1]

nemite 暗白榴石{岩}

Nemocardium 线鸟蛤属[双壳;K-Q]

nemourid 短尾石蝇

nenadkevichite 硅钛铌钠矿[$(Na,Ca,K)(Nb,Ti)Si_2O_6(O,OH)•2H_2O$;斜方]

nenadkevite 硅钙铅铀钍矿；硅钙硼铅铀矿；铀石[$U(SiO_4)_{1-x}(OH)_{4x}$;四方]

nenfro 淡灰响岩；粗面岩

Neoaganides 新缓菊石属[头;C_2-P_1]

Neo-America{Neo-Amerika} 新美洲大陆

neoanthropic 智人的；新人的[人类学]

Neoarchaediscus 新古盘虫属[孔虫;C_2]

neoautochthon 新原地岩体；新推覆基底

neoblast 新生变晶

Neobolus 新圆货贝属[腕;$Є_2$]

neo-bubble 浸没气泡[表面张力等于或接近于水的表面张力]

Neocalamites 新芦木(属)[$T-J_2$]

neocarotene 新胡萝卜素

neocatastrophism 新灾变论

Neocathaysian 新华夏式(系)

Neochara 新轮藻属[E_2]

neochrysolite 铁橄榄石[$Fe_2^{2+}SiO_4$;斜方]

neocianite 蓝硅酸铜矿石

neociano 碱硅铜矿[$(Cu,Na_2,K_2)Si_3O_7$]

Neoclisiophyllum 新蛛网珊瑚属[C_1]

Neocobboldia 新柯波尔氏虫属[三叶;$Є_1$]

Neococcolithus 新颗石[钙超;K_2-E_2]

neocolemanite 重硼钙石；硬硼钙石[$Ca_2B_6O_{11}•5H_2O$;$2CaO•3B_2O_3•5H_2O$;单斜]

neocoluvium 新风化壳[不饱和硅酸盐残积的]

Neocomian 纽康姆(阶{统})[欧;K_1]
→～ stage 尼欧可木阶

Neocomites 新考米菊石属[头;K_1]

Neocordylodus 新肿牙形石属[O_2-T_2]

Neocormophyta 新生茎叶{菜}植物

neocortex 新(大脑)皮质

neocrisolite 铁橄榄石[$Fe_2^{2+}SiO_4$;斜方]

neocrystic 次生晶状；新生晶状
→～ texture 次生非岩层结构

neoctese 臭葱石[$Fe^{3+}(AsO_4)•2H_2O$;斜方]

neocyanite 碱硅铜矿[$(Cu,Na_2,K_2)Si_3O_7$]

Neocypria 新丽星介属[E_{2-3}]

Neocyrtina 新弓形贝属[腕;T_2]

neo(-)darwinism 新达尔文主义

Neodiestheria 新叠饰叶肢介属[节;K_1]

neodigenite 蓝辉铜矿[$Cu_{2-x}S$;Cu_9S_5;等轴]

neodinoxanthin 新甲藻黄素

Neodiscus 新盘虫属[孔虫;P_1]

Neodoratophyllum 新带羽叶属[古植;K_1]

neodoxy 新见解{观点}；新学说

Neoduyunaspis 新都匀鱼属[D_1]

neodymium 钕

neoeffusive 新喷出岩

neoeluvium 新残积层

Neofascicosta 新簇褶贝属[腕;T_3]

Neoflabellina 新小扇形虫属[孔虫;K]

Neo-fat × 药剂[脂肪酸类]

neoformation 新(矿物)形成作用；赘{新}生物；新生作用

neofracture 新断裂

neofucoxanthin 新叶黄素；新墨角(藻)黄素；新岩藻黄质

neogaikum 新地旋回

Neogastropoda 新腹足目

neogastunite 钠钙铀矾；板碳{菱}铀矿[$NaCa_3(UO_2)(CO_3)_3(SO_4)F•10H_2O$;三斜]

neog(a)ea{neogean} 新地旋回

Neogeinitzina 新盖涅茨虫属[孔虫;P]

neogenesis 再生；新生；新(矿物)形成作用；新生作用

neogenic 新(矿物)形成的；新生的
→～ mineral 新生矿物

neogeosyncline 新地槽

neoglauconite 新海绿石[海绿石的变种]

Neognathac 新颌超目

Neognathae 新颚(超目)；折颌超目；今颚总目；新颌(总目)[鸟类]；突胸超目[鸟类]

neo-Goldschmidtian 新戈尔德施密特主义

Neogondolela 新舟牙形石(属)[P-T]

Neogoniolithon 新角石藻属[K_2]

neogranite 新花岗岩

Neogriffithides 新粗筛壳虫属[三叶;P_1]

Neohelikian 新海利克的[北美;Pt]

Neohercynian 新海西(期)的

neohexane 新己烷

Neohindeodella 新欣德牙形石属[T]

Neohipparion 新三趾马(属)[N_2]

neoholotype 新全型

neoichnology 新足迹化石学；现代痕迹学

neoichthammolum 新油石脂

neoid 放射螺线；晚近[构造运动期]

neointrusion 新侵入岩

Neokaipingoceras 新开平角石属[头;O_1]

neokaolin 新高岭土

neokaoline 新高岭石[由霞石人工制成]

neokerogen 新干酪根[油页岩中]

neo-lamarckism 新拉马克主义

neolite 新石[Mg-Al 硅酸盐矿物]

neolith 新石器

neolithic 早先的

neo-loess 新黄土

neomagma 新生岩浆

neo-Malthusian 新马尔萨斯

neo-Malthusianist 新马尔萨斯主义者

Neomeris 小眼藻(属)[钙藻;K_3]；江豚属[齿鲸]

neomesselite 水磷铁钙石 [$Ca_2(Fe^{2+},Mn)(PO_4)_2•2H_2O$;三斜]；新磷钙铁矿[$(Ca,Fe,Mn)_3(PO_4)_2•2H_2O$]

neometamorphism 初变质作用

neomineralization 新矿化作用；新成矿作用

Neomisellina 新米斯蜓

neomobilism 新活化作用

Neomonoceratina 新单角介属[E_2-Q]

Neomonograptus 新单笔石(属)[D_1]

Neomultioistodus 新多箭牙形石属[O_{1-2}]

neon 氖灯；氖
→～ (light) 霓虹(信号)灯

Neonal 内昂纳尔炸药

neon lamp{light;bulb} 氖灯

→～ signal 氖灯光信号 // ～ timing lamp 氖测时灯

Neo-Ocean 新大洋

NEOP 氯丁橡胶

Neopaleozoic 上古生界；新古生代；晚古生代[409～250Ma]

neopermutite 海绿石 [$K_{1-x}((Fe^{3+},Al,Fe^{2+},Mg)_2(Al_{1-x}Si_{3+x}O_{10})(OH)_2)\cdot nH_2O;(K,Na)(Fe^{3+},Al,Mg)_2(Si,Al)_4O_{10}(OH)_2$;单斜]；新人造沸石

Neopetalichthys 新瓣甲鱼属[D_1]

neopetre 燧石

neo-petroleum 新生石油；初级石油

Neophylloceras 新叶角石

neophytadiene 新植二烯

Neophytic 新植代的

neoplase 赤铁矾[$MgFe^{3+}(SO_4)_2(OH)\cdot7H_2O$;单斜]

Neoplectospathodus 新织片牙形石属[T_{2-3}]

Neoplicatifera 新轮皱贝属[腕;P_1]

Neopol × 洗涤剂 [$C_{17}H_{33}CON(CH_3)CH_2COONa$]

neoprene 氯丁橡胶
→～ covers 氯丁橡胶防火涂料敷层 // ～ plug closure 氯丁橡胶封口塞 // ～ seal 氯丁(橡)胶密封(件)

Neoprionidus 新锯齿牙形石属[O-T]

Neoprocolophon 新前棱蜥(属)[T]

Neoproetus 新砑头虫属[三叶;P_1]

Neoproterozoic (era{|erathem}) 新元古代{|界}[1000～570Ma]；新元古纪[620～542Ma;多细胞生物出现]
→～ Ⅲ 末元古系；新元古代第三纪{系} // ～ era 新基生代

Neoprotozoic 新原生代

Neoptera 新翅(下纲)

neoptera 斯翅类[昆]

neopurpurite 异磷铁锰矿 [$(Fe,Mn)_3(PO_4)_2\cdot H_2O$]

Neoraistrickia 新叉瘤孢属[T-K]

Neoredlichia 新莱得利基虫属[三叶;ϵ_1]

Neoreomys 新豪猪属[N_1]

Neoretzia 新莱采贝属[腕;T_3]

Neorhipidognathus 新扇颚牙形石属[D_3]

Neorifihes 扇尾亚纲[鸟类]

neorift 新裂谷

Neoschizodus 新裂齿蛤属[双壳;T]

Neosinacanthus 新中华棘鱼属[D_1-S_3]

Neosolenopora 新管孔藻属[N]

neosoma 新成体；新产物

neosome 新火成岩体；新生体；新成体

neospar 次生亮晶；假亮晶

Neospathodus 新片牙形石属[P-T]；新铲齿(牙形)刺属

neospecies 新生种

Neosphaera 新球石[钙超;Q]

Neospirifer 新石燕(贝(属)) [腕;C-P]

Neospongophyllum 新`杓{勺板}珊瑚(属)[D_2]

Neosporidia 新孢子虫亚纲

neossoptile 雏羽

neostratotype 新层型

Neostringophyllum 新绳珊瑚属[D_2]

Neostrophia 新凸贝属[腕;O_{1-2}]

neotantalite 黄钽铁矿 [$(Fe,Mn,Na)_2(Ta,Nb)_2(O,OH,F)_7$]；钽烧绿石 [$(Ca,Mn,Fe,Mg)_2((Ta,Nb)_2O_7)$]

neotaxodont 新栉齿型[双壳]

Neotaxodonta 新栉齿目[双壳]

neotectonic fracture zone 新构造断{破}裂带
→～ map 新构造图

neotectonics 新构造学；新构造

neotenid 幼期性熟；幼态持续

neoteny 幼体发育；幼期性熟；幼性保留；滞留发生；幼态成熟；迟滞生长；幼态持续

Neotethyan 新特提斯的

Neo-Tethys 新特提斯

Neothermal 新温暖期[约1万年前;Qp]

neotocite{neoto(c)kite} 水锰辉石[$Mn_2Fe_2Si_4O_{13}\cdot6H_2O(?);(Mn,Fe^{2+})SiO_3\cdot H_2O?$]

neo-trailing-edge coast 新板块后缘海岸

Neotremata 新穴(贝类)[腕]；新孔目{类}

neotropic(al) 新大陆热带的
→～ region 新热带区

Neotubertina 新瘤虫属[孔虫;C_1]

neotype 钡方解石[$BaCa(CO_3)_2$]；新模；重解石；新型

neotypology 新类型学

Neotyrrhenian transgression 新蒂勒尼安海进[地中海]

neovolcanic 新火山的
→～ {kainovolcanic} rock{neovolcanite} 新火山岩

Neovossia 刺黑粉属[真菌]

neovulcanism 新火山作用

neowood 新木材

Neowurm 新武木期

neoxanthin 新叶黄素；新黄素{质}

Neozamites 新似查米亚属[植;K_1]

Neozaphrentis 新内沟珊瑚属[C_1]

Neozoic 新生代的

nepa(u)lite 黝铜矿[$Cu_{12}Sb_4S_{13}$,与砷黝铜矿($Cu_{12}As_4S_{13}$)有相同的结晶构造,为连续的固溶系列;$(Cu,Fe)_{12}Sb_4S_{13}$;等轴]

Nepea 蝎形虫属[三叶;ϵ_2]

neper 奈培[衰减单位;=0.686 dB]

neph(t)alite 石蜡脂

nephanalysis[pl.-ses] 云分析；卫星云图；云图{层}分析

nephatil 石蜡脂

neph chart 云分析图

nephcurve 云曲线

nephediewit 涅蒙脱石

nephelescope 测云器；云速计

nepheline 霞石 [$KNa_3(AlSiO_4)_4;(Na,K)AlSiO_4$;六方]
→～ basalt 橄榄霞岩 // -excess silica geothermometer 霞石过剩硅氧地质温度计 // ～ {-}hydrate 含水霞石[合成]；绿蒙脱石 [$Na_{0.33}(Mg,Fe)_3(Al_{0.33}Si_{3.67}O_{10})(OH)_2\cdot4H_2O$] // ～-hydrate 铁绿皂石 // ～ orthoclase 假白榴石[白榴石假象的该石、正长石和方沸石混合物;$K(AlSi_2O_6)$] // ～ tephrite 石碱玄岩

nephelin(ol)ite 霞石[$KNa_3(AlSiO_4)_4;(Na,K)AlSiO_4$;六方]；霞(石)岩

nephelinite porphyry 霞斑岩

nephelinitoid 霞石基质
→～ phonolite 霞响岩

nephelinization 霞石化

nephelinolith 霞石岩

nephelite 人工霞石；霞石[$KNa_3(AlSiO_4)_4;(Na,K)AlSiO_4$;六方]

Nephelograptus 罗网笔石属[O]

nepheloid layer 浑浊层；乳浊层；雾状层

nepherite 软玉 [$Ca_2Mg_5(Si_4O_{11})_2(OH)_2-CaFe_5(Si_4O_{11})_2(OH)_2$]

nephogram 云图

nephology 云学

nephometer 测云计

nephoscope 测云器；云速计

nephrite{nephritis} 软玉[$Ca_2Mg_5(Si_4O_{11})_2(OH)_2-CaFe_5(Si_4O_{11})_2(OH)_2$]；软透闪石；叶蛇纹石[$(Mg,Fe)_3Si_2O_5(OH)_4$;单斜]；皂石 [$(Ca_{\frac{1}{2}},Na)_{0.33}(Mg,Fe^{2+})_3(Si,Al)_4O_{10}(OH)_2\cdot4H_2O$;单斜]；鲍文玉

nephritic 软玉(状)的

nephritoid 叶蛇纹石；纤蛇纹石[温石棉;$Mg_6(Si_4O_{10})(OH)_8$]；温蛇纹石；透蛇纹石[$Mg_6(Si_4O_{10})(OH)_8$]；鲍文玉

Nephrocytium 肾形藻属[绿藻;Q]

nephroid 肾形的

nephrolith 肾(结)石

Nephrolithus 肾颗石[钙超;K_2]

Nephropsis 拟肾叶属[古植;P]

nepioconch 幼壳[双壳]

nepionic 幼年期；稚婴期

nepouite 镍绿泥石[$3(Ni,Mg)\cdot2SiO_2\cdot2H_2O;(Ni,Mg,Fe^{2+})_5Al(Si_3Al)O_{10}(OH)_8$;单斜]；镍利坡纹石[$Ni_3Si_2O_5(OH)_4$;单斜]

nepskoeite 羟水氯镁石 [$Mg_4Cl(OH)_7\cdot6H_2O$]

nepton 堆积岩体

Neptune 海王星；海神；海洋[比喻]

Neptunea 香螺属[腹;E_2-Q]

Neptune-horizon 水成岩层论

Neptunian 海王星；海神的

neptunian 水成派的；论的；水成的
→～ {neptunic} dike{dyke} 水成岩墙 // ～ theory 水成(理)论

neptunic rock 水成岩；海成岩

neptuni(ani)sm 水成(理)论

neptunist 水成论者

neptunite 柱星叶石[$KNaLi(Fe,Mn)_2TiO_2(Si_4O_{11})_2;KNa_2Li(Fe^{2+},Mn)_2Ti_2Si_8O_{24}$;单斜]

neptunium series 镎族{系}

nepuite 硅镁镍矿[$(Mg,Ni)_6(Si_4O_{10})(OH)_8$]

ner(ts)chinskite 埃洛石[优质埃洛石(多水高岭石),$Al_2O_3\cdot2SiO_2\cdot4H_2O$;二水埃洛石$Al_2(Si_2O_5)(OH)_4\cdot1\sim2H_2O;Al_2Si_2O_5(OH)_4$;单斜]；准埃洛石

Nereid 沙蚕

Nereidavus 沙蚕；蠕片虫属[环多毛纲]

Nereidella 龙女贝属[腕;O_1]

nereider 流水生物

Nereis 沙蚕属[环节]

Nereite 类沙蚕迹[遗石;ϵ-P]

Nereites 沙蚕迹；似沙蚕迹遗迹化石

Nericodus 空牙形石属[O_1]

Neridomus 蜒房螺属[腹;J-K]

neristerite 晕长石

Nerita 蜒螺属[腹;K_2-Q]

neritic 浅海的；近海的；近岸的
→～ area 浅海地区；陆架地区 // ～ deposit{sediment} 浅海沉积 // ～ terrigenous sedimentation 浅海陆源沉积 // (marine) zone 大陆架；浅海带

nerito-paralic 陆缘海的
→～ {neritopelagic} 浅海的

Nernst equation 能斯脱方程
→～ glower{|body} 能斯特灯{|体}

Nero Galassia Fossice 凯撒黑[石]
→～ Impala 巴拿马黑[石] // ～ Margiua 黑白根[石]

nertschinkillite 准埃洛石

nervatio{nervation} 脉序[植]

nerve 回缩性；神经；鼓励；脉；朱砂七；中枢；力量；勇气

Nervostrophia 络扭贝属[腕;D_{1-2}]

nervous breakdown 神经崩溃；精神崩溃
→~ earth 地壳震动部分；遭受地震地带

nervulose 具细脉的

Neseuretus 鸟头虫属[三叶;O_{1-2}]

nesh 热脆的；脆的；易碎的；松软；粉状的[煤]

neskevaaraite-(Fe) 碱硅钛铁石[NaK_3Fe(Ti,Nb)_4(Si_4O_{12})_2(O,OH)_4•6H_2O]

neslite 肾蛋白石

Nesodon 仙齿兽属[N_1]

nesophitic 岛状含长(结构)

nesosilicate 岛硅酸岩

nesquehonite 水碳镁石；三水碳镁石；三水菱镁石；碳氢镁石[Mg(HCO_3)(OH)•2H_2O;单斜]

nest 定位圈；叠垒；巢；塞孔；群；窝子矿；插入；组合排样；槽；座；组；休息迹；矿巢；一套器具；穴；窝；检波器组合；停息痕[迹;痕迹][遗石]；加入；套用；套起来；成套；鸡窝煤

nested 内装的；窝形的
→~ deposit 窝子矿

nester 试验筛组的单位筛

nest of ore{minerals} 矿巢
→~ of sieves{screens} 试验筛组

Nestoria 尼斯托叶肢介属[节;J_2-K]

nest outburst 水仓溃决；水包溃块；瓦斯罐爆发；瓦斯包突出
→~ plate 套片//~ spring 复式盘簧

net 要点；测网；有网脉的；纯净的；净数；网状物；网络；网
→~ amount of groundwater 净地下水总量//~ amplitude 纯振幅；总振幅//~ calorific value 低热值；低发热量；纯热值；净热值；净发热值//~ change 纯变化//~ earnings 工资净得；净盈利//~ energy loss 纯能损失

Netherlands 荷兰；尼德兰[现在的荷兰和比利时]

nether{lower} millstone 磨盘
→~ roof 直接顶(板)//~ strata 直接顶板

Netrelytraceae 梭囊藻科[甲藻]

Netromorphitae 梭形亚类[疑]

netted{reticulate(d);cell;net(-like);mesh; reticular} texture 网状结构
→~ veins 网状脉

net throughput 净通过量
→~ time on bottom 纯机械(孔底)钻进时间

netting 结网；进行联络；网
→~ analysis 网格分析

network 电网；织筛；网状物；网(路;格)；(使)成网状
→~ chart{diagram} 网络图//~ {stockwork} deposit 网状矿床//~ efficiency 电网效率//~ layout 布网方案//~ mineralization 双脉状矿化

net worth 资本净值
→~ worth{value} 净值

Neubauer's number 那氏值
→~ seedling method 那氏幼苗法

neuberyite 镁磷石[MgHPO_4•3H_2O]

Neuburgia 奈伊伯羊齿属[C_1]

neudorfite 纽朵树脂

neuk 煤柱的一角

---

neukirchite 杂锰矿[蔷薇辉石与菱锰矿混合物]

Neumann effect 诺(依)曼效应
→~ lamellae 纽曼变形双晶//~ line 诺依曼线

neupentedrin 对羟福林酒石酸单酯

neuquenite 地沥青

neur(o)- 神经

neural acute 椎盾[龟背甲]
→~ arch 神经弓(弧)；髓弓//~ plate 椎板

neuration 脉序[植]

Neuristor 纽瑞斯特[一种 PnPn 结构的负阻开关]；类神经器件

neurocranium 脑颅[脊]

Neurodontiformes 脉齿牙形石亚目

Neurogreptus 脉笔石(属)[O_{1-2}]

neurolite 纤叶蜡石；纤蜡石；纤冻石

neurolysis 神经组织崩解

neuromotorium 纤毛中心神经节[丁]

neuron{neurone} 神经元

Neuroptera 脉翅目[昆]

Neuropteridium (脉)羽羊齿(属)[古植;P_2-T_1]；翅羽蕨

Neuropteris 脉羊齿(属)[C_1-P_1]；翅蕨

neuropteris 翅羊齿

neutralator 地线网络；地网；人造零点；接地电抗

neutral axis 零轴；中性轴
→~ burning 定推力燃烧

neutrality 平衡；中立；中和
→~ point 中性点//~ theory 中性论

neutralization 平衡；中立化；中和作用；中和；抑制
→~ with lime 石灰中和处理

neutralizing agent 中和剂
→~ coil 中和线圈

neutral margin 零压面
→~ molecule 中性分子//~ point 中和点//~-point earthing 零点接地；中性(零)点接地//~-to-acid pulp 中性到酸性矿浆

Neutronix 331{|333} ×润湿剂[脂肪酸聚乙二醇酯]

neutron lifetime log 中子寿命测井
→~ log 钻孔(岩石)化合氢记录//~(ic) logging 中子测井//~-moisture-probe test 中子湿度探针试验//~ porosity of limestone 石灰岩的中子孔隙度

neutropause 中性大气层顶部

nevada 涅瓦达风[西]；内华达风

nevadaite 内 华 达 石 [(Cu^{2+}, □,Al,V^{3+})_6Al_8(PO_4)_8(OH)_2(H_2O)_{22}]

Nevada (twin) law 内华达(双晶)律

nevadensin 石吊兰素

Nevadia 内华达虫属[三叶;€_1]

nevadite 斑流岩

neve 陈雪[德]；粒雪；冰原；冰川雪；永久冰雪
→~-field level 雪原面//~ penitent 多年积雪

névé (penitent) 永久积雪；永久冰雪；雪冰

never-ending 不断(的)；无止境的

never frozen soil 不冻土
→~-slip 套管夹具[上管用]

Nevesisporites 尼夫斯孢属[K]

nevjanskite 铱锇矿[(Ir,Os),Os > Ir;六方]

nevoite 磷灰闪云岩

nevyanskite 亮锇铱矿；(亮)铱锇矿[(Ir,Os),

Os > Ir;六方]

New Austrian Tunneling Method 新奥法

newautochthonous 新原地(生成)的

new basement tectonic 新基底构造

New Beige 埃及米黄[石]

Newberry rhyolite obsidian 纽贝里流纹岩质黑曜岩

newberyite 镁磷镁石{水磷镁石}[MgHPO_4•3H_2O;斜方]

New Blue 沙萱翡翠[石]

newboldite{newboldtite} 铁 闪 锌 矿 [(Zn,Fe)S]

new-born geosyncline 新生式地槽；新生地槽

new breed{species} 新种

New Capao Bonito 新巴西加宾红[石]

new circulation models 新环流模型
→~ colo(u)rs 新彩//~ edition 新版

newest bound rule 最新界法(规)则

new{fresh} field 新领域
→~-field{pool} wildcat 新油、气田(野猫)井//~ fold 新褶曲

newformed twin 新成双晶[如长石风化后又再生]

new fuel storage 新燃料储存
→~ generation 新生代[65.5Ma 至今] //~ genus 新屋；新属//~ global tectonics 新全球构造(说;地质学)//~ ice 新成冰；初始冰

New Imperial Red 新印度红[石]

new industry ceramics 透明陶瓷

newjanskite 亮锇铱矿；(亮)铱锇矿[(Ir,Os),Os > Ir;六方]

New Jersey zinc jig 新泽西锌矿跳汰机
→~ Juparana 新茹巴拉那[石]

newkirkite 水锰矿[Mn_2O_3•H_2O;(γ-)MnO(OH);单斜]；羟锰矿[Mn(OH)_2;三方]；杂锰矿[蔷薇辉石与菱锰矿混合物]

Newlandia 纽兰叠层石属[Z]

newlandite 榴顽透辉岩

newland lake{new land lake} 新陆湖

new level development 矿井延深
→~ level preparation 新水平的准备工作

New Limestone 新淡黄色石灰岩

new location theory 新区位理论

newly drilled well 新钻井
→~ generated fringing reef 新生裙礁 //~ industrializing countries 新兴工业化国家

Newlyn datum 牛林海拔[英官方测量基准]

New Mahgany 印度桃木石

Newmark chart 纽马克图

New Mexico School of Mines 新墨西哥州采矿学院

new{crescent} moon 新月
→~ moon 朔//~ name 新名[古]//~ Noralberg type multiplerope ground-mounted friction hoist 新诺尔贝格型多绳摩擦(轮)提升机

Newo Akitsu 秋津音绪

new oceans 新海洋
→~{virgin} sand 新砂

newscast 新闻广播

New Seta Yellow 新金丝缎[石]

new{fresh} snow 新雪
→~ snow 新鲜雪

newsprint 白报纸

new structural beds 新构造层
→~ systematics 新系统学

N

Newtonian cooling law 牛顿冷却定律
→~ potential 牛顿位

newtonite 明矾石[KAl$_3$(SO$_4$)$_2$(OH)$_6$;三方];斜方岭石;块矾石[KAl$_3$(SO$_4$)$_2$(OH)$_6$];钾明矾石[KAl$_3$(SO$_4$)$_2$(OH)$_6$]

Newton liquid model 牛顿液体模型
→~ {viscous} material 黏滞体物质//~-Raphson technique 牛顿-莱甫森法;牛顿-拉富生法;夫申法

Newton's first law 牛顿第一定律
→~ formula for the stress 牛顿应力公式//~ friction {|viscosity} law 牛顿摩擦{|黏度}定律

new towns and green belts 新城镇和绿带
→~ type optical glass 新品种无色光学玻璃//~ variable 新变量//~ water 原水[从未参与大气环流的水]

New World 西半球;美洲
→~ Yellow 新金花米黄[石]//~ Zarai 新西施红沙石

nexine 内外膜;外壁内层[孢];内层[孢]

next 其次的;隔壁的;下次;贴近的

neyite 针硫铋铜铅矿[Pb$_7$(Cu,Ag)$_2$Bi$_6$S$_{17}$;单斜]

Ney's chart 奈伊投影地图;改良兰勃特正形投影地图

nězilovite 磁铅锌锰铁矿[PbZn$_2$(Mn^{4+},Ti^{4+})$_2$Fe$_8^{3+}$O$_{19}$]

NG 号码组;甘油三硝基酸酯;无用;不行;不通行;不好;不过端;硝化甘油[CH$_2$NO$_3$CHNO$_3$CH$_2$NO$_3$;C$_3$H$_5$(NO$_3$)$_3$];几何数

Ngandong Man 昂栋人

Ngandon man 干同人

ngavite 角砾古橄{铜}球粒陨石

NG-base dynamite 硝化甘油基硝甘炸药

N-girder N形(架)梁

NGL 甘油三硝基酸酯;硝化甘油[CH$_2$NO$_3$CHNO$_3$CH$_2$NO$_3$;C$_3$H$_5$(NO$_3$)$_3$]
→~ plant 天然气凝析油厂//~ production{|pipeline} 天然气凝析液产量{|管线}//~{natural gas liquid} recovery 天然气凝析液回收

NGP ×药剂[2-硝基-4-甲基胂酸;O$_2$N•C$_6$H$_3$(CH$_3$)•AsO$_3$H$_2$]

NGT ×捕收剂[对位甲苯胂酸;CH$_3$•C$_6$H$_4$•AsO$_3$H$_2$]

ngurumanite 蛇绿霞辉岩

n'hangellite 藻腐泥

***n*-heptadecane** 正17(碳)烷;正十七(碳)烷

***n*-heptadecene** 正17碳烯;正十七(碳)烯

***n*-heptane** 正庚烷

***n*-hexadecane** 正十六(碳)烷

***n*-hexadecene** 正十六(碳)烯

***n*-hexane** 正己烷

NH$_3$ gas 氨气

Ni 镍

Niagaran 尼亚加拉(统)[北美;S$_2$]
→~ series 尼加拉统

Niagara screen{|scrubber} 尼亚加拉型筛{|擦洗机}

niahite (水)磷锰铵石[(NH$_4$)(Mn,Mg,Ca)PO$_4$•H$_2$O]

Nian ware 年窑

niaye 沼泽洼地

nibbling 步冲轮廓法;一点一点地切下;(轮胎)抗偏驶性

ni(o)bo-zirconolite 铌钙钛锆石[[(Ca,Zr,Fe^{2+})(Ti,Nb,Zr)$_2$O$_7$]

nibrucite{Ni-brucite} 镍水镁石

Nicalloy 高磁导率合金

Nicaragua 尼加拉瓜

nicarbing 渗碳氮化;碳氮共渗

niccochromite{nichromite} 镍铬(铁)矿[(Ni,Co,Fe^{2+})(Cr,Fe^{3+},Al)$_2$O$_4$,等轴;NiCr$_2$O$_7$]
→(nichromite) ~ 铬镍矿[NiCr$_2$O$_7$]

niccolite 砷镍矿[Ni$_{11}$As$_8$;四方];红砷镍矿[NiAs;六方]

niche 凹壁;窟洞;洞龛;硐室

nicholas terrace 尼氏阶段

Nicholsonella 尼科尔森苔藓虫(属)[O]

nicholsonite 锌霰石[(Ca,Zn)CO$_3$,含ZnCO$_3$达10%];锌文石

Nicholsonograptus 尼氏笔石属[O$_1$]

nichrome 镍铬合金
→~ alloy bushing 镍铬合金漏板//~ wire 镍铬丝

nichromite 镍铬铁矿[(Ni,Co,Fe^{2+})(Cr,Fe^{3+},Al)$_2$O$_4$;等轴]

nickel(age) 镀镍;镍

(native) nickel 自然镍[Ni;等轴]

nickelalumite 镍矾石[(Ni,Cu)Al$_4$((SO$_4$)(NO$_3$)$_2$)(OH)$_{12}$•3H$_2$O]

nickel-antimony glance 锑硫镍矿[NiSbS]

nickel-asbolan(e) 镍钴土[锰、钴、镍的氧化物,其中NiO可达3%]

nickel asbolane 镍锰钴土

nickelaumite 镍矾石

nickelaustinite 砷钙镍石;六方铵镍矾[Ca(Ni,Zn)(AsO$_4$)(OH)]

nickel autunite 镍铀云母;镍钙铀云母
→~-based{nickel-base} alloy 镍基合金//~-bearing basic rock 含镍基性岩

nickelbischofite{nickel bischofite} 水氯镍石[NiCl$_2$•6H$_2$O;单斜]

nickelblende{nickel blende} 针镍矿[(β-)NiS;三方]

nickelblo(e)dite{nickel blo(e)dite} 钠镍矾[Na$_2$(Ni,Mg)(SO$_4$)$_2$•4H$_2$O;单斜]

nickelbluthe (砷)镍华{水砷镍矿}[Ni$_3$(AsO$_4$)$_2$•8H$_2$O;单斜]

nickel bournonite 锑硫镍矿[NiSbS]
→~ boussingaultite 镍镁铵华;六水铵镍矾//~-cadmium battery 镍镉电池//~{-}chlorite 镍绿泥石[3(Ni,Mg)•2SiO$_2$•2H$_2$O;(Ni,Mg,Fe^{2+})Al(Si$_3$Al)O$_{10}$(OH)$_8$;单斜]//~-chromium steel 镍铬钢//~ chrysotile 镍纤蛇纹石[(Mg,Ni)$_6$(Si$_4$O$_{10}$)(OH)$_8$;Ni$_3$Si$_2$O$_5$(OH)$_4$,单斜;温石棉]//~ concentrate 镍精矿

nickelemelane 杂镍锰土

nickelepsomite 镍镁泻盐

nickel filter net 镍滤网
→~ glance 辉砷镍矿[NiAsS;等轴]//~ green 水砷镍矿[Ni$_3$(AsO$_4$)$_2$•8H$_2$O]//~ gymnite{gymnitre} 暗镍蛇纹石[(Ni,Mg)$_4$•3SiO$_2$•6H$_2$O]//~-hoernesite 镍砷镁石

nickelian{nickel} epsomite 镍泻利盐
→~ erlichmanite 镍硫锇矿//~ heterogenite 镍水钴矿

nickelianmagnesite 河西石

nickelian magnesite 镍菱铁矿;镍菱镁矿
→~ merenskyite 镍碲钯矿//~ putoranite 镍硫铁铜矿//~ sudburyite 镍六方锑钯矿//~ tetraferroplatinum 镍四方铁铂矿//~ vysotskite 镍硫钯矿

nickeliferous 含镍的
→~ gray antimony{nickeliferous grey

antimony} 锑硫镍矿[NiSbS]//~ halloysite 镍埃洛石//~ serpentine 镍蛇纹石//~ silicate deposit in weathering crust 风化壳型硅酸镍矿床

nickeline 砷镍矿[Ni$_{11}$As$_8$;四方];红砷镍矿[NiAs;六方];红镍矿[NiAs];镍格林合金;铜镍锰高阻合金;镍基密封合金

nickeliron 铁陨石

nickel iron 镍纹石[(Fe,Ni),含Ni27%~65%;等轴];铁镍矿[(Ni,Fe);等轴]
→~-iron 镍铁//~-iron core 镍铁核

nickelite 砷镍矿[Ni$_{11}$As$_8$;四方];红(砷)镍矿[NiAs;六方]

nickel(-)jefferisite 镍水蛭石

nickel-kerolite 镍蜡蛇纹石

nickel laterite 镍红土
→~-linnaeite 镍硫钴矿[(Ni,Co)$_3$S$_4$];粒辉镍矿

nickellinneite 辉镍矿[Ni$_3$S$_4$];镍硫钴矿[(Ni,Co)$_3$S$_4$]

nickellotharmeyerite 羟砷钙镍石[Ca(Ni,Fe)$_2$(AsO$_4$)$_2$(H$_2$O,OH)$_2$]

nickelmagnetite{nickel-magnetite} 镍磁铁矿[NiFe$_2^{2+}$O$_4$;等轴]

nickel montmorillonite 镍蒙脱石
→~ ocher{bloom;ochre} 水砷镍矿[Ni$_3$(AsO$_4$)$_2$•8H$_2$O]//~ ochre{green; ocher; bloom} 镍华[Ni$_3$(AsO$_4$)$_2$•8H$_2$O;单斜]//~ olivine 镍橄榄石[(Ni,Mg)$_2$SiO$_4$;斜方]//~ ore 镍矿

nickeloxydul 绿镍矿[NiO;等轴]

nickelphosphide 陨磷镍矿[(Ni,Fe)$_3$P]

nickel plating 镀镍
→~-platinum 镍铂矿//~ porphyrin 卟啉镍石[C$_{31}$H$_{32}$N$_4$Ni;三斜];紫四环镍矿//~{-}pyrite 镍黄铁矿[(Fe,Ni)$_9$S$_8$;等轴];硫铁镍矿//~ saponite{pimelite} 镍皂石[(Ni,Mg)$_3$(Si$_4$O$_{10}$)(OH)$_2$•nH$_2$O]

nickelschneebergite 砷镍铋石[BiNi$_2$(AsO$_4$)$_2$((H$_2$O)(OH))]

nickel sepiolith{gymnite} 镍水蛇纹石
→~(-)skutterudite 方镍矿[NiAs$_{2-3}$;等轴]//~(-)skutterudite 镍方钴矿[(Ni,Co,Fe)As$_3$;(Ni,Co)As$_{2-3}$];复砷镍矿[(Ni,Co)As$_{2-3}$];方镍矿[NiAs$_{2-3}$;等轴]//~ smaragd{emerald} 翠镍矿[Ni$_3$(CO$_3$)(OH)$_4$•4H$_2$O;等轴]

nickelspinel 镍尖晶石[NiAl$_2$O$_4$]

nickel steel 镍钢
→~-stibine 锑硫镍矿[NiSbS]//~ sulphide ore 硫化镍矿//~ talc 镍滑石[Ni$_3$(Si$_4$O$_{10}$)(OH)$_2$;(Ni,Mg)$_3$Si$_4$O$_{10}$(OH)$_2$;单斜]//~ vermiculite 镍蛭石;镍水蛭石

nicker-pecker 锉刀开凿机

Nicklesopora 尼克尔氏苔藓虫属[C]

nick{knick} point 侵蚀交叉点[纵坡陡降点][河床];裂点;迁急点;河床陡坎

nicofer 镍可铁

nicolayite 水硅铀钍铅矿;羟钍石[Th(SiO$_4$)$_{1-x}$(OH)$_{4x}$;四方];钍脂状铅铀矿[(Th,U)(SiO$_4$)$_y$(OH)$_4$,含Pb,Ca,Fe及稀土元素等]

Nicolella 尼考贝属[腕;O$_2$]

Nicomedites 尼考梅达菊石属[头;T$_2$]

nicomelane 黑镍矿

nicopyrite 镍黄铁矿[(Fe,Ni)$_9$S$_8$;等轴]

nicotinic 烟碱(酸)的
→~ acid 菸酸

nicrosilal 镍铬矽铸铁;尼克洛西拉尔(耐热耐蚀)合金铸铁

nidiselite 硒镍矿

nidulite 小巢石

Nidulites 巢石海绵属[O]

nidus 发源地

niederigcraton 低克拉通[德]

niedermayrite 硫镉铜石 [Cu₄Cd(SO₄)₂ (OH)₆•4H₂O]

niederschlag[德] 沉积物；沉淀物

nielsenite 三铜钯矿[PdCu₃]

nierite 氮硅石[Si₃N₄]

nife(l) 镍铁圈；镍铁地核

nifesite 杂镍硫黄铁矿

nifesphere 镍铁圈；镍铁地核

nifontovite 尼硼钙石[Ca₃B₆(OH)₁₂•2H₂O； Ca₃B₆O₆(OH)₁₂•2H₂O；单斜]；粒水硼钙石 [Ca₃B₆(OH)₁₂•2H₂O]

nig 琢；(用)尖锤修整石头；琢石[用尖头 锤琢平石料]

Niger 尼日尔(河)

nigerite 尼日利亚石 [(Zn,Mg,Fe²⁺)(Sn, Zn)₂(Al,Fe³⁺)₁₂O₂₂(OH)₂；三方]；尼日尔石； 锡铝矿[(Zn,Mg,Fe²⁺)(Sn,Zn)₂(Al,Fe³⁺)₁₂O₂₂ (OH)₂]

niggardly 贫气

nigger 推木机；加长把；套在扳手上的管 子[加长用]

niggerhead 黑色压缩烟衣；黑礁砾；黑礁 块；煤结核；不熔块[平炉]；岩瘤

nigging 琢石；砍修石头

niggliite 尼格里矿；六方锡铂矿[PtSn]； 锡铂矿；碲铂矿[PtTe₃；(Pt,Pd)(Te,Bi)₂,三方； 现认定为锡铂矿；PtSn]

Niggli molecular norm 尼俗里分子标准 矿物
　　→~ number 尼格里值

Niggli's molecular norm 尼格里分子标 准矿物
　　→~ value 尼格里值

night 黑夜；黑暗；夜间
　　→~ arc 夜弧 // ~ {evening} emerald 夜祖母绿[一种橄榄石]

nightglow 夜晖

night mission 夜间飞行任务
　　→~ {dog} shift 夜班 // ~-shift foremen 夜班班长

nightside 夜面；阴面[月球或行星背太阳 的一面]

night visual range 夜视程
　　→~ wind 夜风

nigrate 黑沥青[美]

nigrescite 曝黑石[Mg,Fe²⁺和 Ca 的铝硅酸 盐]；绿黑蛇纹石

Nigrilaminaria 暗色膜片属[€]

nigrin(e) 铁金红石

Nigrina 庞环孢属[K₁]

nigritite 尼格里太特[煤化产物]；煤化沥青

nigrosine 苯胺黑

Nigrospora 黑孢属[真菌；Q]

nigrum 黑色

ni-hard 硬镍合金[含 4%Ni,2%Cr 的特种 铸铁]

nihonium 鉨[Nh,第 113 号元素]

niigataite 锶斜黝帘石[CaSrAl₃(Si₂O₇)(SiO₄) O(OH)]

Nikiforovaena 尼基佛罗娃贝属[腕;S]

Nikiforovella 尼基佛罗娃苔藓虫属[C-P₁]

nikischerite 羟铝钠铁矾[NaFe₆Al₃(SO₄)₂ (OH)₁₈(H₂O)₁₂]

niklesite 三辉岩；透顽剥辉岩

Ni-lazulite 镍天蓝石

nile 尼耳[核反应率单位]

Nileus 宝石虫属[三叶;O₁₋₃]

nilgai 蓝牛属

niligongite 白榴霓该岩；等白霞岩

nil{null} sequence 零序列

Nilssonia 尼尔桑`叶{尼亚木}(属) [T-K]； 蕉羽叶

Nilssonicladus 尼尔桑枝属[K₁]

Nilssoniopteris 尼尔桑羽叶属[古植;T₃-J]； 蕉羽叶蕨

Ni-magnetite 镍磁铁矿[NiFe₂³⁺O₄;等轴]

nimbostratus 雨层云

nimbus 雨云

nimesite 镍铝蛇纹石[(Ni,Mg,Fe²⁺)₂Al(Si, Al)O₅(OH)₄;单斜、三方]

nimite 镍绿泥石[3(Ni,Mg)•2SiO₂•2H₂O； (Ni,Mg,Fe²⁺)₅Al(Si₃Al)O₁₀(OH)₈;单斜]；富 镍绿泥石[(Ni,Mg)₃•Si₂O₆(OH)₄]

Nimravus 祖猎虎属[N]

nine{mine} wastewater 矿山废水
　　→~ water prevention 矿山防水

Ninghainia 宁海介属[E₂₋₃]

Ninghsiasaurus 绘龙

Ningkianolithus 宁强三瘤虫属[三叶;O₁]

ningyoite 水磷铀矿[(U,Ca,Ce)₂(PO₄)₂•(1~ 2)H₂O;斜方]；人形石；磷钙铀矿

ninhydrin 水合苯并戊三酮；茚三酮；茚 满三酮[水合]

niningerite 尼宁格矿；硫镁矿[铁石] [(Mg, Fe²⁺,Mn)S;等轴]；陨硫镁铁锰石

niob(o)anatase 铌锐钛矿

niobate 铌酸盐类；铌酸盐
　　→~ system piezoelectric ceramics 铌酸 盐系压电陶瓷

Niobe 女儿虫属[三叶;O₁]

Niobella 小女儿虫属[三叶;€₃-O₁]

niobite 钶铁矿{石}；铌铁矿[(Fe,Mn,Mg) (Nb,Ta,Sn)₂O₆;(Fe,Mn)Nb₂O₆;Fe²⁺Nb₂O₆; 斜方]

niobium 铌；钶[铌旧称]
　　→ ~ and tantalum deposit in altered granite 蚀变花岗岩铌钽矿床；铌钽交代 蚀变花岗岩矿床 // ~ coil 铌线圈[超导 重力仪中] // ~ ore 铌矿 // ~ {niobian} perovskite 铌钙钛矿 [(Ca,Ce,Na) (Ti,Nb,Ta)O₃;(Ca,Na)(Nb,Ti,Fe)O₃;斜方] // ~ rutile 锭铁金红石；黑金红石[TiO₂, 含 Fe(Nb,Ta)₂O₆可达 60%]；铌金红石 // ~ tapiolite 铌钽铁矿[(Fe,Mn)(Nb,Ta)₂ O₆]；重铌铁矿[Fe²⁺Nb₂O₆]；方铌钽矿 [Fe(Nb,Ta)₂O₆]

nioboaeschynite-(Y) 铌钇易解石 [((Y₀.₁₉ REE₀.₃₄)Ca₀.₃₁Th₀.₁₈U₀.₀₀₉ Mn₀.₀₀₆)Σ₁.₀₄(Nb₀.₉₄ Ti₀.₉₂Ta₀.₀₇Fe₀.₁₁³⁺)Σ₂.₀₄O₆]

niobo-aeschynite (含)铌易解石 [(Ce,Ca, Th)(Nb,Ti)₂(O,OH);斜方]
　　→~-(Nd) 钕铌易解石

niobo-anatase 铌锐钛矿

niobobeljankinite 铌锆钛钙矿

niobobelyankinite 羟钛铌矿

niobobrookite 铌板钛矿

niobocarbite 碳铌钽矿[(Nb,Ta)C]

niobochevkinite 铌硅钛铈矿

niobo(a)eschynite 铌易解石 [(Ce,Ca,Th) (Nb,Ti)₂(O,OH);斜方]

niobokupletskite 铌锰星叶石 [K₂Na(Mn, Zn,Fe)₇(Nb,Zr,Ti)₂Si₈O₂₆(OH)₄(O,F)]

niobolabuntsovite 铌水硅铌钛矿；铌拉崩 佐夫石

nioboloparite 铌铈(铌钙)钛矿

niobophyllite 铌叶石；铌星叶石[(K,Na)₃ (Fe²⁺,Mn)₆(Nb,Ti)₂Si₈(O,OH,F)₃₁;三斜]

niobotantalite 铌钽铁矿[(Fe,Mn)(Nb,Ta)₂O₆]

niobo-tantalo-titanate 铌钽钛矿

niobotapiolite 铌重钽铁矿；重铌铁矿 [Fe(Nb,Ta)₂O₆]

nioboxide{nioboxite} 铌石

niobozirconolite{niobozirkonolith} 铌钛 锆钙矿；铌锆贝塔矿

niobpyrochlore 烧绿石[(Na,Ca)₂Nb₂O₆(O, OH,F),常含 U、Ce、Y、Th、Pb、Sb、Bi 等 杂质,等轴;铈镧的铌酸盐及钛酸盐,含钍、 氟等]

niobtantalpyrochlore 细晶石[(Na,Ca)₂Ta₂ O₆(O,OH,F),常含 U、Bi、Sb、Pb、Ba、Y 等 杂质;等轴]

niocalite 黄硅铌钙石[Ca₄NbSi₂O₁₀(OH,F); 三斜]；黄硅钙铌石；氟硅铌钙石

niohydroxite 水铌钽石；羟铌石

Niotha 滑缘螺属[腹;N-Q]

niotineodite 铌钛钕矿

nip 虎钳；底切槽；切断；变薄；卡；破 裂；捏；制止；浪蚀洞；咬；岩层尖灭； 挟；小崖；狭缩；剪断；尖灭；夹；挤； 坍塌

niperite 尼帕(锐特炸药)[德;即喷特儿山 太安]

nip-failure 啮合不住

nipholite 准冰晶石[Na₂AlF₅]；锥冰晶石 [Na₅Al₃F₁₄;3NaF•AlF₃;四方]
　　→~ arksutite 锥冰晶石[Na₅Al₃F₁₄;3NaF• AlF₃;四方]

nipper 看门门工；送钻(头)工；送钎工
　　→~ for pipe 管钳

nippers 吊石夹钳[建]；钳；镊子；夹子

nipple 火门；管嘴；喷嘴；喷管；喷灯； (顶板)迸裂作响；螺纹接套；连接管；接 头；(乳头状)突起；(管子)短接

Nipponitella 日本蟹属[孔虫;P]

Nipponites 日本(盘)菊石属[头;K₂]

Nippononaia 日本蚌属[J₃-K₁]；富饰蚌属 [双壳]

Nipponosaurus 日本龙

Ni-pyrrhotite 含镍磁黄铁矿[Fe₁₋ₓS,x=0~0.2]

niresist{Ni-resist} 耐蚀高镍铸铁
　　→~ cast iron 不锈镍铸铁 // ~ iron 含 镍抗腐铸铁

nirta 尼塔风；尼尔塔风

nisaite 尼磷钙铀矿

nisbite 尼斯皮矿；斜方锑镍矿[NiSb₂;斜方]

Nishiyama{N} process 西山(常温自硬砂 造型)法

Niskin sampler 尼斯金取样器

niskutterudite 方镍矿[NiAs₂₋₃;等轴]

Ni-skutterudite 复砷镍矿[(Ni,Co)As₂₋₃]

nis matte 镍锍；镍冰铜

Niso 尖口螺属[腹;K₂-Q]

Nissen stamp 涅逊型捣矿机

nissonite 水磷镁铜石[Cu₂Mg₂(PO₄)₂(OH)₂• 5H₂O;单斜]

Nisusia 尼苏贝属[腕;€₁₋₂]；艾苏贝属[腕; €₁₋₂]

nital 硝酸乙醇腐蚀液；硝醇液

Nitella 丽藻属[轮藻;K-N]

Nitellopsis 拟丽藻属[K]

niter{nitre} 钠硝石 {硝酸钠}；智利硝

(石)}[NaNO₃;三方]；火硝{硝酸钾; (钾)硝
石}[KNO₃]
　　→~-cake 硝饼[硫酸氢钠]// ~ group
硝属

nitometer 尼特计；亮度计

niton 氡；镭射气

nitr- 硝石[钾硝;KNO₃]

nitragin 根瘤细菌肥料；根瘤菌剂{素}

Nitramex 奈特拉麦克斯高密度胶质硝铵
炸药

nitramine 硝铵[NH₄NO₃]

Nitramite 奈特拉`麦特{蒙}低密度胶质
硝铵炸药

nitrammite 铵硝石[NH₄NO₃;斜方]；铁硝石

nitratapatite 氮磷灰石

nitrate 硝化
　　→~ cracking 热硝酸盐(引起的)应力腐
蚀开裂// ~ deposit 硝酸岩矿床// ~
{nitric} nitrogen 硝态氮// ~ of potash
硝石[钾硝;KNO₃]

nitratine{nitratite} 钠硝石{智利硝(石)}
[NaNO₃;三方]

nitration 硝化(作用)

nitric 含氮的；氮的
　　→~ acid 硝酸[HNO₃]

nitridation 渗氮；氮化

nitride 渗氮；氮化物；硝化
　　→~ hardening 氮化处理

nitrid(e) fuel 氮化燃料

nitriding 渗氮；氮化处理；氮化；硝化
　　→~ steel 氮化钢

nitrifier 氮化物；硝化细菌；硝化剂

nitrifying 硝化
　　→~ bacteria 硝化细菌

nitrile 腈
　　→~ butadiene rubber 丁腈橡胶；腈基
丁二烯橡胶// ~ rubber 腈橡胶

nitrilotriacetic acid 氮川三醋酸；次氮基
三乙酸

nitrite 泡碱[Na₂CO₃•10H₂O;单斜]；亚硝
酸酯[-NO₂]；钾硝(石) [KNO₃;斜方]；硝
石[KNO₃]

nitro-acid 硝基酸[兼含-NO₂ 及-COOH
的化合物]

nitroalloy 渗氮合金；氮化合金

nitroamine 硝基苯胺

nitrobacter 硝化细菌属

nitrobacteria 硝化细菌

nitrobarite{nitrobaryt;nitrobaryte} 钡硝
石[Na(NO₃)₂;等轴]

nitrobenzene 硝基苯[C₆H₅NO₂]
　　→~ azonaphthol 硝基苯偶氮萘酚
[O₂NC₆H₄N:NC₁₀H₆OH]

nitro-body 硝基体(炸药)

nitrocalcite (水)钙硝石 [Ca(NO₃)₂•4H₂O;
单斜]；灰硝石

nitrocarbonitrate 铵油炸药

nitro(-)carbo-nitrate 硝基碳硝酸盐炸药

nitrocellulose-nitroglycerine mixture 硝
化纤维硝化甘油混合炸药

nitrocellulose powder 硝化纤维素火药

nitro-chalk 钾铵硝石

nitro(-)cotton 硝化棉

nitrogelati(o)n 胶质{状}炸药

nitrogen balance sheet 氮素平衡表
　　→~ case-hardening 渗氮// ~ complex
氮素复合体// ~ dioxide 二氧化氮// ~
fertilizer 氮肥肥料

nitrogenium 氮[拉]

nitrogen oxide 氮的氧化物

nitrogen,oxygen,sulphur 氮氧硫[石油所含]

nitroglauberite 钠硝矾石；钠矾硝石；杂
钠矾硝石

nitroglycerin(e) 硝化甘油[CH₂NO₃CHNO₃
CH₂NO₃;C₃H₅(NO₃)₃]

nitroglycerine 甘油三硝基酸酯
　　→~-amide powder 硝化甘油酰胺炸药

nitroglycol 乙二醇二硝酸酯[C₂H₄(NO₃)₂]；
硝化甘醇[C₂H₄(NO₃)₂]

nitroguanidine 硝基胍

nitrokalite 硝石[钾硝;KNO₃]；钾硝石[KNO₃;
斜方]

nitrolime 石灰氮；氰氨基化钙[CaN•CN；
CaCN₂]；氰氨化钙

Nitrolite 奈特罗来特硝铵炸药

nitrolite 硝铵炸药

nitromagnesite (水)镁硝石[Mg(NO₃)₂•6H₂O；
单斜]；水镁石[Mg(OH)₂;MgO•H₂O;三方]

nitromesitylene 硝基莱[(CH₃)₃C₆H₂NO₂；
硝基-1,3,5-三甲苯]

nitromethane 硝基甲烷[CH₃NO₂]

nitron 黄硝；尼特隆；硝酸灵[C₂₀H₁₆N₄]

nitro-naphthalene 硝基萘

nitronaphthylamine 硝基萘胺[C₁₀H₆(NO₂)
NH₂]

nitronatrite 钠硝石[NaNO₃;三方]；智利
硝(石)[NaNO₃]

Nitrone 奈特龙炸药

Nitropel 奈特罗帕尔炸药[露天矿用耐水
粒状炸药]

nitrophenol 硝基苯酚[C₆H₄(OH)NO₂]
　　→~ salts primary explosive 硝基苯酚
盐起爆药

nitrophilous 喜氮的

nitrosophenol 亚硝基酚[HOC₆H₄NO]

nitrostarch 硝化淀粉
　　→~ explosive 硝化淀粉炸药

nitrosyl 亚硝酰基；亚硝酰[-NO]

nitrotoluene 硝基甲苯(炸药)

nitrous earth 硝石土

nitroxyl 硝酰(基)[无机化合物中的-NO₂]

nitrum 水碱[Na₂CO₃•H₂O;斜方]；泡碱
[Na₂CO₃•10H₂O;单斜]；碱

nitting 废石[从矿石中拣出]

Nitzschia 菱形藻属[硅藻]

Niue 纽埃[新]

nival 雪的；生长在雪中的；冰雪的
　　→~ bell 雪带// ~ chomophyte vegeta-
tion 雪带石隙植被// ~ climate 终年积
雪区气候；多雪气候// ~ karst 高山{冰
川}岩溶

nivation 雪蚀；雪蚀作用
　　→~ cirque 雪斗// ~ glacier 雪岸冰
川；雪冰河// ~ {winter-talus} ridge 冬岩
屑堆脊

niveal 冰雪的
　　→~ effect 冰雪效应

niveite 叶绿矾[R²⁺Fe₄³⁺ (SO₄)₆(OH)₂•nH₂O,
其中的 R²⁺包括 Fe²⁺,Mg,Cl,Cu 或 Na₂,三斜；
RO•2Fe₂O₃•6SO₃•22H₂O]

nivenite 钚钇铀矿；黑富铀矿；沥青铀矿；
方铀矿；钇铀矿

niveo-eolian{niveolian} 风雪作用的

niveoglacial 冰雪作用的

nivometer 雪量器

**NKC{sodium-potassium-calcium;Na-K-Ca}
geothermometer** 钠钾钙地热温标
　　→ ~ {Na-K-Ca;Mg-corrected} tempera-

ture 钠钾钙温标温度

NK{Na-K} temperature 钠钾温标温度

N-methyl-glycine 甲氨基乙酸[CH₃NHCH₂
CO₂H]

no 没有；不用的；不容；否；非；禁止；无
　　→~ admittance except on business 非公
莫入；禁止入内；闲人免进// ~ avail 无
效// ~-bake core 自硬砂芯

Nobelist 诺贝尔奖奖金获得者

nobelium 锘

nobiline 石斛次碱；贵石斛碱

nobilite 针碲矿[Sb,Au 和 Pb 的碲化物与
硫化物]；叶碲矿[Pb₅AuSbTe₃S₆]；叶碲金
矿[Pb₅AuSbTe₃S₆;Pb₅Au(Te,Sb)₄S₅₋₈;斜方?]

nobilonine 石斛酮碱

noble(ness) 高尚；贵族的；不易起化学作
用的；惰性的；纯的[矿]

noble bowenite 贵蛇纹石[暗绿色微透
明;Mg₆(Si₄O₁₀)(OH)₈]
　　→~ element 贵重元素// ~ {indifferent;
inactive;rare} gas 惰性气体// ~-gas con-
figuration 惰性气体型(电子)构型

nobleite 诺硼钙石[CaB₆O₉(OH)₂•3H₂O;单斜]

noble{precious;edel} metal 贵金属
　　→ ~ {precious;white} opal 贵蛋白石
// ~ serpentine 贵蛇纹石[暗绿色微透
明的蛇纹石;Mg₆(Si₄O₁₀)(OH)₈]// ~ spinel
{spinal} 贵尖晶石[MgAl₂O₄]// ~ tour-
maline 贵电气石

no-bottom 未达海底[测深符号]

Nocardia 诺卡氏菌

noceran 氟硼镁石[Mg₃(BO₃)(F,OH)₃;六方]

nocerine{nocerite} 针六方石[Ca₃Mg₃O₂F₈]；
氟硼镁石[Mg₃(BO₃)(F,OH)₃;六方]；斜六方石

no-coherent{loose;free-flowing} material 松
散物料

no commercial value 无商业价值

Noctiluca 夜光虫属[Q]；夜光藻属[甲藻]

noctilucent 黑暗中发光的；夜间发光的；
可见的；发磷光的
　　→~ cloud 夜光云

nocturnal animal 夜行性动物
　　→~ land breeze 夜间陆地风// ~ ra-
diation 夜间辐射

nodal 枢纽的；关键的；中心的；节板
节似的；节的[棘海百]

no data 无资料；无数据；无日期

noddle 矿物核；矿脉变厚处；矿瘤；岩
球；结核；团块

node 相轨迹交点；分支；节；交点；瘤
突；结[动]；瘤[生]；结点[结晶]
　　→~ (point) 节点// (wave) ~ 波节
// ~ network for two space dimensions
二维空间的节点网格// ~ of a curve 曲
线结点

nodical 交点的

Nodogenerina 节列虫属[孔虫;K-Q]

Nodognathus 节颚牙形石属[C₁]

Nodoinvolutaria 节房内卷虫属[孔虫;P₂]

Nodosaria 节房虫属[孔虫;D-Q]；节房虫

Nodosaurus 结节龙(属)

Nodosella 节鞍藻属；多节石[钙超;J₁?]

Nodosinella 似节房虫属[孔虫;C-K]

Nodosoclavator 瘤棒轮藻属[K₁]

nodular 结核状的[矿物等]；球状的；瘤
状的；粒状的；结节的；结核状；团块状的
　　→~ {spherical-granite} cast iron 球墨铸
铁// ~ chart 燧石结核// ~ encrusta-
tion 泉华结核// ~ graphite 团状石墨

Nodularia 节球藻属[蓝藻]

Nodularites 古节球藻属

nodular ore 肾状(铁)矿石
→~ stromatolite 节球状叠层石

nodulated 瘤状的；结核状的[矿物等]；结节的

nodulation 结核

nodule (矿)瘤；岩球；矿物核；矿脉变厚处；结核；节；团块[岩]
→~ layer 结核层

nodules processing 结核矿选矿

nodulizer 球化剂；制粒机

nodulizing 球化；粒铁法；造球；细煤成球法；团矿

Noeggerathiales 瓢叶目；诺格拉齐藤目；匙叶目[植]

Noeggerathiopsidozonaletes 假匙叶蕨孢属[P]

Noeggerathiopsidozonotriletes 匙叶蕨孢属[C-P]

Noeggerathiopsis 匙叶属[C_2-T]

Noelaerbabdus 诺氏棒石[钙超;N_1]

noélbenonite 钡锰硬柱石 [$BaMn_2^{3+}Si_2O_7$ $(OH)_2 \cdot H_2O$]

Noelites 似诺氏石[钙超;K_2]

nog 横柱[非{$hk0$}型的菱方柱]；(用)木支柱支撑；木销；木栓[植]；木垛；(用)木钉钉住；木钉；支柱垫楔；垛式支架
→(cutting) ~ 截槽垫木{楔}

Noginskian 诺金斯克阶[C_2]

nogisawaite 杂磷硅稀土矿

nogizawalite 磷稀土壤；磷硅稀土石；杂磷硅稀土矿

nogo 不良矿石

nohlite 铌钇铀矿[(U,Fe,Y,Ca)(Nb,Ta)O_4?;斜方]；铌钇矿[(Y,Er,Ce, U,Ca,Fe,Pb,Th)(Nb,Ta,Ti,Sn)$_2O_6$;单斜]；腐铌钇矿

noil yarn 抽丝

noire 昏暗；深色的；黑种人；黑衣；黑夜；黑穗病；黑纱；丧服；黑色包料；黑色的；黑色；黑人[俚]；黑的；黑暗；靶心；难以忍受的；愤怒的；忧郁(地)；用黑色；肮脏的；酒醉的；心坏的；卑劣的；悲观；悲惨的；丑恶的；极端的

noise 干扰；噪声；杂波；随机干扰

(signal-to-)noise improvement factor 噪声改善系统

noise insulation factor 透射损失

noiseless 静的；无噪声的；无声的；无干扰(的)
→~ channel 无噪声道 // ~ quarrying method 无噪声采石法

noise level 噪声级；杂音电平；音准

noiselike signal{noise-like signals} 似噪声信号

noise limiter 静噪器

Noisette Fleury Classico 红金沙[石]

noisome 有害的；有恶臭的

noisy 有噪声的
→~ reflection 干扰反射

Nokes reagent Nokes浮选剂[P_2S_5与NaOH及As_2O_3的反应产物]

noki 岩鼠

no-lag 无滞后
→~ seismograph cap 无时延{延时}雷管[震勘]

nolanite 黑钒铁矿[$3FeO \cdot V_2O_3 \cdot 3V_2O_4$]；铁钒矿[六方;$V_2TiO_5$; $Fe_3V_7O_{16}$]；诺兰矿；铁矾矿

nolascite 砷方铅矿

no leak gradient 无泄漏(水力坡)降线

Noll's adsorption law 诺耳吸附律

no loaded 空载的
→~-load heat duty 空载负荷 // ~-load running 空载运行 // ~-load work 空转

nololeims 煤化全植物体

nomadic 游牧的

nom. ambig. 未定名；多用名；可疑名

Nomarski Interference Contrast Imaging 诺马尔斯基干涉相衬图

nom. cons.{conserv.}[拉] 保留(学)名

nom.corred. 改正学名[生]

nom. dub. 可疑学名

nomen ambiguum 未定名；多用名；可疑名
→~ approbatum 批准名

nomenclator 侍从[古罗马通报来客姓名的]；命名者[科学术语等]；词汇手册；专业词汇(手册)

nomen confusum{confusium} 混杂名
→~ conservandum 保留学名；保留名[拉]

nom.illegit. 非法名；违法(学)名[生]

nominal 标称的；铭牌的；额定的
→~ asbestos-cement corrugated sheet 石棉水泥波瓦校准张

nominalism 唯名论

nominalistic species concept 唯名种概念

nominal load{surcharge} 一般荷载

nominally heaped 额定堆装

nominal maximum reduction ratio 最大公称破碎比
→~ meter of asbestos-cement pipe 石棉水泥管标准米

nominate 提名
→~ subgenus 模式亚属；指名亚属

nom. neg. 否定学名

nom. nov. 新名

nom. nud. 裸名；无记学名

nom. null. 作废学名

nom. oblit. 遗忘学名

nomogenesis 循规进化论

nomographic{alignment} chart 诺模{漠}图

nomography 法律制定论

nom. perf. 完整学名

nom. perpl. 困惑名

nom-polar bond 非极性键[共价键]

nom.provis. 临时名；暂用名

nom. rejic. 废弃学名[古]

nom. subst. 替代学名

nom. superfl. 多余名

nom. transl. 转移名；移用学名

nom. triv. 俗名

nom. van. 妄改学名

nom. vet.{nom. vet.} 禁用学名

non-abrasive rock 非磨蚀性岩石

non-absorbent material 非吸收性材料

nonacosane 二十九(碳)烷

nonacyclic 九环的

nonadaptive radiation 非适应性辐射

non-additive portland cement 纯水泥

nonadditivity 非相加性；非叠加性

nonadecane 十九(碳)烷[$C_{19}H_{40}$]

nonadecanoic acid 十九烷酸

nonadecyl 十九(碳)(烷)基[$C_{19}H_{39}-$]

nonadecylamine 十九碳烷基胺 [$CH_3(CH_2)_{18}NH_2$]

non-adherent scale 非附着垢

non-adiabeatic pulsation 非绝热脉动

non-adjoining 不接合的；不靠紧的

non-adsorbing tracer 不吸附示踪剂

non-aerated flow 不渗气水流

nonage 早期；未成年期

non-agglomerating 非烧结矿的；非结块的；不黏结的[煤炭]
→~ microorganism 非聚结微生物

non-aging 不老化；无时效

non-agitated crystallizer 无搅动结晶器

nonagon 九边形

non-air blasting process 非空气喷砂处理法
→~ way inversed ventilation 无反风道反风

nonaligned 不定向的；不成行的

non(-)amalgamable 不能混汞的；不能汞齐(化)的

nonamer 九聚物

nonane 壬烷[C_9H_{20}]

nonanene 壬醇[$C_9H_{19}OH$]

nonane phosphonic acid 壬基膦酸[C_9H_{19} $PO(OH)_2$]

nonangular 无倾斜的；无角的
→~ unconformity 非角度不整合

nonanoic acid 壬酸

nonanol 壬醇[$C_9H_{19}OH$]

nonanone 壬酮[$C_9H_{18}O$]

nonanoyl 壬酰(基)[$CH_3(CH_2)_7CO-$]

nonaperturate 无萌发孔[孢]

non-API tubular 非美国石油学会标准管材

non-aqueous fluid fuel reactor 非水溶液{无水流态}燃料反应堆
→~ media 非水介质

non-aquifer area 无含水层地区

nonarborescent{nontree} pollen 非乔木花粉[孢]

non-arcing 无火花的
→~ arrester 无弧避雷器

non-arithmetic{logic(al)} shift 逻辑移位；非算术移位

nonassociated (natural) gas 气田气；气井气；非伴生天然气

non-attenuating{undamped} wave 无衰减波

non-auriferous 不含金的

non-banded coal 不含镜煤条带的煤；不显条带状的煤；非带状煤
→~{nonbanded} coal 非条带状煤

nonbiological element 非生物元素
→~ film sludge 非生物膜污泥

non-bituminous{non-baking{-caking};sand(y)} coal 非黏结(性)煤

non-black-body 非黑体

non-Bragg angle 非布拉格角
→~ diffuse X-ray reelection 非布拉格式X射线漫反射

non calcareous soil 非石灰性土
→~ calcic brown soil 无石灰性棕壤 // ~-cancelable lease 禁废租赁；不可解除的租货 // ~-capillary porosity 非毛细孔隙度；非微管孔隙率

noncapsensitivity 雷管不起爆性

noncarbonate 非碳酸盐

noncherty 非燧石的

noncirculating diversion head 非循环导流装置[磨机]
→~ wafer 静水

nonclastic 非碎屑的
→~ rock 非碎屑岩

non-clinkering{noncoking;noncaking;non-baking} coal 不结焦煤

noncoherent 不连续的；无黏聚力的；不连贯的；松散的
→~ system 非相干系流

noncohesive{discrete;cohesionless;bulk;free-flowing} material 松散材料

noncoking 非炼焦性的

non-coking coal 非焦性煤

non-colinear point 非共线点

non-collapsing{non-slumping} soil 非湿陷性土

noncollision plate boundary 非碰撞板块边界

noncolonial organism 非群体生物

noncombustibility 不燃性

non-combustible 非燃烧体；不燃
→~ sulfur 不可燃硫

non-combustion method 不燃烧法

noncommercial 非营利性的[机构等]；无经济价值的[矿产等]

non-commercial 不经济的；无经济价值的[矿产等]
→~ value 无经济价值

noncommercial well 非商业性产油井

non-commercial well{producer} 非工业性生产井
→~ well{|pool} 无开采价值的井{|油藏}

noncommunicating 不连通的
→~ layers 互不连通的层

noncommutative 非对易
→~ process 非可换的作用；非交换的过程

non-compacted silt 非压实粉砂岩；非致密粉砂岩

noncompressible soil 不可压缩的土

non-compressional event 非压缩体波

nonconcentratable rock 不可选矿石

noncondensable 不凝析的

non(-)condensable{incondensable;non-aqueous} gas 不凝气体

noncondensable gas 不凝析气体

non-condensible collecting ring 非冷凝的集流环

non-condensing 不冷凝的；不凝结的

non conducting 不传导的；绝缘的
→~ conducting dust 不导电的尘末

nonconformable 不整合的；非整合的

nonconformity 不整合性；不整合；非整合；异岩不整合

non-conjugacy 不共轭

nonconservation 不守恒
→~ of local mass-energy 局部质量能量减灭

nonconservative 非守恒的
→~ element 非保守元素[海水]

nonconsolute 不混溶的

non-consolute drop 非混溶滴
→~ fraction 非共溶部分；非混溶部分

nonconstructive cement 杂用水泥；非结构用水泥
→~ effect 非积极性效应

non-contacting 无触点的
→~ radial deformation transducer 非触点径向变形传感器 // ~ sensor 非接触式传感器

noncontemporaneous 非同生的；非同期的
→~ deposit 不同期沉积

non-continuous 不连续的；间断的

non controllable drilling variable 钻井不可控参数

→~-conventional crude oil 非常规原油 // ~-convergent series 非收敛级数 // ~-convex trap 非背斜圈闭

noncooperative game 非合作对策

noncoplanar force 不共面的力；非共面力

non coring 未取芯
→~-coring{full-hole} drilling 全面钻进

noncratonized 非克拉通化的

noncritical 非临界的

non-crystal (body) 非晶体

non {-}crystalline 非晶质的；非晶的
→~-crystalline magnesite 非晶质菱镁矿[$MgCO_3$]

noncrystalline solid 非晶态固体

non(-)crystalline substance 非晶质

non-crystallizing 非晶化

noncrystallographic fabric element 非结晶学组构要素

non-cubic environment 非立方环境

noncyclic 非周期(性)的；非旋回的
→~ denudation 非循环剥蚀；无轮回剥蚀

non-cyclic terrace 非轮回阶地

noncylindrical flexural slip fold 非圆柱状挠曲滑动褶皱
→~ fold 非圆柱状褶曲{皱} // ~ plane fold 非圆桶状平面褶皱

non-damage formation 未受污染地层

non-damaging acid degradable polymer 不污染(地层)的酸降解聚合物
→~ completion fluid 不污染(地层)的完井液 // ~ drilling 无损害钻井

non-Darcy compressible flow 非达西可压缩流动

non-decimal system 非十进制数系统

non-definite relation 非限定关系

non(-)deflecting 不变形的；不挠曲的

non(-)deformable 不变形的

nondeforming brittle propping agent 不变形脆性支撑剂
→~ region 非变形域

non-deforming steel 不变形钢

non-degenerate 非简并的

non-delay 不迟发；无迟发(的)[爆]

non-deltaic facies 非三角洲相

nondenominational number system 无名数系

nondeposition 停积

nondepositional area 非沉积区；无沉积区

non {-}depositional unconformity 非沉积不整合
→~-descript 难以归类{形容}的[因无特征]；不伦不类的

nondestructive analysis 无损分析

non(-)destructive{non-damaging} earthquake 非破坏性地震

nondestructive inspection 非损毁性检查；无害查验
→~ measuring 无损(伤)测定法

non-destructive test 非破损检验
→~ test by ultrasonic pulse 超声脉冲法非破损检验

nondestructive ultrasonic method 无破坏力超声法

nondetonating 不爆震的
→~ combustion 无爆(震)燃烧 // ~ gas 不爆轰气

nondetrital 非碎屑的

non(-)diamondcore drill 非金刚石岩芯钻机

non-diastrophic 非构造的

non(-)diastrophic structure 非地壳运动构造

nondilatational 非张开的；非扩容的

non(-)dimensional 无因次的

nondimensional parameter 无量纲数

non-dipole field 非偶极场

non-directional 不定向的；无定向的
→~ counter 非方向灵敏计数器 // ~ point source 无定向点震源

non-directive 不定向的

nondischarging spring 无水流出的泉口

nondiscrete character 非分离性状

non-dispersed beneficiated lowsolids mud 非分散增效低固相泥浆
→~ mud 非分散性泥浆 // ~ system 不分散体系

nondispersive 不分散的；非分散的

non-dispersive waves 不散波

non-displaced enclave 无位移包体

nondisplacement pile 不排土桩

nondistinctive zone 无特色带

non-divergence level 无辐散高度

nondrilling operation 非钻进作业

nondrinkable coral 非饮用水

non-driving end 非传动端

non-drying oil 非干性油

non-dusty mine 无尘矿

non-dutiable goods 免税品

nondynamite seismic source{non-dynamite source} 非炸药震源

none 磨石
→~ heated sludge digestion tank 无加温污泥消化槽 // ~ in stock 存货不足

nonelastic 非弹性的

non-electric blast ignition system 非电起爆点火系统
→~ detonator 火雷管 // ~ heat detector 非电加热探测器 // ~ initiation system 非电导爆系统

non(-)electrolyte 非电解质；不电离质

nonempirical geothermometer 非经验性地热温标

non-emplaced 非侵位的；未就位的

non-empty cell 非空白单元

nonemulsified acid 非乳化酸；不乳化酸

non-emulsifier 防{抗}乳化剂

non-emulsifying{nonemulsified} acid 防乳化酸
→~ acid 抗乳化酸 // ~ agent 防{抗}乳化剂

nonene 壬烯[C_9H_{18}]

non-energy producing minerals 非能源矿物

nonenergy resource 非能(源)资源

nonentity 不存在；虚构物

nonepitaxial 非外延的

non-equant 非等径的

non-equilibrium 不平衡；非平衡态；不均衡
→~ angle 不平衡角

nonequilibrium flow 非平衡流；不平衡流

nonequivalent 不等效的；非等效的
→~ symmetry elements 非等效对称要素

nonerasable storage 不可擦(除)存储器

nonerodible fractions 不易受侵蚀部分

noneroding velocity 非侵蚀速度[水流]

nonerosive{seed} blasting 无损喷砂

nonesite 顽拉斑玄{玄斑}岩

non-essential 不重要的；非本质的
nonessential element 非必需元素
non-essential reservoir 非主要储层
nonessentials 支流
nonessential water 非必要的水[负水]
nonesuch 古老页岩
non-evaporable water 非蒸发水
nonevident disconformity{unconformity} 掩蔽{不明显}的不整合
nonex 铅硼玻璃
nonexchangeable ion 非交换性离子
nonexistence 不存在；不继续存在
non-expansion soil 非湿胀土；非膨胀土
nonexpendable 非消耗品
non-explosion-proof 非防爆的[电机等]
nonexplosive agent 安全炸药；无焰炸药
→～ atmosphere 防爆气氛 // ～ concentration 安全不爆炸浓度
non-explosive eruption 非爆炸性喷发
→～ process 不用炸药破碎石法；非爆(炸)破(岩)法[不用炸药] // ～ profiler 无爆炸剖面仪
nonexplosive source 非爆炸源
nonexponential trend 非指数趋势
non-exposed area 摄影死区
non-extrusion ring 非挤压环
non-fail-safe unit 非故障安全部件
non-fatal 非致命的
→～ accident 非死亡事故
nonfault tension fissure 非断层张力裂缝
non-fermenting starch 不发酵淀粉
nonferrous 有色的；不含铁的
non(-)ferrous{base;colored} metal 有色金属
nonfibrous 非纤维的；无纤维的
non fiery mine 无瓦斯矿
→～-fines concrete 无细料混凝土 // ～-finite source 无限来源 // ～-fissile 不易分裂的；不分裂的；非裂变的
nonfixiform 无定形
nonflam 不燃性的
nonflame blasting 无火焰发爆
non-flame combustion nozzle 无焰燃烧火嘴
non-flameproof 非防爆的[电机等]
→～ transformer 非防爆变压器
non-flame properties 不燃性
non(in)flammability 不燃性；非易燃性
non-flammability 不燃性
non(-)flammable 不易燃的
nonfloat 浮选尾矿；不浮的
nonfloating marine cable 非等浮式海上电缆
non-flooding feeder 防溢定量给料器
non-flowing 不流动的
nonflowing artesian well 非自喷井
non-flowing confined water 非自流性受压水
nonflowing gas saturation 不流动气饱和度
→～ {dead} well 不能自喷的井 // ～ (artesian) well 非自流井
non-fluvial 非河流的
non-foaming 不起泡的
nonfoliate 非叶片状的(的)
nonfoliated rock 无叶理岩
non-fossil{nonfossil} fuel 非矿物燃料
nonfossil-fueled 不用烧燃料的
nonfouling{non-fouling} 无污泥的
non-fractured reservoir 非裂缝性储(集)层

non-free jet 非自由射流
non-freezing 耐寒；不冻的
→～ dynamite 抗冻`代那特{硝甘炸药}
non freezing explosives 不冻结炸药
→～-frontal squall line 无锋台线
nonfuel 非燃料
→～ uses of coal 煤的非燃料利用
non-genetic 不涉及成因的；与成因无关的
→～ variation 非遗传变异
nongeosyncline 非地槽
non-graphitizing{ungraphitised} carbon 非石墨化碳
non-hazardous 安全的；无事故的
→～ {safe} area 安全区
nonhomogeneity 异质性；非齐次；非均匀性；非均匀；多相性
→～ of soil layers 土层的非均匀性
nonhomogeneous 不均匀的；多相的
→～ continuum structure 非均质连续介质构造
non-homogeneous enamelling 涂搪不均
→～ pay zone 不均质产油层
nonhomogen(e)ous 非均质的
nonhomology 异源
nonhumic 非腐殖质的
nonhydrous 不含水的；无水的
→～ mineral 非含水矿物
noninductive{unfelt;insensible} earthquake 无感(觉)地震
non industrial disease 非工业病
→～-inertial reference frames 非惯性参考坐标 // ～-inflammability 不易燃性；不可燃性 // ～-inflammable{ignitable} 不燃
noninflammable hydraulic fluid 不可燃传动液体
→～ {non-inflammable} oil 非燃性油 // ～ oil-filled transformer 非燃性合成油浸变压器
noninitiating{secondary} high explosive 次高级炸药
noninteractive 不相关的；非交互的
non-interface displacement 非界面位移
→～ mode 非隔行(扫描)方式
non-interfering 无干扰(的)
noninterlocking stress trajectory 非联结{无联系}应力轨迹
non-intersect 不相交
non-intrusive flowmeter 不介入式流量计
non-invaded bed 未受侵入(地)层；未侵入层
noninvaded formation 未受侵入(地)层
→～ zone 非侵入带[测井]
Nonion 诺宁虫(属)[孔虫；K_2-Q]
Nonionella 小诺宁虫属[孔虫；K_2-Q]
non-ionic 非离子的；非电离的
nonionic bond 非离子键
→～ crystal 非离子性晶体
non-ionic detergent 非离子型洗涤剂
→～ hydrocarbon surfactant 非离子烃类活性剂
nonionic surfactant solution 非离子型表面活性剂溶液
nonionized molecule 非电离分子
nonirrigated 非灌溉的；未灌溉的
non-isentropic flow 非等熵流
nonisochemical 非等化学的
nonisometric 非等轴的
non(-)isometric line 非等距线
nonisomorphous addition 非类质同象差

入物
non-isostatic warping 非均衡挠曲
nonisothermal boiling 不等温沸腾
→～ injection 非等温注入
nonisotropic reservoir 非各向同性储层
nonius 游尺；游标
non-knocking conditions 不爆震条件
nonknocking explosion 正常燃烧
nonlamellar 非条纹状的
non-lamellar wall 无层壳壁
nonlead{nonleaded} 不含四乙铅的；无铅的
nonleaky isotropic{|anisotropic} artesian aquifer 非越流性各向同{|异}性自流含水层
non-lethal dose 非致死剂量
non-level geologic effect 非水平地质效应
non-limited evolution 无限进化
nonlinear acoustical effect 非线性声效应
→～ anomaly 非线状异常
non-linear beam element 非线性杆件
→～ drift 非线性掉格
nonlinear flow 非线性流
→～ force vector 非线性力向量 // ～ function 非线性函数
nonlinearity of failure envelope 破坏包线的非线性
nonlinear laminar flow 非线性层流水流{运动}
non-linear stress-strain behavior 非线性应力应变性状
nonlinear strontium evolution 锶的非线性演化
→～ wave 非线性波 // ～ waves 非直线波
nonliquefied basic material 非液化基性物质
non(-)liquid water 非液态水
nonliving 非生物的
non-load bearing solid 非承载固体颗粒
→～-bearing wall 非承重墙
non-loaded shear strength 抗切强度
non-loading curve 空转曲线；无负荷曲线
→～ shear test 抗切试验
non-local model 非局部模型
nonlocating 不定位(的)；未圈定位置(的)
nonluminescent surface 非发光面
nonluminous 不发光的
→～ detritus 无光岩屑
non-luminous flame 非发光焰
nonmagmatic hypogenesis 非岩浆深部成矿说
→～ water 非岩浆水
nonmagnetic fraction 非磁性部分
non-magnetic integral blade stabilizer 非磁性整体翼片式稳定器
→～ pyrrhotite tails 非磁性的磁黄铁矿尾矿
nonmare rock 非月海岩石
nonmarine 非海成{洋}的
→～ aquatic environment 非海相淡水环境
non-marine Ostracoda 非海相介形虫
non-Markov process 非马尔科夫过程
nonmaskable interrupt 非屏蔽中断
nonmatching oil 非比较浸油
non-match sealing 非匹配封接
nonmechanical 非碎屑的
non-mechanical classifier 非机械分级机
nonmechanical deslimer 非机械脱泥器
non-melt 非熔化的

N

nonmerohedral twin 非缺面双晶
non-meshing 不啮合
nonmetal{non-metal} 非金属
non(-)metallic 非金属的
nonmetallic colo(u)r 非金属色
→~ mine{ore} 非金属矿 // ~ minerals 非金属矿物类
`non-metallic ores{nonmetallics} 非金属矿
→~ tank 非金属罐
nonmetalliferous 非金属的
→~ ore 非金属矿
nonmetamorphic 非变质的
nonmetric multidimensional scaling 非度量多维定标
nonmineral constituent 非矿质组分
nonmineralized 未矿化的
non-minimum melt 非最低点熔体
non-mining{pseudo-mining} damage 非开采性破坏
→~ personnel 非井下工作人员；非采矿人员
non-mobile{nonmoving} water 不流动水
nonmolten origin 非熔融成因
nonmonophyletic 非单源的[生]
nonmotile{nonmobile} phase 非活动期[钙超]
nonnegativity constraint 非负性约束(条件)
nonnegotiable 不可谈判的；不可流通的；禁止转让的
→~ bill of lading 不可转让提单
non-Newtonian antiplane flow 非牛顿反平面流
→~ crude 非牛顿原油
non-nitroglycerin(e){explosive;powder} 非硝甘炸药[15～18梯恩梯,85～82硝酸铵]
nonnormal 非正态的；非正规的；非模的[方程]；非高斯的
non-normal incidence 非垂直入射
nonnormality 非正态性
non-null 非零(的)；非空(的)
nono 禁例；禁忌[美口]
non-observance 不遵从；不按惯例
non-occupational exposure 非职业照射
non-official 非正式的；非官方的
non-offset bit 牙轮轴线不偏移的钻头
nonogesimal point 黄平象限
nonoil 石油以外的；非石油的
non-oleaginous 非油质的
nonolivine 不含橄榄石的
nonoolitic 非鲕状的
non-operating 停运的[事故造成的]
non-orogenic zones{|province} 非造山带{|省}
nonorthogonal 非正交的
nonorthogonality 非正交性
nonoscillating 非振荡的
→~ series 非振荡序列；无波动序列
nonoscillatory zoning 非屡变环带；非摆动环带
nonoverflow 非溢流
nonoverlapping group 无重叠组
non-oxide glass 非氧化物玻璃
non-paraffinous oil 不含蜡石油
nonparallel 无比的；独特的
→~ cleavage planes 非平行劈理面 // ~ slot 两壁不平行割缝
nonpareil 独粒宝{钻}石(饰物)
nonparticulate grout 非悬粒浆液
non-par value stock 无面值股票

nonpassage of signal 信号闭塞
nonpay (zone) 非生产层；非产油层
nonpaying 无开采价值的
non-paying mine 亏损矿井
non-pay interval 非产油层段
non-peak hours 非高峰时间
nonpelagic limestone 非深海灰岩
non-penetrating 非穿透(的)
nonpenetrating-type fluid 不穿入地层的液体
nonpenetrating well 不完整井；非完整井
nonpenetrative 非透入性的；非连贯性的[变形结构]
→~ linear discontinuity 非渗透性不连续线
nonperennial 非常年的；季节性的
nonperiodic asymmetrical wave 非周期性不对称波
non periodic function 非周期函数
nonpermanent flow 非持久水流
non(-)permeable 不透水的；不渗透的
non-permissible explosives 非安全炸药类
non-perpendicularity 不垂直度
nonpersistent vein 不稳定脉；非持续脉
non-petroleum base{|sources} 非石油`基{|资源}
nonphosphatic sequence 非磷灰质岩层
nonphotographic sensor 非摄影传感器
nonphotosynthetic 非光合作用的
non-physical loss 无形损失
nonpiercement 不刺穿
→~ type 非底辟型；非刺穿型
non-piezoelectric ferroelectrics 非压电性铁电体
non-pitted outwash plain 无竖坑外洗平原
nonplane cylindrical fold 非平面圆桶状褶皱
→~ fold 非平面褶曲{皱}
nonplanktotrophic larva 非浮游异养幼虫
non-planned products 计划外产品
non-plastic clay 非可塑性黏土
nonplastic soil 非塑性土壤
non-platinum bushing furnace 非铂漏板拉丝炉
non-plugging constituent 不堵塞地层的组分
nonplugging damage 非堵塞性损害[指油湿损害]
non-plugging fold 非倾伏褶皱{曲}
non-point-source pollution 非点源污染
nonpoint support 非点支撑体
non-poisonous 无毒的
non-polar atom 非极原子
nonpolar end 非极性端
→~ group 非极性基
non-polar hydrophobic functional group 非极性憎水官能团
nonpolarity 非极性；无极性
non-polarity 无极性
non(-)polarizable{nonpolarized;non-polarizing} electrode 不{非}极化电极
non-polarized light 不偏光
nonpolar link(age){bond}{non-polar link} 非极性键[共价键]
→~{non-polar} molecule 非极性分子
non-polishing 耐磨(的)；不易磨光的
nonporosity 无孔(隙)性
non(-)porous 无孔隙的
→~ carbonate 非孔隙性碳酸岩 // ~

carbonate rock 非空隙性碳酸盐岩
nonporphyritic 无斑的；非斑状的
non-positive compressor 非容积式压缩机
nonpotash gypsum 无钾石膏
non-preformed 不预先成形的
nonpremixing type gas burner 非预混式气体燃烧器
nonpressure method of drilling 非强制给进钻进；减压法钻进
non-pressure tank 非压力罐
→~ welding 不加压焊接
non-prestressed reinforcement 非预应力钢筋
nonprimitive lattice 非原始格子
→~ unit cell 非初基(单位)晶胞
nonproducer 非生产井
nonproducing 非生产的
→~ reserves 未投产储量；未动用储量 // ~ {non-productive} well 非生产井 // ~ well 无生产能力的井
nonproductive formation 非生产层；无矿地层
non-productive gas zone 非产气层
→~ heat consumption 空载负荷 // ~ oil zone 非产油层
nonpumping 非抽水的
non real-time 非实时的
→~ real-time display 非实时显示
nonrecoverable compaction 不可恢复压实
→~ oil 不可采出的石油
non-recoverable reserves 非可采储量
→~{unrecoverable} reserves 不可采储量
non-recurring income 临时收益；非经常收益
→~ repair 非经常的修理
nonrefinable{heavy} crude 重石油
nonrenewable energy resources 不可更新的能源
non-return finger (device) 非反向安全装置
→~ to zero method{system} 不归零法{制} // ~ to zero pulse 非归零脉冲 // ~ {check} valve 止逆阀
non-rigid 软式的；柔性的；非硬质的
→~-body vibration 非刚体振动 // ~ dirigible 软式飞船
nonrippable 不可犁松的
non-rotating rubber sleeve stabilizer 非旋转式胶{性橡}皮套筒稳定器
nonrtronite 绿脱石[$Na_{0.33}Fe^{3+}((Al,Si)_4O_{10}$ $(OH)_2•nH_2O;$单斜]
nonsaline 淡的；无盐的
→~ alkali soil{nonsaline sodic soil} 非盐碱性工
nonsaponifying 不可皂化的
nonsaturated 非饱和的；不饱和的
nonscheduled 不定期的
nonschistose 非片状的
nonscouring velocity 不冲`速度{涮流速}
non-sea-related salinization 非海盐渍{碱}化
nonsegregated reservoir 无重力分异的储层
non-seismic geophysical and geochemical exploration 非地震物化探测
→~ modeling system 非地震模型系统
nonseismic{aseismic} region 无震区
→~ region 不震区
non-seismic region 非地震区；无地震区
→~ regions 不震区 // ~ vibration 非

N

地震振动

non-selective mining 非选择回采法

non-self-clearing bit 非自洁式牙轮钻头

non self-propelled grab dredger 非自航式抓斗挖泥船

→～-self-weight collapse loess 非自重湿陷性黄土

nonseparated 不可分的；非分离的

non sequence 不整合

→～-sequence 沉积间断；不连续；非顺序；间断 // ～-sequence type ophiolite 非顺序型蛇绿岩；不连续型蛇绿岩

nonsequent 间断的；不连续(的)

→～ folding 限制褶皱(作用)

non-sequent folding 限制褶曲

nonsequential bed 缺失层；无序层；间断层

non-serviceable 不能使用的

nonsettling 不沉淀{降}的

non-sex-associated variation 非性变异

nonshearing surface 无切变面

non {-}sheathed explosive 无包皮炸药；无被筒炸药

→～ sequence 不整合 // ～-shelf-derived 非来源于陆架的 // ～-shock cold working pressure 无振动冷工作压力

nonshrink cement 抗缩水泥

nonshrinking soil 非收缩性土

non(-)shrinking{non-shrinkage} steel 无变形钢

non-shrinking steel 抗变形钢

non-shrink mortar 无收缩砂浆

non(-)signal indication light 非信号区指{表}示灯

nonsignificance 不显著性

non-siliceous sand 非硅质砂

non-silicosic mine 无矽肺危害矿山

nonsilting{transportation} velocity 输送流速；不淤(积)流速

non-silting velocity 不淤塞速度

non SI unit 非国际单位

→～-skeletal 无骨骼的；骸晶的；骨架的 // ～(-)skeletal limestone 非骨骼灰岩

nonskeletal sediments 非骨屑沉积物

non-skeleton (facies) 非骨架相

non-skid 防滑的

→～ device 防滑装置；防滑器 // ～ tread 防滑轮胎面

non-skip{adhesive;antiskid;ground-grip;non-slip} tyre 防滑轮胎

non-slaking clay 非湿化性黏土

non-slip 防滑梯级；防滑的

→～ drive 非滑动传动 // ～ emery insert 金刚砂防滑条

non-slipping block 防滑块

non-sludge oil 不会产生酸渣的原油

nonsoftening 不变软的

non-solid space 未填入固体颗粒的空隙

nonsoluble 不溶解的；不溶解物

non(-)sorted 未分选的；无分选的

nonsorted polygon 无分选多角地

→～ step 无分选土阶{条}地

nonspalling rock 不片落型岩石

non(-)sparkability 无火花性

non-sparking metal 不产生火花的金属

nonsparking tool 青铜工具；非铁合金工具

non-special 非特殊的

nonspectral color 非谱色

non-spectral colour 非光谱色；谱外色

nonspecular surface 非镜面

nonspherical 非球形的

non-split packing 无开口盘根；无割口盘根

non-spotted schist{|zone} 无斑点片岩{|纹带}

nonspreading ridge 非扩张海岭

non-stabilized{drag} zone 不稳定带

non-stable{-steady;-stabilized} 不稳定的；非稳定的

non stable mining 无机窝采煤

→～-stable propagation 失稳扩展

nonstagnant basin 非滞水(稳定)海盆

non-staining cement 白色水泥

non-standard 非标准的

nonstationary 非稳定的；不稳定的；非固定的；不固定的

→～ burning 非定常燃烧 // ～ iterative method 不定常迭代法 // ～ process 常变过程

non-stationary process 非平稳过程

→～ two-dimensional flow 不稳定两维流动

non-statistical distribution 非统计分布

non-steady 不正常的

nonsteady groundwater flow 非稳定地下水

nonstick 不黏的

nonstoichiometric composition 非理想配比成分

→～ compound 非计量化合物 // ～ crystal 非理想化合比晶体

nonstoichiometry 偏离化学计量；非化学计量(性)

non-stop{on-the-mover} dumping 行进卸载

→～ {unhindered} passage 畅通道路

nonstratified drift 非层状冰川沉积

non(-)stratified rock 非成层岩

non-stromatolitic 非叠层石的

nonstrophic 非扭式[腕]；歪铰合线

nonstructural 非结构的；非构造的；无结构的

→～ measure 非建筑性措施

non-structured 非构造的

nonstructured rock 非构造岩

nonsulfide flotation 非硫化矿{物}浮选

non-superimposable mirror image 不能重叠的镜像

nonsupratidal 非潮上的；无潮上的

nonsurfactant 非表面活性剂

nonsutured texture 非缝合结构

nonsweating wax 未发汗石蜡

nonsweepable 不可波及的

nonswelling 不膨胀

non-switched line 非转接链路

nonsymbiotic 非共生的

non(-)symmetrical 非对称的；不对称的

non(-)synchronous 异步的；不同期的

nonsynchronous superposed arcuate structure 不同期叠加弧形构造

nonsystematic distortion 非系统失真{畸变}

nontabular 无甲片式的[沟鞭藻]

→～ deposit 非块状矿床；非板状矿床

non-tangential crossbedding 平行型交错层

→～ current 非切向流[水力旋流器]

nontapering geothermal drilling 不变径{非渐缩型}地热钻进

nontarget zone 非目的层

non-taxable securities 免税债券

non-tectonic factors 非(地质)构造因素

nontectonic scarp 非构造崖

→～ structural features 原生构造 // ～ structure 非变动构造

nontectonite 非构造岩

nontectonized 非构造化的

non-telescoped line 定长管线；非伸缩式管线；一定长度管线

non-temperature compensated meter 无温度补偿流量计

nonterrain-related factor 非地形相关因数

nonterrestrial material 非地球物质

nonthermal area 非热区

→～ ground 非热异常地面

non-thermal process 非热采法

nonthermal spring 非温泉

→～ water 与热水无关的水

nonthermoartesian system 非热自流系统

non-thermoplastic textured yarn 非热塑性变形丝

nonthixotropic 非触变性的

non-threaded fastener 非螺纹紧固件

non-through flowline 非过出油管(技术)

nontidal current 非潮性洋流

→～ variation 非潮汐变化

non-tilting concrete mixer 非翻转式混凝土搅拌机

nontitaniferous magnetite 不含钛的磁铁矿

non-tonic polymeric thinner 无毒高分子破胶剂；解卡剂；降黏剂

non(-)toxic 无毒的；非毒性的

non {-}tractor drill 非拖拉式钻机

→～-traded output and input 非外贸产出和投入

nontransitional element 非过渡元素

nontransition-type ion 非过渡型离子

nontranslational 非平移的

non-transmission of an internal explosion 隔爆性

nontransparency 非透明性

nontransparent 不透明的；非透明的

non-treatable ore 不可处理矿石；无使用价值矿石

nontrivial solution 非无效解

non(r)tronite 绿脱石 [$Na_{0.33}Fe_2^{3+}((Al,Si)_4O_{10})(OH)_2 \cdot nH_2O$；单斜]；囊脱石 [$H_4Fe_2Si_2O_9$]；绿高岭石[$H_4Fe_2Si_2O_9$;(Fe,Al)$_2$(Si$_4O_{10}$)(OH)$_2 \cdot nH_2O$]

nonturbidite 非浊流层{岩}

nonturbulent flow 非紊流；非湍流

nonuniform 变化的；不一致的；不均匀的；非均质的；多相的

→～ beam 变截面梁

non(-)uniform face 不(均)匀面

nonuniform field 不均匀性；不均匀场

→～ {inhomogeneous;varied} flow 不均匀流 // ～ flow 产量变化 // ～ {variable;varied} flow 变速流

nonuniformist 非均变论者

nonuniformitarian geological development 非均变论的地质发展

nonuniformitarianism 非均变论

non(-)uniform pressure 方向压；不等压(力)

non-uniform rock pressure 围岩偏压

→～ stress 非均布应力 // ～ weighting 非一致加权

non-uniplanar bending 异面弯曲

nonuniqueness 非唯一性

nonupset tubing 外平式油管

nonuse 不形成习惯；不使用

N

nonutility 无用的；不用的

non-valid{-operative;-available} 无效的

non valid trace 无效道
→～-value bill 无用汇票 // ～-vanishing 不为零；不化为零的

nonvascular plant 非维管束植初

nonvegetated area 非植被区

non(-)ventilated 不通风的

non-vertical wellbore 斜井井筒

non-viscous flow 非黏性流；非滞流；非黏滞性流
→～ fluid 非黏带流体；无黏性液(体) // ～ lubricating distillate 非黏性润滑油馏出物

nonvolatile element 非挥发性元素

non-volatile{nonvolatile} matter 不挥发物

nonvolatile memory 非易失(性)存储器

non-volatility 不消失性

non(-)volcanic eruption 非火山喷发

nonvolcanic geothermal region 非火山型地热区
→～ geothermal system 非火山热原的地热系统

non-vortex 无旋的；涡流的

non-wall-building 不造壁的

non-waste technology 无废技术

non waterproof 未经耐水处理的

nonwax oils 非蜡质油

non-waxy crude 不含蜡石油；非含蜡原油

nonweathering 不风化的；未风化的

nonwetted 未润湿的
→～ diamonds 未镶牢的金刚石[由于黏结金属湿润性差]

nonwetting fluid 非湿润流体；非润湿液；非润湿性流体

non-wetting meniscus 非润湿弯月面
→～ phase front 非润湿相前缘 // ～ resident fluid 非润湿滞留液

nonwetting sand 抗渗性砂

nonwhite noise 非白噪声

nonwireline logging method 无电缆测井方法

nonwoody plant 非木本植物

non-working `slope{slanting face} 非工作斜坡面
→～ wall 非工作帮

non-woven glass fabric 无纺织玻璃布

nonyielding 不让压的
→～ arch 非可缩性拱 // ～{rigid} arch 刚性拱

non-yielding prop 刚性支撑

nonyl 壬烷基[C_9H_{19}-]；壬基
→～ alcohol 壬醇[$C_9H_{19}OH$]

nonylamine 壬胺[$C_9H_{19}NH_2$]
→～ hydrochloride 盐酸壬胺[$C_9H_{19}NH_2 \cdot HCl$]

nonylene 壬烯[C_9H_{18}]

nonyl imidazol(e) 壬基-2,3-二氮杂茂[$C_9H_{19}C_3H_3N_2$]
→～ mercaptan 壬硫醇[$C_9H_{19}SH$] // ～-oxyethylene-ether- alcohol 壬基氧化乙烯醚醇[$C_9H_{19}OCH_2CH_2OH$] // ～ phenol 壬酚[$C_9H_{19}C_6H_4OH$] // ～ polyethylene-oxide 壬基聚氧乙烯[$C_9H_{19}(OCH_2CH_2)_nOH$] // ～ polyoxyethylene etheralcohol 壬基聚氧乙烯醚醇[$C_9H_{19}(OCH_2CH_2)_nOH$]

nonyne 壬炔

nonzero digit 非零位
→～-lag 非零延迟 // ～-sum game 非零

和对策

nook 偏僻地方；煤柱的一角；凹角；隐蔽处；角；岬角

noonkanbahite 硅铌{碱}钡钛石；硅铌钡钠石[$Na_2(K,Ba)_2(Ti,Nb)_2 (Si_2O_7)_2$]；硅碱钡钠石

noon-mark 正午标{线}

nooper 镐

nor 淖尔(湖)；湖[淖尔]

norabietane 降松香烷

noralite 钙铁闪石[$Ca_2(Fe^{2+},Al)_5((Si,Al)_4 O_{11})_2(OH)_2$]；无镁棕闪石

norbergite 块硅镁石[$Mg_3(SiO_4)(OH,F)_2$；斜方]

norbide 碳化硼

nordenskiö(e)ldine 硼锡钙{钙锡}石{矿}[$CaSnB_2O_6$；三方]；透闪石[$Ca_2(Mg,Fe^{2+})_5Si_8 O_{22}(OH)_2$；单斜]

Nordiodus 挪威牙形石属[O_3]

nordite 硅钠锶镧石[$(La,Ce)(Sr,Ca)Na_2(Na, Mn)(Zn,Mg)Si_6O_{17}$；斜方]

nordmarkite 锰十字石
→～ minette 英碱正长云煌岩

nordsjoite 富霞正长岩；正霞正长岩

nordstrandite 三羟铝石[$Al_2O_3 \cdot 3H_2O$；$Al(OH)_3$]；诺三水铝石[$Al(OH)_3$；三斜]

nordströmite 硒硫铋铅铜矿[$Pb_3Cu_2Bi_8(S, Se)_{16}$；$Pb_3CuBi_7S_{10}Se_4$；单斜]

Nore 诺尔[英泰晤士河一沙岛]

Norella 诺尔贝属[腕；T_3]

norhopane 降藿烷

noria 戽(水)车

Noric{Norian} (stage) 诺利克(阶)[220.7～209.6Ma；欧；T_3]

norilskite 铂铁镍齐[(Pt,Fe,Ni)]；杂铂矿

Norinia 那林氏虫属[三叶；O_1]

norite 斜长岩-苏长岩-橄长岩系[月球]；苏长岩
→～ pegmatite 苏长伟晶岩

norm 定量；定额；标准；规格；规范；模方；准则；最好操作条件的控制特征[如选矿]；范数；指标；限额

normal 标准的；标称的；常态的；常量的；规定的；当量(浓度)的；正常的；中性的；正交的；正规的；正常；正的；垂直的
→～ ankerite 柱白云石 // ～ axis 垂直轴 // ～ behaviour {conditions} 常态 // ～{equivalent} concentration 当量浓度 // ～ consistency for cement paste 水泥净浆标准稠度

normalcy 常态

normal cyclic operation of coal mines 煤矿正规循环作业
→～ dolomite 白云石[$CaMg(CO_3)_2$；$CaCO_3 \cdot MgCO_3$；单斜] // ～ five-point pattern 正五点井网 // ～ form of equation 方程的法线式 // ～ formula 标准式 // ～ granite 石英二长石 // ～ hydrated lime 单水化石灰

normalin 回应者；钙十字沸石[$(K_2,Na_2,Ca) (AlSi_3O_8)_2 \cdot 6H_2O$；$(K,Na,Ca)_{1-2}(Si,Al)_8O_{16} \cdot 6 H_2O$；单斜]

normal incidence 正入射

normality 正规性；常态；规度；规定浓度；匹配性；当量浓度；正态；正常标准；垂直
→～ assumption 正态性假定 // ～ law 正交定律

normalization 标准化；常化；取准；归一化；规格化；规范化；正化；正规化；校正；正火[在空气中退火]

normalized cross-correlation 规一化互相关
→～ force 标准化作用力 // ～ frequency 归化频率 // ～ saturation 标准饱和 // ～ steel 正火钢

normalizing (正)常化；正常煨火；规度化；正火[在空气中退火]
→～ condition 正规条件

normal lateral hanging valley 常态侧蚀悬谷
→～ law of error 误差常态律 // ～ magnetic orientation 正磁向 // ～ modal grading 正矿模渐变层 // ～ oreing range 标准加矿温度范围 // ～ owyheeite 正硫锑铅银矿；银毛矿[$Ag_2Pb_5Sb_6S_{15}$] // ～-parankerite 柱白云石 // ～ spinel ferrite 正尖晶石型铁氧体{淦氧} // ～ stress 直应力；正胁强；法应力 // ～ temperature 正常温度 // ～ zoning 顺向分带；正向分带；正环带[斜长石]

normandite 锰钙锆钛石[$MnCa(Mn,Fe) (Ti,Nb,Zr)Si_2O_7F$]

normannite 杂泡铋矿[$Bi_6O_8(CO_3)$]

Normannites 诺曼菊石属[头；J_2]

normapolles 规则花粉类[孢]；正型粉类[K-E]

normative 标准的；正常的
→～ analysis 标准矿物成分分析 // ～ basalt tetrahedron 标(准)矿(物)玄武岩四面体

normattens 酒石酸二甲哌啶

norm{normative} classification 标准矿物分类法

normenthane 降盖烷

normergic 常态的

norm of lending 贷款标准
→～ of material consumption 材料消耗定额 // ～ of output 产量定额 // ～ of reaction 反应量

normoretane 降莫烷

norrishite 诺云母[$K(Mn_3^{2+},Li)Si_4O_{12}$(似云母，但有差别)]

norse 矿体中不规则掘进

norsethite 菱钡镁石[$BaMg(CO_3)_2$]；钡白云石[$BaMg(CO_3)_2$；三方]

norsimonellite 降西蒙内利烯

norsterane 降甾烷

nortada 诺他达风

norte 强北风[墨西哥湾]；诺特风；酷寒北风；北方；北部

north 朔；向北方；北(方)的；北部；北
→～ (pole) 北极

North America 北美洲
→～ America Commission stratigraphic Classification (北美)地层学分类委员会 // ～ American datum 北美大地测量基准 // ～ American Shale composite 北美页岩[组合样] // ～ China platform 华北地台 // ～ Dakota cone test 北达科他州圆锥试验

northeast by east 东北偏东；东北东

North-east China block 东北地块

northeaster 东北风

north-east monsoon 东北季风

north east quadrant 北东象限

northeastward 向东北(的)

north equatorial current 北赤道洋流

norther 强烈北风；强北风[墨西哥湾]；酷寒北风；北风

northern agriculture 北方的农业
→~ dust filter 岩巷掘进用吸风管端滤尘器//~ nanny 北雹风

northern polar zone 北极区[生态]

Northern Song official ware 北宋官窑

northern village 北里[北面的里巷]
→~ whiting 北方无鳔石首鱼

northetite 菱钡镁石[BaMg(CO_3)_2]

north foehn 北焚风
→~ frigid zone 北寒带

North galactic pole 银道北极

north geographic(al) pole 地理北极；北地极

North-North-East 北北东

North Pacific central water mass 北太平洋中央水团

north polar sequence 北极星序

North Pole 北极
→~ Qilian deep fracture 北祁连深断裂带

north reference pulse 指北参考脉冲

North Slope Borough (阿拉斯加)北坡管理区

north-south grid line 北南格网线

North-Staffordshire method 房柱式采煤法；北斯塔福那开采法

north{pole} star 北极星
→~ temperate zone 北温带//~ tropic 北热带

northupite 氯碳(酸)钠镁石[Na_3Mg(CO_3)_2 Cl;等轴]

north-verging fold 向北倾斜的褶皱

northwest 向西北(的)；西北

north-west 北西；西北
→~ by north 北西偏北；西北偏北

northwester 西北风

northwestern 西北的

Northwest Territories 西北地区

northwestward 朝西北(的)；向西北(的)；西北地区

Nortonechinus 诺顿海胆属[棘;D]

nortracheloside 去甲络石苷

norvaline 正缬氨酸；戊氨酸

Norwegian cut 挪威式掏槽[普通和扇形的混合掏槽]
→~ Krone 挪威克朗

Norwoodia 诺尔伍德虫属[三叶;Є_3]

NOS 氮氧硫[石油所含]；不另外举例；不作别的详细说明

no sample 无样品

nose 山嘴；前端；前部；喷嘴；刀尖；鼻凸[棘蛇尾]；鼻；钻头牙轮锥顶部分；钻头工作面端部；炉嘴；嗅觉；船头；嗅；金刚石钻头工作面顶冠；金刚石[C;等轴]；陆岬；腕骨上的关节突起；(信号方向图的)最长线；突出部分；凸头；岬角；探听；机头
→(structural) ~ 构造鼻//~ (structure) 鼻状构造//~ advance 鼻状推进

noseanite{nosean(e)} 黝方石[Na_8(AlSi O_4)_6(SO_4);等轴]；黝方岩

noseanolite{noseanolith} 黝方岩；黝方石岩

nose button 止推块；牙轮钻头止推块
→~ drum (扒矿机)主绳滚筒

noselite 黝方石[Na_8(AlSiO_4)_6(SO_4);等轴]

nose mudguard 车首挡泥板
→~ of cone (钻头的)牙轮锥顶//~ of

fold 褶皱顶；褶曲鼻//~-out 鼻状林头；鼻状层[见于露头-]

nosepiece 机头；顶；换镜旋座；管口；喷嘴；凸头；接头；端
→(revolving) ~ 显微镜换镜旋座

nose pile 标桩
→~ pliers 扁嘴钳；尖嘴钳//~ radius 顶冠半径[金刚石钻头]；球头半径//~ -type fold 鼻型褶皱；背斜突起伏褶皱//~-up pitching moment 正俯仰力矩

nosewheel 前轮[of a plane]

nose whistlers 鼻型雷啸

no-shadow paint 无影点

no shot 未放炮

nosian 黝方石[Na_8(AlSiO_4)_6(SO_4);等轴]

no-side-draft position 非偏牵引位置

nosin 黝方石[Na_8(AlSiO_4)_6(SO_4);等轴]

nosing 鼻；摇曳；突缘饰；梯级突边；头部[机身]
→~ {nose-like} structure 鼻状构造

nosite 黝方石[Na_8(AlSiO_4)_6(SO_4);等轴]

no-skid{-slip} surface 不滑路面

no-slump concrete 不坍落混凝土
→~ {zero}-slump concrete 无塌{坍}落度混凝土

no solids 无固相

nosology 疾病分类(学)

Nostoc 念珠藻(属)[蓝藻;Q]

Nostochopsis 拟珠藻属[蓝藻;Q]

Nostocites 古念珠藻属；似念珠藻

Nostocomorpha 古拟念珠藻属[Z]

nostril 鼻孔

nostro ledger 存放国外同业分户账；往来账；分产账

no survey 未测[井斜、井方位]
→~ swell 无涌[涌浪 0 级]

nosykombite 硬{霞}闪二长岩；斜{细}霞正长岩

notably 格外；著名；显著地；特别是

notandum[pl.-da,-s;拉] (拟)记录的事项；备忘录

not applicable 不适用的

notary (public) 公证人

notation 标志法；表示法；标志；注释；符号；记号；记法
→~ of bivalve 二枚贝//~ of the earth 地球自转//~ {numberation} system 计数系统

not available 弄不到的；无效的；未利用的
→~ be airtight 漏风//~ -cap-sensitive explosive 非雷管引爆炸药

notch 灰岩坑；标记；山峡；山间隘口；齿；缺口；切口；槽；凹口；刻痕；刻度；峡谷；开槽；触点；波蚀凹壁；截口；级
→(sulcal) ~ 槽口；浪蚀龛

notched 带有切口的；有槽口的；有凹口的；锯齿状的
→~ bar strength 齿形杆强度//~-mitre nipple connection 带缺口斜口管接//~ nog 开槽木垛

notch{clay;tap;mud;taphole;concrete} gun 泥炮
→~ gun 堵口机

notching 切；阶梯式；做凹口法；开缺口；开槽；局部冲裁；下凹的；台阶开掘
→~ initial break 开槽//~ joint 凹槽节

notch muting 陷频削减
→~ wedge impact 楔击缺口冲击试验

note sea 暴涛
→~ -taker 记录(员)//~ to bearer 不记

名票据

noteworthiness 值得注意；显著

not exceeding 不超过
→~ firm 松//~ {no} good 不好；无用//~ good merchantable 不适于销售的//~ good ore 不良矿石

Notharctus 古狐猴；假熊猴(属)[E_2]

not hard up 松动；松

Nothofagidites 假山毛榉粉属[孢;K-E]

Nothognathella 伪颚牙形石属[D_3]

Nothosauria 幻龙亚目

Nothosaurus 幻龙

Nothrotherium 地懒属[Q]

notification 通知；通知书
→~ number 公告号//~ of arrival 到货通知

not in contract 不在合同中

notocentrous vertebra 背体椎

notochord 脊索

notochordal tissue 脊索组织

notodeltidium 背融合三角板[腕]

notogaea 南界[包括澳大利亚、波利尼西亚及夏威夷区在内的动物地理区]

notorious 声名狼藉的；臭名昭著的

Notoryctes 袋鼹[Q]

notos 诺托斯风；南风

Notostraca 背甲目[介]

Notostylops 南柱兽(属)[E_2]；脊齿兽

Nototherium 南袋兽属[Q]

not otherwise provided for 无他种规定者；未列项目
→~ otherwise specified 不另外举例；不作别的详细说明

notothyrial cavity 背三角孔腔
→~ chamber 背三角腔[腕]//~ platform 假匙形台[腕]；背三角台；背窗台；假三角台；假背匙板

Notothyris 背孔贝属[腕;C_2-P]

notothyrium 背三角孔[腕]；背窗孔

Notoungulata 南美有蹄目{类}；南方有蹄目{类}

not required 不需要的
→~ -saturated 不饱和的//~ shoot 空炮；未放炮

Nottingham longwall 诺丁汉长壁开采法[矿车进入工作面]

noume(a)ite 滑硅镍矿；深镍蛇纹石；硅镁镍矿[(Mg,Ni)_6(Si_4O_{10})(OH)_8]

noumena 本体

noumenal 实体

noumenon[pl.-na] 实在；本体

noup 陡岬

nourishment 食物；养料；滋养品；滩淤(作用)；补给[冰]

nova[pl.-e] 新星

novacekite 镁砷铀云母[Mg(UO_2)_2(As O_4)_2•12H_2O;四方]

novaculite 层状燧石；磨刀石；均密石英岩；均密砂岩；微晶石英质燧石岩；白致密石英

novakite 砷铜银矿[(Cu,Ag)_4As_3;四方]；诺瓦克矿

novalac 酚醛树脂

novalak (线型)酚醛清漆

Novaspis 新三瘤虫属[三叶;O_3]

novel 异常的；奇异的；新的；小说[长篇]
→~ drilling method 新钻进方法

Novella 诺夫蜓属[孔虫;C_2]

novgorodovaite 水氯草酸钙石[Ca_2(C_2O_4)

$Cl_2•2H_2O]$

Novisporites 套网孢属[C_2]

Novit 诺维特炸药[梯恩梯:六硝基二苯胺为 60:40]

novocaine 普鲁卡因；奴佛卡因

no volt coil assembly 无电压线圈装置
　→~-volt release 无压释放保持装置

novomikanit 新云母

nowackiite 硫砷锌铜矿[$Cu_6Zn_3As_4S_{12}$;三方]

Nowakia 塔节石[属][头;D]

Nowakida 塔节石目

no-wall-stick 防黏附卡钻

nowel 底箱；阻力；下型箱；下砂箱；下模

nox 诺克斯[光照度单位]

noxious 不卫生的；有害的；有毒的
　→~ gas 有毒气//~ gases 秒气

noy 诺伊[噪音度单位]

nozzle 水枪；水管嘴；烧杯嘴；燃烧器；泉口；管嘴；喷口；喷管；排气管；穴隙；穴；隙

n-paraffin 正链烷(属)烃
　→~ hydrocarbon 正(链)烷烃

n-pentane 正戊烷

n-propane 正丙烷

n-propyl formate 正甲酸丙酯

N/R 氮还原系数比[研究地层的含油性]；不需要的；无记录

n-region 电子剩余区
　→~ n{|p}-region N{|P}区[半导体]

NS 空炮；左侧；未放炮；未测[井斜、井方位]；未爆炸

n.s. 无样品

N-S{north-south} axis 南北轴

nsec{nsec.} 毫微秒[10^{-9}秒]

N.S. gelignite 含硝酸钠的吉里那特炸药

nsuta-MnO$_2$ 六方锰矿[$Mn_x^{2+}Mn_{1-x}^{4+}O_{2-2x}(OH)_{2x}$]

nsutite 水锰矿[$Mn_2O_3•H_2O;(γ-)MnO(OH)$;单斜]；横须贺矿；六方锰矿[$Mn_x^{2+}Mn_{1-x}^{4+}O_{2-2x}(OH)_{2x}$]；恩苏塔矿[$MnO_2$]

N-type material N 型材料
　→~ N{|P}-type semiconductor N{|P}型半导体

nub 使车脱轨的方木[矿车脱钩]；核心；残根；结节；瘤；要点；小瘤；小块；疖

nubber 使车脱轨的方木[矿车脱钩]；矿车脱轨方木

nubbin 基岩残丘；山脉残脊；山麓残砾；沙漠穹残砾；岩质圆丘

Nubecularia 云朵虫属[孔虫;J-Q]

Nucellosphaeridium 有核球形藻

nucellus 珠心

nucha 颈；项

nuchal 中基片；颈片；颈背的；项的
　→~ acute 颈盾[龟背甲]//~ plate 颈板[龟背甲]//~{neck} spine 颈刺

nuclear 核的；原子能的；中心的
　→~ blasting and dredging method 原子核爆破采矿{掘}法[海底固结矿床的开采方法]//~ graphite 核石墨//~ lifetime 核寿命//~ log(ging) 核测井//~ mining 核采矿//~ relaxation time 核弛豫时间//~ safety 核安全//~ scale 核标度//~ scattering 核散射

Nuclear Standards Board 原子核标准委员会

nuclear-stimulated geothermal development 核激发法地热开发

→~ geothermal well 核激发地热井

nuclear structure 核结构
　→~ target 核靶//~ track 核径迹//~ transmutation 核转变；核嬗变//~ twin-probe gage 核径双探针量雪计

nuclease 核酸酶

nucleate 具核的；成核的

nucleated twin 成核双晶

nucleating centre 成核中心

nucleation 核晶作用；成核作用；成核现象；集结；成核
　→~ agent 成核剂//~ -and-growth transformation 成核-生长转化//~ rate 成核速率

nucleator 成核剂

Nucleella 具核叠层石属[Z]

nuclei[sgl.nucleus] 原子核

nucleic acid 核酸

nuclei counter 计核器；计尘器

nuclein 核素；核蛋白质

nucleochronology 核年代学

nucleoconch 核壳；胎壳

nucleon 核子；单子

nucleonic density gauge 核浓度表
　→~ equipment 核设备

nucleonics 核子学

nucleophile 亲核物质

nucleophilic 亲核的

nucleophilicity 亲核标度

nucleoprotein 核朊；核蛋白

Nucleopygus 核仁海胆属[棘;K_2]

nucleor 核心心；裸核子

nucleoside 核苷

Nucleospira 核螺贝属[腕;S-C_1]

nucleosynthesis 核作用合成元素；核聚合；核合成
　→~ in star 恒星原子核合成//~ in universe 宇宙原子核合成

nucleotide 核苷酸

(cell) nucleus 细胞核

nucleus[pl.-ei] 核；地核；晶核；核心；原子核
　→~ dating 核测年(法)

nuclide 核种；核素
　→~ chart 核类图

Nucula 栗蛤

Nuculana 吻状蛤属[T-Q]；湾锦蛤；似栗蛤(属)[双壳]

Nuculina 小栗蛤属[N_1]

Nuculites 栗石蛤属[双壳;O-C]

nuculoid 栗蛤型[双壳]

Nuculopsis 拟栗蛤(属)[双壳;C-P]

Nudibranchia 裸鳃亚目

Nudirostra 光嘴贝属[腕]；裸嘴贝属[D_2-C_1]

Nudirostralina 小光嘴贝属[腕;T_2]

Nudispiriferina 裸准石燕贝属[腕;T_2]

Nudopollis 裸孔粉属[E_{1-2}]；裸粉属[孢]

nuee ardente 火云；发光云

nuevite 铌钇矿[$(Y,Er,Ce,U,Ca,Fe,Pb,Th)(Nb,Ta,Ti,Sn)_2O_6$;单斜]；钛铌钇矿

Nuevoleonian 新莱昂(阶)[北美;K_1]

nuffieldite 硫铋铜铅矿[$Pb_2Cu(Pb,Bi)Bi_2S_7$,斜方;$(Cu,Fe)Pb_2Bi_{12}S_{21}$]

Nu-Gel 非胶质安全炸药

nugget (焊点)点核；(点焊)熔核；块金；矿块；珍闻；珍品；巨块金；金块；天然块金；天然贵金属块；天然的块金

→~ constant 块金常数//~ effect 跃迁效应

nuggeting 找金；寻找天然金块

Nuio 努亚藻属[O-D]

nuisance 公害[指工业废气、废水等的危害]；麻烦(事(情))；障碍；噪扰；有害东西；污害；损失；损害
　→~ analysis 公害分析//~ free 无公害

nujol 白润滑油；医药用润滑油；石油软蜡；纽乔尔浮选捕收剂；精制白油
　→~ mull 石蜡糊

nukundamite 诺硫铁铜矿[$(Cu,Fe)_4S_4$;六方]；努硫铁铜矿；伊达矿；铁铜蓝[Cu_3FeS_4?;六方]

null 零；不存在的；空；无价值的；零信号

nullaginite 努碳镍石[$Ni_2(OH)_2CO_3$]；绿碳镍石

nullah 干峡[雨季可能有水]；小溪；峡谷；间歇(沙质)河床

Nullapon 乙二胺四乙酸[$(HOOC•CH_2)_2N•CH_2•CH_2•N:(CH_2COOH)_2$]

null array 零数组
　→~ information 无信息

nulling device 调零装置

nulliplanomural 无平壁的

Nullipora 裸孔藻属[S]

nullipore 珊瑚藻
　→~ ridge 石灰藻岭

null-line concept 零线概念

null manifold 零流形

nultifarious adaptation 多级适应

numanoite 碳硼铜钙石[$Ca_4CuB_4O_6(OH)_6(CO_3)_2$]

number axis 数轴
　→~ base 数基//~ converter 计数制变换器//~ frequency of grain-size 粒度的数量频数//~ of bailerfuls per hour 每小时提出的筒数//~ of collieries and output 矿山数和产量//~ of feeds 进给量级数//~ of turns{twists} 捻度//~ of water way 水槽数目[钻头]//~ theory 数论

n(o)umeite 滑硅镍矿；硅镁镍矿[$(Mg,Ni)_6(Si_4O_{10})(OH)_8$]；深镍蛇纹石；暗镍蛇纹石

numeraire 货币兑换率计价标准[法]；记账单位；计算单位

numeral 数字的；数字；示数的
　→~ code 数码；数值码

numerical 数字的
　→~ aperture 数值孔径[光学仪]；计量口径

numerical model 数字模拟
　→~ name 数字代号//~ parameter 标轴系数

numeric-alphabetic 数字符；字符

numerical procedure 计算方案
　→~ statement 统计//~{numeral} system 数制//~ taxonomy 数字{量}分类(学)//~ taxonomy{|analysis} 数值分类{|析}

numeric character 数字符号

numeroscope 示数器

Nummulite 货币虫(属)[孔虫;E_{1-2}]

Nummulitic 货币虫纪；欧
　→~ (period) 货币虫系[早第三纪{系}]；货币虫纪//~ facies 货币虫相

nummulitic limestone 钱币虫灰岩

Nummulitic period 早第三纪[65 ~

23.3Ma]

Nummulitidae 货币虫科[孔虫]

nummuloidal 念珠形

nunakol 圆石岛[冰川上]；冰蚀圆丘

nunatak 冰原岛峰
→~ moraine 冰原山碛

Nunivakevent 努尼瓦克正向事件；努尼
瓦克亚磁极期

nuolaite 杂铌钽钛矿；钇杂铌矿[镍、钽化
合物与钇钍钛酸盐混合物]

Nuphar{Nupharipollis} 萍蓬草属[孢;E₂-Q]

nuplex 核联合企业

nur 淖尔(湖)

NURDC 海底调查和开发中心[美]

nuromontite 钇褐帘石 [(Y,Ce,Ca)₂(Al,
Fe³⁺)₃(SiO₄)₃(OH);单斜]

nurse 保育员；保姆；护士；护理；培养；
仔细装卸(钻具)；照料；看护人；小心操
作；节约地使用；加油；加气
→~ one's health 调理 // ~ tank 加油
罐车 // ~ tanker 供水车

nursing the bit 维护钻头

Nuskoisporites 努氏孢属[P-T]

Nusselt number 努塞尔(特准)数

nussierite 钙磷铅矿[钙磷氯铅矿的变种]；
杂氯铅矿

nut 胡桃；螺槽；坚果
→(cap) ~ 螺帽 // ~ (coal) 核级煤；螺
母 // ~-and-sleeve flare fitting 三件式喇
叭口管接头

nutation 章动；点头；垂头；下俯；下垂
→~ of inclination 倾角章动

nutator 章动器

nut bolt 带母螺栓；带帽螺栓

nutgall 没食子；五倍子

nut-lock washer 止松垫圈

nutrient (material) 养料；养分
→~ balance 营养平衡

nutriment 食物；滋养物；促进生长的东
西；营养品{剂}；养料

nutritional 营养的
→~ disease 营养性疾病 // ~ disorder
营养失调

nutritious 滋养的；营养的

nutritive 营养的
→~ absorption 营养物质吸收 // ~
disturbance 营养失调 // ~ groundwater
地下肥水 // ~ value 营养价值

nut runner 风动拧紧螺帽工具[锚杆的
螺帽]
→~-runner 上螺母器

nutschfilter{nutsch{suction;vacuum} filter}
吸滤器

nut screen 核级煤筛

"nut" sinter 胡桃块烧结矿

nuttal(l)ite 钙柱石 [Ca₄(Al₂Si₂O₈)₃(SO₄,
CO₃,Cl₂);3CaAl₂Si₂O₈• CaCO₃;四方]
→~ {wernerite;rapidolite} 中柱石 [Ma₅
Me₅-Ma₂Me₈(Ma: 钠柱石 ,Me: 钙柱石);
Na₈(AlSi₃O₈)₆(Cl₂,SO₄,CO₃)•Ca₈(Al₂Si₂O₈)₆
(Cl₂, SO₄,CO₃)₂;方柱石的一种]

nuttallite 韦柱石

nutty structure 核状结构

nuvistor 超小型抗震(电子)管

Nuxpollenites 平极粉属[孢;E₂]

n.v.m. 不挥发物

N.W. 北西；西北

N.W.b.N. 北西偏北

nyboite 尼伯闪石

Nyctereutes 貉(属)[N₂-Q]

nyctipelagic 夜间浮出
→~ plankton 夜栖海中生物

Nyctocrinus 夜海百合属[棘;S₂]

Nyctopora 夜孔珊瑚属[O₂₋₃]

nyerereite 尼碳钠钙石 [Na₂Ca(CO₃)₂;斜
方、假六方];尼雷尔石[Na₂Ca(CO₃)₂;斜方、
假六方]

Nyfapon ×润湿剂[十八烯基/十六烷基硫
酸盐]

nylon 耐纶(制品)；酰胺纤维
→~ cord tyre 尼龙线织轮胎 // ~
moulded gear 尼龙铸造齿轮 // ~
moulding powder 尼龙铸粉

nymph 若虫；韧片；蛹[昆]；居于山林水
泽的仙女[希、罗]；外韧带附着面

nympha 若虫；韧片；幼虫；蛹[昆]；外
韧带附着面

Nymphace 睡莲

Nymphaea 睡莲属[Q]

Nymphaeceae 睡莲科

Nymphograptus 神笔石属[O₃]

nymphs 外韧带附着面

Nyquist criterion 尼奎斯特准则
→~ diagram 聂贵斯特图 // ~ fre-
quency 奈奎斯频率

Nyssapollenites 紫树粉属[孢;K₂-Q]

Nyssoidites 拟紫树粉属[孢;N₁]

Nystroemia 髻籽羊齿属[P₂]

N

O

___

O

O 氧;欧姆[Ω];欧;奥陶系;奥陶纪[510～439Ma,海水广布,中奥陶世后,华北上升为陆,三叶虫、腕足类、笔石极盛,鱼类出现,海生藻类繁盛;O_{1-3}]
→～ metal 筑路碎石

oak 栎木;橡木制的
→～ bark extract 槲树皮(浸膏)

oakite 锂硬锰矿[$(Al,Li)MnO_2(OH)_2$;单斜]

oasis[pl.oases] 火星暗斑;绿洲

oast 烘炉

oat 燕麦

oaze 软泥

obbo 观测气球

obconic{obconical} 倒锥状;倒圆锥形的;反锥状

obcordate 倒心形[叶子]

obduction 上跨;逆冲;仰冲
→～-junction 仰冲交叉//～{overriding} plate 仰冲板块//～ slab 逆冲块片

Obelia 薮枝虫(属)[腔]

oberbau 表层构造[德]

Oberon 奥伯龙[民间传说的仙王];天卫四(星)

obertiite 钛镁钠闪石[$NaNa_2(Mg_3Fe^{3+}Ti^{4+})Si_8O_{22}O_2$]

oberwind 奥勃风

object basis 对象分类(方式)
→～ beam 物体反射波束

objectionable 讨厌的
→～ impurities 有害物质

objective 如实的;客观的
→～ (lens) 接物镜

objectivity 客观(性)

object line 外形线
→～ marker 刻号器

oblanceolate 倒披针形的[植]

oblateness 扁圆度[形];扁率

Oblatinella 扁球粉属[孢;$J-K_1$]

oblect 被甲[动];具被的

obligate anaerobes 专性厌氧微生物
→～ anaerobic bacteria 专性嫌气细菌

obligatory 受限制的
→～ aerobes{|anaerobes} 偏性好{|厌}氧菌//～ audit 强制审计//～ term 强制性条款;约束性条款//～ well 义务(探)井

oblimax{|oblimin} method 斜交极大{|小}法

oblique aerial photograph 斜摄航照
→～-angle{oblique} projection 倾斜投影//～ cutting 斜刃切削//～ cutting edge (钻头)斜凿刃;斜凿刃//～ fracture (破裂)斜断口//～ girdle 斜环带//～ (bore)hole 斜(钻)孔

obliquely bedded rocks 具斜层理的岩层
→～ inclined surface 斜倾面

oblique magnetization 斜磁法

→～ Mercator chart 斜轴墨卡托投影地图//～ mercator map projection 斜麦开脱地图投影

obliquity 倾斜度;倾斜;倾角;隐晦(的话);斜交;斜度
→～ of ecliptic (the ecliptic) 黄赤交角//～ of potash feldspar 钾长石的斜度

obliterated waterfall 消失瀑布

obliterates 磨损;磨去;消灭;清除[计]

oblong 长圆形的;长椭圆形的;长方形的;阔椭圆形;椭圆形
→～ (shape) 长方形

obo 敖包[蒙古族人做界标或路标的堆子,用石头、土或草堆成]

oboit 鄂博矿[稀土的碳酸盐]

Obolacea 圆货贝类

Obolella 小圆货贝[腕]

Obolus 圆货贝属[腕;Є-O];圆货贝[腕]

oborite 鄂博矿[稀土的碳酸盐]

obovate 倒卵形的

obovoid 倒卵形

oboyerite 水碲氢铅石[$Pb_6H_6(TeO_3)_3(Te^{6+}O_8)_2\cdot2H_2O$;三斜]

obpyriform 倒梨形(的)

obradovicite 砷钼铜铁钾石

obruchevite 钇(铀)烧绿石[等轴;$(Y,Na,Ca,U)_{1-2}(Nb,Ta,Ti)_2(O,OH)_7$;$(Na,Ca,Ce,Y)_2(Nb,Ta)_2O_6(OH)$];钇(铀)烧绿矿[$3Na_2O\cdot4(Ca,Fe)O\cdot3Y_2O_3\cdot(U,Th)O_2\cdot5(Ta,Nb)_2O_5\cdot20H_2O$]

obruk 深灰岩井[天然的]

obrution 快速掩盖沉积

obrutschewite 钇铀烧绿石[$(Y,Na,Ca,U)_{1-2}(Nb,Ta,Ti)_2(O,OH)_7$;等轴]

obscuration 视障(现象);黑暗;管;模糊;掩星
→～ of smoke 烟雾的不透明性

obscure 暗的;含糊;偏僻的;模糊的

obscuring 模糊
→～ phenomenon 视障(现象)

obscurum 黑暗[明暗试验]

obsequent 倒置的;反向的
→～ tilt block mountain 逆掀断块山//～ valley 反向谷

observation 观测
→～ (value) 观测值

observational data 观测记录
→～{observation} equation 观测方程//～ error 实测误差//～{observation} error 观测误差

observation boat 测量船
→～ monument 测站标石

observations 观察报告

observation set 测回
→～{meteorological;gauge;ga(u)ging;reading;research;recording} station 观测站

observatory 观象台;观测站;观测台
→(astronomical) ～ 天文台

observer 观察者;观测井;观测员;观测井;旁观者;操作员

observing procedure{program} 观测程序
→～ tower 测标

obsidian 黑曜岩[全由酸性火山玻璃组成,斑晶极少];玻璃玉
→～ hydration dating 黑曜岩水(化)年代测定(法)

obsidianite 熔融石;似曜岩

obstacle 雷达目标;绊脚石;阻碍;障碍;障碍物;妨碍
→～ or topographic dunes 障碍或地形

沙丘//～ to drainage 排水障碍

obstructed moraine 阻塞冰碛

obstruction 阻力;障碍物;堵塞
→～ cave 障碍(形成)冰川穴//～ free 无阻挡的//～{rail} guard 排障器

obstructive ridge 保安矿柱

obstruent 阻塞物[例如肾结石等]

obtaining core 取得岩芯

obtected 有皮壳的;有角质外壳的
→～ nuchal area 颈关节区

obturate 闭塞;封严

obturation 充填体[医]
→～ of burning zone 火区密闭

obturator 气密{密闭}装置;阻塞器;封闭器;紧塞具;充填体[器]
→～ (ring) 活塞环//～ foramen 闭锁孔;耻骨孔

obtusatus 钝尖状[植]
→～ Fassett 扭柄花

obtuse 不尖的[叶子];不快的;钝的;迟钝的;迟钝
→～ peak abutment 钝角突出支撑矿柱//～{|acute} peak abutment 矿柱的钝{|锐}角应力峰值区

Obtusisporis 褶缝孢属[K-N]

Obtusochara 钝头轮藻[K-E]

O-butyl-N-methylthiocarbamate O-丁基-N-甲基硫代氨基甲酸酯[$CH_3NH\cdot C(S)OC_4H_9$]
→～ 丁甲硫氨酯[$CH_3NH\cdot C(S)OC_4H_9$]

obverse 倒置(的);较显著面[事物两面的];对应部分;对立面
→～ (view) 正面//～ side 表面//～{right} side 正面

obvious 显著;显明的

oc 耗氧量;海洋;工作特性[液压传动的];中心间(距);有机碳;油浸;开路

Ocadia 花龟属[E_2-Q]

ocala 欧卡拉[一种美国石灰石];奥卡拉[一种美国石灰岩]

occasional 偶然的;不多(的);临时的
→～ disturbance 偶然变动//～ fog signal 偶用雾中信号[航]

occidane 金钟烷

occidental 西方的;西方宝石

Occidentoschwagerina 西方希瓦格

occipital 枕骨;后头的;颈的
→～ (plate) 枕部//～ anchorage 枕锚基//～ condyle 枕髁[两栖]

occipitalis 枕肌

(lateral) occipital lobe 颈环侧叶[三叶]

occipital{nuchal} node 颈疣

occiput 枕部;后头[昆];枕骨部

occlude 吸留;吸藏;滞留[吸附在孔隙中]

occluded cyclone 囚锢气旋

occludent margin 背甲缘[节蔓足]

occlusio [咬合,闭塞]

occlusion [咬合,闭塞];囚锢吸留;锢囚(作用);滞留;吸留;吸藏;夹杂物;夹杂

occultation 掩星

occulting light 顿光

occult{occlusion} mineral 潜在矿物;隐蔽矿物
→～ mineral 不能分辨的矿物

occupancy 占用;占领
→～ dependence 占位依存性//～ determination 占位情况测定

occupating coefficient 使用率

occupational 职业的
→~ cancer risk 职业性癌症危险 // ~ dust sampling 按工种粉尘采样 // ~ poisoning 职业中毒

occupied block 占用区间
→~ track 占用线路

occurrence 存在；出现；发生；事件；产出；埋藏；赋存状态；赋存；存象；遭遇；现象；显示；所在地
→~ condition 产出条件；出条件 // ~ in beds 呈层状 // ~ in veins 呈脉状 // ~ of coal seams 煤层赋存情况

ocean 海洋；海；极多；大量[喻]
→~-atmosphere{air} interaction 海气作用 // ~-atmosphere interaction 海空交互作用 // ~-atmosphere momentum transfer 海空动量转移 // ~(ic) basin 洋盆 // ~-bearing plate 载洋板块

oceaneering{ocean{oceanographic} engineering} 海洋工程

ocean engineering research vessel 海洋工程调查船
→~ exploitation 海洋开发 // ~ floor basin 洋底盆地 // ~ floor drilling 海底钻井；海底钻进；洋底钻探 // ~ floor-ocean interface 洋底-海洋界面

oceanfront 滨海地带

ocean-going tanker 远洋油轮
→~ vessel 远洋轮船

Ocean Green (India) 海洋绿[石]

ocean-grey 淡银灰色

ocean greyhound 快客轮
→~ hill 深海丘

Oceani(c)a 大洋洲

oceanic 海洋的

oceanicity 海洋度[气候]；海性率

oceanic lithosphere 海洋岩石圈{层}
→~ magma series 大洋岩浆系 // ~ mantle 洋幔 // ~-oceanic magma 海洋-海洋型岩浆

Oceanic period 洪荒纪

oceanic plant eon 海洋植物时代

oceanics 海洋学

oceanic sounding 海洋测深
→~ tide 洋潮

Oceanid 海洋女神[希]

ocean(ic){mid-oceanic} island 洋中岛
→~ island 海洋岛

oceanite 大洋岩；富橄暗玄岩

oceanity 海洋度[气候]；海性率；海性度

oceanium 海洋群落

oceanization 海洋化；大洋化(作用)

oceanized crust 洋化地壳

ocean liner 远洋班轮
→~ loading strain tide 海洋负荷应变潮汐 // ~-mine 海底采掘

Ocean Minerals Co. 海洋矿产公司

ocean(ic){marine;offshore} mining 海洋采矿

oceanogenic{marine} sedimentation 海洋沉积

oceanographer 海洋学家

oceanographic(al) 海洋学的；海洋的

oceanographic analysis 海洋学分析
→~ boundary 海洋学上界线

oceanography 海洋学

oceanologic(al) 海洋学的

oceanologist 海洋学家

oceanology 海洋学

oceanopelagic 大洋盆表部的
→~ environment 外洋性环境

Ocean(us) Procellarum 风暴洋[月面]
→~ Resources Conservation Association 海洋资源保护协会

ocean(ic) rise 洋隆

ocean-shore interface 洋陆分界面

Oceanside 赛德；欧申赛德

ocean station vessel 海洋天气船
→~ surface current 表面海流；表层洋流 // ~ transport 远洋运输

Oceanus 海洋之神；俄亥阿诺斯神

ocean warming 海洋水温升高

ocellar 眼斑[结构]

ocellus[pl.-li] 单眼[昆]；眼纹；眼斑[结构]；具瞳点

ocher 赭土[俗称铁红,成分除赤铁矿外,大多为黏土矿物]
→(iron) ~ 赭石[含有多量的砂及黏土;$Fe_2O_3 \cdot Al_2O_3(SiO_2)$]

ocherous 赭石的；赭土的
→~ rubrum 代赭石[含有多量的砂及黏土;Fe_2O_3] // ~ staining 赭土染色

ochery hematite 代赭石[含有多量的砂及黏土;Fe_2O_3]

Ochetosella 奥克特苔藓虫属[E_2]

Ochoan 奥霍(统)[北美;P_2]

Ochotona 短耳兔[N_2-Q]；鼠兔(属)

Ochotonoides 似鼠兔(属)；似短耳兔属[N_3]

ochran 黄铝土

ochre 赭土[俗称铁红,成分除赤铁矿外,大多为黏土矿物]；赭石[含有多量的砂及黏土;$Fe_2O_3 \cdot Al_2O_3(SiO_2)$]；赭色

ochrea 托叶鞘

ochreous 赭土的；赭石的；似赭土的
→~ iron ore 赭石[含有多量的砂及黏土;$Fe_2O_3 \cdot Al_2O_3(SiO_2)$]

ochrept 淡始成土

ochre triplet 赭石型三联体

ochric epipedon 淡色表层

ochroite 铈硅石[化学组成复杂,大致为$Ce_4(SiO_3)_3$]；硅铈石[$(Ce,Ca)_9(Mg,Fe^{2+})Si_7(O,OH,F)_{28}$,三方；$(Ca,Fe)Ce_3H(Si_2O_7)(SiO_4)(OH)_2$]

ochrolite{ochrolith} 鲜黄石{氯锑铅矿}[$PbSbO_2Cl$]；氟锑铅矿

och(e)rous 似赭土的；赭土的；赭石的

ochthium 泥滩群落

Ocimum homblei 和氏罗勒[唇形科,铜通示植]

ockenite 水硅钙石[$CaSi_2O_4(OH)_2 \cdot H_2O$;三斜]

Ocnerorthis 疑正形贝属[腕;ϵ_3]

Ocoee 奥科伊(统)[北美;$An\epsilon$]

oconeebells 杖草叶岩扇

OCR 超固结比；耗氧率；光符号识别；煤炭研究局[美]

ocrea 托叶鞘

ocrite 粉华；粉赭土

Octacorall(i)a 八射珊瑚亚纲[腔]

octacosane 二十八(碳)烷

octactin 八射骨针[绵]

octacyclic 八环的

octadecane 十烷[$C_{18}H_{38}$]；十八烷[$C_{18}H_{38}$]

octadecanol 十八碳醇[$C_{18}H_{37}OH$]

octadecanoyl 十八(烷)酰基[$CH_3(CH_2)_{16}CO-$]

octadecylamine 硬脂胺{十八烷胺}[$CH_3(CH_2)_{17}NH_2$]

octadecylic acid 硬脂酸[$CH_3(CH_2)_{16}CO_2H$; $C_{17}H_{35}CO_2H$]
→~ {stearic} acid 十八烷酸

octadecylolamine 十八醇胺[$HOC_{18}H_{36}NH_2$]

octadecyl sulfenamide 十八烷基次磺酰胺[$C_{18}H_{37}SONH_2$]
→~ thiosulfate 十八(碳)(烷)基硫代硫酸盐{酯}[$C_{18}H_{37}S_2O_3 M\{|R\}$] // ~ trimethylamine 十八基三甲基胺[$C_{18}H_{37}NH(CH_3)_3$] // ~ trithiocarbonate 十八烷基三硫代碳酸盐{酯}[$C_{18}H_{37} SCSSM\{|R\}$]

octadic 八进制{位}的

octadiene 辛二烯

octa(h)edrite 八面石[TiO_2]；锐钛矿[TiO_2;四方]

octagonal bar steel 八角型钢
→~ contour 八边折线等值图

Octagoniceras 八角菊石属[头;K_1]

octahedral 八面的
→~ copper (ore) 赤{红}铜矿[Cu_2O;等轴]

octahedrite 锐钛矿[TiO_2;四方]；铌钛矿；八面体式陨铁

octahedron 八面体
→~ {octahedral} group 八面体群

octal 八面的；八进制的；位的；八进制
→~ digit{number} 八进制数{字} // ~ socket 八脚管座 // ~ (number) system 八进制

octane 辛烷[C_8H_{18}]

octanol 辛醇[$CH_3(CH_2)_6CH_2OH$]

Octant 南极座

octobolite 辉石[$W_{1-x}(X,Y)_{1+x}Z_2O_6$,其中,W=Ca^{2+},Na^+;X=Mg^{2+},Fe^{2+},Mn^{2+},Ni^{2+},Li^+;Y=Al^{3+},Fe^{3+},Cr^{3+},Ti^{3+};Z=Si^{4+},Al^{3+};x=0~1]

octocoral 八射珊瑚

Octocorallia 八射珊瑚亚纲[腔]；八射珊瑚类亚目

octodecylamine 十八(烷)胺(浮选剂)

Octolithites 八板颗石[钙超;K_2]

Octonaria 8字介属[O-D]

octonary 倍频；八进制的；位的
→~ number (system) 八进制

Octopo(i)dea 八腕(亚)目[头]

Octopodichnus 八趾迹[遗石]

Octopodorhabdus 八脚盘棒石[钙超;J_2-Q]

octopus 石拒[章鱼]；章鱼；井筒内(章鱼式)混凝土分配漏斗

Octoseptata 八射亚纲；八射珊瑚亚纲[腔]

Octotheca 八囊蕨属[C_2]

octovalence 八价

octyl 辛烷基；辛基[$CH_3(CH_2)_6CH-$]

octylalcohol 辛醇[$CH_3(CH_2)_6CH_2OH$]

octyl-alcohol-3 2-乙基己醇；辛醇-3

octylamine{octyl amine} 辛胺
→~ hydrochloride 盐酸辛胺{辛胺盐酸盐}[$C_8H_{17}NH_2 \cdot HCl$]

octylbenzyl-polyoxyethyleneether-alcohol 辛(基)苄基聚氧乙烯醚醇[$C_8H_{17}C_6H_4CH_2(OCH_2CH_2)_nOH$]

octylene 辛烯

octyl imidazol(e) 辛基(-2,3-二氮杂茂)[$C_8H_{17}N_2H_2$]
→~ mercaptan 辛(基)硫醇[$C_8H_{17}SH$] // ~ phenol 辛(基)酚[$C_8H_{17}C_6H_4OH$] // ~ phosphate 辛基磷酸盐[$C_8H_{17}OPO(OM)_2$]

octyne 辛炔

ocular 视觉上的；眼板[棘海胆]；目镜；眼睛的

→～ iris diaphragm 目镜光圈∥～plate 眼板[棘海胆]∥～ pore 眼孔∥～sinus 眼槽[鹦鹉螺;头]
oculogenital ring 眼板生殖板圈[棘海胆]
oculogravic illusion 眼重力错觉
oculogyral illusion 眼旋错觉
→～ illusion RR 旋错觉
oculomotor nerve 动眼神经
Oculopollis 眼球粉属[孢;K_2]
Oculosida 枇杷壳石目
oculus[pl.-li] 幻眼
Ocypoda 沙蟹属；矶蟹
Ocypodidae 沙蟹科
Ocypodinae 沙蟹亚科
odalite 方钠石[$Na_4(Al_3Si_3O_{12})Cl$;等轴]
O'Danielite 奥砷锌钠石[$Na(Zn,Mg)_3H_2(AsO_4)_3$;单斜]；奥砷钠锌石[$NaZn_3H_2(AsO_4)_3$]
oddity 异态
odd job 散工；零星工作；零活
odd nucleus 奇核
→～-numbered warp wire (筛网)奇数经丝
Oddo-Harkins rule 奥多(-)哈金斯法则
odd parity 奇宇称(性)
odds 差别；优势；不均；余料；优劣比；不等
oddside 砂型假箱；砂胎模
odd symmetry 奇对称
odenite 钛(黑)云母[$K_2(Mg,Fe^{2+},Fe^{3+},Ti)_{4\sim6}(Al,Ti,Si)_8O_{20}(OH)_4$]
Oden's sedimentation balance 欧登沉降天秤
Odessa Craters 奥德萨坑[陨坑;得州]
odevity 奇偶性
Odhnerella 富丽蚌属[双壳;Q]
o-dianisidine 邻联(二)茴香胺
o-dihydroxy benzene 邻-苯二酚{邻-二羟基苯}[$C_6H_4(OH)_2$]
odinite 拉辉煌(斑)岩；钛云母[$K_2(Mg,Fe^{2+},Fe^{3+},Ti)_{4\sim6}(Al,Ti,Si)_8O_{20}(OH)_4$]
odintsovite 奥丁特石[$K_2Na_4Ca_3Ti_2Be_4Si_{12}O_{38}$]
odious 丑恶的
odite 铁云母[$KFe_3^{2+}AlSi_3O_{10}(OH,F)_2$;单斜]
O.D.{outside diameter} kickers 外径掏槽刃[钻头]
Odobenus 海象属[N-Q]
Odocoileus 空齿鹿属[Q]
→～ hemionus 黑尾鹿
O'Doherty-Anstey formula 奥多赫茨-安斯蒂公式
Odonata 蜻蛉类{蜓目}[昆]
Odonatoidea 蜻蜓超目
Odontocephatus 齿头虫属[三叶;D_1]
Odontoceti 齿鲸(亚目)
Odontochile 齿唇虫属[三叶;D]
Odontochitina 齿壳藻属[K]
Odontodiscoceras 齿盘菊石属仪[头;K_1]
Odontofusus 齿纺锤螺属[腹;K]
Odontognathae 齿颌{鸟}超目；齿颌{鸟}总目；齿颌类
odontograph 画齿规
odontoid 齿状的；齿形的；齿突(的)
→～ process 齿状突起
odontolite 骨胶磷石；蓝铁染骨化石；齿绿松石；齿胶磷矿
odontolith 牙石；牙积石；齿石
odontology 齿科学
odontometer 渐开线齿轮公法线测量仪
odontonecrosis 龋齿；牙坏死
Odontoperna 齿股蛤属[双壳;T_3]
odontophore 舌突起；间辐口板[棘海星]；齿担[腹]
Odontophuracea 齿刺类
Odontopleura 齿肋虫(属)[三叶;S_2]
Odontopteris 齿羊齿属[P]；齿蕨
Odontopterygia 齿翼亚目[鸟类;E_2-N_1]
odorant 气味剂；香味剂；有气味的(东西)；香料
odor ant 乙硫醇[CH_3CH_2SH]；添味剂
→～ control 去气味；脱气味
odoriferous 有臭味的；有气味的
odorimeter 气味计
odorimetry 气味测定
odorized gas 添味气[便于检漏]
odorizer 添味装置
odorous 有臭气的；有气味的
odorousness 气味浓度
odorous substance 恶臭物质
odor test 嗅味检验[检验石油中硫的含量]
→～ threshold 味阈
Odostomia 齿口螺属[腹;K_2-Q]
odourant 有气味的(东西)
oe 屋伊旋风
oecesis 定居[植]
oeciopore 胞口；虫室孔[苔]
oeciostome 胞口围
oecium 卵胞[苔]
oecology 生态学
Oecoptychius 生褶菊石(属)[头;$J_{2\sim3}$]
oedelit 葡萄石[$2CaO•Al_2O_3•3SiO_2•H_2O$;$H_2Ca_2Al_2(SiO_4)_3$;斜方]；钠沸石[$Na_2O•Al_2O_3•3SiO_2•2H_2O$;斜方]
Oedocladium 鞘枝藻属[Q]
Oedogoniales 鞘藻目
Oedogonium 鞘藻(属)[绿藻;Q]
oedotriaxial test 固结仪三轴仪联合试验法
Oehman's apparatus 门{欧曼}氏(测斜)仪；奥氏钻孔测量仪
oehrnite{oehvnite} 水异剥石
oellacherite 钡白云石[$BaMg(CO_3)_2$;三方]
Oendolongo system 远都弄哥系
oenite 砷锑钴矿[CoSbAs]
Oenotheraceae 柳叶菜科
Oepikodus 奥皮克牙形石属[$O_{1\sim2}$]
oequinolite 珍珠岩[酸性火山玻璃为主,偶含长石、石英斑晶;SiO_2 68%～70%,SiO_2 Al_2O_3 12%]
oerstedite 水变锆石；含氧化钛的水合锆石
oesophageal 食管的；食道的
oesophagus 食管；食道
oesterdite 水变锆石
Oetling freezing method 奥梯林冻结(凿井)法
off access cross(-)cut 穿脉巷道；穿脉
off-angle 斜的
off-axis 轴外的
→～ aberration 离轴像差
off{out of} balance 失衡
→～-bottom rotation 离(开)井底转动[钻具]∥～-centered casing 扶正的套管∥～ colo(u)r gem 次级宝石∥～-colo(u)r gem 有色痕的宝石∥～-colour gasoline 变色汽油∥～ contact 触点断开
offence 攻击；冒犯；触怒；违反
→～ against public safety 妨碍公共安全罪∥～ against public security 危害公共安全罪
offending card 出错卡片
→～ point 干扰点
off-end shooting 端点放炮
offensive 攻击；冒犯；进攻
→～{objectionable} odor 令人不愉快的气味∥～{objectionable} odour 恶臭
offer curve elasticity 供应曲线的弹性
offertite 针铀钛磁铁矿
off gases 尾气；废气；放出的气
office 办公室；署；职务；管理{办事}处；部；局；所
→～{administration} building 办公楼∥～ master drawing 正式原图∥～ of the watch 值班(人)员∥～ operation 室内作业
officer's car 公务车
office staff{worker} 办事员
off-ice wind 下冰风[从冰上向下吹的风]
office worker 职员
official 官员；正式的；行政人员
officinale 铁皮石斛
off-iron 等外铁；铸铁废品
off-island 离岛
off-job accident 岗位外事故
off land 在海洋
→～ {-}line 脱机[和主机不连贯的操作]
offline function 脱机功能
off-line operation 间接操作；独立操作
→～ printer 脱机晒印装置∥～ washing 分机清洗∥～ X-ray fluorescence analyzer 离线X射线荧光分析仪
off loading 卸载；卸油；卸货；减荷
→～-putter 煤矿码头经理(人)；装煤工
offretite 硅钾铝石；(菱)钾沸石[$(K_2,Ca)(Al_2Si_4O_{12})•6H_2O$; $(K_2,Ca)_5Al_{10}Si_{26}O_{72}•30H_2O$;六方]
off-road 路外的；路界外的
→～ prospecting 路边勘探∥～ work 非公路作业；野外作业
offscale 出格
offscourings 废石
offscum 泥渣；泥浆
off-scum 废渣
off-season 淡季；闲季
offset 水平断错；水平错距；从主巷开掘的支巷；剩余差值；倾斜的；倾斜；抵消；平错[断层错动的水平分量]；偏置；偏移的；偏移；炮检距；旁支；芽生[珊]；残留变形；弥补；支距；支巷道；支巷；支管；正水平离距；分支；不均匀性；分叉[泛指]；补偿的；补偿；胶版；对消；透印；断错；断层断距
→～{offshoot} 分枝[矿床]
off-set 残余变形；永久变形
offset acoustic path 偏移声波路径法
→～ a well 移位钻井∥～ bend 平移弯管；Z形弯管∥～ core 补取的岩芯[邻井中]；乱了的岩芯∥～ correction 偏移距校正∥～ link 连接节[套筒滚子链的]∥～ mineralization 离位矿化
offsets 船体型值表；船体尺度平衡表
offset section 等炮检距剖面；炮检距剖面[震勘]
→～ seismic profile 非零偏移距地震剖面；偏移地震剖面
offsetting 倾斜；偏移；位移
→～ dip 变迁震角；偏移倾斜
off-set value 偏移值

offset vertical seismic profiles{profiling} 非零井源距垂直地震剖面
→~ voltage 补偿电压 // ~ {additional} well 补充井 // ~(ting) well 对应井；边界孔；排水钻孔；吸尽的井；对比井；分界井；略移井位再钻井

off{set-off;smut;slip} sheet 衬纸
→~(-)shoot 岩枝；支族；支流错[地]；旁系；分支；支脉[山]

offshore anchorage 海上抛锚停泊；靠浮筒停泊；岸外停泊
→~ bar 堰洲滩 // ~ barrier 沿滩沙埂；滨外沙障；滨外堡坝 // ~ beach terrace 滨外滩地{阶}

off {-}shore boring 海底钻进

offshore{detached} breakwater 岛堤
→~ construction support diving 海上建造辅助潜水 // ~ dock 岸架式浮坞 // ~ {marine} drilling 海上钻井

off-shore drilling 离岸钻探

offshore drilling technology 浅海钻探技术
→~ drilling tender 海上钻探附属船 // ~ floating drilling 海上浮式钻井 // ~ geopressured system 岸外地压系统

off-shore gravel packing operation 海洋油井砾石充填作业

offshore installation 海上油田装置
→~ marine structure 滨外海洋构筑物 // ~ oil exploitation projects 海洋石油开发企业 // ~ oil exploration insurance 近海石油开发保险 // ~ oilfield{offshore{submarine} oil field} 海底油田 // ~-onshore line 海底至海滨管线 // ~ platform 海洋石油平台；浅海平台 // ~ purchases 国外采购

offside reflection 侧面反射

offsite surveillance 离现场监督；非现场监督

off-size 不合尺寸；非规定大小{尺寸}

off soundings 测不到底的
→~ {-}specification 不合格的 // ~-specification 号外的 // ~ specification requirement(s) 超出规范的要求 // ~-specification sales-oil 不合格的销售油品

offspur 山脉的支脉；山岔；岩枝

off (the) structure 错位；构造外的(的)

offtake 定期取货；商品销售；排水渠(道)；开采；排水集；排水沟；排出口；排出；(在)钻孔顶部拆卸钻杆长度；移去；除去；泄水处；出风井高出地面的部分；抽取；夺去
→~ (pipe) 排出管

off-take chute 放矿槽
→~ drift{level} 排水平硐 // ~{under-level} drift 排水平巷 // ~ gallery 回风平巷

offtake level 排水平硐
→~ pattern 开采井网

off-take point 取出点

offtake rod 井筒两端附加木罐道
→~ {receiving} rod 辅助罐道

off the job safety 非工作时安全

offward{off ward} 离岸的

offwhite{off-white} 灰白色

oftedalite 钪锶柱石 [(Sc,Ca,Mn^{2+})$_2$K(Be,Al)$_3$Si$_{12}$O$_{30}$]

oganesson 氫[Og,第 118 号元素]

Ogbinia 奥格宾贝属[腕;P]

ogcoite (铁)蠕绿绿泥石 [Mg$_3$(Mg,Fe^{2+},Al)$_3$

((Si,Al)$_4$O$_{10}$)(OH)$_8$]

ogdensburgite 砷钙高铁石；奥砷锌钙高铁石

ogdohedral class 八分面象(晶)组；八半面类
→~ form 八分面(象单)形

ogdohedron{ogdohedra;ogdohedry;ogdomorphy} 八分{半}面体

ogdo-pyramid 八分锥[三斜晶系中{hkl}型的单面]

ogdosymmetric 八分面对称的

ogive 拱形体；卵形线；葱形饰；交错骨；尖形冰拱；尖顶部；冰面下凸弧

ogkoite 铁蠕绿泥石

Ogmoopsis 棍棒介属[O$_1$]

ogof 洞穴

ogvey 胶黏的

Ogygiocaris 龙王盾壳虫属[三叶;O$_{1-2}$]

Ogygites 龙王虫属[三叶;O]；奥纪虫

Ogygitoides 拟龙王虫属[三叶;O$_2$]

OH 裸眼井

ohioites 美国俄亥俄州煤[燃料比<1.4,固定碳水分比>6]

ohmic leakage 漏电阻
→~ loss 欧姆损耗

ohmilite 水硅钛锶石 [Sr$_3$(Ti,Fe^{3+})(Si$_2$O$_6$)$_2$(O,OH) •2~3H$_2$O]；硅铁锶石

o-hydroxybenzoic{salicylic} acid 水杨酸 [HOC$_6$H$_4$CO$_2$H]

OIB 洋岛玄武岩

Oidalagnostus 肿球接子属[三叶;Є$_2$]

oidium[pl.-ia] 粉孢属[真菌]；粉孢子；分裂子

oikocryst 主(体)晶

oil 石蜡基原油；润滑油；轻质原油；油画作品；油
→~ (fuel) 石油 // ~{petro(leum)} agriculture 石油农业 // ~ allowance 石油免税额 // ~ and gas field 油气田 // ~ asphalt{petroleum;pitch} 石油沥青 // ~-base core (用)油基泥浆钻取的岩芯 // ~-bearing{containing} formation{stratum;strata} 含油层 // ~ bulk ore carrier 石油散货矿石三用船 // ~-buoyancy 油浮选 // ~-buoyancy flotation 石油浮选

oilburner 燃油器；油燃烧器

oil-burner (用)油作燃料的
→~-burning{heater type} hot water heating equipment 燃油独立温水采暖装置 // ~ burning package boiler 组装式燃油锅炉 // ~ burning unit 燃烧器

oilcan{oil can} 油壶

oil{petroleum} can 小油桶

oilcloth{oilcoat;oil(ed) cloth} 油布

oil{stellar} coal 土沥青
→~-coal association 油 - 煤组合 // ~{petroleum} coke 石油焦；油焦 // ~ cold test 石油产品浊点或凝固点测定 // ~ company 石油公司 // ~ consuming countries 石油消费国 // ~-country pipe 油矿作业用管子 // ~ country tubular goods 石油管；石油工业用的管类；产油国管材[套管、油管、管道用管、管箍等] // ~-country tubular goods 油矿专用管材 // ~ crisis 石油冲击 // ~-cut 含油量[产液率]

oildag 石墨滑油；胶体石墨[电]

oil dam 油塞
→~ delivery{transferring;transportation} 石油输送 // ~ delustering 油消光

demulsification control unit 石油破乳控制设备 // ~ deposit 油沉渣 // ~ development financing 石油开发筹资 // ~-dispersible clay 可分散在油中的黏土 // ~ displacement agent 驱油剂 // ~ distillate 石油馏分

oildom 油区；石油工业

oil domain 油域
→~-drill bearing 石油钻机轴承 // ~ drilling platform 石油钻探平台 // ~(-field) drilling rig 石油钻机 // ~ drilling waste 石油钻井废水 // ~ drill pipe 石油钻管

oiled 上油的；油浸的；涂油的
→~ cardboard 油纸板 // ~ sealed waterless gasholder 稀油密封干式储气柜

oil eliminator{separator} 油分离器
→~ emulsion mud 混油(乳化)泥浆；乳化原油泥浆；油乳化泥浆 // ~ entrapment 石油捕集作用 // ~ (gas) entrapment potential map 油(气)截留油(气)的势(分布)图 // ~ entry gap 进油口间隙

oiler 产油井；泵站工人[负责给机器加油、擦地板等工作]；油井；油船；注油器；岩粒四周油膜；加油器

oilery 生产油料的工厂{车间}；油的产物

oil exploration 石油勘探
→~ extraction 萃取石油；抽提石油 // ~ facilities 石油融资 // ~ facility 石油资金贷款；油价上涨贷款 // ~ feeder 给油管 // ~-feed pump 给油泵 // ~ felt pad 油毡垫；油毡 // ~ field{deposit} 油矿 // ~-field cowboy 油矿计量工

oilfielder 从事钻井、采油和铺管线工人

oil field float 油田卡车拖挂的双轮平板拖车
→~{petroleum} fuel 石油燃料 // ~ gas 石油裂解气 // ~-gas 石油气 // ~-gas and source rock correlation 油气源岩对比

oilgear 润滑齿轮；油压传动(装置)；用油齿轮
→~ motor 径向回转柱塞油压马达

oil generation zone 成油带
→~ genesis{origin} 石油成因 // ~ geophysicist 石油物探工作者

oilgoclasealbite 钠长石 [Na(AlSi$_3$O$_8$);Na$_2$O•Al$_2$O$_3$•6SiO$_2$;三斜;符号 Ab]

oil gradient line 石油(压力)梯度线
→~ hole{passage} (加)油孔 // ~ hydrometer 石油比重测定仪 // ~ {-} impregnation 石油浸染 // ~{petroleum} industry 石油工业 // ~ initially in place 石油原始地质储量；地质储量；油层原有油量 // ~ in place 现有地下原油储量；地质储量 // ~ in reserve 尚未能利用的石油储量;(管道内或油罐内的)储存油 // ~ in sight "在望"(石油)储量 // ~ in situ 原油地层储量；原地石油(储量) // ~ level check plug 油位检查丝堵{塞} // ~ level indicator tube 油位指示器管 // ~ (pipe) line 输油管线 // ~ log 油井记录 // ~-magnetic separation (涂)油磁选(矿法)

oilman 石油工业投资商；油商

oil manifold 油歧管
→~ market simulation 石油市场模拟 // ~ meter 石油计量器{罐} // ~{petroleum} migration 石油运移 // ~-mineral

O

agglomerate 油矿团(聚物)//～ money 石油膏金//～-neck meniscus 油滴缩颈弯月面//～ of paraffin 石蜡油//～ of vitriol 矾油//～-oil correlation 原油对比//～ originally in place 石油原始地质储量//～{axle;blanket; hydrocarbon} pad 油垫//～-permeated asbestos 石棉油浸//～ play 石油业务活动;石油投机企业//～ pollution detection 石油污染检测//～ post price 石油标价//～{petroleum} product 石油产品//～ promoter 石油推销人//～ quartz 油石英//～-related gas 与石油有关的气//～ removal plant 除油装置//～ resistant asbest packing sheet 石棉耐油橡胶板//～ royalty 石油开采特许费

oilshock 石油冲击

oil show(ing){indication;shows} 油苗
→～ show(ing){indication} 油显示//～ showings 露头

oilskin 油布

oil slick{film;layer;coat} 油膜
→～-soluble 油溶的//～ sources 油源//～ space{hold} 油舱//～ spillage{spill} 油溢//～-stained rock 油渍岩石;油渍的岩石;浸油岩层//～ stained rocks 油渍的岩石;浸油岩层

oilstone 油磨石;油石[机]

oil storage{storing} 储油
→～ strike 找到石油;发现石油//～ stripper 刮油器//～ supply 润滑油的供给(系统)//～ trace 油液;油迹;油痕//～-transferring 石油输送;(用)油传送(压力)//～{petroleum} trap 石油圈闭;圈闭//～ treater 油(品)处理器//～ way{hole} 注油孔

oil-well derrick 油井井架
→～ grouting cement 油井灌浆水泥//～ packing 油井环空封隔(物)

oil well plugging back 旧钻孔注水
→～ well pump 抽油泵//～-well rig 石油钻机//～ well tubing 油管//～ wet core 憎水岩芯//～ wet surface 亲油表面;油湿表面

oily 润滑油的;(含)油的;油质(脂)的;浸(涂)了(过)油的

oil yield 油产量

oily layer 油层
→～{greasy} luster 油脂光泽//～ smooth 油石[机]

Oioceos 孤羊属[N₂];角羊属

oisanite 锐钛矿[TiO₂;四方];斧石[族名;Ca₂(Fe,Mn)Al₂(BO₃)(SiO₃)₄(OH)];透绿帘石

oisannite 透绿帘石

O-isopropyl-N-ethylthiocarbamate (丙)乙硫氨酯[C₂H₅NH•C(S)O CH(CH₃)₂]
→～ O-异丙基-N-乙基-硫代氨基甲酸酯 [C₂H₅NH•C(S)OCH(CH₃)₂]

Oistodus 箭牙形石属[O]

oithosphere 岩石圈

ojam 狙属[Q];婴猴属

ojuelaite 纤砷铁锌石[ZnFe₂³⁺(AsO₄)₂(OH)₂•4H₂O]

okaite 蓝方碳酸黄斑岩

okanoganite 菱硼硅钇石;硅硼稀土矿;氟硼硅钇钠石[(Na,Ca)₃(Y,Ce,Nd,La)₁₂Si₆B₂O₂₇F₁₄;三方]

Okapia 㺢属;加狓属[Q]

okawaite 大川岩

okayamalite 钙硼黄长石[Ca₂B₂Si₇]

okenite 水硅钙石[CaSi₂O₄(OH)₂•H₂O;三斜];硅灰石[CaSiO₃;三斜];奥硅钙石

o(a)kermanite 镁黄长石[Ca₂Mg(Si₂O₇);四方]

Oketaella 奥克塔蜓属[孔虫;P₁]

okhotskite 锰绿纤石[Mn³⁺;Ca₈(Mn²⁺,Mg)₄(Mn³⁺,Al,Fe³⁺)₈Si₁₂O₅₀₋ₙ(OH)ₙ]

Oklahoma 俄克拉荷马州[美]

okonite 纤硅钙石[Ca₅Si₆O₁₆(OH)₂•2H₂O]

Oktavites 奥氏笔石属[S₁]

oktibbehite 奥克替陨铁

oktobolite 玄武辉石

O.L. 溢流线

olafite 钠长石[Na(AlSi₃O₈);Na₂O•Al₂O₃•6SiO₂;三斜;符号 Ab]

Olcostephanus 沟冠菊石属[头;K₁]

old 陈旧的;古时;古代的;老年的;(时间)久的;旧事物
→～ crater 古陨石(冲击)坑;古火山口//～ dwelling mine 旧矿

older granite 古期花岗岩
→～ mass 古地块//～ peat 高度分解泥炭;老泥炭//～ platform 古地台

old-fashioned{-style} 旧式的

old form{topography} 老年地形
→～-from-birth peneplain 少年老成准平原

Oldhamina 欧姆贝(属)[腕;P₂];俄氏贝

oldhamite 褐硫钙石;陨硫钙石[CaS;(Ca,Mn)S;等轴]

old hand 熟练工人
→～ horse 炉底结块[高炉]//～ ice 多年海冰

oldiron 废铁

old irrigated area 老灌区;旧灌区
→～ karst 老喀斯特

oldlake{old lake} 老年湖;萎缩湖

oldland 古陆

old landmass 古陆块;古地块
→～ man{workings} 老工作区//～ metal 废金属//～ mine cut 老矿工式琢型[宝石]//～ mine workings old workings 老采区//～ paper 废纸//～{return;returned;used;black;worn} sand 旧砂//～ total depth 原井底深度

Oleaceae 木犀科

oleaginous 含油的;油质的

oleaginousness 含油量[产液的]

oleanane 齐墩果烷;奥利烷

oleander-leaf texture 夹竹桃叶状结构

oleanolic acid 石竹素

oleate ion 油酸根离子[浮]

olecranon 肘突;鹰嘴

olefiant 生油的
→～ gas 乙烯气;成油气

olefin(e) 链烯烃(类)[CₙH₂ₙ]
→～ alkene 烯`类{(属)烃}[CₙH₂ₙ]

olefination 烯化作用;成烯作用

olefine 烯

olefin hydrocarbons 烯`类{(属)烃}[CₙH₂ₙ]

olefinic 双键的;烯族的;烯烃族的;烯的
→～ bond 烯键//～ fuel 含不饱和烃的燃料//～ link 烯链

olefinite 烯烃沥青

oleic 油的
→～ acid 油酸[CH₃(CH₂)₇CH:CH(CH₂)₇CO₂H]

olein 甘油三油酸酯;油精

Olenacea 臂形类

Olenekian 奥伦尼克(阶)[欧;T₁]

Olenellus 小油栉虫

Olenia 奥列尼叠层石属[Z]

olenite 钠铝电气石[Na₁₋ₓAl₃B₆Si₆O₂₇(O,OH)₄]

Olenoides 拟油栉虫(属)[三叶;€₂₋₃]

Olenus 油栉虫属[三叶;€₃]

oleodynamic speed disciplinarian{driver} 油压速度传动器

oleo(-)flo(a)tation process 油浮选法

oleograph 石印印花

oleoleg 油压减振柱

oleophilic 亲油的

oleophobic 疏油的;憎油的;嫌油的
→～ property 亲油性

oleoresin 含油树脂

oleo shock absorber 油(压)减振器

oleosol 润滑脂

oleoyl 油酰基[CH₃(CH₂)₇CH:CH(CH₂)CO−]

oleum 发烟硫酸;油[拉]
→～ terrae{vivum} 石油

oleyl- 油烯基[C₁₈H₃₅−]

oleyl alcohol 油醇[CH₃(CH₂)₇•CH:CH(CH₂)₇CH₂OH]

oleylamine 油胺

olfactometry 臭味测定(法)

olfactory nerve 嗅神经
→～ unit 嗅觉单位

olfactronics 嗅觉测定

olgite 磷钠锶{锶钠}石[Na(Sr,Na)PO₄;Na(Sr,Ba)(PO₄)•9H₂O;六方]

olibanum 乳香

oligidic 活性组分在化学方面未定的;化学活性组分不明的[除水以外];化学成分未明的[除水外]

oligist (iron) 赤铁矿[Fe₂O₃;三方]

oligobaculate 少棒的[孢]

oligobrochate 少网胞的[孢]

Oligocarpia 稀囊蕨属[D₃-P₁]

Oligocene (epoch) 渐新世[36.50～23.3Ma;大部分哺乳动物崛起]

oligochaeta 寡毛目{类};贫毛类[环节]

oligoclase 更{奥}长石[介于钠长石和钙长石之间的一种长石；Ab₉₀₋₇₀An₁₀₋₃₀;Na₁₋ₓCaₓAl₁₊ₓSi₃₋ₓO₈;三斜];斜长石[(100-n)Na(AlSi₃O₈)•nCa(Al₂Si₂O₈);通式为(Na,Ca)Al(Al,Si)Si₂O₈ 的三斜硅酸盐矿物的概称];钠钙长石[Na(AlSi₃O₈)-Ca(Al₂Si₂O₈)];中长石[Ab₇₀An₃₀～Ab₅₀An₅₀;三斜]
→～-albite 奥钠长石[Ab₁₀₀₋₉₀An₀₋₁₀]//～{-}andesine 奥中长石//～ chladnite 奥陨顽火辉石;奥顽无球粒陨石

oligoclasite 奥长岩

Oligodus 寡牙形石属[C₁]

oligodynamic 微动力的

oligo(-)element 少量元素

oligoforate 少圆孔的

oligohaline 少盐水;寡盐(生物)

oligohalinicum 寡盐度

oligohalobic 寡盐性的;淡水的
→～ waters 低污水域

oligohalobion 寡盐性种[生]

oligoklas 奥长石[介于钠长石和钙长石之间的一种长石;Ab₉₀₋₇₀An₁₀₋₃₀;Na₁₋ₓCaₓAl₁₊ₓSi₃₋ₓO₈;三斜]

Oligokypkus 渐凸兽属[三列齿;T-J]

oligomer 低聚体{物};齐聚物

oligomerization 齐聚；齐分子量聚作用

oligomictic 单成分的；砾岩单岩碎屑的
→~{homomictic} conglomerate 单质砾岩//~ lake 少循环湖；单一水层湖

oligomitic sediment 陆海沉积

oligonite{oligonspar;oligonspath} 锰菱{菱锰}铁矿[(Fe,Mn)CO$_3$]

oligonitrophiles 微需氮微生物；微嗜氮生物

oligonsiderite 锰菱铁矿[(Fe,Mn)CO$_3$]

oligophyre 奥长斑岩

oligophyric 少斑晶的

Oligoporus 少孔海胆属[棘]

Oligopygus 少芋海胆属[棘;E$_{2-3}$]

Oligorhynchia 寡嘴贝属[腕;O$_2$]

oligosiderite 少铁陨石；含铁陨石；锰菱铁矿[(Fe,Mn)CO$_3$]

oligo(cla)site 奥长石[介于钠长石和钙长石之间的一种长石；Ab$_{90-70}$An$_{10-30}$;Na$_{1-x}$Ca$_x$Al$_{1+x}$Si$_{3-x}$O$_8$;三斜]；奥长岩

Oligosphaeridium 稀管藻属[J$_3$-E]

Oligostegina 罕盖类[钙超;K]

oligostenohaline 狭寡盐(生物)

oligostromatic 寡层植物部分的

oligotherm 冷狭温(动物)

Oligotricha 少毛亚目[原生纤毛虫纲]；寡毛亚目

Oligotrichum 小赤藓属[Q]

oligotrophic 低滋育的；贫瘠的
→~ bog 低滋育沼泽；寡养分沼泽//~{oligohalobic} lake 贫营养湖//~ lake 缺养分湖；寡营养湖；贫养湖泊

oligotrophy 缺养分富氧性

olistoglyph 层间滑痕

olistolite 滑来岩块；滑来岩

olistolith 滑塌岩块；滑来岩块；滑动岩体；倾泻岩块

olistostrome 混滑(塌堆积)体；滑塌堆积；滑乱层；滑来层；滑块岩；滑积层；滑动沉积；倾泻岩层；泥砾岩；重力滑动堆积

olistotrome 泥砾层

Oliva 榧螺；榧螺属[腹;E-Q]

olivaceous 橄榄(绿)色

olive 橄榄
→~ (green) 橄榄(绿)色//~ copper ore 羟磷铜矿

oliveiraite 水钛锆石

Olivella 小榧螺属[腹;K$_2$-Q]

olivenchalcite 羟磷铜矿

olivenite 橄榄铜矿[Cu$_2$(AsO$_4$)(OH);斜方]；砷铜矿[Cu$_3$As,斜轴;Cu$_2$(AsO$_4$)(OH)]

Oliver continuous filter 奥利弗型圆筒形连续真空过滤机
→~ filter 奥利沃型真空过滤机[分支式]；真空圆筒滤器

olivine 橄榄油石；橄榄石[浓绿色;(Mg,Fe)$_2$SiO$_4$]
→~-bearing gabbro 含橄榄石辉长岩//~-bronzite chondrite 橄榄古铜球粒陨石//~-free 不含橄榄石的；无橄榄石的//~ group 橄榄石类//~{-}hypersthene 橄榄紫苏辉石(球粒陨石)//~-hypersthene chondrite 橄榄紫苏球粒陨石//~-pigeonite achondrite 橄榄石-易变辉石无球粒陨石//~ sand 橄榄石(矿)砂[Mg$_2$SiO$_4$]//~ spinel transition 橄榄石-尖晶石型转变//~ theralite gabbro 橄榄霞斜辉长岩//~ type macrocrystalline glaze 橄榄石型巨晶釉

olivinite{olivinfels} 闪橄榄岩；橄榄岩[主要成分为橄榄石、斜方辉石、单斜辉石、角闪石]；苦闪橄榄岩

olivinization 橄榄石化(作用)

olivinoid (似)橄榄石[浓绿色;(Mg,Fe)$_2$SiO$_4$]

olivinophyre 橄榄斑岩

o(e)llacherite 钡白云母[(K$_2$,Ba)Al$_4$(Al$_2$Si$_6$O$_{20}$)(OH)$_4$]

Ollachitina 锅几丁虫属[O$_1$]

ollenite 绿帘金红角闪片岩；帘榍金红角闪片岩

olletas 河床凹地

ollite 滑石[Mg$_3$(Si$_4$O$_{10}$)(OH)$_2$;3MgO·4SiO$_2$·H$_2$O;H$_2$Mg$_3$(SiO$_3$)$_4$;单斜、三斜]；杂绿泥滑石；块滑石[一种致密滑石,具辉石假象;Mg$_3$(Si$_4$O$_{10}$)(OH)$_2$;3MgO·4SiO$_2$·H$_2$O]

olmsteadite 磷铌铁钾石[KFe$_2^{2+}$(Nb,Ta)(PO$_4$)$_2$O$_2$·2H$_2$O;斜方]

olofossil 全古[岩溶]

olovotantalite 锡钽铁矿[(Fe,Mn,Sn)(Ta,Nb)$_2$O$_6$]；锡锰钽矿[(Ta,Nb,Sn,Mn,Fe)$_{16}$O$_{32}$;单斜]

OLP{oxygen-lime-powder} converter 喷石灰粉氧气顶吹转炉

Olpidium 油壶菌(属)[真菌;Q]

olsacherite 硒铅矾[Pb$_2$(SeO$_4$)(SO$_4$);斜方]

olshanskyite 羟硼钙石[Ca$_3$B$_4$(OH)$_{18}$;单斜?]；烃硼钙石

olympite 矩磷钠石；磷钠石[Na$_3$PO$_4$;斜方]

olyntholite 钙铝榴石[Ca$_3$Al$_2$(SiO$_4$)$_3$;等轴]

Olynthus 篓海绵

ombrogenous{mountain} bog 高位沼(泽)
→~ {moss;moor} peat 高位泥炭//~ peat 雨润泥煤；可变泥炭

ombrometer 雨量器
→(pluviometer) ~ 雨量计

ombrophilous 适雨的
→~ plant 喜雨植物

ombrophobous 憎雨的
→~ plant 嫌雨植物

ombrotiphic 积雨凹地的；积水凹地的

Omega 奥米伽{加}[无线电导航系统]
→~ positioning and locating equipment 奥米伽定位设备

omeiite 峨眉矿[(Os,Ru)As$_2$]；峨眉{嵋}矿[(Os,Ru)As$_2$;斜方]

Omeipsis 峨眉虫属[三叶;O$_1$]

omission 省略；删节；缺失；遗漏
→~ of beds 岩层缺失//~ solid solution 缺陷型固溶体//~ surface 沉积暂停面；沉积小间断；缺蚀面；缺失面

omnibearing 全向的
→~-distance navigation 全方位距离导航

omnibus 合刊本；公共汽车；总括的；多种用途
→~ (book) 选集//~ {collecting} bar 汇流条//~ volume 汇集

omnidirectional 全向的；无定向的
→~ antenna 全向天线//~ characteristic 各向相同特性[如抗风浪能力等]//~ radar prediction 全向式雷达预测

omnidistance 至无线电标的距离；全程[航]

omnigraph 缩图器

omniscient 无所不知的{者}

omnivora{omnivore} 杂食动物

omnivor(o)us 杂食性的

omnivory 杂食性

Omomys 古生拟猴

omongwaite 水钠钙矾石[Na$_2$Ca$_5$(SO$_4$)$_6$·3H$_2$O]

Omospira 原螺属[腹;O]

omphacite 绿辉石[(Ca,Na)(Mg,Fe^{2+},Fe^{3+},Al)(Si$_2$O$_6$);(Ca,Mg,Fe^{3+},Al)$_2$(Si,Al)$_2$O$_6$;单斜]；绿柱石[Be$_3$Al$_2$(Si$_6$O$_{18}$);六方]

omphacitite 绿辉岩

Omphalocirridae 曲脐螺科[腹]

Omphalocyclus 圆脐虫属[孔虫;K$_2$]

Omphalonema 脐线螺属[腹;C]

Omphalophloios 脐皮木属[C$_2$]

omphalopter 扁豆状层

omphalos 圆锥形神石

Omphalosauridae 短头鱼龙科

omuramba[pl.-bi] 旱谷[非洲班图语]

O.N. 辛烷值

onager 石弩

on board 采煤工作面与主节理成直角推进
→~ board endorsement bill of lading 已装运背书提货单

Onchidium 石磺(属)[一种海参]

Oncobyrsa 瘤皮藻属[蓝藻;Q]

Oncocer(at)ida 箭钩角石目[头]

oncogenicity 致癌{肿瘤}性

Oncograptus 肿笔石类[O]

oncoid 似核形石

oncoite (铁)蠕绿泥石[Mg$_3$(Mg,Fe^{2+},Al)$_3$((Si,Al)$_4$O$_{10}$)(OH)$_8$]

oncolite 核形石；藻灰结核

oncolith(es) 核形石

oncophyllite 杂云英(长)石

Oncosaccus 筒囊藻属[绿藻;Q]

onc(h)osine 钠云母[NaAl$_2$(AlSi$_3$O$_{10}$)(OH)$_2$;单斜]；杂云英(长)石

on-deck storage 甲板面(上)贮存
→~ depth (测井记录)深度取齐；达到深度//~ dip 沿倾斜向下//~-dip 沿倾斜

ondrejite 白钠硅钙镁矿[Na$_2$Ca$_2$Mg$_4$H$_4$SiO$_2$(CO$_3$)$_9$]；杂碳钙菱镁矿

ondreschejite 杂碳钙菱镁矿

ondulation 波动

one another 互相；彼此；相
→~-cation oxide 单阳离子氧化矿物//~-cell placer jig 单室砂矿跳汰机

one{single}-dimensional 一维的
→~ correction 一维校正//~ heat transfer 单向传热//~ imperfection 一维不规则性//~ inverse theory 一维反演理论

one dimensional segmentation 一维分割(法)
→~-dimensional soil {-}moisture movement 一维土壤水运动

onegite 针铁石英；针铁矿[(α-)FeO(OH);Fe$_2$O$_3$·H$_2$O;斜方]

one-hour apparatus 一小时吸氧器
→~ {hourly} rating 小时功率[马达的]

one hundred percent inspection 全数检查

Oneillite 奥尼尔石[Na$_{15}$Ca$_3$Mn$_3$Fe$_3$Zr$_3$Nb(Si$_{25}$O$_{73}$)(O,OH,H$_2$O)$_3$(OH,Cl)$_2$]

one-jet 单喷嘴的

one{single}-layer 单层

one of several equal parts 股
→~ of several overlapping layers{tiers} 层//~ on two 每两米升高一米的坡度//~ open end tunnel 独头平巷

Oneotodus 奥尼昂塔牙形石(属)[O]

one-panel{panel} stope 单盘区回采

one-pass solid removal efficiency 一次过

滤固体颗粒清除(效)率
one-piece 单体的
one piece frame 整体机座
→～-piece set 一构件支护；独木支柱 // ～-piece substructure 整体结构底座 // ～-point observation 单点观测 // ～ receiver logging tool 单接收式声测井仪
onerous 麻烦(事(情))；繁重的
one{single} row blasting 单排爆破
→～-sack batch 一次装一袋的分量
one's complement 一的补数{码}
one-screen 双驼峰砂
one section crushing 一段破碎
→ ～ -shaft orientation 一井定向 // ～ shipment 一批装货 // ～ shot 只有一次的；一次使用的 // ～-sided 单侧的
Onesquethawan 奥尼斯奎索(阶)[北美;D₁₋₂]
one {-}stage crushing 单段破碎
→ ～ -stage-flotation 一段浮选 // ～ -stage{single-stage;primary} grinding 一段磨矿
one-to-one correspondence 一一对应
one to two 每两米升高一米的坡度
→ ～ trip (run) 一步法 // ～-trip cross-over packing system 一步法转换充填砾石工具 // ～ trip gravel pack technique 一步法砾石充填技术 // ～ trip perforating gravel pack system 射孔与砾石充填一次起下作业装置
on face 工作面平行于煤层主割理的掘进方向
ongonite 含黄玉石英角斑岩；富黄玉花岗斑岩；翁岗岩
on grades against the loads 上坡运输
→ ～ grades in favor of the loads 下坡运输 // ～ half bord 与主解理成45°角推进的采煤工作面 // ～-hook signal 挂机信号
onice 石华；缟玛瑙[SiO₂]
on-ice wind 上冰风[向冰上吹的风]
onion 板根；洋葱[百合科;沥青质示植]
→～-marble 葱头大理岩
onionskin structure 球状风化构造
onion-skin{onionskin} structure 葱皮状构造
onion structure 葱状构造
onium collector 含鎓捕收剂
onkilonite 橄辉霞(玄)岩
onkoid 藻包壳颗粒；藻包粒
o(gko)nkoit 铁蠕绿泥石
onkolite 核形石[藻灰结核的]
onkosin 钠云母[NaAl₂(AlSi₃O₁₀)(OH)₂;单斜]；杂云英(长)石
on(-)land 陆上的
onlap 超复；超覆；上超；入侵超覆；侵覆；盆地边部沉积逐渐尖灭；复层；进覆
on-lease gas 矿区自耗气
on level (在)水平上的
online{on line} 联机
on-line (主)机控(制)的；地震测线[海油勘]；全线试车；找直的；观测点呈线状布置[如地震测线]；同轴线的；直接的；联运的；联机；找平的；(在)一条线上；联线(的)；线内
→ ～ analog input 在线模拟量输入
online equipment 联线设备
on(-)line measurement{|processing} 在线测量{|处理}

on-line product 管线内油品
→～ scanner of images 影像联机扫描器
on load 负重的；有负荷的；(在)应力状态下
→～-load regulation 载荷调节 // ～ location 在位置上
Onnian 昂尼阶[O₃]
Onniella 安尼贝属[腕;O₂₋₃]
on occasion 间或；随时
onocerane 奥诺虫蜡烷
Onoclea 球子蕨属[K-Q]
on-off bottom pressure drop 钻-悬循环压力差
→～ controller 通断控制室 // ～ input 开关量输入 // ～ time ratio 开关时间比 // ～-type signals 开-关型信号
onofrin 硫硒汞矿
onofrite 辉汞矿；杂硒汞解石英；硫硒汞矿；硒汞矿[HgSe;等轴]
onokoid 小瘤状体；小豆状体
onomastics 地名学
Onondaga age 俄农达格期
→～ limestone 奥嫩达加灰岩[D₂]
onoratoite 氯锑矿；氯氧锑矿[Sn₈O₁₁Cl₂;三斜]
onozote 加填料的硫化橡胶
on{|off}-peak demand 高峰时间内{|外}供电需求
on period 使用期间；闭合周期
→～ plane (在)平面上 // ～ reef 沿矿脉
Onsager reciprocity theorem 昂萨格倒易定理{理论}
onset 开始；起始；攻击；波列前端；发作；波端；发动；波至[震]
→～-and-lee effect 地势向背效果[对冰川运动方向而言] // ～ of deformation 变形开始
onsetter 装罐工
onsetting 罐笼装卸；装罐
→～ station 井口车场
on-shift repair work 班上修理工作
onshore current 向滨流；向岸流
→～ oil terminal 陆岸石油集输终端 // ～ pipeline 海岸管线 // ～ storage 海浪储存
on {-}site 就地；现场
→～ site (在)井位处[海]；当地；原位；原地
onsize 筛上产品
on-size gravel 符合尺寸要求的砾石
on slip (用)卡瓦卡住钻柱
→～ snore 水泵底部空吸状态
onspeed 达到给定速度
on {-}stream 开发过程；运转中
(go) on-stream 投产
on (the) strike 沿走向
Ontarian (stage) 安大略(阶)[美;S₂]
Ontario age 安大略期
ontariolite 中柱石[Ma₅Me₅-Ma₂Me₈(Ma:钠柱石,Me:钙柱石)]；钙钠柱石；针柱石[钠柱石-钙柱石类质同象系列的中间成员;Ma₈₀Me₂₀-Ma₅₀Me₅₀;(100-n)Na₄(AlS₃O₈)₃Cl•nCa₄(Al₂Si₂O₈)₃(SO₄,CO₃)]；韦柱石
on the back{|face} 滑移时与底板成钝{|锐}角的层面
→～ the track 按同心圆摆放金刚石
ontocline 发育差型
ontogenesis 个体发生；个生
ontogenetic 个体发育的
→～ variation 个体发生变异；个生变异

ontogeny 个体发生；个生
ontology 本体
on track 有履带的
→～-trend well 位于油层主要渗透率方向上的井
Onuma diagram 分配系数-离子半径图；小沼图
onward movement 前向运动
on-way resistance 沿程阻力
Onychaster 爪蛇尾属[棘;C₁]
Onychiopsis 拟金粉蕨(属)[J₃-K₁]；类金粉蕨(属)
onychite 花纹石笋[CaCO₃]；雪花石膏[CaSO₄•2H₂O]
Onychium 金粉蕨(属)[T₃-K]
onychium[pl.-ia] 爪；爪间突
Onychocrinus 爪海百合属[棘]
Onychodactylus 黑鱼；爪鲵属
onychodystrophy 甲变形
Onychophors 原气管类
onychophosis 甲床角化
Onychop(h)ora 有爪动物门；有爪类[似节]
Onychotreta 洞爪贝属[腕;S₂]
onyx 石华；缟{彩纹;截子}玛瑙[SiO₂]
→～ agate 缟玛瑙 // ～ marble 纹状大理岩
oocarp 卵果
oocastic{oolicastic} chert 空鲕状燧石
oocyst 藏卵器；卵原细胞；雌器[轮藻]
Oocytis 卵囊藻属[Q]
ooecium 卵胞[苔]
oogamy 卵式生殖
oogonium 藏卵器；卵原细胞；卵囊；雌器[轮藻]
ooguanolite 铵钾矾[(K,NH₄)₂SO₄;斜方]；蛋粪石
ooid(e) 鲕石；鲕粒
ooidal 鲕石的；鲕粒的
Ooidium 卵形孢(属)[E]；鲕形藻属
Ooidomorphida 卵形大类[疑]；鲕形藻群
oointrasparite 鲕粒内碎屑亮晶灰岩
oolicast 鲕腔；空鲕石；空鲕粒；鲕铸型
oolicasts 鲕石外形
Oolina 卵形虫属[孔虫;J-Q]
oolite 鱼尾石；鲕状岩；鲕石；鲕粒；鱼卵石
→～-bearing micrite 含鲕粒微晶(石)灰岩 // ～ lime 鲕状灰岩
oolith 鱼卵石；鲕粒；鱼饵石；鲕石[小如鱼子的矿物结核胶接而成的岩石]
oolithia 蛋类；蛋化石
Oolithotus 鲕颗石[钙超;Q]
oolitic 鱼卵状的；鲕状岩；鲕粒岩的；鲕粒的
→～ delta 鲕状三角洲 // ～ formation 鲕石建造 // ～{politic} iron ore 鲕铁矿[(Fe²⁺,Mg,Al,Fe³⁺)₆(AlSi)₃O₁₀(OH)₈]
ooliticity 鲕状性质
oolitic{globulitic} limestone 鲕状灰岩
→～ pelmicrite 鲕状团粒微晶灰岩 // ～ shoal 鲕粒浅滩
oolitization 鲕状岩化；鲕石化
oolitoid 鲕状粒；似鲕状{粒}
oomicrite 鲕(粒)泥晶灰岩
oomicsparite 鲕粒微晶亮晶灰岩
oomold 鲕状穴[鲕状岩风化后形成的洞穴]；鲕(粒)模
oomoldic 鲕穴状的

→~ chert 鲕模状燧石

Oomorphitae 卵形亚类[疑]

Oomycetes 卵菌[亚纲]

Oonopsis 菊科植物

oopellet 鲕球粒

oophasmic 鲕迹状的

oophospharenite 鲕砂磷块岩

oosparite 鲕亮晶灰岩

oosparmicrite 鲕粒亮晶微晶灰岩

oosphere 卵球；半受精卵[轮藻]

Oospora 节卵孢属[真菌]

oosterboschite 硒铜钯矿[(Pd,Cu)$_7$Se$_5$;斜方]

oou{out of use} 无用

o-oxybenzyl{salicyl} alcohol 邻羟苄(基)醇

ooze 烂泥；泉眼；泉水渗眼；海底软泥；泥浆；分泌物;分泌；淤泥[0.002～0.06mm]；沮洳地带

oozuanolite 蛋粪石

Opabinia 奥帕宾虫属[三叶;$\in_2$]

opacity 暗度；浑浊度；乳浊；阻光度；不反光；不透明性
→~ (coefficient) 不透明度 // ~ test 白度测定

opacum{opacus} 蔽光(云)；不透明的；不透光的

opal 乳象玻璃；欧泊；欧白；蛋长石；蛋白石[石髓;SiO$_2$•nH$_2$O;非晶质]；猫眼{睛}石[BeAl$_2$O$_4$]

opalacht{opal agate} 蛋白玛瑙[蛋白石的变种;SiO$_2$•nH$_2$O]

opalescence 乳色；蛋白光
→~ (glaze) 乳光

opal{cryolite} glass 乳色{白}玻璃

Opalia 珠光螺属[腹;N$_1$-Q]

opaline 乳色的；乳色玻璃；白玻璃；蛋白岩；蛋白石[石髓;SiO$_2$•nH$_2$O;非晶质]；猫眼石色；玻璃白；似蛋白石
→~{blue} feldspar 拉长石[钙钠长石的变种;Na(AlSi$_3$O$_8$)•3Ca(Al$_2$Si$_2$O$_8$);Ab$_{50}$An$_{50}$-Ab$_{30}$An$_{70}$;三斜]

opalization{opalize} 蛋白石化

opal jasper 蛋白碧玉
→~ lamp bulb 乳浊灯泡

opalmutter 蛋白斑点岩

opalsinter 硅华[SiO$_2$•nH$_2$O]

opalus 蛋白石[石髓;SiO$_2$•nH$_2$O;非晶质]

opaque 不反光的；黑暗；乳白釉；难理解；不透明体；不透明的；不透光的；迟钝的；不传导的[电、热]
→~ annular shield 不透明环形屏[光度分选镜面折光用] // ~ print 不透明图 // ~ rod 不透明试杆

opaquing 涂修
→~ fluid 修改液

opdalite 苏云石英[花岗]闪长岩

OPE-16{|20|30} ×表面活性剂[叔辛基苯酚聚乙二醇醚，俄;C$_8$H$_{17}$•C$_6$H$_4$•(OCH$_2$CH$_2$)$_{16\{|20|30\}}$OH]

Opeas 钻螺属[腹;Q]

OPEC 石油输出国组织；石油生产和输出国；欧佩克

open account 开(立)账(户)
→~ a hole 清理井 // ~-air repository {depot} 露天堆栈 // ~ (up) a mine 开矿 // ~ anomaly 出露异常 // ~ area 筛孔面积；过流面积；开阔区 // ~ bay{sound} 开阔海湾 // ~ bottom 露天矿的底盘 // ~-bottomed well 敞底的井；开管底的井 // ~ cast mine{work} 露天矿

opencast mining{working} 露采
→~ site 露天采场

open cast work 露采
→~ -chain hydrocarbon 开链烃 // ~ channel{cut;drain;trench} 明沟 // ~-circuit comminution operation 开路破碎操作

opencut{open-cast} coal mine 露天煤矿
→~ drain 明渠排水；明渠；明排水渠

open cut drainage 明沟排水

opencut exploration 露天勘探

open-cut methods 露天矿[煤]

open cut mine 露天矿
→~ (-)cut{outcrop;open(pit);open-cast;~ pit} mining 露天开采 // ~-cut of shaft bottom 开凿马头门工作

opencut quarry 露天采场

open cutting wheel 敞开式切削轮

opened 连通的；断开的
→~ amphitheater 开口围场 // ~ void 开启空隙

open end 矿柱外端开采；无终止的；无接箍套管或油管端部
→~-end basket 开口篮打捞器；打捞工具罩 // ~-end dump 后部开启式卸载；开端式卸载 // ~-ended extraction{pillaring} 敞露进路式矿柱回采 // ~ ended tubing method 开口油管作业法 // ~ ending 敞露进路式矿柱回采 // ~-end method 敞开进路式矿柱回采法；边缘切割式回采法 // ~-end pillar work 敞露进路式矿柱回采；开端式短柱开采 // ~ face blasting 多面临空爆破 // ~-grain structure 粗粒结构;粗晶构造

opening 疏松地；回采硐室；开始；开端巷道；海冰的漏水裂口；裂隙；裂口；风窗；矿山巷道；矿井；空地；孔；开始的；开口；开沟；开放；穴；井巷；隙；无林地；开度；通煤层巷道；通风横巷；洞；硐室；孔径[镜头]
→~ of mines 开拓[采掘前修建巷道等工序总称]；开矿

openings 张裂隙；泉眼；张开裂缝；井巷；孔洞；坑口；出口；网孔；硐口
→~ and development engineering 井巷工程

opening segment ditch 开段沟
→~ slot 切缝；开割槽{缝} // ~ slot raise 切割天井

openings network 巷道网

opening status{state} 展势
→~-to-pillar width ratio 井下采空区宽度和矿柱宽度之比 // ~ up 开发矿山 // ~-up 开(拓)矿(山) // ~ up by blindshaft 暗井开拓 // ~-up by inclined shafts (用)斜井开拓 // ~ up the seam 矿床的准备；开拓[采掘前修建巷道等工序总称]

open interval 开区间

open machine 开敞型机器
→~ ocean mining 大洋采矿 // ~ oil-bearing rock 透油岩层 // ~{crop} ore 露头矿 // ~ ore{cut;mine;work} 露天矿 // ~ pit{cast} 露天矿

openpit copper producers 露天开采的铜矿

open pit edge 边帮
→~-pit floor 露天矿坑底 // ~-pit floor edge 底部境界线；露天矿底部界限 // ~-pit limit 露天矿开采极限

openpit{placer;outcrop;stripping} mine 露

天矿

open pit mine 露天矿[通用]
→~ pit mining 露天采矿

openpit working 露天开采

open-pit working control survey 露天矿工作控制测量

open policy 未确定保单
→~ position (晶格)空胞

openset 石垛墙间的未充填部分；石垛带间的未充填部分；(破碎机)最大排料口宽度调节

open setting (破碎机)最大排料口宽度调节
→~ space deposit(s) 岩石孔隙间沉积物 // ~-stope method (上向分层)敞开工作面采矿法 // ~ stopes with pillar supports 留矿柱空场开采法 // ~-stope with regular pillars 规则排列矿柱的空场法 // ~-stoping 自然支撑采矿法 // ~ stoping with random{|regular} pillars 留`不规则{|规则}矿柱的空场法 // ~-tank treatment 敞槽式处理 // ~ traverse 不闭合导线 // ~-tube gravity corer 开口管重力岩芯取样器 // ~ tufa 疏松质石灰华 // ~ type crushing plant 开式联合碎石机组

openwork 露天矿；露天开采；露采；有孔隙砾石层；透孔织物

open{outside} work 露天作业
→~-work 露天开采；露天矿；露天开挖

open-yard feeding 露天饲养

operand 操作数；运算域

operating 操作的；运转着的
→~{working} depth 工作深度 // ~{active;producing;productive} mine 生产矿 // ~ performance 工作性能 // ~{operational} sequence 工序 // ~{executive} system 操作系统

operational 操作的；运行的；计算的
→~ area 运行区 // ~ checkout 操作上的检查 // ~{working;running} expense 经营费(用) // ~ factor 运转因数 // ~ longwall face observation 作业长壁工作面矿压观测 // ~ parameter 开发参数；开采参数

operations coordination centre 作业协调中心

operation sequence 操作程序

operations interface 操作界面

operation under negative pressure 负压操作
→~ under positive pressure 正压操作

operative 手术的；(技术)工人；操作的；有效力的；有效的；现行的；运转的
→~{acting;active;applied} force 作用力 // ~ sheet 工作图板

operator's cabin 驾驶室
→~ compartment 司机室；操作室 // ~ eye level 司机视线的水平高度 // ~ panel 控制盘

operator station 操作员站

operculate 具囊盖
→~ coral 盖珊瑚

Operculina 盖虫属；厣壳虫

Operculinella 小盖虫属[孔虫;E$_1$]

Operculodinium 囊盖藻(属)[K-E]

operculoid 有盖的

operculum[pl.-la] 囊{萼;口;壳}盖；蒴盖[植]；孔膜加厚处[孢]

operment 雌黄[As$_2$S$_3$;单斜]

opesial space 室口前端

opesiula 下牵肌孔；下牵肌缝[苔]；隐囊壁

opesiule 隐囊壁；下牵肌孔；下牵肌缝[苔]

opesium[pl.opesia] 前壁口

opferkessel 祭品盘[硅质岩石中的溶盆;德]

Opheliidae 泥沙蚕科[动]

Ophiacodon 蛇齿龙(属)

Ophiaster 蛇形星石[钙超;Q]

ophicalcite 花蕊石；蛇纹方解石

ophicalcitum 花蕊石

Ophiceras 蛇菊石(属)[头;T_1]

Ophiderpeton 蛇螈；蛇形龙；蛇鲸属[C_3]

Ophileta 蛇蜷螺(属)；蛇卷螺(属)[腹;O]

Ophiletina 准蛇卷{蜷}螺属[腹;O]

Ophi(o)morpha 蛇形迹[遗石;P-Q]

Ophiobolus 蛇球藻(属)[裸藻;K]；全蚀病

Ophiocephalus 黑鱼属[N_2-Q]；鳢属

Ophiocistioidea 蛇函纲[棘]；海蛇匣纲[O_1-D_1]

ophiocone 蛇锥

Ophiocysta 蛇胆类[棘]

Ophiocystia 蛇管类；囊蛇尾纲[棘]

Ophioderma 皮蛇尾属[棘海星;T_1]

Ophioglossum 瓶尔小草孢属[J-K]

Ophioglypha 雕蛇尾属[棘海星;J-Q]

Ophiolepis 鳞蛇尾属[棘海星;J_1]

ophiolite 蛇纹石[$Mg_6(Si_4O_{10})(OH)_8$]；蛇绿岩[$Mg_6(Si_4O_{10})(OH)_8$]；蛇绿火成岩类；奥非奥岩
　→~ complex 蛇绿岩杂岩体 //~ -radiolarite nappe 蛇绿岩(-)放射虫岩推覆体 //~ radiolarite series 蛇绿岩-放射虫岩岩系

ophiolitic assemblage 蛇绿岩组合
　→~ ram 蛇绿岩塞

ophiolitiferous nappe 蛇绿岩质推覆体

ophirhabd 蛇形骨针[绵]；蛇杆骨针；蛇棒骨针

ophi(oli)te 蛇纹岩{石}[$Mg_6(Si_4O_{10})(OH)_8$]；蛇纹状岩；蛇纹石类；闪化辉绿岩

ophitic texture 辉绿岩状结构

Ophiuchus 蛇夫座

Ophiuroidea 蛇尾类[棘]；海蛇尾亚纲[O-Q]；阳遂足类

Ophiuroidia 蛇尾亚纲[棘]；海蛇尾亚纲[O-Q]

ophiuroids 蛇尾类[棘]

O-phthalic acid 氧酞酸

ophthalmic 眼的

Ophthalmidium 眼形虫属[孔虫;T]

ophthalmite 眼柄

Opikina 准奥比克贝属[腕;O]

Opiliones 盲蛛目{类}[昆]

Opis 钩顶蛤属[双壳;T-K]

opisthobranchia 后鳃亚纲[腹]；软体动物类

Opisthobranchiata 后鳃亚目

opisthoclade 后支

opisthocline 后斜(式)[腹;生长线;双壳]；后倾[铰齿]

opisthocoelous 后凹型

opisthodetic 后韧式[双壳]
　→~ ligament 后韧带

opisthoglypha 后牙组；后沟组[蛇类]

opisthoglyphic tooth 后沟牙

opisthogyrate 后转[古]

Opisthoparia 后颊目{类}[三叶]

opisthoparian suture 后颊类面线[三叶]

opisthosoma 后体[节]

opisthosome 后体[几丁]

opisthothorax 后胸

opisthotic(a) 后耳骨

opium 黑土

opoil 妥尔油混合脂肪酸

opoka 蛋白土；蛋白硅屑岩

opossum 负鼠类
　→~-rat 新袋鼠(属)[Q]

Oppeliidae 奥帕尔菊石科[头]

Oppel's strain compass 奥佩尔应变刻度仪

Oppelzone 奥佩尔带

opportunistic{fugitive} species 转时种[生]；短暂种

opportunist{generalist} species 暂时种[生]

opportunity 机会；时机；可能；隙
　→~ cost of land 土地的机会成本 //~ interest rate 机会{代替}利率

opposed 反对的；对立的
　→~ anvil 二面顶压机；对面顶

opposing coupler 车钩相对部分；对挂车钩

opposite 反面；相应(反;对)的；相反；对应{面立}的；对立物

oppositely charged particle 相反电荷的颗粒；反电荷的颗粒
　→~ directed 反向的

opposite orientation 反定向

opposition 面对；阻力；反相；反接；反对；冲；对立；对抗

oppossum 负鼠(属)[有袋;K-Q]

Opseis 欧普塞斯无线电地震仪

opsiceros 双角犀属[N_2-Q]

Opsidiscus 有眼盘虫属[三叶;$Є_2$]

opsimose 块蔷薇辉石

opsonization 调理素作用；调理(作用)[免疫]

optalic{caustic} metamorphism 烧结{烘烤;腐蚀}变质(作用)

optic(al) 光的

optical absorption 光吸收
　→~ calcite 光学方解石 //~ comparator 光学比测器{较仪} //~ fiber 光导纤维 //~ frequency conversion effect 光变频效应 //~ gain 光增益

optically active enantiomorph 旋光左右对映体
　→~ anisotropic (光性)非均质的

optical margin 光边
　→~ mode 镜下矿物含量 //~ properties of minerals 矿物光性 //~ quartz deposit 光学石英矿床

optic(al){axial} angle 晶体光轴角；顶轴角

opticator 光学系统部分[仪表]；光学扭簧测微仪；光学部分

optic{optical} axis{optic-axis} 光轴
　→~ monoaxial crystal 一轴晶体 //~ nerve 视神经 //~ normal 光学法线 //~ normal figure 光轴面法线干涉图

optimality 最优性
　→~ criterion 最佳判据

optimal linear predictor 最优线性预报值
　→~ mining yield 最佳疏干性开采量 //~ partitioning method 最优分割法；最优划分法 //~ segmentation{section} 最优分割法 //~ seismic deconvolution 最佳地震反褶积

optimeter 光度计

optimistic 乐观的
　→~ estimate 乐观估计

optimization 优选；最优化；最佳化；最佳特性确定；选定

→~ fixed objective 最优固定目标 //~ of coal washery flowsheet 选煤厂工艺流程最优化 //~ of jigging process 跳汰过程的最佳化

optimized free flow areas 优化的自由流动区域
　→~ migration 最佳偏移

optimizing fracturing treatment 优化压裂处理
　→~ planning 最优规划

optimum 最优值；干暖气候；最佳条件
　→~ amplitude response 最佳幅度响应 //~ gas parameter 最佳燃烧参数 //~ liberation point 最佳解离点 //~ rate of mud flow 最优泥浆排量 //~ running density 最佳操作密度

optional 任意的；非强制的；随意的

opus alexandrinum 大理石块铺面
　→~ incertum 混凝土心墙的毛石砌体 //~ lithostratum 镶面石层 //~ quadratum 方石筑墙；块石顺垒砌法

o-pyroxene 斜方辉石[$Mg_2(SiO_3)_2$-$Fe_2(SiO_3)_2$]

oral 口述的；口试；口板；口
　→~ (area) 口部 //~ contract 口头协议

oraldise{oral disk} 口盘

oral frame 口框[棘海座星]
　→~ funnel 口漏斗

orang 猩猩[Q]

orange 橘子；桔子；橘色；橙色
　→~ lake 橘{桔}红 //~-peel end 多瓣形管端 //~-peel excavator 多瓣式戽斗挖土机 //~ peel grab 多爪抓斗；多瓣式抓斗机 //~-peel sampler{|grab} 橘瓣式取样器{|抓岩机} //~ sapphire 橙刚玉 //~ tungsten 橙钨矿

orangite 变钍石；橙黄石[一种钍石;Th(SiO_4)]

orang-outan 猩猩[Q]

oranite 钾钙纹长石

orate 具内(壁)孔的[孢]

oraug-utan 猩猩[Q]

oraviczite 含锌黏土；杂锌铝硅石

oravi(t)zite{orawiczite} 杂锌铝硅石；含锌黏土；杂锌铝硅石

orb 地球；球；轨道；盲拱；天体

Orbella 小圆光面孢属[K_1]

orbiculan 环走肌[双壳]

Orbiculapollis 球体粉属[孢]

orbicular 球状的；似球状的
　→~ rock 球状岩

orbiculate 圆盘状

orbicule 球状体；球体；球块体；岩球；同心球粒

orbiculite 球状岩；微球状石

Orbiculoidea 圆凸贝属[腕;O-K]

Orbignyella 奥别尼氏苔藓虫属[O-S]

orbital 轨函数；眼眶的
　→~ angular momentum quantum number 轨道角动量量子数 //~ carina 眶脊[节]；眼脊 //~ chamber 眶室 //~ foramen 眼窝 //~ frequency 轨频

orbitalis 眶的

orbital open 眼孔
　→~ overlay 轨道重叠 //~ prominence 眶腹突 //~ region 眼区[节]

orbite 角闪玢岩

orbitic 角闪玢岩质

orbiting 沿轨道运行(的)

→～ solar observatory 轨道太阳观测台

orbitoid 圆片虫类[孔虫]

Orbitoides 圆片虫(属)

Orbitolina 圆笠虫属[孔虫;J-K]；小圆片虫(属)[J-K]

Orbitolites 圆板虫属[孔虫;E]

Orbitopsella 圆皿虫(属)[孔虫;J]

orbit-transfer 移设轨道

Orbulina 球形虫属[孔虫;E₃-Q]；圆球虫属

orcelite 褐砷镍矿[Ni₅-xAs₂;六方]

orchid 淡紫色
　　→～ peat 兰花泥炭

orchids 兰花

orchil 石蕊地衣

ordanchite 含橄榄方碱玄岩；含橄蓝方碱玄岩；粗安岩

order 顺序；订货；订单；汇单；数量级；等级；命令；秩序；指令；有序；次；序列；位；级；级次[构造]；阶[土壤]
　　→～ (form) 订货单//(money) ～ 汇票//～ and degree 等级//～ check 记名支票；抬头支票

ordered region 有序区
　　→～ retrieval 顺序检索//～ sample 有序标率

order for goods{order form} 订购单

ordering 编号；排序；代替转化；整顿；有序化；调整

ordinance 规格；布告；法令；条例
　　→～ datum 标高[法定]//～ load 规定荷载

ordinary 普通的；平常的；正常的
　　→～{regular} lay 交叉捻//～ lay rope 普通捻钢丝绳//～ pitch 常用屋面坡度；普通屋面坡度//～ ray{light} 常光//～ tide (level) 平均潮位

ordination 规格；排列；分类

ordite 假象石膏

ordnance 军械
　　→～ datum 基本标高；标高[英]//～ map 军用地图；地形图[英]//～ survey 地形测量

ordonezite{ordonesite} 褐锑锌矿[ZnSb₂O₆;四方]；重锌锑矿

Ordosia 鄂尔多斯虫属[三叶;Є₂-₃]

ordosite 河套岩；鄂尔多赛特岩；暗霓正长岩

Ordosoceras 鄂尔多斯角石属[头;O₂]

Ordovician 奥陶(纪的)
　　→～ (period) 奥陶纪[510～439Ma,海水广布,中奥陶世后,华北上升为陆,三叶虫、腕足类、笔石极盛,鱼类出现,海生藻类繁盛;O₁-₃]；奥陶系

ore 矿物；矿砂；矿床；矿产
　　→～ (material;mass;complex) 矿石；矿砂//～ addition (添)加矿石//～ analysis{assay} 矿石(定量)分析//～ annealing 铁矿粉中退火//～ anomaly 矿异常//～ band 矿化带//{-}bearing 含矿的//～-bearing gel 含矿凝胶//～ bearing rock 含矿岩//～ bearing vein 含矿脉

orebed 矿床；矿层

ore bed{horizon;formation;deposit;run} 矿层
　　→～ belt{zone} 矿带//～ (storage) bin 贮矿槽；矿仓//～ blend(ing) 配矿；矿石中和//～-blending 配矿//～-blending plant 贮矿场//～ block 矿段//～ blocked out 划分矿体；采准矿量；已采

准矿体；开拓成盘区的矿体//～ bloom 原矿块//～ blowout 排出矿石//～-boat unloader 矿石卸船机//～-boat wharf 矿轮码头

orebody{ore body{run;mass;channel}} 矿体

ore boil 矿石沸腾[平炉]
　　→～ boulder 需二次破碎的大块矿石；矿石漂砾//～ boundary{limit;outline} 矿体边界//～ box 矿箱；矿仓//～ breaking{caving} 崩矿//～ breaking 破碎矿石//～-breaking floor 崩矿水平//～-breaking plant 碎矿车间//(stocking) bridge 桥式装矿机；矿桥//～-bridge bucket 桥门式装矿机抓斗//～ bridge pier 矿石装卸机支架//～ bringer{carrier} 运矿岩

orebroite 硅锑锰石

ore bucket{carrier} 矿斗

ore/coke 矿焦比

ore column 料柱；矿柱；矿块崩落高度
　　→～ column{pillar;chimney;rib;shoot;chute} 矿柱//～-column height 矿柱高度//{enriched;mineral;preparation} concentrate 精矿//～ concentration dressing 富集作用；选矿//～ conditioning 矿石分类//～-conditioning plant 矿石准备工段//～-conduit structure 导矿构造//～ congestion 矿石堵溜子//～ control 矿控制；控矿；成矿控制//～-control factor 控矿因素//～ controlling faulted zone 控矿断裂带//～-controlling structure 控矿构造//～ course 矿脉走向//{rock;stone} crusher 碎矿机//～ current 矿流//～ delfe 地下矿石(所有权)；土地所有者对地下矿石的所有权//～ deposit{bed;body} 矿床//{oxide} deposit 氧化矿床//～ deposit due to magmatic segregation 岩浆分结矿床//～ deposit of dispersed elements 分散元素矿床//～ deposit of Ni-Co-Ag-Bi-U formation 镍-钴-银-铋-铀建造矿床//～ deposit of penta-element{Ni-Co-Ag-Bi-U} formation 五元素建造矿床[镍-钴-银-铋-铀]//～ deposit of radioactive elements 放射性元素矿床//{mineral} deposits{occurrence} 矿藏//～ developed 完全开拓的矿体//～ dilution{impoverishment} 矿石贫化//～-distributing structure 布矿构造//～ distribution 矿体分布//～ distributor 布矿器//～ district{locus;zone;area;field} 矿区//～ drawing 下放矿石；放矿[of caving mining methods]//～-drawing-hole 放矿口//～-drawing order 放矿规程//～ dressing{processing;treatment} 矿石处理//～ dressing{beneficiation;preparation;cleaning;concentration} 选矿//{mineral} dressing plant 选矿厂//～-dressing{ore-beneficiation} plant 矿石富选装置//～-dressing products 选矿产品//～-dressing scheme 选矿流程；选矿方案//～ dressing treatment{concentration} 选矿//～-drying plant 矿石干燥工段//～ dump 矿石堆//～ dump{stockpile} 矿堆//～ emplacement{deposition} 成矿作用//～ estimate {assessment} 矿床评价//～ extraction{drawing} 矿石回采//～ extraction{mining} 矿石开采//～

face 矿体出露面；有一面暴露的矿体//～ faces 矿面//～ feed 矿料

orefield 矿田；矿区；矿产地

ore-finding 找矿

ore fines 粉矿；矿粉

oregonite 砷铁镍矿[Ni₂FeAs₂;六方]

ore grade 矿石品位分级
　　→～ grade{value} 矿石(的)品位//～-grade precipitate 矿石级沉淀物//～ grader 矿石贮存管理人员//～ grain{particle} 矿粒//～-grain release 矿粒解离//～ grindability 磨矿难易度//～ grinding 磨矿//～ guide 含矿标志；找矿标志//～ guides 找矿导引//～ hearth 矿石熔烧炉；膛式炉//～ hearth layer sintering 矿石铺底烧结法//～ hole 有矿钻孔；见矿钻孔//～ horizon 平矿层//～-hunting indicator{evidence} 找矿标志//～ improvement plant 选矿厂//～ industry sewage 矿山污水//～ inferred 部分开拓的矿体

oreing 高碳钢矿石脱碳法；矿石沸腾[平炉]

ore in paddock 堆仓矿石
　　→～ in paddock{stock} 堆场矿石//～ in place 未采矿体//～ in sand form 矿砂//～ in sight 已知储量的矿体；可见储量的矿体//～ in stock 贮存矿石；现存矿石//～ in stock{paddock} 堆存矿石//～ intersection 见矿点；见矿处[钻孔等]；矿体穿通点//～ inventory 存矿量//～{mineral} leaching 浸矿//～-lead age 矿铅年龄//～ loading 装矿//～ loading berth 装矿码头//～ location{delineation} 矿体圈定//～ location 矿体位置圈定//～ magma iron deposit 矿浆型铁矿床//～-magmatic system 矿石-岩浆体系//～ marshalling 矿车编组//～ marshalling yard (矿石车)编组站//～ mass{body} 矿体//～-mass settling 矿石体下降//～ material 有用矿物//～ microscopy 矿相学//～{Marcy} mill 磨矿机//～ mill 选矿厂//～ mineral body 金属矿体//～ mineralogist 矿相学家//～ mining 矿业；矿床开采//～ mix 混合矿石

orendite 金云透长白榴斑岩

ore nest 矿巢
　　→～ occurrence 矿体产状；矿产地

oreodaphene 月桂油

oreodaphnol 月桂油醇

oreodont 岳齿兽

ore outcrop 矿体露头
　　→～ packing 矿石结块；结块

orepass 溜矿道；溜井

ore pass{chute;way} 矿石溜道
　　→～ pass{roll} 矿石溜井//～ passage compartment 溜矿格//～ passage way 矿石溜井；放矿溜井//～-pass{extraction;drawn;chute;cone} raise 矿体穿刺构造//～ piercement structure 矿体穿刺构造//～ pipe{chimney}{ore-pipe} 管状矿脉//～ piping 矿石形成管状//～ plot{yard;dock} 堆矿场//～ pocket{bunch} 矿袋//～ pocket{chamber;bunch} 矿囊//～ pocket 矿石料槽{筐}；小矿仓//～ pocket{silo} 矿仓//～ poisoned soil 矿毒土壤//～ preparation{conditioning} 矿石准备//～ preparation characteristic 矿石可选特征//～-processing 选矿//～

O

property 矿石特性 // ～{mineral} prospecting 矿产勘探; 探矿 // ～ prospector 找矿者;勘探者 // ～-protore 含少量金属而无开采价值的矿{脉}石 // ～ province 含矿大区 // ～ puddling 铁矿搅炼 // ～ pulp{slime} 矿泥 // ～ ratio 单位生铁耗矿石量;矿比 // ～ reception terminal 进矿总站 // ～-reclaim tunnel 贮矿场装料地沟;出矿地沟 // ～ reduction 矿石还原 // ～ removal 运出矿石;出矿 // ～ reserve 矿储藏量 // ～ reserve{stock} 矿石储量 // ～ reserves 矿藏量 // ～ ribbon (辊碎机)辊上黏附矿石 // ～ roasting 矿石焙烧 // ～ roasting kiln 焙矿炉 // ～ roll 溜矿井;溜井;矿卷 // ～ roll{pass;chute} 溜 矿 井 // ～ roll{path;pass} 溜矿道 // ～ run 矿层走向;矿层延展长度 // ～-salt mixture 矿石-食盐混合物 // ～ sample 矿样 // ～ scraper 扒矿机 // ～ screenings 筛下粉矿 // ～ {-}search 找矿 // ～-search 探矿 // ～ shale group 矿石页岩群 // ～ shell 保护矿壁 // ～ ship{cargo} 运矿船 // ～ shipment 船运矿石;矿石运出量 // ～ shoot{course} 富矿体 // ～-shoot crest 柱状矿体顶点;矿柱顶部 // ～{coal} skip 提矿箕斗 // ～ sludge{slime} 矿泥 // ～ slurry{pulp;magma} 矿 浆 // ～ {mineralizing} solution 矿液 // ～-sorting 矿石分级 // ～ spot{occurrence} 矿点 // ～{gravity} stamp 捣矿机 // ～ stock-piles{yard;field} 贮 矿 场 // ～ stock-work{fold}{ore stock work} 网状矿脉 // ～ stock yard 贮矿场;堆矿场 // ～ stone 脉石 // ～ storage bin 储矿仓 // ～ storage bunker 贮矿仓 // ～ structure 矿石构造 // ～-surge bin 缓冲矿仓 // ～ terminal 矿体终止处{点} // ～ testing 选矿试验 // ～ texture 矿石结构 // ～-tramming floor{level} 运矿水平 // ～ transfer car 运矿车 // ～ treatment plant 选矿厂 // ～ trend {run;course} 矿体走向 // ～ trough 贮矿场卸料沟;出矿地沟 // ～-typing method 鉴定矿石类型的方法 // ～ vein{dike; course;channel} 矿脉 // ～ {mine} vein filling 矿脉充填 // ～ wagon 运矿车 // ～-waste 矸石;矿石杂质 // ～ water engineering 矿水工程

"ore with caution" range "小心加矿石"温度范围

ore{mine;pit} yard 矿场
→～ yard{storage} 矿石堆场

Orford process 奥福特硫化镍硫化铜分离法

organic 器官的;固有的;有系统的;有机;结构的
→～ colloidal dispersant 有机胶体分散剂[防止形成矿泥薄膜] // ～ deposit 有机堆积矿床 // ～ mineral 有机矿物

organics 有机物

organic secretion 有机分泌作用

organisation 组织;团体

organizational and system audit 组织与制度的审计
→～ structure of production 生产结构

organization chart 组织图表

Organization of Petroleum Exporting Countries 石油输出国组织;欧佩克

organized carbonate aggregate 有机碳酸

盐聚集体
→～ elements 有机元素 // ～ noise 规则噪声

organo-chemical evaluation 有机化学评价

organochlorine 有机氯

organo-chrome polyelectrolyte 有机铬高分子电解质

organoclay complex 有机黏土络合物

organocupric ion complex 有机铜离子络合物

organogel 有机凝胶

organogenesis 器官发生

organogenic deposit{|element} 有机成因沉积{|元素}

organogeny 器官发生

organolite 生物岩;有机岩;有机生成岩石

organomercury 有机汞

organometallic 有机金属化合物的

organo-metallic crosslink 有机金属交联剂

organo-mineral 有机矿物
→～ aggregates 连生体

organophilic 亲有机质的
→～ {organic} clay 有机土

organophosphorus 有机磷

organosilane 有机硅烷

organo-silicate coating 有机硅酸盐涂层

organosilicon 有机硅(化合物)

organosol 有机溶胶

organosulfur emission 有机硫排放物

organotin 有机锡[木料防腐剂]

organotrophic 亲器官的;向器官的
→～ bacteria 有机营养菌

organouranium 有机铀

organovaite-(Zn) 硅钾锌钛铌石[K₂Zn(Nb, Ti)₄(Si₄O₁₂)₂(O,OH)₄•6H₂O]

organpipe coral 笙珊瑚;管珊瑚

organs of multiplication 繁殖器官
→～ of reproduction 生殖器官

organ timbering{set;timber} 排柱

Orgueil (meteorite) 奥盖尔陨石

orgues 玄武岩柱状体[法]

orgware 组织件;斡件

orichalc(h) 黄铜[60Cu,40Zn]

orichalcite 绿铜锌矿[Zn₃Cu₂(CO₃)₂(OH)₆; (Zn,Cu)₅(CO₃)₂(O H)₆;斜方]; 碳酸锌矿

orickite 水(碱)黄铜矿[NaₓKᵧCu₀.₉₅Fe₁.₀₆S₂• zH₂O: x,y<0.03,z<0.5]

oricycle 极限圆

orido 峡谷湖[冰川区]

orient(ate) 定向;定方位;东方;地中海以东的国家;珍珠光泽;优质珍珠;亚洲

orientability 可定向性

orientable 可定向的

oriental 东方人(的)
→～ cat's eye 猫眼{睛}石 [BeAl₂O₄] // ～ emerald 绿刚玉[Al₂O₃];祖母绿[绿柱石变种,含少许铬;Be₃Al₂(Si₆O₁₈)] // ～ garnet 柘榴石 // ～ hyacinth 紫蓝宝石 // ～ jasper 鸡血石

Oriental region 东方区

oriental ruby 红宝石[Al₂O₃]
→～ sapphire 真蓝宝石;蓝宝石[Al₂O₃] // ～ topaz 黄刚玉 [Al₂O₃] // ～ turquoise 绿松石 [CuAl₆(PO₄)₄(OH)₈•4H₂O; 三斜]

orientate 定位

orientated 取向的;向东的
→～ microstructure glass-ceramics 定向微观结构微晶玻璃 // ～ solidification

定向凝固

orientating tool 定位工具

orientational coring 定向取芯

Orientational force 取向力

orientational twinning 同(旋)向双晶

orientation analysis 试验分析;试点分析;方位分析

orientator 定向仪;定位仪

orient at surface 地面定向

oriented 取向的;有向的
→～ bit 金刚石定向排列钻头

orienting device 定向器

orientite 锰柱石 [Ca₄Mn₄(SiO₄)₅•4H₂O; Ca₂Mn₂²⁺Mn₃³⁺Si₃O₁₀(OH)₄;斜方]

Orientolepis 东方鱼属[D₁]

orientor 定向器

Orient system 奥利安式除尘法

orifice 锐孔;喷嘴;喷气口;喷管;隔板口;孔口;孔

origerfvite 水硅铁矿[三价铁的硅酸盐]

origin(ate) 起源;起因;起始地址;起点;(地震)裂源;来源;原点;血统;出身;由来;原始;成因基点;成因

original 超脱[不拘泥成规等];原布;底片;起始的;固有的;最初的;原像;原文;原始的;原生的;原来的;原稿;原成的;原本的;初期的;原型;原物
→～ bedding 原生层理 // ～ deposit 原生矿床 // ～ extract ore 粗精矿 // ～ feed 原给矿 // ～ gas in place 原始天然气地质储量 // ～ ground slope 原始地表坡度 // ～ head 待选原矿 // ～ hole 主井眼 // ～ {incipient} nucleus 原始核 // ～ oil in place 石油原始地质储量;原始原油地质储量 // ～ oil volume factor 原始石油体积系数 // ～ planet 原始行星

origin bias 形成偏差
→～ of oil {petroleum} 石油成因

orileyite 砷铜铁矿[(Cu,Fe)₂As]

O ring O 形环

ORINS 橡树岭原子核研究所[美]

Orionastraea 嵌星珊瑚;猎(户)星珊瑚属[C₁]

Orion Blue 印度蓝[石]
→～ MM slurry pump 欧瑞恩系列矿用型料浆泵

Oriskanian 奥里斯坎尼(阶)[美;D₁]

orizite 钙片沸石[Ca(Al₂Si₇O₁₈) •6H₂O];柱沸石[Ca(Al₂Si₆O₁₆) •5H₂O;单斜]

orlandinite 硫锑铅矿[Pb₅Sb₄S₁₁;单斜]

orlandite 水氯亚硒铅石[Pb₃Cl₄(SeO₃)•H₂O]

orletz 蔷薇辉石[Ca(Mn,Fe)₄Si₅O₁₅,Fe、Mg 常置换 Mn,Mn 与 Ca 也可相互代替;(Mn²⁺, Fe²⁺,Mg,Ca)SiO₃;三斜]

orlite 蜡硅铀铅矿

Ormoceras 链角石属[头;O-S]

ornamental patterns 纹蚀型
→～ porcelain 陈设瓷 // ～ stone 饰面石料;铺面石料

ornamentation 饰样;雕纹;装饰;壳饰;纹饰[孢]

orniblende 角闪石[(Ca,Na)₂₋₃(Mg²⁺,Fe²⁺, Fe³⁺,Al³⁺)₅(Al,Si)₈O₂₂)(OH)]

Ornithella 小鸟头贝属[腕;T₃]

Ornithichnites 鸟足迹化石[遗石]

ornithine 鸟 氨 酸 [H₂N(CH₂)₃CH:(NH₂) COOH]

Ornithischia 鸟龙类

ornithischia 鸟臀目[爬]

ornithite 透钙碳羟磷灰石

Ornitholestes 鸟龙；小鸟龙属[J$_3$]

ornitholite 鸟化石

ornithologist 鸟类学家

ornithology 鸟类学

Ornithomimus 似鸟龙属[K$_2$]

ornithophilous 鸟媒的

Ornithopoda 鸟脚(亚目)[爬]

Ornithorhynchus 鸭嘴兽(属)[Q]

Ornithosauria 鸟蜥亚纲；翼龙目[鱼的]

Ornithosuchus 鸟鳄属[T$_3$]

Ornithurae 扇尾亚纲[鸟类]；今鸟亚纲

oroclinal flexure 弯曲挠褶
　　→～ folding 弯移褶皱 // ～ warping 斜向扭曲

orocline 山倾构造运动

orocratic 地壳运动期的

oroflex 山曲

oroflexural 山(向)曲(转)的

orogen(e) 造山带

orogenetic{orogenic} 造山的

orogenic activity{revolution;event} 造山运动
　　→～ batholith 造山成因的岩基 // ～ metallotectonic zone 造山成矿构造带

or(th)ogeosyncline 山岳地槽；造山地槽；正地槽

orogram 山形图

orograph 山形仪

orographic 山志的；地形的

Orohippus 山马(属)[E]

orohydrography 山地水文学；高山水文地理学

orology 山岳成因学；山理学；山地形成学

orometer 高度计

Oronite 汽油[沸点较低]
　　→～ purified sulfonate L Oronite 精制磺酸盐 L{水溶性石油磺酸盐} // ～ S × 洗涤剂[四聚丙烯-苯基磺酸钠盐,同十二烷基苯基磺酸钠盐] // ～ wetting agent Oronite 润湿剂[油溶性石油副产品] // wetting agent S Oronite 润湿剂 S[水溶性阴离子型润湿剂]

oronization 趋稳定[从可塑状态向稳定状态的转化]

orophase 造山幕

orophyte 山地植物

oropion 山脂土

oroseite 杂铁硅矿物；伊丁石[MgO•Fe$_2$O$_3$•3SiO$_2$•4H$_2$O;MgO•3SiO$_2$•Fe$_2$O$_3$•4H$_2$O]

Orosirian 造山系{纪}[古元古代第三纪]

orotvite 碱闪正长岩

orpheite 硫磷铅铝矿[H$_6$Pb$_{10}$Al$_{20}$(PO$_4$)$_{12}$(SO$_4$)$_5$(OH)$_{40}$•11H$_2$O;三斜]

orpiment 雌黄[As$_2$S$_3$;单斜]；正黄[黄色颜料]

Orria 奥尔虫属[三叶;Є$_2$]

ORS 老红砂岩[欧;D]

Orsat flue gas analysis 奥式烟气分析仪
　　→～ gas-analysis instrument 奥萨特气体分析仪

orseille 石蕊地衣

orsure 奥`秀{休尔}风

Orthambonites 直脊贝属[腕;O$_2$]

orth(o-)amphibole 正闪石类；直闪石类

orthaugite 正辉石类

Orthesheria 直线叶肢介属[节;P-E]

Orthestheriopsis 似直线叶肢介属[节;K$_1$]

orthicon 低压电子束摄像管
　　→(image) ～{orthiconoscope} 正析{摄}像管

orthid 正形贝式属[腕]

Orthidiella 小直形贝属[腕;Q$_1$]

Orthis 正形贝(属)[腕;O$_{1-2}$]

orthite 褐帘石 [(Ce,Ca)$_2$(Fe,Al)$_3$(Si$_2$O$_7$)(SiO$_4$)O(OH),含 Ce$_2$O$_3$ 11%,有时含钇、钍等;(Ce,Ca,Y)$_2$(Al,Fe^{3+})$_3$(SiO$_4$)$_3$(OH);单斜]
　　→～-gneiss 褐帘片麻岩

ortho- 直(线)；邻位；邻；正长；正；原；垂直；矫形；正形

ortho. 正交晶的；斜方晶系的；斜方[晶系]

orthoalaskite 正白岗岩

orthoalbitophyre 正钠长斑岩

orthoamphibole 正闪石

orthoamphibolite 正角闪岩；原闪岩

ortho-amphibolite 正斜长角闪岩

orthoantigorite 正叶蛇纹石

orthoarenite 正砂屑岩

orthoaugite 正辉石类

ortho(-)axis 正轴[单斜晶系 b 轴]

orthoberthierine{orthochamosite} 正鲕绿泥石[Fe$_4$Al(AlSi$_3$O$_{10}$)(OH)$_6$•nH$_2$O; (Fe^{2+},Mg,Fe^{3+})$_5$Al(Si$_3$Al)O$_{10}$(OH,O)$_8$;斜方]；斜方鲕绿泥石

orthobrannerite 斜方钛铀矿[U^{4+}U^{6+}Ti$_4$O$_{12}$(OH)$_2$,斜方; (U^{6+},U^{4+})Ti$_2$O$_6$(OH)]

orthobromite 溴氯银矿；氯溴银矿[Ag(Cl,Br)]

orthocenter 垂心

orthoceracone 直角石式壳[头]

Orthoceras 直角石(属)[头;O$_2$]

Orthocerida 直角石目

orthochasm 正断陷

orthochem 现地化学性物质；正化组分

orthochemical constituent 正化组分
　　→～ rock 正化学岩

ortho(ts)chevkinite 正硅钛铈矿

orthochlorite 原绿泥石；正绿泥石[(Mg,Fe)$_5$Al(AlSi$_3$O$_{10}$)(OH)$_8$]

orthochoanitic 直颈式[头]

orthochromatic 正色的

orthochronology 正古生物定年学；正地质年代学

orthochrysotile 正纤蛇纹石[Mg$_3$Si$_2$O$_5$(OH)$_4$;斜方]；直纤蛇纹石

orthoclase 普通长石；正长石[K(AlSi$_3$O$_8$);(K,Na)AlSi$_3$O$_8$;单斜]
　　→(sodian) ～ 钠正长石[Na(AlSi$_3$O$_8$),(K,Na)(AlSi$_3$O$_8$)] // ～-free foyaite 无正流霞岩 // ～ gabbro 正长辉长石

orthoclasite 正长石 [K(AlSi$_3$O$_8$);(K,Na)AlSi$_3$O$_8$;单斜]

orthoclasization 正长石化

orthocline 直倾型{斜}[腕]

orthocomplement 正交余

orthoconglomerate 正砾岩；原生砾岩

ortho-cresol 邻甲酚[CH$_3$•C$_6$H$_4$•OH]

orthocumulate 正堆积岩

orthod 灰土

orthodiadochite 磷铁华 [Fe$_4$(PO$_4$,SO$_4$)$_3$(OH)$_4$•13H$_2$O]；磷铁矾[Fe$_3^{2+}$(PO$_4$)(SO$_4$)(OH)•5H$_2$O;三斜]；磷硫铁矿

orthodiagonal 正轴[单斜晶系 b 轴]；正对角线

orthodolomite 正白云岩

orthodome 正轴坡面[单斜晶系中 {h0l} 型的板面]

orthodont 直齿式[双壳]

orthodrome 大圆[半径等于投影球半径的圆]；最短航线

orthoelastic 各方互成直角而劈开的[晶]

orthoeluvium 正残积层

orthoenstatite 正顽火辉石；顽火石[(Mg,Fe)SiO$_3$];顽火辉石[Mg$_2$(Si$_2$O$_6$)Fe$_2$(Si$_2$O$_6$)]；顽辉石[Mg$_2$Si$_2$O$_6$;斜方]

orthoericssonite 斜方钡锰闪叶石[NaMn$_2$(Fe^{3+}O)Si$_2$O$_7$(OH);斜方]

orthoferrite 正铁氧体

orthoferrosilite 硅铁石 [Fe$_2$Si$_2$O$_5$(OH)$_4$•5H$_2$O;Fe$_4^{3+}$(Si$_4$O$_{10}$)(OH)$_8$•10H$_2$O]；正铁辉石[Fe(SiO$_3$)]；斜方铁辉石[(Fe^{2+}Mg)$_2$Si$_2$O$_6$;斜方]

orthoflysch 正复理石

orthogabbro 正辉长岩[不含石英和似长石的理想辉长岩]

orthogenesis 直向演化[生]；直生论；正片麻岩；直系{式}发生

orthogneiss 正片麻岩

orthogonal 直角的；直交；正交的；垂直的；矩形的；波向线
　　→～ (cross-course) 正交

orthogonality 正交(性)；相互垂直
　　→～ relation 正交关系

orthogonalization{orthogonalize} 正交化

orthogonal joint 正变节理
　　→～ lineation 横线理

orthograde 正分级的

orthogranite 正花岗岩

orthographic(al) photograph 正射(投影)相片
　　→～ (al) projection 正射投影 // ～ (al) view 正视

Orthograptus 直笔石(属)[O-S$_1$]；正笔石

orthoguarinite 硅锆钠钙石；正片榍石[Ca$_2$NaZr(SiO$_4$)$_2$F]

orthogyral 正转

orthogyrate 正转的[壳缘;双壳]

orthohelium 正氦

ortho(-)hemipyramid 正轴半锥

orthohydrogen 正氢

orthohydrous maceral 正含氢煤素质；正常氢含量显微组分
　　→～ vitrinite 正常氢量镜质体{组}

orthoide 褐帘石 [(Ce,Ca)$_2$(Fe,Al)$_3$(Si$_2$O$_7$)(SiO$_4$)O(OH),含 Ce$_2$O$_3$ 11%,有时含钇、钍等;(Ce,Ca,Y)$_2$(Al,Fe^{3+})$_3$(SiO$_4$)$_3$(OH);单斜]

orthojoaquinite 斜方硅钠钡钛石[Ba$_2$NaCe$_2$Fe^{2+}Ti$_2$Si$_8$O$_{26}$(OH,F)•H$_2$O]
　　→～-(La) 斜方硅钠钡钛镧石 [Ba$_2$Na(La,Ce)$_2$Fe^{2+}Ti$_2$Si$_8$O$_{26}$(OH,O,F)•H$_2$O]

orthokalsilite 正钾霞石

ortholarnite 白硅钙石[Ca$_2$(SiO$_4$);Ca$_{14}$Mg$_2$(SiO$_4$)$_8$;斜方、假六方]；正硅钙石

ortholavenite 斜方钙钠锆石；正钙钠锆石

ortholimestone 正石灰岩

ortholith 单晶颗石；单个颗石

Ortholithae 直石目[钙超]

ortholomonosovite 正磷硅钛钠石

orthomagma 正岩浆

orthomarble 正大理岩

orthomatrix 正基质

orthomelt 正熔浆

orthometabasite 正变质基性岩

orthometric correction 竖高改{校}正
　　→～ drawing 正视画法 // ～ height 竖高；正高

orthomic feldspar 正拟态长石
　　→～ {sodium-calcium} feldspar 斜长石[(100−n)Na(AlSi$_3$O$_8$)•nCa(Al$_2$Si$_2$O$_8$);通式

(Na,Ca)Al(Al,Si)Si$_2$O$_8$ 的三斜硅酸盐矿物的概称]

orthomicrosparite 正泥晶亮晶灰岩

orthomigmatite 正混合岩

orthomimic feldspar 正歪钠长石类

orthomin algorithm 正交极小化算法

orthominasragrite 斜方钒矾 [V^{4+}O(SO$_4$)(H$_2$O)$_5$]

orthomorphic 等角的
→~ map{chart} 正形图

Orthomyalina 直肌束蛤属[双壳;C$_2$-P$_1$]

orthonaumannite 正硒银矿;β硒银矿

orthonormal 标准化的;正规化的

orthonormality 标准化;正规化

Orthonota 后直蛏(属)[双壳;O$_2$-D$_2$]

Orthonotacythere 直背女神介属[K-Q]

orthooceanic lithosphere 标准大洋型岩石圈;正洋型岩石圈

ortho-pedion 正轴单面[单斜晶系中{$h00$}型及{$h0l$}型的单面]

ortho(-)phosphate 正磷酸盐[M$_3$PO$_4$];正磺酸盐

orthophosphoric acid 正磷酸

orthophotomap 正射影像地图

Orthophyllum 直珊瑚属[D$_{1-2}$]

orthophyre 正长斑岩[长石斑岩]

orthophyric texture 正斑结构

orthopinacoid 前轴面{正轴轴面}[单斜晶系中的{100}板面]

orthopinakiolite 正硼镁锰矿;斜方硼镁锰矿 [(Mg,Mn^{2+})Mn^{3+}BO$_5$]

orthoplatform 正地台

orthoplatformal{plate} megacomplex 正地台巨杂岩

orthopluton 正深成岩体

Orthopoda 直足亚目;直脚目[恐]

orthopole 正交极;垂极

Orthopora 正苔藓虫属[S-D]

orthoporphyrin 原卟啉

orthoprism 正轴锥[单斜晶系中 $h<k$ 的{hkl}型菱方柱或双面];正轴柱(面)[单斜晶系中 $h<k$ 的{$hk0$}型菱方柱]

orthoptera 直翅目[昆;J-Q]

orthopteroids 直翅类

orthopyramid 正轴锥[单斜晶系中 $h<k$ 的{hkl}型菱方柱或双面]

orthopyroxene 斜方辉石 [Mg$_2$(SiO$_3$)$_2$-Fe$_2$(SiO$_3$)$_2$]
→~-clinopyroxene geothermometer 斜方-单斜辉石地质温度计

orthoquartzite 火成岩英岩;沉积石英岩正石英岩;正石英岩

orthoquartzitic conglomerate 沉积石英岩质砾岩

Orthoretiolites 直网笔石属[O$_2$]

Orthorhabdus 直棒石[钙超;N$_1$]

orthorhombic 正交晶的;正交的;正交;斜方的;斜方晶系的;斜方[晶系]

Orthorhombic antihemihedron 斜方反半面体

orthorhombic form 斜方系晶型
→~ holosymmetric class 正交全对称(晶)组;斜方全对称(晶)组[mmm 晶组]//~ lavenite 斜方钙钠锆石

Orthorhynchula 正嘴贝属[腕;O$_2$]

orthoriebeckite 黑钠闪石;铁钠闪石

ortho-rock 正变质岩

orthosalt 正盐

orthoschist 火成片岩;正片岩

orthoscopic 无畸变(的)
→~ method 直光法

orthose 长石类;正长石[K(AlSi$_3$O$_8$); (K,Na)AlSi$_3$O$_8$;单斜]

orthoselection 定向选择;直向选择

orthoserpierite 正锌钙铜矾[Ca(Cu,Zn)$_4$(SO$_4$)$_2$(OH)$_6$•3H$_2$O]

orthosilicate 正矽酸盐;正硅酸盐;原硅酸盐{酯}

ortho-silicic acid 原硅酸;正硅酸

orthosparite 正亮晶;孔隙亮晶

orthostenohaline 狭正盐(生物)

orthostratigraphy 正地层学

orthostrophic 直旋式;直环型
→~ coiling 正环索螺旋

orthosyenite 质正长岩

orthosymmetric 正对称的

orthotaenite 正镍纹石[Fe$_2$Ni];镍纹石[(Fe,Ni),含 Ni27%~65%;等轴]

orthotarantulite 正英白岗岩

orthotectic 正熔的
→~ {orthomagmatic} stage 正岩浆期//~ stage 正结期

orthotectite 正熔岩;正结岩;正分异岩

orthotectonic Caledonides 标准构造型加里东褶带;正构造型加里东褶带
→~ region 正构造区

orthotectonics 正大地构造

Orthotetes 直形贝属[腕;C$_2$-P]

Orthotetina 准直形贝属[腕;C-P]

Orthotheca 直管螺(属)[软舌螺;C-D];直囊蕨属[古植;C$_2$-P]

Orthothecida 直管螺目[软舌螺]

Orthotichia 直房贝属[腕;C$_2$-P]

orthotill 正冰碛物

orthotoluidine 邻(-)甲苯胺[CH$_3$•C$_6$H$_4$•NH$_2$]

orthotorbernite 铜铀云母[Cu(UO$_2$)$_2$(PO$_4$)$_2$•8~12H$_2$O;四方]

ortho(-)torbernite 正铜铀云母[Cu(UO$_2$)$_2$(PO$_4$)$_2$•12H$_2$O]

orthotriaene 横出三叉骨针;直三叉骨针[绵]

orthotropus 直立

orthotropy 异面异弹性

orthotscheffkinite{orthotschewkinite} 正硅钛铈矿

orthowalpurgite 斜方砷铋铀矿'[(UO$_2$)Bi$_4$O$_4$(AsO$_4$)$_2$•2H$_2$O]

orthozoisite 黝帘石[Ca$_2$Al$_3$(Si$_2$O$_7$)(SiO$_4$)O(OH);Ca$_2$Al$_3$(SiO$_4$)$_3$(OH);斜方]

Orthozygus 直轭石[钙超;E$_{2-3}$]

ortite 褐帘石 [(Ce,Ca)$_2$(Fe,Al)$_3$(Si$_2$O$_7$)(SiO$_4$)O(OH),含 Ce$_2$O$_3$ 11%,有时含钇、钍等;(Ce,Ca,Y)$_2$(Al,Fe^{3+})$_3$(SiO$_4$)$_3$(OH);单斜]

ortlerite 闪斑玢岩

orto-chevkinite 正硅钛铈矿

Ortonella 直管藻(属)[S-C]

ortstein 灰质壳;褐铁矿[FeO(OH)•nH$_2$O;Fe$_2$O$_3$•nH$_2$O,成分不纯];硬磐;硬盘

oruetite 硫碲铋矿[Bi$_4$Te$_{2-x}$S$_{1+x}$]

Orusia 看护贝属[腕;C$_3$]

orvietite 响白灰(碱)玄岩;透长斜长霞辉岩

orvillite 水锆石[Zr$_8$(SiO$_4$)$_6$(OH)$_8$•H$_2$O;8ZrO$_2$•6SiO$_2$•5H$_2$O]

Orvus Es-paste Orvus Es-糊{伯-烷基硫酸盐,烷基大于 C$_{12}$}

Orycteropus 土猪(属)[N-Q];土豚(属)[N$_1$-Q]

Oryctocephalus 掘头虫属[三叶;C$_2$]

oryctocoenose 化石群

oryctogeology 生物化石地质学

oryctognostic 矿物学的

oryctognosy 矿物学

Oryctolagus 穴兔;家兔[Q]

orycto(geo)logy 化石学;矿物学

Orygmatosphaeridium 巢面球形藻属[穴面球形藻属[AnC-C]

Orygmophyllum 壕瑚属[C$_2$-P]

Oryx 大羚羊属[Q]

oryzite 钙片沸石[Ca(Al$_3$Si$_7$O$_{18}$)•6H$_2$O]

OS{O.S.} 油砂

os 超差;骨;打捞筒;有机溶剂;锇[(Mn$_2$,Zr,Ca$_2$,Ba$_4$)O$_2$•(Si,Zr)O$_2$]
→~{ose}[pl.osar] 蛇丘;蛇形{行}丘

Osagean 欧塞季群;奥萨季(阶)[北美;C$_1$]

Osagia 奥萨季核形石群[C$_3$-K]

Osagian 欧塞季群
→~ age 欧沙居期//~ stage 奥萨季(阶)[北美;C$_1$]

osakaite 大阪石[Zn$_4$SO$_4$(OH)$_6$•5H$_2$O]

os alisphenoidale 翼蝶骨
→~ angulare 隅骨

osannite (铁)钠闪石[Na$_2$(Fe^{2+},Mg)$_3$Fe^{3}Si$_8$O$_{22}$(OH)$_2$;单斜];奥闪石

Osann's classification 火成岩;奥散分类[火成岩]
→~ law of settling velocity 奥散沉降速度定律//~ triangle 奥散三角(图)

osarizawaite 羟铅铝矾;羟铝铜铅矾[PbCuAl$_2$(SO$_4$)$_2$(OH)$_6$;三方]

osarsite 硫砷锇矿[单斜;OsAsS;(Os,Ru)AsS];硫砷钌锇矿[RuAsS]

os autopalatinum 原腭骨
→~ basibranchiale 基鳃骨//~ basilare 颅底骨//~ basioccipitale 基枕骨

osbornite 奥斯朋矿;陨氮钛石[TiN;等轴];钛氮石

oscillating 抖动板
→~ arm-type boring machine 摆臂式岩石钻巷机

oscillation 颤动;变动;振幅;振动;振荡;浪动;间冰亚期
→(pendular) ~ 摆动//~ {tank} circuit 振荡回路//~ cross ripple mark 振荡干涉波度;摆动交错波浪//~ effect 振荡效应//~ frequency 振荡频率//~ cross ripple mark 摆动交错{干扰}波痕[浪;度}

Oscillatoria 颤藻(属)[蓝藻;Q]

Oscillatoriopsis 丝状蓝藻(属)[蓝藻;Ar]

oscillatron 示波管;电子射线管

oscillector 振荡频率选择器

oscillograph{oscilloscope} 示波仪;示波器
→(recording) ~ 录波器

os coccygeum 尾骨

osculating circle 密切圆
→~ element 接触单元//~ orbit 吻切轨道

osculation 密切;接触;吻切
→~ plane 相切面

Osculosida 端孔放射虫目

osculum[pl.-la] 口孔;出水口[绵]
→~ drain opening 出水口

os ectocuneiforme 外楔骨;第三楔骨

oserskite (柱)霰石[蓝绿色;CaCO$_3$];(柱状)文石[CaCO$_3$;斜方]

os ethmoidale 筛骨
→~ ethmonasale 筛鼻骨//~ hemip-

terygoideum 半翼骨// ～ hypobranchiale 下鳃骨// ～ hypurale 尾下骨

osilium 髂

osillator 晶振类型

osirita 铱锇；锇铱矿[(Ir,Os),Ir>Os;等轴]

osirite 铱锇矿[(Ir,Os),Os > Ir;六方]

os ischii 坐骨
→ ～ ischiopubis 坐耻骨// ～ lacrimale 泪骨

Oslograben 奥斯陆地堑

osloporphyry 暗斜波登斑岩；角闪二长霏细波登斑岩

osmelite 针钠钙石[Na(Ca$_{0.5}$Mn$_{<0.5}$)$_2$(Si$_3$O$_8$(OH));Ca$_2$NaH(SiO$_3$)$_3$;NaCa$_2$Si$_3$O$_8$(OH);三斜]

osmian irarsite 锇硫砷铱矿
→ ～ laurite 锇硫钌矿// ～ ruthenium 锇自然钌

osmioiridosmine 铱锇矿[(Ir,Os),Os > Ir;六方]；暗铱锇矿

osmiridisulite 硫锇铱矿

osmiridium{osmiridin} 铱锇矿[(Ir,Os),Os > Ir;六方]；锇铱矿[(Ir,Os),Ir>Os;等轴]

osmite 自然锇[(Os,Ir),Os>80%;六方]；铱锇矿[(Ir,Os),Os > Ir;六方]

osmium 锇[(Mn$_2$,Zr,Ca$_2$,Ba$_4$)O$_2$•(Si,Zr)O$_2$]
→(native) ～ 自然锇[(Os,Ir),Os>80%;六方]// ～-iridium 铱锇矿[(Ir,Os),Os > Ir;六方]；锇铱矿[(Ir,Os),Ir>Os;等轴]// ～ ores 锇矿

osmol 渗透压摩尔；渗摩[用摩尔表示的渗透压单位]

osmolality 渗透压度

osmolar 渗透(作用)的

osmolarity 渗透性

osmondite 奥氏体变态体[淬火钢 400℃回火所得的组织]

osmosis 渗透作用；渗透
→ ～ (permeability) 渗透性

osmotaxis 趋渗性

osmotic 渗透的
→ ～ flow 电渗流

Osmunda 紫萁(属)[植;K-Q]；薇

Osmundaceae 紫萁科

Osmundacidites 紫萁孢属[J-E]

Osmundites 似紫萁属[T-E]

os nasale 鼻骨
→ ～ net 蛇形丘网// ～ omosternum 肩胸骨// ～ palatinum 腭骨// ～ palatopterygoideum 腭翼骨// ～ pedis 足骨// ～ primarium 原骨

ossa articularia 关节骨

osseous 骨状的[德]；骨质的
→ ～ {bone} amber 不透明骨状琥珀// ～ framework 骨骼[动]// ～ {bone;bony} tissue 骨组织

ossicle{ossiculum} 小骨

ossipite{ossipyte} 粗橄长岩

ossypite 粗橄长岩

ostariophysi 骨鳔(鱼超)目

Osteichthyes 硬骨鱼类

Osteoglossum 骨舌鱼属[Q]

Osteolepis 骨皮鱼；骨鳞鱼属[D$_2$]

osteolite 磷酸钙；磷骨石[Ca$_5$(PO$_4$)$_3$•(F,Cl,OH)]；磷钙土[Ca$_5$(PO$_4$)$_3$(Cl,F)]；粪化石；土磷灰石[Ca$_5$(PO$_4$)$_3$•(F,Cl,OH)]

osteolith 骨磷灰石；骨骼化石；腿骨状颗石[钙超]

osteopetrosis 骨(质)石化病；骨骼石化症；大理石样骨病
→ ～ with delayed manifestations 迟发性大理石骨病// ～ with precocious manifestations 早发性大理石骨病

osteoplast 成骨细胞

osteosclerosis 骨硬化

osteostraci 骨鱼目；骨甲鱼目；骨甲(亚纲)；甲胄目[骨甲类]

osteotome 骨凿

ostia[sgl.ostium] 流入孔；入水孔

ostiary 河口

ostiole 孔口
→(tundra) ～ 苔原泥环

ostium[pl.-ia] 真孔；前孔；凹骨；内耳石；小孔
→ ～ sulcus 凹骨

Ostracoda 介形`类{亚纲}

Ostracodermi 函皮类；介皮类；甲胄鱼类；(脊椎动物无颌类)甲胄类[无颚动物]

ostraconite 远洋灰岩

ostracum[pl.-ca] 壳壁；壳(皮)层
→(inner) ～ 介壳

ostraite 磁铁尖晶辉岩；钛磁尖晶霞辉岩

ostranite 锆石[ZrSiO$_4$;四方]

Ostrea 牡蛎属[双壳;T-Q]

Ostreobium 蚝壳藻属[Q]

Ostria 屋斯屈里风；奥斯特风[保]

ostrich 鸵鸟(属)

os trigonum{triquetrum} 三角骨
→ ～ trough 蛇形丘槽

Ostrya 苗榆属；铁木属[K-Q]

Ostryoipollenites 苗榆粉属[孢;K-Q]

ostwaldite 氯银矿[AgCl]；角银矿[Ag(Br,Cl);AgCl;等轴]

osumilite 大隅石[(K,Na)(Fe^{2+},Mg)$_2$(Al, Fe^{3+})$_3$(Si,Al)$_{12}$O$_{30}$•H$_2$O;六方]
→ ～-(Mg) 镁大隅石[(K,Na)(MgFFe^{2+})$_2$(Al,Fe^{3+})$_3$(Si,Al)$_{12}$O$_{30}$•H$_2$O;六方]

oswaldpeetersite 羟碳铀石[(UO$_2$)$_2$CO$_3$(OH)$_2$•4H$_2$O]；奥水碳铀矿[(UO$_2$)$_2$CO$_3$(OH)$_2$•4H$_2$O]

Otarion 小耳虫属[三叶;O$_2$-D$_3$]

otavite 棱镉矿；菱镉矿[CdCO$_3$;三方]

otaylite 膨润土[(½Ca,Na)$_{0.7}$(Al,Mg,Fe)$_4$(Si,Al)$_8$O$_{20}$(OH)$_4$•nH$_2$O,其中 Ca^{2+}、Na$^+$、Mg^{2+}为可交换阳离子]；斑(班)脱岩[(Ca,Mg)O•SiO$_2$•(Al,Fe)$_2$O$_3$]

Othoptera 直翅类

otico-occipital 耳颈区
→ ～ depression 耳枕凹

otjisumeite 奥锗铅石；锗铅石

Otoceras 耳菊石属[头;T$_1$]

otoconia{otoconium} 耳石；耳砂；位(觉)砂[耳石;位石]

otoconiurn{statoconium;otolithic} membrane 耳石膜

Otofolium 耳叶属[植;P$_2$]

otolite 耳石；耳砂

otolith 平衡石；(内)耳石；位(觉)砂；耳{位}石[鱼类等];听石

otolithiasis 耳石病

o-toluidine 邻(-)甲苯胺[CH$_3$•C$_6$H$_4$•NH$_2$]

Otozamites 耳羽叶(属)[T$_3$-K$_1$]

ot(t)relite 异剥石[习惯上亦常指普透辉石及普通辉石之发育良好的裂开者;Ca$_7$Fe^{2+}Mg$_{6.5}$Fe$_{0.5}^{3+}$Al(Al$_{1.5}$Si$_{14.5}$O$_{48}$]

ottajanite 斜白灰玄岩

ottemannite 斜方硫锡矿[Sn$_2$S$_3$;斜方]

ottensite 欧特恩矿[Na$_3$(Sb$_2$O$_3$)$_3$(SbS$_3$)•3H$_2$O]

otter 水獭属[N$_2$-Q]
→(common) ～ 水獭

Otto cycle engine 奥托发动机
→ ～-cycle engine 奥托循环柴油机

Ottoia 奥托虫(属)[环虫]；油精虫属

ottrelite (锰)硬绿泥石[(Fe^{2+},Mg,Mn)$_2$Al$_2$(Al$_2$Si$_2$O$_{10}$)(OH)$_4$,单斜、三斜; (Fe^{2+},Mn)(Al,Fe^{3+})$_2$Si$_3$O$_{10}$•H$_2$O]
→ ～-phyllite 硬绿泥千枚岩// ～ schist 硬绿泥石片岩

otwayite 羟碳镍石[Ni$_2$(CO$_3$)(OH)$_2$•H$_2$O;斜方]

ouachitite 无橄云碱煌岩

ouadi 干(乾)谷；旱谷[法]

ouatite 锰土[MnO$_2$•nH$_2$O]

oued[pl.-s,-i] 干(乾)谷；枯水河；旱谷

ouenite 细苏橄辉长岩；细钙长辉长岩

ouklip 粉砾岩

oulankaite 欧兰卡矿[(Pd,Pt)$_5$(Cu,Fe)$_4$SnTe$_2$S$_2$]

oule 冰斗[西]

Oulodus 扭曲牙形石属[O$_2$-S]

oulodus elements 扭曲牙形石分子

oulopholite 石膏花；石膏[CaSO$_4$•2H$_2$O;单斜]；叶片石膏

ounce 少量；英两[=28.35g]；盎司{斯}[=28.35g]；微量

ouralite 次闪石；纤闪石[角闪石变种]

ourayite 硫铋铅银矿[Ag$_{25}$Pb$_{30}$Bi$_{41}$S$_{104}$;斜方]

oursinite 硅钴铀矿[(Co$_{0.86}$Mg$_{0.10}$Ni$_{0.04}$)$_{0.2}$UO$_3$•2SiO$_2$•6H$_2$O];刺猬铀矿

ousbeckite{ousbekite} 水钒铜矿[Cu$_3$V$_2$O$_7$(OH)$_2$•2H$_2$O；Cu$_3$(VO$_4$)$_2$•3H$_2$O;单斜]

out 彻底地；外面；突出地；赶出；外面的；在外；出声地；现出来；竭尽；外出；外部；断开的；特大的

outage 电流中断期；罐顶至油面距离[据此测算存油量]；故障停工；排气孔；排出量；工作间歇；工作间隙；粉砂体；粉砂层；运转中断；预留的容量；油箱内剩余燃料；油罐或油槽内为油料膨胀预留的空间；空高；出门；停止；停歇；停机；断电

outband 外圈框石[房]

outboard 外侧的；外侧
→ ～ arm 外伸式支臂

outbound 输出的；射出的；引出的
→ ～ signaling 发车信号

outbowed (矿)层露头

outbreak 露头；破裂；中断；爆发；断裂
→ ～ period 爆发期

outbreeding 远系繁殖

outbuilding 海退建造作用；外屋

outburn 以燃烧驱散；烧完；比……燃烧得更久

out(-)burst 爆炸；气喷；喷流；喷发；脉冲；大爆发；露头；崩出；爆燃；爆破；突发；冰川爆发洪；突出[岩石、瓦斯等]

(firedamp) outburst 瓦斯突出；喷出；爆发；爆喷

outburst coal seam 突出危险煤层
→ ～ of coal and gas 煤岩和瓦斯突出// ～ of gas 瓦斯突出；瓦斯爆炸// ～ of water 突然涌水

outbye 向外[指离开工作面至井底或地表]；外向；朝向井筒；(在)不远的方向[苏格]
→ ～ work 靠近井底的工作

outby(e)-side 向外边

O

outcome 输出；产物；产量；排气口；出口；结局；结果；成果

outcrop (岩层)露头；出露；露出(地面(的岩层)；揭露；矿苗
→~ bending 露头滑移弯曲 // ~ (p)ing rock 露头岩石 // ~{contour} mine 露头矿

outcropping 露出地面；露出地表；矿苗；出露；露头[岩层]
→~ bed 露头层 // ~ pervious formation 与地表连通的含水层 // ~ seam 露天地层；出露到地表的地层

outdoor 室外的；露天的；露天；野外的
→~ storage 货场 // ~ storage pile 露天贮料堆

out-draught 出气孔

outer 外面的
→~ anterior spur 外前距[牙石] // ~ bar 外沙坝{堤} // ~ continental shelf 陆棚；外域 // ~ cover 外胎[of a tyre] // ~ double-chain conveyor 外侧双链输送机

outerhigh{outer high} 外陆缘高地

outer hinge plate 外铰板[腕]
→~ housing{covering} 外壳 // ~ housing 外套 // ~ island arc ridge 外弧海岭 // ~ leaf 帮[of cabbage,band,etc.] // ~{siphonal} lobe 外叶[菊石] // ~ margin of generating curve 生成曲线外缘 // ~ normal 外法线 // ~ platform 外平台[牙石] // ~ pressure resistance 抗外压强度

outersphere 外逸层

outer splice bar 外鱼尾板
→~ tectorium 外疏松层[孔虫] // ~ tidal delta 外潮汐三角洲 // ~ trench 外海沟 // ~-water-spraying system 外喷雾系统

outfall 山麓露头；河口；河道出口；排泄管；排水{放;出}口；排出；出水口；袭击；(在)较低水平露出的煤层
→~ ditch 排水沟；溢水沟 // ~ {detrital;fluvial} fan 冲积扇

outfield 边境；未知世界

outfill 冰水堤

outfire 灭火

outflow 流出物；流出；流量；流出量；溢流；溢出量；溢出；出流；外流；爆发
→~ bay 流出口

out-flow of methane 瓦斯涌出量

outflow point 泉点；出口(处)
→~ pressure 瘤压力 // ~{discharge;inflow} rate 涌水量 // ~ surface 溢出段

outfold 倒转褶皱

out gate 输出门；溢流口

outgoing 支出；赛过；赶上；出口；优于；消耗；外出；输出的；输出；启程；费用；用过的；出发的
→~ adapter 出线接头 // ~ air 出风 // ~{upcast;return} air 回风

out-group comparison 外群比较

out-hole run 上行测量

outhouse 外屋

out-island 群岛中的非主要岛屿

out-laying well 扩治井

outlet 回风道；输出；河口；泉口；插座；排水口；排水道；排出；流出；通到地面的巷道；引出线；引出；泄水孔；卸料口

outlier 蚀余山；外围层；残山；老围层；越轨值；飞来峰；异元；异己(样品)；异点；遗证冈；野值；外露层
→~ of overthrust mass{sheet} 飞来峰 // ~ of overthrust sheet{mass} 孤残层；翻卷褶皱孤山

outline 画轮廓；圈边；剖；草图；面；纲要；轮廓；大纲；周线；略图；概要；外形线；外形图；外形；提要；探边；素描
→(broad) ~ 梗概 // ~ map 边缘图 // ~ plan 粗略规划

outlining 画轮廓
→~{contour} blasting 轮廓爆破 // ~ blasting 边眼爆破

outloading bunker 卸矿仓

outlying reef 外围礁；独礁
→~ well 外缘井

out-lying well 外沿井

out-migration 迁出

outo 奥托风

out of adjustment 未平差的
→~ of center 偏心的；偏心；偏离中心 // ~-of-mine transportation 矿外运输 // ~ of order{true} 有毛病 // ~-of-round oversized hole 大肚子井眼[冲蚀严重的井眼] // ~-of-season vegetables 四季青蔬菜；温室蔬菜

Outotec TankCell flotation machine 奥图泰 TankCell 浮选机

outotheca 单胞

out performance (curve) (油气)流出井外动态(曲线)
→~ (of) phase 不同相；异相

outport 输出港；外港；哨兵；边远地区
→~ action 警戒 // ~test 甩出预探井 // ~ well 油藏边界外的井

outpouring 喷溢；流出；泻出
→~ spring 涌泉

out-product 产量超过

output 输出设备；输出量；生产能力；生产；产品；出水量；出产；效率；出口
→~ of ore 矿石产量

outremer 青金石[(Na,Ca)$_{4\sim8}$(AlSiO$_4$)$_6$(SO$_4$,S,Cl)$_{1\sim2}$;(Na,Ca)$_{7\sim8}$(Al,Si)$_{12}$(O,S)$_{24}$(SO$_4$,Cl$_2$,(OH)$_2$);等轴]

outrigger shaft 延长轴
→~ wheel 外支撑轮

outright 爽快的

out secondary 次级(线圈)端

outset 开端；井端；内砖石井壁；高出地面的井筒；开始

outside 表；超出；海上；远距离的；外围的；外面的；外部；外表上；出线
→~ bank slope 河岸外坡 // ~{outer}(core) barrel 外岩芯筒 // ~ butt strap 外对接搭板 // ~ diameter of tubing (油)管外径

out-side fleet angle 外偏角

outside-flush drill pipe 外平钻杆

outside{surface} foremen 地面工务员
→~ gouge 外弧口凿 // ~ heading 边界平巷 // ~ perforation packing 射孔孔眼外砾石充填 // ~ price 最高价格 // ~ pump blender 泵外加砂装置；泵外混料器 // ~ sealing 封井 // ~ stone 外侧刃金刚石[钻头]

outskirt of thermal field 热田周边

outskirts 郊外；外围
→~ of mine 矿山境界

outslope 下坡的斜面形成的壕沟用以排水

outspoken 直言不讳的；坦率

outsqueezing 榨出；压出

outstanding 风流；未清算的账目；优秀；悬；杰出的；未完成的；未偿清的贷款；突出；凸出的
→~ account 未偿还账款 // ~{description} point 方向标

outstep 外扩；探边
→~ drilling 甩开钻井

out-stepping{extension;delineation;outpost;outstep;stepout} well 探边井

out-to-out 全宽；全长；总尺寸；外廓(尺寸)
→~ distance 外形尺寸

outward 公开的；明显的；向外；外形；外面的；外侧的

outward-pointing cusps 朝外尖顶；向外尖顶

outward seepage 出渗
→~ side 向外边 // ~-spreading lithospheric plate 向外扩张的岩石圈板块 // ~ thrust 外向推力

outwash 雨水冲刷沉积；清除；坡积物；消融；冲刷；冲蚀；冰川边碛外沉积
→(glacial) ~ 冰水沉积 // ~ (plain) 外洗平原 // ~ delta 冰水沉积三角洲

outwashfan 外洗扇

outwash{washed} gravel 冰水砾石；冰水(砾质)平原

outwashing 砂潜蚀；冲刷作用

outwedging 尖灭

outwit 哄骗

outwork 户外工作；野外工作；露天作业；圆满地完成；野外作业；外业；简易外围工作

outworker 外勤(工作)人员

ouvala (灰岩)洼盆；灰岩盆(地)；岩溶谷；干(喀斯特)宽谷

ouvarovite 钙铬榴石[Ca$_3$Cr$_2$(SiO$_4$)$_3$;等轴]

Ou Ware 瓯窑

ova 沉陷盆[常为沼泽]

Ovacystis 椭圆海林檎属[棘;O]

oval 卵形线；卵形物；卵形的；卵形；椭圆形
→~ brilliant 椭圆圆钻 // ~-cell 受精卵；卵孢子

Ovalipollia 卵形粉属[孢;T$_3$-J$_1$]

ovality 卵形度；椭圆度；椭圆变形[钢]

ovalization 成{呈}椭圆形

ovaloidal opening 卵圆形巷道

oval-shaped 卵形的；椭圆形

oval socket 卡瓦打捞筒

Ovalveolina 卵蜂巢虫属[孔虫;K]

ovamboite 锗硫钨铁铜矿[Cu$_{20}$(Fe,Cu,Zn)$_6$W$_2$Ge$_6$S$_{32}$]

ovarian sinus 卵巢痕

ovarium 卵巢[动]

ovary 卵巢[动]；子房

ovate{ovatus} 蛋形的；卵圆形的

Ovatia 卵形贝属[腕;C$_1$]

oven 烘道；恒温器；炉；灶；窑炉；风化坑[化学]

ovenstone 滑石片岩；耐火石；不纯皂石

overabundance 过剩；过多

overaged product 过剩油品

overall 全体{部}的；工作服；总体；总的；外罩；套衣
→~{resultant} accuracy 总精度 // ~ analysis 全面分析 // ~ angle change 总角度变化 // ~ combustion 完全燃烧 // ~ **concentration** 总富集率；矿井开

采集中总系数

over-all injection-withdrawal ratio 总注采比

overall{total;structural;full} length 全长

over-all mining method 全面回采

overall pattern 总模式
→~ penetration 总穿透深度 // ~ performance 总指标；总性能 // ~ productivity efficiency 全员效率 // ~ ratio 总传动比

overalls 工装裤

overall safety factor 总安全系数

over-all{average;mean} velocity 平均速度

overall video distortion 总视频信号失真
→~ water injection plant 注水总站 // ~{all} width 全宽 // ~ yield 总回收率；总产量

over and short 输差；账面和实际存量的差值；油罐存油量与实存油量的差值[不考虑损耗和膨胀的计算]
→~ and short station 旁接油罐流程泵站 // ~-and-under conveyor 上下双链运输机 // ~-and-under method 上向下向混合采矿法；联合采矿法；天井{倾斜溜井}上下分段{层}掘进法

overarch 架设拱圈

over-arching weight 拱顶压力
→~ weight 支撑压力

over arm 悬梁

overarm brace 横梁支架

over-arm lapping machine 悬臂擦磨机[雕琢宝石用]

overbaking 烘烤过度；烘焙过度

overbalance 失去平衡；失衡；超平衡；过重；过平衡；过量；正压[井底压力大于地层压力]

overbalanced hoisting 超静力平衡提升

overbalance perforating 过压射孔

over balance pressure 正压

overbank 泛溢水道；倾斜过度；漫滩；泛滥水道；岸上
→~ deposits 溢岸堆积物 // ~ flow 越岸水流 // ~ process 泛滥

overbed combustion zone 层上燃烧带

overbend{over-bending} 过度弯曲
→~ region 过弯曲区[管子离开铺管船托管架的管段]

overblowing 过吹；加速鼓风[高炉]

overboard steam drain 蒸汽排出

overbolt 长螺栓

overbreakage 过碎；超挖[隧洞]；超爆；后冲爆破；巷道超挖；过限爆破((台阶)后冲破坏)；过度断裂；井巷超挖；台阶后冲破坏；塌方；洞顶破裂；过度破碎

overbreaking 上向掘进；过多崩落[超过预定边界]；过爆破；掘进截面过大；挑顶

overbreak in tunnel 隧道塌落
→~-underbreak 超欠挖

overbridge 上跨桥；旱桥；过街天桥；天桥；跨线桥[英]

overbridging 栈桥

overbuilt 超限建筑

overbunching 过聚束

overburden 剥离物；顶岩；超载；超负载；上覆层；上部沉积；覆盖层；过重；过度负担；盖层；(使)负担过度；浮土；浮盖层；风化层；被覆岩；冲积层；冰碛
→~ (pressure) 积土压力；剥离；上覆岩层；覆盖岩层

overburdened stream 超负荷河；负荷过量{搬运物过多}的河流

overburden gradient 上覆岩层压力梯度

over burdening 过重料；装料过多

overburden layer 表土层
→~ mining{removing;operation;removal} 剥离工作 // ~ pressure 过载压力；自荷重压 // ~ recasting 倒堆；剥离岩石倒堆 // ~-to-thickness of coal ratio 剥离(-)煤厚比

over-burned clinker 过烧熟料

overburning 烧毁

overburnt{over-burned} lime 过烧石灰

overcapacity 超负荷；设备过剩

over-carry 过载

over-car scraper 车顶刮板装车机

overcast 倒堆；铲投；捣堆[露]；风桥的上部风巷；覆盖；拱形支架；阴天；多云；风桥

over cast 密云；阴天

overcast air{-}bridge 上风桥；上行风桥
→~ and raining weather 阴雨天 // ~ bedding 围斜层理 // ~ loader 扬斗铲岩机；抓斗装载机

overcenter clutch 与发动机不同轴线的离合器

over chute 山洪(越渠)陡槽

overcloak 护墙；挡水板；覆盖料

overcoat 外套

over(-)compaction 过(度)压实

overcompensate 过度补偿

overconsolidated clay 过固结黏土
→~ soil deposit 过压固结的土壤沉积

overconsolidation 过度固结

over(-)consolidation ratio 超固结比

over-control 超调现象；过度控制

overconvergence 过度收敛{幅合}

overcook 煮得过久；焙烧过度

overcooling 过冷(却)

overcored 取钻孔岩芯圈的岩芯[测定岩层原地应力]

overcoring 取岩芯圈[勘]；剔心；套钻；套芯(钻)；心(钻)；套取(脱落)岩芯；套孔法

overcorrection 过调；校正过度

overcracking 过度裂化

overcritical nucleus size 超临界核尺寸

overcropping 耕种过度

overcross(ing) 风桥

over(head) crossing 跨顶风桥
→~ {overhead} crossing 跨线桥 // ~ crowding 过密[人口]；拥塞；拥挤 // ~(-)crushing 过度破碎；过碎

overcrusting 盖壳构造；被壳(堆积作用)

overcultivation 过度耕种；耕种过度

over cure 过分处治；固化过度

overcut 超径切削；过调制；过度刻划；砍伐过度；上部截槽；割断；扩大钻孔；井径扩大；挑顶

over cutting 顶槽
→~ cutting tool 超挖工具

overdamped 强衰减的
→~ gravity meter 超阻尼型重力仪 // ~ version 过阻尼型

overdeep boring rods 超深孔钻杆

overdeepened valley 过蚀谷

overdeepening 过下刻(作用)；过量下蚀作用
→~ river channel 河槽深潭

over-dense medium 过重介质

overdesign 超裕度设计；安全设计

overdevelopment 过度发展；显影过度

over(-enthusiastic) development 过度开发；过度显影
→~-development 过度开拓 // ~ dimensioning 超尺寸 // ~ discharge 过量卸料；过放电 // ~ disperse 密集分布

overdisplacing 顶替过量；替置过量

overdose 用量过多[药刻]；药剂过量

overdraw 透支

overdrawing 过多放出(矿)[矿房放矿]

overdredging 超挖[隧洞]

overdrilling 超限{过度}钻进；钻进过多；超钻[露防根底]

over drilling 超限钻进；过头钻进[岩芯管装满岩芯后]

overdrilling 钻孔加深[露天矿防根底]

overdriven pile 超打桩

overdue 过时的；过期的
→~ risk 延误船期保险

overelectrolysis 电解过度

over{reversed;thrust;up-thrown} fault 上冲断层；逆断层

overfeed 过度推进[凿岩机]；过度给料
→~ burning{overfeed(ing) firing} 上饲式燃烧

overfeeding 过量给料；给矿过多；装料过多；送钻过量

overfire air 从上部引入帮助燃烧的空气

over firing 过度燃烧

overfishing 过度捕捞

overfit 适应；过度拟合
→~ river 过能河 // ~ stream 过适河；过称河

over flight 飞越上空；空中巡视

overflow (spillway) 溢洪道；溢流管
→~ area 过水地面；漫水地面；漫溢区 // ~ ball mill 溢流式球磨机 // ~ calcine 焙砂溢流 // ~ cock{valve} 溢流阀

overflowed{flowage} land 泛滥地区

overflow land 水泛地
→~ level 泛滥水位 // ~ pipe connection 溢流管接头 // ~ steam 泛滥河流 // ~ well 溢水井

overflush 合约线突出；过分洗井；飞刺[玻璃制品缺陷]；飞边
→~ fluid 后冲洗液

overfly 立体交叉

overfold(ing) 倒转褶皱；倒转褶曲

overframe 上架

overfreight 超载；载货过多

overfrothing 过分起泡；过多起泡[浮]

overfulfill 超额完成；超额生产

overfull demand 过量需求；过多需求

overgassing 放气过多

overgate 风桥；风桥的上部风巷

overgauge 大于标准(尺寸)；大了

overgetting 过采；超额采量

overglaze colors{over-glaze decoration} 釉上彩

overgrazing 过度放牧

overgrinding 过度研磨；过磨；磨矿过细

overground 地上的；过度碎磨的

over ground tank 地上油罐

overgrowth 生长过度；长满；附(晶)生(长)；肥大；增生；过生长；过度生长；覆生；浮生；次生加大[晶]；繁茂；外延生长

overhand 手举过肩(的)；优势；锁缝(的)

O

→~ cut-and-fill 上向分层充填(法)//~ method 上向台阶采矿法//~ stoping and mining system 上向下向混合{联合}采矿法//~ stoping with shrinkage and delayed filling 上向梯段随后充填的留矿(采矿)法//~ stoping with shrinkage and no filling 上向梯段不充填的留矿(采矿)法//~ stoping with shrinkage and simultaneous caving 留矿采矿法与阶段崩落法联合回采//~-underhand stoping 上向下向梯段联合回采(法)

overhang 悬空；伸出；倒悬；檐突；悬重；悬垂；外伸；凸起
→~ bearing 悬吊轴承//~ crank 轴端曲柄//~-door 吊门

overhanging 伸出的；悬垂的；探出的
→~ bank 悬岸；陡岸

overhastiness 轻率；操之过急

overhaul 超运；拆检；仔细检查；修配；详细检查；检修；修理
→(major) ~ 大修

overhead 顶上；上空；过顶的；普遍的；管理费；内务操作；总括的；总开支；总的；辅助操作；额外消耗；头上的；头顶；架空的；架空[用柱子等支撑而离开地面的]

overheat{over{excessive}heat} 过热

overheating 过热；过度回火

overhung arc gate 上悬式弧形闸门

overhydration 水中毒；水合过度

overinflation 过分膨胀；过度打气

overings 车辆顶框[增加容量用]；车帮加高[增加容积]

overinjection 超注；过量注入

overinvestment theory 过分投资学说

overirradiation 过度辐照

over irrigation 灌溉过度

overite 水磷铝钙(镁)石[斜方；$Ca_3Al_8(PO_4)_8(OH)_6\cdot15H_2O;CaMgAl(PO_4)_2(OH)\cdot4H_2O$]；板水磷铝钙石

overlap 超距；互搭；超覆；扫孔内坍塌物；焊瘤；绕过事故钻具所钻的孔段；地层超复；巧合[时间等]；逆(掩)断层；搭接；覆包[介]；相互交搭；重叠；交错一致[部分]；叠覆[复][钙超]
→~ (fault) 冲断层//~ level 溢流线

overlapped reticulation 叠网状的
→~ structure 超覆构造

overlapping 超覆；层；交叉；复合[道]

overlap processing 覆盖处理；并行处理
→~ rope 上出绳//~ {concurrent-range} zone 重合带

overlay 表层；叠片式；覆盖层；覆盖物；覆盖；阴象刻图片；重叠；涂覆层；涂层；涂；透写图；透明片；程序分段；镀
→~ chart 叠加图//~ tracing 多矿层采场对照图

overlength 剩余长度；过长

overlift crude 超采原油

overlimed 加灰过量的
→~ cement 多石灰水泥

overliming 超施石灰

overline 跨线

overload-alarm mechanism 超载信号警报器；超(过)载警报机构

overloaded{fully-loaded} stream 多泥沙河流
→~ stream 超载河流

overloader 转载机

over loader 吊旋式装载机

overload factor 过载系数
→~ forward current 过负载正向电流

overloading of fuel 燃料过载

overload margin 容许过载
→~ {surge} protection 过载保护(装置)//~ release 超载松脱(安全)器//~ relief 防过载安全装置

overlying 叠加；超覆；上覆的；覆盖岩石；覆盖
→~ bed{strata} 覆层//~ capping{stratum} 覆盖岩石//~ rock 上履岩石

overman[pl.-men] 总管；监工；工头；裁判员；(使)人员配备过多

overmature gas 过成熟气

overmeasure 过量剩余；高估

overmigrate 过量偏移

overmining 过采

overmixing 过度混合{搅拌}

overmodulation{over modulation} 过调制；超调

overmuch 剩余；过多的

overneutralization 过度中和

overnight dried 过夜晾干

overoiling 油药过量；加油过度

overoptimization 过量优化

overoxidation 过氧化

overpacked 超堆垒状态

overpacking 超紧密(堆)积(作用)；超堆垒状态

over-pickling 过酸洗[板、带材等]

overplate 仰冲板块

overplating 顶侵作用[地壳顶部侵位]；板(块)上作用

overpoling 插树(还原)过度[炼铜]

overpolishing 抛光过度

overpopulation 人口过剩{多}

overpower 超功率；压倒

overpowered scraper hoist 带备用功率的扒矿绞车

overpressure detection 高压层检测

over pressured formation 超压地层

overpressured hydrothermal system 超压态水热系统

overpressure resistant 耐压的

overpressurization 过量增压

overprime 过量注入

overprint 叠加标记[组构]；叠加；后加[岩石变质组构]；印戳；添印上去的东西；叠覆{复}[构造]；重叠[构造]

overprinted crust 叠覆地壳

overproduce 超产

over-produced well 超过官方允许产量的井

over-product 筛上产品

over pull force 超拉力
→~ (-)pumping 过量抽水；过度抽水

overpunching (卡片)三行区穿孔；附加穿孔

overquenching 过冷淬火；过度淬火

overran error 超运转错误

overranging 超出定额范围

overridden block 原地断块；被逆掩推覆岩块；原地岩体
→~ mass 被掩岩体

override 超越；超复；过载；代销用金；代理佣金；压倒；重叠
→~ system 后备保险系统；为提高效率和安全而安装的设备

overriding 叠置；首要的；超越放顶线垮落；超复；上驮作用；过量负荷；过卷(扬)

高于一切的；仰冲；最重要的；占优势的；掩覆；压倒一切的；推挤构造；推覆

over-river levelling 跨河水准测量

overroasting 过烧；焙烧过度

overrolling 翻转

over-rolling 过度碾压

over(-)rolling movement 翻转运动

overrope 提升绳

over-rope 无极绳

overrun 荒废；超支；场端安全区[土]；超过[范围;界限]；溢出

over-run bit 过磨损钎头

overrun brake 刹车闸

overrunning 过卷(扬)；溢流的

oversampling 采样过密

oversanded 多砂的
→~ mix 多砂拌和料

over sanded mixture 砂量过多的混凝土混合料

oversaturated 过饱和的
→~ rock 过饱和岩

overseeding 超播；过量播撒

overseer 工头；监视者

overshadow (使某物)被遮暗；阴暗

overshooting 超调(量)；上冲；过调节；过辐射；过冲(击)；越过；逸出；超量装药爆炸；超出[规定限度]；正峰突；尖头信号

overshot 上击的；取管器；向后的；打捞筒；打捞套筒或钻管的工具；卡瓦打捞筒；贴补短节
→~ assembly 提升器；打捞器[绳索取芯]

overside 边缘溢出的
→~ delivery 船边交货

oversize 超差；筛上物；带余量的尺寸；分级底流；尺寸过大；特大型
→~ (particle) 粗粒；超粒；筛上产品//~ collection manifold 筛上产品集矿管//~ control screen 超粒控制筛；大粒控制筛

oversized gravel 尺寸过大砾石；尺寸(选择)过大的砾石

oversize discharge 筛上产品排卸

oversized materials 超径材料

oversize drill collar 加大尺寸钻铤
→~(d) hole 过大尺寸钻孔；超径孔；钻具偏心转动而使井身扩大的井；增大直径的钻孔//~ to waste dump 粗粒去废矿堆

oversleeve 油套

overspeed 超转速；超速
→~ `limit device{preventer;governor} 限速器；防超速装置//~ shut-off 过速停车装置//~ switch 限速开关//~ trip 超速跳闸//~ warning 超速报警(装置)

over-speed warning 超速报警(装置)

overspending 超支；花费过多

overspill 过剩人口的；溢出物

overspray 过度喷涂；喷溅性

oversteepened bed 逆转层
→~ {upturned} bed 倒转层//~ valley 过陡谷；削峭谷

overstepped graben 跨覆地堑

overstep the bounds 出轨

overstress 超应力；超应力；超限{过度}应力；过于强调

overstressed area 超应力(地带)

overstressing 应力超限

overstretching 过拉伸；过度伸长

Overstrom table 奥维尔斯状型摇床

oversubmergence 淹没

oversupply 供应过剩

overswing 挥动弧度过大；超出规定；过调节；过辐射；过渡特性的上冲[峰突]；过摆；逸出；尖头信号；摆动过大

overtails 筛渣；筛上物

overtaking 超越；赶上
　　→～ method 超速法

overtamping 过量装填炮泥；捣固过度

overtemperature 超温；过热
　　→～ signal 超高温信号(器)；过热信号

overtempering 过度回火

over-the-top gravel packing tool 皮碗式砾石充填工具

over-thickened 超厚的；过厚的

over throw 漏接
　　→～-throw 风桥

overthrown fold 倾倒褶皱

overthrust 上冲；逆掩；仰冲；掩冲

overthrusting 逆掩断层；掩冲

overthrust sheet 掩冲(岩席)
　　→～ slice 上冲片体

overtide 倍潮

overtilted 倒转的；翻转的

overtime 超限时间
　　→～ (shift) 加班

overtipped face 被倾覆工作面
　　→～ strata 倾覆岩层；倒转地层

overtipping 地层倒转；地层侧转；倾覆；岩层倾覆

Overtonia 欧尔通贝属[腕;C1]

overtopped dam 溢水坝

over travel{modulation} 过调
　　→～ travel 超行程；重调

overtreatment 过处理

over-tub 上绳式；(在)矿车上面的
　　→～ {overhead} rope 上拉式无极绳//～ rope 上绳式无极绳

overtub system 上绳式无极绳运输系统

over-tuned points 过调谐点

overture 主动表示；开端；建议；提议

overturn 倾倒；倒转；翻车；湖水对流；翻倒；倾覆；倒转褶皱；翻转；翻过来；推翻

overturned 推翻的

overturning kibble 翻转吊桶[凿井排水等]
　　→～ metallographic-microscope 倒立金相显微镜//～ moment 翻倒力矩//～ wedge 倒置的楔体

overturn of water (冷热或上下)水体倒转
　　→～ the thread 过扣[旋螺纹过头]

overuse 使用过度；滥用

overventilation 过量通风

overview 观察；综述；概述；概观

over-voltage condition 过压状态

overvulcanization 过度硫{硬}化

overwall 上盘

overwash 洪积土壤；越流；越浪；越顶；越堤冲岸浪

overwater 水上的
　　→～ drilling 水上钻井

overweight 超重的；超重；过重；优势；过饱和[钻头上金刚石]

overwelding 过焊

overwetting 过度润湿{湿润}

overwhelm 压垮

over-wind catches 过卷抓爪
　　→～ circuit-breaker 过卷断路器[提升]

overwinder 过卷防止器[提升机]

overyear 越冬的；多年的
　　→～ storage 多年调节库容

ovicell 卵胞[苔]

ovine 绵羊的

ovis 羊属；绵羊属
　　→～ aries 绵羊

Ovoceras 卵形角石属[头;D]

Ovocystis 椭圆海林檎属[棘;O]

ovoid 蛋状的；蛋形煤砖；蛋形的；卵圆形的；卵形体

Ovoidites 卵形孢(属)[E]

Ovonic 双向开关半导体元件；双向的；奥夫辛斯基[Ovshinsky]作用的；用玻璃做半导体的

ovulate 胚珠裸露[植]；排卵[动]
　　→～ strobilus 大孢子叶球[植]

ovule 胚珠[植]；小卵[动]

Ovulechinus 卵海胆属[棘;K_2]

ovuliferous 产小卵的；具胚珠的
　　→～ scale 果鳞；珠鳞[植]

ovulite 卵化石；鱼卵石；鲕状岩；鲕石

Ovulites 卵石藻属[K-E]

owarowite 钙铬榴石[$Ca_3Cr_2(SiO_4)_3$;等轴]

Owenella 欧文螺属[腹;C_3-O]

owenite 鳞绿泥石[$(Fe^{2+},Fe^{3+},Mg,Al)_6((Si,Al)_4O_{10})(O,OH)_8$]；欧文主义者

Owenites 欧文氏菊石

owensite 硫铁铜钡矿[$(Ba,Pb)_6(Cu,Fe,Ni)_{25}S_{27}$]

owharoite 豆状波纹岩

own 占有；拥有；有；自己；趁；领；领有
　　→～-accord crushing 自行压碎

ownership 所有权
　　→～ (system) 所有制//～ cost 所有权费//～ map 矿地所有权指示图；(矿地)所有权图

owyheeite 银毛矿[$Ag_2Pb_5Sb_6S_{15}$]；脆硫锑银铅矿[$Ag_2Pb_5Sb_6S_{15}$;斜方]；银金矿[(Au,Ag),含银25%～40%的自然金;等轴]

oxacalcite 草酸钙石[$Ca(C_2O_4)\cdot 2H_2O$;四方]

oxahaverite 鱼眼石[$KCa_4(Si_8O_{20})(F,OH)\cdot 8H_2O$]

oxalate 草酸钠胺石；草酸[$HOOC\cdot COOH$]
　　→～ calculus 草酸盐结石[医]//～ of ammonium 草酸铵石[$(NH_4)_2C_2O_4\cdot H_2O$;斜方]//～ of iron 草酸铁矿[$2FeC_2O_4\cdot 3H_2O;Fe^{2+}C_2O_4\cdot 2H_2O$;单斜]//～ of sodium and ammonium 草酸铵钠石

oxalic{ethanedioic} acid 草酸[$HOOC\cdot COOH$]

oxalite 草酸铁矿[$2FeC_2O_4\cdot 3H_2O;Fe^{2+}C_2O_4\cdot 2H_2O$;单斜]

oxammite 草酸铵石[$(NH_4)_2C_2O_4\cdot H_2O$;斜方]

oxazole 唑[C_3H_3NO]

oxazoline 1,3-氧氮杂环戊烯-(2)[$OCH:NCH_2CH_2$]；噁唑啉

ox blood 雾红
　　→～-blood red 牛血红

oxea[pl.oxeas,oxeae] 针状双尖骨针[绵]

oxedrine{sinefrina} tartrate 酒石酸对羟福林

Oxfordian age 牛津期
　　→～{Divesian} stage 迪维斯阶

Oxfordin{Divesian} (stage) 牛津(阶)[146～154Ma;欧;J_3]

Oxhaverite{oxhverite} 鱼眼石[$KCa_4(Si_8O_{20})(F,OH)\cdot 8H_2O$]

oxhide 牛皮

oxhydryl 羟基[HO-]；氧氢基

oxiacalcite 草酸钙石[$Ca(C_2O_4)\cdot 2H_2O$;四方]；草酸方解石

oxidapatite{oxy-apatite} 氧磷灰石[$Ca_{10}(PO_4)_6O;10CaO\cdot 3P_2O_5$]

oxidase{oxidate} 氧化

oxidates 铁锰氧化物沉淀岩类

oxidation{oxide} film 氧化膜

oxide bearing ore 含氧化物矿石
　　→～-facies iron formation 氧化物相含铁建造//～ flotation 氧化(矿)物浮选//～-induced stress 氧化引起的应力//～-meionite 氧钙柱石//～ of iron 赤铁矿[Fe_2O_3;三方]

oxides 氧化物类

oxidite 氧化陨石

oxidizable 可氧化的

oxidization 生锈；氧化

oxidized{air-blown;blown;oxidated} asphalt 氧化沥青
　　→～ (ore) deposit 氧化矿床//～ metal explosive 氧化金属炸药//～ resin 氧化树脂

oxidizing (action;agency) 氧化作用

oxime 肟[-CH(=NOH)]

Oxinagnathus 尖颚牙形石属[C_2]

oxine 8-羟基喹唑[$HO\cdot C_9H_6N$]

oxisol 氧化土

oxo 含氧的；氧代(络)[O=]
　　→～-bridge 氧桥

oxoferrite 自然铁[Fe;等轴]；铁亚铁

Oxoplecia 锐重贝属[腕;O_2-S_2]

oxy- 含氧的；羟基[HO-]；敏锐；氧化；尖锐

oxyacetylene torch 氧(乙)炔割炬
　　→～ welding 氧气乙炔焊接

oxyacid 含氧酸；羟基酸

Oxyaena 牛鬣兽

oxyalkylated 烷氧基化的

oxyanion 氧离子

oxyarc welder 氧焊器；氧弧焊器

oxy-arc welding 氧弧焊

oxybasiophitic 酸基性辉绿(结构)；酸基含长结构的

oxybiosis 需氧(气)生活

oxybiotic 好气(性)的；需氧生活的
　　→～ organism 需氧性生物

oxybiotite 氧黑云母

oxychalcogenide glass 氧硫系玻璃

oxychildrenite 氧童颜石{氧磷铝(锰)铁石}[$(Fe^{3+},Mn^{3+},Mn^{2+})Al(PO_4)(O,OH)_2\cdot H_2O$]

oxychloride 氯氧化物

oxycodone bitartrate 重酒石酸羟氢可待酮

Oxycolpella 锐孔贝属[腕;T]

oxycone 尖棱窄脐旋壳[头]

Oxydactylus 中新驼(属)[N_1]

oxydation 氧化作用；氧化

oxydhydratmarialith 羟钠柱石

oxydhydratmejonit 羟钙柱石

oxydol 双氧水

oxyethylene-ether-alcohol 氧化乙烯醚醇[$R-OCH_2CH_2OH$]

oxyferropumpellyite 氧铁绿纤石

oxy-fuel flame surface hardening 氧-燃料火焰加热表面淬火
　　→～ gas cutting 氧燃气火焰切割//～ reverberatory 氧-燃料反射炉//～ smelting 氧气燃料熔炼

oxygen 氧；氧气

O

→~ absorbed 吸氧量 // ~ acidity quotient 酸性系数 // ~ activated sludge system 氧活化污泥系统

oxygenant 氧化剂

oxygenated 含氧的；氧饱的

oxygenation 氧化；充氧

oxygen-atmosphere sintering 氧气氛烧法

oxygen balance 氧平衡

oxygen{|U|oil}-free 不含氧{|铀|油}的
→~ gas blanket 无氧气层

oxygen free operation 无氧操作
→~-fuel oil rocket jet burner 氧燃料油喷燃油器 // ~ fugacity 氧逸度 // ~ generating{making} plant 制氧车间

oxygenic 含氧的；氧的

oxygen index 氧指数
→~ isotope 氧同位素 // ~ isotope cosmothermo-meter 氧同位素宇宙温标 // ~-isotope geothermometry 氧同位素地温测定

oxygenium[拉] 氧气；氧

oxygen lack{depletion;deficiency;deficient} 缺氧
→~ level{content} 含氧量

oxygenolysis 氧化分解(作用)

oxygen overpotential 氧过电位
→~ powder lance 氧气喷(石灰)粉管

oxygeophilus 适腐殖质的；喜腐殖质的

oxygonal 锐角的

oxyhalide{oxyhalogenide} 卤氧化物

oxyhalides 氧卤化物

oxyh(a)emoglobin 氧合血红(蛋白)

oxyhornblende 氧角闪石[含钛角闪石]；玄闪石[(Ca,Na,K)$_{2-3}$(Mg,Fe^{3+},Al)$_5$((Si,Al)$_8$O$_{22}$)(O,OH)$_2$]

oxyhydrogen 氢氧气；氢氧(爆炸气)；爆炸瓦斯
→~ welding 氢氧烧焊

oxy-hydrogen welding 氢氧焊接

oxyhydroxide 氢氧化物

oxy-hydroxide 氧羟化物[如锰结核]

oxyjulgoldite 含高铁氧钛闪石；高铁氧钛闪石；氧高铁绿纤石

oxykaersutite 富钛闪石[成分近于钛角闪石,但含 Fe^{2+}低及含有较多的 Fe^{3+}]；氧钛角闪石；氧角闪石[含钛角闪石]

oxyker(t)chenite{oxykertschenite} 氧纤磷铁矿 [(Mn,Mg,Ca)Fe$_8$$^{3+}$(PO$_4$)$_6(OH)_8$•17H$_2$O]

oxykinoshitalite 含氧钡镁脆云母 [Ba(Mg$_2$Ti)(Si$_2$Al$_2$)O$_{10}$(O$_2$)]

o-xylene 邻二甲苯

oxyliquit 液氧炸药

oxylophilus 适腐殖质的；喜腐殖质的

oxylophyte 适酸植物；喜酸植物

oxyluminescence (热)氧化发光

oxymagn(et)ite 磁赤铁矿[(γ-)Fe$_2$O$_3$;等轴、四方]；氧磁铁矿[Fe$_{8/3}$O$_4$]

oxymesostasis (辉绿结构的)酸性基质(最后充填物)；酸辉绿充填物

oxymeter 量氧计

oxymethylene 甲醛

oxymimetesite{oxymimetite} 氧砷铅矿

Oxynoticeras 锐棱菊石属[头;J$_1$]；锐菊石

oxy-oil burner 氧气-油混合燃烧器

oxyophitic 酸性辉绿(结构)(的)；酸性含长结构的

oxy-petschekite 铌高铁铀矿

oxyphile 亲氧的；亲石的
→~ {oxyphilic} element 亲氧元素

oxyphiles 喜酸植物

oxyphilic 亲氧的

oxyphilous 适酸的；嗜酸性的；喜氧(生物)的；喜酸的
→~ plant 喜酸植物

oxyphobe 避酸植物；嫌酸植物

oxyphyre 淡色斑岩；酸性斑岩

oxypropylated butyl alcohol 环氧丙烷化丁醇[C$_4$H$_9$(OCH$_2$CH•CH$_3$)$_n$OH]

oxypyromorphite 氧磷氯铅矿

oxysalt 含氧盐

oxysphere 氧圈[岩石圈]；岩石圈

oxysulfide 氧硫化物

Oxytoma 尖嘴蛤属[双壳;T-K]

oxytourmaline 氧电气石

oxytropism 向氧性

oxytschildrenit 氧童颜石[(Fe^{3+},Mn^{3+},Mn^{2+})Al(PO$_4$)(O,OH)$_2$•H$_2$O]；氧磷铝锰铁石

oxytylote 针状骨针[绵]；尖球骨针

oxyvanadinite 氧钒铅矿

oyamalite 稀土锆石[ZrSiO$_4$ 的变种;(Zr,TR^{3+})((Si,P)O$_4$),约含 18%的稀土]；磷锆石 [(Zr,TR^{3+})((Si,P)O$_4$),约含 18%的稀土]；大山石[(Zr,TR^{3+})((Si,P)O$_4$),约含 18%的稀土]

oyashio (current) 亲潮

oyen weave cloth 网络布

Oygites 奥纪三叶虫属

oyl of peter 石油

oysanite 锐钛矿[TiO$_2$;四方]；铌钛矿

oyster 蚝[双壳]；牡蛎
→~ bank 蚝滩 // ~ bioherm 牡蛎礁 // ~ ground 蚝场

Oyster Pearl 蚝珠黑[石]

oyster reef 蚝礁
→~-shell lime 牡蛎石灰

Oyster Silver 爱斯他银[石]

oyster white 乳白色

oz 英两[=28.35g]；盎司{斯}[=28.35g]

Ozarkian 欧扎克(高原)的[美中南部]；奥扎克期[Ꞓ-O$_1$]
→~ epoch 奥札{扎}克世 // ~ series 奥扎克统[美;O$_1$]

ozarkite{comptonite} 杆沸石 [NaCa$_2$(Al$_2$(Al,Si)Si$_2$O$_{10}$)$_2$•5H$_2$O;NaCa$_2$Al$_5$Si$_5$O$_{20}$•6H$_2$O,斜方;Na$_2$O•3CaO•4Al$_2$O$_3$•9SiO$_2$•9H$_2$O]

Ozawainella 小泽蜓；尾泽纺锤虫

Ozocerite{ozokerite} (化)石蜡{地蜡} [C$_n$H$_{2n+2}$]

ozone 新鲜空气；臭氧[O$_3$]

ozonidate 臭氧剂

ozonidation 臭氧化(作用)

ozonide 臭氧化物

Ozonium 菌丝束；束丝菌属

ozonization plant 臭氧消毒装置

ozonolysis 臭氧分解

ozonoscope 臭氧测量器

ozonosphere 臭氧圈；臭氧层

Ozowainellidae 小泽蜓科

P
p

Pa 镁；帕(斯卡)[压力单位,=1N/m²]

paakkonenite 砷硫锑矿

paar 地裂坳陷；壳间坳陷；(地壳)裂陷

paarite 帕硫铋铅铜矿[Cu₁.₇Pb₁.₇Bi₆.₃S₁₂]

pabstite 硅锡钡石[Ba(Sn,Ti)Si₃O₉;六方]；锡钡钛石

pace 步态；步宽；步；一步；进度；并行前进；速度
→(foot;out) ～ 步测

paceite 佩斯石[C₈H₂₄O₁₄CaCu]

pace length 步幅

pacesetter 标杆

pachimeter 测重机；弹性切力极限测定计

pachnolite 霜晶石[NaCaAlF₆•H₂O;单斜]

pachometer 测厚计

Pachuca 帕丘卡调和筒；帕丘卡空气搅拌浸出槽

Pachycardiidae 厚心蛤科[双壳]

Pachycephalosaurus 肿头龙属[K₂]

Pachycladina 厚耙牙形石属[T₁]

Pachydictyon 厚网藻(属)[褐藻]

Pachyfavosites 厚巢珊瑚属[D]

pachymeter 测厚计

Pachyodont 厚齿型[双壳]

Pachyodonta 厚齿目[双壳]；厚齿类(目)[瓣鳃类]

Pachyphloia 厚壁虫属[孔虫;P]

pachyphyllous 厚叶的[植]

Pachyphyllum 厚皮珊瑚属[D]

Pachypora 厚孔珊瑚属[S₁]

Pachypteris 厚羊齿属[T₃-K₁]

Pachyrukhos 厚南兽属[N]

Pachysomia 厚体牙形石属[O]

Pachystelliporella 厚星孔珊瑚属[D₂]

Pachyteichisma 厚壁海绵属[J₃]

Pachyteuthis 厚鲷箭石属[头;J₃-K₁]

Pacifica 帕西菲卡[美加州西部城名]；克莱斯勒太平洋[车名]

pacificite 太平洋岩；太平岩

Pacific moon-birth theory 太平洋月生说
→～ Ocean Area 太平洋区

Pacifico-petal{Pacific-petal} drift 太平洋瓣状漂移

Pacific Pearl 太平洋珍珠绿[石]
→～ ring-of-fire Cu-Mo metallogenic province 环太平洋火山带铜钼成矿省 //～ sub-arctic water mass 太平洋副北极水团 //～ suite 太平洋套[岩]

pacing 步测
→～ items{factor} 基本条件 //～ wave 静止信号

pacite 硫砷铁矿[Fe(As,S)₂]；毒砂[FeAsS;单斜、假斜方]

pack(age) 包装；充填材料；装填；填塞；束；废石垛；石垛；包扎；人造岩芯；包装；捣固；单元；矸石垛；部分；装满；封严；压紧；充填(料)；垛石墙；堆积；组件；填充物；堵塞

package 装箱；包裹；插件；密封装置；岩套；堆积；组件；打包；装配；一组；一束；一揽子的；外壳；程序组；成套设备

packaged 密封的；装成包的；封装的；成组的；成套的

package installation 成组安装
→～ mortar 干配料砂浆 //～ of service 成套服务 //～(d) plant 小型配套机器装置；包装厂；移动式污水处理装置

packaging 打包；装箱；封袋
→～ and distribution 包装和发送 //～ unit 包装(石油产品的)工厂{设备}

pack builder 煤矿井下充填工
→～{wall} builder 石垛工 //～ cavity method 采空区充填物中留通道排放瓦斯 //～ cementation coating technique 粉末包渗 //～ completeness 充填完整率；充填率

packed 封严的；填密
→～{pigsty;filled;waste} crib 填石木垛 //～ waste 砌垛废石；充填废石

packer 水泥充填料函[灌浆井用]；栓塞；包装机；包装工人；罐头食品工人；煤矿井下充填工；赶牲口运货的人；止水器；封隔器；压土机；充填物；垛石工；填料；堵塞器
→～ permeability test 栓塞止水渗透试验；压水试验 //～ retriever spear 封隔器收回打捞矛

packet 束；层；袋；封套；一束；一包；小包裹；结构单元层
→～ assembly 包装配 //～ edition 袖珍版 //～ structure 捆包构造 //～{fascicular;heal} texture 束状结构

pack factor 填实系数
→～ {-}hardening 装箱渗碳硬化

packhole 充填垛硐
→～ powered support 垛硐式动力支架

pack{floe;floating} ice 浮水
→～ ice 大块浮冰；流冰群；浮冰群；积冰 //～(ag)ing 包装；包装物；夯实；包皮；灌注；破碎带给料压紧；组装；存储；压缩；充填物；充填；图像压缩；堆砌；堆积；填装；填实；填密；填集；填充物；合并[增大存储数据的密度]；衬垫[桩工]

packing (box) 填料函；填料；密封；盘根；充填带
→～ job (砾石)充填作业 //～ sedimentation by throwing stones 抛石挤淤 //～ up sedimentation by dumping 抛石挤淤

packless 无盘根的；未填实的

pack{satchel} of dynamite 炸药包
→～ of equal sphere 等球粒人造`岩芯{多孔介质模型}

pack-off 封堵

pack porosity 填塞层孔隙率
→～ portion 充填部分 //～ pressure dynamometer 充填体内压力测定器

packsand 软砂岩；细砂岩；细粒砂岩

packschnee 流雪[德]

pack-sintering 装箱烧结

packstone 泥粒(状)灰岩

pack strip 充填带
→～ -thread 包装线；包扎绳 //～ -to-formation median grain size ratio 充填物与地层砂粒度中值比

packtrack 充填巷道

packwall{pack wall} 废石垛墙；充填带；垒石墙；废石墙

pad(ding) 填塞；衬垫；衰减器；拉长；缓冲液；缓冲器；滑板；垫；装填；前；密封垫；液；压紧装置[用于钻井中]衰减器；法兰盘；法兰；填；极板；填料

Padangia 巴东虫属[孔虫;P₁]

padar 帕达尔[无源探测定位装置]

pad contact 极板贴井壁

padded bit 镶有扇形金刚石压块的钻头
→～ cast 有衬石膏管型

padding 衬垫；铺沟底垫层；统调
→～ machine 管路填土机

paddle 划；开关；闸门；闸板；叶片；搅拌棒；桨；踏板
→～ (blade) 桨叶 //～ stower 叶轮式充填机；桨轮式充填机

paddling 叶片搅拌
→～ door 搅拌孔

paddock (井口)临时堆场；砂矿挖掘船采掘场；方形浅井；方井采矿法

paddy 手工打眼工具；稻谷；稻；刀翼受压张开的钻头；直眼扩眼器；矿用明(火)灯；矿内乘人车

paderaite 帕德矿[Cu₅.₉Ag₁.₃Pb₁.₆Bi₁₁.₂S₂₂]

Padina 团扇藻(属)[褐藻;Q]

padlock 挂锁；锁上
→～ sheave 铲斗绳轮

padophene 吩噻嗪[C₆H₄NHC₆H₄S]；夹硫氮杂蒽[C₆H₄NHC₆H₄S]

padparadschah 帕德马刚玉

padparadsha 橙刚玉

padstone 垫石；承梁垫石

pad surface 填方地面
→～ the log book 谎报进尺

Paeckelmannia 派克满贝属[腕;C]

paederos 蛋白石[石髓;SiO₂•nH₂O;非晶质]

paedomorphism 幼态成熟[幼虫期性成熟]；幼期性熟

paeudomalachite 纤磷铜矿

page boundary 页界

pageite 硼铁矿[Fe₂²⁺Fe³⁺BO₅;斜方]

pageous 被动式大地测量卫星；无源大地测量卫星

page{book} stone 书页岩

Pagetia 佩奇虫属[三叶;Є₁-₂]

Pagetiellus 小佩奇虫属[三叶;Є₁]

Pagiophyllum 坚叶杉(属)[J-K]

pagodastone 叶蜡石[Al₂(Si₄O₁₀)(OH)₂;单斜]

Pagodia 宝塔虫属[三叶;Є₃]

pagodite 寿山石[叶蜡石的致密变种；Al₂(Si₄O₁₀)(OH)₂;滑石[Mg₃(Si₄O₁₀)(OH)₂;3MgO•4SiO₂•H₂O;H₂Mg₃(SiO₃)₄;单斜、三斜]；叶蜡石[Al₂(Si₄O₁₀)(OH)₂;单斜]；宝塔石；冻石[Al₂(Si₄O₁₀)(OH)₂]

pagoscope 测霜仪

paha 浑圆冰碛低丘；小冰川脊；冰碛丘
→～ hill 巴哈丘

pahasapaite 水磷钙锂铍石[(Ca₅.₅Si₃.₆K₁.₂Na₀.₂□₁₈.₈)Li₈Be₂₄P₂₄O₉₀•38H₂O]

pahoehoe 绳状玄武熔岩流
→～ (lava) 绳状熔岩 //～{dermolithic} lava 皱皮熔岩 //～ lava 结壳熔岩

pahoepahoe 绳状熔岩

Pahrump 帕隆普(群)[美;AnЄ]；帕朗；百蓝坡

paigeite 黑硼锡铁矿[(Fe²⁺,Mg)₂(Fe³⁺,Sn)

BO$_5$;单斜]；硼铁石；硼铁矿[Fe$_2^{2+}$Fe^{3+}BO$_5$;斜方]

Paijenborchella 鱼形虫(属)[介;K$_2$-Q]

painbergite 绿蛭石

painite 红硅硼铝钙石[Ca$_2$(Si,B)Al$_{10}$O$_{19}$];铝硼锆钙石[CaZrBAl$_9$O$_{18}$;六方]

paint 涂刷；绘画；刷涂料；画；描写；着色；雷达显示器上显形；油漆；颜料；叙述；土状辰砂[美]；涂漆；涂料；图

paint base 底漆
　　→～ blower 喷漆器 // ～ brush 漆刷 // ～ chipping 油漆碎片

painted clay figurine 彩塑泥人
　　→～ plaster art ware 石膏彩塑工艺品

painterite 绿蛭石

paint film thickness test 漆膜厚度测定法
　　→～ gold 岩石表面或缝隙中的金锈

painting 油漆；涂漆
　　→～ artistry on the rock 岩画艺术学 // ～ spray 喷漆

paint pot 带火泥沸泉山

pair annihilation (正负电子)对湮没
　　→～ bond 对键

paired 陨石对；成对的

pairing 叠行现象；电缆心的对绞；隔行帧配置
　　→～ energy 配对能 // ～ method{comparison} 对比法

pairity 奇偶性

pair of adjacent photograph 相邻像对
　　→～ of immiscible fluid 非混相液对 // ～ of stations 台对

pairs 一对井筒

pairwise 成双地
　　→～ comparison 两两比较

paisanite 钠闪微岗岩

paisbergite{pajsbergite} 蔷薇辉石[Ca(Mn,Fe)$_4$Si$_5$O$_{15}$,Fe、Mg 常置换 Mn,Mn 与 Ca 也可相互代替;(Mn^{2+},Fe^{2+},Mg,Ca)SiO$_3$;三斜]

pakhomovskyite 水磷钴石[Co$_3$(PO$_4$)$_2$·8H$_2$O]

pakihi 积水砾石平地

pal 古生物学的；古生物学；帕耳[固体振动强度的无量纲单位]

palacanticline 平顶背斜

palace 地下仓库

palacheite 赤铁矾[MgFe^{3+}(SO$_4$)$_2$(OH)·7H$_2$O;单斜]

Palaeanodonta 古无齿蚌属[双壳;P]

palaeanthropic man stage 旧人阶段

Palaeararea 孔壁星珊瑚属[S]

Palaearctic 古北极的

Palaechinoida 古海胆目[棘]

Palaeeudyptes 古企鹅属[E$_2$]

palaeides 古褶皱带；古构造带

Palaeoacris 古虾属[节;C$_2$]

palaeoagrostology 古草本(类)学；古滨海浅水环境学

palaeoaktology 古滨海浅水环境学

palaeoalbite 方柱变钠长石

palaeoandesite 古安山岩

Palaeo-Arctic 古北极的

palaeoarctic{Palaeo-Arctic} region 古北极区

palaeoareal 古区域(分布)

palaeoaulacogen 古堑壕构造；古断陷

palaeoautecology 门类古生态学

palaeoautochthon 古原地岩体；古推覆

基底

palaeoazimuth 古方位

palaeobasement 古基底

palaeobasin 古海盆

palaeobathymetric analysis 古水深分析
　　→～ map 古水深图

palaeobiochemistry 古生化学

palaeobiology 纯古生物学

palaeobios 古生物

palaeobiotope 古生物境

Palaeobolus 古圆货贝属[$\in_1$]

palaeoburial depth 古埋藏深度

palaeocalcite 方解变文石；文石[CaCO$_3$;斜方]

Palaeocapulus 古乌帽螺属[腹;C]

Palaeocardita 古心蛤属[双壳;T]

Palaeocaridacea 古虾目

palaeocarpology 古果实学

Palaeocastor 古河狸属[E$_3$]

Palaeocathaysia 古华夏古陆

Palaeo-Caucasia 古高加索古{大}陆

palaeochannel 古河床

Palaeochara 古轮藻属[C$_3$]

Palaeochoerus 中新世古猪属[N$_1$]

Palaeochoristites 古分喙石燕属[腕;C$_1$]

palaeochronology 古年代学

palaeo-clay 老土

palaeoclimate 史前气候

palaeoclimatologic(al) 古气候学上的
　　→～ map 古气候图

palaeocommunity 古群落
　　→～ gradient 古(生物)群落梯度

Palaeoconcha 古双壳类；古壳目[双壳]

Palaeoconiferus 古松柏粉属[孢;T-J]

palaeocontinental map 古大陆图

Palaeocopa 古足亚目[O$_1$-P]；古肢亚纲

Palaeocopide 古足介目

palaeocoprology 古粪石学

Palaeocrinoidea 古海百合目{纲}

palaeocrystalline{paleocrystalline;fossil} ice 化石冰

palaeocrystic{paleocrystic} ice 陈年晶冰

palaeocurrent 古洋流
　　→～ analysis 古水流分析；古流(向)分析

Palaeocycas 古苏铁属[植;T$_3$]

palaeodonta 古齿亚目[哺]

palaeoecologic(al) 古生态的

palaeoecological picture{palaeoecologic map} 古生态图

palaeoenvironmental setting 古环境

palaeo-estuarine 古河口的；占港湾的

Palaeofavosites 古蜂巢珊瑚属[O$_2$-S$_3$]

palaeofavosites 古巢珊瑚

palaeoflow 古水流

Palaeogene 下第三系
　　→～ (period) 早第三纪；古近系

palaeogeographic province 古地理区
　　→～ reconstruction 古地理重塑 // ～ stage 古地理期

palaeogeograpy 古地理学

palaeogeomorph(olog)ic(al) 古地貌的

palaeogeothermal 古地温

palaeo-groundwater 古地下水

palaeohigh 古隆起

palaeohistology 古组织学

palaeohydrogeology 古水文地质

Palaeoid 上古

palaeo-island 古岛

palaeolatitudinal 古纬度

palaeolith 旧石器

palaeolithologic 古岩性的

palaeo-loess 老黄土

palaeomagnetic site 古磁(极)位置
　　→～ dating 古地磁年龄测定 // ～ field 古地磁场 // ～polar wander 古地磁极移 // ～{(paleo)magnetic} stratigraphy 古地磁地层学 // ～time scale 古地磁年代表

Palaeomastodon 古乳齿象

Palaeomeryx 始鼷鹿属[N$_1$]；古鼷鹿(属)[E$_2$]

Palaeomicroanimal 古微体动物

Palaeomutela 古米台蚌属[双壳;P]

Palaeonisciformes 古鳕目

palaeoniscoidea 古鳕类

Palaeoniscus 古长鱼

Palaeonodonta 古贫齿类

palaeontography 化石学；古生物描述学

palaeontologic 古生物学的
　　→～(al) clock 古生物钟 // ～ species 古生物种

Palaeonucula 古栗蛤属[双壳;T-J]

palaeo-ocean 古大洋

palaeophotobiology 古光生物学

palaeophyte 古植代

palaeopole 古地磁极

palaeoseismology 古地震学

palaeoshoreline 古海岸线

Palaeosmilia 古剑珊瑚

palaeosole 古基底

palaeosome 先成体

Palaeospondyloidea 古椎鱼目{类}

palaeotemperature measurement 古温测定
　　→～ scale 地质温标 // ～ stratification 古温分层{层位;层次}

palagonite 玄武玻璃质底层；橙玄岩；橙玄玻璃[意西西里岛]
　　→～ {-}tuff 玄玻凝灰岩

palaite 红{胡}磷锰矿[(Mn, Fe^{2+})$_5$H$_2$(PO$_4$)$_4$·4H$_2$O;单斜]；肉色锰磷石；磷酸锰矿

Palakkad 伯拉卡德[石]

Pal-Amerika 古美洲大陆

Palapoecia 圆木栅珊瑚属[O-S]

palarstanide 钯砷锡矿

palarstanite 砷锡钯矿

palasite 铁陨石

pala(eo)some 基体；主矿；原生体；变质原岩；主岩

Palatinian{Pfalzian} orogeny 帕拉蒂尼造山(作用)[P$_2$]

palatinite 直辉玄闪质岩；中基性岩；方辉甲基性岩类；方辉玄质岩[方辉中基性岩类]

palato(-)quadrate 腭{颚}方骨[鱼类]

Paleamorpha 膜片藻属[Z]

pale{light;baby} blue 淡蓝

palenzonaite 钒锰钙石[(Ca$_2$,Na)Mn$_2$V$_8$O$_{12}$]；钒钙锰石

paleo-albite 方柱石假象钠长石

pal(a)eoalgology 古藻类学

pal(a)eoanthropology 古人类学

pal(a)eoaquifer 古含水层

Pal(a)eoarchean 古太古界；古太古代[3800～3000Ma]

pal(a)eoareal{pal(a)eogeographic} map 古地理图

paleo-Asian{paleo-Asiatic} 古亚洲的

pal(a)eoaulacogen 古拗拉槽

paleob 古植物学

pal(a)eobasin　古盆地
pal(a)eobiology　古生物学
pal(a)eobotany{paleo-botany}　古植物学
paleo-calcite　文石副象方解石
paleocaldera　古破火山口
Pal(a)eocathaysian　古华夏式
pal(a)eocathysina　中华夏系{式}
pal(a)eocrocidolite　纤高铁钠闪石
pal(a)eocrystic{pal(a)eocrystalline} ice　古结晶冰
　　→～ ice　老海冰
Pal(a)eocystodinium　古沟藻属[J-K]
Pal(a)eodasycladus　古粗枝藻属[J]
paleo-data　古资料
pal(a)eodeformation　古变形
pal(a)eodelta　古三角洲
Pal(a)eodictyola　始网笔石属[S₃]
Pal(a)eodictyon　古网迹[遗石;O-R]
Pal(a)eodictyoptera　古网翅目[C₂-P]
pal(a)eodolerite　古粒玄岩
Paleodonta　古齿亚目[哺];古齿兽次目
paleoearthquake　古地震
pal(a)eoepidote　变绿帘石原矿物
pal(a)eoequator　古赤道
Paleogene　货币虫系[早第三纪{系}];货币虫纪;货币石纪
paleogeodynamic　古地球动力学的
pal(a)eogeographic(al)　古地理的
pal(a)eogeography　古地理学;古地理
paleogeography of coalbearing series　含煤岩系古地理
pal(a)eogeologic map　古地质图
pal(a)eogeology　古地质学
paleogeomorphologic map　古地貌图
pal(a)eogeomorphology　古地貌学;古地形学
paleogeotemperature　古地温
pal(a)eogeothermics　古地热
pal(a)eoglaciology　古冰川学
Pal(a)eognathae　鸵鸟目;古颌`类{总目;超目}[鸟类]
pal(a)eognathism　古腭型
pal(a)eogravity measurement　古重力测量
pal(a)eogroundwater　古地下水
pal(a)eo(-)groundwater　封存水
Pal(a)eohelcura　古拖拉迹[遗石]
Pal(a)eohemiptera　古半翅目[昆;P-J]
Pal(a)eohepatica　古苔属[J₁]
pal(a)eoheterodonta　古异齿目[双壳;C-Q]
paleohigh　古高地
pal(a)eohydrology　古水文学
pal(a)eohydrometer　古水压计
Pal(a)eohystrichophora　古刺球藻属[甲藻;K-E]
pal(a)eoichnology　古痕迹(化石)学;古足迹学
paleo information　化石资料
pal(a)eoinsular　古岛国[理论]
paleointensity　古(地磁化)强度
　　→～ of geomagnetic field　古地磁场强度
paleo-island　古岛
pal(a)eoisobar　古等压线
Pal(a)eoisopus　古等足蛛属[D₁]
pal(a)eoisotherm　古等温线
pal(a)eokarst　古岩溶;古喀斯特
Pal(a)eolagus　古兔(属)
paleolake　古湖泊
pal(a)eolandscape　古景观
pal(a)eolatitude　古纬度

Pal(a)eolenus　古油栉虫属[三叶;Є₁]
Pal(a)eoleptestheria　古狭叶肢介属[节;J₂-K]
pal(a)eoleucite　变白榴石原矿物
Pal(a)eolima　古锉蛤属[双壳;C-T]
Pal(a)eolimnadia　古渔乡叶肢介属[节;P₂-J₂]
Pal(a)eolimnadiopsis　古似渔乡叶肢介属[节;D-K]
pal(a)eoliparite　古流纹岩
paleolith　旧石器[考古]
pal(a)eolithologic map　古沉积岩石图
paleolithologic{palaeolithologic} map　古岩性图
pal(a)eolongitude　古经度
Pal(a)eoloxodon　古菱齿象属;古棱象(属)
Pal(a)eolucina　古满月蛤属[双壳;C₁]
pal(a)eomagnetic　古地磁的
paleomagnetic{palaeomagnetic} field　古地磁场
pal(a)eomagnetic pole　古磁极;古地磁极
pal(a)eomagnetism　古地磁学;古地磁;古磁性
pal(a)eomantle　古地幔
pal(a)eomeridian　古子午线
pal(a)eometamorphism　早期变质(作用)
pal(a)eometeoritics　古陨石学
Pal(a)eomicrocystis　古微孢藻属[蓝藻;Z]
Pal(a)eomiliolina　古小粟虫属[孔虫;T₃-J]
pal(a)eomorphology　古形态学
Pal(a)eomyces　古丝菌属[D]
pal(a)eomycology　古真菌学;古菌类学
pal(a)eo-natrolite　变钠沸石原矿物
Pal(a)eoneilo　古尼罗蛤属[双壳;O-K]
pal(a)eoniscoid scale　古鳕鳞
Pal(a)eoniscus　古鳕鱼属[P]
pal(a)eontological　古生物学的
paleontologic(al) zonation　古生物带
pal(a)eontologist　古生物学家;化石学家
pal(a)eontology　化石学;古生物学
paleoobduction　古仰冲作用
paleo-ocean　古大洋
pal(a)eo(-)oceanograph　古海洋学
pal(a)eo-oceanographical reconstruction　古海洋再造
pal(a)eo-oligoclase albite　变奥钠长石原矿物;原矿变奥钠长石
pal(a)eo-orientation　古方位
paleo-Pacific　古太平洋的
pal(a)eopalynology　古孢粉学
Pal(a)eopantopus　古皆足蛛属[昆;D₁]
Pal(a)eoparadoxia　古异兽属[N]
pal(a)eopathology　古病理学
pal(a)eopedological　古土壤
pal(a)eopedology　古土壤学
Pal(a)eoperidinium　古甲藻属[J-E]
Pal(a)eophonus　古蝎属[节;S]
pal(a)eophycology　古藻类学
Pal(a)eophyllites　古叶菊石属[头;T₁]
Pal(a)eophyllum　古珊瑚(属)[O₂-₃]
pal(a)eophyre　古相(安山)斑岩;古云英斑岩
pal(a)eophyrite　古闪辉玢岩
pal(a)eophysiography　古地文学;古地貌学;古地理学
pal(a)eophytic　古植物地质时期的;古植代的;古植代;裸植代
Paleophytic era　古植生代
pal(a)eophytologist　古植物学家
pal(a)eophytology　古植物学

pal(a)eopicrite　古苦橄岩
Pal(a)eopisthacanthus　古后刺蝎属[节;C]
pal(a)eoplacer　古砂矿
pal(a)eoplain　古平原[被后期沉积所覆盖]
pal(a)eo-plate boundary　古板块边界
Pal(a)eopoda　古脚亚目[爬]
pal(a)eopole　古极;古地极
Pal(a)eopontosphaera　古海球石[钙超;J-K₁]
Pal(a)eoporella　古孔藻属[Є-D]
paleopore pressure　古孔隙压力
pal(a)eoporphyrite　古玢岩
pal(a)eoporphyry　古斑岩
pal(a)eopressure　古压力
Pal(a)eoprionodon　渐新鼬属[E₃]
pal(a)eoprofile　古剖面
Pal(a)eoproterozoic (era)　古元古代{早元古代}[2500～1800Ma];始元古代;中寒武代[1600～1000Ma];晚寒武代[1000～542Ma]
Pal(a)eoprotozoic　古原生代
Pal(a)eoptera　古翅目;古翼类
pal(a)eoradius　古半径
paleoreef　古礁
pal(a)eorelief　古老地形起伏
pal(a)eo-rias　古溺谷;古里亚式谷
pal(a)eorift　古裂谷
paleoriver　古河流
pal(a)eosalinity　古盐度
Pal(a)eosauriscia　古蜥龙次亚目
paleoseismic　古地震的
pal(a)eosere　古演替系列;古生态演替进程
pal(a)eoshoreline　古滨线
pal(a)eoslab　古板片;古板块
pal(a)eoslope　古斜坡;古坡地;古陆坡;古坡向
paleosoil　古泥土
pal(a)eosol　古土壤;埋藏土壤
pal(a)eosoma　先成组分
Pal(a)eospondylus　古椎鱼(属)[D₂]
Pal(a)eostachya　古芦穗属[C₂-P₁]
Pal(a)eostomocystis　古囊藻属[J-K]
pal(a)eostrain analysis　古应变分析
pal(a)eostream　古河道
pal(a)eostress field　古应力场
Pal(a)eostrophia　古凸贝(属)[腕;Є₃-O₁]
pal(a)eostructure　古构造
　　→～ {pal(a)eotectonic;paleostructural} map　古构造图
Pal(a)eostylops　古柱齿兽属[E]
pal(a)eo(-)subduction zone　古俯冲带
paleo-subhorizontal　古近水平的
pal(a)eosynchorology　古群落分布学
Pal(a)eosyops　古雷兽(属)[E₂]
pal(a)eotaxodont　古栉齿型[双壳]
Pal(a)eotaxodonta　古栉齿目[双壳]
pal(a)eotectonic　古构造的;古地壳变动的
pal(a)eotectonics　古构造;古构造学
pal(a)eotemperature　古温度;原始温度
paleotethys　古特提斯
pal(a)eotexiology　古趋性学[生]
Pal(a)eotextularia　古串珠虫属[孔虫;D₁-P]
pal(a)eothanatocoenosis　化石群;化石埋藏群;古生物埋藏群
Pal(a)eotherium　古兽(马属)[E₂-N₁]
pal(a)eothermal　古温暖气候的
pal(a)eothermometry　古温测定;古测温学

pal(a)eotidal range 古潮{汐}差

pal(a)eotide 古潮汐

paleotilt 古倾斜

pal(a)eotopographic(al) map 古地形图

pal(a)eotopography 古地形学；古地形

Pal(a)eotragus 古长颈鹿属[N₂]

paleotrap 古圈闭

Pal(a)eotremata 古穴目[腕]；古孔目[腕]

pal(a)eotropic 古热带的

pal(a)eotropical realm{region} 古热带区

paleotropical-tertiary geoflora 古热带第三纪植物群

Pal(a)eotuba 古管螅属[腔;O]

pal(a)eotypal{pal(a)eotype} 古相

Pal(a)eotyrrhenian transgress 古蒂勒尼安海进[地中海,相当于民德-里斯间冰期]

pal(a)eo-uralite 辉石变纤闪石

paleovalley 古谷

pal(a)eovolcanic 古火山的

pal(a)eovolcano 古火山

pal(a)eovolcanology 古火山学

pal(a)eowater 古水

Pal(a)eoweichselia 杂羊齿属[C₂]

pal(a)eowind 古风

Paleozoic{Pal(a)eozoic (era)} 古生代[570～250Ma]
→～ erathem 古生界

pal(a)eozoology 古动物学

pale red 浅红

palermoite 柱磷锶锂矿 [(Li,Na)₄SrAl₉(PO₄)₈(OH)₉;(Sr,Ca)(Li,Na)₂Al₄(PO₄)₄(OH)₄;斜方]

Palestine 巴勒斯坦

pal(a)etiology 古地球演变学

palette 溶残席

pale yellow 浅黄

pali[sgl.palus] 轴栅；斜坡；陡崖[夏威];陡坡

Palibiniopteris 帕利宾蕨属[K₁]

pal(aeo)ichnology 古足迹学；古遗迹(化石)学；古生痕学

paliform 壁柱状[珊]

paligorskit 坡缕石[理想成分:Mg₅Si₈O₂₀(OH)₂(H₂O)₄·nH₂O;(Mg,Al)₅Si₄O₁₀(OH)•4H₂O;单斜、斜方]

palimpsest 水系叠加
→～ (structure) 变余构造//～ drainage 变新水系

paling 栅栏

palingenesis 再生作用；重演性发生；重熔作用；岩浆再生(作用)

palingenetic 新生的
→～ drainage 复活水系；再生水泵{系}//～{palinspastic} map 复原图

palingen(et)ic 再生的

palinspastic{palingenetic} map 再造图
→～ section 古地理(-)古构造再造剖(面)

palintrope 后转板{面}[双壳]

palisades 岩壁

palisade structure 栅栏构造
→～ tissue{mesophyll} 栅状组织[植物叶]

Palissandro Blue 蓝金沙[石]
→～ Classico 金沙贝[石]

Palissya 巴利西松属[植;J]

palite 闪长变质岩类

palladian cuproaurite 钯铜金矿
→～ gold{｜iron} 钯自然金{铁}//～ hollingworthite 钯硫砷钌矿//～ moncheite 钯碲铂矿//～ rozhkovite 钯斜方铜金矿

palladic cuprauride 钯金铜矿
→～{palladian} cuproauride 钯斜方铜金矿//～ electrum 钯银金矿//～ platinum 钯铂矿

palladi(ni)te 钯华{方钯矿}[PdO]

palladium 守护神；钯
→～ amalgam 钯汞膏；汞钯矿[PdHg;四方]//～{palladinized} asbestos 钯石棉//～ bismuthide 三铋(一)钯矿//～ black 钯黑//～ diantimonide 钯锑矿//～gold 钯金(矿)[(Au,Pd)]

palladiumocker 钯华[PdO?]

palladium ores 钯矿
→～ -platinum concentrate 钯铂精矿//～-platinum plumbostanno-arsenide 砷锡铅钯铂矿//～-platinum stannide 锡钯铂矿//～ plumboarsenide 砷铅钯矿//～ stannide 钯锡矿

palladoarsenide 斜砷钯矿[Pd₂As;单斜]

palladobismutharsenide 铋砷钯矿[Pd₂(As,Bi);斜方]

palladodymite 砷铑钯矿[(Pd,Rh)₂As]

palladseite 等轴硒钯矿；硒钯矿[Pd₁₇Se₁₅;等轴]

Pallas 智神星[小行星 2 号]

pallasite 石铁陨星；石铁(质)陨石；橄榄陨铁
→～ shell 橄榄陨铁壳；下地幔{函}

pallete 尺板[凿船贝属发育的一种杆状副壳板]；货盘；垫衬；烧结台车；跗吸盘[昆];制模板；板棘[双壳]；锤垫；小车；托板；调色板；集装箱；棘爪；台车[带式烧结机的]；托架[板]

palletize 夹板装运

pallial 外皮的
→～ chamber 外套腔[双壳]//～ markings 膜痕//～ sinus 外套湾[双壳]

palliation 减缓

pallite 水磷铝钙石 [Ca₃Al₈(PO₄)₈(OH)₆•15H₂O]；铁水磷铝碱石；铁磷铝钙石 [Ca₃Al₁₂(PO₄)₈(OH)₁₈•6H₂O]

pallium[pl.-ia] 层状雨云；大脑皮层；外套膜[双壳]；隔膜[昆]

pallograph 船舶振动记录仪

pallomancy 摆卜[古用摆探矿术]

Palmae 棕榈类{科}

Palmaepollenites 棕榈粉属[孢;Mz-E]

Palmales 棕榈目[植]；槟榔目

palmar 掌中的；掌板[海百]

palmately trifoliolate 具掌状三小叶的[植]
→～ veined 具掌状脉的[植]

palmate type 掌式[植]
→～ vein 掌状脉[植]//～ venation 掌状叶脉[植]

palmatifid 掌状半裂的[植]

palmatisect 掌状全裂的[植]

Palmatodella 小掌牙形刺属；小蹼牙形石属[D₃-C₁]

Palmatolepis 蹼鳞牙形石(属)[D₃]；掌鳞牙形刺属

Palmatopteris 掌状羊齿属[C₂]

palm{bevey} coal (一种)褐煤

Palmella 四集藻属；胶群藻属[绿藻]

palmelloid 四集体型；藻型；胶群体型[藻]

palmerite 磷钾铝石 [三方;KAl₃(PO₄)₃OH•8½H₂O;KAl₃(PO₄)₃(OH)•8½~9H₂O]

palmeter 帕耳计

Palmidites 拟棕榈粉属[孢;N₂]

palmierite 硫钾钠铅矿；钾钠铅矾[(K,

Na)₂Pb(SO₄)₂;三方]

palmitate 十六(碳)(烷)酸盐{｜酯} [CH₃(CH₂)₁₄CO₂M{|R}]；十六(烷)酸[CH₃(CH₂)₁₄COOH]；软脂酸[CH₃(CH₂)₁₄COOH]；棕榈酸盐{酯} [CH₃(CH₂)₁₄CO₂M{|R}]

palmitic{palmic} acid 十六(烷)酸[CH₃(CH₂)₁₄COOH]；软脂酸[CH₃(CH₂)₁₄COOH]
→～ acid 棕榈酸[CH₃(CH₂)₁₄COOH]

palmitin 棕榈精

palmitone 棕榈酮[(C₁₅H₃₁)₂CO]

palm leaf texture 蕉叶结构
→～-like lobe 掌状叶

Palmophyllum 棕叶(属)[植]

Palmoxylon 棕木(属)[植]

Palmula 掌形虫属[孔虫;K₁]

palmula 爪垫

Palmyrides 巴尔米拉逆山带

palong 长(溜)槽；锡矿洗槽

pal(e)osome 基体；变质原岩；主岩；主矿；原生体

palouser 帕{派}罗塞尘暴[始发于加拿大拉布拉多半岛]

palpebral 眼睑上的；眼睑
→～ area 眼区[三叶]//～ furrow 眼沟[三叶]//～ region 眼区

Palpigradi 鞭蝎目；触脚目[蛛]；须脚目

palplatnictellite 碲镍铂钯矿

palpus[pl.-pi] 触须；须

pals{palsa[pl.palsen]} 泥炭丘

palstaff 青铜凿

palstage 古地理期

palstance 角速度

palstave 青铜凿

palstibite 方锑钯矿

Paltodus 短矛牙形石属[O₁]

paludal 湖沼生的；沼泽的
→～{swamp} area 沼泽区//～ facies 沼泽相

palus[pl.pali] 轴栅；壁柱[珊]；河边低地；月沼；沼泽

Palusphaera 柱形球石[钙超;Q]

Palus Putredinis 腐沼[月面]
→～ Somnii 梦沼[月面]

palverulent 灰尘的；满是灰尘的；粉的；粉状的；脆的[岩石等]

palygorskite 活性蛋白；山软木；山柔皮[由纤维组合而成之薄片]；软纤石类；凹凸棒石；打白石；坡缕石[理想成分:Mg₅Si₈O₂₀(OH)₂(H₂O)₄•nH₂O;(Mg,Al)₅Si₄O₁₀(OH)•4H₂O;单斜、斜方]；坡缕缟石；镁山软木；绿坡缕石；厄帕普石；甲坡缕石；拉石棉

pamirite 镁橄榄石[Mg₂SiO₄]

Pamirothyris 帕米尔孔贝属[腕;T₃]

pampa 大草原

pampero 潘派洛风；帕姆佩罗风[南美]

PAN 聚丙烯腈[(CH:CHCN)ₙ]

Pan 黑猩猩属[Q]

pan 输送机槽；盆状凹地；磐层；盘；总；重矿物淘选盘；老火山颈；运输机槽；圆线洼地；圆浅洼地[非洲干旱区的雨季湖]；硬地层；凹地；饼状冰；土磐；淘洗；淘金
→～ (formation) 底土；硬土层//(gold) ～ 淘金盘；溜槽//～ (mill) 研磨盘

panabase 黝铜矿[Cu₁₂Sb₄S₁₃,与砷黝铜矿(Cu₁₂As₄S₁₃)有相同的结晶构造,为连续的固溶系列;(Cu,Fe)₁₂Sb₄S₁₃;等轴]

panacea 治百病的灵药

panadapter 扫调附加器

panalyzer{panalyzor} 调频发射机综合测试仪

Panama 巴拿马

pan amalgamation 盘内汞齐化

Pan-American balanced placer jig 泛美型(均衡)砂矿跳汰机
→~ Institute of Mining Engineering and Geology 泛美采矿工程与地质学会//~ machine 泛美式浮选机[带中心叶轮的机械搅拌式]//~ placer jig 泛美型(均衡)砂矿跳汰机//~ pulsator jig 泛美自动阀脉动跳汰机

panamic region 巴拿马区

panamine 潘那胺

panas oetara 潘那斯奥塔拉风

panasqueiraite 羟氟磷钙镁石[CaMgPO₄(OH,F)]

Panaustral 古泛南方

panautomorphic 全自形的

panavision 宽屏幕电视

pancake 水平圆形裂缝[水力压裂的];扁的;平的;圆形钢筋混凝土块;饼状

pan-cake ice 饼冰

pancake test 渣饼试验

pan car 车轮式铲运机;模车;轮式刮煤机

panchromatic emulsion 全色乳胶

pan coefficient 皿测蒸发量修正系数

pancolpate 具散沟的;具周沟的[孢]

pancolpi 散沟

pancratic condenser 变焦聚光镜

pancreatic calculus{pancreatolith} 胰石

pan crusher 碾盘式破碎机;智利磨

panda 熊猫
→(giant) ~ 大熊猫

pandaite (水)钡(锶)烧绿石[(Ba,Sr)₂(Nb,Ti)₂(O,OH)₇;等轴]

Pandanus 露兜树属[K₂-Q]

pandemia 大流行病

pandemic 流行性的

Panderian organ 潘德尔器官[三叶]

pandermite 白硼钙石[Ca₂(B₅O₆(OH)₇);Ca₄B₁₀O₁₉•7H₂O;三斜?];硬硼钙石[Ca₂B₆O₁₁•5H₂O;2CaO•3B₂O₃•5H₂O;单斜]

Panderodella 小潘德尔牙形石属[D₃]

Panderodus 潘德尔牙形石属[O₂-D₂]

Panderolepis 潘德尔鳞牙形石属[D₃]

Pandoracea 帮斗蛤总科;鸭蛤超科[双壳]

Pandorf interglacial 潘多尔弗间冰阶

Pandorina 实球藻(属)[绿藻;Q];似潘德尔牙形石属[O₂-T₂]

Pandorinellina 似小潘德尔牙形石属[D₃]

panduratus 提琴形[植物叶形]

panduriform 提琴形的

panectyl 酒石酸异

panel 配电板;盘区;盘屏;盘;槽段;采区;板条;控制板;仪表板;一组煤房;矩形大煤区[约130×130码];未掏槽的小部分煤体;条区;(上下平巷和开切眼圈出的)条带;小组[专家]
→~ (board) 镶板;配电盘//~ board 画板//~ caving method 壁式崩落法//~ diagram 嵌板图;栅状图解;并合板模板//~ form 并合板模板//~ scram 盘区扒矿巷道{平巷}//~-slushing gravity system of mining 盘区扒矿重力放矿采矿法

(one-)panel stope 全高单一回采工作面

panel stress 板格应力;节间应力
→~ work(ing){mining} 盘区开采//~ work 构架工程

panethite 磷镁钠石[(Na,Ca,K)₂(Mg,Fe²⁺,Mn)₂(PO₄)₂;单斜];陨磷碱锰镁石

panfan 麓原;泛洪积扇

pan(-)fan stage 泛扇期

pan formation 盘形成
→~ furnace 罐炉

pangaea{Pangea} 古陆桥;盘古大陆;联合古陆;泛古(大)陆

Pangea break-up 联合古陆分裂

pangenesis 机体再生论;泛生论

pangeosyncline 泛地槽

pan-geosyncline 盘状地槽

pangolin 鲮鲤;鲮鲤属[Q];穿山甲(属)[Q]

pan grinder 盘磨
→~ head screw 大柱头螺钉

panhole 溶蚀盘;盘形穴

Panhsienia 盘县介属[P]

Paniaceae 石榴科

pan ice 沿岸散冰

panidioblastic 全自形变晶[结构]

panidiomorphic 全自形的;全同形的

Paniscollenia 瘤结叠层石属[Z-Є]

pan lake 浅洼地湖

panland 浅洼区;浅洼地

pan man 输送机移动{挪;置}工;溜槽移动工
→~ mill 盘碾砂机;轮碾机

panmixia 完全混合;随机交配

panmixis{panmixy} 随机交配

panmnesae{panmnesia} 完整记忆

pan mover 溜子移动工

panned concentrate sample 砂矿样品;淘洗浓缩样
→~ (concentrate) sample 淘洗样;重砂样

pannel 矩形大煤区[约130×130码]

panner 淘金工(人)

pannier 石笼

panning 盘洗;重砂分析;淘洗重矿物工艺;淘洗(泥浆中的)岩粉样;淘洗;淘金盘
→(gold) ~ 淘金//~ assay 淘盘分析

Pannonian 潘诺尼亚(阶)[欧;N₂];潘农介[N₂]
→~ centre of orogenesis 潘诺尼亚造山作用中心

pannonit 彭浪炸药[硝铵-硝酸甘油-食盐炸药]

pannus 破片云

pan{slotted} ocular 万能目镜
→~ of a conveyor 运输机槽

Panope 海女神蛤属[J-Q];面包蛤属[双壳]

panopticon 望远显微(两用)镜

panorama 全景
→~ sketch 全景图;透视图

panoramic 全像的;频谱扫描指示的

Panorpatae 举尾目[昆];蝎蛉科

pan out 淘选

panplain 泛平原

panplatform 泛地台

panpori 散孔

pan scraper-trough conveyor 溜子[槽形传送工具]
→~ shifter 溜槽移动工;挪工;移溜槽工//~ shifter{turner} 输送机移动工;挪工;置工//~ soil 硬土;坚土

pansy 紫罗兰色

pant 喷气;渴望;喘气

pantagraph 动臂装置;(地震)偏移位置标绘仪;缩放仪

pantal 潘塔尔铝合金

pantano 淡水沼泽

pantectogenesis 泛构造运动

pantelegraph 传真电报

pantelephone 灵敏度特高的电话机

pantellarite 歪长石[(K,Na)AlSi₃O₈;三斜]

pantellerite 碱流岩

Panthotheria 全兽目;古兽次亚纲

panting 晃动;脉动;波动
→~ action 振动影响//~ beam 强胸横梁//~ stress 拍击应力

pantobase 万能起落设备

Pantodenta 泛齿类

Pantodonta 全齿(亚)目[哺;E];钝脚目

pantodrill 自动钻床

pantograph 动臂装置;受电弓;(地震)偏移位置标绘仪;缩放仪
→~ (trolley)导电弓架//~ shield-type support 四联杆掩护支架

pantography 图形放缩;缩放图法

Pantolambda 全棱兽属;五棱兽(属)[E₁]

pantolambdodontidae 全棱齿兽科

pantolestids 大古猬[K₂-E]

pantomorphism 全形性;全对称(现象)

pantonematic 双茸鞭毛的

pantostrat 连续层

pantothenate 泛酸盐(酯);本多生酸盐(酯)

pantropic 世界热带[泛热带的];遍布于热带的;泛向性的;嗜性的;泛热带的

pantropical 遍布于热带的

pants 罩[减少飞机起落架阻力]

panunzite 潘诺泽石[(K₀.₇,Na₀.₃)AlSiO₄]

panup 延长槽[链式运输机]

panzer 装甲的,铠装的;坦克车
→~-driven plough 铠装输送机带动的刨煤机//~ feeder conveyor 带挡板铠装给料输送机

Paofeniellus 小宝丰虫亚属[三叶;Є₂]

Paokannia 保康虫属[三叶;Є₁]

paolovite 斜方锡钯矿[Pd₂Sn;斜方]

paotite{Paotou kuang;pao-tou-kuang} 包头矿[产于白云鄂博;Ba₄(Ti,Nb)₈ClO₁₆(Si₄O₁₂);四方]

papa 软泥岩

papagayo 帕帕加屋风

papagoite 羟铝铜钙石[CaCuAlSi₂O₆(OH)₃];硅铝铜钙石[CaCuAlSi₂O₆(OH)₃;单斜]

paper 石版纸;科学论文;票据;论文;纸币;证券

paperless office 无纸张办公室
→~ tamping 无纸套炮泥

paper lifter position signal 纸升降位置信号
→~ method 室内作业法//~ paraffined condenser 纸介石蜡电容器//~ shale 纸状页岩;纸块页岩;细层状碳质页岩//~ spar 纸方解石;薄片方解石;薄层方解石

Paphia 横帘蛤属;巴非蛤属[双壳;Q]

papierspath 薄片方解石

Papiliophyllum 蝶翼珊瑚属[D₁]

papilla[pl.-e] 乳头状突;乳突状棘[海参];乳突

papillate 乳头状的

Papillopollis 隆极粉属[孢;K₂]

papio 狒狒[Q]

paposite 红铁矾[Fe³⁺(SO₄)(OH)•3H₂O;三斜];变红铁矾[Fe₃³⁺(SO₄)₃(OH)₆•4H₂O]

pappus 冠毛[植]

paprika 红椒色

papula[pl.-e] 丘疹;小突起

P

papule 丘疹块结核；黏土团块

papyrex 石墨纤维纸

Papyriaspis 纸草虫属[三叶;ϵ_2]

par 定额；标准；常态；等价；票面价值；同等

para-allochthon 准异地{移置}体

para-allochthonous 准移置{异地}的

para-alumohydrocalcite 副水(碳)铝钙石 [$CaAl_2(CO_3)_2(OH)_4•6H_2O$]

paraamphibolite 副角闪岩

para-amphibolite 副斜长角闪岩

para-atacamite 副氯铜矿

para-autochthon 准原地岩

para-autochthonous 准原地(生)的

para-autunite 副钙铀云母 [$Ca(UO_2)_2(PO_4)_2$]

parabaicalia 副贝加尔螺属[软舌螺;E-Q]

parabariomicrolite 副钡细晶石[$BaTa_2O_{16}(OH)_2•2H_2O$]

parabasalt 暂通玄武岩

parabauxite 磷铁铝矿

parabayldonite 副{杂}砷铅铜矿 [$(Pb,Cu)_7(AsO_4)_4(OH)•½H_2O$]

parabiont 异种共生群中的生物

parabituminous coal 长焰气煤
→~{sub-bituminous} coal 副烟煤

Parablachwelderia 副蝴蝶虫属[三叶;ϵ_3]

parablastesis 副变质岩；副变晶作用

Parablastoidea 拟海蕾纲[棘;O_{1-2}]

Parablastomeryx 拟胚鹿属[N_1]

parabolic 抛物线的；抛物线
→~(curve) 抛物线 // ~ dune 抛物线状沙丘

Paraboliceras 复肋菊石属[头;J_3]

Parabolina 副美女神虫属[三叶;ϵ_3-O_1]

Parabolinella 小副美女神虫属 [三叶;ϵ_3-O_1]

Parabolinopsis 副美女神壳虫属[三叶;O_1]

Paraboultonia 拟布尔顿蟆属[孔虫;P_2]

parabrandtite 副砷锰钙石[$Ca_2Mn(AsO_4)_2•2H_2O$]

parabraunerde 棕壤型土；准棕壤；次生棕壤

parabutlerite 斜方羟铁矾；副基铁矾[$Fe^{3+}(SO_4)(OH)•2H_2O$;斜方]

Paracalamites 副芦木属[C_2-P_2]

Paracampeloma 副肩螺属[腹;Q]

paracancrinite 副钙霞石 [$Na_8(AlSiO_4)_6(CO_3)•nH_2O$]；无钙钙霞石

Paracandona 拟玻璃介属[K-Q]

Paracaninia 拟犬齿珊瑚属[P]

Paracardiographus 拟心笔石属[O_1]

Paracarruthersella 拟卡鲁特珊瑚属[C_3]

paracelsian 副钡长石[$Ba(Al_2Si_2O_8)$;单斜]

Paraceratherium 副巨犀属[E_3]

Paraceratites 副菊面石

Parachaetetes 拟刺毛虫(属)[O-E]

Parachangshania 副长山虫属[三叶;ϵ_3]

Parachirognathus 副掌颚牙形石属[T_{1-2}]

Parachitina 副几丁虫属[O]

parachlorite 副绿泥石类

parachoma[pl.-ta] 副旋脊；副口环；拟旋脊[孔虫]

Parachorista 准澳蝎岭属[昆;E_1]

parachrosis 褪色；变色[矿]

parachrysotile 副纤(维)蛇纹石[$Mg_3Si_2O_5(OH)_4$;斜方]

parachute 伞投；降落伞空投器；降落伞；断绳保险器；跳伞

→~(gear) 防坠器[罐笼]

Paracibolites 副西保罗菊石属[头;P_1]

paracingulum 前中齿带

paracite 方硼石[$Mg_3(B_3B_4O_{12})OCl$;斜方]；方解石[$CaCO_3$;三方]

paraclase{paraclass} 断层

paraclavule 副棘(绵)

paraclinal 平行于褶皱轴向的[河谷]

Paraclupea 副鲱鱼(属)[J]

paracme 衰退期[生物系统发育]

Paracolonnella 拟圆柱叠层石属[Z]

paracolumbite{paracolumbite titanioferrite} 钛铁矿[$Fe^{2+}TiO_3$,含较多的Fe_2O_3;三方]

Paraconchidium 拟壳房贝属[腕;S_1]

paraconductivity 顺电导(性)

paracone 前丘[上额齿尖头]；前尖

paraconglomerate 泥砾岩；副砾石；砾(岩质)泥岩

paraconid 小前尖(齿)[哺]；下前尖

paraconodont 副牙形石

Paraconophyton 拟锥叠层石属[Z]

paracontinental 拟大陆的；准大陆的
→~{quasi-continental} crust 准陆壳

paraconule 前小尖；小前尖(齿)[哺]

Paracoosia 副库司虫属[三叶;ϵ_2]

paracoquimbite 羟镁铁矾；紫镁矾[$Fe^{3+}(SO_4)_3•10H_2O$;三斜]；副针绿矾[$Fe^{3+}(SO_4)_3•9H_2O$;三方]

Paracordylodus 拟肿牙形石属[O_1]

paracostibite 副硫锑钴矿[CoSbS;斜方]

Paracrinoidea 拟海百合纲[棘;O_2]；副海百合纲

paracrista 前附尖

paracristid 下前脊

Paracrothyris 拟巅孔贝属[腕;D_2]

paracrystalline 类结晶的；亚结晶的；结晶程度不好的
→~ deformation 晶时变形 // ~ rock 类结晶岩；同结晶岩 // ~ rotation 同结晶旋转

Paracycas 副苏铁属[J_2]

Paracyclas 准球蛤属[双壳;S-D]

Paracymatoceras 副波角石属[头;J_3-K_2]

Paracypria 似丽星介属[K_2-Q]

paracypris 似金星介

paracytic 平列型

paradamite{paradamine} 副(羟)砷锌石{矿}[$Zn_2(AsO_4)(OH)$;三斜]

paradiagenetic 拟成岩作用的；准成岩(作用)的；似成岩作用的
→~ movement 拟成岩期运动

Paradionide 副美女神母虫属[三叶;O_1]

Paradiso 浅紫彩[石]；帕达迪索[石]；紫彩麻[石]
→~ Blue 天堂蓝[石]

paradocrasite 副砷锑矿[$Sb_2(Sb,As)_2$;单斜]

Paradoxides 奇异虫(属)[三叶;ϵ_2]

Paradoxiella 奇异属[孔虫;P_2]

paradoxite 肉红长石；冰长石[$K(AlSi_3O_8)$;正长石变种]

Paradoxostoma 似异口介属[E_2-Q]

Paradoxothyris 奇孔贝属[腕;T_3]

paraduttonite 水羟钒石；副羟钒石

Paraduyunaspis 副都匀鱼属[D_1]

paraeclsian 副重土长石

paraedrite 金红石[TiO_2;四方]

paraelectrics 顺电体

paraeluvium{para-eluvium} 副残积物；副淋溶物

Paraemanuella 拟爱曼纽贝属[腕;D_2]

Paraendoceras 副内角石属[头;O_1]

Paraeofusulina 拟始纺锤蟆属[孔虫;C_2]

Paraeucypris 似真星介属[E_2-Q]

parafacies 副相

parafan 硅水铀石

Parafavella 拟巢铃纤虫(属)[丁;J-Q]

parafenite 副霓长岩

paraffin(e) 石蜡[C_nH_{2n+2}]；硬石蜡；石蜡族烃；煤油；链烷烃

paraffinaceous 石蜡族的

paraffin(ic) base crude (oil) 石蜡基原油
→~ chloride 氯化石蜡 // ~ crystal modifier 石油结晶改进剂 // ~ deposit 石蜡沉积

paraffinic acid 石蜡族酸
→~ butter 石蜡脂 // ~ content 石蜡含量 // ~ gases 石油尾气[(C_2H_6,C_3H_8,C_4H_{10})] // ~ hydrocarbon 石蜡系烃 // ~ intermediate crude 石油中间基石油

paraffinicity 石蜡含量

paraffinic oil 石蜡基油
→~ refined wax 精制石蜡 // ~ scale 粗石蜡 // ~ series 石蜡物系 // ~ slack wax 疏松石蜡 // ~ waterproofing 石蜡防水法 // ~ wax quality test 石蜡质量试验 // ~ xylol 石蜡二甲苯溶液

paraffinite 地蜡[C_nH_{2n+2}]；石油[类名]

paraffinization{paraffinize} 涂石蜡

paraffinnine 结蜡[油]

paraffin oil{oilow} 石蜡油；液体石蜡；液状石蜡

paraffinoma 石蜡瘤

paraffin plugging{blockage} 蜡堵

paraffinum 石蜡[C_nH_{2n+2}]；固体石蜡；药用石蜡
→~ chlorinatum 氯化石蜡 // ~ durum 硬石蜡 // ~ liquidum 石蜡油 // ~ liquidum liquidum 液状石蜡

paraffin wax 固体石蜡
→~ wax{scale} 粗石蜡 // ~ wire 浸蜡线

paraflagellar body 副鞭体[藻]
→~ boss 鞭毛根部隆起[裸眼藻]

paraflow 抗凝剂；防冻剂

parafocusing 仲聚焦；准聚焦

parafoil 翼伞

parafoliate 叶状

paraformaldehyde 仲甲醛；聚甲醛[($CH_2O)_x$]；多聚甲醛

Parafossarulus 沼螺属[腹;Q]
→~ eximius 大沼螺 // ~ striatulus 纹沼螺

parafossete 前坑

parafovea 近窝区

parafoveal 中央凹周围的
→~{scotopic} vision 网膜侧视

Parafusulina 拟蟆；拟纺锤蟆(属)[P_1]；副纺锤蟆属[孔虫]

paragaster 拟消化腔；泄殖腔

paragastric cavity 拟消化腔

Paragastrioceratidae 副腹菊石科[头]

paragearksutite 副钙铝氟石[$Ca_4Al_4F_8(F,OH)_{12}•3H_2O$]

paragenesis{intergrowth;overgrowth} 共生[同一矿床中]
→~ of minerals 共生矿

paragenetic(al) 共生的；拟遗传的

paragenetic association{assemblage} 共

生组合

→～ association 矿物共生组合 //～{paragenic} ore 共生矿 //～{symbiotic} relationship 共生关系

paragenic 共生矿

→～ relation 共生关系

paragenous 共生的

parageorgbokiite 副乔格波基石[β-Cu_5 O_2(SeO_3)_2Cl_2]

parageosyncline 准地槽；副地槽

paragite 肝辰砂[HgS]；铁磷灰石

paraglacial 冰缘的

Paragloborilus 拟球管螺属[软舌螺;Є]

paraglomerate 类砾岩[石]；砾质泥岩

paragnath{paragnathus} 拟颚[甲壳纲]；间颚[节甲]

paragneiss 麻岩；副片麻岩

para-goethite process 仲针铁矿法

paragoite 水铝钙铜石

paragon 圆形大珍珠；纯钻石[100 克拉以上]；帕拉冈无扭转钢绳

Paragondolella 似舟牙形石属[T]；似舟刺属[T]

paragonite 钠云母[NaAl_2(AlSi_3O_{10})(OH)_2;单斜]；珍珠云母[CaAl_2(Al_2Si_2O_{10})(OH)_2;单斜]

→～-schist 钠云片岩

Paragon star clip 巴拉根型星形夹；帕拉冈星形夹

paragraph 节；段落；短评

→～ boundary 段界

Paragraulos 副野营虫属[三叶;Є_1]

paraguanajuatite 副硒铋矿[Bi_2(Se,S)_3;三方]

Paragus crenulatus 锯盾小食蚜蝇

paragutta 合成橡胶；假橡胶

parahalloysite 副埃洛石；贝得石[(Na, Ca½)_{0.33}Al_2(Si,Al)_4O_{10}(OH)_2•nH_2O;单斜]

Parahalobia 拟海燕蛤属[双壳;T_{2-3}]

parahelium 仲氦

parahilgardite 副(水)氯硼钙石[Ca_2(B_5 O_8(OH)_2)Cl]；副氯羟硼钙石[Ca_2B_5ClO_8 (OH)_2;三斜]；副羟硼钙石

Parahippus 副马(属)[N_1]

parahopeite 副磷锌矿[Zn_3(PO_4)_2•4H_2O;三斜]

parahydrogen 仲氢

parailmenite 钛铁矿[Fe^{2+}TiO_3,含较多的 Fe_2O_3;三方]

Paraipciphyllum 拟伊泼雪珊瑚属[P_1]

parajamesonite 副羽毛矿；副毛矿；副脆硫锑铅矿[Pb_4FeSb_6S_{14};斜方]

Parakannemeyeria 副肯氏兽属

parakaolinite 副高岭石

parakeldyshite 副硅锆石[Na_2ZrSi_2O_7;三斜]

parakhinite 六方碲铅铜矿；副碲铅铜石 [PbCu_3Te^{6+}O_4(OH)_6;六方]

paraklippe 副叠盖块

parakobellite 方铅矿[PbS,等轴;不纯]

Parakomaspis 副发冠虫亚属[三叶;Є_2-O_1]

Parakotuia 副柯度虫属[三叶;Є_2]

Parakunmingella 小昆明介属[Є_1]

para-kupferglanz[德] 副辉铜矿[具高温辉铜矿副象;Cu_2S]

parakutnohorite 钙菱锰矿[MnCO_3 与 FeCO_3、CaCO_3、ZnCO_3 可形成完全类质同象系列]

paralagoon 边缘潟湖

para-lamproite 副钾镁煌斑岩

paralaurionite 副羟氯铅矿[PbCl(OH);单斜]；斜羟氯铅矿

paralava 副熔岩；似熔岩

Paralazutkinia 拟拉祖金贝属[腕;D_2]

paraldehyde 三聚乙醛

paralectotype 副选型{模}；副模标本[古]

paral(l)elism 类似；比较；对应；平行度；对句法；相同；对联

Paraleperditia 似豆石介属[D_1]

Paralepismatina 近叠鳞贝属[腕;T_2]

Paraleptesthesia 近狭叶肢介属[E]

paraliage(s)osyncline 海滨地槽；近海地槽；滨海地槽；陆缘地槽

paralic 海陆交互的；近海的；滨海的

→～ coal 近海相煤(层) //～ sedimentary deposit 海陆交替相沉积矿床

paralimestone 变质灰岩

para-linkage 对位键合；对键`合{结构}

Paralioclema 副光枝苔藓虫属[D-T]

parallactic angle 星位角

→～{parallaxial} displacement 视差位移

parallax 倾斜线

→～ bar 视差杆 //～ correction 校正视差 //～ difference 视差差数 //～ error 判读误差 //～ measurer 视差量测器

parallel (circle) 纬圈

→～ coping 平盖石

Parallelasma 异板贝属[腕;O_2]

parallelepipedal{parallelepipedic} joint 立方节理

parallel{split;concurrent;cocurrent} flow 平行流

→～ footwall orebody 与下盘平行的矿体 //～ hanging-wall orebody 与上盘平行的矿体

parallelinervate 平行脉叶(的)

parallelism 平行度；二重性；并行性

→～ index 平行性指数

parallel key 平(面)键

→～-layer model 平行层状介质模型 //～{simple} linear texture 单线结构 //～ lines 复线 //～-link hitch 平行四连杆悬挂装置

Parallelodon 并齿蚶(属)[双壳;O-J]

parallelodrome 平行脉叶(的)

parallel of altitude 等高圈

→～ of declination 赤纬圈 //～{circle} of latitude 黄纬圈 //～ of latitude 纬线 //～ operation 输油泵并联运行 //～ operation of drilling and mucking 钻眼装岩平行作业 //～ perforation 平行于裂缝面射孔 //～ repetition twinning 平行重复双晶[堇青石]

parallels{parallel} of altitude 地平纬圈

parallel sorting 并行分类{选}

→～ stratification 平行层理 //～ tables 对照图表 //～ transgression 整合海侵{进} //～-walled slot 平行边割缝

para(a)llochthon 准外来岩体；近外来岩体

paralogite 中柱石[Ma_5Me_5–Ma_8Me_8(Ma:钠柱石,Me:钙柱石)]；钠钙柱石；针柱石[钠柱石–钙柱石类质同象系列的中间成员；Ma_{80}Me_{20}–Ma_{50}Me_{50};(100−n)Na_4(AlS_3O_8)_3 Cl•nCa_4(Al_2Si_2O_8)_3(SO_4,CO_3)]

paralstonite 锶钡解石；三方钡解石 [(Ba,Sr)Ca(CO_3)_2;三方]

para(-a)luminite 丝铝矾[Al_4(SO_4)(OH)_{10}• 7H_2O]；富水矾石[Al_4(SO_4)(OH)_{10}•7H_2O]

paralysis[pl.-ses] 停顿；麻痹

paralyze 瘫痪

paramagnetic 顺磁的

→～ amplifier 微波激射器 //～ body 顺磁体 //～ resonance 顺磁共振

paramarginal crista 副缘脊

→～ geothermal resources 类边缘性地热资源[开发费用 1～2 倍于常规能源的地热资源] //～ resources 准{临}边界资源

Paramarginifera 副围脊贝属[腕;C_3-P_1]

paramelaconite 锥黑铜矿；副黑铜矿[Cu O;Cu_2^+Cu_2^{2+}O_3;四方]

parameloids 袋兔类[澳等新几内亚袋狸科;Q]

paramendozavilite 副磷钼铁钠铝石

Paramenomonia 副定形虫属[三叶;Є_3]

Paramentzelia 副门策贝属[腕;T_3]

Paramerista 拟双分贝属[腕;S]

Paramesotriton{Tylototriton} verrucosus 棕黑疣螈

parametabasite 副变(质)基性岩

parameter 标轴；湿周；参数；参量

parametral face 标轴面

→～ form 单位标轴形 //～{unit} form 单位形 //～ plane 标轴平面；参数平面

parametric amplification{|analysis} 参量放大{|分析}

→～ borehole 参数井 //～ measurement of kiln 窑热工标定 //～ model 参数模型{拟} //～ singular point 流动奇点

paramineral 副矿物

paramo 高山植被；高山稀疏草地

paramontmorillonite 坡缕石[理想成分: Mg_5Si_8O_{20}(OH)_2(H_2O)_4•nH_2O;(Mg,Al)_2Si_4O_{10} (OH)•4H_2O;单斜、斜方]；副蒙脱石[Al_2(Si_4 O_{10})(OH)_2]；纤蛇纹石[温石棉;Mg_6(Si_4O_{10}) (OH)_8]

paramontroseite 副黑钒矿[VO_2;斜方]；副{次}铁钒矿[V_2O_4]；钒矿

paramorphic 副象的

→～ hemihedral class 副象半面象(晶)类 //～ hemihedry 副(象)半面象 //～ replacement 副象交代

paramoudra 桶形燧石

Paramys 副鼠(属)[E]

Paranannites 副矮菊石属[头;T_1]

paranatrolite 钠沸石[Na_2O•Al_2O_3•3SiO_2• 2H_2O;斜方]；副钠沸石[Na_2Al_2Si_3O_{10}•3H_2O;单斜?、假斜方]

parang 帕兰刀[马来人用的带鞘砍刀]；高矮混合林

parankerite 多镁铁云石；铁白云石[Ca (Fe^{2+},Mg,Mn)(CO_3)_2;三方]

Paranorites 副诺利菊石属[头;T_1]

Paranowakia 拟塔节石属[D_1]

paranthelion 侧反目

paranthine{paralogite} 钠钙柱石；中柱石；针柱石；韦柱石

Paranthropus 傍人；巴兰猿人；副人猿属[Q]

paraoceanic 拟大洋的；准大洋的；副大洋的；类海洋的

→～ crust 拟洋壳 //～{quasi-oceanic} crust 准洋壳

para-oranite 副钾钙(纹)长石

para-orthose 歪长石[(K,Na)AlSi_3O_8;三斜]

paraotwayite 副羟碳硫镍石[Ni(OH)_{2−x} (SO_4,CO_3)_{0.5x},x≈0.6]

Parapachyphloia 拟厚壁虫属[孔虫;P]

P

Paraparchites 似无饰介(属)[D-P]

parapatric model 并域模式
→~ speciation 邻域成种

parapechblende 准沥青铀矿

parapectolite (副)针钠钙石 [Na(Ca>0.5 Mn<0.5)2(Si3O8(OH);Ca2NaH(SiO3)3;NaCa2 Si3O8(OH);三斜]

paraperthite 副条纹长石

parapet 护墙;胸墙;齿垣[牙石];端墙
→~ {breast} wall 防浪墙

paraphane 硅铀矿 [(UO2)5Si2O9•6H2O; (UO2)2SiO4•2H2O;斜方]

paraphase 倒相

Paraphillipsia 副菲利普虫属[三叶;P1]

paraphore 大横推断层;搛断层[德]

paraphysis 侧丝[藻]

parapierrotite 副皮罗矿;斜硫锑铊矿 [Tl(Sb,As)5S8;单斜]

Parapiloceras 副枕角石属[头;O1]

parapitchblende 准沥青铀矿;副沥青铀矿

Parapithecus 副猿(属)[E3]

paraplain 准平原

paraplatform 地台;准地台;副地台

Paraplectograptus 拟瓣笔石属[S2]

paraplicate 前接合缘;旁褶(缘)型[腕]

parapodium[pl.-ia] 侧足[软];伪足;疣足[环节]

parapodzol 次生灰壤

Parapolygnathus 副多颚牙形石属[D2-3]

parapophysis 椎体横突

parapositronium 仲-正(电)子素

Parapsida 上颞窝类;上孔亚纲[爬];侧弓亚纲[爬];侧弓目

Parapygus 拟臀海胆属[棘;K2]

parapyla[pl.-e] 副板孔[射虫]

paraquartzite 副石英岩

pararammelsbergite 副斜方砷镍矿[NiAs2;斜方]

Pararaphistoma 拟线凹螺属[腹;O-S]

pararealgar 副雄黄[AsS;单斜]

pararedzina 准黑色石灰土

Parareichelina 拟拉且(契)尔蜓(属)[孔虫;P2]

pararenite 副砂屑岩

Parareptilia{Parareptilis} 副爬行亚纲

para(-)ripple 对称波痕

pararobertsite 付水磷钙锰石 [Ca2Mn3+(PO4)3O2•3H2O]

Pararobuloides 拟扁豆虫属[孔虫;P2]

para-rock 共生岩床;副变质岩;变沉积岩

Pararotalia 拟轮虫属[孔虫;N3]

pararsenolamprite 副斜方砷[As0.94Sb0.05 S0.01]

Pararthropoda 侧节肢动物;似节肢动物(门)[C-Q]

Parasaurolophus 似棘龙属[K]

paraschachnerite 斜方汞银矿 [Ag3Hg2;斜方]

paraschist 水成片岩;副片岩

Paraschizoneura 副裂脉叶属[P2]

paraschoepite 水柱铀矿 [5UO3•9½H2O; 3UO3•7H2O];副柱铀矿[5UO3•9½H2O;UO3 •2H2O?;斜方]

parascholzite 副磷钙锌石[CaZn2(PO4)2•2H2O];斜磷钙锌石

Paraschwagerina 副{拟}希瓦格蜓属[孔虫;C3-P];拟希氏(纺锤虫)

parascorodite 副臭葱石[FeAsO4•2H2O]

parasepiolite 海泡石[Mg4(Si6O15)(OH)2•6H2O;斜方];副海泡石[H8Mg2(SiO4)3]

paraserandite 副桃针钠石

Parashantungia 副山东虫属[三叶;Є3]

parasibirskite 副硼钙石[Ca2B2O5•H2O]

para-silberglanz[德] 副辉银矿[具有辉银矿副象的螺状硫银矿;Ag2S];假象硫银矿

parasilicate 副硅酸盐

Parasilurus 鲶属[N2-Q]

parasite 方{毛}硼石[Mg3(B3B4O12)OCl;斜方];寄生振荡
→~ (plant) 寄生植物

parasites 天电干扰

parasitical 寄生的;不期望的;侧边的[火山]

Parasolenopora 拟管孔藻属[Z]

Parasphaeroolithus 副圆形蛋属[K3]

parasphenoid 副楔骨[两栖]
→~ vacuity 副蝶窝

Parasphenophyllum 副楔叶属[古植;P1-2]

Paraspirifer 拟石燕属[腕;D1-2]

paraspore 多分孢子[植]

Parasporites 对囊粉属[孢;C2]

paraspurrite 副碳硅钙石;副灰硅钙石[Ca5(SiO4)2(CO3)]

parastilbite 红辉沸石[NaCa2(Al5Si13O36)•14H2O];副柱沸石{副辉沸石;柱沸石}[Ca(Al2Si6O16)•5H2O;单斜]

parastratigraphy 副地层学

parastratotype 副层型

parastrengite 副红磷铁矿

Parastrophinella 小准凹凸贝属[腕;O3-S2]

parasymplesite{parasymplecite} 副砷铁石[Fe2+3(AsO4)2•8H2O;单斜];准砷铁矿[Fe3(AsO4)2•8H2O]

parasyncolpate 叉状合流口;副合沟[孢]

paratacamite 副{三方}氯铜矿[Cu2(OH)3 Cl;三方]

paratactic 罗列的;并列的[语]

parataxa 准分类

Parataxidea 副美洲獾属[N2]

Parataxodium 副落羽杉属[古植;K1]

parataxon 准分类

paratectonic 同造山的;同构造的
→~ fold 副构造型褶皱

paratellurite 副黄碲矿[TeO2;四方]

paratenorite 锥黑铜矿;副黑铜矿[CuO;Cu1+2Cu2+O3;四方]

para-Tertiary 副第三系{纪}

Paratetratomia 拟四片贝属[腕;D2]

paratheca 鳞板壁[册]

parathenardite 变无水芒硝[Na2SO4]

parathine 中柱石 [Ma5Me5-Ma2Me8(Ma:钠柱石,Me:钙柱石)]

parathite 中柱石 [Ma5Me5-Ma2Me8(Ma:钠柱石,Me:钙柱石)]

parathorite 副钍石;斜方钍石

Parathurammina 似砂户虫属[孔虫;C1]

parathuringite 副鳞绿泥石

Paratibetites 副西藏菊石属[头;T3]

paratillite 类冰碛岩;准冰碛岩;类水硫岩

paratoluene{p-tolyl} arsonic acid 对-甲苯肿酸

paratomous 富解理小面的;斜轴解理的

paratooite 磷铁铝石
→~-(La) 帕碳铜镧石 [(REE,Ca,Na,Sr)6 Cu(CO3)8;REE3(Ca,Sr)2NaCu(CO3)8]

Paratrizygia 副三对孔属[古植;C3-P2]

paratsepinite-(Ba) 水硅铌钛钡石 [(Ba,Na,K)2x (Ti,Nb)2(Si4O12)(OH,O)2•4H2O]

paratype 副模式[标本];副型;副模标本[古]

paraumbite 副水硅锆钾石[K3Zr2H(Si3 O9)2•nH2O(n≈7);(K,H6H)2 ZrSi3O9•nH2O]

para-unconformity 假整合;副不整合;假层理

para-uranite 副云母铀矿[受热失水的云母铀矿];无水钾磷砷酸盐

paraurichalcite 水锌矿[Zn5(CO3)2(OH)6;3ZnCO3•2H2O;ZnCO3•2Zn(OH)2;羟碳锌矿]
→~ II 锌孔雀石[(Cu,Zn)2CO3(OH)2;单斜]

parautochthon 准原生地带

parautochthonous 准原生带的;准原地(生)的
→~ flysch 准原地复理层

paravariscite 副磷铝石

paravauxite 副(蓝)磷铝铁矿 [Fe2+Al2(PO4)2(OH)2•8H2O;三斜];副磷铁铅矿

Paraverbeekina 拟费伯克蜓属[孔虫;P]

paravicinal 似邻接面

paravinogradovite 副白钛硅钠石[(Na,口□)2((Ti4+,Fe3+)4(Si2O6)2(Si3AlO10)(OH)4H2O)]

paravivianite 镁锰钙蓝铁矿;副蓝铁矿;次蓝铁矿[(Fe2+,Mn,Mg)3 (PO4)2•8H2O]

Parawedekindellina 拟魏德肯蜓属[孔虫;C2]

parawollastonite 硅灰石-2M;副硅灰石[CaSiO3;单斜]

parawyartite 副碳钙铀矿[Ca3(UO2)7(CO3)2 O2(OH)12•5~7H2O]

paraxial focus 近轴焦点;焦距
→~ ray 傍轴光线 // ~ ray method 旁轴射线法

Paraxonia 副轴首目;古偶蹄类

paraxylene 对二甲苯

parazoa 侧生动物;近似动物

Parazygograptus 拟断笔石属[O1]

parbegin-parend 并行开始–并行结束

parbighite 磷钙铁矿[CaFe5(PO4)2(OH)11•3H2O]

parcel 含矿地区;区分;一群;包裹;裹好;待运精矿堆;打包;分配;矿区;分成若干部分;一宗;(土地的)一区;小包
→~ method 气块法 // ~ post 邮包;包裹邮务处

parcels file 地块(数据档)

parchettite 多榴粗玄岩;多白(榴碱)玄岩

parchment paper 硫酸纸;假羊皮纸

Parcisporites 雏囊粉属[孢;T3-E]

Pardee spiral separator 巴第型螺旋分选机

Pardop 帕尔多普;被动测距多普勒系统

Parece Vela basin 帕里王维拉海盆

paredrite 水金红石;金红石[TiO2;四方];豆钛矿[金红石的变种]

pareiasaur 钜颊龙

pareiasauride 钜颊龙科

pareiasaurs 巨齿龙类

pareiasaurus 钜颊龙属

pareidolia 空想性错视

Pareiosaurus 巨齿兽龙

Parelephas 副象属[Q]

parenchyma 实质;薄壁组织;柔组织[植];实体[动]

parenchymalium[pl.-ia] 实体骨针[绵]

parenchymatous 等轴形的[苔];真组织的[藻]

parenchymella 海绵幼体；中实幼体

parent 亲本；起源；本源的；原始的；母体[同位素]

parental fluid 本源流体；原初流体
→~ generation 亲代 // ~ population 亲本居群

parent anomaly{|element} 母异常{|元素}
→~ body 陨石

Parenteletes 近全形贝属[腕;C₃-P₁]

parenthesis[pl.-ses] 插入语；(圆)括号

parenthine 钠钙柱石；中柱石[Ma₅Me₅−Ma₂Me₈(Ma:钠柱石,Me:钙柱石)]；针柱石[钠柱石−钙柱石类质同象系列的中间成员；Ma₈₀Me₂₀−Ma₅₀Me₅₀;(100−n)Na₄(AlS₃O₈)₃Cl•nCa₄(Al₂Si₂O₈)₃(SO₄,CO₃)]

parent{original} hole 基准炮孔
→~ ion 母离子 // ~ metal 底层金属[焊接] // ~ mucleus{nuclide} 母核(素) // ~ organization{company} 母公司

parent solution 成矿母液
→~-subsidiary relationship 母子公司关系

Pareodinia 芋头藻(属)[J-K]

parfacies 亚相；成岩次相

pargasite 韭闪石[NaCaMg₄(Al,Fe)(Al₂Si₆O₂₂)(OH);NaCa₂(Mg,Fe²⁺)₄Al(Si₆Al₂)O₂₂(OH)₂;单斜]；钙镁闪石；韭角闪石[一种有色的角闪石;Ca₄Na₂Mg₉Al(Al₃Si₁₃O₄₄)(OH,F)₄]

parge 粗涂灰泥

parget 灰泥；石膏[CaSO₄•2H₂O;单斜]；(粗)涂灰泥；粗镀灰泥

pargeting 烟道内涂灰泥

Parhabdolithus 烛台棒石[钙超;J-K₂]

parhelia 日晕上的光轮

parhelic{paraselenic} circle 幻日环

parhelium 仲氦

parichno 长小点痕；通气道[鳞木叶座]

paries[pl.parietes] 隔壁；隔板

parietal 颅顶鳞[爬]
→~ (bone) 顶骨 // ~ fold 壁褶[腹];内唇顶中隆 // ~ gap 壁隙

parietalis 顶骨的

parietal lip 壁唇
→~ organ 顶体；脑顶体 // ~ pore 壁管[蔓足];生殖孔[海蕾] // ~ tube 体壁管[蔓足]

parietin 朱砂莲乙素

pariety 体壁[古杯]

paring 夹石；夹层

parisite 氟碳钙铈矿{石}[(Ce,La)₂Ca(CO₃)₃F₂;六方]；氟菱钙铈矿[Ce₂Ca(CO₃)₃F₂,常含Y、Th]
→~-(Nd) 钕氟碳钙铈矿[Ca(Nd,Ce,La)₂(CO₃)₃F₂]

parison{blank} mold 初形模[玻]

Paris polyphylla 七叶一枝花；蚤休；独角莲

parity 比价；均等；类似；相同；同位；同格；同等；奇偶性
→~ bit 奇偶位 // ~ unit 折实单位

parivincular 等韧式；跨韧式[双壳]；均韧式

park 园；浅溶蚀洼地；草原；公园；林间草地；停机场；停放
→~ (a car) 停车 // (car) ~ 停车场

Parkeriaceae 水蕨科

parkerising 磷化处理

parkerite 派克矿；硫铋镍矿[Ni₃(Bi,Pb)S₂;单斜]；斜硫锑铋镍矿[Ni₃Bi₂S₃];斜硫铅

铋镍矿

parking 停车场；停车
→~ brake 手刹车；驻车刹车[俗称手刹] // ~ lot{area;place} 停车场 // ~ meter 停靠表

parkland 疏树草地

parkway{underground} cable 井下电缆

Parmites 巴米特叠层石属[Z]

parna 风积黏土；风成土

parnauite 砷铜矾[Cu₉(AsO₄)₂(SO₄)(OH)₁₀•7H₂O;斜方]

Paroglossograptus 拟舌笔石

paroligoclase 副奥长石；不纯柱石

paroline 石蜡油；矿脂[材;油气]

paromomyids 平猴头{类}

Paromomys 拟古镜猴

Paromphalus 同脐螺属[腹;C]

parophite 绿钾霞石；斑块云母[K,Na,Mg,Ca的铝硅酸盐,块云母类的一种假象物质,为不纯的白云母]

paroptesis 灼热变质

parorthoclase 歪长石[(K,Na)AlSi₃O₈;三斜]

Parotosaurus 耳曲蝠螈属[T]

paroxism{paroxysm} 剧动；爆喷；突然喷发；爆发高潮

paroxysmal 爆发性(的)
→~ eruption 激性喷发 // ~ geological hazard 突发性地质灾害

paroxysmalism 剧动说

paroxysmal phase 爆喷阶段[火山];激性喷发幕
→~ stage 剧动期

parpend 贯石；穿墙石；系石

parquet-like 镶木地板状

parrot 烛煤；鹦鹉
→~ cage 框规[检验井壁垂直度用] // ~ coal 油炭；劣质气煤；响煤；(一种)苏格兰烛煤 // ~ green 鹦哥绿

parryite 水钙硅石

pars abdominalis 腹部
→~ buccalis 颊部

parsettensite 红硅锰石；红硅锰矿[(Mn,Mg)(SiO₃)•H₂O;(K,H₂O)(Mn,Fe³⁺,Mg,Al)₋₃(Si₄O₁₀)(OH)₂•nH₂O;(K,Na,Ca)(Mn,Al)₇Si₈O₂₀(OH)₈•2H₂O;单斜、假六方];褐硅锰矿[(K,H₂O)(Mn,Fe³⁺,Mg)Al₋₃(Si₄O₁₀)(H₂O)₂];羟硅锰矿

Parsonsidites 同心结粉属[孢;E]

parsonsite 三斜磷铅铀矿[Pb₂(UO₂)(PO₄)₂•2H₂O;三斜]

pars pelvina 骨盆部
→~ septalis muscles 眼轮匝肌眶隔前睑部 // ~ sternalis 胸骨部 // ~ thoracalis 胸部

parted 深裂的；分开的
→~ casing 脱开的套管

part element 组件
→~-face blast 半工作面爆破

partheite 帕水硅铝钙石[CaAl₂Si₂O₈•2H₂O;单斜]；纤拟(水钙)沸石

partial 分音；部分的；不完全的；局部的
→~ cross-cut 阶段石门

partiality 偏心

partial lunar eclipse 月偏食

partially carbonized lignite 半炭化褐煤

partial mechanization 半机械化
→~-melting model 部分熔融模型 // ~ ore caving 部分矿石崩落采矿法；矿石部分崩落

partials 不全位错

partial safety factors of pile 桩的分部安全系数

partible 可分的；可分离的

participant 参与的；参加者

partic(u)late 颗粒；微粒

particle 质子；质点；粒子
→(mineral) ~ 矿粒

particle flow code in 3 dimensions 三维颗粒流程序

particle{intergranular;interparticle} friction 粒间摩擦
→~ gap signals 颗粒间隙信号

particles of equal settling 等沉粒

α-particle α质点；α粒子

particular 个别的；项目；特殊的；特色；特点
→~ (data) 详细数据 // ~ average 特别海损 // ~ image 特殊影像 // ~ solution{integral} 特解

particulate 散态的；粒子；分散的；细粒的；成粒的

partimensurate orebody 矿山开采后期勘探的矿体

parting 岔线；岔口；岔道[铁道]；层理；道岔；矸石隔墙；脉石；裂理；裂开；分离；分支；分离的；分开的；分界的；离别的；夹石层；夹矸；夹层；裂层
→(double) ~ 错车道 // ~ (dust) 隔砂；夹石；分离面

partings 夹石
→~ changing 隔墙迁移

parting{dividing} slate 板岩夹层
→~ slip 节理 // ~-step lineation 斜交阶梯状{阶梯状裂开}线理

partite 深裂的；分裂的

partition (board) 隔板
→~ chromatography 分溶层析法；分配色层法

partitioned file access 分区文件存取

partition function 公配函数；分配函数
→~ gas chromatograph 分离气组分分析器{色谱仪}

partitioning 分块；分离；配比
→~ column 分离柱 // ~ tracer method 示踪分离{划分}法

partition{lobe} line 缝合线
→~ noise 电流分配噪声 // ~ of dispersed constituent 分散组分的分配 // ~ relation 配分关系 // ~ rock 帮岩；壁岩

partiversal 半锥背斜

part-load 不满载的

partly-biogenic model 部分生物成因模裂

partly cloudy 疏云
→~ crystalline 半晶质(的) // ~ graphitized cast-iron 部分石墨化铸铁 // ~-mounted 半悬挂式的 // ~ penetration well 不完整井

part mine 矿渣生铁
→~ per billion{milliard} 十亿分之一[10⁻⁹] // ~ per hundred 百分之一 // ~ per million 百万分之一

partridge feature spot 鹧鸪斑

partridgeite 灰铁锰矿[Mn₂O₃];帕特里奇矿；方铁锰矿[Mn₂O₃;(Mn³⁺,Fe³⁺)₂O₃;等轴]

(machine) parts 机件；配件

partschin 灰铁锰矿[Mn₂O₃];锰铝榴(石)[Mn₃Al₂(SiO₄)₃,Mn常被Ca、Fe、Mg置换;等轴]

partschinite 锰铁矾；锰铝榴(石)[Mn_3Al_2 $(SiO_4)_3$,Mn 常被 Ca、Fe、Mg 置换；等轴]

partschite 陨磷铁镍石

parts list 零部件明细表
→~ per billion range 十亿分之几级//~ per million range 百万分之几级//~ per thousand 千分之几

part-time 短时的
→~ job system 非全时工作制

parttime work 零工；非全日工作

party 当事者；参与者；(缔约的)一方；班组；聚会
→~{-}chief 队长

partzite 水锑铜矿[$Cu_{2-9}Sb_{2-x}(O,OH,H_2O)_{6-7}$,其中 $x=0\sim1$,$y=0\sim\frac{1}{2}$；$Cu_9Sb_2(O,OH)_7$?；等轴?]

parunconformity 假整合；假挂合

Parunio 准珠蚌属[双壳;Q]

Parussuria 副乌苏里菊石属[头;T_1]

parvicostellae 微型肋纹；网线

Parviprojectus 微小突起粉属[孢;K_2]

Parvisaccites 始囊粉属[K_1]；微囊粉属[孢]

parweelite{parwelite} 硅砷锑锰矿[(Mn, Mg)$_5$Sb(As,Si)$_2$O$_{12}$;单斜]

Pasadenan movement 帕萨迪运动[N_2]

Pasadenian 上新世[$5.30\sim2.48$Ma;人猿祖先出现]；巴萨丁运动

Pascal 帕(斯卡)[压力单位,=1N/m^2]
→~ distribution 帕斯卡分布//~ line 帕斯卡线

Pascal's law 巴斯噶定律

Pasceolus 全裂海绵属[O]

pascichnia 觅食(痕)迹

pascoite 橙钒钙石[$Ca_2V_6O_{17}\cdot11H_2O$;Ca_3 $V_{10}O_{28}\cdot17H_2O$;单斜]

Pasichnia 觅食(痕)迹

pasmmite 砂屑岩

pass 通过；水路；遍；扫描；矿石溜井；隘口；隘；垭口；放矿溜道；垭口；垭；剥离循环；小路；经过；一次操作；通行证；通路；通道；走道；及格

(mountain) pass 山口；溜井；焊道

passage (way) 通路
→~ of chip 切屑排出//~ of title 所有权的转移

passageway 人行巷道；通路

passage way 进路

passameter 外径指示规

passauite 硅页岩；中柱石 [Ma_5Me_5- Ma_2Me_8(Ma:钠柱石,Me:钙柱石)]；韦柱石；似瓷岩

passavant 通行证[法]

passband 通(频)带[震]；滤过带[衡消滤波的]

pass-check 入场券；通行证

pass-contract 转包

passed examination 检查合格

passel 一群；一批

passenger 罐客；乘客
→~ boat 客船//~ lift 载人电梯

passer 过路人

Passeriformes 雀(形)目；鸣禽类

pass horse{trestle} 渡槽支架

Passiflora edulis 洋石榴

passimeter 内径指示规

passing 偶然的；仓促；搬运；经过的；消逝；短暂；随便的
→~ bay 错车宽度//~ material 通过(筛孔)的物料；筛下品//~ point 相会点

passings 筛下产品

passing shower 移终阵雨
→~ track 会让线；错车道//~{run-around} track 迂回线//~ track{turnout} 岔线

pass-into 矿物过渡变化

passionate 热烈的

passivation 钝化作用；钝化

passivator 减活剂；减活化作用；钝化剂

passive 无源的；消极的

passive/active detection and location 无源-有源探测定位(系统)

passive AEM system 被动式航空电磁系统
→~ agent 非活跃营力//~ EM system 被动源式电磁系统//~ permafrost 原永冻土；早期寒冻气候的永冻土//~ remote sensing 自然源遥感//~ zoning 脱钙环带[斜长石中由于去钙作用而形成的正常环带]

pass judgment on 评定
→(mountain) ~ notch 隘口

passometer 内径精测仪；计步器

pass on 转
→~ out 晕//~ strain 道次应变//~ through 穿过；透射

pass-through facility 贯通装置[测井下井仪的]

passyite 不纯石英；硅华[$SiO_2\cdot nH_2O$]；杂硅华[不纯的 SiO_2]

pastagram 巴土塔图；温高图

past and present distribution 过去和现在的分布

paste 糊状物；糊；砂岩泥状基质；软膏；泥状基质(砂岩)；粘贴；粘；浆糊；浆

pasteboard (胶)纸板做的；不坚实的

pasted plate 涂浆极板

paste lining gravity dam 浆砌石重力坝
→~ mold 衬碳模//~ mold machine 薄壁吹泡机

pastern joint 骹关节

pasteup 拼贴(图)；涂抹

past global change 过去全球变化

pasting 粘贴
→~ of core 砂芯黏合

past muster 合格；符合要求；通过检查；及格

pastoral 放牧

Pastoralodontidae 牧兽科[哺;E_1]

past producing life 关井前开采时间
→~ production 已采得的总产量

pastréite 钠铁矾[$NaFe_3^{3+}(SO_4)_2(OH)_6$;三方]；黄钾铁矾[$KFe_3^{3+}(SO_4)_2(OH)_6$;三方]

pasturage 牧场；牧草

pasture 牧草；蜜源；放牧
→~ land 牧场；草场

pasty 糊状的
→~ lava 稠黏熔岩//~ sludge 糊状泥浆{渣}

pat 轻拍(声)；边缘陡的高原[印]；干旱平原[巴基]；小块[试样]

patagium 臂间膜[射虫]

Patagonia 帕塔冈尼亚

patagosite 化石壳方解石；爆解石

patana 山坡草地；山地草场；帕坦纳草坡[斯里兰卡]

pataphysics 超然科学

patarstanide 砷锡钯矿

patch 影斑；色斑；蜡饼；包体[岩]；含油蜡；小砂矿；泉华镶嵌体；大面积组合[震勘]；浮冰区；连接板；块形三维观测；

块斑；补贴管；补片；补丁；补；斑块；斑点；碎片
→~ (reef) 块礁；修补

patching 修补；炉衬修补；补焊

patch jack 接线插孔
→~{nest} of ore 窝子矿//~ of ore 矿巢//~ of overthrust sheet 叠盖块；孤残层；飞来峰{层}//~ perthite 补缀状条纹长石

Patella 蠵属[K_2-Q]；帽贝(属)[双壳]

patella[pl.-es-s] 髌{膑}骨；膝盖骨内节肢第四节[三叶]

patelliform 笠(状壳)[腹]

Patellinella 小蝶虫属[孔虫;N_2-Q]

Patellisporites 波环孢属[K_2-E]

patent 铅淬火；批准专利；专利品；公开的；(采)矿(执)照；明显的；专利权；专利

patentability 可专利(性)

patentable 可取得专利的

patented 有专利权的

pateraite 黑钼钴矿[$CoMoO_4\cdot nH_2O$?]；黑钴钼华

Paterina 神父贝 (属) [腕;ϵ]；托盘贝(属)[腕]

paterina 托盘属

paterinacea 托盘贝类

Paterinida 神父贝目[腕]

paternoite 硼钾镁石[$KMg_2B_{11}O_{19}\cdot9H_2O$; $KMg_2(B_5O_6(OH))(B_3O_3(OH)_5)_2\cdot2H_2O$;$KH$ $Mg_2B_{12}O_{16}(OH)_{10}\cdot4H_2O$;单斜；富水硼镁矿 [$Mg(B_8O_{10}(OH)_6)\cdot H_2O$]；水硼镁石[$Mg(B_8$ $O_{10}(OH)_6)\cdot H_2O$]

paternoster elevator 斗式升料机

Paterula 巴特贝属[腕;O]

path 电路；射程；航迹；轨迹线；光径；路程；路；流程；分支；行程；星下轨道[卫星平面在地球表面上的投影]；小路；线路；通路；路径
→(orbital) ~ 轨迹；轨道//~ curve 轨线 //~ difference 声程差；程差[结晶光学]

pathfinder 导航人员；导航雷达；探索者

path free signal 频道空闲信号
→~ generator 轨迹复演机构//~ loss 沿途损失

pathmaster 养路工

path of contact 啮合线
→~ of filtration{percolation} 渗透途径 //~ of flight 航线//~ of rays 光路//~ of seismic waves 震波路线

pathogen(e) 病原体

pathogenic{morbific} agent 病原体

pathological{pathologenic} dust 致病尘末

pathology 病理(学)

pathway 轨线；轨道；矿液通道；途径；通路；通道

path{traffic} way 通道

patina 荒漠结壳；沙漠盐壳；风化变色；风化膜；风化壳；氧化表层[金属或矿物]；岩漆；锈色；外壁[半面]加厚[孢]；铜器上的绿锈；铜绿；金属或矿物表(面氧)化(保护)层

patinoite 黄方石[砷的磷酸盐]

Patinopecten 盘海扇属[双壳;E-Q]

patio 铺砌的院子{地面}[清理、分拣碎裂矿石用]；造场场；庭院

pat lest 试饼法
→~ of cement 水泥饼

Patomia 帕托姆叠层石属[Z]

patparachan 帕德马刚玉

patrinite 硫铜铅铋矿；针硫铋铅矿[$PbCuBiS_3$;斜方]
Patriofelis 父猫属[E_2]
Patrognathus 碟颚牙形石属[C_1]
patrogony 复演律
patrol 巡视；巡查
→～ boat signal 巡逻舰信号//～ flight (管路)巡线飞行//～ maintenance 巡回养护
patrolman (管路)巡线工
patronite 绿硫钒矿[$V(S_2)_2$;单斜]；硫钒矿[$V(S_2)_2$]；绿硫钒石
→～ lode deposit 绿硫钒脉状矿床
pattern{array} 组合[爆炸点、检波器]
patterned 被组成图案的
→～ ground 花纹地表层[严重的冻结作用造成]；图案地{形土}[花纹地表层]
pattern efficiency 布井效率；钻孔布置效率
→～ extraction unit 图像提取装置//～ flooding 按一定井网注水//～{patterned; figured} glass 压花玻璃
patterning 图案结构
pattern injection fluid system 柱流体井网系统
→～ plaster 制模(用)石膏//～ shape 井方式//～ shooting 定网度爆破[震勘]//～-type field experiment 按井网作的矿田试验
Patterson diagram 帕特森{逊}图
→～-Harker section 帕特森-哈克截面
pattersonite 蠕绿泥石[$Mg_3(Mg,Fe^{2+},Al)_3((Si,Al)_4O_{10})(OH)_8$]；鳞绿泥石；帕特森石[$PbFe_3(PO_4)_2(OH)_4((H_2O)_{0.5}(OH)_{0.5})_2$]；钾黑蛭石
patulous 平展的[树枝等]；张开状；展开的
patulousness 展开
Paucibucina 疏管藻属[T]
Paucicrura 少腿贝属[腕;O_2]
paucilithionite 钾锂云母[$K_2Li_3Al_3(Al_2Si_6O_{20})F_4$]
paulingite 勃林沸石[$(K_2,Ca,Na_2,Ba)_5Al_{10}Si_{32}O_{84}$•34～44$H_2O$;等轴]；方碱沸石[含 Ca 和 K 的沸石]；鲍林沸石
paulite 紫苏辉石[$(Mg,Fe^{2+})_2(Si_2O_6)$]
paulkerrite 水羟锰铁钾石
paulmooreite 保砷铅石；勃砷铅石[$Pb_2As_2^{3+}O_5$;单斜]
Pauropoda 少足目[多足]；少脚纲；多足纲少足目
Paurorhyncha 短嘴贝(属)[腕;D_3]
Paurorthis 小正形贝属[腕;O_{1-2}]
pause 间歇；停顿
→～ (in speaking) 停顿//～ instruction 暂停指令
pautovite 硫铁铯矿[$CsFe_2S_3$]
pavage 铺设；铺砌；铺路；铺地
pavement 石坪；巷道底板；人行道；便道；铺砌层；铺面；平滑岩面；覆盖面；砾石滩；路面
→～ of riprap 乱石护面
pav(i)er 铺设材料；铺路工；铺路材料；铺地砖；筑路工
pavilion 穹形物；大帐篷；搭帐篷；笼罩；底部[钻石]
paving (stone) block 砌路用石块
→～ flag 铺路石板//～ flags{stones} 铺路薄片石//～ in stone blocks 石块铺面//～ stone 铺石地面//～ with pebbles 卵石铺面
pavio(u)r 铺路工{机}；铺路材料
Pavo 孔雀座
pavonado 黝铜矿[$Cu_{12}Sb_4S_{13}$,与砷黝铜矿($Cu_{12}As_4S_{13}$)有相同的结晶构造,为连续的固溶系列;$(Cu,Fe)_{12}Sb_4S_{13}$;等轴]
pavonazzo 孔雀大理石
pavonite 铅泡铋矿；块硫铋银矿[$(Ag,Cu)(Bi,Pb)_3S_5$;单斜]
pawdite 环斜微闪长岩；细粒黑云闪长岩{石}
pawl 爪；掣子；卡爪；勾；棘爪
→(retaining) ～ 止动爪//～-and-cam mechanism 掣子和凸轮机构；棘爪和凸轮机构//～{ratchet-wheel} mechanism 棘轮机构
pawn 抵押(物)
paxilla[pl.-e] 花柱棘[棘海星]；小柱体
paxite 斜方砷铜矿[Cu_2As_3;斜方]
pay 产{含}油层；含油{矿}的；工资；支付；交付；给予
payability percentage 可采性
payable 工业性的；有经济价值的；宜于开采的；可采的
→～ ground 可采矿床//～ ore reserves 可采的有利矿石储量
payback method 回收期法
→～ period 回收期
pay back reciprocal method 回收期倒数法；偿还期倒数法
→～ bed{formation} 可采矿层//～ bed 开采矿层//～ by instalment 分期付款
paycheck 付薪金用支票；工资
pay{wage} day 开支日；发薪日
→～(-)dirt 含矿泥砂//～ dirt 有用矿物；可采金矿砂
pay formation 产层
→～{economic} grade 工业品位//～ gravel 可采含矿砂砾//～ horizon 有开采价值的矿层
paying bank 付款银行
→～ in slip 缴款通知单//～ reef 可采矿脉//～ well 获利井；高产油井；经济上有利的井
pay lead 富脉矿；富矿层[砂矿底部]；可采矿脉
→～ lead{wash} 富砂矿
payline 采掘边界；掘进断面；井下开采获利限度[超过这个限度就要亏损]
pay line 巷道掘进截面周线
payload 工资支出[企业等]；有效载荷{负荷}；净载重量；酬载
pay load{payload (weight)} 有效载重
→～-load{hoisting;lifting} capacity 起重量//～-load in weight 有效载重
payload mass 有效载荷质量
pay material 有用物料
payment 贷方；支付(额)；报酬
→～ by mistake of fact 误付//～ in advance 预付款//～ of interest 付息//～ on shipment 装货付款
payments document 支付单据
payment terms 付款方式{条件}；支付条件
→～ upon arrival of goods 货到付款
pay{cash} on delivery 货到付款
→～ on return 收到回信后即付款//～(able){commercial} ore 有经济价值的矿石//～-out 放松绳索；花费；放电缆；偿还；偿清[成本]；支付；补偿
payout figure 支付价格
pay{wage} rate 工资率
→～{ore} rock 含矿岩//～ rock 有开采价值的矿石
payroll 工资单
pay{oil-bearing} sand 油砂层
→～ section{member;interval} 生产层段
paystreak 富矿线；富矿
pay streak{bed;horizon;sand} 产油层
→～ streak{channel} 可采矿带//～ streak 富线；富矿线；富金线//～-streak 矿床富集处；可采矿带//～ structure 含矿构造//～ wash{gravel} 有开采价值的砂矿
payzone 生产地带；生产层；产油带；含水层；富矿带；补给区；可采矿带；储热层
pazite 硫砷铁矿[$Fe(As,S)_2$]
Pb 铅
Pb-Ag ore 铅银矿石
PBB 多溴联苯
Pb-bearing copper ore 铅铜矿石
Pb-calcite 铅方解石[$(Ca,Pb)CO_3$]
PBC theory 周期性键链理论
Pb-Zn ore 铅锌矿石
PC 垫整电容器；光敏电阻；光电导体；光电导的；秒差距；相切割；印刷线路板；印刷线路；序计数器；石油焦
pcabri 硫银锇钌矿；硫铱锇钌矿
PCB 多氯联(二)苯
PCGN 地理命名常务委员会
pcikilitic 嵌晶状
P Cygni star 天鹅座 P 型星
p-cymene 对异丙基苯甲烷；对伞花烃
Pd 守护神；钯
PDB {Peedee belemnite} standard PDB 标准[碳同位素标准,美国南卡罗纳白垩系皮迪组的美洲似箭石]
PDC stud PDC 钻头支柱式切削齿
p.d.i. 交付前检查
PDQ platform 采油、钻井、居住平台
PDT{pumpdown tool} lubricator 泵送工具防喷管
Pd-trogtalite 钯-硬硒钴矿
pea 豌豆级煤[英,圆筛孔½～¼in.;美,圆筛孔 $^9/_{16}$～$^{13}/_{16}$in.]
peace like a foundation stone 磐石之安
peach 电气绿泥石英岩；绿泥石[$Y_3(Z_4O_{10})(OH)_2$•$Y_3(OH)_6$,Y 主要为 Mg、Fe、Al,有些同族矿物种中还可是 Cr、Ni、Mn、V、Cu 或 Li;Z 主要是 Si 和 Al,偶尔是 Fe 或 B]；块绿泥石；桃红
→～-bloom 桃花片//～ blow 桃花片；桃红//～-colored 桃红//～ stone 绿泥片岩
peachy 桃红
pea coal 豌豆级无烟煤；粒煤
Peacock 孔雀座
peacock (stone) 孔雀石[$Cu_2(OH)_2CO_3$;单斜]
→～{pyritous} copper 黄铜矿[$CuFeS_2$;四方]//～{horseflesh} ore 斑铜矿[Cu_5FeS_4;等轴]//～ ore 黄铜矿[$CuFeS_2$;四方]
pea gravel{grit} 绿豆砂[建]
→～ gravel 小砾石；豆状砾；豆砾(石)；细砾[1/4～3/4in.]//～ green (glaze)豆绿//～ iron 豆铁矿[Fe_2O_3]；豆钛矿[金红石变种]

P

peak 顶峰；顶；山峰；山顶；峰；高峰；最高值；最大值；法；波峰；尖；极大值
→~ {remnant} abutment 三角矿柱//~ diamond performance 金刚石最大效能

peaked{peaky} curve 高峰曲线
→~ monoclinal 带尖顶的单斜构造//~ trace 喷出；井喷

peaker 峰化器

peak factor 峰道因数[最大值与有效值之比]
→~ flame temperature 火焰的最高温度//~ intensity 峰强度//~ inverse current 反峰值电流//~ jumping system 峰跳系统

peakless pumping 均匀负荷排水

peak level 最高水位

peaky 尖顶的；有峰的
→~ {peaked} curve 尖峰曲线//~ curve 有最高位{值}的曲线；有峰曲线；尖峰曲线；巅值曲线；高峰曲线

peak zone 极盛带

pealite 硅华[SiO$_2$•nH$_2$O]；蛋白硅华

peamafy 坡莫菲[高磁导率合金]

peanut 渺小的；小企业
→~ capacitor 小型(真空)电容器//~ roof 花生壳状砂岩顶板

peanuts 小数目

pea (iron) ore 豆铁矿[Fe$_2$O$_3$]

pear 梨形物；梨子

pearceite 硫砷银矿[Ag$_3$AsS$_3$]；硫砷铜银矿[Ag$_{16}$As$_2$S$_{11}$；单斜]；砷银矿[Ag$_{16}$As$_2$S$_{11}$]

Pearce water barrel 皮尔斯提水筒

Pearl 彩丽纹[石]；雅典米黄[石]

pearl 珍珠；珍品；小粒的；碎片；珠状物
→~ blue 浅蓝灰色

pearlite 珠光体；珠光石；杂铁胶铁；铁碳合金
→~ acoustic decorative board 珍珠岩吸音装饰板//~ colony 珠光体团//~ plaster finish 珍珠岩灰浆抹面

pearlitic 珍珠状的
→~ heat resistant steel electrode 珠光体耐热钢焊条//~ steel 珠光体钢//~ structure 珠状构造

pearl lightning 珠闪；连珠闪电
→~ lustre 珍珠光泽//~-mica 珍珠云母[CaAl$_2$(Al$_2$Si$_2$O$_{10}$)(OH)$_2$；单斜]//~ opal 美蛋白石[内含铝氧少许;SiO$_2$•nH$_2$O]；珠蛋白石；铝蛋白石//~ oyster 珠蚌

pearls 珍珠岩；串珠式(连续)微脉动
→~ and jewels 珠宝[总称]

pearl shell 珍珠母
→~-spar 白云石[CaMg(CO$_3$)$_2$;CaCO$_3$•MgCO$_3$；单斜]；铁白云石[Ca(Fe^{2+},Mg,Mn)(CO$_3$)$_2$；三方]//~ starch 玉米淀粉

pearly 珍珠状的
→~ layer 珍珠层；珍珠质层[双壳]//~ luster 珍珠光泽

pearlyte{pearlstone} 珍珠岩[酸性火山玻璃为主,偶含长石、石英斑晶;SiO$_2$ 68%~70%,SiO$_2$ Al$_2$O$_3$ 12%]；珠光体

pear peel glaze 梨皮纹
→~-shape(d) cut 梨形琢型[宝石]//~-shaped earth 梨形地球//~-shaped Earth model 梨形地球模型

Pearson holiday detector 皮尔逊绝缘层检漏计

→~-type frequency distribution 皮尔逊型频率分布

peas 煤末

pea sinter 豌豆粒烧结矿
→~-soup fog 豆羹雾

peas powder coal 煤粉

peastick 豌豆等植物的支架

peastone 白云岩[CaMg(CO$_3$)$_2$;CaCO$_3$•MgCO$_3$；单斜]；豆(状)岩；豆石[CaCO$_3$]；豆粒石

pea stone 豆粒石

peat 草煤；泥炭块泥煤
→~ (coal;marl) 泥炭；泥煤；泥炭土

peatbog 泥炭沼(泽)

peat bog{bed;moor} 泥炭沼
→~ brick{block} 泥炭砖//~ coal 人工碳化泥炭；炭煤//~ composed of rotten mosses 泥炭//~ drag 泥炭挖掘机

peatery 泥炭沼(泽)；泥炭产地

peat fibre 泥炭纤维
→~-forming environment 泥炭形成环境

peatification 泥炭化

peatland 泥炭产地

peatman 泥炭矿土{工}

peat moor{moss;land;bog} 泥炭田
→~ recurrence horizon 泥炭重视层位//~ slime 泥炭角砾//~ soil 泥沼土//~{turf;peat-forming} swamp 泥炭沼(泽)

peaty 泥炭的
→~ earth 泥炭土//~ fibrous coal 丝状炭；纤维炭//~ gley soil 泥炭灰黏土//~ soil 泥炭质土

pebble 河卵石；中粒；小卵石；小砾；鹅卵石；透明天色石英；砾岩；卵石[小]；中砾(石)[4~64mm]
→(Brazilian) ~ 水晶[SiO$_2$]；小圆石//~ (gravel;stone) 砾石//~ analysis 砾石分析//~-bed gas-cooled reactor 球形燃料气冷反应堆//~ bed reactor 卵石床堆//~ collecting hopper 砾石收集漏斗

pebbled 含砾的；满地小卵石(绉)纹

pebble dash 干黏卵石
→~-dashing 抛小石粗面加工//~-dash plaster 卵石抹面//~ dike 砾脉//~ dyke 卵石岩墙//~ filter 细卵石过滤器//~ gravel 卵石；中砾(石)//~ jack 闪锌矿[ZnS;(Zn,Fe)S,等轴；黏土中卵石状]//~ lime 粒状石灰//~ mosaic 卵石镶嵌体；镶嵌砾漠//~ of hazelnut size 榛子(大小的卵)石//~ of pea size 豌豆大小的卵石//~-oil ratio 卵石-油比；卵石热载体与原料油比例//~ paving 卵石铺面//~ peat 砾下泥炭；堆积在卵石下的泥炭//~ pup 地质专业的学生；地质师的助手；没有经验的业余矿物学家//~{gravel} road 石路//~ sandstone 砾石砂岩

pebblestone 卵石；中砾(石)

pebble stove 石球式热风炉
→~-strewn deflation pavement 风蚀卵石(盖层)//~{-}tube mill 长筒砾磨机//~-tuble mill 管型砾磨机

pebbleware 砾石瓷；小卵石纹组织

pebbly 含卵石的；含砾的；中砾的；多卵石的
→~ braided river 砾石质网{辫}状河//~ landform 石蛋地形//~ mudstone facies 卵石质泥岩相//~ structure 卵石构造；砾石构造；多石子构造

peccary[pl.-ri,-ris] 白嘴西猯(属)；野猪(手套革)；西猯(属{科})[Q]

peccavi 地质观察[拉]

pechblende 沥青铀矿[德]

pecheisenerz 胶褐铁矿[Al$_2$O$_3$•nH$_2$O;德]

pecheisenstein{melanerz;kalkeisenstein} 褐铁矿[FeO(OH)•nH$_2$O; Fe$_2$O$_3$•nH$_2$O,成分不纯;德]

pecherz 沥青铀矿

pechgranat 褐榴石；符山石[Ca$_{10}$Mg$_2$Al$_4$(SiO$_4$)$_5$,Ca 常被铈、锰、钠、钾、铀类质同象代替,镁也可被铁、锌、铜、铬、铍等代替,形成多个变种;Ca$_{10}$Mg$_2$Al$_4$(SiO$_4$)$_5$(Si$_2$O$_7$)$_2$(OH)$_4$；四方]

pechkohle 烟煤

pechuran 脂铅铀矿；沥青铀矿

peck 双加仑桶；配{派}克[容量,=2 加仑]；啄；用镐挖掘

pecker 鹤嘴锄；啄木鸟；穿孔器；精神；替续板
→~ block 凿岩机支架//~ neck 安装井架扳手

peckhamite 杂顽辉橄榄石；陨紫苏辉石[2(Mg,Fe)SiO$_3$•(Mg,Fe)SiO$_4$]；顽火辉石[Mg$_2$(Si$_2$O$_6$)Fe$_2$(Si$_2$O$_6$)]

Peckichara 培克轮藻(属)[K$_3$-N]

Pecopteris 栉羊齿(属)[植;C-P]；栉蕨

pecoraite 镍纤蛇纹石[(Mg,Ni)$_6$(Si$_4$O$_{10}$)(OH)$_8$;Ni$_3$Si$_2$O$_5$(OH)$_4$；单斜]

pecorans 反刍兽类
→~ pacos ore 铅银铁帽

Pectinangium 篦囊属[P$_2$]

pectinate 梳齿形[棘]；桩齿形[棘]；栉状

pectination 梳状结构

Pectinidae 扇蛤类；扇贝科
→(Family) ~ 海扇蛤科

pectinirhomb 栉孔菱[林檎]

pectinite 海扇类壳化石

Pectinophyton 栉囊蕨属[D$_{1-2}$]

pec(k)tolite 针钠钙石[Na(Ca$_{>0.5}$Mn$_{<0.5}$)(Si$_3$O$_8$(OH));Ca$_2$NaH(SiO$_3$)$_3$;NaCa$_2$Si$_3$O$_8$(OH)；三斜]；副针钠钙石
→~-M2 abc 针钠钙石-M2 abc[NaCa$_2$Si$_3$O$_8$(OH)；单斜]

pectoral appendages 胸部附加骨；肩胛部附加骨
→~ cornu 胸角

Pectosporites 舷环孢属[C$_3$]

peculiar 特有的；特殊的；独特的
→~ galaxy 特殊星系

pedal 垂足的{线}；踏板
→~ disk 基盘//~ elevator muscle 提足肌

pedalfer 淋余土；聚铁铝土；铁铝土

pedal ganglion 足神经节
→~ levator muscle 伸足肌

pedate 鸟足状的；足状的；有脚的；具足的[动]

Pedavis 鸟足牙形石属[S$_3$-D$_1$]

pedcal 钙层土

pedestal 基座；垫；底座；座；坐骨；支座；轴架；支架；支持；柱脚；细颈柱[浪蚀、风蚀]；爆破桩；台
→~ boulder{rock} 柱顶石//~ rock 石柱；菌石

pedestrian 单调的；行人；通常的
→~ crossing signal lamp 行人过街信号灯

pedial 单面的

→~ class 单面(晶)组[1 晶组]

Pediastrum 盘星藻(属)[绿藻;K-Q]

pedicab 三轮车

pedical class 单面类

→~ furrow 茎沟[腕]

pedicel 花梗[植]; 肉茎[腕]; 管足[棘]; 梗节; 小花梗

pedicellaria[pl.-e] 叉棘

pedicle 花梗[植]; 肉茎胼胝; 肉茎[腕]; 管足[棘]; 梗节; 短茎

→~ area 内茎面 // ~ collar 茎领 // ~ collist 茎茧 // ~ sheeth 茎鞘[腕]

Pedicularis 马先蒿粉属[E-Q]

→~ cyathophylloides 拟斗叶马先蒿

pedigree 世系; 谱系

→~ chart 谱系图

pediment 山足面; 山形墙; 山麓缓斜平原; 三角状岩石陡坡; 人字墙

→(mountain) ~ 麓原

Pedimentation 山足面化(作用)

pediment dome 沙漠穹隆

→~ gap 山麓宽通道

Pedinocephalus 平头虫属[三叶;€₃]

Pedinocylus 平盘颗石[E₂]

Pedinomonas 平藻属; 单楔藻属[Q]

pedion of the first{|second|third|fourth} order 第一{|二|三|四}单面[三斜晶系中{0kl}|{h0l}|{hk0}|{hkl}型的单面]

pediophytia 高地群落

pedipalp(us)[pl.pedipalpi] 颚肢; 脚须; 钳足; 须肢

Pedipalpida 脚须目[节;C]

pedn-cairn 矿巢

pedocal 钙层土; 聚钙土

pedocalic 钙层土的

pedogenesis 土壤化育; 土壤发生; 成土作用; 成壤作用

pedogen(et)ic 成土的; 成壤的

pedogenic environment 成壤环境

→~ process 成土作用

pedogenics 土壤成因学

pedography 土壤描述学

pedolith 成壤表层

pedological cover 土壤盖层

→~{soil} map 土壤图

pedologist 小儿科医师; 儿科专家; 土壤学家

pedology 土壤学

pedon 单个土体[土壤]; 土壤胚体

pedorelic 地壤残留的(构造)

pedosphere 土壤圈; 土界; 土层

pedotheque 土壤样品

pedrail 履带

pedrigal 熔岩层

pedrosite 奥闪石岩

peduncle 花梗[植]; 肉茎[腕]; 柄[几丁]

pedunculate 花梗的[植]; 有肉茎的; 有(花)梗的; 具肉茎的[腕]

pee 铅矿块; 斜交矿脉

peeler (plough) 刨煤机

→~-loader 刨装机 // ~-scraper box 刨煤机扒集箱

peeling 去皮; 清砂; 片剥; 喷丸; 刨煤; 凿净铸件[机]; 鳞剥; 渣皮; 铸件表皮; 涂膜剥落; 成片剥落

→~(off) 剥落 // ~ method 剥层法

peel map 褐盖图; 揭盖图

→~ off 拆除 // ~-off 鳞剥; 剥落; 剥

离 // ~-off time 删除时间; 剥离校正时间[震勘] // ~ strength 撕裂强度

peen 尖头[锤]; 锤头的小头; 锤头; 锤尖; 锤顶

→~(ing) hammer 尖锤

peening 喷丸; 喷砂; 敛紧[把钻头上的金刚石]; 用锤尖敲击; 锤击硬化; 锤痕

→~ rammer 夯砂锤

peen pin 扁头夯砂锤

peep hole 观察孔; 检查孔

→~{poke;sight} hole 探视孔 // ~{sight} hole 窥视孔

peeseweep{peesweep} 金翅雀; 田凫

peg 桩; 测桩; 测量标石; 测标; 木桩; 木橛; 木钉; 楔子

→~ (out) 定界 // ~ adjustment method 木桩校正法

peganite 磷酸铝石; 磷铝石[AlPO₄·2H₂O; 斜方]

Pegasus 飞马座

pegging out 标桩定线

→~{sand} rammer 型砂捣`锤{固机; 击锤}

peg-leg 钻头冲击孔底放空; 孔身方向急剧变化

→~ multiple 微屈多次反射波

pegmatite 伟晶岩{石}

→~-anhydrite 伟晶岩状粗屑岩[与硬石膏共生] // ~ uranium deposit 伟晶岩型铀矿

pegmatitic 伟晶岩的; 伟晶的

→~ dyke rock 伟晶墙岩 // ~{graphic} structure 文象花岗岩[长石与石英约占70%以上]

pegmatitization 伟晶作用

pegmatitoides 分离墙岩

pegmatoid 伟晶岩状; 伟晶相; 似伟晶岩

pegmatolite 正长石[K(AlSi₃O₈);(K,Na)AlSi₃O₈;单斜]

pegmatophil{pegmatophile} 亲伟晶岩的

pegmatophyre 花斑岩; 文象斑岩; 伟斑岩

peg (adjustment) method 壁桩法[宝石雕琢]; 两点校正法

pegology 矿泉学

pegostylite 洞穴钙质穹形体

peg out 标准定位; 划界

→~ out the line 定线; 定界; 标线[用木桩] // ~(ging) rammer 手工砂舂[冶] // ~ structure 钉状构造; 钉齿构造

pehrmanite 铍铝晶石; 铁塔菲石[(Be,Zn,Mg)Fe²⁺Al₄O₈]; 佩曼石

peiletierine 石榴碱

pein 锤头

Peiragraptus 尝试笔石属[O₃]

peiroglyph 交切构造

Peishania 白山虫属[三叶;€₂]

peisleyite 裴斯莱石[Na₃Al₁₆(SO₄)₂(PO₄)₁₀(OH)₁₇·20H₂O]; 磷钠铝矾

Peking blue 头青

→~ rhodonite 京粉翠[彩石] // ~ silicite 京白玉[彩石]

pekoite 皮硫铋铜铅矿[CuPbBi₁₁(S,Se)₁₈; 斜方]

pekovite 硅锶硼石[SrB₂Si₂O₈]

pektolith 针钠钙石[Na(Ca₋₀.₅Mn₋₀.₅)₂(Si₃O₈)(OH));Ca₂NaH(SiO₃)₃;NaCa₂Si₃O₈(OH); 三斜]

pelagic 深湖的; 深海的; 自游的; 浮游的; 远洋; 非底栖的

→~ longiline 浮岩绳钓

Pelagiella 似海螺属[腹;€]

pelagite 深海矿核; 深海结核; 海底锰块

pelagium 海面群落

pelagochthonous 沉林造成的

pelagosite 不纯(方解)石

pelargonic acid 壬酸[CH₃(CH₂)₇COOH]

pelargonyl 壬酰(基)[CH₃(CH₂)₇CO⁻]

peldon 煤系中坚硬砂岩; 坚硬砂岩; 坚硬煤层[煤系中]

Peléan(-type){Pelee-type} eruption 培雷式火山喷发

Pelecaniformes 全蹼目; 鹈形目[鸟类]

Pelecypoda 斧足纲{类}; 瓣鳃{双壳}类[软]; 两瓣类

pelecypod burrow 瓣鳃动物潜穴

Pelecypode 斧足纲

pelecypodichnus 停息遗迹和洞穴[双壳]

peleeite 斑苏玄武岩; 斑苏玄武岩

Pelee-type eruption 佩立式(火山)喷发

Pelekysgnathus 斧牙形石属[S₃-D]

pelelith 火山石

Pele's hair 火山须

→~{volcanic} hair 火山毛

Pelham Bay Emergence 彼尔翰湾上升

pelhamite 水蛭石; 蛭石[绝热材料; (Mg,Ca)₀.₃₋₀.₄₅(H₂O)ₙ(Mg,Fe₃,Al)₃(Si,Al)₄O₁₂)(OH)₂;(Mg,Fe,Al)₃((Si,Al)₄O₁₀)·4H₂O;单斜]

pelican hook 滑钩

Pelicaniformes 鹈形目[鸟类]

pelicanite 水磨石

peliconite rock 水磨土岩

peligotite 水铀铜矾

→~ (uranvitriol) 铀铜矾[Cu(UO₂)₂(SO₄)₂(OH)₂·6H₂O]

pelikanite 水磨石

pelinite 塑性泥岩; 胶泥

peliom 堇青石[Al₃(Mg,Fe²⁺)₂(Si₅AlO₁₈);Mg₂Al₄Si₅O₁₈;斜方]

pelionite 佩利翁烛煤; 烛沥青煤[一种烛煤或藻煤]

pelite 变质泥岩; 泥质岩; 泥熔岩; 铝质沉积变质岩

→~-gneiss 泥片麻岩

pel(ol)ithic 泥质的

pelitic 泥质

→~ anhydrite ore 泥石硬石膏矿石

pelitization (长石)泥质化(作用); 泥化

pelitomorphic 黏粒状; 泥状

→~ texture 灰岩的泥屑结构 // ~{pelolithic} texture 泥屑结构

pelitopsammite 泥砂质岩

pella 大氅; 斗篷

pellet 火药粒; 合金球粒; 球粒; 片; 钻粒; 粒料; 粪球粒; 药柱; 小子弹; 小球; 霰弹; 丸形团矿; 团粒; 丸; 条形团矿

→~ (ore) 球团矿[冶] // (pressed) ~ 压丸

pelletal 球粒状(的)

pellet-bioclastic grainstone 球粒生物屑粒状灰岩

pellet bit bet pump 钻粒(钻进)钻头喷射泵

→~ bit design 霰弹钻头结构{设计} // ~-charge forming 团块状炸药爆炸成形 // ~ counting circuit 钻粒计数回路

pelleted 压成丸{片}的

→~ charge 团矿 // ~ limestone 球状灰岩 // ~{pelletoid;pelletal} limestone 球粒灰岩

pellet (plant) feed 球团原料粉矿
→～ flocs 絮团
pelletierine 石榴碱；石榴根皮碱
→～{punicine} tannate 鞣酸石榴碱
pelletiferous micrite 含球粒的微晶灰岩
pellet impact bit 弹丸钻钻头；钻粒钻头
→～-impact drill 钢球冲击式成孔钻机
//～ impact drilling 钻粒钻进
pelleti(zi)ng 粉煤团矿；制丸机；挤压团
煤法[一般不超过15g]
pellet interference 钻粒互相碰撞；霰弹干
扰{碰撞}
pelletization 球粒化(作用)；制粒；粒化；
造球；造块；细矿团化
pelletized anthracite 无烟煤田
→～ iron ore 铁矿球团//～ material 制
成球状的材料
pelletizing{pelleting;pelletization} 团矿
[条形或丸形]
→～{pelletization} feed 球团原料粉矿
//～ furnace 团矿焙烧炉//～ method
压挤团煤法
pellet-lime mud 球粒灰泥；球粒钙质泥
Pelletol 佩利托尔炸药；派赖笃尔炸药
pellet powder 球装猎枪药；柱状火药
→～ rate 钻粒抛进速度//～ rock 球
粒岩//～ sand 砂级球粒钙质沉积//～
snow 软雹；霰//～ with low slag content
低脉石球团
pellicle 薄皮；薄膜；钙华膜；碳酸钙膜[水
面上形成的]
pellicular 薄皮的
pelliculate 有薄膜的
Pellini explosion test 佩利尼爆炸试验
pellis 皮层[担子]
pell-mell 混乱的；混乱
pell mell rubble 抛石；堆石
pellodite 纹泥岩；冰泥砾岩；冰砾泥岩；
冰川泥岩
pellouxite 生石灰；氯氧硫锑铜铅矿[((Cu,
Ag)$_2$Pb$_{21}$Sb$_{23}$S$_{55}$ClO]
pellucidity 透明度
pellyite 硅铁钙钡石[Ba$_2$Ca(Fe,Mg)$_2$Si$_6$O$_{17}$;
斜方]；派来石
pelmicrudite 球粒微晶砾屑灰岩
pelochthium 泥滩群落
peloconite 锰土[MnO$_2$•nH$_2$O]；铜锰土
[MnO$_2$,含4%～18%的CuO]
pelodite 冰泥砾岩；冰砾泥岩；冰川泥岩
Pelodytidae 钻泥蟾科
pelokonite 铜锰土[MnO$_2$,含4%～18%的
CuO]
pelology 泥土学
peloncointrasparite 球粒似核形石内碎
屑亮晶灰岩
Pelonema 泥线菌属[微]
Pelonemataceae 泥线菌科[微]
pelopathy 泥土疗法
pelophyte 沼泽植物
Peloploca 泥辫菌属[微]
Peloplocaceae 泥辫菌科[微]
pelosiderite 泥菱铁矿[FeCO$_3$]
Pelosigma 泥屈曲菌属[微]
pelotherapy 泥土疗法；泥疗
Pelourdea 剑叶属[古植;P$_2$]
pelphyte 腐殖湖泥
pelrium 岩石群落
pelrosilane 芥烷
pelsparite 球粒亮晶灰岩；泥晶灰岩

pelta 盖板[古杯]
Peltandripites 拟樟粉属[孢;K-Q];樟科粉
属[孢;K-Q]
Peltaspermaceae 盾形种子科
pelter 猛落；大降[雨等]；为剥毛皮而饲
养的动物；投掷器
Peltigera 地卷菌属[地衣;Q]
peltinerved 放射状脉的[植]
Peltopleurus 肋鳞鱼属[T]
Peltura 小尾虫属[三叶;ϵ_3]
Pelvetia 鹿角菜属[褐藻;Q]
pelvic (girdle) 腰带[哺]
→～ fin 腹鳍[脊]
pelvis 骨盆；粉末[拉]
Pelycosauria 盘龙
pelyte 泥质岩；泥熔岩
Pemma 饼藻属；饼石[钙超;E$_2$]
Pemmatites 饼海绵属[C-P]
pempidil tartrate;pempiten} 酒
石酸五甲哌啶
pen 水坝；长壁工作面小风道；丘陵；栏
棚；侧巷(道)；笔尖；临时风巷；羽骨[乌
贼]；小山；充填带；机窝
pena 崖；岩石[西]
penak 琥珀色(树)脂
penalty 代价；处罚；刑罚；罚款；惩罚；
损失
pencatite 水镁大理岩；水滑大理岩{石}
penchant 急倾斜
Penchioceras 本溪角石(属)[头;O$_1$]
pencil 电子束；射束；铅笔石类；光束；
线束
→～ (stone) 石笔石[Al$_2$(Si$_4$O$_{10}$)(OH)$_2$];
叶蜡石[Al$_2$(Si$_4$O$_{10}$)(OH)$_2$;单斜]//～-core
bit 中心小水口不取芯金刚石钻头；小岩
芯钻头//～ gneiss 石笔片麻石//～-
ore 笔状赤铁矿块体；笔铁矿；纤赤铁
矿；赤铁矿[Fe$_2$O$_3$;三方]//～-ore 笔铁
矿；纤赤铁矿//～ slate 石笔板岩；笔
板岩//～{pagoda} stone 滑石[Mg$_3$(Si$_4$O$_{10}$)
(OH)$_2$;3MgO•4SiO$_2$•H$_2$O;H$_2$Mg$_3$(SiO$_3$)$_4$;单
斜、三斜]//～-stone 石笔石[Al$_2$(Si$_4$
O$_{10}$)(OH)$_2$]；块滑石[一种致密滑石,具辉
石假象;Mg$_3$(Si$_4$O$_{10}$)(OH)$_2$;3MgO•4SiO$_2$•
H$_2$O]
pendage 地层倾斜
pendant 吊(灯)架；三角旗；铁索；宝石
垂饰；(洞顶)下垂(物)
→(roof)～ 顶垂体[火成岩]//～ cloud
下垂云
pendeloque 梨形宝石
pendent(is) 悬垂的；吊悬的；吊架；下垂
式[笔]；悬空的；悬而不决；未决；悬垂
型；下垂物；下垂的
pendent drop apparatus 垂滴法界面张
力测定仪
→～ drop experiment 垂滴实验；悬滴实
验//～{sessile} drop method 悬滴法
//～ fitting 吊挂配件；吊钢筋
pendentis 下垂的
pendent lamp 吊灯
→～ terrace 连岛沙坝
pendletonite 黄地蜡[C$_{33}$H$_{17}$O;C$_{24}$H$_{12}$;单斜]
pendular configuration 湿润相移动时在
毛细管壁上形成液滴形状
→～{liquid} ring 液环
pendulation 摆动
→～ theory 极摆动说
pendulous 吊悬的；悬挂的；摆动的

→～ device 摇动装置//～ gyroscope
摆修正式陀螺仪//～ integrating gyro
摆锤式积分陀螺(仪)
pendulousness 摇摆不定
pendulum 挂钩；摆动式的；摆锤仪；摆
→～ method 振摆；摆探(矿)法；探矿法
Peneckiella 潘涅克珊瑚属[D$_{2-3}$]
peneconcordance 近似整合
penecontemporaneous 沉积后到固结前
的；准同时(发生)的；近同期(沉积)的
→～{contemporaneous} deformation 同
生变形//～ evaporate minerals 准同生
蒸发岩矿物
peneloken 滞水湾；沼泽地
peneplain 侵蚀平原；准平原
→～ stage 准平原期
Peneroplis 马刀虫属[孔虫;E$_2$-Q]
peneseismic 少(地)震(地)区的；准震区的
→～ country 少震区；亚震区//～ re-
gion{country} 稀震区
penetrameter 钻进深度及贯穿速度自动
记录仪；针入度仪；穿透计；稠密度计；
土层穿透性测定仪；透光计；透度计[测
量土壤的坚实度或密度用]
penetrant 渗透剂；渗透的；渗入物
penetrate 贯穿；钻入；透入；穿透；穿
过；吃入[钻进]；洞
→[of influence,etc.]～ 渗入
penetrating 深切；锐利；侵入
penetration 渗透；渗度；入土；贯入；
贯穿；灌入；针入度[测沥青、石蜡等的
硬度]；穿透；压痕试验；透入；透过；
吃入[钻进]；机械黏砂[冶]
→(bit)～ 钻进//～ bead 根部焊道
//～ number 针入度值//～ pricing 低
额定价法//～{rod} test 触探试验
penetrative 渗透的；有穿透能力的；能
渗透的；穿透的
→～ convection 贯穿性对流//～ depth
of interfacial wave 边界波穿透深度//～
foliation 穿插叶理；贯穿叶理//～
magmatic convection 渗透性岩浆对流
penetrator 射孔器；穿入者；穿孔器；压
模；压头[硬度试验]
penetrometer 贯入仪；钻进深度及贯穿速
度自动记录仪；针入度仪；穿透计；触探仪；
稠密计计；土层穿透性测定仪；透光计
→(dutch)～ 针入计；透度计[测量土壤
的坚实度或密度用]
penfieldite 六方氯铅矿[Pb$_2$Cl$_3$(OH)]
Pengzhizhongite 彭志忠石[(Mg,Zn,Fe,
Al)$_4$(Sn,Fe)$_2$(Al,□)$_{10}$O$_{22}$(OH)$_2$]
Penhsioceras 本溪角石(属)[头;O$_1$]
penicillate{penicillatus} 画笔状的；帚状
的[植]；有毛撮的
Penicillium 青霉属
Penicillus 画笔藻属[ϵ-Q]；笔藻属[钙藻]
penikisite 平尼凯斯石；磷铝镁钡石
[Ba(Mg,Fe^{2+})$_2$Al$_2$(PO$_4$)$_3$(OH)$_3$;三斜]
penikkavaarite 暗辉闪长岩
peninsula 半岛
→～ abutment 三面采空矿柱的应力集
中区//～{peninsular} abutment 半岛形
支撑矿柱
peniskisite 平尼凯斯石
penitent 悔过的；忏悔的；土柱
→～{columnar} ice 冰柱//～ ice 融凝
冰桥；冰塔//～{monk; pulpit} rock 岩柱
//～ snow 雪柱；雪塔

Penium 直板藻属

penkvilksite 水短柱石[$Ba_4Ti_2Si_8O_{22}\cdot5H_2O$; 单斜、斜方]

pennaite 氯硅钛钠石

pennant 三角风帜

→(rope) ～ 吊缆//～ buoy 尖旗浮标

pennantite 锰绿泥石[$Mn_9Al_3(Al_3Si_5O_{20})$ $(OH)_{16}$;$(Mg,Fe,Mn)_5Al(AlSi_3O_{10})(OH)_8$;$Mn_5$ $Al(Si_3Al)O_{10}(OH)_8$;单斜]

Pennastroma 羽层孔虫属[C_1]

Pennatulacea 海鳃亚目[八射珊]

Pennatulid 海鳃类[八射珊]

Pennides 佩奈恩{愚}褶皱系

pennine 叶绿泥石

penning 石块铺砌;垒木垛;铺石地巷

penninite 抗火(蛭)石;叶绿泥石[(Mg, Fe)$_5$Al(AlSi$_3$O$_{10}$)(OH)$_8$;假三方]

Pennipedia 水生肉食目[哺]

Penniretepora 羽苔藓虫属[D-P]

pennite 水白云石[$CaMg(CO_3)_2\cdot nH_2O$];绿 水云石

pennsite 宾夕法尼亚煤[燃料比 1.4]

penny[pl.pence] 便士;一分

→～-shaped crack 扁平形裂缝

pennystone 球菱铁矿[$FeCO_3$];扁平石; 泥铁石(带);泥铁矿[$(Fe,Mn)(Nb,Ta)_2O_6$]

pennyweight 本尼威特[英金衡];英钱[金 衡,$=\frac{1}{20}oz=1.5552g$]

penobsquisite 佩氯羟硼钙石[$Ca_2FeCl(B_9$ $O_{13}(OH)_6)\cdot4H_2O$]

pen recorder 记录装置

penroseite 硒铜镍矿[$(Ni,Cu)Se_2$;$(Ni,Co,$ $Cu)Se_2$;等轴]

pension for the disabled and for survivors 抚恤金

Pensky-martens tester 宾斯基-马丁油品 闪点测定仪

pen sweep across 记录笔摆动范围

pentacalcium trialuminate 三铝酸五钙

pentacene 戊省;并五苯

Pentaceratops 五角龙属[K_2]

pentachlorophenol-petroleum solution 五 氯酚-石油溶液

pentaclasite 辉石[$W_{1-x}(X,Y)_{1+x}Z_2O_6$,其中, $W=Ca^{2+}$,Na^+;$X=Mg^{2+}$,Fe^{2+},Mn^{2+},Ni^{2+},Li^+;$Y=$ Al^{3+},Fe^{3+},Cr^{3+},Ti^{3+};$Z=Si^{4+}$,Al^{3+};$x=0\sim1$]

penta-contane 五十(碳)烷[$C_{50}H_{102}$]

pentacosane 二十五烷

pentacrinoid stage 五角海百合期

Pentacrinus 五角海百合属[棘;P-K_1]

pentactin{pentacts} 五射骨针[绵]

pentacyclic 五轮列的;五环的

→～ ring 五核环//～ triterpenoid 五 环三萜类化合物

pentad axis 五次轴

pentadecane 十五(碳)烷[$C_{15}H_{32}$]

→～ phosphonic acid 十五烷基膦酸[C_{15} $H_{31}PO(OH)_2$]

pentadecanoic acid 十五烷酸

pentadecyl 十五(烷)基[$C_{15}H_{31}-$]

→～ alcohol sulfate 十五(烷)基硫酸盐 {酯}[$C_{15}H_{31}OSO_3M\{|R\}$]//～ amine hy- drochloride 十五(碳)(烷)胺盐酸盐 [$C_{15}H_{31}NH_2\cdot HCl$]//～ imidazol(e) 十五 (碳)(烷)基-2,3-二氮杂茂[$C_{15}H_{31}C_3H_3N_2$]

pentadecylol phosphate 十五(碳)(烷)基 磷酸盐{酯}[$C_{15}H_{31}OPO(OM\{|R\})_2$]

pentadecyl-polyoxynitrosophenol 十五 (碳)(烷)基聚氧化亚硝基酚(醚)[$C_{15}H_{31}$ $(OC_6H_3(NO))_nOH$]

pentadecyl pyridinium bromide 十五烷 基溴化吡啶

pentadiagonal matrix 五对角(矩)阵

pentadiene 戊二烯

1,3-pentadiene 戊间二烯[$CH_3CH:CHCH:$ CH_2];1,3-戊二烯

pentadienoic acid 戊二烯酸

penta-digalloyl-glucose 五双棓酰葡萄糖 [$C_{76}H_{52}O_{46}$]

Pentadinium 五边藻属[甲藻;E_3]

pentaene 五烯

pentaerythrite 季戊四醇

pentaerythritetetranitrate 泰安炸药[C $(CH_2ONO_2)_4$]

pentaerythrite tetranitrate 季戊炸药

pentaerythritol 季戊四醇

→～-tetranitrate 泰安炸药[$C(CH_2 ONO_2)_4$] //～-tetrethylether 季戊四醇-四乙基醚 [$C(CH_2OC_2H_5)_2$]

pentafluoride 五氟化物

pentagallyl glucose 五倍酰葡萄糖[C_{41} $H_{32}O_{26}$]

Pentaganocyclicus 星圆茎海百合属[O_2-D]

pentagonal 五角形的;五边形的

→～ bipyramidal coordination 五角双锥 配位//～ hemihedral class 五角半面象 (晶)组[$m3$ 晶组]//～ icositetrahedral class 五角三八面体(晶)组[432 晶组]

pentagonite 五角石[$Ca,(VO)Si_4O_{10}\cdot4H_2O$; 斜方]

Pentagonoellipticus 星卵茎海百合属[棘;C]

Pentagonopentagonalis 星星茎海百合属 [棘;O_2]

Pentagonotremata (五角)星孔类[海百合]

Pentagonum 五边藻属[甲藻;E_3]

pentagram 五角星(形)

pentagrid converter 五栅管变频器

pentagrythritetetrani-trate 四硝化戊四 醇季戊四醇四硝酸酯[导爆索和装填雷管 的起爆炸药]

pentahedron[pl.-ra] 五面体

pentahydrate 五水合物

pentahydrite 镁胆矾{五水泻盐}[$MgSO_4$ $\cdot5H_2O$;三斜]

pentahydroborite 彭水硼钙石[CaB_2O $(OH)_6\cdot2H_2O$;三斜];五冰硼石

pentahydrocalcite 五水碳钙{方解}石 [$CaCO_3\cdot5H_2O$]

pentakishomohopane 五升藿烷

pentaklasit 辉石[$W_{1-x}(X,Y)_{1+x}Z_2O_6$,其中, $W=Ca^{2+}$,Na^+;$X=Mg^{2+}$,Fe^{2+},Mn^{2+},Ni^{2+},Li^+;$Y=$ Al^{3+},Fe^{3+},Cr^{3+},Ti^{3+};$Z=Si^{4+}$,Al^{3+};$x=0\sim1$]

Pentalophodon 五棱(齿)象属[N_2-Q];五 脊齿象

pentamer 五聚物

Pentamera 五跗节头;五节

Pentameracea 五房贝类

Pentamerdi 五房贝(属)[腕;S]

Pentamerella 小五房贝(属)[腕;D_{1-2}]

Pentameri 五射茎环组[海百]

Pentameridina 五房贝目

pentamerism 五辐性

Pentameroides 拟五房贝属[腕;S]

pentamerous 五角的;五基数的[植];(由) 五个部分组成的;五辐的[棘];五跗节的[昆]

Pentamerus 五房贝(属)[腕;S]

pentamethylene 戊撑{次戊基}[$-CH_2(CH_2)_3$ CH_2-]

→～ diamine 戊二胺[$H_2N(CH_2)_5\cdot NH_2$]; 尸胺[$H_2N(CH_2)_5\cdot NH_2$]//～{cyclopentane} sulfide 环戊硫醚

pentane 戊烷[C_5H_{12}]

→～ arsonic acid 戊基胂酸[$C_5H_{11}AsO$ $(OH)_2$]//～ plus fraction 戊烷以上馏分 //～-thiol 巯基戊烷[$C_5H_{11}SH$];戊硫醇 [$C_5H_{11}SH$]

pentanoic acid 戊酸[$CH_3(CH_2)_3COOH$]

pentanol 戊烯醇[$C_5H_{11}OH$]

→～ amine 戊醇胺[$C_5H_{11}(OH)NH_2$]

pentanone 戊酮

→～-2 戊酮-(2)[$CH_3COC_3H_7$];甲基丙基 酮[$CH_3COC_3H_7$]

pentanuclear 五环的;五核的

Pentaphyllum 五隔珊瑚

Pentapollenites 五角粉属[孢;K_2-Q]

pentaprism 五棱镜

pentapyrogallol carbonyl glucose 五焦棓 酚碳酰葡萄糖[$C_{41}H_{32}O_{26}$]

Pentasol 工业戊醇

→～ amylxanthate 异戊甲黄药//～ fro- ther 124 Pentasol 124(号)起泡剂//～ fro- ther 26 Pentasol 26(号)起泡剂[合成戊醇]

pentasol xanthate 黄(原)酸钾;戊钾黄药; 戊(基)黄(原)酸钾[$C_5H_{11}OCSSK$]

Pentastomida 舌形动物门;舌形虫类; 五口纲;五节类[似节]

pentavalent 五价的

pentedrin 酒石酸对羟福林

pentels 第五族元素

pentene 戊烯

pentenyl xanthate 戊烯-(2)-基黄原酸盐 [$CH_3CH_2CH:CHCH_2O CSSM$];戊烯黄药

penthouse 安全平台;安全矿柱;遮棚

→～ roof 保护顶棚;凿井时的保护棚顶

penthrit(e){penthrinit(e)} 奔斯乃特炸药; 季戊炸药

penthus{pentice} 保护矿柱;保护顶棚; 安全盖板

pentlandite 镍黄铁矿[$(Fe,Ni)_9S_8$;等轴]; 硫镍铁矿

pentode 五极的

Pentolite 朋托莱特炸药

pentosan 戊聚糖;多缩戊糖

pentose 戊糖

pentoxide 五氧化物

Pentoxyleae 五柱木类

Pentoxylon 五柱木(属)[J]

Pentremites 五角海蕾(属)[棘;D]

pent{shed;penthouse;half-span} roof{pent-roof} 单坡屋顶

→～-up{occlusion;confined} water 封闭水

penty 戊(烷)荃季戊炸药

penultimate 次末级的

→～ amplifier 末前级放大器//～ gla- ciation 倒数第二次冰期//～ shaft 采煤 机输出轴前面的轴

penumbra[pl.-e] 黑形周围的半阴影;边 缘;半影

Penution 佩努特(阶)[北美;E_2]

penwithite 胶硅锰矿[$MnSiO_3\cdot2H_2O$]

peperino 碎晶凝灰岩

peperite 混积岩[熔岩沉积物混合体,如冰 碛岩]

pepino 灰岩残丘;茄瓜

pepinohill 灰岩残丘

peplolite 块堇青石{云母}

peponite 透闪石[$Ca_2(Mg,Fe^{2+})_5Si_8O_{22}(OH)_2$;

单斜]

pepper 酸渣
　　→~-and-salt structure ore 椒盐构造矿石
peppermint 薄荷(油)
peracidite 过酸性岩
peracidity 过酸性
peraeopod 胸足
peralboranite 故苏安玄岩；淡苏安玄岩
peralkalic 过碱性的
peralkaline 过碱性
　　→~ (rock) 过碱性岩 // ~ residua system 过碱性残余体系
peralkalinity 过碱性度
　　→~ rock 过铝质岩
Peralumi(n)ous 过铝质的
Peramelidae 袋兔类[澳等新几内亚袋狸科;Q]；袋狸科
peramorphosis 超型形成；过型发生{形成}
Peranema 袋鞭藻属[眼虫藻]
Peratherium 小袋兽属[E]
Perca 鲈鱼属[E-Q]
percentage 比率；百分数
　　→~ of ore-occurrence 见矿率 // ~ of returns 返矿率；返矿比 // ~ ore 品位；矿石(的)品位
percent break 占空系数；间隙系数；填空系数
　　→~ changes in carbon dioxide levels 二氧化碳水平百分率的变化 // ~ mineralization 矿化率
perception 观念；感性认识；知觉(作用)；理解力；接收
　　→~ of relief 立体感
perch 栖息；安全位置；浮筒顶标；连杆；主轴；架；体积单位[166⅔yd³]；杆[英长度]
　　→~{pole} beacon 标杆
perched aquifer 栖local含水层
　　→~ beach ridge 高位海滩堤 // ~ block 坡积岩；冰桌石；土柱冠石 // ~ permanent groundwater 永久滞水 // ~ temporary groundwater 暂时滞水
perching bed (上层滞水的)托水层
　　→~ layer 栖止水层
perchlorate 高氯酸盐
　　→~ explosive 高氯酸盐炸药 // ~ explosives 过氯酸盐炸药 // ~-kerosene 高氯酸盐-煤油炸药
perchloric 高氯的
　　→~ acid 过氯酸
perchloride 高氯化物
perchloroethane 六氯乙烷
perchloromethane 四氯化碳
Perchoerus 始猪(属)[E₃]
Percivalia 钙脚盘棒石；鲈脚盘棒石[钙超;K₂]
percivalite 钠铝辉石；绿硬玉；绿钠辉石；块铝辉石
percleveite-(Ce) 硅镧铈石 [(Ce,La,Nd)₂Si₂O₇]
percolating 渗透的；渗透；渗滤的；渗滤
　　→~ bed 渗床
percolation 渗透；渗漏；渗流；滤过；穿流法；滤出液
　　→~ leaching 渗透沥滤选矿法 // ~ zone 渗漏带
percolator 渗滤器
percoraite 纤镍蛇纹石
Percrocuta 中鬣狗(属)[N₂-Q]
percrystalline rock 过晶岩[C.I.P.W]

percrystallization 过结晶作用；透析结晶(作用)
percussing boring 冲击钻进
percussion 敲诊；碰炸；碰磕；打击；撞击；振动；冲击
　　→~{percussive} action 破碎作用
percussive 撞击的；冲击的
　　→~ actuator 冲击锤 // ~ air machine 风钻 // ~-blade 冲击刀[刨煤机] // ~ edge 冲击式刨煤机创刀
percutaneous 经皮的
percylite 氯铜铅矿[PbCuCl₂(OH)₂;等轴]
per day 每天；每日
perdel 黄绿黄玉；逃跑计划(乐队)
per-diem 按日；每天
per diem rate 日率；日工资
perdistortional cordierite 过扭转堇青石
perdition 毁灭
perdominaut 常优种[生]
perdurability 耐久(性)；延续时间
perdurable{residual} deformation 永久变形
peredell 黄绿黄玉
Peregrinoconcha 奇异蛤属[双壳;J₃]
pereion[pl.-ia] 前胸[昆]；胸部[甲]
pereiopod 步足[海胆;节]
pereletok[俄] 层间冻土；隔年层；经夏不融层
perennial 一年到头的；持久的
　　→~ crop 多年生作物 // ~ drainage 常流水 // ~ eugeosynclinal sediment 常年优地槽沉积
perennially frozen ground 永久冻土
　　→~ frozen soil{ground} 多年冻土
perennial river 永流河
　　→~ spring 永久喷泉 // ~{continuous} stream 常流河 // ~ yield 常年产量
Perennibranchiata 常鳃亚目[两栖]
pereon 前胸[昆]；胸部[节甲]
pereonite{pereionite} 胸节[节甲]
per(a)eopod 步足[海胆;节]；胸足
perestroika 改革
peretaite 锑钙矾 [CaSb₄O₄(OH)₂(SO₄)₂·2H₂O;单斜]
pereylite 羟氯铜铅矿[Pb₂CuCl₂(OH)₄;四方]
perezone 三褶菊酮；滨岸低地沉积带
perf 射孔孔眼；炮眼
perfect blackbody 绝对黑体
perfectly diffuse reflector 完全扩散反射体
　　→~ mobile component 全活动性组分；边界值组分
perfect medium 理想介质
　　→~ mixing 完全混合 // ~ name 完整学名 // ~ plasticity 纯塑性 // ~ stone 完美无瑕的宝石
perfelic rock 过长石(质)岩[C.I.P.W]
perfelsic rock 过长英(质)岩[C.I.P.W]
perfemane 过铁镁质
　　→~ rock 过铁镁岩[C.I.P.W]
perfemic 过铁镁质；过镁铁质
perferrowolframite 铁钨矿
perfluoalkylsulfonic acid 全氟烷基磺酸 [CF₃(CF₂)ₙ·SO₃H]
perfluo-octanoic acid 全氟癸酸 [C₉F₁₉·COOH]
perfluorinated 全氟化的
　　→~ hydrocarbon 全氟碳化物
perfluorocarboxylic acid 全氟羧酸[CF₃(CF₂)ₙ·COOH]

perfluorokerosene 全氟煤油
perfoliate 具叶片的[动]；穿叶的[茎;植]；抱茎状的[昆]
perforate basket 冲孔筛篮
perforated 空心的；穿孔的；有孔的；多孔的
　　→~{false} bottom 假底 // ~ carbon steel base 带孔的碳钢中心管 // ~ casing{pipe} 花管 // ~-diaphragm 穿孔横板 // ~-pipe chatter 穿孔管排矿装置[跳汰机] // ~ plates 孔板[孔虫]
perforating 钻孔；凿孔；穿孔
　　→(burrless) ~ 射孔
perforation 射孔孔眼；穿孔；贯穿；炮眼；空隙；孔状接缝；孔眼；初始喷发；冲孔；冰穴砾阜
perforations adding 补孔
perforator 射(穿;打)孔器；凿岩{孔}机；穿{冲}孔机；凿岩井
　　→~ cylinder 射孔器管 // ~ truck 射孔车
performance 动态；表现；工况；操作；执行；运行；作业；性状；性能；行为；完成；特性
　　→~ bond 完工保证 // ~ coefficient 动态系数 // ~ determination 性能指标测定 // ~ efficiency 劳动强度的相对水平 // ~ of a well 一口油井生产率[生产率、使用期限、金刚石消耗量等]
performer 执行者；执行器
perform region 工作区域
perfo-rockbolt 多孔岩栓
Pergamidia 柏加密蛤属[双壳;T₃]
pergelation 永冻作用；冻土变厚；冻结作用
pergelic 永冻的[土温]
pergelisol 多年冻土；永久冻土；冻结土
　　→~{permafrost} table 永冻土面
perhamite 磷硅铝钙石 [Ca₃Al₇(SiO₄)₃(PO₄)₄(OH)₃·16½H₂O;六方]
perhumid climate 过湿气候
　　→~ climatic type 常湿气候型
perhyaline 过玻璃质
　　→~ rock 过玻璃岩[C.I.P.W]
perhydrate 过水合物
perhydride 过氢化物
perhydro-β-carotene 全氢化-β-胡萝卜素
perhydrophenanthrene 全氢化菲；菲烷
perhydrous coal 高含氢煤
　　→~ vitrinite 高氢镜质体{组} // ~ vitrite 高氢微镜煤
periaboral edge 基缘(脊)[几丁]
Periadriatic lineament 近亚得里亚区域断裂带
perianth 蒴苞；花被
Perianthospora 波囊孢属[C₁]
perianticlinal fault 环背斜断层
perianticline 缘背斜；斜插背斜
periapsis 近拱点；最近点
Periarchus 围弓海胆属[棘;E₂]
periastron 近星点
peri-azoic 近无生带
periblinite 外皮质煤[煤岩成分]
periblinite 外皮质体[显微组分]
pericardial area 围心区
pericardium 围心腔[软]
pericarp 果被[植]；囊果被[红藻]
pericarpium granati 石榴皮
pericementum 牙周膜；牙根膜

pericenter 近心点

Perichonetes 近戟贝属[腕;D$_{1-2}$]

pericladium 叶鞘

periclase 方镁石[MgO;等轴]
→~-spinel refractory 方镁石尖晶石耐火材料

periclasite 方镁石[MgO;等轴]

periclinal 穹状的;穹形(的);平周的[植];向周围倾斜的
→~ attitude 围斜成层{产状}//~ pluton 围斜侵入体//~ structure 围斜构造[穹隆或盆地]

pericline 肖钠长石[沿 b 轴延长的钠长石;Na(AlSi$_3$O$_8$)];穹形构造;穹顶;盆状向斜;围斜构造[穹隆或盆地]
→~ law 肖钠长石律双晶//~ ripple mark 正交波痕//~ twin(ning) 贝利双晶

pericoel 周腔;外腔

pericolpate 具周槽的;多槽的

pericolporate 多孔沟的[孢]

pericone 围尖

pericontinental area 陆缘区

pericraton 坚稳地带的外围

Pericyclaceae 周圆菊石超科

pericycle 中柱鞘[植]

pericycloid 周摆线

pericynthion 近月点

pericyst 前甲[苔];前盖;囊凹壁[苔]

perideltaic 三角洲缘的

perideltidium 次铰合面

periderm 周皮[植];围皮[笔石枝的]

Peridermium 被孢锈菌属[真菌]

Peridinieae 环沟藻类;围膜类[甲藻];多甲藻类

Peridinium 多甲藻(属)[K-N]

peri-distance 至近心点距离

peridium 果皮;外壁

peridosphere 橄榄岩圈

peridot 黄电气石;(贵)橄榄石[浓绿色;(Mg,Fe)$_2$SiO$_4$]

peridotite 橄榄岩[主要成分为橄榄石、斜方辉石、单斜辉石、角闪石]
→~ shell 橄榄岩壳

periembryonic chamber 初房[孔虫;头足];胎房{室}

perifocus 近焦点

perigastric fluid 体腔液

perigean tide 月近大潮;近地点潮

perigee 最低点;近地点
→~ passage time 过近地点时间

perigenic 近位成因的

Perigeyerella 近瑞克贝(属)[P$_2$];近盖厄贝属[腕]

periglacial 冰缘的;冰缘
→~ action{periglaciation} 冰缘作用

perignathic girdle 围颚环带[海胆]

perigon 周角;圆周角
→~ angle 全圆角

peri-Gondwana 冈瓦纳周边地区

peri-Gondwanian 环冈瓦纳的

perigynous 周位(排列)的[植]

perihelion[pl.-ia] 最高点;极点;近日点

Perijonesina 拟约翰介属[D$_3$]

perijovian 近木星点

perikinetic 与布朗运动有关的

periklas 方镁石[MgO;等轴]

perikon detector 双晶体红锌矿检波器

Perilimnadia 近渔乡叶肢介属[节;E]

perilith 有核火山弹;(岩浆通道的)围岩

perilous 危险;悬;险;险恶

peril point 危急点

perils of the sea 海滩

perilumen 围控[海百]

perilune 近月点

perimagmatic 岩浆缘的
→~ dyke 岩浆缘岩脉

Perimarginia 围缘介属[D$_3$]

perimarine area 海边区

Perimestocrinus 围中海百合属[棘;C$_2$]

perimeter 视野计;边缘;周围;周长;周边;圆周;境界
→~ blasting 周边爆破

Perimneste 环轮藻属[J-K];求偶轮藻属

perimorph 包于其他矿物外面的矿物;包被矿物;被壳矿物

perine 周壁层;周壁[孢]

perinium 周壁[孢]

Perinopollenites 周壁粉属[孢;J$_2$]

Perinotrileti 周壁三缝孢亚类

perinous 具周壁的;周壁的[孢]

periodate 过碘酸盐;高碘酸盐

period demand signal 周期给定信号[核]

periodicity 周期性;间歇性

periodic line 链路;梯形网络
→~ rating 周期性负载额定强度{工作能力}//~ {natural} resonance 自然谐振;固有谐振//~ spouter 间歇(喷(发))泉//~ symmetrical wave 周期对称波//~ tectonic activity 周期性的构造活动//~ trimming 定期修装

periodite 周期岩

periodization 周期化

period of a geyser 间歇泉活动周期
→~ of covering 潮浸期;淹没期//~ of decrepitude 老年期//~ of emersion 出露期//~ of inactivity 间歇期//~ {epoch} of mineralization 成矿期

Periodon 围牙形石属[O$_2$]

period suitability 适时性
→~-to-period value changes 各期间价值变化

Periomma 运移虫属[三叶;€$_1$]

periotic{peri-otic} 耳周的;耳围的;围耳骨
→~ bone 岩骨;鲸鱼耳骨

Peri-Pacific orogene{orogen} 沿太平洋造山带
→~ region 滨太平洋区域

Peripatus 栉蚕(属)[节;€$_2$-Q]

peripheral 边缘的;周围的;外围设备[计];外围的;外部的
→~ discharge 周边排料{矿}//~ discharge (grinding) mill 周边排矿式{型}磨(矿)机//~ flange 外围凸边//~ isostatic area 边缘地壳均衡区//~ overflow launder 周边溢流溜槽

periphery 边缘;周缘;周线;周围;周边;圆柱表面;圆周;壳缘;范围;界限;外围;外面;外环
→~ fault 环周{边缘}断层//~ hole 周边{圈定}炮孔{眼}//~ inclusion 边缘包体//~-to-area ratio (井筒)周边-断面比

periphract 环轮[双鞭毛];体环[头]

periphragm 外壁;周膜[甲藻]

Periphyllophora 周叶颗石[钙超;Q]

periphyton 周生植物

periplan 平像目镜

periplasmodium[pl.-ia] 周缘质团;周原质团

periplast 周质体[裸藻];质膜

Periplectotriletes 织网面三缝孢属

periplutonic convection 深成岩体局边对流;缘深成体对流
→~ deposit 深成岩体边部矿床//~ deposits 深成岩体周缘矿床;近深成矿床

periporate 具周孔的;多孔的[孢]

peripteral 绕柱式的;周围列柱的;周围气流区的(飞机等运动物体)

periptery 绕柱式建筑物;周围气流区;围柱式建筑;围柱殿

Periptychus 圈兽属[E$_1$]

perisaccate 周翼的[孢];具周翼的

Perisaccus 窄囊粉属[孢;D$_3$]

perisarc 围鞘

Perischoechinoidea 围海胆目[棘]

periscope 潜望镜

periselene{periselenium} 近月点

perish 吸湿崩解

perisome 体壁[棘等]

perispatium 周腔;节外空隙[头]

Perisphinctes 旋菊石(属)[头]

perispore 孢子周壁;孢被;周壁[孢]

perisporium 周壁层;周壁[孢]

perissodactyl 奇蹄

perissodactyla 奇蹄目[哺];奇蹄类动物

peristalith (陵墓等周围的)石柱圈[考古];石碑圈

peristalsis 蠕动

peristele 石柱

peristerite 鸽彩石;钠长石[Na(AlSi$_3$O$_8$);Na$_2$O•Al$_2$O$_3$•6SiO$_2$;三斜;符号 Ab];蓝彩钠长石;晕长石
→~ gap 晕长石间断{隙}

peristomal gill 围口鳃
→~ teeth 蒴齿

peristome 口围[苔虫;海胆];口缘;围口部[棘]

peristomice 口围管外口[苔];围口

peristomic node 口围结核
→~ spine 口刺

peristomie 口围管[苔]

peri(o)stracum 角质层;表层[腕]

peritabular 周板[沟鞭藻]

perite 氯氧铋铅矿[PbBiO$_2$Cl;斜方]

peritectic 包晶(体)的;包晶;近析(系)的
→~ point 变熔点//~ reaction 转熔//~ system 近结系

peritecticum 包晶

peritectoeutectic 包晶共结(律)

peritectoid 包析(的);转熔体
→~ system 近析系

perithallium{perithallus} 边叶状体[藻]

peritheca 周壁[孢];外皮

peritidal area 潮缘区[潮的周缘地区];潮的周缘(地)区
→~ complex 潮汐带周缘综合体//~ rock 潮缘带岩石

Peritrachelina 似喉颈石[钙超;E$_2$]

Peritrichida 缘毛目;围毛类[原生]

peritrichous 围毛的

periwinkle 玉黍螺[中新生代];滨螺[腹]

perkerite 硫镍矿[Ni$_3$S$_4$;NiS$_2$;Ni$_2$S$_3$;NiNi$_2$S$_4$;等轴]

perkins joint 管卡;管接头
→~ method 双木塞注水泥

perknite 辉闪岩类

Perlaria 石蝇目[昆];两栖昆虫目[P-Q]

Perlato Sicilia 新米黄[石]

→~ Sictlla 黄沙石//~ Svevo 琥珀黄(色);金花米黄[石]

Perleidus 裂齿鱼属[T]

perlenic 过似长石质的

perlglimmer[德] 珍珠云母{串珠雏晶}[CaAl$_2$(Al$_2$Si$_2$O$_{10}$)(OH)$_2$;单斜]

perlialite 培水硅铝钾石

perlid 石蝇

perlimonite 褐铁矿[FeO(OH)•nH$_2$O;Fe$_2$O$_3$•nH$_2$O,成分不纯]

Perlino Bianco 白木纹[石]

→~ Rosato 粉蝶石;香槟红[石]

pe(a)rlite 珍珠岩[酸性火山玻璃为主,偶含长石、石英斑晶;SiO$_2$ 68%～70%,SiO$_2$Al$_2$O$_3$ 12%];蛋白硅华;硅华[SiO$_2$•nH$_2$O];珠光体;珍珠石[Al$_2$Si$_2$O$_5$(OH)$_4$;单斜]

perlitization 蛋白石化

perlmutteropal 美蛋白石[内含铝氧少许;SiO$_2$•nH$_2$O]

perloffite 磷铁锰钡石[Ba(Mn,Fe^{2+})$_2$Fe$_2^{3+}$(PO$_4$)$_3$(OH)$_3$;单斜];铁羟磷钡石

perlsinter 硅华[SiO$_2$•nH$_2$O]

perlspath 霰石;铁白云石[Ca(Fe^{2+},Mg,Mn)(CO$_3$)$_2$;三方];白云石[CaMg(CO$_3$)$_2$;CaCO$_3$•MgCO$_3$;单斜]

permafic 过镁铁质

→~ rock 过镁铁岩[C.I.P.W]

permafrost 永久冻土;永冻土;多年冻土;永冻;冻土层

→~ in the Northern Hemisphere 北半球的永冻土//~ limit 永冻区分布末端界限

permafrostology 冻土学

permafrost region{area} 多年冻土区

→~ table 多年冻土面

permag 清洁金属用粉

permanence 安定性;稳定度;永久(性)

→~ condition 不变状态

permanent 永久的;固定的;不变的;持久的

→~-backed resin shell process 覆树脂砂壳型法//~-backed resin-shell process 树脂砂覆砂造型//~ bench mark 永久性基准点//~ bottom-hole pressure gauge 固定式井底压力计

permanently extinct lake 永干湖

→~ frozen ground 多年冻土//~ installed surface-recording gauge 固定式地面记录井底压力计

permanent{polarized} magnet 永久磁铁

→~-magnet alloy 永磁合金//~ magnetic thickness gauge 永久磁厚度计//~ meadow 永久性草原{地}//~ packer 不能移动//~ river 常流河//~ station 埋石点

permanganate 高锰酸盐[MMnO$_4$]

→~ method 高锰酸盐法

permanganwolframite 锰钨矿

permeability 渗透性;渗透;导进率;导磁性;磁导性;磁导率;孔性;穿透性;透水性;透射率;透气度

→~ method of sizing analysis 粒度分析渗度法//~ of fracture-matrix system 裂缝-基质系统渗透率//~ of free space 自由空间的磁导率//~ of tunnel fill material 炮眼充填材料的渗透率//~ quotient 渗透系数

permeable 渗透的;可渗透性;可渗透的;透水的

permeameter 渗凌率仪;磁导计

→~ (apparatus) 渗透仪

permeance 渗入;导磁性;弥漫;磁导

→~ consolidation 渗透固结//~{primary} consolidation 主固结

permeant 渗透物

permeates 贯穿器[用于完井射孔]

→~ sleeve 贯穿器套

permesothyrid 过中窗型[茎孔;腕]

permesothyridid 全腹茎孔式[腕]

Permet 铜钴镍永磁合金

Permian 二叠纪

→~ (period) 二叠纪[290～250Ma;华北从此一直为陆地,盘古大陆形成,发生大灭绝事件,95%生物灭绝;P$_{1-2}$];二叠系

permillage 千分比

permineralization 高度矿化;完全石化[动物遗体]

permingeatite 拍明介矿;硒锑铜矿[Cu$_3$SbSe$_4$;四方]

Perminvar 坡明伐合金

permissibility 容许性;防爆性[指矿机炸药等];许可

permissible 可容许的;准许的;允许的;防炸的;防爆的

→~ explosives for coal mines 煤矿(安全)炸药

permissive 被动式[侵入];吸引式[侵入]

→~ bedding plane 透水层面

permitic 过铁矿质

permittance 电容(性电纳)

→~ current 电容性电流

permitted detonator for coal mine 煤矿许用电雷管

→~ {safe} light 安全灯[网罩外有玻璃筒]//~ {allowed; allowable} transition 容许跃迁

Permnidella 小针海绵属[D-K]

Permocalculus 二叠钙藻(属)[P-Q,以P为主]

Permo-Carboniferous 石炭二叠纪

→~ ice age 石炭二叠冰期

Permophorus 肋饰蛤属[双壳;C-T]

Permospirifer 二叠石燕属[腕;P]

Permosynidae 纹鞘科[昆]

Permotipula 二叠网翅蛉属[昆;P$_2$]

permutation 排列;置换;置换作用;移置

permute 滤砂软化

permutite 软水砂[化];人造沸石;滤砂

→~ process 软水砂法

Permutit H-70 羧酸阳离子交换树脂

→~ Q 磺化聚苯乙烯阳离子交换树脂//~ W 弱碱性阴离子交换树脂

permutoid 交换体

Pernerograptus 普氏笔石属[S$_1$];普笔石属

pernicious 恶性

Pernopecten 股海扇属[双壳;C-P]

peroblate 超扁球形

perobovoidal 超扁卵形

perofskite 钙钛矿[CaTiO$_3$;斜方]

peroikic 过多主晶的

→~ rock 过主晶岩[C.I.P.W]

perolysen 酒石酸五甲哌啶

Peromonolites 周壁单缝孢属[K]

Peronopsis 胸针形球接子属[三叶;∈$_2$]

Peronospora 霜毒属[真菌]

peronospora 霜霉属

perovskite 钙铁石[Ca$_2$AlFeO$_5$,因Al$_2$O$_3$少,可写为Ca$_2$Fe$_2$O$_5$];钙钛矿[CaTiO$_3$;斜方]

→~ crystal 钙钛矿型晶体//~-like

compound 类钙钛矿型化合物//~ oxide 钙钛矿氧化物

perowskine 磷铁锂矿[LiFe^{2+}PO$_4$;斜方];铁磷锂矿[(Li,Fe^{3+},Mn^{2+})(PO$_4$)]

perowskite 钙钛矿[CaTiO$_3$;斜方]

peroxid(at)e 过氧化物

peroxy-{peroxygen} 过氧

perpatic 过多基质的

→~ rock 过基质岩[C.I.P.W]

perpend 穿墙石;系石

→~ (stone) 贯石;单石墙

perpendicular 铅垂的;直立的;正交的;垂直(线)的;垂线

perpetual 不绝的;永恒的

→~ budget 持续预算//~ inventory account 永续盘存账户

perpetually frozen soil{ground} 永冻土;多年冻土

perpetual screw 无限螺旋

perpetuity 永久;永存物

perplexite 块沸石

perpotassic nepheline 过钾质霞石

Perprimitia 极原始介属[C$_1$]

perprolate 过{超}长球形

perquaric rock 过石英(英)岩[C.I.P.W]

perradial 穿子午线方向的

→~ line 中辐线[棘]//~ suture 正辐线[海胆]

perraultite 皮诺特石[Na$_2$KBaMn$_8$Ti$_4$Si$_8$O$_{32}$(OH)$_5$•2H$_2$O]

Perret phase 佩雷特型火山喷发期;高能气体散发期

→~ type of activity 极强烈型爆发活动

perrierite 珀硅钛铈(铁)矿[(Ca,Ce,Th)(Mg,Fe^{2+})$_2$(Ti,Fe^{3+})$_3$Si$_4$O$_{22}$;单斜];钛硅钇铈矿

Perrinites 佩林菊石属[头;P$_2$]

perron 阶石

perroudite 氯硫银汞矿[Hg$_5$Ag$_4$S$_4$Cl$_4$]

per round 每组;一组炮眼

perryite 硅磷镍矿[(Ni,Fe)$_5$(Si,P)$_2$];陨硅铁镍石

persalane 过硅铝质

→~ rock 过硅铝岩[C.I.P.W]

persalic 过硅铝质

persecution 迫害;困扰

Persemic rock 过斑晶岩[C.I.P.W]

Perseus 英仙座

Persian Gulf Petroleum Co. 波斯湾石油公司[伊]

persian lapis 青金石[(Na,Ca)$_{4-8}$(AlSiO$_4$)$_6$(SO$_4$,S,Cl)$_{1-2}$;(Na,Ca)$_{7-8}$(Al,Si)$_{12}$(O,S)$_{24}$(SO$_4$,Cl$_2$,(OH)$_2$);等轴]

Persicarioipollis 蓼粉属[孢;E$_2$-Q]

Persicula 桃螺属[腹;K$_2$-Q]

persiliceous{persilicic} rock 过硅质岩

persilicic 属酸性火成岩的;过硅(酸)质的[SiO$_2$>60%];酸性的

persimmon 柿

→~ bezoar 柿石

persio{persis} 石蕊染料

persist(ence) 持续

persistent 不变的;稳固的;坚持的;持续的;持久的;稳定的[厚度、岩性等]

→~ fossil 持续化石;持久化石//~ line 住留谱线//~ organic pollutant 难降解有机污染物//~ stratum 广厚地层

personage 形象

personal 个人的；自身的；专用的
→~ account 人名账户//~ dust monitor 个人用灰尘检测器//~ equation 人差；系统误差//~ property 动产//~ responsibility 人事责任

personnel 人员；全体人员；职员[全体]

person of clay 泥塑人
→~-time 人次

persorption 渗透成为多孔固体；吸混(作用)

perspectivity 明晰(度)；透视(性)

perspectograph 透视画绘图器

perspicacity{perspicuity} 敏锐；颖悟

persuader 扳手臂的加长物

persuasion 见解；坚信

persulfate{persulphate} 过硫酸盐

perthiclase 纹长斜长(石)

perthite 条纹长石

perthitoid 似条纹(长石状)[结构]

perthitophyre 纹长斑岩；条纹长斑岩

perthoid 似条纹状

perthophyte 生于腐殖物上的植物

perthosite 淡纹长岩；淡钠二长岩；纯纹长岩

pertinence{pertinency} 适当；恰当；相关

pertinent 恰当的；中肯；有关的；相宜；相干的
→~ boundary curve 对应相分界曲线//~ factor 有关因素

per ton cost{per-ton cost} 每吨成本
→~ tour{shift} 每班

pertsevite 氟硅硼镁石 $[Mg_2(B_{0.8}Si_{0.2})O_{3.2}(F,OH)_{0.8}]$

perturbance{perturbation} 摄动[天]；扰动；干扰；微扰

perturbed motion 受摄运动
→~ solution 摄动解

Peru-Bolivia Volcanic Zone 秘玻火山带

peruvite 硫银铋矿 $[AgBiS_2]$；硫铋银矿 $[Ag_2S•3Bi_2S_3;AgBiS_2;$六方]

pervasive 遍布的；渗透的；曲解的；蔓延；反常的

pervious 渗透的；可渗透的；穿透的；透水的；透光的[指海水]
→~ course 渗透层

perxenic 过多客晶的
→~ rock 过客晶岩

pesillite 褐锰矿 $[Mn^{2+}Mn_6^{3+}SiO_{12};Mn^{2+}Mn^{4+}O_3;3Mn_2O_3•Mn_2SiO_3;$四方]

pessimistic 不利
→~ estimate 悲观估计(值)

pessimum 劣性[刺激过强或过频]

Pestalotia 盘多毛孢属[真菌]

pesudo(-)sillimanite 假硅线石 $[Al_2(SiO_4)O]$

pet 石油

petal 花瓣[植]；步带瓣[海胆]；瓣

petalite 叶长石；透锂长石 $[LiAlSi_4O_{10};$单斜]

Petalobrissus 裂瓣海胆属[棘;K_2]

Petalocrinus 花瓣海百合属[S]

Petalodus 瓣齿鱼(属)[C-P]

Petalognathus 板颚牙形石属[O_2]

Petalolithus 花瓣笔石(属)[S_1]

Petalosphaera 花瓣球形[钙超;Q]

petarasite 氯硅锆钠石 $[Na_5Zr_2Si_6O_{18}(Cl,OH)•2H_2O]$

Petasus 瓣石[钙超;E_2]

petasus 宽边帽[古希腊]

pet cock{valve} (放泄用)小型旋塞

petedunnite 锌辉石 $[(Ca,Zn)Si_2O_8]$

---

peterbaylissite 水碳汞矿 $[Hg_3^{1+}(CO_3)(OH)•2H_2O]$

petersberg-illite 准伊利石

petersite 钇磷铜石 $[(Y,RE,Ca)_2Cu_{12}(PO_4)_6(OH)_{12}•6H_2O]$；磷钇铜石；磷稀土石

petewilliamsite 皮特威廉姆斯矿 $[(Ni,Co)_{30}(As_2O_7)_{15}]$

petiol(e) 叶柄[植]

petiolaceous 叶柄(状)的

petioled 具叶柄的

petiolule 小叶柄

petit mutant strain 小突变株
→~ St.Bernard 小圣伯纳风

PETN 四硝化戊四醇季戊四醇四硝酸酯[导爆索和装填雷管的起爆炸药]；季戊炸药；泰安炸药 $[C(CH_2ONO_2)_4]$

Petraia 石珊瑚属[S_3]；石珊瑚

petralite 岩石炸药

Petraster 石海星属[棘;O]

petrean 石质的；巉岩的；岩石的

petrescence 石化

petrichthium 岩岸群落

petricichite 高温地蜡

petricole 石栖动物；栖岩生物

petricolous 石内的[生]；岩内的

petrideserta 岩质荒原

petrifaction 石化作用；石化；僵化

petrifactive 可石化的

petrifactology 化石学；古生物学

petrification 石化作用；石化；固化；僵化
→~ of sand 砂的固化；固砂；流沙固化

petrified 固化的
→~ bouquet 石花；钙华花//~-forest 石化森林//~ rose 玫瑰石；重晶石玫瑰花(状)结核//~ wood{log} 石化木；木化石//~ wood 木变石[木化石]

petrify 石化

petrilite 正长石 $[K(AlSi_3O_8);(K,Na)AlSi_3O_8;$单斜]

petrin 岩菌素

petrium 砾石群落

petrobenzene 石油苯

petro(-)bitumen 石油沥青

petroblastesis 离子扩散结晶作用

petrocene 石油省[蒽的异构物]

petrochemical classification 岩石化学分类[火成岩]
→~ compressor 石油化工用压缩机//~ energy group 石油学能量群//~ industry 石化工业；石化//~ intermediate 石油化学中间产品//~ processing 石油工业//~ products 石化产品//~ unit 石油装置//~ wastewater 石油化工废水

petrochemistry 石油化学；石化；岩石化学

petroclastic 碎屑状

petrocole 石栖动物；栖岩生物

Petrocrania 石颅贝属[腕;O-P]

petrocurrency 石油通货

petrodium 漂砾原群落

petrodollar 石油美元

petrodophile 适石性

petrodophilus 适石地的

petrofabric 岩石组构；岩组学；岩组
→~ {tectonic;fabric} analysis 岩组分析

petrofabrics 岩石组构学

petrofacies 岩相

petrofood 石油食品

petrog. 岩相学家；岩相学的；岩相学

---

petrogas 石油丙烷

petrogenesis 岩石发展学；岩石成因(论;学)

petrogenetic 成岩作用的
→~ grid 岩石成因网系图；成岩格子；成岩参数坐标图

petrogenic 造岩的；成岩的

petrogen(et)ic{rock-forming} element 造岩元素

petrogen(c)y 岩石成因(论;学)

petrogeny's residual system 岩浆分异残余液成分系统；成岩残余体系

petrogeothermal resources 岩热地热资源

petroglyph 原始人石刻；岩石画；岩石雕刻画；岩画；岩石雕刻

petrogram 岩画[史前洞穴中绘于岩石上的]

petrograph 岩石雕刻；岩石碑文

petrographer 岩石学者；岩相学家；岩类学家

petrographic(al) 岩相学的；岩类学的；岩石的
→~ {rock-facies;lithofacies;maceral} analysis 岩相分析

petrographic{petrologic;rock} analysis 岩石(分类)分析
→~ composition of coal 煤的岩石组成//~ compound 岩石组分//~ (al) examination 岩石鉴定；岩相分析//~ period 岩石共生期//~ {petrologic}province 岩石区//~ thin section 岩石薄片

petrography 描述岩石学；岩志学；岩相学；岩石学；岩类学

Petrolacosaurus 岩龙属

petrolage 石油处理法

petrolat{petrolat onlyum} 矿脂[材;油气]

petrolatum 石油脂[冻]；石蜡脂；软石脂；矿脂；凡士林
→(liquid) ~ 石蜡油//~ oil 矿脂[材;油气]//~ soap oxidized 氧化石蜡皂

petrolax 液体矿脂

petrol-electric generating set 内燃机驱动发电机

petrolene 石油烯；软沥青；沥青

petroleum 石油燃料
→~ (oil) 石油//(rude) ~ 原油//~ acid 石油酸

Petroleum Administration for War 战时石油管理(机构)

petroleum albumen 石油蛋白
→~ analysis 石油分析//~ asphalt 石油沥青//~ base 石油基//~ benzene 石油苯//~ bitumen{pitch} 石油沥青//~ chemicals 石化产品//~ chemistry 石油化学//~ coal 固体石油//~ company 石油公司//~-degrading microorganism 石油分解微生物//~-derived hydrocarbon 石油衍生烃//~ energy elasticity 石油能源弹性值//~ ether{benzine;level;spirit} 石油醚//~ ether soluble 能溶于石油醚//~ fermentation 石油发动机燃料发酵//~ fermentation process 石油发酵过程//~-fired furnace 燃(石)油炉//~ fraction{cut;distillate} {petroleum-fraction}石油馏分//~ freezing point tester 石油冰点测定仪//~ gas{vapour} 石油气//~ geology 石油天然气地质//~ geophysics 石油物探//~ import duties 石油关税

petroleum injection 注入

P

→～ isomerization process 石油异构化过程//～ jelly 石油冻；矿脂[材;油气]；凡士林//～ jelly seal 石油胶冻封闭//～-like hydrocarbon 类石油(碳氢化合物)//～ naphtha{ligroin} 石油英

Petroleum N bases ×捕收剂[烷基氮杂环化合物]

petroleum nitrogen base 石油中的含氮碱
→～ oil 矿脂[材;油气]//～ origin 石油成因//～ polymer chemistry 石油聚合物化学//～ posted price 石油计税标价；石油标价//～{oil} processing {refining} 石油加工//～ producer 石油公司//～ prospecting{exploration} 石油勘探//～ refinery 石油炼制厂//～ refinery engineering 石油精炼工程//～{oil} refining 石油炼制//～ refining 石油提炼业；炼油的//～{petro} resin 石油树脂～ solvent{spirit} 石油溶剂//～ sulfonates 石油磺酸油//～ technology 石油工艺学//～ transportation 石油输送//～ wax 石(油)蜡

petrolic 石油的；汽油的；从石油中提炼的

petroliferous 石油的；含油的；含石油的
→～{oil} area 含油区

petrolift 燃料泵；油泵

petroline 石蜡$[C_nH_{2n+2}]$；固体石蜡

petrolite 石油岩

petrolization 石油处理

petrologen 油母质；油母页岩；油母岩质；油母

petrologic 岩石学的；岩石的

petrological 岩石学的
→～ classification 岩石学分类

petrologic fusain 岩化丝炭
→～ make-up 岩石组构//～ province 沉积岩区

petrologist 岩石学者；岩石学家

petrology 岩石学；岩理学
→～ of coal 煤岩学；相学；岩石学//～ of ice 冰岩学

petrol ointment 石油软膏

petrolo-shale 含油页岩；油页岩

petrol tank 汽油储罐
→～{road} tanker 油槽车

petrometallogenesis 岩石成矿论

petrometallogenic unit 岩石成矿单元

Petromezon 七鳃鳗[脊;Q]

petromictic 杂岩屑的

petromodel 岩石模式

petromoney 石油膏金

petromorph 洞穴沉积[侵蚀揭露的]

petromorphology 岩形学

petromus typicus 岩鼠

petromyscus collinus 岩攀鼠

Petromyzon 七鳃鳗[脊;Q]；八目鳗

Petronate K{|L} ×捕收剂[石油磺酸钠，分子量 440～450,34%{|415～430,33%}矿物油]

petropharyngeus 岩咽肌

petrophilous 石面的[生]；石表的

petrophysical evaluation system 岩石物理测井评价系统
→～ parameter 岩石物性参数

petrophysics 岩石物性

petrophyte 石生植物；岩生植物

petropolitics 石油政治

petropols 石油树脂

petroporphyrin 石油卟啉；岩卟啉

petropower 石油威力

petroprotein 石油蛋白

petroresins 石油树脂

petrosa 岩部[颞骨]

petrosal 耳岩
→～ bone 岩状骨//～ process 岩突[解]//～ vein 岩静脉

petrosapol 石油软膏

petroselidinic acid 异岩芹酸

petroselinic{petroselic} acid 岩芹酸

petroselini radix 石蛇床根

petrosilane 岩芹烷；二十碳烷

petrosilex 火成岩；霏细岩；角岩；燧石

petrosiliceous 隐晶状；霏细状

petrosio 液体矿脂

petrositis 岩锥炎

Petrosoma 箭袋海绵属

petrosquamosal sulcus 岩鳞缝

petrostearine 地蜡$[C_nH_{2n+}]$

Petrosul 645{|742|745|750} ×捕收剂[石油磺酸钠，分子量 455～465{|415～430|440～450|505～525},35%矿物油]

petro-technology 石油工艺

petrothermal 干热的；岩热的

petrotome 切石机

petrotympanic fissure 岩鼓裂

petrous 石质的；化石的；硬的
→～ branch 岩支//～ ganglion 岩神经节//～ hone 颞骨岩部

Petrov 750 ×接触剂[烷基苯磺酸]

petrovicite 硒铋铅汞铜矿$[PbHgCu_3BiSe_5;$斜方]；硒铋汞铅铜矿

petrox 石油氧化物；油酸皂化的石蜡油

petroxo 油酸铁皂化的石蜡油

petroxolin 石蜡药膏；油酸铵皂化的石蜡油

peturgical rock 铸石用岩石

petrurgy 铸石学

Petschau law 佩乔(双晶)律

petscheckite 铌铁铀矿$[U^{4+}Fe^{2+}(Nb,Ta)_2O_8;$六方]

petterdite 砷铅矿$[Pb_5(AsO_4)_3Cl]$；皮水碳铬铅石$[PbCr_2^{3+}(CO_3)_2(OH)_4 \cdot H_2O]$；氯砷铅矿$[Pb_4As_2O_7 \cdot 2PbCl_2;Pb_6As_2O_7Cl_4;$四方]

Pettersson theory 佩特松学说

petticoat 裙子；裙状物

pettkoite 绿钾铁矾$[Fe^{2+},Fe^{3+},Al$ 和碱金属的硫酸盐;$K_2Fe_5^{2+}Fe_4^{3+}(SO_4)_{12} \cdot 18H_2O;$等轴]

petty cash 备用金；零用现金

petuntse 瓷石[制瓷原料]；白墩子[一种精炼的白瓷土]

petunzyte 瓷石[制瓷原料]

petzite 碲金银矿$[(Ag,Au)_2Te;Ag_3AuTe_2;$等轴]；针碲银矿

Peual Blue Surucu 卫星蓝[石]

peuroseite 硒铅铜镍矿

Peval Gream Blue Bahia 比花蓝[石]

pew 座位

pewter 白镴[锡基合金]；锡器；锡镴(制)的
→～ foils 锡箔

Pexiphyllum 梳珊瑚属$[D_3]$

pexitropy 冷却结晶(作用)

Peyssonnelia 耳壳藻属

Peytoia 伯托水母属[腔;$\in_2$]

pez 地沥青

pezblende 沥青铀矿

pezizoid 杯状的

pezograph 气印

pezzottaite 硅铝铯铍石$[Cs(Be_2Li)Al_2Si_6O_{18}]$

PF 单位炸药崩矿量；脉冲频率；永久文件；近炸引信

Pfalzian movement 法尔琴运动
→～{Palatinian} orogeny 法尔茨造山作用$[P_2]$

pfattite 水锑铅矿$[Pb_2Sb_2O_6(O,OH);$等轴]；羽毛矿$[Pb_4FeSb_6S_{14}]$

pfeifenstein 烟斗泥[黏土]

P/GA{pump/gas anchor} curve (深井)泵-气锚特性曲线

phaactinite 褐绿石

phacel(l)ite 钾霞石$[K(AlSiO_4);$六方]

phacelloid 笙状

Phacellophyllum 丛分珊瑚(属)$[D_{2-3}]$

phacel(l)oid 丛状[珊]；笙状

Phacelopora 束管苔藓虫属[S]

Phacochoerus 非洲疣(野)猪(属)[Q]

Phacocypris 小豆介属$[E_{2-3}]$

Phacocythere 扁豆花介属$[E_2]$

phacodarina 钙放射虫亚目

Phacodiscidae 扁盘虫科[射虫]；镜盘虫科

phacoidal 扁豆状；透镜状的；透镜状
→～ structure 皱扁豆构造

phacolite 扁菱沸石$[(Ca,Na_2,K_2)(Al_2Si_4O_{12}) \cdot 6H_2O]$；岩鞍{脊}；碱菱沸石$[(Na,Ca,K)AlSi_2O_6 \cdot 3H_2O,Na+K$ 含量超过 Ca 的菱沸石;三方]

phacolith 岩脊；扁豆状岩盘；岩眼；岩透镜；岩鞍

phacolithic 岩脊的；岩鞍的

Phacops 眼镜虫属[三叶;S-D]；镜眼虫(属)[三叶;S-D]

Phacosoma 扁镜蛤属[双壳;E-Q]

Phacotus 壳衣藻属$[E_2]$；介壳藻属[绿藻]

Phacus 扁裸藻(属)[Q]；扁虫藻属[Q]

phaeactinite 褐绿石

phaenerophyte 显芽植物

Phaenopora 明苔藓虫属[O-D]

Phaeococcus 褐球藻属[甲藻]

phaeocyan 褐蓝素

Phaeothamnion 褐枝藻属[Q]；金枝藻属

phagocyte 吞噬细胞

phagocytosis 吞噬作用

phagotrophic 摄固体生物

phakelith 钾霞石$[K(AlSiO_4);$六方]

phakolit 扁菱沸石$[(Ca,Na_2,K_2)(Al_2Si_4O_{12}) \cdot 6H_2O]$

Phakopsora 层锈菌属[真菌;Q]

Phalacroma 秃球接子属[三叶;$\in_2$-O]

phalangers 袋貂；卷尾袋鼠[澳]；松袋鼠类

phalanges digitorum manus 指骨
→～ digitorum pedis 趾骨//～ ungual 爪指骨

Phalangida 长蹻目[蜘蛛]；长脚目[C-S]

Phalangiotarbi 古长脚目[蛛;C]

phalera 浮雕宝石

Phalium 鬘螺属[腹;E-Q]

phalolacites 圆锥形

phaneomere 显粒岩

phaneri(ti)c 显晶的

phanerite 显晶岩

phaneritic 显晶质的；显晶岩的；显晶岩

phanerobiolite 显生物岩

Phanerobiotic 显生{动}宙(宇)[570Ma 至今]；显生宇

phanerocrystalline 显晶质的；显晶的
→～-adiagnostic 隐晶质//～ series 显

晶质火成岩系//～ variety 显晶质类

phanerogam(ia) 显花植物

Phanerogamia 显花植物门

Phaneroglossa 显舌亚目[两栖]

phaneromere 显粒岩；显晶岩

phaneromerous 显粒的

phaneromphalous 显脐型[腹]

Phanerophytic 显植宇{宙}

Phanerozoic (Eonothem) 显生宇；显生{动}宙(宇)[570Ma至今]
→～ time{era} 显生代

Phanerozonia 显带目[海星]

phanoclastic 显屑碎块

Phanocrinus 显海百合属[棘;C₁]

phanomeric 显晶的[古词]

phantasm 幻象

phantasma[pl.-ta] 幽灵；幻象；幻影

phantom 幻象；缺失地层；错觉；影像；影痕[岩石的]；仿真；假想层[震勘]；假想；剖视图[部分]
→～{mute} antenna 假天线 // ～{false} bottom 假海底

phantom line 鬼线
→～ load 幻路负载 // ～ {expanded; skeleton} view 透视图

phao 顶
→～-plankton 透光层浮游生物

Pharcicerataceae 皱角菊石超科[头]

Phareodus 遮齿鱼属[E₂]

Pharkidonotus 皱螺属[腹;C]

pharmaceutical 制药的；药物
→～ wastes 医药废物

pharmacochalcite{pharmacochalzite} 橄榄铜矿[Cu₂(AsO₄)(OH);斜方]

pharmacognosy 生药学

pharmacolite{pharmacolith} 毒石[CaH(AsO₄·2H₂O);单斜]

pharmacology 药物{理}学

pharmacolzit 橄榄铜矿[Cu₂(AsO₄)(OH);斜方]

pharmacosiderite 毒铁石{矿}[KFe₄³⁺(AsO₄)₃(OH)₄·6~7H₂O;等轴]

pharmacy 制药；备着的药品；药学
→(hospital) ～ 药房

pharmakit 毒石[CaH(AsO₄·2H₂O);单斜]

pharoonite 弗霞石

Pharostoma 截灯塔虫属[三叶;O₂₋₃]

Pharyngolepis 喉鳞鱼(属)[S₃]

Phascolarctos 树袋熊(属)；袋熊[Q]；土袋熊属[Q]

Phascolomys 袋熊[Q]

Phascolonus 袋驴属[Q]；大袋熊属

phase 状态；定相；幕[构造]；相幕阶段；周相；方面；发展阶段；物相；阶段；段落
→～ disengagement 相脱离[铀矿浸出] // ～ layering 相成层；(矿物)相层理 // ～ of mineralization 矿化期 // ～ region{area} 相域 // ～-shifted sweep sequence 相移扫描序列 // ～-shift keying 移相键控；相移键控(法) // ～ telescope 相望远镜 // ～ transformation of mineral 矿物相变

Phasianid 雉科鸟

Phasianus 雉属

phasic 形势的；相位的
→～ development 阶段发育

phasing 定相；相位扭动
→～ degree 相位角(度)

Phasmida 拟态目[J-Q]；竹节虫(目)[昆];

尾感器纲

phasometer 相位计

phasor 相位复数矢量；相图；相量
→～ diagram 相矢量图 // ～ dual induction logging tool 相量双感应测井(下井)仪

phassachate 铅色玛瑙

pha(e)stine 古铜绢石[具有古铜辉石假象的蛇纹石]；古铜滑石

Phaulactis 半闭珊瑚(属)

Phaulectis 简闭珊瑚属[S₂₋₃]

phaunouxite 芳水砷钙石[Ca₃(AsO₄)₂·11H₂O]

PHC 热解烃

α{|β}-phellandrene α{|β}-水茴香烯

phellem 木栓[植]

phellium 石地群落

phelloderm 栓内层[植]

phellophile 适岩性

phellophilus 适石地的

phenacite 硅铁石[Fe₂Si₂O₅(OH)₄·5H₂O; Fe₄³⁺(Si₄O₁₀)(OH)₈·10H₂O]；硅铍石{似晶石}[Be₂(SiO₄);三方]
→～-type structure 硅铍石型结构

Phenacodus 原蹄兽(属)[E]

Phenacolophidae 伪脊齿兽科

phenakite 硅铁石[Fe₂Si₂O₅(OH)₄·5H₂O; Fe₄³⁺(Si₄O₁₀)(OH)₈·10H₂O]；硅铍石[Be₂(SiO₄);三方]；似晶石[Be₂(SiO₄)]
→～ type 硅铍石式

phenaksite{phenaxite} 铁钠钾硅石[(K, Na,Ca)₄(Fe²⁺,Fe³⁺,Mg,Mn)₂(SiO₄)₂(OH,F)]

phenanthrene{phenanthrine} 菲[用于合成染料和药物]
→～ ring 菲环

phenate 石炭酸盐

phene 苯[C₆H₆]

phenethyl 苯乙基

phenetic 表现型分类法的

phenetole 苯乙醚；乙氧基苯[C₂H₅OC₆H₅]

phengite 月光石；多硅白云母[K(Al,Mg)₂((Al,Si)₄O₁₀)(OH)₂]

phenhydrous (在)敞露{开敞}水体中生成的[煤层]

phenicochroite{phenicohroite} 红铬铅矿[Pb₃Cr₂O₉;Pb₃(CrO₄)₂O; Pb₂(CrO₄)O;单斜]

phenocryst(al) 斑晶[火成岩]

phenocrystal{phenocryst-forming} mineral 斑晶矿物

phenocryst-matrix pair 斑晶-基质对
→～ partition coefficient 斑晶-基质分配系数

phenogenesis 表型生成作用

phenol 石炭酸[C₆H₅OH]；苯酚[C₆H₅OH]；酚[C₆H₅OH]
→～ (compound) 酚类化合物 // ～-aerofloat 二芳基二硫代磷酸盐

phenolase 酚酶

phenolate 石炭酸盐；苯酚盐；酚盐

phenol-formaldehyde (苯)酚(甲)醛树脂
→～ {phenolaldehyde;phenolic} resin 酚醛树脂

phenolic 石炭酸的

phenolics 酚醛塑料；酚醛树脂

phenolic sand consolidation 酚醛树脂地层砂胶结
→～-silicone resin 酚醛缩硅酮树脂 // ～ wastewater 含酚废水

phenological change 物候变化

phenology 物候学

phenolphthalein 酚酞

phenolplastics 酚醛塑料

phenol pollution 酚污染
→～ red serum test 酚红浆液试验 // ～-sulfuric method 酚-硫酸法 // ～ waste 含酚废水

phenomenal gem 变色宝石[随光线发生变色]

phenomenological equation 唯象方程

phenomenology 现象学；唯象学

phenomenon[pl.-na] 征兆；现象；奇迹

phenon[pl.phena] 表型单元；同形态群

phenoplast 酚醛塑料

phenothiazine 吩噻嗪{(夹)硫氮杂蒽}[C₆H₄NHC₆H₄S;虫剂]

phenotype 表(现)型；显型表型

phenotypic difference 表型差异
→～evolution 表型演化 // ～ selection 显型选择 // ～ variant 表型变体

phenoxide 苯氧化物；(苯)酚盐

phenozone 表型带

phenyl 苯基[C₆H₅-]

phenylacetaldehyde 苯乙醛

phenylacetylene 苯(基)乙炔

phenylalanine 苯丙氨酸

phenylamine{phenyl amine} 苯胺[C₆H₅NH₂]

phenylaniline 氨基联苯；苯基苯胺

phenylarsonic acid 苯胺酸[C₆H₅AsO₃H₂]

phenylbenzene 联(二)苯

phenyl carbinol 苯甲醇
→～ chloride 氯苯[C₆H₅Cl]

phenylchloro-silane 苯氯硅烷[C₆H₅SiCl₃]

phenylene 苯撑[-C₆H₄-]；次{亚}苯基[-C₆H₄-]
→～ diamine 苯二胺

phenyl ethane 苯(基)乙烷[C₆H₅C₂H₅]；乙基苯；乙苯[C₆H₅C₂H₅]

phenylethyl 苯乙基

phenyl ethyl alcohol 苄甲醇{苯乙醇}[C₆H₅CH₂CH₂OH]
→～ ethyl methyl carbinol 苯乙基甲基甲醇[C₆H₅·C(C₂H₅)(CH₃)OH]

phenylethyl xanthate 苯乙黄药[C₆H₅·CH₂CH₂OCSSM]

phenyl glycine 苯甘氨酸[C₆H₅NHCH₂CO₂H]
→～ hydrate 石炭酸[C₆H₅OH] // ～ hydrazine 苯肼[C₆H₅NHNH₂]

phenylhydrazone 苯腙[R₂C:N·NHC₆H₅]

phenylic 苯基的
→～ acid 石炭酸[C₆H₅OH]

phenyl ketone 二苯基酮[(C₆H₅)₂CO]
→～ mercaptan 苯硫酚[C₆H₅SH]

phenylmethane 甲苯[C₆H₅CH₃]

phenylmethyl 苯甲基

phenylog 联苯物

α-phenylphenacy α-苯基苯乙酰；二苯乙酮基

phenylphosphonic acid 苯(基)膦酸[C₆H₅·PO(OH)₂]

phenylpropane 苯丙烷

phenyl propyl alcohol 苯丙醇{苯基丙基醇}[C₆H₅·C₃H₆OH]
→～ trichloro silicane 苯氯硅烷{苯聚三氯硅}[C₆H₅SiCl₃]

pheohemin 氯铁黑卟啉；黑氯血红素

P

pheophilic algae 喜溪藻类；溪生藻类

ph(o)eophorbin 脱镁叶绿二酸

phermitocorundum 熔剂刚玉

Phestia 短嘴蛤(属)[双壳;C-P]

phetotelegraph 传真发送

phial 管(形)瓶

phialine 瓶口[孔虫]

phialopore 瓶梗托；皿体孔[团藻]

phianit 等轴锆石

philadelphite 曲黑蛭石 [$K_{1½}(Mg,Fe^{3+},Fe^{2+})_{5½}((Si,Al)_8O_{20})(OH)_4$]

Philadelphus 山梅花[虎耳草科,锌局示植]

Philhedra 友基贝属[腕;O-P]

Philip ionization gauge 菲利浦游离计

philippinite 玻陨石；菲律宾熔融石

philipsbornite 菲利普博石[$PbAl_3(AsO_4)(OH)_5·H_2O$]；菲砷铅铝石

philipsburgite 菲羟砷铜石[$((Cu,Zn)_6(AsO_4,PO_4)_2(OH)_6·H_2O$]

philipstadite 含高铁亚铁角闪石

phillipite 杂纤铜铁矾；纤铜铁矾[$Fe_2Cu(SO_4)_4·12H_2O$]

Phillipsastraea 费氏星珊瑚；菲利普星珊瑚(属)[D_{2-3}]

Phillipsia 费氏虫；菲利普虫

phillipsine{phillipsite} 钙十字沸石 [$(K_2,Na_2,Ca)(AlSi_3O_8)_2·6H_2O;(K,Na,Ca)_{1-2}(Si,Al)_8O_{16}·6H_2O$;单斜]；斑铜矿[$Cu_5FeS_4$;等轴]

Phillipsinella 小菲利普虫属[三叶;O_3]

phillips screwdriver 十字形螺丝起子

Phillip's strain-energy theory 菲利普斯应变能量理论

philolithite 菲劳利石[$Pb_{12}O_6Mn(Mg,Mn)_2(Mn,Mg)_4(SO_4)(CO_3)_4Cl_4(OH)_{12}$]

philosopher 思想家；哲学家

philosophers'{philosopher's} stone 点金石

Philosophiae Doctor 哲学博士

philosophy 基本原理；自然科学；原理；特点
　→~ of measurement 测量原理

philotherm 喜热植物

Phimax 费麦克无烟燃料[焦炭砖]

phi mean diameter 斐平均直径
　→~ median diameter φ中值粒径；φ中数粒径

phiomia 始乳齿象

phisalite 浊黄玉

phi (grade) scale Φ粒级标准
　→~ standard deviation 斐标准偏差//~ unit Φ单位[计算砾石尺寸]；斐[单位]

Phlaocyon 古浣熊属[N_1]

phlebite 混脉岩；脉成岩类

phlebolith 静脉石

Phlebopteris 导脉蕨属[T_3-K_1]

phlobaphinite 鞣质体[褐煤显微亚组分]

phlobatannin 红粉丹宁[鞣质]

phloem 筛状组织；筛部；韧皮部[植]

phloeopodous 裸足的

phlogistic 燃素的
　→~ {phlogiston} theory 燃素说

phlogiston 燃素

phlogistonism 燃素说

phlogolite{phlogopite} 金云母 [$KMg_3(AlSi_3O_{10})(F,OH)_2$,类质同象代替广泛;单斜]

phlogopitization 金云母化(作用)

Phlyctaenaspis 泡甲鱼属[D]；菲力克鱼属

Phlyctenophora 斑痕介属[E_2-Q]

Phlycticeras 疤菊石属[头;J_3]

Phobos 火卫一[火星内侧卫星]；佛勃斯卫星

Phobosuchus 怖鳄属[K_2]

phobotaxis 趋避性[生]

Phoca 海豹属[N_1-Q]

Phocaena 五岛鲸属[Q]

Phoebe 楠木属[植;E_3-Q]；五点[俚;骰子戏]；月亮[诗]

phoenicite{phoenicochroite;phoenikochroite} 红铬铅矿[$Pb_3Cr_2O_9;Pb_3(CrO_4)_2O;Pb_2(CrO_4)O$;单斜]

Phoenicopsis 拟刺葵(属)[T-K_2]；类海枣叶

Phoenix 凤凰座

phoestine 古铜滑石

Phoimia 始乳齿象

Pholadella 小穴栖蛤属[双壳]；小鸥蛤属[D_2]

Pholadomya 穴海螂属[J-Q]；笋螂属[双壳]

Pholas 海笋(属)[双壳;K-Q]

pholerite{pholidite} 地开石{大岭石;鳞高岭石}[$Al_4(Si_4O_{10})(OH)_8$]

Pholidogaster 腹甲蜥属[C]

pholidoide 铝海绿石类

Pholidophorus 叉鳞鱼属[J]

Pholidops 鳞饰贝属[腕;O-C]

Pholidota 石仙桃属；石山桃属；鳞甲目{类}[哺]；有鳞类

Pholiota 鳞伞属[真菌;Q]

Phoma 茎点霉属[真菌;Q]

Phomopsis 拟茎点霉属[真菌;Q]

phon 方[响度单位,=1分贝];唝[今作"方"]

phonautograph 声波振动记录；声波记振仪

phonicochroit 红铬铅矿[$Pb_3Cr_2O_9;Pb_3(CrO_4)_2O;Pb_2(CrO_4)O$;单斜]

phonite 霞石[六方；$KNa_3(AlSiO_4)_4$;(Na,K)AlSiO_4]；脂光石[$Na(AlSiO_4)$]

phonodeik 声波显示仪

phonolite 响岩；响石
　→~ basalt 响玄岩//~ tuff 响(岩)质凝灰岩

phonophore{phonopore} 报话合用机

Phormidium 席藻属[蓝藻;Q]

phormidium 席藻

Phormograptus 提篮笔石属[O_2]

phorogenesis (地壳)平移作用；漂移(作用;运动)；滑移作用[地壳]

Phorohacos 鸭

Phoronid 帚虫

Phoroxylon 贼木属[K]

phoscorite 磷磁橄榄岩；磁铁橄榄岩；榄岩

phoscrete 磷结(砾)岩

phosgene 光气[$COCl_2$]；碳酰氯[CCl_2O]

phosgenite{phosgenspath} 角铅矿 [$Pb_2(CO_3)Cl_2$;四方]

phosinaite 磷硅铈钠石[$H_2Na_3(Ca,Ce)(SiO_4)(PO_4)$;斜方]

phosphammonite 磷二铵石[单斜?;$(NH_4)_2HPO_4$]；氢铵磷鸟粪石

phospharenite 砂磷块岩

phosphatase 磷酸酶

phosphate 胶磷块矿[$Ca_{10}(P,C)_6(O,F)_{26}$]
　→~-allophane 磷铝英石[水铝英石的变种,含P_2O_5约8%]//~-bearing 含磷酸盐的//~-belovite 锶铈磷灰石[$CeNaSr_3(PO_4)_3(OH)$;六方]//~ chalk 磷钙石//~ concretion 磷结核//~ matrix 含磷钙土的岩石；磷灰基质//~ matrix from mine site 来自矿区富含磷块岩的矿石//~ of yttria 磷钇矿[YPO_4;(Y,Th,U,Er,Ce)(PO_4)$;四方]//~-rich rocks 富磷岩石//~ rock 含磷岩；磷盐岩[含磷酸钙]；磷酸(块)岩；磷灰石[$Ca_5(PO_4)_3$(F,Cl,OH)]//~ {-}schultenite 透磷铅矿[$PbH(PO_4)$]//~-walpurgin 磷铀铋矿//~-walpurgite 磷砷铀铋矿

phosphatic gibbsitic bauxite 含磷酸盐的三水铝石型铝土矿
　→~ {phosphate} nodule 磷结核//~ nodule 磷(酸盐)质结核；磷酸盐团块；磷核//~ shell 磷质壳；磷灰质壳

phosphatide 磷脂

phosphatisation 磷酸岩化(作用)；盐化(作用)；磷化

phosphatita 磷酸岩

phosphatization 磷酸岩化(作用)；盐化(作用)；磷化作用；磷化

phosphine 膦[PR_3]；磷化氢[PH_3]；碱性染革黄棕

phosphocerite 磷镧铈石[$(La,Ce)PO_4$]；独居石[$(Ce,La,Y,Th)(PO_4)$;(Ce,La,Nd,Th)PO_4$;单斜]

phospho(ro)chalcite 假孔雀石[$Cu_5(PO_4)(OH)_4·H_2O$;单斜]；轻斜磷铜矿；斜磷铜矿[$Cu_5(PO_4)_2(OH)_4·H_2O$]

phospho(r)chromite 含铁磷铬石；磷铬铜铅矿[$(Pb,Cu)_3((Cr,P)O_4)_2;Pb_2Cu(CrO_4)(PO_4)(OH)$;单斜]；磷铬铁铜矿

phosphocrete 磷结砾岩

phosphoellenbergerite 羟碳磷镁石[$Mg_{14}(PO_4)_6(PO_3OH,CO_3)_2(OH)_6$]

phosphoferrite 水磷铁石 [$(Fe^{2+},Mg)_3(PO_4)_2·3H_2O$;斜方];水磷锰石[$Mn_3^{2+}(PO_4)_2·3H_2O$;斜方]；磷铁锰矿[$(Mn^{2+},Fe^{2+},Ca,Mg)_3(PO_4)_2$;单斜]；磷锰矿[$(Mn,Fe)_3(PO_4)_2·3H_2O$]；铁磷锰矿[$(Fe,Mn,Mg,Ca)_3(PO_4)_2·3H_2O$]

phosphofibrite 纤磷石[$KCuFe_{15}^{3+}(PO_4)_{12}(OH)_{12}·12H_2O$]；纤磷钾铁石

phosphogartrellite 羟磷铁铜铅石[$PbCuFe(PO_4)_2(OH)·H_2O$]

phosphogenesis 成磷作用

phosphogypsum 磷石膏 [$CaH(PO_4)·Ca(SO_4)·4H_2O$,单斜]

phospholipid 磷脂

phospholite 磷钙土[$Ca_5(PO_4)_3(Cl,F)$]；粪化石

phosphonium 磷(根)[$-PH_4$]
　→~-hydroxide 氢氧化磷[$R_4POH;PH_4OH$]

phosphophyllite 磷叶石[$Zn_2(Fe,Mn)(PO_4)_2·4H_2O$;单斜]

phosphoprotein 磷朊

phosphoralunogen 磷毛矾石

phosphorarseneisensinter 杂磷铁臭葱石

phosphor-beudantit 磷菱铅矾[$PbFe_3PO_4SO_4(OH)_6$]

phosphorbleispath[德] 磷氯铅矿[$Pb_5(PO_4)_3Cl$;六方]

phosphor{phosphorous} bronze 磷青铜

phosphorchalcite 斜磷铜矿[$Cu_5(PO_4)_2(OH)_4·H_2O$]

phosphoreisensinter[德] 磷铁华[$Fe_4(PO_4,SO_4)_3(OH)_4·13H_2O$]

phosphorerdenepidot[德] 长手石[$Ca_2(Ce,La)_2Al_4Fe_2(Si,P)_6O_{15}OH$; (Ca,Fe)_4(Al,Ce,La)_4(Si,P)_6O_{26}·2H_2O$]；磷褐帘石[$Ca_2(Ce,La)_2Al_4Fe_2(Si,P)_6O_{15}OH;(Ca,Fe)_4(Al,Ce,La)_6(Si,P)_6O_{26}·2H_2O$]

phosphorescence 磷光

phosphorescent 发磷光的
　→~ glow 磷光

phosphoric 含磷的；磷的

→～ acid 磷酸[H₃PO₄]// ～ acid electrolytic fuel cell 磷酸电解质燃料电池

phosphorite 磷酸{块}岩；磷灰土；磷灰石[Ca₅(PO₄)₃(F,Cl,OH)]；磷钙土[Ca₅(PO₄)₃(Cl,F)]；磷钙石；亚磷酯肟酸[亚磷酸酯]
→(rock) ～ 磷灰岩[Ca₅(PO₄)₃(Cl,F)] // ～-associated kerogen 磷灰岩伴生干酪根 // ～-sandstone 磷酸砂岩

phosphorkupfererz[德] 杂假孔雀石；斜磷铜矿[Cu₅(PO₄)₂(OH)₄•H₂O]

phosphormangan[德] 氟磷铁锰矿[(Mn,Fe,Mg,Ca)₂(PO₄)(F,OH)]

phosphormimetesit{phosphormimet(es)ite} 磷砷铅矿[Pb₅(AsO₄•PO₄)₃Cl]

phosphorochalcite 假孔雀石[Cu₅(PO₄)₂(OH)•H₂O;单斜]

phosphor(r)oesslerite 磷氢镁石[MgHPO₄•7H₂O;单斜]

phosphorogenesis 聚磷作用

phosphoro(o)rthite 长手石{磷褐帘石}[Ca₂(Ce,La)₄Al₄Fe₂(Si,P)₆O₁₅OH;(Ca,Fe)₄(Al,Ce,La)₆(Si,P)₆O₂₆•2H₂O]

phosphoroscope 磷光计

phosphorous bomb 磷燃烧弹[军]
→～ necrosis 磷毒颌(骨坏死)

phosphorroesslerite 重磷镁石

phosphorrosslerite 磷氢镁石[MgHPO₄•7H₂O;单斜]

phosphorudite 砾磷块岩

phosphorurenylite 磷钙铀矿

phosphorus 磷光体；磷
→～ kick-back 回磷 // ～{phosphate} ore 磷矿

phosphorylase 磷酸化酶

phosphorylation 磷酸化作用

phosphoscorodite 磷臭葱石[Fe(As,P)O₄•8H₂O]

phosphosiderite 红磷铁矿；磷铁矿[(Fe,Ni)₂P;六方]；磷菱铁矿；斜红磷铁矿[Fe³⁺PO₄•2H₂O;单斜]

phosphoskorodite 磷臭葱石[Fe(As,P)O₄•8H₂O]

phosphous 磷

phosphovanadylite 磷钒沸石[(Ba,Ca,K,Na)ₓ(V,Al)₄P₂(O,OH)₁₆)•12H₂O]

phosphowalpurgite 磷铋铀矿[(UO₂)Bi₄O₄(PO₄)₂•2H₂O]

phosph(o)uranylite{phosphurancalcilite} 磷钙铀矿；镉磷钙铀矿；福磷钙铀矿[Ca(UO₂)₃(PO₄)₂(OH)₂•6H₂O;斜方]；磷钠矿；磷铀矿

phosphyttrite 磷钇矿[YPO₄;(Y,Th,U,Er,Ce)(PO₄);四方]

phospo(ro)chalcite 假孔雀石[Cu₅(PO₄)₂(OH)₄•H₂O;单斜]

phossy water 含磷水；磷水

photic 透光的[指海水]

photicite 变蔷薇辉石；角锰石；角锰矿[锰的硅酸盐和碳酸盐]

photic region 透光海区
→～{euphotic} zone 透光带 // ～ zone 透光区

Photinia leaf 石楠叶

photism 发光性

photistor 光幻觉

photizit 角锰矿

photoacoustic effect 光声效应
→～ spectroscopy 光声谱

photoactivation (用)光催化

photoactive 光敏的；光激活

photoadsorption 光致吸附

photoageing 光致老化

photoautotrophic organism 光自养生物

photoautotrophism 光独立营养

photoautotrophy 光能自养

photobacteria 发光细菌

photobase 相片基线

photobiology 光生物学

photobleach 光褪色

photobotany 光植物学

photocartography 摄影制图；影像地图制图学

photocatalysis 光催化(作用)

photocatalyst 光催化剂

photocell 光(敏)电池；光电管

photochemical 光化学的；光化学
→～ reaction 光化反应

photochemistry 声化学；光化学

photochopper 遮光器；光线断路器

photochrome 彩色照片；彩色相片

photochromic effect 光色效应
→～ glass 光致变色玻璃；光色玻璃 // ～ glaze 变色釉

photo-chromic quartz 光色石英

photochromics 光敏材料

photochromism 对光反应变色

photochronology 航空摄影地层年代学

photo(graphic) compilation 相片镶嵌

photoconducting{photoconductive} cell 光敏电阻

photoconductive 光电导的；光电导

photoconductivity 光电导性

photoconductor 光敏电阻；光电导体

photo-cured coating 光固化涂料

photocurrent 光电流

photodechlorination 感光去氯(作用)

photodecomposition 感光分解(作用)

photodegradable polymer 光崩解高聚物

photodegradation 光致降解；光降解作用

photodetachment 光致分离；光电分离

photodetection 光(电)探测；光检测

photodeuteron 光致氘核

photo develop{photodevelopment} 光显影

photodevice 光电探测器

photodisintegration 光致分解

photo(graphic) distance 相片上{的}距离

photoeffect 光电效应

photoelastic analysis 光弹分析
→～-coating method 光弹性涂层(测应力)法 // ～ load cell 光弹加载传感器 // ～ model 光测弹性模式 // ～ stress sensitivity 光弹性应力灵敏度 // ～ uniaxial{biaxial} gauge 光弹单{双}轴仪

photoelectret 光致驻极体

photo(-)electric{ photoelectrical } 光电的

photoelectric absorption 光电吸收

photoelectric{photovoltaic;electric} cell 光电池

photo-electric{selenium} cell 光(敏)电池
→～ cell operated door 光电管控制式自动风门

photoelectric color sorter 光电辨色分选装置

photoelectromagnetic 光电磁的

photoelectromotive force 光电动势

photo electron energy-loss spectroscopy 光电子能损光谱

photoelectronics 光电子学

photoelectron spectroscopy (PES) 光电子谱

photoemission 光电发射

photoengraving 光刻(法)；照相感光制版；照相凸版(印刷)

photo(-)excitation 光致激发

photoextinction method 消光法[沉积分析]

photofabrication 光镂；光加工

photofission 光致(核)裂变

photoflash 闪光灯[摄]

photoflood (摄影用)超压强烈溢光灯

photofluorography 荧光屏图像摄影

photofluorometer 荧光计

photogene 页岩煤油；余辉成像[荧光屏上]

photogenic 光(产生)的；光生成的

photogeologic guide 航片地质解译标志；航空地质标志
→～ map 舰空地质图 // ～ tracing 摄影地质插图

photoglow 辉光放电

photoglyph 照相雕刻板

photogrammetric factor 摄影测量因素
→～ map 摄影测量地图 // ～ mapping 摄影制图 // ～ survey{measurement} 摄影测量

photogrammetry 摄影测量；航测术

photograph 摄影；照相术；照相；相片
→～ center 图像中心

photographic combination 相片组合
→～ develop(ing) 显影 // ～ film 照相底片 // ～ information 相片信息 // ～{photogrammetric} mapping 摄影测图 // ～ survey system 照片式测斜系统

photogravure (用)照相凹版(印刷)；影印凹板

photohole 光穴

photo(-)identification 相片判读

photo-induced 光诱导的
→～ explosion 光致爆炸 // ～ strain 光感应变

photoinduction 光学感生

photointerpretation 相片判读

photolite 硅灰石[CaSiO₃;三斜]；针钠钙石[Na(Ca₋₀.₅Mn₋₀.₅)₂(Si₃O₈(OH));Ca₂NaH(SiO₃)₃;NaCa₂Si₃O₈(OH);三斜]

photolithography 光刻(法)；照相平版印刷(术)；影印法

photolithotraphy 照相石版术

photology 光学

photomap 航空照片图；照相制图；影像地图

photomask 光掩模

photometric analysis 光度分析
→～ estimation of dust sample 尘末试样光度测度 // ～ method 光测法 // ～ ore sorter 矿石光谱分选机

photomicrograph 显微照相；显微照片；显微相片；缩微相片

photomicrography 显微摄影

photomosaic 航空摄影嵌镶图；相片镶图
→～ base 照片镶嵌图基线

photomultiplex 多倍投影测图仪

photon 光子
→～ activation analysis 光子`活{放射}化分析法 // ～-electric 光电的 // ～{light} quantum 光量子

photophobism{photophobotaxis} 避光性

photo(-)planimetry 航测综合法地物转绘

photoplasticity 光塑力学

photoplotting 摄影测图；航测成图；光绘(原图)；相片测图
→~ apparatus 摄影测图仪器

photopolarimeter 光偏振表{计}

photoproduction 光致产生{作用}；光生

photoresistance 光敏电阻；光导层

photorespiration 光呼吸(作用)[植]

photoresponse 光响应

photoscintillator 光闪烁器

photoscope 透视镜(荧光屏)

photoscribe process 摄影刻图法；光刻(法)

photo sedimentation apparatus 沉淀摄影器

photosedimentographic method 光学沉淀图示法[测定 1～50μm 粒度]

photosensitive 光敏的；感光的

photosensitivity 光敏性

photosensitization 光敏作用

photosensitized oxidation of paraffin 石蜡光敏氧化

photosensitizer 光敏剂

photosensor 光敏器件；光感元件

photosignal 光信号

photo(-)sketch 相片略图

photosphere 光球(层)

photospheric eruption 光球爆发

photostability 耐光性

photostat 直接影印(制)品；复印机；照相复制

photostereograph 立体测图仪

photostimulated oxidation 光激氧化作用

photostress 光应力；光致应力

photostudio 摄影场；照相馆

photosurface 光敏表面

photo(graphic) survey 摄影测量

photosynthesis 光能合成；光合作用

photosynthesizer 光合生物

photosynthetic 光合作用的
→~ oxygenation 光合氧化作用

phototaxis 趋光性；向旋光性

phototelegraphy 电传真；传真

photothermoelasticity 光热弹性

phototopography 航测作业

phototoxis 光线损害[医]；波射线损害

phototrophy 光合自养

phototropic 向光的

phototropism 光色互变(现象)；向光性

phototropy 光色互变(现象)

phototube 光电管

phototype 摄影原版；照相制版；珂罗版(制版术)
→~ setting 照相排版

photounit{photovalve} 光电元件

photoviscoelasticity 光黏弹性

photo-visual magnitude 仿视星等

photovoltage 光电压

photox 氧化亚铜光电池

photoxide 光氧化物

photronic cell 硒整流光光电管

PHPA 部分水解的聚丙烯酰胺

phragmina 悬骨褶

Phragmobasidiomycetidae 有隔担子菌亚纲

Phragmoceras 闭角石(属)[头]

phragmocone 闭锥[头]

Phragmodus 篱牙形石属[O₂₋₃]

Phragmolites 栅箱螺属[O-S]

Phragmophora 隔壁贝属[腕;D₂]

phragmospore 多隔壁孢子

Phragmoteuthis 闭鞘箭石属[头;T]

phreatic 地下水的；潜水的；准火山的；凿井取得的；井的

phreaticolous 隙生的；隙栖的

phreatic surface 井水面
→~ {saturated} surface 地下水面

phreatomagmatic 火山热射气的；潜水-岩浆互相作用的的
→~ eruption 潜水水汽-岩浆混合喷发

phreatophyte 水井植物；湿地植物；深根植物

phrenotheca 膜壁[孔虫]

pH resistance test 耐酸碱试验

Phricodothyris 纹窗贝(属)[腕;C-P]

phrolite 黑火药类炸药

phrygana 常绿矮灌木丛

phryganeid 石蛾

phryganion 有刺常绿灌木群落

Phrynichida 吻蛛目[节]

pht(h)anite 试金石；黑燧石；密致硅质岩；砺砥

phthalamic acid 邻苯甲酰胺甲酸[C₆H₄(CONH₂)(COOH)]

phthalate 酞酸盐

phthalein 酞

phthalic acid 邻苯二酸[C₆H₄(CO₂H)₂]

phthalocyanine 酞(花青)

phthanite 密致硅质岩；砺砥

phthanoperidiniaceae 膜囊藻科

Phthinosuchus 渐衰鳄(属)[P]

Phthonia 响蛤属[双壳;D₁₋₂]

phuralumite 柱磷铝铀矿[Al₂(UO₂)₃(PO₄)₂(OH)₆•10H₂O;单斜]

phurcalite 束磷钙铀矿 [Ca₂(UO₂)₃(PO₄)₂(OH)₄•4H₂O;斜方]

Phurnacite 弗纳赛特无烟燃料[焦炭砖]

pH value pH 值；酸碱度值；酸碱度

phycobilin 藻胆(色)素

phycobiont 藻个体

phycochrome 藻色素

phycochrysin 藻金素

Phycodes 类藻迹

phycoerythrin 红藻素；藻红(蛋白)

phycology 藻类学

phycomycetes 藻菌

phycophyta 藻类

phycoplast 藻质体

phylactolaemata 护唇类；被喉类[苔]；被唇目

phylad 谱系分支

phylaxiology 免疫学说；防御(素)学

phylembryogenetical 胚胎系统发育的

phyletic 门的[生]；线系的
→~ events 种系事件 // ~ gradualism 直线渐进[生]；系渐变 // ~ speciation 线系(物)种(形式)

phyllade 鳞状叶

phyllarenite 叶砂屑岩

phyllic alteration 绢英化蚀变

phyllinglanz[德] 粒黑柱矿；针碲矿[Sb,Au 和 Pb 的碲化物与硫化物]；叶碲矿[Pb₅AuSbTe₃S₆]；叶碲金矿 [Pb₅AuSbTe₃S₆;Pb₅Au(Te,Sb)₄S₅₋₈;斜方?]

phyllipsite 钙十字沸石[(K₂,Na₂,Ca)(AlSi₃O₈)₂•6H₂O; (K,Na,Ca)₁₋₂(Si,Al)₈O₁₆•6H₂O;单斜]

phyllite 层状矿物；千枚岩；铝海绿石类；硬绿泥石 [(Fe²⁺,Mg,Mn)₂Al₂(Al₂Si₂O₁₀)(OH)₄;单斜、三斜]；叶化石；化石叶

phyllitic structure 千枚状构造

phyllitization 千枚岩化(作用)

phylloaetioporphyrin 叶初卟啉

phyllocarida 木叶虾类；叶虾类[节]

Phylloceras 叶菊石(属)[头;T-K]

Phylloceratida 叶菊石目

Phylloceratina 叶菊石类

phyllochlorite 叶蠕绿泥石

phylloclade 叶状枝

phyllocladene 扁枝烯

Phyllocladopsis 拟叶枝杉属[J₁-K₁]

Phyllocladoxylon 叶枝杉型木属[J₂₋₃]

phyllocrystalline 变质的

phyllode 口围旁步带板[海胆]；叶状叶柄[植]

phylloerythrin 胆红紫素；叶赤素

phyllofacies 层理相；叶理相

Phyllograptus 叶笔石(属)[O₁]

phylloid 叶状的；假叶
→~ (cladode) 叶状枝 // ~ trusses 叶状枝束

phyllolepida 叶鳞鱼目

Phyllolepis 叶鳞鱼属(属)[D₃]

phyllomorphic stage 晚期成岩作用阶段；成岩作用页硅酸盐发育阶段

phyllomorphosis 叶变形

phyllonite 千糜岩；千枚岩

Phyllophora 育叶藻(属)[红藻]

phyllophyte 有叶植物；茎叶植物

Phyllopoda 鳃足亚纲；叶足目{类}[节]；叶脚目[节]；叶脚类

phyllopodium[pl.-ia] 叶足；叶状肢

Phylloporina 叶苔藓虫属[O-S]

phylloporphin{phylloporphine} 叶卟吩

phylloporphyrin 叶卟啉

phyllopyrrole 叶吡咯

phylloretin 松香脂

phyllosilicate 页硅酸盐；层块硅酸盐

Phyllosiphon 叶管藻属[绿藻;Q]

phyllosiphonic 中柱具叶隙的；具叶隙管状中柱

phyllospermae 叶子植物(亚纲)

phyllospondyli 叶椎目[两栖]

phyllospondylous vertebra 叶状椎

phyllotaxy 叶序[植]

Phyllotheca 杯叶属[植;C₃-K₁]；隔壁内墙[册]

Phyllothecotriletes 杯叶蕨孢属[C₂₋₃]

phyllotriaene 叶形三叉骨针[绵]

phyllotungstite 叶铁钨华[CaFe₃H(WO₄)₆•10H₂O]

phyllovitrinite 结构镜煤

phyllovitrite 叶镜煤

phyllpsite 钙交沸石[(K₂,Na₂,Ca)(Al₂Si₄O₁₂)•4½H₂O(近似)]

phyllule 叶痕

phylogenetic 门的[生]；线系的
→~ cladogram 谱系发生分支图 // ~ classification 种系发生分类 // ~ distance 种族发生的间距

phylogeneticist 系统发育学家

phylogenetics 系统发育学

phylogerontism 种族衰弱{老}[生]；种系衰退

phylozone 系统发生带[地史]

phylum[pl.phyla] 门[生类]

Phymatifer 瘤脐螺属[腹;D-T]

Phymatopleura 肿肋螺属[腹;C₂]

Phymatotrichum 瘤梗孢属[真菌;Q]

Phymolepis 长瘤鱼属[D_1]

Phymosomina 肿疣海胆亚目[棘]

phyre 斑状

phyric 斑状的

Physa 膀胱螺(属)[腹;J-Q]

physalite 浊黄玉

Physarum 绒泡黏菌属；绒泡菌(属)[黏菌;Q]

Physeter 抹香鲸(属)[Q]

physical 实际的；身体的；自然的；有形的；物质的；体力的
→~ adsorption{absorption} 物理吸附//~ depletion 矿量殆尽；矿井枯竭

physically realizable filter 物理可实现滤波器

physical-mechanical properties of rock 岩石物理机械性质

physical morphogenic agent 物理地貌发生营力
→~ oil 实物石油//~ properties of rock 岩石物性；岩石物理性//~ property 矿物物性//~ protection 实物保护//~ pseudomorph 物理假象//~ time 自然现象测年

physician 内科医生

physicist 物理学家

physicochemical geology 物化地质学
→~ incompatibility 物理化学不相容性//~ interaction of soil 土的物理化学相互作用

physico-chemical test 理化试验

physicochemical treatment{technique} 物理化学处理法

physico-structural coalification 物理-结构煤化作用

physics (of the Earth) 地球物理(学)
→~ exploration 物理勘探//~ of magmatic processes 岩浆流程物理学

physiofacies 自然循环相；无机相

physiognomie 植物

physiognomy 地貌；群落外貌；相貌；景相；外形；特征

physiographic 地貌的

physiographic climax 地文演替顶极
→~ form{relief} 自然地形//~ geology 地文学//~ pictorial map 地文图像图

physiography 地文学

physiological action 生理作用
→~ barrier 生(屏)障

physiotope 非生物岩相区；物化境

physique 区域自然结构

physisorption 物理吸附

Physoderma 节壶菌属[真菌;Q]

Physoporella 腔孔藻(属)[P-T]

phytadiene 植二烯

phytal system 植生系
→~ zone 根生植物带

phytane 植烷

phytanic 植烷的

phytanol 植烷醇

phyte 植物

phythem 界[生物地层单位]

phytichnia 植物迹类[遗石]

phytobexoar 植物毛粪石

phytobezoar 植物石；胃植物粪石；植物毛粪石

phytobioc(o)enose 植物群落

phytocoenosis{phytocoenosium} 植物群落

phytocollite 氮腐殖质；泥炭中的腐殖凝胶；腐殖凝胶；胶化石脂

phytocommunity 植物群落

Phytodinads 植甲藻类

phytogenetic 植物成的

phytogenic 起源于植物的
→~ dam 植物成因堤；植物坝//~ deposit 植成岩

phytogen(et)ic soil 植育土
→~ structure 植生构造[生物沉积的]

phytokarst 植物岩溶；藻蚀喀斯特

phytol 植醇
→~ chain 叶绿醇链

phytoleims 煤化的植物遗体

phytolite 化石植物；植物石；植物化石

phytolith 植物化石

phytollyte 植物石；植物化石

phytomastigophora 植鞭毛类[原生]

phytomelane 植物黑素

phytomorphic{phytogenic;phytogenetic} soil 植成土

phytonomorphia 蟒形类

phytopaleontology 古植物学

phytophagous 食植物的
→~ animal 素食动物

phytophoric 含植物化石的；岩石
→~ rock 植物残体岩

Phytophthera 疫霉属[真菌;Q]

phytoplankton 浮游植物；浮生植物(群落)；植物性浮游生物
→~ bloom 浮游植物大量繁殖

phytosauria 植龙亚目

Phytosaurus 植龙属[T]

phytosaurus 植龙

phytosphere 植物圈

phytosterin{phytosterol} 植物甾醇

phytotoxic 对植物有毒的
→~ metabolite 植物毒性代谢物

phytotoxin 植物毒素

phytotrichobexoar 植物毛粪石

phytyl 植基
→~ (group) 叶绿基

Piacentian{Piacenzian (stage)} 皮亚琴(察)(阶)[欧;N_2]

Piacezien 皮尔琴阶[N_2]

Pianaspis 平壤虫属[三叶;ϵ_2]

Pianella 皮亚藻属[E]

pianlinite 偏岭石[$Al_2Si_6(OH)_2$]；皮羟硅铝石

piano 火山原；山麓裙带
→~ machine 提花纹板凿孔机//~ wire 试井钢丝；钢琴弦索

Piarorhynchia 肥嘴贝属[腕;J_1]

piauzite 板沥青

Piazopteris 母枝蕨属[J]

piazza 广场

pibal 测风气球；派保[测风气球]；探空气球

Picacho 皮卡乔；街道地址；尖顶山

piccopale 皮可帕勒石油树脂

piccovar 皮可瓦尔石油树脂

Picea 云杉属[K_2-Q]；针纵

picea{Picea asperata} 云杉

Piceaepollenites 云杉属[K_2-Q]；云杉粉属[孢;E-N_1]

Piceoxylon 云杉型木(属)[J-Q]

picetum{pinetum} cladinosum 鹿(石)蕊云杉林

picite 磷钙铁矿[$CaFe_5(PO_4)_2(OH)_{11}\cdot 3H_2O$]；土磷铁矿

pick 拣选；勾选[地震记录上的有效波]；镐

pick (out) 挑选
→(pneumatic;digger) ~ 风镐//~ and bar 镐和钎杆//~-an-shovel 铁镐和锹的

picked 尖端的；尖的
→~ dressing 石料琢整//~ {run-of-mill} ore 选出矿石

picker 取模机；采集者；拣选工

pickeringite 镁明{铝}矾[$MgAl_2(SO_4)_4\cdot 22H_2O$;单斜]

picket 标桩；警戒哨；尖桩
→~-fence 筛格

pick face blushing 截齿前面喷雾
→~ force sensing 截齿传感器//~ hammer 尖头凿岩锤；尖顶锤//~-hammer 风镐//~ hand 镐柄//~ heading 集中平巷；集中大巷；集矿平巷

pickholder 截齿座

picking 顶板脱粒；垮落前落石；选别回采；掘；刨
→~ refuse 手选矸石

pickle 困境；浸酸；加重圆柱[吊索与吊钩间]；酸洗；盐水[浸渍用]

pickled plate{sheet} 酸洗钢板
→~ product 腌渍品

pickler 酸洗装置{设备}；酸洗液

picklike 鹤嘴锄状

pickman 刨矿工

pick(s) man 手镐工；刨煤工
→~ {pick-and-shovel} miner 手工采矿工人//~ mines 手工采矿

picknometer 比重瓶

pick {-}off 敏感元件；传感器

picksman 刨矿工

pick test 抽样检验
→~ {sampling} test 取样试验//~-test 取样试验；抽样检查//~ tool 钎子

pickup 测量孔深[用钢尺]；装岩；装货；检波器；灵敏度；传感器；小卡车；加速性能[发动机]；干扰[邻近电路引起的]
→~ (device) 拾音器//~ (oscillation) ~ 拾振器

pick up 拉起点[测井曲线上响应开始变化的点]；上提；黏着；感受到；采集；钻井达一定深度；挖掘(出)；突然承载；挑出；提取；读出；再循环[井中气体]

pickup current 接触电流
→~ drag 上提阻力//~ position 钻台扣吊卡位置

pick-up scoop 拾起勺；(磨机)铲料斗；提升铲斗

pick(-)up separator 拾起式磁选机

pickup shoulder 提升台阶

pick-up slot 提闩槽；提钩槽

pick up speed 加快
→~-up{lifting} sub 提升短节//~-up (flotation) test 浮选气泡拣取矿粒试验

pickup voltage 拾取电压

pick-up weight 起钻{上提钻具}时钻具重量

pickwall 废石垛

picloram 落叶素；毒莠定[一种内吸性除草剂]

picnite 圆柱黄晶[$Al_2(SiO_4)(F,OH)_2$]

picnochlorite 密绿泥石[$(Mg,Fe^{2+},Al)_6(Si,Al)_4O_{10})(OH)_8$]

pic(k)nometer 比重计；比重瓶

picogram 皮克[10^{-12}g]；百亿分之一克

picoline 甲基吡啶[C_6H_7N]

P

picolinic acid 吡啶羧酸[$C_5H_4NCO_2H$]

picotage 井筒防水楔形圈

picotit(it)e 铬尖晶岩；铬尖晶石[$(Mg,Fe)O•(Al,Cr)_2O_3$]

picotpaulite 辉铁铊矿[$TlFe_2S_3$;斜方]；皮科保尔矿[$(Tl,Pb)Fe_2S_3$]

picral 苦`醛{昧醇液}

picralluminite 镁矾石[$Mg_2Al_2(SO_4)_5•28H_2O$]；杂泻利镁明矾

picranalcime 镁方沸石

picranisic acid 苦味酸[$(NO_2)_3C_6H_2OH$]

picrate 苦（味）酸盐；苦味酸[$(NO_2)_3C_6H_2OH$;炸药]

　　→~ powder 苦酸盐炸药

picric acid 苦味酸[$(NO_2)_3C_6H_2OH$]

picrinite 苦味酸[$(NO_2)_3C_6H_2OH$]；苦酸炸药

picrite 苦橄{橄苦}岩；白云石[$CaMg(CO_3)_2;CaCO_3•MgCO_3$;单斜]

　　→~-porphyry{-porphyrite} 苦橄玢{斑}岩

picritic 火成岩；富橄榄石的；苦橄的

picroallumogene{picroalumogene} 镁矾石[$Mg_2Al_2(SO_4)_5•28H_2O$]

picroalunogen 镁矾石[$Mg_2Al_2(SO_4)_5•28H_2O$]；杂泻利镁明矾

picroamesite 镁蛇纹石；镁绿泥石[$(Mg,Fe)_4Al_2(Al_2Si_2O_{10})(OH)_8$]

picroamosite 镁铁石棉[$(Mg,Fe^{3+})_7(Si_4O_{11})_2(OH)_2$]

picroanalcime 镁方沸石

picrochromite 铬镁尖晶石；镁铬铁矿[$(Mg,Fe^{2+})(Al,Cr)_2O_4$;等轴]；镁铬晶石

picrocollite 水硅镁石[$MgSi_3O_5(OH)_4•2H_2O$]；镁坡缕石[$Mg_4Al_2Si_{10}O_{27}•15H_2O$]

picrocrichtonite 镁钛铁矿

picroepidote 镁绿帘石[$CaMg(Al,Fe^{3+})Al_2(Si_2O_7)(SiO_4)O(OH)$]

picrofluite 氟镁石[MgF_2;四方]；杂氟硅镁钙石

picroilmenite 镁钛铁矿

picroline 柱蛇纹石

picrolite 柱蛇纹石；硬蛇纹石[$Mg_6(Si_4O_{10})(OH)_8$]；叶蛇纹石[$(Mg,Fe)_3Si_2O_5(OH)_4$;单斜]

picromeride{picromerite} 软钾镁矾[$K_2Mg(SO_4)_2•6H_2O$;单斜]

picropharmacolite 镁毒石[$(Ca,Mg)_3(AsO_4)_2•6H_2O$; $H_2Ca_4Mg(AsO_4)_4•11H_2O$;三斜]

picrophyll{picrophyllite} 杂纤闪滑石

picrosmine 苦`蛇纹石{臭石}[$Mg_6(Si_4O_{10})(OH)_8$]；叶蛇纹石[$(Mg,Fe)_3Si_2O_5(OH)_4$;单斜]

picrot(it)anite 镁钛铁矿

picrotephroite 镁锰橄石

picrot(h)omsonite （镁）杆沸石[$NaCa_2(Al,Si)_2Si_2O_{10})_2•5H_2O;NaCa_2Al_5Si_5O_{20}•6H_2O$;斜方]

Pictetia 皮克特菊石属[头;K_{1-2}]

pictite 榍石[$CaTiSiO_5;CaO•TiO_2•SiO_2$;单斜]

pictograph 古代石壁画；岩画；象形图；统计图表

Pictor 绘架座

pictorialization 用图表示

pictorial model 图画模式

　　→~ sketch 示意图

Pictothyris 彩孔贝(属)[腕;N-Q]

picture 描写；概念；照片；影像图；影像；影片；形象；像；相；想象；图像；图片；图画；图

　　→~ area 帧面积//~ center 相片中心//~-dot interlacing 跳点扫描//~-frame 完全棚子//~ frequency 帧频

picturephone 电视电话

picurite 沥青煤

piddingtonite 杂陨紫苏辉石；陨紫苏辉石[$2(Mg,Fe)SiO_3•(Mg,Fe)SiO_4$]；陨直辉石

piddling 不重要的；微小的

pi diagram 立体投射图

pie 馅饼状物

　　→~ (winding) 饼式线圈

piece 片；个；瓣；联结；一片；一块；一件；修理；修补；零件；部分；接合；块；件；段

　　→~ leg 棚子腿

piecemeal 部分的；块

　　→~ caving 零碎崩落采矿法//~ stoping 逐渐顶蚀；逐件顶蚀；零星顶蚀；分块顶蚀

piece of water 水盆地；水孢子；蓄水池

piecewise 片段(的)；分段

　　→~ regression method 逐段回归法//~{sectionally} smooth 按段光滑//~ smoothing subroutine 分段平滑子程序

piecework 计件工作

piece work 单件工作

　　→~ worker 计件工//~ work job 计件工资

piecing 接头

piedmont 山前地带；山麓

　　→~ benchland 山麓阶//~ gravel 山麓砾原{石}

piedmontite{piemontite} 红帘石[$Ca_2(Al,Fe,Mn)_3Al(Si_2O_7)(SiO_4)O(OH);Ca_2(Al,Mn^{3+},Fe^{3+})_3(SiO_4)_3(OH)$;单斜]

　　→~-schist 红帘片岩

piedmont overthrust 山前上冲断层

piedmonttreppe 山麓阶

piedmont-type glacier 山前型冰川；山麓型冰川

Pieler's lamp 皮勒尔型沼气检验灯

pienaarite 富榍霓霞歪长岩；富渭霓霞歪长岩；榍石霓霞正长岩

pier 桥桩；桥(台)墩；桥脚；码头；栈桥柱；窗间壁；墩；突堤

　　→~ (dam) 防波堤

pierage 停泊费

pier-beam system 墩-梁体系

pierced decoration 玲珑

pierce{run;break;breaking} through 穿透

　　→~ through point function 穿尖交叉点

piercing 热力钻进；钻穿；钻孔；刺穿；穿孔；掘进；钻进[热力]

　　→~ bet 火力穿孔喷流[工作喷嘴]

pier column 支柱；墩柱

　　→~ dam 折流堤；防砂堤；挑水坝//~ drilling 桩桥钻井[浅水钻井]

piere-perdue 水中抛石

pier footing 墩基

　　→~ foundation 墩式基础

pierhead 码头端部

pierite 白云岩；白云石[$CaMg(CO_3)_2;CaCO_3•MgCO_3$;单斜]

pier pile 大直径桩；墩桩

Pierre-Levee law 皮埃雷-勒韦(双晶)律

pierrepantite 铁电气石[$NaFe_3Al_3(B_3Al_3Si_6(O,OH)_{30})$]

pierre-perdue 抛石基础；抛石[法]

pierrepontite 黑电气石[$(Na,Ca)(Li,Mg,Fe^{2+},Al)_3(Al,Fe^{3+})_3(B_3Al_3Si_6O_{27}(O,OH,F));NaFe_3^{2+}Al_6(BO_3)_3Si_6O_{18}(OH)_4$;三方]；黑硒；铁电气石[$NaFe_3Al_3(B_3Al_3Si_6(O,$

$OH)_{30})$]

pierrotite 皮罗矿[$Tl_2(Sb,As)_{10}S_{17}$]；硫锑铊矿[$Tl_2(Sb,As)_{10}S_{17}$;斜方]

pie-shaped 饼状的

pie slice 扇形滤波；切割滤波；切饼滤波；速度滤波

piestic cycle 水压面变化旋回

Piestochilus 简唇螺属[腹;K]

pietersite 碎裂玛瑙

Pietra Dorata 多拉塔黄沙石

pietraverdite 阿尔卑斯浅绿凝灰岩

pietre dure 嵌石细工

pietricikite 高温地蜡

pieze 皮兹[压力单位,=1000 帕斯卡]

piezobirefringence 压致双折射

piezochromatism 压色性[如萤石]

piezoclase 压裂隙

piezocoefficient 压性系数

piezocrescence 偏压生长

piezocrystal 压电晶体

piezoelectric ceramic receiver 压电陶瓷受话器

　　→~ quartz deposit 压电水晶矿床//~ quartz detector 压电石英检测器//~ rock crystal deposits 压电水晶矿床

piezoelectrics 压电体

piezoelectric seismometer 压电式地震仪

　　→~(al) strain{|stress} constant 压电应变{|力}常数

piezogene 压成的

piezoglypt 气印；陨石

　　→~{pezograph;regmaglypt} 凹坑[陨石上]

piezoid 石英晶体；压电石英片；压电晶体

piezometer 水压计；测压井；流体压力计；压强计；微压计

　　→~ nest 测压孔组{群}//~ technique 测压法//~ tip 空隙水压测头

piezometric 测压计的；承压的

　　→~ conductivity test 孔压静力触探试验

piezotite 变锰铝榴石

pig 猪；金属块

　　→~ (iron) 生铁//(stock) ~ 锭//~ and ore process 生铁矿石炼钢法//~ bed 铸剩余铁水砂坑；铸床；出铁场[高炉]

pigeon 鸽子

pigeonite 易变辉石[$(Mg,Fe^{2+},Ca)(Mg,Fe^{2+})Si_2O_6$;单斜]

pigging 清管(作业)；刮蜡作业

　　→~ station 清理站//~ up{back} (用)生铁增碳

pigmentation 色素淀积；着色

　　→~ rule 色素突变定则

pigotite 腐殖铝石；有机铝石

pig passage detector 清管器通行检测器

　　→~ passage locator 清管器行程检测器

pigpen 井架平台护栏

pig-rooting 不规则小窑开采

pigsty{pigstye} 木垛

　　→~(e) framework 垛式支架//~(e) timbering 木垛支护

pigtail 输出端；软电缆；锅炉外伸曲管；盘管；卷尾支架

　　→~ hook 猪尾式钩

pig tin 锡锭

　　→~ train 成串清管器

pike 山峰；关卡；矛；针头；捞钎器；尖头；尖峰；铁钻角

　　→~ pole (尖型)消防钩

pikotage 井筒丘宾柱顶底两端打楔工作

pikromerit(e) 软钾镁矾 $[K_2Mg(SO_4)_2 \cdot 6H_2O$;单斜]

pila[sgl.pilum] 疣毛;古罗马步兵的短矛;肿头刺[孢];短矛;皮拉藻(属)[C-P]

pilandite 歪长斑岩

pilang 茂密橡胶林区

pilar 毛发的;石柱[美]

pilarite 铝英孔雀石$[CuSiO_3 \cdot nH_2O$,含17%的$Al_2O_3]$

Pilasporites 球形粉属[孢;J_2]

pilaster 壁柱[珊]

pilate 有疣毛的;有毛的[尤指植]

pilbarite 硅铀钍铅矿;硅铀铅钍矿$[PbTh(UO_2)(SiO_4)_2 \cdot 4H_2O]$;杂钍硅铀铅矿

pile 桩墙;束;电池;核反应堆;地层;包;打桩;桩;料山;垛;桩柱;墩;堆;堆积[岩]
→~ (up) 簇 // ~ action 桩承作用 // ~ {stake} anchor 桩锚 // ~ band{hoop;ring} 桩箍 // ~ bent 桩排架

piled barrels 桶垛{堆}
→~ pier{jetty} 突栈桥码头

pile drawer{engine;puller}{pile-drawing engine} 拔桩机
→ ~ driver{engine;hammer} 打桩机 // ~ driving by vibration 振动打桩 // ~ extension 桩子接长;接桩 // ~ extraction 拔桩 // ~ helmet{cap;cover} 桩帽

Pilekia 比里克虫属[三叶;O_1]

pile lining 桩(衬)壁
→ ~ load(ing) test 桩载荷试验 // ~ manufacture 桩的制作 // ~ of bricks texture 砖垛结构

pileous 毛的

pile-planking 桩板墙

pile retapping test 桩覆重打试验
→ ~ splice 拼桩;桩接头 // ~ test 桩承(载)力试验 // ~ tip{point;toe} 桩尖 // ~ tip{toe;point} 桩端 // ~ toe 岩堆底 // ~ winding 分层叠绕线圈

piliferous 有疣毛的;有毛的[尤指植]

piliferus 有疣毛的

piligan 泻石松

piliganine 阿根廷石松碱

pilijanine 三白石松宁

pilinite 硬羟钙铍石

pilite 橄榄石假象阳起石;硫锑铅矿$[Pb_5Sb_4S_{11}$;单斜];针闪石
→ ~ {warrenite} 羽毛矿$[Pb_4FeSb_6S_{14}$;$Pb_2Sb_2S_5]$ // ~ minette 针闪云煌岩;阳起石化云煌岩 // ~ vogesite 针闪辉正煌岩

pillar 蒴轴[苔];水柱;石柱;柱石;囊轴(菌)[菌类];矿{煤}柱;柱头;础石;土柱;墩;台柱;柱[孔虫];支柱[腔]
→ ~ (leaving) 留矿柱;溶蚀岩柱 // ~ abutment 矿柱的应力集中区 // ~ and breast method 房柱式开采法 // ~ and post work 柱式开采 // ~ {rib} boss 回收矿柱工长 // ~ caving 矿棚崩落 // ~ -cum-stick method 矿柱支护顶法 // ~ drawing {extracting;removal;robbing} 回采矿{煤}柱 // ~ drift 带护巷柱的平巷;带保安矿柱的平巷 // ~ drive 地层{矿柱}支护平巷 // ~ extracting 采矿柱;二次回采 // ~ extracting{robbing;drawing;pulling;taking}回采矿{煤}柱

pillaring 回采矿柱;煤柱;矿柱回采

pillar{stump} leaving 留煤柱

pillarman 煤矿井下充填工

pillar{slate} man 砌垛工;矿柱开采工;石垛工
→~ mining{recovery;extraction} 矿柱回采 // ~ of ground 运输平巷上方的煤柱 // ~ of mineral{rock} 矿柱 // ~ of water prevention 防水矿柱 // ~(-recovery) operation 矿柱回采作业 // ~ raise 柱内天井;矿柱内天井 // ~-recovery methods 矿柱回收(法) // ~ remnant{residue} 残留矿柱 // ~ road 矿柱中的巷道 // ~ roadway (用)煤柱支持的巷道;矿柱支撑的巷道 // ~ strength formula 矿柱强度计算公式 // ~ stub 短矿柱

pill heat 首次熔炼
→~ of aluminium 铝珠

pillow 垫块;垫板;轴衬;枕块
→~ cleavage 枕状劈理 // ~{ellipsoidal} lava 枕状熔岩

pill tank 配料缸

pilmer 皮尔默阵雨

pilobezoar 毛粪石

Piloceras 帽角石属[头;O]

piloceras 枕角石

pilolite 镁石棉;镁坡缕石$[Mg_4Al_2Si_{10}O_{27} \cdot 15H_2O]$

Pilosisporites 刺毛孢属[K_1]

pilot 定料销;试验性的;超前;(加热炉)点火嘴;导向器;导向杆;导频;领航员;钻头导杆;指示灯;指导;领航;控制器;飞行员;引燃;引导的;驾驶仪;排障器[机车];驾驶
→(reaming) ~ 扩孔钻头的导杆 // ~ (tunnel) 导硐;导阀

pilot-and-reamer bit 中部凸出式十字钻头

pilot area 试点地区
→~ a ship 引水 // ~ audio frequency signal 导音频信号

pilotaxitic 全微晶[结构];平行微晶[结构];交织[结构]
→ (texture) 交织结构

pilot(-type){ear;high-centre} bit 塔形{状}钻头

pilot bit rod 导向钻杆
→ ~ boring 预先钻进;(用)开眼钎子钻进 // ~ carrier {frequency} 导频 // ~ chart 航海图 // ~ concentration mill 半工业实验选矿厂 // ~ drift{hole;workings} 超前巷道

piloted discrete control 导阀操纵的单独控制
→~ head 导燃喷头器[热]

pilot flame 引燃火焰{舌}
→~ flood{flooding} 试注水 // ~{steering} house 驾驶室

piloting 推算定位

pilot ladder 引水员软梯

pilsenite 碲铋矿$[Bi_4Te_3$,三斜;$Bi_2Te_3]$;叶碲铋矿$[Bi_2Te_3$;BiTe?;三方]

Piltdown 皮尔丹[英地名]
→~ man 辟尔当人

pilum[pl.pila] 疣毛;基柱[孢;外壁外层];基粒状

pimanthrene 海松烯;1,7-二甲基菲

pimaradiene 海松二烯;1,7-二甲基苯

pimarane 石松脂烷

pimaric acid 海松酸

pimelate 庚二酸盐{|酯}$[COOM{|R}]$

$(CH_2)_5COOM{|R}]$

pimelic acid 庚二

pimelite 镍皂石$[(Ni,Mg)_3(Si_4O_{10})(OH)_2 \cdot nH_2O]$;脂镍皂石$[(Ni,Mg)_3Si_4O_{10}(OH)_2 \cdot 4H_2O$;单斜]

pimeson π介子

pimple (mound) 小残丘
→~ plain 残丘平原

pimpling 粗糙度;凸起

pin 钉;栓;山峰;测针;煤系中薄铁岩条带;销连接;钉连接
→(dowel) ~ 合缝销 // ~ (end) 阳螺纹端

Pinaceae 松科

pinaciolite 硼镁锰矿 $[(Mg,Mn^{2+})_2Mn^{3+}(BO_3)O_2;(Mg,Mn^{2+})_2Mn^{3+}BO_5$;单斜]

Pinacocerataceae 板盘菊石超科[头]

pinacocyte 扁细胞;扁平细胞[绵]

pinacoderm 扁平皮层[绵]

Pinacognathus 窄板颚牙形石属[C_1]

pinacoid 轴面[晶];平行双面(式);轴面体;板面

pinacoidal class 三斜全面象(晶)组$[\bar{1}$晶组];板面(晶)组;轴面体类
→~ face 轴面

pinacoid of the first{|second|third|fourth} order 第一{|二|三|四}板面[三斜晶系中$\{0kl\}\{|\{h0l\}|\{hk0\}|\{hkl\}\}$型的板面]

Pinacosaurus 绘龙
→~ grangeri 谷氏绘龙

pinakiolite 硼镁锰矿 $[(Mg,Mn^{2+})_2Mn^{3+}(BO_3)O_2;(Mg,Mn^{2+})_2Mn^{3+}BO_5$;单斜]

Pinakodendron 板木属[C_{2-3}]

pinakoid 轴面;板面

pinal 测风气球;高空测风报告

pinalite 氯钨铅石$[Pb_3WO_5Cl_2]$

pinal schist 破片岩

pinane 蒎烷$[C_{10}H_{18}]$

pin angle 牙轮轴线与钻头底平面夹角
→~ bearing 销轴承 // ~ beater 带齿磨盘 // ~ bit 手摇钻头

pinboard 接插板

pin bolt 销钉;带开口销螺栓
→~ bush 定心销套;定位销套

pincer-like{pincerlike} drainage pattern 钳状水系

pincer pliers 虎钳

pincers 钳子;夹子

pincette 镊子

pinch 狭缩;变薄[矿脉、煤层];撬煤杆;捏;压榨;压缩;紧压;减流;尖灭;偷;夹紧;夹;挤压;坍缩;坍坡[工]

pinch-and-swell form 串珠状[沉积岩];狭缩-膨胀形态;缩胀形态

pinch and swell structure 膨缩构造
→~ bar 爪棍;尖头长杆

pinchcock 活嘴{弹簧、节流、管}夹[夹在软管上调节流液用];转动活门[跳汰机筛下室]

pinched{squeezed} anticline 压缩背斜
→~ fold 尖灭褶曲;提尖褶皱 // ~ pebble 压挤{挤狭}卵石

pinch effect 磁压作用;吸引效应;夹紧效应

pincher 折叠;矿脉狭薄部分

pinchers 夹锭钳

pinching 尖灭
→~ a valve 部分关闭阀门[调节流量] // ~ dislocation 收缩位错;箍缩位错

pinchite 平奇氯汞矿;氯氧汞矿$[Hg_5O_4Cl_2$;

斜方]

pinch-out 变薄；压{挤}出；狭缩；尖灭
　→～boundary{|trap}尖灭边界{|油阱}

pinch {-}out well 确定油藏边界的井；油
藏边界低产井
　→～point 扭点；裂缝尖端；窄点；饱
和蒸汽与冷剂最小温差点//～valve
捏阀；微量图//～weld 焊钳

pin clamp 插销口
　→～connection 螺栓连接；引线连接
//～coupling{connection; joint}（用）销
{钉}连接//～crusher 棒磨机

Pinctada 珠母贝{真珠蛤}(属)

pincushion 针插

pindy 炭质页岩

pine 松树；松

pineal 松果体

pineapple 牙轮；菠萝

pine bark oil 松皮油
　→～-bog peat 松沼泥炭；松林沼泥炭
//～-forest stone 松林石

Pine Green 松树绿[石]

pinene 蒎烯[$C_{10}H_{16}$]；松萜

pine needle oil 松叶油
　→～oil 松油//～oil Aroma Ⅱ×松油
[捷；含 15%α-萜烯醇以及锭子油或柴油]
//～resin{gum} 松脂//～root oil 松
根油

pinetree 松树
　→～(-shaped) cloud 松树状//～crystal
枝晶

pinetum cladinosum 鹿石蕊`松{云杉}林

pine wood 松木

pin-fin 钉状翅片[加热炉]

pin gear 针轮；针齿轮；斜轮

pinger 浅穿透高功率换能器
　→～profiler 高分辨率(脉冲)声呐剖面
仪//～proof echo-sounding 声脉冲回
声探测

pingguite 平谷矿[$Bi_6^{3+}Te_2^{4+}O_{13}$]

Pinghsiang movement 萍乡运动

pinging 轻度爆震

pingo(k) 冰丘；冰土堆；冰核丘；冻胀穹丘

pingo ice 冰核丘冰

pingok 冰土堆；冰核丘

pingo remnant 核丘遗迹洼地；冰核丘遗
址洼地
　→～memory 乒乓(球)式存储器

ping-type valve 塞阀

pinguite 绿脱石[$Na_{0.33}Fe_2^+((Al,Si)_4O_{10}$
$(OH)_2 \cdot nH_2O$；单斜]；脂绿脱石[Fe^{2+}和 Fe^{3+}
的硅酸盐]

pinhead blister 微(气)孔

pin hole 销孔

pinhole chert 多孔燧石

pin-hole leak 针眼漏失；微漏

pinhole light figure 针孔光像

pinicortannic acid 松皮丹宁酸[[$C_{16}H_{18}$
$O_{11})_2 \cdot H_2O$]

pinitannic acid 松丹宁酸[$C_{14}H_{16}O_8$]

pinite 蒎立醇；拟松类；块云母[硅酸盐蚀
变产物，一族假象，主要为堇青石、霞石和
方柱石假象云母；$KAl_2(Si_3AlO_{10})(OH)_2$]

pinitization 块云母化作用

pinitoid 块绿霞石[石英、绢云母和绿泥石
的混合物]

pin jack 管脚插座
　→～-jointed bar 铰接杆件//～-jointed
structure 铰链结构

pink 石竹[铜局示植]；典型；粉；羽裂石
竹；刺；粉红色；精华；剪成锯齿形边；
发爆声[内燃机]
　→～ash 产生粉红色灰渣的无烟煤
//～fused alumina 铬刚玉

Pink Green 粉红绿麻[石]

pinking 穿小孔；轻微爆震；轻度爆震；
穿饰孔
　→～roller 压花滚刀

pink link plate （链条)外链板

Pink Porrino 粉红麻[石]
　→～Porriny 红线玉[石]//～Quarzite
粉红沙石//～Rose 玫瑰红[石]；玫瑰彩
红麻[石]//～Salisbury 莎利士红[石]

pink stern ship 尖尾船

Pinna 珧蛤属[双壳]；江珧贝(属)[T-Q]

pinna[pl.-e] 鳍及相当的器官；耳翼；耳
廓；正羽(复叶的)；羽片[植]；狭翅[昆]；
外耳壳；腿脊

pinnace （大)舢板；舰载艇

pinnacle 不规则锯齿状地层；顶峰；顶点；
史前石塔；石塔；斑块礁；岩峰；信号柱
顶；冰塔；尖柱；尖顶
　→～(reef) 尖(头)礁；塔礁

pinnacled iceberg 峰形冰山；塔状冰山

pinnacle{cuspate; prong} reef 尖头礁
　→～reef 宝塔礁//～rock 水下尖岩

pinna rachis 羽轴[植]
　→～{tertiary} septa 三级隔壁[册]//～
spit 三次分裂

pinnate 羽状；翼、鳍之类的；羽状的[植]
　→～{pennate} drainage (pattern) 羽状水
系//～shear plane 羽状切变面//～
tension gash 羽状张裂缝{隙}

pinnatifid 羽状半裂的[植]

pinnatisect 羽状全裂的[植]

pinnatoclentate 羽状锯齿裂的[植]

pinnatopectinate 羽状梳齿裂的[植]

pinner 垫石

pinninervate 有羽状脉的；具羽状脉的[植]

pinning 巷道风幛；填隙石；锁住；阻塞
　→～{adsorption} effect 吸附效应//～-in
嵌塞碎石片//～pinning of dislocation
位错固{锁}定//～rod 锚杆；系杆

Pinnipedia 鳍脚亚目[哺]；鳍脚类

pinnoite 柱硼镁石[$Mg(B_2O(OH)_6) \cdot H_2O$;
$MgB_2O_4 \cdot 3H_2O$；四方]

pinnula 羽毛上的羽支

pinnular 羽节[海百]；羽枝板

Pinnularia 枞轮叶属[D-C]；羽纹藻(属)
[硅藻门；Q]

pinnule 次羽状叶；羽枝；小羽片[植]；
小鳍；二回羽叶

pinocamphane 松莰烷

pinoline 松香烃

pinolite 菱镁片岩

pinoresinol 松脂素

pinotoid 块绿霞石[石英、绢云母和绿泥
石的混合物]

pinpoint 定点；顶端；正确地指出；航空
照片；确认；目标定点；准确的；针尖；
指向；精确定位；精确；对准；尖顶

pin-point{pinpoint} accuracy 高准确度
　→～{cast; pinpoint} blasting 抛掷爆破
//～blasting 抛渣爆破//～charge 定
向药包//～electrode （针)点电极[静电
选矿机]

pinpointer 管道漏检器

pins 不规则薄铁矿层

pint 品脱[液量，=1/8 加仑]

pintadoite 四水钒钙矿；钙钒华[$Ca_2V_2O_7 \cdot$
$9H_2O$]

pin{die; rod} tap 公锥
　→～technique 锚杆技术//～{male}
thread 阳螺纹//～timbering 锚杆支护

pintle 枢轴；针栓；舵栓

pin-to-box coupling 螺纹销套筒连接器
　→～pipe 阳螺纹-阴螺纹管子

pin-to-pin 公螺纹连接

pin tree sap 松树汁
　→～-type 销型

pinulus[pl.-li] 小羽片[植]；腕羽[棘海百]；
小羽骨针[绵]

Pinus 松(属) [K_1-Q]

Pinuspollenites 双束松粉(属)[孢;T-N]；松粉

Pinuxylon 松型木(属)

pinwheel 风车

pioneer 原始物质；开拓的；先驱(生物)；
锡矿(矿)工；开发者
　→～(plant) 先锋植物；第一口井//～
{drop; initial; box} cut 开段沟//～hole
{well} 勘探钻孔

pioneering 开垦；垦荒；勘察；初勘；拓
荒；踏勘
　→～research 开创性研究//～wave
先驱波

pioneer{construction; builder's} road 施
工便道
　→～{exploratory} well 勘探钻井//～
well 导井

Pionodema 肥体贝属[腕;O_{2-3}]

piotine 脂皂石；皂石[[$(Ca_{1/2},Na)_{0.33}(Mg,$
$Fe^{2+})_3(Si,Al)_4O_{10}(OH)_2 \cdot 4H_2O$；单斜]

pip 标记；点回波；针头；反射点；尖峰
信号；记号；脉冲

pipe 矿筒；火山筒；砂管；管子；管状
矿床；管状；管道焊接对管器；管；导管；
最大桶[液量，=105Br.gal=126US.gal]；蒸汽
主管；矿管；传送；岩筒；岩管；烟斗；
缩管；重皮[缺陷]

pipe (line; run) 管道
　→～amplitude log 套管声幅测井图
//～basalt lining 管子的玄武岩衬里；
管式玄武岩(石)衬里//～bracket 管托
//～-casting in trenches 管子浇灌在管沟
中//～coil 蛇纹石[$Mg_6(Si_4O_{10})(OH)_8$]；蛇
管；盘管//～collar 管子接头；接箍
//～friction 管壁摩擦//～-handling
管子操作//～jacking method 顶管法

pipeless hydrodrill 无杆水力钻具
　→～screen 无中心管的筛管

pipe-line{pipe} cleaner 洗管器

pipeline clock rate 流水线时钟速率
　→～event 流水事件//～float and drag
method 管道浮拖法//～fluid inventory
管线储(存)液量//～oil 管道输送洁净
石油//～operation report 线运行报告
//～overhead time 流水线开销时间
//～pack 管道充填

pipeliner 管道工

pipeline reeling 卷管线
　→～sales oil specification 管线销售原
油规格//～scraper 刮管器//～shore-
approach 海滨区管线//～shutdown 管
线停输

pipe man{fitter} 管工
　→～opal 管蛋白石[$SiO_2 \cdot nH_2O$]//～ore
柱褐铁矿//～ore body 筒状矿体//～

ore sample 取(矿)样管// ~ ore sampler 管状矿样采取器;管式矿石采样器

piperazin(e) 哌嗪[$C_4H_{10}N_2$];对二氮己环[$C_4H_{10}N_2$]

pipe reciprocator 上下活动套管的装置[注水泥用]
→~ recovery 管材回收

piperidine 哌啶[$CH_2(CH_2)_4NH$];氮杂环己烷[$CH_2(CH_2)_4NH$];氮己环[$CH_2(CH_2)_4NH$]

piperno 火焰斑杂凝灰岩

piperock 管状岩

pipe rock 管石
→~-rock 管岩// ~-rock burrow 管岩潜穴// ~-rock burrow 虫管

piper volcanic vent 火山口
→~ wallichii 石楠藤

piperylene 戊间二烯[$CH_3CH:CHCH:CH_2$];1,3-戊二烯

pipe saddle{carrier} 管座
→~ scale 管垢// ~(line) scraper 管道刮除器// ~ sealing 封管// ~ section machine 卷管机

pipestone 烟斗石

pipet 吸移管;吸量管
→(transfer) ~ 移液管

pipe tally 管子丈量
→~ tapping machine 管道开孔机// ~ trench{ditch} 管沟// ~ trolley 高线滑车[用于把管子拖出井架];推管车

pipette 滴管;移液管;吸移管;吸量管;吸管
→~ analysis 移液管分析

pipe twist 修管器
→~ twist{spanner;grip;dog} 管钳

pipeway 管道间[井筒];井筒管道格

pipe way{finger} 指梁[油]
→~ wiper 擦管器

piping 管状渗蚀;管道系统{输送;铺设};潜蚀;管道式侵蚀;冒水翻砂

Pipiograptus 窟窿笔石属[O_2]

pipkrake 针状冰晶;针冰层[瑞]

pipper 枪环形瞄准具的中心{准星}

piracy 河流截夺;河道夺流;袭夺[河流];截夺;夺流
→~ of streams 河流袭夺

pirated stream 被夺(流)河

pirate{beheading} stream 夺流河

pirenait 灰黑榴石[$Ca_3Fe_2^+(SiO_4)_3$]

piretite 水羟硒钙铀矿[$Ca(UO_2)_3(SeO_3)_2(OH)_4 \cdot 4H_2O$]

piribolite 角闪二辉麻粒岩

piriklazite 斜长二辉麻粒岩

pirodmalite 热臭石[$(Mn,Fe)_{14}(Si_{14}O_{35})(OH,Cl)_{14}$; $(Fe^{2+},Mn)_8Si_6O_{15}(OH,Cl)_{10}$;六方]

pirop 镁铝榴石[$Mg_3Al_2(SiO_4)_3$;等轴]

pirouette 转体

pirquitasite 皮硫锡锌银矿[Ag_2ZnSnS_4]

pirssonite 水钙碱;钙水碱[$Na_2CO_3 \cdot CaCO_3 \cdot 2H_2O$;斜方];斜方钠灰石

Pirus 梨

piruzeh 绿松石[$CuAl_6(PO_4)_4(OH)_8 \cdot 4H_2O$;三斜]

pisanite 铜水绿矾[$CuSO_4 \cdot 7H_2O$];铜绿矾[$(Fe,Cu)SO_4 \cdot 7H_2O$];铜氯矾[$(Fe,Cu)SO_4 \cdot 7H_2O$]

Pisces 双鱼座;鱼形总纲;鱼类;鱼纲
→~ Australis 南鱼座

Piscichnia 鱼游迹类[遗石];鱼迹纲[遗石]

piscidia 番石榴

piscivorous 食鱼的
→~ dentition 鱼食牙{齿}系

pise 泥土建筑

pisekite 铌钛酸铀矿[铀钇的铌钛酸盐];铌钙铀矿;钛钽铌矿

Pisidium 豆蚬属[双壳;J_2-Q]

Pisocrinus 豆海百合属[棘;S_2]

pisolite 石豆;褐铁矿的球粒集合体[$Fe_2O_3 \cdot nH_2O$];豆状岩;豆石[$CaCO_3$];豆粒

pisolith 豆状矿;豆石[$CaCO_3$];豆粒

pisolitic 豆状的;豆状
→~ limestone 豆粒灰岩// ~ limonite 豆褐铁矿[$Fe_2O_3 \cdot nH_2O$]// ~ structure 豆石状结构

pisophalt 软沥青

pissophanite 钟乳铁矾[$(Fe^{3+},Al)_6(SO_4)((OH)_{16} \cdot 10H_2O)$];铁矾[$(Fe^{3+},Al)_5(SO_4)(OH)_{13} \cdot 14H_2O$];钟乳铁矾石

pistachio 淡黄绿色

pistacite{pistazit(e)} 绿帘石[$Ca_2Fe^{3+}Al_2(SiO_4)(Si_2O_7)O(OH)$;$Ca_2(Al,Fe^{3+})_3(SiO_4)_3(OH)$;单斜]

piste 马足痕[大道上]

Pistes 鱼形总纲

pistil 雌蕊

Pistillachitina 杆几丁虫属[O]

pistillate 雌蕊的

Pistillipollenites 杵纹粉属[孢]

pistolite 粗粒鲕矿;粗鲕粒

pistomesite 镁菱铁矿[$(Fe,Mg)(CO_3)$];菱镁铁矿

piston 活塞
→~ corer 活塞岩芯器// ~-cylinder apparatus 活塞缸筒设备// ~-cylinder ultra high pressure device 活塞缸式超高压装置// ~ drive-sampler{sampler} 活塞式击入取样器// ~ guide 导向活塞// ~-in-cylinder apparatus 活塞圆筒式装置

pit 蚀疤;砂眼;熔岩坑;泉坑;气孔;疤痕;槽;麻点;坑井;坑点;坑;凹斑(蚀象);凹;修理坑;陷坑;陷阱;细胞壁变薄处;纹孔[植];洼地;池;痘痕;岩溶竖井;窑[石灰,炭等]
→(coal) ~ 竖井;煤坑;矿坑// ~{mine}(shaft) 矿井// (strip) ~ 露天矿;凹坑

pitankite 杂硫铋银铅矿[$(Ag,Cu,Pb)_4Bi_2S_5$]

Pitar 卵蛤属[双壳;K-Q]

pit arch 拱形支架
→~(t)asphalt 软沥青

pit bottom 井下车场;井底车场;车场
→~{shaft;bore-hole} bottom{pit-bottom} 井底// ~-bottom station 井下车场// ~(-)brow 斜井口

Pitcairn Islands 皮特凯恩群岛[英]

pit candle 矿灯
→~{mine} car 矿车// ~ car loader hopper end 矿车装载机卸{接}料端

pitch 树脂;倾斜;倾入;倾角;倾伏;强度;坡度;布置;伏向;伏角[地层];立脉;分配的矿地;背斜倾伏;安全钉;斜坡;节距;节齿;柏油;间距;投掷;架设;极点;俯仰(船的)
→(jew's) ~ 沥青;齿节[弹尾目弹器]

pitchblende 非晶铀矿;沥青铀矿[$(U,Th)O_2$]

pitch chain 节(间)链
→~ copper 沥青铜矿

pitched{sloping} roof 坡屋顶

→~ truss 坡顶屋架// ~ work 砌石护坡;块石护坡工程

pitcher 罐;装煤工;拣选工;拣矿工;投掷者
→~ bass 含沥青的碳质黏土{页岩}[煤层中]// ~ pump (浅井用)手压泵

pitches and flats 陡立和平伏裂隙

pitch face 斜凿面
→~-faced stone 粗凿石

pitchfork{pitch-fork} 干草叉

pitch gauge 螺纹样板
→(thread) ~ gauge 螺距规

pitching 护坡;扔出;倾斜的;倾伏的;前后颠簸;砌石护坡;纵向运动;俯仰角变化;俯仰;粗石块路;陡的
→~ ore shoot 倾伏矿柱{筒}// ~ vein 倾斜矿脉// ~{rake;steep} vein 陡(矿)脉

pitch line 分度线
→~ luster{glance} 沥青光泽// ~ ore 沥青铀矿

(stratigraphic) pitch-out 地层尖灭

pitch peat 沥青状泥炭
→~ reef 礁斑// ~-stone 琢石;松脂岩[酸性火山玻璃质成分为主,偶见石英、透长岩斑晶];松脂石[$C_{10}H_{16}O$];黑曜岩// ~ wheel 相互啮合的齿轮

pitchwork 分成工作[矿工分得一部分产量作为工资];矿工分得一部分产量的工作

pitchy 沥青的;沥青似的
→~ copper ore 沥青状铜矿石// ~ iron ore 氟磷铁锰矿[$(Mn,Fe,Mg,Ca)_2(PO_4)(F,OH)$];纤水绿矾[$Fe_4^+(SO_4)(OH)_{10} \cdot H_2O$,含有 $Fe_2O_3,SO_3,As_2O_5,H_2O$ 等]// ~ limonite 沥青褐煤矿

pit coal 矿产煤;坑煤
→~ corrosion 麻点腐蚀// ~ crater 火口堑;矿山陷落坑// ~ disaster 矿山灾祸调查;矿山事故// ~ edge 露天矿边(界线)

Pitella 彼特叠层石属[Z]

pit entrance 出入沟
→~ eye pillar 井筒保安柱// ~{kettle} fault 锅状断层

(open-)pit floor 露天坑底盘

pit frame fire 井架火灾
→~{underground} furnace 坑炉// ~ gauge 深度尺// ~ gravel 山砾石;坑砾石

pith 木髓;重要性;精髓;髓
→~ cast 髓模;髓部石核// ~-cavity 髓腔[蕨]

pithead 矿井口

pit head 井口设施;井口房
→~-head 坑口// ~ head arrangement 井楼

pithead building 井口棚

pit-head canteen 井口小食堂

pitheadframe 井架

pit-head station 井口棚

Pithecanthropoids 猿人类

Pithecanthropus 猿人属[直立;Q]
→~ erectus 直立猿人

pit hill 地面捡煤台;井口建筑

pithole 深隙;(岩层)深部缝隙;砂眼[冶;铸];腐蚀麻点

pit hole 石洞

Pithophora 黑孢藻属[绿藻;Q]

pith ray 髓线;髓射线

pitiglianoite 皮蒂哥利奥石[$Na_6K_2Si_6Al_6O_{24}(SO_4) \cdot 2H_2O$]

P

pitkarandite{pitkarantite} 透辉形透闪{阳起}石

pit lamp{light} 明火矿灯
→～ limit 露天矿场境界//～-limit increment 矿井极限增加量//～ line 露天矿境界线

pitman 矿内机械管理员；连杆；凿井工；摇杆；井筒检修工

pit man 连杆

pitman[pl.pitmen] (抽油机)游梁拉杆

pit{rock} man 矿工

pitman (shaft) 连接{联结}杆
→～-and-toggle type head motion 连杆肘板型传动机构；(摇床)摇杆肘板式传动机构//～ eye protection plate 连杆孔护板

Pitman giraffe 皮特曼型高空工作升降台

pitman socket 连杆窝形夹板

pit mouth{brow;head;top} 坑口
→～-mouth raw coal 井口原煤

pitocollit 氮腐殖质；胶化石脂

piton 灰岩锥残丘；法；尖山峰

pitot 空速管
→～ loss 总压损失

pitot{pit} sampling 槽探取样
→～ shooting 土坑爆炸//～ static traverse 皮托管静压测定//～ static tube 皮托静压管

pit{mine} planning 矿山设计
→～ prop 支柱；矿用支柱//～ prop {timber;wood} 坑木//～ quarry 地下运输露天矿//～ room 生产矿层数[房柱法]；矿坑开采范围；井下回采工作面或煤房数目；井下长壁工作面总长度//～ run 原采出的；砾滩；砾堤；原矿//～-run 原采出的//～ run gravel 坑采砾石//～-run gravel 天然级配砾石//～ scale 矿山秤//～ slope 边帮角//～ stoop 安全矿柱

pitted pebble 蚀痕砾；麻面卵石；具凹坑的小砾石
→～ pipe 麻点腐蚀的管子//～ (outwash) plain 多坑冰水平原//～ vessel 孔纹导管[植]；纹孔导管[植]

pitticite 纤水绿矾[$Fe_4^{3+}(SO_4)(OH)_{10}·H_2O$,含有 $Fe_2O_3,SO_3,As_2O_5,H_2O$ 等]；土砷铁矾[$Fe_{20}^{3+}(AsO_4,PO_4,SO_4)_{13}(OH)_{24}·9H_2O$]

pitting 点蚀；浅井探砂矿；露天凿浅井开采；版面砂眼；凹痕；锈斑；金属腐蚀(成孔眼)；纹孔式[生]；挖坑

pittizite{pittinite} 纤水绿矾[$Fe_4^{3+}(SO_4)(OH)_{10}·H_2O$,含有 $Fe_2O_3,SO_3,As_2O_5,H_2O$ 等]；土砷铁矾[$Fe_{20}^{3+}(AsO_4,PO_4,SO_4)_{13}(OH)_{24}·9H_2O$]

pittolium 软沥青

pittongite 羟铁钨钠石[$(Na,H_2O)_x((W,Fe)(O,OH)_3), x≈0.7$]

pit top{head} 井口
→～ top 井口车场

pittsite 匹兹堡区煤[美;燃料比 1.4～1.85]

pit underpinning 自下向上连接井壁工作
→～ volume indicator 泥浆罐体积显示仪//～-volume recorder 泥浆池泥浆量记录仪//～ wall{slope;edge} 边帮//～{mine} water 矿坑水

pitwood 矿用木材；坑木；窑木

pitwork 井筒或井筒附近的水泵等机械设备

pitwright 井下木工

Pityocladus 松型枝属[T_3-K]

Pityolepis 松型果鳞属[J_3-K_1]

Pityophyllum 松型叶属[T_3-K]

Pityospermum 松型籽属[T_3-K]

Pityosporites 松型粉属[孢;T_3]

Pityostrobus 松型球果属[J_3-K_1]

Pityoxylon 松杉木(属)

pivot 枢；轴；主元；支点；支枢{轴}[机]；旋轴
→～ {hinge} 枢纽[褶皱]//～ (shaft) 枢轴；轴颈

pivotability 枢转度{性}

pivotal 枢纽的
→～ element 枢轴元素//～ {hinge} fault 枢纽断层//～ fault 枢转断层

pivot{deflection;heeling;deflexion} angle 偏转角

pivoted 装枢轴的；旋转的
→～ brace 柱形支撑外钩

pivot knuckle 枢轴铰链接合
→～ pin 枢销

pix carrier 图像载频
→～ detector 视级检波器

pixel 像元；像素
→～ brightness 像元亮度//～ spacing 像元间隔{隙}

pixie{pixy} 岩梅

piypite 钾铜矾[$K_2Cu_2O(SO_4)_2$]

pizite 土磷铁矿

P.Jaunz 伯君子黄沙石[石]

PL 板极；定位线；栓；生产测井；插头；管线；指示灯；板

placated 皱纹的；褶皱的
→～ dislocation 褶皱变位

place 场地；地位；地点；配置；采煤区；旋转；处所；位

placeability 浇注性[混凝土]

placed rockfill 干砌块石
→～ stone facing 砌石护面

place excessive{exorbitant} demands 要价过高
→～ (things) in proper order 排放//～ measurement 实地测量(容量)；就地测量

placement 安置；布局；置放；方位；充填；位置；填塞形式
→～ consideration 充填考虑因素//～ control 填注控制//～ method 充填方法

place name 地名
→～-name map 地名图

placenta 胎座；胎盘[动]

Placentalia 有胎盘亚纲

Placenticeras 胎盘菊石属[头;K_2]

place of deposition 沉积处；结蜡处
→～ of origin 发源地//～ of production{origin} 产地//～ of settling 沉淀处//～{put} on production 投产

placer 淘砂
→～ (deposit;digging;formation) 砂矿床；砂矿；砂积矿床；沙金//～ accumulation 冲积矿床//～ churn drill 砂矿用钢绳冲击钻机；砂积矿床钢丝绳冲击式钻机//～ claim 开采砂矿权//～ deposit 砂积矿床；积砂矿床

place{impose} restrictions on 限制

Placerias 扁肯氏兽属[T]

placering 砂矿开采

placerist 积成因论者

placer{gravel} mine 砂金矿
→～ mineral correlation 重砂矿物对比//～ mining{digging; dredging;workings}

砂矿开采//～ mining 淘洗采矿//～ platinum 砂铂矿；砂铂//～ prospecting 重砂找矿法//～{alluvial;gram} tin 砂锡[SnO_2]//～ tungsten 钨砂矿

place sth. underneath 衬
→～ stress on 强调；着重；注重//～ value 矿位利采值；矿床地理位置价值；放电值

placing 码窑；布置[钻孔、炮眼]
→～{setting} density 装窑密度//～ on production 使井投产；投入开采//～ site 铺管工地

placochela 扁爪骨针[绵]

Placochelys 龟龙属[T_3]

Placocystites 板海果属[海果类]；盾海果属

placodine 砷镍矿[$Ni_{11}As_8$,四方;Ni_3As_2]

Placodont 盾齿龙

Placodus 盾齿龙属；楯齿龙属[T]

Placolith 盘颗石；盾形颗石[钙超]；板石；杯石[球石]

placon 铁盘层

Placoolithus 扁圆蛋属[K_2]

placosols 铁盘土

placosyncline 平向斜

Placuna 窗蛤属[双壳;E-Q]

Placunopsis 拟窗蛤属[双壳;T-J]

pladdy 残余岛；浪蚀残鼓丘[北爱]

Plaesiomys 伛偻贝属[腕;O_3]

plaffei(i)te 化石树脂

plage 沙质海滩；谱斑
→～ flare 谱斑状耀斑

plages 色球亮区

plaggen boden 生草土
→～ epipedon 生草生{表}层

Plagiaulax 斜沟兽(属)[J]

plagifoyaite 似长二长正长岩

plagimiaskite 云霞二长岩

Plagiocidaris 褶头帕海胆属[棘;J]

plagiocitrite 斜橙黄石[Al,Fe^{3+} 及碱金属的硫酸盐]

plagioclase{plagioklas} 斜长石[$(100-n)Na(AlSi_3O_8)·nCa(Al_2Si_2O_8)$;通式为 $(Na,Ca)Al(Al,Si)Si_2O_8$ 的三斜硅酸盐矿物的概称]
→～-actinolite facies 斜长阳起相//～ rhombic porphyry 菱长斑岩//～ rock {plagioclasite} 斜长岩

plagioclasolite 斜长岩类

plagioclastic 两组解理斜交的

plagioclimax 偏途(演替)顶(级)

plagiofoyaite 斜霞正长岩

plagiohedral 斜面型[晶]
→～ hemihedral class 偏形半面象(晶)组[432 晶组]

plagionite 斜硫锑铅矿[$Pb_5Sb_8S_{17}$;单斜]

plagiophyre 斜长斑岩

plagiophyrite 斜长玢岩

plagioporphyry 斜长斑岩

Plagioptychus 斜褶蛤属[双壳]；斜厚蛤(属)[K_2]

Plagiostoma 斜锉蛤属[双壳;Mz]

plagiostome 伪口；斜口[有壳变形虫类]

plagiotriaena 横斜三叉骨针[绵]

Plagiozamites 斜羽叶(属)[C_3-P_1]

plain 坝；清楚的；光的；普通的；普遍的；平原；平面；平的
→～ asbestos yarn 纯石棉纱//～ ashlar 光面石块//～ clinometer 钻杆下部装的测斜仪；装在钻杆下部的测斜仪//～ concrete 无(钢)筋混凝土；素混凝土//～

end adapter 平头接管器//～ end pipe 平端管子//～-end pipe 平端管//～ equal tee 不带边同径三通//～ fishtail 普通(未镶焊)的鱼尾钻头//～ of accumulation 堆积平原//～ of denudation 剥蚀平原//～ tract 下游段//～ work 石面砑平工作；平缝[凿平的]石面

Plaisancian 普莱桑斯(阶)[欧;N₂]
→～ age 普莱桑斯期；朴来散期

plaiting 皱纹；两面交切结构[片岩的]；小褶皱；微褶皱

plait point 褶点
→～ string 头绳

plakite 云母片岩

plakodin 砷镍矿[Ni₁₁As₈;四方]

plakolite 平行板状侵入体

plan 划；设计(图)；规划；草案；主意；详(细)图；方案；计划
→(ground)～ 平面图//～(view) 俯视图

planapochromat 平像复消色差[物镜]

planar 平的；二维的
→～ antithetic fault 平面状反向组断层//～ element{translation} 面要素{移位}//～-faced parent element 平面母体单元

planarity 平面度

planar lateral joint 面状侧节理
→～ nucleus 二维(晶)核

planation 扁化[植]；平夷作用；夷平作用；夷平；均夷作用
→～ stream piracy 侧蚀袭夺

planchéite 羟铜闪石；纤硅铜矿[(Cu,Ca)₃(Si₃O₉)·3/2H₂O;Cu₈Si₈O₂₂(OH)₄·H₂O;斜方]

planchet 圆板；圆片
→～ casting 型板铸件

plane 平坦的；平面；面；与主解理面成直角的煤层；飞机；翼面；沿矿层底板的巷道；刨平；程度
→～ ashlar 平琢石//～ map of slicing extraction 矿井分层采掘工程平面图

planer 平面的；平煤工；刨煤机；整平机[地面]
→(buzz)～ 刨床//～ head 刨床刀架

planerite 铜钙绿松石；钙绿松石[(Ca,Cu)Al₆(PO₄)₄(OH)₈·4～5H₂O;三斜]；土绿磷铝石[Al₃(PO₄)(OH)₆·6H₂O]

plane table 测绘板
→～-table{plane table equipment} 平板仪//～-table{field} map 实测原图；外业原图//～-table station 平板仪测点{站}

planetarium[pl.-ria] 星象仪；天象仪；天文馆

planetary abundance 行星丰度
→～ cratering mechanics 星球陨石坑力学//～ metallogenic belt 全球金属成矿带

planetesimal 星子；小行星体(的)；微行星；微星
→～ hypothesis 行星尘假说

planetoid 类似行星的物体；小行星[天]

planetologist 行星学家

planetology 行星学

planetwide geothermal belt 环球地热带；行星级地热带
→～ geothermal system 环球性地热系统

plane twin 面双晶[正交双晶]
→～ velocity interface 平面速度分界面//～ view drawing 平面图//～ {-}wave {-}decomposition 平面波分解

planeze 熔岩高原

planform 平面图

planilla 放槽[洗选用]
→～ reconcentration 斜底溜槽精选

planimetric 平面的
→～ details file 地物(数据档)//～ displacement 平面位移//～{line} map 平面图

planing 刨削；刨平
→～ length 刨程//～{plough-type} machine 刨煤机//～ tool carriage 刨床刀架

planished sheet 精轧薄板

planisher 精轧孔型

planisphere 平面球体图

planispiral 平旋式(壳)的[腹;孔虫;壳]；平面旋回

planisporites 三角细刺孢；圆形平面孢[C₂]

planitia 低洼平原；平原[月面]

plank 厚板；铺以厚板；木板；支持物；板条；宽木板；加厚板
→～ check dam 木板节制坝//～ hook 移动(木)板钩

planking 地板；铺板；船壳板；板材
→～ and strutting 板架支撑；挖方支撑

plank lagging 木(板)背板
→～ layer 板层//～ pile 厚木板桩//～ road drag 木板刮路器

plankt(on)ic 浮游的

planktivorous 食浮游生物的

plankton (inorganism) 浮游生物；漂浮生物
→～-feeder 食浮游生物者

planktonic 漂浮的
→～ microfossil 微型浮游生物化石

plankton micro-organism 微浮游生物
→～ organism 漂游生物//～ snow 海冰；浮冰

planktotrophic larva 浮游异养幼虫

planktotrophy 浮游异养

plank tubbing 木板(丘宾筒)
→～-type cross bar 扁平顶梁；板式横梁

plannar water 平面水

planned excavation line 计划采掘线
→～ shutdown 计划停输//～ speed 进度//～ well 设计井

planner 设计者

Planocollina 平坦小叠层石属[Z]

plano-concave lens 平凹透镜；单凹透镜

plano(-)conformity 平行整合

plano-convex form 平凸形
→～ lens 单凸透镜

planoferrite 普兰{蓝}铁矾[Fe₂(SO₄)(OH)₄·13H₂O?;斜方?]；平铁矾[Fe₂³⁺SO₄(OH)₄·13H₂O]

plan of mine 矿山设计；矿山工作平面图
→～ of optimal groundwater mining 地下水最佳开采方案//～ of site 总平面图；总布置图；位置图

plano-linear fabric system 面-线状组构体系

planometer 平面规

planomural 平壁

planophyre 层斑岩

planophyric 层斑状

plano{plane}-polarized light 平面偏光

planorasion 风力坡蚀

Planorbis 扁卷螺属[腹;K-Q]

Planorbulinella 小扁卷虫属[孔虫;E₂-Q]

planoscopic eyepiece 平像目镜

planosol 黏磐{盘}土；盘层土

planospiral 平旋式(壳)的[腹;孔虫;壳]

→～ shell 平旋壳

planparallel structure 平行构造

plan positive indicator radar 平面景象显示雷达

plansifter 平面筛

plansol 湿草原土

plant 车间；电站；设备；埋置条件；装置；种植；植物；栽种；压风站；埋置[检波器]
→(concentration)～ 选矿厂；工厂

planta[pl.-e] 跗基节；跗掌；臀腹足[蜜蜂类]

plant accumulator 聚积植物

plantage 植物区系；植物界

plantal 植物的

planta pedis 足底；跖

plant-applied insulation 预制厂绝缘

plant{mine} area 矿山面积
→～{constitutional} ash 植物灰分//～ ash 草木灰

plant bullion 煤中植物化石结核

plant{washery} effluent 选煤厂排放水
→～ engineering association 设备管理协会//～ (utility) factor 设备容量因素

planticle 胚[植]

plantigrade 跖{蹠}行(性;动物)

planting condition 埋置条件
→～{plant} efficiency 设备效率//～ protect slope 植被固坡//～ season 种植期

plant{vegetable} kingdom 植物界
→～ remains{fossil} 植物化石

planula[pl.-e] 纤毛[原生]；浮浪幼体；刃虫；扁状幼虫

Planularia 平板虫属[孔虫;N-Q]

planulate 平旋的[头]；平卷壳；外卷壳

Planulina 扁平虫属[孔虫;K-Q]

planum 平面；面；冲击坑平原；平原[火星]

plan{overhead} view 顶视图

plaque 饰板[瓷制或金属制]；斑点
→(vanning)～ 淘矿(扇形)盘

plasma 电浆；深绿玉(髓)[SiO₂]；等离子体[物]；原生质；离子体；细土物质；细粒物质；透绿玉髓
→(blood)～ 血浆//～ arc cutting 等离子弧切割//～ column 等离子体柱//～ drilling 等离子焰凿岩

plasmaguide 等离子体波导管

plasma jet drill 等离子破岩钻井
→～ jet machining 等离子射流加工

Plasmodiophora 根肿菌属[真菌;Q]

plasmon 胞质团；等离子体`子{激元}

Plasmopara 单轴霉属[Q]

Plasmophyllum 坚珊瑚属

Plasmopora 网膜珊瑚属[S₂-D]

Plasmoporella 拟网膜珊瑚(属)[O₃]

plastalloy 细晶粒低碳结构钢

plaster 熟{热}石膏；灰泥；石膏[CaSO₄·2H₂O;单斜]；烧石膏[CaSO₄·½H₂O;三方]；泥饼；粘贴；粉刷；胶泥；涂抹；涂灰泥
→～ bandage in functional position 功能位石膏

plasterboard 石膏板

plaster board 石膏抹灰板；石膏粉刷板
→～ board forming station 石膏板成形站//～ cast 石膏[CaSO₄·2H₂O;单斜]

plastered{concrete} boat 水泥船

plaster flow-tensile fracturing of slope 斜坡塑流-拉裂
→～ gelatin(e) 涂膏明胶炸药[二次爆破用]

P

plastering 糊炮；抹浆
　→~｛mudding｝ action 造壁作用//~-on 融冰加料[底碛]，粘贴；紧贴；涂敷//~ ｛rendering｝ sand 抹灰砂//~ trowel 抹泥刀

plaster key 板条间泥灰
　→~ mixing and pouring machine 石膏模联合成形机//~ mold vacuum casting line 石膏模型真空注浆生产线//~ of Paris 半水｛天然｝石膏//~ of paris 熟石膏；石膏粉；烧石膏[$CaSO_4$•½H_2O；三方]；巴黎石膏；煅石膏//~ of Paris bed 煅石膏床//~ quarry 采石膏场//~ slab 石膏板[房]//~ sludge 熟石膏泥浆//~ slurry mixing station 石膏料浆站//~ splints 石膏发夹板//~ stone (生)石膏[$CaSO_4$•2H_2O；单斜]//~ tablet 石膏板

plastic 恒定的；整形；有适应力的[生]；不变的；易塑的；可塑的；塑料加固的导爆线
　→~ base 树脂基液//~ body 塑性体//~ bomb 塑性炸药//~｛soft｝ clay 软质黏土[主要成分为高岭石、伊利石、蒙脱石]//~ coated 涂上塑料层的//~ coated-gravel 塑料涂敷砾石//~(-type) explosive 塑性炸药

plasticine 代用黏土；制模软泥；造型材料；蜡质塑料；蜡泥；型砂；橡皮泥；胶泥；塑像用黏土；塑模用黏土

plasticity 适应性；可塑性；范性；塑性
　→~ agent 增塑性//~ number 塑性值

plasticization 增塑(作用)

plastic limit 塑限
　→~-lined tubing 塑料衬里油管//~ loess cement 塑性水泥黄土//~ modulus 塑性模量//~ mortar strength 软练胶砂强度试验法

plasticone 聚苯乙烯绝缘膜片

plasticoviscous substance｛body｝ 黏塑性体
　→~ substance 宾汉体

plastic pack 填料
　→~ range test 塑性范围试验//~ state 塑性状态//~ strain in small critical regions 小临界区域塑性应变

plastid 色粒；质体[生]；成形球

plastometric set 塑性变形

plastosome 线粒体

plasto-viscous deformation 塑黏滞变形

plastron 腹甲，腹板；盾板[海胆等]

plat 地区；地段；平面图；转动门[连接两运输道]；泥滩；装卸台；小块地；土地图；平台[船的]

platabismatul 软铋银矿[Ag_6Bi]

Platanoidites 悬铃木粉属[孢;N_1]

Platanus 悬铃木属；筱悬木

platarsite 硫砷铂矿[(Pt,Rh,Ru)AsS；等轴]；铑钌硫砷铂矿

plate 基板[棘海百;绵]；黑页岩；地壳板块，插图；屏极；片；盘；钢板；棱鳞[鱼的]；板状体，敷盖；整页插图；板状的；板岩；板极；阳极；图版；甲片；条；镀；板块[地壳]；平板[岩、晶等]；板[棘]；中柱[棘海百]；板片[牙石]；盾片[钙藻]
　→(accessory) ~ 试板[云母等]；底片

plateau 曲线平直部分；曲线的平直段落；海底高原；平台；高地；台地；坪

plate bearing test 板承力试验；承载板试验；加荷板载荷试验

plated 电镀的；镀金属的

　→~ bar 熟铁条

plate detection 板极检波

plated stem 组合舵柱

plate-equivalent 等甲片式[甲藻]

plate｛pressure｝ filter 压滤器
　→~-fin exchanger 板翼式换热器

platelayer 铺轨工

plate layer's gage 规距规

platelet 薄层(悬浮体粒子)；片状氧化物；小片晶；小片；小板

plate level 照准部水准器

Platella 板状叠层石属[Z]

plate loading test 加荷板载荷试验

Plateosaurus 板龙(属)[T]

plate out 滤出
　→~ stone 片石//~-supported belt feeder 有托板的带式给矿机

platform 护顶板；地台；桥台；浅海台地；平台型[牙形]；工作台；高架；陆台；栈桥；站台；萼台[珊]；讲台；齿台；装车台；台地；台；肌台[腕]；平台[海洋钻探]

(swinging)｛sinking｝ platform 吊盘

platformal fold (belt) 台褶带
　→~ stage 地台阶段

platformate 高辛烷值汽油掺和料

platform balance 台秤

platforming 铂重整

platform margin slope 台地边缘斜坡
　→~ overhang deck 平台悬伸甲板

platidiiform 腕环[腕]

platina 粗铂；自然铂[Pt;等轴]；铂；锌铜合金

platinax 钴铂合金[磁性合金]

platincarrollite 硫铜钴铂矿

plating 电镀；喷镀；镀
　→~ actins 电镀作用

platinian holligworthite 铂硫砷铑矿
　→~ merenskyite 铂碲钯矿//~ michenerite 铂等轴碲铋钯矿//~ rhodium 铂铑矿//~ vysotskite 铂硫钯矿

platiniferous 含铂的

platiniridium 铂铱矿[(Ir,Pt);等轴]；铂铱

platinized and titanized anode 镀铂钛阳极
　→~ asbestos 披铂石棉

platinizing 镀铂

platino 耐碱蚀金铂合金

platinoid 铂系合金；铂族元素；假铂[一种铜锌镍钨合金]

platinoiridita 铂铱矿[(Ir,Pt);等轴]；铂铱

platinor 普拉梯诺代用白金

platinosmiridium 铂锇铱矿

platinum 白金；粗铂矿[Pt,含6%~11%的Fe及一些Ir,Pd等]；铱铂合金；铂
　→~ arsenide 砷铂矿[$PtAs_2$；等轴]//~｛platinized｝ asbestos 铂石棉//~-gold 铂金矿//~ iridium｛platinum-iridium｝铂铱矿[(Ir,Pt);等轴]//~ nevyanskite 铂亮锇铱矿//~ ore 铂矿//~-palladium stannide 钯锡铂矿//~ placer 砂铂矿；铂砂矿//~ pumice 披铂浮石

Plato screen 柏拉图型筛
　→~ table 柏拉特欧型摇床

platte[pl.-n;德] 稳定岩瘤；分冰岩丘

plattenkalk[德] 板状灰岩

plattenlava 波状熔岩

platter 母板，小底板

platting 测绘；填图

plattnerite 块黑铅矿[PbO_2;四方]；红铅矿[$PbCrO_4$]

platy 薄板状；板状；片状的；片板的；板状的

Platycaryapollenites｛platycaryoidites｝化香树粉属[孢;E-Q]

Platyceras 扁角螺属[O-P]；宽角螺属[腹]

platycoelous (vertebra) 平椎

platycone 平锥型[头]

Platycopa 平足亚目；平肢目

Platycopina 平足亚目

platyctenea 扁栉水母目[腔]

platy flow structure 板状流动构造

Platygonus 平头猪属[N-Q]

platy habit 扁平习性

Platyhelminthes 扁虫动物(门)；扁形动物(门)

platykurtic 扁平峰态的；扁平；平顶峰度；峰的；宽峰态的
　→~ distribution 低峰态分布

platy kurtosis 低阔峰；低峰态；宽峰态
　→~ lava 板状熔岩//~｛flaglike｝ limestone 板状灰岩[德]

Platymena 平扭贝属[腕;O_2-S_2]

Platymerella 平房贝属[腕;S_1]

Platymorphitae 扁形亚类[疑]

platynite 硫硒铋铅矿[PbS•Bi_2Se_2;$PbBi_2$(S,Se)$_4$；$PbBi_2$(Se,S)$_3$；三方]；板状矿

platyophthalmite｛platyophthalmon｝辉锑矿[Sb_2S_3;斜方]

Platyorthis 平｛薄｝正形贝(属)[腕;S-D]

Platyostoma 广口螺属[腹;O-P]

Platypeltis 板鳖属[K-Q]

Platypetasus 宽边螺属[腹;Q]

platyphylline acidtartrate ｛platyphylline bitartrate｝ 重酒石酸阔叶千里光碱

Platyphyllum 阔叶属[植;D]

platypoda 扁足部；广足类[腹]

platy-prismatic joint 板柱状节理

platyproct 扁平肛道型；平肛型[绵]

Platypus 鸭嘴兽(属)[Q]

platyrrhini 广鼻类；阔鼻｀猴亚｛小｝目[哺]；宽鼻亚目

Platysaccus 蝶囊粉属[孢;P-T]

platy shaped particle 片状颗粒

Platysomus 扁体鱼(属)[P-T]；板体鱼

Platyspirifer 平石燕(贝)属[腕;D_3]；阔线石燕(属)

Platysternidae 平胸龟科

Platystrophia 平扭贝属[腕;O_2-S_2]

Platyventroceras 扁腹角石(属)[O_2]；平腹角石属[头]

Platyvillosus 粒板牙形石属[T_1]

plauenite 钾质富斜正长岩；钾正长岩

plausibility 似燃

plav 普拉夫；芦苇沼泽

Plaxocrinus 片海百合属[棘;C_2]

play 使用；靶区；起作用；缝隙；风险；远景区；游隙[炮管内径和外径的差率]；游动；往复行程；间隙

playa 河口砂地；干荒盆地；干湖原；盐盘
　→~ (lake) 干盐湖//~ basin 封闭洼地

playable 可游戏的；可演奏的

playa furrow 干盐湖上刻蚀沟
　→~ scraper 干盐湖上刮具[一般为粗砾或巨砾]

playback 回演；回放；重放[磁带]；放音；放演；再现

play down 弱化

Player 花岗岩质层；玄武岩质层

Playfairia 普莱菲贝属[腕;O]

playfairite 普硫锑铅矿[$Pb_{16}Sb_{18}S_{43}$]

Playfair's law 河流协调交会定律；普莱菲尔律；蒲雷腓定律

play{raise} havoc among (使)陷入大混乱
→~ of color 变色；变彩//~ of colour 光色的变幻//~ tricks on 调理//~ type 工作靶区类型

plaza 宽平谷底

plazolite 水绿榴石[$Ca_3Al_2Si_{3-x}O_{12-4x}(OH)_{4x}$，其中 x 近于½]；水榴石；杂水榴石

pleat 褶；纵褶

pleated 打褶；折叠的
→~-media cartridge 褶裙式滤芯筒//~ paper 褶纸//~ structure 纵褶构造

plecoptera 襀翅目[昆]

Plectambonites 褶脊贝属[腕;O_2]

Plectatrypa 褶无洞贝属[腕;O_3-D_1]

plectenchyma 密丝组织

plectenchyme 真菌组织

plectenchyminite 假薄壁(组织)菌类体

Plectestheria 绞结叶肢介属[节;K_2]

Plectocamara 褶房贝属[腕;D_3]

Plectochitina 织几丁虫属[S_2-D_1]

Plectodina 褶牙形石属[O_{2-3}]

Plectodonta 褶齿贝属[腕;S_3-D_2]

Plectoglossa 褶舌贝属[腕;O_2]

Plectograptus 犁笔石(属)[S_{2-3}]

Plectogyra 扭卷虫属[孔虫;C-P]；绕旋式[孔虫]

plectolophe 褶腕环

plectolophus stage 皱腕期[腕的腕形成期]

Plectonema 织线藻(属)[蓝藻]

plectoptera 褶翅目[昆;P-Q]

Plectorhinchus lineatus 条纹石鲈

Plectorthis 褶正形贝属[腕;O_{2-3}]

Plectospathodus 扁片牙形石属[S_2-D_1]

Plectospira 平螺贝属[腕;D_{1-2}]

Plectospirifer 褶石燕(贝属)

Plectostroma 绞层孔虫属[D_2]

Plectothyrella 小窗褶贝属[腕;O_3]

Plectroceras 瓜角石

Plectronoceras 短棒角石属[头;C_3]

Plectronoceratidea 瓜角石类

pledget 填絮

Plegagnathus 镶颚牙形石属[O_3]

Plegmatograptus 绞笔石属[O_2]

Pleiades 昴星团

pleion 过准区；正距平(中心)

pleiotaxy 花轮增多；多轮式

pleiotropia{pleiotropism;pleiotropy} 亲多种组织；多效性；多向性；多面发现

Pleistocene (epoch) 更新世[248~1.2 万年;人类进化到现代状态,冰河期大量大型哺乳动物灭绝,冰川广布,黄土生成]
→~{Pleistoene} (series) 更新统

pleistophyric rock 多斑晶岩

pleistoseismic zone 强震带

plelagite 深海结核

plenargyrite 硫铋银矿[$Ag_2S•3Bi_2S_3;AgBiS_2$;六方]

plenimensurate ore bodies 完全可以测量的矿体

plenish 充填

plenum[pl.-na] 高压；增压的；(用)压气防止土壤落入采空区；压力{送气}通风；充实；全体会议；空间充满物质[与 vacuum 相对]
→~ box 万充气箱

pleochroic halo 多色光晕[偏振光显微观察矿物所见]
→~ halo dating 多色晕年龄测定//~-halo method 多色晕法

pleochroism 多向色性；多色性
→~ brown-yellow 褐黄色多色性

pleochromatism 多向(现象)

pleocrystalline 全晶质

Pleodorina 杂球藻属[绿藻]；多球藻属[Q]

pleomere{pleonite} 腹部[节]

pleonectite 钙砷铅矾；聚族石{矿}

pleonektite 钙砷铅矾

pleotelson 腹尾部[甲壳纲]

Plerophyllum 满珊瑚(属)[D_3-P]

Plesiadapis 更猴(属)[E_{1-2}]；近猴属

Plesictis 楔齿鼬属[E_3-N_1]

Plesiechinus 近海胆(属)[棘;J_{1-2}]

Plesiochelys 蛇颈龟(属)；近龟属[J-K]

plesiomorphe 多结构包体[法]；同源似构包体

plesiomorphism 异质等形现象

plesiomorphy 祖征；原始特性[生]；近祖性状

plesiophyric 多斑晶的

Plesiosauria 蛇颈龙(亚)目

Plesiosaurus 蛇颈龙属

Plesiosminthus 近蹶鼠属[E_3-N_1]

plessite 辉砷镍矿[NiAsS;等轴]；合纹石[铁纹石和镍纹石的混合物]；杂锥纹镍纹石；陨合纹石

Plethopeltella 小实盾虫属[三叶;$Є_3$]

Plethopeltis 实盾虫属[三叶;$Є_3$]

Pleuracanthodii 侧刺鱼目[D_2-T_3]；肋刺目；肋刺鱼类

Pleuracanthus 肋棘鱼；肋刺鲨(属)[C-P]

pleural angle 壳侧角[腹]；肋角
→~ furrow 肋沟[三叶]

pleuralia 侧生骨针[绵]

pleural lobe 肋叶[三叶]
→~ spine 肋刺[三叶]

pleurasite 黄砷锰钙矿[$(Mn^{2+},Ca,Pb)_9Fe_2^{3+}(AsO_4)_6(OH)_6$]；红砷铁矿[$(Ca,Mn)_3(Mn^{2+},Mn^{3+},Mg,Fe^{3+})_4(AsO_4)_3(AsO_3\ OH)•(OH)_4$]；杂红砷锰铁矿

pleurite 上段[中胚层]；侧片

Pleurocapsa 宽球藻属[蓝藻;Q]

Pleurocapsales 宽球藻目

Pleuroccela 被鳃目[腹]；侧腔目；肋肠目

pleurocentra 侧椎体

pleurocentrum[pl.-ri] 侧椎体；单{半}侧椎(骨)体；椎侧体

pleuroclase 氟磷镁石[$(Mg,Fe^{2+})_2PO_4F$;单斜]

Pleurocora 侧心珊瑚属[K]

pleurocyst 侧壁层

Pleurocystites 肋海林檎属[棘;O]

Pleurodium 肋线贝；肋房贝属[腕;S_2]

Pleurograptoides 拟肋笔石属[S_1]

Pleurograptus 肋笔石(属)[O_3]

pleuroklas 氟磷镁石[$(Mg,Fe^{2+})_2PO_4F$;单斜]

pleurolith 胸膜石

pleurolocular 侧室的

Pleuromeia 肋木

Pleuromya 肋海螂属[双壳;T-K]

pleuromyarian 侧柱类[收缩筋在侧部]；侧筋类[鹦鹉螺式壳]

pleuron[pl.-ra] 肋节

Pleuronautilus 肋鹦鹉螺(属)[头;C-T]

Pleuropectites 肋海扇属[双壳;T]

Pleuropugnoides 褶拟狮鼻贝属[腕;C_1]

Pleurosaurus 腹躯龙属

Pleurosine 坡留绕素

Pleurotaenium 肋条藻属[Q]

Pleurotoma 侧凹螺属[腹;K-Q]

Pleurotomaria 翁戎螺(属)[腹;T-K]

Pleurotremata 侧孔(总目)[鲨类]

Pleurotus 侧耳属[真菌;Q]

plexiform 编{交}织状；铺砌状；马利英缝编织物；丛状的[血管等]

Plexiglas(s) 有机玻璃[聚甲基丙烯酸甲酯]

plexus 神经丛；脉管丛
→~ of descent 传代网//~ of mountains 山脉交会处；山结[如帕米尔]

pley(s)teinite 氟铝石[$AlF_3•H_2O$]；十字山石[$AlF_3•H_2O$]

pliable 柔软的；挠性的；易弯的
→~ armouring 柔性铠装//~ paraffin 石蜡敷湖//~ {yielding;stilt;yieldable} support 让压支架

Pliauchenia 上驼属[N]

plica[pl.-e] 褶脊[双壳]；壳褶

Plicapollis 褶皱粉属[K_2-E_3]；内褶粉属[孢]

Plicata 无边(花)粉组[孢]

plicated 有褶的；软体动物；具褶的；褶皱；褶纹[腕]；折成扇状；折扇状的；有沟的；起皱的；皱纹的；褶皱的；有皱襞的
→~ {placated} dislocation 褶皱变动

Plicatella 短突肋纹孢属[K]

Plicatifera 轮皱贝属[腕;C-P]

plicatifera 褶面贝[腕]

plication 壳褶；皱纹；褶线
→(minor) ~ 细褶皱

Plicatula 褶蛤(属)[双壳]

Plicifera 褶边孢属[K-E_3]

Plicochonetes 线戟贝属[腕;D-C_1]

pliers 钳子；钳；克丝钳；刻丝钳

plies 多层薄层[煤或矿石]

plight 探照灯

plinian 单斜毒砂

Plinian type 普里尼型
→~-type eruption 普林尼式喷发

plinth 山基坡；沙丘基底；底座；柱座；柱础；柱基；接出座；础石[垫在房屋柱子底下的石头]
→~ block 梁垫石

plinthite 杂赤铁土

Pliocene (epoch) 上新世[5.30~2.48Ma;人猿祖先出现]
→~-Pleistocene boundary 上新更新世界线

pliodynatron 负互导管

Pliohippus 上新马(属)[N_2]

Pliolepidina 群鳞虫亚属[孔虫;K-Q]

pliomagmatic 过岩浆的
→~ activity 优地槽期岩浆活动//~ zone 优地槽；岩浆`活动强烈{剧动}带[优地槽]；多岩浆带

Pliomastodon 上乳齿象属[N_2]

Pliomera 多股虫属[三叶;O_2]

Pliomerina 小多股虫属[三叶;O_2]

Pliomerops 多股眼虫属[三叶;O_2]

P(rop)liopithecus 上新猿属[E_3]

Pliosaurus 上龙属[J]

pliothermic 高温期的[地史]

ploat 撬松石

Plocamium 海头红属[红藻;Q]

Plocezyga 盾轭螺属[腹;C_2]

plocoid 融合状[珊]

Plocostoma 褶口螺属[P]；绞口螺属

plomb 充填

plombagine 辉钼矿[MoS_2;六方]；石墨[六方、三方]

plomballophane 铅水铝英胶

plombierite 泉石华[$Ca_5H_2Si_6O_{18}•6H_2O$?]；普硅钙石；温泉淬石

plombocalcite 铅方解石[$(Ca,Pb)CO_3$]

plosive 爆破音；爆发音[语]

Plosophore 爆炸团

plot 绘制的图；绘制；绘图；划分；画曲线；标绘；地区；地块；地段；曲线图；区划；测绘板；测定(点线)位置；(作)图；阴谋；备采区；小区；小块土地；小地段；图表；计算；计划
→~ of isotope composition contours 同位素组成等值线图 // ~{map} of mine 矿图

plotted 绘在图上的
→~ section 绘制剖面 // ~ value (图上)标绘值

plotter 绘图员；绘图仪；绘图器；标图员；测图仪；描绘器
→(graphical) ~ 绘图机 // ~ edit phase 绘图机编辑阶段

plotting 标绘；测图；制图；填图
→~ accuracy 展绘精度

plouazaou 普洛曹雨

plough 刮刀；刮板；耕作；煤犁[刨煤机]；埋(引爆)索器；犁；开沟器；开沟机

ploughability 可刨性[矿、煤]
→~ index of coal 煤的可刨性指数

plough blade 犁板
→~ body 犁身 // ~ discharge 刮刀排矿

ploughing 犁煤[刨煤机入输送机]；犁地
→(glacial) ~ 刨蚀 // ~ action 刨削作用 // ~ process 刨煤机采法 // ~ technique 刨煤工艺

ploughland 耕地；可耕地；田地

plough packer 充填犁
→~ pan 犁盘 // ~ position indicator 刨煤机位(置)指示器

ploughshare 楔形融坑

plough share 犁头
→~ sole{pan} 犁底层 // ~-type loader 刨煤机型装载机 // ~ unloader 扒式卸车机

plow 刨煤机；耕作；煤犁[刨煤机]；埋(引爆)索器；犁；开沟器；开沟机；挖沟犁；刨蚀

plowability 可刨性[矿、煤]

plow bit 凿子
→~ ditching method 开沟犁成沟法

plowed layer 耕层
→~{plough} layer 耕作层

plowing installation 犁入法铺设[塑料管]
→~-scraping action 刮刨作用

Plowshare geothermal concept 普洛谢尔地热概念[关于干热岩体激发的设想]
→~ geothermal plant 普洛谢尔式地热电站

plowshares 雪浪楔

plow{plough}-steel 高强度钢[钢绳用]

plow steel line 犁形钢线
→~ wind 犁风

pluck 拉；拔削[冰]；拔蚀；拔；采；抓住；摘；掘蚀；冲走

plucking 挖掘作用[冰]；冰蚀；冰河拔削(作用)；冰川拔削(作用)
→~ and abrasion 冰蚀和磨蚀

plug(ger) 填塞物；水泥塞；火花塞；栓塞；栓；拴；标桩；塞；插销；桥塞；测量木橛；中间炮泥[分段装药]；炸药包；封孔；淤塞；岩栓；岩塞；岩颈；开关；井壁防水密封圈；销钉；堵塞器；堵塞；塞子[几丁]

plug (cock) 旋塞；插头
→~ (up) 堵 // ~ adapter 插塞式接合器；转接器；插塞 // ~-and-feather hole 插楔开石孔 // ~-and-feather method 半圆铁棒夹楔劈{破}石法 // ~ and feathers 钢棒劈石手工工具 // ~ and feathers{wedge} 裂石楔 // ~-back depth 填砂深度 // ~ bung 塞子 // ~ drill 冲击式岩石钻 // ~ drilling 钻开塞子；(在)崩落岩石上钻进

plugged 塞状的；塞{堵}住的；插有栓塞的(岩芯钻头)；关闭的；止水的；被堵塞的；已密封的[裂缝]；用无岩芯钻头钻凿的(炮孔)
→~ and abandoned 封堵废弃[井] // ~ back 堵塞回采

plugger 锤击式钻岩机；充填器
→~ drill 凿岩机；风镐

pluggerman 消除溜井堵塞放矿工

plugging 止水；封孔；封堵；井筒的堵水泥塞；无岩芯钻头钻井；二次爆破小药包；填塞；堵填物

plughole 堵塞孔

plug of cock 旋塞的塞子
→~ retrieving tool 堵塞器回收工具 // ~-shaped burrow 颈状潜穴 // ~{pop} shot 小炮眼 // ~ tap 中丝锥；二锥

plum 混凝土用毛石料；嵌在不同基质中的碎屑；异质碎屑

plumalsite 硅铝铅石[$Pb_4Al_2(SiO_3)_7$?;斜方]

plumangite 铅锰矿；普鲁曼奇矿

plumasite 奥长刚玉岩

plumb 铅直；铅锤测量；铅锤；测深铅锤；装设铅管；垂直

plumbageolike pyrolusite 石墨状软锰矿[MnO_2]

plumbagine 石墨粉；石墨[六方、三方]

plumbaginous 石墨的

plumbago 辉钼矿[MoS_2;六方、三方]；石墨粉；石墨[六方、三方]；笔铅；粉状石墨；不纯石墨；方铅矿[PbS;等轴]
→~ (refractory) 石墨质耐火材料

plumbagol 石苃蓉醛

plumb(o)allophane 铅水铝英胶；铅铝英石[硅铝凝胶,含PbO]

plumbate 高铅酸盐

plumb bob{rule;line} 垂球
→~-bob damping bucket 装有水{油}抑制测锤摆动的筒 // ~-bob{pendulum} effect 铅锤效应 // ~ bob string 铅球绳

plumbeine 磷氯铅形方铅矿

plumbeous 铅色；铅的

plumber 管子工；管工

plumber's soil{black} 管工黑油
→~ solder 铅锡焊料

plumbian atokite 铅等轴锡钯矿
→~-bornite 铅斑铜矿 // ~{plumboan} microlite 铅细晶石[$(Pb,Ca,U)_2Ta_2O_6(OH)$;等轴]

plumbic{lead} ocher{ochre} 铅赭石[PbO]
→~ ocher{ochre} 一氧化铅[PbO] // ~ ocher 四价铅(赭石) // ~{lead} ochre 铅黄[(β-)PbO;斜方]；密陀僧[PbO;四方]

plumbicon 铅靶管

plumbiferous 含铅的

plumbing 铅管类装置；铅垂测量；管件；波导设备
→~ configuration 管路配置 // ~ station 铅垂线测站；悬垂设置点 // ~{pipeline; piping} system 管道系统 // ~ system 流通系统(热液)；抽送系统

plumbiodite 氯碘铅矿

plumbism 铅中毒；铅毒

plumbline{plumb line{wire}} 铅垂线

plumb line deviation 垂线偏差

plumboagardite 砷铅铜石 [$(Pb,REE,Ca)Cu_6(AsO_4)_3(OH)_6•3H_2O$]

plumboalunite 铅明矾[$PbAl_2(SO_4)_2(OH)_4•2H_2O$]

plumboan davidite 铅铈铀钛铁矿

plumboaragonite 铅文石；铅霰石[$(Ca,Pb)CO_3$]

plumbo-aragonite 铅霰石[$(Ca,Pb)CO_3$]

plumbo-argento(-)jarosite 铅银铁矾

plumbobetafite 铅铌钛铀矿 [$(U,Pb)(Nb,Ta,Ti)_3O_9•nH_2O$]；铅贝塔石[$(Pb,U,Ca)(Nb,Ti)_2O_6(OH,F)$;等轴]

plumbobinnite 硫砷铅矿[$Pb_2As_2S_5$;单斜]

plumbocalcite 铅方解石[$(Ca,Pb)CO_3$]

plumbocolumbite 铅铌铁矿 [$(Y,Yb,Gd)(Fe,Pb,Ca,U)(Nb_2O_7)_2$]

plumbocuprite 砷铜铅矿[$CuPb(AsO_4)(OH)$;斜方]；杂辉铜方铅矿

plumbodolomite 铅白云石 [$(Ca,Pb)Mg(CO_3)_2$]

plumboferrite 铅铁矿[$PbFe_4^{3+}O_7$;三方]；磁铅铁矿

plumbogummite 水磷铝铅矿[$PbAl_3(PO_4)(OH)_5•H_2O$;三方]

plumboiodite 羟氯碘铅石[$Pb_6(IO_3)_2Cl_4O(OH)_2$;斜方、假四方]；氯碘铅矿[$2PbO•Pb(I,Cl)_2$]

plumbojarosite 铅铁矾[$PbFe_6^{3+}(SO_4)_4(OH)_{12}$;三方]

plumbolimonite 铅褐铁矿

plumbomalachite 铅孔雀石[$PbCu_3(CO_3)_2(OH)_2$;单斜]

plumbomatildite 铅铋硫银矿

plumbometry 铅量测量

plumbomicrolite{plumbomikrolith} 铅细晶石[$(Pb,Ca,U)_2Ta_2O_6(OH)$;等轴]

plumbonacrite 水白铅矿[$Pb_3(CO_3)_2(OH)_2$;三方]；羟碳铅矿[$Pb_{10}(CO_3)_6O(OH)_6$?;六方]；羟白铅矿

plumbonakrit 羟碳铅矿 [$Pb_{10}(CO_3)_6(OH)_6$?;六方]；羟白铅矿

plumbonakrite 铅珍珠石

plumboniobite 铅铌铁矿 [$(Y,Yb,Gd)_2(Fe,Pb,Ca,U)(Nb_2O_7)_2$]；铁矿

plumbopalladinite 铅钯矿[Pd_3Pb_2;六方]

plumbopyrochlor(e){plumbo-pyrochlore} 铅烧绿石[$(Pb,Y,U,Ca)_{2-x}Nb_2O_6(OH)$;等轴]

plumbostannite 铅锑锡矿[$(Pb,Sb,Sn,Fe)S_2$]；铅黄锡矿

plumbostibite 硫锑铅矿[$Pb_5Sb_4S_{11}$;单斜]

plumbosvanbergit 铅硫磷铝矿

plumbosvanbergite 铅磷铝锶矾

plumbosynadelphite 铅砷镁锰矿[$(Mn,Pb,Mg)_4(AsO_4)(OH)_5$]；铅羟砷锰矿

plumbotectonics (矿液)通道构造

plumbotsumite 羟硅铅石

plumbozincocalcite 铅锌方解石

plumb pneumatic dig 转阀式风力跳汰机

→～ point 垂准点// ～ post 巷道立柱 // ～ rule{line} 悬锤

plumbtellurite 斜方碲铅石[α-PbTe^{4+}O$_3$]

plumbum[拉] 铅
→～ candidum 锡；自然锡[Sn,四方;旧] // ～ cinercum 铋// ～ nigrum 铅；自然铅[Pb;等轴]

plume 地柱；热柱；热羽；热缕；热流柱；股流；喷流；裂纹；羽状物；羽状体；羽毛；烟柱；烟缕；卷流
→～ convection 地幔羽对流// ～ grass 蔗茅属之一种[Pb 示植]// ～ in mantle 幔中焰

plumicome 羽毛骨针[绵]；羽丛状小穗状花

plumites 硫锑铅矿[Pb$_5$Sb$_4$S$_{11}$;单斜]；羽毛矿[Pb$_4$FeSb$_6$S$_{14}$]

plummet 铅垂线；铅锤；测锤；准绳；垂线；垂球
→～ lamp 垂灯[测]

plumose 羽毛状的；羽状的[植]；有羽毛的
→～ antimony 羽毛矿[Pb$_4$FeSb$_6$S$_{14}$] // ～ mica 羽白云母// ～ ore 硫锑铅矿[Pb$_5$Sb$_4$S$_{11}$;单斜]// ～ structure 翎状构造；羽毛状构造；羽痕构造

plumosite 硫锑铅矿[Pb$_5$Sb$_4$S$_{11}$;单斜]；羽毛矿[Pb$_4$FeSb$_6$S$_{14}$]；块硫钴矿[CoS]

plumostibiite 硫锑铅矿[Pb$_5$Sb$_4$S$_{11}$;单斜]；羽毛矿[Pb$_4$FeSb$_6$S$_{14}$]

plumotsumite 羟硅铅石[Pb$_5$(OH)$_{10}$Si$_4$O$_8$]

plump 肥厚
→～ {light} hole 地面塌陷洞

plum{bai-u} rain 梅雨[汉]

plums 圬工石

plumule 上胚轴[植]；绒羽；绒毛[鸟类]；胚芽；幼芽[植]；香羽鳞[昆]

plunder 刮；剽掠；劫；劫掠；打劫

plunge 沉入；倾入；倾没；倾伏；扑角；伏角[地层]；下降
→～ (angle) 倾伏角// ～ isogon 等倾伏线// ～ of ore-body 矿体伏角// ～ point 卷波点[海]

plunger{trunk} (piston) 柱塞
→～ type briquetting machine 柱塞式团矿机；方团矿机

plurajet{multiple-jet} charge 多聚能空底装药

plural 复性的；复数；复数的
→～ electrode array 多列电极

plurality 大量；复杂；复数；多元；多型
→～ of worlds 众世界说

Pl(e)uricellaesporites 单孔多胞孢属[E$_3$]

pluricellulate 具多细胞的

pluricolumnal 多茎板的[海百]

pluripartite 多深裂的[植]

plus 附加物；零上；正数；正号；正的；多余的；加号
→～ declination 正赤纬；北赤纬// ～ earth 阳极接地// ～ grade 正坡

plush 长毛绒
→～ copper ore 毛赤铜矿[毛发状；Cu$_2$O]

plus material 筛上产品
→～ mesh 筛上；大于筛孔[颗粒]// ～ -minus method 加减法[震勘折射解释方法]// ～ {backward} sight 后视

plutology 地球内部学

plutomian 深成岩体的

pluton 深成岩体；侵入岩；交代岩体

plutone 侵入岩体

plutonia 二氧化钚

plutonian 深成岩的；深成的
→～ power plant 地热电站

plutonic 深成岩体的；深成岩的；深成的；深部的

plutonicity 深发性

plutonic mass{terrain} 深成岩体
→～ metallogenic episode 深成成矿幕 // ～ {hypozonal;deep-seated} metamorphism 深成变质// ～ {igneous} plug 岩栓// ～ rocks 深位岩

plutonism 火成论；岩石火成说；深成作用

plutonite 深成岩

plutonium 钚；钸
→～ -beryllium neutron source 钚-铍中子源// ～ chelate 钚螯形物[一种可从人体中脱除钚的药物]

plutonization 深成(岩)化

plutons 深层岩体

pluvial age 洪积时期；湿雨期
→～ climate 雨期气候// ～ lake 雨源湖；～{rainy} period 雨季// ～ region 多雨地区

pluviation 与雨水有关的作用

pluviifruticeta 常雨灌`丛{木群落}

pluviine 雨石蒜碱

pluviofluvial 雨水(和)河流共同作用的
→～ denudation 雨水河水剥蚀作用

ply 薄岩层；厚度；层；挠褶；挠曲；轮胎芯布；直接位于矿层之上的岩层；煤层之上的岩层；褶皱；折叠；板层；紧贴煤层上面的页岩层；绞合；股[绳]

plynthite 杂赤铁土

ply stress 层应力
→～ -type belt 多层带// ～ voyage 来回航程

PM 原始地幔；生产维修；屏极调制；工厂管理；特制的

Pm 钷

pm 皮米[10^{-12}m]；永久磁铁

pneumathodium 呼吸根；气孔[植]

pneumatic 气体的；气动的；(由)压缩空气操作
→～ accumulator 风罐

pneumatically 靠压缩空气
→～ powered 气动的

pneumatic ballast hopper car 风动石渣漏斗车
→～ separation{cleaning;preparation;concentration} 风力选矿

pneumatocyst 气囊；漂浮胞；浮囊[笔]

pneumato hydatogenesis 气液作用

pneumatolitic agency 气成作用
→～ solution 气成热液

pneumatology 气体力学

pneumatolyte 岩浆射气

pneumatolytic 汽化的；气成的
→～ hypothermal deposit 气成高温热液矿床

pneumatophore 气囊；浮器；浮囊[笔]

pneumatosphere 气成作用圈

pneumolith 肺石

pneumolithiasis 肺石病

pneum(at)otectic 后期岩浆分泌的；气结的

Poacordaites 禾科达亚属[植;T]

pochet furnace 波歇炉

po(e)chite 胶硅铁锰矿[Mn$_2^{3+}$Fe$_8^{3+}$Si$_3$O$_{13}$(OH)$_{16}$]

Pocillopora 杯形珊瑚属

Pockels effect 普克尔效应

pocket 巢状油田；地下水仓；溶蚀坑；溶解囊；溶洞；袋形地；袋；矿穴；矿囊；矿袋；矿仓；矿包；井底加深部分；路面凹处；冰间死水路；套
→～ -and-fender method 煤房侧翼式回采法；留长条煤柱法// ～ -and-fender {-stump} pillaring{work} 独头进路(留)柱式煤{矿}柱回采// ～ -and-stump work 矿房留柱开采(法)// ～ gopher 东方囊鼠属[N$_2$-Q]// ～ of oil 油束；油簇// ～ of ore 矿袋// ～ of poverty 贫穷地带

pockety segregation 囊状分凝；不均匀分凝体

pock mark 麻点

pockmarked 麻点状的

Pocono series 波克诺统[C$_1$]

pocosen{pocosin;pocoson} 浅沼泽[美东南部]

pod 碟形洼地；盒；容器；浅洼地；罐；箱；荚；豆荚；吊舱[发动机,塔门]；纵槽[钻头]

Podbielniak apparatus 波氏法精密分馏仪器

podia 管足[棘]

podial{tentacle} pore 足孔[海胆]；触手孔[棘蛇尾]

Podichnacea 有足迹亚纲[遗迹类][遗石]

podium[pl.-ia] 步足[海胆;节]；管足[棘]

podlike 扁豆形的；透镜状的

pod lock line 有纵槽的锁紧管

Podocarpaceae 罗汉松科；竹柏科

podocarpane 罗汉松烷

Podocarpeaepollenite 拟罗汉松粉属[孢;J]

Podocarpidites 罗汉松粉属[孢;K-N]

podocarpites 似罗汉松

podocarprene 罗汉松烯

Podocarpus 罗汉松属[植]

Podocnemis 胫龟属[Q]

podoconua 足锥[射虫]

Podocop(id)a 尾肢亚目；尾肢目；速足(亚)目[介]

podocope 速足类[介]

Podocopida 尾肢目

Podogonium 豆荚属[植;E-N]

Podokesaurus 包斗龙

Podolella 波多贝属[腕;S$_3$-D$_1$]

podolite 碳(酸)磷灰石[Ca$_{10}$(PO$_4$)$_6$(CO$_3$)·H$_2$O;Ca$_5$(PO$_4$,CO$_3$OH)$_3$(F,OH);Ca$_5$(PO$_4$,CO$_3$OH)$_3$F]

Podolskian 波多尔斯克阶[C$_2$]

podomere 足节

podophyll 叶足

podopimardiene 坡刀海松二烯

Podorhabdus 脚盘棒石[钙超;J-K]

podosperm 珠柄[植]

Podosphaera 叉丝单囊壳属[真菌;Q]

Podosporites 拟小球松粉属[孢;J]

podostyle 足茎[孔虫]

Podozamites 苏铁杉(属)[T$_3$-K$_1$]

pod pocket-size 近圆柱形矿体
→～ -shaped 豆荚状

podsol 灰壤
→～ {podzol} (soil) 灰化土

podsolization 灰壤化作用；灰化作用

pod vein 豆荚状脉

podzol 灰壤

podzolic 灰壤的
→～ soil 灰化土// ～ soils 准灰壤

podzolization{podzolisation} 灰壤化作用；灰化作用；灰化

podzolized loam 灰化垆姆
→~ yellow earth 灰化黄壤

Poebrotherium 先兽

poechore 草生区

poecilitic 嵌晶状；嵌晶(结构)

poeciloblastic(ic) 变嵌晶(状{的})

poem-engraved stone slab 诗条石

poenite 钾细碧岩

Poetsch (freezing) method 波特什冻结凿井法
→~ process 玻奇什盐水冻结凿井法

pogonip 波各尼冰雾

pogonite 火山须

Pogonochitina 须几丁虫属[O₃-S₁]

Pogonophora 须腕动物门[后口动物]；须腕动物(类)

pogrom 大屠杀

poicilitic 嵌晶状；嵌晶[结构]；结构

poidometer 带式运输机重量计；自动秤[皮带运输机]；重量计

poikilite 斑铜矿[Cu₅FeS₄;等轴]

poikilitic 嵌晶状；嵌晶[结构]；结构
→~ cementation 连生胶结//~ texture 包含结构

poikiloblast(ic) 变嵌晶(状{的})

poikiloblastic texture 嵌变晶结构

poikiloclastic{poikiloblastic} cement 嵌晶碎屑胶结物

poikilocrystallic 嵌晶的；嵌含的

poikilohaline 变盐度的

poikilophitic 辉绿嵌晶[结构]

poikilopyrite 斑铜矿[Cu₅FeS₄;等轴]

Poikilosakos 变形贝属[腕;C₃]

poikilosmotic character 变渗透压性

poikilotopic 嵌含晶的
→~ calcite 嵌晶方解石

Poincare figure 潘卡瑞形状

point 瞄准；雕刀；点；巅；峰；指出；铲尖；海角；观测点；潘特[宝石重量单位,=1/100 克拉]；勾；目的；钻孔底；峰顶；指向；小岬角；尖脊；尖峰；尖端；端；极点

(base) point 小数点；凿刃；接触点；测试点[阴极防护]

point agate 斑点玛瑙
→~-allotting method 配点法[一种矿床评价法]//~-anamorphosis function 点变体函数//~{tapere(d)} bit 锥形钻头[换径用]//~ coordinate 点坐标//~ counting 点计数//~ driver (砂矿)解冻工

pointed 尖
→~ ashlar 粗凿麻面方石；尖琢方石[房]//~ out hole 直径缩小得不能再钻进的井//~ prop 点柱//~{tapered} prop 尖端支柱

point effect 尖端效应
→~ electrode 点电极[电法勘探]

pointer 转辙器；指针；指示器；线索；记录针
→~ instrument 指针式仪表

point estimate 点估计

pointing 弄尖；指示
→~ (joint) 勾缝//~ chisel 点凿//~ direction 指向

point insertion 插点
→~{snap} marker 刺点器//~ mutation 点突变//~ of application 施力点；作用

力//~ of divergence 分歧点；分界点；发散点//~ of entry 入口

pointolite 点光源

point or edge of a knife 刀锋
→~ orientation 金刚(石)粒镶嵌定向；角定向[金刚石]//~ sample 点样品//~ sampling 点抽样(法)

pointsman 扳道工

point sort 选点

points stretcher bar 转辙器搬动杆

point successive over relaxation 点逐次超松弛
→~ symmetry 点对称[点群]

poise 保持平衡；缺码；泊[黏度,=1 达因•秒/厘米]；平衡；砝码

poised river{stream} 稳定河
→~ state 平衡状态[河流]//~ stream 河床稳定河流；高堑河

Poiseuille 口；泊肃叶流动
→~ flow 泊苏叶流//~-Hagen law 泊哈二氏定律；泊苏叶-哈金定律

poison 中毒；磷光减弱剂；有毒的；有毒物质；毒素；毒害
→~ gas 含毒气体//~ guava 毒番石榴[植]

poisonous effect 中毒作用
→~ material,gas or slag in mines 矿毒//~ metalline dust 有毒金属矿尘

poison valley 毒谷
→~ vetch 毒野豌豆[硒及铀通示植]//~ wind 毒风

Poisson coefficient 泊松比
→~ ('s) distribution 泊松分布//~ modulus 泊松模数{量}//~ ratio 泊松比

poitevinite 水铁铜矾；泼水铁铜矾[(Cu,Fe²⁺,Zn)SO₄•H₂O;单斜]；泊水铁铜矾

poium 低草地群落

poke 伸出；拔；戳；触
→~ hole 拔火孔

pokelogan 滞水湾；沼泽地

poker 锚桩；烙制；拔火棒；搅料器
→~ (bar) 火钳；搅拨杆

poking hole 搅拌孔

Pokkala Red 宾拉卡红[石]

pokrovskite 半水羟碳镁矿[Mg₂CO₃(OH)₂•0.5H₂O]

polacke{polake} 波拉克风；阿尔巴尼亚的下沉冷风

polamium 河流群落

polanke 波兰风

polarachse 极轴[德]

Polar-Ajax 波拉艾杰克斯炸药[胶质硝甘炸药]

polar angle 极距角；极角
→~ anticyclone 极地反气旋//~ area 极面//~ aurora{lights} 极光//~ axis 极轴//~{radial} coordinate 极坐标//~ coordinatograph 极坐标仪//~ diagram 极限图

polarite 铋铅钯矿；斜方铅铋钯矿[Pd(Bi,Pb);斜方]

polarity (光的)偏极；极性
→~ {-}reversal horizon 极性倒转面//~ subchron 极性亚时//~ super-interval 极性超间隔//~ time scale 极性倒转年表

polarium 钯金合金

polarizability 极化率
→~ tensor 极化张量

polarization 偏振；偏光；磁化态；磁化极化
→~ angle 偏振角；极化角//~ dependence 偏振依赖性；极化依赖性//~ ellipse 极化椭圆//~ of light 光偏极化//~ selector 偏振器

polarizer 前偏光镜；起偏镜；偏振镜；偏光镜；下偏光镜

polar lake 常冷湖
→~ map{diagram} 极点图//~ motion 极运动//~ nature 极性//~ net diagram 极网图

polarogram 极谱

polarography{polarographic analysis} 极谱分析；极化分析

polaroid 人造偏振片；人造偏光板；偏振{光}片；偏光玻璃

polar orbit 极轨道

polder 开拓地；新辟的低地[以坝围海、湖等]；围垦低地；围海造田；湖造田
→~ (land) 圩田

polderization 筑坝围垦低地；围垦低地；围海造田；湖造田

polderland 圩田

pole 支撑；顶点；电极；地极；木撑；支承；磁极；极；极点[结晶;岩组]；杆[长度,=5 码半]

poleblasting 杆送药包爆破[处理漏斗堵塞用]；杆上放炮[排除溜眼堵塞]

pole brace 电杆(的拉线)
→~ coccolith 棒状颗石[钙超]//~ derrick 起重扒杆；拔杆；把杆；独杆井架//~ dipole array 梯度排列//~ electrical interconnection 磁极电位互连//~-fleeing force 离极力；极逃力//~ roadway (在)留矿内维持的天井；采场支护运输通道；留矿堆内维持的天井；向回采工作面运支架的道路

poles of ecliptic 黄极
→~ of equator 赤极//~ of inaccessibility 难进冰极//~ of rotation 自转极

Poleumita 轴线螺属[腹;S-D]

polhemusite 硫汞锌矿[(Zn,Hg)S;四方]

polhode 地极轨迹；本体极迹

polialite 杂卤石[K₂Ca₂Mg(SO₄)₄•2H₂O;三斜]

polianite 软锰矿[MnO₂;隐晶、四方]；黝锰矿[指结晶较好的软锰矿;MnO₂]

policeman 临时立柱

polierschiefer 硅藻板岩

poling 还原；插法(掘进)；插板临时支撑软地层法；支撑；立杆；吹气；成极
→~ back 插桩掘进

Polinices 乳玉螺属[腹;K-Q]

poliophane 车轮矿类；黝铜矿[Cu₁₂Sb₄S₁₃，与砷黝铜矿(Cu₁₂As₄S₁₃)有相同的结晶构造,为连续的固溶系列;(Cu,Fe)₁₂Sb₄S₁₃;等轴]

poliopyrite 白铁矿[FeS₂;斜方]

polished bore receptacle 抛光座圈；抛光孔座
→~ finish of stone 石面抛光//~ OD 抛光外圆//~ rod eye 悬绳器//~ section 光片//~ stone implements 磨制石器[考古]//~ stone value 石料磨光值//~ surface 磨光面

polisher 抛光机

polishing 上光
→~ diatomaceous filiation 硅藻土精过

滤 // ～ hardness 磨蚀硬度 // ～ scratch 磨痕 // ～ stick 棒形磨石

polish{slick;polished} rod 光杆
→～ rod load 光杆载荷 // ～ softener 细软化器 // ～ with a water stone,grind grain,etc.fine while adding water 水磨

polje{polya;polye} 灰岩盆地；坡立谷；大型封闭岩溶洼地；喀斯特地形区大洼地

polkanovite 六方砷铑矿[$Rh_{12}As_7$]

polkovicite 硫锗铁矿[$(Fe,Pb)_3(Ge,Fe)S_4$;等轴]

pollen 花粉
→～ analysis 花粉化石分析

pollenite 花粉体；橄霞二长安山岩；方钠霞玄岩；碱玄质响岩

pollenites 化石花粉大类

pollen mixture 混合花粉[孢]
→～ mother cell 花粉母细胞

pollex 拇指；胫距[昆]

Pollia 竖螺属[腹;E-Q]

Pollina 花粉门[种子植物]

Pollincina 波林氏螺属[腹;O-D]

Pollognathus 强颚牙形石属[T_2]

pollucite 铯榴石 [$2Cs_2O•2Al_2O_3•9SiO_2•H_2O$]；铯黑云母 [$K(Mg,Fe)_3(AlSi_3O_{10})(OH)_2$;含 Cs_2O 可达 3.1%];铯沸石[$CsAlSi_2O_6•nH_2O$;$(Cs,Na)_2Al_2Si_4O_{12}•H_2O$;等轴]

pollutant 污染物；污染剂
→～ burden pattern 污染物负荷模式

polluted sign of water quality 水质污染征兆
→～ waste water 污水 // ～ waterway 污染水流{道}

polluter 污染源
→～ pays principle{polluter pay's principle} 污染者负担{付清理费}原则

pollution 玷污；沾污；杂质；污浊；污染

pollux 铯榴石[$2Cs_2O•2Al_2O_3•9SiO_2•H_2O$]；铯黑云母 [$K(Mg,Fe)_3(AlSi_3O_{10})(OH)_2$;含 Cs_2O 可达 3.1%];铯沸石[$CsAl Si_2O_6•nH_2O$;$(Cs,Na)_2Al_2Si_4O_{12}•H_2O$;等轴]

polonium 钋
→～ 210 decay method 钋^{210}衰变法

Poludia 波鲁特叠层石属[Z]

polus 极[孢]

polya{polye} 灰岩盆地；坡立谷；大型封闭岩溶洼地；喀斯特地形区大洼地

polyacrylic acid 聚丙烯酸 [$(-CH_2-CH(COOH))_n$]
→～ plastics 聚丙烯酸类塑料 // ～ tube 聚丙烯管

polyacrylonitrile 聚丙烯腈[$(CH:CHCN)_n$]

polyact{polyactin} 多射骨针[海绵类]

polyad 多合体花粉[孢]；多胞体

polyadelphine 钙铁榴石 [$Ca_3Fe_2^{3+}(SiO_4)_3$;等轴]；粒榴石

polyadelphite 锰铁榴石 [$Mn_3Fe_2(SiO_4)_3$;$(Mn,Fe)_3Al_2(SiO_4)_3$;$(Mn^{2+},Ca)_3(Fe^{3+},Al)_2(SiO_4)_3$;等轴]；钙铁榴石 [$Ca_3Fe_2^{3+}(SiO_4)_3$;等轴]；块钙铁榴石；粒榴石[$Mn_3Fe_2(SiO_4)_3$]

Polyadopollenites 多胞粉属[孢;E_{2-3}]

polyakovite-(Ce) 铈鲍利雅科夫矿[$(REE,Ca)_4(Mg,Fe^{2+})(Cr^{3+},Fe^{3+})_2(Ti,Nb)_2Si_4O_{22}$]

polyalcohols 聚醇类

polyalkoxy 聚烷氧基

polyalkoxyparaffin 聚烷氧基烷烃

polyalkyl methacrylate 聚甲基丙烯酸烷基酯

polyalphabetic cipher 多字码密码

polyamide 聚酰胺

polyamine 聚胺；多胺

polyamino acid 聚胺酸

polyamphibole 二闪石岩

polyanion 聚阴离子

polyanionic cellulosic polymer 聚阴离子纤维素聚合物

polyannulate 多环的

polyargite 红闪云母；变钙长石[$Ca(Al_2Si_2O_8)$,含 5%的水];钙长块云母

polyaromatic hydrocarbon 多环芳烃
→～ nuclei 多芳香核

polyarsenite 红砷锰矿[$Mn_2^{2+}(AsO_4)(OH)$;单斜]

polyarylation 多芳基化反应

poly-ascendant vein 多次上升脉

polyatomic 多原子的
→～ molecule 多原子分子

Polyatriopollenites 多孔庭粉属[孢]

polyaugite 单斜辉石

polyaugites 多辉石类

polyaxial 多轴型

polybaric 变压的；多压的

polybase crude 混合基原油

polybasic amine 多元胺

polybasite 硫锑铜银矿[$(Ag,Cu)_{16}Sb_2S_{11}$;单斜]

polyblend 聚合(物)混合物

Polyblepharides 多鞭藻属[绿藻]

polyborane 聚硼烷

polybranched chain 聚合支链

Polybranchiaspis 多鳃鱼(属)[D_1]

polybrominated biphenyls 多溴联苯

polybrookite 铌铁矿[$(Fe,Mn,Mg)(Nb,Ta,Sn)_2O_6$;$(Fe,Mn)Nb_2O_6$; $Fe^{2+}Nb_2O_6$;斜方];钽铁矿[$(Fe,Mn)Ta_2O_6$;$Fe^{2+}Ta_2O_6$;斜方]

polybutadiene 聚丁二烯

polybutene 聚丁烯

polycaproamide 聚己(内)酰胺

polycarbonate 聚碳酸酯

polycarboxylic acid 聚羧酸；多羧酸

polycarpeae 显花植物

Polycarpea spirostylis 旋柱白鼓丁[石竹科,Cu 局示植]

polycation 聚阳离子

Polycaulodus 多茎牙形石属[O_2]

Polycene 多新世

polycentric 多口的；多萼的[珊]
→～ evolution 多中心演化

Polychaeta 多毛纲{类}

polychaete 多毛目[动]

polychaetous 多毛目(动物)的

Polychera 多甲蛛属[C_2]

polychlorinated biphenyl 多氯联(二)苯

polychloro-naphthalene 多氯化萘

polychloroprene 氯丁橡胶；聚氯丁烯

polychlorparaffin 多氯化石蜡

polychroic 多色性的

polychroilite 复色石

polychroism 多色性；多色(现象)

polychroite 坡堇块云母；藏红花颜料；堇青石 [$Al_3(Mg,Fe^{2+})_2(Si_5AlO_{18})$;$Mg_2Al_4Si_5O_{18}$;斜方]

polychrom 磷氯铅矿[$Pb_5(PO_4)_3Cl$;六方]

polychromates 多铬酸盐类

polychromatic 多色的
→～ beam 色束[光或粒子的]；非单色光束；多色光束

Polycingulatisporites 多环三缝孢属[Mz]

Polycladolithus 多枝颗石[钙超;E_2]

polyclimatic relic 复气候(残余)地形

polyclimax theory 多顶级学说

polyclinal fold 复斜褶曲；复倾褶皱；多斜褶皱

polycoelia 多腔珊瑚

Polycolpits 多沟粉属[孢;K_2]

polycomponent 多组分

polycondensation 缩聚(作用)

polycondensed aromatic rings 聚缩芳香烃环

polyconic chart 多圆锥投影地图
→～ map projection 多圆锥地图投影

Polycope 多肢介属[D-Q]

Polycostella 拟星石[J_3-K_1]；多棱星石[钙超]

polycotyledonous 多子叶的[植]

polycras(it)e 复稀金矿[$(Y,Er,Ce,U,Pb,Ca)((Ti,Nb,Ta)_2(O,OH))_6)$;$(Y,Ca,Ce,U,Th)(Ti,Nb,Ta)_2O_6$;斜方]

polycrystalline 多晶的
→～ diamond 多晶金刚石 // ～ diamond core bit 聚晶复合片金刚石取芯钻头 // ～ glacier ice 复晶质冰川冰

polycrystallinity 多晶性

polycrystallite 混染晶体

polycycle 多旋回

polycyclic 多周期的；多循环的；多旋回的；多相的；多轮的
→～ landform 复轮回地形

polycycloalkane 多环烷烃

Polycyclolithus 聚环颗石[钙超;K_2]

polycystins 多泡体[射虫]

polycytidylate 多胞(嘧啶核)苷酸

polydeform 多次变形

polydemic 广居的[生]

Polydesmia 多泡角石属[头;O_1]

Polydiexodina 长蜓；长纺锤虫

polydimethyldiallyl ammonium chloride 聚二甲基二乙烯基季铵氯化物 [$((CH_3)_2N^+(•CH=CH_2)_2)_nCl^-$]

polydisperse aerosol 多相分散气溶胶

poly-disperse suspension 不同粒度散粒悬浮液

polydispersity 聚合度分布性；多分散性

Polydolops 美洲古袋鼠属[E]

polydomain 多畴

polydymite 辉镍矿[Ni_3S_4];镍硫钴矿[$(Ni,Co)_3S_4$];硫镍矿[Ni_3S_4; NiS_2;Ni_2S_3;$NiNi_2S_4$;等轴]

polydynamism 多活动性；多动力性

polye{polya} 灰岩盆地；坡立谷；大型封闭岩溶洼地；喀斯特地形区大洼地

Polyedryxium 角藻属[Q]

polyelectrolyte 高(分子)电解质
→～ filter 聚合电解质过滤器

polyester resin 聚酯树脂
→～-styrene-foam 聚酯-苯乙烯泡沫 // ～ synthetic lubricant 聚酸合成润滑剂

polyether 聚醚

polyethylene glycol 聚乙烯二醇；聚乙二醇[$HO(CH_2CH_2O)_nH$]
→～ jacket 聚乙烯套 // ～ pipe 聚乙烯管 // ～ tape 乙烯胶带

polyfactorial 多因子的

polyfiber 合成纤维

Polyflok PX ×絮凝剂[非离子型聚丙烯酰胺;英]

polyfoam 泡沫塑料
→～ spacer 泡沫塑料衬垫

Polyfon F{|H|O|R|T} ×抑制剂[木素磺酸钠,含磺酸钠基团`32.8{|5.8|10.9|26.9|19.7}%]

polyformation 复式岩层;多建造;多次形成

polyfunctional compound 多官能化合物

polyfurcate 多次分叉的

polygalite 杂卤石[K₂Ca₂Mg(SO₄)₄•2H₂O;三斜]

polygamous animal 多配偶动物

polygamy 杂性式[植];多配性[动]

polygene(tic) 复矿的;复成的;多因的;多时代的;多矿物的;多基因[生];多次的;多成分的;多源的;多成因的

polygene eruption 复喷发

polygenes 多元基因

polygenesis 多源发生

polygene soil 复合土;复成土

polygenetic 复屑的;复成因的;多因的;多时代的
→ ~ and compound deposit 多因复成矿床 // ~ conglomerate 复屑砾岩 // ~ range 多成因山

polygen(et)ic 复成的;复成分的;多源的;多矿物的;复杂的

polygenic inclusion 多源包体

polygeosyncline 复地槽

polyglycol 聚乙二醇[HO(CH₂CH₂O)ₙH]

Polygnathellus 小多颚牙形石属[D]

Polygnathidae 多颚刺科

polygnathids 多颚牙形石类

Polygnathodella 小拟多颚牙形石属[C]

Polygnathoides 拟多颚牙形石属[S₂₋₃]

Polygnathus 多颚牙形石属[D-C₁]

polygon 导线;封闭折线;龟裂土;多角形;多边形
→ (soil) ~ 网纹土;多边形土

Polygonaceae 蓼科

Polygonacidites 蓼粉属[孢;E₂-Q]

polygonal 龟裂的;多角形的;多边形的
→ ~ fissure soil 多角形裂缝土 // ~ ground 多角地

polygonality 多边性

polygonal karst 多边形喀斯特网络
→ {broken;break} line 折线

polygonal marking 地面龟裂
→ ~ masonry 多角石坊工 // ~ method 多角形法[储量计算] // ~ rubble 虎皮石墙 // ~ rubble facing 毛石贴面

Polygonella 多角藻属[E]

polygonization 多边形化

polygon mat 多边形块
→ ~ of forces 力多边形

Polygonomorphitae 多面体藻亚群

Polygonum 蓼属[植;E-Q]
→ ~ capilalum 头花蓼[铜矿示植]

polygorskite 坡缕石[理想成分:Mg₅Si₈O₂₀(OH)₂(H₂O)₄•nH₂O;(Mg,Al)₅Si₄O₁₀(OH)•4H₂O;单斜、斜方]

Polygyra 多旋螺属[腹;E₂-Q]

polyhalide 多卤化物

polyhaline 多盐(生物)

polyhal(l)ite 杂卤石[K₂Ca₂Mg(SO₄)₄•2H₂O;三斜]

polyhalo((geno)hydro)carbon 多卤烃

polyhedral model 多面体式模型
→ ~ pore 多面体型孔隙

polyhedron[pl.-ra] 多面体
→ {polyhedral} group 多面体群

polyhedrous 多面体的

polyhydrat 烧石膏[CaSO₄•½H₂O;三方]

polyhydrate 多水合物

polyhydric alcohol 多元醇
→ ~ {polyatomic} phenol 多元酚

polyhydrite 硅铝铁锰石;复水石[Fe₂O₃,FeO,SiO₂带Al₂O₃,MnO及水]

polykras 复稀金矿[(Y,Er,Ce,U,Pb,Ca)((Ti,Nb,Ta)₂(O,OH)₆);(Y,Ca,Ce,U,Th)(Ti,Nb,Ta)₂O₆;斜方]

polykrasilith 锆石[ZrSiO₄;四方]

polylaminate 多层的

polylaminated sealing process 多层封接法
→ ~ wiring technique 多层布线技术

polylite 黑色辉石

polylith 巨石建筑;纪念碑{圆柱}[多块石头砌成]

polylitharenite 复岩屑砂屑岩;复岩碎砂岩

polylithionates 多锂酸盐类

polylithionite 多(硅)锂云母[KLi₂Al(Si₄O₁₀)(OH,F)₂;单斜]

Polylophodonta 多冠脊牙形石属[D₃]

polymastigina 多鞭毛虫目

polymer augmented waterflood 聚合物加强注水驱油
→ ~ bitumen{polymerbitumin} 聚合沥青 // ~ brine completion fluid 填充物盐水完井液 // -concrete 聚合物胶结混凝土

polymere 复矿质;多矿物的

polymer flooding 聚合物驱油(法)
→ ~ gasoline 聚合汽油

polymeric 聚合的

polymerization 聚合
→ ~ (reaction) 聚合反应 // ~ at normal temperature 常温聚合 // ~ {polymer} model 聚合模型

polymer matrix 聚合母体
→ ~ -polyelectrolyte drilling fluid system 聚合物-聚电解质钻井液 // ~ shear mixing system 聚合物剪切混合装置 // ~ solution 聚合物溶液

polymetallic 多金属的
→ ~ association 多金属组合 // ~ {multimetal;complex} ore 多金属矿 // ~ sulfide deposit 多金属硫化物矿床 // ~ sulphide concentrate 多金属硫化物精矿

polymetamorphic rock 复变质岩
→ ~ series 多相变质岩系

polymethylene 环烷[CₙH₂ₙ];聚亚甲基;聚甲撑

polymictic 复矿的;复成分的;多源的;复碎屑的;多层的[湖间]
→ ~ conglomerate 复质砾石

polymignite 铌酸钇矿[(Ca,Fe₂,Y,Zr,Th)(Nb,Ti,Ta)O₄];铌铈钇矿[(Ca,Fe₂,Y,Zr,Th,Ce)(Nb,Ti,Ta)O₄;斜方]

polymignyte 铌铈钇矿[(Ca,Fe₂,Y,Zr,Th,Ce)(Nb,Ti,Ta)O₄;斜方]

polymineralic 复矿的;多矿物的
→ ~ {compound} rock 多矿物岩石 // ~ rock 多矿物岩

polymineralization 复矿化作用

polymnite 树枝石;树林石

polymodal current rose 多向水流玫瑰图

polymorphic 副象的;多形的;他形的
→ ~ colony 多态群体

Polymorphina 反称虫属[孔虫;K-Q];多型虫(属)[N₃-Q]

polyneoptera 多新翅类[昆;E-Q]

polynite 蒙脱土;多泥石

Polynucella 多核藻属[Z]

polynuclear 多环的;多核的
→ ~ {polycyclic} aromatic hydrocarbon 多环芳烃 // ~ aromatic hydrocarbons 多核芳烃 // ~ condensed aromatic system 聚合多环芳香系;多核凝聚芳香物系

polynucleated 多核的

polynya 冰中湖;冰隙[冰川中的裂缝];冰外围水体;冰前沼
→ ~ offedge of shore ice 接岸冰(前沼)[日;俄]

polyol 多元醇

polyolefin{polyolefine} 聚烯烃
→ ~ resin 聚蜡烃树脂

polyolefins 聚烯烃类

poly(g)onometry 导线测量

polyophane 车轮矿类;黝铜矿[Cu₁₂Sb₄S₁₃,与砷黝铜矿(Cu₁₂As₄S₁₃)有相同的结晶构造,为连续的固溶系列;(Cu,Fe)₁₂Sb₄S₁₃;等轴]

polyosmin 锇铱矿[(Ir,Os),Ir>Os;等轴]

polyoxyethylene 聚氧化乙烯
→ ~ alkyl phenyl ether 聚氧乙烯烷基苯基醚 // ~ alkyl phenyl ether sulfate 聚氧乙烯烷基苯基醚基硫酸盐 // ~ alkyl thioether 聚氧乙烯烷烃硫醚

polyoxymethylene 聚氧化甲烯

polyoxynitrosophenol 聚氧化亚硝基(苯)酚(醚)[-(OC₆H₃NO)ₙOH]

polyp 水螅[动];珊瑚虫[腔]

polyparagenetic 多共生的

polyparium{polypary} 珊瑚群体

polypeptide 多肽(类);缩多氨酸

polyperoxide 聚过氧化物

polypetalous 离瓣的[植]

polyphagous 杂食性;多食性的[生]

polyphase 多相的;多相;多期的;多阶段的
→ ~ {multiple} deformation 多次变形 // ~ deformation 多期变形;多幕变形 // ~ metamorphism 复相变质(作用)

polyphasic 多相的
→ ~ -flow regime 多相流型 // ~ orogenic cycle 复相造山循环

polyphenol 多酚

polyphenylether 聚苯醚

polyphosphate 多磷酸盐

polyphosphoric acid 多磷酸

polyphyletic origin 多元来源;多系列源

polyphylly 畸形叶态[植]

polyphyodont 多出齿[哺]

polyphyre 多矿斑晶

polyphyric rock 多矿斑晶岩

polypide 个虫;薜虫;虫体[苔]

polypite 取食游动孢子或水螅体;个员[珊瑚、水螅或管形]

Polyplacognathus 多盾齿牙形石属[O₂]

Polyplacophora 多板目;多板类[软]

polyplanar 多晶平面(工艺)

polyplatinum 铂

polyplexer 天线转接开关[雷达]

polyplicate 多沟的[孢]

polyploid 倍数体[染色体];多倍体

Polypodiaceae 水龙骨科

Polypodiaceoisporites 具水龙骨孢[K-E]

Polypodiidites 水龙骨孢属[K-Q]

Polypodiisporites 拟水龙骨孢属[E-N]

Polypodium 水龙骨属[植;E-Q];水龙骨

polypoid 息肉样
→~ form 水螅型
Polyporina 多孔粉虫属[孢;E₂] → [孢;E_2]
polyprene 聚戊二烯
polypropylene 聚丙烯
→~ fiber concrete (reinforced concrete) 聚丙烯纤维增强混凝土 // ~ glycol 聚丙二醇
polypropyleneoxide 聚环氧丙烷
Polyprotodontia 原多齿类;多门齿亚目
polyprotodonts 多门齿类[哺]
Polypterus 多鳍鱼(属)[Q]
Polyptyca 多沟亚类[孢]
polyptych 多联画屏
Polyptyches 多沟亚类[孢]
polyquartz 磷砷酸盐类
polyquaternary amine 聚季胺
polyradical 聚合基
polyreaction 聚合反应
polyrutile 重钽铁矿[FeTa₂O₆,常含 Nb、Ti、Sn、Mn、Ca 等杂质; Fe²⁺(Ta,Nb)₂O₆;四方]; 重铌铁矿[Fe(Nb,Ta)₂O₆]
polysaccharidase 多糖酶;多醣分解酶
polysaccharide 多糖
→~ salt mud 多糖盐泥浆
polysaccharose 多糖
Polysalenia 多疣海胆属[棘]
polysaprobic 多污水腐生的
poly-seal trap 复密封圈闭;多封堵油捕
poly shield TBM 多护盾隧道掘进机
polysiderite 无铁陨石
polysilicate 复硅酸盐;多硅酸盐类
polysilicic acid 聚多硅酸
→~ acid chain 聚硅酸链
polysilicon 多晶硅
polysiloxane 聚硅氧烷[H₃Si(OSiH₂)ₙOSiH₃]
polysilsesquioxane 聚倍半硅氧烷
Polysiphonia 多管藻属[红藻;Q]
Polysitum 多纹鞘属[昆;P₂-K₁]
polyskop 扫频显示信号发生器
polysleeve 多信道的;多路的
polysomatic 多种的;多晶体的;多晶畴的
→~ chondrule 多晶体(陨石)球粒
polysome 多晶畴现象
polysomic 多体生物
polysomy 多体系[生物]
polyspast 滑车组;复滑车
polyspeed 多种速度(的)
polysphaerite 钙磷氯铅矿[(Pb,Ca)₅(PO₄)₃Cl];钟乳氯铅矿
polyspory 多孢子现象
polystele 多体中柱[植]
polystenobath 狭深水性的
polystenohaline 狭多{超}盐(生物)
polystichous 多列的
Polystichum 耳蕨属
→~ discretum 分离耳蕨 // ~ sessile 固着匙板 // ~ simplex 简单匙板[腕]
Polystigma 疗座霉属;多点菌属[Q]
polystomodaeal budding 多萼芽生[珊]
polystromatic 多层的[藻类原植体]
polystyle 多柱式(的)
polystyrene 聚苯乙烯
→~ concrete 聚苯乙烯膨珠混凝土
polystyrol 聚苯乙烯
polysubstitution 多取代(作用)
polysulfide 复硫化物;多硫化合物
polysulfonate 聚磺酸盐
polysulfone 聚砜

polysulphide 复硫化物
polysymmetry 复对称
polysynthetic crystal 聚片晶
→~ glacier 复合冰河
polytaxon zone 多分类单元带
polytectonic 复构造的
polytelite 硫锑铅银铁矿;银黝铜矿[(Ag,Cu,Fe,Zn)₁₂(Sb,As)₄S₁₃;(Ag,Cr,Zn)₁₂(Sb,As)₄S₁₃;等轴];银铅黝铜矿[Pb,Zn,Ag 及 Fe 的硫锑化物]
polyterpene 多萜
polytetrafluoroethylene 聚四氟乙烯
polythalamous 多壳室[孔虫]
Polythecalis 多壁珊瑚(属)[C₃-P₁]
polytherm 暖狭温(动物)
polythetic 多型的
polythionic acid 连多硫酸[H₂SₓO₆]
polythiourea 聚硫脲
poly(e)thylene 聚乙烯
Polytoechia 多房贝属[腕;O₁]
Polytoma 无色滴虫属[Q];多淀粉藻属;素衣藻属
polytomy 多歧式
polytopism 广布种;多源性[产地];多型性
polytrope 多元性;多变性
polytrophic 杂食性的;广食性
polytropic 多变的
→~ atmosphere 复变大气 // ~ head 多变压头
polytropism (同质)多晶(现象)
polytropy 多变性;同质多晶
Polytylites 美方虫属[介;D-P]
polytype 多型
→~ cotton and nylon carcasses belt 多层棉花、尼龙混纺帘布胶带
polytypic 多型的
→~ species 多型种古生物
polytypism 多型性
polytypoid 类多型
polytypy 多型性
polyunsaturate 多未饱和油脂
polyunsaturated compound 多不饱和化合物
polyurethane 聚氨基甲酸乙酯[液压密封]
→~ resin paint 聚氨酯树脂漆
polyuridylate 聚尿(嘌呤核)苷酸
polyuronide 多糖醛酸苷
polyvalence{polyvalency} 多价
polyvalent 多价个体[孔虫];多价的
polyvariant system 多变系
polyvinyl 聚乙烯;雄乙烯化合物(的)
→~ chloride 聚氯乙烯[-(H₂C-CHCl)ₙ] // ~-chloride anti-static and flame resistance cover 抗静电防火聚氯乙烯保护层 // ~ chloride lined tubing 聚氯乙烯衬里油管 // ~ fluoride 聚氟乙烯
polyvinylidene 聚乙烯叉的;聚乙二烯
→~ fluoride 聚偏二氟乙烯
polyvinyl plastic core 聚乙烯芯[钢丝绳]
poly-4-vinyl pyridinium chloride 聚-4-乙烯吡啶氯化物
polywater 聚水
polywurtzite 复闪锌矿
polywustzite 六方多型纤锌矿
polyxen 粗铂矿[Pt,含 6%～11%的 Fe 及一些 Ir、Pd 等]
polyxene 铂;自然铂[Pt;等轴];粗铂矿[Pt,含 6%～11% 的 Fe 及一些 Ir、Pd 等]
polzenite 黄玄岩;橄黄煌岩;微黄煌岩

Pomadasyidae 石鲈科[动]
Pomarangina 波马兰蛤属[双壳;T₃]
Pomatotrema 覆孔贝属[腕;O₁]
pombaggine 石墨[六方、三方]
pomegranate 石榴红;石榴;安石榴
→~ bark{rind;peel} 石榴皮
pomeranchon 坡密子
pompier 救火员用的
→~ belt 带钩安全带 // ~ ladder (消防用)挂钩梯
pompom 凿岩机[向上]
poncelet 百千克米/秒[功率单位];百公斤米
pondage 堰塞;池蓄水量;调节容量
→~ land 蓄水地;蓄洪区;滞洪区
ponded basin 带水盆地
→~ calcareous turbidite 下沉深水钙质浊积岩
ponder 琢磨
ponding 人工池塘;泡田;拦坝;坑洼;蓄水;堵塞;积水(库)
→~ {immersion} test 浸水实验
pongo 山峡;黑猩猩;类人猿(类);猩猩[Q];峡谷
ponite 锰铁菱石;铁菱锰矿[(Mn,Fe)CO₃]
ponor 落水洞[南斯]
Pontian 蓬蒂(阶)[欧;N₁];笨珍
pontias 庞底亚斯风
pontic 深海静水(沉积)
Ponticeras 海盘菊石属[头;D₃]
Pontilithus 海颗石[钙超;K₂]
pontium 深海群落
Pontoccypris 海星介属[E-Q]
pontohalicolous 栖深海的[生]
Pontoniella 小海星介属
pontoon 起重机船;起重船;浮筒;浮桥;浮码头[油罐浮顶中提供浮力的]空气舱;浮架;浮船;夏船
→(flat) ~ 平底船 // ~ crane 浮吊 // ~ section 船舱
pontophilus 栖深海的[生]
Pontosphaera 海球石[钙超;E-Q]
pony 附加的;辅助的;补充的;小型的;小动力机;矮种马
ponza-trachyte{ponz(a)ite} 霓辉云粗面岩类
pool 水塘;水潭;水池;跌水坑;热储;取平均值;插楔;共享;潴;联营;拉平;油田地带;油区;油气田;油层;油藏;库;(河流的)冲坑;池塘;池;冰间湖;掏槽;集合基金
→(petroleum) ~ 储油层;水坑 // ~ area 沉淀区面积[分级机]
pooled crude oil 矿藏原油
→~ hydrocarbon 矿藏(油气) // ~ sample statistics 合并样本统计(量) // ~ sampling 集合采样
pool efforts 合力
→~ fire 贮液池着火
pooling 集中合成[地层倾角泥井的]
pool launder 熔池溜槽
→~ of boiling mud 沸泥塘 // ~ of pulp 矿浆槽 // ~ spring 深潭泉;塘泉;潭泉
poona(h)lite 钙沸石[Ca(Al₂Si₃O₁₀)·3H₂O;单斜];中沸石[Na₂Ca₂ (Al₂Si₃O₁₀)₃·8H₂O;单斜]
poor 含量少的;柴;低的;贫乏;贫的;不稳固的;稀少的
→~ {weak} bond 胶结不良 // ~-boy core barrel 手工制管式取芯筒 // ~-boy

job 一揽子承包作业//～ core recovery 低岩芯采取率//～ diamond 低品级金刚石//～ fit 弱拟合；坏拟合

Poorga 布尔加风

poor{low-grade} gas 贫煤气
→～ gas 贫燃气//～-graded 级配不符要求的//～ lime 贫质石灰

poorly cemented sand particles 胶结差的砂粒
→～ crystalline 类结晶的；亚结晶的；结晶程度不好的//～ interconnected gravel 胶结不好的砾石

poor meshed structure 不明显的(格子)状构造
→～ quality of the barren ore 贫矿//～ rock 贫矿；矿石中脉石包裹体；开采时拣出的脉石；假顶板//～ shalling rock 不易片落型岩石//～ value 低值

POP 主要石油形成相；开泵

pop 弹射；气爆[气枪]

Popanoceras 饼菊石属[头;P-T]

popcorn 爆米花；爆裂型玉米
→～ noise 爆音

pop hole 短炮眼
→～ {reliever;relieving;satellite;slab;relief} hole 辅助炮眼//～{reliever;satellite;slab;relief} hole 辅助炮孔{眼}

popholing 二次爆破
→～ drill 浅眼凿岩机

pop off 放气；爆脱；突然爆炸；爆点
→～-off flask 可折式砂箱//～ one's head in 探头

popouts 混凝土中的气泡

popparoni 变形醋酯丝

poppet 滑轮支座；垫架；下水支架；托架；枕木[船下水时用]

popping 活跃的；回爆；鼓出的；二次爆破；爆音；间歇的；爆裂孔眼；突然跳出；爆裂[建]；激发[气枪]
→～ in tunnel 隧道岩爆//～ pressure 突开压力//～ pressure of safety valve 安全阀起座压力//～ rock 岩石爆裂

popple 起泡翻滚[沸水等]；起伏；荡漾；汹涌；翻滚；波动

Poppy 罂粟属植物

pop safety valve 快泄安全阀；紧急式安全阀
→～-shooting 二次爆破；炮眼达到或超过岩石中心的爆破//～ shot 修整炮眼；修边炮孔

population 人口；群种；群体；全域；全体；布居；种群；粒子数；总粒数；居群；繁群；密度[分布上]
→～ balance model 总体平衡模型

Populus 白杨；杨属[K₂-Q]

pop-up 反射；激发
→～ seismometer 弹跳形地震仪

Porambonites 洞脊贝(属)[腕;O]

Poraspis 合甲鱼；孔甲鱼属[D₁]

porcelain 脆的；瓷器；瓷的；瓷料
→～ clay 瓷土[Al₂O₃·2SiO₂·2H₂O]；高岭石[Al₄(Si₄O₁₀)(OH)₈·2SiO₂·2H₂O;Al₂Si₂O₅;单斜]；陶土[Al₄(Si₄O₁₀)(OH)₈;Al₂Si₂O₅(OH)₄]

porcelainite 白陶岩；莫(模)来石[Al(Al_x Si₂-xO₅.₅-₀.₅x);Al₆Si₂O₁₃;斜方]；瓷状岩

porcelain jasper 白陶土；瓷碧玉；日陶石；陶瓷状变岩；陶碧石
→～ lined 衬瓷的

porcelainous phase 瓷相

porcelain plugger 瓷粉充填器
→～ spar 钠钙柱高岭石；中柱石[Ma₅Me₅~Ma₂Me₈(Ma:钠柱石,Me:钙柱石)]//～ streak plate 瓷板//～ tubing 瓷管

porcelaneous 瓷器的；似瓷器的

porcel(l)anite 白陶土；钠钙柱高岭石；瓷状岩；中柱石[Ma₅Me₅~Ma₂Me₈(Ma:钠柱石,Me:钙柱石)]

porcelan(e)ous 瓷状的

porcellanite 硅页岩；陶瓷状变岩；陶碧石[硬而不纯黏土]；似瓷岩

porcellanous foraminifera 瓷质壳有孔虫

Porcellia 猪背螺属[S-C]；瓷螺属[腹]

porcellophite 滑陶蛇纹石；叶蛇纹石[(Mg,Fe)₃Si₂O₅(OH)₄;单斜]

porch 边缘；门廊；边沿[脉冲]
→～ set 门框支架；梯形支架

porcupine 刮管器[表面带钢刷的圆柱形筒]

pore 气孔；管孔；毛孔；小孔；黑子[太阳]；细孔[腕]；微孔
→～-aperture radius 孔隙开口半径//～-body 孔隙体//～ bridging 桥状孔隙//～ compressibility 孔隙压缩性{率}

pored 有孔的

pore diameter 孔径
→～ diameter distribution 孔径分布//～ doublet model 孔隙对模型//～ entry radium 过水孔道半径

porefilling 填孔

pore{intergranular} fluid 粒间流体
→～ membrane 孔膜//～ pair 对孔[海胆]；成对孔隙//～ plate 孔基板[射虫]//～-rhomb 菱孔；孔菱[林檎]//～ space water 孔隙水

porewater 孔隙水

porfido rosso antico 红帘角闪玢岩
→～ vedre antico 辉绿玢岩

Poria 茯苓属[Q]；卧孔属[真菌]

poriaz 普里亚兹风

poricidal 孔裂的

porifera 海绵动物(门)；多孔动物(门)

poriferous 多孔的
→～ zone 多孔带

Porina 穴苔藓虫属[K-Q]

porkfish 异孔石鲈

Porlezzina 波利兹那风

Porochara 孔轮藻属[T₃-K]

Porocidaris 孔头帕海胆属[棘;E₂]

porocyte 孔壁胞[绵]

Porodendron 凹槽木属[C₁]

porodic 非晶质的；胶状的

porodine 非晶质岩；胶状岩；胶状的岩

Porodiscus 孔盘虫属[射虫;T-Q]

porodite 变质碎屑喷出岩类

Porolepiformes 固鳞超科[总鳍鱼]；孔鳞鱼目

porolith 多角颗石

Porolithon 孔石藻属[钙藻;C-Q]

porometer 孔隙率计；孔隙度仪

Poromyacea 孔海螂超科[双壳]

poroperm characteristics 孔渗特征

Poroplanites 凹褶孢属[K]

pororoca 涌潮

poros 粗粒灰岩

Porosa 具孔粉纲[孢]

poroscope 测孔计

porosimeter 孔隙度仪；岩石孔隙率仪

porosint 多孔材料

porosity 砂眼[冶;铸]；气孔率；孔隙性；孔隙度；多孔性
→～ (factor) 孔隙率//～ of the jig bed 床层松散度//～ overlay 孔隙度重叠{叠绘}图

Porosphaera 孔球轮藻属[T₁-₂]

Porostroma 孔层藻属[Z]

Porostromata 孔层类

porous 能渗透的；孔隙的；多孔隙的；多孔的；松散
→～ body 孔隙体//～ cup tensiometer 多孔杯张力仪//～ diaphragm device 多孔隔膜仪[测毛细管压力]//～ graphite-containing bronze bearing 多孔石墨青铜轴承//～ hydrocarbon-bearing medium 多孔含烃介质//～ iron-lead-graphite bearing 多孔铁铅石墨轴承//～ nickel cup 多孔镍引爆杯//～{perforated} stone 透水石

porpbyroblastic gneiss 斑状变晶片麻岩

porpecite{porpezite} 钯金[(Au,Pd)]

porphin{porphine} 卟吩

porphyr(ic){porphyr(it)e} 斑岩

Porphyra 紫菜属[红藻;Q]

porphyraceous 斑状的

Porphyridium 紫球藻(属)[红藻;Q]

porphyrin 卟啉

porphyrinogen 卟啉原

porphyrinogenic steroid 生卟啉类(固醇)

porphyrite 斜长斑岩；玢岩[指含斜长和(或)暗色矿物斑晶者]

porphyritic 斑状；斑岩的；斑状的(结构)
→～ crystal 斑晶//～ fabric 斑状组构//～ microgranite 斑微花岗岩

porphyroblast 变斑晶；斑状变晶

porphyroblastic paragneiss 变斑副片麻岩
→～ schist 斑状变芯片岩

porphyroclast 残碎斑晶；碎斑
→～ fabric 残斑组构

porphyroclastic 残碎斑状
→～ {mortar;murbruk} structure 碎斑构造//～ texture 碎斑结构

porphyrodiablastic 斑状穿插变晶[结构]

porphyro(-)granulitic texture 斑粒结构

porphyroid 残斑(变)岩

Porphyrosiphon 紫管藻属[蓝藻;Q]

porphyroskelic 斑状骨粒状结构[土壤]

porphyrotope 斑晶[沉积岩]

porphy rotopic 斑状的

porphyrotopic fabric (沉积)斑状组构

porphyry(e) 斑岩[含碱性长石和(或)石英斑晶者]

porphyry copper (deposits) 斑岩铜矿
→～ molybdenum deposit 斑岩钼矿床//～ ore 斑状矿石//～ tungsten zone 斑岩钨矿带

Porpita 银币水母(属)[腔]

Porpites 壁珊瑚

porpoise 海豚(式游动)；前后振动

porpoises 鼠海豚类

porpoising 前后振动；跳跃颠簸

porporino 黄粉金；血卟啉

porricin{porrizin} 辉石[W₁-x(X,Y)₁+xZ₂O₆,其中,W=Ca²⁺,Na⁺;X=Mg²⁺,Fe²⁺,Mn²⁺,Ni²⁺,Li⁺;Y=Al³⁺,Fe³⁺,Cr³⁺,Ti³⁺;Z=Si⁴⁺,Al³⁺;x=0~1]；针透辉石

porridge 黏稠岩浆

port 气{舱}门；舱{港}口；港；左舷；孔；小炉；水眼[钻头]

porta 盖；口盖；门[苔]

portable 水陆联运；轻便的；移动式的；移动的；可移植的；可移动的；可携带的；搬运
→~ churn drill 轻便型钢丝绳冲击式钻机[砂矿勘探打浅孔用]//~ concentric mine cable 矿用轻便同轴电缆//~ radioactive ore detector 便携式放射性矿石探测器

portage bed 波尔提季层[D₃]

portal 入口；海峡；门；正门；井口；隧道口；硐口
→~ (adit;tunnel;mine) ~ 平硐口//~ frame drilling jumbos 门架式凿岩台车//~ jib crane 龙门吊车

port anchorage 港内锚地
→~ and starboard 左舷及右舷[前视]

portative 轻便的；可携带的；可拆卸的
→~ force 吸力//~ {pull(ing);tensile; towing;traction;tractive; stretching} force 拉力

port city 码头
→~ collar 带孔短节//~ conservancy 港海管理局//~ depot 港口油库

ported air ring 气环门
→~ disc 带眼玻璃盘[负压射孔器的] //~ sub 带孔接头

portend 兆；预示

(railway) porter 搬运工

porterage 搬运(费)

Porterfield (stage) 波特菲尔德阶

port facilities 港湾设施

portfolio 保险的未满期责任；职责；文件夹
→~ approach 优化投资方法

Portheus 毁灭鱼属[K]

porticus 柱廊；口缘；口边垂下物；口盖[孔虫]

portion 一份；一部分

portite 假晶石

Portland(ian) (stage) 波特兰(阶)[欧;J₃]
→~ bed 波特兰层[J₃]

portland blast-furnace cement 高炉矿渣硅酸盐水泥
→~ cement 波{普}特兰水泥//~ cement for dam 硅酸盐大坝水泥

Portland cement paint 波特兰水泥涂料

Portlandian age 波特兰期

portlandite 氢氧钙石；羟钙石[Ca(OH)₂; 六方]

portland-pozzolava cement 火山灰质硅酸盐水泥

port of call 暂停港；停靠港；寄航港
→~ of definite anchorage 定泊港//~ of embarkation 始航港//~ of exportation 输出港//~ of refuge 避难港

porto marble 黑硅大理岩

Portoro 灰金花[石]
→~ (Extra) 黑金花[石]

port outlet (刮管器)出口
→~ plate 阀盘//~ plate pump 斜盘泵

portraiture 传真

portray 塑造

port roof slope 炉顶坡度
→~{near} side 左侧//~ side of drifting shield 漂移地盾左侧

ports on long wall (在)侧壁上的孔

port tongue 小炉舌头

→~ works 海港工程

Poruaphaera 开口藻属[E₃]

Porumorphitae 开口亚类[疑]

porus 身体上的孔或坑；萌发孔[孢]
→~ collaris 漏斗状孔[孢]//~ vestibularis 具孔室的孔[孢]

porzelanit 钠钙柱高岭石；中柱石[Ma₅Me₅~Ma₂Me₈(Ma:钠柱石,Me:钙柱石)]

porzite 红莫来石；莫{模}来石[Al(Al_x Si_{2-x}O_{5.5-0.5x});Al₆Si₂O₁₃;斜方]

posepnit{posepny(i)te} 高氧树脂

Poshania 博山虫属[三叶;Є₂]

Posidonia 海浪蛤属[双壳;C-J]

Posidoniella 小海浪蛤属[双壳;C-P]

position 布局；地位；层位；工位；方位；形势；位置；状态
→~ (finding;fixing;location) 定位
→~ accuracy 点位精度
→~ connection 空间联系//~ efficiency 通风空气调节效率

position control 位置控制
→~ controller 控位仪//~ finder 测位仪{器}//~ finding 测位

positioning 定位；位置控制；调到一定位置
→~ and location system 位置测定系统 //~ arm (下井仪)推靠臂//~{clamp; locating} device 定位装置//~ of piston operated valve 控制活塞操纵阀的开启程度

position keeping{holding} 锚碇

positive 确定的；强制的；明确的；刚性的；正片；正面；正的；阳性的；阳极的；阳的
→~ acceleration 正加速度//~ buoyancy 正浮力//~ drill hole 见矿钻孔 //~ feed 强迫给进//~ gravity anomalies 正重力异常//~ injection gravel compaction metering unit 砾石注入充填计量装置

positively charged ion 正离子；阳离子
→~ skewed distribution 正偏斜分布

positive{plus} mineral 正矿物
→~ pore pressure 正孔隙水压力//~ proof 确证//~ rays 正射线；正电荷离子射线//~ sign of elongation 正延长符号//~ spinel structure 正尖晶石型结构 //~ subsurface permeability 正向地下(水)渗透性[涌出]

posnjakite 水羟铜矾；一水蓝铜矾[Cu₄(SO₄)(OH)₆•H₂O]

possibility 可能性
→~ of trouble 事故率

possible 合理的；可允许的；可能的；可能
→~ effects on the physical environment 可能对物理环境的影响//~ ore 储藏矿量//~ reserve{ore} 可能储量//~ reserve 预测储量

post 标桩；厚层灰岩；横撑；木支柱；岗位；煤柱；杆；桩；柱头；支柱；矿柱；邮政；邮；近期矿山测绘；记入；端子；寄
→(binding) ~ 接线柱//~ (stone) 细粒砂岩//~- (后)置；次

postabdomen 后腹结[射虫]

postanal 后肛板[棘]

post analysis 事后分析；(钻)后分析
→~-analysis of survey 测后分析//~-brake 杆闸//~-breccia ore 角砾岩形成后矿石

postcingular plate 沟后板；脊后藻片

→~ series 后腰板系；后带板系[甲藻]

postcingulid 下后齿带

postcingulum 后齿带

post-classic 后古典；古典时代后的

postclavicle 后锁骨

post-closing trial balance 结账后试算表

postcollarette 后领膜[几丁]

postcollisional 碰撞后的

post(-)combustion 二次燃烧；补充燃料

post-combustion lance 二次燃烧氧枪

post-construction monitoring 竣工后监测

post construction settlement 施工后沉降

postcrack stage (疲劳)裂缝后的试验时{使用期}

post-cranial skeleton 颅后骨骼

postcristid 下后棱

post-crystalline deformation 结晶后变形；晶后变形

postcrystallization 结晶期后
→~ exchange 结晶期后交代作用

postcumulus 后于堆晶的；堆晶期后的
→~ material 堆积后成物质

post cure 后固化

postdate 晚于；迟于实际的日期

post-date 填迟日期

postdated checks 远期支票

post-deformation 变形期后

post-deformational stage 变形后阶段

post(-)depositional 沉积(作用)后的；沉积期后的

postdepositional process 沉积期后作用

postdetection 后检波

postdiagenesis 成岩期后作用

post-diagenetic 成岩期后的

post-diastrophic uplift 地壳运动后隆起

postdiluvial 洪积世后的

post-displacement 后移

post-drilled behavior of formation 地层的钻后特性

post drilling gas 钻后气
→~-dyke deformation 岩墙期后变形

posted oil price 石油标价

post-elastic behavior 弹性后效

Postel's projection 波斯特投影

postemphasis 后加重

postemplacement 侵位后的；就位后的

poster 标语；海报；广告；口部部[苔]

posterior intercalary plate 后居间甲片[古]

posteriority probability 事后概率

posterior lingual cingulum 后齿带

posterolateral spine 后侧刺

posteroventral angle 后腹角

post-exposure 后曝光

post-extractive operation 萃取后操作

postfactor 后因子

post-failure region of stress-strain curve 破坏后区段；应力-应变曲线的破坏后范围

postfix notation 后缀表示(法)

postflood 水淹后的

post-flush 后冲洗
→~ production 高峰后稳产值

postflysch 后复理石；复理石期后的

post-folding uplift 褶皱作用后隆起

post forming 二次成形

postfossette 后窝；后凹

postfossid 下跟凹

post-frac 压裂后的

post frac temp log 压裂后井温测井
→~ -fracture stage 破裂后阶段 //~

-fracturing 压裂后的
postfrontal 后额骨；额后骨
post-frontal fog 锋后雾
postgenital segment 生殖后节
→~ segments 腹部
post-geosynclinal epoch 后地槽期
→~ structure 地槽期后构造
post-giant 巨星塌后恒星[恒星演化]
Postglacial 全新世[1.2 万年至今;人类繁荣]；冰期后的；冰后期
post(-)glacial age{period} 冰后期；后冰期
postglacial dispersion 冰期后分散
→~ rebound 冰后回跃
post glacial system 冰期后系
→~-Gondwana 后冈瓦纳的;冈瓦纳后的
postgraben 地堑后
post gravel pack acid job 砾石充填后(的)酸化作业
→~{post-prop} hitch 柱窝
posthole 柱坑
post hole 竖桩坑；电线杆坑
→~{short} hole 浅炮孔// ~ hole auger 螺旋手钻// ~-hole borer 匙形钻头// ~{-}hole digger 大型螺旋挖坑钻
posthole rig 多次修理过的钻探设备
postholith 包皮垢(结)石
post horn 顶板锚杆；棚柱顶面上方栓
posthumous 再次的
→~ fold 再次褶皱
posthydrolysis 后水解
post-hydrothermal breccia 后热液角砾岩
postiche 仿造品
posticum 后孔
post igneous action 后火成作用
postignition 后着火
postindexing 补充变量
post-industrial 后工业的
→~ era 超工业时代
posting 回采矿柱；煤柱；标注；安设支柱
→~ hole 联络小石门// ~ mounted drill 架柱式凿岩机
postinjector 补充喷射器
postintrusion tectonic movement 侵入后构造活动
postintrusive dyke 侵入期后岩脉
postirradiation 辐照后；已辐照
post-job 作业后的
postkinematic 构造后的；造山运动后(期)的；造山(运动)后的；运动期后的
→~ magmatism 后变动岩浆活动// ~ stage 后变动期
postlevator thickening 后举加厚区
postlithifaction oil 岩化期后石油
post-magmatic geothermal activity 后岩浆地热活动
postmagmatic process 岩浆期后作用
→~ stage 后岩浆期
post-mare crater materials 月海期后的月坑物质
postmarginal plate 后缘片
Postmasburg manganese deposit 波斯特马斯堡锰矿床
post-mature 过成熟
postmature surface 古老面
postmaturity 过度成熟(现象)；晚壮年期
postmetaconule crista{wing} 后小尖后棱
post(-)metallogenic 成矿后的
postmetamorphic deformation 变质后变

形作用
→~ process 变质后作用
postmetamorphism 变质期后
postmineral 矿化后的；成矿期后的；成矿后的
postmineralization 矿化期后；成矿期后；成矿后期
postminimus 后小指
postmortem destruction 生物死后(所受)的破坏
→~ method 解剖法
post mounted drill 柱架式凿岩机
postnappe structure 推覆后构造
postnasal bone 后鼻骨
post-Niagara orogenic period 尼亚加拉期后造山幕{期}
Postnormapolles 后规则花粉类[孢;K-Q]
post-nova 爆(发)后新星
postnuchal notch 后颈凹
post nucleation growth 成核后生长
postobsequent stream 后逆向河；逆向河后发育的走向河
postobstantic corner 后关节角
postoccipital bone 后枕骨
postocular 眼后{部}
→~{posterior} branch of facial suture 面线后支
postophiolitic 后蛇绿岩的；蛇绿岩后的
Post Optimum 气候适宜期后
postoral plate 后唇瓣[三叶]
postorbital 后(眼窝)骨；中颊颥骨
→~ crista 眶后脊// ~ process 后眶突
post-ore 成矿后的；成矿期后的
→~{posture} halo 矿石晕
postorogenic 造山期后的
→~ phase 造山末幕
post-orogentic basin 造山运动后的盆地
post-oxidation 氧化作用(以)后的
post-pad{overflush;subsequent} fluid 后置液
postpalmar 后掌板[海百]
post panel 薄砂岩层
postparaconule crista{wing} 前小尖后棱
postparacrista 前中央棱
postparietal 后颅顶骨
post pillar 方形矿柱
→~ pillar cut-and-fill stoping 留方矿柱的分层充填法
post-placer-deposition 次生矿矿床
postplanation 均夷作用后
post-platform activization 后地台活化(作用)
postplenial 后夹板骨
Post-Pliocene 上新世后；晚上新世[即第四纪]；后上新世
post precipitation 沉淀后；后沉淀
→~ pubic process 后耻骨突起// ~ puller{withdrawer} 回柱绞车
postpump stage 抽(油气)后阶段
post puncher 立柱支撑的风镐
→~-purge 后清洗；(停炉)后吹扫
postreaction 补充反应
postrift 后裂谷的；裂谷后的；断裂后的
→~ downwarping 断裂后下挠
postrostral 后吻的{骨}
postsampling probability 后(继)取样概率
post-schistosity 片理期后
post scriptum[拉] 附言；附录
→~ (-)sedimentary{postsedimentational}

沉积期后的
postseismic deformation 震后形变
postselection 后选择；补充拨号
postseptal passage 后隔壁通道[孔虫]
post-serpentinization 蛇纹石化后
post{prop} setting 支柱架设；架立支柱
postshearing 后剪切的；剪切后的
post shock 余震
→~-shrinkage 后收缩// ~ -solidification structure 凝固后构造// ~-spinous fossa 棘后窝
postsplenial 后夹板骨
post-splitting 后裂爆破
post-stack 叠后
→~ phase treatment 叠后相位处理
post-steam waterflooding 注蒸汽后注水驱油
poststone 细粒灰岩；细粒砂岩
post stone 细粒灰岩
post-stressing 后张的；后加应力
postsubduction 俯冲后的
postsuborbital 后眶下片
postsuturing 后构造缝的；构造缝后的
post-tectonic plutonism 构造{造山}后深成运动
posttectonic{postkinematic} position 构造后位
→~{postkinematic} structure 构造期后构造
posttemporal 后颞颥骨
post-tensioned 后张的；后拉伸的
→~ anchor 后张拉锚杆// ~ prestressed concrete girder 后张法预应力梁
post-tensioning 后加拉力；后拉
Post-tertiary 第三纪后
post treatment 后处理
→~ treatment permeability (油层)处理后的渗透率
post-trenching 后开沟
→~ plow 后挖型开沟机{犁}
posttrite 副齿柱
posture 相；成矿期后的；成矿后的
→~ metamorphism 成矿后变质作用
postvolcanic activity 喷发后活动
→~ activity{|process} 火山期后活动{|作用}
postvolcanism 后火山作用
pot 电位器；电位计；壶穴[河床;地貌]；壶；罐状物，罐；煤层顶板易落锅形石块；釜；直立穴；穴；爆炸扩孔；筒
potable 饮料
Pota(mo)cypris 河星介属[N₁-Q]
potamic 河川的；江河的
→~ transport 水流搬运
Potamides 汇螺属[腹;K₂-Q]
potamium 河流群落
Potamochoerus 河猪；猪属；大河猪[Q]
Potamocyprella 小河星介属[E₂₋₃]
potamogenic deposit 河口堆积；江口沉积
→~ rock 河成岩
Potamogeton 眼子菜属[N-Q]
potamogetonacese 眼子菜科
potamography 河流描述学
Potamon 石蟹属
potarite 钯汞膏；汞钯矿[PdHg;四方]
potash 草碱；苛性钾[氢氧化钾][KOH]；钾质的；钾碱{碳酸钾}[K₂CO₃]
→~-aegirine 钾霓石[KFe³⁺(Si₂O₆)]// ~{-}albite 钾钠长石// ~ {-}analcime 钾

方沸石// ～ {-}andesine 钾中长石// ～ {-} anorthite 钾钙长石//～-anorthoclase 钾歪长石//～-bentonite 变蒙脱石// bytownite 钾倍长石//～-bytownite 钾培长石// ～ feldspar 正长石[K(AlSi$_3$O$_8$);(K,Na)AlSi$_3$O$_8$;单斜]；钾长石[K$_2$O•Al$_2$O$_3$•6SiO$_2$;K(AlSi$_3$O$_8$)]// ～ {potassium; potassic} fertilizer 钾肥// ～ harmotome 钾十字石；钾交沸石//[KBa(Al$_3$Si$_5$O$_{16}$)•6H$_2$O]// ～ lime 钾石灰//～-liparite 钾石英粗面岩// ～ mine 钾碱矿// ～ minerals 钾矿物// ～ {-}montmorillonite 钾蒙脱石// ～ {-}nepheline 钾霞石[K(AlSiO$_4$);六方]// ～ oligoclase 钾更长石//～-oligoclase 钾奥长石//～-richterite 钠透闪石 [Na$_2$(Mg,Fe^{2+},Fe^{3+})$_6$(Si$_8$O$_{22}$)(O,OH);Na$_2$Ca(Mg,Fe^{2+})$_5$Si$_8$O$_{22}$(OH)$_2$;单斜]；碱锰闪石；钾锰闪石[K$_2$(Mg,Mn,Ca)$_6$(Si$_8$O$_{22}$)(OH)$_2$]// ～ scapolite 钾方柱石//～-soda ratio 钾钠含量比[长石]// ～ spar 钾长石[K$_2$O•Al$_2$O$_3$•6SiO$_2$;K(AlSi$_3$O$_8$)]

potassa 氢氧化钾[KOH]；苛性钾[KOH]

potassalumite 明矾[K•Al(SO$_4$)$_2$•12H$_2$O;碱和铝之含水硫酸盐矿物]；钾明矾[KAl(SO$_4$)$_2$•12H$_2$O;等轴]

potassic 钾质的
 →～ {potash} alteration 钾蚀变；钾化作用

potassicarfvedsonite 富钾亚铁钠闪石[KNa$_2$Fe$_4^{2+}$Fe^{3+}Si$_8$O$_{22}$(OH)$_2$]

potassic-carpholite 富钾纤锰柱石[K(Mn^{2+},Li)$_2$Al$_4$Si$_4$O$_{12}$(OH)$_4$F$_4$]

potassic-chloropargasite 钾氯闪石[(K,Na)Ca$_2$(Mg,Fe^{2+})$_4$Al(Si$_6$Al$_2$O$_{22}$)(Cl,OH)$_2$]

potassicferrsadanagaite 钾铁沙川闪石[(K,Na)Ca$_2$(Fe^{2+},Mg)$_3$(Fe^{3+},Al)$_2$(Si$_5$Al$_3$O$_{22}$)(OH)$_2$]

potassicleakeite 富钾锂钠闪石[KNa$_2$Mg$_2$Fe$_2^{3+}$LiSi$_8$O$_{22}$(OH)$_2$]

potassic-Magnesiohastingsite 钾钙镁高铁闪石[(K,Na)Ca$_2$(Mg,Fe^{2+})$_4$(Fe^{3+},Al,Ti)(Si$_6$Al$_2$O$_{22}$)(OH,Cl)$_2$]

potassic{potash} metasomatism 钾交代

potassicpargasite 钾闪石[(K,Na)Ca$_2$(Mg,Fe,Al)$_5$(Li,Al)$_8$O$_{22}$(OH,F)$_2$]

potassic suite 钾质岩套
 →～ {potash} syenite 钾正长岩

potassio-carnotite 钒钾铀矿[K$_2$(UO$_2$)$_2$(VO$_4$)$_2$•3H$_2$O;单斜]

potassium[拉] 钾
 →～-aegirite 钾霓石[KFe^{3+}(Si$_2$O$_6$)]// ～ allevardite 钾累托石// ～ ammonium tartrate 酒石酸铵// ～ {potash} anorthoclase 钾歪长石// ～ antimonyl tartrate 酒石酸(氧)锑钾[吐酒石;K(SbO)C$_4$H$_4$O$_5$•1½H$_2$O]；吐酒石[K(SbO)C$_4$H$_4$O$_5$•3/2H$_2$O]// ～ antimony tartrate 酒石酸锑；酒石[葡萄汁等发酵酿酒时落在桶底的固体沉淀]// ～-apatite 钾磷灰石// ～ 40-argon 40 dating 钾^{40}氩^{40}定年//～-bearing mineral 含钾矿物// ～ borotartrate {tartratoborate} 酒石酸硼钾// ～ celsian 钾钡长石[(Ba,K)$_2$Al$_2$Si$_2$O$_8$]//～-chabazite 钾菱沸石// ～ cryolite 钾冰晶石[K$_2$NaAlF$_6$;等轴]// ～ dating 鉴定钾矿时代//～-faujasite 方氟硅钾石[K$_2$SiF$_6$]//～{potassic} feldspar 钾长石[K$_2$O•Al$_2$O$_3$•6SiO$_2$;K(AlSi$_3$O$_8$)]// ～ fluoride 钾萤石// ～ heulandite 钾片沸石

potassium{potash}-labradorite 钾拉长石

potassium lignite 钾褐煤
 →～-melilite 钾黄长石// ～ mineral 钾矿物// ～ natrium tartaricum 酒石酸钾[K$_2$C$_4$H$_4$O$_6$]//～-natrolite 钾钠沸石// ～ niobate crystal 铌酸钾晶体// ～ nitrate 火硝[硝酸钾;KNO$_3$]；硝酸钾[KNO$_3$]；钾硝[KNO$_3$]// ～ priderite 钾柱红石// ～ pseudo-edingtonite 钾假钡沸石// ～-rhenanite 钾磷钠钙石// ～ saltpeter {nitrate} 钾硝石[KNO$_3$;斜方]// ～ stilbite 钾辉沸石// ～ tartrate (semihydrate) 酒石酸钾[K$_2$C$_4$H$_4$O$_6$]// ～ zeolite 钾束沸石；钾沸石[((K$_2$,Ca)(Al$_2$Si$_4$O$_{12}$)•6H$_2$O;(K$_2$,Ca)$_5$Al$_{10}$Si$_{26}$O$_{72}$•30H$_2$O;六方]

potato condenser 马铃薯型冷凝器[汞齐法回收采用]
 →～ mash 土豆泥// ～ stone 芋形晶洞；芋石

pot bottom 锅底；煤层顶板中锅状巨砾
 →～{potter's} earth 陶土[Al$_4$(Si$_4$O$_{10}$)(OH)$_8$;Al$_2$Si$_2$O$_5$(OH)$_4$]

potence{potency} 势；潜能；潜力

potential (energy) 势能；潜能；位能

potentiality 含矿远景；可能性

potential landslide slope 隐伏滑坡的斜坡

Poterioceratidae 杯角石科[头]

Poteriochitina 饮杯几丁虫属[D$_2$]

potette 无底坩埚

potgietersrust 铁榴石[Fe$_2^{2+}$Fe^{3+}(SiO$_4$)$_3$]

pothole 壶穴[河床;地貌]；壶洞；河成壶穴；锅穴；锅形穴；瀑洞；瓯穴；落水洞；空洞；凹地；进行洞穴探险活动；陷落漏斗；凿井时发现的小矿脉；沼穴；洞穴探险

pot hole 瓯穴
 →～-holes 坑穴

potholing 挖坑

potlead (用)石墨涂[船等]；石墨[六方、三方]

potlid 结核[侏罗纪砂页岩中]

pot life 活化寿命；使用时限
 →～-load gravel 罐装砾石// ～ man 司炉；工长

Potoniea 笠囊属[C$_2$]

Potonieisporites 单缝周囊孢属[C]

Potoniespores 波氏孢属[C$_2$]

poto-poto 淤泥海滩

Potos 蜜熊[Q]；波托西

potosiite 铅圆柱锡矿；波圆柱铁锡矿

potrero 沿岸淤积埂；沿岸泥沙垄
 →(pot) ～ 岸外堆积堤

potroom 电解车间

pots-and-kettles 瓯穴

Potsdam formation 波茨坦组[美;∈$_3$]
 →～ gravity 波茨坦(标准)重力值

Potsdamian epoch 波茨坦世

Potsdam value 波茨坦(系统)重力值

pot stability 活化期稳定性
 →～ still 罐(式蒸)馏器

potstone 蜡绿泥石；粗皂石；块滑石[一种致密滑石,具辉石假象;Mg$_3$(Si$_4$O$_{10}$)(OH)$_2$;3MgO•4SiO$_2$•H$_2$O]；不纯皂石；不纯块滑石

pot stone 不纯皂石

potted coil 屏蔽线圈

Potter-Delprat process 帕特尔戴尔普拉特浮选法

pottern taper 拔横斜度

potter's clay 陶泥
 →～ {potters} clay 纯可塑性黏土//～ earth 陶土//～ field 万家冢

potter(y)'s ore 方铅矿[PbS;等轴]；陶人矿

potter's wheel 拉坯轮车；辘轳车
 →～ wheel{|clay} 陶轮{|泥}

potter vessel{pottery} 陶器

pottery (and porcelain) 陶瓷
 →～ mo(u)lding plaster 陶器模具用熟石膏//～ spar 制陶器用长石

Pottochino Peack 波涛奇瑙桃红石

pottsite 水钒铅铋矿；波钒铅铋矿[HPbBi(VO$_4$)$_2$]

Pottsville age 波兹维期

Pottsvillian 波茨维尔(阶)[北美;C$_2$]

pot type burner 引燃盘
 →～-type equipment (加砂)罐装设备// ～ valve 钵形阀

poubaite 硒碲铋铅矿[PbBi$_2$Se$_2$(Te,S)$_2$;三方]

pouch 囊

poudretteite 碱硼硅石[KNa$_2$B$_3$Si$_{12}$O$_{30}$]

poudrin 飘降冰晶[针]；细硬雪晶

poughite 碲铁矾[Fe$_2^{3+}$(TeO$_3$)$_2$(SO$_4$)•3H$_2$O]

poulkellerite 波尔克石[Bi$_2$Fe^{3+}(PO$_4$)O$_2$(OH)$_2$]

Poulter method 普尔特方法[气枪]
 →～ seismic method 波尔特地震法

poultice 泥毡剂；泥敷剂

poultry 家禽[总称]

pounce 顶板下沉早期征兆；(用)细砂纸磨光毡帽

pouncil 炭质页岩

pound 夯；镑；磅[英]；连续重击；岩层中大型的天然裂缝；冲击

poundage 按磅的收费数；磅数

pounding 捣碎；捣；撞击；冲击
 →～ stress 波击应力

poundstone (煤层的)黏土底板；岩石底板[煤层的]

pound to pieces 捣碎

pounson 煤层下致密软黏土

pour 倾泻；灌铸；灌；倒出；倒；注；涌流
 →～ (over) 浇注

pourability 可浇注性；灌注性；流动性[燃料]

poured-in-place 就地浇注的

poured-in type 倾注式；涌入式

pourer 注子[古代瓷制酒器]；浇注工

pouring 倾倒；出渣；出钢；浇注
 →～ basin 外浇口// ～ runner 石棉填缝浇口

pour{empty} into 注入
 →～ into 倾注；灌注// ～ point 倾点// ～ point depression 降倾点作用// ～ point reducer{inhibitor;depressant} 降倾点剂

Pourvex 鲍尔维克斯炸药[一种用TNT敏化的浆状炸药]

pout 回柱器

pouzacite{japanite} 叶绿泥石[(Mg,Fe^{2+},Al)$_6$((Si,Al)$_4$O$_{10}$)(OH)$_8$]；淡斜绿泥石

poverty 贫穷；贫乏
 →～ adjustment 不足供应// ～ poverty alleviation funds 帮困{扶贫}资金

powder 末；磨碎；粉状物；粉；粉末
 →(blasting) ～ 火药；炸药// ～ blast mining method 药室崩矿采矿法// ～-drift

blasting 药室巷道大爆破；药室崩矿

powdered 粉末状态
→ ~ barite 重晶石粉 // ~ {powder; ground} graphite 粉状石墨 // ~ graphite 石墨粉 // ~ limestone 石灰粉

powder(y){pour-type;powder-type} explosive 粉状炸药

powder factor 单位炸药崩矿量；单位耗药量
→ ~ feeder 送粉器

powdering 磨粉

powder-like waste 粉尘

powder(ed){pulverized} lime 石灰粉；粉石灰

powderman 爆破员

powder(ed) metal 金属粉
→ ~(ed) ore 粉碎矿石 // ~-pressed{-set} bit 烧结法压制的金刚石钻头

Powell frother ×起泡剂；鲍威尔起泡剂

powelling 坡威灵

powellite 钼钨钙矿[Ca(Mo,W)O$_4$]；钼钙矿[CaMoO$_4$;四方]

powellizing process 浸渍法

power 势；电源；权力；能量；能力；幂；率；威力；柄；乘方
→ ~ (capacity;efficiency) 功率；发动机 // ~-absorbing attenuator 能量吸收衰减器 // ~ arc 电弧 // ~ articulated front canopy 液压操作铰接前顶梁

powerboat 汽船

power (drive) chain 链传动
→ ~ {effective} efficiency 效率

powerful 强有力的；强大的；有效的；有力的
→ ~ current 洪流

powerhouse 发电站；发电厂房

power house{plant;station} 发电站
→ ~ house 发电厂 // ~ input 输入功率 // ~ {electrical} level 电平[功率] // ~ network 供电系统 // ~ of explosive 炸药的威力 // ~ rate 电费 // ~ scraper machine 电耙

powerstat 可调节变压器

powerstation 动力站；发电厂

power station{plant} 电站
→ ~ station 发电厂[英] // ~ supply 电力供应 // ~ take-off 分动箱；压动力输出(箱)

powertool 包华突尔炸药

power trace 功率曲线
→ ~ transformer 电力变压器 // ~ transmission{on} 送电 // ~ (supply) unit 执行机构；发电机组；机械装置；电源设备

Pownax M 西丁泥剂

poximal surface 邻面

Poyang glacial stage{Poyang glaciation} 鄱阳冰期

poyarkovite 红氯汞矿；波氧氯汞矿

poynting factor 坡印廷{亭}因子

Poynting-Robertson effect 坡罗二氏效应

poz 主石油形成带

pozglolite 砷硫[含 As 约 56.9%,S 约 35.92%,H$_2$O 约 7%]

poznyakite 水羟铜矾

pozzolan{pozzolana} 火山灰
→ ~ cement 硅酸盐水泥与火山灰水泥的混合物；普索兰水泥 // ~-cement system 波兹兰水泥系列

pozzolanic 火山灰的
→ ~ cement 凝硬水泥

pozzolan-lime cement 火山灰-石灰水泥

pozzuolana 火山灰

pozzuolite 水硫砷矿；砷硫[含 As 约 56.9%,S 约 35.92%,H$_2$O 约 7%]

ppb 十亿分之一[10^{-9}]；磅/桶

ppm 百万分之一

PPOF 主生油期

p-propenyl anisol(e) 对丙烯基苯甲醚[CH$_3$CH:CHC$_6$H$_4$OCH$_3$]

ppt 沉淀物；千分之几；万亿分之几[10^{-12}]

practical loading method 实际荷重法；单线法
→ ~ shot 实验爆破

practitioner 专业人员；开业者

pradolina 冰蚀宽谷

praearticulare 前关节骨

Praecardium 前鸟蛤属[双壳;S-D]

Praechroococcus 原色球藻属[Z]

Praedermocarpites 原始孢囊藻属[C$_1$]

praefossette 前窝

Praeglobotruncana 先球截虫属[孔虫;K]

praeheterodont 前异齿型[双壳]

praeopercular 前鳃盖骨

Praeradiolites 前射蛤(属)[双壳;K]

praerosion face{plane} 蚀棱面

Praeschuleridea 前舒勒介属[J$_2$]

praescutum 前盾片[昆]；前盾板

Praesolenopora 前管孔藻属[Z$_2$]

Praestabitol V ×药剂[磺化脂肪酸钠盐]

Praesumatrina 前苏门答腊蜓属[P$_2$]

praetersonics 高超声波学；极超短波晶体声学

Praetiglian (stage) 普莱梯格勒(阶)[北欧;N$_2$]

praevestibulum 前孔室[孢]

Praewaagenoconcha 先瓦刚贝属[腕;D$_{2-3}$]

Pragian (stage) 布拉格阶[D$_1$]

pragit{praguite} β莫来石[Al$_{9.6}$Si$_{2.4}$O$_{19.2}$]

prain 软白黏土

prairie 草原；草地；高草原
→ ~ community 草原群落 // ~ dog 草原犬鼠(属)[N-Q] // ~ mound 湿草原丘

prairies 大草原

prairie{meadow} soil 湿草原土
→ ~ soil 高茎草类草原土 // ~ {steppe} soil 草原土

prairillon 小草原

pramiry inclusion 原生包体

pramnion 黑碧玉

Prandtl boundary layer theory 普兰托边界层理论

Prandtl's solution 普朗特尔解[地基承载力]

prank 装饰；反常运转

prase 葱绿玉髓；绿石英[SiO$_2$]

prasem 葱绿玉髓

praseodymium 镨

praseolite 绿堇云石；准块云母；堇云石；堇块绿泥石

prase opal 绿蛋白石[H$_6$Fe$_2$(SiO$_4$)$_3$·2H$_2$O]

praser 绿玉髓[SiO$_2$]

prasilite 韭绿泥石[Mg 和 Fe 的铝硅酸盐]

prasin(chalzit) 斜磷铜矿{假孔雀石}[Cu$_5$(PO$_4$)$_2$(OH)$_4$·H$_2$O;单斜]

prasinite 绿泥闪帘片岩

Prasinocladus 绿枝藻属[绿藻;Q]

Prasiola 溪菜(属)[绿藻;Q]

prasiolite 绿堇云石；准块云母；堇云石；堇块绿泥石

prasius 葱绿玉髓

prasochrome 变铬铁矿；绿铬石[铬铁矿的变化产物]

pras(i)olite 变堇青石；韭绿泥石[Mg 和 Fe 的铝硅酸盐]

prasopal 绿蛋白石[H$_6$Fe$_2$(SiO$_4$)$_3$·2H$_2$O]

Prasopora 葱苔藓虫属[O]

Prasoporina 准葱苔藓虫属[O]

prassoite 硫铑矿

pratincolous 栖草甸的；草地生的

Pratt hypothesis 普拉特假说[地壳均衡]
→ ~ {Platt} isostasy 普拉特均衡假说

pratum 草甸；草地

pravdite 钙铝稀土矿

Pravognatus 畸颚牙形石属[O$_2$]

prawdite 钙铝稀土矿

praxis[pl.praxes] 实践；惯例；习惯

preagitation 预搅动{拌}

preamble 预兆性事件；开端；序言
→ ~ code 引导码

preanalysis 预分析

prebiological{prebiotic} 生物出现前的

pre-blasting 预先爆破

pre-blended solution 预先混合的溶液

pre-blending optimization module 预混合优化模块

preboiler 预热锅炉

prebomb tritium content 原子弹试验前的大气氚浓度

pre-bore 井底附近地带

Preboreal{pre-boreal age} 前北方期

preboring 预钻孔

preborn time 预燃时间

prebreaker 预粉碎机

pre-breakthrough 见水前的；突破前的

pre-buckling 前挠曲；预挠曲

pre(-)burning 预燃

preburst 前兆爆炸；喷前爆炸

precalcined sinter 预焙烧烧结矿

precalciner 预分解炉；预煅烧器

precalcining technology 窑外分解技术

precalculated volume 预计体积

Precaledonian{pre-Caledonian} 前加里东幕
→ ~ metamorphism 前加里东变质(作用)

Precambrian 前寒武纪的
→ ~ (period) 前寒武纪[2500~570Ma] // ~ cherty{|banded} iron formation 前寒武纪燧石质{|条带状}含铁建造 // ~ era {|system} 前寒武代{|系} // ~ metamorphic terrain 前寒武纪变质地区

precarburization 预先渗碳

precarious 悬；风雨飘摇

precast 预浇注{铸}；预制
→ ~ concrete-block support 混凝土预制块支护

pre-cast concrete segment{precast concrete unit segmental} 预制混凝土弧{弓}形块

precast panel shipbuilding 预制装配造船法
→ ~ prestressed beam 预制预应力梁 // ~ {reconstructed; reconstituted} stone 再造石

precautionary 预防的；警戒的；小心的
→ ~ {preventive} measures 安全措施

precaution fault 危险断层

precautions against earthquakes 防震措施

precedence 领先；优先权；优先；优越性

→~ relationship 优先关系
preceding 上述的；前的；以前的
　→~ line (导线)前测边 //~ seismic activity 先前地震活动性 //~ settlement 前期决算
precementation 预先灌浆
　→~ process 预灌浆法
precement pore space 胶结前孔隙空间
precentrocrista 前中央棱
precept 规则；格言
preceramic age 前陶器时代
precession 进动[天]；旋进；(按岁差)向前运行；先行；岁差[天]
precessional period 岁差周期
precession method 旋进法
　→~ of (the) equinoxes 岁差[天] //~ of the Earth 地球进动 //~ rate 旋进(速)率
prechamber 预燃室
precharge 预加压
precheck 预先检验
pre-Chengjiang movement 前澄江运动
prechlorination 预加氯处理[水过滤前的]
precingular archeopyle 前腰古口；前带古口[甲藻]；沟前原口
　→~ series 沟前板系
precingulid 下前齿带
precingulum 前齿带
precious 贵重；金
　→~ {Bohemian} garnet 镁铝榴石[Mg₃Al₂(SiO₄)₃;等轴] //~ {oriental} garnet 贵榴石 [Fe₃Al₂(SiO₄)₃] //~ metal deposit 贵金属矿床 //~ opal 欧波{白}石 //~ schorl 贵黑电气石 //~ serpentine 贵蛇纹石{岩}[暗绿色微透明蛇纹石；Mg₆(Si₄O₁₀)(OH)₈]
precip 降雨
precipice 石壁；峭壁；崖；绝壁；削壁；悬崖；宝石
　→~ and cliff 陡峭崖石
precipitability 沉淀度
precipitable 可沉淀的
　→~ water 能降水的水；可降水量
precipitant 沉淀物；沉淀剂
precipitated scale 沉积水垢；沉淀水垢
　→~ sedimentary rock 淀积岩 //~ {atmospheric} water 降水
precipitate-free-zone 无沉淀带
precipitating action 沉降作用；沉淀作用
　→~ {precipitation} agent 沉淀剂
precipitation 沉积作用；沉淀作用；沉淀；部分降水；分级沉淀；分步沉淀；析出；降雨；降水；脱溶(作用)
　→~ of paraffin 石蜡沉积
Precipitation patterns 降水类型
precipitation resurfacing 表面沉淀置换
　→~ station 静电干扰 //~ threshold 沉淀度；临界沉淀点
precipitator 沉淀器；沉淀剂；收尘器；滤器；吸尘器
　→(particulate) ~ 除尘器
precipitators 分解槽
precipitous 悬崖的；险峻的；险峻；突然的；陡峭的；陡峭
precise 确凿；准确的；精确；精密的
　→~ slot 尺寸精确的割缝 //~ traverse 精密导线
precision 精确度；精密度；精密的
　→~ (accuracy) 精度 //~ bathometer 精密水深探测仪 //~ measurement equi-

pment laboratory 精密测量设备实验室
preclavicle 前锁骨
precleaner 粗滤器
precoalified 预煤化；前期煤化；预碳化[丝炭]；先成煤化
precoated gravel 预涂敷砾石
　→~ sand 覆模砂；复模砂；覆膜砂
pre(-)coat filter 预涂助滤剂的过滤器{机}
precoat macadam method 浇沥青碎石路施工法
　→~ tank 预涂层浆液罐[硅藻土过油器系统中]
precognition 预知
precolpate 原始沟粉类[孢]
precombustion 预燃
pre(-)combustion{stilling;preignition;mixing} chamber 预燃室
precomminution 预粉碎
precommissioning 预投(料试车)
precompression 预压；预压法
pre(-)concentrate 预选精矿；初选精矿
preconcentrate stockpile (初选)精矿堆栈
preconcentration 预(先)精选[例如在氰化前处理金矿等]；预浓缩；前期富集(作用)；预选；预(先)富集
preconception 预想；先入之见
precondenser 预冷凝器
preconsolidation 预固结；前期固结；先期固结
　→~ deformation structure 固结前变形构造
preconstruction 预先分段装配
　→~ fill 预压填土
precontamination 初期污染
precontemporary 古代的
pre-Cordillera terrane 科迪勒拉期前地体
precorrection 预校正
precoxa 前脚基节[三叶]
pre-Cretaceous 前白垩纪的
pre(-)crushing and grinding system 预破碎粉磨系统
precrystailine deformation 结晶前变形
precrystalline 结晶前的
　→~ deformation 晶前变形
precrystallization 预结晶；结晶前的
precurrent mark 浊流前印痕
precursor 化学前体；产物母体；前兆；前体；前身；前驱物；母体；预兆；先驱
precursory folding 前兆性褶皱作用
precut 预掘槽；预切槽
　→~ lagging plank 预制(支架)背板
pre-cut shearer 预截式采煤机
pre-cutter 预截器；(斗轮挖掘机)预割器
precutting 预掘槽；预切槽
pre-cyanide 氰化前
predation 捕食作用
predator 捕食者
predawn image 黎明前图像
predazzite 水滑结晶石灰岩
predecessor 亲本；前身；前人；母系
　→~ activity 前导活动；紧前活动 //~ company 前公司；被接管公司 //~ ore mineral 上一代的矿石矿物
predecomposition 预分解
predefine 预先确定；预先规定
pre-defined algorithm 预定算法
pre-deformational 形变前的
　→~ sediment 形变期前沉积物
pre-delivery inspection 交付前检查

predelta 前三角洲
predentary (bone) 前齿骨
predentin mineralization 前期牙本质矿化
predeposition 预淀积
predepositional porosity 沉积期前孔隙(度)
predesign 初步设计
predestined ties{relationship} 前缘
predeterminated pressure 预定压力
predetermination 预定
predetermined distribution 预定分配方法
　→~ stress 预定压力 //~ value 预定值
predetonation 过早起爆；早爆；预爆轰[震]
pre-development 预先开拓
　→~ budget 开发前平衡{预算}
predewatered clean coal 预先脱水后精煤
prediagenesis 前成岩作用；预成岩作用；成岩前沉积作用
predicable 可断定的
predictability 可预报{测}性
predictable 可预测的
　→~ geyser 活动时间可预知的间歇泉 //~ pressure 预计压力
predicted anomaly 预测异常
　→~-deviation 预测井斜；预报井斜 //~ exploitation resource 预计开发{采}资源 //~ field performance 预测的油田动态
predicting 预测；预报
prediction 推估
　→~ of earthquakes{|eruption}地震{|喷发}预报 //~ of finite element method 有限元法预估沉降 //~ of subsidence 下沉预计
predictive deconvolution 预测反褶皱
　→~ regionalization 远景规划
predictor 预测值；预报者
prediffusion 预扩散
prediluted 预稀释的
prediluvian 前洪积世；洪积前的
Prediscosphaera 前盘球石[钙超;K]
pre-displacement 前移；预驱替
pre-disposal 处理前的
predisposing factor 诱病因素
predisposition 诱因
predissociation 前解离
predistortion 预失真
　→~ method 反变形法
predominant 占优势的；主要的；突出的
　→~ direction of principal compressional stress 优势主压应力方向 //~ formation 地质剖面中最厚的岩层；地层剖面中最厚的岩层；最常钻到的岩层；主要岩层
predominantly 占统治地位地；居支配(地位)
　→~ liquid two phase fluid 水为主的(汽水混合物) //~ sulfate water 以硫酸盐为主的水
predominant{dominant} period 卓越周期
predominate 起主要作用；占优势；居支配(地位)；突出；统治
predomination 占优势；突出
predrain 预先排(气)；预先排水
predrainage 预先排水
　→~ capacity 预抽放能力 //~ of coal seam 预抽煤层瓦斯 //~ of seam 煤层瓦斯预先排放法
predraining zone 初步脱水区
pre-dredged{-excavated} pipeline trench 预挖的管沟
　→~ trench 预先挖好的管沟

P

predrift reconstruction 漂移前复原图

predrilling 超前钻进；打开口眼；打超前(钻)孔；开孔
→～ exploration 钻探前勘探 // ～ ground temperature 钻前地下温度

pre-drilling state (地层)钻开前状态

predrying 预干(燥)

Pred's behavioural matrix 普雷德行为模型

pre-dyke fold 岩墙期前褶皱

pre-earthquake deformation 震前形变

Preece test 柏瑞斯试验

pre-Ediacaran 前埃迪卡拉纪的

pre-emergency 辅助(的)；备急(用的)

preemergent 芽前的；出土前施用的；出土前的[植物种子]

preeminent 超群
→～ gases 主要气体；优势气体

preemplacement 侵位前的；就位前的

preemployment medical{physical} examination 录用前健康检查

pre-employment trainee system 预备工制度

preemption 优先购买(权)

preemptive{preemptory} 有先买权的；先买的；先发制人的[桥牌、战争等]

pre-engineered (belt) conveyer 特制件组装胶带输送机
→～ solution 性能经调节的溶液

pre-enrichment 预(先)富集；预精选[例如在氰化前处理金矿等]

preexisting crack 原有裂隙

pre-existing fracture 原有裂隙
→～ microcrack 预先存在的微裂缝 // ～ microfeature 原显微形态

preexisting{early-formed} mineral 先成矿物
→～ mineral 早先存在的矿物 // ～ rock 先期存在的岩石

pre-existing{preexisting} rock 先成岩石

prefab 预装配；预制件；预制的
→～ form 工厂预制模板

prefabricate 预制

prefabricated 顶装配的；预制的
→～ board 预制板 // ～ modular unit 预组装模块式机组 // ～ terrazzoflooring 预制磨石地面

prefecture 地区

preferential 优先的；有选择的；特惠的
→～ adsorption 选择吸附

preferred 优先选用的；优先的

prefilter 前置滤(波)器；粗{初}滤器；预(过)滤器；先过滤器

prefloat rougher cells 预浮选粗选槽
→～ treatment 预浮处理

preflood 水驱前的；注入前的
→～ core fluid saturation 驱替前岩芯内流体饱和度

Preflorianites 前弗洛连菊石属[头；T₁]

prefocus{prefocusing} 预聚焦
→～ lamp 定焦灯

prefolding 褶皱(作用)前的

preformation 预先形成{成型}
→～ theory 前成说

pre-formed 预制的

preformed gum 燃用树脂
→～ nucleation 预定成核

preformer 预变形器

prefossid 下三角凹

prefossilization 石化前作用；预化石化

pregeologic 地质工作前的；前地质时期的

p-region 电子不足区；带正电荷的区域[空穴]

preglabellar area 头鞍前区
→～ field 鞍前区[古]；内边缘[三叶]

preglacial 冰期前的；冰河期前的
→～ drainage 冰期前水系

pregnant pulp 母矿浆
→～ {saturated} solution 饱和溶液 // ～ {parent} solution 母液

pre-Gondwana 前冈瓦纳的

pre-gosau folding 前歌骚{高萨；戈绍{萨；索}}褶曲

pregraben 地堑前

pregranite composition 花岗岩前成分

pregranitic basement 花岗岩出现前的基底

pregrattite 钠云母[NaAl₂(AlSi₃O₁₀)(OH)₂；单斜]；珍珠云母[CaAl₂(Al₂Si₂O₁₀)(OH)₂；单斜]

pre-greenstone 绿岩期前的

pre-grinding 预先磨细；预磨

pre(-)grouting 预灌浆

pre-grouting with small duct 小导管预注浆 "pregs" 含金溶液

pre{|post}-gypsum strata 石膏形成前{后}地层

prehallux 前拇指[两栖]；原大趾

preheat 预热
→～ and firing zone 预热和焙烧带

preheating 预热
→～ capacity 预烧能力

prehension 抓住；领会

pre-Himalayan 前喜马拉雅期的

prehistoric world 史前世界

prehistory 史前

prehnite 葡萄石[2CaO·Al₂O₃·3SiO₂·H₂O；H₂Ca₂Al₂(SiO₄)₃；斜方]
→～ -pumpellyite-metagreywacke facies 葡萄石-绿纤石-变质杂砂岩相

prehnitite 葡萄石岩

prehnitization 葡萄石化(作用)

prehnitoid 白蓝方石；钠柱石[Na₈(AlSi₃O₈)₆(Cl₂,SO₄,CO₃);3NaAlSi₃O₈·NaCl;四方]；杂钠柱葡石

pre-Holocene 前全新世的

Pre-hominian 前获膜人

prehomogenizing stockpile 预均化堆场

prehydrated bentonite 预水(合)膨(润)土
→～ concrete 预先水合混凝土

prehydration 预水化

pre-hydrothermal breccia 前热液角砾岩

pre-ignimbritic 熔结凝灰岩期前的

pre-Imbrian 前雨海系{纪}[月面]

pre-impounding seismicity 蓄水前地震活动性

preimpregnation 预浸渗

pre-interpretation 预解释

preintrusive 侵入前的

pre-irradiation 辐照前；预照射

preisingerite 皮砷铋石[Bi₃(AsO₄)₂O(OH)]；普砷铋石

preiswerkite 铝钠云母[NaMg₂AlSi₂Al₂O₁₀(OH)₂]

prejudge(e)ment 预先判断

prejudice 偏见；损害

pre-kinematic intrusion 造山前侵入

preknock 预爆震

pre-late Devonians age 晚泥盆纪前时期

prelateral lobe 侧前叶
→～ plate 前侧片

Prelepidodendron 先鳞木属[D₂-C₁]

preliminary 预先；预赛；开端的；序言的；初步的
→～ concentration{election} 预选 // ～ exploration{prospecting} 普查 // ～ grinding 预磨；预先磨矿 // ～ orbit 最初轨道 // ～ ore dressing investigation 初步选矿研究 // ～ sweep 初始扫描 // ～ washing drum 预洗矿筒

preliminator 短型干式球磨机

prelimit 预限

Prelino Rosa 香槟红[石]

prelithifaction porosity 岩化期前孔隙度

preloaded soil 预压结土

preloading 预先装入；预先注入；预加荷载
→～ method 预压法 // ～ silt-drainage 预压排淤法

prelog 测前；测井前

prelubricated sealed bearing 预先润滑封闭轴承

PREMA 流行地幔

pre-made solution 预先配制的溶液

premagadiniform 穿孔贝类腕环

pre-magnetization 预磁

preman circulation 人类出现前的循环

premandibular fossa 前颌穴
→～ ridge 前颌脊

premature 过早发生的事物；过早；早熟；未成熟的；不到期的
→～ bit failure 限钻头过早磨损 // ～ blast{explosion;shot} 早爆 // ～ block 岩芯过早卡塞 // ～ bridge 过早出现砂桥

prematurity 早熟(性)

premaxilla 前上颌骨

premaxillary bone 前上颌骨；前颌骨；颚骨

premedian plate 前中片

pre-Mesozoic orogenic belt 中生代前造山带

premetacrista 后中央棱

premetallogenic 成矿前的

premetamorphic emplacement 变质前侵位

premetamorphism 变质前作用；前变质(作用)

premineral 矿化前的；成矿前的

premineralization 预矿化作用；预成矿作用

premineral rock 成矿前岩石

pre-mining stress 开采前应力
→～ technology 采前技术

premix burner 预燃器

premixed plaster 预掺料灰泥

premix molding compound 预混合模塑料

premodulation 预调制

pre-Moinian age 前莫因期

premolar (teeth) 前臼齿

premonitoring 前兆监测；预监测

premonitory effect 前兆效应
→～ symptom 地震征兆；预兆 // ～ symptoms 地震前兆

premoulding 预压制；预制模

prenitoide{prenia} 葡萄石[2CaO·Al₂O₃·3SiO₂·H₂O;H₂Ca₂Al₂(SiO₄)₃；斜方;不纯]

Prenkites 普伦克菊石属[头；T₁]

prenova{pre-nova} 爆前新星

pre-nova spectrum 新星爆前光谱[天]

prenyl 含异戊(间)二烯基的

preobrajenskite{preobrazhenskite;preobraz-hensquite} 黄硼镁石[$Mg_3(B_5O_7(OH)_4)_2 \cdot H_2O$]；斜方水硼镁石[$Mg_3B_{11}O_{15}(OH)_9$]

preoccipital glabellar lobe 头鞍基底叶

preoccupation 偏见；先占

preocular branch of facial suture 面线前支[三叶]

→~ ridge 前眼脊

pre-operational test 操作前试验；预试验

pre-operation work 生产作业准备

preopercular 前鳃盖骨

→~ line 前鳃盖沟

preophiolitic 蛇绿岩期前的

pre-Optimun (气候)适宜期前

preoral cavity 口前腔[丁]

preorbital recess 眶前凹

Pre-Ordovician 奥陶纪前

pre-ore 成矿前的

→~ halo 矿前晕

preorogen 造山前期地带

pre-orogenic facies 造山期前相

preorogenic magmatism 前造山岩浆活动

pre-orogenic magmatism 造山期前岩浆活动

→~ phase 造山运动前时期；造山前期

preorogenic stage{|facies} 前造山期{|相}

preorogeny 造山运动期前

prep 洗煤厂

prepack 预先充填

→~ acid job 充填作业前酸化

prepacked concrete 预填集料混凝土；先填集料混凝土

→~ form 预填惰性材料模板//~ gravel liner 预制滤砂管//~ soil concrete pile 预填土砂压力灌浆混凝土桩

prepacking operation (地层和炮眼)预充填作业

prepack(ed) screen 预制滤砂管

prepad (fluid) 前置液

prepaid rent income 预收租金

→~ rent income on land 预付地租

Prepakt aid 柏里派克特剂

Prepaleozoic erathem 前古生界

preparability 可`选{准备}性

preparapteron[pl.-ra] 翅下前片

preparation 制剂；准备；配制；配件；分选；制备；选煤；精选

→~ of core sample 制造实验用岩样；试验用岩样；岩芯制备

(coal-)preparation plant 选煤厂；洗选厂

preparative 准备的；准备；筹备的

→~ chromatography 制备色谱(法)//~ layer chromatography 制层色谱(法)

preparator 选煤厂；选矿机；选矿厂；精选机

preparatory 准备的；初步的；筹备的

→~ classification 预先分级//~ reserves 准备储量//~ working 采区准备工作；采矿准备//~ working 准备巷道

prepare 制备；选矿

prepared and ready stoping reserve 三级储量

→~ ore reserve 准备矿量//~ reserve 采准矿{储}量；准备储量

prepare feed (for livestock) 备料

→~ statement 编制报表

preparietal 前顶顶骨

preparing of slides 薄片制备

prepayment 预付款；预付

pre-pelletized{-granulated} concentrate 预制粒精矿

pre-Pennsylvanian rocks 宾夕法尼亚纪前岩类

prephanerogam 前显花植物

pre-Phanerozoic 前显生宙的

preplastication 预增模

pre-plate 前板块期的；板块期前的

preplay 前兆

pre-Pleistocene 前更新世

→~ glaciation 更新世前的冰期

prepodzolic soil 准灰化土

prepollen 前花粉

prepollex 前拇指[两栖]

prepolymer 预聚合物

pre-polymerization 预聚

preponderance 优势

preponderant age 主要年龄；优势年龄

pre-porphyry breccia pipe 斑岩形成前角砾岩筒

preposition 前置词；放在前面

pre-positioned 预装的

→~ landing nipple 预定长度{位置}的联顶短节

prepreg 预浸渍体；聚酯胶片

pre-preg winding 预浸胶纱(带)缠绕法

pre-pressurize 预压

pre-press zone 预挤压区

preprint 预印本；未定稿版

preprocessing 预加工；预处理

preproduction 试制；试生产

pre-production capital cost 基建投资；投资

preproduction{standard} model 样机

pre-production period 生产准备期

→~ phase 试采阶段；生产前准备阶段

preproduction-type test 生产前的定型试验

preprotocrista 原尖前棱

prepulsing 预馈脉冲；发送超前脉冲

prepump 前级泵；预抽泵

prepurge 预清洗；(炉膛内)预吹扫

pre-Quaternary 前第四纪

prereacted raw batch 预反应料

prerecharge water level 补给前水位

pre-reducing 预还原

prereduction 预先破碎；预先还原

prerelease 提前排汽[蒸汽机]

prerequisite 前提；必要条件；必须预先具备的；先决条件

→~ (for ore hunting){prerequisite of prospecting ore} 找矿前提

presbytis 瘦猴[Q]；疣猴；叶猴[Q]

prescribe 使不合法；(使)过期限而失效；规定；指示

→~ a time limit 限期

prescribed 规定的；法定的

→~ minimum 下限

pre-selecting{preselection} 预选

presentation 提出；表现；在场的；到场的；给出；目前的；目前；带来；礼物；赠；引起；现在(的)；具有；现今；现存的；出席；存在；交出；推出；提供；送出；显示；表示；描述；影像；介绍；图像；呈现

→~ of information 信息显示

present{recent} period 现代

→~ {current} situation 现状//~ value {worth} 现值

preservation 保管；保存；储藏；防腐

→~ in life position 保存于生活时位置[化石]//~ of fertility 地力保持//~ of track 遗迹保存

preservative 保存的；贮藏法；防锈油

preserve 收藏；保护区；保护；保持；残存矿量；防腐；维护

→(wildlife or plant) ~ 禁区

preserved edge 保存边际

preset boring stroke 预定钻进行程

→~ {predefined;preassigned} parameter 预定参数

pre-set prevention mechanism 防止提前坐封机构

preset{schedule} time 规定时间

→~ torque wrench 预调力矩扳手//~ value 预置值

preshadow method 先影法

preshaping 预先成型

pre-shear hole 预裂炮孔

preshearing 周边预爆法；预剪切

preshift inspection 班前检查

preshoot 前冲(信号)

preshot 爆破前(的)

→~ noise level 炮前噪声水平{能级}

pre-shut-in constant-rate period 关井前稳定生产期

presidium 主席团

Presinian 前震旦纪的；震旦纪前的

→~ (period) 前震旦纪//~ system 前震旦系

presintering 预烧结；初步烧结

pre-sizing screen 预筛筛分机

pre-skip returns 炉前筛下返矿

preslite 绿磷铅铜矿[$Pb_2Cu(PO_4)(SO_4)(OH)$;单斜]；磷铅铜矾

preslotted liner 预割缝衬管

preslug 预冲洗液段塞

presmelting 预熔炼

presoak 预浸(洗剂)

Pre-soaking 预浸泡

presolar 太阳期前的

pre-sparking 预燃

presphenoid 前蝶骨

prespinous fossa 棘前窝

prespiracular crista 前喷水脊

presplit(ting){pre-shearing} blasting 预裂爆破

pre-split crack 预裂裂缝

presplit cut 预裂掘槽

presplitting 周边预爆法

prespringing 反向变形

pre-spud plan 开钻前计划

presque isle 湖中岛；湖边半岛

(forge) press 压机

pressable wax 可压榨的石蜡

press-and-blow process 压吹成形法

press button 按钮

→~-button 按钮开关；按钮//~ button switch 按钮开关//~ cake 石蜡滤饼//~ cake discharge 卸饼装置

pressed amber 压塑琥珀

→~ {compacted} rock 压实岩石//~ rock 受压岩石

Press-Ewing seismograph 普雷斯-尤英地震仪

press{interference;force} fit 压配合

→~ forging 锻压//~ forming 压制成型//~ for mould extrusion 铸型落砂冲锤机//~ home 推塞至底[装入炸药]

pressigny flint 蜂蜡燧石；蜡燧石

pressing 唱片；紧急的；模压制品；榨；恳切的；压制成型；压制；压药；压；紧急；冲压(件)

→~ {-}in method 压入法[测硬度]//~ machine 压力机//~ of ore fines 矿粉压块

press mark 压痕

→~ mould 压模；锻模

pressolution 压溶(作用)

pressolutional fracture 压溶裂缝

pressolved 压溶的

pressostat 稳压器

press powder 压粉

→~-spahn 纸板；压板

pressure 压缩；压力；压；挤压

→~ burst 岩石破裂；压碎

pressured flotation cell 压力浮选池

pressure diecasting{casting} 压铸

→~ differential{difference;drawdown} 压(力)差//~-differential tubing safety 压差式油管安全阀//~ distribution 压力分布//~ drop{slope;sink;fail;loss;fall} 压力降

pressured shale 受压页岩

pressure element 感压元件

→~ fueling system 燃料加压供给系统//~-gradient force 压力梯度力//~ injection 加压浸渍处理法//~ measuring unit 测压装置//~ metamorphism 压力变质

pressuremeter{Menard} modulus 梅纳模量

pressure meter test 旁压试验

→~ of loose surrounding rock 散体地压//~ of pore air 孔隙气压力//~ oil burner 压力喷油燃烧器//~ operated switch 压力操纵开关//~-out 压力过高；憋压//~ packing 压力充填[砾石滤器]//~ per stone 每颗金刚石所受的钻压

pressurestat 恒压器；稳压器

pressure storage tank 耐(蒸气)压储罐

→~ volume characteristic of mine 矿井的压力体积特性

{P-V-T}pressure-volume-temperature relation (ship) 压力-体积-温度关系

pressure wall 雪崖

→~ water pipe head conduit 压力水管//~-welded 压熔接的

pressuri(zi)ng 试压；加压

pressurized 增压的

→~ air 压缩空气//~ petroleum reservoir 承压油藏

pressurizer 增压泵

pressurizing 产生压力；提高压力

→~ cable 气密电缆；充气电缆

prestabilized 预稳定的

Prestabit V ×捕收剂[硫酸化或磺化脂肪酸;法]

pre-stack (水平)叠(加)前

prestack F-K migration method 叠前频率-波数域偏移法

→~ imaging 叠前成像//~ migration 叠前偏移[震勘]//~ partial migration 叠前部分偏移

pre-stack processing 叠前处理

prestarting inspection 启动前检查

prestart-up conceptual design 开始开发前的初步设计

pre-start warning 启动预报(装置)

pre-stellar matter 恒星前物质

prestimulation 增产措施前的

prestocking 预储备

prestress 预加应力；预应力

prestressed 预加应力

→~ rock 应力前岩石

prestressing bed 预加应力台

prestress peen forming 预应力喷丸成形

prestretching 预先拉伸；预拉伸

pre-strike-slip {-}position 平移前位置；走向滑动前(的)位置

prestripped bench 超前剥离平台

presumably angle 推测(井斜)角

presumption 设想；预想；推断；推测；假定

→~ of innocence 无罪推定

presupernova binary 爆前超新双星[天]

presupposition 先决条件

pre-survey feasibility modelling 施工前可行性模拟

pretarsus 内节肢末节

pretectonic 构造前的；构造期前的

pre-tectonic blast 构造前变晶

pretectonic recrystallization 前构造再结晶(作用)

pretensioned belt 预拉力胶带

→~ concrete 预(施)张(应力)混凝土

pre-tensioning method 预应力法[钢筋]；先张法

Pretertiary volcanic rocks 前第三纪火山岩

pretest 事先试验；测试前的；预先检验；预测试

→~ chamber 预测试室

pretesting 预试

pretest treatment 试验前准备{处理}

→~ underpinning 预试打支撑桩

pretimed{timing} controller 定时信号控制机

Pretoria 比勒陀利亚[南非]

pretravel (开关)预开度

pretreated ore 预处理过的矿石

pretreater 预处理器

pretulite 磷钪矿[$ScPO_4$]

pre-unconformity fault trap 不整合期前断层圈闭

→~ sequence 不整合期前层序

pre-ural centrum 尾前椎

prevailing 盛行；流行的；流行；占优势的；通行的

→~ climate 主导气候//~ form 主形；聚形中占优势的单形//~ temperature 优势温度

prevail on{upon;with} 普遍

→~ on(upon,with){over} 胜过//~ on (upon,with) 流行

prevalent 盛行；普遍的；流行的；占优势的

→~ mantle 流行地幔

prevallid 下前剪面[牙齿]

prevallum 前剪面

prevalue 预置值

prevegetation time 前植期

preventative 预防剂

preventer 安全装置；防护器

→(blowout) ~ 防喷器//~ {shear} pin 保险销

prevent fires 防火

→~ floods by water control 治水//~ frostbite 防冻

prevention 保护；制止；妨碍

→~ and control of pollution 污染防治//~ {-}of {-}deviation drilling 防偏钻眼{进}//~ of scaling 预防结垢；防垢

prevent(at)ive 预防的；预防措施；预防剂

preventive grouting 预防性注{灌}浆

→~ maintenance inspection 预防性维护检查//~ measure {action} 预防措施；防喷措施

prevent or control flood 防洪

previously 从前；在先；以前

→~ cultivated land 熟土；已开垦的土地

previsual symptom 理想征兆

previtrain 褐煤镜煤；初级镜煤

pre-volcanic fissure 火山喷发前裂隙

prevomer 前犁骨；前锄骨

prewashing 预洗(涤)

prewatering 预先润湿；预先加水

preweakening hole 卸压螺钻钻孔

preweighted 预称重的

→~ filter crucible 预先称重的坩埚

prewet screen 预湿筛

prewetting 预浸水

prewhirl 预旋

prey 被俘获动物[遗石]；牺牲品

preyield microstrain 屈服前微变形

→~ strain 屈服前应变

prezygapophysis 前关节突

PRI 磷酸盐岩研究所[美]；利润风险投资比

Priabonian 普利阿邦阶；普里阿邦(阶)[欧;E_2]

→~ Age 朴来阿波期//~ stage 普阿邦阶[E_2]

Priacodon 蒲利亚兽属[J]；原尖兽属

Priapuloidea 鳃曳动物门[蠕]；绵茎虫动物门[蠕]

Priapulus 鳃曳虫(属)[蠕;Q]

pr(z)ibramite 针铁矿[(α-)$FeO(OH)$;$Fe_2O_3 \cdot H_2O$;斜方]；绢针铁矿；镉闪锌矿[$(Zn,Cd)S$]

Pribram meteorite 普日布拉姆陨石[捷]

price 定价；代价；价格

→(posted) ~ 标价；售价//(commodity) ~ index 物价指数

priceite 白硼钙石[$Ca_2(B_5O_6(OH)_7)$;$Ca_4B_{10}O_{19} \cdot 7H_2O$;三斜?]

price list{catalog(ue)} 价目表

→~-proportion 单价比；价格比值

Price-ractor meter 柏莱斯型流速测定器

price relations 比价

→~ rise{enhancement} 物价上涨

pricetag 价目标签

price tendered 投标价格

pricing 定价；成本计算

→~ day 计价日//~ policies of resources 资源的定价政策

pricipium[pl.-ia] 基础；原则；原理

pricker 炮眼针；锥子；针；沼地探深棒；药包戳孔棒[备装雷管用]；触针；松煤杆

→(lamp) ~ 安全矿灯调焰器

pricking dirt 劣质煤层

→~ pin 刺针

prickly tang 石生海藻

prick{center} punch 冲心凿
　→~ punch 尖头穿孔器

Pricyclopyge 锯圆尾虫属[三叶;O]

pride 富矿体

priderite 柱红石[$(K,Ba)_{1-1.33}(Ti,Fe^{3+})_8O_{16}$;四方]

Pridolian stage 普利多尔阶[J_3]

priele 潮流道

priguinite 黄钼铀矿[$(UO_2)Mo_2O_7 \cdot 3H_2O$;$UO_3 \cdot 2MoO_3 \cdot 4H_2O$;单斜]

prilepite 肾树脂

prill 试金珠;富矿石块;球状多孔硝酸铵;球粒;特富矿块
　→~-and-oil (mixture) 铵油炸药//~{charge} column 药柱

prilled explosive 粒状炸药

prilling tower 结晶塔

prill loader 硝铵燃料油丸装药器;粒状炸药装药器

prima 初波

primacord 导爆线;导爆索;引爆线;传爆索
　→~ (fuse) 引爆索//~ short-period connector 导爆线短时推迟起爆物//~ trunk line 主导爆线

primanal 近肛板[海百]

primarrumpf 剥蚀上升均衡平原

Primary 第一纪[旧]

primary 基本的;根本的;最初的;主要事物;主要的;原子核;原始的;原生的;原的;一次的;初始;初级(的);初次的
　→~ cell 初选浮选机{槽}[处理原矿浆]//~ (mineral) deposit 原生矿床//~{depositional} dip 沉积倾角//~ frequency standard 原始频率基准//~{kish} graphite 初生石墨//~ hutch middlings 初选跳汰机筛下中矿//~ instrument 一次仪表//~{original} mineral 原生矿物[矿脉中]//~ mineral 厚生矿物//~{original} ore 原生矿石//~ ore zone 原生矿床//~ petroleum 初级石油//~ sample 原矿样//~ slime table 初选用矿泥(淘汰盘)//~ stoping 矿房回采//~ stoping {mining; excavation} 采矿房//~ sulfide zone{ore zone} 原生硫化矿带//~ vein 中脉//~ washer 初选洗煤{矿}机

primates 灵长目[哺]

primatology 灵长`目{类动物}学

primaxil 首级分腕板[海百];原分歧腕板

prime 第一阶;起爆;灌注启动水(泵);准备爆炸;最初的;装雷管[火药];主要的;质元素;原始的;涂底层;灌注[泵]
　→~ (cartridge) 药包中装雷管;素元素;质数;素数//~ city{cut} naphtha 首城石脑油[石油溶剂]

primed brake hydraulic system 调位减速刹车液压系统
　→~ hoist brake 制动力可调整的提升机闸

prime frame 主帧
　→~ gap 矿层中第一座矿井

Primene IM-T 三烷基甲胺萃取剂

primer 火帽;始爆器;底漆;导火索;引爆药包;引爆药
　→~ cap{detonator}起爆雷管//~ cartridge 雷管起爆药包(卷)

primeval 原始的;古老的

　→~ energy of the universe 宇宙的原始能量//~ life 原始生物//~ soup 原始汤

primeverose 樱草糖

primibrachial 首级腕板[海百];第一腕板

Primicorallina 原始珊瑚藻属[O]

priming 点火;栅偏压;汽水并发;起爆药;起爆;泵的启动(注水);起动(注水);装雷管;引动;引爆;药包内装入雷管;向药包内装雷管;发火;涂底层;加注
　→~{detonating} charge 引爆药//~ material 起爆器材//~ of pump 泵启动灌注//~ shed 起爆药包配制间

Primitia 原始介属[O-P]

Primitive 第一纪[旧];原始系

primitive 基本的;远古的;原始的;旧式的;初期的
　→~ anorthite 原钙长石//~ data map 实际材料图//~ magma 初生//~ period 基周//~ solar dust 原始太阳尘埃

primocryst 初生晶

primocrystalline 原生晶的

Primofilicales{primofilices} 原始蕨类[目]

Primordial 始生系[相当于前寒武系];初生系{纪}

primordial 始生的;原始的;原生的;原生

primorogenic 始造山期的;初造山期的
　→~ granite 构造早期花岗岩

primospore 原始孢子

princesplume 十字花科的一种植物[硒通示植]

princess 石板瓦

principal 主要的

principalia 主骨针[六射绵];主骨架

principal ingredient 主成分
　→~ oil formation phase 主要石油形成相//~ oil-formation zone 主石油形成带//~ plane of stress 应力的主平面;主应力面//~ strain axis 主应变轴//~ stress trajectory{line} 主应力线//~ surface of accumulation 主堆积面//~ vein 主(矿)脉

principle 原则;原理
　→~ of duality 对偶理论//~ of insufficient reason 理由不充分准则//~ of massive support 大质量支撑原理//~ of organic unity 生物统合原理//~ of original horizontality 原始水平原理

pringap 两矿区间距离

Prinsius 普氏颗石[钙超;E_{1-2}]

printed circuit 印制电路;印刷线路
　→~ circuit connector 印刷电路板插座//~ pattern 印花

printing 复制;印制相片;印相;印刷
　→~ (decoration) 印花//~ blue 印染蓝//~ lamp 晒像灯

printout 输出数据;印刷输出;印出;计算结果[打印的]

Prionessus 锯齿兽属[E_1]

Prioniodella 小锯牙形石属[S_2-T_2]

prioniodid 锯齿牙形石类

Prioniodina 锯片刺属[S-T];似锯齿牙形石(属)[S-T]

Prioniodus 锯齿牙形石属[O-T];锯齿刺属

Prionodesmaceae 锯铰类[双壳]

prionodont 栉齿型[双壳]

Prionolobus 齿叶菊石属[头;T_1]

prionotron 调速(电子)管

priorite 钇易解石[$(Y,Er,Ca,Fe^{3+},Th)(Ti,Nb)_2O_6$;斜方]

priority 前;优先权;先;优先[次序]

prior plastic deformation 预塑性变形
　→~ probability 预先概率//~{antecedent} river 先成河

priquitasite 硫锡锌银矿

prism 柱;棱柱;斜侧面

prismatic 分光的;柱状;菱柱(形)的;棱状的;斜方的;柱状的
　→~ (quartz) 董青石[$Al_3(Mg,Fe^{2+})_2(Si_5AlO_{18})$;$Mg_2Al_4Si_5O_{18}$;斜方]//~ class 柱(晶)组[2/m 晶组]//~ colours 光谱七色//~ iron pyrites 白铁矿[FeS_2;斜方]//~ layer 柱状层//~{brown} manganese ore 水锰矿[$Mn_2O_3 \cdot H_2O$;$(\gamma-)MnO(OH)$;单斜]//~ manganese-ore 软锰矿[MnO_2;隐晶、四方];羟锰矿[$Mn(OH)_2$;三方]

prismatine 碱柱晶石
　→~{prismatite} 柱晶石[$MgAl_2SiO_6$;$(Mg,Fe^{2+},Fe^{3+},Al)_{40}(Si,B)_{18}O_{86}$;$Mg_3Al_6(Si,Al,B)_5O_{21}(OH)$,斜方;$(Mg,Fe,Al)_4(Al,B)_6(SiO_4)_4(O,OH)_5$]

prismatoid 旁面三角台

prismatolith 多角颗石

Prismatomorphitae 菱柱亚类;棱柱亚类[疑];棱面体藻亚群[疑]

Prismatophyllum 六角珊瑚属[D];多角珊瑚(属)

prism crack 柱状泥裂
　→~ cut 棱形掏槽

Prismodictya 棱网海绵属[D-C]

prism of the first order 第一柱[{$0kl$}型的菱方柱]
　→~ of the fourth order 第四柱[单斜晶系中{hkl}型的菱方柱]//~ of the second order 第二柱[{$h0l$}型的菱方柱]//~ of the third order 第三柱[{$hk0$}型的菱方柱]

Prismopora 棱孔苔藓虫属[D-P]

prism plough 棱柱式刨煤机
　→~-shaped accumulation 棱柱状堆积体//~ storage 柱状贮水体//~-type anamorphotic attachment 棱镜变形装置

pristane 朴日斯烷

pristine 古代的;最初的;原始的
　→~ joint width 节理原始宽度//~ oceanic crust 古洋壳//~{virgin} strength 原始强度

Pristiograptus 锯笔石(属)[S]

Pristiophoridae 锯鲛{鲨}科

Pristis 锯鳐属;锯魟属[Q]

Pristognathus 叉颚牙形石属[O_3]

prit 竖坑;矿囊;矿袋;坑井

private 私立的;人的;有的;个人的;民间的;秘密的;隐蔽的;非公开的;专用的
　→~ Atlas bus 阿特拉斯专用总线

prixite 砷铅矿[$Pb_5(AsO_4)_3Cl$];变方铅矿

prjevalskite 水磷铀铅矿

Proacodus 原针锐牙形石属[$Є_3$]

proactive 前摄的;先发制人的[桥牌、战争等];积极主动的

Proailurus 原小熊猫(属)[E_2]

proancestrula 原祖虫室[苔]

Proanura 原蛙目[两栖];原无尾目[两栖]

Proarcestes 前古菊石属[头;T_{2-3}]

proarizonite 杂铁钛矿

P

Proasaphiscus 原隐蔽虫;原附栉{节}虫属[三叶;ϵ_2]

Proaulacopleura 原沟肋虫属[三叶;ϵ_3]

probabilistic 概率的;随机的;随机
→~ decision analysis 概率决策分析

probability 或然性;或然率;可能性;概率;几率
→~ analysis 可能性分析//~ cumulative curve 概率累积曲线//~ of exceedance 超越概率//~ of new mining 增建矿山概率//~ of nucleation 成核几率

probable 概略(储量);大概;概率的
→~ ore 设想的矿;预计矿量;推定储量

Probaicalia 前贝加尔螺属[腹;J_3-K_1]

probation 见习;试用

probe (handle) 探针;探头
→~ {prospection;exploration} drilling 钻探取样//~ head drilling 掘削面探测钻孔//~ inclinometer 探头式倾角计//~ {trial} method 试探法

probertite 钠钙硼石;斜硼钠钙石
→~ {boydite} 硼钠钙石 [NaCa(B$_5$O$_7$) (OH)$_4$•6H$_2$O;NaCaB$_5$O$_9$•8H$_2$O;NaCa(B$_5$O$_7$) (OH)$_4$)•3H$_2$O]

probe signal 试探信号
→~ tube 取样管

problem area 有问题地区[如钻井复杂情况]

problematic(al) 有问题的;有疑问的

problematica 疑问化石

problematical 有疑问的
→~ remains 可疑化石

problematic fossil 拟化石;可疑化石;未定化石
→~ structure 疑迹构造

problematicum[pl.-ca] 疑迹;可疑印迹

Problematoconites 原疑牙形石属[ϵ_3]

(sand) problem formation 易出砂地层

problem formulation 问题构成
→~ of many bodies 多体问题

problems and drawbacks 问题和缺点

problem set-up 问题的制定

problems related to rivers 涉及河流的问题

problem status 目标状态;课题状态

Proboscidea 长鼻目[哺]

Proboscidella 象鼻贝属[腕;C-P]

proboscis 喙部[昆];长鼻[象等的];吻部[腹];吻

Probowmania 原波曼虫属[三叶;ϵ_1]

Probranchia 前鳃亚纲

procambium[pl.ia] 前形成层;原形成层

Procamelus 原驼(属)[N]

Procarnites 前卡尼菊石属[头];原卡尼菊石属[头;T_1]

procaryote 原核(细胞)生物

procaryotic organism 原核生物

Procavia 蹄兔(属)[N-Q]

procedural design 程序设计

proceed 前进;着手;开始;进行;发生

Procellarian 风暴洋系;风暴洋纪[月面]

Procellarum 风暴洋纪[月面]
→~ Basin 风暴洋

procephalic 头前的

Proceratopyge 原刺尾虫属[三叶;ϵ_{2-3}]

process(es) 过程;处理;加工;硅铁粉发热自硬砂法;工艺(规程);工序;作用;步骤;营历;齿突(的);程序;突起[古]

processable 可处理的;可加工的

process and instruments diagram for the secondary and tertiary crushing plant 中细碎车间工艺和仪表图
→~ annealing 工序间退火

processed bit 厂造钻头;工厂生产的钻头;成批生产的钻头
→~ drilling fluid 化学处理过的冲洗液

process engineering 操作技术;操作程序

processes affecting inner cities 影响内城的过程

process flow 工艺流程

(in-)process fuel 工艺燃料;加工用燃料

process gas heat exchanger 工艺气体热交换器
→~ gas Scrubber 气体回收洗涤塔

processing 配合;工艺过程;调整;作业;选矿;洗选处理
→~ department 工艺处(科)//~ element 处理器//~ power 处理能力//~ technique 选矿技术;选矿工艺

procession 进动[天]

process-model 过程模型

process of-chopping 切断法

processor 处理器;加工程序
→~-bound 受处理机限制的//~ cameras 缩微机//~ utilization 处理机利用率

process performanceguarantee 工艺性能保证

processus 活动;运转
→~ articularis 关节突//~ brachialis 肱肌;肢突//~ preorbitalis 眶前突

process water 生产用水;加工物污染水

Prochangshania 原长山虫属[三叶;ϵ_2]

prochlorite 扇石{铁(淡)绿泥石}[(Mg, Fe^{2+},Al)$_6$((Si,Al)O$_{10}$)(OH)$_6$];蠕绿泥石[Mg$_3$(Mg,Fe^{2+},Al)$_3$((Si, Al)$_4$O$_{10}$)(OH)$_8$];鳞绿泥石;斜绿泥石 [(Mg,Fe^{2+})$_4$Al$_2$((Si,Al)$_4$O$_{10}$) (OH)$_8$(近似);(Mg,Fe^{2+})$_5$Al(Si$_3$Al)O$_{10}$(OH)$_8$;单斜]

prochoanitic 前领式[头]

prochronic 前时的

Prochuangia 原庄氏虫属[三叶;ϵ_3]

proclade 前枝[鞭毛藻]

Procladiscites 前枝盘菊石属[头;T_2]

procline 前倾型[腕]

procoelous vertebra 前凹椎

Procolophon 前棱蜥(属)[T]

Procompsog nathus 始颚龙

Proconodontus 原牙形石属[ϵ_3]

proconsul 原人猿[非洲第三纪中新世和类人猿有亲缘关系的猿,已绝灭];和类人猿有亲缘关系的猿

procrastination 拖延

procreation 生的;繁殖

Proctor compaction curve 普氏击实曲线;普罗克特击实曲线
→~ needle 普罗克尔密度计//~ needle moisture test 普罗克特针测含水量试验

procumbent 匍匐的[茎];爬地的[植]

procuration 获得;代理(权)
→~ endorsement 代签

procurator 代理人

Procynocephalus 原狒狒;原黄狒属[Q]

Procynops 原螈属[N_1]

Procyon 浣熊属[Q];浣熊

Procyprois 先柔星介属[E_2]

Procyrtograptus 古弓笔石属[S_1]

prod 产品;锥;促使;刺激(物);刺;药包端穿孔顶杆[装雷管用];药包戳孔针

prodag 半胶(态)石墨(悬浮液)

Prodamesella 原德氏虫属[三叶;ϵ_2]

prod cast{mark} 刺痕

Prodeinodon mongoliensis 原恐齿龙

prodelta 前三角洲
→~ clay 底黏土//~ deposit 底积堆积;底堆积

prodeltidium 原三角板[腕]

Prodinoceras 原恐角兽属[E]

prodissoconch 前双壳;胚壳[孔虫]

prodissocouch 胎壳

prod mark{cast} 锥痕
→~ mark 戳痕;截痕

prodolomite 原白云石[岩]

produced coal 产煤;采出的煤
→~ fluid 产(出)液//~ oil-diluent blend 采出的原油-稀释剂混合液;采出的稀释原油//~-water re injection 采出水回注;污水回注//~-water salinity 产出水含盐量{矿化度}

produce petroleum 生产石油

producer 生产者;生产井;采矿者;发生器;发生炉
→~-gas engine (发生炉)煤气机//~-injector spacing 注采井井距

producer's risk 生产者的风险

producer-texturing 化纤厂变形工艺

producer-to-injector ratio 生产井(数)-注入井数比

producibility 生产性能;生产能力;生产率;产量
→~ index log 生产率指数测井图

producible 可采出的
→~ pay intervals 生产层段

producing 开采的;产水量;出水量
→~ depth 矿层深度//~ energy 地层能量//~ fluid{liquid} level 动液面//~ formation 产油层;含矿地层;含矿层;喷射层//~ pay 产层

product analysis 产品分析

Productella 小长身腕{贝};小长身贝属[腕;D_2-C]

Productellana 等小长身贝(属)[腕;D_3-C_1]

product gas 生产装置尾气
→~ handling system 产品搬运系统//~ heater 成品油加热炉//~ index 乘积指数

production 生产量;生产;制造;作业;开采量;开采
→~ end 产出端//~ factor 采注比[累积产液量-累积注入量比]//~ history 开采量变化曲线;产量变化情况//~-hole drilling 回采凿岩//~ loading 采出矿物的装载//~ of sulfur from pyrite 硫铁矿制硫//~ ore 从回采工作面采出的矿石//~ preparation of coal pits 矿井生产准备//~ process of coal pits 煤矿矿井生产流程//~ rate (生)产率//~ shaft 生产矿井

productive 开采的
→~ aquifer 富水的含水层;有生产能力的含水层//~ development 有副产矿石的掘进//~ ground 工业矿石层//~ measures{series;ground} 生产矿层

productiveness 生产能力

productive output 生产量
→~ reservoir 开采层

productivity 生产能力；生产率；生产量；生产力；金属量

product loading out bin 成品装运料仓
→~ lubricated pump 由所输油品润滑的泵

Productorthis 长身正形贝属[腕;O₂]

product shipping railcar or truck 产品运输货车或卡车
→~ slurry 泥浆产物

products of combustion 燃烧产物
→~ pipeline operation 石油成品的顺序输送

Productus 长身贝(属)[腕;C₁]；长贝腕

product value 产值
→~ vapour 油品蒸汽

proepipodite 前外节肢；前上肢[节]；前副肢

proepistome 前口上板[甲壳]；间触角板

Proetidella 小砑头虫属[三叶;O₂]

Proetus 砑头虫属[三叶;O-D₂]；蚜头虫

Proeucypris 原真星介属[K₂]

proeutectic 先共晶；先低共熔体
→~ {primary} crystal 初生晶

professional 专门的；专业人员；专业的；职业的
→~ ability{proficiency} 业务能力//~ diseases of industrial workers 工业病

profile 剖{侧}视图；剖{截}面图；侧面像；轮廓；廓线；数字特征；示意曲线；分布图；靠模；型(面)；外形
→~ drawing 绘制剖面//~ gradient component 剖面梯度分量//~ radius 剖面半径//~ sander 型面砂带磨床//~ screen 靠模棒筛；压制棒筛//~ steel {iron} 型钢//~ wear 齿廓磨损

profiling 绘地震剖面图；弃模；剖面勘探；制剖面图；仿形
→~ {copying} machine 仿形机床//~ of boundaries 定边界的轮廓；绘制边界轮廓//~ snow gage 核子双探针量雪计

profitability 好处；利益；利润；盈能力；营利性
→~ index 获利指数

profitable 有用的；有赢利的；有益的；有利(可图)的；经济的
→~ workings 工业矿石采区；赢利的开采作业

profit after taxes 纳税后的收益
→~ and loss 利润及亏损//~ per unit of ore 单位矿石赢利//~ to risk investment rate 利润风险投资比

proforma{pro forma} 形式上；外表上

profound 深切
→~ {deep-reaching} fault 深断裂

profundal fauna 深水动物
→~ system 深海底系//~ zone 深底带

Proganochelys 原颚龟属[T]

proganochelys 原颌龟

progenesis 原生作用

progenetic 原生的；他生的
→~ shift 前期发育位移

proglacial 冰前的

proglauconite 原海绿石；海绿石基分子

proglyph 槽痕；铸形痕

prognosis[pl.-ses] 预测；预报
→~-diagnosis method 预测判断法

prognostic 预报的
→~ chart 预测图//~ reserves 预测储量

Progonoceratites 前角菊石属[头;T₂]

progonozoic 预生

progradational 形低能延伸的
→~ sequence 进积序列

progradation of coast 海岸推进；岸进

prograded shore 前进岸

prograde metamorphic rock 进变质岩

prograding 推进作用
→~ sequence 进积层序//~ shoreline 进夷滨线

programming 编制程序

program of prospecting 勘探程序
→~ {software;routine} package 程序包

progress 前进；进展；进行；发展；进度；进尺速度；进步
→~ chart 进度表

progression 海侵；海进；级数
→~ rule 累进律；渐进律

progressive 前进的；向前进的；发展的；进步的；先进的；渐次
→~ metallogenesis 递进成矿说

progress of mining 开采进度
→~ stress test 序进应力试验

Progymnospermopsida 前裸子植物门；原裸子植物纲

Progymnosperms 前裸子植物

Proharpoceras 前镰菊石属[头;T₁]

Prohedinia 原赫定虫属[三叶;C₂-₃]

Proheliolites 原日射珊瑚(属)[O₃-S₁]

prohibit 阻止；禁止

prohibitive 起阻止作用的；抑制的；禁止性的；禁止的
→~ amount 限额//~ consumption 限止的消耗量

prohumic substance 原腐殖质

proidonina{proidonite} 氟硅石[SiF₄]

project control techniques 工程控制技术
→~ crashing 任务速成

projected mine 基建矿井

projectile 射弹；炮弹；抛射体；推进的
→~ drill 射孔弹成孔钻机//~ sampler 抛射式取样机

projecting 设计；突出的；突出；凸出的；投影；投射
→~ apparatus 投影仪//~ neck 突出地面(的)火山颈//~ quoins 突隅石

projection 伸出部分；射影；抛；预测；网；推测；突出部分；突出；凸起；凸出部分；凸出；投影
→~ center{centre} 投影中心//~ cod 挂砂//~ compass 反映罗盘//~ ticks 投影格网延伸短线

projective geometry 射影几何
→~ {plotted} point 投影点

project management team{group} 项目管理组
→~ of damming a river 截流工程//~ of stratigraphic code 地层规范草案

Projectopocites 小刺突起粉属[孢]

projector 幻灯；设计者；发射装置；发射器；探照灯
→(film) ~ 放映机；投影仪

project plans 计划项目图

project-scale area 远景区[大区域]

project site plan 项目场地图
→~ surveillance technique 开发方案实施监测技术//~ to control landslide 抗滑工程

projecture 突出部分

---

prokaryocyte 原核细胞

prokaryota{prokaryote} 原核(细胞)生物

prokaryotic{procaryote;procaryotic} cell 原核细胞
→~ micro-organism 原核微生物//~ organism 原核(细胞)生物

pro-knock compound{composition} 促爆剂

proknock properties of gasoline 汽油的助爆震性能

Prolacerta 原蜥(属)[T₁]

prolapse 下垂

prolapsed bedding 脱垂层理；推皱层理

Prolaria 乡土蛤属[双壳;T₂-₃]

prolate 扁长形的
→~ (spheroidal) 长球形的//~ ellipsoid 长椭球体{面}

prolateness 扁长度

prolate spheroid 长球(体)

Prolatipatella 普罗拉蒂颗石[钙超;K₂]

prolatus 长球形的

Prolecanitida 前碟菊石目[头]

prolectite 块硅镁石[Mg₃(SiO₄)(OH,F)₂;斜方]；粒硅镁石[(Mg, Fe²⁺)₅(SiO₄)₂(F,OH)₂;单斜]

proleg 腹足

prolegomenon[pl.-na] 序言；序

Prolepidodendron 前鳞木属[D₃]

proletarian 无产者

proliferation 扩散；迅速扩散

proliferative reaction 增生反应

prolific 富有创造力的；富饶的；丰富的；多产的
→~ mineral 大量存在的矿物//~ zone 高产区；富矿带

proline 脯氨酸

Prolixosphaeridium 长球藻属[K-E]

proloculus[pl.-li] 初房[孔虫;头足]
→~ pore 胎壳孔[孔虫]

prolong 冷凝管；延长

prolongation 伸长；前端延长；拉长；拉伸；延长(部分)；拖延
→~ of the growth band 生长带托[叶肢]

prolonged 长期的；延长的；持续很久的
→~ annealing 延期退火//~ erosion 长期侵蚀

prolusion 试讲；预演；预习；序；序幕[乐]

proluvial 洪积物；洪积

proluvium 洪积物；豪雨堆积物

prom 海角

Promacrauchenia 貘后弓兽属[N]

prom Agarum 阿格鲁姆海角[月]

Promathilda 前马提尔特螺属[腹;T-E]

Promelocrinus 原瓜海百合属[棘;S₂]

pro memoriaentry 备忘录

promethium 钷

Prominangularia 角凸藻属[E₃]

prominence{prominency} 显著；杰出；突起
→(solar) ~ 日珥//~ of the sunspot type 黑子日珥

prominent (构造)高点；显著；突出的；突出；凸出的
→~ feature 方位标；显著特征//~ {dominant} peak 主峰//~ prism face 主柱面；占优势的柱面

promising 有远景的；有希望的；有前途的

→~ area 远景区 // ~ {commercial} deposit 有开采价值的矿床 // ~ deposit 有开采价值的矿藏

promojna 冰面开裂

promoter 活化剂；助聚剂；助催化剂；捕收剂；发起人

promotion 促进；创立；开办费；推销；提升
→~ of reserves 储量升级

promotor 促进剂

prompt 瞬变的；敏捷的；促使；迅速的；推动
→~ date 交割日(期) // ~ fission neutron log 瞬发裂变中子测井 // ~ gamma ray 瞬发伽马射线 // ~ inversion 快转变

promptitude 果断，敏捷

prompt radiation 瞬时放射
→~ shipment 即期装船 // ~ -venting accident 瞬发性井喷事故

promullite 变高岭石

promunturium 岩岸

Promyalina 前肌束蛤属[双壳;T₁]

Promytilus 前壳菜蛤属[双壳;C-P]

proneness 倾向；俯状

prong 石嘴；射线(径迹)；山嘴；汊河；管脚；支架；刺；掘翻；挖掘；尖头挖掘锄；尖头；叉[牙石]；股(音叉的)
→~ bit 尖头钻头[如菱形、矛形钻头]；尖刃钎头

pronghorn 叉角羚属[Q]；分叉虚角

prong reef 齿状礁

Pronorites 前诺利菊石属[头;C₂]

Pronto reaction 普朗托反应

pronto reaction "马上"反应

pronucleus 原始核

Prony brake 拨罗湿式闸型测功器

proof{trial;infinity} bar 校正杆
→~ cold chain 耐冷链条

proofed sleeve 橡皮管

proofing 上胶；防护剂；防护；浸液
→~ process 打样 // ~ water 防水

proof list 检验目录
→~ load 试验载荷；使用载荷 // ~ sample 试样；验证的样品 // ~ seal 经验证的密封

Prooneotodus 原奥尼昂塔牙形石属[Є₂₋₃]

proostracum 前甲[苔]

prootica 前耳骨

prop 柱；支持者
→~ (stay;support) 支柱；支撑

Propachynolophus 原厚脊齿马属[E₂]

propadiene 丙二烯

propagated blast 诱导爆破；传播{爆}法爆破；传爆；殉爆
→~ speed 传播速度

propagating wave 扩散波；传播波

propagation 生殖；普及；传染；传播；繁殖；波及；推广
→~ of detonation 起爆传播 // ~ of variance 方差的传播 // ~ -though-air test 殉爆度试验 // ~ velocity of mechanical disturbance 机械扰动的传播速度

propagative organ 繁殖器官

Propalaeochoerus 原古猪(属)[E₃]

Propalaeotherium 原古马(属)[E₂]

Propaleozoic 原古生代的

prop alignment 点柱校直
→~ -and-bar 单柱单梁式栅子 // ~ -and-sill 一柱一底梁栅子 // ~ -and-sill slicing 支柱底梁式分层崩落采矿法

propane 丙烷[C₃H₈]
→~ -oxidizing microbe 氧化丙烷微生物 // ~ phosphonic acid 丙基膦酸[C₃H₇PO(OH)₂] // ~ torch 丙烷喷灯焰

propanil 敌稗[除草剂]

propanoic acid 丙酸[CH₃CH₂COOH]

propanol 丙醇
→~ amine 氨基丙醇[H₂N(CH₂)₃OH]

propanone 丙酮[CH₃COCH₃]

Proparia 前颊目[三叶]；原颊虫目

proparian suture 前颊类(型)面线[三叶]

prop blasting 支柱崩落
→~ cap 柱帽

propellent 火箭燃料；推进剂；推进的

propeltidium 前盾片[昆]；巨头[无脊]

propene 丙烯

propenol 丙烯醇

proper 正确的；可敬的；独特的

proper transformation 真转变
→~ trim 货舱装卸匀称

property 属性；参数；财产；资产；找矿租地；矿地；性质；性能；特性；所有权
→~ boundary 矿界；井田边界 // ~ line 矿田境界；矿区境界(线)；用地线

proper{characteristic} value 本征值
→~ value 固有值 // ~ well location 合理井位

prop foreman 支架工长
→~ -free (working) front 空顶；无立柱空间 // ~ -free-front 前梁无支柱(原理)[指综采支架前探梁无支柱] // ~ -free-front distance 空顶距 // ~ -free-front method of working 无支柱工作面采矿

prophase 前期

prop heel{hitch} 柱窝；柱脚
→~ housing 立柱底座；柱筒[柱底部]；柱窝[液压支架]

prophylactic{periodic} repair 定期检修

propine 礼品；赠送(礼品)[苏、古]；丙炔[CH₃C≡CH]

propinol 丙炔-2-醇[CH≡CCH₂OH]

1-propinyl 丙炔-1-基[CH₃C≡C-]

2-propinyl 丙炔-2-基[CH≡CCH₂-]

propioloyl 丙炔酰基[HC≡CCO-]

propionate 丙酸盐{酯}

propionic 丙酸
→~ acid 丙酸[CH₃CH₂COOH]；丙炔酸

propionyl 丙酰基[CH₃CH₂CO-]

Proplina 前喙螺属[腹;Є-O]

Propliopithecus 原上猿(属)[E₃]

propodosoma 前躯体[节]；前节体

propodus 掌节[节甲]

propollen 原花粉

Propontocypris 始海星介属[N-Q]

Proporia 原孔珊瑚属

proportion(ment) 比例；配合；部分；份额；比重[占比]

proportional 相称的；成比例
→~ control 比例调节

proportionality 比值；比例；相称
→~ constant 常系数 // ~ {scale-up; scaling} factor 比例因子

proportionate 均衡

proportion by addition 合比
→~ by addition and subtraction 合分比

proportioning 配料；配合比

proportion{degree} of extraction 回采率
→~ of return fines 返矿比 // ~ of strain 拉伸率

proposal 标书；开题报告；申请；建议；投标；计划
→~ program 计划程序

proposed grade 拟用坡度
→~ layout 矿厂布置；建设方案；推荐方案

proppant 支撑物

propping 安设支柱；(用)支柱加固；支撑；加固

prop pulling 撤柱
→~ -pulling 回柱 // ~ release cam 支撑释放凸轮 // ~ retriever{withdrawer; drawer} 回柱工

proprietary 专有的；业主的
→~ articles 专卖品 // ~ rights 所有权

Proprisporites 异皱孢属[C-T]

prop {-}setter 支柱工

Proptychites 前皱菊石属[头;T₁]

Proptychitoides 拟前皱菊石属[头;T₁]

propulsion 动力装置；动力；发动机；推力；推动力；推动
→~ (device;propeller) 推进器 // ~ charge 火箭装药 // ~ current 牵引电流 // ~ device 推进装置

propulsive 火药柱；火箭装药
→~ gas 喷射推进气

propulsor 推进器

prop{put} up 架
→~ up ailing industries 支撑困难工业

propyl 丙烷基；丙基[C₃H₇-]
→~ alcohol 丙醇

propylamine 丙胺[CH₃CH₂CH₂NH₂]

propylene 丙烯
→~ carbonate 碳酸丙烯 // ~ glycol 丙二醇

α{|β}-propylene glycol α{|β}-丙(撑)二醇[CH₃CH(OH)CH₂OH]

propylene oxide 环氧丙烷；氧化丙烯[CH₃-CH-CH₂-O]

propylite 青磐岩；盘岩；变安山岩；绿盘岩；磐岩

propylitic alteration 绿盘{磐}岩化(作用)
→~ facies 青磐{盘}岩相

propylitization 青磐{盘}岩化

propylitize{propyli(ti)zation} 绿盘{磐}岩化(作用)

propyl mercaptan 丙硫醇[C₃H₇SH]
→~ phenyl ketone 丁酰苯{丙基•苯基甲酮}[C₃H₇COC₆H₅]

propyne 丙炔[CH₃C≡CH]

prorata{pro rata} 按比例；成比例

proration 人为限制开采量；规定产量

Prorocentrum 双甲藻属[Q]；原甲藻属

Prorotrigonia 船三角蛤属[双壳;T₃]

prorsiradiate 前倾脊[菊石壳饰]

Prosagittodontus 原镞牙形石属[Є₃]

Prosaukia 原索克氏虫属[三叶;Є₃]

pro(to)septum 原隔壁；原生隔壁[珊]

prosicula 始胎管；原剑盘；原胎管[笔]

prosimians 原猴类

Prosimii 原猴亚目

Prosiphneus 原鼢鼠(属)[N-Q]

prosiphon 原体管[头]

prosiphonate 前向体管；前伸体管[头]

Prosmilia 前剑珊瑚属[P₁]；原剑珊瑚(属)

prosobranchia 前鳃亚纲；前鳃类[腹]

Prosobronchia 前鳃类

prosochete 前道[绵]

prosocline 前斜

→~ **ligament** 前置韧带

prosodetic 前韧式[双壳]

prosodus 小水管[绵]

prosogyrate 前转的[腹]

Prosogyrotrigonia 前转三角蛤属[双壳;T_3]

prosome{prosoma} 前体[几丁]

Prosopiscus 面具虫属[三叶;O_2]

prosopite 水铝氟石[$CaF_2 \cdot 2Al(F,OH)_3 \cdot H_2O; CaF_2 \cdot 2Al(F,OH)_3 \cdot H_2O$]；氟铝钙石[$CaAl_2(F,OH)_8;$单斜]

prosopore 入水孔；前孔[绵]

prosopyle 前口

prosorous 原孢子堆

prospect 找矿；勘探；勘察；探矿；正在勘探的矿地；从矿石样品中得出的矿物；展望、远景；有希望找到矿产的地区；矿区；矿点；勘探的矿地

prospect for mineral deposits 探宝[勘探矿藏]

→~ **hole** 探眼

prospecting 地震勘探；勘查；勘测

→(preliminary) ~ 初步勘探 // ~ audio-indicator 探矿用音响指示器 // ~ by dispersion train 分散流找矿法 // ~ by geobotanic plant 地植物找矿法 // ~ by landscape geochemistry 景观地球化学找矿法 // ~ by primary halo{hal.} 原生晕找矿法 // ~ by secondary halo 次生晕找矿法 // ~ criteria 找矿标志 // ~ indications and guides 找矿标志 // ~ method 找矿方法 // ~{prospector's} pan 找矿用淘金盘

prospection 勘探；探矿

→(mining) ~ 找矿

prospective 远景的；预期的；有希望的；未来的

→~ **ecospace** 预定的生态空间 // ~ mine life 矿井设计生产服务年限 // ~ oil land 远景含油地区；有希望的含油地区{段} // ~ reserve 推断矿量；推断(性)储量

prospector 找矿人

→(ore) ~ 探矿者

prospector's{miner's;prospecting;wash} pan 淘金盘

→~ **pan** 淘砂盘

prospect pit 探竖井；探孔

→~-scale exploration 探区勘查 // ~(ing) shaft 勘探竖井 // ~ tunnel{opening} 勘探巷道

prosperite 羟砷锌钙石[$H_2Ca_2Zn(AsO_4)_2(OH)_2;$三斜]；羟砷钙锌石[$HCaZn_2(AsO_4)(OH);$单斜]

Prosphingites 前缚石菊属[头;T_1]

prosporangium 原孢子囊

Prosqualodon 原鲛鲸属[N_1]

prostal[pl.-s,-ia] 突出骨片[针][绵]

Prosthennops 原猪属[N_2]

Protacanthopterygii 原棘鳍总目；原辐鳍鱼超目

protactinide 镤化物

prot(o)actinium 镤

protactinium decay method 镤衰变法

→~ {-}ionium `dating{age method} 镤鑀`测年{年龄测定}法 // ~ series 镤系 // ~-231 to thorium-230 age method 镤^{231}-钍^{230}年(代测定)法；Pa^{231}-Th^{230}法

Protadelaidea 原鲨属[节;$An\varepsilon$]

protalus 前坍垒

→~ **rampart** 落石堆前堤；岩堆前砾堤

Protangiospermae 原被子植物

Protapirus 原貘(属)

protaptin 变形菌肽素

protasite 羟钡铀矿[$Ba((UO_2)_3O_3(OH)_2)$]

protaspid period 稚婴期；原甲期[三叶]；幼年早期

protaspis[pl.-ides] 幼虫期；幼年早期[三叶]

Protathyris 古无窗贝属[腕]；原无窗贝(属)[腕;$S-D_1$]

protaxis 山脉中轴；山链轴地

Proteaceae 山龙眼科

Proteacidites 山龙眼粉属[孢;$E-N_1$]

Proteaephyllum 山龙眼叶属[K_2]

protect 保护；防止；防护；警戒

→~ **against the wind** 防风

protectant 防护剂

protected area 防护区

→~ **areas{location;field}** 保护区

protecting cap 护罩；护帽

→~{protective} **cap** 安全帽

protectionism 保护主义；保护贸易制

protection of molybdenum electrode 钼电极保护

→ ~{protective;water;protector} string 技术套管 // ~{protective} zone 保护区；围护带

protectite 始结岩

protective agent 防护剂

→~ **ore cover** 护顶矿层 // ~ surface by laying stone facing 砌石护面

protectonic rock 原构造岩

protector 保护器；保护层；护丝；防护装置

→~ **cap** 防尘罩 // ~ platform 护井平台

Proteeae 变形菌族[微]

protegulal node 胚壳瘤[腕]

protegulum 胚壳[孔虫]；原壳

proteid 朊；蛋白(质)[旧]

proteide 蛋白质[用于蛋白质的细分]

protein 蛋白(质)；朊

proteinase 蛋白酶

proteinate 蛋白盐

protein complex 朊络合物

proteinic 蛋白质的

proteinoid 类蛋白(质)

protein(ace)ous 蛋白质的

proteit 深绿辉石[$Ca_8(Mg,Fe^{3+},Ti)_7Al((Si,Al)_2O_6)_8; Ca(Mg,Fe^{3+},Al)(Si,Al)O_6;$单斜]；钙铁辉石[$CaFe^{2+}(Si_2O_6);$单斜]

Proteles 土狼属[哺;Q]

Protelliptio 先椭圆蚌属[双壳;K_1-E]

Protelphidium 先希望虫属[孔虫;N_2-Q]

Protelytroptera 原鞘翅目

proteolysis 蛋白水解(作用)；解朊作用

proteolytic bacteria 解朊细菌

proteomyxa 原胶类[原生]

proteose 脉[蛋白质衍生物]

Protephemeroidea 原蜉蝣目[昆;C_3]

proterobase spessartite 次闪钠煌斑岩

Proterochampsa 原鳄龙属[T_3]

proterogenic 先变生的[变前的或早变的残留体]

→~ **rock** 原变岩

proteroglyphic tooth 前沟牙

Proterokaipingoceras 前开平角石属[头;O_1]

Proterophytic 元植代；古植代

proteroscarabacus 原金龟子

proterosoma 前体[节]

Proterospongia 原绵虫(属)[原生]

Proterosuchia 古鳄亚目

Proterotheres 原马形兽属[E_1-N_2]

Proterozoic 疑生代[元古代]

→~{Agnotozoic} (era{|erathem|eon|othem|group}) 元古代{|界|宙|宇|群}[2500~570Ma;大气中开始充满氧气,真核生物出现,后期埃迪卡拉纪多细胞生物出现]

proterozoic era 原生代[元古代]

Proterozoic group 原生界

protest 抗议(书)；拒付[票据等]

→(non-payment) ~ 拒付证书 // ~ against 反对建造

proteus mirabilis 奇异变形杆菌

Proteus rettgeri 雷特格氏变形杆菌

Proteutheria 原真兽亚目；原兽类

prothallial cell 原叶(体)细胞

prothallium{prothallus}[pl.-li] 原叶体

protheca 原始层[螅;孔虫]；原胞管[笔]

prothe(e)ite 钙铁辉石[单斜;$CaFe^{2+}(Si_2O_6)$]；深绿辉石[$Ca_8(Mg, Fe^{3+},Ti)_7Al((Si,Al)_2O_6)_8;Ca(Mg,Fe^{3+},Al)(Si,Al)_2O_6;$单斜]；水铝钙氟石[$Ca_3Al_2F_{10}(OH)_2 \cdot H_2O$]

prothorax 前胸[昆]

proticin 抗变形菌素

protist[pl.-a] 原生生物

Protista 始先类；始先界

protista(n) 原生生物；真核原生生物界

Protista 原始生物[德]

protistan 原生动物

protistic organisms 原始生物

Protitanotherium 原雷兽(属)[E_2]

protium 氕[H^1]

proto-amphibole 原角闪石；原闪石

Protoanthropic man 原始人类；原人

Protoanthropus 原人类

proto apparatus 普若托自给呼吸器

Protoarchaean 原太古代

Protoarticulatae 原始节蕨类{纲}

proto-Atlantic ocean 原大西洋

protobastite 古铜辉石[含 FeO 5%~13%; $(Mg,Fe)_2(Si_2O_6);(Mg,Fe)SiO_3$]；顽火辉石[$Mg_2(Si_2O_6)Fe_2(Si_2O_6)$]；铁顽火辉石[$(Fe,Mg)SiO_3$]

Protobatrachus 原蛙(属)[T_1]

protobiont 原生生物；原生生物

Protobionta 原生生物亚界；原鳃目[双壳]

protobitumen 原沥青[有机物质变成石油的最初阶段]；原有机质

protobitumina 原沥青组[质组]

protoblastic 原生变晶[结构]

→~{proteroblastic} **structure** 原生变晶构造

Protoblastoidea 原始海蕾目；原海蕾目[棘]

Protoblattodea 原蟑螂目[昆;C-P]

Protoblechnum 原始乌毛蕨属[C_3-T_3];乌毛蕨

protobranch 原鳃

Protobranchia 原鳃目[双壳]

protobranchiate{Protobranchiate type} 原鳃型

protocalcite 原方解石[并可能含水;$CaCO_3$]；纤方解石[$CaCO_3$]

Protocardia 始心蛤(属)[双壳;T_3-K]

protocataclasite 初碎裂岩

Protoceras 原角鹿(属) [E_3]
Protoceratops 原角龙(属)[K_3]
protocercal{diphycercal} tail 原尾
Protocetus 原鲸属[E_2]
Protochara 原轮藻属[Q]
protochlorite 正绿泥石组
protochoanites 原领鹦鹉螺类
Protochonetes 原戟泥属[腕;S-D_1]
Protochordata 原索动物(门)
Protociliata 原纤毛目;原纤虫类[原生]
protoclase 原生劈理岩;原生劈理
protoclastic 原生粒化{屑}的
  →~ {original} cleavage 原生劈理 // ~ deformation 原生碎裂变形
Protococcus 原球藻属[绿藻;Q]
protoconch 初房[孔虫;头足];胎壳[软]
protocone 原锥;原尖[哺]
protoconid 下原尖[哺]
Protoconiferus 原始松柏粉(属)[孢;Mz]
protocontinent 最初陆地;原始陆地;原大陆;原始大陆
protocorallite 原生个体[珊]
protocristid 下原脊
protocrust 原始地壳;原地壳
Protocycloceras 前环角石
Protoderma 原皮藻属[绿藻]
Protodiploxypinus 原双维松型粉属[C-P];原始双束多肋粉属[孢]
protodolomite 原白云石{岩}
protodoloresite 水复钒石;复钒石;原氧钒石
Protodonata 原蜻蜓目[昆]
Protodyakonov impact strength index 普氏冲击强度指数
  →~ number 普罗托季亚科诺夫数
Protoearth 原始地球
protoecium 原虫室[苔]
protoenriched 原生富集的
protoenstatite 原顽火辉石[MgSiO_3(人造)]
proto(a)etioporphyrin 原本卟啉
protoeukaryotes 原始真核细胞生物
protoferroanthophyllite 原铁直闪石[(Fe^{2+}, Mn^{2+})_2(Fe^{2+},Mg)_5(Si_4 O_{11})_2(OH)_2]
protoforamen 原口
protogaicum{protogaikum} 原地旋回
protog(a)ea 原地旋回
Protogean 元地宙
protogene 原始;原生岩;原生的;原生
protogeosyncline 原地槽
protogine 原生岩
proto-Gondwanaland 原冈瓦纳古陆
protogranular 原粒状[形成于部分熔融时]
  →~ texture 原变位结构
Protohaploxypinus 原单束多肋{维松型}粉属[孢;P-T]
protoheme 血红素
Protohemiptera 原半翅目{类}
Protohertzina 原赫茨牙形石属[€_1]
Protohippus 原马属
Protohyenia 原始歧叶属[D_1]
protoimogolite 原伊毛缩石
protokatungite 原白橄黄长岩
Protolepidodendron 原始鳞木;原(始)鳞木属{类}[D_{1-2}]
Protolepidodendropsis 原(始)拟鳞木属[D_{2-3}]
Protoleptostrophia 古薄扭贝属[腕;D_{1-2}]
protolith 原岩
Protolithionite 钾铁云母[理论的云母端员]

protolithionite 黑鳞云母[K_2(Li,Fe^{2+}Fe^{3+}, Al)_6((Si,Al)_8O_{20})(OH,F)_4]
protoloph 前脊;原脊[哺];原横脊
protolophid 下原脊
protolyte 原岩
proto(-)magma 原始岩浆
protomangano-ferro-anthophyllite 原锰铁直闪石[(Mn_{0.70},Fe_{0.30})_2(Fe_{0.82},Mg_{0.18})_5(Si_4 O_{11})_2(OH)_2]
proto-mantle 原地幔
protomatrix 原基质
Protomedusae 原水母纲;原始水母纲[腔;An€-O]
protomelane 硬锰矿[mMnO•MnO_2•nH_2O]
Protomeryx 原鹿属[E_3]
protomesenteries 原生隔膜
protometamorphism 初期变质(作用)
Protomichelinia 原米契林珊瑚(属)[D-P]
Protomonocarina 原单脊叶肢介属[节;P_1-T_2]
protomontronite 原蒙脱石[Mg 和 Fe^{3+}的铝硅酸盐]
Protomya 原始肌痕类[软;单板类];原海螂属
protomylonite 原始糜棱岩;原生糜棱岩;初糜(棱)岩
protonema 丝状体;原丝体[藻类及苔藓植物]
protonephridia 原肾管[苔]
proton magnetometer 质子磁力仪{计}
protonontronite 原绿脱石
protonosphere 质子层
proton procession(al) magnetometer 质子进动地磁仪;磁强仪
protons 原克拉通
Protonychophora 原有爪目[似节]
protonymph 原蛹期[昆]
proto-ocean 原始海洋
protoophiolite 原蛇绿岩
proto-Pacific 原太平洋的
Protopanderodus 原潘德尔牙形石属[O_{1-2}]
protopanoxadiol 原人参二醇
protoparaffin 原石蜡;无定型石蜡
Protoparia 原颊目{类}[三叶]
protopartzite 原羟锑铜矿
protopedon 原始湖积泥
protopetroleum 原石油;原生石油;初级石油
protopharetra 始箭筒古杯
protophilic 亲质子的
protophobic 疏质子的
protophyll 原生叶
Protophyllum 原叶属[植;K_2]
protophyte 原始植物
Protopinus 原始松粉属[孢;T-K]
protoplatform 原地台
protoplax 原板[双壳]
Protopliomerops 原多股虫属[三叶;O_1]
protopodite 基肢;始肢[55.8~33.9 Ma];原足{肢}[节];脚基
protoporcelain 原瓷
proto-porcelain 原始瓷器
protopore{protoforamen} 原孔[孔虫]
protoporphyrin 原卟啉
protoprism 第一柱[{0kl}型的菱方柱];原柱
Protopteridium 原始(属)[D_{2-3}];原蕨类
Protopterus 非洲肺鱼(属)[Q]

protopygidium[pl.-ia] 原始尾
protopyramid 第一锥
protopyroxene 原辉石[人造,主要为原顽火辉石]
protoquartzite 原石英岩
protore 胚胎矿;原生矿石;含少量金属而无开采价值的矿石;脉石;贫矿;矿胎
protoreef 原始礁
Protoreodon 原岳齿兽(属)[E_2]
Protorosauria 前嘴龙目;原龙目{类}
Protorthis 前正形贝属[腕;€_2]
Protorthoptera 古直翅目[昆];原直翅目[C-P]
Protosacculina 小囊多肋粉属[孢;T_3]
protoscience 原始科学
Protosiphon 管藻型原管藻;原管藻属[Q]
Protosiren 原海牛属[E_2]
protosomatic 原生的
Protosphaeridium 原始球形藻(属)[An€-€]
Protospinax 原棘鲨属[J]
Protospongia 原始海绵属[€];原海绵
protospore 原孢子
protostele 原生中柱[古植]
protostomia 原口动物
Protostromata 孔层类
protostylid 下原附尖
Protostylus 原柱螺属[腹;C]
Protosuchia 原鳄亚目
Protosuchus 原鳄
protosulphide 低硫化物;硫化亚物
protosun 原太阳;原始太阳
prototectite 原生熔岩
prototectonics 原始构造
prototektite 初期结晶物
prototerrestrial 原陆地{生}的
prototheca 原壁
Prototheria 原兽类;原兽亚纲;原哺乳亚纲
proto-thrust sheets 原始冲断席;原冲断岩席
Prototreta 原孔贝属[腕;€]
prototype 试制新机器的试验模型阶段;标准;典型;古型;蓝本;模型机;原型;原体;原始型;样品;雏形
proto type 原型
prototype bit 实验钻头
  →~ gradation 天然级配 // ~ shaft sinking machine 钻进机样机
protovermiculite 原蛭石
protovertebra 原椎(骨)
Protowentzelella 原文采尔珊瑚属[P_1]
proto-west Gondwana 原始西冈瓦纳
protoxide 低氧化物
Protozaphrentis 始内沟珊瑚(属)[O_2]
Protozoa 原生动物门
protozoan 原生动物;原生生物;始生物[55.8~33.9Ma]
Protozoic 原生界;原生代[元古代]
protozoic 原生动物期
protozoon 原生动物
Protozyga 初轭贝属[腕;O]
Protracheata 原气管纲[节;有爪类];有爪动物门
Protrachyceras 前粗菊石
protracted 长时间的;延长的
protractor 测角器;半圆规;量角器;分度仪
  →~ (muscle) 牵引肌 // ~ pedis 伸足肌
Protremata 前穴类;前孔类;前穴{孔}

目[腕]
protriaene 前出三叉体
Protriticites 原麦(粒)蜓(属)[孔虫;C_{2-3}]
protrocheata 原气管亚纲
Protrogomorpha 始啮亚目[哺]
protrogomorph rodents 原松鼠形啮齿类
protruding structure 舌状构造
protrusion 伸出；固态侵入(体)；构造侵入；钻头镶齿的出露高度；冷侵入；隆起；突出物；凸出
→～ rampart 压出带；挤出垒
protura 原尾目[昆]
Protylopus 始驼属[E_2]；原疣脚兽
Protypotherium 原型兽属[N_1]；原标兽
proudced{as-mined} ore 采出矿石
proud coal 容易成片碎落的煤[采掘时]
→～ exposure 出锋高；金刚石粒出露高度大[从基体突出]
proudite 硒硫铋铅(铜)矿[$Cu_{0\sim1}Pb_{7.5}Bi_{9.3\sim9.7}(S,Se)_{22}$;单斜]
proustite 淡红银矿[Ag_3AsS_3;三方]；硫砷银矿[Ag_3AsS_3]
proved 查明的；证实[储量]
→～ mine 有可靠储量的矿(山)//～ ore{reserve} 勘定矿量//～ ore reserve 可靠矿量
provenance 沉积矿床的来源；蚀源区；起源；根源；陆源区；来源区；矿源；出处；物源区
proven recoverable oil{|gas} reserves 证实的`原油{|天然气}可采储量
→～{positive;proved} reserves 可靠{勘定}储量//～ territory 勘探证实地区；探明地区
prover calibration 检定装置的标定
→～ loop 标准体积管的环管//～ pipe 基准管[标准体积管部件]//～ section 标准管段//～ tank 检验罐
prove the coal 找煤
provide 规定；供应；供给；制定；预备
→～{grant} a loan 贷款
province 省；区域；区
→～ hole 构造钻孔//～ index 区化石
provincial alternation 岩石省交替；岩区交错
→～ characteristic 区特征//～ characteristics 区域特征
provincialism 地区性；方言
provincial series 地区统；区系；大区统(地层)
provinculum 前索；幼栉齿[双壳]
proving 检验；检查
→～ hole 山地工程；前探{探矿}小巷；勘探钻孔；勘探坑道
provisional 暂时的；假定的；临时的
→～ pillar 临时矿柱
provision of fluorescent 荧光设备[浮选过程检查用]
provisions 给养
provoked polarization 刺激极化
prow 船头；防冲设施头部；机头[飞机]
prowersite 正云煌岩；橄辉云煌岩
prowersose 正云煌岩
Proxapertites 近口器粉属[孢;K_2-E_1]
proximal(us) 最接近；邻近的；近基{侧;轴}的[与 abaxial 反]
proximal branch 近枝[近轴部的叉枝]
→～ ore deposit 近火山活动(金属)矿床
proximalus 近极[孢]；近基的
proximate 近似的；贴近的
→～ admixture 近峰混入物[粒径接近峰值的混入物]//～ analysis 实用分析//～ cyst 近似孢囊类；似亲囊孢[甲藻类;甲藻]//～ determinants 最接近的决定因素
proximity 近似；接近
→～ fuse 低空爆炸信管
proximochorate cyst 似亲刺囊孢[甲藻]
proxistele 茎近端{部}[海百]
proxy 代替的；代理人；代理；代表(权)；代替[原子或离子]
→～ (mineral) 代替矿物
proxying 代替作用[离子或原子]
proxy-mineral 代替矿物
Prozoic 始生界
PR Red 吉利红[石]
prudent 谨慎；节俭
pruning 切断分路；割去；修剪
→～-hook 修枝(钩刀)//～ tool 剪枝工具
prunnerite 玉髓样方解石；艳色方解石[一种蓝色至紫色的方解石; $CaCO_3$]
Prunus 李属[植;K_2-Q]
prussian{bronze} blue 普鲁士蓝
prussiate 氰化物
PRV 减压阀
pry 撬起；撬棍；撬动；撬；起货钩；刺
→～ (bar) 杠杆
pryan 混有黏土的细砾状矿石；白色细脆黏土；含黏土的小矿粒
Prynadaia 普里那达叶属[P-T_1]
przhevalskite 铅铀云母[$Pb(UO_2)_2(PO_4)_2\cdot4H_2O$;斜方]；水磷铀铅矿[$Pb(UO_2)_2(PO_4)_2\cdot2H_2O$]
przibramite 纤铁矿[$FeO(OH)$;斜方]；绢针铁矿[$Fe_2O_3\cdot nH_2O$]
Psaligonyaulax 剪形膝沟藻属[K-E]
Psalliota 蘑菇属[真菌;Q]
psamment 砂新成土
psammite 砂质岩；屑岩；砂屑岩
psammitolite 砂屑岩
Psammobiidae 沙栖蛤科；紫云蛤科[双壳]
Psammodontidae 砂齿鱼科
psammopelitic 砂屑泥质岩的
Psammophax 砂豆虫属[孔虫;D-Q]
psammophile 生物；适沙植物；喜砂植物
psammophilic 适沙的；嗜沙性的；喜砂的
psammophyte 沙生植物
Psammosphaera 砂球虫属[孔虫;S-Q]
psammyte 砂质岩；屑岩；砂屑岩
Psaronius 辉木(属)；沙朗木属[P]
psathyrite{psatrit} 针脂石[$C_{10}H_{17}O$]；白针脂石[$C_{10}H_{17}O$(近似)]
psaturose 硫锑银矿[Ag_3SbS_3]；脆银矿[Ag_5SbS_4;斜方]
Psephenidae 扁泥甲{虫}科
psephicity (砾石)磨圆度；圆磨度
psephite{psephyte} 砾质岩；砾岩；砾屑岩；碎砾岩
psephitic 砾状的
→～ structure 砾屑构造
psepholite 粗屑岩
Pseudagnostus 假球接子
Pseudamplexus 假包珊瑚
pseudamygdule 假杏仁
pseudarmone 红锰榍石
Pseudaspidites 假盾菊石属[头;T_1]
pseud(o)atoll 假环礁
Pseudaxis 假斑鹿亚属[Q]
pseudes 假化石
Pseudestherites 假瘤膜叶肢介属[节;J_3]
Pseudictopidae 假古猬科[狉兽目]
pseudoabsorption 假吸收
pseudo-acidity 假酸度(土壤)
pseudoactin 假辐射状骨针[绵]
Pseudoactinodictyon 假射网层孔虫属[D_2]
Pseudoacus 假针刺藻属[Z_3]
pseudoadiabat 假绝热线
pseudoadiabatic chart 假绝热图
→～ condition 假绝热条件
pseudoadinole 假钠长英板岩
pseudoaenigmatite 假三斜闪石；假硅铁铁钠石
pseudoalbite 中长石[$Ab_{70}An_{30}$～$Ab_{50}An_{50}$;三斜]；假钠长石
pseudoaldite 假铀长石
pseudoallochem 假异化颗粒
pseudoamorphous 假无定形的
pseudo-andalusite 蓝晶石[$Al_2(SiO_4)O$;$Al_2O_3(SiO_2)$]
pseudo(-)anticline 假背斜[沉积压实作用形成的背斜]
pseudo-apatelite 水羟铝铁矾
pseudo(-)apatite 假磷灰石
pseudoapatlite 草黄铁矾
pseudoaplite 假细晶岩
pseudo-armalcolite 假阿尔马科矿
pseudo-autunite 假钙铀云母[$(H_3O)_4Ca_2(UO_2)_2(PO_4)_4\cdot5H_2O$?;四方]
pseudoazygograptus 假断笔石属[O_2]
Pseudobaicalia 假贝加尔螺属[软舌螺;E-Q]
pseudobarthite β砷铜铅矿
pseudobasalt 假玄武岩
Pseudobelus 假矢箭石属[头;K_1]
pseudoberzeliite 假黄砷榴石[$(Ca,Mg,Mn)_3(AsO_4)_2$]
pseudobeudantite 磷菱铅矾[$PbFe_3PO_4SO_4(OH)_6$]
pseudobioherm 假生物礁
pseudobiotite 水黑云母[$(K,H_2O)(Mg,Fe^{3+},Mn)_3(AlSi_3O_{10})(OH,H_2O)_2$]；假黑云母
pseudobiserial 假双列的
pseudobivalved 假双壳的[软]
pseudoblastopsammitic 假变余砂状[结构]
pseudoboehmite 假勃姆石
pseudoboleite 水氯铜{铜氯}铅矿[$Pb_5Ca_4Ca_{10}(OH)_8\cdot2H_2O$;四方]
pseudobomb 熔岩球；假火山弹
Pseudobornhardtina 假波哈丁贝属[腕;D_2]
Pseudoborniales 翎蕨目；翎叶目；伪生类[二楔叶植物]；假波尼目[羽歧叶目]
Pseudobradyphyllum 假迟珊瑚属[C_3]
pseudobranchia 假鳃
pseudobranchiate 假瓣鳃式的
pseudobreccia 假角砾岩
pseudobrecciated 假角砾状
pseudobrecciation 假角砾(岩)化作用
pseudobrookite 假板钛矿[$Fe_2^{3+}TiO_5$;斜方]
pseudo-brookite{-arkansite} 铁板钛矿[Fe_2TiO_5]
Pseudobryograptus 假苔藓笔石属[O_1]
pseudocampylite 氯磷铅矿；(桶)磷氯铅矿[$Pb_5(PO_4)_3Cl$;六方]
Pseudocandona 假玻璃介属[E_{2-3}]
Pseudocardinia 假铰蚌属[双壳;J]
pseudocarina 假脊板[孔虫]

Pseudocarniaphyllum 假卡尼珊瑚属[C_3]
pseudocataclastic 假碎裂[结构]
pseudo-cell 假晶胞
Pseudoceltites 假色尔特菊石属[头;T_1]
Pseudoceratites 假锯菊石属;假菊面石(属)
Pseudoceratium 假角藻属[K]
pseudochaetetes 假刺毛藻属[C]
pseudochalcedon(ite) 假玉髓
pseudochamber 假房室[孔虫]
pseudochilidium 假背三角板[腕]
pseudochitin 假几丁质[孔虫]
pseudochlorite 七埃绿泥石;假绿泥石
pseudochomata 假旋脊[孔虫]
Pseudochonetes 假戟贝属[腕;D_2]
pseudochronostratigraphic 假年代地层的
pseudocirque 假冰斗
pseudoclastic 假碎屑状(的)
Pseudoclathrochitina 假格几丁虫属[S-D_1]
Pseudoclimacograptus 假栅笔石(属)[O-S_1]
pseudo close-packing 假紧密堆积
pseudocoelom 假体腔
Pseudocoelomata 假体腔动物
pseudo-cohesion 假黏聚力
Pseudocolaniella 假科兰尼虫属[孔虫;P_2]
pseudo(-)conglomerate 假砾岩;自碎屑砾岩;压碎砾岩
pseudoconglomeratic 假砾岩状[结构]
pseudo(-)copiapite 假叶绿矾
pseudocorposclerotinite 假浑圆硬核{菌质}体
pseudocotunnia{pseudocotunnite} 氯铅钾石[K_2PbCl_4;斜方];钾氯铅矿[K_2PbCl_4;$3KPbCl_3•H_2O$]
pseudocrater 假火山口
pseudocraton 假克拉通
Pseudocreodi 假古肉食`类[附目]
pseudocritical pressure 准临界压力;假临界压力
pseudo(-)crocidolite 虎睛石[具有青石棉假象的石英;SiO_2];鹰眼石;铁钠闪石英
pseudo {-}cross-bedding{-stratification} 假交错层理
　　→~ cross-bedding 假交错层
pseudocruralium 背三角台;背窗台;假匙形台[腕];假背匙板
Pseudocrustacea 假甲壳纲[节]
pseudocrystal 假[结]晶
pseudocrystalline 假晶质{结晶}的
Pseudoctenis 假栉羽叶(属)[T_3-K_1];假篦羽叶属
pseudoctenodont 假梳齿型[双壳]
pseudocuesta 假单面山
pseudocurve 拟曲线
Pseudocycas 假苏铁(叶(属))[T_3-K]
Pseudocyclammina 假砂圆虫属[孔虫;T_3-K]
Pseudocyclograpta 假圆(饰)叶肢介属[节;K_2]
pseudocylindrical projection 伪圆柱投影;假圆筒投影
Pseudocynodictis 拟指狗(属)[E_3]
Pseudocypridina 假女星介属
pseudo-dead-end pore 假封闭孔隙
Pseudodeflandrea 拟德弗蓝藻属[K]
pseudodeltidium 假三角板;假腹窗板;假窗板[腕]
pseudodendritic structure 假树枝状构造
pseudodensity 视密度

pseudodepth section 伪深度剖面
pseudodeweylite{pseudodeweylith} 假水蛇纹石[$Mg_6(Si_6O_{10})(OH)_8$]
pseudo(-)diabase 假辉绿岩
Pseudodiacrodium 假双极藻属[Z]
pseudo-diamond 假金刚石
pseudodiapir structure 假底辟构造;假刺穿构造
pseudodiffraction 赝绕射扫描
pseudo-diffusion 假扩散(作用)
pseudodiorite 假闪长岩;假闪长石
pseudo-dipsloping 伪倾向坡
pseudodislocation 假位错
pseudo-doleritic texture 假粒玄结构
Pseudodoliolina 假桶蜓属[孔虫;P_1];假瓜形蜓
Pseudodon 假齿蚌属[双壳;Q]
pseudo-2-D profile 类二维剖面{测线}
pseudodrag 假拖(曳)褶皱
pseudo-ductility 假延性
pseudo-dyke 假岩墙
pseudodynamic device 假动力装置;似动力装置
pseudo(-)earthquake 假地震[腕]
pseudoeclogite 假榴辉岩
pseudo-edingtonite 假钡沸石[$Na_2(Al_2Si_3O_{10})•nH_2O;K_2(Al_2Si_3O_{10})•nH_2O$]
pseudo-emerald 假祖母绿[CaF_2];假纯绿宝石
Pseudoemiliania 拟艾氏颗石属;假艾氏颗石[钙超;N_2-Q_1]
Pseudoendothyra 假内卷虫属[孔虫;C_2]
pseudo(-)equilibrium 准平衡;假平衡
pseudoeruptive 假喷发的;假火成的
pseudo{β}-eucryptite 假锂霞石[人造;$Li(AlSiO_4)$]
pseudoeutectic 假共晶;假低共熔
pseudoeutectoid 假共结构{的}
pseudofelsitic schist 假霏细片岩
pseudofibrous peat 假纤维状泥炭
pseudofjord 假峡(江谷)
pseudofluid 假流体
pseudofluidal{pseudoflow} structure 假流状构造
pseudoform 假形;假象[一矿物具有另一矿物的外形]
pseudofossil 假化石
pseudofree water 假自由水
pseudo-frequency phenomenon 假频现象
pseudofront 假锋
pseudo-fuel 高灰分燃料;假燃料
pseudogalena 闪锌矿[$ZnS;(Zn,Fe)S$;等轴]
pseudogame 伪对策
pseudogarnet 假榴石
Pseudogastrioceras 假腹棱角石(属)[头];假腹菊石属[P]
pseudo(-)gaylussite 碳钠钙象方解石;假针钠钙石;假碳酸钠钙石[具斜钠钙石或天青石假象的方解石];天青象方解石
pseudogeneric name 假属名
pseudogeometrical factor 假几何因数
pseudoglacial{pseudo-glacial} striation 假冰川条痕
pseudo-glacial striation 假冰擦痕
Pseudoglandulina 假橡果虫属[孔虫;P-Q]
pseudo(-)glaucophane 假蓝闪石
pseudogley soil 假潜育{水}土
pseudogleyzation 假潜(水灰化)作用
pseudoglobular structure 假球状结构

Pseudognostus 假球接子
pseudograben 假地堑
pseudogradational bedding 倒粒序层理;假递变层理
pseudograndrufeite 假氟铅矾[$Pb_6SO_4F_{10}$]
pseudogranular structure 假粒状构造
pseudo-graphite 赝石墨
Pseudograpta 假线叶肢介(属)[节;J_2]
pseudogravity 假重力
pseudogritty structure 假粗砂质构造
pseudogroundmass 假基质
pseudogymnite 假水蛇纹石[$Mg_6(Si_4O_{10})(OH)_8$]
Pseudogymnosolen 假裸枝叠层石属[Z]
Pseudogyroporella 假网孔藻属[P]
Pseudohalorella 假海燕贝属[腕;T_{2-3}]
Pseudohalorites 假海乐菊石属[头;P_1]
pseudo-heavy component 拟重组分
Pseudohedenstroemia 假黑丁菊石属[头;T_1]
pseudoheteromorphism 假异象;假同质异象
pseudoheterosite 磷铁{铁磷}锂(锰)矿[$(Li,Fe^{3+},Mn^{2+})(PO_4)$]
pseudohexagonal twin 假六方双晶
pseudohotspot 假热点
pseudohumboldtilite 钙钠柱石
pseudo hydrocarbon component 拟烃组分
　　→~ -hydrothermal mineralization 假热液矿化
pseudohypersthen 异剥辉石
Pseudohyria 假嬉蚌属[双壳;K_2]
pseudo(-)igneous 假火成的
pseudo-interval velocity transform 拟层速度变换
pseudoisochromatic chart 假等色线图
pseudoisochron 假等时线
pseudoisometric 假等轴的{系}
　　→~ crystal 假等轴晶体
pseudo-ixiolite 假锰钽矿
pseudoization 假想化
pseudo-jade 假玉
pseudojadeite 假硬玉
pseudojoint{pseudo joint} 假节理
Pseudokainella 假小克因虫属[三叶;O_1]
pseudokaliophilite 假(亚级)钾霞石
pseudokampylite 桶磷氯铅矿
pseudokarren 假岩沟;假熔蚀冲沟;假灰岩沟
pseudokarst 假岩溶;假喀斯特
pseudokrokydolith 虎睛石[具有青石棉假象的石英;SiO_2];鹰眼石;铁钠闪石英
Pseudolabechia 假拉贝希层孔虫属[O_2-S]
pseudolagoon 假潟湖
pseudolamination 假纹层{理};假层理
Pseudolancastria 假兰卡斯特虫属[三叶;$Є_1$]
pseudolapies 假岩沟
Pseudolarix 金钱松属[E-Q]
pseudolateral 假侧齿[双壳]
pseudolaterlog (一种)屏蔽接地电阻测井(法)
Pseudolatochara 假宽轮藻属[K_2-E_2]
pseudolaueite 假劳埃石[$Mn^{2+}Fe_2^{3+}(PO_4)_2(OH)_2•7~8H_2O$;单斜]
pseudolaumontite 假浊沸石[$Ca(AlSi_2O_6)_2•4H_2O$]
pseudolavenite 假锆钽矿;假硅钙钠锆石
Pseudoleptaena 假薄皱贝属[腕;C_1]
pseudoleucite 杂霞石正长石

pseudo(-)leucite{pseudoleucitite} 假白榴石[白榴石假象的该石、正长石和方沸石混合物;K(AlSi$_2$O$_6$)]

pseudo(-)libethenite 假磷铜矿；磷铜矿[Cu$_2$(PO$_4$)(OH);Cu$_3$(PO$_4$)$_2$Cu(OH)$_2$;斜方]

Pseudolimnadia 假渔乡叶肢介属[节;J$_1$-K$_1$]

pseudolimonite 假褐铁矿；锑铁银矿

pseudo-linear 拟线性的

pseudoliquefaction 拟液化作用

pseudoliquid{pseudo{simulated} liquid} 假液体[指悬浮液]

pseudolite 尖晶石形滑石

pseudolithiasis 假结石病

pseudolog 拟测井；伪测井

pseudolovenite 假褐锰锆矿

Pseudolpidium 假油壶菌属[真菌;Q]

pseudolussatine 方英玉髓；假负绿方石英；四方石英

pseudolussatite 假负绿{四}方石英

pseudolycorine 假石蒜碱

pseudolycrine 伪石蒜碱

pseudomalachite 假孔雀石[斜磷铜矿][单斜;Cu$_5$(PO$_4$)$_2$(OH)$_4$•H$_2$O]

pseudomandel 假杏仁

pseudo(-)manganite 水锰型软锰矿；假水锰矿

pseudomarine 假海(洋的)

pseudomatrix 假基质

pseudo-meander 假曲流

pseudo(-)meionite{pseudomejonit} 假钙柱石[Ca$_8$(Al$_2$Si$_2$O$_8$)$_6$(Cl$_2$, SO$_4$,CO$_3$)$_2$]

pseudomendipite 白氯铅矿[2PbO•PbCl$_2$;Pb$_3$Cl$_2$O$_2$;斜方]

pseudomer 假异构体

pseudo(iso)merism 假(同分)异构(现象)

pseudomerohedral twin 假非全面(象)双晶
→~{pseudomerohedric} twin 假缺面双晶

pseudomesolite 假中性沸石

pseudomicrite 伪泥晶；假微晶；假泥晶灰岩

pseudomicrosparite 假微亮晶(灰岩)

pseudomigration 反偏移

Pseudomiltha 假米萨蛤属[双壳;E-N]

pseudomonas methanica 甲烷假单孢杆菌
→~ strain 假单孢菌株

pseudomonoclinic 假单斜的

pseudo-monocrystal 假单晶(体)

Pseudomonotis 假髻蛤(属)[双壳;C-P]

pseudomonotropy 假单变性

pseudomorph(ism) 假象[一矿物具有另一矿物的外形]；假晶；伪形

pseudomorph by alteration 蚀变假象
→~ by coating 被覆假象//~ by incrustation{encrustation} 皮壳假象；被壳假象//~ by metasomatism{replacement} 交代假象

pseudomorphic 假晶的
→~ crystal 假晶//~ of serpentine after olivine 橄榄石的蛇纹石假象//~{paramorphic} replacement 假象交代

pseudomorphism 假象现象

pseudomorpholite 沉积结核

pseudomorphose 矿物假象

pseudomorphosis 假象现象

pseudomorphous 假象[一矿物具有另一矿物的外形]；假晶的

pseudo-myrmekitic 假蠕状石[虫状]的

pseudo(-)natrolite 发{丝}光沸石[(Ca,Na$_2$)(Al$_2$Si$_9$O$_{22}$)•6H$_2$O;(Ca,Na$_2$,K$_2$)Al$_2$Si$_{10}$O$_{24}$•7H$_2$O;斜方]；假钠沸石[Na$_2$(Al$_2$Si$_3$O$_{10}$)•2H$_2$O]

pseudonekton 假游泳生物

Pseudoneotodus 假奥尼昂塔牙形石属[S-D$_1$]

pseudonepheline 霞石[KNa$_3$(AlSiO$_4$)$_4$;(Na,K)AlSiO$_4$;六方]

pseudonephrite 杂假软玉

pseudonitriding 假氮化

pseudonocerina 萤石[CaF$_2$;等轴]；假针六方石

pseudonocerite 萤石[CaF$_2$;等轴]

pseudo nodule 假结核
→~ noise sequence 伪噪声序列//~-offline working 伪脱机{线}工作

pseudooolite 假鲕状岩

pseudo-oolith 伪鲕石；假鲕石；假鲕粒

pseudo op{pseudo-operation} 伪操作
→~-ophitic 假辉绿(结构)//~-order 假指令

pseudo(-)orthoclase 歪长石[(K,Na)AlSi$_3$O$_8$;三斜]；正长石[K(AlSi$_3$O$_8$);(K,Na)AlSi$_3$O$_8$;单斜]；透长石[K(AlSi$_3$O$_8$);单斜]

pseudo-ozocerite{pseudo-ozokerite} 假地蜡

pseudopalaite 红磷锰矿[(Mn,Fe^{2+})$_5$H$_2$(PO$_4$)$_4$•4H$_2$O;单斜]；假闪磷锰矿[(Mn,Fe^{2+})$_5$H$_2$(PO$_4$)$_4$•4H$_2$O]

pseudo(-)parisite 氟碳钡铈矿[Ba(Ce,La)$_2$(CO$_3$)$_3$F$_2$;六方]；氟碳酸钙铈矿[(Ce,La)$_2$Ca(CO$_3$)$_3$F$_2$]

pseudopearlite 伪珠光体

pseudopelletierine 伪石榴皮碱;假石榴碱

pseudopeloid 假团粒

pseudoperiod 伪周期

pseudo-periodicity 伪周期性

pseudoperonospora 假霜霉属[真菌;Q]

pseudoperthite 假条纹长石

pseudo(-)phillipsite 假十字沸石[(K$_2$,Na$_2$,Ca)(Al$_2$Si$_4$O$_{12}$)•4½H$_2$O]；假钙交沸石

pseudophite 密页绿泥石；蜡绿泥石；叶绿泥石；斜绿泥石[(Mg, Fe^{2+})$_4$Al$_2$((Si,Al)$_4$O$_{10}$)(OH)$_8$(近似);(Mg,Fe^{2+})$_5$Al(Si$_3$Al)O$_{10}$(OH)$_8$;单斜]；似蛇纹石[(Mg,Ca)$_2$(SiO$_4$)•H$_2$O]

pseudophlobaphinite 假鞣质体

pseudo-phlobaphinite 假树皮质腐殖体

pseudophotoesthesia 光幻觉

Pseudophragmina 假篱虫属[孔虫;E]

Pseudopicea 假云杉(粉)属[N$_2$]

Pseudopinus 假松(粉)属[T-J]

pseudo-pirssonite 假鸟粪石；假钙水碱[Na$_2$Ca(CO$_3$)$_2$•2H$_2$O]

pseudopisolite 假豆石

pseudoplastic region 拟塑性区
→~-type substance 假塑胶性物质

Pseudoplegmatograptus 假铰笔石属[S$_1$]

pseudopluton 假深成岩体

pseudopluvial 假雨期

pseudopod 伪足[原生]

Pseudopolygnathus 假多颚牙形石属[D$_3$-C$_1$]

pseudopolymorphina 假多型虫属[孔虫;K-Q]

pseudopore 伪孔[苔;绵;孢]；假孔

pseudoporphyr 暗玢岩[德]

pseudoporphyroid 假残斑岩

pseudoporphyry 假斑岩

pseudo(-)potential 拟势；赝势

pseudo{quasi}-preconsolidation pressure 似先期固结压力

pseudopressure 拟压力

pseudoproduction life 拟开采期
→~{pseudoproducing} time 拟生产时间

pseudopsephite 假砾质岩

pseudopuncta{pseudopunctate shell} 假疹壳

pseudopunctate test 假斑壳
→~ test{shell} 假细孔壳

Pseudopygoides 假似臀贝属[腕;T$_3$]

pseudopylome 假圆口[疑]

pseudopyrochroite 水锰矿[Mn$_2$O$_3$•H$_2$O;(γ)-MnO(OH);单斜]；羟锰矿[Mn(OH)$_2$;三方]

pseudo(-)pyrophyllite 假叶蜡石；杂叶蜡硅铝石

pseudo-quartzine 假正玉髓[纤维状二氧化硅集合体]

pseudoquartzite 假石英岩

pseudo-racemism 假外消旋(现象)

pseudoraphae{pseudoraphe} 假脊缝

pseudo Rayleigh wave 假{伪}瑞利波
→~-reduced compressibility 假对比压缩性

pseudo-relative 假相对的
→~ permeability 拟相对渗透率

pseudoresupinate 凸凹形；假双曲形[腕]；假颠倒形

Pseudorhabdosphaera 假棒球石[钙超]

Pseudorhipidopsis 异叶属；假扇叶属[P$_2$]

Pseudorhizostomites 拟根口水母属[腔]

pseudorostrum 假吻片[甲壳]

Pseudorotalia 假轮虫属[孔虫;N$_2$-Q]

pseudorutile 假金红石[Fe$_2^{3+}$Ti$_3$O$_9$;六方]

pseudosaccus 假气囊[孢]

Pseudosageceras 假菁菊石属[头;T$_1$]

pseudosaphir 董青石[Al$_3$(Mg,Fe^{2+})$_2$(Si$_5$AlO$_{18}$);Mg$_2$Al$_4$Si$_5$O$_{18}$;斜方]

pseudo-sarcolite 假肉色柱石

pseudo(-)scapolite 假方柱石；方柱辉石

pseudoschist 假片岩

pseudoschistosity 假片理

Pseudoschwagerina 假希`瓦格{氏}蜓属[孔虫;C$_3$]

pseudoscience 假科学

pseudoscopic space image 幻视立体像
→~ viewing 假镜头

Pseudoscorpionid(e)a 假蝎目

pseudo-section 假[视;拟]剖面[一种矿物具有另一种矿物的外形]

pseudoselagine 伪卷柏状石松碱

pseudosematic 保护拟态[昆]

pseudoseptum 间隔板[苔]；假隔壁[珊]

pseudoshock 假地震[腕]

pseudosillimanite 假夕线石；假硅线石[Al$_2$(SiO$_4$)O]

pseudosinhalite 假硼铝镁石[Mg$_2$Al$_3$B$_2$O$_9$(OH)]

pseudoskeleton 假骨骼[绵]

pseudosm(l)aragd 假祖母绿[CaF$_2$]

pseudo-smaragd 假绿闪石

pseudosmaragdite 假祖母绿[CaF$_2$]

Pseudosolenopleura 假沟肋虫属[三叶;Є$_3$]

pseudosolution 伪溶液

pseudosome 假体[几丁]

pseudosommite 霞石[KNa$_3$(AlSiO$_4$)$_4$;(Na,K)AlSiO$_4$;六方]

pseudospar(ite) 假亮晶

pseudospharolith{pseudospherulite} 假球粒

pseudospicule 假骨针

pseudospondylium 假匙形台[腕]

Pseudosporochnus 瘤指蕨属[D$_2$]

pseudostable displacement 拟稳定驱替

Pseudostaffella 假斯氏蜓;假史塔夫蜓属[孔虫;C$_2$]

pseudostalactite 假钟乳石

pseudostatic 伪静态的

pseudo-static approach 准静力法

pseudosteady{quasi-steady} state 拟稳定态
→~-state flow 拟稳定流

pseudosteel 烧结钢

pseudostereoscopic{pseudoscopic} effect 反立体效应

pseudostome 伪口;假口[原生]

pseudo strength 拟强度
→~ stress 伪应力

pseudostromatism 交错层理

pseudo(-)struvite 假鸟粪石

Pseudostylodictyon 假柱状孔虫属[O$_2$]

pseudo-subvolcanic facies 假次火山岩相

pseudo(-)succinite 假琥珀

Pseudosuchia 拟鳄亚目;假鳄亚目{鱼类}

pseudo-sulphide 准硫化物

pseudoswelling 假膨胀

pseudosyenite 假正长岩

pseudosymmetric(al) 假对称的

pseudosymmetry 赝对称

pseudo(-)syncline 假向斜[腕]

Pseudosyringothyris 假管孔贝属[腕;P$_1$]

Pseudosyrinx 假管贝属[腕;C$_1$]

pseudo-system 假体系

pseudotachylite 很玄武玻璃;假玄武玻璃[法]

pseudo-tachylite 假速熔石

pseudotaxite 假斑杂岩

pseudotaxodont 假栉齿[双壳]

pseudotectonic 假构造的

pseudo telescope structure 假套叠构造;假嵌入构造

pseudoternary phase diagram 拟三元相图

pseudo-terrace 假阶地

pseudotetragonal 假正方系;假四方的

pseudotheca 假墙;假壁[珊]

pseudo-three-dimensional fracture modeling 拟三维压裂模型

pseudotill 假冰碛物

pseudotillite 假冰碛岩

Pseudotimania 假提曼珊瑚属[C$_2$]

pseudotime 拟时间

pseudotirolite 假薇石;假铜泡石;假提罗石

Pseudotirolites 假薇石;假提罗菊石亚属[头;P$_2$]

pseudo(-)topaz 黄石英[SiO$_2$]

Pseudotorellia 假托勒利叶属[植;T$_3$-K$_1$]

pseudotrachyte 拟粗面岩

Pseudotrapezium 假梯蛤属[双壳;J]

pseudo(-)tridymite 假鳞石英;鳞石英状石英

Pseudotrigonograptus 假三角笔石属[O$_1$]

pseudotriplite 异磷铁锰矿[(Mn,Fe)$_2$(PO$_4$)F]

Pseudotriticites 假麦粒蜓属[孔虫;C$_{2-3}$]

pseudotroglobiotic 假洞居的

pseudotuff 假凝灰岩

pseudo-twin 假双晶

pseudoumbilicus 假脐[孔虫]

pseudo(-)unconformity 假不整合

Pseudounitrypa 假独苔藓虫属[C-P]

Pseudouralinia 假乌拉(尔)珊瑚(属)[C$_1$]

Pseudovermiporella 假蠕孔藻属[P]

pseudovintlite 假闪英粒玄岩

Pseudovoltzia 假伏脂杉(属)[P]

Pseudowalchia 假瓦契杉属[T-J]

pseudowavellite 钙{假}银星石 [CaAl$_3$H(PO$_4$)$_2$(OH)$_6$];假磷铝石

pseudowax 假石蜡

Pseudowedekindellina 假魏德{特}肯蜓属[孔虫;C$_2$]

pseudo-wedge 假冰楔

pseudo wet-bulb temperature 假湿球温度
→~(-)willemite 假硅锌矿[人造;Zn$_2$(SiO$_4$)] // ~-wollastonite 假硅灰石[CaSiO$_3$;三斜];假银星石[CaAl$_3$H(PO$_4$)$_2$(OH)$_6$]

Pseudoyabeina 假矢部蜓属[孔虫;P]

Pseudoyuepingia 假玉屏虫属[三叶;∈$_3$]

Pseudozarkodina 假奥扎克牙形石属[P-T]

pseudo-zircon 变锆石[Zr(SiO$_4$)];阿申诺夫石;胶锆石[锆石的偏胶体变种;Zr(SiO$_4$)]

pseudozoisite 假黝帘石

Pseudozonosphaera 拟环球形藻属[Z-∈]

Pseudozonosphaeridium 假环球形藻属[Z-S]

Psilaspis 裸甲虫属[三叶;∈$_2$]

psilate 光滑的;无壳饰的;平滑的[植;孢粉壁]

psilatus 无雕纹的;光滑的[孢]

psilium 草原群落

Psilocamara 光房贝属[腕;C$_3$-P$_1$]

Psilocephalina 裸头虫属[三叶;O$_1$]

Psilocerataceae 裸菊石超科[头]

psilomelance{psilomelane} 硬锰矿[mMnO·MnO$_2$·nH$_2$O]

psilomelangraphit 硬锰石墨

psilomelanite 硬锰矿[mMnO·MnO$_2$·nH$_2$O]

psilophyta 裸蕨植物门

Psilophytales 裸蕨目

psilophytic 裸蕨目的

Psilophytineae 裸蕨纲

Psilophytites 拟裸蕨属[D]

Psilophyton{psilopsid} 裸蕨

Psiloschizosporis 光对裂孢属[K$_2$-E]

Psilosturia 裸环殖菊石属[头;T$_2$]

Psilotales 松叶兰目[裸蕨]

psilotegillate 光面顶膜的

Psilotum 松叶蕨(属)[N-Q]

Psilunio 裸珠蚌属[双壳;J-Q]

psimythite 硫碳酸铅矿[Pb$_4$(SO$_4$)(CO$_3$)$_2$(OH)$_2$];硫碳铅矿;硫铊铁铜矿[Tl(Cu,Fe)$_2$S$_2$;四方]

psimytuite 硫碳铅矿

Psioidea 普西贝属[腕;T$_{2-3}$]

psittacinite (绿){钒}铅铜矿[(Cu,Zn)Pb(VO$_4$)(OH);PbCu(VO$_4$)OH·3H$_2$O(近似)];钒铅铜矿

psittacosaurus 鹦鹉嘴龙

Psophosphaera 皱球粉属[孢;K]

ps(e)udoorthoclase 假正长石[(Na,K)(AlSi$_3$O$_8$)]

psychological 心理(学)的;精神的

psychology 心理

psychor(r)hexis 精神崩溃

psychosphere 心灵圈

psychrometric chart 湿度表;温湿图
→~ difference 湿度差

psychrophilic 嗜冷的;好寒性的;冷凝的;喜冷的;喜低温的;喜爱寒带地方的;冰凝的[盐类]

psychrophyte 适高寒植物;高山寒土植物

psychrosphere (海洋)冷水圈;冷海区[低于10℃]

psychrotolerant 耐寒(温)生物;耐高寒生物
→~ bacteria 耐冷细菌

Psygmophyllum 扇形叶属;掌叶属[P]

Pt 白金;铂;元古代{|界|宙|宇|群}[2500～570Ma;大气中开始充满氧气,真核生物出现,后期埃迪卡拉纪多细胞生物出现]

Pt-carrollite 大营矿

P-T{pressure-temperature} diagram P-T图解;PT图

ptenphyllium 落叶森林群落

ptera 翼龙

Pteracontiodus 翼矢牙形石属[O$_{1-2}$]

Pteranodon 无齿翼龙属[K]

Pteraspida 鳍甲:目{鱼亚纲}

pteraspidomorphi 鳍甲鱼形

Pteraspis 鳍甲鱼(属)[D$_1$];盾鳍鱼(属)[D$_1$]

pterate 翼状的;翅状的
→~ chorate cyst 具翼刺囊孢[甲藻];机翼

Pteria 翼蛤(属)[双壳;T-Q]

Pterichthys 翅鱼属;兵鱼(属)[D]

Pteridaceae 凤尾蕨科

pteridales 凤尾蕨目

Pteridium 蕨属[E$_2$-Q];蕨

pteridology 蕨类(植物)学

Pteridophyta{Pteridophyte} 蕨类;蕨类植物(门)

pteridophytic 古植物地质时期的;古植代的;古植代;裸植代

pteridosperm 种子蕨

Pteridospermopsida 种子蕨类{纲;植物门}

Pterigota 有翅`类{亚纲}[节;D-Q]

Pterigotheca 翼管螺属[软舌螺;D-P]

pterin 蝶呤

Pterinea 羽蛤属[双壳;O-C]

Pterinopecten 羽海扇(属)[双壳;S$_2$-D]

Pterinopectinella 小羽海扇属[双壳;C$_1$-P$_1$]

Pterioida 珍珠贝目;莺蛤目;翼蛤目[双壳;O-Q]

Pteriomorphia 翼形亚纲[双壳]

Pteris 凤尾蕨属[E$_2$-Q]

Pterisisporites 凤尾蕨孢属[K-E$_3$]

Pterobranchia 翼鳃纲{类};羽鳃类{纲}[半索亚目]

Pterocarya 枫杨属[E$_3$-Q]

Pterocaryapollenites 枫杨粉属[孢;E-N$_1$]

pterocavate 具翼腔的[甲藻]

Pterocephaliidae 翼头虫科[三叶]

Pterocera 蜘蛛螺属[Q];翼角螺属[腹]

Pterochitina 翼儿丁虫(属)[S]

Pterocladia 鸡毛菜属[红藻;Q]

Pteroconus 羽锥牙形石属[O$_{1-2}$]

Pterocystidiopsis 翼囊藻属[R]

Pterodactylus 翼手{指}龙(属)[J$_3$]

Pterodinium 翼沟藻属[K-E]

pterodium 翅果

Pterodon 翼齿兽属[E$_2$];开发商

Pterograptus 翼笔石(属)[O$_1$]

Pterolepis 翼甲鱼属[S-D]

pterolite 杂霓辉黑云母

Pteromonas 翼膜藻(属)；翅胞藻属[Q]

Pteromorphitae 膜环藻类[疑]；翼环亚类[疑]

Pteronites 斜翼蛤属[双壳;C-P]

Pterophyllum 侧羽叶(属)

Pteroplax 翼楯螈(属)[C]

Pteropoda 有壳翼足亚目；翼足类{目}[软;K-Q]

pterosaur 飞龙[T_3-K_2]；翼龙

Pterosauria 飞龙目{类}[爬]；翼龙目[鱼的]

Pterospathodus 翼片牙形石属[S_1]

Pterospermopsimorpha 拟膜环藻属[An Є-Є]；翼球藻属

Pterospermopsis 膜环藻属[Z]

Pterotoblastus 翅海蕾属[棘;P]

p-terphenyl (对)三联苯[C_6H_5•C_6H_4•C_6H_5]

pterygiophore 鳍条

Pterygocypris 翼星介属[E_{2-3}]

pterygoid 翼状骨

    →~ (bone) 翼骨[鱼的]

Pterygometopus 翼眉虫属[三叶;O]

Pterygota 有翅{类}亚纲[节;D-Q]

Pterygotus 翼肢鲎(属)[节;O-D]；翼鲎

ptfe 聚四氟乙烯

P-T-F-t{pressure-temperature-fluid-time} path 压力-温度-流体-时间轨迹

Ptilillaenus 翼斜视虫属[三叶;S_2]

Ptiloconus 翼锥牙形石属[O_{1-2}]

Ptilodictya 翼网苔藓虫属[O-C]

Ptilodus 羽齿兽(属)[E_1]

Ptilognathus 翼颚牙形石属[C_2]

Ptilograptidae 羽笔石科

Ptilograptus 羽笔石属[O-S]

ptilolite 丝{发}光沸石[$(Ca,Na_2)(Al_2Si_9 O_{22})•6H_2O;(Ca,Na_2,K_2)Al_2Si_{10}O_{24}•7H_2O$；斜方]；发沸石[$(Ca,Na,K_2)_4(AlSi_5O_{12})_8•28H_2O$]

Ptilonchodus 翼矛牙形石属[O_2]

Ptilophyllum 毛羽叶(属)；斜羽叶(属)[C_3-P_1]

Ptilozamites 双羽蕨；叉羽叶(属)；叉羽羊齿属[T_3-J_1]

Ptiograptus 贯穿笔石属[S-C_1]

ptolift 燃料泵

p-toluidine 对-甲苯胺[CH_3•C_6H_4•NH_2]

P/T ratio types of metamorphic regions 变质区P/T比类型

    →~ ratio types of regional metamorphism 区域变质P/T比类型

P-T section 等浓切面

Pt-vysotskite 硫钯矿[$(Pd,Ni)S$;四方]；燕山矿；铂硫镍钯矿

ptyamatic(al) 肠状的

Ptychaspis 褶盾虫(属)[三叶;$Є_3$]

Ptychites 皱菊石属[头;T_2]

Ptychobairdia 褶曲土菱介属[T_3]

Ptychocarpus 皱囊蕨属[C-P]

Ptychochaetes 层刺毛虫属[J_3]

Ptychodiporina 褶壁两孔粉属[孢]

Ptychoglyptus 褶雕贝属[腕;O_2-S]

ptycholophe 褶纤毛环[腕]

Ptycholophecia 褶房贝属[腕;D_3]

Ptychomonoporina 长褶壁单孔粉属[孢]

Ptychomphalus 褶脐螺属[腹;C-J]

Ptychoparia 褶线虫；褶颊(属)[三叶;$Є_2$]

ptychopariid 褶颊虫类(的)[三叶]

Ptychophyllum 褶壁珊瑚(属)[S_{2-3}]；褶杯珊瑚

Ptychopleurella 皱肋贝属[腕;O_2-S_3]

Ptychopteria 褶翼蛤属[双壳;S-P]

Ptychopyge 褶尾虫属[三叶;O_1]

Ptychotriporines 三孔沟类[孢]

Ptyctodontida 褶齿鱼目

ptygmatic{enterolithic;ptigmatic} fold 肠状褶皱

    →~ vein 肠状岩脉

ptygmatite 肠状岩

Ptylopora 翼管苔藓虫属[D-P]

ptymatic{ptygmatic} vein 肠状脉

Pt₁ 早元古代[2500~1000Ma;晚期造山作用强烈,所有岩石均遭变质,目前发现微生物化石约31亿年]

Pu 钚

public 公共的；公用的；万国的；国际上的；公共；公开；公有；公用；公立；公营

publicity 公开；周知

public land{domain} 公有土地

    →~ notary 公证人 // ~ nuisance{hazard} 公害[指工业废气、废水等的危害]

published angle 设计角；预定(井斜、方位)角

pubo-ischiatic vacuity 坐耻窝

Puccinia 双胞锈菌属[Q]；柄锈菌属[真菌]

puce 深褐色

pucherite 钒铋矿[$Bi(VO_4)$;斜方]

puck 气垫器；矸石墙；(橡皮)圆盘；废石墙

puckered slate 皱纹板岩

puckering 小褶皱

pucking 底鼓；底板隆起

pudding ball 圆泥球；硬皮泥球；铠装泥球

    →~ granite 球粒花岗岩 // ~ machine (含金)黏土加水搅和(分选)机；圆形砂矿淘洗机 // ~ rock 集聚岩体

(plum-)pudding stone 布丁砾岩；砾岩

pudding stone{rock} 圆砾岩

    →~-stone 圈砾岩

puddle 水洼；水潭；水坑；揉捏的黏土；捣泥浆；捣(成糊状)；泥坑；炼铁；小塘搅拌；(用)胶泥填塞；胶泥；冰上融水坑

    →~ clay 黏闭土 // ~-core dam 夯实土心坝

puddled clay 捣实黏土；搅捣的黏土

    →~ {dispersed} condition 分散状态 // ~ ditch 实底沟；填石沟 // ~ soil 捣实的土；黏韧土；黏闭土；压实的土

puddle mill 型砂混炼机[铸]

    →~ mixer 混砂机

puddler 砂矿搅取机

puddle steel 熟铁

    →~ wall 夯实土墙；干打垒墙；胶土墙

puddling 揉捏黏土；黏土质矿石洗矿；搅炼

Puercan 普埃尔科(阶)[北美;E_1]

puerto 山口；垭口

pufahlite 硫锡铅矿[$PbSnS_2;PbSn_4S_5?$;斜方]；锌硫锡铅矿

puff 疏松；膨胀；喷烟；喷气；冒气；吹气；小肿胀；爆开

puffed rice 爆米花

puffer 矿车司机；曳引绞车；小绞车；提升绞车

puffing 烧爆作用；晶胀；晶体膨胀

    →~ hole 喷水穴

puffstone 石灰华[$CaCO_3$]；凝灰岩

puffy and soft 泡

puflerite 钙辉沸石[$Ca(Al_2Si_7O_{18})•7H_2O$]

pug 捣{碾;挤}泥机；(用)黏土堵塞；(用)

泥填塞；泥料；隔音灰泥；隔离土；煤和黏结剂搅拌箱[团煤]；脉壁黏土；断层泥

    →~ (mill) 揉捏机 // ~ {abnormal} fault 泥断层

pugged clay 揉捏黏土；揉捏的黏土；捏和黏土

pugger 拌泥工

pugging 混炼；捣捏黏土；隔音层；隔音材料；练泥；炼泥

Pugilis 狮鼻长身贝属[腕;C_{1-2}]

puglianite 云榴辉长岩；云白辉长岩

pug mill{mixer} 捏土机

    →~ mill 混碾机；搅土机；搅泥机 // ~-mill mixer 捏土机

Pugnax 狮鼻贝属[腕;D-P]；喜斗腕

Pugnoides 拟狮鼻贝属[腕;D_3-P]

puinquerhabdus 五角棒石[钙超;E_3]

puissance 威力

puking 冒顶

pulaskite pegmatite 斑霞正伟晶岩

pull 提升；卷扬；回采矿柱；煤柱；牵采；拉住；拉力；拉；引力；曳引；循环进尺；出现；拖曳；下沉[地表沉陷]

pulla chute 溜槽放矿

pull a chute 操纵溜槽闸板

pulldown 钻进力

pull down 拉开；压低

    →~ {throw} down 推翻

pulldown force 下推压力

pulled (被)牵引的

pulleite 紫磷灰石；磷灰石[$Ca_5(PO_4)_3(F,Cl,OH)$]

Pullenia 幼体虫属[孔虫]；勃伦虫属[K_2-Q]

puller 拔出器；抽子；绞盘

    →(post) ~ 回柱机

pulley 滑车；皮带盘

    →~ magnet 磁轮 // ~ rig 带悬吊滑车的凿岩机支架

pull{towing} force 牵引力

    →~ hole{chute} 漏斗 // ~ {bing} hole 放矿溜口

pulling 拉紧；提起

    →~ and running the drill pipe 起下钻杆 // ~ back 回采矿{煤}柱 // ~ machine 或抽油杆装置；拔桩机；提升装置 // ~ method 引上法 // ~ ore 放矿 // ~ out the hole 起钻；把钻具提出钻孔 // ~ scraper 拉铲 // ~ test 拉力检验

pull in tunnel 隧道脱落

    →~ it green 过早提钻[为交换钻头]；螺纹拧得过紧[口]；钻头未磨损或磨损不大就起出 // ~-off pole 双(面)撑杆；锚桩 // ~-out torque 拔拉扭矩 // ~(ing) point 岩芯提取点 // ~ rod 牵引杆；钻杆立根；抽油拉杆

pulls 收缩裂缝

pullscoop{pullshovel} 反(向)铲

pull shovel 铲形耙斗；拉铲

pullway 电耙道；扒矿机扒道

pull well in 拆卸钻塔

    →~ wheel 天轮 // ~ winch 牵引小车

pulmonary alveolar microlithiasis 肺泡小结石病；微(症)结石病

    →~ asbestosis 石棉肺(病) // ~ talcosis 滑石肺病

Pulmonata 有肺亚纲[腹]；肺螺亚纲[腹]

pulp 粕；泥浆；煤浆；干矿粉；矿泥；矿浆；浆状物；浆料

    →~ assay{pulp-assay} 矿浆分析 // ~

balance 矿浆比重秤 // ~-body process 矿浆(体)内部浮选法 // ~ cavity 齿髓孔；髓腔[牙石] // ~ cell 矿浆槽 // ~ clarification 矿浆澄清 // ~ climate 浮选调和矿浆；矿浆物化状态 // ~ density {consistency} 矿浆浓度 // ~ digester 矿浆溶煮器

pulper 搅拌机

pulpiness 浆状

pulpit 操纵台；控制台；控制室
→~ basin 台状泉盆

pulp level 料浆液位
→~ magnet 矿泥分选机振荡式磁体；矿浆分选机振动磁头 // ~-preparation plant 砂浆准备车间[水力充填] // ~ pumping height 砂浆扬送高度

pulps 粉状细砂

pulp sample 矿浆取样
→~ sampler 矿浆取样器{机}

pulpstone 磨浆石；磨制矿浆(用)的磨石；磨纸浆砂砣；磨石；磨木石；磨刀石；牙髓结石
→~ transport 输矿浆

pulpwood 纸浆原料

pulpy{sedimentary} peat 浆状泥炭

pulsafeeder 脉动供料机

pulsar 脉冲星

pulsatance 角频率

pulsating arc 脉动弧[北极光]
→~ Earth theory 脉动地球理论 // ~ load 脉动负荷{载} // ~ movement 脉动

pulsation 拍；波动；交流电的角频率
→~ dampener 压力脉动阻尼器 // ~ washer 跳汰(洗矿{选})机

pulsative{intermittent} zoning 脉动分带

pulsator 脉动器；振动筛；振动机；簸动机；凿岩机；断续器

pulsatory 脉动的

pulse 半周；脉动；脉冲；脉搏；跳动；豆类植物
→~ amplitude 脉幅 // ~-combustion 脉冲燃烧

pulsed 受脉冲作用的
→~ ruby laser 红宝石脉冲激光器

pulse echo tool 脉冲回声测井仪
→~ forming network 脉冲形成网络 // ~ {pulsed} frequency 脉冲频率 // ~ of the earth 地球脉动；大地脉动

pulser 激动井

pulse shaping circuit 脉冲整形回路
→~ {impulse;pulsed;pulsing;pulse-type} signal 脉冲信号 // ~ spacing 脉冲间隔 // ~(-frequency) spectrum 脉冲频谱

pulse-time jitter 脉冲间隔的跳动
→~ measure 脉冲时间测量[海底采矿用]

pulsing 脉冲调制；脉冲的产生；发送脉冲
→~ feed 脉动推进 // ~ {pulse} well 脉冲发送井

pulszkyite 铜镁矾[(Mg,Cr)(SO$_4$)•5H$_2$O]

pultrusion 挤拉成形

pulverability (可)粉化性

pulverable 可碾成粉末的

pulverising{pulverizing} mill 粉磨机

pulver(yl)ite 细尘岩

pulverized 磨碎的；粉状的
→~ {powdered} coal 粉磨煤 // ~ corundum 刚玉砂[刚玉与磁铁矿、赤铁矿、

尖晶石等紧密共生而成]；金刚砂粉 // ~ graphite 粉磨石墨 // ~ gypsum 粉磨石膏

pulverizing 破压；粉磨

pulverulent 粉状的；粉状；易碎的
→~ body 粉体 // ~ brown-coal 尘状褐煤 // ~ soil 粉质土壤

pulverulite 尘熔结凝灰岩；粉粒岩

pulveryte 细尘岩

pulvimixer 打松拌和机

pulvino (荷重分配)垫座[拱坝的]；副柱头；坝座

Pulvinomorpha 枕形藻属[Z]

Pulvinosphaeridium 枕形球藻属[Є]

Pumex 浮石[酸性喷出岩之一]；浮海石

pumice{pumica} 浮岩[一种多孔火成岩，常含 53%~75% SiO$_2$, 9%~20% Al$_2$O$_3$]；轻石；泡沫岩；悬石

pumiceous 泡沫状
→~ inflation of magma 岩浆的泡沫状膨胀 // ~ structure 浮岩构造；浮石构造

pumice powder 浮石粉
→~-slag (brick) 浮石渣砖 // ~ {float} stone 浮岩[一种多孔火成岩，常含 53%~75% SiO$_2$,9%~20% Al$_2$O$_3$] // ~ volcanic foam 浮石 // ~ {explosive} volcano 爆裂火山

pumicite 火山灰

pumilith 火山灰岩

pumi(ci)te 浮岩[一种多孔火成岩，常含 53%~75% SiO$_2$,9%~20% Al$_2$O$_3$]；泡沫岩

pump 抽吸；抽水；水泵；排水机；泵；抽气；唧筒
→~ (over) 泵送

pumpable bolt 泵注锚杆
→~ condition 抽升条件 // ~ slurry 可泵浆料{砂浆}

pumpage 输送量；泵送；泵排(出)量；抽水量；抽汲
→(water) ~ 抽水

pump air (into sth.) 充气
→~-and-ladderway 泵管和梯子间 // ~ and ladderway compartment 管子梯子隔间 // ~ assembly{unit} 泵装置 // ~ barrel{bucket} 泵套{|体}

pumpdown 泵送作业；抽水；抽气；抽空；降压
→~ completion operation 泵送法完井作业

pump drainage{drain} 泵排；抽排
→~ dredge 泵唧式挖掘{采金}船 // ~ dredger (抽)泥机，汲泥机 // ~ drive 泵传动

pumped area 抽水区
→~-off well 空抽井 // ~ output 抽出水量 // ~ storage 抽水蓄能

pumpellyite 绿纤石[Ca$_4$MgAl$_5$(Si$_2$O$_7$)$_2$(SiO$_4$)$_2$(OH)$_5$•H$_2$O;Ca$_2$MgAl$_2$(SiO$_4$)(Si$_2$O$_7$)(OH)$_2$•H$_2$O;单斜]
→~-(Al) 铝绿纤石 [Ca$_2$(Al,Fe^{2+},Mg)Al$_2$(SiO$_4$)(Si$_2$O$_7$)(OH,O)$_2$•H$_2$O]；红纤石；锰绿纤石[Mn^{2+}]

pumper 司泵；泵车；抽油井；抽水机
→~ gland 泵密封压盖 // ~ head{lift} 泵的扬程 // ~ head 泵压头；泵水头；泵汲扬程；泵的压头

pump house{chamber} (水)泵房
→~ house{room;compartment;chamber;station;building} 泵房 // ~ hydraulic horsepower 泵水马力 // ~ impeller 泵叶轮

pumping 排水；泵作用；开泵；充气；汲取
→~ capacity{load;rate} 抽水量 // ~ plan 矿井水情图

pump inlet head 泵入口压头
→~ lift 泵扬程 // ~ liner{|body} 泵套{|体} // ~ load 泵负载

pumpman{pump man{operator}} 司泵工

pump off{over} 抽出

pumps in parallel 并联泵组
→~ in series 串联泵

pump slip 泵柱塞滑移
→~ sump{box} 泵池 // ~ surge 泵压波动{骤增} // ~ unit{package} 泵组(装置) // ~ {cheer} up 打气 // ~ valve 泵阀

puna 呼吸困难[因空气稀薄]；山间高原；寒冷山风；高山病；高寒气候；冷高原

punahlite 中沸石 [Na$_2$Ca$_2$(Al$_2$Si$_3$O$_{10}$)$_3$•8H$_2$O;单斜]

punamustein{punamustone;punamu} 软玉 [Ca$_2$Mg$_5$(Si$_4$O$_{11}$)$_2$(OH)$_2$−CaFe$_5$(Si$_4$O$_{11}$)$_2$(OH)$_2$]；铖石[Ca$_2$(Mg,Fe)$_5$(Si$_4$O$_{11}$)$_2$(OH)$_2$]

punch(er) 凿孔机；穿孔器；穿孔机；凿孔；击穿；煤矿回拉用撞锤；打眼；打孔；压力机；冲压；冲孔

punch (perforator) 三柱凿孔机；冲压机；冲床
→~ {bore} a hole 打眼 // ~-and-thirl system 房柱式采煤法；进路回采的房柱式采矿法 // ~-bending method 冲压成弯法 // ~(ed) card system 穿卡系统

punched{time} card 计时卡
→~ hole 穿孔；冲孔 // ~-method screen 冲孔筛 // ~-plate screen 冲孔板筛

puncheon 石凿；大桶；打印器；支柱；凿子；短柱

punch holder 凿孔针握持器

punching 冲压；冲切；冲击；掏槽

punch mark 打标记；原点；冲标记
→~ {scale} mica 云母片 // ~ pin 冲头 // ~ prop 截槽支柱 // ~(ing) test 冲压试验

puncta[sgl. -tum;pl. -e] 疹；细穿孔；斑点[介]；孔

punctaria 点叶藻属[褐藻;Q]

punctate 有疹壳；有细孔壳；斑壳；细孔[腕]；斑点
→~ (shell) 疹壳 // ~ structure 刻点构造

punctation 点状[缩小成一点]；疹壳；有斑点；刻点；斑点

Punctatisporites 点面三缝孢属[D-Mz]

Punctatosporites 粒面单缝孢属[C$_2$]

Punctatrypa 疹无洞贝属[腕;D$_{1-2}$]

Punctolira 斑洞贝(属)[腕;O$_1$]

Punctospirifer 疹石燕属[腕;C-P]；斑石燕

punctualist 点断论者

punctuality 准时性

punctual kriging 守时克里格[点克里格法]；点克里格(法)
→~ value (单)点值 // ~ {point} variable 点变量

punctuated equilibrium 点断平衡论；间断平衡[生物演化]

punctuation 强调；加标点

punctuational evolution 点断演化

punctuationalism 点断论

punctum[pl. -ta] 疹；刻点；细穿孔；色斑[医]；凹陷

puncture 击穿；时机；打穿；刺破；刺孔；刺穿；穿孔；爆裂
→~ strength 冲穿强度//~ test 钻孔试验

puncturing shallowly with short needle 毛刺

pungency 刺激性

pungent taste 辛味

pungernite 地蜡[C_nH_{2n+2}]；富油母质(的)油页岩

Punica 石榴属

Punicaceae (安)石榴科

punicagranatum 石榴

puniceous 石榴红

punicic acid 石榴油酸

punicine 石榴素；石榴碱
→~ tannate 鞣酸石榴碱

punishment 痛击；惩罚

punja 干旱地

Punjab 旁遮普[印]

punky 半硬化的；半固结的

punning shed 机车房

punt 平底船

pup 小支流

pupa 蛹[昆]

Pupilla 虹蛹螺属[E-Q]；蛹形螺属[腹;N-Q]；瞳孔

pupillary spectroscope 分光目镜

pup joint 短节；短管

puppet 钙质结核；下水架；僵结人[黄土的]
→~ valve 跳动舌阀；随转阀

Puppis 船舻座

puppy 井下泵组

Purbeck 波倍克期；波白克半岛

Purbeckian 普贝克阶；波倍克(阶)[英;J_3]
→~ stage 波倍克(阶)[英;J_3]

purchase 获得；取得；起重装置；购买；采购；举起[起重装置]

purchases journal 进货本

purchase trial 收货检验；验货
→~ with cash 现金购买//~ with credit 赊买

purchasing and store department 供应科；供应处
→~ department 采购部门//~ power 购买力

pure 地道；玉；纯净；纯的；醇[ROH]
→~ asphalt 纯沥青//~ bending 纯弯曲//~ chemistry 纯化学

"pure coal" product 手选无烟矿煤[美]

pure coating quartz glass 高纯涂层石英玻璃
→~ cryolite 纯冰晶石//~ diamond 纯金刚石

puree 果泥；菜泥[食物的糊状物]

pureeparfaite 假玄武玻璃[法]

pure gas turbine cycle 纯燃气轮机循环
→~ hematite 纯赤铁矿//~ iron crucible method 纯铁坩埚法

Purella 洁净螺属[软舌螺类;软舌螺;ε_1]

pureness 纯度

pure nickel 纯镍
→~ true garnierite ore 硅镁镍矿{纯镁质硅酸镍矿}[$(Mg,Ni)_6(Si_4O_{10})(OH)_8$]

Purga 普尔加风；强北极雪暴；布冷风[中亚]

purgatory 沮洳地

purged mother liquor 净化母液

purge gas stream 除污气流
→~ {flush} oil 冲洗油//~ period 清洗周期；洗井周期

purges 布冷风[中亚]

purging 冲洗
→~ valve 排压阀；泄压阀

purification 精炼；纯化；净化；洁化；提纯
→~ by chromatography 色谱提纯//~ by liquid extraction 萃取提纯

purify 精炼；提纯；净化；精制

purifying agent 净水剂
→~ {purification} furnace 精炼炉//~ process 净化作用；洁化作用//~ reagent 纯化试剂

purine 嘌呤

pur into gear 挂上(齿啮合)；挂挡

purity 纯净；纯度

purl 颠倒；翻倒

purler 倒落；坠落

purlin 檩(条)

puron 高纯度铁

purple 染成紫色；紫色；紫色的
→~ {antimony} blende 红锑矿[Sb_2S_2O;单斜]//~ blende 硫氧锑矿[Sb_2S_2O]//~ copper (ore) 斑铜矿[Cu_5FeS_4;等轴]//~ ore 紫矿石//~ stone 紫石

purplish{indigo;thumb} blue 紫蓝色
→~ blue 藏蓝//~ grey 紫灰色//~ red 紫红

purpose 目的；作用；用途；意义
→~ built{made} 专制的//~ made 专制

purpura 荔枝螺属[E-Q]

purpurin 1,2,4-三羟基蒽醌[$C_{14}H_8O_5$]

purpurite 紫磷铁锰矿[$(Mn^{3+},Fe^{3+})(PO_4)$；磷锰石[$Mn^{3+}PO_4$;斜方]

purpursapphir 紫刚玉[Al_2O_3]

pursuer 追求者

puschkinite 绿帘石 [$Ca_2Fe^{3+}Al_2(SiO_4)(Si_2O_7)O(OH);Ca_2(Al,Fe^{3+})_3(SiO_4)_3(OH)$;单斜]

Pusgillian 普斯吉尔阶

push 按；按电钮；熔岩挤出；牙膏状熔岩；压；推行；推销；推送[风浪]；推；挤出体[熔岩等]

push-button mining 遥控开采

pushcharovskite 普水羟砷铜石[$Cu(AsO_3,OH)\cdot H_2O$]

pusher 钻探技师；助推机；推销者；推料机；推车器；推板

push-feed drill 自动给进式凿岩机
→~ drilling 自动推进式凿岩；自动进给钻进

push fit 推入配合
→~-in construction 拖管法

pushing 推；按；压；顶管
→(pipe) ~ 顶管[管路穿越公路铁路]//~ action{effect} 推进{爆破}作用//~ and pulling screw jack 螺旋器//~ bar 推杆

push(er)-in{inset} type 嵌入式

pushkinite 绿帘石[$Ca_2Fe^{3+}Al_2(SiO_4)(Si_2O_7)O(OH); Ca_2(Al,Fe^{3+})_3(SiO_4)_3(OH)$;单斜]

pushloading{push-lading} 推压装载；推式装载

push loading 推压装载
→~-moraine ridge 推碛岭//~-on joint 推紧连接//~-out type shake-out 推出式落砂[铸]；捅出式落砂

pushover 移溜

Pusia 小瘦螺属[腹;E-Q]

Pustula 刺瘤贝属[腕;C_1]

pustulan 石脐素；石耳(多糖;聚糖)

Pustularia 疹宝贝属[腹;E_2-Q]

Pustulatisporites 稀锥瘤孢属[C_2]

pustule 疹突[牙石]

pustulosa 多泡海星亚目[棘]

pustulum[pl.-la] 壳瘤[腕]；壳胞

pusule 液胞[甲藻]；搏动器
→~ apparatus 伸缩器

putlock 脚手架跳板(短)横木(楞)

putoranite 普硫铁铜矿；波硫铁铜矿[$Cu_{16-18}(Fe,Ni)_{18-19}S_{32}$;等轴]

put out 推出
→~ {switch} out 关//~ out a fire 灭火

Putrella 普德尔蟹属[孔虫;C_2]

putrescence 腐烂

putrescine 丁二胺-(1,4)[$NH_2(CH_2)_4NH_2$]；腐胺[$NH_2(CH_2)_4NH_2$]

putrid 腐殖质的；腐败(性)的；腐败(的)
→~ {sapropelic} mud 腐泥//~ slime 腐殖沉积；腐泥层

put{set} right 改正；矫正

putter 运煤工；推车工

put the hillside under timber (在)山坡上营造森林
→~ {-}through 接通；实现；贯彻；经历；完成；通过

putting 推杆
→~-down of borehole 钻孔加深//~ on the pump 开泵//~ soil to press the seepage 盖重防渗

put to earth 接地
→~-to-stand 煤矿因自燃而停产

putty 泥子[建]；腻子；油泥子；油灰；涂胶泥

putzite 硫锗银铜矿[$(Cu_{4.7}Ag_{3.3})_{\Sigma8}GeS_6$]

puy 死火山锥；火山丘；年幼的狗；布义型火山；布义[法;地质死火山锥]；钟状火山

PVA 聚乙烯醇[$-(CH_2\cdot CH(OH))_n$]；聚醋酸乙烯酯

PVC 聚氯乙烯[$-(H_2C-CHCl)_n$]

p.v.c{PVC} belt 聚氯乙烯覆面胶带

p-veatchite 副水硼锶石[$Sr_2B_{11}O_{16}(OH)_5\cdot H_2O$;单斜]

P {preliminary;irrotational;primary;push-pull; compressional;longitudinal} 纵(向)波；压缩波；P波；初波；初至波；地震纵波

pwt 本尼威特[英金衡]；英钱

P-xylene{-xylol} 对二甲苯

pyatenkoite-(Y) 硅钇钛钠石 [$Na_5(Y,Dy,Gd)TiSi_6O_{18}\cdot 6H_2O$]

Pycnactidae 闭珊瑚类

Pycnactis 闭珊瑚属[S]

pycniospore 性孢子

pycnite 圆柱黄晶[$Al_2(SiO_4)(F,OH)_2$]

pycnochlorite 密绿泥石[$(Mg,Fe^{2+},Al)_6((Si,Al)_4O_{10})(OH)_8$]

pycnocline 密度梯度；斜容层
→~ (layer) 密度跃层

Pycnogonida 海蜘蛛(亚门)；密芽类[节]；坚角蛛类[亚门]

Pycnoidocyathus 厚杯属[绵;ε_1]

pycnometer 比色计
→(bottle) ~ 比重瓶//~ method 比色法

pycnophyllite 密叶石；绢云母

Pycnoporidium 密孔藻属[C-P]

Pycnosaccus 密囊海百合属[棘;S-D]

Pycnostroma 厚密疣状叠层石属

pycnostromid 厚密疣状叠层石式{藻饼};藻饼

pycnotheca 坚硬层[孔虫]

pycnotrope 密蛇纹石

pycnoxylic 密木(质)的

pyelolithiasis 肾盂结石

pygal 尾骶骨;臀的[动];臀部
→~ acute 臀盾[龟背甲]//~ plate 臀板

Pygaster 星尾海胆属[棘;J-K];尾海胆属

pygidial{pygal} plate 尾板

pygidium[pl.-ia] 尾甲;臀板[昆];尾板[无脊];尾splitButton尾器

Pygocaulia 尾腔纲;尾茎纲[腕有铰纲]

Pygodus 殿板牙形石属[O_2]

pygostyle 尾综骨[鸟];尾端骨

Pygurostoma 臀孔海胆属[棘;K_2]

pyknit 圆柱黄晶[$Al_2(SiO_4)(F,OH)_2$]

pyknometer 比重计

pyknotrop 密蛇纹石

Pylaiella 间囊藻属[褐藻;Q]

pylome 圆口[疑原类的开口]

pylon 桥塔;路标标志[飞机场];塔门;塔架;铁塔;吊架[飞机]

py(c)nometer 比重计

pyrabol(e) 辉闪石类

pyrallolite 辉滑石[$MgSiO_3•½H_2O$(近似)]

pyralmandin{pyralmandite} 镁铁榴石[$(Mg,Fe^{2+})_3Al_2(SiO_4)_3;Mg_3(Fe,Si,Al)_2(SiO_4)_3;$等轴]

pyralspite 铝榴石类;铝榴石[$(Mg,Fe^{2+},Mn^{2+},Ca)_3Al_2(SiO_4)_3$]

pyramid 单锥;锥形;锥;棱锥;岩部[颞骨];金字塔;角锥

pyramidal 锥状;锥(的);金字塔(形)的;角锥形;尖塔(状)的
→~ class 锥(晶)组//~ garnet 符山石[$Ca_{10}Mg_2Al_4(SiO_4)_5$,Ca 常被铈、锰、钠、钾、铀类质同象代替,镁也可被铁、锌、铜、铬、铍等代替,形成各变种;$Ca_{10}Mg_2Al_4(SiO_4)_5(Si_2O_7)_2(OH)_4$;四方]

Pyramidalia 锥形贝属[腕;D_{1-2}]

pyramidal manganese-ore 黑锰矿[$Mn^{2+}Mn_2^{3+}O_4$,其中 Mn^{2+} 和 Mn^{3+} 呈有限类质同象代替,Zn^{2+}代替 Mn^{2+}达 8.6%,称为锌黑锰矿,Fe^{3+}代替 Mn^{3+}达 4.3%,称为铁黑锰矿;四方]
→~ zeolite 鱼眼石[$KCa_4(Si_8O_{20})(F,OH)•8H_2O$]

pyramid cut holes 角锥形掏槽炮眼组
→~ {-}cut round 锥形掏槽炮眼组//~ dam 金字塔坝

Pyramidella 小塔螺(属)[腹;Q];钝角孢属[K_2]

pyramid of first order 第一锥
→~ {cone} of growth 生长锥//~ of numbers 数字锥//~ of third order 第三锥

Pyramidomonas 塔胞藻属

pyramid or diamond cut 菱形掏槽
→~ pebble 风棱砾//~-set (金刚石钻头)锥形镶嵌//~ teeth 角锥形齿[辊碎机机齿辊上]

pyramis 岩部[颞骨]

pyran 吡喃

pyrandine 镁铁榴石[$(Mg,Fe^{2+})_3Al_2(SiO_4)_3;Mg_3(Fe,Si,Al)_2(SiO_4)_3;$等轴]

pyrane 吡喃

pyranometer 总日射表[气];辐射强度表;测辐射计;天射计

pyranometry 全日射强度测量

pyrantimonite 红锑矿[Sb_2S_2O;单斜];硫氧锑矿[Sb_2S_2O]

pyrargillite 臭块云母

pyrargirit 浓红银矿[Ag_3SbS_3;三方]

pyrargyrite 浓{深}红银矿[Ag_3SbS_3;三方];硫锑银矿[Ag_3SbS_3]

pyraurit 羟碳铁镁石;菱水碳铁镁石[$Mg_6Fe_2^{3+}(CO_3)(OH)_{16}•4H_2O$;三方];鳞铁镁石

pyrauxite 叶蜡石[$Al_2(Si_4O_{10})(OH)_2$;单斜]

pyrenait 灰黑榴石[$Ca_3Fe_2^{3+}(SiO_4)_3$]

pyrene 嵌二萘[$C_{16}H_{10}$];芘[$C_{16}H_{10}$];分核;小坚果

pyreneite 灰黑榴石[$Ca_3Fe_2^{3+}(SiO_4)_3$];黑榴石[$Ca_3Fe_2(SiO_4)_3$]

pyrenoid 蛋白核;造粉核[藻]

pyrex 硼硅玻璃;耐热玻璃

pyrgeometer 地面辐射表

Pyrgo 双玦虫(属)[孔虫;J-Q]

pyrgom 丝光沸石[$(Ca,Na)_2(Al_2Si_9O_{22})•6H_2O;(Ca,Na_2,K_2)Al_2Si_{10} O_{24}•7H_2O$;斜方];辉沸石[$NaCa_2Al_5Si_{13}O_{36}•14H_2O$;单斜];深绿辉石[$Ca_8(Mg,Fe^{3+},Ti)_7Al((Si,Al)_2O_6)_8;Ca(Mg,Fe^{3+},Al)(Si,Al)_2O_6$;单斜]

Pyrgula 塔螺(属)[腹;K-Q]

pyrhite 钛硅钠铌矿

pyribole 辉闪石类

pyribolite 斜长石闪辉岩;角闪二辉麻粒岩

pyricaustates 可燃物质类;矿物燃料[总称]

pyrichrolite 火硫锑银矿[Ag_3SbS_3];火红银矿[Ag_3SbS_3;单斜]

pyriclasite{pyriclazite} 斜长二辉麻粒岩

pyridine 氮杂苯;吡啶[C_5H_5N]

pyridinium 吡啶[C_5H_5N]

pyridinpyridine 氮杂苯;氮苯;吡啶[C_5H_5N]

pyridyl 氮苯基{吡啶基}[C_5H_4N-]

pyrigelite 胶黄铁矿[$FeS_2;Fe_2S_3•H_2O$]

pyriklazite 斜长二辉麻粒岩

pyrimidine 嘧啶{间二氮(杂)苯}[$CH:CHCH:NCH:N$]

pyritaceous 含黄铁矿的

pyrite 黄{硫}铁矿[FeS_2;等轴];胶黄铁矿[$FeS_2;Fe_2S_3•H_2O$]

(Co)-pyrite 含钴黄铁矿[FeS_2]

pyrite ball 煤中黄铁矿球状包体
→~ cinder 黄铁矿滓;硫酸渣//~ concentrate powder 硫精矿粉//~ dross 硫铁矿渣//~ dust roaster{furnace} 黄铁矿粉焙烧炉//~ mechanical oven 黄铁矿机械烧结炉

pyrites 打火石;具金属光泽硫化矿类[如黄铜矿、黄铁矿等]

pyrite scale 黄铁矿垢
→~ shelf oven{furnace} 台架式黄铁矿焙烧炉//~ shelf roaster 黄铁矿盘式烧结炉//~ sinter 黄铁矿渣烧结矿//~ smalls 碎黄铁矿//~ type 黄铁矿(晶)组[$m3$ 晶组];黄铁矿式

κ-pyrite 胶黄铁矿[$FeS_2;Fe_2S_3•H_2O$];胶白铁矿[FeS_2]

pyritic 黄铁矿的
→~ copper deposit 黄铁矿型铜矿//~ jasperoid 含黄铁矿似碧玉岩//~{sulphur;sulfur} ore 黄铁矿[FeS_2;等轴]//~

sulfur 硫铁矿硫//~ {ferroudisulfide} **sulphur** 黄铁矿硫[FeS_2]

pyritiferous 含黄铁矿的
→~ polymetallic deposit in volcanic rocks 火山岩黄铁矿型多金属矿床//~ rock{pyritite} 黄铁岩

pyritization 黄铁矿化(作用)

pyritogelite 胶黄铁矿[$FeS_2;Fe_2S_3•H_2O$]

pyritoides 黄铁矿类

pyritolamprite 砷银矿[Ag_3As];杂毒砂锑银矿

pyritology 吹管分析学

pyritosalite 黄铁过酸岩

pyroaurite 羟碳铁镁石;菱水碳铁镁石[$Mg_6Fe_2^{3+}(CO_3)(OH)_{16}•4H_2O$;三方];鳞镁铁矿[$6MgO•Fe_2O_3•CO_2•12H_2O$];磷镁铁矿;碳镁铁矿

pyrobelonite 钒锰铅矿[$PbMn(VO_4)(OH)$;斜方]

pyrobiolite 含生物凝灰岩

pyrobitumen{kerogen} 焦沥青[油母页岩中常现]

pyrobituminous 焦沥青的

pyroblast 火山碎屑

pyrobole 辉闪石类

Pyrobolospora 菱锥大孢属[K_1]

Pyrobolotriletes 拟瓶形大孢(三缝)亚类

pyrobolus 拟颈状体

Pyrobotrys 桑葚藻属[Q]

pyrocarbon 高温石墨

pyrocatechol 邻-苯二酚[$C_6H_4(OH)_2$];焦儿茶酚[$C_6H_4(OH)_2$]

pyroceram 耐热玻璃;微晶玻璃[俄]

pyrochemistry 高温化学

pyrochlor(it)e 黄绿石[$(Ca,Ce)_2Nb_2O(F)_7$];烧绿石[$(Na,Ca)_2Nb_2O_6 (O,OH,F)$,常含 U、Ce、Y、Th、Pb、Sb、Bi 等杂质;等轴];硅铌钠矿;细晶石[$(Na,Ca)_2Ta_2O_6(O,OH,F)$,常含 U、Bi、Sb、Pb、Ba、Y 等杂质;等轴]

pyrochlore series 烧绿石族
→~ type structure 烧绿石型结构//~-wiikite 杂铌烧绿石

pyrochlorite 烧绿石[$(Na,Ca)_2Nb_2O_6(O,OH,F)$,常含 U、Ce、Y、Th、Pb、Sb、Bi 等杂质;等轴]

pyrochroite 羟锰矿[$Mn(OH)_2$;三方];片水锰矿

pyrochrotite 火硫锑银矿[Ag_3SbS_3];火红银矿[Ag_3SbS_3;单斜]

pyroclastic debris 火成碎屑
→~ flow plateau 火成碎屑流台地//~ ground surge 火成碎屑岩涌//~ key bed 火成碎屑物键层

pyrocondensation 热缩(作用)

pyroconductivity 热电导

pyroconite 霜晶石[$NaCaAlF_6•H_2O$;单斜]

pyrocrystalline 火晶的
→~ texture 火成晶质结构

Pyrocyclus 比罗颗石[钙超;E_2]

pyrodynamics 爆发力学

pyroelectric 焦热电{电性}的
→~ charging 热电充电//~ crystal 热释电晶体

pyroelectrics 热电体

pyro-emerald 磷绿萤石

pyro(-)explosion 火成爆发作用

pyrofoam 泡沫焦性石墨

pyrogallol 邻苯三酚;焦棓酚[$C_6H_3(OH)_3$]

pyr(it)ogelite 胶白铁矿[FeS_2];胶黄铁矿

[FeS$_2$;Fe$_2$S$_3$•H$_2$O]

pyrogenetic minerals 火成矿物
→～ theory 石油高温成因论

pyrogenic 火成的
→～ decomposition 热分离 // ～ {thermal} decomposition 热解

pyrogen(et)ic{plutonic;pyrogenous} mineral 火成矿物

pyrogenic{effusive;typhonic;pyrogenous} rock 火成岩

pyrogenous 火成的

pyrogeology 火山学

pyrographalloy 热解石墨合金

pyrographite 热解定向石墨；高温石墨；焦性石墨

pyrography 裂解色谱(法)

pyroguanite 磷灰石[Ca$_5$(PO$_4$)$_3$(F,Cl,OH)]

pyroid 预取向晶格焦性石墨

pyrolite 火药；辉橄岩；上幔岩；地幔岩；玄橄岩

pyrolith 火成岩

pyrology 热工学

pyrolusite 软锰矿[MnO$_2$;隐晶、四方]；β 恩苏塔矿

pyrolutite 火山灰

pyrolysis 热解(作用)；高温裂{分}解
→～ analysis 热解分析 // ～ gas chromatography 热解(气相)色谱(法) // ～ gas oil 裂解柴油

pyrolytic{coking} carbon 焦化石墨
→～ graphite 高温分解石墨 // ～ reaction 热解反应

pyrolyze 热解

pyrolyzed{pyrolytic} hydrocarbon 热解烃

pyrolyzer 热解器

pyromagma 浅源岩浆；高温岩浆；高热富气岩浆

pyromagnetism 热电磁性

pyromelane 板钛矿[TiO$_2$;斜方]；楣石[CaTiSiO$_5$;CaO•TiO$_2$•SiO$_2$;单斜]

pyromelin 碧水镍矾

pyromeline 碧矾[NiSO$_4$•7H$_2$O;斜方]；镁碧矾

pyrometer 毫伏计式高温计；高温计
→～ couple 热电偶

pyrometric(al) 测高温的；高温的
→～ cone 高温三角锥 // ～ scale 高温表

pyrometry 高温测定(学)

pyromorph 火成结晶

pyromorphism 热力变质

pyromorphite 火成晶石[Pb$_5$Cl(PO$_4$)$_3$;Pb$_5$(PO$_4$)$_3$Cl]；绿铅矿；磷氯铅矿[Pb$_5$(PO$_4$)$_3$Cl;六方]

pyron 派朗[辐射强度单位]

pyronaphtha 焦石脑油

Pyronate{|Saponate} ×捕收剂[石油磺酸钠,分子量350～370,15%{|375～400,33%}矿物油]

pyrone 吡喃酮

Pyronema 火丝(菌)属[真菌;Q]

pyroparaffine 重质蜡；焦质蜡；焦石蜡

pyrope 红榴石[FeO•Al$_2$O$_3$•3SiO$_2$;Fe$_3$Al$_2$(SiO$_4$)$_3$]；吡喃酮；镁铝榴石[Mg$_3$Al$_2$(SiO$_4$)$_3$;等轴]

pyrophane 火蛋白石[红色如火;SiO$_2$•nH$_2$O]；蜡蛋白石[蜡黄或赭黄色的蛋白石;SiO$_2$•nH$_2$O]

pyrophanite 红钛锰矿[MnTiO$_3$;三方]

pyrophillite 叶蜡石[Al$_2$(Si$_4$O$_{10}$)(OH)$_2$;单斜]

pyrophilous 喜高温的

pyrophoric material 自燃物；发火物
→～ sodium film 易燃钠膜 // ～ zirconium powder 易燃锆粉

pyrophorocity 自燃
→～ accident 燃爆事故

pyrophorous 自燃的

pyrophosphate 焦磷酸盐[M$_4$P$_2$O$_7$]

pyrophosphorite 白磷钙石；白磷钙矿[Ca$_3$(PO$_4$)$_2$; Ca$_9$(Mg,Fe^{2+})H (PO$_4$)$_7$;三方]；β-磷钙矿

pyrophyllite 叶蜡石[Al$_2$(Si$_4$O$_{10}$)(OH)$_2$;单斜]
→～ fire brick 蜡石(耐火)砖 // ～ refractories 叶蜡石质耐火材料

pyrophyllitite 叶蜡石岩

pyrophyllitization{pyrophyllitisation} 叶蜡石化

pyrophysalite 浊黄玉

pyrophyte 耐火植物

pyropissite 蜡煤

Pyropsis 焦螺属[腹;K]

pyro-refining 火法精炼

pyroretin(ite) 焦脂石[C$_{40}$H$_{56}$O$_4$]

pyrorthite 腐褐帘石；碳褐帘石

pyroscheererite 超炭地蜡

pyroschist 含油页岩；沥青页{片}岩；蜡煤；焦页岩；焦热岩

pyrosclerite 抗火(蛭)石

pyroscope 测高温器

pyroshale 沥青页岩；油页岩；可燃页岩；焦页岩；焦热岩

pyrosiderite 纤铁矿[FeO(OH);斜方]

pyrosilicate 焦硅酸盐

pyrosmalite 热臭石[(Mn,Fe)$_{14}$(Si$_{14}$O$_{35}$)(OH,Cl)$_{14}$;(Fe^{2+},Mn)$_8$Si$_6$O$_{15}$ (OH,Cl)$_{10}$;六方]

pyrosmaragd 绿磷萤石；磷绿萤石

pyrosol 熔溶胶

pyrosphere 火圈；火界；熔圈；岩浆圈

pyrostibine 红锑矿[Sb$_2$S$_2$O;单斜]；硫氧锑矿[Sb$_2$S$_2$O]

pyrostibite 硫氧锑矿[Sb$_2$S$_2$O]；红锑矿[Sb$_2$S$_2$O;单斜]

pyrostilpmite 火硫锑银矿[Ag$_3$SbS$_3$]

pyrostilpnite 火(色)硫锑银矿[Ag$_3$SbS$_3$]；火红银矿[Ag$_3$SbS$_3$;单斜]

pyrosulfate 焦硫酸盐

pyrotartaraldehyde 焦酒石醛

pyrotartaric{pyrovinic;methylsuccinic} acid 焦酒石酸

pyrotechnic chaff dispenser 引爆式干扰物投放器
→～ {cartridge} ignition 火药点火 // ～ {flare} pistol 信号枪 // ～ (code) signal 烟火信号 // ～ train 烟火药引燃系列

pyrotechnite{pyroteknit} 无水芒硝[Na$_2$SO$_4$;斜方]

Pyrotherium 焦兽(属)[E$_3$]

pyrovinate 焦酒石酸盐{酯}

pyroxene{pyroxen(ite)} 辉石[W$_{1-x}$(X,Y)$_{1+x}$Z$_2$O$_6$,其中,W=Ca^{2+},Na$^+$; X=Mg^{2+},Fe^{2+},Mn^{2+}, Ni^{2+},Li$^+$;Y=Al^{3+},Fe^{3+},Cr^{3+},Ti^{3+};Z=Si^{4+},Al^{3+};x=0～1]；针透辉石
→～ andesite 辉安山岩 // ～ -hornblende-peridotite 辉石-角闪石橄榄岩 // ～-ilmenite transition 辉石-钛铁矿转变 // ～ -perthite 叶片条纹辉石 // ～ -plagioclase (stonyiron) 中铁陨石

pyroxenic 辉石岩的

pyroxenide 辉石岩类[野外用]

pyroxen(ol)ite 辉岩；辉石岩

pyroxenoid 蔷薇辉石-硅灰石类；似辉石

pyroxferroite 三斜铁辉石[(Fe^{2+},Mn,Ca)SiO$_3$;三斜]；铁三斜辉石

pyroxmangite 锰(铁)三斜辉石[(Mn,Fe)SiO$_3$]；三斜锰辉石[MnSiO$_3$;三斜]；锰辉石[(Mn^{2+},Mg)$_2$Si$_2$O$_6$;单斜]

pyroxrpangite 锰三斜辉石[(Mn,Fe)SiO$_3$]

pyrozenite 辉岩

pyrrh(o)arsenite 红砷榴石[Ca$_3$(Mg,Mn)$_2$((As,Sb)O$_4$)$_3$]；锰黄砷榴石[(Ca,Na)$_3$(Mn,Mg)$_2$(AsO$_4$)$_3$;等轴]

(azor-)pyrrhite 烧绿石[(Na,Ca)$_2$Nb$_2$O$_6$(O,OH,F),常含 U、Ce、Y、Th、Pb、Sb、Bi 等杂质;等轴]

pyrrhochryst 银金矿[(Au,Ag), 含银 25%～40%的自然金;等轴]

pyrrholite 钙块云母[具有钙长石假象的致密白云母]；钙长块云母

pyrrhosiderite 针铁矿[(α-)FeO(OH); Fe$_2$O$_3$•H$_2$O;斜方]；纤铁矿[FeO(OH);斜方]

pyrrhotine 针铁矿[(α-)FeO(OH);Fe$_2$O$_3$•H$_2$O;斜方]

pyrrhotite 磁硫铁矿
→～-pyrite geothermometer 磁黄铁矿-黄铁矿地质温度计

pyrrole 氮茂[吡咯;氮杂茂][(CH=CH)$_2$=NH]

pyrrolidine 吡咯烷[(CH$_2$)$_4$=NH]

pyrrolidone 吡咯烷酮

pyrrolithe 磁黄铁矿[Fe$_{1-x}$S(x=0～0.17);单斜、六方]

pyrrophyta 甲藻类

pyrroporphyrin 焦卟啉

Pyrrosia 石韦属
→～ calvata 光石韦

pyrrosia lingua 石韦[中药]
→～ lingua farw 石苇

pyrrotin 磁黄铁矿[Fe$_{1-x}$S(x=0～0.17);单斜、六方]

pyruvate 丙酮酸盐{酯}

pyterite 无奥环花岗岩

Pythagorean theorem 毕达哥拉斯定理
→～ theorem{proposition} 勾股定理

Pythiogeton 亚腐霉属[真菌]

Pythiopsis 拟腐霉属[真菌]

Pythium 腐霉属[真菌]

pythmic 湖底的

pythogenesis 腐生

Pyxidiella 小箱藻属[J-Q]

pyxie 岩梅

Pyxolithus 比索石[钙超;J$_3$]

Pz 古生界；古生代[570～250Ma]

Q
q

Q 第四系；第四纪[248 万年至今;初期冰川广布,黄土形成,地壳运动强烈,人类出现]

qanat 地下通道；地下水道；暗渠

qandilite 铁钛镁尖晶石 $[(Mg_{1.20}Ti_{0.60})((Fe^{2+}_{0.26} Mg_{0.12}Mn_{0.02})(Fe^{3+}_{0.64} Al_{0.17}))O_4]$

qarajel 开拉基{卡拉乔尔}风

Qh 全新世[1.2 万年至今;人类繁荣]

Qiangui{Guizhou-Guangxi} epeirogeny 黔桂运动

Qiansispirifer 千四石燕属[腕;D_2]

Qilianshania 祁连山虫属[三叶;$\text{\Cambrian}_3$]

qilianshanite 祁连山石$[NaHCO_3 \cdot H_3BO_3 \cdot 2H_2O]$

qingheiite 青河石 $[Na_2Na(Mn,Mg,Fe^{2+})_6(Al,Fe)(PO_4)_6]$；清河石$[Na_2NaMn_2Mg_2(Al,Fe)_2(PO_4)_6]$

qingheite 青河石

Qingyania 青岩贝属[腕;T_2]

Qiong{Chiung} lai ware 邛窑

QITC 魁北克铁和钛公司[加]

qitianlingite 骑田岭矿$[(Fe,Mn)_2(Nb,Ta)_2WO_{10}]$

Q-joint 横节理

Q-law 品质因素定律

Q-mode analysis Q 型分析
→~ factor analysis Q 型因子分析

qoz 沙丘区

Qp 更新统；更新世[248～1.2 万年;人类进化到现代状态,冰河期大量大型哺乳动物灭绝,冰川广布,黄土生成]

Q quality Q 因数
→~-quality 品质因数

qtz 石英$[SiO_2;$三方]

qtze 石英岩

quacker 白云岩[德]

quad 四角形；四边形；扇形体；象限；铅块；夸特；夸德[=10^{15}BTU]

Quadracypris 方星介属[K_2]

Quadracythere 方花介属[E_1-Q]

quadraeculina 四字粉(属)[孢;Mz]

quadrangle 四角形的；四角形；四合院；四边形；图幅
→~ (map) 梯形图幅//~{quadrangular} method 方格法(取样)//~{sheet} name 图幅名称

quadrantal 四分仪的；扇形的；象限的
→~ distribution 象限分布 // ~ distribution of initial motion 象限型初动分布

quadrant{bearing} angle 象限角
→~ angle of fall 落角；落地俯角

quadraphonics{quadrasonics} 四声道立体声

quadratic 平方的；方形的；象限的
→~ component 平方分量；矩形成分；

二次方项//~ {quadric;conic(al)} curve 二次曲线

Quadraticephalus 方头虫属[三叶;$\text{\Cambrian}_3$]；方鞍虫

quadratic form of the Bragg equation 二次形式布拉格方程
→~ free number 无平方因子数

Quadratimorpha 方形藻(属)[Z]

quadratite 方硫砷银镉矿$[AgCdAsS_3]$

quadratojugal(e) 方颧骨[两栖]；方轭骨

quadrature 上下弦；平方面积；转象差；九十度相位差；方照[天]

quadrel 方块石

Quadrijugator 方轭介属[O_1]

quadrilateral 四边(形)的；四级侧生的；四边形
→~ tension crack stake 四边形裂隙桩

quadrillion 千的五次幂[美、法,10^{15}]

quadrinegative 负四价的

quad ring 方形环

quadriplanar coordinate 四面坐标

quadripositive 正四价的

quadriradial{quadriradiate} 四射的

quadriradiate spicule 四射骨针[绵]

quadriserial 四列

Quadrithyris 四窗贝属[腕;D_{1-2}]；方无窗贝

quadrivalent 四价的

quadroll sinter crusher 四辊式烧结矿破碎机

Quadrotheca 方管螺属[软舌螺;$\text{\Cambrian}_1$-O]

Quadrum 四棱石[钙超;K_2]

quadruped 四脚动物[尤哺]；有四足的；四足兽

quadruple-action hand pump 四作用手摇泵

quadruple block 四轮滑车
→~ board platform 二层台[四单根钻杆组成一立根高度的]

quadrupler 四频器；四倍频器

quadruple{four-drill} rig 四机凿岩台车
→~ {fourfold} ring 四重环//~ star 四合星

quadruplet 四件一套
→~ of nonbonding orbitals 四重非键轨道

quadruplex 四显性组合；四式；四路多工的；四倍的
→~ rake classifier 四耙式分级机

quadruply 四重地；四倍
→~ primitive lattice 四基格子[体积等于原始格子四倍的有心格子]//~ primitive unit cell 四基晶胞

quadrupole 四极的；四极

quag(mire) 泥沼地

quaggy 泥泞的；沼地的

quagmire 湿泥泽地；软泥地；颤沼；泥沼；泥炭沼(泽)；泥潭；泥泞地；沼泽地；沼泽；困境；绝境；橡皮地；跳动沼

quake 地震；颤抖；地动；震；震动
→~ center 震中{央}；震源

quaking bog 颤沼；浮沼；震沼；跳动沼
→~ concrete 坍落度大的混凝土

quaky 震动的

quale[pl.qualia] 可感受的特性；性状；性质；特性

qualification 合格证书；判定；资格；执照；鉴定；条件；技能

→~ test report 检验合格报告

qualified 入流；合格的；经过检定的
→~ driller 合格司钻//~ products list 商品目录；合格产品一览表//~ technical manpower 合格的技术人力

qualifier 合格的物{人}；修饰词[如形容词、副词]
→~ signal 限制信号//~ state 定义状态；限定状态

qualifying examination 合格考试

qualimeter X 射线硬度测量仪

qualitative 定质的；定性的
→~ mineralization zoning 定性矿化分带

quality 等级；品种；品质；泡沫干度；参量；质量；质；优质的；音色；性质；特性；素质；品位

qualm 疑虑；一阵眩晕

quandary 犹豫不定{决}

quantasome 光能转化体；量子体

quantic 齐式

quantification 定量化
→~ of sinter morphology 烧结矿结构定量分析//~ of stratigraphy 地层学的定量化//~ process in geology 地质学的定量化过程

quantifier 量词；计量器

quantifying risk 定量风险
→~ the unquantifiable 使不可能适合的适合

quantile 分位数

quantimeter 剂量计[X 射线]

quantitative 定量的
→~ mineralogical analysis 定量矿物学分析//~ system C.I.P.W.分类法；克、伊、丕、华四氏岩石分类法

quantities uplifted 数量增加

quantity 定额；数目；数量；数；大量；值；额；程度
→~ of rock 岩石量

quantivalence{quantivalency} 化合价；原子价

quantivalent 多价的

quantized collector 分层信号集电极
→~ curve 数量化曲线//~ signal 量化信号

quantometer 定量仪；光量计；辐射强度测量计；剂量计

quantum[pl.-ta] 定额；现额；定量；量；量子
→~ evolution 数量演化

quap 夸普[假设的含一个反质子和一个夸克的核粒子]

quar 四分之一；季度的；砂岩[威尔士]

quara 夸拉风

quarantine 隔离区；隔离；检疫
→~ test 检污(染)试验

quardofelsic 石英多长类

quarfeloid 英长似长(岩)类

quarice{quar ice} 再生冰

quark 层子；夸克

quarkonics 夸克学

quar(ry)man 采石工

quarried products 冰川挖掘产物
→~ surface 冰川挖掘面

quarrier 采石工

quarry 石矿；石坑；石场；采；追求物；开采矿；菱形的玻璃片；方形的玻璃片；

消息的来源；资料的来源；(极力)探索；采矿[石]；露天矿[石,砂等]

　　→~ (mining) 采石；采石场// ~ bar mounting 采石场横杆(钻)架// ~ bed 天然石层// ~ blast 采石爆破// ~ drill 露天开采凿岩// face 采石矿场开拓面；原开石面// -faced {quarrystone} masonry 粗石砌体// -faced{quarry-pitched} stone 原开石// -faced{rough-faced} stone 粗面石// face of stone 采石场未加工石块面；原开石面

quarrying 拔蚀；采石；采掘；凿石；掘蚀作用[冰]；冰河拔削
　　→~ operation 采石工作

quarry in open cut 露天开采
　　→~(ing){channel(l)ing} machine 采石机

quarryman 凿岩工

quarry master 大型履带式凿岩机
　　→ miner{man} 采石工// -mine{Q-M} shovel 采石{矿}型机械铲；采矿铲

Quarry Monobel 采石莫诺贝尔炸药

quarry of slate 采板岩场
　　→~ pavement 粗石路面{铺砌}// -pitched{rock-faced; rough-finished} stone 粗琢石// ~-rid 覆岩// ~ rubbish 石砖

quarrystone 石板；毛石[建]；粗石

quarry{free} stone 乱石
　　→~ stone{rock} 毛石[建]；粗石

quarrystone bond{quarry stone bond} 粗石砌体

quarry {-}stone masonry 粗石圬工
　　→~ water 石窝水；采石坑道水；原层中渗入水；矿石水；原岩水

quart 夸脱[英美量制,=0.25 加仑]；一夸脱的容器

quartation (硝酸)析银法

quarter (把……)四等分；四分之一；(罗盘上)四个主要点中的一点；(把……)分为四部分；夸特；一刻钟；船的后部；方向；方面；象限；相互垂直；弦；地区[城市中]；方位[罗盘针]

quarter coal 售给矿工用的煤
　　→~ deck 舰甲板// ~-hard annealing 低硬度退火

quartering 四分法；成直角
　　→(sample) ~ 四分(缩样)法// ~ shovel 四分法缩样铲

quarterline 四等分线

quarternary 四进制的；四级的；四次的
　　→~ alloy 四元合金// ~ cone 四分取样锥

quarter octagon drill rod 带圆角的方断面钻探用钢材
　　→~ round riffle 流矿槽衬底 1/4 圆木格条

quartile 四等分线
　　→~ sorting coefficient 四分位分选系数

quartimax 旋转
　　→~ {|quartimin} method 四次幂极大 {|小}法// ~ rotation 四等分极限轴转法

quartimin 互变异数最小法

quarts 金矿

quartz 石英[SiO_2;三方]
　　→~ andesite 英安岩// ~ ankerite rock 石英铁白云岩// ~-banded ore 石英条带(状铁)矿// ~ bar extensometer 石英棒伸缩仪// ~-bearing 含石英的//

-bearing monzonite 含石英二长岩// ~-bleb 石英滴// ~-(ite) brick 石英岩砖// ~ conglomerate rock 石英砾岩// ~ {silica} crucible 石英坩埚

quartzcrystal{quartz crystal} 石英晶体

quartz crystal cutting 水晶切型
　　→~-diorite intrusion 石英闪长岩侵入// ~ exhalite 石英喷流岩

quartzfels 英石岩

quartz fiber 石英丝
　　→ ~ frequency-stabilization type frequency standards 石英稳频型频率基准// ~ glass 石英玻璃// ~ glass block 石英大砖// ~ grain 粒状石英// ~ halogen lamp 石英卤素灯

quartzi(ti)c 含石英的；石英质的

quartziferous 石英质的；石英质；(由)石英形成的；含石英的
　　→~ rocks 石英类岩

quartzification 石英化

quartzin(e) 正玉髓[SiO_2]

quartz iodine lamp 石英碘钨灯
　　→~-iodine lamp 石英碘灯

quartzite 石英岩；石英砂
　　→~ {silica;silex;vycor} glass 石英玻璃

quartzitic 石英岩的
　　→~ sandstone 石英岩质{状}砂岩

quartzlabradorite-monzonite 英拉二长岩

quartz lamp{light} 石英灯[电]
　　→~-lens method 石英透镜方法// ~-magnetite thermometer 石英-磁铁矿偶温标// ~ membrane ga(u)ge 石英膜真空计// ~ mine 脉金矿// ~ mining 石英石金矿脉地下开采// ~ mirror 石英面镜// ~ monzonite 石英二长石// ~ muffle 石英马弗炉膛// ~-muscovite rock 石英白云母岩

quartzoid 类石英

quartzolite 硅英岩

quartzophyre 石英斑岩

quartzose 石英质的；石英质
　　→~ {quartz;quartzy} sandstone 石英砂岩// ~ {-}shale 石英页岩// ~ subgraywacke 石英次杂砂岩；原石英岩

quartzous 石英质的；石英的；含石英的

quartz pendulum tiltmeter 石英摆倾斜仪
　　→~ piezoelectric transducer 石英压电换能仪// ~-porphyrite 石英粉岩// ~ {granite} porphyry{quartz-porphyry} 石英斑岩// ~ powder 石英粉// ~-printer 石英频率测定器// ~ prism 石英棱镜// ~-resinite 蛋白石[石髓;$SiO_2 \cdot nH_2O$;非晶质]// ~ rock 石英岩// ~ sand 石英砂// ~ sand filled fuse 充石英砂熔断器// ~ sand rock{quartz-sandstone} 石英砂岩// ~ {quartzose} schist 石英片岩// ~ schist 石英宁岩// ~-schist 石英片岩// ~ (frequency) stabilizer 石英稳频器// ~-steel resonator 石英钢片谐振器// ~ temperature 石英温标温度// ~ tube{pipe} 石英管// ~-tube dryer 石英灯烘干装置// ~ vacuum microbalance 石英真空微量天平// ~ vein{reef} 石英脉// ~ wacke 石英泥砂岩// ~ wedge {rod} 石英楔

quartzy 石英的；含石英的；似石英的

quas 高{考}斯风[波斯湾冬季带雨的东南

风]；考斯风；卡乌斯

quasar 类星体

quasi 准的；类似的
　　→~ {-}conductor 半导体// ~-continental crust 类陆壳// ~-coordinates 准坐标// ~-corona structure 似反应边结构

quasicraton 准稳定地块；准克拉通

quasicratonic 准克拉通的
　　→~ area 准坚稳区

quasicrystalline 准晶态
　　→~ water 准晶水

quasielastic{quasi-elastic} 准弹性的；似弹性的

Quasiendothyra 似内卷虫属[孔虫;$D-C_1$]

quasi-equilibrium 准平衡

quasi-eutectoid 伪共析体{的}

quasi-factor 拟因子

quasiflake graphite 伪片状石墨；蠕虫状石墨

quasi-flake graphite cast iron 准片状石墨铸铁

quasi-flexural fold 拟挠曲褶皱

quasi-fluid 半流体(的)；似流体

quasi-fossil 拟化石；准化石；可疑化石

quasi-friction 半摩擦；准摩擦

Quasifusulina 似蜓；似纺锤蜓(属)[孔虫;C_3]

quasi-geoid 似大地水准面

quasi-geologic joint 似地质节理

quasigeometrical 拟几何的；仿几何的

quasi-geostrophic approximation 准地转风近似值
　　→~ equilibrium 准地转平衡

quasi-gradiometer 准梯度仪

quasi-gravity 准重力；假重力

quasi-group 拟群；亚群

quasi {-}homogeneous 准均质的
　　→~-igneous rock 拟火成岩// ~-longitudinal wave 准纵波// ~-marine {洋}的// ~ particle 准粒子

quasipermanent deformation 似永久变形；似(永)久形变

Quasipetalichthys 拟瓣甲鱼属[D_2]

quasi-planar fracture 准平面断裂；准面状破裂

quasi-plane flow 拟平面流

quasi-plastic flow 半柔性流(动)；准塑性；流

quasiplatformal megacomplex 半地台巨杂岩

quasi-polynomials 拟多项式

quasi-preconsolidation pressure 准先期固结压力

quasi-random 拟随机(的)

quasi-reflection 准反射

quasi-safe area 准安全区

quasi-saturated soil 准饱和土

quasi-section 假{拟;似}剖面[一种矿物具有另一种矿物的外形]

quasi shear-wave 准剪切波；准横波
　　→~-solid 准固态的；近固体的

quasistatic displacement 拟静态驱替

quasistationary channel flow 准静止河道水流

quasi-stationary front 准滞留锋
　　→~ weather type 准滞留天气型

quasi-steady 准稳定的
　　→ diffusion 准恒定扩散// ~ state 似

稳态

quasi-stellar object 类星体
→~ radio sources 准星无线电源；窥沙

quasi-stratigraphic unit 准地层单位

quasi-sufficiency 拟充分性

quasi-synchronous 准同步的

quasi thixotropy 准触变性
→~-time domain method 伪时域法

quass 克瓦斯

Quaternary 第四纪的
→~ (period) 第四纪[248 万年至今；初期冰川广布，黄土形成，地壳运动强烈，人类出现]；第四系

quaternary ammonium 季铵
→~ ammonium salt 季铵盐[萃取剂]
//~ eutectic point 四元共晶{结}点
//~ geomorpho-geological map 第四纪地貌地质图

quaternity 四位一体；四人一组

quatrandorite 夸硫锑银铅矿

quay 顺岸码头；堤岸；码头；岸壁
→~ crane 港岸起重机 //~ pier 突(堤(式))码头 //~ shed 码头(前方)仓库

Quebec Iron and Titanium Corporation 魁北克铁和钛公司[加]

quebracho 白雀树皮汁[浮选抑制剂]
→~ extract 白雀树萍；坚木浸膏 //~ tannin 白雀丹宁

quebrada 山涧；山谷小溪；地震裂缝；小溪；峡谷

quecksilber 亚汞；出版者；水银[德]；汞[德]

queen 大石板
→~ closer 半截砖

Queen Rose 皇玫[石]；皇后红[石]

Queensland trumpeter 断斑石鲈

queenstownite 达尔文玻璃[一种玻陨石]；玻陨石

quefrency 拟{类}频率；同态频率[曾译：伪频率、倒频、逆频]
→~ domain 逆频率域

queitite 硫硅锌铅矿{石}[Pb$_4$Zn$_2$(SiO$_4$)(Si$_2$O$_7$)(SO$_4$)；单斜]

quellkuppe 火山丘[德]

queluzite 锰铝榴岩
→~-type manganese ore 锰铝榴岩型锰矿

quench (hardening) 淬火
→~(ing) 熄灭 //~ aging 冷淬时效

quenchant 淬火介质；淬火剂；猝熄剂；骤冷剂

quench-coke 熄焦

quench condensation 骤冷凝

quench crystal 骤冷晶体

quenched and tempered steel 调质钢
→~ bit 淬火钻头 //~ combustion 骤冷燃烧 //~ rock 骤冷的岩石 //~ water 急冷水

quencher 灭火{弧}器；阻尼器；猝灭剂{器}；熄灭器

quenchometer 冷却速度试验器

quench texture{quench texture} 骤冷结构；冷却结构[水下火山岩的]

quenite 钙长铬透辉岩

quenselite 羟锰铅矿[PbMn^{3+}O$_2$(OH)；单斜]；锰铅矿[PbMn^{2+}Mn$^{4+}_4$O$_{16}$；Pb(Mn^{4+}, Mn^{2+})$_8$O$_{16}$；四方?]

Quenstedtia 筐蛤属[双壳；J]

quenstedtite 紫铁矾[Fe$^{3+}_2$(SO$_4$)$_3$•10H$_2$O；三斜]

quercetum[pl.-ta] 栎树林

quercin 栎辛[有时指一种栎树苦素C$_5$H$_{12}$O$_6$，有时指栎树中的棕黄晶体——栎树丹宁 C$_{15}$H$_{12}$O$_5$•2H$_2$O]

quercitannic acid 栎丹宁酸[缩合丹宁的一种；C$_{28}$H$_{28}$O$_{14}$]

Quercoidites 栎粉属[孢;K$_2$-N$_1$]

Quercophyllum 槲叶；栎叶(属)

Quercus 槲；栎属[植;K$_2$-Q]

quercyite 杂磷石[钙磷酸盐类]；杂胶磷石
→~-α 负杂胶磷石；碳磷灰石 //~-β 正杂胶磷石

quere 裂缝；裂隙[岩中]

quern (小型)手推磨

quernstone 磨石

Quervian-Picard seismograph 奎凡尔-皮卡德地震仪

querwellen waves 乐甫(面;勒夫)波；Q波；横波[德]；奎威林波

quest 追求；要求；寻找；找矿；探索；追逐
→~{search} for oil 找油 //~ quest for profit 追逐利润

questionable 不可靠的；可疑的

questionnaire 征求意见表；问题单
→~ method 质疑法[研究中]

quetenite 褐镁铁矾；紫铁矾[Fe$^{3+}_2$(SO$_4$)$_3$•10H$_2$O；三斜]；赤铁矾[MgFe^{3+}(SO$_4$)$_2$(OH)•7H$_2$O；单斜]

quetzalcoatlite 羟碲铜锌石[Zn$_8$Cu$_4$(TeO$_3$)$_3$(OH)$_{18}$；六方]

queue 梳成辫子；行列；发辫；队列
→~ anticlinale{anticline} 背斜尾；背斜辫 //~ anticlinale 背斜

queu(e)ing 排队

quibble 诡辩；吹毛求疵[意见]

quibla 基布拉风

quick 活跃的；活泼的；核心；敏捷的；富的；灼热的；流的[如流沙]；有潜力的[矿床]；有经济价值的；快速；快的；要点；急剧的；好的[矿床]；水银[美西部]
→~ (vein) 生产矿脉 //~ bed 工业矿石层

quickbornite 泥蜡浸胶

quick {-}break 速断
→~-breaking emulsion 快解乳化液；易破坏乳状液 //~-break switch 急断开关 //~-closing valve 快关阀

quicken 加速；加快

quickening 混汞
→~ liquid 催镀液；处理汞的溶液

quick exhaust valve 快速放空间
→~-hardening gypsum plaster 速凝石膏粉刷 //~-hardening lime 快硬石灰 //~ horn 甘汞[HgCl；Hg$_2$Cl$_2$]；角汞矿[Hg$_2$Cl$_2$]

quicklime 生石灰；氧化钙

quick{dehydrated;burned} lime 氧化钙
→~ lime pile (生)石灰桩 //~ lock 快速关锁装置

quickmatch 速燃引信头

quickness 快速性；速爆性

quick-opening flow characteristic 快开流量特性

quicksand 动荡和捉摸不定的事物；漂砂；流沙现象；流沙；重悬浮体；浮砂；悬浮体

quick sand process{separator} 砂粒悬浮体分选法

quicksand type formation 流沙型地层

quick-setting 早凝的；快凝；速凝的
→~ additive 速凝剂

quick setting and rapid hardening fluo-aluminate cement 快凝快硬氟铝酸盐水泥
→~ setting cement 速固水泥 //~-settling 早凝的 //~-settling ore 速沉矿石 //~ shear test 快剪试验

quicksilver 水银；汞；自然汞[Hg；液态]
→~ cradle 混汞摇床 //~ film 水银薄膜[混汞铜板上] //~ mine 汞矿 //~ rock 汞玉髓；汞石髓

quick sla(c)king lime 快熟石灰
→~{rapid} soil classification 土的简易分类法 //~ solder 易熔焊料

quick{high}-speed 快速

quick-stick test 快黏试验

quickstone 流石；流砂岩；流积岩

quick taking{dry} cement 快凝水泥；干水泥；硬水泥

quicktamp cartridge 速填药筒

quick test 快速测试
→~{rapid} test 速测法 //~ turn 急转弯 //~ {ore-bearing} vein 含矿脉 //~ vein 开采矿脉

quickwater 水流湍急处；急流水

quick-wear{worn-out} parts 易损(零)件

quid 扩孔器

quiddity 本质；遁词

quiescence{quiescency} 沉寂；静止

quiescent 静止的
→~ combustion chamber 静气燃烧室

quieter 消音装置[内燃机的]

quiet eruption 宁静式喷发

quiety type of volcano 裂隙喷溢型火山

quill 衬套；导火索；钻轴；羽毛(管)；做管状的褶子；卷在线轴上；纬纱管；套筒；套管轴
→~ bit 石匠凿；石工錾子；勺形钻；匙形钻头；匙形(螺)钻

quilted surface 圆浑地面

quinaldine 喹啉啶[C$_{10}$H$_9$N]

quinary 第五位的；五个一套(的)；五的
→~ digit 五进制数字 //~ system 五元体系

quincite 水硅铁镁石[(Mg,Fe)$_2$Si$_3$O$_8$•3H$_2$O(近似)]；海泡石[Mg$_4$(Si$_6$O$_{15}$)(OH)$_2$•6H$_2$O；斜方]

quincyit{quincy(i)te} 水硅铁镁石[(Mg,Fe)$_2$Si$_3$O$_8$•3H$_2$O(近似)]；海泡石[Mg$_4$(Si$_6$O$_{15}$)(OH)$_2$•6H$_2$O;斜方]

Quine's method 奎因法

quinoline 氮杂萘；氮萘；喹啉[C$_9$H$_7$N]

Quinqueloculina 五玦虫属[孔虫;C-Q]；五玦虫

quinqueradiate 五角的；五辐的[棘]

quinquevalent{quinquivalent} 五价的

quintet 五重线；五连晶

quintic 五次
→~ trend surface 五次趋势面

quintile 五分之一对座(的)

quintinite 奎水碳铝镁石[Mg$_4$Al$_2$(OH)$_{12}$CO$_3$•3H$_2$O]

quinton 石油树脂

quirog(u)ite 杂锑方铅矿[$Pb_{23}Sb_6S_{32}$]

quisqueite 高硫钒沥青；硫沥青；钒镍沥青矿

quitclaim 地面权出让证书；转让契约

quitter 锡矿渣

quiver 摇动；颤声；颤动；轻微地颤动；大群；大队；震颤；跃动；一闪；稳稳地射中；箭筒；抖动；容器[能装一套东西的]

quiverful 满箭筒的箭；大量；大家庭{族}[谑]；许多

quiz[pl.-es] 测验；考查；难题；知识测验

Qujinolepis 曲靖鱼属[D_1]

qun 群[地层单位]

quoin 拱楔石；隅石；(用)楔子固定；楔子；楔形石；屋角石(块)；稳石楔；角落[房间的]；外角[房屋]；夹紧[楔子]

quoining 楔紧；外角构件[接合平面或墙壁]；挤紧

quota 定量；定额；配额；部分；指标；份额；限额；现额

　　→～ management 目标管理∥～{quotient} system 定额分配制

quotation 定价；时价；行市；估价单；引证；引文；报价

　　→～ (list) 行情表

qurer 低阶地

qusongite 曲松矿[WC]

Q {-}value 品质因数；Q 值

　　→～ {Love} wave Q 波

QZ 石英[SiO_2;三方]

Q

R
r

R-10 二环己烷基二硫代氨基甲酸钠 [(C₆H₁₁)₂NC(S)SNa]

ra[挪] 脊状冰碛；冰碛堤

raabsite 钠闪云煌岩；碱辉长云岩

rab 拌砂浆棒

rabbet 塞孔；缺口；插孔；槽口；槽边；槽；露天矿；半槽边；矿坑；矿井；凹部；刨刀
→~ joint 槽舌接合

rabbit 清管器；气动速送器；穴兔；兔；通管器；家兔[Q]

rabbittite 水碳钙镁铀矿[Ca₃Mg₃(UO₂)₂(CO₃)₆(OH)•18H₂O；单斜]；水菱镁钙石；针钙镁铀矿[Ca₃Mg₃(UO₂)₂(CO₃)₆(OH)₄•18H₂O]

rabble 长柄耙；扒动；用拨火棒搅动；搅拌棒
→~ {snubbing;rake} arm 耙臂{杆;柄} //~ frame 耙架

rabbling 搅拌
→~ hoe 搅耙机；搅拌机 //~ hole {door} 搅拌孔

rabdionite 铜铝锰土[Fe,Mn,Cu,Co 的含水氧化物]；铜钴锰土[Mn, Cu 及 Co 的含水氧化物]

rabdolith 棒石；刺球菌

rabenglimmer 铁锂云母[KLiFe²⁺Al(AlSi₃)O₁₀(F,OH)₂；单斜]

rabi 凉干冬季[印北部]

race 水道；属；石灰石屑；环；赛跑；航线；航迹；航程；渠道；类；宗[生类]；座圈；种族；族；竞赛；细小矿脉；急流
→~ (rotation) 空转 //~ knife 划线刀

raceme 外消旋体{物}

racemic 外消旋的

racemism 外消旋(现象;性)

racemization 外消旋(作用)
→~ age method 氨基酸消旋测年法

raceway 水管；水道；输水道；电缆管道；球座圈[轴承的]

race{water} way 水路

raceway adiabatic flame temperature 风口前燃烧带绝热火焰温度
→~ flame temperature 风口前燃烧带温度

racewinite 变色柱石；杂度柱石；杂变柱石[(Al,Fe)₃Si₅O₁₆•9H₂O(?)]；铁贝得石

rachill 卵石；风化块石

rachis[pl.-es] 花轴；分脊；叶轴；羽轴[动]；主轴；脊柱

rachitomous vertebra 棘状椎
→~ vertebrae 离片脊椎

rack 架；滑轨；固定洗矿盘；导轨；座；支架；洗矿架；架子[框架,支架;搁置物品的架子]；架台；搁置[架上]

(gear) rack 齿条

rack and gear jack 齿条-齿轮式千斤顶

rackarock 瑞卡若克炸药

rack(ing) back (在)井架中排立钻杆；用齿条退回
→~ bar 牙杆；齿条 //~ circle 弧形齿条；圆齿条 //~ earth 机壳地线；机架接地

racker 排管(钻杆)器；钻杆排放架

racketeer 火箭专家

racketing{ratchet} device 棘轮装置

rack for rods 钻杆架
→~ guide rail 齿导轨[机]

racking 马达声；粗碎矿工；震动；斜床洗矿法；阶梯形斜接；(挖土机铲斗的)推压动作
→~ arm 系管臂；阶梯形管臂 //~ board{platform} (井架)二层台 //~ cone 钻杆(排放)台 //~ of drum 垛{堆}桶；堆桶

rack jack 齿条式千斤顶
→~ pinion 与齿条啮合的子齿轮 //~ (ing) pipe 排立管子 //~ pricing 离炼厂价格 //~ pusher for transfer car 齿条传送顶车机

racon 雷康；雷达信标

Raconite 丁黄药{粗制丁基黄原酸盐}[C₄H₉OCSSM]

racoon 浣熊

Rad 辐射状的；径向的

radar 雷达；无线电侦察与测距
→~ antenna 雷达天线 //~ approach control 雷达进场控制 //~ coverage 雷达有效感测范围

radargrammetry 雷达测量(学)

radar imagery 雷达摄影

radarscope photograph 雷达摄影

radarsonde 雷达测风仪

radar strip 雷达成像带
→~ target 雷达目标 //~ {-}transparency 雷达透视 //~ volume 雷达涵容

radauite 拉长石[钙钠长石的变种; Na(AlSi₃O₈)•3Ca(Al₂Si₂O₈);Ab₅₀An₅₀-Ab₃₀An₇₀；三斜]

raddle 红赭石；红铁矿；代赭石[含有多量的砂及黏土；Fe₂O₃]；(土)赤铁矿[Fe₂O₃；三方]

radechon 雷得康管[一种具有障栅的信息存储管]

radelerz[德] 车轮矿[CuPbSbS₃,常含微量的砷、铁、银、锌、锰等杂质;斜方]；硅线石[Al₂(SiO₄)O;Al₂O₃(SiO₂)]

radhakrishnaite 氯碲铅矿[PbTe₃(Cl,S)₂]

radiac(meter) 辐射仪；剂量计；辐射计

radiagraph 活动焰切机

radial (三)射线的[孢]；光线的；半径的；步带(的)；辐射状的；辐射的；辐板(的)[棘]；放射的；沿视线；径向的
→~ arm 旋臂 //~ assumption 辐射中心假设[制图学] //~ bearing lower drive sub 下部径向轴承传动接头[螺杆钻具] //~ bearing upper drive sub 上部径向轴承传动接头[螺杆钻具]

radiale 桡侧腕骨；辐板[腔;棘]

radial end-loading chute 端装式回转溜槽
→~ engine 星型发动机

radialis 辐胶片[昆]；径

radialium 辐状鳍条

radialization 辐射；放射

radial line 辐射线

→~ ooid 放射鲕 //~ plate 辐板[腔;棘]
//~ top slicing 下行辐射状分层采矿法 **//~ top-slicing** 下向(扇形)分层崩落采矿法 **//~ triangulation** 辐向三角测量 **//~ tubercle** 放射状排瘤

radian 弧度[=57.29578°]；径

radianal 辐肛板[棘海百]

radian measure 弧度

radiant 辐射源；辐{放}射的；发热{光}的；放射状[演化]
→~ absorptance 吸收率 //~ {radiating} body 辐射体

radiante 辐射柱连接点[绵]

radiant emittance 辐射率；辐射度

Radiaspis 射壳虫属[三叶;D₂]

Radiastarte 射花蛤属[双壳;T₃]

radiate 辐射；放射

radiated 放射状
→~ corona 放射圈 //~ spar 纤晶石 //~ stone 阳起石[Ca₂(Mg,Fe²⁺)₅(Si₄O₁₁)₂(OH)₂;单斜]

radiate veins 辐射脉

radiation 散热；放射状；放射物；辐射线；放射；发射{热;光}

radiationless 非辐射的
→~ generation 无辐射产生

radiation level 辐射能级

Radiatisporites 辐毛大孢属[C₂]

radiative-convective model 辐射-对流模式

radiative equilibrium 辐射平衡
→~ {radiant} quantity 辐射量 //~ transfer 辐射转移

radiator 辐射源；辐射体；辐射器；冷却器；放热器
→(heating) ~ 散热器

Radiatospongia 放射海绵属[绵;C-P]

radiatus 辐辏状云；辐状(云)

radiaxial calcite 放射状方解石

radical 基础；基；根部；根本的；根；原子团；极端的

radicand{radioactive} decay law 放射性衰变律

radicantia 根着型；有柄生物

radication 生根；开方

radicies{radicite} 化石根

radiciform 根状的；牙根状的[医]

Radicites 石根属[D-K]；根化石

radicle 胚根[生]；根枝[棘海百]；茎根

radio 射电；无线电报；无线电
→~ (set) 收音机；无线电台；无线电话 //~-X 射线；光线；辐射；放射；无线电

radioacoustic position finding 无线电声测位

radioactinium 射锕[RdAc]；放射性锕；放射锕

radioactivation analysis 辐射激化分析

radioactive 放射性的
→~ {-}ore detector 放射性矿石探测器 //~ sorting process 放射性分选法[根据铀矿及其他矿物放射性差异]

radioactivity 放射性；放射(现象)
→~ age method 放射性地层年代测定法 //~ prospecting 放射能探勘

radioanalysis 放射性分析

radioassay 放射性分析

radio autogiration 放射显迹图

radioautogram 放射自显影图

radioautograph 放射性自显影；放射能照

相；自射线相图

radioaxial{radiaxial} mosaic 放射轴嵌晶

radiobarite 北投石[(Ba,Pb)SO$_4$]

radio beacon 归航台
→~ beam 无线电领航信号//~ blasting 遥控爆破

radiocarbon 放射性碳[C^{14},C^{10},C^{11}]
→~ 14C 碳^{14}//~ chronology 14C 年代学//~ dating 射碳定年//~{carbon-14} dating (用)放射性碳测定年龄{鉴定时代}

radiocentral 辐中板[棘海星]

radioceramic 高频瓷

radiocesium 放射性铯

radio channel (射频)波道

radiochemical NAA{radiochemical neutron activation analysis} 放射化学中子活化分析
→~ purification 放化净化(法)

radiochemistry 放射化学

radiochromatogram 放射层析图

radiochromatograph 辐射色层分离谱

radiocobalt 放射性钴

radiocontamination 放射污染

radio-controlled pump station 遥控泵站；无线电控制的泵站

Radiocyathus 辐杯属[古杯;$\in_1$]

radio dating 放射性测定年龄
→~ detecting and ranging{radio detection and ranging} 雷达；无线电侦察与测距//~-direction-finder method 无线电定向法[确定钻孔偏斜方向]//~ distance 雷狄斯定位系统

radiofluorescence 辐射荧光；放射荧光

radiofluorite 镭萤石

radio {-}frequency 射频
→~ frequency channel 波道//~ frequency drying 高频干燥//~{-}frequency interference 射频干扰// -frequency spark-source mass spectrometry 射频火花源质谱测定

radiogenic 放射性的
→~ element 放射成因元素//~ gas anomaly 射气异常//~ lead 放射产生的铅

radiogoniometry 无线电测向法

radiographic inspection 射线探伤法

radiography 射线检验学
→~ analysis 放射线照相分析

Radiograptus 辐射笔石属[O$_1$]

radio(-)halo 放射晕

radiohazard 射线伤害危险

radioheating 射频加热

radio hole 无线电穴
→~ interferometry 无线电干涉测量

radioiodine 放射性碘

radio isotope 放射性同位素示踪物{指示剂}

radioisotope level indicator 放射性同位素料位计
→~ sand 放射性同位素砂//~ X-ray fluorescence analyser 放射性同位素X射线荧光分析仪

radioisotopic dating 放射性同位素`纪年{测定年代}(法)
→~ tracer 放射性同位素示踪物{指示剂}

Radiolaria 放射虫类{目}[原生]

radiolarian 放射虫
→~ earth 放射虫土//~ remains 放射

虫壳子//~ type 放射虫型

radiolarite 硬化放射虫软土；放射虫岩；放射虫土；放射虫泥；放射虫壳化石

radiole 主棘[棘海胆]

radiolead 射铅；放射性铅；放射铅[Pb^{210}]

radiolite 钠沸石[Na$_2$O•Al$_2$O$_3$•3SiO$_2$•2H$_2$O;斜方]；放射(针晶球粒)
→~ compass 带放射性涂料的照相测斜仪；放射性涂料照相测斜仪//~ survey instrument 放射性涂料照相测斜仪

radiolithic 放射岩的

Radiolithus 放射颗石[钙超;K$_1$]

radiolitic{radiolith} texture 放射扇状结构

Radiolitidae 辐射蛤科[双壳]

radiological 辐射的；放射性的；放射的；放射学的
→~ imaging 辐射显像

radiologic medicine 放射医学

radiology X射线学；(应用)辐射学；放射学

radioluminescence 射线发光(现象)；辐射(致)发光；放射发光

radiolysis{radiolytic decomposition} 辐射分解

Radiomena 辐月贝属[腕;D$_2$]

radiometal 射电金属

radiometallurgy 辐射冶金(学)

radiometeorograph 无线电测风仪

radiometer 辐射计

radiometric 辐射度的
→~ age dating 地质年代的放射性测定//~ analysis 辐射测量分析；放射分析//~{radioactive;radiogenic} dating 放射性年代测定//~ determination 射量测定法

radio-microwave telemetering system 无线电-微波遥测系统

radiomimetic 拟辐射的；类辐射的

radio mirage 无线电鬼波{蜃景}

radion 射粒；放射(微)粒

radionics 电子学；电子管学

radionuclide 放射原子核类；放射核类

radio(-o)paque 不透射线的

radioparent 透射线的
→~ calculus 阴性结石

radiophare 与船舶通信的无线电台

radiophone 无线电发话机

radiophyllite 球硅钙石；氟羟硅钙石；叶硅石；叶沸石；水硅灰石[3CaO•2SiO$_2$•3H$_2$O,单斜;CaSiO$_3$•H$_2$O]

radiophyr 放射斑岩[德]

radiophyrite 放射玢岩

Radiorugoisporites 辐射皱纹孢属[K1-N$_3$]

radioscope X射线透视器；放射镜；X线透视屏

radioscopy 放射性检测法

radiosonde 雷送
→~ commutator 雷送变接器//~-radiowind system 雷送雷文系

radiostrontium 放射性锶

radiotine 星蛇纹石[Mg$_3$Si$_2$O$_5$(OH)$_4$]

radiotolerance 耐辐射性[照度]；辐射耐受量

radiozone 放射性带[地层]

radium 镭
→~ A 镭A[RaA,钋的同位素218Po]

radius[pl.-ii] 桡骨；径脉[昆]；径骨[棘海胆]；尺骨；半径；辐射状部分；辐射光线；径向射线；界限

Radix 萝卜螺(属)[腹;E-Q]

radix[pl.-ices] 基数；根枝[棘海百]；茎根；翅基[昆]；根；基

radix-minus-one{base minus one's} complement 反码

radon 氡；镭射气
→~ daughter 氡子体//~ detective 测氡计//~ leakage 氡泄漏//~ method 氡测法

radovanite 拉多水砷铁铜石[Cu$_2$Fe^{3+}(As^{5+}O$_4$)(As^{3+}O$_2$OH)•2H$_2$O]

radphot 射辐透[照度单位]；拉德辐透

radtkeite 拉德克石[Hg$_3$S$_2$ClI]

radula[pl.-e] 复毛区[昆]；齿舌[软]；齿板
→~ teeth 舌带齿

rafacelite 紫单斜水氯铅矿

rafaelite 拉沸正长岩；阿根廷；斜羟氯铅矿；钒黑沥青

raff 粗矿石[用科尼什辊碎机破碎出来的]

raffiche 米富其风

raffinate 精制油；萃余液；提余液；残液[油等提炼产生]

raffle 绳索什具[船上的]；废物；杂物[总称]

Rafinesquina 瑞芬贝(属)[腕;O$_2$-S$_1$]；拉氏贝属[腕;O-S]

rafisiderite 针赤铁矿

raft 漂块[岩浆中]；浮煤；转煤；木排；浮物堆积；浮桥；(用)康威尔辊碎机破碎的粗矿石；妨碍航行的流木、浮冰；岩层中的煤砾；筏木堆积；筏
→~ breccia 筏运角砾(岩)

rafted agent 运营力
→~ boulder 漂砾；冰运巨石//~ erratics 浮冰搬运的巨砾；巨漂砾//~ ice 筏冰

rafter 椽；椽子
→~ set 宽棚子//~ timbering 屋椽式支护法

rafting 合金；熔合物；漂流；漂浮搬运；浮运(作用)
→(ice) ~ 浮冰搬运//~ agent 漂流营力

raft lake 筏塞湖
→~ load 筏荷；筏移质//~ tectonics 板块筏移{浮动}构造//~ type 流放型

rag 石板瓦；(矿石)破碎；破布；毛刺；抹布；擦布；硬质岩石；刻纹；建筑石料；坚硬灰岩；碎片
→~{jag;barb;Lewis;stone;expansion} bolt 棘螺栓

Rageas 拉基思风

rag-frame 洗矿台[矿泥粗选的木制缓倾斜框架]

ragged 参差状；破碎状{的}；破片状；粗糙的；锯齿状
→~ ceiling 碎云幂//~ hole 粗糙井眼；孔壁不平整的钻孔//~ terrain 崎岖地形

ragging 辊上的槽沟[辊碎机]；(辊碎机)辊上槽沟；琢石；重粒料铺层；矿石粗碎[便于拣选]；(在)洗矿台中粗洗矿石；选矿石；跳汰机床层
→~ (hammer) 矿石粗碎锤//~-off 撬浮尼；托辊

raggioni[意;sgl.-ne] (霰石的)大射线状晶体

raglanite 刚玉霞长岩；奥霞正长岩

rag line 大棕绳
→~ rubble 粗面块石

ragstone 石板瓦；含化石的砂质粗石灰岩；粗结构硬岩石；硬质岩石；硬(灰)石；

缀石；硬石灰岩

raguinite 硫铁铊矿[TlFeS₂;斜方、假六方]

Ragut 拉格{古}特风

ragwork 石板砌合；毛石贴面

rahabdophane 磷铈钇矿 [(Ce,Y,La,Di)(PO₄)•H₂O]

rahtite 铜闪绿矿[Fe,Cu,Zn 的硫化物]

rail base 轨基
→~ bending resistance 钢轨弯曲阻力 //~ bond 轨夹 //~ bottom{base} 轨底

railcar 有轨车

rail clamp 轨头座栓；夹轨器
→~ clearance point 铁路卸车点

railing 栅栏；栏杆

rail inspection car 查道车
→~ joint{|web|steel|hook} 轨缝{|腹|钢|钩} //~ lifter 起轨器

railman 铁路职工

rail-mounted drill 装在轨道上的凿岩机
→~ rock drill 导轨式凿岩机

railmounted steep conveying belt wagon 轨道爬坡胶带机

rail riffle 流矿槽衬底钢轨格条

railroad 铁路；铁道
→~ loading pocket 铁路装车矿槽

railroads and water bodies 三下采煤

railroad station 火车站
→~-type shovel 铁道式机械铲

rail saw 轨锯
→~ trick 运石车

railway 铁路；铁道；乘火车旅行；轨道[轻便车辆等]
→~ coup 封鳍铁路连接器

(combined term for) railways and mines 路矿

railway{timber;wood} sleeper 枕木
→~ {rail} spur 铁路{道}支线

rail-wheel contact stress 轮轨接触应力

raimondite 黄钾铁矾[KFe₃³⁺(SO₄)₂(OH)₆; 三方]；片铁矾[2Fe₂O₃•3SO₃•7H₂O(?)]

rain area{field} 雨区

rainbeat 雨点撞击

rain belt 雨带

rainbow 虹；泥浆滤液面上的彩色晕膜；彩膜；五彩缤纷的
→~ colors 虹彩 //~ quartz 晕彩石英

rain cap 雨帽

raincoat 雨衣

rain crust 雨雪壳；波纹状雪壳
→~ day 雨日 //~ desert 有雨沙漠

raindrop 雨滴
→~ impact 雨点撞击 //~ print {imprint;impression} 雨痕

rain erosion 雨蚀(作用)
→~ factor 降水因素

rainfall 雨水；降雨量；降雨

rainfield 测雨场；雨域

rain fog attenuation 雨雾衰减

rainforest 雨林

rain forest 常雨林；雨林
→~ ga(u)ge 雨量器；雨量计 //~ gage network 雨量站网

raingauge 雨量计

rain glass 气压表
→~ gush 暴雨 //~ gutter 小冲沟 //~ hours 雨时

raininess 雨量强度

rain(fall) intensity 雨量强度；降雨强度
→~ making 人造雨 //~ mark {impres-sion;print;imprint} 雨痕 //~-out 雨水冲洗 //~ pitting 雨坑 //~ rill{channel} 雨沟

rains 季节雨

rain shadow 雨影区；雨荫；无雨干旱带
→~-shadow desert 雨影荒漠 //~ spell 雨期；霪雨期 //~-splash erosion 雨溅击侵蚀

rainspout 水落管；排水口

rain stage 雨阶

rainstorm 暴风雨

rainstorm-type mudstone flow 暴雨型泥石流

rain trap 集雨器

rainwash 地表径流雨水；地表径流；雨水冲刷；雨蚀(作用)

rain wash 雨洗；雨水冲刷

rainwater 软水

rain wave train 洪波系列；雨波列

rainy{wet} climate 多雨气候
→~ day 雨天 //~ day season 雨季 //~ spell{period} 雨期

raise 竖井；唤起；升高；上山；高起；自下向上开掘的暗井；增加；引起；悬；举起；发出；建造；提高；抬高；提出
→~ (heading;shaft) 天井 //~(return-air) 回风井 //~ a shaft 向上凿井 //~-boring{-drilling} machine 反井钻机

raised 上升的
→~ arch 突起拱；陡拱顶

raise development 开拓天井

raised face 凸面

raise driving 天井掘进

raised salt marsh 抬升的盐沼
→~ {rising} shaft 反井 //~ spring mound 高位泉华丘{冢} //~ style enamel 凹凸珐琅

raise{play} havoc among 对造成严重破坏
→~ lift 溜井的提升高度 //~ mining 上向掘进；上向回采 //~ opening 上山开拓{掘}

raiser 举起者；筹集者；提升机；提出者
→~ ear 立管吊耳

raise steam (锅炉中)烧大汽；产生蒸汽；锅炉点火
→~ stoping 自下向上天井崩矿回采(法)

raising 上向凿岩；上山；自下向上凿井；掘进；提升
→(fund) 资金筹措；天井掘进 //~ crank 提升机构曲柄 //~ feed 向上推进 //~ of shaft 自下向上凿井 //~ of water level 水位升高

raison d'etre 存在的理由{目的}[法]

Raistrickia 叉瘤孢属[E-Mz]

rait 矿壁开切

raite 水硅钠锰石{矿}[Na₄Mn₃Si₈(O,OH)₂₄•9H₂O?;斜方]

Rajahia 联囊蕨属；腊贾蕨属[P]

rajite 亚碲铜矿[CuTe₂⁴⁺O₅;单斜]

rake 火拨；扫视；含铁石结核的页岩；含黏土夹层的铁矿石层；倾斜度；倾斜；倾入；倾角；倾斜；前角；测压排雨；坡度；刮板；侧伏角；扒松；耙子[从筛上去除劣矿的]；耙状的用具；耙架；耙机；耙；擦过；矿车；斜脉；斜撑；交错脉；搜索
→~ angle 刃角；含铁矿石结核的页岩；扒；刃面角；刀面角[机械]；刀具前角；割刀角[钻头]；伏角[地层]；斜度角

raked discharge 倾斜排料；耙式排卸
→~ product 扒集产物

rake dune 齿形沙丘
→~ of skips 矿车列车 //~ vein 竖脉；裂隙填充气化矿床；急斜脉；陡脉

raking 倾斜
→~ curb stone 垂带石 //~ mechanism 扒动机构 //~ prop 斜撑支柱

Raky system 雷基式(泥浆)冲击钻进法

Ralfsia 褐壳藻属[褐藻;Q]
→~ pusilla 小褐壳藻

rallying power 凝聚力

Ralston classification of coal 拉斯顿煤炭分类(法)

ralstonite 镁冰晶石；氟钠镁铝石[NaₓMgₓAl₂₋ₓ(F,OH)₆•H₂O;等轴]

ram 水下冰突；活塞；砂舂；夯实；夯；千斤顶；撞击；装填；闸芯；锤头；传力杆；压头；压锤；冲头；冲撞；加压棒

ramal 枝状的；枝的
→~ extremity 枝端[虫牙或虫颚]

ram anchor pin 千斤顶锚固销

Raman-Nath diffraction 喇曼-纳斯衍射

Raman optical activity 喇曼光学活性
→~ spectrum{spectroscopy} 联合散射光谱；喇[拉]曼光谱

Ramapithecus 腊玛古猿[印;N₁₋₂]

ram attachment bracket 千斤顶安装托架
→~-away 掉砂；落砂

rambergite 六方硫锰矿[MnS]

rambla 干砂沟；冲积物；冲积土；干河床[西]

ramble 伪顶

ramblin stone 松石；松散岩石

ram blowout preventer{ram BOP} 闸板式防喷器
→~ cover 千斤顶罩

ramdohrite 辉锑银铅矿[Ag₂S•3PbS•3Sb₂S₃;PbAgSb₃S₆;斜方]；拉姆多尔矿

ram drive release 柱塞传动装置分离机构

rameauite 黄钾钙铀矿[K₂CaU₆⁶O₂₀•9H₂O;单斜]

ramee 苎麻

ramellus 中脉残；小枝

ramentum[pl.-ta] 小鳞片

Ramey type curves 雷米样板曲线；解释曲线；图版曲线

ram guide 桩锤导柱；(打桩)冲击机导向装置

(basis) rami 分支基座[苔]

ramie 苎麻

ramification 支脉；支流；枝状；分支；分枝式；衍生物；细节
→~ ramified system 树枝状(水管)网

ramifications 分枝

ramiform 枝状的；有分枝的
→~ element 枝型分子

ramifying fissures 网状裂隙

ram impact machine 撞机

ramirite 锌钒铅矿

ram (impact) machine 打桩机

rammed{tamped} concrete 捣固混凝土
→~ magnesite hearth 捣制镁砂炉床 //~-soil pile 夯实土桩

rammel 含石土壤；松石；松散岩石

rammell 砂页岩；页岩层

rammelsbergite 硅钠钛矿[Na₂(Ti,Zr)₄O₉• Na₂Si₄O₉;Na₂Ti₂Si₂O₉;斜方]；复砷镍矿[(Ni,Co)As₂₋₃]；斜方砷镍矿[NiAs₂;斜方]

rammer 夯具；夯锤；夯；捣锤；磨圆钻头；装药棒；装填器；震动器；压头；修井壁钻头；春砂器；通条
→(earth) ～ 夯土机；打夯机；撞锤

ramming 捣实；捣固；落锻；打夯；铸砂捣实；压实；春砂[铸]
→～ arm 抛砂头横臂//～{bulling} bar 炮棍//～ material 夯实物料//～ piston 打桩汽锤；撞锤

Ramochitina 枝几丁虫属[S-D]

ramoff{ram off} 掉砂；落砂

ramose 分枝的；多枝的[晶]

ramp 使用斜面；缓坡；滑道；上斜面[生]；坡面；坡道；坡拱高；做成斜坡；钻台坡道；装车台；匀变；坑线；壳坡；卸载曲轨；斜面；斜路；对{陡}冲断层；陡冲；送管滑道；坡道[工]

rampant arch 跛拱

ramp anticline 冲断层面背斜

rampart 堡礁；环形火口堆积；环壁；湖冰脊；壁垒；壁；浪成堤；防御物；新月形火口堆积
→(gravel) ～ 砂砾垒

ramparts 垒

rampatf 沙石脊

ramp barge 滑台驳船

ramped approach 斜坡引道
→～ steps 阶形坡道

ram penetrometer 冰雪硬度器

ramp-flat geometry 断坡-断坪几何形状

ramp for climbing 上向坡道；上(向)爬坡道；上滑坡道

ram pile driver 打桩机

ramp input 斜坡输入

ram press (团矿)撞头压制机

ramp rises along thrust 顺冲断层的对冲隆起
→～ signal 斜坡信号//～ substructure 坡板[井架的]//～-transition function 匀变函数//～-transition zone 渐变层

ramp well 阶台井
→～ without switchback 直进沟//～ with serrated surface 砸擦坡道

ramsayite 褐硅钠钛矿[Na₂Ti₂(Si₂O₆)O₃]；硅钠钛矿[Na₂(Ti,Zr)₄O₉•Na₂Si₄O₉;Na₂Ti₂Si₂O₉;斜方]；钛硅钠矿[Na₂Ti₂Si₂O₉]

ramsbeckite 五水羟铜矾[(Cu,Zn)₇(SO₄)₂(OH)₁₀•5H₂O]；六水羟铜矾[(Cu,Zn)₁₅(OH)₂₂(SO₄)₄•6H₂O]

ramsdellite 拉锰矿[MnO₂;斜方]；斜方锰矿[MnO₂]

ram striker valve 千斤顶碰撞阀
→～-type 冲压式//～-type preventer 闸板式防喷器

Ramularia 长格孢属[Q]；柱隔孢属[真菌]

ramule 小枝；小腕叉{枝}[棘海百]

Ramulostroma 枝藻属[Z]

ramulus 副枝

ramus[pl.rami] 羽支；枝[虫牙或虫颚]；分支[解;植;动]；支；分支基座[苔]
→～ frame implant 下颌支架种植体

ramzaite 硅钠钛矿[Na₂(Ti,Zr)₄O₉•Na₂Si₄O₉;Na₂Ti₂Si₂O₉;斜方]

Rana 蛙属[N₁]；蛙

rana 扇砾岩；泥砾沉流积[西]

rance 窄矿柱；窄煤柱；暗红大理岩

ranching 经营牧场

Rancholabrean fauns{fauna} 兰乔拉布瑞亚动物群

→～ stage 兰乔拉布里阶

rancie(r)ite 钙锰石{钙硬锰矿}[(Ca,Mn²⁺)Mn₄⁴O₉•3H₂O;六方?]；纤硬锰矿；钙锰矿[(Ca,Na,K)₃₋₅(Mn⁴⁺,Mn³⁺,Mg²⁺)₆O₁₂•3~4.5H₂O;单斜]

rancieite-(Mn) 复锰矿

randan(n)ite 硅藻土[SiO₂•nH₂O]；硅藻石[SiO₂•nH₂O]

randfalten 边缘褶皱

Randian 兰德代

Randiapollis 鸡爪蓣粉属[E-Q]

randing 浅井勘探

randite 黄菱铀矿；菱铀钙石[Ca₂U(CO₃)₄•10H₂O]

randketten 边缘山脉

randkluft{randspalte} 边缘冰隙[德]

random 任意的；偶然的；不整齐的；斜脉走向；随机的；随机
→～ ashlar 乱砌料石//～ geometry 任意几何状态；不规则几何状态//～ noise{disturbance} 随机干扰//～ packing 乱堆充填//～ pillar 随意布置的矿柱//～{cyclopean} riprap 乱石堆；riprap 抛石工程；乱石工程//～ rockfill 任意石料堆筑//～ rubble 砌毛石；粗石乱砌//～ rubble facing{finish} 乱毛石饰面//～ rubble fill 抛填乱石；乱石堆填//～ rubble masonry 乱石圬工//～-shaped stones 形状不规则的石块//[of radio,radar or TV reception] ～ signal 杂乱信号[无]//～ stratified reservoir (渗透率)不规则层状油层//～ timbering 随意排列支护//～ tooled ashlar 乱凿纹方石//～ work 乱石砌筑

randsee[德] 边缘冰湖

randspalte 冰川边沿裂隙

rang 统[美火成岩分类单位]

range 潮差；射程；山区绵亘；山脉；山岭；散布；行；全距[统]；区域；变程；列；排列；草场；牧场；脉；作用距离；岭；值域[数]；量程；力程；矿化带；分布；延伸；距离；范围；相关域；限度；限程；波段；发炮距；较差；极差；炮检距[震勘]
→～ (ability) 幅度//～ of application 适用范围；适应范围；应用范围//～ of brightness 亮度范围//～ of decrease 减幅//～ of point 点列//～ of reconnaissance 找矿方向

ranger 测距仪

range resolution 距离分辨率
→～ rod{pole} 视距尺

ranger{range} restriction 范围限定；区域约束

range safety 靶场安全；安全范围
→～ swath 地带//～ unit 测距装置//～ work 整层砌石{筑}；成层琢石//～ zone 生物延续带；延限带

rangifer{Rangifer tarandus} 驯鹿(属)[Q]

ranging 定向；定线；测距
→～ pole 视距尺//～ pole{rod} 花杆//～ rod 标尺[测距]

ranite 水霞石[(Na,Ca)(Al₂Si₂O₈)•H₂O]；杂钠沸水霞石；纤沸石[Na₂Ca(Al₄Si₆O₂₀)•7H₂O;斜方]

rank 把手；等级；排列；排；煤变质级；列；浪蚀岩柱；序列；炭化程度；级

rankachite 莱卡石[(CaO)₀.₅(FeO)₀.₅•V₂O₅•4WO₃•6H₂O]；兰卡石

rankamaite 羟碱{铅}铌钽矿[(Na,K,Pb,Li)₃(Ta,Nb,Al)₁₁(O,OH)₃₀;斜方]

rank class 分类

ranker 薄层土；AC层

rank fusinite 后生丝质{炭}体
→～ gradient 煤化梯度

Rankine 兰金(温)度数

Rankine's earth pressure theory 朗肯土压力理论；兰金土压力理论
→～ formula (岩力)兰金立柱破坏载荷计算式//～ theory (岩力)兰金地压理论//～ theory of earth pressure 郎氏土压说

ranking 首位的；超群的；第一流的；秩评定；分级；优序排列

rankinite 硅酸三钙石[Ca₃(Si₂O₇)]；硅钙石[Ca₃(Si₂O₇);单斜]

rann 平原

Ranney oil mining system 瑞奈石油采矿系统
→～{collector} well 兰尼井

ranquilite 多水硅铀钙石[1.5CaO•2UO₃•5SiO₂•12H₂O]

ransatite 杂英辉锰榴石；杂镁榴石[Fe,Mn,Mg,Ca 的硅酸铝；(Mn,Ca,Mg)₃(Fe³⁺,Al)₄Si₆O₂₁(近似)]

ransomite 铜铁矾[Cu(Fe,Al)₂(SO₄)₄•7H₂O；CuFe₂³⁺(SO₄)₄•6H₂O;单斜]

Ranunculaceae 毛茛科

ranunculite 纤磷铝铀矿[HAl(UO₂)(PO₄)(OH)₃•4H₂O;单斜]

Ranunculus 毛茛(属)[E₂₋₃]
→～ sceleratus 石龙芮

rap 轻敲；敲击；敲；责备；扩砂；叩击；问顶；松动

rapakivi 环斑状的；奥环斑花岗岩；状花岗岩；奥长环斑岩
→～ ovoid 环斑卵形体//～ texture 奥环状花岗岩结构

rapakiwi 环斑状的

Rapana 红螺(属)[腹;N-Q]
→～ venosa 红皱岩螺；脉红螺

rapcon 雷达引导进场控制装置

rape{rapeseed} oil 菜籽油

Raphaelia 拉发尔蕨属[J₂-K₂]

raphaelite 钒黑沥青；钒地沥青

raphanosmite 杂硒铜铅汞矿

raphe 茎脊；脊缝[硅藻]

raphide 针晶骨针[绵]

Raphidiodea 蛇蛉亚目{总科}

raphilite 阳起石{透闪石}[Ca₂(Mg,Fe²⁺)₅(Si₄O₁₁)₂(OH)₂;单斜]

Raphiophorus 带针虫属[三叶;O₂-S₂]

raphisiderite 针赤铁矿

Raphistoma 线凹螺属[腹;O-D]

Raphistomella 小线凹螺属[腹;T₂]

Raphistomina 准线凹螺属[腹;O-S]

raphite 三斜钙钠硼石；硼钠钙石[NaCa(B₅O₇)(OH)₄•6H₂O; NaCaB₅O₉•8H₂O]；钠硼解石[NaCaB₃O₇(OH)₄•6H₂O;NaCaB₅O₆(OH)₆•5H₂O;三斜]；钠硼钙石[NaCaB₅O₉•8H₂O]

raphyllite 阳起石[Ca₂(Mg,Fe²⁺)₅(Si₄O₁₁)₂(OH)₂;单斜]；透闪石[Ca₂(Mg,Fe²⁺)₅Si₈O₂₂(OH)₂;单斜]

rapid 敏捷的；快的；险峻的；湍滩；湍流；湍急；急滩
→～-access loop 快速访问环

rapidcreekite 四水碳钙矾[Ca₂(SO₄)(CO₃)•4H₂O]

rapid curing 快硬的；快速凝固

rapid of outflow 流出速率
→～{rate} of percolation 渗透率；渗滤速度

rapidolite 韦柱石

rapid paper 快速印相纸
→～ paraffin embedding 快速石蜡包埋法

rapids 溜槽；险滩；滩；急流
→(gurgling)～ 急湍

rapid sand filter 砂砾速滤器
→～-slaking lime 快熟石灰

rapier 铜；探针；探极
→～ loom 剑杆机

rap-in 楔落石块

rappage 起模胀砂

rapping 敲帮问顶；扩砂
→～ device 振动装置

rappoldite 水砷钴铅石[Pb(Co,Ni)$_2$(AsO$_4$)$_2$•2H$_2$O]

rapturous 热烈的

raptus 情感爆发

raqqaite 辉石熔岩；辉熔岩

rare 罕见；非常的；非常
→～-earth-bearing carbonatite deposit 稀土碳酸岩矿床//～-earth-bearing magnetite-hematite deposit 稀土-磁铁矿-赤铁矿矿床//～-earth concentrate 稀土精矿粉

rarefaction 向震中；抽空；稀释；稀薄[空气、流体等]；冲淡
→～ wave 稀疏波

rare gas element 稀气体元素
→～(-earth) metal 稀(土)金属//～-metal pegmatite 稀有金属伟晶岩//～ minerals 稀有属矿物

rarity 珍品；稀奇；稀薄[空气、流体等]

Raschite 若贾特[硝铵炸药]

rascle 灰岩参差蚀面

rasenlaufer[德] 地下矿床露头；细脉地面露头

rash 过早；轻率的；草率从事的；劣质煤；脏煤；介乎煤与黑色页岩之间的物质；(在)同一时间内接连发生的事；急躁

rashing 片状易碎泥质岩

rashings 含煤痕碳质页岩

rashleighite 绿磷铁石[Cu(Al,Fe)$_6$(PO$_4$)$_4$(OH)$_8$•5H$_2$O]

Raskyella 拉斯基轮藻(属)[E]

raslakite 富钠异性石[Na$_{15}$Ca$_3$Fe$_3$(Na,Zr)$_3$Zr$_3$(Si,Nb)(Si$_{25}$O$_{73}$)(OH, H$_2$O)$_3$(Cl,OH)]

rasorite 四水硼砂；三水硼砂；贫水硼砂[Na$_2$B$_4$O$_6$(OH)$_2$•3H$_2$O;单斜]；斜方硼砂

rasp 落井钻杆顶部接箍修整工具；粗锉刀；刺激；发刺耳声

rasping 铲锉作用
→～ structures 搔痕；锉{刻}痕[遗石]

raspite 斜钨铅矿[PbWO$_4$;单斜]

rasskar 悬冰斗[挪]

rassoulite 针皂石；针蒙脱石[R$_{2x}^{1+}$ Mg$_{3-x}$(Si$_4$O$_{10}$)(OH)$_2$,x=0.1,R^{1+}=½(Ca,Mg)]

Rastelligera 小杷贝属[腕;T]

raster 试样图；扫描光栅；扫描场；光栅；屏面；网板
→～ element 光栅元//～-format 光栅格式//～ {-}scan digitizing device 栅格扫描数字化仪//～ segment generator 光栅段发生器

rastolyte 水黑云母[(K,H$_2$O)(Mg,Fe^{3+},Mn)$_3$(AlSi$_3$O$_{10}$)(OH,H$_2$O)$_2$]；蛭石[绝热材料；

(Mg,Ca)$_{0.3-0.45}$(H$_2$O)$_m$((Mg,Fe$_3$,Al)((Si,Al)$_4$O$_{12}$)(OH)$_2$;(Mg,Fe,Al)$_3$((Si,Al)$_4$O$_{10}$)•4H$_2$O;单斜]

rastrillo 扩大齿墙

Rastrites 杷笔石属[S$_1$]；杷笔石；螺笔石

rasvodye 冰间冰面

rasvumite 硫钾矿；硫铁钾矿[KFe$_2$S$_3$;斜方]

ratch 砾石黏土亚层土；棘爪；棘轮机构；棘轮；棘齿；松脱

ratchel 大石块；卵石；中砾(石)；风化块石

ratchet 砾石块；棘爪；棘齿；松脱

rate 定额；标准；变化率；等级；评价；评定；比值；比率；比例；率；费用；费率；现额；价格；速率；速度
→(flow;diagram;discharge)～ 流量//～-aided signal 定标信号

rated 设计的；额定的；计算的
→～ capacity 矿井核定生产能力；校准能力

rate flow meter 流速计
→～ growth effect 变速生长效应//～ hardening 硬化速度//～ integrating gyroscope 差率积分陀螺仪

ratel 蜜獾属[Q]

ratemeter 定率计；强度计；测速计；记数率计；速率计
→～ discriminator 率表甄别器

rate of absorption{penetration} 渗漏速度[冲洗液]
→～ of agglomerates 人造富矿入炉比//～ of coal containng waste rock 煤炭含矸石率//～ of enrichment 选矿系数；选矿等级//～ of fine ores 粉矿率//～ of return mine 返矿率//～ scale 收费(标准)表；单价表//～-sensitive 对速度(变化)灵敏的//～-sensitive pool 产量敏感油藏

rates of compression 压缩速率

ratfish 全头亚纲

rath 丘陵；小山

rather than 而不

rathite 双砷硫铅矿[Pb$_{13}$As$_{18}$S$_{40}$]；灰砷铅矿；拉硫砷铅矿[(Pb,Tl)$_3$As$_5$S$_{10}$;单斜]
→～-Ⅱ 利硫砷铅矿[Pb$_9$As$_{13}$S$_{28}$;单斜]

rathole 鼠洞[放方钻杆用]；排除钻杆故障的辅导孔；大钻孔的导孔；大块钻孔岩屑沉淀仓；以导向楔钻进的偏斜钻孔；储放钻杆的浅孔；旋转钻的超炮孔；井底部小直径井眼[特殊完井]

rat hole 鼠洞[放方钻杆用]；井底(部)小直径井眼[特殊完井]；钻孔旁容纳备用钻杆的浅孔

rathole bit 打转向斜孔和前孔的钻头

rat-hole elevator 鼠洞吊卡[把钻杆吊入鼠洞用的]

rathole gravel slurry 井底口袋内的砾石砂浆

rat holing 钻鼠洞；钻斜孔；钻超前孔；打浅孔(法)；直径渐减地钻进
→～-holing 打小径分支孔[定向钻进时]

ratholite{ratholite pectolite} 针钠钙石[Na(Ca$_{-0.5}$Mn$_{-0.5}$)$_2$(Si$_3$O(OH));Ca$_2$NaH(SiO$_3$)$_3$;NaCa$_2$Si$_3$O$_8$(OH);三斜]

rating 定额；定标；标称值；规格；评价；评级；测定；估价；率定；分摊；现额；校准；检定
→～ (value) 额定值//～ method 分类法//～ of fuel 燃烧评价//～{data;name} plate 铭{名}牌

ratings 数值

ratio 比值；比；系数；对比
→(scaling)～ 比例；比率//～ and phase meter 振幅比(和)相位差计[磁勘]//～ combination 比值组合//～ governing 组分比调节[用改变混合物组分的方法]；调节组分比的

ratioing technique 比值法

ratio map 岩石厚度比率图
→～ method 比值法；比价法

rational 适度的；合理的；合乎情理的；有理的；推理的
→～{partial} analysis 部分分析//～ horizon 真地平线

rationality 合理性；有理性
→～ rule of indices 指数有理性法则；有理指数定理

rationalization 有理化；合理性；合理化
→～ and restructuring 合理性和重新组织

rationing 定量分配；配量
→～ of tumbling charge 转动磨料的配量[磨机]

ratio of abundance 丰度比
→～ of fines 粉矿率//～ of lime and gravel 灰石比//～ of opening to total surface 筛孔与矿粒总表面比//～ of ore-to-coke 矿焦比//～ of ranges 潮高比；变幅比//～ of return fines 返矿比//～ of tidal range 潮差比

Ratitae 平胸总目

ratline 猫头绳

ratoffkite{ratofkite} 萤石[CaF$_2$;等轴]

rattail 脉纹；连接线束[天线水平部分和引下线的]

rattan yellow 浅亮黄；藤黄

rattle barrel 清砂筒

rattlebox 金链花猪屎豆之一种[Co 示植]

rattle jack 炭质页岩

rattler 砂质页岩；清砂滚筒；磨损试验转筒；烛煤；劣质气煤
→～ loss(es) 滚筒磨损试验损失

rattlesnake{rattle snake} 响尾蛇属；响尾蛇[N$_2$-Q]
→～ ore 响尾蛇状矿石

rattlestone 鸣石；铃石

rattle stone 铃石[德]

rauchwacke 糙面白岩

rauenthalite 茹水砷钙石[Ca$_3$(AsO$_4$)$_2$•10H$_2$O;单斜、三斜]

rauhaugite 粗粒白云碳酸岩；铁白云石碳酸岩；铁白云石[Ca(Fe^{2+},Mg,Mn)(CO$_3$)$_2$;三方]

rauhkalk 白云石[CaMg(CO$_3$)$_2$;CaCO$_3$•MgCO$_3$;单斜;德]

rauit 杂钠沸水霞石；纤沸石[Na$_2$Ca(Al$_4$Si$_6$O$_{20}$)•7H$_2$O;斜方]

rauite 蜡光石

rauk[pl.raukar;瑞] 海蚀柱

raumite 块云母[硅酸盐蚀变产物,一族假象,主要为堇青石、霞石和方柱石假象云母;KAl$_2$(Si$_3$AlO$_{10}$)(OH)$_2$]；堇青石[Al$_3$(Mg,Fe^{2+})$_2$(Si$_5$AlO$_{18}$);Mg$_2$Al$_4$Si$_5$O$_{18}$;斜方]

raumonite 劳孟金

Rauracian (stage) 罗拉克(阶)[英;J$_3$]

Rauserella 劳梭蜓属[孔虫;P$_2$]

rautenboden 多角形土[德]

rauvite 红钒钙铀矿[Ca(UO$_2$)$_2$V$_{10}^{5+}$O$_{28}$•16H$_2$O]

rave (运货车四周的)栏板

ravel (使)混乱；散开部分[编织物]；拆散

散开[编织物等]

raven 肠黑的；测距与测速导航

Ravenian 拉文尼(阶)[北美;E₂]

raw 湿寒；生疏的；生的；半加工的；擦破；不完美的；阴冷的；不掺水的；处于自然状态的；未选矿的；未选的；未加工的
→~ bauxite 原铝土矿//~ {primary; rough} concentrate 粗精矿//~{unroasted; green} concentrate 生精矿//~ flint clay 生焦宝石

rawhide 生牛皮((制)的)

raw{primary} information 原始信息
→~ ingot 粗锭//~ intensity data 原始强度数据//~ magnesite 菱镁石；原镁石//~ material for building and construction 建筑材料矿产//~ material for cement 水泥原料矿产//~ material for ferrous metallurgy 黑色冶金辅助原料矿床//~ material for glass 玻璃原料矿产//~ material for moulding 造型原料矿产//~ material for optical use 光学原料矿产//~ material for piezoelectricity 压电原料矿产//~ meal prepared from lime 石灰配料//~ meal with blast furnace slag 矿渣配料//~ mineral materials 矿物原料//~ mix hopper 小矿槽//~{crude} naphtha 粗石脑油//~ naphtha{petroleum} 原油//~{green; rude;rough;crude;head;undressed;original; pit-run} ore 原矿//~{rough;crude} ore 粗矿//~{run-of-mine} ore 生矿//~ ore stockyard 贮矿场//~ stone 粗砂岩//~{unrefined} stone 毛石[建]

Rawtheyan 罗西阶[O₃]

ray 射轴；射针[绵]；闪现；半直(线)；辐射支条[钙超]；辐射线；辐射带；辐板[腔棘]；放射光线；放射；线
→~ (radiation) 射线//~ center 射线中心//~-equation migration 射线方程偏移//~ inversion for near-surface estimation 近地表估计的射线求逆法

rayite 银板硫锑铅矿[Pb₈(Ag,Tl)₂Sb₈S₂₁]

rayl(eigh) 瑞利[1N/m² 声压能产生 1m/s 的质点速度的声阻抗率]；雷耳

Raymond cast-in-place concrete piles 雷蒙德现场灌注混凝土桩
→~ five-roll mill 雷蒙德五辊式磨机

Rayonnoceras 丝角石属[C]；雷昂角石属[头]

ray path 声线；电波直线路径；光线程
→~-path chart 射径图//~ path distortion 射线路径畸变//~ right-anterior 右前射辐

rays{ray} method 射线法

ray structure 闪光结构；发光结构
→~(-velocity) surface 光速面//~ system 射纹系统//~-theoretical forward modeling 射线理论正演模拟//~-time 射线(旅行)时间

raytrace 光线跟踪

ray tracing 射线描迹；线轨法
→~-tracing migration 射线跟踪偏移//~-tracing scheme{procedure} 射线追踪方法

razorback 刀刃脊；刀背脊

razor clam{shell} 竹蛏(属)[双壳;K-Q]
→~ stone 均密砂岩

razoumoffskin{razoumowskyn;raz(o)umovskyn} 似蒙脱石

Razumovskia 拉祖莫夫藻属[Z]

Rb 铷；分叉率

R cabri 锡铅铂钯矿

RC-shaping circuit 阻容电路

3rd order pink 三级红

Re 雷诺(系)数；铼

reabsorbed crystal 熔蚀的晶体

reabsorber 再吸收塔

reabsorption 熔蚀作用；再吸收

reaccess 再存取

reach 活动半径；射程；河弯间区；河区；河流流程；区域；作用范围[半径]；达到；至；扩展(到)；有效半径；影响范围；触及；进路；湾头滩；湾段；对……起作用；岬
→(river) ~ 河段//~(ing) a deadlock 搁浅

reached bottom time 着底时间
→~ surface time 出水时间

reach of dragline or stripping shovel 拉铲或剥离机械铲的作业半径
→~ of explosive 炸药爆破力展开

reacidizing 重复酸化

reactance 电阻抗；电抗器；电抗；反应性
→(acoustic) ~ 声抗//~{reactive} capacity 无功功率//~ coil 阻流线圈；扼流(线)圈

reactant 试剂；组成；反应物；成分
→~ resin 活性树脂

reactatron 低噪声微波放大器

reacted acid 残酸；反应后酸液

reactibility 反应性

reacting{counteracting} force 反作用力

re(tro)action 感应；反应(力)；反作用；反馈；反向辐射[天线]

reaction-coated 盖有捕收剂反应的薄膜

reaction coefficient 回授系数
→~ coefficient of rock 岩石抗力系数//~{wattless;reactive} component 电抗部分//~ equipment 反应设备

reactionite 混溶反应沉积物

reactionless 无反应的；惰性的

reactionlessness 反应上的惰性

reaction line 反应曲线[桩工]
→~ rate 反应速率；反向速度//~-resorption origin 反应-重吸收成因[铬铁矿]//~{restraint} stress 约束应力//~ turbine 反作用式涡轮//~ velocity{rate;speed} 反应速度

reactivation 活化；恢复活性；再生；复活；再放射化；再激活
→~ cycle 活化周期//~ of ancient landslide 老滑坡复活//~ of old folds 老褶皱再生{活化}

reactive 活性的；活泼的
→~ circuit 有抗电路//~ rock 强反应性岩石//~ velocity 反应速度//~ volt-ampere 无功伏安

reactivity 活性；(化学)活动性；反应性；反应速率[度]；反应
→~ of coal 煤炭对氧的反应性

reactor 电抗线圈；电抗器；反应器；反应堆；稳定器
→~ control 反应器的控制//~ graphite 反应堆用的石墨//~ support 堆芯支撑

react-to-known-hazard principle 对已知灾害采取跟进行动的原则

readaptation 再适应；重适应

reader 输入机；阅读器；读者
→~ check 读出校验//~ unit 读数装置；读出器

reading 判读；(仪表)指示数；异文[不同版本的]；解释；读物
→(numerical) ~ 读数//~ a storm hydrograph 暴雨水文过程记录//~{indication} error 读数误差//~ microscope 精确高差测量仪；显微读数仪；读数显微镜

Reading plunger jig 里丁型活塞跳汰机

readout (宇宙飞船)发回地球的资料；读数装置；读数；读出
→~ box 读数显示箱//~ station 太空数据接收站

re(-)adsorption 二次吸附；再吸附；重新吸附

read strobe 读选通脉冲

readvance 再进展；再前进

ready coat 快速涂敷

reaeration 还原；再曝气；再充气；重新充气；通风
→~ sludge 再生污泥；污泥复氧

reafforest 森林更新

reagency 反应力

reagent 试药；试剂；药剂；反应物；反应力；反应剂

Reagent 107 R-107(号)石油磺酸盐
→~{|Aerofloat} 213 `R-213{|213}(号)黑药[二异丙基铵黑药,二异丙基二硫代磷酸铵]//~ 325{|343} R-325{|343}（号）黄药[`乙{|异丙}`黄`药{原酸钠}]//~ 505 R-505(号)药剂[绿黄色粉末遇水反应放热,铜钼分离时为硫化铜抑制剂]//~ 512 R-512(号)药剂[白铅矿捕收剂]//~ 615{|633} R-615{|633}(号)药剂[抑制剂]//~ 637 R-637(号)药剂[矿泥分散剂]//~ 801 R-801(号)药剂[石油磺酸]

reagent{real} angle 真角

Reagent 40-oleic acid Emulsion R-40(号)油酸乳剂

reagent partition 浮选药剂分布式

Reagent S-3019{|3100} S-3019{|3100}(号)絮凝剂
→~ S-3257{|3258|3259|3292|3346}S-3257{|3258|3259|3292|3346}（号)絮凝剂//~ S-3302 S-3302(号)絮凝剂[戊基黄原酸烯丙酯]

reagent setpoint 药剂设定点

reagents for the separation of ores 矿物分离试剂

reagent TFB TFB 药剂[水解的丁基黑药;俄]

reaging 反复老化

real 电缆；地道；真的；卷筒；现实的
→~ air temperature 真气温//~{effective} aperture 有效孔径//~ finite-strain lineation 实有限应变线理//~ fold 真褶皱{曲}

realgar 雌黄[As₂S₃;单斜]；雄黄[As₄S₄; AsS;单斜]；二硫化二砷；鸡冠石[As₂S₂]
→~ deposit 雄黄矿床

realgarite 雄黄[As₄S₄;AsS;单斜]；鸡冠石[As₂S₂]

real horizon 真平

realign 修直；矫直

realignment 改线；整治[河流]；重新组合；重新定线
→(river) ~ 河道整治

R

real image 实像{|象}

realistic well condition 实际井况

realized ecological hyperspace 实际生态多维空间(网)；真实环境多维空间(网)

realm 生物区系；区域；门；领域；类；域[生物地理单元]；范围；境界；界

realness 真实性

real oil losses 实际石油损耗

　　→~ root 实根//~ system (真)实系统//~{actual} time{real-time} 实时//~-time cementing data 实时固井数据//~-time on-site control capability 实时现场控制能力

realty 房地产

real value 实在价位

　　→~ variable function 实变函数//~ well 实际井//~ worth{value} 含金量

ream 扩大……的孔；波筋[平板玻璃缺陷]；绞孔；铰锥孔；铰眼；铰孔；令[纸张数]

　　→~ (out) 扩眼{孔}//~ a note 铰孔//~ down 划眼[下套管前]

reamed well 扩径孔

reamer 槽凿；扩眼钻头；扩眼器；扩孔钻头；铰刀；铰床

　　→~ bit 扩限钻头//~ blade 扩孔器刃瓣{刮刀}//~ bolt 绞孔螺栓//~ pin 扩眼器销

ream grab 抓泥机

　　→~ hole 刷大巷道的炮眼

reappear 再现；重现

reapportion 重新分配

reappraisal 另行鉴定；重新估价

reappraise 重新评价

rear 竖起；后缘；后面的；后方的；后部的；栽种；背后

　　→~ (end) 后部；背面//~ conveyor motor 尾端输送机的电动机[装载机]//~ dump 后端卸载[矿车]；后部卸载//~-dump shovel-type jumbo loader 铲斗后部式钻装机

rearer (用)后脚站立的马；陡立岩层

　　→~ seam{rearer seam steep bed} 陡倾岩层//~ system 旧式房柱采煤法//~ working 旧式急倾斜采煤法

rear flank 背面[牙轮]

　　→~ follower 后活动接盘//~ main spar 后主翼梁

rearranged sterane 重排甾烷

rearrangement 再配置；分子重排；重新分布；重新布置；重排

　　→~ of residual stresses by machine 机加工残余应力重分布//~ product 重排产物

rear seat 后座

　　→~ shield with gripping and thrust system 后护盾支撑系统及推进系统//~ support 后支架//~-unloading vehicle 后卸汽车

rearview 后视图

rear{dorsal} view 背视图

rearview{driving;rear-vision;back} mirror 后视镜

rearward 后面的；后方

　　→~ extending 向后伸{凸}的//~-facing 后倾

reasonable 适当的；合理的

　　→~ prospecting spaces 合理的工程间距

reasonably assured reserve 相当有保证

的储量

reasserted{reassorted} loess 再造黄土

reassess 再估价

reassignment 再指定；再赋值

reattachment 再附壁；重附着

Reaumur 列氏温度表；列欧穆[法姓氏]

reaumurite 钠硅灰石

Réaumur 列氏温度表

Reaumur (temperature) scale 列氏温标[冰点 0°Re',沸点 80°Re']；雷默温度

rebabbitting 重浇巴氏合金

rebar bolt 锚杆[螺纹钢筋]

re-bar hoop 钢筋箍

Rebat 雷巴风

rebate 打折扣；折扣；减少[付款总额]

Rebecca 丽贝卡[女名]；雷别卡[定位系统]；飞机询问应答器

rebellious {refractory;rebellions;complex} ore 难选矿石

rebel tool (钻头)抗扭；方位器[钻头上方,防止钻头变方位]

reblending 重混合；再混合

reboiling 再沸

　　→~ bubble 再生泡

rebonded electrically fused corundum brick 电熔再结合刚玉砖

　　→~ sand 加黏土回用砂

rebore 气缸重镗内燃机

reborn 更新的

rebound hammer{apparatus} 回弹仪

　　→~{Shore;scleroscope} hardness 肖氏硬度//~ modulus 回弹模量//~ of foundation 地基回弹

Reboyo 雷波约暴

rebuilding work 翻修工作

rebuke 责骂；熊

rebulite 硫砷锑铊矿[Tl(As,Sb)$_3$S$_5$]

reburial 再掩埋；再埋藏

reburn 复燃(地区)

rebush 换套筒；换衬套

recall 回想；撤换；恢复；收回；召回；叫回；检索

　　→~ buoy 应答浮标//~{receipt;inverse;answer} signal 回答信号

re-calming zone 复稳带[岩压]

recapitulation 摘要；重演；扼要重述

　　→~ theory 生物重(复)演(化)说；海克耳定律

recapped tyre 胎面翻新外胎

recarburizer 增碳剂

recasting 捣堆{露}

recedence partition 优先分布

　　→~ rate 后退速度//~ time (浮选气泡)退缩时间

receipt 收据；收到；签收；配方；开收据；借方；接收

　　→~ a bill (在)账单上签字{盖章}//~ period 进货周期

receipts 收入

receipt ticket 收货单据

receivable 可收到的；可接受的

received 收到的；标准的；公认的；允许的；接收的

　　→(as) ~ basis 收到基[矿]//~ view 普遍看法

receiver 收件人；容器；风包；接收器；检波器；听筒

　　→~ axis 接收器轴//~{taper;wedge} guide 楔端罐道

receiving 接收

　　→~ bin 受煤仓；受矿仓

recementation 再胶结

recemented glacier 复活冰川

recency of common ancestor 共祖近度

Recent 全新世[1.2 万年至今;人类繁荣]；现代系

recent 近来；现代的；现代

　　→~ basalt lead 现代玄武岩铅//~ development 最新发展；近期发展//~ epoch{period} 冰期后最新期

recenter 回到中心位置；重定位

recentered{interrupted} projection 分瓣投影

　　→~ projection 断裂投影

recently deposited soil 新近堆积土

recent nanno plankton 现生超微体浮游生物

recentness 现代性

Recent Period 近生代

recent period{epoch} 近代

　　→~ quotation 最近行情

recentralizing 恢复到中心位置

recent sediment 新沉积物

　　→~ soil 新生土//~ triple junction 现代三合(联)点//~ water 新近水

receptacle 容器；插孔；囊托；接收器；花托[植]

　　→(female) ~ 插座//~{male} plug 插头

Receptaculites 盘海绵属[∈-D]；空杯虫；托盘海绵

receptaculitids 托盘类[粗枝藻]

receptible 能接受的

reception 接收；接纳；接待

　　→~ basin 受水区//~{slope;retaining;flood} basin 汇水盆地//~ hopper 受料仓

Reception Section 接待科

reception terminal 收油油库{终端}；到货终点

receptivity 感受性；可接收度；接受性能；吸收能力[井的]

receptor 受体；感受器；被发药；接收器

　　→~ area 接受面积//~ charge 被动药包//~ limestone 输入灰岩；受舍灰岩

recessed bulkhead 凹入航壁

　　→~ part 凹下部分//~ thread 截短牙廓[螺纹验规]

recessional (moraine) 退缩冰碛

recession{decline} curve 衰退曲线

　　→~ curve 退水曲线

recharge{spreading} basin 引渗池

　　→~ boundary 补给边界//~ capacity {rate} 补给量//~ cycle 充气周期//~ rate 补给速度{率}

recharging 再装料；再充电

　　→~ well 补注井

rechuck 重新卡上

recipience{recipiency} 容纳；领受；接受

recipient 容器；容纳的；量液容器；接受的；接收的

　　→~ stream 受水河//~ well 分担关闭井产量的生产井

reciprocal 互相起作用的事物；互惠；互换的；倒数；反数

　　→~ averaging 互相平均(法)//~{reciprocating;alternating;end-to-end;seesaw;alternate} motion 往复运动//~ piezoelectric effect{inverse piezoeffect} 反压电效应[电致伸缩]//~

pump 往复式泵 // ～ salt-pair diagram 倒易盐对图式

reciprocating 往复式的；摆动的
　→～ trap 往复(振动)运矿槽

recirculated air 循环风流
　→～{recycle} gas 回注气 // ～ sand 返砂

recirculation 回流；逆环流；再循环；重复循环
　→～ circuit 再洗循环

recital{recitation} 列举；背诵；详述

reckon by the piece 计件
　→～ by time 计时

reckoning 判断；账单；船只位置推算[由天文观测的]；算账

reclaim 回收；再生；开垦；修复；改造；复原；开拓(荒地)；开垦荒地；驯养；重新使用；土壤改良；填筑

reclaimed{reclamation} area 复田区域
　→～ produced water 回收的采出水 // ～ soil 已改良的土壤 // ～ spoil 回用废渣

reclaimer 取矿机{矿耙；料机}

reclamation 回收；收复；复土；感化；改良；复田造田；再造；再压实；废料回收；垦殖；改造；开拓[采掘前修建巷道等工序总称]；开垦；驯化；修复；围垦；填筑
　→～ by blasting 爆破造田；爆破复田 // ～ of desert 荒地垦拓{复田} // ～ of land 土地填筑 // ～ of saline-alkali soils 盐碱地治理 // ～ operation 废矿重采工作 // ～ plant 回收车间[处理尾矿]

recleaner 再选机；精选机
　→～ flotation 再精(浮)选 // ～ screen 再筛选

recleaning 三次精选；再(次精)选；再精(浮)选；重新清砂[铸]
　→～ screen set 再筛选组

reclined 后倾；上斜式[笔]

recoil 倒退；返冲；反跳；反冲；重绕；弹回

recollapse 再坍缩

recombination 再结合；复合；再化合；重组；重新组合
　→～ center 复合中心 // ～ coefficient 复合系数

recomplete a well 二次完成井[回采另一层，或改变井的用途等]

recompletion 再次完井；二次完井
　→～ interval 重新完井井段 // ～ job 再完井作业

recomposed{authineomorphic} rock 再造岩

recompounding 重新组合

recompression 再压缩
　→～ zone (岩压)再压缩带

recomputation 重新计算

reconcentration 再富集；再(次精)选；再浓缩；再精(浮)选
　→～ of tailings 尾矿再选

reconcile 调和

reconditioned mud 再生泥浆；再调整的泥浆；再处理的泥浆

reconditioning equipment 修理用的设备
　→～ plant 泥浆集中供应站

reconfigurability 可重构性

reconnaissance 查勘；选点；侦探；勘探；勘察；井下勘探；初测；探测；踏勘；踏板式起落机构；搜索
　→～ (survey) 草测；勘测；普查 //

electromagnetics 普查用电磁法 // ～ hydrogeological mapping 普查水文地质填图 // ～ map 草测图

reconnection 重接

reconnoiter{reconnoitre} 搜索；草测；侦察；勘测；踏勘

reconquer 夺回

reconsequent drainage 复向水系

reconsolidation 再固结

reconstituted feed 循环(给)料；重组给料
　→～ fluorophlogopite sheet 氟金云母纸 // ～ land 填平地[露天矿坑初步整平]

reconstructed 再生的
　→～{recemented} glacier 再成冰川 // ～ glacier 再造冰河 // ～ stone 熔合宝石 // ～ stone{|specimen} 再制石材{|试件} // ～ vein system 重建矿脉系统

reconstruction 恢复；换装；再造；再现；重显
　→～(general) ～ 翻修 // ～ park 大修场

reconstructive transformation 重建型转变；重建式(同质多象)转变

record 唱片；记录；地质报告；谱；资料；记录带上的曲线

(earthquake) record 地震记录；地层记录

record blocking 记录编块
　→～ book 手册 // ～ clerk 统计员；记录员 // ～ diagram 记录图

recorded information 记录信息
　→～ lithology logging 岩性记录测井

recorder 录音机；记录员；记录仪
　→～ (apparatus) 记录器 // ～ and counter device 记录和计算设备 // ～ pen 自动记录仪笔

record format{formal} 记录格式
　→～-header 记录头 // ～ hole 构造孔；试验孔[对穿过地层进行详细记录的钻孔]

record layout 采集排列；纪录布置{形式}
　→～ of electric survey 电测记录

recoup duct 余热回收管道
　→～ gas tube 回流烟气管

recourse 求助；依靠
　→～ action 追索诉讼

recoverable 应能采出的；可回收的；采的；可采出的
　→～ compaction 可恢复压实 // ～ pillar 可回收的煤{矿}柱 // ～ property 可采矿床

recovered{waste} enamel glaze 回收釉

recovering 恢复
　→～ head 恢复水头 // ～{taper;pin} tap 打捞前公锥 // ～ waste heat 回收余热

recover petroleum 开采石油

recreational 娱乐的
　→～ use 疗养利用；游览利用 // ～ water 改水

recrement 矿石杂质；废石堆；废石场；废石；尾矿
　→～{trash} 矸石[选]

recrudescence 再燃

recrystallization 再结晶
　→～ breccia 假角砾岩

recrystallize 重结晶

rectangular 长方形的；直角的；正交的；矩形的
　→～ slab of stone 条石 // ～ stone slab 压阑石；阶条石

Recticulum 网罟座

rectifiability 可矫性

rectification 求长(法)；整治[河流]；整流；整顿；夷直[岸线]；精馏；校正；矫频；检波；调整；纠正[图像]
　→～ of channel 河道整治；河槽整治 // ～ of distortion 变形纠正 // ～ of projection 投影纠正

rectified 井流的；校正的；调正的
　→～{redressed} current 整流后电流 // ～ mosaic 正相片镶嵌图 // ～{rectilinear; straight} shoreline 平直(海)滨线

rectifier 纠正仪；精馏器；检波器
　→ (current) 整流器 // ～ (drive) winder 整流器供电提升机

rectigradation 直线均夷(作用)；直线进化

rectilinear 直线的；方格纸
　→～ alignment 直线列列 // ～ till ridge 直线漂碛脊

rectimarginate 前接合缘；直缘型[腕]

rectimurate 直网壁的

rectinerved 直脉的

rectiradiate 直辐射状的[头足类菊石壳饰]

rectiserial 直行的

rectisol 冷甲醇；甲醇洗
　→～ wash unit 低温甲醇洗涤装置

rectistack 整流堆

Rectithyris 直孔贝属[腕;K]；直窗腕

rectivenous 直脉的

Rectocornuspira 直旋角虫属[孔虫;C₂]

Rectoelphidiella 直小希望虫属[孔虫;N₂-Q]

Rectogumbelina 直规伯尔虫属[孔虫;K₂-E]

rector 负责人

rectorite 钠硅酸铝[NaMgAl(Si₄O₁₀)(OH)₂·4H₂O]；钠板石[NaAl₂(Si,Al)₄O₁₀(OH)₂(近似)]；阿水硅铝石；累托石[(K,Na)ₓ(Al₂(AlₓSi₄₋ₓO₁₀)(OH)₂)·4H₂O]

recumbence 伏卧

recumbent 横卧的；倾伏的；平卧的
　→～ anticline 卧倒背斜 // ～ fold 堰卧褶皱 // ～ foreset 平卧前积层 // ～ overturned fold 几乎水平的倒转褶皱

recuperability 恢复能力；反馈能力

recuperation 回收；恢复；换热作用；再生；反馈；复原
　→(heat) ～ 同流换热

recuperative gas turbine 面{间}壁回热式燃气轮机
　→～ heat exchanger 回热式热交换器 // ～ heating 回热加热 // ～ pot furnace 换热式坩埚窑

recuperator 换热器；同流换热器{室}

recurrence 再发生；复现；再现；递推；递归[数]；复发[震]；循环；反复；重新提起；重现
　→～ curve 重复率曲线 // ～ formula 循环公式 // ～ frequency 回复频率；周期频率 // ～ horizon 泥炭岩性剧变层位；泥炭性质急变层；复线地平

recurrent 再现的；复现的；周期的；循环的
　→～ association 重现组合

recursive 循环的
　→～ analysis 递归分析 // ～ filtering 递推滤波；递归滤波 // ～ function 递归函数

recursiveness 递归性

recurvation 下穹作用

recurvature 后弯；折回原来方向；反弯；反曲

→~ of storm 风暴转向

recurve 沙嘴陆向扩展区；向后弯

recurved 上曲式；反曲式；下弯的；外弯的

→~ sea wall 后弯海堤//~ {hooked} spit 钩状沙嘴；弯沙嘴//~ spit 转向沙嘴

recycle 回注{收}；再循环；压延；返矿；重复循环{利用}

→~ back 反向循环

recycled grain 次生沉积颗粒

→~-orogenic source 再旋回造山源

recycle flue dust feed silo 烟道尘回收给料仓

→~ hose 返回软管//~ product 回流油品

recycling 回注；再循环；再旋回；循环使用

→~ waste 三房再循环

red 红颜料；沸热的；充血的

→~ (coloration) 红色

redaction factor 衰减系数；降低因数；减缩系数

red agate 红玛瑙

→~ antimony{red antimony ore} 红锑矿[Sb₂S₂O;单斜]；硫氧锑矿[Sb₂S₂O]//~ arsenic 砷矿；红信石；雌黄[As₂S₃;单斜]//~ arsenic ore 雄黄[As₄S₄;AsS;单斜]；红砷矿[AsS]//~-bark oak 石檞[a variety of oak]//~-bed copper impregnations 红层铜矿浸染体

red beds 红矿层；红层

→~ beds{rock} 红层//~ blood cell 红血球//~ bole{chalk} 代赭石[含有多量的砂及黏土;Fe₂O₃]//~-brown stone 蔷薇辉石[Ca(Mn,Fe)₄Si₅O₁₅,Fe、Mg常置换Mn,Mn与Ca也可相互代替; (Mn²⁺,Fe²⁺,Mg,Ca)SiO₃;三斜]//~ chalk{ochre} 赤铁矿[Fe₂O₃;三方]//~ chalk 血滴石//~ cobalt (ore) 红钴矿[Co₃(AsO₄)₂•8H₂O];钴华[Co₃(AsO₄)₂•8H₂O;单斜]//~ copper (ore) 赤铜矿{红铜矿;赤褐色矿;八面体铜矿}[Cu₂O;等轴]//~ coral 红珊瑚(属)//~ corner 红角

Red-Cross-Extra 20%～60%强度高密度铵狄那米特炸药

red crowberry 岩高兰

→~-crystallinic glaze 红结晶釉

redd 矿坑废物；剥离物

→~ bing 废石堆[坑出]

red deer 马鹿；赤鹿[Q]

→~ desert soil 红漠(钙)土

reddingite 水磷锰石[Mn₃²⁺(PO₄)₂•3H₂O;斜方]；磷锰矿[(Mn,Fe)₃(PO₄)₂•3H₂O]

red dirt{ocher} 赤铁矿[Fe₂O₃;三方]

reddish 微红的

reddle 红赭石；代赭石[含有多量的砂及黏土;Fe₂O₃]

→~ earth 红壤

Red Dragon 红龙石

reddsman 清道工[矿坑夜班工作]

red dwarf star 红矮星

redeformation 再变形

redemption 偿还；买回；改善；履行；补偿；修复；重获

→~ by drawing 抽签偿还

redeposit 再沉积

redeposited loess 再积黄土

redetermination 再测定；重新测定

Redfieldia 雷氏鱼(属)[T]

---

redge 暗礁[水下的礁石]

red giant (star) 红巨星

redgillite 瑞羟铜矾[Cu₆(OH)₁₀(SO₄)•H₂O]

red glassy copper 赤铜矿[Cu₂O;等轴]

→~ halloysite 赤石脂[中药]//~ hematite 红赤铁矿[Fe₂O₃]

redifferentiation 再分异作用[陆壳的]

rediffusion 转播；播送

redilution 再稀释

redingtonite 水铬镁矾[(Fe,Mg)(Cr,Al)₂(SO₄)₄•22H₂O]；铁铬矾[(Fe²⁺,Mg,Ni)(Cr,Al)₂(SO₄)₄•22H₂O;单斜]

red ink 亏空；赤字

→~ paste (paste) 印泥//~ I plate I 级红试板

redir[pl.redair] 雨后储水区；短期湖

redirection 改道；改变方向

red iron froth 赤铁矿[Fe₂O₃;三方]

→~ (rhombohedral) iron ore 红铁矿[Fe₂O₃]；赤铁矿[Fe₂O₃;三方]//~ iron oxide 红粉//~ iron vitriol botryogen 赤铁矾[MgFe³⁺(SO₄)₂(OH)•7H₂O;单斜]

rediscover 再发现

redispersion 再分散(作用)

re-dissolved 再溶解的

redissolved gas 重新溶解的气体

redistillation 再蒸馏

red lead 红铅(油)；红丹；铅丹[Pb₂²⁺Pb⁴⁺O₄;四方]；密陀僧[PbO;四方]

→~ lead ore 红铅矿[PbCrO₄]；铬酸铅矿[PbCrO₄]//~ lead ore{spar} 铬铅矿[PbCrO₄;单斜]

redledgeite 硅镁铬钛矿[Mg₄Cr₆Ti₂₃Si₂O₆₁(OH)₄?;四方]

Redler conveyor 雷德勒型运输机

Redlichia 莱氏虫；莱德{得}利基虫(属)[三叶;Є₁]

redlichia 雷氏虫

Redlichiacea 莱氏虫类

Redlichia province 莱氏虫区

Redlichina 小莱德利基虫(属)[三叶;Є₂]

redlight 危险信号

red lime mud 红石灰泥浆；红灰基泥浆

→~ line 红线//~ loam{earth;soil} 红壤

Red LP 胜利红[石]

redmanganese 蔷薇辉石[Ca(Mn,Fe)₄Si₅O₁₅,Fe、Mg常置换Mn,Mn与Ca也可相互代替;(Mn²⁺,Fe²⁺,Mg,Ca)SiO₃;三斜]；红锰矿；菱锰矿[MnCO₃;三方]

red marble 红大理石色

→~ metal{brass} 红铜//~ mud 红泥；海底红泥；咸性丹宁泥浆；拜耳炼铝法残渣；赤泥[炼铝产品]//~ muds 用单宁酸钠处理的黏土泥浆//~-mud separation 赤泥分离

redness 红色

red ocher 代赭石[含有多量的砂及黏土;Fe₂O₃]；赤铁矿[Fe₂O₃;三方]

→~ ochre{ocher} 红赭石//~ ochre 代赭石[含有多量的砂及黏土;Fe₂O₃]//~ oil 红油；工业油酸

redolomitization 重白云石化

redondite 铬磷铝石；磷铝铁矿；铁菱铝石；铁磷铝石

Redonian 雷东(阶)[欧;N₂]

red ooze 红软泥

→~ orpiment{arsenic} 鸡冠石[As₂S₂]//~ orpiment 雄黄[As₄S₄; AsS;单斜]

redouble 加倍

Redoubtia 方堡海参属[棘;Є₂]

redox 氧化还原

→~ breaker 氧化还原酸乳剂//~ cell 燃料电池//~ chemistry 氧化还原过程化学

red oxide of copper 赤铜矿{红铜矿}[Cu₂O;等轴]

→~ oxide of iron 赤铁矿[Fe₂O₃]//~ oxide of zinc 红锌矿[ZnO;(Zn,Mn)O;六方]

redoxomorphic log 氧化还原状态测井

redox probe 氧化还原电位测试探针

→~ transitional zone of uranium 铀氧化-还原过渡带

red quartz 红水晶[SiO₂;因含Ti的氧化物而呈淡红色或蔷薇红色]

redrawing 二次拉伸

redress 补救；补偿；修井；纠正；调整

→~ damage 赔偿损失

redressing 划眼[下套管前]；修整

→~ coefficient of rolls 轧辊重车系数//~ gage 复查卡规//~ shop 修钎车间

redrill 重钻；再钻；重新钻孔

→~ bit 修井钻头

redriving 复打[桩工]

red rock 红色水成{沉积}岩

→~ rot (木材腐烂的)红霉

redruthite 辉铜矿[Cu₂S;单斜]

red sand 红砂

→~ schorl 红电气石；碧硒{玺}[(Na,Ca)(Mg,Al)₆(B₃Al₃Si₆(O,OH)₃₀)];金红石[TiO₂;四方]//~ shale 红页岩

redshortness{red shortness;red-shortness} 热脆性

red signal repeater relay 红灯信号复示继电器

→~{ruby} silver (ore) 红银矿[Pb₃Cr₂O₉]//~ {dark-red} silver ore 深红银矿[Ag₃SbS₃]//~ silver ore 浓红银矿[Ag₃SbS₃;三方]；淡红银矿[Ag₃AsS₃;三方]；硫锑银矿[Ag₃SbS₃]；硫砷银矿[Ag₃AsS₃]//~{blood;pink} snow 红雪//~{lateritic} soil 红土[Fe₂O₃,含多量的泥和砂]

redstone{red stone} 红岩

red{purple} stoneware 紫砂

→~ stoneware 紫砂陶器

reduced archaeopyle 退化原孔

→~ area cladogram 归纳区域分枝图//~ incoherence 减小非相关//~ metal slurry 还原金属矿浆//~{reduce} pressure 减压

reducer 还原剂；异径接头；减压器；减压阀；缩径管

reduce to a lower rank 降级

→~ to a pure state 精炼

reducing 收缩率；还原；压延；不等径的[接头]；破碎；脱砂(工作)[流洗锡砂时]；简化；缩小

→~ action 还原作用//~{oxygen-free} environment 还原环境//~ tee{T} 缩径(丁字管节)//~ unit 减压器

reduction 订正；衰减；蚀低(地面)；换算；还原；归并；折合；约分；约；降低；减小；减少；简化；缩小；缩减

→(size) ~ 破碎//~ crusher 次轧碎石机//~ factor of rock modulus 岩石模量折减系数

reductionism 简化论

reductionist 简化论者

reduction of area 截面缩小

reductive 还原剂；还原的；减少的；缩减的
→~ speciation 减数成种

redundancy{redundance} 剩余度；过剩；过多；累赘；重复(度)
→~ analysis 多余(性)分析//~ options 冗余选项

redundant 重复的；多余的
→~ {additional} deformation 附加变形//~ digit 冗余位//~ force variable 多余力变量//~ observation 多重观测

reduplication 地层逆断距；逆断滑距；增组；反复；重叠；加倍

redusting 再撒岩粉[煤]

reduzate 还原物；还原岩

red{rose} vitriol 赤矾$[CoSO_4 \cdot 7H_2O;单斜]$

redware 紫砂

red water 铁锈水
→~ water bloom 赤潮//~ willow dam 红柳坝

redwitzite 蚀离岩

redwood 红木
→~ bark 红杉树皮

Redwood number 瑞德吴德{雷德伍德}黏滞系数[油类]；雷氏(黏)度
→~ seconds 雷氏(黏度)秒数

red yellow podzolic soil 灰化红黄壤
→~-yellow podzolic soil 红黄准灰壤//~ zinc ore 红锌矿$[ZnO;(Zn,Mn)O;六方]$

REE 稀土元素

reecho 回声(的)回响{反响}；(使)再发回声

reed 簧片；舌簧；劈裂；导水线；导火索；牧笛；最易劈开的方向；最佳劈裂方向；苇管状裂痕
→~ basket 打捞吊篮；打捞器[孔内小物件]//~ bog 芦苇沼泽

reederite-(Y) 氟硫碳钇钠石$[Na_{15}Y_2(CO_3)_9(SO_3F)Cl]$

reed-frequency meter 簧片振动频率计

reedmergnerite 硅硼钠石；钠硼长石$[NaBSi_3O_8;三斜]$

Reedocalymene 瑞德隐头虫属[三叶;O_2]

Reedolithus 瑞德三瘤虫属[三叶;O_2]

reed{telmatic} peat 苇泥炭
→~-sedge peat 苇苔泥炭；苇管泥炭//~ swamp 低位沼地//~-swamp stage 芦苇沼泽阶段

Reed wide open style 瑞德加大内平型[钻杆扣型]

reef 石英脉；生物礁；砂矿底岩；露头；矿体；矿层；礁石
→(knoll) ~ 礁；矿脉

reefal 岩礁的；礁的
→~ buildup 礁状岩隆；礁块建造；礁建造//~ section 礁剖面

reef band 矿脉夹层
→~ {ore;tipping} bin 矿仓//~ breccia 礁角砾岩//~ drive 砂矿底岩中开凿的巷道；(在)矿床围岩中开掘平巷

reefer 冷藏室；冰箱

reef{rectal} facies 礁相
→~ milk 白色细晶方解石；礁乳[白色细晶方解石]

reefoid 似礁的
→~ rock 类礁岩石；礁状岩

reef {-}patch 礁斑
→~ patch 补丁礁；斑块礁//~ pinnacle 礁柱；礁塔；尖(头)礁；塔礁//~ proper 礁本体//~ rim{ring} 礁环

reefs 礁体

reef sediments 礁性沉积物
→~ {-}segment 礁块//~ slope 礁坡//~ talus 礁岩屑堆；礁崖锥；礁塌带；礁麓堆积

Reeftonia 里夫通贝属[腕;D_1]

reef track 礁列

reefy 含礁的；礁石的；似礁的

reel 绳车；颠簸；绕绳筒；绕；滚筒；纸带卷；放松(绳)；卷线筒；卷缆车；卷；旋转；礁；卷轴
→~ (drum) 卷筒

reelability 可绕性

reelable 可缠绕的；可卷的；可绕的

reel barge 卷轴式铺管船；卷筒式铺管船

reeled tubing 卷筒管；修井柔管

reeling 绕；缠；卷
→~ machine 滚轧机；均整机//~ {winding} off 松卷//~ {rope-reeling} winch 卷绳绞车

reel method 卷筒铺管船铺管法
→~ number (磁带)盘号

re-emitted radiation 重发辐射

reemplacement 再侵位

reenrichment 再浓缩；再富集

reenter 再入；重返

reentering{reentrant} angle 凹入角

reentrant 凹港；凹的；可重入的；弯进的；凹入的
→~ (angle) 凹角

re-entrant{reentering} angle 内斜角

reentrant face wall 凹入曲面壁
→~ supervisory code 重入管理码

re(-)entrant syncline 伸入向斜

reentrant winding 闭路绕组；闭环绕组

reentry 回流；回灌；复位；再(进)入；补给；重返；多次输入
→~ capsule 回收密封暗盒//~ funnel 重反漏斗

re-entry period 返回时限[爆破后许可进入工作面的时限]

reentry point 返回点；重入点
→~ vehicle 重返大气层飞行器

reequilibrated water 发生过再平衡的水；为浅层地下水所污染的水

reequilibrium{re-equilibration} 再平衡(作用)；重平衡

reequip 改装

reestablish(ment) 重建

REE typology 稀土元素标型学

reevaluate 再评估

reeve 滑车装绳；滑车钢丝绳的缠绕；煤矿监工

reevesite 水碳铁镍矿$[Ni_6Fe_2^{3+}(CO_3)(OH)_{16} \cdot 4H_2O;三方]$；锐水碳镍矿；陨菱铁镍矿

(line) reeving 滑车装绳

reeving thimble 穿绳嵌环

re-expedition 再装运

reextraction 再萃取；反复抽提

refabricated fuel 再制备燃料

referee 受托人；审查人；裁判员；鉴定人
→~ test 仲裁试验

reference 基准；标准的；参照；参考；引证；出处；提到

referred 参考的；参考

referring factor 折合系数

reficite 准树脂；雷菲克石；褐煤树脂；海松酸石$[C_{20}H_{32}O_2;斜方]$

refikite 海松酸石$[C_{20}H_{32}O_2;斜方]$；准树脂；雷菲克石

refined 精炼的
→~ cane sugar 白砂糖//~ copper 精铜//~ oil 精炼油//~ paraffin wax 全精制石蜡

refinement 改进；纯化；纯度；精致；精选；精炼；提纯
→~ cycle 修正旋回//~ of structure parameters 结构参数的精化

refinery 炼油厂；精炼厂；提炼厂
→~ dross 炼渣[冶]//~ gas 炼厂气

refining 炼制；净化；精制；精炼；澄清；提炼；提纯；成熟
→~ foam 石墨泡

refitting 修理；重新装配

reflect (light,heat,sound,etc.) 反射

reflectance 反射系数；反射率；反射；反光性；反差
→~ imagine 反射像

reflected buried hill structure 潜丘反映构造；隐丘反映构造
→~ image 反映像//~ light microscopy 矿相学

reflecting-block folding 反应地块褶曲；反射块状褶皱

reflecting body 反射体
→~ boundary 反射界面

reflection 思考；映像；反照；反射；想法
→~ factor 反射率//~ of polarization 偏振反射；偏光反射//~ quality 反射性//~ shooting 反射炸测；反射地震勘探//~ sounding 回声探测(法)；回波测深

reflective glass 热反射玻璃
→~ index 反射指数//~ optics 反射光学//~ spectral measure 反射光谱测试

reflectivity 反射性；反射系数；反射率

reflectoga(u)ge 金属厚度测量器

reflectogram 利用反射比检测法产生的图像；反射图[探伤器波形图]；反射比检测术

reflectometer 反射仪

reflector 反映者；反射体；反射器；反射镜；反射极；反射层
→~ (glass) 反光镜//~ curvature 反射面曲率//~ graphite 反射体用石墨//~ lamp 反光灯

reflectorless interval 无反射段

reflector oven 反射式加热炉

reflectoscope 反射(系数)测试仪

reflexed 上曲式的[笔]；上曲式；反曲式的[笔]

reflexivity 自反性；反射性

reflight 重复航测

refloat 再浮选；精选

refloated concentrate 再浮选精矿

reflooded 回注的；再注入的

reflo(a)tation 再浮选；精选

reflow 回流；逆流

reflux 回流；(岩芯分析)灌注法；倒流；逆流；返流

refluxing 回流作用
→~ annulus 有回流的环空

reflux ratio 回流比
→~ stabilizer 回流稳定塔

refolded fold 再褶曲
→~ limb 重褶翼部

refolding 重褶皱作用
→~ of cell 软油桶或软油罐的卷叠；容

R

器(桶)的折叠
Refoli 来富利风
reformation 含矿建造
reforming oil 再造石油
refract(ion) 折射
refractability 耐火性
refracted cleavage 曲折劈理；改向劈理
　→～ component 折射分量//～ light 折射光
refracting medium 折射介质
　→～ power 折射率//～ telescope 折光远镜
(specific) refraction 折射度
refraction{refracted;refracting} angle 折射角
　→～ arrival{|marker} 折射波到达{|层标志}
refractionation 褶曲
refractive capacity 折射度
refractoriness 耐火性；耐火度
refractory 难选的；难熔(化)的；难控制的；难回收的[矿石]；耐火的；不易处理的(矿石)
　→～ (material) 耐火材料//～ castables 浇灌料//～ lining 耐火衬砌{里}//～ mineral 难分离矿物//～ product 耐火制品
refrangibility 折射性；可折射度{性}
refrasil 石英玻璃纤维状材料
refrax 金刚砂砖
refreezing 再冻结
refresher 最新动态介绍[学术、科技方面的]；补习
refreshment 茶点；恢复[精力或精神]
　→～ of stand-by face 备用工作面整理
refrigerant 散热；制冷剂；冷冻剂
refrigerated storage tank 冷冻储罐
refrigerating chamber 冷冻室；冷藏室
refrigeration 冷冻；冷却
Refsdal diagram 雷夫斯达图
reftone 参考音调
refuel system 加燃油系统
refuge 安全地带；安全岛
　→～ chamber 避难硐室；躲避所
refugee camp 难民营
refuge harbour 避难港；避风港
Refugian (stage) 瑞弗晋(阶)[北美;E_{2-3}]
refugium 避难所；庇护(所)
refusal 取舍权；(桩的)止点；优先权；抗沉[打桩不进尺]；谢绝
　→～ of pile 桩的抗沉
refuse 扔掉的；弃渣；残渣；矸子；垃圾；不合格的；废渣；废物；废石垛；废料；岩屑；拒绝；无用的；尾煤
　→～ (ore) 废石；尾矿；矸石//～ and middling control assembly 矸石和中煤控制装置//～ bin{fin} 废石仓//～ collecting hopper 排矸漏斗//～-disposal plant 废石处理场
refused{rejected} ore 废弃矿石
refuse drainage{draw} 排渣装置
refused timber 报废坑木
refuse dump{pile} 废石堆
　→～ handling 矸石处理//～ {waste} heap 矸石堆//～ {spoil;waste-rock} pile 废石堆//～ sampler 矸石采取样//～ to let go of 咬住//～ yard 矸石场；尾矿场
regain 回收；复得
　→～ consciousness 苏醒

regaining loss 重新漏失
regain preventer 液(压)挤(封)环(状)心(子)防喷器
Regal Roof coat 雷格尔顶板沥青涂层
regasification 再蒸发；再气化(作用)
regelation 再冻结；复冰(现象)；再冻作用
　→～ layer 再冻结层
regenerant 再生剂
regenerated flow control 再生冰系控制
regenerating resin 再生树脂
　→～ used sand (foundry sand) 旧砂再生
regenerative 再生的；交流换热的
　→～ chamber 回热室
regenfirn 粒雪冰壳[德]
regenporphyr{regenporphyre} 块云斑岩
regime analysis 状况分析；情况分析
　→～ channel 不冲不淤渠道//～ curve of groundwater temperature 地下水水温动态曲线//～-forming factor 形成动态的因素
regimen 水情；变律；政体；平衡[冰河]
　→～ of river 河流变迁情况
regime of agent 药剂制度
　→～ of flow 水流情况
region 地域；地区；地面；地带；区域；大区[生物地理单元]
regional 地区的；区域性的；局部的
　→～ magmatic thermal metamorphism 区域岩浆热变质//～ metallogenic map 区域成矿规律图//～ migration 区域性迁{运}移//～ paracycle 区域准周期{旋回}//～ potentiometric surface 区域测势面//～ scale version of WSSU 区域规模的(美)西部州型砂岩铀矿//～ stability to tectogenesis 区域构造稳定性
region of acceptance 接受区；接收区
　→～ of activation 活化区
regiostage 地区阶
register 谱；挂；注册；指示；调节；记录器；记录；记发器；计量表；计次器；寄存器；术语[适用于某一特别问题或场合的]
registered depth 记录深度
　→～ water stage 记载水位
register mark 规矩线；套合线
　→～ office 登记处//～ punch{pinch} 套合定位孔
registrar 记录员
registration 电视图像配准；配准；注册；对准；对正；记录；计数器读数；重合[图像]；读数[计数器]
regmatic 区域性走向滑移的；错动的；断裂的
regnolite 砷黝铜矿 [$Cu_{12}As_4S_{13}$;$(Cu,Fe)_{12}As_4S_{13}$;等轴]
regnum[拉] 界
regolite 表土；浮土；风化层
regolith 表土；表皮土[选]；表层腐岩；疏松母质岩；腐岩；浮土；风化土；土被；表岩屑；风化层[表土]
regosol 粗骨土；岩成土[松散母质]；表岩屑土
regraded alkali sail 复原碱土
　→～ saline soil 再生盐土
regress(ion) 回归[统]；倒退；退回；退步
re(tro)gression 衰减；穿山侵蚀[河流]；退行；溯源侵蚀；退化作用；退化
regression(-type) analysis 回归分析
　→～ coefficient 回归系数//～ line 回

归线//～ of the node 交点后退
re(tro)gressive 退化的
regressive burning{combustion} 减面燃烧
　→～ erosion 逆向侵蚀；逆流冲刷//～ overlap{offlap} 退覆//～ overlap 海退超覆//～ ripple 退行波痕；退流波痕
regret 懊悔；抱歉
　→～ criterion 塞韦奇原则//～ function 后悔(值)函数
regrindability 磨锐性
regrinding 再研磨；重磨；重复破碎；二次破碎
　→～ circuit 再磨回路//～ section 再次研磨部分//～ unit{regrind(ing){re-treatment} mill} 再磨机
reground cuttings 直复研磨的岩屑
　→～ material 再磨物料
regroup 整合
regrowth 再生长
　→～ of volcano 火山复活
regstone 铺路石板
reguiding 更换罐道(井筒)
regula[pl.-e] 规章；扁带饰；指导
regular bed 平稳产出的煤层
　→～ {resistant} bed 稳定层//～ coursed rubble 整齐层砌毛石；成层琢石
Regularia 规则海胆亚纲；正形海胆亚纲[棘]
regularity 规则性；规律性；正规；整齐；匀称；一致性；经常
　→～ {natural} attenuation 固有衰减//～ attenuation 正规衰减//～ of ore formation 成矿规律
regularized{regular} polygon 正多边形
　→～ semivariogram 正则化半方差图
regular{cross} lay 交捻
　→～ pillars 系统排列的矿柱//～ room and pillar method 留规则矿柱法
regulating cock 调整旋塞
　→～ dam 拦挡坝
regulation 规则；规划；规定的；规定；规程；规；普通的；管理；正方的；整治[河流]；控制；法规；限制；校准；调整；调节；条例；治理[河道]
　→～ screw 调节螺旋//～ through market 市场调节
regulator 标准钟；变阻器；变量机构；控制器；稳压器；稳压电源；稳定器；调整器；调整剂；调速器；调量计；调节器
regulatory 控制的；调整的；调节的
　→～ control 法规控制//～ gene 调控基因
regulex 磁饱和`放大器{电力扩大机}
regur 黑棉土
reh 盐土；盐霜
rehabilitated 修复；重建
　→～ shaft 改建井筒
rehandling 回修；再处理；再倒堆；再搬运；重新处理
　→～ facilities 移装设备
Rehbinder effect 锐班达效应
rehealing 再愈合
reheat 再加热；加力燃烧[航]
　→～ chamber 复燃室//～ control 再热气温控制//～ cycle 再热循环
reheating 再(加)热；重热；二次加热
　→～ furnace 再热炉//～ {reinforced} rockfill 加固堆石体//～ {reinforced} timbering 加强支护

rehydration 再水化(作用)；复水(作用)

rehydroxylation 再羟基化

reichardtite 块泻利盐；泻(利)盐[Mg(SO₄) ·7H₂O;斜方]；七水镁矾

Reichdrill{Reich drill} 瑞奇{莱启}型旋转钻机[可钻斜炮眼]

Reichelina 拉且尔蜓属[孔虫;P₂]

reichenbachite 羟磷铜石[Cu₅(PO₄)₂(OH)₄]

Reichenbach's lamellae 赖欣巴赫纹层

Reichenstein-Grieserntal law 赖欣斯坦-格里塞恩塔尔(双晶)律

reichite 方解石[CaCO₃;三方]

reidentification 重新识别

Reid mechanism 雷德机制[弹性回跳说]

Reid's diamond placer origin model 雷德金刚石砂矿成因模式

Reid vapor test gauge 雷德蒸气压力测试仪

reignition 再点燃；二次点火[航;燃]

reilingerite 丝锆石[ZrO₂]

Reilly's gravity model Reilly 重力模型

reimbursable expenses 可偿还费用

rein 手柄；把手；导向器；拱脚石[土]；黏因[黏度单位]；控制；抽油拉杆

reindeer 驯鹿(属)[Q]
    →~ moss 石蕊

reindustrialization 再工业化

reinerite 砷锌石；砷锌矿[Zn₃(As³⁺O₃)₂; 斜方]

reinforced 加强；强化；配置钢筋；增援；增强；再实施；加固；加强的；加料；加固的
    →~ rockfill 加筋堆石体

reinforcement 支架；配筋；增援；增强材料；多增强剂；加张(部分)；加强；加厚；加固

reinforcer 强化剂；增强材料；放大器

reinforce the hole wall 保护孔壁

reinforcing efficiency of asbestos 石棉增强效率
    →~ fabric 钢筋网 // ~ girder 加力梁 // ~ member 加固件 // ~ pad 加强圈[抗风圈下面的]

reinhardbraunsite 莱粒硅钙石[Ca₅(SiO₄)₂ (OH,F)₂]

Reinhardites 赖氏石[钙超;K₂]

reinite 白钨形铁钨矿；方钨矿

reinjection 回灌；再注；回注[油]
    →~ of exhaust gas 废气回注 // ~ rate 回注速率 // ~ temperature 废弃温度 // ~ {inverted;injection;recharge;disposal} well 回灌井

Reinschospora 鳍环孢属[C₂]

reinstatement 复田；恢复
    →~ of site 修补回填

reinterpretation 再解释；重新解释

reinversion 重反演

reinvestment 再投资

reirradiation 再照射；重复辐照

reishia armigera 大岩螺

reissacherite 锰土[MnO₂·nH₂O;具放射性(含钍)的铁质锰土]

Reisshakenhobel plough 瑞斯哈根霍拜尔型拖钩式刨煤机

reissite 芒硝[Na₂SO₄·10H₂O;单斜]；柱沸石[Ca(Al₂Si₆O₁₆)·5H₂O;单斜]

reissue 柱沸石[Ca(Al₂Si₆O₁₆)·5H₂O;单斜]

reitingerite 斜{丝}锆石{矿}[ZrO₂;单斜]

rejalgar 雄黄[As₄S₄;AsS;单斜]；鸡冠石

[As₂S₂]

reject(ion) 排斥；废弃；废品；抑制；拒收；拒绝；筛余粗料；弃物；等外品；抛弃；中煤；次品；尾矿；报废；废渣；衰减

rejectant 驱虫剂[植物中提取]；排斥剂

reject discharge control 沉产品排放控制
    →~ drain and rinse screen 沉产品脱水和冲洗筛

rejected bit 废钎头
    →~ material 尾矿 // ~ name 废弃学名[古] // ~ {sieve;screen} oversize 筛上产品

reject fraction 损失率
    →~ in cleaned coal 精煤中的含矸量

rejecting ethane 脱除乙烷

rejection 舍弃；阻止；拣出
    →~ filter 拒波滤波器 // ~ image 衰落图像 // ~ rate 废品率

rejectment 排泄物；粪便

rejector 抑制器
    →~ cage 笼形分离器

reject pipe 返料管
    →~ pocket 废穿孔卡袋 // ~(ion) region 滤渣区{域}；受阻区

rejects 选矿废渣
    →~ slubice 废渣流槽

reject valve 排除阀

rejigging{re-jigging} 再跳汰

rejuvenate 回春；还童；更新；复壮；复活；再生；处理钻杆解除疲劳应力[用巴尔达法]

rejuvenated erosion 再生侵蚀
    →~ landform 地形侵蚀回春 // ~ platform 回春地台 // ~ stream 复苏河

rejuvenation 回春；恢复过程；还童；再生；更生；复苏；复活
    →~ of fault 断层复活 // ~ of oil field 油田再生[恢复产油能力] // ~ of stream 河流回春

rejuvenator 复活器

rekindle 复燃(地区)；重新燃烧{起}

related breeding 亲缘繁殖
    →~ coefficient 相关系数 // ~ rock 同源岩石

relational expression 关系式；相关式

relation of equivalence 等价关系
    →~ of identity 恒等关系 // ~ of inclusion 包含关系 // ~ speed/throughput 转速与输送量之关系

relative 关联的；有关系的；相对的；成比例
    →~ atomic variation 相对原子变化 // ~ merits 优缺点 // ~ permeability alteration 相对渗透率变换 // ~ retention (value) 相对保留值 // ~ timing of rifting 裂谷作用的相对时间确定

relativism 相对性；相对论

relativistic relativity 相对论
    →~ voltage 相对论性电压

(relativistic) relativity 相关性；相对性

relativity (theory) 相对论

relaxation 衰减；张弛；歇后降低[桩承载力]；弛豫；弛缓
    →~ (slacking) 松弛

relaxational taphrogenesis 张弛地裂运动

relaxation method 缓和法；卸载法；松弛法

relaxed filtration mud 放宽失水(要求)的泥浆

    →~ fracture 卸荷裂隙 // ~ rock 卸载岩体；松弛岩体 // ~ rock mass (压力)卸载的原地岩体；消除应力的原地岩体

relaxing 消除应力
    →~ of cataclastic rock 碎裂松动

relax tension 解冻

relay 中继；替续器；替换；继电器；转换
    →~ (broadcast){relay a radio or TV broadcast} 转播

relaying 继电保护
    →~ system 中继系统

relay primacord tube 继爆管
    →~ pump station 输油管中间泵站 // ~ valve 继动阀 // ~ with safety grid 安全栅继动器

releasable 可释放的
    →~ casing packer 可释放套管封隔器 // ~ shank 带安全器铲柄；安全松脱式支柱

(mould) release agent 脱模剂

release analysis 浮选优选分析
    →~-and-retrieve capability 释放和收回能力 // ~ clutch 离合器 // ~ {vent; bleeding} cock 放气旋塞

released bend 放开弯曲[走向断层]

release device 放落装置

released grain 单体分离的颗粒；解离的颗粒
    →~ heat 释出热；放热 // ~ ion 获释离子 // ~ mineral 释放矿物；早释矿物；解放矿物

release floodwater 泄洪
    →~ grain 解离分离粒 // ~ hitch 松脱式联结装置 // ~ hole 泄水钻孔 // ~ of stress 应力释放

releasing block 落垛器

relegs 加强井架腿的金属件

relevancy 恰当；关联

relevant 适当的；切合的；有关的；相应的；相关的；成比例
    →~ pressure 相应压力

relevel 复测水准；再整平

reliable 确凿；确实的；牢固；可靠的
    →~ indicator 可靠指(示元素) // ~ marker 指示层

relic(t) 变余；残余的；残余；残遗种；残留物；残留的；残留；残矿；残岛；残存；残余物

relic (mountain) 残山
    →~ {trace;vestige} 遗迹[古] // ~ bar 残留沙坝[洲]

reliction 水位渐消退；水退；海退；陆进；出水土地

relict{relic;dwelling} lake 残湖

relief 释放；换班；缓和；地貌；变化幅度；起伏；轮廓鲜明；浮凸；浮雕珐琅；摘去；(地形的)凹凸；放压；卸荷；下降；解脱；解除；减压；减轻；减荷；松弛；突起[结晶光学]
    →~ angle 后让角；刃具后角；间隙角 // ~ (spread) blasting 辅助爆破 // ~ cuts on lands 硬合金齿间凹槽 // ~ deformation imaging 凹凸变形成像

reliefing seam{layer} 减压层

reliefwell 减压井

relief{killer} well 救援井[为压井而钻的井]
    →~ well 解救井

relieved zone 释压带；免压带

relieve hole 放空孔；救援井[为压井而钻

的井]

relieving (shot) 清除瞎炮的炮眼；清除拒爆的爆破
→~ arch 减重拱 // ~ attachment 安全附件 // ~ cut{hole} 辅助炮孔{眼} // ~ shot 卸载爆破；卸压爆破；消除瞎炮的炮眼；消除拒爆的爆破

relighter 再点火器
→~ lamp 装点火器矿灯

religious 宗教上的

reline 换衬(里)；更换支护

reliner 换衬器；再衬(套管)

relining 撤换支架

reliquiae 化石；遗体；遗迹

Relizian (stage) 雷利兹(阶)[北美;N₁]

reloading 转载；再装油；再加荷；重新装药
→~ operation 再次加载操作

relocatable 浮动的
→~ module 浮动模块；可再定位模块

relocation 迁移；改线；浮动；再排列；再定位；重新定线{位}
→~ of route 路线复测

relog 再次测井；重新测井

reluctance 勉强；厌恶；反抗
→(magnetic) ~ 磁阻 // ~-type hydrophone 磁阻式压敏检波器

(magnetic) reluctivity 磁阻率

rem 人体伦琴当量；雷姆

remachine 再加工

remagnetization{remagnetize} 再磁化

remainder 剩余；剩余物；残余部分；残余；残品；存货；余款

remaining{misfired} charge 残药
→~ crude saturation 剩余原油饱和度 // ~ ore recovery 残矿回采[产] // ~ recoverable oil in place 地下石油剩余可采储量

remains 尸体；残余物；残余；残留物；余额；遗迹
→(fossil) ~ 遗体 // (organic) ~ 化石 // ~ of mines at ancient times 古矿井遗址

remanence 剩余磁性；剩磁通密度；剩磁感应

remanent 剩余的；残余的
→~ magnetism 剩余磁性；顽磁性；顽磁 // ~{residual;remnant} magnetism 剩磁

remanié[法] 转生的；再沉积的；再成的
→~ mineral 再生矿物

remapping 地图重测

remedial 改造；治疗；补救的；校正的
→~ measures 补救办法 // ~ operation 维修作业 // ~ squeeze repair work 补救性挤注作业 // ~ well treatment 修井

remedy 改善；补救；药剂；修理；修补；纠正
→~ the trouble 排除故障

Remera 雷氏螺属[腹;K]

remesh 再筛

Remigolepis 桨鳍鱼(属)[D]

remigrant 回归故土的人；迁回原地的生物[如昆虫等]
→~ foramen 再移茎孔

remigration 再迁移；再运移[油气]

remingtonite 砷钴矿；钴染蛇纹石；钴华 [Co₃(AsO₄)₂•8H₂O;单斜]；土红钴矿 [CoCO₃•H₂O]

remining 再次开采；重新开采

reminiscent 暗示的

remit 豁免(税捐、债务等)；汇款

remnant 剩余的；剩余；残余物；残余的；残余；残山；余量
→~ (abutment;ore;pillar) 残留矿柱 // ~ abutment 残留支撑矿柱；残留矿柱应力集中区 // ~ berm 富余平盘 // ~ magnetization 顽磁化(作用) // ~ of supernova explosion 超新星爆发(残余)遗迹 // ~ ore 残矿 // ~ stream 遗迹河

remobilization 活化转移；使重新流动；再活化；重新活动
→~ of metals 金属的活化迁移

remobilized 重熔的
→~ soil sample 重塑土样

remodelling of nature 改造自然

remo(u)ld 重塑；改造

remolded clay 扰动黏土
→~ (soil) sample 重塑土样 // ~ soil 重塑土 // ~ undrained shear strength 重塑土不排水抗剪强度

remolding sensitivity 灵敏度比

remolinite 氯铜矿[Cu₂(OH)₃Cl;斜方]

remolino 瓯穴

Remondite-(La) 斜碳镧钠石[Na₃(La,Ce,Ca)₃(CO₃)₅]

Remopleurides 桨肋虫属[三叶;O]

remote 远距离的；远程；遥控的；久远的

remotely controlled mining 遥控开采
→~ operated vehicle 远程操纵潜水器

remote measurement{metering;measuring;sensing;sension} 遥测
→~-operated 遥控的 // ~ {-}position control 位置遥控 // ~ position control 遥控台 // ~-position control 遥控定位 // ~ region 边远地区

Remoto 久远的；遥控刑警

remoulded sample 重塑土样
→~ specimen 改铸试件；改型试件

remoulding 再制模；重新浇铸
→~ effort 和易性；易浇注性

removable 可移动的；可拆卸的；可拆的
→~ graphite blocks 可移动式石墨块[核] // ~ magnetic concentrator 活动(式)磁性选矿机

removal 清除；切断；排除；采伐；分离；移动；搬移；除去；剥土；除掉[线路中]；剥离；消去；消除；脱离；脱除；碎落
→~ coil type A.C.welder 可动线圈交流焊机

remove 撤去；撤除；扫除；去掉；取消；清除；迁移；排除；分出；移积；移动；除掉[线路中]；消除；析出；距离；阶段；间隔；退；程度
→~-and-replace method 换土法 // ~ from the line 关闭；除掉[线路中] // ~ obstacles from 开通

remover 拆卸工具；清除器；清除剂；搬运工

remove the relief (使)地形夷平；削平地形

removing 清除；迁移

remuneration 酬劳；报酬

remunerative 合算的；有报酬的

Remysporites 雷氏孢属[C₂]

renacidin 溶肾石酸素

renal calculus 肾(结)石
→~ lithiasis 肾石病

renardite 黄磷铅铀矿 [Pb(UO₂)₄(PO₄)₂(OH)₄•7H₂O;斜方]

Renaultia 雷瑙尔特蕨属[C₂]

rendaijiite 水硅锰矿 [(Mn,Zn,Ca)₇(SiO₄)₃(OH)₂]；莲台寺矿

rendering 粉刷；抹灰；再现；提炼
→~ coat 涂层 // ~ industry 提炼与加工工业 // ~ of contrast 反差再现

rendezvous 交会[岩脉]

rending 多产块矿爆破法[使用低速、低级炸药]
→~ action 破裂作用

rendoll 黑色石灰软土

rendrock 劈岩[炸药]

Rendulic's surface{|plot} 伦杜里克面{|图}

rendzinas{rendzina{limestone;lime} soil} 石灰土

renegotiating bank 转押汇银行

renewability 可再生性{率}；可再生程度{能力}

renewable 可更新的
→~ energy 再生能源；可更新能源

renewal 恢复；换新；更新；更换；续订；修复；修补；新修；重新开始
→~ cost 恢复费；修整费 // ~ of air 换气 // ~{updating} of equipment 设备更新

renewals 备件

renewed attention 加强注意；加倍重视
→~ {rejuvenated;revived;recurrent;reactivated} fault 复活断层 // ~ faulting 活断裂活动

Renex 妥尔油脂[非离子型矿泥分散剂]

rengeite 硅锆钛锶矿[Sr₄ZrTi₄Si₄O₂₂]

renierite 硫铜锗矿[Cu₆Fe₂GeS₈,常混有Zn、Ca、Pb、As、Sn等杂质]；硫锗铁铜矿[Cu₃(Fe,Ge,Zn)(S,As)₄;四方、假等轴]

renifor(m)ite 灰硫砷铅矿[Pb₂₇As₁₄S₄₈]；约旦矿

reniform 肾状(的)
→~ texture 肾状结构

reniphorite 约旦矿

renite 黑柱石[CaFe₂²⁺Fe³⁺(SiO₄)₂(OH);斜方]

renjerite 硫砷铜铁锗矿

rennet 凝乳性物质；皱胃
→~ casein 酶凝酪素

renormalization 重整

Renouard formula 雷奈得公式[法;输气管线摩擦系数计算式]

renovate 整修

Rensselaeria 恽塞乐贝属[腕;D₁]

Rensselaerina 准恽塞乐贝属[腕;S₃-D₁]

rensselaerite 假晶{辉石}滑石[具辉石假象的滑石;Mg₃(Si₄O₁₀)(OH)₂]

Rensselandia 恽塞兰贝属[腕;D₂]

rental 地租总额；租金
→~ equipment 租用设备 // ~ system 租赁制

REO 稀土氧化物

reoccurrence period 重现期

reopen 重新打开；二次打开

reopened vein 次生充填脉；重展矿脉；重新张开的脉

reopening 再开；重新张开(裂隙)
→~ of sealing area 启封火区 // ~ sealed area 打开的封闭区

Reophax 辽发虫属{孔虫}；串球虫属[C-Q]

reorder 改换顺序；重排
→~ point{|level} 再订货点{|量}

re-orientation 重定向；转向

reorientational spectra 重取向谱

reoxidation 再氧化

reoxygenation 再充氧作用

rep 雷普[电离辐射剂量]

repaint 重涂漆；重画

repainting cost 重新油漆费

repairing 改装
→~ expense 修理费//~ yard 修船厂

repair kit 维修工具(箱)

repairman[pl.-men] 装配工；修理工

repair material 修理用材料
→~ parts 备用零件//~ piece 备品

repairs and maintenance 维修；修整

repant 匍生[珊等]

repatching 修理；修补

repeatability 再现性；复测正确度；可重复性；重复性
→~ error 参量零散

repeatable 可重复的
→~ accuracy 重复精度//~ association 复现联合

repeat determination 再鉴定；再测定

repeated measurement 重测

repeater 复示器；转播器；中继器；再热器；再热炉；重发器
→~ gyro-compass 分罗经//~ station 转发站；增音站

repeat(ed) formation tester 重复式地层测试器

repeating 转发；反复的；重复的
→~ pattern 面积井网//~ signal 复述信号//~ signal marker 中继信号标志

repeat(ed){repetitive} stress 重复应力

repel 排斥

repellency{repellence} 抵抗性；排斥性；相斥性

repellent 防水的；防水布；防护剂；相斥的

repeller 反射极；推斥极

repeptization 解胶

reperforator 收报凿孔机；复凿孔机；复孔机；复凿机
→~ switching system 复凿孔机转报制

repertoire 清单；节目

repetition frequency 重复频率
→~ work 成批加工

repetitive 反复的；重复的
→~ coverage 重复(的)航摄面积//~ dive capability 重复潜水能力//~ manufacturing 大量制造；成批生产

Repettian (stage) 雷佩蒂(阶)[北美;N₂]

rephosphoration 回磷；磷含量回升

rephotography 重摄

repi 蓄水洼地[希]

Repichnia 爬(行)迹[遗石]；爬行潜穴；爬痕，匍痕

replaceable 可代换的；可取代的；可交代的；可更换的
→~ bases 代换性盐基//~ bit 可(更)换(式)(切割刀)钻头//~ central pilot 钻头中央突出的可换部分

replace able central pilot 钻头的中央突出可换部分[塔式细粒金刚石钻头]

replaceable cutter 可换式割刀
→~ cutter element 可更换(钻机)截割头部件

replacement 调换；换位；归还；置换作用；配件；代替；复回；置换；返回；交替；交代；替换；替代
→~ bit 修复钻头//~ bone 代换骨

//~ pressure 排驱压力；替置压力//~ well 替用井

replacer 换装器；装卡工具
→~(car) 复轨器

replacing 撤换；调换；置换；替换；替代

replayable recording 可回放记录

replenish 补充

replenished-magmatic-terrane 补给岩浆地体

replenished-tectonic-magmatic-terrane 补给构造岩浆地体

replenisher 补充器；显像剂；充电器

replenishment 回油；回灌；容量；(再)供给；再装满；再充填；再补给；再补充；补给；补充；重新充填
→~ of groundwater 地下水重蓄

replenish period 灌注期；油注期；补给期

repletion 充实；充满

replica 复制品；模制品；拷贝；仿形；复型[化石]
→~ method 薄膜模制法

replicate (determination) 平行测定
→~ analysis 重复分析//~ run 重复作业

replication process 复型作用

replot 重制[图表]；重画

reply 回音；回响；回复；回答；应付
→~ to a letter 回复

repopulation 人口恢复

reportable injury 上报工伤；登记性工伤

reporter 记录员；报告人

report form of profit and loss statement 报告式损益表
→~ forms 报表

reporting station 水情站；情报站

report{lecture} on a special topic 专题报告
→~ on the loss of coal 报损

reports of site investigation 场地勘察报告

report sth. as worthless 报废
→~ (an incident) to the police 报警

repose 坐落；平静；宁静；蕴藏；休息；静止
→~ angle 安息角；休止角；静止角//~ imprint 卧痕[动]//~ {stillstand} period 静止期

repos(s)ite 钙磷铁锰矿[(Fe²⁺,Mn²⁺,Ca)₃(PO₄)₂]

repositioning 重新定位；位置调整
→(in economic restructuring) ~ of redundant personnel 分流

repository 陈列室；书库；容器；仓库；资源丰富地区；博物馆

repossite 红磷铁锰矿

re(-)precipitation 再沉淀

repreparation 再处理；再(次精)选

representation 表象；表现；表示；代表性；再现
→~ of group 群表示

representative 表示式；表达式；典型的；代表；样品
→~ condition 特征条件//~ core 代表性的岩芯//~ {synoptic} diagram 示意图//~ portion 典型称样；代表称样

represo 水注；水池
→~ {charo} 水塘[美西南部]

repressuring 恢复压力；补(充)加压；压力回升；重新加压
→~ gas 压回气//~ medium 恢复地层压力工作剂//~ method 再加压法

reprocessing 再处理；重复处理

reproduced pulse 输出脉冲

reproducibility 还原性；增殖率；再现性；再生性；重现性
→~ index 复现指数

reproducible recording 可转换式记录；可重现式记录
→~ result 可重复的结果

reproducing head 复制头
→~ pair 再生对//~ punch{puncher} 复穿孔机//~ punch 复凿孔机

reproduction 生殖；合成宝石；复制品；复制；复演；再现；再生；仿制；繁殖；重现；重显；重发

reproductions{reproduction} analysis 再现分析

reproductive cyst 再生孢囊
→~ differentiation 生殖分异//~ organ 生殖器官//~ period 生殖期

reprography 电子翻印(术)

reprojection 重复投影；二次投影

re-proving 再校验；再标定

reptant 匍匐生根的；匍匐的[茎]；爬行；爬地的[植]；匍生[珊等]

Reptantia 爬行亚目[真米虾]

Reptariidae 爬行苔藓虫科

reptation 表面蠕动；表层塌滑

reptile{Reptilia} 爬行动物

reptilia 爬行类

Reptilipedia 爬行足迹纲[遗石]

reptoid 匍生[珊等]；匍匐状；匍生[珊等]

repulp 再调成矿浆；再制(成)矿浆

repulper 再调浆器；再浆化槽；矿浆再调器
→~ section 制浆工段

repulsion 击退；排斥；反驳；斥力；推斥
→~ motor 推斥式电动机

request 申请；请求；要求；需要
→~ for price quotation 报价请求

required 必需的；要求的；需要的
→~ quantity of air current 需风量//~ rate of return 要求回报率//~ value 待定值

requisite 必要的；必需品；必需的；必不可少的；要素；要件
→~ oxygen 所需要的氧

reradiate 转播；再辐射；反向辐射
→~ body wave 反向辐射体波

reradiated 散射的

reregulating reroll 再轧机；再滚机
→~ reservoir 再调节水库

re-rip 巷道维修；巷道重新扩大；重新支护；卧底；顶挑

rerouting of river 河流改道

re(i)rradiation 再辐射

re-run coal 再选煤

rerunning 再运转；再度蒸馏；再处理；重新操作
→~ of old lines 重划旧界

rerun procedure 再运行程序

resaca 长曲流湖；干河道；暴风浪；瑞斯卡

resampling 重复取样；二次取样；再取样；重采样
→~ image 重新取样图像

resanding 补砂[冶]

Resanole 饱和 C₁₀-C₁₄ 脂肪混合物

resaturation 再饱和(作用)

res. bbl. 地层储量桶数；地层条件下(石油储量)桶数

rescind a contract 取消合约

rescue 救助；救护
→~-and-recovery 救护和恢复工作//~ brigade{squad;party} 救护队//~ buoy 救命圈//~-crew (矿山)救护人员//~ equipment 救护设备//~ worker (矿山)救护人员

resealing 再封死

research 调查；勘查；研究报告；研究；探讨

Research Party of Petroleum Geology 石油地质综合大队[中]

research project{effort} 研究计划

reseau[pl.-x] 世界测候网；晶格[法]；栅网；网状组织；滤屏；网格
→~ cross 格网交点{十字}//~ mondial 世界测候录//~ stereoscope 目立体镜

resect 切除

resedimented rock 浊流沉积；再沉积岩

resemblance 相似(性)；相似物

resene 氧化树脂；碱不溶树脂

resenting 研磨(阀门)；阀座修整

resequent fault-line scarp 重{承;再顺}向断层线崖
→~ stream 复向河//~ tilt-block mountain 再顺掀块山

reservation 保留地；保留；后备；预定；备用；储备；贮备
→~ of site 预留地盘//~ table 预定表

reserve 保留；保护区；藏量；埋藏量；准备好开采的矿石；预定；备用；库容；库存；储存；储备物；储备；贮备；禁区
→~ cable 备用电缆//~ control 矿藏管理

reserved 备用的
→~ judgement 保留判断//~ mineral 储备矿物[国家控制的矿物,如煤、铁资源]//~ period of production 保有储量

reserve for variable stress 可变应力储备
→~ maintenance period 保养间隔期//~ of building material 建材储量//~{margin} of safety 安全储备//~ part 保留部分；储备部分

reserves 储量；储藏量
→~ balance-sheet 矿产储量平衡表//~ increment 储量增加//~ of ore 矿石储量

reserve tank 备用储罐；储水箱
→~ volume 储量//~ way 安全出口

reservoir 水箱；水库；石油储集层；地下溶盐体；容器；产油层；热储；贮液囊[昆]；贮蓄泡[原生]；油储；油藏；储油层；储蓄器；储气瓶；储罐；储存器；蓄积；吸收库
→~ bank stability 库岸稳定性//~ barrels 地层条件下(石油储量)桶数；地层储量桶数//~ behavior{performance} 油层动态//~ fluid compressibility controlled coefficient 油层流体压缩性控制系数//~ limit test 油藏边缘测定；储偿边缘试验；探(明)边(界)试验；储层边缘试验//~ oil{gas} viscosity 储层`石油{|气}黏度//~ pressure depletion 地层压力衰减{竭}

reset 回到零位；换向；复原；复位；转换；再调；重置；重新放置；重镶嵌；重调定；重调；重架设；重放[磁带]；重定
→~ age 再造年龄//~ (diamond) bit 回收金刚石镶嵌的钻头//~ solenoid

再升柱电磁阀//~ spring 改测程弹簧

resettability 可重调性

resettables 可重新利用的金刚石[回收后]

resetting 重镶嵌；重调定；重放[磁带]；重安装
→~ of post 立柱位移//~ valve 复位阀

reshabar 黑风；雷夏巴风

resharpen 修磨钻头；重磨锐

resharpening 修尖；重磨锐

reshearer 剪(钢)板工

reshikite 碱性闪石棉

reshipment 再装运

resid 残油；渣油

residence 住处；居住
→~ (house) 住宅

resident 固有的；居住的
→~ engineer 驻区工程师；驻工地工程师//~ fluid 地层内的流体//~ geologist 驻矿地质工作者

residential 居住的
→~ area{district} 居民区//~ area 居民点//~ land use 住宅土地的利用//~ quarters{district} 住宅区

resid market 重油市场

residual 剩余的；剩余；残余的；残数；残留物；残留的；改正数；存留下来的；余量
→~ coal 残煤//~ (mineral;concentration) deposit 残积矿床//~ fluid content 残余含液量//~ flux density 剩磁通密度//~ hydrocarbon saturation 残余烃饱和度//~ ochre 残遗赭石//~ oil{residuum} 渣油[油]//~ oil in place 石油剩余地质储量//~ oil saturation 残余石油饱和度//~{abandoned} pillar 残留矿柱//~ stress 残应力

residuary{relic} water 残留水

residue 沉淀物；沉淀；剩余；筛余；泥渣；残渣；残余；残数；残留物；残积层；滤渣；不溶残余；风化壳；渣滓
→~ check 余量检查//~ gas 残气[脱掉汽油的]；干气//~ on the sieve 筛余物；筛上物

residuite 透明基质

residuo-aqueous sand 残留水成砂

residuum[pl.-due,-dua] 剩余物；残渣油；残渣；残油；残数；残留物；残积层；残差；风化壳；残余物；风化物

resilication 再硅化；复硅作用

resilicification 复硅作用

resilience{resiliency} 回弹；回能；恢复力；冲击韧性；弹性变形；弹性；弹力；弹回

resilient 回弹的；恢复的；能恢复原态的；有弹性的；有弹回力的；有回弹力的
→~ sealing system 弹性密封系统{装置}//~ shock absorbing suspension 弹性减震悬挂装置//~ supporting unit 弹性支撑装置//~ swivel cap 弹性回转帽

resilifer 弹体窝[双壳]；内韧带槽
→~-gap 内韧带槽

resilium 内韧带[双壳]；弹性蝶铰；弹回体

resin 树脂；胶质；涂树脂于；松脂
→(pine) ~ 松香

resinaceous 树脂
→~ lustre 松脂光泽

resin{retinic;resinic} acid 树脂酸[$C_{20}H_{30}O_2;C_{19}H_{29}COOH$]

resinalite 脂纤蛇纹石[$Mg_6(Si_4O_{10})(OH)_8$]

resin-anchored bolt 树脂胶结锚杆

resin asbestos composition 树脂石棉复合物
→~-bonded magnesite-dolomite brick 树脂结合镁质白云石砖

resinification 树脂化(作用)

resin impregnated graphine cloth 浸树脂石墨布
→~-impregnated paper 填树脂纸//~-in-pulp (method{process}) 矿浆(中)树脂(离子)交换(法)[浮选、浸出]//~-in-pulp plant{apparatus} 矿浆树脂交换设备

resinite 树脂体煤岩；树脂沥青；脂煤素；树脂体[烟煤和褐煤显微组分]

resinography 树脂色层法

resinoid 树脂型物；树脂；热固树脂；油页岩

resinol 树脂醇

resinous 沥青的；涂胶的
→~ coal 树脂质煤；低温干馏用煤//~ luster 松脂光泽

resinousness 树脂度

resinous substance{body} 树脂体
→~ timber 多树脂的坑木

resin permalloy 树脂状坡莫合金
→~ poisons 污染树脂物

resis(ter) 阻力；电阻

resist 抵抗；保护层；忍住；逆；阻止；抗蚀剂；防染剂

resistance 抵抗；强度；应力；抗蚀性；抗力；反抗
→~ to yield 沉陷阻力；屈服阻力；抗压强度；抗屈服阻力；抗沉陷阻力；岩石移动阻力

resistance wire strain gauge 电阻丝应变仪{规}
→~-yield curve 承载沉缩曲线

resistant 抵抗者；有抵抗力的东西；性的东西
→~ rock 难钻岩石

resisted rolling 阻尼倾摇

resister 抗熔体；抗变体

resistibility 抵抗性；抵抗力；抵抗得住
→~{resistive} drag force 抗阻力

resisting 稳定的；坚固的
→~{resistive} force 阻力//~ moment 抗力矩//~ sliding force 抗滑力

resistive 抵抗(性)的；有阻力的；无源的
→~{energy} component 实部；有功部分//~ component 电阻性分量//~ formation{bed} 高阻层//~ load 电阻性负荷{载}

resistivity 电阻系数；电阻率；抵抗性；抵抗力；阻力系数

resistograph 阻抗图波仪

resistor 电阻器
→~-capacitor{resistance-capacitance} network 阻容网络

resite (给……)选择新址；微树脂煤

resitol 半溶酚醛树脂

resizing 恢复到应有尺寸；尺寸再现

resocketing 提升钢丝绳和罐笼(箕斗)的再连接

resoil 在……上再盖上土；再次弄脏；回填工程；复田；重铺表土

resolidification 再凝固(作用)

resolubilization 再增溶(作用)

resolution 溶解；变化；清晰度；转化；离析；再溶；分解作用；分力；分解；分辨能力；分辨率；分辨；决定；解析

R

resolvable 可分解的；可分辨的

resolve 溶解；分解；解析

resolved bands 分辨带

resolve into 归结；分解为；成为

resolvent 溶解的；溶剂；预解式；分解的；分解物；有溶解力的；消肿药；消散的；解决办法

resolver 溶媒；溶剂；分相器；分析器；分解器；解算器

resolving 分解
→~ ability{power} 分辨力

resonant 回响
→~ antenna 谐振天线 //~ column triaxial test apparatus 共振柱三轴仪 //~ {resonance} method 共振法 //~ period 共振周期

resonating piezoid 谐振压电石英片

resonator 共振器；共鸣器；谐振器
→~{resonant} cavity 谐振腔

resorbed crystal 重熔吸斑晶
→~ reef 溶蚀礁；消溶礁

resorcinol 间苯二酚{间二羟基苯;雷琐辛}[$C_6H_4(OH)_2$]；雷琐酚

resorped crystal 熔蚀结晶

resorption 回吸；熔蚀；再吸收；下吸回；再吞；消溶；重吸收(作用)；吸收作用；吸回(作用)；吸除
→~ rim{border;border} 熔蚀边

resort 手段；胜地；求助；凭借的方法；重分选；采取；旅游区；利用；游览胜地；依靠

resound 回荡

resource 手段；财力；储藏；方法；物力；对策
→~ allocation of multi-project 多项目资源分配 //~ assessment methodology 资源评定方法(论) //~ protection 资源保护

resources 资源
→~ analysis 资源分析

resource scarcity due to environmental degradation 环境退化造成的资源短缺
→~ scarcity due to geopolitics 地缘政治造成的资源短缺 //~ {-}sharing 资源共享

respacing 重新隔开

respirable dust 呼吸性粉尘；能吸入的尘末
→~ particulate pump 微粒可吸泵 //~ suspended particulate 可因呼吸进入人体的悬浮微粒

respiration 呼吸
→~{breathing} apparatus 呼吸器

respirator 呼吸器；滤尘呼吸器；口罩；防尘口罩
→(dust) ~ 防毒面具

respiratory cancer 呼吸道癌
→~{abdominal} pore 围鳃腔孔 //~ protection 呼吸保护 //~ root 呼吸根

respirometer 呼吸器

respond 回答；起反应；感应；反应
→(answer) 响应

responding layer 反应层；见效层
→~ well 响应井

response 回答；受效；敏感性；感应；作答；灵敏度；反应；响应；特性曲线
→~ function 响应函数 //~ model 回应模型 //~ profile 见效剖面 //~-surface analysis 响应面分析 //~ surface{|spec-

trum} method 反应面{|谱}法

responsible bidder 有责任的投标人
→~ person 负责人

responsive{responsiveness;responsivity} 响应性；响应度

responsor (雷达的)应答器

respreading 再展绵；再扩散

Resserella 雷士贝(属)[腕;S]

Resserops 雷士虫属[三叶;€₁]

rest 剩余部分；支柱；刀架；挡块；座；支架；支持物；放置；休息；静止；架；停止；台
→~-and-waiting room 候罐硐室

restart key 重启动键
→~ pressure 再启动压力

restberg 残丘

rest-hardening 静(止)硬化

resting barrel 固定滚筒
→~{dormant} bud 休眠芽 //~ cyst 休眠孢囊 //~ mark{trace} 停息痕{迹;痕迹}[遗石]；歇迹，停栖迹，停顿痕迹

restite 暗残体[岩]；残余体；残留岩
→~ structure 残晶构造

restituted{transformation} photo 纠正相片

restitution 恢复；偿还；取代；归还；测图；赔偿；建立；成图；复原[弹性体]；重建[模型]；纠正[航摄相片]
→~ base 测图基线{底图}

restorability 可恢复性

restoration 回收；恢复；复原；复位；复田；整新；再生；修复；重新启动；重建
→(land) ~ 土地恢复[露] //~ part 复原部分

restorative benefit 康复效益

restored polar signal 恢复极性信号;再生复流信号

restorer 恢复剂；复位器；修建者；修补物

restoring effect of gravity 重力复位作用

restormelite 冻{寿山}石[叶蜡石的致密变种;$Al_2(Si_4O_{10})(OH)_2$]

rest pier 支架墩
→~ potential 剩余电位；静电位

restrained bend 受阻弯转
→~ diffusion 限制性扩散 //~ line 受制管道 //~-link hitch 带限位链的悬挂装置

restrainer 抑制剂

restraining mass 充填物
→~ pressure 约束压力

restrain oneself 收敛

restrict(ion) 限制；制

restricted 受限制的；内部

restriction 约束；油门；限幅；节气门；节流；扼流(线)圈
→~ baffle 阻流隔板 //~ of export 出口限制 //~ of output 限制产量

restrictive 约束性的；限制性的；限制的；特定的
→~ evolution 有限发展

restringing 重新穿(钢)绳[天车、游动滑车等]

reststrahlen 剩余射线；残余辐射
→~ band 余辉带

resublime 再升华

resue 开凿帮岩回采(法)；暴露出矿脉后回采
→~ (stoping) 削壁回采；选别回采 //~ method of mining 先采脉壁的采矿法[薄矿脉]

resuing 削壁回采；剥离围岩回采法
→~ development 脉侧回采开拓

resultant 生成物；生；合量；合成的；组合的；只通过一种筛面的商品煤级；有效果的；作为结果而发生的；反应产物

resultants{resultant} curve 合量曲线；合成曲线

resultant side force 侧向合力
→~{resultants;resue} stress 合应力 //~ wall angle 边帮终止角

resulting fluid 井口流体
→~ from investment 投资效果

resumption 恢复；占用；再取回；再继续；摘要；重新开始
→~ of work 恢复工作

resuperheater 再过热器

resupinate 双曲型；颠倒型[腕;倒置的[植]

resupply 再补给

resurface 翻修路面

resurfacing 表面处理[浮]；表面重修；重铺路面

resurgence 回潮；地下水恢复活动；复现；复活；再现；再生；岩溶泉；苏醒

resurgent 再生的
→~ ejecta 早成同源抛出物 //~ tectonics 复活构造 //~ vapor{gas} 再生蒸气

resurrected 再现的
→~ erosion surface 复露侵蚀面 //~ peneplain shoreline 复露准平原岸线 //~-peneplain shoreline 剥露准平原滨线

resurvey 重测

resuscitation 复苏；苏醒
→~ appartaus 复活器

resuscitator 苏生器

resuspend{resuspension} 再悬浮(作用)

reswell 再次膨胀

resynthesis 再合成

ret 浸渍

retail{retailing} 零售

retailoring 还原熔炼

retained material (筛上)存留物料
→~ percentage 留筛百分率 //~ profit 利润留成 //~ strength 残留强度

retainer 保持器；护圈；挡环{板}；支持层；不透水层；承盘
→(insert) ~ 挡圈

(water-)retaining{check} dam 挡水坝

retaining device{means} 止动装置
→~ riffle 挡矿格条(流矿槽)

retain{store} water 蓄水

retardation 缓凝；光程差；阻滞；阻力(作用)；延缓；延迟；减速作用；减速；推迟；迟延发育；迟差

retarded acid 阻化胶[加有阻化剂]
→(chemically) ~ acid 缓速酸 //~ action fuze 延期引信 //~ caving 滞后崩落；迟延性放顶[用可塑性支架放顶] //~{slow(-taking)} cement 缓凝水泥 //~{slow} combustion 缓慢燃烧 //~ potential 推迟势

retarder 缓速剂；缓凝剂；捕捉器；延时器；延迟器；阻滞剂；减速器；减速剂；迟凝剂

retarding agent (酸液)级速剂

Retaria 网格贝属[腕;€₁-P₁]

Retecyathus 络网古杯(属)[€₁]

retemper 改变稠度[砼等]；再搅拌；再回火

retentive 保持湿度的；有记忆力的；有保持力的；易潮湿的
→~ domain 保持域

retentivity 保磁性；保持力；剩磁；记忆力
→~ (magnetic) 顽磁性

Retepora 网苔藓虫(属)[E-Q]；苔藓虫属[E-Q]

reteporiform 网状[苔;群体]

retesting 再测试{试验}；重新测试

retextural 重组构的

retexture 再结构；重结构

retextured sediment 变形结构沉积物

retgersite 镍矾[NiSO₄•6H₂O;四方]

reticular 具网脉的，网状的
→~ density 面网密度；网密度//~ {interlacing} drainage pattern 网状水系

Reticularia 网格贝属[腕;C₁-P₁]

Reticulariopsis 拟网格贝属[腕;D₁₋₂]

reticular{grating} structure 格子构造
→~{net;cellar;reticulate;network;mesh} structure 网状结构//~ tissue 网状组织

reticulate 网状的；网状[苔;群体]；网罟型

reticulated ashlar 网状纹琢石
→~ bar 斜(交)沙坝[洲][与海岸交角]//~ cracks 网状裂隙//~ mottle 网斑

reticulate drainage 网状水系
→~ mottling 网斑//~ pattern 网纹

Reticulatisporites 粗网孢属；网面圆形孢属

reticulatus 网状[苔;群体]

reticule 标度线；分划板；线网
→~ (cross) 十字丝

Reticuli 网罟座

Reticulisporites 穴网孢属[K₂]

reticulite 玻纤火成碎屑岩

Reticulofenestra 网格颗石[钙超;E₂-N₂]；网窗藻属

Reticulograptus 交织笔石属[O-S]

reticuloid 负网[孢]；凹网

Reticuloidosporites 网面单缝孢属[Mz-E₂]

reticulopodium[pl.-ia] 网足[孔虫]；网结伪足

Reticulosa 网针海绵目

reticulose pseudopodia 丝络状伪足

reticulum[pl.-la] 网状结构；网

Reticulum constellation 网罟座

reticulum simplex 简单网[孢]

Retifacies 网面虫属[Є₁]

retiform 网状的
→~ wall 网状壁[古杯]

retigen 陨石沥青

retighten 重新支护

re-tighten 重新拧紧

retimbering 更换支架；重新支撑

retiming 重新定时

retina 视网膜

retinalite 脂纤蛇纹石[Mg₆(Si₄O₁₀)(OH)₈]

retinallophane 土砷铁矾[Fe²⁰₂₀(AsO₄,PO₄, SO₄)₁₃(OH)₂₄•9H₂O]

Retinarites 网状残片属[Z-Є]

retinasphalt 树脂沥青

retinbaryte 氟磷铁锰矿[(Mn,Fe,Mg,Ca)₂ (PO₄)(F,OH)]

retinellite 树脂酸[C₂₀H₃₀O₂;C₁₉H₂₉COOH]；多氧树脂[树脂酸]

retinic acid 多氧树脂[树脂酸]

retinite 树脂体；树脂石；树脂沥青；黄脂岩；黄脂石[树脂的化石,含氧比一般琥珀少;C₁₂H₁₈O]；琥珀[C₂₀H₃₂O;褐煤或泥炭中]

retinol 松香油

retinosite 藻烛煤

retinostibian 羟钨锰矿

retin(i)te 松脂岩[酸性火山玻璃质成分为主,偶见石英、透长岩斑晶]

retinue 底板；派生物；伴生矿物

Retiograptus 罟笔石属[O]

Retiolites 细网笔石(属)[S₁₋₂]；网状笔石

retipping 磨锐钻头；修磨钻头

retire 退缩；后退[波浪、海岸等]

Retitricolporites 网面三孔沟粉属[孢;E₃]

retonation wave 折返波

retort 蒸馏；烧结罩；曲颈瓶；蒸馏器；反击；反驳；提纯

retortable oil content 可蒸馏油量

retort clay 甄土
→~ graphite 甄馏石墨

retrace 回顾；回程；逆行；折回；返回
→(sweep) ~ 回描

retractable 能缩进的；可收缩的；可收回的
→~ backup arm 可复位推靠臂

retractation 撤销{回}；保核收缩[数]；翻悔；缩进；取消[意见等]

retractile 牵缩[几丁]

retracting-flight loader 回缩刮板式装载机[长壁面]

retracting guides 可收缩(刚性)罐道
→~ spring 回程用弹簧

retraction 收缩；收拢；缩回
→~ device 收缩装置；钻具自动提升装置；退缩装置；提引装置；缩进装置//~ {withdrawing} device 回柱装置

retractor 回缩器
→~ disk 缩盘//~ muscle 后旋肌；缩肌//~ pedis 缩足肌

Retractor Rig (一种)软(钻)杆钻机

retractor scar 收足肌痕

retral 后面的；后部的；倒退的；背部的；向后的
→~ process 后脊[孔虫]

retransmission 重播；转播

retreatal{recessional} moraine 退碛

retreat continuous panel caving by blocks 后退式连续盘区分块崩落

retreated metamorphism 退化作用
→~{retrogressive} movement 后退运动

retreat entry 后退平巷垛式支架

retreating intermittent longwall 留间隔矿柱的后退式长壁法
→~ mining method 后退式回采//~ sea 后退的海//~{retreat} sea 海退

retreat of glacier 冰川退缩；冰川后退
→~ room mining system 后退房式采矿法//~ step of hydraulic monitor 撤枪步距[水采]//~ stoping{mining} 后退式回采

retrievable 可替换的；可收回的；可起出的；可检索的[信息]；可恢复的；可重新得到的；可补救的

retrieval 恢复；取回；弥补；修正；检索[数据、信息]

retrieving position 收回位置
→~ ring 取岩环

retrimming (控制机构的)重新调整

retroaction 再生；反力

retroactive{adverse} effect 反作用

retroarc{back-arc;arc-rear} basin 弧后盆地
→~ foreland basin 弧后陆前盆地//~ setting 弧后环境

Retroceramus 隐瓦蛤属[双壳;J]

retrochoanitic 后领式的[头]

retrocorrelation 逆相关；自褶积

retrocurved 反弯的

retrodirective 反向的
→~ reflection 后向反射；逆向反射

retrofire 点火发动[制动发动机的]

retrograding sequence 退积层序
→~ shoreline 退夷滨线

retrogression 后退；反向运动；消落
→~ (of beach) 海滩后退

retrogressive 倒退的；逆行的
→~{regressive} evolution 后退演化//~ evolution 退化作用；退化//~ flowslide 逆行流滑动//~ thaw flow slide 后退融流滑塌；向源融流滑塌

retropack 制动装置

retropropulsion 反推进；减速推进

retrosiphonate 后向体管；后伸体管[头]

retrospect 回想；回顾

retrospective planning 挽救性规划
→~ search 追溯检索

retro-thrust 制动推力

retrousee{snub}-nosed langur 仰鼻猴(属)[Q]

retroversion 倒退

rettiper 收废旧钻头者

retube 更换管子

retuning 重调谐；重调

return 回位；回收；恢复；复原；利润；返料；返程；退；返回
→~ air casing 返回空气外壳//~ ballast voyage 压载回程//~-beam vidicon 返束视像管//~ device 回转装置

returned 回收的
→~ check 退回支票//~ dust 返矿//~ sludge 回流污泥

return elbow{bend} U形弯头
→~ elbow 回弯头//~ electrode 返回电极

returner 返回器

return fine rate 返矿率；返矿比
→~ fines bin 返矿槽//~ fine sinter 返矿//~ fines make 返矿产出量//~ fines output{make} 返矿量//~ flow 返出排量//~ idler 从动滚轮；空载段托辊

returning echo 地震回波；地震波；反射信号

returnline 回油管路

return mine 返矿
→~ port 涵管口；矿石转运口

returns 返矿；返出液；返出(的)泥浆

return shock 反冲
→~ side 返出端//~ sinter fines 返矿

returns-out 返矿产出量

returns-ratio 成功率[地勘]；回收率[物勘工作投资]
→~ (of) 投资的回收率

return{empty} strand 回空段[输送机]
→~ strand 回行段//~ undersized sinter 烧结矿筛下返矿

Retusa 囊螺属[腹;J-Q]

retusoid 弓脊(孢)状的

Retusotriletes 弓脊孢(属)[D₂]

retzbanyite 块辉铅铋矿；铜辉铅铋矿[Cu₂Pb₃Bi₁₀S₁₉]

Retzia 莱采贝属[腕;S-T]

retzian 砷钇锰矿；羟砷钇锰矿{石} $[Mn_2Y(AsO_4)(OH)_4;$斜方]；羟砷铈锰矿；羟砷钙钇锰矿

→ ~ -(La) 羟砷钕锰石 $[Mn_2Nd(AsO_4)(OH)_4]$；羟砷镧锰石 $[Mn_2La(AsO_4)(OH)_4]$

retzianite 砷钇锰矿；砷钙钇锰矿[Y,Mn,Ca 等的含水砷酸盐]；羟砷钇锰矿{石} $[Mn_2Y(AsO_4)(OH)_4;$斜方]；羟砷铈锰矿

retzite 浊沸石 $[CaO \cdot Al_2O_3 \cdot 4SiO_2 \cdot 4H_2O;$单斜]

Reubenella 鲁本介属 $[T_{2-3}]$

Reunion 留尼汪(正向事件)[法]

reunion 再结合；重聚

reusability 复用性；重复使用可能性

reusable 可再次使用的；可重复使用的

→ ~ resources 可再用资源

Reuschella 鲁士贝属[腕;O_2]

reuse water from pond 来自水池的回用水

→ ~ water pond 回用水池 // ~ water pumped back to plant 泵送回选厂的回用水

Reussella 罗斯虫属[孔虫;E_2-Q]

reussin 芒硝 $[Na_2SO_4 \cdot 10H_2O;$单斜]；硫酸钠矿 $[Na_2SO_4 \cdot 10H_2O]$

reussinite 褐化石脂

reussite 芒硝 $[Na_2SO_4 \cdot 10H_2O;$单斜]

reutilization 回收利用；再用

revale 现场雕凿的石材线脚

revaporization 再蒸发；再气化(作用)

revdanskite 雷镍叶蛇纹岩

→ ~ {refdanskite;rewdinskite} 水硅镍矿 $[(Mg,Ni,Fe^{2+})_6(Si_4O_{10})(OH)_8]$

revdin(sk)ite 水硅镍矿

revdite 水硅钠石 $[NaHSi_2O_4(OH)_2 \cdot 2H_2O;$斜方]；雷水硅钠石

revenue 税收；收益；收入

→ (operation{operating}) ~ 营业收入 // ~ expenditure 经营费(用) // ~ {fiscal} stamp 印花

reverberating echo 混响回波

→ ~ {reverberatory} furnace 反焰炉 // ~ pulse train 混响脉冲波列

reverberation 混响；残响；返焰；反射；交混回响

→ ~ masking level 混响掩蔽水平

reverberatory 回响；反焰的；反射的

→ ~ (furnace) 反射炉 // ~ pot fusion furnace 返焰炉膛熔炉 // ~ wavelet 混响子波

reversal 颠倒；地磁倒转；倒车；逆转；废弃；反转；反向

reverse (gear) 回动装置；逆动；倒转

→ ~ arching 倒拱作用 // ~ circulation gravel pack technique 反循环砾石充填技术 // ~ circulation method 反循环法[砾石充填]

reversed 换向的

→ ~ arc 逆弧 // ~ bratticing 反风向隔墙 // ~ dip 地层的逆倾斜 // ~ flow 反循环 // ~ gradient 反坡降

reverse(d) dip 逆倾斜

→ ~ {negative} direction 反方向 // ~ {opposite} direction 相反方向 // ~ discordance 逆向不一致性

reversed normal fault 逆正断层

→ ~ phase chromatography 反相色层法 // ~ {counter;adverse;reverse;back} reaction 逆反应 // ~ river 反流河 // ~ run 返测 // ~ shooting 反向爆炸 // ~ {inve-

rted} tide 逆潮 // ~ {inverse;inverted} ventilation 反向通风 // ~ zoning 反环带[斜长石]

reverse end for end 调头

→ ~ modal grading 逆矿模渐变层 // ~ saddle 倒鞍形矿床；状矿床；槽状矿床；槽形矿层 // ~ weathering 反风化作用[海水中非晶质退变铝硅酸盐合成黏土矿物的作用]

reversible 可逆式的；可逆的；可互换的；可翻转的

→ ~ anvil or one way available 正反两面可用或单面可用的破碎板

reversing 回动(的)；换向(的)；倒车

→ ~ current 往复潮流；往返流 // ~ dune 逆行沙丘；反向沙丘 // ~ gear{arrangement} 反向装置 // ~ mechanism {gear} 换向机构 // ~ method 反循环法[砾石充填]

revertive control 反控制

revetment 机窝；护墙；护坡工程；护坡；护岸；海岸护坡；挡土板；防护壁

revier 掠夺者；袭击；间歇河床；间歇河[非西南部]

revival (金属)还原；复兴；复活；再生

→ ~ of erosion 侵蚀复活

revived 再生的

→ ~ forms 回春地形；复活地形 // ~ river{stream} 复苏河

Reviya 瑞威介属[C-P]

revolution 回转；地壳运动；变革；公转；革命；循环；旋转

revolutionary 旋转的

→ ~ geosyncline 激进式地槽

revolution mark 走刀痕迹

→ ~ meter{counter} 转速表 // ~ of the earth 地球公转

revolve 转动[物体绕轴运动]；转；运转；旋转

→ ~ around 环绕

revolving 周转性的；旋转的

→ ~ arms 扒矿装置 // ~ bed plate 转车板 // ~ drum screen 滚筒筛 // ~ dump car 翻转卸载矿车 // ~ {rotary} dump car 旋转翻卸车 // ~ picking table 回转式摇杆台

revoredite 硫砷铅石

revoredits 硫砷铅矿 $[Pb_2As_2S_5;$单斜]

revultex 浓缩硫化乳胶

rewash 再(次精)选；精选；再洗；中矿；中间产品

rewasher 再选机；再洗矿(选)设备；再洗机；精选设备

rewdanskit(e) 水硅镍矿；雷镍叶蛇纹岩

rewdinskit 水硅镍矿

rewelding 重焊

rewind 卷带；反绕[磁带等]；重绕

reworked 改作{造}的；再建的；再沉积的；再搬运沉积的

→ ~ fossil 破损化石；再造化石；移位化石 // ~ loess 再生黄土；改造黄土 // ~ sediment 经(生物)改造的沉积物

reyerite 水硅钙钾石 $[(Na,K)_4Ca_{14}(Si,Al)_{24}O_{60}(OH)_5 \cdot 5H_2O;$三方]；特水硅钙石 $[(Ca,Mn)_{14}Si_{24}O_{58}(OH)_8 \cdot 2H_2O;$六方]；羟硅锰钙石；铝白钙沸石 $[Ca_6(OH)_2Si_6O_{15} \cdot 3H_2O]$

Reynold(s') criterion 雷诺准则

→ ~(s') critical velocity 雷诺临界速度 // ~(s') model law 雷诺模型律 // ~(s')

number{criterion} 雷诺(系)数

rezbanyite 块辉铋铅矿 $[Cu_2Pb_3Bi_{10}S_{19};$斜方]；块辉铅铋矿；铜辉铅铋矿 $[Cu_2Pb_3Bi_{10}S_{19}]$

rezeroing 重新调零

rezhikite 青蓝石棉[钠闪石和蓝闪石间的过渡矿物]；镁亚铁钠闪石 $[Na_3(Mg,Fe^{2+})_4Fe^{3+}Si_8O_{22}(OH)_2;$单斜]

rezoanyite 辉铜铋铅矿

rezoning 重新分带

rezooecium 再生虫室[苔]

R.F. 返矿

Rg 轮{錀}[序 111]

Rh 铑

rhabd 棒状骨针[绵]；主杆

rhabdacanth 复刺；复羽榈[珊]；复榈；覆榈；覆刺

rhabdacanthine scherenchyme 杆状骨素[珊]

Rhabdammina 杆孔虫属；圆棍虫属[O-Q]

rhabde 轴棒[绵三射骨针]

rhabdionite 铜钴锰土[Mn,Cu 及 Co 的含水氧化物]

rhabdite 磷铁石 $[Fe^{3+}PO_4;$斜方]；陨磷铁(镍)石 $[(Fe,Ni)_3P;$四方]

Rhabdocarpus 棒籽属[古植;C-P]

Rhabdochara 横棒轮藻(属)[E-N]

Rhabdochitina 棒几丁虫(属)[O-S_2]

Rhabdocyclus 杆盘珊瑚(属)

rhabdodiactin 二射棒[绵]

rhabdoglyph 棒状迹[遗石]

rhabdolith 棒状晶体；杆石；棒石[颗石]

rhabdolithe 中柱石 $[Ma_5Me_5-Ma_2Me_8(Ma:$钠柱石,Me:钙柱石)]

Rhabdolithina 拟棒石[钙超;K]

Rhabdolithus 棒石[钙超;E_2]

rhabdome 棒状骨针[绵]；感杆束[昆虫小眼中一杆状构造]

Rhabdomeson 杆苔藓虫属[C-P]

rhabdophan(it)e 水磷铈矿；水磷铈矿$[(Ce,Ca)(PO_4) \cdot 2H_2O;$六方]；磷钇铈矿 $[(Ce,Y,La,Di)(PO_4) \cdot H_2O]$；磷稀土矿；磷镧铈矿

rhabdophane-(Ce) 水磷铈(土)石；水磷镧石{矿}$[(La,Ce)PO_4 \cdot H_2O]$

rhabdophanite 磷钇铈{铈钇}矿$[(Ce,Y,La,Di)(PO_4) \cdot H_2O]$；磷稀土矿；磷酸镧镨矿$[(Y,Er,La,Di)_2O_3 \cdot P_2O_5 \cdot 2H_2O]$；磷镧铈矿

Rhabdophidites 菲地棒石[钙超;K_1]

rhabdopissite 针脂煤；余植煤

Rhabdopleura 带杆虫属[翼鳃]；杆臂虫；杆壁虫属[K-E_1]

Rhabdoporella 棒孔藻(属)[E_2]

Rhabdosome 胞群

rhabdosome 棒状体；笔石体

Rhabdosphaera 棒球石[钙超;K-Q]

Rhabdothorax 棒胸甲石[钙超;Q]

rhachis{rachis}[pl.rachises] 花轴；叶轴；脊柱；轴部；中轴

Rhachistognathus 割颚牙形石属[C]

Rhachitoma 块椎亚目[两栖]

rhachitomi 块椎式[目]

Rhacophyllites 裂叶菊石属[头;T_3]

Rhacopteridium 准扇羊齿属[C_2]

Rhacopteris 扇羊齿(属)[C]；扇蕨

Rhactorhynchia 皱嘴贝属[腕;J_{2-3}]

rhadezite 蓝晶石 $[Al_2(SiO_4)O; Al_2O_3(SiO_2)]$

rhaegmageny 区域性断裂作用；扭裂运动

Rhaetic{Rhaetian} 瑞替{提}(阶)[欧;T_3]

→ ~ age 瑞提克期

Rhaetidia 瑞替蛤属[双壳;T]

R

Rhaetina 瑞替贝属[腕;T_{2-3}]

Rhaetinopsis 似瑞替贝属[腕;T_2]

rhaetizite 白蓝晶石；白晶石

Rhaeto-Lias flora 瑞提克-里阿斯植物群

rhagite 砷酸铋矿；砷铋矿

Rhagodiscus 果仁盘石[钙超;K_2]

rhagon type 复沟型[绵]

Rhamnaceae 鼠李科

Rhamnacidites 鼠李粉属[孢;E]

Rhamnaria 刺木贝属[腕;P_1]

rhamnolipid 鼠李糖脂

rhamnose 鼠李糖

Rhamphodopsis 钩齿鱼属[D_3-C_1]

Rhamphorhynchus 喙嘴龙(属)；嘴口龙；缘嘴龙属[J]

rhaphanosmit 杂硒铜铅汞矿

Rhaphidograptus 针笔石属[S_1]

rhaphilith 阳起石[$Ca_2(Mg,Fe^{2+})_5(Si_4O_{11})_2(OH)_2$;单斜]；透闪石[$Ca_2(Mg,Fe^{2+})_5Si_8O_{22}(OH)_2$;单斜]

Rhaphiophyllum 泡沫复珊瑚(属)

rhapidolith 中柱石[$Ma_5Me_5-Ma_2Me_8$(Ma:钠柱石,Me:钙柱石)]

Rhapydionina 隔棒虫属[孔虫;J]

rhastolith 水黑云母[$(K,H_2O)(Mg,Fe^{3+},Mn)_3(AlSi_3O_{10})(OH,H_2O)_2$]；蛭石[绝热材料;$(Mg,Ca)_{0.3-0.45}(H_2O)_n((Mg,Fe_3,Al)_3((Si,Al)_4O_{12})(OH)_2)$;$(Mg,Fe,Al)_3((Si,Al)_4O_{10})\bullet 4H_2O$;单斜]

rhatite 双砷硫铅矿[$Pb_{13}As_{18}S_{40}$]

rhatizit 蓝晶石[$Al_2(SiO_4)O$;$Al_2O_3(SiO_2)$]

rhe 流值[流度单位]

Rhea 鹈奥鸟[三趾鸵鸟;南美]

rhea 美洲鸵；苎麻

rhegmagenesis 区域性走向滑移作用

rhegmatic pattern 区域性走向滑移断裂模式

rhegolith 表土；风化层

rheid 软体；软流体；固流体[软]；黏流体；流变体

rhenanite 磷钠钙石[$NaCaPO_4$;斜方]

rhenite 假孔雀石{斜磷铜矿}[$Cu_5(PO_4)_2(OH)_4\bullet H_2O$;单斜]

rhenium 铼

→(native) ～ 自然铼[Re]//～ ores 铼矿//～-osmium dating 铼锇定年

rhenopalite 细晶岩类

rheo 电阻箱；变阻器

rheoglyph 流滑痕；同生变形痕

rheogoniometry 流变测角法

rheograph 电压曲线记录仪

rheoignimbrite 新熔中酸凝灰岩；流熔凝灰岩

Rheolaveur 里欧洗选机

→～ launder 瑞氏洗槽；里欧式洗煤槽//～ method 里欧(槽)洗煤法//～ sealed-discharge box 里欧型封闭排料箱

rheologic 流变的

rheological analysis 流变分析

→～{constitutive} equation 本构方程；结构方程//～ intrusions 热点；热斑；流变型侵入体//～ stratification 软流分层

rheologic bed stage 流变底阶段

→～ equation of state 状态流变方程//～ function 流变函数

rheologist 流变学家

rheology 河流学；流变学

→～ impact 流变性影响//～ of rock masses 流变学

rheomorphic 流变的；塑流的

→～ dike 流变岩墙//～ effect 深流作用[岩]//～ intrusion 流化侵入

rheomorphism 深流作用[岩]；变新作用；软{柔}流变质(作用)；流变{模}作用；流(体{态})化(作用)；岩石流化作用；塑流作用

rheomorphite 深流岩

rheonome 电流强度变换器

rheopectic fluid 震凝(性)流体

rheopexy 触变性；震凝(现象)

rheophile 流水生物

rheophyte 河生植物

rheoplankton 流水域浮游生物

rheoplex 流变网脉

rheoscope 验电器

rheosphere 软流圈；流变圈

rheostan 雷奥坦电阻铜合金

rheostat 电阻箱；变阻器

rheostriction 捏缩效应

rheotannic acid 大黄丹宁酸[$C_{26}H_{26}O_{14}$]

rheotaxial growth 异质液面附生生长

rheotropic brittleness 高速应变脆性

rheotropism 向流性

rhesus (monkey) 猕猴[N-Q]

rhetinalith 脂纤蛇纹石[$Mg_6(Si_4O_{10})(OH)_8$]

rh(a)etizite 蓝晶石[$Al_2(SiO_4)O$;$Al_2O_3(SiO_2)$]

rhexistasic reworking 破坏-搬运再造

rhexistasy 表土解移；平衡破坏；景况破坏

rhincholite 喙部化石；颚化石[头]；颚部化石

rhincholites 头足类

Rhinegraben{Rhine graben} 莱茵地堑

Rhineoderma 犀皮螺属[腹;C_1]

rhinestone 水钻；水晶[SiO_2]；莱茵石[材]

Rhinidictya 锉网苔藓虫属[O-S]

rhinocanna 鼻管

Rhinoceros 犀牛属[N_1-Q]；犀(牛)；独角犀属

→～ antiquitatis{tichorhinus} 披毛犀

rhinoceros auklet 犀牛海雀

→～ tichorhinus 披毛犀牛

Rhinocypris 刺星介属[J_3-K]

rhinodacryolith 鼻泪管石

rhinolith{rhinolite} 鼻石；鼻结石

rhinolithiasis 鼻石病{症}

Rhinopithecus 仰鼻猴(属)[Q]

→～{Pygathrix} roxellanae 金丝猴[Q]//～ roxellanae bieti 滇金丝猴

Rhinopora 锉苔藓虫属[S]

Rhinosaurus 海王龙

Rhiphaeocaratidae 扇角石科

Rhipidionina 扇形虫属[孔虫;J]

Rhipidistia 扇鳍鱼亚目；扇骨鱼亚目[D_1-P]

Rhipidocladus 扇状枝属[植;K_1]

Rhipidodendrum 扇树笔石属[O_1]

Rhipidoglossa 扇舌(亚目)[腹]

Rhipidognathus 扇颚牙形石属[O_3]

rhipidolith 蠕{铁}绿泥石[$Mg_3(Mg,Fe^{2+},Al)_3((Si,Al)_4O_{10})(OH)_8$]

Rhipidomella 扇房贝属[腕;S-P_2]

Rhipidopsis 扇叶(属)[P_2]

Rhipidothyris 扇孔贝属[腕;D_2]

Rhipocephalus 肿头藻属

Rhizacephala 根首目[节蔓足]

Rhizacyathus 根杯属[古杯;$Є_1$]

Rhizammina 砂根虫属[孔虫;T]

rhizic{root} zone 根带

rhizocephala 根头目

Rhizochrysidales 根金藻目；金根目{类}[金植]

rhizoclad{rhizoclone} 根枝骨针[绵]

Rhizoclonium 根枝藻属[绿藻;Q]

rhizoconcretion 根状瘤

→～ rhizomorph 绕根结核

Rhizocorallium 根珊瑚迹[遗石;Є-E]

rhizoc(onc)retion 根结核；绕根结核

Rhizodonts 根齿鱼类

rhizoid 根状的；根须[动]；假根[植]

→～ spine 须根状刺[腕]

rhizolith 根成岩

rhizoma 地下茎

→～ graminei 石菖蒲

rhizome 地下茎；根状茎；根

rhizomoid 根状茎；假根茎

Rhizomopsis 刺根茎属[植;P]

Rhizomopteris 根茎蕨属[C-K_2]

Rhizomys 竹鼠[N_1-Q]

rhizophore 根托

Rhizophyllum{Rhizophyleum} 根珊瑚(属)[S_2-D_2]；根珊瑚

rhizophytous 有根植物状的[绵]

rhizopod(ium) 伪足；根足[孔虫]

Rhizopoda 根足亚纲；根足虫纲；根足虫类[原生]

rhizopodium 根足[孔虫]

Rhizopus 根霉属[真菌]

Rhizosolenia 根管藻属[硅藻]

rhizotaxis{rhizotaxy} 根序；根系

Rhodalepis 玫瑰牙形石属[D_3]

rhodalite 蔷薇黏土

rhodamine 碱性蕊香红

rhodarsenide 砷铑钯矿[$(Rh,Pd)_2As$]

Rhodea 须羊齿(属)；龙须(羊齿属)[C_{1-2}]

Rhodesia{Rhodesian} man 罗得西亚人

rhodesite 罗针沸石；罗德斯石；纤硅碱钙石[$(Ca,Na_2,K_2)_8(Si_4O_{10})_4\bullet 11H_2O$;斜方]

rhodhalite 钴矾[$CoSO_4\bullet 7H_2O$]；赤矾[$CoSO_4\bullet 7H_2O$;单斜]

rhodhalose 赤矾{钴矾}[$CoSO_4\bullet 7H_2O$;单斜]

rhodian platinum{iridium} 铑自然铂{铱}

→～ sperrylite{platarsite} 铑硫砷铂矿

rhodicite 铯硼铝铍石；硼铍铝铯石[$CsAl_4Be_4B_{11}O_{25}(OH)_4$;等轴]

rhodic nevyanskite 铑亮铱锇{锇铱}矿

→～-osmiridium 铑锇铱矿//～ platinum 铑铂矿//～ syserskite 铑暗铱锇矿

rhodita 铑金[(Au,Rh);含铑达 34%～43%的自然金]

rhodite 铑岩石；铑金[(Au,Rh);含铑达 34%～43%的自然金]

rhodium 铑

→～ (platinum) 铑铂矿//～ gold 铑岩石；铑金[(Au,Rh);含铑达 34%～43%的自然金]；同铑天然混合的金//～ ores 铑矿//～-platinum 铑铂矿

rhodizite 铯硼铝铍石；铯硼锂矿[$CsAl_4(LiBe_3B_{12})O_{28}$]；硼铯铷矿；硼铍铝铯石[$CsAl_4Be_4B_{11}O_{25}(OH)_4$;等轴]；硼锂铍矿{硼铍锂钾矿}[$4(H,Na,K,Cs,Rb)_2O\bullet 4BeO\bullet 3Al_2O_3\bullet 6B_2O_3$]

rhodoarsenian 砷钙锰矿[Mg,Ca,Mn 的砷酸盐类]；蔷薇辉石[$Ca(Mn,Fe)_4Si_5O_{15}$,Fe、Mg 常置换 Mn,Mn 与 Ca 也可相互代替;$(Mn^{2+},Fe^{2+},Mg,Ca)SiO_3$;三斜]

rhodochrome 丰后{铬绿泥}石[Mg_3(Mg, Cr)$_3$($Cr^{3+}Si_3O_{10}$)(OH)$_8$];暗绿石

rhodochrosite 菱锰矿[$MnCO_3$;三方]

Rhododendron 杜鹃(花)属[E_2-Q]

RHODO-DI-DPEP{deoxo-phyllerythroetioporphyrin} 玫红型二环脱氧植红初卟啉

rhodoial{rhodoise;rhodoit} 砷钴石;钴华[$Co_3(AsO_4)_2$•$8H_2O$;单斜]

rhodolite 红藻石;红榴石[FeO•Al_2O_3•$3SiO_2$;$Fe_3Al_2(SiO_4)_3$];镁铁榴石[(Mg,Fe^{2+})$_3Al_2(SiO_4)_3$;$Mg_3(Fe,Si,Al)_2(SiO_4)_3$;等轴];玫瑰榴石

Rhodolith 红藻石(属)[J-Q]

Rhodomella 松节藻属[红藻;Q]

Rhodomyrtus 桃金娘属[植;K-Q]

rhodonite 蔷薇辉石[$Ca(Mn,Fe)_4Si_5O_{15}$,Fe、Mg常置换Mn,Mn与Ca也可相互代替;(Mn^{2+},Fe^{2+},Mg,Ca)SiO_3;三斜]
→~ deposit 蔷薇辉石矿床

rhodophosphite 单磷灰石[Fe,Mn,Ca的磷酸盐,硫酸盐及氯化物];锰磷灰石[((Ca,Mn)$_5$(PO$_4$)$_3$(F,OH)]

rhodophyllite 丰后石{铬绿泥石}[Mg_3(Mg,Cr)$_3$($Cr^{3+}Si_3O_{10}$)(OH)$_8$]

Rhodophyllum 玫瑰珊瑚(属)[C_1]

Rhodophyta 红藻植物门

rhodophyta 红藻门

rhodoporphyrin 玫红卟啉

rhodopurpurin 玫红紫素

rhodostannite 蔷薇黄锡矿[$Cu_2FeSn_3S_8$;六方]

rhodotilite 玫红岩

Rhodotorula 红酵母属[真菌;Q]

rhodoviolasin 紫箭红\`靛{素戊}

rhodoxanthin 玫红黄质

rhodplumsite 硫铅铑矿[$Rh_8Pb_2S_2$]

rhodusite 镁钠{纤蓝}闪石[(Na,Ca)$_2$(Mg,Fe^{2+},Fe^{3+})$_5$(Si_4O_{11})$_2$(OH)$_2$;$Na_2(Mg,Fe^{2+})_3Fe_2^{3+}Si_8O_{22}(OH)_2$;单斜]

Rhodymenia 红皮藻(属)[Q]

rhoenite 镁钙三斜闪石;钙铁非石[Ca_2(Fe^{2+},Fe^{3+},Mg,Ti)$_6$(Si,Al)$_6$O$_{20}$;三斜];铁硅镁钙石;钛硅镁钙石
→~ basalt 褐斜闪玄武岩

rhogosol 粗骨土;幼年土

rhohelos 淤塞湖成沼泽区

Rhoipites 漆树粉(属)[孢;K_2-Q]

rhomb 菱形;菱面体;斜方形
→(pore) ~ 孔菱[林檎]//~ alvikite 菱方解碳酸岩

rhombarsenite 白砷石[As_2O_3;单斜]

Rhombaster 菱形星石[钙超;E_1]

rhombic 菱形的;斜方的;正交的[晶]
→~ brachy-pyramid 斜方短锥 //~ {orthorhombic} hemimorphic- hemihedral class 菱方异极半面象(晶)组 // ~ interference ripple 菱形交错涟痕 // ~ {orthorhombic} pyramidal class 菱方锥(晶)组 // ~ pyramidal class 斜方锥体类{晶组} // ~-pyramidal class 菱方锥(晶)组 //~ quartz 长石[地壳中比例高达60%,成分$Or_xAb_yAn_z$(x+y+z=100),Or=$KAlSi_3O_8$、Ab=$NaAlSi_3O_8$、An=$CaAl_2Si_2O_8$,划分为两个类质同象系列:碱性长石系列(Or-Ab系列)、斜长石系列(Ab-An系列)。Or与An间只能有限地混溶,不形成系列]//~ section 菱形切面

Rhombifera 菱孔目;孔菱目[棘;O-D]

Rhombiferida 菱孔目

rhombochasm 平行裂开谷[与楔形裂开谷 sphenochasm 相对];菱形断陷

Rhombocladia 菱枝苔藓虫属[C-P]

rhomboclase{rhomboclasite} 板铁矾[$Fe^{3+}H(SO_4)_2$•$4H_2O$;斜方]

Rhombodinium 菱球藻属[K-E]

Rhombograpta 斜方叶肢介属[K_2]

rhombohedral 三角晶系的;菱形的
→~ corundum type hematite 菱形刚玉型赤铁矿[α-Fe_2O_3] // ~ iron ore 赤铁矿[Fe_2O_3;三方]

rhombohedron[pl.-ra] 菱体;菱面(体)
→~ of the first order 第一菱面

rhomboidalspat 白云石[$CaMg(CO_3)_2$;$CaCO_3$•$MgCO_3$;单斜]

rhomboidity 菱形变形[铸]

rhomboklas 板铁矾[$Fe^{3+}H(SO_4)_2$•$4H_2O$;斜方]

rhombolith 舟颗石

rhombomagnojacobsite 斜方镁黑镁铁锰矿[(Mn^{2+},Mg)(Mn^{3+},Fe)$_2O_4$;斜方]

Rhombopora 菱苔藓虫属[D-P]

Rhombotrypa 菱穴苔藓虫属[O-D]

Rhombotrypella 拟菱穴苔藓虫属[C]

rhomb(-)porphyry 菱长斑岩;菱长石斑岩

rhomb(-)spar{pearl{bitter} spar} 白云石[$CaCO_3$•$MgCO_3$;单斜]

rhombus[pl.-bi] 菱形的;菱形;斜方形
→~ baseline 菱形基线

Rhometal 镍铁合金

rhometal 镍铬硅铁磁合金

rhometer 熔融金属纯度计

rhomoclase 板铁矾[$Fe^{3+}H(SO_4)_2$•$4H_2O$;斜方]

rho(e)nite 褐斜闪石[(Na,Ca)(Fe^{2+},Ti,Al,Fe^{3+})$_5$(Si_4O_{11})O$_3$;硅钛镁钙石;钙铁非石[$Ca_2(Fe^{2+},Fe^{3+},Mg,Ti)_6(Si,Al)_6O_{20}$;三斜];铁{钛}硅镁钙石

Rhopalodia 棒杆藻属[羽纹硅藻目]

Rhopalolasma 棒珊瑚属[C_1]

rhopalostyle 棍柱骨针[绵]

rho-theta determination 径角定位法
→~{|rho} determination ρ-θ{|ρ}定位法

rhourd 塔状{形}沙丘

Rh-sperrylite 铑砷铂矿;铑钌硫砷铂矿

Rhuddanian 鲁丹阶[S]

rhumb 罗盘方位
→~ (line) 恒向线 // ~ {loxodromic} line 等角航线

Rhus 漆树属[K_2-Q]

rhus 漆树

Rhyacian 层侵系

rhyacium 急流群落

rhyacolite{rhyakolith} 透长石[$K(AlSi_3O_8)$;单斜]

Rhyasian 层侵纪[古元古代第二纪]

Rhyhchonellacea 小嘴蜿类

rhyme 韵律

Rhynchocephalia 喙头目[爬];啄头类

Rhynchognathodus 尖嘴颚牙形石属

Rhynchognathus 尖嘴牙形石属[O_2]

Rhyncholepis 吻鳞鱼属[D]

rhyncholite 喙部化石;有齿石;颚化石[头];颚部化石

Rhynchonella 小嘴贝属[腕;J_3-K_1]

Rhynchonellacea 小嘴贝超科

Rhynchonellina 准小嘴贝

Rhynchonellooid 小嘴贝类[腕]

Rhynchopora 疹嘴贝属[腕;C-P]

rhynchosaur 喙龙科的

rhynchosaurs 喙龙类

Rhynchosaurus 喙{头}龙(属)[T];啄头龙

Rhynchospirina 准嘴螺贝属[腕;S-D]

Rhynchotherium 喙嘴象属[N-Q]

Rhynchotrema 孔嘴贝属[腕;O_{2-3}]

Rhynchotreta 超嘴贝属[腕;S]

Rhynia 雷尼蕨(属);羊角蕨(属)[D_2]

rhynia 瑞尼蕨[最原始的陆生维管植物,生存于早泥盆世末期]

Rhyniella 雷尼虫属[D_2]

Rhynopygus 鼻梁海胆属[K_3]

rhyocrystal 流纹斑晶

rhyodacite 流纹白岗岩

rhyodiabasic 流纹辉绿岩状

rhyolith 流纹岩

rhythmic 有周期的;有规律地循环的
→~ change 有规律变化 // ~ crystallization 律动结晶 // {rhythmical} deposition 间隙沉淀 // driving 两班一循环掘进法 //~ layering {layeing;unit} 韵律层 //~ polar 韵律极向[金属矿物堆积]

rhythmite 规律岩;带状纹泥层;韵律单位;韵律层

Rhytisma 斑痣盘菌属[真菌;Q]

Rhytistrophia 皱扭贝属[腕;D_1]

ria 长狭海湾[西];溺河;溺谷;里亚式(河口)湾

riacolite 透长石[$K(AlSi_3O_8)$;单斜]

rib 巷道帮壁;侧帮;煤房间煤柱;煤层夹层;煤壁;两帮;整体矿柱;窄煤柱;棱;肋状突起;矿柱;矿壁;用肋加固;岩墙;细脉;凸缘;加强;加固;脊;夹层[煤];肋[生]
→~ (pillar) 间柱 // (solid) ~ 房间矿柱;肋骨;加强肋

riband 缎带;条带
→~ agate 条纹玛瑙

rib and furrow 脊沟状(层面)构造
→~-and-furrow 脊沟相间

riband jasper 带状碧石
→~ {ribbon} jasper 条纹碧玉[SiO_2的变种]

rib{ribbed} arch 肋拱

ribbeite 硅羟锰石[$Mn_5(OH)_2(SiO_4)_2$]

ribbing 煤带;棱纹;肋状的排列;肋材构架;扩大平巷;岩脊

ribbon 薄片状体[磁法解释模型];辊碎机辊上黏附物;带状物;带状的;带状;带;狭窄条带;条纹;带状形;条带
→~ rock 条纹岩 // ~ tonnage 带状砂石流吨量;带状矿石流吨量[通过辊碎机开口];(辊碎机)矿流吨量;压入物料吨量

ribeirite 含钇锆石;稀土锆石[$ZrSiO_4$的变种]

rib fall 片帮
→~ fill 带状充填 // ~ furrow 肋间沟;间肋沟 // {outline;line} hole 边孔

riblet 肋

rib lining 肋条衬里
→~ metal 肋铁

ribodesose 脱氧核糖

rib{rivet} of lava 熔岩夹层

riboflavin 核黄素

ribpillar 矿柱;矿壁;房间矿柱

rib road 沿(采场)矿壁的通道
→~ roadway 采场靠帮巷道；一边为矿柱的巷道//~ seat 凸棱座//~ shot 边眼爆破

ribside gate 一边有坚实整体煤柱的顺槽

rib side gate 一边靠煤壁的通道

ribside{roadside} pack 巷道侧的充填{石垛}墙
→~ road 一边有实体煤壁的回采巷道

rib snubber 外围掏槽炮眼{槽}
→~ tire 花纹轮胎//~-type bailer 肋骨式捞砂筒

ribulose 核酮糖

rib width 棱宽；肋宽
→~ wire 筋条钢丝

Riccati inversion 黎卡提反演

Ricci (equation) 里西方程

Ricciisporites 瘤堆孢属[T]

Ricci theorem 里西定律

Richards column 理查兹型干扰沉降分级室
→~ deep {-}pocket hydraulic classifier 理查兹型深槽水力分级机//~-Janney classifier 里查兹-杰尼型分级机；理查兹-詹尼型分级机//~ (pulsator) jib 里查兹型脉动跳汰机[旋转阀式]

Richardson convey-o-weigh 理查森称重运输机
→~ number 李查逊数

Richardson turbidimeter 理查森浊度计

rich{orthobituminous;metabituminous;fatty} coal 肥煤
→~ concentrate 富精矿//~ earth concentrate 富稀土精矿

Richearth Red 富地红[石]

richellite 钠氟磷铁矿；钙氟磷铁矿；土氟磷铁矿[4FeP$_2$O$_8$•Fe$_2$OF$_2$(OH)$_2$•36H$_2$O;Ca$_3$Fe$_{10}^{3+}$(PO$_4$)$_8$(OH,F)$_{12}$•nH$_2$O;非晶质]

richelsdorfite 砷锑钙铜石[Ca$_2$Cu$_5$Sb(Cl/(OH)$_6$/(AsO$_4$)$_4$•6H$_2$O]

richest producing area 高产区

richetite 水板铅铀矿[Pb(UO$_2$)(OH)$_4$]；黑铅铀矿[Pb 和 U 的氧化物;UO$_3$•2H$_2$O•PbO;Pb(UO$_2$)(OH)$_4$;单斜?]；铅铀矿

rich europium ore 富铕精矿
→~ ground 富矿层[砂矿底部]//~ hand-picked ore 手拣富矿//~ in mineral resources 矿藏丰富//~{fat} lime 肥石灰[建]

richly mineralized hills 矿量丰富的山冈

rich mixture 水泥量多的混合料；高配合比的混合物；富混合料；多油混合物

Richmondian (stage) 里奇蒙德(阶)[北美;O$_3$]

rich{heavy} mortar 浓灰浆

richness factor 丰度系数

rich{fat} oil 富油
→~ {enriched;bucked;direct-smelting;shipping;bucking;premium; best} ore 富矿//~-ore practice 富矿实践//~ promethium ore 富钷精矿//~ scandium ore 富钪精矿

Richter energy-magnitude relationship 加里希特能量-震级关系

Richterina 利希特介属[D-C]；里希特介(属)[D]

richterite 碱锰闪石[Ca$_3$Na$_2$(Mg,Mn)$_{10}$(Si$_{16}$O$_{44}$)(OH)$_4$]；钠透闪石[Na$_2$(Mg,Fe^{2+},Fe^{3+})$_6$(Si$_8$O$_{22}$)(O,OH);Na$_2$Ca(Mg,Fe^{2+})$_5$Si$_8$O$_{22}$(OH)$_2$;

单斜]；锰闪石；里奇特矿；碱镁闪石

Richter (magnitude) scale 里希特震级表；里克特震级表

Richthofenia 李希霍芬贝(属)[腕;P]

rich yttrium ore 富钇精矿

ricinoleate 蓖麻子油酸盐

ricinoleic acid 蓖麻酸{顺式-12-羟基十八碳烯-(9)-酸}[CH$_3$•(CH$_2$)$_5$•CH(OH)•CH$_2$•CH:CH•(CH$_2$)$_7$•COOH]

ricinolic acid 蓖麻油酸

Ricinulei 膝脚目[蜘蛛]；节腹目

rickardite 碲铜矿[Cu$_7$Te$_5$;Cu$_4$Te$_3$;斜方、假四方]；铜碲矿

Rick-a-sha (drill) 人力车式轻便钻机

Ricker rickets 软骨病；佝偻病
→~ wavelet type filter 雷克子波型滤波器

ricketing 巷道一侧的风道；坑内底板水沟

rickety 患佝偻病的

ricolettaite 橄正辉长岩

ricolite 蛇纹石[Mg$_6$(Si$_4$O$_{10}$)(OH)$_8$]

ridding 从煤页岩中分出铁矿石

riddle 筛；查究；批评；格筛[由固定或运动的棒条、圆盘或滚轴组成]；粗眼筛；粗筛；驳倒；探究
→~ {separating;screening} drum 滚筒筛

riddled sand 筛选砂；筛分型砂；过筛型砂

riddler 振动筛；震筛

riddling 舱面穿洞

riddlings 粗筛余料

rideau 小土丘[法]

ride meter 测震仪；量震仪

rideover 叠覆{复}

rider 手动筛；薄煤层；薄矿层；含铁脉石；层间岩石；跟车工；矿脉夹层；游码[天平梁上]；岩层内压性裂隙；小断层；线路巡查工；夹石；夹层；导向架[吊桶]
→~ brick 支撑砖

ridge 顶；山脊；海岭；海脊；隆起；岭；分水岭；洋脊；波峰；脊；暗礁[水下的礁石]；脊线[生]
→~ and furrow aeration tank 垄沟曝气池//~-and-valley{-ravine} topography 岭谷(相间)地形//~-arc transform fault 海岭-岛弧(型)转换断层//~-basin complex 盆岭组合

ridged beach plain 漓脊平原
→~ fault 地垒断层；脊状断层//~ ice 高压冰；脊状冰；脊冰//~ surface 搓板路面

ridge fault 脊状断层
→~ groundwater 脊形地下水面//~-like 脊状的

ridge-like{comb} fold 梳状褶皱
→~ structure 脊状构造//~ thing 垄{垅}

ridgepiece 大梁

ridge(d) profile 起伏剖面
→~ slate 盖脊石板//~ stone 脊石

Ridley Scholes process 里奇利斯科尔斯重介质选矿法
→~-Scholes process 里特莱-休尔斯重介选法

ridolfit{ridolphit} 白云石[CaMg(CO$_3$)$_2$;CaCO$_3$•MgCO$_3$;单斜]

riebeckite 钠闪石[Na$_2$(Fe^{2+},Mg)$_3$Fe$_2^{3+}$Si$_8$O$_{22}$(OH)$_2$;单斜]；铁钠闪石
→~ aplite-granite 钠闪细晶花岗岩//~-arfvedsonite 高铁钠闪石-亚铁钠闪

石//~-microgranite 钠闪微晶花岗岩

Rieberize 里伯瑞兹声呐记录

riebungsbreccia 褶碎角砾岩；褶挤角砾岩

Riecke's law of crystallization 李凯[开]结晶(定)律
→~ principle 里克原理；李凯{开;克}原理[结晶岩石的叶理]

ried 沼泽平原[莱茵河;德]

riedel 河间地；垠丘

riedel-treppe 滑动阶梯面；岩级

riedenite 黝(方黑)云霓辉岩

Riefne 里夫尼风暴

riegel 谷中岩坝[德]；岩栅；冰坎；冰谷岩坎

riemanite{riemannite} 水铝英石[Al$_2$O$_3$及SiO$_2$的非晶质矿物;Al$_2$O$_3$•Si$_2$O•nH$_2$O]

riesenflaser 粗压扁平伏[德]
→~ structure 巨压扁构造

riff 礁石
→~ (l)ing 除砂

riffle 浅滩；浅石滩；沟；槽沟；槽；格条[溜槽、摇床等]；分格缩分铲(取样)；床条；二分(缩样)器；微波；急流
→~ area 砂沟区；河滩区//~ bar 格条[溜槽、摇床等]//~ board 挡油板；集油井[阱][管道的];缓冲器[管路上]

riffled sheet iron 波纹铁板

riffler 沉砂槽；分土器；捕砂槽；除砂器；除砂盘；缩样器

riffling (钻孔或岩芯的)螺纹线；凿沟

rifle 抢走；带走；钻孔[或岩芯]呈螺旋状弯曲；步枪；来复线；来复条；金刚砂磨刀板；膛线
→~ (d) bar 来复杆//~-bar rotated percussive drill 来复杆驱动旋转的冲击式凿岩机

rifler 硬煤与软煤混合物；牙轮钻头；波纹锉
→~ technique 瞄准销售(技术)

rifling 岩芯上的螺纹槽；井孔螺旋形弯曲；井壁上的螺纹槽

rift 长狭谷；长峡谷；河流浅(石)滩；浅滩；平行于构造的断层；主劈向；裂陷；裂隙；裂痕；裂缝；立理；岩石裂缝；隙；断陷；断裂；断层线；断层露头
→~ (valley;trough) 裂谷

rifted 多裂隙的；断裂的
→~-basin 裂谷{断陷}盆地//~ cratonic margin 裂陷的{谷化}克拉通边缘//~-margin (sediment) prism 裂谷(型)边缘沉积柱体

rift fault 裂陷断层
→~ flank 裂谷侧面

rifting 撕裂(石棉)；裂谷作用；剥取[云母]；断裂作用
→~ dynamics 裂谷作用动力学//~ phase 裂谷作用幕

riftzone 裂缝地带

rig 试验台；设备；沙丘；操纵；钻(探)架；钻井装置；钻井设备；装置；装备；凿岩台车；井架[油]
→~ {tear;take;make} down 拆卸{tear} down 拆除//~ floor 井口//~ front 井架正面

rigger 调带轮[机]

rigging 机身装配；绳索；安装；钻塔装配；钻架安装[包括钻机及附件]；索具
→~ bar 凿岩机支架

right 顺利的；恢复平稳(船等)；正确的；

如实的；权力；恰当的；正确；正当的；整理；右的；垂直的；不错；纠正；向右；对

→~-angle block 方块石

right hand{side}{right-hand} 右侧

→~-hand crusher 右式破碎机；右侧传动破碎机//~ handed{lateral} separation 右离距//~ -hand(ed){dextrorotatory} quartz 右旋石英//~-hand rotation {direction} 正转//~-hand(ed) rotation 右旋；右回转

righting{stability} arm 回复力臂

right justify 靠右对齐

→~ running lode 顺向脉；平行于隆起轴的(矿)脉

rigid 刚性的；硬性；硬的；板；严格的；坚硬的

→~ inclusion stress meter 刚性包体岩石应力计//~ interface point 刚性界面点

rigidity 刚性；刚体；刚度；硬度；严格；稳定性

→~ factor 刚度因子{数}；刚度系数//~ modulus 刚性模数//~ {shear} modulus 刚性模量

rigidly cartridged blasting agent 刚性卷筒爆炸剂

→~-rotated frontal block 刚性旋转前锋断块//~ to adhere to 拘泥[formalities,etc.]

rig manager 海上钻机操作监督

→~ {wagon;truck}-mounted drill 凿岩台车//~ mover 搬迁钻机//~-off-location 钻机迁离工作地点；钻机离开(工作)位置

rigorous 严密；严格的；精确；精密的

→~ adjustment 严密平差

rig personnel 井队人员

→~ replaceable stabilizer (在)井场可修复的稳定器//~{drilling} time 钻孔时间//~-up time 安装工时

rijkeboerite 雷克鲍尔矿；钡细晶石[Ba(Ta,Nb)$_2$(O,OH)$_7$;等轴]

rilandite 水硅铬石[(Cr,Al)$_6$SiO$_{11}$•5H$_2$O?]; 杂铬华

rill 坡；月溪；倒锯齿(形)工作面；溜放矿石；雨谷；小溪；小流；小河；小沟；纹沟；堆底粗矿；大块岩石

→~ cut and fill method 倾斜分层充填采煤法//~ cut-and-fill method 上向倒V形梯段充填采矿法//~ cut mining 侧斜工作面上向回采法//~-cut mining 对角矿层回采//~ cutting 倒角锥形矿房开采法//~ cutting{stoping} 倾斜工作面上向回采

rillenstein[德] 奇形石块；岩面小溶蚀沟；细溶沟；角砾

rill erosion 沟蚀作用；细流侵蚀(作用)

→~ erosion{wash} 细沟侵蚀；纹蚀

rillet 小纹沟

rill face{stope} 倾斜上向回采工作面

→~ floor 倾斜座板

rilling 倾斜层的开采；沟蚀作用；小河般地流；细流侵蚀(作用)

rill mark 流浪；流痕；水流痕；流水波痕；溜痕

→~ method 上向倾斜分层采矿法//~ of the moon 月谷

rillstone 风磨石；风棱石

rill stope-and-pillar system 倒V形上向梯段留柱采矿法

rim 火口沿；环形山边[月面]；环边；垫

环；边缘；边沿；轮辋；轮圈；支圈；缘；(冲击)坑唇；镶边；齿环；承垫；夹壁壁

rima[pl.-e] 月溪；细长口；裂缝[月面]；沟裂；月沟

→~ glottidis 声门裂隙

rimala 小裂隙

Rimales 有痕纲[孢]

rimaye 冰后隙；冰川边沿裂隙

rim bearing 环承

→~ brake 轮缘作用制动器//~ cement 边缘胶结构//~ crevice 边缘冰隙

rime 树挂；结霜；结壳；结晶；雾凇

→(hard) ~ 霜凇；冰花

rim each other 彼此附着；相互附生

rime fog 霜雾

→~ ice 霜冰

rim elevation 露天矿边缘标高

→~ gypsum 边缘石膏膜

rimkorolgite 磷钡镁石[(Mg,Mn)$_5$(Ba,Sr,Ca)(PO$_4$)$_4$•8H$_2$O; Mg$_5$Ba(PO$_4$)$_4$•8H$_2$O]

rimless 无边缘

rimmed kettle 边缘高起的冰碛洼地；冰碛洼地

→~ {effervescing;rimming;open} steel 沸腾钢//~ {rimming} steel 不脱氧钢//~ texture 镶边结构

rimmer 轮辋；沸腾钢

rimming ingot 沸腾钢锭

rimose 缝裂的；龟裂的

rimous 布满细裂隙的；多裂纹的

rimpylite 富铁闪石[为富含(Al,Fe)$_2$O$_3$青褐色的普通角闪石；Ca$_2$ Na(Mg,Fe)$_4$(Al,Fe)((Si,Al)$_4$O$_{11}$)$_2$(OH)$_2$];角闪石[((Ca,Na)$_{2-3}$(Mg^{2+},Fe^{2+},Fe^{3+},Al^{3+})$_5$((Al,Si)$_8$O$_{22}$)(OH)]

rim ray 边界光

rimrock 基岩；顶岩；砂矿边沿(基岩)；边缘基岩；高原冰沿岩石；高原边沿岩石；盖岩

→~-rock 砂矿边沿(基岩)

rim rock 砂矿露边底岩；边沿岩石；边岩

rimrocking 边缘找矿法

rim saw 轮锯

rimstone 水盆周边钙质沉积；边缘石华；边{缘}石；盆缘石灰石

→~ dam{barrier;bar} 边石坝

rim syncline 边缘沉陷

→~ value 边缘值//~ volcano 口缘火山

rin{rhinn;rhyn;rinn} 岬角[凯尔特语]

Rinchenia mongoliensis 瑞钦龙

rincolite 褐硅铈矿[NaCa$_6$Ce$_2$(Ti,Zr)$_2$Si$_7$O$_{24}$(OH,F)$_7$; Na$_3$Ca$_8$Ce$_2$(F, OH)$_7$(SiO$_3$)$_9$];层硅铈钛矿

rincon 河湾；小孤谷；山凹[西]

rind 表面；剥皮；皮；亮；削……皮

→~ ice 壳冰

ring 环形物；环绕；环(形)管；环；包围；圈；丘宾筒；鸣钟；轴环；摘

→(hand;eye;hanging;suspension;lift) ~ 吊环；环梁；垫圈//~ bolt 环端螺栓//~ coal 沥青炭//~ core-balance 环形铁芯平衡变流器[漏电保护]

ringdown 振铃信号

→~ signalling 低频监察信号

ring-down system 振铃信号制

ring drilling 环形(炮)孔凿岩；环形钻眼；扇形炮孔凿岩；平面放射形钻进

→~ drill jumbo 环形凿井钻机吊架

ringed formation 环状体

→~-line barrel sampler 束节式取土器//~ out bit 端部形成环状槽的钻头[因金刚石损坏]//~ vessel 环纹导管

Ringelman chart 标准烟色图

→~ concentration table 林格曼浓度表

Ringelman number{|chart} 林格曼数{|图}

→~ smoke chart 林格曼烟色图

ringer 电铃；按铃者；撬棍；鸣铃器；打楔锤；信号器；响砂岩

→~-and-chain 回柱机

ring-fanned holes 环扇形炮眼组

ring fence 核算范围；篱笆圈

→~-fracture intrusion 环状岩墙

Ringicula 露齿螺属[腹;K$_2$-Q]

ring isomerism 环异构

ringite pegmatite 长霓碳酸伟晶岩

ring jewel 环宝石

→~ jumbo 环型钻车//~ life buoy 救生圈//~ lifter 提断环[岩芯]

ring{loop}-like 环状；环形

ring like structure 环状构造

→~ line 环形管线//~ {sphere;cockade} ore 同心球矿石//~ ore body 环状矿体

Ringrose detector 林罗斯沼气探测器

→~ pocket methanometer 里因罗斯型袖珍沼气检定仪

ring rotary grizzly 环式圆筒格筛

rings 泥包[钻进时岩粉形成的]

ring screw gage 螺纹环规

→~-shaped 环状的//~-shaped occurrence 环形产状//~-shaped{cyclic} twin 环状双晶//~ size 环粒度[测量岩块大小,以便筛分]//~-small 小于一定尺寸的路基石料

rings of Saturn 土星(光)环

ring spanner 梅花扳手

→~ species 环种//~ spring 环簧//~ stiffener 加强环

ringstone 拱面石[楔形]

ring stress 环应力

→~ structure 环形山//~ tensiometer 吊式张力仪//~ test 水泥浆流动度试验//~-type reaming shell 环状金刚石扩孔器

ringwall 环形壁[月面]；环壁

→~ {rampart} crater 壁垒状火口

ringwoodite 尖晶橄榄石[(Mg,Fe^{2+})$_2$SiO$_4$; 等轴]

ring worm corrosion 环状腐蚀

ringy 振动的；振荡的

rinkolite 褐硅铈石；褐硅铈矿[NaCa$_6$Ce$_2$(Ti,Zr)$_2$Si$_7$O$_{24}$(OH,F)$_7$;Na$_3$Ca$_8$Ce$_2$(F,OH)$_7$(SiO$_3$)$_9$];层硅铈钛矿[单斜;Na,Ca,Ce的硅钛酸盐; (Na,Ca,Ce)$_3$Ti(SiO$_4$)$_2$F];硅铈钛矿；绿(层)硅铈钛矿[CeNa$_2$Ca$_4$Ti (Si$_2$O$_7$)$_2$OF$_3$,常含Nb、Th、Fe、Al、H$_2$O等杂质;(Ca,Na)$_{11}$Ce$_2$(Si,Ti)$_{10}$O$_{28}$(F,OH)$_8$(近似)];林克矿

rinmanite 羟铁镁锑锌矿[Zn$_2$Sb$_2$Mg$_2$Fe$_4$O$_{14}$(OH)$_2$]

rinneite 碱铁盐；钾铁盐[FeCl$_2$•3KCl•NaCl;三方]

rinnenkarren 细溶沟

rinnental[pl.-ler;德] 冰下槽谷；隧道谷

rinser 清洗装置；冲洗器

rinse{rinsing} screen 冲清筛

→~ {wash} water 喷洗水

rinsing 清水；漂洗；漂清；洗涤；冲洗

→~ {washing} machine 洗涤机

rinsings 残渣

rinsing-spraying screen 喷水清洗筛
rio 常流河[西]
riolite 铋黝铜矿[$Cu_{12}(As,Sb,Bi)_4S_{13}$];杂汞硒闪锌矿
riolith 二硒银矿;硒银矿[Ag_2Se;斜方]
riomarinaite 瑞铋矾[$Bi(OH)SO_4•H_2O$]
riometer 电离层吸收测定器
rionite 铋黝铜矿[$Cu_{12}(As,Sb,Bi)_4S_{13}$;$Cu_{12}(As,Bi)_4S_{13}$];铋砷黝铜矿
Riosorgeinento 巴西新纽啡珠[石]
rios tapados 封口河
riot 骚动;浪费;丰富[色彩等]
→~{tear} gas 防暴催泪瓦斯
Rio Tinto 力拓矿业公司
→~ Tinto Aluminium 力和力拓铝业公司//~-Tinto process 里奥廷{丁}托(硫化铜原矿石堆浸)法
rip(-up) 撕裂
RIP 矿浆(中)树脂(离子)交换(法)[浮选、浸出]
rip 撕(开);刷帮;划破;巷道挑顶;清管器;破开;刮刀;刮板;割开;裂开;裂缝;凿开;剥落;洗涤器;卧底;挑顶;激浪;裂浪[双流相会而起];切开[在管路周围]
→~ (current) 裂流//(gash) ~ 裂口
ripa 湖岸;河岸
riparian 水滨的;水边的;湖滨的;河边居民;河边的;河岸拥有;河岸的;沿岸;岸栖的
→~ right 沿岸权
ripbit 活钻头
rip blasting 落底爆破
→~ channel 离层水道//~ current 激流
ripe 融雪;水面冰块;海岸;成熟[泥炭]
ripening 成熟化
→~ sludge 熟化污泥
ripe peat 成熟泥炭
→~-snow area 软雪区
rip feeder current 裂流补给流;补流
→~ head 裂流(流)头;离岸流头
Riphean 里菲(期)[欧;Z]
ripidolite {铁}蠕绿泥石[$Mg_3(Mg,Fe^{2+},Al)_3((Si,Al)_4O_{10})(OH)_8$];阿铁绿泥石;鳞绿泥石
ripio 岩屑;硝石沥渣
riponite 钠钙柱石;钙钠柱石;中柱石[Ma_5Me_5-Ma_2Me_8(Ma:钠柱石,Me:钙柱石)];针柱石[钠柱石-钙柱石类质同象系列的中间成员;$Ma_{80}Me_{20}$-$Ma_{50}Me_{50}$;(100-n)$Na_4(AlS_3O_8)_2Cl•nCa_4(Al_2Si_2O_8)_3(SO_4,CO_3)$]
rip open 剖
rippability 易掘性;(土壤)可松性;犁松性;可破裂性;可劈裂性;可犁松性
ripper 粗齿锯;犁松机;挑顶工;碎土机
ripping 切割;劈的;煤巷挑顶、卧底[主指挑顶];裂开;折的;犁松破岩;开裂;松土
→~ dirt 刷帮矸石
rippings 清出的废{矸}石
ripping web 截槽厚度
rip plate 皮带扣;金属垫板[修理输送机胶带]
ripple 横挡条横槽;浅滩;格条[溜槽、摇床等];脉动;皱襞;涟漪;涟波;涟;波涟;波动;界面波;交流声[alternating current];格[摇床、洗矿槽底]
→(crimp) ~ 波纹//~ bedding 流纹层理//~ biscuit 透镜形层理//~ crest 波顶
rippled slope 波纹坡
→~ surface 涟痕面
ripple effect 爆破重叠作用
→~ form {-}set 波痕形态组//~-front 波前//~{ripple-mark} index 波痕指数//~ mark 涟痕;波浪砂纹//~-mark wavelength 波痕波长
rippling 具波痕层面;波痕
riprap 乱石堆;防冲乱石;抛石[防冲、护坡]
→~ (revetment)抛石护岸//(stone) ~ 乱石//(stone)乱堆石
rip-rap 防冲大块石
riprap protection 乱石加固
→~ rock 块状乱岩//~ stone 抛积石
rip saw 纵切锯
→~{brushing} the roof 挑顶//~ tide 退潮流;激浪潮//~-up 撕裂构造;裂开;页岩碎屑;冲裂(碎屑物)[页岩碎屑形成]
rischorrite 嵌霞正长岩;粗霞正长岩
rise{acclivity} 斜坡[向上]
→~(r) 升起;上坡;溶岩泉;溶洞泉;海隆;隆起;高起;高地;露出地表;隆堆;涨潮;岩溶泉;向上开掘;梯级;抬升;上山//~ high 突起//~ of arch (er) 拱矢;拱高
r(a)iser 立管;竖壁;(梯级)竖板;升降器;上投断层;气门;铸造冒口;逆断层;溢水口;外坡[钢];天井;梯状地形
riser angle indicator 倾斜度及方位指示器
→~ collapse 隔水管挤扁//~ {-}moored tanker 立管系泊油轮//~ {outlet;water-lifting;drainage} pipe 出水管[抽水机]//~ pipe 并点管//~ staircase signal 上升阶梯信号
rise side 上山巷道侧帮
→~{upper} side 上帮//~ time 上升时间;增长时间;建立时间//~ working 上向开采
rising 超过;上向凿井;上升的;上升;溶岩泉;高地;龙洞口;蒸腾;增长的;岩溶泉;向上掘进;将近;渐高的;突出部分
→~ (top) 冒顶//~ column 矿泵主水管
risk 保险对象;风险;危险
→~ {venture} analysis 风险分析//~ criterion 风险标准//~ management 事故管理
risoerite 羟褐铒钽矿;钛褐钇铌矿[$(Y,Er)(Nb,Ti,Ta)(O,OH)_4$]
risorite 铁褐钇铌矿;钛褐钇铌矿[$RE(Nb,Ti,Ta)O_4$]
risse(n)ite 绿铜锌矿[$Zn_3Cu_2(CO_3)_2(OH)_6$;$(Zn,Cu)_5(CO_3)_2(OH)_6$;斜方];碳铜锌矿
Riss glacial age 利斯冰期
→~ glacial stage 里斯冰期[欧;Qp]//~ glaciation 利斯冰期;里斯冰期[欧;Qp]
Rissoa 鸥螺属[J-Q];麂眼螺属[腹]
Rissoina 准鸥螺属[腹;K-Q]
ristshor(r)ite 粗霞正长岩
rither 薄煤层;含铁脉石;岩层内压性裂隙;小断层
rittingerite 黄银矿[$Ag_3As(S,Se)_3$;Ag_3AsS_3;单斜];砷硒银矿[$Ag_3As(S,Se)_3$]
rittmannite 李特曼石[$(Mn_{0.54}Ca_{0.47})_{1.01}(Fe^{2+}_{1.15}Mn_{0.56}Mg_{0.29})_2(Al_{1.75}Fe_{0.25})_2(OH)_{2.02}(PO_4)_4•8H_2O$]

rivadavite 水硼钠镁石[$Na_6MgB_{24}O_{40}•22H_2O$;单斜]
rivaite 针硅灰石[$Ca(SiO_3)$];硅灰石[$CaSiO_3$;三斜];针硅钙石[$Ca_2(SiO_3)(OH)_2$;单斜];杂玻璃硅灰石
rive 劈开;裂隙;裂缝;小溪;碎片
→~ (scission) 裂开//~ a stone 劈开一块石头
rivelaine 底部掏槽用手镐
river 水道;河流;河;高级纯白钻石;川;巨流;江
→~ bar placer 阶地砂矿//~-bar placer 河成沙坝砂矿//~-bar{river} placer 河洲砂矿
riverbed 河床
river bed paving 河床铺石
→~ (-)bed{stream;river} placer 河床砂矿//~ gravel 河砾石
riverhead 河源;河道源头
→~ {river} inversion 河流倒流
riverine 河流的;河的;河成的;河边的;沿河岸的;近河区
→~ input of pollutants 沿河排入的污染物//~ ore deposit 河岸矿床
river intake 河上取水口
→~ island 河心岛//~ junction 合流//~{riverhead} junction 汇流点
riverless 无河((地)区)的
river level 河水位
→~{water} mouth 河口//~ mud{silt} 河泥//~-pebble phosphate 河砾磷块岩{酸盐};河成磷块岩砾石//~ pipe 过河管子;穿越河流的加重管子//~ piracy{pirate;capture} 河流截夺//~ run gravel 流水作用的砾石
rivers 水流
river{fluvial} sand 河砂(沙) [石英、长石为主,少量黑云母、磁铁矿等]
rivershed 流域盆地
riversideite 单硅钙石;纤硅钙石[$Ca_5Si_6O_{16}(OH)_2•2H_2O$]
riverside{front} slope 外坡[钢]
river silt engineering 河流泥沙工程
riverwash 沿河荒地
river water abstraction 河水的提取
→~ weir 拦河堤{堰}//~ width 河幅//~-worn 河流冲蚀的
rivet 钉牢;固定;铆(钉);集中[注意力等]
→~ (joint) 铆接//~ connection{joint} 铆(钉)接合
riveted joint{bond;connection} 铆接
→~ joint 铆钉接合
riveting 铆接
→~ intrusion 贯入体//~ tongs 铆钉钳
rivet lap{rivet-lap joint} 铆钉搭接
→~ of lava 熔岩薄层//~(ed) seam 铆缝//~ welding 塞{铆}焊
riviera 沙滩游憩胜地[气候温和的];滨海疗养区
riviere 网眼效应;宝石项链;河流[法]
rivon 酒石酸五甲哌啶
rivotite 杂黄锑孔雀石
Rivularia 胶须藻(属)[Q]
Rivularialites 溪石藻属[N]
rizalite 黎利玻陨石[菲];玻璃陨石
rizopatronite 绿硫钒石;绿硫钒矿[$V(S_2)_2$;单斜]
rky 岩石的
RMR 岩体分级{类}

Rn 氡

rnichel-levyte 重晶石[BaSO$_4$;斜方]

rnillivoltammeter 毫伏安计

roach 沙质土；砾质土；废石；岩石丘陵；岩石；波特兰石灰岩上部优质层；波德兰石灰岩上部优质层

road 水上作业场；手段；海中停泊处；海中抛锚处；侵蚀阶地[冰谷中]；道路；道；路；矿山平巷；开敞锚地锚泊处；途径
→~ boring machine 公路穿越钻孔机 //~ capacity 流道流通量 //~ cleaner 清道工[矿坑夜班工作]

roadcut 路堑

road lining 坑道支架
→~ loading{filling} facility 油罐车装油设备 //~ -making 巷道掘进 //~ marking 路面标示{线} //~ material 铺路碎石 //~ metal 碎石料 //~-metal 道砟；筑路碎石 //~-metal spreading machine 碎石撒布机 //~{gate} pack 平巷石垛墙 //~ packwall 巷道石垛墙

roadside 巷道侧
→~ {rib-side} pack 巷道侧帮废石墙

road sign{marking} 路标
→~ spreader 筑路撒料机

roadstead 碇泊区；锚泊区；停泊地
→(open) ~ 开敞锚地

roadstone 铺路石；筑路石料

road surface 路面
→~-surfacing 路面铺设 //~ tanker 油罐车 //~ transport to customer 陆运至用户

roadway 车道；巷道；平巷；大巷；路面；矿山平巷；行车路；井下巷道；通路
→(trunk) ~ 主平巷

road wedge 掘路楔凿
→~ weight 行驶重量 //~ whitewashing 巷道刷白 //~ white washing 平巷刷白

roaldite 氮铁矿[六方;Fe$_5$N$_2$;(Fe$_{0.94}$,Ni$_{0.055}$,Co$_{0.005}$)N;(Fe,Ni,Co)$_4$N]

roaring flame 烈焰
→~ forties 四十度哮风带；咆哮西风[大西洋上] //~ sand 轰鸣砂 //~ steam vent 响声很大的喷汽孔

roasted{calcined} ore 焙烧矿
→~ product{mass} 焙砂

roaster 焙烧炉；矿石烘炉；烤烘器具

roasting 煅烧
→~ bed 焙烧床{料}层 //~ method 烤热法 //~ sample 烘样

roast-reaction 焙烧反应[化]

rob 回收支柱；回收矿柱；回采矿柱；煤柱；刮；采矿柱；二次回采

robbed (out) 已回采{收}的

robbery 回采矿柱；煤柱；河流袭夺

robbing a mine 掠夺式(性)开采
→~ by chute-breast method 溜道-煤柱(回采煤)法 //~ pillars 煤柱回采；矿柱回采

Robbins machine 罗宾斯型井筒掘进机
→~-Messiter system 罗宾斯-麦西特(矿石混均)系统

robble 断裂；断层

Robertina 罗伯特(有孔)虫[孔虫;T-Q]

robertsite 水磷钙锰矿[Ca$_3$Mn$_4^{3+}$(PO$_4$)$_4$(OH)$_6$•3H$_2$O;单斜]

robertsonite 丝光沸石[(Ca,Na$_2$)(Al$_2$Si$_9$O$_{22}$)•6H$_2$O;(Ca,Na,K$_2$)Al$_2$ Si$_{10}$O$_{24}$•7H$_2$O;斜方]；

闪锌矿[ZnS;(Zn,Fe)S; 等轴]；异光沸石[(Ca,Na$_2$,K$_2$)(Al$_2$Si$_9$O$_{22}$)•5H$_2$O]；纤锌矿[ZnS(Zn,Fe)S;六方]；发光沸石[(Ca,Na$_2$)(Al$_2$Si$_9$O$_{22}$)•6H$_2$O]；胶硫锌矿

robin accentor 鸲岩鹨

Robin Hood's wind 罗宾汉风

Robins-Messiter system 鲁宾斯-麦锡特尔输送机堆积法

robinsonite 纤硫锑铅矿[Pb$_4$Sb$_6$S$_{13}$;三斜]

Robinson's anemometer 鲁滨逊风速计

Robitzsch actinograph 鲁卑支辐射仪

rob(bing) line 矿柱回采线

ro(e)blingite 铅蓝方石[2PbSO$_4$•(Ca,Mn,Sr)$_7$H$_{10}$(SiO$_4$)$_6$];硫硅钙铅矿{石}[Pb$_2$Ca$_7$Si$_6$O$_{14}$(OH)$_{10}$(SO$_4$)$_2$;单斜]

robot 机器人；自动装置；自动机；遥控装置
→~ buoy 无人浮标

robotic 机器人

robotics 遥控学；机械人学

robotization 机器人化；自动化；像机器一样的行为

robot scaler 放射性试样自动测定器

Robson and Crowder process 罗伯逊-克劳德尔油浮选法

Robuloides 似扁豆虫

Robulus 壮壳虫属[孔虫]；凸镜虫属[T-Q]

Roburite 罗比赖特炸药

robust 结实的；稳固的；坚实的；坚固的；加强的
→~ estimation 稳定估计

Robustoschwagerina 强壮希瓦格蜓属[孔虫;C$_3$]

Roccal 50% Roccal 烷基二甲基苄基氯化铵[RNH(CH$_3$)$_2$(C$_6$H$_4$ CH$_2$),Cl]

Roccella 石蕊属

roccellic{barbatic;dydimic} acid 石蕊酸
→~ acid 海石蕊酸

roccellin 海石蕊素

rocdrumlin 基岩鼓丘；石鼓丘

Rocelle salt 罗杰盐

roche 岩石

Roche density 若克密度

Rochelle salt 罗谢耳盐
→~ salt crystal 酒石酸钾钠晶体

roche moutonée{moutonnee} 羊背石

Roches{Roche;Rache} limit 洛希极限

roches moutonnee 羊背石[冰]

Rochester shales 罗彻斯特页岩

Roche wet belt magnetic separator 罗奇型湿法胶带式磁选机

rochlederite 玫兰树脂

rocite 贝拉洛卡陨铁

rock 摇摆；基石；晃动；石头；石斑鱼；石；巉岩；磐石；钻石；柱石；摇晃；摇动；岩石；岩；礁；宝石

rock (chunk) 石块
→(ledge) ~ 礁石；块石 //(sunken) ~ 暗礁[水下的礁石] //~ (tails) 尾矿 //~ absorption swelling mechanism 岩石吸胀机理 //~ adit 岩石平硐

rockallite 钠辉细岗岩

rock alum 钾明矾石[KAl$_3$(SO$_4$)$_2$(OH)$_6$]
→~ anchor{bolt} 岩石锚杆 //~ and water penjing 水石盆景 //~ arch 石轭 //~{stone} arch 石拱

rockasphalt 岩沥青[含 7%~10%沥青的砂石或石灰岩]

rock asphalt 石沥青；含沥青10%的砂石

或石灰岩；沥青岩；岩沥青[含 7%~10%沥青的砂石或石灰岩]
→~ assemblage{association} 岩石组合 //~ association 岩石伴生组合 //~ auger 石螺钻 //~ avalanche 石崩 //~ bank 石岸 //~-bar 石梁 //~ basin 石盆地；岩盆；岩盘 //~ beam{bar} 石梁 //~ bed 底岩；岩石层 //~ behaviour 岩石受力显现 //~ bin{pocket} 矸石仓 //~{waste} bin 废石仓 //~-bit interaction 岩石与钻头互相作用 //~-bit interaction model 岩石-钻头互作用模式 //~ blanket 护底；护板；底板；矿席 //~ blasting{burst} 岩石爆破 //~ blasting explosive 岩石炸药 //~ blasting in cut 路堑石方爆破 //~ bodies 岩石体

rockbolt 锚栓；锚杆；炸药爆破锚固锚杆法；岩石锚杆

rock bolt(ing){pin} 锚杆
→~ bolt 石锚；岩栓 //~ bolt extensometer 岩石锚杆引伸仪 //~-boring 岩石钻孔

rockbound coast 巉崖岸；多岩海岸

rock breakage 破岩
→~ breakage with projectile 射弹破岩 //~ breaking by laser 激光破岩 //~{strata} bridge 岩桥

rockbridgeite{rock bridgeite} 基磷重铁矿；绿铁矿[(Fe^{2+},Mn)Fe$_2^{3+}$(PO$_4$)$_3$(OH)$_5$;斜方]

rock bruching 刷帮
→~{entry} brushing 挑顶、卧底、刷帮[刷大巷道] //~ bulking factor 岩石松脱系数

rockburst 岩石突出；岩石破裂；岩爆；冲击地压

rock burst(ing){outburst;explosion;blasting} 岩爆
→~ burst 岩石突然崩碎；岩层突裂；爆石 //~ bursting 岩石喷出 //~ car 运石车 //~ cave 石窟 //~ channel(ler) 截石机 //~ channel(l)er{cutter} 切石机 //~ characteristics{property; character} 岩石特性 //~ chemistry 岩石化学 //~ chip {fragment} 岩石碎片 //~ chunk 石渣

rockchute 放石溜口

rock chute 放石槽
→~ (-)chute{rockhole} method 岩石联络眼开采法 //~ chute{hole} system 岩层溜眼开采法 //~ clay 黏土岩 //~ cohesion 岩石黏结 //~{petrographic(al)} composition {constituent} 岩石成分 //~ consolidating coefficient 岩石坚固系数 //~ constituent 岩石组分 //~-core drilling 岩芯钻探 //~{mountain} cork 淡石棉 //~ cork 温石棉[Mg$_6$(Si$_4$O$_{10}$)(OH)$_8$] //~ cover{overlying} 覆盖岩石

rockcraft 攀岩技术；筑石艺术

rock creep 岩石潜动{移}
→~ crown 顶部岩石 //~ crusher {breaker;cutter}{rock crushing machine} 碎石机 //~-crushing{stone-breaking; stone-crushing} plant 碎石厂 //~ crystal 石英[SiO$_2$;三方]；石晶；大块纯石英晶体；岩晶 //~-cut 岩石开凿 //~ cutting 岩石开凿 //~ cutting blasting 路堑石方爆破 //~-cut tomb 石窟陵墓 //~ dash 干黏石 //~ debris{fragment} 岩石碎屑 //~ decay 岩石腐坏{蚀} //~

R

defended terrace 岩石防蚀阶地//～-defended terrace 护岩阶地；岩护阶地//～ deflector 排石铲[从开沟器前排开]//～ deformation and stability measurement 岩石变形和稳定性测量//～ deformation parameter 岩石变形参数//～ density 岩石容重//～{rock-type} discrimination 岩石类型鉴别//～ disintegration{fragmentation;breaking} 岩石破碎//～-disposal{waste-disposal} site 废石场//～ ditching{trenching} 挖岩石管沟//～ drivage 岩巷掘进//～{false} drumlin 岩鼓丘//～ dumping yard 矸石

rocked timbering 斜撑木

rock embankment 石堤
　　→～ embedment strength 岩石嵌入砂子的强度

rocker 游梁；摇轴；摇砂机；摇杆；摇动(溜)槽；摇臂；小挖斗
　　→～ arm{lever} 摇臂//～ (side) dump car 翻斗车；翻斗矿车

rockery design 假山石

rocket 火箭；烟火信号
　　→～-borne magnetometer 火箭运载式地磁仪//～ exhaust drill 喷气火钻//～-exhaust drill 火箭喷气成孔式钻机；喷气穿刺成孔式钻机//～ flame 喷射火焰

rocketsonde 火箭探测

rocket towing explosive device 火箭爆破器

rock-eval 源岩评价仪
　　→～ pyrolysis 岩石快速热解分析

rock excavation 剥离作业；挖石工程

rockeye 岩石眼炸弹

rock fabric 岩石组构
　　→～-faced dam 堆石护面坝//～-faced stone 粗琢岩//～ factor 岩石抗爆阻力系数//～ failure{rupture;fracture;burst} 岩石破裂//～ failure 岩石破碎[钻头作用下]

rockfall 冒顶；落石；崩塌；岩石冒落；岩石崩落；岩崩；塌方

rock fall{failure} 岩石崩落
　　→～ fall 岩石塌落；岩石冒落//～-fall 岩石塌落//～ fall fence 防石栏

rockfall related accident 岩石冒落事故

rock fan 岩扇
　　→～ feeder 给石机//～(-)fill 堆石{岩石}充填；填石//～ fill(ing) 岩石充填

(placed) rockfill 砌石

rock-fill cofferdam 填石围堰

rockfill dam 堆石坝[天然]；填石坝[土]
　　→～{rubble} dam 堆石坝[天然]//～ dam with vertical clay core 垂直黏土心墙堆石坝//～ diversion weir 堆石引水堰

rock-filled crib weir 木笼式填石堰
　　→～ trickling filter 碎石充填滴滤池

rock{rubble} filling 废石充填
　　→～{stone}-filling dam 填石坝[土]

rockfilling{rock} facing 堆石护坡

rock fill raise 充填用天井

rockfill timber crib 叠木石笼

rockfish 石斑鱼

rock floor 山麓侵蚀坡；岩床[砂矿]
　　→～ flow(age) 岩石流动//～-flow 石流//～-fluid system 岩石-流体系统//～ force displacement performance 岩石强制位移特性//～ foundation 岩石地基；岩基//～ fracture{fissure} 岩石裂缝

//～ fracture 岩石裂隙//～ fragment 岩石碎块；碎块岩石//～ fragment flow 石流；岩崩//～ frame stress 基质应力；岩石骨架应力；颗粒应力//～-free terrain 无石地区//～ gangue 夹石[矿脉中]//～ gangway{drivage;roadway} 岩巷//～ gangway{tunnel} 石巷；脉外平巷//～ garden 叠石庭园//～ getter 采石工//～-glacial creep 石冰川蠕移//～{block} glacier 石冰川[冰缘]//～ glacier 冰川石流//～ glacier{stream} 冰河石流//～-glacier 石冰川[冰缘]//～-glacier creep 石流滑移；石河蠕动；冰石潜移//～ grain thermal conductivity 岩石晶粒热导率//～{secondary} grinding 二次磨矿//～ grout 岩石灌浆；岩浆//～{stone} guard 防石护刃器//～ gypsum 石膏[CaSO₄·2H₂O；单斜]；块状石膏

rockhead 表土下硬岩层的顶部；坚实岩层的顶部；基岩；石盐层最上层；硬岩层[离地面最近的]；岩盐层最上层；岩石顶层

rockhole 脉外溜井；放矿溜井

rock hole 放矿岩石溜道；岩石钻孔
　　→～ hole{shelter} 石洞//～ hound 找矿者//～ ice 化石冰川//～ identification 岩石鉴定

rocking 摇动槽选矿；洗矿；摇动；摇床精选；拣选废石；摆动
　　→～ bar 摇杆//～{logging;logan;loggan} stone 摇摆石

rock in place 本地岩石；原岩；原地岩石；岩盘
　　→～ intercalation 岩石夹层//～ joint 岩石颗粒的结合//～ joint shear strength test 岩石节理剪切试验//～ ladder 卸石梯

rocklandite 蛇纹石[Mg₆(Si₄O₁₀)(OH)₈]

rock leather{cork} 镁坡缕石[Mg₄Al₂Si₁₀O₂₇·15H₂O]
　　→～{mountain} leather 坡缕石[理想成分:Mg₅Si₈O₂₀(OH)₂(H₂O)₄·nH₂O;(Mg,Al)₂Si₄O₁₀(OH)·4H₂O;单斜、斜方]//～{rocky;stone} ledge 石坡

rocklet 小岩石；小石

rock lifting{penetration} 凿岩
　　→～ lifting 开凿岩石//～ load 岩石载荷

rockloader 装岩机；载岩机

rock loader{passer} 装岩工
　　→～-loading{rock} machine 装岩机//～ machine{rake} 抓岩机//～-magma 岩浆//～ magnetism 岩石磁学(性)//～ man 石板工[英]；炸石工；矿工；掘石工//～ mantle 表土；风化(表皮)岩；岩石表层//～{waste;alteration} mantle 风化层//～ mass{massif;masses;matrix} 岩体

rockmass{rock} flow 岩石移动

rock mass flow{movement} 岩体移动
　　→～ mass mechanics 岩体力学//～ mass rating 岩体分级(类)//～{stone} material 石料//～(y) matri 脉石//～ matrix 杂石//～ matrix{skeleton;frame} 岩石骨架//～ matrix strength 岩石基质强度//～ meal 岩粉；方解石粉//～ mechanics 岩石力学//～{moon} milk 岩乳[一种硅藻土或风化方解石]//

{mountain} milk 山乳//～-mineral analysis 岩矿分析//～ mound{filling; piling} 堆石//～ movement 岩石移动//～ mover {trap;remover} 除石机//～ of high modulus ratio 高模量比岩石//～ of low modulus ratio 低模量比岩石

rockogenin 岩配质

rockoon 气球火箭

rock opening 洞穴
　　→～-ore 原地矿(石)//～-ore formation time interval 矿岩时差//～ out{cut} 岩石掘进//～ outburst{burst;bump;blow; bursting} 岩石突出//～ outcrop{exposure} 岩石露头；岩石出露面//～ outcrop soil 石质土；岩石露头土//～-out job 采石工作

rockover remover 除石机
　　→～ skip system 倾卸箕斗提升法

rock parrakeet 岩鹦鹉
　　→～ parting{band} 夹石层//～ partridge 石鸡//～ pavement vegetation 石戈壁植被//～ pedestal 蘑菇石；菌石//～ pendant 蚀余岩片；洞顶垂石//～-perched{-defended} terrace 岩石阻留阶地//～ phosphate 磷酸岩；磷酸石；磷块岩；磷灰石[Ca₅(PO₄)₃(Cl,F)]；磷灰石[Ca₅(PO₄)₃(F,Cl,OH)]//～ physical mechanics 岩石物理机械性质//～{stone} picker 捡石机//～ picking 拣选废石；拣矸//～ pillar 石林；残山//～ pin 固石销//～ pinning 钉栓岩石//～ pit 石坑//～{quarry} plant 采矿设备//～ pocket 石仓；岩石窝孔//～ pool 满潮池；岩石区潜水潭//～ pore 岩石孔隙//～ position factor 岩石状态系数//～ powder 粉末状岩石//～ pressure 矿压；油层最初压力//～ pressure{thrust} 岩石压力//～ product 石制品//～ product industry 岩石产品工业//～ properties{property} 岩石性质//～ ptarmigan 石松鸡//～ reduction {disintegration} 岩石崩解//～ refuse 矸{废}石//～ remover 清石机；除石块机//～ riffle 衬底铺石格条//～ riffle sluice 铺石格条流洗槽；矿槽；块石挡板溜槽//～ ripper 松土器；松石器//～{stone} riprap 乱抛石块//～ rip-rap 抛石//～ rot 岩石分解//～{cape} ruby 红(石)榴石；红柘榴石//～ salt 石盐岩；盐岩//～ (ground) salt 石盐[NaCl;等轴]//～-salt mine 石盐矿

rockscraper 深层地下楼

rock screen 筛石筛
　　→～ screening 岩石筛出物//～ sea 石海//～ section{slice} 岩石薄片//～ shachiang 砂姜石//～ shaft 下放矸石井筒；充填料井；井筒；填石竖坑；送充填料的井筒//～ shed 滚石防棚工程//～ sheet 水平岩层；平伏岩层；岩席

rockshelter 石洞

rock shelter 岩粉棚；崖洞；悬岩
　　→～-shelter 岩穴

rockshield 防岩石损伤的护板

rock shovel 铲斗式清岩机
　　→～ silk{cork} 石绒；石麻//～ silk 细丝石棉//～ silk{wool;leather;cork;wood} 石棉

rockslide 滑塌；滑坡；落石；岩滑；塌方

rock slide 坍方
　　→～ slide{sliding} 岩石滑动//～ slip

岩滑//～ soap 石皂[呈沥青黑色或青黑色的硅酸铝矿]；山脂土；蒙脱石[(Al,Mg)$_2$(Si$_4$O$_{10}$)(OH)$_2$•nH$_2$O;(Na,Ca)$_{0.33}$(Al,Mg)$_2$Si$_4$O$_{10}$(OH)$_2$•nH$_2$O;单斜]//～-soil pressure measuring equipment 岩土测压器//～ sphere{shell} 岩石圈//～ splitter 劈石工{器}//～-splitter 岩石劈裂机//～ spoil removal 清除矸石；出渣//～ {David's} squirrel 石松鼠//～ storing of oil 岩石中石油的储藏//～-stratigraphic unit（岩石）地层单位[群/组/段/层(Group/Formation/ Member/Bed)]//～ stream{flowage;glacier;storm;train} 石流//～ stream{river;glacier} 石河//～ strength 岩石强度//～ strength factor 岩石硬度//～ stress 围岩岩石应力显示//～ structure{fabric;frame} 岩石构造//～ subsidence 地层移动；岩层陷落//～ suite 岩群//～ survey 岩石测量//～ tar 石焦油；原油//～ texture 岩石结构//～ throw 岩石抛射距离//～ thrust 地压；矿山压力//～ train 石列；碛列//～{stone} trap 集石器//～ tread 防岩石切割型轮胎面//～ tunnel 石硐//～-tunneling machine 岩石隧道掘进联合机//～ tunneling method 岩石隧道施工法//～ type 岩型；岩石种类//～ ultimate balance theory 岩石极限平衡理论 //～ {lithostratigraphic;lithogenetic;lithostatic} unit 岩石地层单位[群/组/段/层]//～ vole 岩䶄//～ violet 岩紫罗兰//～ wall{pack} 石垛带//～ wallaby 岩鼠//～ wall failure 石壁破坏//～ warbler 石栖刺莺

rockweed 固着在岩礁上的海藻；墨角藻
Rockwell('s){indentation} hardness 洛氏硬度
Rockwell hardness 罗克韦尔硬度
→～ hardness (number) 罗氏硬度(数)//～ indentation hardness 洛氏针入硬度//～ machine 若克威尔硬度测定器
rock window 岩窗
→～ windrower 石块收集堆条机
rockwood 褐块石棉[(Mg,Fe^{2+})$_3$Fe$_2^{2+}$Si$_7$O$_{20}$•10H$_2$O]
rock wood 不灰木
→～ wood{wool} 褐块石棉[(Mg,Fe^{2+})$_3$Fe$_2^{3+}$Si$_7$O$_{20}$•10H$_2$O]
rockwool 石棉；矿毛绝缘纤维(矿)；岩棉
rock{cinder} wool 矿棉
→～ wool 矿石棉；矿毛绝缘纤维(矿)；玻璃纤维//～ wool asphalt board 褐块石棉沥青板
rockwork 人造岩礁；攀岩技术；(天然)岩石群；岩石工作
rock work 凿岩工程
→～ wreath 石环；石花环//～ wren 岩鹪鹩
rocky 石质的；岩石的；多岩石的；多岩的
→～ ammonite 阿芒奈特岩石炸药//～ area 岩区//～ basin 岩盆[冰]//～ bed 岩石河床//～ bottom 石底；底岩//～ ground 石质土；岩石地面//～{stony} ground 含石土壤//～ harbour 岩滨港//～ impurity 脉石//～ island 基岩岛//～ ledge 多岩岸礁；暗礁[水下的礁石]//～ mountain goat 石山羊//～ mountain valley 岩壑//～ reef{ledge} 岩(石)礁

//～ reef 礁脉//～ road 岩石路//～ shallows 石滩//～ shell 岩石圈//～ soil 含岩土；掺岩土；岩质土//～ zone 岩石区
rod 长条颗粒；棍状；棒状颗粒；钎杆；棒；罐道；测(量)杆；鞭；杆；竿[长度,≈5.0292m]；轴；圆钢；抽油杆；枝条[钙超]
rodalquilarite 氯铁碲石；氯碲铁石[H$_3$Fe$_2^{3+}$(TeO$_3$)$_4$Cl;三斜]
rod base wire-wrapped screen 带纵条的烧丝筛管
→～ booster 杆状辅助装药//～ charge {load} 磨棒装置//～ charge (棒磨机)装棒量//～ deck 棒条筛面
rodding 安装罐道；(用)杠清理管道内壁；用棒捣实；芯骨
→～ (structure) 杆状构造//～ eye 管孔；检修孔//～ {mullion;rodded} structure 栅状构造//～ structure 窗格构造
rod drag 钻具(与孔壁)摩擦
→～-drawn pump 杆式(抽油)泵//～ drop 钻杆下坠距离//～ grasp{grab} 抽油杆爪//～ grease 钻井涂脂//～ grip {clamp} 抽油杆夹
rodingite 异剥钙榴(辉长石)
rodite 古橄角砾无球粒陨石；奥长古铜无球粒陨石；角砾石橄无球粒陨石；角砾古橄无球粒陨石
rod jaw 叉杆
roeblingite 硫硅钙铅矿{石}[Pb$_2$Ca$_7$Si$_6$O$_{14}$(OH)$_{10}$(SO$_4$)$_2$;单斜]
roedderite 硅碱铁镁石；硅钙镁石；罗镁大隅石[(Na,K)$_2$(Mg,Fe^{2+})$_5$Si$_{12}$O$_{30}$;六方]
roe-deer 狍(属)[N$_2$-Q]
roeggerite 铀钍矿[(Th,U)SiO$_4$,含 UO$_2$8%～20%]
roemerite 亚铁铁矾
roentgen{r}-equivalent 伦琴当量
roentgenite 碳氟钙铈矿[3CeFCO$_3$•2CaCO$_3$]
roentgenium 铊{鑑}[序 111]
roentgenograph X 射线照相；X 射线照片
roentgenology X 射线学
roentgenoscopy 透视
roentgenscope 伦琴射线透视机
roepperite 钙菱锰矿[MnCO$_3$ 与 FeCO$_3$、CaCO$_3$、ZnCO$_3$ 可形成完全类质同象系列]；锌铁橄石
Roestellia 角锈孢锈菌属[真菌;Q]
roestone 鱼卵石；鲕状岩；鲕状灰岩
roewolfeite 水羟铜矾
rofla 冰河谷
Roga index 罗加指数
→～ method 罗加黏结性试验性{法}
rog(g)enstein 鲕状岩
rogersite 水磷铈矿[(Ce,Ca)(PO$_4$)•2H$_2$O;六方]；六水铁矾[Fe^{2+}(SO$_4$)$_3$•6H$_2$O;单斜]；针磷钇铒矿[(Y,Er)(PO$_4$)•2H$_2$O]
roggan 摇摆石
roggianite 水硅铝钙石[NaCa$_6$Al$_9$Si$_{13}$O$_{46}$•20H$_2$O;四方]
rognon 圆形冰(原岛峰)；冰原岩峰
rohaite 硫锑铜铊矿[TlCu$_5$SbS$_2$;斜方]
roil 动荡；惹怒；喧闹[英]；小股汹涌的急流；搅浑；湍流河段
roily 浑浊；泥质的；搅浑的
→～ oil 水乳(化的)原油
rok[pl.rokir] 海蚀柱
roke 深口[表面缺陷]；矿脉
rokuhnite 罗水氯铁石[Fe^{2+}Cl$_2$•2H$_2$O;单

斜]；鲁水氯铁石
rolamite 无轴承滚筒
roll(er) 滚筒；滚动；顶板下凸；卷轴；横滚；地形起伏；地凸；底板隆起；滚动构造；辊子；辊；起伏；侧滚；碾压；左右倾摇；隆起；摇晃；背斜；卷状构造；卷形；行驶
rollability 滚转度；可轧制性
→～ diagram 滚动度图
roll along 排列滚动前进
→～-along operation{shooting} 逐点爆炸//～-along switch 逐点爆炸开关
rollandite 罗水砷铜石[Cu$_3$(AsO$_4$)$_2$•4H$_2$O]
roll and pitch (船的)横向摇滚和纵向仰伏运动
rollarounds 滚杠[搬移储罐用的]；移动油罐用的辊子
roll back 后滚；重新运行；重算
rollcast{roll cast} 滚动铸型
roll cloud 弧状云；滚动条云
→～ coolant 轧辊冷却乳液
rolled 滚圆的；滚动的
→～-earth dam 碾压土坝//～ edge 滚压刀刃//～ glass 压延玻璃//～ steel 钢材；轧(制)钢//～ steel strip 轧件
roller 长涌；长条颗粒；滚子；滚柱；滚轴；滚轮[电车和架空线]；滚刀；辊子；辊；轨辊；棒状颗粒；碾子；碾路机；轴；卷轴
→～ circle 圆形滚道//～ film machine 轧膜机//～ grader 辊式分级{选}机//～ housing 辊壳//～ mark 辊印
rollers 垫辊子[运输带]；滚浪；辊轴支架[焊管用]
roller section 辊座部分
→～ side bearing 辊式侧支座
rolley{wagon} way 运输道
roll feeder surge bin 小矿槽
→～ front 滚卷前缘；矿卷前缘{锋}//～-front orebody 卷前矿体//～ front uranium 矿卷前锋铀矿
rolling 轰响；横摇；滚动的；起伏的；左右倾摇；轮碾；周而复始的；轧制；样品拌匀；旋转的；翻滚
→～ stone 石碾；滚石
roll jaw crusher 滚爪式碎石机
→～ mud 漂砾泥//～ ore body 卷叠矿体
rollout 样机初次展览；新产品初次展览；转入[辅存储器]
roll out 碾平
→～-out 转出
rollover (倾斜方向的)反转[电磁法]；倾向倒转；逆牵引；反(向)拖曳；转台；反(向)牵引；翻转[滚动]
roll-over 倾翻
→～ protection structure 翻车保护结构
roll pattern 滚动图形；卷筒图形
rolls 对辊机
→～-and-swells 起伏不平(矿体)
roll scale 轧制铁鳞
→～{axle} screen 辊轴筛
rollspuren 滚动刺痕[德]
rollsteinfluten 泥流；泥石流
roll structure 矿卷状构造
→～ system 滚拌混砂器//～ tooth 辊齿//～-type uranium deposit 波卷型铀矿床//～-up structure 包卷构造
rom 原矿

R.O.M. 筛下原矿粉；原矿；原煤

Roman{rock;Romen;Parker's} cement 罗马水泥

romanechite 杂硬锰矿[(Ba,Mn^{2+})Mn$_4^{4+}$O$_8$(OH)$_2$]；钡硬锰矿[NaMn^{2+}Mn$_8$O$_{16}$(OH)$_4$；斜方]；隐钾锰矿

romanite 含硫琥珀；罗马岩[罗马]；杂色琥珀[C$_{10}$H$_{16}$O，微量S]

Romantic Coffee 罗曼蒂克咖啡红[石]

roman vitriol 硫酸铜；蓝矾[CuSO$_4$ 5H$_2$O；为蓝色并含有金属(如 Cu,Fe, Zn…)的硫酸盐类]

romanzovite{romanzowite} 褐钙榴石[Ca$_3$Al$_2$(SiO$_4$)$_3$]；桂榴石[Ca$_3$Al$_2$(SiO$_4$)$_3$]；钙铝钙榴石

romarchite 黑锡矿[SnO；四方]；二价锡石

Romberg integration 龙贝积分法

Rome Air Development Center 罗马航空发展中心

romeine 锑钙石[(Ca,Fe^{2+},Mn,Na)$_2$(Sb,Ti)$_2$O$_6$(O,OH,F)；等轴]

romeite 铅锑钙石；锑钙石 [(Ca,Fe^{2+},Mn,Na)$_2$(Sb,Ti)$_2$O$_6$(O,OH,F)；等轴]

ro(e)merite (水)粒铁矾[Fe^{2+}Fe$_2^{3+}$(SO$_4$)$_4$•14H$_2$O；三斜]；水亚铁铁矾

ROM hopper 原矿料斗

Romingeria 罗明格(尔氏)珊瑚属[S-D]

romometer 顶底板移距计

Roncador 石首鱼

ronco 石鲈

rondada 车辙风；周日转向风

rondorfite 罗道尔夫石[Ca$_8$Mg(SiO$_4$)$_4$Cl$_2$]

Rongchang ware 荣昌窑

ro(e)ntgen 伦琴[放射性剂量单位]

ro(e)ntgenite 伦琴石[Ca$_2$(Ce,La, …)$_3$(CO$_3$)$_5$F$_3$；三方]；伦琴矿；碳氟钙铈矿[3CeFCO$_3$•2CaCO$_3$]

rontgenluminescence X 射线(致)发光；伦琴发光

roof 顶盖；顶部；顶壁；顶；上盘；遮蔽；屋顶；土磐；脊顶；洞顶；顶板[井巷]
→~ arch 拱顶

roofbank{dachbank} cycle 顶段旋回

roof beam 顶梁
→~-bolt head 顶板锚头//~ brushing{cutting;cut} 挑顶//~ canopy 板梁//~ carbon 碳化室顶石墨//~ coal 黏顶难采煤；留顶煤；粘在顶板上的煤

roofed dike 有顶岩墙
→~ mud crack 拱状泥裂//~ pool 水面有一层泉华膜的热水塘

roofers 煤层上段

roof fall{collapse;face} 冒顶
→ ~ fall{failure;collapse;dilapidation;caving} 顶板崩落//~-fall accident 冒顶事故；矿山冒落事故

roof,floor and ribs 顶板；底板和两帮

roof forepoling 超前支架(法)
→~ layer 顶板岩石分层

roofline 顶板线

roof loosener{roofman} 松石工
→~ manway{manhole} 罐顶人孔

roofmaster 金属顶梁

roof of drift 平巷顶板
→~ pendant 顶岩；岩盘中垂入的老岩层//~ restraining system 炉顶支撑系统//~ stone 顶板岩石；直接顶板//~-supported wire rope conveyor 悬吊在顶板上的钢绳支架输送机//~ testing

{sounding;tapping} 问顶//~ thrust 顶冲断层

rooftree 屋脊；栋梁

roof trimmer 整顶工
→~ truss bracing 屋架支撑

room 机会；室；场所；地方；余地[时间、空间]；矿房；空间；煤房[缓冲层中]
→~ and pillar caving 房式开采随后崩落矿柱开采法//~-and-pillar without pillar extraction 不回收矿柱房柱法//~ ceiling 棚//~ driven end-on 煤面与主解理面平行的煤房//~ driving 矿房掘进

rooming 回采矿房

room method 仓房采煤法
→~ {chamber} mining 房式开采//~ neck 房颈[由大巷导入矿房的短巷区]//~ of working area 采区硐室

roomwork 矿房开采工作；煤房开采工作

rooseveltite 砷铋石[BiAsO$_4$；单斜]；砷铋矿[Bi(AsO$_4$)]

rooster coal 浅绿色硬黏土层；黏土质直接顶板[煤]
→~ tail 羽状水柱

root 基础；生根；根状物；根源；根茎；根基；根底；根部；根；螺纹根；扎根；来源；矿根；齿根
→(mountain) ~ 山根

rootage 生根；固定；根源；来源；根部[总称]

root-canal filling 根管充填

root canal silver point 根管充填银尖
→~ deposit 脉石矿床

rootdozer 除根推土机；除根机[农用]

rooted{autochthonous} fold 原地褶皱

root edge 底缘；低缘

rooted plant 生根植物

rooter 拔根器；名册；除根机[农用]；(筑路用)翻土机
→(road) ~ 犁路机

Rootes blower 罗茨型(低压旋转式空压)机

root face 钝边[焊接]
→~ field 根域//~ fixing 叶片连接//~ hair 根毛

rooting 回采矿房；求根；扎根；开平方根；加强；加固
→~-in of blades 叶片安装//~ {root} tuft 根簇

rootlapies 根岩溶沟

rootless fumarole 喷气孔[火山地带的]
→~ intrafolial fold 孤立地层内部褶曲；无根叶理内褶皱；无根平轴褶曲//~ isoclinal fold 无根等斜褶皱//~ vent 无根喷溢道{火口}

rootlet 支根；细根
→~ bed 含须根的底黏土；含小树根化石的岩层；根土层//~ structure 支根构造

root-locus method 根轨迹法

root marks 植物根痕

rootzone 根带

root zone 根围
→~ zone{scar} 山根带

ropak 海冰塔；侧立冰

Ropalonaria 棍苔藓虫属[O-P]

rope 电缆；绳索；钢(丝)绳；缆；一串；线；粗绳
→(wire) ~ 钢丝绳//~ clip{clamp} 钢丝绳夹//~ spear 捞绳矛{钩}[绳式顿钻用]//~ {cable} speed 绳速

ropeway 钢丝绳道；架空索道；索道
→~ supporting trestle 索道支架

rope winze 钢丝绳运输下山
→~ {cable} wire 合股线//~ works 制绳厂

ropiness 黏(滞)性

roping 砾石浓度增加[由于携砂液在管壁的附着]；扎；拉；捆

ro(e)pperite 锰方解石[(Ca,Mn)(CO$_3$)]；钙菱锰矿[MnCO$_3$ 与 FeCO$_3$、CaCO$_3$、ZnCO$_3$ 可形成完全类质同象系列]

ropy 绳状
→~ flow structure 波状构造//~ {p(a)-ehoehoe(-type);corded} lava 绳状熔岩

roquesite 硫铟铜矿[CuInS$_2$；四方]

rorisite 氯氟钙石[CaFCl]

Rosa 蔷薇属[N-Q]
→~ Atlantide 亚特兰泰红[石]//~ Aurora 玫瑰红[石]//~ Bellissimo 幻影玫瑰[石]//~ Beta 粉点白麻[石]//~ Chestnut 栗子红[石]//~ Egeo 五月花[石]//~ Ghiandone 罗丝转红[石]

Rosagnathus 罗莎颚牙形石属[O]

Rosa Iris 艾丽丝红[石]
→~ laevigate michx brown 金樱子棕

Rosalina 玫瑰虫属[孔虫;N-Q]

rosalite 蔷薇榴石[Ca$_3$Al$_2$(SiO$_4$)$_3$]

Rosa Lydia 利迪亚红[石]
→~ Norwegian 挪威红[石]//~ Peach 蓝星蜜桃红[石]//~ Peralba 彼拉尔巴红[石]

rosasite 锌孔雀石[(Cu,Zn)$_2$CO$_3$(OH)$_2$；单斜]

Rosau 罗索{骚}风

Rosa Valencia 威兰士红[石]
→~ Zarzi 西施红[石]

roscherite 水磷铍锰石[Ca(Al,Fe^{2+},Mn)$_2$Be$_2$(PO$_4$)$_3$(OH)$_3$•2H$_2$O?；单斜、三斜]；钙磷铁锰矿[(Fe^{2+},Mn^{2+},Ca)$_3$(PO$_4$)$_2$]；钙磷铝矿[(Mn,Ca,Fe)$_2$Al(PO$_4$)$_2$OH•H$_2$O]；碱磷锰铁矿

roscoelite 钒云母[KV$_2$(AlSi$_3$O$_{10}$)(OH•F)$_2$；K(V,Al,Mg)$_2$AlSi$_3$O$_{10}$(OH)$_2$；单斜]
→~ deposit 含钒铀矿；钒云母型矿床

rose 蓬蓬头；玫瑰图；滤器；圆花窗；吸水滤网；接线盒；滤网[泵进口的]
→~ beryl 红绿柱石//~ iron 红铁矿[Fe$_2$O$_3$]

roseite 硫铱锇矿；蛭石[绝热材料]；(Mg,Ca)$_{0.3\sim0.45}$(H$_2$O)$_n$((Mg,Fe$_3$,Al)$_3$((Si,Al)$_4$O$_{12}$)(OH)$_2$);(Mg,Fe,Al)$_3$((Si,Al)$_4$O$_{10}$)•4H$_2$O;单斜]

roselite 砷钴钙石 [(Ca,Co,Mg)$_3$(AsO$_4$)$_2$•2H$_2$O;Ca$_2$(Co,Mg)(AsO$_4$)$_2$•2H$_2$O;单斜]；玫瑰砷(酸)钙石

β-roselite β 砷钴钙石；三斜砷钴钙石[Ca$_2$Co(AsO$_4$)$_2$•2H$_2$O]

rosellan 钙镁钾硅酸铅矿；钙长形块云母；硫铜锑矿[Cu$_2$S•Sb$_2$S$_3$;CuSbS$_2$]

rosellane 水钒钙石[Ca(V$_2$O$_6$)•4H$_2$O;三斜]

Rosellinia 坚壳属[Q]

rosemaryite 磷铝高铁锰钠石[(Na,Ca,Mn)(Mn,Fe^{2+})(Fe^{3+},Fe^{2+},Mg) Al(PO$_4$)$_3$;单斜]

rosenbuschite 锆针钠钙石[6CaSiO$_3$•2Na$_2$ZrO$_2$F$_2$Ti•(SiO$_3$)(TiO$_3$);(Na,Ca,Mn)$_3$(Fe^{3+},Ti,Zr)(SiO$_4$)$_2$F;三斜]；锆钛铌钙石；罗森布石

Rosenbusch's classification 罗氏分类
→~ law 罗森布什定律

Rosenella 罗森层孔虫属

rosenhahnite 罗水硅钙石[Ca$_3$Si$_3$O$_8$(OH)$_2$;三斜]

rosenite 硫铜锑矿[$Cu_2S \cdot Sb_2S_3$; $CuSbS_2$]

rose opal 红蛋白石

→~ pink 淡粉红色//~ quartz 芙蓉石//~{rosy} quartz 蔷薇石英[SiO_2,并含少许钛的氧化物]

rosette 花形底板[射电];三向测应变片组;插座;玫瑰花状(物);玫瑰花形琢型[有24个翻光面的];玫瑰花式(步带板)[棘海胆];簇生[植物缺锌症状];中央底板[棘海百];丛生,莲座叶丛;玫瑰花式板[棘海百];接线盒

roshchinite 硫锑铅银矿[$Ag_{19}Pb_{10}Sb_{51}S_{96}$]

rosiaite 锑铅石[$PbSb_2O_6$]

rosickyite γ-硫;斜自然硫[S_8;单斜];丙型硫

rosieresite 铅铜核磷铝石;磷铅铜矿;磷铝铅铜矿{石} [Pb、Cu、Al 含水磷酸盐;非晶质]

rosin 树脂;松脂;(用)松香涂擦

→(gum) ~ 松香

Rosin amine D 变性松香胺

→~ and Rammler equation 罗斯-赖姆勒方程[筛分]

rosinate 松香酸皂

rosin blende 沥青矿

→-cored solder 松香芯焊条

rosine 钙长块云母

rosin jack 黄闪锌矿[ZnS];闪锌矿[ZnS;(Zn,Fe)S;等轴]

→~{abies} oil 松香油//~ oil adulterant 松香油的石油代用品

rosinol 松香油

Rosin-Rammler curve of screen analysis of crushed coal 罗森-拉姆勒筛析碎煤曲线

→~ function 罗辛-瑞姆勒{拉姆勒}函数[粒度分布]

ros(ell)ite 钙长块云母;钙镁钾硅酸铅矿;硫铜锑矿[$Cu_2S \cdot Sb_2S_3$;$CuSbS_2$];钙长石[$Ca(Al_2Si_2O_8)$;三斜;符号 An]

Rosiwal analysis 罗西瓦分析

→~ micrometric method 罗西瓦(显微测)法//~-Shand method 罗西瓦-山德法

rosolite 蔷薇榴石[$Ca_3Al_2(SiO_4)_3$]

Rossa Framura 罗沙红[石]

→~ Milas 密拉斯红[石]//~ Verona 万寿红[石]//~ Ziarci 石施红[石]

Rossi Forel intensity scale 罗西福瑞震级

→~-Forel scale 罗西-福勒烈度表

rossite 水钒钙石[$Ca(V_2O_6) \cdot 4H_2O$;三斜]

ro(e)sslerite 砷氢镁石[$MgHAsO_4 \cdot 7H_2O$;单斜]

rossmanite 罗斯曼石[□$(LiAl_2)Al_6(Si_6O_{18})(BO_3)_3(OH)_4$]

Rosso Alicante 火山红[石];珊瑚红[石]

→~ Antico 法国红[石]//~ Antico Dttalia{Rosso Lepanto} 紫罗红[石]//~ Luana 茹亚那红[石]//~ Norvegjan 挪威红[石]//~ Salome 灰红根[石];虎皮石;罗莎玉石[石]//~ Santiago 圣地亚哥红[石]//~ Vanga 瑞典红[石]//~ Verona-Asiago 万寿红[石]

rosstrevorite 绿帘石[$Ca_2Fe^{3+}Al_2(SiO_4)(Si_2O_7)O(OH)$;$Ca_2(Al,Fe^{3+})_3(SiO_4)_3(OH)$;单斜]

Rostellaria 喙螺属[E-Q]

rostellum 顶突;内斜肌痕;吻突[腕]

rosterite 铯绿柱石[$Be_3Al_2(Si_6O_{18})$,含 5%的 CsO]

rostite 斜方铝矾[$Al(SO_4)(OH) \cdot 5H_2O$;斜方]

rostral 喙的;有喙形舰首装饰的;吻突;

吻骨

→~ (plate) 喙片

rostrate 嘴状突起;嘴;有喙状突起的;具喙的

→~ segment 喙节

Rostricellula 嘴室贝属[腕;O_{2-3}]

Rostroconchid 喙壳类[软];鞘壳类[软;O-P]

rostrolateral 侧吻板[节蔓足]

Rostroleaia 角嘴李氏叶肢介(属)[P]

Rostrospiracea 嘴螺贝(超科)

Rostrospirifer 钩喙石燕

rostrum[pl.-ra,-s] 讲坛;鞘[箭石];吻突[节];腹边缘板[三叶];额角[部;剑];吻片[无颌类];检阅台

→~ Belemnoidea 鞘箭石

rosy 玫瑰红色

→~ quartz 玫瑰色石英

Rotalia 轮虫属[孔虫;K_2-Q];rotalia

Rotaliina 轮虫亚目[孔虫]

Rotalipora 轮孔虫属[孔虫;K]

Rotalithus 轮纹颗石[钙超;E_2]

rotamerism 几何异构

rotap 转击式筛析试验机摇筛机

Ro-tap 罗太普型试验套筛

rotary air drill 旋转式压(缩空)气钻机

→~ blasthole drilling 旋转钻机打炮眼(法)//~ bucket drill 转盘式钻机[软岩或土层用]//~ drier 回转型干燥机//~-dump car 旋转式翻卸矿车//~-dump car (rotalift) 翻转式卸矿车//~ feeder 转动叶轮定量给料机;转动轮式定量给矿机//~ hand drill 手摇钻//~ plow feeder 转动犁式给矿机//~ saw 旋转锯石机//~ tile press 回转式压瓦机//~ washover shoe 旋转套洗管鞋//~ wet-pulp sampler 回转式湿矿取样机

rota-set assembly 旋转坐封装置

→~ liner hanger 旋转坐放衬管悬挂器

Rotaspora 宽楔环孢属[C-P]

rotate 转动[物体绕轴运动];转;辐射状;轮状;旋转

rotated{snowball} garnet 雪球状石石榴石;旋转石榴

→~ plate 旋转板块//~ square pitch 管子正方形错排[流动方向与对角线平行]

rotating 旋转的

rotation 自转;转动[物体绕轴运动];旋转;旋光;旋度

→(optical;activity) ~ 旋光度

rotational{rotary;spinning;rotatory;circular} movement 旋转运动

Rotatisporites 轮环大孢属[C]

rotative 回转的;循环的

→~ action 转动作用;旋转作用//~ distortion 旋转变形//~{rotation} moment 转矩

rotator 转动体;叶轮;旋转器;旋翼

→~ crusher 转子式碎石机//~ muscle scar 旋转肌痕

rotatory polarization 旋转偏光

→~ polarization angle 旋偏光角//~ power 旋光力//~ reflection axis 映转轴

rothoffite 粗榴石;粒榴石[$(Ca,Mg)_3Al_2(SiO_4)_3$]

Rotifera 轮虫纲

Rotiphyllum 轮珊瑚属[C_1]

Rot(h)liegende 赤底(统)[欧;P_{1-2}]

rotoblast 转筒喷砂

rotoblasting 铁砂清理

rotocleaner 滚筒清洗矿石机

rotoinversion{(rotation-)inversion} axis 倒转轴

rotomoter 转叶式(压缩空气)发动机

rotor basket 篮形转子

→~ blades 转子叶片//~ bowl 碗形转子//~-driven screen 转子传动筛

roto-reflection 旋转反映

rotor liquid controller 转子液体电阻控制器

rotovation (用)旋转式松土机松土;翻松;松土

rotovator 旋耕机

rotten 破坏的;腐朽;腐败(性)的;风化的;分解的;恶心

→~ rock 红色砂岩//~{organic} slime 腐泥岩

rottenstone 溶松岩;含硅软土;硅藻土[$SiO_2 \cdot nH_2O$];擦亮石;擦光石[材];朽石

rotten-stone 硅藻岩

rotter 自动瞄准干扰发射机

Rotterdam 鹿特丹[荷港市]

rottisite 镍皂石{绿镁镍矿} [$(Ni,Mg)_3(Si_4O_{10})(OH)_2 \cdot nH_2O$];镍叶绿泥石[$(Mg,Ni)_6(Si_4O_{10})(OH)_8$]

rottonstone 风化硅石

rotula[pl.-e] 轮骨[海胆类居步带位置的块状辐射支骨;棘]

rotulite 轮锥晶

Rotundacodina 圆小针锐牙形石属[S_3-D_1]

rotundato-cuneatus 圆楔形

Rotundocyathus 圆角古杯(属)[$\text{\Cambrian}_1$]

rotundus 轮状的;圆形[叶顶]

roturbo 涡轮泵;透平泵

Rot.wt 旋转钻压

rouaite 单斜铜硝石[$Cu_2(NO_3)(OH)_3$]

roubaultite 铜铀矿[$Cu_2(UO_2)_3(OH)_{10} \cdot 5H_2O$;三斜]

roubschite{roubsshite} 菱镁矿 [$MgCO_3$;三方]

rouge 红铁粉;红粉;铁丹

→~ and powder 红粉

rougemontite 橄钛辉长岩

rouge red 胭脂红

rough 笨重;草图;梗概;粗制品;粗型;粗略的;粗糙的;粗糙;不平滑的;不精确的;废矿;剧烈的;初步的;未加工的;艰难;艰苦的;毛坯[宝石的]

→~ (sizing) 粗选//~ angular quarry-stone 棱角状粗糙料石//~ ashlar 粗琢石;粗方石//~ blanketing (洗矿槽)粗绒衬底//~ cast 干黏石;毛粉刷//~ country 山岳地带;山区;崎岖地区//~ dentation 犬牙交错;齿状突起;齿状//~ diamond 粗金刚石//~{uncut} diamond 未磨琢金刚石

rougheast 粗灰泥

roughening 初步加工

rough estimate 粗估;约略估算;近似计算;近似估价

→~ finished stone 粗琢石//~ grind(ing) stone 粗磨石

roughing loam 粗黏土砂

→~ pocket 粗分槽//~ pump 低真空泵//~{crude} sand 原砂

rough lead method 粗铅法

roughly 粗略的;粗糙的

rough machining{processing;working;roughing-cut} 粗加工
　→~ material 粗(粒)物料//~ measurement 粗测
roughmeter 粗糙度测定仪
rough moorland grazing 粗糙的荒野牧草
　→~ mosaic 镶嵌草图
roughneck 钻台工；钻工
roughness 粗糙度；粗糙；凹凸不平
　→~ of channel 河槽糙率//~ of relief 地形起伏//~ of river beds 河床糙度//~ ratio 粗糙度比
roughometer 粗糙度测定仪
rough pipe 水力粗糙管
　→~ pointed stone 粗琢石//~ rubble 粗毛石//~ sea 强浪；大浪[风浪 4 级]//~-squared stone 粗方石//~ stone 粗石//~ {-}walled fracture 粗糙壁裂缝//~ walling 毛石圬工；毛石砌壁//~ waters 波浪汹涌的海面
round(ness) 球形；圆形；回；环绕；(一)圈；到某地；周围；周；次；圆形物；圆形的；圆的；扩槽；循环；完全的；完成
(blasting) round 炮孔组；炮眼组
roundabout 回车道；环形交叉；转；弯
　→~ (way) 绕道
round about line 迂回线
roundabout route 环形线
　→~{mass} stoping 混合回采
round after round 连续循环
　→~ angle 周角；圆周角
rounded 浑圆的；滚圆的；圆形的
　→~ aggregate 砾石//~ pebble 磨圆卵石；卵石
round-ended cylinder 卧式凸头油罐
rounder 扩孔
round-face bit 圆底唇金刚石钻头
round figure 舍入数；凑整数
　→~ frame 圆形固定洗台机；淘汰台；盘台
roundhouse 调车房[机车的]
round{engine} house 机车库
rounding 舍入成整数；磨圆(作用)；圆化(作用)；(使)成圆圈
　→~ error 化整误差
round{blast} layout 炮孔布置
　→~-meshed 圆筛孔的
roundness 圆度；无零数
　→(degree of) ~ 磨圆(程)度//~ grade 圆度等级//~ of particle 颗粒圆度
round-nose{round-face} bit 圆唇钻头
　→~ chipping tool 圆头凿
round of correlation 对比轮回
　→~ of stoping operations 作业循环；工作循环[includes drilling,blasting,drawing, mucking and transportation of sands,timbering and roof control]//~-pointed 圆头的//~-robin 依次的；一阵；一系列；循环法；循环的//~-rod screening surface 圆棒筛面//~-screened gravel 圆孔筛筛下砾石
rounds per shift 每班工作{掘进}循环数
round sphere 圆球
　→~ stern 圆舵；stock sander 圆形工件砂光机
roundstone 卵石；粗砾岩；粗砾；砾石；圆石
　→~ (conglomerate) 圆砾岩
round{field;flinty} stone 卵石

　→~ strand hoisting rope 圆股提升钢丝绳//~{lagging} timber 圆木//~-timber bulkhead 圆木隔墙//~ timber chock 圆木垛
roundtrip 回次[钻探]；起下作业[钻杆{管}]；钻程；一个回次
round trip 环行；来回行程；一次起下钻的循环
　→~-trip cycle 来回行程循环//~-trip speed 往返速度//~ up 综述；梁拱；摘要；(使)成圆形；集拢
Roundya 朗迪牙形石属[O_2-T]
Roundyella 小朗迪介属[P_1]
rouseite 水砷锰铅石
route selection 选线
　→~ signal for receiving 接车进路信号机
routhierite 硫砷汞铊矿[TlHgAsS$_3$;四方]
routine 惯例；程序
　→~{control} analysis 例行分析//~ maintenance 日常检修//~ of work 工作制度//~ sample 例行试样
routing 轨迹；规定路线；运输路线；迂回；选定路线；安排(活动)程序；通信；程序安排
　→~ function 路径选择功能//~ process 洪水追踪[演算]法
routinize (使)程序化{常规化;习惯化}
routivarite 榴英斜长岩；英榴细斜长岩
rouvilleite 罗维莱石[Na$_3$Ca$_2$(CO$_3$)$_3$F]
rouvillite 淡霞斜岩
rouxelite 硫锑汞铜铅矿[Cu$_2$HgPb$_{22}$Sb$_{28}$S$_{64}$(O,S)$_2$]
row 划；行；排；煤层；脉；天线阵；行列[结晶学]
　→~ coefficient{|vector} 行系数{|向量}//~ crop 行露头
roweite 硼锰锌石；硼锰钙石[CaMn(B$_2$O$_4$)(OH)$_2$);Ca$_2$Mn$_2$B$_4$O$_7$(OH)$_6$;斜方];锰钙硼石
Rowia 洛维虫属[三叶;ϵ_2]
rowlandite 硅氟(铁)钇矿[(Y,La,Ce)$_4$Fe(Si$_2$O$_7$)$_2$F$_2$;(Y,Ce,La)$_4$Fe(Si$_2$O$_7$)$_2$•F$_2$];氟硅钇石[Y$_3$(SiO$_4$)$_2$(F,OH);非晶质]
row line 列线
　→~ loop 横排环管//~ of props{supports} 排柱//~ of supports 排棚//~ shooting 多排孔爆破
roxbyite 罗硫铜矿；如硫铜矿[(Cu$_{1.79-1.82}$)S,有时含少量铁]
Roxite 电木塑料；罗赛特(非安全胶质炸药)；罗班特
Royal Grey 皇室灰[石]
　→~ Mahogany 青紫水晶[石]//~ Mmhogany 紫晶麻[石]//~ Pink 粉红水晶[石]//~ Red 巴西帝红(细花)[石]//~ School of Mines 皇家采矿学校[英]
"royals" 含有价成分的溶液[水冶]；含金溶液
royalty 采矿税[英]；开采权
　→~ interest 产区权益；矿区特许权益//~ oil 政府拥有的石油
royite 暗石英
rozenite 四水白铁矾[Fe^{2+}SO$_4$•4H$_2$O;单斜]
rozhkovite 钯铜金矿；钯金铜矿
rpdolicoite 罗磷铁石[Fe^{3+}PO$_4$]
r-process 快过程
r-strategist 暂时种[生]；特化种[生]
R{|S}-tectonite R{|S}式构造岩
Ru 钌
ruan-cai 软彩

---

ruarsite 硫砷钌矿[单斜;RuAsS]
rubace 红水晶[SiO$_2$]
rubasse 含赤铁水晶；红水晶[SiO$_2$;因含Fe$_2$O$_3$而呈玫瑰红色]
rubber 砥石；磨矿机；磨石；擦具；粗纹锉；橡皮；橡胶
rubberite 硬橡胶
rubber latex 橡浆
　→~ lined 橡胶衬里的//~-lined pipe 橡皮衬管//~-mat strake 垫胶溜槽
rubbernet 橡胶磁石
rubber or polyurethane screening elements 橡胶或聚氨酯筛面
　→~ protected feed plan 橡胶保护的给矿平台
rubberstone 尖粒形(状)砂岩
rubber-sulphur 胶硫矿
rubber top cover 上部衬胶层
rubbing 摩擦
　→~ brick 双面油石//~ from stone inscriptions 石本//~{rub; grinding; sharpening;mill} stone 磨刀石//~ stone 水磨石；人造磨石；磨光石
rubbish 弃渣；垃圾；废物；废石；岩屑；夹杂物；碎屑；碎块
　→~ detritus 砾石堆
rubble 石渣；破瓦；片石；毛石[建]；乱石；转石；废石；角砾；坚冰碎片；碎砖；碎岩；碎石
　→~ (stone) 毛石[建]；粗石；块石；积石//~ accumulation 乱石堆//~ ashlar 方石//~ chamber 碎石腔室//~{debris} dam 碎石坝//~{French} drain 乱石盲沟[建]//~ drain 填石排水钩//~ drift 乱石冰碛；巨砾泥；解冻泥流漂积物//~{debris} flow 碎石流//~{riprap} foundation 抛石基础//~ (mound) foundation 砂石基础；毛石基础//~-lined ditch 砌石沟//~ masonry 毛石圬工；毛石砌体//~-masonry check dam 碎石砌谷坊//~ masonry dam 石坝//~-mound breakwater 毛石堆防波堤[土]//~-mound foundation 毛石基础//~ ore 碎矿石//~ pile{drift} 碎石堆//~ pitching 乱石护面//~ rampart 砾石脊垒
rubblerock 角砾岩；角砾石
rubble size stick 角砾级碎片
　→~ slope 碎皮坡
rubblestone 乱石；转石岩；杂砂岩；角砾；碎石块
rubble stone paving 卵石铺面
　→~ structure 堆石结构//~ tract 礁砾区
rubblework 毛石圬工；乱石工程；乱砌毛石
rubblization 块石化作用；岩石成块作用
rubblize (通过爆破)形成一定大小的岩石块
rubbly 碎裂的
　→~{as;aphrolitic} lava 渣块熔岩//~ reef 破碎矿脉
rubellite 红{锂}电气石[Na(Li,Al)$_3$Al$_6$((BO$_3$)$_3$(Si$_6$O$_{18}$))(OH)$_4$;三方]；红锂电气石；红碧玺
ruberite 赤铜矿[Cu$_2$O;等轴]
rubicelle 橙尖晶石
rubicline 铷微斜长石[(Rb,K)AlSi$_3$O$_8$;RbAlSi$_3$O$_8$]

rubidiojarosite 铷黄钾铁矾

rubidium 铷
→~ deposit 铷矿床//~ jarosite 铷黄钾铁矾//~ microcline {microclin} 铷微斜长石//~ -nephline 铷霞石//~ standard 铷钟;铷频标//~ tartrate 酒石酸铷[Rb₂C₄H₄O₆]

rubiesite 硫砷硒铋锑矿

rubification 红化作用

rubin 红宝石[Al₂O₃]

rubinblende 辉锑银矿[AgSbS₂;单斜];浓红银矿[Ag₃SbS₃;三方];淡红银矿[Ag₃AsS₃;三方]

rubine 红宝石[Al₂O₃];宝石红[陶]

rubineisen 针铁矿[(α-)FeO(OH);Fe₂O₃•H₂O;斜方]

Rubinella 莓瘤孢属[J-E]

rubingirasol 红猫眼{睛}石

rubinglimmer 针铁矿[(α-)FeO(OH);Fe₂O₃•H₂O;斜方;德];纤铁矿[FeO(OH);斜方;德]

rubislite 美绿泥石

rubrax 矿质橡胶

rubric 赤铁矿[Fe₂O₃;三方]

rubrite 镁赤铁矾;方赤铁矿[Mg₃Fe₂³⁺(SO₄)₆(OH)₆•27H₂O]

rubrozem 腐殖质红色土

rub(ber)stone 磨石;砥石

ruby 红玉;红宝石[Al₂O₃];鲜红色
→~ almandine 红贵榴石//~ and sapphire deposit 红蓝宝石矿床//~ blende 辉锑银矿[AgSbS₂;单斜];红闪锌矿[因常含少许的铁而成红色或淡红褐色;ZnS];淡红银矿[Ag₃AsS₃;三方];赤闪锌矿//~ blende{zinc} 红锌矿[ZnO;(Zn,Mn)O;六方]//~ boule 梨状深红宝石//~ {oxidulated} copper{ruby copper ore} 赤铜矿[Cu₂O;等轴]//~ crystal laser 红宝石晶体激光器//~ filament 红宝石丝//~ glass 宝石红玻璃

rubylith 红宝石[Al₂O₃];宝石红[陶]

ruby mica 红色云母;针铁矿[(α-)FeO(OH);Fe₂O₃•H₂O;斜方]
→~ pin 红宝石圆盘钉//~ {bao-shi} red 宝石红[陶]//~ rod {|knife|light|die} 红宝石棒[|刀|光|模]//~ {red} silver 浓红银矿[Ag₃SbS₃;三方]//~ -silver ore 浓红银矿[Ag₃SbS₃;三方];淡红银矿[Ag₃AsS₃;三方]//~ spinel 红尖晶石[Mg(Al₂O₄)]//~ star 星彩宝石//~ sulphur 雄黄[As₄S₄;AsS;单斜];鸡冠石[As₂S₂]//~ zinc{zink} 红闪锌矿[因常含少许的铁而成红色或淡红褐色;ZnS]

Rucinolithus 鲁西诺颗石[钙超;K]

ruckle 砾石滩;砾石堆

rucklidgeite 碲铅铋矿[(Bi,Pb)₃Te₄;三方]

rucksack 背包

rudaceous 砾状的;砾质的;砾(石)的
→~ rock 粗碎屑岩;砾状岩;砾质岩;砾屑岩

rudding 清除矸石;清除废石

ruddle 红土[Fe₂O₃,含多量的泥和砂];代赭石[含有多量的砂及黏土;Fe₂O₃]

rude 崎岖的;急;粗略的;不精确的;原始的;粗糙的;粗暴;未加工的;简陋的;天然的
→~ foliation 粗糙叶理

rudenkoite 鲁登克石[Sr₃Al₃.₅Si₃.₅O₁₀(OH₇.₅,O₀.₅)Cl₂•H₂O]

rudimentary 基本的;起码的;初步的;退化的
→~ {degenerated} organ 退化器官//~ organ 雏形器官;萎退器官//~ type glacier 初型冰河

rudimentogeosyncline 雏形地槽;雏地槽

rudimentoplatform 雏形地台;雏地台

Rudistes 厚壳蛤属[双壳;J-K];厚壳蛤类

rudistid reef 厚壳蛤礁

rudistids 厚壳蛤类[古]

rudists 固着蛤类;厚壳蛤类[双壳]

rudite 砾状岩;砾质岩;砾屑岩;碎砾岩

rudstone 粗集粒灰岩;砾状灰岩;砾屑岩;砾灰岩

rudus 砾

rudyte 砾状岩;砾质岩;砾屑岩;碎砾岩

rue 芸香属之一种[Zn 示植]

Ruedemannograptus 路氏笔石属[O]

ruffite 泥岩;方锆石

ruffle 弄皱;皱纹;褶边;涡流波痕;波纹[水面]

ruffled groove cast 皱状沟铸型

Ruffordia 茹氏蕨;鲁福德蕨(属)[J₂-K₁]

Ruficypris 赤星介属[介;K₃]

rufous 红褐色;赤褐色(的)

rug 粗绒;毡子;小地毯

ruga[pl.-e] 散沟;壳褶;皱纹;皱襞;周面槽[孢]

Rugasphaera 皱面球藻属[E₃]

rugby pitch 橄榄球投掷

rug fold 皱式褶皱

rugged 崎岖的;耐磨的;粗糙的;不平坦的;有皱纹的;严酷的;严格的;稳定的;多岩石的;坚固的
→~ and stony field 阪田[多石的田地]//~ drilling environment 恶劣钻井环境//~ shock-proof detector 加固防震检波器//~ surroundings 恶劣环境//~ {rolling} topography 起伏地形//~ topography 起伏剧烈的地形;崎岖地形

Rugicostella 皱线贝属[腕;C₁]

Rugivestis 皱衣贝属[腕;P]

ruglike 皱纹状的

rugosa (rose) 玫瑰

rugose 不规则的;具皱纹的;多皱的
→~ borehole 不规则井眼

Rugosochonetes 皱戟贝属[腕;C]

Rugosofusulina 皱壁蜓(属)[孔虫;C₂]

Rugubivesiculites 皱体双囊粉属[Mz]

rugulate 皱纹状

Rugulatisporites 皱面孢属[K-Q]

Rugutriletes 脊刺大孢属[K₂]

ruhende electrode 静汞电极

Ruhespuren 休息痕;息痕化石

Ruhr 鲁尔区{河}

ruin 毁坏;古泉华;倒毁的东西;崩溃;遗迹
→~ {-}agate 块结玛瑙[SiO₂]//~ marble 角砾状大理岩[石]

ruinous earthquake{shock} 毁灭性地震

ruin sea 陷落海

ruizite 水硅锰钙石[CaMn³⁺Si₂O₆(OH)•2H₂O;单斜]

ruksporite 针碱钙石[5(Na₂,K₂,Ca)O•6SiO₂•H₂O]

rukuhnite 罗水氯铁石[Fe²⁺Cl₂•2H₂O;单斜];鲁{斜}水氯铁石

ruled surface 直纹曲面

rule of constant proportion 恒比定律

ruler 划线板;支配者;直尺;尺;统治者
→~ of the road 交通规则

ruling 划线;普遍的;管理;主导的;量度;支配;统治
→~ grade 限制坡度//~ gradient 基本坡度;指导性坡度

rumanite 含硫琥珀;杂色琥珀[C₁₀H₁₆O,微量 S]

rumbling 滚筒清理
→~ {cleansing;tumbling} mill 清砂滚筒

rumel 松散岩石

Rumex acetosa 酸模[铜矿示植]

ruminant 反刍动物

Ruminantia 反刍亚目[哺]

rummage 仔细检查;搜查;检查[海关]

rump 腰;臀部;尾[鸟类]
→~ bone 骶骨;荐骨

Rumpfebene 准平原

rumpfflache 剥蚀残余平原;准平原[德]

rumpfite 淡(斜)绿泥石[Mg₃(Mg,Fe,Al)₃((Si,Al)₄O₁₀)(OH)₈]

rumpled structure 揉皱构造

run(ning) 运转;回次进尺;试验;试车;钻头每次进尺长度;开动;罐笼失事坠落;管中物送的油;管理;平伏矿体;边缘;偏斜矿体;流动;工作;操作;带状矿体;走向;指状岩体;执行;运行;运算;运动;矿下斜道;矿石顺序诜选;矿脉走向;控制;坑道;岩枝;行驶;行程;斜联络巷[平巷间];小溪;小河;进行;进程;下入(井中);溪;流程;驾驶

run a curve 作特性曲线
→~ a level 水准测量//~ amain 失控;跑车

runaround 围绕井架外的人行平台[如二层台];塔上工作台;绕道[井底]

run-around 绕道;井底绕道

runaround way 绕道

run(-)away 失控;超越;超速;逸出;脱钩滑走[车辆]

runaway car 跑车;脱钩的车

run-back 退钻

run back into the hole 下钻

rundhall 鼓盆地形;羊背石彭盆地形;羊背石[瑞]

run down 流失;冲刷
→~ dry 干转//~ duration 运行时间//~ empty 空转

Runge-Kutta formula 郎格-库塔公式
→~ method 龙格-库塔法

Runge vector 朗格矢量

rung ladder 轻便梯子

run gravel 冲积砾石

runic texture 古文字状结构

run idle 空转[机器]

runnability 流动性;运转性能

runnel 水{槽;小;细}沟;(水)流痕;流水波痕;浪痕;小溪
→~ beach 槽状海滩

runner 火车司机;滑橇;滑木;滑道;滑槽;长匐茎[植];包钢桩板;罐耳;导向卡;操作者;跟车工;转子;凿岩工;板桩;叶轮;井口活动台;纤匐茎;浇口承辊;动子;流道[铸]
→(edge) ~ 碾子//~ mill 回转磨石;碾磨//~-on 司铸工

runners 流道结块

runner sand 浇口砂
→~ shot 出钢槽金属爆音;浇口金属爆

音[铸]//～ slaker 浇口砂刀//～ stone 上磨盘；碾辊

running 按长度计量的；供电的；流动的；流动；执行；连续的；开动；奔跑的；运行着的；运行；移动；旋转；行程；现在(的)；下入(钻具成管子)；接连的；浇注；直线的[度量等]
→～ against the sea 逆浪航行//～{car-loading} chute 放矿溜槽//～ ground 冒落塌陷的土石；流动地层；易塌陷土石；易落(上层岩)石//～ lift 吊泵//～ measure 流沙；易崩落岩石；陷落土石//～ ore 放落矿石

runny lava 软黏熔岩；流黏熔岩

run-of-bank stone 山麓碎石

run-of-benk gravel 河岸石堆

run off{be washed away;flow away;wastage} 流失[矿石、土壤等自散失或被水、风力带走]
→～(ning)-off 流量；流釉

runoff area 泄水面积

run-off coefficient 径流系数；雨水泄流系数
→～ elevation 顺坡

runoff factor 径流因素
→～ field{|zone} of groundwater 地下水径流场{|带}

run-off{overland} flow 地表径流
→～-off {-of} -mine 原矿//～off {spill} pit 溢流池//～off {spill} point 溢出点

runoff slag 溢出渣
→～ volume 径流体积//～ {drainage; courant;stream} water 河水

run-off water (地面)流泄水；径流水

run of gold 富金带
→～ of hill 山麓碎石；崖堆//～ of lode 矿脉走向//～-of-mill 去掉废石的原矿[去除废石后入厂处理的矿石]；原矿//～-of-mill{mill-head} ore 去掉废石的原矿[去除废石后入厂处理的矿石]//～ of mine 原煤//～ of mine (ore) 原矿石//～-of-mine (ore) 原矿//～-of-mine coal 毛煤；矿井//～-of-mine coal sample 生产煤样//～-of-mine-milling 自磨(法)；无介质磨矿//～-of-mine ore 未经分选的矿石//～ of ore{lode} 走向；矿体走向//～-of-pit 原(采)石料//～-of-pit ore 原矿石；露天矿采出的原矿//～-of quarry 未筛石料//～-of quarry ore 原矿石[露]//～ out 期满；流失；炼炉泄漏；从装置中清除矿浆[选矿停车时防止矿浆中的固体堵塞机械]；给水量；损坏

(diameter) run-out 径向跳动

run over in the hole 失落孔内[物件]
→～-over-type 活动道岔

runs 矿石中纯金属百分数；金属品位；细脉
→～ per header 管汇支管数//～ to stills 送往炼厂的油量

run the oil 管道输油；量油
→～ through casing size 套管通径//～ ticket 收发油单据//～-time period (机器)

转动期；绞车的提升时期//～-to-completion 从运行到完成的[工作方式]

runup 试车；上坡；启动；起动；起转；迅速增大；溯河洄游
→(wave) ～ 波浪爬高

runway 机场(的)跑道；吊车滑道；吊车道；失控；滑道；河沟；河道；河床；跑道；跑车；斜坡滑道；天桥
→～ visual range 跑道视距

Rupelian 鲁珀利(阶)[欧;E₃]；鲁培勒阶[欧;斯坦普(阶);E₃]
→～ age 鲁培勒期//～ stage 吕珀尔阶

rupestral 栖岩石的[生]

rupestrine 生长在岩石上的；栖岩石的[生]；栖岩缝的

rupicoline 生长在岩石上的；岩生山马茶碱

rupicolous 栖岩石的[生]

rupture 撕裂；击穿；破损；破裂；裂缝；裂断；爆裂；断裂
→～ disc{disk} 爆破片

rupturing 裂缝
→～ capacity 抗裂能力//～{breaking} current 断路电流//～ movement 裂断运动

rural area 农村地区
→～ land use 乡村土地的利用//～-urban migration in Zambia 赞比亚的乡村-城市迁移//～{village} water supply 农村供水

Rusa 黑鹿亚属[Q]

rusacovite{rusakovite} 水磷钒铁矿[(Fe³⁺, Al)₅(VO₄,PO₄)₂(OH)₉•3H₂O]

Ruscinian 鲁西尼(阶)[欧;N₂]

rush 热潮；猛推；赶紧；撞；匆忙地做；奔；找矿热；蜂拥(找矿)；涌出；飞速跃过；一大批；冲向；冲进；冲；突增；突然冒顶；突进；急需的；急速流动；急流；急冲

Rushabar 鲁沙巴风

rush coal 含灯芯草属褐煤；芦苇褐煤
→～ waters 湍流

rush order 紧急订货
→～ pith 芯//～-swamp 蔺草沼泽

Rusoid 庐砂鹿

Rusophycus 皱饰迹(属)[Є-P]；躺迹[遗石]

russellite 钨铋矿[Bi₂O₃•WO₃;四方]

Russel-Saunder's{LS} coupling 罗素-桑德斯耦合
→～ coupling LS 耦合；罗素-桑德斯耦合；鲁塞尔-桑德尔耦合

Russel screen shaker 拉塞尔型振动试验筛
→～ shaker 罗素尔型振动试验筛

Russula 红茹属[真菌;Q]

rust 生锈；锈蚀；使生锈；氧化；防锈漆；铁锈
→～ ball 黄铁矿球//～-colored glaze 铁锈花釉

Rustella 鲁斯贝拉属[腕;Є₁]

Rustenburg 南非浅黑[石]

rustenburgite 等轴锡铂矿[(Pt,Pt)₃Sn;等轴]

rustenite 块硫钴矿[CoS]

rustic 粗面的；土

→～ quoin 粗隅石//～ work 粗琢石作；粗面石

rustification 粗琢石作

rust inhibiter 阻锈剂
→～-inhibitive pigment 防锈颜料

rustite 陨铁页岩；铁页岩

rustonite 钌锇铱{铱锇}矿[40Os,40Ir,20Ru;(Os,Ir,Ru);六方]；钌暗铱铁矿

rust preventing agent 防锈剂

rustumite 硅钙石[Ca₃(Si₂O₇);单斜]；鲁硅钙石[Ca₁₀(Si₂O₇)₂(SiO₄) Cl₂(OH)₂;单斜]

Rutaceoipollenites 芸香粉属[孢;E-Q]

rute 细矿脉
→～-mark 石边多边形土

rutenite 块硫钴矿[CoS]

ruthenarsenite 砷钌矿[(Ru,Ni)As;斜方]

ruthenian erlichmanite 钌硫锇矿
→～ {-}hollingworthite 钌硫砷铑矿//～ medic 扁蓄豆//～ nevyanskite 钌亮铱锇矿//～ osarsite 钌硫砷锇矿//～ osmium{|iridium} 钌自然锇{|铱}

rutheniridosmine 钌锇铱{铱锇}矿[(40Os, 40Ir,20Ru);(Os,Ir,Ru);六方]

ruthenium 钌；铱钌矿
→(native) ～ 自然钌[Ru;六方]//～ ores 钌矿//～ sulphide 硫钌矿[RuS₂;等轴]

ruthenosmiridium 等轴钌锇铱矿[(Ir,Os,Ru);等轴]；钌锇铱{铱锇}矿[40Os,40Ir,20Ru;(Os,Ir,Ru);六方]

rutherfordine 菱铀矿{纤碳铀矿}[UO₂(CO₃);斜方]

rutherfordite 褐钇铌矿[YNbO₄;Y(Nb、Ta)O₄;不同产状下,含稀土元素的种类和含量不同,常含铈、铀、钍、钛或钽;四方]；菱铀矿[UO₂•CO₃]；纤碳铀矿[UO₂(CO₃);斜方]

rutherfordium 𬬻[Rf,序 104]

ruth{elevating;bucket} excavator 多斗式挖掘机

rutile{ruthile} 金红石[TiO₂;四方]
→～ ceramic 金红石瓷//～ titanium dioxide 金红石型二氧化钛

rutilite 金红石[TiO₂;四方]

rutinose 芸香糖

Rutiodon 狂齿鳄(属)[T]

rutmark 石边多边形土

Rutoceratina 旋角石(亚)目[头]

rutosirita 钌锇铱{铱锇}矿[40Os,40Ir,20Ru;(Os,Ir,Ru);六方]

rutschflachen 断层面；滑动面[德]

rutterite 钠长微纹岩

ruttle 破碎地层

ruware 花岗岩丘；低平花岗岩穹形山麓面

R{Rayleigh} wave 瑞利波；立波；R 波

RWSSU 区域规模的(美)西部州型砂岩铀矿

ryacolite 透长石[K(AlSi₃O₈);单斜]

rydberg 里德伯[光谱学单位]

Rylstonia 列尔斯登珊瑚属[C₁]

rynersonite 钽易解石；钽钙矿[Ca(Ta, Nb)₂O₆]

r(h)yolite 流纹岩

S

S

S 硫；志留系；应力；西门子[姆欧电导单位;人名]；西；志留纪[439～409Ma,华北为陆地,华南为浅海,珊瑚、笔石发育,陆生裸蕨植物出现;S_{1-3}]

S3{|S4|S5} ×醚醇起泡剂[庚醇与五克{|甲醇与十克|杂醇油与四克}分子环氧乙烷缩合物;罗马]

Saale 萨勒(冰期)[北欧;Qp]

Saalian glacial stage 萨埃尔冰期
→~ movement 萨勒运动[P_1]

saamite 锶磷灰石[$(Ca,Sr)_5((P,As)O_4)_3(F,OH)$;六方]

Sabal 羽扇[腔]

sabaliter 条带磷铅石

Sabalites 似萨巴桐(属)[K_2-N]

Sabalpollenites 萨巴棕榈粉属[孢;K_2-N_1]

sabatierite 硒铊铜矿[Cu_6TlSe_4;斜方]

Sabatino 沙芭蒂诺红[石]

Sabellids 缨鳃虫类

sabelliite 羟锑砷锌铜矿[$(Cu,Zn)_2Zn((As,Sb)O_4)(OH)_3$]

saber-tooth cats 剑齿虎类

sabieite 萨铵铁矾;斯铵铁矾[$NH_4Fe(SO_4)_2$]

sabin 赛宾[声吸收单位]

Sabina 圆柏属[E_2-Q]

sabinaite 碳钛锆钠石[$Na_9Zr_4Ti_2O_9(CO_3)_8$;单斜]

sabinane 桧烷

Sabinas 萨宾(统)[北美;J_3]
→~ (series) 萨比纳斯统

sabinene 桧萜{烯}

Sabinian 萨宾(阶)[北美;E_2]
→~ stage 萨比尼昂

sabkha salt model 萨布哈成盐模式

sable 暗影

sabotage 破坏；故意毁坏

sabre-horned antelope 弯角羚属[N_2-Q]

sabugalite 铝铀云母[$HAl(UO_2)_4(PO_4)_4\cdot16H_2O$;四方]

sabulite 莎布莱特炸药

sabulous 砂(质)的；粗砂质的；多砂的
→~ clay 亚砂土

Saccamina 砂囊虫(属)[孔虫;S-Q]

saccate 囊状的；具气囊的[孢]

saccharidase 糖酶

saccharin 糖精[$C_6H_4CONHSO_2$]

saccharine 糖类；糖化物

saccharite 砂糖石；糖晶岩

saccharoidal 砂糖状的；砂糖状[岩]；糖粒状

saccharometer 糖量计

Saccharomyces 酵母属[真菌;Q]

Saccharomycodes 类酵母属[真菌;Q]

saccharose 蔗糖

s(c)acchite 氯锰矿[$MnCl_2$]；黄钙橄石

saccites 有囊类[孢]

Sacculia 袋状叠层石属[E]

Saccus 囊形藻(属)

saccus[pl.sacci] 气囊[孢]

sachait 剎哈石；萨哈石；碳硼钙镁石

Sachalinia 萨哈林羊齿属[K_1]

sacharowait 铋脆硫锑铅矿

Sachites 似盾壳属[寒武骨片目;€_1]

Sachs method 萨克斯残余应力测定法；沙赫(残余应力测定)法

sack 包；袋；装袋；一袋；一包
→~ borer cutter 囊式钻井机切割头；小型钻头//~ borer stem 小型钻机用钻杆//~ cloth 麻袋布

sacked cement 装袋水泥
→~ concrete revetment 袋装(水下)混凝土护坡

sacker 装袋器

sack filling machine 装袋机
→~ gabion 袋形铅丝石笼

sackholder 夹袋器

sacking 粗麻布
→~ operation 打包工作

sack-like structure 囊状构造

sack loading 成袋装运
→~ sewing machine 缝袋机//~ weight 袋装(药品)重量

Sacoglossa 盾舌类[腹]

sacral 骶的；荐骨的

sacrifice 亏本出售；献出；牺牲品；牺牲；损失
→~ protection 牺牲阳极防护

sacrificialblue 祭蓝

sacrificial element 牺牲管段
→~ zinc-ribbon anode 牺牲锌带阳极

sacrofanite 萨钾钙霞石[$(Na,Ca,K)_9(Si,Al)_{12}O_{24},((OH)_2,SO_4,CO_3,Cl_2)_3\cdot nH_2O$]

Sacrophilus 袋獾属[Q]

(os) sacrum 骶骨；荐骨

Sactoceras 塞角石属[头;O-S]

sad 辛酸；酸

sadanagaite 沙川闪石[$(K,Na)Ca_2(Fe^{2+},Mg,Al,Fe^{3+},Ti)_5((Si,Al)_8O_{22}(OH)_2),Si<5.5$]

sadd 沼泽区；沼泽植物[阿]

saddle 顶板中锅形砾石；车床拖板；滑动座架；滑板；山鞍；锅底状底板[煤的]；强加于；鞍座；鞍形山；管托；鞍；座板；负担；支管架；圆枕木；凹谷；背斜；垭口；鞍部[头足缝合线]
→~ (construction) 鞍状构造；鞍点[谐振曲线]；岩鞍；托架//~ back 底板起伏；鞍形山；倒 V 形支架；鞍背//~-back car 鞍形(车)底(矿)车//~-back coping 两坡压顶

saddlebackite 萨硫碲铋铅矿[$Pb_2Bi_2Te_3S_3$]

saddle-back stull 尖顶支撑

saddleback tip 凹形钻头

saddlebag 车座后袋；鞍囊

saddle bearing 鞍承
→~-bottom self-discharging car 鞍形底开式自卸矿车

saddlejack 座式千斤顶柱

saddle joint 鞍接合；咬口接头
→~-mount 鞍座；托架//~ repair clamp 鞍形修管夹；龙门修管夹//~ shaped 鞍形//~{apex} stone 山墙顶石；屋脊石

sadiron 熨斗

saekkedaler 峡江底；冰湖底；梯级纵剖面谷[挪;冰]

saernaite 钙霓霞正长岩

saeter 夏季牧场[挪]

Saetograptus 口刺笔石属[S_3]

safari solution 萨费里解

safe allowable load 安全许用载荷
→~ allowable stress 安全许可应力//~ as a rock 磐石之安

safeguard 保障；保险板；保护措施；护罩；护套；安全装置；安全设备；遮挡；防护；安全措施；安全保护
→~ (device) 防护装置//~ bit 保护位//~ clause 保护条款//~ system 安全防护制度

safe-handling procedure 安全处理规程

safe heating limit 安全加热极限
→~ interval 安全车距//~ island 安全岛

safekeeping 妥善保护

safelight 安全灯[网罩外有玻璃筒]

safe(ty) limit 安全极限
→~(ty) load 安全载荷//~ load capacity 容许负荷//~ location 安全场所；躲避所

safener 安全剂

safe passage 安全通道
→~ port 安全港//~ post 保安矿柱

safety 安全性；安全设备；可靠；安全
→~ cap 矿工帽//~ clutch cylinder 安全离合器气(油)缸//~ department 矿山安全处//~ extra-low voltage 安全特低电压//~ lamp gauze 火焰安全矿灯网罩//~-lamp{-light} mine 安全灯矿//~-lamp{safety-light} mine 多尘煤矿//~{barrier;protective;protecting} pillar 保安矿柱//~{boundary} pillar 安全矿柱//~ seal packer 安全密封封隔器

safe working load 容许荷载
→~ working pressure rating 额定安全工作压力值//~ working voltage to ground 对地安全工作电压//~ yield of stream 河流(的)可靠流量；河流安全流量

safflorite 斜方砷钴矿[$CoAs_2$;斜方]

safflower yellow 红花黄

Saffordotaxis 萨福德苔藓虫属[D-P]

saffron 番红花(色的)
→~ (yellow) 橘黄色

safing 能立即恢复安全状态的；紧急状况过后恢复到安全状态

safranite 黄水晶[SiO_2]；黄晶[$Al_2(SiO_4)(OH,F)_2$]；茶精；蔡璞

safrole 黄樟素{脑}[$C_{10}H_{10}O_2$]

sag 下沉；沉降；山凹；丘陵区小谷地；倾斜；底板凹陷；浅洼地；浅构造盆地；鞍状山口；漂流；拗陷；凹陷；凹下；垂曲线；下陷；下挠盆地；下垂；中垂[船体]；弛度；塌箱[铸;冶]；垂度

sag (core) 塌芯
→~ and swell 凹凸构造；凹凸地形//~-and-swell{knob-and- basin{-kettle}} topography 凹凸地形//~ arch 张力拱

sagauoe 琼脂糖凝胶

sag basin 碟状盆地，盘状盆地
→~ bend region 垂弯区[铺管作业中离海床很小距离处的管段]//~ curve 弛垂弯曲//~ dome 张力穹

sagduction 重坠作用[由倒转密度梯度岩石沉陷引起]

sagebrush 艾灌丛；小艾树
→~ desert 蒿属荒漠[北美]

Sageceratidae 胄菊石科[头;T_{1-3}]

sagem single-drum bidirectional ranging

shearer 萨根型可调高单滚筒双向采煤机

Sagenachitina 网几丁虫属[O2-3]

Sagenella 罟苔藓虫属[S]

sagenetic agate 发纹玛瑙
→~ quartz 含针晶石英 // ~ {sagenitic} quartz 网针石英

sagenite 网金红石

sagenitic 网针的
→~ quartz 针铁水晶

sagenocrinida 网海百合目[棘]

Sagenopteris 鱼网叶(属)[古植;T3-K2]

saggar 烧箱；烧盆；耐火黏土
→~ {sagger} clay 火泥箱土

sagger 烧箱；烧盆；耐火黏土；匣钵
→~ clay 烧箱用黏土；泥箱土；匣钵土

sagging 地壳沉降部分；挠度；流釉；中垂[船体]；拗曲；印皱痕；船身下垂；下弯；下垂；弯曲沉降；弛垂
→~ point 下垂凹下点[横梁,顶板等] // ~ {crooked} zone 弯曲带 // ~ (smooth; gradual) ~ zone 移动带

Saghatherium 沙加兽属[蹄兔;E3]

Sagitta 箭虫(属)[毛颚动物]；天箭座

sagitta 矢星座；矢耳石[鱼]；矢虫；矢；生于球状囊中的耳石；扁平石；半索类

sagittal 中线

Sagittodontus 镞牙形石属[€3-O]

sagvandite 菱镁古铜(碳酸)岩

sahamalite 斜铁镁铈矿[(Mg,Fe)(Ce,La,Nd,Pr)2(CO3)4]；碳铁镁铈矿；碳铈镁石[(Mg,Fe²⁺)Ce2(CO3)2;单斜]

Sahara 撒哈拉

sahara 沙漠[非]

sahel 沙漠边缘的大草原区[法]；撒黑{萨赫尔}风[摩洛哥沙漠尘风]

Sahelian 萨赫勒地区的；沙漠草原区的

sahlinite 黄砷氯铅石；萨砷氯铅石[Pb14(AsO4)2O9Cl4;单斜]

sahlite 次透辉石[Ca(Mg,Fe)(Si2O6)]
→~ acmite 次透辉锥辉石

Sahnisporites 桑尼(两囊)粉属[孢;C3]

sai 山麓砾积平原[塔里木盆地]；萨那(沙漠)；砾屑锥；砾石河床

sail 航行，启航；帆状物；帆船；帆

sailaba 泛滥平原

sailaufite 水碳砷锰钙石[(Ca,Na,□)2Mn3O2(AsO4)2(CO3)•3H2O]

sailboat 帆船

sailcloth 帆布

sailing 滑翔；航海术；扬帆的；开船

Saimachia 赛马集虫属[三叶;€2]

saimaite 赛马矿

Saimian 赛姆(阶)[欧;O]

sainfeldite 水砷钙石[H2Ca5(AsO4)4•4H2O;单斜]

Saint Croixian 圣克鲁阿(阶)[北美;€3]
→~ Helena and Ascension etc. 圣赫勒拿岛和阿森松岛等[英] // ~ Louis 圣路易斯银[石] // ~ Lucia 圣卢西亚 // ~ Luis 猫灰石

saka{sakal} 琥珀[C20H32O]

sakalavite 玻英{玄武}(辉安山)岩

sakarsanite 锰片岩系

Sakawairkynckia 佐川井嘴贝属[腕;T3]

sakhaite 萨碳硼镁钙石[Ca3Mg(BO3)2(CO3)•nH2O(n<1);等轴]；萨哈石；碳硼钙镁石

Sakhalin 萨哈林岛[库页岛]

sakharovaite 脆硫锡铅矿；脆硫铋铅矿[(Pb,Fe)(Bi,Sb)2S4;斜方]；铋脆硫锑铅矿[Pb4Fe(Sb,Bi)6S14]

sakharowit(e) 脆硫铋铅矿[(Pb,Fe)(Bi, Sb)2S4;斜方]

Sakhreh 罗马隆石

sakiite 六水泻盐[MgSO4•6H2O;单斜]

Sakmarian 萨克马力统
→~ (stage) 萨克马尔{林}(阶)[欧;P1]

sakuraiite 硫铟铜锌矿[(Cu,Zn,Fe)3(In,Sn)S4]；硫铜铟锌矿；樱井矿；铟黄锡矿[(Cu,Fe,Zn)3(In,Sn)S4;四方]

salable coal 销售煤
→~ item 可售产品

salada 盐原

salamander 火蜥蜴；蝾螈(目动物)；鲵；能耐高热的人；耐火的人；烤箱；拨火棒；炉底结块[高炉]

salamanders 蝾螈类

salamandra 欧洲鲵；欧洲蝾螈；蝾蝾螈属

Salamandrina 蝾螈类；鲵类
→~ Fitzinger 四趾螈属
sal {-}ammoniac 硇{硇;卤}砂[NH4Cl;等轴]；氯化铵；油灰；腻子；铁屑灰泥
→~ ammoniac cell 氯化铵电池 // ~ ammoniac soda 天然碱[Na3(CO3)(HCO3)•2H2O,单斜; Na2CO3•10H2O]

salammonite 硇砂；氯化铵[NH4Cl]；卤砂[NH4Cl;等轴]

salamstein 蓝宝石[Al2O3]

salar[pl.-s,-es] 盐坪；干盐湖；沙拉[美西南部]
→~ structure 盐壳构造

salband 边缘带；脉壁泥；脉壁带；矿脉壁；近围岩岩脉

saldanite 毛矾石[Al2(SO4)3•16~18H2O;三斜]

saleable 畅销(的)
→~ blended coal 可销售混煤

sale(e)ite 镁铀云母[Mg(UO2)2(PO4)2•10H2O;单斜、假四方]

salele 石奴鲷

Salem{Spergen} limestone 萨勒姆石灰岩

salengalite 磷铝铀矿[HAl(UO2)4(PO4)4]

sales analysis 销售分析
→~ contract 售货合同

salesite 羟碘铜矿[Cu(IO3)(OH);斜方]

sales journal 销货(日记账)
→~ line connection receptacle 销售管连接座

salesman[pl.-men] 营业员；推销员

salgaso 秘鲁赤潮

salicaceae 杨柳科

salicin{salicoside} 水杨(醇葡糖)苷[C6H11O5•O•C6H4•CH2OH]

salicornia 沼泽海蓬子

salicyl 水杨基[HO•C6H4•CH2−]；邻羟苄基[HO•C6H4•CH2−]
→~ alcohol glucoside 水杨苷；水杨醇葡糖苷

salicylaldoxime 水杨醛肟[HOC6H4CH=NOH]

salicylate 水杨酸盐{酯}

salicylic{o-hydroxybenzoic} acid 邻羟基苯酸[HOC6H4CO2H]
→~ acid-filter sampler 水杨酸过滤采样器

salicylyl 水杨酰[C6H4(OH)CO−]

salience{saliency} 突出；凸起；特点

salient 喷射的；煤层凸起；卓越的；显著突出的；凸(出)点；凸出段[褶皱轴迹]；台凸；凸起[大地构造]；凸出部分[海岸]
→~ angle 凸角 // ~ feature 显著特点

Salientia 跳跃类

salientia 无尾次亚纲[两栖]

salient pole 显磁极；凸极
→~ relief 剧烈起伏(地形)

saligenin 水杨苷[C6H11O5•O•C6H4•CH2OH]

sali(no)meter 盐液密度计；测盐计(仪)

salina 海水蒸发槽；潜流湖[滨海的]；盐场；盐湖；煮渣锅；盐沼；盐泽；盐田；盐滩；盐水湖；盐水；盐泉；盐井；盐碱滩
→~ (solonchak) 盐沼地

Salinan (stage) 萨莱纳(阶)[北美;S3]
→~ series 含盐统[美;S2]

salinastone{salina stone} 盐类岩(石)

saline 含盐的；盐沼地；盐块；盐碱滩；盐湖；咸的；盐皮
→~ bog 咸水沼泽 // ~ concentration 含盐度 // ~ deposits 盐堆积物 // ~ facies 盐相 // ~ groundwater 地下咸水 // ~ lake deposit 盐湖矿床 // ~ pellet 盐华球

saliniferous 盐化的；盐土的

salinification 盐化作用

salinity 盐度；盐渍度；盐浓度；盐分；咸度
→(total) ~ 矿化度 // ~ indicator ratio 指示比；矿化度

salinization 盐渍化；盐化作用
→~ (of alkaline soil) 盐碱化

sal(a)ite 次透辉石[Ca(Mg,Fe)(Si2O6)]

saliter 钙硝石[Ca(NO3)2•4H2O]；硝石[钾硝;KNO3]

salitral 盐壳沼；硝沼；硝滩[南美]

salitre 钠硝；钙硝石[Ca(NO3)2•4H2O]；硝石[钾硝;KNO3]

salitrite 榍石霓辉岩；榍辉煌斑岩

salivation 流涎[汞中毒症状]

Salix 柳属[K2-Q]；柳

Salixpolleniles 柳粉属[孢]

salmare 石盐[NaCl;等轴]

salmiac{salmiak} 硇{硇}砂；卤砂[氯化铵][NH4Cl;等轴]

salmoite 磷锌矿[Zn3(PO4)2•4H2O;斜方]

salmon 鲑(鱼)；储色；橙红色
→~ pink 橙红

salmonsite 杂磷锰铁铝石[红磷锰矿与磷铁镁锰钙石混合物]

saloon 餐车；从气球上发射的人造卫星；轿车
→~ deck 头等舱甲板

Salopian 萨洛普统；萨洛普郡人(的)[英]
→~ (stage) 萨洛普(阶)[欧;S2]

Salopina 萨洛平属[腕;S]

Salpallsselka 萨尔珀冰碛丘陵[芬]

salpeter 硝石[钾硝;KNO3]；钾硝[KNO3]

salpingiform 号角形；喇叭形；具柄耳咽管形[颗石;钙超]

Salpingoporella 号角孔藻属[K-E]

Salpingostoma 喇叭螺属[腹;O-D]

salse 泥火山

salsima 硅铝镁层

salsuginous 适盐的[植]；高盐的[植]

salt 食盐；管盐；咸度；咸的
→~ (bearing) a mine 人为地提高矿山的矿石质量；欺骗性地提高矿石品位

saltation 河底滚沙；群落局变；古生；流沙；跃迁；颗粒在流水中跳跃；菌落局变，

突变[古]；跳跃[水中砂粒]
→~ (transport) 跃移[河沙]；跳运 // ~ flow 跃阶式充填[支撑剂在裂缝内]

saltationism 跃变论

saltationist 跃变论者

saltation jumping 跃动
→~ load 跳跃搬运负荷 // ~ transport 跳跃搬运

saltative 突变的
→~ evolution 跃变演化

saltatory{eruptive} evolution 突变(性)演化
→~ evolution 灾变说

salt-avoiding species 避盐种

salt balance 盐平衡；盐均衡
→~ base mud 盐基泥浆

saltbox 不对称双坡屋

salt brine 卤水；盐卤
→~ burst 盐致岩爆 // ~ cake 芒硝{硫酸钠矿}[Na_2SO_4•10H_2O; 单斜]；硫酸氢钠 // ~ dome storage 地下溶洞储存[油]

salted garlic splits 咸蒜泥
→~ mudsnail{snails} 咸泥螺

salt effect 盐效应[电解时]
→~ elimination{removal;exclusion} 脱盐 // ~ endurance 耐盐性 // ~-enduring species 耐盐种

salter 盐田职工

saltern 盐田；盐厂；盐场；碱土[碱土金属的氧化物]

salt exclusion 排盐(作用)；盐排除(作用)

saltfield 盐田

salt-filtering 盐渗
→~ phenomenon 渗盐现象

salt flank 盐岩侧翼
→~ flat 盐滩；盐坪 // ~-fog test 盐雾试验 // ~-generated paleostructure 盐成古构造 // ~ glacier 盐川[重力流]

saltierra 盐土[西]

salt-impregnated carbon 含盐碳

saltiness 咸性

salting 潮浸盐沼；掺假；高盐沼；矿样掺假；盐碱化
→~ method 虚报矿石品位法 // ~ out 加盐分离；盐析

salt kill pill 盐丸分隔剂
→~-lake basin 盐盆；盐湖盆地 // ~-lake-type boron deposit 盐湖型硼矿床 // ~ lime 石膏 [CaSO_4•2H_2O; 单斜] // ~-marsh plain 盐沼平原 // ~ mine{pit} 盐矿

Saltopsuchus 索尔吐鳄

salt(ing) out 盐析

saltpeter{saltpeter; salt peter} 钾硝{硝石；钾硝石}[KNO_3;斜方]；硝酸钾

salt pillow 盐枕；雏形盐穹
→~ pit 采盐矿；盐坑 // ~ roast carnotite-type leach 加盐焙烧钒钾铀矿浸出 // ~-roasted carnotite ore 氯化焙烧钒钾铀矿 // ~ rock 石盐[NaCl;等轴]；岩盐[NaCl]

saltspar 粗晶石盐

salt spray{droplet} test 盐雾试验
→~ {bitter} spring 卤泉 // ~-stock family 盐栓族 // ~ table 盐台 // ~ up well 被岩盐堵住的井

saltwash member 盐洗段

salt waste{desert} 盐漠
→~ water{solution} 盐水 // ~ water base mud 盐水基泥浆 // ~ water encroachment {intrusion} 海水入侵;盐水入侵 // ~ water

encroachment 海水侵入

saltwater injection 注盆水

salt water intrusion{encroachment} 咸水入侵
→~-water marsh 咸水沼泽 // ~-water wedge 盐跃层 // ~-wedge estuary 盐楔湾 // ~ wedging 盐劈(作用)

saltworks 盐厂；盐场

saltwort 钠猪毛菜[俗名盐草,硼矿局示植]；盐草[硼和沥青示植]

salty 含盐的；盐质的；咸的
→~ avid 盐旱的 // ~ hydrothermal spring 含盐热液泉 // ~ mud 盐泥

salvadorite 桂钠铜矾{多铜绿矾}[Na_2Cu(SO_4)_2•2H_2O; 单斜]；铜绿矾 [(Fe,Cu)SO_4•7H_2O]

salvage 回收；海事救援；海上打捞；抢修；抢救；工程抢修；打捞费；打捞[钻具、失落物]；废物利用；废料；救捞

salvageability 求援机动性

salvageable 可打捞的；可抢救的

salvage arch(a)eology 古物抢救工程
→~ count 可再利用的粒数[从旧钻头回收的金刚石中]

salvation 拯救；救济

salver 金属盘；托盘

salvia chinensis 石见穿

Salvinia 槐叶苹

Salviniaceae 槐叶苹科

Salviniales 槐叶苹目

Salviniaspora 槐叶萍孢属[K-Q]

salvo (礼炮)齐鸣；连续炮(弹)；突然爆发；齐射[炮火]

Salvus set 赛尔伐斯型氧气呼吸器

salzburgite 萨硫铋铅铜矿[Cu_{1.6}Pb_{1.6}Bi_{6.4}S_{12}]

Salzgitter ore 萨尔茨吉特(鱼子状)褐铁矿

salzspiegel 盐镜面[德]

samara 翼果；翅果

samarium 钐
→~ garnet 钐石榴石

Samaropsis 拟翼果属[植;D-P]；翅果

samarskite 铅铌钛铀矿[(U,Pb)(Nb,Ta,Ti)_3O_9•nH_2O]；铌钇矿[(Y,Er,Ce,U,Ca,Fe,Pb,Th)(Nb,Ta,Ti,Sn)_2O_6;单斜]；铌酸钇矿[(Ca,Fe,Y,Zr,Th)(Nb,Ti,Ta)O_4]；铌钶矿；铀铈铌矿
→~-wiikite 铌钇杂铌矿

sambar 水鹿[Q]

same place 同名点[测]
→~ position 同一{名}位置 // ~-rotating{SR} figure 同旋干涉图

Samian earth 萨米亚高岭石

samiresite 铅铌钛铀矿[(U,Pb)(Nb,Ta,Ti)_3O_9•nH_2O]；铌钛铀矿[(U,Ca)(Nb,Ta,Ti)_3O_9•nH_2O]

sammel crystallization 聚粒结晶

sammet blende 绢针铁矿[HFeO_2]

(kupfer) sammeterz 绒铜矾[Cu_4Al_2(SO)_4(OH)_{12}•2H_2O;斜方]

sammteisenerz 绢针铁矿；纤铁矿[FeO(OH);斜方]

Samoa 西摩金[石]

samoite 蒙脱石[(Al,Mg)_2(Si_4O_{10})(OH)•nH_2O; (Na,Ca)_{0.33}(Al,Mg)_2Si_4O_{10}(OH)•nH_2O;单斜]

samoon 沙蒙风[撒哈拉北部]

Samotherium 萨摩兽属[长颈鹿类;N]

samper 底部炮眼[油罐]；对角炮眼

sample (collecting;collection) 取样；样本
→(cut) ~ 采样 // ~-assay data 采样的矿物分析数据 // ~ box 煤样箱 // ~

bucket 洗砂样的容器

sampled-data control 取样数据控制；采样数据控制

sample-deflecting spout 试样溜槽

sample{sampling} depth 取样深度
→~ distribution 样品分布；样本分布 // ~ divider 样品缩分器 // ~ divider {splitter} 分土器 // ~ division 分样；样品缩分

sampled signal 抽样信号
→~ well 取样的井；采样井 // ~ width {thickness} 取样厚度

sample evaporation chamber 试样汽化室
→~ extruder 退岩芯装置

sampleite 氯磷钠(钙)铜矿[NaCaCu_5(PO_4)_4Cl•5H_2O;斜方]

sample length 取样长度
→~ machine 样机

sampleman 取样工；样品制作者{分配者、试验者}

sample maps 品位图[如品位等值线图等]
→~ mark 取样深度标[记在方钻杆上] // ~ {specimen} ore 矿样

sampler 取样器；取样工；取芯器；转换器；样板；抽样
→(high volume) ~采样器；取样机 // ~ {sampling} barrel 取样筒

sample receiver 试样接收容器

sampling 变为脉冲信号；取样；脉冲调制；样品；抽样
→(ore) ~ 采样 // ~ and analysis of coal 煤的采样与分析 // ~ by filtration 过滤采样 // ~ method 采样法；制样方法 // ~ point 原样点 // ~ pulp 矿浆取样 // ~ wet stream 矿浆流取样

samsonite 萨姆森矿；硫锑银矿[Ag_4MnSb_2S_6;单斜]

sam(me)tblende 绢针铁矿；纤铁矿[FeO(OH);斜方]

samuelsonite 羟磷铝铁钙石[(Ca,Ba)Ca_8(Fe^{2+},Mn)_4Al_2(PO_4)_{10}(OH)_2;单斜]

samun 焚风[伊]

Sanam 鲁班米黄[石]

sanatorium[pl.sanatoria] 疗养地；休养地；疗养院[美]

sanatron 窄脉冲多谐振荡管{器}

Sanbagawa 三波川

sanbornite 硅钡石[BaSi_2O_5;斜方]

sand 沙子{堤；层；岩；地}；砂{沙}[“沙”与“砂”有时可通用，“沙”一般为自然形成的细小颗粒,“砂”一般与人类活动有关，故日常生活中常用“沙”,矿业、非松散者多用“砂”]；铺砂；模砂；粗矿石；矿渣；矿砂；尾矿
→(grained) ~ 砂粒 // ~ (inclusion;markr;buckle) 夹砂;沙土 // ~-aerating apparatus 吹砂机；松砂机 // ~ `aggregate {and stone} pavement 砂石路面

sandaling 凉鞋编料

sand{mud} anchor 砂锚
→~ and gravel 砂石 // ~ and gravel alluvium 沙砾石冲积层

sandarac(ha){sandarae} 雄黄[As_4S_4;AsS; 单斜]；鸡冠石[As_2S_2]

sandasphalt 地沥青砂

sand asphalt{bitumen} 沥青砂
→~ asphalt 砂沥青

sandastros 砂金石；星彩石英[SiO_2]

sand auger 沙卷

→~ avalanche 沙崩 // ~ badger 沙獾属；猪獾属[Q]

sandbag 沙袋[包]；砂袋[煤层顶板的冰川碎屑物]；囊式冰屑沉积

sand bag well 袋装砂井

sandbergerite 锌黝铜矿[(Cu,Fe,Zn,Ag)$_{12}$(As,Sb)$_4$S$_{13}$]；钡白云母[(K,Ba)(Al,Mg)$_2$(AlSi$_3$O$_{10}$)(OH,F)$_2$]

sandbergerito 锌黝铜矿[(Cu,Fe,Zn,Ag)$_{12}$(As,Sb)$_4$S$_{13}$]

sand binder 型砂用黏合剂

→~ bitumen core 沥青砂土心墙 // ~(-)blast(ing) 喷砂；糊炮；气砂冲击；覆砂装药；风吹砂阵；吹砂磨蚀 // ~-blasted{facetted; windworn;pyramid} pebble 风棱石

sandblaster 喷砂装置；喷砂机

sandblasting 沙磨(作用)；沙爆；砂冲；喷砂清洁处理；喷砂磨锐法[金刚石钻头]

sand blasting{blast;injection} 砂喷

→~ blasting 喷砂除锈 // ~ blister{mark;pit} 砂眼[冶；铸] // ~ blister 砂泡 // ~ blockade{drift} 沙害

sandblow 喷砂；风蚀砂斑

sand blower{ejector} 喷砂机；喷砂器

→~ blowing 吹砂 // ~ blown by the wind 风沙

sandboard guide 防撒料导槽

→~ guides 防止细末撒落的导槽[溜槽装载时]

sand body{bed;stratum;member;seam;layer;unit} 沙层

→~ body 砂(岩)体 // ~-bomb test 砂弹试验[炸药] // ~ {-}bottom 砂(质)底 // ~ bottom 沙床 // ~ box 砂箱[机；冶]；脱水除砂槽[油井大量出水、出砂时用] // ~-calcite 砂质方解石，方解形石英砂 // ~-calcite 石英砂方解石

sandcay 小沙岛；小砂岛

sandcloth 金刚砂布；砂布[机]

sand{glass} cloth 砂布

→~ (grain) cluster 砂粒团块 // ~ coarse aggregate ratio 沙石比[建]；砂率 // ~-coarse aggregate ratio 砂与粗骨料比 // ~ collar 防尘垫圈 // ~-conditioning plant 配砂工段；型砂制备工段；型砂配制工段 // ~ consolidation resin 地层砂胶结树脂 // ~-course aggregate ratio 砂石比

sandcrack 砂石性蹄裂[兽]

sand cracker{cutter} 碎砂机

→~ dust 砂粒级金刚石

sanded bitumen felt 砂面油毡

→~ siding 堆砂石路段[铁路车挡]

sand equilibrium bank height 砂堤平衡高度

→~ equivalent test 砂当量试验；含砂当量试验

sander 砂箱；砂光机；撒砂者；撒砂器；喷砂机；磨砂机；打磨机

sanderite 二水泻盐[MgSO$_4$·2H$_2$O]

sand erosion{abrasion;cutting;cutting.} 砂蚀

→~ erosional plug 砂粒冲蚀探测塞 // ~ erosional probe 砂粒冲蚀探头 // ~ erosion control 防止砂粒冲蚀

sanders 砂纸；砂磨具

sandface 砂面

sand face 钻开的油层表面

→~-face convolution plot 井底褶积图 // ~ face pressure 井底流压 // ~ face surface 井底钻开的砂{油}层表面 // ~ feeder 给砂机(场)；送砂机 // ~ figure 砂粒形状 // ~ filled electrical apparatus for mine 矿用充砂型电气设备 // ~ filling{charging} 填砂；砂充填；装砂 // ~ filling 砂充填；干砂充填；装砂 // ~-filling 填砂 // ~ filling volumeter 灌砂法容量测定仪 // ~ filter 沙滤器；沙滤层；砂滤器

sandfrac 砂水压裂；加砂压裂

sand fraction 砂组成；砂粒粒组

→~ free 不出砂的 // ~ fulgurite 砂闪电熔岩 // ~ gall{pipe} 沙管 // ~ galvanizing 砂抹镀锌 // ~ glacier 沙川 // ~ glass 沙漏；砂玻璃 // ~-gravel cushion 砂石垫层 // ~-gravel pile 砂砾桩 // ~ {chop} hill 沙阜 // ~ hill 砂冈

sandhills 沙丘陵区

sandhog 砂泵；挖砂工；隧道工

sand-hog 构筑隧道的工人

sand hole{explosion} 砂眼[冶；铸]；砂孔

→~ hole{pit} 沙坑 // ~ hole 砂孔；坑点

sandhopper 沙蚤

sand hopper{tank} 砂斗

→~ horn 沙岬；砂角，喇叭砂；角状砂

sandia 西瓜状山

sandies 泥污棉铃

sandification 沙化作用

sanding(-up) 撒砂；沙化作用；砂纸打磨；砂磨；砂的堆积；喷砂清理；喷砂；打砂磨光

sanding (up) 铺砂；出砂

→~ shoe 砂瓦 // ~ sprayer{machine} 撒砂器 // ~ up 形成砂墙；填砂；堵砂 // ~-up 砂子填塞[浮选机]

sand in teeter 悬浮沙{砂}

→~ inundator 量砂斗

sandish 砂质的；砂的

sand island 沙岛

→~ island method 砂岛法[沉井施工]

sandiver 玻璃沫

sand-jet{cleansing} blower 喷砂器

sand jet perforator 水力喷砂射孔器

→~-jetting 砂喷；喷砂法

sandkey 小沙岛；小砂岛

sand key{cay} 珊瑚砂岛，小沙岛

→~ laden 含砂的 // ~ levee 砂堤；鲸背状沙丘 // ~ level 砂位 // ~-like sequester 泥沙状死骨 // ~-lime brick 石灰砂粒砖 // ~-lime carbonified board 碳化石灰板

sandline drum 泥浆泵吊绳滚筒

→~ sheave 泥浆吊绳滑轮

sand lining 砂衬

→~ load 砂负载[电磁] // ~ lock 挡砂浆闸[砂闸]

sandman 捞砂工

sand mark 黏砂[铸]

→~ markr 砂印 // ~-mastic exterior wall paint 砂胶外墙涂料 // ~ mixture 型砂混合物 // ~-mo(u)lded brick 砂模砖 // ~-oil ratio 砂-油比

sandology 型砂学

sandosar 蛇形{行}丘

sand out{off} 达到充填设计压力；落砂；脱砂

→~ (falling) out 脱砂 // ~ {-}out pressure 脱砂压力

sandow 钢圈填砂支柱；填砂支柱[钢圈或混凝土圈]

sand pack{sand-pack column} 填砂柱；填砂模型

→~ packed fracture 填砂裂缝 // ~-packed model 填砂模型 // ~-packed tube displacement 砂粒填充管取替试验 // ~ pack filter 砂粒充填过滤器

sandpaper (用)砂纸擦光；金刚砂纸

sand papering 砂纸打磨

→~ pass 溜砂井 // ~ pavement 砂石路 // ~ percentage 砂率 // ~ permeability 砂渗透性 // ~ pinnacle{column} 砂柱

sandpit 沙坑；砂槽；采砂场

sand pit{quarry;plant} 采砂场

→~ pit矿 // ~-(y) pocket 砂囊；砂矿囊

sandr 冰水(沉积)平原

sandrock 砂岩；泡(砂岩)；砂石；未固结的砂岩；松散砂岩

sand{sandrock} roll 砂卷；假结核；砂模铸造轧辊

→~ roller mill 碾轮式混砂机 // ~-run 砂流

sands 沙地；沙层；含油砂岩地层；平坦沙岸；滩

sand sample{specimen} 砂样

→~ scab 包砂 // ~ scale 砂垢 // ~ sea 火口底平原；砂海；纯砂沙漠 // ~ sealing 砂封；砂密封 // ~ seam 长石的白云母细脉；采石场含石英、长石、白云母的细脉

sandshale 砂页岩；含砂页岩

sand shale ratio 砂岩-页岩比

→~-shale ratio 砂(-)页岩比 // ~-shale sequence 砂泥岩层序 // ~ sheet 沙砾平坦面；砂席；小沙原；席状砂

sandshow{sand shows} 沙层(中)油苗

sandsilt 砂质粉砂

sand sintering 烧结黏砂

→~ size designation 砂粒尺寸选定

sandslinger 抛砂机；甩砂机

sandspit{barrier spit} 沙嘴

sand spot{patch} 砂斑

→~ stalagmite 砂石笋

sandstone 沙石；砂岩；砂石；硅质岩；砂岩色

→~-arenite 砂岩屑砂岩 // ~ cave 石洞；崖洞；悬岩 // ~ copper impregnations 砂岩铜矿浸染体 // ~ disk 砂轮 // ~ formation 砂岩地偿 // ~{sand} grit 粗砂岩 // ~ in blocks 块状砂岩 // ~ ore 砂矿 // ~ percent content 砂岩百分含量 // ~ reservoir 砂岩储(油)层 // ~ target 砂岩射孔试验靶 // ~-type deposits 砂岩型矿床 // ~ uranium impregnations 砂岩铀矿浸染体

sand stop 阻止砂子流动装置；防止砂子下落装置

→~ stopping 砂隔渣板；砂挡铁墙 // ~ storage 砂库 // ~ storage bin 存砂斗；贮砂斗

sandstowing 水砂充填

sandur[pl.s-dar] 冰水(沉积)平原

→~{outwash} deposit 冰水平原沉积

sand valve 砂阀

→~ volcano 火山状砂堆；砂火山 // ~ volume 砂子{岩}体积

sandwash 沙砾河床；沙堆积；冲砂；冲积沙层

sand wash(ing){cut;blowing;removal;flushing;sluicing} 冲砂

sandweld 砂焊

sand(y) well 出砂油井[油中带大量砂];砂井
  →~ wheel 泥沙轮;提砂斗轮

sandwich 插入;层状的;(在)两件之间夹上;分层结构;多层结构;多层的;夹在当中;夹心;夹入;夹层的;夹层;挤入
  →~ construction of body floor 车厢底板多层结构//~ construction panel 夹层结构板

sandwiched area of double fracture zone 双断裂夹持区
  →~{shed;split} coal 夹层煤

sandwich material 夹合材料
  →~ microstructure 三明治微结构//~ tape 多层采矿//~ type internal floating cover 夹层{三明治}式内浮顶//~ valve 夹板阀

sandy 砂(质)的;砂质;含砂的;多砂的
  →~ algal biosparite 砂质藻屑生物亮晶灰岩//~-conglomeratic flysch 砂质砾岩复理石

sandyite 暗色碱长正长岩

sandy land 砂田
  →~ ore 含铜砾状砂岩;含铁砂//~ sapropel 砂质腐泥//~ silt of low liquid limit 含砂低液限粉土//~ soil 沙质土(壤)

saneroite 杉硅钠锰石[$Na_{2.29}Mn_{10}((Si_{11},V)O_{34})(OH)_4$];萨硅钠锰石

sanfordite 碲铜矿[$Cu_{4-x}Te_2$,其中 x 约为1.2]

Sangamon 桑加蒙
  →~ interglacial stage 桑{散}加蒙{芒}间冰期[Qp];桑各蒙冰间期

sangarite 滑水蛭石;黑云绿泥混层石

sang{sand} inclusion 夹砂

sang-i-yashm 鲍文玉

Sangkan{Sungkan} gneiss 桑干片麻岩

sanguine 含血的;自信的;乐观的;血红的;血的;赤铁矿[Fe_2O_3;三方]

sanguinite 淡红银矿[Ag_3AsS_3;三方];硫砷银矿[Ag_3AsS_3]

Sanguinolites 血石蛤属[双壳;D_3-P]

sanicle 伞形科变形菜属植物

sanidine 玻璃长石[$K(AlSi_3O_8)$];透长石[$K(AlSi_3O_8)$;单斜]
  →~ phonolite 透长响岩

sanidinite 透长岩;透长石[$K(AlSi_3O_8)$;单斜]

sanidinization 透长石化

sanidophyre 透长斑岩

sanitarium[pl.-a] 休养地;疗养院

sanitary 卫生的;卫生
  →~ drainage 生活污水排泄

sanitation 环境卫生;卫生

sanitationman 环保人员;(垃圾)清洁工[美婉]

Sanjiang fold system 三江褶皱系

sanjuanite 水磷铝矾[$Al_2(PO_4)(SO_4)(OH)•9H_2O$;单斜?]

San Marino 圣马力诺

sanmartinite 钨锌矿[$ZnWO_4$;$(Zn,Fe^{2+})WO_4$;单斜]

Sanmenian series 三门统

sannaite 棕闪煌岩;霞闪正煌岩

Sannoisian 散诺(阶)[欧;E_3]
  →~ stage 桑诺斯阶;赛谱阶[E_3]

Sanqiaothyris 三桥贝属[腕;T_2]

Sanqiaspis 三歧鱼属[D_1]

Sansabella 善萨博介属[C]

sansebastian salt 无水芒硝[Na_2SO_4;斜方]

sansicl 砂粉土

Sanson Flamsteed projection 桑佛二氏投影
  →~-Flamsteed (map) projection 桑生-弗兰斯蒂(地图)投影

sansouire 盐质潟湖

Santa Ana 圣安娜风

santabarbaraite 羟水磷铁石[$Fe^{3+}_3(PO_4)_2(OH)_3•5H_2O$]

santaclaraite 羟蔷薇辉石[$CaMn_4(Si_5O_{14}(OH))(OH)H_2O$];羟硅锰钙石

santafeite 针钒钠锰矿[$Na_2(Mn,Ca,Sr)_6Mn^{4+}_3(V,As)_6O_{28}•8H_2O$;斜方]

santalane 檀香烷

santalene 檀香萜

Santalumidites 檀香粉属[孢;K_2-N]

santanaite 黄铬铅矿[$9PbO•2PbO_2•CrO_3$;六方]

santarosaite 硼铜石[CuB_2O_4]

santilite 硅华[$SiO_2•nH_2O$]

santite 四水钾硼石;水硼钾石[$KB_5O_6(OH)_4•2H_2O$;斜方]

santorine 杂伊利石[$(H_3O,K)_4Al_8((Si,Al)_{16}O_{40})(OH)_8$]

santorinite 钠长苏安岩;紫苏安山岩

sanukite 赞歧岩;玻苏安山岩

sanukitoid 玻辉安山岩

Sanxiacyathus 三峡古杯属[$Є_1$]

sap 树液;白木质;逐渐毁坏;风化岩石;风化(表皮)岩;风化石;元气;坑道;精力;浆汁;挖掘坑道;挖倒;挖

Sapamine CH ×选矿药剂[二乙氨基乙基油酰胺;$C_{17}H_{33}CONH\ CH_2CH_2N(C_2H_5)_2$]

sapanthracon 腐泥烟煤
  →~ stone 含油页岩

sapanthrakon 含油页岩;高炭泥煤;高碳泥煤;腐泥烟煤

saphe 拟位相;类位相;同态相位[同态谱中的相位,由 phase 倒序而成]

saphire 人造白宝石;青玉;蓝宝石[Al_2O_3];蔚青色

sap(p)hirine 蓝玉髓[SiO_2];蓝方石[$(Na,Ca)_{4-8}(AlSiO_4)_6(SO_4)_{1-2}$;$Na_6Ca_2(AlSiO_4)_6(SO_4)_2$;$(Na,Ca)_{4-8}Al_6Si_6(O,S)_{24}(SO_4,Cl)_{1-2}$;等轴];假蓝宝石[$Mg_2Al_4(SiO_4)O_6$;$(Mg,Al)_8(Al,Si)_6O_{20}$;单斜]
  →~-rock 蓝宝岩

sapiens (类似)现代人的

Sapindaceae 无患子科

Sapindaceidites 无患子粉属[孢;E_2-Q]

Sapindus 无患子属[K_2-Q]

saplings 树苗

Sapogenat A ×润湿剂[烷基苯酚聚乙二醇醚;$R•C_6H_4(OCH_2\ CH_2)_nOH$]

saponetin 石碱草素

saponification 皂化

saponin 皂角{草}苷

saponite 蒙脱石[$(Al,Mg)_2(Si_4O_{10})(OH)_2•nH_2O$;$(Na,Ca)_{0.33}(Al,Mg)_2\ Si_4O_{10}(OH)_2•nH_2O$;单斜];皂石[$(Ca½,Na)_{0.33}(Mg,Fe^{2+})_3(Si,Al)_4O_{10}(OH)_2•4H_2O$;单斜]

Saportaea 铲叶属[P]

Saportanella 萨波特轮藻属[K_2]

Sapotaceoidaepollenites 山榄粉属[孢;K_2-Q]

sapparite 蓝宝石[Al_2O_3];蓝晶石[$Al_2(SiO_4)O$;$Al_2O_3(SiO_2)$]

sapper 蓝晶石[$Al_2(SiO_4)O$;$Al_2O_3(SiO_2)$];

坑道工兵;挖掘器;蓝宝石[Al_2O_3]

sapperite 纤维素石

sapphire 深蓝色的;蓝宝石[Al_2O_3];天蓝
  →~ d'eau[法] 水蓝宝石[一种堇青石]//~ needle 宝石唱针//~ quartz 蓝玉髓[SiO_2];蓝石英[SiO_2;含蓝石棉石英]//~ traveller 蓝宝石钢丝圈

sapphirine 假蓝宝石[$Mg_2Al_4(SiO_4)O_6$;$(Mg,Al)_8(Al,Si)_6O_{20}$;单斜]
  →~-`1Tc{|2M} 假蓝宝石-`1Tc{|2M}

sapphirite 假蓝宝石[$Mg_2Al_4(SiO_4)O_6$;$(Mg,Al)_8(Al,Si)_6O_{20}$;单斜]

sapphirus 萨非尔斯;青金石[$(Na,Ca)_{4-8}(AlSiO_4)_6(SO_4,S,Cl)_{1-2}$;$(Na,Ca)_{7-8}(Al,Si)_{12}(O,S)_{24}(SO_4,Cl_2,(OH))_2$;等轴];蓝宝石[$Al_2O_3$]

sapping 岩底侵蚀;下陷;掏蚀作用;掏蚀[流水]
  →(basal) ~ 基蚀;挖掘;挖掘作用[冰]//~{plucking} 拔蚀[冰]

sappire 蓝宝石[Al_2O_3]

sappirine 假蓝宝石[$Mg_2Al_4(SiO_4)O_6$;$(Mg,Al)_8(Al,Si)_6O_{20}$;单斜]

Sapporipora 札幌孔珊瑚属[S-D]

saprist 高分解有机土

saprocol 灰质腐泥;固结腐(殖)泥;腐泥泥炭;硬腐泥[胶泥]

saprocollite 灰质腐泥煤岩;硬腐泥岩;胶泥煤

saproconite 深海成因细粒灰岩;粒状深海灰岩;细粒灰岩

saprogenous 产腐的;腐生的;(由)腐败产生的
  →~ ooze 腐殖软泥

saprokol 硬腐泥[胶泥]

saprokonite 深海成因细粒灰岩;粒状深海灰岩;细粒灰岩

Saprolegnia 水霉属[Q]

sapro(pe)lite 腐泥岩;残余土;残积风化土石;腐岩;腐泥土;风化岩石;原地深风化岩

saprolith 残余土;腐岩;腐泥岩;腐泥土;风化土

sapropelic 腐泥的
  →~{sapropel} clay 腐泥黏土//~ coal 腐泥煤[包括胶泥煤]//~-humic type 腐泥腐殖型//~ kerogen oil shale 腐泥油田质油页岩

saprophagous 腐食性
  →~ animal 食腐动物

saprophytic 腐生的;腐生
  →~ nutrition 腐生植物性营养

saprophytophagous 食腐木的

sapropsammite 砂质腐泥

sap shake 边材裂缝
  →~-sucking 吸树汁[生]

sarabauite 萨拉保矿{硫氧锑钙石}[$CaSb_{10}O_{10}S_6$;单斜]

Saracenaria 帘帚虫属[孔虫;J-Q]

Sarah 搜素、营救和归航的设备

Sarasinella 萨拉辛菊石属[头;K_1]

sarawakite 氧氯锑矿

sarcinite 红砷锰石[$Mn^{2+}_2(AsO_4)(OH)$;单斜]

Sarcinula 结珊瑚(属)[O_2-S_1]

sarcite 方沸石[$Na(AlSi_2O_6)•H_2O$;等轴]

sarcocaul 肉茎植物

sarcodictyum 肉网层[射虫]

sarcodina 肉足纲[Є-Q];肉足虫纲[原生]

Sarcodon 肉齿兽属[K]

sarcolite 肉柱石[$NaCaAl_3Si_5O_{19}$];肉色柱

S

石[(Ca,Na)$_{7-8}$Al$_4$Si$_6$O$_{24}$(OH)$_2$?;四方];钠菱沸石

sarcolithe 钠菱沸石[(Na$_2$,Ca)(Al$_2$Si$_4$O$_{12}$)•6H$_2$O(近似,含少量 K);六方]

sarcoma 肉瘤

sarcophaga 食肉动物

sarcophagus 石棺

Sarcophilus 袋獾属[Q]

sarcopside 磷铁锰石;磷镁铁锰矿;磷钙铁锰矿[(Fe,Mn,Ca)$_7$(PO$_4$)$_4$F$_2$];斜磷锰铁矿[(Fe^{2+},Mn,Mg)$_3$(PO$_4$)$_2$];单斜

sarcopsite 磷铁锰石;磷钙铁锰矿[(Fe,Mn,Ca)$_7$(PO$_4$)$_4$F$_2$]

Sarcopterygii 肉鳍鱼(亚纲)

sarcosine 肌氨酸{甲替甲氨酸}[CH$_3$NHCH$_2$CO$_2$H]

Sarcosyl L ×选矿药剂[月桂酰-*N*-甲氨基乙酸; C$_{11}$H$_{23}$CON(CH$_3$)CH$_2$COOH]

sarcotesta 肉质种皮;浆果皮

sard 肉红玉髓[SiO$_2$];鸡血玉髓

sardachate 红玉条带玛瑙;肉红玉髓[SiO]

sarder 肉红玉髓[SiO$_2$]

Sardic orogeny 萨迪造山作用[€$_3$]

sardine 沙丁鱼;肉红玉髓[SiO$_2$];挤塞

Sardinia Island 撒丁岛

sardiniane{sardinianite} 铅矾[硫酸铅矿;Pb(SO$_4$);斜方];单斜铅矾;硫酸铅矿[PbSO$_4$]

Sardinian law 撒丁(双晶)律

Sardinia White 意大利白麻[石]

sardion{sardite;sardius} 肉红玉髓[SiO$_2$]

sardoine 褐红玉髓;石髓;透红玉髓

sarganzite 褐锰矿[Mn^{2+}Mn$_6^{3+}$SiO$_{12}$; Mn^{2+}Mn^{4+}O$_3$; 3Mn$_2$O$_3$•Mn$_2$SiO$_3$;四方]

sargasso 马尾藻(类海草)

Sargasso sea (浮)藻海

Sargassum 马尾藻属[Q];马尾藻(类海草)

Sargent tube 氢氟酸测斜仪的)玻璃管

sarget tube 氟氢酸平底玻璃试管

Sarkastodon 裂肉兽属[E$_2$]

sarkinite 红砷锰矿[Mn$_2^{2+}$(AsO$_4$)(OH);单斜]

sarkolith 肉色柱石[(Ca,Na)$_{7-8}$Al$_4$Si$_6$O$_{24}$(OH)$_2$?;四方];钠菱沸石[(Na$_2$,Ca)(Al$_2$Si$_4$O$_{12}$)•6H$_2$O(近似,含少量 K);六方]

Sarmatian 萨尔马提亚人(的)[古东欧维斯杜拉河和伏尔加河之间]
　　→~ (stage) 萨尔马特(阶)[欧;N$_1$] // ~ age 上中新世

sarmientite 砷铁矾[Fe$_2^{3+}$(AsO$_4$)(SO$_4$)(OH)•5H$_2$O;单斜]

Saros 沙罗周期

sarospat(ak)ite 伊间蒙脱石;水白云母[(K,H$_3$O)Al$_2$((Si,Al)$_4$O$_{10}$)(OH)$_2$];萨罗斯帕塔石;铝海绿石[K$_{<1}$(Al,Fe^{3+},Mg,Fe^{2+})$_{2-3}$(Si$_3$(Si, Al)O$_{10}$)(OH)$_2$•nH$_2$O];伊利石[K$_{0.75}$(Al$_{1.75}$R)(Si$_{3.5}$Al$_{0.5}$O$_{10}$)(OH)$_2$(理想组成),式中 R 为二价金属阳离子,主要为 Mg^{2+}、Fe^{2+}等]

Sarry White 莎利白[石]

sarsar 桑萨风;珊萨风;撒萨风;撒撒风[伊朗东北刺骨冷风]

sarsden{Saracen} stone 风蚀柱;羊背石

sarsen 砂岩怪石;大砂岩块
　　→~ (stone) 残留岩体;风蚀柱;羊背石[风蚀柱]

sartorite 脆硫砷铅矿[Pb$_2$As$_2$S$_5$;PbAs$_2$S$_4$;单斜]

sarule 扫帚状骨针[绵]

saryarkite 萨里亚克石;硅铝磷钇钍矿;

磷硅铝钇钙石 [Ca(Y,Th)Al$_5$(SiO$_4$)$_2$(PO$_4$,SO$_4$)$_2$(OH)$_7$•6H$_2$O;六方]

sasaite 水羟磷铝矿[Al$_{11}$(PO$_4$)$_2$(SO$_4$)$_3$(OH)$_{21}$•16H$_2$O];多水硫磷铝石[(Al,Fe^{3+})$_{14}$(PO$_4$)$_{11}$(SO$_4$)(OH)$_7$•83H$_2$O?;斜方]

Sasaki-model 佐佐木模式

sash 装上窗框;门框;框格;框
　　→~ bracket 窗框支架 // ~ mortise chisel 软木棒凿

Saskatchewan 萨斯喀彻温省[加]

saspachite{sasbachite} 钙十字沸石 [(K$_2$,Na$_2$,Ca)(AlSi$_3$O$_8$)$_2$•6H$_2$O; (K,Na,Ca)$_{1-2}$(Si,Al)$_8$O$_{16}$•6H$_2$O;单斜];钾钙十字沸石,钾沸石[(K$_2$,Ca)(Al$_2$Si$_4$O$_{12}$)•6H$_2$O; (K$_2$,Ca)$_5$Al$_{10}$Si$_2$O$_{72}$•30H$_2$O;六方]
　　→~ {sasbachite} 碱菱沸石 [((Na,Ca,K)AlSi$_2$O$_6$•3H$_2$O,Na+K 含量超过 Ca 的菱沸石,三方;(K$_2$,Ca)(Al$_2$Si$_4$O$_{12}$)•6H$_2$O]

Sassafras 戟叶树

sassolin(e) 天然硼酸[H$_3$BO$_3$;三斜]

sassolite 天然硼酸[H$_3$BO$_3$;三斜];天然硼砂

sastruga[pl.-gi] (风蚀)雪波;雪面波纹;波状砂岩

sastrugi 波状沙层

satan 撒旦旋风

satchel 书包;小背包;图囊
　　→~ charges 炸药包

satellite 附属物;卫星油(气)田;卫星;伴生矿物
　　→~ drilling 辅助炮孔凿岩

satellitic crater 次生月坑;外围月坑
　　→~ injection 附属注入 // ~ reflection 伴随反射;卫星反射 // ~ stock 附庸岩干{株};伴生岩干{株}

satholith 残留土

sathrolith 腐岩

satimolite 水氯硼碱铝石[KNa$_2$Al$_4$B$_6$O$_{15}$Cl$_3$•13H$_2$O;斜方]

satin 缎子
　　→~ gloss 灯黑 // ~ ice 丝状冰;缎面冰 // ~ rock 绳状熔岩 // ~ spar 纤霰石[CaCO$_3$];纤维石膏[CaSO$_4$•2H$_2$O];纤维石[纤文石、纤方解石、纤维石膏总称] // ~ stone 纤维石膏[CaSO$_4$•2H$_2$O];纤维石[包括纤霰石和纤维石膏;CaSO$_4$•2H$_2$O]

satiny lustre 绢丝光泽

satisfactory 好的;满足

satisfy 使饱和;满足

satpaevite 黄水钒铝矿[Al$_{12}$V$_2^{4+}$V$_6^{5+}$O$_{37}$•30H$_2$O;斜方?]

satterlyite 羟磷镁铁石;六方羟磷铁石[(Fe^{2+},Mg,Fe^{3+})$_2$(PO$_4$)(OH)]

saturability 饱和度
　　→~ of bond 键的饱和性

saturable 能浸透的;能饱和的;可饱和的
　　→~ core inductor 饱和铁芯电感器

saturant 饱和相;饱和剂;浸渍剂

saturated 深色的;饱和;中和;浸透;浸透的;饱水的
　　→~ belt 饱水带 // ~ belt{zone} 饱和带 // ~ surface-dried condition 饱和干面状态

saturating{hydrating;hydrated} phase 水化相
　　→~ winding 饱和绕组

saturation 饱和;色的纯度;足量供应;(色度学的)章度;磁性饱和;油饱和度[油砂层中]

saturator 饱和器

saturn 铅[炼金语]

Saturnian ring 土星(光)环

saturnine 铅(中)毒性的
　　→~ asthma 铅(中毒)喘息

saturnism 铅中毒;铅毒

saturnite 铅熔渣

saturnus 铅

saualpite 黝帘石[Ca$_2$Al$_3$(Si$_2$O$_7$)(SiO$_4$)O(OH); Ca$_2$Al$_3$(SiO$_4$)$_3$(OH);斜方]

sauce 河床

saucer 碟;盘;托盘
　　→~ lake 浅盆湖;浸没湖 // ~ pitting 盘状点蚀

Saucesian (stage) 索塞斯(阶)[北美;E$_3$-N$_1$]

sauconite 锌皂石 [Na$_{0.33}$Zn$_3$(Si,Al)$_4$O$_{10}$(OH)$_2$• 4H$_2$O;单斜];羟锌矿;硅锌铝石;锌蒙脱石[(Zn,Mg,Al,Fe)$_3$((Si,Al)$_4$O$_{10}$)(OH)$_2$]

Saucrorthis 华美正形贝属[腕;O$_2$]

Saudi Arabian oil 沙特阿拉伯石油

saugkalk 不纯灰岩

saugkiesel 硅藻板岩

Saukia 索氏虫;索克氏虫属[三叶;€$_3$]

Saukianda 索克形虫属[三叶;€$_1$]

Saukiella 小索克氏虫属[三叶;€$_3$]

Saukioides 拟索克氏虫属[三叶;€$_3$]

saukovite 黑辰砂[HgS;等轴];镉黑辰砂;硫汞镉矿;锌皂石

saulpitite 黝帘石 [Ca$_2$Al$_3$(Si$_2$O$_7$)(SiO$_4$)O(OH);斜方]

saumtiefe 边部深沟[德]

sauna 桑拿浴;蒸汽浴

Saurischia 蜥臀目[爬];蜥龙目[爬]

Sauropleura 肋龙;蜥肋螈属[C]

Sauropoda 蜥脚亚目

Sauropterygia 鳍龙(超目);蜥鳍目;蜥龙目[爬];蜥脚亚目

Sauropus 守宫木属;龙足印;恐龙足印[遗石]

sausage and mashed potato 香肠马铃薯泥

Saussurea medusa 水母雪莲花

saussurite 钠黝帘石[钠长石+绿泥石];糟化石

saussuritization 钠黝帘石化(作用);糟化(作用)

saustein 臭方解石

Sauter diagram 邵特图

sautilite 苏蛋白石

Savage criterion{principle} 萨维奇准则

Savagella 赛维虫属[介;C$_1$]

Savage principle 塞韦奇原则

savana 热带稀树干{大}草原

savannah 大草原[非];莽原;热带稀树干草原

savanna woodland 热带稀树草原林地

Savart's plate 萨瓦板

save 营救;储存;除……以外;节约;节省;节;挽救
　　→~-all 捕金器 // ~-all saver 节油器 // ~ and preserve 储藏

saver 回收器;防喷盒;救助者;救星;节约装置;节省器
　　→(oil) ~ 防喷罩 // ~ sub 保护接头

Savian movement 萨文运动;萨夫运动[E$_3$];中第三纪

saving 保留的;补救的;补偿的;节约的
　　→~ in power 节约动力 // ~ plant 捕集设备;(挖掘船)洗矿设备

savite 钠沸石 [Na$_2$O•Al$_2$O$_3$•3SiO$_2$•2H$_2$O;

斜方]

Savitrinia 角环藻属[E-N]

Savitrisporites 沙氏孢属[C₃]

savodinskite 碲银矿[Ag₂Te;单斜]

Savonius rotor current meter 萨沃纽斯转子海流计

sawarizkite 札氟氧铋石

sawback-blade 锯条

sawback diamond abrasive 锯片用金刚石磨料
　→~ saw bit 齿状钻头

saw bench 锯床
　→~ cut 锯痕//~-cut 切谷；陡峻峡谷//~-cut (gorge) 锯切(状)峡谷

saw-dust-and-clay stemming 锯屑黏土炮孔

sawed finish 锯开石面
　→~ groove 锯割的槽[联结支架用]//~ stick 锯材//~ surface 锯齿状面[矿物]

sawing 切片；锯蚀

saw machine{bench} 锯床

sawmill 大型锯机；锯木厂

sawn face 锯开石面

saw powder 锯屑；锯末
　→~-slotted{screen} liner 割缝衬管//~ timber 锯木

saw-tooth pattern 锯齿形

sawtooth retrace 锯齿形信号回描
　→~ ridge 锯齿状脊//~ signal 锯齿波信号

sawyer 锯工

sax 石板凿刀

saxatilic{saxatlic} acid 石地衣酸

saxe 撒克逊{萨克森}蓝

Saxicava 石穴蛤属[双壳]；钻岩蛤；穿石蛎属[N₁-Q]

saxicavous 钻岩石的[生]；穿岩的

saxicolous 栖岩石的[生]
　→~ lichen 石上地衣

saxifragous 钻岩隙植物；岩隙植物

saxitoxin 石房蛤毒素

saxonian chrysolite 黄玉[Al₂(SiO₄)(OH,F)₂;斜方]；淡黄玉
　→~ series 中二叠纪

Saybolt colorimeter 赛波特比色计
　→~ second 赛氏黏度计流出秒数

saynite 辉铋镍矿[为Ni₃S₄,Bi₂S₃,CuFeS₂的混合物]；杂辉铋钴镍矿

sayrite 水铅铀矿[Pb₂((UO₂)₅O₆(OH)₂•4H₂O]；赛铅铀矿

sazhinite 硅铈钠石[Na₃CeSi₆O₁₅•6H₂O;斜方]

SB 沉积盆地；配电盘；置位；联合广播；交换台；同时广播

Sb 自然锑[三方]；锑

SbE 南偏东

Sb-idocrase 锑符山石

sborgite 水硼钠石[Na₂(B₅O₇(OH)₃)•½H₂O;NaB₅O₆(OH)₄•3H₂O;单斜];史{多水}硼钠石[Na(B₅O₆(OH)₄)•3H₂O]

SBZ 上比尼奥夫带

scab 崎岖地区；疤[鹦鹉螺;头]；炉瘤；疵；孔；眼；铸件表面黏砂；斑釉病；瑕；斑点病；痂；结疤[钢锭]

scabbing 包砂形成[铸]

scabbler 粗琢石匠

scabbling 石片；粗琢工作
　→~ hammer 双尖锤[破甲]；手选(矿石用两面)锤

Scabiosapollis 山萝卜粉属[孢;K₂-Q]

scabland 熔岩劣地；崎岖地；劣地；恶地

scab liner 保护尾管；隔离尾管
　→~{case} off 隔离//~ off 绝缘；结膜；结垢

scaborgium 𨭎[Sg,序106]

scabrate 多鳞的；粗糙的[孢]

Scabratriletes 剑唇大孢属[K₂]

scabrock 熔岩劣地露头；岩石劣地

Scacchinella 小斯卡金贝属[腕;C₃-P]

scacchite 稀土萤石[Ce,La,Di]；氯锰石[MnCl₂;三方]；硒铅石[?]

Scaevogyra 左旋螺属[腹;Є-O]

scaffing 烧剥

scaffold 棚料；工作台；炉瘤；搭棚(材料)；搭脚手架；搭架
　→~{suspension frame;sinking stage} 吊盘[凿井]//~ bolt 固定吊盘用可伸缩插销//~ bridge 高架桥//~ for tensioning the kibble guide-rope 稳绳盘

scaffolding 搭脚手架；结瘤；脚手架
　→~{tare} effect 支架效应[流]

scaffold materials 支架材料
　→~ pole 小圆木//~ suspension rope 悬吊绳//~ top 带支架炉顶

scaglia (暗色细粒)钙质页岩[意]
　→~ rossa 红钙质页岩

scagliola 仿云石；假大理石

scainiite 斯坎尼矿[Pb₁₄Sb₃₀S₅₄O₅]

Scala 梯螺(属)[腹;E-Q]

scalar 分等级的；梯状的

Scalariphycites 梯纹拟海藻属[孢;Є]

Scalaripora 梯管苔藓虫属[D₂]

scalar potential 标位；标势；标电位；无向量位
　→~ product 标积//~ product transformation 纯量积变换//~ property 无向性

scale 水碱[Na₂CO₃•H₂O;斜方]；表；换算；标度；标尺；规模；规范；等级；平衡；比例；鳞；刻度盘；进位制；温(度)标；尺度；天平；度盘；水锈[管壁或锅炉壁的附着物]
　→~ cleaner 松石工

scaled 比例的；鳞状的；有刻度的
　→~{black} annealing 黑色退火//~ distance law 比例距离法则//~-division 分度

scale deposition 积垢
　→~{grade} division 分度//~ division 分刻度；分标度
　scaled lab model 比例化实验模型
　→(dimensional) ~ model 按比例制作的模型

scale-down 递减；规模缩小；缩小比例；缩减[按比例]
　→~-test 模型试验

scaled physical model 标配模型
　→~ sculpture 鳞网状装饰//~ well 积垢井孔

scale effect 放大效应
　→~ feeder 秤式给矿机//~-forming ion 结垢离子//~-free estimation 非尺度估计//~-free 尺度无关//~ leaf 鳞叶//~ limitation 仪表的刻度范围//~{proof} load 标准负荷//~ model 尺度模型{拟}

scalene 斜锥体；斜角肌的；斜的
　→~ (triangle) 不等边三角形

scalenohedral 偏三角面体的

scalenohedron 偏三角(体)

scale nucleation 垢的成核(作用)
　→~ paraffin 片状石蜡

scaleplate 标盘；标尺；字盘[仪表]；刻度板

scale platform 台秤

scaler 定标器；换算器；去鳞器；去锅垢器；去垢器；刮刀；检尺员；挑顶工；计数器
　→~ analyzer 定标电路分析器

scale range 示值范围

scaling 定标；定比例；换算；标配；生锈；标定；去锈；清理浮石；撬松石；撬浮石；鳞爆；岩石喷出；除氧化皮；除垢；剥落；剥离；结垢；爆破后撬下松石；计数

scalings 顶板落石

Scaliognathus 梯颚牙形石属[C₁]

Scalitina 铠螺属[腹;D]

scall 软岩石；片帮；鳞癣；易碎岩石；头屑；皮屑；头皮屑；痂病；松岩；松石；松散地层

scallop 刷帮；扇形结构；海扇；撬毛；撬浮石；浅锅；弄成扇形；槽形结构；卵形洼地；粗糙度；小渗穴
　→(bay) ~ 扇贝

scalloped 扇形的；圆齿状的；有圆齿的；镶有扇形缘饰的；镶有齿形缘饰的；成扇形的
　→~ anticline 秃顶背斜//~ boundary 扇贝形边界//~-hollow carrier gun 带有凹坑的空心携弹管射孔枪

scalloping 扇形结构；差别胀缩作用；槽形结构；轴向变化[行波管聚焦场的]

scalopsaurs 掘兽类

scalp 海岸岩石[低潮时露出]；刮平道路；粗粒级筛；剥落大块

scalped{breached;scalloped} anticline 裂口背斜
　→~ anticline 剥蚀背斜//~{unroofed;breached;scalloped} anticline 蚀脊背斜

Scalpellodus 刀牙形石属[O]

scalper 护筛粗网；大块筛；圆凿；分级筛；锤劈石机；碎石机
　→~ pole 隔粗磁极

scalping 筛矿石；筛出粗块；(在)闭路磨矿流程中去掉一种矿物组分；预先脱水；一次分级；脱介
　→~ grizzly screen 筛除大块的格筛

scaly 片状；鳞状的；鳞片状的；鳞片状；鳞状
　→~ flute-like mold 鳞形槽模//~ leg 石灰脚病[兽]//~ shale 叠瓦黏土；碎片泥层

scamming 残存物料装载

scandent 上攀式[笔]；攀合式[笔]；反转型

scandiobabingtonite 钪硅铁灰石[Ca₂(Fe²⁺,Mg)ScSi₅O₁₄(OH)]

Scandodus 斯堪的牙形石属[O-D]

scanister{scanistor} 扫描装置；扫描仪

scanned area 扫描范围

scanner 扫描装置；扫描仪；扫掠机构；析像器；探伤器
　→~ home position signal 扫描器原位信号

scanoite 玻沸碧{碱}玄岩

scantentes 攀缘植物

scantling 标品；草图；量度；略图；一点点；船材尺度；样品；样本；小石块；小木块；建筑尺寸

S

scape 羽轴；柄节[昆]

Scapharca 毛蚶属；舟蚶属[双壳;E-Q]

Scaphignathus 舟颚牙形石属[D_3-C_1]

scaphites 船菊石属[头]；船菊石

scaphiticone 船形锥

scaphitoid 钩旋壳[头]

scaphium 舟骨；颚形突；匙形骨[昆]

scapholith 舟颚石

Scapholithus 舟形石[钙超;J-Q]；船石藻属

Scaphonyx 坚喙蜥属[T]

Scaphopoda 掘足类[软;O-Q]

scapolite 中柱石[Ma_5Me_5-Ma_2Me_8(Ma:钠柱石,Me:钙柱石)]；方柱石类；方柱石[为 $Na_4(AlSi_3O_8)_3(Cl,OH)$-$Ca_4(Al_2Si_2O_8)_3(CO_3,SO_4)$完全类质同象系列]

→~-belugite 方柱中长辉长岩// ~ group 方柱石类// ~ rock 方柱岩

scapolitization 方柱石化(作用)

scapple (将石)粗加整修

scappling 粗形石块

scapula 小盾侧片；肩胛骨；肩板[昆]

scapulocoracoid 肩胛鸟喙(喙状)骨

scapus 干部；羽轴；柄节[昆]

scar 弧岩；伤疤；孤岩；孤崖；疤痕；炉渣；炉疤；(使)留下伤痕；疣；创伤；岩面；岩滨平台；结疤；斑疤；断崖；陡岩坡；陡崖；肌(肉印)痕[腕]

→(landslide) ~ 滑坡崖；山崩凹地；河曲痕

scarab{scarabaeus} 甲虫形宝石

scaraboid 圣甲虫宝石；甲虫形状的宝石

scarbro(e)ite 羟碳酸铝矿 [$Al_2(CO_3)_3$·$12(OH)_3$]；羟碳铝石{矿}[$Al_5(OH)_{13}(CO_3)$·$5H_2O$;六方]

scarcement 壁阶；(在)井壁留出放梯子的突出石块

scarcity 缺气；缺乏；不足

→~ of resources 资源的稀缺性

scares 砂岩中透镜状煤体

scarf[pl.scarves] 围巾；嵌接；领带；斜嵌槽；斜面；斜接

→~ joint 嵌接// ~(ed) point 斜接// ~ welding 斜面焊接

scarification 划破；渣化法；铅析金银法；粉碎；搅土；松土

scarifier 试金坩埚；翻路机；搅土器；搅土机；松土器；松土机

→~ tine{tooth} 翻路机齿// ~ tooth 松土器齿；松土机齿

scarifying 松土；翻松；搅土；刨毛[压实土层]

scarn 矽卡岩

scarp 内坡；马头丘；鼍丘；崖；悬崖；断层崖；陡坡；陡坎

→(fault) ~ 断崖// ~ beach 浪蚀陡崖滩

scarped{stepped} plain 梯级平原

→~ ridge 单面山

scarp{rock} face 崖面

→~ face 崖顶坡// ~ face{slope} 崖坡// ~-foot spring 崖麓泉// ~ slope 陡崖坡[单面山的]；悬崖坡[与倾向坡相对]// ~-slope-shelf topography 崖坡棚地形

Scarrittia 小弓兽属[E_3]

scary 断崖

scatology 粪学；粪石学；粪粒研究

scattered 散射的；分散的；扩散的；碎

→~ cloud 散云// ~ element 稀散元素// ~ gamma(-)ray log 散射伽马射线测井// ~ injection 散布注入

scatterer 散射主{体}；扩散器

scattergram 点状图；散布图；散点图；中心点(散布)图；分布图

scattering 散开；泄漏

→~ stone 飞石

scatterometry 散射测量

scatter pile 长壁工作面前的矿石堆[防止爆破时飞块损失和引导风流用]

→~ pile stoping 长壁面留矿石堆的采矿法// ~ sheave crow 五滑轮天车[一滑轮居中,余者绕四周]

scaur 孤崖；陡岩坡；陡崖

scavenge 换气；扫选；扫气；清除；打扫；从废物中提取(有用的物质)；利用废物

→~ oil pump 废油泵// ~{purge}pipe 清洗管// ~ pipe 回油管

scavenger 食腐动物；清扫工；清除器；清除剂；腐食动物；选池；净化剂；吸收剂；脱氧剂

→~ mineral 去污矿物// ~ mining 清除顶泥开采露出矿体；开采近地表矿体

scawtite 片状钙石；片柱钙石[$CaCO_3$·$Ca_6(Si_6O_{18})$·$2H_2O$]；碳硅钙石[$Ca_7Si_6(CO_3)O_{18}$·$2H_2O$;单斜]

sêca 塞卡风[气]

Sc-beryl 铍硅钪矿；钪绿柱石[$Be_3(Sc,Al)_2Si_6O_{18}$;六方]

scenario[pl.-ri,-s;意] 模式；方案；情况；剧情(概要)；构思

Scenedesmus 栅藻(属)[绿藻;Q]；栅列藻属

Scenella 帐篷螺(属)[腹足;∈-D]

scene of an incident 现场

→~ of fire 火灾现场

scenography 透视图法

scentometer 呼吸测污仪；气味计

scepter-quartz 笏(状)石英[Si_2O]

scepticus insularis 泥象虫

sceptre {-}quartz 笏(状)石英[Si_2O]

sceptrule 杖骨针

SCF-Xa-SW method 自洽场 Xa 散射法；Xa 法

schabasit 菱沸石 [$Ca_2(Al_4Si_8O_{24})$·$13H_2O$]；$(Ca,Na)_2(Al_2Si_4O_{12})$· $6H_2O$;三方]

schachnerite 沙赫纳矿；六方汞银矿[$Ag_{1.1}Hg_{0.9}$]

Schackoina 沙科虫属[孔虫;K]

Schackoinella 小沙科虫属[孔虫;N_1]

Schaefer system 谢法尔人工呼吸法

schafarzikite 红锑铁矿 [$Fe_5Sb_4O_{11}$;$Fe^{2+}Sb_2^{3+}O_4$;四方]

schaferite 钒钠镁钙石[$NaCa_2Mg_2(VO_4)_3$]

Schafhaeutlia 圆穹蛤属[双壳;T]

schairerite 卤钠矾[$Na_{21}(SO_4)_7F_6Cl$;三方]；硫卤钠石；氟氯钠矾[Na_2SO_4·$Na(F,Cl)$]

schala 干旱区内陆盆中部平原

Schancharia 相加尔叠层石属[Z]

schaniawskit(e){schanjawskit(e);schanyavskite} 胶水铝石[Al_2O_3·$4H_2O$]

schapbachite 硫银铋矿[$AgBiS_2$]；硫铋银矿[Ag_2S·$3Bi_2S_3$;$AgBiS_2$;六方]；针铅铋银矿；杂方铅硫铋银矿

scharizerite 沙里策石；氮羟氧石

scharnier 转枢[德]

scharnitzer 寒北风；夏尼兹风

schattenseite[德] 丘陵北坡；阴坡

schatzelite{scha(e)tzellite} 钾盐[KCl]

schatzite 天青石[$SrSO_4$;斜方]

Schauer method 肖尔法

schaumearth{schaumerde} 鳞方解石[$CaCO_3$]；土泡沫[$CaCO_3$]

schaumgyps 鳞石膏[德;$CaSO_4$·$2H_2O$]

schaumkalk 鳞霰石[德;$CaCO_3$]；鳞文石；鳞石灰

schaumopal 浮石[德]

schaumwad 浮渣锰土[德]

schaurteite 水锗钙矾[$Ca_3Ge^{4+}(SO_4)_2(OH)_6$·$3H_2O$;六方]

schcarite 硅重晶石[Na_2SiO_3]

schedule 表格；表；时间表；日程；清单；规范；期；管壁厚度系列；排定；草案；操作说明；目录；大纲；列入表内；预定；一览表；方式；进度表；进度；图表；程序；记录；计划

→~ control 工程管理

scheduled daily yardage 计划日(挖掘)量[立方码]

→~ for repair 已(排)计划要修理的；计划规定修理的// ~ outage 检修停机// ~ outage rate 维修停机率// ~ shutdown 计划停工[枪]

schedule of payment 付款清单

→~ of prices 估价表

scheelite 白钨矿{石}[$CaWO_4$;四方]；钙钨矿；重石；钨酸钙矿

→~ skarn deposit 矽卡岩白钨矿矿床// ~ type 白钨矿(晶)组[4/m 晶组]

scheelitine 钨铅矿[$Pb(WO_4)$;四方]

scheererite 木晶蜡；板晶蜡[碳氢化合物,75C,25H;$(CH_4)_n$]

schefferite 锰锥辉石；锰透辉石；锰钙辉石

scheibeite 红铬铅矿[$Pb_3Cr_2O_9$;$Pb_3(CrO_4)_2O$;$Pb_2(CrO_4)O$;单斜]；赛树脂；夏伯矿

scheibenspat 碟状方解石[德]

scheitel 地震波峰

Schellwienella 帅尔文贝属[腕;S_3-P]

schema[pl.-ta] 纲要；图解；概要；大纲

schematic 略图；简图；图解的；图表的；计划性的

→~ circuit diagram 线路简图// ~ diagram 采矿过程框图// ~{skeleton} diagram 概略图

schematic figure{diagram} 原理图

→~ figure{map;diagram;drawing} 略图

scheme 电路；规程；配合；策划；谋划；模式图；模式；方案；线路；图式；图解；图表；图；计算；算盘

schemed progress 计划进度

scheme of concentration 选矿流程；选矿方案

schemtschuschnikovit 草酸铝钠石[$NaMg(Al,Fe^{3+})(C_2O_4)_3$·$8H_2O$;三方]

s(h)cherbakovite 硅铌钡钠石 [$Na(K,Ba)_2(Ti,Nb)_2(Si_2O_7)_2$]；硅铌钡钛石；硅碱钡钛石

scherbinaite 钒石

schererite 板晶蜡[碳氢化合物,75C,25H;$(CH_4)_n$]

schernikite 红纤云母[白云母的变种]；白云母[$KAl_2AlSi_3O_{10}(OH,F)_2$;单斜]

scherospathite 纤铬绿矾

S-chert 层控燧石

schertalite 磷铵镁石[$Mg(NH_4)_2H_2(PO_4)_2$•$4H_2O$]

schertelite 软绿脱石[$(Fe^{3+},Al)_2Si_3O_9$•$2\frac{1}{2}$$H_2O$];磷镁铵石[$(NH_4)_2MgH_2(PO_4)_2$•$4H_2O$;斜方];磷铵镁石[$Mg(NH_4)_2H_2(PO_4)_2$•$4H_2O$]

scheteligite 水钛铌钇锑矿；钨锑烧绿石；贝塔石；钨锑贝塔石[$(Ca,Y,Sb,Mn)_2(Ti,Ta,Nb,W)_2O_6(O,OH)$；斜方?]；锑钨烧绿石[$(Ca,Y,Sb,Mn)_2(Ti,Ta,Nb)_2(O,OH)_7$]

Schichten[德] 层

schichtstufengebirge 层阶山地

schichtverschiebung 层状位错

schiefer[德] 片状岩；页片；页层；片岩；板岩；页岩；岩片

schieferspar{schieferspath} 层解石[$CaCO_3$];珠光石

schieffelinite 水硫锑铅石；水硫碲铅石[$Pb(Te,S)O_4$•H_2O;斜方]；水碲铅矾

schilkinit(e) 水硅铝钾石[$H_2K_2Al_6(Si_8Al_2O_{30})$•$3H_2O$];伊利石[$K_{0.75}(Al_{1.75}R)(Si_{3.5}Al_{0.5}O_{10})(OH)_2$(理想组成),式中 R 为二价金属阳离子,主要为 Mg^{2+}、Fe^{2+}等]

schiller quartz 蓝光石英[SiO_2]
→~ -spar 绢石[$(Mg,Fe)SiO_3$•$^4/_5H_2O$(近似);成古铜辉石假象出现的蛇纹石]

schillerspath 绢石[$(Mg,Fe)SiO_3$•$^4/_5H_2O$(近似)]

schirl 黑电气石[$(Na,Ca)(Li,Mg,Fe^{2+},Al)_3(Al,Fe^{3+})_3(B_3Al_3Si_6O_{27}(O, OH,F))$;$NaFe_3^{3+}Al_6(BO_3)_3Si_6O_{18}(OH)_4$;三方；黑碧玺]

schirmerite 块辉铋铅银矿[$Ag_2Pb_3Bi_9S_{18}$-$Ag_3Pb_6Bi_7S_{18}$;斜方]

schischimskit 杂尖磁钙钛矿[$CaTiO_3Fe$$Fe_2O_4$ 和 $MgAl_2O_4$ 混合物]

Schismatosporites 裂沟粉属[孢;J_1]

schist 片岩；片麻岩；板岩
→(greenstone) ~ 绿岩片岩//~ {-} arenite 片岩屑砂屑岩

schistic 片状的；片岩的

Schistoceras 裂菊石属[头;C_2]

schistochoanitic 裂颈式

schistoid 片岩状的；页岩(状)的；似片岩状的

schistose 片状的；片状；片岩的；片理；页状的
→~ clay 板状黏土

schistosity 片岩性；诱导劈理
→~ (cleavage) 片理；劈理[岩、煤]//~ {schistose} cleavage 片状劈理//~ plane 片理面

schistous 片状的；页状的
→~ rocks 片状岩

Schizaea 裂叶蕨(属)[E_2-Q];希指蕨属；莎草蕨属

Schizaeaceae 海金沙科

Schizaeites 似莎草蕨属[T_3-Q]

Schizaeoisporites 希指蕨孢属

schizaeoisporites 莎草蕨孢

Schizaeopsis 拟莎草属；类裂叶蕨(属)[K_1]

Schizaeopteris 莎草蕨属

Schizambon 裂脊贝属[腕;Є-O]

schizamnion 裂隙羊膜

Schizaster 茶盘赢；海胆[棘]；裂星海胆属

schizocarp 干裂果实

Schizodonta 裂牙目；裂牙蛤类；裂齿类[双壳]

Schizodus 裂齿蛤(属)[双壳;D-P]

schizogamy 裂配生殖[孔虫]

Schizograptus 裂隙笔石属[O_1]

schizohaline 盐质分开

Schizolepis 裂鳞果属[T_3-K_1]

schizolite 锰针钠钙石[$Na(Ca,Mn)_2Si_3O_8(OH)$];针钠锰石[$Na(Ca,Mn)_2Si_3O_8(OH)$;三斜]；斜锰针钠钙石

schizolites 分异脉岩类

schizoliths 分异岩脉

Schizolopha 裂项螺属[腹;O_2]

schizolophe 裂腕环

Schizomeris 裂线藻属[Q]

Schizomida 裂蛛目[昆]；裂盾目

Schizomycetes 裂殖菌类；裂菌类{门}

Schizoneura 裂脉叶(属)[P-J]

Schizoneuropsis 普里那叶属[P-T_1]

schizont 裂殖体[孔虫]；分裂体

Schizopholis 裂鳞贝属[腕;Є]

Schizophorella 小裂线贝属[腕;O_1-D_2]

Schizophoria 裂线贝属[腕;S-P]；驼蜿

Schizophyllum 裂褶菌属[真菌;Q]

Schizophyta 裂殖植物门[细菌门与蓝藻门合称]；裂殖菌门；分裂藻类

schizorhysis[pl.schizorhyses] 裂皱沟[绵]

Schizosphaerella 裂腰球石[钙超;J]

Schizospirifer 裂线石燕(贝属)[D_2];裂石燕属[腕]

Schizothrix 裂须藻(属)[蓝藻;Q]

Schizotreta 裂孔贝属[腕;O-S]

schlackenkobalt[德] 钴土；锰钴土

schlackig[德] 火山渣状

schlangenalabaster[德] 弯重晶石

schlanite 醚脱脂沥青

schleifmarken[德] 研磨痕

schlemaite 硒铋铅铜矿[$(Cu,□)_6(Pb,Bi)Se_4$]

schlich[德] 重矩；粉末矿石；岩粉；精矿

schlick[德] 矩质腐殖土；淤泥[0.002～0.06mm]

schlieren[德] 蚀离体；流层；异离体；析离体；暗线照相；纹影；条块；擦痕；矿条；条纹
→~ arch 边缘流层状侵入体//~ dome 流层状穹丘；具流层的穹丘//~ {streak} photograph 纹影[相片;摄影]

schlingentektonik[德] 陡轴褶皱构造

Schloenbachia 什雷巴菊石属[头;K_2]

schlossmacherite 砷泲铝矾[$(H_3O,Ca)Al_3(SO_4,AsO_4)_2(OH)_6$;三方]；羟砷铝矾

Schlotheimia 施洛氏菊石属[头;J_1]

Schlotheimophyllum 施洛氏珊瑚属[S_{1-2}]

Schlumberger log 施伦贝格测井记录
→~ photoclinometer 施尔贝尔格型钻孔摄影测斜仪//~ sounding method 施伦贝格电测深法//~ survey 休赖姆贝尔格仪钻孔偏斜测量

Schmidtella 施氏介属[O-S]

Schmidt field balance 施密特野外磁秤
→~ (rebound test) hammer 施密特(回弹试验)锤//~ {equal-area} net 施氏网；施密特网；等积网//~ number 施{史}密特数[运]动黏(滞)度与分子扩散系数之比

Schmidt's conjugate-power laws 施密特{史密德}共轭幂定律
→~ critical shear stress law 施密特临界切应力定律//~ field balance 刃口式磁秤

schmiederite 羟硒铜铅矿[$(Pb,Cu)_2SeO_4(OH)_2$?;单斜?]

schmirgel 刚玉粉；刚玉岩[德]；刚玉砂[刚玉与磁铁矿、赤铁矿、尖晶石等紧密共生而成;德]

schizohaline 盐质分开

schmitterite 黄碲铀矿；碲铀矿[$(UO_2)TeO_3$;斜方]；稀铀矿

schmollnitzit(e) 水铁矾[$Fe^{2+}SO_4$•H_2O;单斜]

schmutzband 污垢层[成层冰雪中;德]

schneebergite 锑钙矿[$(Ca,Fe^{2+},Mn,Na)_2(Sb,Ti)_2O_6(O,OH,F)$,等轴;$2CaO$•$Sb_2O_4$];砷钴铋石[$BiCo_2(AsO_4)_2((H_2O)(OH))$]；铁锑钙石；锑铁钙石[$((Ca,Fe^{2+})_2Sb_2O_7$]

schneesalz 雪盐[德]

schneiderhoehnite 铁砷矿[$Fe_8^{2+}As_{10}^{3+}O_{23}$]

schneiderhohnite 施奈德洪矿

schneiderite 镁浊沸石[$(Ca,Mg)(AlSi_2O_6)_2$•$4H_2O$];硝铵二硝基萘树脂炸药；硝铵[NH_4NO_3]

schnittflache[德] 交切面

schnorkel 水下通气呼吸管；通气管[潜水艇或潜水员]

Schnurella 施努贝属[腕;D_2]

scho(h)arite 硅重晶石[Na_2SiO_3];纤重晶石[$BaSO_4$]

schoderite 水磷钒铝石[$Al_2(PO_4)(VO_4)$•$8H_2O$;单斜]

schoellhornite 陨水硫钠铬矿[$Na_{0.3}(H_2O)(CrS_2)$]

schoenfliesite 羟锡镁石[$MgSn(OH)_6$;等轴]

Schoenflies notation 盛弗利{里}斯标记

schoepite 羟铀矿[$2UO_2$•$7H_2O$, 可能含UO_3];柱铀矿[$4UO_3$•$9H_2O$; UO_3•$2H_2O$;斜方]
→~ (Ⅲ) 副柱铀矿[$5UO_3$•$9\frac{1}{2}H_2O$;UO_3•$2H_2O$?;斜方]//~ 柱铀矿[$4UO_3$•$9H_2O$; UO_3•$2H_2O$;斜方]

schohar(t)ite 重晶石[$BaSO_4$;斜方]；不纯重晶石夹石英

schollendome 熔岩肿瘤[德]

schollenlava 块状熔岩[德]

scholzite 磷锌钙矿[石][$CaZn_2(PO_4)_2$•$2H_2O$;单斜、假斜方]

schonfelsite 暗橄辉岩；苦橄玢岩；斑岩

schonit 雷公墨；玻陨石

scho(e)nite 软钾镁矾[$K_2Mg(SO_4)_2$•$6H_2O$;单斜]

schoolaeroplane{schoolairplane} 教练机

schoonerite 磷铁锰锌矿{石}[$Fe_2^{2+}ZnMnFe^{3+}(PO_4)_3(OH)_2$•$9H_2O$;斜方]

Schopfipollenites 薛氏粉属[孢;C_2]

Schopfitea 薛氏三缝孢属[C_2]

schorenbergite 黝(方)白(榴)霓霞斑岩；黝方霓霞白榴岩

schorl(ite) 黑碧玺；黑电气石[$(Na,Ca)(Li,Mg,Fe^{2+},Al)_3(Al,Fe^{3+})_3 (B_3Al_3Si_6 O_{27}(O,OH,F))$;$NaFe_3^{3+}Al_6(BO_3)_3Si_6O_{18}(OH)_4$;三方]

schorlamit 铁榴石[$Fe_3^{2+}Fe_2^{2+}(SiO_4)_3$];钛榴石[$Ca_3(Fe^{3+},Ti)_2((Si,Ti)O_4)_3$(含 TiO_2 约 15%～25%);等轴]

schorl blanc[法] 白榴石[$K(AlSi_2O_6)$;四方]
→~ bleu indigo[法] 锐钛矿[TiO_2;四方]

schorlite 黄玉[$Al_2(SiO_4)(OH,F)_2$;斜方]；黑黄玉[$(Na,Ca)(Li,Mg, Fe^{2+})_3(Al,Fe^{3+})(B_3Al_3Si_6O_{27}(O,OH,F)_4)$]；黑电气石[$(Na,Ca)(Li,Mg,Fe^{2+},Al)_3(Al,Fe^{3+})_3(B_3Al_3Si_6O_{27}(O,OH,F)_4)$;$NaFe_3^{3+}Al_6(BO_3)_3Si_6O_{18}(OH)_4$;三方]；圆柱黄晶[$Al_2(SiO_4)(F,OH)_2$]

schorlomite 钙钛榴石；铁榴石[$Fe_3^{2+}Fe_2^{2+}(SiO_4)_3$];钛榴石[$Ca_3(Fe^{3+}, Ti)_2((Si,Ti)O_4)_3$(含 TiO_2 约 15%～25%);等轴]

schorlrock{schorl-rock} 石英黑电气岩

schorl(-)rouge 金红石[TiO_2;四方]

schorre 盐草潮滩[荷]

而成;德]

schorza　绿帘石砂

schott　浅盐湖

schotter　冰水砾石

schratten　岩沟；溶岩沟[德]

schreibersite　硫铬矿[Cr_3S_4;单斜]；磷铁石[$Fe^{3+}PO_4$;斜方]；陨磷铁镍石；陨磷铁矿[$(Fe,Ni)_3P$;四方]

schreyerite　钒钛矿[$V_2Ti_3O_9$;单斜]；钒金红石

schro(e)ckingerite　美国铀矿；板碳{菱}铀矿[$NaCa_3(UO_2)(CO_3)_3(SO_4)F\cdot 10H_2O$;三斜]；钠钙铀矾

schroeckingerite　板菱铀矿[$NaCa_3(UO_2)(CO_3)_3(SO_4)F\cdot 10H_2O$]

schro(e)tterite　蛋白铝石英；杂铝英磷铝石

schrul　黑电气石[$(Na,Ca)(Li,Mg,Fe^{2+},Al)_3(Al,Fe^{3+})_3(B_3Al_3Si_6O_{27}(O,OH,F))$；$NaFe_3^{2+}Al_6(BO_3)_3Si_6O_{18}(OH)_4$;三方]；黑碧玺

schrund　古冰斗；大冰隙；冰后隙
　　→~ line　古冰斗线

schtscherbakovrite　硅铌钡钠石[$Na(K,Ba)_2(Ti,Nb)_2(Si_2O_7)_2$]

schtscherbakowit　硅泥钡钠石

schtscherbinaite　纤矾矿

Schubertella　舒伯特{克特;氏}蟆(属)[孔虫;C_2-P]

schubertellidae　苏伯特蟆科

schubnelite　三斜水钒铁矿[$Fe^{3+}VO_4\cdot H_2O$;三斜]

schubnikowit　砷钾钙铜石；钙铜砷矿

schuchardtite　绿镍蛭石；复硅镍矿；涨绿泥石

Schuchertella　舒克贝属[腕;C-P]

Schuchertina　准舒克(特)贝属[腕;ϵ_2]

Schuchertoceras　舒克角石属[头;O_{2-3}]

Schuermann{Schürmann} series　许{舒}尔曼(金属)系列

schuetteite　汞矾[$Hg_3(SO_4)O_2$;六方]

schuilingite　铜铅霰石{碳铜铅钙石}[$Pb_3Ca_6Cu_2(CO_3)_8(OH)_6\cdot 6H_2O$;单斜]

schulenbergite　羟碳锌铜矾[$((Cu,Zn)_7(SO_4/CO_3)_2(OH)_{14})(OH)_{10}\cdot 3H_2O$]；碳锌铜矾

Schuler period　舒勒尔周期
　　→~-tuned stabilized platform　舒勒调谐稳定平台

Schulgina　舒里卡氏苔藓虫属[D_3]

schultenite　铅砷矿；透砷铅石[$PbHAsO_4$;单斜]

Schultze method　舒尔兹法

Schulze-Hardy rule　舒尔茨-哈迪律

schulzenite　铜水钴矿[由 Co_2O_3,CuO,H_2O 组成]；铜羟钴矿

Schulzospora　许氏孢属[C_2]

schumacherite　钒铋石[$Bi_3O(OH)(VO_4)_2$]；钒砷铋石

schumannian sabia root　石钻子[药]

schumann resonance　舒曼共{谐}振

Schumann-Runge continuum　舒曼隆吉连续带

schuppen{imbricate(d);decken;shingle-block;shingle} structure　叠瓦构造

schurl　黑电气石[$(Na,Ca)(Li,Mg,Fe^{2+},Al)_3(Al,Fe^{3+})_3(B_3Al_3Si_6 O_{27}(O, OH,F))$；$NaFe_3^{2+}Al_6(BO_3)_3Si_6O_{18}(OH)_4$;三方]；黑碧玺

Schuster's rule　舒氏定则
　　→~ rule{convention}　舒斯特法则

schutzite　天青石[$SrSO_4$;斜方]

schwadensalz[德]　毒盐

Schwagerina　希瓦格蟆(属)

Schwantcke exsolution　施旺克出溶作用

schwartzembergite　羟氯碘铅石[$Pb_6(IO_3)_2Cl_4O_2(OH)_2$;斜方、假四方]；氯碘铅矿[$Pb_5(IO_3)Cl_3O_3$]

schwarzer zeolith　硅铍钇矿[$Y_2Fe^{2+}Be_2Si_2O_{10}$;单斜;德]

Schwarzschild radius　史瓦西半径

schwatzite{schwa(rt)zite}　汞黝铜矿[$((Cu,Fe,Hg)_{12}(Sb,As)_4 S_{13}$]

schwa(rt)zite　汞黝铜矿

schweizeerite　叶蛇纹石[$(Mg,Fe)_3Si_2O_5(OH)_4$;单斜]

schweizerite　(纤)蛇纹石[温石棉；$Mg_6(Si_4O_{10})(OH)_8$]

schwelle[德]　槽隆；隆起

schwetzite　施维茨陨铁

Sciadophyton　微蕨属[D_1]

Sciadopitys　日本金松属[K-N]

Sciadopityspollenites　金松粉属[孢;N_1]

Sciaenidae　石首鱼科

sciagraphy　X 射线照相学；X 光照相术；星影计时法；投影法

Sciama's theory　施氏学说

scienology　科学学

scientific achievements{payoffs}　科研成果
　　→~ alexandrite　合成变石

scientifically treated petroleum　放在发动机燃油中的一种添加剂

scientific article{treatise}　科学论文
　　→~ classification　科学分类 // ~ effort　科研工作；研究计划 // ~ name　学名 // ~ report　科学报告

scientism　科学态度

scientist　科学家

Scinaia　鲜奈藻属[红藻;Q]

scincid　石龙子

Scincidae　石龙子科

scincoid　石龙子科蜥蜴的；石龙子；似石龙子的

scinillation drill-hole logging unit　闪烁录井装置

scinticounting　闪烁计数

scintigram　扫描图；闪烁[曲线]

scintigraphy　闪烁谱法

scintillans　夜光藻属[甲藻]；夜光虫属[Q]

scintillant　闪烁的

scintillating{scintillation} crystal　闪烁晶体

scintillation　闪烁(现象)；闪光

scintillator　闪烁仪；闪烁器
　　→~ prospecting radiation meter　探矿闪烁辐射计 // ~ slow neutron detector　闪烁体慢中子探测器

scintilloscope　闪烁仪；闪烁镜[计算 α 射线等粒子数用的]

scintilogger　闪烁测井计数管

scintiscan　闪烁扫描

sciophile　适阴植物；喜阴植物

sciophyte　阴地植物；荫地植物

scissel　金属板(冲压后)的余料；切屑[金属]

scissor conveyer　剪刀式输送机
　　→~ {differential} fault　差动断层 // ~ fault　剪状断层

scissors　交叉；(起落架的)剪形装置；剪刀
　　→~ arrangement　剪式交叉杆装置 // ~ {double} crossover　对称道岔 // ~ {cross} cut　变形阶级形琢型[宝石的]

scissor tongs　剪式大钳

scissure　片裂；纵切；裂隙；裂开；裂；裂缝；分裂[团体等的]

Sciuromorpha　松鼠亚目

sciuromorph rodents　松鼠形啮齿类

Sciurotamias davidianus　石松鼠

Sciurus　松鼠(属)[Q]

Sc-ixiolite　钪铁锰铌矿

S clamp　S 形夹(钳)

sclarite　斯碳锌锰矿[$(Zn,Mn,Mg)_4Zn_3(CO_3)_2(OH)_{10}$]

SC-layer　含硫化物含碳层

scleracoma　射骨[射虫]

Scleractinia　珊瑚类{目}；骨葵目[腔]

sclereid　石细胞[植]；硬化的

sclereide　石细胞[植]；硬化细胞[植]

sclerenchyma　灰质骨骼；厚膜组织；厚壁组织[植]；珊瑚骨素

scler(e)id　硬化细胞[植]；石细胞[植]；坚硬细胞

sclerified　硬化的

sclerine　外孢壁

scleroclasite　脆硫砷铅矿[单斜;$Pb_2As_2S_5$;$PbAs_2S_4$]；硫砷铅矿[$Pb_2As_2S_5$;单斜]

sclerocyte　骨针细胞

scleroderm　珊瑚骨素

Scleroderma　硬皮马勃属[真菌;Q]

sclerodermite　灰质簇[珊]；板；体节硬壁刺[棘海参]

scleroma　硬结

sclerometric{cutting;scratch(ing);Martens} hardness　刻划硬度

Scleropteris　硬羊齿(属)[J_3-K_1]

scleroscope　落球回弹硬度计；硬度计
　　→~ hardness　肖式硬度 // ~ {scleroscopic;rebound;Shore} hardness　回跳硬度

scleroseptum　钙质隔壁[珊]

sclerosis　硬化

sclerosome　非针状骨体[钙绵]

sclerospathite　纤铬叶绿矾

sclerosphere　硬圈[位于软流圈之下]

sclerote　硬核体；菌核体[烟煤和褐煤显微组分]

sclerotheca　鳞板内墙[珊]

sclerotia　麦角菌硬粒；硬核体；菌核(体)[烟煤和褐煤显微组分]

sclerotic　硬化的
　　→~ plate　巩膜板[古]

Sclerotinia　核盘菌属[真菌;Q]

sclerotinite　硬核体；菌类体；菌核体[烟煤和褐煤显微组分]

Sclerotium　小核菌属[Q]；硬化体；菌核

sclerotoids　菌核形体；菌核体[烟煤和褐煤显微组分]

sclerynchyma　灰质骨骼

sclit{sclutt}　页状煤；炭质页岩

scolecite　钙沸石岩

scolecodont　虫牙儿石[颚器]；虫牙

scolecoid　曲柱状
　　→~ coral　虫状珊瑚

Scolecopteris　虫囊蕨属[C_3-P]

Scolecosporae　线形孢子类

scolecospore　线状孢子

scolesite　钙沸石[$Ca(Al_2Si_3O_{10})\cdot 3H_2O$;单斜]

scolexerase{scolexerose}　钙柱石[$Ca_4(Al_2Si_2O_8)_3(SO_4,CO_3,Cl_2)$；$3CaAl_2Si_2O_8\cdot CaCO_3$;四方]

Scoliopora　弯孔珊瑚属[S_3-D_3]

scolite　石穴管；管岩潜穴；虫迹[遗石]；虫管迹[ϵ-D]

Scolithus　斜石虫属；虫形石；虫迹[遗石]；虫管迹[ϵ-D]；无环管虫属[ϵ-D]

Scolopodella 小尖牙形石属
Scolopodus 尖牙形石(属)[O₁₋₂]
scolopsite 变蓝方石
Scolosaurus 厚甲龙
sconlion 门窗框内屋角石
scoop 收集器；戽斗；勺子；铲取；扒矿机；用勺取出；凹处；舀取；样勺；穴；挖空；特快消息；独家新闻；洞穴
　→(transfer) ~ 铲斗 // ~ car 斗形前卸式矿车
scooped{erosion} lake 侵蚀湖
　→~ lake 涡蚀湖
scoopfish 走航采样戽
　→~ bottom sampler 走航底质采样戽
scoop loader 勺斗式装车机
　→~ mark 擦痕
scoopmobile 前端式装载机
scoop scraper 耙子
　→~ scraper{|feeder} 勺式刮土机{给矿器} // ~ tail rope 耙斗尾绳 // ~ tractor 前端铲斗式拖拉机；工作面清理车；运料车
scooptram 铲运机
scoop vane 挖掘叶轮
　→ ~ {excavating;bucket} wheel 斗轮 // ~ wheel 舀水轮
scooter 滑行车；绳拉机械拖斗；注射器；拖斗；冰上行驶的帆船；踏板车
　→ ~ deflector 拖导拉索装置 // ~{scow} head rope 耙板头绳
scope 机会；视野；视界；示波器；电子射线管；规模；广度；观察仪；观测设备；锚缆的长度[停泊时]；作用域；指示器；余地[时间、空间]；空间；眼界；范围；镜；显微镜；显示器
　→ ~ in chop mode 斩波型显示器
scopic 观测仪的
scopule 枝状骨针[绵]
Scopulimorpha 墙状叠层石属[Z₂]
scopulite 羽雏晶
　→ ~ picotaxitic texture 羽毛状雏晶交织法物
scorching 灼热的；焦化
　→ ~ hot 灼热
score of factor 因子分数
　→ ~ of firings 多次燃烧
scorer 记录员
Scoresbya 斯科勒斯比叶属[J₁]
scoria[pl.-e] 矿{炉}渣；金属渣；火山渣
scoriaceous 火山渣岩状；金属渣的
　→ ~ block 渣状岩块
scoria flow 岩渣流
　→ ~ moraine 火山渣碛；渣状熔岩堤 // ~ mound 火山渣丘 // ~ {cinder} rock 火山渣岩
scoring 擦蚀作用；蚀洞；划线；划痕；黏滞；刻痕；冰川擦痕
scorious{scoriaceous} 渣状的[火山]
scorodite 臭葱石[Fe³⁺(AsO₄)•2H₂O;斜方]
Scorpio{Scorpion} 天蝎座
Scorpionida 蝎目[节]
Scorpionidae 蝎科
Scorpionidea 蝎目[节]；蝎类
Scortum barcoo 澳洲宝石鲈；宝石鲈
scorza{scorze} 绿帘石[Ca₂Fe³⁺Al₂(SiO₄)(Si₂O₇)O(OH); Ca₂(Al,Fe³⁺)₃(SiO₄)₃(OH);单斜]
scorzalite (多)铁天蓝石[(Fe²⁺,Mg)Al₂(PO₄)₂(OH)₂;单斜]

scotch 切；木楔；擦伤；抓；阻止；止转棒；障碍物；刻底切口
Scotch coal 苏格兰煤[烛煤]
　→~ gauze lamp 苏格兰式铁纱罩安全灯
scotching 琢石
Scotch mist{|fir} 苏格兰霭 {枞}
　→~-type volcano 内斜火山；苏格兰型火山
scotine 褐帘石[[(Ce,Ca)₂(Fe,Al)₃(Si₂O₇)(SiO₄)O(OH),含 Ce₂O₃ 11%,有时含钇、钍等;(Ce,Ca,Y)₂(Al,Fe³⁺)₃(SiO₄)₃(OH);单斜]
scotiolite 暗硅镁{镁硅}铁石[(Mg,Fe²⁺,Fe³⁺)₂Si₂(O,OH)₇•H₂O]
scotite 碳硅钙石[Ca₇Si₆(CO₃)O₁₈•2H₂O;单斜]
Scotlandia 苏格兰牙形石属
scotlandite 苏格兰石[PbSO₇]
scotography X 射线照相；暗室显影
scotophor 黯光荧光粉
scotopic 暗光的；弱光的；微光的
　→~ vision 暗视觉
scott connection 斯科特连接法(变二相为三相变压器连接法)
Scottella 斯科特牙形石属[O]
Scottgnathus 斯科特颚牙形石(属)[C]
Scott viscosimeter 斯(考特)氏黏度计
scoulerite 杆沸石[NaCa₂(Al₂(Al,Si)Si₂O₁₀)₂•5H₂O;NaCa₂Al₅Si₅ O₂₀•6H₂O;斜方]
scoundrel 坏人
scour 疏浚；去锈；摩擦；擦光；追寻；刻蚀；开掘巷道[在采空区]；洗刷；洗涤；冲刷；冲蚀；冲沙水流；冲砂工程；冰川侵蚀；掏蚀；搜索
scour (mark) 冲痕
　→~-and-fill 冲淤作用
scoured base 冲刷底
scourer 谷物脱皮机；洗刷器
scour-extending 冲刷伸展
scour fill 冲填物
　→~ hole 冲(蚀)穴
scouring 擦磨作用；老塘中的巷道；掏蚀；冲刷作用；冰川刨蚀
　→(washover) ~ 冲刷 // ~ stone 冲洗石
scour lag 冲刷滞积物
　→~ side 向上游面[与 pluck side 反];磨蚀面[羊背石的;与 pluck side 反]
scourway 冰水冲蚀道
scout (around) 搜索
　→ ~ boring 地质探眼 // ~ drilling {boring} 试钻探 // ~ hole 普查孔
scouting 粗查；初步勘探；踏勘；踏板式起落机构
　→~ a well (用尽方法)收集油井资料
scout plane 侦察机
　→~ sheet list 勘记记录一览 // ~ ticket 井史卡
scove 泥封
scovens 装煤叉
scovillite 水磷铈石；磷钇铈[铈钇]矿[(Ce,Y,La,Di)(PO₄)•H₂O];磷镧镨矿
scow 敞舱驳船；耙斗；大平底船
　→~ hoist 扒煤绞车 // ~ mining 刮煤机开采
Scoyenia 斯柯茵迹[遗石]
Sc-perrierite 钪钛硅铈矿
scragging 预应变；预变形
scram 电耙道；从老塘中找矿或采矿；快速断开；迅速停止或关闭反应堆；小型烟煤矿；紧急刹车

　→~ (drive) 扒矿巷道
scramble 混杂；扰频；攀爬；仓促地行动；改变频率使(通话)不被窃听；争夺；搅乱
scrambled cakes with mashed dates 枣泥炒糕
　→~ image 杂乱影像
scram drawpoint 出矿巷道
　→~ drift 扒矿平巷
scramjet 超音速燃烧冲压式发动机
scram{safety} rod 安全棒[核]
scrap 切屑；残渣；残余；废物；废弃；废品；废料；小片；小块；(使)成碎屑；报废；碎屑；碎片
　→~ (iron) 铁屑；废金属
scrapable 可清除的
scrap brick 碎砖
　→~ build 设备改建 // ~ diamonds 碎屑状废金刚石 // ~ drawpoint 扒矿点
scrape (together) 扒
scraped finish 扒拉石
scrap edge 切边
scraped line 清管过的管线
scrape off 刮去；刮掉；擦去
　→~ out a hole 清理炮眼；清除炮眼
scraper 电耙；电铲；平土机；刮油环；刮削；刮土机；刮蜡器；炮眼掏粉杓；炮孔清孔杓；扒矿机；拣矿工
　→ ~ (blade;knife) 耙斗；刮刀；扒矿巷道；铲运机；扒矿机 // ~ body 矿耙 // ~ chain 刮(板输送机)链；刮板运输机链；扒矿机链 // ~ drift{lever}扒矿巷道 // ~ -gully method 电耙贮矿堑沟采矿法 // ~ hoist{winch; winder; hauler} 扒矿绞车 // ~length 扒矿距离 // ~-loader 扒矿斗 // ~ -loading mining method 电耙装载的采矿方法 // ~ mining 扒矿机出矿回采法
scrapers 刮屑；刮划岩屑
scraper storage 耙机式贮煤{矿}场
　→~-trough 槽形刮板 // ~-trough conveyor 槽形刮板输送{运输}机 // ~-type rock loader 耙斗式装岩机
scrapes 刮削
scrap{spent} fuel tank 废燃料箱
scraping 铲土；刮屑；刮削下来的碎屑；刮削；刮土；刮平；刮除；刮擦声；刮；(浮选)撇除泡沫；扒运；扒矿；挖
　→ ~ (action) 刮削作用 // ~ trace 擦{刮}痕[遗石]
scrap{junked;waste} iron 废铁
scrapped parts 报废零件
scraps 屑
scrap timber 废坑木
　→~ yard 废料场
scratch 划线；划痕；划；刮；扒；擦伤；抓；刻痕
　→~ (mark) 刮痕；擦痕
scratched boulder 擦痕石；冰川条痕石
scratching 划痕(磨损)；刮痕；擦刻作用；擦痕
　→~ hardness test 划痕测硬法
scratch method 刮痕(硬度)试验法；刻划法[测硬度]
scratchpad 超高速中间结果存储器
scream 喊出；发出尖锐刺耳的声音；尖声地说；尖叫
screaming 振动；振荡；啸声
　→~ joint 漏风接头
scree 山麓碎石；崩落；岩屑锥；岩堆；小

石子；碎石坡；碎石堆
→~{talus} (cone) 岩屑堆

screed 模板；准条[定墙上灰泥厚薄的]；匀泥尺
→~(ing) board 匀泥板 // ~{screeding} board 平泥尺

scree{scratch} debris 角砾

screed mortar strip 定位砂浆[建]
→~ vibrator 带刮板的振捣器[混凝土]

screef 岩屑堆

scree material 山麓岩屑物质
→~ moraine 麓碛

screen(er) 筛；筛选；筛分；屏蔽；遮蔽；掩蔽；点阵；筛子；筛框；过滤器；屏障；屏栅；屏；隔屏；隔离；隔板；密集岩席；滤砂器；滤器；粗眼筛；风帘；遮(砂)管；拦污栅；银幕；掩蔽物；岩屏；严密风墙；晶格；网目板

(filter;gauze;mesh) screen 滤网；荧光屏

screen (grader) 筛分机；帘栅极；筛管
→~ afterglow{persistence} 光屏(上)余辉

screenage 过滤；屏蔽

screen analysis curve 筛析曲线
→~ blinding 筛孔堵塞；筛堵 // ~ body{box} 筛箱

screenbowl centrifuge 沉降过滤式离心脱水机

screen box 筛身
→~ box{shaker} 振动筛 // ~ capacity 筛子的生产率 // ~ classification {separation;sizing;out} 筛分

screen-color characteristic 荧光屏色谱特性

screen{plate} current 屏极电流
→~ deck{cloth} 筛板 // ~ discharge mill 筛 R 排料式磨矿机

screened 过筛的；下过滤网的
→~ ore 手选矿石；筛选矿石；筛分过的矿石 // ~ sinter 整粒烧结矿

screen{screening;shielding;shadow} effect 屏蔽效应
→~ fabricating machine 筛管制造机；绕丝机 // ~ formation annulus 筛管-裸眼环形空间 // ~ frame{boa;box;sash} 筛框 // ~-frame filter 筛框型{式}过滤机 // ~ gauge 筛管绕丝间隙

screening 筛选过的物质；筛下产品；筛除法；筛出废物；筛；滤砂；粗眼筛；脱砂[从洗井液中]
→~ angle 筛面的倾角 // ~ {sizing} efficiency 筛分效率 // ~ glass 护目镜片 // ~ of variables 变量的筛选 // ~ plant 筛石厂；拣选工段

screenings 筛渣；筛余物；筛屑；滤余物
→(run-of-mine) ~ 筛下原矿粉

screening sample 筛样；筛析样品

screenings crushing 最后破碎

screening surface 筛面
→~{creeping} waste 蠕动矸石堆

screen interval 下筛管的层段
→~ jacket (不带中心管的)筛套 // ~ liner casing 钾山筛管-套管环形空间的充填 // ~ man 筛煤工；筛浆工；筛分工 // ~ oil pool 遮挡油藏 // ~(-)out 滤砂 // ~-out 筛出；筛出；达到充填设计压力；充填结束；脱砂

screenplate 筛板

screen printing 印花
→~ reject 筛出废石 // ~ stone{|color| image} 屏石{|色|像}

---

scree screep 砾块蠕动
→~ slopes 山麓碎石斜坡

screw 拧；螺旋桨；螺旋；螺丝；螺栓；螺钉；压榨；旋；加强

screwdown motor 轧钢机用电动机

screwed muff 螺丝套筒
→~ nipple 丝扣短节 // ~ plug 螺纹栓 // ~ tube 螺纹管

screw extractor 断螺钉联出器
→~ feed 螺旋进给机 // ~-feed diamond drill 螺旋给进式金刚石钻机；旋转推进式金刚石钻机

screwfeed machine 带螺旋推进器的凿岩机

screw for latch 闩螺钉
→~ grab 打捞公锥；打捞丝锥 // ~ grab guide 打捞公锥导向器 // ~ gummer 螺旋式煤粉除粉器 // ~ home 拧螺纹到头

screwing 扭紧

screw jack prop 螺旋千斤顶式(临时金属)支柱

scribed{hachured} line 刻线

scribing 划线；刻线；刻图；刻绘原图
→~ gouge 竖槽凿

scrin 节理(充填)脉

Scriptolamprotula 饰丽蚌属[双壳;Q]

Scrobicula 小濠介属[C₁]

scrobicula[pl.-e] 小穴

scrobiculalus 穴状

scrobicule 缘槽[棘海胆]

scroll 螺旋；卷；卷轴；涡卷；涡管；涡
→~ bar 涡形沙坝 // ~ discharge centrifuge 螺旋卸料离心脱水机 // ~ drum 带螺旋绳槽的圆锥形提升滚筒 // ~-type dust collector 涡流式(旋)收尘器

scroop 轧轧`的响声[地响]

scrophulariaceae 玄参科

scrowl (矿壁)薄层岩石；松软矿石

scrub(bing) 洗涤；涤气；低劣的；灌木；灌丛；密灌丛；擦洗；擦；丛林地；次等的；洗刷；洗气；洗

scrubber 清洁器；涤气器；擦洗器；(湿式)除尘器；净化器；洗涤塔；洗涤器
→~ filter 洗气式集(滤)尘器

scrubbing 刷洗；涤气；擦洗；洗气
→~ in flame 流槽擦洗 // ~ tower 气体淋洗塔 // ~{washing} tower 洗涤塔

scrutinyite 斯块黑铅矿[α PbO₂]

scuba 自携式水下呼吸器

scuffing 磨损；咬接[齿轮]；划伤；毛刺砂光；折皱变形；擦伤；塑性变形
→~ grind 砂粒表层滚磨[除掉表层黏附物]

scull 桶结壳；结壳[炉子或铁水罐]

sculp 片裂板岩

sculping{scalping;spraying} screen 脱介筛

Sculptomonoletes 具纹饰单缝孢系

Sculptor 玉夫座

sculpture 雕塑；雕刻(术)；装饰；壳饰；纹饰；塑造
→(Earth) ~ 刻蚀 // ~ porcelain 瓷雕

scum 水面上的碳酸钙膜；水垢；泡沫；钙华膜；浮渣；浮垢；渣滓；铁渣；碎屑
→~ off 撇渣；除沫 // ~ pump 泥渣泵

scun 小脉；细矿脉

scupper 水沟；排水口；(甲板)排水孔；排水管；泄水口
→~ plug 排水孔的堵头[船上甲板旁的]

scurf 头(皮)屑

---

scurfing (焦炉用)烧空炉方法除石墨

Scuru 圣罗兰[石]

scutch 石工小锤；开幅

scute 角质鳞板
→(abdominal) ~ 鳞甲；盾板[海胆等]

Scutellum 盾形虫属[三叶;S-D]

scutellum 盾片

scuttling 碎石干选[非洲土法]

Scutula 盾牙形石属[D₃]

Scutum 盾牌座

Scutus 鸭嘴螨属[E-Q]；盾螨属

scyelite 绢石[(Mg,Fe)SiO₃•⅓H₂O(近似)]

Scylla 锡拉岩礁

Scyphiodus 菱牙形石属[O₂]

Scyphocrinites 钵海百合属[棘;D₁]

Scyphosphaera 兰子球石[钙超;N₁-Q]

Sc(r)yphozoa 真水母类[纲]；钵水母纲[腔;Є-Q]

Scytalecrinus 棒海百合属[棘;C]

scythe-shaped 镰刀状(的)

scythestone 磨镰(用条形磨)石；磨刀石

Scythian 塞西亚人(的)；西塞亚语(的)
→~ age 赛库提期

Scytonema 双歧藻属；伪枝藻(属)[Q]

Scytophyllum 革叶蕨属[T]

Scytosiphon 置藻属[褐藻]

sdy 砂质的；含砂的

SE 东南

Se 硒

sea 航海；海；风浪；近海的
→~ (lettuce) 石莼；海洋；海浪

sea-bed lock 海底闸
→~ sonar survey system 海痛声呐探测装置

sea board 沿海的

seabottom{sea bottom{floor;bed}} 海底

sea bottom core 海底岩芯
→~-bottom dredging 海底采砂船采矿(法)

seacoast 海岸

sea craft 水上飞机；海船；小型出海船舶
→~ cucumber 海参

seadrome 海上机场

sea embankment{bank;wall} 海堤
→~ embankment 防潮堤 // ~{wave} erosion 海蚀 // ~{abyssal} fan 海底扇

seafarer 海员

seafari 海洋勘探

seafloor benthos{benthon} 海底

sea-floor{subsea;underwater} completion 海底完井
→~ diffractors 海底绕射面 // ~ exploration by explosives 海底爆破勘探 // ~ foundation 海底工程基底

sea{-} floor high{heights} 海底高地
→~floor hydrothermal process 海底热液作用 // ~-floor{ocean-floor} map 海底图

seafloor mapping system 海底绘图系统

sea(-)floor relief 海底地形
→~ sampling 海底采样(法)

seafloor{submarine} soil 海底土
→~ soil sampling 海底地质取样

sea{ocean}-floor spreading 海底扩张

sea floor storage facility 海底储油设施
→~ (-)foam 海泡石 [Mg₄(Si₆O₁₅)(OH)₂•6H₂O;斜方]] // ~ foam 蛸螺石

seagoing pipeline 过海管路
→~ pipe line 海底油管 // ~ platform for acoustic research 远洋声学观测平台 // ~ tanker 海洋油轮

sea-going tug 海上拖轮
Seagrass carpets 水草地毯
seagrass habitat 海草生育地
seagravel 海砾石
sea gravel 海砂砾
　→～ green 海绿色
seahigh 海底高地
sea holm 小荒岛
　→～ horizon{rim} 海平线//～ ice{snow} 海冰//～-ice field 浮冰区//～ ice shelf 浮冰架{棚}
seajelly 水母[腔]
seakeeping ability{quality} 适航性
　→～ ability 耐波性
seal 保证；确定；海豹属[N₁-Q]；隔离；盖层；封口；封焊；印章；绝缘；决定；堵塞；堵漏；封[如油封、水封等]
　→～ (boat) 封闭层//～{closing} (off) 封闭//～ (up;airtight;hermetically;off) 密封
sealable tank 密封罐
sealant 密封剂[电缆]；止水材料
seal apron 闸门挡板
　→～{packing} assembly 密封装置//～ boat 封层//～ bore extension 密封筒加长短节
sealcoat 止水层
seal construction rope 带芯股钢索
　→～ curtain 油罐浮顶密封圈装置
sealed against 封住
sealed-for-life idler 永久密封托辊
sealed{closed;tight} fracture 闭合裂缝
sea{datum} level 海平面
sealevel elevation 绝对高度
sea level elevation{sea-level elevation} 海拔高度
seal gasket 密封垫圈
Sealian{Saalian} movement 萨尔运动
sea life 海洋生物
sealift 海上疏运；海上接运
sea lily 海百合
　→～{coast;beach;strand;water;shore} line 海岸{滨}线//～ line 水下管道[工]；海底管线[指井口至海上或陆上的出口管线]
sealing ability 封严能力
(sealing-in) sealing-off 密封
sealing property 密封性能
　→～{seal;pack} ring 填料环
seal nipple{joint;sub} 密封接头
sea loading pipe line 海上装载管道(线)
　→～ loch 狭长海湾；峡湾
seal{closing;close;shut;seam;plugging} off 封堵
　→～ packer 砌矸石(墙)土；毛石工
seam 层间薄(夹)层；层；疤[鹦鹉螺;头]；煤层；裂痕；缝隙；缝口；缝；缝合；矿层；岩层；接口；接合缝；接缝；极薄矿脉；磨边[玻璃的]
　→～ analysis 煤层分析
seamanite 磷硼锰石[Mn₃(PO₄)(BO₃)•3H₂O; Mn₃(PO₄)B(OH)₆;斜方]
Seaman support system 西门垛式支架系统
seamark 航海标志；助航标志
seamarsh 咸水沼泽；滨海沼泽
sea mat 海席
seam blast 缝隙装药爆破
　→～ cut 缝式掏槽//～ distribution 煤层分布；矿层分布//～ doubling 煤层加

倍变厚
sea meadow 咸水沼泽；滨海草甸
　→～ meadows 大洋水上层
seamed 缝合的
　→～ pipe 有缝管
seam floor 煤层底板；矿层底板
　→～ formation curve 煤层形成曲线//～ height{thickness} 层厚
sea-mill 潮磨；海磨
seam inclination{pitch} 煤层倾斜
seaming (用)弯边法使两个板料连接
seam interval 煤层间的距离
　→～ inundation 矿层淹灭；充水岩层
seamless 无缝的
　→～ casing 无缝套管//～ tube{pipe} 无缝(钢)管
seam liable to coal-dust explosion 煤尘爆炸危险煤层
　→～ nodule 煤结核；煤核//～ noise 海洋噪声
sea moat 海底环状洼地
　→～ monsoon 海季风
seamount 海山；海底山
sea mount{sea-mount} 海山
Seamount Exploration and Undersea Scientific Expedition 海山调查和海底科学考察
seamount group 海(底)山群
　→～ range 海岭
seamounts 海山脉
seam out 无效爆破
　→～ pitch{inclination} 矿层倾斜//～ strike{course} 矿层走向
sea{marine} mud 海(软)泥
seam welder 滚焊机
　→～{stitch} welding 缝焊
seamy 有裂缝的；有缝的；丑恶的
　→～ rock 层状山崖；多裂隙岩
sea noise 海鸣
　→～ ork (石生)海藻；海杂草；墨角藻及其他海产草本植物//～ pen 海笔石[海鳃]//～((-)beach) placer 海滩砂矿
seaplane 水上飞机
seapoose 潮水河[美国长岛]；浅湾；小潮道
seaport 海口；海港
sea-port bulk station 海港油库
sea puss 沿岸急流
　→～(-)quake 海啸；海震；海洋地震；海底地震//～(mount) range 海底山脉
search (after) 寻找；探索
　→(exploratory) ～ 调查//～ for coal 找煤//～ for minerals 找矿；矿产勘探；探矿//～ for minerals (mineral deposits) 矿产普查//～ for oil 勘查石油
searching 彻底的；敏锐的；严密的；寻找；探索
　→～ unit 探头
search interval 探索区间
searchlight{search light{lamp}} 探照灯
sea realm 海界
　→～ retreating 海退//～{submarine;ocean; oceanic} ridge 海岭
searing (用)过量氧焰烧除生铁表面石墨[焊]
sea risk 海险
searlesite 水硅硼钠石[NaBSi₂O₅(OH)₂;单斜]；硅硼钠石
Searle (type) viscometer 塞尔(旋转圆筒式)黏度计

sea route{passage} 海路
　→～{bay} salt 海盐//～-salt nucleus 海盐核//～ sands 沙质海滩；海滩砂
seascape 海上景观
seascarp{sea-scarp} 海崖；海底陡崖
sea-scum 海泡石[Mg₄(Si₆O₁₅)(OH)₂•6H₂O; 斜方]
sea serpent 海蛇
　→～ shock 海震；海底地震
seashore 海滩；海滨；海岸
　→～{beach} gravel 海滨砾石//～ work chamber 水下短时间工作舱；海底零星杂活工作舱
seasickness 晕船
seaside 海滩；海滨的；海滨；海边；海岸
　→～-orientated 沿海的
sea slick 平滑海面区
　→～ slope 向海陆坡//～ slugs in pineapple sauce 蜜浸乌石参//～ smoke 海烟
seasonal 周期性；季节性的；季节性
　→～ aspect 季相
seasonality 季节性
seasonal{casual} labourer 短工
　→～{nonperennial} lake 时令湖
seasonally frozen ground 季节冻土；冻结带
seasonal stream 季节河
　→～ surface frost 季节性表面冻结//～ variations in river flow 径流的季节性变化//～ water 季节性水//～ weather 季天气
season cracking 老化开裂
　→～ distortion 时效变形
seasoned ball charge{load} 磨熟球装量
　→～ prop 干燥支柱//～ timber (风)干木材
seasoning 陈置；时效；气候{干燥}处理；风{老}化；调质
sea spider 海蜘蛛
　→～{marine} stack 海蚀柱//～ state {condition} 海况//～ state 波浪等级
seastrand 海岸
sea surface{level} 海面
　→～-surface slope 海面坡度//～ surface temperature 海面温度
seat 底座；座；支撑面；基座；座位；矿山底板；所在地；矿层底板
SEATAR 东亚大地构造和资源研究会
seatclay {seat clay} 耐火(黏)土；底黏土；不透水黏土；底黏土层；火泥
seatearth 底层；耐火黏土
seat {-}earth{stone;rock} 煤层底板；(层)底黏土；底层；根土[煤层下]；煤层下黏土；底土岩；根土岩
seater 夏季牧场[挪]
seat frame 座架
　→～ harness{belt} 座椅安全带[航]
seating 设备；配合；密合；坐落；装置；支架
　→～{locating} arrangement 定位装置//～ brick 座砖//～ cup 密封皮碗[深井泵的]//～ shoe 座块；支持管鞋
seat of disturbance 扰动源地；变动起源地
　→～ protector 矿用护臀垫
sea{ocean} transport 海运
seat reamer 阀座修整铰刀；阀座式扩眼器
　→～ retainer 座圈//～{set(ting);positioning; fixing;retention} screw 定位螺钉//～ support 座支架//～{poppet} valve 座阀

sea{wave} wall 防波墙
→~-walls 海堤
seawater flood project 海水量方案
→~ injection 注海水 // ~ magnesia clinker 海水镁砂烧结块 // ~ magnesia-dolomite refractories 海水镁砂白云石耐火材料
sea wax 软沥青；海蜡；海草蜡沥青
seaway 航向；航路；航道；海浪；海道；怒涛；大浪
→~ force 浪力
seaweed 海藻；海草
→~ theory 海藻成因论{油说}[油]
seaworn 海蚀的
seaworthy 能航海的
→~ ship 适航性好的船舶
seax 石板凿刀
sebacate 癸二酸盐[MOOC(CH₂)₈COOM]
sebaceous 脂肪的
sebacic acid 癸二酸[HOOC(CH₂)₈]
sebaconitrile 癸二腈
Sebecus 西贝鳄(属)[E₂]
Sebecusuchia 西贝鳄类
sebesite 透闪石[Ca₂(Mg,Fe²⁺)₅Si₈O₂₂(OH)₂;单斜]
sebiolith 皮脂石
sebja{sebjet} 潮上滩；萨布哈(盐坪)；盐沼；盐滩；盐坪
sebkhainite 杂光卤泻石盐
seblergite 黝白霞霓岩
sebohthus{sebolith} 皮脂石
Sebrite 赛勃莱特无烟燃料
SEbS 东南微南；南东偏南
secaire 赛凯风
secant 薄片；切的；割线；割的；正割；二次的；交叉的
→~ conic chart 割圆锥投影地图 // ~ meridian 割经线
secateurs 修枝剪{夹}
Seccam 赛康姆型胶轮驱动运输系[法]
→~ modular conveyor 西坎型自动化电动输送机
Secchi's disc 透明度板；赛克板；赛氏盘；赛(希)氏板
secede 退出
Secenov's coefficient 谢塞诺夫系数
sechron 层序年龄；序列时
secohm 秒欧[电感单位]
secohmmeter 电感表
secohopane 断藿烷
second(ary) 副的；辅助的；瞬间；等外品；片刻；秒[时间、角度]；助手；从属(的)；次级矿石；次的；二级(的)
seconda 次波
second advance (台阶面)次后推进
→~ antennae 第二触角[介]
secondaries 副翼羽[航]；次要的人或物；次波；二期梅毒疹[医]；二次波
second arrival time 续至时间
Secondary (era) 中生代[250~65Ma;旧]
secondary (wave) 次波；二次波；二次绕组
→~ atmospheric component 次生大气部分 // ~ combustion {burning} 二次燃烧 // ~ creep 稳态蠕变；假黏(性)流 // ~ crusher 次级轧石机 // ~ enrichment of sulfide deposits 硫化物矿床次生富集作用 // ~ enrichment of sulphide deposit 硫化矿床再生富集作用 // ~ fossil 次生化石 // ~ front 副锋 //

{derivative} magma 次生岩浆 // ~ silica outgrowth 次生石英增生；次生硅质增生 // ~ undulation 副振动 // ~ vein 副矿脉；二次发现的矿脉 // ~ water 矿内`采{工作}区外来水
second blast 复爆炸
→~ bottom 一级阶地；一次阶地 // ~ class ore 次品矿石；需选矿石 // ~-class {milling} ore 二级矿石 // ~{|zeroth|third| first} law of thermodynamics 热力学第二{|零|三|一}定律 // ~ mining 回采矿柱；煤柱；第二次采；复采 // ~-mining industry 第二矿业 // ~ order phase change{transition} 第二级相变
seconds 次品；二级品
second sampling stage 第二矿浆取样段
seconds counter 秒表
→~ of arc 弧秒 // ~ Saybolt Furol 赛氏重油黏度秒 // ~ Saybolt universal 赛氏通用黏度秒数
second stage cooling fan 第二段冷却风机
secret 隐蔽的
→~ (activity){underground.} 地下[秘密活动] // ~ color porcelain 秘色瓷
secretion 藏匿；分凝；分泌物；分泌；空隙充填(构造)
→~ sclerotinite 分泌巩膜体
secret society 帮
sectile 可剖开的
sectility 可切割性；可剖开性
section 地区；地段；区域；切面；剖视图；剖面；工段；采区；采段；部门；部分；科；处；井段；节；截面图；段
sectional(ized) 分级的；地区的；地方性的；部分的；分区的；分段的；局部的；段落的
(cross-)sectional area 横断面积
sectional area{plane} 截面
sectionalization 分区
sectionalized 分区的；分环的；分段
→~ derrick 分段井架；分段节井架 // ~-jacket 分段式导管架
sectionalizing switch 分段开关
sectional loading stick 接合式塞药棍
sectionally continuous 按段连续
sectional material 型材
→~ ploughing method 分段刨煤法 // ~ riling 方格纸 // ~ steel drilling 接杆钻眼{进}；接杆凿岩 // ~ tamping rod 合成炮棍；组合炮棍 // ~ tunnel 区间石门
section area 分段区
→~ boiler 分节锅炉
sectioned drilling mast 分块式(轻便)钻井井架
section (mine) foreman 采区区长；段长
→~ of a seam 矿层断面
(stell) sections 型钢
section switch 采压开关
→~ tailings sampler 尾矿分段取样器 // ~ total pressure of air flow 断面上总风压 // ~ view of Courier elemental analyzer system 库里厄成分分析仪系统剖面图
sector 环节；扇形{面}；区段；部分；领域；分区；板块；象限
→~ gate 扇形闸门；下截式扇形闸门 // ~ {segment} gear 扇形齿轮 // ~ graben 火口濑[火山坡上的扇形沟]；羊尾沟[火山锥四周因侵蚀而成的沟]

sectorial crystal 扇形晶体
→~ extinction 分片消光 // ~ pipe-coupling method 分段连接管道法 // ~ tooth 裂牙
sectoring 扇形变异
sectorization 划分为扇形区
sector magnetic analyzer 扇形磁分析器
→~ wind 分段风 // ~ zoning 扇形环带{节}
seculum[pl.-la] 世代
secunda oil 页岩太阳油
secundaxil 次(级)分歧腕板[棘海百]
secundibrachus 次级腕板[棘海百]
secundine dike 胎盘岩墙[侵入炽热围岩的岩墙]
securely 确实地；可靠地；安全地
secure rock 硬岩石
→~ with a hook 钩
securing nut 扣紧螺母
→~ strip{band} 安全带
securite 安全炸药
security 保证物；保证；保护；安全性；安全感；可靠；安全
→~ analysis 证券分析 // ~ classification 密级分类 // ~ control{arrangement} 安全措施 // ~ network 安全网
sedentary 固着的；固定的；原地的
→~ deposit 残积；原地沉积；静态沉积 // ~ folding 敷挂褶皱；原地褶皱 // ~ soil 原积土；原地土
sedentite 定居生物体席
sederholmite 六方硒镍矿[β-NiSe]；β(-)硒镍矿
sedge moor 苔草沼泽
→~ moss peat 芦苇泥炭
sedifluction 松散沉积流动
sediment 沉渣；沉降物；沉积物；水垢；沉积；沉淀物；沉淀；泥沙；残渣；渣滓；渣；油脚
→~ (incrustation) 积垢
sedimental 沉积物的
sediment analysis 沉积物分析
sedimentaries 沉积岩类
sedimentarism 沉积论
sedimentaristic 沉积论的
sedimentary 沉降的；沉积的；沉淀的
→~ ash (煤中的)沉积灰粉 // ~ data 泥沙资料[沉积] // ~ interstices 沉积岩中孔隙；沉积生成孔隙 // ~ mineral petrology 沉积矿物岩石学 // ~ pyrite deposit in coal series 煤系沉积硫铁矿床 // ~-remobilization origin 沉积-再活动化起源 // ~ succession{sequence} 沉积层序
sedimentational syngenesis 沉积同生(作用)
sedimentation analysis 沉降分析；沉积分析
→~ basin{tank} 沉淀池
sedimentationist 沉积学家
sedimentation mechanism 沉积机制{理}
→~ method 卡明斯基沉降法[粒度分析法]
sedimentator 沉淀器；离心器
sediment bar 河漫滩；边缘沙洲
sedimen(ta)tion technique 沉淀技术
sediment-laden pipeline 充满沉积物的管道
→~ {silt-laden} river 多泥沙河流 // ~ stream 挟沙河道；多沙河流 // ~ water 夹砂水
sediment load 泥沙[河流的]
→~ mixture 泥沙混合物

sedimento-eustasy 沉积性海准变动

sedimento(-)eustatism 沉积变化导致海面升降

sediment of irrigation area 灌区泥沙

sedimentogenesis 沉积物形成作用；沉积成因

sedimentography 沉积岩岩相类学

sedimentological 沉积学的

sedimentologist 沉积学家

sedimentology 沉积学

sedimento-metamorphic phosphate deposit 沉积变质磷矿床

sedimentometer 沉积测定仪；沉淀计[测浮尘浓度和悬浮组成用]

sedimentophile 亲沉积的

sedimentous 沉积的

sediment pile 沉积层
→~-production rate 单位面积(输)沙量

sediments 冲积层

sediment{bottom} sampler 采泥器

sedoheptulose 景天庚酮糖

Sedomax F ×絮凝剂[一种合成的有机聚电解质]

sedovite 褐钼铀矿[U(MoO₄)₂;斜方]；铀钼矿

seduction coefficient 减少系数

seebachite 碱菱沸石[(Na,Ca,K)AlSi₂O₆•3H₂O,Na+K 含量超过 Ca 的菱沸石;三方;Ca(Al₂ Si₄O₁₂)•6H₂O]

Seebeck effect 塞贝克效应
→~ sclerometer 塞贝克测硬计

seebenite 堇长角(页)岩

seed 点火源；根源；籽晶；种子；开端；晶粒
→ (crystal) 种晶；点火区 // ~ bag 亚麻子填塞料包[填塞钻孔用]；亚麻子袋油管封隔器

seedbed 发源地；播种床

seed{nonerosive} blasting 软粒喷砂
→~ bud 子房 // ~ coat 种皮[植]

seeded growth 用籽晶生长
→~ slope 植物边坡 // ~ {sodded} slope 植草((皮)边)坡

seeder 去核机；播种机{者}

seed fern 种子蕨
→~ grain 结晶母粒

seeding 强化；拉单晶技术；引晶技术；放{加}入晶种；播种；播云种；加籽晶；加晶种
→~ method 晶种法

seed{seminal} leaf 子叶
→~ money 开办费

Seedorf law 西多尔夫(双晶)律

seed plant 种子植物

seeds 气泡
→(crystal) ~ 晶种

seed screen 筛子
→~-time 播种时期 // ~ wing 种翅[植]

seek 调查；试图；企图；追索；找；勘查；寻找；图；搜索
→ (after) 探求 // ~ {look} after 寻求 // ~ delay 查找延迟

seeker 自动引导(的)头部；自导导弹；追求者；探寻器；探索者
→~ radar 目标定位雷达

Seelandian 西兰德阶；西兰(阶)[欧;E₁]

seelandite 水镁铝矾[MgAl₂(SO₄)₄•27H₂O]；镁 明 矾 [MgAl₂(SO₄)₄•22H₂O]；泻 利 盐 [Mg(SO₄)•7H₂O;斜方]

seeligerite 氯碘铅石[Pb₃Cl₃(IO₃)O;斜方];

西利格矿

Seeman-Bohlin camera 塞曼-玻林相机

seepage 漏出；渗水眼；渗透；渗出；泉水坑；苗；露出；油气苗；油苗渗油处；小泉；渗水；热苗；过滤；油面；冰水停积
→~ flow net 流网 // ~ {absorption;filtration} loss 渗漏损失 // ~ of storm flow 暴雨渗流 // ~ pressure effect 渗压效应

seeping 渗入；渗流
→~ (discharge) 渗出 // ~ dam 滤水坝

seep into 渗入
→~ {seepage} oil 油苗 // ~ oil 渗至地面的油；(页岩)缝隙油

seepology 油苗学[根据油气苗寻找油气田]

seeps 渗出物

seep water 渗出水

seepy 漏的；透油气的；透水的
→~ material{meepy} 渗透物料

seesaw 升降；忽前忽后(的)；忽上忽下(的)；跷跷板；杠杆；摇动；压板；交替
→~ (motion) 上下运动

see through 透视

sefstromite 钒钛铁矿[CuCa(VO₄)(OH)]

segelerite 水磷铁钙镁石[CaMgFe³⁺(PO₄)₂(OH)•4H₂O;斜方]

Seger Cone 塞格锥

seggar 火泥；底土层；(煤层的)黏土底板；耐火黏土

segment 环节；全裂片；切断；管片；片段；片；弓形体；半球；部分；瓣；链段；分割；油罐的蒸气-空气空间；块；细裂片；节段；节；程序段；段；碎片；节片[植]
→(toothed) ~ 扇形体；体节

segmental 扇形的；拼合式的；弓形的；分段的
→~ arch 弧拱；弓形拱 // ~ steel lining 钢瓦拼合件井壁 // ~ tile 砖瓦

segmentation 区段；部分；分裂；分节作用；分段；程序分段；段式；分割[如沙洲分割潟湖]
→~ of two-dimensional data 二维数据的分区{段}法

segment belt 拼接砂带
→~ blast 分段爆破

segmented belt 多条接合运输带
→~ drum 分节滚筒

Segmentina 隔扁螺属[腹;E-Q]

Segmentizonosporites 节纹孢属[T-E]

segment model 分节模型
→~ of a circle 弓形

Segosia 赛戈叠层石属[Z]

segregated ash content 游离灰量
→~ combustion 分离燃烧；有限垂向燃烧 // ~ vein 分枝矿脉

segregation bunker 隔离仓
→~ drive 重力驱动 // ~ drive index 重力驱(动)指数；重力分离驱油指数 // ~ effect 离析作用{效应} // ~ rate 分高速率[重力驱油]

seiche 定振；湖震；湖面波动；湖波；驻波；假湖；假潮[湖面]

seidite-(Ce) 谢伊多石[Na₄(Sr,K,Ca,Ba)(Ce, La,Th)(Ti,Nb)Si₈O₂₂(F, OH)•5H₂O]

seidozerite 氟钠钛锆石[Na₄MnTi(Zr₁.₅Ti₀.₅) O₂(F,OH)₂(Si₂O₇)₂;(Na, Ca)₂(Zr,Ti,Mn)₂Si₂O (O,F)₂;单斜]

seif 赛夫沙丘；纵向沙丘
→~ dune 蛇形沙丘；纵(形)沙丘；沙丘；纵脊；龙形沙丘；蜈蚣形矿沙丘 // ~{sword}

dune 剑形沙丘

seifertite 塞石英[SiO₂]

Seignette electricity 铁电[酒石酸盐类铁电]
→~ salt 酒石酸盐

seinäjokite 斜方锑铁矿[(Fe,Ni)(Sb,As)₂;斜方]；砷铁镍锑矿

seis[sgl.sei] 测震计；地震仪；大须鲸；检波器

seiscrop 震测露头

seisline 检波线

seislog 地震测井；合成声波{速}测井；合成波阻抗测井；拟测井；伪地震测井
→~ section 合成地震测井剖面

seisloop 地震环线；地震闭合测线

seism 地震

seismetron 岩石缝隙微震探测仪

seismex 地震勘探用炸药

seismic 震撼世界的

seismicchart 地震图

seismic cluster 地震群

seismicity 受震程度；地震学；地震活动度
→~ degree 震度 // ~ electric effect 地震电效应 // ~ map 地震活动性图；地震活动分布图

seismic lithologic modeling 地震岩性模拟
→~ log 伪地震测井 // ~ mass 地震震动质量 // ~ prospecting 地震法勘探 // ~ prospecting system 地震探查装置 // ~ regime 震情

seismics 地震学；地震探法；地震勘探

seismic safety evaluation 地震安全度评价
→~ sensor cluster 地震传感器组 // ~ {reconnaissance} shooting 勘探爆破 // ~ signal coherence 地震信号相干(性) // ~ stripping 地震表层剥除法 // ~ structure 孕震构造

seismism 地震作用

seismite 地震岩；震积岩

seismitron 岩层稳定测试仪

seismoacoustics 地震声学

Seismod 横向记录地震仪

seismodislocation 地震断裂

seismo-electric{seismic-electric} effect 震电效应

seismofocal 震源的

seismogap 地震空区；缺震区

seismogenesis 地震成因

seismogeology 地震地质(学)

seismogram 地震图；地震记录；震波图
→~ analysis 地震图分析 // ~ modulator 横向记录地震仪 // ~ record 地震波曲线记录

seismograph bit 地震爆破孔用钻头
→~ clock 地震仪钟 // ~ drill 物探(用)钻机[震勘]

seismographer 地震学者

seismographic 地震学的
→~ record 震波图 // ~ starter 起震器 // ~ survey 地震勘探

seismograph rod 地震孔(用的)钻杆
→~ tape recorder 地震磁带记录仪

seismography 地震仪器学；地震学；地震检测法；地震记录(法)

seismolog 地震仪

seismological 地震学的
→~ evidence 地震实迹{证据} // ~ {earthquake} prediction 地震预报

seismologic(al) consideration 地震会商
→~ record 地震记录 // ~ zone 地震

区域

seismologist 地震学家

seismology 地震学

seismometer 地震仪
→～ array 地震检波器组合

seismometry (用)地震仪记录或研究地震现象；地震术；测震学

seismopickup 地震仪；地震车

seismos 地震；震动

seismoscope 地震(波)显示仪；地震仪；地动仪；验震器

seismostation 地震台

seismotectonic effect 地震大地构造效应
→～ zoning 地震构造区域划分

Seismovac 真空压力活塞式震源

Seisonia 细松虫属[三叶;O_1]

seisphone 检波器
→～{seismometer} cable assembly 大线组

seisquare 方网地震采集系统

Seistan 塞斯坦风
→～ wind 十二旬风

seistrach 地震曳引法

seisviewer 井下声波电视

seize 卡住；黏附；磨损；抓住；俘获；揽；捆扎；捕获
→～ back 夺回//～ (property) in secret and bit by bit 侵蚀

sekaninaite 铁堇青石 [$Fe_2Al_3(Si_5AlO_{18})$; $(Fe^{2+}, Mg)_2Al_4Si_5O_{18}$;斜方]

sekikaic{parmatic} acid 石花酸

sekisanine 二氢石蒜基

sekishone 石菖醚

sekkoko ore 黑矿的一类矿石
→～ zone 石膏矿带

sekundarfalten 次生褶皱

selacean 软骨鱼

seladonite 绿鳞石[$(K,Ca,Na)_{<1}(Al,Fe^{3+},Fe^{2+}, Mg)_2((Si,Al)_4O_{10})$ $(OH)_2$; $K(Mg,Fe^{2+})(Fe^{3+}, Al)$ $Si_4O_{10}(OH)_2$;单斜]；绿鳞云母[$K_2(Li, Fe^{2+}, Fe^{3+}, Al)_6(Si,Al)_8O_{20}$]；绿磷石 [$(K,Ca, Na)_{<1}(Al,Fe^{3+},Fe^{2+}, Mg)_2(AlSi_3 O_{10})(OH)_2$]

selagine 卷柏状石松碱

Selaginella 卷柏；卷柏属[C-K]

Selaginellaceae 卷柏科

Selaginellit(it)es 卷柏属[C-K]；拟卷柏(属)

Selagosporis 卷柏孢属[N]

selatan 塞拉坦风

selbergite 白霓霞岩；黝方白榴霞霓岩

selbite 菱银矿；杂菱银矿；杂辉银白云石

selcal 选择呼叫

selected area channeling pattern 选区通道花样
→～{-}area diffraction 选区(电子)衍射//～ granular material 特选砂石料//～ rockfill 精选堆石

select flotation 浮选
→～ from a lot 抽出//～ grade 上等品类

selecting{selective} sampling 重要抽样
→～ unit 选择器

selection 分离；选集；淘汰[生]
→～ a route 道路选线//～ by floatation 浮选//～ by wind{winnowing} 风选

selectionist 选择论者

selection of reduced cell 还原晶胞的选择
→～ of route 道路选线//～ of safe dimensions 选择安全尺寸

selective absorption 选择吸附
→～{differential} grinding 选择性磨矿//～ mining 分采；选择开矿{采}

selectivity 选择性
→～ in mining 选别回采//～ signal 选控信号

selector (switch) 选择器
→～-repeater 区别机//～{select} switch 选路{择}开关

selectrograph 选择图表

select round 精选的浑圆形高级金刚石
→～ solution 选择解决方式//～ switch 选线器

selegerite 西磷钙铁石

selenaster 月星骨针[绵]；圆点型

Selenastrum 月牙藻属[绿藻]
→～ gracile 纤细月牙藻//～ minutum 小型月牙藻

selenate 亚硒酸盐；硒酸盐(类)；透石膏 [$CaSO_4\cdot2H_2O$]；透明石膏[$CaSO_4\cdot2H_2O$]

selen(o)cuprite 均质硒铜矿；硒铜矿 [Cu_2Se;等轴]

Selenechinus 月形海胆属[棘;Q]

selenian 月球的

selenic acid 硒酸[$H_2SeO_4\cdot nH_2O$]
→～ silver 硒银矿[Ag_2Se;斜方]//～ sulphur 硒硫黄[(S,Se)]

selenide 硒化物(类)
→～ spinal 狄瑞尔矿；硒铜镍矿 [$(Ni,Cu)Se_2$;$(Ni,Co,Cu)Se_2$;等轴]

Selenimyalina 小月肌束蛤属[双壳;C]

selenio-melenite 硒碲镍矿[NiTeSe;三方]

selenio-polydymite 硒辉镍矿

selenio-siegenite 硒硫镍钴矿 [$(Co,Ni)_3(S,Se)_4$]；硒碲镍钴矿

selenio-vaesite 硒方硫镍矿；方硒硫镍矿 [$Ni(S,Se)_2$]；多硒硫镍矿

selenite 石膏[$CaSO_4\cdot2H_2O$;单斜]；透石膏 [$CaSO_4\cdot2H_2O$]；透明石膏[$CaSO_4\cdot2H_2O$]
→～ blade 透石膏片//～ butte 石膏桌状丘

selenitum 透石膏[$CaSO_4\cdot2H_2O$]
→(gypsum) ～ 玄精石

selenium 硒
→～ deposit 硒矿床//～ silver 硒银矿 [Ag_2Se;斜方]

selenjoseite 硫硒铋矿[Bi_4Se_2S;$Bi_4(Se,S)_3$;三方]

selenlinnaeite 硒硫钴矿

selenobismut(h)ite 硫硒铋矿[Bi_4Se_2S;$Bi_4(Se,S)_3$;三方]；硒铋矿[Bi_2Se_3;斜方]

selenocenter 月心

selenocentric 以月球为中
→～ coordinate 月心坐标

selenochemistry 月球化学

selenocosalite 硒斜方辉铅铋{铋铅}矿

Selenodonta 月齿类[偶蹄]

selenofault 月面断层

selenograph 月面图

selenographic 月面学的；月理学的

Selenoharpes 圆月形镰虫属[三叶;O_{1-2}]

selenoiarosite 硒钾铁矾[$KFe_3^{3+}((S,Se)O_4)_2$ $(OH)_6$]

selenojalpaite 硒铜三银矿[Ag_3CuSe_2]

selen(i)ojarosite 硒黄钾铁矾；硒钾铁矾 [$KFe_3^{3+}((S,Se)O_4)_2(OH)_6$]

selenolinnaeite 硒硫钴矿[$Co_3(S,Se)_4$]

selenolinneeite 硒硫钴矿

selenolite 四方硒矿；白硒石；石膏岩；氧硒矿[SeO_2]；硒铅矾[$Pb_2(SeO_4)(SO_4)$;斜方]

Selenolophodon 新月脊齿象属[N]

selenomorphology 月貌学

selenopolybasite 硒硫碲铜银矿[$((Ag,Cu)_6 (Sb,As)_2(S,Se)_7)(Ag_9Cu (S,Se)_2Se_2)$]

Selenoportar 楔羚属[N_2]

selenostephanite 硒锑银矿[$Ag_5Sb(Se,S)_4$]

selenpalladite{selenpalladium} 汞钯矿[PdHg;四方]；六方钯矿；硒钯矿[$Pd_{17}Se_{15}$;等轴]

selensilver 硒银矿[Ag_2Se;斜方]

selensulfur{selensulphur} 硒硫黄[(S,Se)]

selentellur 碲硒矿[(Se,Te);三方]；杂碲硒矿

selen(-)tellurium 碲硒矿[(Se,Te);三方]；硒碲矿

self[pl.selves] 本身；自身

selfacting{self-acting} gravity incline 自重滑行坡

self-acting{gravity;jig} haulage 斜井巷自重运输
→～ haulage 自动运输//～ incline 自重滑行坡

self-activating 自激活的
→～ smoke signal 自发烟信号

self-adhesive 自黏(着)的

self-adjusting{-aligning;-control} 自动调整
→～{-aligning;adjustment} 自(动)调整

self adjusting packing 自调节填料密封
→～-advancing support 自移(式)支架//～-association 自缔合(作用)//～-checking 自校//～-destroying fuse 自毁式导爆索//～-draining pit 自排水矿坑//～-dumping car 自卸矿车//～-fusible{-fluxing} ore 自熔(性)矿

self-lift 自动起落器

self lining 矿石衬料
→～-loading dumper 自装式(翻)卸矿车//～-mineralization 自矿化作用//～-potential log{survey} 自电位测井//～-propelled 自行的//～-propelled driller 自进式凿岩机//～-propelled hopper dredge 自行式装斗采矿船；自行式料仓采矿船//～-recorder 自记仪//～-releasing 自动卸开的//～-roasting ore 自熔矿石//～-shooter 自动闸门；积水放水冲洗砂矿法

selfsimilarity 自相似性

self-similar process 自`形{相似}过程

self-sorting froth 自选性泡沫

self-starter 启动机

self-stiffness 固有刚度

self-stopping gear 自停装置

self-stowing gate 自行充填开采巷道

self-strain 自应变

self-sufficiency 自给自足

self-sufficient 自足的

self-supervisory 自动监视；自动核查的

self-supported 自承的
→～ opening 工作面无支架回采法；天然支护采场(矿法)

self-supporting{-sustaining} 自主的
→～{-sustaining} rock 不用支架岩石

self support rubber panels 自支撑橡胶筛板
→～-sustained combustion 自持燃烧

seligmannite 砷车轮矿[$PbCuAsS_3$;斜方]；赛里曼矿；硫砷铅矿[$Pb_2As_2S_5$;单斜]

sellaite 氟镁石[MgF_2;四方]

Sella's law 赛拉(双晶)律

sellate 具鞍的[缝合线;头]

seller's market 卖方市场

selliform 鞍形；马鞍形

selling cost 销售成本

S

Selma chalk 塞尔马白垩层

selsyn 自动同步；同步测风仪

seltzer{selter} (water) 色尔特矿泉水

selva 赤道雨林低平原；热带雨林[南美]

selvage 脉壁黏土(皮)；脉壁泥；脉壁分解
岩石；近围岩岩脉；织缘[介]；织边[介]；
冷却边；断层泥；边缘带[岩体]
→~ fringe 皱纹织边[介]

selva landscape 热带雨林景观

selvedge 边缘带；脉壁黏土皮；脉壁黏土；
脉壁泥；脉壁分解岩石；织缘[介]；织边
[介]；断层泥

selwynite 铬铝石[[(Al,Cr)$_2$(Si$_2$O$_7$)•H$_2$O]；磷
铍锆钠钾石[NaK(Be, Al)Zr$_2$(PO$_4$)$_4$•2H$_2$O]

semaphore 臂板信号[铁路]；信号旗手；
信号机；信号灯；信号
→~ block signal 断续式信号机 // ~
signal 杆上信号

sematic 具有警告作用的

Semele 双带蛤属；土蛏属[E$_2$-Q]

séméline （绿）楣石[CaTiSiO$_5$;CaTi(SiO$_4$)O;
CaO•TiO$_2$•SiO$_2$;单斜]

semenovite 硅铍稀土石｛矿｝[(Ca,Ce,La,
Na)$_{10-12}$(Fe^{2+},Mn)(Si,Be)$_{20}$(O,OH,F)$_{48}$;斜方]；
西门诺夫石

semester 半学年；学期[美、德等学校]

semi 半挂车；半独立式的住宅

Semiacontiodus 半矢牙形石属[O$_1$]

semiannular 半圆形的
→~ anomaly 半环状异常

**semianthracite{semi(-)anthracite{carbona-
ceous} coal}** 半无烟煤

semiarid{hemiarid} fan 半旱地(区冲积)扇
→~ region 半干燥区

semi-arid{semiarid} region 半干旱区

semiasphalt 半沥青

semi-automated{semiautomatic} 半自动
化(的)

semi-automatic{-unattended} 半自动的

semiautomatic seal 半自紧密封
→~ well-test unit 半自动油井测试装置

semi-automatization 半自动化(的)

semibasement 半地下室

semibituminous coal 半沥青煤；半褐煤
→ ~ {superbituminous;smokeless} coal
半烟煤

semiboghead 半藻煤

semibolson 沙漠盆地[尤美、墨]；半沙漠
盆地；谷地

semi(-)bright{semilustrous} coal 半亮煤

semi-buried 半埋地的；半地下

semi-closed cycle 半闭式循环
→~ seas 半封闭海 // ~ (slime) water
circuit 煤泥水半闭路循环

semi-closure 半闭合

semicoherent boundary 半密合晶(粒间)界
→~ perthite 半连贯条纹长石 // ~ pre-
cipitate 准共格沉淀

semi combustible cartridge case 半可燃
药筒
→~-combustion method 半燃烧法 // ~
-commercial 半商业性的 // ~-commer-
cial scale 半工业生产规模

semiconduction{semi-conductivity} 半导
电(性)

semiconductor 半导体
→~ petroleum condenser 半导体石油
凝固器

semiconsolidated aquifer 半固结含水层
→~ sand 胶结性弱的砂岩

semi-coring bit 半取芯钻头

Semicoscinium 半筛苔藓虫属[S-C]

Semicostella 半褶贝属[腕;C$_1$]

semi-counter current magnetic separator
半逆流式磁选机

semicraton 准稳定地块；准克拉通

semicratonic 准克拉通的

semi-crystal 半水晶

semicrystalline 半结晶的
→~ calcium silicate hydrate 半晶态水
化硅酸钙 // ~ region 半结晶区

semicrystallized 半结晶的

semicylinder 半柱面；半圆柱体

semicylindrical reflector 半圆柱形反射器
→~ tile 筒瓦

semideep 中深的
→~-deep lacustrine facies 中深-深湖相

semi-deoxidized{semikilled} steel 半脱氧钢

semi-depleted reservoir 半衰竭油藏；半
枯竭油层

semidesert 半沙漠；半荒漠

semi-detachment 半挤离；准挤离构造

semi-diagrammatic 半图解的

semi-diesel engine 热塞引爆式柴油机；半
柴油(发动)机

semi-direct-heat dryer 半直接加热干燥机

semi-discretisation 半离散化

semi-diurnal arc 半自转弧

semi(-)diurnal tide{|type} 半日周潮｛|型｝

semi-dry friction 半干摩擦

semidry mining 半干式防尘开采
→~ pressing 半干压成形 // ~ process
for making mineral wool slab 半干法制
棉板

semiductile 半延性的；半韧性的

semidull coal 半暗煤

semi-ebonite 半硬橡胶

semi-elastic deformation 半弹性变形

semiellipse{semielliptic(al)} 半椭圆

semiellipsoid 半椭圆体

semielliptical anomaly 半椭圆状异常

Semielliptotheca 半后螺属[软舌螺;∈-O$_1$]

semiemergent 半露出水面的

semi(-)empirical formula 半经验公式

semi-enclosed 半开的
→~ motor 半封闭式隔爆电动机 // ~
{semiclosed} sea 半封闭海

semieruptive spring 半喷泉

semi-expendable 半消耗性的

semi-explicit 半显式的

semiexplosive 减装炸药

semi-exposed coalfield 半暴露式煤田

semifarming 半农业

semi-finished product{articles} 半成品

semifinished product-blank 毛坯

semi-finished working{semi-finishing} 半
精加工

semi-fixed 半固定的
→~ dune 关固定沙丘 // ~ platform
半固定平台

semiflexible 半柔性的
→~ coupling 半挠性联轴器

semi-flint clay 半燧石黏土

semifloating{semi-floating} 半浮`式{动的}

semi(-)fluid 半流体(的)

semi-fossil 半化石(的)

semifossil resin 半矿物树脂

semi-frutex 半灌木

semifusain 半丝煤

semi-fused 半熔

semi(-)fusinite 半丝质体[烟煤和褐煤显
微组分]

semi-fusinoid group 半丝质组

semifusite 微半丝炭｛煤｝

semi-gas fired pot furnace 半煤气坩埚窑

**semigelatin(e) {semi-gelation;semi-gelati-
onous explosive}** 半胶质炸药

semi-gelations 硝铵基半凝胶炸药类

semi-girder 悬臂梁

semi-granular 半粒状的

semi-graphic(al) 半图解的

semi-graphic keyboard 半图解键盘
→~ panel 半图式(控制)面板

semi-graphite 半石墨

semigravel 半卵石的

semi-gravity earth-retaining wall 半重力
式挡土墙

semi-guarded machine 半防护式机器

semi-hard magnet 半硬质磁铁
→~ plate of mineral wool-olic resin 矿
棉酚醛树脂半硬板 // ~ stone 次硬石

semihardy 半耐寒的

semi-high-speed circuit-breaker 半高速
断路开关

semi-homogeneous fuel 半均匀燃料

semi horizon mining 分段回采
→~-hydrated gypsum 半水石膏 // ~
-hydraulic lime mortar 半水硬石灰砂浆

semikilled steel 半镇静钢

semi latus rectum 半正焦弦
→~-linear 半线性的 // ~-liquid 半液
体(的)

semilog data plot 实测数据的半对数坐标
曲线图

semilongitudinal 偏斜走向的
→~ fault 斜纵断层

semi-longwall 半长壁(开采)法

semiloose 半疏松

semilucent 半透明(的)

semilunar plate 半月片

semilustrous 半光泽的；略具光泽的

semimacrinite 半粗粒体

semi-macrinoid 半粗粒体组

semi-major axis 半长径

semi-manufacture{semifinished goods} 半
成品

semi-Markov chain 半马尔科夫链

semi-matte print 半无光相片

semi-mature soil 半熟土

semi-mechanical installation 半机械化装
置{设备}

semi-mechanization{semimechanized} 半
机械化

semi(-)metal 半金属

semi-metallic 半金属的

semimetric 半度量的

semi(-)microanalysis 半微量分析

semimicroscopic method 半显微法

semi-minor axis 半短径

semimiscible displacement 半混相驱替

semimobile element 半活动元素；中等活
动性元素

semimonocoque 半硬壳机身(的)；半单壳
式结构

semi-monolithic 半整体的

seminary 学院；学校；发源地；温床

seminatural 半自然的；半野生的

semi-nephrite 半软玉

seminiferous 输精的；结种子的
→~ scale 种鳞[植]

semininor axis 半短轴

Seminovela 半诺夫蟹属[孔虫;C₂]

semi octave filter 半倍频程滤波器

semionotid 半椎鱼

semionotidae 半椎鱼科

Semionotidea{semionotiformes} 半椎鱼目

semionotus 半椎鱼属[T₁-K₂]

semiopal 半蛋白石

semi(-)opaque 半透明(的)

semi-opened 节流式的；(阀的)中立半开

semi-open slot 半开口槽
→~ stoping method 上向分层柱式采煤法；半敞工作面采矿法

semi-ordered region 半有序区

semi-out-door reactor 半露天式电抗器

semi(-)oxidized ore 半氧化矿

semipacked bottom-hole assembly 半封隔井底钻具组合

semipalmate 半掌状；具半蹼的
→~ foot 半蹼足

semipantellerite 半碱流岩

semi-parameter 半通径

semiparasite 半寄生生物

semi-pearly luster 半珍珠光泽

semi(-)pegmatitic texture 半文象结构
→~-pelite 半泥质岩

semipelitic 半黏土质

semi-pelitic phyllite 半泥质千枚岩

semiperched aquifer 半滞水层
→~ groundwater 半上层滞水

semi-perched groundwater table 半滞水地下水位；半栖留地下水位

semi(-)period 半周期

semi-permanent 半永久(式的)；半移动式(的)
→~ anticyclone 半恒定反气流 // ~ depression 半恒定低压 // ~ flame-retardant 半耐久性阻燃

semipermanent floating oil boom 半永久性的浮动栏油栅
→~ packer 半永久型封隔器

semi(-)permeable 半渗透的；半透水的
→~ membrane{partition} 半渗透膜

semi-permeable membrane{diaphragm} 半透膜

semipermeable porous plate 半渗透多孔板
→~ rocks 半透水岩体

semipervious 半透水的；半渗透的

semipetrified 半岩化；半石质

semiplanus 半面贝属[腕;C₁]

semi-plastic concrete 低塑性混凝土
→~ superstructure 半塑性外壳构造

semipodzolic soil 半灰化土

semi-polar link(age){bond} 半极性键
→~ liquid 半极性液体

semi-porcelain 炻器

semi-porous 半孔隙的；半多孔(性)的

semi-portable 半永久(式的)；半移动式(的)
→~ plant 半流动式电站

semipositive mold 半密闭式模具

semiprecious 准宝石的
→~ stone 次宝石；贱宝石

semi-precious stone 半宝石；次等宝石

semi-producer-type furnace 半煤气发生炉式燃烧室{炉}

semiproduct 半制(成)品；半成品

semi-production 半生产；中间生产

semiprotected motor 半防护型电动机

semiqualitative 半定性的

semiquantitative mineral determination 半定量矿物测定

semi-quiescent 半静止的

semirandom access memory 半随机存取存储器

semi-range 半潮差

semireconstructive 半再造的；半重组合的

semi refined paraffin wax 白石蜡
→~-refined paraffin wax 半精制石蜡

semirelief 半痕[遗石]

semi-reservoir 半储热层

semi-restrained 半固定的
→~ fabric flammability test 半约束式织物阻燃性试验

semi-restricted 半受限的；半隔离的

semirigid 半硬式的

semi(-)rigid base chock 半刚性底座垛式支架

semi-rigid film 半刚性膜
→~ foam 半硬性泡沫

semi-rimmed case 半底缘药筒

semirotary hand pump 手动摆动泵

semi(-)round{modified-round;half-round} nose 半圆端

semiround{single-round} nose 半圆形底唇[金刚石钻头的]
→~ nose bit 半圆形冠部(金刚石)钻头

semi-round nose bit 半圆底唇金刚石钻头

semis 半制(成)品；中间产品

semischist 半片岩；准片岩；次片岩

semisectional{half-sectional} view 半剖视{面}图

semi-self-fluxing{-fusible} ore 半自溶性矿石

semi-shrinkage 半收缩
→~ stoping 半自溜留矿法

semishrouded 半覆盖的

semi-silica brick 半硅砖[SiO₂超过80%]

semi-smokeless powder 半无烟火药
→~ power 半无烟煤

semi-solid film 半固态膜
→~ plastic flow 半固态塑性流(动)

semispace 半空间

semi-splint{semisplint} coal 半暗硬煤

semistable dolomite clinker 半稳定性白云石砖；半稳定白云石烧块
→~ dolomite refractory 半稳定白云石耐火材料

semisubmerged catamaram 半潜式双胴体船
→~ shipway 半浸式船台

semi-submersible 半沉式
→~ barge 半潜式平底船

Semisulcospira 短沟蜷属[腹;N-Q]

semi-synthetic sand 半合成砂

semitaconite 半铁燧石

Semitextularia 半串珠虫属[孔虫;D]

semitight 半密封
→~ well 资料不多的井

semitransverse 偏斜倾向的；斜的
→~ fault 斜横断层

semi-underground 半地下
→~ asphalt storage 半地下沥青贮仓 // ~ bin 半地下仓

semivariable 半可变的；半变动的

semivitrinite 半镜质组

semi-volatile covering 气渣联合保护药皮[焊接]

semivolcanic eruption 半火山喷发

semi-water gas 半水煤气

semi-whitneyite 淡砷铜矿；次砷铜矿
→~ 次杂砷铜矿[Cu,Cu₆As 和 Cu₃As 的混合物]

semi-wildcat 半野猫孔

semizonal soil 半定域土

semophytogeny 多源系统发展

sempatic texture 等斑晶基质结构

sempervirentiherbosa 常绿草甸

semseyite 板{单斜}辉铅锑矿；板硫锑铅矿[Pb₉Sb₈S₂₁;单斜]

senaite 铅钛铁矿；铅锰钛铁石[Pb(Ti,Fe,Mn)₂₁O₃₈;三方]

senandorite 硫锑银铅矿[AgPbSb₃S₆;斜方]

senarmontite 方锑矿[Sb₂O₃;等轴]

Senarmont plate 谢纳蒙试板

senary 六为一组的；六进制的；六的
→~ system 六元系

sendait metal 电石渣还原精炼的高级强韧铸铁

sendout 输出量；放射出；发出；送出量
→~ out{forth} 散发

send{transmit}-receive 收发(两用)

send test message 发送测试信息

sendust 铝硅铁粉；铁硅铝磁合金

Senecan 塞涅卡式的[塞涅卡为古罗马哲学家、悲剧作家、新斯多葛主义的代表]
→~ (series) 塞内卡(统)[北美;D₃]

seneca oil 赛聂卡石油

Senegal 塞内加尔

senegalite 水磷铝石[Al₆(PO₄)₄(OH)₆•5H₂O；Al₂(PO₄)(OH)₃•H₂O;斜方]

senesce 老化

senescence 陈化；衰老；老年期
→~ phase 衰老期；老年早期

senescene 老年早期

senescent{moat} lake 衰老湖

senesland 老年地形

Senftenbergia 帽囊蕨(属)[C-P]

sengierite 钒铜铀矿[Cu₂(UO₂)₂OHV₂O₈•10H₂O]

senile form 终期地形

senior 上级的；前辈；年长的；高年级的；高级的；先作者的
→~ homonym 首同名[古]；早出同义名 // ~ inspector of mines 矿山主任监察员 // ~ objective synonym 首客观异名 // ~ subjective synonym 首主观异名 // ~ synonym 首异名

senke 低地；注地；洞穴

senkung[德] 沉陷作用；下沉；减少

Senomanian (stage) 森诺曼(阶) [96～92Ma;欧;K₂]

Senonian 森诺期{阶;统}[欧;K₂]
→~ stage 塞农阶

senseless being 木石

sense of direction 方向概念

sensibilizer 敏化剂

sensible 合理的；切合实际的；灵敏的；易感受的
→~ combustion period 显燃期

sensing 偏航指示；偏航显示；敏感的；感觉；方向指示
→~ equipment 指向设备 // ~ head 灵

敏头 // ～ point 探测点 // ～ tape 显色纸带

sensistor 硅电阻；敏化剂；感光剂

sensitive 灵敏的
→～ area 敏感区 // ～ element 灵敏元件；探头 // ～ emulsion 感光乳胶 // ～ film 滤光胶片

sensitiveness 敏感性；敏感度；感光性；感度；灵敏度
→～ to friction 摩擦感度

sensitive receiver 容易受影响的地方
→～ tint plate 灵敏色试板 // ～ to impact 对冲击敏感的

sensitivity 敏感性{度}；敏度；感光性；感度；灵敏性{度}
→～ analysis 敏感性分析

sensitization 活化作用；活化；敏化；敏感作用；促爆；激活
→～{sensitized} luminescence 敏化发光

sensitizer 敏化剂；感光剂；增感剂；激活剂

sensitizing agent 增感剂
→～ agent{powder} 敏化剂

sensitogram 感光图；感光度图

sensitometer 感光计；曝光表

sensitometric 感光度测定的；感光的
→～ control 传感控制

sensor 换能器；感应器；控测器；传感元件；传感器；探测器
→～ crystal 感压晶体[石英晶体压力计中] // ～ information 遥感信息；传感信息

sensory ring 传感环
→～ setae 感觉刚毛

sentence 判决；判处；句子；宣判

sentience{sentiency} 感觉；知觉能力；知觉

sentinel 标记[某段信息开始或终了信号]
→～ hole 腐蚀余量测试孔

Sentonia 细刺贝属[腕;D₃-C₁]

sentron 防阴极反加热式磁控管

separability 可分性；可分离性

separable convex programming 可分离凸规划
→～ flask 可分离型砂箱

separableness 可分性

separable setting cement slurry 双凝水泥浆

Separan 赛帕隆絮凝剂
→～ 2610 ×絮凝剂[聚丙烯酰胺,分子量150～170] // ～ AP30 ×絮凝剂[一种水解聚丙烯酰胺] // ～ MGL ×絮凝剂[聚丙烯酰胺,分子量(3~5)×10⁶]

separant 隔离剂

separate 拆开；个别的；单独的；阻隔；分离的；分隔；析出
→(soil) ～ 土壤粒组；土壤颗粒分组

separated{hiatal;open} fault 开断层

separate event method 分离事件法
→～{independent} excitation 他激{励；激励} // ～ hoisting 分类提升[不同矿石或矿石与岩石分别提升]；分别提升 // ～{dispersion;disperse} system 分散系 // ～ system (沟渠)分流制

separating 辨别；分选；分离

separation 视相对运动；分离；差别；幅度差[电测井]；离析；离距[断层]；分析；分流点；分离距；分离；分类；分开；空隙；析出；间隙；断距；断层离距；间距[导线]；间隔[测线]
→(mineral) ～ 选矿；分选 // ～ by equal

falling 等落性选矿；等降性分选 // ～ coefficient 选矿比 // ～ of bed 煤层离距 // ～ of dip and azimuth 倾角与方位分开 // ～ of vein 矿脉离距；岩脉离距[断层引起的] // ～{separating; ore-beneficiation; preconcentrate} plant 选矿厂 // ～ process 分选作业

separator 垫圈；隔离物；隔板；轴承座；分选机；分离器；分离机；选矿器；析离器
→～ fan 风力选矿扇风机 // ～ spring 间隔弹簧[曲率半径仪的] // ～-type well silencer 分离器型井孔消音器

separatory 分离用的；分离的
→～{extraction;separating} funnel 分液漏斗 // ～ funnel 分料(漏斗)；分离漏斗[折光仪] // ～ vessel 分选筒

separatrix 分界线；分隔号

separometer 分离仪

sephadex 交联葡聚糖凝胶

Sepia 乌贼属[头;T-Q]

Sepioidea 乌贼目

sepiolite 蛸蠔石；海泡石(类) [Mg₄(Si₆O₁₅)(OH)₂·6H₂O];斜方

seppare 蓝宝石[Al₂O₃]

sepropelite 腐泥煤

sepropel-peat 腐泥泥炭

sepsis 腐败(的)

septa 隔膜；隔板
→～ cycle 隔壁序生环[珊]

septal 隔膜的

Septalaria 隔板贝属[腕;D]

septal collar 梯板领
→～ fluting 隔壁褶皱

Septaliphoria 隔板槽贝属[腕]；板带贝属[T₃-K]

Septaliphorioidea 似隔板槽贝属[腕]；似板带贝属[T₂]

Septalirhynchia 板嘴贝属[腕;T₃]

septalium 隔板槽[腕]

septal lamellae 辐板[腔;棘]
→～ perforation 隔壁孔[孔虫]

septangle 七角形；七边形

septarian 龟裂的
→～ boulder{nodule} 龟背石 // ～ boulder{nodule} 龟甲结核 // ～ nodule{boulder} 龟甲石

septarium[pl.-ia] 龟背石；龟甲石；龟甲结核；裂心结核

Septastrea 隔壁星珊瑚属[N₁₋₂]

septavalent 七价的

septeamesite 镁绿泥石[(Mg,Fe)₄Al₂(Al₂Si₂O₁₀)(OH)₈]；镁铝蛇纹石[Mg₂Al(Si,Al)O₅(OH)₄;单斜]

septeantigorite 叶绿纹石

septechamosite 磁绿泥石[(Fe²⁺,Fe³⁺)₆(Si₄O₁₀)(OH)₈]

septechlorite 七埃绿泥石[(Mg,Fe²⁺,Fe³⁺,Al)₆((Si,Al)O₁₀)(O,OH)₈]

septennate 七年(的任)期；为期七年

septet 七重线

septibranchia 隔鳃亚纲；隔鳃目{类}[双壳]

septibranchiate 隔鳃型[双壳]

septic 腐烂物；腐败(性)的；败血病的
→～ tank pollution 粪池(坑)污染

septifer 板状隔钩；腕板[腕]

septinary 七进制的

Septobasidium 隔担耳属[真菌;Q]

septochlorite 七埃绿泥石

Septocyclothyris 隔板环孔贝属[腕;T₃]

septomaxilla 隔颌骨

Septoria 壳针孢属[真菌;Q]

Septospirifer 隔石燕属[腕;C₂-P₁]

septotheca 隔壁外壁；隔板壁

septula[pl.-e,sgl.-lum] 副{小}隔壁；肛隔

septulum 副隔壁

septum[pl.-ta] 隔墙；体壁；隔壁[动]；隔膜，[植;无脊]；梯板

sepulcher{sepulchre} 坟墓

Sequanian 赛库安(亚阶)[英;J₃]；塞管阶；阿斯塔特阶
→～ stage 花蛤亚阶[英;J₃]；塞库安亚阶 // ～ type 赛库安型河流[水量夏季减少,如法国塞纳河]

(lithologic;layered;strata;stratigraphic) sequence 层序；数列

sequence blasting 顺序爆破；串联爆破
→～ of crystallization 晶出顺序 // ～ signal 时序信号 // ～ type ophiolite 顺序型蛇绿岩；连续型蛇绿岩

sequencing 定序；排序；排列次序；先后顺序；程序化
→～ by merging 合并排序 // ～ theory 序列理论

sequentes 下述的[拉]
→～{sequentia} 后面的[拉]

sequentex yarn 顺序拉伸变形丝

sequent geosyncline 后继地槽

sequential 有顺序的；相继的

sequester 没收；扣押；隐退；隐遁；多价螯合；螯合剂[多价]

sequestered metal 被隐蔽金属

sequestrant 螯合剂；(多价)金属离子的螯合剂

Sequoia 红杉属[J-Q]；红木

Sequoiapollenites 红杉粉属[孢;E-Q]

sera 血清

seral unit 演替系列单位

serandite 针钠锰石[Na(Ca,Mn)₂Si₃O₈(OH);三斜]；桃针钠石[Na₆(Ca,Mn)₁₅Si₂₀O₅₈·2H₂O]

seraphim 阔翅目化石

sere 演替系列；演替

serein 晴天雨

serendibite 钙镁非石[Ca₂(Mg,Al)₆(Si,Al,B)₆O₂₀;三斜]

sergeevite 水碳镁钙石[Ca₃Mg₁₁(CO₃)₁₃₋ₓ(HCO₃)ₓ(OH)ₓ·(10-x)H₂O;三方]；水碳钙镁石

serial 顺次的；期刊；连续的；串联的；系列；成套
→～ arrangement 串行 // ～ film camera 连续软片摄影机 // ～ mosaic 连续相片镶嵌图 // ～ operation 串行操作 // ～-parallel-serial configuration 串并串行结构 // ～ sample 顺序收集的样品

seriate 顺次排列的；全不等粒[结构]；层的；轮的；列的；连续的；不等粒；晶粒大小连续变化的岩石组织
→～ fabric 晶粒逐渐变化的岩石组织 // ～ porphyritic texture 连续不等粒斑状结构

sericite 绢云母
→～ {-}schist 绢云片岩

sericitic rock 绢云母岩

sericitization 绢云母化；绢云化(作用)

sericitolite 绢云{英}岩[主要成分为绢云母和石英]；绢绿碳酸岩

sericolite 纤霰石[CaCO₃]；纤(维)石膏

[CaSO₄•2H₂O]

sericotolite 绢绿碳酸岩

series 地层系；组；族；连续；科；序；系列；级数；统[地层]

→~ grinding inlet 串联磨矿入口 // ~ of igneous rocks 火成岩系

serikolith 纤石膏[CaSO₄•2H₂O]

serine 丝氨酸

serious non-fatal accident 严重但无伤亡事故

serir[pl.serir] 色利尔(沙漠)；戈壁；卵石；沙漠[阿]；砾壳；石漠；砾漠

sernikit 红纤云母[白云母变种]；白云母[KAl₂AlSi₃O₁₀(OH,F)₂;单斜]

serologic examination 血清检查

serorogenic{serotectogenic} magmatism 造山盛期岩浆活动

→~ phase 造山盛期相

serosa 浆膜

serow 鬣羚属[Q]

serozem 灰壤[俄]

→~ soil 灰钙土

Serpenggiante 木纹石

Serpens{Serpent} 巨蛇座

Serpent Bearer 蛇夫座

serpenticone 蛇卷壳

serpentine 蛇纹石[Mg₆(Si₄O₁₀)(OH)₈]；蛇纹石类；盘管；螺旋形

→(green)~ 绿蛇纹石[Mg₆(Si₄O₁₀)(OH)₈] // ~ asbestos 蛇纹石(石)棉[Mg₆(Si₄O₁₀)(OH)₈] // ~ marble 古绿石；杂蛇纹石 // ~ nickel ore 含镍蛇纹石矿[(Mg,Ni)₆(Si₄O₁₀)(OH)₈] // ~ talc{talk} 蛇纹滑石[Mg₆Si₆O₁₅(ON)₆]

serpentinization 蛇纹岩化

→~ theory 蛇纹石化生油论

serpentin-ophite 胶蛇纹石

serpenti(ni)te 蛇纹石[岩][Mg₆(Si₄O₁₀)(OH)₈]

serpent {serpentine} kame 蛇形{行}丘

serpierite 钙铜矾[CaCu₄(SO₄)₂(OH)₆•3H₂O;单斜]；锌铜矾[(Cu,Zn)₁₅(SO₄)₄(OH)₂₂•6H₂O;(Cu,Zn,Ca)₅(SO₄)₂(OH)₆•3H₂O]；锌钙铜矾[Ca(Cu,Zn)₄(SO₄)₂(OH)₆•3H₂O;单斜]

Serpintine 希腊绿[石]

serpochlorite 塞波绿泥石

serpophite 胶蛇纹石

Serpukhovian 谢尔普霍夫斯统[C₁]

Serpula 龙介虫(属)[蠕虫]；蟠龙介属[S-Q]

Serpulid 龙介虫(属)[蠕虫]；寄生龙介

Serpulidae 龙介(虫)科[虫管化石]

Serpulid {serpuloid} reef 龙介礁

Serpulorbis 小蛇环螺属[腹;E-Q]

serra 山岭；山地

serrabrancaite 水磷锰矿[MnPO•H₂O]

serrastein 缟玉髓

serratane 石松烷；塞拉烷；锯齿烷

serratanidine 锯齿石松尼定

serrated denticle 锯齿

→~ form 锯齿形

Serratognatus 锯形颚牙形石属[O₁]

Serridentinus 锯齿象(属)[N]

serum[pl.sera] 树液；乳清；血清；免疫血清；浆液

servant 雇员；公务员

→~ brake 伺服闸

serviceability 使用能力；使用的可靠性；合用性；工作性能；操作性能；耐用性；可维修性；护性

→~ limitation 使用性能范围

serviceable condition 工作状况；运行状况

→~ {operating;working} life 使用寿命；使用期限；耐用年限

service action analysis 维修活动分析

→~ condition 营运状态 // ~ data 运转数据 // ~ life 使用寿命[of machines, etc.] // ~ limit 使用寿命 // ~ load 实用负{载}荷 // ~ {servicing} manual 维修手册

servicer 加油车

service rack 洗车台

→~ seal unit 充填工具 // ~ {auxiliary;chippy;tender} shaft 副井

servicing 保养；修理

servo 从动系统；(由伺服机构)控制

→~ (system) 随动系统；伺服机构 // ~ action{servo-action} 伺服作用 // ~ -brake 随动闸

servoconnection 伺服连接

servocontrol 随动控制

servo-control{-gear} 伺服机构

servo-link{servo loop{system}} 伺服系统

servo-lubrication 中央润滑

servomagnet 伺服电磁石{铁}

servomechanism 随动系统辅助机构

servo piston 伺服活塞

Sesame White 芝麻白[石]

sesbania 田菁(属)[绿肥的一种]

sesquioxide 三氧二(某化合)物

→~-spinel equilibrium{|transition}倍半氧化物-尖晶石平衡{|转变}

sesquisilicate 二三硅酸盐

sesquiterpene 倍半萜烯

sesquiterpenoids 倍半萜类(化合物)

sesseralite 刚闪辉长岩

session 会议；上课时间；学期[美、德等学校]

seston 水中物质；海浊

Sestrosphaera 筛球藻属[T]

set 安放；设备；(残余)变形；层系；铺路石板；破碎机开口宽度；固定；安装；棚子；安置；盘；排矿口；凝结；凝固；安设；给定；坐落；坐定；流向；装置；副；丛系；矿车组；用具；串车；放置；洋流向；方向；系列；对准；架设；调整值；调节；套；集合；集；机组；硬化；调整

(bed) set 层组

set (bit) 置位；组

→(deformation)~ 永久变形；炮孔组 // ~ (up) 设置；镶嵌

seta[pl.-e] 刚毛[环节]

set accelerating admixture 促凝剂

→~ {setting} accelerator 速凝剂

setaceous 覆有刚毛的[部分;植]

set alight 点燃

Seta Yellow (Red) 金丝缎(红)[石]

setback (钻杆)排立；阻碍；挫折；指针复原装置[信号器中]；向后运动；退步；停止；钻杆盒[钻台上]；立根[三根钻杆组成]

set back 钻台上排放立根处

→~ bit 镶嵌的钻头[用金刚石或硬合金]；镶焊钻头；(用)金刚石嵌镶钻头；硬合金嵌镶钻头；补强嵌镶钻头 // ~ casing shoe 硬质合金管套靴；金刚石管套靴

set-down type packer 坐放式封隔器

→~ weight 坐封负荷；下坐重量

seter 夏季牧场[挪]

set false twist yarn 定形假捻变形丝

Sethopililae 筛帽虫亚超科[射虫]

setiferous 有刚毛的；具刚毛的[昆]

→~ process 刚毛状突起

set in a hitch 放在柱窝里

Setosisporites 棘瘤大孢属[C₂]

seto type skip 季托型箕斗

set out{off} 出发

setover 超过位置；偏置

set plastic 凝固的合成树脂

setpoint 定位点；选点

set point 设定值；固化点(温度)；给定值；参考信号

→~ point control 定值控制

setpoint of grade and recovery 品位和回收率设定点

→~ voltage 设定电压；已知电压

set post 手夯锤；棚柱；棚腿

set. pt. 凝结点；凝固点

set ram 手夯

→~ record 创纪录

setscrew 定位螺钉

set screw 调节螺钉

→~ screw spanner 定位螺钉扳手 // ~ {derrick} sill 井架底梁 // ~ square 三角板 // ~ {setting} strength 凝固强度

sett 铺石；铺路长方石块；块石；小方石

settable orifice 可调节流孔

set theory 集(合)论

→~(up) time 凝固时间[水泥、混凝土]

setting agent 凝固剂；停留剂[搪]

→~ bit 钎子镦粗

settle (accounts) 结算；定居[植]

→[of a liquid] ~ 澄清 // ~ (out) 沉积

settleability 沉降性；可沉性

settleable solid 可沉降的固体

settle accounts 结账

settled ground 沉实地层；沉降地层；业已停止沉陷的地表

settlement 沉陷；沉降物；沉积物；沉积；沉淀物；沉淀；地陷；合同；清算；住宅区；支付；决定；聚落；居民点；居留地；协定；下陷；澄清

settling 沉陷；沉降作用；沉积；固定；露头曲率；移居；岩滑露头；决定；解决；澄清

→~ of charge 崩料 // ~ out 沉析；沉出

settlings 沉积物

settling sand 沉积砂

→~ stones resin 真树脂

set to 嵌布

→~ to music 谱 // ~ to zero 零调整

sett-paved road 小方石路

set-type roof bolting machine 湿式顶板锚杆安装机

setulf 凸岗[层面上的;flute的反形]；似槽模[层面上的]

setup error 安置误差

set up pressure 升压

setup procedure 启动步骤；装设步骤

→~ the tool joint 配装钻杆接头 // ~ {rig-up} time 安装时间[钻探设备] // ~ time 准备(仪器)时间 // ~ {sweep} time 扫描时间

set up time 准备时间

→~ (a) value 设定值 // ~ wedging 棚子楔固 // ~ weight 钻头上的金刚石重

量[克拉数]//～ with hard alloy 镶嵌硬合金的

seven-compartment shaft 七格井筒

seven-connector electrical female plug 七芯电插头；七孔插头{座}

seven-point mooring system 七点系泊{锚定}系统

seven spot pattern 七点井网{布井}

severance 区别；切断；隔开；分离；分开；解离；断绝
　　→～ allowance 解职津贴//～ pay 解雇金//～ tax 开采税

severe 紧凑的；急剧的
　　→～ cold 严寒//～ service 笨重工作；繁重业务；艰难工作，艰难工作[指高温、高压、介质带有磨粒和腐蚀性等]

severginite 锰斧石[Ca₂Mn²⁺Al₂(BO₃)(SiO₃)₄OH;三斜]

severite 埃洛石[优质埃洛石(多水高岭石),Al₂O₃·2SiO₂·4H₂O;二水埃洛石 Al₂(Si₂O₅)(OH)₄·1~2H₂O;Al₂Si₂O₅(OH)₄;单斜]；高岭石[Al₄(Si₄O₁₀)(OH)₈;Al₂O₃·2SiO₂·2H₂O; Al₂Si₂O₅;单斜]

severity 强度；猛烈程度；刚度；硬度；严格性
　　→～ index 烈度指数//～ of grind 研磨强度

sever ties with 脱钩

sew 排水，漏泄；流出；缝，放水；下水管道；搁浅[船]

sewage (water) 废水
　　→～ aeration 污水曝气//～ discharge 污水排放//～ disposal {treatment} 污水处理//～ outlet 污水出口

sewardite 砷钙铁矿[CaFe₂³⁺(AsO₄)₂(OH)₂]

sewellel 鼠獭；山狸；单齿鼠属[Q]

sewer 排污管；排水管；阴沟；(用)下水道排水；污水
　　→～ (pipe) 下水道；污水管

sewerage 下水管道；污水工程；污水
　　→～ dredger 挖沟机

sewer catch basin 沉泥井；阴沟集泥井
　　→～-pipe clay 沟管土//～ pipe cleaner 下水管线清扫机//～ tunnel 污水隧洞{道}

sewing 缝制物；缝纫
　　→～ needle 引线

sexadentate 六配位体

sexangle 六角形；六边形

sexangulit 磷氯铅矿[Pb₅(PO₄)₃Cl;六方]

sexangulite 氯磷铅矿

sex-associated variation 性伴变异

sexavalent{hexavalent} chrome 六价铬

sexine 外壁；外层[孢]

sexiradiate 六射骨针[绵]

sexivalent 六价的

sextet spectroscopic state 六重光谱态

sextuberculate 六尖齿

sexual 两性的
　　→～ and asexual alternation of generation 有性及无性世代交替

seybertine{seybertite} 绿脆云母[Ca(Mg,Al)₃₋₂(Al₂Si₂O₁₀)(OH)₂; Ca(Mg,Al)₃(Al₃SiO₁₀)(OH)₂;单斜]

Seyfert 赛弗特星系

Seymouria 塞莫利亚；蜥螈；西摩螈属[P₁]；西蒙螈

Seymouriamorpba 蜥螈亚目；西摩两栖类

seyrigite 钼白钨矿[Ca((W,Mo)O₄)]

Sezawa M₂ wave 塞兹{西沙}瓦 M₂波

S face 阶梯(晶)面[只包含一条周期键链的晶面]

sferic 远程雷电；天电

S-fold S 形褶曲{皱}

SG 溶液生长(晶体)；溶性明胶；球状石墨；特殊重力测试

S-garnet S 形石榴石

SGMA 自生泥酸

shabaite-(Nd) 萨巴铀矿(Nd)[Ca(REE)₂(UO₂)(CO₃)₄(OH)₂·6H₂O]

Shabnam 莎安娜米黄[石]

shabynite 水氯硼镁石[Mg₅(BO₃)₃(Cl,OH)(OH)₅·4H₂O;单斜]

shachia(n)g 砂姜土[中]

shack 棚子；棚房，棚；岩石的自然缝隙

shackanite 沸歪粗面岩

shackhole 沉洞；落水洞

shack lamellae 冲击页理

shackle 束缚；钩链；钩环，锚卸扣，连接环；绝缘器
　　→～ bar 车钩[井口把钩用]；拔钉钩；钩杆//～ hook 旋转吊钩

shackler 摘挂钩工

shackle rod 联合抽油装置传动拉杆

shaded area 普染面积；晕线面积

shade deck 遮阳甲板

shaded pattern 晕渲图案
　　→～ relief illustrator 晕渲地形图解器

shade-leaf 阴叶

shade of color 色调；浓淡
　　→～ plant 阴地植物//～ species 阴性种//～ temperature 荫温

shad(ow)ing 遮蔽；射线；黑点；明暗法；描影法[测井曲线的]；荫蔽；加阴影；寄生信号

shading (method) 晕渲法
　　→～ amplifier 寄生信号放大器

shadlunite 沙德隆矿；硫铁铅矿[(Pb,Cd)(Fe,Cu)₈S₈;等轴]

shadow 遮蔽；雷达静区；阴影
　　→～ (zone) 盲区；静区[电波、雷达]//～ casting technique 投影技术//～ cone 影锥

shadowed area 阴影区

shadow effece 屏蔽效应
　　→～ effect 遮挡效应//～ exchange rate factor 影子汇率系数

shadowgraph X 光照片；逆光摄影；描影；影像图；阴影相片
　　→～ technique 造影技术

shadowing 屏蔽；不足部位[金属喷涂或表面清理]；阴影；伪装

shadow microscope 影台微镜
　　→～ moire method 影像云纹法//～ perthite 阴影状条纹长石

shadowy blue 影青
　　→～ blue glaze porcelain 青白瓷

shadow zone{area} 阴影区
　　→～ zone{band} 影带//～{blind} zone 屏蔽区//～ zone 震影带；风寂区；(地震)影区；荫区

shady 成荫的
　　→～ slope 阴坡

shafranovskite 沙水硅锰钠石；硅锰钠石

shaft 竖井；炉身；主突起茎[腕]；轴；直井；立井；烟囱身；井筒；柄；棘干[棘海胆]

→(column) ～ 柱身；矿井

shaftbottom 井底车场；井底

shaft bottom {station;landing;inset} 井底车场
　　→～ (ore) box 井口矿仓//～ bricking 砖衬井壁//～ building 井筒开凿与装备；建井//～ captain 矿井开凿主任//～ draining 矿井疏干//～-kiln dolomite 竖炉焙烧白云石//～ mine 竖井开采矿//～ mucking 井内抓岩//～ ore box 井筒附近的矿仓//～ passage 轴隧//～ rock wall 石砌井壁

shaftsinking 向下凿井

shaft{pit} sinking {dig{sink;bore} a well} 凿井；掘井；挖井

shaft-site area 井位地区

shaftsman 检查修井筒工

shaft spacer 枢轴垫片；轴调整垫；轴垫
　　→～ station 调车场//～ steel casing 钢井壁；矿井钢制井壁//～ tunnel 主要石门；通竖井的平巷

shag 长绒；粗毛

shagreen 突起[结晶光学]

shahovite 汞锑矿；汞碲矿；锑汞矿[Hg₈Sb₂O₁₃;三斜]

shake 挥舞；颤音；落水洞；裂缝；震动；摇晃，摇动；摇；岩石的致密节理结构；岩洞；发抖；握手；抖动；动摇

shaken bed 摇动床层
　　→～ coal 纷乱(的)煤层

shakeout 出砂
　　→～ (machine) 落砂机

shake-out 落砂
　　→～ table 落砂机//～ trash 选出废品

shake-proof 防震的

shaker 振动筛；振动器；振动机；振荡器；振打器；摇动器
　　→(electromagnetic) ～ 震动器

shakhovite 汞碲矿

shaking 颤动；震动
　　→～-bed-sluicing device 摇床流槽选矿装置//～-screen suction table 摇动筛纤维吸出装置[选石棉用]//～-screen washer 震动式洗矿筛

shaky 软

shale 泥质；泥岩；泥(质)板岩
　　→～ {-}arenite 页岩屑砂岩//～ {-}ball 氧化陨石//～ bed 页岩层//～ break {band;hand} 页岩夹层

shalecoal {shale-coal} 黑页岩煤；镜煤夹杂黑页岩

shale compensated chlorine log 泥质补偿氯测井
　　→～ conglomerate 泥球砾岩//～-control mud 页岩控制泥浆//～ distribution 泥质分布//～ extractor 废石拣出器//～ fragments 页岩碎片//～-hosted 赋存于页岩中的；页岩容矿型的//～-laminated reservoir 夹有页岩薄层油藏

shalenblende 块闪锌矿[闪锌矿与纤锌矿共生呈条带状;ZnS]

shale oil 页岩油；页岩油矿；页岩裂缝中的油
　　→～ oil process technology 油页岩加工工艺学//～{dirt} wheel 矸石轮

shalification 页岩化(作用)

shaliness 泥质；页岩性
　　→～ index 泥质含量指数

shalkite 阴直辉石

shallow 浅水区；浅水；浅的；肤浅的
→~ bored well 浅孔//~ bowl 浅浮槽//~ channel 浅水道//~-deviation type 浅(处)斜出型

shallower pool test 浅油藏探井
→~ reflection event 浅反射波

shallow inland sea 浅内陆海
→~-lying 浅藏的；埋藏浅的[矿床]//~ mine 浅矿//~ particle rock 浅粒岩[长石+石英>98%,石英多于长石]//~ placer 浅成沙矿//~-rooted plant 浅根植物//~ stream valley deposit 浅河谷矿床//~ water fauna{deposit} 浅海沉积//~-water fauna 汉水动物化石群

shaly 页状的；页岩
→~ bed 页岩夹层//~ rock model 含泥质岩石模型

shamal 沙霾风；夏马风[美索不达米亚的一种西北风]

shamir 沙米尔[宝石];(一种)细螺杆[能分裂坚硬石头的]

shamoy 麂皮

shandite 硫铅镍矿[Ni₃Pb₂S₂;三方、假等轴];菱镍铅矿

Shandongornis 山东鸟(属)[N₁]

Shangri-la 香格里拉[石]

shaniavskite 胶水铝石[Al₂O₃·4H₂O];胶三水铝[Al(OH)₃]

shank 褶皱翼；刀柄；锚杆；钻(孔)杆；颈；小盲井；小暗井
→(anchor) ~ 锚柄；纤尾//~ (end; adapter) 钎尾//~{steel} collar 钎肩

shannonite 碳氧铅石[Pb₂OCO₃];粒橄榄石

Shansiella 山西螺(属)[腹;P]

Shantungaspis 山东壳虫属[三叶;∈]

Shantungia 山东虫(属)[三叶;∈₃]

shanyavskite 胶三水铝[Al(OH)₃]

shape 定形；情况；状态；整形；类型；形状；形象(态)
→~ and properties 性状//~-changing robot 变形金刚//~ component 形态分量//~ constant 形状常数

shaped fabric 造型织物

shape distortion 变形
→~ distribution 形状分布特征[表示沉积物内碎屑颗粒相对滚动度的图表]

shaped pattern 均称模式
→~-stone foundation 成型石块基础

shape error 形状误差
→~ sorting vibrating table for diamond 金刚石振动选形机

shaping 造型；压力加工；修刨；成形；成型；刨削[牛头刨床]
→~ die 成型模//~ machine 牛头刨床；成形机//~ techniques under explosive 爆炸成型工艺//~{planer} tool 刨刀

sharaf{sharav} 沙拉风[中东干热东风];大陆酷热；夏拉夫风

shard 曲面玻屑；玻质碎片；碎片
→(glass) ~ 玻屑

shared channel 共用信道；同频信道
→~-cluster crystal 共簇晶体

share of resources 资源共享
→~ of stock 股//~ out equally 均分

sharing 分配
→~ coefficient 共享系数[四面体结构];共顶{享}系数；分摊{享}系数//~ shells 配对壳层

sharp 机警的；锐利的；锐利；明确的；敏锐的；分明的；直线；突然地；尖锐的；尖；急剧地
→~ band 锐谱带//~ bit 锐利钎头；钻头；锋利钎头；新(金刚石)钻头

Sharpeiceras 莎普刺菊石属[头];砺菊石属[K₂]

sharpened bit 新磨钻头
→~ spur 削尖山嘴//~ steel 锐钢钎

sharpener 砂轮机；锐化电路；磨具；磨床；削刀；修钎工
→(drill-steel) ~ 磨钎机

sharp extinction 消光敏锐
→~ fold 尖褶皱；急斜褶皱//~ gas 最危险浓度的瓦斯[可在火焰安全灯内爆炸]//~ ground 中硬岩石；坚硬岩层

sharpite 水碳铀矿[(UO₂)CO₃·H₂O?;斜方?];水菱铀矿[6UO₃·5CO₂·8H₂O;UO₃·CO₂·nH₂O]

sharply 急剧地

sharpness 锐利；锐度；分明度；精确度；尖度；陡度
→~ (distinctness) 清晰度

sharp-nosed 尖头的

sharp{steep} pitch 急倾斜
→~-pointed 锐利//~ rock 磨石

sharpshooter 方头窄铁锹[修管沟用]

sharp spray 剧烈喷射
→~ stern 尖峭艉

sharpstone 锋利的金刚石；棱角(砂岩)；尖粒{棱}岩；尖角岩屑

Shasta 沙斯塔(组)[美;K₁];沙士达(山)[美国加州北部山脉]

shastalite 安山玻璃

shatter belt 破碎带；破裂带；碎裂带
→~ belt{zone} 震裂带

shattered 破碎的；粉碎的
→~{raptured} zone 震裂带

shattering 破裂；震碎；震裂；碎裂
→~ by quenching 激碎//~ effect 破碎效应//~ power 破碎力

shatterproof 抗震的；防震的；防裂的；耐(地)震的
→~ glass 耐震玻璃

shatter-size 碎裂粒度

shattery 易撕碎的；易破碎的；易成粉末状的；易被弄碎的
→~ fracture 碎裂裂隙

shattuckite 羟铜辉石；羟硅铜矿[Cu₅(SiO₃)₄(OH)₂;斜方];斜硅铜矿[2CuO·2SiO₂·H₂O]

shave 刮；擦过；削；幸免；刨刀；剃；薄片[切成]

shaving 刮；修整；削片；剃
→(gear) ~ 剃齿

shcherbakovite 硅铌钛碱石[(K,Na,Ba)₃(Ti,Nb)₂Si₄O₁₄;斜方]

shcherbinaite 斜钒石矿；钒赭石[V₂O₅;斜方];钒石

S.H. cone 短头型{式}圆锥破碎机

SHDT 地层学高分辨率地层倾角测井(下井)仪

sheaf[pl.sheaves] 束；扎；捆
→~ arrangement 束状排列//~-like 束状//~ of planes 平面束

shear 切力；切变；切；剪碎；剪切；剪断；剪；掏竖槽
→~(ing) angle 剪(切)角//~{box-shear} apparatus 剪切仪//~ area 滑移面积；剪切面积

shearbar (截煤机)立槽截盘

shear bolt 保险螺栓
→~ bond 剪固结力

sheared 切断的；扭碎的；剪裂的
→~ gneiss 受剪切片麻岩

shear failure{damage} 剪切破坏
→~ flexure 剪切挠曲{褶}//~{slip} fold 剪(切)褶皱//~ foliation 剪叶理//~ fracture percentage 塑性断口百分率

sheargraph 剪应力仪

shear height (采煤机)采高；截槽高度
→~ history 可剪切过程//~-hosted 剪切带[容矿]的

shearing 切割；采煤；剪切；剪裂
→~ of rocks 岩石剪碎(带)

shear joint 剪节理
→~ legs 三脚站台[打钻用]//~ line 风切线//~ mark 剪刀印

shearout 切开
→~ ball seat sub 剪切球座接头

shear outlet of landslide 滑坡剪出口
→~(ing) strength 抗剪强度//~(ing){tangential} stress 剪应力//~ stress-shear rate plot 剪切应力-剪切速率图[指泥浆流变性]//~ thinning 剪切稀释//~ thinning{thinned} fluid 剪切变稀流体//~-thinning mud system (具有)剪切稀释特性的泥浆体系//~-up adaptor 剪切配合接头//~-zone deposit 剪切带矿床

sheath 护皮；包皮；鞘；层；内通钢索的管道；覆土；覆盖物；罩；筒被；壳；铠装；岩被；安全包皮；外皮；荚膜[细菌];套

sheathcoat (混凝土)外套层

sheathed deck 覆材甲板

sheath{scabbard} fold 剑鞘褶皱

sheathing 衬层；护套；螺旋桨包鞘；板桩；船底包板；包皮[上涂碳酸氢钠]
→~ material 包皮材料//~ tile 笆砖

sheath initial 衣鞘原始体[轮藻]
→~ of frozen 冻结护壁//~ of woven steel 软钢织物套

sheave 束；滑车；滚子；(三角)皮带轮；导辊；捆

shed 车库；吊架；散发；棚子；棚房；棚；流出；分水岭；泻下；卸掉；脱落；脱出
→~{cast off} a skin 蜕皮//~ coal 煤线；不能开采的薄煤层

shedding 泥土滑脱

shed light on{upon} 阐明
→~ light (up)on 照亮//~ roof truss 单坡桁架

sheelite 白钨矿[CaWO₄;四方]

sheepback{sheep backs} 羊背石

sheep-foot roller 羊脚压路机

sheep oil 羊毛脂

sheep's{taper} foot roller 羊足碾;羊脚(式)辊)碾

sheep silver 云母[KAl₂(AlSi₃O₁₀)(OH)₂]
→~ track 羊肠道

sheer 纱；偏航；偏荡；避开；转向；以单锚系泊的船位；崖面；绝对的；舷弧；弯曲进行；透明的；垂直的；陡崖面
→~ profile{plan}型线图//~ ratio (船)脊弧比//~ strake 舷弧

sheet 板；表；石幔；薄片；层；片；板状岩体；张[纸];矿层；页；岩床；岩板；

席；图幅；图表；图

sheet (deposit) 矿席；岩席；薄板
→~-anchor 最后的依靠；备用大锚；紧急时赖以获得安全的事物//~ asbestos 石棉板//~ capacitance 箔电容//~-charge forming 片状炸药爆炸成形//~ conglomerates copper 席状砾岩铜矿//~ dike complex 岩墙群[基性]

sheeted 片状的；板状的
→~ intrusive complex 席状侵入杂岩//~ zone 页状矿带；席裂带//~-zone deposit 剪切断层带充填矿床//~-zone veins 重膜状矿脉

sheeter 轧面机；压片机

sheet erosion 片状侵蚀
→~-glass mode 矿体玻璃模型

sheeting 薄片；护板；(金属)薄板；片裂作用；挡板；叶理；页状剥离；席状节理；席裂
→~ cap 木垫板；纵梁垫木

sheet iron 薄铁皮

sheetlike{sheet like} 片状的；板状的；层状的；席状的
→~ pores 片状孔隙；板状孔隙

sheet like superposition 席状叠覆
→~-metal working 钣金加工//~ minerals 层状矿物//~ pile{piling} 板桩//~-pile enclosure 板桩围堰//~ pillar 底柱；运输道下方的煤柱；矿柱//~ polymerization 层型聚合//~ quarry 水平节理花岗岩采石场；席状层理花岗岩采石场

sheetrock 石膏夹心纸板；石膏灰胶纸夹板[建]；石膏板

sheet sand 平伏矿层；席状砂
→~ seismic facies unit 席状地震相单位{元}//~ washing 层状冲刷//~ water 水席

Sheffield Metallurgical Association 谢菲尔德冶金协会[美]

Sheinwoodian 舍因伍德阶[S]

Shelby tube sampler 谢尔贝薄壁取样器

sheldrickite 水氟碳钠钙石[NaCa$_3$(CO$_3$)$_2$F$_3$•H$_2$O]

shelf 沙洲；冲积层下基岩；突出岩石；架子[框架,支架;搁置物品的架子]；架；暗礁[水下的礁石]；底岩[砂矿]

shelfstone 洞缘突岩

shelf valley complexes 陆架谷型复合体

shelfy 多浅滩的；多暗礁的

shell 生石灰；薄层硬岩；去壳；管体；破裂岩层；炮轰；炮弹；钻孔中遇到的薄硬夹层；(锅)炉身；罩；凹面砂轮；空心宝石；药卷筒；壳；贝壳；岩壳；介壳；爆破筒；筒体；套罩
→~ (body) 壳体//~ (electron) ~ 电子壳层//~ (skin) 外壳

shellac 紫(胶虫)胶；虫胶制剂；虫胶
→~ wheel 虫胶结(合剂)砂轮

shell aging test 壳牌(公司)老化试验
→~ bed 含介壳化石层

shellene 壳烯

shellfish 水生贝壳类动物；贝虾类

shell fragment 贝壳碎屑[片]
→~ gland 壳腺

Shell Group 壳牌石油

shell innage 容器装满部分；油罐装油部分；油槽车装油部分
→~ joint 壳接

(oyster-)shell lime 贝壳石灰；贝石灰

shell(y) {coquinoid} limestone 介壳(石)灰岩

shell manway 容器壁上人孔；(油罐)圈板人孔
→~-off 纱线崩脱//~ outage 油罐中油面以上空间；油船中油面以上空间；油槽车中油面以上空间//~ pass (换热器的)壳程//~ rock 壳岩；贝壳岩//~ roof 薄壳屋顶

shellwax 壳牌石蜡

shelly 薄层板顶板；有壳的；贝壳状；贝壳的
→~ beach 贝壳沙滩//~ facies 壳相[地层]//~ ground 贝壳石灰岩地层

shell yield 壳体屈服

shelly texture 贝壳状结构

shelter 人工鱼礁；遮盖；隐蔽处；掩护物；掩蔽；防护
→~ (cave) 防护洞//~{rock} cave 有顶洞//~ deck 遮蔽甲板//~ deck ship 遮蔽甲板船

sheltered shallow water area 有掩护的浅水区[防波堤内]
→~ water 被掩护的水域

shelter {protective;protection} forest 防护林
→~{safety} hole 躲避硐室

Shelton loader 希尔顿型装载机

shelving 缓坡区；倾斜度；倾斜；搁板材料；斜坡；成斜坡的
→~ bottom 倾斜海底；斜浅(海)底

shelvy coast 倾斜海岸

shemtschushnikovite 铝草酸钠石

Shengia 盛氏虫属[三叶；€$_3$]

shentulite{shen-t'u-shih} 砷钍石[(Th,Fe,Ca,Ce)((Si,P,As)O$_4$(CO$_3$,OH))]

shepardite 水镁石[Mg(OH)$_2$;MgO•H$_2$O;三方]；羟镁石；硫铬矿[Cr$_3$S$_4$;单斜]；阴磷铁镍[(Fe,Ni)$_3$P]；顽火辉石[Mg$_2$(Si$_2$O$_6$)Fe$_2$(Si$_2$O$_6$)]

Sheppard's correction 谢泼德修正
→~ smoothing formula 谢泼德平滑公式

sheradizing 粉(末)镀(锌)

sherardizing 粉镀锌(处理)

sherghottite 辉熔长无球粒陨石；辉麦长无球粒陨石

shergottite 辉熔长石无球粒陨石；(辉玻)无球粒陨石；谢果阳石

sheridanite 透绿泥石[(Mg,Al)$_6$((Si,Al)$_4$O$_{10}$)(OH)$_8$]

sherm 溺谷

sherry topaz 黄褐色黄玉似雪利酒色；雪利玉

sherum 溺谷

Sherwen screen 谢文型筛
→~ shaker 谢文型电磁振动器

sherwoodite 柱水钒钙矿[Ca$_3$V$_8$O$_{22}$•15H$_2$O;Ca$_9$Al$_2$V$_{24}^{5+}$V$_4^{4+}$O$_{80}$• 56H$_2$O;四方]

sherwood number 石油醚值
→~ oil 石油酸；石油醚

shet 塌落的顶板

sheth 框架条[矿车等的]；通风

shettuckite 斜硅铜矿[2CuO•2SiO$_2$•H$_2$O]

sheugh{sheuch} 小溪[俄]

shibkovite 钾钙锌大隅石[K(Ca,Mn,Na)(K$_{2-x}$,□$_x$)Zn$_3$Si$_2$O$_{30}$]

shicer 盲矿山

Shidertinian 席德廷(阶)[欧；€$_3$]

shield 屏蔽；防护；护罩；溶残席；地盾

挡板；安全罩；陆核；遮护板；遮光板；遮挡；罩；掩护；防护板；背壳；盾构；盾；盾片[轮藻]

shield area 地盾区[钙超]；盾区[钙超]
→~ assembly 防护装置//~ bearing 有防尘盖的轴承//~ block 盾块//~-driven (用)掩护支架掘进的

shielded 屏蔽的；有防护的
→~ arc 覆罩电弧//~ arc welding 保护电弧焊法//~-electrode logging 屏蔽电极法测井//~ enclosure 屏蔽室

shield extension 地盾伸展区
→~ full face rock TBM 护盾式全断面岩石掘进机

shielding 保护；防护层；速挡
→~ effect 遮挡作用//~ from contact 接触防护

shield(ing) method 掩护支架开采法
→~ mining method 盾盖式开采法

shield-shaped 盾形的
→~ object 盾

shield(-type) support 掩护支架

shift 漂移；偏移；转移；移位；移动；变位；变换；变更；平移；转；工作班；轮班；矿脉层错位；移距；位移

shift (change) 换班；换挡；调挡
→(transmission) ~ 换挡

shiftable conveyor 轨移式输送机
→~{mobile;portable} face belt conveyor 可移式工作面胶带输送机//~ mould-board 可卸换推土(犁板)

shift bar{rail} 转辙轨

shifted divisor 移位因子

shifter 领班；辅助工；移位器；移动器；移道机；开关；搬移者
→(track) ~ 移道工

shift exchange 交班
→~ foreman{foremen} 值班工`长{务员}//~ fork 拨叉//~ forward 正向移位//~ gears 变速

shifting 换装；海面起伏；漂流物；转换；岸线变动；位移
→~ balance theory 漂变平衡论//~ control 河床游荡的控制//~ cylinder 千斤顶//~ head 定点微调移动座盘

shiftings 筛屑

shifting{drift;quick} sand 移动沙
→~ sand 漂砂{沙}

shift labo(u)r{man} 计时工
→~ left double 双倍左移//~-lever shaft 变速杆轴//~ log 移动记录//~ man 按班计资工//~ spacing of track 移设步距

shigaite 羟铝锰矾；铝锰矾[Al$_4$Mn$_7$(SO$_4$)$_2$(OH)$_{22}$•8H$_2$O]

shigella 志贺氏杆菌

shihlunite 石龙岩；橄歪粗面岩；微歪粗面岩

Shihuigouia 石灰沟虫属[三叶；€$_3$]

shihunine 石斛宁(碱)

s(c)hilkinite 水硅铝钾石[H$_2$K$_2$Al$_6$(Si$_8$Al$_2$O$_{30}$)•3H$_2$O]；伊利石[K$_{0.75}$(Al$_{1.75}$R)(Si$_{3.5}$Al$_{0.5}$O$_{10}$)(OH)$_2$(理想组成),式中 R 为二价金属阳离子,主要为 Mg^{2+}、Fe^{2+}等]

shilver 蓝色板岩

shim 垫片；薄垫片；(用)木片或夹铁填；粗调棒；楔形填隙片；填隙用木片；(用)填隙片填；填隙片；夹铁
→~ adjustment 垫片调整

shimmer 闪烁；闪光；发微光；微光
→~-aggregate 绢云集晶

shimming 垫补法；磁场的调整；填隙
→~ cell 单边刮沫充气式浮选槽

shimmy 振动；摇摆；摆动；跳动
→~ damper 减摆器

shindle 粗砾；瓦板岩

shiner 毛石墙边扁石[房]；发光体

shingle 砂砾；海滨砾石；墙面板；扁砾
(石)；木瓦；[房]盖板覆盖；卵石；砾滩；
圆卵石；小招牌；小圆石；鹅卵石；滩砾
→~ bank 砾堤

shingled reflection configuration 叠瓦状
地震结构

shingler 挤渣压力机

shingle rampart 扁砾脊垒；(礁缘)砾石
垒；砾垒；礁缘砾石堤
→~ ridge 陡峭砾脊 // ~ {shingle-block}
structure 覆瓦构造 // ~ trap 拦砂墙

shingling 叠瓦构造；覆瓦式排列；脱相[震
勘]

shingly 含砾石的；多砾石的

shining 闪耀
→~ luster 辉耀光泽 // ~ {looking-glass}
ore 镜铁矿[Fe_2O_3,赤铁矿的变种]

shinkolobwite 硅镁铀矿[$Mg(UO_2)_2Si_2O_6$
$(OH)_2 \cdot 5H_2O$;单斜]

ship auger 造船用木钻
→~ berth 停船处

shipboard 走航的；船用的；船型；船舷；
船上；船(上)的；舷侧
→~ coring technique 船上岩芯钻取技
术 // ~ electronic module 船载电子微型
组件 // ~ instrument 船载仪器 // ~
oceanographic survey system 船用海洋
学调查系统

shipborne 船载的；船用的
→~ installations 船上设施

shipbuilder 造船工(人)

shipbuilding 造船(业)

ship{ship-type} caisson 船式沉箱
→~ form coefficient 船型系数 // ~
haven 舰艇安全区 // ~-induced forces
船航行(对铺管道)引起的力

shiplap 鱼鳞板
→~ liner 搭接衬板；船板式搭接衬板；
(磨机)楔形纵向搭接衬板 // ~ lining 船
板搭接式衬里(磨机)

shipment 装运；装货；装船；载货；运
货；发运
→~ of crude 原油装运

shipped{shipping} weight 装包重量

shipper 发货人；托运人
→~-arm 铲杆

shipping 航业；海运；运输；船运；发货
→~ {packing} list 装箱单 // ~ {direct-
shipping} ore 直接外运矿石 // ~ ore 合
格矿；供冶炼(用)的矿石 // ~ tag 货运
标签

shipplane 舰上飞机

ship{seascan} radar 船用雷达
→~ report 船舶报告 // ~ tank 油船
// ~-to-shore pipe line 油船到岸的装卸
管线

shipworm 凿船贝[危害海洋建筑及木船]

Shiqianfeng{Shichienfeng} formation 石
千峰组

Shirahiella 小白井虫属[三叶;Є_3]

shire 郡

shirokshinite 富钠带云母[$K(NaMg_2)Si_4$
$O_{10}F_2$]

shirt 衬衫；汗衫；片岩；内衣；卡瓦打
捞筒喇叭口

shirt-tail (牙轮钻头的)巴掌{牙爪}尖；牙
轮钻头体

shishimskite 杂尖磁钙钛矿[$CaTiO_3FeFe_2$
O_4 和 $MgAl_2O_4$ 的混合物]；钛尖赤磁铁矿

shist 片岩；片麻岩

shitwi 凉季[苏丹北部]

shiver 软页岩；破片；蓝色板岩；页岩；
礁块；碎片；碎块
→~ {schiefer;slate} spar 层(方)解石
[$CaCO_3$]；板状方解石；银光石

shizolites 分化脉岩类

shkatulkalite 什卡图石[$Na_{10}MnTi_3Nb_3$
$(Si_2O_7)_6(OH)_2F \cdot 12H_2O$]

Shneebrett{schneebrett} 雪崩[德]

shoad 漂流矿石；沿漂流矿石找矿
→~ {shode} (stone) 矿砾

shoading 追踪矿砾找矿

shoad stone 矿脉露头散块
→~ {shode} stone 漂落矿石

shoal 沙洲；沙滩；变浅；坝；浅的；大
量；许多；暗沙；滩
→~ (fish) 鱼群 // ~ (patch;shallow)
浅滩 // ~ head 沙嘴；暗礁[水下的礁石]

shoaling 变浅；浅滩化；成浅滩
→~ effect 趋浅效应

shock 震动；震荡；冲击
→~ (earth) 地震 // ~ absorber type
drill 阻尼振荡钻机 // ~ attenuation de-
vice 减振装置 // ~ formation 流体饱和
度的涌状分布 // ~ impedance matching
theory 冲击阻抗匹配理论

shock-lithification 震致岩化(作用)；冲击
岩化(作用)

shock loading 震加负荷
→~ loading experiment 冲击负荷实验
// ~ proof mount 减振架 // ~ wave
theory of rock blasting 岩石爆破的震动
波理论

shoddy 柴；废品

shode 漂流矿石；沿漂流矿石找矿

sho(a)ding 砾石找矿法

shoe 底板；启动导轨；罐耳；管头；导
向板；柱脚；制动器；靴桩；靴；瓦形物；
托座；蹄铁[N-Q]；套管鞋；端；极靴
→(brake) ~ 闸瓦；管鞋

shoefly 联络巷道

shoe joint 鞋管[下部第一节导管]

Shoene apparatus 休恩仪[粒度分级用]

shoe-nose shell 椭底筒状钻具[钻硬泥岩用]

shoe{keel;sole} piece 尾框底部
→~ process 沉井(凿井)法 // ~ stone
锐粒砂岩；砥石

shoestring 带状体；串珠状[沉积岩]；鞋
带型；狭长条(形)矿地；细绳状

shoe string 鞋带状沉积岩体

shoestring lenses 鞋带状透镜体油藏
→~ rill 雨水纹沟

shoe-string sand 窄条饱和油砂层

shoestring-sand trap 带状砂层圈闭；鞋
带状砂岩(体)圈闭

shoes with wedge heels 坡跟鞋

shoe width 履带宽度

shonkinite 等色岩
→~-porphyry 等色斑岩

shoofly 倾斜短联络风巷；临时道路；摇

动木马；通道[联系管带与公路的道路]；
运输道和通风道间的行车石门

shoot 射击；爆炸；石门；射孔；(人工)
爆炸[物探]；嫩枝；富矿体；溜口；溜槽；
照射；放射；岩株；投掷；急滩{流}

"shoot-and-treat" sand consolidation tool
"射孔-处理"联合作业的固砂工具

shoot a string of tools 爆破法处理卡钻

shooter 油井射孔工；引爆的人；放炮工；
爆炸工；爆破手；抛砂机[铸]
→(well) ~ 爆破工

shoot gap 苗隙；芽隙[植]

shooting 作地震剖面；引爆；野外施工；
放炮；激发
→~ between group 组间激发 // ~
{miner's} needle 炮孔针 // ~ of oil wells
油井爆破 // ~-on-the-free 多自由度爆
破 // ~ under 隔开排列[震勘]；跨越放
炮；间隔排列

shoot off one's mouth 放炮
→~ on paper 勘探策划 // ~ out 爆破
// ~ out (flames,light, gas,etc.) 喷吐
// ~ the hole 将硝化甘油炸弹下入井中

(repair) shop 修配厂；机修厂

shop building 机械厂厂房

shopwindow 铺面窗

shor 盐湖[俄]

shoran 绍兰；肖兰[近程导航系统]；近程
无线电导航系统；短距导航；短波测距(系
统)

shore 顶柱；湖滨；支撑；岸；滨海；滨
→(sea) ~ 海滨 // ~ (strut) 支柱

(on)shore base 陆上基地

shore-based processing 岸基处理

shore beacon 陆标
→~ bridge 岸桥 // ~-connected
breakwater 半岛式防波堤；突堤 // ~-
cutting 海滨冲刷{切蚀} // ~ drift
current 沿滨漂流

shore(-)face terrace 滨前阶地；水下阶地

shore face terrace 水下阶地
→~ facilities 岸上设备{施} // ~-fast
系船缆 // ~ hardness scale 肖亚硬度标
// ~ hardness tester 肖氏岩石硬度计

shoreland 滨陆；(沿)滨地

shore lead 沿滨水道；冰滨间水道
→~ {strand} line 滨线

**shoreline controlled lateral zoning mecha-
nism** 滨线控制侧向分带机理
→~ deposit 海滨矿床

shore platform 滨台
→~ polynya 沿岸冰湖{穴}[海岸与浮
冰间的冰湖] // ~ profile 海滨剖面 // ~
progress 滨进 // ~ {fringing;fringe} reef
裙礁

Shore scleroscope 肖尔回跳硬度计

shoreside 岸边；滨岸的

shore station 岸台；岸上定位台
→~ subsidence 海岸坍陷 // ~ terminal
岸上(中转)油库 // ~ wall 护岸；冰成滨堤

shoring 支柱；临时支柱；临时支撑；支
持；斜撑系统
→(raking) ~ 斜支撑法

shorl 黑电气石[$(Na,Ca)(Li,Mg,Fe^{2+},Al)_3$
$(Al,Fe^{3+})_3(B_3Al_3Si_6O_{27}(O,OH,F))$; $NaFe_3^{2+}Al_6$
$(BO_3)_3Si_6O_{18}(OH)_4$;三方]；黑碧玺

s(c)horsuite 铁镁明矾[$[(Fe,Mg)Al_2(SO_4)_4 \cdot$
$19.6H_2O]$；铁明矾[$Fe^{2+}Al_2(SO_4)_4 \cdot 24H_2O$;
$FeO \cdot Al_2O_3 \cdot 4SO_3 \cdot 24H_2O$]

short annealing 快速退火
→~ arc 短弧[焊接]//~ baseline system 短基线(水声定位)系统//~ bent collar 造斜钻铤短节;造斜用弯短钻铤

shortboom and stubby-design bucket wheel excavator 短臂紧凑型轮斗挖掘机

short{pitching} borer 开孔钻头

shortbread with jujube paste filling 枣泥酥

short-brittle 热脆

short bunch 短丛生草
→~ cross-cut 短石门

shortened code 截短码
→~ section of river 裁直河段;截直河段

shortening 收缩;消减;减缩
→~ of basement 基底缩短(作用)//~ ratio 短缩比//~ zone 压缩带[地陷]

shorter bubble periods 短气泡周期
→~-rate pubs 短时间生产脉冲;短时间的流量脉冲

short{age-specific} eruption rate 定时喷发率
→~ face 短工作面//~ face ranger 可调截头式截装机[巷道或短壁工作面用]//~-fibril reinforced corrugated tile 短石棉加筋中波瓦//~ {-}flame coal 短焰煤[瘦煤]//~ flanged tool holder 短凸缘工具支架//~ fuse 短导火线引爆[工]//~-grained 细粒的

shorthand 速记(法)
→~ structural terminology 简化构造术语{词汇}

short haul 短途运输;短途拖运
→~ head cone crusher 短头圆磨;短头型圆锥破碎机;式圆锥破碎机//~-head crusher{cone} 短头型{式}圆锥破碎机//~ {shallow} hole blasting 浅孔爆破//~-hole grouting 浅孔注水泥

shortia 杖草叶岩扇;岩扇属植物
→~ galacifolia 灰叶岩扇

short interval 短层段

shortite 碳(酸)钠钙石[$Na_2CO_3•2CaCO_3$;斜方]

short lap 薄夹层
→~ lateral curve 短梯度测井曲线//~ leg cast 短腿石膏管型

shortlist 简表

short-lived froth 瞬息气泡

short measure 尺寸不定;短尺
→~ normal 短电位(曲线)

shorts 筛网粗粒;短路

short-shaft suspended-spindle gyratory {crusher} 短悬轴回旋破碎机
→~ type gyratory crusher 短轴型回旋破碎机

short shallow-dipping limb 缓倾短翼
→~-tube lycoris 石蒜

shortwall 短工作面;短壁

shortwalling 短壁开采
→~ development 短壁开拓

short-wall mining 短垒开采;短壁开采

shortwall-type continuous miner 短壁型薄煤层连续采煤机

shortwall undercutter 短壁工作面截煤机
→~ working 短壁式回采

shoshonite 橄榄玄粗岩

shot 射击;砂;沙;铅砂粒;铅球;启动;起动;炮孔;拍摄;弹丸;钻粒;子弹;装药;针;照准;照相;硬粒;药包;放炮;发芽;爆炸;锻成的锚链[约90英尺长];射孔[套管]
→(cast-steel) ~ 钢砂//~ (firing) 爆破//(steel) ~ 钢(钻)粒//~-bedded screen 碎石床层筛[脉动跳汰机]

shotbox 爆炸盒

shot break 起始讯号;记录爆炸时间的电脉冲[震探]
→~ {time} break 激发信号起始点//~-by-shot deconvolution 逐炮反褶积//~ copper 铜粒

shotcrete 湿喷(支护);喷涂砂浆;喷射水泥砂浆
→~ and bolt support 喷锚支护

shotcrete machine 喷浆机
→~ shell 喷射混凝土壳体//~ support 喷浆支护

shotcreting 喷浆
→~ machine 混凝土喷射机

shot depth 有效爆炸深度;爆破深度
→~ drill 钻粒钻进;铁砂钻岩法

shotfiring cable 爆破母线
→~ cables 放炮母线

shot{perforation} gun 射孔器

shothole{blast-hole} arrangement 炮眼布置

shot hole disturbance 地表显示孔内爆炸作用
→~-hole disturbance 井底爆炸引起的地表扰动//~ {blast} hole drill 凿岩机

shothole tamping 炮井填孔
→~ time 井口到时

shotpeen 弹射增韧

shot peening{blasting} 钢粒喷净(法)
→~ peening 弹射增韧法

shotpoint{shot point} 炮点;爆炸点;激发点
→~ array 炮点组合

shot popper 小能量逐点爆炸法
→~ position 炮点位置;激发位置//~-produced cavity 放炮生成的洞穴//~ record migration 共炮点;记录偏移//~ rock 崩落岩石

shott 沙漠中盐斑地;浅盐水湖;浅盐湖

shot tank 粒化槽
→~ {pisolitic} texture 豆状结构

shoulder 山坡地;山肩;掮;浪肩;纯边;肩;端面;台肩
→(valley) ~ 谷肩//~ bed 围岩//~ blade 肩胛骨//~ ditch 坡扇截流沟//~ effect correction 围岩影响校正//~ {pectoral} girdle 肩带//~ hole 齐肩高炮眼//~ nut eyebolt 环首带肩螺栓//~ stone 边刃金刚石;钻头端面外缘金刚石

shovel 推;猛推;涌流;走向滑移;推开;推动;机械铲勺斗;机械铲;铲子;铲;锹;用铲子掘起;库;铁锹;挖土机[单斗]
→(bull-clam) ~ 铲运机;挖掘机;电铲;掘土机

shovelled{shovel-run} material 铲掘物

shoveller 装载工

shovel-like{listric} fault 铲状断层

shovelling floor 方框支架顶层下面铲矿层
→~-in 倒堆

shovel lip 卸料口
→~-loading mining method 装载机装载采矿方法//~ packing 细碎石撒铺法

Show 含油(气)标志;淘砂金粒

show 说明;表示;表;展示;矿苗;初现焰晕

shower 簇射[宇宙线];指示器;出示者;通量
→~ (bath) 淋浴//(rain) ~ 阵雨//~ gate 雨淋式浇口//~ radiance 陨石簇射辐射

show flexibility 松动

showing 表现;陈列;显示;外表;迹象
→~ of ore 含矿标志;矿体显示

showings 含矿标志
→~ on the ditch 泥浆槽中的油气显示

show of ore 矿苗
→~ of ore 呈矿现象//~ one's head 露头//~ up 揭发;暴露

shredded 切碎的
→~ cellophane 赛璐玢屑[堵漏用]

shredding 锤碎

shriek 叫喊;尖声[信]

shrill 强烈的;发出尖声;尖声[信];尖锐的;尖

shrink(age) 收缩;留矿;抽水;缩小;缩减

shrinkability 收缩性

shrinkable 会(收)缩的;可收缩的

shrinkage 收缩率;收缩量;压缩;减小;减少;起皱[油漆]
→~ area{|stoping} 留矿法采区{|回采}//~ stope and pillar caving method 留矿大块崩落开采法//~ stope face 留矿开采法工作面;留矿房梯段

shrink drift 分割平巷

shrinked oil 蒸发缩小了的油[装运中];稠缩(石)油

shrinker 收缩机;铸造冒口

shrink(age){expansion} fit 收缩配合;冷缩配合

shrink{casting} head 铸造冒口

shrinking{retreating} glacier 退缩冰川
→~ glacier 收缩冰川//~ of tool joint 接头冷缩

shrink-mixed concrete 缩拌混凝土

shrink ratio 缩比
→~ (age){retraction;contraction(al);retractable} stress 收缩应力//~-swell potential 缩胀势//~ welding 预反变形焊接

Shriver press (极框式)雪里威尔高压滤机
→~ standard filter press 舍里夫标准型压滤机

shrouded nozzle 带护沿的喷嘴[牙轮钻头]

shrouding effect 抹面[复面;覆面]效应[井壁等抹面改善通风]

shrubbery 灌木林;灌木丛

shrub-coppice dune 灌丛沙丘

shrubland 灌木地;灌丛带

shrunk-on (tool) joint 烘装接头
→~ sleeve 热装套筒

shrunk rubber collar shank 带橡胶钎肩的钎尾

shrut rail 轨撑

Shrysocapsales 金囊藻目

SH{Stopes-Heerlen} System 斯托普斯-赫尔冷[海尔伦]分类

shuangfengite 双峰矿[$IrTe_2$]

shub{shubbing} 加高掏槽

Shubnikov 舒布尼科夫
→~ {Schubnikow} group 舒布尼科夫群[双色空间群]//~ Groups 舒布尼科夫阵

s(c)hubnikovite 蓝钾钙铜矿;水砷钙铜石{矿}[$Cu_8Ca_2(AsO_4)_6Cl(OH)•7H_2O?$;斜方?];

氯砷钙铜石

shuffle 混合；慢慢移动；改组；微移[晶格点]；搪塞
→~ interconnection 互连

shuiskite 帅铬绿纤石；铬绿纤石

Shukuh 皇室米黄[石]

shull 骨架

Shumardia 舒马德虫(属)[三叶;O]

Shumardops 似舒马德虫属[三叶;O]

s(c)hungite 古煤；次石墨；不纯石墨

shunt 岔道[铁道]；分路；分流器；分流；加分路
→~ (connection) 并联//~-back 矿车自动折返装置

shunter 调车机车

shunt excitation 分激；并激
→~ feed 并馈//~-field circuit 并联励磁电路

shunting 调车；分支；分流；分接；并联
→~ action 分流作用

shunt wound 有分激线圈的

shutdown effect 闭井效应

shut(-)down inspection 停工检查

shutdown maintenance launder 停机维修溜槽

shut-down period 停机期(间)；停工期；停车期间

shutdown rod 安全棒[核]
→~ {closing;(cut)off;shut-off} signal 关闭信号

shut down time 停工时间
→~ down waiting for orders 停工待命

shutdown well 暂时停钻的井

shut{close} in 关井
→~ in a well 关井//~-in{closed-in;shut-down;dead} well 停产井//~ off 隔断；止漏；止流//~-off valve 关井阀；断油开关

shuts 罐笼座

shutter closing 闸板；板式闸门
→~ cone 震裂火山锥

shuttering 模壳；背板；模板[浇灌混凝土用]
→~ boards 模板的木板

shutting 闭锁
→~{shut} down 断路//~ in the acid treatment 酸处理后关井//~-off water 封闭水层

shuttle 滑闸；航天飞机；气枪栓；运输工具；穿梭式的；穿梭；往复运动；往复式的；短途穿梭；梭动；梭
→~-action scraper 梭式刮板输送器//~ belt conveyor 梭动式皮带运输机//~(-)car 梭(式矿)车//~ (mine) car 穿梭式机动矿车；梭(式矿)车//~ car gathering 梭式矿车运输{集矿}

shuttlecar mining 穿梭车开采

shuttle-car mining 空梭车运输开采
→~ operator{driver} 梭(式矿)车司机

shuttle conveyor 梭动式装卸输送机
→~ man 坑内运料工//~ multispectral infrared radiometer 航天多光谱红外辐射计//~ plough 穿梭式刨煤机

shuttler 穿梭油轮

shuttle shaft station 梭式井底车场
→~ tanker 输油油轮；穿梭油轮//~ tram 梭(式矿)车//~ valve 梭阀

shuttling 梭动

SH {-}wave SH 波
→~ wave 水平偏振切变波//~-wave

横波的水平分量

SI 表面阻断；沉积物-水界面平均温度；关井；固结指数；淡入；采样间隔；注蒸汽；粉砂指数；分离指数；渐显；饱和指数

Si 硅；矽[硅之旧称]

sial 花岗岩层；硅铝带；硅铝层
→~ (sphere) 硅铝圈

sialic layer 硅铝层
→~ low-velocity channel 硅铝低速层{道}//~ protocontinent 硅铝质原大陆//~ underplating 硅铝壳的板块下加厚作用

sialite 黏土矿物

sialic weathering 硅铝富集风化

sialitization 硅铝土化(作用)

siallite 硅铝土；黏土类

siallitic soil 硅铝土；聚硅土

siallitization 硅铝化(作用)；黏土化

sialolith 涎石[医]

sialolithiasis 涎石形成

sialsima 硅铝镁层

sialsphere 花岗岩层；硅铝圈；硅铝带；硅铝层

siam (ruby) 深红宝石[泰国与红宝石一同产出的一种黑红色尖晶石]

Siberiella 西伯利亚羊齿属[C]；西伯尔藻属

siberite 红电气石；红碧玺；紫电气石[(Na,Ca,Li)(Mg,Fe^{2+},Al)$_3$(Al, Fe^{3+})$_3$(Al$_3$B$_3$Si$_6$(O,OH,F)$_{30}$)]；紫碧玺{玺;茜} [(Na,Ca,Li)(Mg,Fe^{2+}, Al)$_3$(Al,Fe^{3+})$_3$(Al$_3$ B$_3$Si$_6$(O,OH,F)$_{30}$)]

sibilant 咝`咝声[音]；发咝咝声的

Sibireconcha 西伯利亚蚌属[双壳;T$_3$-J]

Sibirites 西伯利亚菊石属[头;T$_1$]

sibirskite 西硼钙石[Ca$_2$(B$_2$O$_4$(OH))(OH);单斜]

sibling species 两似种；相似种(生物)；同胞种

sibljack 灌木林

SiC 金刚砂[Al$_2$O$_3$]

siccation 干燥作用

siccative 干燥剂；干燥的；干料；催干剂

siccideserta 干荒漠(群落)

siccocolous 旱生植物

sichelwannen 冰蚀小沟槽

Sichuan{Szechwan;Szechuan} movement 四川运动

Sichuanoceras 四川角石属[头;S$_2$]

Sicilia Black 西西里黑[石]

Sicilian 西西里岛人{的}；西西里(阶)[欧;Qp]

sicilianite 天青石[SrSO$_4$;斜方]

Sicilian stage 西西里阶

sick 晕
→~ at heart 伤感；酸

sickening 汞污染

sickle 钩镰
→~ grinder 磨切割刀片砂轮；磨刀石//~ pump 活翼式泵

sicklerite 褐磷锂矿；磷锂锰矿[Li$_{<1}$(Mn^{2+}, Fe^{3+})(PO$_4$);斜方]

sickle-shaped arch 新月形拱
→~ ridge 镰刀脊

sickle trough 平底镰形岩盆；镰刀形槽谷

sick{sickened} mercury 污染汞[不能作汞齐的]

sickness insurance 疾病保险
→~ prevention 疾病防止{预防}

sick{attack;sickness} rate 发病率

sicula 剑盘；胎管[笔]

sicular cladium 胎管幼枝[笔]

Sid 菱铁矿[FeCO$_3$,混有 FeAsS 与 FeAs$_2$,常含 Ag;三方]

siddle 煤层倾斜；矿层倾斜

(bank)side 岸边；山坡；海滨；帮；坡；旁；边帮；边；侧；脉壁；岸；翼[断层或背斜]

side (face) 侧面
→(roadway) ~ 巷道帮壁；勾//~ abutment pressure 边缘拱座压力；(工作面)侧支承压力；边墩压力//~ {lateral} adjustment 横调；边平差//~ alley 侧巷(道)

sidearm 侧臂

side arm{|longitudinal} 舷侧支架{|纵骨}
→~ band 边频带//~ bank 旁(侧)堆积

sidebar 侧杆

side bar 侧砂坝；沙坝；侧杆；侧板；非主要的；兼职的

sideboard 侧板；背板

side-boarded car 帮板加高矿车；高帮矿车

side-boom cat 侧臂吊管机
→~ dredge 侧臂式挖掘船

side bumper 挂车安全围栅；边档
→~-by-side slusher hoist 同轴双滚筒扒矿绞车//~ {lateral} chain 侧链//~ chain 支链；矿车组旁串联系链//~ cutting correction factor 侧向切削修正系数//~ discharge 侧面卸货//~-discharge{side-dump;drop-side;lateral discharge} car 侧卸矿车{式}//~ ditch{drain;trench;gutter} 边沟//~ door (矿车)侧活壁//~-dumping hopper 侧卸矿车{式}；侧翻矿斗//~ dump quarry trailer 采石场用侧卸式拖车

sideforce 侧向力

side (lateral) frame 侧架

sidehill type nut 斜坡型螺帽[打捞矛下端的]

side{end} hole 开帮炮眼；边缘炮眼

sidelapping 旁向重叠；侧面超覆

side{splayed;piece} leg 棚腿
→~ length 边长//~ light{lantern} 舷灯//~ light 汽车侧灯；偶然启示；间接说明//~ line 侧帮线[巷道等]；边线//~-line{side} occupation 副业

sideline{residual} products 副产品

side liners 侧衬板

sidelines 边界线

side-loading chute 侧装式溜槽

sidelobe{side{secondary} lobe} 旁瓣

side lobe 旁频带；旁带；侧部；副瓣；肋部；假频通带
→~-lobe banding 旁瓣成带

sidelobe suppression system 旁瓣压{抑}制系统

sidelong reef 侧壁基岩

sidelooking 天线阵列的侧视

side-looking airborne radar 真实孔径机载侧视雷达

side(-)looking radar{|sonar} 侧视雷达{|声呐}
→~ sonar 旁侧{视;测}声呐[海底地貌仪]//~-looking {lateral;sidelooking} sonar 旁视声呐//~ milling cutter 三面刃槽铣刀//~ mounted 侧装的

sidenote 旁注

side opening{port;outlet} 侧孔

→~ outlet 侧出口//~-over 沿节理采掘

sidepiece 边件；侧部

side pile{stake} 侧桩
→~ piling 边桩//~ pinacoid 侧轴面[{010}板面]//~ play 侧运动；侧应力；侧隙；侧缝

sidepocket 插袋

side pontoon 边浮筒[挖泥船]

Siderastrea 海花石

siderazot(ite) 氮铁矿[Fe_5N_2; $(Fe_{0.94},Ni_{0.055},Co_{0.005})N$,六方; $(Fe,Ni,Co)_4N$;$(Fe,Ni,Co)_4N$,六方]；二氮化五铁

sideretine{pitchy iron ore} 土砷铁矾[$Fe_{20}^{3+}(AsO_4,PO_4,SO_4)_{13}(OH)•9H_2O$; $Fe_2^{3+}(AsO_4)(SO_4)(OH)•nH_2O$]

Siderian 成铁系[纪][古元古代第一纪]

sider(ol)ite 石铁(质)陨石；铁陨石；球菱铁矿[$FeCO_3$]；菱铁矿[$FeCO_3$,混有 $FeAsS$ 与 $FeAs_2$,常含 Ag;三方]；陨铁[Fe, 含 Ni7% 左右]；兰石英、蓝石英[SiO_2]；铁陨石类；天蓝石[$MgAl_2(PO_4)_2(OH)_2$;单斜]；毒铁矿[$KFe_3^{3+}(AsO_4)_3(OH)_4•6\sim7H_2O$]

sideritic (含)菱铁矿的；陨铁的；铁陨星的；石的
→~ shale 菱铁矿质页岩

sideritine 土砷铁矾[$Fe_{20}^{3+}(AsO_4,PO_4,SO_4)_{13}(OH)_{24}•9H_2O$]

sideritis 磁铁矿[$Fe^{2+}Fe_2^{3+}O_4$;等轴]

siderobolit 陨铁[Fe, 含 Ni7%左右；德]

sideroborine 水硼铁矿；杂硼铁矿

siderocalcite 柱白云石

siderochalcite 光线石{矿}[$Cu_3(AsO_4)(OH)_3$; $Cu_3(AsO_4)_2•3Cu(OH)_2$;单斜]

siderochriste 云铁石英片岩；镜铁片岩

siderochrome 铬铁矿[$Fe^{2+}Cr_2O_4$,等轴;铁铬铁矿 $FeCr_2O_4$、镁铬铁矿 $MgCr_2O_4$ 及铁尖晶石 $FeAl_2O_4$ 间可形成类质同象系列]

side-rock 受潮岩

sideroclepte 杂橄榄褐铁矿

sideroconite 黄方解石[$CaCO_3$]

siderodot 钙菱铁矿[$(Fe,Ca)(CO_3)$]

sideroferrite 木化石中发现的天然铁；自然铁[Fe,等轴;产于硅化木中]

siderogel 胶铁矿；铁胶石

siderographite 杂铁石墨

siderolite 石铁陨星；陨铁石；铁石陨石{星}[天]；铁筋陨石

sideromelane 黑玄玻璃；玄武玻璃；铁镁矿物[C.I.P.W]；碎云玻璃；碎(屑)玄玻璃

siderometeorite 铁石陨星{星}[天]

sideronatrite 纤钠铁矾[$Na_2Fe^{3+}(SO_4)_2(OH)•3H_2O$;斜方]

siderophile {transitional} element 亲铁元素

siderophiles 亲铁植物

siderophyllite 针叶云母；铁叶云母[$K_2Fe_4^{2+}(Al,Fe^{3+})_{1\sim2}(Si,Al)_8O_{20}(OH)_4$;$KFe_2^{2+}Al(Al_2Si_2)O_{10}(F,OH)_2$;单斜]

siderophyre 古英铁镍陨石；古铜-鳞石英铁陨石；古铜辉石鳞石英铁陨石

sideroplesite 镁菱铁矿[$(Fe,Mg)(CO_3)$]

sideropyrite 黄铁矿[FeS_2;等轴]

sideroschisolite 绿锥石[$Fe_2^{2+}Fe_2^{3+}SiO_5(OH)_4$]；克铁蛇纹石[$Fe_2^{2+}Fe^{3+}(Si,Fe^{3+})O_5(OH)_4$;单斜、三方]

siderose 球菱铁矿[$FeCO_3$]

siderosilicate 硅铝铁石

siderosilicite 硅铝铁玻璃

siderosis 铁质沉着病；铁口病；铁工病[吸入铁粉所致]

---

siderosphere 铁圈

siderotantal(ite) 钽铁矿[$(Fe,Mn)Ta_2O_6$;$Fe^{2+}Ta_2O_6$;斜方]

siderotil 铁矾[$Fe^{2+}SO_4•5H_2O$;三斜]；纤铁矾[$Fe^{3+}(SO_4)(OH)•5H_2O$,单斜;$FeSO_4•5H_2O$]

siderotitanium 钛铁矿[$Fe^{2+}TiO_3$, 含较多的 Fe_2O_3;三方]

siderotitite 纤铁矾[$Fe^{3+}(SO_4)(OH)•5H_2O$;单斜]

sideroxene 硅铍石[$Be_2(SiO_4)$;三方]

side scan sonar 旁侧声呐；视声呐；测声呐
→~ scan sonar survey 侧方扫描声呐探查//~ {-}shake vanner 侧捣淘矿机//~ slicing 横向分层崩落采矿法//~ spectrum 二次光谱//~ spitting (导火线)外表燃烧//~ stay 侧撑

sidestream 侧流烟[香烟燃烧端飘出的烟]

side stream {issues;currents} 支流

sideswipe 横击；侧向反射；擦撞；掠过；沿边擦过
→~ reflection 侧向岩面多次反射

side thrust 侧推力
→~ tie 脉外平巷；围岩平巷//~-tipping pan 侧翻式槽//~-to-side floating 横向摆动[仪表指针]

sidetrack 侧站；侧线；旁轨；(在)钻孔中另钻新孔；另钻新孔
→~ (drilling) 侧钻

side{end} wall 端帮

sidewall contact device 推靠器
→~ core{sample} 井壁岩芯//~ coring{sampling} 井壁取(岩)心{芯}[油]//~ neutron porosity log 开壁中子测井；井壁中子孔隙度测井//~ of a vein 脉壁带//~ pad 贴井壁(的)极板//~ scaling 片帮

sideway floating 横向摆动
→~ {side} launching 横向下水//~(s) movement 侧向运动

side wedge 侧盒[莫氏缓冲器]
→~ {cross} wind 侧风

siding 岔线；道岔；侧线；侧壁板；副线；铁路侧线
→~ (rail) 旁轨//~-over 矿柱中的短巷道；靠近崩落区的巷道

Sidneyia 西德尼鲎属[节;$E_{1\sim2}$]

sidorenkite 碳磷锰钠石[$Na_3Mn(PO_4)(CO_3)$;单斜、假斜方]

sidpieterite 羟氧硫铅矿[$Pb_4(S^{6+}O_3S^{2-})O_2(OH)_2$]

sidwillite 水钼矿[$MoO_3•2H_2O$]

Sieberella 西伯贝属[腕;S-D]

siegburgite 液琥珀脂

Siegenian 齐根(阶)[欧;D_1]
→~ stage 西根阶[D_1]；锡根阶

siegenite 硫镍钴矿[$(Ni,Co)_3S_4$;等轴]

sieleckiite 磷铜铝矿[$Cu_{3.1}Al_{4.0}(PO_4)_{2.1}(OH)_{12}•1.7H_2O\sim Cu_3Al_4(PO_4)_2(OH)_{12}•2H_2O$]

Siemens-Martin{Martin} furnace 马丁炉
→~ plant 平炉车间

sienite 正长岩

Sienite Balma 西娜啡[石]
→~ D'armenia 西娜黄点麻[石]

sienna 浓黄土[矿物颜料]；赭石色；赭色

sierozem 灰色沙漠土；灰漠土；灰模境土；灰钙土[俄]
→~ soil gray earth 灰色沙漠土；灰钙土

sierra 日珥；锯齿山脉{脊}

sierranite 缟燧石

---

sieve 筛子；筛网；筛
→~ aperture size 筛孔尺寸//~ effect 筛选效应//~ membrane 筛膜[菌藻]//~ mesh {opening;pore} 筛孔//~ raggings 筛底上的矿块//~ residue log 岩屑条井(图)//~ scale{series} 筛制

sieving 筛选；筛分；过筛
→~ {screening} machine 筛选机{sieve(-test);sizing;screening} machine 筛分机//~ machine 筛样机

sievings 筛屑

sievite 玻质安山岩系；玻安岩系

sif 赛夫沙丘；纵向沙丘；纵(形)沙丘；沙丘

sifbergite 锰磁铁矿[$(Fe,Mn)Fe_2^{3+}O_4$]

sifema 硅铁镁层

siferna 硅镁层

sifted{graded;screened} sand 过筛砂

sifting 筛屑；筛(滤)下来的杂质；检查
→~ screen 细分筛

sighting 视察；测视；观察；照准

Sigillaria 封印木(属)[C]

Sigillariopsis 类封印木(属)

Sigillariostrobus 封印木穗(属)；印孢穗属[C]

sigismundite 磷碱钡铁矿[$(Ba,K,Pb)Na_3(Ca,Sr)(Fe,Mg,Mn)_{14}Al(OH)_2(PO_4)_{12}$]

sigloite 黄磷铝铁矿[$(Fe^{3+},Fe^{2+})Al_2(PO_4)_2(O,OH)_2•8H_2O$;三斜]；西格洛石

sigma C 形骨针；西格马[σ]
→~ blade mixer 曲拐式混砂机//~ graph 西格马值(随井深变化)图

Sigmagraptus 弯笔石属[O_1]

sigma matrix (岩石)骨架的中子俘获截面
→~ phi 标准差//~ recording methanometer 丁烷火焰连续记录沼气浓度仪

sigmaspire S 形骨针[绵]

sigmoid(al) C 形的；S 形的；反曲式的[笔]；反曲式(的)；反曲

sigmoidal cumulative curve S 形累积曲线
→~ distribution S 形分布//~ dune S 状沙丘；S 形沙丘//~ en echelon quartz veins 雁形状 S 形石英脉//~ grain-size distribution S 形粒度分布

sigmoid cavity 曲形腔
→~ configuration S 形结构//~ distortion S 形畸变

Sigmoidella 小曲形虫属[孔虫]；小反称虫属[E_2-Q]

sigmoid flexure S 状挠曲
→~ progradational seismic facies S 形前积地震相//~ reflection configuration S 形反射结构//~-terrace S 形台地

Sigmoilina 曲形虫属[孔虫]；曲房虫属[E_2-Q]

Sigmomorphina 反称虫属[孔虫;K-Q]

Sigmoopsis 弯曲介属[O]

signal 信号；迹象；势；标志；标记；痕迹；签字；符号；签订(契约)；征兆；预兆；兆；先兆；记号；舰标；指令；信号机
→~ appendant 信号附属器//~ bell {hammer} 信号铃//~-carrier frequency 信号载频//~ characterizer 信号表征器//~-flow graph 信号流图解//~ fluctuation limit 信号涨落极限//~ for day and night 昼夜通用信号

signaling at stations 车站信号
→~ attention 注意信号//~ key of push type 按压(式)信号开关//~-line 信号线

S

signal integration 信号积累
→~ intensity swing 信号强度变动 // ~ interpretation 信号译码{释} // ~ inversion 信号极性逆转

signalized crossing{intersection} 信号控制{管理}交叉口

signal lamp{light;flare} 信号灯；标（志）灯；回光灯

signation (图像)标记[图像]

signatory 签约国；签署的{者}

signature 签字；签名；子波；讯号；图像；特征组合；特征
→~ analysis 指纹分析 // ~ bonus 签约定金

sign bit{position} 符号位
→~-bit line telemetry 符号位导线遥测

signboard 广告牌；招牌

sign-control flip-Sop 符号控制触发器

Signet 西格奈特法

significant anomaly 明显异常
→~ digit 有效位 // ~ long-drift motion 大幅度长周期漂移运动 // ~ point 特征点

signifier 信号物

signing contract 签约

sign of blowout 井喷前兆
→~ of elongation 延性符号；延长符号 // ~ of equality 等号 // ~ of evolution 根号 // ~ of geothermal energy 地热显示

Signor-Lipps effect 模糊效应

sign{mark} post 标杆

signs code 符号(代)码

sike 渠道；沟渠；梅花鹿[Q]；小溪

Sil 硅；银

sil 黄赭石[$Fe_2O_3 \cdot nH_2O$]

silal 高硅铸铁；西拉尔高硅铸铁

sila laeng 砖红壤

sil(ic)ane 硅烷[SiH_{2n+2}]；甲硅烷

silanization 硅烷化

silanol 硅烷醇；硅醇

silaonite 杂硒铋矿[Bi 和 Bi_2Se_3 的混合物]

silastic 硅橡胶；硅胶

silazane 硅氮烷；硅氨烷[$H_2Si(NHSiH_2)_n$ $NHSiH_3$]

silber 西尔柏[人名]

silbolite 阳起石[$Ca_2(Mg,Fe^{2+})_5(Si_4O_{11})_2$ $(OH)_2$;单斜]

silcrete 硅质砾岩；硅质壳层；硅质壳；硅结岩；硅结砾岩

silence 沉默；无音信；无声；消灭[噪音]

silenced drifter 无噪音凿岩机

silencer 消音装置；消音器
→(exhaust) ~ 消声器

silence zone of audibility 静寂区

silencing 消音

Silene tortunei 蝇子草[铜矿示植]

silent 无声的

Silesia method 西利西亚采煤法[厚煤层房柱开采法]

Silesian 西里西亚(阶)[欧;C_{2-3}]
→~-type lead-zinc deposit 西里西亚式铅锌矿床

Silesia system 西利西亚厚煤层开采法

silesite 杂锡矿[木锡矿与胶态 SiO_2 的混合物]；杂硅锡石

silex 石英[SiO_2;三方]；硅藻土[$SiO_2 \cdot nH_2O$]；硅{燧}石
→~ block 硅块

silexite 石英岩；石英脉岩；硅石岩；英

石岩；燧石岩

silex lining 硬燧石块平面衬里[磨机]

silfbergite 锰磁铁矿[$(Fe,Mn)Fe_2^{3+}O_4$]

silfverhornmalm 角银矿[$Ag(Br,Cl);AgCl$;等轴]

silhydrite 水石英；水硅石[$3SiO_2 \cdot H_2O$;斜方]

silic(e)a 硅石；硅氧；硅酸[H_4SiO_4]；硅；氧化硅；二氧化硅[SiO_2]

(hot-spring) silica 硅华[$SiO_2 \cdot nH_2O$]

silica{silicon}-32 age method 硅-32 年龄测定法

silica and impurities 二氧化硅和杂质
→~-bonded magnesite clinker 硅酸盐黏合的烧结镁石 // ~ chlorine tube 通氯石英管 // ~ cladded fiber{fibre} 石英包层光纤 // ~-filled epoxy resin 填充石英的环氧树脂 // ~{quartz} flour 石英粉

silicagel 硅胶；氧化硅胶；吸湿剂

silica gel 硅胶
→~ glass 硅石玻璃[材]；硅玻璃 // ~-glass 玻陨石；焦石英[SiO_2;非晶质] // ~-laden fluid 携带硅氧流体；充满硅氧的流体

silicalemma 硅质片[硅藻]；硅质囊膜

silica-line cement 石英砂石灰水泥

silic-alkali index 硅碱指数

silicalock system 硅胶结体系

silica modulus 硅酸系数

silicane 甲硅烷

silica network 网络状硅华
→~ ore 硅矿 // ~ pot{crucible} 石英坩埚 // ~ powder{flour;dust} 石英粉 // ~ refractory grog 煅烧硅石

silicarenite 石英砂岩；硅质砂岩

silica-replaced fossil 硅交代化石

silica-rich water 富硅水

silica rock 硅岩
→~ {quartz;river;sea;siliceous;gan(n)ister} sand 硅砂 // ~-sand cement 硅砂水泥 // ~-secreting organism 分泌硅生物 // ~ sinter{siliceous tufa} 硅华 [$SiO_2 \cdot nH_2O$; SiO_2] // ~slag 硅渣 // ~soil 硅土

silicasol 硅溶胶

silicastone 硅质岩；硅沉积岩；硅质原料[石英砂岩、石英岩、石英砂、脉石英等,SiO_2]；硅质岩石
→~ deposit 硅石矿床

silicate 硅酸盐；硅化
→~ bonded wheel 硅酸盐黏结剂砂轮 // ~ cotton 硅酸盐棉；矿棉

silicated limestone 硅化灰岩

silicate-facies iron formation 硅酸盐相含铁建造

silicate gel emitter 硅胶发射剂

silica temperature 氧化硅温标温度

silicate oxyapetite laser 硅酸氧磷灰石激光器
→~-pyromorphite 硅磷氯铅矿 // ~-rich meteorite 富硅陨石 // ~ scale{|silicon} 硅酸盐垢{|硅}

silica test 硅质壳
→~ tetrahedral sheet 片状硅四面体

silicate type serpentine ore 硅酸盐型蛇纹石矿
→~ wiikite 硅杂铌矿 // ~-wiikite 杂硅铌矿

silica thermometry 二氧化硅法温度测量

silic(if)ation{silicatization} 硅化作用；硅酸盐化(作用)；硅化

silicatosis 矽肺

silica undersaturation 硅不饱和
→~-versus-enthalpy graph 氧化硅-焓图

siliceous 含硅的；硅土的；硅酸的
→~ hot spring 含硅热泉 // ~ manganese ore 硅锰矿 // ~ oolite 硅鲕石 // ~ ore 硅质脉石铁矿石 // ~ phosphorite ore 硅质磷块岩矿石 // ~ sandstone 硅质砂岩 // ~ scheelite 硅白钨矿；杂石英白钨 // ~ sinter{geyserite} 硅华[$SiO_2 \cdot nH_2O$]

silicic 火成岩；过饱和岩；过饱和的；硅质；硅酸的；硅石的；富硅质的；酸性的；酸性

siliciclastic 硅屑的

silicicole 沙生植物；沙生植物

silicicolous 生活于硅质土中的

silicic rock 氧化硅含量高的岩石
→~ volcanic rock 酸性火山岩

silicide 硅化物

silicification 石英化；硅化

silicified {silica-replaced} fossil 硅化化石
→~ {petrified;fossil;siliceous;agatized; opalized} wood 硅化木 // ~ zone type u-ore 硅化带型铀矿

silicify 硅化

silicilith 石英岩；硅质岩

Silicinidae 硅质虫科[孔虫]

silicious 含硅的；硅土的；硅酸的
→~ marl 硅质灰泥

silicisponge 硅海绵

Silicispongiae 硅质海绵纲

silic(al)ite 硅质岩；拉长石[钙钠长石的变种；$Na(AlSi_3O_8) \cdot 3Ca(Al_2Si_2O_8)$;$Ab_{50}An_{50}-Ab_{30}An_{70}$;三斜]

silicites 硅质岩类

silicium[拉] 硅；矽[硅之旧称]
→~-carbide 金刚砂[Al_2O_3] // ~ dust 含矽粉尘

silico apatite 硅磷灰石[$Ca_5(Si,S,C,PO_4)_3$ $(Cl,F,OH);Ca(SiO_4,PO_4,SO_4)_3(OH,Cl,F)$;六方]
→~-apatite 羟硅钙石[$Ca_6Si_3O_{11}(OH)_2$] // ~-calcareous sinter 硅钙交生泉华

Silicoflagellata 硅鞭毛类[金植]

silicoflagellate 硅鞭(毛虫)

silicoglaserite α硅钙石

silicoide 硅质矿物

silico(-)ilmenite{silicoilmentite} 硅钛铁矿[由二氧化硅和钛铁矿组成的固溶体]

silicolites 硅质岩类；硅质岩

silicomagnesiofluorite 硅镁萤石；硅镁氟石；氟硅钙镁石

silicomangan 硅锰合金

silicomonazite 硅独居石

silicon 硅；矽
→~ blow 烧矽；烧硅 // ~ bronze 硅青铜 // ~ chip 硅片 // ~ detector 硅探测器；硅检波器 // ~ dust pollution {contamination} 矿尘污染

silicone 硅氧烷[$(H_3Si(OSiH_2)_nOSiH_3)$]；硅酮[R-Si(O)-R']；硅树脂；聚硅酮类[R-Si(O)-R']

silicon {siliceous} earth 硅土

silicone oil 硅氧烷油
→~ {silicon} oil 硅油 // ~ rubber 硅氧橡胶 // ~{silicon} rubber 硅橡胶

siliconized 渗硅的
→~ plate 硅钢片

silicon on sapphire 蓝宝石上硅(薄膜)

→~ on sapphire device 硅蓝宝石器件 //~ spinel 硅尖晶石

silicorhabdophane 硅水磷铈石；硅磷稀土矿；硅独居石

silico-rudite 硅砾岩

silicosmirnovskite 硅钛石；硅磷钛石

silicospiegel 硅镜铁

silicotic 矽肺的
→~ mine 有硅{矽}肺危险的矿；易引起矽肺的矿井

silicotuberculosis 石末沉着性结核病

silicrete 硅质层

silicrosteel 阀门用硅铬钢

sili(ci)fication 硅化作用

silinaite 硅锂钠石[NaLiSi$_2$O$_5$•2H$_2$O]

Siliqua 荚蛏类[双壳;R-Q]；长壳；长角果

silique 长角果

silistor 可变电阻

silit 金刚砂[Al$_2$O$_3$]；碳化硅

silk 丝的；丝；生丝；光泽；降落伞
→~ and cotton-covered wire 纱编丝包线 //~ cloth{fabrics} 丝织品 //~ -covered wire 丝包线 //~ knit goods 丝织品

silky{satin} luster 丝绢光泽
→~ luster 绢丝光泽

sill 基台(值)；基石；基本；地梁；底座大梁{井架}；海底山脊；底木；平巷底；门槛；窗台；槛；岩槛；岩床；先验方差

sillar 非熔结凝灰岩；岩块；晶结凝灰岩
→~ type tuff 晶结凝灰岩

sillbolite 阳起石[Ca$_2$(Mg,Fe^{2+})$_5$(Si$_4$O$_{11}$)$_2$(OH)$_2$;单斜]

sill{floor} cut 掏底
→~ cut{mining} 拉底 //~ depth 潜坝深度；栅限深度 //~ drift{level} 底部平巷

sille 岩床

sillenite 软铋矿[Bi$_2$O$_3$;等轴]

sillimanite 硅{矽}线石[Al$_2$(SiO$_4$)O;Al$_2$O$_3$(SiO$_2$);斜方]
→~-K feldspar isograd 硅线石-钾长石等变级

sillite 辉绿粉岩；辉绿玢岩

sill level 基底水平；底平
→~ of ore 矿层 //~ pillar 底煤柱；底矿柱

silmanal 银锰铝汞磁合金

silo 地下仓库；地坑；地窖；贮料仓；(地下)井；发射井；筒仓

siloxane 硅氧烷[(H$_3$Si(OSiH$_2$)$_n$OSiH$_3$]
→~ film 硅氧烷膜

siloxen 硅氧烯

siloxicon 氧碳化硅

silt 河道沉积泥沙；泥潭{沙;肥}；粉土；淤滓；淤泥[0.002~0.06mm]
→~ (deposition;lodging) 泥沙沉积 //(fine) ~ 粉砂 //~(ing) (up) 淤塞；泥沙

siltage 粉砂体；粉砂层；淤泥团

silt-algae 粉砂藻类

siltation 沉积；灌泥浆；淤填；淤泥沉积；淤淀
→(inwash) ~ 淤积 //~ of reservoir 水库淤积

silted 淤塞的；淤积的
→~-river lake 河淤塞湖

silting 泥沙堆积；淤填；淤泥沉积；充填
→~ (up) 淤积

siltite 粉砂岩

silt{natural} load 输砂{沙}量

→~(y) loam 砂质垆坶{壤土}；粉砂质垆坶 //~ of canal system 渠系泥沙

siltpan 粉砂磐

siltpelite 粉砂泥岩

silt rock 砂岩；粉砂岩
→~ seam{layer;stratification} 淤泥层 //~ size 粉砂粒度{径} //~-sized particle 粉砂级颗粒 //~ stable channel 不冲不淤渠道；冲淤平衡河道

siltstone 泥沙岩；粉砂岩

silt suspension 泥沙悬(浮物)质
→~ test 含泥量测定

silttil 粉砂冰碛

silt transportation 泥沙搬运
→~(ed) up 淤积 //~{silting} up 淤淀

silty 粉(土)质的；粉砂的；淤泥的
→~ clay 粉状黏土

silundum 硅碳刚石

silva{sylva}[pl.-e,-s] 树木；森林；丛林；树木志；林木志

silvan 碲；自然碲[Te;三方]

silvanite 针碲金矿[(Au,Ag)Te$_2$]

silver(-3C) 自然银(-3C)[Ag;等轴]；第二流的；裂块；银盐；银色；银的；银本位的；银白色的；银；雄辩的；镀银；白银

silver amalgam 汞膏[Hg$_2$Cl$_2$]
→~ amalgam filling 银汞充填 //~ -analcime{silver-analcite} 银方沸石 //~ azide 叠氮化银 //~ bismuthide 软铋银矿[Ag$_6$Bi]

silver-chabazite 银菱沸石

silver chloride 氯化银
→~-clad copper 包银铜 //~ -copper glance 硫铜银矿[AgCuS;斜方] //~ -edingtonite 银钡沸石 //~ glance 辉银矿[Ag$_2$S;等轴]；螺状硫银矿[Ag$_2$S]

silvergraphite 银-石墨复合品{物}

silver-2{|-4}H 自然银-2{|-4}H [Ag;六方]

silver iodide 碘化银
→~{argentiferous} jamesonite 银毛矿{银脆硫锑铅矿;脆硫锑银铅矿}[Ag$_2$Pb$_5$Sb$_6$S$_{15}$;斜方]；//~ lead ore 含银方铅矿；银方铅矿 //~-mesolite 银中沸石 //~ mine{ore} 银矿 //~ mineral 银矿物{类} //~-natrolite 银钠沸石 //~-phillipsite 银钙十字沸石

silverphyllinglanz 针碲矿[Sb,Au和Pb的碲化物与硫化物]；叶碲矿[Pb$_5$AuSbTe3S$_6$]；叶碲金矿[Pb$_5$AuSbTe$_3$S$_6$;Pb$_5$Au(Te,Sb)$_4$S$_{5-8}$;斜方?]

silver plated 镀银的
→~-rich benjaminite 富银铜银铅铋矿 //~ ruby 深红银矿[Ag$_3$SbS$_3$]；红银矿[Pb$_3$Cr$_2$O$_9$]；浓红银矿[Ag$_3$SbS$_3$;三方]；淡红银矿[Ag$_3$AsS$_3$;三方] //~ sand 石英砂；银砂；特纯硅砂 //~ scolecite 银钙沸石

silvertetrahedrite{silver tetrahedrite{fahlore;fahlerz}} 银黝铜矿[(Ag,Cu,Fe,Zn)$_{12}$(Sb,As)$_4$S$_{13}$;(Ag,Cr,Fe)$_{12}$(Sb,As)$_4$S$_{13}$;等轴]

silver-thomsonite 银杆沸石

silvery 银色的
→~ pig iron 高炉硅铁 //~ white 银白色

silvestrene 枞萜[C$_{10}$H$_{16}$]

silve(r)strite 氮铁矿[Fe$_5$N$_2$,六方; (Fe$_{0.94}$,Ni$_{0.055}$,Co$_{0.005}$)N; (Fe,Ni, Co)$_4$N]

silvialite 硫(钙)柱石；硫钙铝柱石[Ca$_4$Al$_6$Si$_6$O$_{24}$SO$_4$]；硫方柱石

silvite 钾盐[KCl]

silyl 甲硅烷基

sima 硅镁层；玄武岩层
→~ (sphere) 硅镁圈；硅镁带[岩]

simanal 硅锰铝脱氧合金

simanite 磷硼锰石[Mn$_3$(PO$_4$)(BO$_3$)•3H$_2$O; Mn$_3$(PO$_4$)B(OH)$_6$;斜方]

simasphere 硅镁带[岩]；硅镁层

Simbad Brown 西芭啡[石]

Simbal breathing apparatus 辛巴尔型液氧呼吸器[英]

simetite 高氧琥珀

simferite 磷锂镁石[Li(Mg,Fe^{3+},Mn^{3+})$_2$(PO$_4$)$_2$]

Simiidae 猴`科[亚科]

similar{alike} 相似

similarity 相似性；相似
→~ {similar;semblance;scaling} coefficient 相似系数 //~ criterion{criteria} 相似准则 //~ index 相似性指数{标}

similar-type structure 相似型构造

Similicoronilithus 似花冠石[钙超;K$_2$]

similitude 比喻；类似物；复制品；形象；相似；外表；对应物
→~ principle 相似原理

Siminovella 西米诺夫蜷属[孔虫]

simlaite{meerschalminite} 铝海泡石[Al$_8$Si$_7$O$_{26}$• 9H$_2$O]

simmer 缓慢沸腾；徐沸

simmonsite 西蒙沙晶石[Na$_2$LiAlF$_6$]

simonellite 西烃石[C$_{19}$H$_{24}$;斜方]；西蒙内利烯

simonite 新民矿[TiHgAs$_3$S$_6$]；西蒙矿；西硫砷汞铊矿

simonkolleite 水氯羟锌石[Zn$_5$(OH)$_8$Cl$_2$•H$_2$O]

simonyite 白钠镁矾[Na$_2$Mg(SO$_4$)$_2$•4H$_2$O;单斜]

simoom{simoon} 西蒙风

Simosauridae 扁鼻龙科

Simozonotriletes 凹环孢属[C$_1$]

simpedren 酒石酸对芬福林

simple alternating current 正弦电流
→~ batholith 单岩基 //~ chemical analysis 简项化学分析；简分析 //~ cholesterol calculus 单纯性胆固醇结石 //~{single} correlation 简单相关

simplectic texture 蠕状连晶结构；席状连晶结构

simple fluorite ore 单矿物萤石矿石
→~ {-}harmonic oscillation 简谐振动 //~ hydrograph 单一水文过程曲线 //~ ore 单矿；简单矿物{石}[只含一种矿物] //~ pentalith 单五角形颗石[钙超] //~{single} variation method 单变法 //~ vein 单一矿物矿脉[如硫铁矿]

simplex 单向；单路；单工；单纯的；简单的
→~(ed) circuit 单工电路 //~ double acting pump 单缸式双作用泵 //~ hose 单软管 //~ jack 单作用式千斤顶柱

Simplex(o)perculati 单盖几丁虫类

simplex pump 单缸(单作用蒸汽)泵
→~{single} rake classifier 单耙分级机

simplibaculariate 具单棒丛的[孢]

simplibaculate 具单棒的

simplicial 单体的；单纯的
→~{simplex} method 单纯形法

Simplicidentata 单门齿(亚)目[啮]；单齿类

simpliciplicate 简单褶皱

simplification 化简；单一化；单纯；简化
→~ of coast line 海岸线削平作用

simplotite 绿水钒钙矿 [CaV$_4^{4+}$O$_9$•5H$_2$O；单斜]

simply supported belt conveyor 简单支撑的胶带输送机
→~ supported dam 简单支撑坝

simpsonite 含铁钾钠钙镁闪石；羟钽铝石 [Al$_4$(Ta,Nb)$_3$(O,OH,F)$_{14}$；三方]；钾崔红闪石；钛铝石；钽铝石[Al$_2$Ta$_2$O$_8$]

Simpson's Glacial Hypothesis 辛普逊冰川假说
→~ rule 辛普森法则 // ~ theory 辛普孙{逊}说 // ~ three-point rule 辛普逊三点律

simulate 模型试验；模型化；模拟；模仿；比拟；冒充；制作模型；仿造；伪装；假装置伪装
→~ complex 假聚合体

simulated{similar} condition 相似条件
→~ diamond 人造钻石

simulation 模拟；仿真
→~ analogue 模拟比拟法 // ~ experiment 模拟仿真实验 // ~ perimeter 拟态同界；伪装周界

simulative 模拟的

simultaneous rhythmical crystallization 同时韵律结晶作用

Sinacanthus 中华棘鱼(属)[D$_1$-S$_3$]

sinaite 正长岩

Sinamia 亚洲鲈鱼(属)[J-K]；中华弓鳍鱼(属)

Sinanthropus 中国猿{原}人
→~{Pithecanthropus} officialis 药铺人 // ~ pekinensis 中国猿人北京种；北京(猿)人

Sinclair's model 辛克莱模型

sincosite 磷钙钒`矿{云母}[CaV$_2^{4+}$(PO$_4$)$_2$(OH)$_4$•3H$_2$O；单斜、假四方]

Sinemurian 辛涅缪尔(阶)[欧；J$_1$]；矽缪尔阶
→~ stage 锡内穆(阶)[191~200Ma；J$_1$]；西涅缪尔阶

sine wave signal 正弦波信号

singalling 发信号

singenesis 同生作用

singenite 钾石膏[K$_2$Ca(SO$_4$)$_2$•H$_2$O；单斜]

singing 唱声；鸣震；振鸣；蜂鸣；谐音；啸扰
→~ coal 鸣煤 // ~ phenomenon 鸣振现象 // ~{sounding; musical;whistling; booming;roaring;squeaking} sand 响沙

single 单一的；单根；单独的
→~ amplitude 单振幅 // ~ anticline 单背斜 // ~-anvil cage 锤碎机单行碎矿板格筛 // ~-bench quarrying 单台阶采石 // ~ bevel groove 单斜角坡口 // ~ charge 药包 // ~ component explosive 单成分炸药 // ~ concentrate central jet burner 单个精矿中央射流喷嘴

Single-Crystal Refinement X-ray Analysis 单晶精细 X 射线分析
→~ X-ray Diffraction 单晶 X 射线衍射

single cut 简化琢型[宝石]
→~(point) diamond dressing tool 镶一粒金刚石的整修工具 // ~ element 单分子[牙形] // ~ feldspar 单长石 // ~ pink 单瓣石竹 // ~-roll crusher 单辊碎矿机

singles 单粒级煤[筛孔直径 1~½英寸；英]

single sample 单样

→~-shift working 单班工作制 // ~-shot instrument 单炮孔测斜仪 // ~ shut-off hose coupling 单向密封软管接头 // ~-spiral feeder 单螺旋给料{矿}机 // ~ stage method 一步法[砾石充填] // ~-stage shaft 单水平提升立井 // ~ {-}stamp mill 单锤捣矿机 // ~ {-}sulphide flotation 单硫化矿(物)浮选

singlet 单谱线；单峰；独态；单线[谱]

single-taper 单斜面

single-target drilling 单目的层钻进
→~ survey 单目标测量

singleton 单元集

single-toothed crusher 单齿辊破碎机

single-tooth impact 单齿冲击

single-track 单轨的
→~ drift{heading} 单轨平巷 // ~ heading 单线平巷

single trip 一次运下作业
→~-trolley system 担架线系统

singlet state 单重态

single-tube core barrel 单岩芯管

single tubing wellhead 单油管井口装置
→~-tub wagon tipper 单辆(矿)车(翻)机；单矿车翻笼 // ~ unit 单矿房

single{one}-valued 单值的

single-vein ice 单脉冰

single-V groove with root face 带钝边形坡口

single-wall cofferdam 单壁围堰
→~ corrugated pipe 单壁波纹管

single wall discharge diaphragm 单层排料隔{算}板
→~{individual;solitary} well 单井 // ~ well{opening;drillhole} 单孔 // ~ well-head completion 单井口完井 // ~ well oil production system (海上)单井采油系统

singly excited 单绕组励磁的

singular 奇异的；单一的；单数；特别的
→~ crystal form 定形；固定晶形

singularity 黑洞；奇异性；特性；特殊性；奇(异)点
→~ theory method 奇异性理论方法

singy 振动的；振荡的

sinhalite 硼铝镁石[MgAl(BO$_4$)；斜方]

Sinian 震旦亚界
→~ (period) 震旦纪[800~570Ma；地层为未变质的砂岩、硅质岩、白云岩含沉积铁矿、锰矿，出现低级生物]

sinicite 震旦矿{石}；铀易解石

sinistral 左旋的；左撇子；左的；左侧的；用左手的
→~ coupling of oroclines 弯向造山带（山弧、弯移）的左旋耦合 // ~ displacement{shift} 左行位移 // ~ fold 左褶曲；左偏褶曲 // ~ imbrication 左叠覆[颗石] // ~ sense of displacement 左旋位移；左行位移

sinjarite 水氰钙石；水氯钙石 [CaCl$_2$•2H$_2$O]

sink 沉陷；沉没；下沉[水流]；沉降；换能器；散热器；变换器；插进；凝结水阱；埋入；落水洞；转发器[海底电报]；封闭注地；凹陷；开凿；下落；洗涤槽；接收器；降低

sink (downward) 塌陷

s(hr)inkage 下沉；低洼地；坑

sink a hole 钻眼
→~ and float method 沉浮法[页岩密度

测井之一] // ~-and-float method 重介质分选法 // ~-and float test 浮沉试验

sinkanite 杂矾硫方铅矿

sinkankasite 水磷铝锰石[H$_2$MnAl(PO$_4$)$_2$(OH)•6H$_2$O]；磷氢锰铝石

sinker 沉子；沉锤；测深锤；钻孔器；凿井用手持凿岩机；凿井용泵；冲钻；下沉球[压裂时用于选择性封堵下部射孔孔眼]；挖井工人；凿岩机[向下]
→~ (drill) 凿井用凿岩机

sink-float 重介质选；浮沉
→~ (process) 重介(质)选((矿)法) // ~ ore 重介质浮选矿石 // ~ process 砾石洗涤法[清除泥团、土块]

sink head 冒孔[补缩]
→~(-)hole 灰岩坑；落水洞；渗气坑；溶坑；岩溶坑；石灰阱

sinkhole deformation 岩溶地区塌陷
→~{tunnel} erosion 渗穴侵蚀 // ~ pond 灰岩坑池

sink hole stoch 渗穴；炭阱
→~ in{into} 陷落

sinking 沉落；凿开；凹下；斜口[有壳变形虫类]；井筒下掘；下降流；建井；挖坡沉基
→~ by jetting 射水下沉法 // ~{counter-sunk} head 埋头 // ~ head 平头 // (shaft) ~ operation 凿井作业 // ~ pit 开凿中的井筒；掘进井筒 // ~ pump{lift} 凿井吊泵 // ~ vertical shaft in base rock 井筒基岩施工法 // ~ with pilling 扳桩法凿井

sink{sinkhole} lake 溶陷湖
→~ line 汇线

sinkman[pl.sinkmen] 凿井工

sink material 重产品
→~ new shafts 掘凿新井 // ~ node 最终点

sinkosite 磷钙钒矿[磷钙钒云母；CaV$_2^{4+}$(PO$_4$)$_2$(OH)$_4$•3H$_2$O；单斜、假四方]

sink{mud;effluent} pump 污水泵
→~ refuse 沉矸

sinks 聚集场所

sinnerite 辛(硫砷铜)矿[Cu$_6$As$_4$S$_9$；三斜]

sinnirite 辛尼里岩

Sinocastor 中国河狸(属)[N$_2$]

Sinoceras 中国角石(属)[头]；震旦角石(属)[O$_2$]

Sinoctenis 中国栉羽叶属[T$_3$]

Sinocystis 中国海林檎(属)[棘；O]

Sinoditrupa 中华角管虫[虫管化石]

Sinoeremoceras 中华缓角石属[头；∈$_3$]

Sinoestheria 中国叶肢介属[节；K]

Sinograptus 中国笔石(属)[O$_1$]

Sinohagla 中国哈格尔属[昆；J$_1$]

Sinohippus 中华马属[N$_2$]

sinoite 氮氧硅石；氧氮硅石[Si$_2$N$_2$O；斜方]

Sinokannemeyeria 震旦肯氏龟
→~ pearsoni Young 皮氏中国肯氏兽 // ~ yingchiaoensis 银郊中国肯氏兽

Sino-Korean paraplatform 中朝准地台

Sino-Korean platform 中朝地台

Sinonovacula 蛏蛭(属)[双壳；R-Q]

Sinopa 古鬣齿兽属[E$_2$]

sinopel{sinople} 铁石英[因含铁而呈黄色或褐色；SiO$_2$]

Sinopetalichthys 中华瓣甲鱼(属)[D$_1$]

Sinophyllum 中国珊瑚(属)

sinopis{sinopite} 砖红色黏土；铁铝英土

Sinopora 中国孔珊瑚(属)

Sinoporella 中华孔藻属[P]；小型中国喇叭孔珊瑚属[S_1]

Sinopsocus 中国啮虫(属)[昆;J_2]

Sinoreas 中国羚属

Sinorthis 中华正形贝属[腕;O]；中国正形腕

Sinosaurus 中国龙(属)[T_3]

Sinoshaleria 中华色乐贝属[腕,D_2]

Sinosirex 中国树蜂属[昆;K_1]

Sinospirifer 中国石燕(贝)

Sinoszechuanaspis 中华四川鱼属[D_1]

Sinotectriostrum 槽板贝属[腕;D_3]

Sinotrimerella 中华三分贝属[腕;O_2]

sinotype 中国型

Sinozamites 中国似查米亚属[古植;T_3]

sinter 烧结(矿;块)；泉壳；硅华[$SiO_2 \cdot nH_2O$]；焙烧

sinter bed 烧结物床层
→~ {sintered} bit 烧结粉末胎体(金刚石)钻头 // ~ -cemented 泉胶的 // ~ {subter} deposit 泉华沉积 // ~ dust 返矿(粉)

sintered bauxite proppant 烧结陶粒支撑剂；烧结矾土支撑剂
→~ diamond compact 粉末冶金金刚石复合片 // ~ diamond layer 金刚石热合层 // ~ matrix 粉末烧结(金刚石钻头的)胎体 // ~ metal 金属粉末烧结(金刚石钻头的)胎体 // ~ ore 烧结矿石 // ~ spinel 着色块状尖晶石

sinter fines 烧结矿碎末；返矿；碎烧结矿
→~ hill 硅华丘

sintering 黏结的；结块
→~ fuel 烧结用燃料 // ~ revert fines 返矿

sinterite 泉华沉积

sinterlike 类硅华的

sinter lip{rim} 泉华垣
→~ machine return fines 烧结机(上)返矿 // ~ morphology 烧结矿矿相 // ~ mound{cone} 泉华丘 // ~(ed){sintering} ore 烧结矿 // ~ plant fines 烧结厂返矿 // ~ pressure ridge 泉华压力脊 // ~ screening layout 烧结矿筛分系统配置 // ~ screenings 烧结矿筛下返矿；筛下烧结矿粉末 // ~ track 烧结矿供给线

sinuaperture 凹面孔槽[孢]

sinuate 具湾的；具弯缘的；具深波状的[指边缘]；波状的；弯曲的；弯曲；成波状

Sinuatella 小槽贝属[腕;C_{1-2}]

Sinucosta 槽肋贝属[腕;T_3]

Sinuites 缺凹螺属[腹;O-C]

Sinum 凹底螺属[E-Q]；窦螺属[腹]

sinuous 波状的；弯曲的

sinupalliate 外套湾[双壳]；窦套的

sinus 缺凹；海湾；中槽[腕]；月湾；弯凹；缺刻[牙石]；弯[软]

Sinus Aestuum 暑湾[月面]；浪湾
→~ Iridum 虹湾[月面] // ~ Lunicus 眉湾[月面] // ~ Medii 中央湾[月面]

sip 一点一点地喝(吸、饮)

Sipex CS ×选矿药剂[十六烷基硫酸钠;$C_{16}H_{33}OSO_3Na$]

Siphneus 鼢鼠(属)[N_2-Q]；田鼠属

siphon 虹吸器；虹吸；虹管[棘]；U形山道；弯管；水管[腹]；双壳]
→~ {siphuncle}体管[头] // ~ (pipe)虹吸管

siphonaceous 管状的

---

siphonage 虹吸作用

Siphonales 管藻目{类}

Siphonalia 水管螺属[K_2-Q]；管蛾螺属[腹]
→~ notch 水管刻隙

Siphonaptera 蚤类；蚤目[昆]；微翅类；跳蚤

siphonate 有虹吸管的

Siphonia 管藻属[绿藻]；管海绵属[绵;K-N]

Siphonina 吸管虫(属)[孔虫;E_2-Q]

Siphonochitina 管几丁虫属[O_{2-3}]

Siphonocladus 管枝藻属[Z-Q]

siphonodella 管牙形石

siphonoglyph 管沟；口道沟[珊]

Siphonognathus 管颚牙形石属[C_1]

Siphonophrentis 管沟珊瑚

Siphonophyllia 管漏壁珊瑚属[C_1]；管隔壁珊瑚

siphonopore 管孔

siphonostele 管状中柱

siphonostomatous 管口式[腹]

Siphonotreta 管孔贝属

Siphonotretacea 管孔腕类

Siphonotretida 管洞贝目[腕;$Є_1$-O]

siphonozooid 管状个体{员}[八射珊]

siphon-pipe{-trap} 虹吸管

siphon-pump 虹吸泵

SIP{strongly implicit(procedure)} method 强隐含法

sipunculida 星虫(动物)门；星虫类{纲}

sipylite 褐钇铌矿[$YNbO_4$;Y(Nb、Ta)O_4;不同产状下,含稀土元素的种类和含量不同,常含铈、铀、钍、钛或钽;四方]；铌铒矿

sipyrite 褐钇铌矿[$YNbO_4$;Y(Nb、Ta)O_4;不同产状下,含稀土元素的种类和含量不同,常含铈、铀、钍、钛或钽;四方]

sirazu 白砂[日]

sirenia 海牛目{类}

s(c)irocco 热风；西洛可{哥}风[从撒哈拉吹向地中海焚风]

Sirodotia 连珠藻属[红藻]；雪氏藻属[Q]

Sirogonium 链膝藻属[绿藻;Q]

sis(s)erskite 铱锇矿[(Ir,Os),Os > Ir;六方];灰铱锇矿

siskiyon{siskyon} 黄符山石

s(e)ismograph 地震仪

sismondine{sismondite} 硬绿泥石[(Fe^{2+},Mg,Mn)$_2$Al$_2$(Al$_2$Si$_2$O$_{10}$)(OH)$_4$;单斜、三斜]

sisosterol 锡索甾醇

sister 姊；相同类型的东西
→~ taxa 姐妹分类单元 // ~ wedges 姊妹楔[机]

Sitall[俄] 玻璃陶瓷；微晶玻璃

sitallization 微晶化

sitaparite 方铁锰矿[Mn_2O_3;(Mn^{3+},Fe^{3+})$_2$O$_3$;等轴]；胶铁锰矿[(Mn,Fe)$_2$O$_3$]

site 场地；地位；地区；地段；地点；工地；坐落；现场；位置
→~ characterization 场{厂}址特性判定[岩力] // ~ density 测点密度 // ~ distribution 晶位分布 // ~ of road 路基 // ~ pile 就地浇灌桩

siting 定线；定位；场址选择；场地选择
→~ investigation 选址勘察

sitostane 谷甾烷

sitosterol 谷甾醇

si-trail 包体内 组构{S 面}尾迹

sittil 粉碛土

---

situ 地点；原地的；就地；位置

situation 势；环境；地点；情况；气候；状态；局面；形势
→~ after an earthquake 震情 // ~ report 情况报告

situs 部位[尤指动植物器官生来的原位]

Sivad main cover screw 赛{西}瓦德主盖螺钉

Sivapithecus 西瓦古猿属[N]

Sivatherium 西洼兽(属)[Q]

siverve 弯

Siwalik formation 西瓦利克层
→~ stage 锡瓦利克(阶)[亚;N_1-Qp]

sixling 六连晶

six-membered ring 六元环

sixth-power law 六次方定律[河流]

sizable 广大的；大的
→~ mining operation 大型矿山

size 大小；分选；浸润剂；尺码；尺寸；体积；度量

sized coal 筛选煤

size-decline curves 最大粒径-递变层高度曲线

size degradation 磨细；磨碎；粒度减小；块粒碎裂；颗粒碎裂

sized{screened} feed 筛过的料

size{particle-size;grain-size;size-grade} distribution 粒度分布
→~ (grade) distribution 级配 // ~ distribution of rock particles 岩石颗粒大小的分布

sized ore 整粒矿石
→(closely) ~ sinter 整粒烧结矿

size fraction 粒群
→~ fraction analysis 颗粒分析 // ~ grading 粒序 // ~ mixing equipment 浸润剂配制装置 // ~ of grains{particle} 粒度 // ~ of image 像幅

(grain;particle)size range 粒度范围

size range index 粒度范围指数
→~ reduction operation 破碎矿物作业

sizilianit 天青石[$SrSO_4$;斜方]

sizing 定径；筛选{分}；粒度分析；分选{级}；校准
→~ -assay test 贵重矿物分布分析 // ~ of ore 矿石整粒

sizunite 钾质云煌岩

sizzle 嘶嘶{咝咝}(地响;作声)

sjajbenite 硼镁石[$Mg_2(B_2O_4)(OH)(OH)$;$2MgO \cdot B_2O_3 \cdot H_2O$; $MgBO_2(OH)$;单斜]

sjanchualinit 香花石[$Ca_3Li_2Be_3(SiO_4)_3F_2$;等轴]

sjogrenite 水碳铁镁石[$Mg_6Fe_2^{3+}(CO_3)(OH)_{16} \cdot 4H_2O$;六方]；水镁铁石[$Mg6Fe_2^{3+}(CO_3)(OH)_{16} \cdot 4H_2O$]；水硅铁石[$Fe_2^{3+}Si_2O_5(OH)_4 \cdot 2H_2O$;单斜]；磷铜铁矿

sjogru(f)vite 黄砷锰钙矿[(Mn^{2+},Ca,Pb)$_9$Fe$_2^{3+}$(AsO$_4$)$_6$(OH)$_6$]；砷锰铅矿[$Pb_3MnAs_3O_8OH$;$Pb_3Mn(As^{3+}O_3)_2(As^{3+}O_2OH)$;单斜]

S {-}joint S 节理
→~ -joint 纵节理

skail 分风

skammatite 水铁锰矿[$(Mn,Fe)_2O_3 \cdot H_2O$]

skamy coal 不纯煤

skapolith 方柱石[为 $Na_4(AlSi_3O_8)_3(Cl,OH)$—$Ca_4(Al_2SiO_8)_3(CO_3,SO_4)$完全类质同象系列]

skar 岩(石)礁；小岩岛；小岛

skare 雪结皮；雪面壳

S

skargard 岩礁星布(的)海面[瑞]

skarn 硅卡岩；矽卡岩

skarnization 硅卡岩化(作用)；矽卡岩化(作用)

skarn molybdenum deposit 矽卡岩型钼矿床

skarnoid 类矽卡岩

Skarstote iron ore 斯卡斯奥特磁铁矿

skartrag 冰蚀新月形岩盆[瑞]

skatobios 岩屑生物

skatole 粪臭素

skauk 大片冰裂隙

skavl[pl.-er] 雪面波状{纹}脊

skavler 雪面波纹

skedophyre 匀斑岩

skedophyric 匀斑状

skeg 导流尾鳍；船的龙骨的后部

skelet(on) 骨骼[动]

skeletal code 骨架代码
→~ detritus 骨质碎屑 //~ {three-phase} diagram 三相图 //~ duplicature 骨褶边[节鳃足] //~ residue 不溶骨质

skeletogenesis 造骨作用

skeleton 骨骼；构架；梗概；轮廓；略图；框架；维管束系[植]
→~ (layout) 草图

Skeletonema 骨条藻属[硅藻;Q]

skeleton grain 骨粒

skeletonizing 绘制草图

skeleton layout 原理图；初步布置；结构图
→~ shrinkage 防散矿堆采矿法 //~ shrinkage method 暂时留矿空场法

skellering 翘曲

skellysolve 石油溶剂

skemmatite 水铁锰矿[(Mn,Fe)$_2$O$_3$•H$_2$O]

Skenidioides 拟帐幕贝属[腕;O$_2$-S]

Skenidium 帐幕贝属[腕;D$_1$]

skerries 白绿色云母质砂岩

skerry 砂夹层[泥灰岩中]；海屿；低小岛；残岛；岩岛
→~ coast 岛礁岸

skerryguard 低矮小岛；岩岛包围的静海面

skerry-guard 护岸岩礁；防波岩礁

sketch 勾；纲要

sketched contours 手勾等高线；草绘等高线

sketching 画草图；草图；目测；简图
→(field) ~ 草测 //~ board 测图板 //~ {skeleton} diagram 略图

sketch map{plan} 示意图
→~ map 概略图；速写图 //~ map {plan} 草图 //~ master 草稿底图 //~ out 绘出草图；概述

sketchy{block} diagram 草图

skew 时滞；轨迹不正；奇支斜；偏斜；偏态；偏度；扭的；不规则斜支矿脉；分布不匀；非对称的；斜砌石[建]；斜交；斜的；歪扭；歪的

skew{swing} adjustment 偏斜调整
→~ {askew} arch 斜拱

skewback 拱座；拱脚；拱基；斜块(拱石)；起拱石

skew bevel gear 歪伞齿轮
→~-coil winding 斜圈绕组 //~ coordinates 斜坐标 //~ corbel{putt} 斜座石 //~ correction 偏斜校正

skewed{skew} crossing 斜交叉
→~ four-spot injection pattern 菱形四点法注采井网；歪四点注水井网 //~ {tapered} slot 斜槽

skew factor 斜扭因数；歪斜系数
→~ field 斜域 //~ joint 斜接口 //~ product 斜积 //~ roller 斜滚柱 //~ symmetric tensor 斜对称张量

skiagite 铁榴石[Fe$_3^{2+}$Fe$_2^{3+}$(SiO$_4$)$_3$]

skiagraphy X射线照相学

Skiagraptus 影笔石属[O$_1$]

skialith 残影体；遗岩

skid 滑移；滑橇；滑靴；滑履；滑架；滑动；滑道；滑板；刹车；导板；木材滑道；浮撬[沼泽地带运载物探仪器的平底浮车]；制件缺陷；制动器；打滑
→~ boulder 滑动砾块；孤立巨砾[干盐湖上]

Skiddavian 阿伦克格统[欧;O$_1$]；阿伦尼(克)阶[欧;O$_1$]
→~ stage 斯基道阶

Skiddawian 斯奇道阶[O$_1$]

skidded shot 偏位炮点
→~ shots 移动炮点

skidding 滑行；地面上拖行

skid plate 橇板
→~ platform 滑台

skidway 滑道；垫木楞场；横木滑道[林]；木马道；拖拉道

skiffling 粗琢石

skigite 铁榴石[Fe$_3^{2+}$Fe$_2^{3+}$(SiO$_4$)$_3$]

skiing 滑雪
skilled 熟练的；有技能的
→~ work 需技能的工作 //~ worker {labor} 熟练工人 //~ worker 技工

skim 铲削；去渣；去垢；撇渣；扒渣；浮渣；从石油中蒸馏出轻质馏分；涂树脂
→~ (off) 撇去；撇取[如水面上的油] //~ ice 薄冰皮

skimmed 撇渣

skimmer 平土铲；撇渣器；撇沫器；撇除器；辅助炮眼；辅助炮孔；推土机；掏渣池[玻]
→~ (blade) 刮板 //~ (froth) ~ 刮泡器；撇油器 //~ {skim} gate 撇渣口

skimming 表面浅层引水[不扰动泥沙]；去除表层；刮泡产品；撇渣；撇除；掠流；掠抽；从水面上撇取浮油；整平(路面)
→~ baffle 撇油板

skimmings 浮渣

skimming tank 分油罐
→~ wear 滑动磨损

skim pocket 掏渣池[玻]
→~(ming) pond 撇油池[从污水中收回原油] //~ stock 涂料

skin 表面；皮肤；外壳；表皮[钙超]

skink 石龙子

skin{uppermost;near-surface} layer 表层

skinnerite 硫锑铜矿[Cu$_3$SbS$_3$;单斜]；斯金纳矿

skin pad 护皮垫
→~ resistance 皮面阻力 //~ rock 巷道露出面；岩石露出面 //~ tight cast 无衬石膏管型 //~-to-skin spacing 密集排列 //~ zone 表皮效应地带；井壁堵塞带；井壁不完善带

skip 省略；起重箱；刮斗；料罐；料车；遗漏；跳跃；斗车
→~ bail 提水箕斗[底部有阀]；汲水箕斗 //~ bridle 箕斗提升吊架 //~ {tipping} bucket 翻斗 //~ bunker 箕斗储矿石的仓库 //~ cage 两用罐笼 //~ direct loading 箕斗直接装载[从矿车] //~

dump 箕斗翻卸器

skipman 箕斗工

skip{bounce} mark 跳(动)痕

skippenite 碲硒铋矿[Bi$_2$Se$_2$Te]

skipper 正驾驶员；船长；舰长；箕斗工；机长
→~ arm 斗杆

skipping 跳过
→~ {wall} slash 扩帮；刷帮 //~ the pilling 加宽平巷

skip pit{shaft} 箕斗井
→~ road 箕斗提升道 //~ roll mark 跃滚痕 //~ test 空白检测指令 //~-type feeder 吊斗式矿泥给料机

skipway 箕斗提升道

skirt 活塞裙；裙环缘；裙板；边缘；打捞罩；套筒

skirting 靠近崩落区的巷道
→~ (plate) 导料挡板 //~ junking 沿煤柱边的窄道

skirt piles 边桩；围桩
→~ retaining wall 坡脚挡土石墙 //~ thread protector 环形护丝[打捞母推下端的]

ski run 滑道
→~ tow (行人攀登用)斜井拉绳

skive 切片；刮；削；石坡切割
→~-action machining 刮削加工

skjaer 岩(石)礁；小岩岛

skjaerga(a)rd 低矮小岛；岩岛包围的静海面

skjer 岩(石)礁；小岩岛

skj(a)ergaard 岩岛包围的静海面；低矮小岛

skleropelite 硬土黏土岩

sklerospathit 纤铬叶绿矾

sklerosphere 硬圈[位于软流圈之下]

sklerotin 黑沥青脂

sklodowskite 硅镁铀矿[Mg(UO$_2$)$_2$Si$_2$O$_7$ (OH)$_2$•5H$_2$O;单斜]

skogbolite 重铁钽矿；重钽铁矿[FeTa$_2$O$_6$，常含Nb、Ti、Sn、Mn、Ca等杂质;Fe^{2+}(Ta, Nb)$_2$O$_6$;四方]

skolexerose 钙柱石[Ca$_4$(Al$_2$Si$_2$O$_8$)$_3$(SO$_4$, CO$_3$,Cl$_2$);3CaAl$_2$Si$_2$O$_8$•CaCO$_3$;四方]

skolite 鳞{块}海绿石[K½(Ca,Mg,Al, Fe^{3+})$_{4~6}$((Si,Al)$_8$O$_{20}$)(OH)$_4$]

Skolithos 石针迹；针(管)迹[遗石;Є-O]

skomerite 橄榄钠长斑岩；橄辉钠质粗面岩

skorian 铁尖晶石[Fe^{2+}Al$_2$O$_4$;等轴]

skorilite 火山玻璃

skorodite 臭葱石[Fe^{3+}(AsO$_4$)•2H$_2$O;斜方]

skorpionite 水羟碳磷锌钙石[Ca$_3$Zn$_2$ (PO$_4$)$_2$CO$_3$(OH)$_2$•H$_2$O]

skor(t)za 绿帘石[Ca$_2$Fe^{3+}Al$_2$(SiO$_4$)(Si$_2$O$_7$) O(OH);Ca$_2$(Al,Fe^{3+})$_3$ (SiO$_4$)$_3$(OH);单斜]

skot 斯可特

skotch 挡车器

skotine 褐帘石[((Ce,Ca)$_2$(Fe,Al)$_3$(Si$_2$O$_7$) (SiO$_4$)O(OH),含Ce$_2$O$_3$ 11%,有时含钇、钍等;(Ce,Ca,Y)$_2$(Al,Fe^{3+})$_3$(SiO$_4$)$_3$(OH);单斜]

skovillite 水磷铈石；磷钇铈矿[((Ce,Y,La, Di)(PO$_4$)•H$_2$O]

skullcap 岩石圆盖层

skulptur 纹饰[德]

skunk 臭鼬属[Q]

skupit 柱铀矿[4UO$_3$•9H$_2$O;UO$_3$•2H$_2$O;斜方]

skutterudite 方钴矿[CoAs$_{2~3}$;等轴]

sky 气候；风土；天色；天

→~ (space) 天空 // ~ blue 天蓝

skydrol 特种液压工作油[防腐及润滑用]

skyey 天蓝

sky fog 天雾

→~ hooker 架工

skylab imagery 天空实验室图像

→~ multiband camera 天空实验室多波段摄影机

skyline 地平线；地名索引；架空索道；架空索；天际线

skystone 陨石；天外石

sky type 天空类型

→~ {space} wave 天(空电)波

slab(bing) 背板；刷帮；石板；厚板；长字节；子信息；层板；铺石板；平板；片；单元；裂板；板岩；扩帮；分层；板片；板块；板；下面加垫的铁板[焊补管道上腐蚀漏洞]；铁块

slabbed core 岩芯切片

→~ {slab} hole 崩落孔

slabbing 排柱；割成板块；密集支架；分割成板块；板裂；岩裂；剥落；痂片剥落

→(pillar) ~ 煤柱刷帮；纵向进路回采矿柱；矿柱刷帮 // ~ of rock 岩石掉块

slabby 层状的；板状的；板状(结构)；块状的

→~ {laminated;foliated} coal 层状煤 // ~ rock 板状岩石

slab charge 平面装药

→~ failure 板皮状破坏[岩坡] // ~ pahoehoe 板形绳状熔岩；板结绳状熔岩 // ~ pahoenoe 板面熔岩 // ~ pillaring 切帮式煤{矿}柱回采 // ~ slate 厚石板

slabstone 石板

slab stress due to thermal warping 板体温度翘曲应力

→~ wax 板状地蜡

slack 熟化的(石灰)；缓慢；变松(的)；轨幅；浅谷；挠度；末煤[<2in.]；急；煤屑；风化煤；沼泽洼地；渣屑；备用部分；空隙；消化的[石灰]；岸边凹地；下垂；碎煤；松弛；松；熄火[炼焦]

→~ barrel 装石蜡用桶；非液体用桶 // ~ bin 煤泥槽；矿泥槽

slacking 水解；破碎；风化作用；粉末化

→~ alas 风化渣

slackline 松绳

→~ {tautline} cableway 缆索吊机 // ~ cableway bucket 架空松绳挖掘机挖斗 // ~ cableway excavator 架空索道松绳挖掘机 // ~ scraper 松绳塔式刮土机

slack{reel} off 放绳

slackrope switch 钢绳松弛自动断电开关

slack side tension 松边张力

→~ tide{water} 憩流 // ~ time 延缓时间 // ~ water 缓流 // ~ water{tide} 平潮 // ~ wax 疏松石蜡；石蜡与油混合物；自压榨得到的粗石蜡 // (paraffin) ~ wax 软蜡[石蜡与油的混合物]

slade 平地；谷坡洼地；冰斗状小穴

slag 火山渣；化渣；排渣；炉渣；渣化渣；矿渣；除渣；结渣；多化石脆(性)页岩

→~-alabaster partition 矿渣石膏隔墙 // ~ block stone 矿山废石 // ~ breaking 打碎矿渣 // ~ (portland) cement 矿渣水泥；炉渣水泥 // ~ concentrate 渣浮选精矿 // ~ expansive cement 矿渣膨胀水石 // ~ fill 填矿渣

slaggability 造渣能力

---

slagged surface 渣化面

slagging 熔渣；渣化；造渣；除渣；成渣

→~ (combustion) chamber 排渣式燃烧室 // ~ gas producer 液态排渣{放液渣式}煤气发生炉

slaggy 渣状的；渣状；矿渣状

→~ agglomerate 渣状集块角砾岩；多孔集块角砾岩 // ~ {scoriaceous;clinker;aa-type;aa} lava 渣状熔岩

slag hole{notch} 渣口[冶]

→~ packed filter 矿渣填充滤床；矿渣滤料滤池 // ~ roofing granules 铺屋面用矿渣颗粒 // ~-sealing 矿渣密封{封闭}

slagslide 矿渣崩塌

slag slurry concrete 湿碾矿渣混凝土

→~ spout 流渣槽 // ~-sulphate cement 矿渣硫酸盐水泥 // ~-tap boiler furnace 出渣式锅炉 // ~ tap firing 熔灰燃烧

slaked carbide 电石消化的石灰泥渣；石灰泥渣

→~ {hydrated} lime 水化石灰 // ~ {killed} lime 消石灰[Ca(OH)$_2$] // ~ lime 陈石灰[中药]；热石灰；消化石灰；lime milk water 熟石灰乳(液)

slake-durability 耐崩解性

slake durability test 抗崩解持久性试验

slaker 熟化石灰的设备

slake trough 淬火槽

→~ tub 钻头淬火箱

sla(c)king 熟化；潮解；水化；崩解；消散；消化；松解

slaking slag 水碎渣；风化渣

slalom{crooked;wiggly} line 弯曲测线

→~ line profile 弯曲测线剖面

slam 使劲关；砰(声)；猛投；撞击；拍击

→~ combination system 满贯组合测井系统 // ~ retarder 减振器[防止单向阀阀瓣关闭时损坏阀座]

slang 行话；俚语；小溪；小河；术语[专门的]

slant 倾斜的；斜；倾斜巷道；倾斜短联络风巷；倾斜；弄斜；斜向；斜面；斜的；斜坡[牙石]

slant (hole) 斜井

→~(ing) bin 斜底(贮)仓

slanted bar 斜条

→~ prop 斜撑 // ~-ray 倾斜射线 // ~ rig 倾斜钻机

slant-hole 斜井

Slant-hole Express 斜井快车[一种定向井测井系统]

slanting 坡

→~ cut 斜切 // ~ leg manometer 斜管式压力计 // ~ toe 倾斜壁座

slant midpoint stack 倾斜中点叠加

→~ midpoint stacks 倾斜中心点叠加 // ~ of the fold-axis 褶皱轴倾 // ~ section of hole 井眼的斜井段 // ~ stroke pumping unit 倾斜行程抽油机 // ~ vein 斜交矿脉

SLAP 标准轻南极降水[氧同位素国际标准]；SLAP 标准[国际原子能机构推荐的第二个氢、氧同位素标准，δ D=-428‰]

slap 活塞敲击(声)；山口；恰好；拍打；猛然；松动[声]

slash 水平巷道；刷大；树丛沼泽；湿地巷道；刀痕；割开；带状沼泽；砍入；(多)沼泽(低)地；减薪；减少；滩槽

slashed raise 刷大的上山[天井]

---

slash-mark 刀砍状痕；砍痕

slash of hole 扩孔

slat 薄板皮片；前缘缝翼；平板条；装条板；(用)条板制造

→~ bucket (用)钢条做成的筐式铲斗

slate 石片；石板；高灰煤；煤中页岩；指定；板状的；预计；板石；页岩；建筑工料；提名

→(flat) ~ 板岩；石板瓦 // ~ boarding 石板屋面垫层；石板外墙板；屋顶石板衬板；瓦衬板

slatechanging 石板墙

slate{debris;waste} chute 矸石溜槽

→~ dust 天然石板粉 // ~ hanging 挂石板瓦；挂墙石板 // ~ intercalation 页岩夹层 // ~ man 夹石伪顶清除工；夹层伪顶清理工 // ~ pencil 石笔；玉石笔

slater 铺石板者；拣矸工

slate ribbon 板岩劈理面上的条纹构造

→~ ridge 圆石脊 // ~ ridging 铺石板瓦脊 // ~ {-}spar 板状方解石[CaCO$_3$] // ~ spar 层方解石[CaCO$_3$]；板方解石 // ~-spar 层(方)解石 // ~ switch panel 石板面配电盘

slating 屋顶石板材料

slato 石板

slatter 劣质煤；杂质煤；硬灰质板岩；页岩；溅出；溢出

→~ slate 硬钙质板岩

slaty 石板；板状的；板状

→~ clay 板岩质黏土 // ~ {platy} cleavage 板(状)劈理 // ~ cleavage 片理；板状劈理；板岩劈理

slaughter 大屠杀；屠杀

slave 奴隶；做苦工

→~ degree 隶属度 // ~ signal 副台信号

slavikite 菱镁铁矾{矿}[NaMg$_2$Fe$_5^{3+}$(SO$_4$)$_7$(OH)$_6$•33H$_2$O；三方]

slaving{subsidiary} system 从属系统

slawsonite 锶副钡长石；锶长石[(Sr,Ca)Al$_2$Si$_2$O$_8$；单斜]；德方解石

slay (绳股)右捻向

sleaking 冲淡

sled 滑车；滑板；撬；拖运器；雪橇

→~ drag 拖斗

sledge 双面锤[破碎大块]；滑片；滑板；撬；雪橇

→~ (hammer) 大锤

sledged stone 锤碎岩石

sledge hammer 手用大锤

→~ pin 插销

sledger 击石工人；锤劈石机

sledging 用锤击破大块石；锤击

→~ roll 齿辊机

sled velocity and distance meter 拖速和行程计量仪

sleeker 磨光器；异型墁刀

sleek stone 光面石

sleep 睡(眠)；静寂

sleeper 睡眠者；底梁；轨枕；道木；枕木；小搁栅；卧车

→~ beam 枕梁 // ~ track 有枕轨道

sleepiness 静寂；想睡

sleet 雨夹雪；下雨雪；下冰雹；冰凌；冰雹；冻雨

→~ load 冰雪负荷 // ~ shower 阵雨雪

sleeve 衬套；衬；轴衬；筒；套管；套

→~ (piece) 套筒 // ~ BOP 筒状橡胶芯子防喷器 // ~ burner 套筒燃烧器{炉}

S

sleeved injection tube 有套筒的压注管
sleeve exploder 水脉冲；筒式气体爆炸器
→~ half-bearing 半套筒轴承
sleeving 编织套；管
sleigh 雪橇；乘电橇
slenderness 细长；微少
→~ ratio 长细比；长度直径比
slender prismatic 细柱状
→~ stalactite 钙华刘海
slew 回转；转向；泥沼；大量；沼泽地；沼地，旋转后的位置；旋转；许多；小沼泽；摆动
slewable boom 旋转式悬臂
→~ discharge boom 可回转卸料臂架
slewing 回转(的)
→~ advance pivoting advance 扇形推进
slew post 转臂支柱
→~ -steering 回转转向 // ~ -steering loader 摆动转向式装载机
slice 薄片；铲；切；条块；部分；泥刀；一刀煤；板；削波；限制；冲掩岩片
→(cutting) ~ 切片 // ~ (mining) 分层开采 // ~ bench 切割分层 // ~ boundary 条带边界 // ~ lead 片掘巷道
slicer 切片机；刨煤机；刨矿机；泥刀；限制器
→~ loading 分层装载
slice stoping 分层回采；分层采掘
→~ stratify 分层
slicing 薄片；分片{裂}作用；分层开{回}采；限制；限幅
→~ and caving 分层崩落开采 // ~ -and-filling 分层充填采矿 // ~ -timbered stoping 分层支柱回采法
slick 水面漏油；熟练的；巧妙的；光滑的；平滑器；平滑的；带纹[海面]；煤泥；漏油；矿泥；修光；翻砂工具
→~ assembly 光钻铤组合[无稳定器] // ~ boring 水膜钻孔
slickens 水力冲刷浮土法；细泥；尾矿泥
slickenside 滑移面；滑动面；擦痕面；擦痕；擦断层；断面擦痕；镜岩；断层擦(痕)面
slickensided{striated} surface 擦痕面
slicker 砂金矿中的铁矿巨砾；刮刀；修型墁刀
slicking 薄矿脉[0.7-0.8~2 m]；狭矿脉
slick joint 滑面接头；滑动接头
→~ line 平直管线；钢丝 // ~ line device 滑线装置 // ~ -line place 滑管混凝土浇筑装置
slickolite 擦痕岩面；直立断续擦痕
slickrock 光滑岩
slickstone 擦磨石
slide(r) 滑块；滑板；滑橇；滑动；滑道；滑；层面断层；罐道；导板；崩塌；崩落；褶皱断层[上盘受褶皱的逆掩断层]；褶滑断层；冲断面；断层
slide (glass) 载玻片
→(ground) ~ (显微镜)载片 // ~ (guide) 导轨 // (lantern) ~ 幻灯片；地滑；山崩；钻杆导槽
slideable 可滑动的
slide-and-guide 滑动导向(管座)
slide bar 滑杆
slieve[爱] 山
slifter 裂隙
slight 轻微的；轻视；轻的；脆弱的
→~ angle 微角 // ~ enriched fuel 低

浓缩燃料 // ~ {flat;easy} grade 缓和坡度
slightly acidic water 弱酸性水
→~ mineralized 弱矿化的
slikke 潮浦[荷]；潮坪[荷]；潮泥滩[荷]
Slim 地震岩性模拟
slime 地沥青；黏质物；黏液；黏土；泥；残渣；煤泥；料浆；烂泥；矿泥；废渣；阳极泥；岩粉；浆沫
→~ analysis 矿泥分析 // ~ box{tank} 矿泥槽 // ~ coating{coat} 矿泥膜衣 // ~ dam 矿浆槽 // ~ -dump 矿泥堆 // ~ -free feed 脱泥给矿 // ~ leaching 矿泥浸出{析} // ~ mo(u)ld 泥塑模 // ~ pond 尾矿池 // ~ pulp 含泥矿浆
slimer 磨矿机；矿泥摇床[选]；细粒摇床；细粉碎机
slimes analysis 煤泥试验(分析)
slime separator 矿泥分选机，除泥器
→~ table 矿泥摇床[选] // ~ tin 细磨备选锡石 // ~ traction thickener 周边传动或矿泥浓缩机 // ~ -vanner；矿泥带式溜槽 // ~ washer 矿泥淘洗机淘矿机；淘选带washer 矿泥`洗选机{选床}
slim hole 地震探矿炮孔；勘察小井；小眼井
→~ -hole drill collar spear 小井钻铤打捞矛 // ~ -hole drilling 小孔径钻凿{进}
sliming 泥浆化；矿泥化；细粒化
slim tube 细管
→~ -tube displacement{|test} 细管驱替{|试验}
slimy 糊状的；矿泥的
sline 横节理；瓯穴[顶板]
sling 吊索；吊起；吊(重)链；吊具；吊环；链钩；悬吊；背带
→~ (dog) 吊钩
slinger 吊物工人；吊索；吊环；抛掷式充填机；抛砂机；离心式充填机；投掷装置；投石者
→~ {shovel} stowing 手铲充填 // ~ stowing 抛掷充填
Slingram 水平线圈法
→~ method 斯陵格兰姆法
slip 滑移；滑脱；滑泥；滑率；滑动；滑；山口；隧道；泥浆；钻井泥浆；泵阀漏的油；漏失；打滑；转数减小；转差率；崩料；板条；移动；船台；岩石滑动；卡瓦；小断层；节理[煤层]；断距；塌料；塌方；松开
→~ block 滑塌体；滑动岩体
slipform 滑模
→~ concrete paver 滑模式混凝土铺路机
slip form liners 滑模浇注补壁[巷道等]
→~ -form method of pouring 滑模浇注法
sliphook 卡钩
slip{sneak} into 潜入
→~ -joint casing pipe 滑动接头套管 // ~ joint pliers 鲤鱼钳 // ~ line 滑落线 // ~ mark 岩面的滑痕
slippage 滑移量；滑动；滑程；漏失；打滑；错动；逸出；下降
→~ effect 滑脱效应 // ~ past the plunger 沿柱塞漏失
slipper 滑块；滑动部分；制动块；游标
→~ bracket 滑夹托架 // ~ brake 电机轨闸
slipping 滑移作用；巷道刷大；平移；打

滑；崩料；移动；延期
→~ bank 滑塌岸 // ~ cut 宽巷道多次爆破掘槽 // ~ of abutment footing 桥台基础滑移 // ~ of foundation pit of pier and abutment 墩台基坑滑塌
slip pipe 滑管；伸缩接头
→~ sheet 滑席；滑片；滑动岩席
slipsole 坡跟(垫)
slip stone 磨刀小油石
→~ -stone 滑磨石
slip(ping){slide} surface 滑面
slip system 滑系
→~ tectonite 滑构造岩 // ~ vein 含断层矿脉
slipweaking model 滑动弱化模型
slip-weld hanger 卡瓦-焊接式悬挂器
slit 横巷；软件类；切开；剖切；剖面；槽；纵割；裂罅；裂隙；裂口；联络巷道；折裂；开沟；截槽
→~ (orifice) 裂缝；缝 // ~ band 裂带 // ~ deal 薄板 // ~ ga(u)ge 裂缝式清纱器
slither 岩屑；角砾
slit jaws 裂缝夹子
→~ -lamp 裂隙灯 // ~ -lamp corneal microscope 裂隙灯角膜显微镜 // ~ nut 切槽螺帽；开缝螺帽 // ~ -plate 狭缝板
slitting disk 切石圆锯；制备矿石标本用圆锯
→~ mill 切石滚剪机 // ~ shot 割裂爆破
slit tube 有缝管
→~ wedge tubing bolt 管缝式锚杆 // ~ yarn clearer 裂缝式清纱器
sliver 薄片；长条；切成长条；毛刺；纵切；裂片；裂块；裂开；裂缝；板片；岩片；碎片；碎裂物
sloam 夹矸
sloanite 浊沸石[CaO•Al₂O₃•4SiO₂•4H₂O；单斜]
sloan pack 金属围网(填)石垛
slob 泥泞地；雪冰；冰泥[密积]
slobice 浓密冰泥
slob ice 浓密冰泥；密积冰泥
slobland 泥质地；泥泞地
slocker 更衣室；落水洞
sloflo 低流速驱替注水泥法
slog 步履艰难地行；跋涉；猛击；苦干；顽强行进
sloot 狭水道；狭冲沟
slop 水坑；泥浆；半融雪；废油；污水(坑)；溅出的液体
→~ cut 废馏分
slope 上山；褶皱翼；倾斜；坡降；坡道；边帮；大陆坡；斜坡；斜面；斜度；井筒；断层补角；斜井[不直通地表,提升物料]
→~ (coefficient) 斜率；坡度
sloped curb 大斜面路缘石
slope decline 坡下倾
sloped footing 锥体基础；斜坡底脚
slope-discharge curve 水面坡降流量曲线
slope distance 斜距
→~ mine 斜井开采矿(山) // ~ of the ore body 矿体斜度
sloper 异径接头
→(back) ~ 整坡机
slope ramp 斜坡道
sloping 倾斜的；坡降；坡；成斜坡
→~ apron 折坡；斜坡式护墙；斜护墙

// ～ bank{embankment} 坡岸 // ～ leg 倾斜矿层 // ～ plate 斜盘

slopping bed 倾斜地层

slop pump 污油泵

sloppy 泥泞
→～{slop} cut 混合馏分 // ～ heat 冷熔

slops 溢出的液体；污油

slop tank 混油罐；污水罐
→～ treatment 不合格油的处理 // ~ wax 粗蜡；原料石蜡；未经过滤的石蜡

slosh 软土；烂泥；雪泥

sloshing 晃动[液体燃料的]

slot 滑槽；长条形眼；长方形孔；切槽；沟；槽沟；槽；落槽；足迹；裂缝；缝隙；缝；凿槽；分条；口；隙；截槽；位置
→～ hole 槽形口

slotlocking 采区切割

slot mesh 长缝(筛)孔
→～ mesh plate 长筛孔板 // ～ mesh screen 长孔筛；条缝筛

Slotnick relationship 斯劳尼克关系(式)

slot pitch 槽距
→～ reactance 裂缝电抗 // ～ signalling 复归信号器；反复闪光式信号机 // ～ system 垂直分条上行采矿法

slotted 有长孔的；有槽的
→～ dust sampler 缝槽矿尘采样器

slot-timbered stoping 掏槽支柱回采法

slotting 打孔；开切；开缝；开槽；截槽；掏槽；穿孔[卡片]
→～ machine 插床；插齿机

slot tolerance 割缝公差
→～ undersizing 割缝尺寸偏小 // ～ weld 槽焊 // ～ width 槽宽；缝宽

slouch 坍落物

slouge 滑塌

slough 崩落；脱落；滑坍；滑塌；泥沼；泥坑；沼泽地；沼泽；剥落；小沼泽；坍落物；碎落

slough (off) 片帮；坍塌
→～ channel 泥沼水{河}道

sloughing 坍塌；坍方

slough lee 半融雪

slovan 矿体露头

Slovenia 斯洛文尼亚

slow 拖拉；迟钝
→～ acting 慢动的 // ～ action 缓动(作用) // ～ banking gear (罐笼)缓速装车装置 // ～-curing asphalt 慢干道路沥青；用柴油馏分稀释的道路沥青 // ～-curing paving binder 慢干的液体道路沥青 // ～ debris flow 岩屑滞流 // ～ down flood waters 滞洪 // ～ drift burst 慢漂(移)爆发 // ～ -drilling{resistant;hard-to-cut} rock 难凿岩石

slower light 慢光

slow filter 慢滤池
→～-floating 难浮的 // ～ flowage 缓流动 // ～ freezing 缓凝{冻}

slowing 慢化；减速
→～-down cross-section 慢化截面；减速截面

slowly retardation stage 和缓期

slow motion pumping 慢速泵油{送}
→～ movement 慢移 // ～-moving 黏糊；迟滞 // ～-moving landslide 缓动式滑坡

slowness 缓慢度；迟缓

slow nova 慢新星

→～ oxidation 缓慢氧化 // ～ slaking lime 慢化石灰

S-L-S{solid-liquid-solid} growth 固-液-固生长[晶]

slud 薄冰；初期冰；土溜；土滑

sludge 沉积灰泥；混合软水；软泥；软冰；海绵水；泥渣；泥肥；残渣；煤泥；钻(井岩;下的岩)屑；淤渣；淤泥[0.002～0.06mm]；油泥；细料浆；污水；挖泥；冰凇；成渣；泥浆[含岩屑多]
→(core) ～ 钻泥 // ～ (cuttings) 矿泥

(drill(ing)) sludge 岩粉；污泥

sludge activation tank 污泥活化池
→～ age 泥龄

sludgebox 泥渣箱；钻泥沉淀取样器{箱}

sludge box 钻泥沉淀取样器{箱}
→～ cake 软松冰团 // ～ channel 尾矿槽 // ～{slurry} decantation 矿浆倾析 // ～ fermentation 污泥发酵法 // ～ impoundment 泥浆池 // ～ inhibitor 淤渣生成抑制剂

sludgeless 无渣的

sludge level meter 污泥界面仪
→～ paddock 沉降矿渣的场所；泥浆沉淀场 // ～ pit 矿渣坑；污油坑 // ～ processing plant 矿泥处理车间

sludger 砂泵；炮眼刮杓；排砂(岩屑)泵；泥浆泵；泥泵；用以清除淤泥等之机械；扬砂泵；出泥筒；抽泥泵；污泥泵；挖泥装置

sludge removal 清除污泥
→～ sampling 取淤泥样；取岩粉样 // ～ scraper 刮泥板；泥浆刮除器 // ～ storage 污泥淤积量 // ～ tank 矿泥槽

Sludge volume index 污泥容积指数

sludge wastewater treatment 污泥废水的处理
→～ water 含酸渣的废水 // ～-well 排矿井

sludging 泥流；泥浆化；泥化；形成沉淀物；土溜；成渣
→～ up 岩粉堵塞

slue 回转；泥沼；转向；沼泽地；旋转

sluff 掉渣；软岩脱落；片帮；雪滑；小雪崩

sluffing 岩石剥落

sluff-offs 纱线崩脱

slug 斯(勒格)[英尺-磅秒制质量单位;=32.2磅]；束；缓动物；滑轮；铅字条；棒；灌浆封闭裂缝防漏；刮管器；导管；排料孔；大块砂金[1磅以上]；部分；组；柱；半焙烧矿石；(纯)矿石块；块；芯子；金属矿块；铁芯；条；段塞；锻屑
→～ bit 硬合金球齿牙轮钻头 // ～ catcher 液体段塞捕集分离器[海上天然气管线]

sluge 半焙烧矿石

slug flow 气团(状)流(动)；迟滞流；夹栓流动

sluggish 缓慢的；呆滞的；不活泼的；拖拉；迟滞；停滞的
→～ ore 易黏矿石

slug method 瞬时抽水或瞬时注水法；冲击法
→～ of water 水栓；水击

slugs 未蒸发的燃料液滴

slug test 定容积瞬息提{注}水试验
→～ the hole with viscous mud 往井中泵{注}入一段稠泥浆

sluice 水闸；水门；水力冲采；管道；槽；流水沟；流水槽；流槽；奔流；泄洪闸；冲洗
→～ (box) 流矿槽；溜槽；闸 //(ground) ～ 冲矿沟 // ～ box 溜矿槽 // ～{streaming (-down);wash} box 洗矿槽

sluiced fill 水力填方

sluice gate 水闸(门)；冲刷闸门；冲沙闸门

sluiceway 流矿槽；泄水道；洗砂沟；洗矿槽；冲流道；冰水道

sluicing 水冲开挖法；流槽选矿；溜洗
→～ (weep) 泄水 // ～ chamber 冲砂室 // ～ table 轮式摇床

sluit 狭水道；狭冲沟

slum 黑滑硬黏土；(石油)润滑油渣；溜槽溢流泥渣；板煤；页岩煤；井底备用车辆停车道

slumgum 残渣；渣滓

slump 滑塌；滑动；陷落；混凝土塌落度；衰退；衰落；湿陷；滑移；滑陷(构造)；滑坡；滑动沉陷；猛然落下；崩滑；下降；萎靡；降低；暴跌；坍塌；坍度；塌陷

(earth) slump 坍落

slump ball 滑陷球；团球；假团球
→～{slip} bedding 滑动层理 // ～ coherent 黏结滑塌；粘连滑塌 // ～ cone 稠度试验锥[混凝土]；坍落度`试验锥{(圆锥)筒}

slumped mass 滑塌体；崩滑体

slump{gravity;gravitational} fault 重力断层
→～ fold 滑动褶皱；崩移褶曲 // ～ incoherent 松散滑塌

slumping 滑场；崩移；崩坍；崩塌；崩滑；坍落；塌滑
→～ folds 崩移褶曲 // ～ slide 圆弧形滑坡 // ～ type settlement 湿陷量

slump mark 崩落痕[沙波或沙丘背流面上]
→～-mass 崩滑体 // ～ sheet 滑塌岩带{席} // ～ structure 塌滑构造

slums 陋巷

slung cartridge 系住下放的药卷

slurried bed 崩滑层理
→～ lime 石灰乳 // ～ ore fines 矿浆

slurry 水泥浆；浆；软膏；黏土悬浮液；泥浆；煤泥；料浆；矿泥；矿浆；薄泥浆；洗涤用水；结晶浆液；稀泥浆；稀浆；浆液
→～{slime} clarification 矿浆澄清 // ～ deduction 煤泥重量校正；矿泥重量校正 // ～ gravel pack operation 砂浆砾石充填作业

slurrying flotation 煤泥浮选

slurry manifold ring 料浆环形总管
→～ mining 矿泥浆开采法 // ～ pack job 砾石砂浆充填作业 // ～ pool{pond} 泥浆池 // ～ tank 水泥浆槽；淤浆槽；矿浆槽 // ～ tank{trench} 泥浆槽 // ～ transportation 矿浆输送 // ～ {-}treatment plant 矿泥处理车间 // ～-trench method 槽壁法

slush 扒矿；水砂充填；砂泵；软泥；软冰；泥渣；泥浆；扒矸石；煤泥；烂泥；淤泥[0.002～0.06mm]；油灰；稀泥浆；溅湿；涂油灰

slush ball 风成雪球；浪成雪球
→～ bucket 捞砂筒；捞泥桶 // ～ casting 空心件铸造；空晶铸件

slusher 扒矿机；铲泥机；耙斗
→～ drift/runner{runner} 电耙道 // ～

{scraper} hoist 电耙{扒矿}绞车

slusherman 扒矿工；电耙工

slusher method 电耙出矿方法
→~ system 扒出出矿系统；扒矿装置 //~ trench 扒矿堑沟 //~-type caving 采用电耙的崩落采矿法 //~-type pocket 扒矿机型矿仓

slush{mud} grouting 灌泥浆

slushing 扒运；水力充填；涂以保护层

slush nozzle 泥浆喷嘴
→~ {shale} oil 洗井用过的废液[水、砂、泥浆和油]

slushpit 泥浆坑[工]

slush pit{pond} 泥浆池
→~ {sludge} pit 污泥坑

slushy 泥泞

Smalfjord 斯莫福尔德阶[Z]

sma(e)lite 高岭石[$Al_4(Si_4O_{10})(OH)_8;Al_2O_3\cdot2SiO_2\cdot2H_2O;Al_2Si_2O_5;$单斜]

small 粉矿；小；狭小
→~ arm 短臂 //~ bin 小矿槽 //~ black tile 小青瓦 //~ bore 小内径 //~ cabbie 小圆石 //~ circle 半径小于投影球半径的圆；小圆 //~ cup 盏 //~ displacement pile 小位移桩

smallest limit 下极限
→~ size drill rods 最小尺寸钻杆

small firms 小企业
→~ flocs 小絮团 //~ graphite 粉粒石墨 //~ group 小组 //~ iron mine 小铁矿 //~ lake 泡 //~ loop 小环 //~-mound-type fan 小丘型扇 //~ ore 粉矿[铜、铅、锌] //~ plate 小板块

smalls 末煤[<2in.]；煤粉

small sample 小样品{本}
→~ scale 小比例尺；小缩尺 //~ scale fractaring 小型压裂 //~-scale mining operation 小型矿山；小规模采矿作业 //~ sheave 小滑轮 //~ shelly fossils 小壳化石 //~ shock 小振动；小冲击 //~-size colliery 小型煤矿 //~-size lime 小块石灰 //~ {little} slam 小王牌测井；小满贯测井

smalt 色砂；大青(玻璃)；蓝玻璃

smaltine 少砷方钴矿

smaltite{smaltine} 砷钴矿[$(Co,Fe)As$,斜方；$(Co,Ni)As_2$]；少砷方钴矿

s(ch)maragd 祖母绿[绿柱石变种,含少许铬；$Be_3Al_2(Si_6Ol_8)$]；纯绿柱石[$Be_3Al_2(Si_6O_{18})$]

smaragdite 辉石型阳起石；绿闪石[$Na_2Ca(Fe^{2+},Mg)_3Al_2(Si_6Al_2)O_{22}(OH)_2$]

smaragd-malachit 绿铜矿[$Cu_6(Si_6O_{18})\cdot6H_2O;H_2CuSiO_4$]；透视石[$Cu(SiO_3)\cdot H_2O;H_2CuSiO_4;CuSiO_2(OH)_2$;三方]

smaragdochalcite{smaragdo-chalcite} 氯铜矿[$Cu_2(OH)_3Cl$;斜方]

smaragdolin 绿宝石玻璃；祖母绿玻璃

smarls 扭结

smash{break} sth. to pieces 破碎
→~-up 碰撞捣毁

SME 采矿工程师协会[美]

smear 散开；弄脏；阴渗；污迹；污点；拖影；(显微镜)涂片；涂抹物；涂
→~-collection 涂油捕收(作用)

smeared 斑点状(的)
→~ out crystal 抹拭晶体；抹滑晶体[断层面上]

smear metal 切屑
→~ with (paste,etc.) 刮 //~ zone 沾

污(地)带；影响带

smectic 近晶体
→~ state 长分子束平行层状态[某些脂肪酸的液晶态]

smectis 漂白土[一种由蒙脱石构成的黏土]

smectite 蒙皂石[族名；$MgO\cdot Al_2O_3\cdot4SiO_2\cdot nH_2O$]；蒙脱石[$(Al,Mg)_2(Si_4O_{10})(OH)_2\cdot nH_2O;(Na,Ca)_{0.33}(Al,Mg)_2Si_4O_{10}(OH)_2\cdot nH_2O$；单斜]；绿土[颜料;海绿石、绿鳞石等]；绿胶埃洛石

smectites 蒙脱石类

smeech 浓烟

smegmatite 皂石[$(Ca_{1/2},Na)_{0.33}(Mg,Fe^{2+})_3(Si,Al)_4O_{10}(OH)_2\cdot4H_2O$;单斜]

smegmolith 包皮垢(结)石

smelite 高岭石[$Al_4(Si_4O_{10})(OH)_8;Al_2O_3\cdot2SiO_2\cdot2H_2O;Al_2Si_2O_5$;单斜]

smell 气味；嗅觉；嗅；臭味
→~ of product 油品气味

smelt 冶炼

smeltable 可熔炼的

smelting 熔损；熔炼；熔化；冶炼
→~ electric furnace 矿热电炉 //~ hematite 易熔的赤铁矿 //~ of semireduced ore 半还原性矿石熔炼

smergal 刚玉砂[刚玉与磁铁矿、赤铁矿、尖晶石等紧密共生而成]

smiddy{smithy} coal 冶铁煤

smirgel{smiris} 刚玉砂[刚玉与磁铁矿、赤铁矿、尖晶石等紧密共生而成]

smirnite 氧碲铋矿

smirnovite 钍金红石[$2((Th,U,Ca)Ti_2O_6)\cdot H_2O$]；钛钍矿[$(Th,U,Ca)Ti_2O(O,OH)_6$;单斜]

smirnovskite 磷钍{铈}石[$(Th,Ca,Ce)(OH)(P,Si,Al)(O,F,OH)_4$]

smirnowit 钍金红石[$2((Th,U,Ca)Ti_2O_6)\cdot H_2O$]；钛金红石

smith 铁匠
→~ (work) 锻工

smitham 细粒矿石

Smithian 史密斯阶[T_1]

smithing 锻造
→~ {smithy} coal 锻冶煤

smithite 斜硫砷银矿[$AgAsS_2$;单斜]

Smith reflector 史密斯反射器

smithsonite 菱锌矿[$ZnCO_3$;三方]；异极矿[$Zn_4(Si_2O_7)(OH)_2\cdot H_2O;Zn_2(OH)_2SiO;2ZnO\cdot SiO_2\cdot H_2O$;斜方]；碳酸锌矿

smk 烟尘；烟
→~ gen 发烟器

smkls 无烟的

Sm-Nd dating method 钐钕年龄测定法

smock 工作服

smoelite 高岭石[$Al_4(Si_4O_{10})(OH)_8;Al_2O_3\cdot2SiO_2\cdot2H_2O;Al_2Si_2O_5$；单斜]

smog 烟雾

smogout 被烟雾完全笼罩的状态；烟雾笼罩{弥漫}

smoke 淡蓝；弥漫；冒汽；蒸气；烟色；烟尘；烟；抽烟；速度
→~ (and fog) 烟雾

smoked paper{sheet} 烟纸
→~ provisions 熏制食品

smoke dry 熏干

smoked sheet{paper} 熏烟纸

smoke eater 司炉
→~ explosion 烟气煤爆炸

smokehade 烟雾测定

smoke hatch 排烟口；通烟口

→~ helmet 防烟面具 //~-laden atmosphere 含烟空气

smokeless 无烟煤的；无烟的

smokemeter 烟尘(测量)计

smoke nuisance{injury} 烟害
→~ pipe{stack;funnel} 烟囱 //~ point 烟点[喷气燃料的一种性质]；吸烟处；无烟火焰高度 //~ poisoning 烟气中毒

smoker 施放烟幕的船只{飞机}；吸烟者{室}

smokescope 烟雾观测器

smokeshade 空气中的污染微粒；烟雾测定

smoke signal 发烟信号[军]；信号烟幕

smokes-particle 烟尘微粒

smokestack 烟囱

smoke stack cap 烟囱帽
→~ staining 串烟

smokestone 烟晶[含少量的碳、铁、锰等杂质;SiO_2]

smoke technique 烟流法[测量低速风流]

smoking 冒烟；冒汽；吸烟
→~ crest 扬沙峰顶[沙丘] //~ ground 放气地面

smoky 冒烟的；烟状的；烟色的
→~ quartz 烟石英

smolianinovite 水砷钴铁石[$(Co,Ni,Mg,Ca)_3(Fe^{3+},Al)_2(AsO_4)_4\cdot11H_2O$;斜方]

smolmitza 黑黏土

smolyanskite 土砷钴镍矿

smonite 黑黏土

smonitza 黑油土

smooth 光滑的；光滑；平稳的；平滑的；平滑部分；弄平；流畅的；纯净的；修匀；修光的工具；消除；校平；调匀的
→~ (off) 使平滑 //~ ashlar 光细琢石[房]

smoothed-axed stone face 细剁石面

smoothed derivative 光滑微商
→~ radiation pattern 平滑的发射形式；修匀的辐射图形 //~ surfaced stone 光面石块

smoother 整平工人；修光工具

smooth-faced drum 光面滚筒
→~ rubble armoured structure 光滑护面堆石结构

smooth file 细锉
→~ finish 光面修整；光洁度高 //~ (ing) function 光滑函数 //~ hole 平滑井眼

smoothing 平滑；滤波；修匀；校正
→~ {span} chisel 展平凿 //~ function 圆滑函数；修匀函数

smooth lining 平整井壁；平面井壁
→~-mouthed 无齿的；齿磨平的[钻头]

smoothness 光滑；平滑度

smooth off (使)顺直

smoothworking 顺行；平稳工作

smothered bottom 闭塞海底；闷盖的海底；湖底；闷盖的沉积层表面；封闭的沉积层表面

smoulder proof 防燃烧蔓延性

smrkovecite 羟磷铋石[$Bi_2O(OH)(PO_4)$]

smut 煤炱；劣质软煤；劣煤；污点；炭黑；酸洗残渣
→~ coal 土状煤；土煤烟煤；煤垔 //~ drift site 雪滑地

smyris 刚玉砂[刚玉与磁铁矿、赤铁矿、尖晶石等共生而成]；宝砂

smythite 菱硫铁矿[$(Fe,Ni)_9S_{11}$;三方]

Sn 锡

S/N (ratio) 信噪比

snab 急剧升起的陡坡

snag 水中隐树；打磨；清铲；阻碍；粗加工；隐患；暗礁
→~ hook 吊重物活动大钩

snaiderit 镁浊沸石

snail 缓慢移动；蜗形轮
→(land) ~ 蜗牛 // ~-shaped nebula 蜗牛状星云

Snake 长蛇座

snake 蛇般爬行；蛇；清除管道污垢用的通条；迂回前进；斑点
→~ core 弯曲砂芯 // ~ fashion 来回曲折放置岩芯的方法

snakehole 底部钻孔；底部炮眼[油罐]；台阶底部水平炮孔

snake hole 蛇穴炮孔；底部钻孔；沿巨砾底部下方打的炮孔
→~-hole springing 蛇炮眼底扩大 // ~holing (in-hole) 采矿场底部钻水平炮眼；钻凿台阶底部水平炮孔；钻凿蛇穴炮列；钻内孔碎巨石法 // ~ holing method 蛇穴法 // ~ holing undermining holing 打蛇穴炮眼爆破 // ~ in the grass 隐患

snakes in hole 垮塌钻孔；塌孔

snake stone 蛇石；结核；假象[一矿物具有另一矿物的外形]

snaking 逐渐滑移前进；蜿蜒推进[长壁工作面输送机]
→~-over 蜿蜒推进[长壁工作面输送机] // ~ stream 蛇曲河

snap 撤扭接头；按扣；少量；揿钮；嵌入；啪的一声；猛咬；猛然；铆头模；绷断；拉断；矿工早(午)饭；快照；迅速闭合；小平凿；精力；突然折断；短冷期；急射
→~ action 闪动作；快动作

snapback 突然弹回；急速返回

snap-closed drum 有快关箍簧的油脂桶；快关箍油脂桶

snap clutch 弹压齿式离合器

snaphaan{snapha(u)nce} 发火装置

snap{cheese} head bolt 圆头螺栓
→~ head rivet 圆头铆钉

snapper 抓式取样器
→(mud) ~ 抓泥器

snapping back 回弹[钻杆卸开时]
→~ dislocation 沿断层面变位 // ~ turtle 鼓海龟

snappy blow 快速冲击

snaps 矿车绳夹

snap shoot{shot} 快相拍摄

snapshot 瞬时波场图；抽点打印；爆炸快拍；激发快拍
→~ plotting 快照图

snap valve 速动阀

snarumite 蚀铝直闪石；贫锂黝辉石；黝辉石

snatch 抓住；扣绳；攫取；夺得；通风小烟囱；碎片
→~ {floor} block 开口滑车 // ~ block 扒矿机钢丝绳导轮

snatching 迅速吊运

S-N curve 应力周数曲线
→~ curve for p percent survival 残存p%的应力-循环次数曲线 // ~ diagram 应力(-)循环次数图

sneak out 淡出[电视图像逐渐消失]

sneck 推车器；填空小(毛)石；乱石[建]

snecked wall 乱石砌筑(的)墙
→~ walling 乱石砌筑

snecky 矿房端楔形垂直掏槽

sneezeweed 圆形石胡荽

Snell seismic trace 斯奈尔地震道

Snell's law 斯涅耳定律[折射率]；折射律

snezhura 雪泥

sniffing technique 嗅测技术

snitch 机械测井仪表[记录钻进时间、井深和停工时间]；偷

snitcher 管道涂层裂缝检测仪

snmall 小型的；细细地

snooper 探听者

snooperscope 夜望镜；夜视器

snoop leak detector 漏气检查器

snore piece 吸水龙头；吸滤筐

snoring condition 空吸情况

snorkel 水下通气呼吸管；潜水帽；废气管；通气管
→~ chamber 取样器 // ~ tube 吸管

snotter 夹杂物[钢铸件中]

snout 喷嘴；鼻子；猪嘴；口吻状物；口鼻部[动]；岩岬
→~ of glacier 冰川鼻；冰河鼻

snow 雪状物；"雪花"干扰；下雪
→~ arete 雪刃脊

snowball 滚雪球似地迅速增长；雪球(状生长)
→~ mineral 主要指石榴石 // ~{spiral} structure 雪球构造 // ~ structure 旋球构造

snowbank 平顶雪丘；雪坡[体]；雪堤
→~ digging 软岩掘进

snow-bank digging 挖雪堤[钻比较软的易钻地层]

snow banner 旗状风雪河；雪旗

snowberg 雪山

snow blanket 地面积雪
→~ blindness 雪盲症

snowblink 雪照云光；雪地反射在天上之白色光辉

snow blower 吹雪机
→~-board 测雪板；雪珠

snowbreak 防雪林；防雪堤；雪障；融化[雪]

snowbridge{snow bridge} 雪桥

snow broom{blast;storm} 雪暴
→~-broth 融雪[水面冰块]；雪水 // ~ burn 雪炙

snowcap{snow cap} 湖面积雪；(山顶)雪帽

snow-capped{snowy;-covered} mountain 雪山

snow-catchment area 集雪区

snow chain 雪链[防滑]

snow crust 硬雪壳
→~ crystal 雪晶 // ~ cushion 雪垫层 // ~ depth 降雪深度

snow dune 雪丘
→~ dust 粉雪 // ~-eater 蚀雪风；融雪雾[风] // ~(-patch) erosion 雪蚀作用；雪蚀

snowfall (降)雪量

snow fed river 融雪补给的河流
→~-feed river 雪水补给的河流

snowfield{snow field} 雪原

snow flurry 雪阵
→~ forest climate 雪林气候

snowgage 量雪计{器}

snow glide 雪滑

snowline{snow(-cover) line} 雪线
→~ fluctuation 雪线升降 // ~ heat-flow contour 雪线热流图

snow load 雪载荷
→~ mantle 雪盖 // ~ mat 雪席 // ~ measuring plate 测雪板

snowmelt 融雪[水面冰块]；雪水；雪融
→~ (water) 融雪水

snow mushroom 雪伞
→~ niche 雪洼地

snowpack 压实雪层；积雪
→~ water equivalent 雪水当量

snow patch{region} 雪区
→~ pellets 霰 // ~ {nieve} penitente 雪柱 // ~ pillow 雪枕[测雪层重量仪器] // ~ plow{sweeper} 扫雪机 // ~ protection plantation 防雪林

snowquake 雪震

snow receiving shaft 受雪井
→~ resistograph 雪阻力计 // ~ retention 雪蕴水量 // ~ roller 雪卷 // ~ {snowmelt} runoff 融雪径流

snows 积雪

snow sampler 取雪样器
→~ scale 测雪尺

snowshed 雪水供应盆地

snow-shovel 雪铲

snow shower{blast} 阵雪
→~ sky{sheen} 雪照云光 // ~ slab 雪板

snowslide{snow slide{slip}} 雪崩

snow slope 雪坡[体]

snub 缓冲；绕绳滑滑；张紧；冲击吸收；突然制止；拉住[用绳]

snubber 缓冲器；强行下入管柱工具；减振器；掏槽炮眼；掏槽工

snubbing (用绳绕柱)缓慢放车；破石；自高压井中取下钻具
→~ arm 耙板 // ~ {secondary} cementing 挤水泥 // ~ in 强行下入(钻杆、油管) // ~ service 不压井起下作业

snub drum 支撑滚筒
→~ (ber) hole 扩大掏槽的炮眼 // ~ line 大钳尾绳；冲击吸收绳 // ~-nosed{golden} monkey 金丝猴[Q] // ~ pulley 偏向滚筒

Snyder Crushing 斯奈德破碎法
→~ process 斯奈德破碎法；斯奈德减压碎矿法 // ~ sample 斯纳德尔型弧路取样机

soakage 浸透；浸；保温时间；环境适应[设备的]；渗透；渗入；润湿；泡；均热[处理]；浸渍；磁化；浸泡；吸收；加热；积水洼地；电容器的静电荷

soaking 均热[处理]；浸润；吸收
→~ bin 浸渍仓

soak pit 困泥坑[耐]
→~ solution 浸泡液

soap 石碱；脂肪酸盐；皂；(用)肥皂洗；肥皂
→~ earth 块滑石[一种致密滑石,具辉石假象;$Mg_3(Si_4O_{10})(OH)_2$;$3MgO \cdot 4SiO_2 \cdot H_2O$] // ~ emulsion 皂浊液；皂乳化液 // ~ layer 皂层石 // ~-rock 皂石[$(Ca_{1/2},Na)_{0.33}(Mg,Fe^{2+})_3(Si,Al)_4O_{10}(OH)_2 \cdot 4H_2O$; 单斜]；滑石 [$Mg_3(Si_4O_{10})(OH)_2$;$3MgO \cdot 4SiO_2 \cdot H_2O$;$H_2Mg_3(SiO_3)_4$;单斜、三斜]；块滑石 // ~-stabilized tail oil 皂化稳定尾油 // ~-stone 滑石；寿山石[叶蜡石的致密变种;$Al_2(Si_4O_{10})(OH)_2$]；皂石；泥岩；

块滑石；冻石[Al$_2$(Si$_4$O$_{10}$)(OH)$_2$]//～ stone carving 青田石雕

SOB 洋底盆地

sobatkite 斯蒙脱石

sobolevite 磷硅钛钙钠石[Na$_{14}$Ca$_2$Mn TiP$_4$Si$_4$O$_{34}$]；硅磷钛钠石

sobolevskite 六方铋钯矿[PdBi]

sobotkite 镁蒙脱石[(Mg$_2$Al)(Si$_3$Al)O$_{10}$ (OH)$_2$•5H$_2$O；单斜]；铝皂石

sobralite 锰(铁)三斜辉石[(Mn,Fe)SiO$_3$]；铁锰辉石

sobrerone 松萜

SOC 美孚石油公司

Sochkineophyllum 索斯金娜珊瑚属[P$_1$]

sociability 群集度

social 社交的；联欢会
→～ animal 群居动物//～ diseconomy 社会不经济性//～ engagement 应酬

sociales 优势种

social security insurance 社会安全事业保险

Society for Quality Control 质量检验学会
→～ of Applied Spectroscopy 应用光谱学学会//～ of Economic Geologists 经济地质(学)家学会//～ of Economic Paleontologists and mineralogists 经济古生物学家和矿物学家学会//～ of Mining Engineers 采矿工程师协会[美]

socio-economic determinants 社会-经济的决定因素
→～ factor 社会-经济因素

socio-legal 社会法律

sociology 社会学

Sociophyllum 伴侣珊瑚(属)[D$_2$]

socket 绳头套环；插口；管座；炮窝；炮根；残炮孔；带喇叭套筒的打捞工具；矛槽；座；铰窝；碗形轴承；齿窝；承窝；套筒；套节；喇叭口[管子的]
→～ flange 承口法兰

socle 基石；基脚；座石；柱脚；台石[建]

sod 草皮；草根层；草地；腐殖层

soda 泡碱[Na$_2$CO$_3$•10H$_2$O；单斜]；钠碱
→～ (ash) 苏打灰[Na$_2$CO$_3$]；苏打[Na$_2$CO$_3$•10H$_2$O]//(salt)～ 碳酸钠[Na$_2$CO$_3$]；纯碱[Na$_2$CO$_3$]//～ alaskite 钠白岗石{岩}//～ -alunite 钠明矾石[NaAl$_3$(SO$_4$)$_2$(OH)$_6$；三方]；钠矾石//～ -amblygonite 钠磷铝石；叶双晶石[(Na,Li)Al(PO$_4$)(OH,F)]//-anorthite 三斜霞石[Na(AlSiO$_4$)]//～ -asbestos 烧碱石棉；苏打石棉//～ -augite 含钠辉石//～ -beryl 碱绿柱石[为含有 Li,Na,K,Cs 等的绿柱石]//～ berzeliite 钠黄砷榴石//～ -cataplei(i)te 多钠锆石[Na$_2$ZrSi$_3$O$_9$•2H$_2$O]//～ -chabazite 钠菱沸石[((Na$_2$,Ca)(Al$_2$Si$_4$O$_{12}$)•6H$_2$O(近似,含少量K)；六方]

sodaclase 钠长石[Na(AlSi$_3$O$_8$);Na$_2$O•Al$_2$O$_3$•6SiO$_2$；三斜; 符号 Ab; Ab$_{100-90}$An$_{0-10}$]

sodadehrnite 钠磷灰石

soda-dehrnite 碱磷灰石[(Ca,Na,K)$_5$(PO$_4$)$_3$(OH)]

soda deposit 钠矿床
→～ feldspar 钠长石[Na(AlSi$_3$O$_8$)；Na$_2$O•Al$_2$O$_3$•6SiO$_2$；三斜；符号 Ab]//～ -garnet 钠石榴石//～ -glauconite 钠海绿石//～ -heterosite 异磷铁锰矿//{-}hornblende 钠铁闪石[Na$_2$Ca$_{0.5}$Fe$_5^{2+}$ 5Fe$_{15}^{3+}$((Si$_{7.5}$Al$_{0.5}$)O$_{22}$)(OH)$_2$]//-hornblende

钠角闪石[((Ca,Na)$_{2-3}$(Mg^{2+},Fe^{2+},Fe^{3+}, Al^{3+})$_5$ ((Al,Si)$_8$O$_{22}$)(OH)$_2$]；亚铁钠闪石[Na$_3$(Fe^{2+}, Mg)$_4$Fe^{3+}Si$_8$O$_{22}$(OH)$_2$；单斜]

sodaite 中柱石[Ma$_5$Me$_5$–Ma$_2$Me$_8$(Ma:钠柱石,Me:钙柱石)]；韦柱石

soda-jadeite 硬玉[Na(Al,Fe^{3+})Si$_2$O$_6$；单斜]；翡翠[NaAl(Si$_2$O$_6$)]

soda keratophyre 钠角斑岩
→～ -leucite 钠白榴石//～ {-}lime 碱石灰[NaOH 和 CaO 的混合物]//～ lime 钠石灰//～ -lime{calcic} feldspar 钠钙长石[Na(AlSi$_3$O$_8$)–Ca(Al$_2$Si$_2$O$_8$)]//～ lime tube 碱石灰管

sodalite 钠沸石[Na$_2$O•Al$_2$O$_3$•3SiO$_2$•2H$_2$O；斜方]；方钠石[Na$_4$(Al$_3$ Si$_3$O$_{12}$)Cl；等轴]
→～ group 方钠石类

sodalithite 方钠石岩

sodalitite 方钠岩；方钠石岩

sodalitophyre 方钠斑岩

soda{sodium} loxoklas 钠正长石[Na(Al Si$_3$O$_8$),(K,Na)(AlSi$_3$O$_8$)]

sodalumite 钠明矾[Na$_2$SO$_4$•Al$_2$(SO$_4$)$_3$• 24H$_2$O；等轴]；钠铝矾

soda-lye 氢氧化钠[NaOH]；碱液

soda-margarite 钠珠云母[(Na,Ca)Al$_2$ (Al(Al,S)Si$_2$O$_{10}$)(OH)$_2$]

soda(-)melilite 钠黄长石

soda mesotype 钠沸石[Na$_2$O•Al$_2$O$_3$•3SiO$_2$• 2H$_2$O；斜方]
→～ {sodian} microcline{soda-microcline} 歪长石[(K,Na)AlSi$_3$O$_8$；三斜]//～ mint 碳酸氢钠[NaHCO$_3$]//～ -nepheline- hydrate 高铁皂石//～ niter{nitre} 智利硝(石)[NaNO$_3$]//～ {cubic} niter 钠硝石[NaNO$_3$；三方]//～ nitre 天然硝石//～ -nitre 钠硝石[NaNO$_3$；三方]//～ pop geyser 汽水瓶式间歇喷泉；冷间歇(喷)泉//～ prairie 碱草原//～ -purpurite 紫磷铁锰矿[(Mn^{3+},Fe^{3+})(PO$_4$)]

sodar 声雷达

soda-richterite 钠锰闪石

soda saltpeter 钠硝石[NaNO$_3$；三方]
→～ -sanidine 钠透长石//～ sanidinite 钠透长岩；钠透长石//～ -sarcolite 钠肉色柱石//～ series 钠质岩系

sodasilite 硅钠石[Na$_2$Si$_2$O$_5$；单斜]

soda{sodium} soap 钠皂
→～ (feld)spar 钠质长石；钠长石[Na(AlSi$_3$O$_8$);Na$_2$O•Al$_2$O$_3$•6SiO$_2$；三斜；符号 Ab]//～ -spodumene 更{奥}长石[Ab$_{90-70}$An$_{10-30}$; (NaSi,CaAl)Si$_2$O$_8$]；钠锂辉石[NaLiAl(Si$_2$O$_6$)]；钠辉石//～ -spodumene 奥长石[介于钠长石和钙长石之间的一种长石；Ab$_{90-70}$An$_{10-30}$;Na$_{1-x}$Ca$_x$Al$_{1+x}$Si$_{3-x}$O$_8$；三斜]//～ straw 石吸管；苏打水蜡管//～ tremolite 钠透闪石[Na$_2$(Mg,Fe^{2+},Fe^{3+})$_6$(Si$_8$O$_{22}$)(O,OH)$_2$;Na$_2$ Ca(Mg,Fe^{2+})$_5$Si$_8$O$_{22}$(OH)$_2$, 单斜 ;Na$_2$CaMg$_5$ (Si$_4$O$_{11}$)$_2$(OH)$_2$]

sodding 铺草皮

soddite{soddyite} 硅铀矿[(UO$_2$)$_5$Si$_2$O$_9$• 6H$_2$O；(UO$_2$)$_2$SiO$_4$•2H$_2$O；斜方]

sodian{soda} adularia 钠冰长石[(K,Na) (AlSi$_3$O$_8$)]
→～ augite 钠辉石//～ sanidine 钠透长石[(K,Na)(AlSi$_3$O$_8$)]

sodicferriferropedrizite 高铁钠铁锂闪石[^{4}Na^{8}Li$_2$^{C}(Fe$_2^{2+}$Fe$_2^{3+}$Li) ^{T}Si$_8$O$_{22}$^{X}(OH)$_2$]

sodic rock 含钠岩石

→～ soil 富钠土；苏打土//～{sodium} soil 钠质土

sodion 钠离子

sodium 钠
→～ acetate 醋酸钠；乙酸钠//～ acid pyrophosphate granular 粒状焦性磷酸钠//～ acid{acid sodium} tartrate 酸式酒石酸钠//～ alcoholate 醇钠

soehngeite 羟镓石[Ga(OH)$_3$；等轴]

soengei 大河
→～ {sung(g)ei;aer} 河流[马]

SOF 洋底扩张

sofar 声发；声波定位(仪)；搜{声}发[声波定位和测距]

sofar channel 声发波道

soffit cusp 拱顶石
→～ scaffolding 砌拱支架

soft 软的；软；柔软物；柔软地；柔软的；柔软部分；柔和的；光滑的；不稳固的；硬度低的；易氧化的；易碎的；易分解的；多节理的；松软；松
→～ action 软性作用；软化作用//～ burned lime 软烧石灰；轻烧石灰//～ clay 软黏土//～{cherry;yolk;mining;mingy; run; free;easy;sea;apple} coal 软煤

softened rock 软化岩石
→～ water 软(化)水

softener 软化剂；柔软剂；增塑剂
→(water)～ 软水剂

softflow 低黏性的；易流动的

soft formation 松岩层
→～ graphite paper 柔性石墨纸//～ grinding stone 软磨石//～ mineral 软矿物[比石英软的矿物]//～ particle 土粒//～ petroleum ointment 矿脂[材;油气]//～ radiation 软辐射//～ rime 软凇

softrock{soft rock} 软岩
→～ riverbed 软弱岩床

soft rocks 软石
→～ roof 软弱顶板；软顶板//～ rope 软绳[指麻绳、尼龙绳等]//～ rubber lining 软橡胶衬

softs 脆性亮煤

soft science 软科学
→～ vector 软矢量[金刚石]

software 设计方案；软设备；程序
→～ debugging aids 软件调试工具//～ development process 软件研制过程//～ probe 软件监视程序

soft water 软水
→～ -water brine 软盐水//～ wax 软蜡[石蜡与油的混合物]；易熔石蜡//～ woven lining 软织物刹车衬层//～ X-ray appearance potential spectroscopy 软 X 射线表观电位谱

sogdianite{sogdianovite} 锆锂大隅石[(K,Na)$_2$Li$_2$(Li,Fe^{3+},Al)$_2$ZrSi$_{12}$O$_{30}$；六方]；碱锂钛锆石；索格底安石

soggendalite 多辉粗(粒)玄岩

soggy soil 湿润土壤

sogrenite 杂黑铀树脂

sohlbank cycle 底带韵律

sohlental 床谷

Sohm abyssal plain 索姆深海平原

sohngeite 水镓石[Ga(OH)$_2$]；羟镓石[Ga(OH)$_3$；等轴]

soil 湖底；国土；泥土；月壤；土壤；土坡；土地；土
→(true)～ 土层//～ air{gas} 土壤气

体//～ and rock mechanics 岩土力学 //～ association{complex} 土壤组合
soilborne 土壤传播{带有}的
　　→～ disease 土源疾病
soil box 土槽
soilfall 土屑坠落；土塌
soil family 土科
　　→～ flow 流沙；土石缓滑；泥流
soiling 沾污；污染
soil inhabitant 土壤习居者{菌}
　　→～-lime 石灰土
soilstone 土壤岩
soil stratigraphy 土壤层位学
　　→～ stress 土应力
soimonite 刚玉[Al_2O_3;三方]
soja bean oil 大豆油
Sokolovia 肥蛎属[双壳;E]
sokolovite 水磷铝锶石[2(Sr,Ca)O•4Al_2O_3• P_2O_5•11H_2O]；羟磷铝锶石[(Sr,Ca)$_2$Al (PO_4)$_2$(OH);单斜]；磷铝钙矾[CaAl_3(PO_4) (SO_4)(OH)$_6$]；磷钙铝矾[CaAl_3(PO_4)(SO_4) (OH)$_6$;三方]
Sokolov rule 索科洛夫定则
sol 溶液；溶胶体；溶胶；自然金[Au;等轴]
sola 粗糙田皂角[植]；土{壤}体
so(u)laire 日出风；旭来风
solanit 索伦石[Ca$_2$Si$_2O_5$(OH)$_2$•H_2O;斜方]
solano 沙拉拿风[西班牙东南海岸夏天的东风]；索兰诺风
Solanocrinus 茄海百合属[棘;J-K]
solar 太阳的
　　→～ abundance 日照{丰}度
Solariella 小轮螺属[腹;J-Q]
solarimeter 日射(总量)表；照总量表
solar IR 太阳红外
　　→～ irradiance 太阳辐照度//～ irra-diation 太阳辐照
Solarium 轮螺属[腹;E-Q]
Solar Juparana 阳光曲[石]
solar meter burst 太阳米波爆发
　　→～ noise bursts 太阳噪扰爆发// (engine) ～ oil 索拉油[粗柴油]//～ panel 太阳能电池板//～ soft X-ray burst 太阳软 X 射线爆发//～ topog-raphic theory 太阳地形说
solate 液化凝胶
solation 溶胶；胶流(作用)
solaure 宿落风
solder 焊药；焊锡；焊剂；低温焊；结合物
　　→(brazing) ～ 焊料//～ (connection) 焊接//～ dipping 浸焊
soldered dot 焊点
　　→～ joint{splice} 焊接头
solder glass 焊料玻璃
　　→～ head 焊点
solderless 无焊剂{料}的
soldier 竖桩；固砂棒；木片；战士
　　→～ beam{pile} 立柱[基坑]//～ frame 马头门；码头门
soldiers 固砂木片
sole 基底；基础；基部；垫板；底基；底部；底板；配底；单独的；柱垫；唯一；底面[岩体、岩层、岩脉]
　　→(laboratory) ～ 炉底//～ charge 专门负责；独自负责
soled boulder 底面磨光砾；平底巨砾；冰擦巨砾
　　→～{striated} boulder 擦痕巨砾
sole{decollement} fault 浮褶基面断层

→～ fault 底基断层//～ flue 底烟道；炉底烟道
Soleil double plate{Soleil wedge} 索莱尔双石英楔
sole injection 抄底贯入(体)
solemark 底基痕
sole mark 底痕
　　→～-mark current indicator 底面印痕水流标志//～ marking 底模
Solemya 管海螂属[D-Q]；蛏海螂属[双壳]
Solen 竹蛏(属)[双壳;K-Q]
Solenaia 管蚌属[双壳;J-Q]
solene 石油醚
Solenhofen stone 佐伦霍芬石灰岩
Soleniscus 似刀蛏蛤[蛭属][双壳;D-P]
Solenites 似管状叶属[植;J$_2$]
Solenocheilus 管唇角石属[头;C$_1$-P$_1$]
Solenodella 小沟牙形石属[C$_1$]
solenogastres 沟腹纲[软]；无板纲
Solenognathus 沟颚牙形石属[C$_1$]
Solenoideae 管藻亚目[硅藻]
solenoid magnet 螺线管式电磁铁
　　→～ manifold 电磁阀汇流{油路}板
Solenomeris 管节藻属[E]
Solenomya 蛏螂(属)[双壳]
Solenoparia 沟颊虫属[三叶;ϵ_2]
Solenopleura 沟肋虫(属)[三叶;ϵ_2]
Solenopora 管孔藻(属)[C-N]
solenoporaceae 管孔藻科
sole(-)plate 垫板；地脚板；(基础)底板；柱脚
sole{base} plate 钢轨垫板
　　→～-plate 底板//～ thrust{fault} 冲断层组基底滑动面//～ {dry;self} weight 自重
solfatara 硫气孔；硫黄矿
　　→～ field 硫质喷气区//～ stage 喷硫期
solfataric 休火山喷气的
　　→～ clay 硫孔黏土//～ solution 喷硫孔溶液//～ volcano 硫质气孔；多硫质气孔的火山
solfatarite 白氯铅矿[2PbO•PbCl$_2$;Pb$_3$Cl$_2O_2$;斜方]；钠明矾[Na$_2SO_4$•Al_2(SO$_4$)$_3$•24H_2O;等轴]；毛矾石[Al_2(SO$_4$)$_3$•16~18H_2O;三斜]
solid 实心的；石造物；确凿；固态；密实；致密的；立体的；硬的；稳固的；坚实；坚固的；坚固
　　→～ axes 空间坐标(轴)//～ bed 坚硬层//～ block 整体矿柱；整煤柱；整矿柱//～ bowl decanter centrifuge 无孔转筒沉降离心机//～ car 无门矿车//～ concave bit 杠凹型；细粒金刚石不取芯钻头//～ earth 固态地球；岩石圈//～ elimination efficiency 固体排除效率[即矿粒分选效率]//～ gob 废石充填//～ gravel seal 密实的砾石充填层间密封
solidification 固结；固化；凝结；凝固作用；凝固
　　→～ cracking 硬化裂纹//～ index 固结指数
solidified 固化的
solidifying 固化；凝固；固结；凝固作用
　　→～ and stabilizing effect 固化与加固效果//～{solidification} point 固化点
solid injection system (用燃油泵)强行(泵油入汽缸的)注油系统
　　→～ insoluble precipitate 不溶性固体沉淀物
solidity 实度；固体颗粒含量；固态；凝

固；硬度；坚固性
solid leg tripod 固定腿三脚架
　　→～ line{wire} 实线
solidly 实心地；整体地
　　→～ packed tunnel 充填密实的炮眼孔道
solid map 岩层图
　　→～{uncovered} map 基岩图//～ min-eral sampling 固体矿产取样//～ non-metallic impurity 夹砂；夹灰[缺陷]
solidoid 固相
solid opacifier 固相乳浊剂
　　→～ ore 原矿体(物)//～{hard} paraffin 固体石蜡//～ petroleum 固体石油//～ -phase system 固相体系//～ pillar 连续煤柱//～ rib 未采矿柱//～ {sound; rigid} rock 坚固岩石//～-rock 基岩；坚固岩石
solids 砂粒；固体物；固体颗粒；固相[泥浆中的]
　　→(drill) ～ 岩屑//～ blanket 固体层//～ bridging 砂粒{固相}桥接防砂作用//～-carrying capability 携带岩屑能力；携带固体颗粒能力//～-formed filter cake 固体颗粒形成的滤饼
solids-laden fluid 含固体颗粒的液体
　　→～ system 含固相体系
solid-solid boundary 固-固相边界
solid solubility 固溶度{性}
　　→～ stage 凝固期[岩浆]
solidus[pl.-i] 固态点；固相曲线
solid volume 骨架体积
　　→～ waste disposal 固体废物处理{置} //～ wooden chock 实心木垛；实木垛；刚性木垛；填实木垛；填石木垛
solifluction 融冻泥流；泥动(作用)；解冻泥流；土石缓滑；土流；土溜；冻融泥流
　　→～ (flow) 泥流//～ bench 融冻泥流平台//～ terrace 土石缓滑阶地
solifluxion 融冻泥流；解冻泥流
　　→～ mass 泥流；泥石流
solimixtion 冻结混融
soling{proportionality} factor 比例因数
soliqueous 固液态的[如地幔]
solitaire 镶嵌独粒宝石的戒指；独粒宝石(饰物)；钻石(饰物)
solitary 孤立的；单生的；单独的
　　→～{simple} coral 单体珊瑚//～ coral 珊瑚单体//～ well 孤井
sollar 巷道纵向风巷隔板；平巷水沟盖板；装车台；矿井出车台；梯子平台
Sollasina 索氏囊蛇尾属[棘]；索莱斯海蛇匣(属)[S-D]
Sollasites 索氏颗石[钙超;J-K]
soller 巷道纵向风巷隔板；平巷水沟盖板；矿井出车台；梯子平台
　　→～ slit 平行罅缝；梭拉狭缝//～ truck fill stand 装车台
soln 溶液
solod(i) 脱碱土
solodization 脱碱作用
solonchak[俄] 盐沼；盐土
solonetz[俄] 碱土[碱土金属的氧化物]
solongoite 斜氯硼钙石[Ca$_2B_3O_4$(OH)$_4$Cl;单斜]
solonization 碱土化作用；碱化作用
Soloth{soloth{solod} soil;soloti} 脱碱土
solotization 脱碱作用
Solpugida 避日目[节蛛;C-Q]
sols bruns acides 湿草原土；酸棕色土

S

Solsola{Salsola} nitraria 钠猪毛菜[俗名盐草,藜科,硼矿局示植]
→～ spp 多种猪毛菜[俗名盐草,藜科,沥青矿局示植]
solstitial{solstice} tide 二至潮
solubility 溶(解)度;溶解性;可溶性
soluble 可溶解的;可溶的;可解释的;可解决的
→～ anhydrite 烧石膏[CaSO₄•½H₂O;三方]//～ limestone member 可溶石灰岩成分//～ rock 易溶性岩石;可溶性岩
solubor 硼砂[Na₂B₄O₅(OH)₄•8H₂O;单斜];月石
solum[pl.sola] 土(壤)体;土壤上层部[即A、B层];土壤表层;风化层;土层
solusphere 水溶圈;溶液圈[地球];溶圈
solute 溶质;溶解物
→～ segregation 溶质偏析//～ suction 渗析吸力//～ travel time 溶质运移时间
solution 乳状液;溶液;溶体;溶蚀(作用);溶解;溶胶化(作用);中断;消散;解决方法;解法;解答;解;胶水;瓦解;对策
→～-air interface 液-气界面//～ by dominance 优越解//～ cavity{cave;opening;crevice;vug;channel} 溶洞//～ depression 溶液的冰点降低;溶洼//～ gas-gas cap-water drive 溶解气-气顶-水综合驱动
solutionized 溶解的
solution joint 溶解节理
→～ maximum time 解题最长时间//～ medium 溶液介质//～-mineral equilibrium 溶液-矿物平衡//～ mining of halite through boreholes 钻孔水溶法//～ point 求解点//～ potholes 溶蚀锅穴//～ pressure 溶解压力//～ sinkhole 溶蚀灰岩穴
Solvan (stage) 索尔瓦(阶)[欧;∈₂]
solvate 溶剂化物;(使)成溶剂化物
solvated state 溶剂态
solvation (增溶)溶解;溶剂化(作用);溶剂和溶质的化合
→～ water 溶剂化水
solvend 溶质;可溶物(质)
solvent 溶液;溶媒;溶剂;固定剂;展开剂;有溶解力的;有偿付能力的;移动相
→～{dissolving} action 溶解作用//～ extraction 溶剂萃取//～ flooding process 溶剂驱动法//～-in-pulp{SIP} process 熔剂矿浆萃取过程//～ oil 溶剂油
solvi 溶隙
solving agent 溶剂
→～ process 解法
solvolysis 溶剂分解
solvsbergite 细碱辉正{钠}长岩
solvus 溶离线;固溶体分解线
→～ (curve) 溶线
solypertine tartrate 酒石酸苯哌乙嘧哚
somascope 超声波检查仪
Somasteroidea 原海星纲;星体亚纲[棘];体海星亚纲
somatic clone 体细胞克隆[无性系]
→～ feature 体征
somberness{sombreness} 暗淡;昏暗
somberite 胶磷矿[Ca₃(PO₄)₂•H₂O];磷灰石[Ca₅(PO₄)₃(F,Cl,OH)]
somervillite 黄长石 [Ca₂(Al,Mg)((Si,Al)SiO₇)];硅孔雀石 [(Cu,Al) H₂Si₂O₅(OH)•nH₂O;CuSiO₃•2H₂O;单斜];暗黄长石[(Ca,Na₂)(Mg,Fe²⁺,Fe³⁺,Al)(Si,Al)₂O₇]

something 某事
somite 体节
somma (volcano) 外轮山
sommairite 绿锌铁矾;锌水绿矾[(Zn,Cu)SO₄•7H₂O; (Zn,Cu,Fe²⁺) SO₄•7H₂O;单斜]
sommaite 白榴石[K(AlSi₂O₆);四方];白榴橄辉二长岩
somma ring 外轮山[一种古火山口]
sommarugaite 金辉砷镍矿[常含金;NiAsS]
sommer 基石
Sommerfeld-Wayl integral 萨默菲尔德-韦尔积分
sommering lines 基石线[土]
sommervillite 硅孔雀石 [(Cu,Al)H₂Si₂O₅(OH)₄•nH₂O;CuSiO₃•2H₂O;单斜];暗黄长石[(Ca,Na₂)(Mg,Fe²⁺,Fe³⁺,Al)(Si,Al)₂O₇]
sommite 霞石[KNa₃(AlSiO₄)₄;(Na,K)AlSiO₄;六方]
Somphocyathus 多孔杯属[古杯;∈₁]
Somphopora 松巢珊瑚属[S₂]
sonar 声呐(纳);声波导航与测距系统
sondalite 电榴堇青岩
sonde 测井仪;井下仪;探针{头;管;棒};探测器
→～ body 线圈系;探头体//～ pad type 探头极板类型
so(u)nd navigation and ranging 声呐{纳}
sondo 桑多风
sone 宋[响度单位]
Song additive colors 宋加彩
→～ Jun colored glaze 宋钧花釉
Songliao massif 松辽地块
Songliaopollis 松辽粉属[孢;K₂]
song of the desert 沙漠响声
Songpan-Garze fold system 松潘甘孜褶皱系
Songshan group 嵩山群
Song typeface 宋体
→～ Xiang Yellow 松香黄[石]
Songyang orogeny 嵩阳运动
sonic 声音的;声发射
→～ anemometer 声风速计//～ apparent formation factor 声波视地层因素
sonication 声裂法;声波降解法
sonicator 超音波样品震碎机;近程声电定位器
sonic attenuation 声波衰减
→～ location method 声波测位法[测定岩石压力]
sonics 声学;声能学
sonic seismogram 声波地震曲线
→～ sonde test box 声波探头测试盒//～ thermometer 声温度计//～ transducer 声传感器//～ volumetric scan 声波立体扫描测井
sonigage 超声波金属厚度测量仪
sonim 夹砂;夹灰[缺陷]
soniscope 声测仪
Sonneborn reagent 1 1(号)捕收剂[石油磺酸盐]
sonnenseite 阳坡[德]
sonnenstein[德] 金绿宝石[BeAl₂O₄;BeO•Al₂O₃;斜方];猫眼{睛}石[BeAl₂O₄];太阳石[琥珀];日长石
Sonninia 太阳菊石属[头;J₂]
sonobuoy 声呐浮标{筒};音响浮标
sonochemistry 声呐化学

sonolite 氟硅锰石;斜硅锰石[Mn₉(SiO₄)₄(OH,F)₂;单斜]
sonoluminescence 声致冷{发}光
sonomaite 镁铝矾[MgAl₂(SO₄)₄•22H₂O;单斜];杂泻盐镁明矾;杂镁明矾[Mg₃Al₂(SO₄)₆•33H₂O]
sonometer 岩石应力测量仪;弦音计;听音计[测量岩石应力]
sonoraite 水羟碲铁石 [Fe³⁺Te⁴⁺O₃(OH)•H₂O;单斜];片铁碲矿
sonorousness 洪亮;响亮
son-preformed 松散的
Sonstadt's solution 松氏重液
sook 露天市场[北非、中东]
soorkee {soorki;soorky} 砖粉石灰砂浆[印]
soot 黑油烟;黑烟灰;煤灰;崩落;烟炱;烟灰;烟尘
→(coal) ～ 煤烟//～-and-whitewash 黑白图像
sootblower 烟灰吹除机
soot{gas} carbon 炭黑
→～(y) coal 丝炭煤[含 50%～90%微丝炭的煤];煤烟状煤;劣质软土煤
sootless flame 无烟火焰
soot lung 煤肺症
→～ particle 灰粒//～ pit 灰斗
sooty coal 劣质软煤;土煤
sopam {Sopam technique} 场源参数图法
sopcheite 碲钯银矿[Ag₄Pd₃Te₄]
sopero 索佩罗风;索伯洛风
Sophia-Jacoba process 索菲亚杰柯巴重介法
sophisticated 很复杂的;高级的;综合的;复杂的;灵巧的;老练的;精致的;精益求精;完善的;尖端的;成熟的
→～ analysis 精密分析//～ stimulation technique 有效的增产技术;精密设计的增产技术
Sopoznikov's penetrometer test 胶质层指数测定
Sorastrum 群星藻属[绿藻];聚星藻属[Q]
sorbate 山梨酸酯[CH₃CH:CHCH₂CHCOOR];吸着物
sorbed phase 吸留相
sorbent 吸着剂;吸收剂;吸附剂
sorbite 索氏体;索拜构造
sorbitic 索氏体的
sorbitol 清凉茶醇
sorbose 山梨糖
sorbyite 索硫锑铅矿[Pb₁₇(Sb,As)₂₂S₅₀;单斜]
sordavalite {sordawalite} 玄武玻璃
soredium 藻堆;粉芽
Sorel cement 索瑞尔{雷;勒}尔(镁石;镁质)`水泥{胶结料};菱镁土水泥;镁石水泥;氯氧化水泥
sorensenite 硅铍锡钠石[Na₄SnBe₂Si₆O₁₈(OH)₄;单斜];硅钠锡铍石
Sorensen's coefficient 索伦森系数
Soret effect 热扩散;索列特效应
soretite 次镁钙闪石;次韭闪石;异铝闪石[NaCa₂(Mg,Fe²⁺,Fe³⁺)₅((Si,Al)₈O₂₂)(OH)₂]
sori 孢子囊群
sorite 钠钛石
Soritidea 堆虫科[孔虫]
sorkedalite 辉橄碱二长岩
Sorocarpus 聚果藻属[褐藻;Q]
soroche 山岳症
sorosilicate 双(岛状)硅酸盐;孤立双四面体硅酸盐;傅硅酸盐

→~ mineral 群状硅酸盐矿物
sorosite 锑锡铜矿[Cu(Sn,Sb)]
Sorosphaera 球壶菌属[真菌;Q]
Sorosporium 团黑粉属[真菌;Q]
sorotite 硫石铁陨石
sorption 吸着；吸收作用；吸气；吸留；吸附
→~ block technique 吸湿体法//~ **isotherm** 等温吸附线
sorptive capacity 吸留(能力)
sorrel 红褐色(的)；栗色(的)
sorted 分类的；挑选的
→~ circle{cycle} 石花环//~ ore 过选矿石；已拣选矿石
sorter 分选机；分类器；分拣员；分级机；分发器
→(coal) ~ 手选工
sorting 分选；分类法；分类；分拣；分级；淘选
→~ (of ores) 手选
sort/merge 分类/归并
soru 深蓝矾土
sorus 孢子囊群
sory 深蓝矾土
SOS 蓝宝石上硅(薄膜)；遇险信号；遇难信号[航海]；求救信号[save our souls {ship}]；呼救信号[save our ship;save our souls]
sosedkoite 钽钾铝石；苏钽铝钾石
sosie 伪随机地震脉冲法
sosmanite 磁赤铁矿[(γ-)Fe$_2$O$_3$;等轴、四方]
sotano 灰岩井；地窖
sotch 灰岩坑；石灰阱；落水洞
soucekite 铋车轮矿[PbCuBi(S,Se)$_3$;斜方]；硒硫铋铜铅矿[Pb$_3$Cu$_2$Bi$_8$(S,Se)$_{16}$;单斜]
Soudleyan 苏德利阶[O$_3$]
souesite 铁镍矿[(Ni,Fe);等轴]
souk 露天市场[北非、中东]；露天剧场
souledras{souledre} 日出风；旭来风
soumansite 水磷铝钠石[NaAl$_3$(PO$_4$)$_2$(OH)$_4$•2H$_2$O;四方]；碱磷盐石
soumite 钽土[Ta$_2$O$_5$]
sound absorption 声吸收
→~ absorption material 吸声材料//~ bridge 声桥//~ buoy 音响浮标
sounded ground{bottom} 测量水深；已测海底
→~ ground 实测底质
sound emission for nondestructive testing 声发射探伤
→~ energy flux density 声能源密度
sounder 测深仪；发声器；探料尺；探测器
→~ source 声源
sound faction and ranging 搜{声}发[声波定位和测距]
→~ field 声场//~ field{|channel} 音场{|道}//~ fixing and ranging 声学定位和测距；声发//~ {acoustic} intensity 声强//~ {acoustical} level 声级//~ logging 声测井
soundness 安定性；纯度；完善；坚硬性；坚固性
→~ classification 原地岩石弹性模数比分类(法)//~ of cement 水泥体积安定性
sound of mill 磨音
→~ {acoustic} pressure level 声压级//~-proof{acoustic} material 隔音材料//~ ranging 声测距//~ receiver 收

音器//~-track engraving apparatus 录音机//~-transmission method 声传播法
soup 基本化学元素的混合物；燃料溶液；残渣；炸药；硝化甘油[CH$_2$NO$_3$CHNO$_3$CH$_2$NO$_3$;C$_3$H$_5$(NO$_3$)$_3$]；显形液；汤；废物[化学变化产生]；泡沫[海浪冲击而形成]
sour 含硫化(合)物的；含硫的；富含硫化合物的[石油或天然气]；乏味的；发酵酸质；酸腐的；酸的；酸
→~ (taste) 酸味//~ brine 酸性卤水
source 电源；起源；能源；源头；源[河、水、电、能、矿、震等]；来源；原因；原始资料；出处；发源源
→~-bed concept 矿源层概念
source-detector{source-to-detector;shot(-to)-geophone;offset} distance 炮检距
→~{S-D} spacing 源距[放射性勘探]
sourceland 陆源区；源地；来源区
source level 声源级
→~ mineral{brine|lode} 源`矿物{卤|脉}//~ of crude ore 原矿储量//~ of ore 矿源；矿床//~ of power 能源//~ of power supply 电源//~ of runoff 补给水源；径流来源//~ of trouble 故障原因
sourcing 改进现有设备以消除射频干扰源
sour dry gas 含硫高的干气
→~ earth 酸性土//~ gas line pipe 含硫气体管线管//~ gas well 含硫化氢气井
souring 变酸；困{晒}泥[耐]；发酸
→~ of magnesite 镁砂消化
sour (crude) oil 含硫原油
→~-service trim 防酸性气体腐蚀面层[油田设备制造商俗语]
Souston 索土顿法[多次波消去]；苏斯通{顿}
souterrain 地下通道；地下室
South Africa 南非洲；南非
→~ African jade 钙铝榴石[Ca$_3$Al$_2$(SiO$_4$)$_3$;等轴]//~ African ruby 红榴石[FeO•Al$_2$O$_3$•3SiO$_2$;Fe$_3$Al$_2$(SiO$_4$)$_3$]；镁铝榴石[Mg$_3$Al$_2$(SiO$_4$)$_3$;等轴]//~ Atlantic 南大西洋
south by east 南偏东
south-east 东南
southeastward 东南地区；向东南(的)
southerly 南风；(在)南方；来自南方(的)；向南方(的)
→~ buster 南勃斯特风
Southern Cross 南十字座
→~ Fish 南鱼座//~ Hemisphere 南半球
southern{south} latitude 南纬
→~ lights 南极光//~ oscillation 南浪动//~ slope of mountain 阳坡
south foehn 南焚风
→~ frigid zone 南寒带//~ geographical pole 地理南极；南地极//~ magnetic pole 南磁极//~-seeking pole 指南极
South Spot 南部斑点[火星]
→~ Staffordshire method 南斯塔福郡采煤法[厚煤层房柱法]
south temperat(ur)e zone 南温带
→~ west 西南//~(-)west by south 西南偏南
southwestward 向西南的；西南地区
souxite 水锡石[H$_2$SnO$_3$;(Sn,Fe)(O,OH);

四方]；偏水锡石
souzalite 水磷铝镁石[(Mg,Fe^{2+})$_3$(Al,Fe^{3+})$_4$(PO$_4$)$_4$(OH)$_6$•2H$_2$O;单斜]
sovakite 砷铜银矿[((Cu,Ag)$_4$As$_3$;四方]
Sover 索维风
Sovior{Sevier} orogeny 塞维尔造山作用
sow 散布；大铸型；钻头磨尖器；播种；铁水沟；结块[炉底]
→~ (iron) 沟铁
sowback 煤层底板凸出部分；马脊岭；猪背岭；豚脊
→~ channel 铁水沟
Sowerbyella 小苏维伯贝属[腕;O$_1$-S]
Sowerbyites 似苏维伯贝属[腕;O]
sowneck 地峡；地颈
sowxite 水锡石[H$_2$SnO$_3$;(Sn,Fe)(O,OH)$_2$;四方]
spa 矿泉；温泉区；温泉
spaad 纤维滑石[Mg3(Si$_4$O$_{10}$)(OH)$_2$]
space 场地；区间；舱位；留间隔；分开；宇宙空间；宇宙；空格；空地；一段时间；开键；距离；间隔；齿槽；太空
spaceborne 在航天器上的；(在)宇宙空间(上展开)的；宇宙飞行器上的；飞船上的；空载的；空运的；卫星上的；太空上的
space charge{space-charge} 空间电荷
→~ {extraterrestrial;cosmic} chemistry 宇宙化学//~ constraint 空间限制//~ coordinates 空间坐标
spacecraft 宇宙飞船
spaced 隔开的
→~ cleavage 间隔劈理
space diagram{map} 立体图
→~-dilating strategy 空间膨胀方法//~{spatial} distribution 空间分布//~ diversity 室间分集
spacedome 航天器天线整流罩
spaced sample 隔时采取试样
→~{open} slating 疏铺石板[建]
space-efficient 省空间的
space factor 填充系数
→~-filling curve 空间充填率曲线//~ frame 架空结构//~ group 空间群；晶架群；晶格群//~ groupoid 广群//~ heater 空间对流加热器//~ lag 滞后间隔
spacer 垫板；焊缝间隙校正验收人员；测距车；隔离液；隔离物；螺旋定距分隔器；空间群；惰性隔离炮塞；间隔物；隔离塞[分段装药]；隔板[电渗析器]
→~ (strip) 垫片//~ {backing;spreader} bar 撑杆//~ lug 间隔凸块//~ ring 隔环；间隔圈//~ shim washer 间隔填隙垫法
space shuttle{plane;aircraft} 航天飞机
spacesick 宇航病的
space speak 宇航术语
→~ station{platform} 航天站//~ surveillance 空间监测
Space Surveillance Control Center 空间监控中心
Space (borne) system 空载系统
→~ washer 定位垫圈
spaciation 间隔
spacing 布井；跨距；空隙；孔距；延时；节距；间隔；间距
→~ of electrode 电极距//~ of hole 炮孔间距；孔距//~ of tanks 油罐布置//~ pattern 孔网；井网形式；摆放样式[金刚石在钻头上的]//~ signal 空号

S

信号

spacio-temporal characteristics 时空特征

spaciousness 宽广；宽敞

spacistor 宽阔管

spackle 填泥料

spackling 抹泥修墙

Spackman System 斯帕克曼分类

spad 矿山井下测量用钉；井下测站钉[马蹄形]

spadaite 红硅镁石[MgSiO$_2$(OH)$_2$•H$_2$O?]；富镁皂石

spadaited 富硅皂石

spaddle 长柄小铲

spade 束射极；铲形物；铲土；铲；锹；用锹挖掘；铁锹；搪泥堵铁耙；铁堵耙
→~ chisel 铲凿

spader 机(械)铲；铲具；挖土机

spade-type{single-chisel} bit 一字钎头；铲凿；铲形钻头

spade work 手铲工作；铲装工作；铲投；倒堆；挖土作业

spading 铲掘
→~ fork 挖掘叉 // ~ {shovel(l)ing} machine 铲土机

spad setter 矿山测工

Spainacian (stage) 斯巴纳克阶[E$_2$]

spake 斜井载人列车

Spalacotherium 斯巴兽属[J$_3$]；鼹兽属

spall 散裂；击碎；用锤琢石；削片；蜕变；碎石；碎片

spallability 可破碎性；剥落性

spallable rock 易片落的岩石

spallation 散裂；崩落；分裂；剥落；蜕变
→~-produced 裂生的；分裂产生的

spalled joint 碎裂缝

spaller 碎矿机；碎矿工

spalling 破裂；疲劳开裂；劈裂；剥裂；剥离
→~ (off) 剥落 // ~ floor 手锤碎矿场 // ~ wedge 凿石楔；凿矿楔；碎石楔；碎矿楔

spallogenic 散生的
→~ nuclide 散裂成因核素

spalmandite 锰铁榴石[Mn$_3$Fe$_2$(SiO$_4$)$_3$；(Mn,Fe)$_3$Al$_2$(SiO$_4$)$_3$；(Mn^{2+},Ca)$_3$(Fe^{3+},Al)$_2$(SiO$_4$)$_3$；等轴]；镁铁榴石[(Mg,Fe^{2+})$_3$Al$_2$(SiO$_4$)$_3$；Mg$_3$(Fe,Si,Al)$_2$(Si O$_4$)$_3$；等轴]

spalt 鳞片状白色矿物

span 横跨；全长；变化范围；期间；观察；观测；片刻；估量；弥补；覆盖；指距；量程；罩住；跨越；跨距；跨过；跨；一拃宽；一段时间；开度；间隔；间距；短时期
→~ (length) 巷道宽度；跨度 // ~ adjustment 间距调整[探头] // ~ a rift 弥合裂缝

spandex 斯潘德克斯弹性纤维[用于腰带、游泳衣等]

span dip 跨距弧曲度

spandrel 上下层窗空间；拱上空间；拱肩
→~ beam 外墙托梁

spangite 钙十字沸石[(K$_2$,Na$_2$,Ca)(AlSi$_3$O$_8$)$_2$•6H$_2$O；(K,Na,Ca)$_{1-2}$(Si,Al)$_8$O$_{16}$•6H$_2$O；单斜]

spangle 闪烁；亮金属片

spangolite 氯铜铝矾[Cu$_6$AlSO$_4$(OH)$_{12}$Cl•3H$_2$O；三方]；氯铜矾

spaniolite {hermesite} 汞黝铜矿[(Cu,Hg)$_{12}$Sb$_4$S$_{13}$]

spanipelagic plankton 稀表面性浮游生物

Spanish chalk (一种)块滑石

spanner 横拉条；桥梁的交叉支撑；扳手；扳紧器；交叉支撑
→~ band 束带 // ~ wrench 扳手[活动]

spanning 管线地床被海流淘空；跨越；跨度
→~ of river (管道)穿越河流 // ~ sheave 拉紧轮 // ~ tree 生成树[计]；支撑树

span of control {management} 管理幅度
→~ pipeline{line} 悬跨管线 // ~ rope 绷绳 // ~ sag 跨间弛度

spar 闪光非金属结晶；亮晶；梁；圆木；翼梁；晶石；桅杆[可立起或放倒的]；撑梁；圆材[船用]

sparagmite 破片岩；风化碎屑岩类[长石砂岩、砾岩、杂砂岩等]；北欧前寒武纪的碎屑岩[以长石砂岩为主，夹砾岩、杂砂岩等]

S-parameter test set S参数测试仪

spar boom 主梁
→~ buoy 杆状浮标；圆柱浮标 // ~ deck 轻甲板

spare 少量的；后备的；备用件；备用的；空闲的；多余的
→~ (unit;detail) 备件 // ~ detail{parts} 备用零件 // ~ hand 替班工人

spare parts 备用品

spares 备品

Sparganiaceae 黑三棱科

Sparganiaceaepollenites 黑三棱粉属[孢;E-N$_1$]

Sparganium 黑三棱属[植;E-Q]

sparge 产生气泡；喷射；喷洒；搅动
→~ pipe 洒水管[例如装在洗矿筒内]

sparite 亮晶；胶质方解石

spark 瞬态放电；火星；火花；点燃物；闪耀；闪光；鼓舞；打火花；引爆物；触发；发火花；金刚石[C;等轴]；激发
→(electrical) ~ 电花 // ~ arrangement 熄弧器

spark {arc} arrester 消弧器
→~ arrester 电火花防止器 // ~ arresting muter 消火花消声器 // ~ at break 断电火花 // ~ discharge 火花放电

sparker 火花电爆器；电火花源
→~ box 分段放炮配电箱

"sparker" equipment 火花设备[勘]

spark erosion rock 火花侵蚀岩

sparker probe "火花筒"探测器
→~ survey 电火花震源的地震勘探

spark extinguisher{catcher} 灭火花器

sparking 弧触头；点火；放火花；放电
→~ technique 火花技术 // ~{discharge} voltage 放电电压 // ~ voltage 跳火电压

sparkling sandstone 发光砂岩

spark micrometer 火花放电显微计

sparkover 火花放电

sparkpen 放电笔

spark photograph 闪光摄影
→~ plug engine 火花塞发火发动机

sparkwear (火花)烧坏(接点)；烧毁[火花]

Sparnacian 斯巴纳绥(阶)[欧;E$_1$]
→~ subage 斯巴尔那亚期

spar platform 筒状平台

sparrite 亮{晶}方解石

sparry 淀晶；亮晶；晶的；晶石
→~ calcite 亮{晶}方解石 // ~ cement

晶石质胶结物 // ~ coal (裂缝中)含方解石薄片的煤；裂隙中含方解石薄膜的煤 // ~ intraclastic calcarenite 亮晶内碎屑砂屑(石)灰岩 // ~ iron (ore) 球菱铁矿[FeCO$_3$] // {spathic} iron 菱铁矿[FeCO$_3$,混有FeAsS与FeAs$_2$,常含Ag;三方]

sparse 分散的；稀少的
→~ data area 资料稀疏{缺}地区 // ~ Gaussian elimination 稀疏高斯消除法 // ~{open} vegetation 稀疏植被{物}

spar silica 水晶[SiO$_2$]

spartaite 含锰灰岩；锰方解石[(Ca,Mn)(CO$_3$)]

spartalite 红锌矿[ZnO;(Zn,Mn)O;六方]

spartina 网茅属
→~ (towsendii) 米草

Spary White 浪花白[石]

spascore 人造卫星位置显示屏

spasmodic burning 反常燃烧
→~ turbidity current 突发浊流

spastohith{spastolith} 形变鲕粒

spasur 空间监视

spat 轮罩；鞋罩

Spatangoida 猬团(海胆目)

spath 亮晶；晶石

Spathian 斯帕思阶[T$_1$]
→~ (stage) 司帕斯阶[241.9~241.7Ma]

spathic 晶石

spathiopyrite 铁砷钴矿

spathization 亮晶化作用；晶石化作用

Spathodus 片牙形石属[D$_2$-C$_1$]；剑齿丽鱼属

Spathognathodus 片(颚)齿牙形石(属)[O$_2$-C$_1$]

spathose 晶石状的；晶石的

spathous 晶石的

Spathulopteris 宽叶羊齿属[C$_1$]

spatial 篇幅的；立体的；宇宙的；空间的；间隔的
→~ analysis 空间分析 // ~ arrangement 空间位置安排；空间排布 // ~ array 空间组合 // ~ dendrite 枝状雪晶[不规则]

spatiality 空间性

spatial magnification 空间放大率
→~ one-dimensional trend analysis 一维空间趋势分析 // ~ polar coordinate 球面坐标 // ~ recovery algorithm 空间再现算法 // ~ resection 空间后交会(法)

spatiography 空间科学

spatium[pl.-ia] 隙[棘等]；间隙

spatter 少量；点滴；喷涂；喷溅；飞溅；小熔珠[陨]；溅出物
→~ bank 熔结火山碎屑堤 // ~ cone 次生熔岩喷气锥

spatterdash 防泥绑腿

spatter pipe 水力冲采机{管}；冲采管[水力开采金砂矿等用]
→~ {block} rampart 熔岩堤 // ~ rampart 溅落堤 // ~ work 水力开采工作；水力冲采工作；水采

spatula 刮勺；刮刀；刮铲；抹刀；油漆刀；土刀

spatulate 匙形的
→~ caste 匙状铸型

spatuliform 竹片状
→~ rostrum 匙状额角

spavin 底(板)黏土；根土岩；煤层底泥；马腿的关节内肿

spawner 产卵鱼群

speaking rod　自读式水准尺
spear　铲尖；清管矛；枪；木炮棍；矛；幼芽[植]；弯钩；尖
→(fishing) ～ 打捞矛
spear-head　混油头；打捞矛头
→～{finger;spud} bit 矛式钻头
spear pyrite　矛白铁矿[FeS$_2$]
→～ type fishing tool 打捞矛
speccular {isinglass;specular} stone　云母[KAl$_2$(AlSi$_3$O$_{10}$)(OH)$_2$]
special　专用的；专门的；异形管；特殊的；特刊；特别的
→～ boiling point 特殊沸点 //～ branch{line} 专业 //～ carbon-graphite material 特种碳石墨材料 //～ case 特例 //～ concession 特许权 //～ core analysis 专项岩芯分析 //～ effect amplifier 特殊效果信号放大器 //～ field of study 专业 //～ flexible rope 特挠钢绳
specialised analysis　个别分析；专用分析
→～ plot 特种识别曲线(图)
specialistic　专攻{家}的
speciality　专长；特制品；特殊产品
→～ industry 特产产业
specialization　专属性；专门化；专业化；特殊化；特化
→～ map 专属性图
specialized character　特化性状{质}
→～ explosive 专用炸药
specially made (for specific purpose or by special process)　特制
→～ permit 特许 //～ shaped wire 特制形状的钢丝
special material　专用器材
→～ method 专门方法 //～ parameter 待定参数 //～ position 特殊位置 //～ rounds 钻探用特级{种}金刚石；特级浑圆形金刚石 //～ terrazzo block 特种水磨石砌块 //～ undation 特殊波动作用 //～ use map 专用地图
species　化学类型；核素；种类；类型；类；原子团；形体；形式；物质；外形；种[矿物分类]
→～ diversity 种多样性；物种分异度 //～ ecology 种生态学 //～ formation 种形成 //～ group 综合种 //～ indeterminata 未定种[拉] //～ of stones 岩石种类
specific　单位的；明确的；比率；比；专门的；种的；指定的；具体的；特有的；特效的；特殊的；特定的
specification{model} error　模型误差
→～{specifications} of quality 质量规范{格}
specifications　口径
→～ for delivery 供应规格
specific availability　比利用率
→～ conductivity 单位时间导水量；比导水率；电率；比传导率 //～ crushing energy 比破碎能 //～ disintegration 单位功所破碎的岩石体积；比破碎体积 //～ energy (岩石的)破碎比功[破碎单位体积岩石所需能量]；能量率；比能 //～ extraction of rock broken 单位炸药破碎的岩石量；单位炮孔破碎的岩石量 //～ gravity preparation 重介(质)选((矿)法) //～ load 定额负载 //～ rock removal 单位能量所破碎岩石的量；比岩量 //～ surface of rock 岩石比面 //～

volumetric fracture work of rock 岩石单位体积破坏功
specified　合乎技术规范的；规定的；指定的
→～ data 确定数据 //～ gravel size range 规定的砾石尺寸范围 //～ project 按技术规范编制的设计 //～ rate 额定值
specimen　试样；试料；标本；样品；样机；抽样
→～ current image 样品电流图像 //～-holder mechanism 夹试样装置 //～-holding wire 试样吊线 //～ of ore 矿石标本 //～ ore 含可见金的矿石；特富矿体 //～{sand} rammer 舂砂样器
speciogenesis　种发生
Speciososporites　粒面具环单缝孢属[C-P]
speckstein[德]{speckstone}　滑石[Mg$_3$(Si$_4$O$_{10}$)(OH)$_2$;3MgO•4SiO$_2$•H$_2$O;H$_2$Mg$_3$ (SiO$_4$)$_4$;单斜、三斜]；块云母[硅酸盐蚀变产物，一族假象，主要为堇青石、霞石和方柱石假象云母;KAl$_2$(Si$_3$AlO$_{10}$)(OH)$_2$]；块滑石[一种致密滑石,具辉石假象]
specpure　光谱纯的
spectacle　场面；光景；状况；展品；展览(物)；框架；景象
→～ blind 眼圈盲板 //～ plate 双孔板
spectacles　眼镜
spectacle-stone　透石膏[CaSO$_4$•2H$_2$O]
spectral　鬼怪(似)的；光谱的；频谱；分谱的
→～ amplitude 振幅谱 //～ balancing 谱均衡 //～ distribution 频谱分布 //～ distribution{|classification} 光谱分布{类} //～ method (波)谱法 //～ migration 谱偏移 //～ multiplicity 光谱(线)复度 //～ polarization 偏振光
spectrobolometer　分光变阻测热计
spectrogram　光谱图；谱图
spectrograph　摄谱仪；光谱仪
spectrographical identification　摄谱鉴定
spectrographic analysis{determination}　光谱分析
→～ detection 光谱探测 //～ (al) identification 光谱鉴定
spectrolog　光谱测井
spectro-measurement　分光测定
spectrometer　光谱仪；光谱计
(energy(dispersive)) spectrometer　能谱仪
spectrometer chamber　分光计室
→～ tube 分谱计管
spectrophotometric determination　光谱测定；分光光度分析法
spectroprojector　光谱投射器；分光投射器
spectroradiometer　分光辐射谱仪
spectroscopic analysis　分光镜分析
→～ displacement law 光谱位移律 //～ examination 光谱分析 //～ state 光谱态
spectroscopist　光谱学(工作者)
spectrum　固有频谱；各种各样
specular　会反射的；镜子(一般)的；镜(状)的；反射的
→～ alabaster 镜雪花石膏 //～ hematite 镜赤铁矿 //～ iron 辉赤铁矿[Fe$_2$O$_3$] //～ iron (ore){specularite} 镜铁矿[Fe$_2$O$_3$,赤铁矿的变种]
speculative　推测的
→～ developments 投机的发展 //～ domain 推测(含油气)面积 //～ resource 理论资源
speculite　银碲金矿[(Au,Ag)Te$_2$]

speculum[pl.-la]　镜筒；镜用合金；镜齐；反射镜；金属镜
→～ metal 铜锡合金
specus　地下水渠
speech　腔；言语；发言；报告
→～ frequency 通话频率 //～-powered microphone 磁铁线圈式传声器 //～ signal processing 语声信号处理
speed　感光速率；促进；飞驰；迅速；急行；集光能力[镜头的]；速率；速度；灵敏度[照相底片或晒相纸]
→～-and-drift meter 速度偏差指示器 //～ (change) box 调速器箱；变速箱 //～{gear} change 变速 //～ component 速度分量 //～{slow} down 减速
speeder　变速滑车；快速(工作的)工具；加速器；调速装置
→～ motor 调节原动机速度的伺服电动机
speed fluctuation coefficient　速度波动系数
→～ fracture 快速水力冲裂 //～ gage {indicator;log} 速度计 // (variable) ～ gear 变速装置 //～ increaser{speed {-} increasing gear} 增速器
speeding　超速行驶(的)
→～{speed;pick;step} up 加速
speed in reverse　倒挡
→～ kit 变速箱
speedlight　电子闪光；闪光管
speed limit　限速
→～ limiting device 限速器 //～ limiting switch 限速开关 //～ log 计程仪 //～ muller 快速辗砂机；摆轮式混砂机
speedometer　测速计；路码表；里程计；速度计
→～ take-off 速度表
speed per hour　时速
→～ puncher for output 快速输出凿孔机
speedrange　速度范围
speed reduction gearing{unit}　减速器
speedster　高速双座敞篷汽车
speed switch　速度开关
→～-to-altitude{velocity-height} ratio 速高比
speedup factor　加速因子
speed up the blowout　人工引喷
speedy advance{driving}　强掘；快速掘进
→～{high-speed} drawing 强出 //～ {high-speed} stoping 强采
speiss　黄渣；硬渣
→～-cobalt 砷钴矿[(Co,Fe)As;斜方]
spelaeum　洞穴
spelean　洞穴的
speleochronology　洞穴年代(测定)
speleogen　次生洞穴结构
speleogenesis　洞穴形成过程
speleologist　洞穴学家
spel(a)eology　洞穴学
speleomycin　岩洞霉素
spelling　拼字；拼法
→～-off 型砂塌砂
Spellin W　×选矿药剂[烷基磺酸盐,纯十二碳-十八碳烷基磺酸盐]
spell out　明确指出；详细说明
spencerite　硅碳铁锰矿[(Fe,Mn)$_3$(C,Si)(人工)]；斜磷锌矿[Zn$_4$(PO$_4$)$_2$(OH)$_2$•3H$_2$O;单斜]
spencite　褐硅硼钇矿；钇锥稀土矿
spending{dummy} beach　消波滩
spent　衰竭的；余下的；用尽；废的

→~ acid 余酸；废酸

spergenite 肠粒生物砂屑灰岩；微壳屑岩{岩屑}

→~ Bedford limestone 微壳灰岩

sperm{sperma} 种子；精子

Spermaceti (oil) 鲸蜡

sperm alcohol 鲸醇

spermaphore 珠柄[植]；胎座

spermatic calculus 精囊结石

Spermatophyta 种子{显花}植物门

spermatophyte 种子植物；显花植物

spermatozoid 游动精子；精子植物

spermatozoon 精子动物

sperm oil 鲸蜡油

Spermol 鲸蜡醇

sperry buddle 斯派利型圆形淘汰盘

sperrylite 砷铂矿[PtAs$_2$;等轴]

spertiniite 斯羟铜矿[Cu(OH)$_2$]

spessartine 锰铝榴(石)[Mn$_3$Al$_2$(SiO$_4$)$_3$,Mn 常被 Ca、Fe、Mg 置换;等轴]；斜煌岩

spessartite 闪斜煌岩；锰铝榴(石)[Mn$_3$Al$_2$(SiO$_4$)$_3$,Mn 常被 Ca、Fe、Mg 置换;等轴]；斜煌岩

spew over 矿石散布[露头地面]

spewy 潮湿的；散发湿气的

speziaite 角闪石[((Ca,Na)$_{2-3}$(Mg^{2+},Fe^{2+},Fe^{3+},Al^{3+})$_5$((Al,Si)$_8$O$_{22}$)(OH)]

Sphacelaria 黑顶藻(属)[褐藻;Q]

Sphaceloma 痂圆孢属

Sphaenobaiera 楔拜拉属；无柄古银杏

sphaer(o)- 球的；圆球体

Sphaeractinida 球射虫目

sphaeraesthesia 球状感觉；球形感觉

sphaeralcea 球葵属

sphaeraster 球星型

Sphaerellari 球虫类[射虫]

Sphaerexochus 高圆球虫属[三叶;O$_2$-S]

sphaeridium 球棘

sphaerite 球磷铝石[Al^{3+}(PO$_4$)•2H$_2$O;Al$_5$(PO$_4$)$_2$(OH)$_9$•nH$_2$O]

Sphaerium 球蚬属[双壳;J$_2$-Q]

sphaerobertrandite 球羟硅铍石[Be$_3$SiO$_4$(OH)$_2$]

sphaerobismoite 四方铋华[Bi$_2$O$_3$]

Sphaerochitina 球几丁虫属[O$_3$-D]

sphaeroclone 球枝骨针[绵]

sphaerocobaltite 球菱钴矿[CoCO$_3$]；菱钴矿[CoCO$_3$;三方]

sphaerocobaltitethomaite 球菱钴矿[CoCO$_3$]

Sphaerocodium 球松藻属[O-T]

sphaerocone 球锥式[头]

Sphaeroconophyton 球形球果叠层石属

Sphaerocoryphe 圆球头虫属[三叶;O$_2$-S]

Sphaerocystis 球囊藻属[绿藻;Q]

sphaerodesmin 星杆沸石

sphaerodialogite 球菱锰矿

Sphaerograpta 球饰叶肢介属[K]

Sphaerogypsina 钙珠虫属[孔虫;E]

Sphaerohystrichomorphida 刺球藻群[疑]；棘球大类[疑]

sphaeroid 球形的

sphaeroideus 球状；扁球体的

Sphaeroidinella 小球形虫属[孔虫;N$_1$-Q]

Sphaeroidothyris 球贝属[腕;J]

sphaerolitic 球粒状(的)

sphaeromagnesite 球菱镁矿

Sphaeromorphida 球形大类[疑]

Sphaeromorphide 球形藻群

Sphaeromorphitae 球形亚类[疑]

Sphaeronites 球状海林檎属[棘;O]

sphaeroplast 球状原生质粒；成甲的原生质粒[丁]

Sphaeroplea 环藻属；多球藻属[Q]；多球藻

Sphaeropsidale 球壳孢目

sphaeropsidin 球番石榴素

Sphaeropsis 球壳孢属[真菌;Q]

sphaerosiderite 球铁矿；球菱铁矿[FeCO$_3$]

Sphaerosiphon 球管藻属[Q]

Sphaerospongia 球海绵属[O-D]

sphaerostilbite 球杆沸石；杆沸石[NaCa$_2$(Al$_2$(Al,Si)Si$_2$O$_{10}$)$_2$•5H$_2$O;NaCa$_2$Al$_5$Si$_5$O$_{20}$•6H$_2$O;斜方]

Sphaerostylus 球桩虫属[射虫;T]

Sphaerotheca 单丝壳属[真菌;Q]

Sphaerulina 球蟹(属)[孔虫]；球纺锤虫属[孔虫;P$_1$]

sphaerulitic 球粒形结构的

Sphagnum 泥炭藓(属)[苔;K$_2$-N]；一堆泥炭藓植物

→~ atoll 水藓环形泥炭沼 // ~ bog 水藓沼泽 // ~ cuspidatum 狭叶泥炭藓

Sphagnumsporites 水藓孢属[E$_3$-N$_1$]

sphalerite 闪锌矿[ZnS;(Zn,Fe)S;等轴]；胶闪锌矿

sphareomagnesite 球菱镁矿

spharite 球磷铁矿[Fe(PO$_4$)•3H$_2$O]

spharokoboltit 菱钴矿[CoCO$_3$;三方]

spharokrystal 球晶[德]

spharomagnesit 球菱镁矿

spharosiderit 球菱铁矿[FeCO$_3$]

Sphecidae 泥蜂科[动]

Sphecoidea 泥蜂总科

Sphenacodon 楔齿龙属[P]

Sphenacodontia 楔齿龙亚目

Sphenasterophyllites 楔星叶属[植;C$_3$]

sphene 榍石[CaTiSiO$_5$;CaO•TiO$_2$•SiO$_2$;单斜]；楔矿

Sphenia 楔海螂属[双壳;E-Q]

spheniscidae 企鹅类

spheniscidite 水磷铁铵石；淡磷铵铁石

sphenochasm 楔形裂开谷[与平行裂开谷相对]；楔形断陷

sphenoclase 杂石榴透辉石[辉石与钙铝榴石混合物]；楣裂石

Sphenodiscus 楔盘菊石属[头;K$_2$]

Sphenodon 喙头蜥(属)[Q]

sphenoid 半面晶形；榍[轴双面]；楔状；楔形；楔[轴双面]

sphenoidal 蝶骨的；榍体的；楔形(的)；榍(的)；楔(的)

→~ class 楔(晶)组[2 晶组]

sphenoid of the first order 第一楔[单斜晶系中{0kl}型的轴双面]

→~ of the fourth order 第四楔[单斜晶系中{hkl}型的轴双面] // ~ of the third order 第三楔[单斜晶系中{hk0}型的轴双面]

sphenolith 岩楔；楔形颗石[钙超]

Sphenolithus 楔形石

sphenomanganite 水锰矿[Mn$_2$O$_3$•H$_2$O;(γ-)MnO(OH);单斜]；羟锰矿[Mn(OH)$_2$;三方]

sphenomatite{sphenomite} 晦陨石

Sphenophragmus 楔壁贝属[腕;D$_1$]

sphenophyllales 楔叶目

Sphenophyllostachya 楔叶穗(属)

Sphenophyllum 楔叶(属)[D$_3$-P$_2$]

Sphenopiezm 楔形挤压

Sphenopsalis 楔剪齿兽属[E$_1$]

Sphenopsida 楔叶植物门{类}

Sphenopteridium 楔叶羊齿属[D$_3$-P$_1$]

Sphenopteris 楔羊齿(属)[D$_3$-P]；楔蕨

Sphenoradiatus 楔形辐射颗粒[钙超;K$_1$]

Sphenosuchus 喙头鳄属[T$_3$]

Sphenoxylon 楔木属[D$_{2-3}$]

Sphenozamites 楔似查米亚属[T$_3$-J$_1$]；楔木羽叶属[植]

spheraster 球星型

sphere 地球仪；包围；圈；区域；球形；球体；球面；球罐[油]；球；行星；范围；围住；天体；(使)成球形

→~ {cockade} ore 壳层矿

spherical 球形的；球状的；球状；球形；球的；圆的；天体的

→~ agglomeration 球团矿[冶] // ~ BOP 套筒式环空防喷器 // ~ charge forming 球状药包爆炸成形 // ~ degree 球面度[立体角单位] // ~ indicatrix of binormal to a curve 曲线副法线球面指标 // ~ polar coordinates 球极坐标 // ~ -shaped cluster 球形(聚)类 // ~ spreading loss 球面扩展损耗 // ~ surface 球面

sphericity 球状；球(形)度；圆球度；成球形

→~ distribution 球度分布{度} // ~ test 球形检验

sphericize 球形化

spheriod 回转扁圆体；扁球状容器；扁球体；椭圆球

spheriodal{spheriodic} 扁球体的；椭球体的

spheriolite 菱磷铝岩

Spheripollenites 球形粉属[孢;J$_2$]

spherite 沉积球粒；球磷铝石[Al^{3+}(PO$_4$)•2H$_2$O;Al$_5$(PO$_4$)$_2$(OH)$_9$•nH$_2$O]；球鲕石；集结砾岩

sph(a)erobertrandite 球硅铍石；羟硅铍石[Be$_4$(Si$_2$O$_7$)(OH)$_2$;斜方]；球羟硅铍石；富铍硅铍石[Be$_5$(Si$_2$O$_7$)(OH)$_4$]

spheroclast 圆碎屑

sph(a)erocobaltite 球泡菱钴矿；(球)菱钴矿[CoCO$_3$;三方]

sphero(-)crystal 球晶

spheroid 球状体；球体；扁球形罐；类球体；椭圆体；似球体

→(oblate) ~ 扁球体

spheroidal 球状；圆球形的；似球状的

spheroidizing{spheroidized} annealing 球化退火

Spheroidoolithus 圆形蛋属[恐龙蛋]

sph(a)erolite 球粒

spherolith 球状石

spherophyre 球粒斑岩

spheroplast 球状体[原生质]

spheropotential 球面势位

→~ number 地球势面差；球面势位差；正常地球位(能)数

spherosiderite 球菱铁矿[FeCO$_3$]；球菱钴矿[CoCO$_3$]

sph(a)erostilbite 星杆沸石

spherulitic 球粒状(的)；球颗状

→~ crystal structure 球晶结构 // ~ {globular;spheroidal;nodular} graphite 球状石墨 // ~ {centric} texture 球粒结构[放射状或同心状]

spheryte 沉积球粒；粗细沉积岩族；集结砾岩

Sphinctozoa 紧缚海绵类

sphingometer 光测挠度计

sphragid(ite){sphragite} 准铁埃洛土；药材土

sphygmobolometry 脉能描记法

spiauterite{spiautrit} 纤锌矿[ZnS(Zn,Fe)S;六方]；纤维锌矿[ZnS]

spicula 螫刺[昆]；针突；骨片[海参]

spicularite 骨针岩

spicule 钻状体；针状体；针骨；小穗状花序
　→~ {sclere;spicula} 骨针[绵] // (solar) ~ 针状物

spiculin 骨针基

spiculite 骨针岩；针雏晶；锤雏晶；纺锤状集(合)球雏晶

spiculoblast 骨针细胞

spiculofiber 骨针纤维

spider 设圈套者；横梁；三脚架；地雷引爆架；卡盘；梅花架；辐射架(螺旋桨)；蜘蛛；辐；卡瓦；星(形)轮；星形接头；外伸支架；多脚架；松动导绳轮；十字头[圆锥破碎机]
　→~ arm shield 横梁臂护套 // ~ guard 十字护板[圆锥破碎机] // ~ rim 十字叉给料圆口；支架轮缘 // ~ shooting{shoot} 糊炮

spiegel{spiegelerz;spiegeleisen} 辉赤铁矿[Fe$_2$O$_3$]；镜铁矿[Fe$_2$O$_3$,赤铁矿的变种]；低锰铁

spigot 丝堵；活栓；栓；塞子；插销；插头；插口；龙头；锥形孔；饮水的地方；出料管；阀门；套管接头；套管连接；套管
　→~ and faucet joint 套筒接合

spike 钉上大钉；钉齿；试验信号；把头弄尖；测试信号；道钉；高峰值；大钉；阻止；峰值；刺针；(使)形成峰值；(地震队)小搬家；稀释剂；尾撬；尖峰信号；尖峰
　→~ (pulse) 尖脉冲 // ~ amygdule 钉形杏仁体 // ~ chain 爬车链条

spiked 长穗状花序的；粗短刺状；有穗的[植]；尖钉状
　→~ coller{roller} 齿轮钻头

spike disintegrator 棒式松砂机
　→~ drawer 起钉器

spilite 细碧岩
　→~-keratophyre formation 细碧角斑岩建造

spilitic suite 细碧岩群
　→~ volcanic rocks 细碧岩质火山岩

spilitization 细碧岩化(作用)

spillage 撒料；漏泄；漏出；涌出；溢出物；溢出；泄露；溅出
　→~ bin 漏料仓；粉矿收集仓 // ~ pit 粉矿仓；溢流煤坑[设在主输送机装车点下]

spill-bank 溢洪堤

spill-hollow 泄洪洼地

spilling 溢出；松土层凿井{掘进}

spillover 飘来雨；附带结果；溢液；溢流量；溢出；信息漏失
　→~ lobe 溢流凸体

spill{overflow} plate 溢流板；防溢板
　→~ plate 防溢板 // ~ plate cowl 挡煤板 // ~ pocket 撒落碎块仓[箕斗提升]；粉矿仓

spillpoint 溢出点

spill{spilled} sand 散落砂
　→~ size 溢流量

spillway 溢水管；溢流口；溢道；溢出口；

泄水道；泄洪道
　→~ (tunnel;overflow) 溢洪道 // ~ apron 溢洪道护{海}堤 // ~ capacity 溢洪能力

spillweir 溢流堰
　→~ {overflow;weir;overfall} dam 滚水坝

spilosite 绿点板岩

spilt barge 底卸泥驳

spina 刺；棘

Spinachitina 棘几丁虫属[O-S]

spinach jade 深绿软玉

spina dorsalis 背棘
　→~ ethmoidalis 筛骨棘 // ~ frontalis 额棘

Spinagnostus 刺球接子属[三叶;€_2]

spina haemalis 脉棘
　→~ ischiadica 坐骨棘[解]

spinal 针的；刺的；尖刺的；脊骨的；棘片
　→~ animal 脊椎动物 // ~ bone 椎骨 // ~ {vertebrate} column 脊柱 // ~ cord 脊髓

spin-allowed transition 自旋允许跃迁

spinal plate 胸棘片

spina nasalis 鼻棘
　→~ occipitalis 枕棘

spinar 超密旋体；重磁旋体

Spinatrypa 刺无洞贝(属)[腕;D]

spin axis point 转轴点
　→~ counter 转数计

spindle 锭子；锭；纱的长度单位；长得细长；棒端(定位)插销；测(量)杆；主轴；杆；轴；指轴；立轴；纺锤；旋梯中柱；芯轴

spine 火山栓；溶岩塔；泉华脊；壳刺；木刺[古]；干线；螺旋状钩菌细胞；中心；支持因素；刺壳针；刺；壳针；岩针；旋菌形；脊状突起；脊柱；脊骨；脊；棘刺；动植物的刺
　→(lava) ~ 熔岩刺 // ~ base 刺基

spin-echo 旋转回声

spinel 人工合成类晶石
　→(alkali) ~ 尖晶石[MgAl$_2$O$_4$;等轴] // (le) ferrite 尖晶石铁淦氧{铁氧体} // ~ group 尖晶石类[R^{2+}Fe$_2$O$_4$]

spinelite{spinell(e)} 尖晶石[MgAl$_2$O$_4$;等轴]

Spinella 刺石燕属[腕;D$_3$]

spinellan{spinellane} 黝方石[Na$_8$(AlSiO$_4$)$_6$(SO$_4$);等轴]

spinel law 尖晶石(双晶)律

spinelle 人工合成类晶石

spinellide 尖晶石族；尖晶石类[R^{2+}Fe$_2$O$_4$]

spinelliferous 含尖晶石的

spinelline 黝方石 [Na$_8$(AlSiO$_4$)$_6$(SO$_4$);等轴]；榍石[CaTiSiO$_5$;CaO·TiO$_2$·SiO$_2$;单斜]

spinellite 尖晶岩

spinel(le) refractory 尖晶石质耐火材料
　→~ {almandine} ruby 红尖晶石 [Mg(Al$_2$O$_4$)] // ~ series 尖晶石系 // ~ twin(ning) 尖晶石双晶 // ~ type 尖晶石式 // ~-type crystal 尖晶石型晶体

spine-ribs plot 脊肋图

Spinidinium 棘沟藻属[甲藻;K-E]

Spiniferites 针棘藻属[甲藻;K-E]

spinifex 三齿稃[澳]；鬣刺`岩{结构}
　→~ texture 刺玻结构

spinispire 刺旋骨针[绵]

spin-jet grouting 旋喷法

spin-lattice relaxation 自旋-晶格弛豫

spin-multiplicity selection rule 自旋多重

性选律

spinnability of fluid 流体可纺性

spinner 机头罩；电动扳手；(机头)整流罩；快速回转工具；纺织机；旋子；旋工；旋转体；旋转器；旋绳器
　→~ assembly 旋扣器 // ~ blade 转子叶片

spinneret 喷丝嘴；吐丝器[昆]

spinner gritter 旋盘式铺砂器
　→~ gritter for treating frost bound and slippery surface 冰冻路面铺砂机 // ~ velocimeter 旋子型流速仪

spinning 平皱；自转；纺；旋转上管扣；旋转；旋压

Spinochaetetes 壁刺刺毛虫属[D$_2$]

Spinocyrtia 刺弩石燕(属)[腕;D$_{2-3}$]

Spinocythere 刺花介属[E-Q]

spinodal 拐点；旋节的{线}

Spinograptus 棘笔石属[S$_3$]

Spinomarginifera 刺围脊贝属[腕;P$_2$]

Spinomon 棘背龙兽

spinor 自旋量；旋量

spin-orbit coupling 自旋轨道耦合

spinosaurus{Spinosaurus aegyptiacus} 棘龙

spinose 刺状的；有刺的；多刺的
　→~ projection 泉华刺；刺状突起

Spinostrophia 刺扭月贝属[腕;D$_2$]

spinosum{spinosus} 刺的；棘突的；棘的

Spinozonotriletes 刺环孢属[C$_1$]

spin-pairing 自旋配对

spin safe 旋转安全
　→~-scan cloud camera 自旋扫描摄云摄影机 // ~ space 旋量空间 // ~-spin relaxation 自旋-自旋弛豫

S-P interval 横纵波时间间隔；纵横波至时差；纵波、横波首波的间隔

spinthariscope 闪烁镜[计算 α 射线等粒子数用的]

spinthere (绿)榍石[CaTi(SiO$_4$)O;CaTiSiO$_5$;CaO·TiO$_2$·SiO$_2$;单斜]

spinule 微刺

Spinulicosta 刺纹贝属[腕;D$_{2-3}$]

spinulus 小刺突[硅藻]

spin-up chain 上钻杆扣用装置；上扣装置

spiny 棘手的

spin-zero 零自旋

spionkopite 斯硫铜矿[Cu$_{39}$S$_{28}$;六方]

spiracle 呼吸孔；鳃孔；气孔；排水口；昆虫的呼吸孔；通气孔；喷气孔[熔岩]
　→~ {spiracular} 气门[无脊]；喷水孔[鲸;脊;棘海蕾] // ~ gas hole 气孔

spiracular 呼吸孔；鳃孔；气孔；通气孔
　→~ slit 通气孔的缝[棘海蕾]

Spiraculata 内水管目[棘;S-P]；喷管海蕾目[棘]

spiraculate 具喷水孔的

spiraculum 气门；喷水孔

spiral 环绕；蜷线；盘旋；螺旋线；螺旋的；螺旋；螺管；游丝
　→~ angle 螺角；螺线；螺旋形；捻角；螺塔角[腹] // ~ {spire} angle 螺线角；蜗线角

spiralarm (双金属)螺旋带沼气示警灯

spiral arm 旋涡状臂

spiraled cavity 螺旋空腔

spiral fashion 螺旋状

spirality 螺状；螺旋形

spiralium[pl.-ia] 螺形腕骨；腕螺{旋}

spiral jaw clutch 螺旋面牙嵌式离合器
→~ lamella 旋壁[孔虫] // ~ lamina 旋卷片[丁]

spirallel 钻机滚筒的螺旋槽

spiral-lined ballmill 螺旋衬板球磨机

spiralling ratchet wheel 螺旋棘轮

spirally wound gasket 缠绕(式)垫片

spiral orbit 螺线形轨道
→~ {serpentine}pipe 螺旋管 // ~pump 螺旋轴泵 // ~ratchet screw(-)driver 螺旋槽棘轮旋凿 // ~rib{ridge} 旋脊 // ~ road 螺旋式坑线[线路]

spirals 旋选矿机

spiral scoop 蜗旋式螺旋排矿提升器
→~ separator chute 螺旋选矿机溜槽; 螺旋分选机溜槽

spiramen 大孔[苔]

spiraperturate 螺旋口[孢]

spiraster 刺旋骨针[绵]; 旋星骨针[绵]

spire 石质硬煤; 螺旋状菌细胞; 螺旋线; 螺旋; 螺塔[腹]; 螺环[腹]; 锥形体; (给……)装尖顶; 爆破引火管; 腕螺; 尖峰; 尖顶; 塔尖; 耸立
→~ angle 捻角 // ~ lamella 腕带 // ~ up 火焰升长

Spirifer 石燕贝属; 石燕[古]

spiriferacea 石燕亚目

Spiriferella 小石燕(贝)(属)[腕;C₃-P]

spiriferellina 准小微石燕属[腕;C-P]

Spiriferida 石燕(贝)目

spiriferids 石燕类

Spiriferina 准石燕(属)[腕;T-J₁]

spiriferoid 石燕型的; 石燕类; 石燕贝型
→~ spiralia 石燕(贝)型腕螺

Spirigerella 携螺属[腕;P]; 小螺贝

Spirillina 盘旋虫(属)[孔虫;T-N]

spirilline 盘旋有孔虫式

spirillum[pl.spirilla] 螺旋状细菌细胞; 旋菌形

spirit 潮流; 趋势; 醇[ROH]; 酒精 [C₂H₅OH]; 精神; 态度

spirochaeta(l){spirochaete} 螺旋体

Spirocrinus 螺旋海百合属[棘;S]

spiroffite 碲锰锌石 [(Mn,Zn)₂Te₃O₈; 单斜]; 锰锌筛矿; 磷锰锌石

Spirograptus 螺旋笔石属[S]

Spirogyra 水绵(属)[绿藻;Q]

spirogyrate 回旋状[双壳]; 外旋状

Spirolina 圆卷虫属[孔虫;E-Q]

Spiroloculina 环笼{孢环}虫属[孔虫; K-Q]; 旋房{螺房孔}虫属[K-Q]

spirolophe 旋状(纤毛)环[腕]

Spiroplectammina 旋织虫属[孔虫;C-Q]

Spiropteris 螺旋蕨属[P₂-T₃]

Spirotrichida 旋毛虫类[原生]

Spirulina 螺旋藻属[蓝藻;E-Q]

spite 伤害; 恶意(的)

Spiticeras 斯皮特菊石属[头;J₃-K₁]

spit oil 输油; 喷油; 间歇自喷

spitting 点燃引信; 喷溅物[吹炼]; 逆火; 油的输出; 吐出

spitz 杯尖[古杯]; 角锥形箱; 尖壳

spitzkarren 尖峰溶沟[德]

S-plane S 面
→~ normal S 面法线 // ~ of flattening 平展 S 面 // ~ of stratification 层理 S 面

splash baffle{shield} 防溅板
→~ baffle 阻溅板 // ~ cup 石笋顶滴杯

splashdown 溅落

splash erosion 雨滴撞击; 溅击侵蚀
→~ impression 飞沫印痕; 溅痕

splashing 喷溅
→~ geyser 喷溅式间歇泉

splashings 喷溅物[吹炼]

splash pan 挡溅盘; 挡板

splashplate 挡溅板; 防溅板

splash-proof motor 防溅式电动机

splash ring{collar} 防溅挡圈
→~ structure 溅泼构造 // ~ system 溅油润滑系统 // ~ water cooling 喷水冷却

splattering 飞溅; 溅散; 作泼刺声; 溅泼
→~ of drops 雨滴激溅作用

splatter spray 溅喷

splay 倾斜的; 弄斜; 八字形; 展宽[脉冲]; 展开; 喇叭形; 泛滥(斜面堆积); 斜面度; 斜面
→(crevasse) ~ 决口扇[冰滩] [冰]

splayed arch 八字形拱; 八字墙拱
→~ boring tool 锥形钻头[换径用]; 锥形钎头; 凿形钻头 // ~ drill 斜面头钎子 // ~ leg 棚子斜腿; 斜腿

splay fault 撇裂断层

splaying crevasse 外展裂隙[冰]
→~ out 叉分[泛指,断层]

splay-legged set 斜腿

splay sandstone 外展型砂岩

splendent 光亮的; 灿光; 发亮的; 杰出的
→~ luster 灿烂光泽

splent 薄片; 硬烟煤
→~ {splint} coal 裂煤

splic bar 夹板

splice 拼接; 扭接; 捻接; 连接; 接头; 接合
→~ {joint} bar 鱼尾板 // ~ bar 连接{联结}杆 // ~ box (电缆)编接盒; 连接箱

spliced joint 分层接合

splice{whip} graft 搭接
→~ of fiber 纤维连接

splicing 编接; 捻接; 接绳; 铰接
→~ junction 接合 // ~ of wire rope 钢丝绳铰接

splined mandrel 花键心轴
→~ shaft 花销轴 // ~ sheet pile 方栓接缝板桩

spline fit 样条拟合

splines 样条函数

spline{splined} shaft 多键轴

splint 薄(木)片; 夹板
→~ coal 暗硬(质)煤; 暗煤 // ~{splent} coal 硬烟煤

splinter fault 参差断层

splintering 片裂; 碎裂

splintery fracture 片状裂口
→~ structure 多片构造

split 撕裂; 等信号区; 破裂; 拼合的; 撇裂断层; 劈{裂}开; 劈; 裂片; 裂口{缝}; 直裂口; 风流分支; 被厚夹层分开的煤层; 分散的; 分开{割}; 分叉的; 分岔[山脉、道路等]; 分层
→~ cone bin 对开式锥形矿槽 // ~ cylinder type graphite resistor furnace 拼合石墨管电阻炉

[of communications and transport] split-flow 分流

split-flow heater 有平行蛇管的加热器
→~ of human resources 分流

split frame 可拆卸的架[车架、仪器架等]

~ graphite-pipe top heater 拼合石墨管顶部加热器 // ~ of the vein 分枝矿脉 // ~ rock 片裂岩; 易劈裂岩石 // ~-rod graphite resistor 割口石墨电阻棒

splitter 劈样机; 劈理器; 导流板分裂设备; 分配器; 分流器; 分裂器; 分裂机{派}[与 lumper 反]; 分离机器; 分离机; 分解器; 分解剂; 分割器; 细分派[生类]; 缩样器; 缩分器
→~ (box) 分样器; 分矿板 // ~ holes 劈开炮眼

splitting 拼合的; 劈裂; 割开; 裂开; 裂距; 裂缝; 分支风流; 分歧; 分流; 分裂分类[生]; 分裂; 分离; 分解; 分隔; 分割; 分叉[泛指]; 分层; 可拆的; 剥制[云母]; 细分分类[与 lumping 反]; 夹矸; 缩减; 缩分(样品)
→~ pillars 回采矿柱; 煤柱; 采矿柱; 二次回采

splittings 云母薄片

splitting separate ledge 分层
→~ shot 碎裂爆破 // ~ stress 撕裂应力 // ~{split} test 劈裂试验 // ~ up 分岔[山脉、道路等]

split toggle 铆接肘板
→~-tube drive sampler 对开管锤击式取土器 // ~ type bearing dun 对外轴承 // ~-up 裂开; 分裂; 分割 // ~ washer 开缝垫圈

sp location 炮点位置

splodge{splotch} 使……有污点; 斑点; 污点

S-plot S 形(筛析)曲线

splutter 作噼啪声; 发爆裂声

sp. nov. 新种

spodic 灰化的

spodiophyllite 灰叶石; 黝叶石[(Na,K)₄ (Mg,Fe)₃(Fe,Al)₂Si₈O₂₄]

spodiosite 氟磷钙石[Ca₂(PO₄)F;斜方]

spodite 长石玻屑火山灰

spodosol 灰状土; 灰土

spodulite 杂锂英辉石

spodumen amethyst 紫锂辉石[LiAl(Si₂O₆)]

spodumene 锂电气石[Na(Li,Al)₃Al₆(BO₃)₃ (Si₆O₁₈)(OH)₄;三方]; 锂辉石[LiAl(Si₂O₆); 单斜]
→~-lepidolite-pegmatite deposit 锂辉石-锂云母伟晶岩矿床

spodumenite 锂辉石[LiAl(Si₂O₆);单斜]

spoil 扰动器; 弃土; 破坏; 矸子; 矸石; 矸煤; 阻流板; 次品; 废渣; 废石堆; 废品; 开石; 剥离物; 损坏
→(stent) ~ 废石

spoilage 损耗

spoil area{ground} 废石场
→~ area 矸石堆

spoilbank{spoil bank{area}} 废石堆

spoil bank{pile} 排土场
→~ dimension{size} 排土带尺寸 // ~ disposal 排泥; 废土弃置

spoiled products 废品

spoil ground buoy 抛泥场浮标
→~ heap formation system 废石堆形成方法

spoiling 出渣

spoil pool 废水池
→~ reclaiming 矸石堆复用[田]; 尾矿再选 // ~ ridge{peak} 排土堆顶

spoke 手柄; 轮辐; 阻挠; 辐条; 辐板[腔;

棘];辐;(用)阀门手轮轮辐位置指示的流量计

S-pole diagram S 极图

spondylium 匙形台[腕];匙板

spondyloid 似匙`板{形台}[腕]

Spondylomorum 椎楑藻属[Q]

spondylous 椎骨的

Spondylus 海菊蛤(属)[双壳;J-Q]

spong 无树沼地[美]

sponge 海绵(状(物));(用)海绵揩拭;泡沫材料
→~ chert 海绵骨针燧石//~coke 海绵状(石油)焦;蜂焦//~core barrel 海绵套岩芯筒//~rock 海绵岩

spongeware 海绵釉陶;仿海绵釉陶

spongework 穴孔网;通道网络
→~ cave 海绵网络状洞穴

Spongilla 淡水海绵属[T-Q];针海绵(属)

sponging (用)海绵揩拭
→~ agent 膨胀剂

spongioblast 成胶质细胞

spongioid 硅质海绵

spongiolin 海绵质;海绵丝

spongiolite 海绵硅灰土

spongiology 海绵岩

Spongiomorpha 绵形水螅属[腔;T₃-J₃]

Spongiostromata 绵层藻类[钙藻;Z-Q]

spongiostrome 海绵层

spongious 海绵状的;多孔的

spongocoel 海绵腔

spongolite {spongolith} 海绵岩

Spongomorpha 绵形藻属[Q]

Spongophylloides 拟勺板珊瑚;似勺板珊瑚属[S₂₋₃]

Spongophyllum 勺板珊瑚(属)[D₂]

Spongopora 粉痂菌属[真菌;Q]

spongy 疏松的;海绵状的;泡;多孔的;松软
→~ gold 海绵金//~ platinum 铂绒//~ structure 海绵构造

sponsors 翼梢浮筒;舷台;舷侧

spontaneity 自发性

spontaneous 自生的;自然的;自发的;自动的;出于自然的

spontaneously inflammable 可自燃的

spontaneous magnetization 天然磁化

spoof 哄骗

spool 双端凸缘管;滑阀心;绕在卷轴上的材料;缠绕;浅管;轴;两端带法兰的短管;防喷器中间的四通;卷线筒;线圈
→(automatic) ~ 假脱机//~ bar 线轴形沙坝{洲}

spooler 络纱机;滚筒[卷绳]
→~ (device) 盘缆器//~ wheel 盘缆器轮

spooling 绕;缠;络纱;卷;假脱机
→~ cable 筒卷电缆//~ capacity 缠绕盘容量

spool piece 短管
→~ thread{cotton} 轴线//~ valve 滑(柱式)阀

spoon 吊斗;勺;炮耙子;泥铲;捞砂筒;舀取使成匙形;样勺;挖土机;匙状物;匙;露头[矿层]
→(sampling) ~ 取样勺//~ bit 勺钻;匙钻

spooner 掘岩粉工人

spoon sampler 勺形取土器
→~ test 手勺{杓}取样

spora 花粉和孢子聚集体;空气中的花粉和孢子聚集体
→~ centralis 中央芽胞;中央孢子

sporadosiderite 铁浸染陨石

sporae dispersae 分散孢粉

sporal 孢子的

sporangia 孢蒴

sporangiophore 孢子囊小柄;孢囊柄{梗}

sporangiospore 孢囊孢子

sporangium[pl.-ia] 孢蒴子囊;孢子囊

spore 孢子;芽孢

sporine 斯坡任

sporinite 孢子体{质};孢壳{粉}体
→~ coal 孢子煤//~-clarite 孢子体微亮煤

Sporobolomyces 掷孢酵母属[真菌;Q]

Sporochnus 毛头藻属[褐藻;Q];毛枪藻属

sporocyte 孢囊

sporoderm 孢壁

sporogelite 硬水铝石 [HAlO₂;AlO(OH); Al₂O₃·H₂O;斜方];硬羟铝石;α 胶羟铝矿;α 胶铝矿;胶铝矿

sporogenesis 孢子形成;孢子发生

sporogenous 产孢子的;造孢(子)的

Sporogonites 孢囊蕨属;古孢体[D]

sporologic 孢粉学的

sporomorph 孢子体;孢状体;孢形;孢型;孢粉化石

sporomorpha 孢型

sporonin 孢质

sporophitic 含长辉绿[结构];嵌长[结构]

sporophyll 孢子叶;孢叶

sporophyllary leaves 孢子叶

sporophylloid 假孢子叶

sporophyll sphaerite 孢子叶球
→~ spike 孢子叶穗

Sporophyta 孢子植物

sporophyte 孢子体;孢体

sporo(-)pollen 孢子花粉;孢粉

sporopollen {sporepollen} analysis 孢粉分析
→~ assemblage 孢粉组合//~ complex 孢子花粉组合

sporopollenine 孢粉质;孢子花粉素;孢粉素;具环波瘤孢属[T₃]

Sporopollenites 具环波瘤孢属[孢;T₃]

Sporotrichum 孢子丝菌;侧孢霉属[真菌;Q]

Sporozoa 孢子虫类[原生];孢子虫纲;孢虫类

sports car 跑车
→~ giant stride 转盘

sporula 孢子

sporulation 孢子形成

spot 定位;定点;辉点;识别;少量;点滴;点;场所;黑点;变污;缺点;地点;疤痕;部位;找正;沾污;疵点;现场的;现场;斑点;污点;对准

spotlight 点光源;公众注意点;聚光于;聚光灯;(使)突出

spot {convergent} light 聚敛光
→~ map 点图//~ sample 点样;个别试样[石油产品]

spotted 矿脉中的矿石含量不规则;有斑点的;斑结状(的);斑点状(的);斑点的;成点(散布)的
→~ {axis} deer 轴鹿;斑鹿[Q]//~ ore 巴斑点状矿石

spotter 定心钻;定位器;去污机;测位仪;监矿人员

spotting 定位;识别;确定准确位置;测定点位;钻定心孔;装;(在)井中某一小段注水泥浆;挤注[油]
→(trip) ~ 调度

spotty concentration (黏土质)斑状集中
→~ deposit 点状散布矿床;断续矿床//~ vein 品位分布不规则(的)矿脉

spot{point;mash} welder 点焊机
→~ welding{soldering} 点焊

spout {chute} feeder 溜槽式给料器
→~ feeder 给料溜槽//~ hole 装矿分支巷道//~ hot air 放空炮

spouting 喷注
→~ pipe 喷射管//~{bet;spray} pipe 喷管//~{erupting; gushing;spouter;outpouring} spring 喷泉//~ spring 涌腾泉

spragger 矿车制动棒;支柱;卡塞用棒挡圈;煤面防护柱;止轮垫;斜撑;撑木;车辆下坡运行跟车工;跟车工
→~ wagon arrester 矿车制动棒

spragging 安装支架;矿车制动

sprag road 陡坡巷道
→~ roadway 陡斜巷道

sprayed cement support 喷射水泥支架
→~ coat 喷射敷层

sprayer 洒水车;喷雾器;喷头;喷射装置;喷洒器;喷枪
→~ (unit) 喷射器

spray fault 分枝断裂

spraying 喷雾;喷镀
→~ device 喷射器//~ of fuel 燃料雾化//~ of water 喷水;淋水//~{fly; popping} rock 飞石

spray jet 喷水器
→~ mask 面罩[喷漆工]//~ penetration 喷射深度//~ prop 撑木//~ region 迅缘区

spread 排列[电极的];伸展;扩张;分布;伸开;散布;散播;广大的;铺开;铺;管道机械化施工队;抹上;概率散度;布置;琢磨面[宝石的];展示;扩展;扩散;宽厚比;引渗;延伸;传播;范围;详细记录;推广

spread (out) 展开
→~ bar 扩杆//~ boss 管道建筑工程负责人//~ coefficient (射流)扩散系数//~ delivery 延期交货

spreader 散布体;撒料器;刮胶器;喷液器;喷洒车;磨钎器;纵撑木;布料器;支杆;扩张器;分布器;传播器;悬框;涂胶器;天线馈线分离隔板
→~ (bar) 横柱[非{hk0}型的菱方柱]

spread foreman 铺管队监督
→~{propagation} function 传播函数

spreading 灌水;流散;展开;扩张的;音减;浇水
→~ ballast 摊铺石渣//~{propagation} loss 传播损耗//~ of liquids en liquids 液对液的展开//~-ridge province 扩张洋脊区

spread of axles 轴距
→~ of results 试验成果推广//~ of wheels 轮距//~ over 遍布;覆盖;延续;传遍//~ source 分散源;分布源

spreustein 蚀方钠水霞{钠沸}石

sprig 砂模加固铁杆;打钉;无头钉

spring 扩底孔;掘药壶;掘壶;弹性;弹跳;动机;回跳;起拱;根源;(用)锚缆

转变方向；转向锚索；裂缝；缆索；春天；春季；开始；发源；发条；跳起；弹出；拱脚[平巷]

spring 弹力；钢板；弦
→(mechanical) ～ 弹簧

springback 回弹

spring-back 弹性后效

spring-balanced bell gage 弹簧钟形压力计
→～ guard 弹簧平衡卫板

spring basin 泉盆
→～ belt 涌泉带

springcreekite 水磷钒钡石 [$BaV_3^{3+}(PO_4)_2(OH,H_2O)_6$]

spring crust 春雪(冻)壳
→～ dart 打捞矛；打捞工具 // ～ deposit 泉水{矿泉}沉积

springer 拱脚；拱底石[建]
→(impost) ～ 起拱石；拱脚石[土]

spring(-fed) lake 泉源湖
→～ pool 泉塘

spring flood 春洪；春汛；桃花汛
→～ flood{fishing} season 春汛[小河的] // ～ flow 泉水流；泉流量 // ～ head {eyes;mouth} 泉口[头] // ～ hydrograph 泉的水文线；泉的水文曲线；泉的水文过程线

springing 起拱石；拱脚石[土]；反跳；跳起；弹性装置；弹动
→(borehole) ～ 炮孔扩底 // ～ block 拱脚；拱基；拱底石[建] // ～ machine 喷洒机

spring lake 泉湖
→～ layer 跃层 // ～ leaf{lamination; piece} 弹簧片 // ～ leaf 钢板弹簧

springlet 小泉；小河

spring (core) lifter 环状弹簧式岩芯提断器；弹力式岩芯提取器
→～-loaded skewback 弹簧(加载)式拱脚斜石块 // ～ mound{uphill;dome} 泉丘 // ～ of the casing 套管微弯处 // ～ {spiral} pin 弹簧销 // ～ release hitch 弹簧松脱式联结装置 // ～ rolls 弹簧式对辊机

Spring Rose 春天红[石]

spring rubber 橡皮弹簧；橡胶弹簧
→～ runoff 泉径流

(cluster of) springs 泉群；泉区

spring safety hitch 弹簧安全联结装置
→～ sapping 泉源掏蚀 // ～ seat cap gasket 弹簧座盖垫 // ～ sediment 泉沉积物

spring shock absorber strut 弹簧减震柱

springtime 全盛期

spring uphill 泉华丘
→～{grower;retaining;lock} washer 弹簧垫圈

springwood 早材；春(季生长木)材[用来分析树年轮]

springy 有弹性的

sprinkled appearance 雨点状外貌

sprinkler 洒水器；洒水车；喷撒器
→～ control 喷洒装置控制器 // ～ coupling 喷洒接头 // ～{overhead;spray} irrigation 喷灌

sprinkling 少量；洒；喷；零星
→～ basin 喷水池 // ～ device 喷水装置 // ～ truck 洒水车

sprint car 短程泥路赛{跑}车

spritsail 斜撑帆杆支撑帆

sprocket (wheel;chain;gear) 链轮

spron 卸载槽
→～ mouth 出矿口

sprotiite 硫石铁陨石

spruce 漂亮的

sprue 熔渣；模锻件的废弃部分；流道；细长的石刀柏；浇道

spruing 打浇口

sprung drill hole 药壶炮孔
→～ hole 扩底炮孔 // ～ tension 弹回张力

SP shale baseline 自然电位泥岩基线

spt 海口；海港

spud 定位桩；剥皮刀；草铲；锚桩；锚柱；马蹄形测钉；钻机开孔；打捞工具；桩脚；柱脚；溢水接管；压板；冲击钻头；尖头钻头[如菱形、矛形钻头]
→～ (in) 开钻

spudded-in hole 进到基岩的钻孔

spudding 浅钻；用冲击钻钻进表土层；下导向管；下打入管
→～ (up;in) 开钻

spud dredging 挖掘船锚桩操纵采矿(法)
→～{pile} frame 打桩架 // ～{spudding} in 凿入 // ～ in 开始钻井 // ～-keeper 锚桩

spumescence 泡沫状；泡沫性

spumulite 白榴透辉杆岩；橄岩；破性火山岩；浮岩[一种多孔火成岩，常含 $53\% \sim 75\% SiO_2, 9\% \sim 20\% Al_2O_3$]

Spunized 斯本奈兹卷曲变形工艺

spun replacement fabric 仿纱型变形丝

spur 丁坝；石嘴；山脚；山鼻子；痕迹；坡尖；排出口；根底；煤层未掏槽部分；脉支；脉叉；支脉；支架；支撑物；刺激孔；距；矩阵(的)迹；径迹；细矿脉；推动；齿；迹；齿距[牙石]

spurious 虚{假}的；寄生的；乱真的；赝
→～ anomaly 假异常 // ～ correlation 伪相关 // ～ diffraction effect 假衍射效应 //～image 杂散影像；乱真影像

spur-line 支线；分路

spur pinion 正小齿轮；小正齿轮
→～ rack 正齿条{轨}

(β-)spurrite 灰硅钙石{硅酸方解石} [$Ca_5(SiO_4)_2(CO_3)$;单斜]；硅方解石；碳硅钙石[$Ca_7Si_6(CO_3)O_{18} \cdot 2H_2O$;单斜]

spur road 岔路；支巷道；分支巷道
→～ road{track} 岔道[铁道]

spurt 喷射；喷出；脉动；脉冲；迸发；风化(表皮)岩；一时；冲量；溅散；溅出；突发；短时间；激发
→～ distance 瞬时滤失距离

spurt loss 第一秒失水初滤失量[泥浆接触新岩面瞬时失水]；造壁前的滤失(量)；初损[压裂液起造壁作用以前的损失]；初触失水
→～ loss coefficient 初滤失系数

spur track 支线；绝路线
→～{stub} track 短支线 // ～{unclosed} traverse 支导线

spurt width 造壁前的滤失宽度

spur wheel back gear 正齿背齿轮

sputnik 人造卫星[苏]

sputter 噼啪声；喷溅；喷镀；作噼啪声；发爆裂声；溅蚀；溅射；停息；爆裂[电]
→～-etching method 溅射刻蚀法

sputtering 崩解[物理风化]；溅射
→～ equipment 溅射镀膜装置

Spyridiophora 桨骨贝属[腕;P_1]

Spyroceras 圈角石属[头;O-D]

sq-topped pulse 平顶脉冲

squad 含土锡砂；(把……)编成班；泥土；班；小队
→～{team} leader 班长

squadron 机组

squalane 低凝点高级润滑油；异三十烷；角鲨烷
→～ column 角鲨烷柱[色谱仪的]

squall 飑[常伴有雨、雪、雹的暴风]
→～ line 飑线；台线

Squalus 角鲨属[K-Q]

squama caudalis 尾鳞
→～ cornu 角质鳞 // ～ dorsalis 背鳞 // ～ rostralis 吻鳞 // ～ subcaudalis 尾下鳞 // ～ subocularis 眼下鳞

Squamata 有鳞目[爬]；有鳞蛉

squamate 鳞斑；具鳞(片)的

squama temporalis 颞鳞
→～ ventralis 腹鳞

Squameofavosites 鳞巢珊瑚属[S_3-D_2]

squamiform 鳞片状的；似鳞的
→～ load cast 鳞状压痕

squamigerine 紫花石蒜碱；鳞片石蒜碱

squamosal bone 鳞状骨

squamous epithelial cell 鳞片状上皮细胞
→～ metaplasia 鳞状组织变形

Squamularia 鳞贝；鱼鳞贝(属)[腕;C-P]

squamula thoracalis 下腋瓣[昆]

squander 井下灭火

square 水平的；适合的；平行的；平方的；平方；公平的；直角的；正交的；正方形(的)；垂直；矩形；矩尺；对准；乘方
→～-based diamond pyramid 方底金刚石棱锥体；金刚石正四棱锥体 // ～ bin 方矿槽 // ～-chamber method 方形矿房采矿法

squared rubble 平毛石墙
→～ stone 琢方石 // ～ stone masonry 方石圬工

square-edged orifice 直角铣孔流量计

square emerald cut 方祖母绿琢型[宝石的]
→～ gravel 微斜长石残屑沉积[花岗-片麻岩风化形成的]

square-nose bit 平底钻头；方头钻头

square oil stone 方油石
→～ rubble 方块毛石 // ～ rubble wall 方块毛石墙 // ～-set block caving 方框支护巷道出矿的块段崩落法 // ～ step 实心方石阶步 // ～ stone 方琢石 // ～ work 方柱式采矿{煤}法

squaring (电缆)四扭编组；自乘；修整；形成矩形(脉冲)

squash plot 压缩剖面

squat 杂锡砂；小矿体

squatter 擅自占地者

squawcreekite 高铁锑矿[$Fe^{3+}Sb^{5+}O_4$]

squawk 尖声[信]；尖叫

squeak 轧轧响；尖叫

squealer 裂缝爆破；微力爆破

squealing 振鸣声

squeal-out 裂缝爆破

squed 杂锡砂；迎战

squeegee 汽车前窗雨刮器；刮水器；隔离胶；(用)橡皮辊辗滚；橡皮刮板；涂刷器
→～ pig 橡皮滚子清管器 // ～ pump 挤压泵

squeezability 可压缩性；威吓

squeeze(way) 底板隆起;变薄;煤层变薄;榨取;榨;岩层变薄;压;隆起底板;狭缩;尖灭;挤压;挤;低狭通道[洞穴中]

(top) squeeze 顶板下沉

squeeze a well 钻井压力油泉堵漏
→~ cementing{cementation} 挤水泥//~ cementing 压力灌浆//~ coming 冒顶

squeezed anticline 挤压背斜
→~ borehole 塌落岩石堵住的钻孔//~ out middle limb 挤离中翼;挤出中翼//~ syncline 压缩向斜;挤压向斜

squeeze-in 挤入

squeeze injection 强迫注入;强压注入;挤压注入
→~ job 比挤压作业[挤水泥等]

squeezer 压榨机;压实器;弯板机;填充机;挤压器
→~-type retarder 挤压式阻车机

squeeze slurry 挤(压)水泥浆
→~ type seal{moulded seal} 压缩成形密封//~ up 挤出//~-up 牙膏状熔岩;挤压丘;挤出体[熔岩等]

(compressive) squeezing 挤压

squeezing action 压实作用
→~ ground 膨胀地层;挤压性地盘

squelch{SQ} 噪声抑制[电路];静噪(电路);消声
→~ circuit 啸声抑制电路

squib 电引火器;电雷管;点火线;轰眼炸药;炮孔扩底;(带)自动弹片(的)刮管器;扩底孔;引线;引爆管;药线;爆竹;爆仗;发火管;爆筒;掏药壶;掏壶;标签[商品]
→(igniter) ~ 传爆管;起爆剂;爆管

squibbed{sprung} hole 药壶炮孔

squibbing 扩孔底;油井爆炸[增产油流];孔内爆破;药线爆破;药壶爆破

squib firing 电点药线放炮
→~ shooting (用)小炸药包爆炸//~ shot{shooting} 小药包爆破//~ shot 小型硝化甘油炸弹

squid 枪鲗[头];枪乌贼;鱿鱼;乌贼

squiggle 波形曲线

squint 趋势;倾向;偏移;越轨;斜眼;斜视(角);斜倾
→~ quoin 斜隅石;斜角石

squirm 蠕动

squirrel 松鼠(属)[Q]
→~ cage 鼠笼//~-cage disintegrator 笼式打泥机//~-cage induction motor 鼠笼式感应电动机

Sr 锶

sr 电阻率;滑线电阻;滑动阻力;球面度[立体角单位];比电阻

Sr/Ca ratio 锶-钙比

srebrodolskite 钙铁矿[Ca₂Fe₂O₅]

SREF-XRA 单晶精细X射线分析

srilankite 斯里兰卡石[ZrTi₂O₆]

sruthio{Struthio} eggs 鸵鸟蛋

S shaped curve S形筛析曲线;S形曲线
→~-shaped hole S形井(身剖面)[定向井]

staarstein 斯塔燧石

stabber 扶套管入扣的钻工[接套管时];对扣接管工

stabbing board (钻杆)扶正台;对扣台[井架工进行套管对扣时用]
→~ salve 红铅油[螺纹油]

stab detonator 针刺雷管

stabilites 全晶矿物

stability 安定性;(管道在)海床上的稳定性;强度;耐久(性);安全性;牢固性;稳定性;稳定度;稳定
→~ at end-of-construction 竣工期稳定性//~ in bulk 体积稳定//~ meter 稳定性测定仪[测泥浆破乳电层仪器]//~ of a slope 边坡稳定//~ of reservoir slope 水库库岸斜坡稳定性

stabilization 固化;稳固;稳定性;稳定;坚固;加固
→~ energy 稳定能//~ plant 稳定装置//~ principle 稳斜原理

stabilized back fill 胶结充填
→~ dolomite brick{refractory} 稳定性白云石耐火砖{|材料}

stabilizer 安定器;平衡器;钻具下部稳定器;钻杆(橡皮)护箍;稳压器;稳定装置;稳定剂;稳定器[扶正器]
→~ expander and remover 上卸钻杆护箍工具//~ lug 扶正凸耳//~ peak 稳谱峰

stabilizing 消除内应力处理
→~ burner 助燃用喷燃器//~ grout 加固灌浆//~ guy line 绷绳[井架用]

stabilotron 厘米波功率振荡管

stable 稳固的;稳定的;坚固的
→~ {stabilized} dolomite clinker 稳定白云石烧块//~ peace 磐石之安//~ relict mineral 稳定残余{存}矿物

stabling 壁龛开掘

stac 礁柱;浪蚀岩柱[硬化成岩形成]

staccato explosion 断续爆破

Stacheoceras 斯塔菊石属[头];穗菊石属[P]

Stachyodes 穗层孔虫属[D₂₋₃]

Stachyotaxus 果穗杉属[T₃];穗果杉

stack 堆放;竖管;叠;石柱;海蚀柱;码;大量;组套;组;炉身;累积;捆;一套管子;烟囱;许多;井口防喷器组;堆栈;通风管(道);堆积;堆垛;堆;套;塔

stack architecture{|control| contents} 栈结构{|控制|内容}
→~ casing 炉身套壳//~ deposit 堆垛状(铀)矿床

stacked 叠加的
→~ tailings 堆积尾矿

stacker 叠式存储器;叠卡片机;铺矿机;废石车;尾矿堆积运输机;堆料工;堆料机;堆垛机

stacking 叠加法;堆积;堆垛;叠加[地震数据]
→~ height 堆存矿石

Stade 施塔德[挪城]

stadia 视距法;视距;准距;临时测站
→~ (rod) 视距尺;视距仪[测距离、高差、方位等]//~ hand level 手持式视距水准仪

stadial 次冰期;亚冰期的;冰段的
→~ cirque 分期后退冰斗//~ moraine 冰退终碛

stadia reduction diagram 视距折算图表
→~ rod 水准标杆;规距标杆[视距尺]//~ surveying 视测量

stadimeter 测距仪

stadiometer 视距仪[测距离、高差、方位等]

staff 全体工作人员;棍;棒;杆;职工;支柱;纤维灰浆

staffelitoid 磷酸岩

Staffella 斯氏蜓;史塔夫(蜓属)[孔虫;C₂-P]

staff executive 高级职员
→~ gage 标杆//~ gauge 水位标

Staffordian 斯塔福德(阶)[欧;C₃]

staff reading 测尺读数
→~ reservoir engineer 油藏开发责任工程师

stag-bom 石松

stage 时期;场所;地点;层;期;平台;构架;构成接近于真实的人为(试验)条件;浮码头;站;行程距离;出车场;阶段;阶;架;段落;程度;级;台
→~ (rod) 水位//~-addition{stage addition of reagent} 分段加药//~ collar 钻井分段套管灌浆法[溶矿法]//~ compression ratio 级压缩比//~ {-}concentration 阶段选矿//~ crushing 阶段破碎{碎矿}

staged 分段的
→~ combustion cycle 分级燃烧循环//~ drillhole 变径式井孔

stage digestion of sludge 污泥分级消化
→~ grinding 分级磨矿{碎}//~ {step} grinding 阶段磨矿//~ of mineralization 矿化阶段;成矿阶段

stagger 交错排列;摆动;回路失调;互槽叠压;错开;企图;拐折;努力;错列;摇摆;交叉;间隔;交错[排列]

staghorn 石松;雄鹿角

staging 平台;平盘;配置;构架;工作平台;分级;脚手架板;脚手架;架;台架
→~ the pipe 分段下钻[间歇循环泥浆]

stagmalite 石笋[俄;CaCO₃];滴水石[CaCO₃];钟乳石[CaCO₃]

stagmat(ite) 水铁盐[FeCl₃•6H₂O]

stagnant 不流动{景气;活泼;变}的;污浊的;停滞(停滞)

stagnation 滞流;滞点;不流动;临界(点);停滞;停止运动[冰]
→~ point 水位滞点//~{stationary} point 驻点//~-zone retreat 停滞带后退[冰]

stagnicolous 生活在死水中的;喜静水的[生]

Stagonolepis 锹鳞龙属[T₃]

stained 染色的
→~ stone 彩石//~ with oil 油污的;油斑的

stainierite 水钴矿[Co₂O₃•H₂O];羟氧钴矿[CoO(OH);三方]

staining 混汞污斑作用;扩散着色;污染
→~ contrast method 染色相差法

stainless 不锈的;无瑕疵的;无斑的
→~ (steel) 不锈钢//~ clad 不锈包层钢//~ resistance 耐染污性//~ steel-lined 不锈钢衬里的

stainproof 不污染的;防锈

stain test 斑痕试验

staircase 楼梯;梯子间
→~ effect 阶梯效应;台阶效应//~ event 梯状事件//~ {step} fall 阶状瀑布

stair case{step} generator 梯阶信号发生器

staircase pond 梯级池

stair landing 梯子平台
→~ pit 梯子间//~ pit{way} 梯子格

stairs 楼梯
→~ and plats 梯子平台

S

stairstep order 梯阶形布置

stair-stepping 阶梯状的；台阶状的

stake 定井位；标桩；标杆；设桩；底架；测点桩；木桩；桩子；桩；支柱；砧；立桩；橛；奖(励)金；托架
→~ a claim 设桩圈定矿权地//~ anchor 立桩的船锚//~ line 标定线

staken bed 摇床

stakeout 监视

stake{pegging} out 打桩

staker 锚栓立柱；锚固柱

staking 定位；锚定；打测线；立标桩；凿缝
→~ (out) 标桩定线

stalactic 生有钟乳石的

stalactite 石钟乳；钟乳石[$CaCO_3$]；似钟乳石
→(lava) ~ 熔岩钟乳

stalactites in the stone cave 石窟钟乳

stalactitic 钟乳状的
→~ basin 布满钟乳石的泉盆

stalactitum 钟乳石[$CaCO_3$]

stalacto-stalagmite 石柱[洞穴形成物]

stalagmite 石笋[俄;$CaCO_3$]；溶岩笋
→(lava) ~ 熔岩笋

stalagmitic(al) 石笋状的

stalagnate 石柱

stalderite 硫砷铜锌铊矿[$TlCu(Zn,Fe,Hg)_2As_2S_6$]

Stalioa 斯塔利奥螺属[腹;K-N]

stalk 花梗[植]；肉茎[腕]；潜步走近；管子{钻杆}接头[俗]；灯丝柄；高烟囱；秆；杆；主茎[植]；轴；茎；搜索；柄[动]
→(leaf) ~ 叶柄[植]//~-pipe{stem} chaplet 单脚泥芯撑

stall 陈化；失速；失控；卡住；气流分离；抛锚；工作面；煤房；马厩；阻止；矿房；妨碍；开采盘区；小屋；发生故障；脱硫；减速；停止；停
→[of a machine]~ 停车//~ bars 肋木//~ conditions 失速状态

stalled flow 失速气流
→~ out 停止运转//~ torque 制动力矩

stall gate{road} 煤房到大巷的运煤通道

stalling 失速；停止

stallometer 失速(信号器)

stall roadway (由)回采区通主巷的运输巷道
→~ roasting 泥窑焙烧

stalogometer 滴径表面张力计；表面张力滴计

stamen[pl.-s,-a] 雄蕊

stamerite 水钴矿

staminate flower 雄(蕊)花

stamp 捣碎；标记；痕迹；怪击；捣碎机；捣矿；捣锤；模具；模冲；(用)模型压印；种；类型；类；邮票；印模；印记；压碎；图章；特征

stamp (mill){stamp box} 捣矿机
→~ copper 捣碎的铜精矿；捣矿机精铜矿；捣矿机解离的精铜矿；锤碎铜矿石//~ die 压模

stamped concrete 捣固的混凝土
→~ plate 捣板//~ sieve 冲孔筛

stamper 捣实机；捣矿机；捣机；捣固装置；模压工；打印机；压模；冲模
→~ box 捣碎机臼槽；捣矿机的臼槽

stamp{stamping} hammer 机械捣锤

Stampian (stage) 斯坦普阶

→~ age 斯坦卜期

stamping 捣矿；捣固；锤击捣碎；冲压制品{成形}；冲压；锻打
→~ device 捣固装置//~ machine 打印机//~{mortar;ore; crushing} mill 捣矿机

stamp milling{crushing} 捣碎
→~ milling 捣磨//~ rock 要求捣碎精选的矿石//~ stem 捣杆//~ work 模锻件

stamukha[pl.-as,-hi] 搁冰；搁浅冰山[俄]

stamukhi [sgl.-ha] 搁浅(堆积)冰群

stance 位置；态度

stanch{mephitic} air 碳酸气
→~ air 窒息气(体)

stand 立场；竖起；保持；座；钻杆组；露天小构筑物；柱脚；植物群丛；支座；立根[三根钻杆组成]；立；站；凿岩机支架；坚持；架子；持久；台座；台；机座

(supporting) stand 支架；停潮

standage 水容量；存车量；聚水坑；水仓[大]

stand alone 完备；独立
→~-alone development 单独开发；独立开发//~ alone work station system 独立工作站系统

standard acoustic signal 标准声信号

standardization 标准化；标准；规格化；校准
→~ of product design and trial production 产品设计和试制标准化

standardized model format 标准化模型格式
→~ normal deviation 标准化正态偏差

standardizing 规格化
→~ device 规定标准装置//~{normalized} number 规格化数

standard kiln speed 基准窑速
→~{normative} mineral 计算矿物//~ mining construction 矿用标准构造

Standard Oil Co.{Company} 美孚石油公司

standard parallels 标准并行线
→~ pressure 标准压力//~ quality coal 标准质量煤//~ rig{equipment} 标准设备//~-rock 标准岩石(样)

standard soil color chart 标准土色图
→~ ventilation 矿井风量标准

stand by 支持；备用
→~-by 后备的；等待；待用的；准备；辅助的；可靠资源；储备的；救援信号//~ -by condition 赋存状态//~-by{st-and-by} loss 停钻损失

standby meter 备用仪表
→~ organisation 后备组织
stand-by period 等待时间；闲置期间；停机期(间)；调谐时间

standby position 空缺
→~ signal 提示信号

stand-by signal 停风信号
→~ storage 备用油罐；水罐；备用罐//~ time 等候时间；停止时间//~ unit{equipment} 备用装置

stand clarification 静止脱泥法；静止澄清法

stander 机架；煤柱

stand-in 代用品

standing 标准的；常备的；地位；起立；固定的；直立的；不流动的；永久的；不变的；持续；停滞的；停工

Standing's correlations 斯坦丁关系曲线

standing shot 震动爆破

→~ time 寿命；停车时间[事故造成]；服务年限[矿井的]

standmoor 固定沼泽

1st and 2nd breaker plate 第一、二级反击板

stand of drill rods 钎架；钻杆组

standoff 和局；平衡；(孔底)残留岩芯；冷淡的；冷淡；有支架的；座的；僵持；间隙[井下仪离井壁]
→~ (distance) 偏距

stand off 变位的；抵消；平衡；偏离间隙[钻具对井壁]；避开；中和；支起距离[钻具对井底面]；扶正器；远离；远距离的；余隙；有支座的；有支架的；座的；孔底未取出的短岩芯；闲散；接线柱；间隙；投射的；停工

standoff distance 炸药到被穿透物质的距离；药包至孔壁间隙

stand-off distance 隙距；投射距离

standoff high-velocity operation 远距离高速爆炸冲压成形；遥控高速爆炸成形
→~ range 投射距离

stand-off thread 空余扣[接头烘装后留下的扣]

stand of rods (drill pipe) 钻杆立根

standout 超出(量)；突出度

stand{down;riser} pipe 立管
→~ pipe 导向管；井口管

standpipe pressure 立管压力
→~-type well 立管式井

standpiping 下第一节套管

stands 立柱；一片生长的植物

stand side by side 并列

standstill 静止；稳定状态；停止；停顿
→~ corrosion 停工腐蚀

stand still corrosion 锅炉停炉腐蚀
→~ stretch 机架变形//~ the test 试验合格//~-type sorter 支架式分页器//~-up formation 直立地层

staněkite 氧磷锰铁矿[$Fe^{3+}(Mn,Fe^{2+}, Mg)(PO_4)O$]；斯坦尼克树脂；燃琥珀香脂

stanfieldite 斯坦福钙镁矿；磷镁钙矿[$(Ca,Mn^{2+})(Mg,Fe^{2+},Mn^{3+})_3(PO_4)_2(OH,F)_2$]；斜方；磷镁钙矿[$Ca_4(Mg,Fe^{2+},Mn)_5(PO_4)_6$;单斜]；陨磷钙镁石

stanford exploration project 斯坦福大学地球物理勘探研究小组

stank(ing) 防水墙

Stanleya 十字花科的一种植物[硒通示植]；鸡冠羽毛

stanleyite 斯水氧钒矾；六水钒矾

stannary 锡矿山；锡矿

stannate 锡酸盐

stannian zvyagintsevite 锡等轴铅钯矿

stannic 四价锡的；正锡的；锡的
→~ oxide dross 锡渣

(platinum-palladium) stannide 锡化物

stanniferous 含锡的；锡的

stanniolith 锡石[SnO_2;四方]

stannite{stannine} 黄锡矿[Cu_2FeSnS_4;四方]；黝锡矿[$Cu_2S \cdot FeS \cdot SnS_2$;$Cu_2FeSnS_4$]；不纯锡石；黄黝锡矿；亚锡酸盐
→~ jaune 亮黄锡矿

stannoenargite 锡硫砷铜矿

stannoidite 似黄锡矿[$Cu_8(Fe,Zn)_3Sn_2S_{12}$;斜方]

stannolite 锡石[SnO_2;四方]

stannoluzonite 块硫砷锡铜矿；锡块硫砷铜矿

stannometric survey 锡量测量

stannomicrolite 锡细晶石[$Sn_2Ta_2O_7$;等轴]

stannopalladinite 锡钇；锡钯矿[Pd_3Sn_2; $(Pd,Cu)_3Sn_2$?;六方]

stannoplatinite 锡铂矿；锡钯矿[Pd_3Sn_2; $(Pd,Cu)_3Sn_2$?;六方]

stannotantalite 锡钽铁矿[$(Fe,Mn,Sn)(Ta, Nb)_2O_6$]

stannous 含锡的；亚锡的；锡的；二价锡的
→~ chloride 氯化亚锡[$SnCl_2$]；二氯化锡//~ oxide 氧化亚锡//~ tartrate 酒石酸亚锡

stannum[拉] 斯坦纳姆高锡轴承合金；锡

stanols 甾烷醇

Stanstead Grey 史丹特灰[石]

stantienite 黑树脂石；黑琥珀

Stanton number 斯坦顿数
→~-Pannel curve 斯坦顿-洛内尔曲线

Stantsmijnen process 荷兰国营煤矿重介选法[利用黄土做悬浮液]

stanzaite 红柱石[$Al_2O_3\cdot SiO_2$;Al_2SiO_5;斜方]

stapes 镫骨

Staphlosporonites 葡萄孢属[E]

staple 钉住；钩环；大宗生产的；螺旋溜槽；主要的；主要成分；主要产品；主题；肘；来源；原材料；(用)U 形钉钉住；U 形钉；小井；经常用的；纤维；中心[商业]

stapler 订书机

staple{blind} shaft 暗立井
→~ shaft 盲立井//~ sliver 定长纤维毛纱

starboard 右舷的(船)；右侧[船、飞机]
→~ bow{stern} line 船首右舷钢绳卷筒//~ hand buoy 右胶浮标//~ side of drifting shield 漂移地盾右侧

starch{amylum} 淀粉[$(C_6H_{10}O_5)_n$]
→~ {artificial} gum 糊精[$(C_6H_{10}O_5)_n$]

starchiness 拘泥

starching 刮浆
→~ and laying rock block 浆砌块石

starch iodide 碘化淀粉

star collision 星撞
→~ connection 星形接法[Y]//~ {wye} connection Y 形接法

Starcor 缓凝注井水泥

star crust 星壳
→~-delta starting 星形三角形启动//~ drift 星流//~ flashing glaze 星盏//~ garnet 星贵榴石//~ gem 星光宝石//~ glacier 星状冰川

staringite 四方钽锡矿[$(Fe^{3+},Mn)_x(Ta, Nb)_{2x}Sn_{6-3x}O_{12}(x<1)$;四方]

starkeyite 四水泻盐[$MgSO_4\cdot4H_2O$;单斜]

starlight 星光

starlite 蓝锆石[$ZrSiO_4$]

starolite 星石英；星彩石英[SiO_2]

star patterns 星形组合
→~ peak group 星峰岩群//~ perforated grain 星形内腔火药柱；星形孔火药柱//~-plot 星状图

starquake 星震

star-quartz 星彩石英[SiO_2]

star-ruby 星彩宝石

starsapphire 星形宝石

star science 星球学
→~-star{Y-Y} connection 星星形接法//~ statics 宇宙干扰；天体干扰//~ (-)stone 星彩石[Al_2O_3]；六射星红宝石

start 开动；动身；启动；起动；优势地

位；涌出；引起；创始；出发；发生；掀动；脱落；突然发现；松动

start a boiler 锅炉点火
→~ a well 开钻//~ bit 起始位

starter 调度员；启动装置；启动器；启动机；钻上部井眼的钻具；开眼(用)钎子；开口钎子；门钎子；漏斗口放矿工；发射架；发起者

starting 定子-电阻启动；开始；出发；发动
→~ {collaring} a hole 开孔

start{keep up} personal relations 联络

starved basin 饥饿盆地
→~ {uncompensated} basin 非补偿盆地//~ ripple 瘦波痕；发育不完善的波痕//~ side 无补偿侧

star voltage 星形接线相电压
→~ wheel 星(形)轮//~-wheel axle controller 星轮式控轴器//~ zigzag{Y-Z} connection 星形曲折接法

stasigenesis 滞进发生

stasimorphy 发育停滞变形[动]

stasite 磷铅铀矿[$Pb_3(UO_2)_5(PO_4)_4(OH)_4\cdot10H_2O$]

stassfurt(h)ite 纤硼石[$Mg_3B_7O_{13}Cl$]；块方硼石

staszicite{staszycyt} 锌砷钙铜矿；锌橄榄铜矿

statamper 静电安培

statcoulomb 静电库仑

state 陈述；说明；表明；水平；身份；地位；确定；国家；资格；状态；状况；政府；控制；境界；物态；位置；州[美]
→~ classification 状态分类//~ clearly 摆//~ coordinate system 国家坐标系统

stated{nominal} accuracy 标称精度
→~ accuracy 标定精度

state enable signal 状态启用信号；允许状态信号
→~ equation 状态方程//~ estimation 状态估计//(at) ~ expense 公费//~-line fault 接图不吻合

statement 陈述；声明书；声明；登载论点；记录；报告
→~ of account 财务报告//~ of claim 索赔清单//~ {state} of stagnancy 停滞状态

state mining bureau 国家矿产局

Statherian 稳化纪[古元古代第四(末)纪]
→~ (system) 固结系

stathmograph 铁矿石还原自动图示记录仪

static (disturbances) 天电干扰；静电干扰
→~-aging 静态老化

statical average joint opening 静态平衡节理开口
→~ equilibrium 静力平衡//~ lifting capacity 静负载

statically determinate (structure) 静定结构
→~ indeterminate structure 静不定结构

static analysis 静态分析；静校正分析

statice 补血草[兰雪科,硼局示植]；匙叶草属植物[地中海沿岸]

static effect 静效应
→~ elastic deformation 静弹性变形

staticizer 串-并行转换器[计]；静态化装置[自]；静化器[计]

static(al){dead} load 静载(荷)

static magnetic field 静磁场
→~ magnification 静止放大//~

model{state;behavior} 静态

stati(sti)cs 大气干扰；静止状态；静态；静力学；静校正[震勘]；统计学

static screen 静止筛
→~ seal 静密封//~ stability 静稳定性//~ submergence 静沉没//~ thickener 静止式浓缩机；静式浓密机//~ tubing head pressure 油管静压//~ ultrahigh-pressure equipment 静超高压装置//~ water table 静水面

station 定位站；车站；电台；点；测站；观测点；测点；安置；岗位；桩距；站局；出车台；台；所

(onsetting){underground} station 井底车场

stationarity 平稳性；稳态

stationary 平稳的；固定物；固定的；不动的；迎；不变的；静止状态；静止的；稳定的
→~ field 恒定场//~ {steady;rest} mass 静止质量//~ {steady} mass 定止体//~ mechanical sampler 固定式机械取样机

stationery 信纸；文具
→~ dead period 静测死期

station identification 导线点编号

stationmaster (火车站)站长

station occupation and use 测站点设站施测
→~ of working area 采区车场//~ pump 固定水泵//~ refixation 重新埋石//~ spacing 点距；测站之间的距离；站距

Statio Tranquillitatis 静站[月面的]

statistic 统计(学)的
→~(al){chart;graph;table} 统计图表

statistical analysis{break(down);evaluation} 统计分析
→~ association 统计关联性//~ chart{table} 统计表//~ continuity of sedimentation 沉积作用的统计连续性//~ figures 统计数字[调查得]

statistician 统计员；统计学家

statistics 统计数字[调查得]；统计法；统计
→(table of) ~ 统计表//~ for coal reserves variation 煤炭储量变动{动态}统计//~ normal distribution 正态分布//~ of mining area 矿区统计

statoblast 休眠芽

statoconia 耳石；耳砂；位(觉)砂[耳石；位石]

statoconium 内耳砂；耳石；耳砂；位(觉)砂[耳石；位石]

stato(-)hydral metamorphism 静压含水变质作用

statolith 固体物；耳石；细胞质内各类淀粉颗粒或其他固体物；耳砂；位(觉)砂[耳石；位石]；平衡石[植]；听石

statolithic membrane 平衡石膜；位觉砂膜

stator 定子；定片；导叶；静子
→~ blade 静叶(片)

statoscope 升降计[航空用]；变压计；高差仪

statospore 内生孢子[藻]；静止孢子

statue 雕像
→~ {bust} of stone 石像//~ or image of a god,made of mud or clay 泥像

statumen[pl.-mina] 基

status 势态；身份；地位；情况；状态；状况

S

Staublawine 粉状雪崩[德]

staublawine[德] 干雪崩；粉末雪崩

stauchmoranen[德] 上推冰碛；假冰碛堤

stauractin 十字骨针[绵]

Staurastrum 角星鼓藻(属)[绿藻]

Stauria 十字珊瑚(属)[S_{2-3}]

Stauriidae 十字珊瑚科

staurobaryte 十字沸石 [(K_2,Na_2,Ca)(Al_2 Si_4O_{12})·4½H_2O;Na_2Ca_5 Al_{12} $Si_{20}O_{64}$·27H_2O; 斜方、假四方];交沸石[$Ba(Al_2Si_6O_{16})$·6H_2O, 常含 K;$(Ba,K)_{1-2}(Si,Al)_8$ O_{16}·6H_2O;单斜]

Staurocephalites 叉头沙蚕(属)[环节]

Staurocephalus 十字头虫属[三叶;O_2-S]

staurodisc 交叉盘骨针[绵]

Staurognathus 十字牙形石属[C_1]

Staurograptus 十字笔石(属)[O_1]

staurolite 十字石[$FeAl_4(SiO_4)_2O_2(OH)$; ($Fe,Mg,Zn)_2Al_9(Si,Al)_4O_{22}(OH)_2$;斜方];白 榴石[$K(AlSi_2O_6)$;四方];交沸石[$Ba$ $(Al_2Si_6O_{16})$·6H_2O,常含 K;$(Ba,K)_{1-2}(Si,Al)_8$ O_{16}·6H_2O;单斜]

　　→~ kyanite subfacies 十字蓝晶石分相 //~-quartz subfacies 十字石-石英亚相

staurolith{staurotide} 十字石[$FeAl_4(SiO_4)_2$ $O_2(OH)$; $(Fe,Mg,Zn)_2$ $Al_9(Si,Al)_4O_{22}$ $(OH)_2$; 斜方]

Staurolithites 似十字颗石[钙超;K]

Stauropteris 十字蕨(属)[C_{1-3}]

stauroscope 十字镜[测定光在晶体中偏 振平面方向的仪器]

Staurosphaera 十字球虫属[射虫;T]

staurotile 十字云(母)片岩

stave 敲破；棍；棒；木板；猛冲；凹形 长板；凿穿；狭板；桶板；夹板；梯级； 钢板[容器]

　　→~ (sheet) 壁板[古杯]

staved collar drill shank 有级领盘式钎尾

stavelotite-(La) 硅高低锰铜镧矿[$La_3Mn_3^{2+}$ $Cu^{2+}(Mn^{3+},Fe^{3+},Mn^{4+})_{26}(Si_2O_7)_6O_{30}$]

stave pipe 条木管

stay 保持；牵条；固定；盘旋；黏着；支 柱；(桅杆)支索；支持；拉条；防止；持 续{久}；停止{留}；撑条；撑杆；支线 [天线]

　　→~ (hold-back) 抑制；拉杆 //~ block 拉线桩 //~ bolt 地脚螺栓；锚栓；锚杆； 斜撑螺栓

stayed structure 拉索结构

stay fork 支撑叉

　　→~ holder 支承座；支撑架 //~ hook 撑钩

staying 阻止；支撑；紧固；稳定；加固

　　→~ power 持久力 //~ quality 持久性

stay leg 牵(拉)杆(腿)

stayline 大钳吊绳

stay pile 锚桩

　　→~ {anchor} rope 拉绳；固定拉索；锚 定绳 //~ wire 系紧线

stbo 地面储罐油桶数

stcherbakovite 硅铌钡钠石[$Na(K,Ba)_2(Ti, Nb)_2(Si_2O_7)_2$]

St. Davids 圣戴维斯统[$∈$]

steacyite 硅钾钍石；斯硅钾钍钙石 [$Th(Ca,Na)_2K_{1-x}$ Si_8O_{20}];银硅钾钍钙石

steadite 斯氏体[磷化物共晶体]；硅磷灰 石[$Ca_5(Si,S,C,PO_4)_3(Cl,F, OH)$;$Ca(SiO_4,PO_4, SO_4)_3(OH,Cl,F)$;六方]

steady 平稳的；固定的；均匀的；经常的； 稳定的；持续的

　　→~ and sure 踏实

steadying bracket 铅锤摆动稳定夹；稳定夹

steady load 稳定负荷{载}

　　→~ running 匀速 //~-slip active fault 稳滑型活断层 //~{stable} state 稳定状 态 //~-state characteristic 定态特性 //~-state{secondary} creep 附加蠕变； 二期蠕变

steal 侵占；窃取；窃得物；溜；偷

stealit 空晶石[$Al_2(SiO_4)O$;Al_2O_3·SiO_2]

steam(er) 轮船；水蒸气；蒸汽{气}；蒸 发；开动；行驶

steam accumulator 蓄汽器

　　→~-activated geyser 汽驱动间歇喷泉 //~ admission 进汽 //~-assisted re-covery 蒸汽采油

steambath 蒸汽浴

steam-bearing channel 蒸汽通道

steam bet 喷汽器

　　→~ blow-off 排汽

steamboat 轮船

　　→~ coal 航运煤；汽船级无烟煤

steam boat rachet{ratchet} 花篮螺丝；绷 绳松紧钩

steamboat screen 船用煤筛分机

steamboiler 蒸汽锅炉

steam box 蒸坑；蒸盒{笼}

　　→~ brake 汽闸；汽刹车 //~ break-through area 蒸汽突破区域 //~ bubble 汽泡

steamchanneling 蒸汽窜槽{流}

steam chest 蒸汽前缘

　　→~ coal{|cap} 汽煤{|帽} //~ coil 蒸 汽蛇形管；加热旋管 //~ conduit{line} 蒸汽管道 //~ dome 气包；聚气室

steamed concrete 蒸制混凝土；蒸汽养护 混凝土

　　→~ well 注蒸汽井

steam egress{emission;jet} 喷汽孔

　　→~ emulsification (用)蒸汽乳化 //~ emulsion number 水蒸气乳化度

steamer 汽船；蒸汽溶蜡器

steam escape{discharge;leak} 汽孔

　　→~ explosion 蒸气喷发 //~ field 汽田

steamfield water 冒汽地面凝结水

steam flooding 注蒸气

　　→~ flow 蒸汽流 //~-front 蒸汽前缘 //~-gas 过热蒸汽{气}

steamgas cavity 蒸气燃气空泡

steam-gas cycle 蒸汽燃气联合循环

steam-gaseous mixture 汽气混合物

steamgas mixture 燃气混合物

steam gauge 汽压计

　　→~ gauge tester 汽压表测试器 //~ generator for frozen ore in trucks 矿车蒸 气解冻装置

steaming 汽蒸；喷汽；冒汽；蒸烘；蒸 干；注蒸汽；通入蒸气

　　→~-ground-type geothermal aquifer 冒 汽地面型地热水储 //~-like mattness 发沸 //~ pool 冒汽穴

steam injection{treatment;flooding} 注蒸汽

　　→~ injection well 注蒸汽井 //~ jet burner 蒸汽雾化式燃烧器 //~ leak {seep;discharge} 汽眼 //~ main 主汽管

steam/oil ratio (蒸)汽-油比

steam-operated{steam} drill 蒸汽驱动的 钻机

steam or air jet type oil burner 气流喷射 式油喷燃器

　　→~(-jet) sandblaster 蒸汽喷砂(装置) //~-saturated water 饱和态(热)水 //~ scrubber{trap} 凝汽器

steamship 轮船

steam shovel mine 使用蒸汽铲的露天矿

"steam-size" coal 蒸汽级煤

steam-smoothering 蒸汽灭火

steam smoothering line 蒸汽喷雾管线[灭 火用]

　　→~ soil 冒汽土层 //~ stamp 蒸汽捣 矿{碎}机 //~ tension 蒸汽压(力)；蒸气 压(力) //~ trap{scrubber} 阻气排液器 //~ vent{seep} 汽泉

steamy fumarole 汽雾迷蒙的喷汽孔

steam zone formation 蒸汽区形成；蒸汽 带形成

stearate 硬脂酸盐[$C_{17}H_{35}CO_2M$]

steargillite 蜡蒙脱石[镁和碱金属的铝硅 酸盐]；蜡岭石

stearic acid 十八碳烷酸[$CH_3(CH_2)_{16}CO_2H$]； 硬脂酸[$CH_3(CH_2)_{16}CO_2H$;$C_{17}H_{35}CO_2H$]

stearin 三硬脂精{甘油(三)硬脂酸酯} [$(C_{17}H_{35}COO)_3C_3H_5$]；硬脂酸[$CH_3(CH_2)_{16}$ CO_2H;$C_{17}H_{35}CO_2H$]；硬脂

stearine 硬脂

stearymalic acid 硬酯苹果酸酯[$C_{17}H_{35}$· COO·$CH(COOH)$·CH_2COOH]

steatargillite 滑绿泥石[(Mg,Fe^{2+},Fe^{3+},Al)· $((Si,Al)_4O_{10})(O,OH)_8$]

steatite 滑石 [$Mg_3(Si_4O_{10})(OH)_2$;3MgO· 4SiO_2·H_2O;$H_2Mg_3(SiO_3)_4$;单斜、三斜]；致 密块状滑石；皂石[$((Ca½,Na)_{0.33}(Mg,Fe^{2+})_3$ $(Si, Al)_4O_{10}(OH)_2$·4H_2O;单斜]；块滑石[一 种致密滑石,具辉石假象；$Mg_3(Si_4O_{10})$ $(OH)_2$;3MgO·4SiO_2·H_2O]；冻石[$Al_2(Si_4O_{10})$ $(OH)_2$]

　　→~ bobbin 块滑石线圈骨架；冻石线 圈骨架 //~ ceramics 滑石瓷 //~ por-celain substrate 冻石陶瓷基片

steatitization 块滑石化(作用)

steatoid 蚀橄榄蛇纹石

steel 使坚强；钢制品；钢铁工业；钢铁(业 的)；钢钎；坚强的

steeleite{steelit} 丝{发}光沸石[(Ca,Na_2) $(Al_2Si_9O_{22})$·6H_2O;$(Ca,Na_2,K_2)Al_2Si_{10}O_{24}$·7$H_2O$; 斜方]；反沸石[$((Ca,Na_2,K_2)_4(Al_8Si_{40}O_{96})$· 28$H_2O$]

　　→~ hand tape 钢卷尺

steel fiber concrete 钢纤维混凝土

　　→~ ingot 钢锭

steel jack 矿用螺旋立柱

　　→~ jacket 钢质导管架 //~ lap-welded pipe 搭焊钢管 //~ (shaft) lining 钢井壁 //~-log washer 钢制洗矿槽

steelmaking 炼钢

　　→~ plant 炼钢厂

steel mat 钢管垛笼支架[支架中央装木材 砂子]

　　→~ mesh mat 钢网；金属网 //~ mesh reinforcement {teinforcement} 网状钢筋 //~ mill 炼钢厂 //~ nipper{hauler} 送钎工 //~ ore 砷银矿[Ag_3As]；菱铁矿 [$FeCO_3$,混有 $FeAsS$ 与 $FeAs_2$,常含 Ag;三 方]；银毒砂；锑银矿[Ag_3Sb;斜方] //~ {blackband} ore 球菱铁矿[$FeCO_3$] //~ retainer {holder} 夹钎器

steel{dormant} scrap 废钢(铁)
→~ seizure 钎杆卡住；钻头卡住// ~ shot drilling 钢钻粒钻进；钢砂钻井；钢粒钻进// ~ side liners 钢制侧衬板// ~ smelting 炼钢// ~ supporting 钢支撑箍// ~ wire rope graphite base grease 石墨钢丝绳润滑脂

steelyard 杆秤；秤
→~ machine 称重机

steen 为……砌砖石内壁

steenbok 石羚

steening 石砌；(用)砖石支护井壁；砖砌井墙

steenstrupine{steenstrupite} 菱黑稀土矿[(La,Ca,Na)$_3$(Al,Fe,Mn)$_3$(Si, P)$_3$(O,OH,F)$_{12}$]；磷硅稀土矿[(Ce,La,Na,Mn)$_6$(Si,P)$_6$O$_{18}$(OH)；六方]

steentjie 石鳊

steep 峭壁；泡；耐火堵泥；笼罩；大锥度；直线；悬崖；浸渍；浸液；浸透；浸染；充满；急剧的；急陡的；陡峭的；陡峭；
→~ ascent{gradient} 陡坡度

steepest ascent 最速上升
→~ descent 最陡下降(法)

steep face 陡壁
→~ flank 陡翼// ~ gradient 大坡度// ~ hill{pitch;gradient; grade;incline; descent}陡坡// ~ incline 陡斜井

steeple 砂钉[铸]；尖塔

steep lift 陡斜的提升
→~ long limb 陡倾长翼// ~ lunar slopes 俯冲着月点

steeply inclined 急倾斜的；急倾斜
→~ inclined{pitching} seam 陡斜煤层// ~ pitching seam 急倾斜煤层// ~ sloping seam 陡斜煤层

steepness 坡度；斜度；陡峭；陡度
→~ of slope 边坡陡度

steer 转向；控制；驾驶；能量对齐[地球物理勘探]；操纵；指导；沿着(航道)前进；行驶；建议；驾驶设备

steerable downhole motor assembly 可转向的井下马达钻具组合
→~ drive axle 可转向驱动桥// ~ propeller 导管舵螺旋桨// ~ straight hole turbodrill 直井导向满轮钻具

steerage 操纵；舵效{能}

steering 驶引；操纵(方向)；引导；调整；调向

stegidium 顶板；盖板[腕]

stegma 硅石条

Stegocephalia 有甲亚纲；坚头`类{亚纲}[两栖]

Stegocephalus 坚头螈

Stegoceras 顶角龙(属)[K$_2$]；剑角龙(属)

Stegodon 剑齿象(属)[Q]

Stegolophodon 棱脊象(属)[N$_2$-Q]；剑形脊齿象

Stegosauria 剑龙亚目

Stegosaurus 剑龙(属)[J$_3$]

Stegoselachii 硬鲛目

steigerite 水钒铝矿[Al(VO$_4$)•3H$_2$O;单斜]

steilwand[德] 绝壁；悬崖；陡坡

steinbock{steinbok} 石羚

steinhailite{steinheilite} 堇青石[Al$_3$(Mg, Fe^{2+})$_2$(Si$_5$AlO$_{18}$);Mg$_2$Al$_4$ Si$_5$O$_{18}$;斜方]

steining 石砌；砖砌井墙

steinkem 化石块

steinkern 石核化石中的；石核；内膜；

内模

steinkohle 石煤[德]

steinmannite 锑砷方铅矿[PbS,含少量砷和锑]

steinmark 埃洛石[优质埃洛石(多水高岭石),Al$_2$O$_3$•2SiO$_2$•4H$_2$O;二水埃洛石 Al$_2$(Si$_2$O$_5$)(OH)$_4$•1~2H$_2$O;Al$_2$Si$_2$O$_5$(OH)$_4$;单斜]；密高岭土[Al$_4$(Si$_4$O$_{10}$)(OH)$_8$•nH$_2$O(n=0～4),含有石英、云母、褐铁矿等的不纯高岭土]；珍珠陶土[Al$_4$(Si$_4$O$_{10}$)(OH)$_8$]；硬陶土[Al$_4$(Si$_4$O$_{10}$)(OH)$_8$•0~4H$_2$O]

Steirian movement 斯特利造山运动[N$_1$]
→~ orogeny 史太尔{斯特利}造山运动[N$_1$]

stela 石碑

stele[pl.-lae] 碑碣[长方形刻画石面叫"碑"；圆首形叫"碣"]；中柱[植]；石柱；石碑

stellar 星状；星的
→~ classification 星分类// ~ evolution 星体演化

stellarite 黑沥青；脉沥青；沥青煤；土沥青煤；土沥青

stellar lightning 星闪
→~ nucleosynthesis 星体核合成作用

Stellarocrinus 星海百合属[棘;C$_2$]

stellar photograph 恒星相片
→~{star} population 星族// ~ system 星座// ~ twin 星射双晶

stellate 星射的

stellated 星状

stellate opalescence 星彩性
→~ twin 星形双晶

Stellatochara 星轮藻属[T$_2$-J]

stellerite 红辉{淡红}沸石[NaCa$_2$(Al$_5$Si$_{13}$O$_{36}$)•14H$_2$O; CaAl$_2$Si$_7$O$_{18}$•7H$_2$O;斜方]

Stelliporella 星孔珊瑚(属)[S-D]

Stellispongia 星状海绵属[P-K]

stellite 司太立耐磨硬质合金；硅灰石[CaSiO$_3$;三斜]；针钠钙石[Na(Ca$_{>0.5}$Mn$_{<0.5}$)$_2$(Si$_3$O$_8$(OH));Ca$_2$NaH(SiO$_3$)$_3$;NaCa$_2$Si$_3$O$_8$(OH);三斜]；钨钴铬高温硬质合金；钨铬合金

stelznerite 羟铜矾；块铜矾[Cu$_3$(SO$_4$)(OH)$_4$;斜方]

stem 塞炮泥；钎杆；导源；炮泥；炮棍；干路；干；秆；杆；阻塞；阻挡；船头；芯柱；茎；发生于；顿钻钻铤；填塞(炮孔)；堵住；堵塞；堵炮泥；柄[钙超;of a flower leaf or fruit]

stemflow 沿茎水流[树干茎流]；茎下流

stem flow 涓(涓细)流
→~ from 起源；由……引起{发生;产生}// ~ leaf 茎生叶

stemmed hole 封口的炮眼；封堵炮泥的炮孔

stemming 封泥；填塞物；填塞炮孔；填塞；堵塞物[油井爆炸时用的]；堵炮泥
→~ (material) 炮泥// ~ amount 充填量// ~{temping} bag 封炮眼袋// ~ cartridge 炮泥筒

Stemonitis 发网菌属[黏菌;Q]

stem succulent 肉茎植物
→~ valve 杆阀

Stenarcestes 窄古菊石属[头;T$_3$]

stencil 刷印底板；花版；(用)模板印刷；模板；镂空型板；(用)蜡纸印刷；型板；涂刷
→~ (paper) 蜡纸// ~ marking 模版打印[常指钻杆打印]// ~ steel board 钢板

stenecious 狭适应性的[生]

Steneofiber 石河狸属[E$_3$]

Steneosaurus 狭蜥鳄属[J]

stenhuggarite 砷锑铁钙矿[CaFe^{3+}(As^{3+}O$_2$)(As^{3+}Sb^{3+}O$_5$);四方]

Stenian 窄带纪[中元古代第3(末)纪]
→~ (system) 狭带系

stenker 臭煤

stenobiontic 适均匀稳定环境的；狭适性的
→~ organism 狭生{适}性生物

Stenochara 狭轮藻属[T$_1$-J$_1$]

Stenocladia 窄枝苔藓虫属[C$_1$]

stenode 斯泰因诺德；晶体滤波的中频放大器

Stenodiscus 窄板苔藓虫属[P]

stenohaline 狭盐性的

stenoky 狭栖性[生]

stenol 石烯醇

stenolaemata 窄唇纲；狭管苔藓`虫纲{类}

Stenomasteridae 窄星海胆科；窄海胆科[棘]

Stenomylus 小古驼属[N]

stenonite 氟碳铝锶石[(Sr,Ba,Na)$_2$Al(CO$_3$)F$_5$;单斜]；碳氟铝锶石

stenooic 狭生态的

stenooxybiont 狭酸性生物

stenopaic{stenopeic} 裂隙的；裂隙

stenopalynous 具单型孢的

stenoplastic 狭适应性的[生]

Stenoplesictis 古香鼬属[E$_2$]

Stenopoceras 窄角石属[头;C$_2$-P]

stenopodium[pl.stenopodia] 杆状肢[节]；细肢[节]

stenoproct 柱状腔[绵]

Stenopronorites 薄饼菊石(属)[头;C$_2$]

Stenorachis 狭轴穗属[植;T$_3$-K$_1$]

stenosation 加强抗张处理

Stenoscisma 狭体贝属[腕;D-P]

Stenosiphonata 短直领类；窄管的[头]

stenotherm{stenothermal organism} 狭温动物

stenothermic 狭温性的

stenothermy 狭温性

Stenothyra 狭口螺属[腹;E-Q]

stenotope 狭居生物

stenotopic 狭适应性的[生]；狭生境的

Stenozonotriletes 窄环三缝孢属[Pz]

stent 斯滕特氏印模膏；日产煤量；工作定额；指定矿界；展伸；扩张的；废石

stenton 联络小巷；联络巷；小平巷
→~ wall 巷道间煤柱

stentorphone 强力扩声器

Stenurida 始蛇尾目；窄蛇尾目[棘]

step 竖立截槽；手段；散步；煤面；擦阶；步骤；跨距；跨；小断层；节距；阶级；阶段；阶步；阶；梯段；级；台阶；踏板
→~ (ladder) 梯级；步测；步长// ~ and platform topograph(y) 阶梯平台状地形；阶坎和平台交替地形

Stepanoviella 斯切潘诺夫贝属[腕;P$_1$]

stepanovite 斯切潘石；史蒂帕诺石；草酸铁钠石；绿草酸钠石[NaMgFe^{3+}(C$_2$O$_4$)$_3$•8~9H$_2$O;三方]

Stepanov technique 斯梯帕{捷潘}诺夫法

stepanowite 绿草酸钠石[NaMgFe^{3+}(C$_2$O$_4$)$_3$•8~9H$_2$O;三方]

step arrangement 台阶布置

stepback 回步[海上地震定位]；校正[位置]

step{pivot(ed);pivoting} bearing 枢轴承
→~ grind 分段研磨；阶段磨矿；多段研磨

S

Stephanian 斯蒂芬世；斯蒂芬期
→~ (stage) 斯蒂芬{范}(阶)[欧;C_3]

stephanite 硫锑银矿[Ag_3SbS_3]；脆银矿[Ag_5SbS_4;斜方]

Stephanocare 王冠头虫属[三叶;ϵ_3]

Stephanocemas 皇冠鹿(属)[N]

Stephanoceras 斯蒂芬菊石属[头]；冠菊石

Stephanochara 冠轮藻属[E_{1-2}]

Stephanochitina 冠儿丁虫属[D_{2-3}]

stephanocolpate 多沟；多槽粉[孢]

Stephanocolpites 冠沟粉属[孢;K_2]；稀沟粉属[K_2-T_2]

stephanocolporate 多孔槽粉[孢]

Stephanodiscus 冠盘藻属[硅藻]

stephanolith 冠状颗石；星形颗石

Stephanolithion 斯泰菲颗石[钙超]；王冠颗石[J-K]

stephanoporate 多孔粉[孢]

Stephanoporopollenites 冠孔粉属[孢;E1]

Stephanopyxis 冠盖硅藻属[J]

stephanovite 草铁镁{绿草酸}钠石[$NaMgFe^{3+}(C_2O_4)_3$•8~9H_2O;三方]

Stephens-Adamson air sand process 斯蒂芬斯-艾丹生(空)气砂精选法

stephensonite 硫碳铜矿

step-index waveguide fiber 阶跃光波导纤维

step input 阶式信号输入

stepladder{step ladder} 矿用梯(子)

stepless change 无级变速
→~ friction transmission 无级摩擦式传动//~ speed regulation{variation} 无级调速

steplike utilization of the thermal water 热水分级利用

stepney 预备轮胎[汽车]；备用轮胎

step out 已探明油田外的探井

stepout (well) 扩展井；扩边井

step-out (time) 时差

stepout correction 时差校正
→~ exploration 矿区外围探矿//~ {step-out} time 到达时差//~ well 甩开井；落空的井

stepover 阶跃；台跳

steppe 草原；干草原
→~ black earth 草原黑土//~ black soil 黑钙土

stepped 阶梯式的；阶段状的
→~ bore 级形孔//~-face S 面；阶梯(晶)面[只包含一条周期键链的晶面]//~ face working 梯段回采//~ longwall working at angle system 对角阶段长壁工作面采矿法//~ mining 阶段矿房法//~ plain 梯状平原//~ retreat line 后退式梯段工作线；梯段式后退(工作面)线[后退式开采矿柱]

stepper 步进器；分挡器

stepping 步进；分级；台阶式采煤法；改变[指令]
→~ stone 步石；阶梯石岛；踏脚石//~-stone 垫脚石；踏脚石//~ stone method 路脚石法//~-stone state 起脚石状态

step potential 跨步电压
→~ profile of invasion 台阶型侵入剖面

steps 梯级跌水

step screen 阶梯形洗矿筒筛
→~ screw 上杆螺钉

steps cut on a rocky mountain 石坎[石头砌的防洪坝]

step sedimentation model 阶梯沉积模型{式}
→~-shaped 分级的；分段的//~-sizing operation 分段筛分作业

stepstone 门前石阶；楼梯石级

step stress test 级增应力试验
→~ {field} terrace 梯田

steptoe 基岩岛丘[熔岩流内]；竖趾丘；古岛状陆块[熔岩流中央]

step transformer 升降压变压器
→~ type drag bit 阶梯形刮刀钻头//~-up 加速//~ valve 级阀//~ vein 阶状矿脉

stepwise 分段的；阶(梯)式的；多级的
→~ constant 逐级常数//~ degassing technique 逐级排气技术//~ evaluation 逐层评价//~ forwards method "逐步向前"法//~ heating 阶段加温

stepwork 迎水坡阶梯式护坡工作

steradian 立体角度的单位；立体弧度；球面度[立体角单位]

steradiancy 辐射率

sterane 强的{泼尼}松龙[药]；泼尼松龙；甾烷

stercorite 磷钠铵盐；磷钠铵石[$(NH_4)NaH(PO_4)$•4H_2O;三斜]

stercorolith 粪石

sterene 甾烯

stereoautograph 立体自动测{绘}图仪

stereobase 立体基准

stereobate 半地下室；无柱底基；台基

stereoblock 立构嵌段

stereochemistry 立体化学；晶体化学

stereocidaris 坚冠海胆；坚固性

stereocolumella 灰质中柱{轴}[珊]

stereocomparagraph 立体坐标测图仪

Stereoconus 坚锥牙形石属[O_{1-2}]

Stereocrinus 坚固海百合属[棘;D]

stereogen(et)ic 坚硬体的；硬组分的；固体相的[混合岩]

stereographic 立体照相的；立体画法的
→~ (projection) 平射投影

stereography 立体测图；体视法

stereohedron 实多面体

stereoisomeric composition 立体异构组成

stereoisomerism 立体异性；立体异构(现象)

Stereolasma 灰壁珊瑚属[D_2]

stereology 体视学

stereomapping 立体测图

stereo-mapping 立体制图

stereome 钙质骨骼沉积物[棘]；钙质次生加厚沉积[珊]

stereometry 测体积学{术}；立体几何

stereomodel{stereo(scopic){space;spatial; three-dimensional;relief} model} 立体模型

stereomotor 带永磁转子的电动机

stereomutation 立体变异{更}

stereonet 立体图
→~ analysis 赤平分析

stereopantometer 立体辐射三角仪

stereoparent 立体母核

stereophonics 立体声学

stereophotogrammetry 立体摄影测量镜

Stereoplasmoceras 灰角石(属)[头;O_1]

Stereoplasmocerina 小灰角石属[头;O_2]

stereoplot 立体测图

stereoprojection 立体投影

stereoprojector 立体投影测图仪

stereopsis 实体视像{视觉;影像;映像}；立体观测

stereoptics 体视光学

stereoradar 立体雷达

stereoscopic 体视(镜)的
→~ analysis 立体分析//~ {space} impression 立体印象//~ {vertical} pair 立体像对//~ photograph 立体摄影

stereosphere 地球岩石圈；地幔最内圈；亲铜圈；固结圈；刚性圈；硫化物圈；岩石圈；坚固圈；铜圈

Stereospondyli 实椎亚目；全椎亚目[两栖]；全椎目

stereospondylous 全椎式

stereostatic 地静力{的}的

Stereosternum 全胸龙属[P]

Stereostylus 灰柱珊瑚属[C_{2-3}]

stereotemplet 立体模片

Stereotoechus 实壁苔藓虫属[D]；硬壁苔藓虫属

stereotomy 切石法

stereotriangulation 立体三角(测量)

stereozone 灰质加厚带；钙质带；坚壁带[珊头]

steric 立体的；空间的
→~ anomaly 比容偏差//~ change 原子隙变//~ exclusion chromatography 空间排阻色谱(法)

sterigma[pl.-ta] 叶座；小梗

sterile 黑页岩；贫瘠的；贫的；消过毒的；无矿的；无菌的
→~ ground 无矿地区；无矿地层//~ pinna 裸羽片//~ {waste} rock 采矿废石

steriles 废渣

sterile solution 无菌溶液
→~ telome 不实顶枝

sterility 不育

sterite 矿脉分支

sterkorit 磷钠铵石[$(NH_4)NaH(PO_4)$•4H_2O;三斜]

sterlinghillite 斯砷锰石[$Mn_3(AsO_4)_2$•4H_2O]

sterlingite 红锌矿[ZnO;(Zn,Mn)O;六方]；(细鳞)白云母[一种水云母;$KAl_2(AlSi_3O_{10})(OH,F)_2$;单斜]

stern 严格的；尾部；艉；坚定的
→(vessel) ~ 船尾

sternal pore 腹板孔[射虫]
→~ rib 胸肋

sternbergite 硫银铁矿[$AgFe_2S_3$]；硫铁银矿[$AgFe_2S_3$;斜方]

sternite 腹片；腹板[昆]；腹甲[甲壳;昆]

sternquartz 星彩石英[SiO_2]

stern tube bulkhead 尾轴管舱壁
→~ tube shaft 艉轴//~ tunnel 轴隧

sternum 腹板；胸骨；腹甲[节]

steroid nucleus 甾核
→~ number 甾化值

steroidogenesis 甾类产生

sterol 固醇；甾醇

sterone 甾酮

sterotomy 切石艺术

Sterox D ×润湿剂[妥尔油与12摩尔环氧乙烷的反应产物]

sterraster 实星骨针；崎星骨针[绵]；坚星[骨针]

sterrettite 水磷铝石[$Al_6(PO_4)_4(OH)_6$•5H_2O;$Al_2(PO_4)(OH)_3$•H_2O;斜方]；水磷钪石[$ScPO_4$•2H_2O;单斜]

sterryite 斯硫锑铅矿[$Ag_2Pb_{10}(Sb,As)_{12}S_{29}$; 斜方]

sterule 无菌液瓶

stetefeldtite 水锑银矿[$Ag_{1-2}Sb_{2-1}(O,OH, H_2O)_7$; $Ag_2Sb_2(O,OH)_7$?; 等轴]

stethoscope 金属裂隙探测器

stevedorage 装卸费

stevensite 斯皂石[$Mg_3Si_4O_{10}(OH)_2$;单斜]; (富)镁皂石; 斯蒂文石; 镁泡石[(富)镁皂石]

Stevenson screen 斯蒂芬生百叶箱

stewarkite 磁铁圆钻石; 斜磷锰矿[$Mn_3(PO4)_2•4H_2O$];铁钻石[C,含有 3%～19.5% 的铁的氧化物]

stewartite 斯图尔特石 [$Mn^{2+}Fe_2^{3+}(PO_4)_2 (OH)_2•8H_2O$;三斜]; 磁铁圆钻石; 斜磷锰矿 [$Mn_3(PO_4)_2•4H_2O$];铁钻石 [C,含有 3%～19.5%的铁的氧化物]

stewing{swing} speed 转动速度

St. Francisco 旧金山绿[石]

stibarsen 砷锑矿[AsSb;三斜];锑砷矿

stiberite 三斜钙钠硼石;硼钠钙石[$NaCa (B_5O_7)(OH)_4•6H_2O$; $NaCaB_5O_9•8H_2O$]

stibferrit 锑铁银矿

stibi 辉锑矿[Sb_2S_3;斜方]

stibianite 黄锑矿[$Sb^{3+}Sb^{5+}O_4$;斜方]; 黄锑华[$Sb_2O_4•H_2O$;$Sb^{3+}Sb_2^{5+}O_6(OH)$;等轴]

stibiatil 准锑铁锰矿

stibiconite{stibi(o)lite} 黄锑矿[$Sb^{3+}Sb^{5+}O_4$;斜方]; 黄锑华[$Sb_2O_4•H_2O$;$Sb^{3+}Sb_2^{5+}O_6(OH)$;等轴]

stibin 锑化(三)氢

stibine 辉锑矿[Sb_2S_3;斜方];锑化(三)氢

stibiobetafite 锑铌钛铀矿; 锑贝塔石 [$(Ca,Sb^{3+})_2(Ti,Nb,Ta)_2(O,OH)_7$;等轴]

stibiobismuthinite 锑辉铋矿

stibiobismut(h)otantalite 铋钽锑矿; 锑铋钽矿[$(Sb,Bi)(Ta,Nb)O_4$]; 锑钽铋矿

stibiocolumbite 铌锑矿[$SbNbO_4$;斜方]

stibiodomeykite 锑砷铜矿[$Cu_3(As,Sb)$]

stibiodufrenoysit 锑硫砷铅矿 [$Pb_{14}(As, Sb)_7S_{24}$]

stibioenargite 硫锑铜矿

stibiogalenite 水锑铅矿[$Pb_2Sb_2O_6(O,OH)$; 等轴]

stibiohexargentite 锑银矿[Ag_3Sb;斜方]

stibioluzonite 块硫锑铜矿 [Cu_3SbS_4; 四方]; 硫锑铜矿[Cu_3SbS_4]

stibiomicrolite (杂)锑细晶石

stibioniobite 铌锑矿[$SbNbO_4$;斜方]; 锑铌铁矿

stibiopalladinite 锑钯矿[Pd_3Sb;Pd_5Sb_2;六方]

stibiotantalite 铌钽锑矿; 锑钽矿[$SbTaO_4$]; 钽锑矿[$SbTaO_4$;斜方]

stibio-telluro(-)bismutite 锑碲铋矿[Bi_2Te_3, 含有锑的变种]

stibiotriargentite 锑银矿[Ag_3Sb;斜方]

stib(con)ite 黄锑矿[$Sb^{3+}Sb^{5+}O_4$;斜方]; 辉沸石[$NaCa_2Al_5Si_{13}O_{36}•14H_2O$;单斜]

stibium[拉] 辉锑矿[Sb_2S_3;斜方]; 锑
　　→~ mine 锑矿

stibivanite 钒锑矿[Sb_2VO_5;单斜]

stiblite 黄锑矿[$Sb^{3+}Sb^{5+}O_4$;斜方]

stibnite 辉锑矿[Sb_2S_3;斜方]

stibonic acid 脒酸[$R—SbO_3H_2$]

stiborite 三斜钙钠硼石;硼钠钙石[$NaCa (B_5O_7)(OH)_4•6H_2O$; $NaCaB_5O_9•8H_2O$]

Stichocapsa 列箱虫属[射虫;T]

Stichococcus 裂丝藻属[Q]

Stichocorythidae 列盔虫科[射虫]

---

stichtite 铬鳞镁矿{菱水碳铬镁石} [$Mg_6Cr_2 (CO_3)(OH)_{16}•4H_2O$;三方]; 碳镁铬矿; 碳铬镁矿

stick 火药柱;手柄;变速杆;棍;卡住; 卡塞;棒;贯入;黏着;木棒;杆;阻塞; 自闭;粘贴;粘;刺入;刺;控制杆;串; 突出;停留;短线图;堵塞
　　→~ (dynamite) 炸药卷 // (powder) ~ 药卷 //~ (to) 固守

stick-and-rag work 石膏墁灰制品

stick count{amount} 药包

sticked explosive 卷装炸药
　　→~ strand coils 平花

stick electrode welding 焊条电焊

sticker 标纸;标签;黏着剂;黏结板; 滞销品;链爪;张贴品;尖物;尖刀

stick force 黏附力

sticking 晒相;卡钻;刺;楔住
　　→~ (together) 黏附 //~ of ore 矿石卡塞

sticking of tool{jamming of a drilling tool} 卡钻

sticking out 突出
　　→~ -point-instrument 测卡仪 //~ together 粘住 //~ up 自闭

sticklerite 锂磷锰石

stick(i)ness 黏(滞)性;胶黏性

stick{hold} out 硬挺[勉强支撑]

stickup (孔底)残留岩芯

sticky 黏性的;黏糊;(发)黏的;黏;稠 的;下料不顺;胶黏的
　　→~ formation 糊住金刚石钻头的地层 //~ oil 黏石油 //~ ore 黏结矿石

Stictoporella 细针管苔藓虫属[O]

Stictosphaeridium 斑点球形藻属;假网球形藻属

stiepelmannite 磷铝钇矿[$(Ce,Y)Al_3(PO_4)_2 (OH)_6$];磷铝铈矿[$CeAl_3(PO_4)_2(OH)_6$]

stiff 钞票;生硬;黏稠的;刚性的;刚(的); 不灵活;硬性;硬的;非弹性的;刻板; 板;劲度;坚硬的;挺
　　→~ assembly 刚性组合

stiffener 刚性元件;刚性梁;支肋;肋板 [龟背甲];硬化剂;防挠材;调节风门; 加强筋;加强杆;加劲杆;加稠剂
　　→(rib) ~ 加劲肋

stiffening 强化;固化;加压载增加稳性
　　→~ limit 硬化极限 //~ piece 加固件

stiffen{stiffener;reinforcing} ring 加强圈[抗风圈下面的]

stiff fissured clay 硬裂缝黏土
　　→~ gantry 刚性台架 //~ hook-up 固定装置

stiffish soil 硬土层

stiff lamella 硬片(状)
　　→~ layer 坚硬层 //~-leg derrick 固定支架桅杆起重机,刚性柱架

stifflegged 刚性柱腿的

"stiff-leg" platform crane 刚性腿平台起重机

stiff-machine testing technique 刚性机械试验技术

stiff mud 胶黏泥浆
　　→~ mud brick 硬泥砖

stiffness 峭挺;逆电容;刚硬性;刚性; 刚度;(控制系统)抗偏离能力;劲度;抗挠性;稠度;稳定性
　　→~ coefficient 刚性系数;刚度系数 //~ of foundation soil 地基刚度 //

---

test of structural member 构件刚度检验

stiff-plastic 硬塑性的

stiff reinforcement 劲性钢筋
　　→~ semi-plastic superstructure 硬稠半塑性外壳构造 //~ stabilizer assembly 刚性稳定器组合 //~ vessel 过稳船

stift clay 硬泥

Stigeoclonium 毛枝藻[属][绿藻;Q]

stigma(tor) 点斑;眼点;气门[昆]; 柱头[植]

Stigmaria 石根;痕木(根座);根座属[古植]; (石松)根座

stigmastane 豆甾烷

stigmastanol 豆甾烷醇

stigmastenol 豆甾烯醇

Stigmatella 针苔藓虫属[O-D]

Stigmite 树脂斑岩; stigmite

Stigmophyton 根座蕨属[D_2]

Stigonema 真枝藻(属)[绿藻]; 多列藻属[Q]

stikine wind 司梯肯风; (加拿大)斯提金河附近的东北阵风

stilb 熙提[亮度单位,=1 新烛光(cd)/cm^2]

stilbene 芪; 均二苯代乙烯

stilbite 束沸石[$(Na_2Ca)(Al_2Si_7O_{18})•7H_2O$]; 辉沸石[$NaCa_2Al_5Si_{13}O_{36}•14H_2O$;单斜]; 片沸石 [$Ca(Al_2Si_7O_{18})•6H_2O$;$(Ca,Na_2)(Al_2Si_7O_{18})• 6H_2O$;$(Na,Ca)_{2-3}Al_3(Al,Si)_2Si_{13}O_{36}•12H_2O$; 单斜]; 钙辉沸石[$Ca(Al_2Si_7O_{18})•7H_2O$]

stile 主框条

(shell) still 蒸馏釜

still air 静止风
　　→~ basin 消力池

stilleite 方硒锌矿[ZnSe;等轴]

still image 静像

stilling 釜馏

still-liquid core 静液核心

stillolite 硅华[$SiO_2•nH_2O$]

still photography 摄像; 静物摄像

stillroom 蒸馏室; 储藏室

Stillson{monkey;coach} wrench 活动扳手

stillwater 静水; 静流

stillwaterite 六方砷钯矿[PdAs]

still{standing} water level 静水面
　　→~ well 静井

stillwellite 硼硅铈矿[$(Ce,La,Y,Th)_5(Si,B)_3 (O,OH,F)_{13}$?;三方]; 菱硼硅铈矿[$(Ce,La, Ca)BsiO_5$;三方]; 菱硼硅镧矿[$(Ce,La)_3(B_3O_6) (Si_3O_9)$]

stilpnochlorane 鳞绿云母

stilpnomelane 黑鳞绿泥石[$K(Fe^{2+},Fe^{3+}, Al)_{10}Si_{12}O_{30}(OH)_{12}$;单斜、三斜]

stilpnosiderite 胶褐铁矿[$Al_2O_3•nH_2O$]

stilted arch 上心拱
　　→~ vault 上心拱形穹顶

stimulant 兴奋剂

stimulate 强化;促进;(油井)增产;刺激; 激励[活;化;发]
　　→~ (economy,etc.) 加温

stimulated emission 受激发射

stimulating{stimulated} blowout 受激井喷
　　→~ blowout 引喷

stimulator 刺激物; 激励器

stimulatory effect 刺激效应

stimulus[pl.-li] 外触发; 激发剂; 刺激源; 刺激物; 刺激; 激励

sting 螫刺[生]; 支架; 螫刺[昆]; 刺激; 刺; 探臂支杆

stinger 插入器; 导向杆; 引鞋; 船尾托管架[敷设管道]; 穿刺物; 细的下部钻具; 外伸的横杆

S

stingy 贫气；尖

stink 秽气；臭味；发臭
→~ (damp) 臭气//~ coal 臭煤；阿魏臭纸煤

stinkdamp{stink damp} 硫化氢气[矿井中]；硫化氢

stinkkalk[德] 臭方解石

stink limestone 含沥青质灰岩

stinkquartz{stink{fetid} quartz} 臭石英[SiO_2]

stinkschiefer 臭页岩

stinkspat[德] 呕吐石；紫萤石[CaF_2]

stinkstein[德] 臭灰岩

stinkstone 臭石[含沥青石灰石]；臭灰岩；臭方解石

stink (lime)stone 臭石灰岩

stipe 笔石枝；叶柄[植]；菌柄；柄

stipel 小托叶

stipitate 有柄的[植]

stipoverite 斯石英[超石英；SiO_2；四方]；超石英；施英石

stippled pattern 点子花纹

stippling decoration 点彩

stipular trace 托叶迹

stir 输送；引起；摇动；传布；搅动；汲取
→~ (up) 摇晃；搅拌

stirian 辉砷镍矿[NiAsS；等轴]；镍白铁矿

stiriolite 石冻；冻滴石

stirlingite 红锌矿[ZnO；(Zn,Mn)O；六方]

stirred bed 搅动床层
→~ tank 搅拌器

stirrer 搅拌器；搅拌机
→~ (bar) 搅棒；搅拌棒

stirring 活跃的；混合；搅和；搅拌；汲取
→~ (motion) 搅动

stirrup 卡子；卡箍；镫形夹；镫骨；镫(状)挂环)；箍筋；钩环；钢筋箍；联结环；U形夹；夹头

stir up 振荡；搅起；激起
→~ up trouble 点火

stishovite 斯(司)石英[金红石型的石英变种；SiO_2；四方]；斯氏石英；超石英；施英石；重硅石

stistaite 锑锡矿[SnSb；等轴]

stitch (用)钉钉住木支架；少许；绑结；编法；缝法；距离
→~-and-seam welding 断续焊缝

stitched belting 缝接皮带
→~ canvas belt 钉接帆布运输带//~ joint 编缝丝接合

stitcher 订书机

stitching 绑结；压合
→(surgical) ~ 缝合//~ machine 缝毡机

stitch welding{bonding} 跳焊
→~ welding 自动点焊

stithe 窒息气(体)

stochastic{random} component 随机分量
→~ (al) contribution 随机分布//~ (medium) equation 随机(介质)方程

stochasticity 随机性

stochiolith 锑银矿[Ag_3Sb；斜方]

stock 管状矿脉；平均日开采量；股票；股份；供应；锚杆；座；资源；存料；存储；砧木；造船架；原种[生]；原料；矿筒；库存；岩株；岩钟；岩干；储存；储藏；无性种；舵杆；托柄[海参]；屯积；成品库
→(capital) ~ 固定资本；板牙架；矿株//~ dump 堆矿场//~ dump{yard}

贮矿场

stocker 炉排；装料工；推土机；堆岩机；堆土机；堆料机；堆矿工；加煤机；碎料工

stock farm 畜牧场
→~ {stick} heap 料堆//~ house{bin} 料仓

stocking 装料；堆积

stockless{patent} anchor 无杆锚

stock level recorder 料位指示器
→~-like 岩株状//~ line 料线//~ market crash 崩盘

Stockoceros 四叉羟角[Q]

stock oil 库存油
→~ on hand 现存量

Stockpol L ×润湿剂[一种烷基苯磺酸盐]

stockpile 资源；贮矿槽；贮存；料堆；矿堆；储矿场；储存；储备；贮备；堆放；积累资料；积累；碎石堆[养路用]

stockpiling 料堆；蕴藏量；储存；贮备；堆放
→~ operation 推土作业

stock pond 贮水池；池塘
→~ tank barrels 地面(标准状态)桶数；油罐桶数；储罐桶数//~ tank barrels oil per day 日产储罐油桶数；地面储罐油桶数//~ tank oil 地面标准状态下的原油；罐存石油；储罐油//~ tank oil initially in place 储罐原始地质储量//~ tank oil in place 油层中商品石油储量//~ weigher 料秤

stockwerke[德] 构造层[地球]；系；网脉；统

stockwork 非定制品；网状矿脉；网脉
→~ and disseminated molybdenum deposit 细脉浸染型钼矿床//~ lattice 石网；面网//~ ore deposit 网状矿床//~ replacement 网脉交代体//~ veinlet 网状细脉//~zone 网脉带

stock yard{dump} 贮矿场
→~ yard 料场

stoffertite 水钙磷石；透钙磷石[$CaHPO_4•2H_2O$]

stoiberite 钒铜矿[$Cu_5V_2^{5+}O_{10}$；单斜]

stoichiometric 按化学式计算的

stoke 沱{泡}斯{史}托克[动力黏度单位]；烧火；照料炉火；加煤

stoker 机动炉排；司炉；烧火工(人)；加煤机；添煤机
→~ fired furnace 机械加煤燃烧炉//~ grade 加煤机用品级[煤炭]

stokesite 硅钙锡矿{石}[$CaSnSi_3O_9•2H_2O$；斜方]

Stokes{Stoke's;Stokes'} law 斯托克斯定律；史氏定律
→~ law of settling velocity 史氏沉(降)速(度定)律

stokes line 斯托克斯线
→~ per minute 冲击次数

stolidium 饰边；袍边[腕]

Stolodus 长裙牙形石属[O_1]

stolon 生殖根；匍匐枝；匍匐茎；管状通道；管茎；匐枝；连房管[大型孔虫]；芽茎[苔]

Stolonifera 匍茎珊瑚目；葡茎珊瑚目[八射珊]；多茎目

Stolonodendrum 茎树笔石(属)[O_1]

Stolonoidea 枝型类

stolonoidea 茎笔石目

stolotheca 芽生胞管；茎胞管[笔]

stolpenite 铁蒙脱石[$R_{0.33}^{1+}(Al,Mg)_2(Si_4O_{10})(OH)_2•nH_2O(R^{1+}=Na^{1+}, K^{1+},Mg^{2+},Ca^{2+},Fe^{2+}$等)]

stolzite 钨铅矿[$Pb(WO_4)$；四方]

stoma[pl.-ta] (动物的)口；气孔；呼吸孔

stomach 忍耐；冒口；腹部；消化；胃
→~ cancer 胃癌//~ {gizzard} stone 胃石

stomatal 有气孔的
→~ apparatus 气孔器//~ transpiration 叶孔蒸腾

stomatic 呼吸孔的；口的
→~ {stomatal} band 气孔带

Stomatograptus 孔笔石属[S_{1-2}]

Stomatopora 椎管苔藓虫属[O-Q]；口(苔)藓虫(属)

stomia 口

stomium 裂缝[植]

Stomochara 口轮藻属[C_3]

Stomochordata 口索亚门[脊]；尾索亚门

stomodaeum 口管[珊]；口道

Stomoloculina 口室虫属[孔虫；Q]

stomostyle 口桩；口柱[孔虫]

stone 手表钻石；石头；石料；石材；石；砂轮；人造宝石；矸石；块体英石[英,=14lb]；岩石；选厂原砂；小石；结石
→(grinding) ~ 油石//~ (laying) 砌石//~(lumpy{block}) ~ 块石；里程碑；宝石；石块；原石

Stone{Anthropolithic} age 石器时代

stone anchor 石锚
→~ animal 石象生//~ arch bridge 石拱桥//~ arching 砌石拱坝工//~ axe 石斧//~ {rock} ballast 石渣//~ ballast 碎石//~ balustrade 石栏杆//~-band 夹石//~-banked lobe 围石舌堆积物//~ {-}banked terrace 石垛阶地//~-banked terrace 石缘阶地//~ base of a column or statue 础石

stonebass 石鲈

stone{rock} bind 粉砂岩
→~ bind 砂岩夹页岩；砂岩；夹页砂岩//~-block lining (磨机)块石衬里//~-block paving 石块铺路面[土]

stoneboat 石橇；运石平底橇

stonebow 石弓

stone box 废石仓
→~ box step type chute 自然(矿石)衬里梯级溜槽

stonebrash 多石地；碎石底土

stonebreaker 碎石机

stone breakwater{betty} 石防波堤
→~ bridge 石桥//~ bubble 石泡//~ building 石造建筑物//~ butter 黑黏土//~ canal 石渠；石管[棘]；砂管[棘]//~-carved pagoda 石雕塔//~ carving 石雕[石上雕刻]//~ casting 铸石//~ cave{cavern;workings} 石洞//~ {grit} cell 石细胞[植]//~ cell 石细胞[植]；短石细胞[植]//~ chamber for keeping books 石室[藏书石屋]//~ chimes 石钟//~ chisel 石凿；石錾//~ cladding work 石料镶面工程；镶石工程//~ cleaner{eliminator;extractor;stopper; separator} 除石机//~ cleaner{eliminator; stopper;guard} 除石块机//~ cliff 石岩[石壁]//~((-)like) coal 石煤//~ collector{gather} 捡石机//~ collector

{picker} 集石器//～ construction 石构造；～-count 漂砾计算；金刚石颗数[钻头上]

stonecress 岩芥菜

stone cutter 割石机；切石机；截石机
→～ cutters' cape chisel 石工岬錾//～ cutters' diamond point chisel 石工菱形錾

stonecutting 石刻

stone cutting 采石；加工石料
→～ cutting machine{stone-cutting machine} 切石机//～{boulder} dam 石坝//～-deaf 石聋//～ die 石制模//～ dike{embankment;levee} 石堤//～ dike 砌石堤//～ dinting 刷石边//～ drainage 底铺碎石沟排水//～ drawing tool 挖石工具//～ dressing 琢石//～-dressing machine 琢石机//～ drifting 岩巷掘进//～ drill 岩石凿机；岩石钎子//～ dump 倾石场//～ dust 石尘；岩粉//～ duster 撒(岩)粉器；撒(岩)粉工//～ dust plan 煤矿内沉积岩粉采样区段图；岩粉采样图//～ engraved with characters or designs 刻石[石上雕刻]//～ engraving{inscription} 石刻//～-faced bank 砌石堤//～-faced masonry 石饰面圬工；石面圬工//～ facing{pitching} 砌石护面//～ falling channel 落石槽//～ fence{wall} 石围栏

stonefield 石脉丘陵；乱石之地

stone{rock-block;sorted} field 石海
→～ field 石场；从石场；冻砾原

stonefish 石鱼[背上刺有毒,鱼肉鲜美]

stone flag{plate;slab} 石板
→～-flax 石绒；石棉；纤蛇纹石[温石棉；Mg₆(Si₄O₁₀)(OH)₈]；温石棉[Mg₆(Si₄O₁₀)(OH)₈]//～-flax 石麻//～ flower bed 石花台//～ fly 石蝇//～ footing 毛石基础//～ forest 石林//～ fork 扒石耙//～ foundation 石基础//～ fragment 石渣；石屑//～ from Qingtian county 青田石//～ from the Taihu Lake 湖石//～ garland{semicircle} 石环冠//～ grain 石米//～ grapple 攫石器//～ grinder{mill} 石磨//～ grinder 磨石工//～ guard 防石屏蔽物；除石机[农机]//～ (mason's) hammer 石工锤//～ hange 石柱群[史前遗迹]//～ head 基岩；石巷；流沙下(第一层)硬岩；岩石巷道

stonehenge 巨石阵[天]

stone horse-as those beside a grace or tomb 石马
→～ house 石屋//～ house very strong and safe 石室[石房子]//～ human statue 石人//～ ice 石冰//～ implement{artifact} 石器//～ inkslab 石砚//～-inlaid product 镶石制品//～ instrument 石器//～ intrusion{eye} 石眼；石侵入体//～ lantern 石灯//～ lattice{lace} 石窗//～ lattice{net} 石网//～ lattice 石格(子)

stoneledge 石坡

stone{rocky} ledge 石陂
→～ ledge 岸边礁

stonelike 岩石般的

stone line 石线
→～ lining 石块衬砌{里}//～ lining of shaft 石砌井壁

stoneman 石工；掘进工

stone man 圬工

→～ mangle 石压轧光机//～ marker 标石//～{beech} marten 石貂

stonemason 石匠；石基修建工

stone mason{man} 石匠
→～ masonry 石圬工；砌石工程；凿石工作//～{dry} masonry dam 石砌坝//～ masonry lining 料石衬砌//～ material 山石材料//～ memorial archway 石坊

stonemesh groynes 钢丝网填石丁坝
→～ mattress{apron} 钢丝网填石沉排(护底)

stonemill{stone mill{breaker}} 碎石机

stone mill 琢石机
→～ mine 脉外平巷；铁矿山//～ mo(u)ld pins for textile machinery 纺织机械宝石模销//～ mulch 石幕；石覆盖//～ mulch field 砂田//～ needle 砭石//～ net{mesh} 分选石网眼//～ ocher 球状硬赭石//～ ornament 点缀石//～ packing 块石基层//～ pagoda 石塔//～(-block){block} pavement 石块路面//～ pavement 石盖层；铺石路面//～ pavilion 石亭//～ paving 石块铺面//～ phase 石相//～ picking machine 捡石机//～-picking machine 除石机//～ pier 石礅[石头做的凳子]//～ pillar 石柱//～ pine oil 石松油//～ pit{lattice;lace} 石坑//～ pit 浅分选石网//～-pit 采石坑//～ pitched facing 砌石护面//～-pitched jetty 砌石堤//～ pitching{wall} 干砌石//～ planer 刨石机//～ plate 石版//～ plate printing 石印//～ polygon 石多边形；多角石地

stonepost 界石

stone{silica} powder 石粉
→～ press 压石机//～ pressure 钻进时金刚石上的比压//～ quarry{pit} 采石场

stoner 除石块机；除石机；碎石机

stone rake 搂石器
→～ rate 灰石比//～{rock(y)} reef 岩(石)礁//～ reef 石礁//～ relief 画像石[on ancient tombs,shrines,etc.]//～ remover{trap} 除石器//～ removing machine 去石机//～ retarder 除石块器//～ riffle 溜矿槽衬底石条//～ ring{circle} 石环//～{rock;random} riprap 乱石堆层//～ river{run} 石河//～ roller 石礤；石碾子；石滚筒//～ rose{packing} 石玫瑰

stones 石陨石

stone saw 石锯
→～ sawing 锯石(法)//～-sawing strand 锯石钢绳//～ scrubber 洗石机//～ sculpture 石雕//～ semicircle{garland} 石花环//～{-}separating device 除石装置

stoneshot 石弹

stone sill of window 窗台石
→～ sorting machine 石分选机//～{chips} spreader 石屑撒布机//～ spreader 撒布机//～ statue 摩崖石刻//～ step 石梯级//～ steps 石阶；石磴//～ stopper 清石机//～ stream 石川//～ stripe 石条//～ structure 石结构//～ support 石材支架//～ tablet 石碑；碑碣//～ tablet with inscription 铭石//～ tamper 石碱//～ teeth 石牙

//～ tomb or vault 石室[石砌的墓穴或地窖]//～ tongs 吊石夹钳[建]//～{rocky} tundra 石质冻原//～ vessel 石器

stonewall 石材支架

stone{rock} wall 石墙
→～ wall 猪背脊//～-wall 石壁

stoneware 火石器；石制品；石器；缸瓦器；缸瓷；粗陶器

stonework 石圬工；砌石工程；凿石工作；凿石工程
→～{rock excavation} 石方[工程]//～ explosion 采石爆破

stoning 河床铺石；碎石护岸

stony 石质的
→～ bottom 多石地犁体//～ clay 含碎石黏土//～{hard;scleractinian;madreporarian;stone} coral 石珊瑚//～{rock;stone} desert 石漠//～ edema 石水//～ element 石质元素//～ ground 多石地//～-iron 陨铁石//～-iron 中铁陨石//～ iron meteorite 石铁陨星//～-iron{iron-stony} meteorite 铁石陨石[星]//～-iron meteorite 石质陨铁//～-iron{tony-iron} meteorite 石铁(质)陨石；石铁(质)陨石；～-land guard 多石地护刃器//～ mass 石疳//～{stone} meteorite 石陨石//～ meteorite 石质陨石；石陨星；陨石//～{shingly} shore 磊石岸//～ shore 石岸//～ slag 石状渣//～{rocky;chisley;skeletal;lithomorphic} soil 石质土//～ soil 含石土壤；多石土壤//～ statue 石像//～{block;stone} stream 石流//～ uterine mass 石瘕

stook 残余煤柱；残留矿柱

stool 垫凳；凳子；平管支座；平板；内窗台；模底板；带式运输机下部托辊架；座架；矿工停止下掘地点；托梁；踏脚凳
→～ pigeon 管子位置探测器；管道焊况检测仪；检漏仪//～ stalagmite 睡莲叶；凳形石笋；蘑菇(状)石笋；菌状石笋

stoop 保安矿柱；屈服；门廊；煤柱；大型矿柱；主要支柱；支柱；压倒；背脊地带；界桩；无顶平台；弯腰；台阶；矿柱[大]

stooping 回采矿柱；煤柱；采矿柱；二次回采；缩景

stoop road 柱式采矿场内的巷道
→～ roadway 实煤中的平巷[房柱法]

(car;block;wheel) stop 阻车器；挡块；限制器

stop (pin) 止动销；停车
→～-and-go determinism 停进决定论

stopbank 堤岸；堤

stop bit 停止位
→～ block 阻块道栏

stopboard 挡板

stop cock 活栓；截流旋塞

stopcocking 周期关井[恢复气层压力]

stop cocking 间歇闭井[诱导自流]
→～ collar 限动环

stope 回采；采矿场；采场
→(mine)～ 矿房//～ assay plan 回采区矿石试金图；采场取样品位分布图；采场矿石品位分布图

stoped (out) 采空的
→～ block 隔离块体

stope development 采准巷道
→～{productive} development 采准

stoped out workings 采空区

stope{stoping} drift 回采平巷

→~ drift active workings 回采巷道

Stopeite 斯托派特炸药

stope-jumbo 双臂采矿台车

stope{in-place;in-situ;spot} leaching 就地浸出

→~ leaching 原地碎矿石沥滤//~ of coal mines 煤矿回采

stop(p)er 塞子；制动器；回采工；塞紧；凿岩工；可伸缩式凿岩机；向上式凿岩机；凿岩机[向上]

stoperman 锚杆支护工

stope shrinkage and pillar 有矿柱的留矿法采场

→~ vibratory ore-drawing 振动放矿//~ washings 采场含金冲洗矿泥；金矿工作面冲下的含金矿泥

stop filling signal 停止加料信号

→~ {monoclinal;uniclinal;monocline;monclinal} fold 单斜褶皱//~ fold 陡斜褶皱//~ from burning 熄火

stopgap 补缺的{者}

→~ measure 权宜之计；临时措施

stoping 顶蚀作用[岩浆]；回采工作；回采；升蚀作用；岩浆侵入

→~ ground 采准完成的区段；备采区段；备采矿块//~ method 采矿方法//~ with waste filling 废石充填采矿法

stop lever 制动杆

→~ line of extraction 采止线

stoppage 关闭；故障；阻滞；阻塞；中止；不流动；停止；停机；停工；停付；停顿；停车；堵塞

→~ cleaning 清除堵塞

stoppaniite 斯托潘尼石[(Na, □)(Fe,Al,Mg)₄(Be₆Si₁₂O₃₆)•(H₂O)₂]

stopper 栓；塞头砖；塞；挡环；阻滞装置；制动装置；阀

→~ circuit 带除滤波(器)电路//~ ladle 底注式浇包//~ nozzle 注液口

stopping 刹车；挡水墙；隔墙；阻止；阻塞物；制动；风墙；停车；填塞料；加标点

→(air;ventilation;cloth) ~ 风障//~ agent 阻化剂//~ and signalling device 连锁停止和信号装置//~ device 制止装置//(transportation) ~{braking;breaking} distance 制动距离//~ limit 品位极限；临界品位(值)//~ mining area 停采矿区

stopple 塞子；(用)塞(子)塞住；堵头

→~ plugging machine 封堵机

stopples 花粉盖

stop position 停车位置

→~ pulse 关闭脉冲

stopwatch 秒表；停表

stop-watch cycle time 纯运转作业循环时间

stop watch measurement 工时测定{量}

→~-watch measurement 用秒表测量//~ water entrance 止水侵//~ water loss 止漏；堵漏

stopway 停车道

stop work 停工；熄火

storable 耐储层物品；可储存的

→~ fueled missile 可贮燃料飞弹

storage 存储；贮存；贮藏；累积；蕴藏量；油库；库存；库；储存；储藏库；储藏；储备；贮备；蓄电；记忆装置；积贮

→~-battery-type electric mine loco(motive) 蓄电池型矿用电机车//~ bay{basin} 蓄水池//~ drift 储气平巷//~ factor 储能因数//~ geothermal system 封存

型地热系统；非循环型地热系统//~ jug 地下液化石油气储穴

storage/production terminal 储油-采油浮动码头

→~ vessel 储量-采油浮式装置

storage rack 货架；存放架；料床

→~ raingage 储瓶式雨量计；蓄水式雨量计//~ silo 贮矿槽//~ yard{area} 贮矿场

storativity 贮水性；储水系数；储存系数

→~ (factor) 释水系数//~ ratio 存储比

store (room) 仓库；贮藏；蓄积

→~ access cycle 存取周期//~ and memory 存储//~ coefficient of book load (大)钩载(荷)储备系数

stored (ore) 堆存矿石

→~ charge 累积电荷

store{storing} floodwater 蓄洪

→~ house 栈房

storekeeper{store(-)man} 保管员；司库员

store{storage} room 贮藏室

storeroom for firefighting materials 消防材料库

store space 堆场

→~ through 全存储//~ up 收藏；堆存

storey-high ceramic plank 烧结黏土条板

Storgruve iron ore 斯托格洛夫磁铁矿

storing 储存；蓄积；囤积

→~ mechanism 存储机构

storis 北极大块浮冰群

storm 场的扰动；扰动；干扰；风浪；暴雨；暴[电磁等]

→~ burst 噪暴爆发//~ cellar 风窖//~ distribution pattern 暴雨强度(按地区)分配形式//~(-)flow 暴雨流量{径流}

stormfury hypothesis 风暴激荡说

storm-guyed pole 耐风暴加固电杆

storm icefoot 沿岸风暴冰脚

storminess 风暴度

storm intensity pattern 暴雨强度图形；暴雨强度(按时间)分配形式

→~ lantern (lamp) 汽灯//~ mean water level{storm-mwl} 暴风雨天气时平均水面//~ oil 防波油

stormpause 暴风歇

storm pavement 护坡铺面

→~-proof 防暴风雨的//~{direct} runoff 暴雨径流//~ surge 风暴大浪；风暴波涌；暴风浪；暴潮//~-surge protection breakwater 风暴大浪防波堤//~ water runoff 洪水径流

stormy 暴风雨的；激烈(的)

→~ waves 风浪

story 情节；层；故事；描述；楼层；经历；记事

→~ deformation 层间变形

stoss 迎冰向的；迎(风面的)

→~{onset}-and-lee topography 鼻状地形//~-and-lee topography 不对称丘

stossbau 分层开采

stossend{stoss end} 迎冰面；冲击面

stoss-seite[德] 迎冰坡[与 lee-seite 反]

stoss side{face} 迎风面

→~ side 迎浪面；向流面；向侧；对面//~ slope{side} 迎冰坡[与 lee-seite 反]

stottite 羟锗铁石[Fe²⁺H₂(GeO₄)•2H₂O；四方]

stove 烘箱{干}；大炉级煤[圆筛孔1.625~2.4375in,美]；炉；窑

stovepipe 火炉管；按段焊接铺管；铆制

套管；烟囱管

→~ casing 导管[轻型、铆接大直径管子]//~ method 逐段铺管法[从铺管船上]

stove-pipe{stovepipe} welding 高架焊管法

stow 装载；装

stowage 采空区充填；装载(法)；贮藏；储存；储仓；堆装费

→~ space 载货货位(空间)//~ {packing} unit 充填设备//~ unit 充填装置；充填机

stowed{packed} goaf 已充填的采空区

→~ goaf 充填区

stowing 充填

→~ dirt 充填废石

stow pneumatically 风力充填

→~ road 充填巷道

straat[pl.-e] 大街；凹槽[沙丘间]

Strachanognathus 斯特拉牙形石属[O₂₋₃]

straczekite 斯特拉基石；斯特拉基石[(Ca₀.₃₉Ba₀.₂₅K₀.₃₃Na₀.₁₁)(V⁴⁺₁.₅₉V⁵⁺₆.₃₁Fe³⁺₀.₁O₂₀.₀₂)(H₂O)₂.₉]；钒钙碱石

straddle 横跨{跨越}……的两边；跨立；跨；井圈支柱

→~ over year 跨年度//~ packer 双用封隔器；跨式(双封)隔器//~-packer test 上下封隔器测试；跨式双封隔器地层测试//~ test 双封隔器选择性地层测试

straddling 支撑

straetlingite 水铝黄长石[Ca₂Al₂SiO₇•8H₂O；三方]

straggle 四散；掉队；散布；散乱；迷路[内耳]；蔓延；落伍；落后；分散；脱离；断续；斗争

straggling 离散

strahlite 阳起石[Ca₂(Mg,Fe²⁺)₅(Si₄O₁₁)₂(OH)₂；单斜]

straigh{normal} polarity 正极性

→~ polarity 正接//~-run gasoline 直馏汽油//~-sided axial worm 轴面直线形蜗杆//~ state 直接状态

straight away 笔直的

straightedge rule 直线尺

straight ends and wall 房柱式采煤法

→~-ends-and-walls 巷柱式采矿法

straightener 调查机；整{校}直装置；直管器；矫直器；矫直机

straightening 变形矫正；展直；校直；校正；矫正

→(well) ~ 纠斜//~ of hole 井身矫直//~ vanes 整流叶片

straighten{sort} out 整理

straight{parallel} extinction 直消光

→~ flute 直槽//~ forward 直截了当；简单//~-hole guide 直导向孔[矿井内]//~ horizontal grate pelletizing furnace 直水平炉算式球团矿焙烧炉//~ limestone 纯石灰石//~{pure} mineral oil 纯矿物油//~ ore burden 净矿石料//~ platinum ore 纯铂矿//~ shrinkage stoping 水平工作面推进的留采矿法//~-wall core shell 直壁(式)扩孔器壳体)[金刚石岩芯钻进]**straightway** 直巷道

straight well 直井

strain 过滤；拉紧；渗滤；变形；强制；品种；坯件；扭歪；滤波；滤；种；粗滤；拉应力；用力；应力[物]；胁变；应变[物]

strain ag(e)ing 应变时效[冶]；变形时效

strained 渗滤的；变形的

strain ellipsoid 应变椭圆体{面}
→~{distortion} energy 应变能
strainer 筛网；筛；过滤网；过滤器；滤网；滤水管；滤器；张紧器；拉紧器；拉紧螺栓；拉杆；应变器
→(filter;stick) ~ 滤管
strain figure 滑移线；流线型
straining 施加应力；拉紧架
→~ ring 加载环
strainless 无形变的
→~ ring 未应变环
strait 地峡；海峡；困难的；峡谷；通道
strake 水闸；手选台；底板；箍条；侧板；轮爪；轮箍；溜槽；闸门；宽绒毡洗床；洗矿槽；锡矿洗槽；冰面滞水；铁箍；条纹
→~ concentrate 洗槽精矿
straking 溜槽提金
strakonitzite 辉石形块滑石；块滑石[一种致密滑石，具辉石假象；$Mg_3(Si_4O_{10})(OH)_2$; $3MgO \cdot 4SiO_2 \cdot H_2O$]
stralite 绿帘石[$Ca_2Fe^{3+}Al_2(SiO_4)(Si_2O_7)O(OH)$; $Ca_2(Al,Fe^{3+})_3(SiO_4)_3(OH)$;单斜]；阳起石[$Ca_2(Mg,Fe^{2+})_5(Si_4O_{11})_2(OH)_2$;单斜]
strand crack 沿滨冰隙
→~ discharging station 带式机卸矿点//~{shore} dune 滨岸沙丘
stranded 搁浅；绞成股的
→~ blob 断开油{液}滴
strandflat 潮间坪；沿海台地
strand flat 浪蚀台(地)
→~-flat 滨坪
stranding 拧绳{股}；坐礁
→~ harbo(u)r 浅水港
strandohilgardite 锶羟氯硼钙石
strand plain 海滨平原；滨海平原
→~ rope 股绞绳
strangeland 陌生地
stranguria caused by the passage of urinary stone 石淋
→~ from urolithiasis 砂石淋
stranskiite 蓝砷铜锌矿[$Zn_2Cu(AsO_4)_2$;三斜]
strap 护顶板；横梁；皮圈；皮带；革；带；板；背板；纤维绳；狭条；铁皮；条；套环；套板
→~ fishplate 鱼尾板//~ iron 条钢//~ joint 盖板接头//~ lift 绳缆扶手[急倾斜巷道行人用]
strapping 皮带材料；捆带条；橡皮膏；围测；多腔磁控管空腔间的导体偶合系统；胶带；计量
→~ (of tank) (油罐的)计量//~ machine 捆包机
straps{straps for a knapsack} 背带
strashimirite 水砷铜石[$Cu_8(AsO_4)_4(OH)_4 \cdot 5H_2O$;单斜]
strass 含有氧化铅的闪亮玻璃；富铅晶质玻璃；假钻石；假金刚石
strata[sgl.-tum] 层；层样；地层
→~ and rock type investigation 地层岩性调查//~ behavior 顶板活动规律；矿压显现；岩层性质；岩层受力显现//~ behaviour 岩体动态//~ bolts 岩石锚杆
stratabound 层控的
→~ (ore) deposit 层控矿床[由地层层位所控制的矿床]
strata bridge rock column 岩柱
→~ cohesion 岩体强度；岩石内聚力；岩石或地层黏结//~-control analysis 矿压分析//~ displacement 地层位移；岩

石移动；岩层移动
stratafrac 地层压裂
stratagem 战略
stratal 地层的；层的；有层次的；成层的
→~ pinch-outs 地层尖灭//~ surface (地)层面
stratameter 地层仪；检层器
strata mode 地层或岩层模型
→~{land;earth;ground;rock} movement 地层移动//~ movement theory 岩层理论//~-related ore deposit 与地层有关的矿床
stratascope 地层仪
strata sequence 地层次序；层系
→~ subsidence theory 岩层下沉理论；岩层沉陷理论//~ time 层时
stratavolcano 层状火山
strata{stratiform;stratified} water 层状水
strategic 关键的；要害的
strategical long-range planning 战略性的长期计划
strategically 颇有策略地；(在)战略上
strategic effect 战略性效果
→~ goods and materials{strategic materials} 战略物资//~ planning 长远规划//~ reserve 战略储备
strategies for prevention 预防战略
→~ for uncertainty 应变战略
strath 平底河谷；老谷底；宽谷；陡壁谷
→~ lake 河谷湖；平底谷湖//~ stage 均衡宽谷期//~ valley 废弃谷
stratic 地层的；层序的
staticule 纹层；薄层[法]
Stratifera 层形叠层石属；层纹石(属)[Z-Q]
s(ubs)tratification 沉积岩层排列；层理{化;次}；分层(作用)；成层
stratification foliation 层状叶理
→~-foliation 叶理地层；成层叶理
stratified 层状的；分层的；成层的
→~ rock 成层岩石//~-water hypothesis 层化水成矿说
stratiform 层状的；层状
→~{stratified;layered;eutaxic} deposit 成层矿层//~ orebody 层状矿体//~{stratified} ore deposit 层状矿床//~ supercomplex 层状超杂岩
stratify 成层
stratigrapher 地层学家
stratigraphic(al) 地层(学)的；柱状药包
stratigraphical drilling 层序钻探
→~ hiatus 层缺//~ relationship 地层关系//~ sampling 分域采样
stratigraphic break 层缺
→~ condensation 化石杂聚层位//~(al) division{classification} 地层划分//~ effect 层状影响//~ repetition 地层重复//~-sedimentologic frame work 地层沉积岩石构架//~-time unit 地层年代单位
stratigraphy 地层组合；地层学；地层；区域地层
→~ prerequisite 地层前提
stratinomy 层序学
stratobios 底层生物
stratocumulus[pl.-li] 层积云
→~ lenticularis 荚状层积云
stratofabric 层状组构；岩层组构；成层组构

stratographic 色谱的；色层分离的
stratoid structure 似层状构造
stratomere 地层段
stratomictic discontinuity 层合型不连续
straton 层子
stratonomical rule 层义法则
stratopause 恒温层顶
stratopeite 水蔷薇辉石
stratophenetic method 地层表型分析法
stratoscope 平流层
stratose 层列(的)；成层的[植]
stratospheric wind oscillation 平流层风振动
stratotectonic 地层构造学的
stratotype 标准地层；全球层；地层型；层型；成层类型
stratous 成层的
strattest{strat test} 参数井
stratum[pl.-ta] 阶层；层；岩层
→~ compactum 致密层//~ corneum 角质层
Stratum germinativum 生长层；胚芽层
stratum germinativum{basale} 基底层
→~ of ores 矿层
stratus 层云
→~ nebuloses 雾状层云//~ opacus 蔽光层云//~ translucidus 透光层云//~ undulatus 波状层云
Straub lining 斯特劳勃衬里[在螺旋时]
Straumanis method 斯特劳曼法
straw 禾秆；稻草；麦秸；疵痕；一点点；吸管；无意义的；苇秆导火索；草[可作油的吸附剂]
→~ mulch 藁覆盖
strawstone 纤锰柱石[$MnO \cdot Al_2O_3 \cdot 2SiO_2 \cdot 2H_2O$; $MnAl_2(Si_2O_6)(OH)_4$;斜方]；铁锰闪石
straw tin 草痕铸锡；草梗泥土做模型的铸锡
→~{primrose} yellow 淡黄
stray 失散；偏离；偶遇的；迷路[内耳]；钻井中偶遇的间层；杂散(电容)；杂层；寄生(电容)
→~ anomaly 分散异常
streak 条纹；薄间层；薄夹层；闪光；薄层；色条纹；气味；煤层出露边缘；脉；矿线；矿物痕色[迹]；矿物粉色；矿脉；一段时间；岩脉；薄纹理；斑纹；线；细脉；条带；夹层
(stray) streak 条痕
streak (test) 条痕色试验
streaked 条纹状的
→~{striated} coal 擦纹煤；条纹煤//~ mud 条纹状泥//~-out ripple 纹影波痕
streak lightning 枝闪
→~ line 流纹线；条纹线//~ test 痕色试验
streaky 有条纹的；条状的
→~ mass 砌列带；矿条；异离体[德]
stream 水流；潮流；(光线)射出；河沟；趋向；倾向；改向河；漏失；流注[江河注入大海]；流量；流；洗矿；夺流
→~ (ore;gravel) 砂矿
streambed{stream{underlying;natural} bed} 河床
stream-borne sediment 河流挟带的泥沙
stream boundary 流域界
→~ capture 河流截夺//~ current 窄急海流//~ {-}cut terrace 河切阶地[岩石阶地]//~ deflector 折流设施//~

development 河流扩展率；河流发育度

streamer 射束；闪流；砂锡淘洗工；地震力；海上拖缆；光柱；光束；旗(帜)；等浮电缆；飘带；流光；浮缆；云幡；拖缆
→~ depth indicator 螺浮电缆深度相示器// ~ polygon 等浮电缆位置图

stream filament 流束管(线)

streamflood 砂泛；河泛；槽洪；暴发洪水

streamflow 河川径流

stream(line) form 流线型

streamhandling 连续进料或输送

stream hardening 喷水淬火

streamhead 河源；河头

stream hours 连续工作时数
→~{river} ice 河冰

streaming 河流式的；流线型{化}；流水洗矿；流动；锡砂矿开采
→~(-down) box 洗矿槽

stream jet blasting 水力清砂
→~-length ratio 河长比

streamlet 小溪；小河

streamline 流线型的；革新；流水线；现代化；流线型[河流]

stream line 河线

streamline{in-line} analysis 流线分析

streamlined 合理化
→~ pressure tank 流线型压力储罐// ~ water way bit 带流线形水路的钻头

streamline(d) flow 顺滑流动；线流动
→~ measurement station 水文站

streamlining 流线化；成流线型

stream{river} load 河流负荷
→~{sediment} load 泥砂// ~ load 河流挟带物含量// ~ measurement (station) 水文站// ~{channel} order 支流级

streampath 水流通道

stream pattern 河型；河网图
→~ placer 河砂矿；河流砂矿；河成砂矿

streamplain facies 河流平原相

stream{electrofiltration} potential 渗透电位
→~(ing) potential 流动势；流动电势

streams flow strand 水流

stream sink 河流潜入点
→~ slope{gradient} 河流坡降// ~ source area 河源地区

stream's self-purification 河流自净(作用)

stream stage{level} 河水位
→~ straightening 河段整直// ~ temperature 流股温度// ~ {-}tin 砂锡[SnO_2]// ~ trace 蒸汽伴随

streamtube 流束；流管

stream tube model 流管模型
→~ underflow 河下潜流

Streblascopora 曲囊苔藓虫属[C_3-P]

Streblites 扭菊石属[头;J_3]

Streblochondria 扭海扇属[双壳;C-P]

Streblopteria 扭翼海扇(属)[双壳;C-P]

street 丘间凹槽；道；街(道)
→~ address 街道地址

street{reducing} elbow 异径弯头
→~ elbow 带内外螺纹的弯管接头// ~ gossip 巷议// ~ level 路面水平{floor;ground} level 地面高度

strelite 直闪石[$(Mg,Fe)_7(Si_4O_{11})_2(OH)_2$;斜方]；阳起石[$Ca_2(Mg, Fe^{2+})_5(Si_4O_{11})_2(OH)_2$;单斜]

strelkinite 钒钠铀矿[$Na(UO_2)(VO_4)\cdot3H_2O$;斜方]；钒铝铀矿[$Al(UO_2)_2(VO_4)_2(OH)\cdot$

$11H_2O$;单斜]

strengite 红磷铁矿[$Fe^{3+}PO_4\cdot2H_2O$;斜方]

strength 势；实力；强度；浓度；力量；力；威力
→(cartridge) ~ 药包威力// ~ beam 强梁

strengthened{toughened} glass 强化玻璃

strengthener 刚性梁

strengthening effect 加强效果
→~ film 增强膜

strength factor 强度因素{数}
→~ grading of clinker 熟料标号// ~ of discharge 放电强度// ~ of intact rock 岩石强度// ~ of water drive 水驱强度// ~ theory 强度理论// ~ under load 加载下变形抗力

strepsiceros 捻角羚属[Q]；弯角羚

strepsilin 链石蕊素

strepsiptera 捻翅目[昆;E-Q]

streptaster 扭星骨针[绵]；链星骨针

Streptelasma 扭心珊瑚(属)[O_2-S_2]

streptocolumella 互扭中轴[珊]；扭心中柱

Streptognathodus 卷颚牙形石属[C_2-P_1]

Streptograptus 卷笔石(属)

Streptoneura 曲神经亚纲[腹]；扭神经亚纲；掕经类

Streptorhynchus 弯嘴贝属[腕;C_1-P]

streptosclere 刺旋骨针[绵]

streptospiral 扭旋[有孔虫壳]

stress 伸张差；强制；强调；着重点；应力[物]；张差；压迫；压力；胁强；紧张；突出；加压力
→(permanent) ~ annealing 应力退火// ~ application (施)加应力// ~-assisted localised corrosion 应力辅助局部腐蚀// ~ coating 应力分布涂层检验法// ~ concentration ratio 应力集中比[碎石桩]

stresscracking 应力断裂

stress cracking agent 应力龟裂试剂
→~ cycle diagram 应力循环图// ~ dilatancy theory 应力膨胀理论// ~-displacement relation 应力变形关系// ~-driving effect 应力驱动作用

stressed collar 剪力环
→~ layer 受应力层// ~ plate 应力板

stress ellipse 应力椭圆(图)
→~-endurance curve 应力耐久曲线// ~ enhanced diffusion 应力强化扩散// ~ factor of corner-points 角点应力系数// ~ failure{rupture} 应力破坏// ~ field{pattern} 应力场

(crustal){geostatic} stress field 地应力场

stress fluctuation 应力起伏

stressing 施加应力

stressless{stress-free} corrosion 非应力腐蚀
→~ zone 无应力区

stress{stressing} level 应力水平
→~ maximum 应力峰值// ~ {-}mineral 应力矿物// ~ near cracktip 裂纹顶端附近应力// ~ number curve 应力周数曲线；应力-循环次数曲线// ~ of a conductor 导线应力// ~ of fluidity 应力矿物// ~ of primary rock 原岩应力

stresspeak 应力峰

stress peening 喷砂强化
→~ ratio 疲劳试验应力比// ~ ratio during cyclic loading 循环载荷应力比// ~ relaxation under constant load 恒载

下的应力松弛// ~-release channel 应力解除槽// ~ relieving 应力解除

stressrupture 应力破坏

stress rupture{fracture} 应力断裂

stretch 伸展；伸缩变化[子波的]；伸出；伸；铺设；路段；展延；展宽[脉冲]；展开；拉直；拉长；延展；延伸；范围；弹性

stretched 拉紧的
→~ outer arc 拉伸外弧// ~ pebble 拉长卵石；伸长卵石

stretcher 顺砌(砖)；伸张器；横撑支架；担架；纵梁；露侧石；拉伸机；拉紧装置；矫直机
→~ bar 伸缩式经纬仪支杆// ~ jack 深井泵拉杆的拉紧器// ~ strain 拉伸应变条纹

stretch fault 引张断层
→~-graphitized fibre 拉伸石墨化纤维

stretching 伸张；伸长；拉伸
→~ device 拉紧装置// ~ {pulling; tensional} force 张力// ~ {jobbing;take- up} pulley 张紧轮// ~ {stretcher} strain 拉伸变形

stretch map 展开图
→~ of coastal water 沿岸水域// ~ of river 河段// ~ proportion 延伸率// ~ strain 伸张应变

stretlozarite 钾丝光沸石[$(Ca,K_2,Na_2)Al_2(Si,Al)_{12}O_{28}\cdot6H_2O$;斜方]

strew 散播

strewn field 散布区；撒布区；熔融石场；陨石雨散布(椭圆)区
→~ islands 散岛

stria[pl.-e] 擦纹；壳纹；条纹[晶]；点条[硅藻]；擦痕；柱身凹槽；放射线；线纹；条痕

striae 生长条纹；晶面条纹；细沟
→~ of growth 生长线

Striarca 线纹蚶属[双壳;K_2-Q]

striated 条纹状；线状的；线；布擦痕的；条纹状的；成纹的
→~ bedrock 有擦痕基岩// ~ {scratched} pebble 擦痕卵石// ~ pebble 冰川条痕石// ~ sapphire 青彩蓝宝石

Striatifera 细线贝(属)[腕;C_1]

striation 擦纹；擦痕；流束；晶面条纹；条线(纹)；条痕；脊线

Striatites 多肋粉属[孢;C-P]

Striatiti 肋线纹粉[孢;上 Pz-下 Mz]

Striatococcolithus 沟颗石[钙超;E_2]

Striatomarginis 沟缘颗石[钙超;J_{1-2}]

Striatopollis 条纹粉属[孢;K_2-E]

Striatopora 沟孔珊瑚属[床板珊;S-D]

Striatosporites 条痕单缝孢属[C_3]

Striatostyliolina 肋壳节石属[竹节石;D]

Stricklandia 斯特里克兰贝属[腕;S]

strickle 刮型器；刮平；磨石；磨快；铸型棍；油石；斗刮

striction 收缩；变窄；限制
→~ stress 紧缩应力

stricture 严厉批评；限制(物)；狭窄；束紧[射虫]

strided{center} distance 跨距

striding compass 跨乘罗盘[经纬仪上]
→~ level 跨水准(器)[经纬仪上]

Stridiporosporites 脊肋双孔孢属[E]

strigovite 柱绿泥石；理想的绿泥石端员；铁柱绿泥石[$2FeO\cdot Al_2O_3\cdot2SiO_2\cdot2H_2O$]
→(iron) ~ 软绿泥石[$2FeO\cdot Al_2O_3\cdot2SiO_2\cdot$

2H₂O]

Striispirifer 线石燕属；纹石燕属[S-D]；条纹石燕

strike 击；回收支柱；生产井；罢工；地层走向；取下；刮浆工具；劈、碰撞；攻击；发现[石油、煤等矿藏]；走向；打击；撞击；铸造；丰富矿脉；刺穿；降落；透过；锻制；锻打
→~ (a gong) 簸动 // ~ a lead 找到富矿 // ~ down 打垮 // ~ oil 找到石油；探井见油；探查石油 // ~ {-}separation fault 走向离断层 // ~ -slip component 走向滑动分量 // ~ -slip movement 走向滑动 // ~ soundings 测量水深 // ~ sparks from a flint 从燧石打出火花

striking 点火；拆除支架；刮平；走向；打击；触发；显著
→~ accident 碰伤事故 // ~ contrast 显著对比 // ~ end 冲击端 // ~ hammer 打眼锤 // ~ mottled pattern 明显斑点图形 // ~ platform 采石面

strile-back 回燃

string 细矿脉；绳；排成一串；带子；带；钻杆柱；用绳捆扎；一串；沿线路铺放管子；穿线；线道；线；弦；下套管(信息)串；细脉；细矿脉苗；套管柱；索；用带捆扎；管柱[钻杆、套管]

stringent 严格的；精确
→~ effort 紧急措施

stringer 薄岩层；薄层岩；薄层；桁条；燃料束棒[核]；低产井；铺管工；脉道；纵枕木；纵梁；纵桁；纵轨枕；纵材；穿刺装置；狭窄岩脉；托梁；架设装置；夹层
→~ (lead;lode) 细脉 // ~ lead 小矿脉

stringhamite 水硅钙铜石 [CaCuSiO₄·2H₂O;单斜]

stringing 排列成串；(滑车)装绳；沿线路铺管[吊管]；穿绳；线化作用；下套管

string level 线挂水准器
→~ lining 标线 // ~ loading 药包串装法[不使用炮泥] // ~ manipulation 串处理

Stringocephalus 鹗头贝(属)[腕;D₂]；颚头蜓

string of deposits 带状油气矿藏；带状沉积
→~ of discrete lithologic states 离散岩性状态序列 // ~ of rods 钻杆组；抽油杆柱 // ~ of ventilating tubes 风筒组

Stringophyllum 绳珊瑚(属)[D₂]

string shot 解卡爆震；松扣爆震；松扣炸药包{爆震器}[打捞用]
→~ shot assembly 解卡爆震装置 // ~ survey 绳测；线测 // ~ suspending weight 悬量 // ~ the block 滑车穿绳 // ~ the line 拉紧绳索

stringy 黏稠的；拉丝的
→~ stonecrop 石指甲[垂盆草]

strip(ping) 脱模；拆除；清除；带状；带；枝；板条；沿断层开采；除去；剥去；剥落；剥露；剥离；卸扣；翻开；狭长地带；夺；条带；条

strip{band} (steel) 带钢
→~ abutment 带状支撑矿柱；带状矿柱的应力集中区

strip-area 带形地区

strip carrier capsule gun 钢带托架座舱式射孔器

striped 条带状的
→~ ground{soil} 条带土 // ~ ground 条纹地

stripe hummock 坡面条带丘
→~ {strip} pattern 色条信号图 // ~ plank 条板

strip line 带状线
→~ log 片条测录 // ~ method 充填带砌筑法

stripmine 露天矿

strip miner 露天矿工
→~ {opencut;surface;open-pit;opencast;open;grass-roots} mining 露天采矿

strippable 可剥离的
→~ coal 可露天开采的煤(层) // ~ coating 可剥性(临时)涂料 // ~ deposit 可露(天开)采(的)矿床

stripped 拆开的；萃取过的；被剥离的；拉断的；剥脱的；卸下的；条带状
→~ {degraded} illite 脱钾伊利石 // ~ oil 无轻油的石油；脱去汽油的石油

stripper 产油极少的井；拆卸器；汽提器；刨煤机；采掘工；钻杆橡胶刮泥(浆)圈；露天矿工；防喷器环状橡胶芯子；剥离工；卸油器；洗提剂；脱模机；松土机

stripping 溶出；拆开；拆除；清理场地；汽提；破裂；露天开采；露天采矿；吹脱；洗提；脱开；脱
→~ a mine 露采；只采富矿 // ~ and pit development 露天矿剥离与生产 // ~ for alluvial 砂矿剥离 // ~ machine 带楔形落砂装置的联合采矿机；剥离机

strippings 轻油部分

stripping (power) shovel 矿山表层剥离机
→~ the Earth 地球揭层法 // ~ topsoil 剥离表土 // ~ work{operation} 剥离工作

strip pit 露天采石厂
→~ {groove} sample 刻槽取样 // ~ type reaming shell 条带型(细粒金刚石)扩孔器

strobe 闸门；选通；读取脉冲
→~ (pulse) 选通脉冲

Strobeus 圆旋螺属[D-P]；陀螺属

Strobilites (化)石穗；似果穗属[J]

stroboscope 闪光仪

stroboscopic effect 闪光效应；频闪效应
→~ illumination 频闪照明 // ~ illusion 动景错觉 // ~ light 闪光

stroganovite 碳钙柱石；碳方柱石

Strohlein method 燃烧定碳法；钢样氧燃定碳法

stroke 闪击；打击；笔画；撞击；桩锤落高；一击；行程；冲击；冲程；动作
→~ counter 记数员 // ~ department 钻井技师 // ~ of crank 曲柄冲程 // ~ of piston 活塞冲程

strokes per fill 每次灌泥浆(的泵)冲数

stroke up 上冲程
→~ with a hook 勾

stroma[pl.-ta] 基质；子座[菌类]

stromatocerque 口侧角突[黄绿藻]

stromatoid 叠层石类

stromatolite 叠藻层；垫藻岩
→~ (stratiform) 叠层石 // ~ -like structure 类叠层石构造 // ~ microbiota 形成叠层石的微生物群 // ~ pillar 叠层石柱体[藻]

stromatolith 叠层石；叠层构造；叠层；层藻岩[Z-Q]

stromatolithic{stromatolitic} limestone 叠层灰岩[主要成分为方解石,CaCO₃]
→~ structure 叠层构造

stromatolitic 叠层岩的
→~ sinter 叠层石状硅华

stromatology 地层学

Stromatopora 层孔虫属[S-D]；层孔虫类；层孔虫

Stromatoporella 拟层孔虫属[S-D]

Stromatopor(o)idea 层孔虫纲

Stromatoporina 似层孔虫属[J₃]

stromatoporoid 层孔虫类

Stromatoporoidea 层孔虫目

strombite 风螺壳化石

Strombolian activity 斯特隆博利式[火山]活动
→~ type 斯德龙布利型 // ~ -type eruption 斯特隆博利型喷发 // ~ type volcano 斯通波利式火山

Strombus 风螺属[腹;E-Q]

strombus 风螺

stromeyerine 硫铜银矿[AgCuS;斜方]

stromeyerite 硫铜银矿[AgCuS;斜方]；硫锑银矿[Ag₃SbS₃]

stromite 菱锰矿[MnCO₃;三方]

stromnite 钡菱锶矿

stromoconolith 成层锥状(侵入)体

Stromstrich 流心线

stronalsite 锶钠长石；钠锶长石

strong 强的；稳固的；坚实；坚固(的)；重要的[矿脉或断层]
→~ abstraction borehole 强烈抽水钻孔 // ~ acid 强酸 // ~ aqua 浓氨水 // ~ back 定位板；厚基座

strongbox{strong{safety;proof}box} 保险箱

strong breeze 强风[6级风]
→~ brine 液盐水

strongest line 最强线

strong extremum 强极值

stronghold 根据地；要塞

strong hydraulic lime 强水硬性石灰
→~ lode 大(而持续的)矿脉

strongly acid solution 强酸溶液
→~ alkaline solution 强碱溶液 // ~ coarse skewed 极偏粗 // ~ oil-wet 强油湿的 // ~ wetted media 强润湿介质

strong magnetic die 强磁力打捞器
→~ motion 强运动 // ~ vein 厚矿脉 [from 5 to 15-20m]

strongyl 两圆骨针[绵]；两头平断骨针

strongylaster 两圆星骨针[绵]

strongyle 两圆骨针[绵]；两头平断骨针

strongylote 单圆骨针[绵]

strontian(ite) 菱锶矿[SrCO₃]；天青石[SrSO₄;斜方]；碳锶矿[SrCO₃;斜方]

strontianapatite 锶砷磷灰石[(Ca,Sr)₄(Ca(OH,F)((P,As)O₄)₃; (Ca, Sr)₅(As,P)O₄)₃F;(Ca,Sr)₅(AsO₄,PO₄)₃(OH);六方]；锶磷灰石[(Ca,Sr)₅((P,As)O₄)₃(F,OH);六方]

strontian-chevkinite 硅钛锶铁矿

strontianifeous 含锶的

strontianite 碳酸锶矿[SrCO₃]；碳锶石；碳锶矿[SrCO₃;斜方]

strontian-loparite 锶铌钙钛矿

strontianocalcite{stronti(o)calcite} 锶方解石[(Ca,Sr)CO₃]

strontioaragonite 锶文石；锶霰石[(Ca,Sr)(CO₃)]

strontiobarite 锶重晶石

strontioborite 锶硼石 [(Ca,Sr)₂Mg(B₄O₆(OH)₂)₃·1½H₂O]；水硼镁锶矿[(Ca,Sr)₂Mg

$(B_4O_6(OH)_2)_3•1½H_2O]$；硼锶石$[SrB_8O_{11}(OH)_4$;单斜]

strontiochevkinite 锶硅钛铈铁矿$[(Sr_2(La,Ce)_{1.5}Ca_5)_4Fe_{<0.5}^{2+}Fe_{0.5}^{3+}(Ti,Zr)_2Ti_2Si_4O_{22}]$

strontio-chevkinite 锶硅钛铈矿

strontiodresserite 水碳铝锶石$[(Sr,Ca)Al_2(CO_3)_2(OH)_4•H_2O$;斜方]

strontiogehlenite 锶铝黄长石

strontioginorite 锶水硼钙石$[(Sr,Ca)_2B_{14}O_{23}•8H_2O$;单斜]；基性硼钙石$[(Sr,Ca)(B_7O_9(OH)_5(OH)_5)•1½H_2O]$

strontiohilgardite 锶水氯硼钙石$[(Ca,Sr)_2(B_5O_8(OH)_2)Cl]$；德水氯硼钙石；硼锶钙石$[(Ca,Sr)_2(B_5O_8(OH)_2)Cl]$

strontiohitchcockite 羟磷铝锶石$[(Sr,Ca)_2Al(PO_4)_2(OH)$;单斜]

strontiohurlbutite 磷锶铍石$[SrBe_2(PO_4)_2]$

strontiojoaquinite 硅(钠)锶钡钛石$[Sr_2Ba_2(Na,Fe^{2+})_2Ti_2Si_8O_{24}(O,OH)_2•H_2O]$

strontio joaquinite 硅钠锶钡钛石

strontiomelane 黑锰锶矿 $[SrMn_6^{2+}Mn_2^{3+}O_{16}]$

strontio-orthojoaquinite 斜方硅钠锶钡钛石$[Sr_2Ba_2(Na,Fe^{2+})_2Ti_2Si_8O_{24}(O,OH)_2•H_2O]$

strontiowhitlockite 锶白磷钙石 $[Sr_9Mg(PO_3OH)(PO_4)_6]$

strontium 锶
→(native) ～ 自然锶 // ～ age 锶龄 // ～ anorthite 锶长石$[(Sr,Ca)Al_2Si_2O_8$;单斜]

Strontium(-)apatite 锶磷灰石$[(Ca,Sr)_5((P,As)O_4)_3(F,OH)$;六方]

strontium aragonite 锶文石；锶霰石$[(Ca,Sr)(CO_3)]$
→～ arsenapatite{strontium-arsenapatite} 锶砷磷灰石$[(Ca,Sr)_4Ca(OH,F)((P,As)O_4)_3$；$(Ca,Sr)_5(As,P)O_4)_3F$;$(Ca,Sr)_5(AsO_4,PO_4)_3(OH)$;六方] // ～ barium niobate 铌酸锶钡晶体 // ～-barylite 硅锶铍石 // ～ calcite 锶方解石$[(Ca,Sr)CO_3]$ // ～ fluor apatite 锶氟磷灰石 // ～ ginorite 锶硼钙石；锶基性硼钙石$[(Sr,Ca)(B_7O_9(OH)_5)•1.5H_2O]$；水硼锶石$[Sr_2B_{11}O_{16}(OH)_5•H_2O$;单斜] // ～{-}heulandite 锶片沸石 // ～ lamprophyllite 锶闪叶石 // ～ minerals 锶矿类[主要为天青石和菱锶矿等] // ～ olivine 锶橄榄石 // ～ ore deposit 含锶矿床 // ～ perrierite 锶钛硅钇铈矿 // ～ tartrate 酒石酸锶 // ～ thomsonite 锶(镁)杆沸石

strop 环索[滑车的]；滑车带

Strophalosia 水刺腕；扭面贝属[腕;P]

Strophalosiina 准扭面贝属

Stropheodonta 锯齿贝属[腕;S-D]；齿扭贝属[腕;S-D]

strophic 反复曲式的；弯曲的；分节[歌曲]；扭曲的[腕]

Strophochonetes 扭戟贝属[腕;S-D₁]

strophoid 环索线[数]

Strophomena 扭月贝(属)[腕;O₂-S]

Strophonella 小扭形贝属[腕;S₁-D₂]

Strophonelloides 似小扭形贝属[腕;D₃]

Strophoproductus 扭长身贝属[腕;D₃]

struck 冲击的；锻造的
→～-out 矿脉断错[端部]

structural 构造；结构的[晶]
→～ {pole-type} mast 轻便井架 // ～ mast 桁架结构桅式井架 // ～ {texture} plane 结构面 // ～ saddle{low} 鞍部

// ～ vitrain 结构镜煤

structure 设备；构架；格局；组织；岩体排列；纹理；建筑物；构造[地、岩]；结构[晶]
→～{pipe;overman} bit 管状钻头 // ～ differentiation 构造差异作用 // ～ elucidation 构造解释 // ～{formation;tectonic} map 构造图 // ～ of abrasive tool 磨具组织 // ～ of gravel and sand 沙石结构 // ～ of ores 矿石构造 // ～ of the air above the urban area 城市地区上空空气的结构

v{brush;nu} structure 帚状构造

strueverite 硬绿泥石$[(Fe^{2+},Mg,Mn)_2Al_2(Al_2Si_2O_{10})(OH)_4$;单斜、三斜]；钽铁金红石$[(Ti,Ta,Fe^{3+})_3O_6$;四方]

struga 层面廊道

struggle for divide (the divide) 分水岭的争夺
→～ for survival{existence} 生存竞争

strukturboden[德] 结构土；多边形土

strumose 患腺病的；瘤状的；腺病(性)的；有瘤状突起的[植]

strumous 瘤状的

Strunian 斯特隆(阶)[欧;D₃]
→～ (stage) 斯特隆阶[欧;D₃]

strunzite 施特伦茨石$[Mn^{2+}Fe_2^{3+}(PO_4)_2(OH)_2•8H_2O$;三斜]

strut 支柱；支持；压杆[测井探头的]；加固；撑木；撑架
→～(arm) ～ 撑杆 // ～ (bar) 支撑杆 // ～ {brace} 支撑[建] // (bracing) ～ 支杆；斜撑

Struthio 鸵鸟(属)

Struthiomimus 似鸵(鸟)龙(属)

Struthioniformes 鸵形目[鸟类]

strut thrust 强层冲断层
→～ timber 横撑

Struvea 网叶藻属[Q]

struveite 鸟粪石$[(NH_4)Mg(PO_4)•6H_2O$;斜方]

stru(e)verite 钽金红石$[(TiTaNbFe)O_2]$；钛铌钽矿$[(Ti,Nb,Ta,Fe)O_2]$；硬绿泥石$[(Fe^{2+},Mg,Mn)_2Al_2(Al_2Si_2O_{10})(OH)_4$;单斜、三斜]

struvite 鸟粪石$[(NH_4)Mg(PO_4)•6H_2O$;斜方]
→～-(K) 钾鸟粪石$[KMgPO_4•6H_2O]$ // ～ calculus 鸟粪石$[(NH_4)Mg(PO_4)•6H_2O$;斜方]

stub 树桩；清除树桩；弓；残极；残根；残端；存根；柱墩；(粗)短(支)柱；劣煤；截头的；截短的；短线；短(而粗)的

stubachite 蛇异橄榄岩
→～-serpentine 异橄蛇纹岩

stub acme thread 短梯形螺纹
→～ -acme thread 尖端螺纹 // ～ axle{shaft} 短轴

stubbs 夹有黏土层的煤或烛煤；夹矸煤

stub{jointing;connection;umbilical} cable 连接电缆

stübelite 硅锰铜矿$[Cu(Fe^{3+},Mn^{3+})_2(SiO_4)•4H_2O]$;硅铝锰铜铁矿

stub guy 有柱桩的拉线
→～ pillar 保巷煤{矿}柱

stucco 灰泥；灰墁；毛粉刷；粉刷；粉饰灰泥；拉毛粉刷；优质细灰泥；撒砂[熔模铸造]
→～ fluidized bed 沸腾撒砂

---

stuccowork 毛粉刷

stuck 卡住的；卡住；卡塞的；被卡[钻具]
→～ capacity 平斗容积

stud 点组；散布；钮销；壁骨；柱螺栓；柱块；支柱；支承块；有螺栓的嵌钉；销子；键；间柱；短轴
→～ (belt;bolt) 双端螺栓

studded 有钉齿的
→～ (link) chain 横柱环链

studding 壁骨

stud driller 大班司钻；主司钻
→～ driver 双头螺栓扳手

studenitsite 水硼钠钙石$[NaCa_2(B_9O_{14}(OH)_4•2H_2O]$

studerite 黝铜矿$[Cu_{12}Sb_4S_{13}$,与砷黝铜矿$(Cu_{12}As_4S_{13})$有相同的结晶构造,为连续的固溶系列;$(Cu,Fe)_{12}Sb_4S_{13}$;等轴]

stud gun 螺栓枪[矿测设点用]
→～-gun 植钉枪 // ～ horse 钻井技师

studio 摄影室；作业室；制片厂；播音室；技术室
→～-to-transmitter link 演播室

studite 水菱铀矿$[6UO_3•5CO_2•8H_2O;UO_3•CO_2•nH_2O]$

stud link cable 有档锚链
→～ pin 柱螺栓销 // ～ pin inserting machine 销钉封接机 // ～ remover 双头螺栓拧出器

studtite 水丝铀矿$[UO_4•4H_2O$;单斜]；水黄铀矿

study 调查；努力；论文；分析；考虑；研究；学习；学科；修
→～ of inscriptions on ancient bronzes and stone tablets 金石学 // ～ of mineral deposit 矿床学 // ～ of ore-dressing scheme 选矿流程研究

stuetzite 史碲银矿；六方碲银矿$[Ag_{5-x}Te_3$;六方]

stufa 热喷汽[火山区的]；沸泉

stuff 填料；填充；材料；租矿费；本质；原料；矿权；矿产；要素；物质；充填；填塞；填充料装(满)；素质

stuffed basin 填塞(的)盆地
→～ bread with mashed dates 枣泥包子 // ～ derivative 充填变体 // ～ mineral 填隙矿物

stulled 横撑支护的
→～ {stull-laced} raise 横撑支护天井

stull floor 铺板
→～-floor method 横撑支柱底板开采法 // ～-floor system 横撑底采矿法

stullheading 横撑垫楔

stull piece 横撑木
→～-set system 横撑支架采矿法 // ～ stoping method 急倾斜横撑支柱回采法 // ～-timbered 横撑支护的

stulm 平硐
→(ribbing) ～ 平巷

stump 火山柱；火山颈；树墩；海蚀桩；根部；残余部分；残留煤柱；残干；煤柱；砍伐；小煤{矿}柱；钝钎子；短柱；矿柱
→(tree) ～ 树桩

stumpflite 六方锑铂矿$[Pt(Sb,Bi)]$；锡六方锑铂矿；锑锡铂矿

stumping 回采矿柱；煤柱；清掘树桩；清除树根
→～ pillar taking 回采矿柱；煤柱；采矿柱；二次回采

stump of volcanic column 火山柱的根

部；火山颈
→～ pillar 巷道维护矿柱 // ～ pulling {recovery;extraction; drawing} 回采矿 {煤}柱 // ～ pulling{recovery;extraction} 采矿柱 // ～ recovery 矿柱回收(法)

stumpy 短柱状

stun 用锤琢石
→～ grenade 闪爆弹

stupalith 陶瓷材料

stupp 粗汞华[蒸馏汞时所得]

sturgeon 鲟鱼(属)[Q]

sturmanite 硼铁钙矾 [Ca$_6$(Fe$_{15}^{3+}$Al$_{0.3}$Mn$_{0.2}^{2+}$)$_2$(SO$_4$)$_{2.3}$(B(OH)$_4$)$_{1.2}$(OH)$_{12}$·25H$_2$O]；硼钙铁矾

Sturtevant mill{|sampler} 斯笃尔特万{蒂文}特`磨机{|取样机}

Sturtian 斯特系[Z]

sturtite 水硅锰矿[(Mn,Zn,Ca)$_7$(SiO$_4$)$_3$(OH)$_4$]

sturzstrom 岩屑巨流；岩崩

Stutchburia 肋瓢蛤属[双壳;P]

stu(e)tzite 粒碲银矿[AgTe;斜方]；史碲银矿

stüvenite 钠镁明矾 [(Na$_2$,Mg)Al$_2$(SO$_4$)$_4$·24H$_2$O]

sty 陡坡面[山的]

stycosis 石膏沉着

Stygina 顶盖虫(属)[三叶;O$_{2-3}$]

stygmite 斑点玛瑙

stylar cingulum 外齿带
→～ shelf 外架

Stylaster 柱形螅(属)；柱星螅属[腔]

Stylasterina 柱星螅目；柱星目[虫][腔]

Stylastraea 柱星珊瑚属[C$_1$]

style 式样；花柱[植]；设计；产卵器；格式；格；命名；作风；桩形骨针[绵]；风格；形式；节芒；尾须[节]；尾片；尖笔骨针；铗下器[昆]；态度；称呼；中柱[珊]
→(character) ～{style of calligraphy} 字体 // ～ of management 管理风格 // ～ of work 作风

Stylidiaceae 花柱草科

Stylidophyllum 花柱珊瑚属[C-P]；多角花珊瑚

styliform columella 柱状中轴[珊]
→～ cyrtolith 针托状颗石[钙超]

Stylinodon 笔齿兽属；柱齿兽(属)[E$_2$]

Styliola 锥棒螺属[腹]

styliolina 光壳节石

stylization 仿效

stylized 风格化的

stylobat 钙铝黄长石 [2CaO·Al$_2$O$_3$·SiO$_2$;Ca$_2$Al(SiAlO$_7$);四方]；钙黄长石 [2CaO·Al$_2$O$_3$·SiO$_2$;(Ca,Na$_2$)Al((Al,Si)O$_7$)]

Stylocalamites 柱芦木(属)[C$_2$-P$_1$]

stylocerite 柄刺[节]

stylocone 柱尖

stylodictyon 柱网层孔虫属

stylolite{stylolith} 石笔杆[石灰岩和灰页岩中的小柱状构造]；鸟足[构造]；柱形体；缝线；缝合岩面；柱状构造[碳酸盐岩]
→～{crowfoot} 柱状[构造] // ～ (line) 缝合线

stylolitic 柱状的；缝合的
→～ axial {-}plane cleavage 轴面缝合劈理 // ～ solution cleavage 溶解缝合状劈理 // ～ structure 缝合构造

stylolitization 柱状化(作用)；缝合作用

Stylonurus 柱尾鲎属[Є-C$_1$]

Stylophora 海桩(纲)[棘;O$_3$]；柱珊瑚

stylopodium 柱脚；柱基

Stylosmilia 柱剑珊瑚属[六射珊;J$_2$-K$_3$]

Stylosphaeridae 桩球虫科[射虫]；针球虫科

Stylostroma 柱层孔虫属[C$_1$]

stylotypite 柱形矿；黝铜矿[Cu$_{12}$Sb$_4$S$_{13}$,与砷黝铜矿(Cu$_{12}$As$_4$S$_{13}$)有相同的结晶构造,为连续的固溶系列;(Cu,Fe)$_{12}$Sb$_4$S$_{13}$;等轴]；铀铜矿[Cu(UO$_4$)·2H$_2$O]

stylus[pl.-li,-es] 描画针；输入笔；触笔

styphnate 收敛酸盐

stypterite 毛矾石 [Al$_2$(SO$_4$)$_3$·16~18H$_2$O;三斜]

stypticite 纤铁矾 [Fe^{3+}(SO$_4$)(OH)·5H$_2$O;单斜]

styracine 肉桂酸肉桂酯

Styracosaurus 戟龙属[K$_2$]

styremic 高耐热性苯乙烯树脂

styrene 苯乙烯[C$_6$H$_5$·CH:CH$_2$]
→～ solubility test 苯乙烯溶解度测定 // ～ sulfonate 苯乙烯磺酸盐

Styrian orogeny 斯提利亚造山运动;施蒂里亚造山作用[N$_1$]

styrofoam 泡沫聚苯乙烯塑胶
→～ insulation 苯乙烯泡沫塑料绝缘(材料)

styrol 苯乙烯[C$_6$H$_5$·CH:CH$_2$]

Styromel ×絮凝剂[苯乙烯与失水苹果酸酐的共聚物铵盐;捷克]

styron(e) 肉桂醇[C$_6$H$_5$CH:CHCH$_2$OH]；肉柱塑料；肉桂塑料[一种聚苯乙烯塑料]

styryl 苯乙烯基[C$_6$H$_5$CH:CH−]

suahili 苏希利风；刷西里风

suanite 遂(硼镁)石；遂安石[Mg$_2$B$_2$O$_5$;单斜]

suasion 说服；劝告

suaveolent 芳香的

sub-acid 微酸性的

subactive{dormant;inactive} volcano 休眠火山

subadditive 副添加剂；次加性(的)

subaerated hog-trough type flotation machine 槽形液下充气式浮选机

sub-aeration 底吹法

subaeration{Sub-A;subaerated} (flotation) machine 液下充气{空气吹入}式浮选机

sub-aerator 底吹式(浮选)机；底充气式(浮选)机

sub(-)aerial 地面上的；陆上的；地表的；低空的；露天的；近地面的；天空下的

subaerial bench 非冲积的山麓平原

subaerialist 陆上成因论者

subaerial unconformity 陆成不整合

subaeric{subaerial} volcano 陆上火山

Sub-A flotation cell 丹佛底吹式浮选机

subagency 分经销处；分代理处

subalkalic 半碱性的；亚碱性的

subalkaline 微碱性的
→～{subalkalic} rock 次碱性岩

suballuvial beach{bench} 山麓冲积外伸阶地
→～ beach 次冲积阶地

subalpine 次高山的
→～ belt 亚高山带 // ～{hill} peat 丘陵泥炭 // ～ peat 亚高山泥炭

subalternate 近互生的[植]

subaluminous type 次铝质型

subambient temperature 低温

subanal 次肛板；亚肛板[棘]

→～ fasciole 肛下小带 // ～ laminae 臀瓣[昆]

subangle 副角；分角

subangular 次棱角状
→～ blocky rock 次棱角块状岩 // ～ grain 略有棱角颗粒 // ～ gravel 次棱角状砾石

subangularity 次棱角状

subangular particles 次棱角土粒
→～ process 亚角突 // ～ rock 次角状岩

subantarctic region 亚南极海区
→～ zone 副南极带

subanthracite 次无烟煤；亚无烟煤

sub-anthraxylon 亚镜煤

subapical 位于顶点下的
→～ pit 近顶下坑[牙石]

subaquatic 水中的；水下的；半水栖的
→～-volcanic deposit 水下火山矿床

subaqueous 水中的；水下的；水底的；半水栖的
→～ concrete seal 水下混凝土封底

sub-aquifer 亚含水层

subarch 子拱

sub-arc point 弧下点

subarctic 副北极带的；近北极的

subarea 分区；子面积

subarid 半干旱

subarkose 次长石砂岩；亚长石砂岩

subarkosic wacke 亚长石砂岩质瓦克岩

subarray 子台阵；分阵列

subartesian 承压的
→～ well 负水头承压水井；亚自流井

Subatlantic (phase) 亚大西洋期
→～ age 次大西洋期

subatmospheric 低于大气压的

subatom 次原子；亚原子

subatomics 亚原子学

subaudible rock noise 亚声速岩音

subautochthonous{subautochthonous metasomatic granite} 半原地交代花岗岩

subautomorphic 半自形的

subaxial fracturing 亚轴向破坏

subaxile 枝下的；腋下的

subband{sub-band} 部分波段；次能带

sub-bank 分台阶；分阶(段)

subbase 基层[生态]；副基层
→～ course 底基层；底垫层[路工] // ～ level 次基准面[堆积区]

sub-basement 副地下层；半地下室

subbasin 次盆地

sub battery system 潜水器电池系统

subbentonite 变斑脱岩；斑脱岩；变膨润土

sub-bentonite{-Ben} 次膨土

subbiozone 次生物带

subbituminous 半烟煤的
→～{sub-bituminous} coal 次烟煤

sub-block 子区域；次地块

sub-body 接头

subbottom profile runs 海底地层剖面调查
→～ profiling sonar 海底(地层)剖面声呐

sub-bottom profiling system 海底浅层剖面仪；海底地层剖面仪
→～ sampling 海河底取样

Subbryantodus 亚布氏牙形石属[D$_3$-C$_1$]

subcalcic augite 亚钙普通辉石
→～ hornblende 次钙质角闪石

Subcarboniferous 亚石炭系

subcatalog 子目录

subcategory 子范畴

subcaudal 尾鳞

S

subcellar 地下室二层

subcenter{subcentre} 子中心；副中心；主分支点

subchamber 副气室

subchela 异钳螯[节]

subcloud 云下区{层}

subcoastal 低于岸线的[如陆棚]

Subcolumbites 亚哥伦布菊石属[头;T₁]

subcommercial 无商业价值；无开采价值的
→~ vein 次商业性矿脉

subcommission 分设委员会

subcommittee 分委员会

subcommunity 亚群落

sub-compacted 欠压实的

subconchoidal 亚贝壳状的

sub-continent 副陆；次大陆

subcontinental 大陆之下的；次大陆的
→~ {subaerial} denudation 陆相剥蚀 //~ mantle 副陆地函 //~ upper mantle 陆下上地幔

subcontract 转让契约；分包(合同)

sub-contracting 转包；分包工

subcontractor 转包人；二包[第二次转包的单位或工厂]

sub-control 辅助控制

subcool 过冷(却)；过度冷却；(使)低温冷却

subcordate 似心形的

Subcordylodus 亚肿牙形石属[O₂]

subcortical 皮质下的；皮层下的[心理]
→~ crypt 皮下隐窝[绵]

sub-coupling 变径接箍；大小头

subcrevasse channel 冰缝下河槽

subcritical area of extraction 未充分采动的开采区
→~ area{|width} of extraction 地面未充分采动的`采区{|采区宽度} //~ flow 平流；副临界流；亚临界流(动)

subcriticality 次临界度；亚临界度

sub-critical mining 地表非充分采动

subcritical reflection 临界角前的反射
→~ temperature 低于临界温度的温度

sub-critical temperature 临界下温度

sub(out)crop 隐伏露头；地下露头；亚露头

subcrop map 次露头图
→~ trap 隐伏露头圈闭

subcrust 地壳内层；路面底层；次表面层；壳下层

subcrustal 地壳下的；底壳的
→~ earthquake 地壳下地震；壳下地震 //~ layer 壳下层 //~ type of tectogenesis 壳下构造运动类型

subcutaneous thrust 下冲断层

sub-cutout 小分段

subcycle 次旋回；次轮回

subcylindrical 次圆筒形

subdelessite 深绿细绿泥石

subdelta 子三角洲；小三角洲

subdeltoid 三角肌下的；下三棱板[棘海蕾]

subdendritic (drainage) pattern 似树枝状水系；次树枝状水系

subdeposit drift 脉下平巷

sub-depot 辅助仓库

subdermal space 前庭

subdeterminant 子行列式

subdiabasic 次辉绿岩状

subdiagonal 副斜杆

sub-diapir 次底辟；次刺穿褶皱
→~ trap 次级挤入圈闭

sub-directory 子目录；分目录

(scientific) subdiscipline 学科的分支

subdistortional cordierite 次扭转堇青石

subdistrict 小区

subdividable 可再分的；可细分的

sub-doleritic 次粒玄岩质

subdorsal section 背下区

subdrain 暗沟

subdrainage 地下排水

subdrain tile 地下瓦管

sub(-)drift 中间平巷；分段平巷

subdrift topography 冰碛下基岩地形
→~ valley 亚冰碛谷；近冰碛谷

subducted{subducting} oceanic crust 俯冲洋壳
→~ sea floor 俯冲的海底 //~ {consuming;consumption; subduction;extinction} zone 消减带

subducting lithosphere 消减的岩石圈
→~ {consuming;subduction} plate 消减板块 //~ {downgoing; underthrusting; underthrust;subduction;descending} plate 俯冲板块

subduction 潜没；俯冲；消亡作用；消减；下降；减法；减除
→~ belt 俯冲带；消亡带 //~ coast 碰挂(带)海岸 //~-junction 俯冲接合 //~ {consumption} zone 消减板块

subdued 平缓的；削平的
→~ form 从顺地形

subeconomic 不经济的；经济上不合算的；无经济意义的
→~ resources 次经济资源

subeffusive dike 半喷发岩墙

subelectron 次电子；亚电子

subelongate 次伸长状

sub(-)entry 中间平巷；分段平巷

sub entry 顺槽；次要平巷

subenvironment 亚环境；小环境

subepitaxial 亚外延的；亚取向附生的

subepoch 亚世；亚期

subequant 次等粒状(的)
→~ crystal 次等轴晶体

subequatorial belt 副赤道带

suber 软木；木栓(组织)

subera 亚代

suberain 木栓质煤[煤岩组分]

suberate 辛二酸盐{|酯} [MO•CO•(CH₂)₆•CO•OM{|R}]

suberathem 亚界

suberect spine 斜出刺[腕]；近直立刺

suberene 环庚烯

suberic acid 软木{辛二}酸[HOOC(CH₂)₆COOH]

suberin 软木质；木栓体

suberinite 木栓质体

suberinization 木栓化(作用)

suberinlamella 栓质层[植]；木栓质层

suberitoid 木栓体组

suberization 栓化(作用)

suberyl 环庚基

subface 底面[地层]

subfacies 亚相

subfactorial 劣阶乘

subfamily 亚科

sub-family 子族

subfeeder 副馈线

subfeldspathic lithic wacke 亚长石质岩屑瓦克岩

subfemic 低铁镁质

subfield 子域

Subflemingites 亚佛莱明菊石属[头;T₁]

subfloor 分段；下层地板
→~ deposits 海床下面的沉积层

subfluvial 水下的；河底的
→~ tunnel 河下隧道

subflysch 次复理石

subforeman 副领工员

subform 从属形式；衍生形式

subformation 亚建造

subfossil 半化石(的)；准化石；亚化石

subfoundation 下层基础

sub-fracturing pressure 低于压开地层的压力

subfrequency 次谐波频率；分谐(波)频(率)

subfrigid zone 副寒带；亚寒带

subgabbro 变辉长岩

subgelisol 不冻下层

subgeneric 亚属的

subgenus 亚属

subgeoanticline 准地背斜；次地背斜

subgeoanticlines 次地穹

subgeosphere 亚地圈

subgeostrophic wind 次地转风

subgeosyncline 准地槽；次地向斜；次地槽

subgingival calculus 龈下牙{积}石

subglacial 冰下成的；冰期后的；冰内的
→~ age 次冰期 //~ chute 冰下刻槽 //~ eruption 冰底喷发

subglacier floor 冰川基岩

subglaucophane 青铝闪石[Na₂(Mg,Fe²⁺)(Al,Fe³⁺)₂Si₈O₂₂(OH)₂;单斜]；亚蓝闪石

subglobular 次球形的；接近球形的
→~ nodule 扁球状结核

subgrade 基床；地基；路基；修筑地基
→~ drilling 超钻；钻孔加深 //~ in debris flow zone 泥石流地段路基

subgrader 路基修筑机

subgrade stiffness modulus 路基劲度模量

subgradient wind 次梯度风

subgrading 修筑路基

subgrain 副晶粒；亚颗粒；亚晶
→~ boundary 亚晶界 //~ nucleation 粒内成核；次粒成核

subgraph 数码分段显示；子图

subgraphic structure 半文象结构

subgraphite 次石墨；亚石墨[固定碳>98%的煤]

subgravity 次重力；亚重力

subgraywacke 亚杂砂岩；亚灰瓦岩

sub-greenschist 次绿片岩

subgreywacke 亚杂砂岩

subgroup 子群；副族；亚群落；亚群{类;界;组;族}；小组

subhalibe 低卤化物

subhead 副标题；小标题

sub-heading 副标题；次等精矿

subhedron 半自形晶；半自形

subhepatic region 肝下区[节]

Subhercynian movement 次海西运动；新海西运动
→~ orogeny 新海西造山作用{运动}[K₂]

subhorizon 亚化育层

subhorizontal 低于水平面的
→~ isocline 近水平的等斜褶皱 //~ lineation 次平线理；似水平线理 //~ volcanic flows 地下火山岩流

subhumic acid 低腐殖酸

subhumid climate 次湿气候
→~ region 半潮湿区 //~ soil 半湿土；亚湿土 //~ zone 半湿润带；亚湿润带

subhydrocalcite 三水方解石[CaCO₃•3H₂O]

subhydrous coal 低氢煤
→~ vitrinite 低氢镜质体{组}

Subhyracodon 次犀

subida 风蚀山麓斜坡；斜坡

subidiomorphic 半自形的

sub(l)imation 纯化

subincline 副斜井
→~(ed) (shaft) 盲斜井

subinclined shaft 井下斜井；暗斜井

subindex[pl.-dices] 脚标；分指数

sub-interstitial particle 次隙颗粒

subinterstitial size 小于间隙尺寸

subinterval 子区间；小音程

subintrusion 次侵入；下层侵入

Subinyoites 亚菌约菊石属[头;T₁]

sub(-)irrigation 地下灌溉

subjacent 深成的；毗连(而较低)的[例如小山和毗连的山谷]；(直接)在下面的；下卧(地层)；下面的
→~ bed{seam} 下卧层 //~ bed 下邻层 //~ intrusion 敞底侵入体[岩基、岩株等]

subject 受支配的；主语；主题；从属的；原因；学科；题目
→~ index 门类索引

subjective estimate 主观估计

subject key 从属标志；次要标志
→~ of numerous patents 专利权 //~ reservoir 目的层

subjoint 次(级)节理；副节理

sub-joint 副接头；辅助接头

subjunction 附加物

subjunctive 虚拟的

subkingdom 亚界

sublacustrine 湖底的
→~ canyon 湖底峡谷 //~ spring 湖下泉

sub-lance 副(氧)枪

sublancet plate 亚尖形板[棘海蕾]

sublateral 暗沟分支；分支渠

Sublepidodendron 亚鳞木(属)[D₃-C₁]

Sublepidophloios 亚鳞皮木属[C]

sublet 分租；分包(工)

sublethal 低于致死量的
→~ concentration 不致死浓度

sublevation 海底侵蚀(作用)；松散沉积的侵蚀

sublevel 顺槽；副准位；中间平巷；中段；次能级；次层；分阶(段)；分段巷道；分段；亚能级；小阶段；特形接头
→~ blasthole benching method of mining 分段深孔崩矿的梯段式采矿法 //~ blasthole method 分段炮眼开采法 //~ blasthole stoping 分段凿岩阶段矿房法 //~ blast-hole stoping 分段深炮眼崩落回采(法) //~ blast(-)hole system 分段爆破采矿法 //~-caving 分段崩落式采矿法 //~ caving method 端部放矿分段崩落法 //~ caving mining 分段梯段采矿法

sublevel longhole benching{sublevel long hole benching} 分层台阶深孔开采
→~ long-hole benching 分段深孔梯段式回采 //~ open stope method 分段凿岩阶段矿房法；分段无充填工作面采矿法；阶段矿房法 //~ open stoping with delayed filling 随后充填的分段空场采矿法

sublevel roadway 区段平巷
→~ rock cross-cut 区段石门 //~ slurry rise 区段煤水上山 //~ stoping of raise drilling 从天井凿岩的分段采矿法 //~ stoping with transverse stope 横向分段回采工作面

sublimation 升华；精炼
→~ curve 固气平衡线

sublimator 升华器

sublim(at)e 升华

sublithistid 具网状骨片的[绵]

sublithwacke 亚岩屑瓦克岩

sublittoral 潮下(带)的；近海滨的
→~ platform 沿岸台地 //~{infratidal; subtidal} zone 潮下带 //~ zone 浅海地带；亚沿岸带；亚滨海带；潮间带

subloop 副回路

submaceral 煤显微亚组分

submagma 次生岩浆；分裂岩浆

submain 地下干管；辅助干线；次主管；次干(水)管

sub-mains 副大巷

submarginal 次边界的[资源]；近缘的；近边缘的
→~ drainage 近冰缘水系 //~ mineral body 边界品位以下的矿体 //~ ore 表外矿；亚极限矿石 //~ rock 无开采价值的矿石

submarine bar 海底沙坝{洲}
→~ hypogene exhalation theory 海底上升喷气成矿说 //~ metallization at East Pacific Rise 东太平洋洋隆成矿作用 //~ metallization in the Red Sea 红海海底成矿作用 //~ mineral deposit 海底金属沉积矿床 //~ weathering 海解作用[矿物的海底分解]；海底岩土变质；海底风化

submaritime 近海岸的

submask geology 盖层下地质；松散层下地层

submatrix[pl.-ices] 子阵；子矩阵

submature 壮年初期；次成熟期的；早壮年期；亚壮年(期(的))
→~ shoreline 初期滨线

Submeekoceras 亚米克菊石属[头;T₁]

submegathyrid 亚巨(窗贝)型[腕;主缘]

submelilite 钙铝黄长石[2CaO•Al₂O₃•SiO₂; Ca₂Al(SiAlO₇);四方]

submember 副构件；次要成分

submerged 沉没的；海中的；淹没的；浸入的；下沉的；水底的
→~ arc-weld{submerged {-}arc welding} 埋弧焊 //~ delta 沉没三角洲 //~ grade line 潜坡度线 //~ object recovery device 水下物体打捞装置 //~{hidden} reef 暗礁[水下的礁石] //~ -screen washer 浸没筛洗矿机

submergence 沉水(作用)；潜没；埋没；泛滥
→~ depth (泵)沉没度；浸入深度 //~ of ground 陆地沉没

submerge{submergence} of ground 地面下沉

submerging{submergent} coast 沉没海岸

submeridional zone of faults 近南北向断裂带

submersible 淹没的；潜入水中；淹没；浸没；沉入的；沉没的；潜水器；潜水的；潜航器；埋没
→~ (platform) 坐底式平台

submesothyrid 亚中孔型
→~ foramen 亚中窗型茎孔[腕]

submesothyridid 半腹茎孔式[腕]

submetallic 半金属的；类金属(的)；似金属(的)
→~ luster 次(亚)金属光泽

submetamorphic 次变质(作用)的

submicroearthquake 亚微震

submicrogram 次微克(的)；亚微克(的)

submicron 超微的；次微粒；亚微型
→~ airborne particle 亚微米空气源颗粒

submicronic dust particle 亚微尘粒

submicron particle 微米级下的颗粒
→~ particles 超细粉尘 //~ -sized inclusion 亚微粒级包裹体

submicroscopic 超显微的；次显微的；亚微观的
→~ crystal 亚显微晶体 //~ twin 次显微双晶

submicrosecond 亚微秒

sub-mill-grade ore 难选低品位矿石

subminiature 超小型{零件}；超小型的

subminiaturization 超小型化

submininaturization 超微型化

subminor component 子副成分

submission 屈服；服从；看法；提交；提出
→~ of tenders 投标

submit 屈服；请求判断；提交；提出
→~{enter} a tender 投标 //~ in fear 慑服

submode 亚众数

submodel 子模型；辅助模型

submodulation 副调制

submodule 子模(块)

sub-Moho lithosphere 莫霍面下岩石圈

submolecule 链段；亚分子

submontane{submontanous} (在)山麓的；(在)山脚下的

submountain region 山前(地)区；近山区

submudline wellhead 泥线下井口

sub-nappe 小推覆体

subnetwork 子网(络)；同一个网络接取协定的电脑的集合

subnival belt{region} 高寒带；亚冰雪带
→~ boulder pavement 亚冰雪带砾块铺面 //~ region{belt} 冰缘带 //~ region{zone} 亚恒雪带

sub-node 亚结点

suboblatus 亚扁形；亚扁球形

subocean 洋底的
→~{suboceanic} earthquake 海底地震

suboceanic 次远洋；洋底的

suboctave 亚倍频程的

subocular 眼下的

subocuminate 近渐尖形的

suboperculum 亚厣[软]；下鳃盖骨[脊]

subophitic texture 次含长结构

subopposite 亚对生

suboptimal 欠佳的；准优的；次优的
→~ solution 次最优解；次佳解

suboral 口下的
→~ annular 口腹环

suborbital 次眶骨
→~ (plate) 眶下片

suborder 亚目

subordinate displacement 二次驱替
sub-ore 次级矿石
subore grade 次矿石级
sub-ore halo 矿下晕；近矿晕
suborogenic zone 次造山带
suborthochoanitic 亚直颈式[头]
suboutcrop 盲尖；盲顶[矿]；埋藏露头；次露头；隐蔽露头
sub-out crop 埋没露头
sub-outcrop depth 隐蔽露头深度
suboxide 低氧化物；低价氧化物
subpackage 分装；分包
subparagraph 小节[文章的]
subparallel crustal ridge 近平行地壳隆起
　→ ~ drainage pattern 近平行状水系 // ~ seismic reflection configuration 次平行地震反射结构；亚平行地震反射结构
subparameter 子参数
subpar performance 低于标准的性能
subpelagic sediments 次洋性沉积物
subperiod 亚期；亚纪
subpetaloid ambulacra 副瓣状步带；拟花瓣状步带板[棘]
subphonolite 潜响岩
subphyllarenite 亚叶砂屑岩
subphylum[pl.-la] 亚门
subplate 次板块
　→ ~ boundary 板块下边界 // ~ mounting valve 底板式安装阀
subplatform 次地台；准地台；亚地台
subpluvial stage 亚多雨阶
subpolar climate 近极地气候
　→ ~ lake 副极地湖 // ~ low 副极地低压
subpotassic nepheline 低钾霞石
subpower 部分功率；亚功率
subpress 压模套；小压机
subpressure 低于正常的压力；低异常压力
sub pressure gradient 低压梯度
Subprioniodus 亚锯齿牙形石属[O]
subproblem 子问题
subprocessional 专业人员助手
subprolate 次长球；近长圆球形
subprolatus 亚长圆形的
subprovince 亚省
subpsilate 近平滑的
subraise 辅助天井
subrecent eruption 新近喷发
subreflector 副反射器
subrefraction 标准下折射；次折射；亚折射[电磁]；亚标准折射
subregular model 亚正规模型
Subrensselandia 亚悍塞兰贝属[腕;D₂]
subrosion 地下侵蚀；地下淋溶
subrounded 半磨圆的
　→ ~ boulder 次圆巨砾 // ~ hinge zone{sons} 近圆形枢纽带 // ~ particles 次圆形土粒
subsalt 基性盐；碱式盐
　→ ~ well 含盐油井；碱盐井
sub-sample increment 子样
subsatellite 子卫星；副卫星
subsaturation 亚饱和
subscale 皮下氧化；内部氧化物[金属的]；分量表；扩散氧化物
　→ ~ attack 垢下腐蚀 // ~ bacteria corrosion 皮[垢]下细菌腐蚀 // ~ mark 子刻度；副标度
subscheme 子模式；子格式{概型}
sub-science 科学分支

subscription 下标；标志；注脚；脚注；脚号；记号；索引；签署；预订；捐款
　→ ~ (fee;rate) 订(阅)费 // ~ right 认购{股}权 // ~ warrant 认股权证(书)
subsea 水下；海底
　→ ~ apron 海底扇
subseafloor hydrothermal system 海床下水热系统
subsea hose bundle reel 水下(防喷器控制)软管绞车
subsealing 封底
subsea oilfield reactor 海底油田反应堆
　→ ~ production station 水下采油站；海底采油站
subsectile 半切性(的)
subseismic 亚地震波
subseptate 稍具隔膜的；具不完全隔壁{膜}的[孔虫]
subsequent 后生的；后成的；连续的；随后的
　→ ~ backsubstituted value 后继回代值
subsequent magmatism 续造山岩浆活动；继后的岩浆活动
　→ ~ ridge 次成山脊 // ~ river{stream} 后成河 // ~ river 走向河[沿走向后成的]
subseries 子系列；子级数；次分类；亚系[地层]；亚统
subservience{subserviency} 辅助性；有帮助
subsesquichromate of lead 红铬铅矿 [Pb₃Cr₂O₉；Pb₂(CrO₄)O;单斜]
subset 附属设备；子设备；子集；次一级；亚单位
　→ ~ of lower-degree polynomials 低次多项式子集
subshaft 阶段井筒；暗井
subshell 支壳层；亚壳层
subshot 子爆炸；重复放炮
subsided column 陷落柱
subsidence 沉淀；平静；消退；陷下；下陷；下降
　→ ~ break 塌陷破裂边线 // ~ flow 沉降流 // ~ of land 土地下沉 // ~ of top 顶部陷落；顶板陷 // ~ trough 下沉凹槽
subsider 沉降槽
subsidiary 附属物；附属的；副的；辅助的；次要的；分支的
subsidiery body 附属机构
subsiding 下沉
　→ ~ belt 沉降带 // ~ geosyncline 沉陷地槽 // ~ region 沉降区；下沉区 // ~ {settling} velocity 沉淀速度
subsidization 补助；发奖金
subsieve fraction 筛下物
　→ ~ -size{sub-sieve size} 亚筛(孔)粒度
sub-sieve sizing 微粒分级
subsilicates 次硅酸盐类；基性硅酸盐类
subsiliceous 次硅质
　→ ~ rock 低硅质岩
subsilicic 低硅质的
　→ ~ acid 次硅酸 // ~ {basic} rock 基性岩石 // ~ rock 次硅酸质岩石
subsistence 生存；给养
sub slicing 分层陷落开采
　→ ~ -slicing 侧向分片开采法；分层回采
subsoil 基岩；垫层；地基；底岩{土}；亚土层；亚{下}层土；心土
　→ ~ drain 地下排水 // ~ drainage 底层土坡排水
subsoilfluction 海底缓滑

subsoil formation 土壤下(伏)岩层
　→ ~ {(under)ground;subterranean;stone;subsurface} ice 地下冰
subsoiling 犁底土
subsoil karst 地下岩溶
　→ ~ waterproofing 地下防水
sub solar point 日下点
subsolid 半固体(的)
subsolidus 固相线以下；半固相线
　→ ~ cooling 亚固相冷却 // ~ exsolution 固相出溶 // ~ inversion 固态转换
subsolifluction 水下土溜；海底滑动
subsolvus 次溶线的；亚溶线的
subsonic 比音速稍慢的；次声的；闻限以下的
　→ ~ flow 次音速流；亚音速流
subsonics 亚声速(空气动力学)
subsonic velocity{speed} 亚音速；亚声速
subspace 子空间
subspeciation 亚种划分{形成}
subspecies 亚种[矿物分类单位]
subsphaeroidal 近球形的
subspherical 似球形的
substack 垂直叠加
substage 辅台；次期；分站；分台；分期；亚阶[地层]；显微镜台(下的)；物台下(部件)[显微镜]
substalagmite 逊石笋
sub-standard cement 水泥次品
substandard pipe 等外管子
　→ ~ product 等外品 // ~ {degraded} products 次品 // ~ propagation 次准传播
sub-standard slope 不合标准斜坡
substantia 物质
　→ ~ adamantina 珐琅质[脊]
substantial 实际的；主要的；重要部分(的)；真正的；相当大的；物质的；坚实的；坚实
　→ ~ {material} derivative 实质导数
substantially 实际上；大量地
substantive 实质(在)的；大量的；坚固的；独立存在的实体
　→ ~ uniformitarianism 实质均一论
substation 变电站；变电分站；分站；分台；用户话机
substitute 取代基者[有机化合物中氢被元素或基团置换]；代用品；代替；代理人；置换物；异型(扣)接头；异径接头；替换物；替换；接头[管子]
substituted 代替的
　→ ~ benzene 苯的同系物 // ~ yttrium iron garnet 置换型钇铁石榴石 // ~ yttrium iron garnets 取代型钇铁石榴石
substitute for 取代；替代
　→ ~ joint 置换节理 // ~ name 替代学名 // ~ natural gas 代用天然气
substitutional compound 置换式化合物；替代式化合物
　→ ~ {substitute;alternative;alternate} fuel 代用燃料 // ~ solid solution 置换固淀(溶)体
substoping 分阶梯采矿法
　→ ~ and caving 分阶段崩落采矿
substraction 减去
substrata[sgl.-tum] 底层
substratal 基础的；基本的；根本的
　→ ~ lineation 层底线状印痕 // ~ striation 层底擦痕
substrate 衬底；基质；基体；基片；基

底；基层生态；基层[生态]；垫托物；底质；底基；底层；作用物；真晶格；被酶作用物；金属基；给养基[生]
　→~ sludge 底泥 // ~ sludge sampling 底泥采样

sub-stratification 二次分层化

substratum[pl.-ta] 基体；基层；生态底层；下卧层；下部地层；基底；基础；基层[生态]；底质；底土层；培养基；下伏地层；下层；基质[生化]

substructure 机台支架；基础结构；底层结构；亚结构；亚构造；井架底座；下层建筑；下部结构
　→~ leg 平台下部结构腿柱 // ~ works 基础工程

sub-strut 副撑

subsurface 表[水;地]面下的；地下(的)；底面；次表土层
　→~ acoustic reflector 地下声音反射器 // ~ burst 地下爆炸 // ~ (sand) filter 地下滤场 // ~ map 矿山巷道图

subswitch 分机键

subsynchronous 准同步的
　→~ vibration 次同步振动

subsyncline 次向斜

subsystem 子[分]系统；次[分]系；亚系[地层]；亚体系；亚晶系

subtangent 次切线[距]

subtended{flare;opening} angle 张角

subterminal eruption 副喷发；近顶端喷发
　→~ fang 次端齿[牙石] // ~ outflow 底端岩流

subterposition 地层由上至下的顺序；处于另一事物下面的状态

subterrain 地下基岩

subterrane 基岩；表层下基岩；地下室；地下基岩；地表沉积下的基岩；底岩；下伏基岩；下层；洞穴

subterranean 地中[下]的；地下工作的人；地(球)内的；隐蔽的
　→~ oil retort 地下石油蒸馏甑

subterraneous 地下的；隐蔽的
　→~ {subterranean} outcrop 掩盖露头 // ~ root 地下根

subterrestrial 后滨带；地下的；地(球)内的

sub-Tertiary 副第三系{纪}

subtetrahedron 次四面体

Subtetrapedia 亚四分藻属[C₁]

sub-threshold 阈值下的；亚阈值；限值以下的
　→~ spectrum 次阈值光谱

subtidal algae stromatolite 潮线下藻类叠层石
　→~ environment 潮线下水域 // ~ {low-water} line 低潮线 // ~ {-}zone 浅海带

subtle 敏感的；错综；精细的；稀薄的；微细的；微妙
　→~ anomaly 难解异常；微妙异常 // ~ banding 微夹层 // ~ effect 锐敏效应

subtrachyte 准粗面岩

sub-track 子轨道

subtraction 减法；减除作用
　→~ {crystallization} curve 结晶曲线 // ~ curve 析[晶]出曲线

subtractive{subtraction} color 减色
　→~ color process 减色法 // ~ pilot 卸载导阀 // ~ primary color 减原色

subtranslucent 半透明(的)；微透明(的)

subtransparent 半透明(的)；次透明(的)

sub(-)tree 子(决策)树[模式识别方法结构]

subtriporopollenites 亚三孔粉属[孢;K-N₁]

subtropical 副{亚;半}热带的
　→~ animal 亚热带动物 // ~belt{zone} 副热带 // ~black earth 副热带黑[钙]土 // ~-easterlies index 副热带东风指数 // ~ ridge 副热带脊

sub(-)tropical zone 亚热带

subtropics 副热带；亚热带

subtrusion 深部侵入；下层侵入

subtuberant 入侵丘状
　→~ mountain (侵入体)拱起的山

subtundra 准苔原

sub-turma 亚类[孢]

subtype 亚型[生]；亚类；副型

Subulacypris 锥星介属

subulate 钻状的；锥形的[植叶]

Subulina 钻头螺属[腹]

Subulites 锥子螺属[腹;O-C]

subunconformity 隐伏不整合

Subungulata 准有蹄类；次有蹄目[类]

subvariable spring 微变量泉

subvariety 亚变种

sub-Variscan fore-deep 次华力西前渊

subvective system 输食系统[棘]

subvention 补助金；津贴

Subvishnuites 亚维土菊石属[头;T₁]

subvitreous luster{lustre} 半玻璃光泽；次玻璃光泽

subvolcanic 浅成的；次火山的
　→~ epithermal field 次火山浅成热液场 // ~ facies 潜火山相 // ~ porphyry-type deposit 次火山斑岩型矿床 // ~ rock 潜火山岩

subvolcano 地下火山；潜火山；次火山

subwatering 地下给水

subwater{underwater} pipeline 水下管道[工]

subwave 部分波；次波

subway 地铁[美]；地道；地下铁道[美]
　→~ construction 地下道施工 // ~ station 地下铁道车站 // ~ tunnel 地下隧{铁}道

subweathered zone 亚风化层；降速层

subweathering velocity 风化层底面速度

subzero 负的；零下
　→~ treatment 低温处理[零度下]

subzone 亚带；亚层；小层
　→~ performance data 小层动态数据{资料}

succade 砂糖渍水果

succedaneum[pl.-ea] 代用药；代用品；代替物；代理者；代理人

succeeding cycle 后期旋回
　→~ {sequential} image 连续图像 // ~ jobs 后续工作{序} // ~ screen 按筛号次序排列的筛网

successful bidder 拍卖成交的出价人；中标(单位)
　→~ -efforts costing 有成效的成本会计 // ~ stack 成功的叠加

succession 顺序；生长顺序；连续；次序；演替；序列；继承(性)
　→(bed) ~ 层序；生态演替

successional 连续(性)的；连续的；相继的；系列的；接连的

　→~ species 演替种

succession and species selection 演替和种类选择
　→~ appearance zone 顺序出现带

successive 顺序的；连续的；相继的；接连的
　→~ dunes 连绵沙丘

successiveness 连绵；相继

successor 后续事件；紧后事件；继承人
　→~ activity 紧后活动

success or failure 成功还是失败
　→~ ratio{rate} 成功率 // ~ ratio 成活率

succin(um) 琥珀[C₂₀H₃₂O]

succinamate 琥珀酸胺酸盐

succinate 丁二{琥珀}酸盐{|酯}[MO·CO·(CH₂)₂·CO·OM{|R}]

succinct 精炼

Succinctisporites 苏克辛粉属[孢;T₃]

Succinea 琥珀螺属[腹;E-Q]

succinellite 琥珀酸[HOOC(CH₂)₂COOH;矿物]

succinic 琥珀的
　→~ acid 丁二酸{琥珀酸}[HOOC(CH₂)₂COOH]

succinite 琥珀[C₂₀H₃₂O;Ca₃Al₂(SiO₄)₃]；钙铝榴石[Ca₃Al₂(SiO₄)₃;等轴]

succino(-)nitrile 琥珀腈[(CH₂CN)₂]；丁二腈[(CH₂CN)₂]

succinonitrite 琥珀腈[(CH₂CN)₂]

Succodium 亚松藻属

succodium 液海松藻

succumb 慑服

Suchia 镶嵌踝类主龙

suck 消耗

sucker 吮吸者；吸入器；吸管
　→~ disk 吸盘 // ~-like 吸盘状 // ~ rod{pole} 抽油杆 // ~ rod pump 杆式泵；有杆泵

suckhole 流沙窝

suck in 唧入

sucking foot 吸着足

sucrose 蔗糖；糖粒状
　→~ texture 糖晶状结构

sucrosic 砂糖状[岩]；糖粒状

suction 负压；空吸；抽吸；抽汲；吸入管；吸入[取;气]
　→~ (pressure;force) 吸力 // ~ conduits{tube;pipe} 吸管 // ~ dredging 挖掘船吸入式采矿法 // ~ intake{pipe} 吸入管 // ~ manifold 吸入口多通体 // ~ mould 真空铸造

suctive 被动{吸引}式[侵入]
　→~ magma 融蚀岩浆；吸收式岩浆

suctoria 吸管亚纲；吸管纤毛虫亚纲[原生]；吸管虫类[原生]

sudburite 萨德伯里岩；培苏玄武岩；倍苏玄武岩；倍长苏玄武岩

Sudburium series 萨德布统

sudburyite 六方锑钯矿[(Pd,Ni)Sb]；方锑钯矿

sudden 迅速的；突然发生的事；突然的
　→~ bend 狗腿；急弯[指井眼]

suddenly appear 突起
　→~ applied load 骤加荷载

sudden{instantaneous} outburst 突出
　→~ outburst 岩石突出 // ~ release of energy 能量突然释放 // ~ settlement 急骤沉陷

S

Sudetic movement 苏台德运动[早石炭纪]

sudoite 铝石榴子石；铝绿泥石[Mg$_2$(Al, Fe^{3+})$_3$Si$_3$AlO$_{10}$(OH)$_8$;单斜]；须藤(绿泥)石

sudovikovite 硒铂矿[PtSe$_2$]

suds 黏稠液体中的空气泡；肥皂水

Suess effect 休斯效应；苏斯效应

suessite 硅三铁矿[Fe$_3$Si;等轴]

suestado{sudestades} 苏`埃斯塔多{丝他杜}风暴

suevite 陨击变岩

Suez Canal 苏伊士运河[埃]

sufferance 默许；宽容

sufferer 受难者；患者

sufficient clay 黏泥

suffocation 窒息

suffosion 地下淋溶；潜蚀；管流现象；(地下)冻水上涨
　　→~ {heaving} knob 冻胀丘

suffruticosa granatum 牡丹花石榴

suffultory cell 支持细胞[藻]

suffusion 潜蚀

sugakiite 苏硫镍铁铜矿[Cu(Fe,Ni)$_8$S$_8$]

sugar 结晶；加糖于；糖化；糖
　　→~ acid 糖酸 // ~ berg 多孔冰山

sugarcane 甘蔗

sugarcoating 糖衣

sugar granular 糖粒块
　　→~-granular 糖粒状 // ~ iceberg{berg} 松冰山 // ~ iceberg 多孔松散冰山

sugaring 起砂

sugarloaf 锥形丘
　　→~ arkose 棒糖状长石砂岩；糖块长白砂岩

sugar snow 雪下霜
　　→~-tube method 糖管法[一种测定空气含尘量的重量分析法] // ~ water 甜水

sugary 砂糖状[岩]
　　→~ rock 糖粒状岩白

sugilite 钠锂大隅石[(K,Na)(Na,Fe^{3+})$_2$(Li$_2$Fe^{3+})Si$_{12}$O$_{30}$;六方]；苏纪石

suicidal stream 自灭河

Suiformes 猪亚目；猪形类

suing-jaw shaft 动颚轴

suitable 适当的；相配的
　　→~ indicator 适宜指标{示}[植物、元素] // ~ trap 适当圈闭 // ~ {usable} water 宜用水

suitcase 手提皮箱
　　→~ rock 钻工卷铺盖换孔位的岩层；不能再继续向下钻的岩层 // ~ rock{|sand} 钻井后无油气显示的岩石{|砂层}

suite 组；一组；一套；岩组套；序列；套
　　→(rock) ~ 岩套

suited 适合的；相称的

suite of boreholes 钻孔组
　　→~ {package} of equipment 成套设备

suiting 套料

sukulaite 锡细晶石[Sn$_2$Ta$_2$O$_7$;等轴]；锡铌钽矿

sulcal notch 槽缺[甲藻]
　　→~ plate 沟板；槽板[甲藻] // ~ tongue 槽舌[甲藻]

sulcate 槽缘型；单槽型[腕]；有深沟的；有沟的；有{具}槽的

Sulcatostrophia 槽扭贝属[D]；凹扭形贝(属)[腕]

Sulcatula 褶丽蚌属[双壳]

Sulcavitidae 沟带螺科[软舌螺]

sulci 槽[腕、双壳等;sgl.sulcus]

sulciplicate 槽褶缘型[腕]；槽褶型

Sulcoperculina 沟盖虫属[孔虫;K]

Sulcoretepora 沟网苔藓虫属[D-P]

sulculi 小槽[孢]

s(c)ulcus[pl.sulci] 槽；沟槽；纵沟[藻]；裂缝；远极槽[孢]；沟[牙石;孢]；中槽[腕]；放射凹陷

sulcus oblique 下次中凹

suldenite 闪安岩

sulfa 磺胺类药剂(的)；磺胺(基)的
　　→~- 磺基[-SO$_3$H]；磺胺；含硫的；硫(黄)的；硫代[-SO$_3$H]

sulfacid 硫黄酸[R•SO$_3$H;R•CO•SH]

sulfaldehyde 硫醛

sulfamate 氨基磺酸盐{|酯}[R•NH•SO$_3$M{|R'}]

sulfamic acid 氨基磺酸[R•NH•SO$_3$H;R$_2$NSO$_3$H]

sulfamide{sulfamine} 磺酰胺[RSO$_2$NH$_2$]；硫酰胺；氨磺酰

sulfanilate 磺胺酸盐

Sulfanol ×选矿药剂[二十烷基苯磺酸钠;C$_{20}$H$_{41}$•C$_6$H$_4$-SO$_3$Na]

sulfantimon(i)ate 硫代锑酸盐[-SO$_3$H]

sulfantimonates 硫锑盐类

sulfantimonide 硫锑化物

sulfarsenates 硫砷盐类

sulfatallophan 杂埃洛矾石

sulfatcancrinit 硫钠霞石；硫钙霞石[(Na,K,Ca)$_{6-8}$Al$_6$Si$_6$O$_{24}$(SO$_4$, CO$_3$)•1~5H$_2$O]

sulfate 硫酸盐[M$_2$SO$_4$]
　　→~-apatite 硫磷灰石[Na$_6$Ca$_4$(SO$_4$)$_6$•Cl$_2$] // ~ cancrinite 硫钙霞石[(Na,K,Ca)$_{6-8}$Al$_6$Si$_6$O$_{24}$(SO$_4$,CO$_3$)•1~5H$_2$O]

sulfated bitter spring 硫苦泉

sulfate ferrithorite 硫铁钍矾
　　→~-marialite{-marialith} 硫钠柱石 // ~-meionite 硫钙柱石

sulfates 硫酸盐类

sulfate scale 硫酸盐垢
　　→~-scapolite 硫钙柱石 // ~ sulfur 正六价硫

sulfatic-cancrinite 硫钙霞石[(Na,K,Ca)$_{6-8}$Al$_6$Si$_6$O$_{24}$(SO$_4$,CO$_3$)•1~5H$_2$O]

sulfati(zi)ng 硫酸(盐)化

sulfat(e-)monazite 硫独居石

sulfatscapolite 硫方柱石

sulfenamide 亚磺酰胺[RS(O)NH$_2$]

Sulfetal C ×润湿剂[十二烷基硫酸钠;C$_{12}$H$_{25}$OSO$_3$M]

sulfhydril{sulfhydryl} 巯基[HS-]；氢硫基[HS-]

sulfidal 胶状硫

sulfid(iz)ation 硫化

sulfide 硫醚[R-S-R]；硫化物
　　→~-dust explosion 硫化物粉末爆炸 // ~ enrichment 硫化矿富集(作用)；硫化富集 // ~ {sulphide}-rich uranium ore 富硫铀矿

sulfidite 硫化物岩

sulfimide 硫酰亚胺[-SO$_2$NH-;(SO$_2$NH)$_2$]

sulfinate 亚磺酸盐[RS(O)OM]

sulfine 巯化物[R$_3$SX,四价硫的有机化合物]

sulfinyl 亚磺酰{亚硫酰}基 [(HO)OS-];亚硫酰[= SO]

sulfion 硫离子[S^{2-}]

sulfo 磺酸基；磺基[-SO$_3$H]

→~磺基{硫代}[-SO$_3$H] // ~-acid 磺酸[RSO$_3$H]；硫复(代)酸

sulfoacylation 磺基乙酰化作用

sulfo-arsenide 硫砷化物

sulfoborite 硼镁矾[Mg$_3$(SO$_4$)(BO$_2$OH)$_2$•4H$_2$O]；硫硼镁石[Mg$_3$(SO$_4$)(BO$_2$OH)$_2$•4H$_2$O;Mg$_3$B$_2$(SO$_4$)(OH)$_{10}$;斜方]

sulfoether 硫醚[R-S-R]

sulfohalite 卤钠矾[Na$_{21}$(SO$_4$)$_7$F$_6$Cl;三方]；氟盐矾[Na$_6$ClF(SO$_4$)$_2$]；氟钠盐矾；氟硫岩盐

sulfojoseite 硫碲铋矿[Bi$_4$Te$_{2-x}$S$_{1+x}$]

sulfolite 自然硫岩

sulfolobus 硫叶菌

sulfonated{sulphonated} coal 硫化煤
　　→~ methyl tannin 磺甲基丹宁 // ~ petroleum product 磺化石油产物 // ~ tea-seed oil 磺化茶子油 // ~ vinyl co-polymer 磺化乙烯聚合物

sulfonating{sulfonation} 磺化

sulfone 砜

sulfonic 酸性硫酸基的
　　→~ {sulphonic} acid 磺酸[RSO$_3$H] // ~ acid esters 磺酸酯

sulfonium 锍基

sulfo-selenite{sulfoselenium} 硒硫黄[(S,Se)]

sulfosuccinamate 磺化琥珀酰胺酸盐

sulfoxide 硫氧化物；亚砜[RSOR']

sulfoxylate 次硫酸盐[MHSO$_2$;M$_2$SO$_2$]

Sulframin DR ×润湿剂[羟烷酰胺醇硫酸盐]

sulfur(et) 用硫处理；自然硫[S$_8$;斜方]；硫；石硫黄；硫黄[旧"硫磺"]；(用)亚硫酸盐处理

sulfurator 硫黄漂白{熏蒸}器

sulfur bacteria 亲硫菌；硫细菌；硫菌
　　→~ ball 空心硫质球 // ~-bearing 含硫的 // ~ coal 富硫烟煤 // ~-connected anionic collector 带硫(的)阴离子捕(集)剂 // ~ diamond 黄铁矿[FeS$_2$;等轴]

sulfureous 硫黄(般)的

sulfuret 硫醚[R-S-R]；硫化物；硫化

sulfur ether 硫醚[R-S-R]

sulfuretled{sulphuretted;sulfuretted;sulfurated} hydrogen 硫化氢

sulfur flow 硫流[日本矿床]
　　→~-free 不含硫的 // ~ free basis 无硫基 // ~ froth 硫沫 // ~ glass 玻质硫华

sulfuric{sulphuric} acid 硫酸[H$_2$SO$_4$]
　　→~-acid parting 硫酸分金(法)

sulfuricine 硫蛋白石

sulfurin 自然硫[S$_8$;斜方]；硫

sulfur isotope geothermometry 硫同位素地温测定
　　→~ isotope temperature 硫同位素温标温度

sulfurit β-硫

sulfurite 砷硫矿[(S,As)]；单斜硫矿；胶硫矿

sulfurization 磺化作用；用硫处理

sulfurize (使)含有硫黄

sulfurized base oil 含硫原油

sulfurizing 渗硫

sulfur-metal complex 硫金属络合物

sulfur-mud pool 热泥潭；硫泥塘

sulfur nodule 硫结核
　　→~ {sulphur} ore 硫矿

sulfurosite 二氧化硫

sulfur(e)ous 含硫的；亚硫的

sulfurous fumarole 硫质气孔

sulfur oxide 硫的氧化物；氧化硫

sulfuryl chloride 硫酰氯[SO₂Cl₂]

sulhydryl anionic collector 硫基阴离子捕集剂

sull (金属丝)黄化

sullage 水沉淤泥；残渣；流水沉积的泥沙；渣滓；淤泥[0.002~0.06mm]；污物；污水

Sulman and Picard process 萨尔曼皮卡德浮选法

sulorite 绿辉熔岩

sulphatapatite 氯钠钙矾{硫磷灰石}[Na₆Ca₄(SO₄)₆Cl₂]

sulphate 硫酸盐[M₂SO₄]
→~-monazite 硫独居石//~ of line 石膏[CaSO₄•2H₂O;单斜]

sulphatian-monazite 硫独居石

sulphatic cancrinite 硫钙霞石[(Na,K,Ca)₆₋₈Al₆Si₆O₂₄(SO₄,CO₃)•1~5H₂O]

sulphating{sulphatization} 硫酸(盐)化

sulphatized ore 硫酸盐化矿山

sulphid(iz)ation 硫化

sulphide 硫化物
→~ and carbonbearing layer 含硫化物含碳层//~ copper ore 硫化铜矿//~ flotation 硫化矿物浮选//~ {sulfide} mineral 硫化矿物

sulphidised monolayer 硫化单分子层

sulphidiser{sulphidizer} 硫化剂

sulphinyl 亚硫酰基[(HO)OS−]；亚磺酰基

sulphite 亚硫酸盐

sulphoaluminate early strength cement 快硬硫铝酸盐水泥
→~ high-early strength cement 硫铝酸盐早强水泥

sulphoborite 硫硼镁石[Mg₃(SO₄)(BO₂OH)₂•4H₂O;Mg₃B₂(SO₄)(OH)₁₀;斜方]

sulphocoal 含硫煤

sulpho group 磺基[−SO₃H;硫酸基或磺酸基]

sulphohalite 卤钠石[Na₆(SO₄)₂FCl;等轴]；氟盐矾[Na₆ClF(SO₄)₂]；氟盐岩盐

sulphonate(d) 磺酸盐；磺化

sulphonated detergent 磺酸化洗涤剂
→~ oil 磺化油

sulphonation 磺化

sulphone 砜

sulphonic acid amide 磺酰胺[RSO₂NH₂]

sulphosalt 磺酸盐；硫盐

sulpho-salts 复硫盐类

sulphotsumoite 硫楚碲铋矿

sulphoxide 亚砜[RSOR']

sulphur(ite) 自然硫[S₈;斜方]；硫黄[旧"硫磺"]；硫

sulphur bacterium 硫细菌
→~{sulfur} deposit 硫黄矿床//~{alpine} diamond 黄铁矿[FeS₂;等轴]

sulphureous 硫(黄)的

sulphuretted 硫化的

sulphur{sulfur} flower 硫华

sulphuric 硫(黄)的
→~ deoxide 二氧化硫

sulphur impregnated concrete 硫浸渍混凝土
→~{sulfur} isotope 硫同位素

sulphurite 胶硫矿

sulphurize (使)含有硫黄

sulphurizing 渗硫

sulphur minerals 硫矿类

→~ ore 天然硫//~(e)ous 含硫的；地狱般的；含硫黄的；磺的；亚硫酸的//~ removal 除硫

sulphydrate 氢硫化物

sulrhodite 硫铑矿

sultriness 闷热，酷热

sulunite 碱绿泥石

sulvanite (等轴)硫钒铜矿[Cu₃VS₄;等轴]；硫矾铜矿

sum 顶点；共计；概要；总结；金额
→(global) ~ 总计//~ (total) 总数；总和

sumac extract 漆叶浸膏(萃)

sum-and-difference system 和差系统

Sumatra 苏门答腊风

Sumatrina 苏门答腊蟛(属)

summary 总计的；概要；概括；总结；总计；摘要；一览；小结；扼要的；即时的
→~ listing 一览表；总表

summation 取总和；求和(法)；总数；总结；累加；相加；加法
→~ correlation velocity 综合对比速度

summer 水平条石；大梁；檩(条)；夏天；加法器
→~ (season) 夏季

Summer Red 仲夏红[石]

summer season 消融季节[冰]

summertide{summertime} 夏天

summer{fast} time 夏令时间
→~ time 夏季时间

summit 顶峰；顶点；顶；梢；山顶；丘顶；高峰；最高峰；凸端；凸处；极点
→~ cupola 顶部岩钟；头部钟状体//~ line 顶缘线[牙形]

summit overflow 火山顶漫溢

summitpoint 巅点；峰顶点[波痕]；波峰[波痕]

summit pond 河源顶池
→~ reach 分水岭上河段

sump 水坑；沉淀器；曲轴箱；炮眼掏槽；炮孔掏槽；排水沟；泥箱；贮油槽；贮液槽；贮槽；中心掏槽；油箱；油底壳；油池；废油坑；进入缺口；抽{污;集}水坑；对角向打眼
→(dredge) ~ 水窝//~ (gangway;pit) 水仓；泥浆池//~ cleaner 竖井掘进出渣工

sum peak 和峰

sumpfmoor 泥泞沼泽[德]

sump{waste-water;water} gallery 排水平巷
→~ hole 超前掘孔(平巷)；坑井；井底口袋[油层以下多钻的一段井眼]；集水井//~ house 困泥室

sumping 底板爆破；井底中部
→~ drum 装有附加截齿的滚筒//~ shot 底部爆破

sumpman 井筒支护工

sump man 凿井工作管理部分
→~ pit 放空坑//~ pumping 集水坑抽{排}水//~ shaft offset well 排水井//~ shooting 掏槽放炮

sum{major} total 总计
→~ total 合计//~ up 归纳//~ {resultant} velocity 合速度

sunalux glass 透紫外(线)玻璃

sunangle 日照角
→~ effect 太阳角影响

Sunaspis 孙氏盾虫属[三叶;∈₂]

sunbeam 日光；太阳光线

sunblazer space probe 太阳爆发探测量

Sunbrite 桑勃勒特无烟燃料

sunburn 晒伤；晒焦；晒红(皮肤)；晒黑；晒斑；日灼作用[月面等处]；日灼病

Sunbury shale 森伯里页岩

sun cheek 矿脉南帮
→~ crack 晒裂(泥块)；干裂纹

Sun-cracked pebbles 干裂小砾

sun cross 十字晕[气]；百虹贯日[十字晕;气]
→~ crust 晒融再冻雪面；再冻雪壳

Sun Day 太阳日

Sundberg method 电磁场法；森德贝格法

sundew 石龙牙草

sundial 日晷

sundiusite 氯铅矾[Pb₁₀(SO₄)Cl₂O₈;单斜]

sun dog 幻日
→~ drawing water 云隙晖

sundri 红树(林)；沼泽林

sun-dried brick 风干砖
→~ mud bricks 泥砖

sundry charges{fees} 杂费
→~ charges 杂项费用//~ duties 杂务

sun drying 晒干

sundry item 其他项目

sundtite 硫锑银铅矿[AgPbSb₃S₆;斜方]

sundvi(c)kite 钙长石[Ca(Al₂Si₂O₈);三斜；符号An]；松德维克石；变钙长石[Ca(Al₂Si₂O₈),含5%的水]

sundwikite (变)钙长石[Ca(Al₂Si₂O₈),含5%的水,三斜;符号An]；松德维克石

Sun-Earth barycenter 日地重心

Sunetta 蝇形蛤属[双壳;E-Q]

Sunettina 小蚬形蛤属[双壳;E-Q]

sunflower 半日花属的一种岩蔷薇

sun-flower pattern 葵花状布井

sunfuel 日光燃料

Sungarichthys 松花江鱼

sun gear 中心齿轮

sungei 大河

sunglite 杂蛇纹海泡石

sungulite 蠕绿泥{蛇纹}石[Mg₃(Mg,Fe²⁺,Al)₃((Si,Al)₄O₁₀)(OH)₈]

Sunia 孙氏虫属[三叶;∈₂]

sun-interference 太阳干扰

sunk 沉没的；水底的；地中的；凹陷的；向下凿岩；下掘
→~ draft 石料凹框

sunken 沉没的；水底的；地中的；凹下去的；下陷的

sunk face 石凹面；准嵌面

sunkland 沉陷地块

sunk pin 埋头销

sun-lamp room 太阳灯房

sun leaf 阳叶[植]

Sunliavia 松辽介属[K₁]

sunlight 日光；太阳光线；太阳光
→~ hours 日照(小)时//~ surface 现代地表[日照面]

sunlit aurora 日照极光

sunny 太阳的
→~ slope 阳坡

sun opal 火蛋白石[红色如火;SiO₂•nH₂O]

Sunosuchus 孙氏鳄(属)[J₃]

sun path diagram for places on equator 赤道上太阳路图表
→~ plant 阳地植物；喜光植物

sunpot 日斑

sunrise and sunset transition 日出与日落过渡期

sun-rise industry 朝阳工业

sunseting industry 夕阳产业

sunshades 太阳眼镜

sunshine 软石蜡；日照；晴天；矿工(灯用软)蜡
→~-hour 日照(小时)//~ integrator 日照累积器

Sunshine Stone 透光石
→~ White 沙特白[石]；日斑白[石]

sunspot 日斑；太阳黑子[点]
→~ cycle (太阳)黑子周期；日斑旋回//~ number 日斑{太阳黑子}数//~ rhythm 日斑{太阳黑子}韵律

sun's{solar} radiation 太阳辐射

sun(-)stone 日耀长石；日光石；猫眼{睛}石[BeAl₂O₄]；金绿石；金绿宝石[BeAl₂O₄; BeO·Al₂O₃;斜方]；太阳石[琥珀]；日长石[为具有淡红色火样反光的奥长石]；树脂化石

suntan 晒黑；日灼作用[月面等处]；棕色

suolunite 索伦石[斜方;Ca₂Si₂O₅(OH)₂·H₂O]

suomite 钽土[Ta₂O₅]

Supaia 苏柏羊齿属[P]

super 十分的；过分的；平方的；特级品；特大的；极好的

superalkali 氢氧化钠[NaOH]；苛性钠[NaOH]

superalkalinity 超碱性

superanthracite 超无烟煤；变无烟煤；亚石墨[固定碳>98%的煤]；炭化程度最高的无烟煤[含碳98%以上]

super-anthracite 准石墨

superaqueous{supraaqual} landscape 水上景观

superbasin 超级盆地

supercalender (用)高度砑光机加工

super-capacity 超生产力

supercapillary interstice 超毛管间隙
→~ percolation 超毛细渗透作用

supercarbonate 碳酸氢盐

supercharge 超压；过重装载；增压
→~ (loading) 过载

superclean fluid 超清洁液；超净化液

supercluster 超星团

super-compact injection blender 高度紧凑的注砂混合罐

supercomplex (层状)超杂岩体；超复数

supercompressibility 超压缩性
→~ factor (超)压缩因数

supercompression 超压缩；过度压缩

superconcentrate 超精矿；超级精矿

super-conducting{superconductor} material 超导材料

superconducting quantum interference device 超导量子干涉仪(器)
→~ separator 圆桶式超导磁选机

super conducting solenoid 超导爆线管

superconducting state 超导态
→~ thin-film junction 超导薄膜结

superconductivity 超导性；超导电率

supercontinent 超大陆[冈瓦纳]

supercooled 过冷的
→~ cloud 过冷云//~{subcooled} water 过冷水

supercooling 过冷(现象)

supercrescence 寄生现象

supercrevice 超裂缝

supercritical 超临界的
→~ area 超危险区

supercriticality 超临界性；超临电流

super-critical mining 地表充分采动

supercritical{supracritical} reflection 临界角后的反射

supercrop 不整合面上仰视露头
→~ {worm's-eye} map 上覆层揭露图//~ trap 隐覆露头圈闭

supercrust rocks 上壳岩；外壳岩

supercycle 超周期；超旋回

superdeep drilling 超深钻；超深度钻孔

superdense hypothesis 超密说

superdirectivity 超方向性系数

superdislocation 超位错；超断层

superdisruption 超崩裂

super-drill 超深钻

superdriller 超钻机

super-dural 超硬铝

superduty diagonal deck coal washing table 超型斜向盘面洗煤摇床

super-duty fireclay brick 特级黏土砖

super dynamite 优质炸药

superefficiency 超效率

super(-)elasticity 超弹性

super-elevation (intrack) 外轨垫高

superelevation scope 超高横坡度

super entropy 超熵

superface 顶面[岩]

super face mining 高产工作面开采法[煤;日产 2000t 以上]

superface of a bed 顶面

superfacies 超相

superfamily 超科；总科

super-fast-setting cement 超快凝水泥

superficial 表生的；表观的；面积的；肤浅的
→~ {decollement} fold 浮褶皱；脱底褶皱//~ ooid 表鲕//~ part 表面部分；浅部//~ sliding 表层滑动

superfine 超微粉的；特细的
→~ {microfine} cement 超细水泥//~ grinding 超细研磨{磨碎}

superfines 超细粉末

superfinish 超精加工；超级光制

superfinishing 超精加工

Superfloc 16 × 絮凝剂[聚丙烯酰胺,相当于 Separan MGL]
→~ 20 × 絮凝剂[聚丙烯酰胺,分子量比 Superfloc 16 大,比 Superfloc 84 小]//~ 84{|127} × 絮凝剂[高分子量的聚丙烯酰胺]//~ N 100 × 絮凝剂[性质同 Superfloc 127;澳]

(superficial) superflood 特大洪水

superfluent lava flow 顶(熔)岩流；顶喷岩流
→~ magma 顶流岩浆

superfluid 超液体；超流体

superfluidity 超流动性

superfluity 过剩；多余

superfluous{superabundant} element 过剩元素；多余元素

superfrac 水环减阻式压裂法

super fracturing 超级压裂

superfreeze 极低温冷冻

super(-)frequency 超高频；特高频

super fuel 超级燃料
→~-fuel 超级燃料；高级燃料

superfusion 过熔；溢出

superfusive rocks 溢流岩

supergain 超增益

supergalaxies 超银河系

super-galaxy 超星系

super-gasoline 超级汽油；高抗爆性汽油

supergene 表生的；浅生矿床；浅成的；下降溶液形成的
→~ alteration 浅层蚀变//~ enrichment 浅生富集//~ halo 次生异常晕

supergenesis 表生作用；浅成作用

supergene{descending} solution 下降溶液
→~ {secondary} sulphide enrichment 次生硫化富集作用//~ sulphide enrichment 表生硫化物富集(作用)

supergenous cycle 浅成循环

supergeostrophic wind 超地转风

supergiant 超巨型的；超级；特大的
→~ {maiden} field 气田//~ field 特大型油气田//~ wind 超梯度风

superglacial 冰川顶面的
→~ till 表碛物；消融碛

supergradient 超梯度

supergraphite 超级石墨

supergroup 超群；母群

superhardness 超硬度

superheat 过热

superheated fumarole 过热态喷汽孔
→~ steam{vapor} piping 过热蒸气管系

superheater 过热器
→~ coil (蒸汽)过热器的盘管

superheavy 超重元素(的)；超重的
→~ dynamic sounding 超重型动力触探

superhet 超外差式收音{接收}机

super(-)high frequency 超高频；特高频

superhigh-power X-ray generator 超高功率 X 射线发生器

superhigh{ultra-high} pressure 超高压

super-high refractive glass beads 超高折射玻璃细珠

superhighway 超级公路；高速公路

superimposed bed{seam} 上覆层
→~ mineral deposit 叠生矿床

superincumbent 叠覆的；叠的；上覆的；盖在上面的；复的
→~ bed 顶盘；上段层；覆层//~ {cover; top;overburden;mantle} rock 覆盖岩石

superindividual 超单体{晶}

superinduced stream 叠加河

superinfragenerator 远在标准下{外}的振荡器

superintendence 管理；指挥

superintendent 车间主任；管理者；总段长；监督人；监察员
→~ of a mine 矿长；坑长

super(-)interstitial particle 超隙(溜)颗粒

superinvar 超级殷钢

superionic conductor 超离子导体

superior 上级的；上级；高级的；长辈；优越的；较多的

superjacent 上邻{覆}的；直接在上面的；紧接在不整合面之上的
→~ {superincumbent} bed 上盘

superlaminar 具超微细层理的

superlattice 超晶格；超结晶格子
→~ structure 超(点阵)结构//~ transformation 超点阵转变

superload 超载；附加负载

superlong array 超长组合

super-long source 超长震源

supermalloy 超透磁合金[铁镍铝导磁合金]；超坡莫合金；镍铁钼超高导磁合金

supermarine 海上飞机；海面的

supermarket 超级市场

supermassive{super(-)giant} star 超巨星

supermatic 超自动化的；全自动(化)的

supermature 发育好的；极成熟的

supermendur 铁钴钒磁性合金材料

supermethylation 超甲基化(作用)

supermicroanalysis 超微量分析

supermicroscope 超显微镜

superminiature 超小型的

supermolecule 胶束；微胞

super-molychrome liner 特种钼铬钢衬板

supermultiplet 超多重(谱)线；超多重态

supernatant 上层的(东西)；上层清液；漂浮的；浮在表层的(东西)
　　→~ liquid{layer} 清液层 // ~ liquid 澄{沉}清液体；浮液

supernate 上浮液体层

Supernatine S{|T} ×絮凝剂[阴离子型碘化甘油酯]

supernegadine 超外差式收音{接收}机

super-normal concentration 超正常浓度；超标准浓度

supernormal{abnormal} pressure 反常压力
　　→~ solution 超规度溶液；过当量溶液

supernova 超新星
　　→~ remnant 超新星爆发(残余)遗迹

supernucleus 超重核；超核

supernumerary 编外人员；临时工；增加油；额外的；惰性增加的部分[一组染色体的]；多余的人；外加的
　　→~ rainbows 复虹

superoceanic deep 超深渊

superoctane number fuel 超辛烷值燃料

super of stress system 应力系统叠加
　　→~-opaque enamel 超乳白搪瓷

superoptimal 超最优

superorder 超目；总目

super{supra}-ore halo 矿上晕

superoxide 过氧化物

superpanner 淘砂矿机

superparamagnetism 超顺磁性

superparticle 超粒子

superperformance 超性能；良好特性

superperiodicity 超周期性(多型性)；多型性

super Permalloy 超坡莫合金

superphosphate 过磷酸盐
　　→(calcium;lime) ~ 过磷酸钙

superplastic 用超塑材料制成的

superplume 超喷流柱；超地幔喷流柱

super plume 超地幔柱

superpolymer 高聚物；高聚合物

superport 超级港口[尤指近海口处]；深水港

superposability 可叠加性

superpose 被覆

superposed peak 叠合峰
　　→~ ripple mark 叠置波痕 // ~ seam 叠层；复层

super(im)position 叠置；叠加；叠积；重叠；被覆；重合

super position 叠置；叠加；叠覆；上叠；重叠

superposition of signals 信号叠加
　　→~ of stress system 应力系统叠加 // ~ theorem 叠加原(定)理

superpotential 超势；过电压

super power 极强(大的)

superpressure 超高压；超大气压

super-pressure balloon 超压气球

superpressured gas reservoir 超压气层

super(position) principle 叠加原理

superprint 叠加；后加[岩石变质组构]

superproton 超质子；超高能质子

superpure 超纯的；最纯的

superquake{super-quake} 超(级)地震

superquick 超快的

superradiance 超辐射；超发光

superradiation 超辐射

super-rapid hardening cement 超快硬水泥；超高速硬化水泥

superreflection 超反射

superrefraction 超折射

superregeneration 超再生

superregional 超区域的

super safety lock 安全门锁

supersaline 超盐性的；强咸的

super-saline 强咸(水)

supersaline seawater{marine} 超咸海水

superseismic 超地震波

supersens 过敏的

supersensibilization 超敏化作用

supersensitive 超灵敏的

supersonic 超音速的；超音频的；超声频；超声的；超声波的
　　→~ coagulation 超声凝结(聚) // ~ oxygen-fuel oil burner 超音速氧燃料油喷燃器 // ~ sounding 超声波探测 // ~ wave 超音波 // ~-wave cleaner 超音波洗净器

superstrata 覆盖岩石

superstratum[pl.-ta] 上覆层；覆盖层

super-strength 超强度
　　→~ periclase brick 高强度方镁石砖

superstructure 表壳构造；保护网{苷}；超结构；上覆构造；上层建筑；上部构造；浅层构造；支架；外壳构造
　　→~ line 超结构线 // ~ of volcano 火山的上层机构{构造}

supersuite 超岩套

super-synchronous motor 超同步电动机

supersystem (地层)超系[由各系统组成的]；超级体系

supertanker 超级油轮
　　→~ terminal 超级油轮装卸油库

supertension 超应力；超限应变；超高压；过应力；逾限应力

superterrane 超地体

superterranean {superterrene} 地上的；地面的；地表上的；地表的；存在于地球表面的；架空的

superterrestrial 世外的；地面上的；地表上的；地表的；天上的

superthickener 超浓密{缩}机

supertransuranic 超重的；超铀后元素(的)

superturbulent flow 超涡动流

superunit 岩套

supervise 管理；监督

supervised classification 监督学习法；监督分类[遥感地质]

supervising authority 上级机关{构}
　　→~{monitoring;supervisory} system 监控系统

supervision 管理；行政管理；监督
　　→(technical) ~ 技术监督 // ~ panel 监视(信号)盘

supervisor's car 管理员专用车

supervisory 管理的
　　→~ control 监控 // ~ control and data acquisition 监视和数据采集 // ~ per-

sonnel 检查人员；监视人员

supervoltage 超高压

superwater 超级水

superwet combustion 超湿式地层燃烧(法)

super-wide-angle aerial camera 特宽角航空摄影机

superwide array 超宽组合

Super X 修珀{拍}X 炸药[一类硝铵胶质狄那那米特炸药]

superzone 超带地层；超带

suphtr 过热器

supplant 取代

supplemental{ancillary} equipment 补充设备
　　→~{support} equipment 辅助设备

supple mentary parts 补充配件

supplementary petroleum duty 附加石油税；补充石油税[英]
　　→~ pressure zone 附加压力带 // ~ provisions 附则 // ~ zone 压密核心带

supplied-air respirator 供氧呼吸器

suppliers' catalog 供应商商品目录
　　→~ tank 供方罐

supplies section 供应科

supplying depot 供油库

supply interruption{suspension} 断电
　　→~ {-}line 供应线 // ~-line 供应管 // ~ reel 供带盘 // ~{material} requisition 材料请求单

support (erection) 立柱支护；凿岩机支架；支架
　　→~{prop up} 支撑[抵抗住压力;勉强维持]

supportability 可支护性
　　→~ stopes 支撑采掘法

support advance length increment 移架步距
　　→~ advance wave 支架移架波；支架前移波

supported 支持的；有支护的
　　→~ opening 矿房；需要支护的巷道 // ~ openings 使用支架的煤房 // ~ shaker 支架式振动输送{运输}机 // ~ spindle gyratory crusher 支轴(式)回转碎矿机；支承轴式旋回破碎机 //(artificial) ~ stope 人工支撑采矿法

supporter 担体；支架；支持者；凿岩机支架；载液；载气[色谱]

support erection 砌壁

supporter of combustion 助燃物

support fin 鳍状支架
　　→~ for front loader 前装载机支撑杆 // ~ function 支撑函数

supporting 托座
　　→~ axle 支承轴 // ~ mobile structures 机动支撑构架 // ~ of rock 岩石支撑 // ~ shoe 鞍座；支承块 // ~ structure 下部结构

support leg 支柱[油罐浮顶]

suppres(s)ant 制止的；抑制剂；抑制性的；遏抑的

suppressant 抑制性的；遏抑的

suppressed 被抑制的；隐蔽的
　　→~ carrier 抑制载波 // ~ weir 压制堰

suppression 镇压；封锁；隐蔽；消除；萎缩
　　→~ control 抑制控制 // ~ of anomaly 异常弱化

suppressor 干扰抑制器；阻尼器；抑制器；

抑制剂；消声器
→~ (grid) 抑制栅极
supra-anal plate 肛上板[节]
supraangulare 上隅骨
supra-Benioff (seismic) zone 上贝尼奥夫带；高贝尼奥夫(震)带
supracellular 超细胞的
supraclavicula 锁上骨
supracleithrum 上匙骨
supraconduction 超导
supraconductivity 超导性
supraconductor 超导体
supracritical volcano 活动性极强的火山；极强烈活动的火山
supracrust 上地壳
supracrustal 基底之上的；地表的
→~ rock 上壳层岩；外壳岩；外地壳岩石//~ rocks 盖层岩石
supraembryonic area 胎房室上区[孔虫]
suprafan 叠覆扇；上叠扇；扇谷下端隆起带
→~ lobe 上置扇叶
supragelisol 永冻上层；永冻层上的物质
suprageneric name 属以上名称[生类]
supragingival calculus 龈上牙(积)石
supraglacial 冰前的；冰面上的；冰川上的
→~{superglacial} debris 冰面岩屑//~ deposits 上冰硫//~ stream 冰上河
supragnathal 上颌片(的)
suprajacent 上邻的
supralateral tangent arcs 上珥
supralittoral 岸上的
→~{supratidal} flat 潮上坪//~{epilittoral;supratidal} zone 潮上带//~ zone 上沿岸带
supramarginalia 上边缘板[棘海星]
supramarilla 上上颌骨
supramarine eruption 陆地喷发
supranuchal area 上颈区
supraoccipital bone 上枕骨
supraocular 眼上的
supraorbital 上眶骨；眼上的
→~ commissure 眶上联络枝//~ sensory groove 眶上感觉沟
supra-ore halo 远矿晕
suprapelos 食泥生物；泥上浮游生物
suprapermafrost layer 永冻层上土层
supraposition 叠加
suprapterygoid bone 上翼骨
suprapygal 上尾散骨
→~{neural} plate 龟背甲//~ plate 上臀板
suprareticulate 具表网
suprascapula 上肩胛骨
suprasil 透明石英
suprasquamosal indentation 鳞骨上缺口
supra{super}-subduction zone 超俯冲带
suprasubturma 超亚类[孢]
supratemporal (bone) 上颞颥骨
supratenuous fold 顶薄褶皱；上薄褶皱
supratidal deposit 潮上沉积
supratopset fan 表顶积扇；超顶积扇
supravolcano 超火山
suprazone of crust 地壳上带
Supremax glass 索普雷马克斯玻璃
supremum 上确界；最小上界
sur 巴西冷风；修尔风
suranal 肛上
→~ (plate) 超肛板[棘]；上肛板

surangular 上隅骨
surazo 冬季(反气旋)寒潮[巴]；苏拉祖风
surcharge load 超载荷重{量}
surchlorure explosive 含氯化物焰剂安全炸药
Surcula 发芽螺属[腹;K₂-Q]
surcurrent 向上延伸的[指叶基翅状伸长]；翅状伸张[叶基]
suredaite 硫锡铅矿[PbSnS₃]
sure-fire delay 准爆迟发；安全迟发
Sure-Lock joint 休尔-洛克连接[管道机械连接法]
surf 拍岸浪；碎浪；激浪；矶波
→~ (zone) 碎波带
surface 水面；表面；表；海面；地表的；磨平面；面；露天金属工；涌出地表；外表
→~-active adsorbate 表面活化吸附物//~ benching 露天矿梯段作业//~ boiling temperature 地表沸点//~ charges 采矿地面费用；矿山地面费用//~ deposit 浅藏矿床
surfaced{dressed} one side 一面磨光(修整)或加工过的
→~ or dressed four sides 四面磨光(修整)或加工过的//~ or dressed two sides 两面磨光(修整)或加工过的
surface drain valve 地面转样阀
→~ durability (表面)接触强度//~ dust{wash} 浮土//~ gravel pack 地面倾倒式砾石充填//~ {-}horizon 地表土层//~ leakage 表面泄漏；矿外漏风//~ leakage rate 矿井外部漏风率
surfaceman 地面工人
surface man 养路工
→~{supergene;hypergene} mineral 表生矿物//~{grass-roots} mining 露天矿//~ paleoheat flow 地表古热流//~ plant pillar 工业广场矿柱//~ pressure coefficient 表面压力系数
surfacer 光面器；平面刨床
surface readout (gear) 地面读出计
→~ rock 双表岩石//~ set diamond 表镶金刚石//~ sinking 地表塌陷[指岩盐矿]//~ tub circuit 地面矿车环行线路
surfacial 覆盖层
surfacing 表面修整；护面；地面淘金；铺面；平面切削；路面；装配面；堆焊；端面切削；镀面
→~{cross} feed 横向进刀//~{surface} lathe 落地车床//~ welding rode 堆焊填充丝
surfactant flooding{flood} 活性溶液驱油(法)
→~ mud 加表面活性(添加)剂的泥浆//~ rear 活性剂尾塞后缘
surf base 破浪基面
→~ beat 破波拥水{拍岸}；浪击
surfboard 冲浪板
surf clam 蛤蜊
surfeit 二氧化碳
su(pe)rficial 地面的；地表的；表成的；路面
surficial material 表层土
→~ sampling 表层取样
surf-riding of crustal slice 地壳薄块冲浪式漂动
surf-shaken beach 强浪蚀带{滨;滩}
su(pe)rfusion 过冷(却)；过冷现象

surf washer 浪式洗矿槽
→~{breaker} zone 拍岸浪带//~{surge;splash} zone 激浪带//~ zone recording 近地面段记录
surge 电涌；滑脱；颠簸；气象潮；起伏；脉动；纵摆；打滑；骤增；阵发；风暴潮；浪涌；放松；波动；冲击波；冲击；冲动；冰川涌流；急变；激喷
→~ hopper 小矿槽
surgence 岩浆侵入
surgent 澎湃的；汹涌的
surge of reciprocating pump 往复泵的脉动(作用)
surgeon 外科医生
surge peak head{load} 高峰负荷
→~ sump 矿泥贮槽[选]
surgical blanking 切除术
→~ mute 部分切除[处理方法]
surging 活塞吸井；电涌；上涌水流；鞭动[提升绳]；脉动；涌浪；喘振；波动；激井
→~ breaker 激散碎波；激破浪//~{galloping} glacier 激发性冰川//~ glacier 阵发性冰川//~ limit 突破极限[分级机]
surinamite 羟假蓝宝石；硅镁铝石[(Al,Mg,Fe²⁺)₃(Si,Al)₂(O,OH)₈;单斜]；苏硅镁铝石[(Mg₂.₂₅Fe²⁺₀.₇₅)(Al₃.₇₅,Fe³⁺₀.₂₅)(BeSi₃O₁₆)]
Surirella 双菱藻属[硅藻]
surite 碳硅铝铅石 [Pb(Pb,Ca)(Al,Fe³⁺,Mg)₂(Si,Al)₄O₁₀(OH)₂(CO₃)₂;单斜]；苏尔石
surkhobite 苏尔赫比石[KBa₃Ca₂Na₂(Mn,Fe²⁺,Fe³⁺)₁₆Ti₈(Si₂O₇)₈O₈(OH)₄(F,O,OH)₈]；钡钙钛云母[(Ca,Na)(Ba,K)(Fe²⁺,Mn)₄Ti₂(Si₄O₁₄)O₂(F,OH,O)₃]
surmicacee 富云母包体
surmicaceous enclave 富云母包体；云母过剩的包体
surmount 越过；突破；克服
surmounted arch 超半圆拱
surname 姓；别名
surocon 苏拉桑风
suroet 苏罗埃风；苏雷特风
surpass 超越；胜过
surphon 表面声子
surplus area 积雪区
→~ heat{energy} 余热
surprise 意外事；惊奇；突然性；吃惊
→~-free projection 非意外推测
surrectic{uplifted} structure 隆起构造
surrender 放弃；解约；交出；退保
→~ of tenancy 退租//~ value 退还金额
surreptitious 诡秘
surrogate 代用品；代理(人)
→~ constraint 代理约束
surrosion 腐蚀增重(作用)
surround 环绕；包围；拱；匝；围绕物
→~ (encircle) 围绕
surrounding 环境；周围的；周边
→~ bed 围岩层
sursassite 锰帘石[5MnO·2Al₂O₃·5SiO₂·3H₂O;单斜]
Surtrace "地面微迹"地球化学勘探{查}采样系统
surveillance 管制；对空观察；监视；监督；监测
→~ network 观测台网//~ radar ele-

ment 监视雷达元件

survey 调查；地质调查；观测；测量；勘查；示踪测井；查勘；普查；观察；俯瞰；考察；勘察；鉴定；检查；探测

(primary;preliminary;prospecting;exploration) survey 初测；踏勘

survey and drawing 测绘
→~ by boring 钻探；钻孔(法)勘探//~ crew 测量人员

surveyed{survey} area 测区
→~ coastline 精测岸线

survey for land smoothing 土地平整测量
→~ for the purpose of locating mineral resources 矿产普查//~ grid 基点网；测网//~ (plug) hole 测量橛插孔

surveying 测绘；勘测
→~ and mine maps 测量与矿图

survey in reconnaissance and design stage 勘探设计阶段测量
→~ line bearing 测线方位//~ meter 检测计//~ monument 测量标石//~ of ditch orientation 露天矿开掘沟道测量//~ of open pit spoilbank 露天矿排土场测量

surveyor's measure 测量度量法
→~ {surveying;measuring} rod 测(量)杆//~ stake 测量标桩//~ {plane} table 平板仪//~ tape 测量卷尺

survey partition 勘探队
→~ peg{stake} 测量标桩//~ records 外业记录//~ {geochemical} sampling 化探采样//~ station clamp 测站钉钢夹//~ the sea bed 探测海底情况

survival 活命的；保全；生存者；残余物；残余；残存物；幸存

survive the winter 越冬

survivor 遗物；幸存者

survivorship 生还；残存；存活率；成活
→~ curve 生存曲线

surwel ˋ萨威尔{舍韦}型偏斜测量仪

susannite 三方硫碳铅石[Pb₄(SO₄)(CO₃)₂(OH)₂;三方]；羟碳铅矾；菱硫碳酸铅矿

susceptibility 敏感性{度}；感受性；灵敏性{度}；磁化率
→(electric) ~ 电极化率//~ to corrosion 易腐蚀性

susceptible 敏感的；灵敏的

suspect 怀疑；认为；估计；觉得；推测
→(criminal) ~ 嫌疑犯

suspend 保留；挂；中止；中断；暂停；悬浮；悬吊；推迟

suspended 悬挂的
→~ fold 悬挂褶皱//~ joint 吊接；悬式接头//~ {suspension} load 悬浮荷载//~ mixture 悬浮混合物//~ {teetering} sand 悬浮沙{砂}

suspending a well 暂停采油{钻井}；井暂停采油
→~ {flue} coal dust 浮游煤层

suspense 中止；暂记；悬而不决；未决；悬垂；未定
→~ credits 暂收款//~ payment {debits} 暂付款

suspension 暂停；悬浊液；悬置；悬运；悬液；悬沙；悬挂物；悬浮体；悬浮；悬而不决；未决；悬吊；悬
→~ (fluid) 悬浮液//~ deck LNG tank 吊顶式液化天然气储罐//~ force 悬浮力//~ gear 提升

容器悬挂装置//~ instrument survey 悬挂仪器测量//~ of mine work 采矿工作中断；停采

suspensoid 悬胶体；悬(浮)胶(体)；悬浮液{体}；悬浮胶体(液)
→~ cracked fuel 悬胶催化裂化燃料//~ process 重介(质)选((矿)法)

suspensor 裹柄[植]；配囊柄；胚柄

sussexite 白硼锰石[MnBO₂(OH);斜方、单斜]；白硼镁锰石；硼锰镁矿[(Mn,Mg)₂(B₂O₅)•H₂O]；硼镁锰石；霓霞斑岩；霞霓斑岩

sustain 确认；支持；证实；遭受；经受住；经受；维持
→~ {hold;uphold} 支撑[抵抗住压力]

sustainable capacity 持续能力

sustained 稳定的；持续的；持久的
→~ infiltration rate 持续入渗率{量}//~ load 持续荷载{负荷}；持久加载//~ loading procedure 持续加荷方法

sustaining activation 支持活化(作用)
→~ slope 顺流坡度；连续斜坡//~ {lift} valve 支撑阀

suttle 净重(的)
→~ {empty;dry} weight 净重

Sutton (electrostatic) separator 萨登型静电分选机
→~ stone 萨顿石

suttosion 融裂作用

sutural 缝合的
→~ basin 缝合带盆地//~ element 缝合线分子[如鞍、叶;头]//~ lobus 缝合叶[头]

suture 缝；缝合；接合带；接缝
→~ (line) 地缝合线；缝线//(loose) ~ 缝合线

sutured boundary 缝合线状边界
→~ quartz 缝合石英

suture joint 微缝合线
→~ line 缝合线[藻]//~ zone{belt} 地缝合带

suturing 缝合

Suw(u)an{Jiangsu-Anhui} movement 苏皖运动

suzukiite 硅钒钡石；苏硅钒钡石[Ba₂V₂⁴⁺(O₂)Si₄O₁₂)]；铃硅钒钡石

svabite 砷灰石[Ca₅(AsO₄)₃F;六方]

Svalbardella 斯氏藻属[K-E]；斯伐尔巴藻属

svanbergite 硫磷铝锶矿；菱磷铝锶石[SrAl₃(PO₄)(SO₄)(OH)₆]；磷锶铝矾[SrAl₃(PO₄)(SO₄)(OH)₆;三方]；铂铱矿[(Ir,Pt);等轴]

svartmalm 磁铁矿[Fe²⁺Fe₂³⁺O₄;等轴]

Svecofennian 瑞芬系

sveite 斯万氮石；氯硝钾铝华；硫硝钾铝华

sverigeite 斯维里格石；铍锡锰矿

Svetliella 斯韦特叠层石属[Z]

svetlozarite 斯维洛查石；钾丝光沸石[(Ca,K₂,Na₂)Al₂(Si,Al)₁₂O₂₈•6H₂O;斜方]

sviatonossite 辉榴正长岩；褐硫钠质正长岩

svidneite 斯钠闪石

svitalskite 镁铁云母[(K,Na,H₂O)(Mg,Fe²⁺,Ca)(Al,Fe³⁺,Ti)((Si,Al)₄O₁₀)(OH)₂]；绿鳞石[(K,Ca,Na)₍₁(Al,Fe³⁺,Fe²⁺,Mg)₂((Si,Al)₄O₁₀)(OH)₂;K(Mg,Fe²⁺)(Fe³⁺,Al)Si₄O₁₀(OH)₂;单斜]

swab 海绵；清渣工具；清除炮眼用木棒；棉签；擦洗；擦去；抽子；抽油活塞；抽吸；拖把；(给……)涂药水
→~ back into production 再抽汲诱流

swabbing{sucking} action 抽吸作用
→~ pig 清扫器//~ pressure 抽汲压力

swab cup 承杯
→~-man 钻进管道进行清理的工人

swage fill deposit 浅沼沉积；填洼沉积；滩槽沉积

swager 锤锻机

swale 湿洼地；地面过水浅槽；底碛洼地；浅沼地；低湿草地；平原微洼地；沼泽地；沼地；洼地；滩槽
→~-fill deposit 填洼沉积

swallet 灰岩坑；石孔；石缝；地下水；地下河；落水洞；落渗河；矿井涌水；小溪流入地下的进口
→~ (stream;river) 伏流//~ hole 溶岩洞；陷阱；斗淋

swallow (岩脉)疏松部位[岩脉的]；耗尽；取消；落水洞；矿脉易渗水的地点；矿脉破碎多孔隙的地点；吸收；吸孔；吞
→~ {sink} hole 灰岩坑//~ hole 石灰坑；陷落洞；吞口//~-hole drainage pattern 燕窝水系

swallowing-capacity (涡轮)临界流量

swallow storm 燕风暴

swallowtail 燕尾形物；燕尾

swallow-tail twin 燕尾双晶

swamboite 斯铀硅矿[U₁/₃H₂(UO₂,SiO₄)₂•10H₂O]；斯硅铀矿；水硅铀矿[U(SiO₄)₁₋ₓ(OH)₄ₓ]

swamp 树沼(泽)；湿地；低湿的；泥沼；闭塞；木本沼泽；煤层聚水洼；林泽；沼泽地；沼泽；(使)应接不暇；开拓[采掘前修建巷道等工序总称]；淹没；陷入困境；开辟[道路]
→~ community 沼泽群落//~ deer 南美沼(泽)鹿[Q]//~ ditch 排水渠(道)

swamped 沼泽化的

swamp environment 沼泽环境
→~ forest 沼泽林

swampiness{swamping} 沼泽化

swamping effect 淹没效应；浸没效应

swampland 沼泽地

swamp muck 沼泽泥炭；沼地泥炭
→~ of hot mud 热泥塘；热泥潭//~ {morass;lake;bog;brown; swampy} ore 沼(褐)铁矿[Fe₂O₃•nH₂O]//~ ore 磷氯铅矿[Pb₅(PO₄)₃Cl;六方]//~ {in-situ;autochthonous} theory 原地成煤说

swampy 沼地的；多沼泽的
→~ basin 沼泽盆(地)//~ ground 低湿地

swan 弯曲的；(车辆等)蜿蜒地行驶；天鹅
→~ neck 弯管//~-neck 弯曲头

swap 交换；对换
→~-in 换入//~-out 换出//~ winch 回柱绞车

sward 草地

swarf 切屑；扩孔工具

swarm 群集；群；爬；密集；一大群；岩脉群；充满；成群
→~ earthquakes 震群；群震；群发地震

swarmer 蜂群；游动孢子

swarm of dikes 岩墙群；岩脉群
→~ of earthquake 地震群//~ of paints 点群//~-type earthquake 震群型地震

swarthy 浅黑的

swartzite 碳钙镁铀矿[CaMg(UO₂)(CO₃)₃•12H₂O;单斜]

swash 晃动；上冲流；海水冲(刷引起)的(浪花)；浅滩；泼散；泥泞地；流溅；波浪上爬；冲涌，冲洗；冲刷滩；冲流；冲溅；冲激；狭水道[沙洲上]
→~ (channel) 冲流水道 // ~-backwash zone 冲洗回流带 // ~ bulkhead 缓冲舱壁 // ~ cross-bedding 冲洗交错层理

swashplate 滑盘[直升机]；挡水板；挡板；旋转斜盘

swash plate 防波板；旋转斜盘
→~-plate pump 摆盘式油塞泵

swath 收割的刈痕；行幅；切槽；割道；一行；线束三维观测；细长的列；条带；条
→~ method 割草法[一种三维勘探]

S wave 等积波
→ ~ {rotational} wave 有旋波 // ~ {secondary;subsequent} wave 续至波 // ~-wave 切变波

S{crossing}-wave 横波；二次波

sway brace 支撑臂；斜支撑
→~ braced derrick 斜撑型钻塔 // ~ rod 斜撑

Swazian 斯瓦齐代

Swaziland 斯威士兰
→~ system 史瓦济兰系

swbs 西南偏南

sweated environment 污浊环境
→~ {sweat(ing)} wax 发汗石蜡

sweater dross 热析浮渣

sweating 表面凝水；渗出；烧析；热析；甘油渗出；发汗
→~ action 浸润作用 // ~ soldering 热熔焊接

sweat shop 地下工厂

Swedenborgia 史威登堡果属[植;T₃-J₁]

swedenborgite 锑钠铍矿[NaBe₄SbO₇;六方]

swedged nipple 异径接头

swedging operation 减径运行

Swedish circle method 瑞典圆弧法
→~ fall-cone method 瑞典落锥法 // ~ timber set 瑞典式框式支架 // ~-type car dump 瑞典型连续底卸式矿车卸载装置

sweep 扫除；疏浚；吊杆；扫油[三次采油]；扫描；扫海；扫板；扫；包围；驱扫；驱出；曲线；清扫；排除；复合支脉；拂掠；范围；波及；金属屑；冲刷；冲去；弯路；弯流；弯道

sweep angle valve 弯管角阀
→~ area 波及面积

sweepback 后弯；后掠形

sweep band width 扫描信号带宽

sweeping 彻底的；扫管(线)；呈弯曲状的

sweepings 废屑；金银屑

sweeping tail 扫尾；拖尾
→~ up (mo(u)ld) 车制砂型 // ~ vehicle 清道车

sweep limits 扫描范围
→~ moulding 冷铸型刮砂 // ~ of duct 管道弯头 // ~ of gases 气体洗选

sweepout 扫除；驱扫；驱出
→~ pattern 已定井网下的扫油路线 // ~ pattern efficiency 井网扫油效率

sweep record 扫描记录

sweepstakes route 漂流航线；动植物疏开线

sweep stone picker 捡石机
→~-type agitator 扫动式搅拌机

sweet 新鲜的；无烟味的；无瓦斯的；脱(去)硫的(油品)；甜的
→~ brine 无硫卤水 // ~ coal 香煤

~ dry gas 脱硫干气

sweetener 好处；促进剂；脱硫设备；甜料

sweetening 低硫气；无硫化氢气
→~ of ore 提高矿石的平均金属含量[精选富矿部分] // ~ of soil 土壤中和

sweet gas 不含硫化氢的天然气

sweetite 羟锌石；四方羟锌石[Zn(OH)₂]

Sweetland filter 斯维特兰型叶片过滤机

Sweetognathus 斯威特`刺{牙形石}属[C₃]

sweet roast 去硫焙烧
→~ soil 非酸性土 // ~ {sweetish} taste 甘味 // ~ water 饮料水

sweetwilliam 美国石竹；美洲石竹

swell 肿胀；长浪[从大洋到达海岸的]；溶胀；海涌；地层变厚；海隆[海洋地质]；海底隆起；膨起；泡涨；鼓起；构造隆起；煤层加厚；大舒缓穹窿；大浪；陆隆；猪背岭；增长；浪涛；浪刷岩；矿层扩大；岩层变厚；冻胀；松散比；膨胀；变厚[地层]；涌浪[海]；加厚；煤层扩大；隆起[构造]

swellability 可膨胀性

swellable clay 膨胀型黏土

swell and swale topography 波状地形
→~-and-swale topography 高低相间地形；波状碛原地形

swelled coupling 扩孔器；镦粗的钻杆接头
→~ dowel anchor 胀销式锚杆 // ~ ground 膨胀土

sweller 溶胀剂；膨胀剂

swell(ing){expansion} factor 膨胀系数

swell factor 松散系数
→~-head 起浪水头；激升水头

swelling 溶胀；肿块；地层变厚；底鼓；隆起；涌水{浪}；冻胀
→~ capacity of coal 煤的膨润度 // ~ chlorite 假绿泥石 // ~ rock 鼓胀岩石

swell of seafloor 海底隆起
→~ ratio 膨胀比 // ~-shrinking soil 膨缩土；胀缩土 // ~ {surging} wave 涌浪

swelly 煤层局部加厚

swemar generator 扫频与标志信号发生器

swept{mined;worked-out} area 已采区
→~ area 扫除矿粉的开采区 // ~ quartz 驱杂石英

swift{rushing} current 急湍；湍流

swill 冲洗

swilley 坑内巷道洼处

swilleys 膨胀；煤层被泥沙充填部分；岩层局部变厚

swilly 煤层侵蚀部分；煤层断开部分；岩层膨胀

swimmer 浮球[用于选择性封堵上部射孔孔眼]；浮标

swimmeret 游泳肢

swimmers 游泳类

swimming 游泳(的)；眩晕；充水的
→~ bladder 浮鳔 // ~ leg 游泳肢 // ~ stone 漂浮砾石；浮蛋白石

swine 猪

swineback 煤层中夹泥沙；马脊岭；猪背岭；猪背脊；夹层岩石

swinefordite 斯温福石；富锂蒙皂石；锂蒙脱石[(Li,Ca,Na)(Al,Li,Mg)₄(Si,Al)₈O₂₀(OH,F)₄;单斜]

swinestone 臭石灰岩；臭石灰；臭灰岩；臭方解石

swing 振动；摇摆；摆动；回转；使摇摆；趋势；漂移；摇度；(使)摇荡；旋转的；

悬挂的；悬杆；摆幅；摆；摇杆[改变抽油拉杆水平方向]

swing (motion) 摇动；倾向；转向
→~ {swinging} angle 转动角

swing cam 摇动凸轮
→~ door 安全风门

swinger line 回转机构

swing excavator 全回转式挖掘机
→~-hammer feed regulator 摆锤式给矿调节闸门

swinging 边移(作用)；(频率)不稳定；信号强度变动；波动
→~ a claim 调整矿区形状 // ~ boom 转动吊臂 // ~ {shaker} chute 摇动溜槽 // ~ of meander belt 曲流带的侧移{摆动}

swing{moving} jaw 动颚
→~ jaw shaft 动颚轴 // ~ mark 摆动沙痕 // ~(ing) mechanism 回转机构；(电铲)转动机构[装载机] // ~ post 摇柱[联合抽油装置中的中间柱] // ~ shift 轮班制

swirl 回荡；流；旋风；漩涡；旋状体；旋涡；涡流；紊流
→~ angle 涡流角 // ~ burner 扰动式喷燃器

swirled{convolute} lamination 卷曲纹理
→~ rock 旋涡状岩石

swirl-flow combustion 旋流燃烧

swirling 旋流的；涡流的；成旋涡作用
→~ action 旋涡作用 // ~ motion 淤涡运动

swirl nozzle 旋流喷嘴

swirlplate 涡流板[旋涡孔板]

Swiss law 瑞士(双晶)律；道芬律[瑞士(双晶)律]

switch (gear) 开关；配电板
→(railway) ~ 道岔；翻转开关

switchback station 尽头折返转向站；独头会让站

switch blade 刀闸开关的铜片
→~ blade{tongue} 辙尖

switched connection 转接
→~ line 交换线路

switcher 调车机车；(油罐)倒罐工；转换开关；分支脉[主脉的]

switchgear 配电联动器；开关交换设备
→~ building 配电室

switch-hook 钩键

switching 调车；启闭；转辙；转换；开关

switch in series 串联开关

switchman{switch man} 转辙工；扳道工

switch plate 转车盘
→~ rails 铁道侧线 // ~ stand 转辙`器{握柄}座 // ~-tender 扳道工

switzerite 蛇纹石[Mg₆(Si₄O₁₀)(OH)₈]；叶蛇纹石[(Mg,Fe)₃Si₂O₅(OH)₄;单斜]；纤蛇纹石[温石棉;Mg₆(Si₄O₁₀)(OH)₈]；水磷铁锰石[(Mn²⁺,Fe²⁺)₃(PO₄)₂·4H₂O;单斜]；瑞士石

swivel 活节；活动接头；回转；枢轴；转体；管接头；钻井水龙头；转轴；转头；转节；旋转台；旋转；接管；铰接

swivelling 转环式车钩；可旋转的
→~ idler 旋转滚柱 // ~ tool post 回旋刀架

swivel (goose)neck 水龙头(的)鹅颈(管)
→~ {slack} off 松开

swjaginzewit 铅锡铂钯矿

swollen micellar solution 溶胀性胶束溶液
→~ micelle 泡胀胶束

swoon 晕

Sycephalis 集珠霉属[真菌]

sychnodymite 灰辉铜钴矿[(Co,Cu)₄S₅,常含有 Ni]；硫铜钴矿[CuCo₂S₄;Cu(Co,Ni)S₄;等轴]

Sychytrium 集壶菌属[真菌;Q]

Sycidium 直立轮藻(属)[D-C₁]

sycite 尖圆卵石

sycon 双沟型[绵]；毛壶

Sycondra 指状海绵

syconoid 双沟型[绵]；指型；指海绵型

syderite 磁铁矿[Fe²⁺Fe₂³⁺O₄;等轴]

syderolite 陶土[Al₄(Si₄O₁₀)(OH)₈;Al₂Si₂O₅(OH)₄]

syenite 黑花岗岩；正长岩

syeniteporphyry{syenite{orthoclase} porphyry} 正长{长石}斑岩

syenitoid 正长岩类；似正长岩

syenoid 次长正长岩；似正长岩

syepoorite 块硫钴矿[CoS]

syhedrite{syhadrite} 辉沸石[NaCa₂Al₅Si₁₃O₃₆•14H₂O;单斜;不纯]

syke 小溪

syllabus[pl.-bi] 摘要；大纲；教学大纲

sylva{silva}[pl.-s,-e] 森林；树木；林木志；树志

sylvan 自然碲[Te;三方]

sylvanite 针碲金矿[(Au,Ag)Te₂]；自然碲[Te;三方]；碲；针碲金矿[AuAgTe]；针碲金银矿[AuAgTe₄;单斜]

sylvate 松香酸盐

Sylvester 撤柱器

sylvester 回柱器；回柱机；手摇链式回柱机
　　→~ chain 回柱器链

sylvialite 硫钙柱石；硫方柱石

sylviit 钾盐[KCl]；钾石盐[KCl;等轴]

Sylvilagus 棉尾兔属[Q]

sylvin(ite) 钾盐[KCl]；氯化钾[KCl]

sylvine 氯化钾钠矿；钾盐[KCl]；钾石盐[KCl;等轴]

sylvinite 钾石盐矿岩{石}；钾石盐[KCl,等轴;KCl 与 NaCl 的混合物]

sylvinohalite 杂钾石盐

sylvite 钾盐[KCl]；钾石盐[KCl;等轴]

sylvogenic{sylvestre;forest;wooded} soil 森林土

sylvosteppe 森林草原

sylvyne 钾石盐[KCl;等轴]

symant 钛锶矿[人工合成]

symbiont 共生体
　　→~ manager 共存程序管理程序

symbiotic 同生物的；共生的[生]
　　→~ association 共生组合[生]//~ bacteria 共生细菌//~ mud flow 共生型泥石流

symbol(ic) code 符号(代)码
　　→~ dictionary{table} 符号表

symbolism 符号体系

symbol map 花样图
　　→~{sign} of operation 运算符号

symesite 水氯氧硫铅矿[Pb₁₀(SO₄)O₇Cl₄(H₂O)]

symmetria 对称
　　→~ bilateralis 两侧对称//~ radialis 辐射对称

symmetrical 平衡的；匀称的；调和的；匀称
　　→~ about centerline 与中心线对称的//~ deformation 对称变形//~ distri-

bution 对称分布

symmetric(al) array{component} 对称组合
　　→~ closed system 对称封闭油藏{系统}//~ free motion method 对称式自由运动法//~ molecule 对称分子

symmetry 匀称

symmictite 火成混合角砾岩；混杂陆源沉积岩；混粒岩；混积岩[熔岩沉积物混合体,如冰碛岩]

symmicton 混积物；泥砾岩；杂层；冰碛

symon fault 煤层凸起；凸起
　　→~ fault{horseback} 隆起[马背状]

Symons horizontal screen 西门子平箱筛
　　→~ shorthead 西门子短头型圆锥破碎机

sympathol 酒石酸对羟福林

sympatric population 同地居群
　　→~ speciation 同域(性)种(分化)//~ species 分布区重叠种

sympatry 同域

sympetalous 合瓣的[植]

Symphala 综合类[节多足]

symphitic 同生的

Symphyla 综合亚纲

symphylium 胶合板[腕]

symphyllode{symphyllodium} 球鳞；珠鳞

symphyllous 联生叶的[植]

symphysis 联合[骨的]

Symphysurina 小黏壳虫属[三叶;O₁]

Symphysurus 黏壳虫属[三叶;O₁₋₂]

symphytium 胶合双板[腕]

sympiesometer 弯管流体压力计

symplectic 偶对(的)；鱼类缝合骨[续骨]；辛的
　　→~ bone 续骨[鱼类]；缝合骨[鱼类]

symplectite{symplektite} 后成交织连晶[后成合晶]；后成合晶

Symplectophyllum 织珊瑚属[C₁]

symplesiomorphic character 共同祖征

symplesiomorphy 共同祖征；类似

symplesite 水砷铁矿；砷铁石{矿}[FeAs₂;Fe₃²⁺(AsO₄)₂•8H₂O;三斜]

symplex 疏合物；松合物
　　→~ structure 后成叉生结构

Symploca 束藻属[蓝藻;Q]

Symplocaceae 灰木科；山矾属

Symplocoipollenites 山矾粉属[孢;N₁]

Symplocos 山矾属

sympod(ite) 基肢；始肢[55.8～33.9 Ma];合肢{原足;原肢}[节]

sympodial branching 合轴分枝[植]
　　→~ dichotomy 合轴二歧式[植]

sympodite 合肢[节]

sympodium 合轴

sympolyandria 杂居群聚{集群}

symporia 迁移群聚

symposia 论文集；论丛

symposium[pl.-ia] 座谈会；论丛；论文集；专题

synadelphite 砷铝锰矿[5MnO•2(Mn,Al)₂O₃As₂O₃•SiO₂•5H₂O;　(Mn,Ca,Mg,Pb)₄(AsO₄)(OH)₅]；羟砷锰石[Mn₅(AsO₄)₂(OH)₄;斜方]；辛羟砷锰石[(Mn,Mg,Ca,Pb)₉(As³⁺O₃)(As⁵⁺O₄)₂(OH)₉•2H₂O?;斜方]

synaeresis 脱水收缩作用
　　→~{contraction;shrinkage} crack 收缩裂隙

synangium[pl.-ia] 聚囊黏菌属；聚合囊[植]

synantectic 边反应边生成的；界生的；次变边的

→~ {reaction} mineral 反应矿物//~ mineral 会生矿物

synantexis 岩浆后期蚀变(作用)

synapomorphic character{synapomorphy} 共同衍征

Synapsida 兽形类；兽群；单弓亚纲[爬]；单弓目；下孔亚纲[爬]

synapsid type of skull 单弓型颅

synapticula[sgl.-lum;pl.-e] 横刺；骨棒；横梁[绵;珊]；横棒；联板

synapticulae 粒状融合体

synapticulotheca 横梁外壁[珊]

synapticulum 横刺

synaptidae 锚海参科[棘]；锚参科

Synaptophyllum 联会珊瑚属[D₂]

Synaptosauria 楯龙亚纲；联龙次亚纲

synaptychi 双瓣口盖；合口盖[头]

synarthrosis 不动关节

syncarcinogen 综合致癌因子

Syncarida 合虾总目；原虾类

syncarpous 合心皮(果)的[植]

synchisite 菱铈钙矿

synchroclock 同步电钟

synchro{holding;synchronization} control 同步控制

synchrocontrol receiver 同步控制接收机

synchrodrive 自同步；同步传动

synchrology 群量分布学；植物时间分布史

synchromesh 同步配合；同步啮合

synchronal 同时的

synchroncontrol 同步控制

synchroneity 同时性；等时线；同时面；同时地层；同时；同期性；同步性；同步的

synchronic 同时的

synchronized oscillation 同步振动

synchronizing 同步的；同步
　　→~ pulse 整步脉冲//~ separator tube 同步信号分离管

synchronogenic 同生的

synchronology 古植物分布学

synchronometer 同步计

synchronous 同时的；同期的；同步的；同步
　　→~ condenser 同步调相机//~ signalling 同步信号

synchrony 同时性

synchroprinter 同步印刷器{机}

synchrotie 电轴；同步耦合{联结}

synchrotrans 同步转换

synchrotron emission 同时加速器发射

Synchrotron X-ray Topography 同步辐射 X 射线形貌分析

synchysite 菱铈钙矿；直氟碳钙铈矿[(Ce,La)Ca(CO₃)₂F;六方]；辛氟碳钙铈矿
　　→~-(Y) 菱氟钇矿石；氟碳钙钇矿；直氟碳钙钇矿[(Y,La)Ca(CO₃)₂F;六方]//~-(Nd) 直氟碳钙钕矿[(Nd,La)Ca(CO₃)₂F;六方]

Synchytrium endobioticum 癌肿病
　　→~ puerariae 葛拟锈病菌

synclase 收缩裂隙；同生裂隙

synclastic 顺碎裂面的
　　→~ plane 顺裂碎面

synclinal{trough} axis 向斜轴
　　→~ bowl 向斜凹地//~ keel{ridge} 向斜脊//~{trough;syncline} limb 向斜翼

synclinaloid 假向斜[腕]

synclinal strata 向斜层
　　→~ trough{bend} 向斜槽//~ {canoe}

S

valley 向斜谷

syncline 向斜层；向斜
→~ slope 向斜翼// ~ trough 向斜槽

synclinore 复向斜

synclinorial zone 复向斜带

synclinorium[pl.-ria] 槽向斜；复向斜

Syncolporites 合沟孔粉属[孢;K₂]

syncon 电视会议；电话会议

Synconolophus 厚齿象；糙齿象属[N₂]

synconvergence 同收敛期的；同会聚期的

sync pedestal 消隐脉冲峰值

syncrude 合成原油；合成石油(通过液化、气化生产的洁净燃料)

syncrystallization 同结晶

sync signal purifier 同步信号纯化器

syncytium[pl.-ia] 多核体；合胞体

syndactylous 并指{趾}的

syndeformational 同变形的

syndemicolpate 具合半沟

syndeposit 同沉积

syndepositional 与沉积同时的；同沉积期的

syndetocheilic guard cells 复唇型保卫细胞
→~ type 连唇型[古]

syndiagenesis 同成岩作用；同成兴作用

syndiagenetic stage 同生成岩期；同成岩期

syndicate 企业联合组织；辛迪加

syndynamic 同动力期的[同构造期的]

Syndyoceras 四角鹿；并角鹿(属)[N₁]

Syndyograptus 孪笔石属[O₂]

syndyotaxy 反式立构

Synechococcus 聚球藻属

Synechocystis 集胞藻属

Synedra 针杆藻属[硅藻]

syneklise 陆槽

synemplacement 同侵位期的

synepeirogenic 同造陆期的

syn(a)eresis 胶体脱水收缩作用；脱水收缩(作用)[胶体]

syneresis vug 脱水收缩晶簇

synergetic 合作的；协作的
→~ approach 共同研究；协力合作法// ~ effect 协同作用// ~ log 合成测井(图)；计算机综合显示测井(图)

synergetics 协同学

synergism 最佳协和作用[神人协力合作说]；协同；协和作用

synergist 增效剂；增强器；协和剂

synergistic 叠加的
→~ action 增效作用；协和作用// ~ agent 增效剂// ~ evaluation 综合评价；协作评价

synformal syncline 向形向斜

synfuel 合成燃料

syngas 合成气；煤的气化

Syngastrioceras 合腹菊石属[头;C₂]

syngenetic 共生的；共成的；原生的；同生的
→~ {symphitic;symphilic} deposit 同生矿床// ~ ore-forming theory 同生成矿说

syngenetics 群基遗传学

syngenetic theory 同生论

syngeneti(ci)sm 同生论；共生作用

syngenite 钾石膏[K₂Ca(SO₄)₂•H₂O;单斜]

syngeothermal 等地温的

synglyph 户同生印模；同生印模{痕}

syngony 晶系

syngranitic deformation 同花岗岩期变形

syngroup 同构造层

Synia 狭缩羊齿属[P]

synkinematic 同构造(期)的
→~ granite 同造山运动花岗岩

syn-late-orogenic 晚造山同期的

synmagmatic 同岩浆期的

synmetamorphic 同变质的
→~ granite 同变质花岗岩

synmorph 同源同(结)构包体

synmorphe 同(源)结构包体[法]

synneusis 聚晶作用
→~ texture 游聚结构// ~ {combination} twin 聚接双晶// ~ twin 会合双晶

synnyrite 淡橄白榴正长岩

Synocladia 共枝苔藓虫属[C-P]

synodic(al){lunar} month 朔望月

synonym(y) 类似物；对译语；同义名；同物异名[古]；同义

synonymous 同义

synopsis[pl.-ses] 一览表；对照表；说明书；大纲；梗概；提要

synoptic view 概观图像

synore 同成矿期的

synorogenic 同造山期的
→~ coalification 褶皱期煤化作用// ~ period{stage} 同造山期// ~ wedge 同造山期楔体

Synprionodina 同锯片牙形石属[D₂-P₁]

synresurgence 同期再生

synrhabdosome 群笔石体；笔石簇；总群体

synsacrum 鸟；综荐骨[鸟类]；愈合荐椎

synsedimentary bank 同沉积
→~ deformational process 同沉积变形作用// ~ exhalation hypothesis 沉积同期喷气假说// ~ {growth} fault 同沉积期断层

synsitia 壳外共生

Synsphaeridium 连球藻属[Ar-Z]

synsubduction 同俯冲作用的

syntactic 合成的；综晶体；体衍生的
→~ foam 空心微球泡沫塑料；微珠组合泡沫胶// ~ growth 取向连生；共晶格取向连生;体衍生// ~ intergrowth 体衍互{交}生

syntagmatite{syntagmit} (黑)角闪石；角闪石[(Ca,Na)₂₋₃(Mg²⁺,Fe²⁺, Fe³⁺,Al³⁺)₅ ((Al, Si)₈O₂₂)(OH)]

syntaxial 共轴的

syntaxis 汇聚；弧束{结}；(地层)衔接；山脉束；向心会聚；并合

syntectic 综晶体；综晶；同熔作用
→~ rock 同熔岩

syntectics 熔化的；同熔岩

syntectite 熔成岩；同熔岩

syntectonic 同构造(期)的；同造山期的；同动力期的[同构造期的]
→~ clastic wedge 同构造(期)碎屑楔状{楔状碎屑}体// ~ pluton 同时构造深成岩体；同生构造深成岩体

syntectonism 同构造(作用)

syntelome 复合顶枝

Syntex 辛太克斯

syntexite 同熔岩

Syntex L ×选矿药剂[椰子油酸单甘油硫酸盐]

synthesis[pl.-ses] 合成作用；综合(法)；合成(法)；拼合
→~ by electric discharge in liquid 液中放电合成// ~ of convolution 卷积合成

synthesize 合成
→~ {compound} ooid 复鲕

synthetic aperture sonar 合成孔径声呐
→~(al) asbestos 合成石棉// ~ colored resin 合成染色树脂// ~ core 假岩芯// ~ crude 合成原油// ~ cut stone 人造宝石// ~ diamond-lapping compound 合成钻石研磨膏// ~ {homothetic} faults 同组断层// ~(al){patent} fuel 合成燃料// ~ gem{jewel} 人造宝石// ~ {delanium} graphite 人造石墨[化]// ~ petroleum 合成石油(通过液化、气化生产的洁净燃料)// ~ stone{gem} 合成宝石

synthetize 合成

synthon 合成纤维

syntonizer 共振器

syntopogenic 同境生的；同环境形成的

Syntron vibrator 辛特隆振动器[磁力筛分级用]

Syntrophia 共凸贝(属)[腕;O₁]

Syntrophina 准共凸贝属[腕;O₁]

Syntrophinella 小准共凸贝属[腕;O₁]

syntrophism 互养作用

Syntrophopsis 拟共凸贝属[腕;O₁]

Synura 黄群藻属；金藻属[Q]

synusia[pl.-e] 层片；生态群；同型(同)境群落[植]

synusium 生态群；层

synvolcanic 同火山(期)的

Synxiphosura 共剑尾目

synzoochory 动物传布

syphon 虹吸；弯管

syphonic 虹吸式的
→~ inclinometer 钻孔液刻测斜仪

sypoxic hypoxia 缺氧性缺氧

Syracosphaera 西拉科球石[钙超;E₂-Q]

Syrian garnet 沙廉榴石

syringaxon 环珊瑚；管轴珊瑚属[S-D]

syringe 灌注器；喷射器；喷射管；注油器；注射器；注射；洗器器；洗涤；冲洗；唧筒
→~ glass 注射器玻璃

syringic acid 丁香酸

Syringocnema 管古杯属[Є₁-S]

Syringopora 笛珊瑚；笛管珊瑚(属)[O-P]

Syringostromella 小笛管层孔虫属[D₂]

syringothyris 管孔贝属

syrinx 管孔[腕]

syrosem 岩屑土

Syrrhipidograptus 群扇笔石属[O₂]

syrup 浆；糖浆

syserskite 灰铱锇矿

sysertskite 灰铱锇矿；铱锇矿[(Ir,Os),Os > Ir;六方]；暗铱锇矿

sysserskit 铱锇矿[(Ir,Os),Os > Ir;六方]

syssiderite 石铁(质)陨石；铁硅陨石

system 设备；组；装置；秩序；制度；制；分类法；分类；方式；方法；晶系；系统；系；体制；体系
→(organized) ~ 组织// ~ {systematic} analysis 系统分析

systematical distortion 系统失真

systematic{series;serial} arrangement 顺序排列
→~ {biassed;system(ic);serious} error 系统误差// ~ groundwater investigation 系统地下水调查

systematics 种系学；分馏系列[同位素];分类学；分类法

systematic stratified reservoir 正或反韵律产层；有规则排列的层状油藏

→~ well testing 系统试井；稳定试井

systematology 系统学；体系学

system{master;overall} design 总体设计

systemic mutation hypothesis 系统突变假说

system(at)ize 系统化

system management theory 系统管理理论
→~ of mineralogy 矿物学大系∥~ of ore dressing 选矿方法∥~ of working 回采方式；采矿方法

systole 收缩

systone 石组；组石；岩组；岩块系

systox 内吸磷[虫剂]

syzgy 并孢子

Syzranian age 西兹兰层

syzygial 塑望(性)的[天]
→~ joint 密结的关节

syzygy 朔望；密结结合[棘海百]；不可动关节；西齐基风
→~ {syzygial} tide 大潮

szaboite 紫苏辉石[$(Mg,Fe^{2+})_2(Si_2O_6)$]

szaibelyite{szajbelyite} 硼镁石[$Mg_2(B_2O_4(OH))(OH);2MgO \cdot B_2O_3 \cdot H_2O;MgBO_2(OH)$;单斜]

szaskaite 菱锌矿[$ZnCO_3$;三方]

szaszkaite 闪锌矿[$ZnS;(Zn,Fe)S$;等轴]；镉闪锌矿[$(Zn,Cd)S$]；菱锌矿[$ZnCO_3$;三方]

szechenyiite 剥钠闪石[$Na_2Ca(Mg,Fe^{2+},Al)_5((Si,Al)_8O_{22})(OH)_2$]

Szechuan block 四川地块

Szechuanosaurus 四川龙

szik{alkali} soil 碱土[碱土金属的氧化物]

szmikite 锰矾[$MnSO_4 \cdot H_2O$;单斜]

szomolnokite 水铁矿[$5Fe_2^{3+}O_3 \cdot 9H_2O$; 六方]；水铁矾[$Fe^{2+}SO_4 \cdot H_2O$;单斜]；硫酸亚铁矿

szymahskiite 契曼斯基石[$Hg_{16}^{1+}(Ni,Mg)_6(CO_3)_{12}(OH)_{12}(H_3O)_8 \cdot 3H_2O$]

szyrt 内陆剥蚀高原；流沙；梁地

S

T
t

T 超重氢[H³];三叠系;三叠纪[250～208Ma,华北为陆地,华南为浅海,卵生哺乳动物出现,陆生恐龙出现,海生菊石繁盛;T₁₋₃];垓[10¹²];周期;兆兆[太(拉)];氚;T形接头;太

Ta 钽

taaffeite 铍镁晶石[BeMgAl₈O₈];塔菲石[MgAl₄BeO₈;六方]

tabakerz 羟钒铜矿[Cu₅(VO₄)₂(OH)₄;斜方?]

tabasheer{tabaschir} 乳白石[SiO₂•nH₂O];竹节石;竹黄[含石灰石和硅石的竹的分泌物];天竺黄

tabas(c)hir 竹节石

tabaxir 竹黄[含石灰石和硅石的竹的分泌物]

tabbing 固定[火药块的]

tabby 灰砂;沙砾土(混合物);砂夹碎石;贝壳灰砂

tabbyite 韧沥青

tabella[pl.-e] 侧板;斜板[腔];小横板

Tabellaria 平板藻(属)[硅藻;N-Q]

tabergite 叶绿泥石

taber{segregation;sirloin-type;segregated} ice 分凝冰

tabetification 冻土间融层形成作用

tabetisol 融冻土层;不冻土;冰原夹土

tabetsoil 融解土层;溶化土;融冻土壤

Tabianian 塔比安(阶)[欧;N₂]

tabirite 铁英岩

table 顶饰面;表格;表;地块;平盘;平面;平地;平板;牌子;目录;高原;陆块;陆台;桌;列入表内;列表;造册;一览表;图表;图;架;台坪;台;索;顶面[石]
→~ (concentrator;classifier) 淘汰盘;摇台;盘形宝石;台地//~ (oscillating) ~ 摇床//~ arm 台臂

tableau format 表格结构;表的格式

tableberg 平顶冰山;桌状冰山

table casting 台式浇注
→~ classifier 摇床用(的)分级机//~ concentrate 摇床精煤{矿};淘汰盘精矿[煤]//~ deck 床面[摇床]//~ diamond 顶面切平的金刚石;盘型孔板钻石//~ drive 转盘传动//~ feeder 平板给料器{机}

tableland 海台;海底高原;海底高地;高原;台地
→~ in mesa 台地

table language 表语言
→~-like 桌状的;板状的

Table Mountain 山案座

table mountain{rock} 平顶山;桌状山
→~ of correction 改正表;校正表//~ {platform} reef 台礁//~ separation

{concentration;work;cleaning} 摇床(精)选

tables of the moon 太阴表

tablet 顶面琢平的宝石;板(状)晶(体);笠石[建];药片{饼};压块;便笺簿;牌;制块;小(晶)片;小板体;碑;界石

tabletop polisher 桌上型抛光机

table{rotating} torque 转盘扭矩
→~ {-}type filter 转台式滤砂机//~ water 饮用矿水//~ waters 瓶装矿泉水{软饮料}

tabling 制表;摇床(精)选;淘汰选
→~ technique 摇床精选技术

tab(u)lite 钠板石[NaAl₂(Si,Al)₄O₁₀(OH)(近似)];累托石[(K,Na)ₓ(Al₂(AlₓSi₄₋ₓO₁₀)(OH)₂)•4H₂O]

taboo facility 安全装置

taboret{tabouret} 轻便小支架

tabula[pl.-e] 床板;板;横板[腔;古杯];横隔;平板
→~ rasa 石板//~ rasa theory 冰袭理论[认为假定斯堪的那维亚半岛在更新世全被冰覆盖,动植物遭到毁灭]

tabular (ice)berg 桌状冰山
→~ {platelike} crystal 板(状)晶(体)

tabulare 板骨

tabular fault 平台断层
→~ formation 板状地层//~ {platy} habit 板状习性//~ iceberg 平冰山

tabularity 板度

tabularium 横板带;中板带;床板带[珊];板带

tabular mass{body} 板状体
→~ method 表上作业法//~ {table} spar 硅灰石[CaSiO₃;三斜]//~ {cavern} spring 溶洞泉//~ U-ore body 板状铀矿体

tabulate 平面的;平板状;概括;作表;制表;列入表内;列表;有横板的;有床板的;精简
→~ corals 床板珊瑚;无射珊瑚

tabulated{tabular} data 表列数据

tabulate venter 板状腹

tabulating machine 制表机;列表机

tabulation 表;造册
→(statistics) ~ 制表

tabulator 制表人;制表机

Tabulipora 板苔藓虫属[C-P]

tabulite 钠板石[NaAl₂(Si,Al)₄O₁₀(OH)₂(近似)]

Tabulophyllum 隆板珊瑚属[D₂₋₃]

tabun 塔崩[一种神经性毒剂]

tabunase 塔崩(水解)酶

tacharanite 易变硅钙石[Ca₁₂Al₂Si₁₈O₅₁•18H₂O;单斜]

tacheometer(-telemeter) 速测仪;视距仪[测距离、高差、方位等]

tacheometric(al){rapid} survey 快速测量

tacherite 塔考石[黏土矿物]

tachogram 转速(记录)图;速度图

tachometry 流速测定;转速测定(法)

tachyaphal(t)ite 硅钍锆石

tach(h)ydrite 镁钙盐[CaMg₂Cl₆•12H₂O];溢晶石[CaMg₂Cl₆•12H₂O;三方]

tachygenesis 早熟;加速发生;急速发育
→~ acceleration 生物个体发生形式

Tachyglossus 针鼹属[Q]

tachyhydrite 镁钙盐{溢晶石}[CaMg₂Cl₆•12H₂O;三方]

Tachylasma 厚壁珊瑚;速壁珊瑚(属)

[C-P]

tachylite 玄武玻璃;速溶石;速熔石

tachylyte 玄武玻璃

tachymeter 视距仪[测距离、高差、方位等];速度计;速测仪

tachymetric 快速测距的
→~ method 视距法;速测法

Tachyphyllum 速珊瑚属[C₁]

tachyseism 急速地震

tachytelic evolution 快速演化

tachytely 突然发生;加速进化
→(accident) ~ 突发现象

tack 东西;定位搭焊;钉住;航向;平头钉;策略;黏(滞)性;耐久(性);脉石(突然)改变方针;附着性;附加;租赁矿区;Z字形移动;领钩;粗缝;缝合;增加;圆头钉;矿井临时木工作台;方针;方法;行动步骤;小矿柱;小钩形扣;小钉;图钉

tackbolt 装配螺栓

tack claw 钉爪;平头钉拔除器
→~ coat 黏结层;沥青黏层

tacker 定位搭焊工;敲平头钉(的人)

tack-free 不剥落的

tack-hour meter 时速曲线

tackifier 增黏剂;胶黏剂

tacking 定位焊;点焊固定;黏结;绷带(法)
→~ welding 加钉焊接

tackle 滑轮;滑车;认真去做;器械;固定;辘轳;装配车;抓住;从事;联结;用具;用滑车(固定);处理;解决
→~ block 滑轮组//~ hook 提引钩//~ system 滑车系统

tack rivet 组合铆钉
→~ {positioned} weld 定位焊//~ weld 点固焊;平头焊接;临时点焊;初步焊接

Taconic progeny 太康造山运动[晚奥陶世]

taconite 富铁岩;铁质燧石;铁英岩;燧岩;铁燧石
→~ {taconyte} type rock 铁燧类岩

taconyte 富铁岩;铁质燧石;铁燧岩;燧石

tactical 策略(上)的;作战的;战术(上)的

tactite 接触岩

tactoid 纺锤体溶胶

tactometer 触觉(测量器)

tactosol 凝聚溶胶

tadjerite 塔哲尔陨石

tadpole diagram 蝌蚪图;箭头图
→~ madtom 石鮰

tadz(h)ikite 塔吉克石[Ca₃(Ce,Y)₂(Ti,Al,Fe³⁺)B₄Si₄O₂₂;单斜]

taele 冻土[冰]

taenia[pl.-e] 带菌[菌类];纽板;带状板[古杯]

Taeniaesporites 四肋粉属[孢;P₂]

Taeniatum 带藻属[Z]

Taeniocladopsis 拟带枝属[植;T₃]

Taeniocrada 带囊裸蕨属[D-C];带蕨

Taeniodonta{Taeniodontia} 纽齿目

taenioid 具带纹的

taenioidea 曲板古杯纲[€₁]

Taeniolabis 纽齿兽(属)[E₁];纹齿兽属

taeniole 小带纹

taeniolite 带云母[KLiMg₂(Si₄O₁₀)F₂;单斜]

taenite 镍纹石[等轴;(Fe,Ni),含Ni27%～65%];白沸石[Ca(Al₂Si₅O₁₄)•6H₂O];条纹长石

taenolite 带状云母

tafelberg 平顶山

tafelkop 平顶孤丘{山}

taffarel{tafferel} 船尾上部；艉栏杆

Taffia 塔菲贝属[腕;O_1]

taffoni 蜂窝洞

taffrail 船尾上部；艉栏杆
→~ log 拖曳式航速{计程}仪

tafrogenesis 地裂作用

tafrogenic 地裂的

tafrogeny 地裂运动；破碎(作用)；张裂运动；断裂

tafrogeosyncline 张裂地槽

taganaite 砂金石

tagatose 塔格糖

tageranite 方钙锆钛矿

tagetes-extract 万寿菊提取物

tagged{tracer;labelled;tracing} atom 示踪原子
→~ element 标记原子；标记元素//~ pebble 示踪卵石//~ self-exciting process 标记的自激过程

Taghanic(an) 塔凡尼克(阶)[北美;D_2]

Tag{Taglibue} hydrometer 泰格(公司制的)比重计

tagilite 纤磷铜矿；假孔雀石[$Cu_5(PO_4)_2$ $(OH)_4•H_2O$;单斜]

tagma[pl.-ta] 体躯[节]

tahitite 斑蓝方岩

tahoma 雪覆盖山；V形残脊[冰斗之间的]

Taianocephalus 泰安头虫属[三叶;ϵ_3]

taiga 寒林；泰加林[西伯利亚]；泰加[西伯利亚针叶林]

Taihu stone 太湖石[famous for its cavities and unique shape,and good for rockery in landscaping]

taikanite 硅锰钡锶石[$Sr_3BaMn_2Si_4O_{14}$;(Sr, Ba)$_5$Mn$_3$Si$_5$O$_{18}$]

tail 尾砂；尾矿；长尾沙嘴；旗状沙嘴；岛后沙嘴；岛后沙坝；脉冲后的尖头信号；引线；异重流尾；静水段；尾形冰碛；尾沙坝[长尾沙嘴；尾碛；尾流；尾部；突坝尾端；添上

tail (end) 末端
→~ (water) 下游段；尾水//~ {end} bearing 端轴承//~ bed{stock} 尾架//~ block 尾滑轮//~ board 溢流堰；后栏板；后车厢板；载重车身尾部活动挡板；溢流堰板//~-box 尾矿槽//~ {rear} car 尾车//~ cement 尾随水泥//~ coccolith 尾翼状颗石[钙超]//~ {basal} erosion 底部侵蚀

tailgate{tail gate} 回风平巷{巷道}；辅助平巷；溢流板；尾板

tail hook 尾钩
→~ hose man 尾软管工[井筒风力装岩机]//~ house 石油蒸馏尾楼；尾矿加工间；尾矿场

tailing 衰减尾属；石屑；筛余物；嵌入墙中砖石突出部；残渣；矸石；渣滓；矿砂废渣；废石；延续；屑；波形拉长；尾渣；尾料；尾材；多相位(的)；拖尾巴的(震波)
→~ (ore) 尾矿//~ (s){impounding} dam 尾矿坝//~ dump{area;pile} 尾矿场//~ in work 收尾工作[投产前完井]；投产前井的收尾工作//~ launder 尾矿槽//~ pond{pit} 尾矿坝//~ pond{reservoir;area;pit} 尾矿池

tailings 选矿尾矿；尾煤

→~ assay 尾矿分析//~ dam{pond} 尾矿//~ dike {impoundment} 尾矿坝//~ glass-ceramics 废渣铸石//~ loss(es) 尾矿中的损失//~ pile{site} 尾矿场//~ pond {impoundment;dam;tank} 尾矿池//~ volume 返矿量

tailing water 尾煤水
→~ way 尾巷

tail into the derrick 拖入井架内
→~-in{final} work 收尾工作[投产前完井]//~ -in work 结尾工作//~ joist{beam} 半端梁

tailland 曲流舌尖

taillanderie 铁器

taillight{tail light{lamp}} 尾灯

tail line 救护绳；尾拖绳
→~ lock 尾水闸门//~ mill 尾矿处理厂//~ mute 切尾

tailo 阳坡

tail of tender 石油成品管输时的尾部
→~ of the comet 尾砂；尾波//~ of water 采空区积水边缘//~ of wave 波尾

tail piece 尾端；半端梁；接线头；尾端件[测线上震源以后部分]
→ ~ {induction} pipe 吸入管//~ {washing;wash;washover} pipe 冲管//~ post 冲击钻机捞砂筒轴柱//~ pulley{block;sheave} 尾轮//~ pulley shaft pin 尾轮轴销键

tailrace 排渣渠；尾矿沟

tail(ings) race 尾矿排出沟；泄水道；尾矿沟；退水渠
→~ rod 泵的尾杆；尾杆；将带高压管的钻杆移到一边[提钻时]//~ {-}rope balancing 尾绳平衡//~-rope rider 尾绳运输挂钩

tails 尾矿

tail seal 盾尾密封

tailwell 尾水井

tail-wheel 尾轮[of an aircraft]

tailwind 尾风

Taimyria 太梅尔蛤属[双壳;P]

taimyrite 锡铜钯矿[Pd_2CuSn]；英钠粗面岩

Tainoceras 头带角石属[头;C-P]

tain(i)olite 带云母[$KLiMg_2(Si_4O_{10})F_2$;单斜]

Taishania 泰山虫属[三叶;ϵ_3]

Taishanian 泰山代

Taitzehoella 太子河蜓属[孔虫;C_2]

Taitzehoia 太子河虫属[三叶;ϵ_3]

Taitzuia 太子虫属[三叶;ϵ_2]

taiyite 钇易解石[(Y,Er,Ca,Fe^{3+},Th)(Ti, Nb)$_2$O$_6$;斜方]；钛钇矿

tajikite 塔吉克石[$Ca_3(Ce,Y)_2(Ti,Al,Fe^{3+})$ $B_4Si_4O_{22}$;单斜]

takanelite 高根矿；塔锰矿[$(Mn^{2+},Ca)Mn_4^{4+}$ $O_9•H_2O$;六方]

take 订购；定；收获；花费；容纳；认为；产生；起作用；测量；拍摄；凝结；凝固；啮合；拿；采用；带；奏效；抓；领会；量出；利用；占用；理解；封冻[河道]；预定；矿权区；矿井租赁面积；费；引用；引起；研究；处理；学习；接受；推断；对待；假定；承担；读出；结冰[河流]

takedaite 硼钙石[$Ca_3B_2O_6$]

take(-)down 可拆卸的

take down 击落；摄影；敲落；测量结果；记录结果
→~ into consideration{account} 顾及

//[of a thing] ~ its natural course 自流//~ level 抄平；读水准器//~ measures{steps} 采取措施

taken bottom 爆破底板

take off 喝干
→~ off the gangue 清理矸石

taker 收票员；合同矿工；取样器；买主；捕获者；龟裂土；接受者；提取器；计件矿工

take shape 形成
→~ the air 测定扇风机运转情况//~ the lead 牵头//~ trouble 操心

takeuchiite 塔硼锰镁矿[$(Mg,Mn^{2+})_2(Mn^{3+},$ $Fe^{3+},Ti^{4+})BO_5$;斜方]

take {-}up 缠绕
→~ up 选矿；接纳；吸收{水分}//~-up 收缩；绕线筒；张紧装置；拉紧；卷片装置；卷；吸水；调整；提升装置；松紧装置//~ up bottom 卧底；爆破底板//~ up load 承受负载

takherite 塔考石[黏土矿物]

takin 扭角羚属；羚牛属[Q]

taking 收入；摄像；取得；拿；利息；矿区租借(权)；传染性的；开采；吸引人的
→~-back 后退式回采//~ {coring} bullet 取芯弹//~-off 取下；放线；开卷；除去//~ of prop 回收坑木

takings 营业收入

taking top 挑顶
→~ up 向上开采

takir 容器；泥漠；龟裂盐土；龟裂土
→~ desert 龟裂盐土荒漠

takizolite 泷藏石[黏土矿物;$Al_4Si_7O_{20}•$ $7H_2O$]

tak(ing)-off 起飞

takong[马来] 格条[溜槽、摇床等]

takovite{takowite} 水铝镍石[$Ni_6Al_2(OH)_{16}$ $(CO_3,OH)•4H_2O$; $Ni_5Al_4O_2(OH)_{18}•6H_2O$;三方]

Taku glacial age{Taku Glacial stage;Taku glaciation} 大姑冰期
→~ wind 塔古风

takyr 泥漠
→~ (soil) 龟裂土

takyre 龟裂盐土

tala 戈壁沙漠开阔草原区

talasskite 高铁橄榄石

talat 干冲沟

talbot 塔耳波特[光能单位]

talc 石灰质；(用)滑石处理；滑石[$Mg_3(Si_4$ $O_{10})(OH)_2$;$3MgO•4SiO_2•H_2O$;$Mg_3(SiO_3)_4$;单斜、三斜]；千片式；云母[$KAl_2(AlSi_3O_{10})$ $(OH)_2$]；白云母[$KAl_2AlSi_3O_{10}(OH,F)_2$;单斜]
→~-apatite 蚀磷灰石//~ blue 蓝晶石[$Al_2(AlO)O_2/Al_2O_3$ (SiO_2)]//~-chlorite 杂绿泥滑石//~ content 滑石含量

talcing 涂滑石粉

talcite 滑块石[$Mg_3(Si_4O_{10})(OH)_2$]；变白母；块滑石[一种致密滑石,具辉石假象; $Mg_3(Si_4O_{10})(OH)_2$;$3MgO•4SiO_2•H_2O$]；块白云母；细鳞白云母[一种水云母;$KAl_2(AlSi_3O_{10})$ $(OH,F)_2$]

talcization 滑石化(作用)

talc-mica schist 滑石云母片岩

talcoid 滑石状的；(杂)硅滑石[$Mg_3Si_5O_{12}$ $(OH)_2$]；似滑石的

talcose (含)滑石的
→~ minerals 滑石矿类

talcosis 滑石沉着症；滑石尘(埃沉着)病

talcosite 似滑石[$Al_{10}Si_9O_{33} \cdot 3H_2O$]

talc pneumoconiosis 滑石肺病;肺滑石沉着病
→~ rock 滑石岩// ~{talcose} schist{talc-schist} 滑石片岩//~{bitter;magnesia} spar 菱镁矿[$MgCO_3$;三方]// -spinel 尖晶石[$MgAl_2O_4$;等轴]//~ stone 滑石[$Mg_3(Si_4O_{10})(OH)_2$;$3MgO \cdot 4SiO_2 \cdot H_2O$;$H_2Mg_3(SiO_3)_4$;单斜、三斜]

talctriplite 镁磷锰矿[$(Mn,Fe,Mg,Ca)_2(PO_4)(F,OH)$]

talc-triplite 铁氟磷镁石

talcum 滑石[$Mg_3(Si_4O_{10})(OH)_2$;$3MgO \cdot 4SiO_2 \cdot H_2O$;$H_2Mg_3(SiO_3)_4$;单斜、三斜]
→~(powder) 滑石粉// ~ porcelain 滑石瓷器

Taldycupidae 塔尔迪长扁甲科[昆]

t(h)alenite 红钇石[$Y_4Si_4O_{13}(OH)_2$;$Y_3Si_3O_{10}(OH)$?;单斜];红硅钇石

talented and free-spirited 风流

taleola[pl.-e] 小棒柱[腕假疹壳类]

talet 干冲沟

Talicypris 类星介属[K_2]

Tali glacial age{Tali glaciation} 大理冰期

Talik 不冻层

talik 融区;融冻土层;居间不冻层

talipes calcaneoexcavatus 跟骨塌陷畸形足

Talisiipites 塔里西粉属[孢;$K-E_2$]

talking 岩层内部破裂声;发出声响
→~ in rock 岩层内部破裂声

talktriplite 镁磷锰矿;镁磷锰矿[$(Mn,Fe,Mg,Ca)_2(PO_4)(F,OH)$];镁氟磷锰石;铁氟磷镁石

tall 妥尔油;纸浆废液;高大;高大全
→~(oil)妥尔油//~ building 高建筑物//~{broke} down 坍塌

tallingite 蓝氯铜矿;铜氯矾[$(Fe,Cu)SO_4 \cdot 7H_2O$;$Cu_5(OH)_8Cl_2 \cdot 4H_2O$]

talloil{talloel;tallol} 妥尔油;高油;塔罗油

tall oil 塔{妥}尔油[浮剂]

talloil crude 粗妥尔油

tall oil methyl ester 妥尔油甲酯

talloil rosin 松香

tallo(e)l 塔{妥}尔油[浮剂];高油

tallow 黄油;润滑脂;牛脂{脂肪};动物脂}[$C_{38}H_{78}$];结晶蜡状;涂油脂;脂[动物]
→~ clay 锌皂石[含锌黏土矿物]

Tallso 粗妥尔油皂

tall soap 妥尔皂

tally 手执计数器;标签;标记牌;点数;清点;铭牌;总计;竹签;符合;理货;运算;筹码;结算;吻合;对账;对应物;加标签;记数符;记录;计算;计数
→~ boy{shouter} 报数工

tallyman 记数员

tally order (作)总结指令
→~ register 计步器

Talmage hardness 塔氏硬度;塔尔马奇硬度

talmessite 砷酸镁钙石;砷镁钙石[$Ca_2Mg(AsO_4)_2 \cdot 2H_2O$;三斜]

talmi gold 镀金黄铜

talnakhite 硫铜铁矿[$Cu_9(Fe,Ni)_8S_{16}$;等轴];硫铁铜矿[Cu_3FeS_8;等轴]

talon 手指;手;跟座;爪状(突起);爪饰;爪;齿座
→~ basin 跟凹

talonid basin 下跟凹

talovkite 硫锑铱矿

Talpaspongia 粗管绵海属[P_1]

talpatate{talpetate} 表生岩石

taltalite 电气石[族名;碧硒;璧玺;成分复杂的硼铝硅酸盐,有显著的热电性和压电性;$(Na,Ca)(Li,Mg,Fe^{2+},Al)_3(Al,Fe^{3+})_6B_3Si_6O_{27}(O,OH,F)_4$];绿电气石;绿碧玺

talus 踝;坝脚抛石;坡麓堆积;倒石锥;倒石堆;大卵石;麓积碎石;躁;岩屑;岩堆;距骨[动];斜面;断崖下的塌落石堆;塌砾;塌积物;碎屑堆;碎石
→~(accumulation;deposit) 山麓堆积;崖坠;坡积物// ~ apron 礁屑裙//~-cone lake 崖锥湖//~ creep 岩屑下滑//~ material 石堆;坡积层// ~ ruoble 崩落//~ slope 落石坡

Tamaite 塔玛水硅锰钙石[$(Ca,K,Ba,Na)_{3-4}Mn_{24}(Si,Al)_{40}(O,OH)_{112} \cdot 21H_2O$]

Ta-manganoniobite 钽铌锰矿

tamaraite 辉闪霞煌岩

tamarite 云母铜矿{叶硫砷铜石}[$Cu_{18}Al_2(AsO_4)_3(OH)_{27} \cdot 33H_2O$;三方];红闪石[$NaCaFe_4^{2+}Fe^{3+}((Si_4Al)O_{22})(OH)$];绿铁闪石;绿闪石[$Na_2Ca(Fe^{2+},Mg)_4Al_2(Si_6Al_2)O_{22}(OH)_2$];绿钠闪石[$Ca_2Na(Mg,Fe)_4Al(Al_2Si_6O_{22})(OH,F)_2$]

tamarugite 塔{斜}钠明矾[$NaAl(SO_4)_2 \cdot 6H_2O$;单斜]

tamboen 丹布恩风;塔姆贝恩风

tamis 筛网;筛

T-A mixture 硫脲溶于苯胺的混合物

Tammann's principle 泰曼原理

Tammann temperature 塔{泰}曼温度
→~ triangle 塔曼三角形[确定共结点的]

tammela tantalite 重钽铁矿[$FeTa_2O_6$,常含 Nb、Ti、Sn、Mn、Ca 等杂质;$Fe^{2+}(Ta,Nb)_2O_6$;四方]

tammite 自然钨;钨铁

tamper 夯;夯实;捣实;捣固;填塞;夯紧;捣塞;填炮泥;塞炮泥;填井[夯紧地震井炸药包上充填物];护持器;砂春;夯土机;夯具;屏;炮泥充填器;捣锤;打夯机;装药棒;装填炮泥工;装填工具;装炮工;再生区;反射层;填塞工具;填炮泥工;(中子)反射器[中子];敲击震源[浅层用]
→(shot) ~ 炮棍

tamping 轨道的夯实;装填;填塞炮泥;填塞物;填料;填充

tampion 塞子;炮口塞{帽}

tamptite{tamping} cartridge 容易填实药卷

tan 活性鞣剂;褐色;鞣料;茶色;茶褐色;切线;担[中];棕黄色的;棕褐色;正切;咖啡色

tanacious 黏(滞)的

Tanaidacea 原足目;异足目[无脊]

tanalum 鞣酸酒石酸铝

Tanaodon 展齿蛤(属)[双壳;D_2]

tanatarite 熟铝石;硬水铝石[$HAlO_2$;$AlO(OH)$;$Al_2O_3 \cdot H_2O$;斜方];硬羟铝石;斜铝石[$Al_2O_3 \cdot H_2O$]

Tan Brown 圣罗兰[石];印度棕[石]

tancarbite 碳钽矿[TaC;等轴]

tancarite 碳钽石

Tancheng-Lujiang deep fracture 郯城庐江深断裂带

tancoite 羟磷铝锂钠石[$HNa_2LiAl(PO_4)_2(OH)$;斜方]

Tancredia 叶蛤属[双壳]

tandem 前后直排(的);纵列的;纵列;直通连接(的);两个前后排列、协调动作的事物;载重拖车;串联的;串联;一前一后(地)
→~(sale) 双轴//~ concrete mixer 串列式混凝土搅拌机// ~ hoisting 串接提升// ~{two-stage} hoisting 两级提升//~ support system 串联液压支架推进法

tandileofite 闪长质脉岩

Tanella 陈氏介属[Q]

taneyamalite 羟硅铁钠锰石;硅铁镁钠石;塔硅锰铁钠石[$(Na,Ca)(Mn^{2+},Fe,Mg,Al)_{12}Si_{12}(O,OH)_{44}$];塔硅锰铁钠石

tang 强烈气味;扁尾;低尖岬;排组;刀根;锥根;悬垂;狭地带;柄脚;特性

tangaite 铬磷铝石;铁磷铝石

tangawaite 鲍文玉

tang chisel 有柄凿

tang(u)eite 钒铜钙矿[$Ca,Sr,Pb)(Cu,Mn)(V,As)O_4$];钙铜钙矿[$CaCu(OH)(VO_4)$];钒钙铜矿[$CuCa(VO_4)(OH)$;斜方];矾钙铜矿

tangenite 杂多钛钙铀矿;多钛钙铀矿;钛贝塔石

tangent 直线区间;直路;正切;离题的;相切
→~ arcs 外切弧珥[气]// ~ bundle{space} 切丛// ~ cylindrical projection 切圆柱投影[地图]

tangential 水平的;肤浅的;离题的
→~ contact 相切// ~ cross {-}bedding 近水平交错层理// ~ deformation 受剪应变//~-entry type cyclone 切线进入式旋流集尘器

tangentially 成切线

tangent meridian 切经线
→~ method of plotting traverse 切线法展绘导线// ~{tangential} plane 切面//~(ial){tangency} point 切点

tangible 确实的;明确的;有形的
→~ mass 实质物体

tangiwaite 鲍文玉;叶蛇纹石[$(Mg,Fe)_3Si_2O_5(OH)_4$;单斜];透蛇纹石[$Mg_6(Si_4O_{10})(OH)_8$]

tangle (使)混乱;使缠结;缠结;缠;(使)复杂;困惑;纠纷;纠缠;结;位错结
→~ sheet 云母片缠结层// ~ up 扭结

Tangshanella 唐山贝属[腕;C_2-P_1]

Tangshihlingia 当十岭虫属[三叶;ϵ_3]

tangue 浅湾(贝壳沉积);极细贝壳沉淀{积}

tanguéite 钙钒铜矿[$CaCu(OH)(VO_4)$]

Tangxiella 汤溪介属[K_2]

Tanius 谭氏龙(属)[K_3]

tanjeloffite 蓝黝帘石

tank 水箱;水池;容器箱;容器;柜;罐;槽;煤气柜;贮气瓶;贮槽;油桶;油槽;库;液体舱;储在槽内;小水库

tankelite 变钙长石[$Ca(Al_2Si_2O_8)$,含 5%的水];磷钇矿[YPO_4;$(Y,Th,U,Er,Ce)(PO_4)$;四方]

tanker 水罐车;水槽汽车;罐车;运油飞机;油轮;油罐;油槽汽车;加油车
→~ center line bulkhead 油轮中线隔板// ~ cofferdam 油船上油舱与锅炉间的隔墙//~ hull 油轮轮(船)身// ~ loading port 油轮装油港

tank experiment 船模实验

tankite 红钙长石;变钙长石[$Ca(Al_2Si_2O_8)$,含 5%的水];磷钇矿[YPO_4;$(Y,Th,U,Er,Ce)(PO_4)$;四方]

tank{vat} leaching 槽浸(出)
→~ level transmitter 罐内液面传送器

// ～ loading test 坑槽载荷试验

tankman 工业用罐槽管理工

tank manifold valve 油罐管汇阀门；油罐阀汇

→ ～ volume 油罐中油的体积；箱容量

tannbuschite 暗橄榄玄岩；暗橄榄岩；硫铜铋矿[$CuBiS_2$]；暗霞玄岩

tannenite 硫铜铋矿[$CuBiS_2$]

tannin 鞣酸{丹宁(酸)}[$(HO)_3C_6H_2COC_6H_2(OH)_2COOH$]；二倍酸

tanning 鞣皮(法)；鞣革(法)

tantal 碳钽石；碳化钽[$TaC;Ta_2C$]；钽

tantalaeschynite 钽易解石

→ ～ -(Y) 钽钇易解石[$(Y,Ce,Ca)(Ta,Ti,Nb)_2O_6$;斜方]

tantalate 钽酸盐

tantal(o)betafite 钽贝塔石；钽铌铁铀矿；钽黑钛钙铀矿[$(U,Ca)_2(Ta,Ti,Nb)_3O_{10}$]

tantal(um)-eschynite 钽易解石

tantal(o)hatchettolite 钽钛铀矿[$[(U,Ca,Pb,Bi,Fe)(Ta,Nb,Ti,Zr)_3O_9•nH_2O]$；铀细晶石[$(U,Ca,Ce)_2(Ta,Nb)_2O_6(OH,F)$;等轴]；钽铀烧绿石[$(Ca,U)(Ta,Nb)_2(O,OH)_7$]

tantalian cassiterite{tantalian-cassiterite} 钽锡石[$Sn(Ta,Nb)_2O_7$]

→ ～ lyndochite 钽钙钛黑稀金

tantaline 钽铁矿[$(Fe,Mn)Ta_2O_6;Fe^{2+}Ta_2O_6$;斜方]

tantalite 锰钽矿[$(Ta,Nb,Sn,Mn,Fe)_4O_8$]；钽铁矿[$(Fe,Mn)Ta_2O_6;Fe^{2+}Ta_2O_6$;斜方]

→ ～ ore 钽铁矿[$(Fe,Mn)Ta_2O_6;Fe^{2+}Ta_2O_6$;斜方]

tantalobetafite 钽钛铀矿[$(U,Ca,Pb,Bi,Fe)(Ta,Nb,Ti,Zr)_3O_9•nH_2O$]

tantalohatchettolite 钽铀烧绿石[$(Ca,U)(Ta,Nb)_2(O,OH)_7$]

tantalo-obruchevite 钽奥勃鲁契夫矿

tantalopolycrase 钽复稀金矿

tantalorutile 钽金红石[$(TiTaNbFe)O_2$]；钛重钽铁矿

tantalpyrochlore 细晶石[$(Na,Ca)_2Ta_2O_6(O,OH,F)$,常含 U、Bi、Sb、Pb、Ba、Y 等杂质;等轴]；钽烧绿石[$(Ca,Mn,Fe,Mg)_2((Ta,Nb)_2O_7);(Na,Ca)_2Ta_2O_6(O,OH,F)$]

tantal-samarskite 钇钽铁矿[$(Y,Fe^{3+},U,Ca)(Ta,Nb)O_4$;斜方]

tantalum 钽

→ ～ (carbide) 碳钽石；碳钽矿[TaC;等轴]；碳化钽[$TaC;Ta_2C$]// ～ cassiterite 锡石[SnO_2;四方]；钽锡石[$Sn(Ta,Nb)_2O_7$]// ～ ilmenorutile 钽钛重铌铁矿；钛钽铁矿[$Fe^{2+}(Ta,Nb)_{2x}Ti_{1-3x}O_2$]// ～-niobium concentrate 钽铌精矿// ～ niobium ore 钽铌矿砂// ～ ore 钽矿// ～ rutile 钽金红石[$(TiTaNbFe)O_2$]// ～ strip-sapphire skid 钽条蓝宝石唱针

tanteuxenite 钡黑稀金矿；钽稀金矿[$(Y,Er,Ce,U)(Ta,Nb,Ti)_2O_6$]；钽黑稀金矿[$(Y,Ce,Ca)(Ta,Nb,Ti)_2(O,OH)_6$;斜方]

tantiron 高硅耐热耐酸铸铁；硅钢[耐酸合金]

tantite 钽石[Ta_2O_5]；氧钽矿

tant(al)ohatchettolite 钽铀烧绿石[$(Ca,U)(Ta,Nb)_2(O,OH)_7$]

tanto-niobate 钽铌酸盐

tantoxide 钽石[Ta_2O_5]

tant(ato)polycrase 钽复稀金矿

Tanuchitina 伸几丁虫属[O_2-S]；展几丁虫(属)[O_{2-3}]

Tanyosphaeridium 长管藻属[K-E]

Tanystrophaeus 长颈龙属[T]

Tanzania 坦桑尼亚

tanzanite 黝аٰ帘宝石；坦桑石[$Ca_2Al_3Si_3O_{12}$]；坦桑宝石[一种深蓝色黝帘石,作半宝石用]

taosite 钠铝铁钛刚玉；镁铁钛铝石；刚玉[Al_2O_3;三方]；板铝石[Al_2O_3,含 Fe 和 Ti]

tap 丝锥；丝塞；水龙头；活栓；塞子；轻敲声；轻敲；轻拍；敲带；排液；排出孔；母锥；螺丝攻；螺塞；嘴子；钻开油层；龙头；装嘴子；支线{巷;管}；分支；分接头；刻纹器；放水；开辟新采区；煤区；开采；掘分支巷道；出钢；问顶；探泄存水；探水；堵塞；安接；泄放[液体]

tapability{|choppability| splitting efficiency} of roving 无捻粗纱成带{|短切|分散}性

tapalpite 铋银矿[$Ag_3Bi(S,Te)_3$]；杂硫银碲铋矿

tap and die 丝锥和板牙

→ ～ a seam 采掘煤层；开采矿层

tape 带；纸带；扎束；捆扎；磁带；矿条；用卷尺量；卷带；胶带粘贴；胶带；记录纸

taper (ratio) 锥度

→ ～ -and-shim drive fit 钻头钻杆间锥形垫圈连接// ～ -and-shim drive fit 锥形垫圈{环}连接[钻头和钻杆间的]// ～ {point;wing; edge;blade;bit;wedge} angle 刃角// ～ {wedge} angle 锥角

tape reader 带读数器

→ (magnetic) ～ reader 读带机// ～ reading 检尺读数

tapered 锥形的；斜削(的)；楔形的；渐缩的；尖灭{削}的

→ ～ center-column rotameter 锥形心柱式// ～ group 不等距组合// ～ ledge reamer 锥形金刚砂扩孔器// ～ plug 锥塞// ～ socket bit 锥形连接钻头；锥形接头钎头

taper fitting bit 锥形连接钻头

→ ～ {easy-off} flask 滑脱砂箱

tapering 锐柱形的；锐利；锥度；圆锥体的；圆锥体；削成锥形；精细；削尖；渐狭的；渐细的；尖灭

→ ～ (end) 尖

taper key 斜键

→ ～ -wall core shell 带内锥面(放岩芯卡簧用)的(金刚石)扩孔器

tape transport 带传送

→ ～ -triangulation method 卷尺三角测量法 tapetum[pl.-ta] 孢子{粉}囊营养细胞组织；膜状层[尤指照膜]；反光(色素层)[解;昆]；毯[脊椎]

tape winding ta

→ ～ winding machine 布带缠管机// ～ -wrap machine 包胶带机

tap extractor 起丝锥器

→ ～ -field motor 有分段激磁绕组的电动机

Taphacris 惊短角蝗属[昆;E-N]

taphocoenosis{taphocoenose} 尸体群落；埋葬群；埋藏群落[生]

taphofacies 埋藏相

taphoglyph 生物埋藏印痕

tap(ping) hole 放渣孔；塞孔；出铁口[冶]

→ ～ (ping)-hole clay 堵口泥

taphole loam{clay} 炮泥；堵口泥

→ ～ mix 堵(出铁)口泥// ～ slaker 出铁口泥套修理小刀// ～ stopping machine 泥炮

taphonomy 化石生成论；埋葬学；埋尸学；埋藏学

Taphrhelminthopsis 类沟蠕虫迹[遗石]

Taphrina 外囊菌属[真菌;Q]

taphrogen 地裂带

taphrogenesis 地裂作用；地裂运动；造海沟运动；造断谷作用；分裂运动；断裂作用

taphrogenic 地裂作用的；地裂的；断陷的；断裂作用的

→ ～ breakdown 断层沉降// ～ movement 地裂运动// ～ uplift 地裂上升

taphrogeny 地震{地裂;分裂}运动；破碎(作用)；断裂运动；断裂

taphrogeosyncline 地堑式地槽；裂陷地槽；裂谷地槽；断裂地槽

Taphrognathus 濠颚牙形石属[C_1]

taphrolith 地沟状岩体；岩堑

taping (用)卷尺测量

tapiolite 重钽铁矿；重钽铁矿[$FeTa_2O_6$,常含 Nb、Ti、Sn、Mn、Ca 等杂质;$Fe^{2+}(Ta,Nb)_2O_6$;四方]

tapir 貘{獏}(属)[N_1-Q]

Tapirocephalians 貘头兽类

Tapiroidea 貘类{头;形上科}

tapirs 貘类{头;形上科}

Tapirus 貘{獏}(属)[N_1-Q]

tap mineral resources 发掘地下宝藏

→ ～ molten iron 出铁// ～ -off unit 分线盆

tapoon 轻便水坝

tapped 分接的

→ ～ coil 多(接)头线圈// ～ hole 螺孔

tappet 推杆；凸轮从动件；挺杆；(凸轮)随行件

→ ～ machine 挺杆冲锤式(凿岩)机

tapping 缠绝缘带；敲顶；敲带问顶；导出液体；攻丝；攻螺丝；割浆；引流；放金属；放玻璃水；开孔；穿孔；开发；出铁；出钢；抽液；抽头；问顶

tappings (熔炉内)流出物；放出物[炉内]

tapping slag 放渣

taprobanite 红铍镁石；铍铝镁石；镁铍铝石[$BeMg_3Al_8O_{16}$]；镁铝石；塔菲石[$MgAl_4BeO_8$;六方]

tap saddle (管道)开孔鞍形卡

→ ～ {parting} sand 分型砂[冶]// ～ screw grab 打捞公锥// ～ switch 分线开关// ～ underground resources 开发地下宝藏

tar 涂焦油于

→ (coal) ～ 煤潜{塔}// ～ (oil) 焦油；焦油沥青

tarai 谷中低地；塔莱[尼泊尔;谷中低地]

Tarai 塔莱[尼泊尔;谷中低地;德赖平原]

taramellite 硅钡铁矿；纤硅钡铁矿[$(Ba,Ca,Na)_4(Fe^{2+},Mg)(Fe^{3+},Ti)(Si_4O_{12})(OH)_4$]；纤硅钡高铁石{矿}[$Ba_4(Fe^{3+},Ti,Fe^{2+},Mg,V)_4B_2Si_6O_{29}Cl$;斜方]

taramite 绿铁闪石；绿闪石[$Na_2Ca(Fe^{2+},Mg)_3Al_2(Si_6Al_2)O_{22}(OH)_2$]

taranakite 磷钾铝石[三方;$K_2Al_6(PO_4)_6(OH)_2•18H_2O;KAl_3(PO_4)_3(OH)•9H_2O;KAl_3(PO_4)_3(OH)•8\frac{1}{2}~9H_2O$]

tar antimony 星锑

tarantulite 英白岗岩

tarapac(a)ite 黄钾铬石；黄铬钾石[K₂(CrO₄);斜方]

Taras 混蛤属[双壳;E-Q]

tarasovite 钠累托石；云母间蒙脱石[(Ca,Na)₀.₄₂KNa(H₃O)Al₈(Si,Al)₁₆O₄₀(OH)₈•2H₂O;单斜]；云间蒙石；塔拉索夫石

taraspite 镍白云泉华；白云石[CaMg(CO₃)₂;CaCO₃•MgCO₃;单斜]

taraxerane 蒲公英烷

taraxerene 蒲公英烯

tar-bonded dolomite brick 焦油白云岩石砖
　→~ dolomite-magnesite brick 焦油结合白云石镁砖

tarbuttite 三斜磷锌矿[Zn₂(PO₄)(OH);三斜]

tardigeosynclinal phase 延迟地槽阶段

tardigrada 缓步(动物门)[似节]

tardi-magmatic 富含气体和流体的晚期岩浆阶段

tar-dolomite mix 焦油白云石混合物
　→~ stamping 焦油白云石捣结{打结}

tare 包装箱；配衡体；配衡；空重；野值；修正；突变；称皮重
　→~ {tear} 跳变[重力测量]//~ (weight) 皮重//~ and tret 扣除皮重计算法

tar-enamel 焦油涂层

tare weight 容器重量；空车重量

tarfite 塔菲石[MgAl₄BeO₈;六方]

tar from low temperature carbonization 低温干馏煤焦油

target 靓标；靓版[测]；靶子；靶；目的；目标；瞄准；采取摧毁目标的措施；中间电极；信号圆牌；对阴极；对(中间)电极
　→~ (area) 靶区//(prospecting) ~ 勘探对象//~ area 定向井钻开点的限制范围；受冲击地区；作业区域；找矿目标区域；勘探对象范围//~ backing 靶衬底

targetman 圆牌信号员

target nuclide 靶核
　→~ oil 目的层的原油；开采层的原油//~-oriented processing 针对目的层的处理//~-rate-of-return pricing 按目标利润率定价//~ return method 资本报酬率定价法

targionite 锑方铅矿[PbS,含少量的 Sb]

tariff 税率；税；收费表；使用费；关税；费率；价目表
　→(wages) ~ 工资率//~ for military security 军事安全关税//~ wages 规定工资；协定工资

Tarim platform 塔里木地台

tariric acid 十八(碳)炔-(5)-酸[CH₃(CH₂)₁₀•C≡C(CH₂)₄COOH]；塔日酸

tarkianite 硫铜铼矿[(Cu,Fe)(Re,Mo)₄S₈]

tarmac 铺地用沥青；沥青；(由)柏油碎石(铺成的)道路；停机坪

tar(-)macadam (由)柏油碎石(铺成的)道路；柏油碎石

tar macadam binding course 柏油石碴{砟}层
　→~-macadam pavement 煤焦油沥青碎石路面

tarnishing 失色；失去光泽；生锈；表面变暗；表面氧化；锈蚀
　→~ film 黝膜

tarnovicit{tarnovi(t)zite} 铅霰石[(Ca,Pb)CO₃]

tarnowitzite{tarnowskite} 铅文石；铅霰石[(Ca,Pb)CO₃]

tar oil 炼焦油

tarphyceracone 大飞角石壳；触环角石式壳[头]

Tarphyceratide{Tarphycer(at)ida} 塔飞角石目[头]

tar pitch 煤焦油

Tarrant method 塔兰特法[一种折射波图解法]

Tarrasius 原鳍属[P]

tarred board 焦油毡；焦油板
　→~ felt 油毛毡；柏油毡

tar-refractory mass 焦油耐火泥料

tarry 等候；耽搁；住；紧绳车；柏油的；涂焦油的；逗留
　→~ (matter) 煤胶物质//~ odour 焦油味//~ oil 焦油状原油

tarsal bone 跗骨

tarsale 跗小骨

tarsal joint 跗关节

tar sand 石{含;重}油砂；含沥青砂；含高黏重质原油砂层；沥砂
　→~ shad 沥青砂

tarsi 睑板

tarsier 跗猴

Tarsiidae 跗猴科

Tarsioidea 跗猴(亚目)

Tarsius{Tarsiers} 眼镜猴(属)[Q]；跗猴(属)

tarsometatarsus 跗跖(骨)

tar-spraying tank 洒柏油柜

tarsus[pl.tarsi] 睑板；内节肢第六节；跗节[节]；跗骨

tart 酸

tartan structure 格子构造[双晶的]

tartar 酒石[葡萄汁等发酵酿酒时落在桶底的固体沉淀]
　→~(ic) emetic 吐酒石;酒石酸锑钾

tartarizer 用酒石精馏；(使)酒石化

tartar of teeth 牙石

tartarus 酒石[葡萄汁等发酵酿酒时落在桶底的固体沉淀]

tartramide 酒石酰胺

tartrate 酒石酸酯[COOR•CHOH• CHOH•COOR]；酒石酸盐；酒石酸[HOOCHOH CHOHCOOH]

tartrated antimony 吐酒石

tartrazine{tartrazine lemon yellow} 酒石黄

tartrobismuthate 酒石酸铋

tartuffit 臭方解石；纤方解石[CaCO₃]

tartuffite 纤方解石[CaCO₃]

tartufite 铅方解石[(Ca,Pb)CO₃]；臭方解石；纤方解石[CaCO₃]

ta-rutile 钽金红石[(TiTaNbFe)O₂]
　→~ 硬绿泥石[(Fe²⁺,Mg,Mn)₂Al₂(Al₂Si₂O₁₀)(OH)₄;单斜、三斜]

taryn 陈陆冰；多季性陆地结冰

tar zone 沥青带

tascine 二硒银矿；硒银矿[Ag₂Se;斜方]

tasco 制熔锅用耐火黏土

TAS{total alkalies-silica} diagram 总碱硅量图

taseqite 塔异性石[Na₁₂Sr₃Ca₆Fe₃Zr₃NbSi₂₅O₇₃(O,OH,H₂O)₃Cl₂]

tasheranite 等轴锆石

tasimeter 微压计[测量热致膨胀微变化的电气仪表]

task 任务；工作；作业；职务；艰苦工作
　→~ change proposal 任务更改计划//~ control block 任务控制(部件)//~ equipment analysis 专用设备分析

tasko 制熔锅用耐火黏土

task time 工时定额
　→~ wages 包工资

Tasmanadia 塔斯曼迹[遗石]

tasmanite 辉沸岩；黄煤[介于烛煤与油页岩之间的不纯煤]；白煤；含硫树脂；鳞沥青；沸黄霞辉岩；塔斯曼油页岩；塔斯曼煤[介于烛煤与油页岩之间的不纯煤]；塔斯马尼亚煤

Tasmanites 塔斯马尼亚孢属[疑源;O₁-N₁]；塔式马尼亚孢

taspinite 塔斯宾花岗岩

tassieite 镁魏磷石[(Na,□)Ca₂(Mg,Fe²⁺,Fe³⁺)₂(Fe³⁺,Mg)₂(Fe²⁺,Mg)₂(PO₄)₆•2H₂O]

Tastaria 塔斯塔贝属[腕;S₂-D₁]

tatami 榻榻米[日]

Ta(r)tarian 契德鲁(阶)[欧;P₂]；鞑靼(阶)[欧;P₂]

tatark(a)ite 蠕绿泥石[Mg₃(Mg,Fe²⁺,Al)((Si,Al)₄O₁₀)(OH)₈]；鞑靼石[碱金属,镁和三价铁的铝硅酸盐]

tatarskite 水氯碳钙镁矾；水硫碳钙镁石[Ca₆Mg₂(SO₄)₂(CO₃)₂Cl₄(OH)₄•7H₂O;斜方]

tattered 破碎

tatyanaite 铜锡铂矿[(Pt,Pd)₉Cu₃Sn₄]

tauactin T形骨针[绵]

taula 毛石平台

taung 汤恩；塔翁[缅;山]；山[缅]；狂风[缅]

taurine 牛磺酸{氨基乙磺酸}[NH₂CH₂CH₂SO₃H]；牛胆碱；牛磺酸[NH₂CH₂SO₃H]；像公牛的；金牛座的

tauriscite{tauriszit} 七水铁矾[FeSO₄•7H₂O]

taurite 霓钠流纹岩；霓流纹岩

Taurocusporites 环瘤孢属[K₁]

Taurotragus 大角斑羚属[Q]

Taurus 金牛座；金牛宫[占星术]
　→~-Littrow 金牛-利特罗峡谷

tausonite 等轴锶钛矿[SrTiO₃]；锶钛矿

taut 绷紧的；整齐的；拉紧的；严格的

tautoclin{tautoklin} 灰铁白云石

tautolite 褐帘石[(Ce,Ca)₂(Fe,Al)₃(Si₂O₇)(SiO₄)O(OH),含 Ce₂O₃ 11%,有时含钇、钍等;(Ce,Ca,Y)₂(Al,Fe³⁺)₃(SiO₄)₃(OH);单斜]

tautonym 属种同名[动]；(古生物)重名

tautonymy 属种同名[动]；种属同名命名法[生]

tavistockite 磷灰石[Ca₅(PO₄)₃(F,Cl,OH)]；碳磷灰石

tavolatite 淡响蓝白岩；蓝方榴辉白榴岩

tavorite 羟磷锂铁石[LiFe³⁺(PO₄)(OH);三斜]；锂磷铁石

tawaite 霓方钠岩；方钠霓辉岩

tawery 石弹；射石弹者站立的基线

tawite 霓方钠岩；方钠霓辉岩

tawmawite 铬绿帘石[Ca₂(Al,Fe,Cr)₃(Si₂O₇)(SiO₄)O(OH)]

tax 税收；(使)过劳；负担；压力

taxasite 硫锗矿

taxation 税制；估价征税；征税
　→~{declaration} form 报单

Taxidea 美洲獾属[Q]

taxinean 紫杉的[植]

taxis[pl.taxes] 归类；向性；趋性；直列板序[棘海百]；分类

taxite 斑杂岩

taxitic 斑杂状的
　→~{mottled} structure 斑杂构造

taxiway 滑行道[飞机出入机库]

Taxocrinida 栉海百合目[棘]

taxodiaceae 杉科

Taxodiaceae-pollenites 杉粉属[K₂-N₁]

Taxodium 落羽杉属[K-Q]

taxodont 栉齿型[双壳]

Taxodonta 栉齿类

taxoite (绿)蛇纹石[Mg₆(Si₄O₁₀)(OH)₈]

taxology 分类学

taxon[pl.taxa] 分类学的；分类单元；分类单位；分类学；分类；分类(的)

tax on added value 增值税
　　→~ on mine 矿税

taxonomic 分类学的；分类的
　　→~ differentiation 分类分化//~ frequency rate 分类(学)频率速度//~ group 分类群//~ unit 分类单位

taxonomist 分类学家

taxon-range-zone 化石分类延限带；分类单元延限带

Taxopsida 紫杉类

tax{tariff} rate 税率

Taxus 紫杉

Tayassu 西猫(属){科}[Q]；白嘴西猫(属)
　　→~ pecari 白唇野猪

tayga 泰加林[西伯利亚]；泰加[西伯利亚针叶林]
　　→~-forest 泰加林[西伯利亚]

Tayloran 泰勒(阶)[北美；K₂]

taylorite 铵钾矾[(K,NH₄)₂SO₄;斜方]；硫铵钾石；斑{班}脱岩[(Ca,Mg)O•SiO₂•(Al,Fe)₂O₃]

tazewellite 达兹沃陨铁；塔泽淮制式陨石

tazheranite 等轴钙锆钛矿[(Zr,Ca,Ti)O₂;等轴]

taznite 杂铋土；锑砷铋矿[铋的砷酸盐和锑酸盐,含有水和氯]；锑铅铋矿

T-bar 丁字铁；丁字钢；丁字梁
　　→~ iron T形铁条

TBE 四溴乙烷[Br₂CH-CHBr₂]

T-bend{-block} 三通

Tbilisi 第比利斯[格鲁吉亚首都]

T-bolt 丁字(形)螺栓；T形头螺栓

TBP 磷酸三丁酯；真沸点
　　→~ {tributyl-phosphate-hexane} hexane TBP-己烷溶剂

T-branch{branch} pipe 三通

t-butyl perbenzoate 过苯甲酸叔丁酯

Tchebyscheff 切比雪夫
　　→~ array 契比雪夫组合

tcheremkhite 契列姆油页岩

T-chert 构控燧石

tchesa{cheese;firing} stick 点火棒

tchinglusuite 黑钛硅钠锰矿[NaMn₅Ti₃Si₁₄O₄₁•9H₂O(?)]

tchornozem[俄] 黑土；黑钙土

T direction 滑移面上的运动方向；T方向[岩组]

Te 碲

teadrop set 滴珠镶嵌

tea dust 茶叶末

TEAE-cellulose 三乙胺乙基纤维素

teagle 滑轮组；卷扬机

tea-green marl 茶绿泥灰岩

teak (wood){teakwood} 柚木

teallite 硫锡铅矿[PbSnS₂;PbSn₄S₅?;斜方]；叶硫锡铅矿[PbS•SnS₂]

team 群；全体作业人员；包给承包人；组；联动机；联成机组；班组；班；协作；

队；机组
　　→~ boss{captain;leader} 队长//~ design 成套设计

teaming 输送；兽力运输；运输
　　→~ contractor 运输承包者

teams and groups 班组

team shovel 畜力挖土铲

teamster 货车司机；卡车司机

team surveillance 联合(体)监督[钻井]

teapot effect 茶瓶效应；茶壶效应[原油流变性]

tear 撕裂；划破；滴；拔掉；破损；平移断层；磨损；猛冲；流泪；裂缝；被撕裂；刺破；泪状物；飞跑；眼泪

tearaway load 脱开力；断开力

tear{pull} down 拆毁
　　→~ -down{removal} time 拆卸时间//~ drop 泪滴体

teardrop balloon 滴形气球

tear-drop pattern 泪滴式

teardrop set bit 胎体滴状突出式金刚石钻头

tear fault 横断断层；粗推断层
　　→~ -fault 掀断层//~ faulting 横推断裂(作用)

tearing 拉裂；剧烈的；剥除作用[钻头的]；图像撕裂
　　→~ away 磨损

tear loose 扯开；释放出；离开

tease 惹；调理

teasehole 燃料孔

teasing rod 组合棍

TEB 三乙氧基丁烷[C₄H₇(OC₂H₅)₃]

tebinite 辉闪岩

Te-canfieldite 碲硫银锡矿

techeometer 准距计；流速计

technetides 锝系元素

technetium 锝；鑏{锝}

Technetron 场调(晶体)管

technic 术语；工艺学；工艺方法；工艺；专有名词；专门技术；技术设备；技术；技巧；技能
　　→~ (working) 工程

technical{proximate} analysis 工业分析
　　→~ application 工程上的应用//~ change proposal 技术更改计划//~ condition 技术条件//~ -economic(al) quota 技术经济定额//~ expertise 内行

technical information service 技术情报服务处
　　→~ institute 工艺学院；理工学院//~ interchange 技术交换

technicalization 专门化；技术化

technical jargon 专业俗语；技术俗语；俚语
　　→~ journal 科技`刊物{连续性出版物}//~ note 工程符号//~ notes 技术札记//~ order 技术命令//~ paper 技术文献//~ report instruction 技术报告说明书//~ scale 15种标准矿物硬度表//~ scale of mineral hardness 矿物硬度工程等级

technician 专门人员；专家；技术员；技术人员；技师；技工
　　→~ memorandum 技术人员备忘录

technicist 技师

technicology 工艺

technique 工艺；方法；技术设备；技术；技巧；技能

→~ center 技术中心

Techno 泰克诺[商]

technocracy 专家政治论；技术统治(论;者)

technocrat 专家管理论者；技术统治(论;者)

technological 工艺的；技术的
　　→~ development 工艺发展//~ process{chain} 工艺过程//~ process 流程//~ transformation planning 技术改造计划

technologies required for deep mine 深井开采技术

technologist 工艺(学)家；技术专家

technology import 技术引进
　　→~ -intensive enterprise 技术密集型企业//~ of mineral raw-materials 矿物原料工艺学//~ of reactor fuel cycles 反应堆燃料循环技术

technosphere 人类活动影响圈；技术圈

technostructure 专家阶层；技术专家(控制)体制

Teclu burner 双层转筒燃烧器；特克尔燃烧器

tecoblast 后成变晶；熔蚀晶

tecoretin 菲希特尔石

TEC process 离心喷吹法

tectate 复隐的；有外壁内层构造的[孢]；屋顶形
　　→~ -(im)perforate 覆盖层//~ psilate grain 有间光滑颗粒[孢]；具覆盖层的光面花粉粒

Tectibranchiata 隐鳃类；侧腔目；被鳃目[腹]；肋鼻目；覆鳃类

tecticite 富铁毛矾石；铁毛矾石[Al₂(SO₄)₃•18H₂O]

tectine 似几丁质的外壁物质[实为蛋白质；孔虫]

tectite 熔融石；雷公墨；玻陨石；似曜岩类

tectizite 铁毛矾石[Al₂(SO₄)₃•18H₂O]

Tectochara 有盖轮藻(属)[E]

tectoclase 构造裂缝

tectocline 深拗带

Tectocorpidium 盖层藻属[E₃]

tectofacies 构造相

tectogene 深地槽；深拗槽；海渊；海沟；构造带；挠升区；挠降区；造山带

tectogenesis 区域构造运动；构造{造山}运动；构造作用[区域]

tectogenetic{orogenic} movement 造山运动

tectomorphic 熔蚀变形(的)；矿蚀变形
　　→~ crystal 熔蚀改形晶体//~ texture 后期熔化结构

tectonic 地壳构造上的；构造；工艺的；造山的；建筑的

tectonically{tectonic} active region 构造活动区
　　→~ deformed rocks 构造变形岩石//~ -induced 构造诱发的；构造引起的//~ mobile belt 构造活化带

tectonic{structure;structural} analysis 构造分析
　　→~ field of force 力构造场//~ fissure 构造裂缝//~ foundation 构造基底//~ hydrothermalism 构造热液成矿论//~ line 大断裂线

tectonics 地质构造；地层构造；构造学

tectonic scale category 构造等级范畴
　　→~ screened oil accumulation 断裂屏隔油藏//~ seaquake 构造海震{啸}//~ shards 构造碎片//~ slice 构造

T

片体

(geo)tectonic structure 大地构造；地质构造

tectonic style 构造类型构造样式
　　→~ syntaxis 构造系统的联合 // ~ system control of ore deposition 构造体系控矿作用

tectonique d'entrainement 拖曳构造

tectonism 构造作用；构造变动；大地构造作用

tectonite 构造岩

tectonochemical survey 构造化学测量

tectonodiscrimination 构造识别；构造判别

tectono-eustatism 构造海面升降{变动}

tectonofer 深地槽；深拗槽

tectonogram 构造图解；构造时代图

tectonomagnetic activity 构造磁活动

tectonomagnetism 构造磁学

tectono-metallogenic unit 构造成矿单位{元}

tectonometer 地(壳岩)层构造仪

tectonoplastic rock{tectonoplastite} 构造塑变岩

tectonoprovenance 构造源区；构造起源

tectono-sedimentary evolution 构造沉积演化

tectonosphere 构造运动圈

tectono-stratigraphic terrane 构造地层区

tectons 构克拉通

tecto-orogenic process 构造造山作用构造造山过程
　　→~ processes 造山作用

tectophysics 构造物理(学)

tectorium[pl.-ia] 疏松层[孔虫]

tectosequent 构造表象的；反映构造的地形

tectosilicate 网硅酸盐

tectosome 构造相层；构造体

tecto(no)sphere 地壳结构(圈)层[硅铝层、硅镁层]；构造图

tectospondylous vertebra 多环椎

tectotope 构造地带

tectum[pl.tecta] 盖[动]；致密层[孔虫]；有间的花粉外壁[孢]
　　→~ mesencephali 中脑盖

Tectus 扭柱螺属；复螺属[腹;K-Q]

tedhadleyite 氧氯碘汞矿[$Hg_2^+Hg_{10}^{1+}O_4I_2(Cl,Br)_2$]

tedious (使人)生厌的；冗长的；乏味的
　　→~ measurement 冗长测量

tee 丁字形(物)；三相开关；球座；T形物；T形接头

tee{T}-connection T形连接

Tee head 丁字头

tee off 分支；分出分路；引出歧管
　　→~-off fuse-switch unit 分支保险器开关组

teepleite 氯硼钠石[$Na_2B(OH)_4Cl$;四方]；碳(酸)钠矾[$Na_6(CO_3)(SO_4)_2$;斜方]

tee-profile 丁字钢

teeter chamber{column} 搅拌室
　　→~ column 摇摆柱[分级现象]

teeth 长石[地壳中比例高达 60%,成分 $Or_xAb_yAn_z(x+y+z=100)$, Or=$KAlSi_3O_8$、Ab= $NaAlSi_3O_8$、An=$CaAl_2Si_2O_8$.划分为两个类质同象系列:碱性长石系列(Or-Ab 系列)、斜长石系列(Ab-An 系列)。Or 与 An 间只能有限地混溶,不形成系列]；啮合；咬合；齿状物；齿形插口；齿(轮)连接；齿
　　→(cutter) ~ 刀齿 // ~ of the bit (牙轮)钻头的齿

teflon 聚四氟乙烯；铁氟龙；特氟隆[化]

　　→~ tape 聚四氯乙烯带

tefroit 锰橄榄石[Mn_2SiO_4;斜方]

TEG 三甘醇[$H(OCH_2CH_2)_3OH$]

Tegelen 特格尔(温暖)期[约 1.2Ma 前]；泰赫伦

tegengrenite 锑镁锰矿 [$(Mg,Mn)_2Sb_{0.5}^{5+}(Mn^{3+},Si,Ti)_{0.5}O_4$]

teggoglyph 负荷铸型

tegillate 棚状[孢]；被盖状

tegillum[pl.-la] 侧毛斑；被层[孢;孔虫]；小盖

tegmen 内种皮；盖板；复翅[昆]；颖(片)[草的]；阳(茎)基；尊盖
　　→~ cranii 颅盖

tegmentum 大脑脚盖[解]；盖层；被盖；芽鳞；外层

tegminal 内种皮的；尊盖板[棘海百]

tegular{tegulate} 覆瓦状的；鳞片状的

Tegumentum 鞍架颗石[钙超]；芽鳞颗石[K]

tehuantepecer 台宛太白{特旺特佩克}风

Teichichnus 墙迹[遗石]

teilbewegungen 部分运动

teilcbron 地方时带；部分时带

teilzone 地方时带；部分时带；局地化石带

T-E{temperature-efficiency} index 温效指数

teineite 手稻石[$Cu((Te,S)O_4)\cdot2H_2O$]；碲铜石[$CuTeO_3\cdot2H_2O$;斜方]；硫铜石；碲铜矿[$Cu((Te,S)O_4)\cdot2H_2O$]

Teinistion 宽甲虫属[三叶;ϵ_2]

teinostoma 伸口螺属；张口螺属[腹;J-Q]

tejon 盘形孤丘[西;美]

tekoretin 菲希特尔石

tekticit 铁毛矾石[$Al_2(SO_4)_3\cdot18H_2O$]

tektite 熔融石；雷公墨；玻陨石；玻璃陨石；似曜岩类；似曜岩；似黑曜岩
　　→~ field 陨石雨散落区

tektonite 构造岩

tektosilicate 网硅酸盐

Telanthropus 远人属；完人属；泰尔人[南非斯瓦特克朗发现]

telargpalite 碲银钯矿 [$(Pd,Ag)_3Te$?;$(Pd,Ag)_4^+Te$]；碲铀钯矿

telaspirin{telaspyrine} 碲黄铁矿[$Fe(S,Te)_2$]

telautogram 传真电报；传真[利用电信号传输以传送文字、文件、图表等的通讯方式]

telautomatics 遥控力学远距离控制

telcomer 嵌聚物

tele[挪] 电视；冻土[冰]
　　→~- 电信{视}；远距离；传真；遥控 // ~-action 遥控作用

teleautomatics 遥控装置

Telebelt 泰勒钢丝绳牵引带式运输机

telechemic 早结异质的
　　→~ mineral 最早结晶矿物

telechirics 遥控系统

teleclinograph{teleclinometer} 遥测钻孔偏斜仪

telecommand 遥控指令

teleconnection 远距对比；远程并置对比[纹泥或其他沉积物,用于确定年代]

telegdite 水硫碳石；硫树脂石；硫树脂

telegoniometer 方向针

telegraph 电信；电汇；电报(机)；流露；垂直溜井；信号机
　　→~-cable buoy 电报电缆浮标 // ~-cord 远距开关控制钢绳

telegraphic{telephone} dispatch 电讯

telehoist 伸缩式起重杆{机}

---

telemagmatic 远岩浆的
　　→~ coalification 远程岩浆煤化作用 // ~ metamorphism 远成岩浆热变质(作用)

telemagmatism 远岩浆作用

telemanipulation 遥控操作

telemark snow 硬雪壳

telemetered{telemetry;remote} signal 遥测信号

telemetering 遥测技术；遥测
　　→~ device 遥测设备 // ~ of strain 应变遥测 // ~ systems for earthquake prediction 地震预报网遥测系统

telemetry 测距术；遥测技术；遥测
　　→~ equipment 遥测设备 // ~ network 遥测台网 // ~ playback 遥测数据读出

telemicroscope 遥测显微器{镜}；望远显微(两用)镜

telemonitor 遥控

telemorphosis 远距刺激变形(现象)

teleobjective 遥测对象；望远物镜

Teleoceras 短腿犀牛
　　→~ (major) 远角犀(属)[N]

teleoconch 全壳[腹]；成年壳体

Teleodesmacea 全铰(亚纲)[双壳]

teleodont 大颚型；完齿(类)[双壳]

teleology 目的论

Teleosaurus 长口鳄；真蜥鳄属[J]

teleost 硬骨鱼

Teleostei 真骨(鱼)(下纲;总目;次亚纲)；宾骨鱼次亚纲

teleperm zener barrier 远程持久齐纳防爆安全栅

Telephina 远瞩虫属[三叶;O_{2-3}]

telephone 电话机；电话；打电话
　　→~ block system 电话闭塞制 // ~ hot line 热线 // ~ insulator 通信线路针式绝缘子 // ~-type relay 电话式继电器

telephotography 远距摄影(术)；传真

telephotometer 遥测光度表{计}

telepilot 遥控器

telepneumatolytic action 远气化作用

teleprocessing 遥控处理

telerecord 电视录像；遥测记录

telescoped{diplogenetic} deposit 叠生矿床
　　→~ deposit 叠套矿床

telescope derrick 伸缩式轻便钻架

telescoped mineralization 叠生矿(作用)
　　→~ ore 复生矿 // ~ ore deposit 远生矿床

telescope-goniometer 伸缩式测向{角}器

telescope structure 嵌入构造[洪积扇]；镶套式构造

telescopic 可伸缩的；望远镜(式)的

telescoping 叠套作用；叠生作用；伸缩；复生(作用)；套叠作用
　　→~ boom 伸缩吊臂 // ~ of mineral facies 矿物相叠生

Telescopium 远镜座；望远镜螺属[腹;K_2-Q]

teleseism(ic) 远震；远地震；遥震

teleseismology 遥震学

teleseme 传呼装置；信号机[呼唤人的]

Telestacea 石花虫目

telestereoscope 光学摄影测距仪

telesyn 远程同步遥控装置；遥测设备

teletext 电视文字广播；电视书刊

telethermal 上升热液造成的；远温的

telethermalism 远程热液成矿论

telethermograph 遥测温度计记录

teleutospore 冬孢子

televiewer 井下电视

→(borehole) ～ 井下声波电视

telewire twister 管道电话修理工

telfer (用)电缆吊车(运输);高架索道(的)

Telford base 块本基层

→～ macadam 泰尔福式碎石路 // ～ stone 锥形块石

telgsten 滑石 [Mg₃(Si₄O₁₀)(OH)₂;3MgO• 4SiO₂•H₂O;H₂Mg₃(SiO₃)₄;单斜、三斜];蛇纹石[Mg₆(Si₄O₁₀)(OH)₈];绿泥石[Y₃(Z₄O₁₀)(OH)₂•Y₃(OH)₆,Y 主要为 Mg、Fe、Al,有些同族矿物种中还可是 Cr、Ni、Mn、V、Cu 或 Li;Z 主要是 Si 和 Al,偶尔是 Fe 或 B]

teliospore 冬孢子

tell 古坟丘;古人类土丘[阿];(覆盖古代村庄遗迹的)假土丘[阿]

tellemarkite 钙铝榴石[Ca₃Al₂(SiO₄)₃;等轴]

Tellerina 泰勒氏虫属[三叶;Є₃]

tellevel 料位指示器

Tellina 樱蛤属[双壳;J-Q]

tellite 钢灰石;印刷电路基板;指示灯;特莱矿

tell-tal 信号装置

tell-ta(b)le 指示器;计数器;信号装置;寄存器;舵位指示器;报警器[油罐灌满];说明问题的;标志;航标工作情况指示器;裂缝监测片;记录器

telltale device 警报装置

tell-tale hole 警报孔

telltale sandout 信号筛管被充填砾石掩埋

tellur(ium) 碲

tellural 地球上的;地球居民的;地球的

tellurantimony 碲锑矿[Sb₂Te₃;三方];锑碲矿

tellurate 碲酸盐

tellurates 碲酸盐类

tellurbismuth{tellur(o)bismuthite} 碲铋矿[Bi₂Te₃;三斜]

tellurcadmium 碲镉矿

tellurian 碲的;地球仪;地球上的;地球的

→～ hauchecornite 碲硫镍铋锑矿 // ～ insizwaite 碲等轴铋铂矿 // ～ sobolevskite 碲六方铋钯矿

telluric 碲的;陆上的;地球的;大地的

→～ bismuth 碲铋矿[Bi₂Te₃;三斜] // ～ current 地电 // ～ current prospecting 大地电流找矿法 // ～ oche{ocher} 亚碲酸盐[M₂TeO₃] // ～ ocher 黄碲矿[TeO₂;斜方];黄碲华;碲赭石[TeO₂] // ～ ochre 黄碲矿[TeO₂;斜方] // ～ (current) prospecting 大地电流法勘探 // ～ silver 碲银矿[Ag₂Te;单斜]

telluride 碲化物;硅藻土[SiO₂•nH₂O];硫化物;碲化物

→～ gold ore 碲金矿[AuTe₂;单斜]

tellurine 硅藻土[SiO₂•nH₂O]

tellurion 地球仪

tellurious quicksilver 碲汞矿[Hg₂(TeO₄);HgTe;等轴]

tellurite 黄碲矿[TeO₂;斜方];亚碲酸盐[M₂TeO₃]

(native) tellurium 自然碲[Te;三方]

tellurium dioxide crystal 二氧化碲晶体

telluriumglance 叶碲金矿[Pb₅AuSbTe₃S₆;Pb₅Au(Te,Sb)₄S₅₋₈;斜方]

tellurium glance 叶碲矿[Pb₅AuSbTe₃S₆]

→～ ores 碲矿 // ～ silver glance 碲银

矿[Ag₂Te;单斜] // ～-130/xenon-130 age method 碲¹³⁰-氙¹³⁰ 年龄测定法

tellurnickel 碲镍矿[NiTe₂;三方]

tellurocker 黄碲矿[TeO₂;斜方]

tellurohauchecornite 硫碲镍铋锑矿;硫碲铋镍矿[Ni₉BiTeS₈;四方]

telluroid 正常高地面;似地球面

tellurometer 测距仪;高精密电子测距仪;精密测地仪

→～ survey 微波测距

telluropalladinite 斜碲钯矿[Pd₉Te₄;单斜]

tellurpyrite 碲黄铁矿[Fe(S,Te)₂]

tellursulphur 含碲α硫

tellur-uran-bismuth 碲铋铀矿

tellururane 铋华[Bi₂O₃;单斜]

telmatic{phragmites;reed;carex;scirpus; sedge} peat 芦苇泥炭

→～ {reed} peat 浅沼泥炭

telmatology 湿地学;沼泽学

teloclarain 胞质亮煤

teloclarite 微结构镜质亮煤

telocollinite 隐结构镜质体

Telocythere 尾花介属[K-Q]

telodurain 胞质丝煤

telofusain 胞质丝煤带;结构镜煤质丝煤

telofusite 结构镜煤质丝煤

telogenesis 表成作用;后期形成作用

telogenetic 表成作(用)的

→～ porosity 后期形成孔隙度{性}[专指碳酸岩在地下水面之上所形成的孔隙性];晚期表成孔隙性

telome 顶枝[植]

→～ leaves 顶枝叶

telomer 终链剂;调聚物

telomerization 调(节)聚(合)反应

telomic leaf 顶枝叶

telomophyta 顶枝植物

telopodite 内节肢[节]

telospecies 衰种

Telotremata 终穴类;终孔目[腕];尾穴目

telpher conveyor 电动吊车

→～ {telpherage} line 架空电动缆车道

telseis transmitter system 遥测地震发射系统

Telsmith gyrasphere crusher 特尔史密斯型旋球式破碎机

→～ pulsator 特尔斯密斯脉动筛;泰尔史密斯振动筛

telson 尾节[叶肢];尾棘[鲨鱼类]

telum 矛突;尾节[叶肢]

Telumodina 标枪牙形石属[D₃-C₁]

Telychian 特里其阶[S]

telyushenkoite 氟铍硅铯钠石[CsNa₆(Be₂(Si,Al,Zn))₁₈O₃₉F₂]

temagamite 碲汞钯矿[Pd₃HgTe₃;斜方]

temantite 砷黝铜矿[Cu₁₂As₄S₁₂;(Cu,Fe)₁₂As₄S₁₃;等轴]

temblor 地震

Temeniophyllum 切珊瑚(属)

temiskamite 砷镍矿[Ni₁₁As₈,四方;NiAs₂]

Temnocheilus 切缘角石属[头;C-P₁]

Temnodiscus 切盘螺属[腹;O-C]

Temnograptus 切笔石属[O₁]

Temnophyllum 切珊瑚属

Temnospondyli 离片椎目;分椎目[两栖]断椎类

temnospondylous vertebra 离片椎

temoin 表示挖土深度的土柱

temp diff 温(度)差

temper 回火;热处理;调和;适中;缓和;揉和;变柔软;韧度;含碳量;趋势;倾向;强度;捏黏土;捏和;钢的含碳;性情;减轻;加水混砂;调节;调剂;特征;捏{黏土}

temper (oneself by self-discipline) 砥砺[磨炼;磨刀石]

temperate 适中;适度的;有节制的;温和的

→～ {warm} climate 温暖气候

temperature 温度;体温

→～ buzzer 温度蜂鸣报警器 // ～ contraction of pipes 管道因温度变化收缩 // ～ extrapolation 温度外延求值(法) // ～-first crystal form 初始结晶形成温度 // ～ fracture 热裂缝;温度变化形成的裂隙

temperature/humidity infrared radiometer 温度-湿度红外辐射计

(mud) temperature in 入口泥浆温度

temperature-independent 与温度无关的

temperature index 温度指数

→～ indicating coating 示温涂层 // ～ in site 现场温度 // ～ of fusion 熔化温度 // ～ of solidification 凝固点

temper brittleness 驯脆

→～ (drawing) color 退火色;回火色 // ～ colour 回火色

tempered 回火的;退火的

→～ {timbered} area 支护区 // ～-hardness 回火硬度

tempering 混料{合};人工老化;泥料加工;淬火;(型砂)浸湿[铸]

→～ air{damper} 调节风挡 // ～ sand 回性砂;调质砂 // ～ stress 回火应力

temper oneself 磨炼

→～ rolling 硬化冷轧 // ～ screw 给进螺杆[下放钢绳];钢绳钻进用长螺杆;钻进长螺杆 // ～-stressing 回火应力

tempestite 风暴层{岩}

template 垫石;垫木;海洋平台底座;底盘;导管架;模板;量板;样规;样板;卡规;型板;瓦模;涂胶铝箔;承梁短板

→～ forming 样板刀成型 // ～ of electrical sounding 电测深量板 // ～ platform 底盘式平台;现场拼合式平台[海洋钻探]

templet 垫石;垫木;海洋平台底座;底盘;导管架;模板;量板;刻度板;样规;样板;卡规;型板

tempo[意;pl.-pi] 时效;速度;进度;发展速度

→～ of development 开发速度

temporale 坦波拉尔风[中美太平洋沿岸的强西南风]

temporal effect 瞬时效应

→～ fossa 颞窝 // ～ gain 时间增益

temporalis 颞肌

temporal opening 颞颥孔

→～ {opportunistic} species 暂时种[生] // ～ subspecies 暂时亚种 // ～ transgression 时序超覆

temporarily out of service 暂时停产

temporary abandoned 暂时废弃

tempstick 温度计

tempting 吸引人的

Temtron 坦特朗空调设备

tena{terra} ponderosa 重土

tendency 势头;势;趋向;趋势;倾向;

意向；动向

→~ -to-stick{frozen;sticky} ore 黏性矿石；易黏矿石

tender 标件；偿付；软的；柔软的；变柔软；清偿；汽艇；(在)管中输送的部分储品；难对付(的)；敏感的；脆弱的；照管者；招标；易损坏的；易碎的；补给船；看守人；小船；微妙；承包；提供；提出；报价

→~ foot 生手；新手//~ froth 软弱泡沫//~ tank man hole shield 煤水车水柜入孔罩//~ vertical shaft 立斜相连井

tending chuck 注水夹头

→~ hoist operator 绞车副司机

Tendipedidae 摇蚊科[昆]

tendril 卷须[植]

Tenellisporites 纤茅孢属[K₂]

Tenerina 泰那林奈粉属[孢;K]

tenestrate 穿孔状

tengchongite 腾冲(铀)矿[CaO•6UO₃•2MoO₃•12H₂O]；腾冲铀矿[Ca(UO₂)₆(MoO₄)₂O₅•12H₂O]

tengerite 水碳钇矿；水碳钙钇石[CaY₃(CO₃)₄(OH)₃•3H₂O;四方?]；水菱钇矿

tenggara 滕加拉风

teniogranite 带花岗岩

teniolite 带云母[KLiMg₂(Si₄O₁₀)F₂;单斜]

tenmoku 天目釉

tennantite 砷黝铜矿[Cu₁₂As₄S₁₂;(Cu,Fe)₁₂As₄S₁₃;等轴]；黝铜矿[Cu₁₂Sb₄S₁₃,与砷黝铜矿(Cu₁₂As₄S₁₃)有相同的结晶构造,为连续的固溶系列;(Cu,Fe)₁₂Sb₄S₁₃;等轴]

Tennesseean 田纳西(统)[美;C₁]

tennessine 硱[Ts,第 117 号元素]

tenon 木工的榫；造林；雄榫；凸榫；榫头；榫舌；榫接；榫

→~ chisel suo 榫凿//~ cutter 切榫器

tenoner{tenoning machine} 制榫机

tenor 品位；金属含量；矿石(的)品位；要旨；条理；动向

→~ in gold 含金量

tenorite 黑铜矿[CuO;单斜]；黑铁矿[(Fe,Mn)WO₄];铜锰土[MnO₂,含 4%~18%的 CuO]

tenormal {tensiflex; tensinol} 酒石酸五甲哌啶

tenor{grade} of ore 矿石(的)品位

Tenrec 马岛猬属[Q]

tensibility 伸长率；可张的性质{状态}

tension 拉紧；电压；牵引力；拉张；拉伸；拉断；应力[物]；压强；紧张；弹力；膨胀力[气体的]

tension{drag} (force) 拉力

→~ (force) 张力

tensional 拉紧的；紧张的

→~ fault 拉张断层

tensioner 张紧器；拉力器；张紧装置

→~ (system) 张紧装置

tension fault 张性断裂；张力形成断层；张(力)断层

→~ fissure{crack;gash} 张裂缝[地滑造成]

tensioning device{system} 张紧装置

→~ machine 拉伸机//~ plate 张紧压条//~ ring 张力环

tension{gash;extension;expansion} joint 张节理

→~ joint 受拉接合{头}

tensor 伸张器；张肌；磁张线

→~ (quantity) 张量

tensoral 酒石酸五甲哌啶

tenso-shear{tense-shearing} structural plane 张扭性结构面

tentacle 似触手的东西；触手[古]

Tentaculatu 触手动物

Tentaculita 竹节石纲

Tentaculites 竹节石(属)[S-D]

tentaculitid 竹节石类[软]

Tentaculitida 竹节石目

tentaculocyst 石针[动]

tentative 试验性的；实验；临时的；推测的；推测；假定的

tenterhook 拉幅钩

tent hill 小平顶丘

tenth-normal solution 十分之一当量浓度溶液

Tenticospirifer 帐幕石燕

tenting 隆起[海冰受压]；拱起[海冰受压而成]

tent poling 突然偏转[声波测井(曲线)]

→~ rock 帐篷岩[一种火山岩]

tentuitas 外壁变薄区[孢]

Tenua 薄球藻属[J-E]

Tenuestheria 薄壳叶肢介属[节;K₂]

tenuigenin 远志皂苷元；细胞质

Tenuiphyllum 细壁珊瑚属[S₂]

tenuis 清爆破音[语]

tenuitas 变薄；外壁变薄区[孢]

tenuity 贫乏；空洞；纤细；稀薄[空气、流体等]；微弱[光声等]

Tenuostracus 窄带壳叶肢介属[K]

tenure 占有

tepe 人工土丘

tepee butte 锥形侵蚀丘；锥形残丘

→~ structure 倒 V 形构造；帐篷构造

tepefaction 温热；微温

tepetate 灰盖；钙积层；蒸发岩壳

Tepetate-type structure 断层下落盘上的背斜

→~ structure 特普台特型构造[断层下落盘上的背斜]

tephra 火山碎屑；火山灰；爆发岩屑

→~ cloud 火山碎屑云

tephriphonolite 碱玄质响岩

tephrite 碱玄岩

tephritoid 似碱玄岩

tephrochronology 火山喷物编年

tephroid 再积火山碎屑(物)

tephroite 锰橄榄石[Mn₂SiO₄;斜方]

tephros 火山灰

tephrosin 灰叶素

tephrowillemite 锰硅锌矿[(Zn,Mn)₂(SiO₄)];锰硅碲矿

tepid 微热的

→~ spring 等体温温泉//~ stream 微温水流

tepostete 砂金矿中的镜铁矿漂砾

teppe 地毯；古坟丘；古人类土丘[波斯]

tequezquite 杂溶盐

Tequliferina 盖形贝属[腕;C₃]

ter. 第三纪[65~2.48Ma;地球表面初具现代轮廓,喜马拉雅山系和台湾形成,哺乳动物和被子植物繁盛,重要的成煤期]

teracidic 三价的

terahertz 兆兆赫

teratogen 致畸(胎)物

teratogency 产生畸形

teratolite 密高岭土[Al₄(Si₄O₁₀)(OH)₈•nH₂O]

(n=0~4),含有石英、云母、褐铁矿等的不纯高岭土];杂高岭土

teratological 畸形学的；畸形的

teratology 畸形学

Teratophyllum 畸形珊瑚属[S₂-D₁]

teratorn 怪鸟；畸鸟

teratosis 畸形

terawatt 兆兆瓦

terbia 氧化铽[Tb₂O₃]

terbium 铽

tercentesimal thermometric scale 三百度温标

Terebellum 钻凤螺属[腹;E-Q]

terebinthina 松油脂；松节油

Terebra 笋螺属[腹;E-Q]

Terebralia 光笋螺属[腹;K₂-Q]；泥海蜷属

→~ palustris 泥海蜷//~ sulcata 沟纹笋光螺；刻纹海蜷

Terebratella 小穿孔贝(属)[腕;J-Q]

→~ (coreanica) 酸酱贝

Terebratula 穿孔贝(属)[腕;E]

terebratulid 穿孔贝型[腕;主缘]

terebratuliform 穿孔贝式{形}[腕]

Terebratulina 准穿孔贝(属)[腕]；孔棱贝；近穿孔贝(属)[J-Q]

terebratuloid 穿孔贝类；腕足动物

Terebratuloidea 拟穿孔贝属[腕;C₂-P]；似穿孔贝

teredinid 凿船贝[危害海洋建筑及木船]

Teredo 凿船贝(属)；船蛆属[双壳]；凿船虫

terektite 石英碱长粗面岩

teremkovite 捷(辉)锑银铅矿[Ag₂Pb₇Sb₈S₂₀;斜方]；捷硫锑银矿

terenite 蚀方柱石；柔块云母[镁和钾的铝硅酸盐]

tereno 特伦诺风

terephthalate film 聚酯薄膜

terete 圆筒形的；圆柱状的[植]

tere veate 鳞绿石

ter(r)e verte 绿鳞石[(K,Ca,Na)<₁(Al,Fe³⁺,Fe²⁺,Mg)₂(Si,Al)₄O₁₀) (OH)₂;K(Mg,Fe²⁺)(Fe³⁺,Al)Si₄O₁₀(OH)₂,单斜;KMg₃Fe₃Si₉O₂₅(OH)₂•9H₂O]；海绿石[K₁₋ₓ((Fe³⁺,Al,Fe²⁺,Mg)₂(Al₁₋ₓSi₃₊ₓO₁₀)(OH)₂•nH₂O;(K,Na)(Fe³⁺,Al,Mg)₂(Si,Al)₄O₁₀(OH)₂;单斜]

tergal 后间辐带第一板[棘海百]；背面的；背板的

→~ angle 背角

Tergestiella 特格斯颗石[钙超;Q]

tergite 背片；背甲[节]

Tergitol 4{|7} 仲十四{|七}烷基硫酸钠

→~ penetrant 4 乙基甲基十一(烷)基硫酸钠[C₂H₅C₁₁H₂₃(CH₃) OSO₃Na]

Tergomya 背肌痕类[单板类]

tergopore 背孔；背孢孔

tergum[pl.-ga] 脊板[节]；背甲；背板

Terista 麦穗米黄[石]

terlinguacreekite 特氯氧汞矿[Hg₃²⁺O₂Cl₂]

terlingua(r)ite 黄氯汞矿[Hg₂ClO;2HgO•Hg₂Cl₂;单斜]

term 地位；任期；期限；期；边界限度；能级；高热剂；名词学；措词；终止；终端；终点；费用；学期；项；限期；界石；结束；叫做；条数；条款；条件；条；端子；称为

→(technical) ~ 术语//~ clustering 检索词聚类

termierite 轻岭石；轻埃洛石[Al₂O₃•6SiO₂•18H₂O]

terminal 顶生的；电极的；末项；末端；总站；终端{点}；油码头；引线；卸货码头；接头；端子{板}；端；级点；极限的
→(bulk) ~ 转运油库 // (total) ~ centres 输送机组总长度; (输送机组的)总长度 // ~ cusp 端主齿[牙石] // ~ lava flow 端熔岩流 // {end} moraine 尾碛 // ~ nodule 端瘤[硅藻]

terminating 线端(加负载)；终止；结束；端接
→ an agreement 解约 // ~ unit 终端设备

termination 末端；终端；终点；词尾；晶体终端；晶体顶端；界限；结束；尖灭；端面；顶端[晶]
→ effect 最终效应 // ~ of ore body 矿体圈定

terminology 定名；术语学；术语；名词学；专门用语；词汇
→ of minerals 矿物定名学

terminus[pl.-ni] 终点站界石
→(glacier) ~ 冰川末端 // [pl.-ni] 目标；终点；界限{标}

termitarium (白)蚁丘；白蚁(养殖器)

termite 铅基轴承合金；高热剂；加热剂；特麦特合金；白蚁
→ mound (白)蚁丘

term-limit pricing (在)规定时间内买卖双方的合同价格

term of life{service} 使用期限
→ of validity 有效期间

termonatrite 水碱[$Na_2CO_3 \cdot H_2O$;斜方]

terms 关系；技术术语
→ of delivery 交货条件 // ~ of payment 支付条件；交付条件 // ~ of reference 职责分配制

terneplate 镀铅锡钢{铁}板；镀铅锡合金的钢板

ternesite 硫硅钙石[$Ca_5(SiO_4)_2SO_4$]

Ternithrix 三丝藻属[N_1]

ternovite 水铌镁石[$(Mg,Ca)Nb_4O_{11} \cdot nH_2O$, $n=8～12$]

ternovskite{ternowskite} 青钠闪石[$(Ca,Na,K)_3(Fe^{2+},Fe^{3+})_5((Si,Al)_8O_{22})(OH)_2$;镁钠闪石[$(Na,Ca)_2(Mg,Fe^{2+},Fe^{3+})_5(Si_4O_{11})_2(OH)_2$;$Na_2(Mg,Fe^{2+})_3Fe_2^{3+}Si_8O_{22}(OH)_2$;单斜]

terosin 菲希特尔石

terotechnology 设备综合管理学；设备使用保养技术

terpadiene 萜二烯

terpane 薄荷烷；萜烷

terpene 萜烯；萜[$C_{10}H_{16}$]
→ (hydrocarbon) 萜烃[$C_{10}H_{16}$] // ~ alcohol 萜烯醇[$C_{10}H_{18}O$] // ~ hydrate 水合萜烯

terpeneless oil 无萜油

terpenic 萜烯(类)的

terpenoid 类萜；萜类化合物

terpenol 萜烯醇[$C_{10}H_{18}O$]

terpenone 萜烯酮

terpenyl 萜烯基

terpezite 硅华[$SiO_2 \cdot nH_2O$]

terphenyl 三联苯[$C_6H_5 \cdot C_6H_4 \cdot C_6H_5$]

terpilenol 萜品醇

terpine 萜品[$C_{10}H_{20}O_2$]；萜二醇

terpineol 萜烯醇[$C_{10}H_{18}O$]；萜品醇；松油萜醇[$C_{10}H_{18}O$]

terpineolthiol 萜烯硫醇

terpinol 萜品二醇；萜品醇

terpinolene 萜品油烯[$C_{10}H_{16}$]

terpinyl 萜品基；松油基

terpi(t)zite 角硅华；硅华[$SiO_2 \cdot nH_2O$]

terpolymer 三(元共)聚物

terpositive 正三价的

Terquemiidae 奇形蛎科[双壳]

terra[拉;pl.-e] 月球高地；土；地球；陆地；月陆；土地

terraalba 石膏粉；无水石膏

terra alba 白土[石膏、高岭土、镁土、重晶石等；$Al_4(Si_4O_{10})(OH)_8$]；石膏粉；管土；制管土

terraanticline 陆背斜

terra calcis{calcia} 钙质土
→ calcis 石灰性土 // ~ cariosa 硅藻土[$SiO_2 \cdot nH_2O$]；擦亮石；风化硅石 // ~ cariose 朽石

terrace 海台；海底台地；平台；坪；露台；阳台；阶地
→(bench) ~ 台地

terraced 筑成台地
→(level) ~ field 梯田 // ~ flowstone 边石坝 // ~ mill 台阶式配置选矿厂 // ~ zone 阶地带

terrace edge 阶缘

Terrace{terrace} epoch 阶地期[全新世初最后一次冰进以后,普遍形成河流阶地]

terrace{ladder} fault 阶梯断层
→ flexure 阶状挠曲 // ~ flight 阶地梯坎 // ~ floor{surface} 阶面

terracelike sinter flat 类阶地泉华坪

terrace outlet 地埂排水口；溢洪道
→ {bench;river-bar} placer 阶地砂矿 // ~ plow 作阶犁

terracer 作阶机；修梯地基

terrace restaurant 露天阳台餐厅
→ ridge 阶垄 // ~ spacing 阶幅

terracette 小土阶；小平台；土滑小阶坎；小土滑坎

Terracian 阶地期[全新世初最后一次冰进以后,普遍形成河流阶地]

terracing 作阶；阶地状地形；阶地形成；梯田化

terra cotta[意] 混合陶器；饰面砖；琉璃砖(瓦)；赤土陶器；赤褐色(的)；煅(烧)黏土；陶砖(瓦)；硬陶土[$Al_4(Si_4O_{10})(OH)_8 \cdot 0～4H_2O$]
→-cotta 琉璃砖(瓦)；赤土陶器 // ~-cotta clay 硬陶土[$Al_4(Si_4O_{10})(OH)_8 \cdot 0～4H_2O$]；稳塑陶土；赤陶土

terradynamics 土动力学

terrae[sgl.terra] 月球高地[月陆]；月面高地；土
→ rare 稀土

terra firma 大地；陆地；稳固地位
→ fusca 棕钙红土；淋溶棕色石灰土；酸盐棕色土

terrain 山区；地域；地体；地势；地区；地面；地貌；地带；地层；领域；岩体出露区；岩群；岩区；岩带
→ (relief) 地形 // ~ clearance 相对航高 // ~ correction template 地形改(正)量板 // ~ profile recorder 地形纵断面记录器

terral 坦拉尔风[安第斯山脉沿岸强烈东南海风]

terralle 梯田

terrameter 地阻仪[北欧习用名称]；地电仪

terrane 地体；地势；地区；地貌；地带；地层；领域；岩体出露区；岩体；岩群；岩区；岩带；岩层

terranean 属于地的；地的

terraneous 生存于陆地上的；陆生的

terranes 岩系

terranovaite 特拉沸石[$NaCa(Al_3Si_{17}O_{40}) \cdot >7H_2O$]

terra plain 月陆平原
→ ~ ponderosa 重晶石[$BaSO_4$;斜方] // ~ rossa 石灰岩上残留的红土；脱钙红土 // ~ sienna 赭土[含有多量的砂及黏土；$Fe_2O_3 \cdot Al_2O_3(SiO_2)$] // ~ sigillata {Lemnia} 杂褐铁埃洛石

terratolite 密高岭土[$Al_4(Si_4O_{10})(OH)_8 \cdot nH_2O$($n=0～4$),含有石英、云母、褐铁矿等的不纯高岭土]

terra verde 海绿石[$K_{1-x}((Fe^{3+},Al,Fe^{2+},Mg)_2(Al_{1-x}Si_{3+x}O_{10})(OH)_2) \cdot nH_2O$；$(K,Na)(Fe^{3+},Al,Mg)_2(Si,Al)_4O_{10}(OH)_2$;单斜]；绿土[颜料；海绿石、绿鳞石等]；绿鳞石[$(K,Ca,Na)_{<1}(Al,Fe^{3+},Fe^{2+},Mg)_2((Si,Al)_4O_{10})(OH)_2$;$K(Mg,Fe^{2+},Al)Si_4O_{10}(OH)_2$;单斜]
→ verse 绿土[颜料;海绿石、绿鳞石等]

terraz(z)o[意] 磨石子[建]；水磨石
→ floor 磨石子地

terre 地球；自由舒适；土味的
→ altos 特烈阿托斯风

terreau 泥肥；腐殖土[法]

terrene 地域；地形；地体；地球表面；地球；地表；大地的；陆地的；陆地；岩体出露区；土质的；土壤的

terreplein 平顶土堤；垒道[炮台上架炮的]

terrestrial 地上{球;表}的；地磁；大地的；陆生的；陆地的
→ age 陨石落地年龄 // ~ animal 陆生动物 // ~{earth} electricity 地电 // ~ iron 地铁[美] // ~{earth-like} planet 类地行星 // ~ vegetation 大地植物界石油产生学说

terreverte 地绿色；绿土[颜料;海绿石、绿鳞石等]

terricolous 栖陆的；陆栖的[生]；土表生的；陆生的[生]

terrigene{terrigenous} mud 陆源泥

terrigenous 陆生{源;成}的；(源自)陆地的
→ clastic rock 陆源碎屑岩 // ~ element 陆成元素 // ~ supply 陆源供给 // ~ turbidite 陆源浊流{积}岩

territorial 地区的；区域性的

territoriality 大陆性；陆地性

territory 地域{区;面;方;带}；区域；领土；版图；土地；土

terron 草泥坯块

tersia[pl.-e] 指状突

terskite 水硅锆钠石[$Na_4ZrSi_6O_{16} \cdot 2H_2O$]；突硅钠锆石

tert- 叔[三元胺及 R_3COH 型的醇]

tert. 第三纪[65～2.48Ma;地球表面初具现代轮廓,喜马拉雅山系和台湾形成,哺乳动物和被子植物繁盛,重要的成煤期]

tert-amyl 特戊基[$CH_3CH_2C(CH_3)_2-$]

tert-butyl 特丁基[$CH_3C(CH_3)_2-$]

Tertiary 第三纪的

tertiary{tert-} 特[$CH_3 \cdots C(CH_3)_2$-型支链烷基]
→ asbestosis 三期石棉肺

tertii 第三次脉[植]

tertschite 纤硼钙石；多水硼钙石[$Ca_4B_{10}O_{19} \cdot 20H_2O$;单斜?]

T

teruelite 黑白云石[CaMg(CO₃)₂]

teruggite 砷硼镁钙石[Ca₄MgAs₂B₁₂O₂₂(OH)₁₂·12H₂O];单斜];砷钙硼石;硼砷镁钙石

tervalency 三价

terylene 聚酸纤维;涤纶[聚对苯二甲酸己乙二醇酯]

Terzaghi bearing capacity theory 太沙基承载力理论
→~ consolidation theory 太沙基固结理论

Terzaghi's bearing capacity formula 太沙基承载力公式
→~ effective stress equation 太沙基有效应力方程

teschemacherite 铵碳石;碳酸铵石[(NH₄)HCO₃];碳铵石[(NH₄)HCO₃;斜方]

teschenite 沸绿岩

teshirogilite 钛金红石

tesla 特(斯拉)[磁感应(强度);磁通密度=1Wb/m²=10⁴Gs=10⁹ gamma]

Teslacoil 泰斯拉线圈

tesselated 棋盘格形的
→~ pavement 棋盘形地表 // ~ soil 五花土 // ~ stress 嵌镶应力

tesselation 镶嵌作用

tesselite 鱼眼石[KCa₄(Si₈O₂₀)(F,OH)·8H₂O]

tessella 小块镶嵌大理石

tessellate 镶嵌

tessellated 棋盘格形的
→~ pavement 嵌石铺面 // ~ soil 格状土

tessellation 嵌石装饰;棋盘形格局

tessera[pl.-e] 纪念品;嵌石铺面;入场券;镶嵌地块

tesseral 等轴的;立方体的;镶嵌物(似)的;田形的[矩阵]

testa 种皮[植];介壳;外种皮;甲壳

test bore{hole;well} 勘察钻孔
→~ by trial 尝试 // ~ by wet mortar 稀拌砂浆试验 // ~ cell 岩芯试验夹持器 // ~ cube strength 立方体试块强度

test equipment{facility} 测试设备
→~ equipment 试验设备

tester 试验员;化验者;取样器;测验器;测试器;检验器;对照物;套管泄漏检测仪;探针;探土钻

testeras 矿井支护

tester for hot distortion of resin-bonded sand 树脂砂热变形试验仪
→~ {prospect;test;proving} hole 探井 // ~ hole 试验孔

test explosion 试爆

testibiopalladite 等轴碲锑钯矿[Pd(Sb,Bi)Te;等轴];碲锑钯矿[PdSbTe];锑铋钯碲矿

testify 证明

test instrument 测试仪器
→~ lead 试铅[试金用];探试线 // ~ of short duration 短期试验 // ~ reach 两测站之间的河段 // ~{reagent} solution 试液 // ~ stand 校正台[测斜仪] // ~ target 射孔试验层段 // ~ temperature 试验温度;测量温度

Testudo 陆龟
→~ elephantopus 象龟[Q]

test under pressure 压力试验
→~ voltage 测试电压

TETA 三乙烯(撑)四胺[(H₂NCH₂CH₂NHCH₂-)₂]

tetalite 锰方解石[(Ca,Mn)(CO₃)]

tetartine 钠长石[Na(AlSi₃O₈);Na₂O·Al₂O₃·6SiO₂;三斜;符号 Ab]

tetartohedral 具有四分之一结晶体对称面的
→~ class 四分面象(晶)组 // ~ form 四分面(象单)形 // ~ pentagonal dodecahedron 偏五角三四{十二}面体

tetartohedrism 四分面象

tetartohedron[pl.-ra] 四分面体

tetarto-prism 四分柱[{hk0}型的单面]

tetarto-pyramid 四分锥[{hkl}型的板面或双面]

tetartosymmetry 四分对称

tethered{captive} balloon 系留气球
→~ buoy 系统浮标 // ~ buoyant platform 系缆的浮动平台

Tethyan 特提{锡}斯海的;特提斯期的
→~ geosyncline 古地中海地槽 // ~-like 似特提斯的 // ~ metallogenic belt 特提斯成矿带 // ~ torsion zone 特提斯旋纽带

Tethys 特提斯
→~ (Sea) 古地中海;特提斯海 // ~-Gondwana region 特提斯-冈瓦纳区

tetin 火山灰

Tetoria 手取蚬属[双壳;J₃];手取羽叶属[植;双壳;K₁]

tetraacetate 四乙酸盐

tetraauricupride 四方铜金矿[CuAu]

tetraaxial 四轴型

tetrabasal 四基板;四底型[棘海胆]

tetrabedrite 黝铜矿[Cu₁₂Sb₄S₁₃,与砷黝铜矿(Cu₁₂As₄S₁₃)有相同的结晶构造,为连续的固溶系列;(Cu,Fe)₁₂Sb₄S₁₃;等轴]

tetraborate 四硼酸盐

Tetrabranchiata 四鳃亚纲[头];外壳亚纲[头]

tetrabromide 四溴化物

tetrabrom-methane 四溴甲烷

tetrabromoethane 四溴乙烷[Br₂CH-CHBr₂]

tetracalcium aluminate hydrate 水化铝酸四钙
→~ aluminoferrite 铁铝酸四钙

Tetracamera 箱房贝属[腕;C₁]

tetracarbonyl 四羰基化物

tetrachlor(o)ethylene 四氯乙烯[Cl₂C=CCl₂]

tetrachloride 四氯化物

tetrachloronaphthalene 四氯(化)萘[C₁₀H₄Cl₄]

Tetraclacnodon 四尖兽

tetraclad 四枝骨针[绵]

Tetraclaenodon 四尖兽属[E₁];四齿兽

tetraclasite 钙柱石[Ca₄(Al₂Si₂O₈)₃(SO₄,CO₃,Cl₂);3CaAl₂Si₂O₈·CaCO₃;四方]

Tetraclinis 方楔柏属[K₂-Q]

tetraclone 四枝骨针[绵]

Tetracolporites 四孔沟粉属[孢;E₂]

tetracontane 四十烷[CH₃(CH₂)₃₈CH₃]

tetracrepid 具四轴中横棒的网状骨片[绵];四轴骨片

tetractin 四射骨针[绵];四放体

tetractinal 四射的

Tetractinella 四栉贝属[腕;T₂]

tetractinellid 四射海绵

Tetractinellida 四射海绵目

tetracyclic 四轮列的;四环的
→~ compound 四环化合物 // ~ ring 四核环

tetracycloalkane 四环烷

tetrad(-axis) 四次轴;四价元素;四价的;四合体;四个(脉冲组);四个一组;四分体[孢];四分孢子;四次对称晶;四重轴

tetradecane 十四(碳)烷[C₁₄H₃₀];正十四碳烷
→~ phosphonic acid 十四烷基膦酸[C₁₄H₂₉PO(OH)₂]

tetradecyl 十四烷基[C₁₄H₂₉-];十四基[C₁₄H₂₉-]
→~ alcohol 十四碳醇[CH₃(CH₂)₁₂CH₂OH]

tetradecylamine 十四烷胺[C₁₃H₂₇CH₂NH₂]

tetradecyl ethylene diamine hydrochloride 十四烷基乙二胺盐酸盐[C₁₃H₂₇CH₂NH(CH₂)₂NH₂·HCl]
→~-polyoxy nitroso phenol 十四(烷)基聚氧化亚硝基(苯)酚[C₁₄H₂₉(OC₆H₃(N))ₙOH]

Tetradella 四突起虫属[介;O]

Tetradium 四开珊瑚属[O];四壁珊瑚(属)

tetrad mark 四孢体痕
→~ scar{mark} 四合体痕[孢] // ~ scar{laesura; fissura dehiscentis} 裂缝[孢]

tetradymite 辉碲铋矿[Bi₂TeS₂;Bi₂Te₂S;三方];硫碲铋矿[Bi₄Te₂₋ₓS₁₊ₓ]

tetraedrit 黝铜矿[Cu₁₂Sb₄S₁₃,与砷黝铜矿(Cu₁₂As₄S₁₃)有相同的结晶构造,为连续的固溶系列;(Cu,Fe)₁₂Sb₄S₁₃;等轴]

Tetraedron 四角藻属[绿藻;Q]

tetraene 四叉骨针[绵]

tetraethoxyethane 四乙氧基乙烷

tetraethyl 四乙基

tetraethylpyrophosphate 焦磷酸四乙酯

tetraferroplatinum 铁铂矿[PtFe;四方]

tetrafluoride 四氟化物

tetrafluoroethylene 四氟乙烯

tetrafluoromethane 四氟(代)甲烷

tetragalloyl erythrite 四棓酰赤丁醇[C₃₂H₂₆O₂₀]
→~ methyl glucoside 四棓酰甲基葡萄糖苷[C₃₅H₃₀O₂₂]

tetragonal 四方的;四边形的;正方形(的);正方的
→~ axis 四次轴 // ~ disphenoid{bisphenoid} 四方双楔 // ~ disphenoidal class 四方双楔晶族;正方双楔体晶族 // ~-enantiomorphous-hemihedral class 四方(左右)对映半面象(晶)组[422晶组]

tetragonality 四方性

tetragonal normal class 四方正规(晶)组[4/mmm 晶组]
→~ parahemihedron 正方五半面体

Tetragonocyclicus 方圆茎属[棘海百;C]

Tetragonotremata 四方孔组[棘海百]

tetragon-trisoctahedron 四角三八面体

tetragophosphite 方磷锰矿[(Mn,Fe,Mg,Ca)Al₂(PO₄)₂(OH)₂];天蓝石[MgAl₂(PO₄)₂(OH)₂;单斜]

Tetragraptus 四分笔石;四笔石(属)[O₁]
→~ pendens 垂四分笔石

tetragyre 四重轴

tetragyric 四方的

tetrahalide 四卤化物

tetrahedral 有四面的
→~ garnet 日光榴石[Mn₄(BeSiO₄)₃·S,与铍榴石 Fe₄(BeSiO₄)₃·S、锌日光榴石 Zn₄(BeSiO₄)₃·S 三矿物中的 Mn、Fe、Zn 可互相代替;等轴] // ~ {tetrahedron}

group 四面体群 // ～ -hemihedral class 四面体型半面象(晶)组[$\bar{4}3m$ 晶组] // ～ hemihedrism {hemihedry} 四面体型半面象 // ～-pentagonal-dodecahedral class 四面五角十二面体类

tetrahedrite 砷黝铜矿[$Cu_{12}As_4S_{12}$;$(Cu,Fe)_{12}As_4S_{13}$;等轴];黝铜矿[$Cu_{12}Sb_4S_{13}$,与砷黝铜矿($Cu_{12}As_4S_{13}$)有相同的结晶构造,为连续的固溶系列;$(Cu,Fe)_{12}Sb_4S_{13}$;等轴];锑黝铜矿[$Cu_{12}Sb_4S_{13}$]
  →～ type 黝铜矿(晶)组[$\bar{4}3m$ 晶组]

tetrahedroid 四面体
  →～ pebble 近四面体卵石

tetrahedron[pl.-ra] 四面体
  →～ loop 四面体环

tetra(kis)hexahedron 四六面体

tetrahydrate 四水合物

tetrahydrite 四水泻盐[$MgSO_4•4H_2O$;单斜]

tetrahydroabietyl amine 四氢松香胺

tetrahydrofuran 四氢呋喃

tetrahydronaphthalene 四氢萘;四氢化萘

tetrahydroporphin 四氢卟吩

tetrahydropyrrole 四氢化吡咯[$(CH_2)_4$:NH];吡咯烷[$(CH_2)_4$=NH]

tetrahydro-thiophene 四氢噻吩

tetrahymanal 四膜虫醇

tetraiodide 四碘化物

tetrakaidecahedron 十四面体

tetrakalsilite 四型钾霞石[$(K,Na)AlSiO_4$;六方];钠钾霞石[$(Na,K)(AlSiO_4)$];正六方钾霞石

tetrakisdodecahedron 六八面体

tetrakishomohopane 四升藿烷

tetrakisnorhopane 四降藿烷

tetrakisoctahedron 四角三八面体

tetraklasit{tetraklasite} 钙柱石[$Ca_4(Al_2Si_2O_8)_3(SO_4,CO_3,Cl_2)$; $3CaAl_2Si_2O_8•CaCO_3$;四方]

tetralin 四氢化萘;萘满

tetralite 特屈儿[一种炸药;$(NO_2)_3C_6H_2N(CH_3)NO_2$]

Tetralithus 四瓣石[钙超;K_2]

Tetralobula 四叶贝属[腕;O_1]

Tetralophodon 四棱像;四棱齿象(属)[N]

tetramer 四聚物

tetrameral 四射式

Tetrameridium 四裂蕨属[C_{2-3}]

tetramerous 四部的
  →～ symmetry 四射对称

tetramethylammonium 四甲基铵

tetramethylbenzene 四甲基苯

2,6,10,14-tetramethylhexadecane 2,6,10,14-四甲基十六烷[植烷]

tetramethyloctahydrochrysene 四甲基八氢化䓛

tetramethylsilane 四甲基硅(烷)[$Si(CH_3)_4$]

tetramethyl substituted alkane 四甲基(取)代链烷

tetrametric face 四分称面

tetramine 四胺

tetramorph 同质四象(体)

tetramorphism 同质四象(现象)

tetranatrolite 四方钠沸石[$Na_2Al_2Si_3O_{10}•2H_2O$;四方]

tetranitrol 奔土乃特
  →～ tetranitropentaerythrite 季戊炸药

tetranitromethylaniline 四硝基甲苯胺

tetranitropentaerythrite 太安

Tetranota 四脊螺属;四分螺属[腹;O]

Tetrapedia 四分藻属[Q]

Tetraphalerella 四闪贝属[腕;O_3]

tetraphenylporphin 四苯基卟吩

tetraphosphate 磷磷酸盐

tetraphyline 磷铁锂矿[$LiFe^{2+}PO_4$;斜方];铁磷锂矿[$(Li,Fe^{3+},Mn^{2+})(PO_4)$]

Tetrapidites 拟四孔粉属[孢;N_2]

tetrapod 四角防波石;四脚架

Tetrapoda 四足动物总纲

Tetrapollis 四口器粉属[K_2-Q];四孔粉属[孢]

Tetrapora 早坂氏虫;早坂珊瑚属[C_3-P_1];方管珊瑚

Tetraprioniodus 四锯牙形石(属)[O]

tetrapropyleneglycol 四聚丙二醇[$H(OCH_2CH(CH_3))-OH$];三丙基甘醇

tetrapyrrole 四吡咯
  →～ nucleus 四吡咯核

tetrasilane 丁硅烷

tetrasilicate 四硅酸盐

tetrasodium 四钠

Tetraspora 四孢藻(属)[绿藻;Q]

Tetrasporeae 四孢类[绿藻]

Tetrastorthynx 四尖瘤介属[O_2-D_2]

tetrasulfide 四硫化物

tetrataenite 四方镍纹石[FeNi;四方]

Tetrataxis 四房虫属[孔虫;C-T]

tetratocone 第四尖[前臼齿]

tetratolite 密高岭石[$Al_4(Si_4O_{10})(OH)_8$]

tetravalence{tetravalency} 四价

tetravalent 四价的

tetrawickmanite 四方羟锡锰石[$MnSn(OH)_6$;四方]

tetraxial 四轴的
  →～ spicule 四骨针

tetraxonida 四轴海绵(类;目)[E-Q]

Tetraxylopteris 四列木属[植;D_3]

tetrazene 四氮烯[一种起爆药;NH_2NHN:NH];四氮烯
  →～ derivative 四氮烯衍生物起爆药

tetrazole 四唑
  →～ derivative 四唑衍生物起爆药

tetrazolium 四唑

tetrole 呋喃[CH:CHCH:CHO]

tetryl 特屈儿[一种炸药;$(NO_2)_3C_6H_2N(CH_3)NO_2$]

tetsusekiei[日] 铁石英[因含铁而呈黄色或褐色;SiO_2]

teuchit 早春雷暴[英];吐集风暴

teucrin 石蚕苷

Teuthoida 十腕目[头];枪鲗目;鱿鱼

Teuthoidea 十腕目[头];枪鲗目;枪形目;乌贼目[无脊]

Teuthoporella 梭孔藻属[T_2]

Te-ware 德化窑

tex 特[纤度,mg/m]

texalite{texalith} 水镁石[$Mg(OH)_2$;$MgO•H_2O$;三方];羟镁石

Texanites 得克萨斯菊石属[头;K_2]

Texapon Extract A ×润湿剂[十二烷基硫酸铵;$C_{12}H_{25}OSO_3NH_4$]

texasite 锆矾[$Pr_2O_2(SO_4)$?;斜方];锆矾[$Zr(SO_4)_2•4H_2O$;斜方];翠镍矿[$Ni_3(CO_3)(OH)_4•4H_2O$;等轴]

Texas Red{Pink} 德州粉红(金杜鹃)[石]
  →～ Red 德州红[石] // ～ style of racking pipe 得克萨斯钻杆立柱排列法 // ～ tower 雷达平台;微波平台

texrope 三角{V 形}皮带

texto-ulminite 木质结构腐木质体[褐煤显微亚组分]

text-processing 原文处理

textualism 拘泥于圣经原文

Textularia 串珠虫属[孔虫;D-Q];串珠虫

Textulariina 织虫亚目

texture 基质;构造;组织;组构;本质;质地;织物;织构[结晶学];性格;结构;纹理;网纹;特征
  →～ developed by hot working 织物化热加工

textured filament{yarn} 变形丝
  →～ material 织物材料 // ～ molecularly-oriented fiber 分子取向变形纤维 // ～ spun yarn 变形短纤维纱

texture of asbestos 石棉结构
  →～ of ores 矿石结构 // ～ of rock 岩石结构

texturing twist 变形捻度
  →～ variables 变形变数

tey 泥质岛

thadeuite 磷镁钙石[$(Ca,Mn^{2+})(Mg,Fe^{2+},Mn^{3+})_2(PO_4)_2(OH,F)_2$;斜方]

Thais 荔枝螺属[E-Q];荔枝螺

thalackerite 直闪石[$(Mg,Fe)_7(Si_4O_{11})_2(OH)_2$;斜方]

Thalamia 巢托类[原生]

thalamium 闺房[古希腊人家的];内室;卧室

Thalamocyathus 房古杯属[€]

thalassic{abysmal;abyssal} rock 深海岩

thalassicum 大洋盐度(范围)

Thalassinoides 海生迹[甲壳类潜穴;T-R];似海藻迹[海龟草等;遗石]

Thalassiophyta 深海植物

Thalassiosira 海链藻属[硅藻];盘链藻属

Thalassiphora 膜囊藻属[K-E]

thalassium 海水群落

thalasso 海水按摩

Thalassoceratidae 海菊石科[头]

thalassochemistry 海洋化学

thalassocratic 海洋盛期的;海洋克拉通的;高海面时期的;造海的

thalassogenic movement 海底运动
  →～ sedimentation 海成沉积(作用)

thalassoge(n)osyncline 深海地槽

thalassographic(al) 海洋学的

thalassography 海洋学

thalassoid 日海;类月海[月面];海[月面]

thalassology 海洋学

thalassophile 海洋元素

thalattogen 造洋区{带}

thalattogenesis 造洋运动

thalattogenetic 造洋作用的

thalattogenic 造洋运动(的)

Thalattosauria 扁鳄亚目

Thalattosuchia 海鳄亚目

Thalattosuchians 扁鳄龙属[J]

thalcucite 硫铊铁铜矿[$Tl(Cu,Fe)_2S_2$;四方]

thalcusite 硫铜铊矿;硫铊铁铜矿[$Tl(Cu,Fe)_2S_2$;四方]

Thaleops 塔尔虫属[三叶;O_2]

thalfenisite 硫镍铁铊矿[$Tl_6(Fe,Ni,Cu)_{25}S_{26}Cl$]

thalheimite 砷黄铁矿[FeAsS];毒砂[FeAsS;单斜、假斜方]

thalite 皂石[$((Ca_{1/2},Na)_{0.33}(Mg,Fe^{2+})_3(Si,Al)_4O_{10}(OH)_2•4H_2O$;单斜]

thallatogenic 造洋作用的

thalli 原植体

thallic 三价铊的；含铊的；铊的
→~ oil soap 妥尔皂

thallite （黄）绿帘石[Ca₂Fe³⁺Al₂(SiO₄)(Si₂O₇)O(OH);Ca₂(Al,Fe³⁺)₃(SiO₄)₃(OH);单斜]

Thallites 似叶状体(属)[苔;T₃]

thallium 铊
→~ chabazite 铊质菱沸石[(Tl,Ca)(Al₂Si₄O₁₂)•6H₂O];铊菱沸石//~ deposit 铊矿床//~ leucite{analcite} 锭白榴石//~ leucite 铊白榴石//~ stilbite 铊辉沸石

thallogen 菌藻植物

Thallograptus 芽笔石属[O-S]

thalloid 似原植体的；似叶状体的[植物学、真菌学]

thallous 含铊的；一价铊的；亚铊的
→~ edingtonite 铊钡沸石//~ mesolite 铊中沸石//~ natrolite 铊钠沸石//~ scolecite 铊钙沸石

thallus[pl.-es,-li] 原叶体；原植物；原植体；叶状体[古植];菌体

Thalmannita 台尔曼虫属[孔虫;E]

Thamnasteria{Thamnastraea} 互通{灌木星}珊瑚(属)[T-N]

Thamnasterioid{thamnastraeoid} 互通状[珊]

Thamnidium 枝霉属[真菌;Q]
→~ elegans 雅致枝霉//~ elegans Link 分枝珠霉

thamnium 木藓属

Thamnophyllum 灌木珊瑚属

Thamnopora 灌木珊瑚属；通孔珊瑚(属)[O₃-D]

thamnos 灌木[希]

thanatoc(o)enose{thanatoc(o)enosis} 尸积群[生];尸体群(落);死亡组合;尸体组合[生态];埋藏群落[生];遗骸群集

thanatotope 尸积区域

Thanetian 赞尼特阶
→~ (stage) 塔内提{特}(阶)[欧;E₁]//~ Subage 撒内亚期

thanite 硫羰气[矿物];杂钾盐[NaCl 与KMgSO₄Cl•3H₂O 的混合物]

thapsic acid 它普酸{十六(碳)(基)二酸}[HOOC(CH₂)₁₄COOH]

tharandite 柱白云石

Tharsis Ridge 塔西斯山脊[火星]

Thascolomys 袋熊[Q]

Thassos (White) 白水晶[石]

thatch-like sinter 茅屋顶状硅华体

thaumasite 风硬石[硅灰石膏][Ca₃Si(OH)₆(CO₃)(SO₄)•12H₂O;六方]

Thaumatoblastus 奇海蕾(属)[棘海蕾;P]

Thaumatoporella 奇孔藻属[K₂]

Thaumatopteris 奇叶蕨(属)；异叶蕨属[T₃-J₂]

Thaumatrophia 奇凸贝；异凸贝属[腕;O₁]

thaw bulb 融泡
→~ collapse{slumping} 热融滑塌

thawed ground 融冻土
→~ zone 融区

thaw-freeze cycle 解冻-结冻循环

thaw hole 冰窟

thawing house 硝甘炸药解冻室
→~ index 融化指数

thaw{cave-in} lake 融洞湖

Th D 钍铅[铅的稳定同位素 Pb²⁰⁸];钍 D

THDM 透明分解腐殖物质

the Azoic Era 无生代[An€ 早期或 An€]
→~ boundary of a piece of land 地界

theca[pl.-e] 珊瑚壁；萼；外壁[珊];胞管[笔];壳；真壁[珊]

thecal cladium 胞管幼枝[笔]
→~ opening 壁腔//~ plate 甲藻甲片;盖板[非步带板;棘海胆]

Thecal-plate 萼板

thecal pore 壁孔
→~ structure 壁部构造

thecamoebian 有壳变形类[孔虫;E-Q]

Thecamoebida 有壳变形虫目

the Carboniferous System 石炭系

thecarium 内腔

Thecata 有鞘类

thecate 具鞘的；具膜的；有外壳的

Thecia 鞘珊瑚属[S-D]

Thecideidina 鞘壳贝亚目

Thecocyrtelloidea 似盒弓形贝属[腕;T₂]

thecodont 槽生齿(性)；槽齿类的；有槽齿的
→~ dentition 槽牙系

Thecodontia 槽齿目[爬;P₂-T₃]

Thecoidea 海冠纲[棘]

the Continent 欧洲大陆[英国人并不认为英属欧洲,称海峡另一边的欧洲为大陆]

thecoretine 菲希特尔石

Thecosmilia 厚壁珊瑚属[D₁₋₂];剑鞘珊瑚属[T-K]

Thecostegites 套板珊瑚(属)[S₃-D₃]
→~ death of an emperor 崩逝//~ degree of an incline 坡度//~ density curve with a high-density rim 高密度边缘的密度曲线//~ determination of the amount of iron in ore 矿石中含铁量的测定

thedford crown bit 密排深水槽金刚石钻头

the distance between individual blast-holes 孔距
→~ distance between the rows 排距[of blasting holes]//~ earth's surface 地面//~ effects of the green revolution 绿色革命的影响//~ end of Jin Dynasty 金末

thegosis 磨牙；剪面[哺牙]

thein 茶碱；咖啡因

the inductive method 归纳法
→~ industrial system 工业系统

theine 茶碱；咖啡因

theisite 西锑砷铜锌石[Cu₅Zn₅(As,Sn⁵⁺)₂O₈(OH)₄];希砷铜锌石；西锑砷铜锌矿

Theis solution 赛思解

the kingdom portista 始先生物界

thelline{thellite} 硅钇石[钇的硅酸盐]

Thelodonti 小瘤鱼类

Thelodontia 盾鳞目

Thelodus 花鳞鱼(属)

the Longmen Grottoes 龙门石窟
→~ Longshan culture 龙山文化//~ Losch model 鲁希模型

thelotite 藻煤

the main current{stream} 主流
→~ Marble Boat 石舫//~ marble bowl with scenery 石头盆景

thematic 主旋律的；题目
→~ information 专题信息//~ map 主题(地)图

the Middle Ages 中世纪
→~ middle class in a kindergarten 中班//~ Mt.Tai inscription 泰山刻石

thenardite 无水芒硝[Na₂SO₄;斜方];天然硫酸钠矿石

Thenarocrinus 掌海百合属[棘;S]

The Netherlands Antilles 荷属安的列斯

the noncyclic geometric phase 非闭合几何相
→~ north craton 北方刚块//~ north magnetic pole 磁北极//~ North Star 北极星

Theodiscus 神盘虫属[射虫;Pz-Q]

(optical;transit) theodolite 经纬仪

Theodossia 切多斯贝属[腕;D]

Theodoxus 蒂奥得螺属[腹;E-Q]

theogram 理论记录

theology 河流学；塑流学

theopara celsite 赛羟砷铜石[Cu₃(OH)As₂O₇]

theophrasite 辉铋镍矿[为 Ni₃S₄,Bi₂S₃,CuFeS₂的混合物];施羟镍矿；西羟镍矿

theophrastite 水镍石；辉铋矿[Ni₃S₄];施羟镍矿[Ni(OH)₂];辉铋镍矿[为 Ni₃S₄,Bi₂S₃,CuFeS₂的混合物];镍硫钴矿[(Ni,Co)₃S₄]

theorem 定理；命题；理论；原理；法则
→~ of Euler 欧拉定理//~ of mean (mean value) 中值定理

theoretical 推理的；假设性的
→~ air-fuel ratio 理论空燃比

theoretically 理论上

theoretical original position draw-line map 理论放矿线图

theories of cement setting and hardening 水泥凝结硬化理论
→~ of plate motions and ocean ridges 板块运动和大洋中脊理论//~ of roof caving 放顶理论

theory 理论；原理；学说
→~ of concentration of metallogenesis 矿化金属区学说；矿化集中区学说//~ of elastic rebound 弹性回跳理论[弹回回跳(学)说]//~ of metallogenic drainage 成矿水系的理论//~ of Mott 莫特(金属应变硬化)理论//~ of nucleosynthesis 元素合成理论//~ of organic origin 石油有机成因说

Theosodon 滑距貘属[N₁]

the pacific Coast Geosyncline 太平洋岸地槽
→~ (female) parent 母体//~ passage of a depression 低压槽

thephorin 酒石[葡萄汁等发酵酿酒时落在桶底的固体沉淀]

the Pliocene Epoch 上新世[5.30～2.48Ma;人猿祖先出现]
→~ polestar 北极星

theralite 企猎岩；霞斜岩

therapsida 兽形类；兽孔目[爬;P₂-T₃]

Theriodontia 兽齿亚目[P₂-T₃]

the river basin hydrological cycle 流域水文循环
→~ river's load 河流搬运

therm 色姆[英热量单位];千卡；大卡；克卡；小卡；温泉

therma[pl.-e] 热泉

thermal absorption 热(中子)吸收；吸热作用

thermal{thermo}-conductivity 导热性

thermal conductivity cell detector 热导池检测器

(hydro)thermal{hot} fluid 热流体

thermal fluid 热液

→~ indicator mineral 热指示矿物// ~ isolator 隔热层// ~ isostatic bonding 热等静压黏结// ~ isostatic bonding of ceramic coating 陶瓷涂层热等静压黏结

thermalization 热能谱的建立；热能化；中子热能慢化
→(neutron) ~ 热化

thermal jet 温度风喷射流
→~ karst 热岩溶；热喀斯特[冰融地形]// ~ limit 热限界// ~ line 注热管线// ~ load 热负荷

thermalloy 萨马洛依合金；热合金；铁镍耐热耐蚀合金

thermally activated deformation 热活化(的)变形
→~ assisted tunnelling 热辅助隧道掘进// -driven convection 热致对流// ~ stimulated luminescence spectroscopy 热释光谱

thermal mapper 热图像仪
→~ mineral water 热矿水// ~-mining 热力采矿(法)；加热采掘// ~ piercing 火钻// ~ precipitator 热沉淀器// ~ recovery 热返矿// ~ relaxation 热松弛；热弛豫// ~ reworked type uranium deposit 热改造型铀矿

thermals 上升暖气流

thermal scanner 热扫描仪
→~ stable diamond bit 热稳定性能好的金刚石钻头// ~-stable synthetic diamond bit 热稳定人造金刚石钻头

thermaly affected coal{thermaly altered coal} 热变质煤
→~ altered ground 热蚀变地面

thermcale{therm(a)e} 温泉；热泉

thermessaite 氟铝钾矾[K₂(AlF₃SO₄)]

thermionic 热电子的
→~ ionization gauge 热离子电离规

thermionics 热离子学

thermite 热熔剂；热还原剂；高热剂；铝热剂；灼热剂

thermit process 铝热法
→~ welding 热剂焊

thermium 温泉群落

Thermix (tabular) collector 特米克斯管式集尘器

thermo-abrasion type of shoreline 热蚀型滨线；热力海蚀海岸

thermoadhesive separation 热黏分选[分选岩盐]

thermoammeter 热电流表；温差电偶安培计

thermoanalysis 热学分析；热分析

thermo-anomalous territory 热异常区

thermoaqueous 热水的

thermoartesian system 热自流系统

thermobalance 热天平；热平衡

thermobaric 温压的

thermobarogeochemistry 温压地球化学

thermobarometer 温压表

thermobulb 高温灯泡感温包；温包

thermo-buoy 测温浮标

thermocamera 热(红外)照相机；热像照相机

thermocase 隔热层[油管隔热]

thermocatalysis 热催化(作用)

thermo-catalytic 热催化的

thermochemical gas 热化学成因气

thermo-chemical settling dehydration 热化学沉降脱水

thermochemistry 热化学

thermochor 分子体积与温度关系

thermochromism 热致变色；热色现象

thermochron 热等时线

thermochronology 热时序；热年代学

Thermococcales 嗜热球细菌目；热球菌目

thermoconductivity (factor) 热导率

thermocooling 温差环流冷却

thermocouple 热偶；热电偶；温(差)电偶
→~ well 插热电偶的管// ~ well{|wire} 热电偶孔{|丝}

thermocurrent 热电流；温差电流

thermocutout 热断流器；热保险装置

thermo-deck heating unit 筛面比热装置

thermo(-)detector 测温计；热检波器

thermodiffusion 热扩散；索列特效应

thermodrill 热力钻机

thermoduric 耐热的；耐热

thermodye 热染料

thermodynamic(al) 热力(学)的

thermodynamical{dynamothermal} metamorphism 动热变质

thermodynamic chart{diagram} 热力图
→~ classification of magmas 岩浆的热力学分类// ~ energy equation 热力能量方程// ~ function 热力学函数；热力函数

thermodynamics 热动力学

thermoelastic 热弹性(力学)的

thermoelasticity 热弹性(力学)

thermoelastic strain 热电应变

thermo-electric battery 热偶电池

thermoelectric couple{cell;junction} 热电偶
→~ couple 温(差)电偶// ~ gas determinator 热效式瓦斯检定器

thermoelectricity 热电；温差电(现象)

thermoelectric power 温差电(动)势率

thermoelectrode 热电电极

thermo-electroluminescence 热激电致发光

thermoelectrometer 热电计

thermoelectromotive force 热电动势

thermoelectron 热电子

thermoerosional niche 热蚀岸龛

thermofin 热隔层

thermofission 热分裂

thermofluid 热流体

thermoflux 热通量

thermoforming 热成形{型}(的)

thermogalvanic corrosion 热偶腐蚀

thermogalvanometer 温差热电检流计

thermogene 热生成；热成因[矿物]

thermogenesis 生热作用；热成作用

thermogenic 生热的；产热的
→~-bacteria 产热细菌// ~ {thermal} belt 热活动带// ~ {oil-related} gas 热成因气

thermo-geotechnology 热岩土工程学

thermograde 温度梯度；温度坡度

thermograph 热图像；自记温度仪；温度计
→~ correction card 温度仪订正卡

thermographic{thermic;thermal} image 热图像

thermography 差热分析；温度记录术{法}

thermogravimetric analysis{work} 热重分析

thermo gravimetric analysis 热重量分析

thermogravimetric analyzer 热解重量分析仪

→~ -quadrupole mass spectrometric analysis 热重-四极质谱分析

thermogravimetry 热重量分析；热重法

thermogravitational diffusion 热重力扩散

thermohaline 热盐水
→~ alternation 热盐交替// ~ convection 温盐对流

thermo-hydro conduction 热湿传导

thermohydrometer 混差比重计；热比重计

thermohygrograph{thermohygrometer} 温湿计{表}

thermoindicator paint 示温漆

thermo-isodrome 等温差商数线

thermoisolated vessel 隔热(容)器

thermoisopleth 等温线

thermojet 热射流

thermokarst 热岩溶；热喀斯特[冰融地形]；冰融喀斯特
→~ {cave-in;thaw} lake 融陷湖[永冻土区]// ~ pit 热溶洞；热喀斯特洞// ~ topography 冰融似喀斯特地形

thermolabile 受热即分解的；感热的；不耐热的[生化、免疫]

thermolability 热失稳性；不耐热性

thermolith 耐火水泥

thermologging 热测井；井温测井；温度测井

thermology 热学

thermolysis 热解作用；热解

thermomagnetic{thermo-magnetic} effect 热磁效应

thermomagnetism 热磁(性)

thermomagnetometry apparatus 热磁仪

thermomaturation 热熟化；热成熟

thermo(-)mechanical analysis 热(-)机分析(法)

thermomechanical control process 热变形控制技术

thermomechanics 热变形学

thermomer 温暖期[Qp]

thermometal 双金属；热敏金属

thermometallic water 热矿泉

thermometallurgy 火法冶金(学)；高温冶金

thermometamorphic rock 热变质岩

thermometer 寒暑表；温度计；温度表
→~ liquid 温敏液体；温标液体// ~ screen 气温计百叶箱// ~ well 温度计槽

thermometric 寒暑表的；温度计的；温度的
→~ conductivity 导温系数

thermomicrofonic detector 热微声式地震仪

thermomineral spring 热矿泉
→~ {thermometallic} water 热矿水

thermomolecular 热分子的

thermonatrite{thermonitrite} 水碱[Na₂CO₃·H₂O;斜方]

thermonegative 负热性的；吸热的

thermoneutrality 热中和性；热力中性

thermonoise 热噪声

Thermon series resistance heat tracing 塞蒙串联电阻伴热

thermonuclear fuel 热核燃料
→~ reaction 热核反应

thermo-optical constant 热光常数

thermo-osmosis 热渗(滤)；热渗透

thermopause temperature 增温层顶温度

thermopegic 温泉

thermoperiodism 温感应

thermophile 耐热的；喜温的

thermophilic 适温的；嗜热的；喜温的；耐温的；耐热的
→~ activated sludge process 适温活性污泥处理//~ digestion 高温消化//~ fermentation 高温发酵

thermophilous 适温的；耐热的；喜温的
→~ organism 喜温生物

thermophone detector 热声地震仪

thermophyllite 鳞蛇纹石 [Mg₆(Si₄O₁₀)(OH)₈]；鳞蛇纹；鳞晶蛇纹石

thermophysical parameter 热物理参数

thermophysics 热物理学

thermophyte 耐热植物；喜温植物

thermopile 热电偶；温差电堆

thermoplast 热塑性(塑料)

thermoplastic 热熔塑胶；热范的；加热软化的
→~ carbolic resin 热塑性石炭酸树脂

thermoplasticity 热塑性

thermoplastic molding compound 热塑性模塑料

thermoplegia 热射病

thermopositive 正热(性)的；放热的

thermopower 热能；热电动势

thermopren 环化橡胶

thermoprobe 测温探头{针}；探温针

thermoproteus 嗜热变形杆细菌类

thermoreactive 对热反应的

thermoregulation 热调节；温度调节

thermoregulator 恒温器；调温器

thermorelay 热继电器

thermoremanence 热顽磁；热剩磁

thermo-remanent magnetism 热剩磁[岩]

thermoremanent magnetization 热顽磁化；热剩磁；温度剩磁

thermo-remnant magnetization 热顽留磁化

thermorunaway (from) 热致击穿

thermos 保温瓶；热水瓶
→~-bulb blowing machine 保温瓶吹泡机

thermo-seal packer 热密封封隔器

thermosensitive cement 热敏水泥

thermosensor 热敏元件；热传感器

thermoset 热固性

thermosetting 热凝性的；热胶结；热固化；热成形{变定}(的)
→~ resin 热固树脂//~ sand 加热硬化砂//~ thin-film powder 热固化薄膜粉末

thermoshield 热屏蔽

thermosiphon 热虹吸

thermosistor 调温器

thermosonimetry 热声(测量)法；热发声法

thermostability 热稳定性；耐热(性)

thermostatically controlled fan 恒温控制风扇

thermostatic bath 恒温浴
→~ bimetal 温度元件双金属//~ oven 恒温箱

thermostatics 热静力学；静热力学

thermostatted container 恒温箱

thermosteric anomaly 热容异常；热比容距；比容异常

thermoswitch 热(敏)开关

thermosyphon 热虹吸

thermotactic 趋温(性)的；向热的

thermotank 恒温箱；调温柜

thermotaxis 趋温性

thermotectonics 热构造(作用)

thermotolerance 耐热性

thermotolerant 热稳定的；耐热的

thermotropic 向温的
→~ liquid crystal 热致液晶//~ model 正温模式

thermotropism 向温性

thermoviscosimeter 热黏度计

thermowell 温度计管槽

thermuticle 瓷状岩

therocephalia 兽头亚{附}目

Theromorpha 兽形亚纲[爬]

Theropsida 兽足亚纲{目}[爬]；兽形纲

the rural-urban fringe 乡村-城市边缘
→~ safety prize 安全奖//~ Sahel 沙赫尔

thesaurus[pl.-ri] 宝库；汇编；仓库；百科全书；存储库；文选

thesis[pl.-ses] 论文；论题；论点；课题；命题

the slush pit 泥浆滤液面上的彩色晕膜
→~ Smith and Rawstron model of spatial margins 空间边缘的史密斯和劳斯特隆模型

thesocyte 贮物孢[绵]

the solstices 二至点

thetagram 塞塔图

Thetis 西蒂斯[海神 Nereus 的女儿；希]；特提斯

the vacuum method 真空加固
→~ vault of heaven 天穹//~ "ventilation and three-prevention" 一通三防[prevention of flood,dust and gas]//~ world 泥滓[世界]

THF 四氢呋喃

thiankal 硼砂 [Na₂B₄O₅(OH)₄•8H₂O; 单斜]；月石

thiazole 噻唑[间氮硫茂][C₃H₃NS]

thick 厚(度)；混浊的；亲近的；黏稠的；密实；半固体(的)；最厚部分；不透明的；粗的；不清楚的；丰富的；稠密的；钝的
→~ arch dam 厚拱坝//~ bed{seam; deposit} 厚矿层；//~ bed{seam} 厚矿脉[from 5 to 15~20m]；厚层

thickened 变厚的；加稠的
→~ deslimed pulp 浓密脱泥矿浆//~ drilling fluid 稠泥浆//~ magnetite head box 浓缩磁铁矿定压箱//~ underflow{slurry} 浓泥

thickener 浓缩剂；增稠剂；稠化剂
→~ clear zone 浓缩机澄清段

thickening 变稠；增液；增浓；增{肥}厚；岩层变厚；加厚部分

thickenings 增厚层

thick film coating 厚膜涂层
→~ flushing 稠浆冲洗//~ homogeneous formation 厚均质层

thick-knee 石鸻

thick{bold} line 粗线
→~ liquid 黏稠液体

thickly-stratified 厚层的

thick{over-dense} medium 浓悬浮液
→~ medium 浓介质//~ mud 稠泥浆；稠矿泥

thicknessing 石蜡加厚法

thickness of apical plate of aquifer 含水层顶板岩层厚度
→~ of overburden 剥土厚度//~ of

slime 泥浆浓度；矿泥稠度

thick orebody reining method 厚矿体采矿法
→~ ore deposits 厚矿脉[from 5 to 15~20m]//~ overburden 厚覆盖(层)；厚剥(离层)//~ producing section 厚生产层//~-pulp conditioning step 浓矿浆调和阶段//~ slurry{pulp} 浓矿浆//~-walled cylinder 厚壁容器

thief[pl.thieves] 泥泵偷；取样器；取样
→~ formation 吸水性强的地层；漏失层{带}[钻孔、油气水等;钻液]//~ rod 测量杆//~ sample 取样器取出的油样；(用)取样器取出的样品

Thielaviopsis 根串珠霉属[真菌]

thierschite 水草酸钙石[CaC₂O₄•H₂O;单斜]；草酸钙石[Ca(C₂O₄)•2H₂O;四方]

thieving 测油罐底的水面高度
→~ {bibulous} paper 吸墨纸

thighbone 股骨

thigmotactic 趋触性的[生]

thigmotaxis 趋触性[生]

thigmotropism 向触性

thill 底黏土；底板黏土；煤层底板

thimble 衬套；环；电缆接头；绳环；盲管道；支撑环；联轴器；穿线环[线路上]；头；套筒；套环；套管；端
→~ hook 绳环钩//~-like deposit 套筒状矿床

thin 衬度弱的；瘦的；弄薄；不充实的；细的；稀的
→~-bedded 薄层的//~ cement slurry 轻水泥浆//~ coal 薄煤层[<2ft]//~ coating 膜//~ drilling bit 薄壁钻头//~ fender 薄矿柱；小矿柱

thinfilm 透明薄片[一种薄而软的]

thin film{foil;shells} 薄膜
→~ layer chromatography plate 薄层色谱板//~-layer gel chromatography 薄层凝胶色谱(法)//~ lenticular structure 薄扁豆状构造

thinly interlayered bedding 韵律岩

thin mixture 稀薄混合物
→~ mortar 稀灰浆//~{wet} mud 稀泥浆//~ mud film 薄泥浆膜

thinned 压缩的；压扁的；稀释的
→~{live;gas-bearing} oil 含气石油//~ section 薄片

thinner 分散剂；稀释剂；稀料；降黏度剂；冲淡剂

Thinnfeldia 丁菲羊齿(属)[T₃-J₁]

thinning 疏伐；地层尖灭；变薄；磨去；岩层变薄；修磨；削去；稀释；间苗；冲淡

thin oil 稀油；稀薄油品

thinolite 薄水石；岸钙华；假象方解石

thinophilus 适沙丘的；适合于沙丘的；喜沙丘的

thinophyta 沙丘植物

thin ore deposits 薄矿脉[0.7-0.8~2 m]
→~ ore slice in the hanging wall 护顶矿层//~ (liquid) pulp 稀矿浆//~-section of a rock 岩石薄片//~-shelled mountain 缓角掩冲山；薄壳山//~{shallow} soil 薄土//~ strata 薄地层//~ wall 薄壁

thio 含硫的；硫代[-SO₃H]；硫

thioacetate 硫代醋酸盐{|酯}[CH₃COSM {|R}]

thioaniline 硫苯胺{二氨基二苯基硫醚}[(NH₂C₆H₄)₂S]

thioantimon(i)ate 硫代锑酸盐[–SO₃H]

thiobacilleae 硫杆菌族

thiobacilli{Thiobacillus} 产硫酸杆菌；硫杆菌(属)

thiobacillus 噬硫杆菌
→~ (concrefivorus) 蚀阴沟硫杆菌//~ neoplitanous 拿波(氏新多翼)硫(化)杆菌//~ thioparus 排硫杆菌

thioborneol 硫代龙脑[莰硫醇-2][C₁₀H₁₇SH]

thiocapsa 荚硫细菌属

thiocarbamate 硫代氨基甲酸盐{|酯}[NH₂C(S)OM{|R}]

thiocarbanilide 白药[((C₆H₅NH)₂CS;C₆H₅NHCSNHC₆H₅]
→~ 130 130(号)白药[一种易于润湿及易分散的白药]

thiocarbazide 硫(代)二氨基脲[(NH₂NH)₂CS]

thiocarbonate 硫(代)碳酸盐

thiocarbonic acid 硫代碳酸[HOCSOH;HOCSOH]

thiocarbonyl 硫代碳基[SC =]

thiocyanate 硫氰酸盐
→~ test 硫氰酸盐试验

thiocyanic acid 硫氰酸

thiodan 硫丹[虫剂]；赛丹

thiodiphenyl amine 吩噻嗪{硫撑二苯胺}[C₆H₄NHC₆H₄S]

thioelaterite 硫弹(性)沥青[难熔沥青]

thioester 硫酯

thioether 硫醚[R-S-R]

thio-ethyl-alcohol 乙硫醇[CH₃CH₂SH]

thioformaldehyde 硫甲醛{三聚甲硫醛}[CH₂(SCH₂)S]

thiofuranthiol 巯基噻吩[HSC₄H₃S]；硫代呋喃硫醇[HSC₄H₃S]

thiogenic 产硫的；硫生的

thioglycerol 硫代甘油[HSCH₂CH(OH)CH₂OH]

thioglycollic acid 巯基醋酸[HS•CH₂•COOH]

thiokerite 九硫沥青

thioketone 硫酮

thiol 硫醇类；硫醇[浮剂;R-SH]

thionaphthol 萘硫酚[C₁₀H₇SH]

thiono- 硫羰[= CS]

thionothiol phosphate 二硫代磷酸盐{|酯}[= PSSM{|R}]

thionyl 亚硫酰[= SO]

thiooxidant 硫氧化剂

thiophane 噻吩烷[CH₂(CH₂)₃S]；硫杂戊(环)[CH₂(CH₂)₃S]；四氢噻吩；硫戊环

thiophene 噻吩[C₄H₄S]；硫(杂)茂[C₄H₄S]

thiophenol 硫酚；苯硫酚[C₆H₅SH]

thiophenophenanthrene 硫酚并菲

thiophenoxideion 硫代酚离子[C₆H₅S–]；苯硫化物离子[C₆H₅S-]

thiophenyl 硫(代)酚基[C₆H₅S–]；苯硫基

thiophilic bacteria 嗜硫细菌

thiophosphoric acid 硫代磷酸
→~ anhydride 五硫化二磷[P₂S₅]

Thiophosphoric dihydrazide 硫代磷酰二肼

thiophosphoryl 硫代磷酰[PS≡]

thiophysa 泡硫细菌属

thioploca 辫硫细菌属

thioretinite 含硫树脂

thiorsauite 钙长石[Ca(Al₂Si₂O₈)；三斜；符号 An]

thiosalf 硫盐

thiosalicylamide 硫代水杨酰胺[HSC₆H₄CONH₂]

thiospinel 硼尖晶石

thiospinels 硫硼尖晶石；硫尖晶石类

thiospirillum 紫硫螺菌属

thiosulfuric acid (一)硫代硫酸

thiothece 鞘硫细菌属

thiothrix 丝硫细菌属

thiourea 硫脲

third 第三个
→~ mining 回采矿柱；煤柱；第三次采//~ -motion hoist 二级减速提升机//~ -order Butterworth filter 三阶巴特沃思滤波器//~ -rail braking 第三轨条闸车法//~ sampling stage 第三矿浆取样段//~ speed 三档速率//~ water 三等宝石{水钻}//~ zinc cleaner cell 锌三次精选槽

thirl 联络小巷；联络巷道

thirling 横巷；贯通
→~ (road) 联络巷道

thirsty formation 漏失地层

thistle board 石膏板

thiuram 秋兰姆[联二甲胺荒基；氨荒酰；商；二烃胺荒酰；R₂NCS-；NH₂S-;((CH₃)₂NCSS)₂]
→~ disulfide {二硫化秋兰姆}氨基荒酸类型化合物[(R•NH•CS)₂S₂ 型或 (R₂N•CS)₂ S₂ 型的化合物]

thixotrope 触变胶

thixotropic(al) 触变性的；具有触变作用的

thixotropic cement 摇溶水泥
→~ transformation 触变作用；触变变形作用

thjorsauit 钙长石[Ca(Al₂Si₂O₈)；三斜；符号 An]

Thlipsura 皱勒介属[S-D]

Thlipsurella 小皱勒介属[S-D]

THM 三卤甲烷

Thoatherium 滑距马属[N]；涂鸦兽

tholeiite 拉斑玄武岩
→~ (type) basalt{|dolerite|gabbro|mafic basalt} 拉斑玄武岩质玄武{|粒岩|辉长|镁铁玄武}岩

tholeiitic andesite 拉玄安山岩
→~ mafic basalt 月岩//~ magma 拉斑玄武岩(质)岩浆//~ texture 间隐结构

Tholisporites 栎环孢属[C₂-P]

Tholocrinus 穹隆海百合属[棘;C₁]

tholoid 火山穹丘；钟状火山

thololysis 湖下演变[沉积物]

Tholosina 圆顶虫属[孔虫;S-Q]

thomaite 球菱铁矿[FeCO₃]；球光菱铁矿；锰菱铁矿[(Fe,Mn)CO₃]；块菱铁矿

Thomasatia 托马斯介属[O]

Thomas{basic} converter 碱性转炉

thomasdarkite-(Y) 重碳钠钇石[Na(Y,REE)(HCO₃)(OH)₂•4H₂O]

Thomas electric gas meter 托马斯型气体流量计

Thomasella 托马斯牙形石属[D₃]

Thomas gas meter 托马斯燃气表
→~ heavy duty slurry pump 托马斯重型矿浆泵

Thomashuxleya 始南兽属[E₂]；涂氏兽属

thomasite 磷硅铁钙石

Thomas process 托马氏法；碱性转炉法

thometzekite 水砷铜铅石[Pb(Cu,Zn)₂(As O₄)₂•2H₂O]

thomosonit 杆沸石[NaCa₂(Al₂(Al,Si)Si₂O₁₀)₂•5H₂O;NaCa₂Al₅Si₅O₂₀•6H₂O;斜方]

Thompson arc cutter 弧线定向器；汤普森弧线钻具

thomsenolite 方霜晶石[NaCaAlF₆•H₂O]；汤霜晶石[NaCaAlF₆•H₂O;单斜]

Thomson factor 汤姆森因子
→~ heat 汤姆逊热

Thomsonia 汤氏孢属[K₁]

thomsonite 硅碳钙镁石；镁沸石；杆沸石[NaCa₂(Al₂(Al,Si)Si₂O₁₀)₂•5H₂O;NaCa₂Al₅Si₅O₂₀•6H₂O;斜方]
→~ -(Sr) 锶杆沸石[(Sr,Ca)₂Na(Al₅Si₅O₂₀)•6~7H₂O]

Thomson limestone 汤姆逊灰岩

thonstein 霏细凝灰岩

Thoracica 客胸类；围胸目[节蔓]

thoracic region 胸部
→~ segment 胸节//~ vertebra 胸椎

thoracomere 胸节[节]

thoracopod 胸肢；胸足[节]

Thoracosphaera 胸甲球石[钙超;K₂-Q]

thorbastnaesite 水氟(碳)钙钍矿[Th(Ca,Ce)(CO₃)₂F₂•3H₂O；六方]

thorbetafite 钍钇铌钛矿；钍贝塔石

thorchevkinite 钍硅钛铁铈矿

Thorea 红索藻属；拖拉藻属[红藻]

thorealite 钽锡矿[Sn(Ta,Nb)₂O₇]

Thorea ramosissima 分支红索藻

thoreaulite{thoreaulith} 钽锡矿[SnTa₂O₇;单斜]

thor(o)gadolinite 钍硅铍钇矿

thorgummite 集宁石

thoria 氧化钍；二氧化钍；钍土

thorianite 方钍石[(Th,U)O₂;ThO₂;等轴]；钍铀铅矿

thoride 钍系元素；钍化物

thorikosite 氯氧砷锑铅矿[(Pb₃Sb₀.₆₀As₀.₄₀)(O₃OH)Cl₂]

thorite 硅酸钍石；铀钍石；钍石[Th(SiO₄)；四方]
→~ vein deposit 钍石矿脉矿床

thorium 钍
→~ {-}bastnaesite 水氟碳钙钍矿[Th(Ca,Ce)(CO₃)₂F₂•3H₂O;六方]//~ -bearing carbonatite deposit 含钍碳酸岩型矿床//~ brannerite 钍钛铀矿//~ {thorian} britholite 凤凰石[((Ca,Ce,La, Th)₅(Si,P,C)O₄)₃(O,OH)]//~ eschynite 钍易解石[(Y,Er,Ca,Fe²⁺, Th)(Ti,Nb)₂O₆]//~ family 钍族//~ lead{D} 钍D//~ mine {ore} 钍矿//~ potassium index 钍、钾含量指数

thornasite 硅钍钠石[(Na,K)ThSi₁₁(O,H₂O,F,Cl)₃₈]

Thornburgh's method 索恩伯法[地震折射解释]

thorn forest 热带旱生林；荆棘林

Thornthwaites classification 桑氏(气候)分类

Thornthwaite's classification of climate 索恩思韦特气候分类

Thornton-Tuttle differentiation index 桑顿-塔特尔分异指数

thorny 棘手的

thoro-aeschynite 钍易解石[(Y,Er,Ca,Fe²⁺,Th)(Ti,Nb)₂O₆]

thorobastnaesite 钍氟碳铈矿

thorobritholite{thorobritholith} 凤凰石

[(Ca,Ce,La,Th)$_5$((Si,P,C)O$_4$)$_3$(O,OH)]

thoro(-a)eschynite 易解石[(Ce,Y,Th,Na,Ca,Fe^{2+})(Ti,Nb,Fe^{3+})$_2$O$_6$;斜方];钍易解石[(Y,Er,Ca,Fe^{2+},Th)(Ti,Nb)$_2$O$_6$]

thorofare 联潮道;进潮道

thorogenic lead 钍铅[铅的稳定同位素Pb^{208}]

thorogummite 羟(硅)钍石[Th(SiO$_4$)$_{1-x}$(OH)$_{4x}$;四方];钍脂铀矿

thorolite 钽锡矿[SnTa$_2$O$_7$;单斜]

thoromelanocerite 钍黑稀土矿

thoron 钍试剂;钍射气

thororthite 钍褐帘石

Thorosphaera 种子球石[钙超;Q]

thorosteenstrupine 让菱黑稀土矿;胶硅钍钙石{钍水硅铈钍矿}[(Ca,Th,Mn)$_3$Si$_4$O$_{11}$F•6H$_2$O;非晶质]

thorotungstite 钇钨华[YW$_2$O$_6$(OH)$_3$;单斜];钨钍矿;钍钨华

thorough 彻底性;彻底的;深切;地道;详尽的;充分的
　→~{complete} analysis 完全分析//~ burning 完全燃烧//~{through} cut 上山眼

thoroughfare 干道;大道;联潮道;进潮道;通行;通路;通道
　→~ bushing 穿越套管

thorough-pressure testing 全面试压

thorough repair 恢复性修理

thortveitite 硅钪钇石;硅钪石;钪钇石[(Sc,Y)$_2$Si$_2$O$_7$;单斜]

thoruranin(ite) 钍铀矿[(U,Th)O$_2$];钍方铀矿

thorutite 钍钛{钛钍}矿[(Th,U,Ca)Ti$_2$(O,OH)$_6$;单斜]

thousand 千[10^3];无数(的);许多的

Thracia 色雷斯蛤属[双壳;T$_3$-Q]

thraulite 水硅铁矿[三价铁的硅酸盐];水硅钛矿

Thraustotheca 破囊霉属[真菌;Q]

thread 穿过;丝状体;河道主流线;攻丝;刻螺纹;穿绳;线状物;线索;纤维;细线;细脉;细流;细矿脉;纹;主线

thread (of maximum velocity) 中泓
　→(screw) ~ 螺纹//~ alternating 错扣//~ bacteria 螺旋细菌//~ cutter 攻丝机

threaded 有螺纹的软管接头
　→~ bottom guide 有螺纹的底部导向鞋//~ coupling{connector;adapter} 螺纹接头//~ line pile 螺线管;螺纹管//~ one end 一端带螺纹

threadgoldite 板磷铝铀矿[Al(UO$_2$)$_2$(PO$_4$)$_2$(OH)•8H$_2$O;单斜]

threading 车削螺纹;切削螺纹;插入;攻丝;扣纹;喂料
　→~ machine 螺纹车床//~ method 拉丝法

threat 恐吓;威胁;迹象;兆头[坏]

three-arm{-screw} base 三角基座
　→~ caliper 三臂井径仪

three array 三电极阵
　→~-axis stage 三轴台//~-colour-glazed Tang ware 唐三彩//~-diaphragm element 三膜片元件//~-dimensional lattice 三维格子//~-edge{sandblasted} pebble 三棱石//~-faceted stone 三棱石

threefold{triad;trigonal} axis 三次轴

three guarantees 三包[for repair,replacement]

and compensation of faulty products]
　→~-handed work 三人工作[打钻等]//~-jaw chuck 三爪卡盘//~ kinds of rocks 三种岩石

threeling 三连晶

three-part{ternary} alloy 三元合金
　→~ box 三节砂箱//~ flask 三开砂箱

three periods of ground movement 地表移动过程的三个时期
　→~-quarter coal 混合大块煤和核桃级煤//~-roller grinding mill 三辊式磨矿{碎}机//~-section bin 三格储槽{矿仓}//~-shift cyclic mining 三班循环采矿工作制//~-square scale 三棱石//~-stage (ore) reduction 三段碎矿//~-way{exchanges}三通

threshold 定值;入门;海阈;海槛;底线;海底山脊;边界;门限;门槛;临界点;终点;阈;开始点;开始;开端;范围;初期;限度;界限;冰谷岩坎;冰斗丘;洞穴天窗
　→~ and range 临界值和范围//~ drag velocity 启动拖曳速度//~ of detectability 检波{验}阈[检测能力]//~ of oil generation 石油生成门限值;生油门限//~ value of contrast 对比限值//~ values 安全限量

thribble 三联的;立根[三根钻杆组成]
　→~ board 二层台[钻机]//~-platform 二层平台

thrible 三联的;立根[三根钻杆组成]

thrift 海石竹[Cu局示植];繁茂;节约;节俭;滨簪花

Thrinaxodon 三尖叉齿兽属[T];三叉棕榈龙

thrive 兴旺(时期)

throat 火山口;喉道;入口;巷道口;焊喉;滴水槽;前探;气管;喷火口;排矿口;炉喉[平炉];流液端;窄弯段[水道等的];孔口;孔颈;开槽;咽喉;掘;颈部;井口;进深;狭口;狭道;探距;喷口[转炉]

throatable 喉部可变形的

throat accessibility 喉道通达程度{过能力}
　→~ depth{thickness} 焊缝厚度

thromblolite 假孔雀石[Cu$_5$(PO$_4$)$_2$(OH)$_4$•H$_2$O;单斜];锑铜土;锑铜矿[Cu$_5$Sb;等轴?];锑酸铜矿[Cu$_5$(PO$_4$)$_2$(OH)$_4$•H$_2$O,常含 Sb]

thromblolith 水锑铜矿[Cu$_{2-y}$Sb$_{2-x}$(O,OH,H$_2$O)$_{6-7}$,其中 x=0~1,y=0~½;Cu$_2$Sb$_2$(O,OH)$_7$?;等轴?]

throttle 喉咙;气流的阀门;气管;油门;控制油;节制;节汽阀;扼流;减速;加速踏板;调速气门;调节
　→~ (down) 节流//(gate) ~ 节流门//~ flow 节流流动{量}//~ nozzle 阻尼喷嘴

throttling 阻塞;节流;扼流;调油门
　→~-bar cushion hitch 节理阀式缓冲联结装置//~ orifice plate 节流孔板//~ range adjustment 节流区域调整

through 筛孔;煤壁通道;通道
　→~ (product) 筛下产品//~ bolt 贯穿螺栓//~ cave 河流贯穿洞//~ characteristic 穿透特性//~(initial;as-mined;green} coal 原煤//~{thorough;open} cut 明堑//~{thorough} cut 露天矿

through-geosyncline 贯地槽

through glacier 双尾冰川;贯通冰川

throughput 容许能力;容许量;解题能力;吞吐量
　→~ capacity 流通能力//~ direction 输送方向//~ of water 水流量//~ on wet basis 湿产品生产量//~ range 处理量范围

through-rate 通过率

through-station 中间(集输)站

through stone 贯石;穿墙石
　→~-stone 系石//~ transmission 透射传输//~-tubing squeeze gravel packing 过油管砾石挤压充填//~ valley 通谷

throughway 直通的;快速道路

throw 射程;撒;偏心距;喷射;落差折层;转动[物体绕轴运动];垂直断距;扬程;行程;冲程;推动;摆幅;投掷;投程;投;跳跃式膨胀;断距的垂直分量
　→(fault) ~ 断错//~ a double 连续两班工作//~ a lease 退租//~(-)away bit (一次)磨损报废的钎{钻}头

(hand) throwing 拉坯成型

throwing (jet) 喷浆机
　→~ band 抛掷充填胶带//~ shovel 抛铲式装载机//~ stones to packing sedimentation 抛石挤淤//~ stones to retain embankment 抛石护岸

thrown 错动的;下落的[断层]
　→~ down 下落//~ up 上投[断层]

throw of crank 曲柄行程
　→~{screw} off 脱开

throwout 散落碎屑[火山喷发或陨石冲击的];切断;抛出(器);劣品;次品;放热;发光;脱开机构;推出(器);断路

throw out 喷发

thru-and-thru 原煤

thru-bolt 长螺栓;贯穿螺栓

thrust 横压力;抵力;牵引力;侧向压力;逆断层;煤柱压裂;轴向力;刺;延伸;压裂;位移;冲力;推
　→~ borer 凿进机[隧道];冲击钻机;冲击钎子//~ boring 顶管法//~-bounded slab 冲断层控制的板块

thrusted 逆冲的;冲断的

thruster 助推器;推力器;推进力;推杆;推车机
　→~{thrustor} 推进器[钻机左右移动的]

thrust faulted 逆冲的;冲断的
　→~-faulted anticline 冲断背斜

thrusting 上冲;逆掩;逆冲
　→~{thrust} direction 逆掩方向//~ force 推力

thrust journal 止推轴颈

thrustor 推进力;推杆

thrust over 冲上

thru-tubing{through-tubing} caliper 过油管井径仪

thucholite 碳铀钍矿

thucolite 古碳质岩;碳铀钍矿

thuenite 钛铁矿[Fe^{2+}TiO$_3$,含较多的 Fe$_2$O$_3$;三方]

thufa[pl.thufur] 冻胀丘[冰];土丘[冰岛]

Thuja 崖柏属[J-Q];金钟柏

thujaketone 岩柏甲酮

thujane 桧烷;岩柏烷

thuja oil 岩柏油

thujaplicin 岩柏素

thujaplicine 岩柏醇

thujene 岩柏烯

thujin 岩柏苷

thujol 岩柏油

thujone 岩柏酮

thujyl 岩柏基

Thulean province 极北(第三纪)火山活动区[包括不列颠、冰岛、格陵兰等地]

thulite 锰黝帘石[(Ca,Mn)$_2$Al$_3$(SiO$_4$)$_3$(OH)]; 锰绿帘石[(Ca,Mn)$_2$(Al,Fe,Mn)$_3$(Si$_2$O$_7$)(SiO$_4$)O(OH)]; 玄武皂石

thulium 铥

thumb 拇指; 拇; 大拇指; 经验方式; 翻阅; 翻查

→~ blue 靛蓝//~ bustar 吊卡; 提引器//~ flint 拇指状燧石//~{winged; wing} nut 翼形螺母//~ pin{tack} 揿钉; 图钉

thumbtack 按钉; 图钉

thumbwheel switch 蝶轮开关; 拨轮开关

thum(m)erstone{thumite} 斧石[族名; Ca$_2$(Fe,Mn)Al$_2$(BO$_3$)(SiO$_3$)$_4$(OH)]

thumper 敲击震源; 落重(震源); 重击者; 重锤(震源); 微震器

→~{weight drop} 落重法[地震法]

thunderbolt 霹雳; 雷石; 意外事件

thundercloud 雷雨云

thunder egg 硅球[熔结凝灰岩中玉髓、蛋白石、玛瑙等]; 圆形结石

thunderhead 雷雨云顶

thunder shower 雷阵雨

thundersquall 雷飑{台}

thunderstone 雷石

thunderstorm 雷雨; 雷暴

→~ cell 雷暴云泡//~ static 雷雨干扰{杂波}

thundery 如雷的; 伴以雷声的

thundite 宗达陨铁

thunk 形式实在转换程序

Th/U ratio 钍-铀比

Thuringian 图林根(文化)的

→~ (stage) 图林根(阶)[欧;P$_2$]//~ age 徒林根期

thuringite 鳞绿泥石[Fe$_{3.5}$(Al,Fe)$_{1.5}$(Al$_{1.5}$Si$_{2.5}$O$_{10}$)(OH)$_6$·nH$_2$O]

thurm 岩角; 岩岬; 小断层

→~ (cap) 崎岖岩岬

Thurmanniceras 图尔曼菊石属[头;K$_1$]

Thurso flagstone group 瑟索板层岩群

Thursophyton 发蕨属[D]

thuyol{thuyone} 岩柏油

thuzic{thujic} acid 岩柏酸

thwarting 横巷; 短横巷

thwartship 横越船的; 横过船地{的}

Thylacinus 袋狼(属)[Q]

Thylacoceras 袋角石属; 叶袋角石属[头;O$_2$]

Thylacocrinus 赛拉海百合属[棘;D]

Thylacosmilus 袋剑虎(属)[N$_2$]

Thylakosporites 周网孢属[K$_1$]

thyme camphor 百里酚[(CH$_3$)(C$_3$H$_7$)C$_6$H$_3$OH]

thymidine 胸腺(嘧)啶(核苷); 胸苷

thymol 麝香草酚; 百里酚[(CH$_3$)(C$_3$H$_7$)C$_6$H$_3$OH]

→~ blue 百里酚蓝

Thymospora 赘瘤单缝孢属[C-P]

thyratron 闸流管

thyristor 薄石英片整流器; 硅控整流器; 闸流晶体管[半导体开关元件]; 可控硅

thyrite 砂砾特[硅化硅陶瓷材料]; 硅化硅

陶瓷材料

→~ arrester 非线性电阻避雷器

thyroid gland 甲状腺

thyroidism 甲状腺(机能亢进)

Thyrsoporella 棒孔藻(属)[E$_2$]

Thysanopeltis 缨盾壳虫亚属[三叶;D$_{1-2}$]

Thysanophyllum 樱珊瑚

Thysanoptera 缨翅目[昆;P$_2$-Q]; 缨翅目{类}

Thysanura 缨尾目[昆;C$_3$-Q]; 樱尾类

Thyssen gravimeter 蒂森重力仪; 赛森型重差计(不稳定平衡型)

Ti 钛

tialite 铝假板钛矿[人工合成]

tianmu glaze 天目釉

Tianshan geosyncline 天山地槽

Tianshanite 天山石[BaNa$_2$MnTiB$_2$Si$_6$O$_{20}$; 六方]

Tianshanosaurus 天山龙(属)

Tianshan-Xingan geosynclinal fold system 天山兴安地槽褶皱区

Tiaochishan series 髫髻山统

Tiaomachien Age 跳马涧期

Tiaomajiania 跳马涧介属[D$_2$]

Tiara 头饰螺属[腹;E-Q]

Tibalene AM ×捕收剂[硫酸化或磺化脂肪酸;法]

tibergite 褐紫闪石[(Ca,Na)$_3$(Mg,Fe^{3+})$_5$((Si,Al)$_4$O$_{11}$)$_2$(OH)$_2$]

Tibetipora 西藏孔藻属[E$_2$]

Tibet-Mongolian mega-undation 藏-蒙巨型波动

Tibetodus 西藏硬(骨)鱼(属); 西藏硬齿鱼属

Tibet-Yunnan massif 藏-滇地块

tibia[pl.-e] 胫骨; 胫节

tibiale 胫侧跗骨

tibiofibula 胫腓骨

tibiotarsus 胫跗骨{节}[鸟{昆}]

Tiburg rule 蒂布尔{格}(深度)定则

tiburtine 石灰华[CaCO$_3$]

Ticholeptus 深岳兽属[N$_1$]

ticker 表; 钟摆; 钟; 振动子; 振动器; 蜂音器; 继续器

ticket 车票; 车牌; 标签; 标明; 入场券; 签条; 票; 执照; 证明书; 方针; 许可证; 加以标签; 计划

→~ printer 票证打印机

tick hole 小洞; 晶簇

tickle 进水道[绵]; 通海水道

Ticoa 提考羊齿属[J$_3$-K$_1$]

ticonal 镍铁铝磁合金

tidal 潮间的

→~ backwash 退潮//~ channel 潮流道//~ datum 潮准(线)//~ day 潮日//~{-}delta marsh 潮盐沼

tidalite 潮棱岩; 潮积岩; 潮积物

tidal land 潮间地; 沿岸带

→~ load 潮压//~ meter{gauge} 验潮仪//~ potential 潮势//~ prism 潮量

tidalrip 潮激浪

tidal rip 激潮

tide 潮汐; 时势; 时刻; 时机; 趋势; 倾向; 涨潮; 形势

tideland 受潮(地)区; 潮间地; 沿岸带

tide land 领海底地

tidelands 潮淹区; 高潮位润湿地; 大陆架较浅部分

tideless sea 无潮海

tide level range 潮位差

→~ limit 潮限//~ mark 潮标//~

predicting machine 潮汐预报{告}机//~ staff{pole} 水尺; 验潮杆

tidewater 潮水

→~{tide;tidal} glacier 有潮冰川

tide{tidal} wave 潮波

→~ way 潮路//~ zone 涨落地带//~ zone facies 潮区{带}相

tidology 潮汐学

tie 拴; 束缚; 束; 绳; 横撑支柱; 绑; 铺设枕木; 钮; 带; 锚锭; 领结(带); 联系; 联结; 枕木; 扎; 约束; 拉紧; 馈(电)线; 线; 限制; 系材; 结; 条

tieback 有系带或钩子的帘幕; 窗帘(系带)

tie back 回接

→~-back receptacle 回接连接座//~-back spool 回接凸缘短节//~ back wall 锚定挡墙//~ band 系带; 系绳//~ down screw 锁紧螺杆; 锁紧螺钉//~-down shelves 系紧滑轮[游动钢丝绳死端]

tied rank 联结秩

→~ retaining wall 锚定挡墙

tiefengestein 深成岩[德]

tiefkraton 深克拉通; 低克拉通[德]

tiefseeton 深海泥岩[德]

tieil(l)ite 铝板钛矿[Al$_2$TiO$_5$]

tie {-}in 连接; 相配

tie line 直达(通信)线(路); 联络线; 联络测线; 系线; 结线

→~ line{wire} 扎线

Tielingella 铁岭叠层石属[Z]

tie(i)lite 铝假板钛矿[人工合成]; 铝板钛矿[Al$_2$TiO$_5$]

tiemannite 灰硒汞矿; 硒汞矿[HgSe;等轴]

Tienoceras 田氏角石属[头;P$_1$]

Tienodictyon 滇层孔虫属[D$_2$]

tienshaaite{tienshanite} 天山石[BaNa$_2$MnTiB$_2$Si$_6$O$_{20}$;六方]

Tienshanosaurus 天山龙(属)

Tienzhuia 天祝虫属[三叶;∈$_2$]

tiepiece 防变形筋

tie{floor;bottom} plate 垫板

tierce 第三姿势; 三度音; 中桶[美,=42 gal.]; 有铁箍的木桶

tier{rank;segment;section} number 段数

tie rod 轨距杆; 轨距

→~-rod 连接{联结}杆

tierra blanca 白色土[西]

→~ caliente 热带岸边地//~ helada 高山永冻带[西]

tiff 重晶石[BaSO$_4$;斜方]

→(glass) ~ 方解石[CaCO$_3$;三方]

Tiflis law 蒂弗利斯(双晶)律

tiger 叉形夹钳

→~ down spot glaze 虎毛斑[陶]

tigererz 脆银矿[Ag$_5$SbS$_4$;斜方]

tigereye 虎眼石[具有青石棉假象的石英; SiO$_2$]

tiger('s) eye 虎眼石

→~{tigers} eye 虎睛宝石//~-eye 虎眼石; 虎睛石[具有青石棉假象的石英;SiO$_2$]

tigerite 虎眼石; 虎纹石; 虎睛石[具有青石棉假象的石英;SiO$_2$]

tight alignment 精确调准

→~-binding model 紧束缚模型

tightener 收紧器; 张紧工具; 拉紧器

→(belt) ~ 紧带轮//~ sheave 张紧轮

tightening 束紧; 扎紧

→~ device 紧带装置 // **~ idler** 张紧托辊 // **~ screw** 拉紧螺栓 // **~ torque** 上紧扭矩；紧固扭矩

tight(en)er 拉紧轮

tight face blasting 挤压爆破
→~ fissure 闭裂缝 // **~ fit** 牢配合 // **~ fitting screw** 紧合螺钉 // **~ {rigid} flask** 固定砂箱

tightly{firmly} bound water 强结合水
→~ controlled well 密集控制井；严格控制井眼 // **~ pinched recumbent synform** 紧`挤{密压缩}伏卧向形 // **~ set** 楔紧固定

tightness 密封(度)；紧密(度)；紧张度；紧固性；紧闭度；松紧(度)
→~ and looseness 张弛 // **~ test** 气密试验

tight{solid-tight} pack 密实充填
→~ rock 裂隙被充填岩层；极细粒岩石 // **~ section** 致密部分 // **~ sheathing** 密集板桩 // **~ side** 非人行道侧 // **~ spot** 卡点；黏卡管柱的井段；(井径)缩小段

Tigillites 毛迹(属)[遗石]；毛管迹[Є-J]

Tiglian 梯格林(间冰期)[北欧;N_2]

Tigrinispora 虎纹孢属[T]

tikhonenkovite 水氟铝锶石[$SrAlF_4(OH)•H_2O$;单斜]

tikhvinite 磷铝锶矾

tikker 断续装置

Tiksitheca 提克西螺属[软舌螺;Є₁]

tilaite 透微岩；透橄岩

tilasite 氟砷钙镁石[$Ca(MgF)(AsO_4)$;单斜]

tile 铺瓦；面砖；空心砖；瓦土管；瓦管{沟}；陶(瓷)砖
→(ceramic) ~ 瓷砖

tiled 覆瓦状

tile{pipe} drain 排水管
→~ ore 瓦铜矿[赤铜矿变种;Cu_2O]；瓦矿石[赤铜矿类;Cu_2O]；赤铜矿[Cu_2O;等轴]；土赤铜矿

tilestone 石板瓦；石板；薄层砂岩；扁石

tile the floor 铺地砖
→~ trencher 瓦管沟挖掘机

Tilia 田麻；椴属[K_2-Q]；椴

Tiliaceae 椴科

Tiliaepollenites 椴粉属[孢;K-N_1]

till 熟化；钱柜；漂砾黏土；泥砾土；耕作；耕种；耕地上的作物；耕地；耕；抽屉；冰碛
→(glacial;glacier) ~ 冰碛物

tillage 耕作

till ball 碛核泥球
→~ crevasse filling 裂隙充填冰碛

tiller 耕土机；钻杆组转动手把；钻杆传动手把；舵杆；舵柄

Tilletia 腥黑粉菌属[真菌;Q]

tilleyite 粒硅镁石[$(Mg,Fe^{2+})_5(SiO_4)_2(F,OH)_2$;单斜]；粒硅钙石[$Ca_5(Si_2O_7)(CO_3)_2$;$Ca_2SiO_4•CaCO_3$;单斜]；碳硅钙石[$Ca_7Si_6(CO_3)O_{18}•2H_2O$;单斜]

tillite 冰碛岩

tillmannsite 砷钒汞银石[$(Ag_3Hg)(V,As)O_4$]

Tillodonta 裂齿兽目；裂齿目[哺]

Tillodontia 裂齿目类；裂齿目[哺]

tilloid 含砾泥岩[德]；类冰碛物；似冰碛岩

Tillotherium 缺齿兽属；裂齿兽(属)[E_2]

tillstone 冰碛石

till tumulus 冰碛冢

Tilopteris 线翼藻属[褐藻;Q]

tilt 倾斜{角;翻}；偏斜；车篷；侧倾；盖以篷；轮锤(锻打)；争论；仰角；斜坡；斜度；翻转；翘起；摆动；天线仰角
→(pulse) ~ 脉冲顶部倾斜

tiltable 倾动式的
→~ derrick 可倾动井架

tilt amplification factor 倾斜扩大系数
→~ angle 高低角；偏斜角[钻头]

tilth 耕作性；耕作；耕性
→~ top soil 熟化土壤；耕层

tilting 倾斜的；倾翻；倾动；翘起；偏斜；翻转的；掀斜；掀动
→~ boom 摇臂 // **~ box** 翻倒箱 // **~ concentrator** 自倾式洗矿槽；自动溜槽 // **~ deck cage** 翻笼 // **~ furnace** 倾倒式炉 // **~ slime frame{table}** 矿泥翻`床{转淘汰盘} // **~ slimer** 倾卸式矿泥处理槽

tiltmeter 地面倾斜度测量仪；倾斜仪{计}；倾动计；测{偏}斜仪

tilt minimum 倾斜(影响)最小(位置)
→~ of the earth's axis 地轴倾斜 // **~ response** 倾斜响应 // **~ rig** 斜钻机

timania 提曼珊瑚属[C_3-P_1]

Timanites 提曼菊石属[头;D]

timber 支架；支撑；立柱支护；树木；商品材；横木；森林；木料；木材建造；支护；凿岩机支架；肋材；原木；坑木

timbered{tempered;support} area 支架区
→~-horizontal cut and fill stoping 木支护水平分层充填采矿法 // **~ rill method** 倾斜分层(方框)支架采矿法 // **~ rill stope** 倾斜分层支架采场

timber extraction 支柱回收
→~ foot block 棚腿垫板；木垫板 // **~ frame{lining;support}** 木支架 // **~ frame** 木构架 // **~ framed stone construction** 木构架包石结构

timbering 木支架；木结构；木材；(坑木)支护；结构材；加固

timber joint 木支架构件接头
→~ lagging 木(板)背板 // **~ line** 树线；树木线；岩生早熟禾 // **~-lined** (用)木材护壁的 // **~ lining** 木井壁

timberman 支架工

timber mat 乱木假顶

timbre[法] 音品；音质；音色

time 机会；定时的；回；世；时势；时期；时刻；时间；时候；时代；时[地史]；日子；年代；钟；次；倍；现代；乘；度
→~-bound (ore) deposit 时限矿床；时控矿床 // **~-bounded body of rock** 时控岩石体；时间为界的岩石体

timed 定时的；时控的；同期的；同步的
→~ disintegration 定时崩解

time equivalence 等时代
→~ front 时锋 // **~-integration sampling** 积时法取样 // **~-invariant{steady-state} seepage** 稳态渗流 // **~ keeping** 测时 // **~-keeping** 计时 // **~-lapse technique** 时间推移法 // **~ {period} of concentration** 集流时间 // **~ of consolidation** 固结时间 // **~ of slaking** 熟化时间[石灰]；崩解时间

timepiece 时代划分

time plane 同时面[地层]
→~-rock span 时间岩石片段；时代地层

跨度 // **~-since-circulation** 从泥浆循环停止算起的时间 // **~ slice** 地震时间切片 // **~ standard generator** 时间标准发生器 // **~ step** 时步 // **~ table{scale}** 时间表 // **~ variation{variant}** 时间变化 // **~-varying gradient** 随时间变化的梯度

timework{time{tune} work} 计时工作

time work (labor){time(-)worker;time{shift} worker} 计时工
→~ worker 计时工 // **~ zero** 时间计算起点；零时 // **~ zone{belt}** 时区

timing 定时；时限；时机；应时；协同；校时；同步；计时

Timiriasevia 季米利亚介属[J-K]

Timiskamian{Timiskaming} 提米斯卡明(组)[加地盾;Ar]

Timorphyllum 帝汶珊瑚(属)[P_1]

tin 罐头；罐；锡器；锡的；锡板；锡听；镀锡铁皮；镀锡
→(native) ~ 自然锡[Sn;四方] // **~ (plate;sheet)** 马口铁；白铁皮

tinaja 碗形潭[常瀑布下]

tinajita 灰岩面浅槽[西]；浅凹槽[灰岩面上]

tinaksite 硅钛钙钾石[$K_2Na(Ca,Mn)_2TiSi_7O_{19}(OH)$;三斜]；钛钾钙硅石

Tinamiformes 鸩形目[鸟类]；鹅鸵目

tinaxite 钛钾钙硅石

tin batch weir 锡液分隔堰
→~ bath 锡槽 // **~ bath partition wall** 锡槽空间分隔墙

tinbelt 锡带

tin bronze 锡青铜
→~ buddle 锡淘洗盘

tincal 硼砂原矿；硼砂[$Na_2B_4O_5(OH)_4•8H_2O$;单斜]；粗{原}硼砂；天然硼砂

tincalcite 三斜钙钠硼石；硼钠钙石[$NaCa(B_5O_7)(OH)_4•6H_2O$;$NaCaB_5O_9•8H_2O$]；钠硼钙石[$NaCaB_5O_9•8H_2O$]

tincalconite 三方硼砂[$Na_2B_4O_7•5H_2O$;$Na_2B_4O_5(OH)_4•3H_2O$;三方]；硼砂石；八面硼砂

tincalzite 三斜钙钠硼石；硼钠钙石[$NaCa(B_5O_7)(OH)_4•6H_2O$; $NaCaB_5O_9•8H_2O$]

tin can 白铁听
→~ chloride 氯化锡

tincles 月面解理径迹

tin concentrate 锡精矿
→~ concentrates{sand} 锡砂[SnO_2] // **~ cry** 锡鸣{嘶}

tinct 色泽

tincture 酊(剂)；痕迹；色泽；色调；染色；气味；微量；特征
→~ of iodine 碘酒

tind 孤立角峰[挪]；孤峰

tinder 火种；火绒；引火物；易燃物
→~ {plumose} ore 羽毛矿[$Pb_4FeSb_6S_{14}$] // **~ ore** 杂脆硫锑铅矿

tine 叉；耙齿；鹿角上的尖叉；角叉；尖{齿}；尖叉[植]

tinfloor 锡矿层

tin floor 不规则锡矿体

tinfoil 锡纸
→~ (paper){tin foil} 锡箔

Tingella 丁氏贝属[腕;D_2]

Tingia 丁氏蕨(属)；齿叶

tin glass 铋；自然铋[三方]

Tingocephalus 丁氏头虫属[三叶;Є₃]

tinguaite 丁古岩；霓霞脉岩；细霞霓岩

tin hat 保护帽；帽；井塞

tinidur 钛镍铬耐热合金

tinkal 硼砂[$Na_2B_4O_5(OH)_4•8H_2O$;单斜]；粗硼砂；原硼砂

tinkalcit 三斜钙钠硼石；硼钠钙石[$NaCa(B_5O_7)_4•6H_2O$; $NaCaB_5O_9•8H_2O$]

tinkalcite{tinkalite} 硼砂[$Na_2B_4O_5(OH)_4•8H_2O$;单斜]；月石

tinker's dam 焊缝

tin lead solder 锡铅焊料

tinless{special} bronze 无锡青铜

tinlode 锡矿脉

tinman 白铁工；洋铁(器商)

tin mine 锡矿山

tinned 包锡；包马口铁的；罐装的；镀锡的
→~ copper wire 镀锌铜线 // ~ sheet 镀锌铁皮 // ~ sheet iron 白铁皮

tinner 白铁工；罐头食品工人；锡矿(矿)工

tinnery 锡矿山

tinning 镀锡
→~ bath 锡镀槽

tinny 含锡的；锡的

tinol 锡焊膏

Tinophodella 展泡虫属[孔虫;N_1-Q]

tin ore{mine} 锡矿
→~ {stanniferous} ore 锡矿石 // ~ oxide-coated quartz 氧化锡涂层石英 // ~ placer deposit 砂锡矿

tinplack 白铁皮

tin(-)plate 白铁皮；镀锡板

tin plate 镀锡钢皮
→~-plate 镀锡铁皮 // ~ pyrite 黄锡矿[Cu_2FeSnS_4;四方] // ~ pyrites 不纯锡石

tinsel 华而不实的；箔片；具纤毛的鞭毛；金银丝交织物；箔制物；的物；金属丝；锡铅合金
→~ type 茸鞭型

tinsleyite 磷钾铝石[$KAl_3(PO_4)_3(OH)•8\frac{1}{2}$~$9H_2O$,三方；$KAl_2(PO_4)_2(OH)•2H_2O$]

tin smeltery 炼锡厂

tinspar{tin spar} 锡石[SnO_2;四方]

tin speck 锡滴

tinstone{tin stone(ore);tin-stone} 锡石[SnO_2;四方]

tint 表面径迹[月面]；辉度；色泽；色辉；色度；色调；色彩；染色；浅色；淡色；着色

tin-tantalite 锡钽铁矿[$(Fe,Mn,Sn)(Ta,Nb)_2$$O_6$]；锡钽锰矿；锡钽石；锡锰钽矿[$(Ta,Nb,Sn,Mn,Fe)_{16}O_{32}$;单斜]

T-intersection 巷道直角联结处

tinticite 白磷铁矿[$2FePO_4•Fe(OH)_3•3\frac{1}{2}$$H_2O$; $Fe_6^{3+}(PO_4)_4(OH)_6•7H_2O$]

tintinaite 丁硫铋锑铅矿；硫铋锑铅矿[$Pb_5(Sb,Bi)_8S_{17}$;斜方]

tintinina 丁丁类[原生]；铃纤虫类[原生]

tintinnid 砂壳纤毛虫

tintinnidae 铃形虫类；浮游虫科

Tintinnopsella 小铃纤虫(属)[原丁;J_3-K_1]

tin-tungsten mine 锡钨矿

tin vein 锡脉
→~-white cobalt 砷钴矿[$(Co,Fe)As$,斜方;$(Co,Ni)As_{3-x}$]

tinworks 炼锡厂；锡矿；锡厂

tiny 很少；藐小；小；细小(的)；微小的；极小的
→~ balloon 空心微球[塑制,浮于油面减

少蒸发] // ~ {least} bit 丝

tin yield 锡回收量

tiny strata 细层

tinyte 灰铅矿

tinzenite 锰斧石[$Ca_2Mn^{2+}Al_2(BO_3)(SiO_3)_4$$OH$; 三斜]；廷斧石[$(Ca,Mn,Fe^{2+})_3$$Al_2BSi_4O_{15}(OH)$;三斜]；铁锰斧石

TION{tri-iso(o)ctylamine} 三异辛胺[浮剂]

Tioughniogan 提奥格纪格(阶)[北美;D_2]

tip 顶部；顶；电极头[电冶]；点尖；梢；(使)倾斜；倾卸；倾覆；倾翻；倾倒；插塞尖端；管头；倒出；喷嘴；刀片；末梢；末端；秘密消息；终点；垃圾场；预测；卸矿(场)；警告；翻转；翻车机；接头；接点；暗示；尖头；尖端；尖；铜环；铁环；端部
→(welding) ~ 焊嘴 // ~ barrow 翻卸箱手推车 // ~ car 自卸(式)卡车 // ~ extractor 钎刃拆换器

tiphic 池沼的；池塘群落的；积水凹地的

tiphicolous 栖池塘的

tiphium 池塘群落

tip holder 焊钳

tiphophilus 适池沼的；喜池沼的

tiphouse man 拣矸工

tip jack 单孔插座

tipped barrier 倾卸式岩粉棚
→~ bit 补强钻头 // ~ {tungsten-carbide-tipped} bit 硬合金镶尖钻头 // ~ edge 镶硬合金切削(具)刃 // ~ steel{bit} 镶刃钎头

tipping 包梢；倾斜的；倾弃；倒卸；崩刃；卷刃；翻转；翻卸
→~ {skip} mine car 翻斗矿车

tipple 倾斜器；倒煤场；烈(性)酒；卸矿(场)；卸车场；翻卸场；翻倾机构；翻笼；翻车机
→~ (building) 井楼 // ~ framework 井架

tippleman 翻车工

tiptopite 羟磷锂铍{铍锂}石[$(Li,K,Na,Ca,□)_8Be_6(PO_4)_6(OH)_4$]

tip truck 翻斗卡车
→~ (-)wagon 翻斗车

tiragalloite 硅砷锰石[$Mn_4AsSi_3O_{12}(OH)$;单斜]

tire 车胎；轮胎；(使)厌倦；桶箍
→(wheel) ~ 轮箍 // ~ bead toe 轮胎缘趾

tirecut 轮胎割痕

tireeite 太雷埃石

tire inflation 轮胎充气
→~ pump 轮胎充气泵 // ~ shoulder 胎肩

tirilite 条纹花岗闪长岩

tirodite 锰镁闪石[$((Ca,Na,K)_2\frac{1}{2}(Mn,Mg,Al,Fe^{3+})_5((Si,Al)_8O_{22})(OH)_2$;$Mn_2^{2+}(Mg,Fe^2)_5$ $Si_8O_{22}(OH)_2$;单斜]；镁锰闪石[$(Mg,Mn)_7(Si_4O_{11})_2$$(O,OH)_2$]

tirolite 铜泡石[$Cu_5Ca(AsO_4)_2(CO_3)(OH)_4•6H_2O$;斜方]

Tirolites 提罗菊石

T-iron 丁字铁

tirs 蒂尔黑土[北非]

tischendorfite 泰硒汞钯矿[$Pd_8Hg_3Se_9$]

tisinalite 水硅钛{铁}锰钠石[$Na_3H_3(Mn,Ca,Fe)TiSi_6(O,OH)_{18}•2H_2O$;三方]

Tissotia 梯索菊石属[头;K_2]

tissue 薄纸；织物；细胞组织；体素；组

织[生]

Titan 巨物；巨人；提坦[巨物]；太阳神

titanantimonpyrochlore 铅锑钙石；锑钙石 [$(Ca,Fe^{2+},Mn,Na)_2(Sb,Ti)_2O_6(O,OH,F)$;等轴]；钛锑烧绿石[$(Ca,Fe,Na)_2(Sb,Ti)_2O_7$]

Titanaria 伟形贝属[腕;C_1]

titanaugite 钛普通辉石；钛辉石[$(Ca,Na)(Mg,Fe,Ti)(Si,Al)_2O_6$]

titanbetafit 钛烧绿石

titan(o)biotite 钛(黑)云母[$K_2(Mg,Fe^{2+},Fe^{3+},Ti)_{4-6}(Al,Ti,Si)_8O_{20}(OH)_4$]

titanclinogumite 钛斜硅镁石；钛橄榄石

titanclinohumite 钛橄榄石{钛斜硅镁石}[$Mg_9(SiO_4)_4(OH)_2$]

titan-clinohumite 钛斜硅镁石

titandiopside 钛透辉石

titan(o)-elpidite 碱硅钡钛石；钛钠锆石[$Na_2(Ti,Zr)Si_6O_{15}•3H_2O$]

titan-favas 钛蚕豆矿

titangarnet 钛榴石[$Ca_3(Fe^{3+},Ti)_2((Si,Ti)O_4)_3$(含 TiO_2 约 15%~25%);等轴]

titanglimmer 钛黑云母

titan(o)haematite 钛赤铁矿[$(Fe,Ti)_2O_3$,含钛 6%~8%的赤铁矿]

titanhedenbergite 钛易变辉石[$(Ca,Mg,Fe^{2+},Fe^{3+},Ti)(Si,Ti)O_3$]

titanhornblende 三斜闪石[$(Na,Ca)(Fe^{2+},Ti,Fe^{3+},Al)_5(Si_4O_{11})O_3$]；钛闪石[$Na_4(Fe^{2+},Fe^{3+},Ti)_{13}Si_{12}O_{42}$;$NaCa_2(Mg,Fe^{2+})_4Ti(Si_6Al_2)O_{22}(OH)_2$;单斜]

titanhydroclinohumite 钛(水)斜硅镁石[$Mg_7Ti(SiO_4)_4(OH)_2$]

Titania 天卫三

titania 氧化钛；金红石[TiO_2;四方]；二氧化钛[TiO_2]；钛氧
→~ enamel 钛白釉 // ~ flint glass 钛火石玻璃

titanic 四价钛的；钛的
→~ acid 钛酸[金红石、锐钛矿、板钛矿]

Titanichthys 霸鱼属；巨鱼属[D_3]

titanic iron (ore) 钛铁矿[$Fe^{2+}TiO_3$,含较多的 Fe_2O_3;三方]
→~ magnetite 含磁铁钛铁矿；钛磁铁矿[$(Fe,Ti)_3O_4$] // ~ schore{titanic schorl} 金红石[TiO_2;四方]

titaniferous 含钛的；钛质的
→~ elpidite 碱硅钡钛石 // ~ ferguso-nite 钛褐钇铌矿 // ~ {axotomous} iron ore 钛铁矿[$Fe^{2+}TiO_3$,含较多的 Fe_2O_3;三方] // ~ magnetite 钛磁铁矿[$(Fe,Ti)_3O_4$] // ~ magnetite deposit 含钛磁铁矿矿床

titanioferrite 钛铁矿[$Fe^{2+}TiO_3$,含较多的 Fe_2O_3;三方]

Titanit 钛钨硬质合金

titanite 榍石[$CaTiSiO_5$;$CaO•TiO_2•SiO_2$;单斜]；金红石[TiO_2;四方]；钛石

titanium 自然钛[Ti]；钛
→~ concentrate 酞精矿 // ~ deposit 钛矿床 // ~ dicyanide 氰钛矿；碳氮钛矿 // ~ flint glass 钛燧石玻璃 // ~ tantalum concentrates 钛钽精矿

titanmagnetite 钛磁铁矿[$(Fe,Ti)_3O_4$]

titanmelanite 钛黑榴石[$Ca_3(Fe,Ti)_2(SiO_4)_3$]

titanmica 钛云母[$K_2(Mg,Fe^{2+},Fe^{3+},Ti)_{4-6}(Al,Ti,Si)_8O_{20}(OH)_4$]

titan-mikrolith 钛微晶石

titanmikrolithe 钛细晶石；钛烧绿石

titano-aeschynite 钛易解石[$(Ce,Th)(Nb,Ti)_2(O,OH)_6$]

titanoarmalcolite 钛铬铁矿

titanobetafite 富钛铝钛铀矿；钛贝塔石

titanocerite 钛铈硅石

titanochondrodite 钛粒硅镁石

titanochromite 钛铬铁矿

titanoclinohumite 钛斜硅镁石

titanoeschynite 钛易解石[(Ce,Th)(Nb,Ti)$_2$(O,OH)$_6$]

titano-(a)eschynite 易解石[(Ce,Y,Th,Na,Ca,Fe^{2+})(Ti,Nb,Fe^{3+})$_2$O$_6$;斜方]

titano-euxenite 黑稀金矿[(Y,Ca,Ce,U,Th)(Nb,Ta,Ti)$_2$O$_6$;斜方]

titanohematite 钛赤铁矿[(Fe,Ti)$_2$O$_3$,含钛6%～8%的赤铁矿]

titano-lavenite 钛钙钠锰铅石

titanolite 榍石岩；榍磁碱辉岩

titanolivine 钛斜硅镁石；钛橄榄石[Mg$_7$Ti(SiO$_4$)$_4$(OH)$_2$]

titanolivinite 钛橄榄石

titanolovenite 钛褐锰锆石

titanomorphite 白榍石；白钛石[CaTi(SiO$_4$)O];白粒钛矿；锐钛矿{金红石}[TiO$_2$;四方];榍石[CaTiSiO$_5$;CaO·TiO$_2$·SiO$_2$;单斜]

titanonenadkevichite 钛硅钛铌钠矿

titanoniobite 钛铌铁矿

titanoobruchevit(e) 钇钛烧绿石；钇贝塔石[(Y,U,Ce)$_2$(Ti,Nb,Ta)$_2$O$_6$(OH);等轴]

Titanophoneus 巨形兽属[P]

titanopriorite 钛钇易解石

titanorhabdophan(it)e 碳硅钛铈钠石[Na$_3$(Ce,La)$_4$(Ti,Nb)$_2$(SiO$_4$)$_2$(CO$_3$)$_3$O$_4$(OH)·2H$_2$O;三斜];钛磷铈钇矿[含水的稀土钛硅酸盐]

Titanosuchians 巨鳄兽类

titano(-)thucholite 钛钍铀沥青[为金红石、沥青铀矿及碳氢化合物的混合物];钛碳铀钍矿

titanpigeonite 钛易变辉石[((Ca,Mg,Fe^{2+},Fe^{3+},Ti)(Si,Ti)O$_3$]

titan(o)pyrochlore 钛烧绿石

titanschorl 金红石[TiO$_2$;四方]

titan(o-)spinel 钛尖晶石

titan-spinel 钛尖晶石[MgAl$_2$O$_4$,含有 TiO$_2$]

titantaramellite 钛纤硅钡铁矿

titantourmaline 铁电气石[NaFe$_3$Al$_3$(B$_3$Al$_3$Si$_6$(O,OH)$_{30}$)];钛电气石[(Na,Ca)(Li,Mg,Fe^{2+},Al)$_3$(Al,Fe^{3+},Ti)$_6$B$_3$Si$_6$O$_{27}$(O,OH,F)$_4$]

titanvesuvian(ite) 钛符山石

titanyttrite 钛钇矿

Tithonian 蒂托阶
　→～ (stage) 提通{塘}(阶)[135～141Ma;欧;J$_3$]

title 书名；标题；产权；地契；权利；配以字幕；名称；采矿权；字幕；职称；学位；加标题；题目；所有权；称号；成色[金的]

titrated{volumetric} solution 滴定液

titration 滴定
　→～ (method) 滴定法

titrimetey{titrimetric method} 滴定法

titrimetry 滴定分析

titting of bed 地层倒倾
　→～ pad bearing 斜垫轴承

Titusvillia 毛海绵(属)[C$_1$]

Tiujamunit{tjiuamunit} 钙钒铀(矿)[Ca(UO$_2$)$_2$(VO$_4$)$_2$·8H$_2$O,其中钙可被钾所代替]

tivanite 羟钛钒矿[V^{3+}TiO$_3$(OH)];钛钒石

tiwa 地注
　→～ regional 地注区

tiza 三斜钙钠硼石；硼钠钙石[NaCa(B$_5$O$_7$)(OH)$_4$·6H$_2$O;NaCaB$_5$O$_9$·8H$_2$O];钠硼钙石[NaCaB$_5$O$_9$·8H$_2$O]

tja(e)le [瑞] 冰缘冰冻地；冻结层；永冻土；冻土[冰]

T{tee}-joint 丁字接头；三通{管;接箍}T形{焊}接头

Tianshan geosyncline 天山地槽

tjorsanite 钙长石[Ca(Al$_2$Si$_2$O$_8$);三斜;符号An]

tjosite 斜辉煌岩

T-junction T 形接合器；T 形焊接头；(波导管)T 形连接
　→～ box T 形接续箱

Tl 铊

tlalocite 水氯碲铜石 [(Cu,Zn)$_{16}$(Te^{4+}O$_3$)(Te^{6+}O$_4$)$_2$Cl(OH)$_{25}$·27H$_2$O;单斜?]

tlapallite 硫碲铜钙石[H$_6$(Ca,Pb)$_2$(Cu,Zn)$_3$(SO$_4$)(Te^{4+}O$_3$)$_4$(Te^{6+}O$_6$);单斜];油彩石；锌铜钙矾

tlg 尾矿

Tm 铥

TMMF 双矿物骨架标志

TNT 黄色炸药[CH$_3$·C$_6$H$_2$(NO$_2$)$_3$];TNT 炸药
　→(explosive) ～ 梯恩梯

toad's eye tin 蟾蜍眼锡石；蟾蜍眼锡石
　→～-eye tin 蛙目锡石

toadstone 蟾蜍岩；杏仁辉绿岩

toaffeite 塔菲石[MgAl$_4$BeO$_8$;六方]

to-and-fro method 往返法
　→～ movement 来回运动

Toarcian 托尔阶
　→～ stage 多尔斯阶；托阿尔(阶)[175～184Ma;欧;J$_1$];图阿尔阶

toaster 烘炉

tobacco jack 黑钨矿[(Mn,Fe)WO$_4$]
　→～ rock 产铀母岩；烟草色岩

tobamorite 托贝石

tobelite 托铵云母 [(NH$_4$,K,Na,□)(Al,Ti,Fe^{3+},Mg)$_2$(Si,Al)$_4$O$_{10}$(OH)$_2$];铵云母；白云母

tobermorite 雪硅钙石 [Ca$_5$Si$_6$O$_{16}$(OH)$_2$·4H$_2$O(近);斜方];托勃莫来石

Tobleria 双核籽属[植;C$_3$-P$_1$]

Tobolia 托博利虫属[孔虫;K$_2$]

tocharanite 铝硅镁钙矿

tochilinite 羟镁硫铁矿[6Fe$_{0.9}$S·5(Mg,Fe)(OH)$_2$;三斜];托契利矿

tocornalite 碘银汞矿[(Ag,Hg)I];杂碘银汞矿

tocsin 警戒信号

TOD 总需氧量

toddite 铌钽铁铀矿

Todisporites 托第藤孢属[J$_2$]

Todites 托弟蕨；似托第蕨(属)[T$_3$-K$_1$]

todorokite 钙锰矿[(Ca,Na,K)$_{3-5}$(Mn^{4+},Mn^{3+},Mg)$_6$O$_{12}$·3～4.5H$_2$O;单斜];钡镁锰矿；钡钙锰矿；托锰矿

toe 基脚；车轮前端；焊边；坝脚；(推覆体)前缘{推覆体}；墙脚；堤脚；坡趾；边坡坡脚；炮眼底；轮胎缘距；足尖(部)；轴肿；油当量吨；孔底；斜钉；下端；阶段下段平盘；脚趾；推覆体前坡底；齿顶；前端(滑坡)
　→(dam) ～ 坝趾；钻孔底；熔岩趾；坡脚；下部平盘 //～ blasting 拉底爆破 //～ board 搁脚板；趾板 //～ bone 趾骨

toecap 护趾盖

toe condition 底盘情况
　→～ crack 焊趾裂纹

toeing 脚尖站立；斜向[轮子]

toe in plough 滑行的刨煤机
　→～ joint 齿接

toellite 英(长)云闪玢岩

toenail 趾甲状节理；(用)斜钉钉牢；斜钉；脚指甲；弯曲节理

toe of a shot 炮孔装药部分；炮孔底至自由面的距离

Toeplitz 特普利茨
　→～ property 托布里兹性质 //～ recursion 托布里兹递归算法

toepoint 波麓[波痕]

toernebohmite 羟硅铈矿[(Ce,La)$_3$Si$_2$O$_8$(OH);六方];绿硅镧铈矿

Toernquistia 汤贵斯特虫属[三叶;O$_2$-S$_1$]

toe rock 根底[岩石]
　→～ sampling 边坡底线取样

toeset 趾积层

toe slope 山麓坡；冲刷坡
　→～ structure 趾状构造 //～ -to-toe drilling 露天矿或采石场大直径垂直钻眼 //～ weld 趾部焊缝

Tofangoceras 豆房沟角石属[头;O$_2$]

Tofangocerina 小豆房沟角石属[头;O$_2$]

T-off 线路分支

toft 孤丘；高地；宅地；小丘

toggle 拴扣；绳钉系紧；曲拐；曲柄；乒乓开关；扭力臂；带扣；肘节；肘环；拉钳；紧线钳；套索柱；套接；套环；系紧
　→～ {wrist} (plate) 肘板 //～ joint 时接 //～ press 肘杆式压力机 //～ {rotating} wedge 旋转楔

tohdite 铁正绿泥石

toich 年泛滥湿地

toienite 淡英二长岩

toise 突阿斯[法;旧;=1.949m]

tokeite 磁橄细玄岩

tokkoite 硅钾钙石

Tokognathus 生颚牙形石属[O$_2$]

tokyoite 东京石[Ba$_2$Mn^{3+}(VO$_4$)$_2$(OH)]

tol 容许误差；容限；公差；可允许的；可容许的；甲苯[C$_6$H$_5$CH$_3$]

tolbachite 托氯铜石[CuCl$_2$];硬氯铜矿

tolerable 可允许的；可容许的；可忍受的
　→～ level 可容许量 //～ time step size 允许(时间)步差大小 //～ viscosity 容许黏度

tolerance 容许(误差)；忍受；忍耐力；公差；耐性；空隙
　→～ (clearance) 容许间隙；容许偏差；耐药量 //～ for wearing error 筛布编织误差容限 //～ of station 测站限差 //～ range 容许范围；许可范围

tolerant plant 耐药植物；荫植物；毒植物；耐毒植物
　→～ species 广忍耐种

toll 失去；伤亡人数[事故]；长途电话；敲钟；大代价；付出；钟声；服务费；征收捐税；运费；捐税；牺牲；通行税；损失
　→～-free 免税

tollite 英(长)云闪玢岩

toll lane signal lamp 收费车道信号灯

tollon 柳叶石楠

Tolmatchoffia 托马乔夫贝属[腕;C$_1$]

tolovkite 硫锑铱矿；托硫锑铱矿

tolt 孤峰

toluene 苯、甲苯、二甲苯[总称]；甲苯[C$_6$H$_5$CH$_3$]

toluenearsonic acid 甲苯胂酸[CH$_3$·C$_6$H$_4$·

AsO₃H₂]

toluene-3,4-dithiol 甲苯-3,4-二硫酚

toluenethiol 甲苯硫酚

toluidine 甲苯胺

toluol 甲苯[$C_6H_5CH_3$]

tolyl 甲苯基

　　→~ thioarsenate 甲基硫代砷酸盐；甲苯硫代砷酸盐 [$H_3C•C_6H_4•AsS_3H$] // ~-triazole 甲苯三唑

Tolypammina 砂团虫属[孔虫;T]

Tolypella 鸟巢轮藻属[T_2-Q]

tolypite 球绿泥石

Tolypothrix 单歧藻(属)[蓝藻;Q]

tom 倾斜粗洗淘金槽；淘金槽

tomac 顿巴黄铜

Tomarctus 汤氏熊属[N_2]

tomb 坟墓；穴

tombac{tombak} 铜锌合金

tombarthite 羟硅稀土石；羟硅钇石[$Y_4(Si,H_4)_4O_{12-x}(OH)_{4+2x}$;单斜]

tombazite 辉砷镍矿[NiAsS;等轴]；黄铁矿[FeS_2;等轴]

tombolo 沙颈岬；陆连沙坝；陆连岛；连岛沙洲；连岛坝

　　→~ series{cluster} 陆连岛群

tombstone 神道碑[墓道前的石碑]；墓(碑)石

tomb with stone relief 画像石墓

tomichite 砷钛钒石[$(V^{3+},Fe^{3+})_4Ti_3As^{3+}O_{13}OH$;单斜]

Tomiopsis 似鸟喙贝属[腕;C-P]

Tomistoma 马来鳄(属)

tomite 藻煤；托姆藻煤[产于西伯利亚托姆河]

Tommotian (stage) 托莫特阶[E_1]

tommy 定位销钉；实物工资；螺丝旋杆；圆螺帽扳手

　　→~ bar 挠棒；(螺丝等的)旋棒 // ~ dod (无极绳)竖式导滚

tomogram X 线断层照片

tomograph 断层 X 光摄影装置

tomographic image 层析图像

　　→~ inversion 层析成像反演

tomography 层析 X 射线成像法

tomosite 角锰矿

tompkins 台车

tonalite 英闪岩

　　→~-pegmatite 英云闪长伟晶岩 // ~-trondhjemite 英云闪长岩-奥长花岗岩

tonal match 色调匹配

Tonawandan 托纳万德(阶)[纽约州;S_2]

　　→~ (stage) 突纳万德阶[S_2]

tonbanksalz 泥质层状盐[德]

Ton-Cap cloth 登凯伯型长方孔金属丝筛布

　　→~ screen 登凯伯型筛布

tondal 吨达[力单位;=309.6911 牛顿]

tone 伸缩性；色泽；趋势；腔；光度；单音；正常弹性；风格；增强；语调；音调；音；颜色调和

　　→(colour) ~ 色调 // ~ analysis 色调分析 // ~ burst 猝发音

toner 增色剂；验色剂；调色剂

　　→~ colo(u)r signal 色粉颜色信号

tong 钳子；管钳

tongbaiite{tongbaite} 桐柏矿[Cr_3C_2]

tong-die 大钳牙板

tong dies 钳牙；大钳牙板

　　→~ gang 管道建造队的旧称 // ~ head 钳头 // ~ pipe up (用)吊钳上紧螺纹

Tongshania 钟囊属[微古植物;C_3-P_1]

tong space 钳位；大钳搭咬部位

　　→~ tester 钳型电(流)表 // ~ torque assembly 大钳扭矩总成 // ~-type ammeter 钳型电(流)表

tongue 舌状体；舌形体；舌突；舌式抽筒阀；舌片；舌簧；舌；沙嘴；曲流朵体；牵引架；公榫；岩枝；岩舌；旋钮；雄榫；冰舌；尖灭层；凸出部；岬；冰川舌；榫销

　　→(lava) ~ 熔岩舌 // ~-and-groove 舌槽；企口；榫槽 // ~-and-groove coupling 舌槽榫合联轴器 // ~-and-groove(d) sheet pile 企口板桩

tongued and grooved brick 企口砖

　　→~-and-grooved joint 槽榫接合

tonguing 舌榫接合；舌进[流体]

Tonian 拉伸系；加宽纪[新元古代第一纪]

tonite 徒那特[烈性炸药]

tonkin 北越竹

Tonkinella 小东京虫属[三叶;C_2]

ton long 长吨[英;=2,240 磅=1.016 公吨]

tonmittelsalz 泥质中盐[德]

Tonnacea 八代螺类

tonnage 载重量；吨位；吨数

　　→(gross) ~ 总吨位 // ~ factor 储{吨}量因数[每吨矿石的立方英尺数] // ~ man 按吨{量}计工资的矿工 // ~ of ores 矿量

tonnages 重量

tonograph 张力描记器

tonsbergite 顿斯贝格岩[挪威]

tonsillith 扁桃体石

tons of coal equivalent 相当煤吨数

　　→~ of oil equivalents 油当量吨 // (ill)olith 扁桃体石

tonsonite 杆沸石[$NaCa_2(Al_2(Al,Si)Si_2O_{10})_2•5H_2O$; $NaCa_2Al_5Si_5O_{20}•6H_2O$;斜方]

tons per day 每日吨数；吨/日；吨每天

tonstein 白土石；黏土岩[德]

tonsteinporphyry 黏土斑岩

ton-work 计件工作

tooeleite 图埃勒石 [$Fe^{3+}_{8-2x}((Al_{1-x}S_x)O_4)_6•5H_2O, x≈0.2$]

tool angle 刀尖角

　　→~ bag 工具袋 // ~ block 刀枕

toolbox{tool box{kit;set;case}} 工具箱

tooled ashlar 凿纹方石

　　→~ finish{surface} 凿石面 // ~ finish 琢石面；凿饰

tooler 石工錾

tool holder 刀钳；刀杆；刀把；夹具；夹持器；刀夹具；刀杆

　　→~ interface unit 下井仪接口单元 // ~ joint hard band 工具接头的硬合金抗磨圈 // ~ joint thread ga(u)ge 石油钻杆接头螺纹量规 // ~ master 标准量具；标准工具 // ~ outfit 全套工具 // ~ post (车)刀夹；工作部件支柱；夹刀柱 // ~ power unit 下井仪供电单元

toolpusher 大斜度井测井系统

tool{head} pusher 钻井技师

　　→~ pusher 钻机队长

tools for downhole 井下作业工具

　　→~ for operating under pressure 不压井不放喷作业工具

tool slide 滑台

　　→~ standoff 下井仪(与井壁)的间隙 // ~ stone 工具用金刚石 // ~ thrust 切削力 // ~ wrench 钻挺(大)扳手

tooth 软土刮刀；刃瓣；切齿；啮合；牙；齿状物；凸轮；齿

　　→(hinge) ~ 铰齿 // ~ {stone;stone-cutter's} chisel 石工凿

toothed 带齿的；锯齿形的

　　→~ appearance 齿状外貌 // ~ scraper 装齿耙斗；齿形矿耙；齿式耙斗

tooth filling instruments 牙体充填器械

　　→~ flat 牙齿(尖)磨平处 // ~ height{depth} 齿高 // ~ marks 走刀痕迹 // ~ number 齿数 // ~ of wheel 轮齿 // ~ pitch 齿距

toothwort 石芥花

top 表土；顶点；顶部；顶；首位；化纤条；上部；第一；轻油；盖上；盖；最前的；最高点；炉顶；覆盖层；主要的；焰晕；桅楼；突破；端；极点

　　→(mountain) ~ 山顶；陀螺 // ~ (surface) 顶面 // (wool) ~ 毛条[纺] // ~ and bottom 顶和底

topas 黄玉[$Al_2(SiO_4)(OH,F)_2$;斜方]

topatourbiolilepiquorthite 黄电黑奥锂云英长岩

topaz(-safranite) 黄晶[$Al_2(SiO_4)(OH,F)_2$]

topaz 黄玉[$Al_2(SiO_4)(OH,F)_2$;斜方]；黄精；吐柏斯石

　　→(oriental) ~ 黄宝石

topazfels 黄玉岩；黄英岩

topazite 黄玉岩；黄英岩；电黄英岩

topazization 黄玉化(作用)

topazogene 黄玉岩；黄英岩

topazolite 黄榴石[$Ca_3Fe^{3+}_2(SiO_4)_3$]

topazoseme 黄玉岩；黄英岩；电黄英岩

topaz quartz 黄晶[$Al_2(SiO_4)(OH,F)_2$]

　　→~ rock 黄玉岩 // ~-safranite 黄水精；茶晶；蔡璞

top belt 上滤带；上段(运输)带

　　→~ bench 上台阶；上部阶梯{段} // ~ break facet 上腰棱三角(形翻光)面[宝石的] // ~ {headed;head;peak} capacity 最大容量[矿车、铲斗] // ~ {ultimate;headed;head;peak} capacity 极限能力 // ~ cement plug 上胶塞[注水泥] // ~ conglomerate 顶砾岩 // ~ cutting{cut} 顶部掏槽

topdeck 上层

top-discordance 顶部不整合{谐调}

top down 顺序；由顶向下

　　→~-down packing 由上而下的沙丘式充填[斜井中] // ~ gas 聚积在顶板上的瓦斯；煤气[高炉] // ~ gas scrubber 炉顶气洗涤器 // ~-grade concentrate 最高品位精矿

tophaceous 石灰华的；砂质的

top half backoff safety joint 上半体卸扣安全接头

　　→~-hat kiln 钟罩式窑

tophet 镍铬铁耐热合金

top hole 顶眼；上眼

　　→~ hole drilling 上部井段钻进 // ~ hole pressure (气举管)出口压力

tophus[pl.tophi] 石筋瘤；石灰华[$CaCO_3$]；松石

top impermeable layer 隔水顶板

　　→~ initiation 装药顶端起爆 // ~ jap 上击器

toplag 顶超

top lateral 顶横支撑

　　→~ lateral bracing 上弦横向水平支撑

T

toplimit 上限

top load 炮孔顶部装药

topmark buoy{topmarks} 顶标

topmast 顶桅

topmost slice 最高分层

top mould half 上模；凸模
→~ {cap} nicol 顶偏光镜

topnotch 顶点；第一流的

topoangulator 测角器；相片测倾仪

topocentric 地面点的
→~ origin 站心原点

topochemistry 局部化学
→~ of fuel beds 燃料床层局部化学

topocline 空间渐变系列

topo-colloform 局部胶体

topo-difference 局部差异

top of bed 岩层顶板
→~-of-source-depth 热源岩体顶面埋深

topog 地形学；地形(学)的

topogram 内存储信息位置图示

topographer 测量员

topographic(al) 地形学的；地形的；地貌的

topographic adolescence 少壮地形；青年地形
→~ age 老年期

topographical 地形(学;测量)的；地志的
→~ crest 山脊线

topographic(al) alignment 地形排列线

topographical index 地名索引
→~ quasi-curl effect 地形准卷曲效应// ~ texture 河网密度[河道数/盆地周缘长度]// ~ youth 少壮地形

topographic{landform;morphological;terrain} analysis 地形分析
→~ feature{entity} 地形要素// ~ feature 显著地形//~(al) hill 隆起//~ loading effect 表土厚度效应

Topographic Mapping Party 测绘大队

topographic marker 方位物
→~ maturity 地形壮年期；壮年地形

topography 地志；地形学；地形测量；地形；地势；地貌(学)
→~ and catena 地形和土链

topo-isostatic regional anomaly 地形-大地均衡区域异常

topological 地志学的
→~ design 布局设计

topologic path length 河段距离[某一节间河段至河口间的河段数]；河槽网络布局长度

topologsheet{topolog sheet} 地形记录图表

topology 地志学；布局；微地形学；拓扑学
→~ of pore network 孔隙网络拓扑结构

topomap 地形图

topometry 地形测量

topomorph 地理型；原地生长型

topomorphism 地域性

toponym 地名；部位名称；以地名命名者

toponymy 地名学

top open cage 上部开口凡尔罩

topophototaxis 趋光源性

toposequence 地形序列

toposheet 地形图

topostratigraphic unit 局部性地层单位

toposymmetry 局部对称；拓扑对称

topotactic 形貌衍全的
→~ intergrowth 形衍互{交}生

topotaxic 形貌衍全的

topotaxis 定向趋性；趋激性[生]

topotaxy 拓扑关系；同构交代

topotype 地区型；地模标本[古]；地方型(标本)；原地典型标本

top out 油罐液面与姚顶接触；油罐结束进油

topo-variation 局部变化

top overhaul 油井大修；大修[油井]
→~-packer method (单用)上塞注水泥(固井)法// ~ parallel entry 上部平行巷道// ~ part 上砂箱

topped 截头形的
→~ crude 拔头原油

top{peak} performance 最高产率
→~ petrol tank 高位油箱；自流给油箱 topping(-up) 注满；顶盖；顶端；上端；上层；上部；去顶；拔顶[石油蒸去轻馏分]；棒；高耸；最优的；蒸去轻馏分；溢顶[水流]；补充加油；堆装矿石；极好的

topping curve (齿形)凸出弧
→~ off 装满关闭[油罐或油舱]// ~ phenomena 倾覆现象// ~ plant 拔顶装置；初馏装置//~-up{priming} pump 注液泵

top plate 顶板[油罐]

topple 倾覆；仰斜巷道；斜天井；斜上山；推翻；坍塌
→~ and fall 倾倒// ~ down 倒塌// ~ over 倾倒

toppling 倾倒；崩塌；溃曲
→~-cup rain gage 倾杯雨量计// ~ failure 倾覆滑落

top ply{leaf} 上层
→~-pour ladle 倾注桶// ~ rock 顶板岩石

topsailite 中辉煌岩；中长辉磷煌斑岩

top{roughing} sand 粗粒砂
→~ seam 护顶矿层

topset (bed) 顶积层

top set 上分支
→~ shooting 挑顶爆破// ~ shot 油层顶部射孔

topside 水线以上的船舷；顶边；上层；地面；到(面上)；干舷；在上；向上；(在)甲板上
→~ personnel 水面人员// ~ potential 支顶能力

top side sounding 顶侧探测
→~ size 上限粒度// ~ slice 顶分层// (horizontal) ~ slicing 下行水平分层崩落采矿法// ~ slicing and caving 下行水平分层崩落采矿法；下向水平分层崩落采矿法// ~ slicing and cover caving 下行{向}水平分层崩落假顶采矿法// ~ slicing by rooms 下向水平分层崩落矿房法；房式下行水平分层崩落采矿法// ~-slicing mining 下向(扇形)分层崩落采矿法// ~-slicing with inclined slices 下行倾斜分层崩落假顶采矿法

topsoil 表土层；表土；耕作(层)；耕层；土层

top spit 剥离废石
→~ stage collar 上部分级接箍[注水泥用套管附件]

topstratum 河岸顶层(的)

top structure area 构造顶部区域
→~ surface 上表面

topsy-turvy 混乱；颠倒地(的)；颠倒；七颠八倒；乱七八糟地

top tank air 油罐上部气层

→~-to-toe drilling 露天矿台阶凿岩

topwork 整顶嫁接(果树等)；执行机构[继动阀的]

top zero mark 上零点标记

tor 石山；砾石；岩堡；突岩[地理]

Toran 道朗[一种中程的电子导航系统]；托兰

torate 环丁甲二羟吗喃；筛孔[孢子]

torbanite 苞芽油页岩；藻烛煤；块煤；托班藻煤；油页岩[含碳70%以上]
→~ coal 图板藻煤

torberite 藻烛煤；块煤；铜铀云母

torbernite 铜铀云母$[Cu(UO_2)_2(PO_4)_2 \cdot 8 \sim 12H_2O$；四方]

torch 火炬；手电筒；烧去旧漆；焊接灯；切割器；气炬

torcher 屋顶嵌灰泥工；为石板屋顶塞灰泥的工人

torch{flame} hardening 火焰淬火
→~ peat 蜡{高树}脂泥炭// ~ scarfing 煤气喷嘴火焰清理

Torco process 难熔铜矿处理{离析}法

tordrillite 淡流纹岩

tore 环

toreva-block landslide 后转地块山崩

Torispora 一头沉(单缝)孢属[P-T]

Toriyamaia 鸟山

Torkret method 托克瑞特法[喷射混凝土支护]

tormentilla tannin 痛刺单宁$[C_{26}H_{22}O_{11}]$

tornado 陆龙卷(风)；龙卷风；龙卷；旋风
→~ (twister) 陆龙卷(风)// ~ frac gun 旋风压裂射孔器

tor(e)ndrikite 镁钠闪石$[(Na,Ca)_2(Mg,Fe^{2+}, Fe^{3+})_5(Si_4O_{11})_2(OH)_2$; $Na_2(Mg,Fe^{2+})_3Fe_2^{3+}Si_8O_{22}(OH)_2$;单斜]

to(e)rnebohmite 铈黄玉{硅稀土石}$[Ce_3(SiO_4)_2(OH)$；羟硅铈矿$[(Ce,La)_3Si_2O_8(OH)$；六方]

tornebohnite 铈黄玉$[Ce_3(SiO_4)_2(OH)]$

torneyite 锰镁锌矾

torniellite 胶铝英石$[Al_2Si_2O_5(OH)_4 \cdot H_2O]$

Tornoceras 圆叶菊石属[头；D_{2-3}]

tornote 两头尖篦骨针[绵]

Tornquistia 派克满贝属[腕；C]；通库斯贝属[腕；C]

toroidal 圆环；环形线；超环面；螺旋管；复曲面；螺环[腹]；环形的；超环面的；喇叭口形的
→~ coupled MWD 螺旋管耦合随钻测量系统

Toroisporis 具唇孢(属)[T-E]

torolite 枕形结核岩

Toromorpha 环形藻属[K-E]

Toros 公牛；托洛斯[人、地名]

toros 冰群

torpedo 破坏；鱼雷形分流棱；用鱼雷攻击；孔内爆炸器
→(bangalore) ~ 爆破筒// ~ camera 鱼雷式水下摄影机// ~ gravel 细砾；尖砾石// ~ sand{gravel} 粗粒砂

Torpex 托尔佩克斯混合炸药[42 黑索金,40 梯恩梯,18 铝粉]

torque 偏振光面上的旋转效应；扭转{动}；(转)力矩；项链

torr 托[真空单位,=1mm 水银柱的压力]；乇

torrefy 焙烧

torrelite 铌铁矿$[(Fe,Mn,Mg)(Nb,Ta,Sn)_2O_6$;$(Fe,Mn)Nb_2O_6$; $Fe^{2+}Nb_2O_6$;斜方]；托勒

碧玉

torrensite 杂菱锰矿{杂蔷薇菱锰矿}[蔷薇辉石与菱锰矿混合物;$MnSiO_3$ 与 $MnCO_3$ 的混合物]

torrent 山溪;山间急流;山洪;白垩泥灰岩下的流沙层;湍流
→(impetuous) ~ 急流;洪流//~-built levee 洪流形成堤;洪积堤//~{supercritical} flow 急流

torrential 湍急
→~ current{stream;flood} 急流;湍流//~ flood 山洪

torrents 倾注

torrent tract 上游段;山区;急流段
→~(ial) wash 急流冲刷

torreon 史前石塔;石塔

Torreya 长叶香榧属[K_1-Q];榧(属)

torreyite 羟锌镁矾[$(Mg,Mn)_5Zn_2(SO_4)$ $(OH)_{12}\cdot4H_2O$;单斜];羟锰镁锌矾;锰镁锌矾

Torridonian 托里东(组)[英;An€]

torsion 扭转;扭曲;扭;挠曲;转矩
→~ (force) 扭力

torsional angle 扭(转)角
→~ capacity 扭转(能力)//~{shear} centre 扭转中心//~ deformation 扭曲变形//~{twist(ing)} strain 扭应变

torta 辗碎的湿银矿石

Tortofimbria 曲线藻属[Z]

tortoise 锅形石块;驼峰石[煤层顶板中易冒落岩石]
→~ marks 玳瑁斑//~-shell 龟甲//~-shell spot 玳瑁斑

Tortoniodus 扭牙形石属[O_2]

tortuga 地震仪

tortuosity 曲折性;曲折;扭度;迂曲;弯曲
→~ (factor) 弯曲度//~ ratio 弯曲率

tortuous 曲折的;弯弯曲曲的;扭曲;弯

Torulaspora 有孢圆酵母属[真菌;Q]

Torulopsis 球拟酵母属[真菌;Q]

torus[pl.tori] 环形线圈;环面;环;膨胀部分;锚环;轮环;隆起;肿大;圆环;近极内壁痕[孢];结节;花托;隆凸;圆环面

toryanite 方钍石[$(Th,U)O_2;ThO_2$;等轴]

Torynifer 野石燕属[腕;C_1]

tosca 白泥灰岩;凝灰岩;粗糙岩[钙质沉积、黏土脉、滑石、斑岩、珊瑚灰岩等;西];托斯卡风

toscanite 紫苏流安岩

tosimeter 微压计

toss 簸动;洗矿;投掷;淘洗;淘锡[用大木桶摇动]

tossing 摇选(法);精选桶洗选[锡矿];重熔铸
→~ kieve 淘锡桶

tosudite 迪间蒙石;迪开间蒙脱石;羟硅铝石;托苏石;绿泥间蒙皂石

totaigite 似蛇纹石[$(Mg)_2(SiO_4)\cdot H_2O$]

total 全体的;全体的;全部的;总的;总量;总的;总;完全
→~ compressibility of rock 岩石总压缩系数//~ critical load 总临界载荷[此载荷下钻头切入岩石];极限载荷//~ dissolved solids 总溶解固体量;总矿化度

totality 全体;总体;总数;完全
→~ theory 全量理论

totalizing{integrating} instrument 求积仪

total latent heat 总潜热

totally buried 全埋没的
→~ deaf as a stone 石聋//~ enclosed fan-cooled type 全封闭风扇冷却式//~ enclosed housing 完全封闭的机壳

total magnification 总放大倍数
→~ mineralization{solids;salinity} 总矿化度//~ mineralization 总矿化量//~ petroleum energy requirement 总石油能源需求//~ regression curve 总回归曲线//~ solids 干涸残渣[化学分析中];总固体量{形物}[矿化度];总固体径流量[悬移质、推移质等之和]//~ unsaturates 总不饱和物//~ waterflood life 整个注水开发期

totoaba 加利福尼亚湾石首鱼

Toucasia 船房蛤属[K_1];图卡斯属[双壳]

touch 试验;涉及;痕迹;按;缺陷;缺点;关系到;撤;碰;导火索;格调;摸;联系;风格;影响到;触及;触感;相切;接触;微量;特征

touchdown 触地;接地

touch needle 试金棒;探针
→~ off 触发

touchstone 试验标准;试金石;黑燧石;砥砺[磨炼;磨刀石]

touch terminal signal 指触终端信号
→~ up 整修//~-up coating 局部修补涂层

tough 韧性的;强韧的;黏稠的;难对付(的);难办的;费力的;硬的;坚强的;稳固的
→~ digging 坚韧岩层掘进

toughening 强化

tough{viscous} flow 滞流
→~ fracture 韧性断口//~ impermeable cake 黏稠非透泥饼;坚韧不渗透泥饼//~ job 笨重工作

toughner 增韧剂

toughness 韧性;韧度;黏稠性;刚度;坚韧度
→~ factor 韧性因数//~ test 冲击负载强度试验

tough pitch 韧铜
→~ shale 致密页岩//~ shooting 难爆(破)的//~ water 黏稠水

tour 换班;轮班;钻削;旅行;转动[物体绕轴运动];值班;巡回;旋转;班;交班

tourelle 回转炮塔;灰岩小丘;滚动装置;喀斯特地小丘

touriello 托利(埃罗)风

tourism 旅游(业)

tourist 观光者;旅行者

tourmaline 电英岩;电石[CaC_2];电气石色;电气石[族名;成分复杂的硼铝硅酸盐,有显著的热电性和压电性;$(Na,Ca)(Li,Mg,Fe^{2+},Al)_3(Al,Fe^{3+})_6B_3Si_6O_{27}(O,OH,F)_4$];(壁)玺{硒}[$(Na,Ca)(Mg,Al)_6(B_3Al_3Si_6(O,OH)_{30})$]
→~ pincette 电气石镊;电气石夹架//~ plate 电石屏//~ rock 电气石岩//~ sun 电气石放射丛;太阳石[琥珀]//~ tong 电气石钳

tourmalinite 电气岩

tourmalinization 电气石化(作用)

tourmalite 电英岩

Tournaician Age 图尔内昔期

Tournaisian 土尔内昔阶;杜内(阶)[欧;C_1]

Tournapull 大型土砂铲运机

Tournayella 环球虫属[D_3-C_1];杜内虫属[孔虫]

tournesol 石蕊

tour report (钻井)班报表

tours antenna 环形天线
→~ of inspection 巡回检查

tour treatment 班处理
→~-type assignment 轮班;班

Toussaint's formula 涂圣公式

Tovex 用 TNT 敏化的托维克斯浆状炸药

Tovite 2 托维特 2 型硝铵类炸药

tow(age) 拖;丝束;黑硬黏土(页岩);牵引绳;牵引;被拖的船;拉绳索;拉;曳引;曳;纤维束;拖曳;拖拉;拖带;拖船

tow (line) 拖绳
→~ and lift eye 牵引吊眼

towanite 黄铜矿[$CuFeS_2$;四方]

towbar 牵引杆;拖杆

towboat 拖轮;拖船

tow{drag} boat 驳船
→~ boat{vessel} 拖船

towed bird AEM system 吊舱式航空电磁系统
→~ boom AEM system 吊架式航空电磁系统//~ electrode 挂在船尾的电极[水上电法勘探]//~ vehicle 挂车;拖车

Toweius 托氏球石[钙超;E_{1-2}]

towel 泥力

tower 杆;柱;支承;信号楼;突起;塔楼;塔
→(boring) ~ 井架;钻塔

(shaft){hoist;winding} tower 井塔
→~ tower 井架;塔架

tower basin 塔下水池
→~ beacon 锥形觇标

towering 伸景
→~ cumulus 塔状积云

tower karst 岩溶孤峰;喀斯特孤峰
→~ leaching 塔浸//~-type headframe{headgear} 塔式井架//~ washer{scrubber} 洗涤塔//~ washer 塔式洗矿机

towhead 河中岛;河间岛

tow(ing) hook 拖钩

towing 曳引;拖曳;拖绳;拖缆;拖航
→~ ahead 前拖;正拖

tow-lift{low-head;low-lift} pump 低压泵

towline 牵引索

tow line 拉绳;拖缆

town gas 照明气;城市(家用)煤气
→~-lot drilling 城区钻探

tow noise 拖曳噪声

town refuse 城镇垃圾

Townsend discharge 汤生放电

Townsendia 汤森属

township 区;六英里见方的地区;镇区[美、加市镇区划,6英里见方,包括 36 个分区];镇
→~ line 市镇界

townsite 城市位置;城区

tow packing 麻屑填料;麻філ料

toxa[pl.-s,-e] 中弯骨针[绵]

Toxasteridae 箭星海胆科[棘]

toxic (有)毒的;有害的;因中毒引起的;毒药;毒物
→~ action 毒害作用//~ dose 中毒剂量//~{poisonous} element 毒性元素//~ element 有毒元素

toxi(ni)cide 解毒(素)剂;消毒药

toxicidum 消毒药；解毒(素)剂
toxic ingredient 毒素
toxicity 毒性；毒力；毒度
→～ symptom 中毒症状
toxic mine gas 毒性矿山瓦斯
toxicogenic 产毒的
toxicology 毒物学；毒理学
→～ of food safety 食品安全毒理学
toxicosis 中毒
toxic reagent 浮选毒物
toxigenic 产毒的
toxin 毒质；毒素
toxinic 有毒的
Toxodon 弓齿兽；箭齿兽(属)[Q]
toxogenes 产毒的
toxoglobulinum 毒球蛋白
toxoglossa 弓舌族；毒舌类
toxoglossate type 矢舌型
toxoid 类毒素
toxonomy 生物门类；分类学
toyon 柳叶石楠
toze (用)抛落法(从脉石分离)锡
→～ kangri 铜墙峰
TP 树木花粉；试验压力；实际位置；三相；三极；三层；测试压力；测试点[阴极防护]；转折点；转向点；终接点；[油压；油管动态；训练计划；接线点；技术文献
TPI 钍、钾含量指数
T-piece 丁字形片；丁字件
T-pipe 丁字管节；三通管
TPL 三磷酸钙
T-plate 丁字(形)板
trab 棒；梁[绵]
trabeation 横梁式结构；柱顶盘
trabecula[pl.-e] 桁；棚棚隔片(古植)；横络[藻]；横隔片；羽棚[珊]；小柱；小梁
trabecular columella 羽棚中柱[珊]；疣状中轴
→～ fan 羽扇[腔]
trabeculate 横条孢囊
→～ chorate cyst 有横条的具刺孢囊
trabzonite 特水硅钙石［六方；$Ca_4Si_3O_{10}•2H_2O;(Ca,Mn)_{14}Si_{24}O_{58}(OH)_8•2H_2O$]
trace 绘制；示踪测井；示踪；痕迹；扫描；扫迹；地震记录线；轨迹线；轨迹；轨道；(记录)道；槽探；跟踪；描绘；追踪矿脉；追踪；追索；连动杆；雨迹[气]；矿物痕色[遗]；矿物粉色；印记；印痕；寻找；径迹；线索；结果；接触线；交线[构造]；图形；迹线；探测；极微的量；痕量[化探]
traceability 跟踪能力；追踪能力
traceable fault 可追索的断层；可见断层
trace amount{quantity} 痕量
→～ {spot;minor;micrometric} analysis 微量分析//～ a vein 追踪矿脉
traced injection water 加示踪剂的注入水
trace{original} drawing 原图
→～ fossil 痕迹化石；踪迹化石；遗迹化石//～ maker 造主[遗石]；原生物
tracer 测量头；故障寻找器；描图员{器}；追踪物；指示器
→(isotopic) ～ 示踪原子//～ agent 指示剂
trace record 道记录
tracer elution curve 示踪剂洗脱曲线；示踪剂淘析曲线
→～ flow behavior 示踪剂流动动态

tracerlog{tracer log} 示踪测井
→～ profile 示踪测井剖面
tracer loss method 示踪剂损耗法
→～ method 示踪剂探测法
trace{test} routine 检验程序
tracer production curve 示踪剂流出量曲线
→～ residence time 示踪剂停留时间//～ signal 记录信号//～ slug 示踪剂液(流段)
trace selection 选道
→～ sequential 按道序的
trachea[pl.-e] 气管；导管
Tracheata 有气管亚门
tracheid 管胞[植]
trachelogenin 络石配质
Trachelomonas 囊裸藻属；颈胞藻(属)[裸藻;N_2-Q]
Trachelosaurus 粗班龙
tracheloside 络石(糖苷)
Trachelospermum 络石属
→～ axillare 紫花络石
trachelospermum jasminoide 络石
→～ jasminoides 络石藤
tracheophyte 导管植物；维管植物
trachite 粗面岩
Trachodon 糙齿龙属；鸭嘴龙属[K_2]；鸭嘴龙
trachorheite 蚀变英粗安岩；青安粗流岩[青磐岩、安山岩、粗面岩、流纹岩的总称]
tracht 晶相；晶面总体样式[单晶体上]
trachy- 强壮的；粗糙的
trachyande(n)site 粗安岩
trachyaugite 粗面辉石
trachybasalt 粗玄岩
Trachycardium 糙鸟蛤属[双壳;E-Q]
Trachyceras 粗菊石(属)[头;T_{2-3}]
Trachydiacrodium 粗面双极藻属[Z-C]
trachydiscontinuity 不规则面不整合
Trachydomia 粗螺属[腹;C-P]
Trachydon 粗龙
Trachyleberis 瘤蚴介；粗面介属[K_2-Q]
Trachynerita 粗蜓螺属[腹;T-J]
trachyophitic 粗面辉绿(结构)
trachyostracous 厚壳的[腹]
trachyphonolite 粗面响岩
Trachypora 粗糙孔珊瑚属[床板珊;S-P]
Trachyrarachnitum 粗面橄榄藻属[O_1-D]
Trachyrytidodiacrodium 粗褶双极藻属[Z]
Trachysaurus 粗斑龙
Trachysphaeridium 粗面球形藻(属)[Z-S]
trachyte 粗面岩
trachyteandesite 粗安岩
trachytic glass 粗面玻璃
→～ texture 粗面状结构；粗面(岩)结构
trachytoid-phonolite 似粗面响岩
tracing by panning 淘洗矿砾找矿法
→～ float 追寻露头；砾石找矿//～ {cellophane} paper 透明纸//～ the shoad 追踪矿砾找矿
track 轨道；示踪；轨枕；轨迹线；轨迹；测线；导轨；跟踪；轮距；足迹；路线；路径；追踪；历程；跨距；印刷线；音轨；开合脉；行动路线；径迹；小矿柱；进路；虫迹[遗石]；停息痕[迹]；痕迹][遗石]；铁路线；记录带导道；迹线
track block 履带蹄块；自动闭锁
→～ bolt 轨道螺栓{钉}
trackbound 轨道行走的

→～ transport 有轨运输
track cable 缆道
→～ carrying train 载轨列车//～ chart {plot} 航迹图//～ chart 海图作业图纸；空白海图//～ circuit 直流断路器
trackcleaner 清道工[矿坑夜班工作]
track cleaning 清(理铁)道
→～ count 径迹数计数[粒子]//～ crew 铺轨队//～ deformation{disorder; distortion} 轨道变形
tracking 铺轨；钻头凿岩径迹；钻头齿痕；漏电痕迹；沿冰边航行；研究；统调；调节；探索；探测
→～ data processor 跟踪数据处理器{机}//～ device 示踪装置//～ pitch 道间距//～ power 跟踪能力
track {-}laying 铺轨
→～-layout display panel 铁道线路显示器
trackless drift 无轨巷道
→～ mine 无轨矿井{山}
track-level 运输平巷；运输水平；有轨运输平巷{水平}
track lifter{winch} 起轨机
track-mounted drill jumbo 轨道式凿岩台车
→～ {track-type} jumbo 轨载式钻车；有轨钻车；有轨台车
track pick-up system 直接装车开采法；矿车分配法
→～ plotter 航迹自绘仪//～ roller 履带负载轮
trackway 轨道；行迹[遗石]
track{channel} width 通道宽度
→～-width 轨宽；测井曲线道宽；联络道宽度//～ worker 护路工；养路工；铁道工
tract 长时间；地域；河段；地区；地方；地段；地带；区域；区块；广阔地面；管道；论文；租赁区；专论；小册子；系统；土地；一片[土地、森林等]
traction 扫动；牵引；公共运输事业；附着力；拉应力；拉；曳引；吸引力；推移(作用)；拖曳；推曳；推力
tractional current 拖曳(水)
→～ {traction} current 推移流//～ {draft; drawbar} resistance 牵引阻力
traction bar 拖板杆
→～ battery 牵引车用电池
tractive capacity 拖运能力
→～ competence 推移最大颗粒能力//～ {traction} current 沿底泥沙流//～ current 扫{拖}流//～ force{power;effort} 牵引力
tractor 牵引机
→～ (truck) 牵引车
trade 手艺；手工业；商业；行业；顾客；购物；贸易；买卖；主顾；职业；渣；废物；经商；交易；交换；碎屑
→～ (wind) 信风//～ association{guild} 同业工{公}会//～ name 商品名//～ (-)off 权衡；交易[公平]；折中//～ {-}off 放弃//～-off 比较评定；折中(办法)；选择其一；牺牲；交替；交换//～ waste (sewage;effluent) 工业废水//～ wind 季(节)风
traditional 惯例的；传统的
→～ name 惯用名//～ seismic reflection technique 常规地震反射技术//～ subsistence economy 传统的存在经济

traersu 特利速风；特雷欧苏风

traffic actuated signal 车动信号机；交通传动{感}信号
→~ analysis 通信量分析

trafficator 汽车的方向指示器；交通指挥灯

traffic-bound{-compacted} road 交通拥挤的道路

traffic circle 环形交叉[美]
→~ congestion 运输拥挤

tragacanth 黄芪胶；胶黄芪

Tragantine 特拉甘廷芯砂黏接剂

tragic loss of lives 悲惨的人身伤亡

Tragulus 鼷鹿[N-Q]

traiaxon 三轴针

trail 伸展开；后缘；山道；痕迹；变小；轨迹线；轨迹；碛列；匍迹；匍匐痕迹；葡萄痕迹；漂砾列；爬迹；跟在后面走；落后；足迹；踪迹；追踪；连杆；拉；余波；垂下；移迹；一系列；一串；曳；摇杆；行迹[遗石]；小路；小径；小道；尾随；尾部；拖曳物；拖曳；拖迹；拖板杆；拖板；拖；减弱

T-rail T形钢管{轨}

trail bike 爬山车

trailbuilder 拖挂式筑路机械

trail car 拖车

trailed tank 拖罐

trailer 震尾；推车工
→~ (car) 拖车 // (drawbar) ~ 挂车 // ~ mounted 装在拖车上的 // ~-mounted rig 汽车钻机

(tractor-)trailers 拖车

trailer truck 拖车牵引载重汽车
→~-type extinguisher 拖车式灭火机

trailing 后面的；归并现象；牵引式；从动的；曳尾的；拖尾
→~ antenna 下垂天线；拖曳天线 // ~ {tail} drum 后滚筒 // ~ layer 轨尾层 // ~ oil product 后行油品[顺序输送的] // ~ spit 长尾沙嘴；旗状沙嘴；岛后沙坝；尾沙坝[长尾沙嘴]

trail-mounted pump 拖曳式泵

trail of a fault 断层迹[断层泥、断层擦痕等]
→~ of the fault 断层迹 // ~ ridge 牵引脊；拖曳脊 // ~ road 石垛巷道

trails 残缕[构造]

train 培养；训练；火车；后拖物；长尾行列；群；排；组；追踪矿脉；流；列车[矿车]；列；指向；练习；链[海上测距=185.32m]；连续性；分散流[化探]；引诱；串；序列；线路；系列；系；吸引；教育；调整

(gear) train 轮系；齿轮系；机组；导火索

train (stock;set) 串车
→(wave) ~ 波列

trainable 可训练的；可序列的

train car 铁路货车
→~ changing 空重车组调动

trainee 受训人

train-ga(u)ge rosette 应变片花

training 瞄准；教练；锻炼
→~ area 训练区 // ~ film 训练用电影；技术电影 // ~ plan 训练计划 // ~ sample set 训练样本集

trainite 带磷铝石[Al(PO₄)•2H₂O]

trainman 跟车工；井口矿仓装车工

train of gears 齿轮系

trajectory 轨线；轨迹线；轨道；弹道；路线；路径；径迹

→(desired) ~ 轨迹 // ~ motion 抛射动作 // ~ of boulder fall 堕石落径 // ~ of principal stress 主应力线

tram 调度电车；(用)吊车运输；吊车；(用)电车运输；电车；轨道；(用)煤车运载指针；正确位置；运输；运搬；有轨电车道；矿车；用量规量；选车；乘电车；斗车
→~ (car) 有轨电车

trama 菌髓

tram bucket 矿车

tramcar 电车；煤车；矿车

tram creep 应变蠕变

tram(m)ing 运输；人推矿车；人工推车

tram level 运输平巷
→~-level 运输水平；运输平巷

tramline 电车轨道[英]；条痕

tramming 有轨运输
→~ clearance 车辆行驶间距

tramontana 屈拉蒙塔那风[地中海一种干冷北风]；特拉蒙他那风

Tramostracus 织壳叶肢介属[K]

tramp 颠簸；步行者；步行；流入的；流浪；错物；吹火器；非矿异常；践踏；假异常；夹杂的

trampling 践踏

tramp material 杂质；异物

tramrail 电车轨道[英]

tram-rail 索道

tramroad 矿山窄轨距轨道；电车道；矿车轨道

tramway 吊车道；电车道；高架缆车索道；矿车轨道；铁道
→(wire) ~ {cableway} 索道 // ~ bin 索道卸载仓

Trancor 特兰科尔合金

Tranifiorito 红线米黄[石]

Tranolithus 显颗石[钙超][K]

tranquil 平稳的；平静的；稳定的
→~ {stationary} flow 静流 // ~ {subcritical;sluggish} flow 缓流 // ~ force 静气

tranquilite 静海石[月]

tranquility 平稳；安静

tranquil(l)ityite{tranquillit(y)ite} 宁静石 [Fe₈²⁺(Zr,Y)₂Ti₃Si₃O₂₄;六方] 静海石

tranquil spring 宁静泉

trans(fer) 转换；运输；会刊；输进；调换；变压器；横轴；横向的；变换；过渡的；论文集；译文；移项；传递的；传导[热、光等]；学报；翻译；透射比

transact(ion) 办理

transactinide element 超锕系元素

transactinium element 超锕元素

transadmittance 互导纳；跨导纳

transalkylation 烷基转移；烷基位移化

Transamazonian orogeny 泛{横贯}亚马孙的造山作用

transamination 氨基转移(作用);转氨作用

transapical{transversal} axis 切顶轴[硅藻]

trans-Arabian pipeline 横贯阿拉伯抽油管线

transatlantic 大西洋彼岸的

transaudient 传声的

transbeam 横梁

Transcaucasian plate 横贯高加索板块；泛高加索板块

transceiver 收发报机

transcend(ency) 超越；凌驾

transcendence{transcendency} 超越；卓越

transcendental 超常的；卓越的人；卓越的；幻想的；超自然的；难解的；直觉的；抽象；先验(论)的
→~ function 超越函数

transcolpate 具横沟的[孢]

transcompound 反式化合物

transcontinental arch 横大陆穹隆；洲际拱起

transcord 转录

transcrescent 横新月形；横镰形

transcriptor 录音重放机[用于录音打字]；磁带记录转换器

transcrystalline 横晶的；横结晶的；跨晶(粒)的；穿晶的
→~ fracture 晶内破裂

transcurrent 横向流动；横过的
→~ cleat 剪切裂隙;剪节理 // ~ segment 横推块段{部分} // ~{transversal;transverse;lateral;strut} thrust 横冲断层

transcursion 横推(作用)

transducer 换能器；变送器；变频器；变流器；变换器；转换器；振子；传送系统；发射器
→(current) ~ 换流器 // ~ (vehicle) 传感器

transducing piezoid 压电换能石英片

transearth 朝地球方向的；超越地球轨道的[尤指航天器]；向着地球的[尤指宇宙飞船返航时]
→~ trajectory 向地球轨道

transect(ion) 横切；典型地区[生物群]；横断(面)；大断面[地学]

transecting replacement texture 切穿交代结构

transection 横断面；截断面
→~ glacier 漫谷冰川

transfer(ence) 转让；传送；交换；汇兑；输送；输进；调运；调用；调水；调任；调动；划；变运装置；变换；过户(凭单)；盘；改变；复制；转载；转运；转移；转写；转向装置；转送；转接；转绘；转变；转；运移；矿石溜井；移交[任务]；移动；传输；传热；传动；传递；传导[热、光等]；搬运；进位；位移

(silt) transfer 泥沙运移；电汇

transfer bottle 转样瓶

transference 输送；迁移；转移；移动；传递
→~ {transmission} of load 荷载传递

transfer equation 传能方程式
→~ ladle 运输桶；运钢桶 // ~ mold 传递式模具 // ~ point 转载点 // (fuel) ~ pump (柴油机)输油泵 // ~ rate 传送速度

transferred information 转移信息
→~ name 移用学名

transferring 转运
→~ meridian into the mine 矿井定向

transfer sump 中间小仓
→~ table 移动台

transfinite 无限的；无穷的
→~ induction 超限归纳(法)

transfixation 贯穿

transfluxor{transfluxor magnetic core} 多孔磁芯

transformant doctrine 变化学说

transformation{modification;variant;be out of shape;become deformed; transshape; transfiguration;transmogrification} 变形[形状、格式]

→~ apparatus{printer} 纠正仪 // ~ {conversion} curve 变换曲线 // ~ for strain 应变转变 // ~ for stress 应力转变

transformationism 生物变化论

transformationist 变成论者

transformative 变形的

transformed wave 变相波

transform fault 换形断层；转型断层；换断层
→~ fault type continental margin 转换断层型大陆边缘

transforming{transformer} station 变电站

transformism 花岗岩化论；变成论

transformist 换质论者；花岗岩化论者；变成论者；转变论者；非{反}岩浆论者；交代学派

transform-normal 垂直于转换断层的

transfusion 渗透；渗流；倾注；过熔(作用)[岩石遇高温流体熔融的作用]；转移；移注
→(blood) ~ 输血

transgranular 穿粒的
→~{transcrystalline} corrosion 穿晶腐蚀

transgressing continental sea 入侵海；陆海
→~ sea 海侵地区

transgression 超覆；海侵；海进；侵陆海
→~ of seawater 海水入侵 // ~{advance} of the sea 海侵 // ~ of the sea 海进

transgressive-beach sediment 海侵海滩沉积物

transgressive deposit 贯穿矿床
→~ sheet 斜交岩序 // ~ vein 不整合(矿)脉

trans(s)hape 变形

trans(s)hipment 转载；转运[船或车]

transhipping device 移装机

transhumance 季节性迁移放牧

transient 瞬变的；瞬变；过渡的；过渡；不稳定的；暂态(值)；暂时的；暂时；渐进变种[生]

trans(-)information 转移信息；传递信息

trans(-)isomerism 反式异构(现象)

transistor 晶体管
→~ count rate meter 晶体管计数速率计

transistorization 晶体管化

transit(ion) 过渡；转换；转变；跃迁；飞越[电子]；变换；公共交通系统；转运；转送；转接；转播；凌日；中转；中天；运送；运输线；移动；经过；通过；城市高速运输

(astronomical) transit 中星仪；经纬仪

transit-and-chain surveying 经纬仪-量距测量

transit circle 子午仪
→~(ion) curve 介曲线

transiting 搬运
→~{change} gear 变换齿轮

Transition 过渡系[原始岩 Primitive 与成层岩 Floetz 之间]

Transitional 中石器时代

transitional 瞬变的；变迁的；过渡的；不稳定的；跃进的
→~{glide;slide;slump} fault 滑动断层 // ~ flow region 过渡流态区域 // ~ slide{movement} 滑动移位 // ~ tip-line anticlines 过渡型尖顶背斜

transition between energy levels 能级之间的跃迁

transitive 过渡的；传递的

→~ covariogram 传递协方差图 // ~ kriging 传递克里格 // ~ model 跃迁模型

transitivity 传递性

transit{aiming;collimation;observing;sight; pointing} line 照准线
→~-mixed concrete 车拌混凝土 // ~ mixture 在途搅拌合料 // ~ of Mercury 水星凌日

transitory frozen ground 暂时冻土
→~ pygidium 过渡期尾甲[三叶]

transit satellite 导航定位卫星

transl(oc)ation 移位；说明；调动；变换；平移；平动；转化；转播；直移；译文；译码；译；移动；传送；翻译；解释；中继

translational 直线的；移位的；位移的
→~ failure 直移塌落 // ~{translatory} fault 直断层 // ~{transitional} slide 顺坡滑动 // ~ slide 平移性滑动

translation-equivalent 平移等量

translation{crystal} gliding 晶体滑移
→~ gliding 直线滑移 // ~ jump 转移跳动 // ~{crystal} lattice 平移格子[空间格子]

translator 变换器；转换器；转发器[海底电报]；中继器；(翻)译者；传送器；翻译；发射机

translatory fault 移置断层
→~ vibration 平移振动 // ~{advanced} wave 推进波

translay 短馈电线保护装置

translink{trans link} 逆节间河段

translucence{translucency} 半透明性；半透明(的)

translucent 半透明(的)；半透彻的
→~ enamel 透光釉 // ~ humic degradation 半透明腐殖劣化物 // ~ humic degradation matter 透明分解腐殖物质

Translucentipollis 半透明粉属[K₂]

translucidus 透光云

transmissibility 渗透速率；导水性；可透性；可传性；传导率
→~ coefficient{factor} 导水系数；传导系数

transmission 输送；变速箱；变速器；转输；联动机作；遗传；传送；传输；传染；传动；传递；传导[热、光等]；传达；发送[无线电]；发射；透射；透明度；透过率；透过；通话
→~{pass} band 通(频)带[震] // ~ capacity 输电(能力) // ~ control 传输控制 // ~{transmitting} gear 传动装置 // ~ line{control} 传输线 // ~ line tower 输电线塔 // ~ loss of waveguide fiber 光波导纤维的传送损耗

transmissivity 过滤系数；导压系数；导水系数；导水率；传导系数；透射系数；透射率；透射比；透光度
→~ {-}contour map 导水系数等值线图

transmit(tal) 传送；传输；输[电]；传动；传递；传导[热、光等]；发送[无线电]；发射信号；播送；透射；发射[电波等]

transmit (heat) 传热
→~ by radio 发送[无线电] // ~ electric current 导电

transmittance 传热{递}系数；透射率{比；系数}；透明度；透过率
→~ meter 透程计

transmitted{transmission} light 透射光
→~-light microscopy 透射光显微镜鉴

定学

transmitter 换能器；话筒；变送器；引向器；传送机；传感器；信号发射机；发送器；发射机；发报机；送话器
→~ array 发射器组

transmitting 发送[无线电]
→~ band response 发射频带响应

transmityper 光电信号发送机[导航]

transmountain 越过山的；跨山的

transmutation 变质；点石成金；嬗变；变性；变换；变化；迁变；演变；衍变；蜕变；变形[物种演变]

transmutative 变质的；变形的；有变化力的
→~ force 引起变形的力

transmute 蜕变

transnational{multinational;trans-national} corporation 跨国公司

transocean{transoceanic} 横渡大洋的

trans-oceanic-sonde 越洋探空仪

transom beam 艄梁；尾横梁
→~{stern} frame 艄肋骨 // ~ frame 艄肋骨 // ~ stern 方艄

trans(-)opaque 半透明(的)[仅能透过部分可见光谱的矿物]

transparence{transparency} 透明性；透明度

transparency meter 透明度计
→~ viewing table 透明观察桌

transparent 清楚的；可透过射(光)线的；显而易见的；透明的；透明；澄清
→~ magnesium-aluminium spinel ceramics 透明镁铝尖晶石陶瓷

transpassivity 超钝(化)性；过钝化(态)

transpiration 流逸[航]；蒸腾；蒸散；蒸发；叶蒸；泄漏；发散

transpire 被人知道[事实、秘密等]；泄露；显露；发生

transplutonium 超钚元素

transpolarizer 铁电介质阻抗

transponder 应答器；发射机答应器
→~ buoy 转发浮标

transportation 运输；输送装置；输送；转运；运送；运输工具；运输；运搬；搬运作用；搬运
→~ by glacier 冰川搬运

transport by road 公路运输
→~ capacity 输送量 // ~{hauling;transportation} charges 运输费 // ~{car} circulation hall 环行井底车场 // ~ circulation hall (井底)环形车场

transported deposit 迁移沉积；转移沉积；搬运沉积
→~ fossil 异地化石 // ~ fossils 搬运过的化石

transport equation method 输运方程法

transporter 输送机；运输机

transport fuel 运输用燃料
→~ in bulk 散装运输；舱装运输

transporting agent 携砂剂
→~ band 输送层

transport layer 输导层；传输层

transposed hinge 迁移铰齿[双壳]
→~ matrix 转置(矩)阵 // ~ method 少道接收法[震勘] // ~ recording (炮点)移位记录

transposition 调转；调移；调换；换位；互换位置；变换；变调；迁移；构造置换；错位；转置；置换；易位；移置；移项

移位；移动；搬运；搬移；反接；相交；位移；交叉；对换
→~ pole 交叉电杆 // ~ structure 换位构造[沉积岩]

transpositive 换位的；变换的；移项的[数]

transposon 转座子；转位子

transpression 扭压作用；扭压压缩(作用)

transpressional basin 扭压盆地

transreactance 互抗；互电抗

trans-regional corporation 跨地区性公司

transresistance 互阻；跨阻

trans-rift 转换裂谷

transrotational basin 扭旋盆地；转换旋转盆地

transship 过载；转运

transshipment 换装；换船；转运；中转；运输工具；驳运
→~ terminal 储油-卸油浮动码头

transsusceptance 互纳；互电纳

transtage 中间极

transtension 扭张作用{拉伸}；转换扩张(作用)

transtensional basin 扭张盆地

trans-tidal wave 超潮波

transubstantiation (使)变质；变形[组织替换]

transudate 漏出物；渗出液[组织]

transuranic element 超铀元素；铀后元素

transvaalite 羟钴矿

transvaal{transvoal} jade 钙铝榴石 $[Ca_3Al_2(SiO_4)_3;$等轴]

Transvaal system 特兰斯瓦尔系

transversal{bench} 横断面

transverse 横轴投影地图；横轴；横切成直角之物；横断的；牵引
→~ back stoping-and-filling 垂直走向的上向充填采矿(法) // ~ brace 横向支撑；横拉筋 // ~ bridge 横齿桥[牙石] // ~ flush water 横冲水；冲洗水 // ~ rib 横肋；肋状卵石横脊[河谷中] // ~ seal 横切储集层的封闭 // ~ shrinkage stoping 水平分层横向留矿回采法

Transversopontis 横桥藻属

transviewer X 射线浓密度检定仪；浓缩检定仪

transwitch 硅开关；传威

trap(per) 捕集器；收集；暗色岩；活门；设陷阱；曲颈管；挡板；凝气缸；格栅；阻挡；错断；存水管；俘获；风门；(把……)封闭在里面；封闭；拦住；拦沙；分离器；分离；困住；诱骗；诱捕；矿捕[如生化矿捕]；抑制；捕捉；捕获；储油构造；储水；行李；晶陷；(使)陷于困境；陷阱；吸收；截留；断层

trap (circuit) 陷波电路；活板门
→~ {entrapment} 圈闭[油] // ~ (oil) ~ 油圈闭；油捕；截沙坑；圈闭层

Trapa 菱属[E-Q]；菱

trap-ash 暗色岩灰

trap basalt 暗玄岩
→~ below and above unconformity 不整合上下圈闭 // ~ bottom car 底卸式车

trapdoor 风门；井盖门[容许罐笼上下而不影响风流]；调节风门

trap-door fault 活门状断层；天窗式断层
→~ spider 地下蜘蛛

trap efficiency 截淤效率

trapeze[pl.-zia] 吊索；吊架；梯形

trapeziform 不规则四边形的；梯形

Trapezium 棱蛤属[E-Q]；梯蛤属[双壳]

trapezium 梯形
→~ -shaped yielding steel support 梯形可缩性金属支架

Trapezognathus 桌颚牙形石属[O]

trapezohedra 偏方面体

trapezohedral class 偏方面体(晶)组
→~ hemihedral class 偏方半面象(晶)组 // ~ tetartohedral class 偏方四分面象(晶)组[32 晶组]

trapezohedron[pl.-ra] 偏方{四角}三八面体；偏形体；偏方面体

trapezoid(al) 不规则四边形的；梯形

trapezoidal weighting 梯形加权

trapezoid-shaped trench 梯形沟

trapezoid support 梯形支架

Trapezophyllum 桌珊瑚属[D₁₋₂]

Trapezotheca 梯管螺属[软舌螺;∈-O]

trapflow 管中局部{聚集}水流

trap for oil 石油圈闭
→~ for scraper 刮管器座槽[输油管的] // ~ -out tray 隔离盘

trappean rocks 阶梯岩

trapped atmosphere 捕获来的大气
→~ charge 陷阱电荷 // ~ dust 滞留尘末 // ~ electron 俘获电子 // ~ magma 囚浆；被包陷的岩浆

trappide 暗色岩

trapping 俘获；捕集；捕获；截获
→~ agent 捕集剂 // ~ center 俘获中心；陷获中心 // ~ mechanism 圈闭{俘获;包裹体囚液}机理 // ~ of oil 石油圈闭

trappoid 暗色岩状(的)
→~ breccias 暗色岩状角砾岩 // ~ rock 似暗色岩

trap point 阻截点

trapprock 暗色岩

trapshotten{trap-shotten} gneiss 暗网片麻岩；暗色网状片麻岩

trap-tuff 暗色岩灰

trap-up 上搓断层；逆断层

trap valve 滤阀

trash 捣毁；残屑；渣滓；垃圾；废物；废石；废弃；废料；尾矿；碎屑物；碎屑
→~ (ice) 带水散碎冰 // ~ line 碎屑擦痕[海滩上] // ~ rack 挡泥板

traskite 硅钛铁钡石 $[Ba_9Fe_2^{2+}Ti_2(SiO_3)_{12}(OH,Cl,F)_6·6H_2O;$六方]；托贝硅石；特钡硅石

Trask sorting coefficient 特拉斯克分选系数

trass 火山土
→~ mortar 浮石火山灰砂浆[土]

trasulphane 鱼石脂

trattnerite 贫钾镁大隅石 $[(Fe,Mg)_2(Mg,Fe)_3(Si_{12}O_{30})]$

traulit 水硅铁矿[三价铁的硅酸盐]

trauma[pl.-s,-ta] 外伤；创伤；损伤

traumatic occlusion 创伤

traumatize 受外伤

Traumatocrinus 创孔海百合

Traumatophora 伤口螺属[腹]；异态螺属[Q]

trautwinite 钙铬榴石 $[Ca_3Cr_2(SiO_4)_3;$等轴]；不纯钙铬榴石

Trauzl lead block 特劳茨尔铅柱
→~ (block) test 托劳茨尔试验；特劳茨尔铅柱试验

travel 活动；输送；航行；迁移；漂移；

旅行；步距；运转；运移；运行；跨距；移位；移动；传播；行驶；行进；冲程
→~ (range;line) 行程 // ~ (l)ed{float} stone 漂石 // ~ (l)ed{travel} stone 漂来石

traveling slip 游动卡瓦

travel(l)ing solvent growth 移溶生长
→~ solvent zone method 移动溶区法[晶育] // ~ support 活动支架 // ~ way{track;road} 人行道

traveling{travelling} weight 架承压

travelled soil 移置土壤

travel line 路径

travelling 运行的；移动的；传播的
→~ belt feeder 运输带给料{矿}机 // ~ chain 推车器链 // ~ height 移动高度 // ~ load 活动载荷 // ~ motor 走行式电动机

travel of oil 石油运移

traveltime anomaly 时距异常[地震波]
→~ {T-D} curve 走时曲线

travel-time table 时距表

travel{traction} unit 行走部件
→~ {travelling} valve 游动凡尔[深井泵的]

traverse (line;wire;course) 导线；导线测量
→~ {transverse} gallery 石门

traversellite 绿透辉石；假象水纤闪石

traverse map 导线图；浮线图
→~ of geologic observation 地质观察路线

traverser 活动平台；横断物；横撑；转盘；转车台；经纬表
→~ (cap) 横梁 // ~ system 转车台调车法 // ~ turn table 转车台

traverse sample 剖面标本
→~ side{course;line;leg} 导线边 // ~ speed 横越速度；排线速度 // ~ table 导线测量用表；小平板(仪)；经纬表

traversier 凶险风；特拉外西尔风

traversing 横动；横穿的；导线测量；雷达测迹线法；压力横向分布测定；相交
→~ chute 传递溜槽 // ~ jack 横移式起重器{机} // ~ pulley 横式(起重)滑车

traversite 伊丁石 $[MgO·Fe_2O_3·3SiO_2·4H_2O]$

traversoite 硅钴孔雀石 $[Al(OH)_3$ 与 $CuSiO_3·2H_2O$ 的混合物]；蓝硅孔雀石

travertine 石灰华 $[CaCO_3]$；凝灰石；钙华 $[CaCO_3]$
→~ floor 钙华体底板 // ~ terrace 边石坝

Travertino Dune 黄露石[石]
→~ Romano 黄隆石[罗马洞石]

travmel 地规

Trawas Red 瑞典红[石]

Trawinski formula 特劳文斯基公式

trawlboat 拖网渔船；拖捞船

trawn 交叉线；交叉巷道

tray 滑槽；垫座；垫；底板；浅盘；盘；公文格；槽；座；分馏塔盘；卡片箱；发射架；托架；退火箱
→(serving) ~ 托盘 // ~ rolls 过渡辊台 // ~ thickener 层式浓缩机 // ~ -type column 盘式塔；板式塔

TRC 顶部红色砾岩

treacherous 有暗藏危险的；靠不住；背信弃义的
→~ ooze 表面硬结的沮洳地带；危险的软泥

treacle 糖蜜

tread 车辙；滑动面；轨面；踩；轮面；轮距；走；跖；支撑面；阶台面；阶地面；外胎面；跳；梯级；(楼梯)级宽；胎面；踏面；踏板；踏；花纹[外胎]
→~ caterpillar 履带

treadle 踩踏板；脚踏板；踏板
→~ accelerator 加速踏板

tread stones 铺路石

treanorite 褐帘石[(Ce,Ca)$_2$(Fe,Al)$_3$(Si$_2$O$_7$)(SiO$_4$)O(OH)，含 Ce$_2$O$_3$ 11%,有时含钇、钍等；(Ce,Ca,Y)$_2$(Al,Fe^{3+})$_3$(SiO$_4$)$_3$(OH)；单斜]；钙褐帘石

treasure 贵重物品；财产；珍重；珍品；珍宝；宝贵财富
→~ box 极富矿囊

treasurite 特硫铋铅银矿[Ag$_7$Pb$_6$Bi$_{15}$S$_{32}$；单斜]

treat 处理；活化；治疗；愉快的事；款待；选矿；净化；协商；精制；为……涂上保护层；对待；加工；谈判

treated 精选的；加工的
→~ stone 人工处理或着色的宝石

treating 制造；加工

treatment 浓缩；浓集；待遇；论述；治疗；疗程；分析；医治；处理；加工；讨论；浸渍[木材]
→(oredressing) ~ 选矿 // ~ charges 选矿费 // ~ {beneficiation} of ore 选矿 // ~ {mill} tailings 生产尾矿 // ~ variable 施工变数；作业变数；处理作业变量

treble 三排的；(由)三根钻杆连成的立根；组成的立根；三重{层}的；三倍于{的}；三倍；高音；高频；(使)增至三倍；尖音
→~ bond 三键 // ~ coursing 分成三支的风流 // ~-platform 三层平台

trebles 三粒级煤[英煤粒度；圆筛孔直径3½~2in.]

trechmannite 三方硫砷银矿[AgAsS$_2$；三方]；轻硫砷银矿
→~-alpha 硫砷化物或硫锑化物[一种]

tree 树枝状图；树；乔木；光柱；单障[变质岩晶体位错形成的]；木制构件；木材；轴；支柱；晶树(化)
→~ algorithm 树算法 // ~ climbing adaptation 攀树适应 // ~ clubamoss 树石松 // ~ derivation{diagram} 树形图

treedozer 挖树机

tree fern 树藤
→~ heath 欧石楠[植] // ~ language 树语言 // ~ line{limit} 树线 // ~ ore 含碳富铀矿 // ~{growth} ring 树木年轮 // ~ ring 树环

trefoil 车轴草

trek 牵引；路面条件[南非]；拉曳
→~ wagon 六轮货车

trellis 棚架式拱道；棚架；棚；格子；格状；格构；方格；(使)交织成格子；架

trema[pl.-ta] 壳孔；出版者；孔；山黄麻属；排泄孔

Tremacystia 孔囊海绵属[T-K]

Tremadoc 特马道克统[O$_1$]

Tremadocian 特马道克(阶)[萨尔姆(阶)；欧;O$_1$]
→~ stage 特里马道克阶[早奥陶纪]

tremalith 穿孔颗石

Tremanotus 号型螺属[腹;O-D]

Tremataspis 窝甲鱼(属)[D$_1$]

Trematobolus 洞圆货贝属[腕;Є]

Trematoda 吸虫纲[无体腔动物]

trematolith 穿孔颗石

trematophore 孔板[孔虫]

Trematopora 洞苔藓虫属[O-D]

Trematorthis 洞正形贝属[腕;O$_1$]

Trematosaurs 窝龙类

Trematosphaeridium 穴面球形藻属[AnЄ-Є]

Trematospira 孔螺贝属[腕]；洞螺贝属[S-D$_2$]

Trematozonotriletes 穴环三缝孢属

tremblor 地震

tremenheerite 不纯石墨

tremie method 用导管在水下浇注混凝土法
→~ pipe 下料管 // ~ tube 漏斗尾管

tremocyst 壶壁层[苔]；裂囊壁

tremolite 透闪岩；透闪石[Ca$_2$(Mg,Fe^{2+})$_5$Si$_8$O$_{22}$(OH)$_2$；单斜]
→~-asbestos 纤透闪石；透闪石棉[Ca$_2$(Mg,Fe)$_5$(Si$_4$O$_{11}$)$_2$(OH)$_2$] // ~-schist 透闪片岩

tremolitization 透闪石化(作用)

tremolo 颤音

tremopore 壶孔[苔]；裂孔

tremor 颤音；颤动；震抖；震动；震颤；小震；动作震颤
→~ tract 复杂褶皱断裂地带[煤系地层]

Trempealeauan 特伦佩劳(阶)[北美;Є$_3$]

trench 水采地沟；深地槽；山沟；地沟；海沟；海槽；堑沟；沟渠；沟道；沟沟；槽；坑线；U 形谷；峡谷

trenched{moatlike;trench} fault 沟状断层
→~ fault 地堑；堑形断层；断层沟

trench excavation 开挖沟槽；开沟
→~ excavator{digger;hoe} 挖沟机 // ~-fill sediment 充填海沟的沉积物 // ~-forearc geology 海沟弧前地质学 // ~ of subsidence 沉降海沟；下沉凹槽 // ~ shoring system 沟槽支撑系统 // ~-type subduction zone 海沟型消亡{减}带

trend 潮流；趋向；趋势；倾向；走向；转向；指向；方向
→~ play (在)两已探明油藏间或周边打探井找油；(在)老油田周边找油层；(在)已知见矿钻井之间钻探或探边找矿;(在)已探明油藏之间或周边打探井找油

Trentepohlia 橘色藻(属)；堇青藻
→~ odorata 芬芳橘色藻

Trentonian (stage) 特伦顿(阶)[北美;O$_2$]
→~ Age 脱仑登期

trepan 竖井钻机；钻井机；打眼机；凿岩机；凿井钻头；凿岩机；凿井机；圆锯；套钻

trepanation 套孔法

trepan{percussive} chisel 冲击钻头

trepanning 切取岩样；钻削；打眼；开孔；穿孔(试验)

Trepocryptopora 变隐苔藓虫(属)[O$_1$]

Trepostomata 变口目[苔]；偏口

treppen 珍珠质小板[软]
→~ concept 阶梯发展说[河流]；阶地观念

tress 一绺头发；卷发；发辫；枝条[植]

trestle 高架桥；支架；栈桥；栈架
→~ {catenary} bin 高悬式矿仓 // ~-board 大绘图板；图板 // ~ man 天桥工

Treufaria 四棘藻属[绿藻;Q]

trevet 三脚架

trevolite 镍磁铁矿[NiFe$_2^{3+}$O$_4$；等轴]

trevorite 镍磁{磁镍}铁矿 [NiFe$_2^{3+}$O$_4$；等轴]；铁镍矿[(Ni,Fe)；等轴]

treztine (鹿角的)第三枝

Tri 三角座

Triacartilae 三突虫亚超科[射虫]

triacetin 三醋精[C$_3$H$_5$(OOCCH$_3$)$_3$]

triacontane 三十烷[C$_{30}$H$_{62}$]；三十碳烷[C$_{30}$H$_{62}$]；蜂花烷[C$_{30}$H$_{62}$]

triactin 三射骨针[绵]；三辐肋海绵骨针；三射骨外

Triactis 三边虫属[射虫;T]

triacts 三放体

triad 三站(定位)系统[导航定位]；三元组；三价元素；三价基三价原子；三合一；三个一组的(的)；三次轴；三重态

Triadobatrachus 三叠蛙(属)[T$_1$]

Triadocidaris 三体头帕海胆属[棘;T]

triaene 三叉体；三叉骨针[绵]

Trialapollenites 三翼粉属[孢;C$_2$]

trial bar 检验杆
→~ blast{shots;blasting} 试验爆破

trialkoxyparaffin 三烷氧基烷烃

trialkylamine 三烷基胺[R$_3$N]；三烃基胺[R$_3$N]

trial {-}manufacture 试制
→~ pit{hole} 探井 // ~ production 产品试制 // ~ rod 探尺 // ~ shaft hole 探井

triamine 三胺

triaminotri-ethylamine 三氨乙基胺

triamorph 同质三形[同一化学成分有三个结晶]

triamylamine 三戊胺[(C$_5$H$_{11}$)$_3$N]

triangle 三角座；三角形；三角板；三角
→~ {cogged;vee} belt 三角{V 形}皮带

triangular 三角形的；三角形；三角的
→~ crib 三角形填石木笼丁坝

triangularity 三角关系

triangular matrix 三角形(矩)阵
→~ relationship 三角关系 // ~ shaped wire 断面为三角形的钢丝 // ~ stump 三角矿柱 // ~ support system 三角形支护系统

triangulation 三角网；三角剖分
→~ point{station} 三角点 // ~ station mark 三角测站标志

triangulator 三角仪

triangulite 三铝磷铀矿{三角磷铀矿}[Al$_3$(UO$_2$PO$_4$)$_4$(OH)$_5$•5H$_2$O]

Triangulodus 三隅牙形石属[O]

triangulum 三角座；三角板[盘石海绵;托盘]

Triangumorpha 三角藻(属)[硅藻;K-Q]

Triarthrus 三叶虫属{类}；三分节虫属[O]

Triassic 三叠纪的；三叠系；三叠纪[250~208Ma,华北为陆地,华南为浅海,卵生哺乳动物出现,陆生恐龙出现,海生菊石繁盛;T$_{1-3}$]
→~ (period) 三叠纪[250~208Ma,华北为陆地,华南为浅海,卵生哺乳动物出现,陆生恐龙出现,海生菊石繁盛;T$_{1-3}$]；三叠系

Triassochelys 三叠龟(属)[T$_3$]

Triassoperla 三叠石蝇属[昆;T$_3$]

Triatriopollenites 三唇孔粉属[孢;K-N$_1$]

Triavestigia 三列趾迹[遗石]

triaxial 三元的；三度的；空间的
→~ compaction apparatus 三轴压实仪

triaxiality 三维应力

triaxial loading 三向加载
→~ loading cell 三轴载荷试验元 //

test of rock 岩石三轴强度试验
triaxon 三轴骨针[绵]；三射骨针[绵]
Triaxonida 三轴海绵目
triaxons 三轴型
tribarium{|tristrontium} aluminate 铝酸三钡{|锶}
→~{|tricalcium| tristrontium} silicate 硅酸三钡{|钙|锶}
tribble 三根管的；晾纸机架
tribe 部落；一群；一批；一伙；族[生类]
tribo-adhesion electrostatic separator 摩擦黏着静电分选机
→~ separation 摩擦-黏附分选
triboelectric charging 摩擦充电
triboelectricity 摩擦电
triboelectrification 摩擦生电；摩擦带电
tribolet 心棒；芯轴
tribolite 矿物磨料
tribological behavior 润摩性能
tribology 润滑学；磨损学[研究摩擦和磨损的科学]；摩擦[磨损]学
triboluminescence 摩擦发光
tribometer 摩擦计
Tribonema 黄丝藻属[Q]
tribosphenic 三楔式的
→~ theory 磨楔式理论
tribromomethane 溴仿{三溴甲烷}[选重液,比重 2.8887;CHBr₃]
tribune 论坛；讲坛
tributaries 支流
tributary 汉；附庸；附属的；辅助的
→~ (stream;river) 支流 //~ {secondary} glacier 支冰川 //~ source link 支流源河槽网络节
tribute system 计件工资
tributyl 三丁基
tributylphosphate 磷酸三丁酯
tributyl-phosphate-hexane 磷酸三丁酯-己烷溶剂
tributyl-phosphate-kerosene TBP-煤油溶剂
tricalcium 三钙
→~ aluminate 铝酸三钙[Ca₃(AlO₃)₂] //~ phosphate 磷酸三钙[Ca₃(PO₄)₂] //~ silicate 硅酸三钙
tricar 三轮(机器脚踏)车
tricarbonate 三碳酸盐
tricellular 三细胞的
→~ theory 三圈环流说
Tricentes 三心兽(属)[E₁]
tricentric 三着丝点的
Triceratium 三角藻(属)[硅藻;K-Q]
Triceratops 三角龙(属)[K₂]
trichalcite 丝砷铜{砷铜}矿[Cu₃(AsO₄)₂•5H₂O]；铜泡石[Cu₅Ca(AsO₄)₂(CO₃)(OH)₄•6H₂O;斜方]
Trichamphora 盘头菌属[黏菌]
Trichechus 海牛[Q]
Trichia 团毛菌属[黏菌]
trichite 丝雏晶；毛晶；毛矾石[Al₂(SO₄)₃•16~18H₂O;三斜]；晶发；发状骨针[绵]；发雏晶；铁明矾[Fe²⁺Al₂(SO₄)₄•24H₂O;FeO•Al₂O₃•4SO₃•24H₂O]
trichlor(o)ethane 三氯乙烷
trichlorethylene process 三氯乙烯溶剂脱蜡过程
trichloride 三氯化物
trichloroacetic acid 三氯乙酸
trichlorobenzene 三氯代苯
trichloroethane 甲基氯仿

trichloroethylene 三氯乙烯[ClCH:CCl₂]
→~ Vapour degreasing 三氯乙烯蒸气除油
trichloromethane 三氯甲烷[CHCl₃]；氯仿[CHCl₃]
trichlorophenol 三氯(苯)酚[剧毒的杀菌剂]
trichloropropane 三氯丙烷
trichlorosilane{trich lorosilane} 三氯氢硅
trichloro-silicane[SiHCl₃] 三氯硅烷[SiHCl₃]；硅氯仿[SiHCl₃]
trichobezoar 毛石[建]；毛粪石
→~ hair ball 毛发胃石
trichobothrium[pl.-ia] 触须；毛点[节]
Trichoderma 木霉属[真菌]
Trichodinium 毛沟藻属[K]
trichodragma 毛束骨针[绵]
Trichognathus 三颚`刺[牙形石]属[O-D]
Trichograptus 头发笔石属[O₁]
Trichomanides 似团扇蕨属[J]
trichome 毛状体；藻丝；细胞列[藻]
Trichonodella 三分刺属；发状牙形石属[O-D]
trichonodella elements 发状牙形石分子
Trichophyton gypseum 石膏样毛癣菌
Trichopitys 毛状叶属[植;P]；支叶银杏
trichoplytobezoar 毛植物石
Trichoptera 毛翅目[类][昆;J-Q]
trichopteron 石蛾
trichopyrite 针镍矿[(β-)NiS;三方]
Trichostroma 毛层藻属[Z]
Trichothecium 单端孢属[真菌;Q]
trichotomocolpate{trichotomosulcate} 三歧槽状的[孢]
Trichotomosulcites 三歧槽粉属[孢;K]
trichotomy 三歧式
trichro(mat)ic 三色的；三色性的
trichroism 三原色性
trichroite 董青石[Al₃(Mg,Fe²⁺)₂(Si₅AlO₁₈);Mg₂Al₄Si₅O₁₈;斜方]
trichrom 三色的
trichromatic colorimeter 色比色计
→~ coordinate 三色坐标
trichrom-emulsion 三色乳胶
trichter cathode 漏斗形阴极
Trichterdine 渗坑
trickle charge 点滴式充电
→~ stratification 钻隙分层(作用)[物料在筛面上]
tricklet 涓(涓细)流
trickling 滴下；细流
→~ {biologic(al)} filter 生物滤池 //~ filter 散水滤床；滴滤器
triclasite 蚀董青石；褐块云母
tric(h)lene 三氯乙烯[ClCH:CCl₂]
triclinic 三斜(晶系)
→~ crystallization 三斜晶系
triclinicity 三斜度
triclinic lattice 三斜格子
→~ normal class 三斜正规(晶)组[4晶组] //~ -pinacoidal class 三斜板面(晶)组[4晶组] //~ roscharite 三斜钙锰磷铍石 //~ (crystal) system 三斜晶系
triclinity 三斜度
triclinization 三斜化
triclinoerinite 羟砷铜矿
triclinofoshgite 三斜副硅钙石
Tricoelocrinus 三腔海百合属[棘;D-P]
tricolor 三色的
→~ emulsion 三色乳胶 //~ with

china-ink ground 墨地三彩 //~ with tender yellow 浇黄三彩
tricolpate 三沟型[孢]
tricolpatus 三沟[孢]
Tricolpites 阔三沟粉属[E]
Tricolpopollenites 三沟粉属[孢;K₂-Q]
tricolporate 三孔沟型[孢]
→~ tectate grain 三孔沟有间颗粒[孢]
Tricolporopollenites 三孔沟粉属[孢;K₂]
tricomponent 三分量
tricon 有三个地面台的雷达导航系统
tricone compartment mill 三锥式分室磨机；三维式分室磨机
→~ mill 三锥式球磨机；大型(圆)筒(圆)锥型磨机 //~ rock bit 三牙轮岩石钻头 //~ rolling cutter bit 三圆锥牙轮钻头
Triconodon 三锥齿兽(属)[T]
triconodont 三锥牙
Triconodonta 三锥齿类三锥齿兽目
tricontinental 三大洲的
tricore 三角柱形岩芯；三核心；核心
→~ tool 切割式井壁取芯器；沿井壁切取三角柱形岩芯工具
Tricrepicephalus 三裂头虫属[三叶;∈₃]
tricuproaurite 三铜金矿；金三铜矿
tricyclic 三环的
→~ diterpane 三环二萜烷
tricyclovetivene 三环岩兰烯
tridecane 十三(碳级)烷[C₁₃H₂₈]；正十三烷
→~ phosphonic acid 十三烷基膦酸[C₁₃H₂₇PO(OH)₂]
tridecanol 十三烷醇[C₁₃H₂₇•OH]
tridecyl 十三基[C₁₃H₂₇-]
tridecylamine 十三烷胺[C₁₃H₂₇NH₂]
tridecylene 十三(碳)烯
tridecyl-polyoxyethylene-ether-alcohol 十三(烷)基聚氧乙烯醚醇[C₁₃H₂₇(OCH₂CH₂)ₙOH]
tridentate 三齿状[棘]
trider 三射针[海绵动物四射骨针中]
tridimensional 三度的；立体的；空间的
→~ processes 三维处理法
tridimite 鳞石英[SiO₂;单斜]
Tridite 特里戴特混合炸药
triductor 磁芯极化频率三倍器
tridymite 鳞石英[SiO₂;单斜]
→~ alboranite 鳞英苏玄岩 //~ latite 鳞英二长安岩
α-tridymite{tridynmite} 鳞石英[SiO₂;单斜]
Trief cement 湿磨矿渣硅酸盐水泥
→~ ground slag 特力夫磨渣
triels 第三族元素
triene 三烯
triethanolamine 三乙醇胺[N(C₂H₄OH)₃]；三胺
triethoxy 三乙氧基
triethoxybutane 三乙氧基丁烷[C₄H₇(OC₂H₅)₃]
triethylaluminium 三乙基铝[Al(C₂H₅)₃]
triethylaminoethyl-cellulose 三乙胺乙基纤维素
triethylene{-}glycol 三甘醇[H(OCH₂CH₂)₃OH]
→~ glycol 三缩三个乙二醇[三甘醇;C₆H₁₄O₄]；二缩三个乙二醇
triethylenetetramine 三亚乙基四胺
triethylphosphate 磷酸三乙酯[((C₂H₅O)₃PO)]
triethylth{triethyltin} hydroxide 三乙基

氢氧化锡

trieuite 水钴铜矿[CoO•OH,含有 20%的 CuO];铜羟钴矿

Trifarina 三棱虫属[孔虫;E-Q]

trifid 三分裂的
→~ nebula 三叶星云

trifluoroacetate 三氟醋酸盐{|酯}[CF₃COOM{|R}]

Triforis 三口螺属[腹;K₂-Q]

Trifossapollenites 三沟褶粉属[孢;K₂]

trifuel-engine 三燃料发动机

trifurcate 三分叉的

Trifurcatoceras 三叉角石属[头;O₁]

trigalloyl glucose 三没食子酰葡萄糖[(C₇H₅O₄)₃•C₆H₉O₆]
→~ glycerol 三酰甘油;三棓酰甘油[(C₇H₅O₄)₃•C₃H₅O₃]

triggering 诱发;引喷;引发;触发
→~ of earthquake 地震触发//~ signal 触发信号

trigger-off 激起

trigger{start-up;starting;actuating} pressure 启动压力

trigistor 双稳态 pnpn 半导体组件;三端开关器件{元件}

triglist 三角点成果表

triglycol 三甘醇[H(OCH₂CH₂)₃OH]

trigoatacamite 副氯铜矿

trigon(id) 三角(座);三角学{法}的;三角形;三宫之一组[占星术 12 宫中隔 120 度]

trigonal 三角形的;三角的;三方(的)
→~ antihemihedron 三方反半面体//~ bipyramidal {dipyramidal} hemihedral class 三方双锥形半面象(晶)组[6晶组]//~ subclass 三方副晶系//~ tetartohedral hemimorphic class 三方四分面式异极象(晶)组[3 晶组]//~ tristetrahedron 三四面体

Trigonia 三角蛤(属)[双壳;T₃-K₂];下三角座[哺]

Trigonioides 类三角蚌(属)[双壳;K]

trigonite 砷锰铅矿[Pb₃MnAs₃O₈OH;Pb₃Mn(As³⁺O₃)₂(As³⁺ O₂OH);单斜];斜楔石[HPb₃Mn(AsO₃)₃]

Trigonocarpus 三角果(属)[植;C₃]

trigonodont 三角牙

Trigonodus 三角牙形石属[O₂];三角齿蛤属[双壳;T]

Trigonoglossa 菱舌贝属[C₁₋₂]

Trigonograptus 三角笔石属{类}[O₁₋₂]

trigonohedral antihemihedron 三角反半面体
→~ antitetartohedral 三方反四方半面体

Trigonomartus 三角锤蛛属[蛛;C₂]

Trigonostoma 三角口螺属[腹;E-Q]

Trigonotrigonalis 三角茎属[棘海百]

trigon shelf 下三角凹

trigpoint 三角点

trigram 三字(母组);三线形;卦[中、日等国用作占卜等用]

trigyric 三方(的)

trihalide 三卤化物

trihalomethane 三卤甲烷

tri(c)hedral 三面形[如三方锥];三棱的;三边的

trihedron 三面形[如三方锥];三面体

trihydrallite 三羟铝土;铝铁土岩

trihydrate 三水合物
→~{gibbsitic} bauxite 三水铝石型铝土

矿//~ bauxite digestion 三水铝石型铝土矿溶出

trihydric 三羟的;三价的
→~ alcohol ester 三元醇代酯

trihydrocalcite 三水碳钙{方解}石[CaO₃•3H₂O]

tri-isobutyl phosphate 三异丁基磷酸盐

tri-iso(o)ctylamine 三异辛胺

tri-jet burner 三喷嘴

trijunction 三线交点;结点

trikalsilite 三型钾霞石[(K,Na)AlSiO₄;六方];钠钾霞石[(Na,K)(AlSiO₄)]

tri-kalsilite 钾霞石[K(AlSiO₄);六方]

triketohydrindene (hydrate) 茚三酮

trilabe 三叉取石钳

trilacunar 三叶隙的[植]

trilateration 电子测距仪三角测量
→~ (survey) 三边测量//~ net 三边测量网

trilatus 三射线[孢];三裂痕

trilaurylamine hydrochloride 月桂叔胺盐酸盐[(C₁₂H₂₅)₃N•HCl]

trilene 三氯乙烯[ClCH:CCl₂]

trilete 三裂缝的[孢];
→~ aperture 三裂口//~ laesura Y 形三沟[孢]//~ marking 三射痕

Triletes{trilete spore} 三缝孢(属)[K₁]

trilete suture 三缝合;孢粉

Triletisporites 波沿孢属[C₂]

trilinear 三线的;包含三条线的;以三条线为界的
→~ diagram 三线图;三角图解//~ form 三线性型

trilit{trilite} 逐里特石炸药

Trilites 三缝孢(属)[K₁];瘤面三缝孢属

trilithionite 三锂云母;锂白云母

trilithon 三石塔[建]

trilled intergrowth 三连(晶)交生

trilling 三晶;三胞胎中的一个孩子

trillion 百万的三次幂[英、德,10¹⁸];百万的二次幂[美、法,10¹²]

Trilobata 三桠绣线菊;三瓣花粉组

Trilobates 三瓣孢属[C₂]

trilobin 三叶素

trilobita 三叶虫属;三叶虫纲[节;Є-P];三叶虫

trilobitae 三叶虫纲[节;Є-P]

trilobite 三叶虫

trilobitic facies 三叶虫相

Trilobitoidea 三叶形纲;类三叶虫

trilobitoidea 拟三叶虫类

Trilobitomorpha 三叶亚门

Trilobosporites 三瓣孢属[K-E]

Trilobozonotriletes 具环三片孢属[C₁]

Triloculina 三玦虫(属)[孔虫;J-Q]

triloculine{Triloculinoid} 三玦式

triloculinoid 三式

trilogy 三部曲[指石油生、储、盖组合]

Trilophodon 三棱(齿)象

Trilophosaurus 三棱龙属[T₃]

trim (船、车上)货物装载稳;刷帮;清理;切边;平衡调整;配平;侧蚀;布置;准备;装饰;整修;整平(装煤);整理;修整;修理;修剪;修边;调整;调谐;缩减;平衡[船];纵倾[船]

trimaceral 三组分(显微类型)

trim angle 纵倾角
→~ bin 调整料仓//~ by head{bow} 艏倾;前倾//~ by stern 艉倾

trimeprazine tartrate 酒石酸异

trimer 三聚物{体}

Trimerella 三分贝属[腕;S]

Trimerellacea 三股贝类

trimerit(e) 三斜石[CaMn₂(BeSiO₄)₃];硅铍钙锰石[((Ca,Mn)BeSiO₄;单斜]

trimerization 三聚(作用)

Trimerorhachis 三节螈属[P]

trimerous 三基数(对称)的

Trimerus 三股虫属[三叶;S₂-D]

trimethyl 三甲基

trimethylaluminum 三甲基铝

trimethylamine{trimethyl amine} 三甲胺[N(CH₃)₃]

trimethylbenzene 三甲苯

1,2,4-trimethylbenzene 1,2,4-三甲基苯

trimethylchloro-silane 三甲取氯硅

2,6,10-trimethyldodecane 法呢烷

trimethylene 环丙烷;三甲烯

trimethylnaphthalene 三甲基萘

trimethylsilane ethylxanthate 三甲基硅乙黄药

2-trimethylsilane-ethylxanthate 2-三甲基硅乙黄药[(CH₃)₃Si•CH₂ CH₂OCSSNa]

trimethylsilyl derivative 三甲基甲硅烷衍生物
→~ ether 三甲基甲硅烷酯

trimetric 斜方(晶)的
→~ face 三分称面//~ projection {rejection} 三维投影

trimetrogon photograph 三镜头摄影相片

trim{trimming;trimmer} hole 修边炮孔

trimline 毁林线;冰川修剪线

trimmability 可微调性;可配平性

trimmed 切边;平衡的;纵倾的;修整过的
→~ spur 侧削坡尖[曲流];修切山嘴//~ tunnel 饰{砌}面隧道

trimmer 切边机;边孔;周边孔;安全矿灯剔(芯)丝;修整器;修理工;修边机;剪切具;剪刀;托梁;调整器{片}
→(car) ~ 装车整平工;装煤整平工

trimming 刷帮;切屑;平衡调整;侧削;侧蚀;装饰物;装饰品;整饰;整平;整顿;修整;修饰;微调;剪屑
→~ hatch 匀货舱口//~ hole 圈定炮眼{孔}//~ tank 纵倾平衡水柜[船的]

trimodal 三向的
→~ pore size distribution 三峰孔隙大小分布

trimonite 白钨矿[CaWO₄;四方]

Trimonite No.1 逐莫尼特 1 号炸药

trimontite 白钨矿[CaWO₄;四方]

trimorphism 同质三形[同一化学成分有三个结晶];同质三象;三异晶体同质矿物;三形

trimorphous 三形的;三像的
→~ form 同质三形[同一化学成分有三个结晶]

trimowrench 管钳

trimstone 镶边石

trim the sides 刷帮

trinacrite 玄玻凝灰岩

Trinacromerum 北龙属[K]

trinascol 稠硫沥青石油

trinegative 负三价的

trinervious 三出脉的[植]

tringle 帐子的支撑杆

Trinidad and Tobago 特立尼达和多巴哥

trinitatin 银金矿[(Au,Ag),含银 25%~

40%的自然金;等轴]

Trinitian 特林尼特(阶)[北美;K]

trinitrate 三硝酸酯

trinitration 三硝基化

trinitrin 三硝酸甘油酯;三硝基甘油

trinitronaphthanlene 三硝基萘

2,4,6-trinitrophenol 苦味酸[(NO$_2$)$_3$C$_6$H$_2$OH]

2,4,6-trinitrophenylmethyl-nitr(o)amine
特屈儿{2,4,6-三硝基苯(替)甲硝胺} [(NO$_2$)$_3$
C$_6$H$_2$N(CH$_3$)NO$_2$]

trinitrotoluene 黄色炸药[CH$_3$•C$_6$H$_2$(NO$_2$)$_3$];
TNT 炸药

tri(-)nitro-toluene 梯恩梯

2,4,6-trinitrotoluene 黄色炸药[CH$_3$•C$_6$H$_2$
(NO$_2$)$_3$]

trinitrototuol 黄色炸药[CH$_3$•C$_6$H$_2$(NO$_2$)$_3$];
TNT 炸药

trinitroxylene 三硝基二甲苯

Trinity Series 三一统

trinkerite 富硫树脂

Trinocladus 三枝藻属[K$_2$-E]

trinol 黄色炸药[CH$_3$•C$_6$H$_2$(NO$_2$)$_3$];TNT
炸药

trinomen 三名[生]

trinomial 三项式(的);三名[生]

Trinota 三结虫属[介;D$_3$]

trinuclear{trinucleate(d)} 三环的;三核的

Trinucleina 三瘤亚目

Trinucleus 三体虫类;三瘤虫(亚目)[三叶;O$_{1-2}$]

trioctahedral layer 三八面体层

trioctahedron 三八面体

trioctylamine 三辛胺

trioctyl phosphate 磷酸三辛酯

triode 三射骨针[绵];三极管
→~ sputtering 三极溅射

Triograptus 三笔石(属)[O$_1$]

tri-olein 三油精[(C$_{17}$H$_{35}$COO)$_3$C$_3$H$_5$];甘油三油酸酯

Triolith 逐奥利兹塑胶绝缘材料;特罗利兹

Triorites 三口粉属[孢;K-N]

triose 丙糖

triothionate 连三硫酸盐

trioxide 三氧化物

trioxymethylene 三聚甲醛

trip 车组;回次[钻探];升降钻具;倾翻器;起下管柱;固定器;旅行;旅程;安全开脱器;分离;矿车列车;串车;行程;翻车器;翻车机;拨动;解扣;往返;停机;松开

tripalmately compound 三回掌状复出的[植]

tripalplumbite 铅三钯矿

tripalstannite 锡三钯矿

triparallelohedron 三平行面体

Tripartina 梳皱孢属;三分孢属[Mz-K$_2$]

tripartite 三者之间的;三重的;分为三部分的
→~ arrangement 三方协议 // ~ map
三区分图

Tripartites 三片孢属[C-P]

trip bolt 紧固螺钉
→~-bottom box 活底箱 // ~ coil 脱扣线圈

tripelglanz 车轮矿[CuPbSbS$_3$,常含微量的砷、铁、银、锌、锰等杂质;斜方]

tripestone 硬石膏[CaSO$_4$;斜方];叶重晶石;弯硬石膏[CaSO$_4$]

trip feeder 推车机

---

triphane 锂辉石[LiAl(Si$_2$O$_6$);单斜]

triphanite 红方沸石;纤杆沸石

triphenyl 三苯基
→~ guanidine 三苯基胍[C$_6$H$_5$N:C(NH
C$_6$H$_5$)$_2$]

triphenylmethane 三苯甲烷[((C$_6$H$_5$)$_3$•CH]

triphoclase 杆沸石[NaCa$_2$(Al$_2$(Al,Si)Si$_2$
O$_{10}$)$_2$•5H$_2$O; NaCa$_2$Al$_5$Si$_5$O$_{20}$•6H$_2$O;斜方]

Triphoridae 三口螺科[腹]
→(Family) ~ 左锥螺科

tri-phosphate 三磷酸盐[M$_5$P$_3$O$_{10}$]

triphylite{triphyline} 磷锂铁矿[LiFe^{2+}
PO$_4$;斜方];锂蓝铁矿;磷酸锂铁矿[LiFe
PO$_4$];铁磷锂矿[(Li,Fe^{3+},Mn^{2+})(PO$_4$)]

triphylline 磷锂铁矿[LiFe^{2+}PO$_4$;斜方]

Triphyllopteris 三裂羊齿(属)[植;C$_1$]

triphyllour{triphyllous} 三叶形[植]

Triplanosporites 三面孢属[E$_1$]

triple(t) 三元的;(由)三根钻杆连成的立根;组成的立根;三层的;三倍于;立根[三根钻杆组成];(使)增至三倍;(使)增加两倍;三个一组(的);套(的);三重的;三倍的

triple A 三 A[钻探用金刚石优质品级符号]
→~ completion (油)井(三)层完井 // ~
diamond dressing tool 三金刚石整修工具;镶有三粒金刚石的整修工具 // ~
-drum slusher 三滚筒扒矿机 // ~-entry
room-and-pillar mining 三进路房柱式采矿法 // ~ inclination screen 三倾斜筛 //
(divergent) ~ junction 三 叉 点 // ~
point{junction} 三向联结构造 // ~ ram
preventer 三闸板防喷器 // ~ reflection
三次反射

Triplesia 三重贝属[腕;O$_2$-S$_2$]

Triplesiacea 三重贝类

triple star 三合星
→~-suspension safety book 三挂环大钩
[带两耳环的大钩]

triplet 三通管;三体组合;联合;三拼宝石;三件一套;三点校正法;T 形接头;
T 形焊接头;翻车器

triplets 三点法[求重力高程改正系数]

triplite 磷铁锰矿[(Mn^{2+},Fe^{2+},Ca,Mg)$_3$(PO$_4$)$_2$;
单斜];氟磷锰石{氟磷锰矿}[(Mn,Fe^{2+},
Mg, Ca)$_2$(PO$_4$) (F,OH);单斜]

triploblastica 三倍层胚胎体

triploblasticus 三胚层

triploclase 杆沸石[NaCa$_2$(Al$_2$(Al,Si)Si$_2$O$_{10}$)$_2$•
5H$_2$O; NaCa$_2$Al$_5$Si$_5$O$_{20}$•6H$_2$O;斜方]

triploidite 羟磷锰石[(Mn,Fe^{2+})$_2$(PO$_4$)(OH)];
磷锰铁矿[(Fe^{2+},Mn, Ca)$_2$(PO$_4$)$_2$]

triplostichous 三列式的

triply 三重态;三重
→~ primitive cell 三 基 晶 胞 // ~
primitive lattice 三基粒子[体积等于原始格子三倍的有心格子]

trip maker 调车场编车机
→~ mechanism 释放装置

Tripocalpis 三瓮放射虫(属)[Є-Q]

tripod 三足的;三腿井架;三射足的;三脚台

Tripodellus 小三脚牙形石属[D$_3$]

tripod{levelling} head 三脚架头
→~ leg 三脚架腿 // ~ rotary drill 三脚架回转式钻机 // ~ tower platform 三腿塔式平台

Tripodus 三脚牙形石属[O$_{2-3}$]

tripoli(te) 硅藻土[SiO$_2$•nH$_2$O];风化硅石;

硅藻岩;风化硅土

tripoli-powder{tripolith} 硅 藻 土 [SiO$_2$•
nH$_2$O]

tripolyphosphate 三磷酸盐[M$_5$P$_3$O$_{10}$]

triporate 三孔的

Triporicellaesporites 三孔多胞孢属[E]

Triporina 无褶三孔粉属[孢;E$_2$]

Triporopollenites 三孔粉属[孢;K-N]

Triporoporella 三孔藻属[J$_3$-K$_2$]

Triporosa 三孔粉组[孢]

trip out 甩负荷;减弱;起出[钻具]

tripper 保险装置;倾卸装置;倾斜器;自动脱扣机;安全器;分离机构;开底器;卸料器;翻车机;脱钩器;断路装置
→~ belt 多点装载调节器[胶带运输机]
// ~{tripping} car 带式移动给矿机;卸矿车 // ~ conveyer 有卸料小车的带式输送机

tripping 释放;倾卸;切断;起下钻作业转换(操作)状态;起下钻具工序;起落钻具;关闭的;关闭;自卸货的;摘钩;下钻;解脱;解扣;脱扣;断路;闸阀;跳开;断开
→~ ball 挡球[憋压用];投入(钻具中的)球 // ~{shutting-off;stopping} device 断路装置 // ~ device 释放装置;分离装置;卸料器;翻车机 // ~{trip} mechanism
断路机构

trippkeite 软砷铜矿[CuAs$_2$$^{3+}O_4$;四方]

Triprojectus 三突起粉属[孢;K$_2$]

trip runner{sender;rider} 跟车工
→~ service 普通检修

triptycha 三褶壁粉类;三沟粉类[孢]

tripuhyite 黄铁锑矿;铁锑矿;锑铁矿
[Fe^{2+}Sb$_2$$^{5+}O_6$;四方]

Triquetrorhabdulus 三棱棒藻属;三角棒石[钙超;E$_2$-N$_1$]

triquetrous 三棱的

Triquitrites 厚角(三缝)孢属[C-P]

tri-racts 三放体

triradial 三分枝的
→~ chromosome 三射体

triradiate 三射骨针[绵];向三方射出的
→~ type 三射型[骨针]

Trirhadicodus 三棱牙形石属[O$_2$]

trirhombohedral 三菱面体的
→~ class 三菱面体(晶)组[3晶组]

trirutile 三金红石(结构型)

trisaccharide 三糖

triserial 三列式[孔虫]
→~ arrangement 三列配列

trishomohopane 三升藿烷

trishores 三脚支撑

Trisidos 扭魁蛤属;扭蚶属[瓣鳃;Q]

trisilalkane{trisilane} 丙硅烷

trisilicate 三硅酸盐[2MO•3SiO$_2$]

trisodium phosphate 磷酸三钠

trisonics 三音速;三声速空气动力学

tristanite 透歪粗安岩

tri-state 三态

Tri-State district 三州地区

Tri-state type lead-zinc deposits 三州式铅锌矿床

tristearin 三硬脂酸甘油酯;三硬脂精
[(C$_{17}$H$_{35}$COO)$_3$C$_3$H$_5$];甘油三硬脂酸酯;硬脂

tristearyl ammonium bromide 三-十八烷基溴化铵[(C$_{17}$H$_{35}$CH$_2$)$_3$ NHBr]

tri(aki)stetrahedron 三四面体

tristimulus 三色的
→~ signals 三基色信号//~ value 三色激励值

tristomodaeal budding 三口道内芽生[册]

tristramite 水磷钙铀矿[Ca(U⁴⁺,Fe³⁺)(PO₄, SO₄,CO₃)•1.5～2H₂O]；磷硫钙铀矿

trisulfide 三硫化物

trisymmetric face 三对称面

tritane 三苯甲烷[(C₆H₅)₃•CH]

Tritaxia 三列虫属[孔虫;K]

triterium 氚

triterpane 三萜烷

triterpene 三萜(烯)

triterpenic acid 三萜酸

triterpenoid 三萜系化合物；三萜烯族化合物

trithiocarbonate 三硫代亚碳酸盐[M₂CS₃]

trithion 三硫磷(虫剂)

trithionate 连三硫酸盐

trithyl 三乙基

tritiated propane 氚化丙烷
→~ titanium target 氚钛靶

Triticites 麦蟆(属)[C₃-P₁]；麦粒蟆(属)[孔虫]

tritioboration 氚硼化

tritiomite 尖锥稀土石

tritisan 五氯硝基苯

tritisorin 三孢素

tritium 超重氢[H³]；氚
→~-helium method 氚氦法//~ ratio 含氚率//~ target 氚靶

tritochorite 羟钒锌铅石[PbZn(VO₄)(OH)]；斜方；锌钒铅矿；钒铅锌矿[Pb(Zn,Cu)(VO₄)(OH)]

tritocone 第三尖[前臼齿]

Tritoechia 三房贝(属)[腕;O₁]

tritomite 硅硼铈矿；硼硅铈矿[[(Ce,La,Y,Th)₅(Si,B)₃(O,OH,F)₁₃?;三方]；锥稀土矿[钙、稀土元素和钍的硅酸盐、硼酸盐与氟化物]
→~-(Y) 褐硅硼钇矿；硅硼钇矿；硼硅钇矿[Y,Ca,La,Fe²⁺)₅ (Si,B,Al)₃(O,OH,F)₁₃;三方?]；钇锥稀土矿

Triton 法螺属[腹]；特里同[人身鱼尾的海神]

triton 氚核

Triton{|Nereid} 海卫一{|二}

Tritonal 逐纳尔混合炸药[80 梯恩梯,20 铝]

Tritonalia 小法螺属[腹]；梭尾螺属[E₃-Q]

tritonis charonia 大法螺

Triton K-60 二甲基-正十六烷基-苄基季铵盐氯化物[(C₁₈H₃₇) C₆H₅CH₂N(CH₃)₂Cl]
→~ NE ×润湿剂[烷基苯基聚乙二醇醚]

triton value 三硝基甲苯当量值

Triton X-100{|102|114|45} ×润湿剂[叔辛基苯基聚乙二醇醚；C₈H₁₇C₆H₄O(CH₂CH₂O)₉₋₁₀{|12₋13|7₋8|5}H]
→~ X-200 ×润湿剂[烷基苯酚聚乙二醇硫酸盐；R•C₆H₄(OCH₂CH₂)ₙOSO₃M]//~ X-400 ×润湿剂[二甲基-正十六(烷)基苄基氯化铵；(C₁₆H₃₃)C₆H₅CH₂N(CH₃)₂Cl]

tritonymph 第三若虫[螨][无脊]

tritoprism 第三柱[{hk0}型的菱方柱]

tritopyramid 第三锥

trittkarren 阶状溶坑

tritubercular type 三尖齿型

triturating machine 磨粉机

trituration 捣碎；粉磨；研碎；研粉；研制[特指在液体中]

tri-twist flower glaze 三捻花

trityl 三苯甲(游)基

Tritylodon 三瘤兽(属)[T]；三瘤齿兽(龙)；三列齿兽属

triuranium octaoxide 八氧化三铀

trivalence{trivalency} 三价

trivalent 三价的；三不同价的
→~ element 三价元素

trivariant equilibrium 三变平衡
→~ system 三变量体系

trivariate 三元
→~ normal distribution 三变元正态分布//~ normal methodology 三元正规方法论//~ regression 三元回归

tri-vector 三维向量

trivet 三脚架

trivial 细小(的)
→~ leak 小漏//~ name 普通名；种本名[生]；本名；俗名//~ solution 平凡解；寻常解；无效解

Tri-vibe screen 三振冲击筛

trivium 三道体区

trizygia 三对叶属[植;P₁₋₂]

trizygoid development 三对发育[植]

Trochactaeon 轮滨螺属[腹;K]

Trochammina 砂轮虫(属)[孔虫;S-Q]

trochanter 内节肢基底节；粗隆；转节[节]；转子[解]

Trochasterites 似车轮星石[钙超;E₂]

Trochelminthes 担轮动物；轮虫动物(门)

Trochifusus 锤轮螺属[腹;K]

Trochiliscus 右旋轮藻(属)[D-C₁]

trochite 轮形关节[棘海百]

trochlea 滑车关节面；翅后基

Trochoaster 车轮星石[钙超;E₂-N₁]；轮星藻属

trochoceracone 锥角石式壳[头]

Trochoceras 螺旋角石

Trochocerithium 轮蟹守螺属[腹;N-Q]

trochoceroid 斜锥；陀螺锥
→~ conch 锥角石式壳[头]

trochocone 螺旋锥；圆锥卷壳[头]

Trochocystis 轮海笔(属)[棘海笔;Є₂]

Trochocystites 轮海箭属[棘海箭纲]

Trochodendraceae 昆栏树科

Trochodendroides 似昆栏树属[K₂-E]

Trochodendron 昆栏树属[E-Q]

Trochograptus 轮笔石属[O₁]

trochoid 车轮状；枢轴关节[脊]；滑车形的；轨迹线；圆锥形的；余摆线；旋轮线；弯阔锥状[册]；摆线管；塔卷式[孔虫]

trochoidal fault 枢动断层
→~ {oscillatory} wave 摆动波//~ wave 深海波；余摆线波；坦谷波

trochoid pump 次摆线泵
→~ spiral 螺旋旋回

Trocholina 圆轮虫属[孔虫;J₃]

Trocholitidae 轮角石科[头]

trocholophe 轮环状腕[]

trocholophus stage 轮腕期

trochometer 车程计

Trochomorpha 轮状螺属

Trochonema 轮线螺属[腹;O-D]

Trochonemella 小轮线螺属[腹;O]

trochophore 担轮幼虫

Trochophyllum 套管珊瑚属[C₁-P₁]

Trochopora 轮苔藓虫属[E₂-N₁]

Trochosphaera 球轮虫属[K₂-Q]

trochospiral 螺旋锥状[孔虫]；螺旋旋回

Trochus 马蹄螺(属)[腹;N-Q]

trochus 复螺属[腹;K-Q]

troctolite 橄长岩；斜长岩-苏长岩-橄长岩系[月球]

Troedssonella 瞿氏角石属[头;O]

Troedssonites 瞿德森珊瑚属[O₃-S₂]

troegrite 砷铀矿[(UO₂)₃(AsO₄)₂•12H₂O]

troffer 槽形支架

tro(e)gerite 砷铀矿｛涛砷铀云母｝[(UO₂)₃(AsO₄)₂•12H₂O;四方?]；特吕格石

Troger's classification 特吕格分类[火成岩]

troglobiont 洞栖生物

troglobiotic 洞生的

troglobite 地下洞水生物；穴居动物；洞栖生物

troglobi(o)tic 洞栖的[生]；穴居的

troglocolous 洞栖的[生]

troglodyte 洞栖生物

troglophile 适洞生物；喜洞生物

troglophilous 适洞的[生]；喜洞的

trogloxene 经常入洞生物

Trogontherium 大河狸(属)；巨河狸(属)[N₃]

trogschluss 槽谷端[冰;德]

trogtalite 硬硒钴矿[CoSe₂;等轴]；方硒钴矿[CoCo₂Se₄;等轴]

trogue 木制水槽

troilite 单硫铁矿；硫铁矿[FeS₂]；陨硫铁[FeS;六方]

troilitic graphite nodules 硫铁矿石墨结核；陨硫铁石墨结核

trojan (asteroid) 脱罗央群(小行星)；特罗央群(小行星)

Trojan asteroids 特罗扬小行星[处于拉格朗日点上的小行星]

trolite 特罗里特[塑胶绝缘材料]

trolitul 特罗里图耳[聚苯乙烯塑料]

troll 回旋；轮转；轮唱；转动[物体绕轴运动]；旋转；拖饵钓鱼

trolleite 羟磷铝石[Al₄(PO₄)₃(OH)₃;单斜]

troller 拖钩渔船

trolley 受电器触轮；(用)手推车载运；滑结点；滚轮[电车和架空线]；杆形受电器；载运；运输车；缆车；有轨电车；空中吊车；触轮；小矿车；小车；乘坐电车；台车
→~ (bus) 电车；斗车//~ beam 滑动游探[梁;架]

trolleybus 电车；无轨电车

trolley{electric} bus 无轨电车
→~ conductor 滑接导线

troll(e)y 手推车；载重滑车；矿车；空中吊车；触轮

t(h)rombolite 水锑铜矿[Cu₂₋ySb₂₋x(O,OH,H₂O)₆₋₇,其中 x=0～1,y=0～½;Cu₂Sb₂(O, OH)₇?;等轴?]

trombone 长号式弯管

tro(e)melite 磷七钙石[Ca₇P₁₀O₃₂]

trom(m)elling 滚筒筛选

trommel 滚筒；鼓；矿石筛；选矿(滚)筒；旋转筛；洗矿筒；洗矿滚筒；吊车卷筒；筒；筛

trommelling 滚筒洗矿；滚筒筛

Tromp area 误差面积
→~ area curve{diagram} 特伦普面积曲线

trompe 水风箱

trompil 开孔[熔矿炉中水风筒的]

trona{tronite} 天然碱[Na₃(CO₃)(HCO₃)• 2H₂O;单斜];碳酸钠石
→~-water geothermometer 天然碱-水氢同位素地热温标

tront 斜长支柱

Troosticrinus 特鲁斯氏海百合属[棘;S-C₂]

troostite 屈氏体[晶];锰硅[硅锰]锌矿[(Zn,Mn)₂(SiO₄)];杂铁胶铁;托氏体

troosto-sorbite 屈氏-索贝体

tropacocaine 酯托派石柯碱[药]

Tro-Pari (surveying) instrument 特罗-巴瑞(测量)仪[测钻孔方位和偏斜]
→~ survey instrument 特罗帕里钻孔方位倾斜测量仪

trope 奇异切面[数];比喻;转义

trophic 营养的
→~ classification 食性分类//~ layer 营养

trophism 营养代谢

trophyll 营养叶[植]

tropic 回归线

tropical 回归线下的

tropic of Cancer 夏至线

Tropidocoryphe 挠边头虫属[三叶;D₂]

Tropidodiscus 铁饼螺属[腹;O-C]

Tropidoleptus 转肠贝属[腕;D₁₋₂]

tropism 向性

Tropites 转菊石(属)[头;T₃]

tropogram 特洛坡图

tropopause 休止层
→~ chart 对流层顶图

tropotaxis 定向趋性;趋激性[生]

troptometer 测扭计

tropyliumion 草鎓离子

trottoir 潮间突礁;浪蚀台(地);人行道[法]

trouble {-}free 无故障的
→~ shooting 故障查找//~-shooting 清除误差[计];故障测查

troublesome 困难的;易出故障的
→~ {damage} zone 危险区//~ zone 扰动带;情况复杂地带;变动带;故障地带;易发生复杂情况的层带

trouble-spot 故障点

trough 槽;电缆架;深海槽;河槽;地槽;低压槽[气];谷;盆地;沟;槽沟;槽地;槽部[向斜];凹点;U形谷;向斜轴;波谷;池;滩槽
trough (axis){line} 槽线[向斜]
→~ (bend) 凹槽;向斜//~ (valley) 槽谷;洗矿槽

troughability 成槽性

trough axis 槽轴;溜槽轴
→~ bottom 槽底//~ chain conveyor 槽形链板输送{运输}机//~ cleaner 选煤槽//~ cover 料槽盖

troughed roller 槽形托辊

trough elevating conveyor 槽形上向{山}输送机
→~ end 槽谷端[冰]//~ for catching falling rocks 落石槽

troughing 成槽形
→~ angle 槽形倾角//~ rollers{idler; roll} {troughing type roller} 槽形托辊

trough-in-trough 叠槽;谷中谷;槽中槽
→~ form 盛槽地形

trough lake 槽湖
→~ quarry 低洼采石厂

Troughton scale 曲吞标度

trough turn 凹槽反折

→~ type 槽型

Trouton's viscosity 特鲁顿黏度

troutstone 橄长岩

trow 木管;木槽

trowal 高空暖舌

trowhole 溜矿槽

trowlesworthite 萤电花岗岩

troy (weight) 金衡(制)[金、银、宝石的衡量]

t(a)rtuffite 臭方解石

trub 含煤页岩;冷却残渣;不纯烛煤;炭质页岩

Trube's correlation 特鲁布关系曲线

Trucherognathus 残颚牙形石属[O₂]

truck 手推车;实物工资;滚轴;滚轮;买卖;总管;打交道;以物易物;卡车;交易;交换;铁路上无盖敞车
→~ body 载重汽车身//~(-mounted) crane 汽车吊;起重汽车//~ dump pocket 汽车翻卸矿槽

trucking 汽车运输;卡车搬运
→~ costs 运输费用

truck mixer 汽车式搅拌机;搅拌池

trudellite 易潮石

true abundance 实际丰度;真实丰度
→~ diamond 真金刚石//~ grade limit of ore 可采矿石实际划定的金属含量最低极限

trueing 核实

true IP effect 均匀介质激发极化效应
→~ isograd 真等变线//~ length 真长//~-liquid 真液体;理想液体//~ lode 裂隙脉;裂缝(矿)脉//~ mean 真平均值

trueness 认真;忠实;正确;真实性;真实;纯真
→~ error 精度误差

true noon 真午
→~ permeability 真渗透率//~ slime 真矿泥//~ stress-true strain behaviour 真实应力-应变行为//~ stromatolite 真叠层石//~ tailings 最终尾矿//~ tensile stress 真抗张应力//~ triaxial apparatus 三向主应力三轴仪;真三轴仪

truffite 丝褐煤团块;木质褐煤团块

trug 红色灰岩[英];长方形浅底木条编制的粗篮

truing device 修整器

truitee 百圾碎[陶釉]

truller 推车工

truncated 截短的;切去;削顶;截尾;截去;截断的;截断;为平头的;平截晶棱(或角顶)的;被截的;削平的;方头的

Truncatellia 截螺属[腹;K₂-Q]

truncation 舍位;缺棱;平切;平截;削平;削蚀;削截;截尾;截取顶端;截断;截短;截顶
→~ effect 截断效应[忽略了某点以后的数值而引入的变化]//~ error 舍项{断截}误差//~ of lamination 纹理终{截}断

Truncatoscaphus 截形船藻属[钙超;J₃-K₁];截形舟石

truncus 躯干;胸部
→~ cervicalis 颈干//~ costocervicalis 肋颈干//~ lumbalis 腰干

trunk 中继;树干;躯干;槽内洗矿;干;总线;总管道;流槽;柱身;主体;溜矿槽;连接线;有筒管的;矿泥槽;胸部;局内线;箱形的;箱;洗矿槽;筒状活塞

发动机

trunk (line;road;route) 干线;中继线;干流;幹流

trunking 管道;槽内洗矿;溜槽洗矿;风道;线槽

trunk limb 附肢
→~ mad 干道//~ pumping engine 主泵//~ relay 中继器//~ road 主要公路

trunnion 枢轴;十字头;轴颈;中空轴颈;有耳轴的;空枢;耳轴;万向节十字头
→~-discharge mill 耳轴排矿式磨机//~ screen 洗矿筒

trunt 水平巷道;平巷

Trupetostroma 洞孔层孔虫属[D₂₋₃]

truscottite 特水硅钙石[六方;(Ca,Mn)₁₄ Si₂₄O₅₈(OH)₈•2H₂O]

truss 束;把;构架;扎;捆;串;一捆;系
→~ (frame) 桁架

trussed beam 桁构梁
→~ ladder 构架梯//~ pan-type floating root 桁架盘式浮顶

truss-frame structure 桁构架结构

trussgirder 构架梁

truss head rivet 大圆头铆钉
→~ (ing) mounting 摇动架//~-type mud scraper 桁架式刮泥机

trust 企业联合[以控制产量,销售及防止相互竞争];责任;信心;信任;委托;托拉斯

trustedtite 方硒镍矿[Ni₃Se₄;等轴]

trustee 董事

truth 事实;真值;真相;真实性;真理;精确性;精确度
→~ check 实况检查

truthful 如实的

truth table 真值表

try 试验;试行;试图;努力;决定;解决;校准;提炼
→~ (out) 试用//~-and-error{hit-and-miss;trial} method 尝试法

Tryblidium 罩螺属[腹]

Tryplasma 刺壁珊瑚(属)[O₂-D₂]

Tryplasmatidae 刺隔壁珊瑚科

tryptophan 色氨酸;β吲哚基丙氨酸

try{carpenter's} square 曲尺
→~ square 检验角尺//~ to figure out 揣摩//~ to find out the real intention (or situation) 掏底

Tsaidamaspis 柴达木虫亚属[三叶;O₁]

Tsaidam block 柴达木地块

Tsaotanernys 草滩龟属[K]

tscheffkinite 硅钛铈铁矿[(Ca,Ce,Th)₄(Fe²⁺, Mg)₂(Ti,Fe³⁺)₃Si₄O₂₂;单斜];硅钛铈矿[Ce₄(Fe²⁺,Mg)₂(Fe³⁺,Ti)₃(Si₂O₇)₂O₈]

tschelkareite 硅镁硼氯石

tscherckite (一种)锰矿物

tschermakite 契尔马克分子;镁闪石[(Mg,Fe²⁺)₇Si₈O₂₂(OH)₂;单斜];镁钙闪石[Ca₂(Mg,Fe²⁺)₃Al₂(Si₆Al₂)O₂₂(OH)₂;单斜];钙镁闪石

Tschermak molecule 契尔马克分子

tschermigite 铵明矾[NH₄Al(SO₄)₂•12H₂O;等轴];铵镁矾[(NH₄)₂Mg(SO₄)₂•6H₂O]

tschernichewite {tschernischewit} 钠闪石[Na₂(Fe²⁺,Mg)₃Fe³⁺₂Si₈O₂₂(OH)₂;单斜];似钠透闪石

tschernikit(e) 钽钨钛钙石

tschernosiom 黑钙土

tschernovite 磷钒砷钇矿

Tschernowiphyllum 契尔诺娃珊瑚属[C₁]

Tschernyschewia 车尔尼雪夫贝属[腕;P]

tscherwinskite 含硫沥青；贫硫沥青；次石墨；无烟煤

tschewkinite{tschevkinit} 硅钛铈矿[(Ca,Ce,Th)₄(Fe²⁺,Mg)₂(Ti,Fe³⁺)₃Si₄O₂₂;单斜]；硅钛铈矿[Ce₄(Fe²⁺,Mg)₂(Fe³⁺,Ti)₃(Si₂O₇)₂O₈]

Tschichatschevia 契哈切夫藻属[Z]

tschinglusuit(e) 黑钛硅钠锰石[NaMn₅Ti₃Si₁₄O₄₁•9H₂O(?)]

tschinwinskite 水磷高铁石{矿}

tschirwinskite 含硫沥青；贫硫沥青

tschkalowit 硅铍钠石[Na₂BeSi₂O₆;斜方]

tschuchrowite 朱洛夫石

Tschussovskenia 丘索夫斯基珊瑚属[C₃]；竹索夫斯基珊瑚属

T-S{temperature-salinity} diagram 温盐图解；T-S 图解

T-section 丁字钢
→~T{|Z}-section T{|Z}形断面

tsepinite-(Ca) 水硅铌钛钙石[(Ca,K,Na,□)₂(Ti,Nb)₂(Si₄O₁₂)(OH, O)₂•4H₂O]；水硅铌钛钾石[((K,Ba,Na)₂(Ti,Nb)₂(Si₄O₁₂)(OH, O)₂•3H₂O]

T-shaped 丁字形
→~ counter-flame tank furnace 对喷式 T 字形池窑

ts(c)hernosem 黑钙土

tsilaisite 钠锰电气石[NaMn₃Al₆B₃Si₆O₂₇(OH)₄]；锰电气石

Tsinania 济南虫(属)[三叶;Є₃]

Tsingling Axis 秦岭地轴

tsingtauite 青岛岩

T-slot 丁字槽；T 形槽

TSM 悬浮物量

tso 湖；错[西藏]

T-socket 丁形套筒；T 形套管

TSP 磷酸三钠；悬浮微粒总量

TSPP 四焦磷酸钠；偏磷酸钠[(NaPO₃)ₙ]

T spread T 形排列
→~ square 丁字尺 // ~-square conveyor T 形运输{输送}机

T-steel 丁字钢

Tsuboi method 坪井法

Tsuga 木母；铁杉

Tsugaepollenites 铁杉粉属[孢;K₂-Q]

tsugaruite 楚硫砷铅矿[Pb₄As₂S₇]

Tsuifengshanolepis 翠峰山鱼属[D₁]

tsumcorite 砷铁锌铜石；砷铁锌铅石[PbZnFe²⁺(AsO₄)₂•H₂O;单斜]

tsumebite 绿磷铅铜矿[Pb₂Cu(PO₄)(SO₄)(OH);单斜]；磷铜铅矾

tsumgallite 羟氧镓石[GaO(OH)]

tsumoite 楚碲铋矿[BiTe;三方]

tsunami 地震浪；地震海啸；海震；海晨
→~ barrier 津

tsunamic{tidal;seismic} wave 海啸
→~ {tstunamic} wave 津浪

tsunamigenic{tsunami} earthquake 海啸地震

tsunami source area 海啸源区

tsunamite 海啸岩

Tsunyiella 小遵义介属[Є₁₋₂]

Tsushimacho Ryoke 津岛町渔家

TT 英云闪长岩-奥长花岗岩

T-T ×捕收剂[15%白药加 85%邻甲苯胺]

TTG{rondjemite-tonalite-granodiorite} suite TTG 岩套

T-T mixture T-T 混合剂[15 白药,85 邻甲苯胺]

T(-type) twin T 双晶
→~-type safety joint 丁字形安全接头

Tu 铥

(pit) tub 矿车[<0.7m³]

tuba 管状

tub-and-stall 巷柱式采矿法

tub-arrester 阻车器

tub bath 盆浴

tubber 双尖镐

tubbing 丘宾筒；装丘宾筒
→~ column 丘宾柱

tub catch 车挡；罐挡
→~ changing 调车 // ~-changing arrangement 调车设备 // ~ cleaning 清除矿车

tube 车胎内胎；地铁[美]；涵洞；管子；管穴[生]；管形的；管栖动物；管路；管孔；管道；管；分析管；圆形洞道[洞穴中]；岩管；镜筒；筒；通道；乘地下铁道列车；计数管；(使)成管状；隧道；地下铁道[英]

tubed well 已下管的井；下油管的井

tube extractor 捞管器
→~ {pipe} fittings 管件

tubefoot 管足[棘]

tube-formed bottle 管制瓶

tube-frame 滤管排架
→~ manifold 排架管复式接头

tube furnace pyrolyzer 管炉热解器
→~ guidance 导向管 // ~ holder{clip} 管夹 // ~ holder{socket;support} 管座 // ~-in-sleeve alidade 转镜照准仪

tubeless 无内胎的
→~ tyre 无内胎轮胎

tube-like body 管状体；筒状体

tube-line train 地下管道列车

tube mill 制管厂；轧管机

Tuber 块菌属[真菌;Q]

tuber 制管机制内胎机
→(stem) ~ 块茎

tube railroad{railway} 地下铁道

tubercle 瘤；疣；壳疣；小球状突起；小块茎；结{核}；突起
→~ texture 球状突起结构

tubercular 瘤状
→~ corrosion 点状腐蚀

Tubercularia 瘤座孢属[Q]

tuberculata 小瘤状

tuberculation 腐蚀瘤；结节形成(作用)
→~ corrosion 瘤状腐蚀

Tuberculatisporites 刺瘤孢属[C₂]

Tuberculatosporites 刺面单缝孢属[C₃-P₁]

tuberculosectorial{tuberculo-sectorial} tooth 结裂牙

tuberculosilicosis 矽肺结核

Tuberitina 瘤虫属；肿瘤虫属[孔虫;D-P]

Tuberocypris 瘤星介属[E₂₋₃]

Tuberocyproides 拟瘤星介属[E₂₋₃]

Tuberocythere 瘤花介属[E₃-Q]

tubesheet{tube sheet} 管板

tube shield 管套
→~ sinking method 沉管法 // ~ skin 加热管管壁 // ~ turn 回弯头；U 形弯头 // ~ voltage 管电压[X 射线]

Tubicamara 管腔笔石属[O₁]

Tubicaulis 管茎蕨属[C₃-P]

Tubidendrum 管树笔石属[O₁]

tubing anchor 油管锚

tubingless 不下油管的

tubing line 起下油管用吊绳；提管绳
→~ performance 油管动态 // ~ plate 预制弧形铸铁板

(surface-)tubing{oil} pressure 油压

tubing pressure flowing 油管流压
→~ pressure profile analysis 油管压力剖面分析 // (production) ~ string 油管柱 // ~ wedge 预制弧形井壁(木)楔 // ~ with external upset ends 外加厚油管

Tubipora 管珊瑚属[八射珊;Q]

Tubirhabdus 管棒石[钙超;J₁₋₂]

Tubodiscus 管盘石[钙超;K₁]

Tuboidea 管形类[管笔石目]

tuboscope 管子(内径)检查仪

tub pusher 推车机
→~-pusher separator 矿车卸钩装置

tubular gauge 食用量规

Tubularia 筒螅(属)[腔]

tubular pile{pole} 管桩
→~ pinch effect 管状尖灭效应

Tubulidentata 管齿目[类][哺]

Tubulipora 管苔藓虫属[E-Q]

tubulospine 管刺[孔虫]

tubulus[pl.-li] 细管[环]；细孔道[古杯]

tucanite 羟碳铝石{矿}[Al₅(OH)₁₃(CO₃)•5H₂O;六方]

tucekite 硫锑镍矿[Ni₉Sb₂S₈;四方]

tuckstone{tuck stone} 挂钩砖[玻]

tuczonite 土松陨铁

Tudiaophomena 土地坳扭月贝属[腕;S₂]

Tudicla 锤螺属[腹;K₂-Q]

tuesite 埃洛石[优质埃洛石(多水高岭石),Al₂O₃•2SiO₂•4H₂O；二水埃洛石 Al₂(Si₂O₅)(OH)₄•1~2H₂O;Al₂Si₂O₅(OH)₄;单斜]；密高岭土[Al₄(Si₄O₁₀)(OH)₈•nH₂O(n=0～4),含有石英、云母、褐铁矿等的不纯高岭土]；珍珠陶土[Al₄(Si₄O₁₀)(OH)₈]

tufa[意] 石灰质；上水石；泉华；硅华[SiO₂•nH₂O]；凝灰岩；钙华{石灰华}[CaCO₃]

tufaceous 凝灰质的
→~ limestone 泉华灰岩

tuff 火山质凝灰岩；火山灰；第一流的；极好的
→(volcanic) ~ 凝灰岩

tuffaceous 凝灰质的
→~ ejecta deposits 凝灰质喷射沉积物 // ~ phyllite 凝灰千枚岩

tuffeau[法] 云母白垩；石灰华[CaCO₃]

tuffisite 侵入细粒火山碎屑岩；凝灰岩筒；(侵入)碎屑岩筒

tuffite 沉凝灰岩；层凝灰岩

tuff(o)lava{tuff lava} 凝灰熔岩

tuffoid 假凝灰岩；似凝灰岩

tufflava 粗安质凝灰熔岩

tuffstone 凝灰砂岩

tuff-turbidite 凝灰浊流{积}岩

tuff vent 凝灰岩(管)道
→~ volcano 瞬灰火山

tuft 丝线[目视气流用]；束；丛生；丛；一团；一簇；多孔软岩[砂岩、石灰华等]；土丘

tufted 簇生的；丛生的；有丛毛的
→~ deer 毛冠鹿[Q]

tufts 树丛状泉华柱

tug 努力；拉；苦干；曳引；曳；拖轮；拖航；拖板杆；拖板；拖；提升钩

→(trailing) ～ 拖船

tugarinovite 钼石；氧钼矿[MoO_2;单斜]

tugger 牵引车；卷扬机
→～ hoist 拖拉式卷扬机 // ～ station 绞车硐室

tugtupite 铍方钠石｛硅铍铝钠石｝[$Ba_4AlBeSi_4O_{12}Cl$;四方]

tuhualite 硅铁钠石[$(Na,K)Fe^{2+}_2Fe^{3+}_2Si_6O_{15}$;斜方]；紫钠铝硅石；紫钠闪石

tuite 涂氏磷钙石[γ-$Ca_3(PO_4)_2$;$Ca_3(PO_4)_2$]

tujamunite 钙钒铀(矿)[$Ca(UO_2)_2(VO_4)_2•8H_2O$,其中钙可被钾代替]

tulameenite 铜铁铂矿[Pt_2FeCu;四方]；杜拉门矿

tulare 蔗草地｛滩｝

tule 香蒲
→～ land 蔗草地｛滩｝

tuliokite 图利奥克石[$Na_6NaTh(CO_3)_6•6H_2O$]

Tullimonstrum 塔利(畸)异兽(属)[C_2]

Tulotoma 瘤田螺属[腹;E-Q]

Tulotomoides 似瘤田螺属[腹]

tumblast 转筒喷砂

tumble 混乱；扔散；倾覆；滚磨；滚动；倒场；仓促地行动；磨光；转动[物体绕轴运动]；了解；觉察；翻转；坍
→～ (break) down 垮 // ～ dram 清砂滚筒 // ～ home｛in｝ (船侧在)水线上向内倾斜 // ～ off 跌下

tumbler 滚筒；抛光滚筒；转筒；转鼓；转臂；转向轮；转换开关；翻笼
→～ bearing 铰接支座 // ～ blowing machine 压饼吹制成型法 // ～ cup blowing machine 压饼吹坯杯机

tumble-up 错车道

tumbling 滚转；鼓转；抛滚；翻滚
→～-barrel experiment 滚筒试验 // ～ body 回转体 // ～ media 磨矿介质 // ～ mill 滚筒式磨矿机；滚(筒式)磨机；旋转磨机

tumboa 百岁兰(属)

tumchaite 硅锡锆钠石[$Na_2(Zr,Sn)Si_4O_{11}•2H_2O$]

tumescence 火山隆起；膨胀；隆起[火山]

tumite 斧石[族名;$Ca_2(Fe,Mn)Al_2(BO_3)(SiO_3)_4(OH)$]

tump 丘陵；弄翻；草丛；植丛岛[沼泽中]；小土墩；小丘；翻倒

tumuli lava 瘤状熔岩

Tumulocyathus 冢古杯属[Є]

tumulose｛tumulous｝ 熔岩丘的；丘陵的；乱坟堆的；瘤状的；多小丘的；多古坟的；似小丘的；似古坟的

tumulus[pl.-li] 熔岩肿瘤｛鼓包｝；熔岩冢；火山钟；古墓；冢；坟茔；熔岩丘；瘤；钟状火山；次生瘤；小山瘤[孔虫]

tun 大桶

tunable 和谐的；可调谐的
→～ antenna 可调频天线

tundish brick 中间盛钢桶耐火制品

tundra 寒漠；北极区苔原；冰原；苔原；冻原；冻土地带
→～ (soil) 冰沼土 // ～ crater 冻原穹丘口；冻原喷沙山[融冻时泥沙受压上升] // ～ gley soil 冻原灰黏土

tundrite 碳硅钛铈钠石[$Na_3(Ce,La)_4(Ti,Nb)_2(SiO_4)_2(CO_3)_3O_4(OH)•2H_2O$;三斜]；钛磷铈钇矿[含水的稀土钛硅酸盐]
→～-(Nd) 硅钛钕矿；碳硅钛钕钠石[$Na_3(Nd,La)_4(Ti,Nb)_2(SiO_4)_2(CO_3)_3O_4(OH)•2H_2O$;三斜]

Tundrodendron 俄罗斯木属[P_2]

tune 数量；收听；腔；音调；程度；态度
→～ (up;in) 调谐；调整；协调

tuned filter 调谐滤波器
→～ grid tuned plate 调栅调屏 // ～ radio-frequency 射频调谐

tunellite 图硼锶石[$Sr(B_6O_9(OH)_2)•3H_2O$;$SrB_6O_{10}•4H_2O$;单斜]

tune out 失谐；关掉；解谐
→～ {-}up 调节 // ～ {true} up 调准 // ～-up 配合调整；调谐 // ～ work 计日工资

tungalloy 钨合金

Tungar 吞加(整流)管(二极)钨氩(整流)管

tungar 整流管

Tungites 东杰茨炸药

Tungkuanoceras 铜关角石属[头;P]

Tung-kuan{Tongguan} ware 铜官窑

Tunglanites 东兰菊石属[头;T]

tung{drying} oil 干性油
→～ oil 快干油

tungomelane 钨硬锰矿[锰、钡和钨的氧化物,含WO_3 2%～3%]

tungspat 重晶石[$BaSO_4$;斜方]

tungstate 钨酸盐

tungstates 钨酸盐类

tungsten 钨
→～ (mineral) 钨矿物 // ～-antimony-gold-quartz vein 钨锑金石英脉 // ～ bronze type structure 钨青铜(矿)型结构 // ～-carbide ball 碳化钨球 // ～ carbide substrate 硬合金垫托层[聚晶金刚石复合片的] // ～ concentrate 钨精矿

tungstenite 辉[硫]钨矿[WS_2;六方]；黑钨矿[$(Mn,Fe)WO_4$]
→～-3R 辉钨矿-3R[WS_2;三方]

tungsten ore{mine} 钨矿
→～ oxide ore 钨矿 // ～-powellite 钨钼钙矿[$Ca(Mo,W)O_4$]

tungstibite 钨锑矿[Sb_2WO_6]

tungstic 钨的
→～ ocher 钨赭石；钨华[$WO_3•H_2O$;斜方] // ～ {wolfram} ocher 高铁钨华[$Ca_2Fe^{2+}_2Fe^{3+}_2(WO_4)_7•9H_2O$]

tungstiferous 含钨的

tungstite 白钨矿[$CaWO_4$;四方]；钨华[$WO_3•H_2O$;斜方]

tungsto-powellite 钨钼钙矿[$Ca(Mo,W)O_4$]

Tungtzeella 桐梓虫

Tungtzuella 小桐梓虫属[三叶;O_1]

Tungurictis 通古尔鼬属[E_3-N_2]

tungusite 硅钙铁石[$Ca_4Fe^{2+}_2Si_6O_{15}(OH)_6$;通古斯石]

Tunguska event 通古斯大爆炸

Tungussia 通古斯叠层石(属)[Z]

Tungwu movement 东吴运动

tunic 膜被；膜；鳞茎皮[植]；被囊[动]；原套

Tunicata 被囊(类)动物

tuning 调整；调谐；调节
→～ fork circuit breaker 音叉断路器 // ～-fork spicule 音叉型三射骨针[绵] // ～-points 谐振点 // ～ scale 调谐度盘

T-union T形接管

Tunisia 突尼斯

tunisite 突尼斯石；碳钠钙铝石[$NaCa_2Al_4(CO_3)_4(OH)_8Cl$;四方]

tunnel 开凿隧道；开凿坑道；掘进；暗道；石巷；电缆沟；巷(道)；地沟；地道；脉外平巷；风洞；坑道；岩石大巷；岩巷；烟囱；(挖)隧洞；隧道；平硐[两端通地表]；通道[孔虫]

(underground) tunnel 坑道[地下通道;地下工事]

tunnel angle 通道角[孔虫]
→～ beneath ocean 海底隧道

tunneldale 冰下谷；隧道谷

tunnel{post} drill 架式风钻
→～ drill 隧道用凿岩机 // ～ drivage 平硐掘进 // ～ drying oven 隧道式干燥窑 // ～-fill 射孔孔道充填物

tunneling analysis 平硐掘进工程分析
→～ machine 隧道钻进联合机；隧道开凿机

tunnel invert 隧洞底拱[板]
→～ jumbo{invert} 隧道掘进用钻车 // ～{subglacial} lake 冰下湖

tunneller 隧道工

tunnelling 开凿隧道；掘进
→～ footage 开拓进尺[煤矿]

tunnel lining 隧道衬砌
→～ lining erector 平硐砌碹装置；隧道砌成装置 // ～ opening 平硐口 // ～-pass system 平硐溜道系统 // ～ portal{front;opening} 隧道口

tunnelsize 巷道断面

tunnel system 平硐开拓法

tunneltron 隧道管

tunnel type enamelling furnace 隧道式搪烧炉
→～-type furnace 隧道炉 // ～ valley 冰下谷；隧道谷 // ～ wave 岩石巷道波

tunnerite 锌锰土；纤锌锰矿[$2(Zn,Mn)O•5MnO_2•4H_2O$; $(Zn,Mn)Mn^{4+}_3O_7•1～2H_2O$;单斜]

tunnnelling machinery 掘进机械

tunoscope 电眼

tunstite 白钨矿[$CaWO_4$;四方]

Tuorian stage 托尔阶

Tuozhuangia 坨庄介属[E_{2-3}]

tup 动力锤的头部；打桩锤；重锤[破碎大块]；冲锤；冲面

Tupaia 树鼩属[Q]

tupelo 灯笼齿轮；转轴头

tuperssuatsiaite 钠铁(山软木)石；钠铁坡缕石[$NaFe_3Si_8O_{20}(OH)_2(H_2O)_3•zH_2O$,$z≈2$]

Turair 土莱尔(法)

Turam 定源式双线框交流电法
→～ (method) 土拉姆法

"(downhole) Turam" method 土拉姆双线框测井法

Turam system 吐伦系统[一种电法勘探系统]

turanite 羟钒铜矿[$Cu_5(VO_4)_2(OH)_4$;斜方?]

turbary 泥炭采掘场；泥煤田

turbator 环形谐振腔磁控管

turbellaria{turbellarian (worm)} 涡虫

turbid flow 浊流

turbidite 浊流(堆积物)；浊积岩
→～ deposit 浊流沉积 // ～ mound 浊积丘

turbidity 混浊性含砂量；混浊度；混乱；浑浊；含沙量；浊度；重雾；污浊
→～ current{flow} 浊流

turbid layer flow 浑浊层流
→～ layer transport 浊层搬运

turbidness 浑浊；浊度

T

turbidometer 浊度仪；浊度计

turbid water 浑水

→ ～ -water{muddy(-water);earth(y)} spring 泥水泉；浊水泉

turbinaceous 泥炭的

turbinado (sugar) 分离砂糖

Turbinaria 喇叭藻属[褐藻;Q]；萼螺珊瑚(属)[六射珊;E-Q]；陀螺珊瑚(属)

turbine 轮机；叶轮机；涡轮；透平

→(steam) ～ 汽轮机// ～ drill 涡轮钻具// ～ -like structure 涡轮状构造// ～ (-driven){volute} pump 涡轮泵

Turbiniliopsis 似蝶螺属[腹;C-P]

Turbinolia 陀螺珊瑚(属)

Turbo 蝶螺属[腹;J-Q]

turbo 叶轮机；涡轮；透平

→ ～ -alternator 汽轮发电机

turbobit 涡轮钻进用钻头

Turbochara 陀螺轮泵[藻]属[K₂-E₂]

turbocharge 涡轮增压；(用)涡轮增压；加快；增强[计;口]

turbocharger compression ratio 涡轮增压器压缩比

turbocompressor 涡轮压气{缩}机

turbocoring 涡轮取芯

turbodrill 涡轮钻具

turbo(-)drilling 涡轮钻进；涡轮钻井

turbo-eccentric sub 涡轮偏心短节

turbo-electric drive 汽轮机电力驱动

turbo-fan 涡轮风扇

turbofed 涡轮泵供油的

turboglyph 流水痕；涡旋竖沟

turbogrid 叶轮式格子

turbo-jet engine 涡轮喷气式发动机

turbolamp 透平灯

turbomachinery 涡轮机械

turbonada 突暴那达(雷飑)；特博内达雷飑

Turbonilla 卷蝶螺属[腹;E-Q]

turbonite 胶纸板

Turborotalia 螺轮虫属；端旋虫属[孔虫;E₁-Q]

turboshaft 涡轮轴(发动机)

turbulence 扰动；乱流；旋涡；汹涌；涡流；涡动；紊度；紊度；湍性；湍流；湍动

→ ～ (scale) 湍流度// ～ factor {coefficient} 紊流系数// ～ intensity 扰动强度；涡旋强度

turbulent 紊乱的

Turcica 土耳其螺属[腹;N-Q]

Turcutheca 椭口螺属[软舌螺;E₁]

turf 草炭；草皮；草煤；泥炭(土)；泥煤；粗泥炭；植丛；沼煤

Turfanograpta 吐鲁番叶肢介属[节;K₁]

turfary 泥沼地；泥炭沼(泽)；泥炭田；泥球田；泥煤田；沼泽

turf banked terrace 草缘阶地

→ ～ bed 泥炭层；富含腐殖质和植物根系的土壤表层// ～ garland 围草皮阶地// ～ hummock 草丛丘// ～ {peaty} moor 泥炭沼(泽)// ～ -muck block 泥炭混合肥{腐殖质}营养钵

turfy 泥炭的；泥煤的

→ ～ {soddy} soil 草炭土

turgite 水赤铁矿[2Fe₂O₃•H₂O]；方沸碳酸黄长岩；小赤铁矿

tur(y)ite 水赤铁矿[2Fe₂O₃•H₂O]；图尔石

turjaite 黄长黑云霞岩

turjite 水赤铁矿[2Fe₂O₃•H₂O]；图尔石；方解沸石榴云岩

turkestanite 突厥斯坦石[Th(Ca,Na)₂(K₁₋ₓ□ₓ)Si₈O₂₀•nH₂O]

Turkey slate 绿松石[CuAl₆(PO₄)₄(OH)₈•4H₂O;三斜]

→ ～ stone 硅钙磨石；土耳其(砥)石

turkis 绿松石[CuAl₆(PO₄)₄(OH)₈•4H₂O;三斜]

Turkmenistan 土库曼斯坦

turkois 绿松石[CuAl₆(PO₄)₄(OH)₈•4H₂O;三斜]

Turkostrea 突厥蛎属[双壳;E]

turlough 冬湖夏沼[爱]

turma 类[孢粉分级]

turmalin{t(o)urmalinite} 电气石[族名；晒;璧玺；成分复杂的硼铝硅酸盐,有显著的热电性和压电性;(Na,Ca)(Li,Mg,Fe²⁺,Al)₃(Al,Fe³⁺)₆B₃Si₆O₂₇(O,OH,F)₄]

turmkarst 岩溶孤峰；喀斯特孤峰

turn 回音；车削；颠倒；圈数；变成；工作班；轮流；转；改写；转向装置；转向；转弯；转动；从平巷开掘煤房；匝；扳；旋；出现；翻译；向地面绞煤；弯曲；弯；兑换

→ ～ (down) 翻转；成为；周转；回转；转动；转体

turnaround 回车场；车辆周转；缺货；装货；周转；修理周期；往返；检修周期；加油

→ ～ (circuit) 回车道

turndown 衰落；关闭；折叠式的；停吹[转炉]；调节

turneaureite 氯砷钙石[Ca₅((Al,P)O₄)₃Cl]

turned 车削的；旋成的；精制的

turnerite 褐独居石；磷铈镧矿；独居石砂[(Ce,La,Y,Th)(PO₄)]；独居石[(Ce,La,Y,Th)(PO₄);(Ce,La,Nd,Th)PO₄;单斜]

turn{screw} home 拧到头

→ ～ home 转到头// ～ indicator 转数计

turning 车削(工件)；车工工艺；变向；切屑；转弯；旋转；翻转

→ ～ axle 旋转轴// ～ -band method 转动带法；旋转带法// ～ effect 扭转效应// ～ {neutral} point 转向点

turnings 车屑[车床]；钻(井岩;下的岩)屑

turning table 转台

→ ～ the blow down young 稚吹[转炉]// ～ time 调头时间// ～ torque 翻转力矩// ～ turnkey basis 全盘设计

turnkey 转锁；监狱看守；通灵系统[一种完备的可运行系统]

→ ～ company (整套)承包公司// ～ job 总包工程// ～ shoot line 试验测线

turn-knob 旋扭

turn left 左旋[方位变化]

→ ～ locking gear 转盘锁闸

turnoff 岔道[铁道]；错车道

turn off 关断；扭熄；制造；出产

→ ～ off a machine 刹车// ～ off the light 关灯// ～ -off{trip} time 断开时间// ～ -on voltage 阈值电压

turnout 活动道岔；输出；生产量；设备；扫除；产品；产量；产额；让车(岔)道；渠道分叉口；岔道[铁道]；切断；支线；分水闸；分道岔；断路；断开

turn{cut;switch} out 切断

→ ～ out{off} 断路// ～ out 生产；培养；制出；分岔出去；训练// ～ out for work 出勤

turnover 世代交替；倒转；更新；周转率；周转；种的交替[生]；劳动量；营业额；循环；卸车；反(向)拖曳；反(向)牵引；翻转；翻倒；翻车；交付

turn{tip} over 翻倒

turnover{stamping} board 砂箱底板

→ ～ device 翻身器// ～ frequency 倾覆频率// ～ job 大修工作// ～ processes 翻覆作用

turn pulley 回转轮

→ ～ rate (方位)偏转速率// ～ ratio 匝(数)比// ～ right 右旋

turnscrew 螺丝旋转工具；旋凿

turnsheet 转盘

turn sheet 垫板

→ ～ signal switch 扭转信号开关

turnsole 石蕊

turnstile 回转栏；十字梁；绕杆；旋转式受矿设备；交叉接头

turntable 转台；转车台；转车盘；转盘[as of a record player]

→ ～ mounting 转盘架

turn-to-turn capacitance 匝圈间电容；迎间电容

→ ～ insulation 匝间(圈间)绝缘

turn trough 转槽

Turonian (stage) 土仑(阶)[92～88Ma;欧;K₁₋₂]

turpentine 松脂；松香水

→ ～ (oil) 松节油

turpeth 汞膏[Hg₂Cl₂]；甘汞[HgCl;Hg₂Cl₂]

turquoise 甸子{绿松石}[CuAl₆(PO₄)₄(OH)₈•4H₂O;三斜]；土耳其玉

→ ～ blue 青绿色；绿松石色{蓝}// ～ glaze 杜石绿釉

turrelite 沥青页岩

turret 角塔；塔楼

turreted 塔锥壳[动]

→ ～ cloud 塔状云

turret{capstan} lathe 六角车床；转塔车床

turriculate 有小角塔的；形似小塔的；塔锥式；塔螺式[腹]

turrilina 小塔虫属[孔虫;E₂₋₃]

Turrilites 塔菊石(属)[头;K₂]

turriliticone 塔锥；塔卷壳[头]

Turritella 塔螺(属)[腹;K-Q]

turtle 巷道顶板中的绿纤石；甲鱼

turtleback 龟背状(地形)

→ ～ conveyor 带宽排料口的摇动式输送机

turtles 龟鳖类{目}

turtle{beetle} stone 龟背石

→ ～ stone 龟甲石// ～ structure 龟形构造；龟背构造

Turuchanica 图鲁汗藻属[Z]

turyite 水赤铁矿[2Fe₂O₃•H₂O]

tuscanite 硫硅钙钾石[K(Ca,Na)₆(Si,Al)₁₀O₂₂(SO₄,CO₃,(OH)₂)•H₂O;单斜]

tusculite 辉黄白榴岩

tushar mountain 火山物质山[经过侵蚀与变动]

tusiit 钙叶绿矾[CaFe₄³⁺(SO₄)₆(OH)₂•19H₂O;三斜]

tusionite 硼锡锰石[MnSn(BO₂)₂]

tusks{tusses} 墙面牙石[建]

tussock 草丘；草丛

→ ～ -birch-heath polygon 草桦丛多边形土// ～ -grass (生)草丛

tutcheria microcarpa 小果石笔木

Tuttle bomb 塔特尔高压弹

→ ～ lamellae 塔特尔纹// ～ -type pressure vessel 塔特尔型压力容器// ~-type vessel 塔特尔型(高压釜)

tutty 未经加工的氧化锌

Tutuella 围土蚌;图土蚬属[双壳;J]

tutvetite 铀碱正长细晶岩

tutwork{tut work} 计件工作[英];按进尺付资的工作;包工工作

Tuvalu 图瓦卢

tuvite{tuwite} 黄钴土[$Fe_2O_3•2(Ca,Co)O•As_2O_5•3~6H_2O$];杂砷钙钴铁矿

tuxtlite 钠透硬玉;透硬玉

tuya 平顶火山;平顶陡坡火山

t(y)uyamunite 钒钙铀矿[$Ca(UO_2)_2(VO_4)_2•nH_2O;Ca(UO_2)_2(VO_4)_2•5~8H_2O$;斜方]

Tuyangites 都阳菊石属[头;T_1]

tuyere 鼓风(出)口;风管嘴;吹风管嘴
→~ arch 风口拱墙// ~ block 风管[转炉]// ~ breast 风口外箍// ~ cooler housing 风口冷却器外壳

Tvaerenognathus 特韦林`刺{牙形石}属[O_3]

tvalchrelidzeite 硫砷锑汞矿[$Hg_{12}(Sb,As)_8S_{15}$;单斜]

tveitasite 霓辉正长混染岩;霓辉碱长混染岩

tveitite 氟钇钙矿[$Ca_{1-x}(Y,TR)_xF_{2+x},(x≈0.33)$;单斜]

TV-type detector 时变式检测器

Twaddel scale 特沃德尔(液体)比重计;特威戴尔比重标

tweddillite 特威迪尔石[$CaSr(Mn^{3+},Fe^{3+})_2Al(Si_3O_{12})(OH)$]

tweed orthoclase 花呢正长岩

tweeks 大气干扰;天电干扰

tweel 斜纹

tween deck 甲板间
→~ deck tank 甲板间柜

tweer 吹风管嘴

twenty-degree discontinuity 二十度不连续

twenty hundred cubic metres of stonework 两万石方

twere 风口;吹风管嘴

twig 燃枝,嫩枝;魔杖;芽枝[植];小枝;细枝;探矿杖

twilight 曙光;暮光;黄昏;黎明;微光
→~ arch 曙暮光弧

twill 斜纹组织{织物}
→~ (weave) 斜纹// ~ cloth 多经丝筛布

twin (crystal) 双晶;孪晶
→~ anticline 双背斜

twine 绳股;缠绕;缠;岔道;编;盘绕;搓;细绳;二股线

twin earthquake 双生地震

twine keeper{retainer} 绳夹

twin elbow 双肘管;双路弯头
→~ engine 双发动机// ~ entry 双平行巷布置

twiner 缠绕植物

twin filling point 成对装油点
→~ formation 晶形成

twining stem 缠绕茎[植]

twin-jaw crusher 双颚式破碎机

twinkle 瞬间;闪烁

twinkler 闪光体;发光体

twinkling 瞬间;闪突起;闪烁现象;闪光
→~ of stars 星闪动

twin lamella 双芯片
→~ naphtharerun units 双石脑油重蒸设备

twinned 双晶的;双的;成双晶的
→~ crater 双环形山;双冲击坑

twinning 形成双晶;成对
→(acline) ~ 双晶;复合双晶

twinnite 特硫锑铅矿[$Pb(Sb,As)_2S_4$;斜方]

twin outlet bin 双口矿槽
→~ packer 双封隔器(的)

twinplex 四信路制;双路移频制(电极)

twin producer 两层分采井
→~ props 双支柱// ~-rope Koepe winder 戈培式双绳摩擦提升机// ~ rudders 双舵

Twins 双子座

twin screw 双螺旋桨;双桨

twirl 转动[物体绕轴运动];快速转动;旋转的东西

twist{helical;spiral;shell;worm;Archimedean} auger 螺钻
→~(ed){torsion} bar 扭杆// ~{clay} bit 蛇形钻// ~ boundary 扭曲边界

twisted bar 扭转钢筋;螺旋钢筋
→~{twist} bar 螺旋杆// ~ crystal 扭曲晶体// ~ wire 绞线

twisting 扭曲;加捻
→~ couple 扭转力矩// ~ moment distribution 扭矩分布// ~ motion 扭转运动;扭动

twist(ing){twisted} joint 扭接

twist-link chain 麻花链环
→~ type tyre chain 扭节式胎链

twist machine 拧转式放炮器

twitch 颤动;骤然一抽;矿脉变薄;抽痛;抽动;急拉

twith 矿脉变薄

T.W.L. 最高蓄水位[水库]

two-aquifer system 双层含水层系统

two-arm caliper 双臂井径仪

two-armed spider 双臂拱(支)架

two{pole-pole} array 电位排列
→~-beam dynamical theory 双束动力理论// ~-boom 双臂采矿台车// ~-bucket hoisting 双吊桶提升// ~-component acquisition 二分量采集// ~-component system 二元物系

twofold{binary} symmetry 二次对称

two-girdle arrangement of axes 轴的双环带排列

two-hand pull guard 双手牵拉式安全装置

two headed burner 双焰燃烧器

twoling 二连晶[双晶]

two-liquid partition coefficient 二液分配系数

two liquid system 两相液体系统
→~ mineral matrix flag 双矿物骨架标志// ~-mineral solution 双矿物解// ~-phase 两相// ~ plug method 双塞注水泥法// ~-pyroxene facies 二辉石相

two-screw pump 双螺杆泵

two-shaft method 双井定向法;两井定向法

two-shift 二班制
→~ operation 双班作业

two-ship wide-angle reflection experiment 双船广角反射试验

two-shot grouting 灌浆双液法

two-sided 双侧(的);双边(的)
→~ cutting (矿房)两侧掏槽

twosideness 两边性

two-signal sys tern theory 两个信号系统学说

two slag practice 双渣熔炼

→~ {-}stage{step} gravel pack 两步法砾石充填// ~-step ordering 两步有序化[长石结构的]

twyer 风口

twyere 风嘴;吹风管嘴

Twyman interferometer 台曼干涉仪
→~ process 特怀曼法[综合团矿直接炼钢]

T-X curve 时距曲线
→~ graph 走时曲线// ~ section 等压切面;温度-成分切面

tyanshanite 天山石[$BaNa_2MnTiB_2Si_6O_{20}$;六方]

tychite 芒硝菱镁钠石;硫碳镁钠石[$Na_6Mg_2(CO_3)_4(SO_4)$;等轴];硫磷镁钠石;杂芒硝[$Na_6Mg_2(SO_4)(CO_3)_4$];碳镁芒硝

Tycho crater 第谷坑[月面]

Tychonic system 第谷(体)系

tychopotamic 池河浮游生物的

Tychtopteris 普通羊齿属[P]

tye 管道交点;两脉交点;两矿脉交点;两管交点;放水平硐;摇床;洗矿槽;淘汰盘
→~(gallery) 平硐

tygon 聚乙烯

tying{connecting} bar 连岛沙洲

tylaster 小两球骨针[绵]

Tyler screen{sieve} analysis 泰勒目筛析;泰勒筛析法
→~ standard grade scale 泰勒标准分级表// ~ standard sieve series 泰勒标准筛目系列

Tylestheria 瘤叶肢介属[节;K_2]

Tylograptus 瘤笔石(属)[O_1]

Tyloplecta 瘤褶贝(属)[腕;P_1]

Tylosaurus 海王龙属[K]

tylosis (导管内的)侵填体[植]

tylosoid 侵填体状物[植];拟侵填体

Tylospiriferina 瘤准石燕属[腕;T_3]

Tylostoma 弯口螺属[腹;J-K]

tylostyle{tylostylus} 两球式骨针[绵]

tylote 两`球{头球状}骨针[绵]

Tylothyris 瘤孔贝属[腕;D_3-C_1]

tympan(um) 衬垫;薄膜状物;鼓室[耳];鼓;压纸格;鼓膜

tympanic bone 鼓骨;耳鼓骨
→~ cavity 鼓室[耳]// ~ membrane 鼓膜

tympanites 膨胀

tympanoid 鼓状的

tympanum[pl.-na] 鸣腔;鼓室[耳];(电话机)振动膜;鼓形水车

tynite 硅铁钙石;提尼石

type 式样;标准;标志;典型;种类;类型;类[矿物分类]

ζ {zeta}-type[η {eta}-type] 歹字形[构造]
λ -type λ 字形[构造]

typeface{type{character} font} 字体

type{marker} formation 标准层
→~ formula 通式// ~ fossil 标型化石// ~ graphite 重叠状石墨

typehead 字模

type locality 最先研究地点
→~ material 标准样品物质[化石的]

typer 打字员
→~ shaft 斜轴

types of equipment 设备类型
→~ of mines 矿井类型// ~ of networks 运输网的类型// ~ of pumps 水泵类型// ~ of rural areas 乡村地区的

T

类型// ~ of semi-solid rocks 半坚硬岩石类// ~{|density|failure} of soil 土的类型{|密度|破坏}

type{polytype} symbol 多型符号
→~ test 定型试验// ~-undivided ore 类型未分矿石// ~ well 标准井

typewriter 打字员
→~ ribbon 打字机墨带

Typha 香蒲属[E-Q]

Typhis 云螺属[腹;E-Q]

Typhloproetus 盲砑头虫属[三叶;D_3-C_1]

typhon 海上有雾信号器；大喇叭；岩株；岩瘤；岩干

typhoon 台风
→~ bar 台风`(云)坝{堤}

typical 标准的；典型的；象征的；特有的；独特的
→~ pipe guide 常用管子导向(器)// ~ primary cementing 常规注水泥法// ~ screen weave 标准筛网编织// ~ section layout 典型区段布置

typology 模式学；类型学
→~ method 形态学法

typolyse 型崩坏

typomorphic characteristic 标型特征

→~ mineral 标示矿物

typomorphism 标型性
→~ mineralogy 矿物标型学

Typotheria 型兽亚目

Typothorax 正体龙属[T_3]

tyramine 酪胺

Tyrannosauridae 霸王龙科

Tyrannosaurus 霸王龙(属)[K]；暴龙

tyrannus 霸鹟属

Tyrasotaenia 基拉索带藻属[Z]

tyre 车胎；轮胎；轮箍；外胎
→~ bender 弯胎// ~ cover{shoe;casing} 外胎

tyreeite 太雷埃石

tyre flap 轮胎衬带
→~ flexing resistance 轮胎挠曲阻力// ~ grip 轮胎接地附着力// ~ repair rubber sanding drum 修胎橡皮砂磨轮

tyretskite 蒂羟硼钙石[$Ca_2B_5O_8(OH)_2(OH,Cl)$;三斜]
→~-(1TC) 覃羟硼钙石

tyre tube 内胎
→~ valve 水力旋流器底孔大小调节环

Tyrganolites 土尔干槽珊瑚属；提尔干槽

珊瑚属[D_2]

tyrite 褐钇钽矿[(TR,Ca,Fe,U)(Ta,Nb)O_4]；褐钇铌矿[$YNbO_4$; Y(Nb, Ta)O_4;不同产状下,含稀土元素的种类和含量不同,常含铈、铀、钍、钛或钽;四方]

Tyrmia 梯尔米亚羽叶属[J_1-K_1]

tyrolite 丝砷铜矿[$Cu_3(AsO_4)_2$•$5H_2O$]；丝砷钙铜矿；铜泡石 [$Cu_5Ca(AsO_4)_2(CO_3)(OH)_4$•$6H_2O$;斜方]；天蓝石[$MgAl_2(PO_4)_2(OH)_2$;单斜]

tyrosinase 酪氨酸酶

tyrosine 酪氨酸

tyrrellite 狄硒铜镍矿；狄瑞尔矿；硒铜钴矿[(Cu,Co,Ni)$_3$Se$_4$;等轴]；硒铜镍矿[(Ni,Cu)Se$_2$;(Ni,Co,Cu)Se$_2$,等轴;(Cu,Co,Ni)$_3$Se$_4$]

Tyrrhenian 伊特鲁里亚((人)的)

Tyrrhenide 第勒尼安褶皱带

tysonite 氟铈镧矿；氟铈矿[(Ce,La,Di)F_3,六方; (Ce,La,Nd)F_3]

tyuyamunite 钙钒铀(矿)[Ca(UO$_2$)$_2$(VO$_4$)$_2$•$8H_2O$,其中钙可被钾所代替]；钒涛铀矿[(H$_3$O,Ba,Ca,K)$_{1.6}$(UO$_2$)$_2$(VO$_4$)$_2$•$4H_2O$?; 斜方?]

U
u

ualkerite 镁针(钠)钙石[$NaCa_2Si_3O_8(OH)$] (含 MgO 达 5%)]

U-antenna U 形天线

ubac 山阴[法];背阳坡;北坡;成荫的;阴坡[法]

U-band{-pipe} U 形管

ubiquitous 普遍存在的;随遇的;无处不在的;无所不在
  →~ element 遍在性元素 // ~ mineral 遍有[普存;通在}矿物

ubiquity 普遍性

U-boat 潜水艇[德]

uchucchacuaite 硫锑锰银铅矿[$AgMnPb_3Sb_5S_{12}$]

Ucon Frother 190 Ucon 190 起泡剂[高级醇加聚丙二醇]

udalf 湿淋溶土

Udden (grade) scale 伍登位级标准;乌登分级;尤登粒级标准
  → ~ -Went-worth{Udden-Wentworth} grade scale 伍登-温德华粒级标准

uddevallite 钛铁矿[$Fe^{2+}TiO_3$,含较多的 Fe_2O_3;三方]

udell 接收器[冷凝水]

udent 湿新成土

udert 湿变性土

udic 土壤长湿状态

udoll 湿软土

Udotea 钙扇藻属[钙藻;E-Q];羽衣藻属

udox 湿氧化土

udult 湿老成土

uduminelite 水磷铝钙石[$Ca_3Al_8(PO_4)_8(OH)_6•15H_2O$];磷铝钙石[$CaAl_{18}(PO_4)_{12}(OH)_{20}•28H_2O$;单斜]

uedaite-(Ce) 铈锰帘石[$Mn_{0.51}Ca_{0.26}Ce_{0.39}Nd_{0.23}La_{0.11}Pr_{0.07}Sm_{0.05}Y_{0.04}Gd_{0.02}Th_{0.01}Al_{1.89}Fe_{1.34}Mg_{0.01}(Si_2O_7)(SiO_4)O_{0.85}(OH)$]

uferbank 湖棚

ufertite 铈铀铁钛矿[$20FeO•8Fe_2O_3•4(RE)_2O_3•UO_2•74TiO_2$];镧铀钛矿[$(La,Ce)(Y,U,Fe^{2+})(Ti,Fe^{3+})_{20}(O,OH)_{38}$;三方]

Ufimian 乌菲姆阶[P_2]

U'flow 底流[浓缩机、水力旋流器等]

UFO 不明飞行物体;飞碟

U-form tube U 形管

U-free 除去铀

U-galena 铀方铅矿

ugandite 暗橄白榴石;铋钽矿;铋铌钽矿;乌干达岩;钽铋矿[$Bi(Ta,Nb)O_4$;斜方]

ugite 普通辉石[$((Ca,Na)(Mg,Fe,Al,Ti)(Si,Al)_2O_6$;单斜]

ugrandite 铬钙铁榴石类[铬铬榴石、钙铝榴石、钙铁榴石];钙铁榴石[$Ca_3Fe_2^{3+}(SiO_4)_3$;等轴];钙铝榴石[$Ca_3Al_2(SiO_4)_3$;等轴];钙铝榴石类;钙铋榴石

uhligite 锆钙钛矿[$3Ca(Ti,Zr)_2O_5•Al_2TiO_5$;

$Ca_3(Ti,Al,Zr)_9O_{20}$?;等轴]

Uhligites 乌里格菊石属[头;J_3]

UHP{UHV} 超高压

uigite 杆沸石[$NaCa_2(Al_2(Al,Si)Si_2O_{10})_2•5H_2O;NaCa_2Al_5Si_5O_{20}•6H_2O$;斜方];似葡萄石[$NaCa_2Al_3Si_5O_{17}•4H_2O$(近似)]

Uintacrinida 犹因他海百合目;尤因塔海百合目[棘]

uintahite{uintaite (gilsonite)} 硬沥青

Uintan stage 尤因塔阶

Uintatherium 尤因塔兽(属)[E_2];伍塔兽

U-in-U-valley U 形套谷

U-iron 槽铁
  →~ {bar} 槽钢 // ~U{|V}-iron U{|V}形铁

UIW cell 直流型机械搅拌浮选机[具有方形槽和锥形叶轮]

U{|Y}-joint-junction U{|Y}形接头

uklonskovite{uklonskowite} 水钠镁矾[$NaMg(SO_4)(OH)•2H_2O$;单斜]

ukrainite 石英二长石;少英二长岩;低英二长岩;乌克兰岩

ulart 极端

Ulatisian 乌拉梯斯期
  →~ (stage) 乌拉蒂斯阶

ulcer 溃疡

ulcerated carcinoma 溃疡病(诱发的)癌

ulcerocancer 溃疡性癌

ulcus 单孔;远极孔[孢]
  → ~ phagedaenicum corrodens 坏疽崩蚀性溃疡

U-leather ring U 形皮圈

ulexite 三斜钙钠硼石;钠硼{硼钠}解石[$NaCaB_3B_7(OH)_4•6H_2O;NaCaB_5O_6(OH)_6•5H_2O$;三斜];硼钠钙石[$NaCa(B_5O_7)(OH)_4•6H_2O;NaCaB_5O_9•8H_2O$]

uliginose{uliginous} 生长于沼泽或泥泞地带的(生物);生长于泥泞地带的(生物);沼泽的;淤泥的

ullage 容器内液面以上的空间;耗损;气囊;测油;气垫;漏损;减量;途耗;损耗(量)
  → ~ bob 储罐空高测量锤 // ~ reference-point 储罐空高计量基准点 // ~ rule 量油尺

ullmanite 锑硫镍矿[$NiSbS$]

Ullmannia 鳞杉属;乌曼杉(属)

ullmannite 辉锑镍矿[$NiSbS$;三斜];锑硫镍矿[$NiSbS$]
  → ~ type 辉锑镍矿(晶)组[23 晶组]

ulloa's ring 邬洛亚环

Ullrich separator 阿尔瑞奇型磁选机

Ulmaceae 榆科

ulmain 凝胶化植物质煤

ulmic 棕腐质的

Ulmipollenites 榆粉属[孢;$K-N_2$]

ulmi{n}te 腐木质体[褐煤显微组分];腐殖砂漆

Ulmoideipites 肋榆粉属[孢];脊榆粉属[$K-Q$]

Ulmus 榆(属)[$E-Q$]

ulna 桡骨;尺骨

ulnare 接尺骨
  →(carpi) ~ 尺侧腕骨

Ulodendron 疤木(属)[C_2-P_1]

Ulothrix 丝藻属[绿藻;Q]

Ulrichia 欧瑞克介属[O-C];尤氏介

ulrichite 沥青铀矿;晶(质)铀矿[$(U^{4+},U^{6+},Th,REE,Pb)O_2$;$UO_2$;等轴];碱长霓霞(响)

岩;方铀矿[特指原来未经氧化的 UO_2]

Ulrichodina 乌氏牙形石属[O_1]

Ulsterian (series) 乌尔斯特(统)[北美;D_1]
  →~ age 乌耳斯特{得}期

ulterior action 后效作用

ultimate 基本的;根本的;最终的;最后的;总的;主要的;终极;临界的;累计的;极限的;极限;极端的
  → ~ base level 终基准面 // ~ capacity 最大功率;最大产量 // ~ peneplain 终准平原 // ~ pit limit 露天矿最终境界 // ~ production 总产量

ultimatum 基本原理;最后结论

ultimo 上月[拉]

ultisol 超荷土壤;过度利用土壤;淋育土;老成土[美土分类]

ultisols 热带稀树草原含铁土

ultor 高压最后阳极[阴极射线管的];最高压级;阳极

ultra-abyssal zone 超深成带

ultra(-)acidic rock 超酸性岩

ultra-acoustics 超声学

ultraalbanite 超白榴石

ultra-albanite 超沥青

ultrabasic 超基性的岩;超基性
  → ~ complex 超基性杂岩体 // ~ metamorphic rocks 超基性变质岩类 // ~ rock 超基性岩[$SiO_2<45\%$]

ultrabasite 辉银铅锑锗矿{辉银锑铅锗矿;异辉锑锗银矿;硫锑铅锗矿}[$28PbS•11Ag_2S•3GeS_2•2Sb_2S_3;28(Pb,Fe)S•11(Ag,Cu)_2S•3GeS_2•2Sb_2S_3$];辉锑银铅矿[$Ag_2S•3PbS•3Sb_2S_3;PbAgSb_3S_6$;斜方];辉锑铅银矿[$Pb_2Ag_3Sb_3S_8$;单斜];超基性岩[$SiO_2<45\%$]

ultracataclasite 超碎裂岩

ultracentrifugal 超离心的

ultracentrifuge 超离心分离机

ultra clay 超黏粒;超微黏粒;超黏土
  →~-clean 超净的

ultraclean coal 特净煤;特精煤

ultradeep 特深的
  →~ geothermal development 超深地热能开发

ultra(-)deep shaft{ultradeep{extradeep; superdeep} well} 超深井

ultradominant 极其富有的;极多的

ultraduralumin 超硬铝

ultrafenite 超霓长岩

ultrafiche 超微卡片;超缩微卡片(的)

ultra filter 超细滤器;超滤器

ultrafine dust 超细尘末
  →~ grain 特细砂目

ultra-fine material 超细材料;特细物料

ultrafines{ultrafine particle} 超细粒

ultragranitization 超花岗岩化

ultra-gravity waves 超重力波

ultra-high-early-strength portland cement 超高早强硅酸盐水泥

ultra high pressure{voltage} 超高压
  →~ high pressure device with two recessed dies 凹形对顶砧超高压装置

ultrahigh pressure phase 超高压相

ultra-high rate thickener 超高效浓密机

ultrahigh sand concentration (压裂液)超高含砂浓度

ultra-high strength steel 超高强度钢

ultra-hostile environment 特别恶劣的环境

ultrajet 高效能射孔器

ultralarge enterprise 超大型企业

ultra-light element 超轻元素

ultralinear 超直线性；超线性

ultra-long spacing electrical log 超长极距测井

ultra-low expansion glass ceramics 超低膨胀微晶玻璃

ultralow frequency{ultra low frequency} 超低频

→~{extra low} refractive index optical glass 特低折射光学玻璃

ultra low velocity zone 超低波速带

→~-low viscosity oil 超低黏度油

ultralumin 超硬铝；硬铝

ultraluminescence 紫外荧光；紫外光

ultramafic 超基性的岩

→~-gabbroic complex 超镁铁-辉长杂岩//~ nodule 超铁镁质结核//~ rock 超镁铁(质)岩；超铁镁岩；超基性岩[SiO$_2$<45%]

ultramafics 超镁铁岩

ultramafite 超铁镁岩；超镁铁(质)岩

ultramagmatic solution 超岩浆溶液

ultramarine 深蓝色的；群青；海蓝{佛青}[(Na,Ca)$_8$(AlSiO$_4$)$_6$(SO$_4$, S,Cl$_2$)]；青金石[(Na,Ca)$_{4-8}$(AlSiO$_4$)$_6$(SO$_4$,S,Cl)$_{1-2}$;(Na,Ca)$_{7-8}$(Al,Si)$_{12}$ (O,S)$_{24}$ (SO$_4$,Cl$_2$,(OH)$_2$)];等轴]；天青石[SrSO$_4$,斜方；颜料]

→~ blue R 群青

ultramembrane filtration 超薄薄膜过滤

ultrametamorphic rock 超变质岩

ultrametamorphism 超变质

ultramicon 超微细粒

ultramicro 超微的

→~-analysis 超微量分析

ultramicrocrack{ultramicro crack} 裂隙；微细裂隙；极细裂隙

ultramicrocrystal 超微晶体

ultramicrocut 超薄切片

ultramicro(-)earthquake 超微地震

ultramicro-element 超微量元素

ultramicrofiche 超微卡片

ultramicrofossil 超微体化石；超微化石

ultra(-)micrometer 超测微计；超级测微计

ultramicroscopic 超显微的；超微型的

→~ dust particle 超(显)微尘粒

ultramud{ultra mud} 超微泥；极微泥

ultramylonite 超糜棱岩；燧石状压碎岩

Ultranat-1{|3} ×捕收剂[油溶性石油磺酸盐]

ultra-Neptunian{trans-Neptunian} planet 海外行星

ultraray 宇宙线；宇宙射线

ultrarkose 超长石砂岩

ultrashort{ultra-short} wave{ultra shortwave} 超短波

ultrasima{ultrasimatic layer} 超硅镁层

ultrasonic 超音速的；超声的；超声波的；超声

→~ (wave){ultra-sonic} 超声波

ultrasonically emulsified frother 超声乳化起泡剂

ultrasonic apparatus for material testing 超声波材料试验仪

→~ cement analyzer 超声水泥分析器//~ examination 超声波检验法//~ extraction 超声抽提法//~ lithotresis 超声碎石术//~ particle monitor 超声波机械杂质监测仪

ultrasonics 超声学；超声波学

ultrasonic seismic scattering tomography 超声地震散射层析成像

→~ sensing device 超声感受装置//~ thickness test 超声波测厚//~ wave nondestructive testing 超声波探伤法

ultrasonograph 超声谱仪

ultrasound 超声波；超声

→~ tomography 超声层析成像法

ultrastability 超稳定性

ultrastructure 超微构造

ultrathermometer 限外温度计

ultra thick complexed gel 超稠多元胶

ultrathin section 超微薄片；超薄切片

ultratrace 超痕量

→~ analysis 皮量分析

ultratransformism 超变成(作用)

ultratransformist 超变成论者

ultraudion 反馈电路

ultraurtite 超磷霞岩

ultra-violet (ray) 紫外线

ultraviolet absorbing glass 无色吸收紫外线玻璃

→~ flame detection 紫外线火焰检测

Ultravon K{|W} ×润湿剂[十七烷基苯并咪唑一{二}磺酸盐]

Ultrawet 40A ×润湿剂[烷基芳基磺酸钠]

→~ DS ×润湿剂[烷基芳基磺酸钠,含活性物质85%]

ultrawide band signal generator 超宽带信号发生器

ultrophication 富营养化

Ulva 石莼(属)

Ulvaceae 石莼科

ulvan 石莼(胶)聚糖

ulvite 方钛铁矿[Fe$_2$TiO$_4$;Fe$_2$TiO$_3$];铁尖晶石[Fe^{2+}Al$_2$O$_4$;等轴]；钛铁晶石[TiFe$_2^{2+}$O$_4$;等轴]

ulvöspinel 钛尖{铁}晶石[TiFe$_2^{2+}$O$_4$;Fe$_2$TiO$_4$;等轴]

umangite 红硒铜矿[Cu$_3$Se$_2$;四方]

umbel 伞状花序；伞形骨针[绵]

Umbella 伞轮藻属；乌姆贝拉轮藻属[D$_3$]

Umbellaphyllites 伞叶属[植;P$_1$]

umbelliferous 具伞形花序的

Umbellina 小阳伞虫属[孔虫;D-C]

Umbellosphaera 伞球石[钙超;Q]

umber 褐土；褐铁矿 [FeO(OH)•nH$_2$O; Fe$_2$O$_3$•nH$_2$O,成分不纯]；棕土；棕色；赭土[俗称铁红,成分除赤铁矿外,大多为黏土矿物]；赭色的；铁锰质土

umbilic 地面缆线及管；脐点；脐带的

umbilical 支应线；控制管缆

→~ area 脐区[头]

umbilically-controlled 管缆控制的

umbilical perforation 脐孔

→~ plug 脐塞[孔虫]//~ seam{suture} 脐缝合线//~ shoulder 脐缘；脐肩//~ wall 脐壁

Umbilicaria 石耳属

Umbilicariaceae 石脐科；石耳科

umbilicaric acid 石耳酸

Umbilicosphaera 脐球石[钙超;K$_2$-Q]

umbilicular 脐状的

→~ edge 脐缘；脐棱//~ pore 脐孔

umbilicus 脐部

umbite 水硅锆钾石 [K$_4$Zr$_2$Si$_6$O$_{18}$•2H$_2$O; K$_2$(Zr$_8$,Ti$_2$)Si$_3$O$_9$•H$_2$O]

umbo[pl.-nes,-s] 盾中心的浮雕；隆起带；壳嘴；凸结；壳顶[腕、双壳]；鼓膜凸

umboldilite 硅黄长石

umbonal cavity 喙部腔

→~ chamber 喙腔[腕]//~ muscular scar 顶筋痕[腕]//~ spine 壳顶刺

umbonate{umbonatus} 具凸结的；具脐状突起的；具鳞脐的

umbone 喙；肩瘤

Umbonellina 准蜎螺属[腹;O-S]

Umbonium 蜎螺属[腹;N-Q]

umbozerite 硅钍钠锶石[Na$_3$Sr$_4$ThSi$_8$(O, OH)$_{24}$;非晶质]

umbra 本影[太阳黑子]；杂铁锰埃洛石；阴影区

umbrafon dune 背风近(沙)源沙丘

umbraticolous 栖阴的[生]

umbrella 伞；综合的

→(protective) ~ 保护伞

umbrept 暗始成土

umbric epipedon 暗色表层

Umbriel 天卫二

Umenocoleus 玉门蚌{甲}属[昆;K$_1$]

umfaltungsclivage 换位劈理[德]

umformer 变流器；变换器

umho 微姆(欧)

umin 硬铝

umite 硅镁石[(Mg,Fe)$_7$(SiO$_4$)$_3$(F,OH)$_2$];斜方

Umix ×乳剂[妥尔油与一种中性油如柴油或燃料油的乳剂]；乳剂；尤密克斯浮选捕收剂

Umkehr effect 倒转效应

umklapp process 倒逆过程

umland 腹地；郊区；城镇；影响范围[城市]

umohoite 水合钼酸铀矿；钼铀矿[(UO$_2$) MoO$_4$•4H$_2$O;单斜]；菱钼铀矿[(UO$_2$)(MoO$_4$)• 4H$_2$O]

umongite 黑金红石[TiO$_2$,含 Fe(Nb,Ta)$_2$O$_6$ 可达 60%]

umpire{arbitration} analysis 仲裁分析

→~ assay 仲裁试验

Umpire sampler 阿姆派尔型缩样机

umpolarization 退极化

umptekite 碱闪正长岩

unabr.{unabridged} 没有删节的

unaccelerated{self} aging 自然老化

unacceptable 不合格的

→~ product 不合格品；废品

unactivated state 未激活态

unadulterated 醇[ROH]

→~ sample 纯净水样；未混异物的样品{水样}

unaided eye 肉眼观察

unaka 残丘；大残丘

Unakite 尤纳卡石

unakite 绿帘花岗岩

unal 氨基(苯)酚[NH$_2$C$_6$H$_4$OH]

unalloyed 没有杂质的；纯的

→~ steel 非合金钢

unaltered 不变的；未加改变的；未改变的

→~{fresh} rock 新鲜岩石//~ rock 未蚀变的岩石；未变化岩石//~ zone 不变带

unambiguous 清楚的；单值的；明显{白}的；不含糊的；显明的

→~ solution 非分歧解；无歧义解

Unamite 尤纳麦特炸药[90 硝酸铵,5 碳吸收剂,5 硝基甲烷]

unanimity 一致[同意]

unarmored 无甲的；无被壳的
→～ cable 非铠装电缆
un(it)ary 一元的；一组分体系
unary diagram 一元相图
→～ operation 一元操作 //～ system 单成分系
unascertained clustering method 未确知聚类法
unassembled 未装配的
unassisted{unaided；naked} eye 肉眼
unassociated gas 气井气；非伴生气
Unatextisporites 单缝联囊粉属[孢;T₃]
unattended 自动化；自动的；无人看管的
→～ station 无人值班发电站；无人管理(泵)站
unattenuated 未衰减的
unaudited voucher 拒付的账单；未审核凭单
unavailability 无效；无法利用
unavailable energy 无效能
unavoidable 不可避免的
unbacked shell 不填砂壳型
unbalanced 不稳定的；不平衡；未结算的[账目]
→～{Wood Pecker} drill collar 偏重钻铤 //～ foe pump 不均衡供油燃料泵 //～ force 失衡力；非平衡力
unbalanced-pulley type vibrating 不平衡皮带轮式振动筛
unbalanced shothole 不平衡(爆破)炮(眼)
→～-throw machine{screen} 不平衡冲击筛；惯性筛
unbalance dynamic 动不平衡
→～-throw screen 不平衡冲击筛
unbiased 不偏的；未加偏压的
→～ conditions 无偏条件 //～ critical region 无偏临界区域 //～ importance sampling 无偏重要性抽样
unbiased sample 无偏倚样本
unbiassed{unbiased} error 无偏误差
→～ estimate 公正评价
unblank signal 启通信号
unblended 未混合的；未掺和的
unblind 电传印字机选择性控制；截断符号
unblinding 不堵塞的
unblocked set 未楔固支架
unboarded derrick 无遮挡井架；无塔布围护钻塔
unbonded 不结合的；非黏合的；无束缚的
→～ coating (管道的)未黏合绝缘层 //～ sand 不含黏结剂型砂 //～ strain ga(u)ge 非黏合应变计[工]；非固定型应变仪
unbound 非结合的
unbounded fracture 无边界裂缝
→～ function 无界函数 //～ reservoir 不封闭储集层 //～ type strain ga(u)ge 非固定型应变仪
unbound molecule 无束缚分子
→～ water 非结合水
unbranched-chain hydrocarbon 无支链烃
unbreakable glass 火山玻璃
unbreathable 不适于呼吸的
unbroken ground 非破坏岩层
→～{continuous} layer 连续层 //～ layer 未破坏层；完整层 //～ rock 未破碎岩石
unbuffered 无缓冲的；未缓冲的

unburned 未燃烧；未燃尽的
→～ brick 不烧砖；非烧制砖 //～ mixture 未燃混合气 //～ refuse 未燃垃圾
unburnt 来烧尽的；未燃烧；未燃尽的
→～{earthen} brick 坯 //～ tar-dolomite brick 不烧焦油白云石砖
uncap 揭露；透露
uncapped 开盖的；无管帽的
→～ fuse 未装雷管导火线
uncase 露出
uncased 无外壳的
uncasted overburden 未抛掷的剥离物
uncaved 未崩落的
uncemented 未粘接的；未胶结的
→～ fill 非胶结充填(料)
uncentralized 非集中性的
uncertain 易变的
→～ region 不可辨区
unchamfered{square-groove} butt welding 无坡口对接焊
unchangeability 不变性
uncharacteristic 无特征的
uncharge 卸载
uncharged 不付费的；不带电的；无载荷的；未装药的
→～ centre hole 不装药中心孔
uncharted 未知的；(海)图上未注明的
unchoke 消除堵塞
unchoking 清除堵塞；消除堵塞
unchuck 拆下卡盘；卸下钎卡
unciform 钩骨；钩状的[动]
uncinate 钩刺骨针[绵]
Uncinella 小钩贝属[腕;C]
Uncinula 钩丝壳属[真菌]
Uncinulopsis 拟钩丝壳属[真菌]
Uncinulus 倒钩贝；钩形贝属[腕;D₁₋₂]
Uncinunellina 仿倒钩贝
Uncites 似钩贝属[腕;D]
unclamped 未制动的；未锁住的
→～ elevator 开式吊卡
unclarified pregnant solution tank 未澄清的母液罐
unclasping 放松；解开
unclassified 不{非}保密的；无类别的；未分类的；未分级的
→～ excavation 混合回采；混采
unclear decoration pattern 饰花模糊
unclog circulation channels 疏通流通渠道
→～ outlet 不堵塞排料口
uncoated 不加涂层的
uncohesive 不黏结的
→～ particulate material 未黏结的颗粒物质[即"月壤"或月尘]
uncolored 无色的；未着色的
uncompacted gravel 不密实充填砾石；充填不密实的砾石
→～ sand 未压实的砂层
uncompaction 未压实
uncompahgrite 辉石黄长石岩
uncompensated 无补偿的；未补偿的
uncomplicated silicosis 纯硅肺病
unconceived resources 不可想象的资源
unconcentrated{sheet} flow 漫流
→～ flow 散流 //～ wash 片状侵蚀
unconcern 漠不关心
unconditional 无条件的
→～ expected payoff criterion 无条件支付期望值准则
unconditioned 自然的；无阻的；无约束

{条件}的；未调和的[浮]
unconfined 敞口的；自由的；不封闭的；不{非}承压的；非侧限的；无约束的；无限制的；未封闭的；松散的
unconfirmed credit 未确认信用证
unconformability 不整合性；不整合
→～ of lap 超覆式不整合
unconformable 不整合的
→～ bed 不整合层
unconformity 不整合；不一致；不相合；不相称；(使)成纹理
→～-vein type uranium deposit 不整合脉型铀矿
uncongealable 不冻结的
→～ dynamite 难冻炸药
unconsolidated 疏松的；不固结的；松散的
→～ deposit{strata} 松散地层 //～ formation 疏松地层 //～ material 不坚结物质
unconstrained 无约束的
→～ solution{|optimization} 无约束`解{|优化}
uncontaminated 洁净的；无杂质的；未污染的
→～ core 未染污岩芯
uncontrolled{spontaneous} blowout 意外井喷
→～ blowout 不可控井喷
unconventional 超脱[不拘泥成规等]
unconvertible 不能兑换的
→～ hydrocarbon 未能转化的烃
uncooled 未冷却的
→～ chamber 非冷却式燃烧室
uncork 未加塞的
uncoupling 去耦；解去联系；解开连接；脱开；摘钩[车辆]
uncoursed masonry 不分层毛石砌筑；堆砌坏工
→～ rubble 毛石[建] //～ rubble masonry 毛石乱层砌合；不分层乱石{整层粗石}坏工[蛮石乱砌] //～ square rubble 乱砌方毛石
uncovering 露出；开发；剥露；出露；揭露
→～ excavator 剥离电铲
uncracked 无裂缝的；未裂开的
→～ grain 未破裂颗粒
uncrossed 不受阻挠的；不交叉的；非交切的；未划线的
→～ polars 非正交偏光
unctuous 油质的；油脂感的；油性的
→～ clay 滑腻黏土
uncured phenolic resin 未凝固的酚醛树脂
uncurtailed production 不限制开采；未限量生产
uncut 未琢磨的；未掏槽的
→～{head} value 原矿品位
undaform 浪蚀(底)地形；浪成水底地形；波域海底；波浪形
undamaged 未损坏的
→～ formation face 未受污染的地层面 //～ well 未污染井
undamped 无阻力的；未衰减的
→～ harmonic oscillator 无阻尼谐振荡器 //～ pendulum 无阻尼摆；无阻力摆；节制摆 //～{sustained} wave 无阻尼波
Undaria 裙带菜属[褐藻;Q]；波皱贝属[腕;C₁]
undark (使)明亮；夜明涂料
undathem 浪蚀岩层；浪成地层；波域堆

积物
　　→~ facies 浅海岩相
und(ul)ation 起伏；波动；地壳韵律波动；
大波状褶皱
undation theory 波挠说
undaturbidite 浪成浊(流沉)积
undecane 十一(碳)烷[$C_{11}H_{24}$]
　　→~ phosphonic acid 十一烷基膦酸
[$C_{11}H_{23}PO(OH)_2$]
undecanoic acid 十一烷酸
undecanol 十一碳烷醇[$C_{11}H_{23}OH$]
undec(yl)ene 十一碳烯
undecomposed 未分解的
　　→~{undisturbed} explosive 未分解炸药
undecyl 十一基
undecylamine 十一烷胺[$C_{11}H_{23}NH_2$]
undecyl phenol 十一(烷)基苯酚[$C_{11}H_{23}$
C_6H_4OH]
　　→~-polyoxyethylene-ether-alcohol 十一
(烷)基聚氧乙烯醚醇[$C_{11}H_{23}(OCH_2CH_2)_n$
OH]//~ thiophanate 十一(烷)基噻吩烷
[$C_{11}H_{23}C_4H_7S$]//~ thiosulfate 十一(碳)
(烷)基硫代硫酸盐{[酯]}[$C_{11}H_{23}S_2O_3M$
{[R]}]
undefenced terrace 裸露阶地
undefinable 无界限的
undeformed 未变形的
　　→~ body 非变形体
undegraded material 未降解物质
undeniable 确凿
undepreciated 未遭贬低的；未贬值的
　　→~ balance 未提折旧余额
under-aerated bank 底部充气浮选机组
underbaked 欠烘的；未烘透的
underbalanced drilling 低压钻探
under-balanced drilling 低压钻井；负压
钻井
under bar 垫板
underbasement 底基底
underbead{internal} crack 内部裂纹
　　→~ crack 焊道下裂纹
underbeam 地梁；底梁
under-belt 下段胶带
underbelt fines 下部回程胶带的粉末
under bevel 锐角坡口
　　→~-boarding 垫板
underbody 底架，船体水下部分
under-bracing 下支撑
underbreak 巷道欠挖；欠挖
underburden 下伏岩层
underburned clinker 欠烧熟料
under burned lime 欠火石灰
underburner-type oven 下{底}燃烧器式炉
underburning 欠烧；未烧透的
underburnt 欠火；未烧透的
undercast 基底{底巷；下部}风桥；下(视)
密云；下风巷
　　→~ air-bridge 下行风桥
under chain{|beam} 下链{|梁}
underclay 底土岩；底黏土层[煤层下]；
底黏土；底层黏土；根土岩；耐火黏土
　　→~ limestone 底灰岩；(作为)煤层底板
的灰岩
undercliff 滑动崖下坡；脚坡；底黏土；
底部页岩；崩崖；崖底阶地
under cliff 崖底堆积物；下崖坡
undercompactingundercompaction{shale}
欠压实的页岩
under {-}compensation 欠补偿

underconsolidated soil deposit 未固结泥
土沉积
underconsolidation 欠固结；低度固结(作用)
under construction (在)施工中；(在)构造中
　　→~ control 受控
undercooked 欠火
undercooled{supercooled} graphite 过冷
石墨
undercoupling 欠耦合；耦合不足
undercroft 地下室
undercrossing 地下通道
undercrowding 欠拥挤度
under-current cutout 低限电流自动断路器
undercut 底槽；底部掏槽；切底；潜挖；
根切[齿轮]；从下部切开；拉底；空刀；
下部凹陷；卧底；挖空下部；暗掘；掏底
　　→~ (effect) 底切//(sidewall) ~ 咬边
under cut 焊接咬边；底部截槽；齿轮根切
undercut and fill mining method 下行采
掘充填开采法
　　→~ arc door{gate} 下截式扇形闸门
//~ arc gate{door} 扇形闸门//~ bolt
下凹螺栓//~ method 截槽方法
undercutter 截煤机
undercutting 基蚀；底切；底部掏槽；切
底(作用)；钻杆接头(坐吊卡处)下端面磨
蚀[导致防磨硬合金层剥落]；凹割[机]；下
切；暗掘；淘蚀；掏蚀作用；掏蚀；掏槽
　　→~ chamber 拉底矿房{硐室}
underdamp 欠阻尼{力}
under-damped motion 弱阻尼运动
underdamping 弱衰减；欠阻尼{力}
underdeterminant 子行列式
underdetermined equation 欠定方程
underdeveloped 不太发育的；不发达的；
未充分发育的
　　→~ reservoir 未充分开发的油藏
underdeveloping{underdevelopment} 显
像不足
under digging depth 挖掘深度
　　→~ dip coal 下山煤
underdose 用量不足[药剂]；剂量不足
underdraft 轧件(离轧辊时)下弯
underdrain(age) 地下排水；暗沟；阴沟；
暗排；聚水系统
underdrilling 超钻；钻孔加深
underdrive 传动迟缓
underdriven buhrstone mill 底动石磨
underdrive press 下部传动压力机
underearth 地球内部；底黏土；底土[煤层]
underedge 下部边缘
　　→~ stone 底板岩石
underexposure 欠曝光；照射不足
underfall 山坡下部
underfeed 地下补给；供料不足；慢速推
进；下部进料
　　→~ firing 下饲式燃烧//~ furnace 底
部进料炉//~ stoker 火下加煤机
underfilm 内膜；下膜
　　→~ corrosion 膜下腐蚀
underfired brick 欠火砖
under-firing 欠烧
underfit meander 无能曲流
underfitness of river 河流不适性
underfit stream 不相称河；不适河
underfloor 地板下面；(在)地板下的；(钻)
台板之下
　　→~ manure tank 地下粪尿池//~ type
receiving tank 地下式蓄水池

underflow 沉砂；地下水流；河床下水流；
地下径流；底流[浓缩机、水力旋流器等]；
潜流；伏流；(分离器的)分出物；下溢
under{underground;phreatic} flow 潜水流
underflow conduit 河下潜水道；潜水流
排出沟{管}
　　→~ cone scraper 底流锥刮板//~ dis-
charge plough 筛下物卸料刮板//~
product 淤泥[0.002~0.06mm]
underfoot (在)巷道底上的；(在)脚下
underframe 底座；底托架；底框；底架
　　→~ trap 底座导向滑靴
undergage{flat} bit 钝钎头
　　→~ reaming shell 钝扩张器
undergauge 尺寸不足；短尺
underglaze decoration{colors} 釉下彩
　　→~ red 釉里红
undergoing deformation (在)变形中
　　→~ tests (在)试验中//~-under grate
blast 炉底进风
undergrade goods 次品
under-grate blast 炉底吹(鼓)风
undergrinding 欠磨；磨矿细度不够；碎
磨不足
underground 地下的；地下；地道；隐蔽
的；坑下；坑内；井下
　　→~ blast hole drilling 井下炮眼钻凿
//~ chamber 地下室//~ engineer-
ing{construction;constitution} 井巷工程
//~ flooding 油层注水//~ flow 渗流
Underground Freight Transport 地下物
流运输
underground{pit} furnace 均热炉
　　→~ lighting in hardcoal mining 地下煤
矿照明//~ liquefied petroleum gas
storage 地下液化石油气库//~ man-
ager 采矿主任//~ mapping 矿坑制图
//~ mine 盲矿山；矿井//~ mining
地下采矿//~ mining methods 井下采
矿法分类//~{rock;ground} pressure 矿
山压力//~ pressure 岩石压力//~
quarrying operation 地下采石作业//~
railroad station 地下铁道车站//~ re-
construction 矿井改建{进}//~ re-
sources 矿产资源//~ water seal stone
cave oil reservoir 地下水封石洞油库
underhand 欺诈的；欺诈；秘密；俯采式
的；下向梯段式的；下
　　→~ double stope 下向双翼回采工作面
underhanded 暗中的
underhand longwall 下向回采的长壁法
　　→~ single stope 下向单翼回采工作面
//~ stope 下向梯段回采工作面//~
work 下向凿岩；下向采掘
underhang lining 吊框支柱
under(-)heating 欠热；加热不足
underhole (底部)掏槽
underhollow 底部掏槽；底部截槽
underhung (在)轨上滑动的
　　→~ tubbing 吊挂丘宾筒
under-inflation 充气不足
under lancet plate 下尖板[棘海雷]
underlap 遮盖；重叠
　　→~ rope 下出绳
underlay 倾斜(余角)；底层；下延矿体；
下伏(层)；位于下部
underlaying{subjacent;underlying} bed 下
伏层
underlay lode 倾斜矿脉；下部矿脉

→～{underlie;underlying} shaft 下盘斜井

underlevel 平硐

under level (在)水平下

underlevel work 平硐开拓

underlie 下伏层;(横撑支柱)上仰角;横在……的下面;倾斜交角;底层;延伸{下延}矿体;下伏{层};位于下部

underlie coal seam 下部煤层

underling{slope} toe 边坡坡脚

underlip 槽形溜口闸门

under load 欠载装药;负载不足
→～-load circuit breaker 底负载断路器;欠载断路器

underloaded stream 少泥沙河流;轻载河流

underlooker 矿长;井下`工长{工务员}

underlying 基础的;底层的;根本的;作{做}基础的;在下的
→～ asthenosphere 下伏软流图

under-manager 副矿长

undermass 基岩;伏体;下伏岩体;角度不整合(面)下的岩系

undermelt deposit 底融沉积

undermelting 底融作用(浮冰);下融

undermigrate 偏移不足

undermining 基蚀;地下采矿;底部截槽;底部冲刷;潜挖;采动;拉底;下采;搅拌不足;淘蚀;掏蚀作用;掏蚀
→～ blast 坑道爆破//～ of supporting soil 持力层土的掏挖

undermixing 混合不均{匀};搅拌不足

undermodulated 欠调制的

underpan{under pan} 底盘

underpass 地下通(铁)道;地道;高桥下通道;下穿交叉道

underpin 支撑;承托

underpinned pile 托换桩

underplating 底侵(作用)[地壳底部侵位]
→～ (process) 板(块)下作用//(sialic)～ 板底(垫托)作用

underplight 冻融扭曲底层

underpoled copper 还原不足的铜

underpopulation 人口不足

underpower 低功率;功率不足;动力不足

under-prediction 预测偏低

underpressured reservoir 欠压储集层

underpropping 支柱;立柱支护

under quick sand mining 流沙层下采煤

underrate 轻视;低估

under-reaction 弱反应

under-reamed foundation 扩底基础

underreamed pier 扩底墩

underreamer 管眼扩大器;扩孔钻头;扩孔器
→～ cutter 管鞋下扩孔器的推出式切刀;(套)管下扩眼器刀刃

underream{underreaming} fluid 扩眼液

under reaming (套管鞋)下扩孔
→～-reaming 扩底

underreaming bit 套管鞋下扩孔钻头
→～ pile 底扩桩

underreinforced (混凝土)配筋不足

underrelaxation 低松弛

underriding 俯冲

under rope haulage 车下无极绳运输
→～ rope system 下绳式

undersaturated 欠饱和的
→～ permafrost 未饱和(冰)的永冻土

undersea 水下;海面下的;海底的
→～ biomedicine 水下生物医学//～

boat 潜水艇//～ delta 海下三角洲//～ electrical corer 海下电动取样管//～ lightware communication 海底光缆通信

undersealing 底封[为防尘]密封(汽车)底部

underseam 深部煤层;底部煤层;下伏岩层

undersea satellite 海下潜球
→～ scientific expedition 海底科学考察//～ tube 海底隧道

underset 逆流;支撑;与海面流向或风向相反的潜流;放在下面;下伏矿脉;下部支撑;下部矿脉

undershooting 水下激发[震]

underside 内面;下面;下侧;断层底板翼;下盘[断层]
→～ welling 仰焊

undersize 筛下物;减小尺寸;尺寸过小;尺寸不足
→～ (collection) 筛下产品//～ collection manifold 筛下产品集矿管//～ core 磨小的岩芯,小于标准尺寸的岩芯

undersize rate 块煤下限度
→～ screen 细粒筛//～ tolerance 小粒容许量

underslung 车架下的;悬挂的;下置的;下悬式
→～ conveyor 悬挂式输送{运输}机

undersoil 底土;下层土

understratum 底部地层

under stratum 下层;下部地层
→～-stream{on-stream} period 运转期//～-stream period 使用期;工作期

undersurface 地表下的
→～ filling {|loading} 液面下灌注{|装}

undersurveying 矿山测量

underswing 负脉冲(信号)[电];负尖峰(信号);幅度不足

undertaker 企业家;采砂船埋桩工;承办人;计划者

under the jurisdiction of 在……权限之下
→～ the shaft 井下//～ the top 巷道留顶煤//～ thread 底线

underthrow 下向通风支流

underthrust earthquake 俯冲断层地震
→～ fault 逆袭断层

underthrusting 下插

undertow 回流;回卷;底流[浓缩机、水力旋流器等];底梁;底回流;裂流;离海回流;下层逆流;拖曳流
→～ current 近底层补偿流

under-tub (rope) haulage 车下无极绳运输
→～ rope 下绳式

undertucking 向下卷入
→～ of flysch raft 复理石漂浮体向下挤入

under-utilization 利用不足

underviewer 井下工长;井下工务员

under-voltage circuit breaker 欠压断路器;低电压断路器

underwall 底帮

underwater 水中的;水下的;水下;水底的;地下水;潜水的;层边水;边缘水;下游
→～ jigger 水下筛矿器

underway 水底通道;正在进行;在航
→～ bottom sampler 走航式底质采样器

underweight 长壁法采矿截槽面上的顶板压力;重量不足

underworkings 地下巷道;井下巷道

undesirable 不希望有的;不合理
→～ component 有害组分//～ geo-

logic phenomena 不良地质现象

undetectable 探测不到的

undetected 未检测到的

undeterminable 难确定的;不可测定的

undetermined 未定的
→～ factor{multiplier} 待定因子//～ multiplier 未定因子

undetonated 未爆炸的

undeveloped 不发达的;未开拓的;未开发的;未发展的
→～ region 未开发区//～ thing 胚芽

undevitrified 未脱玻的

undifferentiated paleozoic dolomites 未分异古生代白云岩

undigested 未分解的;未处理的
→～ sand 未熔解矿砂

undiluted 纯粹的;未稀释的

undiminished 等幅的;非阻尼的

Undina 水神鱼属[J_3];波神星

undiscovered accessible resources base 待发现的可及资源底数
→～ geothermal resources 待勘探的地热资源//～ possible reserves 待发现可能储量;未发现的可能储量//～ resources 未经发现的资源

Undispiriferoides 似波浪石燕属[腕;D_1]

undissociated molecule 不离解分子

undissolved 不溶解的;未溶解的
→～{insoluble} residue 不溶残余

undissolving 不溶的

undistorted 不歪曲的;不失真的;无失真;无畸变的;未变形的
→～ model 正态模型//～ signal 不失真信号

undistributed profit 未分配利润

undisturbed 静止的;未扰动的
→～ rock 未开掘岩石//～ strata 未变动岩层

undivided-interest pipeline 合资管线

undivided surface 无分水(岭)的地面

undomed salt 非盐丘的盐

undoubtedly 肯定地;毋庸置疑地

undrained 水系不发育的;未排水的

undressed 生的;未选的;未修琢{整}的;未加工的;未处理的
→～{green;crude} ore 未选矿石

undrillable 不能钻的;不可钻的

undrilled 未钻的
→～ proved reserves 未经钻探的证实储量

undue 过分的;过度的;非法的;未到期的
→～ wear 早期磨损

undulant axial plane 波状轴面

undulata 带纹玛瑙[SiO_2];波纹玛瑙

undulated 波状的;起伏;波浪形的;波动;呈波浪形;起伏的
→～ seam 波状层//～{curved} structure 波纹构造

undulating 丘陵的;起伏的
→～ borazon 波状层

undulation 波状;波纹

Undulatisporites 波缝孢属[E_1]

undulator 波纹印码机;波动器

undulatory bed 波状地层
→～{oscillatory} extinction 波动消光//～ layer 波状起伏层//～ zone 波状消光带

Undulatosporites 蠕脊单缝孢属[T_3]

Undulatula 皱蚌属[双壳;J]

undulatus 波状云；波状；波形[叶缘]

undulose layer 波状层

Undulozonosporites 波环孢属[K₂-E]

unearned profit 非营业利润

unearth 出土；发掘；挖掘；暴露
→~ buried treasure 发掘地下宝藏；挖掘地下宝藏

unearthed 采掘出的；未接地的

uneconomic 不实用的；不经济的

unemployed{stand-by;down;idle;standing; delay;dead} time 停歇时间

unemployment 失业

unenhanced image 未增强影像

unenriched ore 未富化矿石
→~ uranium 未富集铀

unequal 不平均的
→~ activity principle 不等活动原理 //~ section charge 不同格装药

unequigranular 非等粒状

unequilibrated 不平衡的；非平衡的

uneven 参差不齐；不平坦的；不均匀的；奇数的；奇函数
→~ distribution of 不平衡的分布 //~ surface 粗糙面

unexpected 意外的；想不到的；突然的
→~ pay 不可预见费用 //~ shutdown 意外停产{输}

unexplained 未解释的

unexploded 未爆炸的

unexploited 未开发的；未开采的
→~ well 非开采井；未开采井

unexplored 未勘探{查}的
→~ region 未勘探地区

unexplosive 不爆炸的
→~ boiler 防爆锅炉

unexposed 未曝光的

unexsolved 未出溶的

unfacetted 无磨面的

unfailing spring 永不干涸泉(水)

unfaithful intentions 外心

unfamiliar feature 未知要素

unfasten 解开；松开

unfathomable 深不可测的；难以量测的

unfaulted crust 未断裂地壳
→~ downwarp 非断裂下挠 //~ syncline 无断层向斜

unfavorable 不利
→~ area 不利地区 //~ balance 入超；逆差；赤字 //~ geology 不良地质

unfilled 不饱满
→~ bitumen 纯沥青 //~ nog 未充填垛式支架 //~ square-set method{system} 无充填方框支架开采{采矿}法 //~ square-set system 不充填方框支架采矿法

unfiltered 未过滤的
→~ image{|radiation} 未滤波图像{|光射线}

unfined brick 干烧砖

unfinished product 非最终产品

unfired 不用火加热的；不烧的；未爆炸的
→~ agglomerate{sinter} 夹生烧结矿 //~ semi-stable dolomite refractory 不焙烧半稳定白云石耐火材料

unfit 不适合

unfix 拆下；解下

unfixed sand 未固定砂
→~ soil 非固定土壤

unflammability 不燃性

unflanged 无凸缘的

unflowing{nonflowing} well 非自喷井

unfoamed crosslinked gel 不发泡交联凝胶

unfolded 展开的；未褶皱的
→~ zone 非褶皱区

unfolding 消褶皱作用

unforeseen 未预见到的
→~ danger 意外危险

unfossiliferous 无化石的

unfractionated 未分异的；未分馏的

unfree water 不自由水；非自由水

unfreeze (funds,assets,etc.) 解冻

unfreezing 冻融；解卡[钻具或钻杆]

unfrozen 不冻结的
→~ layer 不冻层；非冻层 //~ water content 未冻结的水含量

unfused 未熔化的

ungainly 丑陋的

ungated 闭塞；截止的；无门的
→~ noise 非选通噪声

ungavaite 四方锑钯矿[Pd₄Sb₃]

Ungdarella 翁格达藻(属)[C-P]

ungear 脱齿

ungelled 未胶凝的；未成胶的

ungemachite (菱)碱铁矾[K₃Na₈Fe³⁺(SO₄)₆(OH)₂·10H₂O;六方]

unghvarite{unghwarite;ungh warite} 绿脱石[Na₀.₃₃Fe₂³⁺((Al,Si)₄O₁₀)(OH)₂·nH₂O;单斜]

unglazed crucible 素烧坩埚

ungot 未采掘的

ungraded stream 不均夷河流
→~ valley profile 不均衡河谷纵剖面

ungrease 脱脂

ungrounded 不接地的

unguent 润滑油；软膏

unguentum 烧伤药膏

ungues 爪状花瓣底部[植]

unguiculata 有爪类

Unguicutata{unguiculata} 有趾类[哺]；有爪类[哺]

unguiform 爪形；蹄状

unguis[pl.ungues] 爪状花瓣底部[植]；爪[动]；蹄

ungula 蹄状体；蹄

Ungulata 有蹄类

ungulate 有爪的；蹄状的

ungulates 有蹄类(动物)

unguligrade 蹄行性

Ungulinidae 蹄蛤科[双壳]

ungvarite{ungwarite} 绿脱石[Na₀.₃₃Fe₂³⁺((Al,Si)₄O₁₀)(OH)₂·nH₂O;单斜]

unhearth 比发育不全；畸形

unheated line 不加热管线
→~ sludge digestion tank 不加温污泥消化池

unhewn 未修琢的；未采掘的

unhindered 无阻的

unhydrated 未水化{合}的
→~ plaster 未水化灰泥

unhydration layer 未水合层

unhygienic 不卫生的

uniaxial 单轴的；一轴的

unibody 单片式车身汽车

uniboomer 单响地震仪

unicell 单细胞

unicellular 单细胞的

unichlor 氯化石蜡

unicity 单一性；唯一性

uniclinal 单斜的

→~ {one-limbed} flexure 挠曲 //~ fold{flexure} 单斜挠曲 //~ shifting 顺斜面移动

unicline 单斜

unicomponent 一元的
→~ magma 一元岩浆 //~ system 单元系

Unicone joint 尤尼康型快速接头

Uniconus 同环节石属[竹节石;D₃]

Unicorn 麒麟座

unidentate 单锥型

unidentified flying object 不明飞行物体；飞碟
→~ form 不同形态

unidirectional 单向的；单方面的
→~ glass type 玻璃纤维无纬带 //~ heating 单传热

unidirectionality 单向性

**unidirectional loading `multiple anvil{|link type cubic} ultra high pressure device** 单向加载`多压砧式{|铰链式立方体}超高压装置
→~ orientation 单向定位{向} //~ prover 单向标准体积管 //~ {single-ended} spread 单边排列 //~ track 单向运行轨道

unified coarse thread 统一标准粗牙螺纹
→~ dilatation 均匀膨胀 //~ miniature screw thread 统一标准小直径螺纹 //~ plan 综合规划

uniflow 顺流；单向流动；单流；直流
→~ tank furnace 纵火焰池窑

uniflux 单向流动

unifluxor 匀磁线

uniform 齐的；不变化的；一致的；一样的；均匀的；相等的
→~ amplitude 等幅 //~ draw 均衡放矿 //~ flow 等流 //~-flux fracture 流量均布型裂缝

uniformitarian 均变论的{者}

uniformity 单调；匀细度；一致性；一致；均质性；均匀性；均一性；统一；同类
→~ (coefficient) 均匀度 //~ coefficient{ratio} 均匀系数 //~ diagram 均等性图解

uniform medium 均质体

unignited 未点燃的[放炮]；未点燃

unijugate 具一对小叶(片)的[植]

unijunction 单结

unilacunar 单叶隙的[植]

unilateral 片面(契约)；单向的；单方面的；单侧的
→~ conductivity 单向传导 //~ extraction 单翼开采 //~ fault 单向扩展断层

unilateralization 单向化

unilateral mine 单翼(开采的)矿山{采区}
→~ screening 单边屏蔽 //~ stream 一侧支流水系 //~ switch 单通开关

unilinear 共线的[若干个点]

unilobate 单叶的

unilobite 单叶迹[遗石]；单裂片{瓣}

unilocular 单室房的[孔虫]；单壳室的

Unimag 优尼麦格磁力仪[一种微型磁力仪]

unimolecular{monomolecular} film 单分子膜
→~ layer 单分子层

uninervate 单脉的[植]

uninflammable 不易着火的；不易燃的

→~ coal 不易燃的煤 //~ film 不燃性膜

unintentional 无意的
→~ pollution 无意污染

uninteresting 干燥

uninterrupted 不停的；连续的；不间断的
→~ cycle 连续循环；不断循环 //~ cycle of erosion 完整侵蚀旋{轮}回 //~ power supply 不中断电源

uninvaded 未被侵入的

Unio 蚌；珠蚌(属) [双壳;T3-Q]

uniolite 纯黝帘石[Ca2Al3Si3O12OH]

union 活接头；管节；拧上管子；工会；内接头；螺纹接头；连接(管)；联结(合)；结合；接头；接管嘴；并合；并(集)

Union carbid PP 425 ×起泡剂

union elbow 弯接头
→~ ell 联管弯头 //~ flange 接合凸缘

Union Francaise des Geologues 法国地质学家协会

unionite 纯黝帘石[Ca2Al3Si3O12OH]

Unionites 蚌形蛤属[双壳;T]

unionized 未电离的
→~ dipole 非离子化偶极子

union joint 管子接头
→~ of two sets 两集合的并集 //~ purchase system 双索单钩吊货系统；双杆联吊起重系统 //~ tee 丁字管节

unipetalous 单瓣的

uniphase 单相的；单相

unipivot 单支枢(的)；单枢轴
→~ support 单轴支撑式；单点支撑式

uniplanar 单平面的；单面延展的；位于{发生在}同一平面的
→~ orientation 独面取向

uniplicate 单褶型[腕]；单折的

unipod 单腿的(支架)；独脚架

unipolar 单轴的；单尾的[神经细胞等]
→~ bomb 一端伸长火山弹

uniprocessor{uni-processor} 单处理机

unique 单值的；唯一；独一无二的东西；独特的；极好的
→~ direction 单向[晶体中与其他方向的性质均不相同的唯一方向] //~ facies 单相 //~ factor 单一因子；唯一因子 //~{salient} feature 特征 //~ form 单值形

uniqueness 单值性；唯一性
→~ of solution 解的唯一性

unique paint{point} 特征点

uniramous 单肢型

unirend TNT 硝铵型安全炸药

uniselector 单动作选择器

uniset 联合装置；通用远距输入-输出设备

unisexuality 单性[动植]；男女不分；雌雄异株；无性别特征

unishear 手提电剪刀；单剪机

unisilicate 单硅酸盐
→~ {monosilicate} slag 单硅酸渣 //~ slag 单矽酸渣

unisol 尤纳素；酸化用的低黏煤油与酸配制的乳状液

unison 一致；调和

unisparker 单火花发生器

unissued capital stock 未发行股票

unistrate 单层的

unisulcate 单褶缘型；单槽缘型；单槽凹的[介]

unit 车间；电源；滑轮；滑车；单元的；

个体；部件；附件；附加器；组合；组部；组；装置；装备；整数；队
→(aggregate) ~ 机组 //~ advance 移架步距

unitaite 硬沥青

unitary 单元的；单一的；个体的
→~ analysis 单价分析 //~ atomic scattering factor 单式原子散射因子 //~ concentrate 单位精矿回收 //~ matrix 酉(矩)阵

unit bed-material discharge 河流单位宽度泥沙排放量

united enterprise 联合企业
→~ {unite} interface displacement 联合界面位移

United Kingdom 联合王国；英国
→~ Nations 联合国 //~ Nations Educational,Scientific and Cultural Organization 联合国教科文组织 //~ Nations Environment Program(me) 联合国环境规划署

unit{percentage} elongation 伸长率

uniterminal axis 单端(对称)轴

unit{joint} exploitation 联合开发
→~ exploitation 几家公司联合开发 //~ flotation cell 单槽浮选用的浮选机 //~ foremen 采区区长

unitgraph 单位线；单位过程线

unit ground loop 单一地层感应回线
→~ head 组合机床动力头

unitization 单元化；联合开采；联合经营；一体化
→~ of field 油田统一开发

unitized 组合的；联合的；成套的
→~ project 统一开发规划 //~ substructure 组件底座；组合底座[井架] //~ template 整件式底盘

unit length of the axis 轴单位长
→~ mine design and scheduling 矿山设计及进度计划 //~ of capacity 容量单位 //~ of conductance 电导[导纳；风导]单位 //~ of consistency 稠度单位

unitor 连接器

unit performance 开发区动态；开采单元动态

unitrypa 独苔藓虫属[S-D]

unit shaft resistance 单位侧面阻力
→~ slab 最小单位块体[等配位异构造物中]；结构堆叠单位 //~-support system 成套支架支护法 //~ surface mining 露天采矿 //~ temperature gradient 单位深度的增温梯度

unituning 单钮调谐；同轴调谐

unit vector 单位矢量

unity 单{均；唯；统；独}一；单位{数}；整体；元素；一致；同质
→~ gain 单位增益

univalence{univalency} 一价
→~ {univalency} 单价[化]

univalent 单价的；一价的

univalve 单壳类；单壳(的)

Univalvia 单孔类；单壳类

univariance 单变量

univariancy 单变性

univariant curve{line} 单变线[等压]
→~ {monovariant} equilibrium 单变平衡

univariate analysis 单变量分析；一元分析
→~ coefficient of kurtosis 单变量峰度系数；一元峰度系数 //~ coefficient of

skewness 一元偏斜系数

Univatic shifter Univatic 移动装置

universal 普遍的；宇宙的；万能的；通用的
→~ {cosmic;universe} abundance 宇宙丰度 //~ boiler graphite 通用洗锅石墨 //~ electric meter 万用表

universalization 普遍化；通用化

universal joint 万向接头关节
→~ kriging 泛克里格法 //~ mining machine 通用型采矿机 //~ pipe wrench 自由管钳 //~ plant indicator 通用植物指示剂

univoltage 单电位{压}

uniwafer 单圆片；单片

unjammed 未卡死的[钻具]

unkey 挖石；掏槽

unkindly 不值得开采的

unkn 未知数；未知的

unknown 未知元{量}；未知的
→~ (number) 未知数

unlabel(l)ed 未做标记的

unlabel(l)ed block 无标号信息块{组}

unlagged 无护面的；无背板的

unlatch 打开卡闩；开闩

unlay 解开绳股

unleaded fuel{gasoline;gas} 无铅燃料
→~ fuel 不加铅燃料

unlevel(l)ed 未平整的

unlicensed cabarets 地下舞厅

unlighted fuse 未燃着导火线

unlikeliness 不一样；不大可能

unlike material 不同材质

unlimited 无限的
→~ ceiling 无限云幕

unlined 无支架；无炉衬{井壁；衬套；衬里}的；未衬砌的
→~ canal 无衬砌渠道{运河} //~ shaft 不砌壁井筒；无砌壁立井

unlink 摘钩

unlithified 未岩化的；未石化的

unload{discharge} a cargo 卸货

unloaded 未装药的
→~ {void;empty;uncharged;blank} hole 未装药的炮眼 //~ stream 荷载不足河流

unloader 卸载机；卸货器

unload (goods,etc.) from a vehicle 卸车

unloading 释压；去(负)荷；排液；放空；卸荷；减载
→~ area 卸载场 //~ gantry 卸煤栈桥；卸矿天桥 //~-stocking{ore(-handling)} bridge 卸矿栈桥

unlocated assay 不定位分析

unlocked{unlock} gimbal 随动万向架
→~ particle 解离粒子

unlocking 分离；解离；解开
→~ force 开锁力

unmagnetized 未磁化的

unmanaged flexibility 自由浮动

unmanned 无人的
→~ factory 无人工厂 //~ probing 无人控探测 //~ satellite 不载人(的)卫星 //~ station 遥控泵站

unmapped 地图上未标明的；未绘制地图的
→~ fault 未填出断层；未绘出断层 //~ geologic feature 未被填出的地质要素 //~ topographic feature 未被测出的地形要素

unmapping area 空白区；未填图区

U

unmarked end 磁针指南端；未标注端
unmashed fine coal 原末煤
unmeasurable 不可测(量)的
unmetamorphosed bed 未变质岩层
unmigrated 未偏移的
　→～ stack section 未偏移叠加剖面
unmined 未开采的；未采矿体
　→～ territory 未采区域
unmineralized district 无矿化地区
　→～ froth 非矿化泡沫
unmixed 不混合的；醇[ROH]；未混合的
unmixing 不融合；离析；分凝；不混合；分离；出溶
　→～ of solid solution 出溶//～ system 不混溶系//～ texture 熔离结构；分熔结构
unmodified 未改性的
unmounted drill 无架凿岩机
unmoved mover 静态动力
unnatural condition 非天然条件
unnavigable 不通航的；不可通航的
unneat beading 花边
unneutralised proton 未中和质子
unobservable 不可观测(的)
unoccupied level 未满能级
unode 单切面结点；重点
unoil 去油；除油
unoriented 不定向的；无向的；无定向的；未定向的
　→～ region 未取向区
unoxidized 未氧化的
unpadded cast 无衬石膏管型
unpainted clay idol 泥胎[尚未着油彩的泥像]
unpaired belts 非双带
　→～ bone{|fin} 不成对骨{|鳍}//～ {median} fin 奇鳍//～ metamorphic belt 单变质带；不成对变质带
unpasted 不涂浆(膏)的
unpay{unpayable} 无利的；无经济价值的[矿产等]
unpayable ore 无经济价值的矿石
unpenetrated bed 未穿透岩层
　→～ beds 未被穿透的层
unpermeability 不透水性
unpigmented 无颜料的；未染色的
unpitched sound 噪声；无音调的声音
unplanned{accidental} explosion 意外爆炸
unploughable 不能用刨煤机开采的
unplug 去掉障碍物；拔去塞子{插头}
unplugged formation 孔隙未填塞岩层
unpolarized 非偏振的；未极化的
unpolarizing 去极化
unpolished{rough} rice 糙米
　→～ stones 顽石
unpolluted{uncontaminated} zone 未污染带
unpowered 手动的
unpredictable 不可预料{见}的
unpressurised diving system 常压潜水系统
unprocessed 未加工的
　→～ information 未处理信息
unproductive 没有收益的；不生产的；废的；无价值的
　→～ area 不产油地区//～ stratum 非工业矿石层
unprospected{unproven} area 未勘探地区
unprotected 无防护的；无保护的；未加保护的

　→～ field 非保护域//～ reversing thermometer 开端颠倒温度表//～ tool joint 未加焊抗磨圆的钻杆接头
unproved 未证实的
　→～ reserves 待证实储量
unproven 未证实的
　→～ area 未探明区
unrammed 未捣实{固}的
unrecovered cost 未能收回的成本
　→～ mosaic 未修正镶嵌图//～ oil 残留石油；未采出石油//～ strain 非弹性部分的应变
unreduced cell 未约化晶胞
unreel 解绕
unreeling of tape 拉开皮尺；松开卷尺
unreeve 从孔中拉回(绳索)；将绳索退出(滑轮等)
unrefinable crude oil 不适于炼制原油
unrefined 未精制的；土
unreflected 未反射的
unregulated 未稳压的
unrelated business income 非本行业的收益
unreliability 不可靠(性)；不安全(性)
unreliable 不可靠的；不安全的
　→～ figure 虚数
unremittance 不间断性；非衰减性
unrequited exports 无偿出口
unrest 动乱；不安
unrestrained compression apparatus 无侧限(抗)压缩仪
unrestricted 自由的；非约束的
　→～ change of shape 自由变形//～ flow 不加限制流动//～ water 自由水流
unripe peat 生泥炭
unrivet 拆除铆钉
unrolling 展开；展卷
unroofed{breached} anticline 蚀顶背斜
unruffled 镇静
unsafe 不安全的；危险的
unsampled 未取样的
unsanded gypsum plaster 无砂石膏粉刷
unsaponifiable 不皂化物
　→～ matter 非皂化物
unsatisfied chemical bond 不饱和键
　→～ electrical charge 电荷不足
un(der)saturated 不饱和的；非饱和的
unsaturated acid 不饱和酸
　→～ benzene hydrocarbon 不饱和苯烃
un(der)saturated rock 不饱和岩
unsaturated soil 不饱和土；非饱和土
　→～ vapour 未饱和汽//～ {vadose; aeration;intermediate;aerated} zone 充气带//～ {vadose} zone 通气层
unsaturates 不饱和物
unsaturation 不饱和；未饱和
unscreened 不混合；无遮挡的；未筛选的；未筛的；未屏蔽的
　→～ gravel 混砂砾；天然沙砾//～ sand 未过筛砂
unscrew 拧松(螺纹)；卸螺纹
unseal 拆封
unsealed 非密封的
　→～ reservoir 未封闭储层
unseasoned timber 未风干木材
unseen{latent} obstacle 暗礁[水下的礁石]
unserviceable 不能使用的；无用的
unset 释放；解封；未坐封的；未凝固的
　→～ resin 未凝固树脂
unshadowed 无暗影的

　→～ area 无阴影区
unshared composite beam 无支撑叠合梁
　→～ electron pair 未共享电子对
unsheltered 无遮蔽的；无掩蔽的
unshot toe 残炮(根部)；残留炮窝；残底
unsized 未(过)筛的；未分粒级的
　→～ {unscreened} coal 非过筛煤//～ ore 未过筛矿石
unskilled 不熟练的；无经验的
unslaked 生的
　→～ lime pile 生石灰桩
unslugged 无磁滞的
unsmoothed curve 不光滑曲线
　→～ data 未平滑数据
unsnap 摘开
unsoluble 不溶解的
unsolvability 不可解性
unsound 不稳固的；不健全的；不坚固的；不安定的
　→～ cement 变质水泥；无稳定体积水泥
unspent acid water 未作用完的酸液；未完全反应酸液
unspinnable 不旋转的
un(a)ssorted 未分选的；未分级的
unstability 不稳定性；不安全性
unstabilized crude oil 未稳定原油
unstable 不稳固的；不稳定的；不稳(的)；不安定的
　→～ association 不稳定组合//～ hydrocarbon 不稳定烃//～ permafrost pipeline above ground 地面上不稳定的永冻层管道//～ permafrost pipeline buried 埋下的不稳定的永冻层管道//～ radiogenic isotope 不稳定放射成因同位素
unstacked trace 未叠加道
unstacking 不叠加
unstationary vibration 不固定振动
unsteadiness 不稳定度
unsteady 不稳固的；不稳定的；浮动；易变的；动摇
　→～ {non-equilibrium} flow 非定常流
unstem 取出炮泥
unstemmed 未堵炮泥的
　→～ explosive 无炮泥的炸药//～ shot 无炮泥爆破；无堵塞爆破
unstick 扯开；起飞；离地；分开
unstoped 未开采的
unstowed cavity in goaf 采空区中未充填的空洞
unstrained 未变形的
　→～ medium 未应变介质//～ member 无应力件；无变形件
unstratified 不成层的；无层理的
　→～ deposit 不成层矿羽{床}//～ drift 不成层冰碛物//～ rock 不成层岩(石)；非成层岩；非层岩//～ soil 非层状土
unstressed 无应力；未受应力的
　→～ {understress;shifting;loose} sand 疏松砂层//～ state 未加应力态
unstretched length 原始长度；未拉伸长度
unstripped 未剥的；未被剥夺的
　→～ gas 原气
unstuck 未粘牢的；未固定的
unsulfated cement 未加石膏的水泥
unsulfured 不含二氧化硫的
unsummed geophone trace 未相加检波器道
unsupervised classification 非监督分类
　→～ multispectral classification 非监督

多光谱分类

unsupported 空跨；无支护的；承的；未支撑的
→～ area 未支护区

unsurfaced road 未敷路面的道路
→～ subgrade 无路面路基

unsurveyed 未测量的

unsymmetrical 不对称的；非对称的

untamped 未夯的

untapped 塞子未开的；未使用的；未开发的
→～ aquifer 未排放蓄水层//～ reservoir 未打开的储层{油藏}

unterwind 温特风

unthermostated 未达到恒温的

unthreaded pipe 无丝扣(的)管子；光头管子；未车扣管子

untie 解开；松

untilted 无倾斜的
→～ photograph 非倾(斜)相片

untimbered 未支架的
→～ rill 无支护倾斜分层工作面//～ rill method 无支架倾斜分层开采法；无支护倾斜分层充填开采法//～ rill system{stoping} 无支架倒 V 形(上向)梯段采矿(法)；柱倒 V 形(上向)梯段采矿(法)；回采倒 V 形(上向)梯段采矿(法)

untolerated dimension 名义尺寸；非公差尺寸

untrained 未训练过的；未经训练的

untrammeled 超脱[不拘泥成规等]

untransported 未搬运的

untraveled route 禁止通行的巷道

untreated 未精制的；未精选的；未加工的；未处理的
→～ water 原样水；未处理的水

untubed well 未下油管(的)井

untwinned 非双晶的
→～ plagioclases 无双晶料长石

untwist 反捻；解缠

un-univalent 非单价的

unuseable fuel 无用燃料
→～ fuel supply 不可用油量

unused 不用的；未用的
→～ shaft 报废井筒

unusual 异常
→～ casing 特殊套管

U-nut{|bolt} U 形螺母{|栓}

unvegetated 无植被的

unvenile water 岩液

unventilated 不通风的

unwanted 不需要的；不希望的；无用的
→～ solid 不合要求的固体杂质

unwatched 自动的；无人看管的

unwatering 除掉水分；抽水；脱水作用
→～ borehole 降低水位的钻孔//～ conduit 放水管道；泄水底孔//～ {drainage} gallery 排水廊道

unweathered 非风化的；新鲜的；风化的
→～ soils 未风化土类

unweighed 未称量过的

unweighted average 未加权平均数

unwetted 未润湿的

unwieldly 难使用的；笨重

Unwin's critical velocity 恩文临界速度

unworkable 难以使用的；难工作的；难处理的；不切实际的；无开采价值的
→～ deposit 无开采价值的矿床

unworn liner 耐磨衬垫

unwrapping 展开(相位)

unyielding 不屈服的；非让压的
→～ surface 不沉陷地面

unyieldng{unyielding} support 非让压支架

unyoked core 无轭铁芯

unzoned plagioclase 未分带斜长石

U-ore of chlorite type 绿泥石型铀矿

U ore of dolomite type 白云岩型铀矿石
→～-ore of explosion-breccia type 爆破角砾岩型铀矿//～-ore of microcrystal-line quartz type 微晶石英型铀矿

up (cast) 上行

upalite 针磷铝铀矿[Al(UO₂)₃(PO₄)₂(OH)₃; 斜方]

up and down glass ball system 上抛和下落玻璃球系统
→～-and-down method 上下限法//～ and down movement of kiln 窑体窜动//～-arching 岩层上拱成背斜

upbank thaw 山上升温；山巅解冻

up bench 上阶段

upblast drying{|cooling} fan 上抽干燥{|冷却}风机

up {-}boom dredge 上挖式挖掘船

upbrow 斜井；仰斜巷道；上山

upcast 上投(物)[断层]；朝上的；上升盘；上升；上段[中胚层]；上冲；排气坑道；逆断层；隆起；出风

upcoast 上行海岸；向北海岸

upcoming cage 上升罐笼；爬罐
→～ load 提升荷载//～ wave 上行波

upconcavity 上凹形

upconed interface 反漏斗状界面

upconing 倒锥；隆起呈锥状

upconversion 增频转换

up current 上升气流

upcurve 上升曲线

upcut 上切

updated model 最新模型

updating 年龄增减[放射性年龄测定]；更新

up-dip 逆倾斜上行；逆倾斜
→～ and down-dip mining 仰斜与俯斜开采法

updip edge 上升断块边棱

up dip pinch out 上倾尖灭

updip plunge 沿倾斜向上倾伏
→～ sandstone pinchout 上倾砂岩尖灭//～ wedge-out 上倾尖灭//～ well (位于构造)上倾部位{方向}的井

updoming 上穹(作用)

up-down stroke 上下冲程

updraft 上曳气流；上升气流；向上排气；向上抽的
→～ furnace 上抽式炉；烟气上行式加热炉

updrainage 上游

updraught 上升气流；向上排气

up-drawing tube process 垂直上拉管法

updrift 逆向推移

updrive 上挖；向上掘进

up driving hammer 上驱动锤

upfaulted 断层上盘

up-fed medium 补加介质

upflow 顶流；上升气流；上升流；向上流
→～ anaerobic sludge bed 升流式厌氧污泥床法

upflowing water 上行水流

upflow sand filter 上流式砂滤器

upgoing 上行

→～ events 上行波//～ travel path 上行(波)旅行路径

upgrade 升坡；上限；上坡度；上坡；变高级；高级；改质；选煤；精选；提高品位；提高(质量)；改良[品种]

upgraded 富选矿石；精矿石

upgrade (pumping) station 上坡升压泵站

up gradient 上坡度
→～-gradient 上坡

upheaval 上升；鼓起；张起；举起；抬起；隆起[地壳]
→～{elevated} coast 隆起海岸//～ of road pavement 路面隆起

upheave 隆起

upheaved island 上升岛；抬升岛
→～ lid 火山口内上升的熔岩盖

upheaving bottom 隆起底板
→～ rock 隆起岩层

uphill 上斜着；向上的；上升；坡度；费力；沿上山

uphole 上向炮孔；仰孔；沿井筒向上；井口；向上钻的孔[从水平巷道向上钻,开采重油]

uphole equipment 地面设备
→～ seismograph 井口检波器//～ stack 井口时间叠加//～ survey{shooting} 炮井测井//～ time 升孔时间；传波时间

up-hole velocity 升孔速度
→～{upward} velocity (泥浆)上返速度

upkeep 保养；维修费；维修；维护；维持(费)
→～ cost 维护费(用)//～ work 检修工作

upland 山地；(高地)弱冰斗割切；高地
→～ field 旱田

uplap 叠超

up(-)leap 上投断层；逆断层；上投[断层]

uplift 上升；地垒；隆起；抬升；抬起

uplifted{lifted} side 上升侧
→～ side{wall} 上升盘//～ side of flexure 挠曲上翼

uplift force{pressure} 浮托力
→～{raising} force 上升力//～ force 上托力//～ pressure 上压力；浮托压力；浮力//～{upward} pressure 反向压力

uplimb{flexural-slip} thrust fault 挠曲滑动冲断层
→～ thrust fault 沿翼上冲断层

up{upgoing} line 上行线

upmilling 逆铣

upover{up-over} 上向凿井

upper air 高空
→～ Carboniferous 晚石炭世//～ Carboniferous (series) 上石炭统//～ confined bed 上承压层//～{late} Cretaceous 上白垩统//～ discharge 上面排料//～ dust seal retainer 防尘密封上保持架//～ end{extreme} 上端//～ gate 上闸门//～{lower} girdle facet 腰棱上{|下}部翻光面[钻石]//～ greensand{upper green sand} 上海绿石砂层//～ jewel 轴承宝石//～ Jurassic 晚侏罗世//～ Mississippian 晚密西西比世

uppermost 首先；上面；最主要的；最高的；(最)晚期的[地层]
→～ layer 最上层；最上部地层

upper motion 上盘转动
→～ Paleolithic 上旧石器时代//～

Shihezi{Shihhotse} Formation 上石盒子组

UPRA 铀/钾比

upraise 升井；上升；天井；暗井；抬起
→~ drift 上坡平巷//~ room 上下矿房//~ shaft 上向掘进的井筒

uprated 大功率

upright 竖立的；笔直的；直立的；支柱；立柱；立面[建筑物]
→~ (stanchion) 立杆//~ bar 柱//~ hull-building 正模造船法//~ {vertical} position 垂直位置//~ stone tablet 碑碣[长方形刻面石叫"碑"；圆首形叫"碣"]//~ synform 直立向形

upset 失常；上山；扰动；倾覆；破坏；倒转；搞垮；干扰；打破；联络小巷；刺激；翻转；翻倒；镦锻；镦粗；加压；缩锻
→~ bolt 膨径螺栓

upsetting 倾覆；倒转；加压；加厚
→~ test 镦粗试验

upside 上盘；上面；上边；上升盘[断层]
→~ down 颠倒；上端朝下//(place) ~ down 倒置

upside-down{ceiling} channel 顶板沟道[洞穴]；翻转河道
→~ channel 倒转水道{沟渠}；洞顶蚀槽

upsiloidal{U-shaped} dune U 形沙丘
→~ dune 凹向沙丘

upslide 上向滑动；上投[断层]

upstanding 直立的；稳固的
→~ block 直立断块//~ prong 突出刃

upstream 上游；上升流；逆流而上的；逆流；向上游(的)
→~ deposit 河流上源沉积//~ shell 上游坝壳//~ side of dune 沙丘的上游侧{端}//~ tailings dam 逆流式尾矿池坝

upsweep 升频扫描{振动}[连续震动法震源信号]；向上扫描

uptake 摄取；上投[断层]；上升烟道；上升；上风井；垂直向上的管道；垂直孔道；烟箱；咽喉；举起；出风井；吸收

upthrow 上投[断层]；上升盘；上升；上冲；隆起
→~ {reverse(d);upthrown;centrifugal; abnormal;thrust;up(-)cast; pressure;over} fault 逆断层

upthrown 上投侧的

upthrow side (断层)上升侧；断层上投侧
→~ type 上投型

upthrust 上推；上冲；逆掩断层；向上冲
→~ (fault) 上冲断层//~ side 仰冲侧//~ strike-slip fault 仰冲平移滑断层

uptime 可用时间

up-to-basin 推向盆地的

up-to-coast 推向海岸的
→~ fault 海岸侧上升断层

up to standard 合乎标准
→~-to-the-basin fault 盆地侧上升断层//~-to-the-minute 最新式的；最近的

uptrending 向上趋势

uptrusion 向上侵入(作用)[岩浆的]

upturned 倾斜的；翻起的；向上弯起的；翻掘的；翻卷的
→~ strata 倒转层

upturning 上翻
→~ of beds 地层倒转

upvalley 溯谷而上的

upward 朝上的；升高；上升的；向上的

upwelling 水流上涌；上涌水流；喷出；

涌出作用[熔岩]；溢出作用；上升[海流]
→~-current mineralization 上升洋流成矿作用//~-current model of phosphate deposit 上升洋流磷矿成(矿)模式

upwind 上风；逆风(地;的)

uraconite 水铀矾；水羟铀矾；土硫铀矿[$SO_3•UO_3•H_2O$]

uralborite 乌硼钙石{矿}[$CaB_2O_2(OH)_4$;单斜]；乌拉尔硼钙矿

Uralian (stage) 乌拉尔阶[俄;C_3]
→~ emerald 绿钙铁榴石//~ epoch 乌拉世

Uralinia 乌拉尔珊瑚属[C_1]

uralite 深绿纤维闪石；次纤闪石；次闪石；纤闪石[角闪石变种]

uralitization 次闪化(作用)；纤闪石化(作用)

uralitophyre 次闪黑斑岩

Uralocyathus 乌拉尔古杯(属)[$\in$]

uralolite 水磷钙铍石[$CaBe_3(PO_4)_2(OH)_2•4H_2O$;单斜]

Uralophyllum 乌拉尔叶属[T]；乌拉尔壁锥珊瑚属[D_2]

Uraloporella 乌拉尔藻属[C_2]

uralorthite 褐帘石[$(Ce,Ca)_2(Fe,Al)_3(Si_2O_7)(SiO_4)O(OH)$,含 Ce_2O_3 11%,有时含钇、钍等;$(Ce,Ca,Y)_2(Al,Fe^{3+})_3(SiO_4)_3(OH)$;单斜]；巨褐帘石[$(Ca,Fe^{2+})_2(R,Al,Fe^{3+})_3(SiO_4)_3(OH)$]

Ural-type glazier 吹雪补给的冰川
→~ glazier{glacier} 乌拉尔山型冰川[吹雪补给的冰川]

uralyt 消石素

Ur-Amerika 原始美洲[$An\in$]

Uramin 乌洛托品[$(CH_2)_6N_4$]

uramphite 铵铀云母{磷铵铀矿}[$(NH_4)(UO_2)(PO_4)•3H_2O$;斜方]；铀铁磷石；铀铵磷石[$NH_4(UO_2)PO_4•3H_2O$]

uran 巨蜥

uranagraphy 天象图说

Uranami 浦波

uranami bead 熔透焊道

uran-apatite 铀磷灰石

uranate 铀酸盐[$M_2(UO_4);M_2(U_2O_7)$]

uranatemnite 沥青铀矿；方铀矿；晶(质)铀矿[$(U^{4+},U^{6+},Th,REE, Pb)O_{2x};UO_2$;等轴]

uranates 铀酸盐类

uranbloom 水铀矾；水羟铀矾

urancalcarite 碳钙铀矿[斜方;$Ca(UO_2)_3CO_3(OH)_6•3H_2O;Ca(UO_2)(CO_2)•5H_2O$]

urancircite 磷铀钡矿

urane 尿(结)石烷

uranelain 易燃雪(石)；可燃泡沫

uran-galena 铀方铅矿

urangl divalention 二价铀离子

urangreen 钙铀铜矿；铀钙钶矿

urania 氧化铀

uranic 含铀的；六价铀的；铀矿的；铀的；星学的；天的
→~ ocher 铀矾[$(UO_2)_6(SO_4)(OH)_{10}•12H_2O$;单斜]；土硫铀矿

uranides 铀系元素

uraniferous 含铀的
→~ coal type deposit 含铀煤型矿床//~ phosphate rock 含铀磷矿石

uranin 荧光素钠

uraninite 沥青铀矿[UO_2]；方铀矿；晶(质)铀矿[$(U^{4+},U^{6+},Th,REE, Pb)O_{2x};UO_2$;等轴]

uranite 云母铀矿[$Ca(UO_2)_2P_2O_8•8H_2O$]；铀云母类[钙铀云母、铜铀云母等]；铀云母；铀矿物类；铀

uranium 铀
→~ {-}bearing sandstone deposit 含铀砂岩矿床//~ (ore) concentrate 铀精矿//~ deposit in metamorphic rock 变质岩型铀矿床//~ galena 铀方铅矿//~ graphite pile{reactor} 铀石墨反应堆//~ milling 铀矿石加工//~ mine{ore} 铀矿[含 $U_3O_8 \geqslant 0.10\%$; 美]//~ moluranite 水铀钼矿//~ ocher 脂铅铀矿；铀华[$(UO_2)_2O•nH_2O$]//~ ore processing 铀矿石加工//~ pyroclore 铀烧绿石[$(U,Ca)(Ta,Nb)O_4$;$(U,Ca,Ce)_2(Nb,Ta)_2O_6(OH,F)$;等轴]//~ roll 卷状铀矿体

uran mica 铀云母
→~ (-)microlite 铀细晶石[$(U,Ca,Ce)(Ta,Nb)_2O_6(OH,F)$;等轴]；钽钛铀矿[$(U,Ca,Pb,Bi,Fe)(Ta,Nb,Ti,Zr)_3O_9•nH_2O$]//~-molybdate 铀钼矿//~(o)niobite 铌钇矿[$(Y,Er,Ce,U,Ca,Fe,Pb,Th)(Nb,Ta,Ti, Sn)_2O_6$;单斜]；沥青铀矿；晶(质)铀矿[$(U^{4+},U^{6+},Th, REE, Pb)O_{2x};UO_2$;等轴]；铌钇铀矿[$(U,Fe,Y,Ca)(Nb,Ta)O_4?$;斜方]

uranoaeschynite 震旦矿{石}；铀易解石

uranoanatase 铀锐钛矿

uranochalcite 钙铀铜矿；铀钙钶矿

uranocher 水铀矾；水羟铀矾；铀硫酸盐；铀矾[$(UO_2)_6(SO_4)(OH)•12H_2O$;单斜]；土硫铀矿

uranochre 水铀矾；水羟铀矾；铀矾[$(UO_2)_6(SO_4)(OH)_{10}•12H_2O$;单斜]；土硫铀矿

uranocircite 砷铀矿[$(UO_2)_3(AsO_4)_2•12H_2O$]；磷铀钡矿；磷钡铀矿[$Ba(UO_2)_4(PO_4)_2(OH)_4•8H_2O$;斜方]；钡铀云母[$Ba(UO_2)_2(PO_4)_2•12H_2O$;四方]

uranoflorescite 铀粉

uranogenic lead 铀源铅
→~ {uranium} lead 铀铅[即铀系衰变的最终产物]

uranogummit 脂铅铀矿

uranohydrothorite 水铀钍矿

uranoid 铀系元素

urano-lead 铀源铅；铀铅[即铀系衰变的最终产物]

uranolepidite 水铀铜矿；绿铀{铀铜}矿[$Cu(UO_4)•2H_2O$;三斜]

uranolite 陨石

uranology 天文学；天体学

uranolyte 陨石

uranometric(al) survey 铀量测定{量}

uranometry 恒星编目；天体测量

uranomolybdatite 钼铀矿[$(UO_2)MoO_4•4H_2O$;单斜]

urano-organic complex 铀矿有机体络合物

urano(-)organic ore 有机铀矿

uranophane 硅钙铀矿[$Ca(UO_2)_2(Si_2O_7)•5\sim6H_2O$;单斜]

uranophane{uranotile}-beta β硅钙铀矿[$Ca(UO_2)_2(Si_2O_3)_2(OH)_2•5H_2O$]

uranophanite 硅钙铀矿[$Ca(UO_2)_2(Si_2O_7)•5\sim6H_2O$;单斜]

uranophyllite 铜铀云母[$Cu(UO_2)_2(PO_4)_2•8\sim12H_2O$;四方]

uranopilite 水硫铀矿{硫铀酸钙矿；铀钙矾}[$CaO•8UO_3•2SO_3•25H_2O$]；铀矾[$(UO_2)_6(SO_4)(OH)•12H_2O$;单斜]

β-uranopilite β-水硫铀矿[$(UO_2)_6(SO_4)(OH)_{10}•5H_2O$]

uranopissi(ni)te 方铀矿；沥青铀矿；晶(质)

铀矿[(U^{4+},U^{6+},Th, REE,Pb)O$_{2x}$;UO$_2$;等轴]；胶状铀矿

uranosandbergite 砷钡铀矿

uranosilite 针硅铀矿[UO$_3$•7SiO$_2$]；硅铀矿[(UO$_2$)$_5$Si$_2$O$_9$•6H$_2$O; (UO$_2$)$_2$SiO$_4$•2H$_2$O;斜方]

uranospathite 水铝铀云母 [HAl(UO$_2$)$_4$(PO$_4$)$_4$•40H$_2$O;四方]；水磷铀矿[((U,Ca,Ce)$_2$(PO$_4$)$_2$•(1~2)H$_2$O;斜方]；多水磷酸钙铀矿[Ca(UO$_2$)$_2$(PO$_4$)$_2$•12H$_2$O]

uranosph(a)erite 纤铋铀{铀铋}矿[Bi$_2$O$_3$•2UO$_3$•3H$_2$O;单斜]

(calcium-)uranospinite 砷钙铀矿[Ca(UO$_2$)$_2$(AsO$_4$)$_2$•nH$_2$O(n=8~12); Ca(UO$_2$)$_4$(AsO$_4$)$_2$(OH)$_4$•6H$_2$O;斜方]；钙砷铀云母[Ca(UO$_2$)$_2$(AsO$_4$)$_2$•10H$_2$O;四方]

uranotantalite{uranotantaline} 铌钇矿[(Y, Er,Ce,U,Ca,Fe,Pb,Th)(Nb,Ta,Ti,Sn)$_2$O$_6$;单斜]；铀钸铌矿；钽铀矿[(Y,U,Fe,Th)(Nb,Ta)$_2$O$_6$]

uranotemnite 黑铀矿

uranothallite 铀灰石；铀钙石[Ca$_2$U(CO$_3$)$_4$•10H$_2$O]；碳铀钙石[Ca$_2$(UO$_2$)•(CO$_3$)$_3$•10H$_2$O]

uranothorianite 方铀钍石[方钍矿的变种,其 U:Th 达 1;(Th,U)O$_2$]

uranothorite 红褐硅酸钍矿；铀钍石；铀钍矿[(Th,U)SiO$_4$,含 UO$_3$ 8%~20%]

uranotile 硅钙铀矿[Ca(UO$_2$)$_2$(Si$_2$O$_7$)•5~6H$_2$O;单斜]

β-uranotile 乙型硅钙铀矿

uranotilite{uranotite} 硅钙铀矿[Ca(UO$_2$)$_2$(Si$_2$O$_7$)•5~6H$_2$O;单斜]

uranotungstite 钨铀华[(Fe,Na,Pb)(UO$_2$)$_2$WO$_4$(OH)$_4$•12H$_2$O]

uranous 四价铀的；亚铀的

uranphyllite 铜铀云母[Cu(UO$_2$)$_2$(PO$_4$)$_2$•8~12H$_2$O;四方]

uranpyrochlore 铌钛铀矿[(U,Ca)(Nb,Ta,Ti)$_3$O$_9$•nH$_2$O]；铀烧绿石[((U,Ca)(Ta,Nb)O$_4$; (U,Ca,Ce)$_2$(Nb,Ta)$_2$O$_6$(OH,F);等轴]；贝塔石[(Ca,Na,U)$_2$(Ti,Nb,Ta)$_2$O$_6$(OH);等轴]

uransamarskite 铀铌钇矿

uran(o)thorianite 铀方钍石[(Th,U)O$_2$,方钍矿的变种,其 U:Th 达 1]

Uranus 天王星

uran(-)vitriol 铀铜矾[Cu(UO$_2$)$_2$(SO$_4$)$_2$(OH)$_2$•6H$_2$O]；铀绿矾

uranyl 双氧铀(根)；铀氧基；铀酰
→~ divalent ion 二价铀离子

urao 水碱[Na$_2$CO$_3$•H$_2$O;斜方]；天然碱[Na$_3$(CO$_3$)(HCO$_3$)•2H$_2$O;单斜]

urate 尿酸盐
→~ calculi 尿酸酯结石[病理]

urbaite 红{硫砷}锑铊矿[Tl(As,Sb)$_3$S$_5$];维尔巴氏矿

urbane 红锑铊矿[Tl(As,Sb)$_3$S$_5$]；硫砷锑铊矿[Tl(As,Sb)$_3$S$_5$]

urban engineering geological mapping 城市工程地质编图
→~ gas supply system 城市燃气供应系统//~ health 城镇卫生

urbanite 缺铝纯钠辉石；透霓辉石；铁锰钙辉石[(NaFe^{3+},CaMg)Si$_2$O$_6$(式中 NaFe$_3$:CaMg≈4)]；城市居民

urbanization 都市化；城市化

urbanology 城市学

urban redevelopment in Glasgow 哥拉斯哥城市的再发展
→~-rural shift 城乡转换；城市-乡村迁移

urbild 原形

ur-continent 原始单一大陆

ur-deposit 远古矿床

urdite 磷铈镧矿；独居石[(Ce,La,Y,Th)(PO$_4$);(Ce,La,Nd,Th)PO$_4$;单斜]

urea 尿素石[CO(NH$_2$)$_2$;四方]；尿素；脲[NH$_2$CONH$_2$]
→~ adduction dewaxing process 尿素氧化脱蜡法//~-formaldehyde 脲醛

urea-formaldehyde resin 脲(甲)醛树脂

ureal 脲{尿素}的

ureas 尿素塑料

urease 脲{尿素}酶

uredinales 锈菌目[真菌]

urediospore 夏孢子

Uredo 夏孢锈菌属[真菌;Q]

uredospore 夏孢子

ureilite 橄榄(石-)易变辉石无球粒陨石

urethane 氨基甲酸乙酯；尿烷
→~ elastomer (聚)氨酯橡胶；氨基甲酸乙酯人造橡胶//~{polyurethane} foam insulation 聚氨酯泡沫保温

ureyite 钠铬辉石[NaCrSi$_2$O$_6$]；陨铬石

Urey's theory 尤里学说

urge 强调；催促；推动；(发动机)加力；加负荷；激励；主张

urgency 强求；迫切；紧急的事
→~{emergency} stop 紧急停止

urgite{urhite; urhyte} 杂脂铅硅钙；土水铀矿[UO$_3$•nH$_2$O]

urgneiss 古片麻岩

urgranite 古花岗岩

uriasis 尿(结)石病{症}

uric-acid calculus 尿酸石

Uricatalla 乌里克叠层石属[Z]

uricite 尿环石[C$_5$H$_4$N$_4$O$_3$;单斜]

Uriconian 乌里康(群)[英;An∈]
→~ rocks 尤里康岩层

uridine 尿`定{(核)苷]；二氧嘧啶核苷

urinary calculus{concretion} 尿石；尿结石

urinate 小便

urine 尿；小便

urinestone 黑色方解石[受石油浸渍]

urkontinent 原始大陆

urkraton 原坚稳地

urocheras 尿砂

Urochitina 尾几丁虫属[S$_3$-D$_2$]

Urochordata 尾索亚目[脊索]；尾索亚门

Urocystis 黑粉菌属；条黑粉菌属[真菌;Q]

Urodela 有尾目

urohyal 尿透明蛋白
→~ (bone) 尾舌骨

Urokodia 尾头虫属[∈$_1$]

Uroleberis 烧面介属[E$_1$-Q]；尾壳介属

urolith 尿结石

urolithiasis 石淋；尿(结)石病{症}

urolithology 尿(结)石学

Uromyces 单孢锈(菌)属[真菌;Q]
→~ betae 甜菜锈病

uroneural 尾神经的{骨}

uronic 糖醛

Urophlyctis 尾囊壶菌属[真菌]
→~ alfalfae 苜蓿菌瘿病菌

uropoda 尾足[节]；腹足

uropodite 尾足[节]

uropodium 尾足[节]；尾肢[节]

uropsammus 尿砂

urosoma{urosome} 腹部；尾体

urostealith 尿胆石

urostyle 尾杆骨

Urotropine 乌洛托品[(CH$_2$)$_6$N$_4$]

urpethite 石蜡[C$_n$H$_{2n+2}$]

urquharite{urquhartite} 乌奎哈石

urry 紧贴煤层的黑土或蓝土

Ursa Major 大熊座
→~ minor{Ursa-Minor} 小熊(星)座

Ursavus 祖熊(属)[N$_1$]
→~ orientalis 东方祖熊

ursilite 水硅铀矿[U(SiO$_4$)$_{1-x}$(OH)$_{4x}$]；水钙镁铀石[2(Ca,Mg)O•2UO$_3$•5SiO$_2$•9H$_2$O]

Ursus 熊属[Q]；熊

urtext 原始资料；原始文本[德]

urticulith 微石[耳石的一种]

urtite 磷霞岩

Urumchia 迪化兽；迪化兽；乌鲁木齐兽(属)[爬]

Urushtenia 乌鲁希腾贝属[腕;C$_1$-P]

urusite{uruzite} 纤钠铁矾[Na$_2$Fe^{3+}(SO$_4$)$_2$(OH)•3H$_2$O;斜方]

urusovite 尤卢索夫石[Cu(AlAsO$_5$)]

urv{u.r.v.} 单位区域价值

urvantsevite 软铋铅钯矿[Pd(Bi,Pb)$_2$;六方]；六方铋钯钯矿

urvolgyite 钙铜矾[CaCu$_4$(SO$_4$)$_2$(OH)$_6$•3H$_2$O;单斜]

urwuste 原始沙漠[德]

usage 使用；惯例；利用率；用途；用量；用法；习惯

usar 盐荒地

usbekite 水钒铜矿[Cu$_3$V$_2$O$_7$(OH)$_2$•2H$_2$O; Cu$_3$(VO$_4$)$_2$•3H$_2$O;单斜]

used{ruined} bit 废钻头
→~ diamond 废金刚石//~ lime 废石灰

use{utility;utilization} factor 利用因数

useful 有用的；有效的
→~ associated component 有用伴生组分；有益伴生组分//~ mineral 矿产//~ mineral deposit 矿床//~ power 有用功率//~ test 标准检定//~ {available;effective} work 有效功

use of fertiliser 肥料的使用
→~-pattern 使用方式//~ rate 耗用率//~{utilization} ratio 利用率//~ up the fuel 消耗燃料//~ value 使用价值

U-shaped dune U 形沙丘
→~ enamelling furnace 马蹄形搪烧炉//~U{|V}-shaped gullying U{|V}形沟蚀//~{flat-bottomed;trough} valley U 形(山)谷

ushkovite 水磷镁铁石[MgFe$_2^{3+}$(PO$_4$)$_2$(OH)$_2$•8H$_2$O]；橙磷铁镁矿

usigite{usihite;usihyte} 黄硅铀矿[R(UO$_2$)$_2$(Si$_2$O$_7$)•nH$_2$O]

usoline 液体石蜡

usonite 五硫砷矿[As$_4$S$_5$]

usovite{usowite} 氟铝镁钡石[Ba$_2$CaMgAl$_2$F$_{14}$;单斜]；钡镁冰晶石

ussexite 白硼锰石[MnBO$_2$(OH);斜方、单斜]

ussingite 紫脆云母；紫脆石[Na$_2$AlSi$_3$O$_8$(OH);三斜]

Ussuria 乌苏里菊石属[头;T$_1$]

Ussuri{Wusuli} Mesozoic geosyncline 乌苏里中生代地槽

ussurite 乌苏里岩

U-stage 费氏台；旋转台

ustalf 干淋溶土

U

ustarasite 柱硫铋铅矿 [PbS•3(Bi,Sb)$_2$S$_3$; Pb(Bi,Sb)$_6$S$_{10}$]

ustent 干新成土

ustert 干变性土

ustic 土壤水分偏干状态

Ustilago 黑粉菌属

ustisol 老成土 [美土分类]

ustoll 干软土

ustox 干氧化土

ustulation 燃烧作用

ustult 干老成土

usufructuary 享有用益权的人
　→~ right 用益权

utahite 黄钾铁矾 [KFe$_3^{3+}$(SO$_4$)$_2$(OH)$_6$; 三方]; 钠铁矾 [NaFe$_3^{3+}$(SO$_4$)$_2$(OH)$_6$;三方]; 犹他石 [Cu$_5$Zn$_3$(TeO$_4$)$_4$(OH)$_8$•7H$_2$O]; 鳞铁矾

utahlite 绿磷铝石 [磷铝石的变种;AlPO$_4$•2H$_2$O]

U-Th-Pb dating 铀(钍)铅年龄测定
　→~ {uranium-thorium-lead} dating 铀钍铅年龄测定法 // ~ method 铀(钍)铅法

utility 实用; 公用事业; 公共事业; 有用; 有益; 有效; 效用
　→~ and decision theory 效用和决策论 (判定论)

utilizable{usable} reserves 能利用储量

utilization 使用; 利用
　→~ (coefficient) 利用率

utilize 利用

utricle 胞囊; 胞果; 囊膜; 外壳 [轮藻]

Utschamiella 乌恰`姆{木蚌}属 [双壳;T]

utter 出口

uttermost 最大限度

Uvaesporites 无环孢属 [J-K$_2$]

uvala 灰岩洼盆; 灰岩盆; 灰岩干谷; 干宽谷; 干喀斯特宽谷; 岩溶谷地; 岩溶谷; 洼盆; 溢盆; 通海小河

uvalica 通海小河

uvanite 黄铀钒矿 [3UO$_3$•3V$_2$O$_5$•15H$_2$O]; 黄钒铀矿; 钒铀矿 [(UO$_3$)$_2$(V$_2$O$_5$)•15H$_2$O; U$_2^{6+}$V$_6^{5+}$O$_{21}$•15H$_2$O?;斜方?]; 矾铀矿

uvarovite 钙铬榴石 [Ca$_3$Cr$_2$(SiO$_4$)$_3$;等轴]; 钙钒榴石 [Ca$_3$(V,Al,Fe^{3+})$_2$(SiO$_4$)$_3$;等轴]; 绿榴石 [Ca$_3$Cr$_2$(SiO$_4$)$_3$]

Uvigerina 葡萄虫(属) [孔虫;E$_1$-Q]

uviol 通紫外线玻璃
　→~ (glass) 透紫外(线)玻璃

uvite 钙镁电气石 [((Ca,Na)(Mg,Fe^{2+})$_3$Al$_5$Mg(BO$_8$)$_3$Si$_6$O$_{18}$(OH,F)$_4$;三方]

UV-lamp 紫外线灯

uwarovite 钙铬榴石 [Ca$_3$Cr$_2$(SiO$_4$)$_3$;等轴]

uwarowite{uwarovite} 绿{钙铬}榴石 [Ca$_3$Cr$_2$(SiO$_4$)$_3$;等轴]

u-wulfenite 铀钼铅矿

uxporite 针碱钙石 [5(Na$_2$,K$_2$,Ca)O•6SiO$_2$•H$_2$O]

uytenbogaardtite 硫金银矿 [Ag$_3$AuS$_2$;四方]; 乌顿布格矿

Uzbekistan 乌兹别克斯坦

uzbekite 水钒铜矿 [Cu$_3$V$_2$O$_7$(OH)$_2$•2H$_2$O; Cu$_3$(VO$_4$)$_2$•3H$_2$O;单斜]

U

vaalite 鳞蛭石[(Mg,Fe^{3+})$_7$((Si,Al,Fe^{3+})$_8$O$_{20}$)(OH)$_4$•2H$_2$O(近似)]

vacancy 缺位；缺失；空闲；空隙；空格点；空白；空穴；空虚

vacant 空着的；闲着的
→ ～ (position) 缺位//～ lattice site {position} 晶格空位//～ plane 采空面

vacation 休假[美]；假期；腾出

vaccination 接种

Vacquier{Gulf-type} magnetometer 海湾式地磁仪

vacujet 真空捕尘凿岩机

vacuo 真空[拉]
→ ～-forming suction-casting 真空铸造

vacuolation 空泡形成{状态}；析稀作用

vacuous 真空的

vacuseal 材料；真空密封；威克伤[真空密封]

vacuum[pl.-s,vacua] 真空度；稀薄的；真空的；空处；真空
→ ～ gypsum treatment machine 石膏真空处理机

vade mecum[拉] 随身物；手册

vadilex 酒石酸苄哌酚醇

(percolation) vadose 渗流

vadose cave system 渗流洞系
→ ～ pisolite 渗流豆石{粒}//～ seepage 包气带的渗{滴}流[岩溶地区]//～ spring 包气带泉//～{(re)circulating; wandering;return;recirculated;supergene; recycle(d)} water 循环水

vaesite 方硫镍矿[NiS$_2$;等轴]

vaeyrynenite 红磷铍锰矿

Vagalapilla 瓦加拉石[钙超;K]

vagil-benthon 海底漫游动物

vagile 漫游的
→ ～ endobiont 游移底穴生物//～ hemiendobiont 游移半底穴生物//～ organism 底栖游移生物

vagina 叶鞘；鞘[植]

vaginate 有鞘的[生]；具鞘的；似鞘的

Vaginoceras 鞘角石属[头;O]

vaginoceras 裂隙角石

vaginula[pl.-e] 基鞘；产卵器鞘

Vaginulina 刀鞘虫属[C-Q]；小鞘虫属[孔虫]

Vagrania 瓦格郎贝属[腕;D$_{1-2}$]

vagrant 蔓生；游移(不定)的
→ ～ benthos 底栖游移生物//～ colors 游彩[宝石的]

Vail curve 凡尔曲线；凡尔海平面曲线

vain name 妄改学名

vake 玄武土[法]

vakite 玄土岩

val[pl.vaux] 小谷；向斜谷；电子管阀

vala 灰岩盆；岩溶谷
→ ～-andhi 瓦拉安地风

valahite 滑拉石

valais wind 瓦来风；瓦拉伊斯风

valaite 黑脂石；黑晶脂石

valamite 辉磁花斑岩；正长英苏辉绿岩

Valanginian 凡兰易{凡兰吟}；前白垩纪的
→ ～ (stage) 凡兰吟(阶)[欧;131～123Ma;K$_1$]

valate 缘膜[腔]

valbellite 闪苏橄榄石岩；闪古橄榄岩；角闪苏橄岩

valcanite 碲铜矿；软碲铜矿[CuTe;斜方]

valchovite 褐煤树脂；聚合醇树脂

Valcourea 瓦耳库贝属[腕;O$_2$]

Valcouroceras 瓦耳库{考}角石属[头;O-D]

VALE 淡水河谷

vale 河谷；谷地；谷；沟；槽；峪；溪谷；断裂谷

valence 化合价；原子价；价
→ (chemical) ～ 化合价//～ bond {link(age)} 价键//～ bond 化合价键//～ electron concentration 价电子浓度

valencianite 钾长石[K$_2$O•Al$_2$O$_3$•6SiO$_2$; K(AlSi$_3$O$_8$)];冰长石[K(AlSi$_3$O$_8$);正长石变种]

valency 化合价；原子价；价
→(atomic) ～ 化合价；原子价//～-bond 价键

valengongite 块煤

Valentia 壮牙形石属[O]

Valentian 蓝达夫里阶[S$_1$]；瓦伦特[S$_1$]
→～ (series) 华伦西(统) [S$_1$]

valentian age 凡伦期[S$_1$]

valentinite 锑华[Sb$_2$O$_3$;斜方]；锑

Valentin's classification Valentin 分类法

valent weight 当量

valeral{valeraldehyde} 戊醛[C$_4$H$_9$CHO]

valerate 戊酸盐{酯}

valerene 戊酸[CH$_3$(CH$_2$)$_3$COOH]

Valerianaceae 败酱科[植]

valerianate 戊酸盐

valeric 缬草的
→ ～ {valerianic} acid 戊酸{缬草酸}[CH$_3$(CH$_2$)$_3$COOH]

valerone 二丁(基)(甲)酮[(C$_4$H$_9$)$_2$CO]；壬酮-(5)[(C$_4$H$_9$)$_2$CO]

valeryl 戊酰[CH$_3$(CH$_2$)$_3$CO−]

validate (使)生效；批准

validity 合法性；确实性；确切性；有效性；有效；效力
→ ～ limit 适用极限//～ of treaty 合同效力

valid name 有效名

Validopteris 束脉羊齿属[P]

valine 缬氨酸[(CH$_3$)$_2$CHCH(NH$_2$)CO$_2$H]

Vallacerta 围角硅鞭毛藻(属)[E-Q]

vallachite 滑拉石；钒云母[KV$_2$(AlSi$_3$O$_{10}$)(OH•F)$_2$; K(V,Al, Mg)$_2$AlSi$_3$O$_{10}$(OH)$_2$;单斜]

vallate 轮廓形的；为山脊或高地围绕的；条脊

vallation 壁垒

Vallatisporites 穴环孢属[C$_1$]

vallecular 谷的；线沟的
→～ canal 沟下道；沟管

valleite 钙直闪石[(Mg,Ca,Mn)$_7$(Si$_8$O$_{22}$)(OH)$_2$];钙锰硅直闪石

Vallentine scale 杆秤；中国式秤

valleri(i)te 黑铜矿[CuO;单斜]；墨铜矿[4(Fe,Cr)S•3(Mg,Al)(OH)$_2$;六方]

Vallesian Age 瓦里西期

valleuse 悬谷

vallevarite 反条纹二长岩

valley 谷值；谷地；流{动}域[河流]；凹陷处；月谷；凹地；凹部；峡谷；谷[曲线]
→ ～ {mountain} brown ore 褐铁矿[FeO(OH)•nH$_2$O;Fe$_2$O$_3$•nH$_2$O,成分不纯]//～-loop moraine 环状碛；环状冰碛//～ of subsidence 沉降谷；向斜谷；下降谷//～ sink 谷形{型}洼地//～ wall{side} 谷坡

vallis 月谷

vallon 小谷

valloni 溺灰岩狭谷岸

Vallonia 瓦娄蜗牛属[腹;E-Q]

Valmeyeran 瓦尔海统[美;C$_1$]
→～ (series) 瓦尔梅(统)[美;C$_1$]

Val mineral separator 维尔型选矿机

val mineral separator 伐尔型选矿机

Valonia (一种)斛果的壳子；法囊藻属[绿藻]

valonia tannin 橡碗子丹宁[鞣]

valorem 按照价格(价值)；计税
→(ad) ～ 按价[拉]

valorization 限价；稳定物价

valrheinite 富斜帘绿片岩

Valsa 黑腐皮壳属[菌类]

valuable 贵重物品；贵重；有用；有开采价值的；有价值的
→～ content 有价成分含量//～ {useful; economic;usable;ore} mineral 有用矿物//～ ore 富矿(石)//～ rock 有用矿石

(e)valuation of deposits 矿床评价

value 评价；品位；估价；值；矿石所含金属；价值；价格
→(numerical) ～ 数值//～ flotation 有价矿物浮选

valueless 没有价值的

value of elasticity 弹性量
→～ of merchandise production 商品产值

valuevite 黄脆云母；绿脆云母[Ca(Mg,Al)$_{3-2}$(Al$_2$Si$_2$O$_{10}$)(OH)$_2$; Ca(Mg,Al)$_3$(Al$_3$SiO$_{10}$)(OH)$_2$;单斜]

Valvata 壳威华达；盘螺(属)[腹;C-Q]

valve 活门；活瓣；管；瓣膜；瓣介；壳面；贝壳；阀；壳[腕]

valvelet 小阀

valve lifter 气门挺杆；气门提升凸轮；卸阀器

valverdite 瓦尔维德玻璃

valve rocker 阀摇杆
→～ rocker arm support 阀摇臂支架//～ signal 阀信号

Valvisisporites 突角大孢属[C$_2$]

valvula 瓣

valvular 活门的；瓣状的；壳瓣的；阀状的
→～ deformity 瓣膜变形//～ pyramid 瓣角锥

Valvulina 瓣角属[孔虫;T$_3$-Q]

Valvulineria 拟小荚虫属[孔虫;K-Q]

VAMA 乙酸乙烯酯-顺丁烯二酸酐共聚物
→～ copolymer 马来酸酐与醋酸乙烯酐共聚物

vamping 采场碎石垫底

van 铲形矿砂洗选器；铲头矿物试验；大篷货车；装上车；风扇；运货汽车；运货车；有棚卡车；选矿；行李车[铁路]；洗矿铲；拖车；冰斗；淘选；淘矿；淘匮洗矿试验

vanadate 钒酸盐

vanadates 钒酸盐类

vanadia{vanadium} gummite 钒脂铅铀矿[U,Pb,Ca 等的钒酸盐和硅酸盐]

vanadian augite 含钒辉石
→ ~ augite{vanadinaugite} 钒辉石[MgCa(Si$_2$O$_6$),含少量 V 和 Cr 的透辉石]

vanadic 含钒的；钒的
→ ~ {vandiferous} mica 钒云母[KV$_2$(AlSi$_3$O$_{10}$)(OH•F)$_2$; K(V,Al,Mg)$_2$AlSi$_3$O$_{10}$(OH)$_2$;单斜] // ~ ochre 钒赭石[V$_2$O$_5$;斜方] // ~ titanomagnetite deposit 钒钛磁铁矿矿床

vanadiferous 含钒的

vanadinaugit 钒透辉石；钒辉石[MgCa(Si$_2$O$_6$),含少量 V 和 Cr 的透辉石]

vanadinbronzite 钒透辉石；钒古铜石[MgCaSi$_2$O$_6$]

vanadine 钒赭土；钒土[钒的氧化物或水化氧化物]

vanadinglimmer 钒云母[KV$_2$(AlSi$_3$O$_{10}$)(OH•F)$_2$;K(V,Al,Mg)$_2$AlSi$_3$O$_{10}$(OH)$_2$;单斜]

vanadin-gummite{vanadingunmite} 钒脂铅铀矿[U,Pb,Ca 等的钒酸盐和硅酸盐]

vanadinite 钒铜矿[Cu$_5$V$_2^{5+}$O$_{10}$;单斜];钒铅矿[Pb$_5$(VO$_4$)$_3$Cl;(PbCl) Pb$_4$V$_3$O$_{12}$;六方]

vanadinmica 钒云母[KV$_2$(AlSi$_3$O$_{10}$)(OH•F)$_2$;K(V,Al,Mg)$_2$AlSi$_3$O$_{10}$(OH)$_2$;单斜]

vanadinspinell 钒尖晶石；钒磁铁矿[含氧化钒 5%;Fe(Fe,V)$_2$O$_4$; Fe^{2+}V$_2^{3+}$O$_4$;等轴]

vanadio(-)ardennite 钒锰硅铝矿[Mn$_5$Al$_5$(VO$_4$)(SiO$_4$)$_5$(OH)$_5$•2H$_2$O]

vanadio-bronzite 钒透辉石

vanadio-gummite 钒脂铅铀矿[U,Pb,Ca 等的钒酸盐和硅酸盐]

vanadio(-)laumontite 钒浊沸石

vanadiolite 杂钒钙辉石；钒铅辉石[Ca 的钒酸盐和硅酸盐]

vanadiomagnetite 钒尖晶石；钒磁铁矿[含氧化钒达 5%;Fe(Fe,V)$_2$O$_4$;Fe^{2+}V$_2^{3+}$O$_4$;等轴]
→ ~ ore 钒磁铁矿矿石

vanadi(ni)te 氯钒铅矿；锌钒铅矿

vanadium 钒
→ ~ bearing oil 含钒石油 // ~ bronzite 钒古铜石[MgCaSi$_2$O$_6$]

vanadiumdravite 钒电气石[NaMg$_3$V$_6$(Si$_6$O$_{18}$)(BO$_3$)$_3$(OH)$_4$]

vanadium family 钒族
→ ~ -garnet 钒榴石 // ~ germanite 钒锗石 // ~ mica 钒云母[KV$_2$(AlSi$_3$O$_{10}$)(OH•F)$_2$;K(V,Al,Mg)$_2$AlSi$_3$O$_{10}$(OH)$_2$;单斜] // ~ ore 钒矿 // ~ oxide ore 氧化钒矿 // ~ spinel 钒尖晶石；钒磁铁矿[含氧化钒达 5%; Fe(Fe,V)$_2$O$_4$;Fe^{2+}V$_2^{3+}$O$_4$;等轴] // ~ {-}tourmaline 钒电气石

vanado-magnetite 钒尖晶石；钒磁铁矿[含氧化钒达 5%;Fe(Fe,V)$_2$O$_4$;Fe^{2+}V$_2^{3+}$O$_4$;等轴]

vanadous 含钒的；钒的
→ ~ acmite 钒霓石

vanalite 蛋黄钒铝石[NaAl$_8$V$_{10}$O$_{38}$•30H$_2$O;单斜];钒铝矿

Van Allen band 范艾伦带
→ ~ Allen belt 范•阿仑带 // ~ Allen magnetic radiation belt 范艾伦磁力辐射带

vanandoandrosite-(Ce) 铈钒锰绿泥石[Mn^{2+}CeV^{3+}AlMn^{2+}Si$_2$O$_7$ SiO$_4$O(OH)]

vandenbrand(e)ite 绿铀{(水)铀铜}矿[Cu(UO$_4$)•2H$_2$O;三斜]

vandendriesscheite 橙黄铀矿[PbU$_7$O$_{22}$•

12H$_2$O;斜方]
→ ~ -Ⅰ 橙水铀矿 // ~ -Ⅱ 变黄铀铅矿；准水铀铅矿

vandendriesscheite 水铀铅矿

van der Waals(') bond{|force} 范德华{氏}键{|力}
→ ~ der Waals crystal 分子晶体

Van der Waals equation 范德华{凡得瓦}方程(式)
→ ~ Dorn sampler 范多恩取样器

Van Krevelen method 万克赖维林法[煤化学结构研究]
→ ~ Mater sampler 万马特尔型直路取样机

vanmeersscheite 万磷铀石[U(UO$_2$)$_3$(PO$_4$)$_2$(OH)$_6$•4H$_2$O];磷铀矿

van-mounted 装在卡车上的

vanna 蝴蝶；后口盖[苔]

vanner 整理矿砂机；淘选带；淘矿工
→ (Frue) ~ 淘矿机 // ~ concentration 皮带溜槽精选

vanning 铲头洗矿；洗选；洗矿；淘选；淘矿；淘匾洗矿试验
→ ~ machine 淘矿机 // ~ plaque 淘金盘

vanoxite 水钒矿；复钒矿[2V$_2$O$_4$•V$_2$O$_5$•8H$_2$O;V$_4^{4+}$V$_2^{5+}$O$_{13}$•8H$_2$O?]

vantasselite 万达斯石[Al$_4$(PO$_4$)$_3$(OH)$_3$•9H$_2$O]

vanthoffite 无水钠镁矾[Na$_6$Mg(SO$_4$)$_4$;单斜]

Van't Hoff law 范托夫定律
→ ~ Hoff's factor 凡特荷甫因子

vantifact 风棱石

Vanuatu 瓦努阿图

vanuralite 钒铝{铝钒}铀矿[Al(UO$_2$)$_2$(VO$_4$)$_2$(OH)•11H$_2$O;单斜]

vanuranilite{vanuranylite} 黄钒铀矿；低钒铀矿；钒济铀矿[(H$_3$O, Ba,Ca,K)$_{1.6}$(UO$_2$)$_2$(VO$_4$)$_2$•4H$_2$O?;斜方?]

vanuxemite 杂锌皂异极矿[锌皂石与异极矿混合物];土异极矿

vap 汽；蒸气

vapo(u)r 蒸汽；汽；蒸气

vapor balancer 呼吸阀[油罐]

Vaporchoc 瓦波汽枪[商;高压蒸汽枪]

vaporchoc 海上震源

vapor cloud 蒸发云

vaporizing 蒸发
→ ~ combustion chamber 汽化式燃烧器{室} // ~ combustor 蒸发式燃烧器 // ~ property 汽化特性

vapor line 汽线
→ ~ -liquid ratio 汽液比 // ~ -liquid-solid{V-L-S} growth 汽-液-固生长[晶]

vaporometer 挥发度计

vapor{|water}-only system 唯汽{|水}系统

vaporous 汽状的；蒸气的
→ ~ fuel gaseous-propellant 气体燃料 // ~ water 气态水

vapor packet{cavity} 汽穴
→ ~ packet 汽袋 // ~ phase 气态

vapor-phase dispersion 蒸气相分散晕
→ ~ {dry} fumarole 干喷汽孔 // ~

separation 汽{气}相分离

vapo(u)r{steam} pressure 蒸气压(力)

vapor pressure 蒸气压(力)
→ ~ -pressure thermometer 蒸气压力测温仪 // ~ proof 抗蒸汽的

vaporstatic pressure gradient 静态蒸气压力梯度

vapor tension 气张力；蒸气压

vapo(u)r(-)tight 气密的；不漏气的

vapor tight 不漏气的

vapo(u)r-tight 不透气的

vapor{steam} treatment 蒸汽处理

vapourimeter 蒸汽计

vapour lamp 燃汽灯
→ ~ -liquid equilibrium 汽-液平衡

(water-)vapour pressure law 水汽压力定律

vapour-pressure test 蒸汽压测定{试验}

vapour-proof connection 汽密连接；不漏气接头

vapour-tight 气密

vapour tight tank 密封罐；密闭油罐；不漏气罐

vapourus 气相线[蒸气压力曲线]

var 变数；变量；乏[无功功率单位]；无功伏安

vara 瓦拉[古西班牙长度单位, ≈33in.]

Varangian 瓦朗统[Z]

Varanosaurus 巨蜥龙属[P$_1$]

Varanus 巨蜥属[Q]

V-arching 三角锥形拱；V 形拱

vardarac 伐尔达尔风[希]；瓦达风；瓦达拉克风

varec{varek} 海藻

varennesite 瓦雷讷石[Na$_8$Mn$_2$Si$_{10}$O$_{25}$(OH, Cl)$_2$•12H$_2$O]

vargasite 辉滑石[MgSiO$_3$•½H$_2$O(近似)]

var-hour 乏时[无功电能单位]

variability 变异性；变率；变化性；变更性；变度；能变性；不定性；易变性；易变
→ ~ index 变化系数

variac{variak} 自耦变压器

Varian (magnetometer) 瓦里安核子旋进磁力仪

variance 数据偏离值；变量；变化；差异；变度；变动；偏差；自由度；不一致；争论；离散；分歧；不符合；方差；冲突
→ ~ {covariance} analysis 方差分析 // ~ analysis 变度分析 // ~ factor 校准系数

variant 变种；变体；变式；变量；转化；不同的；不定的
→ ~ character 变数字符 // ~ reading 相异读数

variate 变元；变数；变量；改变
→ ~ difference analysis 变量差分析；变差分析

variation 变种{异;量;分;化;动;差};地磁差；变分法；偏差
→ (mean) ~ 平均变差

variational 变异的[生]；变化的；因变化而产生的
→ ~ method{calculus} 变分法 // ~ {variation} principle 变分原理

variation area 变域
→ ~ coefficient 变异系数；变差系数 // ~ factor{coefficient} 变化系数 // ~ of extraction reserves 回采矿量变动 // ~ of mining stope ore reserves 采场矿量变动 // ~ of prepared reserves 采准矿量变

动//～ of production reserves 生产矿量变动//～ of season ore reserves 季度矿量变动

varicolored{multicolored} clay 彩色黏土
→～ clay 杂色黏土

varicoloured 五颜六色的

Varicorbula 变蓝蛤属[双壳;E-Q]

varied flow 非均匀流

variegated 不匀净的;杂色的;杂色;斑驳状{的};多样化的
→～ copper (ore) 斑铜矿[Cu_5FeS_4;等轴]//～ pyrite 斑铜矿[Cu_5FeS_4;等轴]//～ rocks 脉石;杂石

variegation 弄成杂色;加彩色;五彩石

varietal mineral 变种矿物

varietalness 品种性

varieties nova 新变种

variety 变形{体;化};品种;种类;多样性{化};变种[矿]
→～ sander 棱角砂光机

varigradation 差异均夷(作用)

varii 变化;特殊茎环组[棘海百]

varimax rotation 方差极大旋转

varindor 变感器

variographic analysis 方差图分析

variography 变分法;变差法

variolated structure 玄武球颗构造

variole{variolite} 球颗

variolitic 球颗(玄武岩)的;有斑点的
→～ texture 球颗构造;玄武球颗构造

variolitization 球颗化(作用)

variolosser 可控损耗设备

variomatic 可变自动程序的

varioplex 变工(制);可变多路传输器

Variostome 变口虫属[孔虫;T_3]

various 各种各样;不同的;许多;多样的;多面的;多方面的
→～ form 变形[晶]//～ musical instruments made of metals,stone,strings and bamboo 金石丝竹

variplotter 变绘图器;自动曲线绘制器

Varirugosporites 两极瘤面孢属[Mz]

Variscan mountains 华力西山地

(α-)variscite 磷(酸)铝石[斜方;$Al_2O_3•P_2O_5•4H_2O$;$AlPO_4•2H_2O$]

β-variscite 斜磷铝石[$Al(PO_4)•2H_2O$]

varisite 锂磷铝石[$LiAl(PO_4)F$]

varislope screen 多层坡度加大筛

varistructured array 可变结构阵列

varisweep 可变扫掠
→～ technique 变频带扫描技术

variszite 磷铝石[$AlPO_4•2H_2O$;斜方]

varitran 自耦变压器

varitrough cradle mounted idler 跨装可变槽形托辊

varlamoffite 水锡石[H_2SnO_3;$(Sn,Fe)(O,OH)_2$;四方];偏(水)锡石

varmeter 乏计;无功功率表{计}

varnish 上漆;沙漠漆;清漆;光泽;漆;粉饰;凡立水;假漆
→～ base 漆底

varnished 浸渍过的;涂漆的

varnish makers' and painters' naphtha 漆用石脑油[涂]

var.nov.{var.nov.} 新变种

varnsingite 钠长橄伟晶岩;钠长辉石粗晶岩;粗晶辉石钠长岩

var. of anthophyllite 直闪石[$(Mg,Fe)_7(Si_4O_{11})_2(OH)_2$;斜方;变种]

varoslavite 水铝钙氟石[$Ca_3Al_2F_{10}(OH)_2•H_2O$]

vartumnite 羟硅铝钙石[$CaAlSiO_4(OH)$;斜方]

varulite 黑磷锰钠石{矿}[$(Na,Ca)Mn(Mn,Fe^{2+},Fe^{3+})_2(PO_4)_3$;单斜];绿磷锰钠石

varv 年变层[瑞;沉积]

varve 纹泥;冰湖季泥
→～ (clay) 季候泥//～ (d){laminated;bandy;banded} clay 纹泥//～ -counting 纹泥计层

varved clay{sediments} 冰湖季泥
→～ clay 季候泥//～ schist 原生条带状片岩//～ sulfur bed 纹泥状硫黄层

varves 纹泥冰湖

varvicite 软硬锰矿;软锰矿[MnO_2;隐晶、四方]

varvite 纹泥岩

varvity 年变层理;纹泥性;季变层理
→～ velocity 变速度

varying capacity 变容量;变产量

varzea 平坦耕地;泛滥平原[葡]

vascula{vascular} arcuata 弯脉管

vascular{fibro-vascular} bundle 维管束[植]
→～ calculus 血管石//～ madia 中维管//～ plant 导管植物;维管植物//～ ray 维管射线

vase 粉砂

vaseline 石油冻;石蜡脂;软石脂;矿脂[材;油气];凡士林
→～ oil 凡士林油

vaselinum 软石脂

V-As germanite 钒-砷锗石

vashegyite 纤{水羟}磷铝石[$Al_4(PO_4)_3(OH)_3•13H_2O$?;斜方]

Vasidae 犬齿螺科[腹];拳螺科

vasilite 瓦西尔石[$(Pd,Cu)_{16}(S,Te)_7$]

vasilyevite 碳氯溴碘汞石[$(Hg_2)_{10}^{2+}O_6I_3Br_2Cl(CO_3)$]

vasite 水褐帘石[Ca,Fe^{3+}和稀土的铝硅酸盐,由褐帘石变化而成,含多量水,但不含Fe^{2+}]

Vasocrinus 瓶海百合属[D]

vasoliniment 石蜡液剂

vast ice-floe 巨浮冰块;巨冰盘

vastly 广阔地;大量地;巨大地

vastmanlandite-(Ce) 羟氟硅镧铝镁钙石[$(Ca,La)_3CaAl_2Mg_2(Si_2O_7)(SiO_4)_3F(OH)_2$]

vast{boundless} ocean 汪洋大海
→～ {large} scale 大比例

vat 槽;大桶;大槽;盐坑;箱;瓮;桶;池
→～ blue 瓮蓝

vaterite(-B) 球霰石{六方碳钙石;六方球方解石}[$CaCO_3$]

vaterite-A 方解石[$CaCO_3$;三方]

vaterite-B 六方球方解石

Vaucheria 无隔藻属[黄藻门;Q]

vauclusian ring{spring} 龙潭

vaughanite 灰泥岩;硫铊汞锑矿[$TlHgSb_4S_7$];硫锑汞铊矿;致密灰岩;细灰岩

vaugnerite 磷英黑云二长岩;磷灰黑云二长岩;暗花岗闪长岩

vault 拱顶;地下室;穹隆;造成穹形;圆顶室;储藏室;跳;洞窟;穹顶[棘]

vault of heaven 天穹
→～ -type transformer 地下室型变压器

vauqueline{vauquelinite} 磷铬铜铅矿[$(Pb,Cu)_3((Cr,P)O_4)_2$;$Pb_2Cu(CrO_4)(PO_4)(OH)$;单

vauquelite 含石膏泥灰岩

Vauxia 沃克西海绵属[ε_2]

vauxite 蓝磷铁矿[$Fe_3(PO_4)_2•8H_2O$];蓝磷铝铁矿[$Fe^{2+}Al_2(PO_4)_2(OH)_2•6H_2O$;三斜]

vä(e)yrynenite 磷铁铍矿[$BeMn(PO_4)(OH)$];红磷锰铍石{红磷锰铍矿}[$MnBe(PO_4)(OH,F)$;单斜]

V-coal 镜煤为主的显微质点[煤尘,矿工肺中发现的]

V-cut 楔形掏槽
→～ {W|X}-cut V{W|X}形掏槽//～ {X|Y|Z}-cut crystal V{X|Y|Z}截晶体

V-cylinder V 形汽缸

vd{v.d.} 蒸汽密度

V-ditch 双形水沟

v-dray V 形拖板

V-drill 带尖钻

veatchite 水硼锶石[$Sr_2B_{11}O_{16}(OH)_5•H_2O$;单斜]
→～ -A 三斜水硼锶石[$Sr_2B_{11}O_{16}(OH)_5•H_2O$]

Vectian 维克特(阶)[阿普弟阶(阶);欧;K_1]

vector 动力;航向;航线;魄力;幅;引导

vectorial 矢的;带菌体的
→～ difference 矢量差;向量差//～ growth model 有向生长模型//～ rock fabric data 有向岩组数据

vector magnetometer 矢量磁力仪
→～ of force variables 变力向量//～ of unit length 单位矢量//～ potential 矢势//～ {directional} structure 指向构造//～ washability curve 矢量可选曲线

vee V 字形物;矿壁软薄层黏土;V 形坡口[焊]
→～ belt 三角胶带

veenite 维硫锑铅矿[$Pb_2(Sb,As)_2S_5$;斜方];锑硫砷铅矿[$Pb_{14}(As, Sb)_7S_{24}$]

vegasite 黄铅铁矾[$PbFe_6(SO_4)_3(OH)_{14}$];铅铁矾[$PbFe_6^{3+}(SO_4)_4(OH)_{12}$;三方]

vegetable 蔬菜(的);植物的;植物
→～ -fiber rope 带植物纤维绳芯的钢绳

vegetal 蔬菜(的);生长的;植物的;植物

vegetation 草木;覆盖;植物;植生
→～ (cover) 植被//～ classification 植生分类//～ kill zone 植物死亡带

vegetative 植物性的;植物的;营养体;无性的
→～ breakdown 植被分类//～ {vegetal;plant;ground} cover 植被//～ hybrid 无性杂种

Veghella 费格牙形石属[T]

vegifat 高植脂

vehicle 机动车辆;火箭;车辆;溶剂;导弹;媒介物;媒介;载体;运载器;运载工具;运输工具;飞行器;交通工具
→～ for transporting coal 煤车//～ -mounted laboratory 野外实验车//～ of contaminant transport 污染运移的媒介物//～ safety inspection and test line 汽车安全检测线

vehicular 车的

veil 面罩;遮盖;罩;(石英中)云翳状气泡集合体;缘膜[腔];隐蔽;菌幕;网膜[射虫];膜[植]

veiling 面网

vein 使在脉络[纹理];使成纹理;脉状;脉;叶脉;岩脉;穿脉;性情;静脉;斜矿脉;纹理;维管束[植];翅脉;冰间水道
→(mineral;lode;ore) ～ 矿脉

veinbanding 沿脉变色

vein bitumen{asphalt} 脉沥青
→~clayslate 黏板质脉石 // ~ crustification 矿脉带壳状化充填 // ~ dike 岩墙岩脉；脉状岩墙 // ~ dyke 脉状岩墙

veined 有纹理的；充脉的；多脉的
→~ gneiss 不规则层状片麻岩 // ~ joint system 矿脉充填的节理系 // ~ wood 纹理木

vein filling 矿脉充填
→~ filling mineral 脉石矿物 // ~ following bedding planes 沿层矿脉 // ~ grade (矿)脉品位

veining 毛刺；脉状突起；脉序[植]；脉纹的排列；脉络；叶脉排列；细脉穿插作用；结疤；成脉作用

vein intersection 钻孔和矿脉相遇点的深度；钻孔穿过矿脉边界点；矿脉交切；(钻孔)见矿深度
→~ islet 脉间区

veinite 细脉岩

veinlet 细岩脉；细矿脉
→(fine) ~ 细脉

vein material{filling;matter} 脉质

veinstone 矸石；脉石；废石

vein stone{stuff} 脉石；矿脉物质
→~ structure 脉构造

vein{reef} system 脉系
→ ~ texture 脉结构 // ~ -type pitchblende-sulfide deposit 脉状沥青铀矿硫化物矿床

veinule 细岩脉；细矿脉

vein wall{selvage} 脉壁
→~ width 脉幅

veiny 有纹理的

Vekshinella 韦氏颗石[钙超;J-K]

vela 船帆座

velardenite 钙黄长石[2CaO•Al$_2$O$_3$•SiO$_2$; (Ca,Na$_2$)$_2$Al((Al,Si)O$_7$)]

velate structure 缘膜构造[叶肢介]

veld(t) 疏林草原；大草原[南非,不长树木]；台地

veliger stage 面盘幼虫期[软]

velikhovite 氮硫沥青；维利霍夫沥青

velikite 硫铜锡汞矿[Cu$_2$HgSnS$_4$]；硫锡汞铜矿；铜汞黄锡矿；黝锡矿

Vellamo 敖广贝属[腕;O$_{2-3}$]

Vellela 帆水母(属)[腔]

vellum 羔皮纸[半透明]

velocimeter 测速表；速度计
→(sound) ~ 声速计

velocitron 电子灯；反射调速管质谱仪

velocity 周转率；迅速；速率
→(over-all) ~ 速度 // ~ anisotropy measurement 速度各向异性测量 // ~ -area measurement of discharge 流速断面测流法

velocity/azimuth pair 速度-方位对

velocity coefficient{factor} 速度系数
→~ derived porosity 声速测井确定的孔隙度 // ~ detector {meter} 测速计 // ~ filtering 速度滤波 // ~ gauge 转速计

velocity/height{V/H} ratio 速度高度比值

velocity hydrophone 速率式水下听声器

Velog 阻抗测井合成地震剖面段；拟速度测井

Veltchitina 罩几丁虫属[O]

velu 礁潟湖

velum[pl.vela] 菌幕；帆状(云)；囊环；膜；缘膜[腔]；翼

Velumella 帆苔藓虫属[K-Q]

velvet 柔软的；柔软；光滑；天鹅绒(似的)
→~ copper (ore) 绒铜矾[Cu$_4$Al$_2$(SO)$_4$(OH)$_{12}$•2H$_2$O；斜方]；天鹅绒矿[Cu$_4$Al$_2$(SO$_4$)(OH)$_{12}$•2H$_2$O] // ~ moss 鼠色石耳

velvety nap 天鹅绒状泉华毛

ven 矿脉

vena contracta 收缩断面；流颈；截面；缩脉
→~ costocervicalis 肋颈静脉

venaite 维硫锑铋铅矿

venanzite 橄榄云斑岩；橄金黄白玄斑岩

venasquite 环硬绿泥石；硅硬绿泥石

venation 脉序[植]；叶脉型

Venato 云雾白[石]

vendava 秋季雷；墨西哥海岸地区的一种秋季雷；文达瓦(尔)风

Vend-Ediacaran 文德纪-埃迪卡拉纪的

vendee 买主

vendeennite 芬蒂化石脂

Vendian (Period) 文德期[晚前寒武纪;Z]

vendor 卖主

Vendotaenia 文德带藻(属)[Z]

vendotaenides 文德带藻类

Vendozoa 文德动物

veneer 薄层沉积；表层；薄层；沙漠漆；盖层；风化(盖层)；粉饰；镶饰表面的薄板；镶面；镶板；胶合
→~ (board) 胶合板

veneered hill 冰碛覆地丘

veneering thrust 顺层冲断

veneer of crust 地壳表层
→~ of mortar 灰浆胶层 // ~ stone facing system 石板贴面做法

venerable 悠久的

Veneracea 帘蛤超科[双壳]

Venericardia 美心蛤属[双壳;J-Q]

venerite 铜染石；铜绿泥石

Venetian{Italian} blue 威尼斯蓝

Veniella 小文蛤属[K-Q]；小脉管蛤属[双壳]

Vening-Meinesz hypothesis 温宁-曼内兹假说

Vening Meinesz zone 负重力异常带
→~-Meinesz zone 文宁-迈内兹带

venite 脉融合岩；脉混合岩

Venn{Vean} diagram 维恩图
→~ diagram 文氏图

venous 多叶脉的[植]；多脉络的[动]
→~ sinus 静脉窦

vent(age) 出口；火山通道；火山口；呼吸阀[油罐]；泉口；喷溢道；喷口；喷火口；喷出口；炮泥(中)孔道；排气道；排放口；排放；排出口；排出；肛门；肛孔；裂口；孔眼；孔；放出；开孔；泄；发泄；通风口

(free) vent 放空；通气孔

vent (hole) 放气孔；通风孔；通气口；排气孔
→(volcanic) ~火山喉道；火口~ agglomerate 火山口块积岩

ventbart 风棱石

vent drift{level} 通风平巷
→~{ventilating} drift 风巷

vented case 开孔弹壳
→~ chuck 带通气孔的钎座；有通气孔的钎座 // ~ enclosure 放气机壳 // ~ front-head machine 带放气孔的湿式凿

岩机

venter 母；腹面；中腹；胃；腹部[动]

vent gutter 通风道
→~ hole 排液口 // ~-hole 泉口孔道

ventiduct 通风(管)道

ventifact 风棱石；风沙磨蚀岩；风磨石
→(wind-whetted) ~ 风棱石

ventifacts 风刻石

ventilated 通风的
→~ case 排气框；通风柜 // ~ hen tooth 有缺口的边排牙齿；交错截短的边排齿；交错断缺的边排齿[牙轮钻头]

ventilating 换气
→~ eyelet{pit} 通气孔 // ~ fan 扇风机 // ~ flue 通风管(道) // ~{draft} furnace 通风炉

ventilation 换气；排气；排风；公开讨论；通风装置；通风量法
→~ of coal pits 矿井通风 // ~ of mines 矿山通风

ventilative 换气的；通风的
→~ diving equipment 通风式潜水设备

ventilator 扇风机；通风筒；通风器
→(electric) ~ 通风机 // ~ duct 扇风机引风道[联络风井顶部和扇风机用] // ~ scoop 通风口

venting 排气；风干；放气；放喷；洗井；透气；通风
→~ area 排气截面 // ~ of gas 排气；抽气

vent-like structure 喷口状构造

vent line 呼吸管[常压储罐小呼吸通气管]
→~ of a volcano 裂口 // ~ past 风帘支柱 // ~ pipe{line} 通风管(道) // ~ {run;return;relief;release} pipe 放泄管

ventral 腹的；腹[三叶]

ventricose{ventrico(s)us} 膨凸；膨大的；一侧膨出的

Ventriculites 胃形海绵属[K]

ventricumbent 侧脉

ventrispinalia 脉棘

ventro-central 腹中的

ventrolateral 腹侧的[生]

ventromyarian 腹肌的{类}[收缩筋在腹部;头]

vent stack 排泄烟道
→~ to atmosphere 放空

ventube 通风管(道)

vent unit 排气装置；通气装置

venturaite 富氮石油

venture 冒险(行动)

Venturi (tube) 文`氏{丘里}(测流)管；喷管

Venturia 黑星菌属[真菌;Q]

Venturi absorber 文丘里吸收器

Venturian (stage) 文图拉(阶)[北美;N$_2$]

Venturi blower 文氏吹风管
→~ dust cleaner{|suppression} 文氏除尘器{|降尘系统}

venturi dust trap 压气吹风管式集尘器

Venturi flowmeter 文丘里管式流量计
→~ (-shaped) passage 压气吹风管形通道；文氏管形通道 // ~ throat 文丘里喉管 // ~ tube 文德利管

Venturi type loader 文丘里式装药器

vent wire 通风孔针

Venula 脉管属[C$_1$]

ve(i)nule 细脉

venulose 多脉管的；多侧脉的

Venus 帘蛤(属)[双壳;E-Q]；金星

→~ hair(stone) 发金红石[石英中；TiO_2]

Venusian 金星的；太白星的

venustus 黄肚新娘

Venyukovia 文努科维亚兽属[P]

veranillo 副干季；范拉尼罗旱期[中美洲]

verano 主干季；范{凡}拉诺旱期[美洲]

verbal report 口头报告

Verbeekina 韦氏(虫)螆；费伯克螆

verbeekite 弗比克硒钯矿[$PdSe_2$]

Verbe Fontam 枫叶绿[石]

verd(e) antique 古绿石；杂蛇纹石

verdant zone 绿带；无霜带

Verde Affait (Light) 印度浅绿[石]

→~ Aosta 奥斯塔绿[石]//~ Argento 亚根庭绿[石]//~ Assoluto 纯墨绿麻[石]//~ Bahia 绿蝴蝶[石]//~ Buba 布巴绿[石]//~ Eucalipto 翡翠红[石]//~ Forest 森林绿[石]//~ Fountain 绿珠麻[石]//~ Lavars 火山绿[石]

verdelite 电气石[族名；硒,壁玺;成分复杂的硼铝硅酸盐；$(Na,Ca)(Li,Mg,Fe^{2+},Al)_3(Al,Fe^{3+})_6B_3Si_6O_{27}(O,OH,F)_4]$；绿电气石

Verde Marina 海洋绿[石]

→~ Mergozzo 梵格宙绿[石]

verde{sebastian} salt 无水芒硝[Na_2SO_4;斜方]

Verde San Francisco 三藩市绿[石]

Verdet constant 费尔德常数

Verde Tropical SF 热带绿[石]

→~ Ubatuba 墨绿麻[石]//~ Veneziano 玉玛瑙[石]//~ Verge 边绿[石]//~ Vountain 旺采绿[石]

verdite 铬云母[$K(Al,Cr)_{2-3}Si_3O_{10}(OH)_2$]

verditer 铜盐颜料

verdohemochrome 胆绿素原

verdohemoglobin 胆绿蛋白

Vereiskian 维列伊斯克阶[C_2]

vergasovaite 钼氧铜矾石[$Cu_3O((Mo,S)O_4)(SO_4)$]

vergence 朝向；面向；指向；褶皱朝向；聚散度；降向

→~ belt 倒转带

verge on collapse 濒于崩溃

→~ to{towards} 斜向；趋向

vericular{vermicular} quartz 熔蚀石英

verifiability 能证实{明}

verification 审核；核实；核对；确定；证实；校准；检验；检定

→~ plot 检查绘图

verite 金云煌黄松岩；金橄松脂岩；金橄玻基煌斑岩

vermeil 朱红色；朱红宝石；朱红；镀金的铜

vermeille 朱红宝石

vermetid gastropods 蛇螺类腹足动物

→~ reef 蛇螺礁

Vermetus 蛇螺(属)[腹；K-Q]

Vermiceras 虫菊石属[头；J_1]

vermicular 蠕动的；弯曲的

→~ graphite cast iron 蠕虫状石墨铸铁

Vermicularia 丛刺盘孢属[Q]

vermiculated 虫蛀状

→~ mottle 网纹斑//~ rustic work 虫蚀状粗面石工

vermiculite 蛭石[绝热材料;$(Mg,Ca)_{0.3-0.45}(H_2O)_n((Mg,Fe_3,Al)_3((Si,Al)_4O_{12})(OH)_2)$;$(Mg,Fe,Al)_3((Si,Al)_4O_{10})•4H_2O$;单斜]；透辉石[$CaMg(SiO_3)_2$ 为辉石族；$CaMg(SiO_3)_2-CaFe(SiO_3)_2$;$Ca(Mg_{100-75}Fe_{0-25}(Si_2O_6))$;单斜]

Vermiculithina 蠕状石[钙超;E_3]

vermiform 蠕虫状

vermiglyph 蠕虫迹；虫迹[遗石]

vermilion 辰{朱;硃}砂[HgS;三方]；硫化汞；朱红(色)；银朱

→~ mercuric blende 辰砂[HgS;三方]//~ plus substance 朱砂色野生型物质

Vermillion 朱红麻[加;石]

vermillion 辰砂[HgS;三方]；朱红石榴石；银朱[HgS]

→~ mandarin 沙橘{桔}//~ stamping pad 朱红印泥

vermilion 辰砂[HgS;三方]；朱红色；银朱

vermin 害虫

Vermiporella 蠕孔(藻)属[O-P]

vermis 蠕虫动物

Vermont 佛蒙特州[美]

vermontite 钴毒砂[含钴的毒砂,指毒砂中5%~10%的 Fe 被 Co 所替换;Fe:Co=2:1;(Fe,Co)AsS]

vernacular 方言

→~ {popular;common} name 俗名[生]

vernadite 水羟锰矿[$(Mn^{4+},Fe^{3+},Ca,Na)(O,OH)_2•nH_2O$;六方]；复水锰矿[$MnO_2•nH_2O$]

→~ gray manganese 水锰矿[$Mn_2O_3•H_2O$;$(\gamma-)MnO(OH)$;单斜]

vernadski(j)te{vernadskiite} 块{羟;水}铜矾[$Cu_3(SO_4)(OH)_4$;斜方]

vernadskyte 羟铜矾；块铜矾[$Cu_3(SO_4)(OH)_4$;斜方]

vernal 春季

→~ {spring} equinox 春分//~ equinox 春分点

vernalization 春化

Verneuilia 维纽尔贝属[腕；D-C]

Verneuilina 角锥虫属[孔虫]；维纽尔虫属[K-E]

vernier 游(标)尺

→~ (scale) 游标//~ control 微调//~ drive 微变传动

verobieffite 铯绿柱石[$Be_3Al_2(Si_6O_{18})$,含5%的 CsO]

Verpa 钟菌属[真菌；Q]

verplanckite 水硅钡锰矿[$Ba_2(Mn,Fe^{2+},Ti)Si_2O_6(O,OH,Cl,F)_2•3H_2O$;六方]；羟硅锰钡石；弗水钡硅石

Verrimorphida 犁形大类[疑]

verrou 谷中岩槛；谷坎；岩坝；冰岩槛

verruca[pl.-e] 隆起；赘肉；疣；块瘤

verrucate 有痣的[孢]；有疣的；具疣的；多痣的

Verrucatosporites 疣面单缝孢属[C_3]

Verrucingulatisporites 疣环孢属[K_2-E]

verrucite 中沸石[$Na_2Ca_2(Al_5Si_3O_{10})_3•8H_2O$;单斜]

verrucose 瘤状的；有痣的[孢]；疣的；多痣的；多疣(肿)的

Verrucosella 小疣介属[C_1]

Verrucosisporites 圆形块瘤孢属[孢粉；C_2-T]

Verrucososporites 疣面单缝孢属[C_3]

Verrucosphaera 疣面球藻属[E_3]

verrucosus 疣状

verruculatum 石磺(属)[一种海参]

Verrutetraspora 瘤纹四孢属[E]

versant 熟悉的；熟练的；山坡；山侧[缅]；倾斜地带；坡度；专心从事；有经验的；精通的；通晓

versatile 活动的；易变的；方向的；多用

途的；多能的；万能的；多方面的；通用的

→~ meter 万用表//~ source subarray 通用组震子组合//~ system of signaling 可变式信号系统

verschluckungs-zone [德]陷入带；消减带

versed cosine 余矢

versiliaite{versillaite} 氧锑铁矿[$(Fe^{2+},Zn,Fe^{3+})_8(Sb^{3+},Fe^{3+},As^{3+})_{16}O_{32}S$;斜方]

versine 正矢

versus 与……比较[拉]；相对；对

vertebra[pl.-e] 椎骨脊；脊椎

→~ cervicalis 颈椎//~ coccygea 尾椎

vertebrae immobiles 固定椎骨

→~ mobiles 动性椎骨//~ {vertebra} prominens 隆椎

vertebral arc 椎弓；髓弓

→~ canal 脊椎管

vertebra lumbalis 腰椎

→~ occipital 枕椎

Vertebraria 脊椎木属[古植；C_3-T_2]

vertebra sacralis 骶椎；荐椎

→~ spuria 假椎

Vertebrata 脊椎亚门[脊索]；脊椎动物门

vertebrate 青椎动物；有脊椎的

→~ (craniate) 脊椎动物

vertex[pl.vertices] 顶角[射虫]；顶点；陆核；棱；角顶；头顶；极点；至高点

→~ {vertical} angle 垂直角

Vertexioidea 锥顶叶肢介超科[节]

vertical 竖杆；纵向的；纵向；直立的；垂直的；垂面

→~ closeup 垂直特摄相片//~ crater retreat method VCR{V.C.R.}法[大孔径深孔球状药包倒漏斗爆破采矿法]//~ curb 立缘石//~ discharge 垂直排放{料}//~ exploratory opening 勘探竖井//~-face square-set stoping 垂直工作面的方框支架回采；垂直分层回采的方框支架采矿法//~ graphite-tube hot-pressing furnace 竖式石墨管热压炉//~ guide idler 竖立导(向)滚//~ {shaft} kiln 立窑//~ lime kiln 竖式石灰室//~ mill 竖筒磨矿机//~ mining 陡直采矿//~ multistage condensate pump 立式多级冷凝泵//~ seam 直立煤层；(直)立矿层；立槽煤//~ seawall{vertical sea wall} 直立式海堤//~ shaft pelletizing furnace 竖井式团矿焙烧炉//~ slice method of square setting 垂直分层方框支架采矿法//~ spindle disc crusher 立轴圆盘碎矿机//~ tank slurry 立箱式矿浆泵//~ tectonic joint 垂直构造节理//~ tower mill 竖式塔型磨矿机

vertices 顶点；顶

→~ of crystal 晶体隅角

verticillate 轮生的；轮刺骨针[绵]；具毛轮的

vertilog 垂直测井

vertisol 变性土；转化土；反转土

vertol 垂直起落

vertumnite 水羟硅铝钙石[$Ca_4Al_4Si_4O_6(OH)_{24}•3H_2O$;单斜、假六方]

very abrasive rock 高研磨性岩石

→~ gassy mine 超级沼气矿

Veryhachium 角刺孢(属)[K]

very hard water 极硬水

vesbine 水钒铜矿[$Cu_3V_2O_7(OH)_2•2H_2O$;$Cu_3(VO_4)_2•3H_2O$;单斜]；钒铜铅矿[$(Cu,Zn)Pb(VO_4)(OH)$;$PbCu(VO_4)OH•3H_2O$(近

似)]

vesbite 辉(石)黄(长)白榴岩

vesica[pl.-e] 气囊；膀胱；囊；鱼鳔
→~ arenae 砂囊[生]

Vesicaspora 聚囊粉属[孢;C₂-P]

vesicle 气穴；气泡；气孔；泡状组织[动]；泡；囊体[藻]；孔隙；岩石中的泡孔
→~ blow-hole 气孔[机] // ~ cylinder 气孔状柱体 // ~ train 气泡串

vesicula aerifera 突起物
→~ aerifera{vesicle;bladder;pneumathode} 气囊[孢]

vesicular 气孔状的；起泡的；囊状的；有气孔的；多泡状{的}
→~ filling 气孔填充 // ~ film 微泡软片

vesicularity 多孔度

vesicular opening 气孔
→~ pore 泡状孔；蜂窝状孔 // ~ {porous} structure 多孔构造[岩] // ~ structure 气泡状构造

vesiculation 气泡化(作用)；多泡化(作用)

Vesiculophyllum 似泡沫珊瑚属[C₁]

vesiculosus 具气囊的[孢]

vesignieite 钒钡铜矿[BaCu₃(VO₄)₂(OH)₂;单斜]

vesine 维系尼风

vesperalis{(stratocumulus) vesperalis} 向夕层积云

vessel 容器；器皿；罐；槽；脉管；转炉炉身；浮式平台；运输机；船舰；船；反应堆槽；舰；桶
→~ insulation 容器保温 // ~ pneumatic pump 仓式输送泵 // ~ pond 水仓；水池

vessel's speed and fuel consumption clause 航速燃油消耗量条款

vessels' turnaround time 船的周转期

vessel support diving 平台辅助潜水

vest 防护衣

vestan 三斜石英；歪石英

vestanite{westanite} 蚀硅线石；水硅{矽;夕}线石[Al₁₀Si₇O₂₉•2½H₂O(近似)]

vesterbaldite 碱性辉长质玄武岩

vestibula 前庭；外室

vestibulate 具孔腔的

vestibulum[pl.-la] 外室；孔室[孢]

vestige 少许；痕迹；残余；证据；一些儿[残余;形迹]；一丝；形迹；退化器官

vestigiofossil 足迹化石；遗迹化石

Vestigisporites 短缝联囊粉属[孢;P]

Vestispora 囊盖孢属[C₂]

vestorien 硅钙铜矿

vestured pit 附物纹孔[植]

Vesulian (stage) 维苏里(阶)[英;J₂]

vesuvian(ite) 白榴石[K(AlSi₂O₆);四方]；符山石[Ca₁₀Mg₂Al₄(SiO₄)₅,Ca常被铈、锰、钠、钾、铀类质同象代替,镁也可被铁、锌、铜、铬、铍等代替,形成多个变种; Ca₁₀Mg₂Al₄(SiO₄)₅(Si₂O₇)₂(OH)₄;四方]
→~ garnet 白榴石

vesuvian jade 玉符山石[Ca₁₀(Mg,Fe)₂Al₄(Si₂O₇)(SiO₄)₅(OH)₄]

Vesuvian salt 钾芒硝[K₃Na(SO₄)₂;(K,Na)₃(SO₄)₂;六方]
→~ type 维苏威型[sub-plinian type] // ~-type volcano 维苏威式火山

vesuvine 碱性棕[染料]

vesuvius salt 钾芒硝[K₃Na(SO₄)₂;(K,Na)₃(SO₄)₂;六方]

veszelyite 荒川石；磷锌铜矿[(Cu,Zn)₃(PO₄)(OH)₃•2H₂O;单斜]

Vetella 威特叠层石属[Є₁]

veteran 老手；老练的

Veteranella 饰棱蛤属[双壳;P-T]

vetivane 岩兰烷

vetivazulene 岩兰

vetivene 岩兰烯

vetiver 岩兰草
→~ {cus-cus} oil 岩兰草油

vetivone 岩兰酮

veto 禁止

vetrallite 灰玄响岩

vey 潮坪[法]

Vezin sampler 维辛式取样机[扇形取样机]；维津扇形取样机

vezin sampler 凡金型取样机

V-germanite 钒锗石

(single) V groove V形坡口

VHN 维氏硬度(指)数

viability 生存能力；耐久(性)；服务期限；可行性；存活期[微生]

viable 有生存力的；可行的

viacometer 黏度计

viaeneite 硫铅铁矿[(Fe,Pb)₄S₈O]

via face 侧工作面；沿工作面

vial 小瓶

vialog 测震仪

viameter 测距器；路程计

viandite 纤毛状硅华

Viatscheslavia 维阿奇木属[P₁]

vibertite 烧石膏[CaSO₄•½H₂O;三方]

vibetoite 钙长闪辉岩；方解闪辉岩

Vibracella 鞭胞苔藓虫属[K-N₂]

vibracorer 振动取芯器

vibracula[sgl.-lum] 鞭器；振鞭体

vibraculum 鞭器

vibrameter 振动计

vibrance{vibrancy} 活跃；振动；响亮

vibra-pack 振动充填

vibrated bed 振动床层
→~ concrete 振实的混凝土

vibrating 振动的；振荡

vibration 振动；振荡；颤动；摇动；摆动
→(blasting) ~ 爆破振动 // ~ {shock} absorber 消振器 // ~-absorbing base 吸振基础；减振基础

vibrational spectroscopy 振动谱学
→~ spectrum 振动(光)谱

vibration amplitude 振幅
→~ control 防振 // ~-control device 缓冲器；减振器

Vibration crushing 振动破碎

Vibration damper{absorber;dampener} 减振器
→~ damping 振动阻尼 // ~ {Foner} magnetometer 福纳振动式磁力仪 // ~ meter{measure} 示振器 // ~ milling 振动研磨法；振动磨矿 // ~ proof 抗震的；防震的

vibration-swing sand sifter 振摆式筛砂机

vibration testing 振动试验
→~ wave 频音

vibrator 铆钉枪；振子；振动筛{器}；振捣{荡}器；激振器
→~ sunk pile 振沉桩 // ~ supply 振动供料

vibratory 振动的
→~ arc surfacing 振动电弧堆焊

vibrex screen 维勃赖克斯型筛

vibrin 聚酯树脂

Vibrio proteus 变形弧菌

vibro-assisted{buddle;movable-sieve} jig 动筛式跳汰机

vibrocap 电雷管

vibro-casting 振动密实成形

vibro-compaction 振动压实

vibro-composer method 振动填实砂桩法

vibro-core cutter 振动岩芯切割{提取}器

vibrodrill 振动钻设备；振动钻机

vibro drilling 振动打钻(法)
→~-drilling 振动钻进 // ~-driver extractor 振动打拔桩机

vibroflot 振冲器

vibro(-)flotation (method) (地基)振浮压实(法)；振冲法

vibrogel 胶质{状}炸药

vibro grinding 振动磨矿

vibronic coupling 电子振动耦合

vibronite 维勃罗奈特炸药

vibro-pickup 拾振器

vibroplex 振动电键

vibro-pulverization 振动粉碎(作用)[机]

vibro-punching 振振冲法

vibrorammer 振捣器

vibroseis 震动源；震动系统；振动地震；可控震源

vibrostand 振动台[抗震研究用]

vibro-tamper 振动夯

vibrotechnique 振动技术

vibrotron 振敏管

Viburnum 荚蒾属[植;K₂-Q]

vicanite-(Ce) 维卡石[((Ca,REE,Th)₁₅As⁵⁺(As₀.₅³⁺Na₀.₅)Fe³⁺Si₆B₄O₄₀F₄]

vicariance 隔离分化

vicarious 代用的；近亲的；替代性的；同类的[生]

Vicat needle 维卡特(水泥)稠度测试针
→~ needle{apparatus} 维卡仪 // ~ needle test 维卡针针入度试验[测定水泥凝结时间] // ~ test 维卡特水泥稠度试验

vice bench 钳工台

vichlovite 钒铅矿[Pb₅(VO₄)₃Cl;(PbCl)Pb₄V₃O₁₂;六方]

vicinal 地方的；邻位；邻晶的；邻近的；邻接的；本地的
→~ compound 连位化合物

vicinaloid 似邻接面

Vickers diamond (pyramid) hardness 维氏(金刚石棱锥体)硬度
→~ diamond pyramid 维氏硬度金刚石棱锥体压头 // ~ {-}hardness 维氏硬度 // ~ hardness number 维氏硬度(指)数

vicklovite 钒铅矿[Pb₅(VO₄)₃Cl;(PbCl)Pb₄V₃O₁₂;六方]

Vicksburgian 维克斯堡(阶)[北美;E₃]

Victamin ×捕收剂[月桂胺磷酸乙酯；C₁₂H₂₅NH•P(O)(OC₂H₅) (ONH₃C₁₂H₂₅)]

Victawet 12{|14} ×黏土分散剂[辛基磷酸酯、非离子型]
→~ 58B 己基三磷酸钠[Na₅R₅(P₃O₁₀)₂ (R=2-乙基(C₆H₁₃−))]

victim 受害者；牺牲者
→~ (of a swindler) 受骗者

Victorian 旧式的

victorite 针顽火辉石[MgSiO₃]；顽火辉石[Mg₂(Si₂O₆)Fe₂(Si₂O₆)]

Vidalina 维达虫属[孔虫;K]

vidda 无树波状高地[挪]

V

videlicet 就是(说)[拉]

video mapping 视频描图术；全景显示
→~ output socket 视频信号输出孔 //~ pair 视频信号导线对 //~{TV} photograph 传真相片

videosignal{video signal} 视频信号；目标信号

videotape 视像磁带；视频磁带
→~ of a TV programme,film,etc. 影带

video tape recorder 进带录像机
→~ tape recording 磁带录像 //~ test signal generator 视频测试信号发生器

Videproductus 维地长身贝属[腕;P₁]

vide supra 见前{上}[拉]
→~ web 深截深

Vidrioceratidae 维得利菊石科[头]

vidrite 蛋白石[石髓;SiO₂•nH₂O;非晶质]

viellaurite 杂菱锰矿[蔷薇辉石与菱锰矿混合物;MnSiO₃与MnCO₃的混合物]

Vienna Standard Mean Ocean Water 维也纳标准平均大洋水
→~ standard mean ocean water VSMOW 标准[维也纳标准平均大洋水,国际原子能机构推荐的氢、氧同位素标准 δ D=0]

viento roterio 变向风；葡

vierzinite 铁铝赭土

vierzonite 肝蛋白石[为呈淡灰褐色的结核状蛋白石;SiO₂•nH₂O]；铁铝赭土；铁铝硅赭土

vietinghofite 铁铌钇矿[Fe,U,稀土(Y和Ce)及少量 Mn 和 Ti 的铌酸盐]

viewable 值得一看的；看得见
→~ waveform 可视波形

viewer 潜望镜；观察者；观测仪器；(煤矿)矿长；监察(人)员

viewfinder 取景器；瞄准器；反光镜；检像器；探视器
→~ (on a camera) 取景器

viewing{visual;apparent;vision;view} angle 视角
→~ chamber 观察室

vigezzite 铌钙易解石；维铌钙矿 [(Ca,Ce)(Nb,Ta,Ti)₂O₆;斜方]

vigia 疑存暗礁[水运]；可疑浅滩；位置可疑礁石

vignetting 光晕；光损失；晕映图像；晕光；渐晕[物]

vignite 杂磁菱蓝铁矿；磁性铁矿

vigorous 活泼的；猛烈；有力的；用力的
→~ acid attack 强酸侵蚀 //~ agitation 剧烈搅动 //~ erosion 强侵蚀

vihorlatite 维碲硒铋矿[Bi₂₄Se₁₇Te₄]

viitaniemiite 维磷钠钙铝矿[Na(Ca,Mn)₄Al(PO₄)(F,OH)₃;Ca>Mn, F>OH]；氟磷铝钙钠石[Na(Ca,Mn²⁺)Al (PO₄)(F,OH)₃;单斜]

vikingite 重硫铋铅银矿；维硫铋铅银矿[Ag₅Pb₈Bi₁₃S₃₀;单斜]

vilateite 红磷铁矿；锰变红磷铁矿

vile 讨厌的
→~{rough} weather 恶劣气候

viliform 绒毛状

Villafranchian 维拉弗朗阶[欧;Qp]
→~ fauna 维拉夫兰动物群

villamaninite 黑硫铜镍矿[(Cu,Ni,Co,Fe) S₂;等轴]；维拉曼矿

villarsite 变橄榄石[(Mg,Fe)₁.₈SiO₃.₆(OH)₀.₄(近似)]

villemite 硅锌矿[Zn₂SiO₄;三方]

villiaumite 氟盐[NaF;等轴]

villiersite 镍滑石 [Ni₃(Si₄O₁₀)(OH)₂;(Ni,Mg)₃Si₄O₁₀(OH)₂;单斜]

villyaellenite 水砷氢锰石[H₂(Mn,Ca)₅(AsO₄)₄•4H₂O]

vilnite 硅灰石[CaSiO₃;三斜]

viluite 硼符山石 [Na₂B₄O₇•10H₂O; Na₂(B₄O₅)(OH)₄•8H₂O];钙铝榴石[Ca₃Al₂(SiO₄)₃;等轴];正符山石

Viminicaudus 绘龙

vimsite 维羟硼钙石[CaB₂O₂(OH)₄;单斜]

vincentite 文砷钯矿[(Pd,Pt)₃(As,Sb,Te)]

vinciennite 硫砷锡铁铜矿

vincularian 捆束苔藓虫类

vinculum[pl.-la] 系带；联系；线括(号);纽带

Vindobonian 文多奔阶

Vine and Matthews hypothesis 瓦因-马修斯假说

vinegar 醋酸；醋

vinegary 酸

Vinella 万因氏苔藓虫属[O₃]

vinessa 文内萨风；维尼撒风

vinogradovite 白钛硅钠石 [(Na,Ca,K)₄Ti₄AlSi₆O₂₃(OH)•2H₂O;单斜]

vinpoline 长春坡{泊}林

Vinsol agent 文沙剂

vintage 酿酒

vintite 闪英粒玄岩

vintlite 基长闪斑辉绿岩；闪英粒玄岩；温脱岩

vinyl 乙烯基[CH₂═CH-]

vinylacetate 醋{乙}酸乙烯酯 [CH₃COOCH:CH₂]；醋酸乙烯

vinylacetate-maleic anhydride copolymer 乙烯基乙酸盐-顺式丁烯二酸酐共聚物

vinylacetic acid 烯二酸[CH₂═CHCH₂CO₂H]

vinyl asbestos floor tile 乙烯石棉地板砖

vinylation 乙烯化作用

vinylcarbinol 丙烯醇

vinyl chloride 氯乙烯
→~ cyanide 乙烯基氰；丙烯腈[CH₂═CHCN]

vinylester 乙烯基酯
→~ resin 乙烯酯树脂

vinyl group 乙烯基[CH₂═CH-]
→~ groups 乙烯基基团

vinylite 乙烯系树脂

vinylnaphthalene 乙烯萘

vinylon 聚乙烯醇缩醛纤维；维尼纶

vinyl resin paint 乙烯基树脂漆
→~-sulfonate copolymer 乙烯基磺酸盐共聚物

vinylthiophene 乙烯噻吩

Viola calaminaria 芦叶堇菜；锌堇菜

violaite 铁镁辉石[Ca(Mg,Fe)Si₂O₆]；铁镁钙辉石

violane 青透辉石；青辉石[CaMgSi₂O₆];紫青辉石

violarite 紫硫镍矿[Ni₂FeS₄;等轴]

violate 破坏[an agreement,regulation,etc.]

violence 猖狂；猛烈；猛度；暴力
→~{violent} bump 强烈岩爆 //~ outburst 剧烈岩爆 //~{violent} shock 强震

violent 剧烈的；歪曲的
→~ bump 强烈(煤炭)突出；强烈冲击

violently 强烈地；猛烈；极端的；极度地；激烈地
→~ weathered zone 全风化带

violent shock 烈震
→~ storm 暴风[11 级风]

violet 紫色；紫罗兰色；紫罗兰
→~ quartz 紫石英 //~ schorl 斧石[族名;Ca₂(Fe,Mn)Al₂(BO₃) (SiO₃)₄(OH)]

violite 紫叶绿矾

viotil 酒石酸五甲哌啶

Vipera 蝰蛇属[Q]
→~ berus{limnaea} 极北蝰

virazon 海风；比拉风

virazones 比拉宋尼风

virescite 绿辉石 [(Ca,Na)(Mg,Fe²⁺,Fe³⁺,Al)(Si₂O₆);Jd₇₅₋₂₅Aug₂₅₋₇₅ Ac₀₋₂₅;单斜]

(snow) virga 幡状(云)

virgal[pl.-s,-ia] 步带枝[棘海星]

Virgatocypris 纹星介属[E]

Virgatosphinctes 束肋旋菊石属[头;J₃]

virgella 胎管刺[笔]

Virgiana 枝线贝属[腕;S]

Virgil age 弗吉尔纪

Virgilian 维吉尔(风格)的；维尔吉耳(阶)[北美;C₃]

virgilite 硅锂石[LiₓAlₓSi₃₋ₓO₆;六方]

Virgil (Penn) series 维尔吉耳统[美;C₃]

Virgin 室女座

virgin 自然的；直馏的；原始的；原生的；原来的；元素状态的[金属矿]；(由)矿石直接提炼的；纯的；无污点的；未用过的；未使用的；未开发的；未开采的
→~ clay 生黏土；新鲜黏土

Virgin Islands of the United States 美属维尔京群岛

virginite 弗吉尼亚煤[燃料比 2.5~7]；名誉；纯洁

virginium 鉝[Vi,钫之旧名]

virgin{lay} land 生荒地
→~ rock 原生岩石；原岩[未被破碎的] //~ tank oil 换算成地面条件下的未开采石油

Virglorian 维尔格罗阶；安尼西(阶) [241.7~234.3Ma;欧;T₂]
→~ age 维格罗期

Virgo 室女座

virgula 中轴[笔]

virgular sac 轴囊

Virgulian 维尔古[欧;J₃]
→~ age 维格期

Virgulina 棍虫属[孔虫;K-O]

Virgulinella 小棍虫属[孔虫;N₁]

Virgulostracus 细枝壳叶肢介属[K]

Viriatellina 环节石属[竹节石类;D₁₋₂]

viridescence 嫩绿

viridian 绿色的；翠绿色的

viridine 石油省[葸的异构物]；草绿色红柱石；锰红柱石 [(Al,Fe,Mn)₂(SiO₄)O;(Mn³⁺,Al)AlSiO₅;斜方]

viridis 松石绿

viridite 青绿泥石；岩石中绿色含铁矿物群；铁柱绿泥石[2FeO•Al₂O₃•2SiO₂•2H₂O];铁绿泥石

viridity 碧绿；新鲜

virisite 绿辉石 [(Ca,Na)(Mg,Fe²⁺,Fe³⁺,Al) (Si₂O₆); Jd₇₅₋₂₅Aug₂₅₋₂₅ Ac₀₋₂₅;单斜]

virtual 实质上；有效的；有名无实的；虚的；假的
→~ deformation 潜变形；虚变形；假变形 //~ displacement field 虚位移场 //~ focus{|structure} 虚焦点{|结构} //~ grade 虚坡度 //~ height 虚高(度)

V

virtually 实际上
virtual medium 虚拟介质
virulence 致病力；毒性
virus{viruses} 病毒
visceral{coelomic} cavity 体腔
→~ sac 内脏囊
viscid 黏(滞)的
→~ bitumen{bitum} 黏沥青 // ~ bitumen 软沥青
viscidity 黏(滞)性
viscoelastic behavior{nature} 黏弹性
→~ deformation 黏弹变形
visco-elastic fluid system 黏弹性流体分流
viscoelasticity 黏弹性
visco-elastic property 黏弹性；黏弹特性
viscogel 黏性凝胶
viscoid 黏丝体；有黏性的
viscoloid 黏性胶体
visco(si)meter 黏度计
viscoplastic body 黏塑性体
viscoplasticity 黏塑性
visco-plasto-elastic mass 黏-弹-塑性体
viscorator 连续记录黏度仪{计}
viscoscope 黏度计；黏度粗估仪
viscose 黏滞的；黏胶(液)
viscosified 增黏的
viscosifier 稠化剂；增黏剂[泥浆]
viscosify 稠化
viscosifying action 增黏作用；稠化作用
viscosimeter 黏度计
viscosin 黏质；黏液菌素
viscosity 韧性；黏(滞)性；韧度；黏滞；黏(滞)度；内摩擦
→~ break (back) 破胶；降黏 // ~ builder 增黏剂 // ~ coefficient 黏潜性系数；绝对黏度 // ~ reducing 降低黏度的 // ~-temperature curve 黏温曲线
viscountess 石板瓦
viscous 黏(滞)的；黏稠的；枯的
→~ carrier placed pack (用)高黏携砂液作业的砾石充填 // ~ crude oil production 稠油开采 // ~ flow material transfer mechanism 黏滞流动传质机理 // ~ fluid flow 黏滞液流动 // ~ fluid system 黏性流体分流
viscousness 黏滞度
viscous oily liquid 黏性油状液体
→~ pad 高黏前置液 // ~ pill 高黏液 // ~ polymer solution 黏性聚合物溶液 // ~ remanent Magnetization 黏滞剩余磁化强度 // ~ solution 黏稠溶液
Visean 韦宪统{阶}[欧;C₁]
→~ stage 维宪阶
Visec's bearing capacity formula 魏锡克承载力公式
viseite 磷方沸石[NaCa₅Al₁₀(SiO₄)₃(PO₄)₅(OH)₁₄•16H₂O]；沸{弗}水硅磷钙石[NaCa₅Al₁₀(SiO₄)₃(PO₄)₅(OH)₁₄•10H₂O?;等轴]
Visemurian 维塞牟利纪
vishnevite 硫钠霞石；硫(碱)钙霞石[(Na,K,Ca)₆₋₈(Al₆Si₆O₂₄)(SO₄, CO₃)•1～5H₂O]
Vishnu 毗瑟挐[守护神,印度教主神之一]；维什努(群)[Ar]
Vishnuites 维士菊菊属[头;T₁]
Vishnu system 维斯纽系
visibility 视界；清晰度；能见度；明显；可见度；显著
→~ meter 能见度计{仪} // ~ restric-

tion 通视障碍
Visible and Near-Infrared Reflectance Spectroscopy 可见与近红外反射光谱
visible chart recorder 明记录长图仪；可见图示仪
→~ cleanliness 可见纯净度 // ~{visual} light 可见光 // ~ ore 确定矿石 // ~ ore reserve 回采矿量 // ~ spectral data 可见光谱带数据 // ~ supply 已知供应量
VisioFroth installed on the flotation cell 安装在浮选槽上的 VisioFroth 图像分析仪
visiometer 能见度计{仪}
vision 视线；视力；视觉；观察；目击；眼光；景象；想象力
→~ on sound 图像信号对伴音干扰 // ~{visual} signal 视频信号
visit 侵袭[灾害、病害等]；游览；访问；降临
visiting team 巡查班
vismirnovite 羟锌锡石；维羟锡锌矿
visor 护目镜；安全罩；帽舌；遮阳光板；浪蚀洞上石檐
→~ tin 双晶锡石 // ~ twin 锡石双晶
Vissac jig 维赛克型风动跳汰机
vistinghtite 变铌钇矿
visual 视力的
→~ distance reception 视距信号接收 // ~ examination 肉眼检视；外表检查 // ~ identification 外部鉴定 // ~ illusion 目错觉 // ~ impact{intrusion} (采矿对)景色的破坏 // ~ indicator 罐笼{矿车}升降位置指示器 // ~ instrument 目视仪器
visualization 目测(方法)；可视化；具体化；形象化；显影；显形；显像；检验[肉眼]
visual method 目视法
vital 生机；要害；极重要的；命脉；致命；有生命力的
vitalism 活力论；生机论{说}
vitally 生命地；要紧地
vital-pantostrat 具生物的全层
vital role{function} 重要作用
vitamin{vitamine} 维生素；维他命
vitaminology 维生素学
vitaphone 录音{声}系统
vitasphere 生命圈
viterbite 淡灰玄白响岩；杂银星(埃洛)石；拉榴粗面岩
viterite 毒重石[BaCO₃]
vitiated 失效的；污浊的；损坏的
→~ air 爆破后含瓦斯空气
Vitiliprodactus 交织长身贝属[腕;C₁]
Vitimia 维提米亚叶属[植;K₁]
Vitis 葡萄属[K₂-Q]
viton 氟橡胶；维通[氟化橡胶]；氟化橡胶
Vitreisporites 拟开通粉属[孢;P-Mz]
vitreosil 熔融石英；熔凝石英
vitreous 上釉的；玻璃状(的)；玻璃质(的)；透明的；陶化的
→~ body 玻璃体 // ~ coal component 镜质组分 // ~ copper 辉铜矿[Cu₂S;单斜]；辉铜矾 // ~ copper (ore) 辉铜矿[Cu₂S;单斜] // ~{fused} silica 硅石玻璃[材] // ~{translucent} silica 透明石英 // ~ silica 玻璃状石英 // ~ silica fiber 玻璃质硅石纤维 // ~ silica grog 透明石英熟料 // ~ silver 辉银矿[Ag₂S;等轴]；螺状硫银矿[Ag₂S]

vitric 玻璃质；玻璃器类；玻璃(状)的
vitrific(a)tion 上釉；熔浆化；玻璃状物；玻璃化；玻化；透明化
→~ of radioactive waster 放射性废物玻璃固化
vitrified bonded wheel 陶瓷黏结砂轮
→~-clay pipe 陶土管 // ~ clay product 陶土产品
vitrifying 非晶化；玻璃化
→~{fusible} clay 易熔瓷土
vitrinite 镜质组煤岩；镜质组；镜质体
→~ A{|B} 镜煤 A{|B} // ~ reflectance geothermometer 镜质体反射率地热温标
vitrinitization 镜煤化
vitrinization 凝结作用
vitrinoid 镜煤类
→~ group 镜质组
vitriol 硫酸盐[M₂SO₄]；硫酸[H₂SO₄]；刻薄；矾类；矾[K•Al(SO₄)₂•12H₂O]
→~ carving 矾石雕
vitriolic clay 含矾黏土
→~ sinter{vitriolic tufa vitriolic tufa} 矾华
vitriolite 铜水绿矾[CuSO₄•7H₂O]；铜绿矾[(Fe,Cu)SO₄•7H₂O]
vitriolization 溶于硫酸
vitriol ocher 纤水绿矾[Fe₄³⁺(SO₄)(OH)₁₀•H₂O,含有 Fe₂O₃,SO₃,As₂O₅,H₂O 等]
→~ peat 富硫酸铁泥炭 // ~ shale 含矾页岩
vitro-ceramic{microcrystalline} enamel 微晶搪瓷
vitroclarain 镜亮煤
vitrodurain{vitrodurite} 镜暗煤
vitrophyre 玻(基)斑岩
vitro(por)phyric 玻基斑状[结构]；玻斑状[结构]
vitrophyrite 玻基玢岩
Vittatina 叉肋粉属[孢;K]
Vittpites 葡萄粉属[孢;E₂]
vitusite 磷铈钠石[Na₃(Ce,La,Nd)(PO₄)₂;斜方]；磷钠稀土石
Viverravus 古灵鼬属[E₂]；灵猫
Viverridae 灵猫科
viverrine 麝猫类的
vivianite{vivianited glaucosiderite} 蓝铁矿[Fe₃²⁺(PO₄)₂•8H₂O;单斜]
vividly 生动；鲜明地
viviparity 母体发芽；(在母)株上萌发[植]；胎生
Viviparus 田螺(属)[腹;J-Q]
v.k. 范克瑞费伦分类
vladimirite 针水砷钙石 [Ca₃(AsO₄)₂•4～5H₂O;单斜]
vlasovite 硅钠石[Na₂Si₂O₅;单斜]；硅锆钠石[Na₂Zr(Si₄O₁₁);单斜、三斜]
vlei{vley} 浅水湖；浅湖；谷地沼泽；大池塘；沼泽
→~ soil 热带黑色潜育土；夫来潜水灰壤
vlodavetsite 氯硫铝钙石[AlCa₂(SO₄)₂F₂Cl•4H₂O]
vloer 盐泥湖
vltavite 摩尔达维亚玻陨石；伏尔塔瓦玻陨石
vly 浅水湖；浅湖；谷地沼泽；大池塘；沼泽
v-maghemite 钒磁赤铁矿
V-notch ball{|weir} V 形缺口球{|堰}

vochtenite 磷铁铀矿[(Fe^{2+},Mg)Fe^{3+}(UO$_2$/PO$_4$)$_4$(OH)•12～13H$_2$O]

vod 石墨[六方、三方]；锰土[MnO$_2$•nH$_2$O]

vodas 音控防鸣器

voelckerite 氧磷灰石[Ca$_{10}$(PO$_4$)$_6$O;10CaO•3P$_2$O$_5$]

voelknerite 水滑石[具尖晶石假象；6MgO•Al$_2$O$_3$•CO$_2$•12H$_2$O; Mg$_3$Al$_2$(CO$_3$)(OH)$_{16}$•4H$_2$O]

V-of derrick 钻塔正面(拖钻杆的)入口

vogad 音控增音调节器

Vogel-type curve 沃格尔式产能曲线

vogesite 红榴石[FeO•Al$_2$O$_3$•3SiO$_2$;Fe$_3$Al$_2$(SiO$_4$)$_3$]；闪正煌(斑)岩；闪辉正煌岩；镁铝榴石[Mg$_3$Al$_2$(SiO$_4$)$_3$;等轴]

vogle 晶洞；晶簇；晶壁岩洞

voglianite 绿铀矾[(UO$_2$)$_2$(SO$_4$)(OH)$_2$•H$_2$O]

Voglibose Semihydrate 伏格列波糖半水合物

voglite 菱铀矿[UO$_2$•CO$_3$]；铜菱铀矿[CuCa$_2$U(CO$_3$)$_5$•6～7H$_2$O(?);Ca$_2$CuU(CO$_3$)$_5$•6H$_2$O]；碳铜钙铀矿[Ca$_2$Cu(UO$_2$)(CO$_3$)$_4$•6H$_2$O;三斜]

vogtite 锰三斜辉石[(Mn,Fe)SiO$_3$]；锰硅灰石[(Ca,Fe,Mn,Mg)SiO$_3$; (Mn,Ca)$_3$(Si$_3$O$_9$);三斜]

voice 表达；话频；声音；声带振动；喉舌；浊音；语态；意见；发言权；发出声音

void 使无效；砂眼；缺乏的；排出；作废；空位；空白；孔隙率；孔隙；孔洞；空眼；空穴；放出；小便；无效的；无效

voidage 亏空；枯竭；空隙体积；空隙度；空隙；孔隙；间隙率
→～ balance 注采平衡

voidal concretion 空心结核

void area 空穴区

voided 亏空的

void factor{ratio} 空隙比
→～-filling perthite 空洞填充式条纹长石//～-free 密实的//～ free placement 无空穴充填//～ hole 空炮孔

voidness ratio 空心度

void of weld 未焊的焊缝
→～ rate{factor} 空隙率

voigt effect 佛克脱效应

voigtite 铁黑蛭石[(Fe^{2+},Mg,Fe^{3+})$_6$((Si,Al)$_4$O$_{10}$)$_2$(OH)$_4$•7/2H$_2$O(近似)]

Voigt solid 佛克特体[即黏弹体]

volatile 挥发分；易挥发的

volatil flux 挥发分

volatilizer 挥发器；蒸发器

volatil(i)ty 挥发性

Volborthella 弗氏角石；沃尔博思螺属[腹;C$_{1～2}$]

volborthite 水钒铜矿[Cu$_3$V$_2$O$_7$(OH)$_2$•2H$_2$O;Cu$_3$(VO$_4$)$_2$•3H$_2$O;单斜]；钡钒铜矿[铜的钒酸盐,含钙和钡;Cu$_3$(VO$_4$)$_2$•H$_2$O]；钒铜铅矿[(Cu,Zn)Pb(VO$_4$)(OH);PbCu(VO$_4$)OH•3H$_2$O(近似)]；钒铜矿[Cu$_5$V$_2^+$O$_{10}$;单斜]

volcan(o) 火山；火山层

volcanello 熔岩滴锥；内火山锥；子火山

volcanic (rock) 喷出岩
→～ apparatus{edifice} 火山机构//～ arc rock 火山弧岩石//～ ash 火山灰石//～ cake 火山饼//～ cinder{scoria} 火山渣//～ dumpling{ball} 熔岩球

volcanics 火山岩

volcanic scoria 火山岩滓；火山岩渣
→～-sedimentary 火山沉积//～ sequence 火山轮回顺序；火山地层//

slope 火山坡//～ summit graben 火山顶陷沟//～ type U-ore 火山岩型铀矿

volcanist 火山学家；火成论者

volcanite 火山岩；辉石[W$_{1-x}$(X,Y)$_{1+x}$Z$_2$O$_6$,其中,W=Ca^{2+},Na$^+$; X= Mg^{2+},Fe^{2+},Mn^{2+},Ni^{2+},Li$^+$;Y=Al^{3+},Fe^{3+},Cr^{3+},Ti^{3+};Z=Si^{4+},Al^{3+};x=0～1]；含硒硫黄；歪辉安山岩；硒硫黄[(S,Se);(S,Se)$_8$]

volcanizing cement 硬化黏胶

volcano 火山锥
→～-associated geothermal system 与火山伴生的地热系统

volcanogenic{volcanic} belt 火山带
→～ massive sulfide deposit 火山成因块状硫化物矿床//～ unit 火山成因单位

volcanogenous soil 火山土
→～ supply 火山源供给

volcano group 火山群

volcanologist 火山学家

volcanology 火山学

volcanophreatic activity 潜水水汽喷发型火山活动

volcano-sedimentary deposit 火山沉积型矿床

volcano{volcanic} shoreline 火山滨线

volcanostratigraphy 火山地层

volcano-tectonic architecture 火山构造筑积体

volchonskoite 铬蒙脱石[(Cr,Fe,Al)$_2$O$_3$•2SiO$_2$•2H$_2$O]；铬绿脱石；铬岭石；铬高岭石

Volchovia 沃尔霍夫海蛇匣(属)[棘海蛇匣;O]

volckerite 氧磷灰石[Ca$_{10}$(PO$_4$)$_6$O;10CaO•3P$_2$O$_5$]

vole 䶄属[Q]；田鼠

volfram 黑钨矿[(Mn,Fe)WO$_4$]；锰铁钨矿

volgerite 黄锑矿[Sb^{3+}Sb^{5+}O$_4$;斜方]

Volgian (stage) 伏尔加阶

volhyaite 闪美云斜煌岩

volknerite 水滑石[具尖晶石假象;6MgO•Al$_2$O$_3$•CO$_2$•12H$_2$O; Mg$_3$Al$_2$(CO$_3$)(OH)$_{16}$•4H$_2$O]

volkonskoite 铬蒙脱石[膨润石][(Cr,Fe,Al)$_2$O$_3$•2SiO$_2$•2H$_2$O]；铬岭石

volkovite 水硼钾锶石[Sr和K的含水硼酸盐]；水硼钙石[Ca$_2$B$_{14}$O$_{23}$•8H$_2$O;单斜]

volkovskite 沃硼钙石[(Ca,Sr)B$_6$O$_{10}$•3H$_2$O;单斜]

volnyne 重晶石[BaSO$_4$;斜方]

Vologdinella 沃洛格金氏藻属[€?]

volometer 伏安表；万能电表

Volsella 双爪钳；钳蛤属[双壳]；偏顶蛤属[双壳;D-Q]

Volsellina 小偏顶蛤属[双壳;C$_2$-P]

Volta Aluminum Co.,Ltd. 沃尔特铝业有限公司

voltaic couple 伏特电偶；接触电偶
→～ electricity 伏打电

voltaite 绿钾铁矾[Fe^{2+},Fe^{3+},Al 和碱金属的硫酸盐;K$_2$Fe$_5^{2+}$Fe$_4^{3+}$(SO$_4$)$_{12}$•18H$_2$O;等轴]

voltameter 电量计；库仑计

volt-ampere 伏特安培；伏-安
→～ characteristic 伏安特性曲线

voltampere meter 伏安计

volt box 自耦变压器；分压器

voltite 电线被覆绝缘物

voltmeter 电压表；伏特计

Voltzia 伏脂杉(属)[P$_2$-T$_{1～2}$]；沃兹杉

voltzine{voltzite} 肝锌矿[Zn(S,As)]；杂肝锌矿；锌乳石

voluble 缠绕的

volume 合订本；容积；强度；册；栏；音量；卷；体积
→～ diagram of earth-rock work 土石方体积图

volumenometer 视密度计；体积计

volume of air 风量
→～ of blast 鼓风量；崩矿量；爆破量//～ of box cut 开切口体积//～ of explosion gas 瓦斯爆炸体积//～ of flow 流量//～ of rock 岩石体积//～ of sound 声量；响度

volumescope 体积计[气体]

volume shrinking rate 体缩率

volumetric 容积的
→～ efficiency 容积效率；矿井有效风量率

volumetry 容量分析

volume unit 容积单位；音量单位；体积单位[166 ⅜yd^3]
→～ withdrawal{withdraw} 采出体积

voluminal 容积的；体积的

voluntary 任意的；自愿的；自动的；随意的
→～ breakage 人为破碎

volunteer 志愿的{者}

voluta 涡螺属[腹;E-Q]；滑螺

volutacea 涡螺旋(类)

volute 螺旋形；旋卷的；涡旋形(的)；涡管；集气环
→～ (casing) 蜗壳//～ centrifugal pump 蜗壳式离心泵

volution 螺旋形；螺环[腹]；卷壳[孔虫]；旋圈；旋卷；涡旋

Volutomorpha 涡形螺属[腹;K-R]

Volvaria 苞脚菇属[真菌;Q]

Volvocales 团藻虫目

Volvoceae 团藻类

Volvocidae 团藻虫科

volvocine line 团藻式演化系列

Volvox 团藻(属)[Q]

Volvula 卷螺属[腹;E$_2$-Q]

volynskite 碲铋银矿[AgBiTe$_2$;斜方]；沃仑{伦}斯基矿

volzidite 富白榴(石)碱性(类)玄武岩

vomax 最大摄氧量

vomer 犁骨；锄骨

vomerine tooth 犁骨齿

vomit 喷出

von Baer's law 冯巴尔定律；拜尔定律
→～ diestite 碲银铋矿[碲银矿和碲铋矿的混合物]；碲铋矿与碲银矿混合物

voney 同时爆破

von Karman vortex trail 冯卡曼涡流尾迹

Von Kobells scale of fusibility 冯柯贝尔熔(度)标

von Schmidt wave 首波

vonsenite 硼铁矿[Fe$_2^{2+}$Fe^{3+}BO$_5$;斜方]

Von Thunen's model 范•萨恩模型
→～ Wolff's classification 冯乌尔夫分类[火成岩]

voog 小空窝；小洞；晶洞；晶壁岩洞

voralp 高山低牧场{草地}

voraulite 天蓝石[MgAl$_2$(PO$_4$)$_2$(OH)$_2$;单斜]

vorhauserite 脂纤蛇纹石[Mg$_6$(Si$_4$O$_{10}$)(OH)$_8$]

vorobyevite 铯绿柱石[Be$_3$Al$_2$(Si$_6$O$_{18}$),含5%的CsO]

Voronoi polygon 沃龙诺依多边形

vortex[pl.-xes,-tices] 旋转褶皱；涡旋

{流}；涡流给料；旋涡{卷}
→~ chamber 旋流室 // ~ finder 旋涡探向孔 // ~-impulse dryer 旋涡脉冲式干燥机 // ~ mill 旋涡磨机

vortical erosion 旋涡侵蚀

vortices 涡流体(系)；涡流给料

vorticity 环量；旋涡；旋度；涡量；涡度
→~-transport hypothesis 涡旋度输送假说

Vortrap 沃特赖普型旋流分级器

vosgite 水柱长石；蚀拉长石

Voss polariscope 伏斯偏极光镜

voucher 保证人；收据；凭证；凭单；证书；证件；传票

vough 晶壁岩洞

voussoir 拱楔块石；拱石；楔块

voyage 水程；航行；航次；航程；渡过
→(return) ~ 航海 // ~ charter 定程租船

vozhminite 硫砷镍矿；沃硫砷镍矿

vrbaite 硫砷锑(汞)铊矿[斜方；$Tl_4Hg_3Sb_2As_8S_{20}$；$Tl(As,Sb)_3S_5$]；维尔巴氏矿

vrbane 红{硫砷}锑铊矿[$Tl(As,Sb)_3S_5$]；维尔巴氏矿

vreckite 苹绿钙石；翠绿钙石

vredenburgite 磁锰铁矿

α{|β}-vredenburgite α{|β}磁锰铁矿

vriajem 冷期

vrilie 螺旋下降；螺旋飞行；旋转[飞头向下旋转下降]

V-roof 内坡屋顶

V-rutile 钒金红石

vs 滴定(用)液；与……比较[拉]；相对；对

V-shaped 三角形的；V 形的
→~ depression V 形洼地；V 形低压

VSMOW VSMOW 标准[维也纳标准平均大洋水,国际原子能机构推荐的氢、氧同位素标准 δ D=0]

VSP{vertical seismic profile} log 垂直地震剖面测井

V-strut V 形支柱

V-terrace V 形阶地

V-type check dam V 式节制坝
→~ eight cylinder engine V 形八缸发动机 // ~ return idler 返回侧 V 形托辊

vuagnatite 羟硅铝钙石[$CaAlSiO_4(OH)$；斜方]

vudyavkite 硒钛硅矿岩

vudyavrite 水硅钛铈石

vug 孔洞；空洞；岩穴；晶洞；晶簇；晶壁岩洞

vuggy 晶洞的；多孔的
→~ formation 孔洞性地层；多孔地层 // ~ lode 多晶洞矿脉 // ~ porosity 晶洞孔(隙)率

vulcanello 熔岩滴锥；内火山锥；子火山

vulcanian 火成的

vulcanist 火山学家；火成论者；热月学家[认为月球内部有热能和火山活动]

vulcan(n)ite 火山岩；硬橡胶；胶木[绝缘]；软碲铜矿[CuTe；斜方]；硬质橡胶；硬橡皮；硒硫黄[(S,Se)]；铜碲矿；硫化橡胶

vulcanization 硬化作用热补轮胎
→~ of rubber 橡胶硫化

vulcanized asbestos 夹胶石棉
→~ {cured} rubber 硫化橡胶 // ~ -rubber-sheathed cable 橡胶电缆 // ~ splice 硫化接头

vulcanizing 硬化

Vulcano 卡诺岛；火山；武尔卡诺[火山]

vulcanology 火山学

vulgar{mean} establishment 平均朔望月潮高潮间隙

vulkanite 软碲铜矿[CuTe；斜方]

vullanite 碲铜矿[Cu_3Te_2]

vullinite 长透(辉)云闪帘片岩；长辉云闪片岩；二长透辉云闪片岩

vulnerability 弱点；脆弱性；易损性；要害
→~ analysis 弱点分析

vulnerable 脆弱的；不稳固的；易损坏的
→~ spot 薄弱环节 // ~ to pollution 易受污染损害的 // ~ water area 易污染水区

Vulpavus 古狐兽属[E_2]；拟狐兽

Vulpecula 狐狸座

vulpinite 鳞硬石膏[$CaSO_4$]；粒硬石膏

vulsinite 长斑粗安岩；斜斑粗安岩

vulsinit-vicoite 粗面灰玄白响岩

vultex 硫化橡浆

vuonnemite 磷硅(钛)铌钠石[$Na_4TiNb_2Si_4O_{17}$•$2Na_3PO_4$；三斜]；乌钠铌钛石

vuorelainenite 沃钒锰矿[MnV_2O_4]；锰钒尖晶石

vuoriyarvite 武奥里亚石[$(K,Na)_2(Nb,Ti)_2Si_4O_{12}(O,OH)_2$•$4H_2O$]

vurroite 氯硫铋锡铅矿[$Pb_{20}Sn_2(Bi,As)_{22}S_{54}Cl_6$]

vyalsovite 维亚尔索夫石[FeS•$Ca(OH)_2$•$Al(OH)_3$]

vycor 石英玻璃

vydac 多孔层实心球[用作液相色谱固定相]

Vynitop 涂聚氯乙烯钢板

vysotsk(y)ite{vysozkite} 硫镍钯矿；硫钯矿[$(Pd,Ni)S$；四方]

vyuntspakhkite 羟硅铝钇石[$Y_4Al_2Si_5O_{18}(OH)_5$]；硅铝钇石

V

W
w

W 钨矿物；钨；瓦

Waagenites 似瓦刚{根}贝属[腕;P]

Waagenoceras 瓦根菊石属[头;P]；瓦氏角石

Waagenoconcha 瓦氏贝；瓦根{|岗}贝属[腕;C₂-P]

Waagenoperna 无齿股蛤属[P₂-T₂]；瓦根股蛤属[双壳]

Waagenophyllidae 卫根珊瑚科

Waagenophyllum 瓦氏珊瑚；瓦根珊瑚属[P]

Waal stage 瓦尔暖期
→~ warm age 瓦尔冰间期

wachenrodite 铅锰土

wachte 雪流

wacke 泥质砂岩；玄武岩；玄土；玄砂石；瓦克岩

wackenrodite 铅锰土

wackestone 粒泥(状)灰岩；瓦克灰岩

waclee 瓦克岩

wad[pl.wadden] 填絮；填料；叠；卷紧；填塞；迭；潮浦；潮坪；石墨[六方、三方]；软填(料)；锰土[MnO₂•nH₂O]；大量；(把……)搓成小块；填弹塞

wadalite 氟硅铝钙石 [Ca₆(Al,Si,Mg,Fe)₇O₁₆Cl₃]

wadden[sgl.wadd,wad] 潮三角湾
→~ island 沙洲岛

wadding 填塞物

wadeite 硅锆钙钾石{钾钙板锆石}[K₂CaZr(SiO₃)₄;六方]

wadi[pl.-es,-s] 干(乾)谷；干峡[雨季可能有水]；干河谷；干河床；干旱区的干谷；旱谷

wadite 石墨[六方、三方]；锰土[MnO₂•nH₂O]

wadsleyite 瓦兹利石[β-(Mg,Fe)₂SiO₄]

Waeringella 瓦林蜓属[孔虫;C₂]

waerthite 蚀夕线石；蓝晶石[Al₂(SiO₄)O;Al₂O₃(SiO₂)]

wafer 圣饼[宗]；薄片；薄膜；薄饼；切成薄片[如硅棒等]；平板；片；(用)干胶片(封)；炸药管；板；压片；晶片；极板

waferer 切片机；压片机

wafer style butterfly valve 薄体型蝶阀
→~-thin 极薄的

waffle 格栅结构

WAG cycle 水-气交替注入周期

wageman 日工；计时工

wage-scale 工资等级(表)

wages for piecework 计件工资
→~ in kind 实物工资 // ~ tariff{scale} 工资等级(表)

wage-worker 依靠工资生活者

wagit(e) 异极矿 [Zn₄(Si₂O₇)(OH)₂•H₂O; Zn₂(OH)₂SiO;2ZnO•SiO₂•H₂O];斜方]

Wagner ground 华格纳接地(线路)

---

wagnerite 磷镁石[Mg₃(PO₄)₂;单斜]；氟磷镁石[(Mg,Fe²⁺)₂PO₄F;单斜]

wag(g)on 运货车；货车；矿车；小型客车

wagon arrester 阻车器
→~{car} body 车体 // ~ booster (belt) retarder 矿车速度控制器 // ~ box 车厢{箱}；车斗 // ~ breast{|room} (用)矿车运输的采场{|矿房}

wagoner 推车工

wagon hole 调车硐室
→~ jack 吊车器；矿车千斤顶 // ~ {snowbird} mine 季节性小煤矿[用卡车运售] // ~ pinch bar 矿车掉道用撬棍

wagontipple 翻车机

wagon tippler 翻车器
→~ tracks 咬边[焊缝缺陷] // ~ way 行车道 // ~-wheel heater 手工旋转多喷嘴丙烷燃烧器；轮式管口焊前预热器

WAG ratio{injector} 水-气交替注入比{井}

waile 煤车上拣石

wail(l)er 拣选工；煤车上采石土

wairakite 斜钙沸石[CaAl₂Si₄O₁₂•2H₂O;单斜]

wairauite 铁钴矿[CoFe;等轴]

waist 上甲板中部；腰部；腰
→~ bottling 缩颈

waisting crack 拦腰断裂

wait 期望；等待；耽搁；伺候
→~-and-weight method 等候并加重(方)法[压井方法]

waiting 等数；等待；服侍(的)
→~-on 窝工时间 // ~ on cement 候水泥凝固；候凝时间 // ~ vehicle 等候(信号)车辆 // ~ zone 罐车待装区

waive{waiver} 弃权

wakabayashilite 锑雌黄 [(As,Sb)₁₁S₁₈;单斜]；若林矿

wake 唤醒；振作；(水面的)船迹；觉醒；涡区[气流中]；尾流；尾迹；引起[反响等]
→~ dune 尾(随)沙丘

wakefieldite 钒钇矿[YVO₄;四方]
→~-(La) 钒镧石[LaVO₄]

wake vortex 尾涡

walaite 黑脂石；黑晶脂石

Walchia 羽衫属；瓦犁杉(属)[C₃-P₂]

Walcottaspidella 小瓦尔科特虫属[三叶;∈₃]；小华尔科特虫属

walderite 合成蓝宝石仿钻的一种商品名称；无色刚玉

waldheimite 铁钠透闪石[NaCa₂(Fe²⁺,Mg)₅AlSi₈O₂₂(OH)₂;单斜]

Waldmann hollow glass sphere 瓦尔德曼空心玻璃球

wale 手选矸石；横撑；箍条；隆起；线圈纵行

walentaite 瓦伦特石 [H₄(Ca,Mn,Fe)₄Fe₁₂³⁺(AsO₄)₁₀(PO₄)₆•28H₂O]

Walfish{Walvis} Ridge 鲸鱼海岭

walfordite 铁碲矿[(Fe³⁺,Te⁶⁺)Te₃⁴⁺O₈]

walk 步行；人行道；行业；偏斜；偏离；徘徊；走道；走；游动；方向偏差；(使)行走似地移动；阶层

walkable 可以走去的；可通行的

walkaround 人行栈桥
→~ inspection 环视检查

walkaway 轻易得到的胜利；噪声检测
→~ seismic profiling 逐点激发地震剖面法 // ~ vertical seismic profiles 变井源距垂直地震剖面

walkdown 地下商店

---

walker 步行者
→(track) ~ 巡线人员

Walker cell 沃克环流

Walker dragline 迈步式吊铲

walkerite 漂白土[一种由蒙脱石构成的黏土]；蒙脱石 [(Al,Mg)₂(Si₄O₁₀)(OH)₂•nH₂O;(Na,Ca)₀.₃₃(Al,Mg)₂Si₄O₁₀(OH)₂•nH₂O;单斜]；镁针(钠)钙石[NaCa₂Si₃O₈(OH)(含MgO达5%)];沃水氯硼钙石[Ca₁₆(Mg,Li,□)₂(B₁₃O₁₇(OH)₁₂)₄Cl₆•28H₂O]；杂镁蒙脱钠钙石

walker shutter 缓动V形节风闸门

walkie hearie 步听机
→~ talkie 报话机 // ~-talkie 步话(谈)机

walking 散步；地面或路之状况；能行走的；步行的；巡线
→~ of bed 煤线；矿层线

walklera 皂石 [(Ca½,Na)₀.₃₃(Mg,Fe²⁺)₃(Si,Al)₄O₁₀(OH)₂•4H₂O;单斜]

walk of hole 井眼(方位)漂移
→~ out 追索 // ~-over survey 踏勘 // ~ rate 漂移速度 // ~-through 地下步行道

wall 巷道壁；巷道帮壁；墙；帮；边帮；盘；侧；壁；工作面；壳壁；间隔层；填塞；台垣
→(barrier) ~ 屏障；孔壁；煤房间煤柱 // ~ (face)工作面[长壁]

wallace agitator 华雷斯搅拌机

Wallace's line 华莱士线[以生物群区分亚洲澳洲]

Wallachian 瓦拉几亚
→~ movement 瓦拉赤运动

wall apophyse 围岩岩枝
→~ attachment amplifier 附壁式放大器 // ~-attachment{wall} effect 附壁效应

wallboard 墙板

wall boss 矿房工长
→~ bushing 穿墙套管 // ~ clearance 井壁与钻具间的间隙 // ~ contacting pad 贴井壁(的)极板 // ~-controlled shoot 围岩控制的富矿体 // ~ coping 墙压顶石 // ~ cornice 檐墙压顶石 // ~ cutting 侧帮采掘

walled 墙围的
→~-burrow structure 周壁虫孔构造 // ~ lake 碛岸湖 // ~ plain 环山平原；周壁平原；月面圆谷；圆谷[月面]

wall effect 壁效应；周边效应
→~ effect (of proppant setting) 支撑剂沉降缝壁效应

wa(i)ller 拣矸工；石垛工；煤矿井下充填工；筑墙工

walleri(i)te 黑铜矿[CuO;单斜]；墨铜矿[4(Fe,Cr)S•3(Mg,Al)(OH)₂;六方]

wallet 夹子

wall-eye 斜眼

wall fence 围墙
→~ fern 水龙骨 // ~ foundation 墙式基础 // ~ friction 墙摩擦力 // ~ grip 壁栓；井壁抓持器

walling 砌壁
→~ board 护土板；隔板 // ~ curb 井壁基环 // ~ of a shaft 砌筑式井壁；井筒砌壁 // ~ scaffold plat-form 砌壁吊盘平台

wall (entrance) insulator 穿墙进线绝缘管

Wallis and Futuna Islands 瓦利斯群岛和富图纳群岛[法]

Walliserodus 瓦利泽牙形石属[O-S]

wallisite 铜红铊铅矿[PbTl(Cu,Ag)As$_2$S$_5$; 三斜]

wallkilldellite 水砷钙锰石[Ca$_4$Mn$_6^{2+}$As$_4^{5+}$O$_{16}$(OH)$_8$·18H$_2$O]；洼谷石
→~-(Fe) 水砷钙铁石[(Ca,Cu)$_4$Fe$_6$((As,S)O$_4$)$_4$(OH)$_8$·18H$_2$O]

wall lichen 石黄衣
→~{burner} lining 炉衬 // ~-locked geophone{wall lock seismometer}推靠井壁检波器 // ~-mounted heater 壁装式加热器

Wallner line 卸载线
→~ lines 沃纳卸载线

wall niche 机窝；缺口；曲流盒
→~ off (用)水泥堵塞岩石裂缝防水；砌壁；(用)套管隔开孔壁 // ~ of lode 矿脉围岩

wallongite 龙岗油页岩；乌龙岗油页岩[无脊]

wallow 沉溺；水坑；泥沼[动物打滚]

wall packer 孔壁堵漏器
→~ panel 大型壁板

wallpaper effect 糊墙纸效应

wall{isolation} partition 隔墙
→~ pillar 巷壁煤{矿}柱

wallplate 平巷靠壁纵向棚子

wall plate 矩形井框长横梁；承梁板
→~ pressure 巷壁压力 // ~ reef 壁礁 // ~-resistivity log 井壁电阻率测井 // ~ rock 断{两}盘岩石 // ~ saltpeter 钙硝石[Ca(NO$_3$)$_2$·4H$_2$O; Ca(NO$_3$)$_2$·nH$_2$O]

wallscraper 扩孔机

wall scraper 井壁泥饼钢丝刷

wall-stopping 隔风墙

wall stress 墙体应力；壁应力
→~ stress controller 缸壁应力控制器 // ~ tie 壁锚；锚栓 // ~ trimming 壁面修理；整刷巷壁 // ~ up{building} 造壁

walmstedtite 铁菱镁矿[(Fe,Mg)CO$_3$]

walnut 胡桃
→~ shell{hull} 胡桃壳 // ~ shells 果壳粉[堵漏材料]

Walpia 瓦鳞迹[遗石]

walpurgite{walpurgin;waltherite} 砷铋铀矿[(BiO)$_4$UO$_2$(AsO$_4$)$_2$·3H$_2$O;三斜]；砷铀铋石

walrus 海象属[N-Q]

walstromite 瓦硅钡钙石[BaCa$_2$Si$_3$O$_9$;三斜]

waltherite 碳酸铋[Bi$_2$(CO$_3$)$_3$]

Walther's law 瓦尔特定律

wal(o)uewite 绿泥云母[Ca(Mg,Al)$_{3-2}$(Al$_2$Si$_2$O$_{10}$)(OH)$_2$;Ca(Mg,Al)$_3$(Al$_3$SiO$_{10}$)(OH)$_2$;单斜]；黄脆云母

wammel 手摇钻；木钻

wamoscope 调波示波器

wander hose 活动软管

wandering 曲折的；迁移；漂游；漂动；漫游的；漫游；离开正道；弯曲；吞噬细胞；偏斜[钻孔]
→~ coal 煤包；鸡窝(状)煤层 // ~ dune 迁移沙丘 // ~ of an arc 电弧漂移

Wanganella 望格虫属[孔虫;P$_2$]

Wanhsien fauna 万县动物群

waning degeneracy 衰退

Wankel 汪克尔[人名]

Wanlen gauge 瓦伦精密压力计

Wanneria 完纳虫属[三叶;ϵ_1]

want 缺少；煤层受冲刷部分被岩石替代；煤层尖灭地区；煤层变薄处；煤层变薄；要；岩层裂缝；想要；狭缩；冲蚀；尖灭

---

wantage 缺少数量
→~ rod 罐空(测)量杆

Wanwanoceras 湾湾角石(上科)[头;ϵ_3]

wapiti 马鹿；赤鹿[Q]

wapplerite 三斜钙砷石；毒钙镁石[(Ca,Mg)HAsO$_4$·3½H$_2$O]；似基性砷镁石

Waptia 瓦普三叶形虫(属)[节;ϵ_2]

wardite 水磷铝钠石[NaAl$_3$(PO$_4$)$_2$(OH)$_4$·2H$_2$O;四方]

Ward-Leonard drive 华德-利奥纳特式拖动
→~ winder 电动发电机拖动提升机

wardsmithite 瓦硼镁钙石[Ca$_5$MgB$_{24}$O$_{42}$·30H$_2$O;六方]；瓦钙镁硼石

ware 商品；器皿；器具；官窑；当心；制品；陶器；成品
→(white) ~ 瓷器 // ~ glass 器皿玻璃

wargasite 辉滑石[MgSiO$_3$·½H$_2$O(近似)]

wargasm 全面战争突然爆发

warikahnite 三斜水砷锌矿；瓦水砷锌石[Zn$_3$(AsO$_4$)$_2$·2H$_2$O;三斜]

war(r)ingtonite 水{羟}胆矾[Cu$_4$(SO$_4$)(OH)$_6$;单斜]

warm 烘；切；温的；加温
→~ crack 汽孔；汽洞 // ~ current{feeling} 暖流 // ~ current 热流 // ~ forest zone 暖温带林 // ~ front 热锋；暖锋(面) // ~-front-type occlusion 暖锋型囚锢 // ~ glacier{ice} 暖冰川 // ~ high 暖高压

warming 加热

warm loess 暖黄土
→~ {hot} mine 高温矿井 // ~ mineral spring 温矿泉 // ~{visible} vapor 水雾

warning 事故信号；预报；警报；报警
→~ (system) 报警系统 // ~ as a disciplinary measure 警告 // ~ horn{device} 警报器 // ~ line 矿井工作极限警戒线

warpage 翘曲；淤填；弯曲；放淤；基础沉积物；翘扭变形；偏移；乖解；偏见；偏差；挠曲；扭曲；淤积泥层；卷曲；反卷；经；冲积土；变形；塌腰

warp and weft{filling} 经纬线
→~ direction 经向

warped basin 挠曲盆地；翘曲盆地

warper's{warp} beam 经轴[纤]

warping 变形；翘起；起伏；挠屈；淤灌；歪扭变形
→~ earthquake 挠曲地震 // ~ winch 牵引稳车；牵曳绞车

warrant 保证；授权给；收款凭单；使有必要；底黏土；黏土；根据；耐火黏土；担保；煤层下致密软黏土；煤层底板；付款凭单；证明；(正当)理由；硬底黏土；许可证；委任状；成为……的根据
→~ coal 夹有耐火黏土的煤

warranty 保固
→~ {guarantee} test 保证试验 // ~ test 认可试验

warrenite 石蜡石油[富含石蜡的变种石油]；含石蜡和异构石蜡混合物的气态或液态沥青；钻菱锌矿；毛矿；硫锑铁铅矿[Pb$_4$FeSb$_6$S$_{14}$]；脆硫锑铅矿；杂脆硫锑铅矿

Warrington 沃林顿[大小丝交互捻成的钢丝绳股型]

warrrenite 硫锑铅矿[Pb$_5$Sb$_4$S$_{11}$;单斜]

warthaite 冈加矿；纤硫铋铅矿[Pb$_4$Bi$_2$S$_7$]

Warthia 沃氏螺属[C-P]；窝氏螺属；豆形螺属[腹]

---

warthite 白钠镁矾[Na$_2$Mg(SO$_4$)$_2$·4H$_2$O;单斜]

warwick 跑车挡杆[斜井用]；塔架

warwickite 硼镁钛矿；钛硼镁铁矿

wash (down;away) 冲刷；淘金
→(ore) ~ 洗矿 // ~ (stream) 尾流

washability 可洗(选)性；可洗涤性；(煤的)洗净程度；洗涤能力
→(degree of) ~ 可选{准备}性

wash(ing){flushing} action 冲洗作用

wash and brush 冲刷
→~-and-drive method 边冲出钻屑边打入套管钻进法 // ~ [of floodwater] away dike{dam} slopes 脱坡

washbasin 盘

washboard moraine 搓板式冰碛；外冲冰碛；推挤冰碛
→~ moraines 洗衣板状碛群

wash boring 水冲击钻探；清水钻井；清水钻进；冲洗钻进
→~-boring{water;water-fed;water-hammer} drill 高压注水式(凿岩)机[软和松散岩层钻采用] // ~-boring rig 冲洗式钻机支架 // ~-bottle 洗瓶；(气体)洗涤瓶

washbox{wash box} 洗涤箱；跳汰(洗矿{选})机
→~ discharge sil 跳汰(洗矿{选})机

wash cone 冰川锥
→~ deposit 边碛外沉积物 // ~ dirt 砂矿流洗后尾矿；含金(矿)泥；洗金泥 // ~ down 边冲(循环泥浆)边下(下放钻具)

wash-down{rinsing;flush(ing);rinse;sparge} water 冲洗水
→~ water 洗井水

washed clay 澄出黏土；洗黏土；淘出的黏土
→~ coal 洗选煤；洗煤 // ~ graphite 精制石墨 // ~ gravel 水洗砾石

washer 洗衣机；洗涤器；冲洗工具
→(coal) ~ 洗煤机 // ~ (flap) 垫圈 // (gas) ~ 涤气器；洗矿机 // ~ {wash(ing)} drum 洗矿筒

washery 选煤厂；选矿厂；洗煤厂；洗涤厂
→(coal) ~ 洗煤厂 // ~ feed 入选；入洗 // ~ slag{refuse} 洗渣 // ~ slurry 湿选尾矿

wash gold 砂金
→~ grave 金砂 // ~ heat 渣洗

washhouse 洗澡间；洗选室

wash-in 塌陷

washing(-up) 砂金精矿；去磁；浪蚀物；消磁；金属被覆；洗选；洗水；洗刷；洗煤；洗涤液；洗得精矿；冲刷；冲蚀；退磁；涂刷；涂料；清洗

washing (in) 洗井；冲洗
→~ {scouring;flushing} action 冲刷作用 // ~ and scrubbing 洗擦矿石 // ~ apparatus{appliance} 洗涤器 // ~ apparatus 洗石机 // ~ apparatus{plant} 洗矿机 // ~ filtrate 洗滤液 // ~-loss 洗矿损耗；洗涤损失

(ore-)washing plant 洗矿厂

washing{water} repellent 疏水的

washings 洗液；泥沙[水流冲刷运移的]

washing sand out 冲砂
→~ {salt} soda 苏打[Na$_2$CO$_3$·10H$_2$O] // ~ system 分选系统 // ~ table 湿洗摇床；洗矿台

washington 幼托尔石蛤

washingtonite 杂钛赤磁铁矿；板钛铁矿；

钛铁矿[$Fe^{2+}TiO_3$,含较多的 Fe_2O_3;三方]

washing treatment 洗涤处理
→~ unit 清洗装置

Washitan 沃希托(阶)[北美;K_{1-2}]

Washita stone 沃希托岩;多孔隙均密石英岩;瓦楚塔石[材]

washite 粗粒密砂岩

washland 河漫滩;漫滩地;泛滥地

wash load 泥沙量;冲泻质;冲洗负荷;冲刷[负荷]
→~-load 冲积物 // ~(ed) metal 洗铁 // ~ mill 淘泥机

Washoe process 沃首型混汞提银法

Washoezephyr 瓦休来菲风;瓦肖焚风

wash-off relief map 地貌晕渲图

wash{washed} off soil 侵蚀土壤
→~(ed) ore 洗矿;可擦洗(铁)矿石 // ~-ore tailings 洗选尾矿

washout cavity 冲刷岩洞

wash-out gravel 水蚀砾

washout section 经冲刷(扩大的)井段
→~ valve 冲砂阀

washover 超越堆积;溢流;小三角洲;波成三角洲;洗井;冲溢;冲洗;冲击;冲出物;套洗[钻井]

wash over 冲坏

washover back-off assembly 套洗倒扣组合
→~ backoff connector tool 套洗倒扣工具[套洗完即能倒扣工具] // ~ fan{apron} 浪积扇 // ~ fan 冲溢[越]扇

wash-over fishing operation 套洗落鱼作业

washover pipe 洗管

wash pipe 洗井管柱;冲洗管;冲管
→~ plain 河流平原;淤积平原 // ~ primer (金属表面)蚀洗用涂料 // ~ rod 空心钻杆

washroom 盥洗室;洗涤车间

wash{rinse;rinsing} screen 喷洗筛
→~ slope 重力坡脚;重力坡;崖脚缓坡;剥蚀基坡 // ~ thickener 洗矿浓密{缩}机 // ~ trammel 洗矿滚筒 // ~(ing) trommel 洗矿筒

washup 洗矿

wash-up 洗矿精矿(量)

washwater 洗矿水

wash(ery) water 洗水
→~ water{liquor} 洗液 // ~ water 浅滩;洗矿水 // ~ zone 洗选层;冲刷带[激浪]

wasite 水褐帘石[Ca,Fe^{3+}和稀土的铝硅酸盐,由褐帘石变化而成,含多量水,但不含 Fe^{2+}]

Waspaloy 沃斯帕洛(依镍基耐高温耐蚀)合金

was press 蜡压滤机

waste 回风道;耗损;弃土;残渣;矸子;采空区;风化物;浪费;垃圾;矿内废石;用过的;废弃的;消耗;充填料
→~ (ore) 废矸石;废品 // (rock;fragment) ~ 岩屑;废石 // ~ (rock) 老塘;废料;废物;废水 // ~ chute 矸石溜管;废岩溜眼 // ~ dam 废石堆 // ~ dump 矸石堆 // ~-dump 弃石堆;废石堆

wastefill{waste fill(ing){pack}} 废石充填

waste-filled stope 充填废石采场
→~ {wastefilled} valley 埋积谷

waste filling 充填材料
→~ firing 凿岩爆破;凿石爆破 // ~ from coal mine 煤矿废物 // ~ heap ore

废弃矿石

Waste Isolation Pilot Plant 废物隔离中间试验场[美]

wasteland 荒地

waste-lifting stoping 挖底回采(法)

waste lime 制碱废料
→~ line 运研管路线;矿石废弃线;废石排弃线 // ~ {used} liquid 废液 // ~ load 废物积载量

wasteman 清扫工

waste material and substitute fuels 废燃料和燃料替代品
→~ {spent;refuse} ore 废矿石 // ~ {spent} ore 废矿 // ~ {stone} pack 石垛 // ~ pack{stull} 废石垛 // ~ pass 岩石溜井

waster 矸石;次品;废物;废品;废件;二级品

waste raise 采石巷道;放废石天井;矸石天井
→~ recovery power plant 燃垃圾电厂 // ~ reduction 减少废物 // ~ reuse 废物利用

Wastergaardodinida 韦斯特加德牙形石目[Є-O]

waster{slate} gate 排矸闸门

waste roadway 运送充填料的平巷;废石充填料运输平巷
→~ rock pile 废石堆 // ~ space{dump;-rock yard} 废石场

wastes width 两充填带间宽度;废石充填带间距

waste time 损失时间

wastewater 废水

waste water canal 废水渠
→~ water disposal{treatment} 污水处理 // ~ water disposal 废水处理 // ~-water from coal mine 煤矿废水

wastewater from petrochemical industry 石油化工废水
→~ of spa 矿泉疗养地废水

waste water plant 废水处理厂;污水处理厂
→~-water{sewage} purification 污水净化 // ~ {waster} water reclamation 废水回收

wastewater{sewage;waste-water} treatment 废水处理
→~ treatment 污水处理

wasteway 废水道;溢洪道

waste weir 弃水堰;溢流堰;溢洪道;泄洪道;退水堰
→~ well 废液井

wasting 风化;消耗;损耗
→~ cost 排矸费 // ~ ice mass 消损{融}冰体 // ~ land 崩坏地

wastrel 废品

watatsumiite 海神石[$KNa_2LiMn_2V_2Si_8O_{24}$]

watch 表;手表;视察;观察;观测;当班;注视;警戒;监视
→~ correction 时表改正

watch {-}dog 监控器;监测器;监督部门;看门狗

watch keeper 值班(人)员
→~-keeping 连续监视 // ~ oil 钟表油

water(y) 水钻;水面;水;使(变)湿;第一流的钻石;光泽;大片的水;优质度;浇水;透明度;水的

(above) water 水上的;掺水

water (body;mass;aquifer;leg;substance)

水体;水色[宝石色泽标准];水路;水深;冲淡;水流;洒水

water/air ratio 水-空气比

water alarm 水位警告器
→~ allocation 水配给 // ~-ampul stemming 炮孔水封 // ~ (quality) analysis 水质分析 // ~ balance 水平衡;水(量)均衡 // ~ barrier 挡水墙;防水矿柱;防水层 // ~-base 水基 // ~-bearing{hydrated;hydrous} mineral 含水矿物

waterbearing structure 储水构造

water bearing system 含水岩系
→~-bearing zone of weathering fissure 风化裂隙含水带 // ~-bet injector 喷水器 // ~ blanket 压裂(作业)用水 // ~ blast 水流鼓风器;矿水突出;矿井涌水;涌水诱发爆炸

waterblasting{water(infusion) blasting} 水封爆破

water-blasting 水力清砂
→~ face 水力爆破工作面

water block 水堵;断水
→~-blocked gas well 水封气井

water-borne bacteria 水生菌类

waterborne coal 船运煤;水移煤
→~ disease 水致疾病;水传播疾病;染疾病

water-borne noise 水生噪声
→~ process 水载运过程

waterborne sediment{water-borne sediments} 冲积层
→~ traffic 水上交通 // ~ transportation 水运;水路运输 // ~ virus 水中病毒

water bottle 采水器
→~ bottom{ballasting} (油罐、油船)水垫 // ~-bound macadam 水结碎石(路面)

waterbreak 水膜破散{裂};水波信号起始点

water {-}break 防波堤

waterbreak detector 水波高频探测器

water breaker 白头浪;水花;淡水桶[救生艇用]

waterbuck 水羚(羊)属[Q]

water bucket 汲水桶
→~ bucket capacity 水斗容量 // ~ bursting in mining pit 矿坑突水 // ~ cage 矿井排水专用罐笼

watercar 洒水车

water-carbide generator 注水式乙炔发生器

water/carbondioxide extinguisher 水/二氧化碳灭火器

water carriage{transport} 水运
→~-carrying capacity 载水量[溜槽中矿浆]

watercart 水车

water catalog 水分析资料汇总表
→~-cement ratio of cement paste 净浆水灰比 // ~-color 水色[宝石色泽标准] // ~-coning rate (底)水锥进速度 // ~ content (ratio) 含水率 // ~ (receiving) ~ course 水眼[钻头]

watercourse monitoring 河流监控

water-covered 被水覆盖着的
→~ area 水覆盖区
watercraft 船;艇

water crane 水鹤
→~ crossing (管道)过水;越水;(建筑)跨水 // ~ demineralization 水脱矿物质;

除去水中矿物质//～ demineralizing 水的脱矿化；水的软化//～-distilling apparatus 滤水器//～ drip 滴水；集水井//～-dwelling 含水性的

watered 水淹的；水侵的；含水的
→～(-out) gas reservoirs 水淹气藏//～ oil 含大量水的石油

water emulsion 水乳状液
→～ entrance 透水//～ entry{gutter} 排水平巷//～ exit 出水点//～(-tamped) explosion 水中爆炸//～ eye{hole; passage} 水眼

waterfall 跌水；瀑布
→～ lake 跌水潭；瀑布潭

water-fast 耐水的；不溶于水的

water faucet 放水嘴
→～ field 水场//～-filled vacuole 水泡//～ filter 水滤清器//～ finder 试水器；测水器//～-finder 探寻水矿脉的人//～-finding paper 试水纸；检水纸//～ floatation process 湿法分选

waterflood 水驱；注水开发；洪水；注水[驱油]

water flood 水涌现象；洪水
→～-floodability 可注水性

waterflood behavior 注水动态
→～ candidate 可注水开发油层//～ channeling 注水形成流道//～ development pattern 注水开发井网

waterflooded{watered-out} area{| zone} 水淹区{|层}

waterflood enhanced recovery 注水提高采收率

waterflooding 油层注水
→～ kick 注水产量的首次显示

waterflood injection well{waterflood{water} input well} 注水井
→～ path 注水通道

water flood recovery 注水采油(量)

waterflood response 注水反应
→～ startup range 油藏开始注水的压力范围

waterflow 水流量；水流

water flow rate 水量

waterfrac amusementment 水力压裂
→～ treatment 水力压裂[用稠化水作压裂液的]

water fracturing 水基液压裂

water(-)free 无水的；不含水的
→～-free silica glass 无羟基石英

water front 水缘；水前缘[采油]；海水锋(面)；岸线；岸边线；江边；滨水区
→～ front construction 沿岸建筑

waterfronts 滨水区

water frost 水霜
→～ fugacity 水逸度

watergarland{water garland} 集水圈

water{blue} gas{water-gas} 水煤气

water glass 水玻璃{硅酸钠}[Na₂SiO₃]
→～ glass sand{water-glass{silicate-bonded} sand} 水玻璃砂//～ glass slag mortar 水玻璃矿渣砂浆

watergram 水文记录

water gravity selection 水选
→～ hole 水钛铁矿[FeTi₆O₁₃•4H₂O?；六方]；湿炮眼；冰面水穴

waterhouseite 沃羟磷锰石[Mn₇(PO₄)₂(OH)₈]

watering 洒水；润湿；灌水；喷水；注水；

浇水；加水；给水

water in hole 井中水
→～ inrush 水突然涌入矿井；紧急进水//～ level{line} 吃水线//～ {spirit} level 水准器

waterline 水线；水位线；水迹印；输水管线；地下水面；锅炉正常水位距地面的高度；吃水线

water line{front} 水边线
→～ line 水陆交替线；输水管(道)；船吃水线//～{wet} line 水线//～ loading test 水压法试验//～ location 探测水的位置

waterlock 水闸

waterlog{water log} 水浸；水涝

waterlogged{ditch} compost 草塘泥
→～ depression 积水洼地；蓄水(地)层//～ ground 水饱和土地；蓄水(地)层//～{wet;cooling; damp} snow 湿雪//～ soil 渍水土壤

water logging 浸没；涝；淹；积水现象
→～(level) mark 水印；水痕；印皱痕；吃水标志；水位标志//～ mass analysis 水团分析//～-mass density 水密度

watermelon (顿钻)钢绳端悬重[无钻具时下钢绳用]；西瓜

water meter{ga(u)ge;flowmeter} 水表
→～ meter 水量计

watermill 水磨

water mining 开采水
→～ modeled stone 太湖石//～ of aeration zone 包气带水[存在于包气带的地下水]//～ of condensation 凝结水；冷凝水//～ of dehydration 脱出水//～ of infiltration 渗入水[岩石中]

water,oil,gas 水油气

water-oil interface{contact} 油水界面
→～ ratio{factor} 水油比//～{oil-water; o/w} ratio 油水比

water opal 玉滴石[SiO₂•nH₂O]
→～ opossum 蹼足负鼠属//～ output{out} 出水//～ percolation 水渗滤//～{Huon} pine 水松

waterpipe 水管

water plane{level} 潜水面
→～ pocket 水包[矿内]

waterproof abrasive paper 水砂纸；水磨砂纸；耐水砂纸
→～ ammonium nitrate prill 硝铵与燃料油混合物制成的防水炸药丸//～ cartridge 防水药包{卷}//～ cloth 浸胶布

water-proof concrete 不透水混凝土
→～ container for prills 铵油炸药防水套//～{water} dam 防水墙

water proofing of mine 矿山密闭防水
→～ proofing pillar 防水矿柱

waterproofing property 防水性
→～ wall 防水墙

waterproof{waterproofing} layer 防水层

water prospecting 探水
→～ quality improvement 水质改善{良}//～ quality standard 水质标准//～ quartz 泡石英//～-repellent 拒水的；斥水的//～ resisting rock 阻水岩石//～ resistor 水电阻器//～-rich mineral 富水矿物

water-rolled 水磨光{圆}的

water route gat 水道
→～ runoff{discharging} 水流量//～ runoff (水)径流

waters 水域；海域；海区；大片水
→(territorial) ～ 领水

water salinity 水的(矿化度)
→～ {aqueous} sample 水样//～-sand ratio 水砂比//～ sapphire 水蓝宝石[蓝堇青石]{Al₃(Mg,Fe)₂(Si₅AlO₁₈)}//～-saturated{water-saturation} layer 饱和岩层//～-sealed bearing 防水轴承//～-sealing packing 止水垫//～-sensitive formation 水敏(地)层[遇水膨胀]；遇水膨胀(的)地层//～ shoot 排水槽//～{-}shooting 水中爆炸//～-slurry flow sheet 水蓝方石 [(Na,Ca)₈₋₄(AlSiO₄)₆(SO₄)₂₋₁•nH₂O]

watersmeet{waters meet} 汇流点

water smoke 水烟
→～-sorted material 水分物料；砂矿

waterspace{water space{area;body;domain}} 水域

watersplash 河中浅滩；过水公路；可徒涉过河处；津

water spray(ing){pulverization;play} 喷水
→～ spray{pulverization;mist} 水雾

waterstead 河床

water stemming 水炮封；炮眼水封
→～(-filled) stemming bag 水封(堵塞)袋

waterstone 水石层；水磨石；含水(岩)石

water storage{accumulation} 蓄水
→～-storing capacity 储水量[土壤]//～ supply and sewerage work 给排水工程//～ supply source 水补给源；供水水源//～-table{groundwater} mound 地下水丘//～-table rise 水面上升

watertight core 阻水心墙
→～ curtain 止水帷幕

water-tight packing 不漏水填密

watertight screen{|facing} 防渗帷幕{|斜墙}
→～ shutter 挡水板//～ stratum{layer} 不透水层//～{waterproof;impervious} stratum 隔水层

water-timed sampler 水定时式取样机

water to carbide generator 注水式乙炔发生器
→～-to-carbide system{acetylene generator} 水入电石式乙炔发生器//～-to-earth ratio 蓄水量与挖方量之比

watertolerance 耐水性

water to oil area 水油过渡地带

watertruck 水车

water(-hauling) truck 运水卡车
→～ truck 水柜车//～-tunnel 输水隧洞//～-valve 水门//～ vapor{vapour} 水蒸气

watervola 水鼩属[哺;Q]

water wagon{barrow} 洒水车

waterwall 水墙；水冷墙

water wash/sand dump system 水冲排砂系统

waterwaste 废水

water wave 水波
→～-wave erosion 水波侵蚀//～ way 排水道//～ weir height 水堰高度//～ wet 水润湿的；亲水的//～ {-}wet core 亲水岩芯//～ white 水白的；无色的//～-white paraffin wax 水白石蜡；无色石蜡//～ witching 占水术；卜水术

waterworks 喷水装置；供水系统

watery 潮湿的；淡的；富水性的；多水分的

→~ aggregate 含水团粒

Water Year Book 水文年鉴

watery fusion 结晶熔化

water{mining} yield 开采水量

→~-yield capacity 出水量

watery{water;aqueous} phase 水相

→~ solution 富含水的溶液 // ~{water-logged} stratum 含水地层

wathling(en)ite 水镁矾 [$MgSO_4 \cdot H_2O$; 单斜]；镁硬石膏 [$(Ca,Mg) SO_4$]

watkinsonite 硒铜铋铅矿 [$Cu_2PbBi_4(Se,S)_8$]

Watling shales 瓦特林页岩

Watson characterization factor 沃森特性因数

watt[pl.-en] 瓦(特)[功率、辐(射)通量单位]；潮浦；潮坪；潮滩

→~ {power} consumption 功率消耗 // ~{active;wattful;effective; energy; virtual;useful} current 有效电流

wattenschlick 潮泥[德]

wattevillite 灰{钙}芒硝 [$Na_2Ca(SO_4)_2 \cdot 4H_2O$;斜方、单斜]；发芒硝

wattful 有功的

watthour{watt-hour} 瓦(特小)时

wattle and daub 泥笆墙

→~ bark extract 荆树皮萃(浸膏)

wattless 无功的

→~ {reactive;reaction} component 无功部分

Watt{power} meter 功率表；瓦特表{计}

Watznaueria 沃兹颗石[钙超;J_2-K]；瓦茨劳藻属

Waucoban (stage) 沃可布(阶)[北美;$\mathbb{C}_1$]

waughammer{stope(r)} drill 回采区用风钻[小架式]

waugh hammer 回采用凿岩机

waughoist 带架绞车；柱架绞车

Waugh's model of rural settlements Waugh 乡村居住地模型

wav(y){ripple;current;waving} bedding 波状层理

wave 示波图；起伏；飘动；(使)招展；浪；一次波；摇动；摇；初至波；波浪；波；摆

waveform 波形

→~ amplitude exponent 波形幅度指数 // ~{wave} distortion 波形畸变 // ~{oscillogram} recording 波形记录

wave front{surface;face} 波阵面；波前；波锋；波前锋

→~-front aberration 波前像差 // ~front chart 波前图

wave(-)front method 波锋(线)法；波前法

→~ reconstruction 波(阵)面重建

waveguide short-slot-hybrid trombone 波导裂缝桥路伸缩线

wave{ripple} height 波高

wavelength 褶皱波长；波长

wave-length constant 波长常数

wavelength coverage 频谱段

→~ dispersive spectrometer 晶体分光谱仪 // ~ dispersive spectroscopy 波长色散光谱

Wavelength Dispersive X-ray Spectroscopy 波长分散 X 射线光谱

wavelength variation method 变色法[测折光率]

wavelet 弱波；子波；小波

→~-processed section 经过子波处理的

剖面

wave level 瞬时水面

wavelike advance 波状前进

wave-like{current;sinuous;wavy;ripple} lamination 波状纹理

→~ uplift 波浪式上升

wave line 冲流痕

→~ line{|modes|direction|climate} 波线{|相|向|象} // ~ liner 波形衬板{管}

wavellite 三水铝石[$Al(OH)_3$;单斜]；γ 三羟铝石；草酸钙石[$Ca(C_2O_4) \cdot 2H_2O$;四方]；柱磷铝石[$Al_2(OH)_3(PO_4) \cdot 2.5H_2O$]；银星石[$Al_3((OH,F)_3(PO_4)_3 \cdot 5H_2O$;斜方]

wave load 波载荷

→~ loop 波腹 // ~ maker 生波机 // ~ making machine 造波机

wave-maze floating breakwater (使)波浪混{碎}乱的浮式防波堤

wave modes 波型

→~ {wavefront} normal 波法线 // ~ normal velocity surface 波法线速度面 // ~ notation 震波符号[天然地震波的]

wavenumber 波数

wave of compression 压波

waver 犹豫不定；摇摆；波段开关；闪烁[光]；颤抖[声]

wave ray 波向线

Waverlian age 瓦味利期

Waverly group 瓦味利岩群

wave sampler 波取样器

waves and tides 波浪和潮汐

→~ associated with the focus 与震源有关的波

wave scale 波级

wave's fetch 波的吹程

waveshape{wave shape{pattern}} 波形

waveshape kit 单波形空气枪；简化波形式空气枪

waveshaper 波形形成器；波形成形器

wave shoaling 波集

→~ slamming force 波浪拍击力 // ~ slowness 波慢度

waves of compression 纵(向)波，压缩波；激波

→~ of condensation 密波 // ~ of distortion 失真波 // ~ of folds 褶曲波

wave soldering 波焊

→~ spacing (磨机)衬里波间距 // ~ spectrum 波谱 // ~ steepness 波斜度；波陡

wavestrip 波带

wave surface{face} 波面

wavetilt 斜波；波前倾斜

wave trace 波迹

→~ train 波序 // ~ velocity parameters of rock 岩石的波速参数

waviness 起伏度；波形；波纹度；波纹；波浪状；波度

→~ of metal body 坯胎皱痕

wavy cross-bedding 波状交错层理

→~ {undulating;undulose;undulatory; undose;wavelike} extinction 波状消光 // ~ vein 波形石纹

wawellite 银星石[$Al_3((OH,F)_3 \cdot (PO_4)_3 \cdot 5H_2O$;斜方]

wax 上{打;蜂;涂}蜡；变大；增加；蜡状物；蜡制的；(月)渐圆

→~-absorbing furnace 吸蜡炉 // ~ cake 蜡饼 // ~(y) coal 蜡煤 //

~-containing crude 含蜡原油 // ~ cracking 石蜡裂化{解} // ~ dope 石蜡凝(固)点降低剂 // ~ filter 蜡过滤器 // ~-free crude 无蜡原油

waxing 打蜡；凸坡

→~ {accelerated} development 加速发育 // ~ development 上升发育 // ~ slope 上凸坡

wax-like travertine 蜡状钙华

wax-lined 蜡衬里的

Waxman-Smits-type model 瓦克斯曼-史密茨模型

wax model 蜡模型

→~ opal 蜡蛋白石[蜡黄或赭黄色的蛋白石;$SiO_2 \cdot nH_2O$] // ~ {paraffin} paper 蜡纸 // ~ pencil 蜡笔 // ~ {paraffin} removal 清蜡{油}；除蜡 // ~ separator 蜡分离器 // ~ {oil-bearing;paraffin; petroliferous} shale 含油页岩

waxy 含蜡的；蜡状的；蜡的

→~ crude (oil) 含蜡原油 // ~ luster 蜡状光泽；蜡光(泽) // ~ oil 蜡质油

way 手段；式样；巷道；航线；航道；骑行道；道路；门径；作风；路线；路径；样子；方法；途径；通路

→(man/cage) ~ 格 // ~(-)bill 运货单；乘客单

wayboard 薄夹层

way dirt 巷道撒落煤；运输道撒落物

→~ end{head} 巷道挡头

Waylandella 小韦兰德介属[C_3-P]

waylandite 磷铝铋矿[$(Bi,Ca)Al_3(PO_4,SiO_4)_2(OH)_3$]

waylay 断路

way leave 矿间建筑权[铁路、电力线、管道等]

→~ out 出路；出口 // ~-ready 准备发运的

ways 电缆管道的管孔

→~ and means 路径

way shaft 人行天井

→~ side 路边(的)

wayside signaling 区间信号

way up 地层由老至新的方向；层位向上的方向

WbN 西微北；西偏北

W-chert 风化形成的燧石结核

weak 衰弱；弱的；软弱；软；不稳固的

weakening 阻尼；消振；减幅

→~ of material subjected to stress 疲劳

weak extremum 弱极值

→~ {parasitic} ferromagnetism 弱铁磁性

weakly caking coal 弱黏结煤

→~ consolidated sand formation 弱胶结砂岩地层 // ~ weathered rock 弱风化岩石

weakness 弱点；软弱性；缺点；癖好；虚弱

→~ plane 最小抗力面 // ~ zone 弱化带

weak ore 松软矿石

→~ rock 软弱岩石

Wealden age 韦尔登期[早白垩纪]

→~ series 维尔德统

weaponry 武器{设计制造学}{系统}

wear (away;abrasion) 磨损

→(corrosion) ~ 磨蚀 // ~ across ga(u)ge (the ga(u)ge) 直径磨损{损耗}[钻头] // ~ across the edge 刃口磨损[钻头]；钎刃磨损 // ~ a hole by drippings 滴石成孔

wearflat 磨损平面；磨平处[刀具或钻头牙齿的]

wear flat 磨平
→~ hardness 耐磨性

wearing 磨损；磨蚀
→~ blade 切削刃//~ course 磨耗层//~ part 磨损部分

wear out 磨坏；磨光；用旧
→~ protection lining 防磨衬板//~ rate 磨损率

weary 疲劳

weasel 含糊其词；鼬鼠；鼬(属)[N₁-Q]；狡猾的人；逃避

weather associated with a depression 与低压有关的天气
→~-beaten 经风吹雨打的//~ chart{map} 气象图//~ coal 因风化而呈鲜艳色的褐煤//~ cock 定风针；风向计

weathered 筑坡泄水的；风化的
→~ {decayed;rotted;decomposed} rock 风化(表皮)岩//~ stone 风化石料

weather extremes (极)恶劣气候
→~ forecast{prediction} 天气预报//~ gage 晴雨表；气压表//~ gauge{glass} 气压计

weatherglass{weather{rain} glass} 晴雨计

weathering 低速层；风雨侵蚀；储罐油品的蒸发；泄水斜坡
→~ (effect) 风化作用；风化层//~ correction 校正风化低速带//~ crust ion-adsorbed REE deposit 风化壳离子吸附型稀土矿床//~ index 风化程度系数;风化指数[岩]//~ {sedentary} product 风化产物//~ residue 风化残余{留}物

weather ladder 露天楼梯
→~ lore{proverb} 天气谚语//~ modification 人工影响天气；天气改变{造}//~ {meteorological} observatory 气象台

weatherology 气象学

weather(ing) pit 溶蚀坑
→~ {weathering} pit 风化坑//~ pit 侵蚀孔

weather-protected 不受天气影响的；不受气候影响的；抗风化的；抗大气影响的；防风雨的

weather resistant 不受天气影响的
→~ shore 上风岩；浪蚀岸；迎风岸；向风岸//~ slating 挂墙石板；外挂石板瓦//~ vaning{cock;vane} 风标//~ window 适于作业的季节

weave 设计；编织；构成；组织；织物；织(法)；(使)迂回行进；摇晃；波状失真；波形畸变
→~ bead welding 横向摆动焊接

weaver 纺织工人

web 丝；(金属)薄片；散热(冷却)片；长壁工作一次推进距离；蹼；工字梁腹；腹板；腹[三叶]；转轮体；蛛网；辐板[腔；棘]；联结板；棱角；垂直板[解]；一刀煤；金属薄条；截深；截槽回采的长壁工作面；网状物；网；成丝网状
→~ (joint) 连接板//(rail) ~ 轨腰

Webb 韦伯月坑；韦勃[人名]；威布市[美城市]

webbed bit 蹼式钻头
→~ chain 链网//~ {palmate} foot 蹼

足//~ teeth 有蹼齿

Webbinella 小韦宾虫属[孔虫;S-Q]；韦比虫属

weberite 氟铝镁钠石[Na₂MgAlF₇;斜方]

Weberopeltis 韦伯盾虫属[三叶;S-D₂]

Weber's cavity 岩层分离形成的空洞；韦伯空洞
→~ law 韦伯定律//~ least-cost location model 韦伯最少成本区位置模型[1926]

webnerite 硫锑银铅矿[AgPbSb₃S₆;斜方]

webskyite 黑纤蛇纹石；变蛇纹石

websterite 矾石[Al₂(SO₄)(OH)₄•7H₂O;单斜、假斜方]；二辉岩

webyeite 锥铈锶矿

weddellite 草酸钙石[Ca(C₂O₄)•2H₂O;四方]

wedding{thinning} out 尖减

Wedekindellina 魏氏蟆；魏德肯蟆属[孔虫;C₂]

wedge 石英楔；起因；劈开；劈；鳞状推覆体；楔子；楔形；楔入；楔牢；楔块；楔固；间隙砖；挤入；挤进；浇口[顶注]
→~ analysis 楔体分析；土楔分析//~ analysis of rock slope 岩坡边坡的楔形体分析//~-and-sleeve{wedge-nut} bolt 楔壳式螺栓//~ bit 转向钻头//~-clamp type 楔钳式//~ contact 插接触点//~ dislocation 楔(型)位错

wedgework{wedge work} 楔劈作用

wedge yoke 摩擦支柱楔锁；楔锁

wedgies 坡跟鞋

wedging 嵌入；劈开；(使)钻孔偏向；裂开；楔入；楔劈；楔裂；楔固井壁的充填料；楔固；加楔；挤紧

weed 清除；杂草

Weedia 维德叠层石属[Z₁]

weeksite 多硅钾铀矿[K₂(UO₂)₂(Si₂O₅)₃•4H₂O;斜方]

weeper 泄水孔；(矿内)小水流
→~ drain 泄水沟

weep(-)hole 泄水孔；泄水

weep{bleed;relief} hole 排水孔
→~ hole 排气孔；泄水孔[挡土墙]

weeping 渗漏；泌水；泄水
→~ formation 渗水地层//~ spring 细泉

weevil 场地工
→(boll) ~ (蒸气管线上的)润滑脂器{油管}

Wefelmeier's rule 魏菲迈尔定律

weft 织物；纬线；纬
→~ winding 卷纬//~ wire 纬丝

Wegener hypothesis 魏格纳假说[大陆漂移]；韦氏(大陆漂移)假说

Weg rescue apparatus 怀格救护器；韦格型救护器

wegscheiderite 碳氢钠石[Na₅(CO₃)(HCO₃)₃;三斜]

wehriite{wehrlite} 叶碲铋矿[Bi₂Te₃;BiTe?;三方]；单辉橄榄岩；粒黑柱矿；叶碲铋石；叶碲铋矿与碲银矿混合物

Weibull distribution 威布尔分布

weibullite 硒硫铋铅(铜)矿[斜方;单斜;Pb₅Bi₈(S,Se)₁₇; Cu₀₋₁Pb₇.₅Bi₉.₃₋₉.₇(S,Se)₂₂]；辉硒铅铋矿[PbBi₂(S,Se)₄]

weibyeite 氟碳铈钙[CeCO₃F,常含 Th、Ca、Y、H₂O 等杂质;六方]；碳锶铈矿[SrCe(CO₃)₂(OH)•H₂O;斜方]

Weichsel 魏克瑟尔河;魏克塞尔(冰期)[北欧;Qp]；维塞尔

Weichselia 柏囊蕨属[K₁]

weichselia 蝶蕨属

weidgerite 硫弹(性)沥青[难熔沥青]

Weierstrass 魏尔斯特拉斯
→~ curve 维尔斯特拉斯曲线

weigelite{weigelith} 闪顽(火)橄榄岩

weigh against 与之相当
→~ anchor 拔锚；起锚[钻探船]

weighbridge 地磅；桥秤；(过)磅桥；台秤；称量台

weigh bridge 桥式天秤

weighing apparatus{machine} 衡器
→~ device{scale} 秤//~ down 顶板压落//~ factor 加权系数//~ hoppers bin 计重矿仓

weigh-loader 权重装料器

weighman{weighmaster} 司秤员；过磅员

weigh on the steelyard 过秤
→~ scales 计量秤

weight (up) 加重
→~ and measure device 计量装置//~ capacity 深眼钻机向下推进力；钻压//~ distribution 重量分布

weighted 有权的

weight empty 皮重；空重
→~ equation 权向量

weighting 权重；增重；充填；称量
→(roof) ~ 顶板下沉//~ bottle 称瓶//~ coefficient 加权系数

weighting factor 权因子

weight in suspension 悬重

weightlessness 失重

weight loss 重量损失
→~ on bit{the bit} 钻压//~-on-bit readout 钻压读值

weights and measures 计量制；度量衡
→~ and measures act 重量及计量条例

weight-saturation method 岩芯饱和率测定法；称重测岩芯饱和度法

weight section{bar} 加重杆
→~ section 加重部分

(self-)weight stress 自重应力

weight-to-volume (ratio){weight to volume ratio} 炸药耗量比

weight tray 压载箱；承载底板
→~-type skip loader 权重式箕斗装载机//~-volume relationship 重量-体积关系

weilerite 砷钡铝矾 [NaAl₃(AsO₄)(SO₄)(OH)₆?;三方]；钡铝砷矾[BaAl₃(AsO₄)(SO₄)(OH)₆]

weilite 水砷钙石[H₂Ca₅(AsO₄)₄•4H₂O;单斜]；三斜砷钙石[CaHAsO₄;三斜]

weinbergerite 陨球纤石[(Na,K)₂(Fe,Ca,Mg)₆Al₂Si₈O₂₆]

Weinbergia 温山剑尾属[节鲎类;Є]

weinchenkite 针磷钇矿

Weiner optimal design criterion 维纳最优设计准则

Weinig flotation cell 万尼格型浮选机
→~ machine 威涅格型浮选机

Weining flotation cell 万宁式浮选机

weinschenkite 水磷钇矿[YPO₄•2H₂O;单斜]；高铁褐闪石；针磷钇铒矿[(Y,Er)(PO₄)•2H₂O]；针磷钇铒矿

weir 水口；坝；导流坝；闸板；鱼梁；溢水口；堰；小拦河坝
→~ sill 堰基石

weisbachite 铅重晶石[(Ba,Pb)SO₄]；钡铅矾；北投石[(Ba,Pb)SO₄]

Weisbach triangle 维斯巴赫三角

weiselbergite 拉辉玻玄岩

weisenboden 草甸土

weishanite 围山矿[(Au,Ag)₃Hg₂;(Au,Ag)₁.₂Hg₀.₈]

weissbergite 硫铊锑矿；维硫锑铊矿[TlSbS₂;三斜]

Weissenberg 魏森伯格，韦森堡，威森博格
　　→~ method{|photograph} 魏森堡法{|图}

weisserz 砷白铁矿[FeAsS]

weissian 钙沸石[Ca(Al₂Si₃O₁₀)·3H₂O;单斜]

weissite 碲铜矿；黑碲铜矿[Cu₂Te;Cu₅Te₃;假等轴]

Weiss law 魏斯定律
　　→~ {zone} law 晶带定律

weissliegende 白底板[德]

Weiss quadrilateral 维斯四边形法
　　→~ quadrilateral method 怀斯四边法[地面地下联合定线测量]

Weiss's notation 韦斯示标

weiss-stein 白粒岩[德]

Weiss's theory of magnetism 魏斯磁化理论

Weiyuanpollenites 威远粉属[孢;T₃-J₁]

weldability 焊接性；可焊性

weldable strain gauge 焊接式应变计

weld bead{joint} 焊缝
　　→~ bead{pass} 焊道 // ~ bead 溶敷焊道 // ~ decay 焊接接头晶间腐蚀

welded 焊制的
　　→~ blade stabilizer 焊接翼片式稳定器 // ~ chert 红色豆粒燧石，玉髓燧石[SiO₂]

weld edgewise 边缘焊接；沿边焊

welded{soldered} joint 焊缝
　　→~ metal 焊接金属

weld-end fittings 焊接管件

welder 焊接；焊机
　　→(arc) ~ 焊工 // ~ carriage 自动电焊机组[沿管运动的] // ~ qualification 焊工资格审定

welder's helmet 焊工面罩
　　→~ {welding} helmet 焊工帽罩 // ~ helper 焊工助手

welder with taps 抽头式焊机

welding 熔结作用；重压固结；粘结；压实；压结；压固

weldite 白硅铝钠石

weldless 无焊缝的
　　→~ link 无(焊)缝吊环 // ~ steel tube 无缝钢管

weld machined flush 削平补强的焊缝

weldment 焊接结构；焊(接部)件

weld metal 焊条金属

Weldona meteorite 威尔多纳陨石

weld-on centralizer (直接)焊在工作管柱上的扶正片
　　→~ type tool joint 无细扣接头

weld penetration 焊透深度；焊穿

weleryt 铌锆钠石 [NaCa₂(Zr,Nb)Si₂O₈(O,OH,F)]

welfare 福利

Welge method 韦尔吉法

welichowit 氮硫沥青；维利霍夫沥青

welinite 羟钨锰矿；硅钨锰矿[(Mn⁴⁺,W)₁₋ₓ(Mn²⁺,W,Mg)₃₋ᵧSi(O, OH)₇;六方]

well 水井；适当；深坑[侧移河床中]；容器；泉；源泉；矿井

　　→~ {fish-eye} 鱼眼[钢材加热或受力时表面产生的缩孔；钻石中反光不完全部分]

wellbay 井座；井台

well bean 油嘴[井口]
　　→~-bedded 层理显著的；清楚的；层理发育的；成层性好的 // ~-being 保持良好状态[机器]；福利 // ~-block pressure 井区压力 // ~ bonded 胶结好的

wellbore annulus 井孔环隙
　　→~-casing annulus 井-套管环隙

well bore coefficient 井眼系数

wellbore conditioner 井筒液体处理{调节}剂
　　→~ constant 井筒常数 // ~ damage indicator 井筒污染(指示)参数 // ~ loading 井筒液柱上升 // ~ mechanical layout 井筒中的机械装置

well borer{driller} 钻井工；凿井机；油水井钻井工
　　→~ bore shrinkage 井眼收缩

wellbore storage{fillup} 续流
　　→~ storage 井筒续流[试井] // ~ storage domination 井筒储存起支配作用(的阶段) // ~ trajectory 井身轨迹

well-boring{driving} outfit 钻井设备

well-bottomed tub 凹底矿车；井式底矿车

well-bucket 吊桶

well-by-well analysis 逐井分析

well-calipering apparatus 井径仪

well capacity 井的产能
　　→~-cemented rock 胶结良好岩石 // ~ core 钻孔岩芯

Wellerella 卫露氏贝；韦勒贝属[腕;C₂-P]

Welleria 韦勒介属[S-D]

well eruption{up;blowout} 井喷
　　→~-established 确凿 // ~-established 公认的

wellface 井壁

well face 井底
　　→~ flows 出井油(气)流 // ~ fluid 产液量；井产流体 // ~ fracturing 油(气)井(水力)压裂 // ~ gas damp 矿井瓦斯 // ~ grizzly 挖斗格筛

wellhead{well head} 水源；河源；泉源；钻模；井源；井口装置；井口[油]；表层套管顶部法兰[套管头]；井头
　　→~ configuration 井口设备组合

well head control valve 井口总阀门
　　→~ head duty house 井口值班房

wellhead elevation{well head elevation} 井口标高
　　→~ flowing pressure 井口喷流压力

well head flow loop 井口出油环管
　　→~ head fracturing manifold 井口压裂管汇

wellhead gear{assembly;equipment} 井口装置
　　→~ housing 井口装置外罩 // ~ isolation tool 井口隔离装置 // ~ production temperature 井口产出液温度 // ~ set up{well head set up} 井口装置

well hole 井底水窝
　　→~ hook-up 井口装置

welling 自流的；涌水的
　　→~ out 喷出 // ~ up 腾起 // ~-up 涌出

well injection 深井注入法
　　→~ intake 井内进水区；井的进水孔口 // ~ interference 井干扰 // ~ line 井列 // ~-lithified 石化很强的 // ~ log

测井曲线

Wellmanella 韦尔曼虫属[孔虫;K-E₂]

well measuring device 量测井的装置
　　→~ network 井网

wellpoint 井点

well point 过滤器；有孔管；井点；降低地下水位用的穿孔管
　　→~ room 护井房；矿泉上小屋 // ~ rounded 极圆的 // ~ rounded gravel 圆度好的砾石 // ~ salt 井盐 // ~ section 井断面 // ~-shoot 井下爆炸 // ~-shot ore 粒度合适的矿石[爆破后]

wellside gallery 泉水边廊道
　　→~ seismic service 地震测井

wellsite 钼钙十字石；枯烯石；钡交沸石 [(Ba,Ca,K₂)(Al₂Si₃O₁₀)·3H₂O;(Ba,Ca,K₂)Al₂Si₆O₁₆·6H₂O;单斜]；钙交沸石[(K₂,Na₂,Ca)(Al₂Si₄O₁₂)·4½H₂O(近似)；(Ba,Ca,K₂)(Al₂Si₃O₁₀)·3H₂O]

well site 井场[油]
　　→~ site location 井场

wellsite logging crew 现场测井队
　　→~ operation 井场作业 // ~ real-time analysis 井场实时分析

well{drilling} slot 井槽
　　→~ slough 井塌 // ~-sorted grains 分选良好的颗粒 // ~ spacing{array} 布井 // ~ spacing 单井的控制面积；开采井网；井的排油范围 // ~ spring 孔口 // ~ {air} stream 气流

weloganite 水碳锆锶石 [Sr₃Na₂Zr(CO₃)₆·3H₂O;三斜]；碳锆锶矿

welshite 钙铍三斜闪石；锑钙镁非石[Ca₂Sb⁵⁺Mg₄Fe³⁺Si₄Be₂O₂₀;三斜]

welt 衬板；滚边构造；鞭痕；殴打；垄状构造；垄式带；缘地；沿条；镶边；接缝；加沿条；贴边；隆起带[条状]

Welwitschia 百岁兰(属)

Welwitschiapites 百岁兰粉属[孢;K-E]

Wemco drum-type separator 威姆柯型筒式分选机
　　→~ lab flotation machine 威姆科型实验室浮选机 // ~ Mobile-Mill 威姆科型移动式重介分选设备[圆锥形或鼓筒形] // ~ SmartCell flotation machine 维姆科 SmartCell 浮选机

wendwilsonite 水砷镁钙石[Ca₂Mg(AsO₄)₂·2H₂O]；砷钴镁钙石

wenkite 钡钙霞石[Ba₄Ca₆(Si,Al)₂₀O₃₉(OH)₂(SO₄)₃·nH₂O?;六方]；温钡硫铝钙石

Wenlock 文洛克统[S₂]

wennebergite 绿基(正长)云英斑岩；云英安粗岩

Wenner arrangement 对称四极排列
　　→~ arrangement{spread} 温纳排列

Wentworth classification 温氏分类

Wentzelloides 拟文采尔珊瑚属[P₁]

Wentzellophyllum 文采尔珊瑚属；似文采尔珊瑚属[P₁]

Wentzuia 汶水虫属[三叶;Є₃]

wen(t)zelite 红磷锰矿 [(Mn,Fe²⁺)₅H₂(PO₄)₄·4H₂O;单斜]

Werke 作品集
　　→~ Banden 高斯著作全集

wermlandite 羟铝钙镁石 [Ca₂Mg₁₄(Al,Fe³⁺)₄(CO₃)(OH)₄₂·29H₂O;六方]；怒铝钙镁石；维水碳镁石

wernerin 锥辉石[霓石变种;Na(Fe³⁺,Al,Ti,Fe²⁺)(Si₂O₆)]

wernerite 钙钠(柱石)；方柱石[为 $Na_4(AlSi_3O_8)_3(Cl,OH)-Ca_4(Al_2\ SiO_8)_3(CO_3,SO_4)$ 完全类质同象系列]；韦柱石

werneritite 方柱石岩

werneritization 钙钠柱石化(作用)

weslienite 钠锑钙石；氟锑钙石；锑钠钙石$[(Ca,Na)_2Sb_2O(F,OH)_7]$

wesselite 蓝云霞玄岩；蓝方黑云霞(橄)玄岩

wesselsite 硅铜锶矿$[SrCu(Si_4O_{10})]$

westanite 蚀硅线石
→ ~ {vestanite} 水硅线石$[Al_{10}Si_7O_{29}\cdot2\frac{1}{2}H_2O]$

west by north 西微北；西偏北
→ ~ coast desert 大陆西岸沙漠

Westella 四球藻属；韦斯藻属[绿藻]

Westergaardites 韦氏虫属[三叶;ϵ_3]

Westergaardodina 韦氏牙形石属[ϵ_2-O_2]

Western Sahara 西撒哈拉
→ ~ Samoa 西萨摩亚

westerveldite 砷钴镍铁矿$[(Fe,Ni,Co)As;$斜方]

westerwaldite 含霞粒玄岩；粗玄岩；透霞玄武岩

Westfalia Anbauhobel 威斯特法利亚型快速刨煤机
→ ~ heavy-duty powered-support 威斯特法利亚重型液压支架 // ~ hydraulic tandem planer 威斯法利亚型液压串联式刨煤机

Westfalian 威斯法阶[欧;C_2]

Westfalia plough 威斯法利亚型硬煤刨煤机
→ ~ short-wall heading machine 威斯特法利亚型煤巷掘进机

westfalicus 威斯特伐牙形石属[C]

westgrenite 铋细晶石$[(Na,Ca,Bi)_2Ta_2O_6(F,OH,O);(Bi,Ca)(Ta,Nb)_2O_6(OH);$等轴]；威烧绿石

west ice 巴芬湾浮冰；格陵兰东岸浮冰；西来浮冰

Westinghouse recycle fue!s plant 西屋再循环燃料厂

west northwest{West-North-West} 西北西

Westoflex (威斯托弗赖克斯)合成橡胶

Westonia 魏`顿{氏}贝(属)[腕;ϵ_2-O_2]

West Pacific calibration line 西太平洋(重力)校准线

Westphal balance 韦斯特法耳比重天平；韦氏天平

Westphalian 威斯法阶[欧;C_2]
→ ~ {Westfalian} (stage) 威斯特伐利亚(阶)[欧;C_2]

westrumite 可溶油

West Shantung Anteklise 鲁西台拱

West-South-West 西西南；西南西

westward 朝西的；向西的；西方的；西方；西部
→ ~ drift 西移[地磁场]

west {-}wind drift 西风流
→ ~-wind drift zone 西风漂流带

wet 水分；潮湿的；湿气；湿的；湿；(天然气)含大量重烃组分的；雨天；雨；液体；多雨的
→ ~ barrel 实物石油 // ~ boring for rock 湿式凿岩 // ~-cell caplight 湿式矿灯 // ~ concentrate 湿精矿

Wet crush 湿法破碎

wet crushing 湿式破碎；湿法破碎
→ ~ dressing{preparation} 湿法选矿 // ~ dressing 湿选矿法 // ~ feed 湿原

料；湿给料// ~ filed gas 伴生富气；湿气[矿场采出的]// ~-film thickness 湿膜厚度// ~ fog 湿雾// ~ ground 含水岩石// ~ ground slag 湿研矿渣

wetherillite 锌黑锰矿$[ZnMn_2O_4]$；硫弹(性)沥青；难熔沥青

Wetherill-Mechernich (magnetic) separator 威载瑞尔-麦柴尼契型磁选机

Wetherill-Rowand separator 威载瑞尔-若汪型磁选机

Wetherill separator 威载瑞尔型磁选机

wet hole 湿孔
→ ~ lab 增(降)压舱// ~ laid deposit 水力充填

wetland 湿地；湿的土壤；沼泽地；沮洳地带

wet land{ground} 湿地
→ ~ limestone scrubbing{|scrubber} 湿石灰洗涤气法{|器}// ~-mill concentration 湿法选矿// ~ mine seal 矿山湿式封堵

wetness 潮湿；湿；润湿；汽水比
→(degree of) ~ 湿度// ~ index 径流指数[流域的]

wet oil{crude} 含水原油

wet{damp}-proof 防潮层

wet {-}pulp sampling 矿浆取样
→ ~-rolled granulated slay concrete 湿碾矿渣混凝土// ~ sample 湿样；含水多的岩样

wettability 湿水能(力)；湿润度；润湿性；可(润)湿性
→ ~ {wetted} perimeter 湿润周界// ~ period 浸湿期// ~ reversal angle 润湿反转角// ~ switch 润湿反转

wettable 可湿润的
→ ~ reservoir 可润湿储层

wetter 湿润剂；润湿剂；润湿的；润湿；增湿剂

Wetter-carbonite[德] 威特-卡朋尼特炸药

Wetter-detonit[德] 威特-第托尼特炸药

Wetter-Nobelit 威特-努勃力[诺贝利]特(硝化甘油安全)炸药

Wetter-Sekurit[德] 威特-赛库瑞特炸药

Wetter-Wasagit[德] 威特-瓦沙基特炸药

Wetter-Westfalit[德] 威特-威斯特法力特炸药

wet test meter 湿试剂

wetting 潮湿；湿润；沾边；(在)接触面上涂汞；将液态填料金属涂于固态本体金属
→ ~ (out) 润湿// ~ and drying test 干湿试验// ~-phase viscosity effect 润湿相黏滞效应// ~ state{property} 润湿性

wet treatment 湿处理
→ ~ tree 无隔水罩的水底采油树// ~ type well method 湿式水井法// ~ wash allowance 湿法选矿后的水分容差// ~ (steam) well 不(生)产油气的井；出水的井；湿蒸气井// ~-worked crusher 湿式操作破碎机

wet,yielding earth in the marshes 泥泞沼泽[德]

Wetzeliella 韦氏藻属[E]

Wewokella 韦沃海绵属[C_3]

Weymouth's formula 魏莫斯公式

W{tungsten}-germanite 钨锗石

whacker 敲击震源

Whale 鲸鱼座

whale 自喷油井；鲸

whaleback 沙堤；砂堤；鲸背丘

whale bone 鲸须；鲸骨
→ ~ oil 鲸油// ~ oil sulfonate 磺化鲸油

wham 沼泽湿地[干旱区]；刺

wharf 码头
→ ~ wall 码头岸墙

whartonite 镍黄铁矿$[(Fe,Ni)_9S_8;$等轴]

what is capitalized on 资本

wheal 锡矿；矿山[英]；矿井[英]

Wheal Coates law 惠尔科茨(双晶)律

wheat 淡黄；小麦(色)

wheatleyite 草酸铜钠石

Wheatstone bridge 单管电桥；惠司通{惠斯通;威斯登}电桥；单臂电桥
→ ~ perforator 惠斯通凿孔机

wheel 机构；滚动；盘旋；轮状物；轮形骨针[棘海参]；自行车；闸轮；旋转运动；旋转；推动；驾驶盘；驾车前进
→ ~-and-axle assembly 轮轴组合// ~ (-and-axle) assembly 轮对；滚轮组// ~ (and) axle 轮轴// ~ balancing stand 砂轮平衡台

wheel(-)base 轮距；轴距

wheel bogie 转向车
→ ~ box 变速箱；齿轮箱// ~ dredge 斗轮式采矿(金)船

wheeled 有轮的
→ ~ loading shovel 轮胎行走的铲斗式装载机// ~ paver 轮式摊铺机// ~ rod guide coupling 带轮的抽油杆接箍

Wheelerian 惠勒(阶)[北美;N_2]

wheelerite 黄色琥珀；淡黄树脂

Wheeler pan 混汞磨盘；惠勒尔盘

(crowdless) wheel excavator 不伸缩式斗轮挖掘机

wheel flange{rim} 轮缘

wheelhead 砂轮头；磨头

wheel hook 制动钩
→ ~ house 舵手室；外轮罩壳// ~ hub{nave} 轮毂// ~ hub dust cap 轮毂防尘帽

wheeling 转动[物体绕轴运动]

wheel loader 轮行式装载机
→ ~ mark 轮辙

wheelmotor 车轮马达；轮胎马达

wheel-mounted 装轮的
→ ~ conveyor 装车轮的小型输送机

wheel mounted mucker 车轮行走式装岩机
→ ~-mounted mucker 轮式装矿{岩}机// ~ ore{wheel-ore} 车轮矿$[CuPbSbS_3,$常含微量的砷、铁、银、锌、锰等杂质；斜方]

wheelwork 转动装置[机器中]

wheelworm 轮虫类

whelk 油螺

wherryite 碳硫(酸)氯铅矿{氯碳铜铅矾}$[Pb_4Cu(CO_3)(SO_4)_2(Cl,OH)_2O;$单斜]

whetoslate{whet {-}slate} 磨石；砥石

whetstone 砥石；砥砺；磨石；磨刀石；劣质煤；油石
→ ~-slate 砥石

whewellite 水草酸钙石$[CaC_2O_4\cdot H_2O;$单斜]；草酸钙石$[Ca(C_2O_4)\cdot 2H_2O;$四方]

whey 乳清

whf 码头

Whibian stage 怀比阶[J_1]

whiffle 晃动；潺潺声；轻拂；轻吹(声)；吹散；吹；一阵阵(地)吹；摇曳；反复无常；微风；动摇

whiffletree 车前横木；横杠

whim 幻想；绕绳滚筒；平绞盘；辘轳；卷扬机；绞轮提升
→~ gin 蒸汽驱动绞盘

whin 粗玄岩；粒玄岩；暗色岩

whine 牢骚；呜呜声

whinstone 玄武岩类岩石；暗色岩

whip 击器；滑车；缠绕；鞭子；拍击；仓促制成；马拉提升操作工；易弯性；迅速转动的机件；搅打；突然移动
→~ (antenna) 鞭状天线 // ~-and-derry 简易滑轮绞车

whiplash 鞘
→~-type flagella 鞭梢型鞭毛

whip off 由于水泥固结不良而引起的套管损坏

whipped cream 泡沫状乳剂

whipping 鞭打；振荡；捆扎；摆动；抖动
→~ air 激动空气[泥浆输出口或混合漏斗排出口激发空气进入泥浆] // ~ method 挑弧运(焊)条法

whip-poor-will storm 鸥暴

whip stock (用)转向楔改变孔向

whipstock grab 取出造斜器的工具；钻孔定向器打捞器

whipstocking 造斜；(用)楔转变钻孔偏向[金刚石钻进]

whipstock point 下造斜器部位点

whiptail 尾鞭病[植物缺钼症状]

whirl (wind) 旋风
→~ combustion chamber 涡流式燃烧室

whirlcone 旋流器

whirler 转盘；离心的；旋转的
→~ crane 旋臂吊车 // ~ shoe 斜排泄眼注水泥管鞋

whirlies 雪旋风；小风暴

whirling 扰动
→~ (fluid) 涡流 // ~ currents 旋涡流

whirl mixer 摆轮式混砂机

whirlwind 旋风；涡动

whirl zone 旋转带；旋卷带

whirtle 拉丝钢模
→~ plate 拉模板

whisker 螺旋触簧；须；晶须
→(cat) ~ 触须 // ~ crystal 须晶

whistle buoy 哨浮标
→~ pipe sampler 笛式取样器 // ~-pipe sampler 吹笛式取样机

whistling buoy 号笛浮标
→~ meteor 啸声流星 // ~ sand 啸风沙 // ~ wind 呼啸风

whit 丝毫；一点点

Whitbian (stage) 惠特比(阶)[英;J₁]

white 刷白；白色颜料；白色；蛋白；空白处；眼白
→~ alum 白矾；明石 // ~{potash; potassium} alum 明矾[K·Al (SO₄)₂· 12H₂O;碱和铝之含水硫酸盐矿物]

Whiteavesia 白鸟蛤属[双壳;O]；碳蛤[双壳;O]

white badger brush 石獾毛笔
→~-bedded phosphate 白层磷质灰岩 // ~ beryl 白柱石

whitebody{white body{object}} 白体

white brass 白铜
→~ buran 白布朗风

whitecap 白头浪；白浪

white cap 白冠
→~ carbon 白炭黑 // ~ cargo 轻质油品[油轮装载的汽、煤油、燃料油等]；干净油料

White Carrara 细花白[石]

white (blood) cell 白细胞；白血球
→~ chert 浅色燧石 // ~ clinohumite 镁橄榄石[Mg₂SiO₄] // ~{bismuth;arsenical} cobalt 砷钴矿[(Co,Fe)As;斜方]

whitecopperas 皓矾[ZnSO₄·7H₂O;斜方]

white copperas 针绿矾[Fe₂³⁺(SO₄)₃·9H₂O;三方]
→~ copper ore 杂砷白铁矿 // ~-countered gutta percha 有杜仲胶防水层的安全导火线 // ~ countered gutta-percha safety fuse 白色杜仲胶缓燃导火索

white{sweat} damp 一氧化碳[CO]
→~ deal wood 白杉木 // ~ dew 白露 // ~ dwarf 白矮星

Whitefieldella 怀特菲贝属[腕;S-D₁]

white finger 白指病[使用风镐引起]
→~ fused alumina 白刚玉 // ~{vesuvian} garnet 白榴石[K(Al Si₂O₆);四方] // ~ gold earring clips with sapphire and diamond 白金蓝钻金刚石耳插 // ~ graphite{white-graphite} 白石墨 // ~ ilmenite 白钛铁矿 // ~{rhombohedral} iron ore 菱铁矿[FeCO₃,混有 FeAsS 与 FeAs₂,常含 Ag;三方] // ~{spathic} iron ore 球菱铁矿[FeCO₃]

whiteite 磷铝镁锰石[CaMnMg₂Al₂(PO₄)₄(OH)₂·8H₂O];磷铝镁铁钙石[Ca(Fe²⁺,Mn²⁺)Mg₂Al₂(PO₄)₄(OH)₂·8H₂O;单斜]
→~-(Mn) 磷铝镁铁锰石[(Mn²⁺,Ca)(Fe²⁺,Mn²⁺)Mg₂Al₂(PO₄)₄(OH)₂·8H₂O;单斜]

white Jura 晚侏罗世
→~ lead 铅白；杂白铅粉 // ~ lead ore 白铅矿[PbCO₃;斜方] // ~ marble 汉白石 // ~ metal{alloy} 白合金 // ~ mineral oil 石蜡油；液体石蜡 // ~ mo(u)lding plaster 造型白石膏 // ~ mud 白泥浆 // ~ mundic 砷黄铁矿[FeAsS]；毒砂[FeAsS;单斜、假斜方] // ~ nickel 砷镍石[(Ni,Co)As₃₋ₓ;Ni₃(AsO₄)₂;单斜]；镍方钴矿[(Ni,Co,Fe)As₃;(Ni,Co)As₂₋₃] // ~ nickel ore 砷镍矿[Ni₁₁As₈,四方；斜方砷镍矿或复砷镍矿;(Ni,Co)As₃₋ₓ] // ~ nickel ore 白镍矿 // ~ olivine 白橄榄石；镁橄榄石[Mg₂SiO₄] // ~ opal 白蛋白石

whiteout 乳白天空

white paraffin 白石蜡
→~ particle rock 白粒岩 // ~ peat 硅藻土[SiO₂·nH₂O] // ~ petrolatum {vaseline} 白矿脂[化] // ~ photograph 黑白相片 // ~ room 绝对清洁室 // ~ rot 白黏土

whiteruss 液体石蜡

white rust 白锈；白膜[镀锌层表面缺陷]
→~ sapphire 白蓝宝石；白刚玉；刚玉[Al₂O₃;三方]；纯刚玉 // ~ scale 白粗石蜡片 // ~ schist 白片岩 // ~ schorl 钠长石 [Na(AlSi₃O₈);Na₂O·Al₂O₃·6SiO₂;三斜;符号 Ab] // ~ serpentine 白蛇纹石 // ~ smoker vent 白烟喷发气孔[东太平洋隆低温段喷气锥,由无定形氧化硅、硬石膏和重晶石等组成] // ~ spirit (白精油)石油溶剂[石油产品,沸点 145～205℃,含芳烃<10%]

Whitestone 白石(阶)[北美;O₂]

whitestone 麻粒岩

white sulfur water 白硫(矿)水
→~ tellurium 白碲金(银)矿；针硫金矿

[AuAgTe]// ~{yellow} tellurium 针碲金矿[(Au,Ag)Te₂]// ~ toothed shrew 麝鼩[N-Q]

whitewash 白涂料；刷石灰水；刷白；白泥洗液；石灰水；石灰[CaO]；白粉胶；粉饰；粉；涂饰[粉刷;抹灰泥]；涂石灰水于

whitewasher 刷白工

whitewashing 喷浆

white water{chop} 白浪
→~ water 造纸废水；碎波水花 // ~ zinc ore 白锌矿

whiting 白色水团；白粉；白垩粉；白垩[CaCO₃]；变白；研细的白垩；牙鳕；泛白现象

whitleyite 含球屑顽辉无球粒陨石；顽辉无球粒陨石

whitlockite 白磷钙石；白磷钙矿[Ca₃(PO₄)₂;Ca₉(Mg,Fe²⁺)H(PO₄)₇;三方]；β-磷钙石；磷钙矿

whitmanite 镁钛矿[(Mg,Fe)TiO₃;MgO·TiO₂;三方]

whitmoreite 褐磷铁矿[4Fe₂O₃·3P₂O₅·5⅓H₂O;Fe²⁺Fe₂³⁺(PO₄)₂(OH)₂·4H₂O;单斜];羟磷铁矿

whitneyite 灰砷铜矿；淡砷铜矿

Whittleseya 杯囊属[植;C₂]

Whitwell 威特韦尔阶[S]

Whitworth 惠氏螺纹
→~ thread 惠氏螺纹

whole 全部的；全部；总数；准备好(而)未开采的矿体；整体；整的；匝；纯粹；完整的；统一体
→~ (mine) 未采矿体 // ~ district{flat} 矿柱采准区段 // ~ mine 煤柱未采的煤矿；开拓完毕的煤矿

wholeness 完整性

whole{round;intact;integral} number 整数
→~ {bulk} rock 全岩 // ~ rock age 全岩年龄 // ~-rock ore bed 全岩式矿层

wholesale 批发(的)；大批的；批售；批销；趸批
→~ {inside} price 批发价格

wholescale 大规模的(的)

whole timber 整材
→~ trace equalization 整道均衡 // ~ tunnel method 全巷法[取样] // ~ working 回采矿柱；煤柱；煤房采掘[不包括煤柱回采]；(在)整体煤层进行开采工作；一次回采；初步回采

whorl 盘旋；螺纹；螺层[腹]；轮生体；壳圈[孔虫]；涡；(使)成涡漩；轮[古植]
→(spiral) ~ 螺环[腹] // ~ coccolith 轮形颗石[钙超]

whorled 轮生的

Whorlizonates 轮环孢属[C₂]

wiborgite 奥环斑{状}花岗岩

wich 湿草地

wichtine{wichtisite;wichtyne} 玄武玻璃

wick 导火索；油绳；引线；芯；小溪；小湾；填塞棉绳
→(lamp) ~ 灯芯 // ~ drain 排水板

wickelkamazite 旋锥纹石

wickenburgite 铅铝硅石；铝硅铅石{矿}[Pb₃CaAl₂Si₁₀O₂₄(OH)₆;六方]

wicket 矿坑[巷道]

wicklowite 钒铅矿[Pb₅(VO₄)₃Cl;(PbCl)Pb₄V₃O₁₂;六方]

wickmanite 羟锡锰石[MnSn(OH)₆;等轴]

wicksite 魏磷(钙复铁)石[NaCa₂(Fe²⁺,Mn)₄

$MgFe^{3+}(PO_4)_6•2H_2O]$；磷钙复铁石

wide angle deep seismic profiling 广角深地震剖面测量

→~ arc 宽弧[地层、矿层]

widely {-}spaced 加宽间距的

→~ spaced fold 宽阔褶皱

wide-meshed 大网目的；大筛孔的；粗筛孔的

→~ screen 大孔筛面

wide-necked{wide(-)mouth} bottle 广口瓶

widening 加宽作用

→~ of shaft 扩大井筒

widenmannite 碳酸铀铅矿；碳铅铀矿$[Pb_2(UO_2)_3(CO_3)_3$;斜方]

widen-work 煤房加宽工作[采去部分矿柱式煤柱]；矿房加宽工作

wide {-}open flow 敞喷油流

→~ open flow 敞喷气流// ~ opening 宽面巷道；宽巷道// ~-room mining 宽(矿)房式开采// ~-screened 粗糙{宽阔}筛分的

widespread 普遍的；分布广的

→~ species 广域种[植]// ~ use 广泛应用

wide troughed belt conveyor 宽槽胶带输送机

→~ water 浅水潭

Widia 维迪阿硬质合金

→~ bit 韦地亚钻头；威地亚型硬质合金钻头

widiyan 干(乾)谷

Widmannstatten 魏德曼花纹

→~ figure 交叉图像

Widmanstatten needle 离溶的针状嵌晶

→~ structure 魏氏组织[晶]；维德曼斯特滕(图案状的)构造

widowmaker 凿岩机

width 广阔；幅；阔；宽(度)；宽阔；跨度；厚度[煤层]

→~ generation capacity (压裂)造缝能力// ~ of ore body 矿体厚度// ~-to-height ratio (矿柱)宽度高度比

wiedgerite 硫弹(性)沥青[难熔沥青]；弹性沥青

Wielandiella 魏兰苏铁(属)

Wiellandiella 小魏兰德苏铁(属)[植；T_3-K_1]

wiemet 维海特硬质合金

Wien's displacement law 维恩位移定律

→~ law 维恩定律

wiesenboden 湿草甸土[德]

wiggle 扭动；快速摆动；波形；弯曲线；摆动

→~-spring casing hook 螺旋弹簧提引钩// ~ stick 游梁；卜杖// ~{witching} stick 探水树权；探矿杖// ~ variable area display 波形变面积显示

wightmanite 韦硼镁石$[Mg_5(BO_3)O(OH)_5•2H_2O$;单斜]

wigwag 旗语信号；灯光信号；打信号；摇摆；信号旗

→~ signal 打旗语信号

wih{W.I.H.} 井中水

wiikite 黑稀金矿$[(Y,Ca,Ce,U,Th)(Nb,Ta,Ti)_2O_6$;斜方]；杂铌{钶}矿

α-wiikite 羟钙铀铌矿；杂铌矿

β-wiikite 羟钇铌矿

wiilfingite 正羟锌石$[ε-Zn(OH)_2]$

Wilcoxian 威尔科克斯阶[萨宾阶;Sabinian;E_2]

wilcoxite 水氟铝镁矾$[MgAl(SO_4)_2F•18H_2O]$

wild 荒野；荒芜；轻率的；猛烈；杂乱的；野蛮的

→~ (heat) 强烈沸腾

wildbach 荒溪

wildbore 失控井孔

wildcat 碰运气的钻探；冒险开采；(带齿的)锚链绞盘；乱打钻孔；预探井；矿业冒险；野探井；野猫探井；无计划勘探；探井

→~ (well;drilling) 野猫井// ~{pioneer}(well) 初探井

wild-cat area 投机性探采区

wildcat{wild-cat} drilling 初探钻井

→~ drilling 盲目钻(探)井

wild-cat drilling 初探井；(在)未经勘探证实地区钻井

wildcat factory 地下工厂

→~ hole 盲目性较大的钻孔// ~ well 普查井

wild coal 含煤线页岩；野煤

Wilderness 威尔德内斯(阶)[北美;O_2]

wilderness 荒野；荒漠；荒地；茫茫一片；大量；未开垦区

Wilderness (stage) 维尔德尼斯阶

wildfire 特大火灾

wild flooding irrigation method 自由淹灌法

wildflysch 野复理层{石}

wild fold 乱褶皱

→~ gas well 失去控制猛喷气井// ~ hole 私开矿井；乱钻炮眼；乱凿炮孔；乱开炮眼；未登记矿井// ~{uncultivated; undeveloped;waste;barren} land 荒地// ~ land 未(开)垦地// ~ lead 闪锌矿$[ZnS;(Zn,Fe)S$;等轴]

wildlife 野生动物

wild migmatite 乱云状混合岩；野混合岩

→~ mine 掠夺性开采的矿山；滥采矿山

wildschnee 疏松粉末雪

Wild's evaporimeter 魏尔德蒸发计

wild{dust} snow 轻雪

→~ snow avalanche 狂暴雪崩// ~-type gene 野生型基因// ~ variety 野生变种

wildwater 白波水浪[汹涌湍急的河流]；急湍；激流

wild well 失控井孔

→~-wild species 野生种// ~ work 不回采窄柱的房柱式采煤法

Wilfley shaking table 威尔菲摇床

→~ table 维尔弗莱型摇床

wilfley{shaking} table 威尔弗莱型摇床

wilhelmite 硅锌矿$[Zn_2SiO_4$;三方]

wilhelmkleinite 羟砷锌铁石$[ZnFe_2^{3+}(AsO_4)_2(OH)_2]$

wilhelmvierlingite 水磷铁钙锰石$[(Ca,Zn)MnFe^{3+}((OH)(PO_4)_2)•2H_2O]$

wilkeite 硅硫{氧硅}磷灰石$[Ca_5(SiO_4,PO_4,SO_4)_3(O,OH,F)$;六方]

Wilkingia 变带蛤属[双壳;C-P]

wilkinite 胶膨润土

wilkmanite 斜硒镍矿$[Ni_3Se_4$;单斜]

wilkonite 胶膨润土

Wilks' criterion 威尔克斯(判别法)

→~ lambda analysis of dispersion 离差的惠尔克斯λ分析

Wilk's statistic 威克斯统计量

willcoxite 朽刚玉[Mg,Na和K的铝硅酸盐]

willemite{willemine} 硅{酸}锌矿$[Zn_2SiO_4$;三方]

willemseite 镍滑石$[Ni_3(Si_4O_{10})(OH)_2$;(Ni,Mg)_3Si_4O_{10}(OH)_2$;单斜]；富镍滑石

willhendersonite 钾菱沸石$[KCaAl_3Si_3O_{12}•5H_2O]$；板沸石

williamsite 硅锌矿$[Zn_2SiO_4$;三方]；玉蛇纹石；温石棉{纤蛇纹石}$[Mg_6(Si_4O_{10})(OH)_8]$

Williamsonia 威廉姆逊{孙}苏铁(属)

Williamsoniella 小威廉(姆)逊苏铁(属)[J_2]

Williamson mill 威廉逊型磨机

Williams screen 威廉斯型筛

willie-willies 畏来风[澳]

willingness to accept 接受补偿意愿

Willison coupler 威`氏{力生{森};廉逊{生}}自动车钩

Williwaw 威利瓦飑[南美]；威氏瓦飑

willi-willi 畏来风[澳]

will or sump 井底

→~-o'-the wisp 沼气

Willoughby (一种)砂锡矿跳汰机；威洛比[男名]

willyamite 辉锑钴矿$[(Co,Ni)SbS$;单斜?]；钴锑硫镍矿$[(Ni,Co)SbS]$

willy-willy 畏来风[澳]

Wilmot-Daniels process 维尔莫特-台尼斯重介选法

wilnit 硅灰石$[CaSiO_3$;三斜]

wilshite (一种)三斜闪石；威尔什石

Wilson cloud-chamber 威尔逊云室

Wilsonia 威氏孢属[C_{2-3}]

Wilsoniella 威尔逊贝属[腕;D]

wilsonite 蚀方柱石；流安凝灰岩；浮安凝灰岩；威尔逊石

Wilson technique 威尔逊X射线衍射分析法

wilt disease 落叶病

wilting percentage 凋萎含水率

→~ point 凋萎点；萎蔫点

wiltschireite 双砷硫铅矿$[Pb_{13}As_{18}S_{40}]$

wiltshireite 双砷硫铅矿$[Pb_{13}As_{18}S_{40}]$；粒硫砷铊铅矿

wil(o)uite 硼符山石[非食物;$Na_2B_4O_7•10H_2O;Na_2(B_4O_5)(OH)_4•8H_2O]$；钙铝榴石$[Ca_3Al_2(SiO_4)_3$;等轴]；威卢伊特石$[Ca_{19}(Al,Mg,Fe,Ti)_{13}(B,Al,□)_5Si_{18}O_{68}(O,OH)_{10}]$；正符山石

Wimanella 韦曼贝属[腕;$∈_{1-2}$]

wimet 硬质合金；维梅特钨钛硬质合金

wimsite 维钙硼石

win(ning) 开拓[采掘前修建巷道等工序总称]；回采；收益；胜利；采煤；采矿；从矿石中回收金属；争取；影响；吸引；成功

winch 辘轳；卷扬机；绞盘；稳车

→(hoisting) ~ 绞车// ~ barrel{dram} 绞车滚筒// ~ drive shaft universal joint 绞车主动轴万向节

Winchellatia 温切尔属[O]

winchellite 杆沸石$[NaCa_2(Al_2(Al,Si)Si_2O_{10})•5H_2O;NaCa_2Al_5Si_5O_{20}•6H_2O$;斜方]；绿杆沸石；中沸石$[Na_2Ca_2(Al_2Si_3O_{10})_3•8H_2O$;单斜]

Winchester disk 温盘；温彻斯特磁盘

winch for pulling out props 回柱稳车

→~ handle 稳车(操纵)手把

winchite 蓝透闪石[NaCa(Mg,Fe^{2+})$_4$AlSi$_8$O$_{22}$(OH)$_2$;单斜]

winchman 绞车司机

winch motor 电动绞盘
→~ rope 绞车用钢绳;绞车绳

(blast) wind 压缩空气

wind (current;stream) 风流;上发条;缠绕
→~ -abraded pavement 风磨蚀面 // ~ abrasion 风蚀作用 // ~ -accumulated landform 风积地貌

windage 气{风}阻;风致偏差;风力影响;余隙;游隙[炮管内径和外径的差率];空气阻力;气流[子弹等飞过引起];偏差[风致]
→~ of tank 油罐通风 // ~ belt 风带

windblast 阵风;爆炸气浪

wind blast 气浪;矿内暴风;吹风;空炮

windblown{aeolian} accumulation 风成堆积

wind-blown material 风吹物料;风搬物料
→~ soil 飞土

wind bore 吸(水)管;进气管;吸入管

windborne 风成的
→~ salt 风积盐

wind-borne sand deposit 风成沉积砂层

windbox 风箱;空气室[跳汰机]
→~ exhaust fan 风箱排风风机 // ~ recuperation fan No.1{|2} 风箱换热风机1{|2}号

wind{-}bracing{brace} 抗风支撑;防风拉筋
→~ bracing 防风拉筋

windbreak 风障;风挡;防风墙
→~ (forest) 防风林

wind-break 挡风墙

wind break forest 防风林

windbreaking 防风

windburn 风炙

wind-carved 风蚀的
→~ {sandblasted;windworn;three-edge} pebble 风蚀砾

wind {-}chill factor 风冽因子

winder 会缠绕的植物;绕线器;缠绕者;盘梯;螺旋形斜级;卷线机;卷取机;绕机;卷簧器;绞车;提升绞车;提升机

wind eroded 风蚀的
→~ -eroded castle 风城 // ~ {(a)eolian} erosion 风蚀作用 // ~ erosion pillar 风蚀柱 // ~ field{fetch} 风区 // ~ friction 风摩擦 // ~-generated wave 风浪;风成波 // ~ granule ripple 风成砾波 // ~ -grooved{wind-cut;windcut} stone 风磨石 // ~ hatch 出矿口;提升(竖;立)井

winding 绕组;绕法;缠绕;络纱;匝;一圈;卷扬;卷绕;线圈;线卷;弯曲的;提升

windkanter 风棱石;风棱砾

wind-laid 风(力)沉积的

windlass 辘轳;链式绞车;卷扬机;小绞车;绞盘;提升机
→~(anchor) 起锚机 // ~ bucket 绞车吊桶

windless 矿井通风不良区段;无风的

wind load capacity 风载能力[井架]
→~ loss(es) 风吹损失[矿末]

window 河面未封冻部分;(管子)侧孔;舱口;浮选矿化泡沫顶部的无矿部分;联络巷道;口;窗;金属带;天然桥孔
→~ (perspex) ~ 观察孔 // ~ -bearing sample method 带窗标本法 // ~ cutting

(套管)开窗 // ~ frost 窗霜 // ~ glass 窗玻璃

windowing 开窗口

windowmaker 干式上向凿岩机;凿岩机

window mill 套管开窗铣刀{鞋}
→~ pipe 孔管 // ~ signal 窗孔信号 // ~ texture 窗格结构 // ~ thermometer 窗外温度计

windpipe 气管

wind{tuyere;blast;fan;ventilation} pipe 风管
→~ {-}polished rock 风磨石

windrow 长形堆载;低沙脊[位于潮间带];排晾坯块;切块;土堆;冰丘列;堆积冰列
→~ {billow} cloud (风)浪云 // ~ ridge 浅水波痕;风成波脊

windsail 风罩;风兜;风车的(叶片);帆布制的通风筒

wind-sail 浅井下风用帆布通风管顶部

windscale{wind scale} 风级

windscreen 挡风玻璃;挡风板;风板
→(automobile) ~ 风挡

wind sea{wave} 风浪
→~ sea 波浪 // ~ shaped stone 风棱石

windshield 挡风玻璃;挡风板;风挡;防风罩;天线罩[雷达的]
→~ glass 风挡玻璃

wind slab 风成硬雪块
→~-slab avalanche 风雪崩;风积干硬雪崩 // ~-slash 风害迹地

windsorite 淡英二长岩

wind-speed 风速

wind spout 龙卷风;旋风
→~-spun vortex 风动涡旋

windstau 风增水[德]

windstorm 风暴;暴风[11 级风]

wind storm wave base 风暴浪底
→~ strata 风盾 // ~ strength{force} 风力 // ~ stress {wind-stress} 风应力

windtight{wind tight} 不透风的

wind(ing) up 扭曲[钻杆]
→~ {pick} up 提升

windward 上风面;逆风(地;的);迎风面;迎风(的);向风
→~ {weather} anchor 抗风锚 // ~ anchor 顶风锚

Windwardia 温德华{瓦}狄叶属[植;K$_1$]

windway 风道

wind-worn{-faceted} stone 风蚀石
→~ {-scoured;-cut;-faceted;-grooved} stone 风棱石

windy 易风化的;多风的

wineglass{goblet} valley 酒杯形{状}谷

wing 横巷;钎刃;气囊;罐座;罐托;(刮刀钻头)刮刀片;飞行;背斜翼;防护板;翅;托座;翼[昆虫;孢]
→~ bar 翼洲 // ~ bolt 螺形螺栓 // ~ bulkhead 侧舱壁 // ~ bunker 翼燃料舱

winged headland 翼岬
→~ plumb bob 有翼垂球 // ~ scraping bit 刮刀钻头 // ~ sleeve stabilizer (装有)翼片 // ~ stull{|scapula}翼状横撑{|肩肿}

wing form{shape} 翼形
→~-guided mitre type valve 翼导 45°斜接式阀

Wingia 文极叠层石属[Z]

wing masonry 石砌翼墙

wingwall{wing{abutment} wall} 翼墙

wink 眨眼;熄灭;完结;瞬间;打信号;假装不见;闪烁[光、星等]

wink(l)erite 水{杂}钴镍矿[Ni 和 Co 的含水氧化物;(Co,Ni)$_2$O$_3$• 2H$_2$O]

winkle 盲介[生]

Winkler method 温克勒(溶解氧测定)法

Winkler's assumption 温克勒假设
→~ hypothesis 温克尔假定

winkworthite 杂硼钙石膏

winning 获胜(的);超前平巷;采准;备采煤区;赢得(物);开拓工程;开采;提炼
→~ assembly 采矿机组 // ~ bord 回采煤{矿}房;回采房矿 // ~ {drawing;robbing;pulling;bring-back} pillar 回采矿{煤}柱

winnowing 漂选;录选;风选;风力选矿;吹飏;吹蚀;簸选
→~ gold 风选金矿法 // ~ machine 风车

win over by soft tactics 软化

winsome 吸引人的

winstanleyite 氧碲钛矿;钛碲矿[TiTe$_3^{4+}$O$_8$;等轴]

winter 冬天(的);过冬;越冬;萧条期
→~ balance 冬季平衡;视加冰积[冬季平衡] // ~ berm 冬季浪积台 // ~ blend 低温结晶点液体的混合

winterbourne 冬季河

winter concrete 冬季浇注砼

winterization 冬季运行的准备;安装防寒装置;防冻
→~ frost proof 防冻 // ~ test 过冬(防冻)试验

winterizing procedure{method} 防冻方法

winter oil 冬季滑油;耐寒润滑油

win the coal 采煤

winze 小暗井;(垂直或倾斜的)下通小暗井;下山;暗井
→~ (pit) 盲井 // ~ driller 暗井开凿岩土 // ~ raising 自下向上的暗井凿进;反井法暗井凿进

winzing 自上向下开凿暗井;开凿下山

wipe 拭接(铅管的接头);抹上;擦
→~ (out) 消除

wiped galvanizing 石棉抹镀锌

wipe out 还清;扫除;削平
→~-out zone 无反射区;(注水)冲洗带

wiper 弧刨;刮子;刮泥板;炮眼擦拭棍;炮孔擦拭棍;擦拭工具;擦器;擦具;雨刮器;接头;接触刷;接触电刷;涂油工具
→~ (ring) 防尘圈 // ~ block (封隔器)扶正块 // ~{upper} plug 上塞 // ~ trip 通井

wiping 滑触作用;擦;消磁;接箍作用
→~ edge 防尘圈缘

wire 电信;线路;金属丝
→~ bar copper 条锭铜 // ~ baring 剥去电线包皮 // ~ -cement-asbestos slab 钢网水泥石棉复合板

wirecylinder works 填石筒形铁笼护坡工程

wire{gabion;stone-case} dam 石笼坝
→~ dam 钢丝网坝;网石坝

wired edge tyre 直边外胎

wire depth 绳测深度
→~(-)drawing 拉丝;拔丝 // ~-drawing die 拉丝模 // ~ {-}drawing machine {bench} 拔丝机

wire drive feeder (焊机)送料机构
→~ gabion dam 铅丝网石龙坝 // ~ gauze with asbestos 铁丝石棉网

W

wireless 无线电

→~ mining 无架线(电机车)开采//~ room 无线电室

wireline 绳索起下的；测井电缆；钢丝绳；钢缆；铠装电缆

→~ adapter kit 绳帽//~ bridge plug 钢线绳下放式钻孔套定点塞

wire line core barrel 绳索式(取)岩芯器{筒}

→~ line core bit 绳东取芯钻头//~ line coring 绳索取芯

wireline downhole guidance tool 钢丝绳井底导向工具

→~ entry guide 钢丝绳入口导向器

wire line equipment 钢丝起下的仪器

wireline grapnel 捞绳锚钩

→~ knuckle joint 钢绳铰链接头//~ operations 电缆作业[电测井等]；绳索作业//~ pressure setting assembly 电缆工具压力坐封装置//~ pulley 钢丝滑轮

wire line pump 绳索井泵

→~ line ram (防喷器)封绳闸板

wireline reel 卷绕轴

wire line saw 绳锯；钢丝锯煤机；石机

wireline{electric line} set packer 电缆坐封封隔器

wire line shoe 钻井钢绳死头卡座

→~ line slippage 电缆滑程//~ -line survey 测井

wireline test 电缆测试[用钢丝起下试井]；(用)钢丝起下试井

→~ through tubing gun (用)电缆下入的过油管射孔器

wire(-)line tool{|equipment|bit} 钢丝绳起下的工具{|设备|钻头}

wireline tool 电缆起下的工具

→~ total depth 电缆测试总深度；钢丝下井总深度//~ unit 试井车//~ well logging 测井

wire-line workover (用)绳索起下工具进行的修井

wireman 线务员；接线工

wire{dot} matrix 点阵

→~ matrix 线矩阵

wiremesh 金属丝网

wire mesh(es){net(ting);gauze} 铁丝{织}网

→~ pack 钢丝网围栏栏废石垛

wirephoto 传真照片；传真电报；传真

wire pistol 喷丝枪；金属粉末喷雾枪

→~ prestressing machine 预应力缠丝机

(electrode-)wire reel 焊丝盘

wire resistance strain gauge 应变计

wiresonde 有线探测(气球)；维送[有线探空仪]

wiresounding 有线探测[对大气低层的]

wire sounding 绳索测深；索测深

→~ -stand core 多丝绳芯[钢丝芯]//~ strain gauge 丝式应变计；线张应变计；电阻丝应变仪//~ stripper 剥皮钳；掳线钳

wiretap 窃听器

wire{line} texture 线织构

→~ thread brush 刷丝扣用金属丝刷//~ tramway 架空索道//~ type strain ga(u)ge 线应变仪

wire-weight gage 垂重水尺

wire wheel brush 金属丝轮刷

→~ winding 缠铁丝//~ work 线制品

wireworks 金属丝厂

wirewound 绕有电阻丝的；线绕的

wire wrap (筛管)绕丝

→~ wrapped screen 缠钢丝滤网//~ -wrapped screen-type liner 绕丝筛管型衬管

wiriness 泥泞

wiring 绕线；绑线；配线；布线；连线；线路

→~ (harness) 接线

wiry 丝状的

wisaksonite 偏硅石；铀钍石；铀钍矿[(Th,U)SiO$_4$,含 UO$_3$ 8%～20%]

wischnewite 硫钠霞石；硫(碱)钙霞石[(Na,K,Ca)$_{6-8}$(Al$_6$Si$_6$O$_{24}$)(SO$_4$, CO$_3$)•1～5H$_2$O]

Wisconsin (glacial stage) 威斯康星(冰期)[北美;Qp]

Wisconsinan 威斯康星(阶)[北美;Qp]

wisdom 智慧；聪明

→~ tooth 智齿{牙}

wise 合理的；聪明；方式；方法；法则[数]

wiserine 锐钛矿[TiO$_2$;四方]；磷钇矿[YPO$_4$;(Y,Th,U,Er,Ce)(PO$_4$);四方]

wiserite 水硼锰石；水镁锰矿[(Mn^{2+},Mg)$_2$Mg$_3^{3+}$ CO$_3$O$_{12}$(OH)$_2$•8H$_2$O]；羟硼锰石[Mn$_4$B$_2$O$_5$(OH,Cl)$_4$;四方]

wishbone V 形架[独立悬挂的]

→~ flapper diverter 叉骨形活瓣式分流器//~ -shaped dune 弧形沙丘；叉骨形沙丘//~ spine 纤毛树[几丁]

wismutantimon 铋红锑矿[(Sb,Bi)]

wismuthglanz[德] 辉铋矿[Bi$_2$S$_3$;斜方]

wismuthspiegel{phyllinglanz}[德] 叶碲铋矿[Bi$_2$Te$_3$;BiTe?;三方]

wismutmicrolith 铋细晶石[(Na,Ca,Bi)$_2$Ta$_2$O$_6$(F,OH,O);(Bi,Ca)(Ta, Nb)$_2$O$_6$(OH);等轴]

Wisprofloc P{|20} ×絮凝剂[阳{|阴}离子型水溶性淀粉]

wispy{strip} layering 条状层

→~ layering 帚纹层

wistfulness 沉思；渴望

(water) witch 找水仪

Witchellia 维契尔菊属[头;J$_2$]

witching{wiggle} stick 魔杖

witerite 毒重石[BaCO$_3$]

withamite 锰{黄}红帘石[Ca$_2$(Al,Fe)$_3$Si$_3$O$_{12}$OH,含少量 Mn^{3+}或 Mn^{2+}]

withdrawable 可回收{采}的

→~ coal 可回收煤；可采煤

withdrawal 撤出；回收；回采；取下；排水量；排出；排出；采出；放油；放水；开采回采；抽吸；退出；提取

→~ (rate) 抽水量//~ of ore 放矿；出矿//~ of public land 公地采矿权的撤销

withdrawn 采出的

→~ ore 回采的矿石；放落的矿石

wither(ed) 枯萎

witherine 碳钡；毒重石[BaCO$_3$]

witherite 碳酸钡矿；碳钡矿[BaCO$_3$;斜方]；毒重石[BaCO$_3$]

withershine 反太阳

within (在)里面；内部；不超过

→~ -plate rock 板内岩石

withstand 抵抗；抵挡；耐；反抗；反对；经受(住)；经得起

→~ explosion test 耐爆能量试验//~ voltage test 耐压试验

with the aid of 借助于

→~ the object of 以……为目标//~ the tide 顺潮(流(航行)//~ the wind 顺着风(向)

witness 亲眼看见；证人；证明；证据

→~ post 矿地界标指示牌//~ rock 残遗孤柱；风蚀桌状石；风蚀柱

witneyite 淡砷铜矿

witterung 风化作用；气候[德]

wittich(en)ite 硫铋铜矿[斜方;Cu$_3$BiS$_3$]；脆硫铋铜矿[Cu$_3$BiS$_3$]

wittingite 蚀蔷薇辉石

wittite 硫硒铅铋矿[5PbS•3Bi$_2$(S,Se)$_3$]；硒硫铅铋矿；威硒铋铅矿[Pb$_9$Bi$_{12}$(S,Se)$_{27}$;单斜]

Witwatersrand auri-uraniferous conglomerate 威特沃特斯兰金-铀砾岩

witwatersrand system 维瓦特斯兰系

wiwianit 蓝铁矿[Fe$_3^{2+}$(PO$_4$)$_2$•8H$_2$O;单斜]

wladimirit(e) 针水砷钙石[Ca$_3$(AsO$_4$)$_2$•4H$_2$O;Ca$_5$H$_2$(AsO$_4$)$_4$•5H$_2$O;单斜]

wlasowite 弗拉索夫石

wobble 晃动；颤动；犹豫；摇摆；摆动；变量[声量]

→~ angle 涡进角//~ of earth 地球颤动//~ plate fuel pump 摇摆板燃料泵

wobbler 思想动摇的人；晃晃摇摇的人；海花头；偏心轮；摇动器；摆摆不定的人；摆频信号发生器

→~ feeder 椭圆棒式给料机

wobble washer plunger 摆动垫圈型柱塞

→~ wheel roller 摆动式轮式压路机

wobbling 摇动；摆动

→~ of the pole 地极摆动

wocheinite 铝土矿[由三水铝石(Al(OH)$_3$)、一水软铝石或一水硬铝石(Al(OH))为主要矿物所组成的矿石的统称]；纯铝土矿

woche(r)nite 纯铝土矿

wodanite 钛(黑)云母[K$_2$(Mg,Fe^{2+},Fe^{3+},Ti)$_{4-6}$(Al,Ti,Si)$_8$O$_{20}$(OH)$_4$]

Wodehouseia 沃德粉属[孢;K$_2$]

wodginite 锡锰钽石；锡锰钽矿[(Ta,Nb,Sn,Mn,Fe)$_{16}$O$_{32}$;单斜]

woerdhite 蚀硅线石

Wofatit P{|KS} ×选矿药剂[磺酚阳离子交换树脂]

woggle{swing} joint 活动连接

→~ joint 活动接头

wo(e)hlerite 硅铌锆钙钠石[NaCa$_2$(Zr,Nb)Si$_2$O$_8$(O,OH,F);单斜]；铌锆钠石[NaCa(Zr,Nb)Si$_2$O$_8$(O,OH,F)]；炭质球粒陨石中的有机物；钠钙锆铌钠石

wolchite 车轮矿[CuPbSbS$_3$,常含微量的砷、铁、银、锌、锰等杂质;斜方]；变车轮矿；准车轮矿；朽车轮矿

wolchonskoite 铬蒙脱石[(Cr,Fe,Al)$_2$O$_3$•2SiO$_2$•2H$_2$O]；铬膨润石；铬岭石

wold 单斜脊

Wolf 豺狼座

wolfachite 杂辉砷锑镍矿

Wolfcampian 狼营(统)[北美;P$_1$]

wolfeite 羟磷铁石[(Fe^{2+},Mn)$_2$PO$_4$(OH);单斜]

wolfram(ite) 黑钨矿[(Mn,Fe)WO$_4$]；锰铁钨矿；钨

wolframate 钨酸盐

wolframine 黑钨矿[(Mn,Fe)WO$_4$]；钨锰铁矿[(Fe,Mn)WO$_4$]；钨华[WO$_3$•H$_2$O;斜方]

wolframite 锰铁钨矿；钨锰铁矿[(Fe,Mn)WO$_4$]

wolframium 钨

wolframoixiolite 铌钨矿；铌黑钨矿

wolfram(-)powellite 钨钼钙矿[Ca(Mo,W)

$O_4]$

wolfremite 钨锰铁矿[(Fe,Mn)WO$_4$]

wolfsbergite 硫铜锑矿[Cu$_2$S•Sb$_2$S$_3$;CuSb S$_2$];硫锑铜矿；羽毛矿[Pb$_4$FeSb$_6$S$_{14}$]

wolftonite 水锌锰矿[Zn,Mn 及 Pb 的含水氧化物;Zn$_2$Mn$_4^{3+}$O$_8$•H$_2$O;四方]

wolgidite 金云闪辉白榴岩

wolkerite 氧磷灰石[Ca$_{10}$(PO$_4$)$_6$O;10CaO• 3P$_2$O$_5$]

wolknerit 水滑石[具尖晶石假象;6MgO• Al$_2$O$_3$•CO$_2$•12H$_2$O; Mg$_6$Al$_2$(CO$_3$)(OH)$_{16}$•4H$_2$O]

wolkonskoit 铬蒙脱石[(Cr,Fe,Al)$_2$O$_3$•2SiO$_2$• 2H$_2$O]

wolkowite 钾锶水硼石

wolkowskite 乌钙水硼锶石

wollastonite 硅酸钙岩矿；硅灰石[CaSiO$_3$；三斜]；针钠钙石[Na(Ca$_{>0.5}$Mn$_{<0.5}$)$_2$(Si$_3$O$_8$ (OH));Ca$_2$NaH(SiO$_3$)$_3$;NaCa$_2$Si$_3$O$_8$(OH); 三斜]；钙硅石
　　→~-2M 硅灰石-2M//~ pegmatite 硅灰伟晶岩//~-7T 硅灰石-7T

β-wollastonite 假硅灰石[CaSiO$_3$;三斜]

wollong(ong)ite 龙岗油页岩；乌龙岗油页岩[无脊]

Wolmanizing 铜铬砷酸盐液处理木材

wolnyn 重晶石[BaSO$_4$;斜方]

wo(e)lsendorfite 红铅铀矿[Pb$_2$U$_2$O$_4$Si$_2$O$_8$• H$_2$O;(Pb,Ca)U$_2$O$_7$•2H$_2$O;斜方]；硅铅铀矿[Pb(UO$_2$)(SiO$_4$)•H$_2$O;单斜]；亮红铀铅矿[(PbCa)O•2UO$_3$•2H$_2$O]

Wolungoceras 卧龙角石属[头;Є$_3$-O$_1$]

womb 发源地

wombat 袋熊[Q]

women 红粉

womp 白色闪光；(由)光学系统内部反射产生的图像亮区；亮度突然增强[荧光屏上]

wonderstone 奇异石

wonesite 钠金云母；翁纳金云母[(Na$_{0.79}$, K$_{0.145}$,Ca$_{0.004}$)(Mg$_{4.35}$,Al$_{0.62}$,Fe$_{0.778}$)(Al$_{1.5}$,Si$_{6.5}$)$_8$O$_{20}$ (OH,F)$_4$]；翁钠金云母

Wongia 翁氏虫属[三叶;Є$_3$]

Wonokian 沃诺卡阶[Z]

wood 木质部[植]；木制品；木材；木
　　→(fire) ~ 木柴//~ agate 玛瑙化木//~ alcohol{naphta} 甲醇[CH$_3$OH]

woodallite 羟氯铬镁石[Mg$_6$Cr$_2$(OH)$_{16}$Cl$_2$• 4H$_2$O]

wood borer 木钻

woodcase 大箱子
　　→~ thermometer 木壳温度计[测量油罐温度]

wood cement 木胶灰泥
　　→~ chip 木片//~ copper 木铜矿{橄榄铜矿;绿砷铜矿}[Cu$_2$(AsO$_4$)(OH);斜方]//~ creosote 木杂酚油

wooded area 林区；有林地
　　→~{timbered} soil 林`床[地土壤]

wooden bar 木顶梁
　　→~ bin 木储仓

woodenboard 木板

wooden boat 木船
　　→~ (rock) bolt 木锚杆

woodendite 橄辉玻基粒玄岩；粗玄岩；伍登岩

wooden floor 木垫板；木地板
　　→~ invert 木衬垫；木(板)背板//~ pin 樾//~{wood} pin 木销//~ plug 木塞//~ spacer 木隔离物

wood fibre 木纤维

~-fibred plaster 木纤维泥//~ file 木锉//~ fire-retardant treatment 木材滞燃处理//~ flask 木砂箱

woodfordite 硅钙矾石[2Ca((SiO$_3$)(CO$_3$)$_2$ (SO$_4$))•2Ca(OH)$_2$•Al(OH)$_3$•10H$_2$O]；钙铝矾[Ca$_6$Al$_2$(SO$_4$)$_3$(OH)$_{12}$•26H$_2$O;六方]；钙矾石

wood fretter 木蠹；蛀木虫
　　→~ gas 木瓦斯//~ header 撑梁木垫//~ headgear 木井架//~ hematite 木赤铁矿

woodhouseite 磷钙铝石{矾}[CaAl$_3$(PO$_4$) (SO$_4$)(OH)$_6$;三方]

wood jewelry box inlaid with carved soap-stone 仿红木嵌青田石首饰盒

woodland 森林；林区；林地
　　→~ star 石篱

wood meal{flour} 木粉[炸药吸收剂]
　　→~-membrane hygrometer 木膜式湿度计//~ nail 木钉//~{tung} oil 桐油//~ opal 木蛋白石[由木质纤维石化而成;SiO$_2$•nH$_2$O]//~{wooden;forest} peat 木质泥炭//~(en) pin 木锚杆//~ pink 林生石竹

woodrock{wood rock} 木石棉

woodruffite 锌锰土；纤锌锰矿[2(Zn, Mn)O•5MnO$_2$•4H$_2$O;(Zn,Mn)Mn$_4^{3+}$O$_7$•1~2 H$_2$O;单斜]

woods 树林；木本群落

wood sage 林石蚕
　　→~ saw 木锯//~ screw 木螺钉

woods frame 木井框

wood-shaving-cement plate 水装刨花板

wood-shaving filter 木刨花过滤器

wood sheet pilling 木板桩法

Woods Hole rapid sediment analyzer 伍兹霍尔快速沉速分析仪

woodsia 岩蕨属植物

Wood's metal 铋基低熔点合金
　　→~{wood} metal 伍德合金

wood spirit 木精；木醇
　　→~-stacker 堆垛机//~ stilt 木垫板

woodstone 硅化木；木化石；木变石[木化石]

wood studding{|construction|pulp} 木间柱{|建筑|浆}
　　→~ tar{wood-tar oil} 木焦油//~ {-}tin 木锡石//~ tin 木锡矿[具有放射状结构的纤锡矿;SnO$_2$]；纤锡矿；纤木锡矿

Woodwardia 狗脊(蕨)属[植;K$_2$-Q]

woodwardite 水铜铝矾[Cu$_4$Al$_2$(SO$_4$)(OH)$_{12}$• 2~4H$_2$O]

wood weir block 木闸板

woodworker's vice 木工虎钳

wood work form 木模
　　→~ working 木材加工//~ working lathe 木工车床//~ working machine tool 木工机床

woody 木质的

woodyard 堆木场；储木场

woody area 多树地区
　　→~ aster 木紫菀[学名美丽紫菀,菊科,硒通示植]

woof 基本材料；织物；纬(线)[纺]

wool 毛织品；渣棉；羊毛状物；羊毛；波状层理砂质页岩[英]

wooldridgeite 水磷钙钠铜石[Na$_2$CaCu$_2$ (P$_2$O$_7$)$_2$(H$_2$O)$_{10}$]

woolen cloth 毛布

wool(l)en (piece-)goods{wool fabric} 呢绒

woolpack 卷毛云；结核球状结晶灰岩[英]

woolrock 羊毛石

woolsack 装羊毛的袋；羊毛囊

wooly 羊毛状的；絮凝的
　　→~{woolly} rhinoceros 披毛犀

word 代码；字码；字；言语；消息；指令

Worden gravimeter 渥尔登重力仪

word size 字号
　　→~ slice 字片//~ time 字时间[机器字通过一点的时间]

work (piece) 工件；工作质量
　　→(students') ~ 作业

workability (可)使用性；和易性；工作性；工作能力；可凿岩爆破性；可塑性；可开采性；可加工性；可采性；加工性
　　→~ admixture 增加易性剂

workable 切实可行的；可使用的；可加工的；可采的
　　→~{pay} grade 可采品位//~ seam{bed} 可采矿层//~ vein 可采矿脉

work an extra shift 加班加点；加班
　　→~ area 工地//~ away 回采//~ badge 工牌

workbag 工具袋

workboat{work boat} 工作船

work clothes{suit} 工作服

work-done factor 做功系数

worked 开采的；加工的
　　→~-cut mane 采完的矿

work(ing) efficiency 工作效率

worker 电铸版；工作者；工人
　　→~ of heat treatment 热处理工//~ paid by the hour 计时工

(staff and) workers {workers and staff (members)} 职工

workers and staff bonus fund 职工奖励基金

work extra shifts or extra hours 加班加点
　　→~ flow 生产流程；业务流转

workforce 员工

work{operating} force 工作人员

workholder 工件夹具

work index 功指数[碎磨]

(free-)working 开采；施工用的；工事；操作的；采掘；作业；矿区巷道；岩石内部发声；处理；调节；加工

working (capacity) 工作能力；工作量
　　→~ pit 生产矿井；生产井//~ plan 矿井工作区情况图//~ range of pulp 矿浆操作深度//~ rate 生产一吨煤的矿工工资；开工率

workings 水平巷道；巷道；工作区；工作面；采场；作业面
　　→(mine) ~ 井巷

working scaffold 工作吊架{盘}
　　→~ seam 开采矿层//~{at} site 现场//~ slope 放矿坡度//~ space 工作体积//~ the broken 采矿柱；二次回采//~ the whole 采矿房；一次回采//~ winning 采矿

work{industrial;occupational} injury 工伤
　　→~ input 输入功//~{wet;crude} lead 粗铅

Workman-Reynolds effect 乌克曼雷诺效应

workman's cap 工作帽
　　→~ compensation 工伤死亡等赔偿金；工人工伤死亡等赔偿

workmen's compensation (工伤和职业病)补偿费

work norm 劳动定额
→ ~ of adhesion 黏附功；附着功 // ~ of loading 装岩工作 // ~ of resistance 实功；阻力功；有效功 // ~ out 努力完成；拟订；采完；采尽；制；解决

workover 上部油层的开采；油井大修；修井；维修；检查
→ ~ drill (使)油井持续产油的钻井作业 // ~ job{treatment} 修井作业 // ~ swivel 修井用水龙头

work overtime 加班加点；加班
→ ~ period 工作周期

workpiece 工件；轧件

work piecemeal 一件一件地工作

workplace 工作位置；工作区；工作面；工地；作业区

workpoint keeper 记工员

work{operation;operational;operating} procedure 操作程序
→ ~ process 工艺过程 // ~ quota standard 劳动定额标准 // ~ range 工作面[露,采石场]

work-rest 工作座；工作台；工作架；工件架

work rest blade 刀形支撑

workrest program 作息制度

work roller supporting apparatus 工作辊支撑装置

workroom 工作室；工场间

work safety 安全生产
→ ~ -schedule 工作进度(计划) // ~ sheet 工作单 // ~ shop apparatus 车间用工具

workshop{factory} assembly 工厂装配
→ ~ director 车间主任

worksite 场地；工地

work space{area} 工作区

works superintendent 工厂主任

workstone 工作板

work string 工作管柱；拖拉管[用于管段穿越施工]

workstring reciprocation 工作管柱上下往复运动

work {-}supporting device 工件支架

worktable{work table{deck;head}} 工作台

work team 工作队
→ ~ through 掘通巷道 // ~ turbine 动力涡轮

world 世人；世界；世；地球；大量；领域；宇宙；天体
→ ~ above 上界

World Data Centers 世界资料中心

world distribution 世界分布

World Environment and Resources Council 世界环境和资源委员会
→ ~ Geodetic System 世界大地测量(坐标)系统

world geodetic system 全球大地坐标系统

World Meteorological Organization 世界气象组织
→ ~ Oceanic Organization 世界海洋组织

world of mortals{man} 下界
→ ~ point 世界典型地质区 // ~ rift system 环球性断裂系统；全球性断陷系 // ~ stress map project 世界应力图计划

World Weather Watch 世界天气监视网

worldwide (在)世界范围内
→ ~ fallout 全球性放射性微粒回降 // ~ natural disaster warning system 全

世界自然灾害警报系统 // ~ network of faults 全球断裂网

world-wide standardized seismographs 全球标准地震台测网

worldwide standard station 全球标准站
→ ~ stratospheric fallout 全球平流层放射性沉降 // ~ system 全球体系 // ~ tropospheric fallout 全球对流层放射性沉降

world wide web 万维网

worm 蛇管；蠕蟆；蠕虫(类)；螺旋杆；螺纹；旋管；虫；蜗杆
→ ~ boring 虫孔 // ~ {mole} burrow 虫穴 // ~ cast{casting} 蚯蚓迹模；蚯蚓粪；虫迹模 // ~ cast 蚯蚓粪化石；虫迹印模

wormhole 酸蚀孔洞
→ ~ porosity 条虫状气孔；蛀虫状气孔

wormkalk(limestone) 竹叶(状)灰岩[$CaCO_3$ 其中占 90% 以上]

worm-like 像虫一样的

worm pipe 蜗形管

worm's-eye{supercrop} map 虫眼图
→ ~ map 近视图

Wormsipora 沃姆斯日射珊瑚属[O_3]

worm trail{cast} 蠕虫迹
→ ~ trail 虫迹[遗石] // ~ tube 虫管[遗石]

wormwood 艾绒[艾蒿叶制成,灸法治病的燃料]
→ ~ oil 苦艾油

worn 磨损的；用旧；已消磨的；已磨损的

"worn out horse" type deformation 马肋状变形

worn-out{poor} soil 贫瘠土壤

wornstone 磨损岩

worobewite{worobieffite;worobyevite} 铯绿柱石[$Be_3Al_2(Si_6O_{18})$,含 5% 的 CsO]

worst case 最坏情况
→ ~ case design 最不利情况设计 // ~ {limiting;limited} error 极限误差 // ~ {maximum} error 最大误差

Worthenia 沃氏螺属[C-P]

Worthenopora 沃尔生苔藓虫属[C_1]

wo(e)rthite 水硅{矽;夕}线石[$Al_3Si_2O_8OH$]；蚀硅{夕}线石

wotanite 钛(黑)云母[$K_2(Mg,Fe^{2+},Fe^{3+},Ti)_{4\sim6}(Al,Ti,Si)_8O_{20}(OH)_4$]

wound 伤害；伤；打伤；创伤；外伤；损伤

woven 织物的；织成的
→ ~ asbestos cloth 石棉布

wow 失真；变音；颤动；变化不定[磁带速度]；频率颤动；摇晃

wranospinite 砷钙铀矿[$Ca(UO_2)_2(AsO_4)_2 \cdot nH_2O(n=8\sim12)$；$Ca(UO_2)_4(AsO_4)_2(OH)_4 \cdot 6H_2O$；斜方]

wrap(per) 覆盖物；环；绕；缠绕；包裹物；裹；包；覆盖；罩；隐藏；一圈；卷；限制；围巾；外衣；毯子；一层[包裹物]

wrapping 包装；包皮；包裹；包封；用于包裹的材料
→ ~ head 缠绕器 // ~ machine 绕带机 // ~ wire (筛管)绕丝

wrap{wire} spacing 绕丝间隙
→ ~ up 包扎

wreckage 失事；毁灭；事故；破坏；遇险；坍塌；毁坏；破片；破毁；残余；折断[钻杆]；遇难；残骸

wrecking 顶岩崩落；放顶
→ ~ bar 拆卸棍 // ~ down 撬落悬(矿)石

wrench 扭转；扭伤；拧；猛扭；走向断层；扳手；绞；歪曲
→ ~ {basculating} fault 挫断层 // ~ fault 横推断层；锉断层；平搓断层；扭断层；走向滑断层 // ~ flats 接头上搭扳手的平面

wrench movement 扭转运动；扭捩运动；扭动；挫动
→ ~ set 成套扳手 // ~ square 扣钳方颈

wretbladite 砷锑矿[AsSb;三斜]；杂砷锑矿

wrigglite 氟钨锡矽卡岩

Wright biquartz wedge{Wright double combination wedge} 赖特双石英楔
→ ~ effect 韦氏效应 // ~ {analyzer} eyepiece 穿孔目镜

wright eyepiece 赖特目镜
→ ~ wrench 安装工

wrinkle 揉皱；缺点；起皱；皱褶；皱纹；褶皱；小皱；技巧
→ ~ in the skin 褶皱 // ~ {crinkle} mark 皱痕 // ~ pipe 为连接而割去管端护丝

wrist 枢轴；肘节；腕力；腕
→ ~ (bones) 腕骨 // ~ -action shaker 腕动式振动筛 // ~ pin 游梁拉杆销

writing 书写；作品；文件；记录
→ ~ -desk mountain 单斜垒堆山 // ~ point 记录头；记录笔尖

writings 著作

writing{paper} speed 记录速度

wroewolfeite 斜蓝铜矾[$Cu_4(SO_4)(OH)_6 \cdot 2H_2O$?;单斜]

wrong 坏事；错误的；错误；不适当的；反的
→ ~ clearing of a signal 错误开放信号 // ~ side 反面

wrought 精制；精炼；锻的
→ ~ alloy 可形变合金；可锻合金；锻造合金 // ~ {dug;wr't;ball} iron 熟铁 // ~ {wr't;malleable;puddled;wear;forge} iron 锻铁 // ~ {-}iron plate 熟铁板

WSW 西南西；西西南

Wudinolepis 武定鱼(属)[D_1]

wudjavrite 水硅钛铈石

Wuhuia 五湖虫属[三叶;C_3]

wulfenite 水铅矿[铅和铀的含水氧化物]；钼铅矿[$PbMoO_4$;四方]；钼铅床；彩钼铅矿[$PbMoO_4$]
→ ~ type 铂铅矿(晶)组[4 晶组]

Wulff criterion 吴尔夫判据[晶形发育的]
→ ~ net 乌尔夫网[极射赤平投影网] // ~ {angle-true;Wulffenite} net 吴氏网 // ~ {angle-true} net 吴尔夫网

Wulff's grid 吴尔夫网；乌尔夫网[极射赤平投影网]
→ ~ sterographic net 吴氏网

wulfingite 正羟锌石[ε -$Zn(OH)_2$]

wuonnemite 磷硅(钛)铌钠石[$Na_4TiNb_2Si_4O_{17} \cdot 2Na_3PO_4$;三斜]；乌钠铌钛石

wupatkiite 钴铝石[$(Co,Mg)Al_2(SO_4)_4 \cdot 22H_2O$]

Wurm{glacial age} 武{玉}木冰期[Qp]
→ ~ `glaciations{glacial stage} 武木冰期[欧;Qp]

wurtzite 纤锌矿[ZnS(Zn,Fe)S;六方]；纤维锌矿[ZnS]
→ ~ type structure 纤维锌矿型结构

wustenquartz 红风砂[德]

wü(e)stite 方铁体；维氏体；方铁矿[FeO；等轴]；氧化亚铁人造矿体

Wutingaspis 武定虫属[三叶;Є_1]

Wutingshania 五顶山虫属[三叶;Є_3]

Wutinoceras 五顶角石属[头;O_1]

Wutuella 武都蜓属[孔虫;P_1]

wyartite 水碳酸钙铀矿[$3CaO \cdot UO_2 \cdot 6UO_3 \cdot 2CO_2 \cdot 12 \sim 14H_2O$]；黑碳钙铀矿[$Ca_3U^{4+}(UO_2)_6(CO_3)_2(OH)_{18} \cdot 3 \sim 5H_2O$;斜方]

wych 湿草地

wye{Y}-connection 星形接法[Y]

wye level 水准仪[Y(形)]
→~ spool Y 形短管

wyllieite 磷钠铝铁矿；磷铝铁锰钠石[(Na,Ca,Mn)(Mn,Fe^{2+})(Fe^{2+},Fe^{3+},Mg)Al(PO_4)_3;单斜]

wyomingite 怀俄明岩；金云斑白榴岩；窝明岩；钾碱矿

Wyrobek-Gardner-method 维罗贝克-加德纳法[震勘]

wythern 矿脉

W

X

X

xalostocite 蔷薇榴石[Ca₃Al₂(SiO₄)₃]

xaloy 铜铝合金

xalsonte 粗粒砂；砾石堆积

xanthan (gum) 黄原胶
→~ gel 生物凝胶 // ~ gum 生物{黄原}胶

xanth(o)arsenite 黄砷锰矿[Mn₅((As,Sb)O₄)₂(OH)₄•3H₂O]

xanth(on)ate 黄(原)酸盐；黄药[浮剂]；黄原酸酯；黄(原)盐酸

xanthate polymer 黄原酸聚合物
→~-type collector 黄药型捕收剂

Xanthate Z-4{|3} Z-4{|3}黄药[乙{|乙钾}黄药,乙基黄原酸钠{|钾}]
→~ Z-8 Z-8 黄药[仲丁钾黄药,仲丁基黄原酸钾]

xanthating resistance 黄原酸化阻力

xanthene 呫吨{(夹)氧杂蒽}[黄色小晶体,供有机合成物用;C₆H₄CH₂C₆H₄O]

xanthic 黄色的
→~ acid 黄原酸[RO•CS•SH] // ~ amide 黄原酰胺(类)[ROCSNH₂] // ~ disulfide 双黄药[RO•CS•S₂•CS•OR; (ROCSS-)₂];二磺酰化二硫[RO•CS•S₂•CS•OR]

Xanthidium 多棘鼓藻属[Q]

xanthin 茜草黄质；叶黄素

xanthine 黄质；黄嘌呤

xanthiosite 黄砷镍矿；砷镍石[(Ni,Co)As₃₋ₓ;Ni₃(AsO₄)₂;单斜]

xanthitane 锐钛矿[TiO₂;四方]；钇钛矿

xanthite 黄符山石；褐符山

xanthochroite 硫镉矿[CdS;六方]

xanthocon(ite) 黄银矿[Ag₃As(S,Se)₃;Ag₃AsS₃;单斜]；黄砷硫银矿[Ag₃AsS₃]

xanthocone 黄银矿[Ag₃As(S,Se)₃;Ag₃AsS₃;单斜]

xanthogen 黄原酸[RO•CS•SH]

xanthogenamide 乙黄原酰胺[C₂H₅OCSNH₂]

xanthogen(ic)-amide(s) 黄原酰胺(类)[ROCSNH₂];(乙)黄原酰

xanthogenate 黄(原)酸盐；黄原酸酯；黄药

xanthogenation 黄原(酸)化作用

xanthogenic acid 乙氧基二硫代甲酸；乙基黄原料[C₂H₅OCS•SH]；氧荒酸[RO•CS•SH]
→~{xanthonic} acid 黄原酸[RO•CS•SH]

xantholite 十字石[FeAl₄(SiO₄)₂O₂(OH)₂;(Fe,Mg,Zn)₂Al₉(Si,Al)₄O₂₂(OH)₂;斜方]；粒榴石；块钙铁榴石

xantholith 粒榴石

xanthomolybdic acid 黄钼酸[MoO₃•(RO•CS•SH)₂]

xanthomonad 黄杆菌；黄单孢杆菌

xanthomonas 黄杆菌属
→~ campestris 黄单胞菌 // ~ campestris polymer (由)黄原单孢杆菌产生的聚合物

xanthophyllite 绿脆云母[Ca(Mg,Al)₃(Al₃SiO₁₀)(OH)₂;单斜]

Xanthophyta 黄藻(门)

xanthopyrite 黄铁矿[FeS₂;等轴]

Xanthoria 石黄衣属
→~ elegans 丽石黄衣 // ~ parietina 石黄衣

xanthorthite 黄褐帘石

xanthosiderite 黄针铁矿[Fe₂O₃•2H₂O;Fe₂O₃]；褐铁矿[FeO(OH)•nH₂O;Fe₂O₃•nH₂O,成分不纯]；针铁矿[(α-)FeO(OH);Fe₂O₃•H₂O;斜方]；叶绿矾[R²⁺Fe₄³⁺(SO₄)₆(OH)₂•nH₂O,其中的R²⁺包括Fe²⁺,Mg,Cl,Cu 或 Na₂;三斜]

xanthotitanite 锐钛矿[TiO₂;四方]；黄屑石；黄榍石

xanthoxenite 黄磷铁钙矿{石}[Ca₄Fe₂³⁺(PO₄)₄(OH)₂•3H₂O;三斜]；磷铁钙{钙铁}石[CaFe²⁺Fe³⁺(PO₄)₂(OH);斜方]

xanthus 鸡血石

xantofillite 绿脆云母[Ca(Mg,Al)₃₋₂(Al₂Si₂O₁₀)(OH)₂;Ca(Mg,Al)₃(Al₃SiO₁₀)(OH)₂;单斜]

xaser X 射线激射器

x{|y}-axis ~ x{|y} 轴线

X-band coherent radar X 波段相干雷达

X-bd 成交错层的

X-bit X 形钻头

X-brace 交叉支撑

X cabri 铱锇钌矿
→~-chisel X 形钻头

X-coordinate{axis} 横坐标

x{|y}-coordinate x{|y}坐标

XC polymer (由)黄原单胞杆菌产生的聚合物

X-cross member X 形横梁

X-cut 横巷；石门

X-drill X 射线钻机

Xe 氙

Xenacanthus 异刺鲨(属)[P]

xenarthal 异关节

Xenarthra 异关节类{目}

xenarthrous vertebrae 异关节型脊椎

Xenaspis 外胃菊石属[头毛类;P]

Xenaster 异海星属[棘;D₁]

xenate 氙酸盐

Xenelasma 奇板贝属[腕]；异板贝属[腕;O₂]

xenene 联(二)苯

xenic 异类的
→~ acid 氙酸

xenidium 异板[腕]；假窗板[腕]

xenobiology 外(层)空(间)生物学

xenoblast 他型{形}变晶

Xenoceltites 外色贝特菊石属[头;T₁]

xenoclastalava 捕房碎屑(的)熔岩

Xenococcus 异球藻属[蓝藻;Q]；宾粉蚧属

Xenodiscidae 外盘菊石科[头]

Xenodiscoides 拟外盘菊石属[头;T₁]

xenogeneic 异种的；异基因的

xenogenite 后成体

xenoikic 主客晶等嵌状(的)
→~ texture 主客晶等嵌状结构

xenolite{xenolith} 重硅{矽;夕}线石[Al₁₀Si₈O₃₁]；重硫线石；俘房岩；捕房岩；捕房体

xenolithic 捕房岩的；外来的
→~ enclave 捕房体质包体

xenometric 外度的[晶形]

xenomorphic 他形(的)
→~ {allotriomorphic} granular 他形粒状

xenomorphism 异形现象[双壳]；他形

xenon 氙
→~ arc weatherometer 氙弧老化试验机 // ~-iodine dating 氙碘法年龄测定 // ~ isotope method 氙同位素法 // ~ lamp 氙(气)灯 // ~ poison 氙毒 // ~-xenon age method 氙-氙法年龄测定

Xenophora 衣笠螺属[腹;K₂-Q]

xenotest 氙灯式耐晒牢度试验

xenothermal deposit 异温矿床

xenotim(it)e 磷酸钇矿[YPO₄]；磷钇石；磷钇矿[YPO₄;(Y,Th,U,Er, Ce)(PO₄);四方]

xenotime-(Yb) 磷镱石[YbPO₄]

xenotlite 锐钛矿[TiO₂;四方]；硬硅钙石[Ca(SiO₃)•2H₂O; Ca₆Si₆O₁₇(OH)₂;单斜、三斜]

xenotopic 他形晶；他形的

Xenoxylon 异木(属)[植;T₂-K₁]

xenthophylls 胡萝卜醇；叶黄素

Xenungulata 异蹄目[哺]

Xenusion 异栉蚕(属)[节]；剑爪属[An€?]

xerarch 旱生演替的；(在)旱地发展的

xerasium 旱涝演替；干旱演替

xerert 季节性干旱(变)性土

xeric 冬湿夏旱的[地中海式]；旱生的；耐旱的；干旱的

xerochase 干裂

xerochore 沙漠区

xerocline 旱坡

xerocole 旱生植物；旱地动物；喜旱植物；生物；喜旱的

xerocopy 干印件；复印机[静电]

xerodrymium 旱生森林群落

xerographic printer 静电照相印刷机

xerography 干印术；静电电子摄影术

xerohylium 旱生森林群落

xeroll 干热软土

xeromorph 旱生型

xeromorphic 适旱环境
→~ vegetation 旱生植被

xeromorphism 旱性形态；旱生形态

xeromorphosis 适旱变态[生]

Xerophile 干地植物

xerophilous 适旱的；生于热带干燥地的；好干燥的；喜旱的
→~ plant 旱生植物

xerophobous 避旱的；嫌旱的

xerophorbium 沙丘；冻原

xerophylophilous 适旱林的；栖旱林的

xerophyte 荒原{漠}植物；干地植物；旱生{地}植物

xerophytia 旱地群落

xerophytic vegetation 干生植物

xerophytization 适旱种的发育[生]；旱生植物化

xeroprinting 静电印刷

xeroradiography 干`板 X 线{放射性}照相术

xerorendsina 旱黑石灰土；干草原土

Xerosere 干地植物

xerosol 干旱土

xerotherm 适干热植物；干热植物

xerothermal (Marketing) index 干热指标

xerothermic 适于干热环境的；干温的；干热的
→~ index 干热指数

Xerothermic period 干温期[冰期后]

Xestoleberis 光面介属；雅面介属[K₂-Q]

xeuxite 电气石[族名;硒;璧玺;成分复杂的硼铝硅酸盐；$(Na,Ca)(Li,Mg,Fe^{2+},Al)_3(Al,Fe^{3+})_6B_3Si_6O_{27}(O,OH,F)_4]$；针电气石

X frame 交叉斜撑架
→~-frame 交叉构架//~-frame{|-member}交叉形架{|梁}//~-frame brace 方框支架的对角撑木

xiangjiangite 湘江铀矿[四方;$(Fe^{3+},Al)(UO_2)_4(PO_4)_2(SO_4)_2(OH)\cdot22H_2O$;$(Fe,Al)(UO_2)_4(PO_4)_2(SO_4)_2(OH)\cdot22H_2O]$

Xiangtanella 湘潭介属[P_2]

Xiangxiella 香溪叶肢介属[节;T_3]

Xiangzhounia 象州贝属[腕;D_2]

Xichonolepis 西冲鱼属[D_2]

xieite 谢氏超晶石[$FeCr_2O_4$]

xifengite 喜峰矿[Fe_5Si_3]

Xikang-Yunnan{Kang-Dian} axis 康滇地轴

Xikuangshanian{Hsikuangshanian} stage {|age|formation} 锡矿山阶{|期|组}

Xilamorun deep fracture 西拉木伦深断裂带

xilingolite 锡林郭勒矿[$Pb_{3+x}Bi_{2-2/3x}S_6, x\approx0.3; Pb_3Bi_2S_6$]

xilopal 木蛋白石[由木质纤维石化而成;$SiO_2\cdot nH_2O$]

ximengite 西盟石[$Bi(PO_4)\cdot0.5H_2O$]；西盟矿[$Bi(PO_4)$]

xinanite 新安石

Xinanorthis 西南正形贝属[腕;O_1]

Xinanpetalichthys 西南瓣甲鱼(属)[D_1]

xinganite 兴安石

Xing{Hsing} white{|ware} 邢白{|窑}

xingzhongite 兴中矿[等轴;$(Pb,Cu)Ir_2S_4; (Ir,Cu,Rh)S$]

Xinshaoella 新邵贝属[腕;D_3]

Xiphodon 剑齿兽(属)[E_{2-3}]

xiphodonts 剑齿兽类

Xiphogorgia 剑柳珊瑚属

xiphonite 剑闪石

xiphophyllous 剑形叶的

Xiphosura 剑尾目[节肢口纲;$\mathcal{C}$-Q]

xitieshanite 锡铁山石[$Fe^{3+}(SO_4)Cl\cdot6H_2O; Fe^{3+}(SO_4)(OH)\cdot7H_2O$]

xi-type 多字形

Xiyingia 西营介属[E_{2-3}]

Xizangostrophia 西藏贝属[腕;O_2]

x-law x(双晶)律

xln 结晶的

X machine walking fixture 掘进机步进装置
→~-mas{Xmas;production} tree 采油树//~-member X 形梁

X-moment 绕 X 轴(的)力矩

x-motion (在)x 轴方向运动

xocomecatlite 羟碲铜石；绿砷铜石[$Cu_6(Cu,Fe,\cdots)(AsO_4)_3(OH)_6\cdot3H_2O$;六方]；绿碲铜石[$Cu_3Te^{6+}O_4(OH)_4$;斜方]

x-offset x 轴方向偏移

xonalite 块硅钙石

xonaltite 硬硅钙石[$Ca(SiO_3)\cdot2H_2O;Ca_6Si_6O_{17}(OH)_2$;单斜、三斜]

xonolite 重流线石；硬硅钙石[$Ca(SiO_3)\cdot2H_2O;Ca_6Si_6O_{17}(OH)_2$;单斜、三斜]

xonotlite 硬硅钙石[$Ca(SiO_3)\cdot2H_2O;Ca_6Si_6O_{17}(OH)_2$;单斜、三斜]

X radiation 伦琴辐射
→~-ray analysis X 射线分析//~-ray analysis (of crystals) X 光射线分析//~-ray analyzing crystal X 射线分光晶体//~-ray computerized tomography X 射线层析术

X-ray double crystal analysis X 射线双晶体分析法

X-raying X 射线分析

X-ray inspection X 光检查(法)

X{cross}-spread 十字排列

X-spring X 形弹簧

Xstrata 斯特拉塔[瑞士矿业公司]

xtal 晶体

X twin law X 双晶律
→~-type 交叉型(的)

xylain 闪镜煤；木煤；木镜煤；结构镜煤[来自木质的结构镜煤]

xylan 木聚糖

xylanthite 木兰树脂

Xylaria 炭角菌属[真菌;Q]

xylem 木质部[植]；木

xylene 苯、甲苯、二甲苯[总称]；二甲苯
→~ bromide 溴代二甲苯

xylenite 木煤体[显微组分]

xylenol 二甲酚；二甲苯酚[$(CH_3)_2C_6H_3OH$]

xylidine 二甲代苯胺[$(CH_3)_2C_6H_3NH_2$]

xylinite 木煤体[显微组分]；木煤

xylite 蚀阳起石棉；换质石棉；木质(褐)煤；铁石棉[含钙；$(Ca, Mg)_{22}Fe_4^{3+}Si_{6.5}O_{19}(OH)_5$(近似)]

xylith 木质褐煤

xylitol 木糖醇

xylochlore 鱼眼石[$KCa_4(Si_8O_{20})(F,OH)\cdot8H_2O$]

xylocryptite 木晶蜡；板晶蜡[碳氢化合物,75C,25H;$(CH_4)_n$]

xylofusinite 木质丝炭{煤}

xyloid{woody} lignite 木质褐煤

xylok-phenolic 新酚树脂

xylokryptit 板晶蜡[碳氢化合物,75C,25H;$(CH_4)_n$]

xylolite 木花板；菱苦土屑板

xylolith 铁石棉

xylometer 测容计

xylonite 赛璐珞；假象牙；赛隆乃[一种热塑性硝化纤维]

xylopal 木化石；木蛋白石[由木质纤维石化而成;$SiO_2\cdot nH_2O$]
→~ wood opal 木蛋白石[由木质纤维石化而成;$SiO_2\cdot nH_2O$]

Xylopteris 木羊齿(属)[植;T_3]

xyloretin 针脂石[$C_{10}H_{17}O$]

xyloretinite (菱)针脂石[$C_{10}H_{17}O$]；白针脂石[$C_{10}H_{17}O$(近似)]

xylose 木糖

xylotile 海泡石棉；木瓦；铁石棉[含镁;$(Mg,Fe^{2+})_3Fe_2^{3+}Si_7O_{20}\cdot10H_2O$]

xyloti(li)te 铁石棉

xyltile 木材化石

xylulose 木酮糖

Xystriphyllum 耙珊瑚属[D]

X

Y
y

Y 钇

Yabeia 矢部虫属[三叶;C₂]

Yabeina 矢部蜓(属)

Yabeinosaurus 矢部龙(属)[J₃]

yafsoanite 雅碲锌石[(Zn,Ca,Pb)₃TeO₆];碲锌钙石

YAG 钇铝石{柘}榴石
→~ device 钇铝石榴石器件

Yagi array 波道式天线
→~ array{antenna} 八木天线

yagiite 陨钠镁大隅石 [(Na,K)₃Mg₄(Al,Mg)₆(Si,Al)₂₄O₆₀;六方];陨碱硅铝镁石

yaila 山间小高平原

yakatagite 砾质砂泥岩

yakhontovite 绿铜膨润石;雅洪托夫石

Yakovlevia 雅柯夫列夫贝属[腕;P]

yama 直井或陡井[通往洞穴]

yamaguchilite{yamagutilite} 山口石;稀土锆石

yamanai 云南石梓

yamase 山背风

yamaskite 玄闪钛辉岩;钛辉闪(石)玄(武)岩
→~ porphyry 角闪钛辉斑岩

yamatoite 锰钒榴石

Yammer 翻砂工

yamskite 钙长闪辉岩

Yanbianella 盐边贝属[腕;C₂]

Yangchienia 杨铨蜓属[孔虫;P₁]

Yangtzeella 扬子腕;扬子贝属[腕;O₁]

Yangtze paraplatform 扬子准地台
→~ river 长江

Yanguania 岩关贝属[腕;C₁]

Yanguanian{Aikuanian} age 岩关期

yangzhumingite 杨主明石[KMg₂.₅Si₄O₁₀F₂]

Yangziceras 扬子角石属[头;S]

Yanjiestheria 延吉叶肢介(属)[节;K₁]

yanolite 紫斧石[Ca₂(Mn,Fe)Al₂BSi₄O₁₅(OH)]

yanshainshynite{yanshynshite} 羟钍石[Th(SiO₄)₁₋ₓ(OH)₄ₓ;四方];磷钍石;阴山石;集宁石;硅磷钍钙石

yanshanite 硫钯矿[(Pd,Ni)S;四方];燕山矿;铂硫镍钯矿

Yanshan{Yenshan} movement 燕山运动[J₂-K₃]

yanzhongite 黄碲钯矿[Pd(Te,Bi);六方];黄铋碲钯矿;燕中矿

Yaoyingella 姚营虫属;小姚营介属[€₁]

Yaozhou{Yauh-chow} ware 耀州窑

yapok 蹼足负鼠属

yard 码[=3ft=0.9144m];调车场;车场;场地;场;工作场;工地;工场;堆置场;庭院

yardage 按码计资采煤;码数;立方码数;进尺;土方数;堆栈(使用)费;体积;面积[按平方码计]

yardang 白龙堆[地貌];风蚀土脊;雅尔当;雅丹地貌
→~ trough 风蚀浅宽槽

yardarm{yard-arm} 帆桁状
→~ carina 相对排列脊板

yard crew 调车人员

yarding 场内堆存;库存;白龙堆[地貌];风蚀土脊

yard layout 场地布置;矿场布置
→~ man 贮煤场工;贮矿场工;调度员;调车人员

yards 码数;矿场设备存放场

yard store 堆场
→~ waste 庭园{院}废物 // ~ work 按码计件工作

yarlongite 雅鲁矿[(Cr,Fe,Ni)₉C₄]

Yarmouth(ian) 雅茅斯(间冰期)[北美;Qp]

Yarmouth interglacial stage 雅木{墨}斯冰间期

yarning iron 捻缝凿;填隙凿

yaroslavite 水铝钙氟石[Ca₃Al₂F₁₀(OH)•H₂O];水氟铝钙矿[Ca₃Al₂F₁₀(OH)•H₂O;斜方];水氟铝钙石[Ca₃Al₂F₁₀(OH)•H₂O;Ca₂AlF₇•H₂O;三斜、假单斜];钙冰晶石

yarroshite 镁水绿矾[(Fe,Mg)(SO₄)•7H₂O];镁七水铁矾[(Fe,Mg)(SO₄)•7H₂O]

yarrowit{yarrowite} 雅硫铜矿[Cu₉S₈;三方]

yatalite 钠长纤闪伟晶岩;阳起伟晶岩

Yates' continuity correction 耶茨连续性校正(量)

Yatsengia 亚曾珊瑚属[P₁]

Yavapai (series) 亚瓦佩(统)[北美;An€]

yavapaiite 斜钾铁矾[KFe³⁺(SO₄)₂;单斜]

yaw 航偏角;平摇;偏航角;偏航;(控制系统)抗偏离能力;艉摇;头尾摇动
→~ angle 侧滑角;船首摆角

yawer 偏航(操纵机构)

yawing (船舶)平移;偏航飞行;摆头[船首摆]
→~ oscillation 扭转振动

yawl 小艇;小帆船

yawn 裂口;裂开

yazganite 水砷镁钠高铁石[NaFe₂³⁺(Mg,Mn)(AsO₄)₃•H₂O]

Yazoo 耶佐式(河流)

yazoo drainage pattern 伴支水系
→~ river 野支河 // ~ stream 延长支流 // ~ tributary 伴支流;耶佐式支流

Yb 镱

Y-bastnasite 氟碳钇矿[(Y,Ce)(CO₃)F;六方]

Y-bend Y(形)管;分叉弯头

Y-branch 分叉管;Y形支管

Y cabri 二锡二钯三铂矿;锡锑钯铂矿

yclone 气旋

Y-connection 分叉接头
→~ {wye;star}-connection{-connected} 星形连接

y-coordinate 纵坐标

Y cut quartz search unit Y截石英探测装置

Y-delta starter Y-△启动器

Y-direction 沿纵轴

Yeadonian 伊顿阶[C₂]

yearlong stream 常年不涸河流

yearly 年鉴

year of completion 竣工年
→~ of delivery 交付年

year-round 整年的;常年(候)的;全年(候)的
→~ average temperature 平均温度 // ~ exploratory drilling 全年(使用的)勘探钻井(装置) // ~ surface 全年{全天(候)}通车路面

years 世代

year temperature difference 年温差
→~ under review 审查年度

100-year wave 百年一遇的波浪(高度);重现的波浪(高度);海的波浪(高度)

yeast-like fungi 类酵母菌;酵菌

yeath 炭质页岩

yeatmanite 硅锑锌锰矿 [(Mn,Zn)₁₅Sb₂⁵⁺Si₄O₂₈;三斜];锑硅锰锌石

yecoraite 耶柯尔石;纤复碲铋矿

yedlinite 氯铅铬矿[Pb₆CrCl₆(O,OH)₈;三方]

ye'elimite 硫铝钙石

Yehlioceras 冶里角石属[头;O₁]

Yehli uplift 冶里上升

yellow 黄色的;黄色
→~ amber 黄琥珀;琥珀黄(色) // ~ arsenate of nickel 黄砷镍矿;砷镍石[(Ni,Co)As₃₋ₓ;Ni₃(AsO₄)₂;单斜] // ~ bass 密河河鲈

yellowcake 黄饼[八氧化三铀的通称]

yellow chrome 钼铅矿[PbMoO₄;四方]
→~ {white} coal 塔斯曼油页岩;塔斯曼煤[介于烛煤与油页岩之间的不纯煤] // ~ coal 黄煤[介于烛煤与油页岩之间的不纯煤] // ~ copper (ore) 黄铜矿[CuFeS₂;四方] // ~ earth 黄黏土;赭石[含有多量的砂及黏土;Fe₂O₃•Al₂O₃(SiO₂)] // ~ ground 黄地[指金刚石矿上层含金刚石岩层] // ~ iron ore 黄赭石[Fe₂O₃•nH₂O];黄铁华

yellowish 带黄色的
→~ brown stone 黄石 // ~ pea green glaze 豆青[陶] // ~ white 黄白色

Yellow Jade 米黄玉[石]

yellow lead 密陀僧[PbO;四方]
→~ lead ore 钼酸铅矿[Pb(MoO₄)];钼铅矿[PbMoO₄;四方];铝酸铅矿[Pb(MoO₄)]

Yellow Limestone 乳黄色灰岩

yellow metal 黄铜[60Cu,40Zn];黄金
→~ ocher 黄赭石色;黄赭石[Fe₂O₃•nH₂O] // ~ ochre 褐铁矿 [FeO(OH)•nH₂O;Fe₂O₃•nH₂O,成分不纯];黄赭石[Fe₂O₃•nH₂O; 2Fe₂O₃•3H₂O] // ~ {oko} ore 黄矿 // ~ paraffin{wax} 黄石蜡

Yellow Sun 南非太阳金[石]

yellow Tenmoku 黄天目

Yellow Tiger Skin 虎皮黄[石]

yellow wax 黄蜡;黄焦蜡
→~ wind 黄风

yellowy 淡黄

yellow yttrotantalite 钽钇矿

Yenan series 延安统

Yenchang series 早下侏罗统[延长统];延长统

yenerite 硫锑铅矿[Pb₅Sb₄S₁₁;单斜]

yenite 黑柱石{硅钙铁矿}[CaFe₂²⁺Fe³⁺(SiO₄)₂(OH);斜方]

yenshanite 硫钯矿[(Pd,Ni)S;四方];燕山矿

Yenshan parageosyncline 燕山准地槽

Yeovilian (stage) 尤维尔(阶)[英;J₁]

yeremeyevite 硼铝石[Al((B,H₃)O₃);Al₆B₅O₁₅(OH)₃;六方]

yermosol 漠境土

yes-no classification 是-否分类
→~ decision 是非决策;二中择一

yeso 石膏[CaSO₄•2H₂O;单斜]

yeth 炭质页岩

yettrocererite 铈钇矿[(Ca,Ce,Y,La,…)F₃•nH₂O]

yew 水松
→~ (tree) 紫杉

yftisite 氟硅钛钇石 [(Y,Dy,Er)₄(Ti,Sn)O(SiO₄)₂(F,OH)₆;斜方]; 钇氟钛硅矿

**Y-`Gd{|Ca-V} garnet type gyromagnetic ferrite** 钇-`钆{|钙-钒}石榴石型旋磁铁氧体

yield 屈服；回收率；输出；收益率；收获率；生；变形；软化屈服；容量；产生；产率；产量；产额；当量；供水量；年产量；流出量；(黏土的)造浆能力；开采量；压缩量；出产；二次放射系数；弯曲；退让；沉陷[顶板等]

(flowing) yield 涌水量；流量

yieldability 沉陷性

yieldable 可压的
→~ {yielding} arches 让压拱构件 // ~ steel sets 可缩性钢支架组

yield acceleration in cohesionless soil 无黏性土的极限加速度
→~-ash curve 灰分曲线 // ~ error 产率误差

yielding 沉陷；流动性的；不稳固的；易受影响的；可变形的；形蕊生成；形成
→~ arch 让压性拱形支架；拱形可塑性支架；可缩性拱(形支架) // ~ of crystals 晶体形成作用 // ~ property 可缩性 // ~{running} soil 流动土

yield limit 屈服极限
→~-pillar system 让压矿柱法；可缩性矿柱系统

YIG 钇铁石{柘}榴石
→~ microwave limiter 钇铁石榴石微波限幅器 // ~{yttrium-iron-garnet} single crystal device 钇铁石榴石单晶器件 // ~-tuned oscillator 钇铁石榴石调谐振荡器

yimengite 沂蒙矿[K(Cr³⁺,Ti,Fe³⁺,Mg)₁₂O₁₉; K(Cr,Ti,Fe,Mg)₁₂O₁₉; K(Cr,Ti,Fe,Mg)₁₂O₁₃]

Yinaspis 尹氏壳虫属[三叶;O₁]

ying-cai 硬彩

yingjiangite 映江石[(K₁₋ₓ Caₓ)(UO₂)₃(PO₄)₂(OH)₁₊ₓ•4H₂O,x=0.35]；盈江铀矿[K₂Ca(UO₂)₇(PO₄)₄(OH)₆•6H₂O]

Yingwuspirifer 英武石燕属[腕;S₁]

Yinites 尹氏虫属[三叶;∈₁]

Yinoceras 尹氏菊石属[头;P₁]

yinshanite 硅磷钍矿；阴山石

yisunite 伊逊石[PtIn;等轴]

yixunite 伊逊矿[等轴;Pt₃In;PtIn]

Y-joint 叉形接头

Y{Wye} level Y 式水准仪
→~ level Y 形水准(平)仪 // ~-line 纵曲线

y-line 纵轴线

Y-mark Y 形三沟[孢]

Ynezian 伊涅兹(茨)(阶)[北美;E₁]

yoderite 紫硅铝镁{镁铝}石[Mg₂Al₆Si₄O₁₈(OH)₂; (Mg,Al)₈Si₄O(O, OH)₂₀;单斜]

yofortierite 锰坡缕石 [(Mn,Mg)₅Si₈O₂₀(OH)₂•(8~9)H₂O;单斜]

yogoite 等(正)辉正长岩

yoke 束缚；叉架；管辖；偏转系统；碰头组；裸；座；打捞器；磁头组；结合；轭状物；轭；扼；架；栅锁；套圈

yoked geosyncline 配合地槽；连隆地槽
→~ lake 共轭湖

yoke (magnetizing) method 极间法[磁粉探伤]
→~-pass 平顶山口 // ~ support 轭架

yoking 上轭；矿地界桩；矿车碰撞

Yokosuka 横须贺[日]

yokosukaite 水锰矿 [Mn₂O₃•H₂O;(γ-)MnO(OH);单斜]；横须贺矿；恩苏塔矿[MnO₂]

Yoldia 刀蛤；刀蚌(属)[C₂-Q]；绫衣蛤属；云母蛤属[双壳]

yolk 蛋黄；羊毛油脂
→~ coal 松软煤

yonolite 紫斧石[Ca₂(Mn,Fe)Al₂BSi₄O₁₅(OH)]

Yorkia 约克贝属[腕;∈]

Yorkian 约克(阶)[北欧;C₃]

Yosemite 深 U 形谷；约塞米蒂国家公园[美加州]

yosemitite 斜长黑云花岗岩

yoshikawaite 水羟碳镁石

yoshimuraite 硅钛锰钡石[(Ba,Sr)₂TiMn₂(SiO₄)₂(PO₄,SO₄)(OH,Cl);三斜]；吉村石

youg 地中海地区夏天的热风；游各{尤格}风[地中海]；尤格风

young 受侵蚀尚少的；地质年代较晚的；青年；年轻的；初期的
→~ adulthood 壮年期 // ~ blow 稚吹[转炉] // ~(st)er 年轻人；年纪较小的人；子女；较年轻的 // ~ folded belt 幼褶皱带

Youngina 杨氏鳄属[P]

younging 幼年化；面向[构造]

youngite 硫锰锌(铁)矿

youngland 幼年地形

young loess 新黄土
→~ marginal sea-island arc system 幼年边缘海-岛弧系

Youngofiber 杨氏河狸属[N₁]

young peat 年青泥炭
→~ red earth 幼红壤

Young's formula 杨氏公式
→~ modulus{module} 杨氏模量；弹性模量

young topography{forms} 幼年地形
→~ volcano 幼火山

youth 青年期；青年；青春；初期；幼年期[河流、山地、地形等]

youthful mountain range 年轻(青)山脉
→~ {young} river 幼年河 // ~ {young} stage of erosion cycle 侵蚀循环(的)幼年期

yo-yo 胶带输送机的转换装车装置

ypoleime 假孔雀石[Cu₅(PO₄)₂(OH)₄•H₂O;单斜]

Ypresian 浪丁(阶)
→~ (stage) 伊普雷斯{以卜累斯;伊普尔}(阶)[欧;E₂] // ~ age 以卜累斯期

Y-shaped 叉形的

Y splice 分叉接头
→~-tombolo Y 形连岛沙坝

ytterbium 镱
→~ ores 镱矿 // ~ oxide 氧化镱

yttergarnet{ytter-garnet} 钇褐榴石[Ca₃Fe₂Si₃O₁₂,并含 Y₂O 36%]

ytterite 硅铍钇矿[Y₂Fe²⁺Be₂Si₂O₁₀;单斜]

yttertantal 钇钽铁矿 [(Y,Fe³⁺,U,Ca)(Ta,Nb)O₄;斜方]

yttesten{ytt(e)rbite} 硅铍钇矿[Y₂Fe²⁺Be₂Si₂O₁₀;单斜]

yttrepidote 钇褐帘石[(Y,Ce,Ca)₂(Al,Fe³⁺)₃(SiO₄)₃(OH);单斜]

yttria 氧化钇

yttrialite α红硅钇石；硅钍钇矿[8(Y,Gd)₂Si₂O₇加 12%ThO₂; (Y, Th)₂Si₂O₇;六方?]；钍钇矿

ytt(e)rite 水碳钇矿

yttrium 钇
→~ aluminate crystal 铝酸钇晶体 // ~ aluminum garnet 钇铝石{柘}榴石 // ~-aluminum garnet 钇铝榴石 // ~{yttrian} apatite 钇磷灰石[(Ca,Y)₅(PO₄)₃(O,F)]

yttriumarsenate 钇砷盐

yttrium earths 钇土
→~ eschynite{aeschynite} 钇易解石[(Y,Er,Ca,Fe³⁺,Th)(Ti,Nb)₂ O₆;斜方] // ~ gallium garnet crystal 钇镓石榴石晶体 // ~ {yttria} garnet 钇褐榴石 [Ca₃Fe₂Si₃O₁₂,并含 Y₂O 36%] // ~ garnet 钇石榴石；钇榴石[Y₃Al₅O₁₂] // ~ iron garnet 钇铁石榴石{柘}榴石 // ~ lithium fluoride crystal 氟化钇锂晶体 // ~ ores 钇矿 // ~ orthite 钇褐帘石 [(Y,Ce,Ca)₂(Al,Fe³⁺)₃(SiO₄)₃(OH);单斜] // ~ silicate 硅钇石[钇的硅酸盐] // ~ spessartine 锰钇铝榴石 // ~ tantalite 钇钽矿[(Y,Ce,Ca…)(Ta,Zr…)₂O₇;(Y,Ca,Ce,U,Th) (Nb,Ta,Ti)₂O₆]

yttroalumite 钇铝石[Y₃Al₅O₁₂]

yttroapatite 钇磷灰石[(Ca,Y)₅(PO₄)₃(O,F)]

yttrobetafit(e) 钇钛烧绿石；钇贝塔石[(Y,U,Ce)₂(Ti,Nb,Ta)₂O₆(OH);等轴]

yttrocalciofluorite 氟钇钙石；钇钙氟石

yttrocalcite 铈钇石；钇萤石[(Ca,Y)F₂₋₃];钇磷灰石[(Ca,Y)₅(PO₄)₃(O,F)];钇方解石；稀土萤石

yttroceriocalcit 铈钇石；钇萤石 [(Ca,Y)F₂₋₃]；稀土萤石

yttrocer(er)ite 铈钇石；钇萤石 [(Ca,Y)F₂₋₃]；铈钇矿{稀土萤石} [(Ca,Ce,Y,La,…)F₃•nH₂O]；钇铈萤石

yttrocolumbite 铌钇矿 [(Y,Er,Ce,U,Ca,Fe,Pb,Th)(Nb,Ta,Ti,Sn)₂O₆;单斜]；钇钽铁矿[(Y,Fe³⁺,U,Ca)(Ta,Nb)O₄;斜方]；钇铌铁矿[(Y,U,Fe²⁺)(Nb,Ta)O₄;斜方]

yttrocrasite 钛钇钍矿[Ce,Y,Th 的含水钛酸盐;(Y,Th,Ca,U) (Ti,Fe³⁺)(O,OH)₆;斜方]

yttroepidote 钇绿帘石

yttrofluorite{yttrofluoride} 钇萤石[(Ca,Y)F₂₋₃]；钇氟石

yttrogarnet 钇榴石[Y₃Al₅O₁₂];钇褐榴石[Ca₃Fe₂Si₃O₁₂,并含 Y₂O 36%]

yttrogummite 钇脂状铅铀矿[Y,Th,U 的含水硅酸盐]；钇铅铀矿

yttroilmenite 铌钇矿 [(Y,Er,Ce,U,Ca,Fe,Pb,Th)(Nb,Ta,Ti,Sn)₂O₆;单斜]；铌酸钇矿[(Ca,Fe₂,Y,Zr,Th)(Nb,Ti,Ta)O₄]；钇钽铁矿[(Y,Fe³⁺, U,Ca)(Ta,Nb)O₄;斜方]；钇钛矿

yttrokrasit 钛钇钍矿[Ce,Y,Th 的含水钛酸盐;(Y,Th,Ca,U)(Ti,Fe³⁺)₂(O,OH)₆;斜方]

yttromelanocerite 钇黑稀土矿

yttromicrolite 钇细晶石 [(Y,Ca)(Ta,Nb)₂O₆(OH);等轴]；钇钽烧绿石

yttroniobite 铌钇矿[(Y,Er,Ce,U,Ca,Fe,Pb,Th)(Nb,Ta,Ti,Sn)₂O₆;单斜]；钇钽铁矿[(Y,Fe³⁺,U,Ca)(Ta,Nb)O₄;斜方]；钇铌铁矿[(Y,U,Fe²⁺)(Nb,Ta)O₄;斜方]

yttro-orthite 钇褐帘石[(Y,Ce,Ca)₂(Al,Fe³⁺)₃(SiO₄)₃(OH);单斜]

yttroparisite 氟碳钙钇矿；氟磷酸钙钇矿；钇氟菱钙铈矿

yttropyrochlore 钇铀烧绿石 [(Y,Na,Ca,

U)$_{1-2}$(Nb,Ta,Ti)$_2$(O,OH)$_7$;等轴];钇烧绿石[(Na,Ca,Ce,Y)$_2$(Nb,Ta)$_2$O$_6$(OH)]

yttrosynchisite{yttrosynchysite} 氟碳钙钇矿

yttrotantalite 钇钽铁矿[斜方;(Y,Fe^{3+},U,Ca)(Ta,Nb)O$_4$];钽钇矿;钇钽矿[(Y,Ce,Ca…)(Ta,Zr…)$_2$O$_7$;(Y,Ca,Ce,U,Th)(Nb,Ta,Ti)$_2$O$_6$]

yttrotitanite 钇榍石[CaTiSiO$_5$,含有钇和铈];钇铈榍石

yttro(-)titanpyrochlore 钇钛烧绿石;钇贝塔石[(Y,U,Ce)$_2$(Ti,Nb, Ta)$_2$O$_6$(OH);等轴]

yttrotungstite 钇钨华 [YW$_2$O$_6$(OH)$_3$;单斜];钨钍矿;钨铈矿

Y-type 叉形(的)
　→～ tombolo Y 形沙颈岬

yuanfuliite 袁复礼石[(Mg,Fe^{2+})(Fe^{3+},Al^{3+},Mg,Ti^{4+},Fe^{2+})(BO$_3$)O]

Yuania 卵叶属[植;P$_2$]

yuanjiangite 沅江矿[AuSn]

Yuccites 拟丝兰属;似丝兰属[古植;T$_1$]

Yuehsienszeella 遇仙寺虫属[三叶;Є$_1$]

yuepingia 玉屏虫属[三叶;Є$_3$]

Yue{yueh} ware 越窑
　→～-Zhou ware 越州窑

yugawaralite 条沸石;汤河原(沸)石[CaAl$_2$Si$_6$O$_{16}$•4H$_2$O;单斜]

Yuhua pebbles 雨花石
　→～ stone pendants of Nanjing 南京雨花石项坠

yukonite 水砷钙铁石 [Ca$_3$Fe$_7^{3+}$(AsO$_4$)$_6$(OH)$_9$•18H$_2$O?;非晶质];育空石

yuksporite 针碱钙石[5(Na$_2$,K$_2$,Ca)O•6SiO$_2$•H$_2$O; Ca,Sr,Ba 和碱金属的硅酸盐和氟化物 ;(Na,K)$_4$(Ca,Sr,Ba)$_4$(Ti,Al,Fe)$_3$Si$_8$O$_{16}$(F,Cl)$_2$•4H$_2$O?;单斜?]

Yumenaspis 玉门虫属[三叶;O$_2$]

Yumenglimnadia 云梦渔乡叶肢介属[节;E]

yunga 密林山坡

Yunnanella 云南腕;云南贝属[腕;D$_3$]

Yunnanellina 准云南贝(属)[腕;D$_3$];小云南贝

Yunnanolepis 云南鱼(属)[D$_1$]

Yunnanophorus 云南蛤(属)[双壳;T$_3$]

Yunnanosaurus 云南龙(属)[T$_2$]

Yunnan steaming pot 汽锅
　→～-Vietnam massif 滇越古地块∥～-Xizang{-Tibet} geosynclinal system 滇藏地槽系

Yurmatin 尤马廷纪[R]

yu-shih 玉石;玉

yushkinite 尤什京矿

yvonite 意水羟砷铜石[Cu(AsO$_3$OH)•2H$_2$O]

Y

Z

z

Z 单位晶胞；震旦亚界；震旦纪[800～570 Ma;地层为未变质的砂岩、硅质岩、白云岩含沉积铁矿、锰矿,出现低级生物]；原子数

→～-200 丙乙硫氨酯[O-异丙基-N-乙基硫代氨基甲酸酯;$C_2H_5NHC(S)OCH(CH_3)_2$]

zabuyelite 扎布耶石[$Li_2CO_3;Li_2(CO_3)$]

Zacanthoides 拟极棘虫属[三叶;ϵ_2]

zaccab 白石灰泥；石灰白泥；杂石灰白泥

zaffer 花绀青；砷酸钴和氧化钴混合物[硫化矿焙烧产物]；钴蓝釉；钴焙砂

→～-blue 钴蓝

zaffre 砷酸钴和氧化钴混合物[硫化矿焙烧产物]；钴蓝釉；钴焙砂

Zagrosides 扎格罗斯构造{造山}带

zaherite 水羟铝矾[$As_4(SO_4)(OH)_{10}•(12～36)H_2O;Al_{12}(SO_4)_5(OH)_{26}•20H_2O$]

zahl 单位晶胞分子数[简称 Z 数;德]

zairite 磷铁铋石[$Bi(Fe^{3+},Al)_3(PO_4)_2(OH)$;三方]；扎伊尔矿

zajacite-(Ce) 氟钠钙铈矿[$Na(REE,Ca)_2F_6$]

zakharovite 札哈罗夫石[$Na_4Mn_5^{\ 2+}Si_{10}O_{24}(OH)_6•6H_2O$]；扎哈夫石

zala 硼砂[$Na_2B_4O_5(OH)_4•8H_2O$;单斜]；月石

Zalambdalestes 古猬兽；重褶齿猬(属)[K]

Zalambdodonts 重褶齿(猬)类

zálesíite 扎水羟砷铜石[$CaCu_6(AsO_4)_2(As O_3OH)(OH)_6•3H_2O$]

Zalophus 海狮属[N-Q]；海驴属动物

zamboninite 软绿脱石[$(Fe^{3+},Al)_2Si_3O_9•2½H_2O$]；氟钙镁石[$CaF_2•2MgF_2$]；杂氟钙镁石

Zamiophyllum 查米羽叶(属)[植;J_2-K_1]

→～ buchianum 布契查米羽叶

Zamiopsis 拟查米羽叶(属)[植;K_1]

Zamiopteris 匙羊齿属[C_2-P_2]

Zamites 似查米羽叶(属)[T_3-K_1]；腹羽叶

zanazziite 扎纳齐石[$Ca_2Me^{2+}Me_4^{\ 2+}Be_4(PO_4)_6(OH)_4•6H_2O,Me^{2+}=Mg^{2+}>Fe^{2+}$或$Mn^{2+}$]

Zanclean (stage) 赞克尔{勒}(阶)[欧;N_2]

→～ age 赞克尔期

Zanclian 赞克尔{勒}(阶)[欧;N_2]

zangboite 藏布矿[$TiFeSi_2$]

zanjon (岩溶)廊道[波多黎各]；深沟[西]

zanoga 冰斗

zap 单击(法)

zapatalite 水磷铝铜石[$Cu_3Al_4(PO_4)_3(OH)_9•4H_2O$;四方]；扎铝磷铜石

zap{micrometeorite;micrometeorate} crater 微陨石坑

Zaphrentis 内沟珊瑚属[D]

zap-lop 轧合

Zapus 北美跳鼠属[Q]

zaratite 翠镍矿[$Ni_3(CO_3)(OH)_4•4H_2O$;等轴]

zarnec 硫砷矿[As_4S_3]；雌黄[As_2S_3;单斜]；雄黄[$As_4S_4;AsS$;单斜]

zarnich 硫砷矿[As_4S_3]；硫砷钴矿[$(Co,Fe)AsS$;斜方]；雌黄[As_2S_3;单斜]；雄黄[$As_4S_4;AsS$;单斜]

zasper 碧玉[SiO_2]

zastruga[pl.-gi] 风蚀雪沟；(风蚀)雪波；雪面波纹；波状砂岩

→～{sastruga} 沙波[俄]

Zastrugi 雪脊

zavaritskite{zavarizkite; zawaryzkite} 氟氧铋矿[$BiOF$;四方]

zawn 地下岩洞；崖上砂洞；小海湾；洞穴

zax 石斧；撬棍；凿刀

Z-axis 垂直轴

Z-beam torsion balance Z 形杆扭秤

Z{|Z}-bit{chisel} T{|Z}形钻头

Z-block quartz crystal Z 块水晶

Z-chloroethyl-amine Z-氯乙胺

Z-crank Z 形曲柄

Z-crossplot Z 值交会图

zdenekite 水氯砷钠铅铜石[$NaPbCu_5(As O_4)_4Cl•5H_2O$]

Zeacrinites 玉蜀黍海百合属[C]

zeagonite 火钙沸石；水钙沸石[$Ca(Al_2Si_2 O_8)•4H_2O$;单斜]；钙十字沸石[$(K_2,Na_2,Ca)(AlSi_3O_8)_2•6H_2O;(K,Na,Ca)_{1-2}(Si,Al)_8O_{16}•6H_2O$;单斜]

zea mags everta 爆裂型玉米

zeasite 火蛋白石[红色如火;$SiO_2•nH_2O$]；木蛋白石[由木质纤维石化而成;$SiO_2•nH_2O$]

zeaxanthin 玉米黄素

zebedassite 镁十字石；皂石[$(Ca½,Na)_{0.33}(Mg,Fe^{2+})_3(Si,Al)_4O_{10}(OH)_2•4H_2O$;单斜]

zebra 斑马；条带状的

zebraic 斑马(特有)的；条带状的

zebra layering 深浅色相间层理；韵律层理；条带状韵律层理

zebra rock 条带岩；斑纹岩石

Zebrasporites 斑马纹孢属[T_3]

zebrine horse 斑马

Zechstein 蔡希施坦(统)[欧;P_2]；镁灰岩统[欧;P_2]

zechstein 镁灰岩

Zechstein epoch 镁灰世

Zeeman effect 齐曼效应

→～-modulated experiment 塞曼调制实验 //～ splitting 塞曼分裂

Zeilleria 蔡勒蕨属[C_2]；蔡勒贝属[腕;T_3-K_1]

zeiringit 绿铜锌斑霰石；霰石[蓝绿色;$CaCO_3$]

zeiringite 碳锌铜钙石

Zeiss 蔡斯{司}透镜

zeitgeber 环境钟[德]

zektzerite 硅锆钠锂石[$LiNaZrSi_6O_{15}$;斜方]

Zelkova 榉(属)[植;K-Q]

zellerite 碳钙铀矿[斜方;$Ca(UO_2)(CO_2)•5H_2O$]；菱钙铀矿

Zellia 车尔螆属[孔虫;C_3]

zellon 四氯乙烯[$Cl_2C=CCl_2$]；泽隆塑料

Zelophyllum 竞珊瑚属[S_{1-2}]

zemannite 水碲锌矿[$(Zn,Fe^{2+})_2(Te^{4+}O_3)_3 Na_xH_{2-x}•nH_2O$;六方]

Zemorrian(stage) 泽莫尔(阶)[北美;E_3-N_1]

Zener diode 齐纳二极管

zenith 顶点；极顶；极点

→～ angle 上空 //～ column 大气气柱 //～ distance 天顶距

zenocentric coordinates 木星心坐标

zenography 木星面文学；木面学

zenolite 矽线石[$Al_2(SiO_4)O$;斜方]

zenotropism 背地性

zenzénite 锰铁铅矿[$Pb_3(Fe^{3+},Mn^{3+})_4Mn_3^{\ 4+}O_{15}$]

Zeo-Karb HI 磺化煤阳离子交换剂

ze(n)olite 沸石[$(Na,K)Si_5Al_2O_{12}•3H_2O$]

zeolite cracking catalyst 沸石裂化催化剂

→～ mimetica 环晶沸石[$(Ca,Na_2,K_2)_5 Al_{10}Si_{38}O_{96}•25H_2O$;单斜] //～ process 沸石处理法 //～ sorption pump 沸石吸附泵

zeolitic complex 沸石复分体

→～ ore deposit 含沸石矿床

zeolitiform 沸石状的

zeolitization 沸石化(作用)

zeolum 沸石[$(Na,K)Si_5Al_2O_{12}•3H_2O$]

zeophyllite 氟羟硅钙石；叶羟硅钙石[$Ca_4Si_3O_8(OH,F)_4•2H_2O$;三斜、假六方]；叶{硅}沸石[$H_4Ca_4Si_2O_{11}F_2;3CaO•CaF_2•3SiO_2•2H_2O$]

zepharovichite 潜晶磷酸铝石；银星石[$Al_3((OH,F)_3•(PO_4)_2)•5H_2O$;斜方]

zeraltite 方铈铝钛矿

zeravshanite 单斜锆铯大隅石[$Cs_4Na_2Zr_3(Si_{18}O_{45})(H_2O)_2$]

zerk 加油嘴

zerkelite 钛锆钍石；钛锆钍矿[$(Ce,Fe,Ca)O•2(Zr,Ti,Th)O_2; (Ca,Th,Ce)Zr(Ti,Nb)_2 O_7$;单斜]

zermattite{schweizerite} 叶蛇纹石[$(Mg,Fe)_3Si_2O_5(OH)_4$,单斜; $Mg_6(Si_4O_{10})(OH)_8$]

→～ 纤蛇纹石[温石棉;$Mg_6(Si_4O_{10})(OH)_8$]

Zerndtisporites 策氏大孢属[C_2]

zero 起点；零度；零

→～-access addition 立即取数加 //～ amplitude 零振幅 //～ axial stress point 零轴向力点 //～ delivery 零排量；零流量 //～ depth 地表；零米深度 //～ discharge 空转；无出料 //～ end of survey 测量零位端 //～ interaction 零干扰

zero-lag 零延迟

zero lap 零叠盖

→～ layer line 零层线 //～-length spying gravimeter 拉考斯特-隆贝格重力仪 //～ (power) level 起零级；零准高；零电平 //～ lift chord 零举力弦

zerolling 低温轧制；0℃以下的碾压[低温轧制]

zeroth cosine term 零次余弦项

→～ order 零阶

zero time 起始瞬间

→～-time 起始瞬间；参考时间起点；零时 //～ time reference 零时基准 //～-tritium{tritium-free} water 无氚水 //～{null} vector 零向量

zerteilung 破碎(作用)[德]

zeta potential 齐他位

→～-potential layer ζ 电势层

zetar 煤焦油

zetzerite 锂锆整柱石

zeuge 残遗孤柱；风蚀桌状石；风蚀柱

zeugenberg 小平顶孤地；外露层；遗证冈{岗}[德]

zeugite 白磷钙矿[$Ca_3(PO_4)_2;Ca_9(Mg,Fe^{2+}) H(PO_4)_7$;三方]

Zeuglodon 龙王鲸(属)；泽沟鲸；轭齿鲸属[E_2]

Z

zeuglodon(t) 械齿鲸[E₂]

zeugogeosyncline 配合地槽；连隆地槽

Zeugrhabdotus 轭棒石[钙超；J]

zeunerite 铜砷铀云母[Cu(UO₂)₂(AsO₄)₂·10~16H₂O;四方]

zeuxite 绿碧玺；针电气石

zeyringite 镍文石；镍石灰华[(Ca,Ni)CO₃];绿铜锌斑霰石；绿白色或天蓝色钙质泉华[含镍文石组成的]；霰石[蓝绿色;CaCO₃]

zeyssatite 硅藻土[SiO₂·nH₂O]；硅藻石[SiO₂·nH₂O]

zhanghengite 张衡矿[CuZn]

zhangpeishanite 张培善石[BaFCl]

Zhanjilepis 沾益鱼鳞[D₁]

zheltozem 黄壤[俄]

zhemchuzhnikovite 草酸铝钠石[NaMg(Al,Fe³⁺)(C₂O₄)₃·8H₂O;三方]

zhonghuacerite 中华铈矿
→~-(Ce) 中华铈矿[Ba₂Ce(CO₃)₃F]

zianite 蓝晶石[Al₂(SiO₄)O;Al₂O₃(SiO₂)]

ziegelite 含辰砂白云石；瓦铜矿[赤铜矿变种;Cu₂O];赤铜矿[Cu₂O;等轴]

ziesite β-(氧)钒铜矿[β-Cu₂V₂O₇;单斜]

zietrisikite 高温地蜡

ziguéline 瓦铜矿[赤铜矿变种;Cu₂O];赤铜矿[Cu₂O;等轴]

zigzag rule 曲尺
→~ carina 之字形脊板[珊]//~ cracks 不规则裂缝//~ shaft 折返式井底车场

zillerite 阳起石[Ca₂(Mg,Fe²⁺)₅(Si₄O₁₁)₂(OH)₂;单斜]；石棉[Ca₂(Mg,Fe)₅(Si₄O₁₁)₂(OH)₂]

zillerthite 石棉；阳起石[Ca₂(Mg,Fe²⁺)₅(Si₄O₁₁)₂(OH)₂;单斜]

zimapanite 氯钒矿[钒的氯化物]

Zimbabwe 非洲黑[石]；津巴布韦
→~ Black 辛巴威黑[石]

zimbabweite 津巴布韦石[Na(Pb,Na,K)₂As₄(Ta,Nb,Ti)₄O₁₈];钛铌铅砷石

zimmermannia 齐默曼木屑

zinalsite 硅锌铝石[Zn₇Al₄(OH)₂(SiO₄)₆·9H₂O;Zn₂AlSi₂O₅(OH)₄·2H₂O?;单斜]

zinc 锌
→(native) ~ 自然锌[Zn;六方]//~(-)aluminite 锌明矾[Zn₃Al₃SO₄(OH)₁₃·5/2H₂O];锌矾石[Zn₆Al₆(SO₄)₂(OH)₂₆·5H₂O;六方?]//~ aluminite 锌矾石[Zn₆Al₆(SO₄)₂(OH)₂₆·5H₂O;六方?]

zincalunite 锌明矾石

zinc anode 锌阳极
→~ aragonite 锌霰石[(Ca,Zn)CO₃,含 ZnCO₃达 10%]//~-aragonite 锌文石

zincarbonate 斜方碳锌矿

zincblende 闪锌矿[ZnS;(Zn,Fe)S;等轴]
→~-{sphalerite} type crystal 闪锌矿型晶体

zinc bloom 水锌矿[Zn₅(CO₃)₂(OH)₆;3ZnCO₃·2H₂O;ZnCO₃·2Zn(OH)₂];羟碳锌矿
→~ chkalovite 锌硅铍钠石//~ chrysotile 锌纤蛇纹石；锌温石棉//~ cleaner tailing 锌精选尾矿//~ compound 锌化合物//~ concentrate storage tanks 锌精矿储存罐//~ danalite {zinc-danalite} 锌铍榴石//~ desilverization 加锌提银(法)//~(-)dibraunite 水锌锰矿[Zn,Mn 及 Pb 的含水氧化物;Zn₂Mn₄³⁺O₈·H₂O;四方]//~ dust 锌粉//~ fahlerz 锌黝铜矿[(Cu,Fe,Zn,Ag)₁₂

(As,Sb)₄S₁₃]//~ gahnite 铁锌尖晶石

zincgartrellite 水砷铜锌铅石[Pb(Zn,Cu,Fe)₂(AsO₄)₂(H₂O,OH)₂]

zinchavendulan 锌水砷铜矿[(Ca,Na)₂(Cu,Zn)₅Cl(AsO₄)₄·4~5H₂O]

zinchexahydrite 锌六水泻盐

zinc-hexahydrite 六水硫锌矿[(Zn,Fe²⁺)SO₄·6H₂O;单斜]

zinc hogbomite 锌黑铝镁铁矿[(Zn,Mg,Fe)₇(Al,Fe)₂₀TiO₃₉(近似)]
→~-hogbomite 锌镁铁钛铝矿；锌黑镁铁铝矿

zincian rhodonite 锌蔷薇辉石
→~-spinel 锌尖晶石[ZnAl₂O₄;等轴]//~ tetrahedrite 锌黝铜矿[(Cu,Fe,Zn,Ag)₁₂(As,Sb)₄S₁₃]//~ vredenburgite 锌磁锰矿

zinc ilmenite 锌钛铁矿

zincite 红锌矿[ZnO;(Zn,Mn)O;六方]
→~ type 红锌矿(晶)组[6mm 晶组]

zinc-lavendulan 锌水砷铜矿[(Ca,Na)₂(Cu,Zn)₅Cl(AsO₄)₄·4~5H₂O];锌铜钴华；砷钙钠锌石；锌氯砷钠铜矿

zinc-manganocalcite 锌锰方解石

zinc-melanterite 锌水绿矾[(Zn,Cu)SO₄·7H₂O;(Zn,Cu,Fe²⁺)SO₄·7H₂O;单斜]；锌绿矾

zinc metal sheet 锌片
→~ mica hendricksite 锌云母[K(Zn,Mn)₃Si₃AlO₁₀(OH)₂;单斜]//~ montmorillonite 羟锌矿；锌皂石//~ mush 锌糊

zincobotryogen 锌赤铁矾[(Zn,Mg,Mn)Fe³⁺(SO₄)₂(OH)·7H₂O]

zincocalcite 锌方解石[(Ca,Zn)CO₃,含 ZnO 达 5%(?);(Ca,Zn) CO₃]

zincochromite 锌铬铁矿[ZnCr₂O₄];锌铬(尖晶石)

zincocopiapite 锌叶绿矾[三斜;ZnFe₄³⁺(SO₄)₆(OH)₂·18H₂O]

zincode 锌极；阳极[电池的]

zincoferrite 锌铁尖晶石[(Zn,Mn²⁺,Fe²⁺)(Fe³⁺,Mn³⁺)₂O₄;等轴]

zincohogbomite 铝钛锌矿[Zn₂₋ₓTiₓAl₄O₈]

zincolibethenite 羟磷铜锌矿[CuZnPO₄OH]

zincolith 白色颜料

zinconine{zinconise} 水锌矿[Zn₅(CO₃)₂(OH)₆;3ZnCO₃·2H₂O; ZnCO₃·2Zn(OH)₂];羟碳锌矿；锌矿

zincoplumbo-dolomite 锌铅白云石

zinc ore 锌矿
→~ ore-roasting plant 锌矿焙烧(车间)

zincor(h)odoc(h)rosite 锌菱锰矿

zincosite 硫酸锌矿[ZnSO₄];锌矾[ZnSO₄;斜方]

zincospiroffite 碲锌石[Zn₂Te₃O₈]

zincovoltaite 锌绿钾铁矾[K₂Zn₅Fe₃³⁺Al[SO₄]₁₂·18H₂O]

zincowoodwardite 水锌铝矾[(Zn₁₋ₓAlₓ(OH)₂)((SO₄)ₓ/₂(H₂O)ₙ), 0.50>x>0.32]

zinc oxide{paste;whine} 氧化锌[ZnO]
→~-oxygen fuel cell 锌氧燃料电池//~-rockbridgeite 锌绿铁矾；锌绿铁矾

zincrosasite 羟碳铜锌石[(Zn,Cu)₂(CO₃)(OH)₂;单斜];富锌孔雀石

zincroselite 水砷锌钙石；砷锌钙石

zinc rougher cells 锌粗选槽
→~-saponite 锌皂石[锌蒙脱石;R₀₃¹⁺(Zn,Al)₃((Si,Al)₄O₁₀)(OH)₂·nH₂O];羟锌矿//~ scavenger concentrate regrind 锌

扫选精矿再磨//~-schefferite 锌锰红辉石[Ca(Mg,Mn,Zn)(Si₂O₆)]；锌锰钙辉石//~ selenide{elenide} 硒锌矿//~ selenide 方硒锌矿[ZnSe;等轴]

zincsilite 无铝锌皂石[Zn₃Si₄O₁₀(OH)₂·4H₂O?;单斜]

zinc slay 锌渣
→~ sludge 锌(矿)泥//~ spar{carbonate} 菱锌矿[ZnCO₃;三方]//~ spinel{gahnite}{zinc-spinel} 锌尖晶石[ZnAl₂O₄;等轴]//~-stottite 锌羟锗铁矿//~ tartrate 酒石酸锌//~-teallite 硫锡铅矿[PbSnS₂;PbSn₄S₅?;斜方]；锌硫锡铅矿

zinctite 红锌矿[ZnO;(Zn,Mn)O;六方]

zincum 锌[拉]

zinc vapo(u)r 锌蒸气
→~ violet 芦叶堇菜；锌堇菜//~-vredenburgite 锌黑铁锰矿

zink[德] 自然锌[Zn;六方]；锌

zinkalunite 锌钾明矾石

zinkazurite 杂铜皓矾[可能是 Zn 和 Cu 的含水碳酸盐及硫酸盐]

zinkbotryogen 锌赤铁矾[(Zn,Mg,Mn)Fe³⁺(SO₄)₂(OH)·7H₂O]

zinkchrysotil 锌纤蛇纹石；锌温石棉

zinkcopiapit 锌叶绿矾[ZnFe₄³⁺(SO₄)₆(OH)₂·18H₂O;三斜]

zinkdibraunit 水锌锰矿[Zn,Mn 及 Pb 的含水氧化物;Zn₂Mn₄³⁺O₈·H₂O;四方]

zink-dolomite 锌白云石

zin(c)kenite 辉锑铅矿[Pb₄Sb₁₄S₂₇;Pb₆Sb₁₄S₂₇;六方]

zinkfauserit 锌七水锰矾[(Mn,Mg,Zn)SO₄·7H₂O];锌锰泻盐

zinkferrit 锌铁尖晶石[(Zn,Mn²⁺,Fe²⁺)(Fe³⁺,Mn³⁺)₂O₄;等轴]

zink-hogbohmit 锌镁铁钛铝矿；锌黑镁铁铝矿

zinkit{zinkite} 红锌矿[ZnO;(Zn,Mn)O;六方]

zinklavendulan 砷钙钠锌石；锌氯砷钠铜矿

zinkmanganerz 锌锰土；纤锌锰矿[2(Zn,Mn)O·5MnO₂·4H₂O;(Zn,Mn)Mn₃³⁺O₇·1~2H₂O;单斜]

zink-manganokalcit 锌锰方解石

zinkmontmorillonit(e) 羟锌矿；锌皂石

zinkolivenite 锌橄榄铜矿

zinkosite 硫酸锌矿[ZnSO₄];锌矾[ZnSO₄;斜方]

zinkphyllite 磷锌矿[Zn₃(PO₄)₂·4H₂O;斜方]

zinkpisanit(e) 锌铜矾[(Cu,Zn)₁₅(SO₄)(OH)₂₂·6H₂O;(Cu,Zn,Ca)₅(SO₄)₂(OH)₆·3H₂O];绿铜锌矾[(Fe,Zn,Cu)(SO₄)·7H₂O]

zinkrockbridgeit 锌绿铁矿

zinkromerit 锌亚铁铁矾；锌粒铁矾[(Zn,Fe²⁺)Fe₂³⁺(SO₄)₄·12H₂O]

zinkrosasit 羟碳铜锌石[(Zn,Cu)₂(CO₃)(OH)₂;单斜]

zinksaponit 羟锌矿；锌皂石

zink saponite 皂石[(Ca½,Na)₀.₃₃(Mg,Fe²⁺)₃(Si,Al)₄O₁₀(OH)₂·4H₂O;单斜]

zinkselenid 方硒锌矿[ZnSe;等轴]；硒锌矿

zinkspath 菱锌矿[ZnCO₃;三方]

zink{zincian} staurolite 锌十字石

zinkstottit 锌羟锗铁石

zink-todorokite 锌钡镁锰矿

zinkvredenburgit 锌磁锰铁矿

zinkwolframit 钨锌矿[ZnWO₄;(ZnₓFe²⁺)WO₄;单斜]

zinnfahlerz 银锡砷黝铜矿

zinnober 朱砂{砾}[HgS]；一硫化汞[HgS]；辰砂[HgS;三方;德]

zinn-tantalite 锡钽铁矿[(Fe,Mn,Sn)(Ta,Nb)$_2$O$_6$]

zinntitanite 锡榍石[Ca(Ti,Sn)SiO$_5$,含 Sn可到10%];锌榍石

zinnwaldite 铁锂云母[KLiFe^{2+}Al(AlSi$_3$)O$_{10}$(F,OH)$_2$;单斜]

Zinnwald law 青瓦尔德(双晶)律

zip 关井压力
→~ {-}fastener 拉链

Zipfs law 齐普夫律

zipfuel 硼基高能液体燃料

zippeite 水羟(钾)铀矾；水钾铀矾[K$_4$(UO$_2$)$_6$(SO$_4$)$_3$(OH)$_{10}$•4H$_2$O]；水铀矾[(UO$_2$)$_3$(SO$_4$)$_2$(OH)$_2$•8H$_2$O]

zipper 闪光环；(用)拉链扣上；拉链
→~ conveyor 拉锁(橡)皮(筒式)输(送)机，拉链式输送机//~ stress 拉开应力

ziram 福美锌[用作橡胶促进剂及农业杀菌剂]；二甲氨荒酸锌

zircalloy 锆锡合金；锆合金

zircarbite 碳锆石

zircon 锆英石[ZrSiO$_4$]；锆石[ZrSiO$_4$;四方]
→~-alumina brick 锆英石-氧化铝砖

zirconate 锆酸盐[M$_4$ZrO$_4$;M$_2$ZrO$_3$]

zircon cement 锆(-)镁耐火水泥
→~ corundum brick 锆刚玉砖

zirconeuxenite 锆黑稀金矿

zircon favas 锆卵石；砾锆石；斜锆石砾[斜锆石(ZrO$_2$)和锆石(ZrSiO$_4$)集合体]

zirconia 锆石[ZrSiO$_4$;四方]；锆砂[ZrO$_2$];氧化锆；二氧化锆
→~ enamel 锆白釉//~ oxygen analyzer 氧化锆氧含量分析器//~ sand 锆英石

zirconite 锆(英)石[四方;ZrSiO$_4$]；褐锆石

zirconium 锆
→~ betafite 锆贝塔石//~ ore 锆矿石；锆矿//~ schorlomite 锆钛榴石

zirconoid 变锆石[Zr(SiO$_4$)]；锆石晶形；锆矿

zirconolite 变锆石[Zr(SiO$_4$); CaZrTi$_2$O$_7$];钙钛锆石[CaZrTi$_2$O$_7$];钛锆贝塔石；钛锆钍矿；钛锆烧绿石

zircon-pektolith 锆钛硅钙石；罗森布石

zircon-pyrophyllite brick 锆英石-叶蜡石砖

zircon-pyroxene 锆辉石

zircon refractory 锆英石质耐火材料；锆(英)石耐火材料
→~(ia) sand 锆砂[ZrO$_2$];锆石砂[ZrSiO$_4$]//~ slurry 锆砂粉浆料//~ type 锆石(晶)组[4/mmm 晶组]

zircopal 锆蛋白石

zircophyllite 锆叶石；锆星叶石[(K,Na,Ca)$_3$(Mn,Fe^{2+})$_7$(Zr,Nb)$_2$Si$_8$O$_{27}$(OH,F)$_4$;三斜]

zircosulfate 锆矾[Zr(SO$_4$)$_2$•4H$_2$O;斜方]

zircosulphate 锆矾[Zr(SO$_4$)$_2$•4H$_2$O;斜方];硫锆矾

zirfesite 锆铁矿[(ZrO$_2$,Fe$_2$O$_3$)•SiO$_2$·nH$_2$O(近似)];胶硅锆铁石

zirkelike 钛锆贝塔石；钛锆钍矿[(Ce,Fe,Ca)O•2(Zr,Ti,Th)O$_2$; (Ca,Th,Ce)Zr(Ti,Nb)$_2$O$_7$;单斜]

zirkelite 钛钛锆钍矿；钙钛锆石

Zirkel's classification 司尔克分类

zirkite 杂锆石；氧锆石；斜锆石砾[斜锆石(ZrO$_2$)和锆石(ZrSiO$_4$)集合体]；斜锆石

{矿}[ZrO$_2$;单斜]
→~ ore 斜锆石矿

zirklerite 氯铁铝石[(Fe^{2+},Mg)$_9$Al$_4$Cl$_{18}$(OH)$_{12}$•14H$_2$O;三方]

zirkon 锆石[ZrSiO$_4$;四方]

zirkoneuxenite 铌铈钇矿[(Ca,Fe$_2$,Y,Zr,Th,Ce)(Nb,Ti,Ta)O$_4$;斜方]

zirkonolite{zirkonolith;zirkelike} 钍锆贝塔石；钛锆钛矿[(Ce,Fe,Ca)O•2(Zr,Ti,Th)O$_2$;(Ca,Th,Ce)Zr(Ti,Nb)$_2$O$_7$;单斜]；钛锆烧绿石

zirkonsulfate 硫锆矾

zirkophyllite 锆星叶石[(K,Na,Ca)$_3$(Mn,Fe^{2+})$_7$(Zr,Nb)$_2$Si$_8$O$_{27}$(OH,F)$_4$; 三斜]

zirlite 三水铝石[Al(OH)$_3$;单斜]；γ-三羟铝石；羟铝石

zir(c)on 风信子石

zirphaea 钻岩贝

zirsilite-(Ce) 碳铈异性石[(Na,口)$_{12}$(Ce,Na)$_3$Ca$_6$Mn$_3$Zr$_3$Nb(Si$_{25}$O$_{73}$)(OH)$_3$(CO$_3$)•H$_2$O]

zirsinalite 硅锆钙钠石[Na$_6$(Ca,Mn,Fe^{2+})ZrSi$_6$O$_{18}$;三方]

zirsite 锆硅石；胶碱锆石；胶硅锆铁石

Zisha earthenware 紫砂陶器

zittavite 脆褐煤；亮褐煤[高煤化程度的褐煤]；弹性沥青

Zittelina 齐氏藻属[E$_2$]

Ziziphocypris 枣星介属[J-K$_2$]

Ziziphus 枣属[K-Q]

zlatogorite 锑镍铜矿[CuNiSb$_2$]

Zn 锌
→~-bearing copper ore 锌铜矿石//~-bearing Mo ore 锌钼矿石//~-chkalovite 锌硅铍钠石//~-fahlerz 锌黝铜矿[(Cu,Fe,Zn, Ag)$_{12}$(As,Sb)$_4$S$_{13}$]

znucalite 水碳钙铀锌石 [Zn$_{12}$(UO$_2$)Ca(CO$_3$)$_3$(OH)$_{21}$•4H$_2$O]

Zoantharia 花珊瑚类；多射珊瑚(亚纲)；茋海葵珊瑚亚纲
→~ Rugosa 四射珊瑚

zoarium[pl.-ia] 硬件；苔藓虫；硬体；虫房体

ZoBell bottle 左贝尔细菌分析取样瓶

zoblitzite 铝蛇纹石

zoccolo 座石

zocle 座石；柱脚

zodacite 水磷锰钙石；诺{佐}达石[Ca$_4$MnFe$_4^{3+}$(PO$_4$)$_8$(OH)$_4$•12H$_2$O]

zodiac 黄道带；佐迪阿克电阻合金

zodiacal band 黄道带
→~ cloud 黄道云//~ cone 黄道光锥//~ sign 黄道十二宫

zodite 锑碲铋矿[Bi$_2$Te$_3$,含有锑的变种]

zoea stage 水蚤幼虫期

zoecium 虫室[苔]

Zoeppritz's equation 佐普里兹{|伊普里茨}方程

zoesite 纤硅石[SiO$_2$]

zoic 含有生物化石的；含有动植物化石的；含化石的；有生物的；动物的
→~ age 生物时代；有化石(的)时代

zoid 个体；游动孢子

zoidogamae 动物媒植物

zoidophilous 动物媒的

zoisite 纯黝帘石[Ca$_2$Al$_3$Si$_3$O$_{12}$OH]；黝帘石[Ca$_2$Al$_3$(Si$_2$O$_7$)(SiO$_4$)O(OH);Ca$_2$Al$_3$(SiO$_4$)$_3$

(OH);斜方]；坦桑石[Ca$_2$Al$_3$Si$_3$O$_{12}$]
→~-oligoclase pegmatite 黝帘奥长伟晶岩

zoisitization 黝帘石化(作用)

zokor 鼢鼠(属)[N$_2$-Q]

zolestin 天青石[SrSO$_4$;斜方]

zonal 环面；地区性的；带状的；分区的；分带的
→~ arrangement{distribution} 带状分布//~ arrangement 带状排列

Zonalasporites 环囊粉属[孢;C-T]

zonal boundary 区界
→~ circulation 纬向环流{行}//~ distribution{|vegetation} 显域分布{|植被}//~ distribution of mineral deposits 矿床分带//~ embankment 分区填筑[坝工]

Zonales 有环三缝孢类

zonal flow 纬流
→~ fossil 区域化石//~ growth differentiation 带状生长分异作用//~ isolation 层位封隔；油层隔离

zonality 地区性；地带性；地层；分带性；成带分布
→~ of ore provinces 矿省成带性//~ of soil 土壤定域性

Zonalosporites 环囊孢属；有环单缝孢属[C$_2$]

zonal pressure belt 纬向气压带
→~ profile 综合剖面；分带剖面//~ spheroidal{spherical} function 带球函数//~ stratum 带状层//~ structure {texture} 环带构造//~ theory 分带成矿说；矿床带状分布学说

Zonaria 圈扇藻属[褐藻;Q]

zonary{zonal} structure 环带结构[树脂体]

zonati 膜系[孢子]

zonation 划分；地带性；带状排列；分区{层}；分带(性)；成带

zonational 成(环)带的

zonda 干热焚风[阿根廷]；宗达风

zone 地区{带}；区域；层；带；环带；(分)区；晶带；阶晶带
→~-breaking species 越带种；跨带种属//~ bundle 晶带束//~ coefficient for seismic load 地震荷载的区域系数

zoned 分区的；分带的
→~ enclave 环带状包体//~ lining 均衡炉衬//~ ultrabasic complex 同心式超基性杂岩体

zone electrophoresis 区带电泳
→~ fossil 带化石；指带化石

zonegruppen (化石)带组合

zone index 晶带指数
→~ in front of the face 工作面超前带//~ isolation{segregation} 层间隔离//~ isolation 产层临时封堵[井加深时]//~ label 层段标记

zonenkomplex (化石)带组合
→~ of abyssal intrusion 深成浸入带

zone{area} of ablation 消融区[冰]
→~ of mineralization 矿化带//~ of rock-fracture 岩裂带

zoning 环带；区划；带状构造；分区；分带；结晶分带
→~ map 区划图//~ of ore deposits 矿床分带

zoniporate 环孔[孢]

zonisulculate 环槽

zonite 花碧玉；带节[无脊]；延局带；燧石

Zonitidae 琥珀蜗牛科；带螺科[腹]

Z

Zonitoides 类带螺属[腹;E-Q]

zonochlorite 绿纤石 [$Ca_4MgAl_5(Si_2O_7)_2$ $(SiO_4)_2(OH)_5 \cdot H_2O; Ca_2MgAl_2(SiO_4)(Si_2O_7)$ $(OH)_2 \cdot H_2O$;单斜];绿铁石

zonolimnetic 湖水浮游生物带

zonolite 金蛭石；铁水蛭石；钛水蛭石

zonomonoletes 有环单缝孢类

Zonooidium 环鲕形藻属[E_{2-3}]

Zonophyllum 带珊瑚属[D_2]

Zonoptyca 纵长褶壁粉属[孢]

Zonorapollis 环孔粉属[孢;K_2-E]

zonorate 具环状孔(的)[孢];具环形内口的

zonosphaeridium 有环球形藻属[Z-D]

Zonotrichiles 带丝藻属[S-T]

Zonotriletes 带环三缝孢组[亚类]

zonular 小带(状)的
　　→~ layer 带状层

zooecia 虫室[苔]

zooecial chamber 虫房
　　→~ tube 虫管[苔]//~ wall 体壁[苔]

zooeciule 小虫室{房}[苔]

zooecium[pl.-ia] 虫房；虫室[苔]

zoogamete 游动配子

zoogene 动物成因

zoogenic{zoogenous} rock 动物岩
　　→~ structure 动物成因构造

zooidal row 个虫列
　　→~ tube 虫体管；虫管；体管[苔]

zoolith{zoolite} 化石动物；动物岩；动物化石

Zoomastigophor 动鞭毛类[原生]

Zoonichnia 动物迹类[遗石]

Zoopage 捕虫霉属[Q]

zooparasite 寄生动物

Zoophycus 螺旋潜迹[遗石]

zoophyte 植物形动物[如珊瑚虫、海绵等]

Zoraptera 缺翅目[昆]

zorgite 铅硒钾土；粒硒铜铅矿；杂硒铜铅汞矿；硒铜铅矿[$(Pb,Cu_2)Se$]

zorite 硅钛铌钠石；佐硅(钛)钠石 [$Na_2Ti(Si,Al)_3O_9 \cdot nH_2O$;斜方];左利特镍铬特合金

zorsite 槽绿帘石

Zostera 大叶藻(属)

Zosterophyllum 工蕨属[植;D_1]

zoubekite 硫银锑铅矿[$AgPb_4Sb_4S_{10}$]

Zr 锆石[$ZrSiO_4$;四方]；锆

Z.T. 地方时间；区域时间

ZTR{zircon-tourmaline-rutile} maturity index 锆石-电气石-金红石成熟指数
　　→ ~ {zircon-tourmaline-rutile} maturity index ZTR指数

zublin bit 单牙轮钻头；独牙轮钻头；苏柏林式牙轮钻头

Zublin differential bit 差异式独牙轮钻头；差动式单牙轮钻头

Zuloagan (stage) 祖洛加(阶)[北美;J_3]

zungenbecken 盘谷[德]

zungite 氟硅铝石

zunyite 氯黄晶 [$Al_{13}Si_5O_{20}(OH,F)_{18}Cl$; 等轴]；氟氯黄晶

zurl(on)ite 绿黄长石 [$(Ca,Na_2)(Mg,Fe^{2+}, Fe^{3+},Al)(Si,Al)_2O_7$]；绿方柱石；氯黄长石

zussmanite 菱硅钾铁石[$K(Fe^{2+},Mg,Mn)_{13}$ $(Si,Al)_{18}O_{42}(OH)_{14}$; 三方]；菱钾铁石

Z-value Z准数

Z-variometer 垂直磁力变感器

zveno[俄] 生产小组；环；作业组

Zvyagin symbol (多型的)兹维亚金符号

zvyagintsevite 铅锡铂钯矿；铅三钯矿；等轴铅钯矿[$(Pd,Pt,Au)_3(Pb,Sn)$;等轴]

zweikanter 双面石；单棱石；二棱石

zweizoner 双带型[珊;德]

Zwickau law 茨维考(双晶)律

zwieselite 氟磷铁石[$(Fe^{2+},Mn)_2(PO_4)F$;单斜]；铁磷灰石

zwischengebiet 中间地带；中间带

zwischengebirge[德] 山间地带；轴地；中心山带；中界山脉；轴山；中间地块

zwischenschicht[德] 中间层

zwither 云英岩

zwitter(-)ion 两性离子

zwitter ion hypothesis 两性离子假说

Z3-xanthate Z3-黄药；乙钾黄药,乙基黄原酸钾;$C_2H_5OC(S)SK$]

Z5-xanthate Z5-黄药[戊钾黄药,戊基黄原酸钾;$C_5H_{11}OC(S)SK$]

Z6-xanthate Z6-黄药[异戊钾黄药,异黄原酸钾;$(CH_3)_2CHCH_2CH_2OC(S)SK$]

Z7-xanthate Z7-黄药[丁钾黄药,丁基黄原酸钾;$C_4H_9OC(S)SK$]

**Z`8{12}-xanthate** Z`8{12}-黄药[仲`丁钾{丁}黄药,仲丁基黄原酸钾{钠};$CH_3CH_2$ $CH(CH_3)OC(S)`K{Na}$]

Z9-xanthate Z9-黄药[异丙钾黄药,异丙基黄原酸钾; $(CH_3)_2CHOC(S)SK$]

Z10-xanthate Z10-黄药[己钾黄药,己基黄原酸钾;$C_6H_{13}OC(S)SK$]

Z11-xanthate Z11-黄药[异丙黄药,异丙基黄原酸钠; $(CH_3)_2CHOC(S)SNa$]

Z-X cut seed of synthetic quartz crystal 人工水晶 Z-X 切籽晶

zygad(e)ite 钠长石 [$Na(AlSi_3O_8)$;$Na_2O \cdot Al_2O_3 \cdot 6SiO_2$;三斜;符号 Ab]

zygal H 形的；轭形的
　　→~ ridge 接合脊[介]

zygantrum 椎弓凹

zygapophysis 关节突

zyglo 荧光探伤(器)
　　→~ inspection 荧光探伤法

Zygnema 双星藻属

Zygobeyrichia 轭形瘤石介属[S-D]

Zygobolba 轭胞介属[O-D]

Zygobolbina 小轭胞介属[S]

zygodactylous foot 对趾足

Zygodiscus 轭盘`石{藻属}[钙超;K_2-E]

Zygognathus 轭颚牙形石属[O_{2-3}]

Zygograptus 联笔石属[O_1]

zygolith 轭形石[钙超;J_3-Q]

Zygolithus 轭石[钙超;J_3-Q]

Zygolophodon 轭齿象(属)[N]

zygomatic 颊骨的
　　→~ (bone) 颧骨//~ arch 颧弓//~ width 颧间阔度

zygome 网状骨片连接构造[绵]

Zygophiurae 节腕目[棘蛇尾]

Zygopleura 横肋螺属[腹;S-J_3]

Zygopteris 轭形蕨属；对叶蕨属[C_3-P_1]

Zygorhynchus 接霉属[真菌]

Zygosella 小轭介属[S]

zygosis 接合[绵网状骨片]

Zygosphaera 轭球`石{藻属}[钙超;Q]

zygosphene 椎弓突

Zygospira 轭螺贝(属)[腕;O_2-S_1]

Zygospiraella 小轭螺贝属[腕;S_1]

zygospore 接合子

zygous 奇的
　　→~ basal plate 接合基板[棘海蕾]

Zygrhablithus 轭棒颗石[钙超;E_2]

zykaite 水硫砷铁石 [$Fe_4^{3+}(AsO_4)_3(SO_4)$ $(OH) \cdot 15H_2O$;斜方]

zyklopisch 镶嵌状

zylonite 赛璐珞；木花板；菱苦土木屑板；假象牙

zymase 酿酶；酒化酶

zymogeneous flora 发酵性微生物区系
　　→~ microflora 发酵型微体植物

zymohydrolysis 酶解

zymology 酶学；发酵学

zymolysis 酶解；发酵

zymoscope 发酵力计

zymosis[pl.-ses] 酶作用；传染病；发酵作用；发酵

zymurgy 酿造学

Zyndel law 赞德尔(双晶)律

Zythia 竹癌肿病菌属；鲜壳孢属[真菌]

参 考 文 献

[1] 吴光华. 汉英科技大词典[M]. 北京: 化学工业出版社, 2011.

[2] 王同亿. 英汉科技词天[M]. 北京: 中国环境科学出版社, 1987.

[3] 《英汉地质词典》编辑组. 英汉地质词典[M]. 北京: 地质出版社, 1993.

[4] 《英汉金属矿业词典》编辑组. 英汉金属矿业词典[M]. 北京: 冶金工业出版社, 1984.

[5] 《矿业词汇》编审委员会. 英汉矿业词汇[M]. 北京: 煤炭工业出版社, 1980.

[6] 姚绍德. 汉英矿业大词典[M]. 北京: 《今日中国》出版社, 1997.

[7] 《英汉石油技术词典》编写组. 英汉石油技术词典[M]. 北京: 石油工业出版社, 1989.

[8] Howard L. Hartman. SME Mining engineering Handbook[M]. Society for Mining, Metallurgy, and Exploration, Inc. 1992.

[9] 宦秉炼. 实用地质、矿业英汉双向查询、翻译与写作宝典[M]. 北京: 冶金工业出版社, 2013.

[10] 宦秉炼. 地矿汉英大词典[M]. 北京: 冶金工业出版社, 2016.

[11] 求是科技. Visual Basic 6.0 程序设计与开发技术大全[M]. 北京: 人民邮电出版社, 2006

[12] 何光俞. Visual Basic 常用数值算法集[M]. 北京: 科学出版社, 2002

[13] 李行健. 现代汉语规范词典[M]. 北京: 外语教学与研究出版社, 语文出版社, 2010.

[14] 吕叔湘. 现代汉语词典[M]. 6 版. 北京: 外语教学与研究出版社, 语文出版社, 2005.

[15] 王濮, 李国武.1958—2012 年在中国发现的新矿物[J]. 地学前缘, 2014, 21(1): 41-46.

[16] 郭宗山, 陈树荣. 经国际矿物协会(IMA)新矿物与矿物命名委员会批准 1981 年发表的新矿物[J]. 岩石矿物及测试. 1983, 2(1): 50-52.

[17] 郭宗山. 经国际矿物协会(IMA)新矿物与矿物命名委员会批准 1982 年发表的新矿物[J]. 岩石矿物及测试, 1984, 3(2): 146-148.

[18] 郭宗山, 赵春林, 王濮, 等. 经国际矿物协会(IMA)新矿物与矿物命名委员会批准 1983 年发表的新矿物[J]. 岩石矿物及测试, 1985, 4(4): 319-321.

[19] 郭宗山, 赵春林, 罗谷风, 等. 经国际矿物协会(IMA)新矿物与矿物命名委员会批准 1984 年发表的新矿物[J]. 岩石矿物及测试, 1985, 4(4): 322-324.

[20] 郭宗山, 罗谷风, 关雅先, 等. 经国际矿物协会(IMA)新矿物与矿物命名委员会批准 1985—1986 年发表的新矿物[J]. 岩石矿物学杂志, 1986, 5(4): 344-345.

[21] 郭宗山, 叶庆同. 经国际矿物协会(IMA)新矿物与矿物命名委员会批准 1987 年发表的新矿物[J]. 岩石矿物学杂志, 1988, 7(3): 280-281.

[22] 郭宗山. 经国际矿物协会(IMA)新矿物与矿物命名委员会批准 1988 年发表的新矿物[J]. 岩石矿物学杂志, 1989, 8(3): 266-267.

[23] 郭宗山. 经国际矿物协会(IMA)新矿物与矿物命名委员会批准 1989 年发表的新矿物[J]. 岩石矿物学杂志, 1990, 9(3): 263-264.

[24] 黄蕴慧, 蔡剑辉, 曹亚文. 新矿物(1991.1—1992.6)[J]. 岩石矿物学杂志, 1993, 12(1): 52-75.

[25] 李锦平, 王立本. 新矿物(1995.1—1996.12)[J]. 岩石矿物学杂志, 2003, 22(3): 302-320.

[26] 李锦平, 王立本, 郭月敏, 等. 新矿物(1997.1—1998.12)[J]. 岩石矿物学杂志, 2003, 22(2): 182-203.

[27] 李锦平, 王立本, 郭月敏, 等. 新矿物(1999.1—2000.12)[J]. 岩石矿物学杂志, 2003, 22(1): 81-96.

[28] 李锦平, 王立本. 新矿物(1995.1—2000.12)(补遗)[J]. 岩石矿物学杂志, 2004, 23(1): 76-88.

[29] 任玉峰. 新矿物(2001.1—2001.12)[J]. 岩石矿物学杂志, 2007, 26(3): 286-294.

[30] 李锦平. 新矿物(2002.1—2002.12)[J]. 岩石矿物学杂志, 2006, 25(6): 538-550.

[31] 章西焕, 任玉峰. 新矿物(2003.1—2003.12)[J]. 岩石矿物学杂志, 2008, 27(2): 136-151.

[32] 任玉峰, 章西焕. 新矿物(2004.1—2004.12)[J]. 岩石矿物学杂志, 2008, 27(3): 248-261.

[33] 任玉峰, 尹淑苹. 新矿物(2005.1—2005.12)[J]. 岩石矿物学杂志, 2008, 27(6): 573-586.

[34] 尹淑苹, 任玉峰. 新矿物(2006.1—2006.12)[J]. 岩石矿物学杂志, 2009, 28(4): 401-406.

[35] 尹淑苹, 任玉峰. 新矿物(2007.1—2007.12)[J]. 岩石矿物学杂志, 2010, 29(4): 446-452.

[36] 任玉峰, 章西焕. 新矿物(2008.1—2008.12)[J]. 岩石矿物学杂志, 2011, 30(2): 343-350.